AF305563

DICTIONNAIRE GÉNÉRAL

DE MÉDECINE ET DE CHIRURGIE

VÉTÉRINAIRES

ET

DES SCIENCES QUI S'Y RATTACHENT.

Tout exemplaire non revêtu des signatures de l'un des auteurs
et de l'éditeur sera réputé contrefait.

DICTIONNAIRE GÉNÉRAL

DE MÉDECINE ET DE CHIRURGIE

VÉTÉRINAIRES

ET

DES SCIENCES QUI S'Y RATTACHENT,

Anatomie, Physiologie, Pathologie, Chirurgie, Physique, Chimie, Botanique,
Matière médicale, Pharmacie, Économie agricole, etc., etc.

PAR

MM. LECOQ, REY, TISSERANT, TABOURIN.

Directeur et Professeurs à l'École nationale vétérinaire de Lyon.

LYON

CHARLES SAVY JEUNE, LIBRAIRE-ÉDITEUR,

Place Bellecour, 14.

PARIS

LABÉ, LIBRAIRE DE LA FACULTÉ DE MÉDECINE DE PARIS,
et de la Société nationale et centrale de Médecine vétérinaire.
4, PLACE DE L'ÉCOLE DE MÉDECINE.
1850
1851

Le livre que nous offrons aujourd'hui au public manquait à la science vétérinaire. En adoptant, depuis longues années, comme un des meilleurs guides pour les études médicales, l'excellent *Dictionnaire* de Nysten, les Ecoles vétérinaires ont fourni la preuve qu'elles savaient en apprécier le mérite ; mais, hâtons-nous de le dire, son insuffisance actuelle ne pouvait leur échapper. Chaque pas accompli dans la voie du progrès, chaque effort tendant à mieux limiter et à étendre le cercle des connaissances vétérinaires, la faisaient ressortir. Remplacer ce *Dictionnaire* par un livre construit sur le même plan, mais spécial et autant que possible approprié à nos études, c'était donc satisfaire un besoin réel , combler un vide regrettable. Tel a été notre but ; nous espérons avoir réussi.

La médecine de l'homme et la médecine vétérinaire, étroitement unies par les grands principes de la physiologie et de la thérapeutique générales , ont trop d'objets particuliers à embrasser et à connaître pour avoir désormais assez d'un seul et même langage , d'un glossaire unique. Une étude, même superficielle, des lois qui régissent la nature vivante nous apprend, en effet, qu'avec un organisme comparable à celui de l'homme, sous le rapport anatomique et fonctionnel, les animaux supérieurs ont des constitutions propres; elle nous montre les conditions de la santé et la puissance de réaction variant dans chaque espèce, selon la place qui lui est assignée dans l'échelle zoologique et surtout selon sa destination économique.

Si l'homme , esclave de ses besoins personnels et de ses passions , trouve dans le désir de contenter les uns , dans la satisfaction des autres , des causes de maladies , combien est plus fâcheuse encore la situation extérieure de l'animal domestique , propriété d'un maître absolu , et, à ce titre , obligé d'obéir à sa volonté, de se plier à ses caprices ; victime d'expériences dans lesquelles on se propose de perfectionner l'œuvre du Créateur ! Dans cette servitude, où la santé des animaux n'est plus, bien souvent, qu'une santé relative , où le plus haut degré d'amélioration est quelquefois le plus près de l'état morbide , ceux-ci doivent acquérir des prédispositions à des affections plus nombreuses et plus variées.

Ainsi, en admettant que les données fondamentales de la physiologie sont les mêmes pour les animaux supérieurs et pour l'homme , on est cependant obligé de reconnaître, dès les premiers essais d'étude comparative , une différence profonde dans les effets du conflit permanent des forces naturelles avec les divers organismes , différence que l'unité organique, que l'unité de principe moteur, que la méthode scientifique , enfin , dominent , mais n'effacent point entièrement.

Tel est le premier résultat d'un instant de réflexion et de l'examen sommaire des Nosographies ayant pour objet la classification des maladies particulières à l'homme et aux espèces domestiques.

Il en est un autre qui ressort , avec une évidence non moins frappante, de l'étude comparée des thérapeutiques spéciales; c'est la constatation des différences que présentent les moyens curatifs employés , tant sous le rapport de leur choix que sous celui de leur posologie.

Cette divergence dans les applications les plus importantes de la médecine générale n'est point la seule que nous soyons en droit de signaler ici. Déjà , dans ce qui précède , on a dû pressentir un nouvel élément de séparation , un nouveau trait de dissemblance ; nous le rappellerons en quelques mots. Le médecin se propose surtout de guérir et de prévenir ; pour l'immense majorité, le champ est assez vaste. Combien , parmi ceux qui l'explorent, ne portent pas, ne peuvent porter au-delà leurs vues ! Il n'en est jamais ainsi du vétérinaire, qui doit apprendre, de plus, à améliorer, à perfectionner. En effet, il ne lui suffit pas d'assister au mouvement ascendant de la population dans les espèces utiles , alimentaires ou auxiliaires , de le constater, de le calculer peut-être ; ce n'est point assez de l'indiquer comme but ou comme moyen , il faut qu'il le détermine et le dirige, qu'il l'appelle et le précède en l'éclairant du flambeau de la physiologie comparée.

De là l'importance directe, la place considérable que doit prendre dans le tableau des sciences vétérinaires l'hygiène appliquée , improprement appelée *Education*, et récemment décorée du nom un peu plus grec, mais plus vague, de *Zootechnie*. De là, encore, pour le vétérinaire, l'obligation d'étudier les principes sur lesquels s'appuie l'exploitation raisonnée du sol.

C'est en vain que l'on voudrait, afin de réduire la vétérinaire à des proportions par trop modestes, méconnaître le véritable caractère de la science des animaux domestiques : l'évidence éclate dans nos institutions, dans les réformes qu'on leur prépare ; la vérité commence à se faire jour dans des esprits hier encore indifférents ou hostiles ; elle se dégagera brillante et incontestée des obscurités dont on essaie de la couvrir.

La vétérinaire doit donc chercher souvent en dehors du langage médical habituel une glossologie appropriée à la nature de ses opérations, de ses recherches. Rassembler dans un cadre étroit tous les termes dont elle se sert particulièrement, y joindre ceux des sciences préparatoires, afin d'embrasser toutes les matières dont elle s'occupe ; telle a été notre intention en publiant ce *Dictionnaire général de Médecine et de Chirurgie vétérinaires.*

Nous ne nous sommes point abusés sur l'importance et sur les difficultés d'une pareille entreprise ; nous savions, avant de le commencer, combien un travail de cette nature est long et aride ; nous savions parfaitement qu'il n'offre à l'ambition littéraire ni espérances, ni ressources. Aucune considération d'intérêt personnel ne nous a arrêtés.

En essayant de combler une lacune laissée jusqu'à ce jour dans les divers ouvrages destinés à l'enseignement et à la propagation des sciences vétérinaires, nous avons été préoccupés surtout du désir d'être utiles aux jeunes gens des Ecoles et aux praticiens. Ceux-ci trouveront dans notre travail un résumé de la plupart des questions dont la solution les intéresse chaque jour ; les autres , un guide fidèle capable de diriger leurs premiers pas dans la carrière difficile des études médicales.

Nous avons pensé, et l'on nous pardonnera cette présomption , que les médecins y rencontreraient, à leur tour , les éléments d'une comparaison sommaire propre à compléter leurs connaissances de physiologie pathologique.

Enfin , nous croyons que les agriculteurs et toutes les personnes qui élèvent , emploient ou gouvernent des animaux domestiques , pourront y puiser d'utiles renseignements, quelques vues exactes sur les problèmes variés de l'hygiène et de l'industrie animale.

Le *Dictionnaire général de Médecine et de Chirurgie vétérinaires* contient la matière de six volumes in-octavo ordinaire. Lorsque nous avons fixé ces limites, nous avons cherché à éviter deux écueils : nous avons voulu nous abstenir, d'une part, de développements que ne comportait point un dictionnaire portatif, et, d'autre part, ne point nous borner, en général, à de simples définitions. Nous savions très bien que les savants n'iraient pas chercher la science dans un ouvrage comme celui-ci, et nous n'ignorions pas non plus qu'un glossaire n'eût été utile qu'à un petit nombre de personnes. Nous avons voulu que notre livre pût rester entre les mains des vétérinaires comme une sorte de *vade mecum*, comme un compagnon de toutes les heures, auquel on demande familièrement des conseils. Quel est le praticien, le jeune vétérinaire surtout, qui n'a besoin , de temps en temps, de recourir aux indications thérapeutiques, aux règles particulières et aux détails des médications, à la posologie, aux formules magistrales et officinales, à des souvenirs précis d'anatomie ou de physiologie ? Disons-le aussi, nous avons voulu épargner, pour les circonstances ordinaires, à ceux qui n'ont pas le temps de lire, et ils sont nombreux, de longues recherches, et leur enlever, par ce moyen, tout prétexte à l'abandon absolu de la science.

L'étendue consacrée à chaque branche des sciences médicales se trouve généralement déterminée d'après son importance ; mais il a fallu souvent accorder à certaines questions une place plus petite ou plus grande que celle qui paraissait devoir lui être attribuée, parce que la nécessité ou l'impossibilité d'une exposition un peu complète en faisait une loi. C'est ainsi que la physique, la chimie, l'hygiène, la matière médicale ont reçu quelquefois des développements relativement considérables.

Nous nous sommes abstenus, autant que les circonstances le permettaient, de toute discussion scientifique ; l'étendue et la forme de ce travail nous le commandaient. Chaque découverte, chaque idée de quelque mérite a été rapportée à son auteur ; mais nous avons dû nous restreindre aux principes ou aux faits les moins contestés, aux vérités d'une utilité réelle et sérieuse. Les idées et les faits doivent précéder le langage, c'est dans l'ordre. Un Dictionnaire ne peut avoir la prétention de créer le progrès ; il l'inscrit, il le vulgarise, voilà son rôle.

Sous le rapport de la glossologie proprement dite, une difficulté s'est présentée dès les premiers pas ; devions-nous, pour être plus complets et plus intelligibles à tous, donner, en les conservant, une consécration nouvelle aux termes obscurs et barbares légués par

les hippiatres des XVII⁰ et XVIII⁰ siècles, aux fondateurs de la médecine vétérinaire? ou bien devions-nous répudier entièrement cet héri-
tage du passé et n'adopter que des expressions définitivement sanction-
nées par l'usage, ou en harmonie avec l'état actuel de la science?
Aucun de ces deux partis ne nous a paru pouvoir être exclusivement
adopté. Les termes trop vieillis ou particuliers à certains lieux ont été
abandonnés; d'autres, qui sont encore d'un usage général, quoique
impropres, n'ont été reproduits que pour établir une transition entre
le langage ancien que nous repoussons en principe, et le langage nouveau qui prend sa place. Enfin, il est de vieux termes qu'aucune
expression savante, générique ou spéciale, n'a pu remplacer avec
quelque avantage; ceux-là resteront malgré les efforts des néologues.

La publication des premières livraisons de ce Dictionnaire nous a
valu des encouragements auxquels les auteurs les plus modestes ne
sont jamais indifférents; notre travail a reçu de bienveillants éloges,
et il a été recherché par beaucoup de vétérinaires, de médecins et
d'agronomes. Ce succès flatteur et inespéré, d'où résulte pour nous la
pensée que notre but sera rempli, est la seule récompense que nous
ayons ambitionnée.

Lyon, le 25 avril 1850.

DICTIONNAIRE

GÉNÉRAL

DE MÉDECINE VÉTÉRINAIRE

ET DES SCIENCES QUI S'Y RATTACHENT.

A

ABAISSEMENT, s. m., du latin barbare *bassus*, bas, action d'abaisser, résultat de *baisser*. — On dit *abaissement de la mâchoire inférieure, du diaphragme, des parois du ventre, de la poitrine*. L'*abaissement* de la cataracte est un procédé chirurgical qui consiste à faire descendre dans le fond de l'œil le cristallin devenu opaque.

ABAISSEUR, s. et adj. *depressor*, qui abaisse. Plusieurs muscles remplissent la fonction d'*abaisseur* sans en porter le nom. — Rigot appelle *abaisseur de la lèvre inférieure* le maxillo-labial de M. Girard. — Lafosse nomme *abaisseur de l'oreille* le parotido-auriculaire. — Les *abaisseurs (courts) des lèvres*, admis par le même auteur, se rattachent à l'orbiculaire. — Son *abaisseur de la paupière supérieure* n'est qu'une partie de l'orbiculaire des paupières.

ABAJOUE, s. f. ; on donne ce nom à un diverticulum de la bouche, espèce de poche accessoire que l'on rencontre dans certains mammifères. Les abajoues appartiennent surtout aux singes de l'ancien continent, formant les genres *Macaque, Guenon, Cynocéphale*. Aucun singe du nouveau continent ne présente d'abajoues. On trouve aussi ces poches chez un grand nombre de rongeurs et surtout chez le hamster. Les abajoues, dont l'entrée peut être au dedans de la commissure des lèvres ou au niveau de cette commissure, paraissent destinées au transport ou à la conservation momentanée des substances alimentaires.

ABANDONNER (s'), v. p.; se dit d'un cheval qui ralentit son allure aussitôt qu'il n'est plus pressé par le cavalier : c'est un signe de fatigue ou de mollesse.

ABATARDIR, v. a.; faire dégénérer, détériorer.

ABATARDIR (s'), v. p., dégénérer. Une race précieuse ou généralement estimée s'abâtardit lorsque ses principaux caractères, ses meilleures qualités se perdent sous l'influence d'un climat défavorable, d'une nourriture insuffisante ou mauvaise, d'un travail excessif, d'appareillements ou de croisements mal entendus.

ABATARDISSEMENT, s. m., dégénération, détérioration. *Abâtardir, s'abâtardir, abâtardissement* s'emploient au propre et au figuré.

ABAT-FOIN, s. m., ouverture pratiquée au plafond des écuries, par laquelle on jette le foin dans le ratelier. L'abat-foin facilite le service; mais il peut nuire aux fourrages renfermés dans le fenil en les exposant aux émanations de l'écurie. Cet inconvénient, la sûreté des personnes, la propreté, indiquent que l'abat-foin doit être tenu exactement fermé hors le temps des distributions.

ABAT-JOUR, s. m., volet plein ou à claire-voie, paillasson, toile plus ou moins serrée, que l'on place devant les ouvertures des habitations pour arrêter les rayons solaires et éloigner les insectes.

ABATTAGE, s. m., synonyme d'*occision*, d'*assommement* ; désigne l'action de tuer les animaux atteints ou suspects d'une maladie contagieuse. Cette mesure de police sanitaire, ordonnée par l'article 6 de l'arrêt du Conseil d'État du roi, du 16 juillet 1784, ne devrait s'appliquer, aux termes de cet arrêt, qu'aux animaux déclarés incurables; mais les autorités peuvent l'ordonner dans d'autres circonstances, en se fondant sur les dispositions de la loi des 16-24 août 1790. L'abattage est *général* ou *partiel*. Les autorités et les experts doivent y assister et dresser procès-verbal de l'opération. On a recommandé, dans les épizooties très graves, comme celles du typhus contagieux des bœufs, pour diminuer les foyers de contagion, de tuer les animaux sans effusion de sang, et dans le lieu même où l'enfouissement doit être fait.

ABATTEMENT, s. m., accablement, diminution des forces. On emploie ce mot en pathologie pour exprimer cet état dans lequel les forces vitales ont perdu de leur énergie. Les impressions morales exercent peu d'influence sur l'intégrité des fonctions du système nerveux chez les animaux. Une foule de causes peuvent diminuer leurs forces, qui sont abattues surtout par les déperditions abondantes, les souffrances vives, etc. — Ce mot est employé quelquefois comme synonyme d'*épuisement*, d'*anéantissement*.

ABATTOIR, s. m., établissement public où les bouchers vont tuer et préparer les animaux destinés à la consommation. Un abattoir, pour bien remplir son but, doit se composer : 1° d'écuries où travées divisées en compartiments pour les bœufs, les veaux, les moutons ; 2° de greniers correspondants pour les fourrages ; 3° d'échaudoirs en nombre égal aux travées, où l'on tue et dépèce les animaux, ayant, à côté d'eux, des cours pour le travail des moutons, et dessus, des greniers ou séchoirs ; 4° de fondoirs pour le suif en branche ; 5° de triperies ; 6° d'un service hydraulique ; 7° de bâtiments d'administration ; 8° d'une bascule pour le pesage. Dans les villes où il existe des abattoirs, les bouchers sont tenus d'y conduire leurs animaux, au moins pour les tuer et les préparer. A Paris et dans d'autres grandes villes, les animaux y sont dirigés immédiatement après les achats. Les abattoirs doivent être placés hors de l'enceinte habitée des villes, et, autant que possible, au voisinage d'un cours d'eau. Les avantages que présentent ces établissements, lorsqu'ils sont construits d'après de bons principes et que leur emploi est bien dirigé, sont incontestables au point de vue économique, industriel, et de la salubrité publique. Les premiers abattoirs construits en France sont ceux de Paris, au nombre de cinq. Leur création fut décrétée, en 1809, par Napoléon. Commencés en 1810, ils ne furent livrés aux bouchers qu'en 1818. Ils peuvent servir de modèles pour tous ceux de ce genre.

ABATTRE, v. act., faire tomber. — *Abattre un cheval* est une expression employée en chirurgie pour dire qu'on couche l'animal sur un lit de paille, afin de lui donner une position favorable, soit pour l'opérateur, soit pour l'opération. On se sert pour cela de différents liens, qui sont le lacs, les entraves et la plate-longe. — Le mot *abattre* est quelquefois synonyme de tuer ; on dit : *abattre un cheval, abattre un bœuf*, quand on veut les sacrifier. — En maréchalerie, on indique par cette expression, l'action d'enlever une partie de corne qui est inutile sur la face inférieure du sabot : on dit *abattre le pied*. C'est avec le rogne-pied ou le boutoir que le maréchal *abat du pied*.

ABAT-VENT, s. m., appentis, claie, paillasson, mur, pièce de toile, haie, etc., placé au-dessus des ouvertures des habitations, devant les plantes, pour les abriter contre le vent et la pluie ; on dit aussi *Abri-vent*.

ABCÉDÉ, part. pass. et adj. Ce mot s'applique à une partie des tissus qui se transforme en *abcès*.

ABCÉDER, v. n., terme usité en chirurgie pour désigner le phénomène par lequel une tumeur se change en abcès. Parmi les tumeurs, c'est le phlegmon qui *abcède* le plus souvent.

ABCÈS, s. m., du latin *abscedere*, séparer, d'où l'on a fait *Abcès*, parce qu'une cavité se produit au moyen de l'écartement des tissus. — On donne le nom d'*abcès* à un amas de pus dans une cavité accidentelle produite au milieu des tissus. Les collections de même nature qui ont lieu dans une cavité naturelle sont des *épanchements purulents*. — Les abcès sont quelquefois désignés sous les noms de *dépôt*, d'*apostème*. La première de ces expressions est tombée dans le langage vulgaire ; la seconde est abandonnée ; on l'employait pour toutes les tumeurs renfermant un liquide, quelle que fût sa nature. Il faut regarder les abcès comme étant le résultat de l'inflammation. — On rencontre des abcès dans toutes les parties du corps, dans tous les tissus, même dans les os et les caillots sanguins ; quelquefois ils sont multiples dans le même animal. — L'abcès forme une cavité qui contient du pus ; mais les produits de la suppuration ne sont pas en contact immédiat avec les tissus. Une fausse membrane, appelée *pyogénique* par Delpech, les sépare des parties voisines. Cette membrane n'existe pas dans toutes les collections purulentes ; elle ressemble, dans quelques abcès, à la muqueuse digestive, moins les follicules et les villosités. En dehors de cette membrane, la lymphe plastique forme dans les abcès aigus un engorgement dont l'épaisseur diminue à mesure qu'on arrive à la maturité. On trouve quelquefois dans le foyer des *brides* formées par les vaisseaux et les nerfs. — Comme symptômes, l'abcès présente une tumeur saillante, acuminée dans le centre et molle au toucher. Quand on la presse entre les doigts, on refoule le liquide qu'elle contient et l'on éprouve un léger choc qu'on nomme *fluctuation*. L'existence de la fluctuation n'est pas un indice certain de la présence du pus ; elle peut être simulée par l'accumulation d'un liquide naturel dans une bourse muqueuse, par exemple, dans la gaîne synoviale d'un tendon, dans une articulation. On observe de plus un œdème plus ou moins étendu dans le pourtour d'un abcès : c'est même le seul symptôme des suppurations profondes. — Le pus contenu dans un abcès peut disparaître de deux manières : 1° par l'*absorption du pus* : la membrane pyogénique a des propriétés absorbantes et exhalantes ; le pus est décomposé, ses éléments sont pris par les vaisseaux absorbants, sans qu'il en résulte quelque danger. Cette terminaison heureuse diffère de la *résorption*, dans laquelle le pus passe en nature au milieu du sang et produit une infection générale ; 2° par l'*excrétion du pus* : les abcès ont une grande tendance à se porter à l'extérieur sur la peau et sur les membranes muqueuses ; ils s'ouvrent rarement à travers les séreuses. Dans ce travail d'élimination, on observe une absorption ulcérative par laquelle le pus se fait un passage à travers les tissus. Ce sont les aponévroses et les plans fibreux qui résistent le plus à ce travail. — *Division des abcès.* On distingue, d'après la rapidité de la marche des symptômes, l'*abcès chaud* ou *aigu* qui parcourt promptement ses périodes, et l'*abcès froid* ou *chronique*, qui ne les suit qu'avec lenteur. — L'abcès *idiopathique* est le résultat d'une cause locale, généralement mécanique ; l'abcès *symptômatique* est la suite, la conséquence d'une autre affection, d'une cause interne. On nomme ce dernier abcès *critique* lorsqu'il se manifeste vers la fin d'une maladie, dont il est le plus souvent une terminaison heureuse. — Les abcès *métastatiques* sont ainsi nommés, parce qu'on les attribuait autrefois aux métastases ; ils se forment dans les organes parenchymateux, surtout dans les poumons, et sont produits par la stagnation des globules purulents qui ont été transportés dans le sang. — Dans quelques collections, le pus est mêlé à des liquides sortis des voies naturelles, de là les *abcès urineux, stercoraux, biliaires, salivaires, laiteux, sanguins*. On distingue des *abcès constitutionnels*, qui sont dus à un état particulier de la constitution de l'animal. — Les abcès *dartreux, psoriques*, tirent leur nom de leur coïncidence avec quelques maladies de la peau ; il en est de même pour les *abcès morveux* et *farcineux ;* ces derniers sont encore appelés *spécifiques*. — *Traitement.* Il faut éliminer les produits purulents, et favoriser la cicatrisation du foyer. Il est rare qu'on puisse obtenir l'absorption du pus, surtout sur les animaux dont les abcès sont volumineux. On cherche le plus souvent à combattre l'inflammation, à favoriser la sécrétion purulente par l'emploi des maturatifs. L'ouverture des abcès doit être hâtée dans les parties qui sont le siége de mouvements fréquents, quand ils existent dans le voisinage des tendons, des gaînes synoviales, des articulations, lorsqu'ils gênent quelque fonction importante ; ceux de la gorge peuvent produire la suffocation. Un abcès peut être ouvert par différents procédés ; on fait la ponction avec le bistouri droit, ou une incision de dehors en dedans avec le bistouri convexe. Dans quelques cas, l'emploi du fer rouge est préférable ; l'escharre qui en résulte forme une ouverture qui facilite l'écoulement du pus : de plus, ce moyen change le mode de vitalité des abcès froids. Après ces opérations, il est quelquefois utile de pratiquer des contre-ouvertures dans lesquelles on introduit un séton ou une mèche pour empêcher la suppuration de s'accumuler dans les parties déclives. On aura soin d'extraire les corps étrangers qui ne manqueraient pas d'empêcher la cicatrisation, et produiraient un ulcère ou une fistule.

ABDOMEN, s. m. *Abdomen*, de *abdere*, cacher. On a donné ce nom à la plus grande des cavités splanchniques, renfermant surtout les viscères digestifs, urinaires et génitaux. L'abdomen, encore appelé *ventre*, est situé en arrière de la poitrine et circonscrit en avant, en bas et sur les côtés par des parties molles. On distingue dans cette cavité quatre régions principales : une supérieure, *lombaire*, formée par les vertèbres lombaires et les muscles psoas ; une inférieure, très étendue, formée par les muscles *abdominaux* ; une antérieure ou *diaphragmatique*, séparée de la poitrine par le diaphragme ; la postérieure, ou *pelvienne*, constitue une espèce de cavité secondaire formée par les coxaux, le sacrum et le coccyx. L'étendue de la paroi inférieure l'a fait diviser en trois régions : une antérieure, *épigastrique* ; une médiane ou *ombilicale* ; une postérieure ou *pubienne*. On a appelé *hypocondres* les côtés de l'épigastre ; *flancs*, les côtés de la région ombilicale ; *aînes*, ceux de la région pubienne. — L'abdomen est tapissé dans toute son étendue par une membrane séreuse portant le nom de *péritoine*. (*V.* ce mot.) — Dans les oiseaux, le diaphragme étant très rudimentaire, la cavité de l'abdomen n'est pas séparée de celle de la poitrine. Il en est de même chez les vertébrés inférieurs et chez les invertébrés.

ABDOMINAL, adj. *abdominalis*, qui appartient à l'abdomen. — *Aorte abdominale*, portion de l'aorte postérieure comprise entre l'ouverture supérieure du diaphragme et la bifurcation terminale. — *Artères abdominales* (*antérieure* et *postérieure*). La première émane de la thoracique interne, la seconde de la sus-pubienne. Toutes deux se dirigent l'une vers l'autre à la face supérieure du muscle droit. — *Cavité abdominale. V.* ABDOMEN. — *Membres abdominaux*, membres postérieurs, ainsi appelés parce qu'ils semblent dépendre de l'abdomen. — *Muscles abdominaux*, ce sont les *grand* et *petit obliques*, le *droit* et le *transverse*. (*V.* ces mots). — *Système veineux abdominal*, c'est la veine porte, qui réunit les veines des organes digestifs. — *Tunique abdominale*, expansion fibreuse jaune, qui double en dehors les muscles abdominaux. — *Veine cave abdominale*, veine cave postérieure, depuis sa formation jusqu'à l'ouverture centrale du diaphragme. — *Viscères abdominaux*, viscères contenus dans l'abdomen.

ABDUCTEUR, adj. et s. *abductor*, de *ab*, de, signifiant éloignement, et *ducere*, conduire ; qui écarte, qui éloigne. Beaucoup de muscles remplissent cette fonction, à laquelle quelques-uns doivent leur nom. — *Abducteur (long) du bras*, c'est le muscle grand scapulo-huméral de M. Girard. — *Abducteur (court) du bras*, c'est le petit scapulo-huméral.

ABDUCTION, s. f. *Abductio*, action d'écarter, d'éloigner ; éloignement d'un membre du plan médian du corps, ou d'une portion d'un membre du plan médian de celui-ci. Ex. : l'écartement des deux doigts dont se compose le pied du bœuf, action produite par la contraction de l'extenseur propre de chacun d'eux.

ABEILLE, s. f. *Apis*. Genre d'insecte de l'ordre des *hyménoptères*, renfermant plusieurs espèces, dont une domestique (*apis mellifica*, L.). Les principaux caractères de l'abeille sont les suivants : taille médiocre, antennes coudées, ailes non repliées dans leur longueur ;

premier article des tarses des pattes postérieures creusé en cuiller ; mandibules faibles ;
une espèce de langue pour lécher la substance
miellée des fleurs. — Les abeilles vivent, à
l'état sauvage, en sociétés nombreuses, dans
des troncs d'arbres creux ; à l'état domestique,
dans des demeures particulières appelées *ruches*. Une ruche renferme une ou plusieurs
reines ou femelles fécondes, deux ou trois
cents mâles ou *bourdons* qui sont sacrifiés immédiatement après la fécondation, et un nombre considérable d'*ouvrières* ou femelles stériles. Celles-ci sont seules chargées de tous les
soins de la communauté. Elles construisent
les cellules pour le miel, celles pour les œufs
de la reine qui sont reçus dans des cellules
différentes suivant qu'ils doivent donner des
reines, des bourdons ou des ouvrières ; elles
récoltent le miel, nourrissent les larves, etc. La
reine ne sort de la ruche qu'à l'époque de la
fécondation. Lorsque la quantité d'abeilles renfermée dans une ruche devient trop considérable, une partie des ouvrières s'éloigne, em-
menant une jeune reine, et forme ce qu'on
appelle un *essaim*.

ABERRATION, s. f. *Aberratio*, de *ab*, hors,
et *erro*, je m'écarte. On désigne ainsi la dispersion des rayons lumineux dans les instruments d'optique. On en distingue deux espèces :
1° l'*aberration de sphéricité* ; 2° l'*aberration
de réfrangibilité*. La première consiste en une
réfraction irrégulière des rayons lumineux qui
tombent trop obliquement au bord des *lentilles* (*V.* ce mot) et qui, ne passant pas au
foyer, déforment les images des corps. — On
prévient cet effet dans les instruments d'optique, en recouvrant la circonférence des lentilles d'un anneau opaque, qui arrête les
rayons trop excentriques et ne laisse passer que
ceux qui sont parallèles à l'axe de la lentille.
— La seconde consiste dans la décomposition
de la lumière qui traverse la lentille, d'où résultent au foyer, des images irisées sur les bords
et parfois aussi sur toute la surface. (*V.* Achromatisme et Achromatique). — En *pathologie*,
on appelle *aberration* des *fluides*, le transport
irrégulier ou anormal du sang vers un organe,
comme on le remarque dans les congestions,
les hémorrhagies, etc.

ABIÉTINE, s. f., de *Abies*, sapin. — Résine particulière signalée par *Caillot* dans les
térébenthines des Vosges et de Strasbourg. —
Elle est solide, cristallisée en pyramides, incolore, inodore, insipide, sans action sur les
couleurs végétales. — Très fusible, elle est insoluble dans l'eau, soluble dans l'alcool, l'éther,
l'acide acétique et l'huile de Naphte.

ABIÉTINÉES, s. f. ; tribu de la famille des
Conifères. Genres principaux : *Abies*, *Pinus*,
etc. Cette tribu est considérée par quelques
auteurs comme une famille distincte.

ABIÉTIQUE (Acide), s. m. Résine soluble
et acide indiquée par *Caillot* dans les térébenthines des Vosges et de Strasbourg.

ABIRRITATION, s. f. de *a* privatif et *irritatio*, irritation. Ce mot a été employé par

Broussais pour désigner l'affaiblissement des
phénomènes vitaux. Dans son acception rigoureuse, il signifie *absence d'irritation*.

ABLACTATION, s. f. *Ablactatio*, sevrage,
de *ablactare* ; mot fréquemment employé
comme synonyme de sevrage ; doit s'entendre
de la cessation de l'allaitement par rapport à
la mère.

ABLATION, s. f. *Ablatio*, de *ab*, hors, et
de *latus*, part. passé de *ferre*, porter. En chirurgie ce mot est employé pour indiquer toute
opération qui consiste à retrancher du corps
de l'animal une partie saine ou malade. On
peut pratiquer sur des sujets sains l'*ablation*
de la queue, des oreilles ; sur des malades,
l'*ablation* du sabot, d'une exostose, etc.

ABLUTION, s. f. *Ablutio*, d'*abluo*, je lave,
formé de *ab*, hors, et de *luo*, je purifie. Action
de laver une partie quelconque avec des médicaments aqueux, dans un but thérapeutique. (*V.* Lotion, Affusion.)

ABOMASUS ou **ABOMASUM**, de *ab*, indiquant dépendance, et *omasum*, la panse. Nom
peu employé par lequel on désigne la *caillette*
ou quatrième estomac des ruminants, fixé au-
dessus du sac droit de la panse ou rumen.

ABORIGÈNES, adj., de *ab*, de, et *origo*,
origine ; se dit, en parlant des animaux et des
plantes d'une contrée, de ceux qui en sont originaires, par opposition aux espèces qui ont
été introduites ou importées.

ABORTIF, IVE, adj., *abortivus*, du latin
aborior, je nais avant le temps. — En médecine, on appelle *fœtus abortif* celui qui naît
avant le terme ordinaire de la gestation, et de
plus sans présenter les conditions nécessaires
pour conserver la vie. — En thérapeutique,
on appelle *abortifs* les médicaments qui peuvent causer l'avortement ; tels sont les utérins,
les vomitifs, les drastiques. L'ergot de seigle est
un des plus directs parmi les abortifs, quand
on le donne à des doses fortes et répétées. —
En botanique, on dit *fleurs abortives*, pour
désigner les fleurs qui tombent sans qu'il y ait
eu fécondation ; les *fruits abortifs* sont ceux
qui n'arrivent pas au terme de la maturité.

ABOUCHEMENT, s. m. On désigne par ce
mot une anastomose résultant de la rencontre
bout-à-bout de deux vaisseaux. Ex. : celle des
deux artères coliques dans le cheval ; celle des
branches artérielles destinées à l'intestin grêle.

ABOUTIR, v. n., se terminer, finir, tendre
à... Ce terme est rarement employé en médecine ; on s'en sert quelquefois en parlant des
tumeurs, des abcès, qui tendent à se terminer
par la suppuration.

ABRASION, s. f. *Abrasio*, de *ab*, *radere*,
râcler, râtisser. Ce terme sert à désigner l'ulcération superficielle des membranes muqueuses, surtout de celle de l'intestin. Dans cette
affection, les matières fécales présentent quelques petits fragments membraneux.

ABREUVOIR, s. m. ; lieu où on fait boire
les bestiaux. — Les bords d'une rivière,
d'un ruisseau, le bassin d'une source, d'une
fontaine servent d'abreuvoir naturel. Les

abreuvoirs naturels, ceux que l'on construit doivent être propres et d'un abord facile. Les réservoirs creusés dans les villages, les auges où tombe l'eau des fontaines publiques présentent rarement ces deux conditions.

ABRÉVIATIONS, s. f. p.; en botanique, les abréviations le plus souvent employées sont les suivantes :

⊙ Plante annuelle en général.
① Plante monocarpienne annuelle.
② Plante bis-annuelle monocarpienne.
♂ Dans les anciens auteurs, plante bis-annuelle en général.
⊜ Plante vivace monocarpienne.
♃ Plante vivace en général. Dans les auteurs modernes, plante rhizocarpienne.
♄ Plante caulocarpienne en général.
△ Plante toujours verte.
⌢ Plante grimpante.
(Plante grimpante à droite.
) Plante grimpante à gauche.
♂ Le sexe mâle dans les plantes dioïques.
♀ Le sexe femelle dans les plantes dioïques.
☿ Plante ou fleur hermaphrodite.
∞ Indique un nombre indéfini.
♄ Sous-arbrisseau.
♄ Arbrisseau.
♄ Arbuste ou petit arbre, de 3 à 8 mètres.
♄ Arbre de plus de 8 mètres

ABRÉVIATIONS usitées en pharmacie :

AA ou (*ana*) de chaque.
ADD (*adde* ou *addatur*) ajoutez.
COCHL. *j.* (*cochleatim*) une cuillerée.
CYAT. *j* (*cyathus*) une verrée.
DIV. Divisez.
F. S. A. (*Fiat secundùm artem*) faites selon l'art.
GUTT. *j.* (*Gutta*) une goutte.
M. (*Misce*) mêlez.
MAN. *j.* (*Manipule*) une poignée.
Nᵒ 1, 2. Le nombre d'objets ou de parties.
P. E. Parties égales.
PIL. Pilule.
POT. Potion.
PUGIL. *j.* (*Pugillus*) une pincée.
PULV. (*Pulvis*) poudre.
Q. S. Quantité suffisante.
R ou ♃. (*Recipe*) prenez.
TINCT. Teinture.
℔. Livre.
℥. Once.
ʒ. Gros.
℈. Scrupule.
GR. Grain.

ABRI, s. m., ce qui sert à protéger contre le froid, le chaud, le vent, la pluie, etc. Pour les animaux, ce sont des habitations régulières, des hangars, des pans de mur ou des cloisons en planche formant entre eux des angles droits, des haies vives. Pour les champs, pour les plantations et les cultures, ce sont des chaînes de montagnes, des accidents de terrain, des forêts, des murs, des haies, etc. Pour les plantes, on emploie des paillassons, de la toile, des cloches, des châssis vitrés, etc.

ABRICOTIER, s. m. *Armeniaca vulgaris*, Lmck ; *prunus armeniaca*, L., abricotier commun. Arbre de moyenne grandeur, de la famille des Rosacées, apporté du Levant et cultivé dans nos jardins pour ses fruits. Les horticulteurs en distinguent beaucoup de variétés.

ABRUPTI-PENNÉE, adj., *abruptè pinnata*; se dit des feuilles pennées dont le pétiole commun ne se termine point par une foliole solitaire. On dit souvent : pennées sans impaire.

ABSCISION. ABSCISSION, *abscissio*, de *abscidere*, ôter. Terme de chirurgie, employé comme synonyme d'*excision*, pour indiquer l'action de couper une partie molle ; peu usité.

ABSENCE (des organes), s. f. *Absentia* ; privation réelle, par nature, et non par suite d'une soudure qui cache les organes ou d'un avortement qui les a empêchés de se développer. Dans les deux derniers cas, les lois de symétrie aident à distinguer l'*existence dissimulée* de l'*absence absolue*. En botanique, la présence d'un organe fournit des caractères positifs, son absence des caractères négatifs, généralement de moindre importance.

ABSINTHE, s. f., *Arthemisia absinthium*; plante vivace du genre *Armoise*, de la famille des Composées, tribu des corymbifères. Tige droite, haute de six à dix décimètres, dure, rameuse, couverte de feuilles blanchâtres, les supérieures pinnatifides aiguës, les florales entières ; fleurs petites, nombreuses, jaunâtres, disposées en petites grappes à l'extrémité du pédoncule. L'absinthe croît dans les lieux montueux, élevés. Les bestiaux la mangent malgré son amertume prononcée. — *Pharmacol.*, médicament *excitant*, *tonique* et *vermifuge*, composé, selon Braconnot, d'huile volatile, d'une matière résinoïde et d'une matière animale, très amères, de chlorophylle, d'albumine, de fécule, de sels, entre autres, de *succinate* de potasse, qu'on avait pris d'abord pour de l'*absinthate* de la même base. — Cette plante est employée en entier, plus spécialement les sommités fleuries ; on l'administre en poudre incorporée dans le miel, en infusion aqueuse ou vineuse, en teinture, en décoction, etc., à la dose de 64 à 150 grammes pour les grands animaux, et à celle de 5, 10 et 15 grammes chez les petits, selon la taille. — Elle excite toute l'économie par son principe essentiel : tonifie par ses principes amers, et stimule l'appareil urinaire par sa matière résinoïde et les sels alcalins qu'elle contient aussi. — Son action primitive se porte sur l'appareil digestif dont elle active les fonctions et détruit les parasites. — Elle est éliminée par les urines et le lait qu'elle imprègne de son amertume ainsi que la chair, quand son usage est prolongé. — On fait surtout usage de l'absinthe contre l'indigestion simple ou venteuse, l'inappétence, les maladies hydrohémiques des ruminants, et notamment la pourriture du mouton. L'infusion aqueuse sert de véhicule pour administrer les vermifuges aux grands animaux, et peut elle-même être utile contre les affections vermineuses des oiseaux de basse-cour.

ABSINTHÉ, adj. Se dit des préparations pharmaceutiques qui renferment de l'absinthe. Ex.: eau *absinthée, alcool, vinaigre absinthés.*

ABSOLU, adj.; *absolutus, d'absolvere*, parfaire, accomplir. Se dit, en chimie et en pharmacie, des corps qui ne renferment pas d'eau, et notamment de l'*alcool*, du *vinaigre*. (*V.* Anhydre.)

ABSORBANT, de *ab* de, et *sorbere*, boire. — *Vaisseaux absorbants;* ce sont des vaisseaux capillaires qui prennent les matériaux épars sur toutes les surfaces, pour les transporter dans le torrent de la circulation. (*V.* Absorption.) — *Pharmacol.*, médicaments propres à absorber ou neutraliser les liquides qui existent sur une surface quelconque. — On les distingue en *externes* et *internes*. — Les premiers sont employés sur les plaies, ulcères et autres solutions de continuité, pour en absorber le pus, l'ichor, le sang, etc., comme par exemple le charbon et l'agaric en poudre, l'étoupe hachée, la chaux vive ou son hypochlorite, etc. — Les absorbants internes sont destinés à neutraliser les principes acides surabondants contenus dans le tube digestif; on emploie surtout la magnésie calcinée, son carbonate, celui de chaux, les carbonates et bi-carbonates de potasse et de soude, etc. — Ils peuvent être utiles chez les jeunes animaux et ceux qui ont l'appétit dépravé. — *Phys.* On appelle *pouvoir absorbant*, la faculté qu'ont les corps d'absorber et de retenir une quantité plus ou moins grande des rayons de calorique qui tombent à leur surface. — Il est en raison directe du pouvoir *émissif*, et en raison inverse du pouvoir *réflecteur* (*V.* ces mots); son intensité est d'autant plus grande que la surface des corps est plus irrégulière et qu'elle présente une teinte plus foncée. (*V.* Mélanothermiques.) — *Hyg.* On donne le nom de *Litière absorbante* à celle qui est destinée à absorber les parties les plus fluides des matières excrémentitielles des animaux. (*V.* Litière.)

ABSORPTION, s. f. *Absorptio*. Ce mot désigne, en physiologie, l'ensemble des actions par lesquelles certains vaisseaux très ténus recueillent sur tous les points du corps des matériaux provenant du dehors ou appartenant au corps lui-même pour en former la masse du sang, une partie de ces matériaux devant servir à la nutrition et aux sécrétions, l'autre devant être rejetée par excrétion. On divise les absorptions en deux grandes classes: les *absorptions nutritives* et les *absorptions éventuelles*. Les premières, qui s'exercent constamment, ont été divisées en *externes*, celles qui agissent sur des matériaux venus du dehors, comme les absorptions *digestive* et *respiratoire*, et en *internes*, s'exerçant à l'intérieur du corps. Les absorptions nutritives internes sont au nombre de trois: 1° l'*absorption interstitielle* ou décomposante, qui concourt au mouvement de nutrition; 2° l'*absor-*

ption des sucs récrémentitiels, comme la graisse, la sérosité, la synovie, etc.; 3° l'*absorption d'une partie des sucs excrémentitiels* pendant leur séjour dans les réservoirs ou les canaux excréteurs. — Les absorptions *éventuelles*, qui ne se produisent qu'accidentellement, peuvent aussi être *externes* ou *internes*. Les premières ont lieu par les surfaces cutanée et muqueuse. Les internes s'exercent sur des matériaux produits par le corps lui-même, accidentellement retenus dans leurs réservoirs ou épanchés dans les parties voisines. Ces absorptions sont toujours utiles, tandis que les externes sont constamment nuisibles ou inutiles, à moins qu'on ne les provoque artificiellement dans un but thérapeutique. Les absorptions éventuelles modifient en général très peu les matières absorbées. — Les vaisseaux capillaires qui opèrent l'absorption ont reçu le nom général d'*absorbants;* mais on n'est pas d'accord sur le système vasculaire auquel ils appartiennent. Il n'y a aucune incertitude pour l'absorption du chyle qui s'opère par les lymphatiques chylifères; les opinions sont, au contraire, divisées sur la part que prennent les lymphatiques ou les veines à l'absorption des boissons, et surtout à celle des substances non digestibles introduites accidentellement dans l'économie. Les partisans de chaque opinion l'appuient de preuves si concluantes, que l'on ne peut refuser la propriété absorbante à l'un ni à l'autre des deux systèmes vasculaires pour lesquels ils l'invoquent. — *Botan.* Toutes les parties vertes des plantes peuvent absorber soit des liquides, soit des gaz. Envisagée comme fonction nutritive, l'absorption a lieu principalement par les spongioles ou extrémités radicellaires, par les feuilles, et même par l'extrémité coupée des branches, comme on le voit dans le mode de multiplication connu sous le nom de *bouture*. Son étendue doit nécessairement varier selon l'activité de la végétation; elle est toujours en raison directe du phénomène de l'évaporation. L'absorption n'introduit dans les plantes que des gaz ou des liquides; toutes les matières solides, si divisées qu'elles soient, quand elles ne sont point en dissolution dans un fluide, sont invinciblement repoussées. L'absorption n'est point un phénomène purement physique, une simple imbibition, puisqu'elle est subordonnée, jusqu'à un certain point, à la vie de la plante; mais elle n'est point non plus élective, car les végétaux absorbent les liquides et les gaz, de quelque nature qu'ils soient, dans lesquels ils sont plongés. — Pour l'absorption de l'humidité et du calorique par les terres, *V.* Hygroscopicité et Échauffement. — *Phys.* Action moléculaire attractive que les corps solides, très poreux, exercent sur les liquides et les gaz qui se trouvent en contact avec eux. — Cette action consiste dans l'introduction et la fixation des molécules liquides ou gazeuses dans les porosités des solides. — L'absorption des liquides constitue ce qu'on nomme *imbibition*. (*V.* ce mot.) — L'absorption gazeuse est surtout remarquable dans le charbon de bois. (*V.* ce mot.) — *Chim.* Ascension d'eau ou de mercure dans les appareils de chimie où l'on dégage un gaz ou une vapeur, et qui survient lorsque la tension du corps aériforme contenu dans l'appareil est moindre que celle de l'air environnant. — La pression atmosphérique fait alors monter le liquide dans l'appareil pour établir l'équilibre entre les deux tensions. — On prévient cet accident, qui peut être dangereux, par l'emploi des tubes de sûreté. (*V.* Tube.)

ABSTERGENTS, adj., *abstergentia*, d'*abstergere*, nettoyer. — Substances les plus propres à dissoudre et enlever les impuretés d'une surface quelconque. — Tels sont, indépendamment de l'*eau chaude*, le *savon vert*, les *carbonates alcalins*, et parfois aussi l'*alcool*, l'*essence de lavande*, le *vinaigre*, l'*éther*, etc., selon la nature des corps à enlever. (*V.* Détersifs.) — Ces moyens sont utiles dans les maladies psoriques, les solutions de continuité, etc.

ABSTERSION, s. f. *Abstersio*. Action de nettoyer une surface au moyen des substances abstergentes dans un but thérapeutique. (*V.* Abstergents.)

ABSTINENCE, s. f., du latin *abs*, de, *tenere*, tenir. Ce mot, employé en général pour désigner une privation volontaire, est usité quelquefois en vétérinaire dans un sens plus étendu, pour exprimer la privation absolue des aliments et des boissons. (*V.* Diète.)

ABSTRACTIF, s. m. *Abstractivus*, de *ab*, hors, et *trahere*, tirer. Nom donné anciennement aux produits retirés des plantes par la distillation.

ABUTILON, s. m. *Sida abutilon*, L.; plante annuelle de la famille des Malvacées, originaire de l'Inde et transportée depuis longtemps en Europe. L'Abutilon acquiert une hauteur de un mètre à un mètre et demi; son écorce, filamenteuse, préparée comme celle du chanvre, est employée en Chine à fabriquer des cordes et des tissus grossiers de peu de valeur.

ACACIA, s. m. *Acacia*; genre de plantes exotiques, de la famille des Légumineuses, tribu des mimosées. Ce genre ne renferme pas moins de 250 espèces toutes exotiques, et originaires, pour la plupart, de la Nouvelle-Hollande. *Acacia* (faux). (*V.* Robinier.)

ACANTHACÉES, s. f. *Acanthaceæ*; famille nombreuse de plantes dycotylédones, composée d'herbes et d'arbrisseaux originaires des contrées chaudes du globe, rares même dans le midi de l'Europe. Cette nombreuse famille n'est représentée en France que par le genre *Acanthe*.

ACANTHE, s. f. *Acanthus mollis*, L.; plante de la famille des Acanthacées, dont les feuilles ont servi quelquefois à préparer des décoctions émollientes pour lavements.

ACARDIE, de α privatif et καρδία, cœur; absence du cœur dans certains fœtus affectés d'autres monstruosités. L'acardie a été regardée, par erreur, comme pouvant se rencontrer chez des sujets d'ailleurs bien conformés.

ACARE, ACARUS, s. m., du grec α privatif et καρω, je coupe. Petit animal articulé de la classe des *arachnides*, de la subdivision des *sarcoptes*, de Latreille, qu'on rencontre dans les vésicules de la gale, tant chez l'homme que chez les animaux. Ce sont les recherches de Linnée, de De Geer, de Fabricius, de Latreille qui ont le plus contribué à faire connaître le sarcopte de l'homme. Gohier a parlé de l'acare du cheval et de celui du bœuf; M. Walz, vétérinaire allemand, a observé cet insecte sur le mouton; on trouve aussi l'acare dans la gale du chien, dans celle du chat. D'après la description donnée par M. Raspail, l'acare du cheval est plus volumineux que celui de l'homme; il a le corps blanc; l'extrémité de la tête est brune; les pattes sont garnies de ventouses; deux longs poils existent au bout des tarses; le mâle est plus petit que la femelle. On ne peut pas contester l'existence de l'acare; cet insecte existe fréquemment sur le cheval dans la gale invétérée de l'encolure et du dos; on le voit se mouvoir, pour peu qu'on examine avec attention, même à l'œil nu, les croûtes qui recouvrent la peau de l'animal, quelle que soit la température extérieure. Doit-on regarder les acares comme étant la cause prochaine de la gale? Leur présence est-elle constante dans cette maladie? Ces questions ne sont pas encore résolues. Transportés d'un animal à un autre sujet de la même espèce, les acares peuvent transmettre la gale. Placés sur des individus d'espèce différente, ils périssent et ne donnent pas naissance à une affection psorique. Pour détruire les acares, on se sert des préparations pharmaceutiques indiquées dans le traitement de la gale.

ACAULE, adj., *acaulis*; de α priv., et καυλός tige; se dit d'une plante qui n'a pas de tige. En réalité, parmi les plantes auxquelles on donne ce nom, il en est très peu qui soient absolument privées de tige: cette épithète est donc souvent employée d'une manière comparative, et désigne alors l'absence d'une tige apparente.

ACCABLEMENT, s. m. Diminution des forces vitales, synonyme d'Abattement. *V.* ce mot.

ACCÉLÉRATEUR, atrice, adj. Nom donné à un agent ou à une force qui, agissant continuellement sur les corps, leur communique un mouvement accéléré. (*V.* ce mot.) On nomme encore les forces de ce genre, forces *continues*, à cause de la continuité de leur action; telle est par exemple la Pesanteur. (*V.* ce mot et Force.)

ACCÉLÉRATEUR, ad. et s. m., *accelerator*, qui accélère, qui presse. *Muscle accélérateur*: muscle fixé aux deux bords de la scissure uréthrale du corps caverneux, et recouvrant l'urèthre qu'il comprime par sa contraction. C'est le *périnéo-uréthral* de M. Girard.

ACCÉLÉRATION, s. f. Augmentation de vitesse. Ce terme est employé pour indiquer l'augmentation de vitesse de quelques fonctions, de quelques mouvements. Il y a *accélération du pouls*, quand les artères battent plus rapidement qu'à l'état normal ; *accélération de la respiration*, quand les mouvements de la poitrine sont plus fréquents dans un temps donné.

ACCÉLÉRÉ, adj. (Mouvement.) C'est celui dans lequel les espaces parcourus vont en augmentant dans des temps successifs égaux. Il peut être *uniforme* ou *varié*. Le mouvement est dit *uniformément accéléré*, lorsque la force qui agit sur le mobile est *constante ;* alors la *vitesse* croit proportionnellement au temps, et l'*espace* parcouru proportionnellement au *carré* du temps (*V.* CHUTE des corps.) — Le mouvement accéléré est *varié*, lorsque la force qui le produit varie d'intensité pendant le temps qu'elle agit. *V.* MOUVEMENT.)

ACCÈS, s. m. *accessus*, de *ad* vers, *cedere* venir ; ensemble de symptômes qui apparaissent et cessent ensuite pour se reproduire. En pathologie, ce temps a plusieurs acceptions différentes ; on l'emploie souvent pour désigner la réapparition des symptômes de l'épilepsie, de la rage ; quelquefois il est synonyme des mots *paroxysme*, *attaque*, qui s'appliquent seulement à l'exacerbation des symptômes d'une maladie continue. Ce mot est spécialement employé en médecine pour l'apparition des maladies susceptibles de retour périodique, comme les fièvres.

ACCESSOIRE, adj. et s. *accessorius*, qui se rattache, qui est ajouté. — *Sciences accessoires :* celles qui forment le complément, sans être la base essentielle d'une étude spéciale. En anatomie, on nomme *Accessoire de Willis* le nerf de la onzième paire, ou trachélo-dorsal.

ACCIDENT, s. m. de *accidere*, arriver, malheur, cas fortuit. Dans le langage ordinaire ce mot s'applique à un événement imprévu et funeste. — En médecine, on appelle *accident* d'une maladie une complication qui tend à l'aggraver ; *symptôme accidentel*, un symptôme qui ne se montre pas ordinairement. Pendant qu'on pratique une opération, des *accidents* peuvent se montrer et inspirer quelques craintes ; on observe des hémorrhagies, des phénomènes nerveux, la syncope. On appelle *accidents*, quelques terminaisons fâcheuses, telles que l'ulcération, la gangrène, etc. — Sous le rapport de l'étiologie, on dit que l'animal a éprouvé un *accident*, quand une cause mécanique a agi sur lui avec violence ; une chute est un *accident ;* on donne également ce nom à l'introduction d'un corps étranger dans les tissus.

ACCIDENTEL, adj., *adventitius*, qui arrive, qui se produit accidentellement, par cas fortuit. Symptômes *accidentels*. (*V.* ACCIDENT). M. de Candolle appelle *réservoirs accidentels* les cavités qui se forment accidentellement dans les végétaux, et se remplissent, par infiltration, de sucs propres, sécrétés ailleurs. On en trouve souvent dans la moelle des Conifères, où la résine s'amasse.

ACCLIMATATION, s. f. Les animaux domestiques, ainsi que l'homme, peuvent vivre sous des latitudes fort diverses. Mais ce privilége appartient à l'espèce et non à l'individu. Lorsque celui-ci quitte le climat auquel il était habitué pour habiter un climat différent, il éprouve un ensemble d'effets auquel on a donné le nom d'*Acclimatation*. — Le mot de *climat* doit être pris ici, non dans le sens que lui donnent les géographes, mais dans celui qu'ont adopté les médecins et les vétérinaires, c'est-à-dire, comme synonyme de localité. En effet, les climats hygiéniques varient sous une latitude donnée, et l'on voit souvent les jeunes animaux subir une véritable acclimatation, en passant d'une vallée dans une autre vallée située à quelques kilomètres de la première, et dans des conditions en apparence semblables. — Les effets de l'acclimatation sont généralement proportionnés à la différence des climats ; ils sont, non pas absolument, mais jusqu'à un certain point, subordonnés aux circonstances de nourriture, de travail, de régime, etc. Peu sensibles et bornés à une modification passagère de l'état de santé, lorsque la localité où se fait l'acclimatation diffère peu du climat antérieurement habité, ils constituent quelquefois un changement profond de l'organisme, et provoquent, en quelque sorte, la *création* d'un individu nouveau, au point qu'un second acclimatement devient nécessaire, lorsque le retour au premier climat a eu lieu. C'est ce qui se remarque pour les Européens qui ont vécu dans les Indes, dans les Antilles, etc. — Le résultat définitif de l'acclimatation, c'est l'aptitude à vivre de la vie commune de l'espèce sous un climat nouveau, c'est la tendance naturelle à revêtir les caractères généraux des races indigènes. Or, ce fait ne nous paraît pas avoir été toujours parfaitement apprécié de ceux qui ont exécuté ou proposé des importations d'animaux étrangers. — L'obscurité qui règne encore aujourd'hui, en hygiène vétérinaire, sur la question de l'acclimatement, malgré les dissertations savantes de Buffon, Bourgelat, Huzard père, et de tous les hippologues modernes, tient à ce que, d'une part, on a fait du climat tantôt une fatalité s'appesantissant inévitablement sur les races pour les faire dégénérer, tantôt quelque chose d'abstrait, une espèce d'être de raison qui agit ou n'agit pas ; mais, dans tous les cas, n'agissant jamais au-delà des besoins de la théorie ; à ce que, d'autre part, on s'est plu à imaginer des conditions uniformes de régime, comme si elles ne devaient pas invinciblement varier selon les lieux. Il est résulté de cette confusion deux opinions opposées et absolues : suivant l'une, l'*acclimatation amène nécessairement la dégénération ;* selon l'autre, elle n'est qu'un *accident hygiénique*. La doctrine de Buffon et de Bourgelat a été convenablement appréciée ; celle des défenseurs du pur sang ne s'appuie guère que sur un fait, la création et l'entretien de la race anglaise. On sait où ce *fait* conduit les races chevalines de France. — L'acclimatement, quoi qu'on en ait dit, est une lutte entre la nature vivante, altérable et perfectible jusqu'à certain degré, et le climat, le régime nouveau. Dans cette lutte, il y a changement de constitution et de forme ; or, le pur sang, produit *varié* d'influences variables, jouit-il du privilége de conserver le fond indépendant de la forme? Ce point de doctrine, auquel on en a subordonné tant d'autres, ne renferme cependant qu'une partie de la question. — L'observation prouve que les animaux appartenant à des races anciennes, bien déterminées, les animaux jeunes, ceux qui ont vécu dans un climat caractérisé, ressentent plus fortement que les autres l'influence d'un changement de climat, et exigent, lorsqu'ils y sont condamnés, plus de soins, plus de précautions. Ces soins consistent dans le choix d'un régime, d'une nourriture, d'un travail, etc., etc., qui établissent une transition graduelle entre les conditions que les animaux viennent de quitter et celles où ils doivent vivre désormais. *V.* le mot DÉGÉNÉRATION. — Il est essentiel de distinguer l'*acclimatation* des individus et des races, de la *naturalisation* qui s'applique aux espèces. *V.*, pour ce qui a trait à ce sujet, le mot NATURALISATION. — Les espèces végétales ont aussi leur acclimatation ; elles sont moins *cosmopolites* que les espèces animales; leur habitation, leur station est généralement plus limitée. Toutefois, il en est qui sont susceptibles de vivre et de se reproduire naturellement sous des latitudes très différentes : ainsi les céréales que l'on trouve dans tous les lieux habités par l'homme. Pour les plantes, l'acclimatation et la naturalisation se confondent; elles périssent infailliblement, si elles ne trouvent pas dans le climat nouveau les conditions de libre végétation. Les plantes que nous conservons dans nos serres chaudes ne sont pas plus acclimatées que les serpents apportés de l'Inde dans des boites remplies de flanelle. *V.* aussi sur ce sujet le mot NATURALISATION.

ACCLIMATEMENT, s. m. *V. Acclimatation.* Ces deux termes, consacrés par l'usage, ont la même signification.

ACCOLAGE, s. m. ; action d'attacher, d'accoler les ceps de la vigne, les branches des arbres à un mur, à un treillage, à un échalas, au moyen d'accolures. L'accolage a pour but de soutenir les tiges et les rameaux, de soustraire les fruits à l'humidité de la terre, de les exposer aux rayons du soleil.

ACCOLURE, s. f.; lien de jonc, d'osier, de paille, etc., dont se servent les jardiniers et les vignerons pour l'accolage.

ACCOMBANT, adj. : on appelle *Accombants* les cotylédons qui se trouvent avec la radicule dans des rapports tels que celle-ci, couchée latéralement, se trouve à côté de la commissure qui résulte du rapprochement des cotylédons.

ACCOMPAGNEMENT, s. m. ; terme de chirurgie, qui désigne la matière mucilagineuse, blanchâtre de la capsule du cristallin, lors de l'existence de la *cataracte.* On donne aussi ce nom aux fragments de la membrane cristalline devenue opaque.

ACCORD, s. m., t. de manège ; accord dans les moyens d'action du cavalier, *harmonie d'action;* dans les rapports du cavalier et du cheval, *harmonie de position.*

ACCOUCHEMENT. *V.* PARTURITION.

ACCOUPLE, s. f., du latin *copula*, attache ; lien qui sert à attacher plusieurs animaux l'un à côté de l'autre.

ACCOUPLEMENT, s. m. *Copulatio*; rapprochement de deux individus, de sexe différent, pour l'acte de la génération. *V.* MONTE, LUTTE. Dans les végétaux, où il n'existe pas d'accouplement proprement dit, l'imprégnation pollinique prend le nom de *fécondation.*

ACCOUPLER, v. a., *copulare;* réunir le mâle et la femelle pour la génération. — Se dit aussi de l'action de placer deux bœufs sous le même joug. *V.* APPAREILLAGE. — *Accoupler deux chiens,* les attacher ensemble avant ou après la chasse; on dit aussi *coupler.* — ACCOUPLER (s'), se rapprocher pour l'acte de la génération.

ACCRESCENT, adj. *Accrescens*, de *ad* vers, et *crescere* croître ; se dit d'un organe qui continue à croître après avoir rempli une fonction principale. Le style est accrescent dans les *Clématites;* le calice l'est d'une manière fort remarquable dans l'*Alkékenge.*

ACCROISSEMENT, s. m. *Accretio, incrementum.* Augmentation de la masse d'un corps par l'addition de nouveaux matériaux. L'accroissement diffère beaucoup suivant qu'on le considère dans les corps inorganiques ou organiques. Dans les premiers, il a lieu par juxtà-position, c'est-à-dire que de nouvelles molécules viennent s'ajouter à la surface du corps existant, par les seules forces physiques et sans que celui-ci leur fasse subir aucune élaboration. Les matériaux doivent donc se présenter entièrement semblables à ceux qui forment le corps, et l'accroissement n'a pas de limites définies. — Dans les plantes et les animaux, au contraire, l'accroissement a lieu par intus-susception; des matériaux sont introduits de l'extérieur à l'intérieur, et ne s'ajoutent à l'individu qu'après une modification exercée par les organes qui en rejettent une partie comme impropre à l'assimilation. L'accroissement, dans les corps organiques, n'est pas indéfini. Toutefois, il présente des limites bien plus tranchées dans les animaux que dans les végétaux. L'abondance et la qualité des matériaux nutritifs exercent une influence beaucoup plus grande sur l'accroissement des plantes que sur celui des animaux. Chez les vertébrés vivipares, l'accroissement, très rapide surtout dans la seconde moitié de la vie fœtale, ne se termine que lorsque les épiphyses ont achevé de se souder aux os auxquels elles appartiennent. — *Bot.* Les plantes, comme les animaux, s'accroissent dans toutes leurs parties. Ce phénomène, étant le résultat de l'assimilation, ne peut avoir lieu que par la formation d'utricules nouvelles, de nouveaux vaisseaux, et par le développement des organes élémentaires déjà existants. Les végétaux puisent les matières de leur accroissement dans le milieu où ils sont plongés, dans le sol où s'implantent leurs racines. Mais un petit nombre d'éléments leur suffit pour se constituer eux-mêmes et élaborer les produits particuliers qui les distinguent. La durée de l'accroissement total est en rapport avec la durée des plantes : pour les unes, il est terminé en quelques heures ; pour d'autres, il semble pouvoir se continuer jusqu'à ce que des causes violentes l'aient suspendu en détruisant les végétaux. Dans la vie d'une même plante, il ne se fait point d'une manière uniforme et constante : ses époques sont celles du mouvement de la sève, le printemps et l'automne pour nos climats. Elles peuvent être provoquées et même retardées, jusqu'à un certain point, par des moyens artificiels. — L'accroissement est aussi plus rapide au grand jour que dans l'obscurité ; la lumière, la chaleur, l'humidité, l'électricité, certains corps, généralement actifs, assimilables par les végétaux, le favorisent. Tout le monde connaît les effets du *forçage* des plantes dans les bâches ou dans les serres. — La différence d'organisation des végétaux dans les trois divisions générales du règne doit nécessairement apporter des modifications dans la manière dont leur accroissement s'effectue. Ces différences seront indiquées aux mots *Tige* et *Racine*.

ACCULER (s'), v. p.; on dit qu'un *cheval s'accule*, lorsque, manié sur les voltes, il marche de côté en rapprochant sa croupe du centre : quand il recule vers un obstacle et y reste fixé contre la volonté du cavalier, ou encore quand il se jette brusquement sur les jarrets, au moment où on l'arrête.

ACÉPHALE, de α privatif, et κεφαλή tête. Genre de monstres acéphaliens, dont le corps est irrégulier, mais avec des régions distinctes, le thorax complet ou incomplet et portant les deux membres thoraciques, ou au moins l'un d'eux. — En histoire naturelle on désigne sous le nom d'ACÉPHALES un ordre de mollusques, caractérisé par l'absence de la tête. Ex. l'huître.

ACÉPHALIE, *Acephalia;* s. f. privation de la tête.

ACÉPHALIENS, adj.; monstres chez lesquels la tête manque entièrement ou qui n'en possèdent que quelques vestiges appréciables seulement par la dissection. M. I. Geoffroy-Saint-Hilaire les distingue en trois genres : *Acéphales, Péracéphales, Mylacéphales.* (*V.* ces mots.)

ACÉPHALOCYSTES, s. f., de α privatif, κεφαλή tête et κύστις vessie. Ce nom a été donné par Laënnec à quelques-uns des vers vésiculaires, appelés *hydatides* par les anciens. Les acéphalocystes ont la forme d'une vessie membraneuse, transparente, dont le volume varie depuis celui d'une tête d'épingle jusqu'à la grosseur d'une orange. Leurs parois sont minces, transparentes, sans fibres, quelquefois parsemées de petites taches blanches ; leur couleur est grisâtre ou laiteuse. Dans leur cavité se trouve un liquide limpide, incolore, ayant la consistance de l'eau albumineuse. Ces vers vésiculaires ont l'apparence d'une gelée tremblottante : leur enveloppe peut être déchirée facilement : ils se vident aussitôt. Quelquefois on trouve sur leur face externe de petits corps blancs, oviformes, pouvant acquérir le volume d'un grain de chenevis et même d'un pois ; on les a regardés comme des bourgeons, des acéphalocystes naissantes, qui se détachent et se développent à leur tour. Des granulations apparentes se montrent à l'intérieur de quelques acéphalocystes. — Ces vers peuvent se développer dans les divers tissus mous des animaux, dans les cavités splanchniques : leur présence fait naître dans quelques cas des lésions funestes. — On rencontre des acéphalocystes dans tous les animaux, surtout dans les petits ruminants : elles sont communes dans la cavité du péritoine. Se développant dans les ventricules du cerveau, elles compriment cet organe et produisent le *tournis*. — On ne connaît pas de moyen thérapeutique certain contre les acéphalocystes. Les naturalistes distinguent quatre espèces d'acéphalocystes : *Acephalocystis ovoïdea, A. granulosa, A. surculigera, A. ramosa.* M. Cruveilhier en signale deux espèces : 1° l'acéphalocyste solitaire, *A. eremita,* commune dans le poumon et le foie des ruminants ; 2° l'acéphalocyste multiple, *A. socialis,* fréquente chez l'homme.

ACÉRACÉES, s. f. *Aceraceæ :* famille de plantes dicotylédones, habitant surtout les régions tempérées et boréales de notre hémisphère. Ses genres sont peu nombreux, le principal est le genre *Érable.*

ACERBE, adj. *acerbus,* de *acer* âcre : qualité de certaines substances qui produisent sur l'organe du goût une astriction accompagnée d'amertume et d'acidité. Les fruits avant leur maturité, celui du sorbier notamment, le brou de noix, le verjus extrait des pommes sauvages, etc., produisent cet effet. — Ces corps sont toniques et astringents.

ACERBITÉ, adj.; qualité des substances acerbes. (*V.* ce mot.) Elle est due à la présence des acides malique, tannique, gallique, etc.

ACÉRÉ, adj., de *acus,* aiguille, terminé en pointe aiguë, par exemple les feuilles du pin.

ACÉREUX, adj. *V.* ACICULAIRE.

ACÉRINÉES. *V.* ACÉRACÉES.

ACÉTAL, s. m. — $C^8 H^9 O^3$. — Produit particulier découvert par *Doebereiner,* et dont la composition est représentée par un équivalent *d'éther* et une proportion *d'aldéhyde.* (*V.* ces mots.) Il se forme lorsque les vapeurs d'alcool sont mises en contact avec l'éponge de platine, en présence de l'air. C'est un liquide incolore, très fluide, d'odeur vineuse, d'une densité de 0,823, bouillant à 90°. — Il se dissout dans six à sept fois son volume d'eau et se mêle en toute proportion avec l'alcool. Les alcalis, aidés de la chaleur, le détruisent.

ACÉTATES, s. m., *Acetas*, *d'acetum*, vinaigre. — Sels formés par l'union de l'acide *acétique* avec les bases. Ils peuvent être acides, neutres ou basiques, et s'obtiennent par l'action directe de l'acide sur les bases ou sur leurs carbonates, ou encore par double décomposition. — Chauffés, les acétates se boursouflent, noircissent, et donnent, en se décomposant, des produits d'odeur acéteuse, dont la nature varie selon la base du sel ; c'est tantôt de l'acétone, tantôt de l'acide acétique, et tantôt enfin l'un et l'autre. — Ils sont solubles dans l'eau et l'alcool, et facilement décomposables par l'acide sulfurique, qui en dégage une odeur de vinaigre caractéristique. Le perchlorure de fer produit dans leur solution une coloration rouge, due à la formation d'acétate de fer coloré et soluble. Les nitrates de mercure et d'argent y forment des précipités blancs nacrés, peu solubles dans l'eau.

ACÉTATE D'ALUMINE. $Al^2 O^3 \bar{A}^3$. On obtient ce sel par double décomposition. 1° Dans les laboratoires, pour l'avoir pur, on décompose l'acétate de baryte par le sufate d'alumine ; 2° dans les arts, on mélange une solution d'alun avec l'acétate de plomb. Il est incristallisable, d'aspect gommeux, très astringent, fortement soluble dans l'eau ; il se décompose aisément sous l'influence de la chaleur et par l'action des acides. — Usité comme mordant dans les fabriques de toiles peintes, ce sel a été préconisé pour embaumer les cadavres et conserver les matières animales. — En médecine, il pourrait être utile comme astringent.

ACÉTATE D'AMMONIAQUE. — $Az H^3 \bar{A}. + Aq.$ — Ce sel existe, mais en petite quantité dans l'urine putréfiée ; — On le prépare dans les laboratoires en distillant parties égales de chlorhydrate d'ammoniaque et d'acétate de potasse pulvérisés et mélangés. Il est alors acide, mais on peut l'amener à l'état neutre au moyen du gaz ammoniac sec. — Ce sel est solide, blanc, cristallisé en longues aiguilles déliquescentes, de saveur fraîche et piquante, et soluble en toute proportion dans l'eau et dans l'alcool. — *Pharmacol.*; *acétate d'ammoniaque liquide*, *esprit de Mendererus*; médicament excitant, diffusible, antiputride et antispasmodique. On le prépare dans les pharmacies en saturant l'ammoniaque liquide ou son carbonate, avec l'acide pyroligneux étendu, et concentrant ensuite la liqueur jusqu'à 5° Baumé. — Autrefois on l'obtenait en se servant du carbonate d'ammoniaque provenant de la distillation de la corne de cerf ; il contenait alors de l'huile empyreumatique qui le colorait et augmentait son activité : c'était le véritable esprit de *Mendererus*. On l'administre à l'intérieur en solution dans l'eau ou le vin, à la

dose de 60 à 250 grammes pour les grands animaux, et à celle de 5, 10, 15, chez les petits, selon leur taille et leur espèce. — Il produit, sur toute l'économie, une action stimulante, régularise l'activité nerveuse, pousse le sang du centre à la circonférence, facilite ses mouvements dans les capillaires, et détermine la diaphorèse et la diurèse. Contrairement aux autres préparations ammoniacales, il produit peu d'irritation locale, ce qui le rend précieux pour l'usage interne. — Il est particulièrement employé contre les affections putrides, comme le charbon, le typhus, la clavelée confluente, la gangrène, la morve aiguë, les résorptions purulentes, la phlébite, etc. — A l'extérieur, il est rarement usité.

ACÉTATE D'ARGENT. — $Ag \bar{A}$. — Ce sel s'obtient facilement en décomposant le nitrate d'argent par un acétate alcalin, ou en dissolvant l'oxyde d'argent dans l'acide acétique. — Il est solide, en aiguilles légères, nacrées, très peu solubles dans l'eau, décomposables par la chaleur et les acides.

ACÉTATE DE CHAUX. $Ca O \bar{A} + Aq.$ — *Terre foliée calcaire.* — Ce sel existe dans la sève de quelques plantes. On le prépare en traitant la craie par l'acide acétique étendu. — Il est solide, en aiguilles blanches, satinées, très hygroscopiques, solubles dans l'eau et l'alcool, d'une saveur âcre et salée. Chauffé à 100°, ce sel perd son eau, devient pulvérulent et phosphorescent dans l'obscurité. — Ce sel est un astringent et un dessiccatif puissant. Il a été conseillé en injections contre le catharre nasal chronique du cheval, les fistules ; en applications sur les ulcères sanieux, les crevasses et autres solutions de continuité anciennes.

ACÉTATES DE CUIVRE. Le bioxyde de cuivre et l'acide acétique peuvent se combiner en diverses proportions et donner naissance à plusieurs acétates. Les deux suivants, seuls, sont employés en médecine vétérinaire : 1° *Acétate neutre.* — $Cu O \bar{A} + HO.$ — *Verdet cristallisé, cristaux de Vénus.* — Ce sel s'obtient en traitant le vert-de-gris par l'acide acétique, évaporant la solution et faisant cristalliser. — Il est solide, cristallisé en prismes rhomboïdaux, d'un vert bleuâtre foncé, d'une saveur styptique, efflorescent à l'air ; il devient blanc en perdant son eau de cristallisation, donne de l'acide acétique et de l'*acétone* (*V.* ce mot) à la distillation, et brûle à l'air lorsqu'on le chauffe vivement. — Il se dissout dans cinq fois son poids d'eau. — Il sert à préparer le *vinaigre radical*. — 2° *Acétate bibasique.* — $2 Cu O \bar{A} + 6 HO.$ — *Vert-de-gris.* — Celui du commerce est un mélange d'acétate sesquibasique, de couleur bleuâtre, et d'acétate bibasique, d'un vert pâle. On le prépare en plaçant des lames de cuivre dans du marc de raisin en fermentation et le détachant à mesure qu'il se forme. — Il est solide, amorphe, en poudre d'un vert pâle, bleuâtre ; inaltérable à l'air, il est décomposable au feu. — Mis en contact avec l'eau, il se transforme en acétate neutre soluble et acétate tribasique insoluble qui se précipite. — *Pharmacol. Acétate neutre*, médicament astringent et caustique. Donné à l'intérieur, il provoque le vomissement chez les carnivores, et détermine, chez les herbivores, une inflammation gastro-intestinale mortelle. L'antidote de ce poison est surtout le sulfure de fer hydraté : le blanc d'œuf et le sucre peuvent être utiles aussi. A l'extérieur, il agit comme astringent fort et léger escarrhotique. On l'emploie rarement parce qu'il dissout l'albumine des tissus et peut être absorbé. — *Acétate bibasique*. Le vert-de-gris est astringent et dessiccatif. A l'intérieur, il est vénéneux comme le précédent. A l'extérieur, il est employé comme dessiccatif contre le piétin commençant, les eaux aux jambes, les crevasses, les dartres rongeantes, les plaies et ulcères, etc. Il entre dans la composition de l'onguent égyptiac et forme la base de la pommade dessiccative de Rodier. (*V*. POMMADE.)

ACÉTATES DE FER. L'un est à base de protoxyde = Fe O Ā, et s'obtient par la double décomposition du protosulfate de fer et de l'acétate neutre de plomb. Il est solide, cristallisé en aiguilles fines, d'un vert très clair, très soluble dans l'eau et facilement altérable à l'air. L'autre est à base de deutoxyde = Fe² O³ Ā. On l'obtient par double décomposition ou en faisant agir l'acide acétique étendu d'eau sur le peroxyde de fer ou sur la limaille de fer. Il est liquide, incristallisable, d'une couleur rouge-brun foncé, très astringent au goût ; il se dissout en toute proportion dans l'eau qui le décompose, lorsqu'elle est bouillante. Ces deux acétates, surtout le dernier, peuvent être employés à l'intérieur comme toniques et astringents, et à l'extérieur comme astringents et dessiccatifs.

ACÉTATES DE MERCURE. Il en existe deux, l'un à base de protoxyde, l'autre à base de deutoxyde : 1° Le *protoacétate* = Hg² O Ā, *terre foliée mercurielle*, s'obtient facilement en décomposant le protonitrate de mercure par l'acide acétique concentré ou par un acétate alcalin ou terreux. Il cristallise en lames blanches, nacrées, anhydres, très peu solubles dans l'eau, insolubles dans l'alcool et noircissant sous l'influence de la lumière. — 2° Le *deutoacétate de mercure*=HgO Ā, se prépare facilement en traitant l'oxyde rouge de mercure par l'acide acétique, concentrant ensuite la solution. Il est en lames blanches ou en masses boursoufflées incolores ; il se dissout dans l'eau froide, mais l'eau bouillante le décompose et laisse déposer une poudre rouge de deutoxyde de mercure. L'alcool, les alcalis et la chaleur, produisent le même effet. Autrefois employés chez l'homme, ces sels le sont peu maintenant.

ACÉTATE DE MORPHINE. = M̄ Ā + Aq. Ce sel s'obtient en dissolvant la morphine dans l'acide acétique étendu et évaporant lentement la solution. Il cristallise difficilement et se présente sous la forme d'une poudre grisâtre, très soluble dans l'eau et l'alcool, et rapidement altérable à l'air : il perd une partie de son acide et se change en un mélange de morphine et d'acétate : ainsi altéré, il a perdu de sa solubilité : aussi ajoute-t-on quelques gouttes d'acide acétique avant de l'administrer en solution. Il est rarement employé en médecine vétérinaire à cause de son prix et de son altérabilité très rapide.

ACÉTATES DE PLOMB. Il en existe plusieurs parmi lesquels l'acétate neutre et l'acétate tribasique sont seuls employés en médecine vétérinaire : 1° *Acétate neutre* = Pb O Ā + 3HO. — *Sel ou sucre de saturne*, etc. On prépare ce sel en traitant la litharge par l'acide acétique étendu, concentrant la dissolution et faisant cristalliser. Il est solide, blanc, cristallisé en prismes à quatre pans terminés par des sommets dièdres et contenant 15 pour 100 d'eau de cristallisation. Sa saveur, d'abord sucrée, devient ensuite âpre et styptique. Il se dissout dans une partie et demie d'eau et dans huit d'alcool. A l'air, il s'effleurit, perd de son acide et se carbonate. Il fond à 58° et perd son eau : à une température élevée, son acide se décompose en *acétone* et acide carbonique. Sa solution aqueuse dissout à froid et à chaud une nouvelle quantité de litharge et se transforme en sel tribasique. — 2° *Acétate tribasique*. = 3 Pb O Ā. — *Sous-acétate de plomb, extrait de Saturne*. On le prépare, 1° en faisant bouillir trois parties d'acétate neutre, une partie de litharge porphyrisée dans neuf parties d'eau et concentrant la liqueur jusqu'à 30° Baumé : 2° en dissolvant cent parties de litharge dans mille de vinaigre et chauffant jusqu'à dissolution complète. On peut l'obtenir solide, en masses blanchâtres formées d'aiguilles entre-croisées; mais il est habituellement liquide, visqueux, blanc ou jaunâtre, très altérable à l'air dont il attire l'acide carbonique. Il se dissout dans l'eau pure et se transforme en acétate neutre et acétate sexbasique. Dans l'eau ordinaire, il forme un abondant précipité blanc par l'acide carbonique, les carbonates, sulfates et chlorures qu'elle contient : la solution laiteuse qui en résulte porte les noms vulgaires d'*eau blanche*, d'*eau végéto-minérale*, et d'*eau de Goulard*, quand on y a ajouté un peu d'alcool. L'acétate tribasique précipite la gomme, l'empois, le tannin, les matières extractives des végétaux, mais il ne précipite pas le sucre. Il précipite aussi les principes protéiques végétaux et animaux. — 3° *Acétates de plomb. Pharmacol*. médicaments astringents et dessiccatifs, très fréquemment employés à l'extérieur, surtout l'acétate tribasique. Donnés à l'intérieur, ils resserrent le tube intestinal, en supprimant les sécrétions et produisent ce qu'on nomme *colique de plomb* ou *saturnine*, contre laquelle les sulfates alcalins et l'eau acidulée par l'acide sulfurique sont les meilleurs moyens à mettre en usage. A l'extérieur, le sous-acétate en dissolution dans l'eau est fréquemment usité en lotions, bains, injections, etc., contre les écoulements muqueux du nez, des oreilles, des yeux, de l'urètre, du vagin, du rectum, des trajets fistuleux etc. On en fait également usage contre les eaux aux jambes, les crevasses du pli des articulations, les dartres humides, les plaies anciennes, les ulcères, etc., comme dessiccatif ; enfin, à titre de défensif, on l'emploie contre les brûlures, les contusions récentes, les efforts articulaires, la fourbure du cheval, l'aggravée du chien, etc. Il entre aussi dans la confection des cérats, pommades et onguents dessiccatifs. (*V.* ce mot.)

ACÉTATE DE POTASSE. K O Ā. *Terre foliée du tartre, terre foliée végétale.* Ce sel existe dans la sève de quelques arbres. On le prépare en saturant incomplétement l'acide acétique étendu par le carbonate de potasse, évaporant à siccité la solution et renfermant immédiatement le produit dans des flacons bien bouchés. Il est solide, blanc, d'une saveur fraîche et salée ; il cristallise difficilement et attire l'humidité de l'air avec tant d'activité qu'il se résout bientôt en liquide. Il se dissout en grande quantité dans l'eau et l'alcool ; la dissolution aqueuse peut prendre à chaud une certaine quantité de sulfate de plomb qu'elle abandonne en se refroidissant. — *Pharmacol.* Ce corps est un médicament *diurétique, acidule, fondant* et même *purgatif*, selon les doses. Donné aux grands animaux à la dose de 30 à 45 grammes, il excite la sécrétion urinaire, augmente l'appétit et facilite la digestion dans le petit intestin ; aussi l'a-t-on conseillé dans la fièvre gastro-hépatique, l'ictère, l'engorgement du foie, etc. A la dose de 60 à 100 grammes, il purge légèrement. Pour les petits animaux, il convient de le donner à la dose de 4, 8 ou 12 grammes, selon le volume et la force des sujets.

ACÉTATE DE SOUDE. — Na O Ā + 6 H O. — *Terre foliée minérale.* On peut obtenir ce sel en saturant l'acide acétique par le carbonate de soude ; mais le commerce le fournit en grande quantité en faisant réagir le sulfate de soude sur l'acétate de chaux provenant de la fabrication de l'acide pyro-ligneux. — Ce sel est solide, blanc, de saveur fraîche et salée ; il cristallise en prismes rhomboïdaux ; il est inaltérable à l'air, se dissout dans trois parties d'eau et cinq d'alcool. Chauffé, il éprouve la fusion aqueuse, puis la fusion ignée, et peut supporter la chaleur rouge-sombre sans se décomposer. — *Pharmacol.* Ce sel jouit des mêmes propriétés que l'acétate de potasse. Il mériterait la préférence comme moins altérable et d'un prix moins élevé.

ACÉTEUX. *V.* Acide.

ACÉTIFICATION, s. f. *Acetificatio.* On nomme ainsi la transformation des liqueurs alcooliques en acide *acétique.* C'est une véritable oxydation de l'alcool. Elle a lieu pendant la fermentation acide (*V.* ce mot), et lorsque des vapeurs d'alcool sont, en présence de l'air, en contact avec un ferment ou avec de l'éponge de platine. Il paraît démontré que dans cette opération, l'alcool, avant d'arriver à l'état d'acide acétique, forme un composé intermédiaire appelé *aldéhyde*). *V.* ce mot.)

ACÉTIQUE, s. m. *V.* Acide.

ACÉTITE, s. m. Nom ancien des acétates formés par un acide acétique peu concentré, qu'on supposait différent de l'acide acétique ordinaire. (*V.* Acétate.) C'est aussi celui des sels formés par l'acide *lampique.* (*V.* ce mot.)

ACÉTOLAT, s. m. Préparation pharmaceutique obtenue par la distillation des substances aromatiques végétales par l'intermédiaire du vinaigre. (Béral.) Ce genre de préparation est surtout constitué par de l'acide acétique et des huiles essentielles.

ACÉTOLATURE, s. f. Préparation pharmaceutique ayant pour intermède le vinaigre, et pour principes actifs, des matières extractives végétales. (Béral.) C'est une sorte de teinture acétique.

ACÉTOLÉ, s. m. Nom donné par Béral aux préparations pharmaceutiques qui ont pour excipient le vinaigre distillé, et pour base des principes médicamenteux qui s'y dissolvent directement et intégralement.

ACÉTOLIQUE, adj. pris subst. ; nom générique employé par Béral pour indiquer toutes les préparations pharmaceutiques ayant le vinaigre pour intermède ou dissolvant.

ACÉTOLOTIF, s. m. ; nom donné aux vinaigres médicaux que leurs propriétés spéciales ou leur énergie d'action font réserver pour l'usage externe. (Béral.)

ACÉTOMEL, s. m. ; sirop de vinaigre à base de miel. (Béral.)

ACÉTOMELLÉ, s. m. ; médicament composé, qu'on obtient, d'après Béral, en traitant les acétolatures ou teintures acétiques par l'acétomel, et concentrant le mélange jusqu'à consistance sirupeuse.

ACÉTOMÈTRE, s. m. ; petit appareil, inventé par Otto, à l'aide duquel on détermine la quantité d'acide acétique contenue dans le vinaigre. Il consiste en un tube gradué, dans lequel on neutralise une quantité déterminée de vinaigre au moyen d'ammoniaque à un titre connu. Quelques gouttes de tournesol, mélangées au vinaigre, servent à indiquer le moment précis de la neutralisation complète par l'ammoniaque.

ACÉTONE, s. f. ; *esprit pyro-acétique.* C^3 H^3 O. Composé particulier, pyrogéné, résultant de la décomposition de l'acide acétique par le feu. Il ne paraît être que de l'acide acétique, moins un équivalent d'acide carbonique. L'acétone prend naissance, quand on distille à sec un acétate alcalin ou terreux. C'est un liquide limpide, incolore, d'odeur piquante et empyreumatique ; sa densité est 0.792, celle de sa vapeur = 2.022 ; il bout à 56°. Il est soluble dans l'eau, l'alcool et l'éther : il brûle à l'air avec une flamme très éclatante. Les chlorures d'oxydes alcalins le transforment en *chloroforme.*

ACÉTYLE, s. m. : radical composé, hypothétique, représenté par la formule C^4 H^3, et d'où dériveraient l'*aldéhyde*, l'acide *acétique.* etc., par l'addition d'oxygène et d'eau.

ACHAINE, s. m., de α privatif, et χαίνω.

s'ouvrir ; fruit sec, indéhiscent, monosperme, dont la graine ne tient aux parois de la loge que par son funicule. Ex.: *le fruit des composées*. L'akène est *nu* ou *aigretté*, *simple* ou *multiple* ; dans le dernier cas, le fruit est appelé *diakène*, *triakène*, *polyakène*, etc., selon qu'il est composé de deux, trois ou un plus grand nombre d'akènes.

ACHE, s. f. *Apium*, Hoff. ; genre de la famille des Ombellifères. Il renferme deux espèces principales : 1° l'ache persil, *A. petroselinum*, regardé comme originaire de la Sardaigne, et spontané dans le midi de la France, où il est brouté par les herbivores domestiques et surtout par le mouton. Le persil est cultivé dans les jardins pour les usages culinaires ; il pourrait l'être en grand pour la nourriture des bêtes à laine qu'il préserve, dit-on, de la pourriture ; 2° l'ache céleri, *A. graveolens*, croît spontanément dans le midi et le centre de la France ; il est peu recherché des bestiaux, à cause de sa saveur et de son odeur prononcées. La culture développe sa racine et la rend douce.

ACHEMINER, v. a. ; acheminer un cheval, l'habituer à marcher droit devant lui.

ACHILLE (tendon d'). Expression figurée, par laquelle on désigne la corde résultant de l'union du tendon du perforé à celui du bi-fémoro-calcanéen, ou gros extenseur du métatarse.

ACHILLÉE, s. f. *Achillæa millefolium*, L. Achillée mille-feuilles : herbe aux charpentiers ; plante vivace, très commune, de la famille des Ombellifères, remarquable par ses fleurs blanches ou légèrement purpurines, disposées en corymbes serrées, par ses feuilles étroites, bipinnatifides, à découpures très fines. L'achillée mille-feuilles est précoce, croît bien dans les terrains humides, argileux, et repousse très vite après avoir été broutée. Les bestiaux ne la recherchent que lorsqu'elle est jeune. Le foin qu'elle peut donner alors est de bonne qualité, mais elle produit peu. Les espèces *nana*, *odorata*, *nobilis*, *ptarmica*, moins communes que la précédente, lui sont inférieures comme plantes fourragères.

ACHLAMYDÉE, adj., de *a* privatif, et χλαμυς, chlamyde, vêtement. M. de Jussieu désigne ainsi la fleur réduite à ses organes sexuels, et qui n'a pas d'enveloppes florales. On l'appelle plus vulgairement *nue*.

ACHROMATIQUE, adj., *achromaticus* ; se dit des instruments d'optique qui représentent les corps avec leurs couleurs naturelles, et surtout des prismes et des lentilles qui réfractent les rayons lumineux sans leur faire éprouver de décomposition.

ACHROMATISME, s. m. *Achromatismus*, de *a* privatif, et de χρωμα, couleur. On donne le nom d'achromatisme à l'ensemble des moyens qu'on met en usage pour empêcher l'aberration de réfrangibilité dans les instruments d'optique, et pour obtenir des images sans coloration accidentelle. On achromatise les *prismes* et les *lentilles* : pour y parvenir, on associe différents corps qui, par leur nature et la courbure de leur surface, ont des pouvoirs dispersifs divers, qui se corrigent les uns les autres ; il en résulte que les rayons lumineux convergent sensiblement au même point, sans être décomposés ; c'est dans ce but qu'on place dans les instruments d'optique des lentilles de verre et de cristal, des lentilles concaves et des lentilles convexes, etc.

ACICULAIRE, adj., *acicularis*, très aigu, en forme d'aiguille ; sert à désigner particulièrement les feuilles dures, toujours vertes, étroites, aiguës et peu ou point anguleuses.

ACICULÉ, adj., *aciculatus*, se dit des graines dont la surface est sillonnée de raies fines, pratiquées comme avec la pointe d'une aiguille et sans ordre.

ACIDE, s. m. *Acidum*, de ακις, pointe. On appelle acides, en chimie, des corps composés qui jouent le rôle d'éléments électro-négatifs dans la formation des sels. Leurs caractères spécifiques sont : 1° de posséder une saveur *aigre*, *piquante* et souvent *caustique* ; 2° de rougir les couleurs bleues végétales, et notamment celle du tournesol ; 3° de neutraliser plus ou moins complètement les propriétés électro-positives des bases salifiables ; 4° de se porter au pôle positif dans les décompositions chimiques par la pile voltaïque. Les autres caractères des acides varient beaucoup : il en est de solides, de liquides et de gazeux, de colorés et d'incolores ; de solubles et d'insolubles dans l'eau, etc., etc. On distingue les acides d'après leur origine, en *minéraux* ou *inorganiques*, et en *organiques* : ces derniers étaient autrefois subdivisés en *végétaux* et *animaux* ; mais cette distinction a été abandonnée, parce que souvent le même acide appartient à la fois aux deux règnes. Les caractères distinctifs des acides seront indiqués à chaque genre de sels qu'ils forment. — *Pharmacol.* Les acides concentrés, indépendamment de leur action individuelle, agissent généralement sur l'économie animale comme des poisons *irritants* et *caustiques*. Ils détruisent les tissus en les cautérisant, dissolvent ou coagulent le sang, selon leur nature, et déterminent, lorsqu'ils sont ingérés dans le tube digestif, des désordres graves. Les antidotes à mettre en usage alors sont des oxydes non vénéneux, ou des carbonates susceptibles de former avec les acides ingérés des composés insolubles et inoffensifs ; les plus employés, sous ce rapport, sont la magnésie calcinée ou carbonatée, la craie, les carbonates et bi-carbonates alcalins, les coquilles d'œufs pulvérisées, le savon, etc. Étendus dans une petite quantité d'eau ou d'alcool, les acides agissent comme *astringents* ; *dilués* ils forment des boissons *tempérantes* ou *acidules*, très utiles ; enfin, concentrés, ils constituent souvent d'excellents *caustiques*. (*V.* ces mots.) D'après M. Mialhe, les acides des voies digestives joueraient un rôle très important dans l'action des médicaments insolubles.

ACIDE ABSINTHIQUE, s. m.; acide de l'absinthe, selon Braconnot, où il serait combiné à la potasse. D'après Zwenger, cet acide ne serait autre chose que l'acide *succinique*.

ACIDE ACÉTEUX, s. m.; nom que portait autrefois l'acide acétique faible, et qu'on donne encore aujourd'hui à l'acide *aldéhydique* ou *lampique*. (*V.* ces mots.)

ACIDE ACÉTIQUE, s. m., d'*acetum*, vinaigre. *Vinaigre radical*, acide organique, ternaire, jouissant d'une grande activité. Il existe dans plusieurs liquides animaux et dans la sève de beaucoup de plantes. Il prend naissance quand les liqueurs alcooliques fermentent et lorsqu'on distille, à sec, les subtances organiques. Anhydre, il ne peut exister que combiné aux bases, et alors sa composition $= C^4 H^3 O^3$; quand il est le plus concentré possible, il retient encore un équivalent d'eau $= C^4 H^4 O^4$ ou $C^4 H^3 O^3 + H O$. On le prépare par la distillation sèche de l'acétate neutre de cuivre, et il porte alors le nom de *vinaigre radical*. (*V.* ce mot), ou bien par la distillation à vases clos, du bois, et, dans ce dernier cas, on le nomme *acide pyro-ligneux*. L'acide acétique concentré peut rester solide jusqu'à $+ 17°$ et cristalliser; mais il est habituellement liquide, incolore, d'odeur vive et piquante, qui devient agréable lorsqu'elle est affaiblie; sa saveur est franche, mordante et caustique, et sa densité $= 1,063$. — Il entre en ébullition à $120°$, et sa vapeur, qui pèse $2,09$, prend feu et brûle avec une légère flamme bleue. Exposé à l'air, il en attire l'humidité et s'affaiblit; il se dissout en toute proportion dans l'eau et l'alcool. Il dissout à son tour la plupart des principes végétaux et animaux. *V.* VINAIGRES MÉDICAUX. — *Toxicol.* L'acide acétique concentré, donné à l'intérieur, détermine l'empoisonnement et la mort; il ramollit et dissout la muqueuse intestinale, détermine une exsudation sanguine abondante, et colore le sang en noir. Une grande quantité d'eau, légèrement alcaline, est le meilleur antidote à employer. A l'extérieur, il peut être employé comme caustique fluidifiant, mais il est peu usité. Étendu d'eau, il agit comme le *vinaigre*. (*V.* ce mot.)

ACIDE ACONITIQUE, s. m., d'*aconitum*, aconit $C^4 H^2 O^4$. Il existe dans l'aconit napel et se forme aussi quand on chauffe l'acide citrique jusqu'à formation de principes empyreumatiques. On l'obtient en traitant l'extrait aqueux d'aconit par l'acétate de plomb, et en décomposant ensuite l'aconitate de plomb par l'acide sulfhydrique. Cet acide est solide, en masses mamelonnées blanches, inodore, d'une saveur astringente, soluble dans l'eau, l'alcool et l'éther. Chauffé, il brunit à $130°$, fond à $140°$, bout à $160°$ et se décompose ensuite. — Sans usages.

ACIDE ACRYLIQUE. $C^6 H^4 O^4$. Acide qui se forme par l'oxydation à l'air de l'*acroléine*. (*V.* ce mot.) Il a beaucoup d'analogie avec l'acide *acétique*.

ACIDE ADIPIQUE. $C^6 H^4 O^3$. Cet acide existe avec l'acide *lipique* dans les eaux mères de l'acide subérique.

ACIDE ALDÉHYDIQUE. $C^4 H^3 O^2 + HO$. Acide qui prend naissance lorsqu'on traite l'*aldéhyde* par l'oxyde d'argent. Il paraît être le même que l'acide *lampique*. (*V.* ce mot.)

ACIDE ALLANTOÏQUE OU AMNIOTIQUE. *Voy.* ALLANTOÏNE.

ACIDE ALLOXANIQUE. Acide résultant de l'action des alcalis sur l'*alloxane*. (*V.* ce mot.)

ACIDE ALOÉTIQUE. Principe acide qui prend naissance quand on traite l'aloès par huit fois son poids d'acide azotique. On le nomme aussi acide *polychrômique*, à cause du changement de couleur qu'il éprouve lorsqu'on le dessèche; il passe du jaune au rouge brun.

ACIDE AMBRÉIQUE. Cet acide résulte de l'action de l'acide azotique sur l'*ambreïne*. (*V.* ce mot.)

ACIDE AMYGDALIQUE. $C^{40} H^{26} O^{24} + HO$. Cet acide se forme en faisant bouillir l'*amygdaline* (*V.* ce mot) dans l'eau de baryte, et décomposant ensuite le sel qui en résulte par l'acide sulfurique étendu.

ACIDE ANGÉLIQUE. Acide qui, d'après Buchner, existerait dans la racine d'angélique ou se formerait par l'action successive des alcalis et des acides sur l'huile essentielle de cette plante.

ACIDE ANISIQUE, s. m., d'*anisum*, anis. Acide produit par l'action de l'acide nitrique sur l'essence d'anis. On le combine d'abord à l'ammoniaque et on l'en sépare ensuite par un acide. Il est solide, cristallisé en aiguilles blanches, soluble dans l'eau et l'alcool.

ACIDE ANTIMONIEUX, s. m., *Deutoxyde d'antimoine* $Sb O^4$. Cet acide forme le deuxième composé oxygéné d'antimoine. On le prépare en traitant l'antimoine par l'acide nitrique, évaporant à siccité et calcinant. Il est solide, blanc, cristallisé en aiguilles soyeuses, insipide, infusible, devenant jaune par l'action de la chaleur, et redevenant blanc par le refroidissement. Insoluble dans l'eau, il peut s'y combiner et former un hydrate qui rougit le tournesol lorsqu'il est humide. Vanté récemment comme contre-stimulant, pouvant remplacer l'émétique, il n'est pas employé en médecine vétérinaire à cause de son prix.

ACIDE ANTIMONIQUE. s. m., *peroxyde d'antimoine, poudre perlée de Kerkringius.* $Sb O^5$. Ce composé est le dernier degré d'oxydation de l'antimoine. On l'obtient, soit en décomposant l'antimoniate de potasse par un acide, soit en traitant l'antimoine par l'acide chlorazotique et précipitant ensuite par l'eau. Il est solide, jaune clair s'il est anhydre, blanc s'il est hydraté. Chauffé, il perd son eau, devient jaune et se transforme en acide antimonieux en perdant un équivalent d'oxygène. Il est insoluble dans l'eau, et très soluble dans les solutions alcalines avec lesquelles il forme des sels appelés *antimoniates*. Il jouit des mêmes propriétés médicales que le précédent, et comme lui il est peu employé en médecine vétérinaire.

ACIDE ARSÉNIEUX, s. m. *Oxyde blanc d'arsenic*, *arsenic blanc*, *mort aux rats*, etc. As O³. Cet acide existe dans la nature; on en trouve dans les solfatares, les laves volcaniques, les mines d'arsenic natif, etc. Il prend naissance quand on calcine l'arsenic ou les minéraux qui en contiennent, au contact de l'air. Celui du commerce provient du grillage des minerais arsenifères de *Nikel* et de *Cobalt*. Il est solide, blanc, vitreux et demi-transparent lorsqu'il est récemment fondu, opaque lorsqu'il a subi l'influence de l'air; pulvérisé, il forme une poudre blanche, inodore, d'une saveur âcre, nauséabonde, se développant avec lenteur, et provoquant la salivation. L'acide vitreux pèse 3,738, celui qui est opaque 3,699. Chauffé, il se volatilise au-dessous du rouge; les vapeurs ne donnent une odeur alliacée que quand il est réduit par le corps chaud. L'acide vitreux est trois fois plus soluble que l'acide opaque; un litre d'eau dissout 410 grammes d'acide vitreux. Mélangé aux matières organiques, il en empêche la putréfaction.—*Caractères spécifiques.* L'acide arsénieux, projeté sur les charbons ardents, développe une odeur alliacée très prononcée; sa dissolution, neutre ou alcalisée, se trouble seulement par l'acide sulfhydrique ou un sulfure alcalin; mais, si elle est acide, elle précipite abondamment en jaune. Elle blanchit par l'azotate d'argent et le sulfate de cuivre, et donne ensuite, en y ajoutant un alcali, un précipité jaune clair avec le premier réactif, et un précipité vert d'herbe caractéristique avec le second. Enfin, cette dissolution, dépourvue de matières organiques, donne des taches arsénicales avec l'appareil de Marsh. — *Toxicol.* L'acide arsénieux est, en quelque sorte, le type des poisons. Il produit la mort par les lésions graves qu'il détermine dans le tube intestinal, et par ses effets stupéfiants sur la contractilité du cœur et sur l'activité nerveuse. Les antidotes les plus préconisés sont l'hydrate de peroxyde de fer, la magnésie calcinée, l'hydrate de proto-sulfure de fer et le charbon animal pur. — *Pharmacol.* L'acide arsénieux est un médicament *caustique*, *fluidifiant* par ses effets *locaux*, et *altérant* ou *fondant* par ses effets *généraux*. Donné à la dose de 4 à 4 gr. en solution, et à celle de 8 à 15 gr. en poudre, aux grands animaux, et à celle de 4 à 4 centigr. aux petits, l'acide arsénieux active d'abord les fonctions digestives et diminue ensuite l'activité de la nutrition dont il arrête le mouvement d'assimilation. A l'extérieur, il est employé en trochisques, et en solution avec le sulfate de fer (bain Tessier), contre la gale du mouton et du chien. A l'intérieur, on le donne aussi contre les maladies de la peau (gale, farcin, éléphantiasis, eaux aux jambes), contre la pleurésie des moutons, le cancer, etc. Il entre dans la confection de médicaments officinaux nombreux (poudres de Cosme, de Rousselot, de Schaack, etc.; la liqueur de Fowler, la pommade arsénicale, le topique Terrat, etc.).

ACIDE ARSÉNIQUE, s. m. As O⁵. Cet acide est le dernier degré d'oxygénation de l'arsenic. On le prépare en traitant l'acide arsénieux par l'eau régale, évaporant ensuite à siccité. Il est solide, cristallisable, incolore, inodore, de saveur caustique, pesant 3.37. Chauffé au rouge, il se décompose en acide arsénieux et oxygène. Exposé à l'air, il en attire l'humidité et devient pâteux. Il est très soluble dans l'eau. C'est un poison plus violent encore que l'acide arsénieux, parce qu'il est plus soluble; les mêmes antidotes peuvent être employés. Il n'a aucun usage médical.

ACIDE ASPARTIQUE. Acide qui se forme en traitant l'*aspartate* de baryte par l'acide azotique. On obtient ce sel en faisant bouillir l'*asparagine* (*V.* ce mot) avec un excès de solution de baryte caustique.

ACIDE AURIQUE Au² O³. Nom que l'on donne au peroxyde d'or à cause de ses propriétés électro-négatives et de la faculté dont il jouit de former des sels appelés *aurates*, avec la potasse et la soude.

ACIDE AZOTEUX Az O³. Troisième degré d'oxydation de l'azote; l'acide azoteux ne peut être isolé des bases avec lesquelles il est combiné; lorsqu'on cherche à l'en séparer, il se décompose en deutoxyde d'azote et en acide azotique qui reste en solution dans l'eau.

ACIDE AZOTIQUE, *acide nitrique, eau forte, esprit de nitre*, etc. Az O⁵ + Aq. L'acide azotique est le degré le plus élevé d'oxydation de l'azote. Libre, il ne peut exister sans eau et en retient toujours, au minimum 14 parties pour 100, en poids. Cet acide existe dans la nature combiné aux bases alcalines et terreuses; libre, on ne le trouve que dans la pluie d'orage. On le prépare en traitant, à chaud, l'azotate de potasse par l'acide sulfurique hydraté. Il est liquide, incolore, d'une odeur forte et piquante; sa saveur est très caustique, aussi attaque-t-il fortement les tissus en les colorant en jaune. Sa densité, au maximum de concentration, = 1.522; il bout alors à 86°: étendu d'eau, il peut exiger jusqu'à 120° pour entrer en ébullition. Il se dissout en toute proportion dans l'eau et en élève légèrement la température. Mélangé en diverses proportions avec l'acide chlorhydrique, il forme l'acide composé *chlorazotique*, appelé vulgairement *eau régale*. (*V.* ces mots.) L'acide azotique attaque vivement la plupart des métaux et les transforme en peroxydes ou en nitrates, selon la section à laquelle ils appartiennent. — *Pharmacol.* Concentré, l'acide azotique est un poison caustique très violent. On l'utilise dans cet état à l'extérieur, pour détruire les tumeurs indolentes, les végétations diverses et surtout les *verrues*. Etendu d'une grande quantité d'eau (40 à 60 grammes d'acide pour deux litres de liquide), il constitue la *limonade oxygénée* qui est une boisson très *rafraîchissante*, *diurétique*, *antiputride* et même *hémostatique*. On l'utilise contre les maladies putrides des ruminants, certaines hydropisies, l'hématurie, etc. Il entre dans la composition de la pom-

made oxygénée, et forme la base de l'esprit de *nitre dulcifié*, ou acide *nitrique alcoolisé*.

ACIDE BENZOÏQUE, de *benzoe*, benjoin. *Acide* ou *fleurs de benjoin*. $C^{14}H^6O^4$. Cet acide organique ternaire existe en général dans les baumes, plusieurs plantes aromatiques, ainsi que dans l'urine des animaux herbivores. Il prend aussi naissance pendant l'action des acides ou des alcalis concentrés sur les huiles essentielles. On le retire principalement du benjoin, soit par simple distillation à travers du papier non collé, soit en combinant ce baume avec la chaux et l'en séparant ensuite par l'acide chlorydrique. Cet acide est solide, blanc, cristallisé en belles aiguilles soyeuses lorsqu'il a été sublimé; inodore s'il est pur; il présente une odeur aromatique prononcée, s'il est imprégné d'huile volatile; sa saveur est piquante avec un arrière-goût âcre. Il est inaltérable à l'air, fond à 120°, se sublime à 145°, et entre en ébullition à 240°. Peu soluble dans l'eau, il se dissout bien dans l'alcool, l'éther et les essences. C'est un médicament excitant, antispasmodique et surtout expectorant, peu usité à cause de son prix.

ACIDE BILIQUE. Ce corps est, d'après Liébig, un des principes acides de la bile comme l'indique son nom. Il est combiné à la potasse de laquelle on peut le séparer au moyen de l'acétate de plomb et de l'acide sulfhydrique. (*V*. ACIDE CHOLÉIQUE.)

ACIDE BOLÉTIQUE, corps cristallin acide, découvert par Braconnot dans le suc du *boletus pseudo-igniarius*.

ACIDE BORIQUE, *acide boracique, sel sédatif de Homberg*, etc. $BO^3 + Aq$. Cet acide binaire contient 46 parties pour 100 d'eau lorsqu'il est cristallisé; fondu, il est anhydre. Il existe dans la nature combiné à la soude et formant le *borax*, ou libre comme en Toscane où il est vomi dans les lagunes par des espèces de volcans appelés *Soffioni*. Dans les laboratoires on peut l'obtenir très pur en traitant une solution concentrée de borate de soude par l'acide sulfurique. Cet acide est solide, incolore, inodore, de saveur faiblement acide, cristallisé en petites écailles nacrées s'il est hydraté, et d'un aspect vitreux s'il a été fondu. Sa densité, dans ce dernier cas, est de 1,83; cristallisé, il ne pèse plus que 1,48. Chauffé, cet acide fond en une sorte de verre que l'on peut tirer en filaments grossiers; peu soluble dans l'eau, il se dissout bien dans l'alcool et communique une couleur vert-jaunâtre caractéristique à la flamme. L'acide borique en fusion dissout la plupart des oxydes métalliques. En pharmacie, cet acide est employé pour faire la crème de tartre soluble. (*V*. ce mot.)

ACIDE BROMHYDRIQUE, *acide hydrobromique*. H Br. Cet hydracide n'existe pas dans la nature; on le prépare en traitant le bromure de phosphore par l'eau. Les éléments de ce liquide se séparent: l'oxygène se porte sur le phosphore et l'hydrogène sur le brome. C'est un gaz coërcible, incolore, d'odeur piquante, d'une densité de 2,371. L'eau en dissout une grande quantité; la solution qui en résulte est analogue à l'acide chlorhydrique liquide.

ACIDE BROMIQUE. $BrO^5 + HO$. L'acide bromique ne peut exister que combiné à l'eau ou à une base. On l'obtient en décomposant le bromate de baryte ou celui de potasse par l'acide sulfurique. Il est combiné à l'eau, par conséquent liquide, incolore, faiblement acide, décomposable par la chaleur et la plupart des acides.

ACIDE BUTYRIQUE, de *butyrum*, beurre. $C^8H^8O^4 = C^8H^7O^3 + HO$. Cet acide existe dans le beurre rance et prend naissance aussi lorsque les liqueurs sucrées fermentent sous l'influence du caséum putréfié en présence des bases alcalines et surtout de la chaux. Il est liquide, incolore, d'une odeur de beurre rance. Il pèse 0,963; bout à 164°, et se distille sans altération; il est inflammable, se dissout dans l'eau, l'alcool, le vinaigre. Les corps gras s'y dissolvent facilement.

ACIDE CAÏNCIQUE, principe acide découvert par François, Pelletier et Caventou dans la racine de *caïnca*. Il est solide, en aiguilles blanches, de saveur âcre et amère peu prononcée. Peu soluble dans l'eau et l'éther, il se dissout bien dans l'alcool.

ACIDE CAMPHORIQUE, de *camphora*, camphre. Cet acide est le résultat de l'action de l'acide azotique sur le camphre, à l'aide de la chaleur. Il est solide, blanc, en paillettes ou en aiguilles, de saveur acide, puis amère. Il fond à 70° et se décompose en eau et acide anhydre quand on le distille. L'eau froide en dissout un centième et l'eau chaude un dixième de son poids. Il est très soluble dans l'alcool, l'éther et les huiles grasses et essentielles. Il se combine aux bases et forme des *camphorates*.

ACIDE CAPRIQUE, de *capra*, chèvre. Acide gras, volatil, découvert par Chevreul, dans le beurre. C'est un liquide huileux qui se prend à 15°, en une masse d'aiguilles fines incolores; sa saveur est acide et âcre et son odeur rappelle celle de la sueur du bouc. Il fond à 18°; peu soluble dans l'eau, il se dissout bien dans l'alcool; il se combine aux bases.

ACIDE CAPROÏQUE. Cet acide gras et volatil a été découvert aussi dans le beurre par Chevreul. Il est liquide, d'un aspect huileux, d'une odeur acéteuse comme la sueur. Il est combustible et volatil; insoluble dans l'eau, il se dissout dans l'alcool et dans les huiles.

ACIDE CARBAZOTIQUE, *acide piérique, amer de Welter*, etc. Cet acide s'obtient en traitant la salicine, l'indigo, la soie et diverses matières azotées, par l'acide azotique. Il est solide, cristallisé en cristaux jaunes, d'une saveur très amère. Peu soluble dans l'eau, il se dissout facilement dans l'alcool et l'acide sulfurique. Il peut se combiner aux bases.

ACIDE CARBONIQUE, de *carbo*, charbon, *acide aérien* ou *crayeux, air fixe, gaz méphitique*. CO^2. Cet acide est très répandu dans la nature; c'est le produit constant de toute combustion ou fermentation, ainsi que de la respiration des animaux et des plantes; il existe à l'état de liberté dans l'air atmosphérique, en dissolution dans certaines eaux minérales, ou combiné aux bases salifiables et notamment à la chaux. On peut le préparer en brûlant du carbone pur dans l'oxygène ; mais on l'obtient habituellement en décomposant un carbonate calcaire par l'acide sulfurique ou l'acide chlorhydrique. C'est un gaz coërcible, incolore, inodore, de saveur aigrelette quand il est dissous dans l'eau ; sa densité, plus grande que celle de l'air, est de 1,529 ; un litre pèse 1.977. Comprimé par une pression de 36 atmosphères, il devient liquide à 0° ; à — 40° 27 suffisent, et 48 à — 30°; à + 30 il faudrait une pression de 73 atmosphères pour produire le même résultat. A la température de — 70°, l'acide carbonique se solidifie : il est alors floconneux et blanc comme de la neige. L'acide gazeux est soluble dans l'eau ; ce liquide en dissout son volume à la température ordinaire et sous la pression de 0,76 ; la solubilité augmente avec le froid et proportionnellement à la pression. Ce gaz éteint les corps qui brûlent et produit l'asphyxie. — *Phar.* Dissous dans l'eau, cet acide est fréquemment employé en médecine humaine comme médicament *acidule* ; c'est un stimulant énergique de l'estomac, qui augmente l'acidité et la faculté dissolvante du suc gastrique. En médecine vétérinaire, les eaux gazeuses artificielles n'ont pas encore été employées malgré leur prix peu élevé ; elles pourraient être utiles dans quelques cas.

ACIDE CÉRÉBRIQUE, principe acide de la matière cérébrale. On l'obtient en traitant par l'alcool bouillant acidulé par l'acide sulfurique, un extrait éthéré de pulpe cérébrale. Il est solide, cristallisé et d'aspect grenu.

ACIDE CÉVADIQUE, acide découvert par Pelletier et Caventou, dans la graine de *cévadille*. Il est solide, blanc, cristallisé en aiguilles nacrées : son odeur est analogue à celle du beurre. Il fond à 20° et se volatilise un peu au-dessus de cette température. Il est soluble à la fois dans l'eau, l'alcool et l'éther.

ACIDE CHLORACÉTIQUE. $C^4 Cl^3 O^3 + HO$. Cet acide a été découvert par Dumas en faisant réagir, sous l'influence de la lumière solaire, le gaz chlore sur l'acide acétique cristallisé. Le chlore se substitue à l'hydrogène. C'est un corps solide, cristallisé en lames ou en aiguilles. Il est très déliquescent, d'une odeur faible et d'une saveur âcre et caustique. Il fond à 45° et bout de 195 à 200°. Chauffé à une température élevée en présence de la potasse, il se transforme en acide carbonique et en chloroforme.

ACIDE CHLORAZOTIQUE, *eau régale, acide chloro-nitrique.* On désigne ainsi le mélange en diverses proportions d'acide chlorhydrique et d'acide azotique. Les anciens chimistes admettaient que dans ce mélange il se formait de l'eau, de l'acide hypo-azotique et du chlore. Selon M. Baudrimont, il se formerait un acide particulier $Az O^3 Cl^2$ qu'il nomme acide *chlorazotique*, qui constituerait la partie active de l'eau *régale* et dans lequel 2 éq. de chlore

remplaceraient 2 prop. d'oxygène. — Les recherches récentes de Gay-Lussac paraissent démontrer que l'acide chlorazotique de l'eau régale serait tantôt $Az O^2 Cl$, correspondant à l'acide azoteux, et tantôt $Az O^2 Cl^2$, analogue à l'acide hypo-azotique par sa formule. Ce mélange est surtout remarquable par son action dissolvante sur les métaux. (*V.* EAU RÉGALE.)

ACIDE CHLOREUX. — $Cl O^3$. Cet acide, découvert par M. Millon, se prépare en chauffant un mélange de chlorate de potasse, d'acide azotique et d'acide arsénieux. C'est un gaz jaune-verdâtre, d'odeur suffocante comme le chlore, et d'une densité de 2.646. Refroidi à — 15°, il ne se liquéfie pas ; chauffé à 57°, il se décompose avec détonnation, surtout en présence des corps combustibles qu'il attaque vivement. L'eau en dissout 5 à 6 fois son volume : elle devient d'un beau jaune d'or et jouit d'une grande puissance décolorante.

ACIDE CHLORHYDRIQUE, *acide hydro-chlorique, acide muriatique, acide marin, esprit de sel,* etc. $H Cl$. Cet hydracide est formé par des volumes égaux de chlore et d'hydrogène sans condensation. On peut l'obtenir directement en mélangeant les deux gaz et en les soumettant ensuite à l'action de la lumière diffuse ; mais, dans l'industrie, ainsi que dans les laboratoires, on le prépare en traitant le chlorure de sodium par l'acide sulfurique. C'est un gaz coërcible, incolore, fumant à l'air, d'une odeur vive et suffocante, de saveur très caustique et d'une densité de 1.247. Soumis à un froid et à une pression énergiques, il se liquéfie. Il est extrêmement soluble dans l'eau, qui en absorbe près de 500 fois son volume ou les trois quarts de son poids environ. Cette dissolution, qui porte le nom d'acide *chlorhydrique liquide,* se prépare dans les laboratoires avec l'appareil de Wolf, et dans l'industrie à l'aide d'appareils spéciaux. Elle est incolore ou jaunâtre, d'odeur et de saveur analogues à celles du gaz, pèse 1.21, et entre en ébullition à 106°. — *Pharmacol.* Concentré, l'acide chlorhydrique agit comme un poison caustique des plus énergiques ; on l'emploie dans cet état à l'extérieur pour cautériser les aphtes, les plaies gangréneuses, et pour corriger la mollesse et le boursouflement des gencives. Étendu avec de l'eau miellée, il convient comme gargarisme contre les aphtes, l'angine couenneuse du porc, le ptyalisme, etc. Enfin, affaibli par l'eau ou l'alcool, il constitue une excellente boisson contre les affections putrides des animaux.

ACIDE CHLORIQUE. $Cl O^5 + HO$. Cet acide, isolé pour la première fois par Gay-Lussac, ne peut être obtenu anhydre. L'acide hydraté se prépare en décomposant le chlorate de baryte par l'acide sulfurique. Il est liquide, incolore ou jaunâtre, inodore, fortement acide, et se dissolvant en toute proportion dans l'eau. Il se décompose facilement sous l'influence de la chaleur et des acides ; c'est un oxydant très énergique ; il agit vivement sur les substances organiques, enflamme l'alcool, brûle le papier et détruit les couleurs végétales. Il est employé dans les laboratoires pour reconnaître la potasse.

Acide chloroxycarbonique, *chlorure d'oxyde de carbone, gaz phosgène*. $CO Cl$. Ce composé, découvert par John Davy, est de l'acide carbonique dans lequel un équivalent d'oxygène est remplacé par un équivalent de chlore. Il se forme lorsqu'on expose aux rayons du soleil un mélange à parties égales, de chlore et d'oxyde de carbone bien secs et renfermés dans un flacon; le volume se réduit à moitié. L'acide chloroxycarbonique est gazeux, incolore, d'une odeur suffocante de chlore, d'une densité de 3,339. Il excite le larmoiement, éteint les corps qui brûlent et rougit fortement le tournesol. Mélangé avec l'eau, ce gaz se décompose et donne de l'acide carbonique et de l'acide chlorhydrique.

Acide choléïque, *picromel, acide bilique, biline*, etc. Acide résinoïde découvert par Demarçay dans la bile du bœuf, où il formerait, combiné avec la soude, une espèce de savon. On l'obtient en faisant réagir sur la bile fraîche étendue d'eau, les acides minéraux ou l'acétate de plomb, reprenant ensuite par l'alcool et l'éther pour le purifier et le faire cristalliser. Il est solide, jaunâtre, friable et pulvérulent, d'une saveur amère et d'une odeur un peu irritante. Il est déliquescent, partant soluble dans l'eau, dans l'alcool, mais très peu dans l'éther.

Acide cholestérique. Acide résultant de l'action de l'acide azotique sur la *cholestérine*. (*V.* ce mot.) Il est solide, jaune, d'odeur butyreuse, d'une saveur styptique, mais faible. Il fond à 58°, se dissout dans l'alcool en le colorant en jaune-orangé, d'où l'eau le précipite en poudre blanche. Il se combine aux bases et donne des sels déliquescents.

Acide cholique. Cet acide paraît être le résultat de l'action des alcalis concentrés et chauds sur l'acide *choléïque*. Il est solide, incolore, cristallisé en aiguilles transparentes, d'une saveur amère peu prononcée. Il est insoluble dans l'eau, mais facilement soluble dans l'alcool et l'éther.

Acide choloïdique. C'est le résultat de l'action de l'acide chlorhydrique sur l'acide *choléïque*. Cet acide est solide, friable, jaune, inodore, d'une saveur très amère. Fixe, il ne fond qu'au-dessus de 100°. Il est insoluble dans l'eau et très soluble dans l'alcool. Il neutralise les bases alcalines.

Acide cinnamique. Cet acide, découvert par Dumas et Péligot, se forme par l'oxydation de l'essence de cannelle exposée à l'air, ou par l'action des alcalis sur le baume du Pérou. C'est un corps solide, blanc, cristallisé en petites lames nacrées. Chauffé, il fond à 120°, entre en ébullition et se volatilise à 293°. Peu soluble dans l'eau, il se dissout bien dans l'alcool et l'éther.

Acide chromique, *Peroxyde de chrôme*. $Cr O^3$. On obtient cet acide en décomposant le bichrômate de potasse par l'acide fluosilicique, laissant déposer le précipité, décantant, évaporant à siccité, et reprenant par l'eau,

sans filtrer. Cet acide est solide, rouge pourpre, cristallisant difficilement, d'une saveur âcre, très soluble dans l'eau et l'alcool qu'il colore. La chaleur le décompose en oxyde de chrôme et oxygène, et transforme la solution alcoolique en eau, oxyde de chrôme, éther et acide formique. Les sels colorés qu'il forme avec les bases sont employés comme réactifs.

Acide citrique, de *citrus*, citron, *acide du citron*. $C^{12} H^5 O^{11} + Aq$. Découvert par Schéele, cet acide existe non-seulement dans les citrons, mais encore dans les oranges, les groseilles, les fraises, les framboises, etc. On le prépare en traitant par la craie, le jus de citron ou de groseilles qui a fermenté; en décomposant le citrate de chaux qui en résulte par l'acide sulfurique, la liqueur donne par évaporation de beaux cristaux d'acide citrique. Cet acide n'est jamais anhydre, et la quantité d'eau qu'il retient varie selon la température de la liqueur dans laquelle il a cristallisé; ainsi à 15° il retient cinq équivalents d'eau, et à 100° il n'en retient plus que trois. L'acide citrique est solide, cristallisé en prismes rhomboïdaux terminés par des pyramides à quatre faces. Il est incolore, inodore, d'une saveur aigre, attaquant les dents. Chauffé, il fond d'abord dans son eau de cristallisation, puis se décompose à 150° et se transforme en acide *aconitique*, $C^4 H^2 O^4$; à une température plus élevée, il se décompose en acide acétique, en acétone, en acide carbonique, oxyde de carbone et acides pyrogénés. Cet acide est très soluble dans l'eau, assez dans l'alcool et peu dans l'éther. Traité par un excès d'acide sulfurique, il se transforme en acide acétique, acide carbonique, oxyde de carbone et eau. — *Pharmacol.*, médicament *acidule* très précieux pour l'homme, mais que son prix élevé ainsi que celui des substances qui le renferment, interdit à la médecine vétérinaire.

Acide crénique, de χρήνη, source. Acide organique découvert par Berzélius dans plusieurs eaux minérales, et notamment dans les eaux ferrugineuses de Suède. A l'état sec, il est solide, amorphe, jaune, transparent, inodore et d'une saveur âcre et astringente. Exposé à l'air, il absorbe l'oxygène et se transforme en acide *apocrénique*.

Acide croconique, de χρόχου, jaune. $C^5 O^4 + HO$. Cet acide est un des produits de la préparation du potassium par le carbonate de potasse et le charbon. On l'obtient en décomposant le croconate de potasse au moyen de l'alcool acidulé par l'acide sulfurique qui dissout l'acide croconique et laisse précipiter le sulfate de potasse. Cet acide est solide, de couleur jaunâtre, cristallisant en prismes, de saveur acide et astringente comme les sels de fer. Il est soluble dans l'eau, l'alcool et l'éther; il supporte une température de 100° sans se décomposer. — Les croconates sont tous jaunes.

Acide crotonique. Acide découvert par Pelletier et Caventou, dans la graine de croton-tiglium; il se forme pendant la saponification de l'huile de cette graine par les alcalis. Il est liquide, volatil, d'une odeur forte et très irritante, d'une saveur âcre. Il est facilement soluble dans l'eau.

ACIDE CYANHYDRIQUE. *acide hydrocyanique*, *acide prussique*. Cy H. Cet hydracide remarquable a été découvert par Schéele et étudié par Gay-Lussac. Il existe dans le laurier-cerise, les amandes amères, les fruits à noyau de la famille des rosacées, dans les fleurs de pêcher, etc.; il prend aussi naissance quand on traite les résines par l'acide azotique, et lorsqu'on distille à sec les substances organiques en présence des bases alcalines. On l'obtient dans les laboratoires, à l'état anhydre, en décomposant le cyanure de mercure par l'acide chlorhydrique concentré, desséchant la vapeur sur le chlorure de calcium et la condensant ensuite dans un tube entouré d'un mélange réfrigérant. L'acide cyanhydrique anhydre est liquide, très volatil, d'une odeur prononcée d'amandes amères, d'une saveur d'abord fraîche, puis amère, et d'une densité de 0,70 à 18°. Refroidi à — 15°, cet acide se congèle ; chauffé à 26°,5, il entre en ébullition et donne une vapeur très dangereuse à respirer, et dont la densité, comparée à celle de l'air, est de 0,95 : cette vapeur prend feu et brûle avec une flamme bleue-pourpre, mais elle éteint les corps en combustion. A la chaleur rouge, cet acide se décompose. Soluble en toute proportion dans l'eau, il se dissout également bien dans l'alcool et l'éther. Concentré, cet acide se décompose facilement, tandis qu'étendu d'eau, il peut se conserver. — *Toxicol.* L'acide cyanhydrique anhydre est le poison le plus violent que l'on connaisse ; ses vapeurs détruisent instantanément la sensibilité des parties vivantes qu'elles touchent ; une goutte versée sur la conjonctive ou dans la bouche des petits animaux, les fait périr rapidement ; une petite quantité introduite dans l'estomac, produit le même effet au bout de quelques minutes ; injectée dans les veines, elle détermine la mort avec la rapidité de la foudre. C'est le corps qui agit avec le plus de force sur le système nerveux dont il détruit rapidement l'action et la sensibilité. Les meilleurs antidotes à mettre en usage sont l'*ammoniaque* étendue d'eau et donnée en boisson, le *chlore* respiré en petite quantité, et les affusions d'eau froide sur la tête et le long de la colonne vertébrale. — *Pharmacol.* Etendu de huit parties en poids d'eau distillée, l'acide cyanhydrique forme l'acide *médicinal*, préconisé comme un *sédatif* puissant du système nerveux et comme *antinévralgique*. Conseillé contre la phthisie pulmonaire, il n'a pas eu de succès marqué : il paraît avoir mieux réussi contre les difficultés de la respiration provenant de cause nerveuse. On le croit susceptible de guérir l'épilepsie récente. Il est peu usité en médecine vétérinaire à cause de son prix, à cause aussi de la difficulté de se le procurer partout, et surtout en raison de l'incertitude de ses effets. On lui préfère généralement le *cyanure de potassium.* (*V.* ce mot.)

ACIDE CYANIQUE. C^2 Az O $+$ H O. Cet acide, découvert par Woehler, se forme quand on distille à sec les substances organiques, ou quand on fait passer un courant de cyanogène sur du carbonate de potasse chauffé au rouge. On l'obtient en distillant l'acide cyanurique sec, et condensant les vapeurs qui en résultent dans un récipient entouré d'un mélange réfrigérant. Cet acide est liquide, très volatil, d'odeur vive, rappelant celle de l'acide formique ; chauffé, il donne des vapeurs inflammables et piquantes : il est très caustique, facilement altérable et se transforme, en présence de l'eau, en bicarbonate d'ammoniaque.

ACIDE CYANURIQUE. Cy^3 O^3 $+$ 3 H O. Obtenu par Schéele pendant la distillation de l'acide urique, cet acide se forme encore lorsqu'on décompose les cyanates par les acides, quand on distille l'urée à sec, etc. On le prépare en traitant le perchlorure de cyanogène par l'eau distillée bouillante ; en évaporant la liqueur, l'acide cristallise. Il est solide, cristallisé, blanc, inodore, peu sapide. Chauffé, il se transforme en acides cyanhydrique et cyanique. Peu soluble dans l'eau, il est décomposé en acide carbonique et ammoniaque par les acides minéraux.

ACIDE ÉLAÏDIQUE. Cet acide est le résultat de l'action des alcalis sur l'*élaïdine* ou de l'acide hypo-azotique sur l'acide oléique. Il est solide, d'un éclat argentin, comme l'acide benzoïque, fusible à 44°, et susceptible d'être distillé sans altération. Insoluble dans l'eau, il se dissout très bien dans l'alcool. Il sature les bases.

ACIDE ELLAGIQUE, *acide bézoardique*. Découvert par Chevreul et Braconnot, cet acide se produit en même temps que l'acide gallique pendant la fermentation de l'infusion de noix de galle. Il existe aussi dans les bézoards d'Orient. Il est solide, en poudre légère, d'un jaune pâle ; insipide, peu soluble dans l'eau, il se dissout dans l'alcool qu'il colore en jaune. Chauffé, il se décompose et donne une vapeur jaune qui cristallise en se refroidissant. L'acide azotique le colore d'abord en rouge de sang et le transforme ensuite en acide oxalique.

ACIDE ÉQUISÉTIQUE. Cet acide a été découvert par Braconnot dans les *prêles* (*equisetum fluviatile*, *L.*) où il existe en combinaison avec la magnésie. Il est solide, en cristaux confus, ou en aiguilles radiées, incolore, inodore, de saveur aigre. Il est inaltérable à l'air, soluble dans l'eau et l'alcool, et facilement décomposable par la chaleur. Il précipite les sels de plomb, ceux de mercure et de peroxyde de fer.

ACIDE FERRIQUE, composé suroxygéné de fer qui a été découvert par Fremy. On l'obtient soit en calcinant le fer avec le nitre, soit en faisant passer un courant de gaz chlore dans un solutum de potasse tenant en suspension de l'hydrate de peroxyde de fer. L'acide ferrique se décompose lorsqu'on le sépare des bases alcalines avec lesquelles il se combine.

ACIDE FLUOBORIQUE, *fluorure de bore*, $BO\ Fl^3$. On le prépare en chauffant à une très haute température un mélange de 2 p. de fluorure de calcium et 1 p. d'acide borique fondu. C'est un gaz incolore, d'une odeur suffocante et d'une saveur fortement acide; sa densité est de 2,37. Il est extrêmement avide d'eau qui en dissout 700 à 800 fois son volume; aussi fume-t-il fortement à l'air et carbonise-t-il les matières organiques comme l'acide sulfurique. La dissolution aqueuse de cet acide ne tarde pas à se décomposer et à laisser déposer de l'acide borique. L'acide fluorhydrique reste en solution.

ACIDE FLUORHYDRIQUE, *acide hydrofluorique* $H\ Fl$. Cet hydracide se prépare en décomposant le fluorure de calcium par l'acide sulfurique. Comme ce composé attaque fortement le verre, on se sert d'une cornue, d'une allonge et d'un récipient en plomb ou en platine pour le préparer, et de flacons des mêmes métaux pour le conserver. C'est un liquide très volatil, fumant à l'air et très dangereux à respirer; sa densité est de 1,06. Il entre en ébullition à 30° et jouit d'une affinité si puissante pour l'eau, que chaque goutte d'acide qui tombe dans ce liquide produit l'effet d'un charbon embrasé. La causticité de cet acide est extrême; toutes les parties qu'il touche sont profondément brûlées; la brûlure qui en résulte est très douloureuse et longue à guérir. C'est une des substances les plus dangereuses à manier. La propriété la plus remarquable de cet acide est d'attaquer le verre et de le corroder. On met cette propriété à profit pour graver sur les instruments en verre, comme les flacons, les tubes gradués, les thermomètres, les cloches, etc.

ACIDE FLUOSILICIQUE, *fluorure de silicium*. $Si\ Fl^3$. On obtient cet acide en traitant un mélange de fluorure de calcium et de verre ou de sable pilés, par l'acide sulfurique, chauffant et recevant le produit sur le mercure. C'est un gaz incolore, répandant à l'air des fumées acides, abondantes et épaisses; sa saveur et son odeur sont semblables à celles de l'acide chlorhydrique : sa densité est de 3,57. L'eau en absorbe 365 fois son volume et le décompose immédiatement en acide silicique qui se dépose en gelée et en un acide particulier, appelé *hydro-fluosilicique*, qui reste en solution dans l'eau.

ACIDE FORMIQUE, *acide des fourmis.* $C^4\ HO + HO$. Découvert par Margraff, cet acide existe dans les fourmis rouges, d'où il tire son nom. Il se produit quand on fait agir le noir de platine sur l'acide acétique, ou quand on oxyde les substances organiques neutres. On le prépare dans les laboratoires en traitant, à l'aide de la chaleur, un mélange de sucre et de peroxyde de manganèse par l'acide sulfurique; on le combine d'abord avec l'oxyde de plomb, et on l'en sépare ensuite par l'acide sulfhydrique. C'est un liquide incolore, rappelant l'odeur des fourmis; d'une densité de 1,50 environ, très

caustique, fumant à l'air et très soluble dans l'eau. Chauffé, il bout à 100°, et donne une vapeur irritante, qui prend feu et brûle avec une flamme bleue. Les acides et les oxydes, facilement décomposables, le transforment en eau et en acide carbonique. Il a été longtemps confondu avec l'acide acétique auquel il ressemble beaucoup.

ACIDE FUMARIQUE, de *fumaria*, fumeterre. $C^4\ HO^3 + HO$. Cet acide existe tout formé dans la fumeterre et le lichen d'Islande; il se forme aussi quand on distille à sec l'acide malique. On l'obtient en traitant le suc bouilli des plantes qui le contiennent, par l'acétate de plomb, décomposant ensuite le fumariate de plomb par l'acide sulfhydrique. C'est un corps solide, en lames micacées ou en aiguilles, incolore, de saveur très acide; il est soluble dans l'eau et l'alcool, volatil et décomposable.

ACIDE GALLIQUE, s. m., *acide de la noix de galle.* $C^7\ HO^3 + HO$. Cet acide, découvert par Schéele, existerait tout formé, selon quelques auteurs, dans les parties astringentes de quelques plantes, et notamment dans la noix de galle où il accompagnerait l'acide *tannique*; on croit maintenant. avec M. Pelouze, que l'acide gallique provient plutôt de l'altération à l'air de l'acide tannique. On peut l'obtenir, en effet, en altérant ce dernier acide au moyen des alcalis. des acides minéraux, ou de la fermentation. le combinant ensuite à l'oxyde de plomb, et décomposant le gallate plombique qui en résulte, par l'acide sulfhydrique. Il est solide, cristallisé en aiguilles brillantes. soyeuses. légèrement jaunâtres ou grisâtres, inaltérables à l'air et d'une saveur acide et astringente. Chauffé à 120°, il perd un équivalent d'eau et retient les deux autres avec force; à 220°, il se dégage de l'acide carbonique et il se sublime un acide particulier, appelé *pyrogallique* $C^6\ H^3\ O^3$: et à 250°, il se forme de l'eau et de l'acide carbonique et un acide brun, fixe, ressemblant à l'acide *ulmique* et qu'on nomme *métagallique* $C^6\ H^2\ O^2$. L'acide gallique est soluble dans l'eau chaude, l'alcool. et très peu dans l'éther. La solution aqueuse précipite et colore en bleu les sels de peroxyde fer, mais ne précipite pas la gélatine. ce qui le différencie de l'acide tannique. Il peut s'unir aux bases et former des *gallates*. C'est un corps astringent, qui n'est pas employé à l'état de pureté. Il est, du reste, sous le rapport, bien inférieur à l'acide tannique.

ACIDE HYPPURIQUE, de ιππος, cheval, et ουρον. urine. Acide *uro-benzoïque* (Berzélius) $C^{18}\ H^8\ Az^3 + HO$. Découvert d'abord par Fourcroy et Vauquelin. dans l'urine du cheval d'où vient son nom, cet acide. longtemps confondu avec l'acide *benzoïque*. existe dans l'urine des herbivores, combiné aux bases alcalines. On l'obtient en traitant l'extrait d'urine successivement par un lait de chaux, le carbonate de soude et l'acide chlorhydrique. Il est solide, cristallisé en prismes à quatre pans, incolores ou jaunâtres, d'une saveur amère et rougissant le tournesol. Chauffé, il fond d'abord, puis se décompose en acide *benzoïque* et ammoniaque; en présence des acides minéraux, la chaleur le transforme en sucre de gélatine et acide benzoïque, et le peroxyde de manganèse en acide carbonique, ammoniaque et acide benzoïque. Soluble dans l'eau chaude et l'alcool, cet acide se dissout à peine dans l'éther.

ACIDE HIRCIQUE, de *hircus*, bouc. Cet acide, découvert par Chevreul, est un des produits de la saponification de la graisse de bouc, d'où on le sépare ensuite au moyen de la baryte et de l'acide sulfurique. C'est un liquide huileux, incolore, d'odeur forte d'acide acétique et de sueur de bouc; cette dernière odeur est surtout prononcée quand il est combiné à l'ammoniaque. Insoluble dans l'eau qu'il surnage, il se dissout bien dans l'alcool.

ACIDE HYPOAZOTIQUE, *acide azoteux* ou *nitreux*. AzO^4. On l'obtient en calcinant à sec dans une cornue de l'azotate de plomb, et recevant les vapeurs qui s'en dégagent dans un récipient fortement refroidi. C'est un liquide d'un rouge orangé à 15°. incolore à 20° et jaune à 0°, donnant, à l'air, d'abondantes vapeurs rutilantes, corrosives et suffocantes, plus pesantes que l'air. Sa densité est de 1,42; il entre en ébullition à 28° et se solidifie à — 15°. Mis en contact avec l'eau, il la colore en bleu, puis se décompose en acides azoteux et azotique. Ce dernier le dissout en grande quantité, et prend des teintes qui varient selon sa densité. Cet acide ne se combinant pas aux bases, on le considère comme formé d'un équivalent d'acide azoteux et d'un équivalent d'acide azotique, $2 AzO^4$ $= AzO^3 + AzO^5$.

ACIDE HYPOCHLOREUX. ClO. Cet acide peut être obtenu, soit en solution aqueuse, soit anhydre, en faisant agir le chlore gazeux sur le bioxyde de mercure, en présence ou en l'absence de l'eau. C'est un liquide d'un rouge de sang artériel, d'une odeur vive et pénétrante, rappelant celle du chlore et de l'iode. Il bout à 20° et donne une vapeur jaune rougeâtre pesant trois fois autant que l'air; il détonne à une température peu élevée. L'eau en dissout 200 fois son volume, et la solution qui en résulte est très caustique et détruit rapidement les matières colorantes. Cet acide se combine facilement aux bases de la première section, et forme des *hypochlorites* très importants pour l'industrie et la médecine, à cause de leur action décolorante et désinfectante très énergique.

ACIDE HYPOCHLORIQUE, *oxyde de chlore, acide chloreux*. ClO^4 — On prépare cet acide, découvert par Davy, en chauffant dans un bain-marie à 30° un mélange d'acide sulfurique affaibli et de chlorate de potasse fondu, et recevant le produit dans un vase sec et refroidi. C'est un liquide d'un rouge foncé, entrant en ébullition à 20° et donnant alors un gaz jaune-verdâtre plus foncé que le chlore et d'une odeur suffocante; à 63° cet acide dé-

tonne avec violence. L'eau en dissout vingt fois son volume et prend des propriétés corrosives et décolorantes.

ACIDE HYPOPHOSPHOREUX. $PhO + Aq$. Cet acide, découvert par Dulong, se prépare en faisant bouillir le phosphore avec du sulfure de baryum, et décomposant ensuite l'hypophosphite de baryte qui en résulte, par l'acide sulfurique. Il est toujours hydraté. C'est un corps solide, visqueux, incristallisable, incolore, très avide d'oxygène qu'il enlève à un grand nombre d'oxydes et d'acides, et même à l'acide sulfurique qu'il décompose en laissant un dépôt de soufre et en dégageant de l'acide sulfureux. Chauffé, il se décompose en acide phosphorique et en hydrogène phosphoré spontanément inflammable.

ACIDE HYPOSULFUREUX. S^2O^2. Cet acide, découvert par Gay-Lussac, n'a pu jusqu'ici être isolé; séparé des bases, il se décompose en acide sulfureux et soufre. Il est intéressant à cause des sels qu'il forme. (*V.* HYPO-SULFITES).

ACIDE HYPOSULFURIQUE, *acide dittrionique*. $S^2O^5 + Aq$. On prépare cet acide, découvert en 1819 par Gay-Lussac et Welter, en faisant passer un courant d'acide sulfureux dans de l'eau tenant en suspension du peroxyde de manganèse réduit en poudre fine; en décomposant les hypo-sulfite et sulfate de manganèse par la baryte et l'hypo-sulfite de baryte soluble par l'acide sulfurique. On ne l'obtient qu'hydraté. Il est liquide, incolore, inodore, de saveur très acide. Sa densité ne peut être portée au-delà de 1.347; lorsqu'on le concentre davantage, il se décompose en acide sulfureux et acide sulfurique. $S^2O^5 + HO$ $= SO^2 + SO^3 + HO$. La chaleur le décompose également. — Les hypo-sulfates sont remarquables par leurs belles formes cristallines. (*V.* HYPO-SULFATES).

ACIDE KINIQUE OU QUINIQUE. Principe acide de l'écorce de quinquina, où il est combiné à la chaux, à la quinine et à la cinchonine. On l'obtient en faisant un solutum aqueux de quinquina qu'on concentre fortement et qu'on laisse déposer; le kinate de chaux qui s'en sépare est ensuite décomposé par l'acide oxalique. L'acide kinique est solide, blanc, cristallisé en lames, de saveur acide et amère, très soluble dans l'eau et facilement décomposable au feu.

ACIDE IODHYDRIQUE, *acide hydriodique*. HI. Cet acide, découvert par Gay-Lussac, s'obtient en décomposant l'iodure de phosphore par l'eau et recevant le produit dans un flacon parfaitement sec. C'est un gaz coërcible, incolore, d'une odeur vive et suffocante, d'une saveur caustique comme l'acide chlorhydrique avec lequel il a beaucoup d'analogie. Sa densité est de 4.433. Il est très soluble dans l'eau, et la solution porte le nom d'acide *iodhydrique liquide*; elle est très altérable à l'air, et ne tarde pas à noircir par suite du dépôt d'iode qui a lieu. Le chlore et le brôme, comme l'oxygène, décomposent rapidement cet acide en s'emparant de son hydrogène et précipitant l'iode.

ACIDE IODIQUE, *acide iodeux.* $IO^5 + Aq.$ On peut obtenir cet acide par plusieurs procédés : en décomposant l'iodate de baryte par l'acide sulfurique, décantant et concentrant la liqueur en consistance sirupeuse, ou en traitant l'iode par l'acide azotique concentré. Hydraté, c'est un corps solide, cristallisé en tables à six faces, incolore, d'odeur d'iode, de saveur acide et astringente. Exposé à l'air, il en attire vivement l'humidité et tombe en déliquium. Chauffé, il est plus stable que les oxacides de chlore et de brôme, puisqu'il supporte, sans se décomposer, une température de 230°. S'il est mêlé avec des corps combustibles, il détonne violemment. Il est soluble dans l'eau et l'alcool.

ACIDE LACTIQUE, de *lac,* lait. $C^6 H^5 O^5 + HO$. Cet acide, découvert par Schéele dans le petit lait aigri, existe aussi dans la plupart des sucs végétaux qui ont subi un commencement de fermentation par l'action des principes protéïques qu'ils contiennent. C'est ainsi qu'on le trouve dans l'eau *sure* des amidonniers, dans le suc aigri de la plupart des racines, dans les farines avariées, dans l'eau de riz, dans la choucroute, etc. ; on le trouve également dans quelques liquides animaux, le lait, l'urine, le suc gastrique, etc. On obtient cet acide du petit-lait aigri, des sucs végétaux fermentés, etc., en traitant ces liquides par la chaux, l'oxyde de zinc ou celui de plomb, séparant ensuite ces oxydes par l'acide oxalique ou l'acide sulfhydrique, filtrant et concentrant les liqueurs. C'est un liquide sirupeux, incolore, inodore, de saveur très acide et d'une densité de 1,215. Chauffé, il peut perdre son eau d'hydratation et devenir solide. A la température de 250°, il se décompose en divers produits et donne une substance blanche, cristalline, qu'on regarde comme étant l'acide *anhydre* et que M. Pelouze appelle *lactide.* Cet acide est soluble dans l'eau, l'alcool et l'éther. Il exerce une action dissolvante très énergique sur le phosphate calcaire, ce qui en a fait conseiller l'emploi pour dissoudre les calculs à base de phosphate de chaux.

ACIDE LAMPIQUE. *V.* ACIDE ALDÉHYDIQUE.

ACIDE MALÉIQUE. Acide pyrogéné, découvert par Pelouze, et qui se forme lorsqu'on chauffe l'acide malique à la température de 195°. Il est solide, cristallisé en prismes, d'une saveur aigre, nauséabonde et désagréable. Il a la même composition que l'acide malique et paraît très rapproché aussi de l'acide *équisétique.* (*V.* ce mot).

ACIDE MALIQUE, de *malum,* pomme sauvage, *acide sorbique.* $C^{10} H^8 O^{10}$. Cet acide a d'abord été découvert par Schéele, dans les pommes sauvages; mais il existe aussi, libre ou combiné, dans un grand nombre d'autres fruits, soit seul, soit accompagné par les acides tartrique et citrique. Ainsi, on en trouve dans les pommes et les poires sauvages, les

prunes, les prunelles, les groseilles avant leur maturité, dans le fruit du sorbier, les feuilles de joubarbe, la pomme de terre, l'absinthe, le tabac, etc. On prépare cet acide le plus souvent, en traitant le suc fermenté du fruit du sorbier par l'acétate de plomb, décomposant ensuite le malate de plomb par l'acide sulfhydrique et concentrant la liqueur. Cet acide est solide, en masses mamelonnées, incolore, inodore, d'une saveur très acide, très déliquescent à l'air. Il se dissout aisément dans l'eau, l'alcool et l'éther. Chauffé, il fond à 90° ; à 120° il se dessèche, à 140° il commence à perdre de l'eau et à donner de l'acide *fumarique* ; enfin, de 180° à 200°, il se transforme en deux acides pyrogénés, l'acide *maléique* et l'acide *paramaléique.* — *Pharmacol.* Cet acide peut remplacer les acides *citrique et tartrique,* avec lesquels il a beaucoup d'analogie, comme tempérant et acidule.

ACIDE MANGANIQUE, *acide manganésique.* $Mn O^3$. Cet acide existe dans le *caméléon vert* (manganate de potasse); mais on ne peut le séparer de la base avec laquelle il est uni, parce qu'il se décompose instantanément en protoxyde de manganèse et acide *permanganique.* (*V.* CAMÉLÉON MINÉRAL et MANGANATE DE POTASSE).

ACIDE MARGARIQUE. $C^{68} H^{68} O^8$. Découvert par Chevreul, cet acide gras existe dans toutes les graisses peu consistantes et dans les huiles, combiné à la glycérine et accompagné par les acides oléïque et stéarique. Il prend naissance aussi par la distillation sèche de ce dernier acide et par son oxydation au moyen de l'acide azotique. On le prépare, soit en faisant bouillir l'acide stéarique avec son poids d'acide azotique à 32° Baumé, soit en saponifiant l'huile d'olive avec la potasse. Dans ce dernier cas, on décompose le savon qui en résulte par l'acétate de plomb ; on le dissout dans l'éther pour enlever l'acide oléïque, et le margarate de plomb, resté indissous et pur, est ensuite décomposé par un acide minéral. Cet acide ressemble, par la plupart de ses propriétés physiques, à l'acide *stéarique* (*V.* ce mot.) ; seulement, il est plus fusible ; il fond à 60°, brûle comme de la cire et donne à la distillation un produit particulier appelé *margarone.* (*V.* ce mot).

ACIDE MÉCONIQUE, de *meconium,* opium, formé de μηχων, pavot. $C^{14} HO^{11} + 9 HO$. Cet acide, découvert par Séguin et isolé par Sertuerner, existe dans les opiums d'orient et dans l'opium indigène, combiné à la morphine et à la chaux. On le prépare en traitant une infusion aqueuse d'opium par le chlorure de calcium, et décomposant ensuite le méconate calcaire par l'acide chlorhydrique étendu. Cet acide est solide, cristallisé en écailles micacées, inaltérable à l'air, de saveur aigre et astringente. Il est peu soluble dans l'eau froide, soluble dans l'eau chaude et l'alcool ; cette solution précipite les persels de fer en rouge de sang. Chauffé à 100°, il perd une partie de son eau de cristallisation ; à 120°, il en perd davantage et se transforme en acide *coménique* ; à une température plus élevée encore, il produit un acide pyrogéné appelé *pyrocoménique*. Les acides minéraux le changent en acide *coménique*, et les alcalis en acide *oxalique*.

ACIDES MÉTALLIQUES. Ce sont des composés binaires dans lesquels l'élément électro-négatif prédomine sur l'élément positif. C'est ainsi que les peroxydes, perchlorures, persulfures, etc., ont généralement des propriétés acides et tendent à s'unir aux oxydes, chlorures, sulfures, etc., inférieurs, qui sont toujours basiques. En général, la chaleur les décompose et les ramène à un degré inférieur de combinaison en séparant une partie de leur élément électro-négatif.

ACIDES MINÉRAUX OU INORGANIQUES. Ces composés sont généralement binaires et fournis par des corps inorganiques. Leur radical ou élément électro-négatif est le plus souvent l'oxygène ou l'hydrogène, d'où la distinction de ces corps en *oxacides* et *hydracides*. Cependant, le chlore, le brôme, l'iode, le soufre, etc., peuvent se combiner entre eux et donner naissance à des acides : de là des *chloracides*, *bromacides*, *iodacides*, *sulfacides*, etc. Le rôle de générateur des acides n'appartient donc pas exclusivement à l'oxygène, comme on l'a admis pendant longtemps, chacun des métalloïdes pouvant être alternativement positif ou négatif dans la formation de ces corps.

ACIDE MUCIQUE. C^{12} H^8 O^{14} $+$ 2 HO. Cet acide résulte de l'oxydation des matières végétales neutres (gommes, mucilages, sucre de lait), par l'acide azotique sous l'influence de la chaleur. Cet acide est solide, blanc, pulvérulent, peu soluble dans l'eau froide et l'alcool, soluble dans l'eau chaude, ainsi que dans l'acide sulfurique qu'il colore en rouge cramoisi. Chauffé à sec, à la température de 130 à 140°, il donne un acide pyrogéné appelé *pyromucique*.

ACIDE ŒNANTHIQUE, de οἶνος, vin, et ἄνθος, fleur. Ce principe acide existe dans les vins, combiné à l'alcool ou à l'état d'éther œnanthique ; ce dernier constitue ce qu'on nomme le *bouquet* ou l'arôme des vins. Cet acide est fluide au-dessus de 13°, de consistance butyreuse au-dessous. Il est incolore, inodore et insipide, insoluble dans l'eau et soluble dans l'alcool, l'éther et les huiles.

ACIDE OLÉIQUE, d'*oleum*, huile. C^{36} H^{34} O^4 $=$ C^{34} H^{34} $+$ 2 CO^2. Cet acide gras, découvert par Chevreul, forme, avec la glycérine, la partie la plus fluide des huiles et des graisses. On le prépare en saponifiant l'huile d'amandes douces par la potasse, décomposant le savon qui en résulte par l'acétate de plomb, traitant ensuite le précipité par l'éther qui enlève l'oléate de plomb et laisse le margarate. L'oléate de plomb étant décomposé par l'acide chlorhydrique, il se forme un chlorure plombique insoluble et une couche huileuse à la surface ; c'est l'acide oléique

qu'on purifie en le dissolvant plusieurs fois dans l'éther. C'est un liquide huileux à la température ordinaire, incolore ou jaunâtre, inodore, de saveur âcre, plus léger que l'eau. Il reste fluide jusqu'à 4°, où il se solidifie et se contracte fortement. Solide, il se conserve facilement ; liquide, il s'oxyde rapidement. Insoluble dans l'eau, il se dissout bien dans l'alcool et l'éther, ainsi que dans les essences et les huiles grasses. Il dissout, à son tour, les acides stéarique et margarique, et les corps gras solides.

ACIDES ORGANIQUES. Composés électro-négatifs, plus ou moins complexes, généralement ternaires ou quaternaires, qu'on extrait des corps organisés, végétaux et animaux. Il en est qui existent tout formés dans ces êtres et qu'on appelle *acides naturels* ; d'autres, qui résultent de réactions plus ou moins compliquées sur les substances organiques, et qu'on nomme *artificiels* ; enfin, il en existe qui sont à la fois le produit de la nature et de l'art ; on leur donne le nom d'acides *mixtes*. Liébig divise les acides organiques en *unibasiques*, *bibasiques*, *tribasiques*, selon qu'ils exigent une, deux ou trois proportions de base pour former des sels neutres. Chaque équivalent de base chasse une proportion d'eau de l'acide. Dumas les distingue en *conjugués*, *bijugués*, *trijugués*, selon qu'ils semblent formés par un, deux ou trois acides par suite du dédoublement de leurs atômes. Les propriétés physiques, chimiques, et le mode de préparation de ces acides, sont trop variables pour être examinées d'une manière générale.

ACIDE OXALIQUE, d'*oxalis*, oseille. C^2 O^3 $+$ 3 HO. *Acide carboneux*. Cet acide, découvert par Schéele et Bergmann, existe dans beaucoup de plantes herbacées et ligneuses, telles que les oseilles, la rhubarbe, les vesces, les fucus, les lichens, etc., l'écorce d'un grand nombre d'arbres. De plus, il prend naissance quand on traite les substances neutres végétales, notamment le sucre de canne et l'amidon, par l'acide azotique. On le prépare, soit en oxydant le sucre ou la farine par l'acide azotique, soit en traitant l'oxalate de potasse par l'acétate de plomb et décomposant ensuite l'oxalate plombique par les acides sulfurique ou sulfhydrique. C'est un corps solide, cristallisé en prismes quadrilatères, incolore, inodore, d'une saveur acide très marquée, et d'une densité de 1,50. Chauffés à 100°, ces cristaux perdent deux équivalents d'eau et retiennent fortement le troisième qui ne peut être déplacé que par une base. A 130°, il se volatilise et donne de l'acide carbonique, de l'oxide de carbone et de l'acide formique. Il est peu soluble dans l'eau froide et l'alcool, plus soluble dans l'eau chaude ou acidulée par l'acide nitrique. Les acides et les oxydes qui peuvent lui céder à l'aide de la chaleur, de l'oxygène, le transforment en acide carbonique et oxyde de carbone. — *Toxicol.* Concentré, l'acide oxalique agit comme un caustique *fluidifiant*. Il détruit la muqueuse digestive, la perfore, en dissolvant son tissu. Étendu d'eau, il est rapidement absorbé, agit sur les centres nerveux comme sédatif, et secondairement sur les poumons et le cœur. La mort arrive donc par asphyxie ou syncope. Les meilleurs antidotes sont les sels solubles de chaux et ceux de magnésie.

Acide parabanique. Cet acide, découvert par Liébig et Wœhler, est le produit de l'action de l'acide azotique sur l'acide urique. Il est solide, incolore, cristallisé en prismes à six pans, inodore, et d'une saveur analogue à l'acide oxalique. Très soluble dans l'eau, cet acide fond d'abord par l'action de la chaleur, puis une partie se sublime et l'autre se transforme en acide cyanhydrique.

Acide palmique ou ricinique. Cet acide est un des produits de la saponification de l'huile de ricin. Il est solide, cristallisé en aiguilles soyeuses, fusible à 50°. Insoluble dans l'eau, il se dissout bien dans l'alcool et l'éther. Il forme des sels neutres avec les alcalis.

Acide paratartrique, de παρα, proche. *Acide racémique.* C^4 H^2 O^5 + Aq. Acide isomère avec l'acide tartrique, comme l'indique son nom, il existe avec ce dernier dans le tartre des tonneaux et constitue un des produits accessoires de sa préparation. Il est solide, cristallisé en prismes rhomboïdaux, transparent, incolore, de saveur acide très marquée. Chauffé à 200°, il fond et donne à une température plus élevée les mêmes produits que l'acide tartrique, duquel il diffère très peu. A 100°, il perd l'un des deux équivalents d'eau qu'il renferme. Son affinité pour la chaux est comparable à celle de l'acide oxalique.

Acide pectique, de πηκτις, coagulum. C^{12} H^7 O^{10}. Cet acide, découvert par Braconnot, existe en grande quantité dans les racines charnues, comme la betterave, la carotte, le panais, etc., et dans certains fruits, les pommes et les poires, les groseilles. On l'obtient de la betterave ou de la carotte qu'on a râpées et dont on a exprimé le jus, en traitant le marc qui en résulte par une légère solution de potasse, décomposant ensuite par l'acide chlorhydrique le pectate soluble qui s'est formé. C'est un corps solide, se présentant, lorsqu'il est récemment préparé, sous la forme d'une gelée incolore et transparente, insipide, rougissant légèrement le tournesol. Desséché, il forme des plaques transparentes et fragiles, ressemblant à de l'icthyocolle. Peu soluble dans l'eau bouillante, il ne se dissout pas dans l'eau froide ni dans l'alcool.

Acide perchlorique. Cl O^7. Découvert par Stadion, cet acide forme le degré le plus élevé d'oxydation du chlore et le plus stable de ses composés oxygénés. On le prépare, soit en décomposant le perchlorate de potasse par l'acide sulfurique et distillant à 150°, soit en décomposant le perchlorate de baryte par l'acide sulfurique et concentrant ensuite la liqueur. Anhydre, il est solide, mais on l'obtient difficilement. Il est ordinairement liquide, incolore, de saveur très acide, rougissant le tournesol sans le décomposer. Chauffé à 200°, il distille sans décomposition. Il est très soluble dans l'eau et pèse 1,65.

Acide periodique, *acide hepta-iodique.* IO^7. Cet acide, découvert par Magnus, s'obtient en traitant l'iodate de soude en dissolution dans une lessive alcaline, par un courant de chlore. Il est solide, cristallisé en prismes obliques, incolore, inodore, et inaltérable à l'air. Chauffé, il se décompose en oxygène et en iode. Il est soluble dans l'eau, l'alcool et l'éther, et forme avec la soude un sel à peine soluble.

Acide permanganique, *acide hyper-manganique, permanganésique.* Mn^2 O^7. Cet acide existe, combiné à la potasse, dans le caméléon rouge (permanganate de potasse), d'où on peut l'obtenir à l'aide de la chaleur et de l'acide sulfurique, en recevant les vapeurs rouges qui s'en dégagent dans un récipient vide tenu froid ou dans de l'eau pure. C'est un liquide d'un rouge pourpre intense, très soluble dans l'eau qu'il colore fortement; cette solution se décompose à 40° et à la température ordinaire par le contact des matières organiques. L'acide permanganique perd de l'oxygène et se transforme en hydrate de peroxyde de manganèse insoluble qui se dépose.

Acide phocénique. Acide découvert par Chevreul, en saponifiant l'huile de marsouin. C'est un liquide incolore, d'odeur de beurre rance, d'une saveur acide, puis douceâtre, et pesant 0.932. Peu soluble dans l'eau, cet acide peut brûler comme une huile grasse.

Acide phosphoreux. Ph O^3. Cet acide prend naissance quand le phosphore brûle lentement à l'air, ou quand on chauffe ce corps en présence d'une petite quantité d'oxygène. Anhydre, il est solide, incolore, volatil, très soluble dans l'eau, très inflammable à cause de son avidité pour l'oxygène qui le transforme en acide phosphorique. Hydraté, il contient trois équivalents d'eau et cristallise; si on le chauffe, il se décompose en acide phosphorique et hydrogène phosphoré.

Acide phosphorique. Ph O^5. Cet acide existe dans la nature combiné à la chaux, soit dans le règne inorganique, soit dans le règne organisé où il joue un rôle très important. Il peut être anhydre ou hydraté, et dans ces différents cas, il offre des propriétés spéciales. Anhydre, et tel qu'on l'obtient en faisant brûler le phosphore dans de l'air parfaitement sec, il est solide, en flocons filamenteux, blancs comme de la neige et si avides d'eau qu'ils se dissolvent avec bruit dans ce liquide et se résolvent promptement en gouttelettes quand ils sont exposés à l'air. Hydraté, il peut contenir un, deux ou trois équivalents d'eau et former les acides phosphoriques *monohydraté* ou *métaphosphorique*, *bihydraté* ou *pyrophosphorique* et *trihydraté* ou *acide phosphorique ordinaire.* Les deux premiers s'obtiennent en calcinant les phosphates d'ammoniaque et de soude, et se présentent sous la forme de masses vitreuses, amorphes, très solubles dans l'eau. L'acide *monohydraté* Ph $O^5 + HO$, coagule l'albumine et précipite les sels de baryte et d'argent en blanc. L'acide *bihydraté* Ph $O^5 + 2 HO$ ne coagule pas l'albumine et ne précipite pas les sels de baryte, mais précipite ceux d'argent en blanc. Enfin, l'acide trihydraté, qu'on obtient en traitant le phosphore par l'acide azotique, est solide, cristallisable, incolore, de saveur fortement acide, très soluble dans l'eau. Il ne coagule pas l'albumine et précipite les sels d'argent en jaune clair. Chauffé, il fond, perd son eau et se transforme en acide mono et bihydraté; en présence du charbon, il se décompose et donne du phosphore.

ACIDE ROSACIQUE, de *rosa*, rose. Sédiment rougeâtre qui se dépose dans l'urine de l'homme après les attaques des fièvres nerveuses ou des affections rhumatismales, et que Proust a considéré comme un acide particulier. Il se dépose avec l'acide urique duquel on le sépare au moyen de l'alcool qui le dissout sans attaquer l'autre. C'est un corps solide, rougeâtre, pulvérulent, sans odeur et d'une saveur légèrement acide. Il est soluble dans l'eau et l'alcool qu'il colore en rouge. Les acides minéraux le transforment en une poudre blanche analogue à l'acide urique, duquel il ne paraît pas différer beaucoup.

ACIDE SÉBACIQUE OU SÉBIQUE, de *sebum*, suif. Découvert par Thénard, cet acide prend naissance pendant la distillation des corps gras végétaux ou animaux, et ne paraît être que le résultat de l'altération de l'acide *oléique* par la chaleur. On le retire des produits de la distillation des corps gras, au moyen de l'eau, de l'acétate de plomb et de l'acide sulfurique. Cet acide est solide, incolore, cristallisé en lamelles ou en aiguilles légères et nacrées, peu consistantes, inodores et d'une saveur peu acide. Inaltérable à l'air, l'acide sébacique fond à 127° et se sublime à une température plus élevée, sans altération. Peu soluble dans l'eau froide, il se dissout bien dans l'eau chaude, l'alcool et l'éther. Il neutralise les bases.

ACIDE SÉLÉNHYDRIQUE, *acide hydrosélénique*. Se H. Cet hydracide, découvert par Berzélius, résulte de l'action de l'acide sulfurique sur un séléniure. C'est un gaz coercible, incolore, d'une odeur d'œufs pourris et de raifort, d'une saveur piquante et même irritante; une petite quantité suffit pour exciter l'éternuement et le larmoiement. La respiration de ce gaz est dangereuse. Exposé à l'air, il absorbe l'humidité et se décompose; très soluble dans l'eau, il communique à ce liquide son odeur et sa saveur; ce solutum tache la peau en brun et ne tarde pas à se décomposer en laissant un dépôt rougeâtre de sélénium. Cet hydracide, par sa composition et la plupart de ses propriétés, a beaucoup d'analogie avec l'acide sulfhydrique.

ACIDE SÉLÉNIQUE. Se $O^3 + HO$. On prépare cet acide, qui ressemble beaucoup à l'acide sulfurique, en décomposant le séléniate de plomb, tenu en suspension dans l'eau, par un courant d'acide sulfhydrique, concentrant ensuite la liqueur jusqu'à 280° environ. C'est un liquide incolore, inodore, très caustique, d'une densité de 1.6. Chauffé à 300°, il se décompose en oxygène et acide sélénieux. Mélangé à l'eau, il s'y dissout en élevant la température comme l'acide sulfurique : ce dernier ne peut le déplacer de sa combinaison avec la baryte. Il forme, avec l'acide chlorhydrique, une eau régale qui attaque les métaux.

ACIDE SÉLÉNIEUX. Se O^2. Cet acide, qui correspond à l'acide sulfureux, s'obtient, soit en brûlant le sélénium dans l'oxygène, soit en le traitant à chaud par l'acide azotique ou l'eau régale. Il est solide, cristallisé en aiguilles blanches tétraédriques, inodore, d'une saveur piquante et caustique. Chauffé, il se volatilise sans se fondre, en un gaz jaunâtre qui cristallise en se déposant. Exposé à l'air, il en attire l'humidité sans se liquéfier. Très soluble dans l'eau, cet acide est facilement décomposé par les corps avides d'oxygène, notamment l'acide sulfureux et quelques métaux.

ACIDE SILICIQUE, *silice, terre vitrifiable, cristal de roche, silex, quartz*, etc. Si O^3. Ce composé, connu de toute antiquité, a été considéré d'abord comme un oxyde : ses propriétés acides, quoique peu marquées, sont généralement admises. C'est un des corps les plus répandus sur le globe terrestre; il présente divers états. Pur, il forme le cristal de roche ou quartz; hydraté, il constitue l'hydrophane et l'opale; uni à quelques bases et coloré par divers oxydes métalliques, il constitue des pierres précieuses telles que les agathes, l'améthyste, le jaspe, la cornaline, etc. Plus ou moins impur, il forme le granit, le silex, les grès, la pierre meulière, les cailloux, le sable, une partie de l'argile et des terres arables, etc. Enfin, on en trouve dans les cendres des animaux et des végétaux, et en dissolution dans quelques eaux minérales alcalines. Pur et cristallisé comme dans le cristal de roche, il est incolore, transparent, en prismes à six pans surmontés d'une pyramide à six faces, d'une densité de 2.6 : sa dureté est si grande qu'il fait feu au briquet et raye le verre et l'acier. De tous les agents chimiques, il n'y a que l'acide fluorhydrique et les alcalis qui puissent l'entamer; le premier l'attaque à froid, et les seconds le dissolvent à chaud. Dans les laboratoires, on l'obtient pur en calcinant du sable avec quatre fois son poids de carbonate de potasse, reprenant ensuite par l'eau (liqueur des cailloux) et précipitant par l'acide chlorhydrique; il est alors en gelée opaque, épaisse, qui, desséchée dans un creuset en argent, se transforme en une poudre blanche, farineuse, inodore et insipide, qui est infusible au feu de forge le plus violent, mais fusible et vitrifiable au moyen du chalumeau à gaz oxy-hydrogène. Indépendamment de l'acide fluorhydrique et des alcalis, le chlore, aidé par le charbon, attaque l'acide silicique pulvérulent. Il est fusible par l'intermédiaire des acides phosphorique et borique. M. Ebelmen a, dernièrement, mis à profit cette dernière propriété pour produire des pierres précieuses artificielles. Cet acide sert à faire des objets de luxe, à fabriquer le verre, diverses poteries, le mortier à bâtir, etc.

ACIDE STÉARIQUE, de $\sigma\tau\varepsilon\alpha\rho$, suif. $C^{68} H^{68} O^7$. Cet acide, découvert par Chevreul, existe dans le suif et les graisses animales, combiné à la *glycérine* et formant la *stéarine*. (*V.* ce mot.) On le prépare en saponifiant le suif par la potasse ou la chaux, décomposant ensuite le savon qui en résulte par un acide, reprenant par l'alcool qui enlève l'acide stéarique, concentrant et faisant cristalliser plusieurs fois. Il est solide, cristallisé en aiguilles blanches, satinées, friables. Inodore et insipide, cet acide pèse un peu plus que l'eau, 1,01, fond à 75°, se fige à 70°, et brûle comme de la cire quand on le chauffe au contact de l'air. Distillé à sec, il se transforme en acide margarique et margarine ; les acides oxydants et notamment l'acide nitrique, produisent le même effet que la chaleur. Insoluble dans l'eau, il se dissout facilement dans l'alcool chaud et dans l'éther. Il est fabriqué en grand pour faire les bougies *stéariques*, qui ont remplacé celles de cire, ainsi que les chandelles.

ACIDE STANNIQUE. *V.* BIOXYDE D'ÉTAIN.

ACIDE SUBÉRIQUE, de *suber*, liége. Acide obtenu d'abord par Brugnatelli en faisant agir l'acide azotique sur le liége à l'aide de la chaleur, et qui se forme aussi dans l'action du même acide sur l'acide oléique, d'après Laurent. Il est solide, blanc, cristallin, peu acide, insoluble dans l'eau et soluble dans l'alcool. Il fond à 120° et se sublime au-dessus en aiguilles blanches.

ACIDE SUCCINIQUE, *sel de succin*. $C^4 H^2 O^3 + HO$. Cet acide existe tout formé dans le succin et quelques résines végétales ; il se forme aussi dans la réaction de l'acide azotique sur les acides stéarique et margarique. On le prépare par la distillation sèche du succin ou ambre jaune. Il est solide, incolore, en prismes transparents, inodore, d'une saveur acide, puis âcre, et d'une densité de 1,50. Chauffé, il fond et se sublime en belles aiguilles blanches. Il est soluble à la fois dans l'eau, l'alcool et l'éther. Par des sublimations successives, on peut l'obtenir à l'état anhydre.

ACIDE SULFHYDRIQUE, *acide hydrosulfurique*, *hydrogène sulfuré*, *gaz hépatique*, etc. HS. Découvert par Schéele et analysé par Berthollet, cet acide se forme toutes les fois que le soufre et l'hydrogène se rencontrent à l'état naissant ; aussi s'exhale-t-il de toutes les matières organiques qui se putréfient et qui contiennent du soufre. Il existe en dissolution dans certaines eaux minérales appelées *eaux sulfureuses*. On le prépare dans les laboratoires en décomposant un sulfure métallique par l'acide chlorhydrique. C'est un gaz coërcible, incolore, d'odeur fétide d'œufs pourris, pesant 1,19. Il est impropre à la combustion et surtout à la respiration ; c'est un gaz très délétère ; $1/1500$ de la masse d'air suffit pour tuer un oiseau ; $1/800$ fait périr un chien ; et $1/200$ peut donner la mort à un cheval. Le gaz chlore, qui le décompose instantanément, est son antidote le plus certain et le plus prompt. Il est combustible et la chaleur seule le décompose partiellement. Comprimé et refroidi, il se liquéfie et peut même se solidifier. L'eau, à la pression ordinaire et à la température de 15°, en dissout trois fois son volume ; cette solution, qu'on prépare à l'aide de l'appareil de Wolf, présente toutes les propriétés du gaz. Elle est fréquemment employée dans les laboratoires comme réactif pour reconnaître les bases métalliques des quatre dernières sections avec les métaux desquels elle forme des précipités caractéristiques, qui sont des sulfures de diverses couleurs. On doit conserver cette solution dans des vases bien bouchés, pleins ou retournés et à parois opaques, afin d'empêcher l'action de la lumière qui accélère sa transformation en acide sulfurique et en soufre qui se dépose.—*Pharmacol.* Les eaux sulfureuses naturelles sont très utiles contre les affections anciennes de la peau et des muqueuses, celles du système lymphatique, contre le rhumatisme, etc. ; mais ce n'est qu'exceptionnellement et dans les pays qui possèdent des sources de ces eaux, qu'on peut en faire usage pour les animaux domestiques.

ACIDE SULFUREUX, *gaz sulfureux*. SO^2. Cet acide, connu de tout temps, prend naissance toutes les fois que le soufre brûle à l'air ; aussi existe-t-il dans l'atmosphère qui environne les volcans en activité. On peut préparer cet acide en brûlant du soufre dans l'oxygène ; mais on préfère généralement désoxygéner l'acide sulfurique avec un corps combustible, métalloïde ou métallique, comme le soufre ou le charbon, le cuivre ou le mercure. L'acide sulfureux est un gaz coërcible, incolore, d'une odeur suffocante, qui est celle du soufre qui brûle ; il est impropre à la combustion et à la respiration, et pèse 2.24. Indécomposable au feu, le gaz sulfureux refroidi jusqu'à — 15°, se liquéfie et forme un liquide incolore, pesant 1,45, bouillant à — 10°, produisant en s'évaporant un froid de — 57° à l'air libre, et de — 68° dans le vide. L'acide sulfureux est très soluble dans l'eau qui en prend trente-sept fois son volume à la température et à la pression ordinaires. On fait cette solution dans les laboratoires à l'aide de l'appareil de Wolf : elle est employée comme réactif et aussi comme agent désinfectant et décolorant. Pour la conserver, il faut la tenir dans des vases bien bouchés et pleins pour qu'elle n'absorbe pas l'oxygène de l'air et ne se change pas en acide sulfurique. — *Pharmacol.* On fait usage, en médecine humalne, de l'acide sulfureux en fumigations cutanées, dans des appareils spéciaux, pour guérir les affections psoriques. Des essais du même genre ont été faits sur les animaux, sans beaucoup de succès. Du reste, les appareils dispendieux que cette médication exige seront toujours un obstacle qui en limitera au moins l'usage, d'autant plus que la médecine vétérinaire possède contre ces maladies des remèdes beaucoup plus efficaces.

Acide sulfurique, de *sulfur*, soufre. *Acide vitriolique*, *huile de vitriol*. SO^3 + Aq. Cet acide puissant, déjà connu des alchimistes, existe dans la nature sous plusieurs états : libre comme aux environs des volcans et dans certaines grottes où se dégage de l'acide sulfureux ou de l'acide sulfhydrique, et surtout combiné aux diverses bases minérales avec lesquelles il forme des sels solubles ou insolubles. On le trouve à l'état salin dans les végétaux et les animaux, circulant avec les fluides ou combiné aux tissus. Ses caractères physiques varient beaucoup selon qu'il est anhydre ou qu'il contient une plus ou moins grande proportion d'eau: de là, trois variétés bien distinctes : 1° *Acide sulfurique anhydre*, SO^3. On le prépare en distillant l'acide de Nordhausen ou le bisulfate de potasse. Il est solide, blanc, cristallisé en aiguilles longues, soyeuses, nacrées, flexibles et tenaces comme des filaments d'amiante. Inodore, cet acide est caustique, attaque la peau si elle est humide, et ne produit aucun effet si elle est sèche ; sa densité est de 1,97, il fond à 25°, se réduit immédiatement en vapeurs qui pèsent 2,76 et qui passent à l'état liquide lorsqu'on les comprime. A la température rouge, cet acide se décompose en oxygène et acide sulfureux. Son affinité pour l'eau est si grande, qu'il se résout en liquide aussitôt qu'il a le contact de l'air, et que, quand on le fait tomber dans l'eau, il s'y dissout rapidement et avec bruit ; 2° *Acide sulfurique semihydraté*, *acide de Nordhausen*, *acide glacial*, *fumant*, *acide de Saxe*. 2 SO^3 + HO. On obtient cet acide en distillant au rouge le protosulfate de fer desséché. Il contient une proportion d'acide anhydre et une d'acide monohydraté. C'est un liquide incolore lorsqu'il est pur, habituellement coloré en brun par des matières organiques, pesant 1.9 et répandant des vapeurs blanches irritantes provenant de l'acide anhydre qu'il contient. Chauffé, il perd l'acide anhydre et s'affaiblit; refroidi, il se solidifie et cristallise. Il se dissout dans l'eau dont il élève fortement la température; il dissout à son tour le soufre et prend diverses couleurs ; il dissout également l'indigo, et est fréquemment employé pour cet usage dans les arts; 3° *Acide sulfurique monohydraté*, *acide du commerce*, *acide anglais*. SO^3 + HO. C'est l'acide liquide ordinaire. On le préparait autrefois en distillant le protosulfate de fer cristallisé ou *vitriol vert*; de là le nom vulgaire de cet acide, d'*huile de vitriol*. Pendant longtemps on l'a obtenu en

mettant en contact en présence de l'eau et de l'air, dans de grandes chambres en plomb, l'acide sulfureux et le deutoxyde d'azote ; ce dernier, transformé en acide hypoazotique par l'air, cédait de son oxygène à l'acide sulfureux et le changeait en acide sulfurique qui se combinait ensuite à l'eau contenue dans la chambre. Aujourd'hui, on le prépare dans le même appareil, modifié légèrement, en faisant réagir, en présence de l'eau et de l'air, l'acide sulfureux sur l'acide azotique : celui-ci cède de son oxygène pour transformer l'acide sulfureux en acide sulfurique et se régénère constamment aux dépens de l'air et de l'eau. En sortant des chambres de plomb, l'acide sulfurique est concentré par évaporation et distillation jusqu'à ce qu'il marque 66° Baumé. Dans les laboratoires, pour l'avoir pur, on le distille sur diverses substances pour le dépouiller entièrement des matières étrangères qu'il peut contenir. L'acide sulfurique hydraté est un liquide visqueux, d'aspect oléagineux, incolore, inodore, d'une saveur très caustique, détruisant toutes les substances organiques qu'il touche en les colorant en noir, par suite de l'absorption de l'eau qu'elles contiennent et de la mise à nu de leur carbone ; sa densité, à 66° Baumé, est de 1.85; il entre en ébullition à 310° et se congèle à —34°. Son affinité pour l'eau est très grande ; aussi élève-t-il fortement la température de ce liquide en s'y dissolvant ; avec la neige, la température s'élève si l'acide est en excès, et s'abaisse si c'est la neige qui prédomine. Les corps simples métalloïdes combustibles lui enlèvent à l'aide de la chaleur de l'oxygène et le transforment en acide sulfureux : les métaux produisent aussi cet effet et donnent naissance à des sulfates. — *Toxicol. et pharmacol.* Concentré, l'acide sulfurique est un poison caustique très violent ; il cautérise et détruit profondément les tissus en produisant des escharres grisâtres. Les meilleurs antidotes à lui opposer sont la magnésie calcinée et l'eau de chaux. L'eau pure et les carbonates conviennent peu, parce que la première dégage trop de chaleur, et les seconds une quantité considérable de gaz. On utilise les propriétés caustiques de l'acide sulfurique, à l'extérieur, contre le crapaud, le glossanthrax, le piétin, etc. Etendu d'eau, de manière à lui laisser encore une forte acidité, il agit comme *astringent*, *antiputride*, et *hémostatique ;* on l'emploie alors contre les hémorrhagies externes, la gale, les dartres rongeantes, les plaies de mauvaise nature, les aphtes, l'angine couenneuse, etc. Uni à l'alcool, il forme l'*eau de Rabel* (*V.* ce mot) très employée à l'extérieur contre les plaies synoviales et autres, et à l'intérieur pour arrêter le pissement de sang des ruminants. Enfin, étendu d'eau jusqu'à légère acidité, il constitue une boisson *acidule*, *rafraîchissante*, *tonique* et *antiseptique*, souvent usitée contre les affections putrides des animaux, telles que le typhus, le charbon, le mal de tête de contagion, etc. Cette boisson convient aussi contre les affections cutanées confluentes avec tendance à la putridité, contre la diarrhée séreuse et putride, l'empoisonnement par les composés de plomb, par les narcotiques, etc. A l'extérieur, c'est une excellente lotion contre l'échauboulure, contre les démangeaisons de la peau, etc., etc.

Acide tannique, *tannin*. $C^{18} H^8 O^{12}$. Cet acide est abondamment répandu dans la nature végétale : on le trouve dans toutes les plantes réputées astringentes, comme les divers arbres, les arbrisseaux et les plantes herbacées de la famille des Polygonées. Il n'est pas toujours identique, ainsi que le démontre son action sur les sels de fer qu'il colore tantôt en noir, tantôt en bleu. Nous traiterons seulement ici du tannin de la noix de galle, renvoyant pour le reste à l'article Tannin. On obtient l'acide tannique pur par plusieurs procédés; mais celui de M. Pelouze est généralement adopté comme le plus simple et comme donnant le meilleur résultat. Il consiste à traiter la poudre de noix de galle par l'éther imprégné d'eau, dans un appareil de déplacement, et à évaporer ensuite à siccité la couche la plus dense d'éther, qui contient l'acide tannique en dissolution. Cet acide est un corps solide, spongieux, formé de lamelles brillantes, légères; il est incolore ou jaunâtre, inodore et d'une saveur âpre et astringente très marquée. Chauffé à l'air, il brûle sans résidu. Il est inaltérable à l'air, soluble dans l'eau qu'il rend fortement astringente; cette solution, placée dans un vase découvert, se colore, s'altère, dégage de l'acide carbonique, se couvre de moisissures et laisse déposer des cristaux d'acide *gallique*. Cet acide se dissout aussi dans l'alcool et dans l'éther. Beaucoup de sels alcalins et la plupart des acides minéraux précipitent cet acide de sa solution aqueuse ; cette dernière précipite à son tour : 1° une solution de *gélatine* avec laquelle elle forme un précipité abondant, grisâtre, élastique, imputrescible, formant la base des cuirs (*tannate de gélatine*); 2° tous les principes *protéiques* des animaux et des plantes, ainsi que l'empois ; 3° les sels métalliques des trois dernières sections ; 4° les sels à base d'alcalis végétaux ; 5° les persels de fer, qui sont colorés en noir. Mis en contact avec les acides minéraux, les alcalis et les ferments, l'acide tannique se transforme en acide *gallique* et acide *ellagique*. — *Pharmacol.* Cet acide forme la base des médicaments astringents végétaux : pur, il est inusité en médecine vétérinaire à cause de son prix élevé.

Acide tartrique, *acide du tartre*. $C^8 H^4 O^{10} + 2 HO$. Cet acide végétal, découvert par Schéele, existe libre dans la scille maritime, la pulpe de tamarin, le vin, etc.; dans ce dernier liquide, il existe surtout combiné à la potasse et à la chaux, et forme, en se déposant, le *tartre des tonneaux*. On l'obtient pur en traitant le bitartrate de potasse en solution par la craie, décomposant le tartrate calcaire par l'acide sulfurique étendu et

concentrant ensuite la liqueur, après l'avoir décantée, jusqu'à consistance sirupeuse; elle laisse alors déposer des cristaux que l'on rend incolores au moyen du charbon animal et à l'aide de cristallisations successives. Il est solide, cristallisé en prismes hexaèdres terminés par des sommets triangulaires, ou bien ce sont des tables incolores, inodores, de saveur agréable et acide, inaltérables à l'air et d'une densité de 1,75. Chauffés, ces cristaux fondent à 180° et commencent à perdre leur eau de cristallisation à 140°; quand cet acide a perdu un quart de son eau, il prend le nom d'acide *tartralique*, et porte celui d'acide *tartrélique* lorsqu'il en a perdu la moitié. Tenu longtemps en fusion, cet acide prend l'aspect gommeux et peut être tiré en fils très fins comme du verre en fusion. Soumis à la distillation sèche, à vase clos, il donne deux acides pyrogénés qui portent le nom, l'un d'acide *pyrotartrique*, et l'autre d'acide *paratartrique*. Enfin, chauffé à l'air libre, il se boursoufle, noircit et brûle en répandant une forte odeur de caramel. Il est soluble dans l'eau froide, plus dans l'eau chaude, et assez bien dans l'alcool. La solution aqueuse, exposée à l'air, s'altère peu à peu et se couvre de moisissures. — *Pharmacol.* Cet acide est un excellent médicament *tempérant* et *acidule* lorsqu'il est en solution très étendue; mais son prix élevé ne permet pas d'en faire usage pour les animaux. Il forme plusieurs sels fort intéressants pour le vétérinaire, notamment l'émétique et la crème de tartre.

Acide ulmique, de *ulmus*, orme. — *Ulmine*, *acide humique*, acide *géïque*. Cet acide a d'abord été trouvé dans l'exsudation brune des ulcères de l'écorce de l'orme, d'où lui vient son nom. C'est un des produits de la décomposition lente des végétaux à l'air, dans la terre et au sein de l'eau ; aussi le trouve-t-on dans le bois pourri, la plupart des engrais, le terreau, la tourbe, etc. Il prend naissance aussi quand on traite, à l'aide de la chaleur, les substances végétales neutres par les acides minéraux et les alcalis concentrés. Hydraté et précipité récemment, l'acide ulmique est en masses amorphes gélatineuses, brun-noirâtres, devenant tout-à-fait noires par la dessiccation, solubles à la fois dans l'eau chaude et l'alcool, qui se colorent en noir. Cet acide paraît jouer un grand rôle dans l'acte de la nutrition des plantes.

Acide urique. $C^{10} Az^4 H^4 O^6$. Cet acide, très voisin de l'urée, a été découvert par Schéele : il existe dans l'urine des carnivores, des serpents et des insectes; combiné à l'ammoniaque, il forme la partie blanche des excréments des oiseaux et une grande partie du *guano*. Il constitue aussi la plupart des calculs urinaires des carnivores et de l'homme, ainsi que les concrétions articulaires des goutteux, etc. On le prépare en traitant les substances qui en contiennent par une lessive alcaline, le précipitant ensuite par l'acide chlorhydrique. L'acide urique est solide, blanc, cristallisé en paillettes brillantes, inodore, insipide, il rougit légèrement le tournesol. A peine soluble dans l'eau froide, il se dissout mieux dans l'eau chaude, et nullement dans l'alcool et l'éther. Chauffé, il se décompose en acides cyanique, cyanhydrique et carbonate d'ammoniaque. Traité par l'acide nitrique ou la chaleur jusqu'à ce qu'il ait atteint une couleur jaune, il devient d'un rouge pourpre quand on y verse ensuite de l'ammoniaque. Cette réaction est *caractéristique*.

ACIDE VALÉRIANIQUE. C^{10} H^9 O^3 + Aq. Cet acide, découvert par Grote et étudié par Penz, existe dans la racine de valériane et se forme quand on distille l'huile de pommes de terre avec de la potasse. Cet acide s'obtient en distillant la racine de valériane avec de l'eau acidulée, neutralisant les produits liquides par un carbonate alcalin, et décomposant ensuite le produit desséché par l'acide sulfurique. Il est liquide, incolore, d'une odeur vive et infecte de valériane, d'une saveur acide et caustique. Il est soluble à la fois dans l'eau, l'alcool, l'éther et les essences. Il neutralise les bases et forme des sels employés en médecine.

ACIDIFIABLE. adj., de *acidum*, acide, et *fio*, je suis fait. On donne ce nom à tous les corps qui peuvent se convertir en *acides*. Parmi les corps simples, les métalloïdes et certains métaux de la quatrième section se transforment, en général, en acides quand ils sont combinés à l'oxygène. Beaucoup de substances organiques, sous diverses influences, peuvent aussi se changer en *acides*. (*V.* ACÉTIFICATION et ACIDIFICATION).

ACIDIFIANT, adj., *générateur des acides*. On appelle ainsi tout élément chimique capable de produire des acides en se combinant à d'autres corps. Lavoisier réserva d'abord exclusivement ce nom à l'oxygène, ainsi que l'indique l'étymologie de ce mot. (*V.* OXYGÈNE.) Plus tard, on l'étendit à l'hydrogène qui produit également des acides, et aujourd'hui on y comprend aussi les chloroïdes, le soufre, etc., qui peuvent de même engendrer des acides. En sorte qu'à côté des *oxacides*, des *hydracides*, il faut placer les *chloracides*, les *bromacides*, les *sulfacides*, etc. Il est souvent difficile de déterminer, dans une combinaison acide, quel est celui de ses éléments qui est le principe acidifiant; cependant, on admet généralement que c'est le principe électro-négatif, ou celui dont les affinités chimiques sont les plus puissantes, qui détermine l'*acidité*.

ACIDIFICATION, s. f., *Acidificatio*. On donne ce nom à la transformation des corps simples ou composés en *acides*. Dans les corps inorganiques, cette conversion a lieu lorsque le principe électro-négatif des combinaisons prédomine sur le principe électro-positif; c'est ainsi que tous les peroxydes, les perchlorures, les persulfures, etc., ont toujours des tendances acides très marquées. Pour les substances organiques, l'acidification se produit par des actions très diverses; en général, les

acides, l'air, l'oxygène, etc., produisent cet effet. (*V.* ACÉTIFICATION).

ACIDIFIÉ, adj. Corps transformé en acide par changement de composition. C'est souvent le résultat d'une addition d'oxygène ou d'une suroxydation. (*V.* ACIDULÉ.)

ACIDIFIER, v. ac. Convertir ou transformer en acide. Se dit surtout en chimie de l'action de convertir un corps en acide en changeant sa composition chimique. Le plus souvent, dans les corps inorganiques, on acidifie un composé en augmentant son oxygène ou son principe électro-négatif; l'acidification des substances organiques a presque toujours lieu par l'addition de l'oxygène ou la diminution du carbone et de l'hydrogène, ce qui a lieu par fermentation ou distillation. (*V.* ACIDULER).

ACIDITÉ, s. f.; qualité des corps *acides*. (*V.* ce mot.) Se dit des humeurs de l'économie animale qui présentent parfois une acidité plus ou moins évidente, comme on le remarque, par exemple, à l'égard des liquides du tube digestif chez les animaux qui tettent encore, et parfois aussi chez ceux qui sont adultes.

ACIDULE, adj. *Acidulus*, diminutif d'*acide*. On appelle ainsi tous les corps qui ont des propriétés acides très légères, soit naturellement, soit artificiellement. Les acidules naturels sont: 1° Les eaux minérales naturelles qui contiennent de l'acide carbonique; 2° les sels avec excès d'acide ou dans lesquels l'acide n'est pas entièrement neutralisé par la base; 3° la plupart des fruits avant leur entière maturité; 4° les plantes qui contiennent des acides libres ou des sursels, comme les *rumex* et la plupart des plantes herbacées. Les acidules artificiels sont: 1° les eaux gazeuses fabriquées; 2° le vinaigre et les acides étendus d'eau jusqu'à légère acidité. — *Pharmacol.* Tous ces corps constituent des médicaments *tempérants* et *rafraîchissants*, qui sont d'un usage fréquent en thérapeutique. A l'extérieur, on les emploie en lotions, en bains, en injections, etc., et ils agissent comme *réfrigérants*, *repercussifs* et *astringents* légers; ils refoulent le sang des capillaires, diminuent la chaleur, la rougeur, l'irritation et même le volume des parties sur lesquelles on les applique. A l'intérieur, on les donne en boissons, gargarismes, lavements, etc.; ils calment la soif, excitent l'appétit, activent la digestion et facilitent l'écoulement de la bile, dont ils corrigent les altérations putrides. Passés dans le torrent de la circulation, les acidules diminuent l'activité de la circulation, entravent la combustion pulmonaire en neutralisant les principes alcalins du sang, qui, d'après M. Chevreul, seraient nécessaires pour la modification des principes cruoriques de ce liquide par l'oxygène; il en résulte plus de calme dans la circulation, l'abaissement de la température du corps, la diminution de la transpiration cutanée, plus d'activité de la sécrétion urinaire, et enfin, plus de fluidité du sang et moins de tendance à la putridité. Les médicaments acidules sont indiqués à l'extérieur contre le prurit, les piqûres des insectes, l'érysipèle, les affections bulleuses, aphteuses, etc.; à l'intérieur, contre la fièvre, surtout celle qu'on appelle gastro-hépatique, les hémorrhagies capillaires, les flux muqueux, les affections putrides, telles que le typhus, le charbon, la clavelée confluente, etc. -- *Hyg.* On appelle en hygiène *plantes acidules*, celles qui ont une saveur un peu aigre qu'elles doivent à des sels solubles de potasse et notamment à l'oxalate. Elles sont rafraîchissantes. Les genres *polygonum*, *rumex*, *oxalis*, *vitis*, renferment les principales.

ACIDULÉ, adj., qui est légèrement acide. Se dit en chimie et en pharmacie des corps que l'on a rendus acidules par l'addition d'un principe acide.

ACIDULER, v. a.; rendre légèrement acide. Cet effet est toujours le résultat de l'addition d'un principe acide, par conséquent d'un mélange, tandis que l'action d'*acidifier* (*V.* ce mot) consiste à changer la composition d'un corps de manière à lui faire acquérir des qualités acides. L'acidification est donc le résultat d'une combinaison chimique, tandis que l'action d'aciduler est l'effet d'un simple mélange. La première opération est chimique, la seconde est pharmaceutique.

ACIER, s. m. *Chalybs.* — *Carbure de fer, fer carburé.* L'acier est un composé de fer, de silicium et de carbone, dans des proportions variables. La quantité du carbone est de 1 à 2 p. 100. On distingue plusieurs variétés d'acier : 1° l'*acier naturel*, qu'on retire directement des minerais de fer; 2° l'*acier de forge*, obtenu par l'affinage incomplet de la fonte; 3° l'*acier de cémentation*, qu'on prépare en chauffant du fer pur en contact avec le charbon, à l'abri de l'air; 4° l'*acier fondu*, provenant de la fusion de l'acier de cémentation : 5° enfin, l'*acier damassé* ou *acier Wootz*, qu'on obtient en alliant au fer un autre métal, tel que le chrôme, l'aluminium, l'argent, le platine, etc. L'acier est solide, blanc et très brillant lorsqu'il a été poli, grisnoirâtre s'il est brut, inodore, insipide, de structure granuleuse très fine, ductile, malléable et d'une densité qui varie de 7,40 à 7,70 selon la proportion du carbone. Chauffé à la température rouge-blanc, il se ramollit à la surface et peut se souder au fer qui est moins fusible que lui. Refroidi brusquement lorsqu'il est chaud, il subit une modification moléculaire appelée *trempe* (*V.* ce mot), qui le rend plus léger, plus cassant, plus élastique et plus dur. On peut lui donner le degré de dureté qu'on désire en le chauffant de nouveau jusqu'à un certain degré, en le laissant refroidir ensuite lentement à l'air; c'est ce qu'on nomme *recuire* l'acier. (*V.* RECUIT.) Les agents qui attaquent le fer altèrent aussi l'acier : ainsi l'air humide et l'eau aérée le rouillent; l'oxygène le brûle à une haute température en produisant de l'oxyde de fer et de l'acide carbonique. L'acide azotique le dissout

et laisse déposer une poudre noire ; il le tache en brun, tandis qu'il tache le fer en jaune. L'acier a des usages très étendus dans les arts, mais fort restreints en médecine, en tant que médicament.

ACIÉRATION, s. m.; action de convertir le fer en acier; formation de l'acier; terme de métallurgie.

ACIÉRER, v. a., convertir le fer en acier. Terme de maréchalerie exprimant l'action par laquelle on soude sur la face inférieure du fer du cheval et en pince, un crampon d'acier ayant la forme pyramidale; cet appendice facilite la marche sur le sol recouvert par la neige ou la glace.

ACINACIFORME, adj., *acinaciformis*, de *acinacis*, sabre, et *forma*, forme, en forme de sabre ; tels sont les fruits de quelques légumineuses.

ACINE, s. m., *Acinus*, de ακινος, grain de raisin. Nom donné par Gœrtner à une baie très molle, pleine de sucs, transparente, à une loge et à graines osseuses, comme le grain de raisin, la groseille.

ACNÉ, s. m., de α, augment. et κνημι, démanger. Maladie de la peau de l'homme, caractérisée par des pustules, avec une aréole rosée, qui se développent sur diverses parties de la face. On comprend, sous le nom d'acné, plusieurs variétés de dartres pustuleuses. Jusqu'à présent, l'on n'a pas distingué sur les animaux de maladie analogue.

ACONIT, s. m., *Aconitum* ; genre de plantes herbacées, vivaces, vénéneuses, de la famille des Renonculacées, tribu des Hellébrées, croissant généralement dans les lieux élevés, ombragés ou découverts, les Alpes, les Pyrénées, les Cévennes, etc. Les caractères de ce genre sont : calice irrégulier, pétaloïde, à cinq folioles, la supérieure en forme de casque; pétales petits, inégaux, les deux supérieurs munis de longs onglets cachés sous le casque : trois à cinq ovaires, capsules en nombre égal : feuilles palmées, multifides. L'espèce principale de ce genre est l'Aconit napel. A. *napellus*, plante vénéneuse dont les jeunes pousses sont mangées sans danger par les bestiaux, mais qui plus tard acquiert des qualités nuisibles qu'elle ne perd même pas complètement par la dessiccation. Les espèces *lycoctonum*, *anthora*, *pyrenaicum* et leurs variétés, offrent les mêmes propriétés. Quelques-unes des espèces de ce genre sont cultivées comme plantes d'ornement. — *Pharmacol.* L'aconit napel est un médicament *narcotico-âcre* et *antinévralgique*. Toutes les parties de la plante peuvent être employées; elles contiennent une matière fixe alcaloïde, appelée *aconitine* (*V.* ce mot), un principe volatil âcre qui paraît être le plus actif, une matière extractive, de la cire verte, de l'albumine, de la gomme, des acides acétique et malique, et enfin quelques sels parmi lesquels l'aconitate ou pyrocitrate de chaux très abondant. On peut employer cette plante sèche ou fraîche; elle est plus active dans ce

dernier cas. La poudre, l'extrait, la décoction
et la teinture alcoolique, sont les préparations
pharmaceutiques les plus usitées. La dernière
mérite la préférence parce que le véhicule dont
elle est formée se charge aisément de l'aconitine et du principe âcre volatil, qui paraissent
être les principes actifs de la plante. On peut
donner cette teinture à la dose de un à cinq
grammes dans un quart de litre d'eau, aux
grands animaux, et à celle de un à cinq centigrammes, ou autant de gouttes, pour les petits.
L'aconit frais et écrasé produit la rubéfaction,
lorsqu'il est appliqué sur la peau; ingéré dans
le tube digestif, il l'irrite vivement et détermine un ptyalisme abondant et les symptômes
du vomissement. Passé dans le sang, il agit
sur les centres nerveux qu'il excite d'abord,
d'où résultent des convulsions, et qu'il stupéfie
ensuite comme l'indiquent la dilatation de la
pupille, l'état d'insensibilité, de stupeur et de
coma, la marche difficile et vacillante, la respiration embarrassée, le pouls effacé, les
sueurs froides ou la diurèse abondante. Toutes
choses égales, il agit toujours avec plus de
force sur les carnivores que sur les herbivores.
Les meilleurs moyens à mettre en usage dans
les premiers moments, ce sont les émollients
et les évacuants : mais quand l'action s'est produite sur les centres nerveux, il faut recourir
aux excitants diffusibles. Préconisé par les
médecins contre le rhumatisme articulaire,
l'amaurose, les névralgies, le tétanos, les
hydropisies anciennes, etc., il n'a reçu encore
que très peu d'applications en médecine vétérinaire.

ACONITINE, s. f. Principe alcaloïde, indiqué d'abord par Brande dans l'aconit napel, et
obtenu récemment à l'état pur par Hesse. C'est
un corps solide, en grains blancs ou en masses
transparentes, inodore, d'une saveur amère et
âcre, peu persistante. L'aconitine n'est pas
volatile; peu soluble dans l'eau, elle se dissout bien dans l'alcool et l'éther. Elle paraît
posséder les vertus narcotiques de l'aconit.

ACONITIQUE. *V.* Acide.

ACORE, s. m., *Acorus*; Acore odorant,
Acorus calamus. Plante vivace de la famille
des Joncées, à feuilles longues, exhalant,
lorsqu'on les presse entre les doigts, une odeur
désagréable, à fleurs disposées en chaton latéral. Elle est commune dans le nord et l'est
de la France, en Belgique, en Allemagne.
On ne la trouve que dans les lieux très humides, marécageux. Elle est dangereuse pour
les bestiaux et nuisible aux prairies qu'elle
envahit rapidement; sa racine se conserve
dans les pharmacies; elle est stimulante et
diurétique.

ACOTYLÉDONÉS, s. et adj. de α, priv.,
et κοτυληδών, cotylédon. On désigne ainsi les
végétaux dépourvus de cotylédons. Ils composent la première des trois grandes divisions
du règne végétal de M. de Jussieu. Linné en
avait formé la dernière classe de son système
et leur avait donné le nom de *cryptogames*,
auquel Neker a proposé plus tard de substituer

celui de *agames*. M. de Candolle les divise en
æthéogames ou *semi-vasculaires*, et en *amphigames* ou *cellulaires*. Enfin M. Richard,
prenant en considération l'absence d'un véritable embryon, les appelle *inembryonés*, et
les distingue, d'après leur mode de croissance,
en *amphygènes* et en *acrogènes*. C'est dans la
classe des Acotylédonés que l'on trouve les
végétaux les plus simples. Considérés en masse,
ils présentent presque tous les degrés de l'organisation végétale. Les uns, en effet, comme
les protococcus, ne se composent que d'une utricule remplie de liquide; d'autres ont, avec les
analogues des organes reproducteurs des
phanérogames, de véritables vaisseaux, des
trachées, etc. : entre ces deux extrêmes, viennent se placer les acotylédonés formés d'utricules en masses agglomérées avec ou sans
appendices, en membranes, en filaments, en
tubes quelquefois cloisonnés, simples ou rameux, où l'on commence à trouver des rudiments de vaisseaux et de fibres. La forme de
ces plantes est singulièrement variée : il en
est qui présentent un axe, une tige susceptible
d'acquérir un assez grand volume, une consistance marquée, et alors, à cet axe sont
attachés des organes analogues aux rameaux,
aux pétioles, etc.; d'autres se composent
uniquement d'expansions membraneuses, de
filaments ramifiés, de tubes. Le mode de reproduction des acotylédonés n'est pas moins
varié que leur structure, leur développement
et leurs formes générales. Tantôt il n'existe
pas d'organe spécial de reproduction : chaque
cellule placée dans des conditions favorables,
peut donner naissance à un végétal nouveau;
tantôt la puissance reproductive est concentrée dans de petits corpuscules isolés et épars
dans l'intérieur ou à la surface des organes de
nutrition, ce sont les *spores* ou *gongyles*, analogues aux graines ou aux embryons, ou rassemblés dans des conceptacles généralement
superficiels, que l'on a comparés aux organes
femelles des phanérogames et qui ont reçu les
noms de *capsules*, *sporanges*, *urnes*, *scutelles*,
selon les familles où on les observe; enfin, il
en est chez lesquels on trouve, indépendamment des conceptacles, de petits sacs qui
s'ouvrent à une certaine époque et que, d'après
leur analogie avec les organes reproducteurs
mâles des phanérogames, on a appelés *anthéridies*. Chez ceux-ci, il existe sans doute une
véritable fécondation. (*V.* Accroissement et
Tige).

ACOTYLÉDONIE, s. f., nom de la première classe du règne végétal dans la classification de M. de Jussieu. (*V.* Acotylédonés).

ACOUSTIQUE, s. f., de ἀκούω, j'entends.
Partie de la physique qui traite des *sons*. Elle
comprend l'étude de la production du son ou
du mouvement vibratoire (*V.* ce mot), de la
propagation et de la réflexion du son (*V.*
Écho et Résonnance), de la perception des
sons ou de leurs qualités. (*V.* Timbre, Ton.)
Elle comprend aussi la comparaison des sons
ou leur évaluation numérique, la théorie des

instruments de musique, ainsi que celles de la *voix* et de l'*ouïe*. (*V.* ces mots.) *Cornet acoustique*. (*V.* CORNET.) *Médicaments acoustiques*, substances qu'on croyait propres à guérir les maladies de l'oreille. — *Anatom.* Sert à désigner ce qui a rapport aux organes de l'ouïe. — *Conduit acoustique* ou *auditif externe*, conduit osseux creusé dans la partie tubéreuse du temporal, faisant suite aux cartilages de l'oreille et terminé par la membrane du tympan. — *Conduit acoustique* ou *auditif interne*, conduit également osseux, existant dans le même os, ayant son orifice au dedans du crâne et se terminant par deux branches, l'une formant le conduit *spiroïde* qui aboutit au trou prémastoïdien, et l'autre communiquant par plusieurs petits trous avec le *labyrinthe*. — *Nerf acoustique* ou *auditif*, nerf de la huitième paire, autrefois portion molle de la septième. Ce nerf prend son origine avec la septième paire, un peu en arrière des pédoncules du cervelet, et gagne l'oreille externe par le conduit auditif interne.

ACQUIS, E, part. pas. de *acquérir* et adj. Ce terme est employé en médecine pour indiquer un état organique, qui survient quelque temps après la naissance et sans qu'on puisse l'attribuer à l'hérédité. On dit *tempérament acquis*, *maladie acquise*.

ACRANIE. *V.* ANENCÉPHALIE.

ACRE, s. f., ancienne mesure agraire d'origine anglaise. La mesure de l'acre était variable en France, même en Angleterre. L'acre de Normandie valait 81 ares 33 centiares. L'acre anglaise correspond à 40 ares 46 centiares; celle d'Écosse, à 51 ares 50 centiares; celle d'Irlande, à 65 ares 50 centiares.

ACRE, adj. *acer*, de *ακις*, pointe. On appelle médicaments *âcres* ceux qui produisent sur les surfaces qu'ils touchent, une action irritante, caractérisée par de la chaleur, des picotements et de la cuisson. Lorsqu'ils contiennent des principes volatils, comme les bulbes des Liliacées, les racines des Crucifères, celles de plusieurs Ombellifères, etc., ils agissent sur la pituitaire et la conjonctive, et déterminent l'éternuement et le larmoiement. Appliquées immédiatement sur les tissus, les muqueuses et la peau, les substances douées de cette qualité y produisent une irritation plus ou moins vive, d'où résultent la salivation si elles agissent sur la buccale, la rubéfaction et même la vésication, si leur action porte sur la peau. (*V.* RUBÉFIANTS et VÉSICANTS.) Donnés à l'intérieur, à dose modérée, ces médicaments excitent le tube digestif, l'appareil urinaire, et préviennent la décomposition du sang. — En *pathologie*, on appelle *chaleur âcre* celle qui est accompagnée de picotements et de cuisson; *humeur âcre*, celle qui irrite les surfaces qu'elle touche, comme les larmes dans l'ophthalmie, le pus et l'ichor des ulcères, des fistules, etc., *principe âcre*, que les anciens médecins et les hippiatres, à leur exemple, ont admis dans les humeurs du corps et qu'ils considéraient

comme la cause de beaucoup de maladies. (*V.* ACRIMONIE).

ACRES (plantes). Ces plantes ont une saveur piquante, désagréable; elles provoquent la salivation et déterminent l'irritation de la bouche, l'inflammation des voies digestives, le météorisme. La dessication ne leur enlève pas toujours leurs propriétés. On les trouve en proportions variables dans les prairies, dans les pâturages où elles occasionnent parfois de véritables empoisonnements. Elles constituent, pour l'hygiène, une des divisions des plantes *irritantes*. Les genres *Renoncule*, *Clématite*, *Aconit*, *Ellébore*, *Actée*, *Euphorbe*, *Ail*, *Colchique*, fournissent les principales et les plus communes.

ACRIMONIE, s. f., en latin *Acrimonia*, synonyme d'âcreté. Expression adoptée dans le langage des humoristes, pour désigner un état particulier dans lequel les humeurs deviendraient excitantes et seraient ainsi la cause de certains états pathologiques : *acrimonie des humeurs.*

ACRISIE, s. f., de α privatif et *κρισις*, crise, de *κρινω*, je sépare. Terme usité en médecine pour indiquer l'absence d'une crise dans la terminaison d'une maladie.

ACROBUSTITE, subst. fém., de *ακροβυστια*, prépuce. Nom donné à l'inflammation du prépuce de l'homme. Vatel a proposé ce mot pour désigner les irritations du fourreau dans les animaux domestiques. Dans le *cheval*, cette maladie est peu grave; elle est due le plus souvent à l'accumulation de l'humeur sébacée; quelques lavages à l'eau de savon et des lotions émollientes, suffisent pour la guérir. Dans le *mouton*, c'est la laine qui irrite cette partie de la peau, parce qu'elle s'imprègne de matières excrémentitielles; l'on a recours également à des soins de propreté. L'acrobustite du *chien* coïncide le plus souvent avec un écoulement blennorhagique; il faut la combattre par des lotions astringentes.

ACROGÈNES, adj. et s., de *ακρον*, sommet, et *γενναω*, j'engendre. Nom donné par Richard aux végétaux celluleux ou cellulo-vasculaires, dont la tige ne s'accroît que par le sommet. Ex. : les *mousses*, les *fougères*, les *équisétacées*. Ils constituent l'une des divisions des Inembryonés.

ACROLÉINE, s. f., de *ακρος*, âcre, et *ολεον*, huile. Nom donné par Berzelius à un principe âcre qui se forme pendant la distillation des corps gras. C'est un liquide huileux, limpide, très caustique, qui irrite vivement les yeux et le nez lorsqu'il se réduit en vapeur. L'acroléine est soluble dans l'eau et dans l'éther; exposée à l'air, elle absorbe de l'oxygène et se transforme en acide *acrylique.*

ACROMIAL ou **ACROMIEN**, adj., *acromialis*, qui appartient à l'acromion.

ACROMION, s. m., *Acromium*, de *ακρος*, sommet, et *ωμος*, épaule. On désigne ainsi, en anatomie humaine, l'apophyse considérable par laquelle se termine l'épine de l'omoplate et qui donne attache à la clavicule. Les vétérinaires ont étendu la signification de ce nom et l'appliquent à l'épine entière.

ACTA, s. m. pl., mot latin employé comme synonyme de *gesta*. (*V.* ce mot).

ACTÉE .s.f., *Actæa*. L.; actée en épi, *actæa spicata*. vulg. Herbe de Saint-Christophe; plante vivace de la famille de Renonculacées, tribu des Pæoniacées, commune en France. Sa tige est herbacée. rameuse : ses feuilles sont décomposées à folioles ovales. lancéolées; ses fleurs sont blanches, petites, ramassées en épi ovale et court; ses baies ovales. vénéneuses. L'actée en épi est une plante dont toutes les parties sont âcres; sa racine pourrait remplacer celle de l'ellébore noir.

ACTIF, VE, adj., *qui agit*. de *agere*, agir. Épithète employée dans plusieurs branches de la médecine et qu'on applique aux phénomènes naturels ou morbides qui présentent quelque intensité. En *physiologie*, les muscles sont appelés *organes actifs* de la locomotion, parce que c'est en se contractant qu'ils déterminent le mouvement : les os. les ligaments, les cartilages, sont appelés. par opposition, *organes passifs*. Les sensations sont *actives*, quand l'attention dirige les organes des sens vers l'objet qui doit les impressionner; dans le cas contraire, elles sont *passives*. L'hygiène appelle mouvement *actif*, celui que l'animal exécute sans qu'il lui soit communiqué. En *pathologie*, il est des hémorrhagies qu'on appelle *actives*, par opposition à d'autres qui sont *passives*. parce qu'elles sont dues à un surcroît d'activité des organes malades. On donne le nom d'*anévrysmes actifs* aux augmentations de volume du cœur, qui résultent de l'épaississement des parois de cet organe. par accroissement de nutrition avec ou sans dilatation des cavités. En thérapeutique, on appelle *traitement actif*, *remède actif*, les moyens qui donnent de prompts résultats. Les agriculteurs appellent *sol actif*, la partie du terrain qui est travaillée par les instruments aratoires.

ACTION, s. f., *Actio*, d'*agere*, *actum*, agir. Manière dont une cause, un agent, ou une force quelconques agissent ou produisent leurs effets. *Action physique*, celle qui a lieu entre des corps plus ou moins volumineux, à des distances appréciables et sans produire de changements permanents dans leurs caractères. Ex.: Aimant, pesanteur, etc. *Action chimique*, celle qui a lieu entre les atomes de la matière, à des distances inappréciables aux sens, et qui détermine des modifications permanentes dans les propriétés des corps. Ex. : Action d'un acide sur une base, sur un métal, etc. *Action physiologique*, celle qui est produite par l'activité propre aux organes des êtres vivants, végétaux et animaux. *Action des médicaments*, effets produits sur l'économie animale par les substances médicamenteuses. (*V.* Effet.) *Action rédhibitoire*, demande, poursuite en justice, de *redhibere*, rendre. Intenter l'*action rédhibitoire*, c'est donner au vendeur d'un animal, atteint d'un vice rédhi-

bitoire, une assignation tendante à la résiliation du marché. L'article 3 de la loi du 20 mai 1838. fixe le délai pour intenter l'action rédhibitoire, à trente jours pour les cas de fluxion périodique des yeux et d'épilepsie, à neuf jours pour tous les autres cas. Cette assignation est indépendante de la nomination d'experts, prescrite par l'article 5 de la même loi. L'article 4 augmente les délais d'un jour par cinq myriamètres de distance du domicile du vendeur au lieu où l'animal se trouve. si la livraison de l'animal a été effectuée, ou s'il a été conduit dans les délais ci-dessus. hors du lieu du domicile du vendeur. Cette prolongation n'est pas applicable à la nomination des experts, qui doit toujours être faite dans les délais de l'article 3.

ACTUEL, adj., de *ago*. j'agis. En chirurgie, on donne au fer rouge le nom de *cautère actuel*, parce qu'il désorganise rapidement les tissus avec lesquels on le met en contact. Les caustiques sont divisés en deux grandes classes: 1° les *cautères actuels*. qui agissent par la chaleur dont ils sont chargés et produisent des eschares sèches. formées seulement par les parties qui ont été carbonisées: leur action se fait sentir au moment même où ils sont approchés d'un organe ; 2° les *cautères potentiels* ou *chimiques*; ces derniers désorganisent les tissus en se combinant avec leurs éléments; leurs eschares contiennent des produits étrangers à l'organisme; ils n'agissent que quelque temps après leur application.

ACUITÉ, s. f., de *acutus*. aigu ; état de ce qui est aigu. Se dit en physique des *sons* qui sont produits par des vibrations nombreuses et rapides : en *pathologie*. des maladies qui ont une marche rapide par opposition à celles qui parcourent lentement leurs périodes et qu'on appelle *chroniques*. (*V.* ce mot.

ACUMINÉ. adj., *acuminatus*. de *acumen*, pointe; terminé en pointe allongée par la rencontre de deux lignes courbes rentrantes.

ACUPUNCTURE, s. f., de *acus*, aiguille, et *pungere*, piquer. On donne ce nom à l'introduction mécanique d'une ou plusieurs aiguilles dans les parties vivantes, pour guérir quelques maladies. Cette opération chirurgicale a été inventée par les Chinois et transmise par eux aux Japonais. Elle n'est connue en Europe que depuis un siècle et demi; oubliée plusieurs fois et remise en pratique. elle est retombée en désuétude. En Asie, l'acupuncture est employée à titre de moyen hygiénique. En France, les médecins l'ont recommandée contre les tumeurs indolentes des ganglions lymphatiques, dans les céphalalgies, les pleurodynies, les gastrodynies. les affections du globe de l'œil, les maladies des testicules. Les vétérinaires ont mis en usage cette opération contre diverses maladies. Bouley jeune a tenté des expériences pour guérir les boiteries anciennes des articulations de l'épaule et de la cuisse du cheval. Chanel l'a employée avec succès contre la chorée : des résultats semblables ont été obtenus à l'École de Lyon, par Rainard et par Rey, dans des cas de paralysie du cou et des lombes, sur le chien. Delafond la regarde comme n'offrant qu'un faible secours contre les maladies des animaux. On pratique l'acupuncture avec des aiguilles déliées, plus ou moins longues, montées sur un manche, ou dont la tige présente une tête en cire, pour éviter leur introduction complète dans les tissus. Trois procédés existent : 1° l'aiguille est enfoncée rapidement à travers les parties ; 2° l'aiguille est introduite par une pression légère, unie à un mouvement de rotation, ce qui permet d'écarter les fibres des tissus sans les diviser ; 3° l'on fait pénétrer l'aiguille à l'aide de légères percussions exercées sur son manche. Le deuxième procédé mérite la préférence. Ces aiguilles peuvent être introduites à une grande profondeur : la perforation de la peau est seule accompagnée de quelque souffrance ; les autres tissus n'éprouvent qu'un engourdissement supportable. On a dit que l'acupuncture agissait en soutirant aux parties vivantes leur fluide électronerveux, pour régulariser sa distribution ou la modifier. Il est plus simple d'admettre qu'elle agit sur la vitalité des tissus par la présence des corps étrangers qui sont introduits.

ACUTANGULÉ, adj., *acutè-angulatus ;* se dit ordinairement des tiges qui ont des angles aigus et saillants.

ADDUCTEUR. adj. et s., *adductor*, de *ad*, vers et *ducere*, conduire, qui rapproche. On donne ce nom à quelques muscles seulement, quoique beaucoup d'autres produisent la même action : *adducteur du bras*, ou sous-scapulo-huméral ; *adducteur (long) de la jambe*, ou sous-lombo-tibial ; *adducteur (court) de la jambe*, ou sous-pubio-tibial.

ADDUCTION, s. f., *Adductio*, action de rapprocher ; mouvement par lequel un membre est rapproché de la ligne médiane du corps, ou une portion d'un membre rapprochée de la ligne médiane de celui-ci. Ex. : le rapprochement des deux doigts du bœuf, opéré par la contraction de leur extenseur commun.

ADELPHE, s. m., de ἀδελφός, frère. Terminaison employée par M. Geoffroy Saint-Hilaire pour désigner tous les genres de monstres doubles inférieurement ou postérieurement, et simples supérieurement ou antérieurement.

ADELPHES, adj. : se dit des étamines dont les filets sont réunis en faisceaux. Une fleur est *monadelphe*, *diadelphe*, *polyadelphe*, lorsque ses étamines sont réunies par leurs filets en un, deux, ou un plus grand nombre de faisceaux.

ADELPHIE, s. f. : faisceau formé par les étamines dont les filets sont réunis. Linnée a fait du nombre des adelphies le caractère distinctif des classes seizième, dix-septième et dix-huitième de son système.

ADÉNALGIE. s. f. de ἀδήν, glande, et ἄλγος, souffrir. Douleur qui se montre dans une glande.

ADÉNITE, s. f., de ἀδήν, glande. Inflammation d'une glande.

ADÉNOGRAPHIE, s. f. *Adenographia*, de ἀδήν, glande, et γράφω, je décris. Description des glandes.

ADÉNOLOGIE, s. f. *Adenologia*, de ἀδήν, glande, et λόγος, discours. Traité des glandes.

ADÉNO-MÉNINGÉE. adj., de ἀδήν, glande, et μῆνιγξ, membrane *Fièvre adéno-méningée*, nom donné par Pinel à la fièvre que les médecins modernes appellent *muqueuse*, parce qu'il plaçait son siège principal dans les follicules de la membrane muqueuse intestinale. (*V.* FIÈVRE MUQUEUSE).

ADÉNO-PHARYNGITE, de ἀδήν, glande, et φάρυγξ, arrière-bouche. Inflammation des glandes de l'arrière-bouche.

ADÉNOTOMIE, s. f., *Adenotomia*, de ἀδήν, glande, et τέμνειν, couper. Dissection des glandes.

ADHÉRENCE, s. f., *Adhærentia*, de *adhærere*, être attaché. L'adhérence est l'union plus ou moins intime de deux corps qui sont en contact immédiat ; elle est l'effet ou le résultat de l'attraction réciproque que les corps exercent les uns sur les autres lorsqu'ils se touchent, et qu'on nomme *adhésion*. (*V.* ce mot.) En *pathologie*, on donne aussi ce nom à l'union accidentelle de deux organes qui sont naturellement en contact, mais qui restent libres dans l'état naturel par l'interposition d'une membrane séreuse. Ce lien accidentel, entre deux organes, est le plus souvent le résultat de l'inflammation de la membrane séreuse qui les enveloppe ; c'est ainsi que la pleurite, la péritonite, etc., produisent des adhérences entre les poumons et les parois de la poitrine, entre les intestins et les divers organes contenus dans l'abdomen, etc. — *Bot.* Anomalies végétales qui consistent dans la soudure ou la réunion d'organes ou de verticilles dissemblables, originairement séparés. Les pétales et les étamines, celles-ci avec le pistil, s'unissent souvent ; des feuilles se soudent à des bractées, à des fruits, etc. ; enfin, les organes appendiculaires peuvent se réunir, se greffer en quelque sorte sur les organes axiles. Les adhérences sont toujours des monstruosités ; elles ne doivent pas être confondues, sous le nom de soudures, avec les *cohérences*, les *synopthies*. etc. (*V.* SOUDURES).

ADHÉRENT, TE, adj., *adhærens*, soudé, collé ; par opposition à ce qui est libre. Calice, ovaire *adhérent*

ADHÉSIF, IVE, adj., de *adhærere*. être attaché. Épithète employée en thérapeutique pour désigner les médicaments qui peuvent adhérer à la peau. En pathologie, on dit *inflammation adhésive*, pour exprimer la réunion des parties vivantes à la suite d'un état maladif. Les adhérences sont quelquefois accidentelles : elles ne peuvent se produire qu'après la division des tissus et leur rapprochement.

ADHÉSION, s. f. *Adhæsio*, liaison. On donne ce nom à la force attractive moléculaire qui se développe entre les corps qui sont en contact immédiat. On appelle aussi, mais à tort, *adhésion*, le résultat ou l'effet de cette force, ou *l'adhérence*. L'adhésion s'exerce entre tous les corps et est réciproque entre eux : elle a lieu entre les divers corps solides, entre les solides et les liquides, entre les solides et les gaz, entre ces derniers et les liquides. L'expérience a démontré qu'entre les solides, l'adhésion est proportionnelle : 1° à l'étendue et au poli des surfaces mises en contact ; 2° à la densité des corps qui se touchent ; 3° à la pression qu'ils supportent ; 4° à la durée de ce contact, etc.

ADIANTE, s. f., *Adiantum*, L. ; de α priv., et *θαινω*, mouiller ; genre de fougères, dont le feuillage petit, découpé, et lisse à sa surface, ne retient pas l'humidité. Plusieurs espèces de ce genre, et notamment la Capillaire de Montpellier, *adiantum capillus veneris*, fournissent à la pharmacie leurs folioles, qui servent à préparer le sirop de capillaire.

ADIPEUX, adj., *adiposus*, de *adeps, adipis*, graisse ; graisseux, qui a rapport à la graisse. — *Tissu adipeux*. Longtemps confondu avec le tissu cellulaire, dont il se distingue par la disposition de ses cellules et par la nature du fluide qu'elles contiennent, le tissu adipeux se rencontre dans l'économie, soit en masses arrondies, comme aux reins, soit en plaques étendues, comme aux parois inférieures de l'abdomen, soit en simples linéaments, comme dans l'épiploon. Il se compose, en dernière analyse, de petites cellules closes de toute part et renfermant un suc huileux qui, chez la plupart des animaux, se solidifie par le refroidissement. Ces cellules sont disposées en grappes autour de minces rameaux vasculaires. Le tissu médullaire des os n'est qu'une variété spéciale du tissu adipeux. On rencontre la graisse principalement autour des reins, dans l'épiploon, le médiastin, les scissures du cœur, etc. Il est des points où elle manque toujours, même chez les animaux les plus gras ; Ex. : les paupières, les organes génitaux ; d'autres, où on la rencontre toujours, comme dans l'orbite et à la base de l'oreille. Les conditions principales de l'accumulation de la graisse consistent dans une bonne nourriture, la plus grande tranquillité, une température humide et chaude, etc. Le tissu graisseux varie beaucoup, selon les animaux ; blanc et mou chez le porc, il est jaune pâle dans le bœuf, plus jaune et presque fluide chez le cheval, blanc et très dur dans le mouton et la chèvre. Le tissu graisseux sous-cutané du porc, ou le lard, est entremêlé d'un tissu cellulaire presque fibreux ; un tissu analogue forme les bosses du chameau et du bison. Le tissu adipeux peut se développer outre-mesure et constituer l'*obésité*, disparaître presque complètement dans le *marasme*, et former la base de plusieurs tumeurs, telles que les *lipômes, stéatômes*, etc. (*V*. ces mots).

ADIPOCIRE, s. f., *Adipocera*, de *adeps*, graisse, et *cera*, cire, *gras des cadavres*. Nom donné par Fourcroy à une sorte de savon ammoniacal et calcaire, qui se forme autour des cadavres enfouis dans un terrain humide. Ce chimiste le croyait de même nature que le blanc de baleine et la matière grasse des calculs biliaires, et pensait que toutes les parties du corps concouraient à sa formation. Les recherches de Chevreul et de Gay-Lussac ont démontré que l'adipocire n'a pas la moindre analogie avec la *cétine* et la *cholestérine* (*V*. ces mots), et que la graisse seule des cadavres sert à sa formation.

ADISCAL, adj., de α priv., et *δισκος*, disque. Lestiboudois appelle ainsi l'insertion des étamines, lorsqu'elle ne se fait point sur le disque.

ADJUVANT, s. m., *Adjuvans*, d'*adjuvare*, aider. Nom donné en pharmacie à la substance qui, dans un médicament composé, seconde l'action de la *base* ; on le nomme encore *auxiliaire*. (*V*. ce mot.) Ainsi, dans l'onguent vésicatoire, l'euphorbe est l'*adjuvant* ou l'auxiliaire des cantharides, qui constituent la base de la préparation ; il en est de même pour l'émétique, que l'on y ajoute parfois aussi, pour augmenter son activité.

ADMINISTRATION des MÉDICAMENTS. On donne ce nom à l'ensemble des procédés mis en usage pour faire pénétrer les médicaments dans l'économie animale. Les tissus sur lesquels on dépose les substances médicamenteuses, sont la peau, les muqueuses, l'intérieur des veines et la trame des organes. L'administration des médicaments sur la peau a lieu par la méthode *iatraleptique* ou par la méthode *endermique*. (*V*. ces mots.) De toutes les muqueuses, c'est celle de l'appareil digestif qui reçoit le plus souvent les médicaments, tantôt par ingestion directe, lorsqu'on les donne en boissons, breuvages, électuaires, et tantôt par injection dans le rectum, lorsqu'on les administre en lavement. Quant aux autres muqueuses, elles ne reçoivent généralement les médicaments que pour leurs maladies spéciales. L'injection des médicaments dans les veines n'est mise en usage que dans les expériences ; ce n'est que dans des cas exceptionnels, ou très pressés, qu'on doit avoir recours à ce procédé qui n'est pas sans danger, quoi qu'en ait dit Héring. Enfin, depuis quelques années, on propose d'introduire les médicaments dans la trame même des tissus et des organes, mais ce procédé, encore inusité en médecine vétérinaire, mérite peu d'être employé.

ADNÉ, adj., *adnatus*, de *natus*, né, et *ad*, vers : se dit d'un organe collé à un autre par un de ses bords ou par sa superficie, et paraissant faire corps avec lui. L'anthère est *adnée*, lorsqu'elle adhère au filet dans une grande partie de sa longueur. Les anatomistes ont quelquefois appelé la conjonctive *tunica adnata*, tunique adnée.

ADONIDE, s. f., *adonis*, L. ; genre de plantes de la famille des Renonculacées, généralement cultivées comme plantes d'ornement. On emploie aussi quelquefois le mot *adonide*, au masculin, pour désigner un jardin où l'on n'entretient que des plantes étrangères.

ADOPTION, s. f., *Adoptio ;* action d'adopter ; il se dit, en hygiène, de l'allaitement d'un jeune animal par une femelle à laquelle il est étranger. Les femelles de nos animaux domestiques sont naturellement peu disposées à adopter des nourrissons qui ne leur appartiennent pas ; elles refusent souvent, d'une manière invincible, ceux d'une espèce différente. Néanmoins, la substitution est assez facile à une époque très rapprochée de la parturition, et lorsque les femelles ont à souffrir de l'accumulation du lait dans les glandes mammaires. La chèvre adopte volontiers.

ADOS, s. m. ; bande de terre élevée et adossée contre une bande pareille ou contre un mur.

ADOUCISSANT, adj., *demulcens ;* médicaments propres à calmer les douleurs causées par les maladies ; ils sont de nature très diverse ; ils comprennent surtout les *émollients* et les *anodins*. (*V.* ces mots.) Les anciens les croyaient capables de corriger l'*âcreté* des humeurs du corps ; les modernes pensent généralement, au contraire, qu'ils agissent surtout sur les nerfs, dont ils diminuent l'activité, ou sur le sang, dont ils augmentent la fluidité, et qu'ils amènent ainsi progressivement la diminution de l'intensité des phénomènes inflammatoires.

ADRAGANTE, *V.* Gommes.

ADRAGANTINE, s. f. Principe gommeux, neutre, découvert par Desvaux dans la gomme *adragante*, d'où lui vient son nom. Il existe aussi dans la gomme de *Bassora* et dans celle du *pays*. (*V.* Bassorine et Cérasine.) C'est une sorte de mucilage concret. Desséchée, l'adragantine est solide, en masse écailleuse, se gonflant dans l'eau froide sans s'y dissoudre, et s'altérant dans l'eau chaude, de manière à se dissoudre ensuite à froid. L'eau acidulée par l'acide chlorhydrique la dissout ; l'acide azotique transforme l'adragantine en acide mucique, et l'acide sulfurique en sucre non fermentescible.

ADULTE, adj., *adultus*, de *adolescere*. Cet adjectif ne s'emploie que pour l'homme et les animaux, et désigne ceux chez lesquels la croissance est complètement achevée. On dit dans ce sens l'*âge adulte*. On donne aussi très souvent à ce mot une signification substantive : *un adulte*.

ADULTÉRATION, s. f., *Adulteratio*, de *adulterare*, falsifier. On désigne ainsi dans le commerce et en pharmacie, le mélange frauduleux d'une substance de peu de valeur avec une autre qui en a davantage et avec laquelle elle présente de l'analogie par ses caractères physiques. (*V.* Falsification, Sophistication.) En *hygiène*, on désigne aussi sous le nom d'adultération l'action de mélanger aux fourrages, aux grains, aux farines de bonne qualité, des produits de qualité inférieure, des substances totalement inertes, ou même des corps pouvant nuire à la santé des animaux. Aux foins des bonnes prairies, on mêle des produits de prairies basses, des foins mal conservés, mal récoltés ; à l'avoine, à l'orge, on joint des grains de toute sorte, surtout ceux qui proviennent du nettoyage du froment ; aux bonnes farines, on mélange des farines inférieures, du plâtre bien pulvérisé ; au son, on ajoute du sable fin, etc. Cette pratique, très répandue et souvent déguisée sous le nom de *manutention*, exige presque toujours, pour être découverte, ou des connaissances précises en botanique, ou un examen bien attentif des matières, ou même des expériences minutieuses. Les substances qui servent à l'alimentation de l'homme ne sont pas toujours exemptes de ces mélanges frauduleux.

ADUSTION, s. f., *Adustio*, de *adurere*, brûler ; terme de chirurgie pour exprimer la cautérisation d'une partie du corps avec le feu. La *brûlure* est l'effet d'un accident ; l'*adustion* est employée volontairement dans le but de guérir.

ADVENTICES, adj., (plantes). Les agriculteurs appellent ainsi les plantes qui croissent spontanément dans les terres en culture, et dont les semences ont été accidentellement déposées sur le sol ou mises à découvert par la charrue. Les plantes adventices peuvent contribuer à l'épuisement des terres ; mais elles peuvent aussi augmenter la valeur nutritive des pailles et des pâturages sur jachère.

ADVENTIF, VE, adj., *adventitius ;* se dit d'un organe qui se développe sur une partie du végétal où n'apparaissent point ordinairement des organes semblables ; tels sont les *bourgeons* qui ne sont ni terminaux ni axillaires, les *racines* naissant d'une tige aérienne ou d'une bouture.

ADVERSE, adj., *adversus*, opposé. Mirbel appelle *adverse* le stigmate qui regarde le centre de la fleur, l'anthère dont les valves s'ouvrent vers la circonférence. De Candolle donne cette épithète aux plantes ou parties de plantes dont la face est tournée du côté du midi.

ADYNAMIE, s. f., de α priv., et δύναμις, force ; état de faiblesse résultant d'une maladie. Les auteurs n'ont pas toujours donné à ce mot la même valeur. Vogel s'en est servi pour désigner une classe de maladies caractérisées par la prostration des forces. Cullen l'employait pour nommer une classe d'affections dans lesquelles on observe la diminution ou l'affaiblissement des mouvements involontaires, soit des fonctions vitales, soit des fonctions naturelles. Pinel reconnaît la fièvre *adynamique*, dans laquelle on observe surtout une grande faiblesse musculaire. On a donné le nom d'*adynamie* à cet état d'affaissement qui se montre dans les maladies par altération du sang, dans la phlébite, la gangrène, etc.

ADYNAMIQUE, adj. ; épithète employée pour indiquer une maladie qui présente les caractères de l'*adynamie*.

ÆGAGROPILE, *V.* Égagropile.

ÆGYCÉRÉES, s. f., *Ægyceracæ ;* famille

de plantes dicotylédones. formée du seul genre *Ægyceras* qui a été distrait de la famille des *Myrsinées*.

ÆGYPTIAC , s. m. , *V*. ÉGYPTIAC, ON-GUENT , OXYMELLITE.

AÉRAGE, s. m. , *Aération, ventilation;* action d'aérer ou de renouveler l'air d'un lieu fermé quelconque. Cette opération est très simple et repose sur l'emploi de divers moyens, les uns physiques, les autres mécaniques. Le plus simple et le plus employé, consiste à rompre l'équilibre de la masse d'air altéré, qu'on veut renouveler. Dans ce but, on échauffe un point quelconque de la masse et on ménage une ouverture supérieure, pour que l'air échauffé qui s'élève puisse sortir et être remplacé par un air plus pur, venant du dehors. C'est l'office que remplissent, dans les habitations de l'homme, les cheminées, les poêles et autres moyens de chauffage. Dans les habitations des animaux, la température qui y règne suffit le plus souvent pour établir les courants d'air, si on a la précaution de ménager, à la partie supérieure de l'habitation, une ouverture munie au besoin d'une cheminée d'appel, pour permettre à l'air échauffé et altéré de sortir ; et à la partie inférieure une autre ouverture pour l'entrée de l'air pur et frais de l'extérieur. Les moyens mécaniques, plus rarement mis en usage, consistent en *ventilateurs* (*V*. ce mot), que l'on place dans une des ouvertures principales des bâtiments pendant que les autres sont ouvertes, et auxquels on communique des mouvements rapides. Le plus simple est une roue à larges ailes que l'on place dans une porte et à laquelle on donne un mouvement rapide de rotation sur son axe. Une commotion subite et violente, comme la décharge d'une arme à feu, peut aussi servir au renouvellement d'une masse d'air renfermé et altéré. (*V*. HABITA-TION, BARBACANE).

AÉRÉE, ÉE, adj.; se dit surtout de l'eau, principale boisson de l'homme et des animaux, qui doit contenir une certaine quantité d'air pour être légère et de facile digestion ; qualités essentielles qu'elle perd aussitôt que, par l'ébullition ou la distillation, on la prive de l'air qu'elle contient. L'agitation, ou sa simple exposition à l'air, suffisent pour lui restituer celui qu'elle a perdu. Se dit également, en hygiène, des habitations dans lesquelles l'air se renouvelle avec facilité. (*V*. HABITATION).

AÉRER, v. ac.; donner de l'air, renouveler l'air d'un lieu quelconque. (*V*. AÉRATION).

AÉRHÉMOTOXIE, s. f., de αηρ, air; αιμα, sang, et τοξον, poison. Ce terme est employé pour désigner l'ensemble des phénomènes qui résultent de l'introduction de l'air dans les veines et qui simulent un empoisonnement. (*V*. AIR DANS LES VEINES.)

AÉRIDE, s. f.; nom donné à l'*epidendrum flos aeris*, parce qu'il peut vivre exclusivement dans l'air, et, par extension, à tous les végétaux qui paraissent jouir de la même faculté.

AÉRIEN, NNE, adj., *aereus*, de *aer*, air ; qui ressemble ou qui se rapporte à l'air. Acide aérien. (*V*. ACIDE CARBONIQUE.) *Météores aériens*, les vents, les ouragans, etc. (*V*. MÉTÉORES) : *sens aériens*, ceux qui sont produits ou transmis par l'air, par opposition à ceux qui proviennent des solides et qu'on nomme *solidiens*. (*V*. SONS.) *Voies aériennes*, ensemble des conduits par lesquels l'air se rend de l'orifice de l'appareil respiratoire jusqu'aux dernières ramifications bronchiques. Ce mot est plus employé que celui de *aérifère* qui, cependant, mériterait d'être préféré comme plus exact. — *Bot.* Se dit des plantes ou des organes qui vivent habituellement dans l'atmosphère : plantes, tiges, racines, feuilles *aériennes*, par opposition aux plantes et aux feuilles immergées, aux tiges souterraines, aux racines dont le point d'origine se trouve généralement au-dessous de la surface du sol. Grew appelait les trachées, *vaisseaux aériens*, à cause de leur analogie avec les trachées des insectes, et parce qu'on croyait qu'elles servaient à la respiration des végétaux. De Candolle appelle *cavités aériennes*, des lacunes pleines d'air qui se forment dans les tissus par la rupture du tissu cellulaire : ce sont les *lacunes* de Mirbel, les *creux tubulaires* de Grew, les *réservoirs d'air accidentels* de Link.

AÉRIFÈRE, adj., de *aer*, air, et *ferre*, porter ; qui porte l'air. Vaisseaux aérifères, canaux aérifères.

AÉRIFORME, adj., *aeriformis*, de *aer*, air, et *forma*, forme ; qui ressemble à l'air. Nom donné aux gaz et aux vapeurs à cause de leur ressemblance avec l'air, dont ils partagent plus ou moins exactement les propriétés physiques et mécaniques. *Fluides aériformes*, les gaz et les vapeurs.

AÉRODYNAMIQUE, s. f., de αηρ, air, et δυναμις, force. Partie de la physique qui traite des mouvements de l'air et des fluides aériformes, et qui détermine les lois de ces mouvements.

AÉROGRAPHIE, s. f., de αηρ, air, et γραφω, je décris. Partie de la physique qui décrit l'air et les autres gaz.

AÉROLITHE, s. f., de αηρ, air, et λιθος, pierre. *Bolide, pierre météorique, pierre de foudre*, etc. On donne ce nom à une pierre qui tombe de l'air atmosphérique. Ce singulier météore a une origine à peu près inconnue ; on suppose qu'il provient des planètes ou de leurs satellites, et qu'il a une origine commune avec les étoiles filantes. On a fait la remarque que les aérolithes tombent plus particulièrement pendant le mois de novembre. Les éléments qui dominent dans la composition des aérolithes, sont le fer natif, la silice, le soufre, le chrôme, le nickel, etc., puis viennent les bases terreuses, telles que la magnésie, l'alumine, la chaux, etc.

AÉROLOGIE, s. f., de αηρ, air, et λογος, discours. Partie de la physique qui traite de l'air et des autres fluides aériformes.

AÉROMÈTRE, s. f., de αηρ, air, et μετρον,

mesure. Instrument destiné à mesurer la densité et le degré de tension de l'air et des substances gazeuses. (*V.* MANOMÈTRE.)

AÉROMÉTRIE, s f. Partie de la physique qui traite de la densité et de la force élastique de l'air et des gaz, et des moyens de les mesurer. (*V.* LOI DE MARIOTTE, AIR, MANOMÈTRE, etc.)

AÉRONAUTE, s. m. et f., de αηρ, air, et ναυτης, navigateur. Celui ou celle qui parcourt l'atmosphère au moyen d'un appareil aérostatique, (*V.* AÉROSTAT).

AÉROPHYTES, s. f., de αηρ, et φυτον, plante. Nom proposé pour les plantes qui vivent habituellement dans l'air, par opposition à celui d'*Hydrophytes* donné à celles qui habitent les eaux.

AÉROSTAT, s. m., de *aer*, air, et *stare*, se tenir. *Ballon ;* appareil à l'aide duquel on peut s'élever à des hauteurs plus ou moins considérables au sein de l'atmosphère. Inventé en 1731 par Montgolfier, cet appareil remarquable fut perfectionné par Charles en 1784. Il consiste toujours en une enveloppe flexible, sphéroïdale, remplie d'un gaz plus léger que l'air, et dont l'ascension est fondée sur l'action de la poussée verticale des gaz, selon le principe d'Archimède. Le ballon, gonflé d'un gaz léger, déplaçant un volume d'air dont le poids est plus considérable que le sien, est poussé en haut en vertu de cet excédant de poids. D'après cela, la force ascensionnelle d'un aérostat est proportionnelle à la différence de densité de l'appareil et de son volume d'air. On distingue deux espèces principales d'aérostats : 1° la *Montgolfière* ou *ballon vulgaire*, qu'on remplit d'air dilaté au moyen d'un foyer de chaleur placé en dessous de son ouverture tournée en bas ; 2° l'*aérostat de Charles*, gonflé au moyen du gaz hydrogène qui pèse quatorze fois moins environ, que l'air atmosphérique. Dans ce dernier appareil, lorsqu'on veut faire une ascension aérostatique, on recouvre le ballon d'un vaste filet qui l'enveloppe entièrement, et dont les bouts, rassemblés au-dessous, supportent la nacelle de l'aéronaute. Pour les ascensions aérostatiques, il est essentiel de prendre quelques précautions pour éviter les accidents; les principales sont les suivantes : 1° remplir le ballon aux trois quarts seulement pour permettre au gaz de se dilater sans rupturer l'enveloppe, lorsque l'appareil sera parvenu dans les hautes régions atmosphériques ; 2° munir le ballon d'une soupape pour laisser échapper du gaz, lorsque l'enveloppe sera trop tendue ; 3° lester la nacelle pour rendre l'équilibre plus stable et pour donner à volonté plus de légèreté à l'appareil, en jetant une partie du lest ; 4° adapter un *parachute* à la nacelle pour ralentir la chute en cas de rupture du ballon. (*V.* PARACHUTE).

AÉROSTATION, s. f., de *Aer*, air, et *stare*, se tenir. Art de construire et de diriger les aérostats. On dit aussi *aéronautique*.

AÉROSTATIQUE, s. f., *Aerostatica*. Partie de la physique qui traite des lois de l'équilibre de l'air et des autres fluides aériformes.

ÆSCULACÉES, *V.* HIPPOCASTANÉES.

ÆTHÉOGAMES, s. et adj., de α priv., ηθος, habitude, et γαμος, noce. Plantes acotylédonées dont le système de reproduction parait se rapprocher de celui des monocotylédonées phanérogames, et qui, à une certaine époque de leur vie, ont des vaisseaux et des stomates. De Candolle en a fait sa première classe des plantes cryptogames ou celluleuses, et la troisième du règne végétal. Il les appelle aussi *semi-vasculaires*.

ÆTHÉOGAMIE, s. f. ; nom proposé par Palissot de Beauvais pour remplacer celui de Cryptogamie. De Candolle l'a adopté en en restreignant l'application à une partie seulement des Cryptogames. L'æthéogamie de De Candolle comprend les *characées*, les *équisétacées*, les *fougères*, les *marsiléacées* ou *rhizospermes*, les *lycopodiacées*, les *mousses* et les *hépatiques*.

ÆTHIOPS, *V.* ETHIOPS MARTIAL.

ÆTHRIOSCOPE, s. f., de αιθρια, sérénité, fraicheur, et σκοπεω, explorer. Instrument imaginé par Leslie, et destiné à mesurer le rayonnement calorifique de la surface de la terre vers le ciel. Il se compose principalement d'un miroir concave tourné vers l'espace et d'un thermomètre différentiel, dont une des boules est placée au foyer du miroir, et l'autre en dessous de ce même miroir. On s'en sert surtout pour étudier l'influence d'un ciel serein ou nuageux sur le rayonnement terrestre et sur la formation de la rosée.

ÆTITE, s. f., de αετος, aigle. *Pierre d'aigle.* Minerai de fer formé de peroxyde hydraté ou ocre jaune. Il est ordinairement en masses globuleuses, de la grosseur d'un œuf, renfermant un noyau central, quelquefois mobile. On lui supposait autrefois des propriétés thérapeutiques merveilleuses.

ÆTHUSE, s. f., *Æthusa*, L. ; genre de la famille des Ombellifères. L'espèce principale est l'æthuse ache des chiens, petite ciguë, *œthusa cynapium*, annuelle, commune dans les prairies humides, les lieux incultes où elle peut être confondue avec la ciguë, le persil. Cette plante, vénéneuse pour l'homme, peut être mangée impunément, en certaine proportion du moins, par les herbivores. On dit qu'une faible dose suffit pour faire périr les oies.

AFFAIBLISSEMENT, s. m. ; diminution des forces, de la vigueur, état de faiblesse qui peut résulter de différentes causes, surtout d'une déperdition abondante de sang, de la pénurie d'aliments, etc.

AFFAISSEMENT, s. m. Ce terme a deux significations. Au propre, il indique l'abaissement d'une partie du corps, par suite de sa pesanteur ; on observe l'*affaissement de la cornée* après les plaies qui laissent échapper une partie de l'humeur aqueuse de l'œil : on dit qu'une tumeur s'*affaisse*, quand sa surface devient moins saillante. Au figuré, ce terme est employé comme synonyme d'affaiblissement, d'abattement.

AFFECTION, s. f., de *Affectio*, émotion de l'âme, de l'esprit. de *afficere*, émouvoir. En pathologie, ce mot est usité comme synonyme de maladie: on dit *affection catarrhale*, *morveuse*, *farcineuse*. Quelquefois il a une acception plus étendue et s'applique à tout état contre nature de l'organisme; on prend ce mot comme équivalent de *manière d'être*.

AFFÉRENT, adj., *afferens*, de *afferre* (*ad*, *ferre*), apporter. On nomme afférents les vaisseaux lymphatiques qui se portent vers un ganglion pour y verser le fluide qu'ils charrient. Par opposition, on appelle *efférents* (de *e*, hors, *ferre*, porter) ceux de ces vaisseaux qui, d'un ganglion, se portent vers un autre plus rapproché du tronc principal, et pour lequel les *efférents* deviennent à leur tour *afférents*.

AFFERMIR, v. act.; en t. de man., affermir la bouche d'un cheval, affermir un cheval dans la main et sur les hanches, c'est l'habituer à l'effet de la bride, et, dans la marche, à tenir les hanches basses.

AFFINAGE, s. m. On désigne ainsi, dans les arts, l'opération à l'aide de laquelle on purifie une substance des matières étrangères qu'elle contient. Le même nom est donné à la séparation méthodique de plusieurs matières utiles qui sont mélangées. Les mots *affinage* et *raffinage* sont souvent employés comme synonymes: cependant, le premier est plus usité à l'égard des métaux, et le deuxième pour les substances salines, le nitre, le sel marin, le sucre, etc. (*V.* RAFFINAGE.) L'affinage des métaux porte différents noms: celui de l'or, séparé de l'argent et du cuivre, est appelé *départ*; celui de l'argent, qu'on sépare du plomb, est nommé *coupellation*; quand on le purifie du cuivre qu'il contient, l'opération porte le nom de *liquation*. (*V.* ces mots.) Le terme d'affinage est surtout employé pour désigner la purification du fer, qu'on débarrasse du carbone et du silicium, qui le constituaient à l'état de fonte, en brûlant ces principes à l'air.

AFFINÉ, adj.; se dit d'un corps, et surtout d'un métal, qui a été purifié ou rendu plus fin par l'*affinage*.

AFFINER, v. a. Action de purifier une substance par *affinage*.

AFFINITÉ, s. f., *Affinitas*, liaison. *Attraction de composition.* Force attractive moléculaire qui s'exerce entre des molécules de nature différente, et qui préside à la formation des corps composés. On donne aussi le même nom aux effets de cette force, c'est-à-dire à la tendance qu'ont les corps hétérogènes à s'unir pour donner naissance à des corps composés, et à la persistance de leur union une fois qu'ils sont combinés. Cette force diffère de la cohésion en ce qu'elle s'exerce entre des molécules hétérogènes, et qu'elle ne peut être vaincue par une force mécanique. Sa nature est inconnue; les uns la rapportent à l'attraction générale, les autres la croient d'une nature spéciale et supposent qu'elle est due à l'état électrique différent des corps qui s'unissent. L'affinité des divers corps les uns pour les autres est très différente, et varie selon une foule de circonstances, parmi lesquelles la cohésion et les fluides impondérables jouent un grand rôle. En histoire naturelle, on appelle *affinité* la ressemblance ou la parenté entre les êtres, ce qui est opposé à l'*affinité chimique* qui est basée sur la dissemblance des corps.

AFFLUX, s. m., de *Affluere*, affluer. Terme de médecine qui exprime l'abondance du sang ou du fluide nerveux vers une partie du corps. L'*afflux* du sang est un des symptômes de l'inflammation.

AFFOURAGEMENT, s. m.; distribution des fourrages aux bestiaux. Ce mot désigne aussi l'approvisionnement d'une exploitation en fourrages. On dit quelquefois *affenage*.

AFFOURAGER, v. act.; distribuer du fourrage aux herbivores domestiques.

AFFRICHER, v. act.; laisser en friche. Peu usité.

AFFUSION, s. f., *Affusio*, de *affundere*, verser, répandre sur. Moyen thérapeutique qui consiste à verser, d'une faible hauteur, de l'eau simple ou médicamenteuse sur une partie, afin de remédier à son état morbide. L'affusion est *générale* ou *locale*. Dans le premier cas, elle s'étend sur toute la surface du corps; elle ne peut être mise en usage que pour les petits animaux. L'affusion *locale* peut être plus ou moins étendue et appliquée sur les diverses parties du corps. L'eau employée est pure ou chargée de divers principes plus ou moins actifs; elle peut être *froide*, *tiède* ou *chaude*, selon les indications à remplir. (*V.* EAU.) Les affusions froides sont utiles contre les affections graves du cerveau, contre le narcotisme, les effets de l'acide cyanhydrique et des cyanures, les contusions étendues, les entorses, les piqûres nombreuses d'insectes venimeux, etc.; elles seront employées avec modération à cause des métastases intérieures qui pourraient en résulter. Les affusions tièdes et chaudes conviennent contre le météorisme, la péritonite, etc.

AGACEMENT, s. m., de ἀϰάζω, aiguiser. État particulier d'irritation des dents, causé, chez l'homme, par l'usage des aliments acides. On observe l'agacement des dents du cheval, quand, après l'avoir soumis pendant quelque temps au régime du vert, on lui donne sans transition des fourrages secs.

AGALACTIE ou **AGALAXIE**, s. f., *Agalactia*; de α priv., et γάλα, lait. Absence de lait dans les mamelles d'une femelle laitière ou nourrice, consécutive à une maladie des glandes mammaires ou de quelque autre appareil organique.

AGAMES, adj. et s., de α priv., et γάμος, noces. Nom donné par Necker aux plantes que Linnée appelle Cryptogames. Cette substitution, faite ainsi d'une manière absolue, n'est pas heureuse; car on sait que parmi ces plantes il en est qui ont des organes sexuels et une fécondation; Ex.: les *Marsiléacées*.

AGAMIE, s. f. ; classe des plantes Agames. Necker a proposé de substituer cette dénomination à celle de Cryptogamie.

AGARIC, s. m., *Agaricus*. On désigne ainsi, dans les officines, une substance blanche, spongieuse, molle, fréquemment usitée en chirurgie comme hémostatique externe et absorbant. On retire cette substance de l'agaric du chêne ou *amadouvier*, qui fournit aussi l'amadou *(boletus polypodius igniarius)*, appartenant au genre *bolet* et à la famille des champignons ; il croît sur le chêne, le pommier, le tilleul, etc. ; il est dépourvu de pédoncule; son chapeau, coriace en dessus, spongieux en dessous, est de couleur noirâtre; on le récolte en automne, et, après avoir enlevé la couche coriace, on fait sécher le reste ; on le coupe ensuite en tranches et on le bat fortement avec un maillet de bois; quand il est bien sec, on peut le réduire en poudre grossière en le frottant sur un tamis en fils de fer. L'agaric est surtout employé pour arrêter les hémorrhagies traumatiques ; il agit d'une manière toute mécanique ; il absorbe le sérum du sang et forme un caillot qui obstrue l'ouverture du vaisseau blessé. On connaît une autre espèce d'agaric officinal, appelé *agaric blanc;* il provient de l'agaric du mélèze *(boletus laricis, L.)* ; il agit à l'intérieur comme purgatif drastique. A peu près abandonné par les médecins, ce médicament a été employé par les vétérinaires, mais il parait peu digne de l'être.

AGATE, s. f., *Achates*. Nom donné à une pierre siliceuse, colorée par des oxydes métalliques, remarquable par sa dureté, le beau poli qu'elle peut acquérir et son inaltérabilité par le plus grand nombre des agents chimiques. On en distingue un grand nombre de variétés caractérisées par des couleurs diverses; toutes sont formées par de l'acide silicique coloré par quelques millièmes d'oxydes métalliques. Les agates ont des usages très variés dans l'industrie : on en fait d'excellents mortiers pour les laboratoires de chimie.

AGAVE, s. m., *Agave*. L.; genre de plantes de la famille des Liliacées. Une des espèces de ce genre, l'*Agave americana*, vulg., *Aloès pitte*, fournit à l'industrie un produit fibreux, dont la ténacité est à celle du chanvre comme 7 : 16.—Les Américains et les Mexicains en retirent une liqueur fermentescible avec laquelle ils composent une boisson alcoolique. Cette même plante offre dans sa floraison quelques particularités fort remarquables : dans les contrées chaudes du globe, elle donne des fleurs une fois en trois ou quatre ans, tandis que, dans les serres des climats tempérés, elle ne fleurit que tous les cinquante ou soixante ans.

AGE, s. m., *Ætas*. Temps qui s'est écoulé depuis la naissance : période d'un certain nombre d'années. Sous ce dernier rapport, on divise la vie en différents âges : l'enfance, la jeunesse, l'âge mûr, la veillesse, etc. Comme époque de la vie, la connaissance de l'âge est d'une grande importance dans l'achat des animaux domestiques. L'âge du cheval se reconnaît par l'examen des dents qui, dans les premières années, donnent des indices exacts, et, plus tard, des données assez justes, quoique moins positives. Le poulain, à sa naissance, ne porte aucune incisive : vers six jours, il prend les pinces ; de trente à quarante jours, les mitoyennes; et de six à huit mois, les coins. Vers dix mois, la cavité ou germe de fève a disparu dans les pinces ; deux mois après, dans les mitoyennes ; de dix-huit mois à deux ans, dans les coins. Les pinces sont remplacées de deux ans et demi à trois ans ; les mitoyennes, de trois ans et demi à quatre ans, et les coins, de quatre ans et demi à cinq ans. Les crochets, qui n'existent que dans le mâle, sont moins réguliers dans leur éruption qui varie de trois à quatre ans. A six ans, les pinces sont rasées; les mitoyennes commencent à raser, et le bord antérieur des coins, arrivé au niveau des autres dents, a commencé à user. A sept ans, le rasement des pinces et des mitoyennes a augmenté, le bord postérieur du coin a commencé à user, et souvent une échancrure s'est formée aux coins de la mâchoire supérieure. A huit ans, le rasement est complet dans toutes les incisives de la mâchoire inférieure ; le cul-de-sac interne de la dent commence à apparaître sous forme de bande jaunâtre, entre le bord antérieur de la dent et l'émail central, qui persiste encore malgré l'oblitération de sa cavité. A neuf ans, les pinces s'arrondissent et leur émail central se rapproche du bord postérieur. A dix ans, les pinces sont bien arrondies ; les mitoyennes s'arrondissent. A onze ans, les mitoyennes sont complétement arrondies : les coins commencent à s'arrondir; l'émail central des pinces est très petit. A douze ans, les coins sont arrondis, et l'émail central des trois paires d'incisives a disparu ou est près de disparaître. De douze à treize ans, la forme arrondie se prononce de plus en plus. A quatorze ans, les pinces commencent à devenir triangulaires. A quinze ans, la forme triangulaire est plus marquée dans les pinces et commence à se montrer dans les mitoyennes. A seize ans, les coins commencent à prendre aussi cette forme. De dix-sept à dix-huit ans, la forme triangulaire se complète de plus en plus. A dix-neuf ans, les pinces s'aplatissent d'un côté à l'autre, et cette forme arrive successivement dans les autres dents, qui présentent toutes l'aplatissement latéral à vingt-deux ans. Au-delà de cet âge, les indices qui étaient devenus de moins en moins exacts, à mesure que l'âge avançait, manquent complétement de certitude. Plusieurs circonstances peuvent rendre l'appréciation de l'âge difficile ou impossible. *V.* Bégu, Faux Bégu, Mal denté, Tiqueur, Rajeunir, Vieillir, etc.) — L'âge du bœuf se reconnaît aux dents et aux cornes. Ces dernières offrent à leur base des anneaux ou cercles que l'on compte chacun pour une année, comptant pour trois ans le bout de la corne qui les dépasse. Quant aux dents, les incisives caduques, dont l'éruption commence avant la naissance, sont toutes sorties à un mois. mais ne complètent leur *rond* que vers six mois, à cause de la lenteur de l'éruption des coins; leur rasement, qui commence à un an, est toujours fini de dix-huit à vingt mois. A cette époque, les pinces sont remplacées; les premières mitoyennes le sont de deux ans et demi à trois ans: les secondes mitoyennes, de trois ans et demi à quatre ans : et les coins, de quatre ans et demi à cinq ans. Ces derniers arrivent vers six ans au niveau des autres dents, et la mâchoire est alors *au rond*, quoique les pinces aient déjà rasé d'une manière notable. Vers sept ans, les premières mitoyennes ont rasé complètement: à huit ans, le rasement des secondes mitoyennes est achevé, et les pinces sont nivelées. A neuf ans, les coins ont rasé; la table des pinces et des premières mitoyennes commence à se creuser. A dix ans, l'étoile dentaire, formée par le cul-de-sac intérieur de la dent, se montre sur les pinces et les premières mitoyennes : et les coins, complètement nivelés, mettent la mâchoire au *ras*. A onze ans, l'étoile dentaire existe sur toutes les dents qui commencent à paraître écartées les unes des autres. A douze ans, l'étoile dentaire, d'abord carrée, s'arrondit, et l'écartement augmente. A treize ans et au-dessus, les dents achèvent de perdre leur partie évasée et l'animal ne présente plus que des chicots très écartés et noirâtres ou jaunâtres. Des anomalies se font aussi remarquer dans la mâchoire du bœuf. Les principales sont relatives à l'éruption des remplaçantes, qui se fait plus promptement dans certaines races, et surtout chez les animaux fortement nourris dans leur jeunesse. —Les dents du mouton suivent à peu près, dans leur éruption, la même marche que celles du bœuf: seulement, il y a à peu près une différence d'un an en moins chez les bêtes ovines. L'arcade dentaire de l'agneau arrive *au rond* vers trois mois. Vers quinze mois, les pinces caduques sont remplacées, et l'agneau devient *antenais*. Vers deux ans, c'est le tour des premières mitoyennes : à trois ans, viennent les secondes mitoyennes, et à quatre ans, les coins: à cinq ans, ces derniers ont complété leur éruption et les pinces ont complètement rasé: les autres dents éprouvent ensuite le rasement sans qu'on puisse en tirer des indices certains.—Dans le chien, le remplacement des caduques commence vers trois mois, pour se terminer à six ou huit : à un an, les incisives, très fraîches, n'ont subi aucune usure: à deux ans, les pinces inférieures ont rasé, à trois ans, les mitoyennes, à quatre ans, les pinces supérieures, à cinq ans, les mitoyennes supérieures et les coins inférieurs. On ne peut plus ensuite se baser que sur la fraîcheur des dents, qui varie beaucoup, suivant le genre de nourriture de l'animal. — *Bot.* L'âge des plantes peut être apprécié de plusieurs manières : par le nombre des couches annuelles qui composent la tige des dicotylédonées : par le nombre des verticilles de feuilles dont les débris entourent encore le stipe de quelques monocotylédonées ; par l'étendue de la circonférence des tiges. Les recherches sur l'âge des arbres dicotylédonés sont entourées de moins d'incertitudes que celles qui s'appliquent aux autres plantes: car, dans ces végétaux, une couche nouvelle de bois vient assez régulièrement, chaque année, emboîter les couches anciennes. Mais ce genre de recherches n'est point applicable aux arbres sur pied : la mesure de la circonférence peut conduire, pour ceux-ci, à une évaluation assez juste, quand on connaît bien la mesure de leur accroissement pendant les diverses périodes de leur vie, pour un lieu donné. Sous le rapport de leur durée totale, les plantes sont distinguées en *éphémères*, *annuelles*, *bisannuelles*, *vivaces*. (*V.* ces mots.)

AGE, s. m.; partie de la charrue destinée à transmettre au corps de l'instrument le mouvement qui lui est imprimé d'une manière directe (araires), ou indirecte (charrues à avant-train); elle sert aussi à régler l'entrure. L'âge est *horizontal* ou *incliné*, *droit* ou *courbe*.

AGENAISES, adj. (races bovines.) On en distingue deux principales, Lafore les a décrites sous les noms de *Garonnaise* et *Agenaise du coteau*. La première vit sur les bords de la Garonne, aux environs de Marmande et de Bordeaux : la seconde se trouve surtout dans les arrondissements de Villeneuve et d'Agen. — *Garonnaise :* taille 1.45 à 1.70, conformation peu régulière, mufle étroit, tête allongée, un peu mince, cornes de couleur blanchâtre, basses, moyennes, encolure un peu grêle, fanon médiocrement développé, poitrine assez large, profonde, manquant de hauteur, corps long, ventre arrondi, train postérieur fourni, avant-bras, jambe, genoux et jarrets forts, pieds antérieurs panards, sabots larges et un peu mous, peau fine et souple, poil froment. Les bœufs de cette race peuvent acquérir un grand poids : ils sont sobres, s'engraissent assez facilement, sont dociles, travaillent bien, mais ont besoin de ménagements : les vaches sont bonnes laitières. — *Agenaise du coteau :* conformation plus belle, taille 1.45 à 1.60, tête courte, s'effilant vers le mufle, cornes de moyenne longueur, fortes à la base, encolure courte, fanon moyen s'étendant jusqu'en arrière de la poitrine, côte relevée, poitrine ample, épaules fortes, colonne vertébrale un peu voussée en contrebas, corps long, croupe arrondie, fesses droites et larges, canon court et un peu grêle, membres d'ailleurs parfaits, peau souple, comme spongieuse au toucher, ondulée surtout à l'encolure, poil froment. La race agenaise du coteau acquiert un poids à peu de chose près aussi grand que la précédente. Les bœufs et les vaches travaillent et s'engraissent bien : celles-ci sont assez bonnes laitières. Il existe dans les environs de *Nérac* une sous-race dont les bœufs sont robustes, et qui provient du croisement des taureaux agenais avec les vaches gasconnes.

AGÉNÉSIE, *Agenesis*, de α priv., et γενεσις, génération. Mot employé comme synonyme d'*impuissance* ou de *stérilité*. On désigne aussi sous ce nom les monstruosités *par défaut*.

AGÉNOSOME, genre de monstres de la famille des Célosomiens, caractérisé surtout par l'absence ou l'état très rudimentaire des organes de la génération.

AGENT, s. m., de *agens*, part. présent de *agere*. agir. On donne ce nom à la cause de tout effet produit ou de tout phénomène perceptible ; il est synonyme de *force;* toutefois, ce dernier terme ne s'applique qu'aux choses immatérielles, comme les forces attractives par exemple, tandis que le *agent* mot s'entend à la fois des choses matérielles et des forces immatérielles. De là, la distinction d'agents *physiques*. Ex.: pesanteur, aimant, calorique, etc., *chimiques*. Ex. : acides, oxydes, les réactifs en général ; *pharmaceutiques*, les médicaments ; *thérapeutiques*, les opérations, les remèdes, etc. ; *hygiéniques*, air, aliments, boissons, etc. ; *physiologiques*, les matières nutritives, le sang, l'influx nerveux, etc.

AGENTS. En hygiène, on appelle *agents* tout ce qui exerce sur les animaux une action capable de modifier l'état de leur santé, leur conformation, leurs aptitudes, leurs produits, etc. ; on les divise généralement en six classes appelées *digesta*, *circumfusa*, *applicata*, *excreta*, *percepta* et *gesta* (*V*. ces mots).

AGÉDOITE, s. f. *V*. ASPARAGINE et RÉGLISSE.

AGGLOMÉRÉ, adj., *agglomeratus* ; se dit des organes réunis en masse globuleuse, comme les fleurs mâles dans les pins.

AGGLUTINATIFS, adj., *agglutinantia*, de *gluten*. colle, glu. On dit aussi *agglutinants*. On désigne ainsi des substances molles, collantes, ayant la propriété d'adhérer fortement, en se desséchant sur les parties où on les applique. Elles sont de nature diverse : gommeuses, amylacées, glutineuses, poisseuses, etc. Les plus employées en médecine vétérinaire sont les gommes, l'amidon cuit, la farine, la dextrine, la térébenthine, la poix noire, etc. On en forme des bandelettes ou des emplâtres, qu'en applique sur les solutions de continuité peu étendues, pour maintenir les bords rapprochés et faciliter leur adhésion primitive; parfois aussi on les applique sur les sutures qu'on pratique aux parois d'un canal pour s'opposer à la sortie ou au suintement du liquide qui y circule. Le meilleur emplâtre agglutinatif des vétérinaires est la poix noire fondue, avec l'étoupe hâchée, appliquée avant que l'emplâtre ne soit froid.

AGGLUTINATION, s. f., du latin *Agglutinatio*, soudure. Opération par laquelle on réunit les chairs séparées dans une solution de continuité. Ce mot sert aussi à désigner le premier temps de la guérison des plaies par la

cicatrisation immédiate. Une lymphe plastique est exhalée dans les parties divisées; elle se condense et sert en quelque sorte de colle pour opérer la réunion.

AGGLUTINÉ, adj., *agglutinatus* ; réuni par une matière agglutinante. Ex. : les utricules polliniques dans quelques orchidées.

AGGRAVÉE, s. f. Maladie du pied du chien qui consiste dans l'inflammation du réseau vasculaire situé sous l'épiderme dont les tubercules plantaires sont recouverts. Cette affection est produite par la fatigue de la chasse, une longue marche sur des terrains pierreux, couverts de neige ou de glace. La patte se gonfle, devient douloureuse ; l'appui sur le sol est difficile : parfois des crevasses apparaissent à la surface plantaire, ou bien l'on voit des ampoules se montrer. Le pronostic de l'aggravée n'est pas fâcheux ; le repos suffit ordinairement pour qu'elle disparaisse. Dans le cas où l'inflammation est violente, on a recours aux astringents pour la faire avorter; en outre, la saignée à la jugulaire est utile s'il y a fièvre de réaction. Les abcès qui se montrent quelquefois à la suite de l'aggravée réclament le même traitement que dans les autres parties du corps. — Viborg a décrit une maladie semblable qui se développe sur les pores menés à fortes journées par des chemins pierreux, pendant les grandes chaleurs. Les symptômes consistent dans la difficulté de marcher et l'augmentation de la chaleur des pieds; la suppuration et la chute des onglons peuvent en être la suite. Comme il est difficile de traiter en même temps et séparément plusieurs pores à la fois, on se borne à quelques moyens généraux, tels que le repos et la précaution de conduire à l'eau les malades. Quand on donne des soins à un seul animal attaqué isolément, on enveloppe les pieds affectés avec de l'argile délayée dans l'extrait de saturne. Le mot *aggravée* est usité comme synonyme de *fourbure*, dans le bœuf.

AGGRAVEMENT, s. m., de *aggraver*. Augmentation, aggravation d'un mal ; synonyme d'*aggravée*, maladie qui siége sur le pied du chien. (*V*. ce mot).

AGISSANT, TE, adj.; épithète qui indique l'activité. L'on dit *médecine agissante*, *méthode agissante*, pour désigner l'emploi de moyens actifs.

AGITATEUR, s. m., *Agitator*, de *agitare*, agiter. Nom donné dans les laboratoires à un tube plein, en verre, dont les bouts sont arrondis, et qui est employé à remuer les réactifs dans les verres, afin de faciliter la formation des précipités. On s'en sert fréquemment aussi pour agiter les liquides placés sur un foyer de chaleur, afin d'en activer l'évaporation, et en général, pour faciliter le mélange de plusieurs substances molles ou liquides.

AGITATION, s. f., *Agitatio*, de *agitare*, agiter. On désigne sous ce nom l'état de malaise qui se manifeste chez quelques malades par le changement continuel de position. *L'agitation du pouls* consiste dans un mouvement accéléré et irrégulier de la circulation artérielle.

AGLOSSIE, s. f., *Aglossia*, de α priv., et γλῶσσα, langue. Privation congénitale de la langue.

AGNEAU, s. m., *Agnus*; nom du petit de la brebis, depuis l'époque de sa naissance jusqu'à l'âge d'un an. Au féminin, *Agnelle*. *Agnelet*, petit agneau ; *Agneline*, petite agnelle. L'agnelage se fait habituellement au mois de février ou de mars. Les agneaux qui naissent avant ou après cette époque, sont presque toujours engraissés et livrés à la boucherie. L'allaitement, pour être complet et régulier, exige que les femelles reçoivent une bonne nourriture et ne soient point traites ; que pendant les huit jours qui suivent la parturition, et surtout, si le temps est peu favorable, les brebis et les agneaux soient retenus à la bergerie. C'est alors aussi qu'il faut veiller à ce que les sujets faibles ne soient point frustrés par les autres. Dans le cas d'une portée double ou triple, lorsqu'une brebis est morte ou malade, quand on trait régulièrement les femelles, l'allaitement peut avoir lieu *par adoption* ou *artificiellement*. L'un et l'autre sont assez faciles, quand on les commence de bonne heure ; mais les soins, le travail qu'ils exigent effraient souvent les éleveurs et font sacrifier les agneaux qui n'ont pas de belles apparences. Les agneaux mâles, que l'on destine à l'engraissement, sont châtrés vers quinze jours ou trois semaines et sacrifiés à un ou à deux mois : ils doivent recevoir beaucoup de lait, des aliments de facile mastication, très alibiles, et ne faire qu'un exercice très modéré. La chair des agnelles est préférée à celle des mâles, même châtrés. Dans certaines contrées, où l'on se livre à l'industrie de l'engraissement des agneaux, on fait naître ceux-ci vers le mois de décembre. Leurs mères, constamment nourries à l'étable de bon regain, de racines, etc., suffisent presque toujours à l'engraissement des petits. Le sevrage des agneaux qui doivent être élevés se fait à une époque variable, selon les temps, les lieux, les ressources, de deux jusqu'à six mois. Si alors, ils ne se séparent point spontanément des mères, ou si celles-ci ne les repoussent pas, on les tient éloignés d'elles pendant quelques jours. La séparation est ordinairement facile au moment de la tonte. Dans aucun cas on ne doit employer de muselière pour empêcher les agneaux de tetter. Les agneaux sont sensibles au froid, à la chaleur. Comme tous les jeunes animaux, ils aiment le grand air et la liberté. A l'âge de vingt ou vingt-cinq jours, quelquefois avant, ils cherchent à brouter les herbes des pâturages : c'est alors que l'on peut commencer à leur offrir de l'avoine concassée, des pois bouillis mêlés avec du lait, de la farine, etc., des fourrages verts choisis. On doit toujours leur éviter les pâturages humides ou trop abondants, les longues courses, etc. Les agneaux sont exposés à contracter la diarrhée et un gonflement des articulations des membres : un morceau de craie, mis à leur disposition et léché par eux, prévient souvent la première, tout en donnant de la blancheur et de la fermeté à la chair : on évite la seconde, en tenant les animaux dans des bergeries propres et sèches. L'agneau, l'agnelle, qui ont atteint une année, sont appelés *antenais*, *antenaise*.

AGNELAGE, **AGNELEMENT**, s. m. : parturition ou mise-bas de la brebis. L'accouchement a lieu, dans l'espèce ovine, vers le centcinquantième jour après la conception : il est presque toujours ordinaire et se fait souvent sans les soins de l'homme. Les positions contre nature, les monstruosités, sont toutefois plus communes peut-être dans l'espèce ovine que dans les autres espèces domestiques. La parturition est ordinairement *simple*, souvent *double* dans certaines races, quelquefois *triple*. On ne peut, dans tous les cas, laisser qu'un ou deux agneaux à une nourrice : les autres doivent être donnés à des marâtres, sacrifiés ou allaités artificiellement. L'agnelage se fait à la bergerie ou dans les pâturages : les mères et les petits doivent recevoir, pendant quelques jours, des soins particuliers, être protégés contre les intempéries, etc. (*V.* AGNEAU et PARTURITION.)

AGNUS CASTUS, s. m., L. ; nom vulgaire du Gatilier commun. *Vitex agnus castus*, arbrisseau odorant de la famille des Verbenacées, dont les diverses parties et surtout les semences, ont été faussement regardées comme anaphrodisiaques. L'agnus castus est remarquable par la haute température qu'il peut supporter sans souffrir ; on l'a trouvé dans l'Inde au voisinage d'une source à 62° centigrades, et dans un sol volcanique à 80°.

AGONIE, s. f., *Agonia*, de αγων, combat ; combat contre la mort. Cette expression n'est applicable qu'à l'homme ; elle désigne les derniers moments, pendant lesquels la vie s'éteint par degrés. Un malade peut-être agonisant et néanmoins revenir à l'existence : de même aussi la mort peut arriver sans agonie.

AGRÉGAT, s. m., *Agregatum*, de agregare, agréger. Masse amorphe, résultant de l'union fortuite de substances très hétérogènes.

AGRÉGATION, s. f., *Agregatio*. Réunion irrégulière et incomplète de substances hétérogènes ; elle diffère beaucoup de la combinaison chimique, qui fait disparaître les caractères individuels des éléments d'une manière complète, tandis que l'agrégation réunit les corps sans les confondre. Les couches du globe terrestre sont réunies par agrégation et non par combinaison chimique, parce qu'elles sont parfaitement distinctes ; ce qui a permis aux géologues d'étudier leur superposition et de les classer.

AGRÉGÉ, adj., *agregatus*. Les botanistes appellent *fleurs agrégées*, les fleurs portées sur des pédicelles distincts, partant du même point, comme celles du *polygonum aviculare* ; celles qui naissent sur un réceptacle commun, mais dont les anthères sont séparées :

Ex. : la *scabieuse*. Ils appellent *fruits agrégés*, ceux qui résultent de la soudure de plusieurs ovaires appartenant à des fleurs primitivement distinctes; tels sont les fruits du *mûrier*, de l'*ananas*. De Candolle les appelle *polyantho-carpes*.

AGRESTE, adj., *agrestis*, sauvage; par opposition à *cultivé*; se dit des plantes qui croissent spontanément dans les terrains en culture.

AGRICOLE, adj., de *ager*, champ, et *colere*, cultiver; qui a rapport à la culture des champs : *méthode*, *chimie*, *physique*, *botanique*, *météorologie*, *science agricole*, etc.

AGRICULTEUR, s. m., *Agricultor*; qui exerce l'art de l'agriculture, qui cultive les champs.

AGRICULTURE, s. f., *Agricultura*, de *ager*, *agri*, champ, et *cultum*, supin de *colere*, cultiver; culture des champs, art de cultiver la terre. L'agriculture est l'art de faire rendre à la terre la plus grande quantité de produits, de la manière la plus parfaite et la plus économique. Son domaine est immense; elle embrasse, 1° la culture proprement dite, ou la connaissance des divers travaux agricoles, labours, ensemencements, récolte des amendements, des engrais. etc., la connaissance de toutes les plantes alimentaires, fourragères et industrielles et de leur culture, des bois et de leur aménagement, des jardins et de l'horticulture, des machines, des instruments aratoires et de leur emploi, des clôtures, de l'assainissement des lieux, des défrichements, etc. , etc.; 2° l'agrologie, ou la connaissance du sol dans ses rapports avec la culture; 3° l'agronomie, ou la connaissance des règles d'une bonne exploitation, du choix et du fermage des domaines, de la comptabilité, des meilleurs procédés ou méthodes agricoles, des assolements, etc.: 4° l'architecture rurale; 5° l'économie du bétail, ou les préceptes de l'élevage et de l'éducation des animaux domestiques; 6° enfin, l'exploitation des divers produits bruts fournis par la terre et par les animaux. Par les secours qu'elle leur emprunte, l'agriculture touche à toutes les sciences naturelles, la *physique*, la *chimie*, la *botanique*, la *zoologie*, la *géologie*, la *météorologie*, etc. , etc.

AGRIPAUME, s. f.. *Leonurus cardiaca*, L. , Agripaume cardiaque ; plante vivace de la famille des Labiées. On la trouve le long des haies et des murs, dans les sables, dans les décombres. Elle est recherchée par les chèvres, les moutons, et surtout, dit-on, par les abeilles.

AGROGRAPHIE, s. f., de αγρος, champ, et γραφω. j'écris. Description de ce qui a rapport à la culture des champs.

AGROLOGIE, s. f., de αγρος, champ, et λογος, discours: discours ou traité sur l'agriculture. On a dernièrement détourné ce mot de son sens étymologique. De Gasparin définit l'agrologie, la *science qui a pour objet la connaissance des terrains dans leurs rapports avec l'agriculture*.

AGRONOME, s. m., de αγρος, champ, et νομος, loi. règle; celui qui étudie et qui professe la science agricole. Ce mot ne devrait pas être employé comme synonyme de cultivateur.

AGRONOMÉTRIE ou **PHOROMÉTRIE**, s, f. ; mesure de la fécondité de la terre. Les méthodes d'appréciation de la valeur productive des terrains, sont de divers ordres ; on y arrive par l'estimation parcellaire; l'estimation des récoltes moyennes, par les produits de plusieurs années; l'évaluation des récoltes, par les semences employées; l'estimation en bloc, par la recherche des prix de fermage pour chaque hectare; la proportion du revenu cadastral, ou revenu réel : l'examen de la composition chimique du sol; l'évaluation du rendement en fourrages, et conséquemment en engrais; la recherche de l'accroissement du produit d'une plante sous l'influence d'une dose connue d'engrais. Aucune de ces méthodes ne peut donner un résultat parfaitement exact, lorsqu'on l'applique à une étendue un peu notable de terrain.

AGRONOMIE, s. f. ; science de l'agriculture.

AGROSTIDE ou **AGROSTIS**, s. m., *Agrostis*, L. ; genre de plantes annuelles ou vivaces de la famille des Graminées. Glume uniflore à deux valves: balle à deux valves, l'une d'elles munie sur le dos d'une arête ; fleurs en panicule plus ou moins serrée. Ce genre renferme de nombreuses espèces, communes dans les prairies , aux bords des chemins ; les principales sont l'Agrostide vulgaire, *Agrostis vulgaris;* l'Agrostide blanche, *Agrostis alba ;* l'Agrostide stolonifère, *Agrostis stolonifera;* l'Agrostide paradoxale, *A.paradoxa,* etc., etc. Toutes ces plantes sont petites, peu productives; mais elles sont recherchées des bestiaux et donnent un fourrage de bonne qualité.

AGROSTOGRAPHIE, s. f. ; description des graminées.

AGYNAIRE, adj., *agynarius*, de α priv., et γυνη, femme: nom donné par De Candolle aux fleurs doubles dans lesquelles le pistil manque.

AGYNIQUE, adj., se dit de l'insertion des étamines quand celles-ci ne contractent pas d'adhérence avec l'ovaire.

AIDE, s. f. ; s'entend des moyens par lesquels le cavalier agit sur son cheval pour l'exciter, le diriger, l'arrêter, lui indiquer et lui faire exécuter tous les mouvements qu'il en exige. Les principales aides sont celles des mains et des jambes: les premières agissent sur l'avant-main par l'intermédiaire des rênes, et sont appelées *aides supérieures;* les secondes, appelées *aides inférieures*, agissent sur l'arrière-main par les cuisses. les jarrets, le gras des jambes, l'éperon et l'étrier. L'appel de la langue. la gaule, la cravache, la longe et la chambrière, sont des aides supplémentaires ou accessoires. On dit d'un cavalier. d'un cheval. qu'ils ont les *aides fines* : le premier, quand il les emploie avec méthode et précision ; le second, lorsqu'il obéit aux plus légères impressions des aides. Les aides peuvent être *justes*, *fausses*, *ambiguës*, etc.

AIGRE, adj., *acerbus*; qualité particulière aux acides, qui peut agir sur le goût et sur l'odorat : *goût, saveur aigre*. Se dit aussi, au figuré, des sons aigus et irréguliers, qui offensent l'organe de l'ouïe. On emploie encore ce mot pour indiquer la qualité des métaux, qui ont peu de ténacité et qui se brisent sous le marteau lorsqu'on veut les travailler : *fer aigre, cuivre aigre*.

AIGRELET, adj., *acidulus;* qui est légèrement aigre ou acide : l'eau gazeuse, le petit-lait, certains sels, beaucoup de fruits. (*V.* Acidule.)

AIGREMOINE, s. f., *Agrimonia eupatoria*, L., aigremoine ; plante vivace de la famille des Rosacées, commune le long des haies, des chemins, dans les lieux un peu ombragés. Les moutons et les chèvres la mangent ; elle est astringente et amère. — *Pharm.* Médicament légèrement *astringent* et *détersif*. On emploie les feuilles, en décoction aqueuse ou vineuse, contre l'angine ancienne et les aphtes. A l'intérieur, elle agit comme tonique et astringent léger : elle est recommandée contre la diarrhée séreuse et le pissement de sang. Pallas la croyait utile contre les vers des bestiaux. A l'extérieur, elle était recommandée par Huzard père, pour absterger les plaies de mauvaise nature. Elle est rarement mise en usage.

AIGRETTE, s. f., *Pappus ;* appendice d'aspects divers, quelquefois formé par le limbe du calice, et divisé en filets grêles et couronnant le fruit ou la graine dans plusieurs familles végétales, notamment dans les Composées. L'aigrette sert souvent à distinguer les genres ; elle peut être *sessile*, *pédicellée* ou *stipitée*, *simple*, *rameuse*, *plumeuse*, *égale*, *inégale*, *écailleuse*, *membraneuse*, *paléacée*, *séteuse*, *soyeuse*, etc. Elle est un organe de dissémination ; c'est par elle que certains fruits peuvent être transportés par les vents à de grandes distances.

AIGRETTÉ, adj., *papposus ;* couronné d'une aigrette.

AIGU, adj., *acutus*, de αξις, pointe. On nomme *maladies aiguës* les affections qui se montrent subitement et parcourent leurs périodes avec rapidité ; par opposition, les *maladies chroniques* sont ainsi désignées, parce qu'elles se prolongent au-delà d'un temps plus long. Autrefois, on établissait cette distinction d'après la durée des phénomènes morbides ; les maladies *très aiguës* duraient au plus trois ou quatre jours, celles qui étaient *sub-très aiguës* en duraient sept ; les affections *aiguës* se prolongeaient de vingt à quarante. Cette distinction n'est plus admise ; il est certaines maladies aiguës qui durent plus que des maladies chroniques. C'est sur l'intensité des symptômes qu'est fondée principalement la différence établie relativement à l'acuité des maladies.

AIGUILLE, s. f. Instrument de chirurgie, destiné à être introduit dans les tissus mous, pour plusieurs opérations différentes. Les aiguilles sont le plus ordinairement en acier, droites ou courbes, elles présentent à l'une de leurs extrémités une ouverture appelée *œil* ou *chas*. Elles servent à faire pénétrer une ligature ou une mèche, à inoculer des produits morbides, à exciter seulement la vitalité des organes.

Aiguilles a acupuncture. Elles doivent être fines et acérées. Leur longueur est variable, suivant les animaux sur lesquels on veut les employer, la profondeur à laquelle on doit les faire pénétrer ; celles qu'on met en usage sur le cheval ont la longueur d'un à deux décimètres; leur tête est en métal, ou faite avec la cire d'Espagne. Quand on les retire des tissus vivants, dans lesquels on les a laissé séjourner pendant quelque temps, leur surface présente une couleur noirâtre à cause de l'oxydation qui s'est produite.

Aiguille a cataracte. Instrument qui sert à opérer l'abaissement du cristallin. C'est une tige d'acier portée par un manche ; l'autre extrémité présente la forme d'un fer de lance aigu à bords tranchants. Les vétérinaires se servent de l'aiguille de Scarpa, dont la lame est aplatie, légèrement recourbée à sa pointe et tranchante sur ses bords ; on en a augmenté les dimensions pour le cheval. Leblanc se sert d'une aiguille tranchante sur les côtés et dont la concavité est formée de deux plans obliques réunis dans le milieu par une ligne saillante ; le manche est marqué par un point correspondant à l'une des faces du fer de lance, pour indiquer la direction de l'instrument quand il a été introduit dans le globe oculaire.

Aiguille a inoculation. C'est une tige en acier, dont la pointe présente une cannelure destinée à recevoir la matière à inoculer. On en a conseillé l'emploi pour pratiquer la clavélisation.

Aiguille a séton. Cet instrument se compose d'une tige d'acier, ayant cinq décimètres de longueur, divisée quelquefois en deux pièces, qui se montent à vis ; cette modification rend l'aiguille plus portative. L'une des extrémités se termine en pointe élargie, formant la feuille de sauge et percée dans son milieu d'un chas longitudinal ; l'autre bout, qu'on appelle la tête, est également percé d'un chas ; elle est quelquefois montée sur un manche en ébène. Pour placer un séton sur le cheval, on introduit lentement la pointe de l'aiguille entre la peau et les muscles sous-jacents. Dans le chien, on peut d'un seul coup établir le séton, en formant avec la peau un pli qu'on traverse instantanément.

Aiguilles a suture. Elles sont courbes, aplaties dans leur moitié correspondante à la pointe, droites et percées d'un chas latéral dans celle qui s'unit au talon. Quelques chirurgiens préfèrent les aiguilles courbées en arc de cercle, ayant partout la même épaisseur. On se sert d'une large aiguille à suture munie d'un manche, quand on veut faire pénétrer, dans les parties molles, des liens volumineux desti-

nés à rapprocher de larges lambeaux cutanés ;
Ex.: Après l'opération de la castration de la
vache, l'extirpation des tumeurs farcineuses,
etc. Gohier avait imaginé des aiguilles à suture
soudées à angle droit à l'extrémité d'une tige
de métal, pour opérer la ligature de l'artère
intercostale dans le cheval.

AIGUILLE AIMANTÉE. Petite lame d'acier,
aiguë et mince par ses bouts, de forme lozan-
gique, librement suspendue par son centre ,
qui est un peu plus épais, et imprégnée de
fluide magnétique. La suspension se fait à
l'aide d'un fil ou d'un petit pivot sur lequel
l'aiguille est en équilibre et mobile. Ses caractères essentiels sont d'attirer vivement les
parcelles de fer, et de diriger, plus ou moins
exactement, ses extrémités vers les pôles de la
terre. (*V.* BOUSSOLE.) Comme tous les aimants
naturels ou artificiels, l'aiguille aimantée présente deux pôles à ses extrémités, et n'offre
aucune propriété magnétique au centre ; c'est
ce qu'on nomme la *ligne neutre.* Les pôles de
l'aiguille ne sont pas dirigés exactement vers
les pôles de la terre, c'est ce qu'on appelle
déclinaison; comme aussi l'aiguille aimantée
n'est jamais parfaitement horizontale, ou appelle cela *inclinaison.* (*V.* ces mots.)

AIGUILLON, s. m., *Aculeus;* gaule légère
de deux à trois mètres de longueur, armée à
l'une de ses extrémités d'une pointe en fer, et
employée par les conducteurs de bœufs pour
stimuler ces animaux.—Pointe ou dard rétractile attaché au dernier anneau de l'abdomen
de quelques insectes.

AIGUILLONNÉ, adj., *aculeatus;* pourvu
d'aiguillons.

AIGUILLONS, s. m., *Aculei;* excroissances aiguës ou piquants disposés sans ordre
à la surface de plusieurs parties des végétaux,
et naissant de l'écorce ou de l'épiderme. Ils
sont *caulinaires, simples, rameux, subulés,
sétacés, coniques, courbés, infléchis,* etc. Le
rosier, la ronce portent des aiguillons sur
leurs tiges, leurs pétioles. Les aiguillons ne
doivent pas être confondus avec les épines qui
naissent du corps ligneux et ne peuvent être
détachées de la plante sans déchirure des fibres.

AIL, s. m., *Allium*, L.; genre de plantes de
la famille des Liliacées, auquel on assigne les
caractères suivants: fleurs terminées en ombelles
ou en têtes, sortant d'une spathe à une ou deux
valves: périgone ouvert, à six divisions profondes: six étamines, style persistant, stigmate
simple, capsule trivalve, à trois loges, bulbe
sphérique ou oblong. Les espèces de ce genre
exhalent une odeur forte qui est devenue le
type de l'odeur alliacée. Le genre *Allium* est
nombreux en espèces, les principales sont :
l'A. commun ou cultivé, *A. sativum;* l'A.
poireau, *A. porrum;* l'A. rocambole, *A. sco-
rodoprasum;* l'A. oignon, *A. cepa;* l'A. écha-
lotte, *A. ascalonicum;* l'A. civette ou grande
ciboule, *A. schœnoprasum;* toutes sont cultivées pour les usages culinaires. Les espèces
*carinatum, subhirsatum, angulosum, flavum,
vineale, victoriale, roseum, nigrum, trique-*

trum, etc., croissent spontanément dans beaucoup de lieux et sont dédaignées des bestiaux.
Elles communiquent au lait, à la chair des
animaux qui en mangent souvent, une saveur
désagréable. — *Pharm.* Les bulbes de l'ail,
appelés *gousses,* ont une odeur fétide , persistante, une saveur âcre qu'ils doivent à la présence d'une huile volatile jaunâtre contenant
du soufre ; ils renferment, en outre, de l'amidon, du mucilage, du sucre et quelques sels.
Ecrasés et appliqués sur la peau, ces bulbes
agissent comme fondants, résolutifs, rubéfiants et même vésicants. Leur suc, exprimé et
mêlé à l'eau ou au lait, agit sur le tube digestif comme stimulant et anthelmintique.
L'huile essentielle, parvenue dans le sang,
excite l'appareil urinaire, et sort de l'économie
par la transpiration pulmonaire ou cutanée,
et par le lait. Ce médicament est rarement employé par les vétérinaires ; les empiriques en
font au contraire un usage fréquent et abusif.
Il est réputé *antiscorbutique.*

AILE, s. f., *Ala,* πτερόν; membre antérieur
des oiseaux, disposé pour le vol. On donne
aussi ce nom, malgré la différence d'organisation, au membre antérieur de la chauve-
souris. Les insectes portent aussi des ailes dont
les nombreuses différences de forme, de nombre, etc., ont servi de base à la classification
de ces animaux. En anatomie, on emploie le
mot *aile* par analogie. C'est ainsi que l'on dit, les
ailes du sphénoïde, pour désigner les prolongements latéraux de cet os : les *ailes du nez ,*
pour désigner les deux replis de la peau, l'un
interne et l'autre externe, qui bordent l'entrée
des narines, et qui sont soutenus par un cartilage fixé à l'extrémité de la cloison nasale. —
Bot. Appendice membraneux ou foliacé attaché à la tige, aux pétioles, aux fruits, etc.,
dans beaucoup de plantes. Dans les corolles
papilionacées, les deux pétales latéraux, opposés face à face et ordinairement plus petits,
portent le nom d'ailes.—Terme de jardinier,
divisions latérales partant des mères-branches
dans les espaliers.

AILÉ, adj., *alatus;* muni d'ailes. La tige
est ailée dans le *bouillon blanc;* les fruits de
l'érable, de l'orme, sont ailés. On appelle
feuilles ailées celles qui portent, sur les côtés
du pétiole, de petites folioles parmi d'autres
plus grandes.

AILERON, s. m., *Ala extrema:* extrémité
de l'aile des oiseaux, ayant pour base les os qui
composent la main dans les vertébrés supérieurs.

AIMANT, s. m., *Magnes,* μάγνης: pierre
d'aimant. En minéralogie, on donne ce nom
à un minerai de fer qui, chimiquement, est
du fer *oxydulé* ou un composé de protoxyde et
de peroxyde de fer: oxyde *ferroso-ferrique* de
Berzélius. En physique, on appelle *aimant*
tout corps jouissant de propriétés magnétiques,
naturellement ou artificiellement: de là, la division des *aimants,* en *naturels et artificiels.*
Les premiers sont formés par le fer oxydulé ou
sulfuré, et quelquefois aussi par les composés

correspondants du nickel et du cobalt. Les aimants artificiels, dont la forme varie beaucoup, sont constitués par des morceaux d'acier ou de fer doux, mis en contact méthodiquement avec les aimants naturels. (*V.* AIMANTATION.) Tous les aimants naturels ou artificiels présentent les caractères suivants : 1° ils attirent à distance le fer, le nickel, le cobalt, le manganèse, etc; 2° l'attraction est surtout marquée aux extrémités, appelées *pôles* de l'aimant, et peu prononcée au centre nommé *équateur* ou *ligne neutre;* 3° quand un aimant est librement suspendu par son centre, une extrémité est tournée vers le nord et porte le nom de *pôle austral;* l'autre regarde le sud et est nommée *pôle boréal;* 4° deux aimants, librement suspendus et voisins l'un de l'autre, s'attirent par une de leurs extrémités (pôles contraires) et se repoussent par l'autre (pôles semblables) ; 5° leurs attractions et répulsions sont réciproques et décroissent avec les distances; 6° quand un aimant est brisé, chacun de ses fragments devient un aimant complet.

AIMANTATION, s. f., *Action d'aimanter.* On donne ce nom à l'ensemble des procédés mis en usage pour communiquer à certains métaux, et notamment au fer et à l'acier, des propriétés magnétiques et les convertir en *aimants artificiels.* On y parvient en mettant le fer doux et l'acier trempé dans une position verticale, en les frappant brusquement quand ils sont parallèles au méridien magnétique de la terre, en les écrouissant, et en les mettant en contact méthodiquement avec des aimants naturels. Dans ce dernier cas, l'*aimantation* peut avoir lieu par *simple* ou *double touche;* par simple touche, lorsqu'on n'emploie qu'un seul aimant et qu'on le promène toujours dans le même sens sur le corps à aimanter; et, par double touche, quand on prend deux aimants et qu'on les fait glisser par leurs pôles contraires, en allant du centre du corps à aimanter vers ses extrémités.

AINE. s. f., *Inguen.* βουβών; pli profond qui sépare l'abdomen de la cuisse et constitue le côté de la région pubienne. La station quadrupède des animaux rend le pli de l'aine bien plus marqué chez eux que dans l'homme. La peau, ainsi abritée du contact extérieur, offre une sécrétion sébacée plus abondante, à laquelle s'ajoute, chez plusieurs ruminants, le produit de plusieurs gros follicules cachés dans des cavités désignées sous le nom de *pores inguinaux.*

AIR, s. m., *Aer*, ἀήρ. On donne ce nom, à la fois, au mélange à proportions définies d'oxygène et d'azote, qui constitue la partie essentielle de l'air atmosphérique, et à l'atmosphère elle-même. Chimiquement, l'air atmosphérique est composé de trois ordres de principes : 1° de *principes essentiels* (oxygène et azote) ; 2° de *principes accessoires* (acide carbonique, vapeur d'eau) ; et 3° de *principes accidentels* (corpuscules solides, gaz et vapeurs de diverse nature, miasmes, effluves, etc.). Les éléments essentiels et accessoires de l'atmo-

sphère, sont utiles aux animaux et aux plantes, à des degrés divers; les éléments accidentels, au contraire, sont toujours plus ou moins nuisibles à ces êtres. A. *Principes essentiels:* ils sont mélangés et non combinés, en proportions *invariables,* qui sont en volume, 21 d'oxygène et 79 d'azote, et en poids, 23 du premier et 77 du second. On démontre l'exactitude de ces proportions en absorbant, dans des tubes gradués appelés *eudiomètres,* l'oxygène qui est le principe actif de l'air, au moyen de diverses substances qui ont beaucoup d'affinité pour ce gaz; la quantité de gaz qui a été absorbée indique la proportion de l'oxygène, et ce qui reste, celle de l'azote. Les corps les plus employés pour cet usage sont le phosphore, l'hydrogène, le cuivre, le mercure, le protoxyde de fer, les oxydes d'azote, etc. (*V.* EUDIOMÉTRIE.) On peut aussi doser les principes essentiels de l'air au moyen de la balance: ce procédé est assurément le plus exact, mais il est d'une application plus difficile. B. *Principes accessoires.* L'acide carbonique contenu dans l'air varie de 4 à 6 dix-millièmes en volume; on démontre sa présence et on dose sa quantité en l'absorbant dans un volume connu d'air, au moyen de l'eau de chaux ou de l'eau de baryte. Quant à la vapeur d'eau qui existe dans l'atmosphère, sa quantité varie beaucoup, selon les saisons, les climats, les localités, etc.; elle peut être invisible ou visible; dans ce dernier cas, elle forme les brouillards, les nuages, la neige, etc. (*V.* HYGROMÉTRIE.) Sa présence et sa quantité sont indiquées par les hygromètres, les corps hygroscopes par nature ou par température. C. *Principes accidentels.* Ils varient beaucoup par leur nature ou leurs proportions. Les uns sont appréciables au moyen de l'analyse, ce sont les gaz accidentellement répandus dans l'atmosphère et certaines vapeurs ; d'autres, au contraire, échappent complétement à notre investigation, ce sont les *miasmes* et les *effluves.* — *Propriétés de l'air atmosphérique.* C'est un gaz permanent, incoërcible, incolore, inodore, sans saveur, pesant 1,30 grammes par litre, à 0° de température, et 0,76 de pression, ce qui équivaut à la 770ᵐᵉ partie environ du poids de l'eau. Il sert de terme de comparaison, sous ce rapport, pour la densité des autres gaz, dont il partage toutes les propriétés mécaniques et notamment l'élasticité parfaite. Mauvais conducteur du calorique, il se dilate du tiers environ de son volume, ou de 0,375 de 0° à 100°. Transparent, il réfracte la lumière proportionnellement à la faculté réfringente de ses deux éléments essentiels. Sec, il est isolant: humide, il est bon conducteur de l'électricité. L'eau dissout inégalement ses principes essentiels; elle absorbe plus d'oxygène que d'azote, l'air, extrait de l'eau, renfermant toujours 0,33 d'oxygène et 0,67 d'azote. L'air, par son oxygène, est l'agent actif de l'oxydation, de la combustion, de la respiration, de la végétation, des fermentations, etc. (*V.* ces mots et OXYGÈNE.)

AIR INTRODUIT DANS LES VEINES. Introduit dans les veines, l'air détermine quelquefois des accidents rapidement funestes. Les premières expériences sur ce sujet datent du XVIIme siècle ; elles sont rapportées par Morgagni. Vepfer, Redi, Bohn, Valisneri, les ont reproduites sur les petits animaux, tels que les brebis et les chiens. Chabert a conseillé ce moyen pour donner promptement la mort aux chevaux qu'on abat comme morveux. Dupuy, Bouley jeune et Renault ont multiplié les recherches sur cette question ; tous trois ont fourni le tribut de leurs lumières aux discussions soulevées sur ce point dans le sein de l'Académie royale de médecine. En chirurgie humaine, c'est pendant la pratique des opérations dans le voisinage des veines d'un certain volume, qu'on a observé cet accident. En vétérinaire, c'est à la suite d'une opération simple, de la saignée faite à la jugulaire qu'on l'a vu se produire ; toutefois, la science ne possède pas encore un grand nombre de faits bien avérés. Quand l'air est introduit accidentellement dans la veine jugulaire du cheval, après la saignée, on entend un bruit de glou-glou semblable à celui qui résulte de l'insufflation de l'intestin grêle ; le plus souvent, à la suite de ce bruit, on n'observe aucun symptôme fâcheux ; quelquefois, au contraire, on remarque de grandes perturbations. L'animal tire sur sa longe, ses membres s'inclinent, il se laisse tomber sur le sol, comme en proie à une attaque d'épilepsie ; on observe sur les parties extérieures du corps une agitation spasmodique ; la respiration est irrégulière, les battements du cœur sont forts, tumultueux, des sueurs froides se montrent sur une grande surface de la peau ; les mouvements des flancs deviennent de plus en plus difficiles et indiquent une dyspnée suffocante ; les muqueuses sont rouges, injectées ; le pouls artériel est insensible, le pouls veineux est apparent. La mort peut survenir dans quelques minutes ; on l'a vue arriver sept heures après l'apparition des premiers symptômes ; quelquefois le pouls se développe, la respiration devient plus calme ; l'animal se relève et ne tarde pas à se rétablir complétement. Si la mort n'a pas lieu, c'est que l'air n'a pas été introduit en assez grande quantité, c'est qu'il a pu être repoussé par le reflux du sang veineux. Cet accident s'est montré dans le cheval après la saignée de la jugulaire, quand après avoir extrait une quantité suffisante de sang, l'opérateur cesse de comprimer le vaisseau, et s'éloigne sans précaution pour déposer le vase ; l'air se précipite par l'ouverture faite au vaisseau pour remplir le vide qui s'est formé entre le point où l'on exerçait la pression et le cœur : c'est dans ce moment qu'on entend le bruit de glou-glou. Il est difficile, dans certains cas, de s'expliquer l'instantanéité de la mort, par la seule présence d'une faible quantité d'air, quand on se rappelle que sur quelques chevaux on voit ce fluide s'introduire pendant plusieurs minutes, sans compromettre la vie. Pour produire la mort d'un cheval par insufflation, Liégard a injecté jusqu'à trois litres d'air. Dans les expériences tentées par Renault et Lassaigne, sur l'introduction de l'air dans les veines, il a été constaté qu'un litre d'air, introduit au moyen d'une vessie à robinet, produisait chez les chevaux des accidents variables, mais qui n'étaient pas suivis de mort ; tandis qu'un litre et demi d'air, injecté de la même manière, entraînait presque toujours une terminaison funeste. Amussat regarde comme causes réelles de la mort : 1° l'énorme distension des cavités droites du cœur par l'air qu'elles contiennent et que la chaleur du sang a dilaté, ce qui ne permet pas à l'organe de fonctionner régulièrement ; 2° la pression de l'air qui, dans l'artère pulmonaire et ses divisions, rend le sang spumeux et l'empêche de circuler ; 3° enfin, la compression du cerveau, quand l'air arrive jusqu'à cet organe. Dans les chevaux tués par l'insufflation de la veine jugulaire, on trouve toujours les cavités droites distendues par l'air mêlé au sang spumeux ; les cavités gauches en contiennent aussi ; l'aorte et ses divisions en présentent jusqu'au cerveau. Les cavités gauches du cœur du chien ne renferment pas d'air ; Bouillaud trouve la cause de cette particularité dans la différence de calibre des dernières ramifications des vaisseaux pulmonaires. — On a confondu quelquefois l'état maladif, occasionné par l'introduction de l'air, avec la lipothymie ou syncope. — L'indication principale à remplir consiste à faire sortir des vaisseaux l'air qui rend le sang spumeux et l'empêche de circuler. Dans quelques faits, cités par Bouley jeune, la saignée à la jugulaire opposée a empêché la mort. Sur ce point, H. Bouley a pratiqué des expériences confirmatives, dans lesquelles il a reconnu que la saignée est même efficace pour rappeler à la vie des animaux morts en apparence après l'introduction d'une certaine quantité d'air dans les veines. On peut ajouter d'autres moyens thérapeutiques ; faire sur la tête des affusions d'eau froide, pratiquer sur les membres et le tronc des frictions sèches. Quand le cheval est tombé sur le sol et paraît conserver trop longtemps son insensibilité, des frictions sur les membres avec l'essence de térébenthine peuvent produire une excitation et une réaction salutaires. Lesaint a conseillé de porter, au moment de l'accident, la main sur la veine, à l'endroit où elle pénètre dans le thorax, pour exercer une compression de bas en haut sur le trajet de celle-ci, jusqu'à ce que des bulles d'air cessent de se présenter à l'ouverture de la saignée.

AIRAIN, s. m. *Æs, χαλϰϛ* ; alliage de cuivre et d'étain. (*V.* BRONZE.)

AIRE, s. f., *Area*. En agriculture, surface plane sur laquelle on bat les grains. — En *horticult.*, surface occupée par les terrasses, les allées d'un jardin. — En *bot.*, espace compris entre les limites d'habitation d'une espèce, d'un genre, d'une famille. Les recherches auxquelles A. De Candolle s'est livré sur ce sujet l'ont conduit aux conclusions suivantes :

Plus les espèces ont une organisation compliquée, plus, en moyenne, l'aire de chacune d'elles est restreinte. L'aire moyenne des espèces va en augmentant de l'équateur aux pôles. Les genres les plus nombreux en espèces sont, en moyenne, ceux dont l'aire est la plus grande. L'aire des tribus ou familles est d'autant plus vaste que le nombre des genres dont elles se composent est plus considérable.

AIRELLE, s. f., *Vaccinium myrtillus*, L., airelle myrtille; plante vivace de la famille des Éricacées, qui croît sur les montagnes, dans les clairières, sous les sapins, les chênes: elle se propage avec facilité et exclut presque toutes les herbes du terrain qu'elle a envahi: sa culture, dans les jardins, est difficile. Cette plante porte de petites baies noires ou violacées, rafraîchissantes, d'une saveur acide agréable, que l'on mange fraîches ou séchées; on s'en sert quelquefois pour colorer les vins de qualité inférieure. L'*airelle myrtille* a des feuilles astringentes que les moutons et les chèvres broutent. L'airelle rouge, **Vitis-idoea**, l'airelle canneberge, **Oxicoccos**, présentent les mêmes considérations.

AIRIGNE, *V.* **Érigne**.

AIRS, s. m., terme de manége; cadence imprimée aux mouvements d'un cheval dans les allures propres à faire ressortir ses aptitudes, sa grace, sa souplesse, ainsi que le talent du cavalier. Les airs sont particuliers aux allures artificielles : ils sont *bas ou relevés*. Les premiers sont le *piaffer*, *le passage*, *la galopade*, *le terre-à-terre;* les seconds sont *le mézair*, *la pesade*, *la courbette*, *la croupade*, *la ballotade*, *la cabriole*. Ils supposent, de la part du cavalier et du cheval, un certain degré de connaissance des aides.

AISSELLE, s. f., *Axilla;* point d'union du membre antérieur au tronc. Région désignée en extérieur sous le nom d'*ars*. (*V.* ce mot.) — *Bot.* Sommet de l'angle presque toujours aigu, formé par le pétiole d'une feuille et la partie supérieure de la tige à laquelle le pétiole est attaché. On dit aussi l'*aisselle* d'un rameau, d'un pédoncule.

AJONC, s. m., *Ulex*, L.; Ajonc d'Europe, *Ulex Europæus;* arbrisseau de la famille des Légumineuses, dont les rameaux diffus sont hérissés d'épines vertes assez résistantes. Ses caractères sont les suivants : fleurs solitaires dans les aisselles supérieures des feuilles, portées sur des pédoncules s'élevant entre deux petites bractées opposées; calice à deux sépales jaunâtres, pubescents, l'inférieur entier et obtus; carène plus courte que les ailes, étendard échancré; les feuilles, d'abord molles et velues, se transforment, en vieillissant, en épines raides, divergentes. L'ajonc d'Europe croît spontanément dans les terrains arides, stériles, dans les champs sablonneux, au voisinage de la mer, et notamment, pour la France, dans les landes de Bretagne et de Gascogne. Il est cultivé dans quelques départements du Nord et surtout dans la Bretagne, comme plante fourragère et de chauffage ou de clôture; les semis réussissent mieux que la transplantation: ses rameaux, coupés au printemps et en automne, puis écrasés ou hachés, peuvent être employés très économiquement à la nourriture du cheval, du bœuf et de la vache laitière. C'est une plante d'autant plus précieuse pour les contrées peu fertiles, qu'elle croît vite et abondamment. L'ajonc nain, *ulex nanus*, diffère du premier par de moindres proportions.

AJUTAGE, s. m., de *ad*, à, et *jungere*, joindre. Terme d'hydraulique par lequel on désigne un tuyau court qu'on adapte à un orifice d'écoulement pour en augmenter la *dépense*. L'ajutage produit cet effet en détruisant la *contraction* de la veine fluide ; quand il l'efface entièrement, la dépense effective de l'orifice devient égale à la dépense théorique: si, au contraire, la contraction n'est pas modifiée par suite de la forme ou de la nature de l'ajutage, aucun effet n'est produit.

AKÈNE, *V.* **Achaine**.

ALAMBIC, s. m., de l'article arabe *al*, et de χυάδ, vase: le vase par excellence des alchimistes. On désigne ainsi un appareil distillatoire dont les formes et les dimensions varient à l'infini. L'alambic employé dans les laboratoires de pharmacie, est en cuivre étamé et se compose de plusieurs pièces qui s'adaptent exactement à l'aide de rainures et de tenons parfaitement ajustés. Le nombre des pièces de l'alambic varie, mais il y en a cinq qui sont essentielles : 1° la *chaudière* ou *cucurbite*, adaptée à un fourneau et dans laquelle on fait chauffer le liquide à distiller : 2° le *chapiteau*, ayant la forme d'une cornue dont on aurait enlevé le fond, et destiné à réfléchir les vapeurs vers le serpentin; 3° le *serpentin*, tuyau en étain disposé en spirale, entouré d'eau froide et destiné à condenser les vapeurs du liquide qui distille; 4° le *réfrigérant*, vase profond en cuivre dans lequel se trouve placé le serpentin, et destiné à contenir l'eau froide qui doit condenser les vapeurs; il est muni d'un entonnoir à long tube pour conduire l'eau fraîche dans le fond, et d'un robinet pour vider le vase; 5° le *récipient*, vase quelconque destiné à recevoir le produit de la distillation. A ces diverses pièces, on ajoute presque toujours un *bain-marie*, vase profond et étroit qui peut entrer dans la cucurbite et s'adapter au chapiteau ; il reçoit le liquide à distiller, et la cucurbite de l'eau qui doit, par sa chaleur, réduire le liquide du *bain-marie* en vapeur. Enfin, pour la distillation des fleurs, on a une autre pièce, le *diaphragme*, dont le fond est percé de trous comme une écumoire, et qui s'adapte, d'une part, au bain-marie, et de l'autre, au chapiteau. Les vapeurs, en traversant le fond du vase, passent à travers les fleurs et les dépouillent de leurs principes essentiels.

ALANGIÉES, s. f., *Alangieæ;* famille de plantes dicotylédones, originaires de l'Inde. Elle ne renferme que des arbres. D'après De Candolle, elle serait composée du seul genre *Alangium*.

ALBATRE, s. m., *Albastrum*, αλαβαστρον.
— Pierre blanche ou diversement colorée,
tendre et demi-transparente, employée à la fabrication d'objets d'ornements. On en distingue deux espèces d'après leur nature chimique :
1° l'*albâtre gypseux*, formé par du sulfate de
chaux hydraté, et 2° l'*albâtre calcaire*, qui
n'est autre chose que du carbonate de chaux
concrétionné. C'est cette dernière variété,
analogue au marbre, qui est diversement
colorée.

ALBINIE, **ALBINISME** ; de *albus*, blanc.
État particulier de certains animaux, caractérisé par l'absence du pigmentum de la peau,
la couleur blanche des productions pileuses,
et le reflet rouge du fond de l'œil. L'albinisme peut être complet ou incomplet. On le
rencontre assez fréquemment dans ces deux
états chez nos animaux domestiques. On peut
rattacher à l'albinisme incomplet les taches
blanches désignées en extérieur sous le nom
de *taches de ladre*, et peut-être même la couleur blanche de l'iris qui constitue l'*œil vairon*. — *Bot*. Par analogie, les phytologistes
ont donné le nom d'albinisme à l'étiolement
des plantes. (*V*. ÉTIOLEMENT.)

ALBINOS. s, m., individu atteint d'albinisme.

ALBUGINÉ, ÉE. adj., *albugineus*, de *albus*,
blanc. On appelle de ce nom différents tissus
qui se font remarquer par leur couleur blanche. — *Fibre albuginée*, l'une des quatre
fibres admises par Chaussier, et qui se distingue par sa grande résistance, son peu d'élasticité, sa couleur blanche et brillante. La fibre
albuginée constitue les tendons, les aponévroses, les ligaments et quelques enveloppes
d'organes. — *Tunique albuginée*, membrane
qui revêt immédiatement le testicule. — On
donne aussi à la sclérotique le nom de *tunique albuginée du globe de l'œil*.

ALBUGINEUX. adj., *albuginosus;* nom donné par Chaussier aux tissus formés par la fibre
albuginée. Ce mot, du reste, s'emploie dans
le même sens que *albuginé*.

ALBUGINITE, s. f : nom donné par quelques auteurs à l'inflammation des tissus blancs,
tels que les aponévroses, les tendons, les membranes des gaines fibreuses.

ALBUGO, s. m., de *albus*, blanc. Tache
blanche qui se développe sur la cornée transparente de l'œil, et qui résulte de l'épanchement de la lymphe entre les lames de cette
membrane. L'albugo peut être produit par
les causes physiques auxquelles est due l'inflammation du globe oculaire; il accompagne
quelquefois l'ophtalmie périodique du cheval.
Parmi les taies de la cornée, il en est deux
qu'il faut distinguer de l'albugo ; le *nuage* est
moins opaque et se dissipe plus rapidement;
le *leucoma* se montre après la cicatrisation
d'une plaie de la cornée et présente une tache
qui persiste toujours. On traite l'albugo récent par les antiphlogistiques. Cette affection
plus ancienne cède à l'action des collyres astringents, surtout aux lotions faites avec
l'eau froide blanchie par l'extrait de saturne.

En l'absence de toute inflammation, les collyres secs, tels que le sucre candi réduit en
poudre impalpable, le calomélas, le nitrate
de potasse, le sulfate de zinc, font disparaître
la tache blanche en activant l'absorption et
les autres propriétés vitales de la membrane
où elle siège. — L'albugo s'est montré quelquefois avec le caractère épizootique sur les
bêtes à cornes. Coquet l'a observé dans la
Seine-Inférieure, Soulard dans la Charente,
avec les symptômes d'une réaction violente.
On l'a vu se montrer sur les veaux avec
des caractères graves, puisque la *cécité* en
était presque toujours la suite. Huzard a observé l'albugo sur des poules, qui succom-
baient à cette maladie dans l'espace de cinq à
six jours, après avoir éprouvé une sorte de
décomposition complète du globe de l'œil.

ALBUMEN, s. m., *Albumen de albus*,
blanc; nom donné par Gœrtner au corps intermédiaire à l'épisperme et à l'embryon.
De Jussieu l'appelle *périsperme*. (*V*. ce mot.)

ALBUMINE, s. f., *Albumen*, blanc d'œuf,
de *albus*, blanc. C^{40} H^{30} O^{20} Az^{5}. — Principe neutre, azoté ou protéique, commun aux
plantes et aux animaux. L'albumine ne paraît
différer de la *protéine* que par un peu de phosphore et de soufre, et quelques sels alcalins.
Elle existe dans la sève des plantes et la plupart de leurs organes, d'où elle passe par l'a-
limentation dans les animaux, chez lesquels on
la trouve en grande quantité dans les liquides nutritifs, le chyle, la lymphe, le sang;
dans les liquides exhalés par les séreuses,
ainsi que dans le lait. Le blanc d'œuf en est
presque entièrement formé. L'albumine est un
liquide incolore, visqueux, filant, moussant
beaucoup par son agitation à l'air ; dépourvue
d'odeur, elle a une saveur fade et mucilagineuse; elle pèse un peu plus que l'eau. Soumise à l'action de la chaleur, elle commence
à se coaguler entre 65° et 70° ; à 75° la coagulation est complète. Elle est alors solide,
blanche, élastique, insoluble, comme le blanc
d'œuf cuit. La pile coagule l'albumine en décomposant le chlorure de sodium qu'elle contient. L'eau dissout l'albumine liquide et celle
qui s'est desséchée à l'air ou dans le vide,
mais elle ne dissout pas celle qui a été coagulée par la chaleur, les acides ou l'alcool.
Ce dernier liquide, l'éther et les acides précipitent en effet cette substance de sa dissolution aqueuse en la coagulant. Les bases terreuses et métalliques, ainsi que leurs sels, la
coagulent également; les alcalis et les sels alcalins la dissolvent au contraire, même lorsqu'elle a été coagulée par une cause quelconque. Elle paraît jouer un rôle très important dans l'organisation des êtres vivants.
Dans les arts et dans les officines, l'albumine
est employée comme moyen de clarification.
— *Pharm*. Donnée à l'intérieur, elle est
adoucissante et nutritive; elle convient comme antidote des sels de cuivre, de mercure
et d'argent. A l'extérieur, unie à l'alun calciné, elle est employée comme résolutive et

sert à confectionner les bandages contentifs
pour les fractures chez les petits animaux
(Étoupade de Moscati). Elle entre aussi dans
la composition de certains collyres.

ALBUMINEUX, adj. *albuminosus*, ayant
les qualités de l'albumine ou contenant de
ce principe: *liquide albumineux*, *liqueur albumineuse*, etc.

ALBUMINURIE, s. f., de λεύκωμα, *albumine* et οὐρέω, *uriner*. Ce nom est applicable
à plusieurs affections dans lesquelles l'urine
contient de l'albumine.

ALCALESCENCE, s. f., *Alcalescentia*,
tendance à devenir alcalin. Toutes les substances organiques azotées, en se décomposant,
donnant naissance à de l'ammoniaque, peuvent devenir *alcalescentes* ou acquérir de l'*alcalescence*. Les anciens médecins appelaient
alcalescence des humeurs, la tendance des
liquides du corps à devenir *alcalins* en se décomposant. L'alcalescence de l'urine dans
certaines maladies, chez les animaux où elle
est habituellement acide, aussi bien que chez
l'homme, est un fait avéré.

ALCALESCENT, adj. *alcalescens*, légèrement alcalin. Qualité de certains liquides
devenus alcalins par le développement d'une
certaine quantité d'ammoniaque résultant
de leur décomposition putride.

ALCALI, s, m., de la particule arabe *al*,
et du mot *kali*, de la même langue, servant
à désigner le *salsola soda*, plante très riche en
soude, un des principaux alcalis. (D'après
Hœffer, du Chaldéen *kalah*, brûler). On désignait autrefois par ce nom toutes les substances solides, liquides ou gazeuses qui avaient
une saveur âcre et urineuse, qui verdissaient
le sirop de violette, rougissaient la teinture de
curcuma, et ramenaient au bleu le tournesol
rougi, en neutralisant les acides. Aujourd'hui
on a conservé ce nom générique à tous les
oxydes de la première section, ainsi qu'à la
magnésie et à l'ammoniaque. On peut les distinguer en trois groupes : 1° *alcalis* proprement dits : potasse, soude, lithine, ammoniaque et leurs carbonates: 2° *alcalis calcaires:* chaux, baryte, strontiane ; 3° *alcali
terreux:* magnésie. On donne parfois aussi ce
nom aux bases organiques végétales. (*V.* AL-
CALOÏDES.)

ALCALI MINÉRAL. *V.* SOUDE.

ALCALI VÉGÉTAL. *V.* POTASSE.

ALCALI VOLATIL. *V.* AMMONIAQUE.

ALCALI VOLATIL CONCRET. *V.* CARBONATE
D'AMMONIAQUE.

ALCALIGÈNE. Nom donné par Fourcroy
à l'azote. (*V.* ce mot.)

ALCALIMÈTRE, s. m., petit appareil en
verre, inventé par Décroizilles, perfectionné
par Gay-Lussac, et servant à déterminer la
quantité d'alcali caustique ou carbonaté, contenue dans les potasses ou les soudes du commerce. L'alcalimètre de Décroizilles est une
éprouvette à pied divisée en 72 degrés, représentant chacun un demi-centimètre cube.
Celui de Gay-Lussac, divisé en 100 centimètres cubes, est un tube gradué présentant sur
le côté, un autre tube très fin partant de la partie
inférieure, se relevant parallèlement au tube
principal et recourbé à son extrémité supérieure pour verser le liquide contenu. A cette
pièce principale, s'ajoutent une burette, un
verre à précipité, une pipette et un agitateur.

ALCALIMÉTRIE, s. f., méthode d'analyse quantitative employée pour déterminer le
titre des potasses et des soudes du commerce,
ou la quantité réelle d'oxyde ou de carbonate
alcalins qu'elles renferment. Elle est fondée sur
la propriété qu'ont l'acide sulfurique et les
oxydes de potassium et de sodium de se neutraliser équivalent par équivalent. L'expérience ayant démontré que 5 gr. d'acide sulfurique à 66 B. neutralisent 4.897 de potasse
caustique ou 3.465 de soude, on pèse 5 gr.
d'acide qu'on étend d'eau de manière à remplir les 100 divisions de l'alcalimètre de Gay-
Lussac, et on prend les quantités ci-dessus
indiquées des alcalis qu'on dissout dans 40
grammes d'eau et qu'on colore avec un peu
de teinture de tournesol. On verse ensuite l'a-
cide jusqu'à saturation complète des alcalis,
ce dont on s'assure avec le papier bleu de
tournesol. Le nombre de degrés de l'alcalimètre employés indique le titre de la potasse
ou de la soude du commerce. S'il a fallu 25
degrés d'acide pour neutraliser la solution alcaline, elle n'était qu'au titre de 25, c'est-à-
dire que 100 gr. de potasse ou de soude du
commerce ne contiennent que 25 gr. d'alcali
réel. S'il en a fallu 50, elles en renfermaient la
moitié, 75 les trois-quarts, etc.

ALCALINITÉ, adj., *Alcalinitus*, qualité de
ce qui est alcalin, ou qui présente les propriétés
des oxydes; se dit aussi des humeurs du corps
qui présentent des qualités alcalines naturellement ou accidentellement.

ALCALINS, adj. et s., se dit en chimie et en
pharmacologie, des composés qui ont pour
base la potasse, la soude ou l'ammoniaque :
sels *alcalins*, médicaments *alcalins*. Ces derniers sont fort importants et agissent comme
diurétiques et *résolutifs*. Ils comprennent indépendamment des alcalis caustiques, leurs
carbonates et bi-carbonates, ainsi que les savons, les acétates, citrates, malates alcalins,
qui tous se changent en carbonates sous l'influence comburante de la respiration. Les
alcalis caustiques agissent localement comme
caustiques fluidifiants, et à l'intérieur comme
des poisons âcres et caustiques, dont les antidotes sont les acides étendus d'eau. Les sels
alcalins agissent sur les tissus comme détersifs et fondants: dans le tube digestif comme
absorbants d'abord, puis comme fluidifiants
du mucus et des autres liquides intestinaux ;
à grande dose, ils purgent en excitant les sécrétions intestinales, pancréatique et biliaire.
Passés dans le sang, ils fluidifient ce liquide,
augmentent la combustion pulmonaire, accélèrent la désassimilation, et, en sortant de
l'économie par les voies urinaires, ils excitent
la diurèse et diminuent les principes acides de

l'urine ; employés trop longtemps, ils appau-
vrissent le sang, arrêtent la nutrition, amènent l'atrophie des organes et déterminent des
collections séreuses. A l'extérieur, ils sont
utiles comme détersifs et résolutifs contre les
maladies de la peau, les engorgements indolents, etc ; à l'intérieur, pour corriger l'acidité
des liquides des voies digestives, pour faciliter
l'absorption de certains médicaments, tels que
l'iode, le soufre, un grand nombre d'oxydes
minéraux, les corps gras, les résines, les baumes, etc. Ils peuvent être utiles contre les concrétions biliaires ; ils sont indiqués contre
celles de la vessie, contre les engorgements de
tissus, etc. Enfin, ce sont d'excellents diurétiques. (*V*. ce mot.)

ALCALOIDES, s. m., de *alcali*, et ιιδος,
forme ou ressemblance ; *Alcalis végétaux*,
bases organiques. Principes organiques quaternaires agissant sur les couleurs végétales à
la manière des alcalis, neutralisant les acides
et formant avec eux des sels définis et cristallisables. Ils existent dans toutes les parties des
plantes, combinés à des acides organiques. Pour
les extraire, on emploie divers procédés ; le
plus usité consiste à traiter la matière végétale
par l'eau acidulée, neutraliser ensuite par une
des bases alcalines inorganiques et reprendre
le précipité par l'alcool. Ces principes sont
généralement solides, cristallisables, incolores
ou jaunâtres, inodores et d'une saveur âcre,
amère, extrêmement prononcée ; ils sont généralement plus denses que l'eau. Chauffés
en vases clos, quelques-uns se volatilisent,
mais le plus grand nombre se décomposent en
donnant des produits empyreumatiques et un
résidu charbonneux ; à l'air, ils prennent feu
et brûlent. Les alcalis végétaux sont généralement peu solubles dans l'eau, peu aussi dans
l'éther, beaucoup plus dans l'alcool. La pile
décompose leurs sels, ainsi que les alcalis minéraux qui les précipitent. Les chloroïdes les
altèrent profondément. Donnés à dose élevée,
ce sont des poisons redoutables : à petite dose,
ils constituent des médicaments héroïques,
mais leur prix, généralement très élevé, en
limite l'emploi en médecine vétérinaire.

ALCARRAZAS, s. m. Vase en terre argilo-
calcaire, très poreuse, qu'on emploie dans les
pays chauds et notamment en Espagne, pour
rafraîchir l'eau. Les parois du vase étant cri-
blées de pores, l'eau les traverse et vient former à leur surface une rosée abondante qui,
en s'évaporant, refroidit le vase et son contenu.
Pour accélérer l'évaporation, on place le vase
dans un lieu où existe un courant d'air très-
prononcé.

ALCHIMILLE, s. f., *Alchimilla*, T.; alchimille commune, pied de lion, *alchimilla
vulgaris* : plante vivace de la famille des Rosacées, dont les tiges rameuses, velues, peu
élevées, les feuilles larges, arrondies, à cinq
ou dix lobes, dentées, ciliées, sont assez recherchées par les bestiaux. L'alchimille croit
dans les prés humides et à l'ombre des forêts.
On dit que sa présence indique un sol fertile.

Ses sommités ont été employées comme astringentes. Les espèces *alpina*, *arvensis*, *penta-
phylla*, jouissent des mêmes propriétés.

ALCHIMIE, s. f., du mot *chimie* et de la
particule arabe *al*, indiquant la supériorité,
l'excellence : *science par excellence*, *art sacré*,
science hermétique. On donne ce nom à la
chimie hypothétique et spéculative des anciens, qui a précédé la chimie expérimentale
et positive de nos jours. D'origine inconnue,
l'alchimie a été pratiquée d'abord exclusivement et pendant plusieurs siècles, par les
prêtres des temples païens de l'Egypte (art
sacré). De là, elle s'est répandue, par l'intermédiaire des Arabes, en occident, où, pendant
tout le moyen-âge, elle a été cultivée avec ardeur par un petit nombre d'*adeptes* ; enfin, à
compter du XVIe siècle, elle s'est peu à peu effacée pour faire place à la chimie véritable. Le
but principal des alchimistes était la *transmutation* de la matière, et surtout la transformation des métaux communs en or et en argent, à
l'aide d'un agent particulier, la *pierre philosophale*, qui est restée inconnue malgré les
longs et infatigables travaux des *initiés*. Quelques alchimistes s'étaient occupés aussi de la
recherche de la *panacée universelle*, remède à
tous les maux, et à l'aide duquel on espérait
prolonger indéfiniment la vie humaine. Les
principes de cette prétendue science étaient
purement imaginaires, et l'espérance des premiers adeptes reposait bien plus sur l'intervention des causes ou des forces *occultes*, que sur
l'expérimentation qui, quoi qu'on en dise, était
pour eux bien plus une occasion de découverte qu'un moyen sérieux de parvenir à leurs
fins.

ALCÉE, s. f., *Alcæa rosea*, L., *althæa
rosea*, Cav., guimauve passerose, rose
trémière ; plante bisannuelle de la famille des
Malvacées, souvent cultivée dans les jardins
comme plante d'agrément et dont toutes les
parties sont émollientes.

ALCOOL, s. m., de l'arabe *alkohol*, qui
signifie très subtil, très volatil. *Esprit de vin*,
trois-six, etc. $C^4H^6O^2$. L'alcool est le produit de la fermentation des liquides sucrés ;
il existe dans toutes les liqueurs spiritueuses
desquelles on le retire par distillation, ce qui
s'exécute en grand dans les pays riches en vins,
comme le midi de la France, par exemple.
Dans les laboratoires, on le rectifie en le faisant digérer sur de la chaux vive ou du chlorure de calcium, et le distillant ensuite. C'est
un liquide plus fluide et plus mobile que l'eau,
incolore et limpide comme elle, d'une odeur
faible et agréable, d'une saveur âcre et brûlante, et d'une densité de 0,79 environ ; il entre
en ébullition à 78° 5 et se réduit en vapeur
inflammable qui brûle avec une flamme peu
intense, et se transforme en eau et en acide
carbonique. Cette vapeur pèse 1.60 et présente
488 fois le volume du liquide. L'alcool n'a pas
encore été congelé. L'eau et l'alcool se mélangent
en toute proportion, développent de la chaleur, et donnent un mélange d'un volume

moindre que leur somme. La glace et l'alcool absolu produisent un froid de — 37°. Exposé à l'air, l'alcool en attire l'humidité et s'affaiblit; mélangé à un ferment, il se change alors en acide acétique. Les chloroïdes l'altèrent profondément et produisent divers composés, parmi lesquels le *chloroforme* est le plus intéressant. La plupart des acides transforment l'alcool en *éther*, au moyen de la chaleur. — *Pharm.* Après l'eau, l'alcool est le dissolvant le plus employé en pharmacie. Ce liquide dissout en effet un grand nombre de corps, tels que le soufre, le phosphore, l'iode, le brôme, les alcalis caustiques, plusieurs des sels solubles dans l'eau, surtout ceux qui sont déliquescents, la plupart des alcaloïdes végétaux, quelques acides organiques, les substances hydrocarbonées, comme les huiles essentielles, les résines, les baumes, etc. C'est le véhicule des *teintures* pharmaceutiques, des *alcoolats*, *alcoolatures*, etc. — *Pharmacol.* L'alcool absolu est un poison âcre et irritant, qui attaque les tissus en s'emparant de leur humidité et en coagulant leurs éléments albumineux; injecté dans les veines, il détermine rapidement la mort en coagulant l'albumine du sang. L'antidote le plus sûr contre ses effets locaux, c'est l'eau, et contre ses effets généraux, l'ammoniaque ou ses sels. Étendu d'eau, il agit localement, et sur l'économie tout entière, comme les liqueurs alcooliques. (*V.* ALCOOLIQUE.) A l'extérieur, l'alcool concentré n'est employé que comme hémostatique; étendu, il est usité comme excitant et résolutif, mais rarement pur. A l'intérieur, celui qui est pur serait dangereux; affaibli, il peut convenir contre les indigestions simples, l'indigestion d'eau froide, l'inertie de la matrice, etc.

ALCOOL CAMPHRÉ, *eau-de-vie camphrée*. Médicament composé, ou teinture, qu'on obtient par solution en faisant agir l'alcool étendu sur le camphre. — ♃ 30 grammes camphre, 1,000 grammes alcool, faites dissoudre, filtrez et conservez dans des vases bien bouchés.

ALCOOLAT, s. m. Nom donné par Chaussier aux médicaments composés, qu'on obtient en distillant l'alcool sur des végétaux aromatiques. Ils sont formés par de l'alcool tenant en dissolution de l'huile essentielle. Quand celle-ci est abondante, la liqueur blanchit lorsqu'on y verse de l'eau. Ex. : l'eau-de-cologne, l'alcoolat d'absinthe, etc. Ils peuvent être *simples* ou *composés*, selon qu'on a employé à leur préparation une ou plusieurs substances.

ALCOOLATURE, s. f. On donne ce nom aux solutions alcooliques qu'on obtient en faisant agir l'alcool par macération ou digestion, sur des plantes fraîches. Elles renferment des principes essentiels et de l'extractif, ce qui les différencie des alcoolats. Ces médicaments donnent par leur évaporation un *extrait* alcoolique. (*V.* TEINTURE.)

ALCOOLÉ, s. m. Terme générique employé d'abord par Chéreau, pour désigner les médicaments composés ayant l'alcool pour véhicule et divers principes pour base. Ces principes sont de nature diverse, organiques ou inorganiques, et sont en solution ou en suspension dans l'alcool. Les alcoolés se préparent par digestion, macération, mélange ou solution.

ALCOOLIQUE, adj. : qui contient de l'alcool. Se dit surtout des liqueurs fermentées, comme le vin, le cidre, le poiré, la bière, etc., qui renferment toutes une quantité plus ou moins grande d'alcool. Ce sont généralement des médicaments excitants diffusibles d'une grande utilité. Localement, ils agissent comme excitants résolutifs : dans le tube digestif, ils accélèrent la digestion, relèvent rapidement l'activité nerveuse, stimulent la contraction musculaire, accélèrent la respiration et la circulation, etc. ; c'est ce qu'on nomme la période d'*excitation*. Donnés à forte dose, ils produisent d'abord ces effets, puis survient un état d'engourdissement, d'insensibilité ; les membres sont vacillants, la marche incertaine, la vue trouble, etc., alors la chûte du corps a lieu et est suivie d'un long sommeil et parfois de la mort : c'est la période de *coma* de l'*ivresse*. Dans la première période, l'eau simple ou vinaigrée est utile ; dans la deuxième période, l'ammoniaque, ou ses sels et l'éther, sont les meilleurs antidotes de l'empoisonnement alcoolique. Pour l'usage externe, *V.* EAU-DE-VIE, VIN, BIÈRE, etc.

ALCOOLISATION, s. f. ; transformation en alcool. C'est la modification qu'éprouvent les liqueurs sucrées qui fermentent. (*V.* FERMENTATION ALCOOLIQUE.)

ALCOOLISÉ, adj. ; contenant de l'alcool, soit par changement de composition, soit par mélange. Médicament *alcoolisé*, acide *alcoolisé* ou *dulcifié*, etc.

ALCOOLOTIF, s. m. Nom donné par Béral aux préparations alcooliques réservées pour l'usage externe.

ALCOOMEL, s. m. Médicament composé, formé d'alcool, une partie, et miel, trois parties (Béral).

ALCOOMELLÉ, s. m. Sirop de miel et d'une préparation alcoolique quelconque (Béral).

ALCOOMÈTRE, s. m. *Alcoometrum*, de alcool, et μετρέω, mesure. *Aréomètre centésimal* de Gay-Lussac. Aréomètre inventé par ce chimiste et destiné à indiquer le *titre* réel de l'esprit-de-vin ou la quantité d'alcool pur qu'il renferme. Il marque 0° dans l'eau pure, et 100° dans l'alcool absolu; l'intervalle est divisé en degrés égaux obtenus en plongeant successivement l'instrument dans des mélanges en proportions connues d'eau et d'alcool. Les indications de l'instrument sont donc positives et donnent immédiatement la quantité d'alcool pur contenu dans le mélange : ainsi, quand l'alcoomètre marque 50° dans un esprit, cela indique qu'il existe cinquante parties d'alcool et cinquante d'eau. L'instrument ayant été gradué à 15° centigrades, ses indications ne sont exactes qu'à cette température; au-dessus, il indique plus d'alcool qu'il n'en existe réellement, et au-dessous, moins que le liquide n'en contient. On opère ces corrections à l'aide de tables dressées à cet effet par Gay-Lussac.

ALDÉHYDE, s. f., de *al*, abréviation du mot *alcool*, de la particule *de*, indiquant privation, et de *hyde*, abréviation d'*hydrogène*. *Alcool déshydrogéné.* $C^4 H^4 O^2$. Ce produit, découvert par Dœbereiner et étudié par Liébig, se produit toutes les fois qu'on enlève de l'hydrogène à l'alcool, comme cela a lieu par l'action de la chaleur sèche ou celle des chloroïdes. C'est un liquide incolore, limpide, d'une odeur forte, suffocante, éthérée, et d'une densité de 0,79. Il bout à 22° et brûle avec une flamme blanche. Il se dissout en toute proportion dans l'eau, l'alcool et l'éther. Exposé à l'air, il se change en acide acétique; les agents oxydants lui font éprouver le même changement. Il paraît jouer un certain rôle dans la transformation de l'alcool en acide acétique, ou pendant la fermentation *acéteuse*.

ALDERNEY (race). Elle habite les îles anglaises de la Manche, où on la conserve pure. Sa taille est petite, sa conformation peu agréable ; ses formes sont anguleuses, sa constitution délicate. Les vaches Alderney sont importées en assez grand nombre en Angleterre, surtout aux environs des grandes villes où elles sont entretenues avec soin pour leur lait, qui est d'une qualité supérieure, et constitue en quelque sorte un objet de consommation de luxe.

ALEMBROTH. *Sel alembroth, sel de sagesse, chlorohydrargirate ammoniacal.* Composé salin complexe, ou chlorure double de mercure et d'ammoniaque, qu'on obtient en mélangeant une solution de sublimé corrosif avec une solution de sel ammoniac. Ce composé cristallise et se dissout dans l'eau ; c'est le sel d'*alembroth soluble.* Il en est un autre qu'on obtient en faisant agir l'ammoniaque liquide et caustique sur la solution de sublimé corrosif et qui ne se dissout pas dans l'eau, c'est le sel *alembroth insoluble.* Très employés autrefois en médecine, ces sels le sont rarement aujourd'hui.

ALÉNÉ, adj. ; subulé, en forme d'alène.

ALEXIPHARMAQUE, adj. et s., *alexipharmacus*, de ἀλέξω, repousser, et φάρμακον, poison; contre les poisons. (*V.* **ANTIDOTE**.) Nom donné autrefois aux médicaments propres à préserver l'économie animale de l'action des poisons, ou à neutraliser et expulser ceux qui y ont pénétré ou qui peuvent s'y être développés. On donnait aussi ce nom aux substances capables de lutter contre les venins, les virus, les miasmes, etc. ; cependant ces derniers portaient plus particulièrement la dénomination d'*alexitères.* (*V.* ce mot.) Les anciens, qui ne connaissaient pas les antidotes chimiques, employaient les toniques, les excitants, les sudorifiques, les évacuants, etc.

ALEXITÈRE, adj., de ἀλέξω, je repousse, et θηρίον, bête féroce. Nom donné par les médecins grecs aux substances propres à neutraliser les venins, les virus, les miasmes, etc., introduits dans l'économie animale. Les substances volatiles, comme l'ammoniaque et ses sels, les acétates alcalins mélangés à un acide, le vinaigre, l'acide acétique, etc., étaient les médicaments alexitères les plus vantés.

ALEZAN ou **ALZAN**, s. et adj. Nom donné à un genre de robe dans lequel le corps est recouvert de poils rouges ou bruns plus ou moins foncés, les crins et les extrémités étant de même couleur, ou d'une nuance plus claire. L'alezan offre plusieurs espèces, qui sont : 1° l'alezan fauve; 2° l'alezan clair; 3° l'alezan cerise ; 4° l'alezan foncé; 5° l'alezan châtain ; 6° l'alezan brûlé. Le reflet rouge de l'alezan est toujours un peu moins vif que celui du bai.

ALGALIE, s. f. ; mot d'origine arabe, employé pour désigner une sonde creuse qu'on introduit dans le canal de l'urètre pour évacuer l'urine. On emploie à tort le mot *algalie* comme synonyme de *cathéter*, sorte de tige cannelée employée pour l'opération de la taille.

ALGAROTH, *poudre d'algaroth, mercure de vie, oxychlorure d'antimoine.* Poudre blanche qui se dépose, lorsqu'on traite le protochlorure d'antimoine par l'eau. C'est un purgatif fort et un émétique énergique, peu usité aujourd'hui.

ALGIDE, adj., *algidus*, froid, de *algere*, avoir froid. *Fièvre algide*, espèce de fièvre intermittente pernicieuse, caractérisée par un froid glacial.

ALGUES, s. f. *Alga;* famille très nombreuse de plantes acotylédonées cellulaires, comprise dans la Cryptogamie de Linnée, les Amphigames de De Candolle. Les algues ont la structure la plus simple et vivent habituellement dans l'eau ; quelques-unes végètent sur la terre, mais dans des lieux très humides. On les divise en *algues d'eau douce* ou *nayophytes* ; ex. : les conferves ; et en *algues marines* ou *thalassiophytes;* ex. : les fucus, les ulvas. Cette division trop générale pourrait conduire à des erreurs. L'étude de leur structure et de leur reproduction a amené Decaisne à les distinguer en *zoosporées, synsporées, aplosporées, et choristosporées.* Rien n'est plus varié et souvent plus bizarre que la forme, la disposition, la couleur, la consistance des filaments, des amas de cellules qui constituent les Algues. Les plus simples flottent dans leur milieu liquide, sans être attachées au sol, tantôt sous forme de tubes oscillants, tantôt sous l'aspect de masses gélatineuses et visqueuses. Elles absorbent l'eau par leur surface, et la plupart des algues marines retiennent dans leurs tissus, en assez forte proportion, des matières organiques que l'industrie leur enlève plus tard. Les thalassiophytes renferment assez bon nombre d'espèces utiles, les *fucus*, les *varecs*, les *goëmons;* les unes servent à la nourriture de l'homme, d'autres à la nourriture des bestiaux, d'autres à l'industrie, à la médecine, toutes à la fumure des terres. La mousse de Corse, employée comme vermifuge, est un mélange desséché d'ulva, de coraline, de céramium, etc. Le *protococcus nivalis* vit sur la neige. dans les régions polaires, sous forme de globules rouges, microscopiques, qui simulent une pluie de sang.

ALIBILE, adj., *alibilis;* susceptible de nourrir: *substance alibile.*

ALIMENT, s. m., *alimentum.* Toutes les substances qui, introduites dans les voies digestives, deviennent assimilables en tout ou en partie, et fournissent à l'organisme les matériaux de son développement et de son entretien, sont des aliments. On les distingue en *aliments proprement dits*, en *condiments* et en *boissons.* Les premiers sont tous tirés du règne organique. Ils ont été classés, tantôt d'après leur composition chimique, tantôt d'après leur destination physiologique, tantôt d'après leur faculté nutritive : de là, pour certains hygiénistes. des groupes d'aliments *sucrés, farineux, albumineux*, etc.; pour d'autres, des aliments *complets* et *incomplets;* pour quelques chimistes, enfin, des aliments *plastiques* ou d'assimilation, et des aliments *respiratoires.* Un petit nombre d'éléments. carbone, hydrogène, oxygène, azote. forme la base des aliments; d'autres corps simples ou composés, tels que le soufre, le phosphore, la potasse, la soude, le chlore, la magnésie, le fer, la silice, etc., indispensables à la constitution du corps animal. s'y associent en faible proportion. Aucun des produits immédiatsque sépare la chimie de l'organisation n'est un aliment complet, et ne peut suffire seul à l'entretien des organes. La valeur nutritive des substances alimentaires varie selon leur nature, leur cohésion, leur digestibilité. Beaucoup d'entre elles sont données comme la nature les fournit, mais divers modes de préparation peuvent en augmenter la valeur ou diminuer ce qu'elles pourraient avoir de dangereux. En ce qui concerne les aliments en particulier, le but de l'hygiène est de rechercher ceux qui conviennent le mieux à telle ou telle espèce, selon la destination particulière des individus, les meilleures méthodes de récolte, de conservation, de préparation, et enfin leur meilleur emploi pour l'entretien et l'amélioration des animaux. — *Aliments des végétaux*, (*V.* Engrais).

ALIMENTAIRE, adj., *alimentarius;* qui a rapport aux aliments : *substance alimentaire; bol alimentaire.*

ALIMENTATION, s. f. ; action de nourrir, d'alimenter; mode suivant lequel on distribue la nourriture (*V.* Nourriture). *Alimentation végétale*, réunion de substances qui augmentent la fécondité du sol en lui fournissant les matériaux nécessaires au développement des plantes : ce sont les *amendements stimulants* et *les engrais.* (*V.* ces mots.)

ALIMENTEUX, adj.; qui jouit de propriétés alimentaires ; médicament *alimenteux.*

ALIPTIQUES, adj., de αλιπτω, oindre. On donne ce nom aux médicaments destinés à oindre la peau afin de l'assouplir, de diminuer la douleur et la tension produites par certaines tumeurs inflammatoires, de la débarrasser de croutes dartreuses et autres, d'enlever le prurit, etc. Ces médicaments sont des huiles grasses, des graisses, des pommades, des cérats, des onguents, etc. On peut y mélanger des corps très amers. afin de préserver les animaux des insectes. La préparation *aliptique* la plus usitée en médecine vétérinaire, est l'onguent de *pied.*

ALISÉ, adj., *vents alisés* ou *alizés*, d'un vieux mot français *alis*, poli, doux, etc. On donne ce nom en *météorologie*, aux vents qui soufflent constamment de l'est à l'ouest, entre les tropiques, de chaque côté de l'équateur. Ils sont produits par l'action du soleil qui échauffe l'air dans cette région du globe, lequel s'élève d'abord, puis descend vers les pôles pour revenir ensuite à l'équateur en rasant la surface de la terre. Le mouvement de rotation du globe allant en augmentant de vitesse des pôles à l'équateur, il arrive que le courant d'air qui afflue vers la ligne, se trouve en retard et qu'il en résulte un choc des corps placés sur la terre et qui tournent d'occident en orient; de là l'apparence d'un vent venant de l'est. (*V.* Vent.)

ALISIER, s. m., *Cratægus aria*, L., Alisier commun, Alouchier. Arbre de la famille des Rosacées, dont les petites baies, appelées *alises*, deviennent bonnes à manger par le blessissement. Elles sont astringentes. Le bois de l'alisier est très compacte et sert à fabriquer des instruments qui ont besoin d'une grande dureté jointe à un certain poli.

ALISMACÉES, s. f., *Alismaceæ;* famille de plantes monocotylédones. herbacées. communes en France, habitant les lieux marécageux, les terrains humides. Ses caractères sont: calice à six divisions dont trois intérieures, pétaloïdes, caduques : étamines, le plus souvent au nombre de six, insérées à la base du calice; ovaires uniloculaires, polyspermes, styles et stigmates distincts ; fleurs monoïques ou hermaphrodites. sortant d'une spathe, le plus souvent terminales. disposées en panicule verticillée ou en épi ; feuilles pétiolées, engainantes à leur base. Cette famille a été divisée en trois tribus que plusieurs auteurs regardent comme des familles distinctes: 1° *Juncaginées* (lilœa, triglochin); 2° *Alismées* (alisma, sagittaria): 3° *Butomées* (butomus, limnocharis).

ALIZARINE, s. f., de *Alizari*, nom commercial de la racine de *garance.* Principe colorant de la garance, découvert par Collin et Robiquet, et qu'on obtient en laissant refroidir la décoction alunée de cette racine. C'est une matière rouge jaunâtre, devenant couleur pensée très foncée par l'action des alcalis : elle est cristallisable, volatile, soluble dans l'alcool et l'éther. Elle est accompagnée dans la garance par une autre matière colorante rouge, appelée *purpurine.* (*V.* ce mot.)

ALKALI, s. m. *V.* Alcali.

ALKEKENGE. *V.* Coqueret.

ALLAITEMENT, s. m., *Lactatio;* alimentation d'un jeune animal avec du lait. L'allaitement est dit *naturel*, lorsque le petit puise lui-même le lait dans les mamelles de sa mère. Il a lieu *par adoption*, quand le nourrisson prend une mamelle étrangère. Enfin, on l'appelle allaitement *artificiel*, lorsque le jeune sujet reçoit de la main de l'homme du lait fourni par sa mère ou par toute autre femelle. Pour tous les animaux, l'allaitement commence à la naissance et finit à une époque variable, selon les espèces, selon la destination des jeunes sujets ou des mères. Rarement, même dans nos grandes espèces domestiques, il se prolonge au-delà de six à huit mois. Le premier lait contenu dans les mamelles reçoit le nom de *colostrum;* il est séreux, jaunâtre; il jouit de propriétés légèrement purgatives; il paraît destiné à chasser de l'intestin du jeune animal le *meconium* qui s'y était accumulé pendant la vie intra-utérine. Immédiatement après avoir reçu le jour, les nouveaux-nés cherchent la mamelle; on doit les aider dans leurs efforts, leur présenter le mamelon, habituer les mères à les voir, à les sentir, à se laisser tetter lorsque celles-ci sont chatouilleuses ou éprouvent de la douleur. Le lait ne forme pas toujours toute la nourriture du jeune sujet : on y ajoute, dans le commencement, des œufs, plus tard, des farineux et même des fourrages. On remplace ainsi le lait que la mère ne peut fournir ou qu'on emploie à d'autres usages. Pendant l'allaitement, les femelles doivent être bien logées et bien nourries, et ne faire que des travaux ou des exercices compatibles avec leur situation. En cela, on doit avoir en vue leur santé et l'accroissement de leurs nourrissons. Lorsque les petits ne restent pas constamment avec les mères, il faut les tenir chaudement, et les en approcher souvent dans les jours qui suivent le part, puis éloigner ces instants à mesure que le jeune animal se fortifie et se nourrit d'aliments étrangers, au point de réduire les rapprochements à deux ou un par jour, lorsqu'arrive l'époque du sevrage. (*V.* pour l'allaitement par adoption le mot Adoption.) L'allaitement artificiel se fait au *baquet* ou au *biberon;* il demande quelques soins, mais il est économique. Les éleveurs de veaux en font un fréquent usage. (*V.* en outre les mots Agneau, Veau, Poulain.)

ALLANTOIDE, s. f., *Allantoïs*, de αλλας, αλλαντος, saucisse; vaste réservoir faisant partie des annexes du fœtus, et communiquant avec la vessie par un canal que l'on nomme *ouraque*. L'allantoïde mérite surtout son nom dans les ruminants et le porc, où elle constitue une espèce de boyau à deux branches, dont la plus longue est la plus étroite, formées par une membrane très mince, transparente, sans vaisseaux sanguins, et terminées chacune par un cul-de-sac arrondi. Elle est en rapport, chez ces animaux, en partie avec l'amnios, en partie avec le chorion dont elle tapisse exactement les deux cornes. Dans les solipèdes et les carnivores, l'allantoïde forme un sac qui entoure entièrement l'amnios et tapisse toute la face interne du chorion, se réfléchissant de l'une de ces membranes sur l'autre en suivant le cordon ombilical, de telle sorte qu'on peut lui reconnaître, pour l'étude, deux feuillets : l'un *amniotique*, et l'autre *chorial*.

ALLANTOÏDIEN, NE ; qui appartient à l'allantoïde. *Fluide allantoïdien*, liquide de couleur variable, suivant l'âge du fœtus, incolore et un peu trouble dans les fœtus très jeunes, de couleur roussâtre dans ceux plus avancés en âge. On peut, dans les premiers moments de la formation du fœtus, regarder le fluide allantoïdien comme un des éléments de sa nutrition. Plus tard, il est impossible de ne pas le considérer comme l'urine amenée de la vessie par l'ouraque.

ALLANTOINE. s. f. $C^4 H^3 Az^2 O^3 = C^4 Az^2 + 3 HO$. Principe découvert dans le liquide de l'allantoïde et de l'amnios du fœtus des ruminants, par Vauquelin et Buniva. On peut l'obtenir en réduisant par évaporation ces liquides au quart de leur volume; par le refroidissement, l'allantoïne cristallise: ou encore en faisant bouillir une solution d'acide urique en présence de l'oxyde puce de plomb, d'après Liébig. C'est un corps solide, cristallisé en prismes d'aspect vitreux, insipide, neutre. Elle se dissout dans l'eau, plus à froid qu'à chaud. Les alcalis, aidés de la chaleur, la transforment en oxalate alcalin et en ammoniaque. L'acide nitrique la change à chaud en acide *allanturique*.

ALLÉGÉRIR, v. a., t. de man.; rendre plus léger. Allégérir un cheval, c'est le rendre plus libre du devant et lui donner plus de grâce. Le cavalier obtient ce résultat en portant le corps un peu en arrière, fermant les jambes et appuyant un peu sur le mors.

ALLELUIA, *V.* Oxalide.

ALLEMAND, adj. (cheval). On confond souvent sous le nom de chevaux allemands des individus de races assez distinctes et assez importantes pour mériter une mention particulière. Nous renvoyons, pour leurs caractères, aux mots *Mecklenbourg*, *Hanôvre*, *Danemarck*, *Holstein*, *Frise*.

ALLIAGE, s. m.; union en diverses proportions de deux ou d'un plus grand nombre de métaux. On ne sait pas si ce sont des mélanges ou des combinaisons: on penche actuellement pour la dernière opinion. On prépare les alliages en mélangeant les métaux aussi exactement que possible après leur fusion. Ils sont solides, excepté les amalgames, où le mercure prédomine, présentent l'éclat métallique et des couleurs spéciales; ils sont tous opaques et bons conducteurs de l'électricité et de la chaleur. Leur densité est tantôt plus grande, tantôt plus petite que celle qui serait déduite de la densité et des proportions des métaux combinés. Les alliages sont en général plus durs, plus aigres, et ont moins de ténacité et de ductilité que le plus tenace et le plus ductile des métaux constituants. L'élasticité des alliages est la moyenne assez exacte de celle des composants. Quant à leur fusibilité, elle est toujours plus grande que celle du moins fusible des métaux, et très souvent plus que celle de chacun d'eux pris isolément. Les propriétés chimiques des alliages sont généralement intermédiaires à celles des métaux constituants; cependant l'oxydation y est généralement moins active que dans le métal le plus oxydable.

ALLIAIRE, *V.* VELAR.

ALLOPATHIE. s. f., de ἄλλος, autre, et πάθος, maladie. Méthode thérapeutique qui consiste à employer des médicaments susceptibles de développer sur des sujets sains, des phénomènes opposés à ceux que présentent les maladies qu'on a à combattre. C'est ce qu'on nomme familièrement la *médecine des contraires*,, par opposition à celle *dessemblables*, qu'on appelle *homœopathie*. (*Voy.* ce mot.)

ALLOXANE, s. f. *Acide érithnique*. $C^8H^4Az^2O^{19}$. Cette substance est le produit de l'action de l'acide azotique sur l'acide urique. Elle est solide, cristallisée, incolore, d'odeur nauséeuse, de saveur salée, rougissant le tournesol et colorant l'épiderme en pourpre. Ses cristaux, très hydratés, sont très efflorescents et perdent 25 p.º/º d'eau. L'alloxane est très soluble dans l'eau; les alcalis la convertissent en acide *alloxantique*, et l'oxyde puce de plomb en urée et acide carbonique qui reste uni à l'oxyde.

ALLOXANTIQUE, s. m. (acide). *V.* ACIDE.

ALLONGE, s. f., tube fusiforme, droit ou courbe, interposé entre la cornue où se fait la distillation et le récipient qui doit en recevoir le produit. L'allonge a une double destination ; c'est : 1º d'éloigner le récipient du foyer de chaleur ; 2º de permettre aux vapeurs de se refroidir et de se condenser plus facilement dans le vase disposé pour les recevoir. Elle est le plus souvent en verre, mais elle peut être aussi en grès, en porcelaine, en cuivre, en plomb, etc.

ALLURES. On nomme ainsi les différentes actions locomotrices employées par les animaux pour se transporter d'un lieu dans un autre. Les allures du cheval peuvent être *naturelles* ou *acquises*. Ces dernières sont dues à l'éducation et reçoivent le nom d'*airs de manége* (*V.* AIRS). Les allures naturelles ont été divisées par les écuyers en *bonnes* et *défectueuses*. Les premières sont : le *pas*, le *trot* et le *galop*. Parmi les allures défectueuses on range l'*amble*, le *traquenard*, le *pas relevé* ou *entre-pas* et l'*aubin*. Cette dernière allure, due à l'usure de l'animal, est la seule réellement défectueuse, puisqu'on recherche les autres pour certains services. Toute allure suppose une *préparation*, qui consiste dans une flexion préalable des rayons des membres, et dans le transport du poids du corps vers le point où doit se diriger l'animal. Dans toutes les allures, les quatre membres agissent ou isolément ou par paires, et leur action succes-

sive porte le nom de *pas*, quelle que soit l'allure étudiée. Chaque extrémité présente aussi dans son action un temps de *lever* et un temps de *poser*, que l'on décompose quelquefois en deux autres temps, de manière à trouver, dans l'action de chaque membre, le *lever*, le *soutien*, le *poser* et l'*appui*. On appelle *battue* le bruit produit par le pied dans le poser, et *foulée* ou *piste*, l'impression laissée sur le sol. Le mot allure est quelquefois employé d'une manière générale; c'est ainsi qu'on dit d'un cheval qu'il a les allures *douces*, *dures*, *régulières*, etc.

ALLUVION, s. f. *Alluvio;* dépôt de terrain aux bords de la mer, d'une rivière, d'un fleuve. Les terrains d'alluvion varient de nature et de consistance. Ils sont ordinairement formés de sable argilo-calcaire mélangé à une forte proportion de terreau. Les alluvions sont *récentes* ou *anciennes;* les matières qui les composent sont disposées par couches dont l'épaisseur, la constitution et les autres propriétés sont variables. Elles se forment dans les endroits où le cours de l'eau se ralentit assez pour que les substances minérales qu'elle charrie se déposent. Ce sont elles qui donnent lieu à ces deltas que l'on observe à l'embouchure de la plupart des fleuves. C'est dans les alluvions anciennes que l'on trouve les terres les plus fertiles, les plus propres aux riches cultures industrielles. Les vallées où coulent nos rivières et nos fleuves en offrent toutes des exemples. Les dépôts de limon opérés annuellement par le Nil, ceux que les agriculteurs provoquent pour l'exhaussement du sol dans le *colmatage* sont de véritables alluvions. Les alluvions de la mer reçoivent les noms particuliers de *lais* et *relais*. (*V.* ATTERRISSEMENT.)

ALOÈS, s. m. *Aloe*. On donne ce nom en pharmacologie à un suc extracto-résineux, qui constitue un médicament purgatif très énergique. Il est fourni par plusieurs espèces, à feuilles charnues, du genre *Aloe*, appartenant à la famille des Liliacées, et croissant principalement sur la côte méridionale d'Afrique, en Asie, dans l'Inde, l'Amérique, et quelques contrées chaudes d'Europe. On retire ce suc par *incision*, par *pression* ou par *décoction*, des feuilles d'aloès parvenues à leur entier développement. On connaît maintenant cinq variétés commerciales d'aloès, qui sont, dans l'ordre de leur plus grande pureté: 1º L'*aloès succotrin* ou *soccotrin*, du nom de l'île de *Soccotora*, d'où on le retire plus particulièrement. Il est solide, en masses amorphes, d'aspect résineux, brun-rougeâtre, translucides sur les bords ; son odeur est celle de la myrrhe, sa saveur très amère et persistante; il est léger, se ramollit entre les doigts, et donne une poudre d'un jaune d'or. (*A. Perfoliata*.) 2º L'*aloès des Barbades*. Il est contenu dans des courges vidées et desséchées appelées *calebasses*; il est d'une couleur brune-noirâtre, d'une odeur forte peu agréable, d'une cassure terne, donnant une poudre rougeâtre se fon-

çant à l'air. (*A. Sinuata.*) 3° L'*aloès du Cap.*
Cet aloès diffère de tous les autres par sa couleur noire avec reflet verdâtre, son opacité,
sa saveur excessivement amère et par son
odeur forte et très désagréable. (*A. Spicata.*) 4°
L'*aloès hépatique.* Cette variété, la plus commune, est de couleur bronzée, de saveur
amère, d'odeur peu marquée: elle donne une
poudre verdâtre qui se dissout incomplètement dans l'eau. 5° L'*aloès caballin,* ainsi nommé parce qu'on croit généralement qu'il est
employé en médecine vétérinaire, ce qui est
une grave erreur, les praticiens ayant le soin
de le rejeter comme à peu près inerte. Il est
pesant, compacte, brun-noirâtre avec des taches ferrugineuses, d'une odeur nauséeuse,
d'une saveur amère et âcre; il donne une
poudre peu soluble dans l'eau. En général le
meilleur aloès est celui qui est léger, jaune-
rougeâtre, translucide, aromatique, très
amer, et qui donne une poudre d'un jaune
doré, très soluble dans l'eau et l'alcool. —
Composition chimique L'aloès est composé
d'un principe résineux, d'une huile essentielle
et d'un extractif amer, savonneux, soluble
dans l'eau et l'alcool, et qui paraît être le
principe actif du médicament. L'aloès des
Barbades en contient les 4/5 de son poids, l'a-
loès succotrin les 3/4, et l'aloès hépatique de
bonne qualité, la moitié de son poids environ.
— *Pharmacol.* L'aloès s'emploie en poudre,
en électuaire, en teinture, en solution aqueuse,
et parfois en *bol,* particulièrement en Angleterre. La dose varie selon la variété commerciale; l'aloès hépatique se donne aux grands
animaux à la dose de 30 à 60 grammes, et pour
les petits, à celle de 5 à 10 grammes. L'aloès
succotrin, celui des Barbades et celui du Cap,
qui sont beaucoup plus actifs, ne doivent pas
être administrés à des doses qui outrepassent
le tiers ou la moitié des quantités ci-dessus indiquées. — *Effets.* L'aloès, donné à petites
doses, agit comme tonique et stomachique; à
demi-dose, il rend seulement la défécation
plus libre et plus fréquente; à dose plus élevée, il purge fortement en irritant la muqueuse gastro-intestinale. Son action, peu prononcée sur le petit intestin, se porte surtout
sur le cœcum et le colon, ce qui explique pourquoi il est si efficace pour purger le cheval
chez lequel ces intestins ont un grand développement. Ce médicament ne passant dans
le sang que lentement à cause des principes
alcalins qui sont nécessaires à sa dissolution
complète et à sa transformation en savonule
soluble, il n'agit qu'avec lenteur; aussi un
médecin, Wedekind, avait-il supposé qu'il
n'agissait, comme purgatif, qu'après avoir été
excrété par le foie, la bile, qui est une liqueur
alcaline, lui servant alors de véhicule dans
l'intestin. L'aloès est un assez bon purgatif pour
les chevaux; il purge moins bien les ruminants; les ânes sont aussi moins sensibles à
son action. A l'extérieur, l'aloès en poudre ou
en teinture est fréquemment employé sur les
solutions de continuité récentes ou anciennes.

ALOÉTIQUE, adj., qui contient de l'aloès.
Se dit surtout des préparations pharmaceutiques qui contiennent de l'aloès parmi leurs
éléments : *breuvage, électuaire,* etc., *aloétiques.*

ALOPÉCIE, s. f., *Alopecia,* de ἀλώπηξ,
renard. Chute des poils, des crins des animaux; le renard est sujet à une maladie de
la peau, qui lui fait perdre une partie de son
pelage; de là l'origine du mot *alopécie.* Quand
ce phénomène a lieu naturellement, il constitue ce qu'on appelle la *mue;* au printemps,
les chevaux et les bœufs perdent le poil d'hiver, et la surface de leur corps devient plus
unie, plus brillante. L'alopécie accidentelle
est due à des causes variées; tantôt elle est
produite par le frottement, l'application de
quelques médicaments, le contact du pus qui
s'écoule d'un foyer; tantôt elle est la suite des
maladies qui ont diminué les forces vitales,
ou l'un des symptômes d'une affection cutanée, principalement de la gale. On oppose à
cet état pathologique le traitement réclamé
par la maladie avec laquelle il coïncide.

ALPESTRE, adj., *alpestris,* se dit des
plantes qui croissent au pied des hautes
montagnes.

ALPINES, adj., se dit des plantes qui
croissent dans les régions supérieures des
hautes montagnes. *Alpines (plantes sub)* qui
vivent dans les régions intermédiaires.

ALQUIFOUX, s. m.; sulfure naturel de
plomb. (*V. Sulfure.*)

ALTÉRANT, s. m., de *Alterare,* changer,
modifier; *fondants, désobstruants, atrophi-
ques.* On désignait autrefois sous le nom d'*altérants,* les médicaments capables de modifier
les solides et les liquides de l'économie, sans
déterminer d'évacuation sensible par les diverses sécrétions. Actuellement, on comprend
sous cette dénomination, les substances susceptibles de modifier plus ou moins profondément la constitution du sang, et par suite
celle des autres liquides et des solides du
corps. Cette classe se compose des mercuriaux,
des arsénicaux, des préparations de chlore, de
brôme et d'iode, ainsi que des sels alcalins et
de quelques préparations insolubles d'antimoine; enfin, les médecins y ajoutent les préparations d'or et de platine. Ces médicaments
se donnent à petite dose et sous les formes les
plus simples. Localement, ils agissent en général comme des irritants ou des caustiques plus
ou moins énergiques. Dans le tube digestif, ils
déterminent l'empoisonnement, s'ils sont administrés à trop grande dose. En petite quantité,
ils entravent ou facilitent la digestion, selon
leur nature. Absorbés et arrivés dans le sang,
leur action devient assez uniforme; tous agissent sur les éléments cruoriques de ce liquide
nutritif, dissolvent la fibrine et les globules, et
rendent le sang plus fluide, moins nutritif,
plus foncé en couleur. Longtemps continués,
ils entravent le mouvement nutritif; l'amaigrissement survient, puis le marasme, et enfin,
le sang, devenu trop fluide, passe à travers les

parois vasculaires; il se fait des épanchements séreux, et souvent des hémorrhagies passives ont lieu. Il n'est pas rare, alors, d'observer aussi des tremblements nerveux, surtout chez les chiens et les lapins. Ces médicaments sont éliminés de l'économie, en partie par les voies digestives, par l'intermédiaire du foie, et en partie aussi par les voies urinaires. Ils sont indiqués contre les maladies aiguës dont la marche est très rapide, comme la péritonite, l'arthrite suraiguë, etc., pour diminuer promptement la plasticité du sang : ils peuvent convenir aussi dans ce sens contre le croup et les autres inflammations couenneuses. Mais leur emploi le plus fréquent, c'est contre les affections chroniques virulentes ou non, qui s'accompagnent d'engorgements des ganglions lymphatiques ou des autres tissus parenchymateux, comme la morve, le farcin, les scrophules, les cancers, certaines affections anciennes de la peau, etc. On les donne à l'intérieur ou à l'extérieur; la première voie est toujours la plus sûre, quand il s'agit de remédier à un vice général.

ALTÉRATION, s. f., *Alteratio*, d'*alter*, autre : changement survenu dans les caractères, les propriétés et même la nature d'un corps quelconque. Se dit surtout en *pharmacie*, des modifications que peuvent éprouver les médicaments pendant leur conservation. Ces altérations peuvent être très diverses : tantôt les corps perdent de leurs principes, surtout ceux qui sont volatils : tantôt ils absorbent l'humidité ou l'oxygène de l'air, et changent de composition; tantôt enfin leurs éléments se dissocient et donnent naissance à d'autres corps. En général, pour prévenir ces altérations, il faut choisir des substances pures et les tenir dans des vases secs et parfaitement clos. — *Pathol.* On désigne par ce mot un changement survenu dans la forme, les qualités et les propriétés d'un organe, d'un tissu, en un mot d'une partie quelconque du corps : *altération d'un organe*. Ce mot, quand on le fait dériver du verbe *haleter*, désigne la soif vive qui se montre dans quelques affections aiguës.

ALTERNANCE, s. f. : succession naturelle des espèces végétales sur un sol non cultivé. L'alternance est un phénomène constant et une loi de nature; on l'observe dans les forêts aussi bien que dans les prairies : elle a dû donner l'idée première des *assolements*. (*V.* ce mot.) Une autre *loi d'alternance* se remarque dans la disposition des pièces qui composent les verticilles floraux; chacune d'elles correspond à l'intervalle qui sépare les deux pièces voisines, placées devant ou derrière. On appelle aussi *alternance*, la superposition des couches de terrain stratifiées.

ALTERNATIF, adj., *alternativus;* se dit de la *préfloraison* ou *estivation*, lorsque chaque pièce d'un verticille recouvre deux moitiés des deux pièces placées devant elle. Ex. : les *Liliacées*.

ALTERNE, adj., *alternus;* s'entend des parties des végétaux qui ne sont ni opposées, ni verticillées. Les *feuilles* sont alternes, lorsqu'elles naissent seules d'un point unique, à des hauteurs inégales. Ce mot, n'impliquant aucun ordre dans la situation relative des feuilles, est aujourd'hui d'une acception trop vague depuis les progrès de la *phyllotaxie.* — *Culture alterne.* (*V.* ALTERNER et ASSOLEMENT.)

ALTERNER, v. n. En *agriculture*, c'est faire succéder à une culture plus ou moins épuisante une culture qui l'est moins, et réciproquement, de telle sorte que le sol produise aussi souvent et autant que possible, selon sa nature et sa fécondité. Les céréales alternent avec les prairies artificielles et les cultures sarclées, etc.(*V.* ASSOLEMENT).

ALTERNÉES ou **ALTERNATI-PENNÉES**, adj., *alterné pinnata;* indique que les folioles d'une feuille composée sont alternes des deux côtés du pétiole.

ALTHÉINE, s. f., d'*althæa*, guimauve. Principe particulier découvert par Bacon dans la racine de guimauve et qui, d'après Plisson, ne différerait pas de l'asparagine et aurait aussi de l'analogie avec la *glycyrrhizine*, principe sucré de la réglisse. (*V.* ces mots.)

ALUCITE, s. f., *Alucita;* genre d'insectes de la famille des *Lépidoptères*, renfermant plusieurs espèces, dont deux principalement nuisibles aux grains : l'*A. des grains*, A. granella, et l'*A. des céréales*, A. cerealella. Toutes deux ont beaucoup d'analogie avec les teignes et vivent aux dépens de la partie farineuse du froment, de l'orge et du seigle. Beaucoup de moyens ont été conseillés pour détruire l'alucite. Le meilleur est encore l'agitation fréquente des tas de grains exposés à ses attaques.

ALUDEL, s. m. Tuyau conique en terre, qu'on employait autrefois à la sublimation du soufre. On ne s'en sert plus que dans l'extraction du mercure, à Idria. On en emboîte plusieurs les uns à la suite des autres, de manière à former un long conduit dans lequel viennent se déposer les produits volatils du grillage des minerais de mercure.

ALUMINE, s. f. *Terre d'alun, argile, oxyde d'aluminium.* Al² O³. Oxyde indifférent formé d'aluminium et d'oxygène, qu'on a considéré pendant longtemps comme un corps simple. Il existe abondamment dans la nature. Pur, il est assez rare, et donne un minéral appelé *corindon*, formant la base de plusieurs pierres précieuses qui reçoivent différents noms, selon leur couleur. Mêlée à un centième d'oxyde de fer, l'alumine forme l'*émeril* très employé pour polir les métaux et user le verre. Combinée aux acides ou aux oxydes, elle constitue un grand nombre de corps, parmi lesquels l'argile, la marne, la terre de pipe, le kaolin, les micas, les feldspaths, l'alunite ou pierre d'alun, etc., sont les plus communs. Pour obtenir l'alumine anhydre, on calcine, jusqu'à décomposition complète, le sulfate d'alumine et d'ammoniaque. Elle est alors en poudre blanche, douce au toucher inodore, développant une odeur terreuse lorsqu'on dirige le souffle à sa surface, insipide, happant à la langue, et pesant 2.00. Elle est infusible au feu de forge; le chalumeau à gaz oxy-hydrogène la vitrifie: elle ne se dissout pas dans l'eau, mais elle absorbe activement ce liquide. Précipitée d'une solution d'alun au moyen de l'ammoniaque, l'alumine est en gelée blanche, épaisse, retenant l'eau avec une très grande force; la chaleur lui en fait perdre une grande partie, ce qui détermine un retrait qu'on a mis à profit dans la construction du pyromètre de Weedgwood. L'alumine est insoluble dans l'eau, soluble dans les alcalis et les acides. Ses sels solubles précipitent par les alcalis, les carbonates et bi-carbonates alcalins, avec dégagement d'acide carbonique; les sulfures alcalins précipitent aussi l'alumine à l'état d'hydrate: enfin, la potasse y forme un précipité grenu d'alun, si la liqueur est concentrée. L'alumine entre dans la composition des briques, de la faïence, de la porcelaine. Conseillée à l'intérieur contre la diarrhée et la dyssenterie, elle est peu employée.

ALUMINEUX, adj., *aluminosus*; qui contient de l'alumine. *Sel alumineux*, l'alun, *terre alumineuse*, l'argile ou terre glaise.

ALUMINIUM, s. m. Al. Éq. 170,90. Métal de la deuxième section, admis par analogie, depuis 1807, et obtenu en 1828 par Wolher, en faisant agir le potassium sur le chlorure d'aluminium à l'aide de la chaleur. C'est le radical de l'alumine. Il est en poudre gris-noirâtre, devenant brillant par le frottement, infusible, inaltérable à l'air, à la température ordinaire, brûlant à la chaleur rouge et se convertissant en alumine. L'eau ne l'oxyde que lorsqu'elle est bouillante.

ALUN, s. m., *Alumen. V.* SULFATE D'ALUMINE et de POTASSE ou d'AMMONIAQUE.

ALUN CALCINÉ, adj.: sulfate d'alumine et de potasse anhydre ou dépouillé de son eau d'hydratation par la chaleur. Il est en masses blanches, amorphes, boursouflées et poreuses, très légères, inodores, de saveur caustique, très faciles à réduire en poudre. L'alun calciné est en partie soluble dans l'eau; la partie soluble régénère de l'alun cristallisé: la partie non dissoute est un sous-sulfate d'alumine et de potasse. L'alun calciné est légèrement caustique et dessiccatif: il est spécialement employé à l'extérieur sur les plaies blafardes, les ulcères, les fistules, pour corriger les bourgeons charnus et leur donner plus de consistance.

ALUNATION, s. f., *Alunatio*; transformation des sulfates de potasse ou d'ammoniaque en alun, en y ajoutant du sulfate d'alumine ou réciproquement. Cette opération porte dans l'industrie le nom de *brévetage*. On dit encore *alunation*, pour indiquer l'action d'imprégner quelque corps d'alun, comme cela se fait fréquemment dans la teinture.

ALVÉOLAIRE, adj., *alveolaris*, qui appartient aux alvéoles. *Bord alvéolaire* du maxillaire: bord portant les alvéoles.

ALVÉOLE, s. m., *Alveolus*, de *alveus*, loge. On appelle *alvéoles* les petites cellules hexagones que les abeilles construisent avec la cire pour y déposer le miel qu'elles récoltent et les œufs de la reine. — En *anat.*, on a étendu cette dénomination aux cavités plus ou moins profondes dans lesquelles les dents sont enchassées par leurs racines, qui servent de moule aux parois de l'alvéole. — En *bot.*, petite cavité dans laquelle se fixe ordinairement un organe.

ALVÉOLÉ, adj., *alveolatus*, creusé d'alvéoles. Ex.: le *clinanthe*, dans beaucoup de Composées.

ALVÉOLO-LABIAL, s. et adj., *Alvéolo-labialis*; muscle de la joue prenant son origine au tubercule molaire et aux bords alvéolaires des maxillaires supérieur et inférieur. L'alvéolo-labial a pour usage principal de repousser sous les molaires les substances alimentaires chassées entre ces dents et les joues pendant l'acte de la mastication.

ALVIN, E, adj., *alvinus*, de *alvus*, bas-ventre. Ce mot est usité en médecine humaine pour désigner ce qui a rapport au bas-ventre ou ce qui en sort: *évacuations alvines*. On s'en sert également en vétérinaire: c'est à tort, puisqu'on ne reconnaît pas, pour les animaux, les mêmes régions qu'on décrit chez l'homme dans la cavité du ventre.

ALYSSON, s. m., *Alyssum*, L., genre de plantes assez nombreux de la famille des Crucifères. Ces plantes donnent un fourrage très dur.

AMADOU, s. m., *Igniarium* (Pline). On donne ce nom à la partie spongieuse de l'agaric du chêne et de quelques autres *agarics*, *bolets* ou *polypores*, réduite en plaques minces par le martelage sur un billot en bois, bouillie ensuite dans une solution de nitrate de potasse, puis battue de nouveau et séchée. L'amadou est en plaques ordinairement jaunâtres, tomenteuses, douces au toucher et très inflammables. On s'en sert en chirurgie pour arrêter les hémorrhagies capillaires, et pour établir des moxas. Dans les laboratoires, l'amadou est d'un emploi fréquent.

AMADOUVIER, s. m. Nom donné particulièrement à l'agaric amadouvier, *boletus igniarius*. Il pourrait être appliqué avec autant de raison à d'autres bolets et agarics, à la plupart des polypores, qui peuvent être employés à la préparation de l'amadou.

AMAIGRISSEMENT, s. m. Maigreur naissante du corps. Ce mot indique ce qui *devient* maigre, tandis que l'expression *maigreur* s'applique à ce qui *est* maigre. (*V.* MAIGREUR.)

AMALGAMATION, s. f. L'amalgamation est un procédé métallurgique au moyen duquel on sépare l'or et l'argent de leur minerai, à l'aide du mercure. Ce métal jouit en effet de la propriété de dissoudre l'or et l'argent à l'état natif ou à l'état de chlorure, et de les séparer des parties terreuses de leur gangue. *V.* OR et ARGENT.)

AMALGAME, s. m., *Amalgama*, nom générique des alliages du mercure avec les autres métaux. Quand on dit *amalgame d'étain*, par exemple, on indique l'alliage de ce métal avec le mercure.

AMANDE, s. f., *Amygdalum*; fruit de l'amandier. Les botanistes donnent aussi le nom d'*amande* à la partie du fruit renfermée dans le spermoderme ou épisperme : elle se compose de l'embryon, de un ou plusieurs cotylédons, accompagnés ou non d'un périsperme. (*V.* GAÎNE).—*Phar.* On distingue deux espèces d'amandes : les amandes *douces* et les amandes *amères*. Les premières sont formées de plus de la moitié de leur poids d'huile douce et fixe, et le reste d'albumine, de caséine ou amandine, de sucre, de gomme, de pellicule et de tissu végétal. Les amandes *amères* ne contiennent que le tiers d'huile douce, et sont constituées pour le reste par de la caséine, du sucre, de la gomme, de la résine jaune, de la *synaptase* ou *émulsine*, et de l'*amygdaline*. Ces deux derniers principes, en réagissant l'un sur l'autre en présence de l'eau, produisent de l'acide cyanhydrique, qui n'y existe pas primitivement. Les amandes amères réduites en poudre sont très souvent employées sous le nom de *pâte d'amandes*, pour luter les appareils de chimie.

AMANDIER, s. m., *Amygdalus communis;* arbre de la famille des Amygdalées, originaire de l'Asie, à floraison précoce, cultivé assez communément dans le midi de la France, mais n'y acquérant jamais de grandes dimensions. Son fruit, connu sous le nom d'*amande*, est à noyau épais ou mince, à graine douce ou amère. On en distingue d'assez nombreuses variétés.

AMANITE, s. m., *Amanita*, L. Nom d'une section du genre *agaric*, de la famille des champignons, dont les espèces sont munies, dans leur jeunesse, d'une volva qui laisse quelquefois ses débris sur le chapeau. L'oronge *vraie*, *agaricus aurantiacus*, si recherchée pour son odeur et son goût agréables, l'*agaric solitaire*, *agaricus solitaris*, comestible, mais moins estimé que l'oronge vraie, appartiennent à cette section. Les autres espèces sont vénéneuses. Toutes croissent dans les bois.

AMANITINE, s. f., d'*Amanita*, oronge. Principe vénéneux des champignons du genre *amanite*, découvert par Letellier. Il parait combiné, dans ces végétaux, au fungate de potasse. C'est un poison narcotique violent.

AMARANTHACÉES, s. f., *Amaranlaceæ*, famille de plantes Dycotylédones herbacées ou sous-frutescentes. Ses espèces sont peu nombreuses en Europe; elles habitent presque toutes entre les tropiques. Genres principaux : *Amaranthe*, *Paronique*, *Célosie*, *Herniaire*.

AMARYLLIDÉES, s. f., *Amaryllidæ*, famille de plantes bulbeuses, monocotylédonées. Genres principaux : *Narcisse*, *Nivéole*, *Galantine*, *Amaryllis*. Les espèces *poeticus*, *tazetta*, *bulbocodium* du genre Narcisse, croissent dans les prairies élevées et nuisent aux fourrages. La Nivéole printanière, ou Perce-Neige, la Galantine perce neige, sont remarquables par leur précocité. Les fleurs du Narcisse faux-narcisse ont passé pour fébrifuges et émétiques.

AMAUROSE, s. f., de ἀμαυρόω, j'obscurcis. Synonyme : *cataracte noire*, *goutte sereine*, *midriase*. On appelle *amaurose* un affaiblissement ou perte de la vue, sans obstacle physique à l'arrivée des rayons lumineux au fond de l'œil. On distingue plusieurs variétés de cette maladie : 1° l'amaurose est *idiopathique*, quand elle est produite par des causes d'irritation, qui ont agi sur quelques parties du système visuel : 2° *symptômatique*, quand elle résulte d'une altération du cerveau; 3° *sympathique*, lorsqu'elle est la suite de l'inflammation d'organes éloignés; 4° *complète*, quand la vue n'existe plus; 5° *incomplète* ou *partielle*, quand une partie de l'œil est encore sensible à la lumière. Les causes sont directes ou indirectes. L'exposition des yeux à une vive lumière, l'action des rayons solaires directs ou réfléchis par la neige, les plaies, les irritations mécaniques, peuvent produire l'amaurose : il en est de même de la privation de la lumière, de l'action de quelques narcotiques, entre autres de la belladone. Les causes indirectes agissent plus ou moins loin de l'œil, sur le cerveau, l'estomac ou tout autre organe, en produisant une stimulation anormale. Il en est qui débilitent le système nerveux : ce sont les hémorragies, les pertes abondantes d'un liquide sécrété. L'amaurose débute quelquefois avec une grande promptitude; l'animal est tout-à-coup plongé dans l'obscurité. Il est difficile d'observer, chez les animaux, ces variétés d'affaiblissement qu'on voit chez l'homme, dans l'amaurose. On remarque dans l'attitude et les allures du sujet les signes ordinaires de la cécité. Quand l'amaurose n'existe que d'un côté, ces signes manquent : il faut considérer les mouvements de l'iris. L'œil conserve en apparence son aspect primitif; si l'on se borne à un examen superficiel, son état peut paraître normal. Dans le plus grand nombre des cas, l'iris est immobile; on constate cette immobilité, dans le cheval, en exposant l'œil malade à la lumière, puis on le ferme et l'on applique, pendant quelques instants, l'index sur la paupière supérieure, le pouce sur l'inférieure; ensuite, on les écarte brusquement et l'on voit que la pupille a conservé sa forme première. L'iris peut n'avoir perdu qu'une partie de sa mobilité; Gohier en a vu un exemple sur un cheval âgé de six ans, affecté depuis un mois d'amaurose aux deux yeux et aveugle. Ordinairement, le diamètre de la pupille est augmenté; cependant, on a constaté le resserrement prononcé de la pupille coïncidant avec l'immobilité complète de l'iris. La couleur du fond de l'œil est d'un noir velouté, dans l'amaurose qui dépend d'une vraie névrose. Quelquefois la pupille offre une teinte pâle, blanchâtre, marbrée ou tirant sur le vert; cette dernière nuance a été désignée sous le nom d'*œil de chat*, d'*œil de verre*. L'amaurose est grave parce, qu'elle entraîne la perte de la vue. Dans le pronostic, il faut surtout tenir compte du degré de curabilité. Ce sont les amauroses indirectes qui seront le plus facilement guéries, celles qui sont dues à une congestion du globe oculaire; il n'en est pas de même, quand la maladie est produite par une lésion profonde de la rétine, quand elle est causée par une contusion. L'incurabilité de l'amaurose n'est que trop souvent réelle. On doit éloigner de l'œil la lumière trop vive tout en évitant une obscurité complète. S'il y a congestion vers les yeux, on fera sur la tête des affusions d'eau froide pendant longtemps. Il faudra combattre l'irritation nerveuse par les narcotiques, la belladone surtout, qu'on instille entre les paupières. Dans l'amaurose asthénique, on excite les yeux par une vive lumière, les rayons du soleil, des vapeurs ammoniacales; on cautérise la cornée avec la pommade ou la solution de nitrate d'argent. Outre cette médication directe, on applique des sétons à la joue, à l'encolure; la saignée générale abondante est utile dans l'amaurose sthénique. On emploie encore les moxas autour de l'orbite, sur la nuque, la cautérisation sur le sommet de la tête avec le fer rouge, la pommade de Gondret. Les révulsifs sur le tube intestinal, les diurétiques, donnent aussi de bons résultats.

AMAUROTIQUE, adj.; qui concerne l'amaurose. L'*amblyopie amaurotique* consiste dans un affaiblissement de la vue, premier degré de l'amaurose.

AMBIANT, adj., *ambiens*, de *ambire*, entourer. Se dit particulièrement des couches gazeuses qui peuvent entourer un corps, *air ambiant*, *atmosphère ambiante*.

AMBIGU, adj., *ambiguus*; se dit d'un organe qui n'a pas une forme, une disposition bien déterminée, des genres ou des espèces difficiles à classer. C'est ce que Linnée exprimait, pour les derniers, par *incertæ sedis*.

AMBIPARES, adj. On appelle ainsi les bourgeons qui renferment en même temps des fleurs et des feuilles.

AMBLE, s. m., *Tolutaris incessus;* allure dans laquelle les animaux sont supportés successivement sur les deux bipèdes latéraux, sans aucun appui sur un bipède diagonal. Cette allure ne peut s'exécuter qu'avec vitesse et très près de terre, à cause de l'instabilité qui résulte du grand déplacement horizontal du centre de gravité. L'amble est rangé, avec raison, par les écuyers, parmi les allures défectueuses; mais la douceur des réactions de leur allure fait rechercher les chevaux ambleurs pour certains services. On dresse même à l'amble de jeunes poulains qui ne valent jamais les ambleurs naturels. L'amble est l'allure naturelle du chameau et de la girafe.

AMBLEUR, adj.; animal dont l'amble est l'allure naturelle ou acquise; *cheval ambleur.*

AMBLE ROMPU, s. m.; allure particulière à certains chevaux. (*V.* TRAQUENARD.)

AMBLYOPIE, s. f., de αμϐλυς, *émoussé*, *obtus*, et de ωψ, œil. On nomme ainsi l'affaiblissement de la vue, qui se montre au début de la goutte-sereine, dans l'homme.

AMBRE, s. m., *Ambra.* Ce nom a été donné à deux substances bien différentes par leur nature. L'une, l'*ambre gris*, sur l'origine de laquelle on n'est pas bien fixé, paraît être une concrétion calculeuse du foie du cachalot. Cependant De Blainville considère maintenant cette substance comme un produit de sécrétion analogue au musc et au castoréum. On la trouve sur les bords de la mer, dans plusieurs îles de l'Inde. C'est une substance solide, de la consistance de la cire, gris-noirâtre, veinée de jaune, d'odeur aromatique agréable, de saveur graisseuse, plus légère que l'eau, fusible à 60°, combustible, insoluble dans l'eau, très soluble dans l'alcool, l'éther et les essences. C'est un médicament excitant-antispasmodique, peu employé. Quant à l'*ambre jaune*, sorte de racine fossile, *V.* SUCCIN.

AMBREINE, s. f. Matière particulière formant les 85 centièmes de l'ambre gris, duquel on l'extrait par l'alcool bouillant, qui la laisse se déposer en se refroidissant. Elle est solide, blanche, nacrée, inodore, insipide, fusible à 30°, insoluble dans l'eau, soluble dans l'alcool et l'éther, non saponifiable et se changeant en acide *ambréique*, par l'action de l'acide azotique.

AMBRÉIQUE, s. m., *V.* ACIDE.

AMBULANT, adj., de *ambulare*, promener. Epithète qu'on applique aux maladies qui changent de place. On reconnaît l'*érysipèle ambulant*, qui s'étend de proche en proche et passe d'une partie de la peau dans une autre.

AMBUSTION, s. f., de αμϕι, autour, et *urere*, brûler; synonyme de *cautérisation.*

AMÉLIORANTE, adj. Se dit en agronomie d'une culture qui accroît la fécondité du sol et le rend plus propre à produire de nouvelles récoltes. La culture des plantes coupées avant la fructification, ou enfouies dans le sol, celle des végétaux consommés sur place par le bétail, sont des cultures améliorantes.

AMÉLIORATION, s. f. En agriculture, *améliorer*, c'est augmenter la valeur d'une exploitation rurale, et conséquemment son revenu, d'une manière *progressive* et *économique*. Ce résultat suppose, indépendamment d'un domaine susceptible d'être amélioré, des capitaux, des bras, la connaissance de tout ce qui intéresse l'économie rurale. En éducation, *améliorer*, c'est rendre les bestiaux plus productifs, c'est tirer des machines que nous appelons *cheval*, *bœuf*, *mouton*, etc., à de moindres frais, une plus grande somme de puissance motrice, une quantité plus considérable de produits, ou des produits meilleurs; c'est faire produire à un capital, représenté par des animaux, par des fourrages, par des soins, etc., une plus forte rente; c'est approprier les races domestiques au but qu'elles sont destinées à remplir, aux besoins qu'elles sont appelées à satisfaire: c'est enfin augmenter la force et la richesse d'un pays. Pour démontrer combien l'homme peut modifier les formes et les aptitudes des animaux, il suffit de comparer ceux actuellement soumis à la domesticité, aux types primitifs dont ils dérivent. Ces modifications sont d'autant plus profondes, que les individus ont été placés plus en dehors des conditions de nature: aussi nous hâterons-nous de faire remarquer que les préceptes de l'amélioration ne sont pas toujours conformes aux règles de l'hygiène proprement dite. Les modifications que les animaux peuvent recevoir, sont *physiques*, *fonctionnelles* ou *morales*; à quelque ordre qu'elles appartiennent, elles sont héréditaires et transmissibles à un certain degré par la génération: et des caractères qui, dans l'origine, n'étaient l'apanage que de quelques-uns, se fixent dans un plus grand nombre, et, par leur reproduction constante, établissent et distinguent les races. *Le choix d'une amélioration doit toujours précéder l'emploi des moyens modificateurs.* Il doit reposer sur une connaissance parfaite de la race à améliorer, de la race amélioratrice, de leurs besoins, de leurs aptitudes, de la nature du climat, de la quantité et de la valeur de ses productions, des ressources particulières des lieux, des perfectionnements dont l'agriculture est susceptible, des débouchés offerts par le commerce, par la consommation locale. Une amélioration, qui n'est pas prochainement productive, ne doit être tentée qu'à titre d'expérience. Les races s'améliorent par les *soins* dont on les environne, par une bonne *éducation*, par la *nourriture*, par des *appareillements* bien entendus entre producteurs choisis dans la race même, par des *croisements* judicieux, à l'aide de producteurs indigènes ou étrangers. Pour qu'une amélioration soit complète, il faut que les agents hygiéniques concourent au même but, qu'il y ait harmonie d'action; il faut, dans tous les cas, que les agents, dont l'homme peut disposer, combattent et détruisent les influences générales du climat, etc., lorsque celles-ci ne sont point favorables à l'amélioration. Cette nécessité du concours d'un assez grand nombre de circonstances heureuses, souvent bien difficiles à trouver dans les hommes chargés de l'amélioration, ou à réunir dans un même lieu, explique pourquoi le perfectionnement des races domestiques est si lent à obtenir, pourquoi si peu d'éleveurs savent vraiment améliorer.

AMÉLIORER, v. act., augmenter la valeur d'une chose. *Améliorer des animaux, des races*, les rendre plus aptes, plus productifs: *Améliorer un champ, des terrains*, les rendre plus fertiles, plus féconds par des amendements, des engrais, une jachère, des cultures fertilisantes, etc.

AMÉNAGEMENT, s. m.; ent. d'*Eaux et forêts*, ordre adopté dans l'exploitation d'un bois. — En *Agric.*, choix et distribution des cultures, disposition des objets nécessaires à l'exploitation.

AMÉNAGER, v. act., *une forêt*, en régler la coupe; *une exploitation*, en distribuer les cultures, en disposer les instruments.

AMENDEMENTS, s. m., de *Amendare*, rendre meilleur: les agriculteurs comprennent généralement sous ce nom tout ce qui modifie et améliore les qualités physiques du sol, et, jusqu'à un certain point, sa composition chimique. Les amendements ont été distingués en *amendements proprement dits*, et en *amendements stimulants*; ces derniers composent, avec les engrais, l'alimentation végétale. Les amendements proprement dits ont pour but d'augmenter ou de diminuer la fraîcheur ou l'humidité de la terre, de modifier, par l'emploi du colmatage, de la chaux, de la marne, du sable, de l'argile, de l'humus, ou par le mélange des terres, la consistance, la ténacité, l'hygroscopicité, le degré d'échauffement du sol. Tout ce qui agit sur la fécondité des terrains en leur fournissant les éléments minéraux ou organiques nécessaires au développement des plantes, constitue un *engrais*. (*V.* ce mot.)

AMENDER, v. act., de *amendare*; rendre meilleur, se dit en agriculture de l'action de corriger les défauts physiques d'une terre par l'emploi raisonné des amendements.

AMÉNIE, s. f. de α priv. et μην. mois; synonyme d'*aménorrhée*.

AMÉNORRHÉE, s. f., de α priv. μην, mois, et ρεω, couler. Absence de flux menstruel: suppression de la menstruation chez la femme. Ce mot n'est pas employé en vétérinaire; l'existence des menstrues n'étant pas démontrée, pour ce qui concerne les femelles des animaux domestiques.

AMENTACÉES, s. f., *Amentaceæ*: groupe assez nombreux de plantes, arbres et arbrisseaux, dicotylédones, apétales, dioclines, dont on ne formait autrefois qu'une seule famille. Les Amentacées ont été divisées, depuis longtemps déjà, en six familles distinctes: les *Juglandées*, les *Cupulifères*, les *Salicinées*, les *Bétulinées*, les *Myricées*, les *Platanées*. (*V.* ces mots.)

AMÈRES, adj., plantes); ces plantes se distinguent par leur saveur amère qu'elles doivent à la présence, dans leurs tissus, d'une forte proportion de tannin. Leur action sur les voies digestives est astringente, excitante et tonique. Portée à un haut degré, cette action peut être, pour les organes digestifs et génito-urinaires, une cause de maladie. La présence des plantes amères dans le foin des prairies naturelles est utile: il serait souvent trop insipide, trop peu stimulant, s'il ne renfermait que des graminées et quelques légumineuses. Il est probable, d'ailleurs, que ces plantes neutralisent par leur effet tonique l'action des végétaux âcres, narcotiques. Mélangées, en certaine proportion, aux aliments, elles sont *assaisonnantes* et conviennent surtout à l'espèce ovine. On les trouve dans tous les sols ; elles sont généralement fournies par les familles des Rosacées, Composées, Labiées, etc. Les genres *Tormentille, Potentille, Alchimille, Centaurée. Leontodon, Absinthe, Chicorée, Germandrée*, renferment les principales.

AMERS, s. et adj., *Amari*; groupe de médicaments remarquables par leur amertume plus ou moins prononcée. Ils sont d'origine diverse : quelques-uns sont fournis par le règne minéral, comme certains sels de potasse, de soude, et surtout de magnésie ; les plus nombreux proviennent des plantes, et les plus rares, des animaux. L'amertume des médicaments végétaux, que nous considérons surtout ici, présente des nuances très nombreuses ; leurs propriétés médicales ne sont pas moins variées. Ainsi, il en est qui sont *toniques*, comme la gentiane, le houblon, le buis, la petite centaurée, le houx, le quinquina, l'écorce de saule, etc. D'autres sont *astringents*, comme le tannin, la noix de galle, l'écorce de chêne, celle du marronnier d'Inde, etc. Un grand nombre sont *stimulants*, comme les Labiées, quelques Corymbifères, l'absinthe, l'armoise, la tanaisie, la camomille, l'aunée, etc. Il en est de *narcotiques*, tels que l'opium, la laitue vireuse, la chicorée sauvage, etc. ; quelques amers sont *purgatifs*, comme la rhubarbe, l'aloès, la coloquinte, la bryone, le séné, etc. On en trouve aussi qui sont *âcres*, comme les scammonées, l'euphorbe, la plupart des résines, etc. Enfin quelques amers sont des *poisons* redoutables, comme la *strychnine*, la *brucine*, etc., et leurs sels. En général, les amers non vénéneux agissent à l'intérieur comme *stomachiques;* ils excitent l'appétit, facilitent la digestion, rendent l'absorption plus active et plus complète, détruisent les vers intestinaux et déterminent à la longue la constipation. Passés dans la circulation, ces médicaments tonifient l'économie en augmentant la plasticité du sang et en resserrant les fibres des organes ; ils activent le mouvement d'assimilation, et donnent peu à peu aux tissus plus de densité et de contractilité ; enfin, ils fortifient le système nerveux et font disparaître les désordres dont il est le siége. Les autres effets varient selon les propriétés spéciales des amers. Ces médicaments sont indiqués contre l'inappétence, la diarrhée séreuse, les affections putrides et hydrohémiques du sang, et en général, quand il faut remédier à un état de débilité prononcée. A l'extérieur, ils peuvent être utiles contre les solutions de continuité anciennes, à titre de toniques, de résolutifs ou d'antiputrides.

AMEUBLIR, v. act.; rendre plus *meuble*. On ameublit un terrain par des façons, labours, binages, hersages, etc., qui divisent la terre, la soulèvent, et rendent sa couche superficielle plus perméable aux engrais, aux agents atmosphériques, aux racines, plus légère aux semences et aux jeunes tiges.

Certains amendements et engrais, la gelée, la chaleur, l'écobuage peuvent aussi ameublir le sol.

AMEUBLISSEMENT, s. m., action d'ameublir.

AMEULONNER, v. act., se dit de l'action de mettre les foins, les pailles en meule, pour les conserver.

AMIANTE, s. f., *Amianthus. Asbeste.* Substance minérale remarquable par son aspect fibreux et sa flexibilité ; elle est solide, en filaments allongés, blancs, soyeux, nacrés, infusibles et incombustibles. L'amiante est composée de silice, de magnésie, d'un peu de chaux et d'alumine. Elle est employée dans les laboratoires pour dessécher les gaz qui attaqueraient d'autres corps, en l'imbibant d'acide sulfurique concentré.

AMIDE, s. f., *Amidogène*, symb. Ad. Az H^2. Radical organique admis hypothétiquement par les chimistes dans les sels anhydres d'ammoniaque. Sa composition est représentée par celle du gaz ammoniac sec, moins un équivalent d'hydrogène, ou par celle de l'*ammonium*, moins deux proportions d'hydrogène. L'ammoniaque, combinée aux oxacides anhydres, représente de l'amide, par suite de l'absence de l'eau : il suffit donc d'y ajouter de ce liquide pour obtenir les sels ammoniacaux ordinaires. D'après Gerhardt, les amides sont des corps neutres ou acides, qui naissent par l'action de l'ammoniaque sur les matières organiques par suite de l'élimination de l'eau, et qui sont capables de régénérer ces matières organiques par une nouvelle fixation des éléments de l'eau.

AMIDIN, s. m., Nom donné par quelques chimistes au tégument extérieur des grains d'amidon ; cette partie ne paraît différer de la substance intérieure que par une structure plus serrée.

AMIDINE, s. f., *Amidone.* Nom que certains chimistes donnent à la substance la plus centrale des granules de l'amidon ; on la considère comme une sorte de gomme ou de dextrine.

AMIDOGÈNE. *V.* AMIDE.

AMIDON, s. m., *Amylum*, de χυλον, formé de χ priv. et de μύλη, meule. *Fécule, fécule amylacée*. = $C^{12} H^{10} O^{10}$. Principe immédiat neutre des végétaux, très abondamment répandu dans leurs organes ; on en trouve dans presque toutes les parties et surtout dans les grains et les graines, les tubercules, les bulbes et les racines charnues, ainsi que dans la moëlle de plusieurs arbres et dans l'amande de beaucoup de fruits. Les grains d'amidon sont attachés aux parois des cellules au moyen d'un filament fixé au *hile* que présente leur surface. L'amidon s'obtient par des procédés très simples ; ils sont mécaniques ou chimiques, et ont pour but de séparer les grains d'amidon des tissus qui les emprisonnent. L'amidon est une poudre blanche grenue, ou formée de petites masses amorphes, inodores, insipides, dont la densité est de 1,53. Examiné au microscope, l'amidon est en grains sphériques plus ou moins déformes, dont le diamètre varie selon les plantes et les parties d'où ils proviennent. Chauffé, l'amidon perd d'abord de son eau, puis se torréfie, et enfin se décompose. L'eau froide ne dissout pas l'amidon, à moins que ses grains n'aient été écrasés sur un porphyre ou qu'ils aient subi la torréfaction. L'eau chaude gonfle les grains d'amidon, dissout la partie centrale et forme une gelée épaisse appelée *empois*. L'alcool, l'éther, les essences et les huiles ne dissolvent pas l'amidon. Desséchée, cette substance est très hygroscopique et retient l'eau avec force; les acides étendus la transforment en *dextrine*, puis en *glucose;* ceux qui sont concentrés, et surtout l'acide azotique la changent en acide malique et en acide oxalique. Les ferments, et notamment celui de l'orge germé, appelé *diastase*, transforment rapidement l'amidon en dextrine et en sucre de raisin. Le réactif le plus sensible de l'amidon est l'iode, qui forme avec l'empois une coloration bleue d'iodure d'amidon tout-à-fait caractéristique. L'amidon joue dans la nutrition et le développement des plantes et des animaux un rôle très important. — *Pharmacol.* Cette substance constitue un médicament émollient et légèrement dessiccatif par suite de ses propriétés hygroscopiques. A l'intérieur, il est employé cuit et délayé dans l'eau contre les phlegmasies des voies respiratoires et du tube digestif, comme la bronchite, l'entérite, la diarrhée, etc. Dans ce dernier cas, on emploie aussi l'amidon en lavements, mais cru et en suspension dans l'eau tiède. A l'extérieur, l'amidon sert à modérer le prurit qui accompagne l'érysipèle, les dartres, etc.

AMIDOLIQUE, adj. Nom donné par Béral aux préparations pharmaceutiques qui renferment de l'amidon.

AMILÈNE, s. m. Nom donné par Cahours au produit oléagineux, qu'on obtient en distillant l'huile pyrogénée de pommes de terre sur l'acide phosphorique anhydre.

AMMI, s. m., L., *Ammi majus;* plante annuelle de la famille des Ombellifères, croissant sur les bords des champs, des prairies, et dont les semences petites, oblongues, striées, comptent parmi les espèces carminatives.

AMMONIAC, adj. *Sel ammoniac.* (*V.* Chlorhydrate d'ammoniaque, Gaz ammoniac, etc.

AMMONIACAL, adj.; qui contient de l'ammoniaque ou qui se rapporte à cette substance : *sel ammoniacal, substance ammoniacale*, etc.

AMMONIACAUX, adj. et s. Médicaments *excitants, diffusibles*, formés par l'ammoniaque et ses principales combinaisons salines, telles que le carbonate, le chlorhydrate, le sulfate, l'acétate, etc. Ces médicaments s'emploient à l'intérieur et à l'extérieur, en poudre ou en dissolution; ils font partie de plusieurs préparations officinales. Appliqués sur les tissus, les ammoniacaux agissent avec énergie et déterminent depuis la rubéfaction la plus légère jusqu'à la vésication la plus intense. Administrés à l'intérieur, à dose élevée, ils peuvent produire une inflammation mortelle. Les meilleurs antidotes à mettre en usage alors, sont les boissons mucilagineuses ou vinaigrées. A dose médicinale et en solution dans l'eau, ces médicaments stimulent l'appareil digestif, passent rapidement dans le sang et excitent fortement les centres nerveux, d'où une accélération très prononcée de toutes les fonctions, et notamment de celles du cœur, des poumons, de la peau, des reins, etc. Leur effet le plus constant est de déterminer un mouvement circulatoire excentrique en poussant le sang avec force dans le système artériel et dans les capillaires. Employés trop longtemps, les ammoniacaux attaquent les élémens solides du sang et rendent ce liquide diffluent. A l'extérieur, on les emploie surtout comme résolutifs, antiputrides ou caustiques, sur les tumeurs indolentes, les engorgements tendineux ou articulaires, les plaies anciennes ou envenimées, etc. A l'intérieur, les ammoniacaux sont surtout employés contre les affections putrides du sang, telles que le charbon, le typhus, la clavelée confluente, la gangrène, etc. (*V.* chaque composé ammoniacal en particulier.)

AMMONIACO-MAGNÉSIEN. *V.* Phosphate.

AMMONIACO-MERCURIEL. *V.* Sel alemeroth.

AMMONIAQUE, s. f., de αμμος, sable. *Alcali volatil fluor, azoture d'hydrogène, hydrure d'amide*, etc. — Az H³. Composé binaire remarquable par sa composition et ses propriétés alcalines. Il existe fréquemment dans l'atmosphère et se produit toutes les fois que des matières organiques azotées sont en putréfaction, et dans tous les cas où ses élémens se rencontrent à l'état de gaz naissants. On le trouve aussi dans la nature, combiné à divers acides, notamment à l'acide carbonique. A l'état de gaz, l'ammoniaque s'obtient en faisant réagir, à l'aide de la chaleur, la chaux vive sur le chlorhydrate d'ammoniaque, et recueillant ensuite les produits sur le mercure. C'est un gaz coërcible, incolore, d'une odeur vive, irritant la pituitaire et la conjonctive, déterminant l'éternuement et le larmoiement; sa saveur est urineuse et caustique, et sa densité égale 0,597. La chaleur rouge et l'étincelle électrique décomposent le gaz ammoniac et doublent son volume. Impropre à la combustion et à la respiration, ce gaz brûle peu à l'air; refroidi et comprimé, il se liquéfie. Mélangé à l'oxygène, le gaz ammoniac détone par l'étincelle électrique ou un corps embrasé; le gaz chlore le décompose rapidement. L'eau a une très grande affinité pour l'ammoniaque; elle en dissout cinq cents fois environ son volume, ou le tiers de son poids. La solution qui en résulte porte le nom d'*ammoniaque liquide* et se prépare, dans l'industrie et les laboratoires, à l'aide de l'appareil de Wolf. C'est un liquide incolore, ayant l'odeur et la saveur du gaz et pesant 0,875. L'ammoniaque se combine à tous les acides et forme des sels cristallisés et bien déterminés. Ces derniers, ainsi que l'ammoniaque liquide, constituent des engrais puissants. — *Pharmacol.* L'ammoniaque liquide est un médicament *caustique* par ses effets locaux, et *excitant diffusible*, par son action générale. Concentrée, elle attaque vivement les tissus et produit l'escharrification. Étendue d'eau et donnée à l'intérieur à la dose de 15, 30 ou 45 grammes, pour les grands animaux, et à celle de 1, 2 et 5 grammes, pour les petits, l'ammoniaque agit à la manière des excitants diffusibles les plus énergiques. C'est un médicament employé vulgairement contre l'indigestion venteuse des ruminants, ainsi que contre la morsure de la vipère ; on en fait aussi un usage fréquent contre les affections putrides du sang (charbon, typhus, gangrène, clavelée confluente, etc.) ; on l'a conseillée aussi contre la morve, le tétanos, le vertige, l'épilepsie, etc. Murray considérait l'ammoniaque comme le meilleur antidote de l'acide cyanhydrique. À l'extérieur, ce médicament, surtout à l'état de liniment, est employé sur les plaies gangreneuses du charbon, de la clavelée, etc., sur les engorgements indolents, les distensions articulaires ou tendineuses, etc. Enfin, l'ammoniaque caustique est usitée pour cautériser les plaies envenimées, les ulcères aphtheux, le glossanthrax, etc.

AMMONIAQUE (gomme). Substance gommo-résineuse fournie par le *dorema ammoniacum*, plante ombellifère qui croît en *Arménie*. Cette matière est composée, selon Braconnot, de gomme et d'une substance *glutiniforme*. Elle est en larmes ou en masses amorphes, jaunâtres en dehors, blanches en dedans, d'odeur désagréable et de saveur âcre, amère et nauséeuse. Vantée autrefois comme *excitante*, *désobstruante* et *expectorante*, à l'intérieur ; et comme *résolutive* à l'extérieur, la gomme ammoniaque est très rarement employée maintenant en médecine vétérinaire.

AMMONIUM, s. m. Az H⁴. Radical hypothétique admis par quelques chimistes pour expliquer les propriétés alcalines de l'ammoniaque. Ce serait un principe analogue au potassium et au sodium, à côté desquels il faudrait le placer. Il se combine à ces deux métaux ainsi qu'au mercure ; mais il est impossible de l'en séparer. Sa formule représente un équivalent d'ammoniaque, Az H³, plus une proportion d'hydrogène, et d'après ces données, l'ammoniaque liquide serait de l'oxyde d'ammonium = Az H⁴ + O.

AMMONIURE, s. m. Combinaison de l'ammoniaque avec un oxyde métallique. L'ammoniure le plus remarquable est celui de cuivre, appelé *eau céleste*. (*V.* ce mot.)

AMNIOS, s. m. *amnium*, χρνιον; membrane mince diaphane, la plus interne des enveloppes du fœtus, et contenant un liquide dans lequel il est plongé. L'amnios, par sa face externe, est uni, dans les solipèdes et les carnivores, au feuillet amniotique de l'allantoïde, dans les ruminants et le porc, en partie à l'allantoïde et en partie au chorion. L'amnios de la vache se divise facilement en deux lames, dont l'externe seule porte des vaisseaux sanguins. L'amnios, dans le fœtus encore jeune, semble provenir de la peau, qui se réfléchit après avoir fourni une gaine au cordon ombilical. Les plaques épidermiques qu'il porte à sa face interne, près du cordon, dans la vache et la brebis, concourent encore à le rapprocher de l'enveloppe cutanée. —En *botanique*, *l'amnios* est une membrane ordinairement simple, qui tapisse l'intérieur de la cavité creusée au centre du nucelle, et qui renferme l'embryon. On l'appelle plus souvent *sac amniotique, sac embryonnaire*. Les botanistes confondent souvent, sous le même nom, le liquide émulsif renfermé dans ce sac, liquide destiné à la nourriture de l'embryon, et dont le résidu constitue le périsperme.

AMNIOTIQUE, qui appartient à l'amnios ; *vaisseaux amniotiques* : ramifications vasculaires du cordon ombilical se portant sur l'amnios; *feuillet amniotique* de l'allantoïde : portion de cette membrane qui, dans les solipèdes et les carnivores, recouvre et entoure l'amnios; *liquide amniotique* : liquide renfermé dans l'amnios et en communication directe avec la surface du fœtus qu'il sépare de cette membrane. Ce liquide, un peu trouble et blanchâtre, d'une saveur légèrement salée, préserve le fœtus des chocs extérieurs, ainsi que des adhérences avec ses enveloppes; il concourt à faciliter l'accouchement en s'écoulant au dehors et lubrifiant les voies génitales ; il forme, avec son enveloppe, ce que l'on nomme la *poche des eaux*.

AMOMACÉES, s. f., *Amomaceæ*, famille de plantes Monocotylédones, voisine des Orchidées. Les genres qui la composent se divisent en deux tribus, les Cannacées ou Marantacées, genres *Canna, Maranta*, etc., et les Scitaminées ou Zingibéracées, genres *Curcuma, Zingiber, Amomum*, etc., regardées par plusieurs auteurs comme des familles distinctes.

AMORCER, v. act., se dit, en physique, de l'action de faire le vide dans un siphon pour y déterminer l'ascension du liquide qu'on veut transvaser. (*V.* Siphon).

AMORPHE, adj. de α privatif et μορφη forme ; sans forme déterminée ; *fœtus amorphe*. (*V.* Anide). — Se dit, en physique et en chimie, des corps dépourvus de formes polyédriques, ou qui ne sont pas cristallisés.

AMORPHIE, s. f., *Amorphia*, absence de forme déterminée.

AMOUILLES, s. f., peu usité. (*V.* Colostrum).

AMPÉLIDÉES, s. f., *Ampelideæ*; famille de plantes Dicotylédones, polypétales, à tiges sarmenteuses, grimpantes ou volubiles, munies de vrilles opposées aux feuilles. Elle est formée des genres *Vitis*, *Ampelopsis*, *Cissus* et *Leea*, etc.

AMPHANTHE, s. m., *Amphanthium*: de αμφι, autour, et ανθος, fleur: nom donné au réceptacle dilaté qui enveloppe les fleurs et les fruits, comme celui du figuier. Cette agglomération d'organes a été confondue à tort avec un fruit agrégé.

AMPHIARTHROSE, s. f. *Amphiarthrosis*, de αμφι, de part et d'autre, et αρθρωσις, articulation. Articulation dans laquelle les surfaces articulaires adhèrent dans toute leur étendue à un fibro-cartilage inter-articulaire, qui ne permet que des mouvements bornés, sans aucun glissement des surfaces. Exemple: l'articulation des corps des vertèbres entre eux : c'est la *diarthrose de continuité*.

AMPHIBIE, adj. *amphibius*, de αμφι, de part et d'autre, et βιος, vie. On nomme *amphibies* des animaux qui vivent également dans l'eau et dans l'air, soit que, par la nature même de leur organisation, ils vivent dans l'eau, pendant les premiers temps de leur vie, et, plus tard, dans l'air, comme les grenouilles, les salamandres: soit qu'ils fréquentent alternativement l'un et l'autre milieu. On donne le nom d'*amphibies* à une famille de l'ordre des *carnassiers*, renfermant le *phoque* et le *morse*, mammifères marins qui sortent de l'eau pour dormir, s'accoupler, mettre bas, etc. — *Bot.* se dit des plantes qui peuvent vivre dans l'eau et dans l'air.

AMPHIDE, adj. de αμφι, de part et d'autre. Nom donné par Berzélius à tous les sels dans lesquels la base et l'acide ont un corps électronégatif commun. Il les distingue en *oxysels*, *sulfosels*, *sélénisels* et *tellurisels*, selon que le corps amphygène est l'oxygène, le soufre, le sélénium ou le tellure.

AMPHIGAMES, s. m., végétaux formant la seconde classe des celluleux de De Candolle, et contenant une partie des Cryptogames. Le nom d'Agames leur convient particulièrement, car ils n'ont pas de fécondation ; du moins, est elle inconnue. Leur reproduction a lieu par des spores. Ces végétaux sont uniquement composés de tissu cellulaire. Les *lichens*, les *champignons*, les *algues* appartiennent à cette classe.

AMPHIGÈNE, s. m., de αμφι, de part et d'autre, et de γινναω, j'engendre. Corps électro-négatif, commun à la base et à l'acide dans les sels *amphides*. Ainsi l'oxygène dans les oxysels est commun à l'acide et à la base; sa quantité dans l'un, est en rapport très simple avec sa quantité dans l'autre, et invariable dans chaque genre de sels. Le soufre est le corps amphigène des sulfosels, le sélénium des sélénisels, etc.

AMPHIGÈNES, adj. et s., de αμφι, autour, et γινναω, j'engendre; nom d'une des divisions établies par Richard dans les *Inembryonés*. Les amphigènes sont entièrement celluleux, n'ont ni axe, ni appendices pro-

prement dits ; les filaments, les lames qui les forment s'accroissent par toute la circonférence. Exemples : les *algues*, les *champignons*, les *lichens*.

AMPHITHÉÂTRE, *Amphitheatrum*, de αμφι, autour, et θεαται, regarder: salle consacrée aux leçons, ainsi appelée à cause de la disposition ordinairement demi-circulaire des sièges ou bancs des auditeurs. Les médecins ont étendu cette dénomination aux locaux destinés aux dissections.

AMPHITROPE, adj., de αμφι, autour et τρωπη, action de tourner: Richard appelle ainsi l'embryon courbé sur lui-même, de telle sorte que ses deux extrémités se rapprochent vers le hile.

AMPHORE, s. f., *Amphora*, vase; valve inférieure de la pixide.

AMPLECTIF, adj., *amplectivus* ; la préfoliation est *amplective* ou *embrassée* lorsque les bords d'une feuille, pliés longitudinalement, embrassent les bords de deux autres feuilles pliées de la même manière. Les Iris en offrent un exemple.

AMPLEXATILE, adj., *amplexatilis*: se dit de la radicule qui embrasse le cotylédon.

AMPLEXICAULE, adj., *amplexicaulis*; se dit des feuilles, pédoncules, pétioles, stipules, etc., lorsqu'ils embrassent la tige. On les appelle *semi-amplexicaules*, lorsqu'ils n'embrassent la tige que dans la moitié de sa largeur.

AMPLEXIFLORE, adj., *amplexiflorus*; épithète donnée aux squames du clinanthe, des Synanthérées.

AMPOULE, s. f., synonyme de *cloche* ou *phlyctène*. On nomme ainsi une petite tumeur formée par un épanchement de sérosité entre le derme et l'épiderme. Dans les animaux, les ampoules ne se montrent pas comme chez l'homme dans la région digitée; on les observe sur d'autres parties du corps. Elles se montrent sur le cheval après l'emploi de quelques médicaments, tels que l'onguent vésicatoire, la teinture de cantharides, le liniment ammoniacal. Au printemps, on les voit se produire en grand nombre sur les chevaux et les bœufs; elles constituent un des caractères du pemphygus. Dans le glossanthrax, elles se dessinent sur la langue des animaux ruminants. Les ampoules sont aussi le résultat des brûlures. Elles forment une vésicule arrondie, plus ou moins grande, demi-transparente; quelquefois elles sont accompagnées d'un gonflement douloureux. Souvent on ne peut les reconnaître qu'à la saillie qu'elles forment, leurs autres caractères étant dissimulés par les poils. Quand elles existent depuis longtemps, les ampoules se flétrissent; la sérosité qu'elles contiennent est absorbée, ou bien elle s'écoule par une ouverture faite à l'épiderme. Ce liquide est transparent, limpide, ou lactescent, quelquefois il est coloré en rouge. On n'emploie pas de traitement contre les ampoules produites par des substances médicamenteuses; elles se dessèchent et disparaissent. Lorsque la *cloche* est volumineuse, on excise avec des ciseaux la portion d'épiderme décollée; ou fait des lotions avec l'eau blanche. Dans quelques cas, on se borne à ouvrir l'ampoule dans la partie déclive, et on laisse intacte la couche d'épiderme qui la formait, à moins que le liquide qui s'écoule ne soit ichoreux et fétide. — En *Phys.*, on donne ce nom à des globules creux en verre, de différents volumes, qui servent à divers usages. Celle du Ludion est une sphère creuse en verre remplie d'air, percée d'un petit trou, et à laquelle est attachée une petite figure; ses mouvements sont fondés sur la poussée des fluides. — En *Chim.*, on emploie les ampoules pour l'analyse élémentaire des substances organiques volatiles; pour déterminer la densité des vapeurs par le procédé de *Gay-Lussac*, etc.—En *Bot.*, corpuscule ovoïde et creux que l'on trouve sur la racine de l'utriculaire. On donne aussi ce nom à des vésicules remplies d'air, qui aident les feuilles à surnager.

AMPUTATION, s. f. *Amputatio*, d'*amputare*, couper. Opération chirurgicale par laquelle on sépare du corps une partie saine et saillante, telle que la queue, les oreilles, les organes génitaux, pour modifier les formes des animaux, ou une partie malade, pour éviter des accidents graves et la mort. Employé seul, le mot *amputation* signifie l'enlèvement d'un membre. On met très rarement en usage l'amputation d'une extrémité dans les grands animaux, tels que le cheval et le bœuf; on la pratique quelquefois sur le chien. Elle est nécessaire, quand on veut conserver la vie d'un sujet précieux, qui est atteint d'une fracture comminutive ou du sphacèle. Cette opération se compose de plusieurs éléments, qui se réduisent à trois en chirurgie vétérinaire : couper, arrêter l'hémorrhagie et guérir la plaie. Elle ne présente pas de grands dangers pour les petits animaux ; mais il ne faut pas oublier que c'est un moyen extrême, qui doit produire une difformité, et qui ne doit être mis en pratique qu'après l'essai de toutes les autres voies de guérison.

Amputation d'un membre sur le chien. Il n'est pas indispensable de préparer l'animal ; on le fixe sur une table. Pour se rendre maître du cours du sang, on exerce la compression par les doigts d'un aide sur l'artère principale du membre à retrancher. Cette compression est avantageuse, parce que les doigts peuvent être soulevés et réappliqués immédiatement, si l'on a besoin d'un jet de sang pour découvrir le vaisseau. On peut opérer d'après les méthodes recommandées en chirurgie humaine : 1° *méthode circulaire*, qui consiste dans la section des parties molles perpendiculairement à leur axe. Cette section doit être faite en deux temps : on divise le tégument tout seul, pour le disséquer et le relever dans une certaine étendue ; dans un second temps, on coupe les muscles au niveau de la rétraction de la peau ; enfin, l'os est scié au niveau du plan musculaire. Des bistouris peuvent suffire pour diviser les parties molles; on emploie une scie à main pour diviser les os. Après ce procédé, la cicatrice est froncée, à plis convergents; c'est un inconvénient à éviter; 2° *méthode à lambeaux*. Quand on ne fait qu'un seul lambeau, l'on prend de la main gauche les parties molles qu'on veut diviser, on les soulève; puis, avec un bistouri droit, on traverse les chairs suivant le diamètre transversal du membre en rasant les os; ensuite on coupe directement en bas et en dehors. Le lambeau étant relevé par un aide, on divise le reste des téguments et des muscles par une incision demi-circulaire, et on scie l'os. On peut amputer en faisant deux lambeaux, quand on opère sur des parties indurées; 3° *méthode ovalaire*. Elle tient le milieu entre les deux précédentes. Comme dans la méthode circulaire, on divise les tissus de dehors en dedans en donnant à l'incision une forme ovalaire. Elle a l'avantage de produire une plaie dont la cicatrice est linéaire et dont la surface est favorable à l'écoulement du pus. Quand les téguments et les muscles sont divisés, il faut scier l'os qui forme la base du rayon à amputer. Préalablement, on fait relever les chairs avec une compresse fendue en deux chefs. L'amputation peut être faite dans la *continuité*, c'est-à-dire sur le corps de l'os, ou dans la *contiguïté*, dans l'articulation ; dans ce cas, on ne doit diviser que des parties molles; l'emploi de la scie devient inutile. Après l'opération, il faut prévenir les accidents hémorrhagiques; on cautérise le moignon tout entier ou seulement les orifices béants des artères; la ligature est préférable, ainsi que la torsion. Dès que l'écoulement du sang est arrêté, l'on procède au pansement, qui consiste à obtenir la réunion de la plaie par *première* ou par *seconde intention*. Dans le premier cas, on rapproche les bords par des bandelettes agglutinatives; on applique par-dessus des plumasseaux d'étoupe et une compresse en croix de Malte, qu'on recouvre par une bande de toile enroulée autour du moignon. Dans le second cas, on interpose entre les lèvres de la plaie une partie du pansement, mais la suppuration est plus abondante, la guérison est moins prompte. Il faut ensuite surveiller l'animal, le tenir à la diète et au repos. Le troisième jour, on lève l'appareil, quelquefois il est arraché plus tôt par le malade trop souvent indocile. On peut, sans inconvénient, laisser la plaie à découvert; le chien la lèche et la cicatrisation ne tarde pas à se montrer sans que l'on redoute, comme sur l'homme, des accidents nerveux, des hémorrhagies secondaires, l'inflammation du moignon, des abcès, et la résorption purulente. — *Amputation d'un membre sur le cheval.* Elle n'a été faite que dans des circonstances tout-à-fait exceptionnelles, et surtout à titre d'essai. Cette opération met toujours l'animal dans l'impossibilité de rendre quelques services. — *Amputation dans les rumi-*

nants. Pour le bœuf, la vache, la brebis, elle est également inutile; on préfère livrer l'animal au boucher pour le faire servir à la consommation.

AMPUTATION DES CORNES. On la pratique quelquefois sur les animaux des espèces bovine et ovine. C'est pour remédier à des cas pathologiques, tels que des fractures, des abcès, qu'on la met en usage, ou pour un but d'utilité. Une mauvaise direction des cornes dans le bœuf, un caractère indocile forcent à employer ce moyen pour éviter des accidents. En Espagne, on coupe les cornes aux béliers mérinos parce qu'ils occupent trop de place dans la bergerie, parce qu'ils sont exposés à se blesser les uns les autres. Pour l'espèce bovine, on préfère la scie à main; on se sert quelquefois du ciseau pour le bélier, mais ce procédé a l'inconvénient d'ébranler la tête et de ne pas donner une section nette. Les accidents à redouter, sont les hémorrhagies, la gangrène, les collections purulentes. On applique sur la plaie une pièce de toile pour la préserver du contact de l'air et des insectes.

AMPUTATION DES OREILLES. Il y a 50 ans, c'était une affaire de mode pour le cheval; aujourd'hui, ce serait une opération ridicule, excepté dans le cas où l'on voudrait remédier à une maladie. Cette excision est pratiquée sur les chiens de garde, tels que les dogues, les mâtins, pour qu'ils puissent mieux se défendre contre les autres animaux de leur espèce. On coupe les oreilles sur le chien danois, le doguin, par caprice. Enfin, c'est un moyen chirurgical fort usité pour remédier aux chancres de la conque sur le chien. Autrefois, on coupait les oreilles du cheval en travers ou en bec de flûte. Par la section transversale, on cherchait uniquement à raccourcir les oreilles; en employant l'autre méthode, on voulait pallier quelque vice de conformation, un excès de longueur. Afin de conserver à la conque sa forme primitive, on se servait d'un moule à oreilles composé de deux pièces métalliques, entre lesquelles on resserrait l'oreille avant de procéder à son amputation. On coupe les oreilles du chien suivant plusieurs méthodes: 1° au niveau de la tête, par une excision circulaire qui embrasse le cartilage au niveau de son tubercule intérieur. On peut arracher avec les doigts les oreilles des jeunes chiens, le jour ou le lendemain de leur naissance; l'obstruction du conduit auditif est souvent la conséquence de cette manière d'opérer; 2° en renard, c'est-à-dire en laissant une pointe à la partie antérieure de la conque; 3° on ne fait qu'une excision partielle sur les chiens de chasse qui sont atteints de chancres aux oreilles.

AMPUTATION DE LA LANGUE. On la pratique dans le cas de lésions graves, telles que la gangrène, l'induration, les tumeurs fongueuses, squirrheuses, etc. L'amputation est quelquefois accidentellement produite, quand on attache un cheval avec la longe, préalablement passée dans la bouche. Chez les herbivores, l'ablation de la langue a surtout des inconvénients pour les grands ruminants, parce que cet organe est destiné à la préhension des aliments. L'opération est exécutée différemment, suivant le siége de la maladie qui occupe la langue. Avec des ciseaux courbes sur le plat, on excise les tumeurs à pédicule. Si l'on combat un ulcère chancreux, on enlève une certaine épaisseur des tissus avec le bistouri convexe ou la feuille de sauge. La ligature a été conseillée, quand la désorganisation est profonde. Enfin, pour pratiquer une section complète, on assujettit l'animal, et la langue étant saisie avec des tenettes, on fait l'amputation et l'on cautérise avec le fer rouge.

AMPUTATION DU PÉNIS. Elle est indiquée sur le cheval pour remédier aux excroissances, aux verrues et ulcérations profondes du pénis, qu'on regarde comme incurables. Plusieurs procédés ont été recommandés: 1° la ligature, après avoir préalablement fixé dans le canal de l'urètre une sonde métallique; 2° la section par le bistouri. Dans ce dernier cas, l'hémorrhagie est abondante; elle s'arrête par des injections astringentes faites dans le fourreau; cet accident est presque nul, si l'incision a été faite par ratissement.

AMPUTATION DE LA QUEUE. On raccourcit la queue du cheval pour satisfaire des idées de mode, ou pour remédier à des accidents pathologiques. On coupe la queue en *botai*, en *catogan*, à l'*anglaise*, pour modifier l'aspect de la croupe. La carie, la gangrène, des fistules, réclament quelquefois cette opération. Les maréchaux coupent la queue en plaçant le tranchant d'un boutoir sous cet organe et frappant par-dessus avec un bâton; quelques personnes se servent d'un couperet. Un moyen des plus commodes, consiste dans l'emploi du *coupe-queue*. (*V.* ce mot.) Pour faire cette amputation, il est utile de fixer l'animal à l'aide d'une plate-longe, afin d'éviter les coups de pied. Une hémorrhagie abondante, produite par les artères coccygiennes, se montre aussitôt après l'action de l'instrument tranchant. Lorsqu'on veut arrêter l'écoulement du sang, on applique sur la plaie le cautère à anneau, vulgairement *brûle-queue*, jusqu'à ce qu'on ait produit une escharre assez épaisse; la blessure se cicatrise ordinairement sans exiger le moindre soin. Quelquefois on ampute une partie de la queue pour faire une saignée révulsive dans le cas de maladie de l'encéphale. On coupe la queue des chiens avec les ciseaux ou le bistouri, qu'on fait agir entre deux os coccygiens, avec la précaution de ramener la peau vers la base de cet organe, pour éviter une dénudation sur la partie opérée. Dans quelques contrées, on coupe la queue des bêtes à laine, surtout des mérinos, parce que sa longueur est nuisible. Cette partie, du reste, est sans valeur et sans utilité; elle a l'inconvénient, en outre, de se couvrir d'impuretés. En France, on coupe la queue aux agneaux vers la fin du premier mois, en même temps qu'on les châtre par excision.

AMULETTES, s. f., *Amuletum*, de *amoliri*, écarter. Remède, figure, qu'on porte sur soi, que l'on fixe sur un animal, par une confiance superstitieuse, comme un préservatif.

AMYGDALE, s. f. *Amygdala*, de αμυγδαλη, amande. Assemblage de follicules placés de chaque côté du voile du palais, aux limites de la bouche et de l'arrière-bouche, où ils sécrètent un fluide glaireux lubrifiant ces parties. Les amygdales sont peu apparentes chez le cheval ; elles deviennent plus distinctes chez le bœuf et le chien.

AMYGDALÉES, s. f., *Amygdaleæ*. Section de la famille des Rosacées, comprenant les genres *Amandier*, *Abricotier*, *Cerisier*, *Prunier*, etc. Cette section compose, pour plusieurs auteurs, une famille distincte.

AMYGDALINE, s. f. Principe neutre azoté contenu dans les amandes amères. C'est une sorte de caséine végétale avec des propriétés spéciales. On l'obtient en traitant par l'alcool le marc provenant de l'extraction de l'huile grasse des amandes amères, et précipitant ensuite par l'éther. C'est une substance solide, blanche, cristallisable, inodore, de saveur sucrée, rappelant celle des amandes amères. Elle est soluble dans l'eau et l'alcool étendu, peu soluble dans l'alcool absolu et nullement dans l'éther. Les alcalis la changent en ammoniaque et acide amygdalique. Traitée par l'acide azotique, elle se transforme en acide benzoïque. Mise en contact avec l'albumine contenue dans les amandes douces ou amères, appelée *émulsine* ou *sinaptase*, en présence de l'eau et à une certaine température, elle se change en acide cyanhydrique et huile d'amandes amères, deux poisons dangereux. Toute autre albumine végétale ne peut produire l'effet de *l'émulsine* ; les acides étendus l'empêchent de déterminer cette singulière transformation, cause de l'odeur spéciale que répandent les amandes amères qu'on délaie dans l'eau.

AMYGDALITE, s. f., de αμυγδαλη, amande. Inflammation des amygdales. (*V.* ANGINE.) Ce terme a été adopté par Vatel.

AMYLACÉ, adj., *amylaceus*, d'*amylum*, amidon ; qui ressemble à l'amidon ou qui est de la nature de l'amidon. *Fécule amylacée*. (*V.* AMIDON.)

AMYLOÏDE, adj., d'*amylum*, amidon, et ειδος, forme, ressemblance. Substances semblables ou analogues à l'amidon. Les fécules sont des principes *amyloïdes*.

AMYRIDÉES, s. f., *Amyrideæ* ; tribu de la famille des Térébinthacées. Le genre *Amyris*, qui la forme seul, se compose d'arbres ou arbrisseaux appelés généralement *baumiers*, *balsamiers*, parce qu'ils fournissent des résines balsamiques. Tous croissent dans l'Amérique méridionale ou dans l'Inde. La tribu des Amyridées est regardée par plusieurs botanistes comme une famille distincte.

ANA. *V.* ABRÉVIATIONS.

ANACARDIER, s. m., *Anacardium* ; genre de la famille des Térébinthacées, dont une des espèces fournit la noix d'acajou.

ANÆMIE. *V.* ANÉMIE.

ANAL, adj., *analis* ; qui appartient à l'anus. *Orifice anal*, *glandes anales* : glandes que l'on rencontre au voisinage de l'anus dans un grand nombre de *carnassiers*, et dans plusieurs *rongeurs*.

ANALEPSIE, s. f., *Analepsis* ; de ανα, de rechef, et λαμβανειν, prendre. Rétablissement des forces après une maladie grave.

ANALEPTIQUE, adj. et s., de ανα, de rechef, et λαμβανειν, prendre. *Reconstituant*. Cette dénomination est employée à la fois en hygiène et en pharmacologie, pour indiquer les substances alimentaires ou médicamenteuses, capables de relever les forces de l'économie épuisée par une cause quelconque. Les médicaments analeptiques ou reconstituants appartiennent à la classe des excitants et surtout à celle des toniques, dont ils constituent une des sections principales. Les excitants deviennent analeptiques en stimulant les organes et en rendant momentanément les fonctions plus actives et plus complètes : mais les toniques reconstituants, comme les ferrugineux par exemple, qui tiennent le premier rang, le sont d'une manière plus directe et plus durable, en fournissant au fluide nourricier, le sang, des principes assimilables. C'est ainsi que les préparations ferrugineuses augmentent la quantité des globules du sang, et, par suite, rendent ce liquide plus épais, plus rouge, plus plastique, et partant plus apte à nourrir le corps et à stimuler les centres nerveux. (*V.* TONIQUES et FERRUGINEUX.) Ces médicaments sont surtout indiqués pendant les convalescences, ou lorsque les animaux, épuisés par une nourriture insuffisante ou mauvaise, par des travaux excessifs, des sécrétions longtemps continuées, etc., sont tombés dans le marasme, ont le poil piqué, les muqueuses pâles, le sang appauvri, etc.

ANALYSE, s. f., *Analysis*, de αναλυω, je dissous. On donne ce nom en *chimie* à l'opération par laquelle on sépare les éléments d'un corps composé, afin d'en déterminer la *nature* et la *quantité*. Elle consiste, en général, à séparer nettement les principes d'un corps ou à les faire entrer dans des combinaisons parfaitement déterminées. Quand on détermine seulement la nature des éléments d'un composé, l'analyse est dite *qualitative* ; on l'appelle *quantitative*, quand on a pour but de déterminer la *quantité* relative des éléments des corps composés. Selon la nature des substances à analyser, on lui donne le nom d'*inorganique* ou d'*organique*. La première se fait tantôt par la *voie sèche*, à l'aide de la chaleur et de certains *fondants*, *oxydants* ou *désoxydants*, tantôt par la *voie humide*, au moyen de quelques substances appelées *réactifs*. L'analyse organique est appelée *immédiate* et *élémentaire*, selon qu'elle est employée à séparer les principes *immédiats* des substances organiques ou à déterminer exactement la nature et la quantité des principes *élémentaires* qui entrent dans la composition des principes immédiats.

ANANAS, s. m. Fruit agrégé, conique, jaunâtre, de la grosseur des deux poings, très rafraichissant, d'une saveur sucrée très agréable, produit par plusieurs plantes du genre *ananassa*, famille des Broméliacées. L'ananas se récolte dans l'Inde et l'Amérique méridionale.

ANANDRAIRE, adj. : se dit des fleurs doubles par transformation des pistils et des enveloppes florales, mais dans lesquelles il n'y a pas d'étamines.

ANAPHRODITE, s. m., de α priv., et αφροδιτη, Vénus. Individu qui, sans être privé de la faculté de se reproduire, ne peut, dans le moment présent, effectuer l'acte de la génération, par défaut de désirs vénériens.

ANAPLASTIE, s. f., de αναπλασσειν, refaire. Opération chirurgicale qui consiste à rétablir la forme d'une partie mutilée. Ce mot est synonyme d'*autoplastie*.

ANASARQUE, s. f., de ανα, *autour*, et de σαρξ, *chair* ; le mot ύδωρ, *eau*, est sous-entendu. Tuméfaction générale du corps produite par une infiltration de sérosité dans les mailles du tissu cellulaire ; c'est une *hydropisie générale*. L'hydropisie partielle du même tissu porte le nom d'*œdème*. L'anasarque est *idiopathique* ou *symptomatique*. Bouley adopte le nom d'*anasarque* pour désigner l'hydropisie générale active, qu'on observe dans cette maladie du cheval, très connue sous le nom de *mal de tête de contagion* et dont la transmission est loin d'être prouvée. Cette même affection, arrivée à sa troisième période, est appelée *coryza gangreneux*, *morve gangreneuse* ; Chabert lui a donné le nom de *charbon blanc*, parce qu'elle prend, vers sa terminaison, le caractère charbonneux. Delafond adopte, pour cette maladie, le nom de *diasthasémie* (διαστασις, séparation, et αιμα, sang) ; il l'appelle *diasthasémie rapide*, à cause de l'instantanéité de son développement. L'anasarque *idiopathique* ou *active* est produite par l'impression subite du froid, la suppression de la sueur, l'application d'un vésicatoire, le développement d'un phlegmon ; l'étiologie de cette variété est obscure. Les maladies organiques du cœur, du poumon, font développer l'anasarque *symptomatique* ou *passive* ; cette dernière survient après les épanchements de sérosité dans les plèvres, le péritoine ; elle dépend encore de l'altération du sang, de tout ce qui gêne la circulation d'une manière mécanique. Sous le rapport des symptômes, l'anasarque est *sthénique* ou *asthénique*, selon qu'elle coïncide ou non avec les caractères de l'inflammation. L'anasarque débute par l'engorgement des extrémités, jusqu'aux articulations du genou et du jarret ; à mesure que la tuméfaction s'élève davantage, on voit le tissu cellulaire se gonfler sur d'autres parties du corps, principalement sous le ventre. L'impression du doigt, faite sur l'intumescence, ne s'efface que par degrés. On observe la sécheresse de la peau, la suppression de la sueur. Le pouls est petit, faible et lent ; quelquefois on le trouve plein, résistant ;

les muqueuses sont pâles et reflètent, dans quelques cas, une teinte jaunâtre. La digestion est ordinairement difficile ; tantôt on observe la diarrhée ; tantôt on voit une constipation opiniâtre. Au bout de quelque temps, l'enflure gagne les cuisses, les organes génitaux, la croupe, le poitrail du cheval. Cette maladie diffère de l'œdème par son étendue qui est plus considérable. On ne la confondra pas avec l'emphysème, dans lequel la présence de l'air produit la crépitation. L'anasarque peut se terminer favorablement par des sueurs copieuses, la diarrhée, un écoulement abondant des urines. Quelquefois elle finit par la mort, l'infiltration gênant de plus en plus le jeu des organes. Après que l'animal a succombé, le tissu cellulaire contient dans les engorgements œdémateux, une abondante sérosité, qui se fait remarquer aussi sous la muqueuse des premières voies aériennes, autour des gros vaisseaux, dans les intervalles musculaires, etc. Le cœur est pâle, décoloré, facile à déchirer ; il présente, à sa surface extérieure, des ecchymoses. Dans les poumons, une sérosité citrine distend les lobules, principalement vers la partie inférieure. Souvent les plèvres et le péritoine contiennent plusieurs litres de liquide séreux. Le pronostic est peu fâcheux dans l'anasarque aiguë, qui ne se lie à aucune lésion organique ; il est grave dans l'anasarque chronique ou symptomatique, surtout quand il y a altération profonde des liquides. Pour traiter cette maladie, il faut tenir compte des causes qui l'ont occasionnée. Résulte-t-elle d'une excitation ? les émissions sanguines sont indiquées pour activer l'absorption du liquide séreux infiltré dans le tissu cellulaire. Au contraire, l'anasarque, produite par un état de débilité, réclame les stimulants. On provoque l'évacuation de la sérosité par les mouchetures, les scarifications, l'application des vésicatoires, la cautérisation par pointes pénétrantes, les bandages compressifs. À l'intérieur, on administre les infusions aromatiques, les excitants diffusibles, les purgatifs, les émétiques, les diurétiques. Parmi ces derniers médicaments, le nitre à fortes doses mérite la préférence ; on donne encore la crème de tartre, le carbonate de potasse, la scille, la digitale pourprée. On évitera d'avoir recours à l'application des setons, qui pourraient entraîner des engorgements gangreneux, généralement mortels.

ANASTOMOSE, s. f., *Anastomosis*, de ανα, avec, ensemble, et στομα, bouche ; communication ou réunion de deux vaisseaux. Les anastomoses sont d'autant plus fréquentes, que les vaisseaux sont plus petits. Rigot en admet cinq variétés : 1° *anastomose par arcade*. Ex. : les branches des artères intestinales ; 2° *anastomose par inosculation*, c'est-à-dire entre deux artères venant de points opposés à la rencontre l'une de l'autre. Ex. : les artères abdominales antérieure et postérieure ; 3° *anastomose par branche transversale*. Ex. : celle des deux carotides internes, après leur entrée dans le crâne ; 4° *anasto-mose par convergence*. Ex. : celle des deux artères palato-labiales ; 5° *anastomose composée*, réunion d'un plus ou moins grand nombre d'anastomoses formant des cercles, des polygones, etc. Dans les veines, les anastomoses sont plus nombreuses que dans les artères, plus nombreuses encore dans les lymphatiques que dans les veines. Dans tous les vaisseaux, elles ont pour but de faciliter la circulation et surtout de permettre aux canaux de se suppléer mutuellement. On appelle aussi *anastomose*, la réunion des cordons nerveux ; elle diffère de l'anastomose des vaisseaux en ce que ceux-ci se communiquent le fluide qu'ils charrient, tandis que les cordons nerveux se bornent à s'accoller, sans partager leurs propriétés.

ANASTOMOTIQUE, adj., *Anastomoticus;* qui a rapport aux anastomoses. *Réseau anastomotique, rameaux anastomotiques.*

ANATOMIE, s. f., *Anatomia*, de αναx, à travers, et τεμνειν, couper ; science de l'organisation, qui ne peut s'acquérir que par la division, la section des corps organisés. L'anatomie doit se diviser, comme ces corps, en deux sections : l'anatomie des végétaux, qui fait partie de la botanique, et l'anatomie des animaux. Celle-ci a reçu différents noms, suivant ses applications spéciales. L'anatomie de l'homme porte le nom d'*anatomie humaine*, ou *anthropotomie*. Celle des animaux en général a reçu celui de *zootomie*. Lorsqu'elle étudie comparativement l'homme et les animaux, on l'appelle *anatomie comparée*. Si elle se borne à l'étude des animaux domestiques, elle constitue l'*anatomie vétérinaire*. L'anatomie change encore de qualification, suivant la manière dont elle envisage les animaux dont elle s'occupe. Ainsi l'étude des tissus, abstraction faite des organes qu'ils servent à composer, porte le nom d'*anatomie générale;* celle des organes, sous le rapport de leurs connexions, de leurs formes, etc., constitue l'*anatomie descriptive*. L'anatomie *pathologique* s'occupe de l'étude des tissus et des organes malades. L'*anatomie topographique*, ou *de régions*, consiste dans l'étude détaillée des différents organes et tissus qui composent une région déterminée; elle est surtout utile au chirurgien, et porte aussi le nom d'*anatomie chirurgicale*. — L'anatomie végétale reçoit généralement le nom d'*organographie*.

ANATOMISTE, s. m. *Anatomicus*, qui s'occupe d'anatomie.

ANATROPE, adj.; Mirbel appelle ainsi l'ovule dans lequel le micropyle se rapproche du hile.

ANCIPITÉ, adj., *anceps;* comprimé de manière à avoir deux bords opposés tranchants. Ex. : la tige du *Poa anceps*.

ANCOEUR, s. m. (*V.* Avant-Coeur).

ANCOLIE, s. f., *Aquilegia*, L; genre de plantes de la famille des Renonculacées. L'espèce la plus commune en Europe est l'Anco-lie vulgaire, ou Gant de Notre-Dame, *A. vulgaris*, plante assez jolie, cultivée comme ornement dans nos jardins. Elle croît spontanément dans les prairies élevées et ombragées; refusée par les bestiaux, elle doit être, en conséquence, regardée comme nuisible. Sa racine était vantée autrefois comme diurétique et antiscorbutique.

ANDALOU, adj. (cheval); on désigne communément sous ce nom le cheval d'Espagne de l'ancienne race dite des *Genêts*. Il a pour caractères : taille moyenne, corps long, arrondi ; ventre un peu gros, dos plus ou moins ensellé; croupe, fesses et cuisses charnues, arrondies; garrot sorti; tête busquée, un peu grosse; oreilles longues; encolure rouée, poitrail large; avant-bras courts, jarrets coudés, paturons longs. Le cheval andalou est propre aux airs relevés du manège; ses mouvements ont de la souplesse, du liant, de l'élégance; il passe, en outre, pour docile. La race des Genêts d'Espagne, l'une des plus anciennes de l'Europe, jouissait autrefois d'une grande réputation. Elle fut introduite en Angleterre à l'époque de la conquête, et depuis, par Henri VIII, et jusqu'à l'époque de Jacques Ier. Des importations du cheval andalou ont été faites en France, à diverses reprises, mais jamais sans doute d'une manière assez suivie pour laisser des traces profondes dans les races de notre pays. Les Espagnols le font descendre des plus anciens et des plus purs types de l'Orient; il est permis de penser que la race s'est formée pendant l'occupation de l'Espagne par les Arabes. Depuis longtemps, ce cheval n'est plus l'objet d'un commerce étranger de quelque importance. Les individus qui représentent cette race en Espagne même sont très peu nombreux; on n'en élève plus qu'aux environs de la Chartreuse de Xérès.

ANDROCÉE, s. m., *Androcæum*, ensemble des organes mâles d'une fleur.

ANDROGINAIRE, adj., *androginarius;* se dit des fleurs doubles dans lesquelles la transformation n'a intéressé que les organes sexuels, mâles et femelles.

ANDROGYNE, adj., *androgynus*, qui possède les organes des deux sexes; ne se dit que des fleurs. Synonyme d'*hermaphrodite*. (*V.* ce mot).

ANDROGYNIFLORE, adj. *androgyniflorus;* qui ne porte que des fleurs androgynes; *disque androgyniflore*.

ANDROPÉTALAIRE, adj.; se dit d'une fleur double dans laquelle les étamines sont transformées en corolle, et la corolle multipliée, sans que le pistil ait éprouvé de métamorphose.

ANDROPHORE, s. m., *Androphorum;* nom du support conique formé par plusieurs filets d'étamines dans la monadelphie.

ANDROPOGON, s. m. *andropogon;* genre très nombreux de la famille des graminées, dont presque toutes les espèces sont exotiques. Quelques espèces, appartenant aux régions tropicales, ont des racines très aromatiques ; l'une d'elles, originaire de l'Inde, fournit la racine odorante bien connue dans le commerce sous le nom de *vétiver*.

ANE, s. m., *Equus asinus ;* l'âne appartient au genre cheval ; on le croit originaire de l'Asie ou de l'Afrique ; du moins le trouve-t-on à l'état sauvage dans les déserts de la Syrie, au voisinage du golfe Persique et dans la Tartarie. Il y vit en troupes nombreuses, évitant l'approche de l'homme et recherchant le désert et la chaleur. Il était connu des anciens sous le nom d'*onagre*, et c'est celui par lequel le désignent encore la plupart des naturalistes. La chasse qu'on lui fait est active ; sa chair est consommée par l'homme : l'industrie transforme sa peau en *chagrin*. L'âne sauvage est plus petit en Afrique qu'en Asie. La domestication de cet animal remonte à une haute antiquité, ainsi que le prouve l'histoire des peuples d'Orient : elle lui a fait perdre, partout où elle l'a conduit, une partie de ses qualités originelles. Quoique l'importation de l'âne en Europe soit déjà ancienne, il est encore rare dans les contrées les plus septentrionales. Dans le Nouveau-Monde, on l'emploie aux mêmes usages que sur l'ancien continent. Sa sobriété, sa rusticité, plus encore que sa force, le rendent partout le compagnon du pauvre dont il partage les travaux et la misère ; et l'état de dégradation où il est généralement tombé, son caractère sauvage, indocile, sont autant la conséquence des mauvais traitements qu'il reçoit, du peu de soins qu'on lui donne, que des influences du climat et de ses défauts primitifs. Comparé au cheval, pris pour le type du genre, il a la tête plus forte, les oreilles beaucoup plus longues, l'encolure plus grêle, le garrot moins sorti, le dos généralement plus droit, la poitrine et la croupe beaucoup plus étroites, les membres moins musculeux et plus droits, la queue dégarnie de crins, à l'exception d'un bouquet partant de l'extrémité, les pieds plus étroits, présentant ce caractère qui les fait désigner sous le nom de pinçards ; son pelage ne varie guère que du gris souris ou cendré au brun : il est généralement uniforme, et ne se modifie guère qu'à la face interne des membres où il est blanchâtre, à la face postérieure où se remarquent souvent des zébrures plus foncées, enfin, sur le garrot d'où partent ordinairement deux bandes transversales qui descendent, en se rétrécissant sur les épaules. L'âne a en somme moins de taille, des formes moins arrondies, moins agréables que le cheval. Il est éminemment propre au service du bât, et peut être employé au trait. Ses membres sont très forts, son pied est sûr ; et malgré son air stupide, il ne manque pas d'intelligence, quand il n'a pas été abruti par les coups. Dans l'Asie, dans quelques contrées de l'Europe, il est même employé au service de la selle concurremment avec le cheval et la mule. Sa longévité est remarquable ; il peut travailler depuis l'âge de 18 mois à deux ans, jusqu'à

l'âge de 25 ou 30. Sa sobriété n'est pas moins proverbiale que son entêtement, et l'un et l'autre servent souvent de prétexte à une nourriture insuffisante et à de mauvais traitements. L'âne mâle est vulgairement appelé *baudet*, la femelle reçoit le nom d'*ânesse*. (*V.* ces mots. *V.* aussi ASINE.)

ANÉANTISSEMENT, s. m., réduction au néant, destruction totale. Cette expression s'applique le plus souvent à un état de faiblesse extrême dans lequel toutes les facultés paraissent suspendues.

ANÉLECTRIQUE, adj., α priv. et de ήλεκτρον, électricité. Nom donné aux corps bons conducteurs de l'électricité, et surtout aux métaux, parce qu'ils ne peuvent conserver l'électricité qu'on leur communique par le frottement. (*V.* CONDUCTEUR).

ANÉMIE, s. f., *anæmia*, de α priv. et αἷμα, sang. État morbide caractérisé par la diminution de la quantité du sang, ou seulement du nombre des globules de ce liquide. C'est l'opposé de la pléthore, de la polyhémie. L'anémie est fréquente dans les animaux ; elle est causée par les hémorrhagies abondantes traumatiques ou spontanées, une alimentation insuffisante, la privation de la lumière, l'inspiration d'un air impur. Les maladies de l'estomac, de l'intestin, du poumon et du cœur, produisent aussi cet état, en rendant l'hématose incomplète. On distingue l'anémie *idiopathique*, qui dépend des causes directes qui ont agi sur le sang, et l'*anémie symptomatique*, qui se rattache à une altération organique locale. Pendant la vie, la peau et les muqueuses apparentes sont décolorées ; les veines superficielles ne sont plus saillantes ; les yeux sont languissants, le pouls est mou, fréquent ; les battements du cœur sont forts, les malades présentent un état de faiblesse générale ; les fonctions digestives sont dérangées, l'appétit est nul ; on observe quelquefois une diarrhée séreuse ; les membres sont infiltrés. Le sang, retiré des veines, est peu foncé en couleur. D'après Delafond, le sang recueilli dans l'hématomètre se coagule en 20 à 25 minutes pour le cheval, 30 minutes dans le bœuf, 10 à 12 dans le chien et le mouton. La proportion de fibrine est minime, ainsi que l'hématosine. A l'ouverture du cadavre, on observe une décoloration générale des chairs et des viscères. Le poumon et le cœur ne contiennent qu'une faible quantité de sang. Pour le traitement, il importe de bien distinguer l'anémie symptomatique de celle qui est idiopathique. La première réclame les mêmes moyens que la maladie dont elle n'est qu'un symptôme. Dans le second cas, on a recours à une sage application des règles de l'hygiène ; de plus on administre des préparations toniques, surtout les ferrugineux, le peroxyde et le carbonate de fer, le quinquina, etc.

ANÉMOGRAPHIE, s. f., de ἄνεμος, vent, et γραφειν, décrire. Description des vents ; partie de la météorologie qui traite de ces météores aériens.

ANÉMOMÈTRE, s. m., de ανεμος, vent,
μετρον, mesure. On appelle ainsi les instruments
destinés à indiquer la direction des vents et à mesurer leur force. L'anémomètre, qui indique
la direction des vents, porte le nom de *girouette*. Pour mesurer la force ou la vitesse
de ces météores, il existe plusieurs anémomètres, mais celui de Bouguer est le plus
connu et le plus souvent employé : il consiste
en une plaque carrée, munie d'une tige fixée
à son centre, qui glisse librement dans une
caisse munie d'un ressort en spirale sur lequel
s'appuie cette tige, et qui s'oppose de plus
en plus à son enfoncement. Pour graduer cet
instrument, on charge la plaque de poids
connus, ou on la fixe sur un jeu de bague, et
on lui communique une vitesse déterminée ;
une crémaillère, munie de crans ou un anneau
mobile sur la tige, indiquent de combien
l'instrument s'enfonce de degrés sous un poids
ou une vitesse déterminée, et servent à graduer l'appareil.

ANÉMONE, s. f., *Anemone*, L. ; genre de
plantes vivaces de la famille des Renonculacées. Les espèces, assez nombreuses de ce
genre, croissent dans les bois et les prés ; elles
ont, à l'état frais, une âcreté que la dessiccation leur ôte en partie. On doit les considérer
comme des plantes nuisibles. Les principales
espèces sont l'A. pulsatille, *A. pulsatilla* ;
l'A des bois, *A. nemorosa* ; l'A. des prés, *A.
pratensis* ; l'A printanière, *A. vernalis* ; l'A.
des Alpes, *A. alpina* ; etc. Quelques-unes
ont été autrefois employées en médecine.

ANÉMONINE, s. f. ; principe particulier,
encore mal déterminé, découvert par Heyer
dans les Anémones, et paraissant provenir de
l'altération du principe âcre et volatil de ces
plantes. L'anémonine se dépose. au bout d'un
certain temps, dans l'eau distillée d'anémone,
sous forme de poudre blanche, incolore, inodore, mais répandant, lorsqu'elle est chauffée,
une odeur forte, et acquérant une saveur
âcre ; peu soluble dans l'eau froide, plus dans
l'eau bouillante, elle l'est beaucoup dans
l'alcool.

ANENCÉPHALE. de α priv., et εγκεφαλον,
encéphale : dernier genre de la famille des Encéphaliens de I. Geoffroy Saint-Hilaire, caractérisé par l'absence de l'encéphale et de la
moelle épinière, ainsi que par un crâne et un
canal rachidien largement ouverts.

ANENCÉPHALIE : privation de l'encéphale.
(*V.* ANENCÉPHALE.)

ANENCÉPHALIENS. Monstres caractérisés
par l'absence complète de l'encéphale, et par
le défaut presque total de la voûte du crâne.

ANERVIE ou **ANEURIE**, s. f., de α priv.,
et νευρον, nerf. Absence, défaut d'action nerveuse. synonyme de *paralysie*.

ANESSE, s. f., *Asina* ; femelle de l'âne.
L'ânesse partage, dans tous les lieux, les travaux, le bien-être et la misère de l'âne. Elle a
généralement moins de taille et de force, mais
elle est plus docile et plus facile à conduire.
Dans les contrées où la production des beaux

ânes étalons constitue une industrie sérieuse,
l'ânesse reçoit beaucoup de soins, une excellente nourriture et ne travaille pas ou n'exécute que des travaux peu pénibles. Il en est
encore ainsi pour les ânesses que l'on entretient au voisinage des grandes villes, dans le
but d'en obtenir du lait. L'ânesse, destinée à
la reproduction, devrait toujours être bien
conformée, avoir le corps arrondi, la croupe
et le bassin larges. Elle peut commencer à
porter dès l'âge de trois ou quatre ans, et continuer, chaque année, sans interruption, jusqu'à dix ou douze ans et même au-delà. Ses
chaleurs se développent au mois d'avril et se
renouvellent avec vivacité pendant plusieurs
mois, si la nature n'est point satisfaite. L'â-
nesse porte, comme la jument, environ trois
cent cinquante jours ; elle est unipare. Son
petit, jusqu'à l'âge adulte, est appelé *ânon*.
Indépendamment de son travail et de sa pro-
géniture, l'ânesse peut fournir à l'homme une
petite quantité de lait, qu'utilise la médecine.
C'est même pour ce dernier produit qu'un certain nombre d'ânesses sont entrenues près des
centres de population. Sa destination doit faire
apporter des soins particuliers dans le choix
et dans le régime des animaux qui le fournissent. L'ânesse, dans ce cas, doit être éloignée
du mâle, exempte de travail, ou du moins de
fatigue ; elle doit paître librement dans de
bons pâturages, ou recevoir à l'écurie une
nourriture féculente, et être entourée de soins
de propreté. L'âge avancé n'est point, comme
on l'a dit, un motif d'exclusion, au moins relativement à la qualité du lait.—Accouplée avec
le cheval étalon, l'ânesse produit un mulet ou
métis, qui prend le nom de *bardot* ou *bardeau*.

ANESTHÉSIE, s. f., de α priv., et αισθησις,
sensibilité ; perte ou privation de la sensibilité. L'anesthésie peut être générale ou partielle ; dans le premier cas, tout le corps est
plongé dans l'insensibilité ; dans le second,
c'est un organe seulement qui en est affecté.
Quelques substances ont la propriété de produire l'anesthésie momentanée et de rendre
les malades inaccessibles à la douleur qui doit
résulter des grandes opérations. Les cyanures,
l'éther sulfurique et surtout le chloroforme,
peuvent amener cet état.

ANETH. s. m. *V.* FENOUIL.

ANÉVRYSMAL ou **ANÉVRYSMATIQUE**,
adj. ; qui a rapport à l'anévrysme. On dit tumeur *anévrysmale* pour désigner le gonflement produit par le sang qui constitue l'anévrysme.

ANÉVRYSME, s. m., *Anevrysma*, de
ανευρυνειν, dilater. On désigne sous ce nom la
tumeur produite sur le trajet d'une artère par
la dilatation de ses parois ou l'extravasation du
sang. On distingue des anévrysmes *traumatiques*, produits par la blessure d'une artère
et des anévrysmes *spontanés*, résultant d'un
obstacle à la circulation ou de la faiblesse des
tuniques artérielles. Les anévrysmes *traumatiques* sont divisés en anévrysmes *faux primi-*

tif, faux consécutif et variqueux. L'anévrysme *faux primitif, diffus*, par *infiltration*, est une tumeur formée par l'épanchement du sang dans le tissu cellulaire communiquant avec une artère blessée. On l'observe quelquefois dans le cheval comme accident de la saignée à la jugulaire, quand la flamme traverse la veine et vient atteindre la carotide. Aujourd'hui, l'on n'a plus recours à la ligature du vaisseau pour remédier à cet état; la compression exercée sur l'encolure suffit pour arrêter le sang et favoriser l'absorption de ce liquide répandu tout autour du vaisseau divisé. L'anévrysme *faux consécutif* est produit par le peu de solidité de la réparation des plaies des artères; on le nomme encore *enkysté*, parce que le sang qui a distendu la cicatrice forme un kyste sur le côté du vaisseau. L'anévrysme *variqueux* est formé par la lésion d'une artère et d'une veine correspondante, de sorte que le sang passe d'un vaisseau dans l'autre. On divise les anévrysmes *spontanés* en *vrais, mixtes externes, mixtes internes.* Dans l'anévrysme *vrai*, toutes les tuniques artérielles sont dilatées et concourent à la formation de la tumeur; les autres résultent de la dilatation d'une ou deux membranes du vaisseau avec déchirure de l'autre. On observe rarement les anévrysmes spontanés sur les artères sous-cutanées dans les animaux; on les rencontre surtout dans la poitrine ou l'abdomen, vers la crosse de l'aorte, la cœliaque, la grande mésentérique. Dans l'anévrysme situé à l'extérieur du corps, on trouve une tumeur circonscrite, plus ou moins volumineuse, compressible, élastique, située sur le trajet d'une artère, offrant des pulsations isochrones à celles du pouls. Il est à peu près impossible de diagnostiquer les anévrysmes internes. Dans les anévrysmes vrais, récents, le sang est encore presque entièrement liquide; plus tard, ce fluide se coagule en formant plusieurs couches concentriques; l'ouverture de communication est plus large que le fond de la poche. Pour les anévrysmes mixtes ou par rupture, on trouve un coagulum disposé par couches; le sac est formé par une ou deux membranes, qui, plus tard, se confondent avec les couches celluleuses qui environnent le vaisseau. Les tumeurs anévrysmales peuvent se creuser une cavité dans le corps d'un os; les cartilages sont quelquefois atrophiés par leur développement, mais ils résistent davantage. Pour traiter l'anévrysme faux primitif de la carotide du cheval, on a recours à la compression, qui suffit généralement. Il faut remarquer ici que, dans les animaux, les blessures des artères se cicatrisent facilement aux dépens de la membrane celluleuse, sans qu'il y ait formation d'un anévrysme spontané, comme chez l'homme. La ligature pourra être mise en usage pour remédier aux dilatations artérielles de la temporale, de la palatine. Le cœur présente deux sortes d'anévrysmes, les uns *actifs*, les autres *passifs*. Les premiers consistent dans l'épaississement des parois de l'organe et constituent une véritable *hypertrophie*;

c'est Corvisart qui leur a donné le nom qu'ils portent à tort. Dans les anévrysmes *passifs* du cœur, les parois des cavités sont amincies, le sang se meut dans un espace plus grand : il est porté avec moins de force et de vitesse dans les diverses parties du corps.

ANFRACTUOSITÉ, s. f., de *Anfractus*, détour, circuit. On donne ce nom aux sillons irréguliers qui se contournent entre les circonvolutions du cerveau et du cervelet. On étend aussi ce nom aux empreintes irrégulières que présente la paroi interne du crâne, correspondant à ces circonvolutions.

ANGÉIOGRAPHIE, *Angeiographia*, de αγγειον, vaisseau, et γραφω, je décris; description des vaisseaux.

ANGÉIOLOGIE, *Angeiologia*, de αγγειον, vaisseau, et λογος, discours. Partie de l'anatomie qui s'occupe des vaisseaux.

ANGÉIOTOMIE, *Angeiotomia*, de αγγειον, vaisseau, et τεμνω, je coupe; dissection des vaisseaux.

ANGÉITE, s. f., d'αγγειον, vaisseau. Inflammation des vaisseaux. Cette expression est générale, la phlegmasie de chaque ordre de vaisseau ayant reçu un nom particulier. (*V.* ARTÉRITE, PHLÉBITE.)

ANGÉLIQUE, s. f., *Angelica*, L.; genre de plantes vivaces de la famille des Ombellifères. Ses caractères sont : calice à cinq divisions, à peine marquées; pétales lancéolés, courbés au sommet; fruit ovoïde ou arrondi, anguleux, glabre; graine striée longitudinalement à la face interne, munie de cinq côtes dont deux latérales plus saillantes et trois dorsales; fleurs blanches en ombelles. Ce genre renferme entre autres espèces : l'Angélique officinale, *A. archangelica*, L., *archangelica officinalis*, *Hoffm.*, qu'on a trouvée en Alsace, en Auvergne, en Provence, et l'Angélique sauvage, *A. sylvestris*, qui croît assez communément dans les prés couverts, sur les montagnes, au bord des eaux. Les feuilles vertes de l'angélique officinale sont recherchées par les bestiaux; elles communiquent au lait leur odeur aromatique. L'angélique sauvage, plus âcre, n'est mangée par les bestiaux que pendant sa jeunesse. — *Pharmacol.* L'angélique officinale est employée en médecine comme *stimulante, tonique et sudorifique.* Toutes ses parties, et surtout la racine, peuvent être employées. Elles contiennent de l'huile volatile, une résine et une sous-résine, de la cire, un principe amer, du tannin, des malates, du sucre, de la gomme, de l'amidon, de l'albumine, de l'acide pectique et un acide volatil appelé *angélicique*. La racine d'Angélique s'administre en électuaire ou en breuvage, seule ou mélangée, infusée dans l'eau ou le vin, à la dose de 30 à 250 grammes aux grands animaux, et à celle de 10 à 20 grammes aux petits. Elle excite l'estomac et les intestins, accélère la digestion et dissipe les flatuosités intestinales. Lorsque ses principes sont passés dans le sang, ils excitent les centres nerveux, accélèrent les battements du cœur, déterminent de la diaphorèse et parfois aussi de la diurèse. Cette plante est usitée contre l'atonie de l'appareil digestif, la diarrhée séreuse, contre les hydropisies et notamment la cachexie des ruminants, ainsi que contre leurs affections putrides, le charbon, le typhus. Réputée alexitère, l'Angélique est parfois employée aussi contre les morsures des animaux vénimeux.

ANGIECTASIE, s. f., de αγγειον, vaisseau, et εκτασις, extension. Dilatation des vaisseaux. C'est Græfe qui a proposé l'adoption de ce mot.

ANGINE, s. f., de *Angere*, étrangler, suffoquer. Synonymie : *mal de gorge, étranguillon, esquinancie, pharyngite, laryngite, trachéite, pharyngo-trachéite.* Inflammation de l'arrière-bouche, du pharynx ou du larynx; maladie mal définie, caractérisée par la gêne et la douleur des organes de la respiration et de la déglutition. On appelle angine *gutturale* celle qui occupe la partie postérieure de la bouche; on la subdivise en angine *tonsillaire* ou *amygdalite*, lorsqu'elle se borne aux amygdales et au voile du palais; *pharyngée*, quand elle attaque le pharynx; *œsophagienne*, si elle s'étend à l'œsophage. L'angine qui envahit les organes respiratoires est *laryngée*, quand elle siège sur le larynx; *trachéale*, lorsqu'elle affecte l'intérieur de la trachée. *Le croup*, variété de l'angine trachéale, porte encore le nom d'angine *croupale, membraneuse* ou *couenneuse*. On admet d'autres distinctions. L'angine peut être simplement *inflammatoire, gangreneuse*; l'œdème de la glotte est appelé aussi *angine laryngée œdémateuse*, enfin *l'angine de poitrine* est une névrose des organes de la respiration, avec constriction douloureuse de la poitrine.

1° *Angine gutturale, pharyngée.* Ses causes sont nombreuses et communes à d'autres maladies. Elle se montre le plus fréquemment sous l'influence des changements atmosphériques, par l'action d'un air froid et humide, qui frappe les animaux en sueur. On la voit paraître après l'ingestion des boissons froides, l'inspiration des gaz irritants, les exercices forcés. Il serait difficile d'expliquer pourquoi ces causes produisent plutôt l'inflammation de la gorge, que celle de toute autre partie de l'appareil respiratoire. La contagion n'est pas admise pour l'angine; si quelquefois elle se présente avec le caractère épizootique, il faut l'attribuer à l'influence des causes générales. Le cheval est très exposé à la contracter. Les symptômes sont locaux ou généraux. La gorge est sensible à la pression des doigts, qui provoque aussitôt la toux; la déglutition est difficile, surtout pour les liquides, qui ressortent par les narines, à cause de la contraction incomplète du pharynx; la bouche est chaude et remplie d'une salive épaisse. Plus tard, la toux devient plus fréquente, des mucosités sont expulsées par les cavités nasales. Une réaction générale se traduit par la fréquence et la plénitude du pouls, la pesanteur

de la tête, qui indique la céphalalgie. A l'état chronique, cette inflammation s'accompagne d'abcès dans les parties voisines de l'arrière-bouche et sous la ganache. Dans l'angine simple, le pronostic est peu grave; il n'en est pas de même, lorsque des complications existent du côté des organes respiratoires. Le traitement qui convient est antiphlogistique. On prescrit le repos, des boissons émollientes avec la tisane d'orge miellée; il est utile d'envelopper la gorge avec un bandage matelassé, ou quelque étoffe de laine. Dans les angines graves, on applique les sinapismes; il y a plus indication de faire une saignée générale. Les purgatifs peuvent être administrés avec avantage. Enfin, on obtient le plus souvent une résolution prompte, en appliquant sur la gorge l'onguent vésicatoire.

2° *Angine laryngée.* Elle a son siège sur la membrane muqueuse du larynx, et reconnaît les mêmes causes que la précédente. Dans l'angine laryngée du cheval, la respiration est plus difficile et bruyante, la déglutition n'offre pas autant de difficulté. Pour peu qu'il y ait gonflement de la muqueuse, la respiration est courte et fréquente; le cornage aigu prend une intensité d'autant plus grande que le passage de l'air devient plus étroit; la suffocation est imminente, et l'asphyxie tue l'animal, s'il ne reçoit aucun secours. On voit, dans cette variété grave d'angine laryngée, une teinte rouge des membranes muqueuses; la toux est forte et quinteuse; des mucosités abondantes sont rejetées par les narines. Les ganglions lymphatiques de la ganache se tuméfient et s'abcèdent quelquefois; on observe même des abcès dans les poches gutturales, qui soulèvent alors les parotides. Dans les espèces du bœuf et du mouton, l'angine ressemble beaucoup au catarrhe nasal : les bêtes à laine atteintes de cette maladie s'ébrouent fréquemment; elles périssent quelquefois par suffocation. L'angine du chien produit de grandes difficultés pour la déglutition; il ne faut pas la confondre avec cet état maladif qu'on appelle *rage mue*. Quand il y a réaction fébrile, on a recours aux antiphlogistiques, surtout aux saignées et aux autres moyens prescrits contre l'angine pharyngée, tels que les sinapismes, les vésicatoires. Il est utile d'avoir recours aux fumigations faites sous le nez avec la décoction de mauves, ou simplement avec des vapeurs aqueuses produites par l'eau chaude. Quelques astringents peuvent être utilisés dans les angines internes : on fait des gargarismes avec des décoctions de plantes amères édulcorées avec le miel, auxquelles on ajoute une légère quantité d'acide sulfurique. Sous ce rapport, l'alun jouit d'une grande réputation, surtout pour l'angine chronique. Bernard l'a employé dans l'état aigu. Cette substance est administrée en gargarisme dans une décoction astringente, ou insufflée sur les parties enflammées : ce dernier moyen d'administration est difficile pour le cheval. Si des abcès se développent autour de la gorge, l'on n'attend pas toujours leur ouverture spontanée; on les évacue à l'aide du cautère ou du bistouri. Quelquefois ces abcès traversent la muqueuse de l'arrière-bouche, et s'ouvrent à l'intérieur du conduit aérien. Lorsqu'il y a danger de suffocation, il faut recourir à la trachéotomie, et faire, par cette opération, une voie artificielle par laquelle l'air continue à pénétrer dans les poumons. Enfin, si le malade éprouve quelques difficultés pour ouvrir la bouche, on pousse avec une seringue quelques injections à travers les espaces inter-dentaires.

3° *Angine couenneuse*; synonymie : *Angine membraneuse*, *pseudo-membraneuse*, *plastique*, *croupale*, *diphthérique*. (*Voyez* Croup.)

4° *Angine gangreneuse*, nommée encore *maligne;* cette variété se montre plus particuliérement sur l'espèce bovine, avec le caractère épizootique. Rodet l'a observée en Italie, dans les pâturages bas et marécageux; elle s'est montrée en France à plusieurs époques assez éloignées. Elle se produit surtout dans les localités exposées au vent qui souffle sur les marais, dans les vallées profondes. Des aliments insalubres, les eaux stagnantes sont des causes prédisposantes. L'angine gangreneuse n'est pas une maladie particulière, c'est la terminaison, par gangrène, des variétés précédentes ; elle n'est pas contagieuse. Ses symptômes sont alarmants: la réaction fébrile est intense. L'animal présente un état de stupeur et d'anxiété, ses forces sont abattues; la difficulté de respirer devient extrême. Des phlyctènes et des aphtes se montrent sur la muqueuse buccale. Plus tard, le pouls est petit, irrégulier, il augmente de rapidité. Les extrémités du corps se refroidissent; la bouche exhale une odeur infecte; les naseaux rejettent une matière purulente. Le malade paraît présenter quelque amélioration dans son état au moment même où il va succomber. La mort a lieu du deuxième au quatrième jour. A l'autopsie, le tissu cellulaire est infiltré dans la région de la tête et de la gorge; sur la muqueuse de l'arrière-bouche, on découvre des lambeaux de fausses membranes, ayant la couleur lie de vin. La muqueuse de la trachée et des bronches présente des traces d'inflammation; on trouve aussi des plaques d'un rouge vif dans la caillette et l'intestin grêle. Le traitement est le plus souvent inutile dans cette maladie, qui parcourt rapidement ses périodes. Employée dès le début, la saignée n'est pas défavorable. Il faut mettre en usage les toniques et les excitants, lorsque les symptômes typhoïdes apparaissent. On prescrit aussi les boissons froides acidulées et les révulsifs cutanés. Ne pourrait-on pas essayer, dans les animaux, les injections ou gargarismes avec les chlorures? Comme traitement prophylactique, on recommande l'isolement des animaux malades, à cause de l'odeur qu'ils répandent: on donne aux animaux sains des boissons acidulées, du sel en quantité suffisante et de bons fourrages. Enfin on cherche à les soustraire à l'action des causes générales de l'angine gangreneuse, par l'observation des règles de l'hygiène.

ANGIOCARPIEN, adj., de αγγειον, vase, et καρπος, fruit: Mirbel appelle ainsi les fruits cachés en tout ou en partie par un organe étranger; ex. : les fruits des *Conifères*, des *Cupulifères*.

ANGIOLEUCITE, s. f., de αγγειον, vaisseau, λευκος blanc, avec la désinence *ite*. Inflammation des vaisseaux lymphatiques.

ANGIOPATHIE, s. f., de αγγειον, vaisseau, et παθος, souffrance. Affection des vaisseaux.

ANGIOSPERMIE, s. f., *Angiospermia*, de αγγειον, vase, et σπερμα, semence: second ordre de la Didynamie, dans le système de Linnée, comprenant des végétaux dont les graines sont renfermées dans un péricarpe apparent, et que, pour cela, on appelle *angiospermes*, ex. : les *Rhinantacées*, les *Orobanchiées*.

ANGIOTÉNIQUE, ou ANGEIOTÉNIQUE, de αγγειον, vaisseau et τεινω, tendre. Nom donné par Pinel à la fièvre qui accompagne l'inflammation, et qui est caractérisée par l'élévation et la plénitude du pouls. On dit *fièvre angioténique, fièvre inflammatoire*.

ANGLAIS, adj., (cheval.) La Grande-Bretagne possède depuis longtemps une nombreuse population chevaline. Le goût du beau cheval est un des caractères de la nation anglaise: l'exemple lui en a été donné par presque tous ses princes, depuis Guillaume-le-Conquérant; aucune n'a été aussi loin qu'elle dans l'art de perfectionner les animaux. Sous le nom de cheval anglais, on désigne généralement le cheval de course, c'est celui que nous allons décrire: taille, 1ᵐ. 60 à 1ᵐ. 65 ; corps élancé; membres longs, jambe droite, jarret large, articulations fortes, canon large et plat, avant-bras long, conique, à saillies musculaires prononcées; épaule longue, oblique, un peu basse; corps et flanc un peu longs, poitrine haute et profonde, un peu étroite; croupe longue, horizontale, plutôt sèche qu'arrondie; tête de moyenne grosseur, front carré, large, face droite, naseaux ouverts, libres; oreilles fines, bien plantées; yeux grands et vifs; ganache bien évidée; encolure droite, mince, allongée, garrot haut; peau fine, poils et crins peu développés, veines proéminentes; robe presque toujours baie, bien moins souvent alezane et grise. L'origine de la race actuelle des chevaux de course anglais remonte au règne de Charles II et même au-delà. Ses titres généalogiques sont établis et conservés dans des documents reconnus authentiques et officiels. Formée par les chevaux barbes et turcs à la fin du XVIIᵉ siècle, elle s'est constituée définitivement sous l'influence du sang arabe introduit d'une manière suivie au commencement du siècle dernier. Il serait trop long de citer les noms des célèbres producteurs qui ont contribué à la former. Les annales du turf, l'histoire, le roman même les conserveront. Tout, dans le cheval anglais, indique l'ardeur, la légèreté, la rapidité des mouvements : il est en effet le plus vite de tous les coursiers. Produit d'une manière en quelque sorte artificielle, à force de soins dans les accouplements, dans l'éducation et le régime, le cheval de course est parfaitement approprié à sa destination; peut-être même possède-t-il jusqu'à l'exagération les qualités qui le rendent si propre aux luttes de l'hippodrome moderne ; car, ce qu'il acquiert chaque jour en vitesse, il le perd en solidité, en résistance et en conformation. Il partage avec l'arabe l'honneur de la qualification de cheval de pur sang, et concourt avec lui à *régénérer* les races chevalines de l'Europe : son mérite, comme type améliorateur, est encore aujourd'hui l'objet de fréquentes discussions. Pour son entretien, son éducation (*V.* le mot ENTRAINEMENT.) On trouvera au mot CHASSE, quelques détails sur d'autres chevaux de la Grande-Bretagne.

ANGLAISER, v. act. Cette expression est employée en hippiatrique pour désigner cette opération inventée par les maquignons anglais, et qui consiste à enlever les muscles abaisseurs de la queue. (*V.* QUEUE.)

ANGLE, s. m., *Angulus;* rencontre de deux lignes. En anatomie, on appelle angle la réunion de certaines parties. Ex. : *les angles de l'œil,* l'un interne ou *nasal,* l'autre externe ou *temporal; l'angle* ou *commissure des lèvres, l'angle de l'épaule, l'angle de la mâchoire.* Les os plats présentent aussi des angles au point de coïncidence de leurs bords. On en trouve surtout dans le scapulum et le coxal.

ANGLE FACIAL. On désigne sous ce nom l'angle formé par deux lignes droites, partant de la base des dents incisives supérieures et se portant, l'une au trou auditif, l'autre à la partie la plus saillante du front. Cet angle, qui, dans les diverses races de l'espèce humaine, varie de 70° à 80°, se trouve beaucoup plus aigu chez les animaux, à cause de l'allongement de la face. Il est d'environ 11° chez le *cheval,* 16° à 17° chez le *bœuf,* 25° chez le *mouton,* 26° chez la *chèvre,* 9° à 11° dans les diverses races de *porcs,* de 36° à 37° dans le *chat,* et de 26° à 32° dans les diverses variétés de *chiens.* On regarde l'angle facial comme la mesure de la capacité du crâne, et, par suite, comme l'indice du degré d'intelligence des animaux. Ce principe, déjà un peu hasardé, si l'on suppose la mesure du crâne exacte, devient encore plus incertain lorsqu'on réfléchit que les sinus, par leur plus ou moins de développement, peuvent faire varier beaucoup la mesure de l'angle facial et l'empêcher de correspondre, d'une manière exacte, à la capacité du crâne. L'âge est aussi susceptible de faire varier l'angle

facial, qui sera toujours d'autant plus ouvert, que l'animal, plus jeune, aura la mâchoire supérieure plus éloignée de son parfait développement.

ANGLE VISUEL, s. m. Angle que sous-tendent les rayons extrêmes qu'un objet envoie vers l'œil. Cet angle décide de la grandeur apparente ou réelle des corps, et son ouverture dépend, par conséquent, des dimensions des objets et de la distance qui les sépare de l'œil.

ANGOISSE, s. f., de *Angere,* presser. Sentiment de suffocation, de malaise, qui est le dernier degré de l'*anxiété.*

ANGULAIRE, adj., *angularis;* qui appartient à l'angle. On appelle *dents angulaires* les canines ou crochets : *artère angulaire,* l'une des branches terminales de la glosso-faciale ou maxillaire externe, qui se replie vers le grand angle de l'œil; *veine angulaire,* la veine qui accompagne cette artère. — *Bot.* Se dit d'un organe qui prend naissance sur un angle; *aiguillon angulaire.*

ANGULÉ, adj., *angulatus;* pourvu d'angles. Ne s'emploie que précédé d'un mot qui indique le nombre de ces angles; on dit *biangulé, triangulé, quadrangulé,* etc.

ANGULEUX, adj., *angulosus;* qui a des angles : *tige, pétiole anguleux.*

ANGULINERVÉ, adj., *angulé-nervius;* désigne les feuilles dont les nervures se dirigent en lignes droites, et forment des angles dès leur naissance.

ANGUSTURE, s. f. On donne ce nom à deux écorces officinales très différentes par leur nature et leurs propriétés médicales. L'*angusture vraie,* qui provient du *galipœa cusparia,* arbre de la famille des Rutacées, est réputée excitante, tonique et fébrifuge, et préconisée surtout contre la diarrhée et la dyssenterie; elle est inusitée. La *fausse angusture,* dont l'origine est inconnue, mais que beaucoup de naturalistes rapportent aux *strichnos,* est un poison violent qui agit sur les centres nerveux à la manière de la noix vomique. La *brucine* paraît être son principe actif. Elle est inusitée en médecine.

ANHÉLATION, s. f. *Anhelatio;* synonyme de courte haleine, d'*asthme.*

ANHÉLEUX, adj., *anhelans.* La respiration difficile et fréquente est dite *anhéleuse.*

ANHÉMASE, s. m., de α priv., et αιμα sang; synonyme d'*anémie.* Gellé a donné le nom d'*anhémase épizootique* à une maladie qui se montra sous la forme épizootique dans le département des Deux-Sèvres, et qui fit périr un grand nombre de mulets dès les premiers jours de leur existence. L'état maladif s'annonçait par la tristesse, l'abattement; le petit animal restait couché sur la litière. Le pouls était petit, accéléré, la respiration fréquente, le ventre douloureux, les excréments secs et noirs. Presque toujours mortelle, cette affection durait de six à vingt-quatre heures. Observé après la mort, le sang était d'une couleur rose très pâle, séreux, dépourvu de fibrine, toujours liquide. Les organes du thorax étaient pâles et blafards; ceux de l'abdomen offraient quelques ecchymoses. Gellé eut recours à l'emploi de quelques gouttes d'éther données dans l'eau tiède, miellée ou sucrée; il fit administrer des lavements émollients et recommanda de tenir les malades dans une douce température.

ANHÉMATOSIE, s. f., de α priv., αιματωσις, hématose. Défaut de revivification du sang; non transformation du sang veineux en sang artériel : synonyme d'*asphyxie*.

ANHYDRE, adj., de α priv., et de υδωρ, eau; privé ou dépourvu d'eau. Se dit en chimie des corps composés inorganiques ou organiques, qui ne contiennent pas d'eau : acides, oxydes, sels *anhydres*; alcool, alcaloïdes, etc., *anhydres*.

ANHYDROHÉMIE, s. f., de α priv., υδωρ, eau, et αιμα, sang; absence de la sérosité du sang. Etat opposé à l'*hydrohémie*.

ANIDE, s. et adj., de α priv., et ιδος, forme; qui n'a aucune forme, ni aucune organisation déterminée.

ANIDIENS, adj., de α priv., et ιδος, forme; sans forme spécifique. Famille de monstres chez lesquels le corps, très imparfait et ne contenant même point de viscères, se trouve presque réduit à une simple bourse cutanée.

ANIMAL, s. m., *Animal*, de *anima*, âme. Etre doué de la vie et de la faculté de reproduction, comme le végétal, mais, de plus, caractérisé par le mouvement et le sentiment, et par la présence d'un canal digestif plus ou moins parfait. Cette différence, bien tranchée lorsque l'on compare un animal et un végétal parfaits, devient très difficile à saisir lorsqu'on la recherche à certains degrés de l'échelle. C'est ainsi que l'éponge, aujourd'hui rangée dans le règne animal, a longtemps été classée parmi les végétaux. Cuvier a divisé les animaux en quatre grands embranchements : les *vertébrés*, les *mollusques*, les *articulés* et les *radiés* ou *radiaires*. Milne Edwards les divise en *vertébrés, annelés, mollusques et zoophytes*. (*V.* ces mots.)

ANIMAL, LE, adj., *animalis*; qui appartient aux animaux. *Vie animale* : ensemble des fonctions qui mettent les animaux en relation avec les corps extérieurs; telles sont la *sensibilité animale* et la *contractilité animale*, d'où résulte la *locomotion*. *Règne animal* : réunion de tous les êtres présentant les caractères des animaux. *Chimie animale* : partie de la chimie qui s'occupe de la description et de l'analyse des substances animales.

ANIMALCULE, s. m., *Animalculum*; diminutif d'animal. On nomme ainsi tous les animaux qui sont réduits à des proportions si minimes, qu'on ne peut les apercevoir qu'à l'aide du microscope. Ils existent dans plusieurs liquides, et notamment dans le sperme, où on ne les remarque qu'à l'époque où l'animal peut engendrer; ils disparaissent dans la vieillesse et pendant les maladies graves; on ne les trouve pas dans le sperme du mulet.

On doit leur accorder, dans l'acte de la fécondation, un rôle qui n'est pas encore bien déterminé.

ANIMALCULISTE, s. m. Nom que l'on donne aux physiologistes qui regardent les animalcules comme le point de départ de la formation ou de l'animation du germe.

ANIMALISATION, s. f., *Animalisatio*. Action par laquelle les substances, prises au dehors par les animaux, deviennent aptes à fournir les matériaux de la nutrition des organes ou des diverses sécrétions dont ils sont le siège. Dans un sens plus restreint, on entend par *animalisation*, la conversion des substances végétales en substances animales, par l'acte de la digestion. Dans la première acception, le mot animalisation exprime la même idée que celui d'assimilation. (*V.* ce mot.)

ANIMALISÉ, adj., *noir animalisé*; engrais composé de charbon animal, de terre carbonisée et poreuse, et d'excréments ou autres produits animaux.

ANIMALITÉ, s. f., *Animalitas*; ensemble des caractères ou des qualités appartenant aux animaux.

ANIMATION, s. f., *Animatio*. Action inconnue dans son essence, par laquelle le germe, à la suite du coït fécondant, devient le principe d'un nouvel être animal.

ANIMAUX DOMESTIQUES. On désigne sous ce nom générique tous les animaux que l'homme s'est asservis, qu'il a réduits en domesticité, et qu'il entretient dans le but d'utiliser leur intelligence, leurs forces, leurs produits, et enfin, après leur mort, leurs débris cadavériques. Dans la catégorie des animaux domestiques proprement dits, doivent être rangés les espèces chevaline, bovine, ovine, asine, caprine, canine, féline et porcine, le mulet, quelques oiseaux de basse-cour, et, pour certains pays, l'éléphant, le chameau, le dromadaire, le buffle, le renne, etc. Quelques naturalistes regardent aussi comme des animaux domestiques, parce qu'ils peuvent recevoir les soins de l'homme et lui sont utiles, le ver à soie, l'abeille, les poissons entretenus dans les étangs et viviers, les huitres des parcs, etc., mais c'est évidemment changer le sens des mots, et s'exposer à jeter de la confusion dans le langage. Les services que les animaux domestiques rendent à l'homme sont si variés et si importants, que, sans eux, il ne pourrait réaliser la plupart des conceptions de son esprit, donner à son industrie le développement dont elle est susceptible, ni même fonder de grandes sociétés. L'homme, dont le génie asservit les éléments, roi du monde par l'intelligence, n'aurait été, dans beaucoup de cas, qu'un maître impuissant, s'il n'avait su transformer en auxiliaires de sa force un certain nombre d'animaux, leur imposer sa volonté, et les faire servir à ses besoins ou à ses plaisirs. S'il les associe à ses travaux, quelquefois même à sa gloire, plusieurs savent lui en témoigner leur reconnaissance par une abnégation et un dévoûment sans bornes. Les exemples d'attachement du cheval, de l'éléphant et surtout du chien à l'homme sont nombreux, et doivent compléter l'histoire particulière de ces intéressants animaux. Il serait trop long d'indiquer ici, même sommairement, les services divers, les produits variés et indispensables que l'homme, que l'industrie, les arts, l'agriculture retirent des animaux domestiques; on trouvera quelques détails sur ce sujet aux articles consacrés à chaque espèce. Le nombre des animaux domestiques recensés est, pour la France, de 50 à 55 millions, ainsi divisés : béliers, moutons et brebis, 32,500,000 ; bœufs, vaches et taureaux, 10,000,000 ; chevaux, juments et poulains, 3,000,000; porcs, 5,000,000. Le reste est donné par les mules et les mulets, les espèces asine et caprine. Les chiens et les chats ne figurent point dans ce relevé approximatif, le recensement n'en ayant point encore été fait. Ces animaux ont une valeur estimée environ 2 milliards, et donnent un revenu annuel de plus de 770 millions. Qu'il nous soit permis de remarquer, en passant, que la science qui s'occupe de la conservation, de l'amélioration d'un capital aussi important, aussi indispensable, ne saurait être trop encouragée. La France, se trouve, sous le rapport des grands animaux domestiques, dans un état d'infériorité relative, que la variété et la beauté de son sol et de son climat feraient regretter en l'absence de toute autre considération, et que l'intelligence de ses habitants rend plus frappante encore. Cette infériorité tient aux progrès insuffisants de son agriculture, aux habitudes routinières si puissantes contre le perfectionnement, et enfin, il faut bien le dire, aux erreurs que l'éleveur français a commises officiellement. L'Angleterre, la Belgique, l'Allemagne, les tributaires ou les imitateurs de la France en tant de choses, lui montrent, dans la production des animaux domestiques, et d'assez loin encore, la route qu'il faut suivre.

ANIMÉ, adj., *animatus;* doué de la vie animale, c'est-à-dire de la sensibilité et du mouvement.

ANIRIDIE, s. f., *Aniridia*, α priv., ιρις, iris, absence de l'iris. Cette anomalie est très rare.

ANIS, s. m., 1° *Anis vert*, semences du *pimpinella anisum* ; elles sont petites, allongées, striées, pubescentes, verdâtres, de saveur sucrée, chaude, d'odeur aromatique fort agréable. Leur péricarpe contient beaucoup d'huile essentielle qu'on obtient par distillation, et leur amande de l'huile grasse qu'on peut séparer par expression. L'anis se donne entier ou en infusion dans l'eau, ou les liqueurs alcooliques, à la dose de 15 à 30 grammes pour les grands animaux, et à celle de 5 à 10 pour les petits. Il agit surtout sur l'estomac et les intestins, comme *excitant stomachique* et *carminatif.* Il peut convenir contre l'atonie de l'estomac et la diarrhée séreuse, les coliques flatulentes produites par l'usage du vert ou des boissons froides. Peu usité à cause de son prix. 2 °*Anis étoilé.* (*V.* Badiane.)

ANISOSTÉMONE, adj., de ανισος, inégal, et στημα, filament; se dit des fleurs dans lesquelles on ne peut établir de rapport numérique entre les étamines et les pétales.

ANISOSTOME, adj., de ανισος, inégal, et τομος, dérivé de τεμνειν, couper; *corolle, calice anisostome*, dont les divisions sont alternes et inégales.

ANKYLOBLEPHARON, ou ANCYLOBLE-PHARON, s. m., de αγκυλη, frein, et 6λεφαρον, paupière. On appelle ainsi l'union contre nature, congéniale ou acquise, du bord libre des paupières ou de leur face interne avec le globe de l'œil. D'après Leblanc, le bœuf présente souvent cette maladie ; le mouton en est atteint à la suite de la clavelée. Cette adhérence est produite par une inflammation violente de la conjonctive, par les plaies accidentelles ou celles qui résultent d'une opération. L'ankyloblépharon est une affection grave ; elle nuit à la vision, quand elle est partielle ; la cécité est inévitable, quand elle est complète. On peut essayer de détruire cette réunion au moyen du bistouri, des ciseaux fins ou de tout autre instrument tranchant. Il faut avoir soin, pendant les premiers jours qui s'écoulent après l'opération, de passer de temps en temps un stylet entre les bords des paupières, pour empêcher le renouvellement de l'adhérence.

ANKYLOSE, s. f., de αγκυλος, *courbé*. On nomme ainsi la perte plus ou moins complète des mouvements d'une articulation. L'ankylose peut se montrer dans toutes les articulations mobiles; elle est fréquente dans les articulations par ginglyme de la région inférieure des membres des grands animaux. On distingue l'ankylose *vraie* ou *complète,* dans laquelle il n'existe pas de mouvement, et l'ankylose *fausse* ou *incomplète,* dans laquelle tous les mouvements ne sont pas abolis. On dit que l'ankylose est *intra-capsulaire,* quand il y a soudure des extrémités osseuses sans intermédiaire; elle est *extra-capsulaire,* si la perte des mouvements provient de modifications survenues dans les ligaments, les tendons et les muscles qui entourent l'articulation. Les causes de l'ankylose sont les maladies des articulations et des parties voisines, telles que les fractures, les luxations, les entorses, les plaies pénétrantes, l'hydarthrose; l'ossification accidentelle des ligaments est une des causes les plus fréquentes pour le cheval. Dans le cas d'ankylose, il y a difficulté ou impossibilité de faire exécuter des mouvements à une articulation. La différence entre la soudure complète et celle qui est incomplète, n'est pas toujours facile à établir pendant la vie. L'ankylose complète est incurable. Quand elle est incomplète, elle est plus difficile à guérir dans les articulations ginglymoïdales, que dans celles qui sont orbiculaires. Pour l'homme, la soudure d'une articulation est quelquefois une terminaison heureuse d'une autre maladie, de la carie, par exemple, d'une tumeur blanche : il n'en est pas de même pour les animaux. Dans le traitement, il faut même prévenir la fausse ankylose, et rétablir toute l'étendue des mouvements. On combat l'ankylose incomplète par les émollients, les frictions ammoniacales, le vésicatoire, l'application du feu.

ANNEAU, s. m., *Annulus;* ouverture ronde ou ovale, existant dans l'épaisseur de certains tissus, ou réservée entre des muscles, des aponévroses, et donnant passage à des vaisseaux. *Anneau crural.* (*V.* CRURAL.) *Anneau ombilical,* (*V.* OMBILICAL.) *Anneau du pancréas :* ouverture pratiquée dans le tissu même de cet organe, et donnant passage au tronc de la veine-porte. — *Bot.* ; organe de forme très diverse qui entoure les corpuscules reproducteurs, dans les mousses, les champignons, les fougères. On donne aussi ce nom aux bandelettes, ou stries circulaires entourant certaines tiges ou racines.

ANNELÉ, adj., *annulatus;* pourvu d'anneaux. Se dit encore quelquefois des tiges, des racines, des vaisseaux, présentant des stries circulaires.

ANNÉLIDES, s. m. Animaux formant la première classe des *articulés,* et présentant les caractères suivants : point de membres articulés ; sang rouge circulant dans deux systèmes de vaisseaux, dont un peut être considéré comme artériel, et l'autre comme veineux ; point de cœur proprement dit ; organes de la respiration consistant tantôt en des branchies en houppes de soies, tantôt en des cavités intérieures ou sacs pulmonaires; les deux sexes portés par le même individu ; organes des sens spéciaux manquant souvent. On divise les annélides en trois ordres : 1° les *tubicoles,* habitant un tube calcaire ou membraneux, ex. : les *serpules;* 2° les *dorsibranches,* dont le corps est nu, et portant les branchies sur le dos et les côtés, Ex. : les *néréides;* 3° les *abranches,* qui n'ont ni branchies, ni soies locomotrices, ex. : la *sangsue,* le *lombric* ou *ver de terre.*

ANNEXE, s. f., *Appendix;* partie jointe, ajoutée, dépendante. *Annexes du fœtus :* parties qui se développent avec lui dans l'utérus, et qui, lors de la parturition, constituent l'*arrière-faix* ou *délivre. Annexes de l'utérus :* ce sont les trompes utérines, les ovaires, les ligaments suspenseurs.

ANNUEL, adj., *annuus.* On appelle ainsi les plantes, les tiges, les racines, etc., qui naissent, croissent et meurent dans la végétation d'une année. (*V.* MONOCARPIEN.)

ANNULAIRE, adj., *annularis,* de *annulus,* anneau; en forme d'anneau. *Cartilage annulaire de l'oreille :* portion de l'oreille externe unissant la conque au conduit auditif externe, et augmentant sa mobilité. *Protubérance annulaire du mésocéphale.* (*V.* PONT DE VAROLE.) *Ligaments annulaires* du carpe, du tarse : ligaments ou brides fibreuses maintenant les tendons vers ces articulations. —

Bot. Vaisseaux annulaires, ceux dont le tube est doublé de lames disposées en anneau. Ils proviennent quelquefois de trachées dont la spiricule s'est rompue et soudée ultérieurement sous la forme annulaire.

ANODIN ou **ANODYN**, adj. et s., de α priv., et de ὀδύνη, douleur : *calmant, adoucissant.* On donne le nom d'anodins à tous les médicaments capables de calmer la douleur. Le symptôme contre lequel ils agissent, ayant des causes diverses, la nature des anodins doit nécessairement varier. Les plus puissants des anodins sont les narcotiques et surtout les opiacés, les têtes de pavot, si souvent employées comme telles. Les émollients et les plantes de la famille des solanées sont souvent des anodins très puissants contre les douleurs provenant d'une inflammation externe. En mélangeant les narcotiques, même les plus actifs, avec les émollients, on obtient toujours des préparations anodines très importantes pour la pratique vétérinaire, en raison de leur efficacité et de leur bas prix.

ANODYNIE, s. f., α priv., ὀδύνη, douleur. Absence de la douleur.

ANOMAL, adj., *anomalis,* de α priv., et ὁμαλός, égal, régulier. Irrégulier, différent de ce qui existe habituellement. — *Bot.* Se dit d'une plante, d'une fleur dont la corolle est polypétale, irrégulière et non papillonnacée. Les anomales composent la onzième classe du système de Tournefort, renfermant les genres *aconit, violette, ancolie,* etc.

ANOMALIE, s. f., *Anomalia;* différence accidentelle, irrégularité. On trouve des anomalies dans la forme, la direction des organes. Les vaisseaux surtout présentent de fréquentes anomalies. — *Bot.* Les végétaux sont aussi fréquemment le siège d'anomalies; plus souvent même que les animaux, parce qu'ils sont plus dépendants des conditions extérieures, et parce que leurs organes sont moins protégés. Les anomalies végétales ont aussi leurs règles, leurs limites, leurs lois. Elles sont insignifiantes ou graves, passagères ou de longue durée, selon que l'on considère le végétal comme un être complexe ou comme une collection d'individus. Légères, elles prennent le nom de *variétés;* graves, elles constituent les *monstruosités.* (*V.* ces mots.)

ANON, s. m., *Asellus;* nom particulier, donné jusqu'à l'âge adulte, au produit de l'accouplement de l'âne avec l'ânesse. Dans les circonstances ordinaires, l'ânon est sevré vers six à huit mois; il est alors apte à se nourrir de substances fibreuses, de paille, de foin, etc. Mais si l'on veut presser son développement, lui faire acquérir du volume et de la force, on doit, dès les premiers mois de sa vie, lui donner, en proportion raisonnable, des grains, des farines, de l'herbe verte de bonne qualité, et lui continuer ce régime après le sevrage jusqu'à ce qu'il puisse être mis au travail. Ce n'est point exclusivement à leur origine que les ânes des races les plus communes doivent leur petite taille, leurs formes rabougries, leur faiblesse, mais aussi au peu de soins, à la mauvaise nourriture qu'ils reçoivent pendant leur jeunesse. Les ânons nés de femelles destinées à fournir du lait sont sevrés à quatre ou cinq semaines ; on doit alors, bien qu'ils ne soient considérés que comme produits secondaires, suppléer pour eux, au lait maternel, par un allaitement artificiel. Une séparation opérée sitôt ne doit point être brusque ; mais c'est une mauvaise habitude de continuer à laisser le petit auprès de sa mère ; les moyens que l'on emploie pour l'empêcher de téter, sont une cause permanente de gêne pour tous deux. L'ânon, comme tous les animaux domestiques, aime le grand air et la liberté ; il est gai, vif, pétulant et sait prendre ses ébats. Le travail prématuré et fatigant, auquel il ne tarde pas à être soumis, contribue autant que les progrès de l'âge, à le rendre triste et indocile. C'est vers l'âge de deux ans et demi ou deux ans, quelquefois même plus tôt, que l'ânon commence à être utilisé. C'est aussi vers cet âge qu'il est ferré et châtré, lorsqu'il doit subir ces deux opérations.

ANONACÉES, s. f., *Anonaceæ;* famille de plantes dicotylédonées, arbres ou arbrisseaux, à corolle polypétale, hypogyne. Tous les genres qui la composent sont exotiques ; les principaux, sont les genres *anona, xylopia, kadsura*, etc.

ANOPHTHALMIE, s. f., de α priv., et οφθαλμος, œil ; absence de l'œil.

ANOPSIE, s. f., *Anopsia*, de α priv. et ωψ, œil ; privation de la vue, cécité.

ANORCHIDE, adj. et s. m., de α priv., et ορχις, testicule ; qui n'a pas de testicules. Cet état, qu'on observe assez fréquemment dans le cheval, provient de ce que les testicules sont restés dans l'abdomen ou seulement engagés dans l'ouverture supérieure de chaque anneau inguinal.

ANOREXIE, s. f., de α priv., et ορεξις, appétit ; absence d'appétit. Ce symptôme appartient surtout aux maladies aiguës ; il n'a pas, par lui-même, une grande valeur. L'anorexie se montre plus souvent dans les carnivores que dans les herbivores. C'est en traitant les maladies dont il dépend qu'on peut faire disparaître ce symptôme.

ANORMAL, adj., *abnormis*, de *ab*, hors, et *norma*, règle, sans règle. Employé comme synonyme d'*anomal*.

ANSE, s. f., *Ansa;* partie qui se recourbe en imitant l'anse d'un vase ou d'un panier. C'est dans ce sens que l'on dit : *une anse de l'intestin grêle, une anse artérielle, nerveuse*, etc.

ANSÉRINE, s. f., *Chenopodium*, L. ; genre de plantes de la famille des Chénopodées. Ses caractères sont : périgone à cinq divisions, persistantes, mais non susceptibles de s'accroître après la fleuraison ; cinq étamines, un style, deux ou trois stigmates ; graine nue, orbiculaire. Ce genre renferme d'assez nom-breuses espèces, la plupart vivaces. Les principales sont : l'A. bon Henri, *C. bonus Henricus*, et l'A. polysperme, *C. polyspermum*, dont les classes pauvres mangent les feuilles en guise d'épinards ; l'A. ambroisie, *C. ambrosioïdes*, et l'A. botryde, *C. botrys*, quelquefois employées en médecine comme excitantes ou sudorifiques. Aucune espèce de ce genre n'est cultivée ni récoltée avec profit pour les bestiaux.

ANTAGONISME, s. m. de αντι, contre, et αγωνιζειν, faire effort ; opposition de deux forces agissant en sens contraire, et tendant à se détruire l'une l'autre.

ANTAGONISTE s. m. On appelle muscles antagonistes, ceux qui tendent à produire sur un même rayon osseux deux mouvements opposés, comme l'extension et la flexion ; ainsi le muscle *masséter* est l'antagoniste du *stylo-maxillaire*, etc. Le mot antagoniste est l'opposé de *congénère*.

ANTÉMÉDIAIRE, adj. ; se dit des pétales lorsqu'ils sont opposés aux divisions du calice.

ANTENAIS, SE, subst. et adj., de *ante*, avant, et *annum*, année ; nom que prend l'agneau ou l'agnelle au moment où les pinces caduques sont remplacées, c'est-à-dire, à 12 ou 15 mois. A cet âge, l'agneau a atteint plus de la moitié de sa croissance ; il n'a plus besoin de soins particuliers ; sa nourriture, son régime, sont de même nature que ceux des moutons adultes ; il est confondu avec les autres bêtes du troupeau. Les jeunes sujets de l'espèce ovine jouissent de bonne heure de la faculté de se reproduire. Le mâle à 6 ou 7 mois, la femelle un peu plus tard, manifestent souvent de l'ardeur vénérienne ; cependant, il y aurait inconvénient, pour leur santé, pour leurs produits, à leur confier la reproduction du troupeau. Si des antenais de 15 à 18 mois ont donné de beaux agneaux, s'ils ont pu supporter, sans trop de fatigue, les jours de lutte, on convient généralement qu'il est bon de les attendre jusqu'au 25e ou 30e mois. C'est à cette époque aussi que l'antenais prend les noms de *bélier* ou de *mouton*, et l'antenaise celui de *brebis*.

ANTENNES, s. f. *Antennæ*, de *ante*, devant ; espèces de prolongements placés à la tête des insectes. Les antennes sont toujours formées d'un nombre variable de pièces ou *articles*, et servent, par le nombre de ces parties, par leur complication, et par leur longueur totale très variable, à distinguer les espèces, et souvent le sexe. La plupart des *crustacés* portent aussi des antennes. On regarde généralement ces prolongements comme des organes de tact.

ANTENNULES, *antennulæ*, petites antennes ; petits prolongements articulés placés sur le côté des mâchoires des insectes, et plus connus sous le nom de *palpes*.

ANTÉRIEUR, adj., *anterior, anticus;* cet adjectif est souvent ajouté au nom d'un muscle pour le distinguer d'un muscle congénère et placé dans une position différente ; ex. :

extenseur *antérieur* des phalanges, du métacarpe.; droit *antérieur* de la cuisse.

ANTÉVERSION, s. f., *Anteversio*, de *ante* en devant, et *vertere*, tourner; changement de position de la matrice qui vient s'appuyer par son fond sur la vessie, et par son col sur le rectum. Cet état résulte ordinairement de la métrite chronique.

ANTHELMINTIQUE, adj. (*V*. VERMIFUGE.)

ANTHÈRE, s. f., *Anthera*, de $\varkappa\nu\theta\eta\rho\alpha$, fleuri; partie de l'étamine qui renferme, avant la fécondation, le pollen ou poussière fécondante. L'anthère est généralement formée de deux poches ou loges membraneuses, adossées l'une à l'autre ou réunies par un corps intermédiaire, plus ou moins long. appelé *connectif*: elle peut être uniloculaire. biloculaire, etc. Ses formes sont variées: il en est d'ovoïdes, d'allongées, aiguës. bicornes. réniformes, linéaires, etc.; l'anthère présente une face et un dos; la première est creusée d'un sillon, c'est elle qui s'ouvre au moment de la fécondation pour laisser échapper le pollen: le dos est attaché au filet ou au connectif. L'anthère est sessile, ou supportée par le filet staminal, selon son mode d'insertion et sa direction: elle est *basifixe*, *médiifixe*, *apicifixe* ou oscillante: *introrse* ou *extrorse*. Elle est composée de deux membranes : l'une extérieure, appelée *exothèque*, n'est qu'un prolongement de la cuticule, l'autre intérieure, appelée *endothèque*, est celluleuse, cloisonnée, et renferme le pollen. Les anthères d'une même fleur sont libres ou adhérentes; leur adhérence réciproque constitue la *synanthérie;* leur soudure avec le stigmate constitue la *gynandrie*.

ANTHÉRIDIE, s. f., de *Anthera*, anthère; nom de l'organe qui représente l'étamine dans quelques acotylédonées. L'anthéridie est sessile ou pédicellée; sa forme est variable. Elle est composée d'utricules agglomérées, renfermant une matière comparable à la *fovilla*.

ANTHÈSE, s. f., *Anthesis*, de $\varkappa\nu\theta\circ\varsigma$, fleur ; ensemble des phénomènes de l'épanouissement des fleurs.

ANTHIRRINÉES, s. f., *Anthirrineæ;* tribu des scrophulariacées, comprenant les genres *Anthirrinum*. *Liparia*, *Maurandia*, etc.

ANTHOCARPÉ, adj., de $\varkappa\nu\theta\circ\varsigma$, fleur, et $\varkappa\alpha\rho\pi\circ\varsigma$, fruit; se dit du fruit entouré, à sa maturité, d'un verticille floral, calice ou involucre qui n'adhérait pas primitivement à l'ovaire. Les fruits de la Belle-de-Nuit, de l'If, en sont des exemples.

ANTHODIUM, s. m., de $\varkappa\nu\theta\circ\varsigma$, fleur, et $\varepsilon\delta\omega$, j'enveloppe; nom donné par quelques auteurs à l'involucre des composées.

ANTHOLITHE, s. et adj, de $\varkappa\nu\theta\circ\varsigma$, fleur, et $\lambda\iota\theta\circ\varsigma$, pierre; fleur fossile.

ANTHOLOGIE, s. f., *Anthologia*, de $\varkappa\nu\theta\circ\varsigma$, fleur, et $\lambda\circ\gamma\circ\varsigma$, discours; description des fleurs.

ANTHOPHORE; s. m., *Anthophorus*, de $\varkappa\nu\theta\circ\varsigma$, fleur, et $\varphi\varepsilon\rho\omega$, je porte; prolongement du réceptacle, particulier aux caryophyllées, occupant le fond du calice et portant les pétales. le pistil et les étamines.

ANTHRACITE. s. f.. de $\varkappa\nu\theta\rho\alpha\xi$, charbon. *Houille sèche* ou *incombustible*. Charbon fossile qui diffère de la houille par l'absence de matière bitumineuse. Il est formé de 0,9 de charbon. et de petites quantités d'oxygène, d'hydrogène, d'azote, et de cendres. L'anthracite a une origine plus ancienne que la houille; l'Amérique, l'Angleterre, l'Allemagne. la France, etc., en présentent des gisements plus ou moins considérables. Ce combustible est en masses amorphes, de couleur gris-bleuâtre, souvent irisée. avec un reflet métallique; il est opaque. plus dur que la houille, et très friable; il tache les doigts et le papier en noir mat: sa densité égale 1.3 à 1.8. C'est un bon conducteur de la chaleur: aussi brûle-t-il avec difficulté. sans flamme ni fumée: il ne répand aucune odeur, et ne donne rien à la distillation. Par le frottement, l'anthracite s'électrise résineusement. C'est un mauvais combustible pour les usages domestiques; dans l'industrie, on commence généralement à en faire usage.

ANTHRAX, s. m., de $\varkappa\nu\theta\rho\alpha\xi$, *charbon.* (*V*. CHARBON.)

ANTI, préposition tirée du grec $\alpha\nu\tau\iota$, qui signifie *contre*, *opposé*, *contraire*, et qui, placée devant le nom d'une maladie.sert à désigner les médicaments qu'on considère comme capables de la guérir. : EX.: *anti-épileptique*, *anti-farcineux*, *anti-morveux*. etc. Parfois, lorsque le nom qui suit la préposition *anti*, commence par une voyelle ou une *h* muette, on supprime la lettre *i;* c'est ainsi qu'on dit *anthelmintique*, etc.

ANTI-ACIDE. ou **ANTACIDE**. (*V*. ABSORBANT.)

ANTI-ALCALINS, ou **ANTALCALINS**, adj.; remèdes propres à corriger l'alcalinité morbide des humeurs du corps; ce sont les acides étendus et les sels acides. (*V*. ACIDULES.)

ANTI-ALGIQUES, ou **ANTALGIQUES**, adj. de $\alpha\lambda\gamma\circ\varsigma$, douleur. Médicaments capables de calmer la douleur. (*V*. ANODIN, ADOUCISSANT.)

ANTI-APHRODISIAQUES. adj. de $\alpha\varphi\rho\circ\delta\iota\tau\eta$, Vénus; médicaments propres à combattre l'ardeur vénérienne. Le nénuphar. le camphre, les semences froides, etc., réputés anti-aphrodisiaques, méritent peu de confiance. La diète, la saignée, répétée au besoin, un travail fatigant, etc., réussissent mieux; mais on a rarement besoin d'y avoir recours en médecine vétérinaire.

ANTI-BRACHIAL, adj., *antibrachialis*, de *antibrachium*, avant-bras; qui appartient à l'avant-bras. *Aponévrose antibrachiale*, enveloppe fibreuse qui recouvre en masse tous les muscles de cette région, et qui les comprime par la contraction des muscles sterno-aponévrotique, long scapulo olécranien et coraco-radial.

ANTI-CACHECTIQUES, adj; remèdes proprès à combattre la cachexie ou hydropisie générale. Les diurétiques, les excitants et les toniques sont ceux qui méritent le plus de confiance, lorsqu'ils sont employés à propos, et pendant un temps suffisant. (*V*. ANTI-HYDROPIQUE.)

ANTI-CANCÉREUX, ou **ANTI-CARCI-NOMATEUX**, adj., médicaments réputés capables de guérir le cancer. On n'en connaît aucun qui possède cette vertu dans tous les cas. Cependant les altérants, surtout la ciguë, peuvent être utiles contre cette altération de tissu, qui est le plus souvent constitutionnelle.

ANTI-COEUR, s. m. (*V*. AVANT-COEUR.)

ANTI-DARTREUX, ou **ANTI-HERPÉTIQUE**, adj. (*V*. ANTI-PSORIQUE.)

ANTI-DIARRHÉIQUES, adj. Remèdes contre la diarrhée. Ils varient selon la cause de cette maladie; les émollients conviennent quand elle est inflammatoire; les opiacés quand elle est due à une supersécrétion intestinale; les excitants et les toniques, si la diarrhée est atonique ou séreuse, etc.

ANTIDOTES, adj. et s., ou **CONTRE-POISONS**. Substances propres à combattre les effets délétères des poisons. On doit les distinguer en deux séries, les contre-poisons *locaux* ou *chimiques*, et les antidotes *généraux*, encore appelés *dynamiques* ou *physiologiques*. Les premiers agissent sur le poison lui-même et dans le lieu où il a été déposé; c'est le plus souvent dans le tube digestif. Leur nature varie nécessairement selon la composition de la substance toxique qui a été ingérée, et en général, ils sont d'autant plus efficaces qu'ils sont administrés plus promptement, et qu'ils neutralisent plus complètement et plus rapidement le poison. Les antidotes dynamiques agissent rarement par action chimique; ils sont destinés surtout à poursuivre les molécules toxiques dans le sang, et à neutraliser leurs effets en stimulant les organes et en provoquant des sécrétions extraordinaires capables d'éliminer les molécules du poison. La saignée est parfois un moyen de neutraliser les effets généraux des poisons; cependant il est rarement sage de l'employer seule. Le plus souvent, il convient d'en seconder les effets par des médicaments pris parmi les émollients ou les excitants, selon les cas. En général, les évacuants les plus énergiques, comme les vomitifs, les purgatifs, les diurétiques, les sudorifiques, etc., rendent de très grands services pour expulser de l'économie les principes délétères qui ont pénétré dans ses fluides et dans la trame organique de ses tissus.

ANTI-DYSENTÉRIQUE, adj. Nom donné aux médicaments propres à combattre la dysentérie. Cette maladie provenant de causes nombreuses et diverses, il n'y a pas de remèdes qui conviennent à la fois pour tous les cas. Les émollients, les opiacés, les strychnés, les toniques, les astringents, etc., peuvent fournir des remèdes anti-dysentériques.

ANTI-ÉMÉTIQUES, adj. Remèdes employés contre le vomissement. Il ne peut y avoir de classe déterminée de médicaments de ce genre, parce que le vomissement dépend de causes trop diverses.

ANTI-ÉPILEPTIQUES, adj. Médicaments propres à guérir l'épilepsie. On n'en connaît aucun qui jouisse de cette propriété dans tous les cas. En général, l'épilepsie ancienne ou chronique, qui s'accompagne d'altérations matérielles des centres nerveux, résiste à l'action des remèdes; mais l'épilepsie récente ou aiguë peut être amendée et même guérie. Les médicaments qui méritent le plus de confiance, sous ce rapport, sont la valériane, le laurier-cerise, l'acide cyanhydrique, le cyanure de potassium, l'oxyde de zinc, la belladone, la noix vomique, le nitrate d'argent, l'ammoniaque, etc.

ANTI-FARCINEUX, adj. Epithète que l'on donne aux médicaments employés pour guérir le *farcin*, soit à l'extérieur, soit donnés à l'intérieur. Il en est peu qui méritent quelque confiance; cependant on en préconise un grand nombre, comme la ciguë, la noix vomique, les arsenicaux, le topique Terrat, les ferrugineux, les antimoniaux, les mercuriaux, les préparations de soufre, d'iode, de chlore, de brôme, les eaux minérales sulfureuses, salines, etc.

ANTI-HERPÉTIQUES, adj. Remèdes propres à guérir les dartres. Les préparations sulfureuses, arsénicales, mercurielles, antimoniales, sont les anti-herpétiques les plus renommés.

ANTI-HÉMORRHAGIQUES, adj. *V*. HÉMOSTATIQUE.

ANTI-HYDROPIQUES, adj. Médicaments propres à combattre l'hydropisie. Ils peuvent être distingués en deux séries : ceux qui sont destinés à faire disparaître la collection séreuse, et qui comprennent des purgatifs, des diurétiques, des sudorifiques, etc., et ceux qu'on met en usage pour combattre la cause première de l'hydropisie; ils varient nécessairement de nature comme la cause de la maladie.

ANTI-LAITEUX, adj. Médicaments propres à arrêter la sécrétion laiteuse. Beaucoup de substances ont été vantées comme capables de supprimer la sécrétion du lait par application directe sur la glande mammaire; telles sont, par exemple, la canne de provence, la pervenche, le sureau, le caille-lait, le sulfate de potasse, le tartrate de la même base, etc.; mais aucune ne jouit réellement de cette propriété. Le camphre paraît mériter, sous ce rapport, un peu plus de confiance. En général, les évacuants, la diète, la saignée, un travail fatigant, réussissent mieux pour diminuer et arrêter la sécrétion laiteuse, que tous les prétendus anti-laiteux.

ANTILOPE, s. f., *Antilope;* genre de ruminants à cornes creuses, se rapprochant beaucoup des chèvres, et renfermant un grand nombre d'espèces vivant presque toutes dans les pays chauds. Une seule, l'A. chamois habite les contrées froides, et se plaît sur les montagnes les plus élevées. L'A. gazelle, originaire d'Afrique, amenée, comme animal d'agrément, dans nos climats tempérés, s'y habitue facilement et se propage en captivité.

ANTI-LYSSIQUES, adj. *V.* ANTI-RABIQUES.

ANTIMOINE, s. m. *Stibium.* Sb. Eq. 806,45. *Régule d'antimoine.* Corps simple, métallique appartenant à la quatrième section; il se rapproche des métaux par ses caractères physiques, et des métalloïdes, par ses propriétés chimiques. Connu des anciens par ses composés, son extraction date du XVme siècle et est attribuée à Basile Valentin. Il existe dans la nature, à l'état natif, à l'état d'oxyde, d'oxysulfure et surtout de sulfure. Ce dernier minerai, très commun, est le seul exploité. On le fond d'abord pour le débarrasser de sa gangue, on le grille ensuite, puis on le chauffe dans un creuset en présence du tartre et du nitre, ou du fer et du charbon. Il retient de l'arsenic, dont il est difficile de le purger entièrement. L'antimoine est solide, d'un blanc argentin, brillant, de structure lamelleuse, d'odeur et de saveur faibles, mais spéciales; très dur et cassant, il pèse de 6, 7, à 6, 8. Chauffé à l'abri de l'air, il fond à 450° environ; à vase ouvert, il brûle et produit de l'oxyde blanc volatil; il cristallise en feuilles de fougère en se refroidissant. Inaltérable dans l'air sec et dans l'eau pure, il s'oxyde légèrement à l'air humide et dans l'eau impure. Les acides minéraux l'attaquent peu à froid, s'il est pur; l'eau régale le convertit en chlorure. Réduit en poudre, il prend feu dans le gaz chlore, à froid. Pur, il est sans usage en médecine; la plupart de ses composés sont au contraire très importants.

ANTIMOINE DIAPHORÉTIQUE. Les pharmacologistes donnent ce nom au produit de la calcination d'une partie de protosulfure d'antimoine avec une partie et demie de nitrate de potasse. On en distingue deux variétés : *l'antimoine diaphorétique non lavé*, et *l'antimoine diaphorétique lavé.* Le premier est formé principalement de sous-antimoniate de potasse, et le second, de sur-antimoniate de la même base. Très employés autrefois comme sudorifiques destinés à combattre les engorgements indolents et les maladies de poitrine, ils sont presque généralement abandonnés de nos jours.

ANTIMONIAUX, s. m. Médicaments qui dérivent de l'antimoine, soit par l'élément électro-négatif, soit par le principe électro-positif. Ils sont classés parmi les *altérants*, les *antipsoriques* et les *expectorants.* On peut les distinguer en deux séries : ceux qui sont solubles dans l'eau et ceux qui ne le sont pas. On les emploie à l'extérieur ou à l'intérieur, presque toujours sans leur faire subir de grands mélanges. Leurs effets locaux varient selon qu'ils sont solubles ou insolubles; les premiers agissent comme irritants et caustiques, et les seconds comme une poudre inerte. Dans le tube digestif, les antimoniaux solubles provoquent le vomissement et la purgation; ceux qui sont insolubles ont généralement peu d'effet. Passés dans la circulation, les antimoniaux produisent des effets généraux à peu près semblables. Ils dissolvent les éléments cruoriques du sang, rendent ce liquide plus coulant, plus foncé en couleur, etc. Il en résulte un ralentissement toujours très marqué dans la circulation et la respiration; le pouls devient mou et parfois irrégulier, et les mouvements respiratoires diminuent d'un tiers environ dans leur fréquence. La sécrétion urinaire est plus abondante, et on peut constater la présence des antimoniaux dans l'urine. Les follicules muqueux de la membrane bronchique et les follicules sébacés de la peau, sécrètent aussi avec plus d'abondance et de régularité, d'où l'épithète *d'expectorants* et *d'antipsoriques*, que l'on donne à plusieurs antimoniaux. Quant à leur effet diaphorétique, il ne paraît exister que pour ceux qui provoquent le vomissement. Enfin, continués pendant longtemps, les antimoniaux modifient profondément la crase du sang, accélèrent le mouvement de désassimilation, fondent les engorgements glanduleux ou autres, et finissent par jeter l'économie dans un marasme complet. Ils sont employés à titre de *contre-stimulants* ou antiphlogistiques directs, contre la pneumonie aiguë et chronique, la bronchite, la phlébite, le rhumatisme, etc.; comme *expectorants*, ils sont indiqués dans la bronchite chronique, le catarrhe pulmonaire, l'angine couenneuse, le croup, la morve, le catarrhe nasal, etc. Enfin, leurs qualités antipsoriques sont utilisées contre la gale et les dartres, les eaux aux jambes, les vieilles crevasses, le farcin, etc.

ANTIMONIATE, s. m. Genre de sels formés par l'union de l'acide antimonique avec les bases, surtout celles qui sont alcalines. Ils sont incristallisables, faiblement solubles dans l'eau et peu stables. Ils ont été peu étudiés. L'antimoniate de potasse précipite les sels de soude en blanc.

ANTIMONIEUX. *V.* ACIDE ANTIMONIEUX.

ANTIMONIQUE. *V.* ACIDE ANTIMONIQUE.

ANTIMONITE, s. m. Genre de sels formés par l'acide antimonieux avec les bases alcalines. Ils sont peu importants et peu connus.

ANTI-MORVEUX, adj. Remèdes propres à guérir la morve. Aucun médicament ne mérite réellement ce nom, quoique plusieurs aient été préconisés comme tels. Ceux qui ont été vantés le plus sont le protosulfure d'antimoine, le soufre sublimé, les eaux sulfureuses, la chaux, les préparations d'antimoine, celles de mercure, de chlore, d'iode, de brome, etc. On a conseillé aussi l'emploi de l'ammoniaque, des ferrugineux, du camphre, etc. Malheureusement aucune de ces substances n'a justifié les éloges que les auteurs leur ont successivement donnés.

ANTI-NÉPHRÉTIQUES, adj. Médicaments employés au traitement des maladies des reins. Ce sont surtout les diurétiques, le mucilage de graine de lin, les opiacés, la digitale, et parfois aussi les émollients.

ANTI-PARALYTIQUES, adj. Substances médicinales propres à combattre la paralysie. Les causes de cette maladie, et même sa nature, n'étant pas toujours les mêmes, il n'y a pas d'anti-paralytiques proprement dits. Les médicaments les plus employés pour combattre cette affection grave, sont les narcotiques, la noix vomique, le cyanure de potassium, le camphre, la valériane, etc., sans compter les moyens généraux, comme les excitants, les dérivatifs, les purgatifs drastiques, les sudorifiques, le galvanisme et l'acupuncture.

ANTI-PÉDICULEUX, adj. Médicaments propres à détruire les ectozoaires ou insectes qui se développent et vivent sur la peau des animaux. Les préparations mercurielles et le camphre à l'extérieur, et l'essence de térébenthine à l'intérieur, sont les médicaments anti-pédiculeux qui méritent le plus de confiance. Le tabac et la staphysaigre réussissent aussi très bien, mais ils donnent lieu à quelques accidents lorsqu'ils sont absorbés.

ANTIPÉRISTALTIQUE, adj., *antiperistalticus*. On appelle ainsi le mouvement vermiculaire de l'intestin, lorsque, au lieu de s'exécuter d'avant en arrière, il a lieu au contraire d'arrière en avant, repoussant les matières chymeuses vers l'estomac.

ANTIPHLOGISTIQUES, adj., de αντι, contre, et ϕλογος, brûlure. Médicaments propres à combattre les inflammations. Ils sont nombreux et tirés des plantes et des animaux. Toute substance aqueuse, mucilagineuse, gommeuse, sucrée, féculente, etc., est plus ou moins *antiphlogistique*. (*V.* Émollient.) —Se dit aussi en chimie du système de Lavoisier, entièrement opposé à celui de Sthal, basé sur l'existence d'un principe hypothétique, appelé *phlogistique*.

ANTIPSORIQUES, adj. et s., de αντι, contre, et ψωρα, gale. Médicaments propres à guérir la gale. Ils sont nombreux et pour la plupart très efficaces, lorsque l'affection est peu ancienne; ce sont le soufre, le sulfure de potassium, l'acide sulfureux, l'acide arsénieux et le sulfate de fer (bain Tessier), le goudron, l'huile de cade, les préparations mercurielles, celles d'antimoine, l'onguent vésicatoire, etc. Les évacuants, donnés à l'intérieur, secondent les effets des antipsoriques appliqués localement.

ANTIPUTRIDES, adj. *V.* Antiseptiques.

ANTIPYIQUES, adj. et s., de αντι, contre, et πυον, pus. Remèdes propres à supprimer la suppuration. Leur nature varie selon les cas; ce sont le plus souvent des astringents, des dessiccatifs, de légers caustiques, etc.

ANTIPYRÉTIQUES, adj. et s. *V.* Fébrifuges.

ANTIRABIQUES, adj. et s. Remèdes contre la rage. Un grand nombre de médicaments, on pourrait dire presque tous, ont été préconisés pour combattre cette redoutable maladie; malheureusement aucun n'a répondu aux espérances que leurs inventeurs avaient conçues, et on en est encore aujourd'hui à chercher un médicament véritablement *antirabique*.

ANTISCORBUTIQUES, adj. et s. Médicaments employés contre le scorbut. Ce sont surtout les plantes crucifères, telles que le *cochléaria*, le *raifort*, le *cresson*, etc., ainsi que l'*ail*. On peut aussi employer avec avantage, contre cette maladie, rare, du reste, dans les animaux, la plupart des toniques et notamment le quinquina.

ANTISCROPHULEUX, adj. et s. Remèdes qu'on oppose aux scrophules. Les plus puissants sont l'iode et ses préparations, puis le brôme, le mercure, le fer et certaines plantes amères, comme le houblon, la gentiane, la scrophulaire, le trèfle d'eau, etc.

ANTISEPTIQUES, adj. et s. Remèdes qui ont la propriété d'empêcher la putridité des humeurs de l'économie, que cette putridité soit locale, comme dans le cas de gangrène, ou qu'elle soit générale, comme on le remarque dans les affections charbonneuses, le typhus, etc. Les plus efficaces pour la putridité locale, sont les chlorures d'oxydes de potassium, de sodium, de calcium, le charbon de bois pulvérisé, l'essence de térébenthine, etc. Les antiputrides généraux sont nombreux et comprennent le quinquina, le camphre, l'eau de Rabel et les autres acides alcoolisés, l'acétate d'ammoniaque, l'alun, les huiles pyrogénées, la créosote, etc. La plupart de ces corps ont une action purement chimique, d'autres y joignent une action tonique ou stimulante.

ANTISIALAGOGUES. Médicaments propres à arrêter la salivation morbide. Les gargarismes astringents, comme une solution légère d'alun, de l'acide chlorhydrique très étendu d'eau, etc., sont les moyens à mettre en usage. (*V.* Ptyalisme.)

ANTISPASMODIQUES, adj. et s. On donne ce nom à un groupe de médicaments susceptibles de remédier à certains désordres nerveux appelés *spasmes*, lesquels consistent en des contractions irrégulières et involontaires des muscles. Ces médicaments appartiennent, en général, à la classe des excitants généraux appelés *diffusibles*. Leurs caractères varient beaucoup; cependant, ils sont tous plus ou moins volatils, soit dans leur entier, soit dans quelques-uns de leurs principes constituants. Il en est qui sont fournis par le règne inorganique. Ex. : l'oxyde de zinc et celui de bismuth; d'autres proviennent du règne végétal, comme les gommes-résines fétides, l'assa-fœtida, la gomme ammoniaque, l'opoponax, le galbanum, certaines plantes, telles que la valériane, la fleur de tilleul, les feuilles d'oranger, quelques labiées, etc.; des principes essentiels, tels que le camphre, l'essence de térébenthine. On doit y ajouter les éthers et le chloroforme, qui sont des principes intermédiaires, et enfin plusieurs substances d'origine animale, comme l'ammoniaque et ses sels, le musc, l'ambre gris, le castoreum, etc.

ANTITROPE, adj., *antitropus*, de αντι, contre, et τροπειν, tourner. Épithète donnée par Richard à l'embryon, dont l'extrémité cotylédonaire correspond au hile. On dit aussi *inverse*.

ANTIVERMINEUX. *V.* VERMIFUGES.

ANTRE, s. m., *Antrum*. On donne ce nom, en ostéologie, à certaines cavités, ou sinus creusés dans les os. En anatomie humaine, on appelle *antre d'Hygmore*, le sinus maxillaire. Girard donne le nom d'*antre ethmoïdal* ou *olfactif*, aux plus grandes cellules de l'ethmoïde.

ANUS, s. m., *Anus*; orifice postérieur du canal digestif, ou terminaison du *rectum*. L'anus est entouré d'un muscle constricteur, le *sphincter*, qui le maintient constamment fermé et ne cède qu'aux efforts destinés à l'expulsion des matières fécales. L'anus est maintenu dans sa position par deux ligaments émanant du rectum et le fixant aux premiers os coccygiens. — *Extér.* L'anus, dans le cheval, doit être saillant, et former une espèce de bourrelet arrondi; il se déprime dans la vieillesse, et devient quelquefois *béant*, c'est-à-dire ouvert, la contraction du sphincter, ne s'exécutant plus qu'incomplètement; ce défaut accuse une grande faiblesse, et ne se remarque que sur des chevaux entièrement ruinés.

ANXIÉTÉ, s. f. État de malaise et d'agitation qu'on observe dans quelques maladies, surtout dans les phlegmasies intenses.

AORTE, s. f., *Aorta*. Tronc artériel primitif, partant du ventricule gauche du cœur et donnant naissance à toutes les ramifications artérielles du corps animal. L'aorte, à sa naissance au ventricule, présente trois renflements correspondant aux trois *valvules sigmoïdes* (*V.* ce mot), qui garnissent son orifice. Peu après son origine, elle se divise, chez les grands animaux, en deux vaisseaux de grosseur très inégale : l'*aorte antérieure* et l'*aorte postérieure*. L'aorte antérieure, la moins volumineuse, se divise bientôt pour former les deux *troncs brachiaux* droit et gauche. L'aorte postérieure, véritable continuation de l'aorte primitive, gagne la région inférieure des vertèbres dorsales, passe entre les deux piliers du diaphragme, et va se terminer à l'entrée de la cavité du bassin, en formant la double bifurcation d'où résultent les troncs *crural* et *pelvien*. Pendant son trajet, l'aorte donne, dans le thorax, les artères *bronchiques* et *œsophagienne*, ainsi que toutes les artères *intercostales* qui suivent la quatrième. En traversant le diaphragme, elle laisse échapper les *artères diaphragmatiques*. Les troncs principaux qu'elle fournit dans l'abdomen, sont les artères *cœliaque*, *grande mésentérique*, *rénales*, *petite mésentérique*, *lombaires*, et

grandes testiculaires, ou *ovariques*, dans la femelle.

AORTIQUE, adj., *aorticus*; qui appartient à l'aorte. *Ventricule aortique* : c'est le ventricule gauche du cœur. *Valvules aortiques* : (*V.* SIGMOÏDE.) *Ouverture aortique* du diaphragme : espace ménagé entre les deux piliers, et par lequel passe l'aorte. *Système aortique* : ensemble des ramifications formées par l'aorte.

AORTITE, s. f.; inflammation de l'aorte. Elle peut avoir son siège dans une ou plusieurs membranes de cette artère; elle se montre de préférence sur celle qui est interne. Les caractères de cette affection sont très difficiles à saisir dans les animaux.

AOUTER, v. n. Terme de jardinage employé quelquefois comme synonyme de *mûrir*, mais surtout pour désigner le changement qu'éprouvent, vers le mois d'août, les bourgeons des arbres. On dit alors vulgairement qu'ils *aoûtent*, ou mieux, qu'ils s'*aoûtent*. Ce qui est plus important à savoir, c'est que, à ce moment, les branches peuvent être coupées pour les boutures et les greffes à œil dormant. L'aoûtement peut être provoqué et précipité par la chaleur, par la ligature ou l'incision annulaire, par l'ablation de l'extrémité des rameaux, etc.

APATHIE, s. f., de α priv., et παθος, souffrance. On désigne sous ce nom cet état dans lequel un malade est indifférent à tout ce qui l'entoure.

APÉRIANTHÉ, adj.; dépourvu de périanthe.

APÉRISPERMÉ, adj.; sans périsperme.

APÉRITIFS, adj. et s., *Aperiens*, *aperitivus*, d'*aperire*, ouvrir. On donnait autrefois ce nom à certains médicaments qu'on supposait capables d'expulser les humeurs morbides en les divisant et en ouvrant les conduits naturels qui devaient leur livrer passage. Cette dénomination, fondée sur des théories mécaniques et humorales, était surtout employée pour désigner les remèdes qui faisaient disparaître les engorgements du foie et de la rate. Elle est rarement employée aujourd'hui; on ne s'en sert que comme synonyme des mots *évacuant* et *fondant*.

APÉTALE, **APÉTALE**, adj.; privé de corolle proprement dite.

APÉTALES, adj.; plantes formant les xve, xvie, xviie et xviiie classes du système de Tournefort. Les trois premières comprennent les végétaux dont les fleurs sont dépourvues d'enveloppes florales; la dernière, ceux dont les fleurs n'ont pas de corolle ou d'enveloppe pétaloïde, c'est-à-dire, les apétales proprement dites.

APÉTALIE, s. f.; division de la classification de Jussieu, renfermant les dicotylédones apétales; elle comprend trois classes : l'*Epistaminie*, la *Péristaminie*, l'*Hypostaminie*.

APHÉRÈSE, s. f., de απο, de, et αιρειν, porter, action d'enlever; opération chirurgicale qui consiste à retrancher une partie quelconque du corps. Ce mot est synonyme d'*amputation*.

APHONIE, s. f., *aphonia*, de α priv., et φωνη, voix, privation de la voix. L'aphonie est un symptôme de plusieurs affections qui résident pour la plupart dans le larynx. Dans le chien, elle est le plus souvent symptomatique; elle coïncide avec l'angine, la bronchite, la pneumonie, la gastrite. Elle est un des caractères de la rage mue.

APHORISME, s. m.; *Aphorismus*, de αφοριζειν, définir. Proposition qui renferme en peu de mots une sentence générale, un principe de doctrines.

APHRODISIAQUE, adj. et s. *Aphrodisiacus*, de αφροδιτη, Vénus. Substances propres à exciter l'ardeur vénérienne. Elles sont nombreuses, et appartiennent en général à la classe des excitants généraux et des irritants. Les plus violentes sont le phosphore et les cantharides; on y range aussi les *épices*, comme le poivre, la muscade, le clou de girofle, la cannelle, etc., ainsi que le musc, l'ambre gris, la moutarde, le céleri, etc. Ces substances sont rarement employées en médecine vétérinaire. Il est cependant des contrées où on les met en usage pour provoquer la chaleur des femelles et exciter l'ardeur des mâles préposés à la reproduction.

APHRODITE, s. et adj. *Aphroditus*, synonyme d'hermaphodite. (*V*. ce mot.)

APHRODITES, s. et adj.; nom donné par plusieurs auteurs aux végétaux cryptogames.

APHTES ou **APHTHES**, s. m., *Aphta*, αφθαι, de αφθειν, brûler. On appelle ainsi une éruption vésiculeuse et souvent pustuleuse de la membrane qui tapisse la bouche et le tube digestif, donnant ordinairement des ulcères dont la guérison est facile. Les aphtes se développent quelquefois chez les didactyles, non-seulement dans la cavité buccale, mais encore dans les bronches, l'œsophage et la caillette, autour des mamelles, et dans la région digitée. On est peu d'accord sur la nature des aphtes; les uns nomment ainsi l'inflammation des follicules mucipares de la bouche; les autres ne donnent cette désignation qu'aux vésicules qui ont le caractère pustuleux. Les aphtes sont appelés *discrets*, quand ils se montrent seuls; *confluents*, quand ils sont multiples; dans ce cas, ils ne constituent le plus souvent qu'une complication d'une autre maladie. Ils sont *idiopathiques*, lorsqu'ils sont indépendants d'une autre affection; *symptomatiques*, quand ils se lient à un état maladif plus ou moins grave. Sur l'espèce bovine, on observe souvent une irritation gastro-intestinale qu'on nomme *maladie aphteuse*, quand elle est compliquée d'aphtes; elle se manifeste presque toujours épizootiquement, et présente le caractère contagieux. On observe encore les aphtes dans le typhus contagieux des grosses bêtes à cornes, dans la morve du cheval, la phtisie pulmonaire, etc. Les aphtes idiopathiques sont dus à des corps étrangers, des parcelles de fourrage qui pénètrent dans les canaux excréteurs, ou les follicules muqueux de la membrane buccale, aux aspérités des dents, à l'action mécanique d'autres corps durs ou irritants. C'est à l'influence des aliments avariés, des eaux insalubres, d'une atmosphère humide, qu'on attribue les aphtes *confluents;* quelquefois leurs causes sont inconnues. Les caractères des aphtes présentent quatre périodes. Dans la première, dite *érythémateuse*, on voit de petites élévations rougeâtres; de petites vésicules transparentes se montrent dans la période d'*éruption;* dans la troisième période, dite d'*ulcération*, la vésicule s'ouvre et laisse échapper un liquide; l'ulcère apparaît, s'étend en largeur, et présente à sa base un bourrelet. Enfin, arrive la période de *cicatrisation*, qui bientôt ne laisse sur la muqueuse que de petites taches rouges, lesquelles ne tardent pas à disparaître. Les aphtes *simples* ne constituent qu'une légère maladie. Dans les deux premières périodes, on a recours aux gargarismes, avec la tisane d'orge miellée, ou d'autres décoctions émollientes; on peut ouvrir les vésicules avec la lancette. Plus tard, quand les ulcérations sont peu douloureuses, on emploie les astringents et même les caustiques; on ajoute aux gargarismes de l'acide sulfurique ou du vinaigre. Si les plaies prennent un mauvais caractère, on a recours à l'eau de Rabel, ou au nitrate d'argent. Il faut un traitement plus compliqué pour l'aphte *confluent;* on prescrit les boissons acidulées, les saignées générales ou locales. Si des symptômes typhoïques apparaissent, on emploie le quinquina combiné aux acidules, les révulsifs. Du reste, les prescriptions seront faites d'après la nature de la maladie qui coïncide avec l'affection aphteuse. Un traitement analogue est réclamé pour les aphtes qui se montrent dans les vaches, sur les mamelles et les pieds.

APHTEUX, adj., *aphtosus*, qui a le caractère des aphtes; maladie *aphteuse*, éruption *aphteuse*.

APHYLLE, adj., *aphyllus*, de α priv., et φυλλον, feuille; se dit des plantes dépourvues de feuilles, ex. : *la Cuscute*.

APICIFIXE, adj..se dit de l'anthère suspendue par son extrémité supérieure au sommet du filet staminal. (*V*. Oscillant.)

APICILAIRE, adj., *apicilaris*; fixé au sommet d'un organe. *Arête apicilaire*, celle qui termine la valve d'une glume; *embryon apicilaire*, central, supère et opposé au hile.

APICULE, s. f.; pointe aiguë et terminale, de consistance moyenne.

APLOMB, s. m.; mot servant à désigner la situation verticale ou perpendiculaire à l'horizon. En *extérieur*, on définit les aplombs du cheval : la direction que doivent suivre les membres de l'animal, considérés dans leur ensemble ou dans leurs différentes régions en particulier, pour que le corps soit supporté de la manière la plus solide et en même temps la plus favorable à l'exécution des mouvements.

APLOSPORÉES, s. f., de *ἁπλόος*, simple, et *σπορα*, graine ; tribu établie par Decaisne dans la famille des Algues, distinguée par des spores saillantes à l'extérieur, indépendantes et généralement pédiculées. Elle renferme les genres *Fucus*, *Vauchérie*, *Batrachosperme*, etc.

APNÉE, s. f., de *α* priv. et *κνειν*, respirer ; absence de respiration, suspension de la respiration. Synonyme d'*asphyxie*.

APOCARPÉ, adj., de *απο*, qui indique la séparation, et *καρπος*, fruit ; se dit des fruits formés par des carpelles distincts. Ils peuvent être *indéhiscents*, comme la drupe, l'achaine, le cariopse, la samarre, ou *déhiscents*, comme le follicule, la coque, la gousse.

APOCYNÉES, s. f., *Apocyneæ* ; famille de plantes Dicotylédones, à calice et corolle quinque-partis, à feuilles entières, opposées ou ternées, composée d'arbrisseaux ou de sous-arbrisseaux, contenant souvent un suc laiteux. Genres principaux : *Pervenche*, *Nérion*, etc.

APODES, adj., *apodes*, de *α* priv., et *πους*, *ποδος*, pied, sans pieds ; on donne ce nom à certains poissons manquant de nageoires ventrales, comme l'*anguille*, le *gymnote*.

APONÉVROGRAPHIE, s. f., *Aponeurographia*, de *απονευρωσις*, aponévrose, et *γραφειν*, décrire ; description des aponévroses.

APONÉVROLOGIE, s. f., *Aponeurologia*, de *απονευρωσις* et *λογος* discours ; discours sur les aponévroses, traité des aponévroses.

APONÉVROSE, s. f., *Aponeurosis*, de *απο*, et *νευρον*, nerf, parce que l'on regardait anciennement les parties fibreuses comme des dépendances du système nerveux. Les aponévroses sont des membranes fibreuses, blanches, très solides et très peu extensibles, servant de moyen d'insertion à des muscles (*aponévroses d'insertion*), ou enveloppant elles-mêmes des masses musculaires (*aponévroses d'enveloppe*). Ces dernières sont tendues par des muscles affermissant la contraction de ceux qu'elles recouvrent. Quelques aponévroses placées dans l'épaisseur même des muscles, constituent ce que l'on nomme *énervations*, ou *intersections tendineuses*. Les aponévroses présentent, dans leur étendue, des trous pour le passage des vaisseaux et des nerfs.

APONÉVROTIQUE, adj. *aponeuroticus*, qui a rapport aux aponévroses, ou qui leur ressemble ; ex. : *fibres aponévrotiques*, *enveloppe aponévrotique*, *tissu aponévrotique*.

APONÉVROTOMIE, s. f., *Aponeurotomia*, de *απονευρωσις*, aponévrose, et *τεμνειν* ; couper ; dissection des aponévroses. Ce mot peut aussi s'appliquer à la section de l'aponévrose du long fléchisseur de l'avant-bras, ou coraco-radial, conseillée par Lafosse pour redresser les chevaux arqués.

APOPHYSE, s. f., *Apophysis*, de *απο*, de, et *φυω*, je nais. Éminences des os, qui ne sont que des prolongements plus ou moins saillants du tissu de l'os lui-même, et faisant continuité avec lui. Les apophyses ont été divisées en *articulaires* et *non articulaires*. Les premières sont *diarthrodiales* ou *synarthrodiales*. Les éminences diarthrodiales, destinées aux articulations mobiles, ont reçu, d'après leur forme, des noms différents, tels que *têtes*, *condyles*, *facettes*. (*V.* ces mots.) Les apophyses synarthrodiales, destinées aux articulations immobiles, constituent le plus souvent des *dentelures*. Les apophyses non-articulaires tirent leur nom de leur forme, de leur position, de leurs usages, de leur direction, etc. Quoique les noms tirés de la forme cessent souvent d'être exacts lorsqu'on s'écarte de l'homme, on doit les conserver pour établir l'unité de nomenclature en anatomie comparée.

APOPLECTIQUE, adj., de *αποπληττω*, je frappe ; qui se rapporte à l'apoplexie. Peu usité en vétérinaire. En médecine humaine, on dit tempérament *apoplectique*, c'est-à-dire, exposé à l'apoplexie.

APOPLEXIE, s. f., de *αποπληττειν*, frapper, abattre. Expression employée par les anciens pour désigner toute affection grave, qui frappe rapidement. Aujourd'hui, ce nom est donné à l'*hémorrhagie cérébrale*, caractérisée par la privation plus ou moins complète du sentiment et du mouvement. On observe l'apoplexie sur le cheval, le bœuf, le porc, le mouton et le chien. Cette affection n'est pas aussi commune chez les animaux que chez l'homme, dont l'encéphale est l'organe le plus exposé aux hémorrhagies. On observe l'apoplexie surtout pendant les fortes chaleurs de l'été, sur les individus d'un tempérament sanguin, les chevaux qui ont l'encolure courte, la tête volumineuse. Les aliments excitants, les accès de fureur, l'exposition aux rayons solaires, les contusions sur la tête, les indigestions sont autant de causes occasionnelles. Une ancienne division reconnait l'apoplexie *sanguine*, dans laquelle les membranes et les ventricules du cerveau contiennent un épanchement de sang ; l'apoplexie *séreuse*, qui présente une sérosité plus ou moins abondante à la place de ce liquide ; on a encore admis l'apoplexie *nerveuse*, qui ne laisse aucune lésion appréciable. Une autre division est fondée sur les causes ; la maladie est *primitive* ou *consécutive*, suivant qu'elle agit directement ou non sur le cerveau ; elle est *symptomatique*, quand elle dépend de l'état pathologique d'un autre organe. Cette maladie frappe communément comme la foudre, sans qu'un symptôme précurseur annonce son invasion. Au moment de l'attaque, l'animal tombe privé de tout sentiment et périt bientôt, ne donnant pas de mouvements autres que ceux des flancs. Dans quelques cas, on observe des prodrômes ; la tête du cheval est pesante, appuyée sur la crèche ; la marche est incertaine, chancelante ; les sens sont obtus ; les yeux sont immobiles et réfléchissent une teinte blanche ; on voit des bâillements fréquents. La paralysie peut varier par son siège et son étendue, quand survient le vertige apoplectique; la déglutition est difficile ou impossible, la respiration courte; les paupières sont immobiles. Parfois les quatre membres sont privés de tout mouvement. Il y a rougeur, injection des muqueuses, gonflement des veines sous-cutanées, etc. C'est surtout dans le mouton et le porc que l'apoplexie suit une marche des plus rapides. Les rechutes sont fréquentes. Après l'hémorrhagie cérébrale, on trouve, dans les animaux, les vaisseaux du crâne gorgés de sang. La substance blanche du cerveau est parsemée de points rouges résultant de la division des vaisseaux; la substance grise n'offre pas ce piqueté. L'une et l'autre ont conservé leur consistance; il est à remarquer que l'absence de ramollissement distingue la rougeur hypérémique de celle qui est inflammatoire. Après l'hémorrhagie, on rencontre quelquefois la déchirure du cerveau, qui forme des foyers irrégulièrement sphériques. Dans certains cas, les ventricules contiennent une certaine abondance de sérosité. La quantité de sang épanché dépend de la position des vaisseaux rompus, qui sont plus ou moins en communication avec les cavités séreuses; il se présente en caillots mous et diffluents. Le pronostic est toujours des plus graves. Dans l'apoplexie bien caractérisée, l'animal est à peu près irrévocablement perdu; s'il résiste à cette affection, il est rare qu'il reprenne toutes ses facultés, et ne succombe pas après la récidive. C'est dans l'hygiène qu'on trouve les moyens *prophylactiques*. Il faut détourner tout ce qui peut amener la pléthore; on éloignera les animaux de l'action d'un soleil ardent; pendant les grandes chaleurs, le travail sera modéré; les aliments seront distribués avec parcimonie, surtout si l'on observe quelques symptômes précurseurs; il faudra, en outre, pratiquer la saignée générale et donner des boissons acidules. Dans le cas d'une attaque d'apoplexie foudroyante, il est urgent d'avoir recours aux émissions sanguines si le malade est pléthorique, si les muqueuses sont congestionnées; une perte de sang serait nuisible dans des circonstances contraires. Pour les sujets sanguins, on ouvre la jugulaire; pour les autres, on préfère s'adresser aux veines éloignées de la tête, aux saphènes ou à la queue, pour obtenir une dérivation du sang qui afflue vers le cerveau. Huzard a conseillé de saigner à l'artère temporale. On obtiendrait peut-être de bons effets en produisant l'épistaxis par des scarifications faites sur la membrane pituitaire. On peut mettre en usage les applications fraîches sur la tête, les révulsifs sur le canal intestinal et la peau. Une diète des plus sévères sera prescrite pendant les premiers jours. Quand on n'obtient pas une amélioration marquée dans les symptômes, les vésicatoires énergiques, le cautère actuel même doivent être appliqués. Si la paralysie résiste à ces moyens, il ne faut guère compter sur la noix vomique ou d'autres substances analogues qui ont été préconisées. — Par ana-

logie, l'on nomme apoplexie toute maladie qui est caractérisée par la formation d'un foyer sanguin dans un organe parenchymateux. On reconnait l'apoplexie *cérébrale*, *cérébelleuse*, *pulmonaire*, *intestinale*, *musculaire*, suivant les régions qu'elle occupe.

APOPLEXIE DE LA RATE. *V.* **MALADIE DE SANG.**

APOSÉPÉDINE, s. f., ἀποσηπομαι, se pourrir. *Oxyde caséeux, acide caséique.* Nom donné par Braconnot à une substance cristallisée, qui résulte de la putréfaction de la *caséine* à l'air. Elle est solide, cristallisée, sèche, craquant sous la dent, facile à pulvériser, incolore, inodore, et présentant une saveur amère de viande rôtie. Fusible et volatile, elle se dissout dans l'eau, mais non dans l'alcool.

APOSTASIACÉES, s. f., *Apostasiaceœ*; famille de plantes Monocotylédones, exotiques, voisine des Orchidées. Elle ne renferme que les deux genres *Apostasia* et *Neuwiedia*.

APOSTÈME, s. m., de ἀπιστημι, je divise, je sépare. Synonyme d'*abcès*.

APOTHÉCION, APOTHÉCIUM, APOTHÈQUE, s. m., de απο, sur, et θηχη, coffre; organe où sont contenus les corpuscules reproducteurs ou gongyles dans les *lichens*. Selon ses dispositions, il prend les noms particuliers de *scutelle*, *bouclier*, etc.

APOZÈME, s. m., *Apozema*, de απεζειν, faire bouillir. Médicament composé, magistral, formé par une décoction végétale, tenant en dissolution divers autres principes médicamenteux comme des sels, des extraits, des teintures, etc. Ils sont, en général, très composés et présentent conséquemment des propriétés médicinales très variables. Cette dénomination est rarement employée en pharmacie vétérinaire.

APPAREIL, s. m., *Apparatura*, de *parare*, préparer. On donne ce nom, en général, à un assemblage d'instruments, d'ustensiles, de vases, etc., destinés à servir à l'exécution d'une expérience ou d'une opération. — En *Phys.* Collection des instruments et ustensiles nécessaires pour faire une expérience et vérifier les lois d'un phénomène. — En *Chimie*, c'est l'assemblage méthodique de vases, de tubes et d'ustensiles destinés à une opération chimique. *Appareil de Marsh*, du nom de son inventeur, James Marsh, chimiste anglais. Petit appareil très simple et très ingénieux, employé à reconnaître les plus petites quantités d'acide arsénieux, dans le cas d'empoisonnement. On peut aussi l'employer à reconnaître les composés d'antimoine. Il est fondé sur la propriété que possède l'hydrogène naissant, de former avec l'arsenic et l'antimoine un composé gazeux, combustible, qui laisse déposer ces corps à l'état métallique, lorsqu'il est fortement chauffé. Il se compose d'un flacon à deux tubulures ou à une seule très large, et de deux tubes, l'un à entonnoir, plongeant jusqu'au fond, et l'autre coudé à angle droit, n'entrant que très peu dans le flacon par une de ses extrémités, et très effilé par l'autre; il peut être, du reste, plus ou moins compliqué. Pour faire marcher l'appareil, on met dans le flacon une certaine quantité de zinc distillé, qu'on recouvre d'eau pure ; on verse ensuite par l'entonnoir un peu d'acide sulfurique concentré ; il se dégage une grande quantité d'hydrogène qui entraine l'air du flacon au dehors. Quand l'appareil ne renferme plus que de l'hydrogène, on enflamme ce gaz à l'extrémité du tube effilé, pour s'assurer s'il est pur. C'est alors qu'on introduit la matière suspecte dans l'appareil. En enflammant le gaz à l'extrémité du tube, ou en le chauffant fortement dans celui-ci, on obtient des taches métalliques sur de la porcelaine ou un anneau métallique dans le tube. Ces taches et cet anneau sont caractéristiques. — *Appareil de Woulf.* Cet appareil, qui porte le nom de son inventeur, est employé à la dissolution des gaz dans les liquides. Il se compose du vase dans lequel le gaz se produit, et de plusieurs flacons à trois tubulures, réunis entre eux par des tubes recourbés, et munis de tubes de sûreté. Le premier flacon sert à laver le gaz et ceux qui suivent à la dissolution proprement dite. Souvent aussi l'appareil est terminé par un vase rempli d'une matière destinée à absorber l'excédant du gaz, lorsque le liquide est saturé. — En *chirurgie*, on donne le nom d'appareil à la disposition méthodique de tout ce qui est nécessaire pour pratiquer une opération ou faire un pansement. On nomme *pièces d'appareil* les bandes, les compresses, bandages, etc., qu'on applique sur une partie du corps. L'ensemble des objets que l'on dispose sur une plaie, constitue aussi un *appareil.* — En *Physiologie*, on appelle *appareil* un ensemble d'organes qui, chargés chacun d'une action différente concourent cependant vers un même but, l'exécution d'une fonction générale, comme la digestion, la respiration, etc. C'est ainsi que l'appareil digestif se compose de la bouche, de l'arrière-bouche, de l'œsophage, de l'estomac, de l'intestin, etc. ; l'appareil urinaire, des reins, des urétères, de la vessie, etc.

APPAREILLAGE, s. m. ; choix de deux ou plusieurs animaux d'après leur conformation, leurs aptitudes, leur taille, leurs forces, pour les faire travailler au même joug, à un service commun. Un bon appareillage est une des conditions de l'emploi avantageux de plusieurs animaux réunis.

APPAREILLEMENT, s. m. ; choix de deux reproducteurs, mâle et femelle, destinés à être accouplés pour concourir ensemble à la reproduction de leur espèce. L'appareillement est une opération fondamentale dans la création et l'entretien des races domestiques. Il est indispensable, toutes les fois que l'on veut perpétuer, sans modification sensible, les caractères d'une race définie, créer une sous-race ou une race intermédiaire à deux autres, et, jusqu'à un certain point, quand on veut améliorer une race par croisement. Il ne consiste pas toujours dans l'action

de réunir deux individus semblables par leur conformation, leurs aptitudes, leur volume ; il a quelquefois lieu par opposition ou antagonisme. Dans l'appareillement par opposition, on fait choix de reproducteurs dans lesquels il y a compensation des défauts de l'un d'eux, par des défauts opposés de l'autre, en sorte que le produit soit une résultante moyenne et régulière de deux organismes différents. Mais on doit éviter une opposition trop prononcée dans les caractères : si elle existait, il pourrait en résulter, pour le produit, l'exagération de quelques défauts, le décousu dans les formes. C'est aussi pour se conformer à la condition nécessaire de la progression, qu'il ne faut point vouloir faire disparaitre trop de défauts ou communiquer à la fois un trop grand nombre de qualités. (*V.* REPRODUCTEUR.)

APPAREILLER, v. act. ; choisir deux individus pour les faire concourir simultanément à un but commun. On dit aussi *appatroner, assortir.*

APPARIEMENT, s. m. ; synonyme d'*appareillage* et d'*appareillement.* Peu usité.

APPARTENANCES, s. f. : s'emploie vulgairement pour indiquer les parties de la selle qui ne la composent pas essentiellement. Les appartenances de la selle sont : les sangles, le surfaix, le poitrail, la croupière, les étriers. La housse est un accessoire.

APPAUVRIR (s'), v. p. ; se dit du sang, lorsque la proportion de ses éléments solides diminue ; d'une terre, quand elle s'épuise par des récoltes réitérées ; d'une race d'animaux, lorsqu'elle dégénère sous des influences défavorables.

APPENDICE, s. m. et f., *Appendix*, de *pendere.* pendre ; portion d'un organe détachée de la masse de manière à former une saillie isolée, ou ne s'y rattachant que par une espèce de col, ou partie rétrécie. *Appendice xiphoïde du sternum* ; prolongement cartilagineux abdominal de cet os.

APPENDICULE, s. f., *Appendicula*, diminutif d'appendice, petit appendice.

APPENDICULÉ, adj., *appendiculatus* qui porte des appendices.

APPÉTENCE, s. f., *Appetentia*, de *appetere*, désirer ; sentiment particulier qui porte l'animal à rechercher ce qui peut satisfaire les besoins de son organisme : ce mot s'emploie dans un sens beaucoup plus général que le mot *appétit.*

APPÉTIT, s. m., *Appetitus*, de *appetere*, désirer ; désir des aliments ; sentiment intérieur qui avertit l'animal du besoin de l'ingestion d'aliments dans l'appareil digestif. Ce besoin, lorsqu'il n'est pas satisfait, prend le nom de *faim.* L'appétit est donc le premier degré de la faim. Dans certains cas maladifs, l'appétit se développe malgré la réplétion de l'estomac. Quelquefois aussi il se *déprave* (*V.* PICA). La perte, la diminution, la dépravation de l'appétit, sont des symptômes essentiels à consulter dans l'établissement du diagnostic des maladies. — Le mot *appétit* est aussi employé pour indiquer la propension à l'acte de la génération : *appétit vénérien.*

APPLICATA, s. m.; mot latin qui sert à désigner ceux des agents de l'hygiène qui sont immédiatement appliqués sur le corps des animaux. Cette classe se confond avec celle des *circumfusa*; elle comprend les bains, le pansage, les harnais, la ferrure, le tondage, etc.

APPLICATIVE, adj., *applicativa*; la préfoliaison est *applicative*, lorsque les feuilles, avant leur épanouissement, sont appliquées face à face, sans être volutées ou pliées.

APPLIQUÉ, adj., *applicatus*, se dit d'une feuille appliquée sans adhérence sur une autre feuille.

APPROPRIATION, s. f., de *ad*, à, et *proprius*, propre; qualités d'un objet qui le rendent propre à bien remplir sa destination ; rapport parfait entre le produit obtenu et ses usages. L'appropriation doit être le but de toute amélioration. Dans toutes les industries, elle est l'expression vraie du progrès, puisque celui-ci consiste dans la satisfaction immédiate de tous les besoins qui surgissent au milieu de la société ; elle est la condition sans laquelle toute entreprise, toute exploitation doit nécessairement périr faute de consommateurs ou de débouchés. L'appropriation est de la plus haute importance en économie rurale et dans l'élevage des bestiaux. En économie rurale, elle consiste dans un *choix* convenable, dans l'application raisonnée d'un mode de culture, d'assolement, *appropriés* au climat, au sol, aux circonstances particulières où se trouve l'exploitation. En éducation, dans l'*art* de *développer* chez les animaux, *aux moindres frais*, les *qualités*, les *aptitudes* les plus conformes aux *besoins actuels*, et conséquemment, les plus avantageuses au point de vue de l'industrie, de l'élevage. On peut dire, en principe, qu'il n'existe de cultures, de races animales véritablement productives, que celles qui sont bien appropriées.

APPROUVÉ, adj. V. Etalon.

APPROXIMATION, s. f., de *ad* vers, et *proximus*, proche. On emploie le *cautère par approximation*, quand on approche d'une partie malade, sans qu'il y ait contact, un fer rougi par le feu, pour obtenir la résolution d'une tumeur, sans laisser des traces de cautérisation.

APPUI, s. m., *Fulcrum*, soutien. Point plus ou moins inébranlable sur lequel porte un corps ou un appareil. *Point d'appui :* point fixe sur lequel porte un levier et sur lequel il tourne. Point d'appui d'une balance : point sur lequel porte et tourne le couteau du fléau. En *Extér.*, *appui du collier :* le point d'union de l'encolure avec les épaules, ou l'espèce de talus que ces parties présentent en avant. On nomme aussi *appui*, le temps pendant lequel un membre est employé à soutenir le corps sur le sol. On décompose quelquefois ce moment en deux temps secondaires, le *poser*, ou l'arrivée du pied sur le terrain, et l'*appui* proprement dit. — *Terme de Man.*, pression du mors sur les barres; c'est la main qui en juge le degré. Les chevaux qui ont la bouche fine ont l'*appui léger ;* ceux dont la bouche est dure, pèsent à la main, ils ont *trop d'appui.*

APRE, adj., *Asper.* Se dit à la fois des corps dont la saveur est désagréable, et de ceux qui ont la surface rugueuse. *Apreté* de la saveur, *âpreté* d'une surface. Se dit, en *anatomie*, des surfaces raboteuses, rugueuses, donnant attache à des muscles ou à des ligaments.

APRETÉ, s. f.; qualité de ce qui est âpre. Se dit surtout de ce qui est âpre au goût. *Aspérité*, se dit au contraire de ce qui est âpre ou rude au toucher.

APTÈRE, adj. et s., *apterus*, de α priv., et πτερον, aile. Nom général donné à plusieurs familles d'insectes privés d'ailes, tels que les poux, les puces, les ricins, etc.

APTITUDE, s. f.; disposition naturelle prononcée d'un animal ou d'une race pour un usage déterminé : telle est la disposition à prendre facilement la graisse, à donner beaucoup de lait, à courir très vite, etc. Les aptitudes sont *innées ;* elles sont le résultat composé d'une certaine conformation et de l'*origine.* L'éducation, le régime, peuvent bien les développer : mais ils ne les créent pas de toutes pièces. Purement originelles ou accrues, les aptitudes sont transmissibles par la génération, et peuvent se développer, par ce moyen, dans une série de produits, pour s'arrêter, selon leur nature, à certaines limites. La question des aptitudes est de la plus haute importance dans l'économie du bétail, car elle embrasse les questions si souvent controversées du pur sang, des types spéciaux, et de la nécessité de leur intervention dans l'amélioration et l'appropriation des races. On a pu, avec des races bovines communes, créer des races aptes à s'engraisser rapidement, à fournir beaucoup de lait ; mais on n'est parvenu à ce résultat qu'en choisissant les reproducteurs auxquels on supposait les aptitudes recherchées. Pourrait-on , après un grand nombre de générations, avec des races chevalines et ovines communes, faire des races distinguées de tous points, ou rapides à la course, ou à toison superfine, etc.? Cela est probable. Mais si , par l'emploi des types spéciaux, on atteignait le but beaucoup plus vite, alors la question se trouverait préjugée en sa faveur. (*V.* quelques considérations sur ce sujet, au mot Sang.) Les aptitudes prononcées s'excluent presque toujours; le bœuf, qui a de la disposition à s'engraisser jeune et vite, est mauvais travailleur; les races de travail s'engraissent presque toujours mal ; le mouton à laine superfine manque de rusticité; le coursier le plus rapide n'a souvent d'application utile que dans l'hippodrome.

APYRE, adj., *Apyrus*, de α priv., et de πυρ, feu. Qualité de ce qui est *infusible* et inaltérable au feu. (*V.* Infusible.)

APYRÉTIQUE, adj., de α priv., et πυρετος, fièvre; qui est sans fièvre.

APYREXIE, de α priv., et πυρεξις, fièvre. On nomme ainsi, en médecine humaine, l'intervalle qui sépare les accès de fièvre intermittente. On donne aussi ce nom à la disparition des symptômes fébriles vers la fin des maladies aiguës.

AQUATILE, adj., *aquatilis*. (*V.* AQUATIQUE.)

AQUATIQUE, adj., *aquaticus*, de *aqua*, eau. Se dit des plantes qui vivent dans l'eau ou au bord de l'eau. Elles sont *nageantes*, *flottantes*, *émergées*, *immergées*, *fontinales*, *fluviatiles*, *lacustres*, etc. Les plantes qui croissent dans la mer ou sur la plage sont appelées *marines*.

AQUEDUC, s. m., *Aquæductus*. Nom donné, au figuré, à certains canaux existant dans les os ou les parties molles. *Aqueduc de Fallope:* canal appartenant à l'oreille interne, s'étendant du conduit auditif interne au trou premastoïdien, et donnant passage au nerf facial. *Aqueduc du vestibule:* conduit dirigé du vestibule à la face postérieure du rocher. *Aqueduc du limaçon:* conduit allant de la rampe du limaçon au bord postérieur du rocher. *Aqueduc de Sylvius:* conduit établissant la communication entre le ventricule des couches optiques et celui du cervelet.

AQUEUX, SE, adj., *aquosus*, de *aqua*, eau. Qui contient beaucoup d'eau ou qui est formé par ce liquide: fruits, aliments *aqueux*. *Météores aqueux:* les brouillards, les nuages, la pluie, la rosée, la neige, etc. *Humeur aqueuse:* celle qui remplit les chambres antérieure et postérieure de l'œil. (*V.* ce mot.) *Fusion aqueuse:* celle que certains sels éprouvent en fondant dans leur eau de cristallisation, etc.

AQUIFOLIACÉES, s. f., *Aquifoliaceæ*; Tribu des Célastracées, regardée par quelques auteurs comme une famille distincte. Genres principaux: *Ilex, Cassine*.

AQUILA ALBA. Nom ancien du *calomélas* ou protochlorure de mercure. (*V.* ces mots.)

AQUILARINÉES, s. f., *Aquilarineæ*. Famille de plantes dicotylédones, apétales, ne renfermant que des arbres exotiques. Elle se compose des trois genres *Aquilaria*, *Ophiospermum* et *Gyrinops*.

ARABE, adj., (cheval). Le plus beau, le plus généreux de tous les chevaux de l'Orient. Il a pour caractères: taille petite, 1,40 à 1,50; tête fine, front carré, large, naseaux ouverts; œil grand, vif, brillant, oreille un peu longue, mais bien attachée et hardie; encolure droite, garrot élevé, un peu charnu; corps arrondi, dos droit, croupe un peu étroite, inclinée de chaque côté; queue bien attachée; poitrine ample, ventre arrondi, flanc moyen, épaules obliques; membres d'une grande beauté, muscles de l'avant-bras, de la jambe, vivement accusés, tendons détachés; os compactes, denses, articulations fortes et souples; paturon plutôt long que court, pied petit, dur et solide; peau fine, couverte de poils courts, luisants; crins rares et soyeux; veines extérieures dessinées et proéminentes; robe variable, très souvent grise ou alezane. Ce portrait appartient plutôt au type arabe qu'à l'une des races définies qui habitent les bords de l'Euphrate, la Syrie, les déserts de l'Arabie. Parmi ces races, celle du Nedjd et, dans celle-ci, celle de Koheil, paraissent l'emporter sur toutes les autres. Le cheval arabe est intelligent, docile, sobre, plein de courage, d'élégance et de fond. Il se développe lentement, mais sa longévité est remarquable. On lui reproche de ne pouvoir, à cause de sa petite taille, satisfaire, comme animal de service, les besoins actuels de la civilisation européenne. Produit d'une civilisation particulière, le cheval arabe conserve dans le désert ses caractères originels, mais c'est à condition d'y trouver un régime approprié à sa nature, et surtout de ne point y contracter d'alliances indignes de ses nobles ancêtres. Dans quelque exagération que l'on soit tombé au sujet de sa nourriture, de sa sobriété, de sa force, de l'attention que les Arabes mettent à conserver sa généalogie, il est certain qu'il est presque partout l'objet de beaucoup de soins et qu'il jouit d'une puissante vitalité. Le cheval arabe est depuis longtemps introduit et naturalisé en Europe. On a pensé, non sans raison, que le cheval de qui descendent, en définitive, les coursiers qui font l'orgueil de l'Angleterre, était le plus propre à régénérer les races du continent, et cette idée, souvent mal comprise, et non moins souvent mal appliquée, a été, pour la production, une source de mécomptes, et pour le cheval arabe, comme type améliorateur, une cause regrettable de discrédit. Au reste, le beau, le vrai cheval arabe, est rare en Europe, rare surtout en France; cela tient aux difficultés de se le procurer plus qu'à son haut prix, et explique en même temps la défaveur dans laquelle l'ont fait tomber souvent des reproducteurs médiocres cachés sous son nom.

ARABETTE, s. f., *Arabis*, L.; genre de plantes de la famille des Crucifères, croissant sur les lieux élevés, assez recherchées des moutons, mais généralement trop petites pour être d'une grande utilité comme plantes fourragères. Quelques espèces sont cultivées dans les jardins.

ARABINE s. f. $C^{12} H^{11} O^{11}$. On nomme ainsi le principe soluble des gommes, qui forme presque en totalité la gomme arabique. Elle est solide, blanche, inodore, insipide, incristallisable, pesant 1,3 à 1,4. Chauffée, elle se ramollit à 132° et se laisse tirer en fils; à une température plus élevée, elle se décompose. Elle se dissout dans l'eau froide et la rend gluante, lorsque la solution est un peu concentrée; elle est insoluble dans l'alcool, l'éther, les huiles grasses et essentielles. Maintenue en ébullition pendant quelque temps dans de l'eau acidulée par l'acide sulfurique, elle se change en glucose. Sa solution aqueuse, exposée à l'air, se couvre à la longue de moisissures et devient acide. Ce principe est alimentaire et médicamenteux.

ARABIQUE. *V.* Gomme.

ARABLE, adj. Se dit de la terre qui peut être actuellement cultivée; de la partie du sol que remuent les instruments aratoires.

ARACHIDE, s. f., *Arachis hypogea;* plante de la famille des Légumineuses, originaire de l'Amérique, d'où elle a été transportée en Asie, en Afrique et dans l'Europe méridionale. L'arachide présente, dans le cours de sa végétation, un phénomène remarquable qui lui a fait donner, ainsi qu'à un petit nombre d'autres plantes, le nom d'*hypocarpogée*, et lui a valu le nom particulier de *pistache de terre*, sous lequel elle est généralement connue en France. L'arachide produit beaucoup dans les contrées où la température permet de la cultiver; on extrait de sa graine, par la pression, une huile blanche, abondante, grasse, analogue à l'huile d'olives.

ARACHNIDES, s. f., *Arachnides, araneæ*, araignées: animaux articulés, voisins des insectes avec lesquels ils ont été longtemps confondus, quoiqu'ils en diffèrent essentiellement par l'absence des antennes, la soudure de la tête avec le *corcelet*, quatre paires de pattes, des yeux simples, en nombre variable, etc. La disposition des organes respiratoires des araignées les a fait diviser en deux groupes principaux : 1° les *Arachnides pulmonaires*, pourvues d'un sac faisant fonctions de poumon; 2° les *Arachnides trachéennes*, respirant par des stygmates et des trachées, comme les insectes. Un certain nombre d'arachnides s'emparent de leur proie au moyen d'une toile qu'elles filent aux abords de leur habitation. Cette toile est employée souvent pour arrêter de légères hémorrhagies. La morsure de quelques-unes est venimeuse dans les contrées méridionales. En France, la piqûre du scorpion jouit seule de cette propriété.

ARACHNITIS, s. f., inflammation de l'*Arachnoïde*.

ARACHNOIDE, s. et adj., *Arachnoïdes*, *arachnoïdeus;* de κραχνη, araignée (toile d') et είδος forme; membrane séreuse très mince, enveloppant le cerveau et la moëlle épinière, et se réfléchissant sur toute la face interne de la méninge, ou dure-mère. L'arachnoïde présente donc deux feuillets, l'un pariétal, l'autre viscéral, se continuant de l'un à l'autre par les petites gaines qui entourent soit des vaisseaux, soit l'origine des cordons nerveux. — Le feuillet pariétal adhère d'une manière intime à la dure-mère. — Le feuillet viscéral, tapissant la masse cérébrale, franchit les scissures du cerveau sans s'y introduire. — La membrane qui tapisse les différents ventricules du cerveau, du cervelet, et le *calamus scriptorius*, est une séreuse tout à fait distincte de l'arach-

noïde, sans communication avec elle, et pouvant recevoir le nom d'*arachnoïde interne.*

ARACHNOIDITE, s. f., de αραχνη, toile d'araignée, είδες ressemblance, avec la désinence *ite*. Inflammation de l'arachnoïde. (*V.* Méningite.)

ARAIGNÉE, nom vulgaire donné à une maladie des mamelles, qui consiste dans une simple inflammation de la peau de ces organes.

ARAIGNÉES. (*V.* Arachnides.)

ARAIRE, s. f., de *arare*, labourer; charrue simple dans laquelle la puissance motrice est immédiatement appliquée à l'âge ou au régulateur, sans l'intermédiaire d'un avant-train. L'araire simple, employée par les anciens peuples, ne se composait que du sep et de l'âge. L'araire compliquée comprend de plus la flèche et le manche. (*V.* Charrue.)

ARALIACÉES, s. f.; famille de plantes dycotylédonées, herbes et arbres, voisine des Ombellifères. Les genres *Aralia, Hedera, Panax, Gastonia,*, etc., lui appartiennent.

ARATOIRE, adj., *aratorius*, de *arare*, labourer; sert à désigner les instruments qu'emploie l'agriculture.

ARBITRAGE, s. m.; jugement par arbitres. C'est une sorte de juridiction privée à laquelle les parties conviennent de se soumettre pour terminer un différend. Quelquefois c'est le tribunal de commerce qui nomme les vétérinaires *arbitres-rapporteurs*, pour prononcer sur les faits en litige. L'arbitrage est *volontaire* dans le premier cas; il est *forcé*, lorsqu'il est imposé par la loi. — Les parties qui désirent se soumettre à l'arbitrage rédigent un *compromis*, en se conformant aux règles prescrites par les articles suivants du code de procédure civile : Art. 1005. Le compromis pourra être fait par procès-verbal devant les arbitres choisis, ou par acte devant notaire, ou sous signature privée. 1006. Le compromis désignera les objets en litige et les noms des arbitres, à peine de nullité. 1007. Le compromis sera valable, encore qu'il ne fixe pas de délai, et en ce cas la mission des arbitres ne durera que trois mois, du jour du compromis. 1008. Pendant le délai de l'arbitrage, les arbitres ne pourront être révoqués que du consentement unanime des parties. 1009. Les parties et les arbitres suivront, dans la procédure, les délais et les formes établis pour les tribunaux, si les parties n'en sont autrement convenues. 1010. Les parties pourront, lors et depuis le compromis, renoncer à l'appel. — Lorsque l'arbitrage sera sur appel ou sur requête civile, le jugement arbitral sera définitif et sans appel. 1011. Les actes de l'instruction et les procès-verbaux du ministère des arbitres seront faits par tous les arbitres, si le compromis ne les autorise à commettre l'un d'eux. 1012. Le compromis finit, — 1° par le décès, refus, déport ou empêchement d'un des arbitres, s'il n'y a clause qu'il sera passé outre, ou que le remplacement sera au choix des parties, ou au choix de l'arbitre ou des arbitres restants ; — 2° par l'expiration du délai stipulé, ou de celui de trois mois, s'il n'en a pas été réglé ; — 3° par le partage, si les parties n'ont pas le pouvoir de prendre un tiers-arbitre. — Le code règle les devoirs des arbitres comme il suit : 1014. Les arbitres ne pourront se déporter, si leurs opérations sont commencées ; ils ne pourront être récusés, si ce n'est pour cause survenue depuis le compromis. 1016. Chacune des parties sera tenue de produire ses défenses et pièces, quinzaine au moins avant l'expiration du délai du compromis, et seront tenus, les arbitres, de juger sur ce qui aura été produit. — Le jugement sera signé par chacun des arbitres, et dans le cas où il y aurait plus de deux arbitres, si la majorité refusait de le signer les autres arbitres en feraient mention, et le jugement aura le même effet que s'il avait été signé par chacun des arbitres. — Un jugement arbitral ne sera, dans aucun cas, sujet à l'opposition. 1017. En cas de partage, les arbitres autorisés à nommer un tiers, seront tenus de le faire par la décision qui prononce le partage ; s'ils ne peuvent en convenir, ils le déclareront sur le procès-verbal, et le tiers sera nommé par le président du tribunal, qui doit ordonner l'exécution de la décision arbitrale. — Il sera, à cet effet, présenté requête par la partie la plus diligente. — Dans les deux cas, les arbitres divisés seront tenus de rédiger leur avis distinct et motivé, soit dans le même procès-verbal, soit dans des procès-verbaux séparés. 1018. Le tiers-arbitre sera tenu de juger, dans le mois du jour de son acceptation, à moins que ce delai n'ait été prolongé par l'acte de la nomination ; il ne pourra prononcer qu'après avoir conféré avec les arbitres divisés, qui seront sommés de se réunir à cet effet. — Si tous les arbitres ne se réunissent pas, le tiers arbitre prononcera seul ; et, néanmoins, il sera tenu de se conformer à l'un des avis des autres arbitres. 1019. Les arbitres et tiers-arbitres décideront d'après les règles du droit, à moins que le compromis ne leur donne pouvoir de prononcer comme amiables compositeurs. 1020. Le jugement arbitral sera rendu exécutoire par une ordonnance du président du tribunal de première instance dans le ressort duquel il a été rendu ; à cet effet, la minute du jugement sera déposée dans les trois jours par l'un des arbitres, au greffe du tribunal. S'il avait été compromis sur l'appel d'un jugement, la décision arbitrale sera déposée au greffe de la cour royale, et l'ordonnance rendue par le président de cette cour. — Les poursuites pour les frais du dépôt et les droits d'enregistrement ne pourront être faites que contre les parties. 1021. Les jugements arbitraux, même ceux préparatoires, ne pourront être exécutés qu'après l'ordonnance qui sera accordée à cet effet par le président du tribunal, au bas ou en marge de la minute, sans qu'il soit besoin d'en communiquer au ministère pu-

blic, et sera, ladite ordonnance, expédiée en suite de l'expédition de la décision. — La connaissance de l'exécution du jugement appartient au tribunal qui a rendu l'ordonnance. 1022. Les jugements arbitraux ne pourront, en aucun cas, être opposés à des tiers. 1023. L'appel des jugements arbitraux sera porté, savoir : devant les tribunaux de première instance, pour les matières, qui, s'il n'y eût point eu d'arbitrage, eussent été, soit en premier, soit en dernier ressort, de la compétence des juges de paix ; et devant les cours royales, pour les matières qui eussent été, soit en premier, soit en dernier ressort, de la compétence des tribunaux de première instance.

ARBORESCENT. adj., *arborescens.* Se dit principalement de la tige des arbustes ou petits arbres.

ARBORICULTURE, s. f. ; culture des arbres.

ARBORISATION, terme d'anatomie pathologique. Par l'effet de l'inflammation, le sang qui abonde dans les capillaires, produit la forme d'*arborisation.*

ARBOUSIER, *arbutus,* L. ; genre de plantes de la famille des Éricacées, renfermant des arbrisseaux et des sous-arbrisseaux. L'A. *unedo* ou fraisier en arbre, croît au voisinage de la Méditerrannée et de l'Océan ; ses baies arrondies, pendantes et rouges, sont bonnes à manger ; l'industrie emploie au tannage des cuirs ses feuilles et son écorce. L'A. busserolle, *A. uva ursi,* croît dans les pays de montagnes ; ses fruits, encore appelés *raisins d'ours,* sont astringents et diurétiques. Les feuilles et les plus petits rameaux de ces deux plantes sont quelquefois utilisés comme litière.

ARBRE, s. m., *Arbor ;* plante à tige ligneuse et vivace, nue à sa base où elle forme un axe ou partie principale appelée *tronc,* et divisée supérieurement en rameaux également ligneux et vivaces. Les arbres de nos contrées appartiennent tous à l'embranchement des dicotylédones ; ils peuplent nos forêts et nos vergers, et font l'ornement de nos promenades publiques. Les produits qu'en tirent l'économie domestique, l'industrie, la médecine, etc., etc., sont très nombreux et de la plus haute importance. Dans les climats tempérés, les arbres se dépouillent généralement de leurs feuilles en automne ; il en est toutefois chez lesquels elles semblent persister, parce qu'elles se renouvellent partiellement ; ces arbres, dont le plus grand nombre appartient à la famille des Conifères, prennent le nom d'*arbres verts.* — *Arbre à beurre.* (*V.* GUTTIFÈRES.) — *Arbre à cire.* (*V.* MYRICACÉES.) — *Arbre à lait.* (*V.* ASCLÉPIADÉES.) — *Arbre à pain, arbre de la vache.* (*V.* URTICÉES.)

ARBRE DE DIANE. Groupe de petits cristaux d'argent (*Diane* des alchimistes) qu'on obtient en plaçant un globule de mercure dans une solution de nitrate d'argent.

Arbre de Saturne. Cristaux de plomb métallique (Saturne des anciens chimistes), qui se déposent sur une lame de zinc qu'on plonge dans une solution aqueuse d'un sel de plomb.

Arbre de vie, *arbor vitæ*. Nom donné anciennement à la figure arborisée que présente l'arrangement relatif de la substance blanche et de la substance grise, dans une coupe longitudinale du cervelet.

ARBRISSEAU, s. m., *Arbuscula;* plante à tige et rameaux vivaces, ramifiée dès sa base, et dont la hauteur totale ne dépasse pas beaucoup la taille de l'homme; ex. le *lilas.*

ARBRISSEAU (sous-), s. m., *Suffrutex;* plante à tige ligneuse à la base, à rameaux herbacés et annuels, sans bourgeons à l'aisselle des feuilles; ex.: la *rue odorante,* le *millepertuis.*

ARBUSTE, s. m., *Frutex;* plante à tige et rameaux ligneux, ramifiée dès la base, peu élevée, sans bourgeons à l'aisselle des feuilles; ex.: les *bruyères.* La non-existence de ces bourgeons distingue les arbustes des arbrisseaux; la persistance et la consistance ligneuse des rameaux les distinguent des sous-arbrisseaux.

ARC, s. m., *Arcus;* portion d'une circonférence. On donne ce nom, en *anatomie*, à une partie décrivant un certain contour; ex.: l'*arc du cœcum*, portion supérieure et postérieure de cet intestin, située dans le flanc droit du cheval et décrivant une courbe assez prononcée.

ARC-EN-CIEL, s. m. Météore lumineux, ainsi nommé à cause de sa forme demi-circulaire. Il est formé de plusieurs bandes teintes des couleurs du spectre solaire et placées dans un ordre déterminé. Son apparition a lieu lorsque le temps est pluvieux et que le soleil reste brillant. Il provient de la décomposition des rayons lumineux dans les globules ou les vésicules que la pluie ou la vapeur aqueuse forment dans l'atmosphère. Pour l'observer, il faut tourner le dos au soleil et regarder le point opposé de l'horizon où se dirigent ses rayons.

ARCADE, s. f., de *Arcus*, arc; partie décrivant une courbe ou arc. *Arcade crurale*, encore appelée *fémorale*, *ligament de Fallope* ou de *Poupart :* espèce de cordon que forme l'aponévrose du muscle oblique externe de l'abdomen, en se réunissant avec celle de la cuisse. Elle établit la limite entre le ventre et la cuisse, et forme la partie antérieure d'un vaste espace rempli par les muscles de cette dernière région. *Arcades dentaires:* arcs formés par l'ensemble des dents et distingués en *arcades molaires* et *arcades incisives. Arcade orbitaire :* portion osseuse chez le cheval et le bœuf, séparant la fosse orbitaire de la fosse temporale. *Arcade temporale :* arc osseux placé sur le côté du crâne, formé par des prolongements du temporal et du zygomatique, et limitant en dehors la fosse temporale. On nomme encore *arcade,*

le mode de réunion de certains vaisseaux : *arcades mésentériques*, *arcades intestinales.*

ARCANE, s. m., de *Arcanum*, mystère, secret. Nom que l'on donne aux remèdes secrets.

ARCANSON, s. m. *V.* **Colophane.**

ARCHÉE, s. m., *Archæus*, de αρχη, principe, commencement. Ce mot, employé dans diverses acceptions, l'a été surtout en physiologie par Van-Helmont, comme synonyme de principe vital. Il admettait un archée principal, puis des archées secondaires dans les divers organes. Aujourd'hui, on a remplacé les archées par d'autres mots. La science y a-t-elle gagné ?

ARCTURE, s. f., de αρκτος, ourse, et ουρα, queue. État maladif produit sur les animaux tétradactyles irréguliers, par un ongle qui rentre dans les chairs.

ARDENNAIS (cheval). On désigne sous ce nom des animaux appartenant à deux races distinctes, l'une de trait, propre au service de l'agriculture, des diligences, de l'artillerie; l'autre de selle, sur le compte de laquelle les hippologues ne s'accordent pas parfaitement. Cette dernière, plus souvent citée, occupe les confins de la Belgique, la vallée de la Meuse. M. Riquet en fait le tableau suivant : taille près de la moyenne, plutôt petite que grande ; des formes peu distinguées, rudes ; un embonpoint modéré, dans un assez bon cadre ; la tête sèche, carrée, quelquefois mal attachée ; l'oreille assez bien fixée, l'œil saillant, le front camus, la ganache forte, l'encolure courte, forte et droite ; l'épaule plate, le poitrail un peu étroit, le garrot saillant, les reins courts, les hanches prononcées, les jarrets petits et crochus, les membres secs, la corne et le pied généralement bons. Quoique profondément modifié, le cheval ardennais se rattache par sa conformation, sa résistance à la fatigue, son tempérament, aux races orientales.

ARDENT, adj., de *ardere*, brûler; qui est en feu, qui brûle. *Charbon ardent*, *fer ardent, soleil ardent.* On appelle *cheval ardent*, celui qu'on a de la peine à maîtriser.

ARDEUR, s. f., *Ardor*, de *ardere*, brûler. Chaleur âcre et piquante qu'on observe dans certaines affections ; *ardeur d'urine.* —Terme d'hippiat., employé comme synonyme de vigueur. On dit qu'un *cheval a de l'ardeur.*

ARÉNAIRE, adj., *arenarius*, de *arena*, sable. Se dit des plantes qui vivent dans les terrains sablonneux.

ARÉOLE, s. f., *Areola*, de *area*, aire ; petite aire, petite surface. En *anatomie*, on appelle aréoles de petits espaces, de petites cavités, existant entre les mailles d'un tissu, ou résultant de l'assemblage de petites lames membraneuses; ex.: les *aréoles du tissu cellulaire.*

ARÉOMÈTRES, s. m., de αραιος, léger, et μετρον, mesure. On nomme ainsi de petits appareils flotteurs destinés à mesurer la densité des liquides. Leur construction est fondée sur le principe d'Archimède. Leur forme varie beaucoup : mais tous consistent en une boule ovoïde ou un cylindre creux, en verre ou autre substance, lestés par une extrémité pour les maintenir debout, et portant à l'autre une tige simple ou munie d'un plateau, où se trouvent marquées les indications de l'instrument. On en distingue deux séries : les aréomètres à poids variable et à volume constant, et les aréomètres à poids constant et à volume variable. Les premiers comprennent : 1° *l'aréomètre de Fareinheit* ou *grarimètre* ; il consiste en un cylindre creux en verre, lesté en bas, et portant en haut une tige très fine, couronnée par un petit plateau. L'instrument est construit de manière à ne pas s'enfoncer entièrement dans l'eau pure, en sorte que, pour l'y faire pénétrer jusqu'à un petit renflement de la tige, appelé *point d'affleurement*, il faut le charger de poids additionnels que l'on place sur le petit plateau. En portant l'instrument dans un autre liquide, il faudra placer sur le plateau, pour déterminer *l'affleurement*, des poids, ou plus forts ou plus faibles que ceux nécessaires pour l'enfoncer dans l'eau. Le rapport de ces poids indiquera la densité relative des liquides ; 2° *l'aréomètre de Nicholson* ou *aréomètre balance* ne diffère du précédent que par quelques légères modifications de formes, et par le lest qui est une pièce indépendante de l'instrument. C'est un petit seau disposé de manière à pouvoir recevoir des corps solides. Aussi, cet aréomètre est-il employé pour déterminer la densité des solides comme celle des liquides. Les aréomètres à poids constant et à volume variable sont très nombreux, et se distinguent en ceux qui sont destinés à peser les liquides plus denses que l'eau, et en ceux qu'on destine aux liquides qui sont plus légers. Les premiers se reconnaissent à ce qu'ils portent le zéro de l'échelle au sommet de la tige, tandis que les seconds le portent à la partie inférieure. Les plus employés sont ceux de Baumé. Les aréomètres, dont on se sert pour déterminer la densité approximative des liquides plus légers que l'eau, portent le nom de *pèse-liqueurs*, *pèse-esprits*, *pèse-éthers*, etc., selon leur destination. Pour les graduer, Baumé se servait d'une solution de sel marin formée de 90 parties d'eau et 10 de sel ; au point où l'instrument s'enfonçait, on marquait 10° ; le point d'affleurement dans l'eau pure portait le zéro, et l'intervalle était divisé en dix degrés égaux, que l'on continuait sur toute la longueur de la tige. L'échelle du pèse-eau-de-vie va de 10° à 39° ; celle du pèse-esprit marque de 25° à 45°, et celle du pèse-éther, de 40° à 70°. Les aréomètres pour les liquides, plus denses que l'eau, sont appelés *pèse-sels*, *pèse-acides*, *pèse-sirops*, selon leur usage. On les gradue en les plaçant d'abord dans l'eau pure, où ils s'enfoncent jusqu'à la partie supérieure de la tige, et là, on marque zéro ; on les met ensuite dans une solution formée de 85 parties d'eau et 15 parties de sel marin ;

on divise l'espace en 15°, et on les prolonge ensuite jusqu'au bas de la tige. Le *pèse-acides* marque de zéro à 70° ; le *pèse-sels*, de 0 à 45°, et le *pèse-sirops*, de 20 à 36°. Indépendamment des aréomètres de Baumé, il existe l'aréomètre Batave, qui porte une longue tige dont le milieu est occupé par le 0 de l'échelle, parce qu'il peut servir à la fois pour les liquides plus denses, et pour ceux qui sont plus légers que l'eau. Il est peu usité. L'aréomètre de Cartier, très employé dans le commerce des esprits et des eaux-de-vie, est basé sur les mêmes principes que les pèse-liqueurs de Baumé, seulement la division de l'échelle est un peu différente, et il marque 30° où celui de Baumé indique 32°. Enfin, on connaît *l'alcoomètre centésimal* de Gay-Lussac (*V.* ALCOOMÈTRE), dont les indications sont très exactes.

Le tableau suivant donnera la valeur relative des indications fournies par ces divers instruments.

Baumé.	Cartier.	Batave.	Centésimal (en nombres ronds)	Densité.
10	10	0	0	1.000
11	10.92	1	5	0,993
12	11.84	2	10	0,987
13	12.76	3	17	0,979
14	13,67	4	23	0,973
15	14,59	5	29	0,966
16	15,51	6	34	0,960
17	16,43	7	39	0,953
18	17,35	8	42	0,947
19	18,26	9	47	0,941
20	19,18	10	50	0,935
21	20,10	11	53	0,929
22	21,02	12	56	0,923
23	21,94	13	59	0,917
24	22.85	14	61	0,911
25	23,77	15	64	0,905
26	24,69	16	66	0,900
27	25,61	17	69	0,894
28	26,53	18	71	0,888
29	27,44	19	73	0,883
30	28,38	20	75	0,878
31	29.29	21	77	0,872
32	30,31	22	79	0,867
33	31,13	23	81	0,862
34	32,04	24	83	0,857
35	32,96	25	84	0.852
36	33,88	26	86	0,847
37	34,80	27	88	0,842
38	35,72	28	89	0,837
39	36,63	29	91	0,832
40	37,65	30	92	0,827
41	38,46	31	93	0,823
42	39,40	32	94	0,818
43	40.31	33	96	0,813
44	41,22	34	97	0.809
45	42,14	35	98	0,804
46	43,06	36	99	0,800
47	43,19	37	100	0,795
48	44,90	38	»	0,791

ARÊTE, s. f., *Arista*. Nom vulgaire donné aux parties osseuses, allongées et filiformes des poissons. En *anatomie*, on nomme *arête* une ligne âpre, plus ou moins allongée, donnant attache à des muscles ou à des ligaments. — *Bot.*, prolongement aigu, filiforme, raide et plus ou moins long, qui part du sommet ou du dos des écailles de beaucoup de graminées ; ex. : l'orge, le seigle, etc. On lui donne souvent le nom de *barbe*. On appelle aussi *arête*, la ligne saillante formée par la rencontre de deux plans. — *Path.* Les hippiatres donnaient le nom d'*arêtes* ou *queues de rat* à une maladie de la peau qu'on observe à la partie inférieure et postérieure des membres du cheval, dans la région des tendons. On les rencontre surtout aux extrémités de derrière, sur les chevaux qui présentent des poils abondants. Elles sont le résultat de la malpropreté, des excoriations auxquelles on n'a pas remédié. Quelquefois l'arête se présente sous la forme de croûtes disposées sur une ligne perpendiculaire ; on dit alors qu'elle est *crustacée*. L'arête est *humide*, quand les croûtes qui la forment sont humectées. Cette affection n'apporte aucune gêne dans les mouvements de la locomotion. Pendant longtemps on a renoncé à traiter l'arête ; on la regardait comme incurable. On emploie avec avantage, pour la faire disparaître, la pommade de Rodier, composée de sous-acétate de cuivre et d'axonge dans les proportions de un sur quatre. — On appelle aussi *arête* ou *queue de rat* la queue d'un cheval dégarnie de crins ; cette expression est tombée en désuétude.

ARGÉMONE, s. f., *Argemone*, L. ; genre de plantes de la famille des Papavéracées, dont une espèce, originaire du Mexique, a été naturalisée dans l'Europe méridionale. Les graines de l'*A. Mexicana*, A. du Mexique, pavot épineux, sont purgatives.

ARGENT, s. m., *Argentum*, de αργος, blanc. Ag. Éq. 1350. Métal de la sixième et dernière section, très anciennement connu. Les alchimistes l'avaient consacré à *Diane*. On le trouve dans la nature, natif ou combiné aux métalloïdes et le plus souvent accompagné par d'autres métaux, notamment le plomb, le cuivre, etc. Pour l'extraire de ses minerais, on emploie la *coupellation* ou l'*amalgamation*. Le premier procédé consiste à le combiner au plomb et à brûler ensuite ce dernier au contact de l'air, après fusion de l'alliage. L'argent pur reste comme résidu dans la *coupelle*. Dans le deuxième procédé, on grille d'abord les minerais avec du sel marin pour chlorurer l'argent ; on décompose ensuite ce chlorure avec le fer, en présence du mercure ; ce dernier s'allie à l'argent, duquel on le sépare ensuite au moyen de la chaleur. L'argent est solide, blanc, d'un bel éclat métallique, très ductile et très malléable, d'une assez grande ténacité, quoique peu dur ; sa densité est de 10.473. Il fond à 20° du pyromètre de Wedgwood, et reste fixe ;

refroidi avec précaution, il peut cristalliser. Il est complètement inaltérable à l'air et dans l'eau, qu'il ne décompose à aucune température. Les émanations sulfureuses le noircissent. Les acides sulfurique et chlorhydrique ne l'attaquent qu'à l'aide de la chaleur. L'acide azotique et l'eau régale le dissolvent, au contraire, aisément à froid. Combiné au cuivre dans des proportions déterminées par les lois, il constitue la monnaie et les bijoux d'argent. Plusieurs de ses composés, et notamment le nitrate, sont fort importants pour l'usage médical.

ARGENTÉ, **ÉE**, adj. ; qui ressemble à l'argent. On donne ce nom, par comparaison, au reflet brillant de certaines robes du cheval. Ex. : *blanc argenté*, *gris-clair argenté*.

ARGENTINE. *V.* POTENTILLE.

ARGILE, s. f., *Argilla*, de αργος, blanc. *Terre glaise.* On donne ce nom à une terre formée essentiellement d'alumine, de silice et d'eau, combinées dans des proportions extrêmement variables. A ces éléments essentiels, s'en ajoutent un grand nombre d'autres, comme les bases alcalines, la chaux, la magnésie et leurs carbonates, ainsi que les oxydes de fer et de manganèse qui colorent les argiles en jaune, en rouge ou en gris. A l'état sec, les argiles sont pulvérulentes, douces au toucher, happent à la langue et exhalent une odeur terreuse spéciale. Elles sont infusibles, extrêmement avides d'eau, avec laquelle elles forment une pâte glutineuse, qui n'abandonne l'eau qu'avec difficulté et qui diminue de volume par l'action de la chaleur. Soumise à une haute température, la pâte argileuse, tout en conservant sa forme, acquiert une si grande dureté qu'elle fait feu au briquet. Les argiles forment la base de beaucoup de terrains cultivés ; elles servent à la confection des poteries, des briques, des tuiles, des mortiers, etc ; délayées dans le vinaigre, elles constituent un excellent topique astringent, résolutif et défensif, qu'on emploie sur les contusions récentes, surtout celles produites par les harnais, sur les sabots du cheval dans le cas de fourbure, sous les pattes des chiens atteints d'aggravée, etc.

ARGILEUX, adj. On désigne sous le nom générique d'*argileux*, les terrains, les sols dans lesquels la proportion d'argile s'élève à 0,45 de la masse totale. Lorsque, avec 0,40 de silice, la terre renferme au moins 0,45 d'argile, sans avoir une proportion notable de calcaire, elle prend le nom particulier de *Glaise* ; si la proportion de silicate d'alumine s'élève à 0.85, le composé prend le nom d'*Argile proprement dite*. L'élément argileux uni à la silice, à la chaux, au terreau, concourt à former les variétés assez nombreuses de loams, d'argiles calcaires, siliceuses, etc.

ARGILO-CALCAIRE, adj. Nom des terrains dont l'argile et la chaux forment la base ; ils renferment moins de 0,40 de silice.

Sans être le type des terres à blé, les terrains argilo-calcaires sont très propres à la culture de cette céréale, ainsi qu'à l'établissement des prairies artificielles. L'action des engrais y est plus rapide que dans les glaises, mais moins que dans les terrains calcaires et siliceux. Leur consistance varie avec les proportions des éléments qui les forment, et ils offrent, sous le rapport de la culture, de très grandes différences.

ARGILO-SILICEUX, adj.; nom des terrains désignés par les agriculteurs sous le nom général de *Glaises*. Ils sont très communs en Europe. Ils ont pour base moins de 0.55 de silice libre, jamais moins de 0.40, et au moins 0,15 d'argile, sans calcaire, du moins en proportion notable.

ARHIZE, adj., *arhizus*, de α priv., et ῥίζα. racine : Richard donne ce nom aux végétaux privés de radicule, et conséquemment de véritable embryon.

ARICINE, s f., Alcaloïde découvert par Pelletier et Coriol, dans le quinquina *d'arica*. On le prépare par le même procédé que la quinine et la cinchonine. L'aricine est solide, en aiguilles blanches brillantes, inodore, de saveur amère et âcre. Elle est fusible et fixe, inaltérable, insoluble dans l'eau, soluble dans l'alcool et l'éther. L'acide azotique concentré la colore en vert. L'aricine se combine aux acides et donne naissance à des sels parfaitement déterminés.

ARIDE, adj., *aridus*; desséché : se dit de la surface des corps qui paraît très sèche et rude au toucher. On le dit aussi d'un terrain rendu stérile par une sécheresse habituelle.

ARIDITÉ, s. f., *Ariditas*; sécheresse. L'*aridité de la langue*, *de la peau*, coïncident le plus souvent avec les altérations du tube digestif. — *Aridité*, sécheresse de la corne.

ARILLE, s. m., *Arilla*; expansion du trophosperme, de forme et d'étendue fort diverses, sèche, membraneuse ou charnue, qui recouvre tout ou partie de la graine dans certains fruits. L'arille est *vrai* ou *faux*. Celui-ci, que l'on appelle encore *arillode*, diffère du premier en ce qu'il ne recouvre jamais le micropyle du pourtour duquel il s'élève; le macis de la muscade est un faux arille.

ARILLÉ, adj., *arillatus*; recouvert d'un arille.

ARISTÉ, adj., *aristatus*; surmonté d'une arête.

ARISTOLOCHE, s. f., *Aristolochia*, T., de αρίστος, très bon, et λοχεῖα, arrière faix; genre de plantes vivaces, à tige longue et faible, de la famille des Aristolochiacées. Les espèces *clematitis, rotunda, longa, tenuis*, etc., fournissent à la pharmacie des racines auxquelles on attribue des propriétés toniques et emménagogues. Ces espèces croissent dans le midi de la France. L'A. *sypho*, importée de l'Amérique du nord, est une jolie plante d'ornement. — *Pharmac.* On distingue dans le commerce deux sortes d'aristoloches, la *ronde* et la *longue*. Elles sont excitantes et réputées alexitères. L'une est allongée, l'autre globuleuse : l'une et l'autre grises à la surface et jaunes à l'intérieur, de saveur amère et aromatique. Données à l'intérieur, elles agissent comme stimulantes, mais elles sont rarement usitées en médecine vétérinaire; quant à leur emploi comme alexitères, on leur préfère la *serpentaire de Virginie*, plante du même genre et de la même famille. (*V.* SERPENTAIRE.)

ARISTOLOCHIACÉES, s. f., *Aristolochiaceæ*; famille de plantes herbacées ou suffrutescentes, généralement volubiles, dicotylédones, apétales. Elle est divisée en deux tribus : les *Isarées*, genre principal : *Isaret*, et les *Aristolochiées*, genre : *Aristoloche*.

ARMATURE, s. f., *Armatura*. On donne ce nom, en physique, aux plaques métalliques qui font partie des condensateurs et notamment de la bouteille de Leyde. Dans celle-ci, on distingue une armature *interne* et une armature *externe*. Elles sont toujours chargées d'électricité de nom contraire, et par conséquent séparées l'une de l'autre, dans tous les condensateurs, par une lame non conductrice.

ARMÉ, adj., *armatus*. Se dit, par opposition à *inerme*, d'un végétal pourvu de défenses, épines ou aiguillons.

ARMER (s'), v. p. Un *cheval s'arme*, quand il se défend contre les aides, et surtout lorsqu'il cherche à éviter les effets du mors, en l'appuyant contre le poitrail ou en le repoussant avec la langue, etc.

ARMOISE, s. f., *Artemisia*. L. : genre de plantes de la famille des Composées, tribu des Carduacées. Ses caractères sont : involucre arrondi ou plane à écailles serrées; fleurs petites, nombreuses, fleurons tubuleux, ceux de la circonférence souvent femelles, à trois dents; ceux du centre hermaphrodites ou stériles par avortement de l'ovaire; graine ovale, nue. Ce genre renferme des herbes et des sous-arbrisseaux qui tous ont une odeur forte et une saveur amère. Les espèces du genre Armoise sont nombreuses : quelques-unes, et notamment l'A. vulgaire, *A. vulgaris*, sont employées en médecine; les semences de l'*A. judaïca*, sont vermifuges; l'Estragon, *A. dracunculus*, sert de condiment. Il a été parlé ailleurs de l'absinthe, *A. absinthium*. Un grand nombre d'espèces de ce genre sont recherchées des bestiaux, lorsqu'elles sont jeunes ; plus tard, elles deviennent dures et rebutantes par leur amertume. — *Pharmac.* Toutes les parties de l'*A. vulgaris* peuvent être employées comme médicament : elles contiennent de l'huile volatile qui les rend odorantes, et un principe amer, sorte de sous-résine, qui leur donne une saveur amère très prononcée. Les feuilles, les sommités fleuries, et parfois la racine, sont les parties les plus usitées ; on les administre en infusion dans l'eau ou dans les liqueurs alcooliques, plus rarement en electuaire après les avoir hachées ; les doses peuvent être d'un tiers plus fortes que celles de l'absinthe. Elles jouissent des mêmes propriétés que les diverses parties de cette dernière, mais elles sont moins énergiques, et conséquemment plus rarement employées. Cependant, comme stimulant tonique, vermifuge, utérin, anti-épileptique, l'armoise pourrait être plus souvent employée, parce qu'on la trouve partout. On l'a vantée dans ces derniers temps, en médecine, comme un excellent remède contre l'épilepsie récente et la chorée.

ARMURE, s. f., *Armatura*. On appelle ainsi des lames de fer doux, qu'on place aux pôles d'un aimant naturel, afin de développer et de conserver sa puissance magnétique.

ARNIQUE, s. f., *Arnica*, L. ; genre de plantes de la famille des Composées. L'A. des montagnes, *A. montana*, est réputée tonique et stimulante ; toutes ses parties sont fréquemment employées par les habitants des montagnes. Les chèvres broutent ses feuilles. — *Pharmac.* Les fleurs de cette plante doivent être seules employées en médecine. Elles exhalent, quand elles sont fraîches, une odeur vive qui provoque l'éternuement, mais qui s'affaiblit beaucoup par la dessication ; leur saveur est amère et âcre. Ces fleurs, d'après l'analyse de Chevalier et Lassaigne, contiennent de la résine ayant l'odeur de l'arnica, de la cytisine ou cathartine, de l'acide gallique, une matière colorante jaune, de la gomme et quelques sels ; suivant Weber, de l'huile volatile, et de la saponine, selon Bucholz. Elles s'administrent à l'intérieur, en infusion, à la dose de 20 à 30 grammes pour les grands animaux, et à celle de 2 à 5 grammes pour les petits ; à l'extérieur, on les emploie surtout en teinture alcoolique. L'arnica excite vivement le tube digestif, et peut déterminer le vomissement chez les carnivores : ses principes, passés dans le sang, agissent primitivement sur les centres nerveux, et secondairement sur les organes respiratoires, qu'ils excitent d'abord, et qu'ils stupéfient ensuite. L'arnica est préconisée à l'intérieur contre la dyssenterie, les maladies putrides et ataxiques, comme le typhus, ainsi que contre certaines affections nerveuses, l'amaurose, la chorée, la paraplégie, etc. A l'extérieur, sa teinture est un remède vulgaire et très efficace contre les contusions récentes. C'est un médicament trop peu employé par les vétérinaires. Les homœopathes en font un usage fréquent.

AROIDÉES, s. f., *Aroïdeæ* ; famille de plantes herbacées, vivaces, souvent aquatiques, monocotylédones, apérianthées, à fleurs unisexuelles monoïques, sessiles autour d'un axe charnu, véritable spadice, entouré d'une spathe monophylle : ovaires libres : baies succulentes ou capsules, feuilles sagittées ou cordées. Cette famille peut être divisée en trois tribus : les *Aroïdées vraies*, genres : *Arum, Calla*, etc. ; les *Orontiacées*, genres :

Acorus, *Orontium*, etc. ; les *Pistiacées*, genres : *Pistia*, etc.

AROMATE, s. m., *Aroma*, de ἄρωμα, parfum. Nom qu'on donne particulièrement à certaines substances végétales aromatiques, en général exotiques, comme la cannelle, le clou de girofle, le poivre, la muscade, le gingembre, etc. On les appelle encore des *épices*.

AROMATIQUE, adj. et s., *Aromaticus*. On donne ce nom générique à toutes les substances qui ont une odeur vive, agréable, qu'elles doivent à un principe volatil appelé *arôme*. Ces substances sont tirées, en général, des plantes, plus rarement des animaux. Toutes les parties des végétaux peuvent fournir des substances aromatiques ; cependant les fleurs et les fruits, les feuilles et les écorces, sont les parties qui en fournissent le plus. La qualité aromatique de certains médicaments est due le plus souvent à une huile essentielle, liquide ou concrète ; plus rarement à de l'acide benzoïque ou à un principe résineux. En général, les substances aromatiques agissent comme stomachiques et stimulantes ; elles accélèrent la digestion, la respiration et la circulation, relèvent l'activité nerveuse, et par suite celle de la plupart des fonctions. Aussi conviennent-elles contre la débilité du tube digestif, les maladies atoniques, les hydropisies, etc. — *Hyg.* Les plantes aromatiques, ainsi désignées à cause de leur odeur forte et généralement agréable, ont été classées en hygiène parmi les plantes assaisonnantes. Mêlées aux aliments ordinaires, elles en relèvent la fadeur, stimulent les organes digestifs, excitent la salivation et l'appétit, exercent même une action tonique. Leurs propriétés sont principalement dues à une huile volatile, que la dessication enlève plus ou moins complètement. Les plantes aromatiques sont plus communes dans les prairies hautes, bien exposées : aussi les fourrages y sont-ils plus excitants, plus savoureux, et définitivement de meilleure qualité. Elles appartiennent presque toutes aux familles des Labiées, des Ombellifères, des Composées, des Crucifères, et sont fournies par les genres Germandrée, Menthe, Sauge, Mélisse, Origan, Bugle, Thym, Lierre, Ache, Séline, Carotte, Armoise, Tanaisie, Camomille, Chrysanthème, Matricaire, Cresson, etc.

AROME, s. m., *Aroma*, parfum. On appelle ainsi le principe odorant des substances aromatiques. Sa nature varie, mais c'est le plus souvent un principe essentiel et volatil. L'arôme est parfois le corps tout entier qui se volatilise, comme pour le *camphre*, par exemple. C'est dans le plus grand nombre des cas une huile essentielle qui se volatilise, comme dans toutes les plantes aromatiques ; d'autres fois, l'arôme prend naissance par la formation d'une essence qui n'existait pas primitivement dans les corps, comme cela a lieu pour les amandes amères, les graines des crucifères, etc.

ARQUÉ, **ÉE** adj. ; courbé en arc. En *Ext.*, on appelle *genou arqué* celui qui, par suite d'usure, reste plus ou moins fléchi pendant le repos. Cette disposition fausse l'*aplomb* de l'animal et l'expose à des chutes pendant la marche. On étend quelquefois la dénomination à l'animal lui-même, et l'on dit : *cheval arqué.*

ARRACHAGE, s. m., action d'extraire de la terre, à l'époque de leur maturité, les racines, les tubercules, etc., etc.

ARRACHEMENT, s. m., action d'arracher, de séparer avec effort des parties qui étaient unies. On reconnaît des *plaies par arrachement*, produites par la séparation violente de quelque partie du corps. (*V.* PLAIE.) L'*arrachement* ou *évulsion*, est un moyen chirurgical employé quelquefois ; on arrache une dent, un polype. Quelques opérations sur le pied des animaux exigent l'*arrachement* préalable d'une partie de l'ongle. On pratique la castration par *arrachement* sur les veaux, les jeunes agneaux, en extirpant avec force les testicules après avoir incisé leurs enveloppes.

ARRACHOIR, s. m., instrument de forme variable, propre à arracher les racines des arbres, les perches de houblon.

ARRÊT, s. m., terme de manége : action par laquelle le cavalier arrête son cheval. On l'entend. pour le cheval de l'action de s'arrêter. L'arrêt doit être opéré graduellement, mais franchement, sans que le corps du cavalier se déplace d'une manière bien sensible. — Terme de chasse ; *chien d'arrêt ;* action du chien qui *arrête* le gibier. — Terme de chirurgie ; *temps d'arrêt d'une opération; instrument qui sert à fixer certaines parties.* — Terme de jurisprudence, jugement d'une cour, d'un tribunal ; *arrêts de la cour de cassation.*

ARRÊTE-BOEUF, s. m. *Bot.* (*V.* BUGRANE.) — *Pharmac.*, nom vulgaire de l'*Ononis spinosa*, plante indigène de la famille des légumineuses, qui croit dans les terrains cultivés, et dont la racine est réputée diurétique depuis la plus haute antiquité. Cette racine est de la grosseur du doigt, noire à l'intérieur et blanche à l'extérieur, et d'une ténacité extrême. — On la donne en décoction comme diurétique et apéritive. Ses vertus paraissent résider dans l'écorce de la racine. Les empiriques en font usage très fréquemment, ainsi que quelques anciens vétérinaires. C'est un médicament peut-être trop peu usité. (*V.* ONONIDE.)

ARRIÈRE-BOUCHE. (*V.* PHARYNX.)

ARRIÈRE-FAIX, s. m., *Secundæ*, *Secundinæ;* ensemble des annexes du fœtus, rejeté lors de l'accouchement, soit en même temps que le fœtus lui-même, soit peu de temps après son expulsion. (*V.* FOETUS.)

ARRIÈRE-NARINES, s. f., *Postremæ nares ;* partie postérieure des narines, comprenant l'ouverture *gutturale* qui fait communiquer ces cavités avec le pharynx ou arrière-bouche. (*V.* NARINES.)

ARROCHE, s. f., *Atriplex* T.; genre de plantes de la famille des Atriplicées ou Chénopodiées. Les arroches ont des fleurs hermaphrodites et des fleurs femelles ; les premières, souvent inférieures, à cinq divisions, cinq étamines, et un ovaire qui avorte souvent : les autres, fertiles, à deux divisions calicinales, appliquées l'une contre l'autre, accrescentes, et formant au fruit une enveloppe bivalve et comprimée. Ce genre renferme des herbes et des sous-arbrisseaux. Plusieurs espèces, et notamment l'A. bonne-dame, A. *hortensis*, sont mangées par les habitants des campagnes. Quelques-unes sont broutées par les bestiaux.

ARRONDIR, v. act.; *arrondir un cheval,* t. de man., c'est l'habituer à tourner en rond et à parcourir, à toutes les allures, un cercle grand ou petit.

ARROSAGE, s. m. ; s'entend de l'action d'arroser la terre à l'aide de machines, et surtout de l'arrosement à la main, au tonneau ou à la pompe, etc., dans la petite culture. (*V.* IRRIGATIONS.)

ARROSEMENTS. (*V.* IRRIGATIONS.)

ARROSOIR-MAGIQUE. s. m. ; petit instrument en ferblanc verni, dont on se sert dans les cours de physique pour démontrer un des effets de la pression atmosphérique. C'est un cylindre creux, portant à une extrémité une lame percée de petits trous, et à l'autre un tube qu'on peut boucher avec le doigt. L'instrument étant plein d'eau, il ne la laisse écouler que quand on ôte le doigt placé sur l'ouverture du tube, ce qui est dû à la pression atmosphérique de bas en haut non contrebalancée par celle qui s'exerce de haut en bas.

ARS, s. m. ; sillon peu marqué, logeant une veine (dite de l'ars), et formant la limite entre le poitrail et le membre antérieur. La peau forme, vers ce point, plusieurs plis, à cause des mouvements étendus qui ont lieu dans cette région.

ARSÉNIATES ; sels formés par l'union de l'acide arsénique avec les bases; ils sont acides ou basiques, plus rarement neutres. Ils se décomposent sur les charbons en exhalant une odeur alliacée faible; chauffés avec de l'acide borique et du charbon dans un tube de verre, ils donnent de l'arsenic; dans l'appareil de Marsh, ils produisent des taches arsénicales. Les arséniates de potasse, de soude et d'ammoniaque sont seuls solubles dans l'eau ; les autres ne se dissolvent que dans les acides. Leur solution précipite en jaune, mais lentement, par l'acide sulfhydrique et les sulfures alcalins ; le nitrate d'argent les précipite en rouge-brique; le sulfate de cuivre en bleu clair, et les sels de cobalt en fleur de pêcher. Les arséniates alcalins sont seuls employés en médecine. Ils sont très vénéneux, et usités à l'intérieur à très petites doses, contre les maladies invétérées de la peau.

ARSÉNIATE D'AMMONIAQUE. Il peut être acide ou neutre ; ce dernier est seul employé. Az H³, As O⁵ + 6 Aq. Ce sel s'obtient en saturant, par l'ammoniaque ou son carbonate, une solution concentrée d'acide arsénique, évaporant ensuite pour faire cristalliser. Il est solide, blanc, cristallisé en prismes rhomboïdaux, efflorescent à l'air en perdant de l'ammoniaque, très soluble dans l'eau, plus à chaud qu'à froid.

ARSÉNIATE DE POTASSE. Il en existe deux : l'un neutre et l'autre acide. *L'arséniate neutre de potasse* s'obtient en saturant directement l'acide arsénique par la potasse; il est en masse non cristallisable, très déliquescent et extrêmement soluble dans l'eau. *L'arséniate acide*, ou *biarséniate de potasse*. $KO, AsO^5 + 2Aq.$ se prépare en calcinant dans un creuset parties égales d'acide arsénieux et de nitrate de potasse; reprenant par l'eau, filtrant et faisant cristalliser. L'acide arsénieux se transforme en acide arsénique, en empruntant de l'oxygène à l'acide azotique du nitre. Ce sel est solide, en gros cristaux prismatiques à quatre faces, inaltérable à l'air, très soluble dans l'eau.

ARSÉNIATE DE SOUDE. On en connaît deux : *l'arséniate neutre*, cristallisable et renfermant 0,20 d'eau, et très soluble dans ce liquide; et *l'arséniate acide*, qui, contrairement à celui de potasse, est très difficilement cristallisable, et renferme 0,54 d'eau de cristallisation. Ces deux sels se préparent directement en faisant agir le carbonate de soude sur l'acide arsénique. Ils forment la base de la liqueur de *Pearson*.

ARSENIC, s. m., *Arsenicum*, ἀρσενικός, formé de ἄρσην, mâle, et νικάω, vaincre, tuer. Ar. Eq. 937,50. Corps simple, ayant l'aspect d'un métal, mais possédant toutes les propriétés chimiques des métalloïdes. Les minerais d'arsenic sont très anciennement connus; quant à l'arsenic métallique, il était connu des alchimistes d'après quelques auteurs, et, suivant le plus grand nombre, il aurait été obtenu pour la première fois par Schreder et Brandt, vers le milieu du XVIIme siècle. Il existe dans la nature, à l'état natif, à l'état d'acide arsénieux, d'arséniate et surtout de sulfure et d'arséniures métalliques. On le prépare en décomposant, dans des cornues en terre, l'acide arsénieux en contact avec le charbon, le fer et un peu de chaux, ou encore en décomposant la pyrite arsénicale appelée *mispickel* par les minéralogistes. L'arsenic est solide, gris d'acier, brillant, très cassant; il a une structure grenue ou lamelleuse, et parfois cristallisée en tétraèdres; sans saveur et sans odeur sensibles, il pèse 5,96. Chauffé au rouge, l'arsenic passe directement de l'état solide à l'état aériforme; sa vapeur, qui pèse 10,37, répand une forte odeur d'ail. Au contact de l'air, l'arsenic chauffé prend feu, brûle avec une flamme livide et se transforme en acide arsénieux. Exposé à l'air, l'arsenic se ternit en s'oxydant; il est insoluble dans l'eau et peu altérable dans ce liquide. L'arsenic brûle dans le chlore à la température ordinaire, et peut s'allier avec la plupart des métalloïdes et des métaux à l'aide de la chaleur. Les acides ne l'attaquent guère qu'à l'aide du calorique. Il a peu d'usage à l'état de pureté.

ARSÉNICAUX, s. m. Les composés d'arsenic sont à la fois de violents poisons et des médicaments héroïques, qui tiennent une place importante parmi les *altérants*, les *antipsoriques* et les *caustiques*. Les plus employés sont l'acide arsénieux, les sulfures rouge et jaune d'arsenic, et quelques arséniates et arsénites alcalins. Ils entrent dans la composition d'un grand nombre de médicaments composés, magistraux ou officinaux, qui, pour la plupart, sont réservés pour l'usage externe. On administre généralement les arsénicaux à l'intérieur, en dissolution aqueuse ou en poudre, et le plus souvent à l'état de pureté. Appliqués sur les tissus ou introduits dans les solutions de continuité, ces médicaments agissent comme des caustiques fluidifiants très énergiques, et dont l'absorption, très rapide, peut déterminer des accidents graves. Administrés à l'intérieur à trop forte dose, ils produisent l'empoisonnement par les désordres locaux qu'ils occasionnent dans le tube digestif, et par les modifications puissantes que leurs molécules, passées dans le sang, déterminent dans le système nerveux. Les antidotes qui méritent le plus de confiance sont le peroxyde hydraté de fer, la magnésie calcinée, l'hydrate de sulfure de fer, etc. Les recherches médico-légales, dans le cas d'empoisonnement, consistent principalement à détruire la matière organique des liquides et des solides du corps, en la carbonisant à l'aide de la chaleur et des acides sulfurique et azotique, à reprendre la matière carbonisée par l'eau, et à passer la solution qui en résulte, dans l'appareil de Marsh. A dose médicinale, les arsénicaux excitent d'abord l'estomac et les intestins, et facilitent la digestion; mais, au bout d'un certain temps, le tube digestif est plus ou moins fortement irrité; de là l'indication de suspendre de temps en temps l'usage de ces médicaments. Transportés dans le sang par l'absorption, les arsénicaux irritent le cœur, d'où l'accélération de ses mouvements; mais cet effet est de courte durée, et bientôt le pouls devient mou et parfois irrégulier; la force du système nerveux diminue aussi au bout d'un certain temps, ainsi que l'énergie de toutes les fonctions, sauf la sécrétion urinaire qui est activée pour l'élimination des molécules arsénicales contenues dans le sang; parfois aussi la sécrétion salivaire est accrue. Lorsque l'usage des arsénicaux est prolongé, la constitution du sang se trouve modifiée; ce liquide devient très fluide, plus noir, son caillot est peu abondant et mollasse; aussi, la nutrition se trouve-t-elle désormais enrayée; la maigreur, d'abord, puis le marasme, ne tardent pas à survenir. Les animaux sont faibles, les muqueuses pâles, les tissus mous et flasques, les muscles ont perdu leur fermeté, la chaleur de la peau et celle des extrémités diminue. les urines sont abondantes et glaireuses. Enfin, si l'on ne se hâte pas de suspendre l'usage de ces médicaments et d'administrer des reconstituants, les symptômes prennent plus de gravité; le sang. devenu très fluide, passe à travers les tissus. des pétéchies se montrent sur la pituitaire. des épanchements séreux ont lieu dans le tissu cellulaire et les séreuses; la chaleur abandonne les membres qui se paralysent; une fièvre de consomption s'empare des animaux et se termine bientôt par la mort. Ces médicaments se donnent à l'intérieur dans le cas de maladies graves de la peau, comme la gale et les dartres invétérées, les eaux aux jambes, les crevasses anciennes avec altération du tissu de la peau, dans l'éléphantiasis, le farcin, etc. On les a conseillés aussi contre la pleuro-pneumonie des moutons, la morve, le cancer, les fièvres intermittentes, etc. A l'extérieur, on en fait usage contre le farcin, le crapaud. les engorgements indolents très opiniâtres, contre les vieilles boiteries, sous forme de trochique, pour animer les sétons qu'on place au fanon des bœufs, etc.

ARSÉNIEUX (acide). *V.* Acide.

ARSÉNIQUE (acide). *A.* Acide.

ARSÉNITES, s. m. Sels, généralement peu stables, que forme l'acide arsénieux en se combinant aux bases. Chauffés sur les charbons ardents, ils exhalent une odeur d'ail; calcinés dans un tube avec du charbon, ils donnent de l'arsenic métallique. Ils sont tous insolubles dans l'eau, excepté les arsénites alcalins. Leur solution concentrée précipite par les acides; acidulée par l'acide chlorhydrique, elle donne un précipité jaune doré par l'acide sulfhydrique ou les sulfhydrates alcalins; un précipité jaune clair, par le nitrate d'argent, et un précipité *vert d'herbe* tout-à-fait caractéristique, avec les sels de cuivre. L'arsénite de potasse est le seul employé en médecine.

Arsénite de potasse. Ko, As O^3. Ce sel se prépare directement en faisant agir l'acide arsénieux sur le carbonate de potasse par l'intermédiaire de l'eau. Ce sel est blanc, incristallisable, en masses gommeuses très solubles dans l'eau; il a une saveur âcre, et est extrêmement vénéneux; il forme la base de la préparation arsénicale appelée liqueur de *Fowler*, employée quelquefois en médecine vétérinaire.

ARSÉNIURES, s. m. Composés binaires formés par l'arsenic avec les métaux. Ils sont très communs dans la nature; ils ont beaucoup de tendance à se combiner entre eux ou aux sulfures métalliques; dans ce dernier cas, ils constituent des *arsénio-sulfures*. Ces composés sont sans importance pour la médecine.

ARTÈRE, s. f., *Arteria*, αρτηρια. de κηρ, air, et τηρεω, conserver: réservoir d'air, parce que les anciens croyaient que les artères ne renfermaient que de l'air. Les artères sont des canaux à parois épaisses, élastiques, portant le sang du cœur au poumon ou à la périphérie du corps. Ces vaisseaux émanent de deux troncs principaux : 1° le tronc *pulmonaire*, prenant naissance au ventricule droit du cœur, et transportant au poumon du sang noir ou veineux; 2° le tronc *aortique*, naissant du ventricule gauche, et portant, dans tous les points de l'économie, du sang rouge ou artériel. Chacun de ces troncs représente un arbre dont le pied est au cœur, et qui se divise en branches, rameaux et ramuscules; à chaque division se trouve, à l'intérieur. une espèce d'éperon, qui facilite le partage de la colonne sanguine. La cavité ou *lumière* des artères s'élargit à mesure qu'elles s'éloignent du cœur; c'est-à-dire que l'ensemble des ramifications de l'aorte, prises à une distance déterminée du ventricule, donne un diamètre total, supérieur à celui de l'aorte elle-même. De cette disposition, résulte un ralentissement dans le cours du sang, à mesure que ce liquide avance dans les artères. — Ces vaisseaux constituent des canaux élastiques, flexibles, extensibles, de couleur jaunâtre, sans sensibilité marquée, et ne jouissant que d'une très légère contraction tonique. — On distingue dans leur composition trois membranes : 1° une externe *celluleuse;* 2° une moyenne *fibreuse;* 3° une interne *séro-muqueuse.* La membrane celluleuse se confond avec le tissu cellulaire qui environne le vaisseau; mais elle forme toujours une couche externe, résistante, sans laquelle l'artère se romprait avec facilité. La membrane moyenne, composée de tissu fibreux jaune, donne au vaisseau son élasticité. Ses fibres sont surtout circulaires, ce qui explique la facilité avec laquelle une ligature la divise. La membrane interne n'est que la continuation de l'*endocarde* ou membrane interne du cœur; elle offre une surface unie, humectée par un liquide qu'elle sécrète constamment, et qui détermine l'adhésion réciproque des parois, lorsqu'une cause quelconque empêche le sang d'aborder dans le vaisseau. Elle ne résiste pas plus que la membrane moyenne à la ligature, qui ne trouve, par conséquent, d'autre résistance que celle de la membrane celluleuse.

ARTÉRIEL, LE, adj., *arteriosus;* qui appartient ou qui a rapport aux artères : *vaisseau artériel; canal artériel:* canal qui, dans le fœtus, met en communication l'artère pulmonaire et l'aorte postérieure. *Ligament artériel:* ligament résultant de l'oblitération du canal artériel. *Sang artériel:* sang rouge charrié par les artères. (*V.* Sang.) *Système artériel:* ensemble des artères répandues dans toute l'économie. *Veines artérielles:* nom donné aux veines pulmonaires, parce qu'elles rapportent le sang rouge ou artériel du poumon aux cavités gauches du cœur.

ARTÉRIOGRAPHIE, s. f., *Arteriographia*, de αρτηρια, artère, et γραφη, description; description des artères.

ARTÉRIOLE, s. f., *Arteriola*; diminutif d'artère, petite artère.

ARTÉRIOLOGIE, s. f., *Arteriologia*, de αρτηρια, artère, et λογος, discours; discours ou traité sur les artères.

ARTÉRIO-PHLÉBOTOMIE, s. f., αρτηρια, artère, φλεψ, veine, et τομη, section. Synonyme de saignée capillaire, saignée tout à la fois artérielle et veineuse. Les mouchetures, les scarifications sont également des saignées mixtes.

ARTÉRIOTOMIE, s. f., *Arteriotomia*, de αρτηρια, artère, et τεμνειν, couper; littéralement section, ou dissection des artères. En chirugie, on nomme ainsi la saignée faite sur une artère. Souvent employée autrefois, elle est aujourd'hui complétement abandonnée. Huzard la recommandait dans l'apoplexie cérébrale du cheval. La saignée aux artères coccygiennes produit de bons effets dans les affections de l'encéphale. L'artériotomie ne peut être faite que sur des artères peu volumineuses, afin d'éviter un jet de sang trop fort et difficile à arrêter. On ne saigne plus les animaux aux artères radiales, à celles de la langue; c'est l'artère temporale qui offre le plus de facilité pour cette opération dans le cheval: pour le bœuf, c'est l'auriculaire antérieure. Une question se présente ici : Y a-t-il avantage à retirer par la saignée du sang artériel, plutôt que du sang veineux? Il est certain que l'écoulement d'un fluide excitant doit produire un affaiblissement plus rapide que la saignée veineuse et, par conséquent, un soulagement plus prompt. Ces avantages sont plus que balancés par les difficultés qu'on éprouve pour arrêter l'hémorrhagie qui résulte de l'opération. Delafond estime que la quantité de sang artériel à retirer des vaisseaux, devra être, avec le sang veineux, dans le rapport de quatre à trois. Pour ouvrir l'artère temporale d'un cheval, on donne au sujet la même position que pour la saignée à la jugulaire ; on reconnaît avec le doigt indicateur la position du vaisseau, sur lequel on dirige ensuite la lancette, en ayant soin de ne pas le transpercer. Après avoir retiré une quantité de sang suffisante, on comprime l'artère avec des boulettes d'étoupes maintenues par une bande roulée, qui entoure la tête en passant sous la gorge. Au bout de quelque temps, la cicatrice est assez avancée pour qu'on puisse lever le bandage sans craindre une hémorrhagie. Pour faire la saignée aux artères coccygiennes, on coupe une partie de l'extrémité de la queue. On a recours à la cautérisation ou à la compression, quand il s'agit d'arrêter l'écoulement du sang.

ARTÉRITE, s. f.; inflammation des artères. Cette maladie est peu connue, surtout dans les animaux. On l'attribue généralement à certaines diathèses, à l'action de quelques médicaments, à des causes mécaniques, telles que des contusions, des ligatures, etc. Il est impossible d'acquérir la preuve de l'existence de la douleur qui doit résulter de l'artérite :

on observe seulement la dilatation de l'artère affectée, l'énergie remarquable de ses battements. Dans une deuxième période, l'oblitération se produit, le vaisseau se transforme en un cordon élastique. A la suite de ce travail, il n'est pas rare de voir les muscles s'atrophier, les parties perdre leur sensibilité normale. L'autopsie montre la rougeur de l'artère enflammée, son épaississement. On oppose à cette affection le traitement antiphlogistique, surtout les saignées générales et locales, les préparations opiacées; les applications externes ont peu de succès. — Les altérations de texture des artères sont attribuées à l'*artérite chronique*. L'oblitération est formée par une lymphe plastique organisable qui fait adhérer les parois intérieures du tube. Quelquefois cette lymphe y produit des plaques morbides, qui, plus tard, prennent une consistance cartilagineuse et finissent par s'imprégner de sels calcaires. Toutefois, l'ossification des artères est rare dans les animaux.

ARTHRALGIE, s. f., *Arthralgia*, de αρθρον, articulation, et αλγος, douleur: douleur articulaire.

ARTHRITE, s. f., de αρθρον, articulation, et de la terminaison *ite*, qui indique une phlegmasie; inflammation articulaire. On distingue chez l'homme l'arthrite *traumatique* ou *chirurgicale*, produite par une cause mécanique, et l'arthrite *rhumatismale*, qui comprend le rhumatisme articulaire et la goutte. Quelques auteurs donnent plus spécialement le nom d'arthrite à la première de ces variétés, qui est le résultat d'une lésion accidentelle. L'arthrite a son siége dans le tissu cellulaire qui entoure une articulation, ainsi que dans les tissus fibreux, fibro-cartilagineux, cartilagineux et synovial. — Les articulations de la partie inférieure des membres du cheval y sont le plus exposées; telles sont celles du jarret, du genou, du boulet, des phalanges. On distingue l'arthrite *idiopathique*, produite par une lésion externe, de celle qui est *symptomatique*. La première est le résultat d'une entorse, d'un effort, de l'exercice immodéré; on l'observe à la suite des fractures, des plaies, des ulcères, des caustiques appliqués inconsidérément dans le voisinage d'une articulation. L'arthrite symptomatique est attribuée à des dispositions morbides générales, à la phlébite, à l'infection purulente; les jeunes animaux y sont assez prédisposés. — La maladie ne débute pas immédiatement après l'action de la cause occasionnelle. Comme signes *locaux*, on observe la douleur traduite par une gêne des mouvements de l'articulation; la boiterie est quelquefois intermittente. Il y a empâtement, tuméfaction par un liquide épanché dans le tissu cellulaire, qui remplit les vides de l'articulation. Parmi les symptômes généraux, on cite des accidents du côté du cerveau, des organes digestifs, de la circulation. Il ne faut pas confondre l'arthrite avec la *synovite*. (*V.* ce mot.) Cette affection peut se terminer par résolution, par des abcès, par le passage du pus dans la synoviale, la destruction de la peau, des ligaments ; la métastase est à redouter sur les poumons, les plèvres, le péritoine. — Les lésions cadavériques se montrent sur les parties molles et les parties dures : 1° *parties molles*. Au dehors de la cavité synoviale, des altérations existent dans le tissu cellulaire, qui est infiltré ; la synoviale est plus ou moins rouge et présente quelquefois des fausses membranes, comme dans les séreuses ; la synovie est plus ou moins colorée en rouge, ou mêlée à du pus ; 2° *parties dures*. Les cartilages sont ulcérés ou usés mécaniquement ; on trouve rarement des végétations à leur surface ; les ligaments sont épaissis, imprégnés de matière osseuse ; les os eux-mêmes augmentent de volume ; des tumeurs dures se forment autour de l'articulation, bornent ses mouvements et finissent par amener l'ankylose. — Le pronostic est peu grave pour l'arthrite externe accidentelle ; il est fâcheux pour celle qui est profonde et symptomatique. Il est grave surtout après l'infection purulente, les plaies pénétrantes articulaires, parce qu'à l'inflammation de la synoviale vient se joindre l'altération des os et des tissus environnants. — Pour une affection aussi souvent suivie d'accidents fâcheux, la thérapeutique est loin d'offrir des ressources certaines. Le traitement antiphlogistique, et surtout les saignées locales et générales, sont utiles quand il y a réaction fébrile. Après la diminution des premiers symptômes, des moyens très variés dans leur action sont capables de produire la guérison. Les réfrigérants, l'eau froide entre autres, longtemps continués, méritent dans quelques cas la préférence. Jacob conseille les embrocations avec les huiles grasses ; on obtient des effets résolutifs avec l'huile camphrée. D'autres prescrivent les frictions avec les huiles essentielles, avec le mélange d'essence de térébenthine et d'essence de lavande. La compression réunit quelques partisans ; son application n'est pas toujours facile. On recommande également les applications de farine de moutarde, celles d'onguent vésicatoire, les frictions avec la pommade mercurielle. Dans l'arthrite chronique, on se sert avantageusement aussi du liniment ammoniacal double, du vésicatoire animé par une addition d'ammoniaque liquide. Enfin, le feu est la dernière ressource à employer, quand la douleur persiste après la disparition de l'état aigu. — A l'intérieur, un traitement peut être prescrit comme pour le rhumatisme. On donne des boissons délayantes, acidules. Quelques médications ont paru d'abord produire quelques succès, qui ne se sont pas confirmés ; dans ce cas, sont les purgatifs, les antimoniaux, entre autres l'émétique à haute dose, sans qu'on puisse s'expliquer sa manière d'agir.

ARTHRITIQUE, adj., de αρθρον, articulation ; qui se rapporte aux articulations.

ARTHRODIE, s. f., *Arthrodia*, de αρθρον,

articulation ; nom donné à l'articulation orbiculaire ou par genou, lorsque les surfaces articulaires ne sont que peu engagées l'une dans l'autre ; ex. : *l'articulation scapulohumérale*.

ARTHRODYNIE, s. f., de αρθρον, articulation, et οδυνη, douleur. Douleur vague qu'on observe dans les articulations pendant l'existence du rhumatisme articulaire chronique.

ARTHRONALGIE, s. f., de αρθρον, jointure, et αλγος, douleur. Synonyme d'*entorse*.

ARTHROPUOSE, s. f., de αρθρον, jointure, et πυον, pus ; abcès des articulations. On a désigné sous ce nom les tumeurs blanches articulaires de l'espèce humaine.

ARTICHAUT, s. m., *Cynara*, Vaill. ; genre de plantes de la famille des Composées, tribu des Cynarocéphales. Ce genre ne renferme qu'un petit nombre d'espèces : les deux plus intéressantes ne sont probablement que deux variétés que la culture a fini par séparer. L'Artichaut cardon, *C. cardunculus*, paraît être le type de l'espèce, du moins croit-il spontanément dans les contrées méridionales de l'Europe et de la France ; ses pédoncules, ses longs pétioles, anguleux, blanchis par l'étiolement, sont mangés par l'homme. L'Artichaut commun, *C. scolymus*, n'a pas encore été trouvé à l'état sauvage. Son réceptacle, développé par la culture, forme, avant la floraison, un mets assez recherché.

ARTICLE, s. m., *Articulus*, jointure, synonyme d'articulation ; intervalle compris entre deux articulations. Ce mot s'emploie surtout en chirurgie : *amputation dans l'article*. On l'emploie aussi en *entomologie*, pour désigner les pièces distinctes dont se composent les antennes.

ARTICULAIRE, adj., *articularis* ; qui appartient aux articulations. *Apophyses articulaires* : ce nom est surtout donné à celles qui unissent les vertèbres entre elles. Facettes, surfaces articulaires, capsules articulaires. (*V.* CAPSULE.) — En *bot.*, on appelle feuilles articulaires celles qui, dans les plantes à chaume, naissent des nœuds ou articulations.

ARTICULATION, s. f., *Articulatio*, *Articulus*, en grec αρθρον ; réunion de deux ou plusieurs pièces du squelette, pour la formation d'un centre de mouvement ou d'une cavité à parois immobiles. D'après cette définition, nous devons nécessairement distinguer les articulations en *mobiles* ou *diarthrodiales*, et *immobiles* ou *synarthrodiales*. La formation des premières exige le concours de plusieurs parties : 1° des cartilages d'encroûtement aux extrémités des os ; 2° quelquefois des fibro-cartilages inter-articulaires ; 3° des ligaments ; 4° des membranes synoviales. (*V.* ces différents mots.) Les articulations mobiles ou *diarthroses* ont été divisées en diarthroses *de contiguïté*, et diarthroses *de continuité* ou amphiarthroses. (*V.* ce mot.) — Les diarthroses de contiguïté présentent plusieurs genres : 1° La diarthrose par *genou* ou *orbiculaire*, dans laquelle une tête arrondie se meut en tous sens dans une cavité correspondante. Ce genre est divisé en deux espèces : l'*arthrodie*, dans laquelle la cavité est peu profonde ; ex. : l'articulation scapulo-humérale ; l'*énarthrose*, dans laquelle la tête, bien détachée, est abritée dans une cavité profonde ; 2° diarthrose par *ginglyme* ou *charnière*, permettant des mouvements de flexion et d'extension. Dans celle-ci encore, on distingue deux espèces : le ginglyme *parfait* ne permettant absolument que ces deux mouvements, ex. : l'articulation du bras avec l'avant-bras, chez le cheval et le bœuf ; le ginglyme imparfait permettant quelques mouvements latéraux, ex. : l'articulation fémoro-tibiale ; 3° diarthrose *trochoïde* ou *par pivot*, ne permettant guère que des mouvements latéraux, ex. : l'articulation axoïdo-atloïdienne ; 4° diarthrose *planiforme* ou *par coulisse*, dans laquelle deux surfaces à peu près planes glissent l'une sur l'autre, ex. : l'articulation des apophyses articulaires des vertèbres. — Dans la diarthrose de *continuité* ou *amphiarthrose*, les surfaces articulaires sont réunies par un fibro-cartilage, qui adhère sur tous les points de leur étendue, et ne permet que des mouvements très bornés, ex. : l'articulation des corps des vertèbres. — Dans les *synarthroses* ou articulations immobiles, les os sont réunis par l'engrènement de diverses aspérités de leurs bords ou de leurs surfaces, de manière à n'exécuter aucun mouvement appréciable, si ce n'est dans le jeune âge, où l'on trouve entre les os articulés un cartilage temporaire, reste de l'état cartilagineux primitif de l'os. — On divise les synarthroses en plusieurs genres : 1° la *suture vraie*, dans laquelle chaque os présente des dentelures qui s'engrènent réciproquement ; ex. : l'articulation fronto-pariétale. On la subdivise en suture *en scie*, suture *dentée* et suture en *queue d'aronde*, suivant la forme des éminences engrénées ; 2° l'*harmonie* ou *juxta-position*, encore appelée *suture fausse*, dans laquelle les surfaces, légèrement dentées, sont simplement juxta-posées et maintenues par les pièces voisines, ex. : l'articulation de l'occipital avec la portion tubéreuse du temporal ; 3° la suture *écailleuse* ou *squameuse*, formée par des lames osseuses irrégulières, s'emboîtant réciproquement, ex. : l'articulation pariéto-temporale ; 4° la *schindylèse*, présentant une lame ou languette, reçue dans une rainure ou mortaise, ex. : l'articulation sphéno-frontale. — La *gomphose*, admise par quelques auteurs, n'est pas une véritable articulation puisqu'elle ne se rapporte qu'au mode de fixation des dents, qui ne sont pas des os. — *Bot.*, point d'une tige ou de tout autre organe, où les parties, plus ou moins continues dans leur jeunesse, ne se trouvent plus qu'apposées et peuvent se séparer sans déchirure, à une certaine époque de la vie de la plante ; les tiges de l'œillet, de la vigne, les folioles des feuilles composées, sont articulées. L'ar-

ticulation ne doit pas être confondue avec le nœud.

ARTICULATIONS (plaies des). On les distingue, d'après leur profondeur, en plaies *pénétrantes* et *non pénétrantes*, plaies *simples* ou *compliquées*. Les articulations ginglymoïdales sont plus souvent blessées que les autres dans les grands animaux, entr'autres le cheval. Ces plaies peuvent être produites par des instruments piquants, tranchants ou contondants. L'articulation du pied est ouverte accidentellement pendant l'opération du javart cartilagineux, ou par une atteinte, un clou de rue ; une chute violente sur des cailloux anguleux peut déchirer les tissus qui recouvrent le genou, le boulet. Les plaies pénétrantes des articulations de la rotule et du jarret sont le résultat de contusions, de coups de pied. Pendant les premiers jours, les symptômes offrent peu de gravité ; trop souvent le propriétaire qui ne voit qu'une plaie peu étendue et n'apprécie pas la valeur du caractère fourni par l'issue de la synovie, reste dans une fatale sécurité. Peu de jours après, l'articulation se gonfle ; ses mouvements sont gênés, les bords de la plaie se boursoufflent. Une sérosité roussâtre s'échappe et se coagule au contact de l'air, en formant des grumeaux ayant l'aspect de la gélatine. Le membre entier auquel appartient l'articulation malade se gonfle quelquefois et présente des abcès multiples. Le diagnostic est facile pour les plaies larges ; il n'en est pas de même, quand elles sont sinueuses et étroites ; la synovie peut venir d'une gaine tendineuse ; elle peut être dénaturée. Il faut éviter d'employer la sonde pour reconnaître leur profondeur. Elles ne produisent pas toujours la mort ; si l'on réunit les tissus, si l'animal est tenu dans un état de repos, le traitement triomphe de l'inflammation. Plusieurs complications peuvent se montrer ; les unes sont locales : ce sont la suppuration, la carie, la gangrène, les fractures, l'inflammation des gaines synoviales, l'arthrite, l'ankylose ; les autres sont générales, ex. : le tétanos, la fourbure, la phlébite. Le pronostic est le plus souvent fâcheux, surtout pour les grandes articulations, celles qui sont forcées à des mouvements fréquents. On obtient sans trop de difficultés la guérison des plaies de l'articulation rotulienne, de celles des phalanges ; il n'en est pas de même pour les charnières de l'avant-bras, du genou, du jarret. La suppuration indique une terminaison funeste ; une articulation qui suppure ne revient pas facilement à l'exercice complet de ses fonctions ; elle passe à l'état d'ankylose. C'est à l'action de l'air qu'on a attribué la plupart des accidents qui se développent après les plaies articulaires ; cette action est-elle donc plus irritante que celle du pus et des parties de l'appareil mis en contact avec les tissus ? — Il faut tenir l'articulation blessée dans un repos absolu, modérer l'inflammation qui se développe et empêcher la suppuration. Diverses médications ont été recommandées et peuvent réussir; dans ce nombre sont les réfrigérants et les antiphlogistiques : beaucoup de praticiens préfèrent l'application du vésicatoire sur le siège de la blessure. Quelques topiques vantés contre les plaies articulaires sont laissés de côté: ce sont la pâte camphrée, l'alun calciné, le tannin; il est reconnu que la compression nécessaire pour les appliquer, suffit à elle seule pour guérir. Appliqué tout autour de l'articulation malade, le cautère actuel est très efficace; son action est résolutive et dérivative tout à la fois. Quand la suppuration a envahi l'articulation, si les os sont cariés, etc., il ne faut pas songer à pratiquer l'amputation d'un membre sur un animal, à moins qu'il n'appartienne à une petite espèce qu'on tient à conserver ou à propager.

ARTICULÉ, ÉE, adj., *articulatus*, pourvu d'articulations. Ex. : *tiges articulées.* — *Animaux articulés:* animaux formant le troisième embranchement de Cuvier, présentant un squelette extérieur formé par la peau endurcie, devenue cornée ou calcaire, et divisée en segments mobiles les uns sur les autres. Chez ces animaux, il n'existe point de véritable cerveau. Le centre nerveux consiste en une série de ganglions, dont le premier est situé vers la tête, et les suivants à la partie inférieure de l'abdomen. Chacun de ces ganglions est uni avec ceux qui l'avoisinent par deux cordons nerveux ; les deux premiers embrassant l'œsophage. Les articulés ont un canal digestif à deux issues, pourvu de mâchoires latérales; leur sang est tantôt rouge, tantôt blanc ; leur respiration et leur circulation varient suivant les espèces; la plupart ont les organes de quelques sens spéciaux: tous sont *ovipares*. On les divise en cinq classes : 1° les *Annélides*, 2° les *Crustacés*, 3° les *Arachnides*, 4° les *Myriapodes*, 5° les *Insectes*. (*V.* ces mots.)

ARUM. (*V.* GOUET.)

ARTIFICIEL, LE, adj.; *méthode, classification, système, prairie, allaitement artificiels.* (*V.* ces mots.)

ARYTÉNOIDE, adj. et s., *arytænoïdeus*, de αρυταινα, entonnoir, et ειδος, forme, en forme d'entonnoir. On donne le nom d'Aryténoïdes à deux cartilages du larynx placés à la partie supérieure du cricoïde, avec lequel ils s'articulent, et formant la commissure postérieure de la *glotte.* Les deux cartilages aryténoïdes sont de forme irrégulière, ressemblant à une petite pyramide à trois faces, dont la pointe serait recourbée en arrière. Leur réunion représente assez bien, vers ce point, un bec de pot-à-eau ou aiguière, prolongé par la membrane muqueuse qui les tapisse.

ARYTÉNOIDIEN, adj., *arytænoïdeus*, qui appartient au cartilage aryténoïde. *Muscle aryténoïdien:* petit muscle impair transversal, situé sur les cartilages aryténoïdes, qu'il écarte l'un de l'autre en dilatant la glotte.

ARYTÉNO-PHARYNGIEN, adj., *arytænopharyngæus*; petit muscle du pharynx, pre-

nant son origine au cartilage aryténoïde, et formant en quelque sorte le point de départ de l'œsophage.

ARYTHME, adj. de α privatif et ρυθμος, proportion, mesure ; irrégularité du pouls.

ASARET, s. m., *Asarum Europœum*, L. Asaret d'Europe, cabaret, oreille d'homme ; plante herbacée, vivace, de la famille des Aristolochiacées, dont la racine passe pour émétique. Ses feuilles et ses racines desséchées et réduites en poudre sont sternutatoires.

ASBESTE, s. f. (*V.* AMIANTE.)

ASCARIDE, s. m., de ασκαριζω, je sautille, je remue. Genre de vers intestinaux ayant pour caractères un corps allongé, terminé en fuseau vers ses deux extrémités, cylindrique, demi-transparent. On les a souvent confondus avec les *strongles*. Dans les intestins des animaux on en trouve deux espèces particulières, le *lombricoïde* et le *vermiculaire*. — 1° *Ascaride lombricoïde* de Rudolphi, appelé encore *lombrical*, *lombric*; c'est le strongle des praticiens. Il ressemble au lombric terrestre ; sa longueur varie de 15 à 30 centimètres ; il atteint quelquefois la grosseur d'une plume à écrire. On distingue à travers son corps les circonvolutions des organes de la reproduction et le canal intestinal. Les sexes sont séparés : on les reconnaît sur des individus différents. Les ascarides lombricoïdes vivent en société ; ils habitent ordinairement l'intestin grêle. Rey en a trouvé formant des pelotons, d'une extrémité à l'autre du conduit digestif, dans le corps de quelques pigeons qui avaient séjourné dans des lieux humides. Chabert raconte en avoir trouvé un paquet de sept kilog. dans les intestins grêles d'un cheval. Ces vers ne causent par leur présence aucune incommodité sérieuse, quand ils ne sont pas nombreux ; leurs organes ne sont pas disposés de manière à pouvoir perforer la paroi intestinale. Les chevaux qui en contiennent les rendent avec les matières fécales ; quelquefois ils perdent l'appétit et tombent dans un état de maigreur. Pour détruire ces vers, il faut avoir recours à des substances tout à la fois purgatives et délétères. Voyez VERMIFUGES. — 2° *Ascaride vermiculaire*, *oxyure* de Rudolphi, *petit ascaride* de Laënnec. Le corps est rond, cylindrique, terminé en arrière par une pointe très fine. Il est doué d'une agilité remarquable. Dans le cheval, ces vers habitent plus généralement le gros intestin; quelquefois ils occupent dans l'épaisseur des parois de l'estomac des tumeurs ayant le volume d'une noix, dans lesquelles ils sont enlacés. Quelques vétérinaires leur donnent le nom de *crinons*. Le chien, l'âne et le mulet en présentent fréquemment. Jamais la présence de ces vers ne réclame l'emploi de moyens thérapeutiques. — Deux autres espèces offrent peu d'intérêt : ce sont *l'ascaride bordé* et *l'ascaride à moustache*.

ASCENDANT, adj., *ascendens*, de *ascendere*, monter ; se dit en *physique* d'un mou-

vement qui est dirigé en haut et en sens op
posé du mouvement vertical. On dit aussi
ascensionnel. Dans ce mouvement, la vitesse
va décroissant en raison du temps, et les es
paces parcourus diminuent comme le carré
des temps. La pesanteur, luttant sans cesse
contre la force initiale qui anime le mobile,
retarde de plus en plus sa marche ascendante
et finit par l'arrêter entièrement. Alors le
corps n'obéit plus désormais qu'à la pesan
teur et est ramené vers le sol, où il présente à
son arrivée la même vitesse qu'au moment de
son départ; mais elle est en sens inverse.
—Se dit aussi en thérapeutique des douches
que l'on dirige de bas en haut : *Douches ascendantes.* — *Bot.* Se dit d'une partie qui
s'élève verticalement. *Tige ascendante :* celle
qui, d'abord couchée, se relève ensuite. —
Employé comme substantif, ce mot désigne
le père ou la mère ou, mieux encore, l'un
des aïeux.

ASCITE , de ασκος, outre ; hydropisie ab
dominale , épanchement de sérosité dans la
cavité péritonéale. On lui donne encore le
nom *d'hydropisie ascite , hydropéritonite.*
L'ascite existe rarement dans le cheval ; on
la rencontre quelquefois dans le bœuf ; elle
est fréquente dans le mouton , le chien et le
chat. — Cette maladie est *idiopathique* ou
symptomatique. Elle est *idiopathique,* quand
elle est indépendante d'une altération organi
que et ne résulte que d'un trouble dans les
fonctions des vaisseaux exhalants et absor
bants. Quand elle dépend d'une autre affec
tion , soit du péritoine, soit de quelque vis
cère important , elle est *symptomatique.* On
distingue encore l'ascite en *active et passive.*
Dans le premier cas , elle se montre à l'état
aigu et dérive de causes excitantes ; elle est
passive, au contraire , quand elle résulte de
causes débilitantes qui diminuent l'absorp
tion. — Les causes de l'ascite *active* sont les
contusions sur les parois du ventre , les chu
tes, l'impression du froid , la diminution
d'une sécrétion établie à la surface des mu
queuses, la répercussion produite par la sup
pression d'un ulcère. On voit l'hydropisie
passive du péritoine se montrer à la suite des
affections chroniques du foie, de la matrice,
sous l'influence d'un séjour humide, des
pluies froides, d'une alimentation insalubre.
En un mot, comme beaucoup d'autres hydro
pisies, l'ascite peut être causée par tout ce qui
produit un défaut d'équilibre entre les exha
lants et les absorbants.— Le symptôme prin
cipal de l'ascite consiste dans l'augmentation
de volume du ventre , dont les dimensions se
montrent quelquefois énormes ; les parois de
cette cavité deviennent lisses et tendues , à
mesure qu'elles cèdent à l'effort produit par
l'accumulation du liquide. Il y a fluctuation ,
obscure d'abord , devenant facile à saisir , à
mesure que l'affection fait des progrès. La
percussion fait reconnaître ce qu'on appelle
le *flot* du liquide, sorte de choc en retour, qui
sert surtout à distinguer l'ascite de l'hydro-

pisie des ovaires. Refoulé par l'accumulation
de la sérosité , le diaphragme diminue l'éten
due de la poitrine ; la respiration devient dif
ficile ; les sujets sont tristes , de plus en plus
indolents ; ils marchent avec peine dans les
derniers temps. La peau est sèche , rarement
couverte de sueur ; les urines sont rares , al
bumineuses. Dans les derniers temps de l'as
cite , on observe l'œdématie des membres ,
des parties sexuelles ; les muqueuses sont
pâles, infiltrées ; les animaux succombent
par la diarrhée ou l'anasarque. Il est facile de
distinguer cette hydropisie des autres mala
dies dans lesquelles il y a augmentation de
volume du ventre. — A l'autopsie , la cavité
du péritoine est remplie d'une sérosité lim
pide , citrine , colorée en jaune quand la col
lection n'est pas trop ancienne; plus tard , ce
liquide est trouble , lactescent , quelquefois
mêlé à des produits purulents. Les intestins
sont rapetissés ; la surface de la séreuse ab
dominale est opaque , parsemée de taches
blanches et de quelques adhérences. — L'as
cite se termine rarement par la guérison ; le
pronostic est donc fâcheux. Après avoir of
fert dans sa marche et sa durée des différences
nombreuses en raison des causes et des indi
vidualités , elle peut exister même plusieurs
mois et se termine ordinairement par la
mort. Elle peut être guérie par l'absorption
du liquide épanché , par une perforation ac
cidentelle ou artificielle des parois abdomina
les. — Dans le traitement, il faut déterminer
la nature de l'hydropisie, et reconnaître si elle
est dépendante de l'affection d'un autre or
gane. L'ascite *active* ou *aiguë* doit être com
battue par les antiphlogistiques ; on emploie
les émissions sanguines , en même temps
qu'on augmente l'exhalation de quelques sur
faces par les laxatifs et les diurétiques. Au
contraire, dans l'affection *passive* ou *chronique ,* il faut accorder la préférence aux exci
tants; les toniques, les stimulants diffusibles,
les frictions sèches, une température élevée ;
tout ce qui tend à relever les forces , à aug
menter la transpiration cutanée , produit de
bons effets. En même temps on donne des
médicaments qui facilitent l'évacuation du li
quide épanché. Parmi les diurétiques, on ad
ministre surtout le nitrate de potasse , la
scille, même l'iodure de potassium. On se
sert des sels neutres; entre autres, du sulfate
de soude et des laxatifs huileux pour augmen
ter l'évacuation intestinale. Dans quelques
cas, on a mis en usage la méthode endermi
que , mais avec peu de succès , la teinture de
scille , les frictions mercurielles. Les vésica
toires , les sétons n'ont pas offert des avanta
ges plus marqués. Quelques bons effets ont
été obtenus par la compression à l'aide d'un
bandage de corps sur les petits animaux.
Enfin, quand tous les moyens précédents ont
échoué, il ne reste plus qu'à essayer la *paracentèse* ou ponction des parois du ventre.
Voyez PARACENTÈSE. Cette opération est fa
cile à pratiquer : elle permet d'extraire , à

l'aide du trocart, la plus grande partie du liquide contenu dans le péritoine ; mais l'épanchement se forme de nouveau ; plus tard, il faut recommencer l'évacuation. Ce n'est donc là qu'un moyen palliatif. On a essayé de remplacer une partie du liquide retiré par la ponction, afin de prévenir la récidive par l'adhérence des surfaces du péritoine. Employées dans ce but, des injections de diverse nature n'ont pas eu de succès.

ASCITIQUE, adj., *asciticus* ; qui concerne l'ascite.

ASCLÉPIADE, s. m., *Asclepias*. L. ; genre de plantes de la famille des Asclépiadées. Le dompte-venin qui en faisait partie, est devenu le type d'un genre distinct.

ASCLÉPIADÉES, s. f. ; *Asclepiadeæ* ; famille de plantes, la plupart exotiques, herbes, arbustes ou arbrisseaux, volubiles, lactescentes, dycotylédonées, à corolle monopétale ; elle renferme un grand nombre de genres parmi lesquels nous citerons les genres *Asclépiade, Dompte-venin, Stapelia, Periploca*, etc., etc. C'est à cette famille qu'appartient l'arbre à lait de Ceylan.

ASINES, adj. (races). La domestication, les influences climatériques, par leur action lente et continue, ont créé dans l'espèce asine, comme dans les autres espèces domestiques, différentes races. Ces races paraissent être d'autant plus belles qu'elles se sont formées et qu'elles sont restées plus près du berceau de l'espèce. A mesure qu'on s'avance vers le nord de l'Europe, la dégradation devient plus sensible et, en effet, plus profonde. Les races de l'Asie, de la Grèce, de l'Italie sont encore les plus estimées, les plus aptes. La France, de toutes les contrées de l'Europe septentrionale et centrale, celle qui possède les plus grandes, les plus fortes, n'en a cependant que de communes sous le rapport des formes, de l'utilisation. On en distingue deux bien caractérisées : celle du Poitou et celle de la Gascogne. — Race du Poitou : Taille 1,50 à 1,55 ; corps étoffé, tête grosse, oreilles grandes, encolure forte, garrot bas, poitrail large, dos à peu près droit, croupe carrée, membres très forts, poils longs, frisés à la tête, au ventre, aux membres ; pelage généralement uniforme, le plus souvent noir, quelquefois gris sale, avec ou sans la raie cruciale. Cette race se trouve principalement dans les départements de la Vendée, des Deux-Sèvres, de la Charente-Inférieure, de la Charente, etc. Elle est éminemment propre au service du bât, du trait, à tout ce qui exige solidité, résistance, et à la production du mulet. — Race de Gascogne : taille 1,50 à 1,60 ; corps plus élancé, membres plus longs et moins forts, poitrine et croupe plus étroites, encolure et tête plus minces ; pelage plus varié, plus clair. Cette race, avec quelques modifications dans la taille, occupe une grande surface entre les Pyrénées, Bordeaux, Toulouse et le Bas-Languedoc. Elle est très propre au service de la

montagne. — Les ânes de petite taille, de formes défectueuses, ne se rattachant à aucune race définie, que l'on trouve en France et dans d'autres parties de l'Europe, ne peuvent être décrits. La population asine de la France s'élève à près de 475,000 têtes, dont la valeur totale est estimée 16 à 17,000,000 de francs.

ASPALASOME, s. et adj., *Aspalasomus*, de ασπαλαξ, taupe, et σωμα, corps ; genre de monstres de la famille des *Célosomiens*, caractérisés par un appareil sexuel et un appareil urinaire, qui, au lieu de se confondre comme à l'ordinaire, à leur terminaison, restent partout séparés, et se terminent à l'extérieur par des orifices distincts.

ASPALASOMIE, s. f., *Aspalasomia* ; état des fœtus aspalasomes.

ASPARAGINE, s. f., *Althéine, agédoïde*, etc. On nomme ainsi un principe neutre découvert d'abord dans les tiges d'asperge par Vauquelin et Robiquet, ensuite dans la réglisse, la racine de guimauve, la grande consoude, etc. On l'obtient en concentrant une décoction de guimauve : elle cristallise en se déposant. L'asparagine est solide, incolore, cristallisée en prismes rhomboïdaux transparents, dure, friable, inodore, de saveur fraiche, un peu nauséabonde ; sa densité est de 1.52. Chauffée, elle perd de l'eau et se décompose à une température plus élevée ; soluble dans l'eau, elle ne l'est pas dans l'alcool, l'éther, ni les huiles ; traitée par les alcalis, les acides ou un ferment, elle se change en acide *aspartique*. Elle est sans usage.

ASPARAGINÉES, s. f., *Asparagineæ* ; famille de plantes monocotylédones, herbacées, frutescentes ou arborescentes, à périanthe pétaloïde, à fruit bacciforme, à périsperme charnu ou corné. Cette famille, assez nombreuse, pourrait être divisée en trois tribus : les *Asparaginées vraies*, genres : *Asperge, Smilax, Ruscus, Convallaria, Maïanthemum, Polygonatum, Dracœna*, etc. ; les *Paridées*, genres : *Paris, Trillium*, etc. ; les *Roxburghiacées*, genres : *Roxburghia, Philesia*, etc. Cette dernière tribu a même été considérée par plusieurs botanistes, comme une famille distincte.

ASPERGE, s. f., *Asparagus officinalis*, L. ; plante de la famille des Asparaginées, cultivée pour ses turions ou jeunes pousses qui forment un mets assez recherché. Le turion de l'asperge est diurétique ; il fait prendre à l'urine une odeur désagréable.

ASPÉRIFOLIÉES. *V.* BORRAGINÉES.

ASPÉRULE, s. f., *Asperula*, L. ; genre de plantes de la famille des Rubiacées. Plusieurs espèces de ce genre sont fourragères et recherchées par les bestiaux ; on cite notamment, comme pouvant communiquer son odeur agréable aux fourrages avec lesquels on la mélange, et au lait des femelles qui en font usage, l'Aspérule odorante, petit muguet, *Asperula odorata*. Sa culture en grand a été proposée comme avantageuse. On peut citer ensuite : l'A. des champs, *A. arvensis* ; l'A.

à l'esquinancie, *A. cynanchica;* l'A. des teinturiers, *A. tinctoria.* Cette dernière fournit une couleur jaune. Les autres jouissent de quelques propriétés astringentes et détersives.

ASPHALTE, s. m., de σφαλτος, bitume de Judée. L'asphalte est un bitume solide, qu'on trouve principalement sur les bords de la *Mer morte* en Judée, au *lac de Poix* dans l'île de la Trinité, et au sein de la terre dans diverses contrées. C'est une substance solide, d'un noir luisant, en masses amorphes, cassantes comme de la poix, d'une odeur et d'une saveur spéciales rappelant celles du goudron, et d'une densité de 1.16. L'asphalte fond à 100°, s'allume aisément et brûle avec une flamme blanche très fuligineuse. A la distillation, il donne une huile essentielle bitumineuse, des gaz de diverse nature et un charbon boursouflé. Insoluble dans l'eau, ce bitume se dissout dans l'alcool, l'éther, les essences et les huiles grasses. Il est formé d'une résine altérée, de naphte, de pétrole, de carbone et de quelques substances terreuses. Elémentairement, il ne contient que du carbone, de l'hydrogène et de l'oxygène. Autrefois employé en médecine, il ne l'est plus aujourd'hui ; il sert dans les arts à faire des ciments imperméables à l'eau, et des pavés excellents, surtout pour les habitations des animaux domestiques.

ASPHODÈLE, s. m., *Asphodelus*, L.; genre de plantes bulbeuses de la famille des Liliacées, des Asphodélées de J. et Lam. Le bulbe de l'Asphodèle rameux, *A. ramosus*, a passé pour antipsorique.

ASPHYXIE, s. f., de α priv., et σφυξις, pouls. C'est la mort ou l'apparence de mort produite par la suspension des mouvements circulatoires et des phénomènes de la respiration ; le mot *asphyxie* signifie *absence du pouls.* Cet état est *primitif* ou *secondaire;* il est souvent la suite d'une lésion des appareils de la respiration, de la circulation ou de l'innervation. — Suivant les causes qui la produisent, on distingue l'asphyxie par occlusion des conduits aériens, par le vide, par strangulation, par submersion, par les gaz irrespirables, par la foudre, par le froid. C'est la privation d'air qui est la cause générale de l'asphyxie. — Les symptômes généraux sont la gène de la respiration, l'affaiblissement des sens, la paralysie des organes locomoteurs. Les veines de la tête et du cou sont gonflées, les muqueuses ont une teinte d'un rouge foncé; les battements du cœur sont inégaux, le pouls devient de plus en plus faible ; l'auscultation fait reconnaître l'engorgement des poumons. Bientôt toutes les fonctions paraissent être suspendues; l'animal ressemble à un cadavre, mais il a conservé la souplesse musculaire et la chaleur. A mesure que la vie revient par la cessation de l'asphyxie, les mouvements du cœur sont perceptibles, le sang circule, l'air pénètre dans les poumons. Ces symptômes sont quelquefois modifiés par les causes occasionnelles. — L'autopsie des

cadavres fournit également quelques caractères communs. Une coloration foncée se présente même dans les parties non déclives ; la face est gonflée, les yeux saillants ; les poumons sont volumineux, gorgés d'un sang noirâtre ; les veines sont remplies d'un liquide semblable. Dans l'asphyxie prompte, le cœur est revenu sur lui-même ; c'est le contraire dans l'asphyxie qui s'est produite lentement (Piorry). Les organes parenchymateux, tels que le foie, la rate, sont gorgés de sang; les vaisseaux veineux du cerveau sont distendus. — Il y a des indications communes à remplir dans toutes les asphyxies. Avant tout, on doit éloigner l'animal de la cause qui a produit l'accident et chercher à rétablir la respiration. Pour les petits sujets, on peut insuffler de l'air dans les poumons à l'aide de quelques instruments, en même temps qu'on exécute sur le corps des pressions alternatives. Sur les grands animaux, on pratique la trachéotomie pour favoriser cette insufflation. Il faut employer des excitants sur la membrane du nez, entre autres l'ammoniaque. Les frictions très dures, la titillation du pharynx pour provoquer le vomissement chez les carnivores, les lavements avec la décoction de tabac contenant du sel de cuisine, sont autant de moyens généraux. La saignée générale n'est pas efficace dès le début ; on ne la prescrit qu'après avoir rétabli la respiration et la circulation, pour prévenir la congestion cérébrale.

1° *Asphyxie par occlusion des conduits aériens.* Des corps étrangers dans la trachée, le gonflement des amygdales, de la muqueuse du larynx, des abcès développés dans l'arrièrebouche, peuvent oblitérer le passage de l'air; la mort en est la suite. C'est alors surtout qu'on recommande la trachéotomie.

2° *Asphyxie par strangulation.* Dans ce cas la mort est causée par la suspension de la respiration. Un cheval peut s'étrangler en tirant fortement sur un collier serré autour du cou; sur le chien, une forte pression avec la main sur la gorge peut causer également l'asphyxie. Les muqueuses deviennent livides, les yeux saillants, la bouche écumeuse, la langue pendante; quelques excrétions se montrent sans que la volonté ait agi sur leur expulsion. Quelquefois, il y a chez le mâle érection du pénis et rejet du sperme. On doit se hâter de rompre le lien qui entoure le cou, pratiquer une saignée modérée, toutefois, si les muqueuses sont violettes. Dans certains cas, il suffit de faire sur la tête des affusions d'eau froide, des frictions stimulantes sur les extrémités.

3° *Asphyxie par le vide.* Placé sous le récipient d'une machine pneumatique, un petit animal s'agite à mesure que l'on extrait l'air de la cloche ; sa respiration s'accélère; bientôt il tombe, devient emphysémateux, donne quelques déjections, et finit par mourir. Les effets de l'asphyxie des animaux par la raréfaction de l'air ne peuvent être provoqués que par des expériences.

4° *Asphyxie par submersion.* C'est un accident qu'on observe quelquefois sur les chevaux destinés au service du halage, sur les grandes rivières et les fleuves. Attachés les uns à la suite des autres pour la remonte des bateaux, ils peuvent être entraînés en masse par le courant et se noyer. Ils succombent alors à l'asphyxie par privation d'air, plutôt qu'à la syncope ou à l'apoplexie cérébrale: la mort est très prompte. On emploie les frictions sèches, une température assez élevée: la saignée n'est indiquée que comme auxiliaire, quand le corps de l'animal a donné des signes d'existence, et repris sa température.

5° *Asphyxie par les gaz irrespirables.* L'oxigène étant le seul gaz respirable, l'animal qui en est privé ne tarde pas à succomber. Certains gaz produisent la mort par leur action négative. Ex.: hydrogène, azote, acide carbonique: d'autres par leurs propriétés délétères, ex.: gaz ammoniac, hydrogène arsénié, hydrogène sulfuré, chlore, acide phosphorique en vapeur. Dans les incendies, les chevaux, les grands ruminants sont promptement asphyxiés par la fumée; lorsqu'on parvient à les faire sortir à temps des écuries enflammées, ils peuvent être atteints d'irritations violentes des voies respiratoires, et périr de la broncho-pneumonie. Les animaux qui travaillent dans les usines où l'on dégage du chlore pour le blanchiment des toiles, dans celles où l'on prépare le phosphore, sont exposés à des accidents de même nature. Dans tous les cas, il faut éloigner le malade des causes de l'asphyxie; l'exposer à l'air libre, exciter les cavités nasales par des aspirations de gaz ammoniac, pratiquer sur le corps des affusions froides. Ensuite on combat la congestion pulmonaire et celle du cerveau par les saignées.

6° *Asphyxie par la foudre.* Rien n'est plus varié que les effets de la foudre. Tantôt elle opère dans l'économie animale des désordres inouïs, tantôt les animaux qu'elle a frappés de mort n'offrent aucune trace de désordre. Quelquefois la foudre les atteint à une grande distance du lieu de son apparition; c'est l'effet du *choc en retour.* On a recours aux moyens généraux préconisés contre les asphyxies.

7° *Asphyxie par le froid.* Cet état offre quelque analogie avec le sommeil des animaux hibernants; la mort apparente peut se montrer pendant plusieurs jours sans entraîner la mort réelle. Les animaux résistent assez généralement à l'action du froid. Il faut surtout éviter de mettre les malades dans un milieu d'une température trop élevée; on fait les premières frictions avec la neige.

ASPIC ou SPIC. Nom vulgaire de l'essence de lavande. (*V.* ESSENCE.)

ASPIRATION, s. f., *Aspiratio*, de *ad spirare*, action d'aspirer ou d'attirer l'air en dedans; ce mot est synonyme d'*inspiration*, qui lui est généralement préféré lorsqu'on l'applique à la fonction de la respiration.

ASSA ou ASA-FOETIDA, s. m. On donne ce nom à une gomme-résine fétide, que l'on retire d'une plante vivace de la famille des Ombellifères, appelée *ferula assa-fœtida*, et qui croît spontanément en Perse, ainsi qu'en Syrie et dans l'Inde. On la récolte en automne, époque où la plante a acquis tout son développement; à cet effet, on coupe la racine à son collet, et on excave la plaie dans son milieu; il en sort bientôt un suc blanc, épais, crémeux, qui ne tarde pas à s'épaissir à l'air, et à prendre une teinte jaune-rougeâtre. L'assa-fœtida du commerce est en masses amorphes, de peu de consistance, d'un brunchocolat, parsemées de larmes solides, brunes à l'extérieur, blanches en dedans, mais acquérant bientôt, lorsqu'elles sont exposées à l'air, une teinte rose ou vineuse. Cette gomme-résine a une odeur alliacée, très fétide, une saveur âcre et amère, et une densité de 1,50 environ; elle fond par l'action de la chaleur, brûle à l'air, se dissout incomplètement dans l'eau ou l'alcool, et assez bien dans l'acide acétique étendu, ainsi que dans le lait. L'assa-fœtida est composée de résine 0.472: gomme 0,194; essence, 0.046; substances résinoïdes, 0,016; adraganthine, 0.064: sels divers 0,076: extractif 0,01; impuretés, 0.046. Ce médicament s'administre à l'intérieur en électuaire ou en solution dans une eau gommeuse ou dans du lait; on peut aussi le dissoudre dans l'alcool ou le vinaigre. On en fait des électuaires, des nouets, des breuvages et des lavements. Les doses sont de 30 à 90 grammes, et même au-delà chez les grands animaux, et 2, 5 à 10 grammes pour les petits. L'assa-fœtida à l'état de suc, est, dit-on, irritant et peut produire la rubéfaction de la peau; celui du commerce l'est fort peu; il excite cependant la muqueuse de la bouche, et provoque la salivation; dans le tube digestif, il facilite la digestion stomacale, et dissipe les flatuosités intestinales. Il produit généralement peu d'excitation générale, agit d'une manière spéciale sur les centres nerveux et les nerfs, dont il régularise les fonctions; aussi est-ce un des *antispasmodiques* les plus fidèles. Ce médicament se donne à l'intérieur contre l'inappétence et les perversions du goût, contre la danse de Saint-Guy, la nymphomanie, la paralysie lombaire, l'épilepsie, le tétanos, ainsi que contre les coliques vermineuses, le catarrhe bronchique, la morve, le farcin, etc. Associé au camphre, au quinquina, à l'éther, il est indiqué contre les accidents nerveux des maladies putrides des ruminants. A l'extérieur, c'est un bon topique pour les ulcères, les engorgements indolents, etc.

ASSAINISSEMENT, s. m.: action d'assainir, de purifier; résultat de cette action. L'assainissement peut avoir pour objet le *desséchement* d'une étendue plus ou moins considérable de terrain; la purification d'un espace clos et limité, comme les habitations de l'homme et des animaux. (*V.* les mots DÉSINFECTION et DESSÈCHEMENT.)

ASSAISONNANTES, adj., (plantes) ; elles se distinguent par leur saveur acidule , amère ou piquante, leur odeur prononcée , généralement agréable. Moins nombreuses dans les prairies, dans les pâturages , moins nutritives par elles-mêmes que les plantes alimentaires proprement dites , elles modifient l'odeur, la saveur, la digestibilité de celles-ci, et en stimulant les organes digestifs des animaux, provoquent et assurent la digestion. On les divise généralement en *aromatiques , amères* et *acidules.* (*V.* ces mots.)

ASSAISONNEMENT. (*V.* CONDIMENTS.)

ASSATION, s. f. *Assatio,* de *assare,* rôtir; action de rôtir les aliments ou les médicaments dans leurs liquides naturels. Cette opération ne se pratique guère que pour les bulbes de liliacées, qu'on fait parfois cuire sous la cendre.

ASSEMBLER, v. act. *Assembler un cheval,* le mettre parfaitement d'aplomb sur ses membres , la tête en belle position.

ASSIMILABLE, adj., susceptible d'être assimilé.

ASSIMILATEUR, TRICE, adj. *assimilator* ; nom donné aux organes qui exécutent l'acte de l'assimilation. C'est surtout aux organes digestifs que s'applique cette dénomination, qui, prise dans sa véritable acception, s'étendrait à tous les organes, puisque chacun d'eux opère en dernier lieu l'assimilation des matériaux qui doivent l'entretenir.

ASSIMILATION , s. f., *assimilatio,* de *assimilare,* rendre semblable ; action par laquelle les corps organisés, animaux et végétaux, transforment les matériaux qu'ils prennent au dehors, en substances analogues aux divers tissus ou liquides de leur corps, et susceptibles de réparer les pertes qu'ils éprouvent constamment par le mouvement de décomposition. Les organes respiratoires, en agissant sur l'air atmosphérique; les organes digestifs , en modifiant les substances alimentaires, commencent l'acte de l'assimilation; mais c'est seulement dans la trame des organes eux-mêmes que se passe le dernier phénomène de cette action.

ASSOCIATION, s. f., de *associare,* associer, réunir. Ce mot doit s'entendre ici du rapprochement de certains individus qui ont entr'eux une identité complète ou une analogie telle, que leurs caractères communs sont plus importants et plus nombreux que leurs caractères différentiels. L'association établit en histoire naturelle les groupes appelés *variétés, race, espèce, section, genre, tribu, famille, ordre, classe, embranchement.* L'identité parfaite existe entre les individus composant une variété ; à mesure que l'on s'élève vers les groupes supérieurs, le nombre des caractères communs diminue ; leur importance reste concentrée en quelques-uns, et l'on arrive à n'avoir plus, pour distinguer les embranchements, qu'un seul caractère, mais

fixe et pouvant servir de base invariable à la division d'un règne : comme la présence ou l'absence d'une colonne vertébrale , d'un embryon.

ASSOCIATION DES MÉDICAMENTS. On appelle ainsi le mélange méthodique et raisonné des substances médicamenteuses simples, pour en faire des médicaments composés. C'est le but principal de l'étude des médicaments. Il donne la faculté d'*augmenter* ou de *diminuer* à volonté l'activité des substances médicinales, d'obtenir des effets *multiples,* d'en produire d'*intermédiaires,* de *mixtes,* qu'un seul médicament ne saurait déterminer. Imitant ici, avec profit, la nature et l'art, le thérapeutiste peut, par le mélange rationnel des médicaments, augmenter ses ressources, et obtenir des moyens aussi nombreux et aussi variés que les maux qu'il est appelé à combattre. La chimie, du reste, lui fournit à la fois et les préceptes et les exemples : avec un petit nombre de corps simples, elle produit des composés innombrables; quelques métaux lui ont suffi pour livrer aux arts et à l'industrie des alliages nombreux, qui répondent à tous les besoins. Le thérapeutiste poursuivra donc avec constance un but si louable, et évitera , avec soin, les deux écueils qui ont retardé les progrès de la pharmacologie : les associations monstrueuses de la *polypharmacie* (*V.* ce mot), et l'emploi exclusif des médicaments simples, comme le prescrivent les doctrines de Broussais et d'Hannemann.

ASSOLEMENT, s. m.; succession e cultures, sur une même sole, établie dans le but d'obtenir de la terre, constamment et aux moindres frais possibles, le plus grand produit. L'idée première des assolements dérive, sans aucun doute, de l'observation de l'alternance naturelle des espèces végétales sur les terres non cultivées, de la disparition progressive des plantes de nos prairies artificielles abandonnées à elles-mêmes, du meilleur état des récoltes quand on en varie la nature et qu'on éloigne le retour des végétaux épuisants sur le même terrain. Diverses théories ont cherché à expliquer l'alternance et conséquemment à justifier le principe des assolements : l'une, *physiologique,* repose sur de prétendues affinités ou répulsions réciproques des végétaux, d'après la similitude ou la différence de leurs excrétions; une autre, *chimique,* admet que la végétation, pour être complète, doit trouver dans le sol certains minéraux appropriés à la nature des plantes et en proportions relatives à leurs besoins; une troisième, enfin, purement *physique* ou *mécanique,* se fonde sur la nécessité d'offrir aux végétaux, par des cultures de divers ordres, un terrain réunissant les trois conditions de perméabilité, d'ameublissement, de propreté, indispensables à l'action des engrais et des agents atmosphériques, au développement des racines et à l'abondance des récoltes. — Le choix et l'application d'un bon assolement décident la valeur et la prospérité d'une exploitation rurale : ils supposent en effet la connaissance exacte de la puissance et de la fécondité du sol, des conditions particulières du climat, des plantes, de l'exploitation des produits, de la consommation, du commerce, de l'économie du bétail, de l'action, de la valeur et de la production des engrais. — Les principaux avantages de la culture alterne sont les suivants : augmentation des produits en fourrages, et par suite, en bestiaux et en fumure ; diminution relative du travail ; exploitation continue de tout le terrain arable, et, généralement, suppression de toute jachère ; enfin, entretien du sol dans les meilleures conditions de puissance, de fécondité, de propreté et d'ameublissement. — Les cultures légumineuses, sarclées, industrielles, combinées à la culture des céréales, forment la base ordinaire des assolements. Dans les terres très légères ou très peu fertiles, on est obligé de faire intervenir, dans les assolements, les prairies naturelles, les plantations d'arbres, et même la jachère. — Les rotations de culture sont à long ou à court terme. Celles-ci ne peuvent être appliquées qu'aux terres fertiles ou entretenues dans un bon état par des fumures abondantes et des façons suffisamment renouvelées. D'après leur durée, les assolements sont dits biennaux, triennaux, quadriennaux, quinquennaux, etc. — Un changement de rotation n'a jamais lieu sans une perturbation, au moins momentanée : il exige donc des cultivateurs beaucoup de discernement, une grande justesse de vues.

ASSOMMEMENT, s. m. *V.* ABATTAGE.

ASSORTIR, v. act. *V.* APPAREILLER.

ASSORTISSEMENT. *V.* APPAREILLAGE et APPAREILLEMENT.

ASSOUPISSEMENT. s. m. : état presque analogue au sommeil, dans lequel les fonctions de relation conservent une partie de leur activité. Les animaux sont quelquefois assoupis pendant l'acte de la digestion, quand il y a surcharge de l'estomac. Certains états pathologiques, tels que la somnolence, le coma, ne sont que des variétés de l'assoupissement, dues à la pléthore, à des indigestions, à des affections cérébrales. Les circonstances atmosphériques contribuent à produire la somnolence.

ASSOUPLIR, v. act. ; *un cheval*, exercer certaines parties, les faire agir isolément, rendre leurs mouvements plus libres, plus indépendants, afin de mettre l'animal en état d'obéir d'une manière plus complète, et d'exécuter ce qu'on doit en exiger plus tard. L'assouplissement porte principalement sur l'encolure, les épaules et les hanches.

ASSUJÉTIR, v. act., de *subjicere*, mettre dessous, soumettre, astreindre, fixer. On *assujétit un cheval*, quand on a recours à la contrainte, pour retenir ses mouvements et lui donner une position commode pour la pratique d'une opération ou pour faciliter la guérison de quelques maladies. (*V.* FIXER.) — Terme de manége, *assujétir la croupe d'un*

cheval, c'est la fixer avec la rêne de dedans et la jambe de dehors. *Assujétir un cheval*, l'habituer à suivre régulièrement une piste, à toutes les allures.

ASSURANCES, s. f. L'assurance est tantôt un contrat par lequel un particulier s'engage, moyennant une prime, à indemniser un propriétaire des pertes que celui-ci peut éprouver dans ses propriétés, tantôt une association entre propriétaires qui se garantissent mutuellement contre certains risques. De là, deux formes distinctes de l'assurance : 1° *à prime* ; 2° *mutuelle*. La combinaison de ces deux formes donne lieu à un troisième mode, l'assurance *mixte*. — Toutes les propriétés susceptibles de détérioration ou de pertes, la vie même de l'homme et des animaux, peuvent faire l'objet d'un contrat d'assurances. — L'assurance paraît avoir été inconnue des anciens peuples. On ne fait remonter les contrats de cette nature qu'au XIVme siècle. Ils eurent, d'abord, pour but les risques de mer ou chances de la navigation. L'application en fut réglée en France par Colbert, en 1681. Trois années plus tard, l'Angleterre étendit l'assurance aux risques terrestres. La France n'imita cet exemple que vers le milieu du XVIIIme siècle. Mais cette assurance même était bornée aux chances d'incendie ; car la première société, qui eut pour objet les risques de la grêle, ne fut instituée qu'en l'an X. Depuis cette époque, des assurances contre la mortalité des bestiaux ont été créées à diverses reprises. — Les sociétés, les associations mutuelles, ont couru de tout temps des chances de fortune très diverses. Quelques-unes ont conservé longtemps une situation très prospère ; beaucoup d'autres ont succombé sous des sinistres réitérés. D'ailleurs, elles peuvent rencontrer deux écueils qui ne sont pas toujours évitables : le défaut d'étendue et conséquemment de ressources ; l'absence d'une base un peu certaine pour l'établissement des primes, et les procès. — Les risques contre lesquels une assurance peut être donnée doivent être tous *aléatoires* : si l'une des parties pouvait en changer le caractère, elle modifierait la nature du contrat, qui serait, par cela même, frappé de nullité. C'est précisément ce qui entoure les assurances contre la mortalité des bestiaux, de tant de difficultés, et les avait d'abord restreintes aux chances des épizooties considérées comme cas de force majeure. De plus, il n'est pas de propriété dont la situation et la valeur soient plus mobiles et plus changeantes. Les assurances pour la vie de l'homme offrent moins d'incertitudes ; car celui-ci a toujours un intérêt capital à conserver son existence, et, d'une autre part, des tables de mortalité pour tous les âges sont dressées avec soin. — Le capital et les produits que l'agriculture française peut assurer annuellement contre l'incendie et la grêle sont énormes ; leur valeur s'élève à plus de trois milliards. Si l'on ajoute à ce chiffre la valeur des bestiaux, estimée près de deux milliards, on aura une idée de l'importance que pourrait avoir une assurance agricole générale.

ASSURER, v. act. *Assurer un cheval*: lui faire prendre une position franche et l'habituer à exécuter, avec régularité et précision, tous les mouvements, les arrêts, etc.

ASTERNAL, LE, adj., de α priv., et *sternum*; mot hybride par lequel on désigne les côtes qui ne s'appuient que d'une manière indirecte sur le sternum. — *Artère asternale :* branche de la thoracique interne, qui remonte à la face interne du cercle cartilagineux des côtes, fournissant des branches anastomotiques avec les intercostales voisines, et des rameaux nombreux pour la partie charnue circulaire du diaphragme.

ASTHÉNIE, s. f., de α priv., et σθένος, force; manque d'énergie des fonctions organiques, faiblesse, débilité. L'asthénie générale est particulière à la vieillesse; elle peut être causée par les grandes pertes, une mauvaise alimentation, la privation de la lumière, l'action du froid, la respiration d'un air insalubre. Pour y remédier, on a recours à la médication stimulante : mais il importe avant tout de bien déterminer la cause occasionelle, afin d'interrompre son action. — Dans les différents systèmes médicaux qui ont pris naissance à diverses époques, on a fait jouer un rôle par l'asthénie. Hippocrate désignait ainsi une plus grande susceptibilité pour les causes de maladie. Brown, partant du même point, reconnaissait l'*asthénie directe*, suite de la diminution des forces, et l'*asthénie indirecte*, dépendant de l'exercice immodéré, de l'abus de ces mêmes forces. Les modernes ont admis, par opposition à l'asthénie, ce qu'ils appellent l'état de *sthénie: c'est le laxum* et le *strictum* des anciens. — Certaines dispositions de quelques organes ont été rapportées à l'asthénie; ainsi l'*anémie*, le *marasme*, l'*anesthésie*, seraient l'état de faiblesse du système sanguin, du tissu musculaire, de l'appareil nerveux.

ASTHMATIQUE, adj.; qui est atteint d'*asthme*.

ASTHME, s. m., ασθμα, de αω, je respire, ou de ασθμαινω, haleter; affection caractérisée par la difficulté de respirer, avec convulsion des muscles respirateurs, revenant sous forme d'accès non accompagnés de fièvre. Telle est la définition donnée par les médecins, de cet état maladif, considéré dans l'espèce humaine. Ce terme est peu usité en vétérinaire ; il est donné comme synonyme de *pousse*. (*V.* ce mot.)

ASTRAGALE, s. m.; *Astragalus*. de ασραγαλος, talon. Nom donné à un os court, irrégulier et tubéreux, situé à la région tarsienne, articulé d'une manière très peu mobile avec le calcanéum et le scaphoïde, et présentant une surface en forme de gorge ou poulie, qui forme, avec l'extrémité inférieure du tibia, une articulation par ginglyme parfait. — L'astragale du bœuf jouit de mouve-

ments très marqués sur le calcanéum et le scaphoïde. — *Bot.* Genre de plantes de la famille des Légumineuses. Les espèces nombreuses de ce genre habitent généralement les contrées chaudes du globe; quelques-unes ont été naturalisées en France. Plusieurs espèces exotiques fournissent la gomme adraganthe.

ASTRANCE, s. f., *Astrantia*, L.; genre de plantes de la famille des Ombellifères. Les espèces A. *major*, A. *minor*, sont vivaces, croissent dans les bois, dans les lieux élevés et ombragés; les bestiaux les dédaignent ordinairement.

ASTRICTION, s. f., *Astrictio*. On désigne sous ce nom l'action produite par les médicaments astringents. Elle consiste en un resserrement des fibres des tissus, en une sorte de crispation des surfaces où on dépose ces médicaments. Cet effet doit être considéré comme chimico-vital.

ASTRINGENT, s. m. et adj.; *Astringens*, de *astringere*, resserrer ; *styptique*, *répercussif*, etc. On donne ce nom à une classe de médicaments qui ont la propriété de resserrer les fibres des tissus et de diminuer les sécrétions des surfaces sur lesquelles on les applique. Ils sont nombreux et proviennent du règne minéral ou des végétaux. Les premiers sont les acides convenablement étendus d'eau ou dulcifiés par l'alcool, et plusieurs sels métalliques, notamment ceux d'alumine, de fer, de plomb, de cuivre, etc. Les substances végétales astringentes sont celles qui contiennent du tannin, de l'acide gallique ou un principe résineux, comme la noix de galle, la plupart des écorces des arbres, beaucoup de racines, quelques péricarpes charnus avant leur maturité, etc. Ces substances sont presque toujours dépourvues d'odeur, mais elles ont une saveur amère, âpre, toujours très prononcée. Les astringents s'administrent, le plus souvent en solution, dans leur état de pureté ou mélangés les uns aux autres. Leur emploi à l'extérieur est le plus fréquent. Leurs *effets locaux* sont très marqués et très prompts, parce qu'ils résultent, le plus souvent, d'une combinaison des astringents avec les principes albumineux et gélatineux des solides et des liquides organiques. Aussi, mis en contact avec les tissus, ils produisent un resserrement fibrillaire, une sorte de crispation d'où résultent la pâleur des surfaces par le refoulement du sang hors des capillaires, et la suppression des sécrétions par suite de l'occlusion des orifices excréteurs. Ce premier effet cesse bientôt, et il est même suivi d'une réaction vitale qui ramène le sang en plus grande abondance qu'avant, si l'on se borne à une seule application. Mais si l'on persiste, les tissus deviennent de plus en plus pâles, décolorés, perdent de leur chaleur, de leur souplesse et bientôt aussi de leur sensibilité. Introduits dans le tube digestif, ces médicaments excitent d'abord l'estomac, puis resserrent le canal intestinal, suppriment ou diminuent les sécrétions qui y existent et entravent la digestion et l'absorption. Passés dans le sang, ils augmentent la contractilité de la fibrine sans rien ajouter, du reste, aux éléments organisateurs de ce fluide nutritif; il devient plus épais, d'où son passage plus difficile dans les capillaires et la diminution des sécrétions et des exhalations, excepté pourtant la sécrétion urinaire qui conserve toute son activité. Le mouvement d'assimilation, malgré l'augmentation des qualités plastiques du sang, est toujours diminué et même complétement arrêté, quand l'usage des astringents est continué trop longtemps; ce qui établit une différence essentielle entre les astringents et les toniques, qu'on est porté à confondre à cause de l'analogie de leurs effets locaux. Les astringents sont indiqués : 1° dans les *congestions* locales et externes, comme la fourbure, l'aggravée; celles qui suivent les piqûres, les contusions. etc.; 2° les *relâchements* des tissus ; 3° les *supersécrétions* qui s'établissent sur les muqueuses ou sur les solutions de continuité anciennes, sans altération ou dégénérescence des tissus; 4° les *hémorrhagies passives*, les *inflammations chroniques*, etc.

ATAVISME, s. m., de *atavus*, aïeul ; en *Bot.*, tendance des hybrides à retourner à leur type primitif. — en *Hyg.*, ressemblance des animaux avec leurs aïeux. Cette ressemblance, qui peut se retrouver dans les formes, est plus fréquente et plus marquée dans les aptitudes. Les espèces chevaline et bovine donnent souvent des exemples d'atavisme.

ATAXIE, s. f., de α priv. et ταξις, ordre ; désordre. Expression employée pour désigner un ensemble de phénomènes graves se présentant avec irrégularité. C'est dans le système nerveux que l'ataxie parait avoir sa source; elle est caractérisée par la perversion ou l'abolition des fonctions sensoriales, la raideur ou le relâchement musculaire, un état de somnolence parfois interrompu par le délire furieux. — Les anciens auteurs n'attachaient pas tous la même signification au mot *ataxie*. Pour les uns, c'était un état de désordre général de l'économie : pour d'autres, une irrégularité dans le pouls, un ensemble de phénomènes irréguliers liés à une maladie du cerveau.

ATAXIQUE, adj., qui se rapporte à l'ataxie. On dit *symptômes ataxiques*, pour désigner les phénomènes irréguliers qu'on observe dans quelques affections cérébrales. *Fièvre ataxique*.

ATHERMANE ou **ATHERMIQUE**. adj., de α priv., et de ϑερμη, chaleur. Melloni a donné ce nom aux corps qui ont la propriété d'arrêter les rayons de calorique qui tombent à leur surface. Ils sont au calorique rayonnant ce que les corps opaques sont à la lumière. Aucun ne possède cette propriété d'une manière absolue. On s'en sert pour faire des *écrans*. Voy. ce mot.

ATHEROMATEUX, adj.; qui est de la nature de l'*athérome*.

ATHEROME, s. m., de αϑαρα, bouillie; tumeur enkystée, qui se développe dans le tissu cellulaire, et contient une matière grisâtre analogue à la bouillie. L'athérome se développe principalement autour de la tête, à la base des oreilles, près des parotides du cheval. Les anciens ont confondu l'athérome sous le nom générique de *loupes*, avec le lipôme et le stéatôme. C'est une tumeur molle, élastique; sa consistance est plus pâteuse que celle du mélicère. Elle se développe aussi lentement, sans produire la moindre douleur : son volume n'est pas considérable. La structure de cette variété de loupe présente une membrane analogue à celle des kystes, mais dont la surface interne est presque toujours irrégulière. Dans la poche qu'elle forme, on trouve une matière grise, analogue au pus privé d'une partie de sa sérosité. Pour obtenir la guérison, il faut inciser les parois de l'athérome, pour évacuer la matière qu'il contient, et cautériser sa surface afin de détruire la membrane qui forme son enveloppe. Cette tumeur se reproduit fréquemment.

ATHLETIQUE, adj., *athleticus*; expression figurée, par laquelle on indique que le système musculaire est développé au plus haut point. On dit aussi : *tempérament athlétique*.

ATLAS, s. m., *Atlas;* première vertèbre cervicale, comparée à Atlas, parce qu'elle porte la tête, comme il supportait le ciel. Cette vertèbre, différente de toutes les autres, est surtout remarquable par la largeur de son canal vertébral, qui reçoit l'apophyse odontoïde de l'axis, par ses apophyses transverses, larges, horizontales, percées de trois trous, et par les deux cavités articulaires qui, à sa partie antérieure, remplacent la tête des autres vertèbres. — L'atlas du *bœuf* ne présente que deux trous à ses apophyses transverses, qui sont plus droites que celles du cheval.

ATLODYME, s. et adj., *Atlodymus, de* ατλας, atlas, et δυμας, dont le radical est δυο, deux ; genre de monstres doubles monosomiens, ayant pour caractères : un seul corps, deux têtes séparées, mais contiguës et portées sur un col unique.

ATLODYMIE, s. f., *Atlodymia;* état des monstres atlodymes.

ATLOIDE, s. m., de ατλας, atlas, et ειδος, ressemblance ; nom donné par Girard, d'après Chaussier, à la vertèbre atlas.

ATLOIDIEN, NE, adj., *atloïdeus;* qui appartient à l'atloïde, ou atlas; *artère atloïdienne rétrograde* : rameau de *l'occipitale* passant par le trou postérieur de l'apophyse transverse de l'atlas et s'anastomosant avec la branche terminale de la *vertébrale* ou *trachélo-occipitale*.

ATLOIDO-AXOIDIEN, adj., *atloïdo-axoïdeus;* qui appartient à l'atlas et à l'axoïde. V. AXOIDO-ATLOIDIEN.

ATLOIDO-MASTOIDIEN, adj. et s., *atloïdo-mastoïdeus;* nom que porte, dans la nomenclature de Chaussier , le muscle petit oblique de la tête.

ATLOIDO-OCCIPITAL, adj. , *atloïdo-occipitalis;* qui appartient à l'atlas et à l'occipital; *articulation atloïdo-occipitale :* réunion des condyles de l'occipital avec l'atlas ; *muscle atloïdo-occipital :* c'est le nom donné, dans la nomenclature de Chaussier , au *petit droit de la tête.*

ATLOIDO-SOUS-OCCIPITAL , adj. et s., *atloïdo-infra-occipitalis;* nom donné au muscle court fléchisseur de la tête.

ATMOMÈTRE , s. m. , de ατμος , vapeur, et μιτρου, mesure. Instrument employé à mesurer la rapidité de l'évaporation de l'eau sur la surface de la terre, dans une étendue donnée. Le plus simple est un vase rempli d'eau et dont l'ouverture est connue ; l'abaissement du niveau du liquide indique la rapidité de l'évaporation.

ATMOSPHÈRE, s. f., *atmosphæra*, de αθμος, vapeur, et σφαιρα, *sphère.* On donne ce nom à la couche gazeuse complexe qui environne le globe terrestre. Cette enveloppe est formée essentiellement d'azote et d'oxygène , et accessoirement d'acide carbonique et de vapeur d'eau, des émanations du globe, etc. (*V.* Air.) L'atmosphère a la même forme que la terre; son épaisseur est évaluée à environ 60 mille mètres (15 lieues), ce qui d'une manière absolue est énorme, et relativement à la terre, fort peu de chose, puisque ce n'est guère que la 200ᵉ partie du diamètre du globe terrestre. Les propriétés physiques de l'atmosphère sont les mêmes que celles de l'*air* (*V.* ce mot), et ses propriétés mécaniques semblables à celle des *gaz* (*V.* ce mot). L'atmosphère présente une densité qui décroit en proportion géométrique , pendant que les hauteurs croissent en proportion arithmétique. Les couches qui la constituent étant pesantes et superposées, les inférieures supportent le poids des supérieures, et la surface de la terre soutient le poids de toute la masse ; il en résulte autour du globe une pression particulière , appelée *pression atmosphérique.* Ce fait si simple est resté inconnu à toute l'antiquité, et ce n'est qu'au commencement du XVIIᵉ siècle qu'il fut soupçonné par Galilée et Descartes, et démontré expérimentalement en 1643 par Toricelli et Pascal. La pression atmosphérique s'exerce dans tous les sens également et avec la même intensité ; son expression numérique correspond à environ 1052 grammes par centimètre carré de surface, ou , ce qui revient au même, à une colonne de mercure ayant l'aire de la surface et 0,76 centimètres de hauteur. ou encore à une colonne d'eau de même diamètre et de 32 pieds, ou environ 11 mètres d'élévation. Cette évaluation donne l'idée de l'énorme poids qui pèse sur la surface de tous les corps bruts et vivants; ces derniers la supportent sans fatigue, parce que, agissant dans tous les sens, elle se contrebalance , et leur corps étant formé de solides renfermant des liqui-

des et des gaz, est favorablement disposé pour résister à cette pression , qui est nécessaire aux animaux vivant sur la terre , comme la pression des eaux est indispensable aux poissons qui vivent dans le fond des mers et des lacs. C'est la pression atmosphérique qui fait monter le mercure dans le baromètre, l'eau dans la pompe aspirante et le siphon, le sang sous la ventouse, le lait dans la bouche du petit qui tette, etc. C'est elle aussi qui fait entrer l'air dans la poitrine au moment de l'inspiration , et dans le soufflet, quand on écarte les branches de cet instrument, etc. Les chimistes , les physiciens, et souvent aussi l'industriel, doivent en tenir compte dans la conduite de leurs appareils.

ATMOSPHÉRIQUE, adj., *atmosphericus ;* qui appartient ou qui se rapporte à l'atmosphère, *pression atmosphérique* , *phénomène*, *humidité atmosphériques*, etc.

ATOME, s. m., *atomus*, de α privatif, et τομη, section ; *insécable, indivisible.* On donne ce nom aux parties les plus ténues qu'on puisse supposer dans les corps, et qui, par leur petitesse, échappent à nos sens et à tous les moyens de division connus. Ce sont des êtres purement rationnels, auxquels cependant les anciens philosophes attachaient une grande importance, puisqu'ils avaient admis en principe : *Que la réalité de la matière réside dans les* Atomes. On admet qu'ils sont *indivisibles* par les forces physiques et chimiques, *invisibles, impénétrables, inaltérables et indestructibles.* Quant à leur *volume*, on ignore s'il est le même , ou différent pour tous les corps ; leur *forme* est supposée *sphérique*, parce que c'est celle qui se prête le mieux à tous les groupements possibles.

ATOMIQUE . adj., *atomicus;* qui appartient ou qui a rapport aux atomes : *poids atomique, équivalent biatomique, théorie atomique.* On donne ce dernier nom à l'ensemble des principes hypothétiques qu'on emploie pour expliquer la constitution atomique ou moléculaire des combinaisons chimiques. Cette théorie repose sur les faits ou les suppositions suivantes : 1° les corps se combinent en des proportions déterminées et invariables ; 2° les gaz s'unissent entre eux dans des rapports simples. et le composé qui en résulte conserve toujours un rapport également simple avec les composants; 3° les gaz chauffés au même degré ou comprimés avec la même force, se comportent *sensiblement* de la même manière, d'où on a conclu, par pure hypothèse il est vrai, que, sous le même volume, tous les gaz ont le même nombre d'atomes, placés à des distances égales les uns des autres, et ne différant que par leur poids spécifique. En partant de ces données expérimentales ou rationnelles, on avait admis que, dans les combinaisons chimiques, les atomes d'un des éléments se groupent ou se juxta-posent sur un, deux, trois, ou un plus grand nombre d'atomes de l'autre élément, de manière à constituer une molécule composée; ainsi l'eau serait formée par la juxta-position d'un atome d'oxygène avec deux atomes d'hydrogène. Cette théorie étant hypothétique et se trouvant souvent en opposition avec celle des équivalents basée sur l'expérience pure ; d'autre part, le coefficient de dilatation et la loi de Mariotte n'étant pas exacts pour tous les gaz, ce qui infirme le principe essentiel sur lequel repose cette théorie, les chimistes tendent généralement à l'abandonner aujourd'hui.

ATOMISTIQUE. *V.* **Atomique.**

ATOMOGYNIE, s. f., *Atomogynia*, de ατομος, indivisible, et γυνη, femme ; nom substitué par Richard à celui d'*angiospermie*, dans le système de Linné modifié.

ATONIE, s. f., de α priv. et τονος, ton. Défaut de ton ; terme employé quelquefois comme synonyme d'asthénie. L'atonie indique plus particulièrement la diminution de la force contractile d'un organe, ce qui le met dans un état de flaccidité. C'est par les astringents qu'on rétablit la tonicité ; les décoctions de quinquina, d'écorce de chêne, la solution de sulfate de fer, etc., jouissent surtout de cette propriété.

ATONIQUE, adj. ; qui a rapport à l'*atonie*.

ATONIQUE. *V.* **Émollient.**

ATRABILE, s. f. *Atrabilis*, de *atra*, noire, et *bilis*, bile ; humeur hypothétique admise par les anciens, qui ne s'accordent pas même sur le lieu de sa sécrétion, et attribuent à son influence les affections tristes.

ATRÉSIE, s. f., *Atresia*, de α priv., et τρησις, trou : synonyme d'imperforation.

ATRÉTISME, s. m., *Atretismus ;* même étymologie et même signification.

ATRIPLICÉES. *V.* **Chénopodées.**

ATROPHIE, s. f., de α priv., et τροφη, nourriture ; maigreur extrême, dépérissement. C'est l'amaigrissement porté à ses dernières limites. Quand l'atrophie s'étend à tout le corps, elle constitue le *marasme*, l'état de *consomption*, de *phthisie*; cette disposition générale est le résultat d'une altération profonde dans les organes essentiels à la vie. Comme causes de l'atrophie, on cite les maladies chroniques, le défaut ou l'excès d'exercice, un mauvais régime, la suspension de l'influx nerveux, les déperditions abondantes, etc. Dans le chien, l'atrophie d'un ou de plusieurs membres est souvent la suite de la maladie du jeune âge, de la chorée. La maigreur musculaire se produit fréquemment dans les rayons supérieurs de l'extrémité d'un cheval qui est atteint d'une claudication, produite par des causes variées. Après les fractures, les luxations, les douleurs articulaires, les affections du sabot, qui rendent pendant un certain temps le poser difficile, l'atrophie se montre dans les muscles de l'épaule comme dans ceux de la croupe. On remédie à l'atrophie, en attaquant d'abord la cause qui nuit à l'exercice de la contraction musculaire ; ensuite, on met en usage les frictions exci-

tantes. — *Bot.* L'atrophie s'observe aussi dans le règne végétal. L'arrêt de développement peut avoir lieu de très bonne heure, et alors l'organe qui l'éprouve n'apparaît pas ; il y a *avortement complet*; ou bien, l'obstacle au développement n'a agi que plus tard : l'organe existe, mais avec de moindres dimensions ; ses fonctions peuvent même s'exécuter avec régularité : l'*avortement est incomplet*: il y a *atrophie*. Tous les organes peuvent être le siége d'atrophies, aussi bien les organes appendiculaires, feuilles, fleurs, que les organes axiles.

ATROPHIÉ, adj. ; qui est frappé d'atrophie. *Membre atrophié, organe atrophié.*

ATROPHIQUE. *V.* **Altérant.**

ATROPINE, s. f. ; principe alcaloïde, découvert par Brandes dans les diverses parties de la Belladone (*Atropa belladona*), dont il paraît constituer le principe actif. C'est un corps solide, cristallisé en prismes soyeux, incolore, inodore, d'une saveur amère et nauséeuse. Chauffée, l'atropine fond à 100° et se décompose à une température plus élevée ; peu soluble dans l'eau, elle se dissout bien dans l'alcool et l'éther. Elle neutralise les acides avec lesquels elle forme des sels bien déterminés et cristallisés. Ces sels, ainsi que l'atropine, sont très vénéneux, et produisent l'empoisonnement et le narcotisme comme la belladone (*V.* ce mot.)

ATTACHE, s. f. : lien servant à attacher le cheval ou tout autre animal dans l'écurie. Il consiste en une simple longe fixée d'une part au licol ou au collier, d'autre part à un anneau scellé dans la mangeoire, ou passée dans l'anneau et supportant un billot ; ou bien en une tige de fer cylindrique, s'étendant à peu près verticalement du bord inférieur de la mangeoire au sol, le long de laquelle coule un anneau en fer fixé à une courte longe.

ATTAQUE, s. f. ; accès subit, invasion soudaine des symptômes d'une maladie sujette à périodicité. Les affections cérébrales, les rhumatismes, peuvent présenter des *attaques*. Ce mot est encore usité comme synonyme d'*accès*.

ATTAQUER, v. act.; terme de manége ; piquer un cheval des deux éperons à la fois.

ATTEINTE, s. f. ; coup dont on est *atteint*. Contusion avec ou sans solution de continuité que le cheval éprouve dans la région digitée. C'est l'animal lui-même qui se frappe dans les divers mouvements qu'il exécute pour la locomotion, ou bien il est atteint par d'autres sujets de son espèce, par des corps étrangers. Les jeunes chevaux se font des atteintes en marchant, parce qu'ils se *coupent ;* d'autres *forgent*, c'est-à-dire frappent les talons ou les tendons de devant avec les pieds de derrière pendant une course rapide. Pendant l'hiver, les atteintes sont fréquentes, parce que les fers sont armés de crampons saillants, parce que les neiges et les glaces rendent les allures plus irrégulières. Les chevaux de manége, ceux de cavalerie, sont exposés à être blessés dans les manœuvres. — Une ancienne division admet l'atteinte *simple* ou légère, si la peau seule est lésée; *compliquée*, lorsqu'elle a produit quelque altération de tissu; *sourde*, lorsqu'elle occasionne des douleurs vives sans lésion extérieure bien apparente; *encornée*, quand elle existe sur le bord supérieur du sabot. — L'atteinte produit une tuméfaction plus ou moins forte; quelquefois elle forme une plaie contuse simple, ou bien elle produit une escharre ou bourbillon, comme dans le furoncle. Cette escharre est composée de la portion de peau et de tissus sous-jacents qui ont été atteints ou frappés avec violence. Développée sur la couronne avec escharre, l'atteinte est désignée sous le nom de *furoncle cutigéral*. Plusieurs maladies graves de la région digitée sont causées par l'atteinte; telles sont le javart cartilagineux, les seimes, les exostoses, les dégénérescences des tendons, les plaies articulaires. — Le pronostic n'est généralement fâcheux que dans les atteintes compliquées; celles qui sont légères peuvent être guéries promptement. Il n'en est pas de même de celles qui sont accompagnées d'une boiterie intense, de plaie pénétrante de l'articulation du pied, etc. — Dans le début, on remédie à l'atteinte par les bains froids, les applications de bandages humectés avec l'extrait de saturne. Plus tard, si les douleurs sont vives, on a recours aux cataplasmes émollients, aux saignées locales ou générales. Quand un bourbillon paraît se former, une application, faite avec le mélange de miel et de son, accélère la chute de l'escarrhe et la cicatrisation de la plaie contuse: ce moyen est bien préférable à l'emploi de la farine de lin. Les divisions, opérées sur la corne par l'agent contondant, ne doivent pas être négligées; il faut éviter les décollements qui résulteraient de la présence du pus et produiraient des complications fâcheuses. On panse les plaies simples, après les opérations, avec des plumasseaux imbibés d'eau-de-vie, retenus par quelques tours de bande. Dans le cas de carie de l'os du pied, du fibro-cartilage latéral, de seime quarte, etc., on a recours aux moyens spéciaux réclamés par ces diverses maladies. Par l'observation des règles de l'hygiène, relatives à la ferrure, aux dispositions des écuries, on évitera souvent les atteintes. — En vétérinaire, l'*atteinte* n'est qu'une variété de la contusion, celle qui est produite dans la région digitée. — En médecine humaine, ce mot est synonyme d'attaque, d'accès; on dit: *atteinte de rhumatisme*.

ATTELAGE, s. m.; réunion de plusieurs animaux, employés à traîner le même fardeau. La manière dont les animaux sont liés à la charge qu'ils traînent, constitue le *mode d'attelage*. Quel qu'il soit, on doit toujours disposer les pièces du harnais de telle sorte que les traits soient courts, horizontaux et opposés directement, dans leur action, à la résistance à vaincre. — *Attelages* (chevaux d'): chevaux propres à traîner les voitures de luxe. Ils doivent avoir une taille assez élevée, une conformation régulière, des membres forts, une tête belle, bien attachée: une encolure moyenne, des formes arrondies, une bouche fine, un certain degré de distinction, de la docilité et de la vitesse. Le commerce tire le plus grand nombre des chevaux d'attelages de l'Allemagne, de l'Angleterre, de la Normandie; la Bretagne et les départements pyrénéens en fournissent quelques-uns.

ATTELLE, s. f., du latin *artula*, copeau. Les attelles sont des morceaux de bois, dont on se sert pour assujettir une partie. On les applique particulièrement sur les fractures, pour contenir les fragments d'os brisés, autour des articulations malades, pour en borner les mouvements. En chirurgie humaine, on emploie le mot *attelle* comme synonyme d'*éclisse*; en vétérinaire, cette dernière expression est plus restreinte; les *éclisses* sont de petites attelles destinées à contenir un appareil sous le pied des grands animaux. On doit fabriquer des attelles solides et inflexibles, surtout quand elles doivent maintenir des fractures; elles doivent s'adapter à la forme des parties qu'elles tiendront en contact. Elles sont simples ou creusées de gouttières, d'échancrures, sans présenter à leur surface des bosses ou des inégalités. Il faut éviter de les mettre immédiatement en rapport avec les tissus; la peau doit préalablement être recouverte de plumasseaux ou de compresses. Des tours de bande diversement dirigés suivant la forme des parties, sont appliqués pour les assujettir. Les attelles sont en carton, en cuir, en bois ou en fer. Faites avec le carton, elles suffisent pour les petits animaux, elles s'adaptent facilement aux contours des membres, surtout en les mouillant avant de les placer, mais elles n'ont pas toujours assez de solidité; on trouve le même défaut pour les attelles de cuir, qui ont en outre l'inconvénient d'un prix trop élevé. Pour les grands animaux, les attelles ont un poids considérable à supporter; il faut les confectionner avec du bois ou du fer battu, et s'attacher à éviter, en les fixant, les effets de leur pression sur les parties molles. — On donne aussi le nom d'*attelles* aux parties du collier auxquelles sont fixés les traits. Dans plusieurs contrées de la France, elles sont ridicules et gênantes par leur longueur ou leur largeur, souvent par ces deux défauts à la fois.

ATTÉNUANT, v. ALTÉRANT.

ATTÉRISSEMENT, s. m.; dépôt de terre ou de sable mêlé de matières organiques, formé par la mer sur ses rivages, principalement dans les endroits où l'eau est à-peu-près tranquille. Les matières charriées par les fleuves font varier la nature des dépôts qui se forment à leur embouchure. Les attérissements de quelque étendue forment d'abord des étangs qui, si les circonstances sont favorables, deviennent des marais, des maremmes, enfin des terrains susceptibles de culture.

ATTITUDE, s. f., *Attitudo*. On appelle *attitudes* les diverses positions que prend le corps dans le repos. La *station*, le *coucher* ou *décubitus* sont des attitudes. (V. ces mots.)

ATTRACTIF, adj., *attractivus*, de *ad*, et *trahere*, tirer vers. Qui attire ou qui se rapporte à l'attraction. On donnait autrefois ce nom aux remèdes propres à attirer le mal au dehors, comme les rubéfiants, les vésicants, les caustiques, etc.

ATTRACTION, s. f.; *Attractio*, de *attrahere*, attirer. Nom donné à une force naturelle en vertu de laquelle les corps pondérables s'attirent réciproquement les uns vers les autres, qu'ils soient en masses ou réduits en leurs plus petites parties. C'est cette force qui maintient les planètes et leurs satellites dans leurs orbites réciproques, qui fait tomber les corps vers la terre, qui établit de l'adhérence entre les corps qui se touchent, qui maintient leurs molécules dans une position d'équilibre, etc. Quels que soient les effets qu'elle produit, l'attraction est soumise aux mêmes lois, qui sont les suivantes : 1° elle est liée à toute particule matérielle ; 2° elle est indépendante du temps ; 3° elle s'exerce à travers la matière ; 4° elle est réciproque entre les corps ; 5° elle est proportionnelle aux masses ; 6° son intensité est en raison inverse du carré des distances. V. comme complément, les articles *adhésion*, *cohésion*, *pesanteur*, *affinité*, etc.

ATWOOD, n. p. *V.* MACHINE.

ATTRITION, s. f., de *terere*, broyer. Excoriation superficielle résultant du frottement, qui se guérit avec facilité. Ce mot est encore usité comme synonyme de *broiement*, pour désigner le dernier degré de l'écrasement, la contusion portée à ses dernières limites.

AUBÈRE ou **AUBERT**, s. et adj.; genre de robe dans lequel le corps est recouvert d'un mélange de poils rouges et de poils blancs, la crinière et la queue étant de même couleur ou de nuance plus claire. La proportion relative des poils blancs et des poils rouges et, de plus, la teinte plus ou moins foncée de ces derniers, ont fait distinguer dans ce genre de robe plusieurs espèces qui sont : *l'aubère clair*, *l'aubère ordinaire* et *l'aubère foncé* ou *vineux*.

AUBÉPINE, s. f.; *Mespilus* L., genre de plantes de la famille des Rosacées. L'une des espèces de ce genre, le *Mespilus germanica*, aubépine, aubépin, épine blanche, est un arbrisseau très répandu en Europe. On le trouve le long des chemins, où ses fleurs exhalent une odeur agréable. L'aubépine a une certaine importance pour le cultivateur ; ses rameaux touffus et multipliés, la dureté et la résistance de ses tiges, ses nombreuses épines, la rapidité de sa croissance, son peu d'exigence sur la nature du sol, la font presque toujours préférer pour l'établissement des haies vives ou des clôtures. Cet arbrisseau peut être multiplié par semis ou par transplantation. Les chèvres broutent ses jeunes pousses : ce retranchement n'est point nuisible à la plante. Ses petits fruits rouges sont généralement négligés. Dans quelques contrées on les mêle aux substances employées à la préparation de boissons de peu de valeur.

AUBERGINE : nom vulgaire de la Morelle mélongène. *Solanum melongena*. L'aubergine est une plante annuelle du genre *solanum*, de la famille des Solanées. On la croit originaire de l'Amérique du Sud : elle est, d'ailleurs, spontanée dans les Indes orientales, à Ceylan, à Java, etc. Sa culture est très répandue dans tout le midi de l'Europe, dans la France même, pour l'alimentation de l'homme. Le fruit est la partie dont on fait usage. Il est charnu, très aqueux, de saveur douceâtre, de forme ovoïde ou allongée, lisse, luisant, de couleur violette. Une culture bien entendue peut lui faire acquérir un ou deux décimètres de longueur. On le mange à sa maturité comme légume vert, ou on le cueille un peu avant pour lui faire subir quelques préparations, et le conserver pour l'hiver. Les feuilles de l'aubergine sont douces, émollientes, légèrement narcotiques. Elles ne sont guère utilisables, ainsi que les tiges, que comme engrais. Celles-ci sont droites, peu rameuses, peu consistantes ; elles atteignent, selon les circonstances, depuis un demi-mètre jusqu'à un mètre de hauteur. La morelle mélongène est évidemment une plante du Midi ; cependant, elle peut être cultivée dans les régions tempérées. Elle est commune dans le Midi de la France ; depuis quelques années surtout, elle s'est propagée jusque dans le Nord. On en fait des semis sur couche, depuis février jusqu'en avril ou mai, et l'on repique à mesure. La mélongène a besoin de beaucoup d'eau pendant sa végétation. — Le *solanum melongena* renferme deux variétés : celle qui vient d'être décrite et que l'on peut caractériser par l'épithète *esculenta* ; l'autre, est le *S. M. ovifera*, encore nommée *plante aux œufs*, à cause de ses fruits qui sont petits, blancs et ovoïdes. Cette variété n'est cultivée que comme plante d'ornement.

AUBIER, s. m., *Alburnum*, de *album*, blanc ; nom donné par les botanistes aux couches extérieures du corps ligneux des arbres dicotylédonés. L'aubier diffère du reste des couches ligneuses qu'il emboîte, par sa couleur et par sa consistance. Il est toujours blanc, même dans les arbres dont le cœur du bois est coloré, comme l'ébène, le campêche. Ici la différence est brusque et très marquée ; dans les arbres dits à *bois blanc*, elle est à peine sensible. L'aubier est aussi moins dense et moins compacte que le bois ; il est pénétré d'une plus grande quantité de liquide ; sa résistance à la décomposition est moins prononcée ; c'est pour cela qu'il est désigné sous le nom de *faux-bois*, et qu'on ne peut l'employer aux constructions, etc. Chaque année, une nouvelle couche de cette portion ligneuse se forme ; elle est d'autant plus épaisse, que l'arbre est plus jeune, plus vigoureux et dans de meilleures conditions de végétation ; son épaisseur peut même varier, d'un côté à l'autre, selon le développement des racines et des branches. Chaque année aussi, une partie de l'aubier acquiert les caractères du bois; la rapidité de cette transformation est singulièrement variable. Dans certains arbres, on a compté jusqu'à trente ou quarante couches d'aubier; dans beaucoup d'autres, on n'en compte que deux ou trois. L'organisation de l'aubier est, au fond, la même que celle des couches ligneuses proprement dites ; elle résulte de l'entrecroisement de fibres, de vaisseaux ponctués ou rayés, de tissus celluleux formant les rayons médullaires; seulement, on n'y trouve pas de vraies trachées, et ses utricules ne renferment point les concrétions qui contribuent à donner au bois sa dureté, son poli, et qui font varier les proportions d'éléments simples que donne l'analyse du ligneux.

AUBIN, s. m. ; allure très défectueuse, dans laquelle le cheval trotte du derrière en galopant du devant. L'aubin ne se remarque que chez des chevaux ruinés, qui, voulant galoper, peuvent encore enlever l'avant-main, sans pouvoir opérer la détente du jarret exigée par le galop.

AUBRAC, s. m. (race d'). Cette race bovine se trouve dans le département de l'Aveyron, sur les montagnes d'Aubrac. Elle a une taille peu élevée, un corps court, ramassé, la tête moyenne, le poitrail large, l'encolure forte, la poitrine et la croupe bien développées, les membres bons. La race d'Aubrac possède, avec de l'activité, de la force, une aptitude assez prononcée pour l'engraissement.

AUDITIF, **IVE**, adj., *auditivus*, de *auditus*. Ouïe; qui a rapport à l'audition. *Conduit auditif. nerf auditif. V.* ACOUSTIQUE.

AUDITION, s. f., *Auditio*, de *audire*, entendre ; sensation qui donne aux animaux la perception des sons. L'audition peut être *passive* ou *active*, suivant que l'animal perçoit les sons sans y arrêter son attention, ou qu'il cherche à les distinguer.

AUGE, s. f.; cavité extérieure de la tête, circonscrite par les ganaches, et ayant pour fond la base de la langue. L'auge doit être large pour loger, avec facilité, un larynx développé, dans les mouvements de flexion de la tête. Elle doit être nette et bien évidée ; car l'engorgement des ganglions lymphatiques qu'elle recèle est souvent un indice de gourme ou de morve. — L'auge du *mouton* présente quelquefois, dans le cas de cachexie aqueuse, une tumeur œdémateuse, vulgairement appelée *bouteille*.

AUGE (race de la vallée d'); l'une des meilleures races bovines que possède la Normandie et même la France. Elle a une taille de 1,48 à 1,55, une robe bigarrée, une tête large, les cornes grosses, de couleur claire, un corps long, arrondi, des membres un peu minces. Elle paraît être, comme la race du Cotentin, d'origine hollandaise. Le bœuf de la vallée d'Auge est peu propre au travail; on l'engraisse de bonne heure dans les gras pâturages de la Normandie, et il concourt à l'approvisionnement de Paris. Les vaches sont bonnes laitières.

AUGMENT, s. m., de *augere*, augmenter ; période d'une maladie pendant laquelle il y a *augmentation*, accroissement des symptômes.

AUGMENTATION, s. f.; accroissement. Développement des symptômes d'une maladie.

AUGNATHE, s. et adj., *augnathus*, de αυ, adverbe exprimant la répétition, et γναθος, mâchoire; genre de monstres doubles polygnathiens, ayant pour caractère une tête accessoire, presque réduite à une mâchoire inférieure attachée à celle de la tête principale.

AUGNATHIE, s. f. *Augnathia*; état des monstres augnathes.

AULNE ou **AUNE**, s. m., *Alnus*, T. : genre de plantes monoïques de la famille des *Bétulinées*. Les deux espèces de ce genre, l'A. commun, *A. glutinosa*, et l'A. blanchâtre, *A. incana*, sont communes en France, où elles croissent le long des ruisseaux. Leur culture peut être avantageuse à cause de la rapidité de leur accroissement, mais leur bois n'est guère propre qu'au chauffage ou à la fabrication du charbon pour la poudre. Leur écorce est astringente; les bestiaux mangent leurs feuilles.

AUNÉE, s. f., *Inula*, L. ; genre de plantes de la famille des Composées. Les principales espèces sont l'A. commune, *I. helenium*, dont la racine est employée en médecine; l'A. dysentérique, *I. dysenterica* L., *Pulicaria dysenterica*, Gœrt. ; l'Aunée à feuilles de saule, *I. salicina*; l'aunée hérissée, *I. hirta*. Ces plantes ne sont point mangées par les bestiaux; elles doivent donc être regardées comme nuisibles aux prairies. — *Pharm.* La racine d'aunée est la seule partie de la plante qui soit usitée. Elle est grosse, charnue, brunâtre en dehors, blanche en dedans, d'odeur aromatique et camphrée, de saveur chaude et amère. L'analyse chimique y a démontré la présence d'une huile volatile concrète, analogue au camphre, d'une sorte de fécule appelée *inuline*, d'une résine molle et âcre, de cire, d'extrait amer, de gomme d'albumine et de sels. La racine d'aunée s'administre à l'intérieur en infusion aqueuse ou alcoolique, ou en poudre, incorporée au miel sous forme d'électuaire, à la dose de 50 à 125 grammes pour les grands animaux, et à celle de 10, 15 et 30 grammes chez les petits. Elle agit comme stimulante, tonique, diaphorétique et diurétique, ce qu'explique sa composition chimique. On l'administre à l'intérieur dans le cas de faiblesse du tube digestif, de diarrhée séreuse, contre le catarrhe bronchique, celui de la vessie et de l'utérus ; elle est utile aussi dans les infiltrations séreuses, les maladies putrides, les affections de la peau, etc. Enfin, on l'a conseillée dans le part laborieux, comme utérin, et contre les affections vermineuses.

AURA, s. f. ; mot latin signifiant vent, souffle, effluve, employé pour désigner un principe inconnu dans sa nature, comme le principe vital, *aura vitalis*, ou une vapeur subtile s'échappant d'un corps ; ex. : l'*aura seminalis*, regardée par quelques physiologistes comme suffisante pour opérer la fécondation.

AURANTIACÉES, s. f., *Aurantiaceæ*; famille de plantes dicotylédonées, à corolle polypétale, composée d'arbres et d'arbrisseaux, et divisée en trois tribus : les *Limoniées*, les *Clausenées*, les *Citrées*. Les plantes de cette famille sont remarquables par leurs feuilles articulées, à limbe entier et simple, munies de glandes remplies d'une huile volatile odorante, par leurs fleurs exhalant en général une odeur agréable. Les genres *Citrus*, *Limonia*, etc., appartiennent à cette famille.

AURATES, s. m. On donne ce nom aux sels dans lesquels le peroxyde d'or joue le rôle d'acide ou d'élément électro-négatif. Leur dissolution est jaunâtre ; elle précipite en violet par les alcalis ; le sulfate de fer, et les acides oxalique et tartrique en précipitent l'or à l'état métallique.

AURICULAIRE, adj., *auricularis*, de *auricula*, oreille ; qui appartient à l'oreille. *Muscles auriculaires* : ils sont au nombre de dix et forment une région dite *auriculaire*. *Artères auriculaires* : la postérieure naît directement de la faciale ou carotide externe ; l'antérieure de la temporale. *Veines auriculaires*; *nerfs auriculaires* : les principaux émanent de la septième paire encéphalique.

— Se dit aussi de ce qui appartient aux oreillettes du cœur, et s'applique aux appendices que fournit latéralement chacune d'elles.

AURICULE, s. f., *auricula*; appendice court et arrondi que l'on trouve à la base du pétiole dans quelques plantes ; l'oranger en offre un exemple. L'auricule n'est souvent qu'une stipule.

AURICULÉ, adj., *auriculatus*; pourvu d'auricules.

AURICULO-VENTRICULAIRE, adj., *auriculo-ventricularis*. *Ouvertures* ou *orifices auriculo-ventriculaires* : ouvertures établissant le passage entre les oreillettes et les ventricules du cœur. *Valvules auriculo-ventriculaires* : valvules placées à l'orifice de ce nom, et s'opposant au reflux du sang du ventricule dans l'oreillette.

AURONE, s. f., nom vulgaire de l'*Artemisia abrotanum*. On l'appelle Aurone mâle, pour la distinguer de la Santoline, généralement appelée *Aurone femelle*.

AUSCULTATION, s. f., de *auscultare*, écouter ; action d'écouter. Moyen de diagnostic employé pour reconnaître l'état d'une partie du corps par les différents bruits qu'elle fait entendre. Hippocrate a le premier indiqué cette méthode ; Laënnec l'a perfectionnée et remise en faveur en 1816. Parmi les vétérinaires, Dupuy, Leblanc et Delafond ont étudié l'auscultation pour l'appliquer à l'examen des maladies des animaux. — L'auscultation est *médiate* ou *immédiate*. On se sert du *stéthoscope* pour pratiquer l'auscultation *médiate*. Laënnec se servit d'abord d'un cornet en carton : plus tard, il employa le *stéthoscope*, cylindre en bois, long de 30 à 40 centimètres, percé d'un canal dans sa longueur, évasé à ses deux extrémités. L'auscultation *immédiate* consiste dans l'application de l'oreille. Cette dernière est seule usitée en vétérinaire, parce que son usage est plus simple, plus facile, parce que l'oreille perçoit les bruits organiques plus directement sans un corps intermédiaire, ce qui permet de mieux les apprécier. — On applique l'auscultation aux phénomènes de la respiration, de la circulation et au diagnostic des fractures.

AAUSCULTATION DES ORGANES DE LA RESPIRATION. Dans les animaux domestiques, on peut ausculter les cavités nasales, le larynx, la trachée, le poumon et l'abdomen. L'oreille de l'observateur est appliquée exactement sur les parois du corps correspondant à l'organe que l'on veut étudier. Il faut que l'animal soit dans un état de tranquillité parfaite, que rien ne vienne l'agiter ; on choisit pour l'y placer, un local où l'on ne puisse entendre les bruits venant du dehors. Préalablement il faut avoir étudié avec soin les bruits respiratoires sur des sujets sains, et observé les différences d'intensité qui doivent résulter de l'âge, de l'espèce, de l'état de maigreur et d'embonpoint. — Quand on applique l'oreille nue sur la poitrine d'un homme ou d'un animal sain, on entend à chaque mouvement d'inspiration un murmure, qu'on nomme *bruit respiratoire, bruit de respiration vésiculaire*. Il est surtout prononcé sur les jeunes sujets ; à cause de son intensité sur les enfants, on lui a donné le nom de *puéril*; il devient de plus en plus faible dans un âge avancé ; sa force varie également suivant les dispositions individuelles. Magendie explique ces différences par la forme des vésicules pulmonaires à différentes époques de la vie des animaux. Les cellules s'agrandissant à mesure que le sujet avance en âge, le bruit se passera donc dans des espaces moins circonscrits que chez les jeunes individus. — On n'entend pas le bruit respiratoire avec une égale force dans toutes les parties de la poitrine. Dans le cheval, par exemple ; les parties où on le perçoit le plus facilement sont : 1° l'espace situé en arrière de l'épaule, jusqu'à la neuvième côte ; 2° dans la région supérieure, en arrière de l'omoplate. Dans la région inférieure, le murmure est encore distinct en arrière du coude jusqu'à la neuvième côte (Delafond). Dans le bœuf, le bruit respiratoire est un peu moins fort que dans le cheval ; il est plus faible aux bords inférieur et postérieur des poumons, ou le long des hypochondres. Il faudra distinguer le bruit de *glou-glou*, qui résulte de la rumination , et que l'on perçoit à la partie inférieure de la poitrine. Dans les bêtes à laine et dans les chiens, la respiration vésiculaire est facile à saisir; elle est presque nulle dans le porc. Enfin, c'est dans le chat que ce bruit présente le plus d'intensité, de là, sans doute, le *bruit cataire* admis par les médecins dans un état pathologique du poumon de l'homme. — Dans les diverses maladies des organes de la respiration, le bruit normal peut être diversement modifié. Le bruit respiratoire est *diminué* dans les cas d'épanchement pleurétique, d'adhérences, lorsque le poumon est engoué de sang où infiltré de matière tuberculeuse, dans le catarrhe bronchique, par l'accumulation du mucus dans les divisions des bronches. Dans le cas d'hépatisation du poumon, d'épanchement pleural, d'hydrothorax, le murmure ne se fait plus entendre; alors le poumon opposé se dilate plus complètement et fait percevoir la respiration *supplémentaire* A mesure que le poumon devient perméable à l'air, le bruit reparaît dans les parties où il ne se produisait plus. Le bruit respiratoire peut être augmenté par la fréquence seule de la respiration après l'exercice. Observée pendant le repos, dans la totalité du poumon , cette fréquence est due à la dilatation anormale du cœur ou des gros vaisseaux; si le bruit anormal n'existe que dans divers endroits des poumons, c'est qu'il y a dans ces organes des parties malades inaccessibles à l'air, auxquelles les parties saines doivent suppléer. Delafond donne la classification suivante des bruits pathologiques pectoraux :

A. Bruits bronchiques :
- 1° râle bronchique humide, ou râle muqueux.
- 2° râle bronchique sec.
- 3° bruit tubaire , ou de frottement.

B. Bruits vésiculaires :
- 1° râle crépitant sec ou humide.
- 2° râle sibilant sec.
- 3° râle caverneux.

C. Bruits pleuraux :
- 1° bruit de glou-glou.
- 2° gargouillement.

A. *Bruits bronchiques.* 1° *Râle bronchique humide* ou *muqueux.* Il est semblable au bruit que l'on produit en soufflant avec un tube dans une dissolution concentrée de savon. On l'observe dans le catarrhe bronchique, l'hémoptysie, etc., en arrière de l'épaule, et à l'entrée de la trachée dans la poitrine. 2° *Râle bronchique sec.* Il existe au début de la bronchite aiguë; il est tantôt *sibilant*, tantôt *ronflant et râpeux*, imitant le frémissement d'une corde de basse. 3° *Bruit tubaire* ou de *frottement.* C'est le plus important à connaître, à cause de sa valeur ; on le compare au bruit de

la scie, du frottement de deux planches l'une contre l'autre. On l'entend dans l'hépatisation, l'épanchement pleural, la pleurite aiguë, l'emphysème pulmonaire au dernier degré. Dans ce dernier cas, Laënnec l'a distingué en *frottement ascendant* et *descendant*, suivant qu'il se montre dans l'inspiration ou l'expiration.

B. *Bruits ou râles vésiculaires* 1° *Râle crépitant humide.* Ce bruit a été comparé au froissement du parchemin humide, à la décrépitation du sel par le feu. Il se fait entendre dans la pneumonie au premier degré, comme sur la fin de celle qui se termine par résolution. Le râle *crépitant sec* est semblable au bruit d'une vessie sèche que l'on insuffle ; il se fait remarquer dans l'emphysème interlobaire du poumon , dans la gangrène partielle de cet organe. 2° *Râle sibilant sec.* Il constitue un sifflement aigu, prolongé dans l'emphysème pulmonaire, et se fait entendre surtout pendant l'expiration ; son intensité augmente à l'entrée de la poitrine, dans le larynx et les cavités nasales ; il résulte de l'élargissement des tuyaux respiratoires. 3° *Râle caverneux* ou *gargouillement.* C'est le principal caractère des *cavernes* pulmonaires communiquant avec les bronches ; il est comparable au bruit produit par un courant d'air dirigé dans un liquide. d'où il ne peut s'échapper que partiellement. Si l'on observe en même temps l'odeur fétide de l'air expiré, on peut diagnostiquer la gangrène d'une partie du poumon.

C. *Bruits pleuraux.* Delafond fait observer que ces bruits ne peuvent être rigoureusement décelés que dans deux circonstances pour indiquer la présence du liquide épanché : 1° quand il y a fausses membranes de nouvelle formation ; 2° quand des gaz se mêlent à l'épanchement. Dans ce dernier cas, un râle spumeux , mêlé de gargouillement, se fait entendre à la partie inférieure de la poitrine. S'il existe du liquide et des fausses membranes, on entend un bruit de *glou-glou* semblable à celui produit par une bouteille que l'on vide. On n'entend aucun bruit dans l'hydropisie du thorax sans fausses membranes et sans fluides gazeux.

L'auscultation peut servir aussi à étudier les divers timbres que peut fournir la voix du malade. Les médecins ont donné à ses modifications les noms de *bronchophonie*, *égophonie* et *pectoriloquie.* (Voyez ces mots.) Cette épreuve est inapplicable aux animaux.

AUSCULTATION DES NARINES, DU LARYNX ET DE LA TRACHÉE. Le bruit dû au passage de l'air dans les cavités nasales du cheval . augmente par l'exercice; un sifflement se produit, quand un rétrécissement existe. On observe quelques variétés de ces bruits, surtout dans le cornage. Il faut alors les distinguer de ce qu'on appelle *ébrouement* ou *rappel.* Leblanc a donné à ce dernier phénomène le nom de *toux nasale.* En auscultant le larynx, on peut entendre des bruits anormaux dus à des altérations des cartilages et de la membrane muqueuse ; ces bruits sont le *sifflement sec* et le *sifflement humide*. La trachée fournit le bruit *trachéo-bronchique* (Delafond) pendant l'état de santé. Dans les changements de capacité de ce conduit, on observe un sifflement *continu* ou *tremblotant*, suivant que le passage de l'air est égal partout ou interrompu.

AUSCULTATION APPLIQUÉE AUX PHÉNOMÈNES DE LA CIRCULATION. Si, dans l'état de santé, l'on ausculte les mouvements du cœur, on perçoit sur l'homme deux bruits successifs, l'un sourd, profond, l'autre clair, sonore, semblable à un craquement membraneux : entre ces deux bruits existent deux intervalles. On n'est pas d'accord sur la cause qui les produit. Dans le cheval, on ausculte le cœur en appliquant l'oreille sur le côté gauche de la poitrine en arrière du coude. Cet examen n'est pas aussi facile dans les ruminants : il faut écouter vers l'entrée de la poitrine. Par l'auscultation, on distingue le timbre des battements, leur étendue, leur rythme et les bruits du cœur. Le *timbre* devient plus prononcé à mesure que la fréquence des battements est augmentée ; il présente une certaine analogie avec le bruit de parchemin. L'*étendue* des mouvements du cœur est plus forte dans les altérations du sang, la péricardite, l'endocardite, l'emphysème pulmonaire. Elle est diminuée dans l'hydropéricardite, l'hydrothorax, qui restreignent la force d'impulsion de cet organe. Le *rythme* présente de nombreuses modifications ; il y a des *irrégularités*, des *intermittences* dans les battements. Dans l'hypertrophie partielle des oreillettes ou des ventricules, on les observe quelquefois.

Bruits anormaux du cœur :
1° Bruit de soufflet.
2° Bruits de rape, de scie, de lime.
3° Bruit de tintement métallique.
4° Bruit de frottement.
5° Bruit de cuir neuf.
6° Bruit de râclement.

Cette division des bruits pathologiques du cœur est empruntée à la médecine de l'homme ; on n'a jusqu'à présent observé dans les animaux qu'un petit nombre de ces variétés. 1° *Bruit de soufflet*. Il ressemble au frémissement produit par l'air qui sort d'un soufflet. On l'a constaté dans le retrécissement des orifices du cœur ; il est alors permanent. Il est passager dans les troubles temporaires de la circulation. 2° *Bruits de râpe, de scie, de lime*. Ce sont des signes de retrécissement avec induration cartilagineuse ou osseuse des valvules ; on ne les a pas observés sur les animaux. 3° *Bruit de tintement métallique*. C'est un son argentin produit, d'après Bouillaud, par la percussion du cœur contre la paroi thoracique. On l'observe dans les maladies aiguës ou chroniques occasionnant des battements tumultueux et le choc du cœur contre la poitrine. 4° *Bruit de frottement*. Il

est comparable à celui qui résulte du froissement du papier : il est double comme les mouvements du cœur : sa nature rappelle le bruit de frottement qui a lieu dans certaines pleurésies, dans certains emphysèmes des poumons. Delafond l'a constaté sur un chien atteint d'une péricardite sur-aiguë. 5° *Bruit de cuir neuf*. Il ressemble au craquement qu'un morceau de cuir produit entre les mains : il indique la présence de l'hydropisie du péricarde avec des fausses membranes. 6° *Bruit de râclement*. Semblable à celui du frottement produit par un corps très dur : il annonce des fausses membranes épaisses, inégales et raboteuses à la surface du péricarde. Nous l'avons observé dans la vache.

Bruits anormaux des artères :
1° Bruit de soufflet.
2° Bruit de ronflement.
3° Sifflement modulé.

Ces bruits sont difficilement perceptibles dans les animaux. On peut, tout au plus, les recueillir dans les bêtes bovines maigres ; on constate le bruit de *ronflement* dans l'anémie et l'hydrohémie. — L'auscultation immédiate et médiate a été essayée sur les grandes femelles domestiques pour la constatation de l'existence présumée d'un fœtus ; elle n'a pas donné de résultats.

AUSTRAL, s. et adj. ; *australis*, qui est du côté du Midi. Pôle *austral*, celui qui est dans l'hémisphère méridional. Se dit aussi du côté de l'aimant qui se tourne constamment au Midi, et qui est chargé de fluide *boréal*. Fluide *austral*, fluide *magnétique* qui occupe le pôle boréal des aimants naturels ou artificiels.

AUTÉE, s. f. ; expression inusitée, employée jadis comme synonyme de *phtisie pulmonaire* dans la vache.

AUTOCARPIEN, adj.; *autocarpianus*, de αὐτός, seul, et καρπός, fruit. Devaux appelle ainsi le fruit qui se développe sans adhérer à aucune partie environnante, et sans en être enveloppé.

AUTOCLAVE. Voy. MARMITE OU DIGESTEUR DE PAPIN.

AUTOMATIQUE, adj. Ce mot s'applique aux mouvements sur lesquels la volonté n'a aucune action, comme ceux du cœur, de l'estomac, de l'intestin.

AUTOMNAL, adj., *autumnalis* ; qui apparait, qui croit en automne.

AUTOMNE, s. m., *Autumnus* ; troisième saison de l'année. L'automne astronomique commence le 22 septembre, et finit le 22 décembre ; pour l'agriculture, il commence et finit plus tôt. Il est alors l'époque des grandes récoltes, des ensemencements. L'humidité et les variations en sont les caractères météorologiques dominants : les affections de poitrine et des organes digestifs sont les plus fréquentes dans cette saison.

AUTOPLASTIE, s. f., de αὐτός, soimême, et πλάσσειν ou πλάττειν, faire ; action d'imiter, de faire quelque chose. Opération chirurgicale qui consiste à refaire, à régénérer une partie, au moyen de matériaux pris sur le sujet lui-même.

AUTOPSIE, s. f., de αυτος, soi-même, et οψις, vision ; action de voir par ses propres yeux. *Autopsie cadavérique*, inspection de toutes les parties d'un cadavre, pour reconnaître les causes de la mort, pour étudier les altérations morbides. C'est par l'exploration des organes, après la perte de la vie, que l'on peut acquérir les notions les plus exactes sur la nature des maladies, surtout si l'on compare avec soin les lésions observées et les phénomènes qui ont précédé la mort. Les autopsies forment en quelque sorte la base de l'anatomie pathologique. — Dans les cas de jurisprudence commerciale et de médecine légale, les autopsies ne doivent être faites qu'après une ordonnance du juge de paix ou du président d'un tribunal, qui désigne l'expert chargé de procéder à cette opération ; les vétérinaires désignés doivent prêter serment avant de commencer leur mission. Quand on fait l'ouverture d'un animal, qui n'est pas le sujet d'une contestation, il n'est pas indispensable d'examiner toutes les parties du corps ; guidé par les symptômes observés pendant la vie, l'on peut se borner à une ou plusieurs cavités, à un seul organe. Il n'en est pas de même, quand il y a action judiciaire ; il est nécessaire d'examiner avec attention toutes les parties du cadavre, pour en constater l'état avec exactitude. — Quelques règles générales doivent être observées en pratiquant une autopsie. Il faut noter les circonstances relatives à la situation du corps que l'on doit explorer, aux caractères extérieurs qui concernent l'époque de la mort, ou qui résultent d'un état maladif. La météorisation du ventre, le ballonnement de la peau par des fluides gazeux, le décubitus sur telle ou telle partie du corps, peuvent expliquer quelques lésions consécutives à la putréfaction : dans ce nombre, sont les changements de position des viscères, les déchirures du diaphragme, des intestins, les infiltrations sanguines du tissu cellulaire sous-cutané, la teinte foncée des organes qui sont restés dans une position déclive. Lorsque l'ouverture est faite longtemps après la mort, les reins, le pancréas, le poumon, et d'autres organes parenchymateux, passent à l'état de bouillie ; quelques parties du tube digestif prennent une teinte grise, rouge ou noire, suivant la nature des tissus qui les avoisinent. — On fait enlever la peau par l'écarisseur, le cadavre ayant été préalablement placé sur le dos. Une première incision de la peau est dirigée depuis le menton jusqu'à la queue : quatre autres incisions viennent rencontrer la première en partant de la face interne des membres et de la région digitée. Dans le but de conserver le cuir intact, pour en tirer encore quelque parti, l'on détache cette enveloppe sur un côté des cavités splanchniques à explorer, et l'on abat les extrémités antérieures et postérieures en les détachant du tronc seulement dans leur point

d'attache supérieur. Il faut ouvrir d'abord l'abdomen pour se débarrasser de la masse volumineuse formée par les intestins, qui refoulent le diaphragme contre la poitrine, et ne permettent pas de commencer l'exploration par cette cavité. On incise la tunique abdominale en suivant le contour des hypochondres, avec la précaution d'éviter les intestins. Après avoir enlevé les parois du ventre, on examine les organes avec attention avant de les extraire, pour passer ensuite à l'autopsie du thorax. Pour enlever les côtes, on les dépouille des muscles qui les recouvrent, et après avoir coupé les cartilages qui les fixent au sternum, on les sépare les unes des autres, en incisant les muscles intercostaux jusqu'auprès des vertèbres ; on les désarticule en les portant par petites secousses en avant et en dehors. Un côté de la poitrine se trouvant découvert, il faut examiner l'état général des poumons, des plèvres et du cœur ; ensuite on extrait les viscères pour porter l'investigation jusque dans la structure de leurs diverses parties. — Dans la plupart des autopsies qui ne sont pas nécessitées par un procès, on se borne à examiner sur les animaux les cavités abdominale et thoracique. Il est des cas dans lesquels on reconnaît la nécessité d'ouvrir les cavités nasales, la boîte crânienne et la moelle épinière. Pour étudier les lésions produites par la morve, il faut mettre à découvert les cavités nasales ; cette opération est facile, mais elle offre quelques dangers ; des précautions sont utiles pour éviter des blessures et une inoculation des plus graves. On fait trois coupes sur le chanfrein du cheval, avec le brochoir et le rogne-pied ; on les dispose de manière à enlever les os susnasaux sans léser la cloison nasale et les cornets. — L'ouverture du crâne offre plus de difficultés : il faut mettre à découvert le cerveau sans altérer sa pulpe par le froissement. On désarticule la tête, en tenant compte de la sérosité qui s'écoule après la section de la moelle épinière ; on sépare les mâchoires et les parties musculaires qui entourent le crâne. Cette préparation étant faite, la boîte osseuse peut être ouverte en dessus par la division du pariétal, ou bien par-dessous en attaquant le sphénoïde : cette dernière manière de procéder est préférable dans les dissections minutieuses, lorsqu'on tient à conserver l'origine des nerfs encéphaliques. Le plus souvent, il suffit d'enlever seulement la paroi osseuse qui recouvre la partie antérieure du cerveau, pour arriver facilement dans les grands ventricules qu'il importe surtout de visiter. On se sert encore pour cela du rogne-pied et du brochoir, qu'on fait agir depuis les sinus frontaux jusqu'au trou de l'occipital, en suivant une ligne médiane, plus deux lignes latérales, qui décrivent une courbe en se dirigeant vers l'arcade zygomatique. — Rarement on fait l'ouverture du canal rachidien ; on la pratique quand la mort a paru être le résultat d'une paralysie, du tétanos. Il faut dépouiller la colonne vertébrale des muscles qui s'y attachent, et désarticuler toutes les côtes. Ensuite, avec un ciseau, l'on enlève la partie supérieure des vertèbres, en évitant de comprimer la moëlle. — Il est quelquefois utile de conserver quelques parties du corps pour les représenter au besoin et constater l'identité de l'animal qui a succombé. On conserve la peau, tantôt pour la mettre sous les yeux du vendeur, tantôt pour la présenter à la douane des frontières, et rentrer en possession d'une somme d'argent laissée en dépôt, au moment du passage d'un cheval qui doit rentrer dans le pays d'où il est sorti. Dans quelques régiments, on met de côté le sabot sur lequel sont imprimés les chiffres matricules de l'animal qui est mort dans les infirmeries; cette précaution est nécessaire en temps de guerre et pendant le règne d'une épizootie.

AUTORISE. adj.; *V.* ÉTALON.

AUTOSITAIRE, adj., de χωτοσιτης. qui se procure lui-même sa nourriture; nom donné par I. Geoffroy-Saint-Hilaire aux monstres doubles, composés de deux individus offrant le même degré de développement, contribuant l'un et l'autre à la vie commune, et dont chacun est analogue à un *autosite*. (*V.* ce mot).

AUTOSITES, adj., même étymologie: monstres *unitaires* capables de vivre et de se nourrir par le jeu de leurs propres organes, et pouvant subsister plus ou moins longtemps hors du sein de leur mère.

AUVERGNAT, adj., (cheval.) On le rencontre dans les départements du Cantal et du Puy-de-Dôme. Il a pour caractères : taille 1ᵐ 50 cent. environ; formes un peu anguleuses, tête carrée, forte, encolure renversée, garrot dégagé; corps court, poitrine haute; épaules obliques, bien attachées; croupe sèche, inclinée de chaque côté: membres forts, courts, jarrets coudés, derrière clos, paturons courts, pied petit et bon. On fait descendre ce cheval du sang oriental, mais il s'est modifié profondément en s'appropriant aux lieux où il vit. Il a néanmoins conservé beaucoup d'énergie et une grande force de résistance. L'abandon dans lequel il est tombé, à cause de sa petite taille, de ses formes peu agréables, les croisements divers auxquels il a été soumis, ont presque fait disparaitre le cheval auvergnat. — *Auvergnat* (bœuf.) L'auvergne possède trois races de bœufs : celles du *Cantal*, du *Mont-dore* et de *Salers*. (*V.* ces mots.)

AUXILIAIRE, adj., *auxiliaris*, de *auxilium*, secours; qui aide. Puissances ou organes *auxiliaires*, c'est-à-dire, qui aident à l'accomplissement d'une fonction, sans en être l'agent principal; ex. : le diaphragme et les muscles abdominaux dans l'acte de la défécation.—*Phar. Auxiliaires.* (*V.* ADJUVANT.)

AVALÉ, ÉE, adj., descendu, du vieux verbe *avaler*, descendre; *croupe avalée*: croupe qui va en s'abaissant de la partie antérieure à la partie postérieure, défaut très commun dans certaines races, surtout dans la comtoise. *Ventre avalé*: ventre volumineux, tendant à s'abaisser. Cette conformation indique un cheval peu propre aux allures rapides.

AVALOIRE. s. f.: pièce du harnais, sur laquelle s'appuie le cheval de timon pour retenir la charge.

AVALURE. s. f., de *avaler*. aller en *aval*, aller en descendant. Altération du sabot qui consiste dans la séparation de la corne et de la peau sur une partie de la couronne. Elle est le résultat d'une blessure accidentelle ou d'une opération pratiquée sur la paroi; quelquefois elle est produite par l'action du pus à la suite de l'enclouure, du furoncle, etc. Tantôt l'avalure a pour caractère une proéminence, une bosse circulaire: tantôt elle forme au contraire une dépression. Elle disparait avec le temps, à mesure que le sabot se régénère, à moins qu'elle ne provienne d'une déformation dans les organes secréteurs de la corne. Rarement elle est accompagnée de claudication, quand elle est récente; jamais elle ne fait boiter, quand elle atteint les parties inférieures de la paroi. Lorsque l'*avalure* embrasse toute la muraille, on dit que le cheval fait *pied neuf*: on dit qu'il fait *quartier neuf*, quand la descente est partielle (Girard). On doit favoriser la marche de l'avalure, quand elle est superficielle, et laisse la corne régulière dans les parties supérieures de l'ongle à mesure qu'elle descend; il faut enduire la couronne avec l'onguent de pied, ou tout autre corps gras. Sur l'avalure récente, on applique un léger plumasseau imprégné de térébenthine, en le fixant par quelques tours de bande. Quand l'avalure est irrégulière et prédispose à la formation des seimes ou fissures de la paroi, il faut la modifier par l'amincissement de la corne, afin de rendre sa secrétion plus régulière vers l'origine du bourrelet.

AVANT-BRAS, s. m., *antibrachium*; région du membre antérieur ou thoracique, située entre le bras et le carpe, et ayant pour base le radius, le cubitus et la partie charnue des muscles extenseurs et fléchisseurs du métacarpe et des phalanges. L'avant-bras du *cheval* doit être long et bien *musclé*; l'avant-bras *grêle* est toujours un défaut. Dans le *bœuf*, l'avant-bras est court. Le *chien*, et surtout le *chat*, sont les seuls animaux domestiques chez lesquels l'avant-bras exécute des mouvements de *pronation* et de *supination*.

AVANT-COEUR, s. m.; nom vulgaire donné à toute tumeur qui a son siége sur le poitrail du cheval. Les anciens réservaient cette expression pour désigner les tumeurs charbonneuses développées plus particulièrement à la pointe du sternum. (*V.* CHARBON).

AVANT-MAIN, s. m.; ensemble des parties du cheval qui se trouvent en avant du cavalier, lorsque l'animal est monté.

AVANT-TRAIN, s. m.; partie de la charrue composée de deux roues, d'un essieu et du support de l'âge, servant d'intermédiaire à la force motrice et au corps de la charrue.

AVARIÉ, adj.; se dit des aliments, fourrages, grains, farines, qui ont été mouillés pendant leur transport après la récolte, et se sont échauffés, moisis, etc.

AVEUGLE, adj., et s. m., de *ab*, hors, et *oculus*, œil, sans yeux; qui est privé de l'usage de la vue: *cheval aveugle*. (*V.* CÉCITÉ).

AVIVES, s. f. pl. de *Aqua viva*, eau vive. Mot ancien et inusité donné soit à la glande parotide elle-même, soit à un gonflement qu'elle peut présenter, parce qu'on croyait que les chevaux le contractaient en buvant des eaux vives. Les anciens maréchaux donnaient encore ce nom à certaines coliques. Il est une ancienne pratique absurde et barbare, qui consiste à *battre les avives*, c'est-à-dire, à contusionner, à meurtrir les glandes parotides du cheval, en les serrant avec des tenailles : des accidents graves, tels que la désorganisation d'une partie des tissus, les fistules salivaires, sont la suite d'un procédé de cette nature.

AVOINE, s. f., *Avena*; genre important et nombreux de la famille des Graminées. Il a pour caractères : glume à deux valves convexes, mutiques, presque égales, le plus souvent bi ou triflores; glumelle inférieure bidentée ou bifide, et portant une arête dorsale genouillée, tordue à sa base, prenant naissance à une hauteur variable ; épillets cylindriques ou comprimés latéralement: fleur supérieure ordinairement stérile. Cariopse sillonné profondément d'un côté, cylindrique et atténué en fuseau à ses deux extrémités. Les épillets, presque toujours pendants à la maturité, sont disposés en panicule plus ou moins lâche. Le genre avoine renferme des espèces annuelles et des espèces vivaces. Celles-ci sont assez communes dans les champs, les prairies. Les principales sont : l'A. élevée, A. *elatior;* l'A. jaunâtre ou fromental, A. *flavescens;* l'A des prés ou avenette, A. *pratensis;* l'A. pubescente ou petite fenasse, A. *pubescens:* l'A. stérile, A. *sterilis*, etc. Ces espèces, non cultivées, constituent généralement d'excellentes herbes fourragères ; mais la plupart d'entre elles deviennent dures à leur maturité et demandent à être mangées jeunes ou en vert. Parmi les espèces annuelles, on doit citer : l'A. folle, A. *fatua;* l'A. commune, A. *sativa;* l'A. nue, A. *nuda;* l'A. courte, A. *brevis;* l'A. unilatérale, A. *orientalis*, etc. Toutes ces espèces, à l'exception de la première, sont cultivées en grand, mais toutes diffèrent sous le rapport des caractères économiques. C'est ainsi que l'avoine nue, peu productive, est cependant excellente pour la préparation du gruau ; que l'avoine commune, si répandue en France, est moins productive que l'avoine unilatérale et l'avoine d'Angleterre, ou avoine patate. Les agriculteurs, au reste, ne sont pas toujours d'accord sur le nombre et les limites des espèces. Si, par exemple, on confond, sous le nom d'avoine unilatérale, les avoines de Hongrie et de Rus-

sie, il parait démontré qu'elles diffèrent sous le point de vue agricole. — Les avoines cultivées sont distinguées en A. de printemps et en A. d'automne. Les premières se sèment en février ou mars ; les autres en septembre ou octobre. Toutes sont, à leur tour, distinguées en variétés d'après la couleur de leur grain qui peut être blanc, noir, roux, etc. — Comme toutes les céréales, l'avoine est une plante épuisante, mais elle est productive et peu difficile sur le choix du terrain. Elle aime la fraicheur, l'humidité même, quand celle-ci n'est ni trop forte ni constante. La moyenne de la production de l'avoine sur le territoire français, donne 7 pour 1; mais on conçoit que le rendement peut être bien plus considérable pour les bonnes variétés de grains et les circonstances culturales avantageuses. Il s'élève alors, même dans la culture en grand, à 30 ou 40 et quelquefois plus. L'avoine exige, en moyenne, environ 2 hect. 1/2 de semence par hectare. Le grain, pour être bon, doit être bien sec, luisant et lisse à sa surface, entier, lourd, uniforme. Il est, pour le cheval, et généralement pour les animaux qui travaillent, la meilleure nourriture. Aucun grain n'a pu, jusqu'à ce jour, le remplacer sous les deux rapports des effets et de l'économie. Il entre dans la ration journalière des chevaux des principales contrées de l'Europe, pour une quantité qui varie de 2 à 25 ou 30 litres. Il peut être donné aux herbivores, soit comme aliment ordinaire, soit comme aliment respiratoire et propre à l'engraissement. On ne le donne point, généralement, en assez grande proportion, en France du moins, aux jeunes chevaux. Le grain d'avoine est administré entier ou concassé, sec ou bouilli, ou simplement gonflé par la vapeur. Lorsqu'il est bien choisi, sa valeur nutritive est à celle du foin de bonne qualité comme 10 : 6. Mais il est souvent, dans le commerce, l'objet de manipulations qui ont pour effet d'augmenter son volume et de diminuer son poids spécifique. Le grain d'avoine devrait toujours être acheté ou distribué au poids. Il contient de la fécule, du gluten, de la gomme, du sucre, du ligneux et, de plus, un principe aromatique dont l'odeur rappelle la vanille, ayant son siège dans l'écorce, et auquel on attribue des propriétés stimulantes. — La paille d'avoine est généralement consommée en litière; comme nourriture, elle est inférieure à la paille d'orge et surtout à celle de froment. Les balles sont mangées par les bestiaux, ou données en litière, ou converties en coussins. — Dans les contrées pauvres, le gruau et la farine d'avoine concourent à l'alimentation de l'homme. La médecine en fait aussi quelquefois usage. — La culture de l'avoine occupe, en France, une superficie de 3.090.634 hectares qui donnent annuellement 48 à 50 millions d'hectolitres de grains, estimés plus de 300 millions de francs. Les départements qui produisent le plus d'avoine sont ceux du Pas-de-Calais, de Seine-et-Marne, de l'Aisne, du

Nord et ceux de l'ancienne Lorraine. Ceux qui en produisent le moins sont les départements montueux du Midi et du centre.

AVORTEMENT, s. m., de *aboriri*, avorter. On nomme ainsi l'expulsion du fœtus hors de la matrice, à une époque où il n'est pas encore viable. Cet état pathologique ne peut être confondu avec l'accouchement *prématuré*, qui consiste dans la sortie d'un fœtus presque à terme, capable de vivre hors de la matrice. — Pour la jument, l'avortement aurait lieu toutes les fois que le poulain n'a pas atteint le onzième mois (Brugnone) : pour la vache, le septième : pour les autres femelles, le chiffre serait proportionnel à la durée de la gestation. — Les auteurs qui ont le plus étudié cette question, sont Flandrin, Hurtrel, Gellé, Delwart et Rainard. — L'avortement est dit *naturel*, quand il tient à un état de faiblesse ou de pléthore : *accidentel*, quand il résulte de causes violentes : *provoqué*, quand il est le résultat de mauvaises manœuvres aux approches de la parturition. Il est *tumultueux*, *contre nature*, quand il est accompagné de troubles profonds ; *épizootique*, *contagieux*, quand on l'observe sur plusieurs femelles placées dans les mêmes conditions. — Les *causes* sont nombreuses, souvent inconnues ; on les a appelées mécaniques, méphitiques, irritantes, atonisantes, spontanées, provoquées, externes, internes. On peut les diviser simplement en *prédisposantes* et *occasionelles*. Parmi les premières, il faut placer tout ce qui tend à diminuer les communications entre la mère et le fœtus ; elles sont générales. Les saisons pluvieuses, les habitations insalubres, les brouillards épais, les pâturages couverts de rosée, sont dans ce cas. Il en est de même d'une nourriture peu substantielle, tout comme d'une alimentation trop riche. Les avortements sont communs surtout dans les années de disette. La faiblesse, le jeune âge, un tempérament mou, prédisposent à cet accident. Les causes *occasionelles* sont généralement mécaniques ; ce sont des coups sur les parois du ventre, les chûtes qui ébranlent la matrice, les courses rapides, les sauts, les travaux excessifs. On voit l'avortement se produire dans les étables encombrées d'animaux, quand le ventre est pressé. L'indigestion gazeuse, les boissons froides, les coliques, les grands efforts dus à la toux, à une constipation opiniâtre, agissent de la même manière. Il faut ajouter à cette énumération la frayeur causée par le tonnerre, par la chûte de la foudre, les morsures des chiens. La saignée, les médications irritantes, les purgatifs, les maladies par altération du sang, sont aussi des causes actives. Enfin, l'avortement est quelquefois produit par le mauvais état, par des déformations du fœtus. Les causes qu'on a nommées *épizootiques* peuvent amener un avortement général dans le troupeau, pendant les années pluvieuses, sous l'influence des vents chauds et humides, des gelées, des neiges abondantes. Cruzel croit à

la contagion. — *Signes précurseurs* : ils ne sont pas toujours faciles à déterminer : beaucoup de femelles avortent, sans qu'on ait même soupçonné leur état de plénitude. On observe le gonflement des parties génitales externes, la chute du ventre, l'affaissement des muscles fessiers : le pouls est plein, dur, fréquent ; la femelle est dans un état d'inquiétude, de malaise évident : elle se tient souvent couchée : les mamelles se dessèchent. *Signes actuels* ou *prochains* : ce sont ceux de l'accouchement à terme. L'avortement produit plus de souffrances que le part à terme. La *jument* éprouve des coliques : elle se lève et se couche fréquemment : elle éprouve des frissons généraux. On remarque la proéminence des organes sexuels externes, des glaires sanguinolentes à la vulve. Les mouvements des flancs sont accélérés : la peau présente des alternatives de chaud et de froid. La mère se livre à des efforts expulsifs, tandis que le fœtus produit dans le flanc des mouvements brusques et saccadés, qui font présumer sa faiblesse extrême et sa mort prochaine. A travers la vulve, apparait la poche des eaux ; plus tard, le fœtus sort avec ses enveloppes : quelquefois il périt, séjourne longtemps dans la matrice et exhale une mauvaise odeur. — Dans la *vache*, il y a perte de l'appétit, suspension de la rumination, malaise ; on voit des contractions utérines, des glaires sanguinolentes, etc. — A la suite de causes violentes, l'avortement est rapide ; il arrive lentement, après les causes lentes à se développer. — Après l'avortement, la femelle peut revenir à son état normal. Néanmoins, on observe fréquemment des terminaisons fâcheuses, telles que des hémorrhagies, la dilatation forcée et violente du col de l'utérus, la rétention des enveloppes ; celle du fœtus. Il peut en résulter également un état chronique de congestion utérine et une prédisposition à d'autres avortements. Des complications peuvent survenir par une mauvaise constitution, une conformation vicieuse et d'autres maladies. — Un point important sous le rapport de l'anatomie pathologique est la détermination précise de l'âge des fœtus avortés. D'après Rainard, le volume et le poids fournissent des données acquises par l'expérience ; de plus, il faut examiner les poils, la corne des pieds et les dents du fœtus. Ainsi, le poil ne paraîtrait qu'après le premier tiers de la gestation, pour le plus grand nombre des espèces domestiques ; la corne devient de plus en plus consistante, les dents acquièrent du volume et de la solidité vers les derniers temps de la gestation. A l'époque du part, les paupières sont ouvertes pour les herbivores. — Le *pronostic* est fâcheux pour la mère, parce que sa vie est en danger ; c'est du temps perdu pour la reproduction ; elle est disposée à avorter de nouveau, à contracter des fureurs utérines ; il peut en résulter la métrite, la métro-péritonite, le renversement du vagin, de l'utérus, etc. Le fœtus est toujours perdu. — Dans le *traitement*, il faut remplir quatre indications : 1° prévenir l'avortement ; 2°combattre les maladies qui le précèdent ou l'accompagnent ; 3° favoriser la sortie du fœtus, quand l'accident est inévitable ; 4° remédier à ses suites (Rainard). Après l'expulsion du fœtus, il faut quelquefois s'occuper de retirer les enveloppes, à moins que le placenta soit encore trop adhérent ; alors il faut attendre et avoir recours aux injections émollientes, même à la saignée. Quand la délivrance est terminée, l'état de la mère ne réclame, le plus souvent, que des soins hygiéniques. On applique aux maladies consécutives le traitement spécial à chacune d'elles. — *Bot.* Lorsque dans un végétal, un organe ou une partie d'organe vient à manquer, ou bien sa disparition est absolue et réelle, il y a alors *avortement complet*, ou bien sa disparition n'est qu'apparente, dans ce cas, il y a *transformation* ou *métamorphose*. L'avortement complet n'est pas rare dans les plantes ; il l'est d'autant moins que les organes de même nature, les organes homologues, sont plus nombreux. Cette anomalie ne se montre guère que sur les organes appendiculaires ; les pétales et surtout les étamines voient souvent diminuer leur nombre par suite d'avortement. Quelquefois même la corolle ou le pistil manquent tout-à-fait. Certains organes axiles ne peuvent avorter ; la tige, par exemple, existe toujours, plus ou moins développée, dans les végétaux qui doivent en être pourvus.

AVORTON, s, m. ; animal né avant terme, et qui demeure fort au-dessous de sa grandeur naturelle. Synonyme d'*embryon*, de *fœtus*, mais improprement.

AVULSION, s. f. ; d'*avellere*, arracher ; arrachement, action d'arracher. *V.* EVULSION.

AXE, s. m., *Axis :* ligne droite, réelle ou fictive, qui traverse un corps en passant par son centre, et autour de laquelle toute la masse tourne. Les extrémités de l'axe portent le nom de *pôles. Axe de rotation :* ligne autour de laquelle pivote un corps animé d'un mouvement de rotation. Cet axe peut être *permanent* ou *variable*, selon la forme et la texture du corps solide en mouvement. *Axe* se dit aussi de la ligne qui passe par le centre d'un corps ou d'un assemblage de corps, et autour de laquelle toutes les parties sont régulièrement disposées. C'est dans ce sens qu'on donne le nom d'axe *optique* ou *visuel* à la ligne qui, partant du centre de la cornée lucide, traverse la pupille et le cristallin, pour aller aboutir au fond de l'œil. On dit aussi dans le même sens, l'*axe* d'une *lentille*, l'*axe* d'un *miroir*, etc. — *Bot.* ; organe central des végétaux, duquel naissent les appendices. La tige est un axe tantôt simple, tantôt ramifié, long ou court. Le pédoncule ou le rameau qui supporte les fleurs est un axe ; on l'appelle *axe floral* ou *rachis*. Il peut être *primaire, secondaire, flexueux, droit, courbé, cylindrique*, etc.

AXILE, adj., *axilis ;* se dit de l'*embryon*, lorsqu'il occupe l'axe de la graine ; du *trophosperme*, quand il est placé à l'angle interne de chaque loge.

AXILLAIRE, adj., *axillaris*, de *Axilla*, aisselle ; qui appartient à l'aisselle. On nomme quelquefois *artère axillaire, veine axillaire*, le tronc brachial, artériel ou veineux.—*Bot.* Se dit des organes, pédoncules, bourgeons, etc., qui croissent à l'aisselle des feuilles. On les appelle *extra-axillaires, supra-axillaires*, lorsqu'ils se trouvent en-dehors ou au-dessus de l'aisselle.

AXIS, s. m., *Axis*, dérivé de αξων, axe. Nom donné à la seconde vertèbre cervicale, parce qu'elle sert d'axe ou pivot sur lequel tourne l'atlas. L'axis diffère des autres vertèbres du cou, surtout par sa partie antérieure présentant, au lieu d'une tête, une apophyse dite *odontoïde* ou en forme de dent, qui s'engage dans le canal de l'atlas, et à sa base une surface articulaire qui glisse contre une surface correspondante appartenant à la première vertèbre.—Dans le *bœuf*, l'axis est plus court que dans le cheval, et son apophyse odontoïde forme une espèce de gouttière. — Dans le *porc* et le *chien*, l'apophyse odontoïde est longue et plus arrondie ; l'apophyse épineuse forme une crête mince et saillante qui se porte en arrière chez le premier, et en avant chez le second de ces animaux.

AXOÏDE, s. m., de αξων, axe, et ειδος, forme, en forme d'axe ; nom donné par Girard, d'après Chaussier, à la vertèbre axis.

AXOÏDO-ATLOÏDIEN, NE, adj. ; *axoïdo-atloïdeus* ; qui appartient à l'axoïde et à l'atloïde.—*Muscle axoïdo-atloïdien :* grand oblique de la tête. — *Articulation axoïdo-atloïdienne :* articulation des deux premières vertèbres cervicales.

AXOÏDO-OCCIPITAL, adj., *axoïdo-occipitalis ;* Girard appelle *long axoïdo-occipital*, le petit complexus, et *court axoïdo-occipital*, le grand droit de la tête.

AXONGE, s. f., *Axungia*, de *axis*, axe, essieu, et *ungere*, oindre, ou du grec αξυγγιου, saindoux. On appelle *axonge* ou *saindoux*, la graisse de porc fondue et préparée. Pour l'obtenir on prend la graisse qui existe autour des reins, des côtes, de l'épiploon et des intestins ; on la coupe en petits morceaux et on la lave pour la débarrasser du sang qu'elle contient, puis on la fond à une douce chaleur et on la passe dans un linge sans exprimer. — L'axonge est molle, blanche, douce au toucher, inodore et d'une saveur fade ; elle fond à une température peu élevée ; exposée à l'air, elle en absorbe l'oxygène et *rancit*. Elle est alors odorante et âcre au goût ; on ne doit point l'employer en médecine ainsi altérée. — Le saindoux, récemment préparé, est un corps très émollient et très relâchant, réservé exclusivement pour l'usage externe ; il diminue la rigidité de la peau crevassée, donne de la souplesse à la corne, empêche les fissures en la préservant de l'humidité. — L'axonge sert dans les officines pour préparer les *pom-mades*. V. GRAISSE.

AXOPHYTE, s. m., de αξων, axe, et φυτον, plante : partie principale, axe ou *caudex* d'une plante.

AZOTATES, s. m. : sels formés par l'union de l'acide azotique avec les bases sali-fiables. On les appelle aussi *nitrates*. — Les azotates sont neutres, ou basiques. Dans ceux qui sont neutres l'oxygène de l'acide est le quintuple de celui de la base. — Quelques-uns existent dans la nature, mais le plus grand nombre est préparé artificiellement. — Traités par la chaleur, ils se décomposent en donnant des produits gazeux dont la nature varie selon la base du sel ; projetés sur les charbons ardents, les azotates scintillent et activent la combustion : s'ils sont mêlés à des corps combustibles, ils détonent. — Ils sont tous solubles dans l'eau. — Traités par l'acide sulfurique, ils donnent des vapeurs blanches irritantes d'acide azotique: si on ajoute de la limaille de cuivre, il se dégage d'abondantes vapeurs rutilantes d'acide hypo-azotique. — Une solution d'indigo est décolorée en pré-sence d'un azotate et de l'acide sulfurique ; le proto-sulfate de fer en solution, mélangé en petite quantité avec de l'acide sulfurique con-centré, se colore en rose ou en brun par une très petite quantité de nitrate.

AZOTATE D'AMMONIAQUE. $Az H^3$. AzO^5 + HO.—*Nitre inflammable*.—Ce sel n'existe pas dans la nature; on le prépare en saturant l'ammoniaque ou son carbonate par l'acide azotique, concentrant jusqu'à pellicule pour faire cristalliser. Il est solide, en longs pris-mes flexibles, incolore, inodore; il a une sa-veur âcre et piquante ; au feu il brûle en scin-tillant vivement : dans une cornue, il fond à 150°, et se décompose à 250° en eau et pro-toxyde d'azote ; mélangé à l'éponge de pla-tine, il se décompose à 90° plus bas. Il est très soluble dans l'eau.—C'est un diuréti-que assez énergique, mais peu usité.

AZOTATE D'ARGENT. — *Nitrate d'argent*.— Ag O, AzO^5. Il n'existe pas dans la nature ; on le prépare directement en traitant l'argent pur par l'acide azotique à l'aide de la chaleur. Ce sel est solide, en lames minces, brillantes, sans eau de cristallisation, inodore, de sa-veur très caustique, il attaque l'épiderme et le colore en pourpre d'une manière indélébile. —Chauffé, il fond et peut être coulé dans une lingotière. Il forme alors de petits cylindres ou crayons, de couleur ardoisée à la surface, d'une structure cristalline et rayonnée dans l'intérieur; c'est sous cette forme qu'il est em-ployé en chirurgie et connu sous le nom de *pierre infernale*. Le nitrate d'argent, cristal-lisé, noircit un peu à la lumière ; il se dis-sout dans un poids d'eau chaude égal au sien, mais une partie se dépose et cristallise par le refroidissement de la liqueur ; l'alcool le dissout aussi en petite quantité.—*Pharm*. Le nitrate d'argent, donné à l'intérieur à trop forte dose, produit un empoisonnement mortel. L'an-

tidote à mettre en usage est le sel marin. A pe-tite dose, il paraît agir comme antispasmo-dique : il a été préconisé contre l'épilepsie et la chorée, mais il n'est pas usité en médecine vétérinaire. A l'extérieur, où il est surtout em-ployé, c'est un caustique coagulant extrême-ment précieux: on l'emploie en solutio: ou en crayon : il sert à cautériser les solutions de continuité anciennes, pour en modérer la sé-crétion et le bourgeonnement : on l'applique aussi sur les chancres du nez, les ulcères de la cornée, les dartres rongeantes, etc. En solution ou mélangé à l'axonge, l'azotate d'argent est un excellent collyre contre l'oph-thalmie ancienne ou périodique, pour faire avorter celle qui est récente, etc.

AZOTATE DE BARYTE. BaO. AzO^5. Ce sel n'existe pas dans la nature; on le prépare en traitant le sulfure de baryum par l'acide azo-tique. Il est solide, en cristaux octaédriques, incolore, inodore, de saveur âcre. La cha-leur le décompose, et le produit qui en résulte est de la baryte caustique. L'eau, à la tempé-rature ordinaire, en dissout 5 parties, et 35 à 100°. Il est surtout employé dans les labora-toires comme réactif, pour reconnaître l'acide sulfurique et les sulfates, avec lesquels il forme un précipité pulvérulent, insoluble dans l'eau et dans tous les acides. Donné à l'intérieur, ce composé est vénéneux.

AZOTATE DE BISMUTH. $Bi^2 O^3$. $3AzO^5$ + Aq. *Blanc de fard*. Ce sel s'obtient en traitant le bismuth par l'acide azotique. Il est blanc, en cristaux prismatiques carrés, retenant de l'eau de cristallisation, incolore, inodore et d'une saveur styptique. Mis en contact avec l'eau, il se décompose en azotate acide soluble, et sous-azotate ou sel basique, insoluble, qui se préci-pite en poudre blanche, pulvérulente. Ce composé est parfois employé en médecine humaine comme astringent et antispasmodi-que. En médecine vétérinaire, il est inusité.

AZOTATE DE COBALT. Co O. $Az O^5$ + aq. Ce composé s'obtient en traitant le carbonate de cobalt par l'acide azotique. Il est solide, en prismes de couleur groseille, déliquescent à l'air, très soluble dans l'eau. Chauffé, ce sel perd son eau, devient blanc, puis se décom-pose. Il est employé dans les laboratoires comme réactif, surtout pour les essais au chalumeau.

AZOTATE DE CUIVRE. CuO, AzO^5 + Aq. On prépare ce sel en traitant le cuivre par l'acide azotique, concentrant fortement la liqueur pour obtenir des cristaux. Il est solide, en parallélipipèdes allongés, très déliquescent, soluble dans l'eau et l'alcool. La solution est bleue si le sel est neutre, et verte s'il est acide. C'est ce dernier état qui est le plus ordinaire.

AZOTATE DE MERCURE. Il existe deux nitra-tes neutres de mercure : l'un à base de pro-toxyde, l'autre de bioxyde. 1° Le *protoazotate* de mercure s'obtient en traitant ce métal en excès, par l'acide azotique étendu, à l'aide de la chaleur. Il est solide, en prismes courts, incolore, inodore, de saveur styptique, légèrement caustique. L'eau le décompose en protonitrate acide soluble, et en protonitrate basique, ou sous-nitrate, qui est insoluble et se précipite en poudre blanche, que l'eau chaude transforme en azotate plus basique, de couleur jaune-verdâtre. 2° Le *biazotate* de mercure se prépare en traitant le mercure à chaud par un excès d'acide azotique concentré, évaporant jusqu'à siccité. Ce sel est blanc, amorphe, acide, de saveur plus caustique que le précédent. Déliquescent, il est très soluble dans l'eau, qui le décompose en biazotate acide, soluble, et biazotate basique, qui se précipite, et qui était désigné autrefois sous le nom de *turbith nitreux*. — *Pharm.* Les azotates de mercure sont deux poisons violents; aussi les réserve-t-on exclusivement pour l'usage externe, où ils constituent de très bons caustiques coagulants, surtout le deutonitrate acide, qu'on emploie sur les ulcères anciens, les vieux trajets fistuleux, les chancres morveux, et les ulcères farcineux, sur lesquels il paraît produire des effets très favorables à la cicatrisation.

Azotate de plomb. Pb O, Az O⁵. Ce sel s'obtient directement en traitant le plomb ou la litharge par l'acide azotique, concentrant la liqueur jusqu'à cristallisation. Il est solide, blanc, en cristaux tétraédriques, inodore, de saveur sucrée d'abord, puis très styptique. Chauffé, il se décompose, donne des vapeurs d'acide hypoazotique, et, pour résidu, du protoxyde de plomb. Il se dissout dans l'eau, plus à chaud qu'à froid. Dans les laboratoires, il est employé pour préparer l'acide hypoazotique anhydre, et pour l'analyse de quelques minerais.

Azotate de potasse. *Nitre, salpêtre.* KO, Az O³. Ce sel, très anciennement connu, existe tout formé dans la nature, accompagné des azotates de chaux et de magnésie. Dans les contrées chaudes du globe, comme l'*Inde*, la *Perse*, l'*Égypte*, l'*Espagne*, etc., le salpêtre vient parfois s'effleurir à la surface du sol, où on peut le recueillir. Dans les pays froids ou tempérés, on ne trouve le salpêtre que dans les écuries, les bergeries, les magasins humides, les caves, certaines grottes ou souterrains, etc. En général, pour que ce sel puisse prendre naissance, il faut les conditions suivantes: 1° des matières animales; 2° des bases puissantes très divisées ou poreuses, comme la potasse, la chaux, la magnésie, etc.; 3° de l'humidité; 4° un certain degré de chaleur et de lumière. On s'est demandé si l'acide azotique qui prend naissance, emprunte ses éléments à l'air ou aux matières organiques: la question n'est pas encore résolue; cependant la plupart des chimistes pensent que l'acide se forme aux dépens des matières animales, et Liébig croit qu'il se forme d'abord de l'ammoniaque qui échange ensuite, au contact de l'air et des bases, son hydrogène contre de l'oxygène emprunté à l'atmosphère. La préparation du salpêtre est assez compliquée; on lessive d'abord les plâtras salpêtrés, après les avoir réduits en poudre; la solution est ensuite traitée par le carbonate de potasse; il se forme des carbonates de chaux et de magnésie qui se précipitent, et du nitrate de potasse qui reste dissous; la solution filtrée est concentrée jusqu'à cristallisation; on purifie ensuite le nitre brut par des cristallisations successives, et on le lave avec une solution de nitre pur, qui entraîne les sels étrangers. Ce sel est solide, cristallisé en prismes à six pans, cannelés, incolore, inodore, de saveur fraîche et piquante, avec arrière-goût amer; sa densité est de 1,96. Chauffé à 350°, il fond, forme un liquide limpide, qui, en se figeant, donne une masse blanche, amorphe, opaque, appelée *sel de prunelle* ou *cristal minéral;* à une température plus élevée, il se décompose. L'eau, à 0° en dissout 13 parties; à 50° 85, et 250 à 100°. Mélangé avec les corps combustibles, il brûle avec beaucoup d'activité, et souvent avec détonation; calciné avec les métaux, il les suroxyde et les transforme en acides métalliques. Il a de nombreux usages dans les laboratoires et dans les arts: mélangé au charbon et au soufre, il constitue la poudre à canon.—*En Pharm.*, il n'est pas moins précieux; il constitue un excellent diurétique, un antiphlogistique puissant, ainsi qu'un fondant très énergique. Le nitrate de potasse s'administre en solution dans l'eau à la dose moyenne de 15 à 30 grammes chez les grands animaux, et de 2 à 5 grammes pour les petits; on peut porter la dose même à 50 et 100 grammes pour les premiers, et à 8 à 12 grammes pour les seconds. A plus forte dose, il irrite vivement le tube digestif, et peut déterminer la mort. Le sel de nitre produit dans les voies digestives une excitation légère avant d'être absorbé; passé dans le sang, il fluidifie ce liquide en dissolvant sa fibrine, d'où résulte un ralentissement de la circulation ainsi que de la respiration, un abaissement marqué de la température générale du corps, et surtout une sécrétion urinaire extrêmement abondante. En raison de ces effets, l'azotate de potasse est employé dans les inflammations graves des organes de la poitrine, dans le rhumatisme aigu, la péritonite suraiguë, etc., comme antiphlogistique direct ou *contre-stimulant*. A titre de diurétique, il est vulgairement employé contre les hydropisies et les infiltrations séreuses; cependant, lorsque ces affections sont anciennes, qu'elles tiennent à un état hydrohémique ou à une affection organique des reins, ce médicament est plus nuisible qu'utile à cause de son action dissolvante sur les éléments cruoriques du sang. Le nitrate de potasse est indiqué dans les maladies de l peau, ainsi que dans les affections putrides du sang comme évacuant; dans ce dernier cas, il convient de l'associer au camphre, au quinquina, à la gentiane, etc.

Azotate de soude. Na O, Az O⁵ + Aq.

Nitre cubique. Ce sel forme au *Pérou* une couche sous-argileuse, épaisse et très étendue ; on ne le prépare donc pas : on se contente de purifier celui du commerce par plusieurs lavages et cristallisations successives. Il est blanc, en cristaux rhomboédriques transparents, inodore, de saveur fraîche et amère. Chauffé, il fond dans son eau de cristallisation et se dessèche ensuite. Il est plus soluble dans l'eau que le nitrate de potasse. On le substitue dans les arts à ce dernier, qui est plus cher. En médecine, il est encore peu usité.

AZOTE, s. m., *Azotum*, de z priv., et ζωη, vie. Az. Éq. 175. *Nitrogène*, *air méphitique,* etc. Ce corps simple métalloïde, *organogène*, a été découvert en 1772 par le docteur Rutherford, et distingué comme élément de l'air en 1775 par Lavoisier. Il forme les ⁴/₅ de l'air atmosphérique, et il entre dans la composition des matières animales et d'un bon nombre de substances végétales : il entre aussi dans la composition des sels ammoniacaux, de l'ammoniaque et des azotates. On peut l'obtenir par une foule de procédés : le plus simple consiste à absorber l'oxygène de l'air renfermé sous une cloche avec du phosphore. Ce corps est un gaz permanent, incoërcible, inodore, insipide, pesant 0.975, ce qui fait pour un litre 1 gr. 27. L'azote n'est pas combustible ; il est même impropre à la combustion et à la respiration. L'eau, à la température ordinaire, et sous la pression de 0,76, en dissout 3 centièmes environ de son volume. Quant à ses propriétés, elles sont complétement nulles, ce gaz ayant une *indifférence* complète pour les corps simples métalloïdes et métalliques, avec lesquels il ne se combine que par voie indirecte. L'azote paraît avoir une influence très grande sur la végétation : il produit dans les plantes le développement de substances protéïques. Pour les animaux, il sert dans l'acte de la respiration à corriger l'activité trop grande de l'oxygène. Pur, il n'a aucun usage.

AZOTEUX. *V.* Acide.

AZOTIDE. *V.* Cyanogène.

AZOTIQUE. *V.* Acide.

AZOTITES, s. m. *Nitrites, hypoazotites.* Sels formés par l'union de l'acide azoteux avec les bases. Ils sont solubles dans l'eau, décomposables par l'acide sulfurique, qui en dégage des vapeurs rutilantes d'acide hypoazotique. Sur les charbons, ils activent la combustion comme les nitrates. Ils sont sans intérêt.

AZOTURE. *V.* Cyanogène.

AZYGOS, adj., *azygos* ; de z priv., et ζυγος, pair : impair. On a donné ce nom à l'une des veines sous-dorsales, se distinguant des autres par son volume, prenant naissance à la région sous lombaire, et se continuant en avant à la face inférieure et au côté droit des vertèbres dorsales, jusqu'au niveau de la base du cœur, où elle vient s'aboucher dans la veine cave antérieure, et quelquefois directement dans l'oreillette droite du cœur. Dans son trajet, la veine azygos reçoit les intercostales postérieures, tant gauches que droites, ainsi que le tronc commun des veines œsophagienne et bronchique. — La sous-dorsale gauche constitue une veine beaucoup plus petite, que l'on appelle *petite azygos* ou *demi-azygos.*

B

BABEURRE, s. m. ; nom vulgaire du lait de beurre. *V.* Lait.

BACCIFÈRE, adj., *baccifer* ; qui porte des baies : *plante baccifère.*

BACCIFORME, adj., *bacciformis* ; qui a l'apparence ou les caractères d'une baie : *fruit bacciforme.*

BÂCHE, s. f. : encadrement en bois ou en pierre, ordinairement abrité par des vitraux et rempli de terre de bruyère ou autre. La bâche est placée tantôt en dedans de la serre, tantôt en dehors. On peut, selon sa destination, la faire traverser par un tuyau calorifère. Les jardiniers s'en servent pour les semis, les primeurs.

BADIANE, s. f., *Illicium.* L. : genre de la famille des Magnoliacées. L'une des trois espèces de ce genre, l'*I. anisatum*, vulg. Anis étoilé, commune à la Chine et au Japon, porte un fruit composé de six à douze carpelles verticillés, aromatique, et quelquefois employé en médecine comme excitant. Il sert aussi à donner à l'anisette de Bordeaux le parfum qui la distingue. — *Pharmac.* Les capsules de l'anis étoilé ont une odeur suave d'anis, une saveur chaude, sucrée, aromatique et amère, et contiennent d'après Meisner : huile volatile, huile grasse, verte, de saveur âcre, résine insipide, tannin, matière extractive, gomme, acide benzoïque, sels. — La badiane est un excitant gastro-entérique très énergique, en même temps que carminatif et tonique, qu'on administre à l'intérieur sous forme d'infusion aqueuse ou vineuse, pour stimuler l'estomac et la matrice, ainsi que toute l'économie, dans le cas d'atonie partielle ou générale. Son prix élevé en restreint l'emploi pour les animaux.

BAGUAGE. s. m., terme de *jard.* ; incision circulaire pratiquée aux branches des arbres fruitiers, de la vigne, pour arrêter la sève descendante et empêcher le fruit de couler.

BAGUENAUDIER, s. m., *Colutea*, L. : genre de la famille des Légumineuses. Le Baguenaudier arbrisseau, *C. arborescens*, est une plante d'ornement fort commune en Europe. Il est remarquable par ses gousses uniloculaires, ovoïdes, vésiculeuses, renflées et pleines d'air. Ses feuilles et ses fruits sont mangés par les herbivores et surtout par le mouton.

BAI, E, s. et adj., de βαιον, branche de palmier ; robe caractérisée par la couleur *rouge* des poils qui recouvrent le corps, les crins et les extrémités des membres étant de couleur noire. Le bai présente plusieurs espèces, qui sont les suivantes : 1° *bai fauve*, tirant sur le jaune ; 2° *bai clair* ; 3° *bai cerise*, d'un rouge vif ; 4° *bai foncé* ; 5° *bai châtain*, d'une teinte analogue à celle de la châtaigne ; 6° *bai marron*, mélange de bai cerise et de bai brun ; 7° *bai brun*, très foncé, presque noir, mais avec une teinte plus claire, au nez, aux flancs, aux fesses, etc.

BAIE, s. f., *Bacca* ; fruit charnu, ordinairement globuleux, sans noyau, à graines dures, éparses ou contenues dans une ou plusieurs loges. On peut distinguer la baie vraie, *bacca vera*, dont les graines n'affectent aucun ordre, et sont éparses dans le fruit, ex. : le *raisin*, la *groseille* ; et la baie fausse, *bacca spuria*, dont les graines sont renfermées, avec plus ou moins de symétrie, dans des loges, ex. : la *belladone*. La baie est nue ou couronnée des restes du calice. Ses formes, le nombre de ses loges et de ses graines, leur disposition, etc., sont très variés. (*V.* ACINE.)

BAIGNOIRE, s. f. : vaisseau dans lequel on donne des bains aux petits animaux.

BAIL, s. m. : acte par lequel une personne, que l'on appelle *bailleur*, loue à une autre personne qui reçoit le nom de *preneur*, une propriété, une exploitation, un droit, etc., moyennant un prix en argent ou en denrées. Le bail ne peut se former qu'entre personnes capables. Il est de deux sortes : ou bien le prix consiste en une rente fixe, le *bail* est alors dit *à ferme* ; ou bien les fruits sont partagés dans certaines proportions, et le *bail* est à *colonage* ou *métayage*. A ces deux espèces de contrat, on peut ajouter le *bail à cheptel*, dont les troupeaux forment l'objet spécial. *V.* CHEPTEL.

BAILLEMENT, s. m., de *balare*, béler ; inspiration grande suivie d'une expiration prolongée, avec écartement des mâchoires. Dans l'état de santé, l'on observe le bâillement lorsque la faim commence à se faire sentir : cet acte est quelquefois encore un des signes précurseurs du sommeil. — Le bâillement est un des prodromes de la gastrite, de la gastro-entérite et surtout de la gastro-encéphalite (vertige abdominal.)

BAILLER, v. n., de *badigare*, dim. de *badare*, bailler, ou de *balare*, béler ; respirer en ouvrant la bouche involontairement et d'une manière extraordinaire.

BAILLON, s. m. : petit panier qu'on adapte au nez d'un animal pour l'empêcher de mordre. — Lien avec lequel on réunit les mâchoires d'un chien dans le même but. — Instrument qui sert à tenir la bouche ouverte lorsqu'on veut l'explorer. *V.* PAS D'ANE.

BAIN, s. m., *Balneum*, de βαλανειον, bain. On donne, en général, le nom de bain, à un *milieu artificiel* dans lequel on plonge momentanément un corps dans un but déterminé. Pour que ce milieu mérite le nom de bain, il faut qu'il diffère, par sa nature ou sa température, de l'air atmosphérique, qui est le milieu naturel de tous les corps. En *Thérapeutique*, on distingue plusieurs sortes de bains : 1° d'après *leur état* ; il en est de *liquides*, comme ceux d'eau douce, d'eaux minérales, d'eau de mer, etc. ; de *mous*, tels que ceux formés par les boues minérales, le marc de raisin, le fumier de brebis, etc. ; de *secs*, comme les bains de sable, de son, de cendres, etc. ; de *gazeux*, qui sont formés par la vapeur d'eau (bain de vapeur), ou par l'air comprimé ou chaud (bain d'air, bain de chaleur) ; 2° selon leur *température*, on les divise en bains *froids* (de 10° à 15°), en bains *frais* (de 15° à 20°), bains *tempérés* (de 20° à 25°), et en bains *chauds* (de 30° à 35°). En général, les bains liquides ne doivent pas dépasser la température du sang (38°), si leur application doit être prolongée ; 3° suivant leur *destination*, on les distingue encore en *hygiéniques*, fournis par l'eau pure stagnante ou courante, et bains *médicinaux*, fournis par l'eau chargée de divers principes médicamenteux : 4° selon leur mode d'*application*, on reconnaît des bains *locaux* et des bains *généraux*, quand ils sont appliqués sur une partie ou sur la totalité du corps. — En *pharmacie*, on appelle *bains*, des médicaments composés, le plus souvent magistraux, qui consistent généralement en des solutions aqueuses de divers principes médicamenteux, d'où les noms de bains *acides, alcalins, sulfureux, iodurés, aromatiques, gélatineux*, etc., qu'on leur donne selon la nature de leurs principes actifs. — En *Chimie*, on donne le nom de *bains* à des vases métalliques remplis de diverses substances, par l'intermédiaire desquelles on chauffe un vase où doit avoir lieu une réaction chimique. On distingue le *bain-marie*, formé par l'eau chaude ou la vapeur d'eau, et dans lequel la température ne dépasse pas 100° ; le *bain d'huile*, de *solutions salines*, de *mercure*, d'*alliage fusible*, de *sable*, etc., dans lesquels la température peut être élevée depuis 200° jusqu'à 500° et au-delà. — En *physique*, on appelle *bain électrique*, l'atmosphère d'électricité qui recouvre un être vivant, placé sur un corps isolant, et qui communique avec la machine électrique.

BAINS HYGIÉNIQUES. Ils sont généraux ou partiels. L'eau tempérée les forme exclusivement. On les fait prendre dans les rivières, dans la mer, dans des réservoirs ou même dans des vases pour les petits animaux. Leur température varie de + 15° à + 25°. Donnés en moment opportun, les bains raffermissent les organes, détendent les muscles, rafraîchissent le corps, exercent une action générale calmante et nettoient la peau.

Il convient d'en faire prendre en été à tous les animaux qui travaillent, surtout après une journée de fatigue, en évitant de les conduire à l'eau lorsqu'ils sont en sueur ou immédiatement après leur repas. Les bains peuvent être nuisibles aux animaux convalescents ou faibles, même dans les plus beaux jours de l'été, à moins que l'eau ne soit douce. La durée d'un bain général est toujours courte ; elle doit l'être d'autant plus que l'eau est plus froide. Dans tous les cas, il faut rechercher l'eau claire.

BAINS MÉDICAMENTEUX. Les plus employés sont les suivants, en quelque sorte officinaux : 1° *bain sulfureux*, formé de 1000 grammes de sulfure alcalin, et de 100 litres d'eau ordinaire ; *bain alcalin*, potasse à la chaux, 100 grammes, eau commune, 5 litres ; 3° *bain arsénical simple*, acide arsénieux 160 grammes, eau ordinaire 40 litres ; 4° *bain arsénico-ferrugineux*, ou de *Tessier* : acide arsénieux, 1 kilog., protosulfate de fer, 10 kilog., eau commune, 100 kilog. ou litres, etc. Tous ces bains et autres analogues sont employés contre la gale et les dartres invétérées des petits animaux, surtout du chien et du mouton.

BALANCE, s. f., *Bilanx*, formé de *bis*, deux fois, et *lanx*, bassin. La balance est un appareil à l'aide duquel on détermine le poids des corps. Théoriquement, c'est un levier du premier genre à bras égaux. Elle est formée par une barre horizontale, appelée *fléau*, soutenue librement par son centre, et portant des plateaux à ses extrémités ; les autres parties sont accessoires. La balance doit posséder deux qualités essentielles : être *sensible* et *juste*. La *sensibilité* dépend surtout de la position du centre de gravité du fléau, relativement à son point de suspension, des points d'attache des bassins, du frottement qui a lieu au couteau du fléau, etc. La *justesse* dépend de l'égalité parfaite dans la longueur et le poids des bras du fléau, de celle du poids des bassins, etc. Les *balances d'analyse* sont construites avec beaucoup de soin, de manière à être sensibles à un dixième de milligramme, la balance étant chargée. Pour en prévenir l'altération, on les tient renfermées dans une cage en verre. La *balance hydrostatique* est très sensible, et porte sous ses plateaux des crochets qui permettent de peser un corps successivement dans l'air et dans les liquides pour en déterminer le poids spécifique. La *balance de torsion* consiste en une petite barre horizontale, suspendue par son milieu au moyen d'un fil très fin. Elle sert à déterminer les lois de l'élasticité de torsion, celles des attractions et répulsions électriques, magnétiques, etc., celles des attractions matérielles, etc. *Balance-romaine* (*V.* ce dernier mot).

BALANCEMENT FONCTIONNEL. *Voy.* FONCTIONNEL.

BALANCEMENT ORGANIQUE. — *Bot.* Sorte d'antagonisme ou de compensation qui s'établit entre les atrophies et les excès de développement dans les anomalies végétales. C'est ainsi que l'on voit dans les rosiers les sépales s'atrophier, quand les ovaires ont acquis un développement anormal. L'atrophie doit être souvent la conséquence de l'hypertrophie et réciproquement. Les deux phénomènes peuvent se montrer en même temps, sans que l'on puisse dire lequel a amené l'autre. Lorsque des balancements organiques existent entre les diverses parties d'un organe, ils en entraînent souvent la déformation.

BALANITE, s. f., de βάλανος, gland, et de la terminaison *ite*, qui indique une inflammation ; inflammation de la membrane muqueuse du gland et de la face interne du fourreau. Elle est rare dans le cheval : on l'observe surtout dans le chien, dont le pénis est fort exposé à des froissements répétés par l'acte du coït. Dans l'état aigu, la verge et le fourreau sont légèrement tuméfiés ; un écoulement jaune ou verdâtre se montre et fait confondre cette affection avec la *blennorrhée*. Le traitement consiste dans l'emploi des émollients et des résolutifs. Pendant l'état chronique, on met en usage l'extrait de saturne étendu d'eau, sous la forme de lotions, les décoctions d'écorce de chêne, de roses de provins. Il est un résolutif qu'on emploie toujours avec succès, c'est le nitrate d'argent. La balanite coïncide souvent avec d'autres affections des voies génitales.

BALANOPHORÉES, s. f., *Balanophoreæ* ; famille de plantes parasites, dicotylédones, à fleurs monoïques, à tige couverte d'écailles, ayant de l'analogie, par leur port, avec les Orobanchiées, et par leurs caractères, avec les Aroïdées. Elles s'implantent sur les racines d'autres végétaux. Genres principaux : *Balanophora, Cynomorium, Laphophytum, Sarcophytum, Helosis*.

BALANORRHAGIE, s. f., de βάλανος, gland, et ῥέω, je coule. Écoulement muqueux de la tête du pénis.

BALE, BALLE, s. f. ; nom par lequel on désigne tantôt le calice membraneux ou glume qui entoure l'épillet dans les graminées, tantôt le périanthe particulier à chaque fleur, ou glumelle, quelquefois même l'ensemble des enveloppes écailleuses de la fleur et de l'épillet. Pour éviter la confusion, il serait peut-être bon d'adopter les expressions de *glume* et de *glumelle*. (*V.* ces mots.), ou de ne se servir du mot *bale* que pour désigner le périanthe écailleux de chaque petite fleur. — *Balles d'avoine*, c'est la réunion de toutes les petites enveloppes florales qui restent après le battage de l'avoine. On les fait manger aux bestiaux, mêlées à d'autres aliments, ou l'on en fait des coussins de peu de valeur.

BALEINE, s. f., *Balæna, cete* ; genre de mammifères de l'ordre des cétacés, renfermant les plus gros animaux connus. La baleine, comme tous les animaux de cet ordre, vit constamment dans les mers, où elle est l'objet d'une chasse continuelle, à cause de la masse énorme de graisse huileuse qui forme une couche épaisse autour de son corps, et des lames cornées, appelées *fanons* ou *baleines*, qui lui tiennent lieu de dents, et dont on tire parti dans les arts. Ces fanons existent seulement à la mâchoire supérieure et laissent échapper l'eau, tout en retenant les mollusques et autres petits animaux dont se nourrit la baleine. Les membres antérieurs de la baleine sont courts et aplatis pour la nage : les postérieurs manquent complètement au dehors, quoiqu'on retrouve des traces du coxal dans les parties molles. La partie postérieure du corps allongée, pisciforme, se termine par une queue aplatie horizontalement, tandis que celle des poissons l'est dans le sens vertical.

BALIVEAU, s. m. ; arbre réservé dans les bois taillis, au moment de la coupe, et destiné à croître en futaie. D'après l'époque de leur réserve ou balivage, les baliveaux sont dits : de *l'âge*, *modernes* ou *anciens*, selon qu'ils ont été réservés pour la première, la deuxième, la troisième fois, etc. Les baliveaux sont destinés au repeuplement des forêts. Ce qui concerne leur nombre, leur martelage, leur choix, est régi par les règlements sur l'aménagement des forêts.

BALLON, s. m. *Ampulla*. On donne ce nom, dans les laboratoires de chimie, a un vase sphérique en verre, portant une ou deux ouvertures munies d'un col plus ou moins allongé et cylindrique, qu'on nomme une *tubulure*. Ces vases servent, le plus souvent, de récipients dans les distillations à la cornue, lorsqu'ils ont deux tubulures ; lorsqu'ils n'en portent qu'une, ils servent eux-mêmes de cornue dans beaucoup d'opérations chimiques. — En physique, on appelle aussi *ballon*, un aérostat. (Voy. ce mot.)

BALLONNEMENT, s. m.; distension considérable du ventre par des gaz accumulés dans l'estomac et les intestins. C'est un symptôme commun à la plupart des indigestions. Voyez TYMPANITE.

BALLOTADE, s. f.; air relevé de manége, dans lequel le cheval détache entièrement du sol et fléchit les quatre extrémités, sans faire de ruade.

BALLOTE, s. f., *Ballota*, T.: genre de la famille des Labiées. Le nombre des espèces de ballotes, réduit à une, au commencement de ce siècle, par Link, la B. fétide, B. *fœtida*. B. *alba* et *nigra* de Linn., vient d'être porté à plus de vingt par Benth. — La plus commune et presque la seule que l'on trouve en France est la Ballote fétide, encore appelée Marrube noir; elle croît le long des chemins, au pied des murs, sur les décombres ; son odeur désagréable repousse les bestiaux. On lui attribue des propriétés toniques et antiseptiques.

BALSAMIER, *V.* AMYRIDÉES.

BALSAMIFLUÉES, s. f., *Balsamifluea*, J.: famille de végétaux exotiques formée du genre *Liquidambar*, que Blume a distrait des Amentacées.

BALSAMINE, s. f., *Balsamina*, Riv.; genre de plantes herbacées, aromatiques, distrait de la famille des Géraniées et devenu le type de la famille des Balsaminées.

BALSAMINÉES, s. f., *Balsaminæ*; famille de plantes dicotylédones, composée d'herbes généralement annuelles, petites, délicates, à feuilles alternes, sans stipules. Elle ne renferme que les genres *Balsamina* et *Impatiens*.

BALSAMITE, s. f., *Balsamita*, Desf.; genre de plantes odorantes de la famille des Composées. La principale espèce est la B. odorante, B. *major*, *suaveolens*, D., *Tanacetum Balsamita* de Linn., *Pyrethrum tanacetum* de De Candolle, connue en France sous le nom de *Menthe-Coq*, et cultivée dans les jardins à cause de son odeur agréable. Ses sommités fleuries sont stimulantes et toniques.

BALZANE, s. f.; tache blanche, circulaire, entourant, en forme de ceinture, une partie plus ou moins large de l'extrémité des membres. La balzane prend différents noms suivant son étendue et quelques autres particularités. Elle est *petite*, *grande*, *haut-chaussée*, suivant la hauteur à laquelle elle s'étend sur le membre. On l'appelle *principe de balzane*, lorsqu'elle ne forme qu'un cercle étroit autour de la couronne. On nomme *trace de balzane*, la tache blanche qui n'est pas entièrement circulaire. La balzane est *dentée*, lorsqu'elle s'unit irrégulièrement et par dentelures avec la partie foncée de la robe. Elle est *bordée*, lorsque ses poils blancs, se mêlant avec les poils noirs ou rouges du membre, forment une bordure grise ou aubère. Des taches de couleur sur sa surface la rendent *mouchetée* ou *herminée*. — Les balzanes sont d'un grand secours pour l'établissement du signalement. Aux particularités que présente chaque balzane, s'ajoute celle de la présence de ces marques à tels ou tels membres, que l'on désigne par bipèdes, s'il y a deux balzanes, et, lorsqu'il y en a trois, en disant : *trois balzanes, dont une à tel membre* ; ce qui indique que son semblable en est privé.

BAMBOU, s. m., *Bambusa*, Schr.; genre de la famille des Graminées. Il se compose d'une douzaine d'espèces, parmi lesquelles la plus remarquable est le B. commun, B. *arundinacea*, Roxb., graminée gigantesque pouvant atteindre une hauteur de plus de vingt mètres. Sa tige, simple, creuse, légère et pourtant résistante, sert aux constructions et à d'autres usages; ses fibres sont très flexibles. Les nœuds qui coupent la tige laissent découler, à certaines époques, une liqueur fermentescible et sucrée qui peut servir de boisson. Les bambous sont originaires de l'Inde.

BANANIER, s. m., *Musa*, L.; genre de plantes monocotylédonées de la famille des Musacées. Les espèces de ce genre habitent les régions intertropicales ; plusieurs d'entre elles portent des fruits dont la pulpe succulente, légèrement acidule, constitue un aliment agréable ; d'autres ont de longues feuilles qui servent à couvrir les petites habitations dans l'Inde, ou à préparer des fils pour la confection d'étoffes de peu de valeur.

BANDAGES, s. m. On nomme ainsi des appareils essentiellement composés de bandes et de compresses. Les bandages servent à appliquer des médicaments sur diverses parties du corps, à contenir ces parties dans leur position naturelle. On donne encore ce nom à des machines compliquées destinées à maintenir les fractures. Les bandages sont *simples* ou *composés;* les premiers peuvent servir pour plusieurs parties du corps : les autres sont plus spécialement fabriqués pour une région. Les appareils dont il s'agit, doivent être appliqués avec méthode, sans que l'on s'expose à meurtrir les parties avec lesquelles on les met en contact, à gêner la circulation. Ils doivent être assez serrés pour éviter qu'ils se déplacent dans l'intervalle des pansements. — Plusieurs indications peuvent être remplies par les bandages *simples.* On appelle bandage *unissant, incarnatif,* celui qui est appliqué pour favoriser la réunion des plaies. Il est utile dans les solutions de continuité exemptes de complications, après les incisions simples: on le recommande aussi pour remédier aux grandes pertes de substance, pour lesquelles un rapprochement, même incomplet, active la cicatrisation. Le bandage *rétentif* est employé pour contenir les hernies, les luxations, les fractures. Le bandage est nommé *divisif,* quand il doit tenir les parties écartées pour empêcher la réunion des bords de la solution de continuité. A la suite des brûlures, des plaies gangreneuses, de l'extirpation de certaines tumeurs, il importe de faire cicatriser les parties profondes avant celles qui sont superficielles. On dit que le bandage est *compressif,* quand il exerce une pression méthodique sur une partie du corps. Il est employé dans les infiltrations du tissu cellulaire, les fractures, les luxations, les hémorrhagies. Il se compose de boulettes et de plumasseaux d'étoupes, qu'on applique par gradation, pour les comprimer ensuite à l'aide de plusieurs tours de bande. Son usage est surtout indiqué après les opérations qu'on pratique sur les extrémités et le pied; c'est après l'extirpation du cartilage latéral du pied des solipèdes, qu'on place le bandage compressif le plus compliqué. Le bandage *expulsif* favorise la sortie du pus des foyers dans lesquels ce liquide s'accumule par son poids; on remplit ces cavités avec des étoupes qui absorbent la suppuration et la portent jusqu'aux bords de la plaie. On préfère les contre-ouvertures comme favorisant la cicatrisation. Quand il est utile de retenir à la surface des tissus les matières qui tendent à s'en échapper, on se sert du bandage *rétentif;* ex. : pour établir le diagnostic du javart cartilagineux, pour remédier aux fistules salivaires. Les bandages *contentifs* servent à maintenir

des médicaments sur diverses parties du corps, à consolider les fractures. Quelquefois ils n'ont d'autre but que celui de défendre les plaies contre le contact de l'air, l'action des insectes, les impuretés qui pourraient les irriter. Ils se composent d'étoupes disposées sous forme de plumasseaux et maintenues par des pièces de toile diversement configurées. — Il est des bandages dont l'application est facile; pour d'autres, il faut employer ce qu'on appelle un *soutien,* appareil composé : 1° d'un surfaix qui embrasse la poitrine du cheval; 2° d'un poitrail de sangle; 3° d'une sangle qui doit passer sur le garret, descendre sur les deux épaules jusqu'au poitrail; 4° d'un culeron et d'une croupière fixés au milieu de la partie supérieure du surfaix. — Les bandages formés de pièces de toile destinées à recouvrir les plaies, portent le nom de *compresses.* Celles-ci sont simples ou compliquées : on les nomme *carrées,* quand elles ont les mêmes dimensions en longueur et largeur; *longues,* si la longueur est double de la largeur; *longuettes,* quand cet excès de longueur est encore plus marqué. La *croix de Malte* est une compresse carrée dont on a fendu les quatre angles; dans la *demi-croix de Malte,* deux angles seulement ont été divisés. Ces compresses servent à recouvrir l'extrémité des moignons après les amputations, le bout de la queue, les pieds des animaux. On nomme compresse *triangulaire,* le bandage fait avec un linge carré, plié de manière à former deux angles; c'est le bandage en *cravate* de Mayor de Lausanne : il sert avec avantage pour la gorge du cheval, pour les appareils des membres, etc. La compresse est *fendue,* quand elle est incisée à l'une de ses extrémités en suivant l'axe longitudinal; elle sert à relever les chairs dans les amputations des membres sur les petits animaux. Quand on plie les compresses en plusieurs doubles de longueur décroissante, on les appelle *graduées;* elles sont employées à remplir des vides, pour favoriser la compression sur un point limité. — Les bandages ont reçu quelques noms particuliers tirés des parties sur lesquelles on les applique, ou de la forme qu'ils présentent. Pour la partie supérieure de la tête du cheval, on se sert d'une pièce de toile percée de deux trous pour donner passage aux oreilles : les liens vont se croiser en dessous de la ganache pour remonter se fixer sur le chanfrein ou sur la nuque; chaque partie correspondante aux yeux présente la forme d'un godet. L'enveloppe des oreilles du chien porte le nom de *béguin;* elle présente deux goussets, qui sont maintenus par des liens; on s'en sert pour empêcher les chiens de secouer les oreilles dans le cas de chancres ou de catarrhe auriculaire. On nomme *suspensoir* le bandage du scrotum. En un mot, les bandages sont susceptibles de présenter un grand nombre de modifications, suivant les maladies ou les opérations qui en réclament l'emploi.

BANDE, s. f., *Fascia*; se dit, en général, de tout ce qui est mince, étroit et allongé. Le mot latin *fascia* est plus souvent employé en *anatomie*, surtout lorsqu'il s'agit de bandes fibreuses ou aponévrotiques. Le colon et le cœcum du cheval présentent dans leur structure des *bandes charnues*, dont le nombre varie avec le diamètre de ces intestins. — *Chir.*, dérivé de *pandere*, plier. Espèce de liens plus longs que larges, qui servent à maintenir un appareil. En *vétérinaire*, les bandes les plus usitées sont faites avec des rubans de fil de 2 à 3 centimètres de largeur, qu'on roule sur eux-mêmes pour en faciliter l'application. La bande est dite *à un chef* ou *à un globe*, quand elle est roulée d'un bout à l'autre; elle est *à deux chefs* ou *deux globes*, lorsqu'elle est roulée par ses deux extrémités; la partie moyenne est nommée *le plein*. On emploie les bandes principalement pour fixer les appareils sur les membres, en exécutant des circonvolutions ou *circulaires*, qui se recouvrent de manière à former un cylindre creux. Si l'on veut envelopper une partie étendue, l'on fait des *doloires*, c'est-à-dire des tours qui se recouvrent en partie seulement. Il faut éviter les *godets*, quand on applique une bande sur des parties non cylindriques, en faisant des *renversés*, c'est-à-dire en renversant le ruban de fil à chaque tour. Ordinairement on emploie les bandes sèches; quelquefois on les enduit avec des matières agglutinatives, afin de donner au bandage plus de fixité. Pour consolider la réduction d'une fracture sur un animal, on se sert de poix noire ou de poix résine fondue, de térébenthine ou d'une dissolution d'amidon, de dextrine, etc. — Avant d'enlever ces bandes *collées*, il faut, quand on veut détacher l'appareil, les imprégner d'eau chaude afin de les ramollir.

BANDEAU, s. m.; bande destinée à être appliquée sur la tête pour garantir les yeux de l'impression de la lumière, pour maintenir quelques topiques.

BANDELETTE, s. f., *Fasciola*, *Tœnia*, *Vitta*; diminutif de bande, petite bande. *Bandelette du corps strié*: petit cordon étroit et aplati longeant le bord interne du corps strié du cerveau. On l'appelle aussi *double centre demi-circulaire de Vieussens.*—*Bot.*, bande colorée, étroite, régnant le long d'une tige ou d'une feuille. — On appelle *tige en bandelette*, celle qui est mince, étroite et aplatie. — En *Chir.*, on nomme *bandelettes agglutinatives*, des bandes enduites d'un corps gluant ou poisseux, qui les fait adhérer à la peau. Pour les animaux, on se sert de pièces de toile très étroites, recouvertes de poix sur une de leurs faces. On les applique pour tenir rapprochées les lèvres d'une plaie. Quand on juge utile de les enlever, il faut procéder avec lenteur, en allant successivement depuis l'extrémité de chaque bandelette jusqu'au point de réunion des tissus, en ayant le soin de maintenir la cicatrice avec les doigts, afin

d'éviter les mauvais effets qui pourraient résulter de la traction. De tous les moyens avec lesquels on opère la *réunion*, c'est le moins usité en vétérinaire. Chez l'homme, on emploie souvent des bandelettes enduites de diachylon.

BAOBAB, s. m.; *Adansonia digitata*, L.; arbre des régions intertropicales, de la famille des Bombacées. Le baobab est un des plus grands de tous les végétaux connus. Perrottet en a trouvé au Sénégal qui avaient 29 mètres de circonférence. Ceux qu'Adanson a observés aux îles de la Magdeleine avaient 9^m 75 de diamètre. Le célèbre naturaliste a pensé qu'ils devaient être âgés de 6,000 ans. L'écorce et les feuilles du baobab sont émollientes. Son fruit, appelé *pain de singe* par les Africains, renferme une matière alimentaire recherchée des nègres.

BARATTE, s. f.; vaisseau en bois ou en fer blanc servant à battre la crème ou le lait, pour en obtenir le beurre. Elle consiste généralement en un petit baril conique dans lequel joue verticalement une sorte de piston à jour et muni d'un manche, ou en un baril cylindrique horizontal, traversé par un axe muni d'ailes, tournant au moyen d'une manivelle.

BARBARÉE, s. f., *Barbarea*, R. Brown.: genre de la famille des Crucifères. Les deux espèces les plus communes sont: la B. vulgaire, *B. vulgaris*, R. Br., encore appelée herbe de Sainte-Barbe, *Erysimum barbarea* de Linn., et la B. précoce, *B. præcox*, R. Br., *Erysimum præcox*, Sm. Ces deux plantes ont une saveur qui rappelle celle du cresson. On mange leurs jeunes feuilles en salade. La première passe pour dépurative.

BARBE, s. f.; nom donné, en *extérieur*, au point de réunion des deux branches du maxillaire inférieur, qui, dans ce point, ne sont recouvertes que par la peau. C'est sur la barbe que s'appuie la *gourmette* du mors, dont on doit modifier la largeur suivant le degré de sensibilité de la région. — *Bot.*; assemblage de poils recouvrant quelques parties des végétaux. — On donne aussi ce nom aux longues arêtes des Graminées et aux aigrettes des Composées.

BARBE (cheval). Ce cheval a beaucoup de rapports avec l'Arabe. On le trouve principalement dans les États barbaresques et dans l'Algérie. C'est dans le Maroc qu'il s'est conservé le plus pur et le plus beau, qu'il présente les plus belles qualités. Celui de Tunis, qui lui est inférieur, l'emporte encore sur le cheval de l'Algérie, qu'une guerre de dix-huit ans a épuisé ou refoulé dans le désert, et au sein des tribus que les Français n'ont pas soumises à leurs armes. On distingue le cheval barbe aux caractères suivants: taille généralement au-dessous de la moyenne; tête un peu forte, droite ou légèrement busquée; encolure souvent rouée, chargée d'une forte crinière soyeuse; épaule charnue et manquant d'obliquité: poitrine haute; ventre arrondi, un peu volumineux; croupe moins horizontale, plus inclinée de chaque côté, plus étroite et plus longue que celle du cheval arabe; membres bons et solides, ceux de derrière un peu clos et coudés, les tendons de ceux de devant fréquemment manqués; paturons long-jointés: queue longue et touffue; robe grise, isabelle ou alezane. Le cheval barbe n'a pas l'élégance, la beauté, la finesse du cheval arabe; il en a la force, la sobriété, la durée. L'état d'abâtardissement, dans lequel il est tombé en beaucoup de lieux, tient principalement au peu de soins que les Bédouins apportent dans les accouplements et dans le régime de leurs animaux, et aux fatigues exagérées qu'ils lui imposent dans leurs émigrations et dans leurs fréquentes guerres. Le cheval barbe a été souvent introduit en Europe dans les deux ou trois derniers siècles. Il brillait sur les hippodromes de la Grande-Bretagne avant la création de la race anglaise de pur sang; création à laquelle il a, d'ailleurs, contribué pour une large part. Le barbe étalon, accouplé avec les juments européennes, jouit de la faculté de *faire plus grand* que lui.

BARBELLE, BARBELLULE, s. f., *Barbella*, *Barbellula*; ces mots, qu'on peut considérer comme synonymes, désignent les appendices latéraux que portent quelquefois les barbes des végétaux.

BARBILLONS, s. m. On appelle vulgairement ainsi les deux petites plaques cartilagineuses, recouvertes par la muqueuse buccale, qui, de chaque côté du frein de la langue, protègent l'orifice du canal de la glande maxillaire. — Les barbillons du bœuf sont beaucoup plus développés que ceux du cheval; des praticiens ignorants les coupent souvent, dans le but *illusoire* de rendre l'appétit aux animaux qui l'ont perdu.

BARBOTAGE, s. m.; boisson composée d'eau dans laquelle on a délayé un peu de farine ou de son. Le barbottage est donné froid ou tiède, dans une augette, une *barbottoire*, ou tout autre vase de forme convenable, jamais dans la mangeoire, à moins qu'elle ne puisse retenir le liquide et ne soit facile à nettoyer. Ce genre de boisson convient aux chevaux fatigués par la chaleur ou par le travail, à ceux qui, sans être malades, sont exposés à contracter des maladies inflammatoires. Il compose souvent à lui seul la ration des animaux affectés gravement, ou de ceux auxquels on ne permet point l'usage des aliments fibreux; dans ce dernier cas, le barbotage ne doit pas être simplement rafraîchissant, mais aussi alimentaire.

BARBU, adj., *barbatus*; recouvert des poils ou appendices qui constituent la barbe. — Il est aussi employé comme synonyme d'*aristé*.

BARDANE, s. f., *Lappa*. T.; genre de la famille des Composées. Les espèces de ce genre sont peu nombreuses; quelques auteurs les limitent à deux: De C. en décrit quatre. La plus commune est la B. vulgaire, L. *communis*, *Arctium lappa* de Linn., à laquelle quelques botanistes joignent comme variétés les espèces *minor* et *major* de De C., l'espèce *tomentosa* de Link. Cette plante est bisannuelle: on la trouve dans presque toutes les contrées de l'Europe, le long des chemins et des haies, dans les prairies fertiles, etc. Ses larges feuilles ne sont mangées par les bestiaux que lorsqu'elles sont jeunes: elles nuisent, par leur développement même, aux plantes fourragères qu'elles recouvrent. On les considère comme excitantes et toniques. — *Pharm.* C'est surtout la racine de cette plante qui est employée comme médicament: elle est grosse, rameuse, noire en dehors, blanche à l'intérieur, sans odeur, et de saveur amère peu marquée: elle contient de l'inuline, de l'extractif amer et des sels à base de potasse. Cette racine s'administre à l'intérieur en décoction aqueuse. Elle est réputée *diaphorétique*, *dépurative* et *diurétique*, et, à ces divers titres, on l'a préconisée contre les affections anciennes de la peau, contre le rhumatisme, les hydropisies, etc.: mais sa faible activité la rend peu digne d'être employée. Ses feuilles sont usitées en décoction, pour déterger les vieilles solutions de continuité, à titre de tonique et d'astringent.

BARDEAU, BARDOT, s. m.: produit de l'accouplement du cheval et de l'ânesse. Sa conformation est peu régulière: il a une petite taille, la tête longue, l'encolure mince, la croupe et le dos étroits, les oreilles de moyenne dimension, la queue, la crinière et les extrémités garnies de crins: ses membres sont assez forts et se rapprochent beaucoup, par leur forme, de ceux du cheval. Le bardot, sobre et robuste comme le mulet, pourrait le remplacer, dans les travaux des champs et pour le service du bât, dans les contrées montagneuses, très pauvres en fourrages, où les animaux n'ont pas besoin de tant de force.

BARÉGINE, s. f. *Glairine*. Substance organique azotée, d'aspect gélatineux, trouvée par Longchamps, dans les eaux sulfureuses de Barège.

BAROMÈTRE, s. m. *Barometrum*, de βάρος, poids, et μέτρον, mesure. On donne ce nom à un appareil destiné à mesurer le poids de l'atmosphère, et la pression qu'elle exerce sur le globe terrestre. Il fut inventé en 1643 par Toricelli, disciple de Galilée, et étudié avec beaucoup de soin quelques années plus tard par Pascal. Le baromètre consiste, théoriquement, en une colonne liquide, contenue dans un tube en verre, plongeant dans l'air par son extrémité inférieure et dans le *vide* par son extrémité supérieure. La hauteur de cette colonne, qui varie selon la densité du liquide qui la constitue, est l'expression exacte de la pression atmosphérique. La construction du baromètre est simple en elle-même; elle consiste dans l'introduction de mercure parfaitement pur dans un tube bien calibré, en verre, clos par une extrémité et ouvert par l'autre. Le point capital de cette opération est de laisser au-dessus de la colonne liquide, un vide parfait (vide barométrique ou de Toricelli). Pour y parvenir, on commence par chasser l'air et l'humidité du tube à l'aide de la chaleur, et ensuite par faire bouillir le mercure dans le tube même. On reconnaît que cette condition essentielle a été bien remplie, lorsque la colonne mercurielle frappe un coup sec vers l'extrémité close du tube, quand on incline l'instrument. On distingue des baromètres à *cuvette* et des baromètres à *siphon;* les premiers sont formés par un *tube* et un *réservoir* séparés, tandis que, dans les seconds, le réservoir et le tube ne forment qu'une seule pièce. On connaît deux baromètres à cuvettes: l'*ordinaire*, et celui de *Fortin*, dont la cuvette est à fond mobile, pour maintenir le mercure au même niveau normal. Les baromètres à siphon sont au nombre de trois: l'*ordinaire*, celui de *Gay-Lussac*, et celui qui est à *cadran*. (*V.* les traités de physique.) Quelle que soit leur forme, les baromètres sont fixés sur une monture en bois, portant également un thermomètre, et garnie d'une échelle munie d'un vernier qui occupe la partie supérieure du tube barométrique; elle est divisée en millimètres. Au niveau de la mer et à 0^u de température, le baromètre présente une colonne liquide, au-dessus du réservoir, d'une hauteur de 0.76; c'est ce qu'on nomme sa hauteur *normale;* les autres sont accidentelles et dépendent de l'élévation des lieux ou des variations du poids de l'atmosphère. Dans l'observation du baromètre, il faut toujours faire deux corrections : une relative à l'action capillaire du tube qui abaisse la colonne, et l'autre relative à la température, qui élève le plus souvent la colonne en la dilatant: il faut aussi tenir compte de la hauteur *normale* du lieu où l'on observe, et qui est rarement celle de l'Océan. Les variations du baromètre se font dans un champ très circonscrit : il en est qui sont *régulières* et *quotidiennes;* on les nomme *horaires* (*V.* Barométriques):d'autres qui sont *irrégulières* et *accidentelles:* on les appelle *météorologiques*, à cause de la signification qu'on y ajoute, pour l'annonce du beau et du mauvais temps. Leurs indications sont loin d'être toujours exactes; cependant l'observation démontre qu'en général, si le baromètre monte, le temps devient beau; s'il baisse, la pluie survient, et enfin s'il se livre à de grandes oscillations, c'est l'annonce d'une tempête ou d'un ouragan. Les autres indications méritent peu de confiance.

BAROMÉTRIQUE, adj.: qui a rapport au baromètre : 1° *observations barométriques*, celles que l'on fait à l'aide de cet instrument, comme cela a lieu d'une manière régulière dans tous les observatoires; 2° *variations barométriques*, changements qui surviennent dans le niveau de la colonne de mercure de cet instrument, par suite de diverses circonstances. On les distingue en *régulières* et *irrégulières;* les premières sont appelées *horaires*, à cause de leur apparition constante à certaines heures du jour et de la nuit. Découvertes et observées avec beaucoup de soins par Ramond, ces oscillations autour de la hauteur normale du baromètre varient selon les saisons; en hiver, le 1ᵉʳ *maximum* d'élévation s'observe à 9 heures du matin, le *minimum* à 3 heures de l'après-midi, et le 2ᵉ *maximum* à 9 heures du soir. En été, les heures critiques sont 8 heures du matin, 4 et 11 heures du soir. Ces variations sont peu étendues, et leur moyenne est d'environ 4 millimètres. Sous l'équateur, d'après de Humbolt, les variations horaires du baromètre sont tellement régulières, qu'elles pourraient servir à mesurer le temps, si elles étaient faciles à observer; mais elles sont encore plus faibles que dans les régions tempérées, leur moyenne ne dépassant jamais 2 millimètres.

BAROSCOPE, s. m.; de βαρος, poids, et σκεπω, j'observe. Petit instrument servant à démontrer la *poussée verticale* de l'air, et le principe d'Archimède appliqué aux fluides élastiques. Il se compose d'un pied portant un petit fléau librement suspendu et aux extrémités duquel sont attachées deux boules d'inégal volume, mais dont le poids est tel, qu'elles se font équilibre dans l'air. — Placé dans le vide, l'appareil penche du côté de la grosse boule qui, n'étant plus soutenue par l'air, entraîne la petite, en vertu d'un léger excès de poids qui n'est plus contrebalancé, comme dans l'air, par la poussée du fluide gazeux.

BARRER, v. act.; séparer les grands animaux, dans l'écurie, par des barres horizontales qui les protègent mutuellement contre les coups de pieds, et marquent la place de chacun. Les barres sont nues ou garnies de paille, suspendues et mobiles ou fixées à des poteaux. Elles sont souvent remplacées par des planches épaisses, mobiles sur un axe parallèle à leur bord supérieur ou par des parois fixes et pleines. Les diverses modifications dans les moyens de barrage des animaux, conduisent donc de la barre nue, qui est le plus imparfait, à la stalle qui est le plus complet, le meilleur, mais le plus dispendieux. Barrer la veine : opération pratiquée autrefois par les maréchaux pour remédier à quelques engorgements des extrémités. Elle consistait dans l'extirpation d'une veine superficielle et la ligature des deux extrémités où l'on pratiquait la section, opération contraire aux lois de la physiologie, et abandonnée depuis longtemps. — Dans le cas de *farcin*, quelques empiriques ont encore l'habitude de tracer, avec le cautère, des raies de feu autour des cordes ou tumeurs farcineuses, pour empêcher leur développement ; *ils barrent le farcin.* C'est une pratique également absurde.

BARRES, s. f.; nom donné aux espaces

interdentaires de la mâchoire inférieure du cheval, sur lesquels s'appuie le canon du mors. La sensibilité des barres varie beaucoup, suivant la conformation particulière de leur base osseuse, suivant aussi l'action, plus ou moins répétée, du mors. La barre *tranchante* est toujours sensible: elle l'est beaucoup moins si elle est *arrondie*, et surtout si l'action fréquente et peu ménagée du mors l'a rendue *calleuse*. Le canon du mors doit toujours être d'autant plus épais, que les barres sont plus tranchantes et plus sensibles.

BARRES (blessures des). Dans la région qu'on nomme les *barres*, l'os maxillaire est immédiatement recouvert par la muqueuse buccale; c'est sur cette membrane que le mors repose. Les blessures sont le résultat d'un mors mal fait, trop volumineux, de la pression produite par la main trop dure du cavalier; elles sont fréquentes sur les sujets dont les barres ont le bord élevé, tranchant et dont la langue n'est pas assez développée. Le premier symptôme apparent est une ecchymose; plus tard, la muqueuse est divisée, l'os se dénude et peut être frappé de carie. Cette dénudation de l'os arrive quelquefois après l'application du pas d'âne, ou *speculum oris*, pour examiner les dents molaires. Quand il a les barres blessées, le cheval se défend, cherche à se soustraire à l'action de la bride; sa bouche est garnie d'écume parfois sanguinolente. Les plaies des barres ne mettent pas en danger la vie de l'animal, mais elles ont l'inconvénient de pervertir la sensibilité de cette partie, résultat toujours fâcheux pour une monture. La contusion simple se guérit seule. On se contente de supprimer le mors ou de l'envelopper avec un linge usé. Une perte de substance demande les mêmes soins; de plus, il faut extraire, de temps en temps, les débris alimentaires qui s'introduisent dans la plaie, et faire quelques gargarismes avec l'eau miellée. Le maxillaire est-il dénudé? l'on favorise l'exfoliation par le nitrate d'argent. Dans le cas de carie, on emploie le même moyen, et, s'il est insuffisant, on enlève, avec la rugine, la partie cariée. On donne des aliments d'une mastication facile, du vert, par exemple, de l'orge cuite, comme pour le traitement de toutes les plaies de la bouche.

BARRINGTONIÉES , s. f. : *Barringtoniæ*; tribu des Myrtacées, regardée par quelques botanistes comme une famille distincte. Elle a pour type le genre *Barringtonia*, et ne renferme que des arbres exotiques.

BARTSIE , s. f., *Bartsia*, L.; genre assez nombreux de la famille des Scrophulariacées. On trouve en France, dans les prairies élevées dont le sol est humide, les espèces *alpina*, *spicata*, *trixago*, *viscosa*. Les autres habitent, pour la plupart, l'Afrique ou l'Amérique.

BARYTE , s. f.; *Protoxyde de Baryum*, *Barote*, *terre pesante*. == Ba O. Cet oxyde métallique, découvert par Schéele, en 1774, existe dans la nature combiné à l'acide carbonique et à l'acide sulfurique. Dans les laboratoires, on l'obtient pur en décomposant l'azotate de baryte par la chaleur seule. La baryte est anhydre ou hydratée; dans le premier cas, elle est amorphe, poreuse, grisâtre, très caustique, de saveur âcre, indécomposable par la chaleur la plus violente et n'entrant en fusion qu'à l'aide du chalumeau à gaz oxy-hydrogène. — Exposée à l'air, elle en attire à la fois l'humidité et l'acide carbonique, et tombe en poussière. Son affinité pour l'eau est plus vive encore que celle de la chaux : ce liquide en dissout un vingtième à la température ordinaire, et un dixième de son poids à 100°. L'acide sulfurique, versé sur la baryte caustique, la rend incandescente, tant est grande leur affinité réciproque. L'hydrate de baryte cristallise en petites lames hexagonales groupées en feuille de fougère : il peut renfermer dix équivalents d'eau : la chaleur lui en fait perdre neuf, et le dixième qui reste combiné, ne peut être chassé par la plus haute température. *L'eau de baryte* verdit fortement le sirop de violette et rougit le curcuma : elle est employée comme réactif pour reconnaître la présence des acides sulfurique et carbonique. La baryte est vénéneuse; elle détruit les matières organiques comme la potasse et la soude. — *Caractères des sels de baryte*. Ils sont incolores, le plus souvent insolubles : ils ne précipitent pas par l'ammoniaque, l'acide sulhydrique et les sulfhydrates, ni par le cyanure jaune de potassium et de fer. Ils précipitent en blanc par les alcalis caustiques ou carbonatés : l'acide sulfurique et les sulfates y produisent un précipité blanc, grenu, insoluble dans l'eau et l'acide azotique. Le chromate de potasse les précipite en jaune. Ils communiquent à la flamme de l'alcool une teinte jaunâtre.

BARYUM , s. m., de βαρύς, pesant. Ba. Eq. 858. Corps simple, métallique, découvert en 1807 par Davy. Il appartient à la première section et compte parmi les métaux alcalino-terreux. On l'obtient en décomposant la baryte au moyen de la pile, par l'intermédiaire du mercure; il se forme un amalgame qu'on décompose ensuite. Le baryum est solide, d'un blanc argentin, se fondant à la température rouge sans se volatiliser sensiblement. Très avide d'oxygène, il se ternit rapidement à l'air et décompose l'eau à froid, dégageant l'hydrogène sans l'enflammer.

BAS , SSE , adj.; qui a peu de hauteur par rapport à un terme de comparaison donné. — *Mettre bas*, se dit des animaux domestiques, et signifie faire des petits, accoucher.

BASALTE , s. m. : roche d'une grande dureté, de composition variable, d'origine ignée, disposée en nappes, en buttes, en filons, d'une étendue quelquefois considérable. L'action prolongée des agents atmosphériques peut en diviser la surface, mais les terrains qui résultent de cette lente atténuation ont toujours très peu de profondeur.

BASE, s. f., *Basis*, de βασις, dérivé de βαινω, je suis appuyé. On donne ce nom, en général, à la partie principale d'un tout ou à celle qui sert de fondement, d'appui ou de soutien, à un corps quelconque. — En *anatomie*, on appelle *base du crâne*, d'une *apophyse*, du *cœur*, la partie inférieure ou la partie la plus renflée de ces organes. — En *physique*, on nomme *base de sustentation* d'un corps la portion du plan sur laquelle il repose, soit par toute sa surface inférieure, soit seulement par quelques points saillants qui lui servent de soutien, comme les pieds d'une table ou d'un tabouret. En général, pour déterminer la base de sustentation d'un corps quelconque, il faut relier entre eux les points extrêmes par lesquels il touche au plan ; le polygone qui en résulte représente exactement cette base en grandeur et en configuration. Dans les animaux quadrupèdes, la base de sustentation est représentée par l'espace rectangulaire compris entre les quatre pieds ; dans l'homme et les oiseaux, cette base est comprise entre les deux pieds et présente une disposition opposée à celle des quadrupèdes ; elle est allongée transversalement, tandis que l'autre est longitudinale : ce qui explique le plus ou moins de stabilité de l'équilibre de ces êtres, dans l'un ou l'autre sens. — En *pharmacie*, on appelle *base* la substance la plus active d'un médicament composé : ex. : les *cantharides* dans l'onguent vésicatoire. — Enfin, les *chimistes* donnent le nom de *base* aux composés qui jouent le rôle électro-positif dans la formation des sels, et neutralisent plus ou moins exactement les acides. Ces corps comprennent principalement les oxydes métalliques, l'ammoniaque et les alcaloïdes organiques. On emploie quelquefois le mot *base* comme synonyme de *radical*, pour désigner l'élément principal d'une combinaison ; cependant le dernier est maintenant le plus usité. *V.* Radical.

BASELLACÉES, s. f. : *Basellaceæ* : petite famille végétale que Moquin-Tandon propose de former avec les genres *Basella*, *Anredera*, et *Boussingaultia*, qui seraient ainsi distraits de la famille des Chénopodées.

BASICITÉ, s. f. : Propriété des corps qui, dans les combinaisons, jouent le rôle de base. En général, les éléments simples ou composés qui sont très électro-positifs jouissent de cette propriété.

BASIDIE, s. f. : utricule renflée portant à son sommet des spores nues, et occupant la surface de l'hyménium dans certains champignons. On l'appelle aussi *sporophore*.

BASIFIXE, adj., *basifixus* ; se dit de l'anthère lorsqu'elle tient au filet par sa base : — du *trophosperme* lorsqu'au moment de la maturité, il ne s'attache plus qu'à la base du péricarpe.

BASIGÈNE, adj., de βασις, base, et γεννω, j'engendre. Nom donné par Berzélius aux éléments qui jouent le rôle électro-négatif dans les deux composés binaires qui constituent les sels *amphides*. (Voy. ce mot.) — Il en reconnaît quatre : l'*oxygène*, le *soufre*, le *sélénium* et le *tellure*. L'oxygène, qui est commun à l'acide et à l'oxyde dans les *oxysels*, est leur *basigène*. Le soufre, le sélénium et le tellure sont les *basigènes* des sulfo-sels, séléni-sels et telluri-sels (V. Amphigène). Les *chloroïdes* sont aussi des *basigènes* dans les chloro-sels, les bromosels, les iodosels, les fluosels, etc.

BASIGYNE, adj. et s. ; *basigynus*, de βασις, base, et γυνη, femelle : nom donné par Richard au support qui, s'élevant du réceptacle, ne porte qu'un ovaire. Ex. : le câprier. V. Carpophore.

BASILAIRE, adj., *basilaris* ; se dit des parties considérées comme servant de base. *Apophyse basilaire* : prolongement inférieur et médian de l'occipital, qui, dans le fœtus, forme une pièce osseuse séparée. — *Artère basilaire*, ou *tronc basilaire*, ou encore *artère mésocéphalique* : artère impaire résultant de l'anastomose par convergence des branches terminales des deux artères occipitales. — *En Bot.*, se dit des organes qui naissent de la base d'un autre organe. — *Style basilaire*, qui part de la base de l'ovaire ; *embryon basilaire*, situé au centre et près du hile.

BASILIC, s. m., *Ocymum*, L. ; genre de la famille des Labiées. Les diverses espèces de basilic sont toutes de petites plantes herbacées, annuelles, originaires de l'Inde. Quelques-unes, et notamment les espèces *basilicum* et *minimum* sont cultivées en France à cause de leur odeur aromatique. Leurs feuilles pourraient être employées en infusions stimulantes.

BASILICUM. *V.* Onguent.

BASINERVÉ, adj., *basinervis* ; se dit des feuilles dont les nervures partent de la base.

BASIO-GLOSSE, adj., *basio glossus*, de βασις, base, et γλωσσα, langue : muscle désigné sous le nom d'*hyo-glosse*, et concourant à former la base de la langue. V. Hyoglosse.

BASIQUE, adj. : *basicus* ; qui a rapport aux bases. On donne ce nom, en *chimie*, aux sels qui contiennent un excès de base. Ainsi, on appelle sels *sesqui-basiques*, *bibasiques*, *tribasiques*, etc., ceux qui renferment une fois et demie, deux fois, trois fois autant de base que le sel neutre de la même espèce. — *Propriété basique*, tendance à jouer le rôle électro-positif dans les combinaisons salines.

BASSE-COUR, s. f. : ensemble des bâtiments et cours habités par les animaux domestiques, et de toutes les dépendances qui s'y rattachent. Une étendue suffisante, une bonne disposition de chaque partie, de la propreté, sont des conditions que l'on rencontre trop rarement dans ces portions importantes de l'exploitation. — Dans le langage ordinaire, on réserve plus particulièrement le nom de basse-cour au lieu où l'on entretient les gallinacés domestiques.

BASSIN, s. m., *Pelvis ;* cavité oblongue, un peu conique, faisant partie de la cavité abdominale, dont elle constitue l'extrémité postérieure. Le bassin a pour base osseuse les deux coxaux, le sacrum et le coccyx, et se trouve complété, sur les côtés, par deux larges lames fibreuses, fixées au sacrum et au coxal, et portant le nom de *ligaments sacro-ischiatiques*. — Outre le rectum et la vessie, le bassin renferme, chez le mâle, les vésicules séminales et la prostate ; dans la femelle, le vagin et la partie postérieure de l'utérus. — L'espèce de ceinture osseuse formée par cette cavité constitue un *détroit* que le fœtus doit franchir lors de l'accouchement.

BASSINE, s. f. On donne ce nom, dans les laboratoires, à des vases métalliques de forme hémisphérique à fond plat ou concave, destinés surtout aux évaporations.

BASSINET, s. m.; réservoir placé dans l'épaisseur du rein, où il constitue le commencement ou la partie évasée de l'uretère. — Dans les *solipèdes*, le bassinet a la forme du rein et présente, à l'opposé de l'*infundibulum* par lequel commence l'uretère, une crête où aboutissent les canaux sécréteurs de l'organe. — Dans le *bœuf*, le *porc*, il n'est que le rendez-vous des *calices* qui ont reçu, dans les différents points de l'intérieur du rein, l'urine versée par les mamelons sécréteurs.

BASSORINE, s. f. Principe insoluble de la gomme de Bassora, analogue à l'*adragan-thine* et très voisin de la *cérasine* (Voy. ces mots). Cette substance est solide, amorphe, incristallisable, incolore, inodore, difficile à pulvériser, insoluble dans l'eau froide, l'alcool et l'éther: l'eau chaude la gonfle beaucoup sans la dissoudre, à moins qu'elle ne soit légèrement acide ou alcaline. L'acide sulfurique la transforme en sucre non cristallisable, et l'acide azotique en acide mucique et acide oxalique.

BAT, s. m.: selle grossière de forme et d'étendue variables, à l'usage des bêtes de somme. Le bât se compose, indépendamment de l'arçon plus long que celui de la selle ordinaire, de panneaux, sangles, poitrail, croupière, bascule, et de tout ce qui est nécessaire pour soutenir et attacher la charge. Il ne doit être ni trop long ni trop étroit; on doit pouvoir le fixer solidement sur le dos.

BÂTARDES (vaches). Dans le système de Guénon, on désigne ainsi des vaches dont le rendement en lait diminue beaucoup au moment où elles ont conçu de nouveau. On en trouve dans chaque classe, dans chaque ordre. Leurs caractères consistent ou dans l'absence des signes qui distinguent ces classes et ces ordres, ou dans la modification de ces signes, ou encore dans l'existence de signes différents.

BATATE ou **PATATE**, s. f. ; *Batatas*, Rumph.; genre de la famille des Convolvulacées. L'espèce la plus intéressante est le *Convolvulus batatas,* L. *Batatas edulis,* Chois. originaire des régions intertropicales, intro-

duite en Afrique et dans les contrées méridionales de l'Europe depuis environ deux siècles. Les essais tentés dernièrement pour la naturalisation de la batate dans le Midi de la France, ont été suivis de quelques résultats. Cette plante produit des tubercules allongés, tendres, féculents, de couleur blanche, jaune ou rougeâtre, d'une grande ressource pour l'alimentation de l'homme dans les contrées du globe où sa culture est facile et productive. La conservation de ces tubercules, après la récolte, demande beaucoup de soins. Les jeunes pousses et les feuilles peuvent aussi être mangées. Toutes les parties conviennent également aux herbivores.

BATRACIENS, s. m., de βάτραχος, grenouille : quatrième ordre de la classe des Reptiles, formant le passage de cette classe à celle des Poissons. Cet ordre renferme des animaux à peau nue, différents de tous les autres vertébrés par la métamorphose qu'ils éprouvent dans les premiers temps de leur existence. L'œuf des batraciens donne naissance à un *têtard* pisciforme, respirant par des branchies, et ne pouvant vivre que dans l'eau. Plus tard, des pattes se développent, la queue disparaît chez quelques-uns, et les branchies sont remplacées par des poumons, ou, existant concurremment avec ces organes, font, de certains batraciens, de véritables amphibies. L'appareil circulatoire, analogue d'abord à celui des poissons, subit, en même temps, un changement qui permet, chez l'animal adulte, le mélange des deux sangs artériel et veineux. — La *Grenouille*, le *Crapaud*, la *Salamandre*, sont les genres principaux de cet ordre.

BATTAGE, s. m. Le battage des grains est une opération agricole importante. Elle doit, pour être économique, réunir trois conditions : enlever tous les grains : s'exécuter avec rapidité : ne point gâter la paille. Le battage a lieu : 1° par dépiquage avec les animaux: 2° au fléau mû par la main de l'homme: 3° au fléau mécanique : 4° à l'aide des instruments appelés *machines à battre* ; 5° au tonneau ou à la planche : 6° au rouleau. Considérée d'une manière absolue, la question économique est résolue en faveur des machines à battre.

BATTEMENT, s. m., *Pulsus;* se dit du mouvement brusque de dilatation du cœur et des artères ; ex. : *battements du cœur, battements artériels* (*V.* PouLS.) — Se dit encore des secousses ou pulsations occasionnées dans une partie par la congestion et l'inflammation, surtout lorsqu'un foyer purulent tend à s'abcéder.

BATTERIE ÉLECTRIQUE, s. f. On donne ce nom à un assemblage de jarres électriques ou de grandes bouteilles de Leyde, dont toutes les armatures analogues communiquent ensemble. Elles sont contenues dans une boîte en bois divisée en casiers, et dont le fond est tapissé de feuilles d'étain : c'est par là que les armatures externes des bouteilles communiquent entre elles; quant aux armatures internes, elles sont réunies par un système de baguettes métalliques qui aboutissent toutes au même point. Cet appareil électrique se charge comme une simple bouteille de Leyde; sa puissance dépend de la grandeur des jarres et de leur nombre.

BATTITURES, s. f. ; terme de maréchalerie. Écailles qui se détachent du fer chaud quand on le frappe sur l'enclume. Ces battitures sont en grande partie formées d'oxyde de fer.

BATTRE A LA MAIN; expression par laquelle on désigne l'action du cheval qui, étant monté, élève et abaisse alternativement la tête, comme pour se débarrasser de la bride. Ce mouvement peut être provoqué par une gêne temporaire, et devenir ensuite une habitude.

BATTRE DU FLANC. Se dit d'un animal qui respire avec plus de fréquence que dans l'état normal. Les mouvements d'inspiration et d'expiration se succèdent avec rapidité, mais ils n'ont pas toujours les mêmes caractères. Cette accélération des mouvements respiratoires peut être due à la pousse ou à d'autres maladies de la poitrine et du ventre ; quelquefois elle est seulement le résultat de la fatigue.

BATTRE LES AVIVES. *V.* AVIVES.

BAUDET, s. m. ; nom particulier de l'âne mâle employé à la reproduction de l'espèce ou à la production du mulet. Le choix de l'âne étalon est généralement négligé partout où l'on ne fait pas, des deux industries précédentes, une question économique sérieuse. Fait avec quelque soin, il pourrait cependant relever un peu nos rares communes de leur abâtardissement, et diminuer le nombre des sujets rabougris qui peuplent une partie du midi, du centre et de l'est de la France. Le baudet devrait toujours être grand, étoffé, avoir la croupe et le poitrail larges, les membres forts et bien faits, le garrot sorti, l'encolure allongée et musculeuse, l'œil vif et ouvert, le poil lisse, être âgé de trois à dix ans. Un animal, ainsi fait, donne des produits développés et robustes; il peut faire, pendant plusieurs mois de l'année, deux et même trois saillies par jour, et féconder, dans une période de monte, plus de cent femelles. Quand le baudet est bien entretenu, il est ardent et prolifique, et peut être employé avantageusement à la reproduction jusqu'à l'âge de quinze ou vingt ans. Il est vrai de dire qu'arrivé à un certain âge, il devient presque toujours méchant, difficile, dangereux même à gouverner ; peut-être préviendrait-on cet inconvénient, si l'on faisait travailler les baudets, et si l'on sacrifiait aux avantages d'un travail modéré quelques-uns des bénéfices de l'emploi spécial. — Le baudet préfère l'ânesse à la jument; il convient donc, lorsqu'on l'emploie à la production du mulet et des ânes, de lui présenter les juments les premières. — Le produit de l'accouplement de l'âne étalon avec la jument prend le nom de *mulet.* (*V.* ce mot.)

BAUDRUCHE, s. f. ; membrane très mince provenant de l'intestin du bœuf, bien dégraissé et fortement battu. On s'en sert dans les arts pour réduire l'or en lames très minces, et, en médecine, pour appliquer certains emplâtres. On l'emploie aussi à la confection de quelques instruments de physique, notamment des *aérostats.*

BAUÉRACÉES, s. f., *Baueraceæ ;* tribu des Saxifragées, regardée par R. Br. comme une famille distincte ; elle est composée du genre *Bauera,* qui ne renferme que des arbres exotiques.

BAUME, s. m., *Balsamum.* Cette dénomination sert à désigner deux séries de corps bien distinctes : 1° Les *baumes naturels* ou *simples ;* 2° les *baumes artificiels, composés* ou *pharmaceutiques.*

1° *Baumes naturels.* Ce sont des produits de sécrétion qui exsudent de certains arbres, en se faisant jour par les fissures naturelles de l'écorce ou par des incisions artificielles. Ils se rapprochent beaucoup des térébenthines par leur origine et par les principes résineux et essentiels qu'ils contiennent, mais ils en diffèrent par l'acide *benzoïque* ou *cinnamique* qu'ils renferment constamment, et qui est leur principe spécifique. Les baumes sont solides, mous ou liquides ; leur couleur varie du jaune au brun; leur saveur est douce ou âcre et amère ; leur odeur est généralement agréable et due à l'huile essentielle qu'ils contiennent. Exposés à l'air, ils se résinifient et perdent leur essence; la chaleur les dépouille, de plus, de leur acide. — Insolubles dans l'eau, les baumes se dissolvent aisément dans l'alcool, l'éther, les essences et les huiles grasses. Ils ont été divisés par Frémy en deux séries : les baumes à acide benzoïque, tels que le *benjoin,* le *storax* et le *styrax* (*V.* ces mots), et les baumes contenant de l'acide cinnamique, comme les baumes du *Pérou* et de *Tolu.* — Quant à certaines substances appelées aussi baumes, comme ceux de *Copahu,* du *Canada,* de la *Mecque,* etc., ce sont de véritables *térébenthines* qui ne renferment pas les acides caractéristiques des baumes. — Enfin, on a donné aussi, par corruption, le nom de *baume* à certaines plantes labiées, à cause de leur odeur aromatique et balsamique.

BAUME DU PÉROU, s. m. ; *baume brun, baume en coque, baume sec.* - Extrait des arbres du Mexique et de la Colombie; *Myroxilum peruiferum* et M. *pubens.* On en distingue deux sortes : le baume *solide ;* récent, il est demi-fluide, transparent, jaunâtre, d'une odeur agréable et d'une saveur aromatique, mais âcre et piquante; lorsqu'il a vieilli, il devient brun et se concrète en se résinifiant. Le baume *liquide* est visqueux, noir, d'une odeur agréable et d'une saveur âcre et amère; il cède à l'eau de l'acide cinnamique et de l'essence. C'est l'espèce la plus employée. Il est réputé excitant, expectorant et diurétique.

BAUME DE TOLU, s. m. : *baume d'Améri-*

que, *baume de Saint-Thomas, baume de Carthagène, baume dur.* Il est produit par le *Toluifera balsamum* ou *Myroxylum toluifera*, arbre de l'Amérique méridionale. — D'abord demi-fluide comme une térébenthine, le baume de Tolu devient de plus en plus solide, et passe du fauve au jaune rougeâtre : son odeur est spéciale et très suave. Chauffé, il fond et brûle en répandant une odeur agréable. Traité par l'eau, il perd de son acide et un peu d'huile essentielle : l'alcool et l'éther le dissolvent intégralement. C'est un médicament stimulant, expectorant et balsamique.

2° *Baumes pharmaceutiques.* Ce sont des médicaments officinaux très nombreux et très variés par leur nature. Ils sont *alcooliques, huileux, savonneux, résineux, onguentacés,* etc. Il en est peu qui soient employés en médecine vétérinaire. Les suivants pourraient parfois être utiles :

A. *Baume astringent de Richard.* ♃ Acide sulfurique, 30 ; essence de térébenthine, 30 ; alcool, 90. Mêlez dans un mortier en verre avec précaution. Astringent, hémostatique, antiseptique.

B. *Baume de genièvre.* ♃ Huile d'olive, 240 ; térébenthine, 80 ; cire jaune, 40 ; santal rouge, 40 ; camphre, 30. Faites fondre et mêlez. Résolutif, utile contre les contusions et les plaies anciennes.

C. *Baume de Goulard.* ♃ Essence de térébenthine, P. V. Faites chauffer et ajoutez peu à peu : acétate de plomb liquide, jusqu'à refus de dissolution ; laissez reposer, décantez à chaud et conservez. Digestif et légèrement phagédénique.

D. *Baume Nerval.* ♃ Moelle de bœuf, 125 ; beurre de muscade, 125 ; essence de romarin, 8 ; essence de girofle, 4, camphre, 4 ; baume de Tolu, 8 ; alcool, 45. Faites fondre la moelle et le beurre, dissolvez le camphre et les essences dans l'alcool et mélangez. Stimulant, fortifiant et antirhumatismal.

E. *Baume Opodeldoch.* ♃ Savon, 30 ; ammoniaque, 8 ; camphre, 24 ; huile essentielle de lavande, 16 ; essence de romarin, 3 ; alcool, 250. Dissolvez le camphre, les essences et le savon dans l'alcool et ajoutez l'ammoniaque. Résolutif et antirhumatismal.

F. *Baume Samaritain.* ♃ Huile d'olive et vin rouge, P. E. Mélangez et réduisez à moitié. Employé sur les plaies, les brûlures, les ulcères, etc., etc.

G. *Baume de soufre.* ♃ Soufre sublimé, 1 ; huile de noix, 4. Faites digérer pendant quelques jours et filtrez : ajoutez, au besoin, essence de térébenthine, 1. Préparation antipsorique.

H. *Baume tranquille.* ♃ Feuilles fraîches de belladone, 125 ; tabac, 125 ; jusquiame, 125 ; pavots, 125 ; morelle, 125 ; stramoine, 125 ; sommités sèches d'absinthe, de marjolaine, de mille-pertuis, de thym, d'hyssope, de menthe aquatique, de rue, de lavande, de balsamite, de sauge, ana, 30 ; fleurs de sureau, de romarin, ana, 30 ; huile d'olive, 3,000. Faites

cuire les plantes fraîches dans l'huile jusqu'à disparition de l'humidité, passez avec expression. Versez sur les sommités et les fleurs sèches ; laissez macérer pendant deux mois ; passez, exprimez et conservez pour l'usage. Anodin et antirhumatismal, très employé chez l'homme.

BAUMIER. *V.* AMYRIDÉES.

BAVE. s. f. : salive épaisse qui découle de la bouche. Dans le chien, elle est parfois écumeuse ; on dit : la *bave d'un chien,* la *bave d'un reptile,* la *bave d'un colimaçon.* Dans ce dernier cas, on désigne la liqueur visqueuse contenue dans la coquille du colimaçon.

BDELLOMÈTRE. s. m., de βδέλλω, je suce, et μέτρον, mesure ; instrument inventé par Sarlandière pour remplacer les sangsues, et qui permet de connaître la quantité de sang qu'on retire. Il se compose d'un verre en forme de ventouse, surmonté d'une tubulure, dans laquelle entre à frottement une tige garnie de pointes de lancettes. Sur une des faces est adapté un corps de pompe aspirante, pour faire le vide. Cet instrument n'est autre chose que la ventouse armée du scarificateur : il est inusité en vétérinaire.

BEAUCE (race ovine de la). L'ancienne race de la Beauce n'existe plus aujourd'hui. Inférieure, quant à ses qualités, aux métis provenant de croisements avec le mérinos, inférieure surtout au mérinos, elle a dû partout leur céder la place.

BEC, s. m., *Rostrum;* enveloppe cornée recouvrant les os maxillaires chez les oiseaux, et remplaçant, chez ces animaux, le système dentaire. La forme du bec, extrêmement diversifiée, commande nécessairement le genre de nourriture de l'oiseau, et offre, dans ses nombreuses variétés, d'excellents caractères pour leur classification.

BEC-DE-LIÈVRE. s. m. : nom donné à la division des lèvres ; vice de conformation *congénial* ou *acquis.* Il résulte, lorsqu'il est accidentel, d'une solution de continuité des lèvres dont les bords ont été cicatrisés isolément. Son siége est à la lèvre supérieure, fort rarement à l'inférieure. On l'observe quelquefois dans le chat. Une division unique, quelquefois double, existe sur la lèvre, dans la ligne médiane ; les bords sont arrondis, formant avec la partie libre de la lèvre un angle obtus. Les causes du bec-de-lièvre acquis, sont les affections gangreneuses des lèvres, les ulcères, les brûlures. Cette affection n'est le plus souvent, dans nos petits animaux, qu'une difformité sans importance. On y remédie en avivant les bords de la division avec le bistouri, pour en faire une surface adhésive, puis on les met en contact pour les faire adhérer. Les bandelettes ou bandages unissants ne peuvent suffire ; la suture entortillée est préférable ; on la pratique avec des aiguilles et des fils cirés.

BECCABUNGA. *V.* VÉRONIQUE.

BÊCHE. s. f. : instrument d'agriculture et de jardinage généralement composé d'un fer aplati et tranchant, emmanché. La bêche appartient essentiellement à la petite et à la moyenne culture. Les jardiniers et les agriculteurs n'en reconnaissent pas moins de trente à trente-cinq espèces.

BÉCHIQUE, s. et adj., *Bechicus*, de βήξ, toux. On appelle béchiques les médicaments propres à calmer la toux. Ce symptôme des affections de la poitrine, dépendant de causes diverses, les médicaments béchiques doivent être nombreux et variés. On les distingue en trois classes : 1° les *béchiques émollients* (*V*. Adoucissant) sont les plus nombreux et les plus employés ; ils comprennent la mauve, la guimauve, la réglisse, les fleurs de bouillon blanc, les gommes, l'amidon, le mucilage, le miel, le sucre, le lait, les huiles douces, etc. On administre ces médicaments en boissons, breuvages, tisanes, électuaires, auxquels on ajoute parfois un peu d'opium ; parfois aussi on les donne en fumigations, ce qui est le meilleur mode lorsque la toux est sèche et douloureuse ; 2° les *béchiques vulnéraires*, comprenant des substances légèrement astringentes et aromatiques, comme le lierre terrestre et les autres labiées amères, l'ortie blanche, la racine de fraisier, le capillaire de Montpellier, les baumes, etc. ; 3° enfin les *béchiques incisifs*, tels que la scille maritime, le lichen d'Islande avec sa matière amère, les gommes-résines, les antimoniaux, notamment le kermès, l'ipécacuanha et les préparations de soufre. Les deux dernières séries de béchiques ne s'emploient que quand la toux n'est plus douloureuse et qu'elle est devenue grasse, comme à la fin de la bronchite, de la gourme, du catarrhe bronchique, de la maladie des chiens, etc., etc.

BÉGONIACÉES, s. f., *Begoniaceæ*; famille de plantes exotiques, dicotylédones, dicliques, ayant pour type le genre *Begonia*.

BÉGU, E, adj. ; on appelle ainsi le cheval chez lequel, à l'époque où la mâchoire devrait avoir rasé, la cavité persiste dans les dents incisives, et indique un âge inférieur à celui qu'a réellement l'animal ; c'est surtout dans les *coins* que l'on observe cette persistance de la cavité. La forme de la table des dents est, dans ce cas, le meilleur moyen de rectification. — On appelle *faux-bégu* le cheval chez lequel la cheville d'émail, qui fait suite au cornet dentaire, persiste au-delà du terme ordinaire ; dans ce cas encore, l'inspection de la forme des dents doit faire éviter l'erreur.

BÉLIER, s. m., *Aries;* nom particulier du mâle dans l'espèce ovine. Le bélier est entretenu pour la reproduction de l'espèce. Il doit réunir au plus haut degré les qualités de la race à laquelle il appartient, avoir une toison uniforme en finesse et en longueur, etc., et une bonne santé. Il peut être employé à la reproduction dès l'âge de 18 mois à 2 ans, jusqu'à 5 ou 6 ans et plus. Un seul mâle suffit, dans les races communes, pour un troupeau de soixante à quatre-vingts brebis ;

moins prolifique et moins robuste dans les races perfectionnées, le bélier ne doit féconder que trente à cinquante femelles. La chair du bélier contracte de bonne heure une odeur forte, une saveur désagréable et une dureté que l'engraissement ne fait disparaître qu'en partie. Il est indispensable de priver des facultés génératrices, par le bistournage, ou mieux encore, par l'ablation des testicules, le mâle qui doit être engraissé.

BÉLIER HYDRAULIQUE, s. m.; machine hydraulique très puissante imaginée, par Montgolfier, l'inventeur des aérostats. Elle consiste en un canal bouché par une extrémité, recevant par l'autre, à volonté, de l'eau, et portant deux soupapes : l'une s'ouvrant de bas en haut, placée vers l'extrémité close du canal, et l'autre disposée en sens inverse et située plus en avant. Lorsque l'eau coule lentement, elle s'échappe par la soupape inférieure ; mais, quand elle arrive brusquement, elle la ferme, soulève l'autre, et entre avec force dans un réservoir placé au-dessus, dont l'air la pousse par son élasticité dans un tuyau disposé à dessein. Le mécanisme de cet instrument est simple ; il repose sur l'effet du choc produit par le courant d'eau dans l'intérieur du tuyau, et sur l'élasticité de l'air contenu dans le réservoir ; il élève l'eau à une grande hauteur.

BELLADONE, s. f.; *Atropa belladona*, L.; plante vivace, composant le genre *Atropa*, famille des Solanées. Ses caractères sont : tige verte, rameuse ; feuilles grandes, ovales, entières, souvent géminées ; fleurs axillaires, pédonculées ; calice en cloche, à cinq divisions ; corolle campaniforme, de couleur rougeâtre, deux fois plus longue que le calice, à cinq divisions ; baies arrondies, noirâtres à la maturité. La belladone croît spontanément dans beaucoup de lieux abrités. — En *Pharm.*, médicament *narcotique* et *antinévralgique*, placé à tort par quelques auteurs au nombre des narcotico-âcres. La belladone contient dans toutes ses parties un alcaloïde particulier combiné à l'acide malique, et appelé *atropine;* c'est son principe actif ; elle renferme, en outre, de l'albumine végétale, du ligneux, de la chlorophylle, de la gomme, de l'amidon, des sels, etc. La racine, les feuilles, les fruits et les graines peuvent être employés ; cependant on donne généralement la préférence aux feuilles dans la médecine des animaux. Elles s'emploient à l'intérieur sous forme d'infusion, de décoction, d'extrait, de poudre, de teinture, etc., à la dose de 15, 30 et 125 grammes pour les grands animaux, selon qu'on emploie l'extrait, la poudre, ou les feuilles fraîches, et à celle de 2, 10, 20 grammes chez les petits, pour les mêmes préparations. — A l'extérieur, on fait usage de l'extrait ou de l'huile, de la pommade, du cérat composés avec l'extrait, etc. Donnée à l'intérieur, la belladone agit comme un poison narcotique, sans produire de désordres matériels ; son action se porte principalement sur la moelle épinière et les nerfs qui en émanent : elle agit avec beaucoup plus d'énergie sur l'homme et les carnivores, que sur les herbivores. Elle détermine chez le chien des convulsions et la paralysie des membres postérieurs ; quant à son action sur l'encéphale elle est peu marquée. Ses effets les plus remarquables et les plus constants se portent sur le nerf optique et les sphincters ; d'après Flourens, elle agirait surtout sur les tubercules quadrijumeaux, d'où résulteraient, même par application externe, la *dilatation de la pupille*, le trouble, et même la perte momentanée de la vision : son action relâchante sur les sphincters s'explique par l'effet stupéfiant qu'elle exerce sur la partie postérieure de la moelle épinière. La belladone convient, à l'intérieur, contre certaines affections nerveuses essentielles, comme l'épilepsie et le tétanos. Préconisée chez l'homme, comme un spécifique de la coqueluche et de l'asthme, elle pourrait être utile chez les animaux, en électuaire ou en fumigations, contre l'angine laryngée très douloureuse, la toux quinteuse et la pousse commençante. A l'extérieur, la belladone constitue un calmant énergique, qu'on doit même préférer à l'opium dans beaucoup de cas : elle convient surtout contre les phlegmons sous-aponévrotiques, les douleurs articulaires, le rhumatisme, les blessures des nerfs, celles du pied, etc. Elle calme rapidement les inflammations de l'œil ; elle produit le relâchement de l'anus, du col de la matrice dans le cas d'accouchement laborieux par la contraction spasmodique de ce sphincter : elle détend aussi le col de la vessie dans la strangurie, le fourreau, dans le cas de phymosis et de paraphymosis, etc.

BÉNIGNITÉ, s. f.; douceur, indulgence; t. peu usité. En médecine, ce mot exprime l'état d'une maladie dont la guérison est facile à obtenir.

BENJOIN. s. m., *Benzoe;* baume solide fourni par le *Styrax benzoin*, arbre qui croît à Sumatra, à Java et dans le royaume de Siam. Il s'écoule spontanément par les fissures de l'écorce ou par des incisions artificielles. D'abord liquide et incolore, ce baume se solidifie et se colore en brun par son exposition à l'air. Le commerce en offre deux variétés : 1° le *benjoin en larmes* ou *amygdaloïde*, qui est en masses arrondies, ovoïdes, blanches, d'une cassure luisante et jaunâtre, agglomérées dans une pâte brune ; 2° le *benjoin en sortes*, qui est en masse rougeâtre, légère, pulvérulente, de cassure brillante, et parsemée de points blancs. Le benjoin, quelle que soit sa variété, a une odeur suave, une saveur aromatique un peu âcre, une cassure conchoïde, vitreuse et un peu grasse. Chauffé à une douce chaleur, il fond et laisse dégager une substance blanche qui se condense en longues aiguilles : c'est l'acide *benzoïque*. Le benjoin est soluble dans l'alcool et l'éther, ses teintures sont troublées par l'eau, et forment alors une émulsion laiteuse appelée *lait virginal*. Ce baume est composé principalement d'acide benzoïque, d'huile volatile et de trois espèces de résines.—Médicament *excitant antispasmodique*, très vanté autrefois, le benjoin n'est plus que rarement employé aujourd'hui, si ce n'est comme *expectorant*; sous ce dernier rapport, il mérite encore quelque confiance. On le donne en teinture ou en fumigations. Son prix élevé en interdit l'usage pour les animaux.

BENOITE. s. f. *Geum*, L. : genre de plantes de la famille des Rosacées. Plusieurs espèces de ce genre sont communes en France, dans les lieux élevés et ombragés : elles sont généralement petites, précoces et assez recherchées des bestiaux, malgré leur amertume. La racine desséchée de la Benoîte officinale, G. *urbanum*, passe pour tonique et astringente. Les espèces *montanum*, *rivale*, *pyrenaïcum*, *reptans*, jouissent des mêmes propriétés. — *Pharmac.* La racine est la seule partie employée en médecine : elle est grosse comme une plume à écrire, brune en dehors, rougeâtre en dedans, d'une saveur astringente, amère et aromatique, d'une odeur de girofle, se dissipant par la dessiccation.—Cette racine renferme du tannin, de l'acide gallique, un principe résineux, une huile volatile, un extrait muqueux, des sels, etc. Conseillée comme succédané du quinquina, la benoite agit sur l'économie à la manière des substances végétales astringentes et toniques : elle peut se donner en poudre ou en décoction contre les affections adynamiques, anémiques, la diarrhée séreuse, la bronchite chronique, le farcin, etc. C'est un médicament abandonné à tort par les vétérinaires ruraux, qui pourraient y puiser quelques ressources pour leur médecine, qui doit être économique.

BENZAMIDE, s. f., — $C^{14} H^7 Az O^2$. — Ce composé, découvert par Woehler et Liébig, fait partie de la classe des *amides* de Dumas. Il représente, par sa composition, du benzoate d'ammoniaque, moins un équivalent d'eau. On l'obtient, soit en traitant le chlorure de benzoyle par le gaz ammoniac sec, reprenant ensuite par l'eau, soit en traitant l'acide hippurique par l'oxyde puce de plomb. C'est un corps solide, blanc, cristallisable, fusible à 115°, bouillant à 120° et donnant, à la distillation, un liquide ayant de l'analogie avec l'essence d'amandes amères, ainsi que des vapeurs inflammables. Soluble dans l'eau chaude, l'alcool et l'éther, la benzamide est décomposée par les acides et les alcalis, en ammoniaque et acide benzoïque.

BENZILE, s. m. — $C^{14} H^5 O^2$. — Composé obtenu par Laurent en faisant agir le chlore sur la *benzoïne* fondue. — C'est un corps solide, cristallin, jaunâtre, insipide, inodore, fondant à 91°, s'enflammant avec facilité et brûlant avec une flamme rouge très fuligineuse, insoluble dans l'eau, se dissolvant dans l'alcool et l'éther ; le benzile se dissout dans une dissolution alcoolique bouillante de potasse, en prenant une couleur violette et en donnant naissance à du *benzilate de potasse.*

BENZIMIDE, s. f. — $C^{28} H^{12} Az O^4$. — Ce composé, très voisin de la *benzamide*, a été découvert par Laurent dans l'huile brute d'amandes amères. C'est un corps solide, cristallin, d'un éclat nacré, fusible à 197° et inflammable. Peu soluble dans l'eau et l'alcool, la benzimide est décomposée, par les acides minéraux, en une liqueur d'un bleu indigo, qui devient d'un vert d'émeraude étant exposée à l'air humide.

BENZINE, s. f., *Benzole, benzène, phène.* — $C^6 H^3$. — Sorte de carbure d'hydrogène, découvert par Mitscherlich dans les produits de la décomposition par le feu du benzoate de chaux.—C'est un corps liquide, huileux, incolore, d'odeur éthérée, pesant 0.85, bouillant à 86°, et se solidifiant à 0°, en cristallisant. Insoluble dans l'eau, il se dissout dans l'alcool et l'éther.

BENZOATE, s. m. Les benzoates sont des sels formés par l'union de l'acide benzoïque avec les bases salifiables. Ils sont généralement anhydres, l'eau de l'acide étant chassée par la base. — Ceux des deux premières sections sont presque tous solubles dans l'eau; les autres sont insolubles. Chauffés, ils se décomposent en donnant deux liquides oléagineux, la *benzine* ou *benzole* et la *benzone* (Voy. ces mots). Les acides minéraux précipitent en blanc, de la solution des benzoates, l'acide benzoïque. Les persels de fer les précipitent en rouge-brique, et ceux de manganèse ne produisent aucun effet ; d'où l'emploi du benzoate d'ammoniaque pour séparer ces deux métaux dans les analyses quantitatives.

BENZOÏNE, s. f. $C^{12} H^6 O^2$.—Ce composé, découvert par Robiquet et Boutron-Charlard, se forme lorsqu'on traite l'essence d'amandes amères par une solution alcoolique de potasse. C'est un corps solide, cristallin, incolore, fusible à 120° et volatil. — Insoluble dans l'eau, la benzoïne se dissout dans l'alcool bouillant, ainsi que dans l'acide sulfurique qu'elle colore en violet.

BENZOÏQUE. V. ACIDE BENZOÏQUE.

BENZONE, s. f. $C^{13} H^{10} O$.—Découverte par Mitscherlich et Peligot, la benzone est un des produits de la décomposition du benzoate de chaux par le feu. C'est un liquide oléagineux, jaunâtre, plus léger que l'eau, d'odeur empyreumatique, bouillant à 250° et se solidifiant à quelques degrés au-dessous de zéro.

BENZOYLE, s. m. $C^{28} H^{10} O^2$. — Radical composé admis par Liebig et Woehler, comme la base de l'essence d'amandes amères. En fournissant de l'oxygène, il donnerait naissance à l'acide benzoïque anhydre ; avec le soufre, le chlore, l'iode, le cyanogène, etc., il formerait divers composés organiques.

BERBÉRIDÉES, s. f., *Berberideæ ;* famille de plantes dicotylédones, herbes ou arbrisseaux, à feuilles alternes, simples ou composées, munies à leur base de stipules qui deviennent souvent épineuses. Elle a pour type le genre *Berberis*, auquel appartient l'épine-vinette, *Berberis vulgaris.*

BERBÉRINE, s. f. ; principe neutre contenu dans l'écorce et la racine de l'épine-vinette *(Berberis vulgaris).* C'est un corps solide, en poudre, d'un jaune-clair, très léger, formé de petits cristaux aiguillés, d'une saveur franchement amère. Peu soluble à froid, dans l'eau et l'alcool, la berbérine s'y dissout bien à chaud, d'où elle cristallise aisément. — Le chlore sec la colore en rouge de sang, les alcalis en jaune foncé, l'acide sulfurique la change en acide ulmique, et l'acide azotique en acide oxalique.

BERCE, s. f., *Heracleum*, L. ; genre de plantes vivaces, de la famille des Ombellifères. Ses caractères sont : calice presque entier, pétales échancrés et courbés au sommet ; ceux de la circonférence de l'ombelle plus grands et bifurqués ; fruits elliptiques, striés, comprimés, échancrés ; graines à bords membraneux ; fleurs blanches à grandes ombelles ; involucre nul ou caduc. L'espèce principale de ce genre est la Berce commune, H. *sphondylium*, vulgairement appelée *branc-ursine* ; elle est commune dans les prairies basses et fertiles, et particulièrement recherchée par les vaches et les lapins, au moins lorsqu'elle est jeune. Sa précocité, le volume et la dureté de ses tiges la font considérer comme nuisible aux prairies. Sa racine et ses semences sont chaudes et aromatiques. Ses tiges, dépouillées de leur écorce, servent en Sibérie, en Pologne, au Kamtchatka, à préparer, par la distillation, une liqueur alcoolique très active. Les espèces *pyrenaicum, alpinum, angustifolium, minimum*, plus petites que la précédente, ne croissent guère que sur les lieux élevés.

BERCER (se), v. On dit qu'un cheval *se berce* lorsque, pendant ses allures, son corps éprouve un balancement latéral très prononcé. Le cheval peut *se bercer* du devant ou du derrière, et, dans l'un ou l'autre cas, l'impulsion en avant est diminuée de la quantité de force employée au déplacement latéral.

BERLE, s. f., *Sium*, L. ; genre de plantes de la famille des Ombellifères. Ses principales espèces sont : la B. à larges feuilles, Ache d'eau, S. *latifolium ;* la B. à feuilles étroites, S. *angustifolium ;* la B. à ombelles sessiles, S. *nodiflorum ;* la B. faucille, S. *falcaria ;* la B. rampante, S. *repens.* Elles habitent principalement les lieux humides. Le fourrage qu'elles donnent est très dur, ce qui doit les faire regarder comme plutôt nuisibles qu'utiles aux prairies.

BERGER, s. m. ; gardien des bêtes à laine. La profession de berger est généralement dédaignée des gens de la campagne, et trop souvent oubliée des hommes qui s'occupent de l'amélioration des bestiaux : c'est un mal ; car, de la conduite du troupeau, dépendent, en grande partie, le perfectionnement des races et les bénéfices ou les pertes que peuvent donner les bêtes ovines. Le berger de vrait avoir de la force, de la patience, de la probité, de la douceur et, de plus, posséder les éléments de l'hygiène du mouton. En même temps que cette connaissance le mettrait à même de prévenir beaucoup d'accidents occasionnés par l'impéritie, elle le rendrait accessible aux idées d'amélioration. Or, de tels hommes ne peuvent guère se former que dans des écoles ou des établissements spéciaux. Intéresser le berger à la prospérité du troupeau par des primes ou un partage dans les bénéfices peut bien l'obliger à être soigneux, mais non à quitter la routine et à s'instruire. Les bergers ignorants sont une plaie, nonseulement pour les propriétaires de moutons, mais encore pour les habitants des campagnes, près de qui ils usurpent la réputation de guérisseurs.

BERGERIE, s. f.; habitation spécialement réservée aux bêtes ovines. Une bonne bergerie est exposée à l'est, et repose sur un sol sec, qui ne reçoit ni ne retient aucun excès d'humidité. Ses dimensions sont proportionnées au nombre, à l'âge, à l'état des animaux qu'elle renferme. Selon Tessier, la surface moyenne nécessaire à chaque bête est de 2 mètres 65 centimètres carrés; il accorde 3, 50 à une brebis suivie de son agneau, 2, 50 à un bélier, un mouton ou une brebis non accompagnée d'un produit, et 2 mètres à un antenais. — L'espace général est divisé en compartiments destinés à recevoir chacun une catégorie particulière d'animaux, telle que béliers, brebis nourrices, brebis en état de gestation avancée, moutons à l'engrais, agneaux. Ces divisions permettent d'augmenter ou de restreindre la place accordée à chaque individu selon ses besoins, et facilite la distribution et la répartition appropriée des fourrages.—Les parois, élevées à 3, 50 centimètres ou 4 mètres audessus du sol, sont en pierre, en pisé ou en bois; elles présentent toutes les ouvertures nécessaires à l'éclairage et à l'aération de l'intérieur.—Daubenton pensait que les moutons pouvaient être entretenus chez nous en plein air, ou, du moins, sans être abrités par un toit. L'expérience est contraire à ces vues théoriques, surtout en ce qui concerne les races améliorées et productives. On recommande de ne point placer de fourrages au-dessus des animaux; cette précaution n'a plus d'objet lorsque les bergeries sont assez élevées et les planchers complets. — Les portes sont à double battant, s'ouvrant en-dehors et coupées dans leur hauteur. Les jambages sont arrondis pour amortir les chocs ou les pressions, ou bien le seuil est élevé et une planche assez large y conduit de chaque côté. — Les rateliers sont presque verticaux et les mangeoires assez élevées au-dessus du sol, pour que les animaux puissent se coucher dessous sans être trop gênés; leur longueur est calculée de telle sorte que chaque animal adulte y trouve, en largeur, un espace de 30 à 40 centimètres. Les rateliers sont simples ou doubles. — Les

bergeries doivent être entretenues dans un grand état de propreté : la litière doit y être renouvelée fréquemment. C'est une erreur de croire que l'on peut, sans danger, laisser longtemps le fumier sous les animaux, qu'il n'y a même aucun inconvénient à l'arroser pour le faire pourrir; il doit être enlevé tous les quinze ou vingt jours. Dans aucun cas, toutes les ouvertures d'une bergerie ne peuvent être fermées à la fois; s'il n'est pas nécessaire d'appliquer le principe de Tessier, qui voulait qu'en entrant dans une bergerie on n'éprouvât ni chaud ni froid; du moins l'air doit-il pouvoir s'y renouveler constamment.

BERGERIES NATIONALES. Ce sont des établissements où l'état entretient et crée de types améliorateurs, forme des races nouvelles ou importe des races étrangères. Le premier établissement de ce genre fut institué à Rambouillet, en 1785, pour recevoir un troupeau de mérinos acheté en Espagne. Un second fut créé, plus tard, à Pompadour; un troisième à Perpignan. Depuis, on en a créé dans plusieurs départements, dans le Pas-de-Calais, la Côte-d'Or, les Vosges, la Seine, etc. Les bergeries nationales ont rendu à l'agriculture et à l'industrie française des services incontestables; elles ont multiplié les reproducteurs de choix, et indiqué aux cultivateurs la marche à suivre dans les améliorations; elles ont provoqué et facilité l'introduction de types étrangers précieux, leur naturalisation et leur croisement avec les races indigènes; elles ont enfin, par ces moyens, hâté beaucoup l'instant où la France a dû s'affranchir du tribut qu'elle payait à l'étranger, dans l'achat des laines nécessaires à ses manufactures.

BERLUE, s. f.; lésion de la vue, dans laquelle l'homme croit apercevoir des objets qui n'existent pas réellement devant lui. C'est un des premiers degrés de l'amaurose; mais on ne peut le constater sur un animal.

BERRY (race ovine du); taille peu élevée, cou long, tête lainée au sommet, jusqu'aux yeux, sans cornes, pieds bruns; toison fine, tassée, frisée, se rapprochant beaucoup de celle du Roussillon. La race berrichonne est peu répandue aujourd'hui; les variétés de la Champagne qui s'y rattachent lui sont peutêtre préférables. Presque partout on lui a substitué le mérinos, ou on l'a croisé avec elle.

BESOIN, s. m.; manque de quelque chose qui est nécessaire. En *physiologie*, on donne ce nom à ce sentiment qui porte les animaux à certains actes indispensables pour l'entretien de la vie: tels sont les besoins de boire, de manger, de rendre les urines, etc.

BÉTAIL, s. m.; ensemble des animaux mammifères entretenus pour la culture du sol, les charrois, la production des engrais, du lait, de la graisse, etc. On distingue généralement le gros et le petit bétail. Le premier se compose des espèces du cheval, de l'âne, du mulet et du bœuf; le second comprend les espèces du porc, de la chèvre et du

mouton. Le bétail joue, dans les exploitations rurales, l'un des principaux rôles, comme instrument propre à convertir en force motrice, en engrais, en aliment, en matières industrielles, les produits du sol. Le cultivateur doit donc apporter la plus grande attention dans le choix des races, dans les procédés d'alimentation, etc. Dans la grande culture, le fumier est le principal produit des bestiaux, mais il n'est point le seul ; il est généralement admis qu'en estimant au prix ordinaire de vente dans la contrée, les fourrages consommés par le bétail, les soins qu'on lui donne, etc., les engrais coûtent très cher. Il faut donc tirer des animaux d'autres bénéfices. C'est alors que se présente la question du choix des espèces, du choix et de la destination des races. Emploiera-t-on des chevaux ou des bœufs ? Se livrera-t-on à l'élève du mouton, du porc ? Quelle race devra être préférée ? Les bêtes à cornes seront-elles spécialement consacrées à la culture, à la production de la graisse, du lait ? Pour résoudre ces questions, il faut consulter l'état des terres, les ressources que présente l'exploitation, les améliorations dont elle est susceptible ; il faut rechercher s'il ne convient pas de perfectionner les races indigènes plutôt que d'adopter des races étrangères plus distinguées, mais plus dispendieuses et d'une réussite moins certaine. On ne doit pas oublier, non plus, dans la question du bétail, que les animaux donnent rarement par eux-mêmes des bénéfices, qu'ils constituent souvent le cultivateur en perte, qu'il faut voir leur véritable influence dans l'obligation où ils mettent le cultivateur d'adopter un système perfectionné de culture. Le nombre des bestiaux à entretenir sur une exploitation n'est et ne peut être limité que par les ressources en fourrages, et la nécessité de faire consommer, à chaque animal, la quantité de nourriture dont il peut tirer le meilleur profit. La production des engrais est d'une telle importance dans notre pays pour la culture des céréales, que l'on doit encourager par tous les moyens, même par les droits qui frappent l'entrée du bétail étranger, la multiplication et l'amélioration de nos animaux domestiques (*V.* ANIMAUX DOMESTIQUES).

BÉTEL, s. m. ; mélange de substances très actives, dont on fait usage, comme masticatoire tonique et astringent, dans les régions tropicales. Il est formé : 1° de plusieurs espèces de poivres et notamment de *piper betle*, L., d'où lui vient son nom ; 2° de feuilles de tabac ; 3° de chaux vive ; et 4° de la noix d'Arec, *Areca catechu*. Ce mélange, d'une activité excessive, excite vivement le tube digestif, attaque les dents et colore en rouge la salive et les excréments. Il constituerait un excellent *mastigadour* pour les animaux.

BÉTOINE, s. f., *Betonica*, L. ; genre de plantes herbacées de la famille des Labiées. Les diverses espèces de ce genre croissent dans les bois, les haies ; aucune d'elles n'est intéressante comme plante fourragère. — *Pharmac.* La racine de la B. officinale, *B. officinalis*, est réputée vomitive et purgative ; ses feuilles, un peu irritantes, sont encore employées comme sternutatoires et sialagogues dans quelques médicaments composés. Vantée comme une panacée par les anciens médecins, et faisant partie, à ce titre, d'une foule de préparations officinales, la bétoine, comme tant d'autres médicaments, est à peu près tombée dans l'oubli.

BETON, s. m., *Protogala ;* nom vulgaire, mais peu usité, du colostrum.

BETTE, s. f., *Beta*. T. ; genre peu nombreux, mais très important, de la famille des Atriplicées, probablement originaire du midi de l'Europe. Il a pour caractères : fleurs hermaphrodites ; périgone à cinq divisions, adhérant par sa base à l'ovaire ; cinq étamines ; deux styles ; graine réniforme, à laquelle le calice forme une sorte de capsule enveloppante. Ce genre renferme deux espèces : la Bette maritime, *B. maritima*, bisannuelle et commune en Europe sur les rivages de l'Océan, de la Baltique, de la Méditérannée ; la Bette commune, *B. vulgaris*, *B. cycla*, bisannuelle, inconnue à l'état sauvage, et cultivée en grand pour sa racine. Cette dernière espèce, connue des agriculteurs sous les noms de Betterave, Poirée, Racine de disette, se divise en plusieurs variétés distinguées par la couleur de la racine ; telles sont : la Betterave blanche, dite de Silésie, *B. alba ;* la B. rouge, *B. rubra ;* la B. jaune, *B. lutea*. Ces variétés se subdivisent à leur tour en sous-variétés. Toutes se cultivent de la même manière, mais avec plus ou moins de profit, selon les circonstances : et les agriculteurs sont bien loin d'être d'accord sur celle d'entre elles qui mérite la préférence. Il est toutefois assez généralement admis que la Bette veinée de rouge, appelée communément Betterave champêtre, donne la plus grosse racine, et que la Betterave blanche, dite de Silésie, fournit la racine la plus sucrée. — Ces plantes veulent un terrain meuble, profond, riche, frais sans être humide ; les terres d'alluvion, bien travaillées et bien fumées, leur conviennent particulièrement. On les sème à la main ou au semoir, en lignes ou à la volée, après avoir fait macérer les graines pendant quelques heures ; le repiquage paraît être peu avantageux. L'ensemencement ne doit avoir lieu que lorsqu'on n'a plus à craindre la gelée pour les jeunes plantes. Il est nécessaire que les plants soient suffisamment espacés, que le terrain soit constamment entretenu dans un grand état de propreté et d'ameublissement. L'effeuillement ne doit être pratiqué que sur les feuilles inférieures et à mesure qu'elles prennent une teinte jaunâtre. — La récolte de la Betterave se fait ordinairement dans les premiers jours d'octobre ; on doit choisir un temps sec. Il est important, pendant l'arrachage et le nettoyage, de ne point blesser les racines : c'est là une condition indispensable à leur conservation, qui est toujours assez difficile quoi qu'on fasse. La dessiccation, l'enfouissement dans des silos, dans des caves, ne préviennent pas toujours l'altération de la racine et la transformation de la matière sucrée. — La culture de la betterave est une de celles dites sarclées : elle précède les céréales dans les assolements. Lorsqu'elle a lieu dans un terrain convenable, elle donne un produit énorme qui s'est élevé, dans quelques cas, à 69.000 kilogr. par hectare. Déjà importante en Allemagne et en Angleterre à la fin du siècle dernier, pour l'alimentation du bétail, cette culture a pris, au commencement de ce siècle, dans toute l'Europe, une importance nouvelle, par l'emploi de la racine à l'extraction du sucre : elle est peut-être appelée à modifier l'état des colonies à sucre, dans un sens opposé à celui dans lequel elle a modifié l'agriculture des contrées où elle est pratiquée en grand. — D'après les analyses de Péligot, la betterave est composée, en moyenne, de : eau, 87 ; matière soluble dans l'eau (sucre), 8 ; substances insolubles (ligneux), 5. — Comme nourriture, la betterave convient surtout aux bœufs et aux vaches laitières : néanmoins, elle ne doit pas entrer en trop forte proportion dans la ration journalière. Elle est une ressource précieuse pour l'hivernage des ruminants. On la distribue crue ou cuite, et toujours divisée. Sa valeur nutritive est inférieure à celle de la plupart des racines employées à la nourriture des bestiaux. On évalue à 250 ou 260 kilog. la quantité de cette racine, nécessaire pour remplacer 100 kilog. de bon foin. — Le résidu qu'elle laisse après avoir été exprimée pour l'extraction du jus, est un bon aliment pour les bestiaux : malheureusement on ne peut le conserver assez de temps pour en tirer tout le parti désirable. — Les feuilles de la betterave, bien moins nutritives encore que la racine, sont un produit très accessoire dans la culture de la plante. — L'homme mange aussi la betterave, principalement la rouge, après lui avoir fait subir diverses préparations. — La culture de la betterave occupe, en France, une surface d'environ 55 mille hectares, et produit 15 millions de quintaux métriques de racines. Malgré la perturbation jetée dans la fabrication du sucre indigène, la quantité produite en 1847, a été de 52 millions de kilog.

BÉTULINÉES, s. f., *Betulineæ*; petite famille d'arbres dicotylédonés, à fleurs monoïques, disposées en chaton, et réunies, par deux ou trois, à l'aisselle d'écailles qui jouent le rôle d'enveloppes florales. Cette famille se compose des genres *Aune* et *Bouleau*.

BEURRE, s. m. *Butyrum*, βούτυρον, de βοῦς, vache, et τυρός, fromage. Le beurre est le principe gras contenu dans le lait des animaux. Il s'en sépare spontanément, et forme à la surface du lait une couche jaune et épaisse qu'on appelle *crème* (*V.* ce mot). C'est en agitant cette dernière dans un vase appelé *baratte*, qu'on obtient le beurre ; on le malaxe dans l'eau fraîche pour le débarrasser le plus possible du petit lait et du caséum qu'il retient toujours. Le beurre frais est une substance molle, d'un jaune tendre, d'une odeur un peu aromatique, et d'une saveur agréable rappelant celle des noisettes. Chauffé, il fond à 36° ; exposé à l'air, il s'altère rapidement et rancit. Ce corps gras est formé d'oléine, de stéarine, de butyrine, d'acide butyrique et d'un principe odorant ; en outre, il retient toujours une certaine quantité de sérum et de caséum, qui agissent comme ferments, et le disposent à se rancir ; dans ce dernier cas, il se fonce en couleur, perd sa saveur douce, et devient très odorant par la formation d'une certaine quantité d'acides caprique et caproïque. Pour prévenir l'altération du beurre, on le lave fortement, puis on le recouvre de sel dans des vases bien fermés, ou ce qui vaut mieux encore, on le fond au bain-marie ; puis, quand le caséum s'est déposé, on décante ; on le conserve dans des pots bien fermés et tenus en lieu froid. Le beurre frais est, pour l'usage externe, un excellent émollient pour les furoncles, les phlegmons, les gerçures, les contusions, les vésicatoires, etc., mais il doit être souvent renouvelé, parce qu'il se rancit facilement au contact du corps. A l'intérieur, il est nourrissant en même temps que calmant et relâchant. Il peut remplacer l'axonge dans la confection des pommades, onguents, etc.—*Beurres végétaux.* On a donné ce nom à certaines huiles végétales qui, par leur consistance et leurs propriétés, se rapprochent du beurre de vache, telles sont les huiles consistantes de *cacao* et de *muscade*, qu'on appelle *beurre de cacao*, *de muscade*. — *Beurres minéraux.* Les anciens chimistes donnaient aussi le nom de *beurres* à certains composés peu consistants, déliquescents, tels que les chlorures d'antimoine, de zinc, d'étain, de bismuth, etc. (*V.* CHLORURE). — BEURRE (*Écon. rurale*). La fabrication du beurre comprend trois opérations principales : 1° l'écrémage ; 2° le battage ; 3° le délaitage. La première se fait de 24 à 72 heures après la traite, selon les saisons ; 4 à 8 heures suffisent dans les circonstances ordinaires, lorsqu'il s'agit de la fabrication du beurre fin. La température la plus favorable au montage de la crème est 12° ou 15°. Le battage se fait dans des instruments de formes diverses appelés *barattes*; il devrait avoir lieu le plus tôt possible, la crème s'aigrit en vieillissant et le beurre perd de ses qualités. Dans quelques cantons, le beurre s'obtient directement du lait par le battage ordinaire ou l'agitation dans des outres. Le beurre ainsi préparé est moins abondant et moins bon. Un délaitage exact enlève au beurre une partie de sa saveur : mais il est une condition nécessaire à sa conservation. La quantité et la qualité du beurre fourni par les vaches sont singulièrement variables. On estime que 100 litres de lait donnent environ 3 kilog. de beurre, et qu'une bête bien entretenue et bonne laitière, fournit environ 100 kilog. de beurre en une année. Mais la nature de l'alimentation, son abondance, le mode de préparation du beurre peuvent faire varier beaucoup les proportions et les qualités de ce produit. On sait les effets d'une nourriture choisie, abondante, des substances grasses, azotées. L'odeur et la saveur du lait, quelles qu'elles soient, passent dans le beurre, mais un peu affaiblies. Le beurre du printemps est le meilleur; celui des grandes chaleurs est le plus mauvais. Les prairies fertiles des bords de la mer donnent un produit de qualité supérieure. L'expérience a prouvé que le premier lait tiré était le moins riche en beurre; un lait épais donne moins de crème, mais elle est plus grasse : la première montée est la meilleure. Pour faire du beurre très fin, il faut prendre le lait obtenu à la fin de la traite, le placer de suite dans des vases de petite dimension, le laisser refroidir librement à une température de 12° à 15°, prendre la crème montée dans les 6 ou 8 premières heures, et battre immédiatement. Le beurre de bonne qualité doit avoir une consistance moyenne, une pâte fine et homogène, une odeur faible, une saveur agréable. Les consommateurs recherchent une belle couleur jaune-clair; on peut toujours lui communiquer cette teinte avec le jus de carotte, la fleur de souci, le rocou, l'orcanette, les baies d'asperge, etc., employés en proportion et sous forme convenables. Le beurre spongieux, cassant ou dur, est de qualité inférieure. Le transport, l'agitation du lait pendant son refroidissement, empêchent la séparation de la crème et nuisent conséquemment à la production du beurre. Le beurre frais conserve peu de temps les qualités qui en font un aliment agréable; il ne tarde pas, en été surtout, sous l'influence de l'air, à se rancir et à contracter un goût âcre et piquant. Pour prévenir cette altération, on peut le saler ou le fondre. La salaison du beurre se fait avec du sel bien pulvérisé employé seul, ou mieux, avec un mélange en poudre fine d'une partie de sucre, une partie de sel de nitre et deux parties de sel marin, employé dans la proportion de $^{1}/_{16}$. Le beurre fondu, exactement débarrassé de la matière caséeuse qui se précipite ou surnage pendant la fusion, doit être salé ensuite. Le beurre, préparé par l'un ou l'autre de ces moyens, est placé dans des vases propres et bien clos, et enlevé par couches successives de haut en bas. Les beurres salés de la Prévalaye (Charente-Inférieure) sont les plus estimés en France; parmi les beurres frais, on distingue à Paris ceux de Gournay (Seine-Inférieure), et ceux d'Isigny (Calvados).

BÉZOARD, s. m., du persan *bedzahar*, antidote. On a donné ce nom à des pierres, des concrétions calculeuses, qui se forment dans le corps de certains animaux et auxquels les Arabes attribuaient la propriété de servir de contre-poison. Ils se forment dans l'estomac, les intestins et les organes urinaires des quadrupèdes, surtout dans les ruminants et les solipèdes. Les uns ont la consistance des pierres et sont cristallisés; les autres sont formés par des matières terreuses mêlées à des poils et à d'autres substances. On distingue les bézoards en *cristallisés* et en *terreux*. — Les bézoards *cristallisés* sont rendus quelquefois par les chevaux avec les matières fécales, ou bien on les rencontre, en ouvrant les cadavres, dans l'estomac ou les intestins, principalement le cœur et le colon. Ils sont à l'extérieur jaunes ou grisâtres: quelques-uns ont une teinte tirant sur le noir. Leur volume est considérable quand on les rencontre dans le cheval, l'éléphant, le rhinocéros; il en est qui ont la grosseur d'un pois; d'autres ont au moins les dimensions de la tête d'un homme. On les voit avec la forme arrondie, sphéroïdale, quand ils se sont développés isolément; ils ont, au contraire, plusieurs faces et sont polyédriques, si plusieurs d'entr'eux se sont montrés dans les mêmes cavités. Girard en distingue deux espèces, dont une composée de couches superposées contenant dans le centre un noyau formé par un corps étranger; l'autre aurait une forme irrégulière et présenterait des cavités nombreuses. Par l'analyse chimique, on trouve que les bézoards sont composés de phosphate ammoniaco-magnésien, de carbonate de chaux et de matières animales ayant la même nature que la bile.—Il est difficile de reconnaître, pendant la vie, l'existence de ces concrétions, du moins d'une manière positive; on observe des coliques périodiques qu'on peut attribuer à toute autre cause. Quand ils sont peu volumineux, l'animal peut les rejeter par le rectum; dans le cas contraire, ils séjournent dans les bosselures de l'intestin jusqu'à ce que, par leur poids, ils perforent les tissus et produisent la mort en s'échappant dans la cavité du péritoine. Ils peuvent séjourner pendant longtemps dans le tube digestif sans produire des symptômes fâcheux; leur présence diminue seulement l'appétit et augmente la soif. Gohier a cité l'exemple d'un bézoard cristallisé du poids de 4 kilog., qui s'était développé dans le gros intestin d'un cheval sans occasionner la mort.—Les causes qui donnent lieu à la formation de ces calculs sont peu déterminées : l'usage des eaux bourbeuses doit être mentionné principalement; il en est de même de l'emploi du son pour la nourriture des chevaux. Les bézoards sont communs sur les chevaux des meuniers, sur ceux qui servent à l'exploitation des mines de houille dans les environs de Rive-de-Gier et de Saint-Étienne. Aucun moyen thérapeutique ne peut être indiqué pour remédier à la présence des bézoards.— Les corps de ce genre, qu'on a nommés *terreux*, sont désignés spécialement sous le nom d'*égagropiles*, quand ils contiennent des poils unis aux matières terreuses (Voyez Ecacropiles). — On distingue aussi dans une autre division : le *bézoard oriental*, qu'on rencontre dans la caillette de la gazelle des Indes; le *bézoard occidental*, qui se forme dans le quatrième estomac du chamois et de la chèvre sauvage du Pérou. L'un et l'autre passaient pour être de puissants aléxi-pharmaques ayant la vertu d'annihiler tous les venins; aujourd'hui leur prestige est détruit.

BÉZOARDIQUE, adj.; t. de *pharm.*; se dit d'un remède cordial auquel on suppose les propriétés qu'on attribuait autrefois au *bézoard*.

BIAILÉ. ÉE, adj., *bialatus;* se dit de la graine ou du fruit pourvu de deux appendices membraneux en forme d'ailes.

BIATOMIQUE, adj. ; qui contient deux atomes. On nomme équivalent biatomique celui qui est représenté par deux atomes élémentaires : tel est celui de l'hydrogène, des chloroïdes, etc., tandis que ceux de l'oxygène, du soufre, du phosphore, etc, ne renferment qu'un seul atome ou sont *uniatomiques*.

BIBASIQUE, adj.; contenant deux proportions de base. Se dit des sels basiques qui renferment deux fois autant de base que le sel neutre de la même espèce et du même genre. Se dit aussi des acides organiques qui exigent deux équivalents de base pour former des sels neutres.

BIBERON, s. m.; instrument de bois ou de corne, percé d'un canal intérieur, ayant à peu près la forme d'un mamelon, plus ou moins allongé, employé pour faire boire les jeunes animaux, dans l'allaitement artificiel. L'usage du biberon est peu répandu ; le doigt introduit avec précaution dans la bouche du jeune sujet, un morceau de toile fine, suffisent, généralement, pour l'habituer à prendre seul, dans un vase, le lait ou tout autre liquide alimentaire.

BICEPS, s. et adj., de *bis*, deux fois, et *caput*, tête, ou *capere*, prendre. On nomme ainsi les muscles divisés en deux parties à l'une ou à l'autre de leurs extrémités. — *Biceps fémoral*, muscle sous-pubio-fémoral s'attachant au fémur par deux branches distinctes. Le *biceps brachial*, qui a deux origines dans l'homme, n'en a qu'une seule dans le cheval et le bœuf.

BICIPITAL, ALE, adj. *bicipitalis;* qui appartient au biceps. On donne ce nom à la coulisse antérieure et supérieure de l'humérus, dans laquelle glisse le tendon du long fléchisseur de l'avant-bras ou *biceps brachial*. — On appelle aussi *tubérosité bicipitale* la large impression musculaire que présente le radius pour l'insertion de ce muscle.

BICONJUGUÉ, ÉE, adj., *biconjugatus :* se dit des feuilles composées dont le pétiole commun se divise en deux parties qui portent chacune deux folioles.

BICORNE, adj.: *bicornis*, de *bis*, deux

fois, et *cornu*, corne ; qui a deux cornes : *utérus bicorne*. — *Bot.* Terminé par deux pointes aiguës, écartées : l'anthère est *bicorne* dans quelques bruyères. — *Hyg.* Vaches bicornes. Elles composent la quatrième classe du système de Guénon, et se distinguent par un écusson dont la partie supérieure se divise en deux branches écartées ressemblant à deux cornes. Dans le premier ordre de cette classe, les cornes de l'écusson montent jusqu'au niveau de la commissure inférieure de la vulve. Dans les ordres suivants, elles s'élèvent de moins en moins, la corne droite restant toujours inférieure à l'autre. Les trois catégories de vaches appartenant à cette classe donnent, dans le premier ordre, 16, 14 et 11 litres de lait par jour; dans le huitième ordre, 3, 2 et 1 litre.

BICORPS, adj., de *bis*, deux fois, et *corpus*, corps ; nom donné aux fœtus à corps double. Synonyme de *Disome* (V. ce mot).

BICUSPIDE ou **BICUSPIDÉ, ÉE**, adj., *biscuspidatus;* pourvu de deux pointes. On donne ce nom aux dents pourvues de deux racines, etc. — *Bot.* Se dit d'un organe dont le sommet se divise en deux parties aiguës.

BIDENT, s. m., *Bidens*, L: genre de plantes de la famille des Composées. Les espèces *tripartita, cernua*, que l'on trouve en France dans les prés humides, ne sont point recherchées des bestiaux. Elles fournissent un produit tinctorial jaune.

BIDENTÉ, ÉE, adj., *bidentatus;* terminé par deux divisions appelées *dents*.

BIDET, s. m.: cheval ordinairement de petite taille, spécialement destiné à porter un cavalier dans les voyages. On distingue des bidets *de poste* pour les courriers, des bidets *d'allure*, souvent dressés à l'amble, et des bidets *trotteurs*. Ces animaux, qui appartiennent presque toujours à des races définies, ont le corps court, ramassé, les membres solides, la poitrine ample, des mouvements vifs et un bon fonds. Ils sont presque tous produits par la Bretagne, le Perche et la Beauce.

BIDIGITÉ, ÉE, adj., *bidigitatus;* se dit des feuilles composées de deux folioles qui, au lieu de se trouver de chaque côté du pétiole commun, paraissent le terminer.

BIDIGITI-PENNÉ, ÉE, adj., *bidigite-pinnatus;* désigne les feuilles décomposées dont le pétiole commun porte des pétioles secondaires à folioles *bidigitées*.

BIÈRE, s. f., *Cerevisia*, de *Cérès*, d'où on a fait *Cervoise*, son nom primitif : liqueur fermentée, alcoolique, connue depuis longtemps. Elle se prépare au moyen des graines des céréales; l'orge surtout est employée à cette fabrication. On commence par la faire germer pour développer la matière sucrée aux dépens de l'amidon, puis après l'avoir légèrement torréfiée et moulue grossièrement, on en fait une décoction concentrée qu'on aromatise avec du houblon, et qu'on fait enfin fermenter dans des tonneaux au moyen d'un ferment qu'on appelle *levure*, et d'une température appropriée. — La bière, considérée comme médicament, est un excitant-tonique, et surtout un diurétique assez énergique. Elle porte légèrement à la peau et augmente la sécrétion des muqueuses. — Elle est rarement employée en médecine vétérinaire; cependant, dans les pays septentrionaux, elle pourrait être parfois utile. Les bières médicinales ne sont pas non plus employées.

BIFÉMORO-CALCANÉEN, adj. et s., *Bifemoro-calcaneus;* nom donné au gros extenseur du métatarse (les jumeaux de la jambe), à cause de sa double attache au fémur.

BIFÈRE, adj., *biferus;* mot peu employé donné au végétal qui porte des fleurs et des fruits deux fois chaque année.

BIFIDE, adj., *bifidus;* se dit de l'organe présentant deux divisions étroites qui s'étendent jusqu'à environ la moitié de sa longueur.

BIFLEXE, adj., *biflexus*, de bis, deux fois, et *flexus*, fléchi ; *canal* ou *sinus biflexe:* petit organe en forme de poche repliée sur elle-même, situé entre les deux doigts du mouton, et sécrétant une humeur sébacée épaisse. On le rencontre quelquefois, mais rarement chez la chèvre.

BIFLORE, adj., *biflorus;* qui porte deux fleurs : *pédoncule, spathe biflore*.

BIFOLIOLÉ, ÉE, adj., *bifoliolatus;* se dit de la feuille composée de deux folioles.

BIFORÉ, ÉE, adj., *biforatus;* percé de deux trous, ex. : les *anthères du houblon*.

BIFORINES, s. f.; utricules allongées, percées à leurs deux extrémités, remplies de raphides et contenues elles-mêmes dans des utricules plus grandes.

BIFURCATION, s. f., *Bifurcatio*, de *bis*, deux fois, et *furca*, fourche; se dit de la division d'une partie en deux : *bifurcation d'une artère, d'une tige*, etc.

BIFURQUÉ, ÉE, adj., *bifurcatus;* terminé par deux branches divergentes partant du même point.

BIGÉMINÉ, ÉE, adj., *bigeminatus;* parties assemblées au nombre de quatre, et deux à deux. *Tubercules bigéminés* (*V.* TUBERCULE). —*Bot.* se dit des fleurs qui, étant au nombre de quatre, partent, de deux à deux, d'un même point. On l'emploie également comme synonyme de *biconjugué*.

BIGNONIACÉES, s. f., *Bignoniaceæ ;* famille nombreuse de plantes dicotylédones, à tige souvent grimpante et munie de vrilles. Toutes les plantes de cette famille sont exotiques ; quelques-unes, des genres *Bignonia* et *Catalpa*, sont cultivées chez nous comme plantes d'ornement. C'est à cette famille qu'appartenait autrefois le *Sésame*, dont la graine fournit, par expression, une huile grasse très répandue dans le commerce de l'Europe. La tige des Bignoniacées est remarquable, parce qu'elle est divisée intérieurement, d'une manière évidente, en quatre parties égales, par quatre rayons médullaires.

BIJUGUÉ, ÉE, adj., *bijugatus;* se dit des feuilles composées dont le pétiole commun porte deux paires de folioles, ex. : *plusieurs Mimosa*.

BIJUMEAUX, adj. (monstres) ; synonyme de monstres doubles. *V.* MONSTRE.

BILABIÉ, ÉE, adj., *bilabiatus;* découpé de manière à présenter deux lèvres entrouvertes, égales ou inégales, ex. : le calice et la corolle dans la plupart des Scrophulariées et des Labiées.

BILAMELLÉ, ÉE, adj., *bilamellatus;* formé de deux lamelles plus ou moins rapprochées, ex. : le stigmate dans la gratiole, le mimulus ; les cloisons dans beaucoup de fruits déhiscents.

BILATÉRAL, adj., *bilateralis;* se dit des organes symétriques ou parties symétriques d'organes placés des deux côtés opposés de l'organe auquel ils s'attachent.

BILE, s. f., *Bilis*, χολή. La bile est le produit de la sécrétion du foie, d'où elle est excrétée, dans le commencement de l'intestin grêle, soit directement, soit après avoir séjourné dans un réservoir particulier appelé *vésicule biliaire* ou *fiel*. Chimiquement, la bile doit être considérée comme une sorte de savon à base de soude, tenu en dissolution dans une eau alcaline et albumineuse, colorée en vert par divers principes. La bile est un liquide épais, oléagineux, d'un vert jaunâtre plus ou moins foncé, d'une odeur nauséabonde, d'une saveur amère, pesant 1,026, miscible à l'eau en toute proportion, et moussant à l'air par l'agitation à la manière d'une dissolution savonneuse. Sa réaction est légèrement alcaline. Chauffée, elle ne se coagule pas, et le résidu de l'évaporation est soluble dans l'eau, l'alcool et l'éther, qui se colorent en vert. Les acides minéraux, l'acétate neutre, l'acétate basique de plomb, le chlorure d'étain, etc., précipitent abondamment la bile. La composition chimique de ce liquide est encore imparfaitement déterminée; d'après les analyses les plus récentes, elle serait formée sur 100 parties de 90 d'eau, de 8 de matériaux biliaires (acide choléique, bilique ou bilifélique, taurine, cholestérine, biline, matières grasses et colorantes. etc.), et de 2 de sels alcalins ou calcaires (carbonates, chlorures, lactates, phosphates, etc.), Les altérations chimiques de la bile pendant les maladies, quoique très anciennement admises par les médecins, ne sont pas connues d'une manière précise. On sait cependant que les matières colorantes peuvent être absorbées et passer dans le sang, comme dans l'ictère, par exemple ; que, dans les maladies pestilentielles, elle a des propriétés contagieuses, etc.

BILIAIRE, adj., *biliaris, biliarius*, qui a rapport à la bile; *appareil biliaire* : appareil de sécrétion du foie, composé, chez les solipèdes, des *canaux hépatiques* et du *canal hépato-intestinal* qui leur fait suite. Dans les autres animaux domestiques, cet appareil comprend en outre la *vésicule biliaire*, et le *canal cystique*, qui la met en communication avec le canal hépato-intestinal, celui-ci prenant à partir du point de cette réunion le nom de *canal cholédoque*.

BILIEUX, EUSE, adj. qui a rapport à la bile. On dit : *tempérament bilieux*, *complexion bilieuse*, pour indiquer la prédominance de la bile dans la constitution. Une *maladie bilieuse* est attribuée à la surabondance de la bile, à l'altération des fonctions du foie. La *fièvre bilieuse* constitue une réunion de symptômes, que les auteurs modernes considèrent comme étant une gastro-entérite.

BILIFULVINE, s. f., de *bilis*, bile, et *fulvus*, jaunâtre: principe colorant de la bile, obtenu par Berzélius de la bile épaissie.

BILINE, s. f., de *bilis*, bile; principe neutre admis par Berzélius et Mulder dans la bile fraîche, et contesté par Liébig.

BILIQUE. *V.* ACIDES BILIQUE et CHOLÉIQUE.

BILIVERDINE, s. f., de *bilis*, bile, et *viridis*, vert: principe colorant vert de la bile, d'après Berzélius.

BILLON, s. m. : bande de terre élevée par la charrue au-dessus du niveau environnant. Le billon est formé par deux ou un plus grand nombre de tranches adossées; sa largeur varie donc avec le nombre de ses tranches; sa hauteur peut être de quelques centimètres à plusieurs décimètres.

BILLOT, s. m., tronçon de bois gros et court. En t. d'*hippiatrique*, morceau de bois qu'on fixe à la longe d'un cheval. — Bâton qu'on attache le long du flanc des chevaux qu'on conduit les uns à la suite des autres. — Mors de bois qu'on emploie pour le cheval, et qu'on entoure de substances médicamenteuses *V.* MASTICADOUR. — Synonyme de *casseau* (*V.* ce mot). — Les maréchaux appellent *billot* un tronçon d'arbre sur lequel ils contrepercent les trous du fer à cheval ou placent l'enclume.

BILOBÉ, ÉE, adj., *bilobatus;* divisé en deux lobes. Le stigmate est bilobé dans beaucoup de plantes. L'épisperme est bilobé dans les graines à deux cotylédons.

BILOCULAIRE, adj., *bilocularis;* divisé en deux loges; l'anthère, le fruit, l'ovaire offrent souvent cette disposition.

BIMANES, s. m. pl., *Bimana;* premier ordre de la classe des mammifères, renfermant le genre *Homme*, qui ne présente qu'une seule espèce, divisée en plusieurs variétés.

BINAGE, s. m. ; opération agricole simple, ayant pour but l'ameublissement et le nettoyage de la terre. Le binage se pratique avec la houe à cheval ou à main, avec des instruments de forme diverse appelés *binette, binoir*. Il convient à la plupart des récoltes, mais surtout aux récoltes racines.

BINAIRE, adj., *binarius*, de *bis*, deux fois. On donne ce nom, en chimie, aux composés inorganiques et organiques qui contiennent deux éléments. Ainsi l'eau, composée d'o-

xygène et d'hydrogène, est un composé binaire inorganique : l'essence de térébenthine, composée de carbone et d'hydrogène, est un composé binaire organique. Les composés binaires, très nombreux dans le règne minéral, sont très rares au contraire dans le règne organisé.

BINERVÉ, ÉE, adj., *binervatus;* se dit des feuilles, des folioles, du calice, de la corolle ou de l'involucre, lorsqu'ils n'ont que deux nervures apparentes.

BINOXYDE, adj., de *bini*, deux. Terme que l'on emploie souvent en chimie comme synonyme de *bioxyde*, pour désigner le 2e oxyde d'un corps simple, ou celui qui contient deux fois autant d'oxygène que le premier oxyde.

BIOGÈNE, adj. et s., de βίος, vie, et γεννάω, j'engendre : nom donné par de Candolle aux plantes parasites intérieures qui s'entretiennent aux dépens de végétaux vivants, ex. : les *Uredo*.

BIOLOGIE, s. f.: *Biologia*, de βίος, vie, et λόγος, discours; traité de la vie. Ce mot a été proposé pour remplacer celui de *physiologie*, beaucoup trop général, pour désigner l'étude des phénomènes de la vie. L'usage a prévalu.

BIOXYDE, adj., de *bis*, deux fois; terme de chimie qui, d'après les règles de la nomenclature, sert à désigner le deuxième degré d'oxydation d'un corps simple, et surtout des métaux *V.* BINOXYDE.

BIOXYDE D'HYDROGÈNE. HO^2. *Eau oxygénée.* Ce composé remarquable a été découvert en 1818, par Thénard. On le prépare en traitant le bioxyde de baryum par l'acide chlorhydrique étendu d'eau, séparant la baryte et le chlore au moyen de l'acide sulfurique et du sulfate d'argent, concentrant ensuite la liqueur filtrée sous le récipient de la machine pneumatique. — Le bioxyde d'hydrogène est un liquide incolore, de consistance sirupeuse, inodore, de saveur piquante, blanchissant la langue et l'épiderme, et pesant 1, 45. — Il détruit rapidement les couleurs végétales, se décompose lui-même avec facilité lorsqu'on le chauffe à 20°, et dégage 475 fois son volume d'oxygène, lorsqu'il est à son maximum de concentration. — Versé dans l'eau, le bioxyde d'hydrogène coule d'abord comme un sirop, puis s'y dissout complétement et devient plus stable, surtout si on y ajoute quelques gouttes d'acide. — Mis en contact avec les corps très avides d'oxygène, il les oxyde, et suroxyde ceux qui sont déjà oxydés. — Certains corps très divisés, comme le charbon, le platine, l'argent, la fibrine, l'or, etc., le décomposent sans éprouver d'altération ; c'est ce qu'on nomme action de *contact* ou *catalytique* (Voy. ce mot). Enfin, certains oxydes peu stables, tels que celui d'argent, le peroxyde de plomb, l'oxyde d'or, etc., déterminent la décomposition de l'eau oxygénée en se décomposant eux-mêmes. — Le bioxyde d'hydrogène a été employé à restaurer les vieux tableaux, en faisant reparaître les blancs noircis par les émanations sulfureuses.

BIPALMÉ, ÉE, adj., *bipalmatus;* se dit des feuilles palmées dans lesquelles les pétioles secondaires sont palmés à leur tour.

BIPARTI, ITE, adj., *bipartitus;* une feuille est bipartite lorsque son limbe est divisé jusqu'au-delà de la moitié de sa longueur. Les sépales, les pétales peuvent offrir cette disposition.

BIPÈDE, s. et adj.; *bipes*, de *bis*, deux fois, et *pes, pedis*, pied; littéralement, qui a deux pieds. On donne ce nom, soit à des animaux qui n'ont que deux membres apparents, ex. : *les Cétacés;* soit à ceux qui, comme l'homme et les oiseaux, n'appuient que deux membres sur le sol. — En *extér.*, on appelle *bipède* la réunion de deux membres considérés ensemble. On distingue le *bipède antérieur*, le *bipède postérieur*, le *bipède latéral*, droit et gauche, le *bipède diagonal*, composé d'un membre antérieur d'un côté et d'un membre postérieur du côté opposé, le côté auquel appartient le membre antérieur servant à distinguer le bipède diagonal droit ou gauche.

BIPENNÉ, ÉE, adj., *bipennatus;* se dit des feuilles décomposées dont les pétioles secondaires portent des folioles pennées.

BIPINNATIFIDE, adj., *bipinnatifidus;* on appelle ainsi les feuilles pinnatifides dont les lobes latéraux sont eux-mêmes pinnatifides.

BIPOLARITÉ, s. f., de *bis*, deux fois, et *polum*, pôle; qui présente deux pôles. C'est le cas de tous les corps imprégnés d'électricité magnétique, c'est-à-dire, des aimants naturels et artificiels. La pile voltaïque présente aussi deux pôles : un *positif*, l'autre *négatif*, comme les aimants qui ont un pôle *austral* et un pôle *boréal. V.* POLARITÉ.

BISAILLE, s. f.; nom vulgaire des fanes ou des graines de quelques légumineuses, telles que les pois, les vesces.

BISANNUEL, LE, adj., *biennis;* qui vit deux ans. Les plantes bisannuelles donnent la première année des feuilles sans tige ; dans la seconde, elles donnent une tige qui porte des fleurs et des fruits. Elles sont désignées par les signes ② et ♂.

BISCUTELLE, s. f., *Biscutella*, L.: genre assez nombreux de la famille des Crucifères. Les biscutelles sont petites et peu recherchées des bestiaux.

BISEAU, s. m.; espèce de gouttière qui règne dans tout le pourtour de la face interne du bord supérieur de la *paroi* du sabot, et reçoit le renflement de la peau que l'on désigne sous le nom de *bourrelet*. C'est la cavité *cutigérale* de Bracy-Clark.

BI-SEL, s. m. On donne ce nom aux sels qui contiennent deux fois autant d'acide que le sel neutre du même genre et de la même espèce.

BISÉRIÉ, ÉE, adj., *biseriatus;* placé sur deux rangs. Les poils qui recouvrent les tiges affectent souvent cette disposition.

BISEXE, BISEXUÉ, BISEXUEL, adj., *bisex, bisexualis;* ces mots doivent être regardés comme synonymes d'hermaphrodite ; ils sont d'un usage bien moins fréquent.

BISMUTH, s. m., Bi. Eq. 1330, *Bismuthum, Wismuth ;* corps simple métallique appartenant à la cinquième section. Il se trouve dans la nature principalement à l'état natif, plus rarement en oxyde, en sulfure, ou allié à divers autres métaux. Le métal natif étant le minerai exploité, l'extraction consiste en une simple fusion ; dans les laboratoires, pour l'avoir pur, on réduit l'oxyde obtenu artificiellement. Le bismuth est solide, blanc légèrement violacé ou irisé à la surface, inodore, insipide, pesant 9, 8, de structure lamelleuse, cassant et facile à réduire en poudre. Chauffé, il fond à 247°, s'oxyde s'il est exposé au contact de l'air, et peut prendre feu et brûler si la température est suffisamment élevée; il est légèrement volatil. Fondu et placé dans des conditions favorables, il cristallise en grosses trémies pyramidales formées par l'assemblage de cristaux cubiques. — L'oxygène et l'air secs ne l'altèrent pas; l'air humide l'oxyde; il ne décompose l'eau dans aucune circonstance. Les acides sulfurique et chlorhydrique l'attaquent lentement; l'acide nitrique et l'eau régale le dissolvent au contraire facilement. — Le bismuth donne quelques composés médicinaux, mais son principal usage est d'entrer dans la confection des alliages fusibles et de former des soupapes de sûreté pour les chaudières à vapeur.

BISOC, s. m.; charrue munie de deux socs et, généralement aussi, de deux versoirs, susceptible, par conséquent, de tracer deux raies à la fois. Les bisocs les plus connus sont ceux de Guillaume et de Sommerville.

BISTORTE, s. f., *Polygonum bistorta*, L.; plante de la famille des Polygonées, genre *Polygonum*, connue sous le nom vulgaire de *langue de bœuf.* Elle est commune dans les prairies élevées de l'Europe. On la dit excellente pour les bœufs à l'engrais; elle est cultivée pour ces animaux dans les montagnes du Jura. Sa racine est amère et tonique.

BISTORTIER, s. m.; grand pilon en bois qu'on emploie dans les pharmacies pour écraser les plantes, préparer les pommades, les électuaires, etc.

BISTOURI, s. m., du latin *Pistoriensis*, de *Pistori*, ville autrefois renommée pour la bonne fabrication de ses instruments de chirurgie; instrument destiné à faire des incisions. Synonyme de *scalpel*, qui dérive de *scalpere*, inciser. Les bistouris forment une espèce de petit couteau composé d'une lame et d'un manche qu'on appelle la *châsse*. Sur la lame on distingue le *tranchant*, qui présente au microscope une grande quantité de petites dents, comme dans une scie très fine. Le *talon* de la lame est fixé au manche, à demeure, comme dans le scalpel, les feuilles de sauge; on dit alors que l'instrument est à *lame fixe* ou *dormante*. Dans le bistouri à *lame flottante*, le talon présente une articulation à charnière, qui permet des mouvements, bornés en arrière par une lentille qui s'appuie contre la partie postérieure du manche, quand l'instrument est ouvert. Quelquefois on fixe à volonté la lame sur le manche à l'aide d'un ressort semblable à celui des couteaux de poche, ou par une virole; c'est le *bistouri à ressort*. — Les bistouris les plus usités sont : 1° le bistouri *droit*, dont le dos et le tranchant se réunissent à l'extrémité de la lame pour former une pointe aiguë; il sert surtout pour les ponctions ; 2° le bistouri *concexe sur tranchant*, dans lequel le tranchant de la lame s'arrondit vers son extrémité, pour former une pointe avec le dos qui reste droit: employé pour les incisions, l'extirpation des tumeurs, etc.: 3° le bistouri *concave sur tranchant*, qui est dans des conditions opposées; il a l'inconvénient d'embrasser trop de tissus à la fois. En modifiant la forme primitive de ce dernier, on a le bistouri dit à *serpette*, à *queue à l'anglaise*, qu'on emploie pour l'extirpation des muscles abaisseurs de la queue ; 4° les feuilles de sauge à *droite*, à *gauche*, à *deux tranchants*, bistouris à lame fixe, courbés sur plat, très usités pour les opérations à pratiquer sur le pied du cheval ou du bœuf. Les autres variétés sont peu employées; ce sont le bistouri *droit boutonné*, terminé par un bouton, pour éviter de blesser quelques parties lorsqu'on veut faire un débridement dans la région du ventre ou de la poitrine; le bistouri *caché*, dont la lame enfermée dans une espèce de gaine peut sortir et rentrer par la pression d'un ressort, servant autrefois pour la lithotomie, abandonné aujourd'hui; le bistouri à *suture*, dont la lame est percée d'un œil, pour passer un lien dans les tissus qu'on traverse. — Avec le bistouri, toutes les opérations peuvent être faites plus ou moins facilement; cet instrument offre donc une grande importance. On distingue trois positions principales relativement à la manière de s'en servir : 1° *bistouri tenu comme un couteau, le tranchant en haut ou en bas;* le manche est retenu dans la paume de la main ; le pouce et le médius sont appliqués contre l'union du manche avec la lame, le doigt indicateur sur le dos de celle-ci ; ex. : dans la plupart des incisions. Si l'on veut agir avec plus de force, on tient l'instrument à pleines mains, la lame sortant du côté du pouce; ex.: amputation de la queue d'un jeune animal ; 2° *bistouri tenu comme une plume ;* le tranchant peut être tourné en bas, en haut, la pointe dirigée en avant, en arrière. Le manche fait saillie du côté dorsal de la main ; deux doigts restent libres pour prendre un point d'appui ; ex. : ponction de la cornée, dissection d'un vaisseau, d'un nerf; 3° *bistouri tenu comme un archet ;* l'instrument est maintenu par le bout des doigts appuyés d'un côté sur l'union de la lame avec la châsse,

et le pouce appliqué sur la surface opposée : la direction du tranchant est horizontale ; ex.: opération de la hernie étranglée, castration des mâles. On peut indiquer encore d'autres positions : ainsi la lame du bistouri à serpette est tenue entre le pouce et l'index, le tranchant tourné à droite ou à gauche, et conduit par la flexion ou le renversement du poignet, comme dans l'opération de la queue à l'anglaise. La feuille de sauge double doit être tenue à deux mains : la feuille de sauge à droite ou à gauche est mise en mouvement par tous les doigts de la main, à l'exception du pouce qui sert à prendre un point d'appui. — Quand on attaque les tissus avec le bistouri, cet instrument peut être employé *seul* ou *guidé* par des conducteurs, tels que le doigt, des sondes variées. Le bistouri est *armé*, quand on a pris la précaution d'envelopper la lame avec de l'étoupe à son point d'union avec le manche.

BISTOURNAGE, s. m. ; procédé de castration qui consiste à produire l'atrophie des testicules, en renversant ces organes dans les bourses, et en les faisant tourner deux ou trois fois autour du cordon. Le mot *bistournage* indique deux torsions par son étymologie : la pratique prouve qu'il est prudent de faire trois tours pour tous les animaux. On emploie ce procédé surtout pour les ruminants; il est préféré pour le taureau dans les anciennes provinces du Dauphiné, de l'Auvergne, du Limousin, de la Gascogne. Dans quelques contrées, on châtre les béliers par le bistournage. Cette opération peut être appliquée au cheval, mais avec quelques difficultés. — *Bistournage du taureau.* C'est à l'âge de 15 à 18 mois, rarement plus tard, qu'on bistourne le taureau; le printemps et l'automne sont les deux saisons à préférer; il n'est pas utile de préparer l'animal à cette opération. Le taureau doit être fixé comme il suit : une corde qui embrasse les deux cornes, passe au-dessus de la mâchoire et se replie sur le mufle ; un aide vigoureux saisit d'une main l'extrémité de ce lien et de l'autre comprime l'ouverture des cavités nasales. Une autre position consiste à fixer solidement la tête contre un poteau, tandis qu'une corde prend un des pieds de derrière dans le paturon et vient s'arrêter autour des cornes. Enfin, quelquefois on se borne à mettre le joug au taureau pour le lier avec un autre animal de la même espèce. Une fois qu'il est saisi par les testicules, le sujet n'oppose aucune résistance. Placé derrière les jarrets, l'opérateur saisit les bourses et fait monter et redescendre plusieurs fois les deux testicules pour détruire les adhérences qui pourraient exister. Ensuite il fait culbuter l'un de ces organes, de sorte que la base soit inférieure et la pointe située supérieurement. Un autre temps consiste à faire tourner le testicule autour du cordon, comme autour d'un axe, jusqu'à ce que la torsion soit suffisante pour intercepter la circulation dans les vaisseaux spermatiques. On fait remonter le testicule vers la région inguinale, et l'on pratique les mêmes manipulations sur l'autre côté. Quand l'opération est terminée, il faut élever les deux testicules à la même hauteur et placer un lien sur le scrotum pour les empêcher de redescendre et de perdre la position qu'on leur a donnée : ce lien doit être peu serré. L'animal est mis en liberté dans un pâturage; s'il est retenu dans l'étable, on lui donne une nourriture peu abondante. Pour bistourner un taureau, il faut une grande habitude, plus, une assez grande force physique pour exécuter les mouvements de torsion. Des difficultés peuvent résulter des adhérences que les testicules contractent parfois avec leurs enveloppes; les manipulations sont moins faciles, quand ces organes ont une forme ovoïde; il en est de même, lorsque les cordons sont courts ou quand les bourses sont rétractées par le froid. Après vingt-quatre heures, on enlève la corde qui maintient les testicules dans la position qu'ils ont subie; déjà l'engorgement est considérable; on n'a pas à craindre un déplacement. Plus tard, les bourses sont gonflées, douloureuses; le repos est nécessaire pour éviter les effets du ballottement des parties tuméfiées contre les cuisses. Il est utile de pratiquer une saignée sur le taureau vigoureux, qui paraît éprouver de vives souffrances, mais non sur celui qui est lymphatique et peu impressionné par l'opération. Douze à quinze jours après, l'engorgement a disparu; les testicules s'atrophient et disparaissent plus ou moins complètement. Des accidents peuvent suivre le bistournage du taureau. L'engorgement des bourses persiste quelquefois au-delà du terme ordinaire de sa disparition; il faut y remédier par les émissions sanguines et les antiphlogistiques. Si l'engorgement est chronique, on applique le liniment ammoniacal ou, mieux encore, une pommade iodée (Festal). L'hydrocèle et le sarcocèle sont deux accidents assez communs après la castration par torsion. Enfin, le taureau *peut être manqué*, c'est-à-dire qu'un ou deux testicules sont descendus au fond des bourses; il faut recommencer les manipulations, ou bien opérer par une autre méthode, quand les adhérences les ont rendues impossibles. Le bœuf, incomplètement bistourné, perd une partie de sa valeur commerciale; souvent il a conservé sa puissance génératrice et devient dangereux. Sous le rapport physiologique, cette méthode a l'avantage de ne pas amener la mortification complète des testicules, qui jouissent encore de leur vie végétative; châtré de la sorte, le bœuf conserve de belles formes et une puissance plus grande pour le travail; ces avantages n'existent plus pour l'animal destiné à la consommation. — *Bistournage du bélier :* on le pratique à l'âge d'un an et au-delà, rarement plus tôt; un aide suffit pour maintenir le bélier; il le saisit par les membres de devant, en ayant soin de le relever de manière à l'appuyer contre son corps par le

dos. L'opérateur, assis en avant de l'animal, retient avec ses pieds les membres de derrière tout en les écartant, et exécute des manipulations semblables à celles indiquées pour le taureau. Le bistournage est d'une exécution facile sur les petits animaux; un châtreur habile fait l'opération en moins d'une minute et peut, dans l'espace d'une heure, bistourner quatre-vingts moutons. Il n'en est pas de même pour le taureau; l'opération exige un temps fort long comparativement. C'est au printemps surtout qu'on opère les agneaux; faite pendant l'été, la castration par bistournage cause quelquefois un engorgement gangreneux qui se termine par la mort. Les béliers *manqués* sont difficiles à bistourner; on préfère les opérer par l'excision ou par le fouettage. La chair des moutons bistournés conserve un goût désagréable, c'est pourquoi, dans quelques contrées, on préfère d'autres procédés. *V.* Martelage — *Bistournage du cheval :* on ne le met en usage que dans un petit nombre de localités. Les vétérinaires le pratiquent fort peu; dans quelques provinces, entre autres le Dauphiné, des châtreurs de profession parcourent les campagnes pour bistourner les poulains. Cette opération réussit moins souvent que pour les ruminants; la forme des testicules, le peu de longueur du cordon, rendent les manipulations difficiles et de longue durée : les chevaux sont souvent *manqués* et atteints d'hydrocèle ou de sarcocèle après cet insuccès, ce qui aggrave les dangers présentés par les autres procédés de castration, auxquels on est alors obligé d'avoir recours.

BISULCE ou **BISULQUE**, adj., *bisulcus*, de *bis*, deux fois, et *sulcus*, sillon; mot assez impropre employé pour désigner les animaux à pied fendu ou fourchu, comme les *Ruminants*.

BITUME, s. m., *Bitumen ;* on donne le nom de *Bitume* à des matières fossiles non azotées, très riches en carbone et en hydrogène, partant très combustibles, et provenant de la décomposition lente des végétaux dans le sein de la terre. — Les bitumes sont liquides, mous ou solides, de couleur plus ou moins foncée, d'odeur forte, particulière, d'une saveur amère, comme celle du goudron, et moins pesants que l'eau. — Ces corps sont très fusibles et très inflammables; ils brûlent avec une flamme jaune et une fumée épaisse, et donnent à la distillation une huile essentielle particulière. Insolubles dans l'eau qu'ils surnagent, les bitumes sont, au contraire, solubles dans l'alcool et les huiles. — On les divise en bitumes *liquides*, comme le *naphte* et le *pétrole*, et en bitumes *solides*, le *malthe* et l'*asphalte* (*V.* ces mots). — Comme médicaments, les bitumes sont excitants, antiputrides et vermifuges. Ils ne sont plus employés aujourd'hui à l'intérieur. A l'extérieur, ils pourraient être utiles contre les ulcères, les plaies gangréneuses, etc.

BITUMINEUX, EUSE, adj., *bituminosus;*

substances qui, par leur nature, se rapprochent des bitumes: telles sont la houille, le jayet, le lignite, le succin, etc.

BITUMINISATION, s. f., de *Bitumen*, bitume : transformation des végétaux en substances bitumineuses. Elle a lieu au sein de la terre, par une putréfaction lente et étouffée des substances végétales.

BIVALVE, adj., *bivalvus*; composé de deux valves. *Capsule, glume bivalve.*

BIVALVULÉ, ÉE, adj., *bivalvulatus;* se dit de l'anthère qui s'ouvre en deux valvules au moment de la fécondation.

BIXINÉES, s. f., *Bixineæ;* Kunt.; famille végétale dont toutes les espèces habitent les régions chaudes de l'Afrique et de l'Amérique. Elle est composée d'arbres ou arbrisseaux encore rangés, par divers auteurs, dans la famille des Flacourtiacées. Le genre *Bixa*, qui sert de type à cette famille, renferme une espèce, le B. *orellana*, qui porte un fruit dont la pulpe est employée, sous le nom de *Rocou*, dans la teinture en rouge.

BLAFARD, DE, adj.; se dit d'une couleur terne, d'une teinte pâle. *Muqueuse blafarde, chairs blafardes.*

BLANC, CHE, adj., *albus;* employé aussi comme substantif. — *Robe blanche :* robe composée entièrement de poils blancs. On distingue plusieurs espèces de *blancs :* le *blanc sale*, légèrement jaunâtre; le *blanc mat*, ou blanc proprement dit ; le *blanc porcelaine*, laissant apercevoir à travers les poils la couleur noire de la peau. — *Bot.* La couleur blanche affecte dans les végétaux diverses nuances que l'on trouve exprimées dans les livres de botanique de la manière suivante : *candidus*, blanc pur ; *niveus*, blanc de neige ; *argenteus*, blanc d'argent ; *eburneus*, blanc d'ivoire ; *lacteus* ou *galactites*, blanc de lait; *calceus*, blanc de chaux; *albidus*, blanchâtre ; *albescens*, blanchissant: *canus, incanus*, désignant la nuance blanche que prennent les surfaces recouvertes de poils nombreux ; *canens, incanens*, lorsque les poils sont plus rares. — *Blanc*, s. m.: nom d'une maladie des végétaux, se manifestant par la présence d'une matière blanchâtre, pulvérulente ou visqueuse, à la surface des jeunes feuilles et des bourgeons qu'elle fait avorter. — *Blanc de champignon;* fragments de l'*Agaricus campestris*, employés comme éléments reproducteurs dans les couches où l'on fait naître le champignon pour les usages domestiques *V.* MYCELIUM.

BLANC D'ARGENT *V.* CARBONATE DE PLOMB.

BLANC DE BALEINE, s. m. ;— *Sperma-ceti, Cétine, Adipocire.*— Le blanc de baleine est une substance grasse intermédiaire entre le suif et la cire. — Il existe dans les sinus de la tête d'une sorte de Cachalot, le *Physeter macrocephalus*, où il est en dissolution dans une huile grasse, de laquelle on le sépare par le refroidissement et la pression. Le blanc de baleine est solide, en masses amorphes, formées d'écailles blanches, translucides,

brillantes, nacrées, onctueuses au toucher, fusibles à 45°, d'une odeur de poisson frais et d'une saveur douce et huileuse. Insoluble dans l'eau, ce corps se dissout dans les huiles, l'éther et l'alcool bouillant. Exposé à l'air, il rancit, prend une couleur jaune et perd sa saveur douce. — Le blanc de baleine est composé de *cétine* (*V.* CE MOT), d'huile grasse et d'un principe colorant jaune. — *Pharmacol.* Ce corps constitue un médicament adoucissant et béchique. Il était usité autrefois contre les inflammations gastro-intestinales et la bronchite des grands animaux; mais son prix élevé et son efficacité problématique l'ont fait justement abandonner des praticiens. On doit rejeter, même pour l'usage externe, celui qui est rance. On le falsifie avec de la cire.

BLANC D'ESPAGNE *V.* CARBONATE DE CHAUX.

BLANC DE FARD *V.* NITRATE DE BISMUTH.

BLANC D'ŒUF *V.* ALBUMINE.

BLANC DE TROYES. *V.* CARBONATE DE CHAUX.

BLANCHET, s. m.; on donne ce nom, dans les pharmacies, à un petit carré de molleton de laine fixé sur un carrelet en bois, et à travers lequel on fait passer des liquides épais pour les dépouiller de leurs parties les plus grossières *V.* COLATURE.

BLASTE, s. m., *Blastus*, de βλαστός, je germe; partie de l'embryon à grosse radicule, qui se développe par la germination.

BLASTÈME, s. m.; *Blastema*, de βλαστάνω, bourgeon : nom de l'embryon proprement dit, abstraction faite des cotylédons.

BLASTOCARPE, s. m., *Blastocarpus*, de βλαστός, germe, et καρπός, fruit: nom donné aux graines dont la germination s'effectue déjà dans le péricarpe.

BLASTODERME, s. m., *Blastoderma*, de βλαστός, germe, et δέρμα, peau: pellicule se développant sur le germe, et formée de deux lames, dont l'externe doit constituer la peau, et l'interne est le principe de l'intestin.

BLASTOPHORE, s. m., *Blastophorus*, de βλαστός, bourgeon, et φέρω, je porte: partie de l'embryon à grosse radicule qui soutient le blaste; c'est le *vitellius* de Gærtner.

BLÉ. *V.* FROMENT.

BLEIME, s. f. On nomme ainsi une altération de la sole du cheval vers les talons, dont le caractère principal consiste dans une ecchymose ou rougeur de la corne. Les pieds à talons bas et faibles, les pieds plats, ceux qui sont encastelés sont prédisposés au développement de cette maladie. Elle est occasionnée par tout ce qui produit la compression de la sole : ainsi, l'éponge du fer mal ajustée, les pierres ou graviers qui s'introduisent sous elle, la marche sur des terrains durs, une ferrure négligée, produisent ce résultat. La bleime se développe bien plus souvent aux pieds de devant qu'aux pieds de derrière, et surtout au quartier interne ; on la voit quelquefois sur le quartier externe. — Lafosse a distingué la bleime *naturelle* qui vient sans causes apparentes , et la bleime *accidentelle* qui vient de la ferrure. Girard considère cette affection comme toujours *accidentelle*. Cet auteur reconnaît trois variétés qu'il donne comme des degrés différents de la même maladie : il la divise en *foulée* , en *sèche* et en *suppurée*. La bleime *foulée* consiste dans une simple foulure suivie d'une douleur sourde ; la bleime *sèche* offre des stries de sang desséché ou une rougeur dans le tissu de la corne ; la bleime *suppurée* ou *humide* présente du pus avec décollement partiel de la sole. Vatel admet une division semblable et désigne l'altération dont il s'agit sous le nom de *podolachnite*, de πους, ποδος, pied , et λαχνος , velu , inflammation du tissu velouté. Les bleimes font généralement boiter le cheval ; on parvient à reconnaître leur degré de gravité par l'investigation du pied. Les deux premières variétés sont peu graves ; une ferrure convenable y remédie le plus souvent. Ainsi, la corne doit être amincie dans la partie correspondante à la bleime ; on donne au fer une ajusture convenable, et l'on applique sur la corne des médicaments émollients. Si la claudication continue, le fer à planche devient nécessaire. La bleime ancienne et qui est suppurée produit la désunion d'une partie du sabot et peut se compliquer de la carie du fibro-cartilage latéral de l'os du pied. Pour guérir la bleime ancienne, on pare la corne jusqu'au vif, et l'on applique quelques plumasseaux , dont le premier est recouvert de térébenthine ; le tout est retenu par le fer et quelques tours de bande appliqués au talon ; on donne du repos. Si la suppuration est apparente , il faut enlever la corne désunie , réséquer la surface du tissu villeux désorganisé, panser avec l'ægyptiac. La carie du cartilage vient-elle à se développer, il faut procéder comme dans le cas de javart cartilagineux ; on reconnaît cette complication à la persistance de la suppuration qui est d'un blanc grisâtre, et s'échappe à travers une fistule ; il y a de plus gonflement du talon et quelquefois du quartier correspondant.— On observe aussi les bleimes dans l'espèce bovine après la contusion ou la foulure de la surface inférieure des onglons ; le traitement est semblable à celui prescrit pour le cheval.

BLENDE, *V*. SULFURE DE ZINC.

BLENNODÉNITE, s. f., de βλεννα, mucus , et αδην , glande ; inflammation des follicules muqueux.

BLENNOGÈNE , de βλεννα, mucus , et γενναω , j'engendre : *appareil blennogène :* appareil producteur de la matière muqueuse de la peau. Il se compose de petites glandes situées à la base du derme, et pourvues d'un petit canal qui va s'ouvrir dans la profondeur de ses sillons (Breschet *)*.

BLENNOMÉTRITE , s. f., de βλεννα, mucus, et μητρα, matrice ; catarrhe de la matrice.

BLENNOPHTHALMIE , s. f. , de βλεννα, mucus , et οφθαλμος , œil ; dénomination générique des inflammations de l'œil caractérisées par l'exhalation de mucosités.

BLENNORRHAGIE , s. f., de βλεννα, mucosité , et ρηγνυμι, je sors avec force ; catarrhe de l'urètre. Voyez URÉTRITE et VAGINITE. Ce mot est spécialement employé dans le sens qui précède, quoique, par son acception générale, il désigne les sécrétions morbides des membranes muqueuses.

BLENNORRHAGIQUE, adj. ; qui concerne la *blennorrhagie*.

BLENNORRHÉE , s. m., de βλεννα, mucus , et ρεω , je coule. Ce terme a la même valeur que le mot *blennorrhagie*. Synonymes: *urétrite, vaginite, gonorrhée*.

BLENNOTORRHÉE . s. f., de βλεννα, mucus , ους , ωτος, oreille , et ρεω , je coule ; écoulement muqueux de l'oreille. Synonyme : *catarrhe auriculaire*.

BLENNURÉTRIE, s. f., de βλεννα, mucus, et ουρητηρ, urètre ; écoulement muqueux de l'urètre. Synonyme de *blennorrhée*.

BLENNURIE , s. f., de βλεννα, mucus , et ουρεω, uriner ; écoulement de mucosités mêlées aux urines. Synonyme de *catarrhe vésical*.

BLÉPHARITE , s. f., de βλεφαρον, paupière, avec la terminaison *ite*. Inflammation des paupières qui peut atteindre la peau, la surface muqueuse, ou les follicules qu'elles contiennent.—Les causes de cette maladie sont l'impression du froid , les chutes, les contusions portées sur la tête. — On a distingué la blépharite *muqueuse*, qui se borne à la conjonctive ; la blépharite *glanduleuse*, qui a son siége dans les follicules connus sous le nom de *glandes de Meïbomius ;* la blépharite *granuleuse*, qui a son point de départ sur les follicules dont est garnie la muqueuse palpébrale ; enfin la blépharite *ciliaire* ou *tarsienne*, siégeant sur le bord libre externe des paupières et produisant une déviation des cils. — Dans la blépharite, les paupières sont gonflées ; le globe est recouvert ; la surface de la cornée est larmoyante , mais intacte. La conjonctive et les organes de sécrétion des larmes participent à l'inflammation ; les yeux sont chassieux. Des abcès peuvent se former surtout dans la paupière supérieure ; la gangrène se développe, mais rarement , et laisse des ulcères accompagnés de l'ectropion ou renversement en dehors des bords palpébraux. On recommande les saignées générales et locales , la diète, les lotions avec l'eau de pavots blanchie par l'extrait de saturne. Quand l'inflammation passe à l'état chronique, on a recours aux collyres astringents , à la pommade de nitrate d'argent. Les abcès doivent être ouverts avec la lancette ; on emploie le quinquina si les ulcères se montrent avec le caractère gangréneux.

BLÉPHAROPHTHALMIE.s.f., de βλεφαρον, paupière, et οφθαλμος , œil ; inflammation des paupières. Synonyme de *blépharite*.

BLÉPHAROPLASTIE , s. f., de βλεφαρον,

paupière , et πλαττειν. former ; régénération de la paupière. Opération qui consiste à reformer, avec la peau voisine de l'œil , une paupière qui a été détruite.

BLÉPHAROPLÉGIE , s. f. Paralysie des paupières *V.* BLÉPHAROPTOSE.

BLÉPHAROPTOSE , s. f., de βλεφαρον, paupière , et πτωσις, chute. Synonyme de *blépharoplégie*. Relâchement ou chute de la paupière supérieure qui recouvre en partie , et quelquefois en totalité , le globe de l'œil. Cet état est dû au relâchement excessif des téguments, à la paralysie du muscle palpébral supérieur, à une congestion cérébrale , un épanchement séreux dans le cerveau. La blépharoptose, due à l'œdème , à l'engorgement passif du tissu cellulaire palpébral, cède à l'usage des topiques astringents, tels que l'eau blanche , la décoction de roses de Provins. Si la peau présente des dimensions trop grandes et produit l'ectropion , il faut en enlever un repli. Quand il y a paralysie du muscle releveur de la paupière, on en recherche la cause; et, dans le cas d'encéphalite, de congestion cérébrale , on emploie les déplétions sanguines , les purgatifs , les vésicatoires , la pommade ammoniacale. L'application du feu dans la région de la tempe ou sur les orbites, est encore un moyen puissant auquel on a recours dans le cas où les topiques précédents seraient sans action.

BLESSISSEMENT, ou **BLETTISSEMENT,** s. m.; modification du parenchyme de plusieurs fruits constituant , pour quelques-uns , tels que la nèfle, l'alise , un complément nécessaire de maturation; pour d'autres , tels que beaucoup de variétés de poires, une altération qui, sans les rendre impropres à être mangés , précède de peu leur décomposition définitive.

BLESSURES, s. f., de πλαττειν, frapper ; lésion produite par une cause extérieure. Ce terme générique comprend les contusions , les plaies , les fractures , les entorses, les luxations, les hernies. Considérées sous le rapport de leurs causes, les blessures sont divisées en celles produites par les agents chimiques et qu'on nomme *brûlures*, et celles qui sont faites par des puissances mécaniques ; cette dernière classe est la plus nombreuse (*V.* les mots CONTUSION, PLAIE, FRACTURE, etc.). Pour ce qui concerne, en médecine légale, les blessures faites à l'homme, les peines infligées par le code aux auteurs de ces violences sont basées sur l'intention qui les a dirigés dans leur action et les effets qui en sont résultés. Les blessures faites aux animaux peuvent donner lieu à une action civile ou à des poursuites correctionnelles. La législation applicable aux blessures pour l'action civile est déterminée par les articles 1382, 1383, 1384 et 1385 du code civil, (Voir le Code). On trouve dans le code pénal, art. 452 , 453 , 454 , 479 , 480, la législation, qui , sans exclure l'action civile , détermine des poursuites correctionnelles. Des peines plus

sévères sont prononcées par le code militaire. contre le soldat, qui , par méchanceté , cause des blessures au cheval qui lui est confié. On distingue les blessures en *volontaires* et *accidentelles*; les unes et les autres peuvent faire condamner à des dommages-intérêts, en vertu des art. 1382 et 1383 du code civil, qui établissent une réparation pour le dommage causé. — Autrefois on divisait les blessures en *mortelles* et *non mortelles*; les premières se subdivisaient en *blessures nécessairement mortelles*, et *blessures mortelles par accident*. Dans le cas d'expertise judiciaire, on examine les blessures d'un animal pour en apprécier les conséquences. Il faut s'attacher à reconnaître les caractères qui indiquent l'existence d'une blessure et l'époque où elle a été faite. La cause vulnérante doit être recherchée , ce qui n'est pas toujours facile. On juge facilement une blessure produite par un instrument tranchant : il n'en est pas de même pour les instruments piquants. Ce sont le plus souvent les plaies accidentelles qui donnent lieu à des contestations relativement aux animaux; ce sont des blessures occasionnées par le harnais sur un cheval de louage, des solutions de continuité , même seulement des excoriations produites sur les genoux par une chute; quelquefois il s'agit de plaies par armes à feu : celles-ci présentent des caractères spéciaux. Enfin le dommage peut être cause par des brûlures plus ou moins profondes que produisent les huiles en ébullition, les acides , les corps chauffés au rouge.

BLET, adj.; état d'un fruit qui a éprouvé le blettissement.

BLEU , adj., *cœruleus;* la couleur bleue ne s'observe guère dans les végétaux que sur les enveloppes florales ou les péricarpes. Ses nuances se rendent de la manière suivante : *cœruleus*, bleu pur; *cyanus*, bleu indigo; *azureus*, bleu de ciel; *cœlius*, bleu pâle , bleuâtre; *cœrulescens*, bleuissant.

BLEU de PRUSSE. *V.* CYANURE DE FER.

BLEUET ou **BLUET.** *V.* CENTAURÉE.

BOEUF, s. m., *Bos;* genre de mammifères ruminants à cornes creuses, renfermant plusieurs espèces, dont deux seulement sont soumises à la domesticité. Les espèces du genre *bœuf* sont : 1° le B. du Cap. , *B. caffer*, dont les cornes recouvrent le haut du front à leur base; 2° le B. bison, *B. americanus*, remarquable par ses longs poils laineux et sa barbe analogue à celle de la chèvre; 3° le B. yack , *B. grunniens*, vache grognante , à poils longs et pendants, et à queue garnie de longs crins dès sa base. Les mamelles de cette espèce sont placées sur une seule ligne transversale ; les côtes sont au nombre de 14 paires; 4° le B. aurochs, *B. urus*, ayant aussi 14 paires de côtes, mais les mamelles disposées en carré : on a regardé à tort comme la souche des bœufs domestiques; 5° le B. bufile , *B. bubalus*, à front bombé , pourvu de cornes anguleuses se dirigeant en arrière, mamelles sur une seule ligne transversale, et corps couvert de poils noirs et rares. Cette espèce est employée comme domestique en Italie, en Turquie, en Chine, aux Indes, etc.; 6° le *B*. ordinaire, *B. taurus*, dont la souche est inconnue, et qui fournit de nombreuses variétés domestiques parmi lesquelles on distingue les *bœufs à bosse* ou *zébus*, et les *bœufs ordinaires*. On donne le nom de *taureau* au mâle, celui de *bœuf* au mâle châtré; la femelle porte le nom de *vache*, et son produit celui de *veau* pendant sa première année. L'espèce est entretenue pour son travail ou pour ses produits en chair, en graisse, en lait, etc.; quelle que soit, au reste, leur destination primitive, c'est à l'abattoir que ces animaux vont terminer leur carrière. Le bœuf de travail est exclusivement réservé pour le tirage; la longueur et la flexibilité de sa colonne vertébrale ne lui permettent pas de porter de lourds fardeaux. Il peut être employé dès l'âge de 2 ans jusqu'à 8 ou 10; plus tôt, la fatigue nuirait à son développement; plus tard, ses allures seraient trop lentes, son engraissement difficile, et sa chair mauvaise. On doit l'accoutumer de bonne heure au travail; rien n'est plus aisé que son éducation sous ce rapport, quand on veut y mettre de la patience et de la douceur. — Le bœuf est attelé au joug ou au collier; chacun de ces modes a ses partisans. Le joug est peu dispendieux; peut-être est-il plus favorable au déploiement des forces, mais il ralentit les allures et fatigue davantage les animaux, surtout dans les chemins à surface inégale. Le collier laisse plus de liberté aux mouvements et n'exige point un appareillage rigoureux; mais, avec lui, il est plus difficile de conduire et de maîtriser le bœuf. — Le bœuf est robuste; avec quelques précautions, il peut travailler longtemps. — Comparé au cheval comme instrument agricole, il présente l'avantage de coûter moins cher d'achat, de nourriture, de harnais, d'avoir des allures plus uniformes, d'offrir plus de résistance, de courir moins de chances de perte, enfin de pouvoir toujours être vendu pour la boucherie, et de donner un fumier plus abondant et de meilleure qualité. Les essais tentés pour représenter par des chiffres la valeur comparative du cheval et du bœuf dans une exploitation agricole, ont toujours donné des résultats différents, selon le point de vue où l'on s'est placé pour résoudre la question. On est resté généralement d'accord que, à part quelques circonstances exceptionnelles, il y avait avantage à à entretenir simultanément des bœufs et des chevaux. — La nourriture du bœuf est ordinairement plus variée que celle des solipèdes. On estime que 2 kilog. de foin ou leur équivalent suffisent pour l'entretien journalier de 100 kilog. de poids vivant; on suppose que le bœuf ne travaille pas et ne gagne rien en poids. Cette ration doit être doublée ou triplée, selon que les animaux font un travail, ou qu'ils doivent s'engraisser. Dans tous

les cas, la parcimonie dans l'alimentation du bœuf est plutôt onéreuse qu'économique. *V*. ANIMAUX DOMESTIQUES, BOVINES (races), TAUREAU, VACHE, BUFFLE, ENGRAISSEMENT.

BOIS, s. m., *Lignum*; ensemble des couches ligneuses dans les arbres dicotylédonés. On distingue, dans ces couches, le *bois blanc* ou aubier, et le *bois parfait* ou duramen. Le bois parfait occupe le centre et renferme la moelle. Il est plus dur, plus compacte, plus dense que l'aubier. Dans quelques arbres, il affecte diverses couleurs parfois très prononcées; ex. : l'*ébène*. C'est à lui que doivent se rapporter les qualités du bois dans les nombreuses destinations qu'il reçoit. Il se compose, comme l'aubier, de vaisseaux réticulés, de fibres et de rayons médullaires; il a de plus, pour la constitution de l'étui médullaire, de véritables trachées. Le bois contient plus de concrétions que l'aubier. *V*. les mots AUBIER, TIGE et ACCROISSEMENT. — *Chim*. Le bois, partie la plus consistante des végétaux ligneux, est formé, lorsqu'il est sec, principalement de *cellulose* (*V*. ce mot), de matière incrustante ou *ligneux* (*V*. ce mot), et de divers autres principes accessoires, tels que résines, essences, corps gras, gomme, amidon, sels alcalins et calcaires, silice, oxydes de manganèse, de fer, etc. — Pour conserver les bois, on les carbonise à la surface, on les recouvre d'un vernis à l'huile, ou, encore, on leur fait absorber, par endosmose, comme le conseille le docteur Boucherie, des solutions salines, bitumineuses, résineuses, empyreumatiques, etc. — *Zoolog*. Nom donné aux cornes rameuses et caduques des animaux du genre *Cerf*. Le bois, lorsqu'il commence à pousser, ne présente qu'une tige simple et droite, appelée *dague*; plus tard, cette tige prend le nom de *merrain*, et donne naissance à des branches latérales arrondies (*andouillers*) ou aplaties (*empaumures*), suivant les espèces. Les rugosités du bois portent le nom de *perlures*; le bourrelet de son point d'union avec l'apophyse frontale, s'appelle *meule*, et les grains irréguliers qui forment la meule sont appelés *pierrures*. — Le bois manque dans les femelles, excepté dans l'espèce du *renne*; il tombe tous les ans et est recouvert, pendant son accroissement, d'une peau tendre, velue et très sensible.

BOIS GENTIL, SAINT-BOIS. *V*. GAROU.

BOIS SUDORIFIQUES. On comprend sous ce terme générique, le *gayac*, la *salsepareille*, la *squine*, le *sassafras*, etc. (*V*. ces mots).

BOISSON, s. f., *Potus*; liquide pris librement dans le but d'apaiser la soif. On distingue les boissons en *simples*, *alimentaires* et *médicinales;* ces deux dernières espèces ne sont données que dans des circonstances particulières. L'eau est la boisson habituelle des bestiaux; ils la puisent dans les rivières, les étangs, les abreuvoirs. Elle doit être claire, limpide, aérée, sans odeur et sans saveur sensibles; elle ne doit tenir en dissolution qu'une faible quantité de sels alcalins et une proportion inappréciable de sels calcaires. Enfin, sa température ne doit être ni trop basse, ni trop élevée. Les eaux froides, dures, croupies, chargent l'estomac, arrêtent les digestions, affaiblissent les organes digestifs, et occasionnent souvent des maladies graves. Les animaux boivent une, deux, ou un plus grand nombre de fois chaque jour, selon leur espèce, le degré de la température, leur régime, leur état de repos, d'exercice ou de liberté, selon une foule de circonstances difficiles à analyser. Régulièrement, on fait boire les grands animaux deux ou trois fois; le mouton une fois ou deux. Un cheval peut boire trente à quarante litres d'eau par jour; un bœuf, de trente à cinquante litres et plus, selon son volume; le mouton et le chien, d'un demi-litre à un litre. Il convient de ne pas laisser prendre une trop grande quantité d'eau à la fois, de ne pas laisser éteindre entièrement la soif, si elle est trop vive, si surtout la température de l'eau est beaucoup au-dessous de la température du corps. On doit éviter de faire boire les animaux en sueur, essoufflés par une longue course, et de donner des boissons froides aux individus malades ou convalescents. Les boissons convenablement choisies et administrées apaisent la soif, délaient les aliments, favorisent la digestion, augmentent la sérosité du sang, activent les sécrétions et les exhalations (*V.* Eau.) — *Pharmac.* On donne le nom de boissons *médicinales* à des préparations magistrales, liquides, que les animaux prennent d'eux-mêmes, en quoi elles diffèrent des breuvages, qu'on est obligé de leur administrer. Elles sont formées par des infusions ou décoctions de substances végétales, ou par des dissolutions aqueuses peu concentrées de matières minérales. Elles correspondent exactement, surtout dans le premier cas, aux *tisanes* de l'homme. Elles sont formées par l'eau ordinaire, tenant en dissolution des principes sucrés, mucilagineux, gommeux, amidonés, acides, etc., et prennent les épithètes de boissons *adoucissantes, tempérantes, excitantes, toniques, diurétiques, purgatives,* etc., selon leurs propriétés médicinales.

BOITE A SAVONNETTE. *V.* Pixide.

BOITERIE, s. f.; action de boiter. Synonyme de *claudication.* Irrégularité dans la marche, causée par les mouvements instinctifs auxquels l'animal se livre pour éviter ou diminuer la douleur qu'il éprouve. La boiterie n'est pas une maladie; c'est un symptôme commun à la plupart des affections des organes locomoteurs, et se présentant avec de nombreuses variétés. Il arrive le plus souvent que cette irrégularité, dans la progression, est causée par un mal de pied, surtout dans le cheval; les articulations et les rayons supérieurs des membres sont plus rarement affectés par les maladies, que la région digitée. De plus, pour les solipèdes, la pratique de la ferrure est une source très fréquente de

boiterie. Les articulations par charnière, centre de grands mouvements, destinées à supporter de grands efforts pendant un travail pénible, présentent souvent, dans les grands animaux, des tumeurs dues à l'inflammation des synoviales ou aux dégénérescences du périoste, et qui gênent les mouvements. Ajoutons encore à ces causes les fractures, les luxations, les plaies, etc. — Depuis longtemps on distingue trois degrés relatifs à l'intensité d'une boiterie: l'animal *feint,* quand l'irrégularité de la progression est légère; il *boite tout bas,* quand il cherche évidemment à soulager une des extrémités en reportant sur l'autre un certain temps de la durée de l'appui; il *marche à trois jambes,* quand le membre malade repose à peine sur le sol et ne peut supporter une partie du poids du corps. Les symptômes des boiteries ne sont pas toujours faciles à saisir; il faut, pour établir leur diagnostic, une grande expérience et surtout une attention soutenue pour bien déterminer leur siége. Il faut: 1° reconnaître quel est le membre boiteux; 2° à quelle affection est due la boiterie observée. Pendant une claudication, tous les membres ne prennent pas une part égale aux mouvements de la locomotion; celui qui est malade repose sur le sol moins longtemps que les autres, et reste, au contraire, plus longtemps éloigné de tout ce qui peut exercer une pression sur lui. Au pas, le cheval boiteux ne donne plus quatre battues distinctes séparées par des temps égaux; l'oreille saisit facilement cette différence. Dans les autres allures, cette inégalité devient encore plus marquée. L'animal cherche constamment à soulager le membre souffrant, et renvoie, pendant la marche, sur l'extrémité opposée du même bipède, une partie du poids du corps. En examinant le port de la tête pendant l'allure du pas ou du trot, on reconnaît facilement quel est le membre boiteux. Si la claudication a son siége à un membre de devant, le cheval relève la tête quand il pose sur la terre l'extrémité fatiguée; il l'abaisse quand il fait son appui sur le pied opposé. Dans les boiteries du train postérieur, la tête se relève au contraire quand le sujet se pose sur le membre qui est resté sain, et reporte par ce moyen, sur le bipède opposé, une partie de son poids. — On distingue des boiteries *à froid* et des boiteries *à chaud;* dans les premières, l'irrégularité dans les mouvements des membres se montre dès la sortie de l'écurie, après le repos, et disparaît par l'exercice; pour les autres, c'est le contraire; le sujet boite à mesure qu'il *s'échauffe.* — L'examen d'un membre boiteux doit être fait avec la plus grande attention pour qu'on puisse reconnaître la cause de la boiterie. Quelquefois, une tumeur, une plaie, se montrent à l'observateur, et lui expliquent la difficulté des mouvements. Néanmoins, il faut toujours se soumettre à ce sage et ancien précepte, qui est relatif à l'investigation du sabot. Souvent il arrive qu'on rencontre dans le pied la cause d'une boiterie qu'on était tenté d'attribuer à quelque mal apparent sur l'une des articulations supérieures. On fait déferrer le cheval et parer la corne jusqu'à la rosée , jusqu'à ce qu'elle fléchisse sous la pression du pouce, et l'on sonde le pied en comprimant légèrement chacune de ses parties avec les tricoises. Dans le cas où le sabot ne présente aucune altération qui explique la claudication , il faut, après avoir fait rattacher le fer, explorer avec le plus grand soin toute l'extrémité. Pendant ces recherches, on rencontre parfois quelque mal sur une articulation ou dans la région tendineuse. La maigreur observée dans les muscles de la croupe ou de l'épaule , n'est pas un symptôme particulier d'une douleur dans la cuisse ou dans l'épaule ; elle se montre aussi pour les maux de pied et dans toutes les boiteries de longue durée. — Certains caractères particuliers peuvent éclairer le diagnostic , quand on n'a pu rencontrer une lésion suffisante pour établir le siége du mal. Dans l'*écart*, comme pour l'effort de la *cuisse*, le pied repose en entier sur le sol pendant la marche ; la boiterie augmente, lorsqu'on a porté successivement avec force le membre dans différents sens. L'action de *faucher* n'est pas particulière à ces deux claudications ; elle se montre aussi pour d'autres régions, et, en général , quand quelque obstacle nuit aux mouvements de flexion. Le cheval qui boite du *genou*, des *tendons*, fauche également, mais il présente une enflure dans l'une de ces régions ; la pression y développe de la douleur. Pour le *grasset*, la difficulté de l'extension du membre est évidente : le sujet traine le pied sur le sol. Dans l'*effort du jarret*, la flexion est douloureuse , les tissus sont gonflés. L'*entorse du boulet* est rarement accompagnée d'un gonflement; au pas, on voit un mouvement de brisure se produire dans cette articulation. Enfin, quand la cause de la claudication est dans le pied , le point d'appui se fait principalement sur la pince, à moins que la douleur ne soit légère. Dans le cas d'*enclouure*, de *clou de rue*, de *brûlure de la sole*, de *furoncle*, de *javart*, la douleur peut être violente et produire des symptômes généraux. Le cheval, atteint de *fourbure*, allonge les pieds , de manière à faire son appui sur les talons, pour éviter les souffrances qui résulteraient du poser sur la pince.

BOITERIE (*Jurisprud.*) La loi du 20 mai 1838 admet parmi les cas rédhibitoires la *boiterie intermittente pour cause de vieux mal*, c'est-à-dire, l'irrégularité non continue dans la progression , celle qui cesse dans certaines circonstances et peut être cachée pour l'acheteur. De plus, il faut que cette boiterie soit le résultat d'un mal ancien, et non d'une affection récente, dont le vendeur ne saurait être responsable. Il y a deux types de *boiteries intermittentes* : 1° la boiterie *à froid*, qui se montre après le repos, et disparait après

un travail plus ou moins long. Pour la reconnaitre, on doit faire plusieurs visites , soit avant l'exercice, soit après, en laissant un intervalle de quelques heures au moins ; 2° la boiterie *à chaud*, dans laquelle la fatigue renouvelle des douleurs articulaires qui avaient disparu par le repos; alors l'animal boite après qu'il est échauffé. Huzard distingue trois autres variétés de boiteries : 1° celle qui se montre sous l'influence du genre de service ; tel cheval qui boite à la selle, peut ne pas boiter quand il est soutenu par les brancards d'une voiture ; 2° la claudication due à un mal visible dont l'acheteur a pu se convaincre ; cette variété rentre certainement dans les deux premiers types ; 3° celle qui est due à des maladies anciennes du sabot, cachées par la ferrure, comme le crapaud. — L'expert, chargé de constater le cas rédhibitoire dont il s'agit, doit s'attacher à examiner la boiterie, son intermittence et sa cause, qui doit être un *vieux mal*. Lorsque la maladie est due à une affection ancienne et *visible*, à des exostoses, des suros, des éparvins, le cas est néanmoins rédhibitoire, la loi n'ayant pas établi de distinction. Du reste, ces diverses tumeurs peuvent exister sans donner toujours naissance à une boiterie ; l'acheteur a donc pu les voir et penser qu'elles ne font pas boiter l'animal. Si l'on trouve deux affections, l'une récente, l'autre ancienne , pouvant être l'une et l'autre la cause de la boiterie, il faut avoir recours à la fourrière, pendant laquelle la lésion récente se guérit et disparait avec la claudication. Cependant il peut arriver que ce mal passe à l'état chronique; de là des difficultés. On évitera les erreurs qui pourraient résulter de l'emploi des moyens frauduleux par lesquels le vendeur chercherait à dissimuler ou dénaturer la cause de la boiterie , tels qu'une mauvaise ferrure ou des plaies faites sur quelque région de l'extrémité malade. La durée de la garantie est de neuf jours.

BOL, s. m. ; *Bolus*, de βῶλος, morceau, bouchée ; *Bol alimentaire*: masse arrondie, formée par les aliments, lorsque, après les avoir mâchés suffisamment , l'animal les rassemble sur la langue, pour les faire passer dans le pharynx.— On donne ce nom, en *pharmacie* vétérinaire, à une préparation magistrale se rapprochant des *électuaires* par sa composition et des *pilules* par sa forme. Le bol diffère des premiers, par sa *consistance*, et des secondes , par son *volume* plus considérable et sa *dureté* moindre. Les excipients des bols sont: le miel, la mélasse, l'extrait de genièvre, celui de gentiane, auxquels on ajoute diverses poudres végétales, comme celles de gomme , de guimauve , de réglisse, de gentiane , etc. Quant à la base, elle varie nécessairement selon les indications à remplir ; de là, des bols *toniques, purgatifs, diurétiques, antiputrides, anthelmintiques*, etc. Ces préparations s'administrent en les portant avec la main ou à l'aide d'un *pilulaire*, (*V.* ce mot) sur la base de la langue, pour déterminer une déglutition immédiate.—Cette forme pharmaceutique des médicaments, employée souvent en Angleterre, l'est rarement en France.

BOLET, s. m., *Boletus*. L.; genre nombreux de la famille des Champignons. Les bolets ont un chapeau sessile ou pédonculé, dont la surface inférieure est ordinairement garnie de tubes renfermant les gongyles. Ils croissent sur les troncs des arbres ou sur la terre, dans les lieux humides et ombragés. Les espèces *edulis*, *aurantiacus* sont comestibles. Le bolet du mélèze, B. *laricis*, jouit de propriétés émétiques. Le B. ongulé, B. *ungulatus*, est employé, ainsi que le précédent, sous le nom d'Agaric, comme hémostatique. Plusieurs bolets, mais, surtout le B. *ungulatus* et le B. *igniarius*, servent à la préparation de l'amadou.

BOLIDE. *V.* Aérolithe.

BOMBACÉES, s. f., *Bombaceæ*; famille de plantes dicotylédones, habitant les régions intertropicales. Plusieurs espèces de cette famille, appartenant aux genres *Bombax*, *Eriodendron*, portent des fruits garnis d'un duvet ayant quelque analogie avec le coton, et qui sert à confectionner des coussins. La famille des Bombacées est uniquement composée d'arbres, parmi lesquels on peut citer les *Baobabs*.

BOND, s. m.; se dit, en terme de *manége*, d'un saut que le cheval exécute subitement, et après lequel il retombe à peu près à la même place. — La course du *chat* n'est qu'une succession de *bonds*. — *Bond urétral:* mouvement saccadé que l'on remarque à la région périnéale du bœuf, pendant l'évacuation de l'urine.

BON-HENRI. *V.* Ansérine.

BONNE-DAME. *V.* Arroche.

BONNET, s. m. *V.* Réseau.

BORATES, s. m.; genre de sels formés par l'acide borique avec les bases salifiables. Dans les sels neutres, l'oxygène de l'acide est à celui de la base, comme 3 : 1. — Les borates alcalins sont seuls solubles dans l'eau. Tous sont indécomposables au feu, excepté celui d'ammoniaque; à une haute température, ils fondent et produisent un verre coloré ou incolore, selon que la base est elle-même colorée ou dépourvue de couleur. Les acides minéraux déplacent l'acide borique par la voie humide, et sont déplacés par lui au moyen de la voie sèche, parce qu'il est le plus fixe. L'acide sulfurique le précipite en poudre blanche des solutions concentrées des borates alcalins. — L'azotate de baryte précipite les borates en blanc comme les sulfates, mais le précipité est soluble dans l'acide azotique. Traités par quelques gouttes d'acide sulfurique et dissous ensuite dans l'alcool, ils communiquent à la flamme une couleur vert-jaunâtre *caractéristique*.

BORATE DE SOUDE, *borax*, *tinkal*, *chrysocol*, NaO, 2BO³+aq. Ce sel, très anciennement connu, existe dans certains lacs de la Perse, de la Chine et de l'Inde. Il est alors accompagné d'une matière savonneuse dont on le dépouille avec la chaux vive ou par la calcination; on peut aussi le préparer de toute pièce, en traitant le carbonate de soude par l'acide borique de Toscane. Ce sel est incolore, cristallisé en prismes ou en octaèdres, inodore, de saveur douceâtre et alcaline. Chauffé, il fond dans son eau de cristallisation, qui est de 47 p. %, s'il est prismatique, et de 30 seulement s'il est octaédrique; son eau dissipée, il fond de nouveau, devient pâteux, peut s'étirer en fils grossiers, et se prend en masse vitreuse par le refroidissement. L'eau froide en dissout le douzième, et l'eau chaude la moitié de son poids; la solution est alcaline malgré les deux proportions d'acide contenues dans ce sel. Le borax est employé dans les arts pour la soudure des métaux, dans les laboratoires, comme réactif, surtout dans les essais au chalumeau. — *Pharm.* Le borate de soude donné à l'intérieur agit comme diurétique légèrement sédatif; mais il est rarement usité; il est parfois employé à l'extérieur pour faire des collutoires détersifs contre les ulcères aphteux de la bouche, contre le ptyalisme; on l'emploie aussi en lotions sur certaines dartres prurigineuses, sur les ulcères de la tête, dans le muguet des agneaux, etc.

BORBORYGME, s. m., de βορβορυγμός, bruit sourd, murmure; bruit sourd produit dans l'abdomen par le déplacement des gaz intestinaux. On les entend dans les coliques, les indigestions; quelquefois ils précèdent les évacuations stercorales. Les borborygmes fort nombreux et constants annoncent l'inflammation du gros intestin; quand ils se font entendre de temps en temps et ressemblent au bruit produit par le glou-glou d'une bouteille remplie de liquide, qu'on verse à plein goulot, ils annoncent une diarrhée prochaine (Delafond). On ne les entend pas dans les phlegmasies sur-aiguës des muqueuses..

BORE, s. m.; B. Éq. 136,15. Corps simple, non métallique, découvert en 1809 par Gay-Lussac et Thénard. Il existe dans la nature combiné à l'oxygène et formant l'acide borique et le borate de soude. — On le prépare en désoxygénant l'acide borique au moyen du potassium. C'est un corps solide, pulvérulent, d'un vert-olive, sans odeur ni saveur. Chauffé, il est infusible, brûle à l'air et se transforme en acide borique, en absorbant de l'oxygène. Le bore est insoluble dans l'eau et ne lui fait éprouver de décomposition qu'à une haute température.

BORÉAL, adj., *borealis*; qui se rapporte au pôle nord ou boréal de la terre. *Aurore boréale*, météore lumineux plus ou moins brillant qui apparait vers la partie septentrionale du ciel, et dont les causes et le mécanisme ne sont pas encore connus. *Pôle boréal*, pôle des aiguilles aimantées, chargé de fluide *austral*, et qui se dirige constamment vers le pôle nord ou boréal.

BORGNE, adj. ; qui n'a qu'un œil, qui ne voit que d'un œil. La perte d'un œil est le résultat de la fluxion périodique, de la cataracte, des lésions de la cornée, etc. (*V.* CÉCITÉ). — En *chirur.*, les fistules *borgnes* sont celles qui n'ont qu'un orifice. On reconnaît des fistules *borgnes externes* et des fistules *borgnes internes;* l'orifice des premières s'ouvre à la surface de la peau, celui des secondes se montre sur une membrane muqueuse; on rencontre des exemples des unes et des autres dans le voisinage de l'intestin rectum.

BORIQUE. *V.* ACIDE.

BORRAGINÉES, s. f., *Borragineæ*; famille de plantes dicotylédones. Elle se compose d'arbres, d'arbustes et d'herbes à feuilles alternes ou géminées, ordinairement recouvertes de poils rudes. Ses caractères sont : calice persistant, monosépale, à cinq lobes ; corolle monopétale à cinq divisions ; cinq étamines insérées au haut du tube de la corolle; un style, un stigmate entier ou bilobé; ovaire à quatre loges, porté sur un disque hypogyne ; dans presque tous les genres, appendices glanduleux à la gorge de la corolle alternant avec les étamines. Fruit composé de quatre cariopses monospermes. La famille des Borraginées renferme beaucoup de genres bien connus, entre autres, les genres Bourrache, *Borrago;* Héliotrope *Heliotropium;* Vipérine, *Echium;* Gremil, *Lithospermum;* Pulmonaire, *Pulmonaria;* Consoude, *Symphytum;* Buglosse, *Anchusa;* Cynoglosse, *Cynoglossum;* Lycopside, *Lycopsis;* Myosotis, etc., etc. Toutes les plantes borraginées ont des feuilles charnues, émollientes et diurétiques.

BOSSE, s. f., *Prominentia;* éminence arrondie qui se remarque sur les os plats; ex. : les *bosses frontales* du bœuf. — On appelle aussi bosses, des éminences plus ou moins développées, ayant pour base un tissu graisseux lardacé, que certains mammifères portent sur le dos, ex. : les deux bosses du chameau; la bosse du dromadaire, celle du zébu. — *T. de maréchalerie.* Appendice que l'on place sous le fer destiné à remédier aux défauts d'aplomb; c'est une variété du crampon. Les bosses ont l'avantage d'augmenter l'épaisseur du fer sans changer son poids; si l'on est obligé de les multiplier, on peut échancrer le fer. Elles sont préférables aux fers larges et épais, à ceux qui ont de fortes éponges. On emploie le *fer à bosse sur les deux éponges* pour les chevaux qui ont les talons bas, ou qui sont long-jointés. Le *fer à une seule bosse* est appliqué sur un pied de travers pour le cheval panard ou cagneux. Il faut donner aux bosses la forme olivaire, plutôt que celle qui est quadrilatère, laquelle expose le cheval à buter. Les bosses ont l'inconvénient de rendre la marche des animaux incertaine, de les exposer à se couper. On les emploie rarement.

BOTANIQUE, s. f., *Botanica*, de βοτάνη, herbe, plante; *res herbaria;* science des végétaux. La botanique comprend : 1° l'*organographie*, divisée en *phytotomie* ou *anatomie végétale*, en *morphologie* et en *glossologie* ou *terminologie;* 2° la *physiologie végétale;* 3° la *phytographie* comprenant la description des plantes, l'indication des caractères distinctifs et la nomenclature ou synonymie; 4° la *taxonomie;* 5° la *géographie végétale;* 6° la *pathologie végétale.* La botanique est ordinairement étudiée en vue d'une application utile à la médecine, à l'économie rurale, à l'industrie ; de là les noms de botanique *médicale, agricole, industrielle,* etc. Indépendante de toute application, la botanique est une des sciences les plus agréables et, pour l'homme de goût, une source des plus nobles jouissances.

BOTANISTE, s. m., *Botanicus;* celui qui étudie, qui cultive la botanique.

BOTANOGRAPHIE.BOTANOLOGIE; description des végétaux; traité sur la botanique.

BOUC, s. f., *Hircus;* mâle de la chèvre. On ne l'entretient que pour la reproduction. Alors, il doit posséder à un haut degré les caractères de la race que l'on a choisie, ou être propre, par sa conformation, ses qualités, à améliorer une race commune. Quant à ses caractères, comme mâle, ils doivent être ceux-ci : tête petite, cou fort, dos horizontal, reins larges, muscles généralement très développés. S'il s'agit des espèces qui fournissent du duvet, il faut rechercher une toison épaisse, douce, soyeuse, blanche. Le bouc est très prolifique ; il peut commencer la monte vers l'âge d'un an et la continuer, sans interruption, jusqu'à six ans et plus.

BOUCAGE, s. m., *Pimpinella*, L.; genre de la famille des Ombellifères. Les principales espèces sont : le B. à grandes feuilles, P. *magna*, commun dans les pâturages élevés, les lisières des forêts, les clairières; le B. saxifrage, **P.** *saxifraga* croissant dans les lieux secs, peu développé, mais très vivace. Ces deux plantes pourraient être cultivées dans les contrées arides où les fourrages sont rares ; elles donnent, lorsqu'on les coupe encore jeunes, un fourrage assez recherché des bestiaux. Les autres espèces n'offrent pas d'intérêt sous ce rapport. Les semences et les racines du boucage sont aromatiques et stimulantes. L'anis, que Linné avait placé dans le genre *Pimpinella*, est devenu le type du genre *Anisum.*

BOUCANAGE, s. m.; dessiccation des viandes, du poisson, des légumes, etc., à la fumée d'un foyer. Les aliments boucanés se conservent longtemps ; ils peuvent séjourner sur la mer sans s'altérer; leur embarquement, leur transport est d'ailleurs plus facile que lorsqu'ils ont été salés.

BOUCHE, s. f., *Os,* στόμα ; première cavité de l'appareil digestif, bornée antérieurement par les lèvres, latéralement par les joues, supérieurement par le palais, en bas, par la langue, et séparée de l'arrière-bouche par le voile du palais. La bouche contient en outre, les arcades dentaires, les gencives, qui ne sont qu'une dépendance de la muqueuse buccale, et reçoit les canaux excréteurs des glandes salivaires. C'est dans cette cavité, que les aliments saisis par les dents, les lèvres et quelquefois la langue, sont soumis à la mastication et à l'insalivation. — En *ext.* la *bouche* est l'ensemble des parties sur lesquelles agit le mors. Elle prend différents noms suivant son plus ou moins de sensibilité. On appelle *bonne bouche* ou *belle bouche*, celle qui reçoit du mors une impression modérée ; *bouche sensible* ou *tendre*, celle qui souffre trop de l'action du mors ; *bouche égarée*, celle qui présente ce défaut porté à l'extrême ; *bouche dure* ou *forte*, celle qui résiste à la main du cavalier; *bouche fraîche*, celle qui écume lorsque l'animal est bridé.

BOUCHONNEMENT, s. m.; action de passer sur le corps des animaux un bouchon de paille, une brosse ou tout autre corps sec, pour enlever la sueur ou stimuler la circulation dans la peau. Après le bouchonnement, on doit couvrir les animaux et ne point les laisser exposés aux courants d'air.

BOUCLE, s. f.; anneau de différentes formes. Nom vulgaire donné à la stomatite aphteuse du porc. Cette maladie est accompagnée de symptômes généraux : elle est caractérisée par des vésicules qui se développent dans l'intérieur de la bouche, et se terminent par la formation d'une escharre. Comme moyen de guérison, il faut employer les gargarismes avec l'eau aiguisée d'acide sulfurique, les boissons tempérantes, quelques lavements émollients. — Anneau employé pour le bouclement du boutoir du porc, pour le bouclement de la vulve dans la jument.

BOUCLEMENT, s. m.; action de boucler pour empêcher la génération. Synonymie : *Infibulation.* Cette opération est pratiquée dans les pays d'élève, sur les juments ou pouliches qu'on met au pâturage avec des mâles. On traverse les lèvres de la vulve avec trois anneaux placés à une certaine distance les uns des autres, ou bien on se sert de fils de laiton retenus, en dehors de chaque lèvre, par une plaque de métal. Cette pratique a quelques inconvénients. Si l'on ne sépare pas les sexes, des accidents peuvent résulter des tentatives d'accouplement de la part des étalons. Ainsi, la déchirure de l'intestin est produite par l'introduction de la verge dans le rectum. — On pourrait boucler les mâles en passant un anneau à travers le fourreau. — Le bouclement du porc consiste à traverser le boutoir, vers son bord antérieur, par deux anneaux en fer qui l'empêchent de fouger la terre.

BOUCLER. v. act. Mettre des boucles. *V.* Bouclement.

BOUCLIER, s. m., *Pelta;* nom du réceptacle dans les lichens. — *Anat.* Nom donné au cartilage *scutiforme* de l'oreille. *V.* Scutiforme.

BOUE, s. f.; mélange de terre, de sable, de substances organiques, plus ou moins consistant, qui recouvre le pavé des villes ou remplit les égoûts, les fossés, etc. Ces matières se décomposent avec une très grande facilité et donnent lieu à des émanations insalubres. Aussi les administrations municipales sont-elles chargées de veiller à leur enlèvement. Il n'y a pas bien longtemps encore, qu'on les rejetait sans les utiliser; mieux avisée aujourd'hui, la petite et même la moyenne et la grande culture les transforment en engrais. L'accumulation sur un point limité de toutes les boues d'une grande ville n'est pas sans inconvénient pour la salubrité publique, ni leur emploi en grand pour la santé des cultivateurs. On peut y remédier en éloignant les dépôts des centres d'habitation, et en désinfectant les boues par les procédés ordinaires.

Boues minérales. — *Balnea cænosa.* On désigne ainsi les dépôts limoneux qui ont lieu dans les réservoirs et les canaux où séjournent et circulent les eaux minérales. La nature de ces dépôts varie nécessairement selon celle des eaux qui leur donnent naissance. Ce sont toujours de l'argile et des sels calcaires auxquels sont mélangés des sulfures et des sulfates dans les eaux sulfureuses, de l'oxyde de fer et du carbonate de fer pour les eaux ferrugineuses, etc. Ces dépôts jouissent généralement des mêmes propriétés que les eaux qui les fournissent, et peuvent recevoir des applications utiles à l'extérieur.

BOUFFISSURE, s. f.; engorgement mou et sans rougeur, formé par la présence de la sérosité dans le tissu cellulaire sous-cutané.

BOUILLON, s. m.; *Jusculum.* Les bouillons sont des décoctions plus ou moins concentrées de substances *animales* ou *végétales.* Dans le premier cas, ce sont des bouillons *gras*, et dans le second, des bouillons *maigres* ou aux *herbes.* Les premiers sont peu usités dans la médecine des animaux ; cependant on fait parfois, avec les têtes de moutons, les issues ou les *tripes* des petits animaux, des décoctions gélatineuses qui sont utiles à l'intérieur après les maladies du tube digestif comme adoucissantes et nutritives, et à l'extérieur comme lotions et bains très relâchants. Les bouillons aux herbes, faits avec la laitue, l'oseille, la carotte, etc., et un peu de beurre, constituent d'excellentes tisanes nutritives, émollientes, très utiles après les longues maladies.

BOUILLON-BLANC s. m.; nom vulgaire d'une espèce de molène, *Verbascum thapsus. V.* Molène. — *Pharm.* Toutes les parties de cette plante sont émollientes. Les feuilles peuvent être employées pour faire des cataplasmes et des décoctions émollientes. Les fleurs, qui contiendraient, d'après Morin, de Rouen, une huile volatile, une matière grasse acide, une autre de couleur verte, des acides malique et phosphorique, de la gomme, du sucre et différents sels, s'emploient en infusion comme pectorales et béchiques. Elles sont peu usitées.

BOULEAU, s. m., *Betula*, **T.**; genre de la famille des Bétulinées. L'espèce principale est le B. blanc, B. *alba*, arbre commun dans le nord et dans l'est de la France, pouvant croître sur des lieux très élevés et dans tous les sols. Le bois de cet arbre est employé à la confection d'outils, de cercles, de sabots et au chauffage; ses rameaux, déliés et flexibles, servent à faire des balais; ses feuilles, vertes ou desséchées, sont mangées par les bestiaux; on leur attribue des propriétés résolutives. L'écorce du bouleau blanc est astringente et amère; desséchée au soleil, on en fait des torches. Dans quelques contrées du nord de l'Europe, on pratique au tronc de cet arbre des incisions par lesquelles s'écoule une sève aigrelette qui sert à préparer une boisson rafraîchissante.

BOULES DE MARS OU DE NANCY. — *Globuli martiales*. On désigne ainsi une préparation officinale ancienne, qu'on obtient en mélangeant le tartrate double de potasse et de fer avec une décoction de plantes vulnéraires. — On concentre le mélange jusqu'à consistance de pâte ferme, et on moule ensuite en bols de 40 à 50 grammes, qu'on recouvre d'une couche d'huile et qu'on fait sécher lentement pour prévenir les gerçures. — Les boules de Mars, bien préparées, sont ovoïdes, grosses comme un œuf de pigeon, unies à la surface, luisantes, noires et solubles dans l'eau, l'alcool et le vin. — Leur solution se donne à l'intérieur comme tonique et astringente; à l'extérieur comme défensive contre les contusions et les entorses, et comme tonique sur les plaies et les ulcères. Cette préparation est rarement usitée en médecine vétérinaire.

BOULET, s. m. Région des membres, tant antérieurs que postérieurs, tirant son nom de la forme arrondie qu'elle présente, et résultant de l'articulation de l'os principal du canon avec le premier phalangien et les deux grands sésamoïdes. Le boulet doit toujours être fort et épais. La fatigue et l'usure font souvent redresser l'angle du boulet, et, celui-ci se portant en avant, le cheval est dit *droit sur ses boulets*, *bouté*, *bouleté* (*V.* ces mots). Chez le cheval qui *se coupe*, il porte des cicatrices à son côté interne. Lorsque l'animal s'abat, il peut être blessé en avant ou *couronné*. Les exostoses du boulet portent le nom d'*osselets;* elles gênent le jeu des tendons. La fatigue fait souvent développer, au-dessus du boulet, entre le canon et le tendon, des tumeurs synoviales qui portent le nom de *mollettes*, et qui occasionnent fréquemment la boiterie.

BOULETÉ, BOUTÉ, adj. On appelle cheval *bouleté* ou *bouté* celui dont le boulet s'écarte de la ligne d'aplomb et se porte en avant. On dit que le cheval est *droit sur ses membres*, quand les phalanges d'une extrémité se trouvent sur la même ligne droite:

c'est le premier degré de la déviation qui constitue la *bouleture;* l'appui se fait encore sur toute la surface plantaire de la paroi. Quand le cheval est *bouleté*, le poser n'a lieu que sur la pince, le boulet étant placé hors de la ligne d'aplomb. Pour peu que le sabot soit déformé, on dit que l'animal a le pied *bot*. — Ce défaut est produit par un travail prématuré et forcé; souvent il est le résultat de maladies tendineuses. Les chevaux court-jointés, ceux dont le pied est rampin, y sont plus prédisposés que les autres. Cette déviation est plus commune pour les membres de devant du cheval, que pour les extrémités postérieures; elle est rare dans l'espèce du bœuf.— Les phalanges des monodactyles sont fléchies par deux muscles terminés par des tendons : l'un est le *radio-phalangien* ou le *perforant;* l'autre est l'*épicondylo-phalangien*, le *sublime* ou *perforé*, pour les membres de devant; ce sont, pour ceux de derrière, le *tibio-phalangien*, nommé aussi le *perforant*, et le *fémoro-phalangien* ou *perforé*. C'est par l'altération et le raccourcissement du perforant, que la déviation du boulet est produite le plus souvent; quelquefois sa rétraction est due à la bride fibreuse, sorte de gros ligament, qui s'étend de la face postérieure du genou et du jarret au tendon perforant avec lequel elle se confond vers son tiers supérieur. Dans le cheval bouleté, la région des tendons fléchisseurs est généralement engorgée, sensible à la pression des doigts; le sabot fait son point d'appui sur la pince. Quand ce défaut est ancien, la paroi se déforme et se recourbe sur sa face antérieure; les talons prennent un accroissement exagéré. L'animal boite de plus en plus, et finit par devenir impropre à tout service. — Quand la flexion forcée de l'articulation du boulet n'est pas ancienne, et se montre sur les chevaux jeunes fatigués par un travail prématuré, quand surtout le pied repose encore sur le sol par toute sa surface plantaire, on peut employer avec succès quelques applications médicamenteuses, le liniment ammoniacal, la pommade de biiodure de mercure, le vésicatoire sur le boulet et les tendons. Le feu, suivi d'un repos suffisamment prolongé, devient aussi un moyen de guérison efficace. Lorsque la rétraction a persisté et tend à augmenter chaque jour, il est une opération qu'on met en usage comme dernière ressource: c'est la *ténotomie*, ou section d'un et quelquefois des deux tendons fléchisseurs. Cette opération est généralement un moyen palliatif, qui permet d'utiliser encore des animaux incapables de tout service; quelquefois elle fait disparaître les déviations articulaires du boulet et donne un succès complet. La section du tendon fléchisseur perforant est indiquée dans les déviations du boulet qui ne sont pas portées à l'excès, et qui ne sont pas le résultat d'une ankylose ou de toute autre déformation articulaire. S'il y a soudure du tendon et rétraction prononcée au plus haut degré, la té-

notomie double présente seule quelques chances de réussite. Depuis longtemps, la section du perforant est pratiquée dans les Écoles vétérinaires, où elle n'est jamais tombée dans un discrédit complet, même à l'époque où la chirurgie humaine abandonnait la ténotomie comme inefficace. — Plusieurs méthodes ont été conseillées. L'une d'elles consiste à inciser le tendon perforant sans le déplacer, après avoir fait dans le milieu du canon une plaie longitudinale assez grande pour permettre l'introduction du doigt de l'opérateur, et la possibilité de distinguer les deux tendons l'un de l'autre. Dans la deuxième, on fait sortir le tendon de sa gaîne, avant qu'on en opère la division; c'est la méthode la plus imparfaite. Enfin, il y a l'opération *sous-cutanée*, appliquée au cheval pour la première fois par Bernard, et depuis adoptée généralement. — Il ne faut pas oublier les rapports respectifs des tendons fléchisseurs du pied, la disposition des vaisseaux et des nerfs, et les changements qui peuvent résulter de l'état maladif et de l'augmentation de volume des parties sur lesquelles on doit opérer. Il faut éviter d'atteindre avec l'instrument les gaînes synoviales, dont l'étendue n'est pas la même pour tous les membres. Dans l'extrémité antérieure, la gaîne carpienne est bien plus rapprochée de la synoviale qui garnit la coulisse sésamoïdienne; on a tout au plus un espace de deux travers de doigt sur lequel on peut pratiquer la ténotomie. Dans les membres de derrière, l'opération est plus facile à exécuter; la gaîne tarsienne est moins étendue, moins rapprochée de la gaîne inférieure; le canon est plus long: la surface sur laquelle on peut opérer est double de celle du membre antérieur. Pour pratiquer l'opération, il faut coucher le cheval sur un lit de paille, et le fixer de manière à borner autant que possible les mouvements de la partie sur laquelle on doit porter l'instrument tranchant, et à produire son extension; on met le tord-nez pour détourner ou diminuer la douleur. On peut employer l'un des procédés suivants appartenant à la méthode sous-cutanée. Celui décrit par Bernard consiste à enfoncer un bistouri droit à lame étroite, dans l'intervalle qui sépare le suspenseur du boulet du perforant, le tranchant étant perpendiculaire à la direction du tendon que l'on va couper. H. Bouley a modifié l'opération sous-cutanée; il se sert de deux bistouris, dont l'un appelé *ténotome droit*, à lame droite et effilée, est introduit entre le perforant et le perforé, sert à frayer un passage à un deuxième instrument, le *ténotome courbe*, qui est destiné à compléter l'opération. D'après le procédé Bernard, le tranchant agit d'avant en arrière, se dirigeant vers le perforé, qui peut être atteint et divisé. Par le procédé Bouley, le ténotome se porte d'arrière en avant, sans que l'on soit exposé à blesser le tendon fléchisseur superficiel; l'opération est facile s'il n'y a pas adhérence et engorgement des tendons: au con-

traire, s'il y a adhérence, il est assez difficile d'introduire le ténotome entre les deux fléchisseurs, le tissu cellulaire densifié ne permettant pas de reconnaître exactement le point de séparation. Quand on admet la nécessité de couper les deux tendons, l'un et l'autre procédé sont également avantageux. — Dès que la section est complète, on entend une secousse accompagnée d'un bruit sec, qui résulte de l'écartement des bouts divisés: par la pression des doigts, on reconnait quelle est l'étendue de leur séparation. Si des adhérences ou d'autres causes ont empêché un écartement subit, on peut encore espérer que l'allongement de l'extrémité se produira pendant les deux ou trois jours qui doivent suivre l'opération. Après avoir terminé la ténotomie, il est utile d'appliquer sur la partie opérée, qu'il y ait ou non écoulement de sang, quelques plumasseaux que l'on fixe au moyen d'une bande peu serrée. Le cheval est relevé et conduit à l'écurie, où, pendant plusieurs jours, on le laisse sur une litière abondante, dans un repos complet. Les soins ultérieurs contribuent beaucoup aux bons résultats que l'on attend de l'opération. Qu'on laisse comme autrefois au contact de l'air la plaie très étroite faite par le ténotome; qu'on promène le malade, il sera difficile d'obtenir une guérison complète et rapide. Avec le repos, la cicatrice se produit souvent sans suppuration, même quand il y a hémorrhagie. — Le choix du fer à appliquer sur le pied avant l'opération n'est pas indifférent: il faut proscrire toute forme qui donne à la pince une longueur exagérée. Le cheval qu'on vient d'opérer, relevé avec peine le membre malade, il est obligé de le traîner quand il change de place: de là des ébranlements douloureux, si la pince du fer s'embarrasse dans la litière ou dans les interstices du pavé. Il suffit d'abattre les talons en laissant aux parties antérieures du pied toute leur longueur, et d'adapter un fer ordinaire dont la pince aura une ajusture plus bombée, et dépassera la paroi de 5 à 6 millimètres. — Les accidents qui se montrent après la ténotomie du perforant sont l'hémorrhagie, la lésion des gaînes, la division des tendons à respecter, les récidives: 1° l'hémorrhagie produite par la blessure d'une veine, même par celle d'une artère, est sans gravité; l'appareil de pansement contribue à l'arrêter; de plus, le caillot qui se forme entre les bouts tendineux n'est pas un obstacle à la guérison sans suppuration; 2° la lésion d'une gaîne synoviale est un accident fâcheux qui se complique de la synovite, et peut produire des abcès multiples; 3° la blessure ou la division complète du fléchisseur superficiel n'est pas très grave; 4° enfin les récidives sont fréquentes, surtout quand on n'a pas donné un repos suffisant pour permettre la régénération entière du tendon. — Quand on a pratiqué la ténotomie double, il faut surveiller l'animal pour éviter une extension trop prononcée, et le renversement exagéré du boulet. Un fer à crani pons plus ou moins relevés, contribue plus que tout autre moyen à donner aux derniers phalangiens la position la plus convenable. Cette section des deux tendons est généralement suivie de succès; il est des opérateurs qui la préfèrent pour peu que des adhérences paraissent exister. — Il ne faut pas trop se hâter d'appliquer le feu sur l'engorgement qui persiste même longtemps après l'opération ; ce moyen est plus nuisible qu'utile. Vingt à vingt-cinq jours après qu'on a pratiqué la ténotomie, on peut promener le malade au pas ; ce n'est qu'à la fin du deuxième mois qu'on commence à le faire travailler, toutefois sans l'exposer à une grande fatigue.

BOULIMIE, s. f., de βοῦς, bœuf, et λιμός, faim ; anomalie qui consiste dans une faim excessive. Synonymie : *faim canine, faim bovine, faim de loup, fringale*.

BOULONNAIS, (cheval) ; ce cheval est le type d'une des plus belles et des plus fortes races de trait. Ses caractères sont : taille de 1 ᵐ 58 cent., à 1 ᵐ 65 cent., corps court, large, de conformation régulière; tête carrée, forte; ganaches écartées; oreille petite ; œil caché par les paupières et paraissant petit; encolure courte, souvent chargée d'une double crinière ; poitrail large, proéminent; garrot peu élevé, charnu ; dos droit ; flanc court ; reins doubles ; croupe charnue, arrondie, un peu avalée; queue bien attachée et fournie; membres beaux; pieds un peu grands, mais bons. Ce cheval présente à un haut degré le tempérament athlétique. La race boulonnaise se trouve dans les départements du Nord, du Pas-de-Calais, de la Somme, de l'Oise, de la Seine-Inférieure, de l'Eure, de Seine-et-Marne, de Seine-et-Oise, de l'Aisne, etc. Ces contrées se partagent la production et l'élevage. Les individus élevés dans la haute Normandie, mieux soignés et mieux nourris dans leurs premières années, sont plus beaux et plus estimés que les autres ; ils reçoivent généralement le nom de boulonnais *du bon pays*. Le cheval boulonnais est éminemment propre au service du trait lent : il jouit d'une grande force et de beaucoup de docilité. Sa constitution est excellente : il est précoce et dure longtemps. On peut l'atteler à des fardeaux légers dès l'âge de 2 ans ou 2 ans et demi; il paie ainsi déjà tout ou une partie de sa nourriture. A 4 ou 5 ans, il est sûrement vendu à un prix élevé pour le roulage du Nord de la France, et surtout pour le service de Paris. La production et l'élevage bien entendus du cheval boulonnais, dans les pays de grande culture, où l'on peut employer les juments et les poulains aux travaux agricoles, sont toujours économiques et avantageux.

BOUQUET, s. m.: ensemble de fleurs portées sur des pédicelles partant du même point et arrivant à la même hauteur ; c'est une ombelle simple ou un sertule; ex. : la *Primevère*. — *Pathol.* Maladie de la peau qui affecte l'espèce ovine et se montre sur le nez. Synonymie; *barbouquet, faux museau, noir museau* (*V.* ce dernier mot).

BOUQUETIN, s. m., *Capra ibex;* espèce de chèvre sauvage vivant sur les montagnes des Alpes, des Pyrénées, des Apennins, etc. Le mâle est remarquable par des cornes anguleuses, longues, arquées, et portant des côtes saillantes, transversales.

BOURBILLON, s. m., de βορβορος, boue, limon. Corps blanchâtre, filamenteux, qui se forme au centre du furoncle, d'une plaie, d'un abcès ; il constitue un des caractères des javarts. Le bourbillon est formé par la peau, le tissu cellulaire frappés de gangrène. Il est fréquent après les contusions produites dans la partie inférieure des membres du cheval. *V.* Furoncle.

BOURDAINE ou **BOURGÈNE**, *V.* Nerprun.

BOURDONNEMENT, s. m. ; bruit produit pendant le vol par quelques insectes, entre autres les bourdons et les mouches. L'homme croit quelquefois entendre dans l'oreille un bruit semblable ; on dit: *bourdonnement d'oreille*.

BOURDONNET, s. m., petit rouleau d'étoupes avec lequel on garnit une plaie. On donne également ce nom à une petite boulette d'étoupes qu'on fixe à l'extrémité d'un fil préparé pour une suture.

BOURGEON, s. m., *Gemma;* petit corps ovoïde, conique ou arrondi, renfermant les rudiments des feuilles, des fleurs et des rameaux. Le bourgeon est le plus souvent solitaire ; il croit sur les tiges et sur les branches, presque toujours à l'aisselle des feuilles, quelquefois en d'autres points. Il est *nu* ou *écailleux;* on le voit souvent, dans nos contrées, recouvert d'un enduit visqueux ou cotonneux qui le protége. Le bourgeon est d'abord composé d'une petite masse de tissu celluleux, située entre l'aubier et le liber ; bientôt son sommet tourné vers la circonférence écarte les couches corticales et se fait jour au-dehors. C'est à ce moment que les écailles se dessinent à l'extérieur et que les organes internes commencent à se former, en même temps que des vaisseaux se développent ; il présente alors à son centre un axe qui n'est autre chose que le rudiment de la jeune branche ou du pédoncule. Selon les organes qu'il contient, le bourgeon est dit *florifère* ou *fructifère, foliifère, mixte.* D'après la forme et la disposition de ses écailles, on l'appelle *foliacé, pétiolacé, stipulacé, fulcracé,* etc. Le *turion*, le *bulbe*, le *bulbille*, que l'on a souvent confondus avec le bourgeon proprement dit, auquel appartient la description précédente, doivent être distingués et étudiés à part.

BOURGEONS CHARNUS. — Synonymie : *Bourgeons celluleux, vasculaires, cellulo-vasculaires.* Ce sont des granulations qui se forment à la surface des plaies suppurantes et favorisent la cicatrisation. Ils ressemblent aux bourgeons des arbres et se développent très rapidement. Leur réunion constitue une sorte de membrane contractile, qui facilite la réunion du centre à la circonférence de la plaie ; on dit qu'ils sont de bonne nature, lorsqu'ils sont d'une couleur rose, vermeille, et limités à une certaine hauteur.

BOURGEONS DE PEUPLIER. — Feuilles non épanouies du *Populus nigra*. Ils sont oblongs, aigus, jaunâtres, enduits d'une matière résineuse, et composés, selon Pellerin, d'une essence, de résine jaune-verdâtre, de gomme, d'acides gallique et malique, de cire, d'albumine, d'acétate et de chlorhydrate d'ammoniaque. — On peut en faire une décoction qui est diurétique et astringente pour l'usage interne et externe. Leur principal usage est de former la base de l'onguent *populeum*. *V.* ONGUENT et POMMADE.

BOURGEONNEMENT, s. m., *Gemmatio;* évolution des bourgeons.

BOURRACHE, s. f., *Borrago;* T. Genre peu nombreux de la famille des Borraginées. La seule espèce de ce genre qu'on trouve en France est la B. officinale, *B. officinalis*, très-commune dans les lieux cultivés. Ses feuilles renferment une forte proportion d'azotate de potasse ; elles sont mucilagineuses et diurétiques. On les mange dans quelques contrées. — *Pharm.* Toutes les parties de cette plante sont émollientes, sudorifiques et diurétiques. Les fleurs sont les plus employées ; elles contiennent du mucilage, une matière azotée, du nitrate de potasse et quelques autres sels alcalins. On les traite par infusion et on en fait une boisson émolliente, pectorale, qui pousse légèrement à la peau et aux urines. Ces fleurs sont rarement usitées pour les animaux à cause de leur prix assez élevé.

BOURREAU DES ARBRES; nom donné vulgairement aux plantes volubiles qui nuisent au développement des arbres en se roulant autour de leurs tiges ; ex. : le *lierre*, la *clématite*.

BOURRELET, s. m.; partie renflée de la peau de l'extrémité inférieure du membre, au point où commence le sabot. Ce renflement, principal organe sécréteur de la corne de la paroi, est logé dans une cavité particulière de celle-ci, que l'on appelle *biseau* ou *cavité cutigérale*. Le bourrelet est la *cutidure* de Bracy-Clark. — *Bot.* Renflement arrondi et plus ou moins considérable qui se forme sur le tronc ou sur les branches des végétaux dicotylédonés, après une incision circulaire, une ligature, ou même sans cause apparente. Le bourrelet se développe toujours au-dessus de la ligature ou de l'incision; il est le résultat de la stagnation de la sève descendante. On sait que l'accumulation des produits organiques en un point provoque la formation des bourgeons qui deviennent des racines ou des rameaux, selon le milieu où

ils se trouvent plongés ; cette connaissance est mise à profit par les jardiniers dans le *marcottage*.

BOURSE, s. f.; petite poche. *Bourse muqueuse :* petite cavité ayant pour parois du tissu cellulaire condensé, et renfermant un liquide plutôt séreux que synovial. Les bourses muqueuses se trouvent sous la peau, dans les points où ont lieu de grands frottements ; comme au genou, à la pointe du jarret, dans les endroits où pressent journellement les différentes pièces des harnais, etc. — *Bourses synoviales :* petites ampoules contenant de la synovie, placées sur le trajet de certains tendons pour faciliter leurs mouvements ; ex, : celle qui facilite le glissement du tendon du coraco-huméral sur celui du scapulaire. — *Animaux à bourse (V.* MARSUPIAUX). — *Bourses*, enveloppes des testicules (*V.* SCROTUM et TESTICULES). — *Path.* Expression vulgaire, synonyme de *pourriture*. — T. de *chirurgie*, portion du bandage qu'on nomme *suspensoir*, destiné à être appliqué sur les bourses. — *Bot.* Synonyme de *volve* ou *volva*.

BOURSE-A-PASTEUR, *V.* THLASPI.

BOURSOUFFLURE, s. f., engorgement formé par la présence de l'air ou de la sérosité dans le tissu cellulaire. Synonyme de *bouffissure*, d'*emphysème (V.* ces mots).

BOUSSOLE, s. f., *Buxula*, boîte, de *buxus*, buis dont on fait des boîtes; petit instrument très anciennement connu, inventé, dit-on, par les Chinois, et dont se servent les marins pour se guider sur les mers. C'est une boîte plus ou moins grande, vitrée, ressemblant à une montre, et contenant une aiguille aimantée en forme de losange. Cette aiguille, qui constitue la partie essentielle de l'instrument, est librement suspendue par son centre; elle est horizontale et dirige constamment une de ses extrémités vers le nord et l'autre vers le sud. Le milieu de l'aiguille est au centre d'un cercle dont les deux diamètres représentent, par leurs extrémités, les quatre points cardinaux, et dont la circonférence est divisée en 32 degrés, que parcourent les bouts de l'aiguille. Les pôles de l'aiguille, ou ses extrémités, ne correspondent jamais exactement aux pôles de la terre et sont déviés à l'*est* ou à l'*ouest;* c'est ce qu'on nomme la *déclinaison* de la boussole (*V.* DÉCLINAISON). La position horizontale de l'aiguille aimantée n'est jamais exacte non plus; elle est inclinée par une extrémité et relevée par l'autre; c'est ce qu'on appelle *inclinaison* de la boussole *V.* INCLINAISON.

BOUTÉ, adj.; synonyme de *bouleté (V.* ce mot).

BOUTE-EN-TRAIN, s. m. Se dit particulièrement du mâle placé au voisinage des femelles, dans le but de les mettre en chaleur et de les disposer à l'accouplement. L'ânesse sert quelquefois aussi de boute-en-train à l'âne étalon, employé à la production du mulet.

BOUTEILLE, s. f.; tumeur molle qui se

forme sous la gorge des moutons dans la pourriture ; elle est due à l'infiltration du tissu cellulaire *V*. CACHEXIE AQUEUSE.

BOUTEILLE DE LEYDE, s. f. ; espèce de condensateur très remarquable, découvert en 1746 , par Muschembroeck, et ainsi nommé à cause de sa forme et du lieu où l'invention a été faite. Ce condensateur consiste, comme l'indique son nom, en une bouteille ou flacon dont l'intérieur est rempli de feuilles de clinquant, et l'extérieur recouvert jusqu'à une certaine distance du goulot, d'une feuille d'étain ; l'ouverture de la bouteille est garnie d'un bouchon verni à la laque, ainsi que le goulot, jusqu'à la feuille d'étain, afin d'isoler exactement l'extérieur et l'intérieur de la bouteille. Une tige métallique, recourbée par une extrémité en crochet et terminée par une boule, traverse le bouchon et va s'implanter par l'autre extrémité terminée en pointe dans les lames de clinquant ; cette tige représente l'armature *interne* de la bouteille, l'*externe* étant formée par la feuille d'étain. — Pour charger la bouteille de Leyde, on met une de ses armatures en contact avec la machine électrique, et l'autre avec le sol. Quand on fait communiquer ensuite les deux armatures l'une avec l'autre, il en résulte une étincelle et une commotion d'autant plus vives, que les surfaces sont plus étendues. On peut augmenter ces effets en réunissant un certain nombre de bouteilles de Leyde. *V*. BATTERIE ÉLECTRIQUE.

BOUTOIR, s. m., dérivé du vieux verbe français *bouter*, pousser ; nom donné au nez du porc, qui lui sert à fouiller le sol pour chercher sa nourriture. Le boutoir est mu par des muscles puissants, et présente dans son épaisseur, entre les deux narines, un petit os particulier appelé *os du boutoir*. — Instrument de maréchalerie qui sert à *parer* le pied du cheval, c'est-à-dire à couper l'excédant de la corne sur la paroi, la sole et la fourchette. Il se compose de plusieurs parties qui sont la lame, la tige, l'arc ou courbure terminé par un prolongement, et le manche. On tient cet instrument en embrassant le manche avec la main droite, et en appuyant l'index contre le centre de la courbure. Le bras droit doit être rapproché du corps, tout en faisant appuyer le manche contre le ventre ; le maréchal porte en avant le pied gauche ; le point d'appui est pris par la main gauche sous le pied de l'animal, en embrassant la muraille. Cette position étant arrêtée, l'ouvrier courbe légèrement le corps en avant et pousse le boutoir par un mouvement des reins, sans que le poignet abandonne son point d'appui. Si l'on néglige cette dernière précaution, l'instrument qui n'est plus suffisamment retenu, pendant l'action de parer le pied, devient une cause de blessure pour le teneur du pied ou pour l'animal.

BOUTON, s. m., *Gemma*; ensemble des organes floraux avant l'anthèse. Ce mot est aussi employé comme synonyme de *bourgeon*.—T. de chir. indiquant la forme de divers instruments. Le *cautère à bouton* est arrondi sur la partie cautérisante, et sert à la cautérisation des surfaces étendues. Le *bistouri boutonné*, *à bouton*, présente à sa pointe une forme arrondie et mousse, qui permet les débridements sans que l'extrémité de l'instrument soit exposée à atteindre des tissus qu'il faut ménager. — T. de *path*. indiquant des élevures qui se développent sur la peau dans diverses maladies : *bouton de gale*, *bouton de farcin*. Ce mot n'est employé que dans un sens général ; il s'applique également aux vésicules, aux papules, aux pustules.

BOUTURAGE, s. m. ; multiplication des végétaux par bouture. Le bouturage se fait au printemps, au moment où la végétation va reprendre son activité. Il est préférable au semis en ce qu'il conserve exactement les espèces et les variétés.

BOUTURE, s. f., *Talea*; rameau vivace, portant un ou plusieurs bourgeons, et qui, planté en terre ou plongé dans l'eau, pousse des racines et des branches, et devient un nouvel individu. Toutes les plantes se reproduisent par bouture, mais avec plus ou moins de facilité. Dans beaucoup de végétaux, les feuilles, pourvu que le pétiole et le coussinet aient été bien conservés, les racines même, peuvent être bouturées.

BOUVERIE, s. f. ; habitation généralement destinée aux bœufs. Le mot *étable*, souvent employé comme synonyme de *bouverie*, a une signification plus générale. Une bonne bouverie doit remplir les conditions suivantes : reposer sur un terrain sec, consistant, légèrement incliné et un peu élevé au-dessus du sol environnant; être exposée au levant ou au midi plutôt qu'au nord et à l'ouest ; avoir des dimensions suffisantes pour que les animaux puissent se coucher sans être gênés, et pour toutes les exigences du service. Pour cela, chaque bœuf adulte, de taille moyenne, doit avoir en largeur environ 1 ^{m} 50 cent., chaque vache 1 ^{m} 30 cent., chaque veau un mètre ; la profondeur totale doit être de 5 à 8 mètres, selon qu'il y a un ou deux rangs de bœufs, et la hauteur de 3 ou 4 mètres, suivant le nombre d'animaux renfermés dans la bouverie, et selon les autres dimensions. Un aérage suffisant et la propreté sont aussi des conditions de première nécessité : le premier s'obtient à l'aide d'un système bien combiné de portes et de fenêtres ; la seconde, à l'aide de fosses à fumier, placées, autant que possible, en dehors de la bouverie, d'une bonne confection et disposition du sol, de nettoyages fréquents. On doit entretenir dans les bouveries une température douce et uniforme ; c'est une erreur de penser que les bœufs ont besoin de respirer constamment un air frais. Quelle que soit la destination des animaux , le travail ou la boucherie, il faut éloigner d'eux toutes les causes d'agitation, ne jamais laisser pénétrer dans les étables une lumière vive, et éviter qu'ils y soient tourmentés par les mouches. Quant à la disposition intérieure des bouveries, chaque pays, chaque canton a son système. On convient généralement que les bœufs ne doivent pas manger au ratelier, et que l'auge ou la plate-forme où sont déposés les aliments, doit être disposée de telle sorte, que les rations puissent être complétement isolées.

BOUVIER, s. m.; celui qui soigne et conduit les bœufs. De la force, de la douceur, de l'adresse, de la propreté, une certaine intelligence des soins que réclament les animaux, sont les principales qualités que doit réunir le bouvier.

BOUVILLON, s. m.; nom vulgaire du jeune taureau.

BOVINES (Races). On les a divisées en races de *haut crû* ou de travail et en races *de nature* ou de production. Cette division est insuffisante; les Allemands ont proposé d'y substituer celle-ci; races de montagne, de vallée, de plaine. — 1° *Races de montagne*. Tête courte, front large, mufle gros, carré; cou épais et court; membres peu élevés; muscles forts, saillants; côte relevée; poitrine descendue; corps court, ramassé; cornes grosses à la base, de couleur foncée, plutôt courtes que longues; testicules volumineux; saillies osseuses prononcées. Peu de tendance à s'engraisser vite et dans la jeunesse. A ce groupe se rattachent, par leurs caractères et surtout par leurs aptitudes, les races de Salers, du Mont-Dore, du Cantal, d'Aubrac, de Gascogne, vendéenne, morvandaise, comtoise (Tourache), du Limousin, de la Camargue, de Fribourg, de la Franconie, du Tyrol, du Vogelsberg, du Voigtland, d'Ecosse, de Galloway, etc., etc. — 2° *Races de vallée*. Tête étroite et longue, mufle effilé; encolure plutôt mince et faible que courte et forte, fanon peu développé; corps long, arrondi; taille plus ou moins élevée; membres souvent hauts et grêles, entourés supérieurement de beaucoup de muscles. Tendance marquée à un engraissement précoce. On peut placer dans ce groupe les races hollandaise, cotentine, de la vallée d'Auge, garonnaise, cholette, de Podolie, anglaises de Durham, à longues et à courtes cornes, etc. — 3° *Races de plaine*. Elles participent, sous le rapport de la conformation, des deux précédentes, et possèdent, à un certain degré, l'aptitude au travail et à l'engraissement. On cite les suivantes: agénaise du côteau, camargue, charollaise, nivernaise, du Glane, de Frise, plusieurs races suisses, etc. — Cette classification repose, sans doute, sur des différences de formes et d'aptitudes; mais il ne faudrait pas y attacher trop d'importance, et prendre trop à la lettre le nom de chaque groupe et les caractères généraux qui lui sont assignés. On trouve souvent, en effet, dans les montagnes, des bêtes d'un engraissement facile; dans les plaines, d'excellents bœufs de tra-

vail. Et, si telle conformation entraîne presque toujours certaine aptitude, ce n'est point d'une manière universelle et constante. — La faculté lactifère ne se lie point, dans les vaches, comme l'aptitude au travail et à l'engraissement dans tous les animaux de l'espèce, à des circonstances de conformation générale; on la trouve développée à divers degrés, selon les races, selon le régime, etc., dans les trois groupes précédents. — Dans le choix d'une race bovine, on peut rechercher exclusivement une disposition prononcée pour le travail, pour la production du lait, pour l'engraissement, ou même toutes ces dispositions réunies. Mais on doit se rappeler que, si elles ne s'excluent pas absolument, aucune d'elles ne peut devenir très prédominante sans nuire aux autres. On ne se guidera pas seulement dans ce choix, sur les qualités des animaux, on tiendra compte, comme on doit le faire, toutes les fois qu'il s'agit de choisir une race ou d'entreprendre une amélioration, de tout ce qui peut éclairer cette opération importante. — La France possède actuellement 10,000.000 de têtes bovines estimées près de 1 milliard. Ce chiffre élevé ne suffit pas à ses besoins, parce que beaucoup de ces animaux sont médiocres ou mauvais. L'Allemagne, malgré les droits d'entrée qui pèsent sur le bétail, nous envoie chaque année 34 à 35,000 bœufs. — On trouvera, aux noms par lesquels les races bovines sont spécialement désignées, quelques détails sur la plupart d'entre elles. *V*. les mots *Bœuf*, *Vache*, *Taureau*, *Veau*.

BOYAU, s. m., nom vulgaire de l'intestin. *V*. INTESTIN. — *Bot. Boyau pollinique*; tube rempli de *fovilla* qui s'échappe de l'intérieur du grain du pollen, par un ou plusieurs points, au moment de la fécondation.

BRACHIAL, E, adj., *brachialis*, *brachiœus*, de *brachium*, bras; qui appartient au bras. — *Artère brachiale* ou *tronc brachial*: tronc très court émanant de l'aorte antérieure qui se divise en deux, pour fournir le tronc brachial gauche et le tronc brachial droit. Ce dernier, donnant seul les artères de la tête, a reçu le nom de *brachio-céphalique*. Les autres divisions des deux troncs sont les artères *dorsale*, *cervicale supérieure*, *vertébrale*, *thoracique interne*, *thoracique externe*, *cervicale inférieure* et *humérale*. Les deux premières naissent du tronc brachial droit par un tronc unique. — *Plexus brachial*: plexus nerveux formé par les branches inférieures des deux dernières paires trachéliennes et des deux premières paires dorsales. De ce plexus, placé entre le membre antérieur et le muscle scalène, émanent les nerfs du membre et des parois thoraciques.

BRACHIÉ, E. adj., *brachiatus*. On appelle *rameaux brachiés* ceux qui, opposés sur la tige et formant avec elle un angle droit ou très ouvert, simulent les deux bras d'un homme étendus en croix.

BRACHIO-CÉPHALIQUE, adj., *brachio-cephalicus;* nom donné au tronc artériel brachial droit, parce que, outre les branches fournies par le tronc gauche, il donne les *carotides* ou artères *céphaliques.*

BRACHYPTÈRES, adj., *brachypteri*, de βραχυς, court, et πτερον, aile; famille d'oiseaux palmipèdes, dont les ailes très courtes et incomplètes, sont impropres au vol, comme chez le *manchot*, ou n'y servent que très peu, comme chez les *grèbes.*

BRACTÉAIRE, adj., *bractearius;* se dit de la fleur dont les bractées ont seules éprouvé une métamorphose.

BRACTÉE, s. f., *Bractea;* organe membraneux, analogue aux feuilles, accompagnant les fleurs dans beaucoup de plantes. Les bractées sont sessiles ou pétiolées, caduques ou persistantes, vertes ou diversement colorées. Comme elles ne sont en définitive que des feuilles modifiées, elles présentent la plupart de leurs particularités de forme, de découpure, de vestiture, de structure, ainsi que leurs propriétés. Les feuilles florales ne sont que des bractées ayant avec les feuilles, proprement dites, le plus de ressemblance; elles forment le passage des unes aux autres. Ce sont les bractées qui, par leur variété de formes, de rapports, constituent les organes appelés *involucre*, *involucelle*, *collerette*, *calicule, spathe, spathelle, cupule, glume,* etc.

BRACTÉÉ, adj., *bracteatus;* muni de bractées. On dit aussi bractéifère, *bracteiferus.*

BRACTÉIFORME, adj., *bracteiformis;* en forme de bractée.

BRACTÉOLE, s. f., *Bracteola;* bractée intérieure et très petite.

BRACTÉOLÉ, adj., *bracteolatus;* pourvu de bractéoles.

BRAI, s. m. On appelle *brai sec*, la colophane ou *arcanson* (*V.* ces mots), et *brai liquide*, le *goudron* (*V.* ce mot).

BRANCHE, s. f., *Ramus;* division principale de la tige des végétaux et particulièrement des plantes ligneuses ou sous-ligneuses. Les branches se divisent en rameaux et en ramuscules ou brindilles, qui portent les feuilles et les fleurs. Elles naissent toujours des bourgeons; leur arrangement à la surface de la tige, dépendant de la position de ceux-ci, elles peuvent être alternes, opposées, etc. Relativement à leur direction, elles sont dressées, pendantes, diffuses, volubiles, traînantes, etc. Leur organisation, leur vestiture, sont les mêmes que celles des tiges. Leur développement particulier est presque toujours proportionné au développement des racines correspondantes. Ce sont les branches qui donnent aux arbres leur port, leur forme générale. — Les jardiniers appellent *branche gourmande* ou *chiffonne*, la jeune pousse de l'année qui ne doit porter ni fleurs ni fruits.

— En *anatomie*, on donne le nom de branches aux divisions vasculaires ou nerveuses, qui émanent des troncs principaux et se divisent en rameaux, ramuscules, etc. On dit aussi les *branches* de la mâchoire, les *branches* de l'hyoïde. — T. de *mar.* indiquant une moitié du fer à cheval. On distingue la branche *externe* et la branche *interne*; la première est plus épaisse que la seconde et présente les trous placés plus au centre. La branche externe doit faire saillie en dehors de la paroi; la branche interne ne doit jamais dépasser la ligne tracée par la corne.

BRANCHIAL, E, adj., *branchialis;* qui a rapport aux branchies : *arc branchial*, *appareil branchial.*

BRANCHIES, s. f., *Branchiæ*, βραγχια; appareil respiratoire des animaux destinés à vivre dans l'eau et à respirer l'air qui se trouve en dissolution dans ce liquide. En descendant l'échelle animale, c'est dans les *Batraciens* que l'on commence à rencontrer des branchies. Chez les *Poissons*, elles sont formées d'une multitude de lamelles saillantes et très vasculaires, fixées aux *arcs branchiaux*, constamment en contact avec l'eau qui entre par la bouche et sort par les ouïes. Le sang veineux vient se diviser dans ces lamelles pour s'hématoser, et retourne, par le moyen du vaisseau dorsal, se répandre dans toute l'économie. — Dans d'autres animaux plus inférieurs, les branchies forment des espèces de panaches très divisés et apparents à la surface du corps; tandis que, chez les poissons, elles sont cachées et protégées par l'*opercule.*

BRANCHU, adj., *ramosus;* synonyme de *rameux.*

BRAS, s. m., *Brachium*, βραχιων; région du membre antérieur ayant pour base l'humérus. Le bras est court et fait corps avec le tronc dans les solipèdes et les ruminants, chez lesquels l'extrémité du membre est allongée. Dans les carnassiers, au contraire, comme le chien, le chat, dont les doigts sont courts, le bras s'allonge et se détache en partie du thorax.

BRAS DE LEVIER, s. m. On appelle ainsi la portion du levier comprise entre le point d'appui et le point d'application des forces. Dans tous les leviers, on distingue le bras de levier de la *puissance* et celui de la *résistance.* La longueur du bras de levier a beaucoup d'influence sur l'effet dynamique de la force qui lui est appliquée. Lorsque le bras de levier de la puissance est très long comparativement à celui de la résistance, le levier est appelé *puissant*, parce qu'il peut produire de grands effets avec une petite force. Si c'est, au contraire, le bras de levier de la *résistance* qui prédomine sur celui de la puissance, le levier est dit *rapide*, parce qu'il peut faire parcourir à l'extrémité où est appliquée la résistance un grand espace, pendant que celle où est placée la puissance n'en parcourt qu'un très petit. Enfin, si les deux bras du levier sont égaux, comme dans la balance, par exemple, il porte le nom de levier *mixte* (Mignon). Quel que soit le genre du levier, si une force est favorisée sous le rapport de l'intensité de l'action, par l'excès de longueur de son bras de levier, elle est défavorisée sous le rapport de la vitesse, *et vice versâ*.

BRASSICOURT, adj. m. On dit qu'un cheval est *brassicourt*, lorsqu'il a le genou *arqué* naturellement, et non par suite d'usure. Cette distinction est difficile à établir. On ne peut même se baser sur l'âge, puisqu'on voit de jeunes chevaux complètement ruinés.

BREBIS, s. f.; femelle du bélier. La brebis est généralement plus délicate, moins robuste que le mâle; elle a les formes plus grêles, plus exiguës. Elle est, du reste, dans les circonstances ordinaires de sa vie, l'objet des mêmes soins. Ses produits sont plus variés que ceux du mouton; car, indépendamment de sa toison, de sa chair et de sa graisse, elle fournit du lait et reproduit l'espèce. La brebis devient apte à se reproduire dès l'âge de huit à neuf mois. A dater de ce moment, elle éprouve périodiquement des chaleurs, surtout lorsqu'elle est au voisinage des mâles, et porte, chaque année, un ou deux petits. Les chaleurs cessent après la fécondation jusqu'au moment du sevrage. La présence des mâles en provoque le retour et les entretient. Les brebis n'ont besoin, pendant les chaleurs et durant la gestation, que des soins généraux conseillés par la prudence. Mais après l'agnelage, on doit éloigner d'elles toutes les causes d'agitation, les béliers, les chiens hargneux, etc., leur donner une bonne nourriture et, autant que possible, un compartiment distinct dans la bergerie. La gestation dure de cent quarante-cinq à cent soixante jours. Le sevrage a lieu tantôt quinze à vingt jours après la naissance; quelquefois il se fait naturellement du sixième au huitième mois, à l'époque d'une nouvelle fécondation. Dans le premier cas, les agneaux sont livrés à la boucherie, ou bien la brebis est traite régulièrement. Les brebis, qui nourrissent un agneau en même temps qu'on les trait, s'épuisent vite et maigrissent; elles ont besoin d'une bonne alimentation. La mulsion est difficile, il faut de la patience, du temps pour y habituer les femelles; deux ou trois personnes sont quelquefois employées à cette opération. Le lait de la brebis est généralement employé à la fabrication des fromages; il a une saveur plus prononcée que celui de la vache et contient une proportion plus forte de caséum. *V.* Engraissement, Lutte.

BRÉCHET, s. m. Nom donné à la crête saillante et longitudinale qui se trouve à la face externe du sternum des oiseaux, et donne une large surface d'implantation aux muscles pectoraux, abaisseurs de l'aile. Le *bréchet* manque chez l'*autruche*, dont les ailes ne peuvent servir au vol.

BRÉHER, v. act., t. de *mar.* inusité. Synonyme de *brocher*. Enfoncer les clous dans la paroi du sabot du cheval pour fixer le fer.

BRESSAN (cheval). Il doit être classé dans les races communes, dont les caractères ne sont pas parfaitement déterminés. Sa taille est au-dessous de la moyenne, sa tête forte, son encolure moyenne ou un peu grêle, son corps long, sa croupe large, un peu inclinée et avalée; ses membres manquent généralement d'ampleur: ceux de derrière sont hauts et clos. Le cheval bressan est de bonne nature et peu difficile sur l'alimentation. Il convient au service du trait lent ou rapide, de l'agriculture. On en trouve d'assez légers et d'assez hauts pour le service de la cavalerie. — Bressan (bœuf). Située entre la Suisse, le Jura et le Charollais, peu propre de sa nature à la création de belles races bovines, la Bresse emprunte des bœufs à ces trois contrées. La race assez mal définie, qui domine dans ses campagnes, se ressent du mélange des *sangs* qui l'ont formée et qui l'entretiennent. Les bœufs bressans approvisionnent une partie des boucheries de Lyon; ils sont de poids médiocre, mais d'assez bonne qualité. — Bressan (mouton). Les moutons de la Bresse, du Bugey, paraissent avoir été de qualité bien inférieure avant l'introduction du mérinos dans ces provinces; ils étaient petits, avaient une toison peu abondante et souvent noire. Peut-être, en raison de l'humidité du sol, les longues-laines réussiraient-ils mieux que le mérinos, dans ces contrées, si l'agriculture leur fournissait une alimentation suffisante.

BRETAUDER, v. act. Expression ancienne inusitée. Couper les oreilles à un cheval. On dit qu'un cheval est *bretaudé*, quand il a subi l'amputation des oreilles.

BRETON (cheval); l'un des plus précieux que possède la France. Le cheval breton a pour caractères : taille peu élevée, corps court, ramassé, arrondi; tête carrée, courte; front large, oreilles petites, yeux vifs; encolure droite, forte, courte, chargée de crins; garrot épais et bas; épaules charnues, souvent trop droites; poitrine ample, large; croupe double, un peu avalée; membres forts, paturons courts, pieds plutôt grands que petits, mais solides; robe souvent grise ou rouane. Le cheval breton est élevé dans les départements du Finistère, du Morbihan, d'Ile-et-Vilaine, des Côtes-du-Nord, etc.; il est vendu à l'âge de quatre ou cinq ans sur les foires de Bretagne et de Normandie. Eminemment propre au service des diligences, il supplée par l'énergie à son défaut de taille; aussi, est-il très recherché, et son éducation bien comprise donne-t-elle des bénéfices. Le cheval breton est sobre et fort, mais il lui faut, pour l'entretenir en état, du grain et de bons fourrages. Son éducation n'est pas, dans la Bretagne même, aussi judicieuse qu'on pourrait le désirer. — Les attelages de l'armée achètent quelques sujets de race bretonne, mais le gouvernement ne les paie pas assez cher pour en avoir de beaux. On dit que le cheval breton a du sang arabe dans ses veines. Quoi qu'il en soit de cette opinion , les caractères de la race sont bien fixés aujourd'hui ; des croisements étrangers la feraient peut-être déchoir. On ne doit donc attacher qu'une confiance restreinte aux améliorations obtenues en Bretagne par l'emploi de l'étalon anglais. Le cheval breton n'offre pas , dans tous les lieux où on le fait naître, des caractères identiques ; il n'est pas *un* , on pourrait placer à côté de lui, indépendamment du *double-bidet*, une ou deux sous-races plus élevées et plus légères qui tendent à se former. Partout, néanmoins , négligé ou perfectionné , on retrouve en lui une certaine régularité de formes et les conditions de force et d'énergie. Si le cheval breton doit être modifié un jour dans ses formes, c'est seulement lorsque les conditions actuelles de la consommation seront changées.

BREUVAGE, s. m., *Biberagium*, de *bibere*, boire , *Potio* ; médicament composé, magistral, liquide, qui diffère des *boissons* en ce que les animaux ne le prennent pas d'eux-mêmes, et qu'on est obligé de le leur administrer. Il correspond assez exactement aux préparations qu'on appelle dans la médecine de l'homme , *potion, mixture, apozème* (*V.* ces mots). Les breuvages consistent généralement en des infusions ou décoctions de substances végétales, ou dans la dissolution aqueuse de combinaisons salines. Leur véhicule le plus ordinaire est l'eau ; cependant on fait usage aussi du vin, du cidre, de la bière, de l'eau de vie et même du lait ou du petitlait. — Quant aux substances qui en forment la base , elles sont extrêmement variables. De là des breuvages *toniques, purgatifs, vermifuges, antiputrides*, etc., etc. Les breuvages se donnent froids , tièdes ou chauds ; leur quantité varie d'un demi-litre à un litre et demi pour les grands animaux, et d'un à cinq décilitres pour les petits. Ils s'administrent aux grands animaux à l'aide d'une bouteille , d'une corne ou d'un bridon à breuvage, muni d'un entonnoir. C'est habituellement par la bouche qu'on les administre, et ce n'est qu'exceptionnellement qu'il conviendrait d'employer la voie des narines ou celle de l'œsophage mis à découvert dans la région de l'encolure. — L'administration de ces médicaments doit être faite avec précaution, pour ne pas introduire des principes irritants dans les voies pulmonaires ; chez les ruminants, on les laissera couler lentement, et on tiendra le cou légèrement tendu, si l'on veut qu'ils arrivent directement dans la caillette et les intestins ; si, au contraire, on désire que le remède agisse sur le rumen, on donnera le breuvage à fortes gorgées, en laissant l'encolure dans sa position naturelle. — On donne facilement les breuvages aux animaux de petite taille en les acculant sur leur derrière, en tenant la tête élevée et en versant le liquide entre la joue et les dents, après avoir écarté la commissure

des lèvres. — Dans tous les animaux, il ne faut pas oublier que, pour que la déglutition soit possible, il faut laisser la liberté de mouvement à la mâchoire inférieure.

BRÉVIPENNES, adj. , *brevipennati ;* de *brevis*, courte, et *penna*, plume ; nom donné à certains échassiers. dont les ailes sont impropres au vol ; ex. : *l'autruche*, le *casoar*.

BRÉVIROSTRES , adj., *brevirostrati ;* de *breve*, court , et *rostrum*, bec ; on appelle ainsi certains oiseaux de l'ordre des échassiers, dont le bec est court et gros.

BREVITARSES , adj., *brevitarsei ;* de *brevis*, court, et *tarsus*, tarse ; tribu de l'ordre des échassiers, dont les tarses, sans être réellement courts , le sont cependant relativement à ceux des autres oiseaux compris dans cet ordre.

BRICOLE , s. f. ; harnais en cuir qui remplace le collier pour les chevaux de trait léger, ou pour ceux qui ont été blessés à l'encolure.

BRICOLIER , s. m. ; nom vulgairement donné au cheval de poste que monte le postillon. On l'appelle aussi *porteur*.

BRIDE, s. f. ; *Hyg.* ; harnais placé à la tête du cheval et destiné à l'arrêter ou à le diriger, selon la volonté du conducteur. La bride se compose de trois parties principales : la monture, le mors et les rênes (*V.* ces mots). Elle agit par le mors sur les barres, et par la gourmette sur la barbe. Le mors est sans contredit la partie essentielle de la bride ; aussi ce sont généralement les modifications du mors qui constituent les variétés assez nombreuses de brides connues des écuyers. Dans la bride dite américaine, le mors est remplacé par une pièce de fer qui embrasse la partie inférieure de la tête, et porte son action sur le chanfrein et sur la barbe. — *Chir.* On donne ce nom aux filaments qui se forment dans les plaies profondes, dans les abcès, et qui résultent le plus souvent de la conservation des vaisseaux et des nerfs respectés par le pus.

BRIDON, s. m. ; bride très simple, à mors articulé, remplaçant, pour les chevaux de tirage commun, pour les chevaux de course, pour ceux que l'on conduit à la promenade ou à l'abreuvoir, la bride ordinaire. Un bridon léger, appelé *filet*, est presque toujours associé à la bride des chevaux de selle.

BRINDILLES, s. f., *Ramuli ;* dernières ramifications des branches ; synonyme de ramuscules et de ramilles.

BRIQUE, s. f., *tuile* , *carreau*; sorte de pierre artificielle, de forme rectangulaire, faite en argile moulée et durcie au feu. La matière qui compose les briques, est formée d'alumine et de silice , d'oxyde de fer qui lui donne sa couleur rouge, de carbonate de chaux et de magnésie, et d'une petite quantité de matières organiques. — Les briques placées de champ et cimentées constituent un excellent sol pour les écuries et toutes les habitations des animaux domestiques.

BRIQUET PNEUMATIQUE, s. m.; petit appareil dans lequel on peut enflammer l'amadou par la compression brusque de l'air. Il consiste en un tube de verre cylindrique, à parois épaisses, fermé par une extrémité et garni d'une armature en cuivre à ses deux bouts. Un piston plein, muni d'une tige s'y meut à frottement, et porte en dessous une cavité où on place l'amadou. Par une compression brusque, l'air renfermé abandonne le calorique latent qu'il contient, et celui-ci enflamme l'amadou. D'après Thénard, la matière huileuse dont est imprégné le piston aurait une large part dans le phénomène, à cause de sa conductibilité.

BRISE, s. f. On donne ce nom, en *météorologie*, au vent doux et irrégulier qui existe constamment sur les bords de la mer. Il est dû à l'inégalité de température de l'eau et du sol, et se dirige tantôt de la mer à la terre, et tantôt de la terre à la mer; de là la *brise* de *mer* et la *brise* de *terre*. La première commence le matin et dure jusqu'au soir, parce que, pendant le jour, la terre s'échauffant plus que la mer son atmosphère raréfiée appelle l'air de la mer pour établir l'équilibre; pendant la nuit, c'est le contraire; la terre se refroidissant plus rapidement que la mer, l'air qui la recouvre forme un courant sur la surface de la mer: aussi la brise de terre qui commence le soir après le coucher du soleil, ne cesse-t-elle que le matin après que les rayons de cet astre ont échauffé la surface du sol.

BRISE-MOTTES, s. m.; instrument aratoire composé d'un fort cylindre, uni ou armé de pointes, tournant sur un axe horizontal, et destiné à l'émottage des terres. La herse sert aussi souvent de brise-mottes.

BRISE-VENT, s. m.; obstacle matériel opposé à l'action directe du vent; il peut être composé de paillassons, de murs, de haies vives, de plantations en talus, etc., etc.

BRIZE, s. f., *Briza*, L.; genre de la famille des Graminées. Ses caractères sont : glume multiflore, bivalve; glumelle à deux valves cordiformes, ventrues; panicule divergente; épillets pendants. L'espèce principale est la **B.** commune, amourette, *B. media*, annuelle, commune dans les prairies sèches et découvertes. Elle est précoce, recherchée des bestiaux, mais peu productive. La B. à gros épillets, *B. maxima*, ne croit que dans le midi; la B. verdâtre, *B. minor*, Linn., *B. virens*, Lamk., paraît être une variété de la première espèce.

BROCHER, v. act., t. de *mar.*; enfoncer à coups de brochoir les clous à travers les trous du fer et la corne, pour fixer le fer du cheval ou du bœuf. On *broche haut*, quand on fait sortir les clous loin du fer; on *broche bas* dans le cas contraire. Si les clous sortent à des hauteurs inégales, on a *broché en musique*.

BROCHOIR, s. m., t. de *mar.*; c'est un marteau qui sert à enfoncer les clous dans la muraille pour fixer le fer sous le pied du cheval. On distingue dans cet instrument les *joues* ou faces latérales, la *bouche*, surface convexe qui frappe sur le clou, la *panne*, partie supérieure aplatie de devant en arrière, échancrée dans le milieu de sa largeur, l'*œil*, ouverture qui sert à fixer le manche, le *manche* fixé par deux *clavettes* en fer ou en cuivre. Le brochoir est emmanché de telle manière que la bouche étant appuyée sur un plan horizontal, le manche touche ce plan par son extrémité postérieure. Cette variété de marteau sert uniquement à la ferrure des animaux domestiques.

BROMAL, s. m., C⁴ B³O⁴ HO. Corps analogue au *chloral* (*V.* ce mot). Il a été découvert par Loewig, et s'obtient en faisant agir à froid 14 parties de brôme sur une partie d'alcool, et distillant sur l'acide sulfurique. C'est un liquide oléagineux, incolore, d'une odeur pénétrante, d'une densité de 3,34, bouillant à 100°, et se décomposant, sous l'influence des alcalis caustiques, en acide formique et brômoforme.

BROMATE, s. m.; genre de sels formés par l'acide brômique et les bases; ils sont isomorphes avec les chlorates, et l'oxygène de l'acide est à celui de la base, comme 5 : 1. Ils sont tous solubles, excepté ceux de la dernière section. Chauffés, ils se décomposent en oxygène, brôme et brômure. Mélangés aux corps combustibles, ils détonent par la chaleur et le choc. Leur solution précipite en jaune pâle par le nitrate d'argent et se colore en jaune rougeâtre par l'acide sulfureux. Sur les charbons, ils fusent, et se décomposent par l'acide sulfurique, comme les chlorates.

BROME, s. m., Br. Eq. 978,30, de βρῶμος, mauvaise odeur; corps simple métalloïde, de la classe des chloroïdes, intermédiaire au chlore et à l'iode, et découvert en 1826 par Balard. Il existe à l'état de brômure de sodium ou de magnésium dans les eaux de la mer, dans celles des sources salées, dans les soudes de varech, etc. On le prépare en concentrant les eaux qui en contiennent, le déplaçant par le chlore, et le recueillant au moyen de l'éther; on le traite ensuite par la potasse, qui le transforme en brômure de potassium, duquel on extrait ensuite le brôme par l'acide sulfurique et le peroxyde de manganèse, comme cela a lieu pour le chlore. Le brôme est liquide, d'un rouge brun en masse, et d'un rouge hyacinthe par couches minces, d'une odeur désagréable rappelant celle du chlore, d'une saveur répugnante et d'une densité de 2,97. Chauffé, il bout à 47°, et se volatilise à la température ordinaire en donnant une vapeur rouge pesant 5,39; refroidi à — 22°, il se solidifie, cristallise et ressemble à l'iode. Peu soluble dans l'eau, il se dissout bien dans l'alcool et en toute proportion dans l'éther. A une basse température, le brôme, mis en contact avec l'eau, forme un hydrate cristallin de couleur rouge brun. Très avide d'hydrogène, le brôme, est chassé de toutes ses combinaisons par le chlore: il chasse à son tour l'iode. Il attaque les matières colorantes comme le chlore, mais moins fortement : il se combine à la plupart des métaux, et forme quelques composés utiles à médecine. On s'en sert pour préparer les plaques du Daguerréotype.

BRÔME, s. m; *Bromus*, L.; genre nombreux de la famille des Graminées. Il a pour caractères : glume multiflore bivalve; balle à deux valves, l'extérieure grande, concave, surmontée d'une arête naissant un peu au-dessous du sommet ou dans le milieu d'une échancrure, l'intérieure petite, concave au dehors et garnie de deux rangs de cils. Les brômes sont précoces, rustiques, généralement annuels, et communs dans les prés et dans les champs. Ils ne sont mangés que dans leur jeunesse; plus tard, ils deviennent durs et repoussent les bestiaux par leurs barbes acérées. Les espèces de ce genre les plus répandues sont : le B. seiglin, *B. secalinus*; le B. mou, *B. mollis;* le B. rude, *B. asper;* le B. élevé, *B. giganteus, Festuca gigantea*, Vill.; le B. stérile, *B. sterilis*; le B. des champs, *B. arvensis.* Ce dernier est le meilleur et le plus utile; on peut le cultiver en prairies artificielles. Quand il est fauché jeune, il donne un produit assez abondant et de bonne qualité. Il convient de le semer dans des terrains frais, et mélangé à des légumineuses.

BROMATOLOGIE, BROMOGRAPHIE, s. f., de βρῶμα, βρῶματος, aliment; traité, description des aliments.

BROMÉLIACÉES, s. f., *Bromeliaceæ*: famille de plantes monocotylédonées, exotiques. Elle est divisée en deux tribus. Celle des Ananassées renferme l'espèce qui produit *l'ananas.*

BROMOFORME. s. m., C^2HBr^3, *Perbromure de formile.* Le brômoforme, analogue au chloroforme, s'obtient comme lui en distillant l'hypobrômite de chaux avec $^1/_{24}$ de son volume d'alcool. C'est un liquide oléagineux, incolore, d'une odeur éthérée, d'une saveur un peu sucrée, pesant 2,40. Ce corps est volatil et inflammable, et se transforme par l'action de la potasse en brômure de potassium et en formiate de potasse.

BRÔMURES, s. m.: les brômures, isomorphes avec les chlorures et les iodures, sont des composés binaires formés de brôme et des différents métaux, ou de quelques métalloïdes. Les brômures sont solubles, excepté ceux des dernières sections; ils résistent à l'action du feu. L'acide sulfurique avec l'aide du peroxyde de manganèse en sépare le brôme en vapeurs faciles à reconnaître. L'acide azotique et le chlore chassent aussi le brôme, qui colore la solution en rouge. Le nitrate d'argent produit dans la dissolution des brômures un précipité jaunâtre-caillebotté, qui devient violet à l'air et qui, insoluble dans l'acide azotique, qui le colore seulement en rouge-foncé; se dissout dans l'ammo-

niaque en excès. Le brôme colore l'amidon en jaune. De tous les brômures, un seul mérite ici une mention particulière, c'est le brômure de potassium.

BRÔMURE DE POTASSIUM, K Br. Ce composé se prépare en dissolvant du brôme dans la potasse, évaporant à sec et calcinant pour transformer le brômate en brômure, et reprenant par l'eau pour faire cristalliser. Il est solide, incolore, cristallisé en cubes, de saveur amère, décrépitant au feu, et soluble dans l'eau et l'alcool. — *Pharmacologie.* Essayé par nous contre le farcin chronique du cheval, pour remplacer l'iodure de potassium, dont le prix est plus élevé, il a eu quelques apparences de succès; il a surtout relevé l'appétit et ramené la nutrition à un meilleur état. Il se donne à l'intérieur à la dose de 4 grammes pour les grands animaux, dissous dans un demi-litre d'eau. Il fatigue à la longue le tube digestif. A l'extérieur, on en fait usage en pommade semblable à celle de l'iodure de potassium.

BRONCHER, v. n.; mettre le pied à faux. Un cheval peut *broncher* par maladresse, ou par défaut d'aplomb.

BRONCHES, s. f., *Bronchia*, de βρόγχος, gorge, gosier; canaux au nombre de deux, faisant suite à la trachée, cartilagineux comme elle, et se distribuant dans les deux lobes du poumon, où chaque bronche se divise et se subdivise à l'infini, pour former les *vésicules bronchiques.* Les bronches amènent l'air dans l'intérieur du poumon pendant *l'inspiration,* et concourent à son expulsion pendant *l'expiration.*

BRONCHIAL, E, BRONCHIQUE, adj., *bronchialis, bronchicus;* qui a rapport aux bronches; *bronchique* est le plus employé. — *Artère bronchique* : artère naissant de la crosse de l'aorte, se partageant en deux rameaux, un pour chaque bronche, et se ramifiant avec elle. — *Ganglions bronchiques* : ganglions recevant principalement les lymphatiques du poumon, et situés à la division des bronches. —*Plexus bronchique* : entrelacement de cordons nerveux appartenant au *grand sympathique* et au *pneumo-gastrique,* et situé au-dessus de la division des bronches.— *Veine bronchique* : veine suivant le trajet de l'artère bronchique, venant se dégorger dans la veine-azygos, et quelquefois directement dans l'oreillette droite du cœur. — *Vésicules bronchiques* : vésicules résultant de la terminaison des divisions des bronches, et formant une multitude de petits culs-de-sac membraneux, autour desquels viennent se ramifier les vaisseaux pulmonaires.

BRONCHITE, s. f., de βρόγχος, bronche, avec la désinence *ite.* On donne ce nom à l'inflammation de la muqueuse des bronches. Synonymie : *catarrhe pulmonaire, rhume de poitrine, angine de poitrine, pneumonie catarrhale,* etc. La bronchite est *aiguë* ou *chronique.* 1° *Bronchite aiguë* : maladie fréquente, surtout sur le cheval, le plus souvent sporadique, quelquefois épizootique. Elle se déclare principalement pendant l'hiver, après l'action des causes qui suspendent la transpiration cutanée. Les causes *directes* sont l'inspiration des gaz irritants, tels que le chlore, l'acide phosphorique, l'acide sulfureux, la présence de corps étrangers dans les bronches. Comme causes *indirectes*, il faut citer l'impression du froid sur l'animal en sueur, le séjour dans des lieux humides. Les moutons et les bœufs contractent facilement cette maladie pendant le parcage, quand ils sont exposés à l'influence des nuits d'automne. Les constitutions faibles et molles, la dentition, sont des causes prédisposantes. — Parmi les symptômes, on remarque une toux d'abord sèche, bientôt humide, quelquefois quinteuse. Il y a jetage, par les deux narines, d'une matière blanchâtre, peu abondante, prenant plus tard une teinte jaune verdâtre, et mêlée parfois de stries de sang: cette matière s'échappe en plus grande quantité quand on provoque la toux. La bronchite intense aiguë est accompagnée de symptômes fébriles, surtout lorsque la toux est quinteuse. On observe l'agitation des flancs: l'inspiration présente moins d'étendue que l'expiration. En étudiant les bruits de la poitrine, l'auscultation fait entendre le *râle muqueux* dans quelques points où l'air peut pénétrer; dans les autres, il y a absence du bruit respiratoire. Cette sorte de *glou-glou* paraît résulter du déplacement des mucosités bronchiques par l'air qui s'introduit dans les bronches. Plus tard, la toux est grasse, l'expectoration facile, quand la maladie est à son déclin. La bronchite aiguë varie, pour sa durée, d'une à six semaines. Sa terminaison n'est pas toujours favorable; on voit parfois la dyspnée augmenter d'intensité; la bronchite se complique de pneumonie, ou bien elle passe à l'état chronique. La gastro-entérite est une complication des plus graves. Comme *caractères anatomiques*, on trouve la rougeur et l'épaississement de la membrane muqueuse des bronches; sa surface présente des mucosités abondantes. La rougeur et le ramollissement sont d'autant plus marqués, que la décomposition cadavérique est plus avancée. Quelquefois la muqueuse offre des traces de gangrène. — La bronchite légère se dissipe à l'aide du repos, pendant quelques jours, dans une écurie d'une température douce, et par l'administration de boissons tièdes miellées et blanchies par la farine d'orge. Lorsque la maladie est plus intense, on a recours aux émissions sanguines, réitérées au besoin; les narcotiques, tels que la décoction de têtes de pavot, l'extrait aqueux d'opium à la dose de 4 à 6 grammes pour le cheval, sont employés pour calmer la toux. Les fumigations émollientes sous le ventre et la poitrine, sont utiles en augmentant la chaleur et la transpiration cutanées; faites sous le nez, ces fumigations sont fatigantes pour

les bronches, surtout si leur température est élevée. On retire de bons effets des boissons avec l'infusion de fleurs de sureau, dès le début de la maladie. On évitera d'administrer des breuvages, dans la crainte de les introduire en partie dans les bronches. Pour les petits animaux, le bain tiède est utile si l'on évite le refroidissement de la peau. Enfin, quand la maladie paraît devoir passer à l'état chronique, on emploie les dérivatifs cutanés, les cataplasmes de moutarde, la pommade stibiée sur les côtes, les frictions avec le liniment ammoniacal, les vésicatoires volants; pour les carnivores, les purgatifs sont également utiles. — 2° *Bronchite chronique:* elle résulte généralement de l'état aigu: quelquefois elle se montre comme affection primitive, même dans le cheval. La toux est grasse, suivie de l'expulsion de mucosités par le nez ou la bouche. Pendant le repos, la respiration est peu gênée; elle devient fréquente, irrégulière par l'exercice: le moindre travail développe une sueur abondante. Si l'on emploie la percussion, la poitrine est partout sonore; on entend par l'auscultation les râles de la bronchite aiguë; dans quelques points, le bruit respiratoire est suspendu, lorsque des rameaux sont obstrués par des mucosités. On peut confondre cette maladie avec la phtisie pulmonaire commençante, l'emphysème pulmonaire. Les lésions de l'état chronique sont analogues à celles de la bronchite aiguë. On trouve, en outre, dans les rameaux bronchiques, des mucosités simulant des caillots fibrineux: la muqueuse est épaissie dans quelques points. — Les émissions sanguines sont rarement indiquées dans la bronchite chronique; il faut se guider sur les signes de pléthore et de congestion pulmonaire. Des fumigations excitantes, aromatiques, peuvent triompher de la bronchite chronique qui n'est pas trop ancienne; on prescrit, en outre, l'opium et les préparations antimoniales, telles que le kermès minéral, l'émétique ou tartre stibié. Il est utile d'employer en même temps les exutoires, tels que les sétons au poitrail, et mieux sur les côtés de la partie inférieure de la poitrine. Quelques précautions nécessaires consistent à éloigner les causes de la bronchite, à exciter ou entretenir les fonctions de la peau, à éviter les changements brusques de température. La nourriture sera modifiée: la paille, l'avoine cuite et les carottes en formeront la base; on donnera des boissons nitrées blanchies par la farine d'orge. Trop souvent, malgré le traitement le plus actif, la bronchite chronique persiste et s'aggrave; l'altération des flancs devient de plus en plus marquée; les symptômes de la pousse s'ajoutent à ceux qui caractérisaient primitivement l'état catarrhal des bronches.

BRONCHOCÈLE, s. m., de βρόγχος, gorge, et χήλη, tumeur: tumeur de la gorge, tumeur du cou. On a donné ce mot comme synonyme de *goître*.

BRONCHOPHONIE, s. f., de βρόγχος, gosier, et φωνη, voix. Nom donné par Laënnec à la résonnance de la voix dans les divisions bronchiques explorées par le sthétoscope. La bronchophonie *accidentelle* est une augmentation de cette résonnance dans les petits rameaux bronchiques et les grosses bronches. On ne peut faire ces observations dans les animaux.

BRONCHORRHÉE, s. f., de βρογχος, gosier, bronche, et ρεω, je coule. Évacuation considérable d'un liquide mousseux, semblable à du blanc d'œuf délayé dans l'eau. On distingue la bronchorrhée *aiguë* et la bronchorrhée *chronique*. Loiset de Lille a publié plusieurs observations sur la première variété. Les symptômes qu'il a observés sont ceux de l'asphyxie : battements des flancs, rejet d'une mousse abondante par les naseaux, difficulté extrême de respirer. A l'autopsie, peu de lésions marquées : un liquide spumeux dans les voies respiratoires, sang noir abondant dans le système veineux. On peut employer avec avantage contre l'état aigu les saignées, les sinapismes, les purgatifs; contre la bronchorrhée chronique, les fumigations excitantes, les vésicatoires, les sétons.

BRONCHOTOME, s. m., de βρογχος, gorge, et τομη, section; instrument inventé pour pratiquer la bronchotomie *V.* TRACHÉOTOME.

BRONCHOTOMIE, s. f., de βρογχος, gorge, et τομη, section. Opération chirurgicale qui consiste à faire une ouverture sur la trachée-artère pour faciliter l'entrée de l'air dans les poumons. Cette expression est synonyme de *trachéotomie*. (*V.* ce mot.)

BRONZE, s. m. *Airain.* Alliage de cuivre et d'étain connu depuis la plus haute antiquité. Les proportions des deux métaux varient selon la destination de l'alliage. Pour certains usages on y ajoute un peu de zinc ou de plomb. Le bronze des canons, des statues et des médailles est formé de 90 de cuivre et 10 d'étain; celui des cloches contient 78 de cuivre et 22 d'étain. La matière dont sont formés les tam-tam et les cymbales, renferme 80 de cuivre et 20 d'étain; les timbres d'horloge contiennent 75 de cuivre et 25 d'étain; enfin les miroirs des télescopes sont formés de 67 de cuivre et de 33 d'étain.

BROSSE, s. f.; instrument de pansage employé seul ou concurremment avec l'étrille. La brosse est en crins ou en racines de chiendent.

BROU DE NOIX, s. m. Péricarpe charnu du fruit du noyer ordinaire, *juglans regia.* Cette enveloppe de l'amande est épaisse, charnue, glabre et verte en dehors, blanche au-dedans tant qu'elle n'a pas encore subi l'influence de l'air; car alors elle devient noire. Elle tache la peau en jaune, puis en fauve et en noir-bistre; cette tache est indélébile et ne disparaît que par la chute de l'épiderme. — Le brou de noix a une odeur forte et aromatique, une saveur piquante et excessivement amère. D'après Braconnot, il contient de l'acide tannique semblable à celui de la noix de galle, de l'acide gallique, des acides malique et citrique, ainsi que de l'amidon, de la chlorophylle et une matière âcre et amère qui serait de nature résineuse. — Le brou de noix, traité par décoction, fournit une solution et un extrait très astringents, rarement employés à l'intérieur, mais qui pourraient être utiles à l'extérieur comme styptiques sur les plaies, dans les fistules, sur les muqueuses qui sont le siège d'écoulement muqueux, pour les affections cutanées, etc.

BROUILLARD, s. m. *Nebula.* Les brouillards sont des météores aqueux analogues aux nuages, qui se forment dans les couches inférieures de l'atmosphère, et en troublent momentanément la transparence. Ils sont formés par de la vapeur d'eau à l'état vésiculaire et ne prennent naissance que quand l'air est arrivé à son maximum d'humidité, soit par excès réel de vapeur d'eau, soit par abaissement considérable de température. Les brouillards se forment le plus fréquemment en automne et au printemps, assez souvent aussi en hiver, mais très rarement en été; on les remarque aussi plus souvent le matin et le soir. Les lieux où les brouillards prennent le plus fréquemment naissance sont les vallées profondes, le bord des rivières, des étangs, des lacs, la surface des marécages, des prairies, les gorges des montagnes, etc. L'épaisseur de la couche de brouillard varie beaucoup, mais elle est rarement considérable. Parfois les brouillards sont à distance du sol, et suspendus à une certaine hauteur comme des nuages. Les brouillards ont une existence éphémère; ils ne peuvent exister que si le temps est calme et couvert; si l'air est agité ou s'il fait un peu de soleil, ils disparaissent rapidement. La vapeur d'eau qui les constitue subit diverses modifications : parfois elle se redissout dans l'atmosphère et redevient invisible; d'autres fois, elle s'élève à l'état vésiculaire et forme des nuages; enfin, souvent elle se condense en une pluie fine, pénétrante, qu'on appelle *bruine.* C'est surtout alors que les brouillards sont nuisibles à la santé des animaux en imprégnant la surface de leur corps d'une humidité froide et en pénétrant dans les poumons, chargés de diverses émanations putrides qui sont des germes de maladies graves. Voilà pourquoi les vallées humides, le bord des eaux et des marécages, le printemps et l'automne, le matin et le soir, etc., sont insalubres et exposent les animaux à de nombreuses maladies. — Les agriculteurs distinguent deux espèces de brouillards: 1° les brouillards secs; 2° les brouillards humides. Les premiers, beaucoup plus rares que les autres, n'empêchent pas l'évaporation; ils sont bientôt suivis de la formation de gros nuages et de l'abaissement de la température. C'est à ces brouillards que l'on attribue l'effet connu dans le Midi sous le nom de *ventaison* des blés, effet qui consiste dans un jaunissement prématuré, avec retrait du grain : ils produisent aussi la *rouille* des grains que l'on a attribuée longtemps. à tort sans doute. aux brouillards humides ; Cette dernière espèce est favorable à la végétation des plantes qui ne sont pas voisines de leur maturité.

BROUSSAISISME. *V.* Physiologisme.

BROWNISME, s. m. ; système physiologico-pathologique ou médical établi par Brown, célèbre médecin écossais, et duquel semblent dériver le *rasorisme* et le *broussaisisme*. Voici sur quels principes il repose : les tissus jouiraient d'une propriété essentielle, l'*incitabilité* ou *excitabilité*, qui serait mise en jeu par les agents internes et externes ou les *stimulants*, d'où résulterait l'*incitation* ou la mise en jeu des organes, et par conséquent l'entretien de la vie. Entre la santé et la maladie existe un état particulier, intermédiaire qu'on appelle *opportunité*. Toutes les maladies seraient produites par excès ou manque de *stimulation* ou d'*incitation*. De là leur division en *sthéniques* ou *asthéniques*, et deux classes de moyens thérapeutiques seulement, des *débilitants* pour combattre les maladies sthéniques ou par excès d'incitation, et les *stimulants* ou *excitants* pour vaincre les maladies *asthéniques* ou par défaut de stimulation. Ce système, très simple en théorie, devient vicieux dans la pratique. Outre que les distinctions qu'il établit sont arbitraires et manquent de vérité, il ne tient aucun compte des liquides du corps qui ont cependant une si large part dans l'accomplissement des fonctions et la production des maladies.

BRUCINE. s. f. ; alcaloïde organique découvert en 1819 par Pelletier et Caventou, dans plusieurs espèces de strychnos, et notamment dans l'écorce de la *fausse angusture* (Brucea antidyssenterica). Elle s'extrait par le même procédé que la *strychnine*, de laquelle elle se rapproche beaucoup par ses caractères et ses propriétés médicinales. *V.* Strychnine. Elle est solide, cristallisée en prismes ou en lamelles, d'aspect nacré ; sa saveur est très amère, légèrement âcre et styptique. Inaltérable à l'air, elle se dissout dans 850 parties d'eau à 15°, dans 500 parties à 100°, et en toute proportion dans l'alcool. Au-dessus de 100°, elle fond dans son eau et se décompose ensuite si on élève la température. La brucine se colore en rouge de sang, comme la strychnine et la morphine, par l'action de l'acide azotique ; mais cette solution forme avec le protochlorure d'étain une couleur violette très belle et très intense, qui est particulière à la brucine.—*Pharm.* La brucine est un violent poison ; elle agit à la manière de la strychnine sur la moëlle épinière et les nerfs du mouvement, et détermine des attaques de tétanos. Son action n'est pas aussi intense que celle de la strychnine ; elle serait :: 1 : 10 d'après quelques auteurs, et seulement :: 1 : 24 d'après Andral. Pour l'usage interne, elle pourrait remplacer avec avantage la strychnine, dont l'action est si

violente ; et, de plus, l'écorce de la fausse angusture peut former avec l'alcool une teinture qui conviendrait mieux peut-être que celle de noix vomique pour combattre les paralysies du mouvement.

BRULE-QUEUE, s. m. : cautère dont on se sert pour arrêter l'écoulement du sang après l'amputation de la queue du cheval. Ce cautère a la forme nummulaire : il est percé dans son centre d'un trou destiné à loger l'extrémité des coccygiens, pendant que l'on pratique la cautérisation.

BRULIS. *V.* Écobuage.

BRULURE, s. f., synonymie : *ustion, combustion* ; lésion produite sur une partie vivante par l'action du calorique concentré ou par des agents chimiques. On range, parmi les brûlures, les lésions résultant de l'action du feu et celles qui sont causées par les acides minéraux, les alcalis et quelques oxydes : il est souvent difficile d'établir une distinction dès le début. L'on n'a pas observé sur les animaux la *combustion spontanée*, qu'on voit se produire sur les hommes adonnés aux liqueurs alcooliques. — Les corps qui peuvent occasionner la brûlure par le calorique dont ils sont imprégnés sont solides, liquides ou gazeux. La brûlure par le fer rouge est un moyen chirurgical dont l'excès produit des accidents graves. Les liquides s'étendent dans tous les sens avec facilité et produisent des brûlures plus larges ; les plus denses occasionnent plus de ravages, parce que leur température est susceptible de s'élever davantage. De larges surfaces sont embrassées par les corps gazeux échauffés : les fumigations avec des liquides d'une température trop élevée donnent des lésions semblables à celles qui résultent de l'explosion de la poudre à canon ou du gaz hydrogène proto-carboné, qu'on trouve dans les mines de houille. Les appendices de la peau modifient les effets de ces différentes causes. On observe les brûlures sur toutes les parties du corps des animaux. Les chiens et les chats sont très exposés à être brûlés par l'eau bouillante, les acides. On voit sur les herbivores des brûlures étendues après les incendies de leurs habitations. Quelquefois l'action de la chaux vive brûle fortement les extrémités du cheval. Enfin, pour les solipèdes, l'action du fer chaud, trop prolongée sur la sole, donne des accidents très graves. — Boyer admettait trois degrés de la brûlure : 1° l'érythème simple, caractérisé seulement par l'irritation de la peau ; 2° l'état érysipélateux avec phlyctènes ; 3° l'escharre, quand il y a désorganisation, gangrène locale. Dupuytren reconnaît six degrés : 1° inflammation de la peau sans phlyctènes ; 2° inflammation avec développement de phlyctènes ; 3° destruction d'une partie du corps papillaire de la peau ; 4° escharrification, désorganisation du derme jusqu'au tissu cellulaire ; 5° combustion des parties molles jusqu'aux os ; 6° carbonisation de toute la partie brûlée. Marjolin et Ollivier rapportent à deux

ordres les effets de la brûlure : 1° inflammation des tissus ; 2° désorganisation immédiate.
— Les brûlures étendues sont suivies d'une
réaction inflammatoire violente à laquelle les
malades peuvent succomber. Après les premiers dangers des grandes brûlures, on doit
redouter des phlegmasies des organes pulmonaires et digestifs, la pleurite et la pneumonie
après les brûlures des parois de la poitrine,
la péritonite, la gastro-entérite après celles du
ventre. Une suppuration trop abondante peut
occasionner la mort. — Les brûlures légères
sont de courte durée ; celles qui ont des
escharres exigent un temps assez long. Dans
les grands animaux, les brûlures de la partie
inférieure des membres peuvent atteindre
la synoviale des gaines tendineuses et des
articulations. A l'autopsie des sujets morts à
la suite de brûlures, on a trouvé des épanchements sanguinolents dans les intestins et
les bronches ; les séreuses sont enflammées ;
les articulations contiennent du sang et du
pus mêlés à la synovie. — Les deux premiers
degrés des brûlures sont peu graves. Les brûlures profondes se terminent par la mort ou
par des difformités incurables. L'action de la
chaleur et des caustiques est fâcheuse sur
les organes délicats ; des taies se montrent
après les brûlures légères des yeux. Dans les
sujets à constitution débile, les plaies se terminent souvent par des ulcères rebelles. Les
brûlures de la sole sont quelquefois mortelles
par la réaction qu'elles amènent ou par la
chute du sabot. — Les indications consistent
à combattre la douleur, à prévenir la réaction
qui les accompagne, et à favoriser la cicatrisation. On combat la douleur par les réfrigérants et les astringents, savoir : l'eau froide
ou glacée, l'acétate de plomb, le sulfate de
fer, la pulpe de pommes de terre. Sur les parties dont les papilles sont à nu, l'on met en
usage les corps gras, l'huile, le cérat opiacé,
le liniment calcaire. Le docteur Anderson de
Glascow a recommandé le coton cardé, qu'on
applique couche par couche, en le laissant
pendant longtemps sur les parties brûlées.
Delafond a essayé sur les animaux ce moyen
thérapeutique, avec lequel il n'a réussi que
contre les brûlures légères. L'eau de lavande
et l'essence de térébenthine ont été appliquées
utilement sur quelques animaux étrangers à
l'espèce du cheval. Aux moyens locaux destinés à calmer la douleur, on peut ajouter un
traitement général ; il faut néanmoins être
sobre des saignées, quand on doit redouter
une abondante suppuration. Quand des phlyctènes existent, on s'abstient de les ouvrir avant
que l'inflammation ait diminué d'intensité ; il
vaut mieux les laisser se flétrir. Après la
chute des escharres, une suppuration abondante nécessite des pansements fréquents avec
l'huile de lin, l'huile d'olives mêlée à l'eau de
chaux, le cérat saturné. La solution de chlorure de chaux a été conseillée pour hâter la
cicatrisation et modifier la fétidité produite
par la sécrétion du pus. Après les brûlures,

les plaies bourgeonnent et se cicatrisent rapidement ; la membrane pyogénique est très
rétractile. Il faut surveiller la marche de la
cicatrisation, pour éviter des rétractions articulaires, des tares défectueuses. On appliquera au cheval des moyens contentifs pour
l'empêcher de se mordre ou de se frotter
contre les corps qui sont à sa portée. Quand
les brûlures sont arrivées au cinquième ou
au sixième degrés, les animaux ne doivent
être traités qu'autant que les parties affectées
peuvent reprendre leurs fonctions. Pour les
petits animaux, l'amputation peut être faite
comme moyen conservateur, s'il s'agit d'un
membre brûlé profondément. La brûlure des
pattes du chien par l'acide sulfurique entraîne parfois la perte des phalanges ; il faut
recourir à des amputations partielles.

Brulure. *Agr.* et *Jard.* Les agriculteurs et
les jardiniers désignent ainsi plusieurs maladies des plantes dont les causes et les effets
sont différents. La brûlure consiste tantôt en
un dessèchement de l'écorce des arbres, qui
se soulève et se fendille sous l'influence des
rayons *brûlants* du soleil, ou par l'action
destructrice de l'eau congelée ; tantôt en
une altération rapide des bourgeons et des
jeunes pousses qui deviennent presque subitement noirs, sous l'influence de la chaleur,
du froid ou d'un vent desséchant. Cette seconde espèce de brûlure frappe quelquefois
les céréales et prend plus particulièrement le
nom de *brouissure*. Les taches, blanches d'a-
bord, noirâtres ensuite, qui se montrent à la
surface des feuilles après une gelée ou un
coup de soleil brûlant, au moment où la rosée les recouvrait encore, sont dues à une
affection de ce genre. Le pêcher et l'abricotier sont très sujets à la brûlure. Le mode de
culture du poirier et du pommier paraît les
avoir rendus plus susceptibles de se brûler ;
cette tendance deviendrait héréditaire. Tout
ce qui prévient une évaporation excessive et
le dessèchement doit nécessairement prévenir
la brûlure ordinaire.

BRUIT, s. m. ; de βρύχω, murmure. Le
bruit est un son irrégulier, formé par des
vibrations inégales, non isochrones, et dont
la durée est trop courte pour former un son
comparable. Le bruit est dépourvu de *ton* et
par conséquent d'*unisson*. *Bruits anormaux*
de la respiration et de la circulation. *V.* Aus-
CULTATION.

BRUN, adj., *brunneus*; les diverses nuances de la couleur brune s'expriment de la manière suivante : *brunneus*, brun-foncé ; *tristis*, brun-sombre, livide : *pullus*, brun-terne ;
fuscus, brun-verdâtre ; *ferrugineus*, brun-
ferrugineux ; *hepaticus*, brun-hépatique,
rougeâtre ; *spadiceus*, brun-luisant ; *badius*,
brun clair tirant sur le rouge ; *tabacinus*,
brun de tabac râpé ; *fulvus*, brun-fauve.

BRUNELLE, s. f., *Brunella* ou *Prunella*,
T. ; genre de la famille des Labiées. De Candolle n'admet dans ce genre que trois espèces
distinctes : la B. à feuilles d'hyssope *B. hys*

sopifolia, Link. ; la B. à grandes fleurs , *B. grandiflora*, Mœnch. ; la B. commune , *B. vulgaris*, L. Ces deux dernières sont les plus répandues ; on les trouve sur les pelouses , dans les prairies sèches, au bord des chemins. Elles donnent un fourrage peu abondant et dur après sa dessiccation.

BRUNIACÉES, s. f., *Bruniaceæ* ; famille de plantes dicotylédones , polypétales, originaires du Cap-de-Bonne-Espérance , et ressemblant beaucoup aux bruyères. Genres principaux : *Brunia, Tamnea*, etc.

BRUTOLÉS, s. m., de βρυτον, bière ; nom donné depuis plusieurs années aux bières médicinales ou aux préparations qu'on obtient en faisant macérer les diverses substances médicinales dans la bière. Ces préparations s'altèrent promptement ; elles sont à peu près inusitées en médecine vétérinaire.

BRUYÈRE, s. f. ; *Erica*, L. ; genre nombreux et très intéressant de la famille des Éricacées. Les bruyères sont des arbrisseaux communs dans les montagnes, sur les terres incultes. Les bestiaux ne mangent que leurs jeunes pousses, et dans les pays où le défaut de fourrages les force à s'en nourrir, ils sont chétifs et de peu de valeur. Les abeilles butinent volontiers sur les fleurs de ces plantes. Les branches de bruyère servent à faire des balais, de la litière, et sont employées comme combustible. Par leur décomposition et le mélange de leurs débris avec la couche superficielle du sol, elles forment une sorte de terreau, dit *terre de bruyère*, à réaction acide, contenant une forte proportion d'humus, et employé par les jardiniers à la culture de beaucoup de plantes exotiques. Les espèces de bruyères sont peu nombreuses en France, mais celles qui s'y trouvent occupent de vastes étendues de terrain. Les plus communes sont : la B. à balais , *E. scoparia*; la B. vagabonde , *E. vagans*; la B. cendrée , *E. cinerea*. La plante appelée par Linné *Erica vulgaris* fait aujourd'hui partie du genre *Calluna*; c'est le *Calluna vulgaris* de Salisb.; elle peut être facilement confondue avec les bruyères de nos contrées , sous le rapport des propriétés et de l'usage. Beaucoup de jolies espèces exotiques du genre *Erica* sont cultivées dans nos jardins ou conservées dans nos serres comme plantes d'ornement.

BRYONE, s. f., *Bryonia*, L. ; genre de la famille des Cucurbitacées. Presque toutes les espèces de ce genre sont exotiques ; on n'en rencontre que deux en France : la B. blanche , *B. alba* , croît dans les forêts; elle est monoïque ; la B. dioïque, *B. dioïca*, est commune le long des haies , dans les lieux un peu frais. Elle a des tiges grêles, grimpantes , de larges feuilles cordiformes, rudes au toucher , de longues vrilles roulées en spirale. Sa racine est blanche et très développée. Les feuilles et les tiges de la B. dioïque sont considérées comme vénéneuses pour les bestiaux. Ses racines féculentes , d'où s'écoule un suc âcre lorsqu'elles sont

fraîches , agissent à l'intérieur comme drastiques, à l'extérieur comme irritantes. On les conserve dans les pharmacies sous la forme de petits disques grisâtres , ridés , mais on n'en fait que très rarement usage. — *Pharm.* La racine est la seule partie employée de la bryone : elle est très volumineuse , charnue , marquée de lignes circulaires à l'extérieur, blanche et succulente à l'intérieur. Sa saveur est âcre , nauséeuse, et son odeur repoussante. Elle est composée de *Bryonine*, de résine ou sous-résine, de cire , de mucus , de gomme, d'une grande quantité d'amidon , matière extractive, fibres ligneuses, phosphate de magnésie, et d'albumine , malate de magnésie , eau , etc. La racine de bryone est un poison âcre , assez violent. Fraîche , elle détermine sur la peau une rubéfaction intense ; introduite dans le tissu cellulaire, elle produit une inflammation violente et mortelle. Donnée à l'intérieur , en poudre ou en décoction, elle agit comme purgatif drastique des plus actifs. Son action se rapproche à la fois de celle du jalap et de celle de l'ipécacuanha , car elle provoque parfois aussi le vomissement. Elle est rarement employée en médecine vétérinaire. Torréfiée , la racine de bryone perd son principe irritant, et elle devient alimentaire par la grande quantité d'amidon qu'elle contient.

BRYONINE , s. f.; matière active de la racine de bryone. Elle est mi-solide , d'un blanc jaunâtre, d'une saveur sucrée d'abord, puis très amère ; insoluble dans l'éther, elle se dissout bien dans l'alcool et l'eau ; l'acide sulfurique la colore en bleu , puis en vert, et l'acide azotique en jaune doré. Elle agit sur l'économie animale comme un puissant drastique.

BRYTOLATURE, s. f. ; nom donné par Baral aux bières médicinales *V*. BRUTOLÉS.

BRYTOLÉ, s. m. ; épithète que Baral donne aux solutions des principes immédiats végétaux et aux substances salines dans la bière.

BRYTOLIQUE, adj.; terme générique dont Baral se sert pour désigner les préparations pharmaceutiques qui ont la bière pour menstrue.

BUBON, s. m., de βουβων, aine. Les anciens ont donné ce nom aux tumeurs de l'aine. On le réserve aujourd'hui pour les engorgements des glandes inguinales. En vétérinaire , on a désigné ainsi des tumeurs de nature très différente , par exemple, le charbon , le farcin, etc. — Les bubons inguinaux se montrent quelquefois sur le chien. On les a distingués en *primitifs* ou *consécutifs*, suivant qu'ils coïncident ou non avec les symptômes de la syphilis. La suppuration est la terminaison la plus fréquente de ces tumeurs.

BUBONOCÈLE, s. m., de βουβων, aine, et κηλη, hernie; hernie inguinale bornée à l'aine. *V*. HERNIE INGUINALE.

BUCCAL, E, adj.; *buccalis*, de *bucca*, bouche; qui appartient à la bouche.—*Glandes buccales*: glandes répandues dans différents points de la bouche , mais surtout au voisi nage du voile du palais et dans la joue, où elles forment les glandes *molaires*. — *Membrane buccale*. Membrane muqueuse tapissant la cavité de la bouche. — *Nerf buccal V.* Bucco-labial.

BUCCINATEUR, s. m., *Buccinator*, de *buccina*, trompette; nom donné en anatomie humaine au muscle *alvéolo-labial*, à cause de son rôle important dans l'action de jouer des instruments à vent.

BUCCO-LABIAL, adj.; *bucco-labialis*, de *bucca*, bouche, et *labia*, lèvre; qui appartient à la bouche et aux lèvres. Nom donné par Girard, d'après Chaussier, à un cordon nerveux de la branche maxillaire de la cinquième paire, qui se plonge dans la substance des joues, et prolonge ses filets jusqu'aux lèvres.

BUFFLE, s. m., *Bos bubalus;* espèce du genre bœuf, originaire de l'Asie et de l'Afrique. Ses caractères spécifiques sont : tête courte, front étroit, peu développé, plus ou moins convexe, déprimé dans le sens longitudinal de la tête, sinus frontaux et cavités du support osseux des cornes très grands ; oreilles moyennes, cornes triangulaires à la base, au moins cette disposition est-elle apparente à tous les âges dans les buffles asiatiques ; la courbure du front détermine la direction des cornes ; elles sont dirigées en arrière dans les variétés à front bombé ; face élargie du dessous de l'orbite jusqu'au museau ; langue dépourvue de papilles cornées : celles-ci sont agglomérées à la partie antérieure des joues vers les commissures; formes lourdes, dos droit, presque plat, corps arrondi, membres très forts, surtout les postérieurs ; mamelles représentant par leur position un trapèze dont le côté postérieur est très allongé ; fourreau, chez les mâles, peu développé; poils courts, doux au toucher, mais gros, noirs, bruns ou gris, peau noire ; mugissement rauque, désagréable ; caractère sauvage et difficile à dompter. Le buffle est redoutable à l'état sauvage ; il est doué de beaucoup de force et même d'agilité ; il aime les lieux humides et fangeux ; il habite les marais et passe dans l'eau une partie de son existence. Une variété de l'espèce est soumise à la domesticité en Egypte, sur les bords de l'Euphrate, et même en Italie où elle a été introduite vers le VIᵉ siècle. Dans ces nouvelles conditions, le buffle est sobre, robuste, assez docile, d'un entretien et d'un élevage peu coûteux. Il travaille pendant quelques années ; la bufflesse donne un lait musqué assez recherché; malheureusement elle est difficile à traire. L'un et l'autre s'engraissent assez facilement, mais leur chair reste toujours dure et coriace. Le cuir du buffle est épais, fort et souple ; on en fait les buffleteries. — La variété domestique du buffle a été importée en France, dans les landes de Gascogne, au commencement de ce siècle ; elle a été abandonnée à elle-même et a disparu.— Les buffles appartiennent à deux types : l'asiatique et l'africain. Au premier se rattachent

le *buffle commun*, l'*arni à cornes en croissant* et l'*arni géant ;* au second se rattachent les *buffles du Cap*. Selon les auteurs modernes, le groupe des buffles se composerait d'au moins cinq espèces.

BUGLE, s. f., *Ajuga*, L.; genre de plantes herbacées de la famille des Labiées. La B. rampante, *A. reptans*, est commune dans les prairies un peu humides ; elle est précoce, peu productive, mais assez recherchée des bestiaux. Les espèces *pyramidalis*, *iva*, *genovensis*, *alpina* sont moins répandues en France, et ne se trouvent guère que dans les lieux élevés et secs.

BUGLOSSE, s. f., *Anchusa*, L. ; genre de la famille des Borraginées. La B. officinale, *A. officinalis*, que l'on pourrait employer comme émolliente et diurétique, ne croît point en France. Les espèces *angustifolia*, *italica*, *undulata* jouissent, au reste, des mêmes propriétés. C'est de la racine de l'*Anchusa tinctoria* que l'on extrait la couleur rose connue dans le commerce sous le nom d'*orcanette.—Pharm.* La buglosse officinale, qui ressemble beaucoup par ses caractères et son port à la bourrache, est son succédané le plus parfait. Comme la bourrache, elle est mucilagineuse et nitreuse, et, par conséquent, adoucissante et diurétique ; ce sont les fleurs qui sont surtout employées *V.* Bourrache.

BUGRANE, s. f., *Ononis*, L.; genre nombreux de plantes herbacées ou souffrutescentes de la famille des Légumineuses. Parmi les quinze ou seize espèces qui croissent en France, les plus répandues sont : la B. natrix, O. *natrix;* la B. visqueuse, O. *viscosa* ; la B. à petites fleurs, O. *parviflora ;* la B. épineuse, O. *spinosa*, Lin.; la B. des champs, O.*arvensis*, Lamk. Ces plantes croissent toutes dans les champs, au bord des chemins. Les bestiaux ne les broutent que lorsqu'elles sont très jeunes. La B. épineuse a de longues souches, très tenaces, qui gênent l'action de la charrue ; ce qui lui a valu le nom d'*arrête-bœuf*. *V.* ce mot, Ononide.

BUIS, s. m., *Buxus sempervirens*, L. ; arbrisseau de la famille des Euphorbiacées. Rien n'est plus variable que le développement de cette plante selon les terrains, les expositions. Elle reste souvent dans nos climats petite et tortueuse; quelquefois elle atteint sept ou huit mètres de hauteur. Le bois et la racine du buis sont durs, compactes et propres à la tabletterie. Ils passent pour sudorifiques. L'écorce renferme un principe particulier appelé *buxine*. Les feuilles sont amères et astringentes; on les emploie concurremment avec l'écorce et le bois râpé à la fabrication de la bière, dans laquelle elles remplacent le houblon. Le buis qui forme les bordures de nos jardins est une variété modifiée par la culture particulière à laquelle elle est soumise.—*Pharm.* Toutes les parties de cette plante exhalent une odeur désagréable et nauséabonde, et jouissent d'une saveur amère très intense. Le buis renferme, d'après

Mauré, de la *buxine* à l'état de malate, de la chlorophylle, une matière rousse particulière, de la cire, de la matière grasse, de la résine, de l'extractif, de la gomme et du ligneux. Les feuilles données en décoction sont, dit-on, purgatives; mais l'écorce, le bois et la racine sont surtout employés. On les donne en rapure, en décoction ou en teinture. Le buis agit comme tonique excitant, et détermine la diurèse par ses principes résineux. Il a surtout été préconisé comme bois sudorifique à la place du gayac, contre le rhumatisme, les maladies de la peau, les hydropisies, la morve, le farcin, etc. C'est un médicament trop négligé par les vétérinaires.

BUISSON, s. m., *Dumus*, *Dumetum*. De Candolle désigne ainsi les arbrisseaux bas et très rameux.

BULBE, s. m., *Bulbus*; bourgeon d'une espèce particulière que l'on ne trouve que dans les monocotylédonées. Le bulbe se compose de trois parties : le plateau, les écailles et les racines. Le plateau est quelquefois très développé, au point de former à lui seul presque tout le bulbe : celui-ci prend alors le nom de *bulbe solide*. Les écailles peuvent être enveloppantes comme dans l'oignon : le bulbe est dit *à tunique* ou *tuniqué*; ou bien elles ne se recouvrent qu'en partie et s'imbriquent comme dans le lys, la scille : le bulbe est dit *écailleux*. Le bulbe est *simple*, ex.: le colchique, ou *multiple*, ex. : l'ail. Il est tantôt ovoïde, globuleux, aplati, allongé, etc. On a confondu à tort, sous le nom de *bulbe*, divers renflements des racines, susceptibles ou non de reproduire la plante. Le bulbe est un bourgeon déjà développé, un petit végétal ayant sa tige, ses racines et un bourgeon terminal ou latéral, qui grandit et se développe aussitôt qu'il est placé dans des conditions favorables. *V.* BULBILLE et CAYEU. — *Anat.* Toujours employé au masculin, le mot *bulbe* sert à désigner des parties renflées ou arrondies. C'est ainsi que l'on dit le *bulbe de l'œil* pour exprimer l'ensemble des membranes et des humeurs de cet organe, le *bulbe* d'un poil, pour désigner l'espèce de *follicule* arrondi qui le sécrète et lui sert de racine. — *Bulbe de l'urètre* : renflement formé de tissu érectile placé sur l'urètre, vers sa courbure ischiale, et servant de point de départ à la couche érectile ou *spongieuse* qui entoure ce canal dans la scissure du corps caverneux. — *Bulbe du vagin* : renflement érectile placé de chaque côté du vagin, vers son entrée. — *Bulbe de la moëlle épinière* : portion renflée de la moëlle, contenue dans le crâne.

BULBEUX, SE, adj., *bulbosus*. Cette dénomination ne devrait s'appliquer qu'aux plantes qui portent de véritables bulbes; on la donne souvent par extension à celles dont les racines présentent de simples renflements, ex. : les *orchis*, la *renoncule bulbeuse*. — *Anat. Artère bulbeuse*; nom donné à l'artère *honteuse interne*, qui va se terminer brus-

quement au bulbe de l'urètre, se plongeant dans le tissu érectile qui le forme. Les ramifications principales de l'artère bulbeuse sont les rameaux *vésico-prostatiques* et quelques divisions périnéales.

BULBIFÈRE, adj. *bulbiferus*; se dit improprement des plantes qui portent des bulbilles. On ne devrait l'employer que pour désigner celles qui portent de véritables bulbes.

BULBIFORME, adj., *bulbiformis*; en forme de bulbe.

BULBILIFÈRE, adj. *bulbiliferus*; désigne les plantes ou parties de plantes qui portent des bulbilles.

BULBILLE, s. m., *Bulbillus*; bourgeon particulier ou petit bulbe écailleux ou solide, situé à l'aisselle des feuilles ou à la place des fleurs, dans certaines plantes bulbeuses, ex. : le *lis bulbifère*, l'ail *cariné*. Ces bulbilles, détachés de la plante, deviennent aptes à vivre de leur vie propre, et à reproduire le végétal: c'est ce qui a fait donner aux plantes qui les portent le nom de *vivipares*.

BULBOCODE, s. m., *Bulbocodium* : L. genre de la famille des Colchicacées. Le B. printanier, *B. vernum*, Linn., est une plante vivace ressemblant au colchique et à la mérendère. Il est comme eux précoce et vénéneux. On le trouve dans les prés de montagne.

BULBO-TUBER, s. m. : bulbe formé par la tige renflée à sa base et entourée de feuilles engaînantes. EX. : le *safran*, le *poireau*.

BULLE, s. f. t. de médecine : ampoule, tumeur superficielle de la peau, formée par un liquide séro-purulent accumulé sous l'épiderme. On l'observe plus particulièrement dans le *pemphygus*. (*V.* ce mot.)

BULLÉ, ÉE adj., *bullatus* : on appelle *feuille bullée*, celle dont la surface est recouverte de petites éminences correspondant à des cavités de la face inférieure.

BUNIAS, s. m., *Bunias*, Brow.; Genre de la famille des Crucifères. La principale espèce est le B. d'Orient, *B. orientalis*, originaire de l'Asie mineure, et naturalisé dans quelques contrées de l'Europe, même en France. On l'a vanté comme excellent pour les vaches, et l'on a conseillé, en conséquence, de le cultiver en grand. En réalité, il n'est pas estimé de ces animaux. Le bunias est annuel, produit assez et résiste bien à la sécheresse. Les espèces *erucago*, Linn., *paniculata*, Lamk; *cochlearioïdes*, Murr., croissent spontanément en France; elles n'offrent aucun intérêt.

BUPHTHALMIE, s. f. de βοῦς, bœuf, et ὀφθαλμός, œil; *œil de bœuf*; accroissement excessif du globe de l'œil, premier degré de l'hydropisie, *V.* HYDROPHTHALMIE.

BUPLÈVRE, s. m., *Buplevrum* ou *Bupleurum*, T.; genre assez nombreux de la famille des Ombellifères. L'espèce la plus commune en France est le B. à feuilles rondes, *B. rotundifolium* auquel on attribue des propriétés astringentes. Aucune des espèces de ce genre n'a de valeur comme fourrage. Le B. oreille de lièvre, *B. fruticosum*, est cultivé comme plante d'ornement.

BURMANNIACÉES, s. f., *Burmanniaceæ*; famille végétale voisine des *Broméliacées*. Elle se compose de petites plantes herbacées, monocotylédones, exotiques. Genres principaux : *Burmannia, Tripterella*.

BURSÉRACÉES, s. f., *Burseraceæ*; tribu des Térébinthacées, regardée par quelques auteurs comme une famille distincte. Elle renferme les genres *Rhus, Bursera, Balsamodendrum, Icica*.

BUSSEROLLE, *V.* Arbousier.

BUTER, v. n. On dit qu'un cheval bute lorsque, pendant la progression, il heurte avec les pieds les corps saillants qui se trouvent sur son chemin. Le cheval qui *rase le tapis* est exposé à buter.

BUTOME, s. m., *Butomus*, L.; genre de la famille des Butomées. La seule espèce que l'on trouve en France est le Butome en ombelles, *B. umbellatus*, plante aquatique, à feuilles radicales, longues, étroites, pointues, à fleurs rougeâtres, au nombre de quinze à vingt, disposées en ombelle sur des pédoncules de 8 à 10 centimètres de longueur. Le butome n'est point mangé par les bestiaux. On le cultive comme plante d'ornement au bord des bassins.

BUTOMÉES, s. f., *Butomeæ*; famille de plantes monocotylédones, herbacées, annuelles ou vivaces, croissant dans l'eau ou dans les lieux humides. Elle se compose des genres *Butomus, Limnocharis* et *Hydrocleis*. Plusieurs auteurs en font une tribu des *Alismacées*.

BUTTER, v. act.; amasser au pied d'une plante un peu de terre en forme de butte. Beaucoup de plantes alimentaires ou industrielles, la pomme de terre, le maïs, le houblon, la garance, etc., demandent à être buttées. Cette opération a pour objet de protéger les racines contre la gelée et de favoriser leur développement. Elle se fait au moyen de la houe à main, de la bêche ou du buttoir.

BUTTOIR, s. m.; petite charrue sans avant-train, à deux versoirs, employée au buttage des plantes disposées en lignes.

BUTYRATES. s. m.; sels formés par l'acide butyrique avec les bases. Ils sont solides, cristallisables, généralement solubles dans l'eau et l'alcool, et facilement décomposables au feu.

BUTYRAMIDE, s. f., $C^8 H^3 Az O^2$; composé particulier découvert par Chancel, et qui se forme quand on fait agir l'ammoniaque liquide sur l'éther butyrique. C'est un corps solide, en tablettes nacrées, d'un blanc éclatant, incolore, inodore, d'une saveur fraîche et sucrée avec un arrière-goût amer. Inaltérable à l'air, la butyramide est fusible à 115°, se volatilise au-dessus sans décomposition et peut brûler. Elle est soluble dans l'eau, l'alcool et l'éther.

BUTYREUX, adj., *butyrosus;* qui ressemble au beurre; corps qui a la consistance ou l'apparence du beurre.

BUTYRINE, s. f., $C^{14} H^{14} O^8$; principe gras qui existe naturellement dans le beurre, et qu'on obtient aussi en distillant l'acide butyrique avec la glycérine et l'acide sulfurique. C'est un corps liquide, devenant solide à 0°, huileux, jaunâtre, exhalant l'odeur du beurre fondu, et pesant 0,908. Insoluble dans l'eau, la butyrine se dissout facilement dans l'alcool concentré et l'éther. Les alcalis caustiques la saponifient et la transforment en acides butyrique, caproïque, caprique, margarique, oléique et en glycérine.

BUTYRIQUE, *V.* Acide butyrique.

BUTYRONE, s. f., $C^7 H^7 O$. Ce principe éthéré s'obtient en distillant à une douce chaleur les butyrates de chaux ou de baryte. C'est un liquide incolore, très limpide, d'une odeur vive, d'une saveur brûlante et pesant 0,83. La butyrone bout à 144°, donne une vapeur dont la densité est 4, et qui est inflammable. Peu soluble dans l'eau, elle se dissout bien dans l'alcool et l'éther. L'acide chromique l'enflamme instantanément à l'air.

BUXINE, s. f.; principe actif du buis, découvert par Fauré, dans l'écorce de cet arbrisseau. La buxine est solide, cristallisable, jaunâtre, inodore et d'une saveur franchement amère. Elle se dissout bien dans l'eau et l'alcool, mais peu dans l'éther : elle sature les acides et forme des sels difficilement cristallisables. Son étude est encore incomplète.

BYSSE, s. m., *Byssus*, L.; genre de la famille des Champignons. Ce genre, comme il avait été composé par Linné, renfermait non-seulement des Champignons, mais aussi des Algues et des Lichens, et d'autres Agames ambiguës sur lesquelles les botanistes n'ont pas même encore prononcé. Les recherches les plus récentes conduisent à faire de ce groupe soumis à l'analyse une famille sous le nom de *Byssacées*, famille composée de trois tribus dans lesquelles on trouve les genres *Collema, Nostoc, Cilicia, Cænogonium, Lichina*, etc. A côté de cette famille se placeraient naturellement les Byssoïdes de Persoon. Les uns et les autres forment une partie de ces petites végétations qui recouvrent le bois, la pierre, dans les lieux humides, les matières organiques en putréfaction, etc.; ils se composent de filaments simples ou rameux, entrecroisés ou anastomosés, formant des touffes ou des plaques, de couleur diverse. Ce sont eux qui communiquent aux fourrages moisis leurs propriétés vénéneuses.

BYTTNÉRIACÉES, s. f., *Byttneriaceæ*; famille très nombreuse, voisine des Malvacées. Elle ne renferme que des arbres ou des arbrisseaux appartenant tous aux régions intertropicales. On la divise en six tribus qui sont considérées par certains auteurs comme autant de familles distinctes. C'est une plante de cette famille, le *Theobroma Cacao*, qui fournit le Cacao.

C

CABALLIN, adj. et s., de *caballus*, cheval. Nom d'une variété très impure d'aloès qu'on croit, mais à tort, employée en médecine vétérinaire. *V.* ALOÈS.

CABARET. *V.* ASARET.

CABESTAN, s. m., de l'anglais *capstan*. Le cabestan est un treuil vertical qui se manœuvre au moyen de barres fixes et horizontales. On s'en sert pour traîner de lourds fardeaux, surtout dans la marine. Sa théorie est la même que celle du *treuil*, du *tour* et de la *poulie* (*V.* ces mots).

CABOMBACÉES, s. f., *Cabombaceæ;* famille de plantes dicotylédones, herbacées, habitant les eaux douces en Amérique. Elle n'est composée que des genres *Cabomba* et *Hydropeltis*.

CABRIOLE, s. f. ; le plus difficile de tous les airs relevés. Il consiste en un saut pareil à celui des chèvres, accompagné d'une vive ruade.

CACALIE, s. f., *Cacalia*, L. ; genre de plantes de la famille des Composées. Plusieurs espèces de cacalies croissent en France dans les lieux élevés, sur les coteaux pierreux, où elles sont quelquefois broutées par les bestiaux.

CACHALOT, s. m., *Physeter* ; genre de Mammifères Cétacés, aussi volumineux que la baleine, mais en différant par une mâchoire supérieure sans fanons et sans dents apparentes, et une mâchoire inférieure étroite, allongée et garnie de dents courtes et coniques. La tête du cachalot présente, à sa partie supérieure, de grandes cavités à parois cartilagineuses, renfermant une huile qui se fige par le refroidissement, et constitue l'*adipocire*, ou *blanc de baleine*. La seule espèce bien connue est le C. à grosse tête, *P. macrocephalus.*

CACHECTIQUE, adj.; qui appartient à la cachexie, qui est attaqué de cachexie. *Etat cachectique, sang cachectique.* *V.* CACHEXIE.

CACHÉE, adj., *inclusa;* se dit de la radicule, lorsqu'elle est recouverte par les cotylédons.

CACHEXIE, s. f. ; de κακη, mauvaise, et εξις, habitude ; mauvaise disposition du corps, dépérissement. Ce mot n'a pas de signification bien précise. Les uns désignent sous ce nom un état de dépravation de la nutrition caractérisé par l'infiltration du tissu cellulaire, l'hydropisie des grandes cavités, la diminution des forces. D'autres ont groupé, sous le titre de *cachexies, affections cachectiques*, des maladies différentes qui produisent un changement dans l'habitude du corps. Cette dernière acception était fausse, parce qu'elle s'appliquait à l'état de maigreur, comme à une disposition opposée, ainsi qu'aux hydropisies, aux affections cutanées, etc. Bordeu admettait les *cachexies bilieuse, séreuse, muqueuse, laiteuse, séminale,* d'après de prétendues causes humorales. Il en établit d'autres sur l'observation d'effets pathologiques : de là les cachexies *dartreuse, cancéreuse,* pour dire les *diathèses dartreuse,* etc. La signification la plus moderne du mot *cachexie* exprime tout état de l'économie dans lequel une affection chronique altère la fonction de nutrition.

CACHEXIE AQUEUSE. Etat d'altération générale caractérisé par l'infiltration du tissu cellulaire, l'hydropisie des membranes séreuses, qui se manifeste après plusieurs maladies chroniques. On l'observe dans le mouton, même avec le caractère épizootique, et quelquefois sur le bœuf.

1° *Cachexie aqueuse des bêtes à laine.* Synonymie: *pourriture, boule, bouteille, bourse, goître, cloche, mal de foie, foie pourri, hydatide, douve,* etc. Le premier de ces noms est seul usité. Cette affection a été observée à diverses époques dans plusieurs provinces, entr'autres dans le Lyonnais et la Provence ; elle règne généralement avec le caractère enzootique et ne paraît pas être contagieuse. Les auteurs qui ont le plus étudié la pourriture sont Chabert, Huzard, Tessier, Hurtrel d'Arboval, Girard. On en a placé le siège dans les ganglions lymphatiques, les poumons, le sang : de là des opinions diverses sur sa nature. Huzard la considérait comme une maladie asthénique; Dupuy, admettant une opinion bien moins fondée, la rapporte aux affections tuberculeuses; Hurtrel d'Arboval, trouvant son siège dans la muqueuse gastro-intestinale, la considère comme une inflammation dès son début; Hamont et Fischer en font une affection essentielle dépendant d'une altération du sang, caractérisée par la prédominance du sérum, la diminution de la fibrine et de l'albumine. — Les causes sont toutes les influences qui augmentent la prédominance de la constitution molle, du tempérament lymphatique particulier à l'espèce ovine. C'est dans les lieux bas et humides, dans les vallées marécageuses que la pourriture se montre de préférence; elle est produite par l'action des brouillards, des pâturages couverts de rosée, les pluies abondantes, les bergeries insalubres, le parcage pendant la mauvaise saison. On peut l'attribuer aussi à une mauvaise nourriture, à la pénurie des fourrages, à l'emploi des eaux croupies pour abreuver les animaux. On l'a attribuée, peut-être à tort, à l'usage de certaines plantes que les moutons dédaignent ordinairement; telles sont la douve, *ranunculus flammula*, la lysimachie, *lysimachia nummularia.* — Les premiers symptômes sont difficiles à saisir : Hurtrel dit que c'est par les individus en meilleur état que la maladie commence dans un troupeau ; Girard admet, au contraire, qu'elle envahit les animaux en mauvais état. Pendant la première période la démarche est chancelante, la rumination quelquefois suspendue ; la muqueuse oculaire et celle de la bouche ont des traces de phlogose ; le pouls est fréquent, la soif est plus ardente. Dans une autre période, les muqueuses sont pâles, décolorées ; la conjonctive est blafarde ; le corps clignotant est boursouflé ; les bergers disent alors que l'*œil est gras ;* le suint est moins abondant ; la laine est sèche et cassante ; les forces diminuent. A mesure que la maladie fait des progrès, ces symptômes sont plus apparents : le tissu cellulaire s'infiltre, une tumeur, nommée vulgairement *bourse* ou *bouteille*, fait saillie sous la ganache. Des hydropisies se forment dans le ventre et la poitrine ; un écoulement muqueux, d'une odeur infecte, a lieu par le nez ; la diarrhée vient augmenter l'état de faiblesse générale ; une teinte jaune des muqueuses indique la présence des vers dans les canaux biliaires. Les malades tombent dans un état de marasme extrême ; la vie s'éteint lentement. — Cette maladie ne marche pas avec rapidité ; sa durée varie de deux mois à un an et même plus , suivant l'intensité de la cause occasionnelle. — A l'ouverture des cadavres, on trouve le tissu cellulaire infiltré de sérosité , les chairs blafardes ; le foie a la teinte bleu-pâle ; les reins sont flasques, infiltrés ; les ganglions mésentériques engorgés. Des collections de sérosité se montrent dans les principales cavités ; il y a surtout ascite et hydrothorax. Le sang est décomposé ; la sérosité prédomine sur les autres éléments. On trouve dans les canaux biliaires des douves ou fascioles, des hydatides dans le poumon, dans le crâne. Quelquefois des strongles existent dans l'intestin et des filaires se montrent dans les bronches. — Le traitement est en général peu efficace, surtout lorsque la maladie est avancée. On peut rétablir les moutons qui n'ont pas subi l'influence prolongée des causes débilitantes et qu'on traite isolément ; il est difficile de faire suivre une médication compliquée à tout un troupeau. Chabert recommandait les acides mêlés aux boissons, le quinquina, la petite centaurée. Depuis le temps où ces moyens ont été prescrits , la science n'a fait aucune découverte ; on emploie toujours des toniques. Les décoctions aromatiques d'absinthe , de sauge, les baies de genièvre données comme provende, le vin martial, l'écorce de chêne sont encore administrés inutilement. On se borne en général aux moyens prophylactiques pour les malades dont l'état n'est pas désespéré , pour ceux qui ne sont pas encore atteints par l'enzootie. Il faut changer les pâturages, éviter les lieux humides, les pluies d'automne. On vend au boucher les animaux dont l'engraissement complet fait craindre l'invasion de la pourriture. Pour les autres, on nettoie les bergeries ; du sel est donné plus fréquemment. On a dit que les feuilles des arbres résineux , entr'autres du pin , étaient un puissant moyen préservatif : ce n'est pas encore prouvé. Dans le midi de la France on donne aux moutons du pain fait avec la farine de lupin , considérée comme tonique à cause du tannin qu'elle contient.

2° *Cachexie aqueuse des bêtes bovines.* Elle existe moins fréquemment que celle du mouton. Lessona l'a observée en Italie ; elle a été étudiée en France par Mangin , Didry et Taiche. En 1830 , elle a fait périr plusieurs milliers de bœufs dans le département de la Meuse ; plus tard , elle a sévi dans celui de la Nièvre. C'est une affection essentiellement asthénique , altérant le sang, en augmentant la sérosité ; elle attaque de préférence les jeunes bêtes , surtout les veaux. — Son apparition est causée par les pâturages humides , fangeux , souvent inondés , les pluies d'automne, les hivers rigoureux. Quelquefois elle se développe comme complication de la pneumonie. — Les premiers symptômes consistent dans la diminution de l'appétit et de la rumination. Après quelque temps l'amaigrissement survient, les poils se hérissent , la peau est adhérente ; les muqueuses sont décolorées , les yeux chassieux. Le pouls est faible ; sa mollesse coïncide avec la décoloration des tissus. Une infiltration se montre sous la ganache comme dans l'espèce ovine ; la maigreur devient extrême ; des météorisations surviennent après le repas. Les forces sont anéanties ; une diarrhée verdâtre s'établit ; puis viennent le marasme , enfin la mort. Les vaches ont une disposition à l'avortement et au renversement de l'utérus, du septième au huitième mois. — L'autopsie fournit à peu près les mêmes lésions que dans la cachexie du mouton : tissu cellulaire infiltré ; collection de sérosité citrine dans les grandes cavités splanchniques ; glandes volumineuses ; engorgement des ganglions mésentériques ; foie ramolli , contenant des douves et des hydatides ; peu de sang dans le cœur et les gros vaisseaux. — On a conseillé les mêmes moyens de traitement que pour la pourriture , avec autant d'insuccès. Mangin a insisté sur l'usage du séton et des vésicatoires, du vin de quinquina, des poudres toniques, et n'a obtenu de bons résultats que sur les animaux observés au début. Comme préservatif, il est utile de donner du fourrage sec, arrosé avec l'eau salée , des décoctions de gentiane , des eaux ferrugineuses. Didry prescrit l'addition aux boissons d'une petite quantité de sulfate de fer , et pour breuvage la décoction d'écorce de chêne , à laquelle on ajoute quelques grammes d'essence de térébenthine.

CACHOU , s. m., *Catechu, Terre du Japon.* — On nomme ainsi un extrait préparé avec le bois et les fruits de plusieurs plantes légumineuses des genres *Acacia* et *Areca*, notamment de l'*Accacia catechu* de l'Indostan. — Cet extrait est composé de tannin, de matière extractive, de mucilage, de *catéchine* et de diverses substances insolubles qu'on y introduit souvent par fraude. Cette préparation est d'un rouge-brun variable, d'une saveur amère et astringente, suivie d'un arrière-goût sucré, d'une odeur aromatique, etc. On en distingue plusieurs variétés commerciales fondées sur leur origine ou leurs caractères physiques, qui toutes sont employées en médecine comme antiscorbutiques pour raffermir les gencives, et en qualité de toniques astringents pour combattre la diarrhée. Le prix élevé de cette substance en interdit l'usage en médecine vétérinaire.

CACTACÉES, s. f. ; *Cactaceæ*; famille de plantes dicotylédones, vivaces, quelquefois arborescentes, originaires de l'Amérique, remarquables par la variété de forme qu'offrent leurs tiges et leurs feuilles presque toujours charnues, par les nombreux aiguillons dont la plupart sont couvertes, et souvent aussi par la beauté de leurs fleurs. Toutes les plantes de cette famille avaient d'abord été rangées dans le genre *Cactus* ; les botanistes modernes les ont réparties entre huit ou neuf genres nouveaux, classés dans deux tribus : les *Cactées*, genres : *Cactus*, *Echinocactus*, *Cereus*, *Phyllocactus*, *Epiphyllum*, etc. ; les *Opuntiées*, genres : *Opuntia*, *Pereskia*, etc. Plusieurs espèces sont cultivées comme plantes d'ornement sous le nom générique de *Cierges*.

CADAVÉREUX, **SE**, adj. qui tient du cadavre : *odeur cadavéreuse, teint cadavéreux*.

CADAVÉRIQUE, *V*. Débris.

CADAVRE, s. m., de *cadere*, tomber ; corps mort, privé de vie. Ce mot s'applique plus spécialement au corps humain. Les vétérinaires l'emploient aussi pour celui des animaux. — L'autopsie est une opération qui consiste dans l'examen du cadavre, pour reconnaître la cause de la mort. *V*. Autopsie.

CADE (huile de) *V*. Huile et Genièvre.

CADENCE, s. f. ; mesure observée par le cheval dans tous ses mouvements. La cadence est belle ou mauvaise, selon que le cheval a du liant ou de la dureté dans ses allures. La première suppose toujours une bouche fine, des hanches et des épaules libres, de la docilité, etc.

CADMIE, s. f., *Cadmia*. Ce nom s'applique à plusieurs substances très différentes les unes des autres par leur composition et leurs caractères physiques. On appelle *cadmie naturelle* la *calamine*, espèce minéralogique composée principalement de zinc, de fer, d'arsenic, et accessoirement de bismuth, de cobalt et d'argent. La *cadmie artificielle* ou des fourneaux, encore appelée *tuthie* (*V*. ce mot), n'est autre chose que de l'oxyde de zinc impur qui se sublime dans les appareils à l'aide desquels on grille ou on réduit ce métal. Enfin, la *cadmie arsénicale* est la poussière blanche qui recouvre l'acide arsénieux,

longtemps exposé à l'air ; c'est l'arsenic blanc opaque.

CADMIUM, s. m., de *Cadmie*, nom d'un minerai naturel de zinc et d'un des produits de sa préparation. Le cadmium est un corps simple, métallique, appartenant à la troisième section. Il a été découvert en 1817 par Strohmeyer, et étudié comme un métal spécial par Hermann. Ce métal accompagne toujours le zinc dans ses minerais, et existe aussi à l'état d'oxyde dans la *cadmie* artificielle (*V*. ce mot). On le sépare du zinc par la voie humide ; on dissout les minerais dans l'acide chlorhydrique, puis on précipite au moyen de l'acide sulfhydrique. Les sulfures qui en résultent sont lavés, puis dissous dans l'acide chlorhydrique concentré et traités par le carbonate d'ammoniaque en excès, qui ne précipite que le cadmium. Le carbonate qui en résulte est lavé, séché et calciné dans une cornue en grès avec le noir de fumée ; le cadmium, qui est volatil, se condense dans le col de la cornue. Ce métal a beaucoup d'analogie avec l'étain et le zinc : il est solide, blanc-bleuâtre, brillant, inodore, insipide, tachant le papier, mou, flexible, faisant entendre un *cri* comme l'étain, mais plus faible ; on peut le couper et le limer facilement ; il est ductile, malléable, très tenace, d'une structure fibreuse, d'une densité qui varie de 8,60 à 8,69. Il est très fusible ; il fond au-dessous du rouge et distille plus facilement que le zinc, ce qui est un moyen de les séparer ; il cristallise aisément, en octaèdres, disposés à la surface, en feuilles de fougères. Exposé à l'air, il s'oxyde comme le zinc et l'étain ; chauffé à l'air libre, il brûle comme le zinc et donne un oxyde d'un jaune brun. La plupart des acides et les alcalis aidés par la chaleur attaquent aisément le cadmium. Les caractères spécifiques de ses sels sont ceux du zinc, sauf cependant de précipiter par le carbonate d'ammoniaque dont le précipité est insoluble dans un excès, et de précipiter en jaune par l'acide sulfhydrique et les sulfhydrates.

CADUC, **QUE**, adj., *caducus*, de *cadere*, tomber ; s'emploie généralement pour exprimer la vieillesse, la faiblesse. C'est dans ce sens que l'on dit : *âge caduc*, *santé caduque*. — *Mal caduc*, *V*. Épilepsie. — *Membrane caduque*, *membrana decidua*: membrane sur laquelle les anatomistes sont peu d'accord, plusieurs même en niant l'existence. L'opinion la plus générale admet qu'elle est formée par exsudation à la face interne de l'utérus, et que l'ovule, en arrivant dans ce viscère, la pousse devant lui, et s'en revêt jusqu'à ce que le placenta, une fois développé, la caduque, devenue inutile, disparaisse. — *Dents caduques* ou *dents de lait* : dents du premier âge, destinées à tomber pour faire place à d'autres que l'on nomme *remplaçantes*. — *Bot*. Se dit des parties de la fleur qui tombent au moment de l'anthèse. Le calice est caduc dans le pavot, dans quelques renoncules.

CADUCITÉ, s. f., *Caducitas;* état des êtres ou des choses caducs.

CAFÉ, s. m., *Coffea.* On donne ce nom à la graine du fruit du *Coffea arabica*, arbrisseau de la famille des Rubiacées, qui est cultivé en Arabie, dans l'Inde, l'Amérique méridionale, etc. On en connaît plusieurs variétés commerciales distinguées d'après leur origine et leurs caractères physiques ; chimiquement, ces variétés se confondent sensiblement. D'après la plupart des chimistes, le café non torréfié contiendrait : une huile volatile concrète, du mucilage, de la résine, de l'huile grasse, solide, d'odeur de cacao, une matière extractive, de l'apothème, de l'albumine végétale, de la *caféine*, de l'acide *caféique* et du tannin. La torréfaction fait éprouver au café des changements notables : l'huile grasse et l'essence concrète sont transformées en une sorte d'huile empyreumatique qui augmente beaucoup le parfum et les propriétés aromatiques du café. Très fréquemment employé chez l'homme en infusion, après avoir subi la torréfaction, soit comme aliment, soit comme médicament, le café n'a été encore que très rarement usité en médecine vétérinaire. Cependant, on pourrait peut-être profiter de son action *stomachique* lorsqu'il est donné en infusion théiforme, dans le cas d'indigestion simple des solipèdes et des petits animaux ; comme aussi on pourrait également utiliser les propriétés excitantes céphaliques du café, dans le cas d'empoisonnement par les narcotiques, l'alcool, les principes putrides, etc. Le café non torréfié est en outre tonique et antifébrile.

CAFÉIER, **CAFEYER**, ou **CAFIER**, s. m., *Coffea.* L.; genre de la famille des Rubiacées. Il se compose d'arbrisseaux exotiques, originaires des contrées les plus chaudes du globe. Parmi les 30 ou 35 espèces dont se compose le genre, une seule, le caféier cultivé, *Coffea arabica*, est vraiment utile; c'est elle qui fournit le café. Le Caféier cultivé a une tige mince, haute, grêle, des rameaux opposés, des fleurs blanches, axillaires, nombreuses. Ses fruits ont la couleur et la grosseur d'une cerise : chacun d'eux renferme deux graines verdâtres, plan-convexes, à périsperme coriace, parcheminé ; ce sont ces graines que l'on désigne et consomme sous le nom de café. Le caféier est originaire de la Haute-Éthiopie, d'où il est passé dans l'Arabie-Heureuse. Il paraît avoir été connu en Europe avant d'être transporté dans l'Inde orientale ; c'est d'une serre de Paris que sont partis les pieds qui ont été la source première de toutes les plantations de Saint-Domingue, des Antilles, etc. Les variétés de cafés sont nombreuses; on les distingue par la forme et le volume du grain, le parfum que répand l'infusion. Le plus estimé est toujours celui de Moka. L'usage de l'infusion de café ne paraît pas remonter au-delà du xve siècle. Il fut introduit en Europe au commencement du xviie siècle, à Marseille en 1654. C'est dans la seconde moitié de ce siècle, qu'il s'est définitivement répandu, malgré l'interdit de la Faculté de Paris.

CAFÉINE, s. f., *théine*. $C^8 H^3 Az^2 O^3$, Principe neutre, azoté, découvert dans le café par Rung, et isolé en 1821 par Pelletier et Caventou; il paraît exister aussi dans le thé de Chine. — Pour obtenir la caféine ; on fait une infusion concentrée de café non torréfié qu'on précipite par l'acétate de plomb; le précipité est recueilli et décomposé par l'acide sulfhydrique ; la solution qui en résulte est décolorée, rendue alcaline par quelques gouttes d'ammoniaque et concentrée ; la caféine se dépose et cristallise. Elle est solide, en aiguilles hydratées, blanches, soyeuses, d'une saveur amère, et dépourvues d'odeur. Chauffée, elle perd l'eau qu'elle contient à 100°, fond à 177°, et se sublime à 384°. — La caféine est soluble dans l'eau et l'alcool, insoluble dans l'éther et les essences. Elle paraît former la partie essentielle du café et du thé; c'est à elle que sont dues leur amertume et leurs qualités nutritives.

CAIEU, *V.* CAYEU.

CAILLÉ, s. m., *Coagulum.* On désigne ainsi tantôt le lait coagulé en masse par des procédés artificiels, tantôt la matière caséeuse proprement dite qui reste après la séparation de la crème et du petit lait. L'un et l'autre servent à la fabrication des fromages, ou sont directement consommés par l'homme. Les porcs recherchent le caillé : il est bien peu propre à hâter leur engraissement. Le lait coagulé et séparé du sérum sert à préparer la frangipane, les tablettes de lait, etc.

CAILLEBOTTÉ. adj., *coactus, coagulatus*, qui est coagulé ou réduit en caillot; qui ressemble à du *caillé* ou caséum frais. — Sang *caillebotté*, qui est coagulé; pus *caillebotté*, qui présente des caillots albumineux ou fibrineux. — Précipité *caillebotté*, précipité blanc, épais et grumeleux, comme celui du chlorure d'argent ou de plomb. *V.* CAILLOT, SANG, PUS, LAIT, etc.

CAILLE-LAIT, *V.* GAILET.

CAILLETTE, s. f., *Abomasum;* quatrième estomac des ruminants, placé dans le flanc droit, au-dessus du sac droit du rumen, et fixé dans cette position par deux replis de l'épiploon. Des deux extrémités de la caillette, la plus grosse, antérieure, est en communication avec le feuillet; l'autre, postérieure, communique avec le duodénum. Sa petite courbure est fixée par l'épiploon à la scissure supérieure du rumen ; la grande est fixée de même à la scissure inférieure. L'intérieur de la caillette est tapissé par une membrane muqueuse très organisée, formant de nombreux plis larges et flottants qui multiplient les surfaces. Dans le jeune âge, le contenu de la caillette constitue la *présure*, employée pour faire cailler le lait. À cette époque, la caillette est l'estomac le plus volumineux; ce n'est qu'après le sevrage que le rumen prend son énorme développement.

CAILLOT, s. m., *Coagulum*, *grumus*; portion fibrineuse du sang ou du chyle, condensée par la séparation du sérum. Il suffit de laisser en repos ces liquides, pour que le caillot se forme après un temps variable.

CAINCA. s. m.; on donne ce nom à l'écorce de la racine des *Chiococca racemosa* et *anguifuga*. Elle est réputée vomitive, purgative, anthelmintique et surtout diurétique. Ce médicament n'est pas employé en médecine vétérinaire.

CAJÉPUT. s. m.; on appelle ainsi une huile essentielle qu'on obtient par la distillation des feuilles du *Melaleuca cajeputi* . R. Elle a une odeur aromatique , qui rappelle à la fois celle de l'essence de térébenthine, du camphre, de la menthe et de la rose. Employée en médecine humaine contre le choléra et les fièvres intermittentes, elle est inusitée contre les maladies des animaux.

CAISSE, s. f.; nom donné par Fallope à la cavité de l'oreille moyenne ou du tympan, par comparaison avec l'instrument appelé *caisse* ou *tambour*.

CAL, s. m., *Callus*, *Callum*; réunion des os et des cartilages à la suite d'une fracture; c'est l'équivalent de la cicatrice des parties molles. On a émis des idées diverses sur la nature du cal; les anciens le faisaient consister dans la sécrétion d'un *suc osseux*, analogue à la gomme, et collant ensemble les bouts fracturés. Hunter fit jouer un rôle au sang extravasé , qui s'organisait pour former le cal. Dupuytren a reconnu que sur l'homme et les animaux deux cals se produisaient successivement: l'un nommé *provisoire* ou *premier cal*, formant autour de la fracture une virole fibro-celluleuse, qui la consolide; l'autre, appelé *définitif* ou *second cal*. Quand un os vient d'être brisé, il y a épanchement de sang et de sérosité rougeâtre dans les tissus voisins; le tissu cellulaire, les muscles et le périoste s'unissent pour former une masse homogène, rougeâtre et résistante. Dans les os longs, le même travail a lieu pour la moëlle qui se condense et finit par s'ossifier; elle forme quelquefois une masse calcaire, qui oblitère le canal osseux. Les bouts fixés par le cal *provisoire* se soudent les uns aux autres ; plus tard , l'absorption le fait disparaître complètement; l'os brisé recouvre son volume ordinaire, et la cavité médullaire se rétablit. Le cal *définitif* ou complet ressemble plus ou moins à une exostose; des traverses osseuses réunissent les fragments éloignés l'un de l'autre; on en voit l'exemple dans les fractures négligées sur les animaux. La substance du cal contient beaucoup plus de matière calcaire que celle de l'os dans son état normal; c'est ce qui rend compte de sa grande résistance, qui est plus forte que celle des autres parties. Plusieurs conditions sont nécessaires pour qu'une fracture se consolide régulièrement; ce sont : le contact des fragments, leur vitalité suffisante, leur immobilité pendant la formation du cal, enfin,

une certaine pression. Les fractures sont guéries plus promptement dans les animaux que dans l'homme : pour les os des membres du chien, on peut lever l'appareil de réunion du douzième au quinzième jour : sur le cheval, après un mois de contention, le premier cal offre assez de solidité. Quelques circonstances constituent des maladies du cal : ce sont: 1° l'absence de consolidation ou l'ostéomalacie du cal, causée le plus souvent par le cancer, le rachitis: 2° l'atrophie du cal, qui est trop faible pour maintenir la réunion; 3° le cal vicieux, irrégulier: 4° une fausse articulation par diarthrose ou amphiarthrose. Dans ce dernier cas, les fragments s'arrondissent, sont retenus latéralement l'un à l'autre par des faisceaux fibreux; ils laissent entre eux une cavité articulaire (diarthrose), ou sont unis sans cavité intermédiaire par un tissu élastique qui permet une certaine mobilité (amphiarthrose).

CALAMAGROSTIS, s. m., *Calamagrostis*, Adans.; genre de la famille des Graminées. Les calamagrostis donnent un fourrage d'assez bonne qualité, mais dur. L'espèce *colorata*, *Phalaris arundinacea* de Linné, croit principalement dans les prairies un peu humides. Sa culture, dans des terrains secs, a été essayée et a réussi. Cette plante doit être coupée au moment où elle émet ses panicules. Une variété de cette espèce est cultivée comme plante d'ornement sous le nom de *petit roseau panaché*.

CALAMENT, *V.* Mélisse.

CALAMINE, s. f.; nom d'un minerai de zinc exploité surtout en Belgique; il est formé par un mélange de carbonate et de silicate de ce métal, auxquels se trouvent associés du fer, du cuivre, des matières terreuses, etc. La calamine est le plus souvent d'une couleur d'un gris jaunâtre. *V.* Zinc.

CALAMUS AROMATICUS, s. m.; on appelle ainsi, dans les officines, la racine ou le rhizôme de l'*Acorus verus*. C'est une racine spongieuse, d'un fauve clair à l'extérieur et d'un blanc rosé à l'intérieur, d'une odeur suave et persistante, d'une saveur aromatique. Elle est composée d'huile volatile, de matière extractive, d'une résine visqueuse, de gomme, de ligneux, etc. Très employée par les anciens comme *cordiale* et *stomachique*, cette racine ne l'est plus guère, ni par les médecins, ni par les vétérinaires.

CALAMUS SCRIPTORIUS: littéralement *plume à écrire*. On donne ce nom à la cavité effilée par laquelle le ventricule du cervelet se prolonge dans une partie de la moëlle épinière.

CALATHIDE, s. f., *Calathidis*, de κάλαθις, petit panier; inflorescence capitulaire dans laquelle l'axe florifère est déprimé et élargi à son sommet en un réceptacle ou clinanthe. La famille des Composées en offre une foule d'exemples.

CALCAIRE, adj. et sub., *calcaris*, de *calx*, chaux; qui contient ou qui est à base de chaux : *sels calcaires*, les sels de chaux; *terrains calcaires*, ceux qui renferment du carbonate de chaux. Les minéralogistes et les géologues appellent *calcaires* un genre de minéraux et de roches formé principalement par les nombreuses variétés naturelles du *carbonate de chaux* (*V.* ce mot).

CALCAIRE, s. m. ; l'une des substances minérales les plus abondantes et les plus remarquables sous le rapport de la variété des gisements et des formes. Il constitue d'immenses formations disposées en couches distinctes les unes au-dessus des autres, depuis le calcaire parisien ou fluviatile, qui est le plus récent, jusqu'au calcaire silurien, le plus ancien de tous. — On doit distinguer le calcaire de cristallisation et le calcaire de sédiment. Le premier forme le spath d'Islande et toutes les variétés de marbre; le second comprend le calcaire compacte et la chaux carbonatée mélangée. — Parmi les calcaires compactes, on place la pierre lithographique, le calcaire de transition, tel que celui des Alpes ou du Jura, la craie et le calcaire grossier ou pierre à bâtir. — La chaux carbonatée mélangée fait partie constituante de tous les terrains agricoles, et, selon ses proportions et la nature des substances auxquelles elle est associée, ces terrains prennent les noms de *craies*, *argiles calcaires*, *marnes*, *sables calcaires*. Les terres où domine le calcaire sont froides, retiennent fortement l'eau, se réduisent en une sorte de bouillie lorsqu'elles sont imbibées, se soulèvent par la gelée et déchaussent les plantes ; colorées, elles deviennent brûlantes pendant les chaleurs. — Rien n'est plus varié et plus répandu que les usages du calcaire, depuis le spath employé aux expériences d'optique et le marbre qu'utilise la statuaire, jusqu'au calcaire le plus grossier employé dans les constructions et pour la fabrication de la chaux. — La chaux carbonatée peut se dissoudre à la faveur d'un excès d'acide carbonique, et c'est en reprenant ensuite son état neutre qu'elle forme les dépôts, les transsudations connues sous les noms de stalagmites et de stalactites, et les incrustations ou pétrifications si curieuses observées dans quelques sources de la Toscane et de l'Auvergne.

CALCANÉUM, s. m.; *Calcaneum*, *Calcaneus*, *Calcar*, de *calx*, talon; os court appartenant à la région du tarse, où il se trouve placé en arrière, faisant une saillie bien marquée, sur laquelle s'insère le muscle bifémoro-calcanéen, et glisse le perforé. Le calcanéum s'articule d'une manière très serrée avec l'astragale et le cuboïde. Il offre à sa base une coulisse dans laquelle glisse le tendon du perforant. — Dans le *bœuf*, le calcanéum est plus long et moins fort que dans le cheval, et son articulation avec l'astragale permet des mouvements assez étendus.

CALCARIFORME, adj., *calcariformis*; en forme d'éperon. Le calice, la corolle ou quelques-unes de leurs pièces peuvent présenter des prolongements calcariformes.

CALCINATION, s. f., *Calcinatio;* de *calx*, chaux, à cause du mode de préparation de cet oxyde. — On appelle *calcination* l'opération qui consiste à soumettre à une température plus ou moins élevée, au contact ou à l'abri de l'air, une substance solide, afin de modifier sa composition chimique ou ses propriétés physiques. — Elle a différents objets : c'est quelquefois pour séparer une substance minérale d'une matière organique en détruisant celle-ci; d'autres fois pour séparer une substance volatile ou gazeuse d'une autre qui est fixe (calcination du borate ou du phosphate d'ammoniaque, des carbonates calcaires et autres, etc., calcination de la houille); dans d'autres circonstances c'est pour fixer un principe sur un autre, pour former un composé, ex. : calcination des métaux à l'air; d'autres fois c'est pour donner plus de consistance à quelques produits artificiels, ex. : briques, poteries ; enfin c'est aussi parfois pour détruire la cohésion de certains corps très durs, en les plongeant, étant chauds, dans une eau très froide, ex. : toutes les pierres siliceuses. — La calcination a lieu dans des appareils variables selon le but de l'opération ; dans les laboratoires de chimie et de pharmacie, on se sert, le plus souvent, de creusets de diverse nature, de têts, de cornues, etc. Lorsque la calcination a lieu à l'abri de l'air, le corps qui y est soumis perd de ses principes, mais ne peut en acquérir; lorsque l'air intervient, l'oxygène peut se fixer sur le corps calciné, etc.

CALCIUM, s. m. Ca. équiv. 250. Corps simple métallique de la première section, groupe des métaux *alcalino-calcaires*, formant le radical positif de la chaux. — Combiné à l'oxygène et à divers acides, c'est une des substances les plus répandues dans la nature, soit minérale, soit organique. — On le sépare de l'oxygène en l'amalgamant au mercure au moyen de la pile. C'est un corps solide, blanc, brillant, ressemblant à l'argent et ne fondant qu'à une haute température. Exposé à l'air, il en absorbe rapidement l'oxygène et se change en oxyde anhydre. Mis en contact avec l'eau à la température ordinaire il la décompose, dégage l'hydrogène sans l'enflammer, et se transforme en hydrate de chaux.

CALCUL, s. m., *Calculus*, petit caillou, de *calx*, chaux. Synonymie: *pierre*, *bézoard*, *égagropile*, *lithopile*. Concrétion accidentelle formée par des matières salines, se développant dans les canaux et les réservoirs tapissés par une muqueuse. On les trouve principalement dans les conduits salivaires, les voies biliaires, les intestins, le cerveau, les poumons, les voies lacrymales, les articulations, les organes génito-urinaires. Ils sont uniques ou multiples ; leur volume est en raison inverse de leur nombre : leurs formes sont variables, régulières ou irrégulières; fréquemment un corps étranger forme un noyau central recouvert de plusieurs couches. Leur étiologie est à peu près inconnue.

CALCULS SALIVAIRES. Ils se développent dans les glandes parotide, maxillaire, sublinguale ou leurs canaux excréteurs : le plus ordinairement dans le canal de Sténon. — 1° *Calculs parotidiens*. On les trouve presque toujours dans l'un des canaux excréteurs de la glande parotide. Ils sont rares et se montrent plus souvent dans l'âne et le mulet que dans le cheval. La forme de ces calculs est ovoïde, allongée, recourbée dans le sens du canal ; leur surface est compacte, grise ou d'un blanc roussâtre. A l'état frais, ils exhalent une odeur désagréable. Ils varient pour le volume depuis la grosseur d'une amande jusqu'à celle d'un œuf : le poids varie. Rey a extrait sur un petit âne un calcul parotidien pesant 750 grammes. D'après Lassaigne, ces concrétions sont composées de phosphate, de carbonate de chaux et d'une matière animale : le carbonate calcaire prédomine dans les calculs salivaires des animaux ; c'est le phosphate qui l'emporte dans ceux de l'homme. Ils ont pour noyau un grain d'avoine ou quelque corps étranger introduit dans le canal par la bouche. On les attribue à l'augmentation des sels de chaux dans la salive ou bien à un retard dans l'excrétion de ce fluide. — Par leur présence le canal est dilaté : il forme une tumeur qui s'accroît sur la face extérieure de la joue : cette tumeur est dure, d'un déplacement facile. La salive ne s'arrête pas au-dessus du calcul ; sa présence ne cause pas de trouble fonctionnel. Quelquefois son volume gêne la mastication et cause l'excoriation de la muqueuse buccale par les dents. — On a recours, dans quelques cas, à l'extraction du calcul. Quand il se trouve près de l'orifice buccal du canal, on peut le retirer par la pression. S'il est retenu par la muqueuse, on fait ouvrir la bouche avec le pas-d'âne, et l'on pratique sur la membrane correspondante une incision avec le bistouri à serpette : la plaie qui en résulte ne donne pas d'accidents. Mais lorsque le calcul est situé loin de la bouche et trop volumineux pour pouvoir être déplacé, il ne reste à faire qu'une incision sur la face externe du canal, et souvent il en résulte une fistule salivaire qui peut résister à la cicatrisation et réclamer plus tard la ligature. — 2° *Calculs des glandes maxillaires*. Ils peuvent être causés par des grains d'avoine, des arêtes, des fragments d'épis, qui s'insinuent pendant la mastication dans les canaux de ces glandes. On ne les a pas observés dans le cheval et le bœuf : on a trouvé dans les canaux de la glande maxillaire de l'éléphant des calculs blancs, à cassure lamelleuse, ayant la forme d'un tétraèdre régulier, composés de phosphate et carbonate de chaux.

CALCULS BILIAIRES. Ils se développent dans la vésicule biliaire, dans le foie ou dans le canal cholédoque ; de là une division en calculs *cystiques*, *hépatiques* et *hépato-cystiques*. Ils sont composés de cholestérine pure et de bile épaissie, mélangées d'oxyde de fer. — 1° *Calculs cystiques*. On les rencontre rarement, même dans le bœuf. Le plus souvent solitaires, ces calculs ont la forme ovoïde, quelquefois ils sont agglomérés. Ils ont une couleur d'un brun jaunâtre : leur surface est granuleuse, inégale : on peut les écraser facilement. Le mouton, le chien et le porc en présentent ayant le volume des plombs de chasse de gros calibre. Ces calculs se développent surtout pendant l'hiver sur les animaux de l'espèce bovine, sous l'influence des fourrages secs : ils disparaissent au printemps par l'effet de la nourriture verte. L'inactivité, l'engraissement, la vieillesse favorisent leur production. Les signes qui annoncent leur existence sont très vagues et souvent imperceptibles dans le début. Plus tard surviennent des coliques hépatiques, la teinte jaune des muqueuses : les symptômes du mal finissent par se montrer en produisant des accès. Ordinairement on trouve ces calculs sur les bœufs sacrifiés dans les boucheries sans qu'on ait soupçonné leur formation. — 2° *Calculs hépatiques*. Ils ont été peu étudiés sur les animaux : ils ne diffèrent des précédents que par leur situation dans les canaux biliaires. — 3° *Calculs hépato-cystiques*. Ce sont ceux du canal cholédoque. Goliier les a observés dans la vache sous la forme d'un cylindre creux tapissant le canal et laissant couler la bile dans son centre. — Ces productions morbides descendent parfois dans l'intestin et sont expulsées avec les matières fécales. Quelquefois elles distendent les canaux biliaires et produisent l'inflammation du foie. On a songé à faciliter l'évacuation des calculs dont il s'agit ou leur fonte. Pour les évacuer, les purgatifs ont été mis en usage : pour les dissoudre, on a préconisé l'éther, l'ammoniaque, l'essence de térébenthine, les chlorures alcalins, mais sans obtenir de succès marqués. Les saignées sont indiquées, lorsqu'on observe des symptômes d'hépatite.

CALCULS GASTRO-INTESTINAUX, *V*. BÉZOARD et ÉGAGROPILE.

CALCULS CÉRÉBRAUX. Après quelques maladies de l'encéphale, des concrétions calculeuses se forment dans les ventricules du cerveau, au milieu du plexus choroïde. Leur existence s'accompagne de la compression des organes de la sensibilité, de la déformation de l'organe cérébral, et se traduit par les symptômes de l'immobilité. Aucun traitement ne peut y remédier.

CALCULS DU POUMON. Concrétions observées pendant la phtisie pulmonaire, composées de phosphate et de carbonate de chaux. *V*. TUBERCULE.

CALCULS DES VOIES LACRYMALES. Ils sont peu connus ; ils paraissent consister en une concrétion molle qui obstrue l'un des points du conduit lacrymal, d'où résulte une oblitération et l'épiphora.

CALCULS DES ARTICULATIONS. On les nomme *arthritiques* ; ils sont composés d'acide urique et d'urate de soude.

CALCULS DES PROSTATES. Nommés *prostatiques*, formés de phosphate et de carbonate
calcaires, ils sont fréquemment contenus
dans un kyste.

CALCULS URINAIRES. Leur étude est importante, à cause des graves accidents qui peuvent résulter de leur présence. Ils sont composés de différentes substances insolubles
dans l'eau ou peu solubles; en en connait
huit, qui forment chaque calcul, soit séparément, soit par leur mélange. Ce sont l'a-
cide urique, l'urate d'ammoniaque, le phosphate de chaux, le phosphate de magnésie et
d'ammoniaque, l'oxalate de chaux, la cystine, la xanthine et la fibrine (Lassaigne). La
place occupée par ces calculs influe beaucoup
sur les symptômes qui indiquent leur existence et sur les moyens thérapeutiques à employer. On les distingue en calculs des reins,
des urétères, de l'urètre, de la vessie et du
fourreau. — 1° *Calculs rénaux.* C'est dans les
reins que se trouve le point de départ de
beaucoup de calculs urinaires, qui suivent
les urétères et tombent dans la vessie. On les
attribue aux altérations de la sécrétion urinaire; ils se développent principalement dans
les lieux bas et humides, sur les animaux auxquels on donne des fourrages vasés, des eaux
bourbeuses. Ils se produisent dans le bassinet ou dans ses ramifications : leurs formes
sont variables suivant les animaux qui les
présentent : tantôt ils ont l'aspect d'un fragment de corail, d'une sphère avec des embranchements : on les appelle *coralliformes;*
tantôt ils ont la surface granuleuse, comme
une mûre ; ce sont les calculs *muraux;* enfin,
quelquefois amorphes, on les compare à des
graviers, à des *pierres;* de là les noms de
gravelle, maladie de la pierre, donnés à cette
affection calculeuse. Dans quelques cas, il ne
reste plus que la capsule du rein, dont la
substance a fait place à une masse de matière salino-terreuse. Solleysel a parlé d'un
calcul pesant 2064 grammes, qu'il a trouvé
dans l'un des reins d'un vieux cheval de
manége, qui succomba par la néphrite.
Dans les animaux, la présence des calculs
rénaux ne parait pas causer des douleurs très
violentes, à moins que ces productions ne s'en-
gagent dans les urétères; alors on observe
des coliques néphrétiques très violentes, qui,
quelquefois, cessent subitement après l'émission d'une urine sédimenteuse. On a recours
aux antiphlogistiques, tels que la saignée,
les lavements émollients, etc. Une opération,
la néphrotomie, a été conseillée pour extraire
les calculs contenus dans les reins : elle est
à peu près impraticable. — 2° *Calculs urété-
raux.* Ils sont peu communs; ils viennent des
reins et suspendent le cours de l'urine. Chabert assure qu'on peut reconnaitre leur présence en introduisant la main dans le rectum.
Plusieurs de ces calculs peuvent s'arrêter
dans l'urétère et causer une dilatation considérable de ce conduit. — 3° *Calculs urétraux.* Rares dans la plupart des animaux, ils se
présentent assez communément dans le bœuf.
Ces calculs sont diversement colorés; ceux
du bœuf sont blancs, argentés, bronzés ou
dorés; ils donnent tous un reflet ou brillant
métallique; leur forme est sphérique : leur
volume est, en général, peu considérable.
D'après Lassaigne, on les trouve composés
de carbonate de chaux, de carbonate de magnésie, de sous-phosphate de chaux, unis à
du mucus provenant de la vessie. Leur présence produit d'abord la difficulté d'uriner,
et plus tard la rétention d'urine avec des coliques violentes, même la rupture de la vessie. C'est à l'S formé par le canal de l'urètre
qu'ils s'arrêtent dans le bœuf. Santin a remarqué, dans ce cas sur ce conduit, des bonds
qui paraissent être isochrones aux battements
du pouls, et qui cessent dès l'instant où
l'urine s'échappe, soit par l'orifice excréteur,
soit par la rupture de la vessie. Quand les
ruminants présentent des symptômes aussi
graves, on les vend pour la boucherie : cependant on remédie à cet état pathologique
par l'incision de l'urètre *V. Uréthrotomie :*
l'écoulement de l'urine produit aussitôt le
soulagement du malade. — 4° *Calculs vésicaux.* Ils ne se forment pas tous dans la vessie; ils proviennent quelquefois des reins.
Leur présence est fréquente dans les bœufs,
rare dans les chevaux. Ils présentent des
formes ovoïdes plus ou moins bizarres. Tantôt leur surface est lisse; tantôt elle est rugueuse, recouverte d'épines, comme dans
les calculs *muraux* ou *moriformes;* ils exhalent, à l'état frais, une forte odeur d'urine.
Dans certains cas, ils constituent une pâte
molle; souvent, au contraire, ils sont durs,
compactes comme une pétrification. Leur
poids varie depuis celui d'un grain de sable
jusqu'à 2 à 3 kilog. Girard en distingue quatre variétés : A. Le magma terreux qui forme
une pâte molle semblable à l'argile; B. Le
calcul jaunâtre, plus consistant, qu'on peut
écraser avec la tenette; C. Celui qui est compacte et formé de couches concentriques grisâtres; D. Les calculs qui ont la dureté du
silex et la surface *murale.* Les calculs urinaires des carnivores sont, comme ceux de
l'homme, composés de phosphate ammoniaco-magnésien, de traces de phosphate de
chaux, d'urate d'ammoniaque, d'oxalate de
chaux et d'acide urique. Dans les calculs des
herbivores, on rencontre du carbonate de
chaux mêlé au carbonate de magnésie (Lassaigne). Ils peuvent ne donner aucun symptôme apparent pendant plusieurs années.
Quand le calcul vésical est volumineux, il
occasionne dans le cheval l'irritation et le
raccornissement de la vessie, des envies fréquentes d'uriner. Le membre est pendant;
l'urine sort goutte à goutte; des coliques
violentes se déclarent; une odeur urineuse
est exhalée par la sueur. Les juments peuvent expulser elles-mêmes ce corps étranger:
cette terminaison heureuse est moins facile
pour le mâle qui a l'urètre plus long et plus

étroit. On reconnaît la présence d'un calcul dans la vessie en fouillant l'animal. La mort peut être le résultat de l'inflammation, de l'altération, de la rupture du réservoir urinaire. Lorsqu'on a constaté l'existence d'un calcul vésical, on songe à le faire disparaître par l'extraction, ou à le faire dissoudre par des moyens médicamenteux. On appelle *cystotomie* ou *lithotomie* l'opération chirurgicale qui consiste à inciser l'urètre pour pénétrer dans la vessie et retirer le calcul: ce moyen offre quelques chances de succès. *V.* CYSTOTOMIE. Il n'en est pas de même de la *lithotritie* ou *lithotripsie* qui consiste dans le broiement de la pierre et qui, facile chez l'homme, est inexécutable sur les animaux. Quant aux médicaments *lithotriptiques*, qu'on croyait propres à dissoudre les calculs dans les voies urinaires, rien n'est venu justifier les espérances qu'ils avaient données. — 5° *Calculs du fourreau.* On pourrait les nommer *prépuciens*, ils appartiennent exclusivement au porc et au bœuf. Ils sont cristallisés, blancs ou jaunâtres, de consistance moyenne.

CALCULS DES VEINES. On donne ce nom et surtout celui de *phlébolithe* à des concrétions osseuses ou calcaires qu'on rencontre dans l'intérieur des veines du bassin, de la vessie, dans la saphène. Leur volume varie depuis celui d'un grain de millet jusqu'à celui d'un pois; leur forme est sphérique, unie; leur couleur est blanc sale. Ces productions sont formées par du phosphate et du carbonate de chaux unis à de la matière animale. Jusqu'à présent on a seulement observé les phlébolithes dans l'espèce humaine.

CALCULEUX, adj.; qui a rapport aux calculs. Synonymie: *graveleux, pierreux. Concrétion calculeuse, affection calculeuse.*

CALÉFACTION, s. f., *Calefactio*; de *calor*, chaleur, et *facere*, faire; action d'échauffer fortement. Nom donné par Boutigny à la transformation des liquides à *l'état sphéroïdal* par leur projection sur des surfaces chaudes. Ce phénomène singulier, observé depuis longtemps, a été étudié avec beaucoup de soin par Boutigny, qui en a tiré des conséquences inattendues. D'après cet auteur, il n'est pas nécessaire, comme on l'avait cru jusqu'ici, qu'une surface soit très chaude pour amener les liquides à l'état sphéroïdal; une température de 250° suffit pour l'eau, 134° sont suffisants pour l'alcool, et 61° pour l'éther. Sous cet état, les liquides se vaporisent très lentement; leur température n'est nullement en rapport avec celle de la surface sur laquelle ils sont placés, et très souvent même elle est inférieure à celle qui serait nécessaire pour les faire bouillir. La vapeur qui s'en échappe, au contraire, a une température qui est en rapport direct avec celle de la surface chauffée. La chaleur qui rayonne de la plaque ne traverse jamais le sphéroïde liquide, elle se réfléchit à sa surface; cette circonstance rend compte de la température relativement très basse de l'intérieur du globule. Le liquide, à l'état sphéroïdal, ne touche pas la surface chaude; il en est tenu à distance par la vapeur qu'il fournit et qui le soutient comme un petit ballon. — La caléfaction peut expliquer les explosions des chaudières à vapeur. Si l'eau manque, par exemple, les parois s'échaufferont outre mesure; le liquide contenu passera à l'état sphéroïdal, et, quand la température baissera, il se réduira brusquement en vapeur, ce qui pourra déterminer la rupture de l'appareil. On a essayé récemment l'emploi de la vapeur fournie par les liquides à l'état sphéroïdal pour faire marcher les machines à vapeur.

CALENDRIER DE FLORE: tableau des époques de l'épanouissement des fleurs. Les résultats consignés dans les calendriers de Flore ne peuvent être qu'approximatifs, et ne sont imputables qu'aux lieux pour lesquels ils ont été dressés.

CALIBRE, s. m.; ouverture d'un tuyau, que l'on mesure par son diamètre: *calibre d'une artère, d'une veine*, etc.

CALICE, s. m., *Calix;* verticille extérieur de la fleur, lorsque le périanthe est double; ce périanthe lui-même, lorsqu'il est simple. Le calice est *monosépale, bisépale, polysépale, gamosépale*, etc., lorsqu'il est composé d'une seule pièce ou foliole, de deux ou d'un plus grand nombre de sépales libres ou réunis. Le calice monosépale ou gamosépale présente ordinairement un *tube* ou partie rétrécie, un *limbe* ou partie étalée, une *gorge* ou *faux* limitant les deux premiers. Le tube et le limbe ont une forme et des dispositions fort variées. Le calice monosépale, gamosépale ou polysépale, peut être *régulier* ou *irrégulier, tubuleux, campanulé, denté, bifide, biparti, bilabié, éperonné, imbriqué, aigretté*, etc. Le calice est le plus souvent de couleur verte. Lorsque la corolle manque, il est quelquefois coloré ou *pétaloïde*. Le calice polysépale tombe habituellement avec la corolle; le calice gamosépale ou monophylle persiste souvent, et quelquefois même prend, après la fécondation, un développement considérable. L'adhérence du calice avec l'ovaire se remarque dans un grand nombre de plantes; il fait plus tard, alors, partie du péricarpe. — *Anat.* Petits canaux évasés, ou entonnoirs embrassant les mamelons sécréteurs des reins du *bœuf*, du *porc*, et se rendant vers la scissure de l'organe pour former le *bassinet* d'où part l'uretère.

CALICE, adj., *calicatus*; muni d'un calice. *Fleur calicée.*

CALYCIFLORES, adj. et subs., *Calyciflora*. De Candolle appelle ainsi les végétaux dicotylédonés, à périanthe double, dans lesquels les pétales libres ou soudés s'insèrent sur le calice. Ils forment la deuxième sous-classe dans sa classification botanique.

CALICINAIRE, adj., *calicinaris*; se dit de la fleur double dans laquelle les folioles du calice se sont transformées en pétales.

CALICINAL, adj. *calicinus ;* qui appartient au calice.

CALICULAIRE, adj., *calicularis ;* on appelle ainsi l'estivation, lorsque les pièces d'un verticille ne recouvrent que la base des folioles placées devant elles.

CALICULE, s. m., *Caliculus ;* calice supplémentaire ordinairement placé en dehors du calice véritable.

CALICULÉ, adj., *caliculatus ;* pourvu d'un calicule ; se dit de la fleur ou du calice vrai.

CALIZAYA, adj., variété de quinquina jaune *V.* Quinquina.

CALLEUX, **EUSE**, adj., *callosus*, de *callus, cal,* qui présente des cals ou duretés. *Corps calleux ;* partie du cerveau formée de substance blanche, servant de point de réunion aux deux lobes du cerveau, et formant le plafond des grands ventricules. C'est le *mésolobe* de Chaussier. — *Ulcère calleux,* ulcère présentant des callosités sur ses bords.

CALLOSITÉ, s. f., de *Callus,* dureté, durillon. Endurcissement de l'épiderme ou de la peau, par suite de frottement. — *T. de chir. ;* production dure, indolente, qui se forme sur les anciennes plaies, les vieux ulcères. — *T. de zool. ;* production dure qui se développe naturellement sur quelques parties du corps de certains animaux, par exemple, sur les genoux et les fesses. — *T. de bot. ;* renflement raboteux à la surface de quelques plantes.

CALMANT, adj., et subs., *Calmans, sedans.* Médicament ayant la propriété de calmer la douleur qui accompagne la plupart des maladies. Ce symptôme tenant à des causes très diverses, les médicaments susceptibles de le combattre doivent nécessairement varier de nature. Ainsi, lorsque la douleur tient à une inflammation franche, les meilleurs calmants sont les émollients ; lorsqu'au contraire elle est liée à un état morbide du système nerveux, les *narcotiques,* les *anodins,* les *antispasmodiques* (*V.* ces mots) sont les médicaments qui méritent le mieux alors le nom de calmants. V. Sédatifs.

CALOMEL ou **CALOMÉLAS.** V. Chlorure de mercure.

CALORIE, s. f., de *Calor,* chaleur ; *therme.* On donne ce nom *à la quantité de chaleur nécessaire pour élever d'un degré centigrade la température d'un kilogramme d'eau.* C'est une unité conventionnelle dont on se sert en *calorimétrie* pour évaluer la chaleur spécifique des corps ou la valeur calorifique relative des différents combustibles employés dans l'économie domestique ou dans l'industrie. On lui donne encore le nom de *therme* (*V.* ce mot).

CALORIFIQUE, adj., *calorificus ;* qui a rapport au calorique. — Rayons *calorifiques* du soleil, du spectre solaire. — Capacité *calorifique* des corps, la quantité de chaleur qu'ils exigent pour varier d'un degré centi-

grade sous l'unité de poids. — *Faculté calorifique* des combustibles ; quantité comparative de chaleur qu'ils produisent en brûlant. On prend pour unité conventionnelle un kil. d'eau portée de 0° à 100°. La valeur des combustibles les plus employés est représentée par les chiffres suivants :

Charbon de bois.	75
Coke.	60
Charbon de tourbe.	63
Houille grasse	63
Bois sec.	36
Bois retenant 25 °/₀ d'eau.	27
Tourbe limoneuse.	25

CALORIMÈTRE, s. m.; *Calorimetrum,* de *calor,* chaleur, et μετρεω, mesure. Mot hybride qui sert à désigner les instruments qu'on emploie pour mesurer la chaleur spécifique des corps et la valeur calorifique des combustibles. On en connait deux principaux : celui de Lavoisier et Laplace, et celui de Rumfort. Le premier, appelé encore *calorimètre à glace,* consiste en trois vases concentriques emboîtés les uns dans les autres, mais laissant entre eux un certain intervalle, et recouverts par le même couvercle. Le vase central reçoit le corps chaud, le moyen la glace qui doit être fondue par la chaleur du corps soumis à l'expérience, et le plus externe contient la neige qui est destinée à prévenir les effets de la température ambiante. Ces deux derniers vases communiquent au-dehors chacun par un robinet spécial. La quantité de glace ou de neige fondue dans le vase moyen, indique la proportion de chaleur contenue dans le corps essayé, d'après cette donnée qu'il faut une *calorie* pour fondre un kilogramme de glace ou pour élever la même quantité d'eau de 0° à 79°. — Le calorimètre de Rumfort, qui sert à évaluer la chaleur latente des gaz et des vapeurs ou celle que les combustibles sont susceptibles de développer, consiste en un vase métallique rectangulaire, fermé hermétiquement par un couvercle et portant dans le fond un serpentin, qui commence au-dessous du vase et sort horizontalement sur un de ses petits côtés. L'appareil étant rempli d'un poids déterminé d'eau à une certaine température indiquée par un thermomètre, on fait passer dans le serpentin un volume de gaz à une température connue, ou les produits gazeux d'un poids donné de combustible. L'excès de température acquis par l'eau pendant l'expérience indique la quantité de chaleur laissée par un volume déterminé du gaz, ou par les produits de la combustion. En tenant compte de la température des gaz à leur entrée et à leur sortie de l'appareil, on a tous les éléments nécessaires pour calculer la quantité réelle de calorique qu'ils renferment.

CALORIMÉTRIE, s. f. On donne ce nom à la partie de la physique qui traite des moyens et des procédés employés pour mesurer la chaleur spécifique des corps *V.* Mélange, Calorimètre, Refroidissement.

CALORIMÉTRIQUE, adj. ; qui a rapport à la calorimétrie : moyens , méthodes , appareils *calorimétriques*. Les moyens calorimétriques les plus employés sont les mélanges , la fusion de la glace , le refroidissement, etc. *V.* CALORIÈRE.

CALORIQUE, s. m.: *Caloricum*, de *calor*, chaleur. On donne ce nom au principe inconnu de la *chaleur* et du *froid*. Le calorique est la cause , la chaleur et le froid sont les effets. La chaleur est un effet *positif* et le froid un effet *négatif*. Néanmoins, les mots *calorique* et *chaleur* sont souvent employés comme synonymes. La nature du calorique est inconnue : quelques physiciens le considèrent comme l'*éther* répandu dans l'espace et entre les molécules de la matière , en état de vibration , (système des ondulations.) D'autres , au contraire , le regardent comme un fluide extrêmement subtil qui émanerait des corps , se mettrait en mouvement dans l'espace et parfois dans les corps , à la manière de la lumière , (système de l'émission.) Dans cette dernière théorie on reconnait au calorique certains caractères spéciaux , comme par exemple , d'être *impondérable* ou *impondéré* , parce que les corps pèsent autant étant froids que chauds ; d'être *incoërcible* , parce qu'aucune substance ne peut le renfermer indéfiniment ; d'avoir des molécules d'une grande *ténuité* , puisqu'il traverse les corps sans déranger leurs particules ; de présenter une *élasticité* manifeste , puisqu'il peut se réfléchir à la surface des corps pondérables (miroirs) ; d'être *invisible* , lorsqu'il n'est pas accompagné par la lumière ; d'avoir une *tension* ou *répulsion* moléculaire très évidente , puisqu'il tend toujours à se répandre dans l'espace et à écarter les molécules des corps , etc.—Le calorique est universellement répandu dans l'espace et dans la matière pondérable , dont il forme une des forces constitutives , (force répulsive moléculaire.) Il agit sur tous les corps , qu'ils soient bruts ou organiques ; il traverse leur substance , augmente leur volume en les dilatant , change leurs divers états , etc. , etc. — Ce principe est tantôt libre ou rayonnant , tantôt combiné à la substance des corps pondérables. De là deux états bien distincts qui méritent une étude spéciale. — 1° *Calorique libre* ou *rayonnant*; c'est celui qui s'échappe des sources de chaleur et qui se répand dans l'espace sous forme de rayons , à la manière de la lumière. Il tend à établir constamment un équilibre parfait de température entre les corps : aussi l'appelle-t-on parfois calorique de *température*.—Les rayons du calorique marchent en ligne droite , ainsi que le prouve l'expérience des miroirs concaves et celle des écrans fenêtrés ; ils se réfléchissent en faisant l'angle de réflexion égal à l'angle d'incidence; ils vont en divergeant à mesure qu'ils s'éloignent de leur source; aussi leur intensité diminue-t-elle pour la même surface comme le carré des distances.—Quant à la vitesse des rayons calorifiques , elle est inconnue : seulement on suppose qu'elle varie selon la température de la source d'où ils émanent. — 2° *Calorique latent* ou *combiné* ; c'est celui qui est lié , en quelque sorte , à la matière pondérable , et qui en détermine les différents états par l'action répulsive qu'il exerce sur les molécules. Il constitue la force répulsive qui lutte contre la force attractive moléculaire des corps. Sa quantité est inconnue et ne peut être mesurée ; mais on suppose qu'elle doit être immense , puisque , par le frottement , le choc , la percussion , etc. , on peut en dégager indéfiniment des corps. — 3° *Calorique spécifique*, c'est la quantité de chaleur nécessaire pour élever au même degré de température tous les corps sous l'unité de poids ou , ce qui revient au même , la quantité relative de calorique qu'ils contiennent lorsqu'ils ont la même masse et la même température. L'eau sert de type pour les liquides et les solides , et l'air pour les gaz: l'unité conventionnelle de chaleur est la *calorie* ou le *therme* (*V.* ces mots). Pour déterminer la chaleur spécifique des corps , on emploie la méthode des mélanges , celle de la fusion de la glace ou l'échauffement de l'eau avec les calorimètres , et celle du refroidissement (*V.* les mots *mélange* , *calorimètre* , *refroidissement*). — Les *sources* ordinaires du calorique sont le soleil et les étoiles , la combustion , les combinaisons chimiques , le frottement , la percussion , le choc , la compression , l'électricité, etc. (Pour compléter cet article , *V. conductibilité, dilatation, fusion , ébullition, température, thermomètre , pyromètre, vapeur,* etc. , etc.)

CALUS, s. m.; ce mot à deux sens : il sert à désigner une dureté indolente de la peau : c'est dans ce cas un synonyme de *callosité* ; ou bien il indique ce nœud qui unit les deux bouts d'un os fracturé , c'est un synonyme de *cal.* — *Bot.* Excroissance arrondie formée après la rupture d'une branche , l'incision de l'écorce, etc.

CALVITIE , s. f., *Calvities*, de *calvus*, chauve: état résultant de la chûte des cheveux; absence des cheveux. Ce mot n'est usité qu'en médecine humaine. On dit : *calvitie des paupières* , pour indiquer l'absence des cils.

CALYBION, s. m., *Calybio*, de καλύβιον, petite cabane ; fruit angiocarpien , composé d'une capsule dans laquelle se trouvent contenues en totalité ou en partie une ou plusieurs carcérules , ex. : le *fruit* du *chêne* , du *noisetier* , du *hêtre*.

CALYCANTHÉES, s. f.; tribu des Rosacées regardée par quelques auteurs comme une famille distincte. Elle a pour type le genre *Calycanthus.*

CALYCÉRÉES , s. f., *Calycereæ* ; famille de plantes herbacées , dicotylédones , originaires de l'Amérique méridionale, voisine des Composées. Elle renferme les genres *Calycera*, *Boopis*, *Acicarpa*.

CALYPTRÉ, ÉE, adj., *calyptratus;* recouvert d'une coiffe (*V.* ce mot).

CAMARGUE (cheval). Ce cheval vit dans l'île située près d'Arles, aux embouchures du Rhône. On le fait descendre des races africaines, mais il en diffère beaucoup aujourd'hui par les formes. Sa taille est petite, elle ne dépasse pas 1 ^m 40 cent.; il a la tête longue, charnue, de fortes ganaches, de grosses lèvres, l'œil vif, couvert, l'encolure droite ou renversée, le garrot bas, les reins longs, la croupe longue, inclinée, la poitrine large, le ventre volumineux, les membres et les pieds bons, le tendon un peu faible, la robe généralement grise. Le cheval camargue est vigoureux et léger, plein d'ardeur, de fonds et de patience. On a probablement exagéré l'indocilité de son caractère. Sa reproduction et son éducation sont presque complétement négligées; il vit dans un état demi-sauvage, d'où on ne le fait guère sortir que pour les travaux du dépiquage. Ce cheval pourrait être amélioré par la nourriture d'abord, par des accouplements judicieux, et peut-être par son croisement avec la race arabe. Il deviendrait alors propre aux travaux agricoles, aux charrois et même au service de la cavalerie légère. — CAMARGUE. (bœuf). Il se distingue aux caractères suivants : Taille petite, 1 ^m 30 cent. environ; robe noire ou brune; tête allongée, mufle étroit; cornes arquées, convergeant l'une vers l'autre par leur pointe; œil petit, ayant une expression dure; encolure mince; ventre volumineux; cuir très épais; chair ferme, dure, coriace; allures rapides; caractère difficile, un peu farouche. Le bœuf camargue vit habituellement en liberté dans les pâturages marécageux de l'île; les vaches sont souvent mises à part et vêlent dehors. Ni les uns ni les autres ne connaissent guère les véritables étables. La production, l'éducation ne sont l'objet d'aucun soin particulier. L'homme n'approche guère ces animaux que pour les mettre au joug, les traire ou les conduire à la boucherie. Le bœuf travaille passablement, mais s'engraisse mal; la vache est assez bonne laitière.

CAMBIUM, s. m., *Cambium;* suc nutritif élaboré, destiné à fournir les matériaux de l'accroissement des plantes. C'est le cambium qui forme chaque année, dans les troncs des dicotylédons, les couches nouvelles de liber et d'aubier, et qui s'écoule sous l'apparence d'un liquide visqueux, quand, pendant la végétation, on enlève l'écorce des arbres.

CAMÉLÉON MINÉRAL, s. m., nom donné par Schéele au produit qu'on obtient en calcinant le peroxyde de manganèse avec la potasse, à cause des couleurs diverses qu'acquiert sa solution aqueuse, lorsqu'elle est exposée à l'air ou traitée par les acides, les alcalis, etc. *V.* MANGANATE et PERMANGANATE.

CAMELINE, s. f., *Camelina*, Crantz; genre de la famille des Crucifères, formé aux dépens du genre *Myagrum* de Tournef.

La principale espèce de ce genre est la C. cultivée, *C. sativa*, répandue principalement en Allemagne, en Belgique et dans le nord de la France. Cette espèce herbacée est en même temps textile et oléagineuse. Ses tiges desséchées servent de litière pour les bestiaux, de couverture pour les chaumières, de combustible, etc. Enfouie en vert, la cameline cultivée constitue un excellent engrais.

CAMELLIÉES, s. f, *Camellieœ;* famille d'arbres ou d'arbrisseaux toujours verts de l'Amérique méridionale. Elle est formée des genres *Camellia* et *Thea*, distraits de la famille des Ternstrœmiacées.

CAMERA LUCIDA, s. f.: mots italiens qui signifient *chambre claire* (*V.* ce mot).

CAMOMILLE, s. f.; *Anthemis*, L.; genre de la famille des Composées. Il a pour caractères : réceptacle conique ou convexe garni de paillettes; involucre formé d'écailles imbriquées, rangées en un petit nombre de séries; capitule multiflore, hermaphrodite; fleurs radiées; graines tétragones, couronnées d'une aigrette ou d'une membrane entière ou dentée. Le genre camomille renferme un assez grand nombre d'espèces croissant, la plupart, dans les champs ou les jardins. Leur odeur, leur amertume repoussent les animaux. Les espèces *arvensis* et *tinctoria* sont à peu près les seules qu'ils mangent; encore donnent-elles un fourrage desséché très dur. — *Pharm.* Parmi les diverses espèces de ce genre, c'est la camomille *romaine* ou *noble* (anthemis nobilis) qui est la plus fréquemment employée comme médicament. Les fleurs ou capitules sont seuls mis en usage; à l'état sauvage ils ont le disque jaune et les rayons blancs, mais la culture développe ces derniers aux dépens du premier; en sorte que ces fleurs sont ordinairement blanches. — Elles répandent une odeur forte et agréable, ont une saveur amère et aromatique très prononcée, renferment une huile volatile d'un bleu de saphir, brunissant à l'air, du camphre, un principe gommo-résineux et du tannin. Ces fleurs seront récoltées après leur entier développement et séchées avec soin pour empêcher la fermentation, qui leur communique une teinte brune et une odeur de moisi. — On les administre en infusion aqueuse ou vineuse à la dose de deux pincées par litre de liquide pour les grands animaux; il faut éviter de les traiter par décoction et de mélanger leur infusion avec les sels métalliques. Les fleurs de camomille constituent un médicament excitant-tonique, essentiellement stomachique. Elles sont surtout employées contre l'indigestion simple et venteuse des solipèdes; aussi appelle-t-on ce médicament le *thé des vétérinaires*. On emploie l'infusion de camomille contre le part languissant, l'inappétence, les maladies vermineuses, etc. A l'extérieur, elle peut être utile comme résolutive et détersive. — La camomille puante et celle des teinturiers sont plus excitantes que la précédente , mais elles sont moins usitées.

CAMPANE , s. f., de *Campana* , cloche; expression employée par les anciens pour désigner une tumeur molle qui se développe à la pointe du jarret du cheval; inusitée. *V.* CAPELET.

CAMPANIFORME . adj., *campaniformis;* en forme de cloche . ex. : le calice et surtout la corolle dans les campanules. — CAMPANIFORMES; végétaux formant la première classe du système de Tournefort. Ce sont des herbes à corolle monopétale , régulière , en forme de cloche ou de grelot.

CAMPANULACÉES. s. f., *Campanulaceæ;* famille de plantes dicotylédones, herbacées ou souffrutescentes, généralement remplies d'un suc laiteux, amer. Elle est divisée en deux tribus : les *Campanulées* et les *Lobéliacées*. considérées par quelques auteurs comme des familles distinctes. Genres principaux : *Campanula*, *Prismatocarpus* , *Jasione* , *Lobelia* , etc.

CAMPANULE , s. f., *Campanula* , L.; genre très nombreux de la famille des Campanulacées. Les campanules sont très communes partout , dans les haies, le long des chemins , dans les prairies , sur les pelouses des coteaux et des montagnes. Elles sont généralement petites et deviennent dures à leur maturité; aussi, leur importance . comme plantes fourragères, est-elle minime. Quelques espèces sont cultivées comme plantes d'ornement. Les racines et les feuilles de la Raiponce, *C. rapunculus* , sont mangées par l'homme.

CAMPANULÉE , *V.* CAMPANIFORME.

CAMPÉ , **ÉE** , adj. ; on dit qu'un cheval s'est *campé* , lorsque le bipède antérieur ou postérieur , ou les deux à la fois s'éloignent du centre de gravité. Le cheval peut donc être *campé du devant* ou *campé du derrière.* Cette position fatigue beaucoup la colonne dorso-lombaire , la forçant à une extension plus considérable. Les écuyers font quelquefois *camper* leurs chevaux pour abaisser leur taille, et les rendre plus faciles à monter.

CAMPHOGÈNE , s. m., de *Camphora,* camphre , et γίνεσις , production. — $C^{20} H^{16}$, carbure d'hydrogène liquide formant le radical du camphre d'après Dumas. On peut l'obtenir en distillant le camphre sur l'acide phosphorique anhydre ou sur le chlorure de zinc. C'est un liquide incolore , d'odeur de camphre, pesant 0,860° à 13°. Chauffé, il entre en ébullition à 175°. Uni à un demi-volume de vapeur d'eau, il forme l'essence de térébenthine, le camphre naturel avec deux volumes de vapeur aqueuse, et le camphre artificiel avec un volume de gaz acide chlorhydrique.

CAMPHORATE, s. m., *Camphoras;* genre de sels formés par l'acide camphorique combiné aux bases. Ils sont sans importance.

CAMPHORIQUE, *V.* ACIDE CAMPHORIQUE.

CAMPHRE, s. m., *Camphora.* $C^{40} H^{32} O^{3}$. — Le camphre est une sorte d'essence concrète ou de *stéaroptène* , très abondant dans la famille des Laurinées et dans celle des Labiées. On l'extrait principalement des *Laurus camphora* et *sumatrensis* et du *Dryobalanops aromatica* . arbres qui croissent au Japon , en Chine. aux îles Moluques, etc. Le camphre ne transsude pas sur l'écorce de ces arbres ; on le trouve en-dessous et dans les cavités du corps ligneux, sous la forme de grumeaux plus ou moins volumineux. Pour le retirer, on fend en brindilles menues le tronc, les branches et la racine de ces arbres : on les place ensuite dans un filet qu'on suspend dans un alambic dont la cucurbite est en fer et le chapiteau en terre. On verse de l'eau dans l'appareil et on place le chapiteau, après avoir garni sa concavité d'une natte en paille de riz. Le camphre brut qu'on obtient est en petits grains grisâtres, comme du sel marin impur. Arrivé en Europe. on le raffine par une sublimation dans des matras ou un alambic particulier, après y avoir mélangé 2 centièmes de chaux vive pour le purifier d'une matière huileuse qui l'imprègne , et la même quantité de charbon animal pour le décolorer. — Le camphre du commerce est en pains hémisphériques. le plus souvent amorphe . translucide , incolore. d'odeur vive particulière , de saveur amère et âcre et d'une densité de 0.995. Ce corps est tendre . peu friable, élastique , ce qui le rend difficile à pulvériser. à moins d'y ajouter quelques gouttes d'alcool ou d'éther; alors il se réduit facilement en poudre. Chauffé , le camphre fond à 175° . bout et se volatilise à 204° : à l'air. il prend feu et brûle avec une flamme blanche et fuligineuse. — *Dissolvants*. L'eau ne dissout qu'un millième environ de son poids de camphre. à moins qu'elle ne renferme de l'acide carbonique ou du bicarbonate de magnésie. L'alcool le dissout aisément, même à froid; il en prend environ son poids. L'éther, les essences et les huiles grasses le dissolvent en toute proportion, ainsi que le jaune d'œuf : le lait en prend le huitième de son poids. Enfin, les acides minéraux étendus et l'acide acétique le dissolvent aussi très facilement. — *Pharmacologie*. Le camphre est un médicament qui est à la fois, selon les doses, *sédatif* , *diffusible* , *antispasmodique* et *antiputride*. Il s'emploie à l'intérieur et à l'extérieur , en poudre ou en solution. La dose varie selon l'effet qu'on veut obtenir; administré comme sédatif, la dose pour les grands animaux sera de 5 à 10 grammes . et de 50 centigrammes à 1 gramme pour les petits . en solution dans le lait ou dans le jaune d'œuf. Lorsqu'on veut obtenir un effet stimulant ou antispasmodique, la dose devra être de 20 à 30 grammes et plus, dans les grands quadrupèdes, et de 4 à 6 pour les petits , en dissolution dans l'alcool ou l'éther. Appliqué sur les parties dénudées et sur les muqueuses sensibles , le camphre en poudre produit de la cuisson, puis une irritation, plus ou moins vive, selon la durée de l'application. Introduit dans le tube digestif, le camphre entrave la digestion et produit une sorte de tension des intestins par suite de sa volatilité ; passé dans la circulation, il détermine un effet sédatif direct caractérisé par la mollesse et le ralentissement du pouls, l'abaissement de la température du corps, la pâleur des muqueuses, la diminution de l'activité des sens et de la sensibilité, etc. Donné à dose plus élevée, le camphre produit une vive excitation qui est bientôt suivie d'une sédation consécutive, en rapport avec l'excitation. A la dose de 50 à 60 grammes, le camphre détermine l'empoisonnement chez les grands animaux, et chez les petits à celle de 10 à 15 grammes. L'acide acétique étendu d'eau, dans les premiers moments, et les excitants diffusibles, pendant la sédation, sont les meilleurs moyens à mettre en usage. Le camphre est éliminé de l'économie par la transpiration pulmonaire et cutanée. — *Indications*. Le camphre seul, ou associé au quinquina, aux ammoniacaux, convient surtout pour combattre les affections putrides des animaux (typhus, charbon, gangrène, péripneumonie et angine gangreneuses, clavelée confluente, érysipèle gangreneux, morve aiguë, etc.). Les maladies de l'appareil génito-urinaire en réclament l'emploi ; on l'associe souvent alors avec le nitrate de potasse ou le mucilage de graine de lin. Dans les affections nerveuses et les névroses (chorée, épilepsie, tétanos, nymphomanie, vertige, etc.), le camphre peut être avantageux comme antispasmodique, surtout lorsqu'on le mélange à l'assa-fétida, à la valériane, à l'opium, à la jusquiame, etc. Le camphre peut être utile aussi contre quelques affections aiguës à titre de sédatif, comme dans le rhumatisme, l'arthrite, la péritonite, etc. A l'extérieur, le camphre en poudre sert à détruire les ectozoaires : en solution dans l'alcool, on l'emploie en frictions sur les contusions, les entorses, les engorgements tendineux et articulaires, etc., en application sur les plaies gangreneuses, les ulcères, l'érysipèle, la brûlure, etc. Enfin, il serait utile, dit-on, pour faire passer le lait et dissoudre les engorgements des mamelles.

CAMPHRÉ, adj. *camphoratus*; qui ressemble au camphre, ou qui en contient. *Odeur camphrée, alcool camphré, eau-de-vie camphrée*, etc.

CAMPTOTROPE, CAMPULITROPE, V. AMPHITROPE.

CAMUS, USE, adj.; se dit, en *extér.*, de la tête des animaux lorsqu'elle présente une dépression vers le point d'union du front et du chanfrein : *tête camuse.*

CANAL, s. m., *Canalis;* conduit étroit, allongé, donnant passage le plus souvent à un liquide. Les canaux sont très nombreux dans le corps animal, et tirent leur nom de leur forme, de leur situation et, surtout, de leurs usages, ou des organes auxquels ils appartiennent (*V.* pour chacun d'eux, l'adjectif qui les qualifie). — En *extér.*, on appelle *canal* l'espace intra-maxillaire qui loge la langue, et dans le fond duquel on aperçoit, de chaque côté de cet organe, une série de petits tubercules qui sont les orifices de la glande salivaire sous-linguale.

CANAL MÉDULLAIRE. — *Bot.*, sorte d'étui occupant le centre de la tige dans les végétaux dicotylédonés, et renfermant la moëlle. Il est continu ou coupé de distance en distance par des cloisons correspondant à des nœuds ou à des rameaux. Rarement il descend au-dessous du collet de la racine. Tantôt très large, comme dans le sureau, tantôt à peine visible, comme dans les grands arbres de nos forêts, il peut être *cylindrique, elliptique, anguleux*, etc. Son diamètre diminue au-delà d'un certain âge. Le canal médullaire ne parait pas différer, sous le rapport de la structure, du tissu ligneux qui l'entoure; cependant, l'analyse fait découvrir, dans sa composition, des trachées que le bois et l'aubier ne renferment pas. La présence des trachées dans le canal médullaire caractérise cette partie de la tige ; il est évident que l'on ne peut considérer que comme *cavités médullaires* les tubes qui renferment la moëlle dans les monocotylédonés et même dans certaines dicotylédonées.

CANALICULÉ, adj., *canaliculatus;* qui porte un petit canal, une gouttière. Le pétiole présente souvent cette disposition.

CANCELLÉ, adj., *cancellatus;* en forme de grillage ou de réseau. Les feuilles de l'*hydrogeton fenestralis*, dont les nervures anastomosées ne sont pas entourées de limbe ou de parenchyme, en offrent un exemple.

CANCER, s. m., de καρκίνος, qui signifie *crabe, écrevisse*, parce que l'on a comparé aux pattes d'un crabe les veines dilatées qui partent d'une tumeur cancéreuse, ou parce que cette affection semble dévorer les tissus à mesure qu'elle progresse. C'est une expression dont le sens n'est pas exactement déterminé; on l'emploie pour désigner des dégénérescences de tissus constituant des maladies bien différentes. Pour les anatomo-pathologistes modernes, les tumeurs cancéreuses ne comprennent que le *squirrhe* et l'*encéphaloïde*. Les mots *carcinome, sarcome, fongus médullaire, hématode* sont employés pour désigner quelques variétés de cancer. On observe assez fréquemment cette maladie dans les animaux. Tous les tissus peuvent la contracter, à l'exception des parties pileuses et épidermiques. Les parties vasculaires, les corps glanduleux y sont plus prédisposés que les autres. Au premier rang sont les mamelles et les testicules; viennent ensuite l'utérus, la verge, l'œil, les organes internes. — L'étiologie du cancer est obscure. On admet une *diathèse cancéreuse*, qui produit la maladie et l'entretient ; la *cachexie cancé-*

reasa est cet état d'altération de l'organisme causé par le cancer. On est assez d'accord pour admettre la transmission par hérédité, mais non la contagion. C'est vers l'âge adulte que se développent surtout ces dégénérescences des tissus parenchymateux. Les climats chauds paraissent favoriser la marche des tumeurs cancéreuses. Comme causes déterminantes, on cite les contusions, les blessures, l'emploi intempestif des caustiques, enfin tout ce qui produit une inflammation chronique. — Cette affection débute à l'état latent, mais elle acquiert plus tard une telle force, qu'elle altère profondément les tissus: elle durcit les parties molles et ramollit même les os. Considéré au premier degré, le cancer forme un engorgement squirrheux; c'est plus tard, quand il se ramollit et constitue l'encéphaloïde, qu'il développe des douleurs vives, en produisant des phénomènes divers pour chaque organe affecté. Sur la peau, le cancer forme des lies, des verrues, principalement au pourtour des ouvertures naturelles, vers les organes de la génération, sans donner lieu à des souffrances marquées. Dans les membranes muqueuses, il produit des polypes, exemple: ceux du pylore, de la matrice. Pour les os, le cancer porte le nom d'*ostéo-sarcome;* il débute par différents points de leur surface: il est surtout douloureux, quand il se développe sur le périoste interne. Le cancer du foie produit l'ictère; celui du cerveau fait apparaître des symptômes nerveux. Quelquefois on n'observe aucun signe fébrile: dans d'autres cas, la réaction se fait sentir sur les principaux appareils. Pendant la période de ramollissement, les malades perdent leurs forces et tombent dans un état cachectique: les muqueuses prennent une teinte jaune, l'appétit est presque nul, les digestions languissent; la diarrhée précède le marasme, et l'animal périt. À l'exception du cancer de la peau, borné à une surface étroite, toutes les autres maladies du même genre sont à peu près incurables. Toutes ont une grande tendance à se reproduire après l'extirpation, dans la partie même qui a été opérée. C'est alors qu'on voit la plaie devenir d'un mauvais aspect, ou la cicatrice s'ulcérer et présenter des végétations ulcéreuses. Dans les récidives, la marche du cancer est surtout rapide, et amène promptement l'encéphaloïde. — Il n'est pas possible d'assigner une durée à cette affection. Le mal est d'autant plus long, qu'il affecte des organes moins importants pour la vie. — Sous le rapport de l'anatomie pathologique, on distingue dans le cancer des lésions particulières à chacune des deux périodes appelées *squirrhe* et *encéphaloïde.* Dans la dégénérescence squirrheuse, les tissus sont convertis en une substance ferme, lardacée, d'un blanc-grisâtre, contenant des stries fibreuses, qui crient sous le scalpel et contiennent entre elles une matière demi-transparente. La section d'un squirrhe a parfois l'aspect de la coupe d'un navet. Ces stries fibreuses forment des prolongements qu'on regarde comme des racines. Les vaisseaux y sont peu développés, les injections artérielles ne peuvent les traverser: on ne trouve que des capillaires superficiels. Quand le squirrhe forme une tumeur circonscrite, sa mobilité se montre plus grande que dans le cas contraire, où il envahit une grande surface et se prolonge par ses rayons fibreux. Tout en se développant, la tumeur squirrheuse contracte des adhérences avec les parties voisines et perd sa mobilité. Plus tard, surviennent des changements remarquables: les parties dures se ramollissent par places, forment plusieurs cavités distinctes: la peau s'ulcère et laisse échapper une matière séreuse. Ordinairement l'encéphaloïde se développe après le squirrhe: quelquefois il est indépendant de cette altération: son nom vient de sa ressemblance avec le tissu du cerveau. On l'appelle encore *fongus médullaire, hématode, sarcome, cancer tuberculeux.* Au début, il a la consistance du lard: sa coupe donne des lobules séparés par des lignes rougeâtres; son aspect est graisseux. Le plus fréquemment le centre est ramolli et contient une matière cérébriforme avec des taches ou des stries dues à du sang infiltré: quelquefois cette teinte est noire et présente l'apparence d'un caillot sanguin. Le tissu encéphaloïde se produit souvent dans les veines de la partie malade. Dans l'état de crudité, le diagnostic différentiel est difficile à établir entre le squirrhe et l'encéphaloïde: c'est ce qui a fait considérer ces deux états comme identiques, et l'un d'eux comme la terminaison de l'autre. Trousseau et Leblanc n'admettent pas cette identité. Bérard fait ressortir que, dans le plus grand nombre des cas, le tissu encéphaloïde offre, dès son début, ses caractères anatomiques bien tranchés même dans les tumeurs les plus petites. — Le pronostic du cancer est des plus graves. Pour l'établir, on doit prendre en considération le siège de la maladie, sa marche, son intensité. — On a proposé de nombreux moyens pour guérir le cancer; tous sont à peu près impuissants. Parmi les altérants, l'arsenic et l'iode paraissent avoir donné quelque succès sur l'homme: on les a peu employés chez les animaux pour ce traitement; les mercuriaux ont échoué. Les toniques, les ferrugineux entre autres ont fourni peu de résultats. On combat les accidents inflammatoires qui compliquent la maladie par les antiphlogistiques; c'est la chirurgie qui fournit les moyens les plus certains de guérison. La pâte de Rousselot, dont l'arsenic forme la base, est assez recommandée comme produisant la cautérisation. D'autres pâtes caustiques ont été appliquées avec succès sur les animaux atteints de cancer: telles sont le caustique de Vienne, mélange de potasse et de chaux vive, la pâte de Canquoin, formée par un mélange de chlorure de zinc et de farine. Ces préparations sont préférables au fer rouge pour remédier au cancer. Souvent on emploie l'instrument tranchant pour extirper les tumeurs cancéreuses, même après une récidive. Il faut y renoncer, quand le malade est atteint de la cachexie qui accompagne le cancer.

CANCÉREUX, adj., *cancrosus ;* qui a rapport au cancer, qui tient du cancer. On dit : *tumeur cancéreuse, vice cancéreux, diathèse cancéreuse, cachexie cancéreuse.*

CANCROIDE, adj., de καρκινος, *cancer ;* et ειδος forme ; qui ressemble au cancer. *Tumeur cancroïde.*

CANCHE, s. f., *Aira*, L.; genre de la famille des Graminées. Il a pour caractères : glume biflore à deux valves, balle à deux valves, l'extérieure portant une arête tordue qui part à peu près de la base ; fleurs en panicule luisante. Les diverses espèces de canches croissent de préférence dans les prairies un peu sèches, dont la végétation n'est point abondante. Elles sont petites et plus propres à être broutées que fauchées. Les principales espèces de ce genre sont : la C. flexueuse, *A. flexuosa ;* la C. gazonnante, *A. cæspitosa ;* la C. aquatique, *A. aquatica ;* la C. précoce, *A. præcox ;* la C. blanchâtre, *A. canescens.*

CANDI, *V.* SUCRE.

CANIN, INE, adj.; *caninus*, de *canis*, chien ; qui appartient au chien ; on appelle *canines* les dents angulaires ou crochets, sans doute à cause du développement que présentent ces dents dans l'espèce du chien. Sous le nom d'*espèce canine*, on désigne d'une manière générale les animaux du genre chien.

CANITIE, s. f.. *Canities*, de *canus*, blanc ; blancheur des poils, des cheveux. Peu usité en vétérinaire. On donne ce nom au changement de couleur des chevaux gris, qui deviennent blancs en vieillissant.

CANNABINÉES, s. f., *Cannabineæ ;* tribu de la famille des Urticées, regardée par quelques auteurs comme famille distincte. Elle renferme les genres *Chanvre* et *Houblon.*

CANNE A SUCRE, s. f.. *Saccharum officinale*. L.: plante vivace de la famille des Graminées. Elle est originaire de l'Asie méridionale et orientale, d'où elle a été transportée dans le midi de l'Europe et les contrées chaudes de l'Amérique. La canne à sucre acquiert une hauteur de 3 à 4 mètres et un diamètre de 4 à 5 cent. ; sa tige est lisse et noueuse comme celle des graminées. A la maturité, elle est blanche, jaunâtre ou violette, pesante et facile à briser : le liquide appelé *vin de canne*, d'où l'on extrait le sucre, est renfermé entre ses fibres. La canne se multiplie de bouture : la récolte est subordonnée à la plantation, et elle se fait à peu près dans toutes les saisons.

CANNE DE PROVENCE (*Arundo donax*). La racine de cette plante est employée en médecine comme tonique, diaphorétique et anti-laiteuse. Elle est longue, charnue, spongieuse, grise au-dehors, jaune en dedans ; on la trouve dans le commerce en fragments secs, coriaces, inodores, de saveur sucrée, légèrement amère. Elle renferme, d'après Chevalier, un extrait muqueux et amer, une matière résinoïde aromatique analogue à la vanille, une huile volatile, du sucre et divers sels alcalins. Cette racine peut se donner à l'intérieur en décoction aqueuse ou vineuse, à la dose de 150 à 200 grammes par litre de véhicule ; mais elle est rarement employée.

CANNEBERGE, *V.* AIRELLE.

CANNELÉ, ÉE, adj., *sulcatus, caniculatus ;* qui porte des cannelures. *Corps cannelé* ou *strié ;* éminence arrondie en forme de larme, située à la partie antérieure et externe de chacun des grands ventricules du cerveau. Les corps striés ont reçu leur nom des stries que forme dans leur épaisseur le mélange de la substance blanche et de la substance grise. — *Bot.* Marqué de cannelures, de sillons ; ex. : les tiges de beaucoup d'ombellifères.

CANNELLE, s. f., *Cortex cinnamomi*, de l'italien *Cannella*, tuyau ou petite flûte. On donne ce nom à l'écorce sèche et dépouillée de son épiderme, de divers arbres originaires de l'Inde, qui appartiennent au genre *Laurus* et à la famille des Laurinées. On en distingue plusieurs espèces dont les principales sont les suivantes : 1° *cannelle* de *Ceylan ;* elle est formée d'une écorce mince, papyracée, roulée plusieurs fois sur elle-même, formant de petits tuyaux longs de 50 centimètres et de la grosseur du doigt ; elle a une teinte blonde ou fauve-clair, une odeur suave et une saveur sucrée, chaude et aromatique. C'est la variété la plus estimée. Elle est fournie par le *L. cinnamomum ;* 2° *cannelle* de *Cayenne ;* fournie par le même arbre que la précédente, mais transplanté à Cayenne ; cette variété ressemble beaucoup à celle de Ceylan ; seulement elle est plus épaisse, en tuyaux plus gros, plus longs et plus pâles ; 3° *cannelle* de *Chine ;* cette variété qui provient du *L. cassia*, est quatre fois plus épaisse que celle de Ceylan, en tuyaux roulés une fois seulement sur eux-mêmes ; sa couleur est plus foncée, ferrugineuse ; son odeur est moins suave, et sa saveur plus forte rappelle celle des punaises. Elle est moins estimée comme aromate, mais elle est plus active que les précédentes, moins chère, et convient mieux, par conséquent, pour la médecine des animaux ; 4° *cannelle mate*, c'est l'écorce du tronc du *L. cinnamomum*, dépourvue de son épiderme ; elle est en plaques non roulées, épaisses, d'une teinte jaune-rougeâtre, d'odeur et de saveur faibles ; 5° *cannelle* du *Malabar* ou de *Java* (cassia lignea). Elle provient des *L. cassia* et *malabathrum*. Cette variété ressemble à celle de Chine, mais elle est plus rouge, plus épaisse, et s'en distingue aisément à cause de la présence d'un épiderme grisâtre ; 6° *cannelle blanche* fournie par le *Cannella alba* (Guttifères). Cette variété est roulée en bâtons très longs : sa couleur est rougeâtre et cendrée en dehors, d'un blanc-jaunâtre à l'intérieur ; son odeur rappelle celle du girofle, et sa saveur est aromatique, piquante et amère. Les autres variétés de cannelle sont sans importance. — Quelles que soient l'origine et la variété des cannelles, elles offrent à peu près la même composition chimique : toutes contiennent de l'huile volatile d'une teinte rougeâtre, de l'acide cinnamique, du tannin, une matière colorante, du mucilage, de l'amidon et du ligneux. On administre la cannelle en poudre (électuaire), en infusion aqueuse ou vineuse, plus rarement en teinture : elle entre dans plusieurs préparations officinales. La dose pour les grands animaux varie de 20 à 60 grammes, et pour les petits de 2 à 5 grammes. La cannelle est un excitant gastro-entérique très énergique, en même temps qu'un stimulant général. Donnée à l'intérieur, elle excite vivement l'estomac, les intestins, active la digestion et l'absorption du chyle et produit bientôt la constipation. Passés dans la circulation, ses principes volatils excitent les centres nerveux et activent ainsi toutes les fonctions. La cannelle en breuvage est indiquée dans l'inappétence, la paresse du tube digestif, l'indigestion simple, les coliques d'eau froide, la diarrhée séreuse, le part languissant, etc. On l'associe fréquemment aux toniques végétaux et aux ferrugineux, pour augmenter leur action sur l'économie animale.

CANON, s. m. ; région des membres tant antérieurs que postérieurs, ayant pour base les os métacarpiens ou métatarsiens, et les tendons extenseurs et fléchisseurs qui leur sont contigus. Ces derniers sont étudiés à part sous le nom de *tendon* (*V.* ce mot). Le canon doit être fort : un canon grêle est un indice de faiblesse. Sa longueur est toujours en raison inverse de celle de l'avant-bras, et de la jambe. Un canon court indique l'aptitude aux allures rapides. Il se développe quelquefois sur le canon des tumeurs osseuses que l'on nomme *suros* (*V.* ce mot). Le canon du membre postérieur, plus long que celui du membre antérieur, porte à sa face interne une petite plaque cornée appelée *châtaigne*.

CANONIERS, adj. ; nom donné par Lafosse aux deux muscles lombricaux supérieurs.

CANTAL (Race bovine du). Elle est inférieure sous tous les rapports à celle de Salers dont elle dérive.

CANTHARIDE, s. f., *Cantharis*, de κανθαρος, scarabé. La cantharide est un insecte coléoptère-hétéromère, rangé par Latreille dans la famille des *Trachélides*, tribu des *Cantharidés*, vésicants ou épispastiques. C'est le *meloe vesicatorius* de Linné, la *lytta vesicatoria* de Fabricius, la *cantharis vesicatoria* de Geoffroy, la *cantharis officinarum* des pharmaciens. — *Caractères*. Le corps est cylindroïde, long de 15 à 20 millimètres, épais de 4 à 5 : tête forte, triangulaire, plus large que le corcelet qui est carré et séparé d'elle par un rétrécissement brusque en forme de col : les yeux sont saillants et latéraux, les antennes longues, noires, à onze articles : les élytres sont longues, flexibles, d'un vert cuivreux et doré, recouvrant des ailes membraneuses et transparentes ; les pattes sont grêles et terminées par des tarses noirâtres, à crochets bifides. Desséchées, les cantharides sont très légères (douze par gramme, six mille par livre), friables, se réduisent facilement en une poudre grisâtre présentant un grand nombre de petits points brillants, d'un beau vert doré provenant des élytres de l'insecte : cette poudre exhale une odeur forte, désagréable, rappelant celle des souris, et présente une saveur chaude et très âcre. — *Récolte et conservation*. Les cantharides, très communes et très actives dans les contrées chaudes, vivent par essaims sur les arbres de la famille des Jasminées (frêne, lilas, troène), et apparaissent dans nos contrées vers le mois de juin. On les récolte le matin, en secouant les arbres lorsqu'elles sont encore engourdies par la fraîcheur de la nuit : on les asphyxie ensuite au moyen des vapeurs de vinaigre ou d'essence de térébenthine, et, une fois séchées au soleil ou à l'étuve, on les met dans des vases exactement clos et secs ; pour les préserver des piqûres des insectes, on emploie le camphre et le carbonate d'ammoniaque. — *Composition chimique*. D'après Robiquet, les cantharides sont composées de : 1° huile grasse, verte, fluide, non vésicante ; 2° matière jaune inerte ; 3° huile grasse jaune ; 4° substance noire ; 5° osmazôme ; 6° acides urique, acétique et phosphorique ; 7° chitine ; 8° phosphate de chaux et de magnésie ; 9° *cantharidine* ; 10°, d'après Orfila, un principe âcre volatil, qui constituerait, avec la cantharidine, les principes actifs des cantharides. — *Préparations*. La poudre est une des préparations les plus employées ; elle sert à former la teinture, l'huile, les pommades, onguents, cérats, etc., cantharidés, si fréquemment usités pour l'usage externe. Quant à l'infusion et à l'extrait, ce sont deux préparations inusitées en médecine vétérinaire. — *Action*. Les cantharides constituent un des médicaments vésicants les plus actifs ; appliquées sur la peau ou les tissus, les préparations cantharidées y déterminent une inflammation violente suivie de phlyctènes, de suppuration sur les téguments, et de gangrène dans les tissus. Ingérées dans le tube digestif, même à petites doses, les cantharides produisent une inflammation gastro-intestinale des plus intenses et qui est souvent mortelle ; lorsque les principes actifs de ce médicament ont été absorbés, ils portent principalement leur action sur l'appareil génito-urinaire, et provoquent des désordres plus ou moins graves ; c'est d'abord un priapisme très marqué, avec difficulté ou impossibilité d'uriner (*strangurie, ischurie*), une

hématurie plus ou moins violente, etc. Tous
ces symptômes sont accompagnés d'une fièvre
intense, et suivis d'une prostration complète
des forces, avec des sueurs froides exhalant
l'odeur des cantharides. Le camphre est regardé comme le contre-poison le plus efficace
de l'empoisonnement par les cantharides. Ce
médicament est rarement usité à l'intérieur ;
essayé par Gohier et Barthélemy aîné comme
diurétique, il a eu peu de succès; Faber l'a
employé avec avantage contre le diabetés du
cheval ; il serait sans doute utile contre
l'albuminurie et vraisemblablement aussi contre la paralysie du pénis. Dans le midi de la
France, on en ferait usage, selon Moiroud,
comme aphrodisiaque sur les génisses pour
provoquer les chaleurs. Les médecins ont
conseillé l'usage interne des cantharides contre
la paralysie de la vessie, l'incontinence d'u-
rine, la rage, plusieurs névroses, etc., mais
ce moyen est peu répandu. On doit donner
de préférence la teinture à la dose de 2 à
4 grammes aux grands animaux, et à celle
de 20 à 30 centigrammes aux petits; on peut
adoucir l'action trop vive des cantharides avec
le camphre, l'opium, le nitre, le mucilage de
graine de lin, etc. A l'extérieur, les cantharides sont employées à titre de vésicant, de
fondant, de résolutif, etc., pour produire une
révulsion, une dérivation ou une substitution,
etc.: on emploie pour cet usage la teinture,
l'huile ou les préparations onguentacées ; les
cas où on en fait le plus fréquemment usage
sont les engorgements indolents, les tumeurs
articulaires ou tendineuses, les contusions
récentes et anciennes, les maladies psoriques,
les plaies de mauvaise nature, etc.

CANTHARIDINE, s. f., $C^{10} H^6 O^4$. Ce
principe actif des cantharides a été découvert
par Robiquet; pour l'obtenir, on traite la
poudre de cantharides par l'alcool, dans un
appareil à déplacement; la teinture qui en résulte est distillée pour retirer l'alcool, et le
résidu, lavé avec de nouvel alcool et traité
par le charbon animal, laisse déposer la cantharidine. Elle est solide, en petites lames
blanches, micacées, inodore, desaveur excessivement âcre et irritante. Chauffée, elle fond
à 210°, puis se volatilise ; elle se dissipe même
à la température ordinaire. Insoluble dans
l'eau, elle se dissout dans l'alcool, surtout
lorsqu'il est chaud : elle se dissout également
dans l'éther, les huiles grasses et les essences.
C'est évidemment le principe actif des cantharides, puisqu'elle produit rapidement la
vésication lorsqu'elle est appliquée sur la
peau, et qu'à l'intérieur elle détermine un empoisonnement rapide.

CANULE, s. f., de *Canne* ou *Canon*,
tuyau, petit tuyau ; tube employé dans plusieurs opérations chirurgicales et entrant dans
la composition de quelques instruments. Les
canules des *seringues* et des *troquarts* ont
des formes variées (*V.* ces mots).

CAOUTCHOUC, s. m., de l'indien *Cahuchu;* gomme élastique, *gummi elastica*. Le
caoutchouc est une substance végétale hydro-
carbonée, provenant du suc desséché de plusieurs arbres de la famille des Euphorbiacées
(*hevea guianensis, jatropha elastica, sipho-
nia cahuchu,* etc.), qui croissent dans l'Amérique du sud, la Guyanne, l'île de Java, etc.
Pour l'obtenir, on fait des incisions au tronc
de l'arbre, on recueille le suc laiteux qui s'en
écoule, et on le dessèche en plusieurs couches sur un moule en terre qu'on brise ensuite après l'avoir ramolli dans l'eau. Le caoutchouc se trouve dans le commerce sous forme
de petites bouteilles, de lames, de fils,etc. ; il
est toujours solide, mou, doué d'une grande
élasticité, d'une compressibilité et d'une ténacité très prononcées. Sa couleur varie ; pur,
le caoutchouc est jaunâtre; impur et tel qu'on
le trouve dans le commerce, il a une teinte
brune ou rousse assez semblable à celle du
cuir; sans odeur ni saveur sensibles, il pèse
0,925. Chauffé, le caoutchouc se ramollit
d'abord, fond ensuite à 120° et reste onctueux
après le refroidissement; à la distillation sèche, il fournit une huile volatile qui est son
meilleur dissolvant et laisse un charbon volumineux. Le caoutchouc en masse est opaque ;
en plaques minces, il est translucide : il est
du reste imperméable aux gaz et à tous les
liquides. Insoluble dans l'eau et l'alcool, le
caoutchouc se dissout dans l'éther, les huiles
pyrogénées et dans l'essence de térébenthine,
surtout lorsqu'il a été préalablement ramolli
dans l'eau chaude. Employé à des usages très
nombreux dans les arts et l'industrie, le
caoutchouc est quelquefois mis en usage pour
la confection de certains instruments de chirurgie; dans les laboratoires de chimie, on
en fait un emploi fréquent pour confectionner
quelques luts et pour monter les appareils
d'analyse, parce qu'il se prête à toutes les
formes et qu'il est à peu près inattaquable
par les agents chimiques.

CAPACITÉ, s. f., *Capacitas*. On donne
ce nom, d'une manière générale, aux dimensions en tous sens, d'un corps solide et creux;
sous ce rapport, *capacité* est synonyme de
contenance. La capacité d'un vase est représentée exactement par le volume du liquide
qu'il peut contenir: l'unité ou mesure de capacité est le *litre* (*V.* ce mot et MÈTRE). —
Capacité calorifique. On appelle ainsi, en
physique, la faculté qu'ont les corps d'exiger
des quantités différentes de calorique pour
varier, sous le même poids, d'un même nombre de degrés de l'échelle thermométrique.
Cette quantité relative de chaleur absorbée
par les corps qui changent de température ;
est ce qu'on nomme leur *calorique spécifique*.
On se sert, pour ces évaluations comparatives,
de l'unité conventionnelle appelée *calorie* (*V.* ce
mot).— *Capacité de saturation*. Les chimistes
donnent ce nom à la quantité pondérable d'a-
cide nécessaire pour saturer une base, ou de
base pour saturer un acide, *V.* SATURATION.
Cette capacité est constante pour chaque acide
ou chaque base, mais variable selon la nature

du corps antagoniste : elle dépend essentiellement de la proportion d'oxygène contenue dans ces corps.

CAPARAÇON. s. m. : espèce de housse ou de longue couverture plus ou moins ornée, s'étendant quelquefois jusqu'à la tête, et destinée à protéger le cheval contre le froid, la pluie, les insectes, etc. On confectionne des caparaçons en filet pour l'été.

CAP-DE-MAURE : expression bizarre et inexacte que l'usage a consacrée pour exprimer la teinte noire de la tête du cheval, accompagnant souvent les robes *gris ardoisé* et *rouan foncé*.

CAPELET, s. m., de *caput*, tête, petite tête : tumeur qui se forme à la pointe du jarret du cheval. Considéré par quelques-uns comme une infiltration du tissu cellulaire, le capelet serait plutôt un hygroma de la bourse muqueuse située en arrière des tendons, qui recouvrent le calcanéum. — C'est par l'effet des contusions, du frottement de la pointe du jarret contre des corps durs, que le capelet se développe le plus souvent : il est aussi le résultat des flexions violentes, des efforts, d'un travail prématuré. — Une tumeur arrondie, volumineuse, se montre sur un, quelquefois sur les deux jarrets ; elle est molle au toucher, sans fluctuation. Sa présence ne cause point de douleur ; elle fait rarement boiter l'animal, à moins qu'elle n'ait acquis un gros volume : ses dimensions diminuent par l'effet de l'exercice. Quelquefois le capelet se termine par la formation d'un ou de plusieurs abcès. On distinguera le capelet des engorgements de la peau, des infiltrations des membres postérieurs dues à la fatigue, à l'humidité. Cette tumeur est d'un pronostic fâcheux, parce qu'elle passe pour être difficile à guérir. — Le capelet récent se dissipe par l'emploi des émollients ou des astringents, ou bien encore par les frictions avec les huiles essentielles. Quand cette tumeur est ancienne, la plupart des médications échouent dans le traitement ; on a fini par regarder le feu comme le seul moyen à employer avec succès. C'est une erreur ; en pareil cas, l'action du feu produit à peu près sûrement la guérison, mais il en résulte une dépréciation trop évidente ; on n'aura donc recours à ce moyen qu'avec une grande réserve. On applique le feu en raies ou en pointes ; cette dernière méthode est préférable ; mais il faut se garder de traverser la peau avec le cautère, le feu pénétrant laissant des traces trop apparentes. Avant de recourir à l'emploi du feu, l'on traitera le capelet chronique par le vésicatoire, par la pommade de biiodure de mercure, ou, ce qui est préférable, par le liniment ammoniacal double ; ce dernier médicament, appliqué trois fois sur la tumeur, la fait disparaître au bout de quelques jours aussi bien que le fer rouge, et sans laisser les mêmes tares.

CAPILLAIRE, adj. et subs., *capillaris, capillaceus ;* qui a la ténuité, la finesse des cheveux. *Phénomènes capillaires,* ceux qu'on observe dans le contact des liquides avec des corps solides présentant des espaces très fins, comme les porosités, l'intérieur d'un petit tube, l'intervalle de deux lames très rapprochées, etc. *V.* CAPILLARITÉ. — *Anat.* Nom donné à des vaisseaux très déliés, qui échappent même à l'œil nu, et forment le passage des artères aux veines. Les capillaires ne sont que la terminaison des premières et le commencement des secondes. Ils forment dans les tissus un lacis extrêmement fin et rendu plus compliqué encore par de nombreuses anastomoses. On suppose que leurs parois ne consistent que dans la membrane externe des vaisseaux, dont l'épaisseur a considérablement diminué. — *Système capillaire :* ensemble des vaisseaux capillaires, divisé en *système capillaire général,* ou appartenant à tout le corps, et en *système capillaire pulmonaire,* appartenant seulement au poumon, et dans lequel a lieu le phénomène de l'*hématose.* — Le système capillaire est le siège de plusieurs phénomènes dont l'essence intime est encore peu connue, tels que l'*absorption,* l'*exhalation,* les *sécrétions,* les *nutritions.*

CAPILLAIRE DE MONTPELLIER, *V.* ADIANTHE.

CAPILLARITÉ, s. f., de *capillus,* cheveu. On donne ce nom à l'ensemble des phénomènes qui se passent dans le contact des liquides avec les solides présentant des espaces très étroits ou capillaires. On appelle aussi capillarité la *force* particulière qui produit ces phénomènes, et qui ne paraît être qu'une variété de l'*adhésion.* — Les phénomènes de capillarité consistent essentiellement en une modification du *niveau normal* des liquides et de l'aspect de leur surface, qui de plane devient courbe. On les remarque non-seulement dans les tubes très fins, mais encore dans les porosités des solides, dans l'intervalle de deux plaques rapprochées, dans les tubes coniques, etc. — Quoique très variés, ces phénomènes sont soumis à un petit nombre de lois qui sont les suivantes : 1° si le liquide est susceptible de mouiller le solide, son niveau s'*élève ;* 2° s'il ne le mouille pas, il s'*abaisse ;* 3° quand il y a élévation du niveau, la surface du liquide est *concave* (ménisque concave) ; 4° quand il y a dépression ou abaissement du niveau, la surface est *convexe* (ménisque convexe) ; 5° ces phénomènes sont indépendants de la pression atmosphérique, de l'épaisseur des solides et de la densité des liquides ; 6° l'élévation ou la dépression est proportionnelle à l'étroitesse des espaces capillaires quelle que soit leur forme. — Les phénomènes capillaires ont été attribués par Clairaut à l'adhésion plus ou moins grande des liquides aux solides, relativement à la cohésion des premiers ; par De Laplace aux changements de pression qui surviennent à l'extrémité des colonnes liquides élevées ou déprimées, et enfin par Poisson à la modification de la densité de l'extrémité de ces mêmes colonnes. — C'est à l'action de la capillarité qu'il faut attribuer les attractions et les répulsions des solides qui nagent sur les liquides, le phénomène de l'*imbibition*, une partie de celui de l'*endosmose* (*V.* ces mots). Enfin elle parait jouer dans les fonctions organiques des êtres vivants un rôle très important *V.* ABSORPTION.

CAPITAL, s. m.; valeur monétaire ou autre, dont le propriétaire, le fermier, le chef d'industrie, etc., disposent pour la création ou l'exploitation d'une entreprise. On distingue en agriculture : 1° le *capital foncier;* il consiste dans la valeur vénale du domaine, de la ferme, représentant la terre, les habitations, l'énergie productive du sol ; c'est en quelque sorte le matériel brut de l'agriculture ; 2° le *capital fixe, inventaire* ou *mobilier;* il comprend les animaux domestiques attachés à l'exploitation, les instruments aratoires ou autres, les harnais, les semences ; 3° le *capital ou fonds de roulement;* il consiste en argent ou en produits immédiatement échangeables, et sert à payer le travail. Son produit constitue le revenu ou bénéfice brut: 4° le *capital d'amélioration;* il est *positif* ou *négatif;* dans le premier cas, il consiste en argent destiné à payer des travaux d'amélioration ; dans le second, il n'est pas autre chose que l'application intelligente et raisonnée d'un mode de culture qui accroit la production sans augmenter les frais, ou ajoute à la fécondité du sol. Sans capital, pas d'industrie possible. L'exploitation de la terre par un fermier suppose un domaine et les constructions nécessaires. Le capital, pour être suffisant, doit pouvoir solder les frais de réparation ou d'amélioration immédiates, d'achat des semences, des animaux et instruments, des amendements et engrais, et enfin constituer un fonds de roulement ou capital circulant. Quelle que soit son origine, fruit du travail, économie, prêt hypothécaire ou emprunt direct, il ne peut être inférieur aux besoins de l'exploitation, sinon, il donne un bénéfice relatif faible. Sa quotité varie selon le mode d'exploitation de la terre: d'après John Sinclair, le capital s'élève quelquefois, dans les fermes à pâturages les plus riches de l'Angleterre, à 8 ou 1,200 fr. par hectare; dans les fermes en terres arables, il est compris entre 3 et 900 fr. En Flandre, le chiffre de 325 fr. est généralement considéré comme nécessaire. La prudence, l'économie, l'intelligence, peuvent bien suppléer à une partie du capital, mais, en principe, la production lui est toujours subordonnée. Une des causes de l'infériorité de l'agriculture française réside dans le peu de capitaux dont elle dispose. On le comprendra, si nous ajoutons qu'un fermier de la Beauce n'apporte à son exploitation que 120 à 150 fr., par hectare, et un fermier de la Sologne 20 à 25 fr.

CAPITÉ, adj., *capitatus, capitiformis;* en forme de tête arrondie, ex. : le stigmate dans beaucoup de plantes.

CAPITULE, s. m., *Capitulum;* mode d'inflorescence commun à toutes les plantes de la famille des Composées et à plusieurs espèces des familles des Dipsacées, des Globulariées, etc. Il se compose d'un réceptacle qui n'est autre chose que le sommet dilaté du pédoncule ou l'agglomération des pédicelles réunis d'un corymbe entouré d'un involucre à folioles plus ou moins nombreuses, ordinairement inégales, imbriquées et scarieuses, quelquefois nu. Ce réceptacle est alvéolé, plan-convexe, nu ou couvert d'écailles, de paillettes, etc. Les fleurs sont sessiles ou très brièvement pédicellées. Elles sont hermaphrodites, mâles ou femelles; et, selon les caractères de celles que porte le réceptacle, le capitule est dit : *homogame, hétérogame, semiflosculeux, flosculeux, radié, homochrome* ou *discolore.* Le capitule a reçu de Cassini et de Mirbel le nom de *Calathide,* et de Richard celui de *Céphalanthe.*

CAPITULÉ, adj., *capitulatus;* disposé en capitule.

CAPOTE, s. f.; espèce de bandage matelassé en toile, avec lequel on recouvre la tête d'un cheval qu'on veut assujétir pour une opération. La *capote fumigatoire* consiste dans un long conduit en toile qu'on fixe au nez de l'animal auquel on veut donner une fumigation.

CAPPARIDÉES, s. f., *Capparideæ;* famille de plante dicotylédones, voisine des Crucifères et habitant principalement les régions tropicales. Genres principaux: *Capparis. Cleome.*

CAPRIER, s. m., *Capparis.* L. : genre de la famille des Capparidées. L'une des espèces de ce genre, le *C. spinosa*, croit en Provence; les boutons, recueillis avant leur épanouissement et confits dans le vinaigre, sont mangés comme assaisonnement sous le nom de *câpres.* L'écorce de la racine du caprier est amère, piquante et tonique.

CAPRIFOLIACÉES, s. f., *Caprifoliaceæ;* famille végétale, voisine des Rubiacées, composée d'arbrisseaux dicotylédones, quelquefois grimpants. Elle se divise en deux tribus: les Hédéracées et les Lonicérées, et renferme les genres *Hedera. Sambucus, Viburnum, Lonicera, Symphoricarpos.*

CAPRINES (races). Il règne encore en zoologie la plus grande incertitude sur les limites du genre Chèvre, et sur le nombre des espèces distinctes qui doivent le composer. On ne sait même pas bien à quelles espèces se rapportent les diverses races ou variétés que l'homme a soumises à la domesticité ; la solution de ces questions n'appartient point à l'économie rurale; nous nous bornerons ici à quelques considérations sur trois races ou variétés les plus utiles. — 1° CHÈVRE COMMUNE D'EUROPE. — CHÈVRE DOMESTIQUE. Elle comprend plusieurs variétés ou sous-races qui ne différent entre elles que par la taille, la présence ou l'absence de cornes. Elle est la propriété presque exclusive du pauvre, qui l'entretient très économiquement pour son lait : aussi son éducation est-elle complétement négligée. Ses produits consistent en lait consommé en nature ou transformé en fromage, en chevreaux livrés à la boucherie dès l'âge de deux à trois semaines, en suif, en chair peu estimée, en peaux employées à la confection des outres, du parchemin, du maroquin, en poils que l'industrie change en bourre.—La population caprine de la France s'élève seulement à 964.000 individus, estimés 9,000,000 fr., et très inégalement répartis entre les divers départements. Ceux qui en possèdent le plus sont les départements de l'Ardèche, du Var, de l'Isère, du Rhône.—Le revenu moyen de chaque tête n'est pas évalué à plus de 5 francs 50 centimes. — 2° CHÈVRE D'ANGORA. Elle est originaire de l'Asie mineure. Son introduction en Europe ne remonte qu'au siècle dernier. La colonie, amenée autrefois à Rambouillet, fut dispersée au moment de la révolution : on ne trouve plus aujourd'hui en France que quelques-uns de ses descendants. La chèvre d'Angora est principalement élevée pour sa toison que l'industrie emploie à la fabrication d'étoffes de valeurs diverses. Cette toison se compose d'un long poil très fin, d'un duvet peu abondant, mais fin et soyeux, de jarre ou poil court et grossier. On l'enlève au mois de mars ou d'avril de chaque année. — 3° CHÈVRE DU THIBET OU CACHEMIRIENNE. Cette race est entretenue pour sa toison dans les montagnes d'Asie, dans l'Inde, la Chine, la Perse, le Thibet, etc. Un troupeau de quatre à cinq cents têtes, acheté dans les Steppes entre Astracan et Orembourg, fut introduit en France en 1819 ; bien qu'il n'ait pas souffert de l'importation, il n'a pas réalisé, par ses produits et comme améliorateur, les espérances qu'on en avait conçues. — Les races d'Angora et du Thibet ne diffèrent essentiellement de la chèvre commune que par leurs toisons ; les tentatives d'amélioration qui ont été faites sont donc justifiées. Il serait à désirer qu'elles fussent reprises et poursuivies avec plus de persévérance. *V.* CHÈVRE.

CAPRIQUE. *V.* ACIDE.

CAPROIQUE. *V.* ACIDE.

CAPSULAIRE, adj., *capsularis ;* qui appartient aux capsules, qui forme des capsules. *Ligaments capsulaires :* ligaments aplatis, membraneux, formant les capsules fibreuses qui soutiennent et affermissent les membranes synoviales des articulations. — *Bot.* Se dit des fruits secs et déhiscents, tels que les follicules, la gousse, la silique, la silicule, la pixide, la capsule, etc.

CAPSULE. s. f., *Capsula*, de ϰαψα, boîte ; fruit sec et déhiscent de forme et d'étendue indéterminées. La capsule est *uniloculaire, biloculaire,* etc., *monosperme, polysperme,* etc., *univalve, bivalve,* etc. Sa déhiscence

est *loculicide, septicide* ou *septifrage,* ou bien elle a lieu par des pores, etc. Enfin, la capsule peut être *cylindrique, linéaire, sphérique, ovoïde,* etc. — Nom du réceptacle dans plusieurs genres de plantes acotylédones. — *Anat.* Plusieurs parties ont reçu le nom de *capsules ;* quelques-unes même présentent à peine une cavité — *Capsule de Glisson,* membrane très mince, fibreuse enveloppant le foie, et se prolongeant dans son intérieur avec les divisions de la veine-porte. — *Capsules articulaires, séminales, surrénales, synoviales (V. ces adjectifs).* — *Pharm. et chim.* On appelle capsule, dans les laboratoires de chimie et de pharmacie, un vase hémisphérique, à parois minces, destiné à l'évaporation des liquides et à la dessiccation des substances salines. Les capsules les plus employées sont celles de porcelaine, vernies seulement à l'intérieur. Celles d'argent et de platine servent principalement pour les analyses quantitatives, et pour la préparation de certains composés qui attaqueraient le vernis de la porcelaine.

CAPUCHON. s. m., *Cucullus ;* nom particulier que prennent les parties des enveloppes florales repliées en forme de capuchon.

CAPUCINE. s. f., *Tropæolum.* L. : genre de la famille des Géraniées. L'espèce principale est la C. à larges feuilles, *T. majus,* originaire du Pérou et cultivée en Europe comme plante d'ornement. Ses feuilles passent pour diurétiques et antiscorbutiques : ses boutons sont préparés et mangés comme ceux du câprier.

CAPUT-MORTUUM, s. m. : mots latins introduits dans la langue française par les anciens chimistes, pour désigner le *résidu* inerte et inutile de certaines opérations. Beaucoup de corps regardés pendant longtemps comme tels, sont devenus utiles plus tard par suite des progrès de la science et de l'industrie.

CARABES, s. m., *Carabi :* famille d'insectes coléoptères, renfermant de nombreuses espèces, parmi lesquelles, une surtout, le *C. doré,* se fait remarquer dans les champs et les jardins, où il détruit un grand nombre d'autres insectes. Les carabes manquent d'ailes membraneuses et ne volent jamais. Leur marche est très rapide.

CARACOLER, v. n. : T. de man. : exécuter ou faire exécuter une succession de demi-tours à droite et à gauche, avec ou sans changement de main, mais sans suivre de piste.

CARACTÈRE, s. m., *Character,* de χαραϰτήρ, marque ; ensemble de modifications apparentes propres à faire distinguer les objets ; c'est dans ce sens que l'on dit : *caractères botaniques, zoologiques, minéralogiques.* Les uns servent à distinguer les espèces, ce sont les caractères *spécifiques ;* d'autres à distinguer les genres, les familles, les classes, ce sont les caractères *génériques, ordinaux, classiques.* Leur valeur dépend du point de vue où l'on se place, et le même organe, dans deux systèmes différents, peut avoir une grande importance ou une importance presque nulle. On peut énoncer en principe que la valeur d'un caractère est en raison composée de l'importance de l'organe et du point de vue sous lequel on le considère. — Les caractères sont tirés des organes de la nutrition, de la reproduction, etc. Chacun d'eux a d'autant plus de valeur qu'il est susceptible de moins de variations ; toutefois, telle modification reléguée, en général, parmi les caractères des derniers ordres, peut devenir, lorsqu'il s'agit d'un genre et surtout d'une espèce, d'une grande importance. — On emploie aussi le mot *caractère* pour exprimer l'état plus ou moins grave d'une maladie, ex. : *pneumonie de mauvais caractère, d'un caractère fâcheux.*

CARACTÉRISTIQUE, adj.; qui caractérise: *signe caractéristique; symptôme caractéristique.* Synonyme de *pathognomonique.*

CARAMEL, s. m., *Saccharum percoctum.* On donne ce nom au sucre qui, ayant perdu son eau de cristallisation et subi un commencement de décomposition au feu, a acquis une couleur jaune et une odeur aromatique. *V.* SUCRE.

CARAPACE, s. f.; enveloppe solide qui protège le corps des tortues. La carapace se compose de deux parties étroitement unies : la partie supérieure ou *carapace* proprement dite, et la partie inférieure ou *plastron.* La carapace n'est autre chose que les vertèbres et les côtes de la tortue, élargies et réunies entre elles ; tandis que le plastron est formé par la réunion des différentes pièces du sternum. Le couet la queue sont les seules parties du rachis qui se détachent de la carapace ; les autres vertèbres lui sont intimement unies. L'ensemble de cette enveloppe osseuse est recouvert de plaques cornées qui constituent l'*écaille.*

CARBONATE. s. m., *Carbonas.* Genre de sels formés par l'union de l'acide carbonique avec les bases. Ils sont neutres ou à l'état de bicarbonates ou de sesquicarbonates ; les premiers renferment une proportion d'acide et une de base : les seconds deux proportions d'acide, et les troisièmes une proportion et demie pour la même quantité de base. La quantité relative d'oxygène de l'acide et de la base est de 2 à 1 dans les carbonates, de 3 à 1 dans les sesquicarbonates, et de 4 à 1 dans les bicarbonates. Plusieurs existent dans la nature, et la plupart peuvent être obtenus par double décomposition. Un seul est volatil, c'est celui d'ammoniaque ; tous sont décomposables au feu, excepté ceux de potasse, de soude et de lithine : quand la vapeur d'eau intervient ainsi que le charbon ou tout autre corps combustible, ils se décomposent tous sans exception. Aucun carbonate n'est soluble dans l'eau, excepté ceux de potasse, de soude, de lithine et d'ammoniaque. Tous les acides décomposent les carbonates secs ou dissous, et dégagent avec effervescence un gaz incolore et inodore, qui,

reçu dans de l'eau de chaux, forme un précipité blanc, soluble dans les acides, c'est l'acide carbonique. Ceux qui sont solubles précipitent en blanc par l'eau de baryte, l'eau de chaux, et par le sulfate de magnésie. Les bicarbonates ne précipitent pas par ce dernier réactif, ce qui sert à les distinguer des carbonates neutres.

CARBONATES D'AMMONIAQUE, *alcali volatil, concret,* sel volatil d'*Angleterre.* — 2 C O² 3 Az H³ + Aq. — Il existe plusieurs carbonates d'ammoniaque, qui sont : le carbonate neutre, le bicarbonate et le sesquicarbonate ; c'est ce dernier qu'on prépare dans l'industrie. Ce sel se forme dans la putréfaction des matières azotées, et pendant la distillation sèche des substances animales. On le prépare artificiellement en calcinant un mélange à parties égales de chlorhydrate ou de sulfate d'ammoniaque et de carbonate de chaux. Ce sel est solide, cristallisé en aiguilles groupées en pennes, incolore, d'une odeur vive d'ammoniaque, d'une saveur urineuse et caustique ; il bleuit le papier rouge de tournesol, et verdit le sirop de violette. Il est très volatil, même à la température ordinaire, perd de l'ammoniaque, se change en bicarbonate et devient plus fixe. Soluble dans deux fois son poids d'eau froide, il se dissipe et se décompose dans l'eau chaude. Il est employé comme réactif dans les laboratoires. — *Pharmacologie.* Le carbonate d'ammoniaque est un médicament excitant, diffusible et diaphorétique, moins énergique que sa base libre. Il se donne à l'intérieur en électuaire ou en dissolution, à la dose de 20, 30 ou 40 grammes pour les grands animaux, et à celle de 5 à 10 pour les petits ; il agit comme l'ammoniaque liquide, mais avec moins d'énergie ; cependant comme il est moins irritant, il conviendrait peut-être mieux, dans la plupart des cas, pour l'usage interne. Employé comme résolutif et fondant contre la morve et le farcin, il n'a eu aucun succès ; il paraît avoir mieux réussi contre la prostration des forces qui accompagne la fin des maladies putrides des grands animaux. Les médecins en conseillent l'usage contre le croup et le diabètes. A l'extérieur, il est rarement employé: il pourrait entrer dans la confection de quelques collyres secs.

CARBONATE DE BARYTE.—*Withérite.* Ba O. CO².—Ce sel existe dans la nature associé au carbonate de chaux ou aux minerais de plomb. On peut l'obtenir par double décomposition d'un sel de baryte et d'un carbonate soluble. Il est solide, incolore, inodore, sans saveur, pesant 4.29. Chauffé à la chaleur blanche, il se décompose surtout par l'intervention de la vapeur d'eau ou du charbon. A peu près insoluble dans l'eau pure, il se dissout dans celle qui est saturée d'acide carbonique, et se transforme en bicarbonate. Ce sel est vénéneux.

CARBONATE DE CHAUX. Ca O. CO². Le carbonate de chaux est, de toutes les substances minérales, la plus abondamment répandue dans la nature. Il forme, en effet, plus de la moitié de la croûte solide du globe. Il constitue une foule d'espèces minéralogiques, parmi lesquelles on compte le *spath calcaire*, l'*arragonite*, le *calcaire grossier*, la *pierre à chaux*, la *pierre à bâtir*, les *marbres*, la *craie*, l'*albâtre*, la *pierre lithographique*, etc. On le trouve aussi en dissolution dans certaines eaux à la faveur d'un excès d'acide carbonique, et formant, en se déposant, des *incrustations* dans les tuyaux de conduite, des *pétrifications* comme dans certaines fontaines de l'Auvergne, des *stalactites* et des *stalagmites* dans quelques grottes. Enfin, ce sel constitue presque en entier le test des crustacés et des mollusques, les polypiers, les coquilles d'œufs et une partie de la substance osseuse du squelette des animaux vertébrés. On peut l'obtenir artificiellement par double décomposition. Il est alors solide, en poudre blanche, inodore, insipide; dans la nature, il est souvent coloré par des oxydes métalliques, et cristallisé sous deux formes distinctes et incompatibles, le *rhomboèdre* et le *prisme* (*dimorphisme*). La densité de ce sel varie de 2.3 à 3.8. — Chauffé au rouge blanc, il perd son acide carbonique et se transforme en *chaux vive*; s'il est renfermé dans un vase clos de toutes parts et résistant, il fond sous la pression qu'il supporte, et se change en *marbre*. Insoluble dans l'eau pure, il se dissout aisément dans celle qui est saturée d'acide carbonique. Employé à de nombreux usages dans les arts, ce sel n'est usité en médecine que comme *absorbant interne*. Il joue dans la nutrition des animaux un rôle très important comme partie constituante du système osseux et des autres parties dures de l'économie animale. Introduit dans le tube digestif par les boissons et les aliments, il est porté dans le sang par absorption et déposé peu à peu dans la trame des organes par le jeu de la nutrition.

CARBONATES DE CUIVRE. — On connaît plusieurs carbonates de cuivre, qui tous sont à base de deutoxyde. — 1° *Carbonate neutre*. Cu O, C O². Il est anhydre et ne peut être préparé artificiellement. Il forme un minéral connu sous le nom de *mysorine*, qui est rare et ne se trouve guère que dans l'Indoustan. Ce minéral est d'un brun noirâtre foncé, à cassure conchoïde, en masses terreuses ou compactes; d'une densité de 2.62. — 2° *Carbonate bibasique*. 2 Cu O, C O² + 2 Aq. — *Vert minéral, vert-de-gris naturel, malachite*. Ce composé existe dans la nature et peut être obtenu aussi par voie de double décomposition. A l'état naturel ou de *malachite*, il peut être cristallisé en prismes rhomboïdaux, mais il est le plus souvent en masses mamelonées, compactes, à cassure soyeuse; il est dur, pèse 3, 5, et peut recevoir un beau poli. Il sert alors à fabriquer des objets d'ornement. Obtenu artificiellement, il est en poudre d'un vert bleuâtre ou d'un vert-pomme,

selon qu'il a été obtenu avec des solutions froides ou chaudes. La chaleur lui fait perdre son eau et son acide carbonique. — 3° *Carbonate sesquibasique*. 3 Cu O, C O² + aq. — *Azurite, azur de cuivre, bleu de montagne*. Il existe tout formé dans la nature, cristallisé en prismes obliques rhomboïdaux, en rognons, en poudre, mélangé à des matières terreuses (cendres bleues) ou en roches (pierre d'Arménie). Ces carbonates sont exploités comme minerais de cuivre.

CARBONATE DE FER. — Fe O, C O². Il est à base de protoxyde et présente peu de stabilité. On le trouve dans la nature en grande quantité, cristallisé en prismes rhomboïdaux, aplatis ou lamelleux (*fer spathique*), en dissolution dans certaines eaux chargées d'acide carbonique (*eaux ferrugineuses*). Il prend naissance quand le fer est exposé à l'air humide (*rouille, safran de mars apéritif*). Enfin on le prépare artificiellement en faisant réagir un carbonate alcalin sur une solution de protosulfate de fer (*safran de mars astringent*). Il forme alors un précipité abondant, gélatineux, d'abord blanchâtre, puis gris, et enfin couleur de rouille, par suite de l'oxydation rapide du protoxyde de fer et de la perte graduelle de l'acide carbonique. Recueilli, lavé et desséché, ce sel se trouve réduit presque entièrement à l'état d'hydrate de peroxyde de fer. — *Pharmacol*. Ce composé de fer constitue un excellent tonique astringent : il résiste moins que les oxydes de fer à l'action dissolvante du suc gastrique, et passe plus facilement dans le torrent circulatoire que le protosulfate de fer qui est trop astringent. Le meilleur procédé d'administration de ce médicament consiste à mélanger parties égales de protosulfate de fer et de carbonate de soude, réduits en poudre, avec du miel, sous forme d'électuaire (pilules de Blaud et de Vallet). Le carbonate de fer se forme et ne se décompose pas aussi vite à cause de la présence du miel. La dose est de 15 à 30 grammes de chaque substance pour les grands animaux, et de 5 pour les petits. C'est un spécifique des affections anhémiques et hydrohémiques de l'homme et des animaux.

CARBONATE DE MAGNÉSIE. — *Magnésie blanche* ou *anglaise*. Ce sel, dont la composition n'est pas toujours identique, existe dans la nature sous plusieurs formes. Pur, il forme un minéral appelé *magnésite*; associé au carbonate calcaire, il constitue la *dolomie*; en dissolution dans certaines eaux minérales, il est à l'état de bicarbonate qui est soluble. On le prépare artificiellement pour les besoins de la médecine en décomposant le sulfate de magnésie par une solution bouillante d'un carbonate alcalin : il est alors bibasique, hydraté et souvent mêlé à un excès de magnésie à l'état d'hydrate. — Il est recueilli, lavé et mis dans de petits moules en bois garnis de papier gris où il s'égoutte et sèche. On le trouve dans le commerce en pains carrés, très légers, très poreux, blancs, inodores et insipides. — Insoluble dans l'eau pure, il se dissout aisément dans celle qui est chargée d'acide carbonique ; il se change en bicarbonate ; la chaleur rouge-brun chasse l'acide carbonique de ce sel et le transforme en magnésie *pure* ou *caustique*. — *Pharmacol.* Ce sel est employé à l'intérieur comme absorbant, laxatif et comme antidote des acides minéraux ; cependant pour ces divers usages on lui préfère généralement, et avec raison, la magnésie *calcinée*.

CARBONATE DE PLOMB. — *Céruse, blanc de plomb* ou *d'argent.* — Pb O , C O². — Ce sel existe dans la nature, cristallisé en tétraèdres blancs, transparents, d'un éclat nacré. — On le prépare artificiellement par divers procédés : en mettant des lames de plomb dans des pots vernis contenant du vinaigre et enfouis dans du fumier en fermentation (procédé hollandais) ; en faisant passer un courant d'acide carbonique dans de l'acétate tribasique de plomb (procédé français), ou enfin en traitant un sel soluble de plomb par une solution de carbonate de soude ou de potasse (procédé des laboratoires). Ce sel est solide, amorphe , en poudre blanche , inodore, insipide. Insoluble dans l'eau pure, il se dissout dans l'eau chargée d'acide carbonique ; chauffé, il perd son acide carbonique et se change en une poudre d'un jaune rougeâtre qui est de l'oxyde de plomb. — Il entre dans la confection des préparations emplastiques usitées en médecine humaine.

CARBONATES DE POTASSE. On connaît plusieurs carbonates de potasse : le carbonate neutre, le bicarbonate et le sesqui-carbonate. Les deux premiers seuls sont utiles. 1° *Carbonate neutre, sous-carbonate de potasse, potasse du commerce, potasse perlasse,* etc. = K O, C O². On peut obtenir ce sel, qui n'existe pas dans la nature, par divers procédés : 1° en faisant déflagrer dans une bassine chauffée au rouge, parties égales de bitartrate de potasse et de sel de nitre, reprenant le résidu par l'eau, évaporant jusqu'à siccité pour obtenir le carbonate de potasse pur qui s'est formé (*nitre fixe* , *sel de tartre,* etc.) ; 2° en brûlant dans des fosses les plantes ligneuses, lessivant les cendres, évaporant à siccité, calcinant le résidu (*salin*) jusqu'à ce qu'il soit blanc (*potasse perlasse ou du commerce, alcali végétal*). Le carbonate de potasse obtenu par ce procédé n'est pas pur ; il renferme des sels de potasse et de soude, un silicate alcalin, et parfois des oxydes métalliques qui colorent le produit de diverses nuances ; 3° enfin, en calcinant la lie de vin desséchée, on peut obtenir un carbonate de potasse plus ou moins impur, appelé dans le commerce *cendre gravelée.* Par quelque procédé que le carbonate de potasse ait été obtenu, il est toujours solide, amorphe, en grumeaux, incolore ou légèrement coloré, inodore et d'une saveur urineuse et caustique très prononcée. Indécomposable au feu, qui le fond seulement , ce sel perd son acide car-

bonique si la vapeur d'eau intervient, et donne du potassium si on le mélange à du charbon (procédé Brunner). Très soluble dans l'eau, le carbonate de potasse est insoluble dans l'alcool ; exposé à l'air , il en attire vivement l'humidité et se résout en liquide (huile de tartre par défaillance). — *Pharmacol.* Considéré comme médicament, le carbonate de potasse est réputé *fondant* et *diurétique* : on le donne à l'intérieur à la dose de 15 à 30 grammes dans un litre d'eau , aux grands animaux , et à celle de 5 à 10 grammes pour les petits. On en fait usage contre l'indigestion venteuse des ruminants et contre les hydropisies. A l'extérieur, il est *résolutif* et *détersif*, et employé à ce titre contre les maladies psoriques anciennes avec changement dans la texture du tissu de la peau. 2° *Bicarbonate de potasse.* K O, 2 C O² + Aq. Ce sel n'existe pas dans la nature ; on le prépare artificiellement en faisant passer un courant d'acide carbonique dans une solution de carbonate neutre. Il est solide , blanc, en cristaux prismatiques rhomboïdaux , inodore, d'une saveur alcaline prononcée. Chauffé à 100°, il perd son eau et son acide carbonique en excès , et se change en carbonate neutre. Inaltérable à l'air, il est beaucoup moins soluble dans l'eau que le carbonate neutre : sa solution, soumise à l'ébullition , se change d'abord en sesqui-carbonate, puis en carbonate neutre. — *Pharmacol.* Employé comme *diurétique* et surtout comme *lithontritique* contre les calculs à base d'acide urique, en médecine humaine, il ne l'est presque jamais dans celle des animaux ; on lui préfère, du reste, le bicarbonate de soude.

CARBONATES DE SOUDE. L'acide carbonique se combine en plusieurs proportions avec la soude et donne naissance à trois composés distincts : 1° *Le carbonate de soude neutre, sous-carbonate de soude, soude du commerce,* etc. — N O, C O² + 10 H O. Ce sel existe dans la nature, mais en petite quantité ; on le prépare artificiellement par deux procédés spéciaux : A. Pendant longtemps on a obtenu le carbonate de soude en incinérant des plantes marines (*salsola soda, salicornia europœa, fucus, varechs*) dans des fosses creusées dans la terre. On obtenait ainsi un produit impur composé de carbonate de soude et de divers sels alcalins solubles (*soude naturelle, alcali minéral*). B. Pendant les guerres de la Révolution et de l'Empire, le blocus continental mettant obstacle à l'arrivée en France des soudes que nous tirions de l'étranger, les chimistes, encouragés par le gouvernement, cherchèrent à obtenir artificiellement et de toute pièce le carbonate de soude nécessaire à l'industrie. Un chirurgien français, Leblanc, proposa le procédé suivant qui fut généralement adopté : on mélange mille parties de sulfate de soude avec mille parties de carbonate de chaux, et cinq cents de poussière de charbon de bois, on calcine ce mélange dans un four à réverbère, on lessive le produit et on concentre la liqueur pour faire cristalliser (*soude factice ou artificielle*). Le carbonate de soude pur est solide, cristallisé en prismes rhomboïdaux contenant 63 %, d'eau de cristallisation, incolore, inodore, d'une saveur alcaline très marquée, ce sel pèse 1.36. Chauffé à 100°, il perd toute son eau de cristallisation, puis se fond sans se décomposer, à moins que la vapeur d'eau ou le charbon n'interviennent. Exposé à l'air, il s'effleurit et devient opaque. L'eau en dissout son poids à 100° et seulement la moitié à la température ordinaire. — *Usages.* Très employé dans les arts pour la fabrication des savons et du verre, ce sel sert souvent aussi dans les laboratoires comme réactif. Comme médicament, le carbonate de soude est réputé *diurétique* et *fondant;* cependant, pour l'usage interne, on lui préfère le bicarbonate : à l'extérieur, il est employé pour nettoyer la peau dans le cas de maladies psoriques; il entre, en outre, dans quelques préparations destinées à combattre ces maladies. Il a été proposé par Lassaigne pour rendre potables les eaux trop chargées de sulfate de chaux : **2° *Bicarbonate de soude, sel digestif de Vichy.*** $NO, 2 CO^2 + HO.$ Ce sel existe dans quelques eaux minérales, mais on peut aisément le préparer par un procédé artificiel, qui consiste à faire passer dans une solution de carbonate neutre un courant d'acide carbonique. Il est solide, incolore, cristallisé en prismes à quatre pans, inodore et d'une saveur alcaline et salée, mais faible. Chauffé, il perd la moitié de son acide carbonique et se change en carbonate neutre. Exposé à l'air, il ne s'y effleurit point : soluble dans l'eau, quoique moins que le carbonate neutre, la solution qui en résulte perd son acide carbonique en excès à une température peu élevée.— *Pharmacol.* Donné à l'intérieur, ce sel agit comme *antiacide, diurétique* et *lithontritique;* très souvent employé chez l'homme à ces divers titres, le bicarbonate de soude l'est rarement en médecine vétérinaire : il serait utile cependant, selon toute probabilité, contre l'état d'acidité des liquides de l'économie, comme cela paraît exister chez les animaux qui ont le goût dépravé, qui tiquent et qui recherchent les substances terreuses ; chez les jeunes animaux qui tettent et qui sont atteints de diarrhée ; chez les vaches dont le lait a une trop grande tendance à se coaguler, etc. En général, ce médicament convient mieux pour l'usage interne que les carbonates neutres de potasse et de soude, parce qu'il est moins irritant ; **3° *Sesquicarbonate de soude, Natron.*** $2 NO, 3 CO^3 + HO.$ On trouve ce sel tout formé dans certains lacs de l'Egypte, de l'Inde, du Mexique, etc., et même de l'Europe; il paraît résulter de la réaction du sel marin de l'eau sur le carbonate de chaux du sol. Il ressemble beaucoup au carbonate neutre qu'il peut remplacer dans ses usages industriels.

Carbonate de Strontiane. $StO, CO^2.$ Ce composé existe dans la nature, pur (strontianite) ou associé au carbonate de chaux (arragonite). On peut l'obtenir aisément par double décomposition. — Il est solide, incolore, inodore, sans saveur, pesant 3.65, insoluble dans l'eau pure, décomposable par la chaleur seule, etc.

Carbonate de Zinc. $ZnO, CO^2.$ Ce sel existe dans la nature, associé au silicate de zinc et à divers carbonates terreux et métalliques (calamine). Celui qu'on obtient artificiellement par double décomposition est mélangé avec de l'hydrate de zinc. — Le carbonate naturel est gris-jaunâtre, amorphe ou cristallisé; celui qui a été obtenu par double décomposition est blanc, inodore et de saveur astringente. Le feu le décompose aisément; l'eau ne le dissout qu'autant qu'elle contient un excès d'acide carbonique libre. — Médicament *astringent, antiépileptique* et *vermifuge*, peu usité.

CARBONE, s. m., *Carbo*, charbon. C. Eq 75. Le carbone est un corps simple non métallique, *organogène*, très répandu dans la nature, où il joue un rôle très important, sous des formes très variées. Comme principe essentiel des *charbons*, ce corps est connu de toute antiquité; mais, comme corps élémentaire, on n'est bien fixé sur la nature de ses diverses variétés que depuis la fin du siècle dernier. — Quoique très varié de forme, ce corps présente certains caractères généraux qu'on retrouve toujours : ainsi il est constamment *solide* à toutes les températures ; il est inodore, insipide, mauvais conducteur de la chaleur et de l'électricité, *infusible* à tous les moyens connus, brûlant au contact de l'air en se transformant en acide carbonique ou en oxyde de carbone. — Il est *insoluble* dans l'eau et dans tous les véhicules connus ; il se conserve à l'air, dans la terre, dans l'eau, indéfiniment. Il peut se combiner à la plupart des corps simples métalloïdes ou métalliques; il exerce sur les acides, les oxydes, les sels, les substances organiques, une action désoxydante ou réductive. Il a, dans les arts, l'économie domestique et la médecine, des usages aussi nombreux qu'importants. Les variétés principales de carbone sont comprises dans le tableau suivant :

CHARBONS NATURELS.

1° Peu combustibles :	Diamant.
	Graphite.
	Anthracite.
2° Combustibles :	Schistes.
	Houille.
	Lignite.
	Tourbe.

CHARBONS ARTIFICIELS.

1° Minéraux :	Coke.
	Charbons de Schistes.
2° Végétaux :	Noir de fumée.
	Charbon de bois.
3° Animaux :	Noir d'ivoire, d'os ou noir animal.

CARBONIQUE. V. Acide carbonique.

CARBONISATION. s. f., *Carbonisatio*. On donne ce nom à la transformation des substances organiques en charbon. Cette opération consiste généralement dans la distillation à sec de ces substances, pour les dépouiller de leurs principes volatils. Les corps qui servent de combustibles, tels que le bois, la houille, l'anthracite, la tourbe, etc., sont particulièrement soumis à la carbonisation, soit pour obtenir la partie fixe, le charbon, soit pour recueillir les divers principes volatils. — Les os subissent aussi cette opération pour la préparation du charbon animal.

CARBURE, s. m., *Carburetum*. On donne généralement ce nom aux composés neutres dans lesquels le carbone joue le rôle électronégatif, en se combinant à un autre corps simple. Les éléments avec lesquels il forme des composés qui méritent le nom de *carbures*, sont surtout l'*hydrogène* parmi les métalloïdes, et le *fer* parmi les métaux. — Les carbures d'hydrogène sont fort nombreux ; il en est de gazeux comme l'*hydrogène protocarboné* et l'*hydrogène deutocarboné*, V. Hydrogène ; d'autres qui sont liquides, comme le *protocarbure*, le *sesquicarbure* et le *bicarbure* d'hydrogène provenant du gaz de l'éclairage ; comme les essences de roses, de citron, de menthe poivrée, de genévrier, de térébenthine, l'huile de naphte et de pétrole, etc. Enfin, il en est de solides comme le camphre, le caoutchouc, les bitumes, le stéaroptène de plusieurs huiles essentielles (*V.* ces mots et Essences). Quant aux carbures métalliques, il n'y a que ceux de fer qui méritent une étude spéciale. V. Acier et Fonte.

CARBURÉ, adj. : qui renferme du carbone ; synonyme de *carboné ; fer carburé, hydrogène carburé*, etc.

CARCÉRULAIRE, adj. ; on désigne ainsi, d'après Mirbel, un fruit sec, indéhiscent, sans apparence de suture, uniloculaire et ordinairement monosperme. Il comprend trois genres : 1° la *cypsèle* ; 2° le *cérion*, 3° la *carcérule*. Le premier correspond à l'*achaine*, le second au *cariopse*, le dernier aux fruits carcérulaires qui ne peuvent entrer dans les deux autres genres, ex. : la *samare*, la *balauste*.

CARCÉRULE, *V.* Carcérulaire.

CARCINOMATEUX, EUSE, adj., *carcinodes*, de καρκίνος, cancer ; qui tient de la nature du cancer : *ulcère carcinomateux*.

CARCINOME, s. m., de καρκίνος, cancer. Ce mot est plus vague que celui de *cancer*, quoiqu'on l'emploie souvent comme son synonyme. Pour les uns, c'est le cancer commençant ; pour d'autres, c'est le contraire ; synonyme de *squirrhe*, dans quelques ouvrages. Inusité, parce qu'il n'a pas d'acception bien déterminée. — *Carcinome du pied. V.* Crapaud et Piétin.

CARDAMINE, s. f., *Cardamine*, L. ; genre assez nombreux de la famille des Crucifères. Ses espèces croissent généralement dans les prairies humides et ombragées ; leur saveur piquante à l'état vert doit les faire considérer comme assaisonnantes. Desséchées, elles sont dures et insipides. L'espèce principale est la C. des prés, *C. pratensis*, qui jouit, mais à un moindre degré, de toutes les propriétés du cresson de fontaine. Elle est commune en France.

CARDÈRE, s. f., *Dipsacus*, L. ; genre de la famille des Dipsacées. Parmi les espèces de ce genre, une seule offre un véritable intérêt, c'est la C. à foulon, D. *fullonum*, encore appelée Chardon à bonnetier ; ses réceptacles oblongs, armés de paillettes dures et recourbées, servent, après leur dessiccation au peignage des draps, des couvertures. On la cultive pour cet objet dans le midi, l'Est et le Nord de la France.

CARDIA, s. m., mot latin dérivé de καρδία, par lequel on désigne habituellement l'orifice œsophagien de l'estomac.

CARDIALGIE, s. f., de καρδία, cœur, et ἀλγέω, je souffre ; douleur violente à l'épigastre : synonyme de *gastralgie*.

CARDIALOGIE, s. f., de καρδία, cœur, et λόγος, discours ; partie de l'anatomie qui traite du cœur.

CARDIAQUE, adj., *cardiacus*, de καρδία, cœur ou orifice œsophagien de l'estomac ; appartenant au cœur ou à cet orifice. — *Artères cardiaques* ou *coronaires* : elles sont au nombre de deux, l'une gauche et l'autre antérieure, naissant du tronc de l'aorte immédiatement au-dessus des valvules sygmoïdes. La première s'engage dans la scissure ventriculaire gauche, après avoir fourni une branche qui suit la *scissure coronaire* ; la seconde suit d'abord la scissure coronaire en se portant à droite, où elle s'engage dans la scissure ventriculaire droite. — *Nerfs cardiaques* : ils émanent du pneumo-gastrique et du grand sympathique, et forment, à la base du cœur, le *plexus cardiaque*. — *Orifice cardiaque de l'estomac, V.* Cardia. — *Veines cardiaques* : variant de une à quatre ; elles suivent les artères et vont se rendre directement dans l'oreillette droite, près de la veine-cave postérieure.

CARDIOCÈLE, s. m., de καρδία, cœur, et κήλη, tumeur ; hernie du cœur.

CARDITE, s. f., *Carditis*, de καρδία, cœur, et de la term. *ite*, qui indique une inflammation ; phlegmasie du tissu musculaire du cœur. L'inflammation de la séreuse interne du cœur constitue l'*endocardite*, celle de la séreuse externe la *péricardite*. Cette maladie a été peu étudiée dans les animaux ; Gohier nie son existence ; Dupuy a combattu cette opinion ; Leblanc a fait un traité sur les maladies du cœur. La cardite est *aiguë* ou *chronique, simple* ou *compliquée*. — Les causes sont peu connues. Souvent on attribue cette affection à la fatigue, aux fourrages nouveaux, à une alimentation trop substantielle. Les coups, les chutes, la pression du thorax, sont des causes traumatiques de la cardite.

— On observe assez fréquemment l'inflammation du cœur dans le cheval. Les mouvements de cet organe sont alors plus prononcés que dans l'état normal, quelquefois tumultueux : on les observe distinctement pour les oreillettes et les ventricules : le pouls est inégal, dur, parfois intermittent. La respiration est fréquente ; l'inspiration est régulière, l'expiration profonde, entrecoupée : le moindre exercice provoque la dyspnée et des sueurs abondantes. On a regardé la lipothymie ou syncope comme un signe presque pathognomonique de l'inflammation du cœur : il est certain, cependant, que la cardite sur-aiguë n'est pas toujours accompagnée de ce phénomène. Par l'auscultation, partout le bruit respiratoire se fait entendre dans les poumons : on perçoit dans la région du cœur le bruit de souffle ou de frottement. Il y a pâleur des muqueuses, infiltration des membres : des crampes se montrent dans les extrémités postérieures : les lombes conservent leur souplesse. La cardite peut se terminer par l'atrophie ou l'hypertrophie du cœur, par son ramollissement. Souvent la mort en est la suite : elle est précédée de l'augmentation de la faiblesse générale et de la syncope. Examiné pendant la vie, le sang se coagule facilement : il fournit un caillot jaune très abondant et fort peu de sérosité. — A l'autopsie, on trouve le péricarde distendu par une sérosité sanguinolente ; la séreuse viscérale est pointillée de noir : des ecchymoses se montrent sur la face externe des oreillettes et des ventricules. Des taches noirâtres existent également à l'intérieur de l'organe et pénètrent à travers les fibres musculaires, qui sont devenues friables; un caillot consistant occupe les cavités droites et celles du côté gauche. L'estomac est enflammé : des ecchymoses apparaissent sur le tube intestinal : le foie est ramolli. — Le pronostic est grave à cause de l'importance des fonctions du cœur et de la difficulté d'établir un diagnostic exact. — On met en usage le traitement antiphlogistique. Il faut diminuer l'activité du cœur, par l'emploi de la saignée, qu'on répète fréquemment en ayant soin de la suspendre, quand le pouls paraît se déprimer. On administre à l'intérieur, dans un électuaire, la poudre de digitale, en élevant chaque jour la dose, qui d'abord est de 5 grammes, et peut ensuite être portée à 30 ou 40. Le repos et l'immobilité complète sont nécessaires. Les laxatifs rafraîchissants, les sétons, les sinapismes sont d'utiles auxiliaires quand on redoute l'état chronique.

CARDITIQUE, adj., de καρδία, cœur ; qui a rapport au cœur : *fièvre carditique*, synonyme de *syncope*.

CARDON, *V.* ARTICHAUT.

CARDO-PÉRICARDITE, s. f., de καρδία, cœur, et περικάρδιον, péricarde ; inflammation du cœur et du péricarde, *V.* CARDITE.

CARDUACÉES, s. f. ; tribu des Composées renfermant des plantes dont les fleurs sont des fleurons, et qui ont un réceptacle garni de poils ou d'alvéoles. Genres principaux : *Carduus, Centaurea, Onopordon, Cynara,* etc.

CARÈNE, s. f., *Carena* ; nom particulier des deux pétales inférieurs réunis de la corolle papillonnacée. Tantôt ces deux pétales sont simplement rapprochés, tantôt ils sont soudés à leur extrémité : le plus souvent enfin, ils sont unis dans toute leur étendue. Dans ces cas, la carène est dite *dipétale, à deux pieds, entière*.

CARÈNE, adj., *carinatus;* disposé comme la carène d'un vaisseau.

CAREX, *V.* LAICHE.

CARIE, s. f., *Caries*, de καρίω, user en frottant. C'est l'inflammation ulcérative des os, caractérisée par l'érosion de leur tissu. Elle attaque tous les os, particulièrement dans la partie spongieuse. La carie est *simple* ou *compliquée;* l'ostéo-sarcome, le spina-ventosa, les exostoses, en sont les complications les plus fréquentes. — Les causes sont externes ou internes. Ce sont des coups, des chutes, des projectiles, les fractures, les entorses, qui produisent le plus souvent la carie. On connaît peu l'action des causes internes ou constitutionnelles qui peuvent la faire développer sur les animaux. — Les auteurs ne sont pas d'accord sur la nature de la carie. On l'a confondue avec la *nécrose* : on l'a regardée aussi comme une des terminaisons de l'ostéite. Parmi les symptômes, on observe la douleur de la partie affectée, la tuméfaction des tissus, l'ulcération et l'écoulement d'un pus grisâtre mêlé de parcelles osseuses. Ce pus teint en noir les sels de plomb, parce qu'il contient du sulfhydrate d'ammoniaque : son odeur est infecte. Bientôt plusieurs fistules s'établissent et présentent à leur ouverture des végétations fongueuses ; une sonde introduite dans leur trajet fait sentir des portions dénudées de tissu osseux. Si la maladie fait des progrès, le malade tombe dans le marasme et périt; cette fâcheuse terminaison arrive surtout, lorsque la carie se développe sur un os situé profondément. Dans la *nécrose*, qu'on nomme encore *carie sèche*, une partie osseuse est frappée de mort et devient corps étranger; c'est un séquestre qui suscite un travail éliminatoire. C'est le contraire dans la *carie*, l'os malade suppure, se ramollit, sans être privé de vie. — Les études anatomiques font reconnaître dans la carie plusieurs périodes. L'os est d'abord rougeâtre, injecté : plus tard, il est jaune, assez mou; son tissu est pénétré par une matière grisâtre. Quelques os cariés ressemblent à la pierre ponce. Mis en contact avec une légère dissolution acide, l'os carié ne laisse pas de résidu, tandis que, dans ce cas, la nécrose se convertit en une substance élastique (Poujet, Bérard et Sanson). — Abandonnée à elle-même, cette affection guérit rarement ; souvent elle coexiste avec un état morbide général, la diathèse tuberculeuse, par exemple. — Il faut, par des modificateurs énergiques, attaquer la cause interne de la carie pour la ramener à l'état d'une affection locale. Après avoir ensuite combattu la douleur par des applications émollientes, il convient de convertir la partie cariée en nécrose. Dans ce but, on prescrit les huiles essentielles, l'alcool, les teintures, les acides minéraux, le sulfate de cuivre, le bichlorure de mercure; le séquestre est bientôt suivi du développement de bourgeons charnus. Sous ce rapport, le cautère actuel offre de grands avantages; par son emploi, la guérison est bien plus certaine. Il faut appliquer plusieurs fois le fer porté au rouge blanc. de manière à détruire la partie cariée. Quand ce moyen ne suffit pas, on emploie préalablement la résection pour enlever les tissus malades. Enfin, dans les cas désespérés. il ne reste plus à faire que l'amputation des os affectés, qui n'est applicable qu'aux petits animaux, lorsqu'on tient à les conserver malgré la mutilation qui les prive d'un membre. —*Hyg.* et *Bot.*; maladie des graines céréales dans laquelle la farine est remplacée par une poussière grasse, noire ou olivâtre, d'une odeur désagréable, et qui n'est autre chose que la substance d'un champignon du genre Uredo, de l'*U. caries.* Les grains cariés conservent à peu près leur forme, leur aspect extérieur : ils sont seulement un peu grisâtres, ridés et plus renflés qu'à l'ordinaire. Pressés entre les doigts, ils s'écrasent avec la plus grande facilité. La poussière qui les remplit a donné à l'analyse une huile grasse, verte, fétide, susceptible, dit-on, de provoquer la reproduction de la maladie, une substance végéto-animale, de l'ammoniaque, de l'acide phosphorique. — On ignore les causes précises du développement de la carie ; on sait qu'elle est plus fréquente dans les années pluvieuses, et lorsque les semences ont été profondément enfouies ; que les froments, et surtout les froments du nord, y sont plus sujets que les autres céréales ; enfin, que sa propagation à l'aide de la poussière s'effectue facilement. — La carie du blé est celle qui occasionne les plus grandes pertes sur la qualité et sur la quantité du produit. Les grains cariés, en se brisant pendant ou après le battage, répandent sur le blé resté sain leur poussière qui s'attache aux extrémités, les colore en gris, et lui fait donner le nom de blé moucheté. Ce grain est plus difficile à moudre ; la farine qu'on en retire a une odeur forte ; elle est piquée de noir et de gris : elle se tasse et s'échauffe facilement ; le pain qu'elle donne est gris ; il a une saveur sensiblement âcre et amère. — Les cultivateurs ont le plus grand intérêt à prévenir le développement de la carie. Les moyens préservatifs sont nombreux : le triage des épis et des grains. le vannage, le criblage répété, le lavage à l'eau froide ou à l'eau chaude, ou dans des solutions de chaux, de sel marin, de sulfate de cuivre, dans la lessive de cendres, dans l'urine, etc.. la récolte avant la maturité. Lorsque le grain n'est

point destiné à être semé, on le lave ou on le passe au *démouchetoir*. — Le développement de la carie s'accompagne de certains phénomènes extérieurs qui l'annoncent : les feuilles prennent une teinte plus foncée, les tiges une couleur grisâtre. Les épis mûrissent plus vite, les grains paraissent plus nombreux, et néanmoins l'épi reste droit parce qu'il est plus léger. Il est rare que tous les grains d'un épi soient atteints, et jamais tous les épis d'un champ ne sont cariés. — *Carie des arbres:* maladie analogue par ses effets à la carie sèche des animaux. Elle consiste en une altération progressive de la substance ligneuse des arbres, suivie de ramollissement. Elle commence tantôt par le tronc, tantôt par l'extrémité des plus jeunes rameaux. L'humidité, les entamures, l'étêtement, sont les causes les plus fréquentes et les plus probables de la carie. On peut en prévenir jusqu'à un certain point les effets par des sections nettes et obliques, par des enduits protecteurs qui empêchent le contact de l'air et le séjour de l'eau. — Certains arbres, tels que les saules, le chêne, sont plus souvent que d'autres atteints de la carie.

CARIÉ, adj. ; qui est affecté de carie : *os carié. tissu carié, dent cariée.*

CARINAL, adj., *carinalis;* se dit de la suture médiane des pétales.

CARIOPSE, s. m., *Cariopsis,* de καρα, tête, et de οψις, figure ; fruit monosperme, indéhiscent, à péricarpe mince, confondu avec l'épisperme : ex. : le fruit des Graminées.

CARLINE, s. f., *Carlina,* T. : genre de la famille des Composées. Il ne renferme que des herbes épineuses trop petites et en même temps trop dures pour ne pas être considérées comme nuisibles au point de vue de l'hygiène. On les trouve principalement sur les pelouses élevées. La racine de quelques-unes a été regardée comme sudorifique.

CARMINE, s. f., *Coccine, cochenilline;* principe colorant de la cochenille, découvert en 1818 par Pelletier et Caventou; on le trouve également dans le kermès végétal (coccus ilicis, L.) C'est une substance solide, grenue, d'apparence cristalline. sans odeur ni saveur, et d'une couleur rouge pourpre intense. Inaltérable à l'air, elle fond à 50°, et se décompose ensuite en donnant des produits ammoniacaux, à cause de l'azote qu'elle renferme. Insoluble dans l'éther, elle se dissout dans l'eau et l'alcool. La carmine forme avec l'alumine une laque rouge appelée *carmin,* d'où lui vient son nom. et qui est employée dans les arts comme couleur.

CARMINATIF, adj.. et subst., de *carminare,* charmer. On donne ce nom aux médicaments qui auraient la propriété de provoquer l'expulsion par l'anus des gaz contenus dans la partie intestinale du tube digestif, et de faire disparaître ainsi instantanément les douleurs abdominales dues à la présence de ces gaz. — Les médicaments réputés carminatifs appartiennent pour la plupart à la classe des excitants diffusibles ou antispasmodiques, tels sont par exemple, les graines d'anis vert, de fenouil, de carvi, de coriandre (semences carminatives), celles d'angélique, de cumin, la badiane, l'éther, la menthe poivrée et la plupart des labiées, la camomille, la fleur de tilleul, les feuilles d'oranger, les épices, etc. Ces moyens sont utiles, lorsque les gaz sont dus à la paresse ou à l'atonie de l'intestin, à un mauvais état de la digestion, à l'état aqueux ou altéré des aliments, etc.; mais ils pourraient devenir dangereux, si ces gaz provenaient d'un état inflammatoire du tube intestinal. Il paraît, du reste, que chez les solipèdes seuls ces moyens trouveraient leur emploi, les ruminants n'étant que très peu sujets à la tympanite intestinale. Enfin, les gaz de l'estomac, toujours de nature acide, seront combattus par le bicarbonate de soude chez les solipèdes, et par l'ammoniaque ou l'éther chez les ruminants.

CARNASSIERS, s. m.: troisième ordre de la classification des mammifères de Cuvier. Les *Carnassiers* ont pour principaux caractères : les trois espèces de dents, disposées pour la nourriture animale, l'articulation des mâchoires ne permettant pas de mouvements latéraux ; l'estomac simple, membraneux ; l'intestin court. Ils se nourrissent principalement de viande, de poissons, d'insectes, d'œufs, et quelquefois aussi de substances végétales pulpeuses, mais jamais d'herbes et de feuilles. — Cuvier a divisé les carnassiers en quatre familles : les *Chéiroptères*, les *Insectivores*, les *Carnivores* et les *Marsupiaux*.

CARNIFICATION, s. m., *Carnificatio*, de *caro*, chair, et *fieri* devenir ; transformation des tissus en une substance analogue à la chair musculaire. *Carnification des poumons. V.* HÉPATISATION ; *carnification des os.*

CARNIFIÉ, adj., transformé en chair. V. CARNIFICATION.

CARNIVORES, adj., *carnivori*, de *caro*, chair, et *vorare*, manger ; qui se nourrit de chair. Ce mot sert à désigner tous les animaux qui se nourrissent de viande proprement dite. Les *carnivores* forment la troisième famille de l'ordre des *Carnassiers* de Cuvier. On les divise en trois tribus : les *Plantigrades*, les *Digitigrades* et les *Amphibies*.

CARONCULE, s. f., *Caruncula*, diminutif de *caro*, chair ; petite chair. *Caroncule lacrymale :* petit tubercule d'apparence charnue, situé à l'angle nasal de l'œil, et séparant les deux points lacrymaux. La caroncule présente à sa surface quelques petits poils, et dans son intérieur des follicules muqueux. Elle semble placée à l'ouverture des conduits lacrymaux pour retenir par ces poils et par le mucus qu'elle sécrète, les corps étrangers mêlés aux larmes.— *Bot.* Petit corps arrondi, de forme variable, situé autour du hile,

dans quelques graines, ex. : le haricot, le ricin.

CAROTIDE, s. f., *Carotis*, de κάρος, assoupissement, les anciens la regardant comme le siége de l'assoupissement. Les carotides, au nombre de deux, une droite et une gauche, naissent d'un tronc commun émanant du tronc brachio-céphalique, et fournissent les nombreuses divisions artérielles de la tête : chaque carotide gagne, en quittant le tronc commun, le côté de la face postérieure de la trachée, et monte jusqu'au niveau du larynx, où elle se divise en *carotide externe, carotide interne* et *occipitale*. — Dans son trajet, la carotide est en rapport avec le double cordon nerveux formé par le pneumogastrique et le grand sympathique, et, dans sa moitié inférieure seulement, avec la veine jugulaire dont elle est séparée plus haut par le muscle sous-scapulo-hyoïdien. Elle fournit des rameaux variables aux muscles voisins, à la trachée, à l'œsophage, et, un peu avant sa division, les artères *thyroïdienne* et *laryngienne*, qui naissent souvent d'un tronc commun. — *Artère carotide externe* ou *faciale :* cette artère, qui n'est en réalité que la continuation de la carotide primitive, gagne, en décrivant deux courbures successives, le col du condyle maxillaire, et se divise vers ce point en *artère temporale* et *artère maxillaire interne.* Outre quelques rameaux à diverses parties, elle fournit dans son trajet les artères *maxillaire externe* ou *glosso-faciale, maxillo-musculaire* et *auriculaire postérieure.—Artère carotide interne* ou *cérébrale antérieure :* spécialement destinée au cerveau, elle se porte, en décrivant quelques flexuosités, de la division de la carotide primitive au trou déchiré par lequel elle pénètre dans le crâne, traverse le sinus caverneux, communique par une forte branche transversale avec l'artère du côté opposé, et se termine par trois branches principales, qui sont les artères *cérébrale antérieure, cérébrale moyenne,* et *communicante postérieure.*

CAROTIDIEN, NNE, adj., *carotideus;* qui appartient ou qui a rapport aux carotides. — *Fossette carotidienne ;* petite dépression de la face externe du sphénoïde correspondant à la courbure de l'artère carotide interne. — *Scissure carotidienne* ou *caverneuse;* scissure de la face interne du sphénoïde, logeant à la fois la carotide interne et le sinus caverneux.

CAROTTE, s. f., *Daucus*, T.; genre de la famille des Ombellifères. Ses caractères sont : involucre pinnatifide ; calice entier ; cinq pétales en cœur, ceux des fleurs de la circonférence plus grands ; fruits ovoïdes, hérissés de poils raides ; graines striées, entourées de petites côtes membraneuses ; fleurs ordinairement blanches. Plusieurs espèces du genre Carotte croissent spontanément en France ; la principale est la C. commune, *D. carota,* bisannuelle et fréquente au bord des chemins, dans les prairies. Sous l'influence de la culture, la racine de la carotte commune est devenue succulente, douce et propre à la nourriture de l'homme et des animaux herbivores. Les agriculteurs en distinguent plusieurs variétés d'après la forme, la couleur, le volume, etc. La carotte est mangée crue ou cuite; on la donne aux ruminants et aux solipèdes, aux bestiaux à l'engrais, aux femelles laitières; à ce titre, elle est une ressource précieuse pour l'hivernage. Convenablement et récemment récoltée, elle convient aux animaux fatigués, convalescents, aux femelles nourrices. Les feuilles, qui plaisent aux herbivores, ne doivent être coupées ou arrachées que lorsque la racine a atteint son développement. — La carotte exige, pour sa culture, un terrain fertile, meuble, frais, ni argileux, ni calcaire, et entretenu dans un grand état de propreté par des sarclages fréquents. Dans ces conditions, ses produits peuvent s'élever à 30,000 kilogrammes par hectare. La racine se conserve assez facilement dans des caves ou des silos. — La valeur nutritive de la carotte, comparée à celle du foin de bonne qualité, est comme 100 : 250. — La carotte contient du sucre, de l'albumine, un principe neutre particulier, un principe colorant cristallisable, une huile volatile, des matières grasses, des acides pectique et malique, etc. Les matières solides en forment environ les 0,86.

CAROTTINE. s. f.; principe colorant de la racine du *daucus carota*. On l'obtient en traitant la pulpe desséchée de carotte par l'éther, pour enlever la matière grasse; on traite le résidu par l'ammoniaque et on reprend par l'éther alcoolisé qui, par l'évaporation, laisse déposer la carottine. Elle est solide, en petits cristaux rubis, inodores, insipides. Peu soluble dans l'eau, elle se dissout bien dans l'alcool, l'éther et les huiles grasses; la dissolution est d'un beau jaune rougeâtre, très altérable à la lumière.

CAROUBIER, s. m., *Ceratonia siliqua*, L.; arbre toujours vert de la famille des Légumineuses. On le trouve en Orient, dans les contrées méridionales de l'Europe et même de la France. Ses longues gousses charnues sont mangées, soit à l'état vert, soit à l'état sec, par les animaux et par l'homme. Elles sont douces, sucrées et très légèrement laxatives.

CARPE, s. m., *Carpus*. de χαρπος. poignet, dérivé de χαρπω, prendre; première région de la main ou pied antérieur, située entre l'avant-bras et le métacarpe, et composée de sept os appelés *carpiens* (V. ce mot). Le carpe forme la base du *genou* dans les animaux.

CARPELLE, s. m., *Carpellum*; chacune des divisions foliacées qui, par leur réunion, concourent à former le fruit; fruit ou pistil distinct provenant d'une seule fleur; fruit partiel provenant d'un ovaire séparé, et concourant ensuite, avec d'autres fruits pareils, à former un fruit multiple, comme la mûre.

CARPIDION, *V.* **CARPELLE**.

CARPIEN, **NE**, adj., *carpianus*, *carpiens*; qui appartient au carpe. — *Os carpiens*: os au nombre de sept, dans le cheval, et composant le carpe. On les divise en deux rangées: l'une *supérieure* ou *antibrachiale*, composée de quatre os, dont les trois antérieurs sont désignés par de simples noms numériques, en allant de dehors en dedans; le quatrième, situé en arrière et en dehors, porte le nom d'os *suscarpien* ou *crochu*; la rangée *inférieure* ou *métacarpienne* ne compte que trois os désignés aussi numériquement. Dans le bœuf, cette rangée ne compte que deux os au lieu de trois. — *Arcade carpienne*: anneau formé par le ligament postérieur du carpe, l'os sus-carpien, et un ligament se portant de cet os au côté interne du métacarpe. L'arcade carpienne donne passage au tendon du fléchisseur profond des phalanges, ainsi qu'aux vaisseaux et aux nerfs principaux du métacarpe.

CARPOLOGIE, s. f., *Carpologia*, de χαρπος, fruit, et λογος, discours: partie de la botanique qui traite des fruits.

CARPO-MÉTACARPIEN, **NE**, adj., *carpo-metacarpianus*; qui appartient au carpe et au métacarpe. — *Articulation carpo-métacarpienne*: articulation de la rangée inférieure des os du carpe avec ceux du métacarpe. — *Ligaments carpo-métacarpiens*: ligaments servant à cette articulation.

CARREAU, s. m., de *Quadrellum*, dim. de *quadratum*; nom vulgaire donné à l'engorgement et à la dégénérescence tuberculeuse des ganglions mésentériques. Synonymie: *scrofules, écrouelles mésentériques, rachialgie mésentérique, entéro-mésentérite*, etc. Cette maladie, qu'on n'a pas encore décrite dans les animaux, a été pendant longtemps regardée comme particulière aux enfants; on l'observe aussi, mais bien plus rarement, à un âge avancé.

CARREAU ÉLECTRIQUE, s. m. On donne ce nom à une espèce de condensateur, formé d'une lame de verre entourée d'un cadre en bois et recouverte, sur chacune de ses faces, par une lame d'étain. On charge le carreau électrique comme tous les condensateurs, en mettant une des lames d'étain en contact avec une source d'électricité, pendant qu'on met l'autre lame ou armature en communication avec le sol. On décharge ce condensateur successivement, en touchant alternativement ses deux lames, ou instantanément en touchant les deux armatures à la fois avec les mains ou un excitateur.

CARREAU MAGIQUE OU ÉTINCELANT, s. m. On appelle ainsi un carreau de verre sur lequel on a tracé divers dessins avec de petits losanges d'étain placés à distance, de manière à déterminer des étincelles électriques sur ces dessins, et à les rendre visibles dans l'obscurité. Pour mettre en jeu l'instrument, on fait communiquer la partie supérieure avec la machine électrique, et le bas avec le sol. L'électricité, en parcourant les petits losanges d'étain, les illumine et rend visibles les figures qu'ils représentent.

CARPO-PHALANGIEN, NE. adj., *carpo-phalanginus;* qui appartient au carpe et aux phalanges.— *Muscle* ou *ligament carpo-phalangien;* c'est le ligament *suspenseur du boulet* ou ligament *sésamoïdien-supérieur* (*V.* ce mot).

CARPOPHORE, s. m., *Carpophorum;* support naissant du réceptacle et ne portant que le pistil. Il prend les noms de *técaphore* ou *basigyne*, ou de *polyphore*, selon qu'il porte un ou plusieurs ovaires.

CARRÉ, adj., *quadratus;* qui a quatre côtés égaux et quatre angles droits. — *Muscle carré lombaire* ou *des lombes :* c'est le sacro-costal de Girard, muscle placé sous les apophyses transverses des vertèbres lombaires qu'il tend à rapprocher les unes des autres, inclinant la colonne si un seul muscle agit, l'affermissant s'ils se contractent tous deux à la fois.

CARRÉSINES (vaches) : huitième classe des vaches laitières dans le système de Guenon. Elle se distingue par un écusson ou gravure coupé *carrément* en haut, et dont l'étendue et la hauteur vont en diminuant à mesure que l'on descend du premier ordre au dernier. Chaque ordre présente, en outre, des particularités indiquant les différences de faculté lactifère. Dans les carrésines, la quantité de lait est pour le premier ordre, selon la taille, 10 litres, 9 litres et 6 litres par jour; et pour le huitième, 3 litres, 2 litres et 1 litre. Elles ne le maintiennent dans le premier que jusqu'à ce qu'elles soient pleines de huit mois ; dans le deuxième, que jusqu'à ce qu'elles soient pleines de nouveau ; les vaches de la huitième classe sont les dernières comme laitières.

CARRIÈRE, s. f. ; lieu où l'on extrait du sol toutes les matières minérales utilisables par l'industrie ou l'agriculture, autres que les métaux, la houille et les substances bitumineuses. Ces matières sont nombreuses et d'une importance considérable. Au point de vue de l'agriculture, on peut citer : la pierre à bâtir, la pierre à chaux, à plâtre, l'argile, la marne, la craie, le sable, les terres pyriteuses employées comme engrais, les faluns. Relativement à l'exploitation, les carrières diffèrent des mines, des houillères, etc., en ce qu'elles appartiennent de droit au propriétaire du sol, et ne se distinguent point de la surface. Le propriétaire peut les exploiter ou les faire exploiter, après en avoir donné avis à l'autorité. Toutefois, si le travail n'a point lieu à ciel ouvert, mais par galeries, l'autorité intervient et veille à l'exécution des règlements relatifs à la sûreté des ouvriers. — *Bot.* Duhamel a donné le nom vulgaire de *carrière* à la masse des concrétions dures que l'on trouve dans certains fruits, et notamment dans les poires, au voisinage de l'endocarpe et près de l'ombilic. Ces *pierres*, dont

la quantité varie selon les espèces et, dans une même espèce, selon les lieux, les années, sont formées d'une matière organique compacte et d'un peu de silice.

CARROSSIER, s. m. On donne particulièrement ce nom au cheval d'attelage de haute taille. Un bon carrossier doit avoir une taille élevée, 1 mètre 590 à 1 mètre 725, des formes régulières, un corps arrondi et assez long, des reins forts, un poitrail ouvert, une épaule longue et point trop charnue, des membres forts, peu chargés de poils, des jarrets larges et évidés, des pieds moyens, de la hardiesse dans l'avant-main, assez de légèreté pour soutenir une allure rapide, assez de force pour trotter longtemps. La Normandie fournissait au commerce, il n'y a pas longtemps encore, les carrossiers les plus recherchés. La race *cotentine* surtout renfermait, en ce genre, des sujets très remarquables par leur taille et leur belle conformation. Les changements survenus dans les goûts, et par suite dans la consommation, ont nui à l'élevage du carrossier normand sans lui ôter sa réputation : il a dû se modifier. La plupart des carrossiers employés aujourd'hui en Europe, viennent de l'Allemagne ou de l'Angleterre. — Le carrossier léger est le cheval des attelages de luxe, il diffère du premier par moins de taille, 1,510 à 1,530, et plus de légèreté.

CARTHAME, s. m., *Carthamus*, T. ; genre de la famille des Composées. L'espèce principale de ce genre est le Carthame des teinturiers. *C. tinctorius*, L., plante herbacée, annuelle, originaire de l'Inde et maintenant cultivée en Égypte, en Espagne, dans l'Orient, etc. Ses fleurs, connues dans le commerce sous le nom de *safran bâtard*, fournissent deux matières colorantes: l'une jaune, inusitée ; l'autre rose ou rouge, appelée vermillon d'Espagne, rouge végétal, employée dans la teinture et pour la fabrication du fard. Les fleurs du carthame sont, comme celles du safran, légèrement emménagogues. Les graines, très purgatives pour l'homme, plaisent aux oiseaux et surtout aux perroquets; les Indiens en extraient une matière oléagineuse. Les feuilles sont mangées par l'homme dans quelques contrées.

CARTILAGE, s. m. ; *Cartilago*, en grec χόνδρος. Les cartilages sont des solides organiques blancs, durs, flexibles, élastiques sans aucune apparence de structure particulière. Ils forment en entier le squelette de quelques poissons, et tiennent la place des os dans les premiers temps de la vie chez les vertébrés supérieurs. Plus tard, on les trouve appliqués, en lames plus ou moins épaisses, sur les surfaces destinées aux articulations mobiles, où ils constituent les *cartilages articulaires.* Quelques-uns forment entièrement certains organes, comme le larynx, la cloison nasale, etc. — On appelle *cartilages temporaires*, ceux qui doivent s'ossifier par les progrès de l'âge : *cartilages de prolonge-*

ment, ceux qui continuent certains os ; comme les cartilages costaux, scapulaires, etc.; *cartilages membraniformes*, ceux qui sont aplatis, minces et très flexibles comme les cartilages de l'oreille, des ailes du nez, de la trachée, des bronches, etc. : ils s'ossifient quelquefois, mais beaucoup plus rarement que les cartilages de prolongement. — Tous les cartilages sont enveloppés d'une membrane fibreuse mince, désignée sous le nom de *périchondre* (de περι, autour, et χονδρος, cartilage); aucun ne présente de vaisseaux sanguins ni de nerfs apparents. Leurs propriétés vitales sont très obscures ; l'élasticité est la principale de leurs propriétés physiques.—Le tissu cartilagineux se développe souvent accidentellement : son altération principale consiste dans l'*ossification*.

CARTILAGINEUX, SE, adj., *cartilaginosus*; qui appartient aux cartilages. *Système cartilagineux* : ensemble des cartilages du corps animal. *Tissu cartilagineux.*

CARTILAGINIFICATION, s. f. ; conversion d'un tissu en cartilage ; *cartilaginification du cœur.*

CARUS, s. m., de καρος, assoupissement; profond assoupissement; synonyme de *léthargie*.

CARVI, s. m., *Carum*, L. : genre de la famille des Ombellifères. L'espèce intéressante de ce genre est le Carvi proprement dit; vulg. cumin des prés, *C. carvi*, plante bisannuelle, dont les racines et les tiges exhalent une odeur forte, aromatique. Le carvi croit spontanément dans les terrains un peu humides et ombragés. On le cultive quelquefois comme plante fourragère ou pour ses graines qui sont aromatiques et stimulantes, et dont on extrait une huile essentielle. La culture développe ses racines, qui sont mangées dans quelques cantons comme celles du panais.—*Pharmacol.* Les semences du *carvi* (carum carvi) sont ovoïdes, allongées, recourbées, striées, de couleur noirâtre, d'une odeur aromatique, d'une saveur chaude, piquante et un peu sucrée. Elles sont, comme celles du fenouil et de l'anis, avec lesquelles elles ont la plus grande analogie, très riches en huile essentielle. Réputées, très anciennement, carminatives, digestives et alexitères, les semences de carvi faisaient partie des quatre semences *chaudes majeures*. Elles sont rarement usitées en médecine vétérinaire.

CARYOPHYLLÉ, adj., *caryophyllatus*; se dit de la corolle polypétale composée de cinq pétales à longs onglets entourés par le calice, ex. : l'*œillet*.

CARYOPHYLLÉES, *V.* DIANTHACÉES.

CARYOPHYLLINE, s. f ; espèce d'essence concrète, isomère avec le camphre et contenue dans le clou de girofle. Elle est solide, cristallisée, blanche, brillante, satinée, inodore et insipide. Insoluble dans l'eau, elle se dissout bien dans l'alcool et l'éther. Elle parait être à peu près inerte.

CASCARILLE, s. f., de l'Espagnol *Cas-*

carilla, petite écorce ; *quinquina aromatique*. On donne ce nom en pharmacologie à l'écorce du *croton cascarilla* (Clutia eleuteria L., Croton eleuteria, Sw.), arbre de la famille des Euphorbiacées, qui croit dans plusieurs contrées de l'Amérique du Sud. — Elle est en petits fragments roulés, longs de 5 à 8 centimètres, très minces, ligneux, d'un gris cendré en dedans et en dehors, d'une odeur aromatique, d'une saveur chaude et amère ; ces fragments sont fragiles; la cassure est résineuse et brune; projetés sur la flamme, ils brûlent vivement, développent une odeur balsamique et musquée. — Cette écorce contient, selon Dromsdorf, du mucilage, un principe amer, une résine, de l'huile volatile, de l'acide benzoïque, de la fibre ligneuse et de l'eau.—L'écorce de cascarille est un médicament excitant, tonique et antiputride : on l'administre en poudre ou en infusion aqueuse et vineuse, seule ou associée au quinquina. Ce médicament convient contre la débilité de l'estomac, la diarrhée séreuse, l'anhémie, les hémorrhagies passives, etc.; mais son indication la plus importante pour les animaux est relative aux maladies putrides dont ils sont atteints, et dans lesquelles ce médicament peut être utile seul ou mélangé à d'autres stimulants et antiseptiques.

CASÉATE, s. m.; nom des sels que formerait l'acide *caséique*, avec les bases.

CASÉEUX, adj., *casearius*, de *Caseus*, fromage, qui est de la nature du *caséum* (*V.* ce mot) ou du fromage, ou qui y ressemble.

CASÉIFORME, adj., *caséiformis*; qui ressemble à du *caséum*. *Précipité caséiforme*, c'est-à-dire blanc, épais, comme du caséum frais.

CASÉINE, s. f., *Caseïna*, *caséum*, *matière caséeuse*. On donne ce nom à une matière *protéique*, commune aux plantes et aux animaux, et qui parait avoir avec l'albumine et la fibrine la plus grande analogie; elle parait être formée de *protéine* et de quelques atômes de soufre : elle contient en outre une quantité notable de phosphate de chaux. Dans les plantes, on trouve surtout la caséine, dans les graines des légumineuses *V.* LÉGUMINE, dans les grains des graminées *V.* GLUTEN et GLUTINE, et dans les amandes des fruits à noyau de la famille des Rosacées. V. AMANDINE. Dans les animaux, la caséine existe surtout en grande quantité dans le lait, on la trouve aussi dans le chyle, dans le sang, ainsi que dans quelques liquides de sécrétion normale ou morbide. — La caséine pure s'obtient en coagulant le lait par l'acide sulfurique, lavant le précipité, et le faisant digérer ensuite avec du carbonate de baryte pour absorber l'acide sulfurique; la liqueur, filtrée pour retenir le sulfate de baryte, donne par évaporation des pellicules blanches et transparentes de caséine pure. Desséchée, la caséine est d'un jaune de succin, amorphe, transparente, fragile, inodore, insipide, peu soluble dans l'eau froide et soluble dans l'eau bouillante qu'elle rend mucilagineuse. — Exposée à l'air, elle en attire l'humidité et se putréfie ; chauffée, elle se boursoufle, donne des produits ammoniacaux et laisse un charbon très riche en phosphate calcaire. Elle est coagulée par les acides et les sels minéraux, soluble dans les alcalis ainsi que dans les acides végétaux et minéraux très étendus. — Récemment précipitée et humide, la caséine est blanche, opaque, amorphe, en grumeaux, sans odeur ni saveur, insoluble dans l'eau, dans l'alcool et les acides concentrés, très soluble au contraire dans les alcalis et les acides organiques. — La *caséine* est un des aliments *plastiques* ou *assimilables* de Liebig ; elle paraît être produite par les plantes et modifiée seulement par les animaux dont elle est destinée à réparer les pertes journalières. Après avoir fait partie de leurs organes pendant un certain temps, elle est expulsée de l'économie sous forme d'*urée* par suite de l'espèce de *suroxydation* qu'elle a subie.

CASÉUM, s. m. On donne ce nom à la *caséine* impure qu'on obtient en coagulant le lait par les acides. — Le coagulum qui en résulte renferme une grande quantité de caséine, du beurre, du sucre de lait, de l'acide lactique, les sels contenus dans le sérum, et de l'eau. — Le caséum frais ressemble à de l'albumine coagulée et en présente les principaux caractères. Il est très nutritif et constitue la base des fromages. V. CASÉINE.

CASQUE, s. m., *Galea* ; partie de la corolle ou du calice relevée et disposée en voûte comme le casque des guerriers.

CAS RÉDHIBITOIRES, de *redhibere*, rendre. On donne ce nom aux maladies ou défauts, dont l'existence est une cause de nullité pour la vente d'un animal domestique. Autrefois le commerce des animaux était régi par des coutumes diverses pour chaque province, relativement à la désignation des vices et à la durée du délai, pendant lequel on pouvait intenter l'action rédhibitoire : il en résultait de nombreux inconvénients pour tous. Plus tard, les articles 1641 et suivants du Code civil ont aboli les coutumes, quant à la nomenclature des cas rédhibitoires, mais non pour les délais, ce qui donnait encore lieu à des interprétations diverses. La loi du 20 mai 1838 établit une règle uniforme pour toute la France ; elle donne le tableau des maladies ou défauts rédhibitoires, et prescrit la longueur du délai.—*Loi concernant les vices rédhibitoires dans les ventes et échanges d'animaux domestiques, promulguée le 29 mai 1838.* ART. 1er. Sont réputés vices rédhibitoires et donneront seuls ouverture à l'action résultant de l'art. 1641 du Code civil, dans les ventes ou échanges des animaux domestiques ci-dessous dénommés, sans distinction des localités où les ventes et échanges auront lieu, les maladies ou défauts ci-après, savoir : Pour le cheval, l'âne ou le mulet : La *fluxion périodique des yeux*, l'*épilepsie* ou *mal caduc*, la *morve*, le *farcin*, les *maladies anciennes de poitrine* ou *vieilles courbatures*, l'*immobilité*, la *pousse*, le *cornage chronique*, le *tic sans usure des dents*, les *hernies inguinales intermittentes*, la *boiterie intermittente pour cause de vieux mal*. — Pour l'espèce bovine : la *phthisie pulmonaire* ou *pommelière*, l'*épilepsie* ou *mal caduc*, les *suites de la non délivrance*, le *renversement du vagin ou de l'utérus* après le part chez le vendeur. Pour l'espèce ovine : la *clavelée* ; cette maladie reconnue chez un seul animal entraînera la rédhibition de tout le troupeau : la rédhibition n'aura lieu que si le troupeau porte la marque du vendeur : le *sang de rate* ; cette maladie n'entraînera la rédhibition du troupeau, qu'autant que, dans le délai de la garantie, la perte constatée s'élèvera au quinzième au moins des animaux achetés. Dans ce dernier cas, la rédhibition n'aura lieu également que si le troupeau porte la marque du vendeur. — ART. 2. L'action en réduction de prix, autorisée par l'art. 1644 du Code civil, ne pourra être exercée dans les ventes et échanges d'animaux énoncés dans l'art. 1er ci-dessus.—ART. 3. Le délai pour intenter l'action rédhibitoire sera, non compris le jour fixé pour la livraison, de trente jours pour les cas de fluxion périodique des yeux et d'épilepsie ou mal caduc, de neuf jours pour tous les autres cas.—ART. 4. Si la livraison de l'animal a été effectuée ou s'il a été conduit, dans les délais ci-dessus, hors du lieu du domicile du vendeur, les délais seront augmentés d'un jour par cinq myriamètres de distance du domicile du vendeur au lieu où l'animal se trouve.—ART. 5. Dans tous les cas, l'acheteur, à peine d'être non recevable, sera tenu de provoquer, dans le délai de l'art. 3, la nomination d'experts chargés de dresser procès-verbal : la requête sera présentée au juge de paix du lieu où se trouvera l'animal. Ce juge nommera immédiatement, suivant l'exigence des cas, un ou trois experts, qui devront opérer dans le plus bref délai.—ART. 6. La demande sera dispensée du préliminaire de la conciliation, et l'affaire instruite et jugée comme matière sommaire.—ART. 7. Si, pendant la durée des délais fixés par l'art. 3, l'animal vient à périr, le vendeur ne sera pas tenu de la garantie, à moins que l'acheteur ne prouve que la perte de l'animal provient de l'une des maladies spécifiées dans l'art. 1er.—ART. 8. Le vendeur sera dispensé de la garantie résultant de la morve et du farcin pour le cheval, l'âne ou le mulet, et de la clavelée pour l'espèce ovine, s'il prouve que l'animal, depuis la livraison, a été mis en contact avec des animaux atteints de ces maladies.

CASSE, s. f. ; *Pharmacol*. On donne ce nom au fruit du cannéficier (*Cassia fistula*, L. *Cathartocarpus fistula*, Persoon) ; grand et bel arbre de la famille des Légumineuses, qui croît en Égypte, en Arabie, aux Antilles, dans l'Inde, etc. Le fruit entier (casse en bâton) est une gousse cylindroïde, indéhiscente, grosse comme le pouce, longue de 30 à 50 centimètres, noire en dehors et en dedans, divisée à l'intérieur, par des cloisons transversales, en un grand nombre de loges remplies d'une pulpe noirâtre enveloppant une graine ovoïde, rougeâtre. La pulpe de casse est tantôt mêlée avec ses noyaux (*casse brute*), tantôt elle en est dépouillée (*casse mondée*); elle est noirâtre, d'une faible odeur, d'une saveur douceâtre, aigrelette, soluble dans l'eau et l'alcool. D'après Vauquelin, elle serait composée de sucre, d'une matière extractive, de gluten, de pectine, de parenchyme, de gélatine et d'eau. La pulpe de casse est un *laxatif* extrêmement doux, qui convient particulièrement pour les petits animaux, comme les chiens et les chats; mais son prix élevé et son peu d'activité en limitent considérablement l'emploi.

CASSIA-LIGNEA, *cannelle du Malabar ou de Java*. *V.* CANNELLE.

CASSANT, adj., *fragile;* corps qui se brise facilement sous le choc; *métal cassant;* c'est une propriété opposée à celles qu'on nomme *ductilité* et *malléabilité*, et qui est ordinairement le partage de corps très durs et à structure granuleuse, comme le diamant, le charbon, le verre, l'acier trempé, etc. — En général, les métaux impurs sont cassants, excepté peut-être le fer, qu'on ne peut travailler lorsqu'il est chimiquement pur. — La chaleur diminue généralement la fragilité des corps, au moins jusqu'à une certaine température.

CASSONNADE, s. f. On donne ce nom au sucre brut et impur, V. SUCRE.

CASSURE, s. f. On donne ce nom à la fois à la surface qui provient de la fracture d'un corps et à l'aspect de cette surface : *cassure vitreuse*, nette et brillante comme celle du verre; *cassure résineuse*, *cassure conchoïde*, cassure nette et sinueuse comme la surface d'une coquille.

CASTANÉES, *V.* CUPULIFÈRES.

CASTORÉUM, s. f.; matière animale résinoïde, sécrétée par les glandes du *castor*, situées sous la peau de l'abdomen, entre l'origine de la queue et la partie postérieure des cuisses. C'est une substance de consistance graisseuse, d'un brun-rougeâtre à l'extérieur, d'un fauve-jaunâtre à l'intérieur, d'une odeur fort pénétrante et fétide, d'une saveur âcre et amère; insoluble dans l'eau, elle est au contraire très soluble dans l'alcool et l'éther. Le castoréum est composé de : huile volatile, *castorine*, résine, albumine, graisse, mucus, carbonate d'ammoniaque, urate, benzoate et sulfate de potasse et de soude. — Employé dans la médecine de l'homme comme *antispasmodique* puissant, le castoréum n'a encore reçu aucune application dans celle des animaux.

CASTORINE ou **CASTORÉINE**: s. f.; matière particulière, neutre, découverte par Brenuden, dans le castoréum. On l'obtient en traitant le castoréum par l'alcool bouillant;

par le refroidissement, la castorine se dépose. Elle est solide, en prismes diaphanes et fasciculés, incolore, d'odeur de castoréum, et de saveur métallique. — Insoluble dans l'eau et l'alcool froid, elle se dissout dans l'alcool bouillant, l'éther et les huiles essentielles.

CASTRAT, s. m., de *castrare*, châtrer; qui a subi la castration.

CASTRATION. s. f., *Castratio*; opération qui consiste à enlever à un animal les facultés génératrices. Son origine remonte à une époque très reculée. — Elle a pour but de rendre certains animaux plus dociles, de modifier ceux qui sont destinés à la nourriture de l'homme, en facilitant l'engraissement et rendant la chair plus délicate; elle sert à conserver la sécrétion du lait dans quelques femelles. Enfin, on la pratique quelquefois par nécessité, pour remédier à l'entérocèle, à l'hydrocèle, à certaines maladies graves des testicules.— La castration exerce une influence marquée sur les sujets qui la subissent, surtout dans le jeune âge; elle arrête le développement de certaines parties du corps, et diminue la résistance à la fatigue pour les animaux de travail. — On peut la pratiquer à toutes les époques de la vie; toutefois elle est moins dangereuse dans le jeune âge, quand les organes qu'on se propose d'enlever ne jouissent encore que d'une vie végétative. C'est pour les femelles que cette considération offre le plus d'importance. On châtre ordinairement le cheval vers la 3ᵉ ou la 4ᵉ année; il y aurait quelques avantages à opérer plus tôt le sujet de luxe, afin de lui donner une encolure plus mince, plus effilée. On opère le taureau du 8ᵉ au 18ᵉ mois; les agneaux, vers le huitième jour après leur naissance; les verrats à l'âge de 15 à 20 jours. — La castration peut être faite dans toutes les saisons; cependant on préfère le printemps ou l'automne, à cause de leur température modérée. Pour toute préparation, il suffit de soumettre l'animal à la diète le jour où l'on doit pratiquer l'opération. Des mâles et des femelles appartenant à des espèces différentes sont destinés à subir la castration. Parmi les mâles, on châtre le cheval, le baudet, le mulet, le taureau, le bélier, le verrat, le chien, le chat et le lapin. Quelques femelles seulement sont soumises à cette opération; ce sont la truie, la vache, la chienne et la chatte. Il y a plus d'un siècle qu'on a renoncé à la castration de la jument. Les nombreux procédés qu'on emploie consistent, soit à enlever une partie des organes sexuels, soit à intercepter, à annihiler leurs fonctions, en les privant d'une partie de leur communication avec les centres vitaux.

CASTRATION DES MONODACTYLES. On châtre le cheval, l'âne et le mulet, quand on veut les rendre plus dociles, plus faciles à conduire. Les procédés nombreux qui ont été conseillés sont les casseaux, la ligature, la cautérisation, le ratissement, la torsion, l'excision simple, l'écrasement du cordon, le bistournage. — 1° *Castration par casseaux :* cette méthode est généralement employée. Elle consiste à inciser les enveloppes des testicules et à saisir le cordon par un *casseau,* sorte de billot en bois, formé de deux pièces qui s'écartent en forme de V, et qu'on lie à chaque extrémité, de manière à intercepter la circulation. On opère à *testicules découverts,* quand on applique le casseau sur le cordon, après avoir découvert le testicule, de manière à embrasser seulement les vaisseaux et les nerfs testiculaires, ainsi que le canal efférent et le péritoine. L'opération est dite à *testicules couverts,* quand on incise seulement le scrotum et le dartos, pour saisir entre les casseaux le cordon recouvert du muscle crémaster; ce dernier procédé réunit le plus grand nombre de partisans. Il offre quelques avantages : l'on n'est pas exposé à la hernie de castration, la gaine vaginale n'étant pas ouverte ; le développement du champignon n'est pas autant à craindre ; la péritonite est moins fréquente ; les engorgements du fourreau, les œdèmes consécutifs ne sont pas à redouter. — C'est principalement pendant les mois de mai et de juin qu'on pratique la castration : il faut éviter les temps froids et humides. Les instruments nécessaires sont un bistouri convexe, deux ficelles, deux casseaux en bois de chêne, une paire de tenettes. Les casseaux seront garnis de suif saupoudré de sublimé corrosif pulvérisé ; ce caustique réduit plus promptement le cordon à l'état d'eschare, et abrège les douleurs de l'animal au lieu de les aggraver. Il faut s'abstenir des lavages avec l'eau froide après l'opération. Si des coliques surviennent, on promène le sujet pendant quelque temps. Son régime doit consister dans l'usage de la paille et des boissons blanchies par la farine d'orge. La saignée est inutile soit avant, soit après; quelquefois elle est nuisible. Il est utile de n'enlever les casseaux qu'au bout de trois jours, quand les cordons sont suffisamment aplatis et desséchés. Vers le quatrième jour, la suppuration commence; sa formation peut nécessiter quelques lotions légères avec du vin tiède étendu d'eau. — C'est la méthode dite *à testicules couverts,* qui offre au plus haut degré le caractère chirurgical. — 2° *Castration par ligature.* Au lieu de comprimer le cordon testiculaire avec des casseaux, on le saisit avec un lien. Plusieurs méthodes ont été indiquées : A. On embrasse le scrotum et les cordons au-dessus des testicules dans un nœud très serré. B. Les testicules sont mis à nu ; la ficelle est fixée au-dessus de l'épididyme. C. On fait seulement la ligature des artères testiculaires. D. Le cordon est lié, sans qu'on fasse l'incision du scrotum, à l'aide d'une aiguille garnie d'un fil ciré, avec laquelle on traverse deux fois les tissus ; par ce moyen on produit l'atrophie des testicules. La castration par ligature compte peu de partisans à cause des accidents qu'elle produit. — 3° *Castration par le feu, par cautérisation.* C'est un des procédés les plus anciens : Delabère-Blaine et Fromage de Feugré le préféraient pour le cheval; Robinet le recommandait pour le taureau. Il consiste à mettre le testicule à découvert, puis on serre le cordon avec des pinces au-dessus de l'épididyme ; et, après en avoir fait la section entre les pinces et le testicule, on en cautérise l'extrémité. L'inflammation violente qui se produit et le danger de l'hémorrhagie qui peut survenir après la chute des eschares, ont fait abandonner ce mode opératoire. — 4° *Castration par râclement ou ratissement.* Après avoir découvert le testicule, on râcle le cordon avec un instrument tranchant, jusqu'à sa destruction complète. Ce sont les Anglais qui ont importé en France le procédé par râclement, qu'ils avaient apporté de l'Inde. Cette méthode a des inconvénients très graves pour le cheval. — 5° *Castration par torsion.* Elle consiste à inciser les enveloppes testiculaires, et à saisir d'une main le testicule et de l'autre l'épididyme ; cela fait, on exécute huit ou dix circonvolutions, de manière à tordre le cordon et le déchirer complètement. Ce procédé, connu déjà depuis longtemps, a été recommandé surtout par Chevrier, de Melun, qui le préfère aux casseaux, et lui attribue l'avantage de ne pas occasionner des fistules et des champignons. La torsion, qu'on nomme encore *arrachement,* est utile pour la castration des agneaux, des porcs et des chiens. — 6° *Castration par excision simple.* Pour la pratiquer, on divise les enveloppes testiculaires, et l'on coupe le cordon en travers. Elle n'est guère praticable que sur les jeunes chevaux, à cause de l'hémorrhagie qu'on doit redouter dans l'âge adulte. Les faits recueillis par les expérimentateurs ne sont pas encore assez nombreux pour faire juger complètement ce procédé, qui aurait l'avantage d'être peu douloureux et de ne pas amener des accidents aussi graves que ceux produits par d'autres moyens. — 7° *Castration par écrasement.* Ce moyen est barbare, s'il consiste à comprimer les testicules avec des tenailles, ou à les contondre ; il est peu douloureux, si l'on se borne à écraser le cordon testiculaire par quelques coups de marteau. Il produit l'atrophie des testicules: on le pratique comme pour le bœuf. V. MARTELAGE. — 8° *Bistournage.* C'est la simple torsion du cordon testiculaire, sans l'emploi d'un instrument tranchant, V. BISTOURNAGE. — *Accidents qui peuvent suivre la castration du cheval.* Après l'opération, quelques phénomènes nécessaires à la guérison se montrent avec plus ou moins d'intensité; leur apparition n'est un accident que dans le cas où ils sont exagérés. Il est des accidents pathologiques qu'on observe au moment de l'opération: ce sont l'introduction de l'air dans le sac du péritoine, la hernie de castration ; d'autres surviennent quelque temps après : ce sont l'entérite et la périto- nite, l'hémorrhagie, les champignons, les fistules, la gangrène, le tétanos et l'amaurose.

CASTRATION DES DIDACTYLES. On fait la castration sur le taureau, le bélier et le bouc. *A. Castration du taureau.* C'est vers l'âge de deux à trois ans, qu'on pratique cette opération sur les taureaux destinés à la reproduction, quand ils deviennent méchants ou trop pesants pour faire la saillie; les veaux sont châtrés vers la fin de leur première année. Trois méthodes de castration ont été recommandées. — 1° *Castration par casseaux.* Elle est mise en usage comme pour le cheval. — 2° *Castration par bistournage,* *V.* BISTOURNAGE. — 3° *Castration par martelage* ou *écrasement du cordon. V.* MARTELAGE. — Les taureaux sont exposés à moins d'accidents que les chevaux. Dans les contrées où l'on préfère le bistournage, ils sont *manqués* quelquefois; il faut alors recourir à l'un des autres procédés. — *B. Castration du bélier.* Elle sert à faciliter l'engraissement, à faire perdre à la chair son goût désagréable; elle rend la laine plus fine. On opère les agneaux peu de jours après leur naissance; on châtre les béliers de 1 à 3 ans. Plusieurs procédés sont connus : — 1° *Excision simple.* Quand il s'agit d'un agneau, on incise les enveloppes, pour retrancher ensuite ou arracher les testicules. — 2° *Bistournage* (*V.* ce mot). — 3° *Fouettage.* C'est la ligature pratiquée au-dessus des testicules, de manière à embrasser le cordon et les enveloppes. *V.* FOUETTAGE.

CASTRATION DES TÉTRADACTYLES. Les verrats sont châtrés vers l'âge de six semaines à deux mois; on opère plus tard les mâles employés à la reproduction. Sur les jeunes animaux, on fait l'excision simple : il faut employer la ligature ou le râclement du cordon sur les verrats âgés de six mois et plus. Peu d'accidents sont à craindre : on observe quelquefois la hernie et l'engorgement considérable du fourreau. Pour les tétradactyles irréguliers, tels que le chien et le chat, on préfère généralement l'excision simple.

CASTRATION DES FEMELLES. La castration des femelles a pour but d'exercer une influence sur la sécrétion du lait, de faciliter l'engraissement ou d'empêcher l'acte de la reproduction. On pratique cette opération sur la vache, la truie, la chienne et la chatte, quelquefois sur la brebis. La castration des juments a été défendue en France en 1717; cette défense était inutile, les dangers de l'opération devant la faire abandonner. — *Castration de la vache.* Winn l'a pratiquée pour la première fois dans l'Amérique septentrionale. Levrat, vétérinaire à Lausanne (Suisse), est le premier qui l'ait essayée en Europe. Jusqu'à présent, les faits mentionnés sont insuffisants pour prononcer sur la valeur d'une opération aussi grave. La castration soustrait la vache laitière aux accidents fâcheux qui se montrent au moment des chaleurs, aux suites trop souvent funestes de la gestation et de la mise bas; l'engraissement devient plus facile, quand la sécrétion des mamelles commence à tarir : voilà des avantages réels. On ne sait au juste ce que devient la sécrétion lactée et combien de temps elle peut être conservée. Pour faire cette opération, il faut ouvrir le flanc gauche, introduire la main dans le péritoine pour saisir les ovaires et les extirper. La plaie doit être réunie par la suture enchevillée, que l'on serre également dans tous les points, après avoir saisi seulement la peau; on enlève les chevilles et les fils le quatrième ou le cinquième jour. Des accidents peuvent survenir, les uns, le jour même de l'opération, les autres, plus tard; parmi les premiers on cite l'hémorrhagie, l'emphysème sous-cutané, des symptômes nerveux; dans la deuxième catégorie, la péritonite, la constipation et la suppuration. L'emphysème peut envahir tout un côté du corps et même le côté opposé; sa formation nécessite quelques incisions de la peau, pour faire échapper l'air. On combat les symptômes nerveux par des breuvages émollients, auxquels on ajoute une légère dose d'éther. La péritonite peut causer la mort du sixième au septième jour. Pour faire disparaître la constipation, il est utile de donner un demi-kil. de sulfate de soude dans une infusion de tilleul. — L'opération doit ête faite trente à quarante jours après le second ou le troisième vêlage, époque la plus favorable pour la sécrétion du lait. — *Castration de la truie.* On la pratique très souvent dans toute la France pour faciliter l'engraissement. L'âge auquel on la fait est de six semaines à six mois; plus tard, il y a quelques dangers à craindre. La saison qu'on choisit est le printemps ou l'automne : les grandes chaleurs et le froid produisent la gangrène. On pratique l'incision de manière à pénétrer dans le péritoine par le flanc gauche, au-dessous de l'angle de la hanche, et l'on va chercher, avec l'index dans la région sous-lombaire, les cornes de la matrice et les ovaires pour extirper ces derniers. Quelques anomalies peuvent se montrer sur l'ovaire; ce sont les kystes séreux, l'inflammation chronique et l'absence de l'organe. Dans les jeunes truies, on enlève même les cornes de l'utérus, sans danger. Viborg rapporte qu'on peut, sur des truies pleines, extirper impunément la matrice et les produits qu'elle contient. Une fois l'opération terminée, on réunit les lèvres de la plaie par une suture. Les accidents à redouter sont l'hémorrhagie, la hernie d'une partie de l'intestin, l'étranglement de cet organe, des abcès, la métrite et la péritonite. — *Castration des chiennes et des chattes.* On la pratique comme dans la truie. Comme suites fâcheuses, il faut redouter la péritonite. — *Castration des brebis.* En usage en Angleterre et en Italie, elle est peu usitée en France. On a dit qu'elle facilite l'engraissement et donne plus de finesse à la laine. Elle est faite à l'âge de cinq à six semaines, d'après le même procédé que pour la truie. Sur les jeunes bêtes, les suites sont peu fâcheuses : il n'en est pas de même pour un âge avancé ; la péritonite cause fréquemment la mort.

CASTRATION DES VOLAILLES. Elle semble offrir des difficultés sérieuses, les organes sexuels étant renfermés dans le ventre ; cependant elle est tombée tout-à-fait dans le domaine des ménagères de la campagne. On châtre les coqs, à l'âge de trois mois, en faisant une incision sur le milieu du flanc en arrière du sternum ; on introduit l'index dans le ventre pour détacher les testicules situés dans la région sous-lombaire : ensuite on réunit les bords de la plaie par une suture. Il est d'usage de couper la crête ou le bout de la queue aux coqs *chaponnés* pour les reconnaître plus facilement. — C'est aussi pour faciliter l'engraissement qu'on châtre les poules ; elles prennent alors une chair délicate, et portent le nom de *poulardes*. Par l'opération, il faut extraire les ovaires comme on extrait les testicules sur le mâle pour faire un chapon. Il n'est pas rare de voir ces animaux périr pendant l'opération.

CASTRATION DES POISSONS. Elle a été tentée sans avoir donné des résultats positifs sous le rapport de l'engraissement.

CASUARINÉES, s. f., *Casuarineœ;* petite famille de plantes dicotylédones, habitant la nouvelle Hollande, placée par de Candolle entre les Amentacées et les Conifères.

CATACOUSTIQUE, s. f., de χατα, contre, ἀκούω, j'entends. Partie de la physique qui traite des sons réfléchis ou des *échos* et des *résonnances*. Elle est à l'acoustique ce que la *catoptrique* est à l'*optique*.

CATADIOPTIQUE, s. f., de χατα, contre, διὰ, à travers, et ὄπτω, je vois. Partie de la physique qui traite des effets réunis de la lumière réfléchie et de la lumière réfractée.— Se dit aussi de certains instruments fondés à la fois sur la réflexion et la réfraction de la lumière.

CATAIRE ou CHATAIRE, *V.* NEPETA.

CATALEPSIE, s. f., de χαταλαμβάνω, j'arrête, je retiens ; maladie caractérisée par la suspension temporaire de l'action des muscles soumis à la volonté. Les diverses parties du corps conservent l'attitude qu'elles avaient au commencement de l'accès, ou celle qu'on leur donne. Cette affection n'est pas admise pour les animaux : elle a beaucoup d'analogie avec l'*Immobilité* (*V.* ce mot).

CATALEPTIQUE, adj. ; qui a rapport à la catalepsie ; qui est atteint de catalepsie.

CATALPA, *V.* BIGNONIACÉES.

CATALYSE, s. f., *Catalysis,* de χαταλύω, dissoudre. *Catalytie, effets* ou *phénomènes de contact.* Nom donné par Berzélius à certains phénomènes chimiques déterminés par la présence d'un corps qui n'y participe pas chimiquement. Ces phénomènes consistent dans des *combinaisons* et dans des *décomposi-*

tions. — 1° *Combinaisons.* Le platine, très divisé ou en éponge, détermine la combinaison brusque, à la *température ordinaire,* du mélange d'oxygène et d'hydrogène, et de chlore et d'hydrogène ; ce métal dans le même état, mis en contact avec les vapeurs alcooliques, les transforme rapidement, en présence de l'air, en acide acétique par suite de l'oxydation de l'alcool ; c'est aussi de cette manière que paraissent agir les ferments, etc. — 2° *Décompositions.* L'eau oxygénée est rapidement décomposée par l'argent, par la fibrine, qui n'en sont pas altérés ; le chlorate de potasse, le nitrate d'ammoniaque, etc., mélangés à une poudre inerte et chauffés, se décomposent à une température beaucoup plus basse que quand ils sont purs, etc. Berzélius attribue ces phénomènes à l'action d'une force *catalytique,* qu'il compare à celle qui, dans les êtres vivants, préside aux mutations moléculaires et continuelles dont ils sont le siége.

CATALYTIQUE, adj. ; qui a rapport à la catalyse ; phénomène *catalytique,* effet de contact ; force *catalytique,* force qui présiderait, selon Berzélius, aux phénomènes de contact.

CATAPÉTALE, adj., *catapetalus,* de χατα, en bas, et πέταλον, feuille ; Linné, et après lui Link, ont donné ce nom à la corolle polypétale dont les pétales, seulement réunis entre eux par l'androphore, tombent simultanément après la floraison, ex. : la corolle des Malvacées.

CATAPLASME, s. m., *Cataplasma,* de χαταπλάσσω, j'enduis. Les cataplasmes sont des topiques magistraux de consistance plus ou moins molle, employés exclusivement à l'extérieur. Ils sont formés généralement de trois parties : 1° de la *base* ou matière ; 2° du *véhicule*: 3° de l'*accessoire.* — La *matière* des cataplasmes varie beaucoup, mais elle est le plus souvent de nature organique ; c'est ou une substance farineuse (farine de lin, son, mie de pain, farine des graminées, fécule de pomme de terre, etc.), ou une pulpe, celle de pomme de terre, de carotte, de betterave, etc., ou encore des feuilles et des tiges (celles de mauve, de guimauve, de morelle, de laitue, d'oseille, de belladone). — Le *véhicule* le plus ordinaire des cataplasmes, c'est l'eau simple ou chargée de divers principes (décoctions, infusions, solutions, le lait ou son sérum, plus rarement le vin, le vinaigre, les huiles, les graisses, etc. Enfin, l'*accessoire* des cataplasmes varie infiniment ; c'est une teinture, une huile médicinale, une solution saline, du laudanum, un onguent, un cérat, etc., que l'on incorpore avec la pâte du cataplasme, ou mieux, que l'on étend seulement à la surface. — Les cataplasmes s'appliquent *chauds, tièdes* ou *froids.* Leurs *effets,* quoique locaux, ne se bornent pas à la peau ; ils pénètrent par voie de continuité et de contiguïté à d'assez grandes profondeurs ; ils se font sentir jusque dans les cavités sphanchniques ; l'imbibition, l'endosmose d'abord, puis l'absorption, paraissent jouer un grand rôle dans cette extension des effets des cataplasmes ; les sympathies elles-mêmes n'y restent pas toujours étrangères. — Les effets des cataplasmes varient, du reste, selon la nature de ces préparations. On en distingue d'*émollients*, d'*anodins*, de *narcotiques*, d'*excitants*, de *toniques*, d'*astringents*, de *résolutifs*, de *maturatifs*, de *rubéfiants*, d'*épispastiques*, etc., etc., selon les matières employées.

CATARACTE, s. f., *Cataracta*, de καταρασσω, confondre, troubler. La cataracte consiste dans l'opacité du cristallin, de sa capsule ou de l'humeur de Morgagni ; pour les anciens, c'était une membrane contre nature qui se formait devant le cristallin. La cataracte est appelée *lenticulaire* ou *cristalline*, quand elle consiste dans l'opacité du cristallin : *capsulaire* ou *membraneuse*, si l'altération existe dans sa membrane ; *capsulo-lenticulaire*, lorsqu'elle se montre dans l'une et l'autre ; *interstitielle* ou *laiteuse*, lorsqu'elle est produite par l'humeur de Morgagni. On a donné d'autres noms à cette maladie, d'après son degré de développement, sa nature, sa couleur, etc. : *cataracte commençante*, celle qui ne nuit pas beaucoup à la vision ; *confirmée*, quand la vision est abolie ; *simple* ou *compliquée*, suivant qu'elle existe seule ou se montre unie à une autre maladie des yeux. Elle est *blanche*, *grise*, *noire*, *marbrée*, *radiée*, *étoilée* d'après la couleur ou la forme de l'opacité. *Cataracte branlante*, celle dans laquelle le cristallin est flottant ; *cataracte fausse*, celle qui résulte d'un obstacle au passage de la lumière dans une partie de l'axe visuel, autre que le cristallin ; *albumineuse*, *purulente*, quand elle dépend d'un hypopion. On observe cette affection sur les animaux à tous les âges, sur un ou deux yeux à la fois. — Deux causes concourent surtout à la production de la cataracte : ce sont l'atrophie du cristallin, et l'inflammation de la capsule cristalline seule, ou de cette membrane et du cristallin. C'est pendant la vieillesse que cette affection est le plus fréquente. La suspension d'une sécrétion normale, l'exposition subite au froid, l'action d'une vive lumière, les vapeurs irritantes, causent la cataracte. Elle est une des terminaisons ordinaires de l'ophthalmie périodique sur le cheval, l'âne et le mulet. L'hérédité de cette maladie est admise sans contestation. — Les premiers signes de la cataracte sont difficiles à saisir ; la vue est affaiblie, le cristallin légèrement opaque. Plus tard, une tache s'offre derrière la pupille avec des caractères divers, suivant que l'on considère la cataracte capsulaire ou lenticulaire, interstitielle, etc. Dans les yeux attaqués de l'opacité simple du cristallin, la pupille est très mobile, sans qu'on puisse connaître la cause de cette mobilité ; un cercle noirâtre se présente autour du bord pupillaire ; l'iris

est dilaté. — La marche est lente ; il faut quelquefois plusieurs années pour que la vision soit tout-à-fait abolie. Après s'être bornée à un œil, l'affection se déclare presque toujours sur l'organe opposé. Les terminaisons de la cataracte sont la guérison spontanée, la stationnabilité, l'induration ou ossification du cristallin, la cécité complète. Elle peut être compliquée d'amaurose, d'ophthalmie, d'hydrophthalmie, d'adhérence de l'iris, d'oblitération de la pupille. — Le pronostic est toujours fâcheux ; il l'est plus pour les animaux que pour l'homme, à cause du peu de succès que l'on obtient en leur faisant subir l'opération. La cataracte la plus grave est celle qui est compliquée d'amaurose. —*Traitement* ; **A.** *médical* ; il est *palliatif* ou *curatif*. Le premier est nul ; le second consiste dans l'usage des collyres et pommades ophthalmiques, composés avec les oxydes de mercure ou de zinc, et produit quelquefois la guérison d'une cataracte commençante. On retire de très bons effets de l'emploi des topiques contenant du nitrate d'argent. **B.** *chirurgical* ; c'est une opération qui a pour but d'éloigner de l'axe visuel le corps opaque qui intercepte les rayons lumineux. Dans les essais faits sur les animaux, on a employé les trois méthodes recommandées pour l'homme : l'opération *par abaissement*, *par broiement*, *par extraction*. 1° L'*abaissement* consiste à déplacer le cristallin à l'aide d'une aiguille enfoncée à travers la sclérotique, pour l'engager dans la partie inférieure de l'humeur vitrée. Après avoir donné à l'animal une position convenable, on fixe le globe oculaire sur lequel on doit opérer. Plusieurs instruments peuvent servir dans ce but : tels sont le stylet tricuspide de Leblanc, le spéculum de Tenon, le fixateur de Brogniez, ou tout simplement un élévateur métallique des paupières. Le chirurgien se sert de l'aiguille de Scarpa, dont les dimensions sont augmentées suivant le volume de l'animal qu'il opère ; il plonge la pointe de l'aiguille sur le côté externe de l'œil, à travers la sclérotique (*sclérotonyxis*), et la dirige derrière l'iris jusqu'à ce qu'elle brille dans la pupille. Alors il déplace le cristallin d'avant en arrière et le pousse en bas dans le corps vitré pour l'y maintenir pendant quelques instants ; cela fait, il retire l'aiguille. Un deuxième procédé, le *kératonyxis*, est semblable au précédent ; il en diffère, parce qu'on traverse avec l'aiguille la cornée transparente. 2° Le *broiement* ou méthode *mixte* consiste à broyer le cristallin et sa capsule avec l'aiguille qu'on a fait pénétrer par la sclérotique. Dans le cheval, le cristallin offre trop de résistance au broiement ; donc il faut renoncer à son emploi : c'était l'opinion de Gohier. 3° L'*extraction* a pour but d'enlever le cristallin par une incision faite sur la cornée transparente. On se sert d'un petit couteau, qu'on nomme *kératotome*, *couteau de Wenzel*, et que l'on plonge dans la cornée à la partie supérieure et externe ; la lame est dirigée parallèlement à l'iris, la pointe ressort du côté opposé au-dessous de l'extrémité interne du diamètre transversal de l'œil, et l'on termine la section de la cornée. Un deuxième temps consiste à introduire sous le lambeau le kératome pour diviser la capsule. Ensuite, dans un troisième temps, on enlève le cristallin avec une curette. Les vétérinaires n'ont pas eu de succès complets par cette opération. Dans les circonstances ordinaires, les chirurgiens accordent la même préférence à *l'abaissement* et à *l'extraction*. — Les accidents consécutifs à l'opération sont l'inflammation violente du globe oculaire, la cataracte *membraneuse secondaire*, par l'opacité de la capsule partiellement déchirée avec les instruments, la procidence de l'iris, le kératocèle. Quelle que soit la méthode mise en usage, cette opération est difficile à pratiquer sur le cheval à cause de la présence du corps clignotant qui gêne l'action des instruments ; de plus, le muscle droit postérieur de l'œil chasse fréquemment une partie des humeurs après l'incision de la cornée : le cristallin est trop volumineux et résistant : enfin, il est difficile de bien fixer le globe. On est très exposé à léser des parties essentielles, à troubler les humeurs de l'œil. Il ne faut pas oublier aussi qu'un cheval auquel on rend la vue imparfaitement est ombrageux et cause de fréquents dangers ; autant vaut le laisser aveugle. L'opération de la cataracte n'est donc pas réellement avantageuse pour les animaux.

CATARHINIS, adj. et s., *Catarhini*, de ϰατα, en bas, et ῥιν, ῥινος, nez, narine ; nom donné aux singes de l'ancien continent, parce que leurs narines sont dirigées en bas, à peu près comme celles de l'homme.

CATARRHAL, adj., qui tient du catarrhe ; qui est relatif au catarrhe : *affection catarrhale, fièvre catarrhale.*

CATARRHE, s. m., *Catarrhus;* du Grec ϰατα, en bas, et ῥιω, je coule ; écoulement d'un liquide à la suite de l'irritation d'une membrane muqueuse. Ce nom, qui ne désignait d'abord qu'un symptôme, a été donné à toute inflammation des membranes muqueuses, qu'elle soit accompagnée ou non d'une sécrétion plus ou abondante de mucosités. — *Catarrhe des oreilles. V.* OTITE, OTORRHÉE.— *Catarrhe laryngien. V.* LARYNGITE.— *Catarrhe nasal. V.* CORYZA. — *Catarrhe pulmonaire. V.* BRONCHITE. — *Catarrhe intestinal. V.* DIARRHÉE. -- *Catharrhe urétral. V.* BLENNORRHÉE.—*Catarrhe vésical. V.* CYSTITE. — *Catarrhe vaginal. V.* VAGINITE. — *Catarrhe utérin. V.* MÉTRITE. — *Catarrhe des chiens. V.* MALADIE DES CHIENS. — *Catarrhe des cornes. V.* CORNES.

CATARRHEUX, adj., *catarrhosus:* sujet au catarrhe. Employé quelquefois comme synonyme de *catarrhal*, qui n'est pas employé au pluriel : *signes catarrheux.*

CATARTISME, s. m., *Catartismus*, de

ϰαταρτιζω, réparer ; compression, réduction d'un os luxé.

CATHARTINE, s. f. Principe actif du Séné, découvert en 1820 par Lassaigne et Feneulle. Ce corps, incristallisable, présente l'aspect d'un extrait brunâtre, d'une odeur particulière, d'une saveur amère et nauséabonde, soluble dans l'eau et dans l'alcool. La cathartine est purgative.

CATHARTIQUE, adj., et subs., *catharticus*, de ϰαθαρσις, purgation. Cette épithète a plusieurs significations: elle est parfois employée pour désigner les purgatifs en général : d'autres fois elle sert à dénommer les purgatifs autres que les laxatifs; enfin on l'emploie aussi pour indiquer une section des médicaments purgatifs qui, par leur activité, tiennent le milieu entre les *minoratifs* et les *drastiques* (*V.* ces mots et PURGATIF).

CATHÉRÉTIQUE, adj. et subs., *cathareticus*, de ϰαθαιρεω, détruire. On désigne sous ce nom les caustiques chimiques les moins actifs. Ils servent principalement pour cautériser les plaies anciennes ou envenimées, les ulcères, les fistules, pour déterminer une inflammation adhésive dans la cavité d'un kyste, d'un trajet fistuleux, pour corriger le bourgeonnement des plaies, etc. *V.* CAUSTIQUES.

CATHÉTER, s. m., *Catheter*, de ϰαθιημι, faire descendre, faire couler en bas : sonde creuse qu'on introduit dans l'urètre, pour vider la vessie ou faire des injections. Synonymie : *sonde, algalie.* Cet instrument est courbe, et tantôt formé de métal, tantôt fait avec des substances élastiques. — Les chirurgiens français donnent plus spécialement le nom de cathéter à une sonde cannelée qu'on introduit dans l'urètre pour servir de guide lors de l'opération de la taille. On s'en sert peu en vétérinaire.

CATHÉTÉRISME, s. m., *Catheterismus;* opération qui consiste à faire entrer une sonde dans la vessie pour évacuer l'urine, explorer la vessie, faire des injections, ou servir de guide dans l'opération de l'urétrotomie. L'application de ce moyen est difficile dans les grands animaux ; aussi son usage est abandonné pour les mâles: on l'emploie quelquefois sur les femelles dans les rétentions d'urine.

CATOPTRIQUE, s. m., *Catoptrica*, de ϰατοπτρον, miroir, forme de ϰατα, contraire, et οπτομαι, je vois. Partie de la physique qui s'occupe de l'étude de la lumière réfléchie. C'est une portion importante de l'optique. Se dit aussi de certains instruments qui font voir les objets par réflexion : *Télescope catoptrique.*

CAUCALIDE, s. f., *Caucalis*, L.; genre de la famille des Ombellifères. Les espèces assez nombreuses de ce genre croissent spontanément pour la plupart dans les champs, dans les prairies, au bord des chemins : ce sont des herbes généralement petites que les bestiaux mangent volontiers.

CAUDEX, s. m., *Caudex*. On n'a pas toujours été d'accord en botanique sur la véritable signification de ce mot. Pour la plupart des auteurs modernes, il ne peut être appliqué qu'à l'un des deux systèmes, aérien ou souterrain, des végétaux. C'est dans ce sens que l'on appelle la racine *caudex descendant*, et la tige *caudex ascendant*.

CAULESCENT, adj., *caulescens*; opposé de *acaule*.

CAULICOLES, adj. et subs.; parasites vivant sur les tiges d'autres végétaux; ex. : les *cuscutes*.

CAULINAIRE, adj., *caulinaris*; qui appartient à la tige, qui naît sur elle : feuilles, fleurs, stipules, etc., *caulinaires*.

CAULOCARPIEN, adj., *caulocarpus*. De Candolle désigne ainsi les végétaux dont la tige persistante porte des fruits et des fleurs plusieurs fois. Ce sont, à proprement parler, les végétaux ligneux.

CAUSALITÉ, s. f.; manière d'agir d'une cause (*V.* ce mot).

CAUSE, s. f., *Causa*, αιτιον; ce qui produit un effet, ce qui cause une maladie. Les causes des maladies ont été divisées d'après leur manière d'agir, leur nature, etc. 1° *Causes prédisposantes*, qui mettent le sujet dans les conditions favorables au développement d'une maladie, et le rendent plus impressionnable; *occasionnelles*, qui déterminent la maladie. — 2° *Causes générales*, dont l'action s'étend à toute l'économie; *locales*, dont l'action est circonscrite. —3° *Causes spécifiques*, dont l'effet détermine spécialement une maladie; *accidentelles*, celles qui donnent lieu à des affections variées.—4° *Causes prochaines*, qui constituent la maladie; ex. : surabondance du sang dans la pléthore; *éloignées*, qui disposent le corps à contracter un état maladif.—5° *Causes internes*, placées au-dedans de l'économie, ex. : tempérament, sécrétion. etc.; *externes*, placées en dehors, provenant des agents extérieurs. — 6° *Causes positives*, opposées aux *causes négatives*, qui consistent en une privation, ex. : défaut d'aliments, d'exercice. — On distingue encore de nombreuses variétés : *causes accessoires*, qui n'ont qu'une influence secondaire; *générales* ou *individuelles*, qui agissent sur plusieurs animaux ou sur un seul; *principales*, qui ont la plus grande part dans le développement d'une maladie; *physiques*, *chimiques*, *mécaniques*, *physiologiques*, *organiques*, *matérielles*, *formelles*, *directes* ou *indirectes*, *sthéniques* ou *asthéniques*. On devra s'attacher surtout à découvrir les causes prédisposantes et occasionnelles d'une maladie, avant de faire choix d'un traitement.

CAUSTICITÉ, s. f., *Causticitas*; qualité des corps caustiques, ou de ceux qui altèrent les tissus organiques avec lesquels on les met en contact. Cette propriété est toujours due à une affinité chimique puissante pour l'eau ou pour les éléments protéiques des tissus.

CAUSTIQUE, s. f. On donne ce nom, en optique, à des courbes formées autour du *foyer principal* du miroir concave et de la lentille biconvexe, par les rayons trop excentriques qui sont réfléchis ou réfractés en avant du foyer, et s'entrecroisent autour de l'axe principal de ces instruments.—La caustique par réflexion est appelée *catacaustique*, et la caustique par réfraction, *diacaustique*. — La première est due à une trop grande courbure du miroir, et la seconde à l'aberration de réfrangibilité (*V.* ABERRATION).

CAUSTIQUE, adj. On appelle ainsi, en chimie, les oxydes de la première section qui sont purs et non carbonatés. Se dit aussi en général des substances très actives ou très concentrées qui attaquent plus ou moins fortement les tissus organiques, et y produisent les effets d'une brûlure : *potasse*, *soude*, *chaux caustiques*; l'acide *sulfurique* est un acide *très caustique*, etc.

CAUSTIQUES, s. m., *Caustici*, de ϰαιω, je brûle. — *Cautères potentiels*. On donne le nom de *caustiques* à des agents chimiques plus ou moins actifs, qui ont la propriété de se combiner aux solides et aux liquides du corps et de les désorganiser. — La combinaison qui s'est formée par le contact des caustiques avec les tissus, porte le nom d'*eschare*. — *Origine*. La plupart des caustiques sont fournis par le règne inorganique; cependant quelques substances organiques très concentrées peuvent aussi en produire les effets. — *Division*. On a distingué les caustiques en *légers* ou *cathérétiques*, et en *forts* ou *escharotiques*; mais cette division manque d'exactitude, les effets de ces médicaments dépendant moins de leur nature que de leur degré de concentration, du temps qu'a duré leur application, de la nature des surfaces sur lesquelles ils ont été appliqués, etc. — *Schwilgué* les a distingués en *non absorbables* (non vénéneux) et en *absorbables* (vénéneux). *Mialhe* les divise plus rationnellement en *coagulants* (*acides minéraux*, *sels de zinc*, *d'antimoine*, *de mercure*, *d'argent*, etc.) et en *fluidifiants* (*alcalis caustiques*, *acide arsénieux*, *sels alcalins*, etc.), selon qu'ils forment en se combinant aux éléments *protéiques* des tissus et des fluides du corps, des composés solides ou liquides. — Au point de vue de leur état physique, on les distingue en *solides*, *mous* et *liquides*. — Enfin, eu égard à leur nature chimique, on trouve parmi les caustiques : 1° *des corps simples* (phosphore, brôme, iode); 2° *des oxydes* (potasse, soude, ammoniaque, chaux, bioxyde de mercure); 3° *des sels* (nitrate d'argent, chlorures d'antimoine et de zinc, bichlorure de mercure, sulfate et acétates de cuivre); 4° *des acides* (sulfurique, azotique, chlorhydrique, arsénieux); 5° *des sulfures* (ceux d'arsenic). — *Emploi*. Les caustiques s'appliquent directement sur les parties; ce n'est qu'exceptionnellement qu'on les injecte dans les trajets fistuleux, dans les cavités des kystes, ou qu'on les introduit en forme de trochisques sous la peau. Quand les caustiques sont solides, les parties sur lesquelles on les applique ne doivent être ni trop sèches ni trop humides, pour mieux assurer leur action. — *Effets.* Ils sont *primitifs* et *consécutifs.* Les premiers, presque entièrement chimiques, se composent de la formation de l'*eschare* et de la production d'une douleur plus ou moins intense. Les seconds comprennent le développement d'une inflammation et de la suppuration qui doivent amener la chute de l'eschare. — Les effets des caustiques sont généralement locaux, et ce n'est qu'exceptionnellement qu'ils provoquent quelques symptômes de réaction. — *Indications.* Très employés autrefois par les maréchaux et les hippiatres, les caustiques perdirent peu à peu de leur faveur dans la médecine des animaux, à mesure que les vétérinaires devinrent plus habiles dans le maniement du fer rouge et des instruments de chirurgie : cependant, depuis quelques années ils semblent avoir repris faveur. — On en fait usage principalement dans les cas suivants : 1° pour détruire ou corriger le bourgeonnement des plaies, des ulcères et des fistules ; 2° pour déterminer une inflammation adhésive dans les fistules, les kystes, les abcès froids ; 3° pour détruire les *venins* et les *virus* déposés dans une plaie ; 4° pour arrêter les progrès des ulcères morveux, farcineux, galeux, dartreux, etc. ; 5° pour détruire des tissus de mauvaise nature comme le crapaud, le piétin, le cancer, les tumeurs et les boutons de farcin, les verrues, etc. ; 6° pour détruire des tumeurs inflammatoires frappées ou menacées de la gangrène, telles que celles du charbon, le glossanthrax, la clavelée confluente, les furoncles ; 7° enfin pour établir des points de révulsion ou de dérivation.

CAUTÈRE, s. m., *Cauterium*, de χαίω, je brûle : agent dont on se sert pour brûler les tissus, les désorganiser et les convertir en eschare. On distingue les *cautères potentiels* et les *cautères actuels*; les premiers sont des agents chimiques; les autres sont des corps chargés de calorique. Les vétérinaires préfèrent l'emploi du feu, parce que son action est plus rapide, et qu'elle donne aux tissus une stimulation particulière. C'est avec le fer et l'acier qu'on fabrique les cautères actuels, à cause de leur capacité pour le calorique et de leur bas prix ; le fer cède avec facilité la chaleur dont il est chargé ; il est susceptible de passer par des teintes successives indiquant la quantité de calorique qu'il possède. Un cautère actuel est composé de trois parties : le manche, la tige et le renflement ou extrémité cautérisante. Le manche est fait avec du bois ou tout autre corps mauvais conducteur du calorique. La tige est arrondie, longue de 30 cent. environ; l'une de ses extrémités s'engage dans le manche: l'autre forme l'extrémité cautérisante. Cette dernière partie est susceptible de présenter des formes variées, qui ont reçu des noms particu-

liers. Les plus usités sont : 1° le *cautère en couteau*, nommé encore *cultellaire*, *hastile*, *couteau de feu*, *couteau de chaleur*, qui a la forme d'une hache ; le dos a 10 à 15 mill. d'épaisseur, et le tranchant deux ou trois seulement. On l'emploie pour la cautérisation transcurrente. — 2° Le *cautère à boutons*, appelé aussi *olivaire*, qui présente un renflement plus ou moins volumineux, en forme de cône ou d'olive ; il sert à l'application du feu en pointes, à la cautérisation des abcès, des tumeurs farcineuses. — 3° Le *cautère circulaire*, *annulaire* ou *brûle-queue*, usité pour arrêter l'hémorrhagie qui résulte de l'amputation de la queue du cheval. Il a la forme d'un anneau dont le vide sert à loger l'os du coccyx, qui fait saillie pendant la cautérisation.—Les autres cautères ont moins d'importance ; ils ne sont utilisés que dans des cas exceptionnels; quelques-uns sont abandonnés. *Cautère à roseau* ou *cylindrique*, dont l'extrémité cautérisante ressemble à un cylindre, et sert à brûler des parties situées profondément. *Cautère conique*, ayant la forme d'un cône tronqué, remplacé par le cautère olivaire. *Cautère nummulaire*, formant une plaque ronde, légèrement convexe, destiné à cautériser les surfaces étendues. Le *Cautère objectif* a une partie cautérisante volumineuse et bombée, pouvant rayonner une grande quantité de chaleur. Le *cautère à S* et le *cautère en C*, employés autrefois pour le traitement de la seime, ne sont plus usités. Enfin l'on donne le nom de *marques* à d'autres cautères formés des différentes lettres de l'alphabet ou représentant quelques figures, servant à marquer des animaux appartenant à de riches propriétaires, à l'armée ou des sujets de toute espèce pendant le règne des maladies contagieuses.— On appelle *cautère anglais*, par analogie avec les fonticules qu'on pratique en médecine humaine, le *séton à rouelle*. (*V.* ce mot.)

CAUTÉRISATION, s. f., *Cauterisatio*, *adustio;* action de cautériser; opération qui consiste à désorganiser des tissus dans un but hygiénique ou thérapeutique. Pour arriver à ce résultat, on se sert de substances chimiques qui mortifient les organes en se combinant avec eux (*cautères potentiels*), ou de corps inertes chargés de calorique, connus sous le nom générique de *cautère actuel.*— Le *cautère potentiel* n'agit que quand il est mis en contact avec une partie vivante dans certaines conditions, et quelque temps après son application; il forme avec les tissus des *eschares* dont il modifie la composition. Les caustiques les plus employés sont le nitrate d'argent, le proto-chlorure d'antimoine, le nitrate acide de mercure, les acides minéraux, les solutions de potasse et de soude, l'ammoniaque liquide, la pâte arsenicale, la pâte de Vienne, la pâte de chlorure de zinc. — Le *cautère actuel* a le calorique pour principe de son activité; son action se fait sentir à l'instant où on le met en contact avec les parties animales. Connu depuis un temps immémorial en chirurgie humaine, l'usage du fer rouge a subi de nombreuses vicissitudes ; il y est aujourd'hui presque abandonné. Les vétérinaires l'emploient fréquemment et en retirent de très grands avantages. On distingue la cautérisation *objective, transcurrente* et *inhérente.* 1° *Cautérisation objective.* Elle consiste à approcher un fer rouge d'une partie pour amener une rubéfaction intense ; il est urgent de la renouveler de temps en temps pour continuer l'excitation qui doit en résulter. On l'a mise en usage contre les engorgements chroniques des membres, les tumeurs synoviales ; Leblanc l'a conseillée pour remédier à certains cas d'ophthalmie. Cette méthode est peu employée.—2° *Cautérisation transcurrente.* On promène un cautère sur la peau pour produire des sillons ou raies de feu. La cautérisation transcurrente est *médiate* ou *immédiate.* A. *Médiate.* Quand on la pratique, une couenne de lard est interposée entre le cautère et la peau. Autrefois vantée contre les vessigons, les mollettes, les capelets, elle est tombée en désuétude. B. *Immédiate, feu proprement dit.* On pratique des raies de feu sur la peau, en promenant le cautère hastile légèrement et pendant un temps variable. Ce moyen laisse après lui des traces apparentes, dont on peut diminuer l'importance en suivant une direction convenable. Il faut éviter tout dessin dans lequel les lignes viendraient se croiser ; on ne met plus le feu en croix de Malte, en etoile. Les raies parallèles, tracées dans le sens des poils, laissent des traces peu prononcées, surtout quand elles sont rapprochées et peu profondes. Le degré d'énergie du feu doit varier selon les effets que l'on veut obtenir, l'état du sujet, la nature des parties malades. Pour les chevaux fins, on se contente de passer le cautère dans les raies jusqu'à ce qu'on ait obtenu la teinte jaune dorée ; l'on applique ensuite des bandes de toile ou de flanelle sur la partie cautérisée. Sur les chevaux communs, on continue jusqu'à ce que l'on voie suinter une sérosité, qu'on nomme la *rosée.* Lorsque l'opération est terminée, on laisse l'animal en repos pendant quelques jours. Il est contre-indiqué d'appliquer sur la partie cautérisée des corps gras, à moins qu'on ne cherche à modifier l'irritation produite par le feu. Si l'on croit utile de provoquer une exhalation purulente, on emploie l'onguent basilicum ou le vésicatoire. On applique la cautérisation transcurrente sur un grand nombre de régions, pour guérir les maladies chroniques des tendons, des os et des articulations. Les parties qui réclament le plus souvent ce moyen sont le jarret, le genou, le grasset, les reins, la partie inférieure des membres. Dans les premiers jours, les raies tracées par le cautère se recouvrent de croûtes formées par la sérosité, quand le feu a été mis avec une certaine intensité ; si la cautérisation est légère,

on ne trouve que des croûtes jaunâtres. Un engorgement plus ou moins considérable se montre pendant les premiers temps ; il se dissipe vers la fin de la première semaine. Les effets secondaires de cette opération sont très intéressants ; par elle, bien des chevaux presque ruinés sont remis dans des conditions favorables pour rendre encore de longs services. C'est un résolutif tonique des plus énergiques avec lequel on peut, au besoin, produire une puissante révulsion. Quelquefois on applique le feu sur les membres d'un cheval dans le but de leur donner plus de résistance à la fatigue ; ce *feu de précaution* est le plus souvent inutile.—3° *Cautérisation inhérente.* Elle consiste dans l'application d'un fer rouge sur une partie avec laquelle on le laisse en contact pendant un temps plus ou moins long. On lui donne le nom de *cautérisation en pointes,* quand on se sert du cautère olivaire ou conique pour l'appliquer successivement sur différents points de la peau. Cette méthode est usitée dans le même cas que le feu en raies, surtout pour les surfaces arrondies ou saillantes, contre les tumeurs osseuses ou synoviales, dans les engorgements indolents des membres, la phlébite, les abcès farcineux. Dans que'ques cas, il faut avoir la précaution de transpercer la peau pour désorganiser une certaine épaisseur des tissus. La carie, la nécrose, les morsures faites par les animaux venimeux ou enragés réclament ce mode d'application du fer rouge. Quand on applique le cautère actuel sur une plaie, le sujet éprouve une douleur vive, qui cesse après quelques instants. Un premier effet local est une irritation interne avec afflux de liquides, bientôt volatilisés ; les tissus sont carbonisés, convertis en eschare dure, insensible au toucher, comme dans la brûlure au quatrième degré. Au bout d'un temps plus ou moins long, cette eschare tombe et laisse une plaie qui donne toujours une cicatrice appréciable. L'effet consécutif consiste dans un changement du mode de vitalité.—Il est une variété de cautérisation inhérente qu'on nomme *napolitaine,* parce qu'elle a été préconisée par De Nanzio, directeur de l'École vétérinaire de Naples. Cette opération consiste à inciser la peau qui recouvre une articulation malade, et à cautériser les tissus sous-jacents ; elle a pour avantage de ménager les bulbes des poils et les téguments, de ne donner qu'une légère cicatrice, peu apercevable, si l'incision a été faite dans une direction convenable, et de produire des effets énergiques. On emploie ce moyen avec avantage contre les anciennes claudications des articulations coxo-fémorale et scapulo-humérale ; il est toutefois préférable à l'application du cautère en raies ou en pointes, qui laisse des tares plus apparentes. On pratique aussi la cautérisation inhérente à l'aide du *moxa* (*V.* ce mot).

CAVALERIE (Cheval de), *V.* Troupe.

CAVE, adj., *cavus,* creux. On appelle *vei-*

nes-caves les deux troncs veineux considérables qui rapportent à l'oreillette droite du cœur le sang veineux de tout le système circulatoire général, celui des parois du cœur excepté. Les veines-caves, chez les animaux, sont distinguées en *antérieure* et *postérieure*. — La *veine-cave antérieure* résulte de la réunion des *jugulaires*, des *troncs brachiaux*, des *vertébrales* et des *sous-dorsales*. Elle entre dans le thorax par sa partie antérieure, et se dirige horizontalement entre les deux lames du médiastin jusqu'au dessus de l'oreillette droite, vers laquelle elle se recourbe pour s'insérer à sa partie supérieure. — La *veine-cave postérieure* a pour origine la réunion des deux troncs *pelvi-cruraux*, et se continue de l'entrée du bassin, un peu plus à droite qu'à gauche, jusqu'au foie, où elle s'engage dans la grande scissure antérieure ; elle passe ensuite dans l'ouverture du diaphragme, et traversant à peu près dans son milieu la partie postérieure du thorax, elle arrive, soutenue par le médiastin, à l'oreillette droite du cœur, où elle s'insère en arrière et à droite. Dans son trajet, la veine-cave postérieure reçoit les veines *grandes testiculaires* ou *utéro-ovariennes* dans la femelle, *lombaires*, *rénales*, *surrénales*, *sus-hépatiques* et *diaphragmatiques*.

CAVEÇON, s. m. ; harnais propre à être adapté à la tête des chevaux. Il se compose généralement d'une espèce de forte bride dans laquelle le mors est remplacé par un demi-cercle en fer, recouvert de cuir, embrassant la partie inférieure du chanfrein, et les rênes par trois grandes longes venant s'attacher, l'une à un anneau fixé au milieu de la convexité du demi-cercle, les deux autres à deux anneaux fixés aux extrémités. Ces dernières servent à diriger les chevaux fougueux, et l'autre à les maitriser par des saccades.

CAVERNE. s. f. : *Caverna*, de *cavus*, creux ; excavation formée dans les poumons après que l'ulcération a fait évacuer le pus d'un abcès ou la matière tuberculeuse. On trouve des cavernes à l'autopsie des animaux qui ont succombé à une maladie ancienne du poumon.

CAVERNEUX, adj. ; *cavernosus;* qui présente des cavités, des cavernes. Par extension, on donne aussi ce nom aux vaisseaux qui se rendent aux parties caverneuses. — *Corps caverneux:* partie du pénis servant de base à cet organe, et formée d'une enveloppe fibreuse, renfermant dans son intérieur un nombre infini de cellules, où l'abord et le séjour du sang déterminent le phénomène de l'érection. Le corps caverneux est fixé par deux racines aux crêtes ischiales, par deux autres à la symphyse pubienne, et se termine, à son extrémité libre, par une pointe qu'entoure le tissu érectile de la tête de la verge. Il porte dans toute la longueur de sa face postérieure une scissure qui longe le canal de l'urètre. Le corps caverneux du *clitoris* n'est que le diminutif de celui de la verge. —

Artère caverneuse : artère émanant de l'obturatrice et pénétrant dans le corps caverneux par ses racines, pour se ramifier à l'intérieur. — *Sinus caverneux*, sinus veineux susphénoïdaux, traversés par l'artère cérébrale antérieure ou carotide interne, communiquant avec les veines méningiennes antérieures et postérieures, et avec les sinus occipitaux. — *Path. Râle caverneux, respiration caverneuse*, changement apporté dans la respiration par la présence d'une caverne ou excavation formée dans le tissu pulmonaire par la gangrène partielle de cet organe, par un abcès ou par des tubercules.

CAVITÉ, s. f., *Caritas;* mot employé pour désigner une partie creuse ; ex : cavités du cœur, cavités des os, etc. Les cavités ont reçu différents noms suivant leurs formes, leurs usages et les parties auxquelles elles appartiennent. C'est ainsi que l'on distingue des *fosses*, des *sinus*, etc., des cavités *cotyloïdes*, *glénoïdes*, *splanchniques*, *nasales*, *pelvienne*, *abdominale*, etc. (*V.* ces différents mots). — *Bot.* CAVITÉS AÉRIENNES ; lacunes ou méats intercellulaires. On appelle aussi *cavités aériennes* ces vides accidentels ou constants, renfermant ordinairement de l'air, que l'on trouve dans les feuilles et les fruits.

CAYEU, s. m., *Bulbulus ;* petit bulbe naissant à l'aisselle d'une écaille, dans un bulbe plus grand, et susceptible, après la séparation, de reproduire la plante. La tulipe, le glaveul se reproduisent par *cayeux*.

CÉBOCÉPHALE, s. et adj., *Cebocephalus*, de κῆβος, singe, et κεφαλή, tête ; genre de monstres cyclocéphaliens ayant pour caractère essentiel : deux yeux très rapprochés, mais distincts ; appareil nasal atrophié : point de trompe. Leur nom leur vient de la ressemblance qu'ils présentent avec les singes du Nouveau-Continent. Ce genre de monstruosité a été observé sur l'homme et sur le porc.

CÉBOCÉPHALIE, s. f., *Cebocephalia;* état des monstres cébocéphales.

CÉCITÉ, s. f., de *cœcus*, aveugle ; privation de la vue ; absence, privation de la faculté de voir. Les causes qui donnent lieu à cet état pathologique sont toutes les maladies qui produisent la détérioration de l'œil. L'ankyloblépharon, les taies, les ulcères de la cornée, l'ophthalmie périodique et ses suites, l'amaurose, etc., font développer la cécité. (*V.* ces mots).

CÈDRE, s. m., *Cedrus*, L.; genre de la famille des Conifères. Les cèdres sont de grands et beaux arbres résineux, croissant sous tous les climats et généralement à de grandes hauteurs. Ceux du Liban, que les voyageurs français ont encore pu observer à la fin du siècle dernier, étaient célèbres par leur volume et surtout par leur âge que les naturalistes estimaient à plus de 800 ans. Le bois du cèdre est léger et d'un blanc un peu roussâtre ; il se conserve longtemps sans s'altérer.

CÉDRÉLACÉES, s. f., *Cedrelaceæ ;* famille végétale formée de genres distraits en partie des Méliacées. Elle habite principalement entre les tropiques., et se compose de grands arbres dont le bois et les fruits sont souvent utilisés. On la divise en deux tribus : les *Cédrélées* et les *Swiéténiées;* genres principaux : *Cedrela, Swietenia.* C'est une espèce de ce dernier genre qui fournit l'acajou.

CÉLASTRACÉES , s. f. , *Celastraceæ;* famille de plantes dicotylédonées, polypétales, arbustes ou arbrisseaux. De Candolle la divise en trois tribus : les *Staphyléées;* genres : *Staphylea,* etc. ; les *Évonymées;* genres : *Evonymus, Celastrus , Elæodendron,* etc. ; les *Aquifoliacées;* genres : *Ilex, Cassine,* etc. Cette dernière est regardée par plusieurs botanistes comme une famille distincte.

CÉLÉRI. *V.* ACHE.

CELLULAIRE , adj. , *cellularis;* qui est formé ou composé de cellules. *Tissu cellulaire :* tissu mou, spongieux, formé d'une quantité très grande de cellules , répandu dans tout le corps, et servant à réunir anatomiquement les divers organes, en même temps qu'il les sépare physiologiquement. Le tissu cellulaire a été divisé pour l'étude en deux parties : *le tissu cellulaire commun* ou *général, et le tissu cellulaire particulier;* ce dernier entrant dans la composition de chaque organe , l'autre servant de moyen général de réunion et déterminant surtout les formes extérieures du corps. C'est principalement aux endroits où les mouvements sont fréquents et étendus qu'on rencontre l'abondance du tissu cellulaire. Une seule partie de l'économie semble en être privée ; c'est le cerveau; mais le développement des abcès et la présence du cysticerque celluleux au milieu de la substance cérébrale, prouvent qu'il y existe sans que nos moyens imparfaits d'investigation puissent en accuser la présence. — Plusieurs anatomistes, Bordeu , Meckel entre autres , prétendent que ce tissu n'est pas réellement *cellulaire,* que ce n'est qu'une espèce de glu dans laquelle les cellules se développent par le tiraillement et par l'insufflation, comme cela a lieu pour un liquide visqueux. S'il en était ainsi, il serait difficile d'expliquer la sécrétion et l'absorption de sérosité qu'on admet dans le tissu cellulaire ; car, pour qu'une sécrétion s'opère, il faut une surface pour le dépôt de son produit. — Les cellules de ce tissu communiquent toutes entre elles, ainsi que le prouvent l'insufflation et l'infiltration qui, gagnant de proche en proche , peuvent se porter dans toute l'étendue du corps, de même qu'une ouverture unique peut donner issue à tout le fluide qui distend les cellules. — On ne trouve dans le tissu cellulaire ni vaisseaux sanguins, ni cordons nerveux spéciaux. Il est le siége d'un mouvement continuel d'exhalation et d'absorption, se reproduit promptement lorsqu'on le détruit, et n'accuse que peu ou point de sensibilité, à moins qu'il ne soit enflammé. Il présente une variété que l'on désigne sous le nom *de tissu cellulaire séreux ,* parce qu'il

est constamment baigné de sérosité. Ce tissu. qui n'admet jamais de graisse , existe surtout aux paupières et aux organes génitaux. — Le tissu cellulaire est la première partie formée, et constitue presque à lui seul tout l'embryon dans les premiers temps de la gestation. Il abonde surtout dans la jeunesse et détermine les formes *empâtées* du premier âge.— Outre ses fonctions de réunion et d'isolement des organes , de sécrétion et d'absorption , le tissu cellulaire remplit encore d'autres usages; dans le cas de division des tissus, il est l'agent essentiel de la cicatrisation des plaies avec ou sans perte de substance. Il est sujet à plusieurs altérations ; son inflammation constitue le *phlegmon ,* dans lequel il devient rigide et peu extensible ; il est le siége de la production du pus, qui forme, dans ses mailles, des dépôts appelés *abcès ;* on nomme *œdème* l'infiltration séreuse de ses cellules , *emphysème* l'infiltration gazeuse, *ecchymose, trombus,* l'infiltration sanguine. Les corps étrangers, introduits dans ce tissu en sont expulsés par l'inflammation éliminatoire, ou y séjournent en s'enveloppant d'une couche de tissu cellulaire condensé, qui constitue un *kyste.* Le *cysticerque ladrique,* la larve de *l'œstre du bœuf,* s'y développent fréquemment; il peut aussi devenir le siége d'une *induration.* — Le tissu cellulaire de l'*âne* et du *mulet* est plus rare et plus sec que celui du cheval; dans le *bœuf,* et surtout dans le *mouton,* il jouit de peu de vitalité ; aussi les sétons suppurent difficilement chez ces animaux. Ils prennent , au contraire, avec la plus grande facilité chez le chien, où le tissu cellulaire est plus abondant et le siége d'un travail organique plus actif. — *Bot. Végétaux cellulaires, V.* AMPHIGAMES. — *Tissu cellulaire,* parenchyme exclusivement composé de cellules ou utricules. Il forme seul les végétaux cellulaires et concourt avec les fibres et les vaisseaux à constituer tous les autres. — *Enveloppe cellulaire,* la plus extérieure des couches corticales proprement dites. — *Cloison cellulaire, V.* CLOISON.

CELLULE, s. f., *Cellula,* diminutif de *cella,* loge; petite cavité, petite loge. On nomme ainsi les intervalles existant entre les lamelles dont l'ensemble constitue le tissu cellulaire. Les os présentent aussi des *cellules* dans leur tissu spongieux ; quelques-uns, comme l'ethmoïde, les cornets, en forment par leurs lames papyracées, ou , comme l'apophyse mastoïde du temporal , en renferment dans leur intérieur. Les *cellules* du poumon sont plus souvent désignées sous le nom de *vésicules bronchiques, V.* BRONCHIQUE et UTRICULE.

CELLULEUX, SE, adj., *cellulosus;* qui présente des cellules ; qui est formé de cellules. Ce mot s'applique surtout à la partie spongieuse des os. On l'emploie aussi comme synonyme de *cellulaire.* — *Bot.,* qui renferme beaucoup de tissu cellulaire. — *Végétaux celluleux. V.* CRYPTOGAMES.

CELLULOSE, *V*. Ligneux.

CÉLOSOME, s. et adj., *Celosomus*, de χηλη, hernie, et σωμα, corps; genre de monstres célosomiens ayant pour caractères principaux une éventration latérale ou médiane, avec fissure, atrophie ou manque total du sternum et déplacement herniaire du cœur. Geoffroy Saint-Hilaire a observé cette monstruosité sur le poulet, et Gurlt sur les ruminants.

CÉLOSOMIE, s. f., *Celosomia*; état des monstres célosomiens.

CÉLOSOMIENS, s. et adj.; famille de monstres unitaires autosites, caractérisés par une éventration plus ou moins étendue, compliquée d'anomalies plus ou moins graves des membres, des organes génito-urinaires et même du tronc. G. Saint-Hilaire divise cette famille en six genres qu'il nomme : *Aspalasome*, *Agénosome*, *Cyllosome*, *Schistosome*, *Pleurosome*, *Célosome*.

CELTIDÉES, s. f., *Celtideæ*; tribu des Ulmacées, regardée par quelques botanistes comme une famille distincte. C'est à l'un des genres de cette famille, le genre *Celtis*, qu'appartient le Micocoulier austral, *Celtis australis*, arbre remarquable par la souplesse de son bois.

CÉMENT. s. m., *Cementum;* substance que l'on remarque sur les dents, principalement à leur base, et dans leurs cavités extérieures. Le *cément* ou *tartre* est peu abondant chez le cheval, où il offre une couleur jaunâtre. On le remarque surtout chez le mouton, où il est noir, et chez le bœuf, où il présente souvent un reflet doré. Tout porte à croire que le *cément* est sécrété par les gencives. — *Chim. V*. Cémentation.

CÉMENTATION, s. f.; opération métallurgique qui consiste à chauffer les métaux, à l'abri du contact de l'air, avec une substance appropriée ; se dit surtout de la transformation du fer en *acier*, en le chauffant dans des caisses réfractaires, avec un mélange de charbon de bois, de suie et de sel marin ; —*Acier de cémentation. V*. Acier. La substance employée à la cémentation porte le nom de *cément*.

CENDRÉ, ÉE, adj., *cinereus;* qui a la couleur de la cendre. *Substance cendrée :* nom donné à la *substance grise* du cerveau, et à la *substance corticale* des reins. — *Extér. Gris cendré :* robe grise, présentant la nuance de la cendre.

CENDRE, s. f., *Cinis*. On donne ce nom au résidu *fixe, pulvérulent* et *incolore*, qui résulte de la combustion complète des substances organiques et des charbons fossiles qui en dérivent. Les cendres sont formées par les substances *minérales* qui existent dans les solides et les liquides des êtres organisés; elles n'en forment généralement qu'une fraction qui varie de 1 à 6 centièmes environ. Les cendres des végétaux et celles des animaux renferment les mêmes éléments, seulement en des proportions différentes; elles contiennent générale-

ment six oxydes : deux *alcalins*, la potasse et la soude ; un *calcaire*, la chaux ; un *terreux*, la magnésie ; et deux *métalliques*, les oxydes de manganèse et de fer. Les acides *inorganiques* existant dans les cendres sont l'acide *silicique*, l'acide *phosphorique* et l'acide *sulfurique;* quant à l'acide *carbonique*, qui n'existe pas dans les plantes, et n'est qu'en très petite quantité dans les animaux, il se forme par la destruction des acides organiques au moyen du feu. Enfin, le *chlore* forme, avec les bases alcalines, des *chlorures* qui sont parfois transformés en *carbonates*, comme il arrive aussi que les sulfates sont métamorphosés en *sulfures* par la combustion. Les cendres des charbons fossiles (*houille, anthracite, lignite*, etc.), diffèrent surtout de celles des plantes et des animaux par l'absence presque complète de bases alcalines et par la présence constante, au contraire, d'*alumine* qui manque généralement dans les premières. La composition des cendres est importante à connaître, non-seulement pour démontrer l'analogie de composition qui existe entre les végétaux et les animaux relativement aux matériaux inorganiques qu'ils renferment, mais encore pour établir les relations qui peuvent exister, sous ce rapport, entre les plantes et le sol où elles croissent, et celles qui doivent exister entre ces êtres et les engrais qu'elles exigent. Les bases alcalines et calco-terreuses peuvent se remplacer mutuellement : ainsi les plantes marines contiennent surtout de la soude et les plantes ligneuses de la potasse; si l'on change ces plantes de terrain, la base alcaline qu'elles renferment naturellement est changée et remplacée par l'autre. On observe ces substitutions non-seulement entre la chaux et la magnésie, ou entre ces deux bases et les alcalis, mais encore entre les oxydes minéraux et les alcaloïdes organiques; c'est ainsi que la quantité de quinine contenue dans l'écorce du Pérou est toujours en raison inverse de celle de la chaux et réciproquement. L'agriculture saura un jour tirer parti de ces données. — *Agric.* Les agriculteurs distinguent plusieurs espèces de cendres, celles de bois, les meilleures, mais que l'on n'utilise guère pour les champs que lorsqu'elles ont été lessivées; les cendres de tourbe et de houille, enfin, les cendres pyriteuses provenant de la fabrication du sulfate de fer et de l'alun. Il est peu de pays où les cendres ne soient employées comme engrais minéral. Elles ameublissent les sols argileux, et donnent de la consistance aux sols trop légers; elles détruisent les mauvaises herbes et diminuent l'aridité du sol. On les sème ou on les enterre. Il est des contrées froides, granitiques, peu riches en fumier, où, sans les cendres, la terre ne donnerait qu'un très faible produit. La quantité à employer est de 25 à 30 hectol. par hectare. Mais cette proportion peut être plus forte selon le degré d'humidité, de légèreté du sol, etc.

Cendres bleues. Matière colorante artificielle, d'une belle couleur bleue, et qui paraît formée d'un mélange d'hydrate de chaux et de deutoxyde hydraté de cuivre.

Cendres gravelées. *V.* Carbonate neutre de potasse.

CÉNOBION, *V.* Cénobionnaire.

CÉNOBIONNAIRE, adj.; Mirbel désigne ainsi un fruit composé de plusieurs achaines réunis à leur base, n'adhérant point au calice et ne portant aucune trace du style; ex.: le fruit des Labiées, des Borraginées. Cet ordre ne comprend qu'une espèce, le *Cénobion*.

CENTAURÉE, s. f., *Centaurea*, L.; genre très nombreux de la famille des Composées. Il a pour caractères : involucre à folioles épineuses; imbriquées, fleurs de la circonférence stériles, plus grandes que celles du centre; aigrettes munies de poils raides; réceptacle à paillettes laciniées; capitules le plus souvent solitaires, portés au sommet de longs pédoncules. Les centaurées croissent en grand nombre dans les prairies élevées de la France, dans les moissons, les lieux incultes; elles sont annuelles, bisannuelles ou vivaces. Beaucoup sont épineuses, dures et repoussées des bestiaux; toutes sont amères et toniques. Les espèces principales, au point de vue de l'hygiène, sont: la C. jacée, *C. jacea*, regardée comme assaisonnante; la C. des montagnes, *C. montana*, assez recherchée des bestiaux; la C. bleuet, *C. cyanus*, quelquefois si commune dans les champs cultivés, et plutôt nuisible qu'utile. D'autres espèces sont intéressantes au point de vue de la médecine, ce sont: la C. chausse-trappe, *C. calcitrapa*; la C. chardon bénit, *C. benedicta*, etc., toniques et fébrifuges, et entrant, à ce titre, dans plusieurs préparations officinales. — *Pharm.* Les sommités fleuries de la petite centaurée (*gentiana centaurium*, *L. erythrea centaurium*, Rich.), qui jouissent d'une amertume très intense, sont réputées toniques et fébrifuges. Elles contiennent, selon Moretti, une matière extractive amère, un acide libre, de la gomme et des sels. Elles s'administrent en décoction et en infusion dans l'eau et le vin, à dose assez élevée. Leur emploi est indiqué dans les maladies atoniques, dans l'anhémie, les affections putrides, etc. Elles sont rarement usitées.

CENTIGRADE, adj., de *centum*, cent, et *gradus*, degré; qui est divisé en cent degrés : *thermomètre centigrade, échelle centigrade, degré centigrade*. Ce dernier, comparé aux degrés de l'échelle de Réaumur et de Farenheit, vaut les $^4/_5$ des premiers et les $^9/_{15}$ des seconds, *V.* Thermomètres.

CENTINODE, *V.* Renouée.

CENTRAL, E, adj., *centralis*; qui appartient au centre, qui occupe le centre. *Artère centrale de la rétine* : branche très mince, fournie par l'ophthalmique, occupant le centre du nerf optique et de la rétine. — *Bot.* Le trophosperme est *central*, lorsqu'il occupe le centre du péricarpe. L'embryon et le périsperme peuvent être centraux l'un par rapport à l'autre.

CENTRE, s. m., *Centrum*, de κέντρον, qui a la même signification. On donne ce nom, d'une manière générale, soit à la partie principale d'un tout, soit au point d'un corps ou d'une surface qui est également éloigné de tous les autres. — *Centre de gravité, centre des forces parallèles* (*centrum gravitatis*) : on appelle ainsi le point d'un corps où serait appliquée la résultante de toutes les forces de pesanteur qui sollicitent ses molécules. Il présente pour caractères : 1° d'être *central* et *symétrique*, relativement au poids ou au nombre des molécules des masses matérielles : 2° d'être *invariable*, quelles que soient du reste les positions qu'affectent les corps : 3° d'être un point *rationnel* plutôt que *matériel*, puisqu'il peut se trouver hors de la substance des corps, comme dans un anneau, une sphère creuse; 4° de *décider* l'équilibre de toute la masse, lorsqu'il est soutenu. — La *position* du centre de gravité dans les corps *homogènes* et *réguliers*, coïncide avec le centre de figure; dans les corps *irréguliers* ou *hétérogènes*, cette position est variable et peut être déterminée par des moyens mécaniques, notamment par la suspension des corps ou leur équilibre sur l'arête d'un prisme. — Dans les *animaux*, qui ne sont pas des corps réguliers ni homogènes, mais des assemblages de parties mobiles les unes sur les autres, le centre de gravité cesse d'être un point invariable, et oscille dans une région quelconque du corps qui varie selon la conformation, les attitudes et les mouvements des animaux. Chez les quadrupèdes, on fixe approximativement le point d'oscillation du centre de gravité, à l'intersection de l'axe vertical du tronc, vers le tiers antérieur de l'axe longitudinal, ce qui correspond à peu près à la région du cœur. Ceux qui l'ont fixé, par erreur, au milieu de l'axe longitudinal du corps, omettaient sans doute de tenir compte du poids du cou et de la tête. Dans les oiseaux, le centre de gravité est situé entre les deux ailes, dans l'intérieur de la poitrine, près du sternum qui, par son poids et celui de ses muscles, sert à *lester* la machine pendant le vol. — *Centre d'inertie* ou *de masse* : point central d'un corps ou d'un assemblage de corps à mettre en mouvement par une force artificielle. — *Centre dynamique* ou *de mouvement* : point central et symétrique d'un mobile. Il coïncide avec le précédent, et l'un et l'autre se confondent avec le centre de gravité. — *Centre d'oscillation* : on appelle ainsi la partie du pendule composé qui donne des oscillations *moyennes* entre celles des parties les plus rapprochées et celles des plus éloignées de l'axe oscillatoire. Il est situé au-dessous du centre de gravité et sa distance de l'axe d'oscillation est égale à la longueur du pendule simple, qui oscille dans le même temps que le pendule composé. — *Centre de pression* :

point de la paroi latérale des vases qui supporte la pression moyenne du liquide qui les remplit : il est toujours placé au-dessous du centre de gravité de la paroi, parce que la pression du liquide va en augmentant à mesure qu'on approche du fond des vases. — *Centre de poussée :* c'est le centre de gravité de la masse fluide déplacée par un corps solide plongé dans son intérieur ; l'équilibre des corps plongés ou flottants dépend essentiellement de la position relative de leur centre de gravité et du centre de poussée du fluide déplacé : si ces centres ne sont pas placés sur la même verticale, l'équilibre est impossible. — *Centre optique :* point situé dans l'intérieur d'une lentille et sur l'axe principal, qui jouit de la propriété de laisser suivre aux rayons lumineux qui le traversent, leur direction primitive ou une direction parallèle, à leur sortie de la lentille. — *Anat. Centre épigastrique, nerveux, ovale, phrénique.* (*V.* ces adjectifs).

CENTRIFUGE (force), s. f., de *centrum*, centre, et *fugere*, fuir. — On appelle ainsi la force qui tend à éloigner les corps du centre de la courbe qu'ils parcourent. Elle est tangente à la courbe décrite, et perpendiculaire à la direction de la force *centripète* qui lui est opposée. La force centrifuge est soumise aux lois suivantes : 1° elle est, toutes choses égales, proportionnelle à la *masse* du mobile ; 2° la masse et la vitesse restant les mêmes, elle est proportionnelle au *rayon* de la courbe décrite ; 3° le rayon et la masse étant donnés, elle est proportionnelle au carré de la *vitesse*, etc. — Les effets de la force centrifuge sur les corps bruts sont de tendre à éloigner leurs molécules, et même de les séparer, ex. : eau de la meule, boue des roues, fragments des volants, applatissement de la terre aux pôles produit par cette force ; de plus, elle lutte contre la pesanteur et détruit une partie de ses effets. — Dans les corps organisés, elle produit des effets variables : elle tend à déterminer la chute en dehors du cercle, et les animaux s'en préservent en penchant instinctivement leur corps en dedans ; elle produit une perturbation dans la distribution des fluides nutritifs, et détermine des accidents plus ou moins graves du côté du cerveau ; enfin elle change la direction de la radicule et de la tigelle des grains, lorsqu'on les fait germer sur une roue qui tourne, du centre à la circonférence. — *Radicule centrifuge :* celle qui se tourne vers les parois du fruit. *Inflorescence centrifuge. V.* INFLORESCENCE.

CENTRIPÈTE (force), s. f., de *centrum*, centre, et *petere*, aller vers. Nom donné à la force qui maintient les corps dans la courbe qu'ils décrivent, et tend à les faire tomber vers le centre de cette courbe. Elle est constamment dirigée vers ce centre, et perpendiculairement à la force centrifuge qu'elle doit équilibrer. Son intensité est proportionnelle à la force centrifuge, et elle croît ou décroît

dans les mêmes proportions. — *Bot.* Opposé à centrifuge ; *radicule, inflorescence centripète.*

CÉP ; selon quelques auteurs, de καπος, courbé, tordu ; pied ou souche de la vigne.

CÉPAGE ; mot vulgairement employé pour désigner une variété quelconque de vigne cultivée. On dit un bon, un mauvais *cépage* ; les *cépages* de la Bourgogne, de la Champagne, etc. ; cépage riche, productif, précoce, etc. : cépage rouge, blanc, etc.

CÉPHALALGIE, s. f., de κεφαλη, tête et αλγος, douleur ; douleur de tête.

CÉPHALALGIQUE, adj., qui concerne la céphalalgie.

CÉPHALANTHE, s. m., *Cephalantium* ; de κεφαλη, tête et ανθος fleur ; synonyme de calathide et de capitule.

CÉPHALITE, s. f., de κεφαλη, tête, avec la terminaison *ite.*—Inflammation de la tête. Syn. de *encéphalite*, infl. du cerveau. *V.* ENCÉPHALITE.

CÉPHALIQUE, adj., *cephalicus*, de κεφαλη, tête ; qui appartient à la tête. *Artères céphaliques :* nom donné par Chaussier aux artères carotides. *Tronc céphalique :* tronc commun des deux artères carotides, émanant du tronc brachial droit ou brachio-céphalique. *Veine céphalique :* nom donné à la sous-cutanée du bras, vulgairement appelée veine de l'ars.

CÉPHALOCYSTES, s. m., *Cephalocystis*, de κεφαλη, tête, et κυστις, vessie ; vessie munie d'une ou de plusieurs têtes. Entozoaire, composés d'une vessie surmontée d'un ou de plusieurs appendices. Desmarest a divisé ces vers en *Monocephalocystes*, dans lesquels on trouve le genre *cysticerque*, et *Polycéphalocystes*, qui comprennent le *ditrachycéros*, le *polycéphale* proprement dit, et l'*échinocoque.* (*V.* ces mots).

CÉPHALOMÈLE, subs. et adj. *cephalomeles*, de κεφαλη, tête, et μελος, membre ; genre de monstres polyméliens, portant un ou deux membres accessoires sur la tête. Cette monstruosité a été observée sur le canard par G. St-Hilaire.

CÉPHALOMÉLIE, s. f. *Cephalomelia* ; état des monstres céphalomèles.

CÉPHALOPAGE, s. et adj. *Cephalopages*, de κεφαλη, tête, et παγος, uni, réuni ; genre de monstres doubles eusomphaliens, consistant en deux individus à ombilics distincts, réunis en sens inverse par le sommet de la tête. Cette monstruosité, très rare, n'a encore été observée que chez l'homme.

CÉPHALOPAGIE, s. f., *Cephalopagia* ; état des monstres céphalopages.

CÉPHALOPODES, s. m. et adj. *Cephalopodes*, de κεφαλη, tête, et πους, ποδος, pied ; premier ordre des mollusques, caractérisé par les particularités suivantes : corps en forme de sac ouvert par devant ; tête distincte ; bouche entourée de bras portant des espèces de ventouses ; des yeux, une oreille interne ; des branchies ; trois cœurs, dont un aortique et deux veineux ; sexes séparés. Genres principaux : *Poulpe, Seiche.*

CÉPHALO-RACHIDIEN, adj.; qui appartient à la tête et au rachis. *Centre céphalo-rachidien :* centre nerveux constitué par l'encéphale et la moëlle épinière. — *Liquide céphalo-rachidien :* on donne ce nom à deux liquides différents. L'un existant dans les mailles du tissu assez lâche qui unit l'arachnoïde à la moëlle épinière; l'autre, renfermé dans les cavités ventriculaires du cerveau. Ce dernier devrait être appelé cérébral, car il ne communique pas avec l'autre, et reste enfermé dans les ventricules, ainsi que l'a démontré Renault, contre l'opinion de Magendie.

CÉPHALOTE, s. f., de κεφαλή, tête ; l'une des quatre matières grasses *phosphorées* admises par Couerbe dans la substance cérébrale. La céphalote est solide, élastique, brune, se ramollissant par la chaleur sans fondre entièrement, insoluble dans l'eau, peu soluble dans l'alcool, soluble dans l'éther, et saponifiable par les alcalis.

CÉPHALOTOMIE, s. f., de κεφαλή, tête, et τέμνω, je coupe; dissection des parties de la tête.

CÉRAINE, s. f., de *cera*, cire. Produit obtenu par Boudet en traitant la *cérine* ou principe dur de la cire par les alcalis caustiques. C'est un corps solide, dur, cassant, non saponifiable, fusible à 70°, volatilisable sans décomposition. Peu soluble dans l'alcool, insoluble dans l'eau, la céraïne se dissout aisément dans l'éther et l'essence de térébenthine (*V.* CIRE ET CÉRINE).

CÉRAISTE, s. m., *Cerastium*, L. ; genre assez nombreux de la famille des Caryophyllées. Les céraistes sont communs sur les pelouses, dans les prairies sèches. Ils sont précoces, petits, généralement vivaces, assez recherchés des bestiaux, peu productifs quoique repoussant vite. Les espèces les plus répandues en France sont : le C. commun, *C. vulgatum ;* le C. des champs, *C. arvense.*

CÉRASINE, s. f., de *cerasus*, cerisier; principe insoluble de la gomme du pays. Elle paraît intermédiaire entre l'*arabine* et l'*adraganthine* (*V.* ces mots). Elle se gonfle dans l'eau froide ou tiède, se dissout à la longue dans l'eau bouillante, et paraît devenir alors analogue à l'arabine. La *cérasine* forme environ le tiers du poids de la gomme du pays.

CÉRAT, s. m., *Ceratum*, de κηρός, cire. — *Oléocéréolé.* Les cérats sont des médicaments officinaux ou magistraux, de consistance graisseuse, exclusivement destinés à l'usage externe. Ils ont pour *base* la *cire,* pour *excipient* l'*huile d'olive,* et pour *auxiliaires* divers principes médicamenteux. Ils diffèrent des *pommades* par l'absence des graisses, et des *onguents* par celle des matières résineuses. On les appelle *simples,* lorsqu'ils ne contiennent que de la cire et de l'huile, et *composés* lorsqu'on y incorpore divers principes médi-

cinaux. — Dans leur préparation, il faut éviter l'emploi d'huiles siccatives, qui rancissent trop rapidement, et celui de cire altérée ; la cire blanche est la meilleure. La fusion de la cire dans l'huile se fait au bain-marie pour altérer le moins possible les deux corps gras. Le refroidissement s'opère graduellement et par l'agitation continuelle qu'on entretient dans le mélange, afin de le rendre parfait. On n'incorpore les substances actives que lorsque le cérat est parfaitement homogène. Les usages des cérats varient selon leur composition.

CÉRAT SIMPLE. ♃ Huile d'olives, 375 grammes ; cire blanche, 125 grammes. — Faites fondre la cire dans l'huile à la chaleur de l'eau bouillante ; versez dans un mortier chaud ; triturez jusqu'à refroidissement complet et homogénéité parfaite, et conservez dans des pots bien clos. Ce cérat est adoucissant et relâchant ; il convient sur les plaies très douloureuses qui avoisinent les ouvertures naturelles, sur les crevasses et les gerçures des mamelons, sur les brûlures, etc.

CÉRAT DE GALIEN OU CÉRAT A L'EAU. ♃ Huile d'olives, 500 grammes; cire, 125 grammes ; eau distillée ou eau de roses, 375 grammes ; faites fondre la cire dans l'huile, et, pendant le refroidissement, incorporez peu à peu le liquide aqueux, jusqu'à ce qu'on n'aperçoive plus de gouttelettes d'eau. Il jouit des mêmes propriétés que le précédent.

CÉRAT DE SATURNE OU DE GOULARD. ♃ Cérat simple, 32 grammes; extrait de saturne, 4 grammes; incorporez exactement. Il est dessiccatif, mais ne doit être préparé qu'au moment de l'employer, car il rancit et se durcit promptement.

CÉRAT OPIACÉ. ♃ Cérat simple, 64 grammes; extrait aqueux d'opium, 4 grammes ; jaune d'œuf, n° 1. Broyez l'extrait d'opium dans le jaune d'œuf et incorporez exactement avec le cérat. Cette préparation est très adoucissante et anodine.

CÉRAT LAUDANISÉ. ♃ Cérat simple, 64 grammes; laudanum de Sydenham, 16 grammes ; mélangez exactement. Mêmes propriétés que le précédent.

CÉRAT CAMPHRÉ. ♃ Cérat simple, 250 grammes : camphre, 32 grammes; humectez le camphre avec quelques gouttes d'alcool, puis réduisez-le en poudre impalpable et incorporez ensuite. Excitant et antiputride, il convient pour les plaies atoniques ou gangreneuses.

CÉRAT DE QUINQUINA. ♃ Cérat simple, 125 grammes; extrait alcoolique de quinquina, 32 grammes. Ramollissez l'extrait avec un peu d'alcool et incorporez. Tonique et antiseptique.

CÉRAT ANTIPUTRIDE (Guersent). ♃ Cérat simple, 32 grammes : chlorure de soude, 4 grammes ; incorporez exactement. Bon pour les plaies blafardes, pour les sétons qui donnent de l'ichor, pour les plaies gangreneuses, etc.

CÉRAT SOUFRÉ. ♃ Cérat simple. 400 gram-

mes; soufre sublimé , 25 grammes; huile ,
16 grammes: mêlez l'huile au cérat ; faites
fondre et incorporez ensuite le soufre. Antipsorique.

CÉRATS ARSÉNICAUX (Delafond). ♃ Cérat
simple , 16 grammes ; acide arsénieux, 8 centigrammes , ou sulfure jaune d'arsenic artificiel, 10 centigrammes. Réduisez les composés d'arsenic en poudre impalpable, et incorporez parfaitement. Préparations antipsoriques et antiherpétiques très efficaces sur le
chien et le chat.

CÉRAT DE BELLADONE. ♃ Cérat simple , 30
grammes; extrait de belladone , 4 grammes
; incorporez. Indiqué sur le col de la matrice
pour faire cesser sa contraction spasmodique
au moment du part : il peut être utile aussi sur
le sac herniaire dans la hernie étranglée, et le
long du trajet de l'urètre dans le cas de
strangurie, etc.

CÉRATITE , s. f. , infl. de la cornée. Synonyme de *Kératite*, de *Cornéite* (*V.* ce dernier mot).

CÉRATOCÈLE , s. m. , hernie de la cornée, *V.* KÉRATOCÈLE.

CÉRATOGLOSSE, *V.* KÉRATOGLOSSE.

CÉRATO-HYOIDIEN , *V.* KÉRATO-HYOÏ-
DIEN.

CÉRATONYXIS , s. m. , opération de l'a-
baissement de la cataracte par la cornée , *V.*
KÉRATONYXIS.

CÉRATO-PHARYNGIEN , *V.* KÉRATO-
PHARYNGIEN.

CÉRATOPHYLLÉES, s. f., *Ceratophylleæ;*
famille de plantes aquatiques , dicotylédones ;
formée du seul genre *Ceratophyllum* , que
Lamarck décrivait à la suite des Salicariées.

CÉRATOTOME, s. m. , de κερας, corne, et
τεμνω, je coupe ; instrument dont on se sert
pour inciser la cornée dans l'opération de la
cataracte, *V.* KÉRATOTOME.

CÉRATOTOMIE , s. f. ; incision de la cornée dans l'opération de la cataracte, *V.* KÉ-
RATOTOMIE.

CERCLE CILIAIRE, *V.* CILIAIRE.

CERCODIACÉES, *V.* HALORAGÉACÉES.

CÉRÉALES , s. f.; *Cereales.* On désigne
sous ce nom les plantes dont les graines essentiellement farineuses servent à la nourriture de l'homme; ainsi le froment cultivé , le seigle, l'orge commune , l'avoine
cultivée, le maïs, le riz , auxquels il faut
ajouter, d'après quelques agronomes, l'al-
piste des Canaries , la fétuque flottante ,
le millet, le sorgho, le panic et le sarrazin.
La culture des céréales est , dans notre pays,
de la plus haute importance ; c'est elle qui
a été jusqu'à ce jour la principale source de
nos richesses agricoles. Elle occupe surtoute
l'étendue du territoire français une superficie de
13,900,862 hectares, dont 5,586,786 pour le
froment; 34,73 pour l'épeautre; 910,932 pour
le méteil; 2,577,253 pour le seigle ; 1,188,189
pour l'orge ; 3,000,634 pour l'avoine ; 631,331
pour le maïs. La culture du sarrazin très
répandue dans les cantons montagneux, celle

du riz, du millet , etc., ne sont pas comprises dans cette évaluation. Sur la superficie
qui vient d'être indiquée , on récolte une
moyenne annuelle de 182,516,848 hectol. de
graines estimées en argent à 2,055,467,836 fr.
— La France ne produit pas tout-à-fait la
quantité des céréales nécessaires à sa consommation et à l'ensemencement des terres ; l'excédant des bonnes années ne compense
pas le déficit des mauvaises ; aussi , sommes-
nous obligés de recourir de temps en temps à
l'étranger. Ces circonstances concourent à
maintenir à un taux assez élevé chez nous le
prix des céréales. Pour éviter un inconvénient qui intéresse à un haut degré les consommateurs de toutes les classes, les économis-
tes avaient imaginé de faire déclarer libre, de
puissance à puissance, le commerce des céréales ; mais cette liberté amènerait dans le prix
des grains, dans leur culture, des fluctuations
étendues: le système protecteur, qui n'est que
restrictif, paraît bien préférable. Ainsi, en France, les droits d'importation du froment qui ne
sont que de 25 centimes par hectolitre, lorsque le prix du blé a atteint le maximum fixé
par la loi de 1832, sont de 19,75 lorsque le
prix est tombé au minimum. Le droit de sortie, qui n'est que de 25 cent. lorsque le blé
coûte moins de 24 fr. l'hectolitre, s'élève à 6 fr.
lorsque le prix de l'hectolitre dépasse 28 fr.
— Toutes les céréales sont soumises à la culture. Les principales se sèment en automne,
les autres, telles que le maïs et l'avoine , se
sèment au printemps. Les céréales d'hiver
n'ont point à souffrir de la neige qui les couvre quelquefois pendant plusieurs semaines,
ni de la gelée qui durcit la terre. Elles croissent sous tous les climats et suivent l'homme
partout. Si quelques-unes , comme le froment, le seigle, l'avoine, aiment les terres
franches , argilo-calcaires , un peu fortes ;
d'autres, comme le maïs , préfèrent les terrains calcaires, ou les terres meubles et légères, comme l'orge, ou les sols très humides, comme le riz. Les céréales veulent un
sol ameubli, riche en engrais ; leur faculté
épuisante est très marquée. Elles constituent
presque seules les assolements triennaux avec
jachère ; dans tous les autres , elles tiennent
une place importante , et c'est pour leur
préparer le sol qu'on fait précéder leur culture de celle des plantes sarclées, des prairies
artificielles. Le froment, le seigle , le maïs,
le riz sont presque exclusivement cultivés
pour l'homme ; les autres le sont plus particulièrement pour la nourriture des bestiaux, qui
mangent les graines, les fanes vertes ou desséchées , ou les transforment directement en
engrais.

CÉRÉBELLEUX, SE , adj. ; *cerebellosus,*
de *cerebellum,* cervelet ; qui appartient au
cervelet. *Artères cérébelleuses :* artères du
cervelet, elles sont au nombre de deux : l'une
antérieure , naissant de la cérébrale postérieure et se distribuant au cervelet et aux tubercules quadrijumaux : l'autre *postérieure,*

naissant du tronc basilaire, au niveau du nerf oculo-musculaire.

CÉRÉBRAL, E, adj.; *cerebralis*, de *Cerebrum*, cerveau; qui appartient au cerveau. *Artères cérébrales* : artères du cerveau; on les distingue en *cérébrales antérieure, moyenne* et *postérieure*. La *cérébrale antérieure* émane de la carotide interne, et se porte en avant jusqu'à la scissure interlobaire, où elle s'anastomose avec celle du côté opposé. On l'appelle encore *mésolobaire, lobaire antérieure*. La *cérébrale moyenne*, ou *lobaire moyenne*, naît aussi de la carotide interne, s'engage immédiatement dans la scissure de Sylvius, et se distribue en plusieurs branches. Les *cérébrales postérieures*, au nombre de deux, forment la terminaison de l'artère basilaire, et s'anastomosent chacune avec la communicante de son côté. *Nerfs cérébraux* ou *encéphaliques* : ils sont au nombre de douze paires, désignées numériquement, et d'après les parties vers lesquelles elles se portent. Tous ces nerfs sortent par des trous du crâne, et, à l'exception de deux paires, sont exclusivement destinés à la tête. — *Veine cérébrale* : veine provenant des sinus caverneux de la méninge, et sortant par le trou déchiré avec la carotide interne, dont elle se sépare pour aller se jeter dans la jugulaire.

CÉRÉBRIFORME, adj., de *Cerebrum*, cerveau et *forma*, forme; qui ressemble au cerveau. *Dégénérescence cérébriforme*, variété de cancer qui a l'aspect du cerveau. *V.* ENCÉPHALOÏDE.

CÉRÉBRINE, s. f. ; *Céphalote;* matière grasse blanche et phosphorée découverte par Vauquelin dans la matière cérébrale. On la sépare par l'alcool bouillant et on la purifie par l'éther. Elle est solide, lamelleuse, incolore, inodore, insipide, translucide et friable, lorsqu'elle a été desséchée. Chauffée, elle se boursoufle sans fondre, noircit et brûle en laissant un charbon qui contient de l'acide phosphorique libre. Insoluble dans l'eau, l'alcool froid et l'éther, elle se dissout bien dans l'alcool bouillant. Les alcalis ne la saponifient point.

CÉRÉBRIQUE, *V.* ACIDE CÉRÉBRIQUE.

CÉRÉBRITE, s. f., de *cerebrum;* cerveau, avec la désinence *ite;* inflammation du cerveau. *V.* ENCÉPHALITE.

CÉRÉBRO-RACHIDIEN, *V.* CÉRÉBROSPINAL.

CÉRÉBRO-SPINAL, adj., de *Cerebrum*, cerveau, et *spina*, épine; qui a rapport au cerveau et à la moëlle épinière. — *Appareil* ou *système cérébro-spinal* : centre nerveux, comprenant le cerveau, la moëlle épinière et tous les cordons nerveux qui en dépendent.

CÉRÉBROTE, s. f., *V.* CÉRÉBRINE.

CERF, s. m., *Cervus;* genre de mammifères ruminants pourvus de cornes ramifiées et caduques, manquant de vésicule du fiel, et portant quatre mamelles inguinales. Ce genre comprend plusieurs espèces, dont les principales sont : le cerf commun, le che-

vreuil, le daim, l'élan et le renne qui, domestique chez les Lapons, fournit à ce peuple son travail comme bête de trait, son lait et sa chair.

CERF (mal de). Nom vulgaire donné au tétanos à cause de la roideur de l'encolure, *V.* TÉTANOS.

CERFEUIL, s. m., *Chærophyllum;* genre de la famille des Ombellifères, composé d'espèces annuelles ou vivaces, assez communes pour la plupart dans les climats tempérés, et surtout dans les prairies hautes. Toutes ont une odeur et une saveur forte qui doivent les faire considérer comme des plantes plutôt assaisonnantes que fourragères. Le C. sauvage, *C. sylvestre*, L., *Anthriscus sylvestris*, Hoffm., est le plus commun. On sait combien est fréquent, dans l'économie domestique, l'usage du C. cultivé, *Chærophyllum sativum,* L., *Anthriscus cerefolium*, Hoffm., soit comme condiment, soit comme remède résolutif.

CÉRINE, s. f. : principe immédiat formant environ les sept-dixièmes de la cire, le reste étant constitué par la *myricine*. On l'obtient en traitant la cire blanche par l'alcool bouillant. Elle est solide, amorphe, blanche, inodore, insipide, neutre, pesant 0,960, fusible à 62°. Insoluble dans l'eau et l'alcool froid, elle se dissout dans l'alcool chaud, l'éther et l'essence de térébenthine. Traitée par les alcalis, la *cérine* se transforme en acides margarique et oléique et en une matière non saponifiable appelée *céraïne* (*V.* ce mot).

CÉRION, *V.* CARCÉRULAIRE.

CERISE; t. de path. adopté pour désigner des excroissances charnues hémisphériques, qui se montrent principalement dans les plaies du pied. Elles sont le résultat des pertes de substance, d'une compression mal faite, d'un pincement exercé par la corne. On les observe dans les plaies de la sole du cheval après les enclouures, dans le cas de carie ou de nécrose de l'os du pied. Quelquefois elles disparaissent par un simple pansement compressif. Souvent il faut les exciser et remédier en même temps à la cause qui les produit, *V.* ENCLOUURE, FOURBURE, etc.

CERISIER, s. m., *Cerasus*, Juss. ; genre de la famille des Amygdalées, partie des Rosacées, que l'on dit originaire de l'Asie mineure. Les espèces de ce genre sont assez nombreuses; les principales, modifiées par la culture, ont donné naissance à beaucoup de variétés cultivées aujourd'hui en Europe pour leurs fruits aussi remarquables par leur belle couleur que par leur goût. Le Cerisier proprement dit, que quelques botanistes appellent Merisier, *Cerasus avium*, Mœnch., *Prunus avium*, Linn., est assez généralement considéré comme le type des cerisiers; cependant De Candolle considère comme espèces distinctes: le Bigarreautier, *C. duracina*, D. C.; le Guignier et le Heaumier, *C. juliana*, D. C.; le Griottier, *C. caproniana*, D. C.; à chacune de ces espèces se rapportent de nombreuses variétés. Ce sont les variétés A et B, *Sylvestris* et *Macrocarpa*, de l'espèce *C. avium*, qui fournissent les fruits dont on extrait le kirsch dans les contrées de l'Est. On doit citer encore dans ce genre, le Ragouminier, *C. pumila*, Mich.; le Cerisier Mahaleb, vulg. bois de Ste-Lucie, *C. mahaleb*, Mill.; le Merisier à grappes, *C. padus*, D. C.; le Laurier-cerise, *C. lauro cerasus*, Lois. Les cerisiers sont généralement cultivés en Europe comme plantes d'ornement ou comme arbres fruitiers. Leur bois est souvent employé à la fabrication des meubles ou des instruments. Ils fournissent, la plupart, dans nos contrées, par exsudation, une gomme, *gummi nostras*, qui remplace, mais très imparfaitement, la gomme arabique. L'écorce des cerisiers est amère et astringente.

CÉRIUM, s. m. Ce. Éq. 575; métal de la deuxième section, découvert en 1803 par Berzélius et Hisinger, dans un minéral appelé *cérite*, qui est un *silicate* de cérium. Ce métal est solide, pulvérulent, d'un brun chocolat foncé, acquérant l'éclat métallique par l'action du frottement. Chauffé dans l'air, il brûle vivement avant d'atteindre la chaleur rouge, et se transforme en deutoxyde. Il décompose l'eau, lorsqu'elle est bouillante. Il est sans usages.

CÉROMEL, s. m.; mélange d'une partie de cire et deux parties de miel qu'on employait autrefois au pansement des plaies et des ulcères.

CÉRUMEN, s. m., *Cerumen; de cera*, cire; matière onctueuse, colorée, sécrétée dans le conduit auditif externe par des follicules particuliers, entretenant la souplesse de la membrane de ce conduit, arrêtant, par sa consistance semi-liquide, les corps étrangers qui tendraient à s'introduire dans l'oreille, et les insectes par son amertume.

CÉRUMINEUX, adj.; qui a rapport au cérumen. *Follicules cérumineux; liquide cérumineux.*

CÉRUSE, *V.* CARBONATE DE PLOMB.

CERVEAU, s. m., *Cerebrum;* partie principale de l'encéphale. Le cerveau est le siége de l'intelligence et le point de départ des volitions et du mouvement, en même temps que, vers lui, viennent aboutir toutes les sensations. Cet organe occupe la moyenne partie de la cavité crânienne, dans laquelle il est situé au-devant du cervelet et au-dessus du mésocéphale. Il forme une masse ovalaire, déprimée de dessus en dessous, et divisée supérieurement par une scissure médiane, longitudinale, en deux masses latérales qui constituent les *hémisphères* ou *lobes*. Les surfaces latérales et supérieures de ces lobes présentent une série d'éminences irrégulièrement contournées, portant le nom de *circonvolutions*, et séparées par des sillons plus ou moins profonds, suivant les espèces et même suivant les individus. — La face inférieure du cerveau présente à l'étude de nombreuses particularités pour l'examen desquelles on doit suivre un certain ordre. Dans le plan médian, en commençant en avant, on trouve: 1° l'extrémité de la grande scissure interlobaire; 2° l'entrecroisement ou *chiasma* des nerfs optiques; 3° l'appendice sus-sphénoïdale ou *glande pituitaire*, ou *hypophyse*, reliée au reste de l'organe par la *tige sus-phénoïdale*; 4° le tubercule *pisiforme* ou *mamillaire*; 5° le sillon qui sépare les deux pédoncules du cerveau. Sur chaque côté, on trouve: 1° la *couche olfactive* ou *ethmoïdale*, creusée à son intérieur du ventricule du même nom; 2° la *scissure de Sylvius*, se séparant en deux branches qui embrassent dans leur intervalle le *lobule mastoïde*; 3° le cordon du nerf optique; 4° le *pédoncule du cerveau*. — Les deux lobes du cerveau sont unis par une lame médullaire appelée *mésolobe* ou *corps calleux*, que l'on aperçoit en les écartant l'un de l'autre, et qui forme le plafond de leurs cavités ou *ventricules latéraux*. Cette lame enlevée, l'on découvre ces deux ventricules séparés par une cloison mince et transparente appelée *septum lucidum*. A la partie antérieure et externe du ventricule, on aperçoit le *corps strié* bordé par sa bandelette; à sa partie supérieure et interne, le *trigone cérébral* ou *voûte à trois piliers*, séparé du corps strié par une scissure dans laquelle se trouve le *plexus choroïde*; plus en arrière, l'*hippocampe* ou *corne d'Ammon*. Le ventricule communique antérieurement avec celui de la couche olfactive. En enlevant la lame médullaire qui forme le trigone cérébral, on met à découvert la *toile choroïdienne*, qui recouvre ellemême les *couches optiques*. Au-dessous de ces parties existe le *troisième ventricule*, appelé encore *ventricule médian* ou *ventricule des couches optiques*, communiquant avec les ventricules latéraux par l'*ouverture commune antérieure*, portant elle-même, en arrière, un cordon arrondi que l'on nomme *commissure antérieure. L'ouverture commune postérieure*, portant aussi un cordon ou *commissure postérieure*, existe en arrière des couches optiques. Le ventricule médian communique avec l'appendice sus-sphénoïdale par le canal de la tige du même nom, et avec le ventricule du cervelet par un *canal intermédiaire* qui passe sous les tubercules bigéminés du mésocéphale et que l'on nomme encore *canal angulaire*, aqueduc de Sylvius. Au-dessus de l'ouverture commune postérieure, se trouve un petit corps conique de couleur rougeâtre, qui a reçu de sa forme le nom de *conarium*, et de sa ressemblance avec une pomme de pin, celui de *glande pinéale*. — Le cerveau est formé de deux substances principales: l'une grise, constituant son enveloppe extérieure; l'autre blanche, située principalement à la partie centrale. Ces deux substances se coordonnent de différentes manières dans les diverses parties de l'organe. Quelques parties, comme la glande pituitaire, le conarium, paraissent formées d'une substance plus foncée, que l'on peut cependant rattacher à la substance grise. Les cavités sont tapissées par une membrane très fine, séreuse, tout-à-fait indépendante de l'arachnoïde externe, et que l'on peut appeler *arachnoïde interne.*

CERVELET, s. m. *Cerebellum*, diminutif de *cerebrum;* portion de l'encéphale située en arrière du cerveau au-dessus du bulbe de la moëlle allongée, et logée dans le compartiment postérieur de la cavité crânienne. Le cervelet forme une masse arrondie, présentant des circonvolutions extérieures comme le cerveau, mais plus fines que celles de cet organe. Il est divisé à l'extérieur par deux sillons longitudinaux, en trois lobes, dont un impair *médian*, et deux *latéraux.* Le lobe médian a été comparé, à cause de sa forme, à un ver, et a reçu le nom de *corps vermiforme.* Ses deux extrémités se replient en avant et en arrière, et sa partie inférieure forme le plafond du *ventricule du cervelet.* Les deux lobes latéraux forment deux petites masses arrondies, unies au mésocéphale et au bulbe de la moëlle épinière, chacune par un gros cordon appelé *pédoncule du cervelet.* — Le ventricule du cervelet, ou *quatrième ventricule.* a pour paroi inférieure la face supérieure du bulbe de la moëlle; pour parois latérales, les pédoncules et la séreuse ventriculaire, appuyée par le plexus choroïde du cervelet, et pour paroi supérieure, en avant, la *valvule de Vieussens.* et en arrière, la face inférieure du lobe médian. Ce ventricule communique en avant avec le troisième ventricule, par le *canal angulaire,* et en arrière il est terminé en cul-de-sac aminci en pointe, et formant le *calamus scriptorius.* La membrane qui le tapisse est une continuité de celle du cerveau. Lorsque l'on coupe longitudinalement et dans son milieu le cervelet, la substance grise et la substance blanche présentent une disposition relative telle qu'on y distingue une figure d'arbre; c'est l'*arbor vitæ* ou arbre de vie des anciens (*V.* ce mot).

CERVELLE, s. f. Nom vulgaire par lequel on désigne d'une manière générale la masse encéphalique.

CERVICAL, E, adj., *Cervicalis,* de *cervix.* partie postérieure ou supérieure du cou; qui appartient à cette partie, ou au cou en général. *Artère cervicale supérieure :* c'est la *cervico-musculaire* de Girard, seconde division du tronc brachial, fournissant la première intercostale et les ramifications nombreuses aux muscles de la région cervicale de l'encolure. *Artère cervicale inférieure,* trachélo-musculaire de Girard, branche artérielle naissant du tronc brachial, et donnant ses rameaux aux muscles de la région trachélienne de l'encolure. *Veines cervicales, supérieures* et *inférieures:* satellites des artères cervicales.— *Ligament cervical:* grande production fibreuse jaune, élastique, continuant en avant le ligament sus-épineux et allant s'insérer à la partie postérieure de la tête, à la *tuborosité cervicale.* Ce ligament, qui aide les muscles de l'encolure à soutenir la tête, est formé d'une corde supérieure de laquelle émane une double lame séparant imparfaitement les muscles cervicaux droits de ceux du côté gauche. Toujours en rapport de force avec le poids à soutenir, il est très développé chez le bœuf, et se réduit chez le chien à une corde peu importante. — *Nerfs cervicaux :* on nomme ainsi les huit premières paires fournies par la moëlle épinière, sortant du canal rachidien par les trous de conjugaison des vertèbres de l'encolure. — *Plexus cervical superficiel :* plexus situé en bas de l'axis, et formé principalement par les 2ᵉ et 3ᵉ paires cervicales, et par la 11ᵉ paire encéphalique. — *Plexus cervical profond ;* plexus situé au niveau de la 3ᵉ vertèbre cervicale, sous le grand complexus, et formé par les branches supérieures des 2ᵉ, 3ᵉ, 4ᵉ et 5ᵉ paires cervicales. — *Ganglion cervical supérieur,* encore appelé *guttural;* ce ganglion est fusiforme, et situé au milieu du plexus guttural, sur la partie latérale et postérieure de la poche de ce nom. — *Ganglion cervical inférieur :* ganglion situé entre la tête de la première côte, et le muscle long fléchisseur de l'encolure. Il reçoit, outre le cordon cervical du trisplanchnique, un rameau appartenant en commun aux 3ᵉ, 4ᵉ, 5ᵉ, 6ᵉ et 7ᵉ paires cervicales, un rameau de la 8ᵉ et un rameau de chacune des deux premières paires dorsales. — *Vertèbres cervicales. V.* Vertèbre.

CERVICO-ACROMIEN, adj., *cervico-acromialis ;* nom donné par Girard au *trapèze-cervical* (*V.* ce mot).

CERVICO-AURICULAIRE, adj., *cervico-auricularis;* ce nom appartient à trois muscles de l'oreille: *l'externe,* le *moyen* et *l'interne,* qui, tous trois, prennent leur origine à la partie supérieure et antérieure du ligament cervical, et vont s'insérer à la *conque.*

CERVICO-MASTOIDIEN, adj., *cervico-mastoïdeus;* nom donné par Girard au muscle *splénius* (*V.* ce mot).

CERVICO-MUSCULAIRE (artère), *V.* Cervical.

CERVICO-SOUS-SCAPULAIRE, adj., *cervico-infra-scapularis ;* nom donné par Girard au muscle *releveur propre de l'épaule* (*V.* ce mot).

CERVICO-TRACHÉLIEN, adj., *cervico-trachelianus;* nom donné par Girard au muscle *splénius* (*V.* ce mot).

CÉSARIENNE, adj., de *cæsus,* de *cædere,* couper. *Opération césarienne,* incision pour retirer un ou plusieurs fœtus du ventre et de la matrice de la mère. *V.* Gastro-hystérotomie et Hystérotomie.

CESTOIDE, adj. et s *Cestoïdes,* de χεστος. feston, qui ressemble à un feston. — Les *vers cestoïdes* constituent un ordre d'entozoaires qui ont le corps aplati comme un ruban. Il en est parmi eux qui sont divisés par des nœuds ou articulations. C'est dans cet ordre qu'on rencontre les *tœnias* (*V.* ce mot).

CÉTACÉS, s. m., *Cetæ*, de χητος, baleine ; mammifères aquatiques, pisciformes, formant le huitième ordre de Cuvier, et comprenant les plus grands animaux de la classe. Leurs caractères principaux sont les suivants: deux membres antérieurs aplatis en forme de nageoires ; tête jointe au corps par un cou très court à vertèbres soudées entre elles ; deux mamelles pectorales ou abdominales; ouverture extérieure de l'oreille très petite; *rocher* ne tenant à la tête que par des ligaments; os coxaux rudimentaires et perdus dans les chairs : queue aplatie horizontalement ; peau épaisse et sans poils. Genres principaux: *Baleine, Cachalot, Lamantin, Dauphin.*

CÉTÉRACH, s. m., *Asplenium ceterach,* L. , *Ceterach officinarum*, Bauh. ; petite plante assez commune de la famille des Fougères , croissant sur les vieilles murailles , sur les rochers humides, etc. ; ses feuilles, mucilagineuses et légèrement amères, étaient recommandées autrefois comme pectorales et toniques.

CÉTINE, s. f., *Cetina*, de *cete*, ou χητος, baleine. Sous ce nom on désigne, à la fois, le principe solide qui constitue presque en entier le blanc de baleine , et cette dernière substance elle-même. La cétine s'obtient en traitant le blanc de baleine par l'alcool bouillant qui la laisse déposer en se refroidissant ; elle présente exactement les mêmes propriétés physiques que le blanc de baleine (*V.* ce mot). Traitée par les alcalis , la cétine se transforme en acides margarique et oléique, et en *éthal* (*V.* ce mot et CÉTYLE).

CÉTRARINE, s. f. ; matière amère du lichen d'Islande (*cetraria islandica*), découverte par Berzélius. Elle est solide , cristallisée en aiguilles ou mamelonnée, incolore, inodore et d'une amertume intense. Elle fond à 125° et se décompose à 200°. Peu soluble dans l'eau , les essences et l'éther, elle se dissout bien dans l'alcool bouillant, et surtout dans les solutions alcalines. L'acide chlorhydrique la colore en bleu, les sels de fer en rouge, et ceux de cuivre en vert.

CÉTYLE, s. m. $C^{32}H^{33}$. Radical composé hypothétique admis par Liébig. Combiné avec 1 pp. d'oxygène, il constitue l'oxyde de cétyle qui , en s'unissant aux acides margarique et oléique , forme la *cétine* (*V.* ce mot). Cette dernière , traitée par un alcali, abandonne les acides gras, et l'oxyde de cétyle, se combinant avec de l'eau, forme l'hydrate d'oxyde de cétyle ou l'*éthal* (*V.* ce mot).

CÉVADILLE, s. f. Le fruit que l'on nomme ainsi est fourni par le *Veratrum sabadilla*, du Mexique , de la famille des Colchicacées. Il contient une matière grasse , de l'acide *cévadique*, de la cire , du gallate acide de vératrine , une matière colorante jaune et de la gomme. La cévadille est une substance irritante qu'il faut employer avec prudence. Préconisée à l'extérieur contre les ectozoaires , et à l'intérieur comme fébrifuge, antinévralgique , anthelmintique et surtout comme *antirabique*, la cévadille n'a pas été, que nous sachions , employée en médecine vétérinaire. Les homœopathes en font un fréquent usage.

CHAILLETIACÉES, s. f., *Chailletiaceæ;* petite famille voisine des Rhamnées et des Térébinthacées. Elle se compose d'arbres dicotylédones , exotiques, appartenant aux genres *Chailletia*, *Leucosia*, etc.

CHAIR, s. f., *Caro*, σαρξ. On donne ce nom à toutes les parties molles des animaux, mais principalement aux muscles; il devient alors synonyme du mot *viande*. — La chair musculaire peut recevoir plusieurs destinations utiles. Celle qui n'est point consommée par l'homme peut être donnée crue ou cuite aux porcs, aux volailles , aux carnivores. ou être répandue sur les champs et constituer un excellent engrais. La chair musculaire est cuite à vase ouvert ou à la vapeur sous une pression de deux atmosphères. Avant de l'employer pour la fumure du sol , on la mélange ordinairement avec de la terre desséchée, du charbon ; elle constitue alors le noir animalisé.

CHAIRS, t. de path. ; substance molle qu'on observe dans les solutions de continuité, formée principalement par les bourgeons vasculaires. On dit : *chairs baveuses, excroissances de chair.* — En chirurgie, on appelle *chairs* indistinctement les parties molles qu'on traverse avec l'instrument tranchant.

CHALASIE, s. f., de χαλαω , je relâche. Relâchement des fibres de la cornée. Tumeur des paupières qui ressemble à un grain de grêle.

CHALAZE, s. f., *Chalaza*, de χαλαξα, grêle ; nom donné à deux ligaments minces et mous qui maintiennent le jaune suspendu au milieu du blanc de l'œuf, sans cependant le fixer d'une manière immobile. — *Bot.* Nom donné par Gœrtner à l'ombilic interne de la graine. C'est le point où se termine le vasiducte ou raphé dans les ovules orthotropes. Dans les ovules orthotropes où il n'y a pas de vasiducte apparent, la chalaze correspond exactement au hile.

CHALEUR, s. f., *Calor*, θερμη, chaleur. On donne ce nom à la sensation produite sur les organes des êtres vivants par les corps dont la température est plus ou moins élevée. Dans ce sens, le mot *chaleur* s'applique surtout aux effets *positifs* du calorique , les effets *négatifs* étant désignés par le mot *froid*. Mais il arrive souvent aussi qu'il sert à désigner la cause, le principe de ces effets, le *calorique*, dont il est le synonyme. *V.* CALORIQUE.

CHALEUR ANIMALE. *Température organique, calorification.* On appelle *chaleur animale,* celle qui est produite par les animaux et qui leur assure une température spéciale et indépendante de celle du milieu dans lequel ils

vivent. — La *température organique* s'entend
à la fois de la chaleur des animaux et de
celle des plantes. Enfin le mot *calorification*
indique surtout la *faculté* dont jouissent les
êtres organisés de produire de la chaleur par
le jeu de leurs organes. La température des
animaux varie beaucoup; celle des invertébrés est généralement peu différente du milieu où ils vivent; celle des poissons et des
reptiles outrepasse rarement de 1 à 2 degrés le
milieu ambiant; enfin celle des oiseaux et
des mammifères est en général beaucoup plus
élevée que la température moyenne de l'atmosphère terrestre. Ainsi la température de
l'homme adulte est de 37°, celle des quadrupèdes domestiques de 38°, et celle des oiseaux
varie de 40° à 44° et va même au-delà; mais il
est extrêmement rare que la chaleur organique
soit supérieure à 45° centigrades.—La température n'est pas la même dans toutes les parties du corps des animaux à sang chaud; elle
est à son maximum dans les cavités gauches
du cœur (sang artériel), et va en diminuant
du centre à la circonférence; elle est à son
minimum dans les tissus blancs. L'âge, l'alimentation, la saison, etc., influent sur le degré de chaleur animale. Elle est à son maximum à l'âge adulte, et à son minimum aux
époques extrêmes de la vie. L'alimentation
animale produit plus de chaleur que celle qui
est de nature végétale, celle qui est abondante, plus que celle qui est insuffisante;
l'air froid et dense de l'hiver et des contrées
froides produit plus de chaleur que l'air
chaud et dilaté des pays chauds et de l'été;
l'exercice, plus que l'immobilité; l'activité,
plus que le sommeil, etc. Les animaux ne résistent pas seulement contre le froid du dehors
par leur faculté de calorification, ils jouissent
aussi d'une propriété opposée, d'une véritable
faculté *réfrigérante* au moyen de laquelle ils
peuvent lutter contre une température élevée;
cette faculté réside dans la perspiration cutanée et pulmonaire dont le produit liquide, en
s'évaporant, enlève du calorique au corps et
le refroidit. — La cause de la chaleur animale
est restée longtemps inconnue, et aujourd'hui
même, malgré les progrès immenses de la
science, sous ce rapport, tous les esprits ne
sont pas encore fixés sur la véritable théorie
de ce phénomène. — Les Anciens supposaient au cœur une température élevée, et au
moyen de laquelle ce réservoir communiquait
au sang une certaine chaleur que ce dernier distribuait à toutes les parties du corps.
Les mécaniciens attribuaient cette chaleur spéciale des animaux aux nombreux frottements
qui doivent avoir lieu entre les liquides circulatoires et les parois des vaisseaux destinés à
les distribuer dans l'économie. Enfin les vitalistes de ce siècle croient pouvoir attribuer la
production de la chaleur animale à l'action
du système nerveux, sans, du reste, en faire
connaître le mécanisme. La théorie qui compte
le plus de partisans est celle imaginée par
Lavoisier et *Laplace*, vers la fin du siècle

dernier. Elle attribue la production de la chaleur organique aux mutations chimiques qui
ont lieu dans l'économie animale. Pendant la
respiration, l'oxygène de l'air serait absorbé,
agirait tant dans le poumon que dans les autres capillaires du corps, sur le *carbone* et
l'*hydrogène* du sang veineux et des organes,
produirait de l'acide carbonique et de l'eau,
qui sont rejetés par l'air expiré, et de là naî-
trait de la chaleur comme dans toute combustion, dont la respiration ne serait qu'une
variété. Cette théorie et les expériences sur
lesquelles elle repose, rendant compte des
$9/_{10}^e$ au moins de la chaleur produite par les
animaux. Si on tient compte de la perfection
de la machine animale comme appareil de
combustion, et au contraire de l'imperfection inévitable des appareils et des méthodes
d'expérience qu'on emploie, on est naturellement porté à la considérer, sinon comme
parfaitement exacte, au moins comme infiniment rapprochée de la vérité.

CHALEURS, s. f.; appétit vénérien temporaire, périodique, éprouvé par les animaux non privés des organes essentiels de la
génération; on les appelle encore *rut*. Les
chaleurs surviennent chaque année au printemps, et, pour certaines espèces, en d'autres saisons encore. Elles se manifestent par
la surexcitation des fonctions, une inquiétude vague, une agitation qui porte les animaux à quitter leur habitation ordinaire et à
chercher des animaux de leur espèce, par
des signes non équivoques d'ardeur vénérienne. Chez les femelles, les organes génitaux extérieurs sont rouges et chauds, il s'é-
coule par la vulve un liquide filant, glaireux,
blanchâtre ou même sanguinolent. Dans ces
dernières, l'accouplement fait ordinairement
cesser les chaleurs, qui réapparaissent après
quelques jours, si la fécondation n'a point
eu lieu. Les mâles, dans nos espèces rigoureusement soumises à la domesticité, n'é-
prouvent pas de chaleurs proprement dites;
ils sont toujours à peu près également disposés à se reproduire. L'usage des substances excitantes ou emménagogues provoque
ou arrête l'appétit vénérien. Le stimulant le
plus sûr est encore le boute-en-train.

CHALUMEAU, s. m. On donne ce nom à
divers appareils que l'on emploie pour produire une température élevée. On en distingue plusieurs variétés: 1° le chalumeau *ordinaire* ou *d'analyse*, de forme variable; le plus
simple consiste en un tube conique, en verre,
recourbé à angle droit par son extrémité la
plus étroite. Celui qui est habituellement employé par les chimistes et les minéralogistes,
se compose d'un *tube* conique de 25 centimètres de longueur, en tôle vernie, et muni
d'une embouchure en ivoire ou en succin.
Par son extrémité la plus étroite il s'adapte
à un réservoir cylindrique en étain, destiné à
condenser la vapeur aqueuse de l'air expiré;
enfin, à ce réservoir s'ajuste, à angle droit,
un petit tube terminé par un bout en platine

percé d'une ouverture très fine. Imaginé par Schwab, en 1738, et perfectionné ensuite par Bergmann, Gahn et Berzélius, ce petit instrument est fréquemment employé aujourd'hui pour l'analyse qualitative et même quantitative des substances minérales. Il sert à diriger la flamme d'une lampe à huile sur la substance à examiner, seule ou mélangée à un fondant, et supportée par un charbon percé d'une petite cavité, ou tenue, par une pince ou une cuiller en platine; 2° le chalumeau à gaz *oxy-hydrogène* ou de *Newmann*, se compose d'un ou de deux réservoirs contenant de l'oxygène et de l'hydrogène dans les proportions nécessaires pour former de l'eau, et d'un ou de deux tubes destinés à diriger le mélange gazeux sur le corps qui doit en recevoir l'action. Ces deux gaz mélangés d'avance, ou ce qui vaut mieux, seulement au point où ils doivent brûler, pour éviter des explosions, produisent par leur combustion la température la plus élevée qu'on puisse obtenir par des moyens artificiels ; 3° le chalumeau *aérhydrique*, de Deshassins de Richemont, est semblable au précédent : seulement le mélange gazeux est composé d'air et d'hydrogène. Il produit aussi une température fort élevée. — *Bot.* CHALUMEAU, *Calamus;* tige herbacée, non rameuse, ordinairement fistuleuse et sans nœuds, comme celle du jonc.

CHALYBÉ, adj., *chalybeatus*, de *chalybs*, fer, acier ; qui contient du fer ou de l'acier ; se dit des préparations pharmaceutiques qui renferment du fer : *eau, vin, vinaigre*, etc., *chalybés*.

CHAMÆLAUCIÉES, s. f.; *Chamælauciea;* tribu des Myrtacées, regardée par quelques botanistes comme une famille distincte. Genres principaux : *Pileanthus, Chamælaucium*, etc.

CHAMBRE, s. f. ; *Camera*, de χχμχρχ, voûte ; endroit plus ou moins spacieux et clos de toutes parts. On appelle *chambres de l'œil* les cavités contenant l'humeur aqueuse. La *chambre antérieure* comprend l'espace existant entre la face interne de la cornée transparente et la face antérieure de l'iris. La *chambre postérieure*, moins spacieuse, existe entre la face postérieure de l'iris et la face antérieure du cristallin. Elles communiquent par l'ouverture pupillaire.—*Phys.* On donne ce nom, en *optique*, à deux appareils bien différents par leur forme et leur volume, et cependant destinés à peu près aux mêmes usages. La *chambre obscure* ou *noire*, imaginée, dit-on, par Porta, se compose d'une boîte portative, fermée de toutes parts, et présentant sur une de ses faces une ouverture destinée à donner passage aux rayons lumineux qui doivent peindre dans l'appareil l'image des objets extérieurs. Cette ouverture est munie d'une lentille convergente ou d'un prisme, destinés à rassembler les rayons lumineux envoyés par les corps, et souvent aussi de miroirs servant à diriger l'image,

sur un écran, en la réfléchissant. L'image qui est produite dans la chambre noire est toujours renversée ; on la reçoit sur une glace dépolie. On se sert fréquemment de cet appareil en optique et surtout en *photographie* (*V.* ce mot). La *chambre claire (camera lucida)* inventée par Wollaston et perfectionnée par Amici, se compose essentiellement d'un prisme triangulaire présentant un angle droit, et destiné à peindre, après plusieurs réflexions, l'image des corps, sur une surface quelconque où on peut la dessiner. Ce petit appareil est surtout employé pour reproduire l'image des corps grossis au moyen du microscope composé et horizontal.

CHAMBRIÈRE, s. f. : fouet léger à long manche, employé dans les manéges. C'est une aide plutôt qu'un instrument de punition.

CHAMEAU, s. m. *Camelus;* genre de mammifères ruminants, sans cornes ni bois, présentant deux incisives à la mâchoire supérieure, et six à l'inférieure, et portant sur le dos une ou deux loupes graisseuses considérables. Le *rumen* des chameaux porte une espèce d'appendice divisée en un grand nombre de cellules membraneuses destinées à contenir de l'eau. Leurs doigts, réunis jusqu'à l'extrémité, sont protégés vers ce point par deux ongles peu volumineux ; l'appui sur le sol se fait par une espèce de semelle cornée. Ce genre ne renferme que deux espèces: le chameau à deux bosses, ou chameau proprement dit, *C. bactrianus*, et le dromadaire, *C. dromedarius*. Toutes deux, et surtout la dernière, sont employées comme bêtes de somme en Asie, en Afrique, et même dans la Turquie d'Europe.

CHAMPAGNE. *V.* PORC.

CHAMPIGNONS, s. m., *Fungi;* famille très nombreuse de plantes acotylédonées. Les anciens ne connaissaient qu'un petit nombre de champignons ; ils croyaient à leur reproduction spontanée. Le nombre considérable d'espèces composant cette famille, la simplicité de leur structure, le petit volume de la plupart d'entre elles, expliquent pourquoi les Champignons ne sont que, depuis peu de temps, l'objet d'études suivies et minutieuses. Ces plantes ont une organisation généralement très simple ; beaucoup ne consistent qu'en de petites masses globuleuses sans appendices ou en filaments ramifiés, entrecroisés ou non; les plus parfaites, comme quelques espèces d'Agarics, se composent: d'un *mycélium*, d'une *volve*, d'un *pédicule*, stipe ou pied, d'un *anneau*, collet ou cortine, d'un *chapeau*, de *lames* ou feuillets, et de *spores* (*V.* ces mots). Le mycélium peut être considéré comme la racine du champignon, le stipe comme son axe ou partie végétative. — La plupart des champignons ont pour base un tissu utriculaire, à l'état filamenteux, non recouvert d'épiderme. Leur croissance est rapide, leur vie courte. L'intérieur de la terre, sa surface, l'écorce et

le bois des arbres vivants ou morts, la surface de l'eau, les pierres, les amas de matières organiques en putréfaction, les animaux vivants même, sans en excepter l'homme, servent d'habitation aux champignons. Ils sont très cosmopolites. Leur développement est favorisé par l'humidité et l'élévation de la température. Certaines espèces ne peuvent supporter l'action directe des rayons du soleil ; d'autres croissent à une température de plus de 100°. Quelques substances minérales, telles que l'acide arsénieux, le bichlorure de mercure, le sulfate de cuivre, les font périr. Quoique privés de graines, plusieurs peuvent être cultivés, soit par l'enfouissement du mycélium dans du sable humide, soit par le dépôt en un lieu approprié à leurs besoins des débris des lames et de la membrane fructifère. — Les champignons ne prennent pas la teinte verte des feuilles ; la couleur jaune, blanche ou rouge, leur est plus habituelle. C'est dans les contrées chaudes qu'ils présentent les nuances les plus vives. La plupart sont vénéneux ; quelques espèces, cependant, sont comestibles et constituent un mets délicat et recherché, ou contribuent, lorsqu'elles sont abondantes, à la nourriture des populations des campagnes, comme on le voit en Hongrie, en Russie et même en France. Parmi les champignons dont l'homme peut faire usage, on cite : les *Agarics comestible*, *atténué, virginal, élevé*, *délicieux, oronge ;* les *Bolets comestible et oronge ;* les *Morilles comestible et délicieuse ;* la *Clavaire corail;* l'*Hydne sinuée ;* la *Mérulle chanterelle*, etc., etc. La *Truffe* est un champignon du genre *Tuber*. L'agaric comestible est à Paris l'objet d'une culture étendue et curieuse. — L'analyse démontre dans les Champignons l'existence de l'albumine, du mucus, de la gélatine, de l'osmazôme, de la fungine, etc. Presque toutes les espèces contiennent, en outre, une substance âcre, variable, dans laquelle paraît résider la propriété vénéneuse de ces plantes. On sait que l'azote fait toujours partie de leurs éléments. — L'usage des champignons, comme aliment, exige beaucoup de précautions ; il faut une grande habitude pour distinguer, en dehors des espèces vulgaires du pays, celles qui peuvent être considérées comme comestibles. La cuisson diminue ou fait disparaître le danger de l'ingestion des espèces douteuses ; cependant, il est sage de ne s'y fier qu'avec une extrême réserve. — L'empoisonnement par les champignons doit être combattu par les émétiques, les amers, l'éther sulfurique. — Les botanistes ont éprouvé jusqu'à ce jour beaucoup de difficultés à classer la nombreuse famille des champignons. Les classifications françaises qui paraissent rallier le plus de partisans, sont celles de Decaisne et de Léveillé. Ce dernier divise les champignons en six classes, renfermant chacune un grand nombre d'autres divisions. Ces classes sont : 1° les Basidiosporées ; genres : *Amanita, Agaricus,*

Boletus, Polyporus, Hydnum, Telephora, Tremella, Lycoperdon, Scleroderma, Trichoderma, Trichia. Hymenangium, etc., etc. ; 2° les Thécasporées ; genres : *Morchella, Helvella, Patellaria, Agyrium, Hysterium, Actidium. Hypoxylon, Sphæria, Bacillaria. Perisporium, Tuber, Onygina.* etc., etc. ; 3° les Clinosporées ; genres : *Tubercularia, Ceratopodium, Sphacelia, Melanostrema, Excipula, Myrosporium, Uredo, Protomyces, Puccinia, Labrella, Asteroma, Melasmia, Phylacia*, etc., etc.; 4° les Cystosporées ; genres : *Zygosporium, Mucor, Hydrophora*, etc. ; 5° les Trichosporées ; genres : *Triclinium, Dacrina. Fusidium, Menispora, Gonytrichum. Dactylium, Helicoma*, etc. ; 6° les Arthrosporées ; genres : *Antennaria, Coremium, Aspergillus, Monilia, Penicillium, Torula, Heliconyces*, etc. — Quelques champignons sont employés, mais rarement, dans la chirurgie, comme hémostatiques; d'autres sont transformés en amadou.

CHAMPIGNON, s. m. *Path.* ; excroissance de chair qui se forme dans une partie du corps. Squirrhe du cordon testiculaire après la castration du cheval par casseaux ; on l'observe rarement sur le chien et le porc. Les causes sont le placement défectueux du casseau en dessous de l'épididyme, une compression mal faite, le contact trop prolongé de l'air sur le cordon testiculaire, les lotions froides pendant la période de suppuration. Il est des chevaux chez lesquels le champignon se développe sans cause appréciable. Le sarcocèle et les maladies du cordon sont des causes prédisposantes. — Parmi les symptômes locaux, on distingue une tumeur ou des végétations à l'extrémité du cordon, une suppuration glaireuse, abondante. Si l'on fouille l'animal par le rectum, on reconnaît quelquefois que l'engorgement se propage jusque dans l'abdomen. La progression ne s'exécute qu'avec une certaine raideur ; le malade est triste et maigrit considérablement ; si l'on ne remédie à son état, il tombe dans le marasme et périt. — Le champignon se termine quelquefois par résolution ; ses terminaisons les plus ordinaires sont la suppuration, le cancer, la gangrène. — A l'autopsie on trouve des lésions remarquables : la réunion du cordon aux parties voisines ; son volume est considérable jusque dans la région lombaire : ses vaisseaux sont gonflés. Des abcès se montrent dans plusieurs parties de son trajet; des fistules existent dans les tissus voisins, même dans les muscles de la cuisse et près des reins. — Plusieurs moyens de traitement ont été conseillés contre le champignon : ce sont principalement l'ablation, la ligature et le casseau. L'*ablation* par le bistouri ou par le fer rouge est fréquemment suivie de récidives, parce qu'on ne peut pas toujours atteindre assez loin le cordon désorganisé ; ce moyen a l'inconvénient de provoquer quelquefois la gangrène; il ne réussit bien que pour le champignon à base étroite et peu volumineux. La *ligature* peut être employée avec succès, mais seulement dans les cas qui n'ont pas de gravité; elle est impossible pour peu que l'engorgement du cordon soit considérable; on ne peut pas toujours la porter assez loin; elle est fréquemment suivie d'hémorrhagie. Enfin, quand la ligature a été appliquée sur un champignon volumineux, la partie située en dessus de la ficelle s'enflamme rapidement et détermine des accidents funestes. Un troisième procédé consiste dans l'emploi du *casseau* garni de suif et de sublimé corrosif. On a la précaution de l'appliquer aussi près que possible des parties du cordon qui sont restées saines. Pour le placer convenablement, il est quelquefois nécessaire d'inciser plus largement le scrotum et les tissus qui entourent le squirrhe; quelques praticiens se servent d'un casseau courbe, qu'ils font remonter plus facilement vers l'anneau inguinal. Lorsque le cordon forme une masse cancéreuse depuis la plaie jusqu'à la région lombaire, il est difficile d'arrêter les progrès de la maladie et de prévenir la mort. Il faut essayer l'emploi des scarifications et plonger profondément le fer rouge dans les tissus pour les modifier et provoquer une abondante suppuration.

CHANCRE, s. m., *Ulcusculum cancrosum*; ulcération développée sur la surface d'une muqueuse ou de la peau, produite par une cause syphilitique. Les chancres peuvent se développer partout sur le corps de l'homme; on les rencontre le plus souvent sur les parties génitales. Il n'en est pas de même pour les animaux. En vétérinaire, on donne plus spécialement le nom de *chancre* aux ulcères qui se développent sur la membrane pituitaire des chevaux atteints de la morve: on applique la même dénomination aux plaies ulcéreuses des oreilles du chien. Les ulcères qui se développent dans certains érysipèles du menton, les aphtes qu'on observe dans quelques épizooties de l'espèce bovine, ont été improprement désignés sous ce nom.

CHANCRE DES ARBRES. — *Bot.* Maladie des arbres consistant dans la formation d'espèces d'ulcères qui détruisent de proche en proche les couches corticales et ligneuses. Les causes n'en sont pas bien connues: on accuse surtout les décortications partielles, les contusions, etc. Il paraît certain que des chancres peuvent se développer sans cause apparente. On voit alors se former entre l'écorce et l'aubier un dépôt de cambium qui s'altère bientôt, fermente, suinte sous la forme d'un liquide incolore ou noirâtre, et finit par mettre à nu une sorte de plaie ulcéreuse. Les chancres attaquent de préférence les vieux arbres: l'humidité favorise leur développement. Enfin, quelques arbres, entre autres les mûriers et l'orme, y sont plus particulièrement sujets.

CHANCREUX, adj.; qui est de la nature du chancre, du cancer. *Ulcère chancreux.*

CHANFREIN. s. m.; partie antérieure de la tête du cheval, située au-dessous du front, et ayant pour base les os sus-nasaux, et une partie des grands sus-maxillaires. La forme du chanfrein se lie à celle de la tête; il doit être droit, comme le front; dans le jeune âge, il est épais sur le côté, à cause du volume des racines des dents molaires.

CHANFREIN-BLANC; expression employée par Lafosse, pour remplacer celle de *belle-face* par laquelle on désignait le cheval dont la face est blanche. *V.* FACE BLANCHE.

CHANGEMENT DE MAIN; manœuvre qui consiste à faire tourner le cheval dans l'angle du manège qu'il traverse diagonalement, pour reprendre la piste, mais dans une direction différente.

CHANVRE, s. m., *Cannabis*, T.; genre de plantes d'abord classé dans la famille des Urticacées, et devenu depuis le type de la petite famille des Cannabinées. Ce genre ne renferme qu'une espèce, le *C. cultivé*, C. *sativa*, L. Le chanvre est annuel et dioïque; les pieds femelles sont plus élevés, plus forts, d'un vert plus sombre que les pieds mâles, dont la durée est aussi moins longue; les uns et les autres exhalent pendant la végétation une odeur forte. Il est originaire de l'Asie, mais on le cultive en Europe depuis très longtemps. La hauteur et le développement des tiges sont fort variables, selon les lieux, la nature du sol: les différences sont quelquefois telles qu'elles ont amené à penser qu'il existait plusieurs espèces de chanvre, ce que l'étude des caractères botaniques infirme positivement. Le chanvre aime les terrains frais, plutôt légers que forts, très riches en humus et meubles; les terres d'alluvion lui conviennent généralement. On le sème au printemps, en avril, mai ou juin, à la volée, en employant de 2 à 3 hectolitres par hectare. Les graines et les semis de chanvre craignent les oiseaux, les mulots et les intempéries. Tout l'entretien consiste en sarclages. Les pieds mâles, qui sont à peu près aussi nombreux que les pieds femelles, sont arrachés au mois de juin ou juillet, après la fécondation; la récolte des pieds femelles n'a lieu que six à huit semaines après, lorsque leur croissance est terminée, et lorsque les graines sont mûres. Le chanvre est principalement cultivé pour son écorce que l'on transforme en filasse, après lui avoir fait subir l'opération du *rouissage.* (*V.* ce mot.) Un hectare de bon terrain fournit une moyenne de 650 à 700 kilogr. de filasse. La graine de chanvre, appelée *chenevis*, est oléagineuse; on en extrait, par la pression, une huile siccative, grasse, propre à la peinture, à la fabrication du savon, à l'éclairage, etc. Le résidu de cette extraction constitue le tourteau de chenevis. *V.* TOURTEAU. Le chenevis est donné comme nourriture aux oiseaux, surtout aux poules qu'il fait pondre. On sait l'usage de la filasse pour la confection du fil, des toiles, des cordages. Presque toutes les provinces de France, à l'exception du midi , cultivent le chanvre en grand. La Champagne donne peut-être les produits de meilleure qualité. — Les Orientaux, les Indiens, les Chinois même, mêlent des feuilles de chanvre au tabac ; la fumée de ce mélange est enivrante et provoque des hallucinations, puis l'insensibilité. Le haschich, rendu célèbre par le vieux de la Montagne, n'était pas autre chose.

CHAPEAU, s. m. ; *Pileus ;* partie supérieure et élargie du champignon, supportée par le pédicule, mais distincte de cet organe. Le chapeau porte les organes fructifères et leurs annexes. Sa forme et son étendue sont fort variables.

CHAPELET, s. m. *Path. ;* syn. de *fusée,* indiquant des suros placés les uns à la suite des autres comme les grains d'un chapelet.— *Farcin en chapelet :* variété de farcin, dans laquelle les boutons ou tumeurs sont placés sur une même ligne et plus ou moins séparés. Synonyme de *clavelée,* inusité. — *Chir. Collier à chapelet :* appareil composé d'une douzaine de bâtons longs de 40 à 50 centimètres et de morceaux de bois ovoïdes, traversés par deux cordes, avec lesquelles on embrasse l'encolure. Ce collier sert à empêcher le cheval de se mordre sur une partie du corps où l'on a disposé un appareil de pansement, un séton, etc. On peut le remplacer par un bâton fixé par une de ses extrémités à la muserolle du licol, et par l'autre à un surfaix qui entoure la poitrine.

CHAPITEAU, s. m., *Capitulum,* de *capitellum,* dim. de *caput,* tète. On appelle ainsi la partie de l'alambic qui recouvre immédiatement la *cucurbite,* et qui est destinée à condenser et à diriger les vapeurs dans le *serpentin.* Ses formes varient beaucoup, *V.* ALAMBIC.

CHARACÉES, s. f., *Characeæ ;* famille de plantes acotylédones ressemblant aux Algues par la forme et la structure de la tige, mais voisines des Lycopodiacées et des Mousses par leurs organes reproducteurs appartenant aux deux ordres. Cette famille est composée des genres *Chara* et *Nitella.*

CHARAGNE, s. f., *Chara,* L. ; genre nombreux de la famille des Characées. Classés par certains auteurs dans les monocotylédones, par d'autres dans les dicotylédones, les *Chara* mieux étudiés sont restés définitivement parmi les cryptogames. Toutes les espèces de ce genre habitent les eaux douces et sont généralement très communes. C'est sur les tiges des charas que le phénomène curieux de la circulation intracellulaire a été observé pour la première fois par Corti.

CHARBON, s. m., *Carbo,* $\varkappa\acute{o}\rho\rho\alpha\xi$. On donne ce nom, en général, au produit noir et fixe qui résulte de la combustion incomplète des substances organiques. On en distingue deux espèces principales d'après leur origine, le *charbon végétal* et le *charbon animal.* — 1° *Charbon végétal, charbon de bois.* Cette variété de charbon provient de la calcination, à l'abri de l'air, des substances végétales et plus particulièrement du bois. On l'obtient par plusieurs procédés : le plus ancien, celui des forêts, qui est généralement connu, ne fournit que du charbon, les parties liquides et volatiles du bois se perdant dans l'atmosphère ; les procédés modernes, consistant généralement dans la distillation à vases clos des plantes ligneuses, produisent à la fois du charbon qui reste comme résidu, et divers principes liquides et gazeux dont l'industrie tire parti. Le charbon de bois est solide, amorphe, rappelant la forme et la structure de la partie ligneuse qui l'a fourni ; d'une couleur d'un noir mat, si la chaleur a été peu intense, et d'un noir clair avec éclat métallique, si la température a été très élevée ; sans saveur ni odeur, d'une densité variable comme celle de la partie ligneuse d'où il provient, le charbon de bois est friable, peu dur en masse, mais très résistant dans ses particules qui peuvent user les corps les plus durs. Mauvais conducteur du calorique et de l'électricité, s'il est d'un noir mat, le charbon devient, perméable à ces fluides, lorsqu'il a été fortement calciné et qu'il présente une teinte grise d'acier. Infusible aux températures les plus élevées, il brûle seulement lorsqu'il est au contact de l'air et se transforme en acide carbonique et oxyde de carbone. Le charbon de bois est insoluble dans l'eau et dans tous les liquides connus ; exposé à l'air, il en absorbe l'humidité, condense les éléments essentiels de ce fluide et s'altère. Sa propriété la plus remarquable est d'absorber très activement les corps gazeux qui sont en contact avec lui ; son énergie varie avec les circonstances suivantes : elle augmente proportionnellement à l'abaissement de la température, à l'augmentation de la pression, au nombre des pores, à leur étroitesse, à la densité du charbon, etc. ; elle varie surtout avec la nature des gaz ; relativement à cette dernière circonstance, l'observation a démontré qu'un volume de charbon à la température de 10° et à la pression de 0,76, absorbe les volumes suivants des principaux gaz :

Ammoniaque	90	A. carbonique	35
A. chlorhydrique	85	G. hydrog. bicarb.	35
A. sulfureux	65	G. oxygène	10
A. sulfhydrique	55	G. azote	8
Protoxyde d'azote	40	G. Hydrogène	2

Indépendamment de l'absorption des gaz, le charbon de bois absorbe aussi les sels, les substances putrides, les principes amers, les huiles essentielles ou empyreumatiques, les matières colorantes, etc., contenus dans les liquides ; propriété remarquable qui reçoit dans l'industrie, l'hygiène, la chimie, la pharmacie et la médecine, des applications extrêmement importantes. — Les usages du charbon dans les arts sont aussi variés qu'utiles ; il sert de combustible, de matière colorante, désinfectante, décolorante ; on l'emploie aussi dans la fabrication de la poudre à canon, pour réduire les minerais des divers métaux, etc. — *Pharmacol.* — Le charbon de bois pulvérisé est réputé *antiputride*, à cause de sa faculté désinfectante. Donné à l'intérieur sous forme de poudre (magnésie noire), il produit mécaniquement une légère excitation du tube digestif, et provoque une purgation peu marquée; il agit, en outre, comme antiseptique, et peut être utile sous ce rapport contre la dysenterie avec produits très fétides, dans le cas de fièvre typhoïde, de typhus; etc. A l'extérieur, le charbon végétal pulvérisé est plus souvent employé qu'à l'intérieur, il agit comme désinfectant sur les solutions de continuité en absorbant les gaz putrides qu'elles produisent, le pus, l'ichor; de plus, il excite légèrement leur surface. Il convient d'en faire usage sur les ulcères fétides (farcin, gangrène, crapaud, eaux-aux-jambes, crevasses), soit seul, soit mélangé au camphre, au quinquina, à l'hypochlorite de chaux, etc. — 2° *Charbon animal, noir d'os, noir d'ivoire, noir animal.* Cette espèce de charbon provient de la combustion à vase clos des matières animales et surtout des os; dans ce dernier cas, il est mélangé à une grande quantité de phosphate et de carbonate de chaux, dont on peut le débarrasser au moyen d'une macération prolongée dans l'eau acidulée par l'acide chlorhydrique ou par des lavages avec le même véhicule. — Le charbon animal est en poudre d'un noir plus ou moins foncé, selon qu'il a été purifié ou non des substances terreuses contenues dans les os, ou en masses amorphes rappelant la structure du tissu osseux, ou encore en grains plus ou moins volumineux; il est inodore, insipide et plus dense que l'eau. Insoluble dans ce dernier liquide ainsi que dans tous les véhicules connus, lorsqu'il est pur, il absorbe les gaz comme le charbon végétal, mais moins activement; en revanche, sa propriété décolorante est beaucoup plus énergique; aussi, est-il généralement préféré au premier pour décolorer les acides et alcalis organiques, le sucre, les sirops, etc. En général, la faculté décolorante du charbon animal est d'autant plus prononcée, qu'il est plus poreux, plus divisé, que la température est plus élevée, que le corps coloré est neutre ou acide plutôt qu'alcalin, etc.—Employé dans les arts comme matière désinfectante et décolorante, comme couleur insoluble, comme engrais en agriculture, le noir d'os purifié a été récemment proposé comme antidote de l'acide arsénieux; il parait que, pour ce dernier usage, sa pureté complète est d'une nécessité absolue.

Charbon, *Pathol.;* tumeur de nature gangréneuse qui se développe dans la peau et le tissu cellulaire sous-jacent. Synonymie: *anthrax, avant-cœur,* etc. Tous les animaux domestiques y sont exposés. Son développement est favorisé par l'humidité, les émanations fétides provenant des matières végétales ou animales. C'est une maladie contagieuse par le contact immédiat et la cohabitation. On l'observe à l'état sporadique, enzootique et épizootique. Les symptômes précurseurs sont la tristesse, le dégoût, l'abattement, l'agitation des flancs; une tumeur se montre dans le tissu cellulaire sous-cutané; sa surface devient ulcérée et laisse échapper une humeur ichoreuse qui corrode les tissus avec lesquels elle se trouve en contact. Quelquefois la tumeur charbonneuse s'affaisse et produit une métastase qui se manifeste par une réaction générale, la diarrhée, l'épuisement des forces et la mort. Le charbon peut affecter différentes parties du corps; quand il envahit la langue, il prend le nom de *glossanthrax,* etc. Dans le cheval, on n'observe qu'une tumeur unique, se développant, soit à la langue, soit au poitrail ou sur l'encolure, les cuisses, la partie inférieure des membres. — Les tumeurs sont ordinairement multiples sur les animaux de l'espèce bovine: mais elles n'ont pas toujours les mêmes caractères. Sous ce rapport, on distingue plusieurs variétés. L'une d'elles, qu'on nomme *charbon blanc,* pénètre dans les chairs sans former une tumeur apparente; elle est accompagnée de la crépitation de la peau. Une autre variété présente en peu de temps un volume énorme et se propage sur une grande étendue du corps; elle produit la mort en peu de temps (Chabert). On a observé le charbon sur les volailles, entre autres sur les oies. — Sur les cadavres on trouve des désordres locaux et généraux: ce sont des eschares noirâtres, l'infiltration gélatineuse des tissus qui exhalent une odeur fétide, des ecchymoses dans le tissu cellulaire. Les désordres généraux se montrent sur les organes cérébraux, sur les viscères du thorax et de l'abdomen. — Par les moyens ordinaires de traitement, tels que les antiphlogistiques, on n'obtient pas une action assez prompte; mais les agents les plus énergiques sont souvent appliqués sans succès. On recommande d'inciser la tumeur pour enlever les eschares et les parties frappées de gangrène; ensuite on a recours à la cautérisation. Par l'incision les tissus se dégorgent, les fluides altérés s'écoulent; on cautérise avec le cautère actuel porté au rouge blanc, qu'on enfonce dans les parties que l'instrument tranchant n'a pu atteindre. Des topiques nombreux ont été indiqués pour le pansement des plaies; ce sont les huiles essentielles, l'ammoniaque, la teinture d'aloès camphrée; on préfère le chlorure de soude, le chlorure de chaux. Quand on a le temps d'employer un traitement général, il faut prescrire les boissons acidulées, les antiseptiques, entre autres, le quinquina, le camphre, le vin aromatique, etc. — Le charbon des bêtes à laine se manifeste souvent à l'état d'épizootie; les tumeurs apparaissent sous le ventre, près des mamelles, à la face interne des membres. La peau ne tarde pas à devenir violacée, noirâtre et présente des phlyctènes remplies de sérosité. Tantôt les eschares se détachent et laissent à nu de larges ulcères ; tantôt le charbon s'étend sur de grandes surfaces, et la mort arrive bientôt. La constipation et le météorisme sont les symptômes généraux les plus ordinaires.

Charbon. *Pol. sanit.* Le charbon est contagieux ; cette propriété ne lui a jamais été contestée par les vétérinaires ; mais dans quelles limites ? Où se trouve le virus charbonneux ? Quel est son état physique, son degré d'activité ? On a fait sur ces divers sujets beaucoup de conjectures, émis bien des opinions ; néanmoins, il règne encore dans ce qui a été écrit sur la contagion des maladies charbonneuses des animaux, une confusion regrettable. Le charbon sporadique, isolé (l'observation le prouve), ne jouit qu'à un faible degré de la faculté de se transmettre ; sa transmission n'a lieu que par inoculation, par des rapports médiats prolongés ou par le contact ; mais la contagion est d'autant plus active, que le charbon est plus grave, qu'il se développe sous la forme générale d'une épizootie meurtrière. Elle peut avoir lieu alors par virus volatil, sans qu'il soit permis de supposer qu'elle s'effectue à des distances considérables. On peut douter de la valeur des faits extraordinaires de contagion qui nous ont été transmis par quelques médecins ou vétérinaires. Il est même permis d'admettre que la contagion ne s'étend pas au-delà de l'atmosphère entourant l'animal malade dans une écurie, et de croire que souvent la transmission se fait par une sorte d'infection, lorsque l'air respiré par les animaux sains est chargé des émanations provenant des malades ou des morts. — Le virus du charbon ne parait pas avoir de siége unique ; il circule avec les liquides, il se dépose avec eux dans les solides. Toutefois, il affecte plus particulièrement certains lieux dans le charbon avec tumeurs, dans la pustule maligne. Le charbon des carnivores se transmet aux herbivores et réciproquement ; l'homme n'est point à l'abri de cette transmission qui reproduit chez lui les symptômes de l'une des affections carbunculaires. La transmission a lieu par contagion naturelle ou par inoculation. La période d'incubation a une durée fort variable ; elle est toujours courte. Elle peut être de quelques heures. — Les dispositions générales des articles 459, 460, 461 et 462 du Code pénal, de l'arrêt du Conseil d'Etat du roi du 16 juillet 1784, sont applicables au charbon, en ce qui concerne la déclaration, la séquestration, la visite, l'abattage, l'enfouissement, etc. Toutefois, comme le traitement est souvent efficace dans les cas de charbon essentiel et symptomatique, surtout quand ils se montrent à l'état sporadique, il sera souvent nécessaire d'apporter dans la pratique un tempérament aux prescriptions rigoureuses de l'art. 5 de l'arrêt du 16 juillet 1784, relatives à l'occision. — L'usage du lait des femelles atteintes de charbon, l'usage de la chair devront être proscrits. On défendra également les manipulations des débris cadavériques, surtout dans les charbons enzootiques et épizootiques. Quelque confiance qu'inspirent les recherches de Parent-Duchatelet, on ne saurait approuver sa tolérance à cet égard.

Charbon. *Hyg. et Bot.* — Maladie des graminées, et surtout du froment, due au développement sur le rachis, sur le pédicelle et à la place du grain d'un petit champignon du genre *Uredo*, de l'*Uredo carbo.* Le charbon ressemble beaucoup à la carie ; cependant ses effets sont moins funestes, car la poussière noire qui recouvre les parties attaquées se disperse presque totalement pendant la récolte. Il se reproduit comme la carie et peut être détruit par les mêmes moyens. On doit proscrire de la ration des animaux les fourrages atteints par le charbon (*V.* Carie).

CHARBONNÉ ou TISONNÉ, adj.; nom donné à des marques qui semblent avoir été faites sur une robe claire, par un tison charbonné, promené sur diverses surfaces que l'on indique dans le signalement.

CHARBONNEUX, adj.; qui se rapporte au charbon. Les maladies *charbonneuses* sont transmises facilement par le contact, l'inoculation ; elles sont même contagieuses pour l'homme. *Fièvre charbonneuse, V.* Fièvre ; *typhus charbonneux, V.* Typhus.

CHARDON, s. m., *Carduus*, L.; genre nombreux de la famille des Composées. Les caractères sont : involucre à folioles épineuses, imbriquées ; fleurs hermaphrodites ; paillettes du réceptacle soyeuses ; aigrettes aiguës, caduques ; fleurs purpurines ou blanches ; feuilles et tiges couvertes d'épines qui deviennent très dures avec le temps. Les chardons croissent dans tous les terrains et se propagent avec une grande rapidité. Beaucoup d'entre eux constitueraient, sans les épines qui les couvrent, un bon fourrage vert. On ne peut guère les donner aux bestiaux qu'après les avoir bien écrasés ; aussi leur présence dans les moissons, dans les prairies est-elle considérée comme fâcheuse. Le C. à tête penchée, *C. nutans*, le C. marié, *C. marianus*, le C. crispé, *C. crispus*, sont les espèces les plus communes en France. Plusieurs plantes de la même famille, appartenant aux genres *centaurea, serratula, eryngium, cnicus, dipsacus, onopordon*, sont connues sous le nom vulgaire de chardons ; il est facile en effet d'établir cette confusion, lorsqu'on ne s'arrête qu'aux apparences extérieures.

CHARGE. s. f. On donne ce nom, en pharmacie vétérinaire, à des préparations magistrales, de nature poisseuse, et qui se maintiennent d'elles-mêmes sur la partie où elles sont appliquées. Elles ont pour base la poix noire, le goudron et la térébenthine, auxquels on associe des huiles essentielles ou des teintures de divers principes, pour augmenter l'action du topique. Leur préparation est simple : après avoir fondu et mélangé les substances poisseuses, on y incorpore, avant leur entier refroidissement, les essences et teintures. Leur application est facile : on rase les poils de la partie, et on y applique la préparation chaude qui ne tarde pas à se solidifier ; on y mélange des étoupes hachées ou on les applique à la surface. Les charges sont *excitantes*, *résolutives* et *fortifiantes*. On les applique surtout autour des articulations malades, et notamment sur la région des reins dans le cas d'*effort* de cette partie.

CHARGÉ D'ÉPAULES, DE GANACHE : expressions employées pour indiquer qu'un cheval a ces régions trop fortes, trop développées.

CHARLATANS, s. m., de *ciarare*, parler beaucoup ; vendeurs de drogues. Hommes de mauvaise foi qui se vantent de guérir toutes les maladies. Ce mot s'applique à tous ceux qui, par spéculation, font un secret de quelque moyen de guérir.

CHARME, s. m., *Carpinus*; L. genre de la famille des Cupulifères, renfermant cinq à six espèces. L'espèce la plus intéressante pour nous est le C. commun, *C. betulus*, arbre que l'on trouve en grand nombre dans la plupart des forêts de l'Europe. Son bois est flexible, dur, tenace et propre à confectionner les instruments qui ont besoin de beaucoup de résistance. Il est aussi très bon pour le chauffage. Ses feuilles peuvent être données aux herbivores comme nourriture ou comme litière. Le charme est cultivé dans nos jardins sous le nom de *charmille*, en berceaux, en haies, etc.

CHARME, s. m., de *carmen*, enchantement, sort. *Faire un charme, lever un charme*. Prétendus moyens de guérison employés par les charlatans.

CHARNIÈRE, s. f. ; mode de réunion de deux pièces solides enclavées l'une dans l'autre, et traversées par une broche. Par analogie, on appelle *charnière* ou *ginglyme* l'articulation qui n'exécute que des mouvements de flexion et d'extension, *V*. ARTICULATION.

CHARNU, E, adj., *carnosus*; de *caro*, chair ; qui ressemble à la chair, ou qui en est formé. La partie *charnue* d'un muscle est celle qui est formée de fibres rouges, appelées elles-mêmes *fibres charnues*. — *Colonnes charnues du cœur :* portions musculaires faisant saillie dans les cavités, ou formant des cordons fixés seulement par leurs extrémités (*V*. CŒUR). — *Pannicule charnu, V*. SOUS-CUTANÉ. — *Bot.*, se dit de toutes les parties des végétaux qui sont épaisses, succulentes, très riches en tissu cellulaire, et d'une consistance analogue à celle de la chair.

CHAROLAIS. L'ancien Charolais possède une race chevaline et une race bovine qui méritent une mention particulière. — *Cheval charolais.* Il a une taille petite, au-dessous de la moyenne, la tête et l'encolure courtes, fortes, les oreilles petites, hardies, le garrot bas, le corps court, arrondi, la croupe assez large, ainsi que les reins, et souvent un peu double, les membres forts, de bons aplombs. Le cheval charolais, comme ceux des contrées montueuses et calcaires, est sobre et robuste. Il est moins léger, moins élégant peut-être que le cheval des montagnes du centre ; il est cependant un trotteur infatigable et rapide. Des appareillements judicieux, sans croisements, en auraient bientôt fait un bon cheval de cavalerie légère ou d'artillerie. — *Bœuf charolais.* La race s'étend aux bords de la Saône et jusqu'aux portes de Lyon. Elle se distingue aux caractères suivants : taille de 1ᵐ 35 à 1ᵐ 40 ; poids de viande nette, 325 à 450 kilog. , robe rouge de diverses nuances, mêlée de blanc ou froment clair ; tête courte, carrée, front large, cornes fortes, courtes, polies, verdâtres, dirigées horizontalement, légèrement relevées en pointe ; yeux vifs et doux ; oreilles velues, horizontales, fanon médiocrement développé, ventre assez volumineux ; membres courts, jarrets larges, droits ; queue attachée haut ; allures lentes, mais sûres. Ce bœuf a assez d'analogie avec ceux d'Auvergne, pour que bon nombre de ceux-ci soient vendus sous son nom. Il travaille bien et s'engraisse assez facilement. Les vaches sont de médiocres laitières. On supposait, il y a quelques années, que la race charolaise dégénérait : la faveur dont elle jouit maintenant proteste contre cette opinion.

CHARPIE, s. f., de *carpere*, recueillir ; amas de fils tirés d'une toile usée, qui sert à garnir les solutions de continuité. On donne à la charpie différentes formes. Elle est *brute* ou *sèche*, quand on l'emploie telle qu'elle sort des doigts qui l'ont effilée. La charpie est *rapée*, quand on l'obtient en usant le linge avec le tranchant d'un couteau. Avec la charpie, on fait des *gâteaux*, des *plumasseaux*, des *bourdonnets*, des *mèches*, des *boulettes* et des *tampons*. Les vétérinaires préfèrent l'étoupe à la charpie, parce qu'elle est d'un prix moins élevé et d'un emploi plus facile.

CHARRUE, s. f., *Aratrum;* instrument d'agriculture propre à remuer profondément et rapidement la terre. On en distingue de deux genres : l'*Araire* et la *Charrue proprement dite.* L'araire est la plus simple ; néanmoins, elle est difficile à confectionner et même à conduire, précisément à cause de sa simplicité. Si la charrue à avant-train exige du laboureur plus de force, l'araire demande une attention plus soutenue. — Dans le travail de la charrue, le *coutre* coupe verticalement la terre, le *soc* la divise horizontalement, l'*oreille* ou le *versoir* retourne et renverse la tranche. Le *sep*, l'*âge*, le *régulateur* et le *manche* ou *mancheron*, maintiennent les parties, déterminent la profondeur et la régularité du labour, et établissent enfin les rapports de la force motrice et de l'instrument. L'avant-train facilite la marche sur les terrains tenaces et la régularise ; mais quelque perfection qu'on apporte dans sa construction, il entraîne toujours la perte d'une partie des forces en les décomposant.

— Une bonne charrue doit remplir les conditions suivantes : être simple, ne pas exiger trop de force ni d'adresse, pouvoir être tenue par celui qui dirige l'attelage, être peu coûteuse et solidement construite, facile à régler, d'un tirage normal, avoir un soc plat et tranchant, nettoyer parfaitement la raie, faire des tranches étroites et les bien renverser.— Parmi la grande variété de charrues employées en France, on doit considérer, comme se rapprochant davantage des conditions qui viennent d'être énumérées: les araires Dombasle et Guillaume, la charrue de Brie perfectionnée, les charrues Guillaume, Champenoise, de Roville, Pulchet; dans d'autres genres : les charrues Grangé, à tourne-oreille perfectionnée de Guillaume, jumelle de Valcourt. Les binots, buttoirs, cultivateurs, houes à cheval, les charrues à défricher, à défoncer, la charrue semoir, ne sont que des variétés particulières de la charrue commune.

CHAS, s. m.; trou d'un aiguille. Abréviation du mot *châsse*.

CHASSE (cheval de). Ce cheval est fourni par plusieurs races de selle; les qualités qu'il doit avoir se retrouvent à des degrés variables dans la plupart des races légères. Cependant on doit rechercher : une taille de 1,55 à 1,65, un corps arrondi, un poitrail ouvert, une épaule longue, mi-fournie, un dos et des reins courts et forts, de bons membres, des jarrets larges, évidés, de bonnes articulations, un pied dur, solide, de la sûreté, de la décision dans les mouvements, une bouche fine. C'est en Angleterre, où s'est le mieux conservée l'habitude de la chasse à courre, que l'on trouve les plus beaux et les meilleurs chevaux de chasse. Ils appartiennent à une race assez distincte, celle des *hunters*, formée par le croisement des étalons de pur sang avec des juments communes ou de demi-sang. Les caractères du cheval de chasse anglais le rapprochent beaucoup aujourd'hui du cheval de course; il a seulement conservé plus d'étoffe, plus d'épaisseur dans les membres, dans les reins, dans l'encolure; l'avant-bras et la jambe sont moins longs; sa conformation indique moins de vitesse, mais plus de force réelle, plus de résistance à la fatigue. Ce cheval est l'objet de nombreuses exportations. Quoique moins pur, il conviendrait peut-être mieux, s'il était bien choisi, que le cheval de course, pour la régénération des races chevalines françaises. Le cheval allemand, plus froid et plus docile que le hunter, ne le vaut pas pour la chasse. Les meilleures races orientales sont aussi généralement inférieures, mais, pour d'autres causes; elles manquent de taille et de vitesse.

CHASSE, s. f.; manche composé de deux pièces mobiles, réunies l'une à l'autre vers la partie qui tient à la lame de l'instrument. *Châsse d'une lancette, d'une flamme.*

CHASSIE, s. f., *Lippitudo*, de *cœcare*, aveugler; humeur gluante fournie par les glandes de Meïbomius, situées sur le bord de chaque paupière. Synonymie : *lippitude.* — *Yeux chassieux:* yeux qui présentent la *chassie.*

CHAT, s. m., *Felis*; genre de mammifères carnassiers appartenant à la famille des Carnivores digitigrades, dont les caractères principaux sont : tête courte arrondie ne portant à chaque arcade que trois ou au plus quatre molaires, canines fortes, marquées, dans toutes les espèces, de stries longitudinales très prononcées; langue rugueuse garnie de papilles cornées; ongles rétractiles; queue généralement allongée; gland du mâle couvert de papilles cornées. Parmi les nombreuses espèces du genre chat, une seule habite notre pays, c'est le chat domestique, *F. catus*, élevé dans les maisons pour la destruction des rats et des souris. Outre la race commune, on distingue plusieurs variétés qui sont: le chat des Chartreux, le chat d'Espagne et le chat Angora.

CHATAIGNE, s. f., *Castanea;* fruit du châtaignier. Dépouillée de son péricarpe et de son épisperme membraneux, la châtaigne a une saveur douce, sucrée, qui plait généralement aux animaux et à l'homme. Elle est composée d'une forte proportion de fécule, de sucre, et d'une petite quantité d'albumine et de matière extractive. Ses facultés nutritives ne sont pas douteuses; aussi, l'homme en fait-il presque partout usage pour son alimentation. Elle contribue, dans les contrées où on la récolte, à la nourriture et à l'engraissement des herbivores, du porc et même de la volaille. On la donne crue ou cuite, verte ou desséchée, entière ou écrasée, selon les saisons, selon les animaux et le but que l'on se propose. La châtaigne peut se conserver pendant quelques mois dans son involucre épineux, ou même dans son péricarpe; il est préférable de la dessécher avec précaution. Le cheval digère mal la châtaigne; il faut la lui donner à petite dose. — *Extér.;* petite plaque cornée, d'autant plus mince, que les chevaux sont de race plus fine, existant dans le sous-genre *Cheval*, à la face interne de l'avant-bras et du canon postérieur, et dans le sous-genre *Ane*, à l'avant-bras seulement. Le mulet porte, comme le cheval, la châtaigne aux quatre membres, mais elle est très petite aux membres postérieurs.

CHATAIGNIER, s. m., *Castanea*. T.; genre de la famille des Cupulifères. L'espèce la plus intéressante de ce genre est le châtaignier proprement dit, *C. vulgaris*, Lamk; *C. vesca*, Gært.; *Fagus castanea*, L. Le châtaignier est un grand et bel arbre des contrées tempérées et froides, et commun dans les forêts de l'Europe. On le trouve principalement dans les pays montueux, au penchant des collines, dans les terrains élevés, légers et néanmoins assez profonds. Cet arbre peut acquérir un très gros volume; le châtaignier du Mont-Etna ou châtaignier aux cent chevaux, sous lequel Jeanne d'Aragon s'est abritée avec sa suite, serait sans doute le roi de la végétation s'il était formé d'un seul tronc. Le châtaignier de Glocester est âgé d'au moins 600 ans; celui de Sancerre, non loin de Paris, a 10 mètres de circonférence, et mille ans au moins, si l'on en croit la tradition et la science. Le bois du châtaignier est dense, élastique, tenace et donne beaucoup de chaleur par la combustion. Il est susceptible de prendre du poli et résiste bien aux causes de destruction, sans excepter les insectes. Les jeunes pousses, les branches du châtaignier spontané surtout, sont employées pour la confection des cerceaux. Ses fruits, appelés *châtaignes* (*V.* ce mot), constituent un aliment agréable et sain pour l'homme et les herbivores. La culture a modifié le châtaignier et produit plusieurs variétés. Celles à gros fruits fournissent les *marrons*. Les châtaigneraies ou bois de châtaigniers occupent en France une surface de plus de 455,000 hectares, et produisent annuellement environ 3,500,000 hectolitres de châtaignes et marrons. Les départements où cette culture est le plus considérable sont ceux de la Dordogne, de la Corrèze, de la Haute-Vienne, du Lot, de la Lozère, de la Gironde, etc., etc. La Lombardie et la Sardaigne produisent aussi beaucoup de châtaignes.

CHÂTAIN, adj.; qui a la couleur de la châtaigne, ex.: *bai-châtain*.

CHÂTIMENT, s. m.; punition infligée aux animaux à la suite d'une désobéissance ou de manifestations dangereuses. Les instruments de punition sont, pour le cheval monté par un cavalier, la cravache et les éperons; pour un cheval attelé, le fouet; pour le bœuf, le fouet, l'aiguillon, etc. etc. On dit que la privation de certaines distinctions, de quelques ornements est, pour un animal fier, une punition sévère. Le conducteur intelligent ne punit les animaux que lorsqu'il y a réellement faute, et immédiatement après. Il le fait toujours avec modération. Les mauvais traitements sont une cause puissante de maladie et d'abâtardissement.

CHATON, s. m., *Amentum;* inflorescence ou assemblage de fleurs unisexuées en un épi articulé, non renfermé dans une spathe, muni de bractées, et tombant en entier après la floraison ou la fructification.

CHÂTRER, v. act., *castrare*, enlever les testicules ou les ovaires pour priver un animal de la faculté de reproduire son espèce. Châtrer un cheval, un taureau, une vache, une chienne. *V.* CASTRATION.

CHÂTREUR, s. m., qui châtre des animaux. Expression vulgaire pour désigner des hommes dont la profession consiste à parcourir les campagnes pour châtrer des animaux.

CHÂTRURE, s. f., syn. de *castration;* inusité. Castration dans les animaux par l'emploi du caustique.

CHAUDE, s. f., t. de maréchalerie: se dit de l'action de faire chauffer le fer et de le forger; *il faut plusieurs chaudes pour faire un fer à cheval.* On dit que la *chaude est grasse*, quand le fer est presque en fusion à sa sortie du feu.

CHAUDEPISSE. s. f., écoulement du canal de l'urètre ainsi nommé à cause de la chaleur occasionnée par le passage de l'urine. Ce mot n'est pas usité en médecine vétérinaire.

CHAULAGE, s. m. On désigne sous ce nom deux opérations fort distinctes: l'une consiste à soumettre à l'action de la chaux vive, pulvérulente ou dissoute dans l'eau, les grains des céréales que l'on veut préserver ou débarrasser de la carie, du charbon; l'autre consiste à répandre sur les terres, pour augmenter leur fertilité, de la chaux réduite en poudre, seule ou mélangée. — A. *Chaulage des grains.* On le pratique de plusieurs manières: 1° par aspersion; 2° par immersion simple; 3° par précipitation ou séjour de la semence dans le lait de chaux; 4° à sec, c'est-à-dire, en mélangeant la semence avec la chaux en poudre et délitée. Ce dernier procédé paraît être le meilleur. — B. *Chaulage des terres.* Il est réclamé par les terrains qui manquent de l'élément calcaire, par ceux où surabonde le terreau. Il convient donc généralement aux sols argilo-siliceux où croissent le chiendent, l'agrostis, la fougère, la bruyère, les châtaigniers, les arbres résineux, aux sols enfin où prédominent le granit, les schistes argilo-siliceux, le terreau. — L'action de la chaux sur la végétation est mal connue, car cette substance agit avantageusement dans des terrains qui contiennent l'élément calcaire. On sait qu'elle chasse les insectes, détruit les mauvaises herbes et augmente singulièrement les produits en fourrages et en céréales; mais, en provoquant la décomposition des engrais, elle rend nécessaire leur renouvellement. Le chaulage s'effectue chaque année, ou à des époques plus éloignées, peu de temps avant les semailles, et à doses variables, selon le but recherché. S'il s'agit seulement d'activer la végétation, une moyenne annuelle de trois hectolitres par hectare est suffisante; si l'on veut amender le sol, en modifier la composition, la dose doit être portée entre 100 et 600 hectolitres. Dans ce cas, l'emploi de la marne, si l'on avait cette substance à sa disposition, serait certainement plus économique. Toutes les variétés de chaux ne sont pas également propres à l'amendement des terres; la chaux hydraulique à dose un peu forte les rend trop tenaces. — La chaux est répandue sur le sol, seule ou mélangée avec de la terre, des engrais desséchés, etc.

CHAUMAGE, s. m.; action d'enlever la partie des tiges de céréales qui restent attachées à la terre après la moisson. Le chaumage est devenu un droit dans les lieux où existe la vaine pâture, il en est la conséquence. L'un et l'autre constituent un abus.

CHAUME, s. m., *Culmus;* tige généralement simple et creuse, présentant, de distance en distance, des nœuds d'où peuvent naître des feuilles. Cette sorte de tige appartient essentiellement aux familles des Graminées et des Cypéracées. — *Agric.*; portion de la tige des céréales qui reste sur pied après la récolte. La partie qui reste ainsi attachée au sol est plus ou moins considérable, selon le procédé de fauchage suivi. Elle est quelquefois mêlée à beaucoup d'herbe. La destination des chaumes n'est point la même dans toutes les contrées. Ici, on les arrache pour les brûler ; là, on les emploie comme litière ; ailleurs, on les brûle sur place, ou bien on les enterre avec la charrue, soit immédiatement après la récolte, soit après les avoir fait pâturer pendant quelques mois. L'avant-dernière méthode est la seule véritablement avantageuse *V.* CHAUMAGE.

CHAUSSE, s. f. — *Chausse d'Hippocrate :* on appelle ainsi, en pharmacie, un appareil de filtration qui consiste en un petit sac conique, en étoffe de laine, tenu ouvert par sa partie supérieure, employé à la filtration des sirops.

CHAUSSÉ, ÉE, adj.; *balzane haut-chaussée* ; balzane s'étendant en haut jusque vers le genou ou le jarret, ou dépassant ces régions.

CHAUSSE-TRAPPE, *V.* CENTAURÉE.

CHAUX, s. f. *Calx; protoxyde de calcium.* Ca O. — La chaux est un oxyde métallique de la première section, dont les propriétés électro-positives sont très prononcées. Connue de toute antiquité, la chaux fut regardée comme un corps simple jusqu'au commencement du XIX⁰ siècle. Cet oxyde existe en grande quantité dans la nature; combiné aux acides carbonique, sulfurique et phosphorique, il forme une notable partie de l'écorce solide du globe terrestre; on le trouve aussi dans les êtres organisés. — La chaux s'obtient par des procédés très simples et généralement connus, qui consistent dans la calcination au rouge du carbonate naturel de chaux; l'acide carbonique se dégage, et la chaux reste comme résidu. — Pure et anhydre, cette base porte le nom de *chaux vive;* elle est solide, amorphe, blanche ou grisâtre, inodore, d'une saveur caustique et urineuse, verdissant le sirop de violette et bleuissant vivement la teinture rougie du tournesol: sa densité est de 2, 3. — La chaux est infusible au feu de forge et au dard du chalumeau oxy-hydrogène ; exposée à l'air, elle en attire à la fois l'humidité et l'acide carbonique, et se *délite.* Arrosée avec la moitié de son poids d'eau, elle fait entendre un sifflement, puis s'échauffe beaucoup, se fendille avec bruit, dégage d'abondantes vapeurs aqueuses, se boursoufle considérablement et se réduit en une masse blanche pulvérulente qui est un hydrate de chaux. Ca O + H O : c'est ce qu'on nomme *chaux éteinte.* Traitée par une plus grande quantité d'eau, la chaux forme d'abord une sorte de bouillie claire appelée *lait de*

chaux ; puis l'eau retient environ la 700⁰ partie de son poids d'oxyde, et forme l'*eau de chaux*, qui se trouble par la chaleur, cette base étant plus soluble à froid qu'à chaud. — Dans les arts, où elle a de nombreux usages, la chaux est dite *aérienne*, quand elle reste molle sous l'eau et qu'elle se durcit à l'air ; *hydraulique*, lorsqu'au contraire elle prend beaucoup de consistance sous l'eau et peu dans l'air. — La première est dite *grasse*, quand elle ne contient qu'un 10⁰ environ de son poids de substances étrangères (magnésie, silice, oxydes de fer et de manganèse); *maigre*, quand ces matières sont plus considérables et arrivent jusqu'au 5⁰ environ. — La chaux est *hydraulique*, lorsqu'elle contient de l'argile et de la magnésie, à peu près le 10⁰ de son poids; si elle en contient jusqu'au tiers, elle forme ce qu'on nomme du *ciment romain.* — La chaux sert à la confection des mortiers à bâtir; on l'emploie aussi pour tanner les cuirs, purifier le gaz d'éclairage, fabriquer les bougies, rendre caustiques la potasse et la soude, etc. — En *agriculture*, la chaux est employée comme amendement dans les terrains argileux et froids, pour *chauler* les semences des céréales, etc. — *Caractères des sels de chaux.* Ils sont incolores, insolubles à l'état neutre, plus ou moins solubles à l'état de sels acides : leur saveur est âcre et amère, quand ils se dissolvent; l'acide sulfhydrique, les sulfhydrates, le cyanure jaune de potassium et de fer, et l'ammoniaque ne précipitent pas leur solution. Les carbonates alcalins, la potasse et la soude les précipitent en blanc : l'acide sulfurique les précipite également, si la solution est suffisamment concentrée, le précipité étant soluble dans un excès d'eau. Enfin l'acide oxalique et les oxalates alcalins précipitent toujours les sels de chaux en blanc. — *Pharmacol.* A l'extérieur, la chaux agit comme *caustique* léger si elle est *vive*, et comme *détersif* et *dessiccatif* si elle est éteinte; on en fait un usage peu fréquent; mêlée à la poudre de charbon et au quinquina pulvérisé, elle peut être utile sur les ulcères farcineux, sur les eaux-aux-jambes, le crapaud, etc. — A l'intérieur, l'eau de chaux a été vantée par Chabert, Volpi et Drouard, contre la morve; ou la donne en boisson à la dose de deux à quatre litres par jour, et en injections dans les cavités nasales. Conseillée contre la météorisation des ruminants, l'eau de chaux convient peu; il faut lui préférer l'ammoniaque ou l'éther, toutes les fois que cela est possible.

CHEF, s. m. : extrémité d'une bande, d'une compresse. *Bande à un chef, à deux chefs.*

CHEILOPLASTIE, s. f., de χεῖλος, lèvre, et πλάσσω, former : régénération d'une ou des deux lèvres.

CHEILORRHAGIE, s. f., de χεῖλος, lèvre, et ῥέω, je coule : écoulement du sang par les lèvres.

CHÉILALGIE, s. f. de χεῖλος, lèvre, et ἄλγος, douleur ; douleur des lèvres.

CHÉIROPTÈRES, s. m., *Cheiroptera*, de χείρ, χειρος, main, et πτερον, aile ; première famille de l'ordre des carnassiers, tirant son nom de la forme d'aile qu'affecte le membre antérieur dans les animaux qui lui appartiennent. Ces animaux ont les doigts très allongés, réunis par un repli de la peau devenue très mince, les clavicules très fortes, le radius et le cubitus soudés ensemble : dispositions favorables au vol. Leurs mamelles sont au nombre de deux et pectorales ; la verge des mâles n'est pas fixée au ventre par un fourreau. L'appareil dentaire, très variable suivant les espèces, est en général hérissé de pointes aiguës propres à déchirer les insectes. La famille des chéiroptères se divise en deux tribus : les *Chauve-Souris*, et les *Galéopithèques*. Les chauve-souris, déjà si remarquables par leur vol, s'engourdissent, comme les marmottes, pour passer l'hiver.

CHÉLIDOINE, s. f., *Chelidonium* T. ; genre de la famille des Papavéracées. Ce genre ne renferme qu'un petit nombre d'espèces : la principale est la grande Chélidoine, vulgairement grande Éclaire, *C. majus*, plante commune le long des murs, et remarquable par le suc âcre et jaune qu'elle renferme en abondance. La chélidoine ne justifie pas la réputation que lui avaient faite les anciens médecins. Les bestiaux la repoussent ; prise en certaine quantité, elle occasionnerait l'empoisonnement.

CHÉLONIENS, s. m., de χελώνη tortue ; premier ordre de la classe des reptiles, caractérisé par la présence d'une enveloppe solide, désignée sous le nom de *carapace* (*V.* ce mot), remplaçant pour ces animaux le sternum, les côtes et une partie des vertèbres. Leurs membres sont au nombre de quatre, recouverts comme la tête d'une peau rude et plissée. L'ordre des chéloniens renferme plusieurs genres dont les principaux sont : les *Tortues*, les *Emydes* ou tortues d'eau douce, les *Chélydes*, les *Trionyx* ou tortues molles et les *Chélonées* ou tortues de mer

CHEMISE, s. f., *Folliculus* ; portion des enveloppes florales accompagnant le fruit à sa maturité.

CHÉMOSIS, s. m., *Chimosis*, de χημα, trou ; tuméfaction de la conjonctive qui recouvre la sclérotique. Le chémosis est *inflammatoire* ou *séreux*. Celui qui est inflammatoire est dû à l'infiltration sanguine du tissu cellulaire sous-muqueux ; la muqueuse des paupières est rouge ; il y a larmoiement. Le chémosis séreux existe dans quelques maladies chroniques de la conjonctive et de la sclérotique. L'un et l'autre sont bornés à la cornée, qui est entourée d'un bourrelet, et qui paraît être placée au fond d'un trou. Les saignées locales et les scarifications ne suffisent pas toujours pour guérir le chémosis ; il faut avoir recours à l'excision, et appliquer le traitement ordinaire de l'ophthalmie.

CHÊNE, s. m., *Quercus*, T. ; genre assez nombreux de la famille des Amentacées, tribu des Quercinées. Toutes les espèces de ce genre sont des arbres, mais s'élevant à des hauteurs fort variables. Les principales sont : le C. roure ou rouvre, **Q.** *robur*, L., le C. à grappes, **Q.** *racemosa*, Lamk. : ces espèces forment la base d'un grand nombre de forêts ; le C. sessile, **Q.** *sessiflora*, souvent confondu avec le premier ; le C. ægilops, **Q.** *ægilops* ; le C. Cerris, **Q.** *Cerris*, communs dans les pays de montagne. Ces quatre espèces fournissent à l'industrie, à l'économie domestique, leur bois pour les constructions et le chauffage, leurs glands pour la nourriture du porc, leur écorce pour la fabrication du tan, pour les usages de la médecine. On doit encore citer dans le même genre : le C. liège, **Q.** *suber*, dont l'écorce fournit la substance appelée *liège* ; on le trouve dans le midi et l'ouest de la France ; le C. nain, **Q.** *humilis*, rabougri, branchu et seulement propre au chauffage ; le C. yeuse, **Q.** *ilex*, petit, tortueux, à bois dur ; il croît dans le midi de la France ; le C. kermès, **Q.** *coccifera* ; c'est lui qui porte sur ses branches et ses feuilles l'insecte vulgairement appelé kermès, le *Coccus ilicis* : le C. à galles, **Q.** *infectoria*, qui fournit la noix de galles. Les espèces *tinctoria* et *ægylopifolia* fournissent deux produits à la teinture. Plusieurs chênes sont classés parmi les arbres toujours verts. — Les glands du C. *yeuse* et du C. *blanc* sont doux et peuvent être mangés par l'homme. Les fruits des autres espèces peuvent être dépouillés de leur âcreté par des lessives alcalines. Les bestiaux recherchent peu les feuilles du chêne ; prises en forte proportion, elles occasionneraient des accidents. On les fait sécher ou on les emploie en litière. — *Pharmacol.* Le chêne commun fournit à la *pharmacologie* deux substances médicinales : son *écorce* et son *fruit*. 1° L'écorce de *chêne* est un astringent tonique très énergique ; elle est en plaques plus ou moins épaisses, grisâtre, raboteuse et fendillée à l'extérieur, rougeâtre à l'intérieur, d'une odeur peu prononcée et d'une saveur très astringente. Cette écorce est composée, selon Braconnot, de tannin, d'acide gallique, de sucre, de pectine, de tannates de chaux, de magnésie et de potasse. Réduite en poudre grossière, elle porte le nom de *tan* ; passée au tamis fin, on l'appelle dans les officines *fleurs de tan* ; enfin, mélangée à la racine de gentiane et aux fleurs de camomille, elle a porté le nom de *quinquina français*. A l'extérieur l'écorce de chêne pulvérisée, seule ou mélangée au charbon ou au chlorure de chaux, etc., convient comme astringente et antiputride sur les plaies anciennes, les ulcères farcineux, les eaux-aux-jambes, etc. En décoction elle peut être utile pour déterger les solutions de continuité de mauvaise nature, pour être injectée dans les trajets fistuleux, ainsi que pour dissiper les engorgements œdémateux du bas des membres , si fréquents chez les chevaux. A *l'intérieur* , l'écorce de chêne est plus rarement employée ; cependant elle peut être utile, donnée sous forme de décoction, en lavements, contre la diarrhée séreuse , le pissement de sang des ruminants, etc. En breuvage , on ne l'emploie guère que contre la cachexie des grands et des petits ruminants et contre l'hydrohémie des solipèdes. 2° Le *fruit* du chêne ou le *gland* est employé plutôt comme aliment que comme médicament ; cependant il est tonique et astringent comme l'écorce ; torréfié, il conviendrait même mieux pour l'usage interne. Il est composé, d'après Lœwig , de tannin , d'extractif amer , de résine , d'huile grasse , de gomme , d'amidon , de ligneux , et de sels de potasse et de chaux.

CHENILLE , s. f. ; nom spécial donné à la larve des insectes lépidoptères ou papillons. C'est à l'état de *chenilles* que ces insectes passent la plus grande partie de leur vie. Depuis la sortie de l'œuf jusqu'au moment où elle se change en chrysalide , la chenille consomme beaucoup d'aliments et change plusieurs fois de peau pour faciliter son développement. Les dégâts causés par les chenilles sont souvent immenses , et ont rendu nécessaires des réglements administratifs prescrivant l'*échenillage*.

CHÉNOPODÉES , s. f. , *Chenopodeæ* ; famille de plantes dicotylédones , herbacées ou ligneuses, dont les caractères sont : fleurs petites , verdâtres , monoïques ou dioïques , réunies à l'aisselle des feuilles ou disposées en grappes ; périanthe monosépale, persistant, à trois , quatre ou cinq lobes ; une à cinq étamines ; ovaire libre , uniloculaire , monosperme ; deux , trois ou cinq styles ; akaine ou baie ; feuilles simples, alternes ou opposées. Cette famille se divise en deux tribus : 1° les *Cyclolobées* ; genres principaux : *Atriplex* , *Chenopodium* , *Beta* , *Spinacia* , etc. ; 2° les *Spirolobées* ; genres principaux : *Salsola* , *Anabasis* , etc. Trois genres de l'ancienne famille des Chénopodées en ont été distraits par Moquin-Tandon, pour former la petite famille des Basellacées.

CHEPTEL , s. m. ; contrat par lequel des animaux, appartenant à un ou plusieurs propriétaires , sont confiés à l'un d'eux ou à un tiers, et profitent à tous dans certaines proportions. Tous les animaux susceptibles de croît, de profit, peuvent faire l'objet d'un cheptel. Le code civil reconnait trois espèces de baux à cheptel : 1° le *cheptel simple ;* 2° le *cheptel à moitié ;* 3° le *cheptel donné au fermier ou au colon partiaire.* 1° L'art. 1804 définit le cheptel simple : « Un contrat par lequel on donne à un autre des bestiaux à garder, nourrir et soigner , à condition que le premier profitera de la moitié du croît, et qu'il supportera aussi la moitié des pertes. » 2° Le cheptel à moitié diffère du précédent en ce que le preneur et le bailleur fournissent chacun la moitié des animaux qui sont alors communs ; 3° la troisième espèce de cheptel se divise en deux : 1° le cheptel de fer ou cheptel donné par le propriétaire à son fermier, c'est un cheptel simple qui doit durer autant que le bail de fermage et qui rend insaissable le troupeau concédé ; 2° le cheptel donné au colon partiaire , qui diffère du premier parce que le bailleur donne, indépendamment des animaux, les habitations et les pâturages, et peut en conséquence réclamer une partie de certains produits , et du cheptel donné au fermier en ce que la perte totale demeure pour le propriétaire , tandis que la perte partielle est commune. Les principes généraux des cheptels sont les suivants : le bailleur ne peut aliéner aucune bête sans le consentement du preneur , et celui-ci ne peut ni employer au service des autres, ni disposer des animaux et du croît sans le consentement du premier. Le travail, le fumier, les laitages, appartiennent de droit au premier. Le cheptel donne des droits égaux , à moins de conventions particulières, dans les deux dernières espèces de contrat, au preneur et au bailleur, sur le croît ou accroissement de nombre , de valeur, sur le poil, la laine ou la cire , sur le cuir d'une bête de croît, si ce n'est dans le cas d'un enfouissement total par mesure de police sanitaire.

CHEVAL , s. m. , *Equus ;* genre unique de la famille des solipèdes , caractérisé comme il suit : six incisives à chaque mâchoire , quatre canines , dans le mâle , six molaires à chaque arcade , en tout trente-six ou quarante dents ; une *barre* séparant les incisives des molaires et portant les canines, lorsqu'elles existent ; lèvre supérieure très développée et très mobile : yeux grands et latéraux ; membres terminés par un seul doigt enveloppé d'un sabot ; deux mamelles inguinales ; estomac simple ; intestins et surtout le cœcum très développés. — On divise le genre cheval en deux sous-genres : 1° sous-genre *Ane*, distingué par une queue pourvue de crins à l'extrémité seulement, par l'absence de châtaignes aux membres postérieurs, et par un pelage généralement marqué de bandes transversales ; espèces : *Zèbre*, *Daw*, *Couagga et Ane* ; 2° sous-genre *Cheval* : queue garnie de crins dans toute son étendue, châtaignes aux quatre membres : pelage uniforme ; espèces : *Dziggtai* ou *Hémione* et *Cheval.*

CHEVAL. Remarquable par la beauté de ses formes , par sa force, par sa docilité et son intelligence, par son agilité et son courage, le cheval est sans contredit le plus précieux de tous les animaux que l'homme ait asservis à son joug. Le cheval habite presque toute l'étendue de l'ancien continent. Celui que l'on trouve dans le Nouveau-Monde y a été apporté depuis la conquête. On ne le rencontre que rarement à l'état sauvage ; il semble que sa destinée l'appelle à être partout le compagnon de l'homme. — Si le cheval descend d'une souche unique, il est probable qu'elle se trouvait originairement dans l'Asie occi-

dentaire, au voisinage de la mer Caspienne.
En admettant une seconde souche, on est
conduit à la placer en Afrique. Bien que les
Arabes aient su mieux qu'aucun autre peuple
conserver les beautés du type primitif ou
créer une race admirable, il ne parait pas que
la Syrie possédât, aux temps historiques reculés, des chevaux apprivoisés ou réduits à
l'état de domestication. — Ce sont les peuples
guerriers qui ont dû s'occuper les premiers
du cheval pour le rendre propre à la guerre.
On peut citer à ce sujet les Numides, les
Romains, les Francs, les Arabes, etc.: c'est
dans un même but, qu'au moyen-âge et pendant toute la période de la féodalité, la noblesse s'est efforcée de le conserver, de le
perfectionner. — Mais la civilisation moderne
et la paix avaient à peine appelé le cheval à
prendre part aux travaux agricoles, aux
transports, qu'on le vit se modifier de mille
manières, s'approprier à différents services,
refléter dans ses formes, dans ses aptitudes,
les influences variées, heureuses ou funestes,
des climats, des soins auxquels il était soumis. C'est alors que se créèrent ces nombreuses races intermédiaires et communes que
possède l'Europe. L'abandon dans lequel fut
laissée presque partout sa reproduction vint
achever la transformation et le déclasser encore en beaucoup de lieux. — Le cheval est
herbivore: mais si, dans l'état sauvage, les
plantes des pâturages, les jeunes pousses des
arbrisseaux ou des arbres lui suffisent, il n'en
est plus de même dans l'état de domesticité,
surtout lorsqu'il est soumis à de pénibles travaux. Ici les fourrages des prairies naturelles
et artificielles, l'avoine, l'orge, font la base
de son alimentation. — Uniquement employé,
dès l'origine, à porter un cavalier, le cheval,
en se modifiant, a créé des races propres à
traîner de lourds fardeaux. Aucun animal ne
réunit à tant de force, à tant d'élégance dans
les formes et les mouvements plus de rapidité
dans les allures. Personne n'ignore le portrait
admirable qu'en a tracé Buffon. Le cheval
donne la solution d'un problème difficile,
celui d'une masse puissante mue rapidement.
La vitesse du cheval est évaluée en moyenne
à 100 mètres par minute au pas, 200 mètres
au trot, 300 mètres au galop. Bien que sa
conformation ne lui permette pas de porter
de fortes charges, il peut cependant chemi-
ner, courir même en portant le 1/3 de son
poids. Les fardeaux qu'il traîne sont quelquefois très considérables. Il n'est pas rare
de voir, dans les grandes villes, de gros chevaux de roulage attelés à des voitures pesant plus de 3,000 kilogrammes. La charge
moyenne d'un cheval de trait attelé seul, est
de 1,000 à 1,500 kilogrammes pour l'allure
du pas, celle de quatre chevaux réunis ne
serait que de 4,000 kilogrammes. Le cheval
partage avec le bœuf les travaux des champs;
si, dans certaines conditions, celui-ci doit lui
être préféré, il y a presque toujours avantage à les entretenir, à les employer simul-

tanément. — Le cheval est susceptible d'attachement pour celui qui le soigne, qui le conduit ou le traite avec douceur. Il craint les
mauvais traitements et s'en souvient. Sensible aux distinctions et aux caresses, il sait
les réclamer quand on les oublie ou lorsqu'on
les lui refuse. Il est seul propre aux guerres
des nations civilisées. Le bruit des combats,
loin de l'effrayer, l'anime. Quelle que soit la
lutte et le prix, la victoire lui est chère, et il
la dispute avec énergie, quelquefois même
au prix de son existence. — A la docilité qui
fait le fond de son caractère, le cheval joint
une excellente vue et une mémoire locale surprenante, deux qualités qui le rendent précieux dans bien des occasions. — Le cheval
ne donne habituellement, pendant sa vie,
d'autre produit que son travail. Après sa
mort, l'industrie s'empare de son cadavre,
sépare les crins, la corne, la peau, les tendons, les os, les chairs, et les transforme en
produits utiles. Sa chair, quoique un peu
dure, peut être mangée par l'homme.

CHEVAL (unité dynamique). On donne ce
nom dans l'industrie à une unité conventionnelle dont on se sert pour évaluer la force
motrice des machines à vapeur. Elle équivaut
à une force capable d'élever un poids de
75 kilogrammes à la hauteur d'un mètre
dans l'unité de temps ou la seconde, ou ce
qui revient au même, à une force qui élé-
verait un kilogramme à la hauteur de 75 mètres dans une seconde.

CHEVALINES (races). Le cheval, à l'état
sauvage, est le produit exclusif de la nature.
Sa taille est petite, son pelage uniforme; sa
conformation accuse de la force, de l'énergie,
mais il manque de ce qu'on appelle la beauté,
l'élégance. Les tarpans de l'Ukraine, de la
Tartarie, ressemblent beaucoup aux alzados
qui errent dans les pampas du Nouveau-
Monde. Les différences entre les nombres
des individus qui composent leurs sociétés
tiennent à ce que les alzados trouvent dans
les solitudes de l'Amérique des ennemis plus
forts, plus redoutables dans le lion, le tigre,
etc. On sait, au reste, que les haras demi-sauvages de la Russie ont des populations nombreuses. Partout où les chevaux vivent à l'état
libre, soit d'une manière constante, soit accidentellement, ils ont les mêmes mœurs;
ils suivent un ou plusieurs chefs, et se réunissent pour la défense commune. On a dit
que le cheval paraissait né pour la domesticité;
sans doute, parmi les auxiliaires de l'homme,
il est un des plus dociles; mais on ne doit
pas oublier tout ce qu'il faut d'adresse, de
ruses et de force pour saisir et dompter un
cheval sauvage, et combien sont faciles à
débaucher les chevaux domestiques qui vivent près des lieux fréquentés par les chevaux libres. Le type primitif de l'espèce était-
il plus ou moins conforme au cheval sauvage?
Doit-on le retrouver dans la race arabe la
plus pure? Ce type même a-t-il été unique
ou multiple? C'est ce que la science ne nous

a pas dit d'une manière satisfaisante. Il y a trop longtemps que le cheval subit le joug de l'homme pour qu'il soit possible de faire sur son premier état, sur le point de départ des nombreuses familles qui composent l'espèce, autre chose que des conjectures. On peut faire de l'histoire du cheval un roman fort agréable, mais sans utilité bien évidente pour les hippologues et surtout pour les éleveurs de nos jours. — Dans sa domestication, le cheval a ressenti l'influence de l'homme et des climats différents qu'il a rencontrés. Dans les lieux où la nourriture est peu abondante, la pâture maigre, l'atmosphère froide et sèche, il est petit, sobre, robuste. Ailleurs, et selon les soins qu'il a reçus, les aliments qu'il a trouvés, les vues qui ont présidé à ses accouplements, à sa reproduction, il devient élégant et rapide, ou massif et lent. C'est de ces circonstances de temps, de climat, de régime, de génération, que sont nées, dans l'espèce chevaline, ces variétés nombreuses de forme, d'aptitude qui, en se transmettant et se conservant par des causes analogues à celles qui les ont produites, ont créé ces groupes à caractères communs et transmissibles que l'on appelle *races*. — Les races chevalines ont été classées tantôt d'après leur situation géographique, leur habitation, tantôt d'après certaines idées sur leur origine; d'autres fois enfin d'après leur emploi le plus ordinaire. C'est ainsi qu'on les a divisées en races d'Orient et races du Nord; en races nobles et en races communes; en races de selle, d'attelages, de trait lent, etc., etc. Ces classifications sont trop vagues ou trop absolues. La seule qui, dans la production et avec les idées admises aujourd'hui, soit désormais possible, est celle qui divisera les chevaux en chevaux de pur sang, de demi-sang, trois-quarts de sang et communs. Chacun de ces groupes peut renfermer à son tour des races à aptitudes différentes, mais dont la conformation se rapprochera, comme l'origine. C'est là, dans un certain sens, une application de la méthode naturelle. Les races arabe et anglaise méritent seules la qualification de pur sang : elles ne sont point également propres au même service. Il est des chevaux de demi-sang qui, selon leur origine, leur conformation, luttent sur l'hippodrome, traînent le tilbury, courent la chasse ou montent un officier de cavalerie. Parmi les races communes, il en est qui ne sont propres qu'à un seul service, le trait lent; mais combien de chevaux dans cette catégorie sont employés au trait lent ou rapide, ou même à la selle! Quant aux familles ou aux races particulières, on ne peut les désigner que par leur origine ou le lieu qu'elles habitent. — Aucun pays ne possède plus de races diverses que la France : cette particularité tient à la variété de son climat, aux vues divergentes qui ont provoqué l'établissement et qui commandent en quelque sorte l'entretien de ces races. Le plus grand nombre de ses chevaux sont communs; mais, dans

cette catégorie, elle possède des familles précieuses pour le tirage; telles sont les races boulonnaise, percheronne, bretonne, comtoise. La race normande appartient à un type mixte; les races du centre, des Pyrénées, dérivent sans aucun doute du pur sang, ou au moins des chevaux barbes. La première est une race commune malgré sa conformation; les autres peuvent être assimilées au demi-sang. Mais la France ne possède plus que peu de représentants de ces familles, si recherchées avant que le cheval anglais et le cheval allemand fussent venus les remplacer sur les marchés de l'Europe; elles subissent dans ce moment, sous l'influence du pur sang, une transformation dont l'avenir nous dira le prix et les résultats. Indépendamment des races définies que nous avons citées, la France entretient encore la grosse race poitevine, à laquelle il est difficile de trouver d'autres mérites que celui de faire de beaux mulets, la petite race camargue, et une foule d'autres chevaux dont les caractères se transmettent plus ou moins, ou qui même n'ont aucun caractère de race, ainsi les chevaux du Charolais, du Morvan, de l'Alsace, de la Lorraine, des Ardennes, etc., etc. — La population chevaline de la France s'élève à environ 3,000,000 de têtes. Sa richesse, sous ce rapport, est relativement inférieure à celle de la plupart des autres états de l'Europe. On pourra en juger par l'aperçu suivant :

1818	Danemark	500.000	p. 100 h.	45
1825	Hanovre	225,000	—	13
1806	Hollande	243,000	—	12
1843	Prusse	1,564.000	—	10 $1/_2$
1823	Angleterre	900,000	—	7 $1/_2$
1816	Emp. d'Aut.	1,200,000	—	4
1803	Espagne	440.000	—	1 $1/_3$
1840	France	2.818.496	—	8

— Pour bien apprécier ce tableau, il faut tenir compte des dates et de la valeur des animaux.

CHEVAUCHEMENT, s. m., T. de chir. Déplacement des os suivant leur longueur, dans les fractures.

CHEVELU, s. m.; divisions les plus ténues des racines.

CHEVELU, adj. *comatus;* garni d'appendices longs et touffus, ressemblant à des cheveux. Leur ensemble prend le nom de *chevelure*, lorsqu'ils couronnent une graine.

CHEVIOT (race). Cette race ovine est originaire des contrées montueuses du nord de l'Angleterre. On la retrouve aujourd'hui en Irlande et en Écosse. Cette race est rustique et se propage avec une grande facilité. Elle est privée de cornes dans les deux sexes. Sa taille est assez forte: sa laine de bonne qualité, mais de finesse moyenne.

CHEVRE, s. f., *Capra.* Genre de ruminants à cornes creuses, dont les caractères sont difficiles à distinguer de ceux du genre mouton. Le principal caractère distinctif consiste dans la présence d'une barbe au menton, la brièveté de la queue, la rectitude du chanfrein, l'absence des *sinus biflexes*, et le grand développement des mamelles. Le genre chèvre renferme plusieurs espèces qui sont : le *bouquetin*, la *chèvre caucasique* et la *chèvre commune* ; cette dernière présente de nombreuses variétés dépendant des climats et de l'état de domesticité.—La chèvre domestique est d'un entretien facile et peu dispendieux ; mais son humeur vagabonde et sa dent meurtrière la rendent incommode pour l'agriculture, lorsqu'on la conduit aux champs. Des arrêts, des ordonnances, des décrets ont, à diverses époques, défendu ou réglé, dans notre pays, l'éducation de cet animal. Elle est difficile à conduire en troupeau, à garder au voisinage des récoltes ; d'ailleurs, s'il y a, sous quelques rapports, économie à la faire paitre, il est généralement préférable de l'entretenir à l'étable comme on le fait dans le Mont-d'Or lyonnais. — La chèvre porte environ 150 jours, et met bas chaque année un ou deux petits, quelquefois trois ou quatre. Elle se plait aux champs ; son naturel est vif et pétulant ; elle aime à grimper librement sur les rochers, à se suspendre aux pentes escarpées des montagnes où l'appellent les plantes sapides, les arbrisseaux amers dont elle broute les feuilles. Elle est sobre et mange presque toutes les herbes des pâturages, les légumes des jardins, les résidus, etc. Les arbrisseaux épineux, les pousses acerbes des genêts, du saule ne la rebutent point ; elle peut manger impunément une assez forte proportion de ciguë. *V.* les mots Bouc., Chevreau, Caprine, Lait.

CHEVREAU, s. m., *Hædus* ; petit de la chèvre. La chèvre donne naissance à un, deux, quelquefois trois et même quatre chevreaux à la fois. On ne doit pas lui en laisser plus de deux ; les autres doivent recevoir une nourrice étrangère, ou être allaités artificiellement. L'élevage et l'engraissement du chevreau se font comme ceux de l'agneau (*V.* ce mot) ; ils sont peut-être même plus faciles. Les naissances ont généralement lieu à la fin de l'hiver ou au printemps. Les jeunes sujets que l'on ne veut pas conserver sont sacrifiés à l'âge de 2 ou 4 semaines ; plus tard, leur chair, celle des mâles surtout, prendrait un goût désagréable. Au reste, la viande du chevreau est généralement moins estimée que celle de l'agneau.

CHÈVREFEUILLE, s. m., *Lonicera*, L. ; genre de plantes de la famille des Caprifoliacées. Il renferme plusieurs espèces qui croissent spontanément dans les haies, les bois, ou sont cultivées dans nos jardins comme plantes d'ornement. Parmi les premières se trouvent : le C. sauvage, *L. periclymenum* ; dans les autres : le C. ordinaire, *L. caprifolium*, que de belles fleurs en bouquet, une odeur suave font rechercher pour les parterres, les bosquets. Les chèvrefeuilles sont des arbrisseaux grimpants, à tige ordinairement grêle et volubile.

CHICORACÉES, s. f., *Cichoraceæ* ; tribu de la grande famille des Composées, correspondant aux semi-flosculeuses de Tournefort. Les caractères des Chicoracées sont : corolle tubuleuse inférieurement, terminée en languette, bordée de cinq petites dents ; style filiforme, à deux divisions courbées, pubescentes ; anthères linéaires ; aigrette persistante, rarement caduque, à soies ordinairement libres ; réceptacle souvent nu ; fleurons tous rayonnants, généralement jaunes ou rougeâtres. Les Chicoracées sont des plantes lactescentes, rarement épineuses, à feuilles alternes. De Candolle divise cette tribu en huit groupes : 1° les Scolymées, genres : *Scolymus*, etc.; 2° les Lampsanées, genres : *Lampsana*, etc.; 3° les Hyoséridées ; genres : *Cichorium*, *Cynthia*, etc. ; 4° les Hypochéridées ; genres : *Hypochæris*, etc.; 5° les Rodigiées, genres : *Rodigia*, etc. ; 6° les Scorzonérées, genres : *Scorzonera*, *Thrincia*, *Leontodon*, *tragopogon*, etc., 7° les Lactucées, genres : *Lactuca*, *Taraxacum*, *Barkhausia*, *Sonchus*, *Prenanthes*, etc.; 8° les Hiéraciées, genres : *Hieracium*, etc.

CHICORÉE, s. f., *Cichorium*, L. ; genre de la famille des Composées. Il a pour caractères : capitule sessile, axillaire ou terminal ; fleurs bleues ou blanches ; involucre double, l'extérieur à cinq folioles, l'intérieur à huit folioles plus grandes et soudées à leur base ; réceptacle nu ou garni de poils épars ; aigrette sessile, courte, écailleuse ; feuilles radicales oblongues, dentées ou roncinées, amères à l'état sauvage, mais susceptibles de devenir douces lorsque la plante est soumise à une culture convenable. On trouve en France deux espèces de chicorées : la C. sauvage, *C. intybus* ; la C. endive, *C. endivia*. La première est vivace ; elle croit spontanément le long des chemins, des champs, etc. Elle est très amère et agit comme tonique et assaisonnante. La culture en fait un fourrage vert excellent pour les vaches laitières, les porcs et surtout les moutons. Dans un terrain profond, argileux, elle donne beaucoup de produits et n'a pas à souffrir du froid ni de la sécheresse. On la sème seule ou associée avec d'autres plantes fourragères. Sa racine, torréfiée et pulvérisée, est un succédané du café. Blanchies par l'étiolement, ses feuilles sont mangées en salade et connues sous le nom vulgaire de *barbe de capucin*. Elle entre dans quelques préparations pharmaceutiques. L'*endive* n'est peut-être qu'une variété de la précédente ; elle est annuelle et cultivée dans les jardins. On en distingue plusieurs variétés caractérisées par la forme des feuilles. — *Pharm.* La chicorée sauvage fournit à la médecine sa racine et ses feuilles, qui sont *toniques* et *apéritives*. La racine est fusiforme, oblongue, de la grosseur du doigt, roussâtre à l'extérieur, blanchâtre en dedans, inodore, et d'une saveur amère très prononcée, annonçant des propriétés toniques. Les feuilles radicales, allongées, sinueuses et obtuses, sont composées, ainsi que la racine, d'extractif amer, de chlorophylle, d'albumine, de sucre, de divers sels et notamment de nitrate de potasse. Ces parties sont employées en nature ou en décoction dans le cas d'atonie du tube digestif, contre l'engorgement du foie, l'ictère commençante, les hydropisies, la pourriture du mouton, etc.

CHICOT, s. m., du verbe arabe *schakka*, fendre; petit fragment de bois rompu. On dit qu'un cheval *a pris un chicot dans le pied*, quand il a été blessé par cette cause. Synonyme de *clou de rue*. — Morceau de dent qui reste implanté dans la mâchoire.

CHIEN, s. m., *Canis;* genre de carnassiers carnivores, digitigrades, présentant les caractères suivants : douze incisives, quatre canines très fortes, vingt-six molaires dont douze supérieures, et quatorze inférieures, disposées en partie pour la nourriture animale, en partie pour la nourriture végétale ; museau pointu terminé par un mufle grenu ; langue lisse; oreilles moyennes, droites et pointues à l'état sauvage; cinq doigts aux pieds de devant, quatre à ceux de derrière ; verge du mâle renfermant un os; point de vésicules séminales; mamelles pectorales, ventrales et inguinales. Les espèces principales de ce genre sont: le *Renard*, le *Loup*, le *Chacal*, et le *Chien domestique* présentant une foule de variétés que Desmarets a groupées sous trois titres principaux : les *Mâtins*, les *Epagneuls* et les *Dogues*.

CHIENDENT. *Bot. V.* FROMENT. — *Pharm.* On désigne sous ce nom, dans les pharmacies, la racine ou rhizôme du *triticum repens* et du *panicum* ou *cynodon dactylon*. Cette tige souterraine est longue, coudée, articulée, jaunâtre, inodore, d'une saveur douceâtre et féculente. Elle contient du mucilage, de la fécule, du sucre, et une matière extractive aromatique. Le chiendent se donne à l'intérieur, en décoction, à la dose de 50 à 80 grammes pour les grands animaux. C'est un médicament rafraîchissant et diurétique. Il est peu usité.

CHIFFONNE, *V.* BRANCHE.

CHIFFONNÉ, ÉE adj., *corrugatus, plicativus;* plissé en sens divers, sans ordre apparent: tels sont quelquefois les pétales avant la floraison, les cotylédons, etc.

CHIMIATRIE, s. f., *Chimisme.* On a désigné sous ce nom l'application abusive de la chimie à la médecine. Ce mot a été imaginé par les *vitalistes*, les adversaires naturels, et souvent injustes, des médecins-chimistes. Les applications de la chimie, ou plutôt de l'alchimie à la médecine, ont eu pour principaux partisans, durant le moyen-âge, Paracelse, Van-Helmont, et François de le Boë, dit Sylvius. Ils admettaient que tous les phénomènes naturels ou morbides dont l'économie animale est le siège sont essentiellement chimiques, et consistent en des *combinaisons*, des *distillations*, des *fermentations*, des *effervescences*, etc., qui ont lieu entre les diverses humeurs du corps.

Toutes les maladies, d'après Sylvius, tenaient à l'*âcreté* des liquides de l'économie, et pouvaient se diviser en deux classes distinctes, les maladies à *âcreté acide*, et les maladies à *âcreté alcaline*. La thérapeutique présentait le même degré de simplicité; les médicaments étaient *acides* contre les maladies *alcalines*, et *alcalins* pour les maladies *acides*. A dater du commencement du XVIIme siècle, la *chimiatrie* eut des partisans de plus en plus rares, et finit bientôt par tomber dans un oubli complet, excepté dans le public où elle n'a jamais cessé de régner en souveraine. La naissance de la chimie véritable, vers la fin du siècle dernier, a ramené les esprits vers l'application de cette science à la médecine. Aujourd'hui, elle est dans toute sa vigueur. Par les données qu'elle fournit sur la nature des tissus et des liquides du corps, par les indications précises qu'elle donne sur les altérations dont ils sont le siége pendant les maladies, par celles non moins nombreuses et plus utiles encore qu'elle fournit sur la nature et l'action des médicaments, la chimie est devenue pour la médecine, comme pour l'industrie et l'agriculture, la voie par laquelle s'acquièrent les connaissances positives, et le moyen le plus certain d'arriver à des découvertes réelles et profitables.

CHIMIE, s. f., *Chimia*, de *Cham*, ancien nom de l'Egypte, en grec χημεία, formé de χέω, fondre, couler. — La chimie est une science naturelle et expérimentale. Elle a pour *objet* l'étude des caractères spécifiques des corps et l'action réciproque et moléculaire qu'ils exercent les uns sur les autres. Son *but* est de faire connaître la composition intime des corps et d'enseigner les moyens de les obtenir à l'état de pureté. Son *étendue* est considérable, car tout ce qui compose le monde matériel est de son domaine. Les *moyens* qu'elle emploie sont surtout l'*analyse* et la *synthèse* (*V.* ces mots). Quant à l'*importance* de la chimie, elle est immense : comme science philosophique et expérimentale, elle peut servir de modèle à toutes les autres. Relativement à ses applications, il n'en est pas de plus féconde; quoique datant à peine d'un demi-siècle comme science régulière, elle a rendu des services immenses à l'humanité ; dans l'économie domestique, dans l'industrie, en agriculture, en médecine, etc.; elle a sans cesse créé des ressources nouvelles. *Division.* Elle se divise en chimie *philosophique* et chimie *expérimentale*. La première s'occupe de l'histoire, des principes et des moyens de la chimie : la seconde étudie les corps pour en connaître les caractères et la composition. Cette dernière doit être distinguée en chimie *pure* et en *chimie appliquée.* La chimie pure étudie les corps d'une manière complète sans se préoccuper des applications dont ils sont susceptibles : elle se divise, selon la nature des corps, en chimie *minérale* ou *inorganique*, et en chimie *organique*, distinguée elle-même en *végétale* et *animale*. — La chimie *appliquée* s'occupe surtout des corps en vue de leurs applications à nos besoins ; de là la *chimie économique*, *agricole*, *industrielle*, *médicale*, etc., selon qu'elle s'occupe des corps relativement à leur application à nos besoins usuels, à l'agriculture, à l'industrie, à la médecine, etc., etc.

CHIQUE, s. f., *Pulex penetrans*. *Chique américaine*. Insecte aptère du genre de la puce, à laquelle il ressemble par sa couleur et qu'on rencontre dans l'Amérique méridionale. Il paraît que la femelle s'introduit sous la peau des talons et sous les ongles des pieds de l'homme pour s'y développer et y placer ses œufs. Sa présence occasionne de vives douleurs ; elle produit quelquefois des ulcères.

CHIRONIEN, adj., *chironius*; terme ancien, inusité, autrefois employé pour désigner les ulcères invétérés : *ulcères chironiens*. On les nommait ainsi à cause de leur prétendue analogie avec la blessure qu'une des flèches d'Hercule avait faite à Chiron.

CHIRURGICAL, adj. ; qui appartient à la *chirurgie*.

CHIRURGIE, s. f., *Chirurgia*, de χειρουργία. opération manuelle; de χείρ. main, et ἔργον. travail : travail de la main. Partie des sciences médicales qui s'occupe des procédés manuels à l'aide desquels on peut guérir les maladies. c'est-à-dire des opérations. — La *petite* chirurgie, qu'on nomme encore *ministrante*, comprend seulement les opérations simples. — *Chirurgie humaine*, *chirurgie vétérinaire*.

CHIRURGIEN, s. m. ; qui exerce la chirurgie. — *Hist. nat.* Poisson de mer qui, près des ouïes, a deux arêtes tranchantes comme des lancettes. — Oiseau échassier de la famille des pressirostres.

CHITINE, s. f. ; substance neutre trouvée par Odier dans les élytres des cantharides. Elle y est unie à une matière extractive, à de l'albumine et à une huile colorée.

CHLÉNACÉES, s. f., *Chlenaceæ*; famille végétale composée d'arbrisseaux dicotylédonés appartenant à un petit nombre d'espèces, toutes originaires de l'île de Madagascar. Genres : *Rhodolæna, Sarcolæna*, etc.

CHLORACIDE, adj. et s.; nom qu'on donne aux acides dont le chlore est le principe acidifiant ou électro-négatif, ex. : acides *chloro-borique*, *chloro-silicique*, etc.

CHLORAL, s. m. $C^4 H Cl^3 O^2$. Ce mot est formé de la première syllabe des mots *chlore* et *alcool*. Il désigne le produit du chlore sec sur l'alcool absolu. Ce composé diffère de l'aldéhide en ce que trois pp. de chlore ont remplacé trois éq. d'hydrogène. C'est un produit artificiel qu'on obtient en faisant passer un courant de gaz chlore sec dans de l'alcool anhydre jusqu'à ce qu'il ne se dégage plus d'acide chlorhydrique. Le chloral est un liquide oléagineux, incolore, gras au toucher, d'une odeur piquante provoquant le larmoiement, d'une saveur caustique et d'une densité de 1.502 à 18°. Chauffé, le chloral entre en ébullition à 94° et peut être distillé sans altération. Mis en contact avec l'eau, il développe de la chaleur et se transforme en *hydrate* cristallisable. Mélangé aux alcalis caustiques et chauffé, le chloral se décompose en chlore, acide formique et *chloroforme*. Enfin ce composé se transforme à la longue en un produit solide ressemblant à de la porcelaine et appelé *chloral insoluble*.

CHLORANTHACÉES, s. f., *Chloranthaceæ*; famille de plantes dicotylédones, herbes ou sous-arbrisseaux habitant l'Amérique méridionale, la Polynésie, les régions chaudes de l'Asie. Genre principal : *Chloranthus*.

CHLORANTHIE, s. f.; genre de monstruosité végétale dans laquelle les différentes parties de la fleur sont métamorphosées en feuilles qui se présentent alors sous l'aspect d'une loupe comparée à un petit chou. La Chloranthie est partielle ou générale. C'est dans la famille des Crucifères qu'on la rencontre le plus souvent. Cette monstruosité se montre quelquefois sans cause appréciable; souvent elle est le résultat de la piqûre d'un insecte.

CHLORATE, s. m.; genre de sels formés par l'acide chlorique et les bases. Dans les chlorates neutres, l'oxygène de l'acide est à celui de la base comme 5 : 1. Les chlorates sont tous solubles dans l'eau; le feu les décompose aisément: ceux de la première section dégagent de l'oxygène et laissent pour résidu un chlorure; ceux des autres sections donnent un mélange d'oxygène et de chlore; leur résidu est un chlorure ou un oxychlorure. Projetés sur des charbons ardents, ils fusent vivement comme les nitrates; mélangés aux corps combustibles (soufre, charbon, phosphore), ils détonent violemment par la chaleur ou le choc. L'acide sulfurique concentré les fait décrépiter avec bruit et dégage un gaz jaunâtre et lourd, dont l'odeur chlorée est caractéristique. Ils ne précipitent pas avec les nitrates de baryte et d'argent. Ce sont des oxydants énergiques souvent employés dans l'industrie et les laboratoires.

CHLORATE DE POTASSE. *Muriate oxygéné de potasse*. KO, ClO^5. Ce sel, découvert par Berthollet, n'existe pas dans la nature ; on le prépare en traitant une dissolution de potasse caustique ou carbonatée par un courant de chlore ; le sel cristallise et se dépose, parce qu'il est peu soluble à froid. Il est solide, incolore, en lamelles brillantes, inodore, de saveur piquante et acerbe. Chauffé, il fond à 400°, laisse dégager l'oxygène et se transforme en chlorure de potassium ; il fuse vivement sur les charbons ardents, et détone fortement par la chaleur ou le choc lorsqu'il est mélangé aux corps combustibles. Peu soluble dans l'eau froide, plus soluble dans l'eau chaude, il ne se dissout pas dans l'alcool. Très important pour l'industrie, ce sel est très peu employé en médecine.

forme doit conserver une transparence parfaite. — *Pharm. et thérap.* Le docteur Simpson a fait connaitre à la Société médico-chirurgicale d'Edimbourg, les effets puissants du chloroforme, considéré comme agent anesthésique, susceptible de remplacer avantageusement l'éther dans la pratique des opérations chirurgicales. Soumis à l'action du chloroforme, le chien en éprouve constamment les effets stupéfiants; il suffit d'appliquer sur le nez de l'animal, pendant quelques instants un corps spongieux imbibé de quelques gouttes de ce produit. Au bout de quelques minutes le sujet tombe dans un état d'insensibilité complète, à tel point qu'on peut pratiquer sur lui les opérations les plus graves, sans qu'il en résulte aucune souffrance. On observe les mêmes effets sur les animaux herbivores. Des accidents très graves et multipliés doivent faire abandonner l'emploi de ce moyen sur l'homme, malgré l'opinion de quelques chirurgiens distingués, qui conservent encore une fâcheuse illusion. Il faut renoncer aussi à son usage en ce qui concerne les animaux; pour le chien, la mort est fréquemment la conséquence de ses effets; pour le cheval, les suites des opérations sont généralement plus fâcheuses après la chloroformisation. — Employé avec prudence comme agent thérapeutique, le chloroforme produit de bons résultats contre le tétanos, les accès de vertige; on peut, par son application, remédier à la danse de St-Guy, même pour des cas désespérés. (Rey.)

CHLOROIDE, adj. et sub. *Chloroïdes*, de χλωρος, chlore, et ειδος, ressemblance. On donne ce nom à un groupe très naturel de corps simples non métalliques analogues au chlore qui leur sert de type. Ce groupe comprend le *fluor*, le *chlore*, le *brôme* et l'*iode;* on peut y ajouter le *cyanogène.* Ils sont colorés, très odorants et jouissent d'une affinité puissante pour l'hydrogène et les métaux; leurs autres caractères varient.

CHLOROMÉTRE, s. m. *Chlorometrum*, de χλωρος, chlore, et μετρον, mesure. On désigne ainsi un appareil employé dans les laboratoires et dans les arts à déterminer la quantité de chlore contenue dans les *chlorures décolorants* ou *hypochlorites* des métaux de la première section. Il se compose, 1° d'une *éprouvette* graduée divisée en 200° et semblable à l'*alcalimètre* (*V.* ce mot) ; 2° d'une *pipette* de la capacité de 10 cc ; 3° d'un *bocal*, d'une *éprouvette* à pied ou d'une *carafe* contenant, jusqu'à un point marqué d'un trait, un litre de liquide ; 4° d'un grand *verre* à boire ou d'un vase à précipité à fond plat; 5° d'un agitateur, etc.

CHLOROMÉTRIE, s. f. ; méthode d'analyse à l'aide de laquelle on détermine la quantité de chlore contenue dans les chlorures d'oxyde, notamment dans le chlorure de chaux qui est toujours un mélange d'hydrate de chaux, de chlorure de calcium et d'hypochlorite. On connait plusieurs procédés chlo-

rométriques : 1ª le plus ancien, imaginé par Décroizilles et perfectionné par Gay-Lussac, est fondé sur l'action décolorante du chlore sur l'indigo dissous dans l'acide sulfurique. Les liqueurs d'*épreuve* sont préparées de telle sorte qu'un volume de la solution de chlore décolore 10 volumes de la solution d'indigo, qu'on appelle alors liqueur *normale.* On la prépare en dissolvant 1 p. d'indigo dans 9 p. d'acide sulfurique, étendant avec une quantité d'eau suffisante pour faire un demi-litre. On prend, d'autre part, 5 gr. de chlorure de chaux qu'on dissout dans 500 gr. d'eau et qu'on place, en partie, dans le chloromètre. Après avoir pris des quantités déterminées de liqueur, on les fait réagir l'une sur l'autre; si chaque degré de liqueur chlorée décolore 10 p. d'indigo, elle renferme son volume de chlore: si elle n'en décolore que 5 p., elle n'en renferme qu'un demi-volume, etc. Ce procédé a été abandonné à cause de l'altération rapide de la solution d'indigo; 2° un autre procédé, imaginé par Gay-Lussac, consiste à remplacer l'indigo par l'acide arsénieux dissous dans l'acide chlorhydrique et légèrement coloré en bleu. Le procédé est fondé sur la propriété du chlore de transformer l'acide arsénieux en acide *arsénique*, en passant lui-même à l'état d'acide chlorhydrique. — La liqueur *normale* arsénieuse se prépare, en dissolvant 44 gr. d'acide arsénieux dans 32 gr. d'acide chlorhydrique, étendant la liqueur dans q. s. d'eau pour former un litre. D'autre part, on dissout 10 gr. de chlorure de chaux dans q s. d'eau pure pour former un litre de dissolution. Ces liqueurs, mises en contact, doivent se décolorer à volumes égaux. Si l'on pouvait verser la solution arsénicale colorée dans le chlorure, les indications seraient *directes* et donneraient immédiatement la force du chlorure; mais, comme on est forcé d'opérer en sens inverse, les indications du chloromètre sont elles-mêmes *renversées*. Ainsi, faut-il 50° chlorométriques de solution chlorée pour décolorer 100° de liqueur arsénicale, le chlorure est au titre de 200° ; en faut-il 200°, le chlorure est au titre de 50°, etc. En général, pour avoir le titre du chlorure essayé, il faut diviser le nombre 10,000 par celui des degrés chlorométriques employés ; 3° d'autres procédés chlorométriques ont été proposés, mais n'ont pas été adoptés dans l'industrie et très peu dans les laboratoires.

CHLOROPHYLLE, s. f., de χλωρος, vert, et φυλλον, feuille ; *chromule.* Nom que Pelletier et Caventou ont donné à la matière colorante des feuilles et des autres parties vertes des plantes. On l'obtient en traitant par l'alcool rectifié le marc des feuilles fraiches ou des plantes herbacées, évaporant, lavant le résidu avec l'eau chaude et desséchant ensuite le produit. La chlorophylle est solide, d'aspect résineux, inodore, insipide, plus dense que l'eau et d'une couleur verte, foncée, un peu bleuâtre. Chauffée, elle se ramollit d'abord sans se fondre, puis se décompose.

et de la Tartarie. On peut le préparer directement en faisant réagir l'ammoniaque et l'acide chlorhydrique à l'état de gaz ou en dissolution dans l'eau. — Pendant longtemps on l'a préparé en Égypte par la distillation à sec de la suie de fiente de chameau, dans de grands ballons en verre, qu'on cassait ensuite pour en retirer le produit. — Aujourd'hui on l'obtient en décomposant le sulfate d'ammoniaque par le chlorure de sodium, au moyen de la chaleur sèche. — Le chlorhydrate d'ammoniaque est solide, en pains hémisphériques, formés d'aiguilles groupées en feuilles de fougère, ce qui lui donne un aspect fibreux; il est blanc, demi-transparent, flexible, difficile à réduire en poudre, inodore, de saveur piquante, et pesant 1,45. — Chauffé, il fond au-dessous du rouge, se dessèche et se sublime sans décomposition. — L'eau chaude en dissout son poids; froide, il en faut 3 parties pour dissoudre une de sel; la température est abaissée; l'alcool le dissout également. — Exposé à l'air, il en attire l'humidité et tombe en déliquescence. Les oxydes de la première section en dégagent l'ammoniaque, même à froid; les acides forts le décomposent également en mettant l'acide en liberté. — Employé dans les arts à divers usages, ce sel est également usité en chimie et en médecine. — *Pharmac.* Le sel ammoniac est un médicament *résolutif* par son action locale, et *excitant, diffusible, fondant* et *antiseptique* par ses effets généraux. Il se donne à l'intérieur en solution ou en poudre, seul ou mélangé au quinquina, au camphre, etc., à la dose de 15 à 30 grammes pour les grands animaux, et à celle de 2 à 5 gr. chez les petits. Son usage prolongé, ou à haute dose, détermine une inflammation des voies digestives; on le donnera de préférence en solution. — Il a été employé contre le farcin chronique avec succès; il est indiqué contre les maladies putrides du sang, la cachexie des moutons, uni aux toniques, contre l'angine chronique, l'anasarque, etc. A l'extérieur, il sert à aviver les plaies anciennes ou gangreneuses; dissous dans l'eau froide, il convient comme défensif sur les sabots du cheval, dans le cas de fourbure; mélangé au sucre, il est employé comme collyre dans le cas de taches de la cornée lucide ou de fongosités de la conjonctive. Dissous dans l'eau savonneuse alcoolisée, il constitue un excellent fondant contre les engorgements indolents des articulations, des testicules, des mamelles, etc.

Chlorhydrate de morphine. MH Cl, + 6 HO. Ce sel se prépare en traitant la morphine par l'acide chlorhydrique étendu d'eau, et concentrant ensuite pour faire cristalliser. Il est solide, en prismes blancs, soyeux, inodore, d'une saveur très amère. — Ce sel est soluble dans son poids d'eau bouillante et dans 20 parties d'eau froide; l'alcool le dissout avec facilité. Il jouit des mêmes propriétés médicinales que la *morphine* (*V.* ce mot).

Chlorhydrate de quinine. $\dot{Q}HCl^3 + HO$. Ce sel se prépare aisément par double décomposition, en traitant le chlorure de baryum par le sulfate de quinine, concentrant la liqueur à une faible température. — Il est solide, cristallisé en aiguilles blanches et nacrées, inodore et d'une saveur très amère. Il est peu soluble dans l'eau. Pour ses propriétés médicinales. *V.* Quinine.

CHLORHYDRIQUE. *V.* Acide.

CHLORIDE, s. m. Nom donné par Berzélius aux composés binaires de chlore, qui ont des propriétés électro-négatives, et dont la composition se rapproche de celle des composés acides correspondants. — Il réserve le nom de *chlorures* aux composés électro-positifs ou ceux qui par leur composition se rapprochent des oxydes, des sulfures et qui sont basiques. — Le mot *chloride* a été employé par Ampère pour désigner le groupe des corps simples qui ont de l'analogie avec le chlore. *V.* Chloroïde.

CHLORINE, s. m.; nom donné primitivement au *chlore* par Davy.

CHLORIQUE. *V.* Acide.

CHLORITE, s. m. Genre de sels formés par l'union de l'acide chlorique avec les bases. *V.* Hypochlorite.

CHLOROFORME. s. m., *Chloroformyle, perchlorure de formyle.* C^2HCl^3. On désigne sous ce nom un produit remarquable découvert simultanément par Soubeiran et Liébig en 1832, en faisant réagir le chlore sur l'alcool. Plusieurs procédés ont été proposés pour l'obtenir, mais celui de Dumas mérite la préférence. Il consiste à distiller à un feu très doux, dans un alambic ou une cornue, un mélange de 10 parties de chlorure de chaux, 30 parties d'eau, 1 partie d'alcool à 90°. Une chaleur très faible suffit pour produire la réaction qui s'accompagne d'un boursouflement considérable du mélange. Le produit de la distillation consiste en une couche supérieure aqueuse et une inférieure dense, jaunâtre, formée par le chloroforme impur : c'est la partie qu'on recueille. — On la lave d'abord à grande eau, puis on la distille sur le carbonate de potasse ou le chlorure de calcium, et on rectifie le produit sur l'acide sulfurique concentré. — Le chloroforme est un liquide un peu oléagineux, incolore, d'une odeur éthérée agréable, d'une saveur douce, sucrée, rappelant celle des pommes de reinette, et d'une densité de 1,48. Chauffé, le chloroforme bout à 60°, et donne une vapeur qui brûle difficilement avec une flamme verte. et pèse 4, 2. Insoluble dans l'eau, le chloroforme se dissout dans l'alcool et l'éther. Traité par les alcalis caustiques à chaud, il se transforme en chlorure et formiate alcalins. On reconnaît la pureté du chloroforme aux épreuves suivantes : une goutte jetée dans un mélange d'eau et d'acide sulfurique marquant 40° à l'aréomètre de Beaumé, doit gagner le fond du vase; versé dans l'eau distillée, le chloro-

Chlorure d'argent. *Lune* ou *argent corné.* Ag, Cl. Ce sel existe dans la nature cristallisé en lamelles ou en cubes; on l'obtient aisément dans les laboratoires en décomposant le nitrate d'argent par l'acide chlorhydrique ou un chlorure alcalin. Récemment précipité, il est en masse blanche, caillebottée, insipide, inodore, insoluble dans l'eau, les acides, mais entièrement soluble dans l'ammoniaque. Chauffé à la température de 260°, il fond et se prend par le refroidissement en une masse transparente comme de la corne; à une chaleur plus forte, il se volatilise sans décomposition. Exposé à la lumière, il s'altère rapidement; il prend une teinte violette et se réduit incomplètement en argent et en chlore.

Chlorure d'arsenic. *Beurre d'arsenic.* As Cl³. Le chlore et l'arsenic ont beaucoup d'affinité l'un pour l'autre et se combinent à la température ordinaire avec production de chaleur et de lumière. Le *chlorure d'arsenic* se prépare en faisant passer un courant de chlore sur de l'arsenic contenu dans un tube de verre. Il est liquide, transparent, plus lourd que l'eau, qui le décompose en acide chlorhydrique et acide arsénieux qui se dépose. Chauffé, il bout à 132° et répand à l'air des vapeurs blanches, abondantes, très dangereuses à respirer, car il est extrêmement vénéneux.

Chlorure d'azote. Az Cl. Découvert en 1812 par Dulong, ce composé remarquable se prépare en faisant agir le gaz chlore sur l'ammoniaque ou son chlorhydrate. C'est un liquide oléagineux, jaunâtre, d'une odeur piquante et d'une densité de 1,66. Chauffé à 71°, il peut se distiller sans altération; mais entre 90° et 100°, il détone avec une extrême violence. C'est un corps dangereux à manier; le moindre choc, la plus petite vibration, suffisent souvent pour en déterminer la décomposition brusque avec explosion. On ne doit donc jamais agir que sur une petite quantité et avec une extrême prudence.

Chlorure de baryum, *Muriate* ou *hydrochlorate de baryte.* Ba Cl, 2 HO. On obtient ce sel haloïde en traitant la baryte caustique, le sulfure de baryum, le carbonate de baryte, par l'acide chlorhydrique, filtrant et concentrant la liqueur pour faire cristalliser. Le chlorure de baryum est solide, incolore, inodore, de saveur âcre et piquante, et cristallisant en forme de tables carrées. Chauffé, ce sel décrépite, perd son eau, fond, mais ne subit aucune décomposition. Il se dissout dans 2,8 parties d'eau à 16° et dans 1,3 à la température de l'ébullition; l'alcool en dissout environ le 400° de son poids. Le chlorure de baryum est employé dans les laboratoires comme réactif pour reconnaître l'acide sulfurique et les sulfates. — *Pharmacol.* A petite dose, ce composé agit comme *fondant;* mais à dose un peu élevée, il produit l'empoisonnement en irritant le tube digestif et en stupéfiant le système nerveux.

Donné par Orfila, à la dose de 75 centigrammes à 1 gramme, à des chiens, il a déterminé des vomissements, de la diarrhée, des mouvements convulsifs, puis un abattement considérable qui s'est terminé par la mort. Essayé par Moiroud sur un cheval morveux, à la dose de 8, 12 et 16 grammes pendant 13 jours, il détermina la mort qui fut précédée d'inappétence, de diarrhée, et d'un ralentissement marqué de la circulation. Les antidotes à lui opposer sont l'acide sulfurique dilué ou un sulfate alcalin. Employé contre les scrophules, le farcin, la morve, il a eu peu de succès. *Doses:* 2 à 8 grammes pour les grands, 2 à 5 centigrammes pour les petits animaux.

Chlorure de bore. B Cl⁶. On obtient ce composé en faisant agir le chlore sur le bore ou sur un mélange d'acide borique et de charbon chauffé dans un tube; dans ce dernier cas, il est mélangé avec l'oxyde de carbone. Le chlorure de bore est gazeux, incolore, d'une odeur piquante, et d'une densité de 3,942. Il rougit le tournesol, fume abondamment à l'air dont il attire l'humidité, supporte une haute température sans se décomposer; l'eau le dissout et le décompose immédiatement en acide chlorhydrique et acide borique.

Chlorure de brôme. Br Cl. Ce composé se prépare directement en faisant agir le chlore sur le brôme. Il est liquide, d'un jaune rougeâtre, d'une odeur forte, irritante, provoquant le larmoiement, et d'une saveur âcre et désagréable. Il est très volatil et répand à l'air des vapeurs d'un jaune foncé. Très soluble dans l'eau, il donne à ce liquide des propriétés décolorantes énergiques; mis en contact avec les bases alcalines, il produit des *chlorures* et des *brômates* de ces bases.

Chlorure de calcium. Ca Cl, 6 HO. *Muriate* ou *hydrochlorate de chaux.* Ce sel existe dans beaucoup d'eaux potables, et notamment dans celle des puits, dans quelques eaux minérales, dans celle de la mer, etc.; on le rencontre aussi dans les matériaux salpêtrés. On le prépare facilement en traitant la chaux ou son carbonate par l'acide chlorhydrique, ou encore en lavant avec l'eau froide le résidu de la préparation de l'ammoniaque; les liqueurs concentrées laissent cristalliser le chlorure de calcium. Il est solide, demi-transparent, en prismes à six pans terminés par des pyramides aiguës, incolore, inodore, d'une saveur piquante et désagréable. Soumis à l'action de la chaleur, il perd d'abord quatre équivalents d'eau, puis se fond au rouge et peut être coulé en plaques plus ou moins épaisses et opaques (chlorure de calcium *fondu)*; chauffé plus fortement, il se dessèche entièrement sans se décomposer, et luit dans l'obscurité lorsqu'on le frotte *(phosphore de Homberg).* Son affinité pour l'eau est très puissante; c'est un des corps les plus hygrométriques; exposé à l'air, il en attire rapidement l'humidité et se résout en liquide. L'eau à 15° en dissout quinze

Insoluble dans l'eau, elle se dissout dans l'alcool, l'éther, les huiles grasses et l'acide sulfurique. Les acides azotique et chlorhydrique la jaunissent, les alcalis ne l'altèrent point. Exposée à l'air, elle s'altère et prend la couleur jaune des feuilles mortes.

CHLOROSE, s. f. ; *Chlorosis*, de χλωρός, vert, verdâtre. Maladie qui est particulière aux jeunes filles non réglées et qui est caractérisée par les pâles couleurs, la teinte verdâtre de la peau, la flaccidité des chairs, des palpitations, la tristesse, etc. On considère cette affection comme un état général d'asthénie, une diminution des qualités stimulantes du sang, ou bien une asthénie des organes génitaux. C'est par les moyens hygiéniques et les excitants qu'il faut la combattre. Dans les animaux on n'observe pas d'état analogue. — *Bot.* Étiolement ou décoloration des plantes due à des causes autres que le défaut de lumière *V.* Étiolement.

CHLOROTIQUE, adj.; qui est affecté de la *chlorose*: qui a rapport à la *chlorose*.

CHLOROXYCARBONIQUE, *V.* Acide.

CHLORURES, s. m., *Chlorureta; chlorhydrates, muriates.* Composés binaires formés par l'union du chlore avec les autres corps simples métalloïdes ou métalliques. Les chlorures métalliques, qui sont les plus importants, correspondent assez exactement aux composés oxygénés; il en est de *basiques* (chlorobases), d'*acides* (chloracides), d'*indifférents* et de *salins;* enfin il existe plusieurs *chlorures doubles.* Tous rentrent dans la classe des sels *haloïdes* de Berzélius. — On trouve des chlorures dans la nature, mais le plus grand nombre est préparé artificiellement par divers procédés : on fait agir le chlore sur les métaux ; on emploie dans le même but l'acide chlorhydrique, l'eau régale, certains chlorures ; enfin ceux qui sont insolubles se préparent par double décomposition. Tous les chlorures, à quelques exceptions près, sont solides, généralement incolores; il en est qui sont colorés, comme ceux de manganèse, de fer, de cuivre, d'or, de platine ; inodores ou odorants, les chlorures ont une saveur plus ou moins prononcée ; leur densité est plus grande que celle de l'eau et dépend de celle du métal. La chaleur les fond aisément et en volatilise plusieurs ; ceux de la dernière section seuls sont décomposables au feu; la lumière noircit les chlorures blancs de la dernière section. L'action de l'eau est variable; la plupart s'y dissolvent ; les chlorures insolubles sont ceux de plomb, d'argent et le protochlorure de mercure ; ceux de bismuth, d'antimoine, d'étain, etc., se décomposent dans l'eau. Les corps simples non métalliques, les métaux, les acides, les oxydes et les sels décomposent la plupart des chlorures, surtout à l'aide de la chaleur. — *Caractères spécifiques.* Traités par l'acide sulfurique, les chlorures donnent des vapeurs blanches et piquantes d'acide chlorhydrique; si on y ajoute du peroxyde de manganèse, il

se dégage du chlore. Leur solution précipite par les protosels de mercure, par les sels solubles de plomb, et surtout par l'azotate d'argent qui produit un précipité blanc cailleboté, insoluble dans l'acide azotique, soluble dans l'ammoniaque et noircissant promptement à la lumière.

CHLORURE D'ALUMINIUM. — $Al^2 Cl^3$. On l'obtient à l'état anhydre en faisant passer un courant de gaz chlore sec dans un tube de porcelaine chauffé au rouge, et contenant un mélange d'alumine et de charbon. Il est solide, en lames translucides d'un blanc jaunâtre, très volatil, se dissolvant dans l'eau avec bruit et tombant promptement en déliquescence lorsqu'il est exposé à l'air.

CHLORURE D'AMMONIUM. *V.* **CHLORHYDRATE.**

CHLORURE D'ANTIMOINE. Le chlore et l'antimoine se combinent à la température ordinaire avec chaleur et lumière, et produisent deux composés: un *protochlorure* et un *perchlorure.* Le premier seul est important. *Protochlorure d'antimoine, beurre d'antimoine,* etc. $Sb^2 Cl^3$. On peut l'obtenir par plusieurs procédés: 1° en distillant une partie d'antimoine avec deux parties de bichlorure de mercure ; 2° en traitant le sulfure d'antimoine par l'acide chlorhydrique ; 3° en traitant l'antimoine par l'eau régale, desséchant et distillant le résidu, etc. Le protochlorure d'antimoine est solide, mou, demi-transparent, cristallisé en prismes tétraédriques, incolore, inodore, et d'une saveur extrêmement caustique. Soumis à l'action de la chaleur, il fond au-dessous de 100° et se volatilise au rouge sans éprouver de décomposition. Exposé à l'air, il en attire promptement l'humidité, tombe en déliquescence et forme un liquide blanc, épais, appelé autrefois *beurre d'antimoine.* L'eau en petite quantité, ou acidulée par l'acide chlorhydrique ou l'acide tartrique, le dissout sans décomposition ; plus abondante ou pure, elle le décompose en acide chlorhydrique et oxychlorure d'antimoine qui se dépose (*poudre d'algaroth*). — *Pharmacologie.* A l'intérieur, le protochlorure d'antimoine constitue un poison caustique violent; aussi est-il réservé exclusivement pour l'usage externe, et employé comme *caustique coagulant* des plus énergiques. On imprègne de ce caustique un petit tampon d'étoupes fixé sur une tige de bois et on le promène sur la partie à cautériser, après l'avoir préalablement essuyée pour empêcher la décomposition du chlorure d'antimoine. Il convient particulièrement contre les plaies profondes et sinueuses produites par les animaux enragés, les reptiles venimeux, les instruments de chirurgie ou d'anatomie chargés de matières putrides ; son emploi peut être avantageux aussi sur les plaies anciennes, les ulcères, dont les bourgeons sont exubérants et mollasses. Les eschares qu'il produit sont blanchâtres, sèches, dures, nettement circonscrites. L'absorption n'est pas à craindre.

Chlorures de fer. Le chlore et le fer forment deux composés, un protochlorure correspondant au protoxyde, et un sesqui-chlorure correspondant au sesqui-oxyde. 1° *Protochlorure de fer.* Fe O. *Chlorure ferreux, protomuriate de fer.* On l'obtient à l'état anhydre en faisant passer un courant de gaz acide chlorhydrique sec sur des fils de fer chauffés dans un tube de porcelaine ; hydraté, on le prépare en traitant la limaille de fer par l'acide chlorhydrique liquide, concentrant ensuite la liqueur pour faire cristalliser le produit. Le protochlorure de fer est solide ; anhydre, il est en paillettes blanchâtres ; hydraté, il cristallise en octaèdres d'un vert pâle ; dans l'un et l'autre cas, sa saveur est très styptique. Chauffés, les cristaux de protochlorure de fer hydraté perdent une partie de leur eau de cristallisation, et il se sublime des petites paillettes blanches de protochlorure anhydre ; calciné à l'air, ce sel se décompose et laisse pour résidu du sesqui-oxyde de fer. L'eau dissout ce composé et prend une couleur verte ; exposée à l'air, cette dissolution s'altère rapidement ; l'oxygène déplace le chlore ; il se forme du sesqui-chlorure et du sesqui-oxyde qui se combinent et forment un oxychlorure de couleur d'ocre. 2° *Sesquichlorure ou perchlorure de fer.* Fe² Cl³. *Chlorure ferrique, deutomuriate de fer.* Ce chlorure, comme le précédent, est anhydre ou hydraté ; on l'obtient sous le premier état en faisant passer un excès de gaz chlore sec sur du fer chauffé dans un tube de porcelaine ; le sesqui-chlorure hydraté se prépare facilement en traitant le sesqui-oxyde de fer par l'acide chlorhydrique, ou le fer par l'eau régale, concentrant ensuite la dissolution jusqu'à cristallisation du sel. Le sesqui-chlorure de fer est solide, en paillettes d'un bleu violacé comme le fer spéculaire, s'il est anhydre ; en cristaux d'un rouge brun, s'il est hydraté ; sa saveur est astringente et son odeur faible, rappelant le chlore. Chauffés, les cristaux hydratés se dessèchent, puis se décomposent en acide chlorhydrique et perchlorure anhydre qui se sublime. L'eau dissout aisément ce sel et prend une couleur jaune-rougeâtre ; l'éther et l'alcool le dissolvent également. Exposé à l'air, il attire vivement l'humidité et tombe en déliquescence ; sa solution s'y altère rapidement.— *Pharmac.* Les chlorures de fer agissent à la manière des sels solubles de ce métal ; ils sont *astringents et toniques ;* leur élément électro-négatif les rend de plus légèrement *antiputrides.*

Chlorure d'hydrogène bicarboné. C⁴ H⁴ Cl². *Liqueur des Hollandais.* On obtient ce composé directement en mélangeant à volumes égaux le chlore et l'hydrogène bicarboné. C'est un liquide d'aspect oléagineux, incolore ou jaunâtre, d'odeur éthérée, d'une saveur sucrée et aromatique, et d'une densité de 1,22. Chauffé, ce corps entre en ébullition à 67° et se volatilise ; sa vapeur prend feu et brûle, à la manière des essences, avec une flamme verte. Il est sans usage.

Chlorure d'iode. Le chlore et l'iode s'unissent directement et donnent naissance à deux composés, le *protochlorure,* I Cl, qui est liquide et jaunâtre, et le *deutochlorure,* I Cl³, qui est solide et cristallisable. Ils sont l'un et l'autre très volatils, donnent une vapeur d'une odeur forte et irritante ; l'eau les dissout en grande quantité ; le premier, seul, la colore en jaune-rougeâtre. Ils sont peu connus et peu importants.

Chlorure de magnésium. Mg Cl + Aq. Ce sel existe dans les eaux de la mer et des sources salées, ainsi que dans plusieurs eaux minérales. Il est anhydre ou hydraté ; sous le premier état, il est en lames blanches, micacées, semblables à celles du blanc de baleine, et s'obtient en chauffant au rouge une partie de magnésie et deux de chlorhydrate d'ammoniaque dans un creuset de platine. Le chlorure de magnésium hydraté se prépare facilement en traitant la magnésie ou son carbonate, par l'acide chlorhydrique, évaporant ensuite la dissolution pour faire cristalliser. Il est solide, blanc, d'une saveur chaude, amère et piquante, très soluble dans l'eau, déliquescent à l'air. La chaleur le décompose en acide chlorhydrique qui se dégage, et magnésie blanche qui reste comme résidu.

Chlorures de manganèse. Le chlore et le manganèse forment deux combinaisons principales : 1° *Protochlorure de manganèse.* Mn Cl + Aq. On obtient ce composé en traitant le peroxyde de manganèse par l'acide chlorhydrique, ou mieux, en calcinant le même oxyde avec la moitié de son poids de chlorhydrate d'ammoniaque, reprenant le résidu par l'eau et faisant cristalliser. Il est solide, en tables quadrilatères, d'une couleur rosée et d'une saveur très styptique. Chauffé au rouge à l'abri de l'air, il fond sans altération ; à vase ouvert, il se décompose. Très déliquescent, ce composé est soluble dans l'eau ainsi que dans l'alcool. Il est employé dans la teinture. 2° *Perchlorure de manganèse.* Mn² Cl⁷. On prépare ce chlorure, d'après Dumas, en faisant agir à chaud l'acide sulfurique sur un mélange de sel marin et de caméléon minéral. Il est liquide, d'un vert olive, très volatil, donnant des vapeurs violacées et se décomposant dans l'eau en acide chlorhydrique et acide manganésique. Il est encore peu connu.

Chlorures de mercure. Le chlore et le mercure ont beaucoup d'affinité l'un pour l'autre, et donnent naissance, en se combinant, à deux composés parfaitement définis et d'une grande importance pour la médecine. 1° *Protochlorure de mercure.* Hg² Cl. *Calomélas, mercure doux, panacée mercurielle,* etc. Ce sel existe, mais en petite quantité, dans les mines de mercure ; on le prépare artificiellement par plusieurs procédés ; on fait un mélange intime d'une partie de sublimé corrosif

fois son poids et n'entre en ébullition qu'à
169°. Si le chlorure de calcium est anhydre,
il élève la température en se dissolvant dans
l'eau ; si, au contraire, il a été fondu seulement, il abaisse considérablement la température du liquide, et avec la neige, il peut
produire assez de froid pour congeler le mercure. Il se dissout aisément aussi dans l'alcool
et retient une certaine quantité de ce liquide.
— Le chlorure de calcium est fréquemment
employé dans les laboratoires pour dessécher
les gaz et pour concentrer certains liquides
d'origine organique, comme l'alcool, l'éther,
le chloroforme, etc. — *Pharmacol.* Le chlorure de calcium paraît agir comme le chlorure de baryum, mais avec beaucoup moins
d'énergie ; il est, dit-on, peu vénéneux ; 14 grammes ont cependant suffi, d'après ce qu'on rapporte, pour empoisonner un chien. A petite
dose, il excite l'estomac ; à dose plus élevée,
il purge ; il activerait très fortement aussi,
d'après Hufeland, la sécrétion urinaire et
cutanée. Employé pendant un certain temps,
il produit des effets fondants très prononcés ;
usité chez l'homme comme anti-scrophuleux,
ce médicament pourrait trouver des applications pour les maladies analogues des animaux, et notamment contre le farcin. —
Doses : 5 à 10 grammes pour les grands animaux, 5 à 10 centigrammes pour les petits.

CHLORURE DE CARBONE. Le chlore et le
carbone peuvent s'unir indirectement et donner naissance à plusieurs composés. On connaît un *sous-chlorure* de carbone, $C^2 Cl^4$, qui
est solide et qui cristallise ; un *protochlorure*
de carbone, $C^4 Cl^4$; il est liquide ; un *sesqui-
chlorure*, $C^4 Cl^6$, qui est solide et cristallin ;
et un *perchlorure*, $C^2 Cl^4$, qui est liquide.
Ces composés n'ont aucun usage industriel,
économique ou médical.

CHLORURE DE COBALT. Co Cl. On l'obtient
à l'état anhydre en faisant agir le chlore sec
sur le cobalt chauffé au rouge ; il est alors
en petites écailles gris de lin, très déliquescentes ; hydraté, il se prépare en traitant
l'oxyde ou le carbonate de cobalt par l'acide
chlorhydrique. Il est solide, cristallisé en
prismes, d'une teinte rose si la solution était
froide et peu concentrée, et d'une couleur
bleue si la dissolution était chargée et chaude.
Chauffés, les cristaux roses deviennent bleus
en se desséchant ; traités par l'eau, ils s'y dissolvent, et produisent une liqueur rose s'ils
sont en petite quantité, et bleue si la solution
est concentrée. — La solution de ce sel est
employée comme encre de sympathie ; à froid,
elle donne des caractères à peine visibles
qui, soumis à l'action de la chaleur, bleuissent si le chlorure était pur, verdissent s'il
était mêlé au fer ou au nikel, et deviennent
violetés si l'on y a ajouté du sulfate de zinc.

CHLORURES DE CUIVRE. On en connaît deux
correspondant aux oxydes du même métal :
1° le *protochlorure*, $Cu^2 Cl$. Il se prépare en
faisant agir le chlore sur le cuivre, ou ce
métal sur le bichlorure. Il est solide, blanc-

jaunâtre, fusible à 400° et volatil à la chaleur
rouge. Peu soluble dans l'eau, il se dissout
dans l'acide chlorhydrique ou l'ammoniaque,
d'où il est précipité par l'eau en poudre blanche. Exposé à l'air, il s'y altère bientôt et se
change en oxychlorure de cuivre de couleur
verte. 2° *Bichlorure* de cuivre. Cu Cl. On le
prépare en traitant le cuivre par l'acide chlorhydrique ou l'eau régale. Il est solide, jaune-
brunâtre s'il est anhydre, bleu-verdâtre s'il
est cristallisé et hydraté. Chauffé au rouge, il
se décompose en chlore et en protochlorure.
Exposé à l'air, il en attire l'humidité ; l'eau
le dissout facilement et prend une teinte bleue
ou verte, selon le degré de concentration.

CHLORURE DE CYANOGÈNE. Le chlore et le
cyanogène peuvent donner naissance à trois
combinaisons distinctes, quoique isoméri-
ques : l'une est *gazeuse* (Cy Cl.) ; l'autre *liquide* $(Cy^2 Cl^2)$, et enfin la troisième *solide*
$(Cy^3 Cl^3)$. Ces trois composés sont très délétères. Ils n'ont aucun usage médical.

CHLORURES D'ÉTAIN. Le chlore et l'étain forment deux composés : 1° le *protochlorure
d'étain*, Sn Cl. *Sel d'étain.* On le prépare
anhydre en traitant l'étain par un courant
d'acide chlorhydrique sec, et à l'état d'hydrate,
en faisant agir à chaud l'acide chlorhydrique
liquide sur l'étain dans une cornue. Il est
solide, brillant, à cassure vitreuse s'il est
anhydre, cristallisé en aiguilles ou en octaèdres s'il est hydraté ; sa saveur est très
styptique. Chauffé, le protochlorure d'étain
se dessèche, puis se décompose en partie ; au
rouge, la partie non décomposée se volatilise
sans altération. Il se dissout dans l'eau sans
se décomposer si le liquide est en petite
quantité ; mais si on en ajoute, le sel se décompose et il se précipite de l'oxychlorure
d'étain. Sa grande affinité pour le chlore et
l'oxygène lui donne la propriété de décomposer plusieurs chlorures et oxydes métalliques.
Il est employé en teinture et dans la fabrication des toiles peintes. Il paraît agir sur les
animaux comme un poison caustique très
énergique ; le lait, d'après Orfila, est son
antidote le plus efficace. 2° Le *bichlorure
d'étain*, Sn Cl². *Perchlorure d'étain, liqueur
fumante de Libavius.* On l'obtient anhydre
en faisant agir directement le chlore sur
l'étain, et hydraté en faisant passer un courant de gaz chlore dans une solution de protochlorure d'étain. Anhydre, ce sel est liquide,
incolore, d'odeur piquante, d'une saveur très
caustique, volatil, pesant 2,28, et bouillant
à 120°. Exposé à l'air, il y répand d'abondantes vapeurs blanches, par suite de sa
grande avidité pour l'humidité ; versé dans
l'eau, il s'y dissout avec bruit tant son affinité pour ce liquide est grande. Hydraté, ce
chlorure est solide, cristallisé en aiguilles
qui se décomposent en partie, lorsqu'elles
sont soumises à l'action de la chaleur. L'eau
acidulée le dissout sans décomposition ; l'eau
pure le décompose. Employé dans la teinture
comme mordant.

queur de Van-Swieten, ou mieux, dans une solution de sel marin et de sel ammoniac (Mialhe); les animaux devront être à jeun pour prévenir la décomposition du sublimé par les aliments contenus dans le tube digestif. On a surtout conseillé ce médicament contre la morve, le farcin, les engorgements rebelles, les affections graves de la peau, etc. A l'*extérieur*, on l'emploie *solide*, *liquide*, ou *mou*; sous le premier état, on fait, avec le sel pur ou mélangé avec la farine, des trochisques qu'on emploie contre le javart et la carie du ligament cervical, ou à titre de révulsif, contre les boiteries anciennes de l'épaule et de la cuisse. En solution simple ou à l'état de liqueur de Van-Swieten, d'eau phagédénique, le sublimé corrosif peut être employé avantageusement contre le crapaud, les trajets fistuleux, les vieux ulcères, la blennorrhagie du prépuce du chien, etc. Enfin, incorporé à la térébenthine, il constitue un topique fondant très précieux contre les engorgements farcineux, les tumeurs du collier, le trombus, etc.

Chlorure de Nickel. Ni Cl. On obtient ce chlorure en traitant le nickel ou son oxyde par l'acide chlorhydrique, évaporant pour faire cristalliser. Il est solide, hydraté, cristallisé, d'une couleur verte d'émeraude. Chauffé, il perd son eau de cristallisation, se sublime à l'état anhydre sous forme de paillettes d'un jaune doré, semblables à celles de l'or mussif. Très déliquescent et partant très soluble dans l'eau, il colore ce liquide en très beau vert. — Employé comme réactif.

Chlorures d'or. Le chlore et l'or se combinent en plusieurs proportions, et forment un *protochlorure* peu stable et un *perchlorure* qui est plus important. Le *perchlorure d'or*, $Uu^2 Cl^3$, s'obtient facilement en traitant l'or métallique par l'eau régale, évaporant ensuite à siccité. Il est solide, en masse amorphe, renfermant des aiguilles cristallisées, de couleur jaune foncée, inodore, de saveur caustique, tachant la peau en pourpre. Chauffé, le perchlorure d'or se transforme en protochlorure vers 200°, et si la température s'élève davantage, le chlore se dégage entièrement et l'or se régénère. Déliquescent et très soluble dans l'eau, il se dissout aussi dans l'alcool et dans l'éther; cette dernière solution portait autrefois en médecine le nom d'*or potable*. — Un grand nombre de corps simples ou composés peuvent décomposer le perchlorure d'or; le protosulfate de fer en précipite l'or sous forme de poudre brune; un mélange de proto et de perchlorure d'étain y produit un précipité pourpre magnifique (pourpre de Cassius). Il forme avec les chlorures alcalins des chlorures doubles ou chlorosels. Enfin, les matières organiques, d'origine animale surtout, le décomposent aisément; de là son emploi comme réactif pour reconnaître ces matières dans les eaux potables. — *Pharmacol.* Employé en médecine comme antiseptique et antiscrophuleux, il

n'a pas été essayé en médecine vétérinaire à cause de son prix très élevé.

Chlorure d'oxyde de carbone. *V.* **Acide chloroxycarbonique.**

Chlorures de phosphore. Le chlore et le phosphore se combinent à la température ordinaire, avec production de chaleur et de lumière; il en résulte deux composés: un *protochlorure* et un *perchlorure*. Le premier est liquide, incolore, limpide, pesant 1,45, et bouillant à 78°. Il répand à l'air des vapeurs blanches abondantes, dangereuses à respirer, parce qu'elles sont très caustiques; l'eau le décompose en acides chlorhydrique et phosphoreux. — Le perchlorure est solide, d'un blanc de neige, très volatil, fondant et se réduisant immédiatement en vapeur à la température de 148°. L'eau le décompose en acide chlorhydrique et en acide phosphorique.

Chlorures de platine. Le chlore et le platine forment deux composés: un *protochlorure* qui est solide, vert-olive, insoluble dans l'eau, et peu important, et un *perchlorure* ou *bichlorure*, Pt Cl. qu'on obtient en traitant le platine très divisé par l'eau régale, évaporant à siccité par une douce chaleur, pour chasser l'excès d'acide. Il est solide, en masses amorphes, brun-rougeâtre, inodore, et d'une saveur très styptique. Soumis à l'action de la chaleur, il se transforme d'abord en protochlorure, puis se décompose entièrement. Déliquescent à l'air, le bichlorure de platine se dissout facilement dans l'eau et l'alcool qu'il colore en jaune-rougeâtre. Doué de propriétés électro-négatives, ce chlorure forme, avec les métaux alcalins, des composés solubles ou insolubles; ce qui explique son emploi pour distinguer ces corps les uns des autres. — Le chlorure double de sodium et de platine étant le seul soluble, ceux de potassium et d'ammonium, qui ne le sont pas, s'en distinguent aisément. — *Pharmacol.* Proposé par Bœfer comme antisyphilitique, il est peu employé.

Chlorure de plomb. Pb Cl. On obtient ce chlorure en dissolvant la litharge dans l'acide chlorhydrique, ou par double décomposition en traitant le nitrate de plomb en dissolution par le sel marin. Il est solide, en masse blanche amorphe, ou cristallisé en prismes ou en lames micacées, incolore, inodore et de saveur sucrée et astringente. — Soumis à l'action de la chaleur, le chlorure de plomb se fond, et, en se refroidissant, il forme une masse grise, transparente, flexible, qu'on peut couper au couteau (plomb corné). Insoluble dans l'alcool, ce composé est très peu soluble dans l'eau chaude et infiniment peu dans l'eau froide. Il se combine aux oxydes de plomb et forme des oxychlorures de couleur jaune.

Chlorure de potassium. K Cl. *Sel fébrifuge de Sylvius.* Ce sel existe dans les eaux de la mer et dans quelques sources salées ou minérales. Pour l'obtenir artificiellement

et de trois parties de mercure, ou bien on prend du protosulfate de mercure et du sel marin à parties égales ; on chauffe ces mélanges dans une cornue, et on reçoit les vapeurs de calomel qui se sont formées dans un récipient où arrive en même temps de la vapeur d'eau, pour maintenir ce sel dans un grand état de division (*calomélas à la vapeur*) ; enfin, on peut aussi obtenir ce composé par double décomposition du protonitrate de mercure et du chlorure de sodium (*précipité blanc*) ; il retient toujours un peu de sous-nitrate de mercure. Quel que soit le procédé employé pour préparer le protochlorure de mercure, il faut toujours le laver soigneusement pour le débarrasser du sublimé corrosif qui l'accompagne constamment. Il est solide, cristallisé en prismes allongés, jaunâtre en masse, blanc en poudre, inodore, insipide, pesant 7,456. Chauffé, il se volatilise aisément ; il se forme un peu de bichlorure ; la lumière l'altère ; il prend une teinte grisâtre par suite de sa transformation en mercure et sublimé corrosif. Il est phosphorescent par le frottement. Ni l'eau, ni l'alcool, ni l'éther, ne peuvent le dissoudre. Le chlore le transforme facilement en bichlorure, ainsi que l'acide chlorhydrique. Tous les chlorures alcalins, notamment le sel ammoniac, lui font éprouver la même transformation à chaud, s'il est pur, et à froid, s'il est en présence des matières organiques (Mialhe). — *Pharmacol.* Le calomélas n'agit que faiblement sur les tissus dénudés ; à l'intérieur, il produit la purgation et l'expulsion des vers intestinaux ; comme purgatif, il mérite peu de confiance dans les herbivores ; le chien, le chat et le porc sont facilement purgés par ce médicament ; on doit le donner aux grands animaux, en bols ou en suspension dans un liquide visqueux, à la dose de 20, 30 ou 40 grammes, et depuis celle de 5, 10, 20 centigrammes jusqu'à 2 grammes, pour les petits, selon la force des sujets. Quant à ses effets généraux, ils sont ceux de tous les mercuriaux, mais à un faible degré ; d'après Mialhe, il ne serait absorbé qu'après s'être combiné aux chlorures alcalins contenus dans le tube digestif, qui le transformeraient en bichlorure soluble et absorbable. Ses effets altérants et antiphlogistiques directs ont été préconisés contre la péritonite, l'angine croupale, l'arthrite, la phlébite, etc. ; en un mot, contre toutes les inflammations graves et à marche rapide. Il est encore peu usité, sous ce rapport, en médecine vétérinaire. 2° *Bichlorure* ou *deutochlorure de mercure*. Hg Cl. *Sublimé corrosif.* Ce sel, connu des alchimistes ainsi que le précédent, n'existe pas dans la nature ; on le prépare artificiellement par un procédé très simple : on mélange intimement cinq parties de deutosulfate de mercure, cinq parties de chlorure de sodium et une partie de peroxyde de manganèse ; on introduit le tout dans de grands ballons établis sur des bains de sable ; par l'action de la

chaleur, le bichlorure de mercure se forme, se sublime et s'attache à la partie supérieure des ballons, d'où on l'extrait en brisant les vases. Il est solide, anhydre, d'un blanc satiné, légèrement translucide, cristallisé en prismes tétraédriques aplatis, dépourvus d'odeur, mais d'une saveur excessivement caustique et corrosive ; sa densité égale 6,50. Soumis à l'action de la chaleur, il fond à 265°, bout à 295° et se réduit en vapeur sans éprouver de décomposition. Le sublimé corrosif est très soluble dans l'eau qui en dissout $^1/_{16}$ à froid et $^1/_3$ à chaud ; l'alcool en dissout une plus grande quantité et l'éther plus encore. Exposé à l'air, il s'y effleurit légèrement ; sa surface devient terne et pulvérulente. Les acides chlorhydrique et azotique le dissolvent facilement et sans altération. Les autres hydracides le décomposent ; il en est de même des métaux des premières sections et des alcalis qui en précipitent du deutoxyde de mercure. L'ammoniaque et son chlorhydrate y forment chacun un composé blanc, l'un insoluble et l'autre soluble, *V.* ALEMBROTH. Le sublimé corrosif forme, avec les chlorures alcalins, y compris le sel ammoniac, des chlorures doubles appelés *chlorohydrargirates*, généralement très solubles. Enfin, les matières organiques à base de protéine, notamment l'albumine, se combinent facilement avec ce sel et le précipitent de ses solutions par suite de la formation de composés insolubles. — *Toxicol.* Le sublimé corrosif est un poison caustique très violent. A la dose de 8 à 10 grammes chez les grands animaux, il produit une inflammation gastro-intestinale mortelle, et 30 à 40 centigr. suffisent pour produire le même effet chez le chien. Le meilleur antidote de ce poison est l'albumine ou blanc d'œuf, qui forme avec lui un composé insoluble dans l'eau, mais soluble dans un excès d'albumine ; ce qui indique la nécessité de ne pas employer le blanc d'œuf en trop grande quantité. Le poison neutralisé, il faut provoquer son expulsion pour prévenir l'absorption et les effets des principes alcalins contenus dans le tube digestif. — *Pharmacol.* Le sublimé corrosif est un *caustique fluidifiant* par ses effets locaux, et un *altérant* des plus puissants par son action générale. Donné à petites doses, il excite le tube digestif, accélère la digestion, rend l'appétit plus pressant ; mais ces effets sont de courte durée : bientôt le canal digestif est irrité et les fonctions languissent ; de là, l'indication de suspendre de temps en temps l'usage de ce médicament énergique. Quant à ses effets généraux, une fois qu'il a pénétré dans le torrent de la circulation, ils sont semblables à ceux des autres mercuriaux dont il est le type et le composé le plus actif, *V.* MERCURIAUX. On le donne à l'intérieur à la dose de 1 à 2 grammes aux grands animaux, et à celle de 2 à 6 centigrammes aux petits. Il doit être administré à l'état liquide en solution dans l'eau, à l'état de li-

principalement dans la pâte de Canquoin
V. PATE.

CHOANOIDE, adj., *choanoïdeus*, de χοανος, entonnoir, et εἶδος, forme. Nom donné au muscle droit postérieur de l'œil, à cause de sa forme en entonnoir, recevant le globe de l'œil dans sa partie évasée.

CHOC, s. m., *Collisus*. On appelle ainsi, en *physique*, l'action réciproque et plus ou moins violente de deux corps qui se rencontrent. Le choc des corps solides peut avoir lieu dans les circonstances suivantes : 1° un corps en mouvement rencontre sur sa direction un corps immobile ; 2° deux corps sont en mouvement sur la même droite, mais en sens opposés ; 3° deux corps sont en mouvement sur la même trajectoire, dans le même sens, mais avec des vitesses inégales. Le choc est produit par la quantité de mouvement qui anime les corps qui se rencontrent, et se trouve, par conséquent, proportionnel à cette quantité de mouvement. Les effets du choc consistent dans le déplacement momentané ou permanent des molécules des corps, dans leur vibration, et parfois aussi dans leur séparation brusque les unes des autres ; dans la modification de la vitesse des corps qui se choquent, et enfin, dans le changement de direction de leur mouvement primitif. Dans les corps *non élastiques*, la vitesse s'ajoute ou se retranche purement et simplement après le choc, selon qu'ils se meuvent dans le même sens ou en sens contraire ; dans le premier cas, on a la vitesse après le choc en divisant la vitesse des deux mobiles par leur masse ; dans le second, on retranche la plus petite vitesse de la plus grande et on divise le reste par la masse. Dans les corps *parfaitement élastiques*, la vitesse des mobiles après le choc est entièrement restituée par le mouvement vibratoire de leurs molécules, et il en résulte des effets très variables selon les cas. Lorsque les corps sont *incomplètement élastiques*, la vitesse n'est pas entièrement restituée après le choc, parce que l'élasticité de ces corps n'étant pas parfaite, elle ne se développe pas instantanément, et les corps se séparent avant que l'effet élastique du choc se soit complètement produit. Si les corps qui se choquent ne se rencontrent pas suivant la ligne de leur centre de gravité, mais se frappent obliquement, il en résulte des changements remarquables dans la direction de ces corps, et qu'on peut remarquer sur le billard. Quand un mobile frappe contre un plan résistant et élastique comme lui, il se produit ce qu'on nomme un *mouvement réfléchi* dans lequel l'*angle de réflexion est toujours égal à l'angle d'incidence.* Enfin, lorsque le choc qui a lieu entre deux corps est plus ou moins violent, il peut en résulter la fracture de l'un ou l'autre corps et même des deux à la fois ; quoi qu'il en soit, la forme du corps qui reçoit le choc, sa structure, la manière dont il est appuyé par ses faces ou ses bords, la vitesse du corps choquant, etc.,

introduisent dans le phénomène des modifications si variées, qu'il est impossible de poser, à cet égard, des principes généraux environnés de quelque certitude.

CHOIN, s. m.; *Schœnus*, L.; genre de la famille des Cypéracées, très voisin des Scirpes. Les diverses espèces de ce genre habitent les lieux humides, le bord des étangs. Elles ne sont mangées des bestiaux que lorsqu'elles sont jeunes et vertes. La plus commune dans les prairies de la France est le C. marisque, *S. mariscus*.

CHOLÉDOQUE, adj., *choledocus*, de χολη, bile, et δεχος, qui contient ; *canal cholédoque :* canal résultant de la jonction du conduit hépatique et du canal cystique, et versant la bile dans l'intestin grêle par une ouverture située au milieu d'un mamelon, à la face interne du duodénum.

CHOLESTÉRINE, s. f., de χολη, bile, et στερεος, solide. $C^{36} H^{64} O$. Nom donné par Chevreul à la matière grasse non saponifiable qui forme la plus grande partie des calculs biliaires de l'homme. On la trouve également dans la bile, le sang, la matière cérébrale, le jaune d'œuf, etc., etc. Pour l'obtenir à l'état de pureté, il suffit de dissoudre les calculs biliaires dans l'alcool bouillant, et de la laver avec une solution alcaline une fois qu'elle s'est déposée ; on la fait sécher ensuite. La cholestérine est solide, en lames blanches et nacrées, incolores, inodores, plus légères que l'eau. Chauffée, elle fond à 137°, se volatilise ensuite sans décomposition en donnant des vapeurs inflammables. Insoluble dans l'eau, elle se dissout bien dans l'alcool et l'éther, surtout à chaud. Les alcalis ne l'altèrent pas ; l'acide sulfurique concentré la colore en rouge, et l'acide azotique la transforme en acide *cholestérique*.

CHOLESTÉRIQUE, *V.* ACIDE.

CHOLETTE (race). Elle se trouve principalement, comme l'indique son nom, dans l'arrondissement de Cholet (Anjou) ; mais elle s'est propagée dans toute la Vendée, aux environs de Nantes, de Rennes, de Fougères, dans les départements de la Mayenne, de la Sarthe. Les bœufs appelés *Maraichins;* en descendent également. Dans ces localités diverses, la race cholette s'est modifiée selon les circonstances de climat, d'entretien. Sa taille est généralement peu élevée ; elle a la tête courte, carrée, l'œil noir, le corps long, la queue enfoncée et attachée bas, le fanon peu développé, les cornes longues, lisses, blanches à la base, noires à l'extrémité, la robe jaune ou rougeâtre, le cuir mince, le suif abondant. Cette race est une de celles qui donnent le plus de viande nette. Le bœuf cholet travaille dans sa jeunesse ; il est ensuite engraissé dans la Vendée, la Bretagne et même dans la Normandie, et contribue pour beaucoup à approvisionner Paris, d'avril en juillet. Les vaches sont de médiocres laitières. La race cholette appartient au groupe dit des *Vallées.*

on traite le carbonate de potasse par l'acide chlorhydrique, concentrant ensuite pour faire cristalliser; mais on obtient la plus grande partie de ce sel livré au commerce, en évaporant les eaux-mères des soudes de varech. Le chlorure de potassium est solide, cristallisé en cubes, tenant de l'eau interposée; sa saveur est salée, piquante et amère. Chauffé, il décrépite, fond, se volatilise, mais n'éprouve pas d'altération. — L'eau à 15° en dissout le tiers de son poids, et l'eau bouillante la moitié; 1 p. de sel et 4 p. d'eau abaissent la température de 12°, tandis que la même quantité de sel marin ne l'abaisse que de 2°; ce qui permet de mesurer par ce moyen la quantité relative de ces deux sels dans un mélange.—*Pharmacol.* Usité autrefois comme fondant et désobstruant, il est peu ou point employé aujourd'hui; cependant son prix étant peu élevé, il conviendrait pour faire des lotions réfrigérantes sur les pieds du cheval dans le cas de fourbure.

Chlorure de sodium. Na Cl. *Sel marin, sel de cuisine.* Ce composé binaire, si utile, est connu depuis la plus haute antiquité. Il existe dans la nature sous deux états: *solide* (sel gemme), on le trouve dans le sein de la terre, où il forme des mines plus ou moins étendues; il est plus ou moins impur; *liquide* ou en *solution* dans les eaux de la mer et des sources salées, d'où on l'extrait par divers procédés qui varient selon la température des lieux où se fait l'exploitation. Le sel marin existe aussi dans la sève des plantes et dans les liquides des animaux. — Ce sel est solide, blanc, lorsqu'il est pur, cristallisé en cubes ou en *trémies*, renfermant de l'eau interposée; son odeur est légèrement saumâtre; sa saveur particulière est généralement connue; sa densité est de 2,15. Soumis à l'action de la chaleur, le chlorure de sodium décrépite par suite de la réduction en vapeur de l'eau interposée, qui brise les cristaux; il éprouve ensuite la fusion ignée, devient volatil au rouge et se prend par le refroidissement en une masse blanche anhydre. — Exposé à l'air, il n'en attire l'humidité que lorsqu'elle est très abondante, ou quand il est impur. L'eau dissout le sel marin en aussi grande quantité à froid qu'à chaud, ce qui permet de séparer les sels étrangers qui l'accompagnent, et de l'obtenir à l'état de pureté. La température est abaissée par la dissolution du sel marin dans l'eau. — Les acides minéraux en dégagent de l'acide chlorhydrique à la température ordinaire, et en grande quantité. — Le chlorure de sodium a de nombreux usages dans les laboratoires, les arts, l'industrie, l'économie domestique, l'agriculture et la médecine.—*Pharmac.* Le sel marin, à petites doses, agit comme condiment; il excite l'estomac et les intestins, et rend la digestion plus rapide et plus complète; ses molécules passées dans le sang rendent ce liquide plus excitant et plus nutritif; les chairs deviennent plus fermes et le tissu cellulaire plus sec. A dose plus élevée (30 à 60 gr.), chez les grands animaux, il irrite le tube digestif, produit de la diarrhée; en plus grande quantité (200 à 250 gr.), il peut même déterminer une inflammation sérieuse de la muqueuse gastro-intestinale. Quant aux effets généraux du sel marin à haute dose, ils sont *altérants*, comme ceux de tous les composés alcalins. Il attaque les éléments solides du sang, et diminue la plasticité et par suite les propriétés nutritives de ce fluide. — Le sel marin est conseillé contre l'indigestion simple des grands animaux, contre les affections putrides et cachectiques des ruminants; c'est le prophylactique le plus vanté de la pourriture des moutons. Conseillé contre la morve et le farcin à titre de *fondant*, ce médicament, comme beaucoup d'autres, n'a pas eu de succès bien avérés. — Employé en lotions sur les pieds et en breuvages dans le cas de fourbure, il peut être utile. Enfin, on le donne parfois en lavement, comme révulsif, pour irriter la muqueuse du gros intestin, dans les cas de maladies graves des centres nerveux. *V.* **Sel marin.**

Chlorures de soufre. Le chlore et le soufre se combinent directement et forment deux composés: 1° le *protochlorure*, S^2 Cl, qui est liquide, jaune, d'une odeur fétide, d'une densité de 1,63, fumant à l'air et entrant en ébullition à 139°; 2° le *bichlorure*. S Cl, est aussi liquide, d'un beau rouge grenat, d'une odeur forte, excitant le larmoiement; il pèse 1,63 également et répand à l'air des vapeurs; l'eau le décompose. Ces composés sont sans usages.

Chlorure de strontium. Sr Cl. + Aq. On obtient ce composé en traitant la strontiane ou son carbonate par l'acide chlorhydrique, concentrant ensuite la liqueur pour faire cristalliser. Il est solide, cristallisé en longues aiguilles blanches et déliées, d'une saveur âcre et piquante. Exposé à l'action de la chaleur, il reste fixe: à l'air il tombe en déliquescence. Très soluble dans l'eau, il se dissout également dans l'alcool, dont il colore la flamme en rouge pourpre caractéristique.

Chlorure de zinc. Zn Cl. + Aq. *Beurre de zinc.* On l'obtient à l'état d'hydrate, en traitant le zinc métallique par l'acide chlorhydrique, évaporant ensuite le produit à siccité. Le chlorure de zinc est solide, en masse amorphe, molle, demi-transparent, incolore, inodore, de saveur très styptique et caustique. Chauffé, ce chlorure fond à 100°, devient volatil et distille à la température rouge; il se décompose à l'air et à une température élevée, et laisse pour résidu un oxychlorure de zinc. Très déliquescent, ce sel est soluble dans l'eau ainsi que dans l'alcool. — *Pharmacol.* Administré à l'intérieur, le chlorure de zinc agit comme un poison caustique et irritant; aussi est-il exclusivement réservé pour l'usage externe; c'est un *caustique coagulant* des plus énergiques; il entre

membrane interne de l'ovule avant la féconda-tion.

CHORISE, s. f. ; multiplication ou dédou-blement de certaines parties dû à la forma-tion d'organes surnuméraires. La *chorise* est partielle ou générale. Elle peut se montrer sur les organes appendiculaires, tels que les feuilles, elle est dite alors *simple*, ou sur les individus élémentaires, et elle prend le nom de *prolification* (*V.* ce mot).

CHOROIDE, adj. et subst., *choroïdeus*, *choroïdes*, de χωριον, chorion, et *ειδος*, forme, ressemblance; nom donné à plusieurs par-ties, à cause des nombreux vaisseaux qu'el-les contiennent, comme le chorion. *Mem-brane choroïde*, ou plus simplement la *Choroïde* : membrane vasculaire de couleur noire ou brun-foncé, tapissant la face interne de la sclérotique, et tapissée elle-même par la rétine. Elle présente, au fond de l'œil, une surface bleue ou verdâtre avec reflet mé-tallique, constituant le *tapis* sur lequel vien-nent se peindre les objets. On peut, par le la-vage, enlever la matière colorante de la *cho-roïde;* cet enduit manque naturellement chez les individus albinos.— *Plexus choroïdes*: plexus vasculaires formés par une série de ramifications excessivement fines, réunies par du tissu cellulaire, et contenues par un repli de la séreuse ventriculaire. Ceux du cerveau sont placés entre le trigone cérébral et le corps strié ; ceux du cervelet ne péné-trent qu'en partie dans le ventricule, et font saillie en dehors sous l'arachnoïde.

CHOROIDIEN, adj., *choroïdeus*, qui ap-partient aux plexus choroïdes. *Toile choroï-dienne :* lacis de vaisseaux réunis par une membrane celluleuse, placé entre les cou-ches optiques et le trigone cérébral. Les plexus choroïdes du cerveau ne sont qu'un prolon-gement flottant de la toile choroïdienne— *Veines choroïdiennes:* veines émanant de la toile et des plexus choroïdes, et se rendant dans le sinus de la cloison falciforme de la méninge.

.**CHOROIDITE**, s. f. ; inflammation de la membrane choroïde

CHOU. s. m., *Brassica*, L; genre important de la famille des Crucifères. Ses caractères sont : calice fermé, bosselé à la base, disque portant quatre glandes ; silique allongée, comprimée ou cylindrique ; graines globu-leuses. Parmi les espèces du genre Brassica, on doit distinguer les suivantes : 1° le C. po-tager, *B. oleracea;* c'est à cette espèce qu'ap-partiennent toutes les variétés connues sous les noms de Chou cavalier, Chou cabus, frisé, Chou-fleur, Chou-rave ; 2° le C. des champs, *B. campestris*, cette espèce comprend le Colza, le Chou navet, le Rutabaga ; 3° le le C. rave ou la Rave, *B. rapa ;* on distin-gue dans cette espèce les variétés à racine déprimée, *B. R. depressa*, à racine longue, *B. R. oblongata ;* 4° le C. navet, *B. napus*. Dans cette espèce se trouvent : la Navette *B. N. oleifera*, le Navet proprement dit,

B. N. esculenta. Les espèces *perfoliata*, *alpina, præcox, Richardii*, etc., offrent beau-coup moins d'intérêt que les précédentes.

Choux proprement dits ; ils sont principale-ment cultivés pour la nourriture de l'homme. Cependant, il est des variétés, le chou cava-lier, par exemple, à peu près exclusivement réservées aux bestiaux. Ces plantes que les animaux ne consomment qu'à l'état frais, conviennent surtout aux ruminants ; mais elles sont très aqueuses et peu nutritives. On estime qu'il faut cinq à six cents kilogrammes de feuilles pour faire l'équivalent de cent kilogrammes de bon foin. Comme toutes les Crucifères, le chou donnerait au lait des fe-melles une saveur désagréable, si elles en faisaient un usage trop fréquent. La culture des choux est au nombre de celles dites sar-clées ; convenablement faite, elle peut deve-nir dans le nord de la France, en Angle-terre, en Belgique, etc., très productive.

CHOU-FLEUR, s. m. *Brassica oleracea botrytis ;* variété remarquable par son mode de croissance. Arrivée à une certaine hau-teur, sa tige, divisée en rameaux renflés à leur extrémité, forme temporairement une masse charnue, blanchâtre, succulente, qui est mangée par l'homme. C'est du cen-tre de chacun de ces rameaux que s'élèvent les branches florifères. Les feuilles du chou-fleur sont données aux bestiaux.

CHOU-NAVET, s. m. Deux plantes au moins sont connues sous ce nom ; l'une appartient à l'espèce *B. campestris*, c'est le *B. C. napo-brassica;* le Rutabaga en est une variété ; l'autre appartient à l'espèce *B. napus*, c'est le *B. N. esculenta* ou le Navet proprement dit.

CHOU-RAVE, s. m., *Brassica oleracea cau-lo-rapa*. Cette variété se distingue par sa tige qui est renflée au-dessus de la terre en une masse blanche à l'intérieur, verdâtre à l'extérieur, de la consistance de la rave, et dont la saveur rappelle en même temps celles du navet et du chou-fleur. L'homme mange cette partie : les feuilles sont données aux ruminants. *V.* pour les autres variétés de choux cultivées les mots Colza, Navet, Navette, Rave, Rutabaga.

CHROMATES, s. m. ; genre de sels for-més par l'acide chromique et les bases sa-lifiables ; ils sont remarquables par les cou-leurs plus ou moins vives dont ils sont doués. Dans les chromates neutres le rapport de l'oxygène de l'acide à celui de la base est de 5 à 1. Ils s'obtiennent directement par l'u-nion de l'acide et des bases, et par double décomposition quand ils sont insolubles. Traités par la chaleur, ceux de la pre-mière et de la deuxième section résistent; les autres se décomposent ; les acides miné-raux déplacent l'acide chromique ou le dé-composent. L'eau dissout ceux de la première section, moins celui de baryte ; les autres sont solubles ou insolubles. Les chromates alca-lins neutres sont jaunes ; les bichromates

CHOLIQUE, *V.* **Acide.**

CHONDRINE, s. f., de χονδρος, cartilage; *gélatine des cartilages.* On désigne ainsi une substance gélatineuse découverte par Muller dans les cartilages, et différant de la gélatine des os par plusieurs caractères chimiques (*V.* **Gélatine**). On l'obtient facilement en faisant bouillir les cartilages costaux coupés en petits fragments dans de l'eau , pendant 24 ou 48 heures, passant la solution dans un linge et la lavant ensuite avec l'éther pour enlever les matières grasses. La chondrine possède toutes les propriétés physiques de la gélatine ; elle produit une gelée épaisse et incolore avec l'eau; desséchée, elle devient transparente et d'aspect corné comme la colle-forte. La solution de chondrine diffère surtout de celle de gélatine en ce qu'elle précipite aisément par les sels d'alumine, de fer, de plomb, et par tous les acides minéraux et inorganiques. Elle n'a pas d'usage particulier.

CHONDRITE, s. f., de χονδρος, cartilage, et de la terminaison *ite*, qui indique l'inflammation ; inflammation des cartilages. Cette maladie se développe à la suite de la phlegmasie des parties voisines, et surtout à la suite des solutions de continuité qui ont mis les cartilages à découvert. Dans le chien, les cartilages de l'oreille sont très susceptibles de s'enflammer ; dans le cheval, on trouve un exemple de l'inflammation des cartilages dans le javart cartilagineux.

CHONDROGRAPHIE, s. f.; *Chondrographia*, de χονδρος, cartilage, et γραφη, description ; description des cartilages.

CHONDROLOGIE, s. f.; *Chondrologia*, de χονδρος, cartilage, et λογος, discours; traité des cartilages.

CHONDROTOMIE, s. f., *Chondrotomia*, de χονδρος, cartilage, et τομη, section ; dissection ou anatomie des cartilages.

CHORÉE, s. f. ; *Chorea*, de χορεια, danse; nom donné à une maladie qui consiste dans des mouvements continuels , désordonnés et involontaires du système musculaire. Synonymie : *chorémanie, dansomanie , épilepsie dansante, danse de St-Guy* ou de *St-With.* La dernière dénomination est tirée du nom d'une chapelle en Souabe, dédiée à Saint Guy, que les habitants venaient implorer en 1374. Cette affection est commune dans les chiens après la maladie du jeune âge; Reboul l'a observée sur le bœuf. Les causes occasionnelles de la chorée pour l'espèce humaine, telles que la frayeur, la colère, n'ont pas la même action sur les animaux. Tous les muscles du corps peuvent présenter des mouvements involontaires et désordonnés ; le plus souvent elle n'est que partielle et n'affecte que la tête et le cou, les membres antérieurs ou postérieurs. On la nomme *hémichorée*, quand elle occupe la moitié du corps. Dans le chien, elle est ordinairement précédée par les symptômes de la gastro-bronchite; quelquefois elle débute brusquement. Ces mouvemens sont très bizarres ; ils constituent des flexions et extensions involontaires. Les membres affectés sont agités en tous sens. Dans quelques cas, la préhension des aliments est impossible, ainsi que la mastication et la déglutition. Lorsque la chorée est générale , les chiens restent presque toujours couchés ; ces contractions musculaires , en quelque sorte permanentes, ne causent pas de fatigue. Cette maladie dure plusieurs mois et même pendant des années entières. Quand elle n'est pas très intense, la guérison survient spontanément. Les auteurs ne sont pas d'accord sur la nature de la chorée : pour les uns , c'est une lésion de l'axe cérébro-spinal ; pour d'autres , une lésion du tube intestinal, qui réagit sympathiquement sur le système musculaire; cette dernière théorie est la moins probable. La chorée a beaucoup d'analogie avec les maladies nerveuses , telles que l'épilepsie et la catalepsie. Elle se termine souvent par la paralysie des parties affectées. On la traite par les purgatifs , les ferrugineux. Les bains froids jouissent d'une grande réputation pour la combattre. D'autres moyens ont été employés avec succès ; ce sont la valériane, l'assa-fœtida, le camphre , l'opium , l'oxyde de zinc.

CHORÉMANIE , s. f., synonyme de **Chorée.**

CHORIAL , adj., *chorialis;* qui appartient au chorion. — *Feuillet chorial de l'allantoïde :* portion de cette membrane tapissant le chorion chez les solipèdes et les carnivores.

CHORION, s. m. , *Chorion*, de χοριεν, contenir; membrane la plus externe des enveloppes fœtales. Le chorion forme un sac clos de toute part, prenant la forme de l'utérus dans les femelles *unipares*, et la forme ovoïde dans les *multipares*, et supportant à sa face interne les ramifications des vaisseaux ombilicaux dont les dernières divisions le traversent pour venir former à sa face externe le placenta. — Dans les *solipèdes*, le chorion est totalement recouvert à sa face externe par les villosités placentaires, et sa face interne est exactement tapissée par l'allantoïde qui contracte avec elle une adhérence très intime , excepté sur le trajet des principaux vaisseaux. — Dans les *ruminants*, les placentas ne recouvrent la face externe que dans des points nombreux et circonscrits ; tandis que la face interne, en rapport avec l'allantoïde dans les cornes, s'unit à l'amnios dans la plus grande partie de la portion moyenne. — Dans les *carnivores*, le chorion ovoïde n'est recouvert par le placenta que dans le milieu de sa face externe ; l'interne est en rapport avec l'allantoïde comme chez les solipèdes. — Le chorion , malgré son analogie apparente avec les séreuses , est une véritable membrane fibreuse. — Le mot *chorion* est aussi employé pour désigner la partie la plus solide des membranes muqueuses et de la peau. — *Bot.* Nom donné par Malpighi à l'amas de tissu cellulaire qui remplit la

bent croît proportionnellement *au temps*. L'espace parcouru pendant la première seconde est d'environ 5 mètres (espace dynamique), et la vitesse acquise dans le même temps est de 10 mètres. Si l'on veut analyser les causes qui ont fait parcourir à un corps, dans un temps donné, un certain espace , on trouve : 1° l'espace parcouru dans les temps précédents ; 2° la vitesse acquise pendant cette première chute ; 3° enfin l'espace dynamique qui est toujours de 5 mètres par seconde dans quelque moment de la chute que ce soit. Si, de l'espace parcouru au bout de chaque seconde, on retranche l'espace parcouru dans les secondes précédentes , on trouve que les espaces appartenant en propre à chaque seconde, sont entre eux comme les nombres 1, 3, 5, 7, 9, etc. Enfin, en retranchant de l'espace parcouru au bout de chaque seconde l'espace parcouru pendant les secondes précédentes et celui qui est dû à la vitesse acquise, les espaces deviennent égaux et également 5 mètres ou l'espace dynamique. — On vérifie expérimentalement les lois de la chute des corps au moyen du *plan incliné* et de la machine d'Atwood (*V.* ces mots) , qui diminuent l'intensité de la pesanteur sans modifier ses autres caractères.

CHYLE, s. m., *Chylus*, de χυλος, suc. — On désigne sous ce nom un liquide nutritif de l'économie qui circule dans les vaisseaux *lactés* et qui est formé par la partie alibile des aliments. Il prend naissance pendant la digestion et est absorbé dans l'intestin par les radicules des vaisseaux lymphatiques appelés, à cause de leur rôle, *chylifères*. Ce liquide est conduit par ces petits canaux, à travers les ganglions , jusqu'au réservoir sous-lombaire où il se mêle à la lymphe, et d'où il est versé dans les cavités droites du cœur par le *canal thoracique*. Pour étudier ce liquide, on ouvre le canal dans la poitrine en donnant à manger au sujet deux ou trois heures avant de le sacrifier. Le chyle alors est mêlé à de la lymphe. Ses caractères physiques varient selon qu'il provient d'aliments végétaux ou animaux. Dans le premier cas, il est limpide, transparent , incolore ou d'une teinte légèrement rosée ; dans le second, il est blanc , épais, opaque comme du lait. La couleur du chyle , quelle que soit sa nature, est toujours nulle à l'origine des chylifères; la teinte rosée ne commence à apparaître que lorsqu'il s'approche de la citerne sous-lombaire et qu'il a déjà traversé plusieurs ganglions , ce qui provient vraisemblablement de son élaboration et de son mélange avec la lymphe dans l'intérieur de ces organes. — Son odeur est faible, particulière , un peu spermatique; sa saveur est douce et légèrement alcaline; il réagit, en effet, à la manière des alcalis sur les couleurs végétales. Sa densité paraît être de 1,022. Examiné au microscope, il présente quelques rares globules granulés semblables à ceux de la lymphe et provenant sans doute de ce liquide ; on y aperçoit , de plus, des globules

gras en très grand nombre. — Exposé à l'air et à mesure qu'il se refroidit , le chyle se coagule et se sépare en trois couches distinctes: une inférieure , d'aspect gélatineux et un peu rosée, c'est le *caillot;* une moyenne, liquide, d'une teinte jaunâtre, le *sérum*, et une supérieure , blanchâtre , crémeuse , surnageant le sérum, c'est la matière *grasse* existant constamment dans ce liquide. — La composition du chyle varie nécessairement selon la nature des aliments; mais il est certains principes qu'on y rencontre constamment; ce sont les suivants : de la fibrine molle et peu élastique, de l'albumine, de la matière grasse modifiée sans doute par les liquides du tube digestif, de l'eau qui forme les 0,90 ou 0,96 de la masse , de la soude libre , du chlorure de sodium , de l'acétate de soude, du phosphate de la même base et du phosphate de chaux. — **D'après cette** composition, il est facile de voir que le chyle se rapproche beaucoup du sang qu'il concourt à former; il en diffère surtout par l'absence des globules, de la matière colorante rouge, et par un excès de matière grasse que la respiration, selon toute probabilité, brûle peu à peu à mesure que le chyle, mêlé au sang, traverse le parenchyme pulmonaire.

CHYLEUX, adj., *chylosus;* qui appartient ou qui ressemble au chyle. *Fluide chyleux*, *V*. **Chyle.** *Vaisseaux chyleux :* vaisseaux destinés au transport du chyle, *V*. **Chylifère.**

CHYLIFÈRE, adj., *chylifer;* de *chylus* , chyle, et *ferre*, porter; qui porte le chyle. On appelle *vaisseaux chylifères* ou *chyleux*, une portion importante du système lymphatique, formée d'une série de vaisseaux fins et nombreux , situés dans le mésentère de l'intestin grêle et destinés, non-seulement à porter le chyle , comme l'indique leur nom, mais aussi à l'extraire de la masse chymeuse par leurs radicules absorbantes placées à la face interne de l'intestin grêle.

CHYLIFICATION, s. f., *Chylificatio;* de *chylus*, chyle, et *facere*, faire; action physiologique par laquelle le *chyle* est extrait de la masse chymeuse et transporté dans le torrent de la circulation. L'absorption du chyle a lieu dans l'intestin grêle, seulement après le point d'insertion des canaux biliaire et pancréatique. Les chylifères forment eux-mêmes le chyle; mais il y a beaucoup d'incertitude sur la manière dont le fluide chyleux arrive dans ces vaisseaux. On ne sait si les radicules le pompent immédiatement ou s'il leur est transmis par la muqueuse intestinale qui l'aurait d'abord absorbé. Une fois dans les vaisseaux chylifères, le chyle circule par l'action contractile de ces vaisseaux et par l'impulsion que lui donnent les nouvelles quantités absorbées; les valvules nombreuses des chylifères s'opposent à son mouvement rétrograde. Les vaisseaux réunis en branches plus fortes et moins nombreuses aboutissent à des ganglions lymphatiques dits *mésenté-*

sont rouges. L'acide sulfurique les colore en rouge violet, l'acide sulfureux en vert; l'acide chlorhydrique dégage du chlore; la solution des chromates alcalins précipite en jaune les sels de plomb, en rouge vif, les protosels de mercure, et en rouge cramoisi le nitrate d'argent.

CHROMATES DE POTASSE. L'acide chromique et la potasse forment deux composés, un sel neutre et un bisel. 1° Le *chromate neutre*, KO Cr O³, s'obtient en traitant une solution de bichromate de potasse par le carbonate de la même base, évaporant ensuite pour faire cristalliser. Il est solide, d'un beau jaune citron, cristallisé en prismes à 4 pans; sa saveur est fraîche et amère. Chauffé, il devient rouge, puis reprend sa couleur jaune par le refroidissement; il est indécomposable à la chaleur rouge. L'eau en dissout deux fois son poids à la température ordinaire, et prend une belle couleur jaune citron. Ce sel est employé en teinture dans les arts; dans les laboratoires, il sert de réactif pour reconnaître plusieurs bases métalliques. 2° Le *bichromate de potasse*, KO 2 Cr O³, se prépare facilement en calcinant fortement le *fer chromé* (mélange d'oxyde de fer, de chrôme, de silice, d'alumine), etc. avec l'azotate de potasse, reprenant par l'eau et traitant par l'acide azotique pour précipiter l'alumine et la silice à l'état gélatineux; la liqueur décantée et concentrée donne des cristaux de bichromate de potasse. Ce sel est solide, d'un beau rouge orangé, cristallisé en tables rectangulaires, d'une saveur amère et astringente. A une température élevée il perd de l'oxygène et se transforme en chromate neutre de potasse et sesquioxyde de chrôme. Inaltérable à l'air, le bichromate de potasse est soluble dans l'eau à laquelle il communique sa belle couleur rouge-orangée.—Employé en teinture et comme réactif dans les laboratoires.

CHROMATOGÈNE, adj., de χρωμα, couleur, et γεννάω, j'engendre; nom donné par Breschet aux glandes sécrétant le *pigmentum* ou matière colorante de la peau.

CHROME, s. m., *Chromum*, de χρωμα, couleur. — Cr. Eq. 328. — Corps simple métallique de la troisième section, découvert en 1797, par Vauquelin, dans le *plomb rouge de Sibérie* (chromate de plomb). On l'obtient en traitant l'oxyde vert de chrôme par le charbon à une température très élevée ou en décomposant le chlorate de chrôme par le potassium. Le chrôme est solide, en masse amorphe ou en poudre, d'un blanc grisâtre et d'une densité de 6,00 environ; sa dureté est très grande; il raye le verre et l'acier et acquiert par le frottement un beau poli. Il est inaltérable à l'air à la température ordinaire; mais au rouge sombre il absorbe l'oxygène et se transforme en sesquioxyde. Les acides chlorhydrique et sulfurique le dissolvent avec dégagement d'hydrogène. Les alcalis l'altèrent facilement en présence des sels oxydants (chlorates, azotates), à cause de la formation

d'acide chromique qui donne naissance à des chromates alcalins.

CHROMIQUE, *V.* ACIDE.

CHROMISME, s. m.; anomalie consistant en un excès de coloration d'un organe ou d'une plante, ou dans la coloration accidentelle d'une partie habituellement blanche ou verte, ou enfin dans une modification de nuances sur les organes colorés.

CHROMITE, s. m. Terme générique par lequel Delun a proposé de désigner les principes colorants organiques.

CHROMULE, s. f. Nom proposé par de Candolle pour désigner la matière colorante des végétaux *V.* CHLOROPHYLLE.

CHRONICITÉ, s. f., de χρονος, temps; état de ce qui est *chronique*. *Chronicité des maladies.*

CHRONIQUE, adj., de χρονος, temps; qui appartient au temps. *Maladies chroniques*, c'est-à-dire, qui durent longtemps, par opposition aux *maladies aiguës.* Elles sont le plus souvent incurables.

CHRYSALIDE, s. f., de χρυσος, or; nom donné à la *nymphe* des Lépidoptères, à cause de la couleur dorée que présentent un certain nombre d'entre elles. Les chenilles se changent en chrysalides, lorsqu'elles ont terminé leur développement. Les unes se fixent simplement à un corps solide pour opérer cette métamorphose; les autres s'entourent d'une enveloppe soyeuse appelée *cocon*. Après un temps très variable, suivant la température et selon les espèces, le papillon sort de la chrysalide, perce le cocon s'il existe, et ne vit guère sous ce nouvel état que le temps nécessaire pour l'acte de la reproduction.

CHRYSANTHÈME, s. m., *Chrysanthemum*, L; genre de la famille des Composées. La seule espèce croissant spontanément en France, est le C. *segetum*, C. des blés, plante annuelle, commune dans les moissons, et connue sous le nom vulgaire de *Marguerite dorée*. Le fourrage qu'elle donne est dur et amer.

CHUTE, s. f., de *chu*, part. passé du v. *choir*; mouvement d'une chose qui tombe, action de la chose qui tombe. — Accident produit sur un sujet qui tombe de haut. — Relâchement de quelques organes, tels que le vagin, la matrice, le rectum, la paupière supérieure. — Séparation de quelques parties du corps qui s'en détachent accidentellement; ex.: *chute des crins, des dents, du sabot; chute d'une eschare.*

CHUTE DES CORPS, s. f. On appelle ainsi le mouvement des corps vers la terre, déterminé par l'action de la pesanteur. Ce mouvement a pour caractère essentiel de s'effectuer selon la ligne *verticale* et d'être *accéléré*; il dépend de la tendance des corps vers le centre de la terre et de l'action sans cesse agissante de la pesanteur. L'*espace* parcouru par un corps qui tombe est proportionnel au *carré du temps* pendant lequel s'est effectuée la chute. La *vitesse* des corps qui tom-

CICUTAIRE, s. f., *Cicutaria*, T., *Cicuta*, L.; genre de la famille des Ombellifères. La seule espèce de ce genre que l'on signale en France est la C. aquatique, *C. aquatica*, de Tournef. et de Lamark, *Cicuta virosa*, de Linn., vulg. Ciguë vireuse. Elle croît dans beaucoup de prairies humides, au bord des étangs. Elle est vivace et vénéneuse à l'état frais. On croit néanmoins qu'elle peut être mangée impunément par le porc et la chèvre.

CICUTINE, s. f., de *cicuta*, ciguë; *Cicutin, Conicine*. $C^{16} H^{16} Az$. Alcaloïde végétal découvert par Giesecke et Geirger dans la ciguë officinale (*conium maculatum*), dont il paraît être le principe actif. Il existe dans toutes les parties de la plante, et plus particulièrement dans les semences. — On l'obtient en distillant ses graines en présence de la potasse caustique, neutralisant par l'acide sulfurique, concentrant, reprenant par l'alcool, concentrant de nouveau et distillant une deuxième fois avec la potasse. On peut aussi l'obtenir impur en traitant le suc de ciguë purifié et concentré, par l'éther, évaporant ensuite doucement la teinture éthérée. Pure, la cicutine est un liquide d'apparence huileuse, d'une couleur jaunâtre, d'une odeur insupportable de ciguë, de tabac et de souris, d'une saveur extrêmement âcre, et d'une densité moindre que celle de l'eau. Chauffée, elle bout à 170°, se réduit en vapeurs qui brûlent comme une essence. L'eau n'en dissout qu'un centième de son poids ; l'alcool et l'éther la dissolvent en toute proportion. Exposée à l'air, elle s'altère rapidement, devient brune en passant par les nuances les plus variées. Sa réaction est alcaline: aussi neutralise-t-elle les acides avec lesquels elle forme des sels cristallisables. La cicutine est excessivement vénéneuse, une seule goutte suffisant, dit-on, lorsqu'elle est concentrée, pour donner la mort à un chien.

CIDRE, s. m., *Pomaceum*, de *sicera*, dérivant du grec σικερα, boisson fermentée autre que le vin. — Le cidre est une liqueur alcoolique qu'on obtient en faisant fermenter le jus des pommes non comestibles. Il est blanc ou jaunâtre, d'odeur vineuse particulière, d'une saveur piquante plus ou moins prononcée. Il est formé d'une grande quantité d'eau, de 5 à 10 p. $^0/_0$ d'alcool, d'albumine végétale, de mucilage, d'acide malique et de quelques sels calcaires. — *Pharmacol.* Le cidre est employé quelquefois dans le nord comme véhicule des breuvages, pour remplacer le vin ; il est excitant et diurétique.

CIERGE, s. m.; nom vulgaire des plantes de la famille des Cactacées, et particulièrement du genre *Cereus*.

CIGUE, s. f., *Cicuta*, Tourn., et Lamark ; *Conium*, Linn.; genre de la famille des Ombellifères. De Candolle ne décrit dans ce genre que deux espèces ; la seule que l'on trouve en France est la grande ciguë, *Cicuta major*, Lamk, Ciguë tachetée, *Conium maculatum*, Linn. Cette plante est bisannuelle; elle croît au bord des chemins, au voisinage des habitations, dans les décombres, et dans les prairies ombragées. Ses tiges sont fortes, hautes de 8 à 12 décimètres, rameuses supérieurement, souvent glauques, et parsemées, surtout dans leurs parties inférieures, de taches violettes. Ses feuilles sont d'un vert sombre ; leur odeur est vireuse ; les folioles de l'involucre sont réfléchies, membraneuses sur les bords, les folioles de l'involucelle courtes et également réfléchies: ombelle de 12 à 20 rayons; fruit lisse à cinq côtes primaires. La ciguë tachetée fleurit de juin à août. Elle est vénéneuse, surtout lorsqu'elle est verte et qu'elle a crû à l'ombre. Les oiseaux toutefois la mangent impunément. — *Pharm.* Toutes les espèces du genre ciguë peuvent être employées en médecine ; cependant on fait plus particulièrement usage de la grande ciguë, ou ciguë officinale (*conium maculatum*). La racine, la tige, les semences, les feuilles, etc., peuvent être employées; ces dernières pourtant sont plus spécialement usitées. — On les donne en poudre lorsqu'elles sont sèches, en décoction quand elles sont fraîches ; on en fait aussi un extrait aqueux; on en retire du suc qu'on évapore après avoir précipité l'albumine par l'alcool absolu, etc. Toutes les parties de la ciguë renferment de la *cicutine* (*V.* ce mot), qui paraît en être le principe actif, de la résine verte, un principe volatil d'odeur vireuse, de la chlorophylle, de l'albumine, du ligneux, des sels alcalins, etc. — La ciguë, prise à trop forte dose, agit sur l'économie animale comme un *narcotique âcre*. — Lorsqu'elle est fraîche, jeune, qu'elle croît dans un pays froid, etc., elle est peu active sur les herbivores, qui peuvent en prendre de grandes quantités, les ruminants surtout, sans en être incommodés. Il n'en est pas de même pour les carnivores, qui ne peuvent supporter qu'une faible dose de ce médicament. —Administrée à l'intérieur, à dose toxique, la ciguë irrite l'estomac et les intestins, produit le vomissement chez les carnivores et le gonflement du ventre chez les herbivores; le ptyalisme accompagne constamment ces effets. Lorsque l'absorption a porté les principes actifs de la ciguë dans le sang, il en résulte bientôt des désordres graves du côté des centres nerveux. — Après une excitation générale, des spasmes des muscles, de l'agitation, de la chaleur à la peau, etc., les animaux tombent dans une stupeur profonde. Le regard est hébété, la pupille fixe et très dilatée, les yeux pirouettent dans leur orbite, le pouls devient mou et irrégulier, la chaleur du corps baisse, surtout aux parties éloignées du centre circulatoire, les muscles deviennent faibles, tremblottants, les mouvements incertains: puis surviennent la prostration des forces et la paralysie, surtout des membres postérieurs.

riques, au-delà desquels de nouveaux vaisseaux, moins nombreux encore, versent le chyle dans le *réservoir sous-lombaire* ou *citerne de Pecquet*, où il se mêle à la lymphe apportée par les autres aboutissants de ce réservoir, pour se rendre par le *canal thoracique*, dans la veine axillaire gauche. — Quoique l'absorption du chyle n'ait lieu que dans l'intestin grêle, les matières chymeuses, chez les solipèdes surtout, fournissent encore, dans le gros intestin, de nombreux matériaux nutritifs, qui arrivent à la citerne de Pecquet sous forme de lymphe.

CHYLOSE, s. f. ; formation et circulation du chyle, *V.* CHYLIFICATION.

CHYME, s. m., *Chymus;* de χυμος, suc ; sorte de bouillie ou de pulpe plus ou moins épaisse, de couleur variable, résultant de l'action de l'estomac et des sucs qu'il sécrète sur la masse alimentaire ingérée dans ce viscère. La couleur du chyme est due à celle des aliments qui l'ont fourni, et son plus ou moins de fluidité, à l'abondance plus ou moins grande des fluides sécrétés ou des liquides introduits comme boisson. A mesure que le chyme est formé dans l'estomac, il passe dans le duodénum, et ce n'est qu'après son mélange avec la bile et le suc pancréatique, qu'il devient apte à fournir le chyle. Ce dernier fluide en est séparé par les *chylifères*, et la portion non absorbée continue son trajet vers le gros intestin, où elle fournit encore de nombreux matériaux absorbés par les *lymphatiques*. Le dernier résidu est ensuite expulsé et forme les *fèces* ou excréments.

CHYMIFICATION, s. m., *Chymificatio;* action physiologique par laquelle les aliments introduits dans l'estomac sont convertis en *chyme*.

CIBOULE, CIBOULETTE, *V.* AIL.

CICATRICE, s. f., *Cicatrix*, ουλη ; tissu qui se développe à la surface des solutions de continuité sur les parties molles; le *cal* est la cicatrice des os. La formation de la cicatrice est *immédiate* ou *médiate* : 1° *Cicatrisation immédiate, par première intention.* L'écoulement du sang s'arrête ; les lèvres de la plaie se tuméfient et vont au-devant l'une de l'autre; entr'elles, se répand la lymphe plastique, qui se coagule et s'organise. Pour obtenir la cicatrisation immédiate, il faut que les lèvres de la plaie soient saignantes, qu'elles soient en rapport avec les centres nerveux et circulatoire ; les deux lèvres de la division doivent être formées des mêmes tissus; la plaie ne doit pas présenter de perte de substance ; les bords ne seront pas désorganisés; leur surface ne doit pas retenir de corps étrangers. On l'obtient plus facilement chez les carnivores que sur les animaux herbivores. 2° *Cicatrisation médiate, réunion par seconde intention.* Quand il y a perte de substance dans une plaie, un suintement sanguinolent survient après l'écoulement du sang. L'inflammation produit la sécrétion du pus; au fond de la solution de continuité,

se développent des bourgeons charnus, qui sont bientôt recouverts par la *membrane pyogénique* (Delpech) ; ces bourgeons se rapprochent et adhèrent les uns aux autres. Quand la surface est étendue, des îlots ou centres d'attraction se forment sur différents points et constituent l'origine de la *cicatrice;* une pellicule mince, transparente, les recouvre d'abord et acquiert ensuite une véritable organisation. Dans les plaies sans perte de substance, la cicatrice est linéaire ; dans celles qui sont étendues, on la rencontre large, irrégulière ; la force rétractile peut produire des déviations considérables, comme on le voit à la suite des brûlures. La cicatrice tend à se resserrer, à devenir peu apparente: les défectuosités ou tares qu'elle constitue dans les animaux dépendent surtout de son irrégularité et de l'altération des bulbes des poils. Dans les grandes pertes de substance, on remarque l'absence des poils; s'ils persistent, on les voit se hérisser, changer de couleur, devenir blancs, s'ils avaient avant l'accident une teinte foncée. Certaines cicatrices sont calleuses; elles ont ce caractère dans les parties où la peau présente peu de mobilité, ex. à la partie inférieure des membres du cheval. Elles sont indélébiles après la cautérisation par le fer rouge, l'application des vésicatoires qui ont détruit le corps muqueux de la peau. Quelques-unes se recouvrent de parties cornées ; il est des plaies qui ne se cicatrisent pas complètement et forment des exutoires permanents. — *Bot.* Traces d'une désarticulation.

CICATRICULE, s. f., *Cicatricula;* petite cicatrice. On donne ce nom à une petite tache que l'on remarque sur le germe, et qui contient les premiers rudiments du fœtus. La cicatricule est facile à reconnaître sur le jaune de l'œuf des oiseaux. *V.* BLASTODERME. — *Bot.*, synonyme d'ombilic.

CICATRISATION, s. f., *Cicatrisatio;* formation d'une *cicatrice.* (*V.* ce mot).

CICATRISANT, s. et adj., *Cicatrisans;* on donne ce nom aux médicaments qu'on suppose capables de favoriser et de hâter la cicatrisation des solutions de continuité. Aucun médicament connu ne jouit de cette propriété dans tous les cas. — On peut dire même, qu'en général, les solutions de continuité des tissus mous, qui ne sont pas trop compliquées ou liées à un vice interne, tendent d'elles-mêmes à se cicatriser, et que la propreté, le repos, l'égalité de température, un abri contre le contact de l'air, etc., ont beaucoup plus d'influence sur leur guérison que tous les topiques connus. Cependant, si l'inflammation est trop forte, les *émollients* pourront être favorables à la cicatrisation; si la douleur est trop vive, les cicatrisants les plus efficaces seront les *anodins*: si les bourgeons sont trop exubérants, mollasses, le pus abondant et séreux, les *digestifs*, les *astringents* et même les *escharotiques* légers pourront hâter la formation de la cicatrice.

en Europe ; on sait seulement que , dans la Circassie , chaque grande famille élève une race qui est sa propriété et qui porte un signe particulier. Ces races sont légères et plus remarquables encore par leurs qualités que par la beauté de leurs formes. Elles ont beaucoup d'analogie par leurs caractères, par leurs habitudes, leur mode d'élevage, avec les races de la Perse et de la Syrie, *V.* Tur-coman.

CIRCÉE, s. f., *Circea*, T.; genre de la famille des Onagrariées. Ses deux espèces, la C. de Paris, *C. lutetiana*, et la C. des montagnes, *C. alpina*, croissent dans les lieux ombragés et frais; elles sont assez recherchées des moutons.

CIRCINAL, CIRCINÉ, adj., *circinalis, circinatus;* roulé en forme de crosse.

CIRCONFLEXE, adj., *circumflexus;* de *circum*, autour, et *flexus*, fléchi; courbé, contourné en cercle. — *Artère circonflexe de l'ilium* ou *circonflexe iliaque :* artère naissant du tronc crural et quelquefois de l'aorte, et se portant transversalement en dehors, jusqu'au niveau du bord externe du muscle grand psoas, où elle se termine en deux branches, l'une *antérieure* ou *abdominale ,* l'autre *postérieure* ou *circonflexe* proprement dite. Plusieurs artères des membres reçoivent aussi, à cause de leurs courbures, le nom de *circonflexes.*

CIRCONSCRIT, adj., de *circum*, autour, et *scribere*, tracer ; resserré, peu étendu. — *Tumeur circonscrite :* tumeur dont les limites sont bien déterminées.

CIRCONVOLUTION, s. f., de *circum ,* autour, et *volvere* , tourner ; on nomme *circonvolutions* les nombreux contours que décrivent les intestins et surtout l'intestin grêle, ex. : *circonvolutions intestinales.* Les éminences du cerveau et du cervelet ressemblant aux contours de l'intestin, ont aussi reçu le nom de *circonvolutions.*

CIRCULAIRE, adj. *circularis;* de *circulus*, cercle ; qui décrit un cercle. — *Amputation circulaire, V.* Amputation. — Les fibres charnues sont *circulaires* dans certains muscles bordant des orifices, comme le sphincter de l'anus, l'orbiculaire des paupières, etc.

CIRCULATION, s. f., *Circulatio*, de *circulus ,* cercle ; mouvement continuel et progressif auquel sont assujettis, dans les vaisseaux qui les renferment, les divers liquides nutritifs, tels que le sang, la lymphe, le chyle ; cette dénomination s'applique surtout au cours du sang. La circulation, entrevue par Michel Servet en 1553, n'a été bien démontrée qu'en 1628 par Harvey. Cette fonction varie beaucoup dans les divers degrés de l'échelle animale, et ne peut être considérée comme une fonction spéciale que dans les animaux chez lesquels la respiration est localisée. — Dans les *mammifères* et les *oiseaux,* la circulation est complète; les deux sangs, artériel et veineux, sont entièrement séparés, et, sur le trajet de chacun de ces fluides,

existe un cœur ou organe d'impulsion. — — Dans les *reptiles ,* le sang artériel et le sang veineux aboutissent à un cœur unique, lançant le mélange qui en résulte, en partie aux poumons, en partie aux organes qu'il doit nourrir ; de telle sorte que jamais le sang envoyé aux organes n'est entièrement artériel, ni celui envoyé au poumon entièrement veineux. — Chez les *Poissons*, les deux sangs sont bien séparés , mais l'organe d'impulsion n'existe que sur le trajet du sang veineux ; tandis que le contraire a lieu chez les *Mollusques* et les *Crustacés*, où le cœur unique est artériel. — Dans les *Annélides ,* quoique les deux sangs soient séparés, il n'y a point de cœur et le fluide circule par la seule action des vaisseaux. — Enfin , dans les *Insectes ,* la respiration portant l'air dans tous les points de l'économie, la circulation est tout-à-fait rudimentaire et l'hématose se fait dans les organes eux-mêmes. — Quel que soit l'appareil qui l'accomplisse , la circulation a pour but de porter dans tous les points du corps le sang hématosé dans les poumons et de ramener ce fluide, privé de ses matériaux réparateurs, au même organe, où, soumis de nouveau à l'action de l'air, il reprend de nouvelles propriétés pour recommencer le même trajet. — On distingue la circulation générale en *grande* et *petite* circulation. La première comprend le trajet du sang du cœur au système capillaire général par les artères , et de ce système au cœur par les veines; la seconde , le trajet du sang du cœur au poumon par l'artère pulmonaire , et du poumon au cœur par les veines du même nom. On peut encore la diviser en *circulation artérielle*, du poumon aux cavités gauches du cœur, et de celles-ci au système capillaire général , et *circulation veineuse*, de ce dernier aux cavités droites du cœur, et de celles-ci au poumon. — Dans le cœur, le sang circule de l'oreillette au ventricule et du ventricule à l'artère correspondante. L'oreillette, en se dilatant, attire le sang apporté par les veines, et le chasse par sa contraction dans le ventricule qui l'attire lui-même en se dilatant à son tour. La contraction du ventricule chasse la masse sanguine qui, retenue du côté de l'oreillette par les valvules qui garnissent l'orifice, passe dans le tronc artériel; un second appareil valvulaire, placé à l'entrée du vaisseau, s'oppose au mouvement rétrograde du sang, lorsque le ventricule se dilate de nouveau. Le cœur représente donc exactement une pompe foulante et aspirante, dans laquelle le piston est remplacé par la contraction et la dilatation alternatives des parois. — Une fois passé dans les artères, le sang se porte vers les capillaires où il arrive poussé par l'impulsion du cœur. Les artères dilatées à chaque contraction de cet organe, par la nouvelle colonne sanguine, n'agissent que par leur élasticité et poussent le liquide vers la périphérie, les valvules sigmoïdes s'opposant à son retour dans le ventricule ; de cette série de dilatations résulte le

La sécrétion urinaire seule conserve une grande activité. Enfin, si l'usage interne de la ciguë, à dose médicinale, est continué trop longtemps, le sang s'altère, devient diffluent, noir, il passe à travers les vaisseaux, forme des épanchements, des pétéchies, etc. Quant aux antidotes de ce poison, ils sont encore inconnus ; à part l'usage des évacuants du tube digestif sur lequel tout le monde est d'accord, le reste est très vague : en France, on prescrit des boissons émollientes ou acidules ; en Italie, au contraire, on conseille les breuvages excitants, alcooliques. — Pour l'usage interne, la ciguë se donne à des doses très variables, selon l'état du médicament et l'espèce du sujet. Chez les grands animaux, on donne la poudre sèche depuis la dose de 30 gr. jusqu'à celle de 125 gr.; les feuilles vertes se donnent à la dose moyenne de 150 gr.; enfin l'extrait ou le suc évaporé à celle de 5 à 10 grammes. Pour les petits animaux, les doses de ce médicament, sous les formes indiquées, sont de 10 à 15 gr., de 20 à 30 gr., et de 5 à 10 centigr. — En général, on prendra le maximum de ces doses pour les petits herbivores, et le minimum pour les carnivores. — Comme médicament narcotique, la ciguë, donnée à l'intérieur, pourrait être utile contre certaines affections nerveuses, telles que l'épilepsie, la chorée, les convulsions, les toux quinteuses, le tétanos, etc.; cependant elle est plus particulièrement employée à titre de *fondant* contre certaines altérations matérielles de tissu, comme le cancer, le farcin, le sarcocèle, les engorgements glanduleux, les maladies graves de la peau, l'éléphantiasis, les eaux-aux-jambes, etc.; dans ces divers cas, il convient de l'appliquer localement sur les tissus altérés, en même temps qu'on la donne à l'intérieur. L'extrait ou le suc évaporé, incorporés dans de l'axonge ou du cérat, sont les formes de la ciguë les mieux appropriées pour l'usage externe.

CIL, s. m., *Cilium :* on appelle *cils* des poils allongés et raides qui garnissent le bord des paupières. Peu nombreux à la paupière inférieure, les cils sont plus abondants à la supérieure où ils sont implantés sur plusieurs rangs. Leur usage est d'abriter l'œil contre les corpuscules qui se trouvent dans l'air, et contre une lumière trop vive. — *Bot.;* poils raides implantés au bord d'un organe.

CILIAIRE, adj., *ciliaris;* qui appartient ou qui ressemble aux cils. — *Cercle ciliaire* ou *ligament ciliaire :* espèce de ligament grisâtre, étroit et circulaire, qui entoure comme un anneau toute la face interne du bord antérieur de la sclérotique, et sert à réunir cette membrane avec la choroïde, l'iris et les procès ciliaires. Il doit son nom aux nerfs ciliaires qui le traversent. — *Procès ciliaires, corps ciliaires :* espèce de couronne formée de rayons noirs concentriques, représentant, autour du cristallin et à la face antérieure du corps vitré, la figure d'une fleur radiée. —

Artères ciliaires : branches de l'ophthalmique, dont les unes traversent la sclérotique et se perdent dans la choroïde, tandis que les autres, rampant entre ces deux membranes, viennent former par leurs arcades anastomotiques *le grand cercle artériel de l'iris*, fournissant lui-même de nombreuses divisions qui vont former vers l'ouverture pupillaire le *petit cercle artériel.* — *Nerfs ciliaires :* filets fournis par le *ganglion ophthalmique*, passant entre la sclérotique et la choroïde, pour gagner le cercle ciliaire, et de là se distribuer à l'iris.

CILIÉ, adj., *ciliatus;* bordé de cils.

CILLER, v. n. On dit qu'un cheval commence à *ciller*, lorsque des poils blancs se montrent vers l'arcade orbitaire ou les tempes. C'est un signe de vieillesse avancée.

CIME, *V.* CYME.

CINCHONINE, s. f., *Cinchonina;* de *cinchona*, quinquina. — $C^{20} H^{24} Az^2 O^2$. Alcaloïde végétal qui existe dans les diverses variétés de quinquina, et notamment dans le gris. Découverte simultanément par Gomès et Duncan, la cinchonine a surtout été distinguée des autres principes du quinquina et obtenue à l'état de pureté par Pelletier et Caventou. La cinchonine existant à l'état de quinate de cinchonine dans l'écorce du Pérou, on l'obtient par les mêmes procédés que la *quinine (V.* ce mot). On peut l'obtenir en même temps que cette dernière, en traitant les eaux-mères du sulfate de quinine par une base alcaline, recueillant, lavant le précipité qui en résulte et le traitant ensuite par l'alcool bouillant qui laisse déposer la cinchonine moins soluble que la quinine, en se refroidissant. En la lavant à diverses reprises, en la décolorant par le charbon animal, on l'obtient pure et cristallisée. La cinchonine est solide, en prismes quadrilatères ou en lamelles blanches, translucides, incolore, inodore et d'une saveur amère très prononcée, mais lente à se développer. Exposée à l'action de la chaleur, elle entre en fusion et se sublime en aiguilles brillantes sans se décomposer ; à vase clos, elle se décompose et donne les produits des substances végétales azotées. La cinchonine est insoluble dans l'eau froide, extrêmement peu dans l'eau chaude, très soluble dans l'alcool qui la laisse déposer et cristalliser, et fort peu dans l'éther; ce qui la différencie de la quinine, qui s'y dissout très bien. — La cinchonine a des propriétés alcalines très prononcées; aussi neutralise-t-elle facilement les acides avec lesquels elle forme des sels définis et cristallisés, qui ont la plus grande analogie avec ceux de quinine. — *Pharmacol.* La cinchonine et ses sels agissent sur l'économie animale exactement comme la quinine et ses combinaisons salines; seulement leur action paraît être un peu plus faible, *V.* QUINQUINA et QUININE.

CINABRE, *V.* VERMILLON et SULFURE DE MERCURE.

CIRCASSIEN (Cheval). Il est peu connu

huiles grasses et les essences, l'alcool et l'éther, surtout à chaud, la dissolvent facilement. Traitée par les alcalis, la cire se saponifie incomplètement. On la falsifie avec du suif pour lui donner de la souplesse, et avec l'amidon pour augmenter frauduleusement son poids ; cette dernière fraude se reconnait aisément, en dissolvant la cire dans l'essence de térébenthine. La cire est émolliente et très relâchante; elle est réservée à peu près exclusivement pour l'usage externe ; elle forme la base des *cérats*, et fait partie des onguents, des emplâtres, des charges, etc. Conseillée à l'intérieur en suspension dans le jaune d'œuf, contre quelques affections graves du tube digestif, notamment contre la dysenterie, la cire n'est plus employée pour cet usage.

CIRON, s. m., de χειρ, main, χειρω je coupe. Nom donné autrefois à l'acare de la gale. Dénomination de la vésicule déterminée par l'*acare* (*V.* ce mot).

CIRRHE, *V.* Vrille.

CIRRHÉ, adj., *cirrhatus*; allongé, tortillé comme une vrille, et en remplissant le rôle.

CIRRHEUX, CIRRHÉEN, adj., *cirrhosus;* terminé en vrille.

CIRRHIFÈRE, adj, *cirrhiferus*; pourvu de vrilles.

CIRRHIFORME, adj., *cirrhiformis;* synonyme de *cirrhé*.

CIRRHOSE, s. f., de χιρρος, roux; état morbide du foie, consistant en des granulations de volume variable. Ces granulations ont le plus souvent une teinte jaune fauve ou jaune serin; de là le nom de *cirrhose*, qui leur a été donné par Laënnec, qui les regardait comme un tissu accidentel. Bouillaud a considéré cet état morbide comme causé par les granulations sécrétoires désorganisées. D'après Andral, la substance jaune du foie serait hypertrophiée et prédominerait sur la substance rouge atrophiée. Cruveilhier attribue la cirrhose à l'atrophie de quelques granulations du foie, tandis que les autres s'hypertrophient.

CIRSE, s. m., *Cirsium*, T. ; genre nombreux de la famille des Composées. Les cirses sont voisins des chardons : ils en ont le port, mais ils s'en distinguent par leur aigrette plumeuse et par un nombre moins grand d'épines. On les trouve dans les terrains argileux et humides. Tous seraient mangés par les bestiaux, s'ils n'étaient souvent repoussés à cause de leurs épines. L'espèce la plus commune est le C. des champs, *C. arvense*, que l'on appelle encore Chardon hémorrhoïdal: c'est le *Serratula arvensis* de Linné.

CIRSOCÈLE, s. m. et f., de χιρσος varice, et χηλη, tumeur; dilatation variqueuse des veines spermatiques.

CIRSOMPHALE, s, m. de χιρσος, varice, et ομφαλος, nombril ; dilatation variqueuse des veines de l'ombilic. Inusité.

CIRSOPHTHALMIE, s. f., de χιρσος, varice et οφθαλμος, œil ; ophthalmie variqueuse caractérisée par un grand développement des vaisseaux de la conjonctive.

CIRSOTOMIE, s. f., de χιρσος, varice, et τομη, section ; extirpation des varices.

CISEAU, s. m., instrument qui consiste en une tige d'acier aplatie, tranchante par un de ses bouts, dont les artisans se servent pour couper le bois, la pierre, etc. Les anatomistes l'emploient pour faire quelques préparations sur les parties osseuses, le crâne, par exemple. En chirurgie, on met en usage le ciseau pour enlever certaines parties d'os, des séquestres.

CISEAUX, s. m. pl., de *sicilire*, couper ; instrument composé de deux *lames* tranchantes en dedans d'une de leurs moitiés et jointes au milieu par un clou ; l'autre partie, qu'on appelle *branche*, s'étend depuis le point de réunion jusqu'aux anneaux. La force des ciseaux est en raison directe de la longueur des bras qui supportent ces anneaux. Les ciseaux sont indispensables pour les pansements; ils servent à faire quelques opérations. On distingue des ciseaux *droits*, *courbes* et *coudés*. Les ciseaux *droits* servent à couper les tissus et remplacent ainsi le bistouri, quand ils sont tranchants. Il y a des ciseaux *courbes* sur le plat de leurs lames ; ce sont les plus commodes pour couper les poils qui garnissent les téguments des animaux, pour extirper des verrues et autres excroissances. D'autres sont courbes sur le tranchant; ils sont peu employés, parcequ'ils ont l'inconvénient de mâcher les tissus. Les ciseaux *coudés* forment par leurs lames un angle plus ou moins obtus avec les branches ; ils servent pour quelques opérations spéciales, telles que l'incision de la cornée, dans le traitement de la cataracte par extraction du cristallin. — Ces instruments divers agissent tous en pressant et en sciant ; les plaies qui en résultent sont toujours un peu contuses. On les emploie pour exciser les parties membraneuses amincies, désorganisées, pour enlever les tumeurs à pédicule étroit; mais ils ne peuvent suppléer le bistouri ordinaire pour les incisions. Assez souvent on s'en sert pour débrider les fistules, en les conduisant sur la sonde cannelée.

CISTACÉES, s. f., *Cistaceæ;* famille de plantes dicotylédones, herbacées ou arborescentes, voisine des Violacées et des Droséracées. Genres principaux : *Cistus*, *Helianthemum*. Ce sont quelques espèces du genre *Cistus* et principalement le *C. ladeniferus* qui fournissent la gomme-résine connue dans le commerce de la droguerie sous le nom de *Ladanum*.

CISTE, s. m., *Cistus*, T. ; genre de la famille des Cistacées. Les cistes sont des arbrisseaux ou des sous-arbrisseaux contenant pour la plupart une matière gommo-résineuse. Ils sont presque tous exotiques. Les contrées méridionales de la France n'en possèdent que quelques espèces. Leurs feuilles sont brou-

phénomène du *pouls*. Si l'on ne peut attribuer aux grosses artères des animaux supérieurs aucun rôle actif dans la circulation, il n'en est pas de même lorsque ces vaisseaux arrivent à une grande ténuité, et la circulation *sans cœur* rend cette action de toute évidence dans certains animaux inférieurs, comme les Annélides. — Dans les capillaires, l'action des vaisseaux devient aussi évidente. Quoique l'impulsion du cœur se continue à travers ce réseau vasculaire, il suffit d'irriter un point quelconque d'un tissu placé sous le microscope, pour voir les capillaires apporter vers ce point, dans toutes les directions, le sang qu'ils charrient, et fournir les matériaux de la congestion. — Enfin, dans les veines, quoique l'action du cœur se fasse encore apercevoir, la circulation est fortement ralentie par la diminution de puissance de cette cause d'impulsion et par la capacité beaucoup plus grande du système veineux. La circulation est, en outre, aidée dans ces vaisseaux par la pression résultant de la contraction musculaire, par les valvules qui ne permettent au sang de circuler que des capillaires au cœur, et par de nombreuses anastomoses qui facilitent le passage du fluide par une veine voisine, lorsque par une cause quelconque la circulation est empêchée dans celle qui devait le transporter. — Dans ce trajet du sang à travers les artères, les capillaires et les veines, l'action du cœur se fait donc sentir en diminuant graduellement à partir du ventricule qui a lancé la colonne sanguine, jusqu'à l'oreillette qui la reçoit de nouveau. Les expériences de Legallois ont prouvé que le cœur est principalement sous la dépendance de la moëlle épinière. — Le sang envoyé par cet organe fournit dans le système capillaire général les matériaux de la nutrition et des sécrétions ; il revient ensuite se mélanger avec la lymphe et le chyle qui aboutissent dans le système veineux, et se porte, ainsi mélangé, dans le poumon, où l'action de l'air lui rend les propriétés qu'il avait perdues, et d'où il revient au cœur pour aller les épuiser de nouveau. Il y a donc des rapports très intimes entre la circulation et la respiration. — *Bot.* Les végétaux n'ont ni cœur, ni artères. Le mouvement des fluides qui les parcourent ne peut avoir lieu que sous l'influence combinée de causes physiques, telles que la chaleur, l'endosmose, et de causes vitales, telles que la contraction des vaisseaux. On reconnaît dans les plantes deux circulations distinctes : 1° la giration; 2° la cyclose. La première, découverte en 1772 par l'abbé Corti, consiste dans un mouvement de rotation du fluide et de ses granules à l'intérieur de chaque utricule, dans la direction du grand axe. Il est, dans chaque cellule, indépendant de celui des cellules voisines. C'est à ce mouvement gyratoire que doit se borner la circulation proprement dite dans les plantes dépourvues de vaisseaux et de trachées. La cyclose fut observée la première

fois, à l'aide du microscope, en 1820, par Schultz, de Berlin. Elle a lieu dans des tubes grêles, mous, flexibles, clos ou anastomosés entre eux, variant dans les diverses plantes et aux divers âges, et contenant le suc propre ou *latex*. La cyclose a été observée sur la plupart des végétaux munis de trachées, de vaisseaux. On la rencontre dans toutes les parties dans la composition desquelles entrent des trachées, des vaisseaux rayés, fendus. Elle consiste dans un mouvement de translation et d'oscillation. Le latex est visqueux, souvent opaque et coloré en blanc comme dans les Euphorbes, ou en jaune comme dans la Chélidoine. C'est lui qui fournit la sève proprement dite, et la dépose sous *forme de Cambium* dans les parties où doit se faire l'accroissement.

CIRCULATOIRE, adj., *circulatorius* ; qui appartient à la circulation. *Appareil circulatoire :* ensemble des vaisseaux qui servent à la circulation.

CIRCUMDUCTION, s. f., *Circumductio*, de *circum*, autour, et *ducere*, conduire ; mouvement circulaire que peuvent exécuter les parties articulées par *genou*, ex. : l'humérus sur le scapulum, le fémur sur le coxal.

CIRCUMFUSA ; mot latin servant à désigner la classe des agents de l'hygiène qui renferme tout ce qui agit extérieurement et d'une manière générale sur les animaux. Ex. : les climats, les habitations, etc.

CIRE. *Cera*, de κηρός, cire. On donne ce nom à une matière grasse, spéciale, sécrétée par les abeilles, et à l'aide de laquelle ces insectes construisent les cellules où ils déposent leurs larves et leur provision de miel. On la sépare de cette dernière substance par la chaleur et la pression; puis on la fond dans l'eau bouillante, pour la laisser ensuite figer en se refroidissant; alors elle est jaune et odorante par suite de l'existence d'un principe colorant et d'un principe aromatique que les abeilles empruntent aux plantes sur lesquelles elles butinent. On blanchit la cire en la traitant par le chlore, mais ce corps l'altère en s'y fixant; on obtient de meilleurs résultats en faisant tomber cette substance fondue sur une roue ou un cylindre tournant au milieu de l'eau, et en exposant ensuite le ruban qui s'est formé à l'action de la rosée. La cire alors est pure et ne renferme que deux principes, la *cérine* et la *myricine*. (*V.* ces mots), dans les proportions de 0,70 de la première, et de 0,30 de la seconde, d'après John. La cire *vierge* est solide, amorphe, blanche, opaque, cassante, douce au toucher, insipide, inodore et d'une densité de 0,972. Chauffée, elle fond à 68° ; distillée à vase clos elle se décompose, donne une eau acide, un principe volatil, odorant, et une huile concrète qui portait autrefois le nom de *beurre* de cire, lequel distillé une deuxième fois produisait de l'*huile* de cire. L'eau n'a pas d'action sur la cire, mais les

classification naturelle ou artificielle des *métalloïdes*, et surtout des *métaux* (*V.* ces mots), est admise dans l'enseignement depuis un certain nombre d'années. Celle des substances organiques a beaucoup varié et n'est pas encore définitive. *V.* ORGANIQUE. — *Pharmacologie.* La classification des médicaments peut être basée sur leurs caractères naturels, sur leur composition chimique, sur leur forme pharmaceutique, sur leurs effets physiologiques ou thérapeutiques, etc.; chaque auteur prend pour caractères primitifs ou secondaires l'un ou l'autre de ces points de vue, et construit ainsi une classification plus ou moins arbitraire et le plus éloignée possible de celles déjà existantes. *V.* MÉDICAMENT. — *Bot. V.* MÉTHODE et SYSTÈME.

CLAUDICATION, s. f., de *claudicare*, boiter. *V.* BOITERIE.

CLAVAIRE, s. f., *Clavaria;* genre de la famille des Champignons, tribu des Hyménomycètes. Les espèces de ce genre sont nombreuses et répandues dans toute l'Europe. La plupart sont comestibles ou inoffensives. La plus commune chez nous est la **C.** coralloïde, vulg. Barbe de bouc, Ganteline, Mainotte, etc., *C. coralloïdes;* on en fait une grande consommation. On mange aussi en France les Clavaires crépue, cendrée, botryde, etc.

CLAVÉ, CLAVIFORME, adj., *clavus, claviformis ;* en forme de massue.

CLAVEAU, s. m. Nom donné par les vétérinaires à la matière claveleuse, susceptible de transmettre la clavelée par inoculation. Girard a établi que ce produit n'est pas le pus fourni par la pustule, que la suppuration est un épiphénomène. Le claveau consiste dans la sérosité qui est sécrétée à une certaine période; il est limpide et presque transparent. D'après Lebel, la pustule claveleuse, soit naturelle, soit inoculée, peut fournir du virus du sixième au seizième jour de l'inoculation; pour l'obtenir, on incise longitudinalement la pustule, et, quand l'écoulement du sang a cessé, l'incision donne assez de claveau pour inoculer plus de deux cents bêtes. La découverte de l'incision des pustules pour obtenir le virus appartient à Miquel de Béziers et Thomières. — Il résulte des expériences de Girard, que les pellicules, les débris de croûtes, la laine, le sang pur, ne déterminent pas l'éruption claveleuse. Cependant, on pourrait croire que le sang est susceptible de transmettre la maladie, si, comme on l'assure, les agneaux qui naissent de brebis infectées de la clavelée n'en sont pas atteints. Pour recueillir le claveau, on incise la pustule, et l'on remplit des tubes capillaires avec la sérosité qui succède à l'écoulement du sang. On plonge l'extrémité d'un tube dans l'incision, et le virus y pénètre; il faut éviter l'introduction des bulles d'air. On a donné le conseil de recueillir cette matière entre des plaques de verre, ce qui permet de la conserver au plus pendant une an-

née. Les tubes capillaires sont préférables, quand on a le soin de boucher hermétiquement les deux extrémités et de les conserver à l'abri de l'air et de la lumière dans un flacon rempli d'eau (Lebel); ainsi recueilli, le claveau peut se conserver même pendant deux années. On recommande le choix d'un virus provenant d'une clavelée bénigne naturelle, des dangers pouvant résulter de l'inoculation d'un claveau confluent, qui transmet une maladie plus grave. — Il est important de savoir si le virus claveleux perd après un grand nombre d'inoculations successives la faculté de donner une clavelée locale bénigne et préservatrice. Des faits irrécusables établissent que la propriété contagifère du claveau s'affaiblit après un grand nombre d'inoculations successives, mais qu'il conserve assez d'effet pour préserver les bêtes à laine de la clavelée. A l'École de Vienne, on a transmis le virus de la clavelée inoculée de trente à trente-trois fois par an, pendant neuf années, sans lui faire perdre ses propriétés contagieuses et préservatrices.

CLAVELÉE, s. f., de *clavus*, clou, à cause de la forme des pustules qui caractérisent cette maladie; affection éruptive, contagieuse, particulière aux bêtes à laine, qui se manifeste par le développement de pustules. Synonymie : *claveau, clavelade, rougeole, variole des moutons, petite vérole, picotte*, etc. Elle existe chaque année dans les départements où l'on élève des moutons ; elle se montre fréquemment dans le Berry, la Sologne, la Champagne ; on l'observe rarement dans le nord de la France : souvent elle prend le caractère épizootique et cause de grands ravages parmi les troupeaux. Bourgelat, Gilbert, Tessier, Voisin, Girard, D'Arboval, Delafond se sont spécialement occupés de cette maladie, généralement redoutable quand elle se produit naturellement. — La contagion est la cause principale de la production de la clavelée ; on ne peut la contester après la preuve fournie par l'inoculation. Elle peut être transmise par les émanations, les vapeurs morbides, par l'air, les vêtements des bergers, les poils des chiens, la toison des moutons bien portants. La contagion est possible pendant 15 à 16 jours sur 25 à 30, durée de la maladie. Les émanations peuvent être portées à 2 ou 300 mètres par les courants d'air sec et chaud (Delafond). La clavelée se montre, pendant toutes les saisons de l'année, sur les bêtes vigoureuses, comme sur celles qui sont languissantes. On ignore complètement les causes de cette maladie quand elle se déclare spontanément.—L'éruption ne se montre pas en même temps sur toutes les bêtes d'un troupeau, mais en trois fois, à trois époques, séparées par vingt à trente jours et qu'on nomme *bouffées* ou *lunées*. La clavelée est dite *bénigne* ou *maligne*, suivant que ses caractères présentent plus ou moins de gravité : *discrète*, si les pustules

tées par la chèvre et le mouton. Les espèces les plus communes du genre formé par Linné ont été placées dans le genre *Helianthemum*.

CITERNE , s. f. ; excavation souterraine, voûtée, destinée à recevoir et à conserver les eaux de la pluie ou autres, ou à recueillir les engrais liquides. Leurs parois et leur fond doivent être imperméables. Leur établissement intéresse donc l'économie de l'homme et du bétail, l'horticulture, et se lie à la question des engrais. — *Anat.* Nom donné par analogie à un réservoir dans lequel viennent aboutir les chylifères et les lymphatiques de la partie postérieure du corps. Cette cavité, appelée *citerne sous-lombaire* ou *réservoir de Pecquet*, forme le commencement du *canal thoracique* (*V.* ce mot).

CITRATE , s. m. ; genre de sels formés par l'acide citrique et les bases salifiables ; ils sont *neutres* ou *basiques*. On les obtient pour la plupart artificiellement ; ils sont solides, incolores, solubles ou insolubles et facilement décomposables au feu où ils se boursoufflent et noircissent à la manière des tartrates. Ils sont peu importants.

CITRIN , *V.* ONGUENT.

CITRIQUE , *V.* ACIDE.

CITRONELLE , s. f. ; nom vulgaire de plusieurs plantes de la famille des Composées.

CITRONNIER , s. m., *Citrus*, T. ; genre peu nombreux de la famille des Aurantiacées. Les citronniers sont des arbres ou des arbustes originaires de l'Asie, cultivés dans les contrées chaudes de l'Europe et dans quelques parties de la Provence, pour leurs fruits acidules et rafraichissants. On doit distinguer dans ce genre les espèces suivantes : le C. commun ou bigarade , *C. vulgaris*, le cédrat ou *C.* à gros fruits, *C. medica*, le limonier à fruits doux ou C. bergamotte, *C. limetta*, le limonier ordinaire, *C. limonum* ; c'est lui qui fournit le fruit consommé sous le nom de citron ; le C. oranger ou simplement l'Oranger, *C. aurantiacus*.

CITROUILLE , *V.* COURGE.

CIVETTE , s. f. ; substance animale onctueuse sécrétée par un mammifère carnassier appelé *chat musqué* ou *civette* (*viverra civetta*). La glande qui fournit cette matière est située entre l'anus et les parties génitales, et parait formée par une réunion de follicules contenus dans une sorte de poche qu'on peut vider de la matière sécrétée sans sacrifier l'animal. La civette est molle, onctueuse , brunâtre , d'odeur forte et musquée. Employée autrefois en médecine comme antispasmodique , la civette n'est plus usitée qu'en parfumerie.

CLAIE , s. f. ; treillage en bois ou en fer servant de clôture pour les parcs à bestiaux , les propriétés , d'abri pour les plantes, d'abat-jour, etc. , etc.

CLAPIER , s. m. *Hyg.* : lieu où l'on entretient les lapins domestiques. Il doit être divisé en compartiments et avoir au moins : 1° un *grand commun* pour les mâles et les lapins châtrés ; 2° un commun particulier pour les femelles et leurs petits. — *Path.* Sinus ou foyer qui se forme plus ou moins profondément dans des abcès étendus, sur le trajet des fistules. Les clapiers sont communs dans le mal de garrot , le mal d'encolure ; ils sont entretenus par la présence du pus. On peut les faire disparaitre par la compression et surtout en pratiquant des contre ouvertures dans leur partie déclive.

CLARIFICATION , s. f., *Clarificatio*, de *clarus*, clair, et *facere* , faire. On nomme ainsi une opération pharmaceutique à l'aide de laquelle on sépare d'un liquide les particules solides qu'il tient en suspension , et qui lui ôtent sa transparence et sa pureté. Cette opération se compose de plusieurs manipulations particulières, qu'on emploie concurremment ou isolément, comme la *décantation*, la *coagulation*, la *filtration*, etc. La clarification consiste essentiellement dans l'emploi d'une substance coagulable par la chaleur ou par une réaction chimique, qui enveloppe en se solidifiant les impuretés contenues dans le liquide à clarifier, et qui les entraine dans le fond des vases en se déposant , ou les amène à la surface sous forme d'écume. C'est dans ce but qu'on emploie l'albumine du blanc d'œuf, le sang de bœuf, la colle forte ou celle de poisson, etc. Lorsque le liquide à clarifier contient lui - même des substances coagulables, comme de l'albumine végétale ou animale, on emploie d'abord la chaleur, et, si elle ne suffit pas, on fait intervenir l'action des acides, de l'alcool absolu, etc. , c'est par ces divers moyens qu'on clarifie les sirops, les vins , le petit lait, les sucs frais des plantes ; etc.

CLASSE , s. f. : grande division des objets étudiés en histoire naturelle , intermédiaire entre le *règne* et la *famille*, ou *l'ordre*. Les *mammifères* forment une classe du règne animal , se divisant en ordres ou familles.

CLASSIFICATION , s. f. *classificatio* ; disposition et division des objets à étudier en plusieurs groupes qui se subdivisent eux-mêmes , jusqu'à ce que l'on arrive à l'objet unique ou à *l'espèce*. — Les classifications deviennent nécessaires toutes les fois que les objets à étudier sont nombreux. — Les classifications peuvent être *naturelles* ou *méthodiques*, c'est-à-dire fondées sur l'ensemble des analogies générales que présentent les individus. Elles peuvent être *artificielles* ou *systématiques*, c'est-à-dire, fondées sur l'étude d'un seul point de l'organisation. Les premières sont les plus utiles et les plus rationnelles. — En zoologie, le point de départ des classifications, est pris dans le caractère le plus essentiel des animaux, le système nerveux ; les divisions secondaires sont ensuite tirées des organes les plus importants, tels que ceux de la locomotion, de la digestion, etc. *V.* ANIMAL. — *Chimie.* Les essais de classification appliqués à la chimie ont eu jusqu'ici très peu de succès. Cependant la

parce que, dans un canton, elle rend inutiles les autres moyens préservatifs, la surveillance toujours si difficile de l'autorité, et qu'elle abrège la durée de l'épizootie, c'est l'*inoculation*, *V.* CLAVELISATION. La claveléc est particulière à l'espèce ovine. Elle est l'analogue des affections varioleuses des autres espèces, mais ne doit point être confondue avec elles. Elle ne paraît pouvoir attaquer le même animal qu'une seule fois, du moins quand elle a parcouru régulièrement toutes ses phases.

CLAVELISATION, s. f., *Clavelisatio;* inoculation de la clavelée. C'est à cause de l'analogie que la clavelée présente avec la petite vérole de l'homme, qu'on a eu recours à cette opération dans le but de produire une maladie plus bénigne que celle qui se serait développée naturellement sur les moutons soumis à la contagion. La clavelisation a été préconisée par un grand nombre de vétérinaires et d'agriculteurs. Les travaux les plus importants sur ce sujet sont dûs à Huzard, Grognier, D'Arboval, Dupuis, Girard, Miquel, Renault, Lebel et Delafond. — Par l'inoculation de la clavelée, on obtient des avantages incontestables : cette opération donne rarement une éruption maligne; elle est peu dangereuse; elle limite à cinq à six semaines la durée de l'affection; tandisque la clavelée naturelle dure de trois à quatre mois dans un troupeau : les sujets qui ont été inoculés sont à l'abri de contracter cette affection une seconde fois, quelles que soient les circonstances dans lesquelles on les place. On a objecté que la clavelisation a quelques inconvénients : elle fait naître une maladie qui n'existait pas; elle peut développer une éruption meurtrière quand les inoculations ont été mal faites : son emploi nécessite des dépenses peut-être inutiles. Ces objections n'ont aucune importance devant les résultats heureux qui ont été publiés, surtout quand on inocule les sujets exposés à l'épizootie claveleuse. D'après Hurtrel d'Arboval, la perte produite par la clavelisation ne s'élève pas à 1 p. $^0/_0$; les inoculations faites sur 16,000 bêtes dans les troupeaux du marquis de Brabançois, donnent le même résultat : la perte est donc très minime après les clavelisations faites sur des troupeaux bien portants. Pendant le règne de l'épizootie claveleuse, on n'observe pas un plus grand nombre d'accidents après l'inoculation. Ainsi 28.533 bêtes ont été inoculées pendant que cette maladie existait dans les troupeaux; sur ce nombre 285 sont mortes, et 28,248 ont été guéries; la perte égale donc 1 pour $^0/_0$ (Delafond). En Prusse, on a évalué la perte dans ce cas à 2 $^1/_2$ pour $^0/_0$; en Autriche cette perte a été nulle. — On peut claveliser à toutes les époques de l'année ; à moins que l'on ne redoute la maladie régnante, le printemps et l'automne sont les saisons les plus favorables ; le froid humide est nuisible et prédispose à des accidents. — Les moutons n'exigent aucune préparation pour être clavelisés. Gasparin conseille de ne pas inoculer les bêtes atteintes de la pourriture. Il faut éviter principalement de transmettre la clavelée à des sujets contagionnés et sous le coup de la fièvre d'incubation de la clavelée naturelle. — Le choix du virus claveleux importe beaucoup pour le succès de la clavelisation (*V.* CLAVEAU). — L'insertion du virus claveleux peut être faite sur diverses parties du corps. Depuis quelques années les vétérinaires préfèrent la pratiquer à la face inférieure de la queue, cette partie servant tout aussi bien à la transmission du virus et pouvant être retranchée en cas d'accidents. On préfère, dans la Brie, inoculer à la face interne de la jambe, parce qu'on a l'habitude de couper la queue des bêtes à laine dans leur jeune âge. La clavelisation aux avant-bras et sous le ventre est généralement rejetée. — Pendant longtemps on a pensé qu'il fallait pratiquer quatre piqûres pour assurer le succès d'une inoculation; cette réunion de plusieurs piqûres cause souvent des tumeurs furonculeuses et une fièvre de réaction violente. L'expérience prouve que deux piqûres à la queue doivent suffire (Delafond); on peut même se contenter d'une seule piqûre à un seul membre, et éviter ainsi des accidents locaux (Lebel). — Quelques auteurs conseillent d'inoculer avec l'aiguille cannelée ; le plus grand nombre préfère la lancette qui permet d'éviter plus facilement l'introduction du virus dans le corps dermoïde de la peau. On distingue plusieurs méthodes qui n'offrent pas toutes le même avantage. 1° *Clavelisation par piqûre*. A. *Emploi de la lancette*. C'est le meilleur procédé. Avec une lancette étroite on soulève un petit lambeau d'épiderme pour déposer dans cette plaie très légère le virus claveleux. B. *Emploi de l'aiguille*. On se sert de l'aiguille cannelée, plus forte en proportion que celle employée pour la vaccine. Un opérateur habile peut, avec l'aiguille, inoculer tout aussi bien qu'avec la lancette, sans pénétrer au-delà du point qu'il doit atteindre. 2° *Clavelisation à la mèche*. C'est un procédé défectueux qui consiste à introduire sous l'épiderme, avec une aiguille à coudre, un fil de laine ou de coton imprégné de virus. 3° *Clavelisation par les voies digestives*. Ce procédé, qui n'a pas encore subi la sanction de l'expérience, aurait des résultats bien plus avantageux que les autres moyens d'inoculation employés jusqu'à présent. Deux vétérinaires des environs de Montpellier, Roche Lubin et Belliol, conseillent de donner aux moutons qu'on veut inoculer une provende de son à laquelle on ajoute un résidu formé par la pulvérisation des croûtes recueillies sur les animaux infectés, auxquelles on ajoute du sel imprégné du sang des bêtes claveleuses. Du cinquième au sixième jour, les symptômes de la clavelée bénigne se manifestent sur le plus grand nombre des bêtes à laine ; la maladie suit sa marche ordinaire: vingt jours après, les moutons sont dans un

sont isolées ; *confluente*, quand elles sont rapprochées les unes des autres. On la dit *régulière*, quand elle parcourt ses périodes sans complication fâcheuse ; *irrégulière*, lorsqu'elle ne suit pas sa marche ordinaire.— Il faut distinguer dans les symptômes et la marche de la clavelée, des temps ou périodes, au nombre de cinq : 1° *incubation ;* elle est de huit à dix jours, et dure depuis le moment de l'absorption du virus contagieux jusqu'à l'apparition des premiers symptômes ; rien ne manifeste son existence ; 2° *invasion*, époque à laquelle se montrent les premiers signes fébriles ; 3° *éruption*, développement de taches rouges sur les parties où la peau est plus fine, sous le ventre, autour des mamelles, des organes sexuels ; du centre de ces points s'élèvent des pustules qui deviennent rapidement blanchâtres ; 4° *sécrétion ;* du sixième au dixième jour, il y a sécrétion d'une humeur séreuse, limpide qui constitue le virus claveleux ou claveau ; 5° *desquamation ;* les croûtes pustuleuses se forment et tombent du quinzième au dix-huitième jour. Les périodes ne suivent pas toujours cette régularité : dans la clavelée *irrégulière*, les symptômes ont plus d'intensité ; il en est de même pour la clavelée *confluente*. Cette gravité résulte de la fatigue des troupeaux, de l'influence des grandes chaleurs, des grands froids, des habitations malsaines. On observe, dans le début, un mouvement fébrile plus prononcé, le dégoût pour les aliments; plus tard, un état adynamique, un jetage ichoreux jaunâtre par les narines, des pustules nombreuses autour des ouvertures naturelles, l'inflammation des muqueuses, la dyssenterie, la mort. — La mortalité causée par la clavelée non inoculée est fort variable : elle est plus considérable sur les races exotiques non acclimatées : les intempéries atmosphériques favorisent les accidents. Delafond a déterminé le chiffre moyen de mortalité dans le cas de clavelée sporadique, enzootique et épizootique ; il s'élève en moyenne à 20 pour 100 ; les cas les moins malheureux sont de 15 pour 100 ; les plus malheureux de 30 à 40 pour 100. C'est en Prusse qu'on a constaté le chiffre le plus bas, qui serait de 7 pour 100. La clavelée, donnée par inoculation, produit à peine une perte de 1 pour 100. Cette maladie occasionne encore d'autres dommages, tels que des affections de longue durée, l'avortement des brebis, la chute d'une partie de la toison. Comme complications, il faut redouter les métastases, des maladies chroniques du poumon, des intestins, des claudications permanentes, la perte de la vue, etc. —A l'autopsie des animaux qui ont succombé, l'on observe de nombreux désordres : odeur infecte des cadavres, altération de la peau par le travail du développement des pustules; ouvertures naturelles ulcérées, enduites de matières purulentes infiltration; du tissu cellulaire sous-cutané des muscles, qui sont pâles et blafards : ulcération, gangrène de la

trachée ; rougeur des plèvres, hydrothorax ; poumons livides, hépatisés ; collection séreuse dans le péricarde ; cœur ecchymosé; pustules blanches sur la face interne du rumen, analogues à celles de la peau ; inflammation du tube intestinal; désorganisation du foie ; ecchymoses des méninges, congestion séreuse dans les sinus cérébraux, etc. — Lorsque la clavelée règne dans une contrée, l'autorité doit prescrire des mesures de police sanitaire ; ce qui n'empêche pas d'avoir recours à des moyens curatifs. Il faut, par des soins hygiéniques, favoriser l'éruption de la clavelée et sa marche régulière ; on donne des boissons légèrement salées ; on entretient autour des malades une température modérée. Si la maladie n'est pas régulière, on administre l'infusion de fleurs de sureau, le vin de quinquina, surtout dans le cas d'adynamie. Les saignées, les purgatifs, les vésicants sont plutôt nuisibles qu'utiles. Dans la clavelée compliquée de pourriture, d'affection vermineuse, il est utile de faire prendre des toniques, des vermifuges. On fait la médecine des symptômes pour les autres complications qui surviennent sur les yeux, les organes respiratoires, la région digitée.—La clavelée est une affection rangée par la loi du 20 mai 1838, parmi les cas rédhibitoires : cette maladie, reconnue chez un seul animal, entraîne la rédhibition de tout le troupeau. La rédhibition n'a lieu que si le troupeau porte la marque du vendeur.—*Pol. Sanit.* La clavelée est contagieuse ; sa transmission de l'animal malade à l'animal sain peut avoir lieu par inoculation naturelle ou artificielle, par la cohabitation et à distance. Gilbert pensait que l'atmosphère contagionnée qui entoure les malades peut être transportée et agir à 400 pas *sous le vent*. Il faut supposer alors que toutes les conditions sont favorables au transport et à l'action du virus, ce qui doit arriver rarement. Le virus existe principalement dans les pustules ; mais celles-ci n'en renferment pas à toutes les époques de leur existence, par exemple, à la période d'éruption. Pendant combien de temps la propriété contagifère réside-t-elle dans les boutons, dans les croûtes, dans le troupeau claveleux ? On admet qu'elle ne survit que quelques jours, 15 jours tout au plus, après la desquamation. Les avis sur cette question sont divisés ; cela tient à ce que les expériences faites sur des animaux isolés n'ont pas donné les mêmes résultats que l'observation des troupeaux claveleux dans lesquels on n'a voulu voir que les trois bouffées classiques admises par les anciens vétérinaires. Les mesures de police applicables à la clavelée sont toutes celles prescrites par les art. 459, 460, 461 et 462 du Code pénal; les arrêts du 16 juillet 1784, du 23 décembre 1778. La mesure de l'occision, les dispositions relatives à l'enfouissement du cadavre entier, ne doivent être appliquées qu'aux sujets affectés de clavelée confluente. La mesure préférable.

rature, les climats correspondraient aux lignes isothermes de Humboldt; mais les climats sont aussi déterminés par la hauteur des lieux, la direction et la nature du sol, les cours d'eau, la végétation, les vents, etc., en sorte que les véritables climats hygiéniques, produits d'une foule d'influences locales, ne sont en réalité que des *localités* plus ou moins étendues. — CLIMATS CHAUDS; Ils sont compris, dans chaque hémisphère, entre l'équateur et le 30⁰ ou 35⁰ de latitude. La moyenne de leur température à l'ombre est de 27 à 29⁰ centigrades. On n'y distingue que deux saisons : l'été et la saison des pluies. Les plantes y prennent généralement beaucoup de développement, la végétation est presque continue. C'est là que l'on trouve des Malvacées et des Graminées gigantesques ; les plantes grasses y sont très communes. Dans ces climats, privilégiés sous quelques rapports, les animaux domestiques ont ordinairement une taille petite, ils sont nerveux, agiles, sobres. Les affections cutanées, bilieuses, nerveuses, inflammatoires sont les plus communes. Plusieurs espèces animales, non naturalisées chez nous, y sont soumises à la domesticité. — CLIMATS FROIDS. Ils s'étendent des pôles au 55⁰ de latitude. On n'y remarque également que deux saisons bien distinctes, mais dont la la température est fort différente. Le thermomètre qui descend en hiver jusqu'à — 30⁰ ou 40⁰, et même plus bas encore, s'élève en été jusqu'à + 20⁰ ou + 30⁰. La végétation des climats froids est peu variée et ordinairement faible. Là on ne retrouve plus le blé, ni la vigne, qui font la richesse des climats tempérés. Le chêne, le bouleau, les conifères, les mousses, y prédominent ; le nombre des espèces va d'ailleurs en diminuant à mesure qu'on s'approche des pôles, et la terre, au niveau des neiges éternelles, ne se couvre plus que de quelques lichens. Les pluies fréquentes, le froid intense, la longueur de l'hiver, empêchent d'y cultiver des plantes qui demandent beaucoup de chaleur ou dont les fruits mûrissent lentement. Les animaux domestiques y sont petits, mais robustes et sobres ; ils ont des formes généralement communes et une abondante fourrure qui les protége contre le froid. Ce sont les maladies inflammatoires et asthéniques, qui prédominent dans ces climats. — CLIMATS TEMPÉRÉS. Ils sont compris entre les 30⁰ ou 35⁰ et le 55⁰ de latitude. La température y est fort variable et peut atteindre des extrêmes assez éloignés. Ils ont quatre saisons bien distinctes dans lesquelles domine le caractère chaud, froid ou humide. Si ces climats ne sont pas propres à tous les genres de culture, ils admettent au moins la plus grande variété. Les Labiées, les Ombellifères, les Crucifères, les Graminées, les Composées, les Amentacées, les Rosacées, etc., y sont représentées par une foule d'espèces utiles ; le froment, l'orge, l'avoine, le seigle, la vigne, l'olivier y crois-

sent en abondance. C'est dans les climats tempérés que se trouvent les plus grandes races domestiques et, à très peu d'exceptions près, les plus belles et les plus précieuses. Les maladies dues à la chaleur, à l'humidité, au froid, y prédominent selon les saisons.

CLIMATÉRIQUE, adj. ; qui appartient au climat. — *Années climatériques* : celles qui marquent certaines époques critiques dans la vie de l'homme.

CLIMATOLOGIE, s. f., *Climatologia* ; description des climats et des circonstances qui les caractérisent.

CLINANTHE, s. m. ; *Clinanthium*, de χλίνη, lit, et ανθος, fleur ; sommet élargi d'un pédoncule chargé de fleurs sessiles, comme dans les Composées, les Dipsacées. Sa forme, sa vestiture sont très variées ; il peut être concave, convexe, alvéolé, nu, paléacé, séteux, etc. *V.* AMPHANTE et PHORANTE.

CLINIQUE, s. f. de χλίνη, lit ; enseignement de la médecine de l'homme au lit des malades. Ce mot est employé dans le même sens en vétérinaire pour l'étude des maladies dans les hôpitaux. On dit : la *clinique d'une École*; le *professeur de clinique*. Ce terme, pris adjectivement, indique ce qui concerne le traitement des malades : *médecine clinique*, *leçon clinique*.

CLINODE, s. m., *Clinium*; assemblage de filaments plus ou moins longs, continus ou cloisonnés, naissant du réceptacle et portant une spore, dans les Champignons.

CLINOIDE, adj., *clinoïdes*, de χλίνη, lit, et ειδος, forme ; en forme de lit. — *Apophyses clinoïdes*, apophyses de la surface interne du sphénoïde, comparées, dans l'homme, aux quatre pieds d'un lit ; on ne trouve la trace de ces apophyses que dans le *porc* et surtout dans le *chat*; elles manquent complétement chez le *cheval*.

CLINOPODE, s. m., *Clinopodium*, T; genre de la famille des Labiées. L'espèce la plus commune est le C. commun, encore appelé *Basilic sauvage*, *C. vulgare*; on le trouve sur les lieux élevés, incultes. Les ruminants le broutent volontiers.

CLITORIDIEN, NE, CLITORIEN, adj. ; qui appartient au clitoris : *nerfs clitoridiens, artères clitoridiennes*.

CLITORIS, s. m., *Clitoris* ; organe érectile, analogue en petit au pénis du mâle, situé à la commissure inférieure de la vulve. Le corps caverneux du clitoris offre comme celui du pénis deux racines attachées à la crête ischiale ; sa partie libre est recouverte par la muqueuse, et entourée d'un repli de cette membrane qui lui forme un espèce de prépuce. — Le clitoris de la vache est grêle et allongé ; celui de la chatte contient un petit noyau osseux.

CLIVAGE, s. m., de l'allemand *Klaben*, fendre. On donne ce nom, en cristallographie, à la division mécanique et méthodique des cristaux. C'est une sorte de dissection d

état sanitaire parfait. — Les effets de la clavelisation se manifestent plus promptement dans les jeunes animaux ; l'éruption se montre plus tôt en été qu'en hiver. Les pustules apparaissent du troisième au sixième jour au pourtour des piqûres qui ont été faites ; quelquefois leur développement se propage à tout le corps. Après la transmission de la clavelée, il est utile d'avoir recours à quelques soins hygiéniques : ils consistent à préserver les bêtes inoculées du froid humide, des intempéries, d'une grande chaleur qui pourraient entraver le développement des boutons claveleux. — Des accidents sont à redouter après la clavelisation. Les tumeurs gangreneuses ou *anthrax claveleux* qui se montrent à la suite des piqûres, du dixième au vingtième jour, sont produites par un virus de mauvais choix, un trop grand nombre de piqûres, etc. Elles causent la mort ou produisent seulement un furoncle avec formation de bourbillon. Il faut y remédier par des scarifications autour de la pustule ou l'application du liniment ammoniacal. Le tétanos peut se montrer du vingt-cinquième au trentième jour de l'inoculation (Lebel). Enfin, l'accident le plus grave résulte de la transmission de la maladie aux sujets contagionnés pendant la fièvre d'incubation ; il survient une violente fièvre générale qui contrarie la marche de l'éruption et cause souvent la mort des moutons les plus vigoureux.

CLAVICULAIRE, adj., *clavicularis;* qui a rapport ou qui appartient à la clavicule, ex : *os claviculaire.*

CLAVICULE, s. f. *Clavicula*, de *clavis*, clé ; os contourné plus ou moins en S, articulé par une extrémité avec la partie antérieure du sternum, et par l'autre, avec l'acromion. La clavicule n'existe pas dans nos quadrupèdes domestiques ; le chat seul en présente un rudiment. Elle est très développée dans les animaux qui font servir le membre antérieur à la préhension, comme l'homme et les singes, et dans ceux qui l'emploient sous forme d'aile, pour s'élever dans l'air, comme les oiseaux et les chauve-souris.

CLAVICULÉ, adj., *claviculatus ;* pourvu de clavicules. — On appelle *rongeurs claviculés*, une section des animaux de l'ordre des rongeurs, par opposition à une autre section du même ordre, caractérisée par le défaut de clavicules, et portant le nom de rongeurs *acléidiens.*

CLAYONNAGE, s. m. ; assemblage de pieux et de fascines sous forme de claies, destiné à soutenir des terres ou à défendre contre les eaux les bords des rivières.

CLÉMATITE, s. f., *Clematis*, T. ; Genre de la famille des Renonculacées. Il a pour caractères : quatre à huit sépales colorés, pétales nuls ou plus courts que le calice, étamines nombreuses ; cariopses en nombre indéterminé, souvent ornés d'une queue plumeuse; feuilles opposées. Les clématites sont des arbrisseaux grimpants, communs au

bord des haies, des chemins ; quelques-unes sont cultivées comme plantes d'ornement. Elles sont vénéneuses à l'état frais ; cette propriété disparaît en partie par la dessiccation, et leurs feuilles peuvent être alors consommées sans danger. On trouve en France diverses espèces de clématites; la **C.** des haies, encore appelée Viorne, herbe aux gueux, **C.** *vitalba;* la **C.** flammule, **C.** *flammula*, commune dans le midi ; la **C.** droite, **C.** *recta*, regardée par quelques auteurs comme une variété de la précédente; la **C.** maritime, **C.** *maritima*, que l'on trouve aux bords de la Méditerranée ; la **C.** des Alpes, **C.** *alpina*, etc.

CLEVELAND, (cheval). Les anglais donnent le nom de Cleveland, ou mieux encore, de Cleveland-Bay, à une race de chevaux d'attelages qui n'occupait guère autrefois que le district de Cleveland au nord du Yorkshire, mais que l'on rencontre aujourd'hui dans plusieurs comtés. Elle s'est formée par le mélange du pur sang et du sang commun. Elle acquiert chaque jour plus de pur sang et devient de plus en plus élégante et légère. Presque tous les sujets de la race Cleveland ont une robe baie.

CLIGNEMENT, s. m., de *κλίνω*, baisser; mouvement involontaire par lequel on rapproche les paupières pour mieux voir les objets éloignés ou pour éviter une vive lumière.

CLIGNOTANT, ANTE, adj.; *corps clignotant :* espèce de troisième paupière placée dans le grand angle de l'œil, ayant pour base un fibro-cartilage confondu postérieurement avec un coussinet graisseux particulier qui s'insinue entre les muscles de l'œil. Recouvert par un repli de la conjonctive, le corps clignotant est destiné à essuyer l'œil en se portant d'un angle à l'autre, et ce mouvement lui est imprimé par la contraction des muscles du globe qui, en comprimant le coussinet graisseux, chassent ce corps au devant de la cornée. Le corps clignotant offre un développement en rapport inverse avec la facilité qu'a l'animal de s'essuyer l'œil avec le membre antérieur. — *Membrane clignotante :* cette membrane, mince et très mobile, remplace, chez les oiseaux, le corps clignotant des mammifères.

CLIGNOTEMENT, s. m.; mouvement involontaire et continuel des paupières. Souvent ce n'est qu'un simple frémissement de l'orbiculaire des paupières.

CLIMAT, s. m., *Clima*, de *κλίμα*, région. Les anciens géographes appelaient *climat* l'espace compris entre deux parallèles. — Le climat *hygiénique* est un ensemble de localités continues l'une à l'autre, où les conditions barométriques, thermométriques, etc., sont semblables, où les hommes et les animaux subissent les mêmes influences générales. On divise les climats en *chauds*, *tempérés* et *froids*. Si cette division ne reposait comme semblent l'indiquer les expressions employées, que sur des différences de temp é

aux progrès de l'inflammation, toutes les blessures non compliquées de la lésion de la gaine sont guéries promptement. Dans tous les cas, son usage est des plus favorables; ce n'est qu'après avoir employé cette méthode en quelque sorte expectante, qu'on se décide, après un insuccès, à une opération chirurgicale. L'opération du clou de rue consiste à faire une ouverture infundibuliforme jusqu'au fond de la piqûre. On ne pratique jamais la dessolure; on se borne à enlever la corne de la sole qui est décollée, à amincir le reste de cette partie du sabot. Si le fond de la plaie correspond à une nécrose de l'os du pied, il faut enlever avec la rainette ou la feuille de sauge, le tissu nécrosé. L'aponévrose plantaire est-elle blessée à son insertion, il est utile de la cautériser légèrement; on favorise l'exfoliation des parties tendineuses, qui ont été blessées superficiellement. Lorsque la gaine sésamoïdienne est ouverte, il suffit quelquefois de débrider cette ouverture; mais si le tendon fléchisseur est gangrené ou carié sur une certaine étendue, ce qu'on reconnaît à sa couleur verdâtre, l'opération est plus compliquée; il est nécessaire d'enlever l'expansion tendineuse tout entière dans la partie qui forme la gaine. Après ces opérations diverses, on garnit la plaie avec des plumasseaux imbibés d'eau-de-vie étendue d'eau; le pansement est retenu par des éclisses qui n'exercent qu'une compression modérée.—La disposition de l'articulation des deux derniers phalangiens avec l'os naviculaire fait que le clou de rue ne pénètre que très rarement dans l'articulation du pied.

CLOUS DE CHEVAL; clous qui servent à fixer le fer que l'on applique sous le pied du cheval. On distingue les *clous ordinaires* et les *clous à glace*. — Les *clous ordinaires* ont à la tête la forme d'une pyramide tronquée à quatre faces; ils présentent la *tête*, le *collet*, la *lame* ou la *tige*. A l'extrémité de la lame on ménage l'*affilure*, préparation qui consiste à raidir la lame et à tailler vers la pointe un talus, qui, lors de l'implantation du clou, doit le diriger en dehors. Les *clous à glace* varient par leurs formes; ceux qu'on place sur les côtés du pied sont terminés à l'extrémité de la tête par une surface tranchante, et représentant un prisme triangulaire, dont les faces sont latérales; il en est d'autres qui ont la forme de crampons, et qu'on implante sur la pince du fer des chevaux de trait.

CLYDESDALE (cheval du); grande et belle race de trait du comté de Clydesdale ou Lunarkshire, en Écosse. Un peu inférieure, pour l'étoffe, aux gros chevaux noirs de l'Angleterre, aux fortes races de la Flandre et du Boulonnais, elle leur est supérieure par la vitesse des allures. Dans tous les cas, le Clydesdale est à Glascow et à quelques autres villes de l'Écosse, ce que le gros cheval noir est à Londres, le boulonnais à Paris.

CLYSTÈRE. *V.* Lavement.

COAGULABLE, adj.; susceptible d'être coagulé ou réduit en coagulum, soit spontanément, comme le sang, le chyle, la lymphe, etc., soit par réaction chimique, comme le lait, l'albumine, la caséïne, etc., soit enfin par l'action de la chaleur comme la plupart de ces principes.

COAGULANT, adj., *coagulans;* qui a la propriété de solidifier les corps coagulables, tels que l'albumine, la fibrine, la caséïne, le lait, le sang, etc., c'est ainsi qu'agissent la chaleur, les acides concentrés, l'alcool, etc. Mialhe a donné le nom de médicaments *coagulants* ou *plastiques*, à ceux qui ont la propriété de coaguler ou de former des composés solides avec les éléments protéïques des liquides et des solides du corps. De ce nombre sont les acides sulfurique, azotique, chlorhydrique, etc., la baryte, les sels métalliques, les chloroïdes, le tannin, la créosote, le seigle ergoté, l'huile de croton-tiglium, la plupart des toniques, des astringents, etc.

COAGULATION, s. f., *Coagulatio;* transformation en coagulum ou en caillot; c'est une altération qu'éprouvent spontanément à l'air les liquides qui contiennent en dissolution des principes protéïques; tels sont la plupart des fluides de l'économie, la sève des plantes et les sucs extraits des végétaux. — Cette transformation se fait par l'action de la chaleur, par celle des acides, de l'alcool, etc., comme on le voit pour le chyle, la lymphe, le sang, le lait, la sève, etc. — On donne aussi le nom de *coagulation* à une opération pharmaceutique qui consiste à clarifier un liquide en produisant dans son intérieur un coagulum susceptible d'envelopper et d'entrainer les impuretés qu'il contient. *V.* Clarification.

COAGULÉ, adj., *coagulatus;* qui a subi la coagulation ou dont les éléments coagulables ont été solidifiés.

COAGULUM, s. m., synonyme de *caillot;* mot latin qui signifie *présure*, et qu'on a éloigné de son sens réel pour lui faire signifier la partie molle, amorphe et tremblottante qui s'est formée dans un liquide *coagulé*. *V.* Caillé, Caillot.

COALESCENT, adj., *coalescens*, soudé. —Une bractée est coalescente, lorsqu'elle est soudée avec le pédoncule. Le tilleul en offre un exemple.

COAPTATION, s. f., de *coaptare*, ajouter; moyen qui consiste à arranger dans leur position naturelle les fragments d'un os brisé, ou les surfaces d'une articulation luxée. *V.* Fracture.

COARCTATION, s. f., de *coarctare*, retenir; rétrécissement. Ce mot s'applique plus particulièrement au canal de l'urètre.— On dit aussi: la *coarctation du pouls*, comme synonyme de petitesse des battements d'une artère.

COBALT, s. m., *Cobaltum*, Co. Eq. 669,0. Corps simple métallique de la trac-

ces corps. Elle sert à mettre à nu les joints des couches de molécules cristallines groupées autour du noyau central ou de la forme primitive, *V*. Cristallographie.

CLOAQUE, s. m., *Cloaca*; cavité terminale de l'intestin des oiseaux et des reptiles, dans laquelle viennent aboutir les canaux excréteurs de l'appareil urinaire et de l'appareil génital.

CLOCHE, s. f., *Campana*. On appelle ainsi, dans les laboratoires, un manchon ou cylindre creux en verre, ouvert par une extrémité et fermé par l'autre. Cette dernière est arrondie en dehors et porte au milieu un bouton en verre au moyen duquel on peut saisir et déplacer le vase. Les cloches servent à recueillir, transvaser, mesurer et analyser les gaz. On en distingue plusieurs variétés : 1° la *cloche ordinaire*, munie d'un bouton ; 2° la *cloche à robinet*, portant sur la partie supérieure, percée d'un trou, une douille en cuivre munie d'un robinet ; elle est surtout employée à transvaser les gaz ; 3° la *cloche graduée*, divisée en fractions de litre ; elle sert à mesurer les gaz ; 4° la *cloche courbe* ou *recourbée*, qui est très étroite et recourbée vers l'extrémité fermée ; elle est employée surtout pour analyser les gaz composés, sur le mercure. — *Pathol.* Synonyme d'ampoule ; tumeur formée dans la brûlure par l'épiderme soulevé à mesure que la sérosité s'y accumule. — Nom vulgaire donné à la cachexie aqueuse du mouton. — *Bot. En cloche*, *V*. Campaniforme.

CLOISON, s. f., *Septum*; lame plus ou moins mince formée par différents tissus et servant à séparer des cavités différentes ou à diviser en plusieurs compartiments des cavités de même espèce. Beaucoup d'organes aplatis forment des cloisons, ex. : le diaphragme, le voile du palais, le médiastin, etc. La plupart des cloisons tirent leur nom des organes auxquels elles appartiennent, ex. : *cloison nasale*, *cloison ventriculaire*, *auriculaire*, etc. (*V*. ces mots.) — *Bot.*; lames membraneuses qui divisent en loges la cavité du péricarpe. On distingue des cloisons *vraies* et des cloisons *fausses*. Les premières sont formées par deux feuillets de l'endocarpe réunis entre eux par une couche de sarcocarpe interposé ; les cloisons fausses sont formées par des expansions du trophosperme ou par les bords repliés du péricarpe ; elles ne sont jamais alternes avec les divisions du stigmate. Les cloisons sont complètes ou incomplètes, longitudinales ou transversales, temporaires ou persistantes, séminifères, etc.

CLONIQUE, adj., de κλόνος, tumulte ; agitation, désordre indépendant de la volonté : *mouvement clonique*.

CLOPÉE, CLOPIN; noms vulgaires, synonymes de *piétin*.

CLOSTRE, s. m., *Clostrum*; de κλωστήρ ; fuseau ; nom donné par Dutrochet à une cellule très allongée, fusiforme, constituant le tissu fibreux du bois et des couches corticales.

CLOTURES, s. f.; moyens de séparation des propriétés. Arthur Young en distingue sept espèces : les haies vives, les haies mortes, les haies mortes ou vives avec fossé, les fossés, les palissades et les murs. A côté des avantages qu'elles présentent, les clôtures offrent à un degré plus ou moins prononcé les inconvénients qui suivent : elles occupent un certain espace, entretiennent l'humidité, la neige, les mauvaises herbes ; elles s'opposent à l'écoulement de l'eau, servent de refuge à des animaux nuisibles aux récoltes, empêchent les labours ou les rendent plus longs et plus difficiles. La loi du 6 octobre 1791 et le code pénal défendent d'arracher ou d'endommager les clôtures.

CLOU, *Clavus*; T. de path. chir. Synonyme de *furoncle* (*V*. ce mot.)

CLOU DE RUE; blessure de la partie inférieure du pied des grands animaux, produite par un clou ou tout autre corps étranger, qui a pénétré à travers la sole ou la fourchette. Les corps vulnérants que le cheval rencontre sont des clous, des morceaux de verre, des fragments de bois. Certains chevaux y sont prédisposés par leur travail dans les chantiers de construction, sur le pavé des villes. On distingue le *clou de rue simple* qui n'est pas accompagné de la blessure des tendons, et le *clou de rue pénétrant* ou *compliqué*, dans lequel l'aponévrose plantaire est perforée. — Ordinairement le conducteur examine le pied d'un animal, dès qu'il devient boiteux ; il peut reconnaître la présence d'un clou de rue, qu'il arrache immédiatement. L'intensité de la boiterie peut faire connaître la profondeur à laquelle le corps étranger est arrivé ; dans une blessure simple, le pied se pose sur le sol par toute sa face inférieure ; au contraire, l'appui n'a lieu que sur la pince dans le cas de division du tendon et d'altération de la gaine synoviale. Le liquide fourni par la plaie doit encore éclairer le diagnostic. Dans le clou de rue récent, c'est du sang qui s'écoule après l'extraction du corps vulnérant. Lorsque la plaie est ancienne, sa surface présente du pus blanc. Si l'os du pied et le tendon sont intacts, le pus est séreux ; dans le cas de carie du dernier phalangien, il est albumineux, cailleboté, si la gaine tendineuse est atteinte. — Les terminaisons sont la résolution, la suppuration, la gangrène ou ramollissement des tendons, l'inflammation de l'articulation du pied. Comme complication, on observe la fourbure, la déformation du sabot, la chute de ce même organe, la rupture des tendons, les javarts tendineux et cartilagineux. — Le pronostic est grave, quand le clou a pénétré dans l'aponévrose plantaire, quand il a atteint la gaine sésamoïdienne. — Ordinairement les symptômes du clou de rue disparaissent par l'effet d'un traitement simple, qui consiste à donner au malade un repos complet et à tenir le pied blessé plongé dans un bain d'eau froide pendant plusieurs heures de la journée. Par ce moyen, qui s'oppose

munis d'onglons ou sabots, les deux antérieurs seuls appuyant sur le sol ; douze mamelles; peau épaisse revêtue de poils raides appelés *soies*. Outre deux espèces étrangères, le Babyroussa, *S. babyrussa*, et le C. à masque, *S. larvatus*, le genre cochon nous fournit le C. ordinaire, *S. scropha*, dont le type sauvage est le *sanglier*. La domesticité a formé dans cette espèce une foule de variétés qui font de l'espèce du cochon, une ressource alimentaire des plus précieuses. *V.* Porc.

COCOTIER, s. m., *Cocos*, L.; genre de plantes de la famille des Palmiers, dont toutes les espèces sont originaires de l'Amérique équatoriale, à l'exception peut-être du cocotier commun, que l'on trouve aussi dans les îles de la mer du sud et sur les plages de l'Asie méridionale. Le genre Cocotier renferme deux espèces particulièrement intéressantes : 1° le Cocotier commun, *Cocos nucifera*, L., dont le tronc peut acquérir dix à vingt mètres de hauteur, et malgré son peu de solidité, sert à confectionner des charpentes, etc. Le bourgeon qui le termine est un mets très recherché. Son fruit est une sorte de noix appelée *noix de coco*, renfermant, avant la maturité, un liquide laiteux, agréable et sucré, qui donne par la fermentation une liqueur alcoolique. Ce liquide, en se concrétant, produit une huile douce avec laquelle on peut faire des émulsions. Les parois de la coque elle-même contiennent une huile très estimée employée à la fabrication du savon, et constituant aujourd'hui l'un des principaux produits de la culture du Cocotier. L'enveloppe qui entoure cette coque est filamenteuse et sert à fabriquer des cordes ou des tissus. Les feuilles sont employées à confectionner divers instruments de l'économie domestique, à couvrir les habitations, etc. ; 2° le Cocotier à beurre, *Cocos butyracea*, L., commun au Brésil ; il fournit, par l'expression de son amande, une matière butyreuse d'un goût agréable. — La séve de ces deux arbres, ainsi que de la plupart des cocotiers, est sucrée et donne par la fermentation une liqueur vineuse recherchée des habitants des contrées tropicales.

COCTION, s. f., *Coctio*, de *coquere*, cuire; on désigne ainsi l'effet dissolvant des liquides bouillants sur les substances organiques soumises à la *décoction* (*V.* ce mot) : souvent même on confond cet effet avec la décoction elle-même qui n'est que le moyen, la coction étant le résultat. Ce mot est à peu près synonyme de *cuisson*, mais ce dernier s'applique plus particulièrement aux substances alimentaires, tandis que le mot *coction* est employé pour désigner la dissolution des médicaments organiques dans les divers liquides. *V.* Cuisson.

CODE, s. m., de *Codex*, tronc d'arbre; recueil des lois, des constitutions, des rescrits des empereurs romains. — Dans le langage moderne, c'est l'ensemble des dispositions légales relatives à une spécialité. On distingue en France huit Codes : 1° *Code civil;* 2° *Code de procédure;* 3° *Code de commerce;* 4° *Code d'instruction criminelle;* 5° *Code pénal;* 6° *Code forestier;* 7° *Code de la pêche fluviale;* 8° *Code rural.* — En *pharm.*, synonyme de *codex;* c'est une collection de recettes ou de formules.

CODÉINE, s. f., de κώδυ, capsule de pavot. $C^{35} H^{20} Az^2 O^5$. Alcaloïde végétal, découvert en 1832 dans l'opium, par Robiquet. Il ne diffère de la morphine que par une partie d'oxygène en moins. Pour l'obtenir, on concentre les eaux-mères de la morphine; il se précipite du chlorhydrate de codéine et d'ammoniaque, qu'on traite ensuite par la potasse caustique; il se fait un précipité blanc d'hydrate de codéine, qu'on lave et qu'on dissout ensuite dans l'éther pour le faire cristalliser. — La codéine est solide, en cristaux rhomboïdaux, droits et hydratés si elle a cristallisé dans l'eau, et en aiguilles blanches, anhydres, si l'éther lui a servi de véhicule ; elle fond à 150°, perd une partie de son eau, et se prend par le refroidissement en une masse cristalline. L'eau froide n'en dissout qu'une petite quantité ; à 50°, elle en prend le tiers de son poids et plus de la moitié à 100° ; elle est également soluble dans l'alcool et l'éther. Sa réaction alcaline est très prononcée ; aussi forme-t-elle avec les acides des sels définis et cristallisés. Elle diffère de la morphine par sa solubilité dans l'eau et l'éther, par son insolubilité dans les alcalis; enfin, elle ne rougit pas par l'acide azotique et ne bleuit pas par les persels de fer. — *Pharmacol.* La codéine agit sur l'économie animale comme la morphine, mais avec moins d'activité (rapport 2 : 5) ; elle produirait, d'après quelques auteurs, un narcotisme plus doux, et porterait principalement son action sur les nerfs ganglionnaires (Barbier).

COECAL, E, adj., *cœcalis;* qui appartient au cœcum. — *Artères cœcales :* elles sont au nombre de deux, provenant du faisceau droit de la grande mésentérique. — *Veines cœcales :* elles suivent le trajet des artères et vont se jeter dans la veine-porte.

COECUM, s. m., *Cœcum*, de *cœcus*, aveugle ; première portion du gros intestin, présentant, chez les solipèdes, un très grand développement. Le cœcum a une longueur moyenne de 1 mètre 25 centimètres, et s'étend depuis le flanc droit jusqu'auprès du prolongement abdominal du sternum. Sa partie supérieure, ou l'arc du cœcum, fixée au rein droit, occupe le flanc ; sa partie moyenne, unie au colon, est logée dans l'hypochondre droit, et sa partie inférieure, ou la pointe, libre et flottante, avoisine le cartilage xyphoïde. Fortement bosselé dans toute son étendue, le cœcum offre des bandes charnues, longitudinales qui lui donnent de la solidité en même temps qu'elles soutiennent les bosselures. Deux ouvertures, situées vers l'arc,

sième section, isolé pour la première fois en 1733 par Brandt. Il existe dans la nature combiné à l'oxygène, au soufre, à l'arsenic, etc., ses minerais sont peu abondants et se trouvent surtout en Allemagne. On l'obtient à l'état de pureté et en culot, en calcinant à l'abri de l'air l'oxalate de cobalt, à la plus haute température d'un feu de forge. Il est solide, amorphe, d'un gris blanc légèrement rosé, et d'une densité de 8, 5. Sa dureté est très grande, sa ductilité et sa malléabilité sont peu marquées, sa cassure est à grains fins et crochus, comme l'acier. Chauffé, il ne fond qu'à 180° du pyromètre de Wedgwood et reste fixe. Exposé à l'air sec, il ne s'altère pas; à l'air humide il se couvre d'une rouille brune; il ne décompose l'eau qu'au rouge; à cette température il s'oxyde rapidement à l'air et peut même brûler, s'il est très divisé. Ses propriétés magnétiques sont dues, dit-on, au fer qu'il retient toujours. L'acide sulfurique et l'acide chlorhydrique le dissolvent à froid avec dégagement d'hydrogène. L'acide nitrique et l'eau régale l'attaquent avec beaucoup de force. Il a peu d'usages à l'état de pureté; ses composés sont employés dans les arts et les laboratoires.

COBÆACÉES, s. f., *Cobæaceæ*; famille végétale formée du genre Cobæa, distrait des Polémoniacées. Les Cobæa sont originaires de l'Amérique : ce sont des arbustes grimpants, généralement remarquables par le volume et la beauté de leurs fleurs.

COCCYGIEN, NE, adj. *coccygeus;* qui appartient au coccyx. — *Os coccygiens :* petites vertèbres avortées, dont l'ensemble constitue le coccyx.— *Artères coccygiennes :* artères de la queue; elles sont au nombre de deux de chaque côté, une *latérale supérieure* et l'autre *latérale inférieure;* une autre branche impaire constitue l'artère coccygienne médiane inférieure. Toutes ces artères émanent du *tronc coccygien*, fourni lui-même par l'artère *sous-sacrée.* — *Veines coccygiennes :* veines de la queue, aboutissant à la veine sous-sacrée. — *Nerfs coccygiens;* au nombre de trois ou quatre de chaque côté, ils émanent des dernières paires sacrées, et suivent le trajet des vaisseaux coccygiens.

COCCYGIO-ANAL, adj., *coccygio-analis;* qui appartient au coccyx et à l'anus. Nom donné par Chaussier au sphincter externe de l'anus.

COCCYX, s. m., *Coccyx;* assemblage d'un nombre variable de petites vertèbres avortées, allant en décroissant de volume de la première à la dernière, et constituant la queue. Le nombre des pièces du coccyx varie suivant les espèces et même suivant les individus; il est d'environ 16, chez le cheval; 16 à 18, chez le bœuf; 10 à 16 chez la brebis et la chèvre, 14 à 16 chez le porc; de 6 à 18 chez les carnivores.

COCHENILLE, s. f., *Coccus cacti;* insecte hémiptère qui fournit aux arts une matière colorante d'une belle couleur cramoisie. Cet insecte vit principalement sur les *cactus,* qu'on cultive exprès dans plusieurs contrées chaudes du globe, notamment au Mexique. La cochenille fournit une teinture cramoisie, du carmin, une laque carminée, etc. En médecine elle n'a aucun usage important.

COCHLÉAIRE ou **COCHLÉARIEN**, *cochlearis*, de *cochlear*, limaçon; nom donné par Cuvier à la *fenêtre ronde,* qui établit la communication de la caisse du tympan avec la rampe interne du limaçon.

COCHLEARIA, s m.. *Cochlearia*, L.;genre de la famille des Crucifères. Les espèces principales de ce genre sont : le *C. officinalis,* C. officinal, herbe aux cuillers, et le *C. armoracia*, C. de Bretagne, cranson rustique, grand raifort. Ces plantes croissent en France dans les lieux humides, sur le penchant des collines. Elles sont mangées assez volontiers par les ruminants, mais leur saveur âcre se communique au lait. La racine fraîche du *cochlearia armoracia* est rubéfiante; les vétérinaires l'emploient en trochisque. Ces deux espèces de cochléaria entrent dans plusieurs préparations pharmaceutiques. — *Pharm.* Le genre cochléaria fournit deux espèces médicinales, le *C. armoracia, V.* RAIFORT SAUVAGE, et le *C. officinalis.* Ce dernier fournit sa tige et surtout ses feuilles fraîches. Ces parties ont une odeur vive, pénétrante, rappelant celle de la moutarde, une saveur piquante, âcre et amère, propriétés qui disparaissent en grande partie par la dessiccation; de là l'utilité de les employer surtout à l'état frais. Les feuilles et les tiges du cochléaria officinal contiennent principalement une matière résineuse amère, et une huile volatile soufrée, d'une grande âcreté. On emploie le jus de ces parties, ou on en fait des infusions alcooliques, des teintures, qu'on administre à l'intérieur ou qu'on emploie à l'extérieur. Dans le premier cas, on donne la teinture de cochléaria à la dose de 3 à 4 décilitres aux grands animaux, et à celle de 15 à 20 gouttes aux petits; cette préparation agit comme excitante et antiseptique, et convient particulièrement dans les cas d'altération putride du sang accompagnée d'épanchements. A l'extérieur, le cochléaria est employé comme antiputride et surtout à titre *d'antiscorbutique;* on le donne dans ce dernier cas sous forme de gargarisme.

COCHLÉE, *V.* LIMAÇON.

COCHON, s. m., *Sus;* genre de mammifères pachydermes présentant comme caractères principaux : quatre ou six incisives à la mâchoire supérieure, six à l'inférieure, quatre canines, sept molaires à chaque arcade, en tout quarante-deux ou quarante-quatre dents; canines très fortes, sortant de la bouche et portant le nom de *défenses;* molaires à couronne tuberculeuse; nez prolongé formant un *groin* ou *boutoir* renfermant un petit os; yeux petits; pieds à quatre doigts

cavités gauches, une membrane qui se continue d'une part avec celle des veines pulmonaires, et, d'autre part, avec celle de l'aorte ; pour les cavités droites, un autre feuillet membraneux en communication avec la membrane interne des veines caves et de l'artère pulmonaire. Ces membranes, intermédiaires entre les séreuses et les muqueuses, ont reçu de leur position le nom d'*endocarde* (*V.* ce mot). — On peut considérer le cœur double, que nous venons d'examiner, comme deux cœurs, l'un *artériel*, l'autre *veineux*, complètement séparés l'un de l'autre. — Dans le *fœtus* la séparation n'est pas complète, le *trou de Botal* établissant une communication entre les deux oreillettes. — Dans le *bœuf*, le cœur, plus pointu que celui du cheval, offre aux orifices artériels un anneau osseux incomplet, qui est toujours plus développé à l'origine de l'aorte qu'à celle de l'artère pulmonaire. — Dans les *oiseaux*, le cœur est double comme chez les mammifères. — Dans les *reptiles*, on retrouve bien, chez la plupart, les deux oreillettes ; mais un ventricule unique reçoit à la fois le sang veineux et le sang artériel. — Chez les *poissons*, le cœur est simple et placé sur le trajet du sang veineux. C'est le contraire chez les crustacés et les mollusques qui présentent un cœur unique et artériel, excepté chez les *céphalopodes* qui possèdent trois cœurs, dont un artériel et deux veineux.

COFFRE, s. m.; ce nom est quelquefois employé pour désigner le tronc, et surtout la partie abdominale du cheval.

COHÉRENCE, s. f., *Cohærentia* ; adhérence réciproque des molécules des corps par l'effet de la *cohésion* (*V.* ce mot). Elle est plus ou moins prononcée selon l'état de la matière ; elle est à son maximum dans les solides. On donne aussi le nom de cohérence à l'état de plusieurs corps qui sont en contact immédiat, et entre lesquels s'est établie une adhérence. *V.* Adhésion. — *Bot.* Monstruosité végétale consistant dans la soudure d'organes ou de verticilles similaires.

COHÉSION, s. f.. *Cohæsio*, de *cum*, avec, et *hærere*. attacher. — *Attraction moléculaire*. On appelle ainsi la force attractive qui s'exerce entre les molécules des corps homogènes. On emploie le même mot pour désigner l'effet de cette force ou la *cohérence* des molécules les unes relativement aux autres. — La cohésion, qui est une des forces constitutives de la matière, varie beaucoup d'énergie selon l'état des corps ; très prononcée, en général, dans les solides, elle est faible dans les liquides et tout-à-fait nulle dans les gaz permanents. Elle ne produit ses effets qu'à des distances infiniment petites ; malgré son intensité dans certains corps, elle ne détermine jamais le contact réel des molécules entre elles. Les forces mécaniques détruisent constamment ses effets : la force dissolvante des liquides et la chaleur l'annulent également dans le plus grand nombre des corps. —

La cohésion des *solides*, quoique toujours évidente, présente divers degrés; très prononcée dans les corps *durs*, elle est plus faible dans ceux qui sont *mous; elle parait indépendante de la densité des corps, car le plomb, l'argent, sont plus lourds que le fer et l'acier, et cependant leur cohésion est moindre ; elle est indépendante aussi de la nature des corps, et parait plutôt subordonnée à l'arrangement de leurs molécules.—Il est des solides où cette force est très énergique, mais ne jouit que d'une sphère d'activité très circonscrite, ex. : *corps durs* (*diamant, verre, silice, acier, fonte*); d'autres où son intensité est très faible, mais présente une sphère d'activité considérable, ex. : *corps ductiles* (*caoutchouc, tissus organiques*). Enfin, dans les métaux, elle présente entre ces deux extrêmes toutes les nuances intermédiaires. — La cohésion des *liquides* est beaucoup plus faible que celle des solides, puisque la force de la pesanteur, l'adhésion des solides, suffisent pour séparer leurs molécules les unes des autres ; la mobilité réciproque de ces molécules est, du reste, une preuve évidente de leur peu de cohérence; cette force présente cependant plusieurs degrés d'intensité dans ces corps : ainsi très faible dans les liquides *limpides*, comme l'eau, l'alcool, l'éther, elle est plus forte dans ceux qui sont *visqueux*, comme les huiles grasses, etc. — Enfin, les *gaz* coërcibles et les vapeurs ne présentent quelque apparence de cohésion qu'au moment de leur condensation à l'état liquide.

COHOBATION, s. f., *Cohobatio*, de l'arabe *coholf*, dont on a fait *cohob* ; *redistillation*. Opération pharmaceutique qui consiste à faire passer plusieurs fois, par la distillation, un liquide sur la même substance renouvelée afin d'obtenir un produit plus chargé. — On dit indifféremment *cohober* ou *redistiller ;* cependant ce dernier terme indique plus particulièrement la rectification et la purification du produit d'une première distillation.

COHORTE ou **LÉGION**, s. f., *Cohors ;* division intermédiaire aux classes et aux familles. Ce nom a été proposé par Heister.

COIFFE, s. f., *Calyptra*, de καλύπτρα, voile de femme; sorte de capuchon provenant des débris du périgone, et enveloppant l'urne dans les mousses.

COIFFÉ, adj. ; *cheval bien coiffé :* celui qui a les oreilles petites et bien placées; *mal coiffé :* celui dont les oreilles sont longues et pendantes. On dit aussi qu'un chien courant ou épagneul est *bien coiffé*, lorsqu'il a des oreilles larges, longues et bien pendantes. — On dit que les crottins sont *coiffés*, lorsqu'ils sont recouverts d'une couche de mucosités provenant de la muqueuse intestinale.

COIGNASSIER, s. m., *Cydonia vulgaris*, T.; arbre peu élevé de la famille des Rosacées, originaire de l'Asie-Mineure. Son fruit, d'une saveur acerbe prononcée, a la forme et la grosseur d'une poire ordinaire : il

le mettent en communication, d'une part, avec la fin de l'intestin grêle, de l'autre, avec le commencement du colon. — Chez les *ruminants*, le cœcum, beaucoup plus long et plus étroit que chez le cheval, n'offre aucune bosselure, et sa pointe ou cul-de-sac se termine vers la cavité pelvienne. — Le cœcum du *porc* est gros, court et bosselé; sa pointe est tournée en arrière comme chez le bœuf. Celui du *chien* est très petit, et c'est à peine si on le distingue dans le *chat*. — Chez le *lapin*, il est très développé et incomplètement divisé dans sa longueur par une lame membraneuse disposée en spirale. — Les oiseaux ont deux cœcum, peu développés chez les oiseaux carnassiers, mais très longs chez les granivores domestiques. — *Bot.* *V.* RÉSERVOIR.

COELIAQUE, adj., *cœliacus;* de κοιλια, ventre, intestin; qui appartient à l'intestin. — *Artère cœliaque:* tronc court et volumineux émanant de l'aorte postérieure, immédiatement après qu'elle a traversé le diaphragme, et se divisant presque dès son origine en trois branches, qui sont les artères *splénique, gastrique et hépatique* (*V.* ces mots).

CŒNURE, s. m., *Cœnurus;* de κοινος, commun. et ουρα, queue; genre de vers communs dans les animaux, présentant une vésicule sur laquelle sont placées plusieurs têtes munies de quatre suçoirs. Le cœnure cérébral, *cœnurus cerebralis* de Rudolphi, se développe principalement dans les ventricules du cerveau du mouton; la présence de cet entozoaire produit le *tournis. V.* HYDATIDE CÉRÉBRALE.

COERCIBLE, adj., de *coercere*, contenir, resserrer; qui peut être resserré; on donne ce nom aux gaz qui, par le froid et la compression, peuvent être réduits en liquides et même en solides. C'est le cas de la plupart de ces corps. *V.* INCOERCIBLE.

COERCIBILITÉ, s. f.; qualité de ce qui est coercible. C'est la propriété du plus grand nombre des gaz et de toutes les vapeurs *V.* COERCIBLE.

COESPITEUX, adj., *cœspitosus;* se dit principalement de la masse des racines d'une plante herbacée, lorsqu'elles se présentent sous la forme d'une touffe de gazon.

COEUR, s. m. *Cor*, καρδια, κεαρ, κηρ; organe creux, musculaire, placé dans les animaux supérieurs sur le trajet des vaisseaux artériels et veineux, et destiné à imprimer par sa contraction un mouvement continuel à la masse sanguine. Situé dans la poitrine et renfermé dans le péricarde, le cœur est un organe conoïde, occupant à peu près le milieu du thorax, et incliné en arrière et à gauche par sa pointe qui est inférieure. On distingue au cœur deux masses, l'une supérieure formée par les *oreillettes*, l'autre inférieure, comprenant les *ventricules;* ces deux masses sont séparées l'une de l'autre par une scissure dite *coronaire* où rampent les vaisseaux *cardiaques*. La masse auriculaire se divise en deux parties : l'une antérieure, formant l'oreillette droite et présentant les ouvertures des deux veines caves, de la veine cardiaque, et quelquefois de la veine azygos; l'autre, postérieure, constitue l'oreillette gauche, qui reçoit les veines pulmonaires, au nombre de quatre à six. — La masse inférieure, ayant la forme d'un cône renversé, un peu aplati d'un côté à l'autre, est divisée par deux scissures en une masse antérieure et droite, formant le ventricule droit, et une masse postérieure et gauche, répondant au ventricule gauche. Les deux scissures reçoivent la continuation des vaisseaux qui remplissent la scissure coronaire. Le ventricule droit ou antérieur est surmonté par l'artère pulmonaire, le gauche par le tronc de l'aorte. — A l'intérieur, les oreillettes présentent une surface irrégulière, où l'on remarque une série de saillies ou colonnes charnues formées par la partie musculaire des parois. On remarque dans chaque oreillette les ouvertures indiquées plus haut, plus une ouverture large et arrondie, mettant chacune de ces cavités en communication avec le ventricule correspondant. Sur la portion des parois qui sépare les deux oreillettes, se trouve de chaque côté une cicatrice, trace du *trou de Botal*, qui, dans le fœtus, établissait une communication entre ces deux cavités. — Le ventricule droit présente des parois peu épaisses, et ne descend pas jusqu'à la pointe du cœur; il offre dans son intérieur des colonnes charnues de diverses espèces, et, à l'orifice auriculo-ventriculaire, un appareil valvulaire, composé de trois replis, ayant leur base attachée au pourtour de l'orifice, et leur pointe fixée aux colonnes charnues par un grand nombre de brides fibreuses. On appelle cet appareil *valvules tricuspides* ou *triglochines.* Derrière le plus grand repli, le ventricule communique avec l'artère pulmonaire, dont l'origine est garnie de trois valvules dites *sigmoïdes*, empêchant le retour du sang de l'artère au ventricule. — Le ventricule gauche a des parois très épaisses dans la plus grande partie de son étendue, mais très minces à la pointe du cœur, dans laquelle descend sa cavité. La valvule auriculo-ventriculaire est appelée *quadricuspide* en raison de ses quatre pointes, ou *mitrale*, parce qu'on en a comparé l'ensemble à une mitre d'évêque. L'ouverture communiquant avec l'aorte est pourvue de valvules sigmoïdes semblables à celles de l'artère pulmonaire. — On admet, dans la structure du cœur, quatre zones fibreuses, deux auriculo-ventriculaires et deux artérielles, formant le point d'attache des fibres musculaires qui, pour les oreillettes comme pour les ventricules, se distinguent en fibres *communes* ou *unitives* et fibres *propres* à chacune des quatre cavités. — Les membranes qui tapissent le cœur sont, à l'extérieur, le feuillet viscéral de la séreuse du péricarde; à l'intérieur, pour les

l'effet sternutatoire de cette dernière. Elle est soluble dans l'eau, l'alcool et l'éther; elle neutralise les acides avec lesquels elle forme des sels cristallisés. Les caractères qui différencient la colchicine de la vératrine sont les suivants: elle est soluble dans l'eau; l'autre ne l'est pas : l'acide azotique colore la colchicine en violet, et la vératrine en rouge, etc., *V.* VÉRATRINE. — *Pharmacol.* La colchicine est très vénéneuse; elle provoque le vomissement et la purgation en irritant vivement le tube digestif. Un dixième de grain a tué un jeune chat au bout de 12 heures après lui avoir fait éprouver des déjections alvines, des vomissements, des convulsions , jeter des cris plaintifs , etc.; on trouva le tube digestif très enflammé. La même dose de vératrine , donnée à un chat un peu plus jeune, le tua en dix minutes et produisit de l'inflammation à l'œsophage.

COLCHIQUE , s. m. , *Colchicum* , T. ; genre de plantes bulbeuses de la famille des Colchicacées. Il renferme trois espèces principales : le C. d'automne , *C. autumnale ;* le C. des Alpes , *C. Alpinum ;* le C. de montagne , *C. montanum.* Toutes trois sont précoces et se montrent principalement dans les prairies grasses et fraiches. Le colchique d'automne , le plus commun dans notre pays, fleurit dès le mois de septembre; c'est lui qui, à cette saison , émaille presque seul les prairies; ses feuilles n'apparaissent qu'au printemps suivant. Toutes les parties de cette plante sont âcres et vénéneuses , surtout à l'état frais; aussi, doit-on l'extirper des prés en en arrachant les bulbes. — *Pharmacol.* Toutes les parties du colchique d'automne sont actives et vénéneuses ; cependant on n'emploie comme médicament que les *bulbes* et les *semences.* Les premiers doivent être récoltés au mois d'août, avant que la fleur et le jeune bulbe qui se développe à côté et aux dépens de l'ancien n'aient entièrement épuisé ces organes; au mois de novembre , le bulbe nouveau est trop jeune; au printemps, les feuilles lui ont ôté une partie de ses principes actifs. — Les *bulbes* de colchique sont de la grosseur d'une châtaigne ; ils sont recouverts d'une tunique noire qu'on enlève en les récoltant ; alors ils sont grisâtres, convexes d'un côté, concaves de l'autre, formés intérieurement d'une substance blanche et compacte. A l'état frais, ils contiennent un suc blanc, laiteux, qui leur donne une saveur amère, âcre, qui engourdit la langue. Ils sont composés de matière grasse, d'un acide volatil qui se perd par la dessiccation, de gallate de colchicine (vératrine), de gomme, d'amidon, d'inuline et de ligneux. Les bulbes de colchique se donnent en poudre, en infusion vineuse, en teinture, et surtout en vinaigre et en oxymel, à la dose de 4 à 8 gr. chez les grands animaux et à celle de 25 à 50 centigrammes aux petits. Quant aux *semences* employées maintenant de préférence par quelques médecins, elles n'ont pas encore

été essayées, que nous sachions, en médecine vétérinaire. Elles sont de la grosseur d'un grain de millet, rousses-noirâtres et surmontées d'une espèce de crête caractéristique. Elles sont riches, surtout en *colchicine.* On les emploie en teinture, après les avoir réduites en poudre, car elles sont fort dures ; les doses doivent être , disent les médecins , un peu plus faibles que celles des bulbes. — *Effets toxiques.* Le colchique d'automne est vénéneux et donne souvent lieu à des empoisonnements mortels chez les animaux , qui, trompés par leur instinct, mangent cette plante dans les prairies où elle croit abondamment. Des vaches, des agneaux, des porcs, etc., ont été ainsi empoisonnés. — Le colchique porte d'abord son action sur le tube digestif qu'il enflamme vivement, ensuite sur les voies urinaires , par où il sort de l'économie. Chez les carnivores, il produit le vomissement, et chez les herbivores, une superpurgation souvent mortelle. A ces accidents locaux s'en joignent bientôt de généraux, plus ou moins graves; la respiration s'embarrasse, le pouls se déprime et devient irrégulier, la chaleur baisse surtout sur les parties en appendices; il y a des convulsions , des tremblements musculaires , de l'agitation, une diurèse très copieuse, etc. Les boissons mucilagineuses conviennent dans le principe ; mais, lorsque la chaleur a baissé, il faut administrer les excitants diffusibles, appliquer des sinapismes sur de larges surfaces, échauffer la peau par des frictions, des fumigations, etc.— *Effets thérapeutiques.* Les effets drastiques du colchique ne sont pas utilisés dans le traitement des maladies ; il n'en est pas de même de son action diurétique qu'on oppose avec avantage aux hydropisies en général, et notamment à l'ascite ; on fait surtout usage alors de l'oxymel ou du vinaigre de colchique. — Les médecins emploient principalement le colchique contre le catarrhe bronchique, le rhumatisme, la goutte, etc. Les vétérinaires trouveraient peut-être quelques avantages à faire usage de ce médicament dans les maladies plus ou moins analogues que peuvent présenter ·les animaux.

COLCOTHAR, *V.* OXYDES DE FER.

COLÉOCÈLE, s. f., de κολεός, vagin, et κήλη, tumeur; tumeur formée par la hernie du vagin.

COLÉOPHYLLE, COLÉOPTYLE, s. f., de κολεός, gaine, et φύλλον, feuille, ou κολεός, plume; étui membraneux ou charnu s'étendant des cotylédons autour de la base de la plumule. Elle existe dans les Liliacées.

•COLÉOPTÈRES, s. m. et adj., *Coleoptera,* de κολεός, enveloppe; et πτερόν, aile, ordre renfermant les insectes pourvus d'ailes solides, coriaces, formant une gaine de protection pour une seconde paire d'ailes membraneuses qui se replient sous les premières. Le hanneton, la cantharide, le carabe, etc., appartiennent à cet ordre qui renferme peut-être plus de la moitié des insectes connus.

est connu sous le nom de *coing*. Ses graines, très mucilagineuses, servent à composer plusieurs préparations adoucissantes. Le Coignassier est rarement cultivé pour ses fruits; on le réserve presque exclusivement pour la greffe des poiriers, à la plupart desquels il convient parfaitement.

COIN, s. m., *Cuneus*, de γωνια, angle. On donne ce nom en *mécanique* à un angle solide représentant deux plans inclinés adaptés par leur base, et servant à divers usages. — La force appliquée sur la tête du coin se décompose en deux forces perpendiculaires à ses deux faces inclinées, en sorte que l'effort de cette machine est d'autant plus énergique que le coin est plus aigu ou que les plans inclinés qu'il représente sont plus longs par rapport à la largeur de la tête; seulement, ce qu'il acquiert en force, il le perd en vitesse, puisqu'il doit parcourir un plus grand espace pour produire le même effet. La force de chaque face latérale du coin est à la force appliquée sur sa tête comme sa longueur est à sa base; en sorte qu'on obtiendra l'expression numérique de cette force latérale en multipliant la force principale par la longueur du coin divisée par sa base. — Le coin sert à fendre, à soulever ou à détacher les corps. La plupart des instruments tranchants agissent à la manière du coin et de la scie.

COINS, s. m. p.; nom donné aux dents incisives terminant l'arcade incisive à chacune de ses extrémités, *V.* DENTS.

COINDICANT, adj., de *cum*, avec, et *indicans*, indiquant; *signes coïndicants*, c'est-à-dire, qui indiquent en même temps la nécessité d'une médication.

COINDICATION, s. f., de *cum*, avec, et *indicare*, indiquer; concours de plusieurs signes qui autorisent une *indication* (*V.* ce mot).

COIT, *V.* COPULATION.

COIX, s. m., *Coïx*, L; genre de la famille des Graminées. Il ne renferme qu'une seule espèce, originaire des Indes, le C. larme de Job, Larmille des Indes, *C. lacryma*, cultivé dans les jardins pour ses jolies graines ovoïdes, blanches, dures, osseuses, servant quelquefois à confectionner des chapelets et des colliers.

COKE ou **COAK**, s. m. On appelle ainsi un charbon minéral artificiel, qui est le résidu de la distillation de la houille; il diffère donc de cette dernière par l'absence du bitume. On l'obtient le plus souvent comme produit accessoire de la fabrication du gaz de l'éclairage, ou encore comme produit principal en brûlant à feu étouffé la houille dans des fours particuliers, ou en la disposant en meules comme le bois dans les forêts pour obtenir le charbon. C'est un corps solide, en masses amorphes, légères, le plus souvent boursouflées, d'un gris d'acier, inodores, insipides, sonores, peu friables. Bon conducteur de la chaleur, il brûle seulement lorsque la température est élevée. Il est usité comme combustible dans l'économie domestique, dans l'industrie métallurgique, surtout pour réduire les minerais de fer.

COL, s. m., *Collum*. Ce mot qui exprime l'idée d'une partie rétrécie, placée entre deux parties plus larges, était surtout employé pour désigner la région intermédiaire à la poitrine et à la tête, qui porte plutôt aujourd'hui le nom de *cou*. On l'a conservé pour désigner certaines parties rétrécies. — *Col de la vessie*: partie postérieure ou orifice de cet organe faisant continuation avec l'urètre. — *Col de la matrice*: partie rétrécie de l'utérus en communication avec le vagin. — *Col du scapulum*: rétrécissement de cet os au-dessus de l'angle inférieur ou glénoïdien. *Col du fémur*, *du maxillaire*, etc.— *Col ou collet des dents*: partie rétrécie intermédiaire à la partie libre et à la racine des dents.

COLATURE, s. f., *Colatura*; de *colare*, couler; on désigne sous ce nom, en pharmacie, la filtration grossière de certains liquides à travers des toiles ou des tissus de laine, pour enlever les parties solides ou molles qu'ils tiennent en suspension. On se sert, pour cette opération, de l'*étamine*, du *blanchet* ou de la *chausse* (*V.* ces mots).

COLCHICACÉES, s. f., *Colchicaceæ*; famille de plantes monocotylédonées, vivaces, herbacées, ordinairement bulbifères et contenant un suc âcre, vénéneux. Ses caractères sont : fleurs hermaphrodites ou unisexuées, portées sur une hampe; périanthe pétaloïde, à six divisions profondes, à peu près égales, disposées sur deux rangs alternes; six étamines, quelquefois neuf ou douze, insérées à la base des divisions ou à la gorge du tube formé inférieurement par le périanthe; ovaire libre formé par la réunion de trois carpelles, un style à trois stigmates ou trois styles libres; capsule triloculaire à trois valves, à déhiscence latérale; graines nombreuses. Les Colchicacées sont voisines des Liliacées; elles sont nombreuses en espèces exotiques. On les divise en deux tribus: 1° les Vératrées; genres : *Veratrum*, etc.; 2° les Colchicées; genres : *Colchicum*, *Bulbocodium*, etc.

COLCHICINE, s. f.; alcaloïde végétal longtemps confondu avec la *vératrine*, de laquelle il a dernièrement été distingué par Geiger et Hesse. Il paraît exister dans toutes les parties du colchique d'automne et notamment dans les semences. On l'extrait en traitant ces semences par l'alcool acidulé par l'acide sulfurique; on traite ensuite par la chaux, on filtre, et on neutralise par l'acide sulfurique; on précipite de nouveau par le carbonate de potasse et on reprend le précipité desséché par l'alcool absolu. Après avoir décoloré avec le charbon animal, on concentre la liqueur pour faire cristalliser. — La colchicine est solide, cristallisée en aiguilles déliées, incolore, inodore, et d'une saveur amère, puis âcre; cependant, elle est moins irritante que la vératrine et ne produit pas

d'un tempérament irritable, après l'usage de l'eau trop froide pour boisson, la suppression de la transpiration cutanée. Les malades se tourmentent beaucoup; le pouls est petit, inégal. S'il n'y a pas météorisation, le pronostic est peu fâcheux. Il faut se garder d'administrer les irritants, qui ne manqueraient pas d'exalter les symptômes nerveux. C'est dans ces coliques que l'éther sulfurique a produit les meilleurs résultats sur le cheval; on le donne à la dose de 10 à 30 grammes.

COLIQUE STERCORALE; causée par l'accumulation de matières mal digérées dans le cœcum, les courbures ou les bosselures du colon. Ces substances forment des pelotes plus ou moins volumineuses, qui obstruent l'intestin, occasionnent la gangrène et la mort. On les observe sur les chevaux avancés en âge, qui broient mal les aliments, sur les animaux qui mangent avec avidité, et. le plus souvent, sur les chevaux de petite taille auxquels on donne les herbes qui proviennent du sarclage des jardins. La guérison est toujours difficile à obtenir. Les émollients, les huileux, les purgatifs laxatifs, sont principalement recommandés pour faciliter l'évacuation de ces pelotes.

COLIQUE UTÉRINE; douleur vive qui a son siége dans la matrice. *V.* MÉTRITE.

COLIQUE VERMINEUSE; colique produite par des vers dans l'intestin, des larves d'œstres dans l'estomac.

COLITE, s. f., *Colitis,* de κωλον, colon; inflammation de l'intestin colon; synonyme de *dysenterie.* Ce mot a été proposé pour désigner l'inflammation de tout le gros intestin *V.* ENTÉRITE ET DYSENTERIE.

COLLAPSUS, s. m.; mot latin francisé qui signifie *chute;* diminution des forces nerveuses. Ce terme est peu usité.

COLLATÉRAL, ALE, adj., *collateralis,* de *cum,* avec, et *latus, lateris,* côté; qui règne sur le côté. On appelle généralement *artères collatérales,* celles qui, s'échappant d'une autre artère, suivent à peu près la même direction que celle qui les a fournies. Rigot appelle *collatérales* les artères qui, étant d'un calibre moins fort que les artères terminales, naissent de l'un des points de la circonférence d'une autre artère avec laquelle elles ne présentent très souvent aucune harmonie de proportion.

COLLE, *V.* GÉLATINE ET ICHTHYOCOLLE.

COLLECTION, s. f., *Collectio,* de *colligere,* recueillir, rassembler. — On donne ce nom en *pharmacie* à l'approvisionnement méthodique de drogues simples. Lorsque ces drogues sont tirées du règne minéral, la collection est facile et comprend seulement le *choix* raisonné de ces substances. Mais, lorsque les médicaments sont fournis par le règne végétal, la collection devient plus difficile et comprend, indépendamment du *choix,* la *récolte,* l'*émondation,* la *dessiccation* et la *conservation* (*V.* ces mots). — *Pathol. Collection séreuse, puru-*

lente : amas de sérosité, de pus dans une partie du corps.

COLLECTEUR, adj.; nom donné au plateau supérieur du condensateur ou à celui qui est en rapport direct avec la source d'électricité *V.* CONDENSATEUR.

COLLECTEURS, adj. : *poils collecteurs :* appendices capillaires qui garnissent quelquefois le stigmate, et auxquels on attribue la fonction de recueillir le pollen.

COLLERETTE, s. f., *Involucrum ;* involucre des Ombellifères, composé d'un rang de bractées verticillées et étalées.

COLLET, s. m., *Collum;* partie de la plante intermédiaire à la tige et aux racines; c'est le *nœud vital* de Lamarck, la *coarcture* de Grew. Dans les végétaux qui ont un collet, il est ordinairement situé au niveau de la surface du sol ou un peu au-dessous.—*Anat. V.* COL.

COLLIER, s. m.; pièce principale du harnais des animaux de trait. Il est composé des coussins et des attelles. Dans le collier à joug on trouve, de plus, au bord antérieur et supérieur, des surfaces contre lesquelles s'appuient le joug et des courroies pour le retenir. Le collier doit être léger et approprié, par sa forme et son étendue, au cou et aux épaules de l'animal. Les crochets où s'attachent les traits doivent être tous deux à la même hauteur, vers le tiers inférieur de l'épaule, vis-à-vis l'endroit où s'exerce la plus forte pression. Le collier est souvent *brisé* à sa partie inférieure; cette modification donne beaucoup de facilité pour le placer et pour l'enlever. Pour les chevaux d'attelage, pour les chevaux de poste, cette pièce du harnais est souvent remplacée par une *bricole* (*V.* JOUG). —*Collier;* courroie embrassant le cou des animaux et servant à les attacher à l'écurie. — *Collier à chapelet, V.* CHAPELET.—*Bot.* Débris en forme d'anneau entourant le pédicule de certains champignons. — *Collier* (vaisseaux en); ce sont les vaisseaux en chapelet ou moniliformes.

COLLIQUATIF, IVE, adj., de *colliquescere,* se fondre, se résoudre en eau. On donne cette épithète aux maladies et aux venins qui abattent promptement les forces des malades, et auxquels on attribue l'effet de liquéfier le sang et les parties solides du corps. *Maladie colliquative; sueur colliquative; poisons colliquatifs.* Peu usité.

COLLIQUATION, s. f.; décomposition, dissolution des parties solides du corps accompagnée d'excrétions abondantes. Ce terme appartenait au langage des anciens humoristes. Peu usité.

COLLOIDE, adj., de κολλα, colle, ειδος, forme. Le *cancer colloïde* présente une sorte de gelée sans apparence de vaisseaux.

COLLUTOIRE, s. m., *Collutorium,* de *collutio,* lotion. Sorte de gargarisme destiné à agir plus particulièrement sur les gencives, les lèvres, la langue, l'intérieur des joues,

COLÉORHIZE, s. f., *Coleorhiza*, de κολεος, gaine, et ῥίζα, racine ; sorte de gaine membraneuse, non distincte de la masse de l'embryon, enveloppant la radicule au moment de la germination, dans les végétaux endorhizes ou monocotylédonés.

COLÉORHIZÉ, adj., *coleorhizatus* ; muni d'une coléorhize ; désigne la racine et les plantes monocotylédonées.

COLIQUE, adj., *colicus* ; qui appartient au colon. — *Artères coliques* : on les distingue en celles de la portion repliée du colon, ou *gros colon*, et celles du *colon flottant*. Les artères du gros colon émanent, au nombre de deux, de la mésentérique antérieure. L'une provient du faisceau droit de cette artère, et suit le colon à partir de l'origine de cet intestin ; l'autre émane du faisceau antérieur, et suit le colon en remontant de sa terminaison vers la courbure pelvienne où elle s'anastomose à plein canal avec la précédente. Les artères du colon flottant sont fournies par la mésentérique postérieure, et par une branche du faisceau antérieur de la grande mésentérique, qui établit la communication entre les deux troncs artériels destinés à l'intestin. — *Veines coliques* : elles suivent la direction des artères, et vont aboutir au tronc de la veine-porte.

COLIQUE, s. f., de κωλικος, sous-entendu νόσος, de κωλον, colon, douleur de colon ; ce mot devrait servir à désigner une affection particulière à l'intestin colon ; cependant on l'emploie pour toutes les maladies exacerbantes et mobiles qui ont leur siége dans l'abdomen, et qui sont caractérisées par des mouvements désordonnés ; dans ce cas, on fait dériver cette expression du mot κοιλια, ventre. — Les coliques ont des symptômes communs dans les grands animaux. Une agitation violente atteste fréquemment une vive douleur ; l'animal gratte le sol avec les pieds de devant, se couche et se relève avec violence ; quelquefois il se roule sur la litière, en prenant des positions diverses suivant le siége du viscère affecté. Le diagnostic est difficile à établir ; le plus souvent on est réduit à faire la médecine des symptômes. — Pour distinguer les coliques les unes des autres, on a admis une division fondée sur leurs causes. Ce sont les indigestions qui occasionnent le plus ordinairement des coliques dans l'espèce du cheval.

Colique bilieuse ; colique attribuée à la surabondance de la bile.

Colique calculeuse ; occasionnée par des calculs dans les reins. *V.* Calcul.

Colique bézoardique ; produite par les bézoards, ou calculs pierreux dans l'estomac ou les intestins, par des égagropiles. Il est difficile de diagnostiquer la présence de ces corps étrangers, qui peuvent produire la mort. *V.* Bézoard, Égagropile.

Colique d'estomac ; douleur qui a son siége dans l'estomac : *gastralgie* ; on ne peut guère la distinguer dans les animaux.

Coliques d'indigestion ; elles sont produites par une ingestion trop considérable d'aliments, de substances indigestes, par l'usage, comme boisson, d'une trop grande quantité d'eau. *V.* Indigestion.

Colique inflammatoire, *noire, rouge, sanguine* ; caractérisée par des douleurs abdominales violentes, qui ont principalement leur siége dans l'intestin grêle. *V.* Entérite.

Colique métallique ; elle est produite par le plomb et ses préparations, le cuivre, le mercure et l'arsenic. — *A. Colique saturnine, colique des peintres, colique de plomb.* Rare chez les animaux ; on l'observe quelquefois sur les chevaux employés dans les usines où l'on fabrique la céruse, le minium. L'acuité des coliques est le symptôme le plus ordinaire de l'empoisonnement par le plomb, qui peut être produit accidentellement par l'absorption des médicaments déposés à la surface de la peau, sur une plaie ou sur les muqueuses, par l'administration intérieure des sels de plomb, par l'eau de pluie reçue dans des réservoirs de ce métal. Lorsque la maladie est produite lentement, il y a *intoxication saturnine* ; les souffrances sont sourdes ; l'appétit diminue ; les urines sont rares. La douleur de la *colique de plomb* est très aiguë ; les traits sont grippés, les yeux ternes. Il y a des accès de calme et de souffrance. Après les premiers symptômes survient une constipation opiniâtre, suivie, dans quelques cas, de dévoiement. Dans les carnivores, on observe des nausées et des vomissements verdâtres, mêlés quelquefois de stries sanguinolentes. Les complications les plus ordinaires sont l'arthralgie, la paralysie, la gastrite, l'entérite, la dysenterie, la péritonite. Pour le traitement, on a conseillé plusieurs méthodes, les antiphlogistiques, les calmants opiacés, les révulsifs, la méthode purgative ; on a mis en usage des moyens chimiques, les eaux sulfureuses, l'acide sulfurique étendu qui précipite le plomb en sulfate insoluble, le sulfate d'alumine et de potasse (alun). — *B. Colique de cuivre* ; produite quelquefois sur le cheval par les eaux qui ont séjourné dans des vases ou des conduits en cuivre, et qui contiennent de l'oxyde ou du carbonate de ce métal. Déjections alvines verdâtres, ventre douloureux, tels sont les symptômes les plus ordinaires. Les antiphlogistiques en triomphent plus souvent qu'ils ne remédient aux coliques de plomb. — *C. Coliques de mercure, d'arsenic. V.* Mercure, Arsenic.

Coliques avec météorisation, *coliques venteuses, flatulentes, pneumatose, météorisme. V.* Météorisation.

Colique de miserere ; nom donné en médecine humaine à la colique de la partie de l'intestin grêle, qu'on appelle *iléon. V.* Iléus.

Colique néphrétique ; produite par l'inflammation des reins, ou *néphrite* (*V.* ce mot).

Coliques spasmodiques ou nerveuses ; dues à une lésion du système nerveux des intestins. On les observe sur les chevaux

violence comparable à celle de l'huile de croton-tiglium.

COLOMBIER, s. m.; habitation spécialement destinée aux pigeons. Le colombier consiste ordinairement en une pièce carrée ou circulaire dont les parois latérales sont garnies à l'intérieur de cavités appelées *boulins*. Deux ouvertures, l'une communiquant au dehors et destinée au passage des pigeons, l'autre située à l'opposé et destinée à l'homme, sont pratiquées dans les parois de cette pièce; la première peut être ouverte et fermée à volonté du bas de la construction. Le colombier est *à pieds* ou *à piliers;* dans celui-ci les murs sont soutenus par des poteaux. Les conditions d'aérage, de commodité, de sûreté doivent être réunies dans ces habitations.

COLOMBINE, s. f.; nom du principe neutre et cristallisable de la racine de colombo, découvert en 1830 par Willstoock. Ce corps est solide, en petits prismes transparents, incolore, inodore et d'une saveur franchement amère. La colombine est peu soluble dans l'eau ; elle l'est plus dans l'alcool et l'éther. Elle n'a aucun usage,

COLOMBINE, s. f. Engrais fortement azoté, formé des excréments des pigeons, et recueilli dans les colombiers. Cet engrais est chaud, actif, mais de peu de durée. Sa quantité nécessairement restreinte en fait une ressource insignifiante pour la grande culture.

COLOMBIUM, *V.* Tantale.

COLOMBO, s. m., *Columbo* ; on appelle ainsi, dans le commerce de la droguerie, la racine d'une plante restée long-temps inconnue et qu'on croit aujourd'hui être celle du *cocculus palmatus* de D. C. appelé *menispermum palmatum* par Lamarck, plante sarmenteuse de la famille des *Ménispermées*, qui croît en Afrique, dans l'Inde, etc. Cette racine, qui a de l'analogie avec celle de la bryone, est livrée au commerce sous forme de petites rondelles sèches, recouvertes d'écorce d'une teinte jaune-verdâtre, d'une odeur désagréable, et d'une très grande amertume. Elle est composée de beaucoup d'amidon, d'une matière jaune, amère, de colombine, d'une huile volatile et de quelques sels. C'est un médicament amer et tonique qui convient contre la débilité du tube digestif, la diarrhée, la dysenterie, surtout lorsqu'on l'associe à l'opium. Il est inusité dans la médecine des animaux.

COLON, s. m., *Colon*, κωλον; de κωλυειν, arrêter; seconde portion du gros intestin, située entre le cœcum et le rectum. On divise le colon en deux portions: le *gros colon* ou *portion repliée*, *portion cœco-gastrique* de Girard, et le *colon flottant* ou *petit colon*. Le premier, faisant suite au cœcum avec lequel il est uni dans une partie de son étendue, constitue un vaste réservoir membraneux, bosselé et renforcé par un certain nombre de bandes charnues longitudinales. Plié en deux et maintenu dans cette position par une lame mésentérique, le colon, ainsi doublé, se replie de nouveau et décrit par conséquent plusieurs courbures de son origine à sa terminaison. A partir de son origine au cœcum, le gros colon se dirige en avant et forme près du diaphragme, en se repliant de droite à gauche, la courbure *susternale;* il se dirige alors en arrière, vers le bassin, où il forme la courbure *pelvienne,* pour revenir sur lui-même et se replier de nouveau, de gauche à droite, au-dessus de la courbure susternale, en formant les courbures *diaphragmatique*, *hépatique et gastrique;* après quoi, il se termine par le colon flottant, au point même où il avait commencé. — Le colon flottant, beaucoup moins volumineux et à peu près du calibre de l'intestin grêle, est logé avec lui dans le flanc gauche, où il est soutenu par un mésentère long et ressemblant beaucoup à celui de cet intestin. Le volume seul de ces deux canaux pourrait les faire confondre, car le petit colon diffère de l'intestin grêle par ses bosselures très prononcées, par les deux bandes charnues qui existent dans toute sa longueur, et par la disposition des vaisseaux de son mésentère, formant tout près du colon les arcades collatérales qui sont beaucoup plus éloignées dans le mésentère de l'intestin grêle. Le colon flottant se continue par le rectum.

COLONIES AGRICOLES; établissements agricoles d'étendue et d'importance fort diverses, institués par des sociétés, des particuliers ou par l'Etat, dans le but d'offrir du travail aux indigents et aux jeunes détenus, de les instruire, de les moraliser, enfin, d'augmenter les produits du sol en l'améliorant. La Suède, la Prusse, la Russie, l'Autriche, etc., ont eu, il y a longtemps, des colonies militaires employées à des défrichements. Mais c'est en Hollande que paraît avoir été réalisée, pour la première fois, en 1818, l'idée de faire des colonies agricoles des établissements de bienfaisance. La France a suivi cet exemple : ses colonies agricoles sont déjà nombreuses; les plus anciennes ne remontent qu'à 1839, ce sont celles de Mettray et d'Otswald ; la première, fondée par la *Société paternelle;* la seconde, due à Schutzenberger, de Strasbourg.

COLONNE, s. f., *Columna;* de *columen*, soutien ; mot employé par analogie pour désigner des parties plus ou moins cylindriques ou arrondies, ex. : *colonne charnue*, *colonne vertébrale*, *V.* Charnue et Vertébrale. On dit aussi, en physique, une *colonne* d'air, d'eau, de mercure, pour indiquer une quantité de ces fluides d'une hauteur et d'un diamètre déterminés.

COLOPHANE, s. f., *Colophania :* brai sec, arcanson; produit résineux qu'on obtient en dépouillant par la distillation, la térébenthine de son huile essentielle. La colophane est solide, amorphe, d'un jaune rougeâtre, translucide, vitreuse, très friable, d'une odeur faible, d'une saveur amère. In-

etc. , comme cela a lieu dans le cas d'aphtes, de ptyalisme , de glossanthrax. Les gargarismes agissent surtout sur le pharynx. *V.* GARGARISME.

COLLYRE, s. m. , *Collyrium*; on donne ce nom aux préparations officinales ou magistrales employées en topique sur les yeux pour remédier à leurs maladies. Selon leur forme, on les distingue en collyres *solides* , *mous* , *liquides* ou *gazeux*. Les premiers sont formés de divers sels ou substances solides réduits en poudre et mélangés ; ils sont pulvérulents et s'appliquent sur l'œil à l'aide de l'insufflation avec un tuyau de plume. Les substances qui en font le plus souvent partie sont le sucre, le camphre, l'oxyde et le sulfate de zinc, le protochlorure de mercure, l'alun , le sel ammoniac, le sulfate de cuivre, le borate de soude , etc. — Les collyres *mous* comprennent les *onguents*, *pommades* et cé*rats* dits *ophthalmiques* (*V.* ces mots). — Les collyres *liquides* ont pour base l'eau distillée, les infusions et décoctions de plantes émollientes , narcotiques , anodines, astringentes, etc., auxquelles on ajoute des sels , des extraits , des essences , etc. L'eau distillée , l'eau de rose, de plantain, l'eau de guimauve, sont les plus usitées pour cet usage. — Enfin les collyres *gazeux* sont formés par des vapeurs d'ammoniaque, d'acide acétique, de chlore, etc. Ce sont les plus rarement employés. — Les collyres liquides et mous sont portés sur l'œil au moyen d'un petit pinceau et surtout d'une barbe de plume. — Selon les propriétés médicinales des collyres, on les appelle *émollients* , *anodins* , *narcotiques* , *astringents* , *excitants* , *irritants* , *résolutifs* , etc. — Les formules de ces médicaments sont innombrables. Nous allons relater les plus employées en médecine vétérinaire et celles usitées chez l'homme, qui seraient susceptibles de l'être pour les animaux. Nous nous occuperons exclusivement des collyres *pulvérulents* et *liquides*.

A. Collyres secs ou *pulvérulents*.

1° *C. de Beer.* Alun cal., sulf. de zinc , borax, ana 1,2 ; sucre, 2,4. Contre les taches de la cornée.

2° *C. aloétique.* Calomel, aloës, sucre candi , ana 0,3 ; sucre, 4.0.

3° *C. de Dupuytren.* Thutie , calomel , sucre candi , parties égales.

4° *C. de Récamier.* Sucre blanc , oxyde de zinc, parties égales.

5° *C. ammoniacal.* Alun, sel ammoniac, ana 2,0 ; sucre , 5,0.

6° *C. de Cullerier.* Sucre, oxyde de zinc, nitre, ana 5 gram.

B. Collyres liquides.

1° *C. alcalin.* Blanc d'œuf, n° 1 ; savon, 5 ; eau distillée, 45 ; eau-de-vie, 45.

2° *C. alumino-plombique.* Eau de rose, eau de plantain, ana 125 ; alun , 1,0 ; acét. de plomb, 0.5.

3° *C. anodin.* Teinture de safran , 2,0 ; laudanum, 1,0 ; eau de rose, 100.

4° *C. astringent.* Sulfate de zinc , 1 ; eau de rose , 30.

5° *C. blépharique.* Sublimé corrosif, 5 centigr.; eau dist., 125; laudanum, 5 décigram. ; mucilage, 10 gr.

6° *C. boraté.* Borax, 2 , 5 ; sucre , 4,0 ; eau de rose , 30.

7° *C. brun.* Aloès, 4,0 ; vin blanc , 45,0; eau de rose, 450,0; T. de safran , 30,0.

8° *C. de Bourgelat;* n° 1. Blancs d'œuf, n° 2 ; eau distillée, 60 ; camphre 0.60 ; n° 2: alun, 8 ; blancs d'œuf, n° 2; eau, 125.

9° *C. détersif.* Alun , 1,25 ; sulfate de cuivre, 1,25 ; nitre , 2,5 ; camphre, 0,05; eau distillée , 125.

10° *C. excitant de Graffe.* Ammoniaque, 4,0; éther, 0,6; essence de menthe,1,25.

11° *C. de Gimbernat.* Eau distillée, 30 ; potasse caustique, 0,1.

12° *C. ioduré.* Iodure de potassium , 1,20; iode, 0,05 ; eau de rose, 100.

13° *C. de Lebas.* Teinture d'aloès , 30 ; eau de rose , 250.

14° *C. de Lanfranc.* Vin blanc , 500 ; eau de plantain et de rose, ana 90 ; sulfure jaune d'arsenic, 8; mirrhe, 2; aloès, 3.

15° *C. narcotique.* Infusion de jusquiame, 125 ; extrait de belladone, 0,2 ; extrait d'opium , 0,1.

16° *C. de nitrate d'argent.* Nitrate d'argent, 0,25 ; eau distillée, 80.

17° *C. opiacé.* Eau de rose , 125 ; extrait d'opium , 0.5.

18° *C. rouge de Franck.* Carb. de potasse, 1,25 ; camphre, 0,5 ; teinture d'aloès, 24 gouttes; infusion de chélidoine, 60.

19° *C. d'Yvel.* Sulfate de zinc, 24 ; sulfate de cuivre , 8 ; camphre , 5 ; safran, 2; eau distillée, 1,000.

20° *C. répercussif.* Sulfate de zinc, 0,5; acét. de plomb, 0,5 ; eau de rose, 30.

COLMATAGE, s. m.; opération agricole qui a pour but d'exhausser par des attérissements le niveau des terrains trop bas ou exposés aux inondations. Le colmatage suppose plusieurs conditions : 1° la possibilité de conduire sur les terrains à exhausser les eaux chargées du limon d'un torrent ou d'une rivière ; 2° la possibilité de faire écouler ces eaux, lorsqu'elles ont laissé déposer leurs matières terreuses; 3° l'existence, dans le voisinage , de matériaux propres à élever des berges autour du terrain, pour retenir les eaux qu'on veut y diriger. Le colmatage a pris naissance en Toscane. En 1781, un arrêté de Léopold Ier l'a rendu obligatoire. Cette matière a été traitée en France , dans les art. 203 et 204 du projet de Code rural.

COLOCYNTHINE , s. f. , *Colocynthina* (*Amer de coloquinte*); principe résineux et amer découvert dans la coloquinte, par Vauquelin. La colocynthine est solide, d'un jaune rougeâtre, friable, transucide, d'une saveur amère excessivement prononcée. Elle est soluble dans l'eau , l'alcool et l'éther. Donnée à l'intérieur, cette substance purge avec une

combinaison et sur ses résultats ; de ce nombre sont la cohésion des corps, leur densité, leur quantité relative, la pression qu'ils supportent, la température à laquelle ils sont soumis, l'action de la lumière, de l'électricité, l'intervention des effets de contact, etc., toutes circonstances qui favorisent ou qui entravent la combinaison. Il est rare que l'union des corps les uns avec les autres, surtout lorsqu'elle se fait en vertu d'affinités vives, ne soit pas accompagnée de certains phénomènes visibles; ceux qu'on remarque le plus souvent sont la production de calorique et de lumière, plus rarement de froid, le dégagement d'une certaine quantité d'électricité; une détonation plus ou moins vive se fait entendre parfois. Lorsque la combinaison s'est effectuée, il s'est produit le plus souvent des changements très notables dans l'état des propriétés physiques ou chimiques, et, comme conséquence, dans les propriétés médicinales des corps qui se sont unis. Le mécanisme intime de la combinaison, comme celui de tous les phénomènes moléculaires, est complètement inconnu et le sera vraisemblablement toujours : les auteurs diffèrent beaucoup sur la manière dont ils s'en rendent compte : les uns le rapportent à l'action d'une force particulière appelée *affinité* (*V*. ce mot) et qui ne serait qu'une variété de l'attraction moléculaire ; d'autres font intervenir l'action du fluide électrique, du magnétisme, etc. Tout ce que l'on sait de positif sur ce sujet obscur, c'est : 1° que la combinaison ne se fait qu'entre un nombre très limité de molécules hétérogènes ; 2° que les composés formés sont d'autant plus stables qu'ils renferment un plus petit nombre d'éléments ; 3° qu'entre les divers corps simples ou composés, la combinaison se fait toujours en des proportions fixes et peu nombreuses, etc. *V*. Proportions. Équivalents.

COMBRÉTACÉES, s. f., *Combretaceæ;* famille de plantes dicotylédones, arbres ou arbustes, des régions intertropicales. Les genres qui la composent ont été extraits en partie des Eléagnées et des Onagrariées. On les divise en deux tribus : les *Terminaliées;* genres : *Terminalia*, etc., et les *Combrétées;* genres : *Combretum*. *Poivræa*, etc. Plusieurs espèces du genre *Terminalia* fournissent une écorce et des fruits astringents employés au tannage des cuirs.

COMBURANT, s. et adj. *Comburens;* qui détermine la combustion. Nom donné par Lavoisier au gaz oxygène d'une manière exclusive, parce qu'il le considérait comme l'agent actif du phénomène de la combustion; les corps *brûlés* recevaient le nom de *combustibles*. Plus tard, on reconnut que l'oxygène ne possédait pas seul la faculté de déterminer ce phénomène et que le *soufre*, le *chlore*, l'*iode*, etc., par exemple, avaient aussi la propriété de se combiner à certains corps avec dégagement de calorique et de lumière : ce sont donc aussi des *combu-*

rants par rapport à ces corps. Thomson appelait les corps comburants les *soutiens* de la combustion

COMBUSTIBILITÉ, s. f. ; qualité des corps qui peuvent brûler. Elle appartient à tous les corps simples non métalliques et aux métaux, ainsi qu'à la plupart des corps d'origine organique.

COMBUSTIBLE, s. et adj.; dans le langage vulgaire on appelle *combustibles* tous les corps qui peuvent brûler et servir à la production du feu ou au dégagement de la chaleur et de la lumière. Lavoisier appelait *combustibles* tous les corps simples métalloïdes ou métalliques autres que l'oxygène, qu'il nommait corps *comburant*. En général, tous les corps dont les affinités chimiques ne sont pas entièrement satisfaites ou qui ne sont pas suroxygénés, sont susceptibles de brûler et méritent le nom de combustibles.

COMBUSTION, s. f., *Combustio*, de *comburere*, brûler; *feu*. On appelle combustion toute combinaison chimique qui s'accompagne d'émission de calorique et de lumière. Lavoisier réserva d'abord ce nom aux combinaisons de l'oxygène avec les corps simples métalloïdes ou métalliques; plus tard, on l'étendit à toutes les combinaisons actives, que l'oxygène en fît partie ou non. Dans toute combustion, il y a un principe actif, électro-négatif, qu'on appelle *comburant* ou *soutien* de la *combustion*, et un principe passif, électro-positif, qui porte le nom de *combustible*. Les anciens ignoraient la cause de la combustion, mais ils supposaient que le feu, qu'ils plaçaient au nombre des quatre éléments de la nature, se séparait des corps pendant ce phénomène. Stahl, chimiste allemand, admettait dans les corps un principe extrêmement subtil, qu'il appelait *phlogistique*, et qu'il considérait comme capable de produire le feu en se séparant des corps. Plus tard, Lavoisier admit des principes plus rationnels et supposa que c'est le calorique latent de l'oxygène qui se dégage pendant la combustion, et qui détermine la production de la chaleur et de la lumière qu'on remarque alors; enfin, Berzélius, et beaucoup de chimistes avec lui, se fondant sur les phénomènes produits par les fluides électriques de nom contraire, admettent que, dans toute combinaison, les éléments sont chargés chacun d'une électricité contraire, et que c'est leur rapprochement qui détermine la production de chaleur qui accompagne toute combustion.

COMESTIBLE, adj. et sub., de *comedere*, manger; ne se dit guère que des substances solides qui peuvent être mangées par l'homme.

COMICES AGRICOLES, s. m. Sociétés libres formées par des cultivateurs, des éleveurs, etc., dans le but de discuter en commun les meilleurs procédés et méthodes agricoles, et de perfectionner la culture des terres, l'éducation du bétail, par des exemples, des cou-

soluble dans l'eau, elle se dissout dans l'alcool, les essences, etc. D'après Unverborden, elle contiendrait deux résines acides, l'acide *sylvique* et l'acide *pinique*. Elle entre dans la composition de plusieurs onguents, des charges, etc. Réduite en poudre, elle est employée à l'intérieur comme diurétique, et à l'extérieur comme hémostatique contre les hémorrhagies capillaires.

COLOQUINTE, s. f., *Cucumis colocynthis*, L. ; plante de la famille des Cucurbitacées, originaire de l'Inde, et naturalisée aujourd'hui dans l'Europe méridionale.—*Pharm.* Le fruit de la coloquinte est employé en médecine comme purgatif drastique des plus énergiques. Ce fruit est globuleux, jaune, de la grosseur d'une orange, glabre, recouvert d'une écorce dure, coriace, mince, renfermant une pulpe blanche, spongieuse, dans laquelle sont disséminées des graines nombreuses. Cette pulpe renferme, d'après Meismer, de l'huile grasse, de la résine amère, de la *colocynthine*, de l'extractif, de la gomme, de l'acide pectique, un extrait gommeux et des sels. La coloquinte s'administre en poudre, en extrait, en teinture, en vin, etc. Elle agit avec force sur le gros intestin et doit être employée avec prudence, pour prévenir une superpurgation dangereuse. C'est un purgatif généralement très négligé par les vétérinaires.

COLORATION, s. f.; *Bot.* Le vert est la couleur des feuilles de la presque universalité des végétaux qui recouvrent la terre; il présente toutes les nuances, du pâle au brun. Les progrès de la végétation, des altérations diverses, peuvent changer cette couleur en une autre, de même que les nuances si variées des pétales peuvent se modifier, se transformer tantôt d'une manière constante, d'autres fois accidentellement. C'est généralement sur des changements de coloration que sont fondées les nombreuses distinctions de variétés établies par les horticulteurs; aussi le caractère tiré de la couleur est-il de peu d'importance dans l'étude des espèces.

COLORÉ, adj., *coloratus;* se dit en botanique des parties qui ont une couleur autre que la couleur verte.

COLOSTRUM, s. m.; mot latin, admis en français, pour désigner le premier lait que donnent les femelles immédiatement après le part. Le colostrum détermine chez le jeune sujet une purgation salutaire; c'est donc à tort que beaucoup de personnes empêchent les jeunes animaux de le consommer.

COLPOCÈLE, s. m., de κόλπος, vagin, et κήλη, tumeur, hernie; hernie du vagin.

COLUMELLE, s. f., *Columella;* axe vertical, débris du trophosperme, restant au centre de certains fruits après la séparation des diverses parties. — On appelle aussi columelle, *sporangidium*, un axe réel, filiforme, situé au centre de l'urne dans les mousses et supportant les semences.

COLUMELLÉ, ÉE, adj., *columellatus;* muni d'une columelle.

COLZA, s. m., *Brassica campestris oleifera;* plante oléagineuse de la famille des Crucifères. Le colza a des fleurs jaunes, des feuilles glauques, lisses, glabres sur la plante adulte, les caulinaires entières, sessiles, cordiformes, des racines grêles. Les agriculteurs distinguent deux variétés de colza, l'une de printemps, l'autre d'hiver. Cette plante est cultivée en grand dans le nord de l'Europe; le nord et l'est de la France lui consacrent une assez large place dans leurs assolements. L'huile grasse qu'on extrait de la graine de colza pour l'éclairage, la fabrication des savons, etc., est l'objet d'un grand commerce; le résidu de la fabrication de cette huile est utilisé pour la fumure des terres et l'alimentation des bestiaux. Les tiges et feuilles vertes du colza sont employées comme fourrage, les fanes desséchées comme litière ou comme combustible. Le colza peut également être enfoui en vert, et alors, au lieu d'épuiser le sol, il le fertilise. Mais lorsqu'on attend, pour le récolter, la maturité de ses graines, il peut être considéré comme culture épuisante, et ne doit point précéder les céréales sans une forte fumure. Le colza aime une terre franche, meuble, riche en humus. Dans beaucoup de pays on le sème sur des défrichements, la première ou la seconde année. *V.* Chou.

COMA, s. m., de κωμάω, j'assoupis; assoupissement profond. C'est un état pathologique résultant d'une congestion sanguine ou d'un épanchement dans le cerveau. — *Bot.* de *coma*, chevelure; faisceau de bractées, touffe de poils ressemblant à une chevelure.

COMARET, s. m., *Comarum palustre*, Linn., *Potentilla comarum*, Scop.; plante vivace de la famille des Rosacées, commune au bord des étangs, dans les marais de l'Europe. Elle est peu recherchée des bestiaux.

COMATEUX, EUSE, adj. qui annonce ou produit le *coma:* affection comateuse.

COMBINAISON, s. f., *Unio*, de *cum*, avec, et *bina*, deux choses. — On appelle combinaison l'union intime et moléculaire de plusieurs corps simples ou composés, pour donner naissance à des corps d'une composition plus complexe. — Le même mot est employé aussi pour désigner le résultat de la combinaison, le composé formé. — La combinaison peut avoir lieu entre deux corps simples, entre un corps simple et un corps composé, et entre deux corps composés ; le premier et le troisième cas sont les plus fréquents, et le deuxième le plus rare. — Pour que cette opération puisse avoir lieu, il faut toujours deux conditions essentielles : 1° l'existence d'une affinité plus ou moins forte entre les deux corps ; 2° un certain degré de liberté dans les molécules des corps qui se combinent pour qu'elles puissent obéir librement au jeu de l'affinité et se grouper dans un ordre déterminé. — Indépendamment de ces deux conditions, il est certaines circonstances qui ont beaucoup d'influence sur la

à la même hauteur dans tous les vases, ce qui provient de la nécessité d'une pression égale en tous sens dans une même couche horizontale, pression qui dépend essentiellement de la hauteur du niveau au-dessus du point que l'on considère. Lorsque le liquide contenu dans l'appareil des vases communicants est hétérogène, le niveau n'est plus à la même hauteur dans les tubes; on remarque alors que l'élévation du niveau est en raison inverse de la densité des liquides, et que les fluides les plus légers ont une colonne d'autant plus élevée que leur densité est plus faible relativement à celle des autres liquides; ce qui fournit même un moyen de comparer ces corps sous le rapport de leur pesanteur spécifique.

COMPACITÉ, s. f.; état de ce qui est compacte; c'est le cas de beaucoup de corps inorganiques, dont la densité est considérable.

COMPACTE, adj., *compactus*; de *pango*, je lie, et *cum*, avec. Se dit d'un corps dense dont les molécules sont fort rapprochées et les pores, par conséquent, peu nombreux. — *Substance compacte des os :* partie dure formant en totalité le corps des os longs, et la couche externe des os plats et des os courts, *V.* Os.

COMPLECTIF, IVE, adj., *complectivus;* se dit de la préfoliaison, lorsque les feuilles se recouvrent par leurs côtés et leur sommet.

COMPLET, ÈTE, adj., *completus :* entier. S'entend d'un organe ou ensemble d'organes pourvu de toutes les parties qui le composent ordinairement. Une *fleur* est *complète*, lorsqu'elle a quatre verticilles floraux, calice, corolle, étamines et pistil; une *cloison* est *complète*, quand elle divise en compartiments isolés la cavité du péricarpe.

COMPLEXE, adj., *complexus;* composé de plusieurs parties différentes. Cet adjectif s'emploie en anatomie comme synonyme de compliqué.

COMPLEXION, s. f., *Complexio;* littéralement *assemblage ;* mot dont l'acception n'est pas bien établie et que l'on emploie tantôt comme synonyme de *constitution*, tantôt comme synonyme de *tempérament*.

COMPLEXUS, s. m. ; mot emprunté au latin pour désigner deux muscles extenseurs de la tête, dont un surtout offre une structure complexe. — *Grand complexus :* muscle *dorso-occipital* de Girard, recouvrant presque en entier la lame du ligament cervical. Ce muscle, considérable et très tendineux, prend son origine aux apophyses transverses des deuxième, troisième, quatrième, cinquième et sixième vertèbres dorsales, ainsi qu'au sommet des apophyses épineuses de ces vertèbres, et s'insère par un fort tendon à la protubérance occipitale. — *Petit complexus, long axoïdo-occipital* de Girard : petit muscle allongé, prenant son origine à la partie postérieure de l'apophyse épineuse de l'axis, et s'insérant en commun, avec le grand complexus, à la tubérosité de l'occipital. Les deux complexus sont des extenseurs de la tête.

COMPLICATION, s. f. ; de *cum*, avec, et *plicare*, plier; concours de choses de nature différente. — *Complication de maladies*, *de symptômes :* coexistence de deux maladies, de plusieurs symptômes.

COMPLIQUÉE, adj., f.; *maladie compliquée;* dans laquelle plusieurs maladies sont réunies.

COMPOSÉ, s. et adj., *Compositus ;* qui est formé par l'union de plusieurs parties. En *chimie*, on appelle *composé* un corps formé de plusieurs éléments, et duquel on peut tirer, par l'analyse, plusieurs substances de nature différente, ce qui le différencie du corps *simple* qui ne fournit jamais qu'une seule matière. — Le corps composé diffère beaucoup du mélange; dans ce dernier, les corps mélangés conservent leurs qualités natives, et il est souvent possible de les séparer par des procédés mécaniques très simples; dans le composé, au contraire, les propriétés des éléments ont complètement disparu pour faire place à de nouveaux caractères qui appartiennent en propre au composé et en font un être déterminé, distinct, qui a son existence propre, comme ses éléments avant qu'ils ne fussent unis. Désormais, ces derniers ne peuvent plus être séparés par les forces mécaniques; il faut, pour arriver à ce résultat, avoir recours à l'affinité chimique. — *Bot. ; Feuille composée:* formée d'un pétiole commun sur lequel s'articulent un ou plusieurs pétioles secondaires, une ou plusieurs folioles. — *Fleur composée :* formée de petites fleurs distinctes, réunies en tête ou capitule dans un involucre commun. — *Fruit composé : V.* Agrégé. — *Bulbe composé :* formé de plusieurs cayeux renfermés dans une tunique commune.

COMPOSÉES, s. f., *Compositæ;* famille de plantes dicotylédones, monopétales, à insertion épigyne, herbacées ou ligneuses. Ses caractères sont : fleurs en *capitules* (Fleurs composées, L. ; Calathide, Cass. Mirb., Céphalanthe, Rich.), réunies en nombre variable dans un *involucre* (Calice commun, L.; Péricline, Cass.; Périphorante, Rich.), composé de folioles inégales, imbriquées et souvent scarieuses ou épineuses, et portées sur un *réceptacle* (Phoranthe, Rich.; Clinanthe, Cass.) plus ou moins charnu, plan convexe, nu ou couvert d'écailles ou de soies rarement caduques. Calice adhérent à l'ovaire, jamais de couleur verte, composé de paillettes (bractéoles) scarieuses ou d'une aigrette à poils simples ou plumeux. Corolle insérée au sommet du tube du calice, tubuleuse, à limbe régulier ou irrégulier, bi, quadri. ou quinquedenté à son sommet (fleuron), ou formée d'un tube fendu et terminé en une *languette* (ligule) également dentée (demi-fleuron, rayon). Cinq étamines insérées sur le tube de la corolle; anthères souvent linéaires, bilobées et soudées en un tube (synanthérie) qui engaine le

seils et par des encouragements divers. Les premiers comices agricoles de la France furent établis en 1785, dans la généralité de Paris, par Berthier de Sauvigny. Supprimés en 1793, ils ne furent point rétablis après la Révolution. Ce n'est que dans les dernières années de la Restauration, qu'on en vit se former sur quelques points du territoire. La France en possède aujourd'hui environ 700, dont l'heureuse influence sur les progrès de l'agriculture est incontestable.

COMMÉLINACÉES, s. f., *Commelinaceæ*; famille de plantes monocotylédones, voisines des Joncées. Elle ne renferme que des herbes. Genres : *Commelina*, *Tradescantia*.

COMMÉMORATIF, IVE, adj., de *commemorare*, faire souvenir, rappeler. — *Signes commémoratifs, circonstances commémoratives:* accidents qui ont lieu avant une maladie et qui peuvent éclairer son diagnostic. On obtient ces renseignements en interrogeant le conducteur ou le propriétaire d'un animal malade, sur les conditions particulières dans lesquelles ce sujet a été placé. Il faut demander des explications sur le genre de service, le régime, les maladies antérieures, etc.

COMMERCE. s. m. *Pol. san.* Tout commerce des animaux affectés ou suspects de maladies contagieuses, est formellement interdit par l'art. 7 de l'arrêt du conseil d'état du roi, du 16 juillet 1784. Une application rigoureuse des dispositions de cet article serait souverainement injuste; elle pourrait être d'une extrême difficulté dans les grandes épizooties, et offrir les plus graves inconvénients s'il s'agissait des animaux destinés à la consommation. Les autorités doivent donc y déroger dans quelques circonstances, mais à la condition d'exiger des vendeurs et des acheteurs certaines garanties en faveur de la santé de l'homme et de la propriété. (*V.* pour les rapports de la police sanitaire avec la jurisprudence commerciale, les mots *Garantie* et *Vices rédhibitoires*).

COMMINUTIF, IVE, adj., de *comminuere*, briser; *fracture comminutive* : celle qui a lieu avec écrasement des os.

COMMINUTION, s. f., de *comminuere*, briser, diviser; écrasement d'un os, réduction d'un os en plusieurs esquilles.

COMMISSURE, s. f., *Commissura*; point de réunion, généralement à angle aigu de deux parties, ex. : *commissure des lèvres, des paupières, des naseaux, de la vulve.* — *Commissures du cerveau :* on désigne ainsi deux petits cordons arrondis placés transversalement, l'un à l'ouverture commune antérieure, l'autre à l'ouverture commune postérieure, et unissant les deux hémisphères du cerveau. Les deux commissures, distinguées en *antérieure et postérieure*, limitent le ventricule moyen.—*Le corps calleux* porte aussi le nom de *grande commissure* du cerveau.

COMMOTION, s. f.; secousse, agitation; ébranlement produit dans l'économie par un coup ou une chûte. C'est sur le cerveau principalement que la commotion se fait sentir. — *Commotion cérébrale : V.* ENCÉPHALITE. — *Commotion électrique :* secousse produite par l'électricité.

COMMUN, adj., *communis. Bot.* ; se dit d'un organe par rapport à plusieurs autres organes distincts qu'il renferme ou supporte : *pédoncule, pétiole, involucre, réceptacle communs .spathe commune.*

COMMUN AU BRAS ET A L'AVANT-BRAS; nom donné par Bourgelat aux muscles *sterno-aponévrotique* et *sterno-huméral*, considérés par lui comme un muscle unique.

COMMUN AU BRAS, A L'ENCOLURE ET A LA TÊTE ; nom donné par Bourgelat au muscle *mastoïdo-huméral.*

COMMUN DE LA TÊTE ; nom donné par Lafosse au muscle *splénius.*

COMMUN DE L'OREILLE ; Lafosse donne ce nom à la réunion des muscles *temporo-auriculaire* et *zygomato-auriculaire.*

COMMUN DU BRAS ET DE LA TÊTE; nom donné par Lafosse au muscle *mastoïdo-huméral.*

COMMUN DU NEZ; Lafosse appelle ainsi le muscle nommé par Girard *naso-transversal.*

COMMUNAUX, s. m.; terres généralement incultes possédées en commun par les habitants d'une ou de plusieurs communes, et presque toujours consacrées à la libre dépaissance des troupeaux. Ce mode de jouissance est extrêmement vicieux. La plus grande partie des 7,000,000 d'hectares de communaux en friche que possède la France, pourrait être mise en culture et donner d'immenses produits. Sous ce rapport, notre pays est en arrière des autres contrées agricoles de l'Europe. Les essais tentés depuis 1762, pour remédier à cet état de choses, ont été tous infructueux. Divers moyens ont été proposés pour donner aux communaux une utilité réelle: le partage, l'amodiation, le défrichement par les communes, par l'armée, par l'Etat. L'exploitation des communaux attend encore une loi d'une application générale et l'argent nécessaire à cette exploitation. — Les bois appartenant aux communes sont soumis au régime forestier. — Les domaines productifs sont administrés par les conseils municipaux, d'après les règles tracées par le décret du 9 brumaire an XIII.

COMMUNICANT, ANTE, adj., *conjungens;* qui réunit, qui fait communiquer. — *Artères communicantes postérieures :* branches de la carotide interne longeant le pédoncule du cerveau et se divisant en deux branches, dont une s'anastomose avec la cérébrale postérieure, et l'autre va se diviser sur l'extrémité postérieure du lobe cérébral, où ses ramifications s'anastomosent avec celles de la cérébrale moyenne.—*Physiq. Tubes ou vases communicants :* on donne ce nom à un appareil qui est employé dans les cours de *physique*, pour démontrer les lois de l'équilibre des liquides contenus. Quand le liquide est homogène, cet appareil fait voir que le niveau est

flexibles sont, en général, facilement compressibles ; cela est surtout évident pour tous ceux qui ont une origine organique comme l'éponge, le liége, le bois ; les métaux et les minéraux sont peu ou point compressibles.— Les *liquides*, sur la foi des essais des académiciens de Florence, furent regardés comme incompressibles jusqu'au commencement du XIXme siècle, où Ærtstedt et Parkins parvinrent à démontrer la faible compressibilité de ces corps. L'eau, sous la pression d'une atmosphère, diminue de 45 millionièmes de son volume primitif ; l'éther diminue trois fois plus et le mercure dix fois moins. — La compressibilité des *gaz* est très prononcée ainsi que le démontrent les faits les plus vulgaires ; elle est en raison directe de la pression dans les gaz permanents et incoërcibles, ce qui a été vérifié jusqu'à l'énorme pression de 27 atmosphères, par Dulong et Arago, *V.* Loi de Mariotte. Les gaz coërcibles et les vapeurs trop fortement comprimés changent d'état et se résolvent en liquides.

COMPRESSIF, IVE, adj. ; qui sert à comprimer. — *Bandage, appareil, pansement compressif.* Le pansement compressif a des avantages dans les infiltrations simples, les inflammations chroniques, les fractures, les luxations, les fistules, dans le traitement de quelques plaies. Son usage est précieux dans le cas d'hémorrhagie. Il a des inconvénients dans quelques circonstances. *V.* Pansement.

COMPRESSION, s. f., *Compressio* ; action mécanique qui sert à rapprocher les parties constituantes d'un corps, à diminuer son volume, à augmenter sa densité. On emploie la compression dans un grand nombre de circonstances ; elle sert à arrêter le cours du sang pendant et après les opérations, dans le traitement des anévrysmes et des plaies artérielles ; son usage modère le cours du sang. C'est un puissant moyen thérapeutique pour combattre les œdèmes, les varices, les hydarthroses ; on l'applique avantageusement sur les extrémités du cheval. Elle est utile dans le pansement du javart cartilagineux, du crapaud et de quelques ulcères, dans le traitement des fractures et des luxations. La compression est *directe* ou *immédiate*, quand on la fait sur l'organe dont on veut diminuer le volume ; on comprime l'orifice d'une artère avec des boulettes de charpie, qu'on recouvre de plumasseaux. La compression est *indirecte* ou *médiate*, quand elle n'agit qu'à travers une épaisseur plus ou moins grande de parties molles, ex. : compression des artères palatine et intercostale. Comme hémostatique, la compression directe a l'inconvénient d'être difficile à opérer, douloureuse et de se relâcher au bout de quelque temps ; on préfère, lorsqu'il s'agit d'un vaisseau volumineux, l'emploi de la ligature, qui est une compression *circulaire*. C'est avec des bandes et des bandages qu'on comprime les solutions de continuité d'une certaine étendue.

COMPRIMÉ, ÉE, adj., *compressus*. Bot. Se dit d'une partie dont la coupe transversale a la figure d'une ellipse.

COMPTABILITÉ AGRICOLE, s. f. ; compte courant sur lequel l'agriculteur inscrit les détails de son exploitation, en ce qui concerne les dépenses et les recettes de toutes sortes, le prix de la main-d'œuvre, le prix des denrées, la valeur des produits vendus ou à vendre, et qui lui sert à établir la balance de ses profits et pertes. Elle doit être faite, pour plus de sûreté, en partie double. Une comptabilité exacte est indispensable à la bonne tenue d'une exploitation.

COMTOIS (cheval). La race chevaline comtoise se trouve plus particulièrement dans les départements du Doubs et de la Haute-Saône. Elle a la taille moyenne, une tête un peu forte, les oreilles plutôt longues que courtes, l'encolure grêle, les épaules plaquées, le garrot bas, la croupe large, plate, avalée, la queue attachée bas, les membres forts, les jarrets larges, un peu coudés, les pieds bons, un peu grands. Le cheval comtois n'est pas beau, mais il est sobre, plein de force et de vigueur et très propre au service du trait lent. Il est parfois assez bien conformé pour être employé au service des messageries, du train des équipages, etc. Beaucoup de chevaux suisses sont vendus comme comtois et réciproquement. Le cheval du Jura, surtout dans les parties du département où les fourrages sont bons, est plus étoffé, plus élevé que le comtois proprement dit. Ses formes sont plus régulières ; il se rapproche davantage du type flamand ou picard. — Comtoises. — (Races bovines). On en distingue deux désignées sous les noms de *Fémeline* et de *Tourrache.* — *Race fémeline ;* elle a une taille de 1^m 35 à 1^m 45, le poil froment, la peau fine, souple, la tête allongée, étroite, le regard doux, l'encolure grêle, le fanon peu développé, la poitrine étroite, le corps long, la croupe large. On la trouve surtout dans les vallées de la Saône, de l'Ognon et de la Lanterne, jusque dans la Bresse. Les bœufs travaillent médiocrement, mais s'engraissent assez bien. Les vaches sont bonnes laitières. — *Race tourrache ;* elle a la même taille que la précédente, le poil rouge, abondant et frisé sur la tête, au bord de l'encolure, jusqu'au dos, la tête forte, large, courte, les naseaux bruns, les cornes étalées et grosses à la base, le regard vif, l'encolure forte, courte, le fanon développé, la poitrine large, arrondie, le corps ramassé, le train postérieur étroit, la peau épaisse, surtout au cou et aux épaules. Cette race travaille bien, mais s'engraisse mal. Le lait des vaches renferme beaucoup de caséum : on le considère comme particulièrement propre à la fabrication des fromages. La race Tourrache se trouve aux environs de Pontarlier, sur tout le plateau du Jura jusqu'au Rhône. — On trouve dans la partie nord-est du département de la Haute-Saône et dans la partie du Doubs qui touche

style; filets ténus, articulés au sommet ou réunis et monadelphes. Ovaire infère, uniloculaire, monosperme; ovule dressé. Style divisé; stigmates sous forme de deux lignes divergentes. Fruit (akène) cylindrique ou comprimé, lisse ou strié, plus ou moins enfoncé dans les alvéoles du réceptacle, terminé brusquement au point où s'attache le calice ou se prolongeant en un bec étroit, ou brièvement atténué sans bec, toujours couronné par le calice qui prend l'aspect d'une aigrette en couronne ou d'une couronne composée de soies libres, simples ou plumeuses, petit, quelquefois charnu, sans périsperme. Feuilles le plus souvent alternes, de forme variable. Inflorescence le plus souvent définie, corymbe ou cyme corymbiforme. — La famille des Composées est l'une des plus importantes, et à l'exception de la famille des Graminées, peut-être la plus nombreuse du règne végétal; elle renferme 8 à 9,000 espèces, environ le $^1/_{10}$ de toutes les plantes connues. Quoiqu'on ait tenté pour la diviser en familles distinctes, elle constitue un groupe assez naturel, malgré son étendue. Tournefort l'a, le premier, divisée en trois classes : 1° les *Semifloscu-leuses;* 2° les *Flosculeuses;* 3ᵐ les *Radiées.* Vaillant y a substitué plus tard les trois divisions correspondantes: 1° les *Chicoracées;* 2° les *Cynarocéphales;* 3° les *Corymbifères.* De Candolle établit dans la famille des Composées, trois ordres ou sous-familles: 1° les *Tubuliflores;* 2° les *Labiatiflores;* 3° les *Liguliflores,* qui correspondent, celles-ci aux semiflosculeuses, les tubuliflores aux flosculeuses et aux radiées; les labiatiflores forment un groupe nouveau pour les Composées à corolle labiée. Ces trois ordres sont divisés à leur tour en huit tribus comprenant de nombreuses coupes. Ces tribus sont : les Vernoniacées; genres : *Vernonia, Cyanopsis, Gundelia, Pectis,* etc.; les Eupatoriacées; genres : *Ageratum, Eupatorium, Petasites, Tussilago,* etc.; les Astéroïdées; genres : *Amellus, Bellidiastrum, Aster, Heleastrum, Erigeron, Boltonia, Bellium, Bellis, Lepidophyllum, Solidago, Thespis, Coniza, Inula, Jasonia, Buphthalmum, Dahlia,* etc.; les Sénécionidées: genres : *Xanthium, Ambrosia, Zinnia, Coreopsis, Helianthus, Bidens, Spilanthus, Adenophyllum, Tagetes, Gaillardia, Helenium, Madia, Anthemis, Ptarmica, Achillea, Santolina, Lasiospermum, Leucanthemum, Matricaria, Pyrethrum, Chrysanthemum, Cotula, Artemisia, Tanacetum, Ammobium, Helichrysum, Gnaphalium, Lasiopogon, Doronicum, Cacalia, Senecio,* etc.; les Cynarées: genres : *Calendula, Tripteris, Echinops, Xeranthemum, Arctium, Crupina, Centaurea, Cnicus, Kentrophyllum, Carthamus, Galactites, Onopordon, Cynara, Carduus, Cirsium, Lappa, Serratula,* etc.; les Mutisiacées; genres: *Dasyphyllum, Lycoseris, Mutisia,* etc.; les Nassauviées ; genres : *Nassavia, Jungia,* etc.; les Cichoracées: genres: *Sco-*

lymus, Diplostemma, Lampsana, Rhagadiolus, Arnoseris, Catananche, Cichorium, Hypochœris, Thrincia, Podospermum, Tragopogon, Scorzonera, Picris, Picridium, Sonchus, Prenanthes, Lactuca, Chondrilla, Taraxacum, Barkhausia, Immogeton, Crepis, Crepidium, Hieracium, Leucoseris, etc., etc. — On trouve des Composées dans presque tous les lieux du globe; mais quelques genres seulement ont une aire très étendue. Beaucoup d'espèces sont bisannuelles dans les lieux tempérés; elles sont plus souvent annuelles ou vivaces dans les régions froides ou chaudes. Les espèces arborescentes forment seulement la cent treizième partie de la famille ; le plus grand nombre se trouve dans les îles. — Parmi les caractères généraux des Composées, nous trouvons: l'amertume des feuilles et des tiges; la nature huileuse des graines. On rencontre aussi, dans leur composition, des résines odorantes, des huiles volatiles. De là leurs propriétés toniques, amères, astringentes, leur saveur quelquefois irritante, leur odeur aromatique, et leur emploi dans la médecine comme vermifuges, comme excitantes, etc. De là encore la culture de quelques espèces: Grand-Soleil, Madia sativa, pour l'huile de leurs graines. — Beaucoup de Composées sont alimentaires pour l'homme ; ainsi, la Laitue cultivée, l'Artichaut, le Pissenlit, la Scorzonère, etc. Un plus grand nombre est cultivé pour les bestiaux, ou contribue à la composition de la flore variée des prairies.

COMPOSITION, s. f., *Compositio;* état des corps composés, résultat de la combinaison. La composition des corps est plus ou moins compliquée; elle est *binaire, ternaire, quaternaire,* très rarement plus complexe.— Les corps les plus composés se trouvent dans le règne animal; il est rare qu'ils soient bien déterminés, cristallisables et stables. En général, les composés *binaires* et *ternaires* sont les plus nombreux, les plus stables et les mieux connus.

COMPOST, s. m.; mélange de terre desséchée ou de chaux, de plâtre, de marne, etc., avec une ou plusieurs espèces d'engrais organiques.

COMPRESSE, s. f.; pièce de toile ordinairement repliée plusieurs fois sur elle-même, qu'on applique sur les plaies, *V.* BANDAGES.

COMPRESSEUR, s. m.; instrument propre à comprimer un canal, des vaisseaux, des nerfs. La chirurgie humaine possède un grand nombre de compresseurs qui ne sont d'aucune utilité pour le vétérinaire. — Le *compresseur de Dupuytren* sert à opérer la compression d'une artère sans empêcher la circulation collatérale; il est peu employé.

COMPRESSIBILITÉ, s. f., *Compressibilitas;* propriété qu'ont beaucoup de corps de se réduire à un moindre volume, sans changer de poids, par l'action d'une force extérieure. Tous les corps *solides* très poreux et

pas donner aux *concrétions osseuses* le nom de *calculs.*

CONDENSABILITÉ, s. f., *Condensabilitas;* propriété dont jouissent certains corps de pouvoir être réduits à un moindre volume par la *pression*, ex. : les corps poreux, les gaz, *V.* COMPRESSIBILITÉ.

CONDENSABLE, adj.; qui peut être réduit à un moindre volume sans changer de masse, ex. : corps poreux, filamenteux, gaz, *V.* COMPRESSIBILITÉ.

CONDENSATEUR, s. m., *Densator*, qui condense ; instrument de physique inventé par Volta et à l'aide duquel on peut concentrer, sur une petite surface, une grande quantité d'électricité. Sa forme varie à l'infini; mais il est toujours formé de deux lames ou de deux plaques métalliques séparées par un corps non conducteur, qui tient aux conducteurs ou qui est mobile. Pour charger cet instrument, on met un des plateaux ou lames conductrices, en contact avec une source d'électricité (plateau collecteur), et l'autre en communication avec le sol à l'aide de la main ou d'une chaine. L'électricité accumulée sur le premier plateau décompose, à travers la lame non conductrice, le fluide naturel du deuxième plateau, refoule dans le sol l'électricité semblable, et attire celle de non contraire; la combinaison de ces deux électricités étant empêchée par le corps non conducteur, elles annulent réciproquement leur tension naturelle et sont *dissimulées* (*V.* ce mot et ÉLECTRICITÉ). Le plateau collecteur peut recevoir de nouvelle électricité, décomposer celle de l'inférieur, en recevoir encore et ainsi de suite, jusqu'à ce que l'affinité réciproque des électricités dissimulées soit assez forte pour vaincre la résistance de la lame non conductrice. Le condensateur se décharge par étincelles tirées isolément de chaque plateau, ou par l'union brusque des électricités dissimulées à travers les branches d'un excitateur, ou au moyen des organes d'un être vivant.

CONDENSATION, s. f., *Densatio;* rapprochement des molécules d'un corps pour le réduire à un moindre volume et augmenter relativement sa densité; se dit aussi de l'action de faire passer une vapeur, un gaz, à l'état liquide, *V.* GAZ, COERCIBILITÉ. On opère la condensation des corps au moyen de la compression ou par le refroidissement, et parfois en employant en même temps les deux moyens.

CONDENSER, v. a., *densare, condensare;* rapprocher les molécules d'un corps, *V.* CONDENSATION.

CONDIMENTS, s. m.; substances d'une saveur généralement prononcée que l'on mêle aux aliments pour en modifier l'odeur et la saveur, pour en corriger l'insapidité ou l'âcreté, exciter l'appétit et favoriser la digestion. Ils sont amers, salés, acidules, toniques, etc. Le sel marin, le vinaigre, sont les principaux. Leur action peut être en même temps chimi-

que et physiologique. Ils provoquent les sécrétions salivaire, stomacale, intestinale, et les mouvements du tube digestif.

CONDUCTEUR, s. et adj. Se dit d'un corps qui laisse passer à travers sa substance la chaleur et l'électricité : les métaux sont en général de bons conducteurs de ces deux fluides. On appelle, par opposition, corps *non conducteurs* ou *mauvais conducteurs*, ceux qui ne se laissent pas traverser par le calorique ou l'électricité, *V.* CONDUCTIBILITÉ. Ce mot sert aussi à désigner les cylindres métalliques *isolés* qui font partie de la machine électrique, et ceux qui servent à étudier l'électricité développée par influence.

CONDUCTIBILITÉ, s. f. On désigne ainsi la propriété qu'ont certains corps de propager dans leur substance et de transmettre par contact, aux autres corps, le *calorique* et l'*électricité.* 1° *Conductibilité pour la chaleur.* Cette propriété est plus ou moins marquée parmi les corps solides, liquides ou gazeux. Les métaux sont de très bons conducteurs du calorique et peuvent être rangés sous ce rapport dans l'ordre suivant : *or, argent, platine, cuivre, fer, zinc, étain, plomb;* les corps humides, ceux de nature organique, conduisent plus ou moins bien la chaleur; mais les corps secs, ceux qui sont *insolubles* dans l'eau, tels que les résines, la cire, le soufre, le verre, le ligneux, le bois sec, le charbon, etc., sont de très mauvais conducteurs du calorique. Enfin, ceux qui sont tissés, feutrés (étoffes, draps, couvertures), ou formés par de nombreux filaments disposés sans ordre (coton, laine, duvet, sciure de bois, poussière de charbon, sable, brique pilée, etc.), ne conduisent pas la chaleur. Quant aux corps liquides et gazeux, ils *charrient* le calorique par déplacement moléculaire, mais ne le conduisent pas réellement, puisqu'ils ne transmettent plus ce fluide que très imparfaitement lorsqu'on a mis obstacle aux mouvements intérieurs de leur masse. — 2° *Conductibilité électrique.* Les corps solides sont bons ou mauvais conducteurs de l'électricité; les métaux sont les conducteurs les plus parfaits; ils se placent à cet égard dans l'ordre suivant : *cuivre, or, argent, zinc, platine, fer, étain, plomb, mercure.* Les tissus organiques et le globe terrestre sont aussi de bons conducteurs des fluides électriques; mais les corps solides, qui sont insolubles dans l'eau ou combustibles, sont de mauvais conducteurs (résines, soufre, cire, graisses, verre, soie, etc.) Parmi les liquides, ceux qui sont acides conduisent bien l'électricité; mais ceux qui sont très combustibles, comme les huiles, les essences, l'alcool, l'éther, sont de mauvais conducteurs. Enfin, les gaz humides sont bons conducteurs et les gaz secs sont *isolants* ou mauvais conducteurs.

CONDUIT, s. m., *Ductus, meatus;* mot ayant la même signification que *canal*, mais employé de préférence dans certains cas;

à la Suisse, une race plus forte que les précédentes, plus disposée à l'engraissement, et qui provient de croisements avec des taureaux suisses.

CONARIUM, s. m., κωναριον, de κωνος, cône; petit corps de forme conique, d'un gris rougeâtre, situé au-dessus de l'ouverture commune postérieure, maintenu dans cette position par la toile choroïdienne et par plusieurs petits pédicelles de substance nerveuse, dont les antérieurs sont fixés sur les couches optiques. Le conarium porte aussi le nom de *glande pinéale*, à cause de sa ressemblance avec une pomme de pin. Il manque chez les oiseaux, les poissons et les reptiles, excepté chez les tortues.

CONCASSATION, s. f., de *conquassare*, mettre en pièces, rompre, briser: *quassation*. — Opération pharmaceutique grossière qui consiste à briser avec un marteau certains médicaments très durs. On emploie ce moyen pour les minéraux, les noyaux des Rosacées, la noix de galle, certaines écorces, etc. C'est une sorte d'opération préparatoire de la *pulvérisation*. *V.* ce mot et CONTUSION.

CONCAVE, adj., *concavus*; qui présente une concavité; état d'une surface dont le centre est déprimé et les bords relevés; *miroir*, *lentille concaves* (*V.* ces mots).

CONCAVE-CONVEXE, adj. ; état d'un corps qui présente une concavité sur une face et une convexité sur l'autre ; c'est le cas de certaines *lentilles* (*V.* ce mot.)

CONCENTRATION, s. f., *Concentratio*, de *cum*, avec, *centrum*, centre, et *actio*, action : rassembler dans un centre. Opération chimique et pharmaceutique qui consiste à réduire à un moindre volume un corps *liquide* étendu dans un véhicule. Cette opération a pour but d'augmenter les propriétés du corps ou de le rendre plus pur. Elle se fait en général par évaporation spontanée, ou mieux par vaporisation artificielle sur un foyer de chaleur, avec ou sans le contact de l'air *V.* ÉVAPORATION. C'est ainsi qu'on concentre les acides, les solutions salines, l'alcool, etc. On opère parfois aussi la concentration en soumettant le mélange à l'action du froid, qui congèle l'eau excédante seulement et non le corps qu'elle tient en dissolution ; ex. : vin, sel marin, etc. Lorsque la concentration a lieu dans un appareil distillatoire, en présence d'un corps très hygrométrique, elle porte le nom de *rectification*. *V.* ce mot et DISTILLATION. Enfin, quand le corps que l'on veut concentrer est altérable à l'air ou par l'action de la chaleur, on opère la concentration sous la cloche de la machine pneumatique où on a fait le vide. — *Path. Concentration des forces* : exaltation des forces vitales. Le pouls est *concentré*, quand il est faible et petit, peu développé sous le doigt.

CONCEPTACLE, s. m. ; *Conceptaculum*; ce mot désigne généralement l'organe de forme et de situations diverses qui joue dans les cryptogames, par rapport aux corpuscules reproducteurs, le rôle de péricarpe. — On appelle aussi quelquefois conceptacle le fruit composé d'un double follicule.

CONCEPTION, s. f.; *Conceptio*, de *concipere*, concevoir; action par laquelle le fœtus se forme dans l'utérus de sa mère. *V.* GÉNÉRATION.

CONCHYLIOLOGIE, s f.; *Conchyliologia*, de κογχυλια, coquillage, et λογος, discours; traité des coquilles.

CONCOMBRE, s. m.; *Cucumis*, L.; Genre de la famille des Cucurbitacées. Ses caractères sont : corolle campanulée, calice tubuleux, campaniforme, profondément divisé en lanières étroites. Fleurs jaunes, monoïques ou hermaphrodites, cinq étamines triadelphes, stigmate épais, biparti ; péponide à trois ou six loges ; graines ovales, comprimées, non bordées. Ce genre renferme quatre espèces principales : le C. cultivé, *C. sativus*; le C. melon, *C. melo*; ces deux espèces offrent un grand nombre de variétés ; le C. pastèque, *C. citrullus*, *Cucurbita citrullus*, Linn.: le C. coloquinte, *C. colocynthis*; *V.* PASTÈQUE, COLOQUINTE ET MELON. Les fruits des deux premières espèces sont consommés par l'homme; leurs semences écrasées forment avec l'eau une émulsion adoucissante.

CONCOMITANCE, s. f., de *cum*, avec, et *comitari*, suivre, accompagner ; accompagnement, simultanéité de deux choses. Coëxistence de deux symptômes, de deux maladies.

CONCOMITANT, adj.; qui accompagne. Les *symptômes* et *signes concomitants* sont ceux qui accompagnent une maladie; ce sont des caractères accessoires. Une maladie *concomitante* est celle qui coëxiste avec une autre affection due à la même cause.

CONCOURS, s. m.; lutte dans laquelle plusieurs concurrents se disputent des prix, des primes, etc. Des concours pour le perfectionnement des méthodes agricoles, pour l'amélioration du sol, des espèces domestiques, etc., sont établis dans tous les pays civilisés. *V.* PRIMES, PRIX, COURSES, EXHIBITIONS.

CONCRET, s. et adj., *concretus*; de *concrescere*, se condenser, s'épaissir. T. de chimie et de pharmacie dont on se sert pour désigner des substances solides formées de principes volatils. — *Alcali concret* : carbonate d'ammoniaque (*V.* ce mot). Le camphre est une *essence concrète*; l'acide benzoïque un *acide concret*, etc.

CONCRÉTION, s. f., de *concrescere*, s'épaissir, se coaguler; de *cum*, avec, et *crescere*, croître. On nomme *concrétions* des corps étrangers solides qu'on trouve dans l'épaisseur des tissus, dans les articulations, dans les réservoirs de fluides excrémentitiels, dans les organes creux. Synonymie : *calculs*, *concrétions pierreuses*, *bézoards*. On ne doit

Une rougeur et un gonflement en rapport avec l'abord du sang caractérisent la congestion à l'extérieur. Des troubles fonctionnels surviennent dans les organes congestionnés ; la congestion de l'encéphale, de la rate, produisent une mort rapide. Les congestions marchent rapidement dans les organes parenchymateux, tels que le poumon, le foie, la rate ; leur marche est plus lente pour les tissus résistants. Elles se terminent par délitescence, par hémorrhagie et par le développement de l'inflammation. Leur gravité n'est prononcée que pour les organes importants à la vie. Il faut les combattre énergiquement par les saignées générales, les révulsifs cutanés, les purgatifs drastiques. Or, on met en usage, soit les astringents, soit les réfrigérants, les frictions irritantes avec les huiles essentielles. — Il est utile de ne pas confondre l'*inflammation* avec la *congestion* ; dans ce dernier cas, un organe peut conserver son organisation, sa vitalité, tandis que, dans le premier, l'autopsie donne les caractères de l'inflammation. L'*engorgement* diffère de la congestion, parce que, dans cette dernière, il n'y a pas obstacle au cours du sang veineux. — *Congestion passive.* Elle est due à l'action des lois physiques qui s'exercent sur le sang, même pendant la vie. C'est par la pesanteur que se forment ces congestions dites *hypostatiques.* On les observe dans les maladies adynamiques, ataxo-adynamiques. Pour les combattre, il faut donner de l'énergie aux phénomènes vitaux. — On nomme *congestion par obstacle* l'engorgement qui résulte d'un obstacle au retour du sang veineux. C'est après cette stagnation du sang, que se forment les hydropisies du tissu cellulaire et des grandes cavités splanchniques.

CONGLOBÉ, ÉE, adj., *conglobatus*, de *conglobare*, amasser, assembler en rond ; s'applique principalement aux *ganglions* ou *glandes lymphatiques*, dont plusieurs sont réunies pour former une seule masse plus ou moins arrondie. — *Bot.* Se dit des fleurs ou des feuilles réunies en une masse globuleuse.

CONGLOMÉRÉ, ÉE, adj, *conglomeratus*, de *conglomerare*, réunir en peloton ; se dit des glandes rassemblées en masse sous une même enveloppe et pourvues d'un canal excréteur, comme le foie, les reins, les mamelles, à cause de l'assemblage des nombreuses granulations qui les forment. —*Bot.* Les ovules, le pollen, etc., peuvent être conglomérés.

CONGLUTINANT, adj., *V.* AGGLUTINATIF.

CONIFÈRES, s. f., *Coniferæ* ; famille nombreuse de plantes dicotylédonées, gymnospermes, habitant tous les pays, mais principalement les régions tempérées de notre hémisphère. Elle a pour caractères : fleurs unisexuées, les mâles en chaton et composées d'une seule étamine ou de plusieurs étamines soudées ; fleurs femelles formées chacune d'une écaille à la base de laquelle se trouvent dressés ou suspendus un ou deux ovules perforés au sommet : fruit désigné sous le nom de *strobile*, quelquefois en forme de baie, comme dans le Genévrier ; graines dures, accompagnées d'un péricarpe osseux ou membraneux, d'écailles ou même de bractées. Les plantes de cette famille sont des arbrisseaux ou de grands arbres résineux, et toujours verts, à l'exception du Mélèze et du Gingo. Leurs feuilles, solitaires ou réunies en un faisceau de deux à cinq, entouré à sa base d'une gaine scarieuse, sont le plus souvent étroites, linéaires, dures, quelquefois lancéolées et imbriquées. Leur tronc présente une particularité d'organisation qui consiste surtout dans l'absence de trachées. La graine des Conifères renferme souvent plus de deux cotylédons. Cette famille a été divisée en trois tribus : les *Taxinées* ; genres : *Taxus, Salisburia*, etc. ; les *Cupressinées* ; genres : *Cupressus*, *Juniperus*, *Thuya*, etc. ; les *Abiétinées* ; genres : *Pinus*, *Abies*, etc. Beaucoup d'espèces conifères peuvent acquérir une grande hauteur, et sont, dans beaucoup de pays une ressource capitale pour les constructions, le chauffage. Quelques-unes fournissent des fruits que la médecine utilise et un produit très répandu, la térébenthine.

CONINE, CONICINE, *V.* CICUTINE.

CONIQUE, adj ; qui a la forme d'un cône. Chabert appelait *vessies coniques* les extrémités des sacs du rumen. — *Bot.* La racine, le tronc des arbres, les aiguillons, affectent souvent la forme conique. *V.* TURBINÉ.

CONIROSTRES, s. m. p., *Conirostrati* ; famille de l'ordre des passereaux, caractérisée par un bec court et conique comme celui du *moineau*, du *pinson*, du *gros-bec*, etc.

CONJOINT, E, adj., *connatus*, *coadnatus* ; soudé, réuni ; se dit de tous les organes ou parties d'organes de même nature, qui ont contracté entre eux des cohérences.

CONJONCTIVE, s. f., *Conjunctiva*, de *conjungere*, joindre ; membrane muqueuse tapissant la face interne des paupières, se réfléchissant sur le globe oculaire dont elle recouvre la moitié antérieure, et sur le corps clignotant qu'elle enveloppe également. La conjonctive semble s'arrêter autour de la cornée transparente ; mais l'injection sanguine de la surface externe de cette membrane dans le cas d'inflammation fait admettre la continuité de la conjonctive, qui est encore démontrée par la production anormale de plaques dermoïdes et pilifères sur la vitre de l'œil. La conjonctive se continue par les *voies lacrymales* jusqu'à l'entrée des narines.

CONJONCTIVITE, s. f., inflammation de la conjonctive. Synonymie : *Ophthalmie externe.* Elle est aiguë ou chronique, franche, spécifique, symptomatique. Les causes qui la produisent sont directes : corps étrangers, direction vicieuse des cils, contusions, air froid, vive lumière ; elles sont quelquefois indirectes : pléthore, phlegmasies de l'encé-

ex. : *conduit auditif*, *conduit guttural*, *conduits lacrymaux*, *V.* ces adjectifs.

CONDUPLICATIF, IVE, adj., *conduplicativus;* plié dans le sens de la longueur. La préfoliaison et la préfloraison affectent quelquefois cette disposition.

CONDUPLIQUÉ, ÉE, adj. *conduplicatus;* synonyme de conduplicatif.

CONDYLE, s. m. ; *Condylus*, de κονδύλος, signifiant la saillie que présente l'articulation des doigts pendant leur flexion. On appelle *condyle* une éminence articulaire diarthrodiale, arrondie, et déprimée sur un ou plusieurs côtés, ex. : *condyles de l'occipital, du fémur*, etc.

CONDYLIEN, CONDYLOIDIEN, adj., *condyloïdeus;* qui appartient au condyle, ou qui en est voisin. — *Trous condyliens :* trous placés de chaque côté, à la base des condyles de l'occipital, et donnant passage au nerf de la douzième paire.

CONDYLOIDE, adj., *condyloïdes*, de κονδύλος, condyle, et εἶδος, forme ; en forme de condyle.

CONDYLOME, s. m. *Condyloma*, de κονδύλος, éminence des os aux articulations, parce que le condylôme forme des éminences de chair ; excroissances charnues qui siégent à l'union des muqueuses à la peau, principalement autour des parties génitales et du rectum. On les rencontre surtout sur la chienne, dans le vagin. Ils produisent le prurit, le gonflement de la vulve, un écoulement sanieux. On ne sait pas si les condylômes des animaux sont quelquefois dus à une cause syphilitique. Le traitement consiste à calmer la douleur par des injections émollientes, à exciser ensuite les végétations sans l'emploi de la cautérisation.

CONE, *V.* STROBILE.

CONÉINE, *V.* CICUTINE.

CONFECTION. s. f. ; *Confectio*, de *confectus*, achevé, perfectionné ; nom ancien de certains électuaires très composés. Il est tombé en désuétude. *V.* ÉLECTUAIRE.

CONFERVE, s. f., *Conferva*, D. C. ; genre de la famille des Algues. Les conferves sont composées de filaments cloisonnés, simples, mous, de couleur verdâtre, tapissant les pierres au fond des eaux douces stagnantes, ou flottant à la surface du liquide. On en trouve également dans la mer.

CONFLUENT, E, adj. et s., de *cum*, avec, ensemble, et *fluere*, couler. *Variole confluente*, *clavelée confluente :* celles dont les pustules sont nombreuses et se confondent. — *Anat.* Quelquefois employé pour indiquer la réunion de plusieurs sinus vasculaires.

CONFORMATION, s. f., de *cum*, avec, et *forma*, forme; proportion naturelle des parties d'un corps. — *Vice de conformation:* ce qui est défectueux dans l'arrangement des parties du corps. *Maladie de conformation:* maladie qui provient d'une mauvaise disposition des parties du corps. — T. de chirurgie, réduction des os fracturés.

CONGÉLATION. s. f. ; *Congelatio*. On appelle ainsi la solidification par le froid, des corps qui sont habituellement à l'état liquide, comme l'eau, le mercure, etc. Les corps solides qui ont été fondus se *figent* lorsqu'ils se refroidissent, mais ne se *congèlent* point. *V.* SOLIDIFICATION. Il y a, en effet, entre la congélation et la solidification, cette différence, que la première ne peut avoir lieu qu'à des températures beaucoup plus basses que la température moyenne de l'air, tandis que la seconde se produit à des températures plus ou moins élevées. La congélation survient, dans les circonstances ordinaires, par l'abaissement de la température de l'air; mais on peut l'obtenir artificiellement par plusieurs moyens : en faisant évaporer dans le vide le liquide que l'on veut congeler ; en l'entourant d'un mélange réfrigérant dans des appareils spéciaux appelés *congélateurs*. Elle est mise à profit pour concentrer certains liquides, pour séparer l'oléine de la stéarine, pour condenser certains liquides très volatils, les gaz coercibles, etc.

CONGÉNÈRE, adj., *congener*, de *cum*, avec, et *genus. generis*, genre; qui est de même genre, ou qui agit de la même manière. — *Muscles congénères :* muscles qui ont le même usage. Le long et le court fléchisseur de la tête sont des muscles *congénères*. Les extenseurs de la tête sont leurs *antagonistes*.

CONGÉNIAL, CONGÉNITAL, adj., *congenitus*, de *cum*, avec, et *genitus* engendré. *Difformité congéniale :* vice de conformation datant de la naissance ou même de la vie intra-utérine. — *Maladies congénitales;* maladies datant de la même époque.

CONGESTIF, IVE, adj., *congestivus;* la préfoliaison est congestive, lorsque le limbe des feuilles est replié irrégulièrement sur lui-même.

CONGESTION, s. f., de *congerere*, entasser, amasser. On nomme ainsi l'accumulation non inflammatoire du sang dans une partie. C'est dans les organes les plus vasculaires qu'on l'observe ; tels sont les poumons, le foie, la rate, le cerveau. La congestion est dite *active* ou *sthénique*, quand elle est spontanée; *passive*, quand elle résulte d'un obstacle physique au cours du sang. — *Congestion active :* hypérémie sthénique d'Andral, inflammation de quelques auteurs. On peut l'appeler *fonctionnelle*, puisqu'elle résulte d'un surcroît d'action dans l'organe fonctionnant, ex. : dans l'érection de la verge. Il est une sorte de congestion active qu'on nomme *fluxionnaire*, qui fait rougir les tissus en distendant les vaisseaux. Son mécanisme est peu connu ; ce sont des causes directes ou indirectes qui la mettent en jeu. La congestion active peut être attribuée à la pléthore, à une alimentation substantielle, aux courses rapides; elle est due quelquefois au voisinage d'une partie enflammée, ou bien encore à l'influence du froid sur une partie du corps.

plus essentielles à sa conservation. Pour les médicaments d'origine organique, il est une précaution préliminaire indispensable pour leur conservation, c'est de les soumettre à une dessiccation complète et méthodique. *V.* Dessiccation.

Conservation des Aliments, des Virus, *V.* Virus et les noms de *chaque aliment* en particulier.

CONSERVE, s. f., *Conserva*. On désigne ainsi des médicaments officinaux de consistance molle, formés d'une substance végétale et de sucre qui lui sert de condiment. Les conserves diffèrent des *électuaires* en ce qu'elles ne renferment qu'un seul médicament. Elles sont inusitées dans la médecine des animaux.

CONSISTANCE, s. f., *consistentia*, de *cum*, avec, et *sistere*, retenir. Rien n'est plus varié que la consistance des corps solides. Ils peuvent, dans le règne organique, lorsqu'on les compare à leur état normal, sous l'influence de causes souvent inconnues, présenter des différences qui constituent des anomalies. Ces anomalies peuvent avoir lieu par diminution ou augmentation de matières solides ; de là les *ramollissements* et les *indurations* (*V.* ces mots).

CONSOMPTION, s. f., de *consumere*, consumer ; diminution lente et progressive des forces et du volume du corps. Synonymie : *émaciation*, *fièvre hectique*. On l'observe principalement dans la phtisie pulmonaire.

CONSOUDE, s. f., *Symphytum*, T. ; genre de la famille des Borraginées. Il a pour caractères : calice persistant à cinq divisions ; corolle campaniforme, à cinq lobes connivents ; cinq écailles aiguës, convergentes sur l'orifice du tube de la corolle, alternes avec les étamines. La principale espèce de ce genre est la C. officinale, *S. officinale*, plante vivace, commune en France dans les prairies grasses, au bord des haies, des fossés, dans les lieux ombragés. Les bestiaux la mangent lorsqu'elle est jeune, mais elle est difficile à sécher ; ses longues feuilles, sa propagation rapide, doivent la faire considérer comme nuisible plutôt qu'utile aux prairies. La racine et les feuilles de la Consoude officinale sont émollientes et diurétiques. La C. tubéreuse, *S. tuberosum*, est analogue à la première ; on la trouve principalement dans le Midi. La C. à feuilles rudes, *S. asperrimum*, habite plus particulièrement le nord ; la rapidité de sa croissance, les grands produits qu'elle donne, plus que sa valeur nutritive, l'ont fait cultiver en grand et préconiser pour l'alimentation des bestiaux. *Pharm.* La racine de la grande consoude est employée comme émollient légèrement astringent. Elle est allongée, peu rameuse, grosse comme le doigt, noire en dehors, blanche en dedans, d'une saveur mucilagineuse, puis faiblement astringente. Elle contient beaucoup de mucilage et une faible proportion de tannin, qui lui donne la faculté de précipiter les sels de fer en noir.—La racine

de consoude s'administre en décoction ou en macération, comme un léger astringent dans le cas de diarrhée, de dysenterie et d'hématurie. Elle n'est que rarement usitée en médecine vétérinaire.

CONSTIPATION, s. f., de *constipare*, resserrer ; difficulté dans l'expulsion des excréments. Elle est due à une maladie primitive des intestins, ou bien à un obstacle mécanique. Dans le chien, elle se montre fréquemment, parce que des os, mêlés aux matières fécales, s'arrêtent dans le rectum. La constipation due à une irritation de l'intestin est un symptôme et non une maladie ; sa gravité dépend de l'intensité de l'état pathologique dont elle résulte. Celle qui est due à un obstacle, au durcissement des matières fécales, peut amener la gangrène de l'intestin et la mort. Une constipation simple cède aux boissons rafraîchissantes et aux lavements. Quelquefois on a recours aux purgatifs laxatifs, aux lavements huileux ; on retire, avec le doigt ou des pinces confectionnées dans ce but, les matières arrêtées dans le rectum du malade.

CONSTITUANT, E, adj. ; qui fait partie de la composition d'un corps. *Principes constituants* d'un composé : les éléments qui le constituent ; *molécules constituantes* : molécules qui forment celles des corps composés. Les molécules d'oxygène et d'hydrogène sont les molécules constituantes des molécules composées de l'eau.

CONSTITUTION, s. f., *Constitutio*, de *cum*, avec, et *stare*, se tenir : état d'une chose résultant de la nature et de l'union des parties qui la constituent. On emploie le mot constitution, en physiologie ou en pathologie, pour indiquer l'état général résultant de l'organisation particulière d'un individu ; on dit qu'il est doué d'une bonne, d'une mauvaise, d'une faible constitution. Ce mot est souvent confondu à tort avec ceux de *tempérament*, *complexion* (*V.* ces mots).

CONSTITUTIONNEL, LE, adj. ; conforme à la constitution. Les *maladies constitutionnelles* sont celles qui dépendent de la constitution de l'individu ou de l'état de l'atmosphère. Une *maladie chronique constitutionnelle* est celle qui est inhérente à la constitution.

CONSTRICTEUR, adj., *constrictor*, de *cum*, avec, et *stringere*, serrer ; qui resserre, qui comprime. Cette désignation s'applique à divers muscles, plutôt considérés en masse qu'isolément. C'est ainsi qu'on reconnaît des muscles constricteurs du pharynx, du larynx, du vagin, etc. Le constricteur de l'anus est le muscle *sphincter* (*V.* ce mot).

CONSULTANT, s. et adj. m. : celui que l'on *consulte* et qui donne des *consultations* : *médecin consultant*, *vétérinaire consultant*.

CONSULTATION, s. f., de *consultare*, prendre conseil ; conférence pour consulter sur quelque maladie : avis donné par une personne de l'art que l'on consulte : mémoire, avis écrit des médecins sur la maladie pour laquelle on les consulte.

phale, des viscères digestifs. On observe la
rougeur de la conjonctive avec des nuances
rouges plus ou moins foncées, le gonflement
des paupières ; quelquefois il y a *chémosis*
(*V*. ce mot) ; des larmes sont sécrétées en
abondance, limpides, gluantes, purulentes,
V. Hydrorrhée, Pyorrhée. Souvent il y a
en même temps ophthalmie interne ; le globe
oculaire est distendu ; la cornée est obscurcie ; l'œil est sensible à l'action de la lumière.
Dans l'état chronique, la rougeur est moins
vive, moins uniforme ; les vaisseaux sont
variqueux ; la muqueuse est épaisse. La conjonctivite est une complication de la maladie
des chiens, du coryza, de la morve, de la
gastro entérite, des affections herpétiques et
psoriques. Pour obtenir la guérison, il faut
rechercher les causes de cette inflammation,
les éloigner, en combattre les effets. La méthode antiphlogistique fournit des répercussifs, tels que l'eau froide, l'extrait de saturne
et quelques solutions minérales, des déplé-
tifs ou saignées locales et générales, des
émollients, des dérivatifs, tels que sétons,
vésicatoires, moxas. Dans la conjonctivite
chronique, on a recours aux insufflations de
poudres excitantes et même caustiques ; on
emploie avec avantage les préparations de
nitrate d'argent.

CONJUGAISON, s. f., *Conjugatio* ; jonction, assemblage. — *Trous de conjugaison* :
trous formés par la réunion de deux échancrures appartenant à deux vertèbres qui se
réunissent l'une à l'autre. Les trous de conjugaison donnent passage aux nerfs et aux
vaisseaux spinaux.

CONJUGUÉ, ÉE, adj., *conjugatus* ; *feuille
conjuguée* : celle dont le pétiole commun se
divise en deux pétioles secondaires portant
les folioles. Chacun de ces pétioles secondaires peut porter des folioles pennées ou
palmées ; la feuille est dite alors *conjugi-
pennée, conjugi-palmée.*

CONNÉ, ÉE, adj., de *cum*, avec, et *natus*,
né. En *Pathol.* ; synonyme de *congénial* :
maladies connées. — *Bot.* synonyme de
conjoint ; se dit principalement des feuilles.

CONNECTIF, s. m., *Connectivum* : organe filamenteux, quelquefois à peine visible,
servant de moyen d'union aux deux loges des
anthères bilobées.

CONNIVENT, TE, adj., *connivens*, de
connivere, fermer à demi ; on appelle en
anatomie *valvules conniventes* les cavités
intérieures des bosselures du gros intestin.
— *Bot* : dont les sommets tendent à se
rapprocher. Les divisions de la corolle, du
calice, présentent presque toujours cette
disposition.

CONOIDE, adj., *conoïdeus, conoïdes*, de
κωνος, cône, et ιδος, forme ; en forme de
cône. — *Corps conoïde* : nom donné au conarium. Les dents canines sont quelquefois
appelées dents *conoïdes.*

CONQUE, s. f., *Concha*, littéralement
grande coquille ; nom donné à la partie prin-

cipale de l'oreille externe, ayant pour base
le cartilage conchinien, et formant, dans le
plus grand nombre des Mammifères, un cornet plus ou moins développé, ouvert sur un
côté et destiné à recueillir les sons.

CONSANGUINITÉ, s. f., *Consanguinitas.*
Dans son acception ordinaire, ce mot indique la parenté immédiate par le père ; en
hygiène vétérinaire, on l'entend de la parenté
entre produits d'un même père ou d'une
même mère. La consanguinité suppose les
mêmes caractères extérieurs, le même tempérament, des aptitudes analogues, et devient, par cela même, tantôt un motif d'exclusion, tantôt un motif de préférence pour
l'appareillement et le choix des reproducteurs dans la multiplication et l'amélioration
des races domestiques. L'accouplement
consanguin, ou propagation *in and in*, comme
l'appellent les Anglais, peut être favorable
dans la reproduction des animaux de boucherie, s'il est vrai qu'il affaiblisse, qu'il
ramollisse la fibre et dispose ainsi à l'engraissement les produits qui en résultent ;
il est quelquefois indispensable à la création
de certaines sous-races, et lorsqu'il s'agit de
multiplier ou de reproduire des caractères qui
sont devenus comme l'apanage de quelques
animaux. C'est dans ces deux sens qu'il paraît avoir été employé par Backwel et les deux
frères Colling, dans la création des races de
New-Leicester et de Durham. D'autre part,
l'accouplement consanguin paraît funeste aux
races anciennes d'animaux de travail, et,
dans tous les cas, il doit être évité entre les
individus d'une race nouvelle produite par
croisement. L'inceste, autorisé dans les sociétés humaines primitives, est repoussé depuis longtemps par le sentiment moral autant
que par les lois civiles et religieuses. Cette
prohibition positive vient-elle, comme on l'a
dit, de ce que les législateurs ont voulu prévenir la dégénération de l'espèce humaine ?
Quelle que soit la solution de cette question
désormais insoluble, on ne serait point autorisé à la faire intervenir dans la reproduction
et l'amélioration de nos animaux domestiques.

CONSÉCUTIF, IVE, adj., *consecutivus*, de
consequi, suivre. Les *phénomènes consécutifs*
des maladies se développent pendant leur
déclin, ou persistent après leur terminaison.

CONSENSUS, s. m. ; mot latin employé
en français pour exprimer l'accord existant
entre les diverses fonctions de l'économie,
pour l'entretien de la vie et de la santé.

CONSERVATION, s. f., *Conservatio.* On
appelle ainsi, en pharmacie, l'art de prévenir
les altérations des médicaments et de les conserver avec leurs qualités naturelles. Les
moyens d'y parvenir sont simples et varient
selon la nature des médicaments. En général,
quand on a placé un médicament dans un
vase bien clos, exempt d'humidité, dans
un lieu abrité de la poussière et d'une trop
vive lumière, on a rempli les conditions les

jeu de la contractilité. Tous les mouvements de l'animal sont le résultat de la *contraction* des muscles.

Contraction de la veine fluide. Resserrement qu'éprouve la colonne liquide qui s'échappe d'un orifice percé en mince paroi, peu après sa sortie du vase. Il est situé au-dehors, à une distance de la paroi interne, qui est égale à la moitié environ du diamètre de l'orifice. La contraction de la veine réduit son diamètre aux deux tiers ou au $^5/_8$ environ de celui de l'orifice ; d'où il résulte que la *dépense* de l'écoulement est moindre que celle indiquée par le théorème de Toricelli, parce que le liquide s'écoule comme s'il sortait par un orifice égal à la section contractée. Le resserrement de la veine fluide est dû à la divergence et à l'inégalité de vitesse des filets liquides qui se présentent à l'orifice d'écoulement. Elle est indépendante de la pression atmosphérique, puisqu'elle a lieu également dans le vide.

CONTRACTURE, s. f., de *contrahere*, resserrer ; rétraction permanente des muscles fléchisseurs, qui deviennent des cordes inflexibles et empêchent l'extension. Cet état se montre à la suite des rhumatismes, des névralgies, des affections du cerveau, de la moëlle épinière.

CONTRASTE DES COULEURS. Nom donné par Chevreul, à l'ensemble des phénomènes qui surviennent par le rapprochement des couleurs. Il distingue le contraste *simultané* et le contraste *successif*. Le premier consiste dans l'exhaussement ou l'altération, de diverses manières, de la nuance de deux ou d'un plus grand nombre de couleurs placées les unes auprès des autres. Cette influence est réciproque et produit des effets variables selon les cas. Deux couleurs semblables, mais différentes de nuances, mises l'une à côté de l'autre, paraissent plus dissemblables que vues isolément ; deux couleurs différentes rapprochées changent de ton ou de nuance par suite de leur influence réciproque. Lorsque les couleurs sont *complémentaires*, elles se renforcent réciproquement, en projetant l'une sur l'autre la nuance semblable ; ainsi, le *rouge* et le *vert*, qui sont complémentaires, ont un ton plus prononcé, lorsqu'ils sont au voisinage l'un de l'autre, le rouge projetant du vert sur le vert, et le vert du rouge sur le rouge ; il en est de même du *bleu* et de l'*orangé*, du *jaune* et de l'*indigo*, qui sont complémentaires ; enfin, quand les couleurs ne se complètent pas réciproquement, les effets varient beaucoup, parce qu'elles s'envoient mutuellement leurs couleurs complémentaires, ce qui peut faire varier à l'infini les nuances obtenues. Le contraste *successif* est dû à la persistance de l'image d'un corps coloré, vu pendant longtemps, sur la rétine ; il consiste à faire voir les objets teints de la couleur complémentaire de celle du corps qui avait primitivement impressionné l'œil ; ainsi, quand on a longtemps contemplé un corps de couleur *verte*, par exemple, les objets que l'on regarde ensuite paraissent teints en *rouge*, qui est la couleur complémentaire du *vert*.

CONTRE-COUP, s. m. ; répercussion d'un corps sur un autre ; ébranlement éprouvé à l'occasion d'un choc reçu dans des parties éloignées. On dit que les fractures ont lieu par *contre-coup*, lorsqu'elles sont produites loin du point d'application de la cause occasionnelle. Parmi les organes parenchymateux, le cerveau est un de ceux qui sont le plus exposés aux effets du contre-coup. — L'altération qu'on observe dans les mouvements du flanc du cheval *poussif*, et qu'on nomme *soubresaut*, est désignée aussi par le mot *contre-coup*.

CONTRE-EXTENSION, s. f. ; de *contra-extendere*, étendre en sens contraire ; action par laquelle on retient une partie luxée ou fracturée contre l'*extension* employée pour la réduire. Pour faire la contre-extension, il faut retenir immobile la partie supérieure à la lésion, assez loin pour ne pas gêner l'allongement des muscles, et éviter de les irriter.

CONTRE - INDICATION, s. f. ; circonstance qui empêche de remplir les indications que la nature de la maladie semblait exiger.

CONTRE-OUVERTURE, s. f. ; incision faite dans un point déclive, éloigné de l'ouverture d'une plaie, pour faciliter l'écoulement du pus. Ce moyen est fréquemment employé dans le mal de garrot et le mal d'encolure. On fait l'opération soit avec le bistouri droit, soit avec l'aiguille à séton, et l'on introduit le plus souvent une mèche entre les deux ouvertures.

CONTRE-POISON, s. m. On comprend sous ce nom, les substances qui sont capables de neutraliser chimiquement les poisons introduits dans l'économie animale. Les contre-poisons doivent, d'après Orfila, présenter les qualités suivantes : 1° pouvoir être administrés à grande dose sans danger ; 2° agir sur le poison à une température inférieure à celle du corps ; 3° avoir une action prompte et complète ; 4° être susceptibles de neutraliser la substance toxique au milieu des liquides contenus dans le tube digestif, etc. Ces qualités se trouvent rarement réunies dans la même substance. *V.* **Antidotes.**

CONTRE-STIMULANT, adj. et s. ; nom donné par Rasori et ses disciples à certains médicaments qui auraient la propriété de combattre l'excès de *stimulus* qui accompagne et détermine beaucoup de maladies. Ce sont, en réalité, des débilitants ou des antiphlogistiques directs, puisqu'ils auraient la faculté de ralentir directement l'action vitale. On en distingue d'*indirects* et de *directs* ; les premiers comprennent des moyens hygiéniques ou thérapeutiques plutôt que des médicaments : ce sont la diète, la saignée, le froid ; les contre-stimulants directs sont fort nombreux ; on compte parmi les plus impor-

CONTACT, s. m., *Contactus;* de *cum*, avec, et *tangere*, toucher; rapports directs de deux corps qui se touchent. — En police sanitaire, on distingue le *contact immédiat*, c'est celui qui a lieu directement entre l'animal sain et l'animal affecté d'une maladie contagieuse, et le *contact médiat*, dans lequel les rapports n'ont lieu que par l'intermédiaire d'objets qui ont touché l'animal malade. Ces objets sont les instruments de pansage, les couvertures, harnais, aliments, la litière et même l'air atmosphérique.

CONTAGIEUX, adj., *contagiosus*. *Maladie contagieuse:* transmissible de l'animal malade à l'animal sain par l'intermédiaire d'un virus. *Atmosphère, air contagieux:* qui renferme, qui porte la contagion.

CONTAGIFÈRE, adj., *contagiferus;* qui porte le virus ou la contagion.

CONTAGION, s. f., *Contagio, Contagium;* transmission d'une maladie, d'un animal malade à un animal sain, par l'intermédiaire d'un virus spécifique ou contagium, germe contagifère. Les maladies qui se reproduisent de cette manière, sont appelées *maladies contagieuses*. La contagion est *naturelle*, lorsqu'elle a lieu sans l'intervention de l'homme; l'introduction d'un virus sous l'épiderme, dans les tissus vivants, prend le nom d'*inoculation*. La contagion est *immédiate*, quand elle résulte du contact des animaux, de leur cohabitation directe; elle est *médiate*, lorsque le virus a été transporté du sujet malade au sujet sain par l'air ou un corps quelconque autre que l'animal malade lui-même. Quand le virus est fixe, comme dans la rage, par exemple, l'air ne suffit pas à ce transport. — La propriété d'être transmises distingue les maladies contagieuses des autres affections: elle en fait un groupe à part. Cette transmissibilité est leur seul caractère commun de quelque valeur, le seul qui puisse servir utilement à les classer entre elles; mais la science et l'observation ne nous fournissent point encore aujourd'hui les éléments de cette classification. La division en deux groupes, adoptée par les médecins pour les maladies contagieuses de l'homme, ne peut trouver ici son application; et nous en sommes réduits à former, pour l'étude une série linéaire dans laquelle nous passons, des maladies qui se reproduisent toujours avec les mêmes caractères, à celles qui varient le plus dans leurs manifestations, même lorsqu'elles sont le produit de la contagion. C'est ainsi que nous commençons par la rage pour finir par le typhus et les affections charbonneuses. La contagion peut être le trait distinctif d'une espèce nosologique sans en être la cause ou la conséquence; en d'autres termes, une maladie jouissant ordinairement de la propriété contagieuse peut, d'une part, naître spontanément, et d'un autre côté, ne point se transmettre, bien que les conditions de la transmission existent du moins en apparence. C'est que, dans leurs générations

successives, les virus finissent par *s'user* et disparaître; alors les enzooties, les épizooties, après avoir fait plus ou moins de victimes, s'affaiblissent et cessent enfin. C'est alors aussi que les derniers commissaires et les derniers moyens thérapeutiques recueillent une gloire presque toujours facile. C'est avec ces restrictions que l'on doit entendre la définition de la contagion donnée par Fracastor. — La contagion proprement dite doit être distinguée de l'*infection* (*V.* ce mot. *V.* aussi le mot *Virus*).

CONTAGIONISTE. s. m.: qui croit à la contagion d'une maladie donnée. On dit par opposition: *anticontagioniste*.

CONTAGIUM; mot latin employé comme synonyme de *virus*.

CONTENTIF, adj., de *continere*, contenir, arrêter. *Bandage contentif, appareil contentif:* bandage, appareil, qui servent à maintenir les lèvres d'une plaie, les fragments d'os déplacés.

CONTINENT, adj., de *continere*, contenir: synonyme de *continu*. *Cause continente:* celle qui continue son action pendant toute la durée d'une maladie; *fièvre continente:* celle qui persiste sans rémission.

CONTINU, E. adj.: qui n'a pas d'interruption; *fièvre continue:* qui est sans intermission.

CONTONDANT, adj., de *contundere*, froisser; qui fait des contusions, comme un bâton, un marteau, sans percer les tissus. Les *corps contondants*, produisent des contusions et des plaies contuses.

CONTRACTILE, adj., *contractilis;* qui est susceptible de se contracter. Cet adjectif s'applique surtout aux organes dont la contraction est bien évidente.

CONTRACTILITÉ. s. f.; *Contractilitas;* propriété qu'ont les tissus de se contracter ou de se resserrer. La contractilité est une des propriétés vitales de Bichat. Il la divise en *contractilité animale* et *contractilité organique*. La première, toujours apercevable, est soumise à l'influence de la volonté: nous en avons un exemple dans la contraction des muscles volontaires ou de la vie animale. La contractilité organique se divise en *contractilité organique sensible*, et *contractilité organique insensible*. Toutes deux sont soustraites à l'influence de la volonté; mais l'une à des effets sensibles, comme la contraction du cœur, de l'intestin, etc., tandis que l'autre est seulement manifestée par ses résultats. C'est par elle que s'exécutent les mouvements intimes des tissus, au moyen de contractions tellement petites que nous ne pouvons les observer. Elle constitue ce qu'on nomme *tonicité*, ou *contractilité fibrillaire*. Les mouvements des capillaires sanguins, des radicules des canaux sécréteurs, etc., sont sous la dépendance de la contractilité organique insensible. — *Bot. V.* IRRITABILITÉ.

CONTRACTION, s. f., *Contractio;* raccourcissement d'un muscle par la mise en

frictions avec l'alcool ou l'eau-de-vie camphrée favorisent la résolution immédiate. Après un certain laps de temps, les émollients calment les souffrances. On prescrit la saignée générale, s'il y a fièvre de réaction; pour les petits animaux on applique les sangsues sur les contusions profondes avec épanchement de sang. Les vétérinaires font un usage fréquent du *vésicatoire* contre les contusions. Cette médication réussit surtout pour les tumeurs contuses du garrot, des membres, des articulations; en quelques heures on obtient de bons résultats que les émollients auraient à peine donnés dans l'espace de plusieurs jours. Le vésicatoire agit comme résolutif, substituant ou évacuant; il fait diminuer le gonflement; il remplace la phlegmasie des tissus profonds par celle de la peau. Certaines contusions, même légères, cèdent difficilement à l'emploi de ce moyen; ce sont celles des organes glanduleux, des testicules, des mamelles. Lorsque le sang épanché forme une bosse, la compression faite avec méthode amène son absorption. L'incision, la ponction par le fer sont nécessaires pour guérir quelques collections sanguines. Quand il y a attrition, écrasement d'un membre, il faut sacrifier l'animal blessé.

CONTUSION. *Pharmacie.* On donne ce nom à une opération grossière, qui consiste à briser des corps durs dans un mortier, en frappant perpendiculairement avec le pilon contre le fond du vase où est appuyé le corps. C'est le procédé qu'on emploie pour concasser les noix de galle, les écorces, les racines, etc.; ce n'est souvent que le prélude de la *trituration* (*V.* ce mot) pour arriver à une pulvérisation plus rapide. Il faut, en général, proportionner la résistance du mortier à la dureté du corps à briser; les mortiers métalliques doivent être préférés toutes les fois que les corps ne peuvent les attaquer.

CONVALESCENCE, s. f., de *convalescere*, se fortifier; transition entre l'état de maladie et celui de la santé. C'est pendant la convalescence que le malade recouvre ses forces. Il est difficile de déterminer la durée de cette transition, qui est peu longue dans les animaux, comparativement à l'homme.

CONVALESCENT, adj. et s., de *convalescere*, se fortifier; qui est en convalescence, qui relève de maladie.

CONVOLUTÉ, ÉE, adj., *convolutus;* roulé en cornet.

CONVOLUTIF, IVE, adj., *convolutivus.* La préfoliaison est convolutive, lorsque les feuilles sont roulées en cornet autour de l'un des bords de leur limbe.

CONVOLVULACÉES, s. f., *Convolvulaceæ;* famille de plantes dicotylédones, herbacées ou souffrutescentes, généralement grimpantes, volubiles et à suc laiteux. Beaucoup de Convolvulacées habitent entre les tropiques. La Cuscute, si nuisible à nos prairies artificielles et surtout aux luzernières, appartient à cette famille. Ce sont aussi des Convolvulacées qui fournissent le Jalap, la Scammonée, la Batate. Genres principaux : *Convolvulus, Ipomæa, Batatas.* Le genre Ipomæa renferme près de trois cents espèces.

CONVULSIBILITÉ, s. f.; disposition à avoir des convulsions.

CONVULSIF, IVE, adj.; qui se fait avec convulsion; accompagné de convulsions; *mouvement convulsif, toux convulsive.* — Ce qui donne des convulsions; *l'émétique est un moyen convulsif.* — S. m.; *un convulsif:* un remède convulsif.

CONVULSION, s. f., de *convellere*, secouer, ébranler; mouvement irrégulier et involontaire des muscles avec secousse et violence. Les convulsions ne constituent pas une maladie spéciale, mais bien un symptôme de l'état maladif de l'encéphale; elles se montrent dans quelques affections sur-aiguës de la muqueuse gastro-intestinale. Le cheval en présente dans l'encéphalite ou vertige essentiel et dans la gastro-encéphalite ou vertige abdominal; le bœuf a des convulsions dans le typhus contagieux. On a distingué les convulsions en *toniques* et *cloniques;* dans les premières, la contraction des muscles est permanente; dans les autres, il y a des alternatives de contraction et de relâchement.

COPAHU, s. m. *Baume de copahu.* On donne ce nom à une sorte de térébenthine fournie principalement par le *copaïfera officinalis*, grand arbre de la famille des Légumineuses, qui croît surtout dans l'Amérique méridionale, et duquel elle découle spontanément ou par des incisions artificielles pratiquées sur le tronc et les branches.— Le copahu est liquide, d'aspect huileux, épais, gluant, incolore lorsqu'il est récent, jaunâtre lorsqu'il a été exposé à l'air, d'une odeur forte et désagréable et d'une saveur âcre et repoussante. Il est formé par une huile essentielle analogue à celle de la térébenthine, d'une résine solide et d'une résine visqueuse, principes qu'on peut séparer par la distillation. Insoluble dans l'eau, le copahu est soluble dans l'alcool anhydre, l'éther, les essences et les huiles. Mis en contact avec les alcalis, la magnésie, la chaux, le copahu peut se solidifier, ce qui facilite son administration. Il se donne à l'intérieur à la dose de 30 à 60 grammes pour les grands animaux, et à celle de 4 à 8 grammes pour les petits, en émulsion dans l'eau gommeuse, en dissolution dans une huile douce, ou mieux solidifié par la magnésie. Le copahu agit sur le tube digestif comme excitant et purgatif; il est éliminé de l'économie par les voies urinaires sur lesquelles il agit activement et dont il tend à supprimer les sécrétions ainsi que celles des autres muqueuses; employé chez l'homme contre les écoulements muqueux de l'urètre, le catarrhe de la vessie, etc., il est rarement usité en médecine vétérinaire. Essayé par Moiroud contre la morve, il n'a eu aucun succès.

COPAL, s. m.; résine particulière dont l'origine est restée longtemps inconnue, et qui pa-

tants les composés d'antimoine, de mercure, de fer, l'oxyde de zinc, les sels alcalins, les sels minéraux, l'acétate de plomb, la scille, le colchique, l'ipécacuanha, la belladone, la digitale, la scammonée, le séné, la strychnine, etc. Les contre-stimulistes ne consultent pas les effets *primitifs* ou *physiologiques* des médicaments, pour les classer; ils ne tiennent compte que des effets *secondaires* ou *thérapeutiques.* Tout médicament qui détermine le vomissement ou la purgation, le ralentissement du pouls et de la circulation, l'abaissement de la température du corps, qui rend les sécrétions plus actives, etc., soit directement, soit secondairement, est, pour les Rasoriens, un *contre-stimulant.* Son action est même d'autant plus parfaite qu'il détermine moins de *désordres locaux;* on dit alors qu'il y a *tolérance* des organes. *V.* TOLÉRANCE.

CONTRE-STIMULISME, s. m.; de *contra,* contre, opposé, et *stimulus,* aiguillon. *Rasorisme.* Nom d'une doctrine médicale imaginée par Rasori, médecin italien, et qui présente beaucoup d'analogie avec le *Brownisme* (*V.* ce mot). Dans cette doctrine, on admet que, dans l'état de santé, les forces qui entretiennent la vie, le *stimulus* et le *contre-stimulus,* se font parfaitement équilibre. La première, force positive, produirait la *stimulation* (*incitation* de Brown, *excitation* de Broussais), et l'autre, en quelque sorte négative, déterminerait la *contre-stimulation* (*débilitation*). Ces deux forces, également actives, maintiennent la régularité des fonctions, et par conséquent la santé, tant qu'elles sont dans un équilibre parfait; mais dès que l'une des forces prédomine sur l'autre, l'état normal est rompu et l'état morbide survient. Du reste, il n'est pas nécessaire que l'une des forces cesse son action, pour que la maladie survienne, puisqu'on admet qu'elles sont constamment actives, il suffit que l'une prédomine sur l'autre; l'économie est alors dans un état particulier qu'on nomme *diathèse,* état très voisin de la maladie, s'il n'est pas la maladie elle-même. Si c'est le *stimulus* qui prédomine, la *diathèse* est *sthénique* ou *hypersthénique* (*inflammatoire* ou *irritative* de Broussais); si c'est le *contre-stimulus,* elle est *asthénique* ou *hyposthénique* (*débilité* ou *sub-inflammation* de Broussais). La thérapeutique du *Rasorisme* est basée sur les mêmes principes que la pathologie et présente le même degré de simplicité; puisqu'il n'y a que deux classes de maladies, il ne peut y avoir que deux classes de médicaments: des *stimulants,* pour agir dans les maladies produites par un excès de contre-stimulus, et des *contre-stimulants,* pour combattre celles qui sont dues à la prédominance du *stimulus, V.* STIMULANTS et CONTRE-STIMULANTS. Cette doctrine a reçu des disciples de Rasori quelques modifications dans les points secondaires.

CONTRE-TEMPS, s. m. ... accident ...

tendu; synonyme de *soubresaut,* pour indiquer l'altération du flanc du cheval dans la pousse.

CONTUS, E, adj.; de *contundere,* froisser, écraser; meurtri, froissé. *Plaie contuse,* solution de continuité ayant les caractères de la contusion.

CONTUSION, s. f., *Contusio,* de *contundere,* écraser, meurtrir; lésion physique produite par le choc ou la pression d'un corps à large surface, sans qu'il y ait solution de continuité. Les contusions sont dues à des causes mécaniques, à des coups de bâton, aux dents, aux pieds d'un animal armé de son fer, aux cornes des ruminants. Quelquefois c'est le corps du cheval qui va heurter avec force le timon d'une voiture ou d'autres obstacles; la pression des harnais, du collier, de la selle produit aussi des contusions. La sole éprouve une contusion par les réactions trop fréquemment répétées de la marche. Porté à l'excès, le frottement peut produire de grands désordres : on en voit des exemples sur les chemins de fer. Les contusions occasionnées par les corps à surface large sont moins graves que celles qui résultent de corps anguleux, qui ne rencontrent pas une aussi grande résistance, ex. : action de la pince du fer, des clous, des crampons, dans les coups de pied. Les monodactyles sont les animaux domestiques les plus exposés aux contusions graves, à cause de leur volume, du poids de leur corps, de la nature des services qu'on exige d'eux. — Comme symptômes on peut admettre les quatre degrés établis par Dupuytren, pour les contusions, comme pour les brûlures. 1° Légère déchirure des vaisseaux, simple ecchymose; 2° épanchement de sang, formation d'une collection sanguine; 3° mortification des tissus; 4° attrition, sorte de bouillie formée par les organes. Dans les contusions au deuxième degré, le sang épanché se décompose : tantôt le sérum est résorbé, reste le coagulum; tantôt c'est le contraire. Dans quelques cas, il ne reste que la sérosité dans une poche qui constitue un kyste. Quand le noyau fibrineux persiste, le sang produit les loupes, les cancers, les polypes et des abcès de diverse nature. Le diagnostic de la contusion est difficile, s'il faut en déterminer la gravité, reconnaître les complications qui en dépendent. Telle contusion légère en apparence amène la fracture d'un os, l'ouverture d'une articulation, la déchirure d'un viscère. Le pronostic est plus ou moins fâcheux suivant les accidents consécutifs et l'importance des parties affectées. La contusion d'un muscle peut être suivie de paralysie incomplète; des coups de pied sur l'avant-bras du cheval, sur l'épaule, sont des causes de boiterie permanente; la mort peut être la suite des contusions sur le ventre, sur la poitrine, sur la tête. — Dès le début on emploie les répercussifs, l'eau blanche, l'eau froide vinaigrée sous la forme de bains ou de lotions. Dans les contusions peu intenses, les

On en distingue deux variétés : le corail rouge et le corail blanc, qui renferment l'une et l'autre du carbonate de chaux et une matière animale . la gélatine. Employé autrefois comme *absorbant interne* , le corail n'est plus usité que comme dentifrice chez l'homme.

CORALLINE , s. f., *Corallina officinalis; Coralline blanche ;* variété de corail ou de polypier plus ou moins analogue à la *mousse de Corse.* (*V.* ce mot). Elle est en touffes verdâtres ou blanchâtres, d'une odeur saunâtre et d'une saveur salée. Elle contient beaucoup de carbonate de chaux , de la gélatine , de l'albumine et les substances contenues dans l'eau de la mer. Employées autrefois comme vermifuge , la coralline ne l'est plus aujourd'hui ; on lui préfère la mousse de Corse.

CORDE, s. f. , *Chorda* , de χορδή , intestin. On donne ce nom à une machine élémentaire formée par un assemblage de fils rendus égaux par la torsion. Théoriquement la corde est considérée comme étant réduite à son axe, et supposée inextensible et dépourvue de raideur. Elle est surtout employée à transmettre l'action des forces, à changer leur direction et à augmenter leur intensité. Elle remplit d'autant mieux les deux premières fonctions, qu'elle est plus complètement inextensible et qu'elle présente plus de souplesse: qualités essentielles qu'elle offre toujours dans les tissus qui , dans l'économie animale remplissent le rôle de cordes, comme les tendons, les aponévroses, les ligaments articulaires, etc. Quant à l'augmentation de l'intensité des forces , elle a lieu lorsque ces forces agissent perpendiculairement ou obliquement sur la direction de la corde , ou lorsque celle-ci est combinée à une autre machine comme cela est évident pour la poulie mobile. — Une corde tendue à ses extrémités, par deux forces, n'est jamais droite ; elle forme à son centre une courbure appelée *chaînette* , qui annule constamment une partie des forces qui lui sont appliquées ; la tension qu'elle éprouve est égale à l'une des forces qui la tendent si elles sont égales, et à la plus petite si elles sont inégales, l'une d'entre elles était employée à fixer une des extrémités de la corde, et l'excédant de la plus grande à déplacer cette corde. Une traction opérée au centre d'une corde se répète à ses deux extrémités où elle se divise également si la traction est selon la direction de la corde ; si elle lui est perpendiculaire, elle se répétera aux extrémités de la corde, et pourra excéder de beaucoup vers ces points sou intensité propre. — On donne , en *anatomie* , le nom de corde à plusieurs parties disposées en forme de ligaments. On appelle *corde du jarret* , la réunion des tendons du perforé et du bifémoro-calcanéen. La *corde du tympan* est un petit filet nerveux émanant du nerf facial, et désigné sous le nom de *Tympano-lingual.* — *Cordes vocales : V.* VOCALES.

CORDÉ , adj. ; en forme de corde. Le flanc est dit *cordé* , lorsque le muscle ilio-abdominal ou petit oblique , très apparent, forme une espèce de corde traversant obliquement cette région. Le *flanc cordé* est un indice de souffrances abdominales ou le résultat de la maigreur.

CORDÉ , **CORDIFORME** , adj., *cordatus . cordiformis ;* en forme de cœur.

CORDIACÉES , s. f., *Cordiaceæ ;* petite famille de plantes dicotylédones, exotiques, très voisine des Borraginées , dont elle n'est, pour quelques botanistes, qu'une tribu.

CORDIAL , s. et adj. , *Cordialis ;* de *cor,* cœur ; nom qu'on donnait autrefois aux excitants diffusibles, parce qu'ils jouissent surtout de la propriété d'augmenter l'énergie et la fréquence des mouvements du cœur, et en même temps d'accélérer la circulation, la respiration, d'élever la chaleur du corps, d'activer la digestion, etc., *V.* EXCITANT et DIFFUSIBLE.

CORDON , s. m. , *Funiculus ;* nom donné, en anatomie, à diverses parties ayant la figure d'une corde. — *Cordon ombilical, nerveux, spermatique* (*V.* ces adjectifs). — *Bot.* CORDON PISTILLAIRE ; organe vasculaire très délié, s'étendant du style aux ovules; il est chargé de porter à ceux-ci le principe fécondant. — CORDON OMBILICAL ; organe filiforme, vasculaire , unissant le placenta à la graine et portant à celle-ci le fluide nutritif. C'est le *funicule* de Mirbel, le *podosperme* de Richard. — *Police sanit.* CORDON SANITAIRE : ligne de défense établie, soit aux frontières d'un Etat, soit aux limites d'une province, d'un département, et composée de troupes ayant pour consigne de s'opposer à l'introduction des animaux et de *tous autres objets suspects* provenant des lieux où règne une maladie contagieuse. Cette mesure , est de toutes celles de la police sanitaire, la plus difficile à appliquer d'une manière efficace. Elle ne peut être proposée que pour une seule épizootie, celle du typhus des bœufs, et dans des limites extrêmement restreintes. Hors ce dernier cas, l'emploi des cordons sanitaires a toujours été inutile. L'emploi de deux cordons voisins aurait le même résultat, s'il était possible dans aucune circonstance imaginable.

CORIACE, adj., *coriaceus ;* ordinairement sec, tenace comme du cuir ou du parchemin.

CORIANDRE, s. f., *Coriandrum, L.;* genre de la famille des Ombellifères. Il est composé d'une seule espèce, la C. cultivée, *C. sativum,* plante vivace, assez commune en Europe, où on la cultive pour sa graine qui est aromatique, stimulante et employée comme condiment. — *Pharm.* Les semences de cette plante sont employées en médecine à titre de médicament excitant stomachique et *carminatif:* elles sont globuleuses, grosses comme des plombs de chasse, jaunâtres, d'odeur de punaise lorsqu'elles sont fraîches , et, au contraire , d'une odeur aromatique, agréable, quand elles ont subi la dessiccation. Elles renferment beaucoup d'huile essentielle

raît être fournie par le *Rhus copallinum*, qui croît en Amérique , et l'*Elæocarpus copalifer*, originaire de l'Inde. — La véritable résine copale est en morceaux arrondis, plus ou moins volumineux, jaune-brunâtres, translucides, dépourvus d'odeur, de saveur , et d'une grande dureté ; ils se dissolvent plus ou moins parfaitement dans l'alcool, l'éther, les essences et les huiles, et servent à la confection d'excellents vernis. Autrefois employée en médecine comme résolutive et fortifiante, cette résine est maintenant complètement abandonnée des médecins ; les vétérinaires ne l'ont jamais employée.

COPALINE, s. f. , *Copalina ;* l'un des principes résineux du copal. Il est solide, incolore, dur, cassant, insoluble dans l'eau et l'alcool, et incomplètement dans l'éther, qui le rend gélatineux.

COPULATIF, VE, adj., *copulativus. Cloisons copulatives:* qui restent indistinctement attachées à l'axe ou aux parois du fruit.

COPULATION, s. f., *Copulatio ;* union des sexes pour l'acte de la génération. — *Chimie ;* nom donné par Gérhardt à la combinaison des acides avec certaines substances organiques qui ne les saturent pas. Le composé formé porte le nom de sel *copulé*, et la matière organique qui s'est unie aux acides sans les saturer est appelée *copule*. Tous les acides très concentrés, minéraux ou organiques, peuvent donner naissance à ces types salins dans lesquels on ne trouve plus les caractères essentiels des sels formés par ces acides. Toutes les substances organiques, autres que les *alcaloïdes*, sont susceptibles de former des *sels copulés* en s'unissant avec les acides très concentrés ; cependant les composés hydro-carbonés (alcool, esprit de bois, créosote, essences, etc.), sont ceux qui fournissent les plus nombreux et les mieux déterminés. Dans les composés par *copulation*, il y a toujours élimination des éléments de l'eau, en sorte qu'on ne retrouve plus dans ces corps les propriétés des éléments entrés en combinaison (Gérhardt).

COQ, *V*. Poule.

COQUE, s. f., *Coccum*, de κοκκη, coquille; fruit sec , déhiscent avec élasticité.

COQUE DU LEVANT, *Cocculus indicus ;* nom vulgaire du fruit d'un arbre de l'Inde, le *Menispermum cocculus*. Il est rond ou réniforme, de la grosseur d'un pois, noirâtre, renfermant une amande oléagineuse, blanchâtre et très amère. La coque du Levant contient de la *picrotoxine* et de la *ménispermine*, combinées à de l'acide ménispermique, de la résine, de la chlorophylle, de la matière grasse, de l'amidon, de la gomme, de la cire, des sels, etc. Elle produit sur les poissons une action stupéfiante, que l'on met à profit pour s'en emparer. Cette pratique coupable est défendue par les lois. Comme médicament, la coque du Levant est inusitée.

COQUELICOT, *V*. Pavot.

COQUERET, *V*. Physalide.

COQUILLAGE, *V*. Falunage.

COQUILLE, s. f.; partie dure formant l'enveloppe des œufs des oiseaux, ou recouvrant le corps des mollusques testacés. Les coquilles sont essentiellement formées de sels calcaires et d'une petite proportion de matière animale. — *Bot. Coquille , Putamen ;* enveloppe osseuse de la graine dans beaucoup de drupacés : elle est formée de l'endocarpe et d'une partie du sarcocarpe.

COR, s. m. , *Clavus;* affection de la peau, qui résulte d'une compression longtems continuée. Elle se montre à la partie supérieure du cou sur le bœuf, à l'encolure du cheval, sur les épaules, les côtes, partout enfin où les harnais sont appliqués. Quand ils sont superficiels, les cors n'intéressent que les couches externes de la peau ; quelquefois ils sont profonds et intéressent non-seulement l'enveloppe tégumentaire, mais encore les couches musculaires adjacentes. Les tissus sont mortifiés et forment une eschare épaisse, qui se détache lentement. On observe, comme complications, des abcès profonds, la carie des os, du ligament cervical. Pour remédier aux cors peu graves , il faut attendre la chute des eschares, qu'on facilite par l'application des corps gras. Quelquefois il est nécessaire d'enlever les parties mortifiées , pour éviter les ravages du pus ; il faut débrider les abcès, établir des contre-ouvertures. On panse les plaies avec les digestifs.

CORACO-BRACHIAL, *V*. Coraco-huméral.

CORACO-HUMÉRAL, s. et adj. ; muscle du membre antérieur, prenant son origine au bec interne de l'apophyse coracoïde, et s'insérant à l'humérus par deux branches qui s'attachent au-dessus et au-dessous de la tubérosité interne du corps de cet os. Ce muscle est encore appelé *coraco-brachial*, *omobrachial*.

CORACO-RADIAL, s. et adj.; *Coraco cubital* de Girard : *long fléchisseur de l'avant-bras*. Ce muscle très fort , prend son origine par un gros tendon à la partie arrondie de l'apophyse coracoïde, passe dans la coulisse antérieure de l'humérus , et va se terminer par un fort tendon à la tubérosité antérieure, supérieure et interne du radius, et par une large aponévrose à la surface de tous les muscles de l'avant-bras.

CORACOIDE, adj., *coracoïdes*, de κοραξ, κορκος, corbeau, et ειδος, forme ; en forme de bec de corbeau. — *Apophyse coracoïde ;* apophyse située à la partie inférieure du scapulum, en avant de la cavité glénoïde. Elle offre à considérer deux parties : l'une arrondie, mastoïde, située en avant ; l'autre formant au côté interne un petit bec ou tubercule où s'attache le muscle coraco-huméral.

CORACOIDIEN, adj., *coracoïdeus ;* qui appartient à l'apophyse coracoïde.

CORAIL , s. m., *Polypiera*. On désigne sous ce nom des productions calcaires sousmarines habitées par des zoophytes (polypes).

principalement réservé pour la tribu des ruminants à cornes simples, creuses et persistantes; on appelle *bois* (*V.* ce mot) les cornes rameuses et caduques des animaux du genre *Cerf.* — En *anatomie*, on a donné le nom de *cornes* à certaines parties ayant une forme allongée et recourbée comme les cornes des ruminants. C'est ainsi qu'on dit: les *cornes de l'utérus*, les *cornes de l'hyoïde*, etc. — On appelle *cornes d'Ammon* ou *cornes de bélier*, *hippocampes*, *protubérances cylindroïdes*, deux renflements situés, un de chaque côté, à la partie postérieure des ventricules latéraux, où ils se continuent en se dirigeant dans le lobule mastoïde.

CORNE (maladies de la), *V.* Sabot.

CORNES. *Catarrhe des cornes.* Affection de la membrane muqueuse des sinus frontaux du bœuf, caractérisée par l'inflammation et une sécrétion abondante de mucosités. Elle a été observée dans le département de la Charente, dans la Suisse, avec le caractère enzootique. Elle se développe par l'effet des changements de température, du froid humide. Les symptômes sont analogues à ceux du coryza; de plus, il y a chaleur des cornes, douleur quand on les percute. Une terminaison fréquente de cette maladie consiste dans la formation d'un foyer, qui remplit la base de la corne; alors l'animal porte la tête basse et de côté, seul indice de l'existence d'une collection. Le développement de cette sécrétion purulente rend nécessaire la trépanation de la corne à sa base. — Vicq d'Azyr a observé cet état catarrhal dans le typhus contagieux des bêtes à cornes.

CORNE DE CERF, s. f., *Cornu cervi.* On appelle ainsi les *bois* qui ornent le haut de la tête des animaux du genre cerf, et qui étaient autrefois employés en médecine, *V.* Bois. On fait usage de la corne de cerf *râpée;* elle fournit, surtout quand on la traite par un véhicule bouillant, une grande quantité de gélatine; elle est employée aussi étant *calcinée;* dans ce cas, elle est dépouillée de la plus grande partie de sa matière animale, et ne renferme plus que du sous-carbonate de chaux. Enfin, on emploie encore les produits de la distillation de la corne de cerf, formés par un mélange de carbonate d'ammoniaque, d'huile empyreumatique et d'eau. Ces diverses préparations de la corne de cerf sont inusitées en médecine vétérinaire.

CORNÉ, ÉE, adj., *corneus;* qui a la consistance et l'aspect de la corne. Le périsperme de beaucoup de graines présente ce caractère.

CORNÉE, s. f., *Cornea;* ce nom s'applique quelquefois à la sclérotique que l'on appelle *cornée opaque;* mais il est généralement employé pour désigner la membrane transparente qui forme le devant ou la vitre du globe de l'œil. La cornée transparente occupe à peu près la cinquième partie du globe de l'œil, et forme une légère saillie, fermant l'ouverture antérieure de la sclérotique. Elle est tapissée en dehors par la conjonctive, devenue transparente en ce point, et au-dedans par la membrane de l'humeur aqueuse. Son épaisseur est assez grande, et l'on peut la diviser en plusieurs lames. Elle perd sa transparence sous l'influence de la chaleur, des acides, de l'alcool, et même d'une simple compression du globe de l'œil; mais, dans ce dernier cas, elle la reprend dès que la compression a cessé. La cornée donne passage aux rayons lumineux, qu'elle fait converger par sa forme convexe.

CORNÉES, *V.* Cornacées.

CORNÉITE, s. f.; inflammation de la cornée transparente de l'œil. Synonymie : *kératite*, *cératite*. Elle est produite par des causes physiques, des coups de fouet, des corps étrangers; on l'observe sur le mouton comme symptomatique de la clavelée, sur le chien pendant la maladie commune au jeune âge. La cornéite est *superficielle, interstitielle* ou *profonde*. Dans l'inflammation superficielle, la cornée prend une teinte terne; la vue est troublée; la conjonctive est rouge, injectée; bientôt ces symptômes disparaissent. Lorsque cette maladie est interstitielle, la cornée est opaque, infiltrée; il y a photophobie; la vue est impossible. Dans la kératite profonde, on observe en outre le trouble de l'humeur aqueuse. Des abcès peuvent se former entre les lames de la cornée, dans ces deux derniers cas. On met en usage, dans le début, le traitement antiphlogistique local et général. Les astringents et les caustiques sont employés contre l'état chronique; on accorde la préférence à la pommade de nitrate d'argent.

CORNER, v. n.; sonner d'un *cornet* ou d'une *corne*. Se dit d'un cheval qui fait entendre en respirant un bruit semblable à celui qu'on produit en soufflant dans une corne, *V.* Cornage.

CORNET, s. f., *Concha.* On donne le nom de *cornets* à des os friables, formés d'une lame papyracée et placés dans les cavités nasales, au nombre de deux de chaque côté : l'un *supérieur* ou *ethmoïdal*, l'autre *inférieur* ou *maxillaire;* ce dernier est le plus grand. Chacun de ces os concourt à former, par une de ses extrémités, les sinus de la tête, et par l'autre les cavités nasales. Les cornets divisent la paroi externe de la narine en trois méats ou gouttières, dont une supérieure, une inférieure et une moyenne par laquelle leur cavité communique avec les fosses nasales. — Dans le bœuf, le cornet maxillaire communique avec le méat inférieur. — Dans le chien et le chat, les cornets présentent beaucoup plus de replis que dans les autres animaux. — *Bot.* On donne ce nom à la partie de la corolle dont l'éperon ressemble à une espèce de cornet.

CORNET ACOUSTIQUE, s. m.; petit instrument propre à concentrer et à renforcer les sons, et dont se servent les personnes atteintes de surdité. Il est conique, droit ou courbe, évasé à une extrémité appelée *pavillon*, se

à laquelle elles doivent leurs propriétés excitantes ; on les emploie dans les mêmes cas que l'anis, mais elles sont encore plus rarement usitées.

CORIARIÉES, s. f., *Coriarieæ* ; petite famille de plantes dicotylédones formée par de Candolle du seul genre *Coriaria*, dont la place dans la série végétale est encore douteuse.

CORMIER, *V.* Sorbier et Cornouiller.

CORNACÉES, s. f., *Cornaceæ* ; petite famille végétale très voisine des Caprifoliacées et des Hamamélidacées. Genres principaux : *Cornus*, *Aucuba*.

CORNAGE, s. m. On donne ce nom au bruit que certains solipèdes font entendre en respirant, et qui est semblable à celui que l'on produit en soufflant dans une corne. Synonymie : *sifflage*, *Halley*. Ce n'est pas une maladie, mais un symptôme qui indique un obstacle au passage de l'air dans une partie des voies respiratoires. Les causes du cornage sont nombreuses. Il en est qui consistent dans des affections des organes chargés de la respiration, le coryza, les angines, la bronchite, etc. D'autres sont des vices de conformation des voies aériennes, tels que l'étroitesse des cavités nasales, l'aplatissement ou la déformation de la trachée. Ce sont quelquefois des obstacles placés sur le passage de l'air, ex. : les tumeurs osseuses, les polypes, l'ossification du larynx. Dans certains cas, la cause du cornage ne laisse aucune lésion appréciable ; c'est ce qui arrive quand il est le résultat d'une névrose, de la compression des nerfs laryngés, de l'usage de certains aliments, entre autres de la gesse chiche. On a regardé ce vice comme héréditaire pour certaines races de chevaux, principalement pour celles à tête busquée. — Le cornage est *aigu* ou *chronique*, suivant qu'il accompagne un état maladif récent ou ancien ; il est presque toujours intermittent, c'est-à-dire qu'il ne se montre que dans certaines circonstances déterminées. — Le bruit qui caractérise le cornage chronique se montre généralement pendant l'exercice, les courses rapides, le tirage sur un terrain montueux ; pendant qu'on l'entend, la respiration est anxieuse ; les flancs sont très agités. Lorsque cet état est dû à l'œdème de la glotte, le cornage se montre pendant le repos et disparaît par l'exercice. — Le cornage aigu disparaît avec la maladie dont il est un des symptômes ; le cornage chronique est presque toujours incurable. Pour remédier au cornage qui résulte d'un vice de conformation des voies aériennes, on conseille l'emploi de la *trachéotomie* (*V.* ce mot), lorsque la cause de ce vice est située dans les parties supérieures des conduits respiratoires. — *Jurisprud.* La loi du 20 mai 1838 admet parmi les cas rédhibitoires, le *cornage chronique*, pour l'espèce du cheval, de l'âne et du mulet, avec un délai de neuf jours. Le bruit qui constitue le symptôme principal de ce vice varie infiniment ; on

l'augmente considérablement par l'exercice. Il faut examiner l'animal pendant le repos, pendant et après les épreuves auxquelles on le soumet. Ensuite il faut constater l'absence des symptômes de l'état aigu. Lorsque de doutes existent pour l'expert, le sujet doit être mis en fourrière et soumis pendant quelques jours à un traitement convenable avant d'être visité de nouveau. On n'admet pas la rédhibition pour la respiration bruyante seulement pendant l'action de manger, ou pendant que l'animal est couché. Le cornage chronique coïncide souvent avec d'autres cas rédhibitoires, entre autres la pousse et les vieilles courbatures. On peut simuler ce vice en employant des harnais qui gênent la respiration ; c'est une ruse facile à reconnaître.

CORNARD, E, adj. ; se dit d'un cheval qui a la respiration bruyante : *cheval cornard*, *jument cornarde*. Ce mot est peu usité.

CORNE, s. f. ; substance solide, fibreuse, de couleur blanche, grise ou noire, formant des prolongements sur la tête de certains animaux, et existant à l'extrémité des doigts, où elle forme des griffes, des ongles, des onglons ou des sabots. La corne n'est autre chose qu'un assemblage, une agglutination de poils, et présente, comme ceux-ci, un organe producteur vasculaire et très sensible, et une partie sécrétée, affectant une forme variable, suivant les parties qu'elle recouvre. Cette matière cornée, d'autant plus dure qu'elle est plus extérieure, est recouverte, à sa base, par une lame épidermique, continuation de celle de la peau, et portant, aux ongles, le nom de *périople*. — La corne croît constamment et se moule sur les contours de l'organe qu'elle revêt. C'est ainsi qu'elle forme des cônes allongés sur les apophyses frontales, une enveloppe oblique et arrondie latéralement sur la troisième phalange du cheval, une griffe allongée sur celle du chat, etc. Au-delà de l'organe qui lui sert de support, elle se recourbe et s'allonge indéfiniment, si le frottement ne l'use pas au fur et à mesure de sa production. — La corne se développe accidentellement sur certains points, mais surtout dans le voisinage de ses organes de production normale. A la suite de plaies à l'extrémité des membres, on voit souvent la cicatrice se recouvrir d'une plaque cornée ; cette corne nouvelle est due à la réunion des produits de sécrétion d'un certain nombre de bulbes pileux. De même qu'un poil arraché repousse, lorsque son bulbe est resté intact ; de même aussi la corne repousse, lorsqu'elle a été arrachée. On voit d'abord la portion de derme feuilleté qu'elle protégeait se couvrir d'une couche de corne de texture homogène, sans trace de fibres, formant une enveloppe provisoire ; celle-ci disparaît à mesure que la véritable corne fibreuse, sécrétée par le bulbe, vient remplacer lentement la portion enlevée. — *Zool.* On appelle *cornes* des parties saillantes, plus ou moins allongées, existant sur la tête des animaux. Ce nom est

à cinq dents ; onglet des pétales souvent plus long que le calice ; carène tranchante ; étamines diadelphes ; gousse grêle, cylindroïde, séparée par des cloisons en de petits articles oblongs , monospermes. Les espèces de ce genre sont herbacées ou ligneuses ; la plupart croissent spontanément dans les haies , sur des terrains secs ; leur culture ne parait pas devoir être avantageuse, car les bestiaux ne les recherchent pas beaucoup. Les principales sont : la C. variée , *C. varia*, cultivée quelquefois comme plante d'ornement ; la C. naine , *C. minima ;* la C. émérus, *C. emerus.*

CORONOIDE , adj., de κοςωνη, corneille, et *ιιδος*, ressemblance ; en forme de bec de corneille. On appelle ainsi la grande apophyse située en avant du condyle de l'os maxillaire inférieur, et donnant attache au muscle *crotaphite.*

CORPS , s. m. , *Corpus.* On désigne ainsi, en physique, les fragments de la matière pondérable, qui en présentent les caractères généraux , et de plus, des propriétés spéciales servant à les faire distinguer les uns des autres, comme une forme, une couleur, une odeur, une structure déterminées. On peut faire, parmi les corps, de nombreuses divisions selon le point de vue sous lequel on les envisage ; c'est ainsi que le *naturaliste* les distingue en corps *inorganiques* ou *bruts* et en corps *organisés ;* le *physicien* en *solides, liquides* et *gazeux ;* le *chimiste* les divise d'abord en corps *simples* et corps *composés ;* il subdivise les premiers en *métalloïdes* et en *métaux,* et les seconds en *binaires, ternaires, quaternaires,* etc., selon le nombre de leurs éléments. Sous des points de vue plus secondaires, on fait, dans chaque science, des divisions et subdivisions tellement nombreuses qu'il serait impossible de les rapporter toutes. On donne quelquefois au mot *corps* une autre acception : il sert à désigner la partie principale d'un tout aussi bien que ce tout lui-même ; c'est ainsi qu'on dit en anatomie le *corps du fémur* , de la *matrice,* etc., pour désigner la partie principale de ces organes. — On donne aussi le nom de *corps* à divers organes qui n'ont pas de noms spéciaux. Dans ce cas on qualifie ce mot par un adjectif, ex. : *corps calleux, corps cannelé , corps caverneux, corps ciliaire , corps clignotant , corps cribleux , corps frangé , corps géniculé, corps muqueux, corps olivaire, corps pampiniforme , corps papillaire, corps psalloïde , corps restiforme , corps vitré,* (*V.* ces adjectifs).—*Corps d'hyymore :* espèce de cordon blanchâtre auquel viennent aboutir les canaux séminifères , et d'où ils se rendent à l'origine de l'épididyme. — *Corps jaune, corpus luteum :* tache jaune-rougeâtre que présente l'ovaire après la conception, lorsqu'une de ses vésicules s'est ouverte pour laisser échapper l'ovule qu'elle contenait.— *Extér.* Partie moyenne du corps, située entre l'avant-main et l'arrière-main. — *Bot. ;*

Corps calleux ; petite protubérance située au voisinage de l'ombilic dans la plupart des graines de légumineuses. — *Corps cotylédonaire ;* *V.* COTYLÉDON. — *Corps ligneux,* ensemble des couches ligneuses dans les arbres.

CORPS ÉTRANGERS ; corps qui sont introduits accidentellement ou qui se développent dans l'économie. Ils sont de diverses natures ; des animaux vivants peuvent s'introduire par les voies naturelles, ex. : sangsues, insectes ; des vers, des œstres se forment dans plusieurs régions de l'animal. Des parties séparées du sujet deviennent des corps étrangers, ex. : le poil, la laine, des esquilles. Enfin, ce sont des produits venant du dehors qu'on rencontre dans les organes ou les cavités, ex. : des aiguilles, des pièces de monnaie, des projectiles lancés par la poudre , etc. Des corps étrangers s'introduisent sous les paupières , dans l'oreille, les cavités nasales, les voies aériennes, l'œsophage , le cœur, etc.

CORPUSCULE, *Corpusculum.* diminutif de *corps* ou *corpus ;* corps d'une ténuité telle qu'on ne peut l'apercevoir à l'œil nu ; synonyme de corps *microscopique.* —*Corpuscules aériens :* poussière très fine tenue en suspension dans l'atmosphère et provenant de la volatilisation des corps solides et liquides de la surface de la terre ; ils deviennent visibles, lorsque les rayons solaires pénètrent dans un lieu peu éclairé par une ouverture étroite.

CORRECTIF , s. m., *Corrigens,* qui corrige , qui diminue l'activité d'un autre corps. On donne ce nom, en pharmacie , à une substance que l'on ajoute à un médicament composé pour diminuer l'activité de son principe actif. Le correctif peut agir de plusieurs manières sur la base : 1° en en neutralisant une partie, comme le sulfate de fer dans le bain arsénical de Tessier ; 2° en diminuant son état de concentration, comme l'eau et l'alcool sur les acides, l'eau sur l'alcool , le vinaigre , etc. ; 3° en changeant sa composition chimique et par suite ses propriétés , comme cela se remarque dans l'association des chlorures alcalins avec le bichlorure de mercure ; 4° en enveloppant en quelque sorte les molécules du principe actif, comme on le voit dans l'emploi des solutions gommeuses , ou mucilagineuses. En général, le correctif doit diminuer l'activité du médicament principal sans changer ni sa nature ni son mode d'action principal, comme ses effets généraux , par exemple.

CORROBORANT, adj., et s. , de *corroborare* , fortifier : synonyme de *fortifiant , excitant , analeptique* (*V.* ces mots.).

CORRODANT, adj. ; synonyme de *corrosif,* qui est plus usité.

CORROSIF, IVE, adj., *corrosivus ;* qui corrode , qui ronge les tissus. — *Sublimé corrosif:* nom vulgaire du bichlorure de mercure. — *Substances corrosives :* celles qui, comme les acides concentrés, les alcalis décarbonatés , détruisent les tissus organiques en s'y com-

terminé à l'autre par une ouverture étroite, qu'on introduit dans le conduit auditif externe. Cet instrument facilite l'audition en concentrant de plus en plus les ondes sonores à mesure qu'elles arrivent à l'oreille, et en donnant plus de force au son, en le renforçant par les vibrations de ses parois.

CORNEUR, s. et adj. m.; qui *corne* : *cheval corneur*. *V*. CORNAGE.

CORNICULÉ, **ÉE**, adj., *corniculatus*. De Candolle appelle *fleurs corniculées*, celles dont les étamines sont transformées en pétales en cornet.

CORNOUILLER, s. m., *Cornus*, T.; genre de la famille des Cornacées. On trouve en France deux espèces du genre Cornouiller, le C. mâle, *C. mas*, et le C. sanguin, *C. sanguinea*; toutes deux sont des arbrisseaux. Une des variétés de la première espèce est cultivée dans les jardins sous les noms de *Cormier*, *Acurnier*; ses fruits oblongs, d'un beau rouge à la maturité, d'une saveur astringente, sont mangés sous les noms de *Cormes*, *Cornioles*, etc.

CORNU, **E**, adj.; nom donné au cheval chez lequel la hanche, très prononcée, forme une forte saillie. Ce défaut peut être dû à une conformation naturelle, ou simplement à la maigreur de l'animal. — *Bot.*; pourvu d'appendices en forme de cornes.

CORNUE, s. f., *Cornua*; *Retorte*. On donne ce nom à un vase pyriforme, à col allongé et recourbé à angle droit sur la partie principale, et qu'on emploie à de nombreux usages dans les laboratoires. On distingue dans la cornue trois parties, la *panse*, la *voûte* et le *col*; souvent aussi elle est munie, à la partie supérieure de la voûte, d'une ouverture garnie d'un rebord, et qu'on nomme une *tubulure*; on la ferme avec un bouchon en verre ou en liège, ou bien on y engage un tube de sûreté dans certaines opérations. Les cornues sont en verre, en terre, en grès, en porcelaine, en fonte, en fer battu, en plomb, en argent et en platine, selon les usages auxquels on les destine. On les chauffe au bain-marie, au bain de sable, d'alliage, de mercure, à la lampe à alcool, ou au charbon dans un fourneau à coquille ou à réverbère. Lorsqu'on craint que les parois de la cornue ne puissent supporter une haute température, on les recouvre d'un *lut terreux* préalablement séché. Les usages de la cornue varient beaucoup; quand elle est employée à la réduction de certains corps ou à des réactions chimiques, on adapte à son col un tube recourbé pour recueillir les produits gazeux; si elle est employée à la distillation ou à la rectification de certains liquides, on y ajoute une *allonge* et un *récipient* (*V*. ces mots).

COROLLACÉ, ÉE, adj., *corollaceus*; synonyme de pétaloïde.

COROLLAIRE, adj., *corollaris*; dérivant de la corolle.—*Fleurs corollaires* : doublées par la multiplication des pièces de la corolle.—*Irilles corollaires* : formées de pétales allongés.

COROLLE, s. f., *Corolla* : la plus intérieure des enveloppes florales dans un périanthe double; c'est ordinairement la partie brillante de la fleur, celle qui recèle son parfum. La corolle peut être *monopétale* ou composée d'une foliole unique. *gamopétale* ou composée de plusieurs pièces ou pétales réunis, *polypétale* ou formée de plusieurs pétales libres et distincts. Elle est *régulière* ou *irrégulière*. La corolle monopétale ou gamopétale régulière peut être tubulée, campanulée ou campaniforme. rosacée, urcéolée, infundibuliforme, etc. La corolle monopétale irrégulière est bilabiée. personnée ou anomale. La corolle polypétale régulière peut être cruciforme, rosacée, caryophyllée, etc. La corolle polypétale irrégulière est papillonnacée ou anomale. — Dans une corolle monopétale ou gamopétale, on distingue toujours le *tube*, la *gorge* et le *limbe*. Le tube peut être long ou court, enflé, cylindrique, etc.; la gorge est ouverte ou close, glabre ou ciliée, etc.; le limbe est étalé, réfléchi, denté, etc. Cette corolle est caduque, décidue ou marcescente; selon son mode d'insertion, elle est infère ou hypogyne, supère ou épigyne, périgyne. Comme tous les organes qui ne revêtent pas la couleur verte, la corolle, sous l'influence de la lumière, absorbe de l'oxygène et exhale de l'acide carbonique.

COROLLÉ, ÉE, adj., *corollatus*; pourvu d'une corolle.

COROLLIFÈRE, adj., *corollifer*. Se dit du gynophore, lorsqu'il supporte la corolle.

COROLLIFLORES, adj. et s.: nom d'une sous-classe formée par de Candolle des plantes dicotylédones à pétales soudés en une corolle distincte du calice et ordinairement hypogyne.

COROLLIFORME, adj., *corolliformis*; en forme de corolle.

COROLLULE, s. f. *Corollula*; petite corolle; les fleurons des Synanthérées ne sont que des corollules.

CORONAIRE, adj., *coronarius*, de *corona*, couronne; arrondi en forme de couronne. — *Scissure coronaire* : scissure régnant sur le cœur entre la masse auriculaire et la masse des ventricules. — *Artères*, *veines coronaires*; artères et veines placées dans cette scissure, *V*. CARDIAQUE. — *Artères coronaires des lèvres* : elles sont au nombre de deux de chaque côté : l'une *supérieure* et l'autre *inférieure*, émanant toutes deux de la maxillaire externe. La supérieure se contourne dans la lèvre supérieure où elle s'anastomose avec la palato-labiale; l'inférieure se répand dans la lèvre inférieure, et contracte anastomose avec le rameau de la maxillo-dentaire sortant par le trou mentonnier. — *Artère coronaire de l'estomac* : nom donné chez l'homme à l'artère gastrique. (*V*. ce mot.)

CORONILLE, s. f., *Coronilla*, L.; genre de la famille des Légumineuses. Ses caractères sont : calice campanulé, court, bilabié,

la coryza aigu le traitement antiphlogistique, entr'autres les fumigations émollientes sous le nez, les électuaires ; on ramène la transpiration cutanée. Si des fausses membranes se sont formées, on fait des injections dans les cavités nasales avec la dissolution d'alun ou de nitrate d'argent. Dans le coryza phlycténoïde, l'eau phagédénique est le meilleur topique à employer pour cicatriser les plaies de la pituitaire. Les injections chlorurées seront mises en usage pour remédier à la fétidité produite par le développement de la gangrène. Lorsque le coryza est chronique, on excite la pituitaire par des fumigations aromatiques, résineuses, des injections astringentes avec l'eau tenant en dissolution de l'acétate de plomb, du sulfate de zinc ; on emploie les dérivatifs internes et externes.

Coryza des bêtes bovines. Cette maladie a plus d'intensité sur les bœufs que dans le cheval. Cruzel a observé de graves symptômes généraux et locaux : mélange de stries sanguines à la matière du jetage ; ulcérations sur la membrane nasale; respiration bruyante; collections purulentes dans les sinus des cornes (catarrhe des cornes) ; symptômes violents de céphalalgie; convulsions qui se terminent par la mort. Il y a fréquemment complication d'angine, de bronchite et de pneumonie. Laborde a observé dans le midi le coryza *gangreneux* du bœuf, caractérisé principalement par l'écoulement d'une matière verdâtre, corrosive, la gangrène de la peau du mufle, des tâches livides de la membrane du nez. — Pour le coryza aigu, le traitement doit être basé sur les antiphlogistiques. Dans le cas où les sinus contiennent des amas de matières muqueuses ou purulentes, il faut employer la trépanation des cornes.

Coryza des bêtes ovines, *Morve des moutons.* Les pluies froides, la fraîcheur des nuits pendant le parcage, la présence des larves d'œstres dans les sinus de la tête, sont les causes les plus fréquentes du coryza dans les bêtes à laine. Les malades s'ébrouent fréquemment ; ils jettent par les narines un mucus, qui devient quelquefois purulent, fétide et se mêle à des stries sanguines. On distingue le coryza ordinaire, de celui qui est produit par les œstres, parce que, dans ce dernier cas, les mouvements de la tête sont plus désordonnés pendant l'ébrouement. Le plus souvent il faut se borner à des soins hygiéniques, pour peu que le troupeau soit nombreux.

Coryza des porcs, *Ronflement.* Maladie pernicieuse, qui produit souvent le marasme, et pendant laquelle le nez et le groin se déforment. L'animal meurt par les hémorrhagies nasales, ou par l'épuisement de ses forces. On a considéré cette maladie comme héréditaire et incurable.

Coryza des chiens, *V.* **Maladie des chiens.**

COSSE, s. f. ; nom vulgaire de la gousse et de la silique. Les cosses du pois, du haricot, etc., peuvent concourir à la nourriture des herbivores.

COSTAL, ALE, adj, *costalis,* de *costa,* côte ; qui appartient aux côtes. — *Cartilages costaux :* cartilages qui terminent les côtes, et les unissent, soit directement, soit indirectement au sternum; le huitième et le neuvième sont soudés ensemble chez le cheval.— *Plèvre costale :* portion de la plèvre tapissant les côtes.

COSTO-ABDOMINAL, adj. et s., *costo-abdominalis ;* appartenant aux côtes et à l'abdomen. Nom donné par Girard, d'après Chaussier, au muscle *grand oblique de l'abdomen. V.* oblique.

COSTO-HYOÏDIEN, adj. et s. ; nom donné par Lafosse au muscle *sous-scapulo-hyoïdien.* (*V.* ce mot).

COSTO-SOUS-SCAPULAIRE, adj. et s., *costo-infrà-scapularis ;* appartenant aux côtes et à la face interne du scapulum; nom donné par Girard à la partie antérieure du *grand dentelé de l'épaule. V.* **Dentelé.**

COSTO-STERNAL, adj. et s., *costo-sternalis;* appartenant aux côtes et au sternum. Nom donné par Girard au muscle transversal des côtes. *V.* **Transversal.**

COSTO-TRACHÉLIEN, adj. et s., *costo-trachelianus;* qui appartient aux côtes et aux apophyses trachéliennes. Nom donné par Girard au muscle *scalène* (*V.* ce mot).

COSTO-TRANSVERSAIRE, adj. et s., *costo-transversarius ;* appartenant aux côtes et aux apophyses transverses. On appelle ainsi l'articulation de la tubérosité de la côte avec l'apophyse transverse de la vertèbre dorsale. On emploie aussi dans le même sens l'adjectif *transverso-costal.*

COSTO-VERTÉBRAL, adj. et s., *costo-vertebralis ;* qui appartient aux côtes et aux vertèbres. Nom donné à l'articulation de la tête de la côte avec le corps des vertèbres. Cette articulation est aussi appelée plus exactement *intervertébro-costale.*

COTES, s. f., *Costæ;* os plats, allongés, situés sur les côtés du thorax, dont ils concourent à former les parois latérales. Les côtes, dans le cheval, sont au nombre de dix-huit de chaque côté, distinguées en *côtes sternales* ou *vraies côtes,* et *côtes asternales* ou *fausses côtes.* Huit côtes seulement unissent leur cartilage au sternum; mais celui de la neuvième, soudé au cartilage de la huitième, l'a fait considérer comme sternale par Girard, tandis que Rigot n'admet comme vraies côtes que les huit premières. — Chaque côte porte à son extrémité supérieure deux surfaces articulaires : l'une, formant la *tête,* s'articule dans une cavité résultant de la réunion des corps de deux vertèbres; l'autre, appelée *tubérosité,* s'articule par coulisse avec l'apophyse transverse de la vertèbre dorsale correspondante. L'extrémité inférieure s'unit au *cartilage costal* qui s'appuie sur le sternum, directement dans les côtes sternales, indirec-

binant, à la manière des *caustiques*. (*V.* ce mot.)

CORROSION, s. f., *Corrosio;* effet ou résultat de l'action des substances *corrosives* ou *caustiques*. *V.* ESCHARE.

CORSE (cheval); il est remarquable par sa petite taille. Le cheval corse ne peut porter qu'un cavalier léger ou traîner un petit fardeau. Il a la tête carrée, un peu forte, l'œil vif, la crinière abondante, la croupe étroite, les membres forts, un peu clos et coudés. Malgré l'exiguité de ses formes, le cheval corse a beaucoup d'énergie; mais son caractère est difficile.

CORTICAL. ALE, adj., *corticalis*, de *cortex*, écorce; qui ressemble à l'écorce, ou qui est placé comme elle à la surface. — *Substance corticale du cerveau* : c'est la substance grise formant l'enveloppe de cet organe. — *Substance corticale des reins* : substance cendrée formant écorce à la glande urinaire. — On a admis aussi une *substance corticale des dents*, qui n'est autre chose que l'émail extérieur des dents vierges avant qu'il ait reçu le poli que lui donne le frottement. — *Bot.*; qui appartient à l'écorce. *Système cortical; pores, stomates corticaux.*

CORTINE, s. f.; réseau filamenteux situé au bord du chapeau dans plusieurs agarics. La cortine tapisse d'abord la partie séminifère. On fait aussi ce mot synonyme d'*anneau. V.* ce mot.

CORTIQUEUX, EUSE, adj., *corticosus;* se dit des fruits pulpeux et charnus, à écorce dure et coriace.

CORYMBE, s. m., *Corymbus*, de κορυμβος, cime, sommet; mode d'inflorescence indéfinie, dans lequel les axes secondaires, naissant et se ramifiant à diverses hauteurs, élèvent cependant leurs fleurs à peu près au même niveau, de telle sorte que l'ensemble forme une surface plane ou légèrement convexe; c'est la *grappe corymbiforme* de de Candolle, qui réserve exclusivement le nom de corymbe pour les inflorescences qui, indépendamment de la disposition précédente, présentent cette particularité, que l'inflorescence est centrifuge quant à l'ensemble des fleurs, et centripète dans chaque capitule. Ce caractère a servi de base à l'une des divisions de la famille des Composées.

CORYMBIFÈRE, adj., *corymbiferus;* dont les fleurs sont disposées en corymbe. — CORYMBIFÈRES; nom donné à l'un des trois grands groupes établis dans la famille des Composées. Les *Corymbifères* correspondent aux Radiées.

CORYZA, s. m., κορυζα; mot grec employé pour désigner l'inflammation de la membrane muqueuse des cavités nasales. Synonymie : *catarrhe nasal, enchifrènement, rhume de cerveau, rhinite*. On observe cette maladie dans tous les animaux domestiques; le plus souvent elle est sporadique, quelquefois elle règne d'une manière épizootique. Le coryza est *aigu* ou *chronique*; ces deux états peuvent présenter des formes différentes.

CORYZA DANS L'ESPÈCE CHEVALINE. 1° *Coryza aigu*. Il est commun après les changements de température, les temps froids et humides, qui produisent la suppression de la transpiration cutanée. On le voit produit par l'inspiration d'un gaz irritant, du chlore, de l'ammoniaque; les coups, les chutes, l'introduction d'un corps étranger dans le nez, donnent les mêmes résultats. Il accompagne quelques maladies aiguës, entr'autres la bronchite. Le coryza est *idiopathique* ou *symptomatique*. Il débute par un état général de malaise; la membrane du nez est sèche, injectée; l'animal se livre à des éternuements ou ébrouements fréquents. Un écoulement abondant a lieu par les deux narines, quelquefois par une seule; il est d'abord limpide, plus tard blanc, quelquefois blanc jaunâtre, visqueux, s'attachant aux ailes du nez. La durée de l'affection est de huit à dix jours; elle est plus longue, si la maladie passe à l'état chronique. Certaines circonstances, relatives aux lésions anatomiques, aux symptômes, produisent des variétés de cette maladie — A. *Coryza des jeunes animaux* : il est compliqué par un engorgement considérable des ganglions sous maxillaires et le développement d'un ou plusieurs abcès. *V.* GOURME. — B. *Coryza catarrhal, flux nasal, rhinorrhée, phlegmatorrhée*, variété dans laquelle il y a écoulement abondant de mucosités limpides. Dans cet état, les sinus frontaux renferment quelquefois une collection. — C. *Coryza couenneux, diphtérique*; il est caractérisé par la formation de fausses membranes adhérant à la pituitaire. Cet état diffère du croup en ce que les pseudo-membranes n'envahissent pas le larynx. — D. *Coryza phlycténoïde, rhinite pemphigoïde*; la pituitaire présente de petites phlyctènes disséminées irrégulièrement, qui s'ouvrent en laissant une plaie à caractère ulcéreux, et qui peuvent faire confondre cette maladie avec la morve aiguë. — E. *Coryza gangreneux*. On a nié la possibilité du développement de la gangrène dans le coryza. Dans certaines maladies graves qui affectent l'économie entière, la pituitaire se désorganise sur de grandes surfaces; c'est ce qu'on voit dans certains cas de morve aiguë. Autrefois on a donné au coryza gangreneux le nom de *mal de tête de contagion* (*V.* ce mot). — La terminaison du coryza aigu est presque toujours la résolution; quelquefois c'est l'état chronique; la morve peut également en être la conséquence. — 2° *Coryza chronique*. Il peut être le résultat d'un état local ou général. Les symptômes de l'état aigu se dissipent; des écoulements continuels ont lieu par les naseaux; fréquemment les ganglions de la ganache se tuméfient; on dirait l'animal atteint de la morve chronique; seulement il n'y a pas d'ulcérations ou chancres sur la pituitaire. — On emploie contre

réunion des trois pièces dont se compose le coxal dans le jeune âge. Elle offre, du côté du pubis, une échancrure qui donne passage au ligament *pubio-fémoral.*

COTYLOIDIEN, adj. ; qui appartient à la cavité cotyloïde. — *Ligament* ou *bourrelet cotyloïdien* : anneau ligamenteux complétant, à son bord, la cavité cotyloïde, et franchissant l'échancrure de cette cavité en la convertissant en un trou pour le passage du ligament *pubio-fémoral.*

COU, s. m., *Collum, Cervix;* anciennement COL ; région comprise entre le thorax et la tête, qu'elle supporte. *V.* COL et ENCOLURE.

COUCHE, s. f., *Stratum;* portion de tissu disposée en lame plus ou moins épaisse. — *Couches ethmoïdales* ou *olfactives, couches optiques* (*V.* ces adjectifs).

COUCHE, s. f., *T. de jard.;* amas de substances organiques disposées en *couches* plus ou moins épaisses, susceptibles d'éprouver la fermentation, de développer de la chaleur, et conséquemment d'activer la végétation. Les fumiers et tous les engrais chauds, les feuilles, les pailles, l'écorce des arbres, la sciure de bois, etc., sont employés dans la confection des couches. Les différentes espèces de couches employées par les jardiniers sont nombreuses ; elles se distinguent autant par leurs dispositions extérieures que par les matières diverses qui les forment essentiellement. On fait des couches dans toutes les saisons, mais principalement dans le printemps et en automne. — COUCHES CORTICALES, LIGNEUSES, *V.* ECORCE et BOIS.

COUCHÉ,ÉE, adj., *procumbens,humifusus;* se dit de la tige, lorsqu'elle est étalée sur le sol sans s'y attacher par des racines.

COUCHER, s. m., *Decubitus;* position dans laquelle l'animal appuie le tronc immédiatement sur le sol, laissant entièrement reposer les membres. Le coucher n'est complet que chez les petits animaux, comme le porc, le chien. Le bœuf et surtout le cheval ont presque toujours la tête relevée pendant le coucher. Le cheval se couche rarement ; le bœuf, au contraire, se couche ordinairement dès qu'il a pris son repas, et qu'il veut se livrer à l'acte de la rumination.

COUCHER (SE) EN VACHE. On dit qu'un cheval se couche en vache, lorsqu'il plie les membres antérieurs de telle sorte que les talons viennent appuyer sur le coude. Cette habitude vicieuse occasionne la formation, au coude, d'une tumeur appelée *éponge* (*V.* ce mot).

COUDE, s. m., *Cubitus;* région du membre antérieur ayant pour base l'olécrâne ou partie principale de l'os cubitus. La saillie du coude, chez le cheval, ne devient bien apparente que dans les mouvements de flexion. Le coude doit être bien développé, pour donner un long bras de levier aux muscles extenseurs de l'avant-bras. Sa déviation en dehors ou en dedans influe sur la direction

du reste du membre. Une tumeur, désignée sous le nom d'*éponge*, se développe souvent au coude des chevaux qui *se couchent en vache.*

COUDÉ, ÉE, adj.; plié en forme de coude. — *Jarret coudé* : on donne ce nom au jarret, lorsque l'angle que forme la jambe avec le canon se rapproche de l'angle droit. Le jarret coudé ramenant le pied sous le tronc, la détente se fait principalement dans le sens de la hauteur, et la force employée dans ce sens est perdue pour l'impulsion en avant. Un jarret trop coudé expose l'animal aux glissades et aux *efforts.* — *Bot. V.* GÉNICULÉ.

COUDRIER, *V.* NOISETIER.

COUENNE, s. f., du latin *cutis*, peau, dont on a fait *cutena;* nom donné à la peau du porc : *couenne de lard.* — Se dit aussi de la peau des marsouins. — *Path.* Caillot blanc-jaunâtre, qui se forme à la surface du sang retiré d'une veine par la saignée: *couenne inflammatoire, couenne pleurétique.* — Dans l'homme, cette couenne se produit dans les maladies inflammatoires, surtout celles de la plèvre et du poumon. — Pour le cheval, c'est un phénomène naturel, qui se présente même dans l'état de santé ; cette couenne donne des caractères divers dans l'état maladif. Elle est épaisse, d'un jaune foncé, dans les phlegmasies ; son volume diminue à mesure qu'on retire des quantités considérables de sang. Dans les maladies par altération des liquides, ses proportions sont peu développées. — La couenne inflammatoire est peu apparente dans le sang du chien ; on ne l'observe pas dans celui des bêtes à cornes.

COULANT, *V.* STOLON.

COULEUR, s. f., *Color,* χρωμα. On appelle ainsi la sensation particulière que les objets produisent sur l'œil selon la nature des rayons lumineux qu'ils réfléchissent. Lorsque la lumière est réfléchie intégralement, les corps sont *blancs;* ils sont *noirs,* au contraire, s'ils ne réfléchissent aucun rayon lumineux et les absorbent tous ; enfin, ils présentent des couleurs variables selon les rayons lumineux qu'ils réfléchissent. On appelle *couleurs fondamentales* celles qui composent le *spectre solaire;* elles sont également *simples* ou *élémentaires,* puisqu'on ne peut changer leur nuance en les faisant passer isolément dans un prisme ; on donne le nom de *couleurs complémentaires* à celles qui reproduisent la *couleur blanche* en se combinant à une autre couleur ; c'est ainsi que six couleurs du spectre solaire réunies sont toujours les complémentaires de la septième couleur avec laquelle elles donnent naissance à la couleur blanche ; dans le système du *contraste des couleurs,* le mot complémentaire a une autre signification ; il sert à indiquer la couleur qui est susceptible d'exhausser le ton d'une autre couleur. *V.* CONTRASTE. Parmi les couleurs du spectre, on en distingue trois qu'on appelle *primitives,* telles que le *rouge,* le *jaune* et le *bleu,* parce qu'elles servent à former les

tement dans les côtes asternales. La longueur, la largeur et la courbure des côtes varient suivant les points qu'elles occupent dans les parois thoraciques. — Dans le *bœuf*, les côtes sont au nombre de treize paires seulement ; il en est de même dans le *mouton*, la *chèvre*, le *chien*. Le *porc* présente quatorze paires de côtes. — *Extér.* On appelle *côte* la région ayant pour base les os de ce nom situés en arrière de l'épaule. On recherche dans le *cheval* une côte arrondie ; cette conformation indique une poitrine développée. La *côte plate*, au contraire, est toujours un indice de respiration peu étendue. Les maladies de cette région sont les *cors* et les *calus* résultant des fractures. — *Bot.* Côte : saillie longitudinale de la surface de beaucoup de tiges et de fruits. — Nervure médiane et principale dans un grand nombre de feuilles.

COTENTIN (bœuf). Il constitue l'une des meilleures races de la Normandie. Ses caractères sont : taille 1,69 à 1,64 ; tête allongée, cornes longues, effilées ; corps long, porté sur des membres un peu hauts et grêles ; ventre volumineux ; queue attachée bas ; peau souple, robe brune ou rouge obscur mêlé de noir ou de blanc. Placé dans de bons pâturages, le bœuf cotentin atteint un grand poids ; il donne beaucoup de suif et une chair estimée. Le bœuf cotentin est peu propre au travail ; les vaches sont assez bonnes laitières. — COTENTIN (cheval), *V.* NORMAND.

COTON, s. m. ; nom donné à une sorte de bourre ou de duvet végétal qui environne les semences du cotonnier (Gossypium, L.), arbre de la famille des Malvacées, qu'on cultive dans l'Inde et en Amérique. Cette substance est blanche, formée de filaments fins et courts ; dépouillé de tout principe étranger, le coton est du *ligneux* pur. On rejette généralement cette substance des pansements, parce que l'expérience a démontré qu'elle produisait sur les plaies une action irritante, que l'on attribue, les uns à la forme des filaments, les autres à une substance active retenue par le coton. Par contre, le coton produit sur les brûlures une action cicatrisante très remarquable ; il diminue la douleur, prévient une inflammation trop vive, empêche les difformités de la cicatrice ; aussi est-il assez fréquemment employé contre ces solutions de continuité.

COTONNEUX, EUSE, adj., *tomentosus* ; recouvert d'un duvet qui ressemble au coton.

COTONNIER, s. m., *Gossypium*, L. ; genre de la famille des Malvacées. Les plantes de ce genre appartiennent toutes aux contrées chaudes de l'Amérique, de l'Asie et de l'Afrique. Leurs graines, enfermées dans des capsules déhiscentes à trois ou cinq loges polyspermes, sont entourées d'une espèce de bourre blanche, filamenteuse, connue dans le commerce et employée dans l'industrie sous le nom de *coton*. Les Cotonniers sont des arbustes ou des sous-arbrisseaux dont la hauteur est comprise entre un et quatre mètres ;

on en connaît une quinzaine d'espèces dont quelques-unes se subdivisent en variétés. La culture du Cotonnier a été tentée en France au commencement de ce siècle, dans les départements méridionaux, puis abandonnée vers 1815. Il est probable qu'elle serait possible et avantageuse dans nos possessions d'Algérie où l'on a fait déjà quelques essais.

COTSWOLD (race de), s. m. et adj. Cette race ovine occupe en Angleterre une partie du comté de Glocester. Elle a été partout modifiée par des croisements avec le New-Leicester ; cependant, elle a conservé une taille plus élevée encore que ce dernier. Sa laine, douce mais grosse, peut acquérir 15 à 20 cent. de longueur ; sa toison pèse en moyenne plus de 3 kilog. Le mouton Cotswold est rustique, d'une bonne constitution, et prolifique ; quoique moins parfait sous le rapport de l'engraissement que le New-Leicester, il n'est pas moins estimé.

COTYLÉDON, s. m., *Cotyledo*, de κοτυληδών, cavité ; organe simple ou multiple, adhérant à la plumule ou l'enveloppant, et destiné à préparer ou à fournir à la jeune plante les premiers éléments nutritifs. Les cotylédons ne se rencontrent que dans les véritables graines ; ils en sont les premières feuilles. Ils sont épais et charnus, ou minces et foliacés. Pendant la germination, les cotylédons s'éloignent un peu de la radicule et de la plumule ; tantôt ils s'élèvent au-dessus du sol, revêtent tout-à-fait l'apparence foliacée ; on les dit alors *épigés* ; ils sont des feuilles séminales ; tantôt ils restent cachés sous la terre ; on les appelle alors *hypogés*. Les cotylédons présentent diverses particularités de situation, de forme, d'insertion, etc., qui peuvent servir, dans la méthode naturelle, à la classification des genres et des familles. Les végétaux acotylédonés n'ont pas de cotylédons ; les monocotylédonés n'en ont qu'un ; les dicotylédonés en ont le plus souvent deux, quelquefois trois, quatre et plus. — *Anat.* Les cotylédons sont des espèces d'éminences ou tubercules pédiculés, existant à la face interne de l'utérus dans les Ruminants, et destinés à établir l'union entre la matrice et les enveloppes fœtales. Dans la *vache*, les cotylédons sont enveloppés par les placentas ; dans la *brebis* et la *chèvre*, au contraire, ils justifient leur dénomination (κοτύλη, écuelle) en formant une espèce de cupule, dans laquelle est reçu le placenta.

COTYLÉDONAIRE, adj., *cotyledonaris* ; qui se rapporte aux cotylédons. — Corps *cotylédonaire* ; masse formée par le cotylédon unique ou par les cotylédons réunis.

COTYLÉDONÉ, ÉE, adj., *cotyledonus* ; pourvu de cotylédons.

COTYLOIDE, adj., *cotyloïdes*, de κοτύλη, écuelle, et εἶδος, forme ; en forme d'écuelle. — *Cavité cotyloïde* : nom donné à une cavité du coxal recevant la tête du fémur, et formant avec elle une articulation orbiculaire. La cavité cotyloïde est formée par la

rable, et l'on applique un fer à la turque, dont la branche interne est étroite et courte; on diminue par la râpe l'étendue de la corne. Cette ferrure ne doit pas être continuée trop longtemps, parce qu'elle fausse les aplombs.

COUPEROSE BLEUE, *V.* Sulfate de cuivre.

Couperose verte, *V.* Sulfate de fer.

Couperose blanche, *V.* Sulfate de zinc.

COUPURE, s. f.; séparation, division faite par un instrument *coupant*. – Synonyme d'*incision*. — Plaie faite par un cheval qui s'entretaille, qui se coupe.

COURANTS ÉLECTRIQUES, s. m. On appelle ainsi la progression en sens opposé des électricités de noms contraires, à travers un conducteur qui, par ses deux extrémités, est en contact avec une source d'électricité. Les courants électriques les plus remarquables sont ceux produits par la pile voltaïque; l'un part du pôle positif et se dirige à travers le fil conducteur vers le pôle négatif, à la rencontre du courant opposé et de nom contraire, qui, de ce dernier, se porte vers le pôle positif; l'intérieur de la pile est le siége de deux courants semblables; le fluide *positif* va du pôle cuivre au pôle zinc, et le fluide *négatif*, du pôle zinc au pôle cuivre. — Si le fil conducteur est interrompu à son milieu et ses bouts placés à une petite distance l'un de l'autre, il y a recomposition de fluide neutre par la combinaison des électricités des courants, et production de phénomènes de lumière, de chaleur, une commotion électrique, des effets chimiques, etc. *V.* Pile. Si, au contraire, le fil conducteur n'est pas interrompu, et s'il est suffisant pour conduire les courants, aucun phénomène visible n'apparaîtra dans les circonstances ordinaires; mais, si on approche du fil où ont lieu les courants, soit des corps magnétiques, soit un autre conducteur étant le siége de courants, soit enfin des corps aimantés, des phénomènes remarquables se manifesteront. *V.* Électro-Dynamique. L'intensité des courants est la même dans tous les points du circuit qu'ils traversent; elle est en raison inverse de la longueur du circuit et en raison directe de sa section. La pile donne les courants les plus forts, les plus réguliers et les plus constants, mais elle ne jouit pas seule de cette propriété; la machine électrique, les combinaisons chimiques, les poissons électriques, etc., et en général toutes les sources d'électricité produisent des courants lorsque deux corps conducteurs, partant de ces sources, sont mis en contact par leurs extrémités opposées. Les courants sont dus à deux causes principales: à la tension de l'électricité, à l'origine du courant, et à l'affinité réciproque des deux électricités au point où les conducteurs se réunissent et où elles se neutralisent.

COURBATURE, s. f., *Curvatura*, de *curvus*, courbe: expression vague qui rappelle une réunion de symptômes appartenant à plusieurs maladies. Les opinions les plus diverses ont été données sur la courbature; pour les uns, c'est une maladie des organes de la poitrine, pour d'autres, des viscères abdominaux. — Parmi les vices redhibitoires désignés dans l'art. 1er de la loi du 20 mai 1838, on trouve les *maladies anciennes de poitrine* ou *vieilles courbatures*. Ici la valeur du mot *courbature* est assez déterminée; il s'agit de la pleurésie, de la pneumonie et de la péripneumonie chroniques, de la phtisie pulmonaire, etc. Les maladies anciennes du cœur ne peuvent être admises dans cette catégorie; les anciens, qui ont inventé le mot *courbature* ne connaissaient pas ces maladies.

COURBE, s. f.; T. de géom., ligne courbe. Tumeur osseuse qui tire son nom de la ligne qu'elle décrit et qui se développe sur la tubérosité interne de l'extrémité inférieure du tibia. Les coups sur la face interne du jarret, les violents efforts pendant le tirage, sont les causes qui produisent la courbe. Une tumeur dure, indolente, la caractérise; elle est plus ou moins volumineuse. Ayant son siége sur le point d'attache d'une articulation par charnière, elle produit une claudication, pour peu qu'elle soit développée. Souvent elle est compliquée par la présence d'autres exostoses auxquelles sa surface s'ajoute pour produire l'ankylose vraie ou fausse du jarret. La courbe résiste aux résolutifs et aux fondants les plus actifs. Quand elle est peu ancienne, peu volumineuse; le feu en pointes la fait disparaître ou borne son accroissement. Renault a conseillé de faire pénétrer les pointes de feu, à travers la peau, dans la tumeur osseuse, à la profondeur de plusieurs millimètres; ce procédé réussit quelquefois.

COURBELIGNES (vaches). Troisième classe des vaches laitières dans le système de Guénon. Elle se distingue à son *écusson* ou *gravure*, qui, après avoir embrassé les mamelles et la partie interne des cuisses, s'étend de bas en haut, en se dirigeant vers la vulve, et se termine par une pointe plus ou moins mousse, en formant *deux courbes* rentrantes. Dans le premier ordre, la pointe de l'écusson s'élève jusqu'à deux centimètres au-dessous de la commissure inférieure de la vulve; à mesure qu'on descend, la pointe s'abaisse; dans le huitième, elle s'élève à peine au-dessus de la partie postérieure des mamelles. Chaque ordre a ensuite ses autres caractères distinctifs. La quantité de lait donnée par les Courbelignes est pour le premier ordre, selon la taille, 18 litres, 15 litres et 12 litres par jour; elles le maintiennent jusqu'à ce qu'elles soient pleines de huit mois; pour le huitième ordre, de 3 litres, 2 litres et 2 litres; il est maintenu jusqu'à ce que les vaches soient pleines de nouveau.

COURBETTE, s. f.; air relevé de manége, consistant en un saut dans lequel le cheval détache du sol et fléchit également les deux membres antérieurs, pendant que, tenant les hanches basses, il engage les jarrets sous le centre de gravité.

autres, appelées *secondaires*, en s'unissant entre elles. Les *couleurs naturelles* des corps proviennent de la nature des rayons réfléchis ou réfractés par ces corps; ceux qui absorbent tous les rayons du spectre, moins le rayon *rouge*, qu'ils réfléchissent ou qu'ils laissent passer à travers leur substance, sont d'une *couleur rouge*, et ainsi de toutes les autres couleurs.

COULISSE. s. f.; sillon plus ou moins profond de la surface d'un os, incrusté d'une lame cartilagineuse, et servant au glissement d'un tendon, ex.: les coulisses de l'extrémité inférieure du radius.

COUP, s. m., de κολαπτω, je frappe; résultat du choc de deux corps. — Blessure faite par une chose qui a frappé; les *contusions*, les *plaies*, les *fractures*, les *commotions*, sont produites par des coups. — *Coup de pied:* contusion produite par le pied d'un animal. — *Coup de feu:* lésion produite par une arme à feu. — *Coup de sang:* attaque d'apoplexie, dans laquelle le sang se porte violemment vers le cerveau. Par extension, ce nom est donné à la congestion sanguine de quelques organes, même à celle de la peau. — *Coup de chaleur:* accident analogue à l'apoplexie, qui attaque le cheval pendant les grandes chaleurs. *V.* ANHÉMATOSIE. — *Coup de soleil:* effet produit sur une partie du corps vivant par un soleil ardent. Sur la peau, c'est l'érysipèle qui se produit; pour la tête, c'est une affection cérébrale. — *Coup de fouet:* mouvement brusque observé aux flancs, dans la respiration d'un cheval poussif, surtout pendant l'expiration. *V.* POUSSE. — *Coup de boutoir dans la sole:* plaie faite par le maréchal, lorsqu'avec le boutoir il pare trop profondément la sole du cheval. *V.* SOLE.

COUP DE HACHE; dépression existant au point de jonction de l'encolure avec le garrot. Le coup de hache est surtout prononcé chez les chevaux à *encolure de cerf.*

COUPE-FOIN, s. m.: instrument propre à couper, à trancher le foin conservé en tas ou en meule. Il se compose essentiellement d'un manche et d'une lame tranchante, dont la forme varie selon les lieux: ici, elle ressemble à un fer de bêche, là, à une lance; ailleurs, elle a la forme d'un A renversé, à bords internes tranchants. La douille du coupe-foin doit être armée d'une cheville ou *hoche-pied.* Pour couper le foin menu, on peut se servir du hache-paille.

COUPE-RACINES, s. m.; instrument propre à couper, à diviser en tranches plus ou moins minces les racines charnues. Il se compose d'un couteau à tranchant large et oblique, emmanché, ou d'une machine dont la pièce principale est, tantôt un cylindre armé de lames, tantôt une pièce mobile de haut en bas et de bas en haut, garnie de couteaux repliés ou contournés en gouge.

COUPELLATION, s. f. On appelle ainsi une opération chimique très ancienne, à l'aide de laquelle on sépare l'argent des métaux étrangers qu'il peut contenir. Elle est fondée sur la propriété que possède l'argent de ne pas s'oxyder à l'air, même aux températures les plus élevées, tandis que la plupart des autres métaux se transforment en oxydes. On emploie la coupellation dans deux circonstances principales: 1° pour séparer l'argent des plombs argentifères; 2° pour déterminer le titre des alliages d'argent employés dans le commerce, soit pour les monnaies, soit pour les objets de bijouterie. Dans le premier cas, on fond le plomb argentifère dans une grande *coupelle* disposée dans un fourneau à réverbère, et on dirige sur le bain métallique un courant d'air très actif, à l'aide d'un soufflet; le vent oxyde le plomb, entraîne l'oxyde formé hors de la coupelle, et l'argent purifié reste dans cette dernière comme résidu. Dans l'essai des alliages, on fond dans une petite coupelle disposée dans une moufle, du plomb et une certaine quantité d'alliage pesée exactement, et on chauffe le tout dans un petit fourneau à réverbère; le plomb et le cuivre contenus dans l'alliage s'oxydent, se combinent et disparaissent dans l'épaisseur des parois de la coupelle; l'argent qui reste est pesé, et son poids indique la proportion qui était contenue dans l'alliage argentifère. — On emploie aussi la coupellation pour l'essai de l'or, mais beaucoup plus rarement.

COUPELLE, s. f., *Catellus cinereus;* diminutif de *coupe*, *cupella;* petit vase creux hémisphérique, en forme de capsule, destiné à la *coupellation*, opération chimique à laquelle il a donné son nom. Les coupelles se font généralement avec de la poudre d'os calcinés, délayée dans l'eau, moulée et séchée. On y ajoute parfois des cendres lessivées.

COUPER, v. act., de κοπτω, couper, fendre, séparer; synonyme de *châtrer.* Peu usité.

COUPER (se); on dit qu'un cheval *se coupe* lorsqu'un des membres blesse en se levant pendant une allure le membre correspondant posé sur le sol. Synonymie: *s'entretailler, se friser, se toucher, s'attraper.* Ce défaut est dû à plusieurs causes: à la faiblesse pour les jeunes chevaux, ou à des aplombs défectueux. Les chevaux *panards,* qui ont les pieds tournés en dehors, se coupent avec les talons; les chevaux *cagneux,* qui sont dans le cas contraire, se touchent avec la mamelle du sabot. Quelques animaux se blessent sur la couronne; le plus grand nombre, au boulet; il en est qui se frappent le canon ou le genou. Ces contusions répétées produisent un engorgement douloureux et quelquefois des abcès, des furoncles, des plaies des gaines synoviales. L'action de se couper, due à la faiblesse du jeune âge, disparaît avec le temps. Lorsque ce défaut résulte d'un vice d'aplomb, c'est par la ferrure qu'on peut y remédier. Il faut relever le quartier interne des pieds qui se coupent, afin de les écarter de leur direction défectueuse; on conserve à la corne une épaisseur plus considé-

été établies les premières courses réglées. Elles datent du règne de Henri II au XIIme siècle. Les chevaux du Midi, de l'Orient et du Nord se rencontrèrent ainsi pendant plusieurs siècles, à des époques plus ou moins bien déterminées, dans des espèces de Steeple-chases. Edouard III, Henri VIII, favorisèrent particulièrement l'institution des courses. Mais c'est surtout sous Jacques Ier qu'elles prirent de la régularité et du développement. Les courses de Newmarket et de Hyde-Park furent établies en 1640. Le goût du beau cheval se répandit de plus en plus dans presque tous les rangs de la société anglaise ; Cromwell et Charles II y contribuèrent en donnant des encouragements aux courses de l'hippodrome. C'est dans ce temps, c'est-à-dire dans la seconde moitié du XVIIme siècle, que s'est formée définitivement la race pure qui fait aujourd'hui l'une des gloires de la Grande-Bretagne. Elle doit à l'institution des courses sa création, son perfectionnement, sa renommée, son prix ; elle lui devra peut-être un jour sa dégénération. Le Royaume-Uni possède maintenant plus de deux cents hippodromes ; les plus renommés sont ceux de Newmarket, Epsom, Ascot, York, Goodswood, Duncaster. — La France n'est entrée que fort tard dans la voie ouverte par l'Angleterre. Quelques courses particulières, des paris, eurent lieu en 1776, 1777 et 1781, aux environs de Paris ; mais ces courses n'étaient point officielles. Les courses d'hippodrome, subventionnées par l'Etat, ne furent établies qu'en 1805. Depuis cette époque, elles se sont multipliées. En provoquant l'importation du cheval anglais, la Restauration les a rendues plus intéressantes et plus significatives ; mais c'est surtout à partir de 1833, lorsqu'elles sont franchement entrées dans le plan de l'administration des haras pour l'amélioration de nos races chevalines, qu'elles ont pris de l'extension et de l'importance, que le nombre des hippodromes s'est accru. La France est actuellement divisée en onze arrondissements de courses. Chaque arrondissement renferme plusieurs hippodromes : les principaux sont ceux de Chantilly, Paris, Versailles, Caen. Les prix du Gouvernement sont de quatre classes : 1° grand prix national ; 2° prix nationaux ; 3° prix principaux ; 4° prix d'arrondissement. D'autres prix sont offerts par les départements, les villes, les sociétés, etc. Les conditions des courses, la valeur des prix, la distance à parcourir, le temps et le nombre des épreuves, les poids et surcharges sont réglés d'une manière générale par les arrêtés des 15 mars 1842 et 2 mars 1846. Les chevaux ne sont point admis à concourir pour les prix du Gouvernement avant l'âge de trois ans. Les courses de vitesse sont un moyen d'encourager la production du cheval de selle ; l'Angleterre leur doit en grande partie sa prospérité hippique. Leurs effets sont moins heureux en France, où le goût du beau cheval est moins répandu, où

les éleveurs qui font et qui apprécient le pur sang, sont incomparablement moins nombreux, où les fortunes sont moins considérables. Mais si elles mettent en évidence les qualités des chevaux, si elles désignent les plus dignes de concourir à l'amélioration de l'espèce, elles ont aussi des inconvénients, et ce sont ces inconvénients qui en font blâmer l'emploi. Dans beaucoup de lieux et pour beaucoup de personnes, elles ne sont qu'un spectacle, une occasion de jeu, de manœuvres frauduleuses ; l'entraînement convenablement pratiqué, la course elle-même, sans avoir tous les dangers qu'on leur attribue, peuvent être nuisibles aux jeunes chevaux. Enfin, le principal but à rechercher étant la vitesse, on lui sacrifie l'étoffe et la force réelle ; on fait des chevaux d'une rapidité extrême, mais trop minces et peu propres à la reproduction. Le principe qui soutient l'institution des courses est inattaquable ; c'est l'abus, la mauvaise application qu'il faut combattre et détruire. — *Courses au clocher.* Elles ont lieu sur un terrain accidenté, à travers des obstacles naturels. Les Anglais sont très amateurs de ce genre de luttes, qui convient surtout à l'épreuve du cheval de chasse. La course au clocher, ou steeple-chase, est très intéressante et, certes, plus rationnelle que la course plate ; elle a néanmoins peu de succès en France. — *Courses des barrières.* Elles se font au galop sur les hippodromes, où l'on place de distance en distance des obstacles consistant en barrières, en haies mobiles, etc. ; elles sont assez souvent l'occasion d'accidents. — *Courses au trot.* On les considère avec raison comme des courses de production ; elles sont non-seulement appropriées aux reproducteurs du cheval de selle ordinaire et du cheval d'attelage de luxe, mais encore au service, à la destination de ces chevaux mêmes. Elles offrent moins d'attraits, elles ont moins de retentissement que les courses de vitesse ; elles pourraient être aussi utiles. L'Angleterre ne les néglige pas, et elle a beaucoup de bons trotteurs. Etablies à Nantes en 1835, à Cherbourg en 1836, à Caen en 1837, elles se sont principalement propagées dans les pays d'élevage. — *Courses de chars.* On les a proposées comme courses de production pour les chevaux d'attelages ; elles ne sont guère appropriées ni à nos mœurs, ni à la forme de nos voitures.

COURSIER, s. m., *Cursor*; nom vulgaire du cheval de course ou de selle. — Nom poétique du cheval.

COURSON, s. m., *T. de jard.*; branche taillée bas et destinée à produire dans l'année une forte pousse.

COURT, adj., *brevis*; opposé de long. — *Cheval court*, *V.* PROPORTIONS. — *Os courts* : nom donné à tous les os dans lesquels la longueur, la largeur et l'épaisseur sont à peu près égales, ex. : les vertèbres, les os tarsiens, carpiens. — *Vaisseaux courts (vasa brevia)* : artères et veines qui se portent de la

COURGE, s. f., *Cucurbita*, L.; genre de plantes de la famille des Cucurbitacées. Plusieurs espèces de ce genre sont remarquables par la forme ou la grosseur de leurs fruits; on peut citer : la C. calebasse, *C. lagenaria*, Linn., *Lagenaria vulgaris*, D. C.; la C. pepon, courge de St-Jean, citrouille, *C. pepo;* la C. verruqueuse, *C. verrucosa;* la Cougourdette, *C. ovifera;* le Pastisson, Bonnet de Prêtre, *C. melopepo;* la C. fausse orange Coloquinelle, *C. aurantia;* la C. potiron, Courge proprement dite, *C. maxima.* Les variétés de la courge et de la citrouille sont seules cultivées en vue de l'alimentation de l'homme et des bestiaux. Les fruits, conservés dans un lieu sec et aéré, sont une assez bonne nourriture. Les bœufs, les vaches, les moutons, les mangent volontiers cuits ou crus. Les feuilles vertes ont peu de valeur. Les graines donnent une émulsion abondante; leur enveloppe contient une huile grasse que l'on peut extraire par la pression et employer dans l'économie domestique.

COURONNE, s. f., *Corona. Anat.:* partie des dents molaires qui fait saillie hors des gencives. — *Os de la couronne :* nom donné au deuxième phalangien.—*Extér. Couronne:* région du membre, soit antérieur, soit postérieur, bordant ou *couronnant* la partie supérieure du sabot. La couronne a pour base le second phalangien et la partie supérieure des deux fibro-cartilages de l'os du pied. Elle ne doit déborder que de très peu le bord supérieur du sabot. Ses maladies principales sont les *formes* ou tumeurs osseuses, et les *atteintes* ou plaies contuses qui dégénèrent souvent en javart. — Chez le *mouton*, la couronne présente à sa partie antérieure le *canal biflexe* (*V.* ce mot). — *Chir. Couronne de trépan:* cylindre d'acier en forme de scie circulaire, terminé en dessus par une plaque et une tige qui le fixe à l'arbre destiné à le mouvoir. *V.* Trépan. — *Bot.:* réunion d'appendices formés de la partie supérieure des sépales et persistant sur beaucoup de fruits qui proviennent d'ovaires infères; la pomme, la poire, la nèfle, en offrent des exemples. — On donne aussi ce nom à de petites productions souvent glanduleuses que l'on trouve à la gorge de la corolle dans plusieurs familles, ex. : la passiflore. — Enfin, on appelle aussi *couronne* l'ensemble des corolles non masculines qui occupent la circonférence des capitules dans beaucoup de fleurs radiées.

COURONNÉ, adj. — *Cheval couronné*, c'est-à-dire qui a été blessé au genou en tombant. Il est des chevaux qui sont couronnés par accident; d'autres sont privés de l'intégrité de leurs aplombs et se laissent tomber. Pour peu que la blessure soit profonde, une cicatrice apparente en est le résultat; le poil enlevé ne se reproduit pas; l'animal est déprécié. On observe la blessure des genoux sur les chevaux *arqués*, sur ceux qui ont les extrémités de devant faibles ou ruinées. Quand un cheval s'est abattu, la plaie est plus ou moins profonde. Est-elle superficielle? on se borne à quelques lotions astringentes. Lorsqu'elle est profonde et fortement contuse, on applique l'onguent vésicatoire tout au tour des os carpiens; la plaie est pansée avec des excitants. On a soin de fixer l'animal de manière à l'empêcher de porter ses lèvres ou ses dents sur les blessures qu'on cherche à cicatriser. Ces plaies du genou présentent parfois divers accidents, tels que la lésion de la gaîne de l'extenseur antérieur du canon, l'ouverture de l'articulation du radius avec la première rangée des os carpiens, la carie de ces os, etc. Avec ces complications, l'accident est quelquefois mortel. — *Bot.:* se dit du fruit, de la fleur, pourvus d'une couronne.

COURS DE VENTRE; synonyme de *diarrhée, d'entérite diarrhéique.*

COURSES, s. f., *Cursus;* épreuves que l'on fait subir aux animaux pour juger de la vitesse de leurs allures par l'espace qu'ils parcourent en un temps donné, de leur vigueur par leur aptitude à franchir des obstacles, et, par suite, pour apprécier leur mérite. On distingue les courses d'après leur genre et leur but. Les unes se font au galop; ce sont les *courses de vitesse, courses de race;* les autres se font au trot; ce sont les *courses d'épreuves, courses de production.* Les courses de vitesse se font tantôt sur un terrain uni et préparé, comme celui des hippodromes, d'autres fois, sur un terrain accidenté: dans le premier cas, elles prennent le nom de *courses plates;* dans le second, ceux de *courses au clocher, steeple-chase, courses des barrières.* Les courses au trot se font avec des chevaux montés ou attelés; dans cette dernière circonstance, elles sont dites *courses de chars.* — L'origine des courses remonte à une haute antiquité. Elles constituaient l'un des amusements favoris des peuples anciens de la Grèce et de l'Italie, et faisaient partie du programme de toutes leurs fêtes publiques. Si elles étaient plus propres à faire ressortir l'adresse de l'homme que le mérite des chevaux, si elles n'avaient pas le même but que nos courses modernes, elles devaient néanmoins conduire au même résultat, à la production du cheval fort et rapide. — Les courses de chevaux montés datent sans doute de l'époque où l'homme a osé enfourcher un cheval, et lier son existence à l'existence et quelquefois au caprice de ce fougueux animal. Tous les peuples cavaliers ont eu leurs courses de chevaux. Elles existent de temps immémorial dans la Bretagne et l'Auvergne; Guillaume-le-Bâtard en a trouvé en Angleterre au XIme siècle. Les carrousels, les tournois, étaient des jeux en harmonie avec les mœurs, les habitudes des chevaliers du moyen-âge et de la noblesse des derniers siècles. Pendant longtemps, ces joûtes, ces épreuves, n'eurent d'autre but que le plaisir, d'autre prix que la gloire ou des objets de peu de valeur. — C'est en Angleterre qu'ont

moitié à la formation du *trou ovalaire* ou *sous-pubien*. — L'*ischium*, situé en arrière, complète ce trou par une échancrure antérieure, et présente en arrière la *tubérosité*, la *crête* et l'*épine ischiales*. La réunion des deux pubis et des deux ischium constitue la *symphyse ischio-pubienne*. — Dans l'espèce bovine, l'ensemble des deux coxaux s'évase moins en avant que chez le cheval; la face supérieure du pubis et de l'ischium offre une excavation bien marquée; l'ouverture ovalaire est plus large que chez le cheval, et la cavité cotyloïde offre un bord plus déprimé. — Dans le mouton, la chèvre et le porc, la face externe de l'ilium présente une côte longitudinale, rappelant, jusqu'à un certain point, l'*acromion* du scapulum. — Dans le chien, cette surface est fortement excavée, et l'ensemble des deux coxaux offre autant de largeur en arrière qu'en avant.

COXALGIE, s.f., de κοξα, cuisse, hanche, et αλγος, douleur; mal de hanche, mal de l'articulation coxo-fémorale. *V.* Entorse.

COXO-FÉMORAL, E, adj., *coxo-femoralis*; appartenant au fémur et au coxal. *Articulation coxo-fémorale* : énarthrose formée par la tête du fémur et la cavité cotyloïde du coxal, affermie par le ligament *coxo-fémoral*, qui réunit ces deux parties, par le ligament *pubio-fémoral*, et par un ligament capsulaire entourant toute l'articulation. Elle permet des mouvements dans tous les sens, comme toutes les articulations orbiculaires.

CRACIDÉS, adj., de *crax, cracis*, hocco; tribu de l'ordre des oiseaux gallinacés, caractérisée par des tarses nus, vigoureux, et une queue longue, large et pouvant faire la roue. Genres principaux : *dindon, hocco*, etc.

CRAIE, s. f.; carbonate de chaux amorphe qu'on trouve dans le sein de la terre, où il forme des bancs plus ou moins épais. *V.* Carbonate de chaux et Calcaire.

CRAMBÉ, s. m., *Crambe*, T.; genre de la famille des Crucifères. Le C. maritime, *C. maritima*, est vulgairement désigné sous le nom de chou marin; il ressemble en effet beaucoup au chou cultivé. On le trouve sur les plages de la Méditerranée et de l'Océan. Il peut être cultivé pour la nourriture de l'homme. Avant de le préparer, on le fait blanchir comme les cardons.

CRAMPE, s. f.; contraction convulsive et douloureuse des muscles des extrémités. On observe les crampes sur le cheval dans plusieurs circonstances; elles sont produites par une fausse position, la compression d'un muscle ou d'un nerf; elles dépendent aussi d'un état pathologique du cerveau, des nerfs. Pendant une crampe, les muscles sont tendus, sans douleur apparente; pendant la progression, le pied traîne sur le sol : le plus souvent, cette contraction disparaît après un certain temps. Pour y remédier, on a conseillé les affusions d'eau froide, les frictions avec les huiles essentielles, les embrocations

avec l'huile camphrée, l'onguent vésicatoire. — Dans les coliques saturnines, les crampes sont sympathiques. — *Crampe d'estomac*, synonyme de *gastralgie*.

CRAMPON, s. m., *Fulcrum*; organe appendiculaire non absorbant, non spiralé, spécialement destiné à fixer les plantes sur la terre, les rochers, le tronc des arbres, etc. On en trouve des exemples dans le lierre. — *Maréch.* Bout de fer recourbé à l'extrémité des éponges du fer à cheval. Le crampon ordinaire est placé aux fers de devant et de derrière des chevaux de trait, pour faciliter la stabilité sur le sol pendant le tirage. Pendant les temps de glace, on emploie le crampon à *oreilles de chat*, dit à l'*arragonnaise*, disposé en forme de pyramide, pour empêcher les glissades. Le crampon *roulé* est employé pour relever les talons du cheval trop bas, ou longjointé.

CRANE, *Cranium, Calva, Calvaria*, κρανιον, de κρανος, casque, ou καρηνον, tête; espèce de boîte formée par la réunion de sept os, et destinée à contenir la partie centrale du système nerveux, désignée sous le nom d'*encéphale*. Le crâne, dans les mammifères domestiques, a la forme d'un ovoïde aplati, et se trouve partagé, à l'intérieur, en deux compartiments, communiquant largement l'un avec l'autre. Le plus grand, ou antérieur renferme le cerveau proprement dit, et le plus petit ou postérieur est destiné à contenir le cervelet, le mésocéphale et le bulbe de la moëlle épinière. Les sept os qui forment le crâne sont : le frontal, le pariétal, l'occipital, le sphénoïde, l'ethmoïde et les deux temporaux. Ces os se soudent dans l'âge adulte, et la boîte solide qui résulte de leur union, se moule sur les diverses parties de l'encéphale. Un grand trou, situé à sa partie postérieure, donne passage à la moëlle épinière, qui se continue dans le canal rachidien, et d'autres trous, situés surtout à la base du crâne, donnent passage à divers vaisseaux et aux cordons nerveux qui se détachent de l'encéphale. Le crâne est tapissé par la *dure-mère* ou *méninge*, qui adhère fortement à ses parois internes, et forme des cloisons incomplètes, séparant le cerveau en deux lobes et établissant une séparation incomplète entre le cervelet et les lobes cérébraux.

CRANIEN, ENNE, adj.; qui appartient ou a rapport au crâne, ex.: *boîte crânienne, cavité crânienne*.

CRANIOTOME, s. f., de κρανιον, crâne, et τεμνω, je coupe; instrument avec lequel on ouvre le crâne d'un fœtus enfermé dans la matrice, pour faciliter l'accouchement.

CRANIOTOMIE, s. f., de κρανιον, crâne, et τομη, section : opération par laquelle on ouvre le crâne d'un fœtus, pour faciliter son expulsion de la matrice.

CRANSON. *V.* Cochlearia.

CRAONAISES (Races); on désigne ainsi deux races de porcs que l'on trouve principa-

rate à la grande courbure de l'estomac, ou de celle-ci à la rate. — On applique encore le mot *court* à plusieurs muscles, tels que le *court fléchisseur de la tête*, le *court épineux*, le *court abducteur du bras*, le *court fléchisseur de l'avant-bras*, le *court extenseur de l'avant-bras*, le *court adducteur de la jambe*. *V.* Abducteur, Adducteur, Épineux, Extenseur, Fléchisseur.

Court-d'haleine ; se dit d'un cheval atteint de *dyspnée*, d'*asthme* (*V.* ces mots).

Court-jointé, adj. On dit qu'un cheval est *court-jointé*, lorsqu'il a le paturon court. Cette conformation, déterminant une flexion moindre de cette région, occasionne des réactions dures. Le cheval court-jointé est exposé à devenir promptement *droit sur ses boulets*.

Courtes-cornes, *V. Durham.*

COURTAUDER, COUTAUDER, de *curtare*, écourter ; couper la queue d'un cheval.

COUSIN, s. m., *Culex ;* insecte diptère, remarquable par ses antennes en panache, ses pattes longues et minces et sa trompe formée de cinq piquants, qui lui sert à percer la peau de l'homme et des animaux pour en sucer le sang. Le cousin dépose ses œufs sur l'eau, où il les réunit en forme de batelet. Les larves qui en sortent vivent dans l'eau jusqu'à leur métamorphose.

COUSSIN, s. m. ; partie du collier qui s'applique contre l'épaule par sa face interne concave. Les coussins sont recouverts de toile ou de cuir, et bourrés de crin ou de toute autre matière susceptible de se feutrer ; par leur réunion, les coussins forment supérieurement la tête du collier. On a proposé récemment de remplacer la bourre par un mélange de graine de lin et d'axonge.

COUSSINET, s. m., *Pulvillus, Pulvillar ;* amas de substances molles, compressibles, élastiques, destinées à soutenir un corps ou à le préserver de pressions violentes. — *Coussinet oculaire, coussinet plantaire, V.* Oculaire, Plantaire. — *Bot. :* petite excroissance de la tige sur laquelle repose la base du pétiole des feuilles. On appelle aussi cette excroissance *corps calleux.*

COUTEAU, s. m. ; *Culter ;* instrument composé d'un manche et d'une lame tranchante d'un côté, dont on se sert pour couper. — *Couteaux à amputation :* instruments qui servent en chirurgie humaine à l'amputation des membres. — *Couteau à cataracte :* instrument destiné à diviser la cornée, ressemblant à une lancette étroite : *couteau de Wenzel.* — *Couteau lenticulaire,* faisant partie de la boîte à trépan, destiné à régulariser le vide formé par la couronne ; son extrémité se termine par une lentille. — *Couteau de feu,* instrument destiné à appliquer le feu sur un animal. — *Couteau de chaleur :* lame de fer mince, droite ou légèrement courbée, à bords un peu arrondis, souvent emmanchée à ses deux extrémités, et destinée à enlever, avant le bouchonnement, la sueur qui recouvre le corps des chevaux.

COUTRE, s. m. ; espèce de fort couteau en fer, à lame courte, à tranchant mousse, souvent concave, à dos épais, faisant corps avec une tige très forte, adapté, en avant du soc, à la flèche de la charrue, pour fendre la terre, couper les racines et soulever les pierres dans le labour. Le coutre prépare, facilite le travail de la charrue, en même temps qu'il contribue à maintenir sa direction. Il doit être placé directement devant le soc, dans une direction oblique d'arrière en avant et de haut en bas.

COUVERTURE, s. f. *Hyg. :* pièce d'étoffe en fil ou en laine, plus ou moins ornée, et attachée par un surfaix sur le corps des animaux, pour les protéger contre le froid, la malpropreté, les insectes, entretenir la moiteur de la peau, soit à l'écurie, soit à la promenade, à l'abreuvoir ou dans les voyages, etc. Lorsque la couverture doit recouvrir tout le corps, elle présente des fenêtres pour les yeux et la bouche, des fourreaux pour les oreilles, un plastron pour le poitrail. La partie destinée à recouvrir l'encolure et la tête est ordinairement séparée du corps de la couverture ; elle reçoit le nom de *capuchon* ou de *camail.* Les chevaux que l'on prépare aux courses, les animaux malades, ont particulièrement besoin de couvertures. On doit éviter d'en employer de sales, d'humides, etc. — Couverture, *T. de jard. ;* objet mauvais conducteur du calorique, employé par les jardiniers pour protéger les semis ou les plantes contre le froid ou les rayons du soleil. La paille, la litière, les feuilles, les branches sèches, les paillassons, les caisses en bois, les cloches, etc., sont usités selon les circonstances.

COWPOX, s. m. ; mot anglais, formé de *cow*, vache, et *pox*, vérole ou variole ; éruption qui se manifeste sur le pis des vaches et qui contient le virus vaccin, origine de la vaccine. *V.* Vaccine.

COXAL, adj. et s., *Coxalis*, de *coxa*, hanche. *Os innominé, os iliaque, os des îles, os de la hanche.* Le coxal est un os pair, formant le premier rayon du membre postérieur, et constituant, par sa réunion au sacrum et au coxal opposé, le *bassin* ou *cavité pelvienne.* Cet os est formé, dans le jeune âge, de trois portions, dont le point de réunion existe à la cavité *cotyloïde* destinée à recevoir la tête du fémur. Ces trois parties portent les noms d'*ilium, pubis* et *ischium.* Elles se soudent complétement entre elles par les progrès de l'âge ; mais on conserve cette division pour la description de l'os. — L'*ilium*, partie la plus considérable, est situé en avant et en haut et forme la base de la hanche ; sa face supérieure ou *iliale* est recouverte par les muscles *fessiers ;* l'inférieure ou *iliaque* l'est en partie par le muscle iliaque et est unie au sacrum dans le reste de son étendue. — Le *pubis*, situé en bas et en avant, soutient la vessie, donne attache au tendon commun des muscles abdominaux, et concourt pour

de poudre de chasse et de soufre sublimé, qu'on enflammait et qui la convertissait ainsi en une eschare noire ; une fois la cautérisation parvenue à un degré suffisant, il remplissait le dessous du pied avec de la poix-résine fondue ; plus tard, il faisait employer le digestif pour faciliter le bourgeonnement, et l'égyptiac pour terminer la cicatrisation. — Renault conseille d'enlever les tissus altérés et de toucher les plaies avec un mélange d'alcool camphré et d'acide sulfurique à parties égales ; les pansements sont renouvelés tous les cinq jours. Il faut, en même temps, recourir aux purgatifs et à l'emploi des sétons. — D'après Mercier, on extirpe les tissus malades et on recouvre la plaie avec un composé d'une partie d'acide sulfurique sur quatre d'essence de térébenthine ; on panse tous les jours jusqu'à ce que la sécrétion de la corne soit de bonne nature ; les pansements suivants se font avec l'essence de térébenthine pure. Il existe encore d'autres procédés qui, comme les précédents, peuvent être suivis d'un succès certain, si l'on a le soin de faire des pansements fréquents et de modifier fortement l'économie par les altérants ou les toniques. — *Crapaud du mouton*, *V.* PIÉTIN.

CRAPAUDINE, s. f. ; dent pétrifiée du poisson appelé *loup-marin*, que l'on croyait être une pierre existant dans la tête du crapaud. — *Path.* Ulcération située sur la couronne des animaux monodactyles. Synonymie : *teignes*, *peignes*, *mal d'âne*. Elle est commune sur les ânes et les mulets. Les causes qui la produisent sont l'humidité, la boue ; on l'observe surtout pendant les pluies d'automne. Il y a d'abord prurit, changement dans la direction des poils, qui se hérissent ; plus tard, un liquide puriforme est sécrété ; la corne se fendille, se sépare du bourrelet. La douleur et la boiterie sont d'autant plus vives que l'altération devient plus profonde et se rapproche davantage des tendons. Comme complication, l'on observe la scime, la fourmilière, la carie des ligaments de l'articulation du pied, des plaies articulaires. Cette affection est souvent incurable ; elle est très exposée à la récidive. Le traitement consiste à employer les émollients dès le début, plus tard les astringents, les caustiques, après avoir toutefois enlevé les parties de la corne qui sont désunies. La pommade de Rodier, l'onguent égyptiac, la pâte faite avec la poudre de Rousselot, sont des topiques assez recommandés. Dans le cas de plaie ulcéreuse, on emploie la liqueur de Villatte ou l'eau de Rabel. Quelques praticiens préfèrent l'application du fer rouge.

CRASE, s. f., *Crasis*, κρᾶσις, de κεράννυμι, je mêle ; mélange. — *Crase du sang* : état naturel ou sain de ce liquide ; juste proportion des différents principes dont il est composé. Ce mot est vieux et peu usité.

CRASSULACÉES, s. f., *Crassulaceæ* ; famille de plantes dicotylédones, herbes ou arbustes, dont presque toutes les espèces ont des feuilles et des tiges charnues. On les divise en deux tribus : les *Crassulées* et les *Sempervivées* ; genres principaux : *Crassula*, *Sedum*, *Sempervivum*, etc.

CRAYEUX (terrains). Ils sont caractérisés par un résidu de silice libre et d'argile qui ne s'élève pas à un dixième pour chacun de ces éléments, après le traitement par l'acide nitrique. Ils proviennent de dépôts calcaires laissés par les eaux douces, ou de la décomposition de calcaires compacts, ou enfin de formations madréporiques. Les terrains crayeux sont faciles à travailler, mais leur couleur blanche les rend froids et tardifs ; l'eau délaye leur surface, et, lorsque la gelée les surprend en cet état, ils se soulèvent et laissent en retombant les plantes déchaussées. Les terrains crayeux sont difficiles à amender, et les engrais s'y décomposent vite ; ils demandent beaucoup de fumier pour s'entretenir dans de bonnes conditions de fertilité. Les prairies artificielles, les plantations de pins conviennent surtout à ces sols. La Champagne, et notamment le département de l'Aube, ont de vastes étendues de terrains crayeux.

CRAYEUX (acide), *V.* ACIDE CARBONIQUE.

CRÉATINE, s. f., de κρέας, chair. $C^8 H^9 Az^3 O^4, 2 HO$. Nom donné par Chevreul à l'un des principes solubles de la chair musculaire, qu'il a découvert. On l'obtient en faisant, avec de l'eau froide et de la chair hachée, un extrait concentré de viande, qu'on soumet à l'action de la chaleur pour coaguler l'albumine ; après la filtration, on concentre la liqueur et on l'évapore sous la cloche de la machine pneumatique ; la créatine cristallise ; on la recueille, on la lave avec de l'eau, de l'alcool, et on la décolore par le charbon animal. La créatine est solide, cristallisée en prismes rectangulaires, brillants, nacrés, incolores, inodores, insipides, sans réaction acide ou alcaline, et d'une densité de 1,34. Chauffée à 100°, la créatine perd ses deux équivalents d'eau et devient opaque ; à une plus haute température, elle se décompose et donne des produits ammoniacaux et cyaniques. A peu près insoluble dans l'alcool, la créatine se dissout dans 78 parties d'eau. Les acides étendus ne l'altèrent pas ; l'acide sulfurique la transforme en *créatinine*, alcaloïde organique que l'on trouve tout formé dans l'urine ; enfin, sa solution n'est précipitée par aucun sel métallique. La créatine doit être comptée, vraisemblablement, parmi les principes les plus nutritifs de la chair musculaire ; sa grande solubilité dans l'eau et la forte proportion d'azote qu'elle renferme, doivent le faire admettre *à priori*, en attendant que l'expérience le démontre.

CRÈCHE, *V.* MANGEOIRE.

CRÉMASTER, adj. et s., *Cremaster* ; de κρεμάω, je suspends. — *Muscle crémaster* ou *ilio-testiculaire* : faisceau musculeux, portion du petit oblique de l'abdomen, se déta-

lement dans le département de la Mayenne, aux environs de Craon. Toutes deux ont les oreilles longues, le dos large, les jambes courtes. La principale, appelée *race de Craon*, peut acquérir un poids de plus de 200 kilog., mais elle n'est pas précoce. L'autre, dite *race de la vallée*, est beaucoup moins forte, mais elle s'engraisse plus vite.

CRAPAUD, s. m., maladie de la sole et de la fourchette du cheval, regardée comme étant de nature cancéreuse. Synonymie : *ulcère rongeant, cancéreux, carcinôme du tissu réticulaire du pied* (Vatel), *podoparenchy-dermite* (Mercier). Le mot *crapaud*, usité depuis longtemps, est dû sans doute à l'aspect hideux de cette maladie. Diverses opinions ont été émises sur la nature du crapaud. On l'a considéré comme une hypertrophie de la fourchette, une production cancéreuse, un ulcère rongeant, une hypertrophie du sabot, une irritation particulière du tissu podophylleux. Hurtrel le regarde comme étant une modification de l'organe sécréteur de la corne. Cette affection se montre fréquemment sur le cheval et le mulet, rarement sur l'âne ; elle a son siège sur un ou plusieurs pieds, plus souvent sur ceux de derrière. — Les causes prédisposantes sont le tempérament lymphatique, les pieds larges et plats, les pieds creux, à talons hauts ,les pâturages humides et marécageux. Comme causes occasionnelles locales, on cite l'action des urines, du fumier, des boues âcres, des matières purulentes. Il existe des causes internes, constitutionnelles, dont on ne connaît pas bien la nature. Le crapaud se montre, à la suite des eaux aux jambes, des crevasses, du furoncle de la fourchette, de la gale, du farcin. Des observations positives attestent son hérédité. — On reconnaît le crapaud *accidentel* et le crapaud *constitutionnel;* cette dernière variété est la plus fréquente. Dans le début, le crapaud présente les caractères de la fourchette pourrie, échauffée ; il y a désunion de la corne et du tissu réticulaire dans la commissure de la fourchette, sécrétion d'un suintement fétide, de couleur grisâtre, qui ramollit les tissus. Des végétations fibreuses, cancéreuses, envahissent le coussinet plantaire et la sole ; la corne devient filandreuse ; la face plantaire n'offre bientôt qu'une masse grisâtre, qui envahit le tissu réticulaire de la paroi et attaque le cartilage ; le sabot ne tient plus que par le bourrelet. Il y a déformation du pied, écartement des talons de la muraille, qui rend un son clair, quand on la percute. La claudication devient de plus en plus prononcée dans les derniers temps; le malade ne peut pas même poser sur la pince le pied affecté. Les vaisseaux de la région digitée deviennent variqueux; la couronne se tuméfie. Comme complication, on observe les eaux aux jambes, les grappes ou poireaux, la carie de l'os du pied, des tendons, des cartilages, l'ankylose de l'articulation des deux

derniers phalangiens, la chute du sabot. Cette affection est des plus opiniâtres. Chabert la considérait comme une sorte d'opprobre pour la chirurgie vétérinaire. Le pronostic est fâcheux pour le crapaud invétéré, compliqué de désordres considérables, et qui produit une sécrétion devenue habituelle. Il est peu de maladies qui soient accompagnées plus souvent de récidives ; le crapaud, guéri sur un pied, se reproduit fréquemment sur une ou plusieurs autres extrémités ; sa guérison fait naître la morve, le farcin, des affections pulmonaires ou intestinales. — De nombreux moyens de traitement ont échoué contre cette maladie; chaque praticien se flatte en quelque sorte d'avoir une méthode particulière, et cependant il serait difficile de faire connaître un procédé d'une efficacité incontestable. Solleysel se contentait d'enlever les parties de corne détachées, d'extirper quelques végétations, en évitant l'écoulement du sang ; il pansait avec un onguent dessiccatif pour faire cicatriser la plaie, ou avec un onguent caustique pour réprimer les bourgeons charnus. Ce moyen de traitement est un des plus anciens; on y revient aujourd'hui.—Pour guérir le crapaud, Delwart extirpe les tissus dégénérés jusqu'aux parties saines; il opère la dessolure, enlève le coussinet plantaire, rugine l'os du pied, s'il est altéré. Il fait le premier pansement avec des étoupes sèches, maintenues par des éclisses qui exercent une compression uniforme. L'appareil est levé le deuxième jour après l'opération ; les points grisâtres qui sécrètent une matière ichoreuse sont pansés avec l'égyptiac de Solleysel, les parties vives avec la teinture d'aloès. Les pansements sont répétés tous les jours et de la même manière, avec la précaution d'enlever avec soin les eschares produites par l'application du topique. Ce traitement local doit être secondé par l'administration des toniques, tels que le carbonate de fer et la poudre de gentiane, à la dose de 100 à 150 grammes par jour ; il faut donner en outre deux ou trois purgatifs pendant la durée de ce traitement, et appliquer des sétons aux fesses ou au poitrail, selon le siège de la maladie. Il résulte des faits nombreux qui ont été observés que ce traitement est efficace. —Girard ne conseille pas de pratiquer l'opération du crapaud d'après le procédé de Chabert, qui consiste à enlever la corne et les tissus altérés; il prescrit d'enlever seulement les parties filandreuses et privées de vie. Le premier pansement est fait avec des plumasseaux imbibés d'eau-de-vie étendue d'eau ; les pansements suivants sont renouvelés tous les jours; on recouvre avec l'égyptiac ordinaire les points fongueux; si ces fongosités persistent, on ajoute à la préparation précédente du sublimé corrosif. Ce traitement est tout local. — Hurtrel d'Arboval opérait le crapaud d'après le procédé ordinaire ; le pansement consistait à recouvrir la plaie avec un mélange

se combine à la potasse, à la soude et à plusieurs autres bases, avec lesquelles elle forme des composés peu connus ; l'acide sulfurique la colore en rose, en pourpre, puis en brun. Enfin, la créosote coagule l'albumine, empêche la putréfaction des substances organiques, d'où lui vient son nom, et arrête promptement toutes les fermentations, ainsi que l'endosmose. On peut reconnaitre les plus petites quantités de créosote, non-seulement à son odeur, mais encore à la coloration bleue qu'elle produit dans les solutions des persels de fer. — *Pharm.* Donnée à l'intérieur, la créosote concentrée agit à la manière des poisons caustiques les plus violents ; très étendue d'eau, elle produit des effets *hémostatiques* et *antiputrides*, des plus marqués ; cependant elle est rarement employée, même pour l'homme. En médecine vétérinaire, elle peut être avantageusement remplacée, sous ce double rapport, par l'eau de goudron ou celle de suie. A l'extérieur, la créosote concentrée sert à coutériser les dents et les os cariés, les ulcères fongueux, les dartres rongeantes, les chancres du nez, de l'oreille, etc.; étendue d'eau, on en fait des injections détersives, dans les trajets fistuleux. sur les muqueuses, etc., pour en supprimer les écoulements morbides. La créosote, sous ces divers rapports, a été peu employée jusqu'à ce jour par les vétérinaires. Elle mériterait d'être essayée contre les maladies putrides des animaux.

CRÉPIDE, s. f., *Crepis*, L.; genre assez nombreux et mal déterminé de la famille des Composées. Les espèces *tectorum*, *biennis*, *virens*, *ambigua*, etc., qui croissent en France dans les prairies, au bord des haies, fournissent un fourrage sapide assez recherché des bestiaux à l'état frais, mais qui devient trop dur par la dessiccation.

CRÉPITANT, E, adj.; qui crépite. *Râle crépitant :* bruit que fait entendre la pneumonie au premier degré.

CRÉPITATION, s. f., de *crepitare*, craquer; bruit produit par des sels qui pétillent sur le feu. — En *Chirurgie*, bruit produit par le frottement des fragments d'un os fracturé. — En *Pathologie*, bruit résultant de l'introduction de l'air dans les cellules pulmonaires pendant la pneumonie. — Caractère particulier de l'emphysème du tissu cellulaire sous-cutané.

CRÉPU, E, adj.; synonyme de *crispé*.

CRÉPUSCULE, s. m. : *Crepusculum*, de *creperus*, douteux, incertain, et *lux*, *lucis*, lumière. On donne ce nom à la clarté, à l'espèce de demi-jour qui précède le lever du soleil ou qui persiste après son coucher. Le crépuscule forme, entre la nuit et le jour, ou le jour et la nuit, une transition insensible. Il est dû à la réfraction que les rayons du soleil, placé au-dessous de l'horizon, sensible éprouvent dans l'air atmosphérique ; sans l'existence de cette couche gazeuse autour de la terre, le jour et la nuit se succèderaient brusquement et sans aucune transition. Très-

court sous l'équateur, le crépuscule augmente de durée à mesure qu'on avance vers les pôles ; dans ces dernières régions, il a plus de durée que le jour proprement dit.

CRESSON, *V.* SISYMBRE.

CRESSONNIÈRE, s. f. ; terrain sablonneux, très humide, légèrement incliné, sur lequel on fait des plantations ou semis de cresson des fontaines pour les usages domestiques. Les cressonnières n'offrent des avantages certains qu'au voisinage des grandes villes, où leurs produits trouvent un facile débouché.

CRÊTE, s. f., *Crista;* nom donné aux caroncules plus ou moins droites et détachées qui ornent la tête de plusieurs gallinacés et surtout du coq. — On appelle *crête*, en *anatomie*, toute portion osseuse détachée et amincie, analogue par sa forme à la crête des oiseaux, ex.: *crête du tibia ; crêtes pariétales*, etc.

CRÉTELLE, s. f., *Cynosurus*, L. ; genre de la famille des Graminées. La principale et la meilleure espèce de ce genre est la C. hérissée, *C. cristatus*, assez commune dans les prairies et les bois ; elle fournit un foin de bonne qualité. Cette plante produit peu ; elle doit toujours entrer dans des mélanges.

CRÉTIN, s. m., de *chrétien*, *bon chrétien*, parce que, dit-on, les *crétins* sont incapables de commettre un péché. Nom donné dans quelques contrées montagneuses à des individus atteints d'un idiotisme complet. Les crétins sont complètement disgraciés de la nature ; leurs formes corporelles sont hideuses; ils ont pour la plupart des goîtres énormes. Cette affection est commune dans les vallées profondes et étroites, entre autres dans le Valais, la Maurienne, une partie des Alpes et des Pyrénées. Le crétinisme est héréditaire; on l'attribue à l'influence des eaux séléniteuses et magnésiennes. On observe un état analogue sur quelques animaux, entre autres dans l'espèce du chien.

CREUSET, s. m., *Crucibulum;* on appelle ainsi, dans les laboratoires, un vase de forme conique, rond ou triangulaire, dans lequel on soumet les corps à l'action d'une haute température. Les creusets, dont les dimensions varient à l'infini, présentent un *fond* et une *ouverture*, sur laquelle on adapte un *couvercle*. La matière qui les compose varie beaucoup ; on distingue des creusets en terre; ce sont les plus communs; il en est qui sont en porcelaine, en fonte, en charbon ; d'autres sont en argent ou en platine; ces derniers servent aux analyses quantitatives et pour chauffer les corps qui attaqueraient la matière qui compose les creusets non métalliques. — Les creusets terreux sont formés d'alumine et de silice ; ils sont d'autant plus réfractaires qu'ils contiennent moins de carbonate calcaire et d'oxydes métalliques; les plus estimés sont ceux de *Hesse* ; ils ont la forme triangulaire ; ils résistent parfaitement à toutes les tempéra-

chant de la face interne de l'angle de la hanche, franchissant l'anneau inguinal, formant au cordon testiculaire une gaîne incomplète appelée *tunique érythroïde*, et s'appliquant sur la tunique fibreuse, qu'elle abandonne au point où le cordon joint le testicule. Le mot *crémaster* s'appliquait anciennement à l'ensemble du cordon testiculaire.

CRÈME, s. f., *Cremor;* on désigne sous ce nom la matière grasse du lait qui se rassemble spontanément à la surface de ce liquide. Elle existe dans le lait à l'état de globules visibles au microscope, et dont le diamètre varie de 1 à 2 centièmes de millimètre; ils sont enveloppés, d'après **Dumas**, par une sorte de membrane caséeuse, qui empêche leur dissolution par l'éther avant la coagulation du caséum du lait par les acides ou la chaleur. — La crème, en s'élevant à la surface du lait, entraîne une certaine quantité de caséum et de sérum, dont on la débarrasse par l'agitation, comme cela a lieu dans la fabrication du *beurre* (*V.* ce mot). Cette substance est mi-solide, d'un blanc jaunâtre, onctueuse au toucher, d'une odeur agréable, d'une saveur douce et sucrée. — *Pharmac.* La crème est un médicament très adoucissant et très relâchant; à l'extérieur. elle est parfois appliquée sur des parties délicates frappées d'une vive inflammation, comme les oreilles, les yeux, etc.; il est essentiel de l'avoir récente et de la renouveler fréquemment, car elle rancit promptement au contact de l'air et du corps, et perd ses propriétés émollientes. A l'intérieur, elle pourrait être employée aussi pour faire des breuvages adoucissants; mais son prix assez élevé lui fait préférer d'autres substances tout aussi efficaces et qui coûtent moins cher.

CRÈME DE CHAUX, s. f.; pellicule blanchâtre de carbonate calcaire qui se forme à la surface de l'eau de chaux exposée à l'air. *V.* **CHAUX**.

CRÈME DE TARTRE, *V.* **TARTRATE** et **TARTRO-BORATE DE POTASSE**.

CRÉMOCARPE, *V.* **DIÉRÉSILIENS**.

CRÉMOMÈTRE, s. m., de *cremor*, crème, et $\mu\epsilon\tau\rho o\nu$, mesure; *Lactomètre*. On désigne ainsi un petit instrument en verre imaginé en Angleterre par Bank, et servant à déterminer la proportion de la matière grasse contenue dans le lait. Il consiste généralement en une éprouvette à pied de la contenance de deux décilitres, portant une division en demi-décilitres marqués par des traits circulaires, et une échelle de 50 degrés, dont le zéro est placé à la partie supérieure, au niveau du dernier trait circulaire. L'instrument étant plein de lait jusqu'au 0°, on l'abandonne pendant 24 heures dans un lieu dont la température soit de 12° à 15°. La crème monte peu à peu, et lorsque son épaisseur est stationnaire, on lit le nombre de degrés qu'elle occupe; la proportion de crème indiquée par l'instrument donne la richesse du lait; celui qui ne marque pas de 12° à 15° doit être considéré comme de mauvaise qualité, ou comme ayant été écrémé.

CRÉNELÉ, **ÉE**, adj., *crenatus;* garni de crénelures.

CRÉNELURE, s. f., *Crena, Crenatura;* division fine des bords des os qui s'unissent par suture dentée. Les crénelures se remarquent surtout aux os du crâne, à leur point d'union entre eux ou avec ceux de la face. — *Bot.* Découpure obtuse, droite, perpendiculaire au bord des feuilles ou des pétales.

CRÉOSOTE, s. f., *Creosota*. de $\chi\rho\epsilon\alpha\varsigma$, chair, et $\sigma\omega\zeta\epsilon\iota\nu$, conserver. $C^{28} H^{16} O^2$. On donne ce nom à une sorte d'huile essentielle pyrogénée découverte en 1830 par *Reichenbach*, dans les produits de la distillation du goudron. Elle existe aussi dans la fumée, la suie, l'acide pyroligneux impur, dans les produits de la distillation sèche de la plupart des substances organiques. Son extraction est assez compliquée : on distille le goudron jusqu'à consistance poisseuse; le produit se sépare en trois couches : deux qui sont huileuses et une aqueuse; c'est la couche huileuse plus dense que l'eau qu'on recueille. On la sature par le carbonate de potasse; on laisse déposer et on décante la masse huileuse qui surnage, on la soumet à la distillation et on ne recueille que le produit huileux; ce dernier est traité par une dissolution d'acide phosphorique qui enlève l'ammoniaque, et lavé ensuite jusqu'à ce qu'il n'ait plus de réaction acide; enfin, on le distille en présence d'un peu d'eau et d'acide sulfurique. Le produit incolore qui en résulte est traité par une solution de potasse pour séparer l'*eupione;* on sature ensuite par l'acide sulfurique; on distille de nouveau, et on recommence ce traitement jusqu'à ce que le produit ne se colore plus à l'air. La créosote est un liquide d'aspect oléagineux, transparent, gras au toucher, incolore, d'une odeur pénétrante de suie ou de viande fumée, d'une saveur amère, âcre et caustique, d'une densité de 1.037, n'ayant aucune réaction acide ou alcaline, et attaquant fortement les tissus organiques à la manière des caustiques. Soumise à l'action de la chaleur, la créosote entre en ébullition à 208°, et se réduit en vapeur qui irrite les yeux à la manière de la fumée de bois; enflammée au moyen d'une mèche de lampe, elle brûle avec une flamme très fuligineuse; refroidie à —27°. elle ne se congèle point; elle réfracte fortement la lumière et conduit mal l'électricité. Agitée avec de l'eau à 15°, la créosote forme deux dissolutions : une solution d'une partie de créosote dans 400 parties d'eau, et une sorte de combinaison d'une partie d'eau avec 10 parties de créosote. Elle se mêle en toute proportion avec l'alcool, l'éther, les essences, l'acide acétique, le sulfure de carbone, etc. Elle dissout l'iode, le phosphore, le soufre, les résines, les huiles grasses et la plupart des principes colorants. La créosote

s'insérant sur le côté externe de l'aryténoïde, qu'il tire en avant en le rapprochant de celui du côté opposé. — *Muscle crico-aryténoïdien postérieur* : petit muscle prenant son origine dans l'excavation du chaton du cricoïde et s'insérant à la base du cartilage aryténoïde, qu'il renverse en dehors en dilatant la glotte.

CRICOÏDE, adj. et s., *cricoïdes, cricoïdeus*; de χρίχος, anneau, et εἶδος, forme; en forme d'anneau. — *Cartilage cricoïde* : cartilage présentant la forme d'un anneau et formant la base du larynx. On le divise en partie antérieure, annulaire, et en partie postérieure ou *chaton*, offrant une plaque élargie divisée en deux fosses légères par une petite crête longitudinale. Au point de réunion de ces deux parties, se trouve une surface articulaire unie à l'aile du cartilage thyroïde. Le bord antérieur du chaton supporte les deux aryténoïdes, tandis que le bord postérieur ou inférieur du cartilage entier s'unit avec le premier cerceau de la trachée, au moyen d'un ligament élastique.

CRICO-PHARYNGIEN, adj., *crico-pharyngeus*; qui appartient au cartilage cricoïde et au pharynx. — *Muscle crico-pharyngien* : bandelette charnue prenant naissance au cartilage thyroïde, et allant se rejoindre à son congénère sur la ligne médiane du pharynx, dont il opère la constriction.

CRICO-THYROÏDIEN, adj., *crico-thyroïdeus*; appartenant aux cartilages cricoïde et thyroïde. — *Muscle crico-thyroïdien* : petit muscle court, se portant du cartilage cricoïde au bord inférieur de l'aile du thyroïde. Il raccourcit le larynx en rapprochant l'un de l'autre ces deux cartilages. — *Articulation crico-thyroïdienne* : union de l'extrémité de l'aile du thyroïde avec la partie latérale du cricoïde. — *Ligament crico-thyroïdien* : ligament élastique fermant l'ouverture que laissent entre elles les échancrures des cartilages cricoïde et thyroïde.

CRIN, s. m., de χρίνω, je divise; nom donné aux poils forts et allongés qui garnissent l'encolure et la queue du cheval, le bout de la queue des espèces du genre bœuf, etc. *V.* Poil. — *Econ. rur.* Les crins sont considérés par les agriculteurs comme un engrais fortement azoté, mais l'industrie s'en empare ordinairement pour la confection de la bourre, etc. — Crins (faire les): couper avec des ciseaux les crins de la partie inférieure des membres du cheval, afin de lui donner plus de finesse, plus de légèreté apparentes.

CRINIÈRE, s. f. : assemblage de crins garnissant, dans le cheval, tout le bord supérieur de l'encolure, se continuant en avant par le toupet, et se terminant en arrière sur le garrot. Les crins qui forment la crinière sont d'autant plus abondants et plus grossiers que l'animal est de race plus commune. Ils sont toujours plus abondants et plus longs chez les chevaux entiers que chez les autres. La crinière tombe ordinairement d'un seul côté de l'encolure. Elle est dite *double*, lorsque les crins retombent également des deux côtés. On appelle *crinière en brosse* ou *à la hussarde* celle que l'on a coupée près de l'encolure, comme on le fait quelquefois sur de petits chevaux de fantaisie. La crinière peut être affectée de *gale* ou *rouvieux*, maladie difficile à guérir chez les chevaux à encolure forte et à peau plissée.

CRINON, s. m., *Crino*, de *crinum*, crin; genre de vers intestinaux, décrits par Rudolphi sous le nom de *strongles*. Ils ont le corps allongé, cylindrique, grêle, atténué principalement vers la queue. Leur forme ressemble assez à celle d'un crin blanc. On les rencontre principalement dans le cheval et le chien; l'espèce la plus commune est le crinon tronqué, *C. truncatus*. Hénon, Chabert et Flandrin ont trouvé cet entozoaire dans les membranes du canal intestinal du cheval, dans les parois des artères, surtout de la grande mésentérique. Dans l'ophthalmie vermineuse du cheval et du bœuf, ce sont des crinons qui nagent au milieu de l'humeur aqueuse du globe oculaire.

CRISE, s. f., de χρίσις, jugement; de χρίνω, je juge; changement qui survient dans le cours d'une maladie. Les crises se manifestent par le rétablissement des sécrétions, une hémorrhagie, une sueur abondante.

CRISPATION, s. f., *Crispatio*, de *crispare*, froisser, resserrer; contraction légère et involontaire des muscles. C'est un état nerveux difficile à constater dans les animaux.

CRISPÉ, ÉE, adj., *crispatus*; irrégulièrement plissé.

CRISTA-GALLI; *Crête de coq*; expression latine employée pour désigner la crête légère que forme l'ethmoïde entre les deux fosses ethmoïdales, et qui complète la crête longitudinale donnant attache à la cloison falciforme de la méninge.

CRISTAL, s. m., *Crystallum*, de χρύσταλλος, glace; on donne ce nom à tous les corps solides dont la forme est régulière et polyédrique, comme celle du cristal de roche, type primitif de cette classe de corps. On reconnaît dans les cristaux des *faces*, des *angles* et des *arêtes*. Ils se rapportent tous à trois types principaux, le *cube*, le *prisme* et le *rhombe*; les formes secondaires dérivent de ces formes fondamentales, et proviennent de la troncature des angles, des arêtes, de l'inclinaison des faces, etc.

CRISTAL MINÉRAL OU SEL DE PRUNELLE; nitre privé d'eau et fondu. *V.* Azotate de potasse.

CRISTALLIN, INE, adj. et s., *crystallinus*; qui a l'apparence du cristal. On appelle, en anatomie, *cristallin* un corps transparent, de forme lenticulaire, à face antérieure moins convexe que la postérieure, placé dans l'œil, en arrière de l'iris et en avant du corps vitré. Le cristallin est contenu dans une capsule transparente comme lui, portant

tures, mais ils sont trop poreux ; on fabrique maintenant en France, avec des argiles choisies, des creusets supérieurs même à ceux de la Hesse. Enfin, depuis quelques années, on mélange à l'argile des creusets du graphite ou du coke pulvérisés ; on obtient par ce moyen des vases parfaitement résistants. Lorsqu'on veut réduire des métaux, on emploie souvent des *creusets brasqués*, c'est-à-dire des creusets dont l'intérieur est garni d'une pâte faite avec du charbon de bois pulvérisé, légèrement humecté et fortement battu ; le fond et le pourtour du vase sont revêtus d'une couche plus ou moins épaisse de cette préparation tassée avec soin. — Les creusets sont chauffés dans un fourneau à coquille ou à réverbère, ou dans une forge, plus rarement avec une lampe à esprit de vin. Le couvercle doit être assujetti avec soin au moyen d'un *lut* approprié, afin de préserver le contenu de l'action de l'air et des corps étrangers.

CREUX, s. m., *Cavum ;* on donne ce nom aux parties du corps qui offrent une dépression plus ou moins prononcée, ex.: le *creux du jarret*, le *creux des salières*, etc.

CREVASSES, s. f. ; entamures étroites, allongées, profondes, qu'on observe sur les plis des membres des animaux de l'espèce chevaline. Les mots *gerçure* et *fissure* sont employés quelquefois comme synonymes. On donne plus spécialement le nom de *crevasses* aux gerçures du paturon. Celles du jarret sont appelées *malandres ;* celles du genou, *solandres* (*V.* ces mots). — On observe les crevasses sur les chevaux qui séjournent longtemps sur un épais fumier, sur ceux qui travaillent sur des chemins boueux : les contusions, certains médicaments irritants, sont encore des causes de crevasses. Les sujets à tempérament lymphatique, dont les extrémités sont garnies de poils abondants, y sont prédisposés. — Des fentes transversales se montrent dans le pli du paturon et laissent suinter un fluide séreux ; la peau est tuméfiée, rouge, douloureuse ; la marche augmente l'étendue de ces crevasses. Souvent elles cèdent à un traitement simple, à des soins de propreté ; les complications qu'elles font naître sont : le javart cutané, le javart cartilagineux, l'ulcération des gaines tendineuses, les eaux aux jambes. Après leur guérison, la peau conserve une tendance à la récidive. — On y remédie en préservant la partie malade du contact des corps irritants, en facilitant la cicatrisation des plaies. Le populéum, les lotions avec l'eau blanche sont utiles dans le début ; plus tard, on applique l'égyptiac pour hâter la cicatrisation. On obtient de bons résultats de l'emploi des cataplasmes de miel, quand des signes d'irritation se montrent encore. Il est des crevasses qui résistent longtemps ; pour les guérir, il faut avoir recours aux purgatifs, aux dérivatifs de la peau, en même temps qu'on met en usage le traitement externe. — On donne aussi le nom de crevasses aux gerçures qui se forment autour de l'anus, à la base de la queue, après l'opération du niquetage.

CRIBLAGE, s. m. ; opération qui consiste à nettoyer les graines à l'aide du *crible* ou du *tarare*. Les matières éliminées dans le criblage prennent le nom de *criblures ;* on doit les réserver pour la nourriture de la volaille.

CRIBLE, s. m., *Cribrum ;* espèce de tamis percé de trous. Il consiste en un cercle en bois ou en métal, et en une membrane ou toile percée de trous ronds plus ou moins fins et très nombreux.

CRIBLÉ, CRIBLEUX, adj. ; *cribratus*, *cribrosus*, de *cribrum*, crible ; percé de trous nombreux, comme un crible. *Lame criblée de l'ethmoïde ;* partie de cet os formant le fond des fosses ethmoïdales, et percée de trous pour le passage des nerfs olfactifs. On a quelquefois appelé le tissu cellulaire *tissu cribleux.*

CRIBRATION, s. f., *Cribratio*, de *cribrum*, crible ; nom donné en *pharmacie* à une opération qui consiste à passer une substance pulvérulente au crible, afin de séparer les parties les plus grossières des plus ténues. On l'emploie surtout dans la préparation des poudres simples ou composées provenant des matières végétales.

CRIBRIFORME, adj., *cribriformis ;* en forme de crible ; nom donné à l'ethmoïde par quelques anatomistes. Inusité.

CRIC, s. m. ; on donne ce nom à une machine à l'aide de laquelle on peut soulever de lourds fardeaux au moyen d'une petite force. Le cric simple se compose d'une barre de fer, mobile dans une châsse en bois, terminée supérieurement par une sorte de croissant (tête du cric), et inférieurement par l'extrémité même de la barre recourbée à angle droit (pied du cric) ; cette barre porte sur un des côtés des *dents* (crémaillère) dans lesquelles s'engrènent celles d'un *pignon*, espèce de roue dentée mise en mouvement par une *manivelle*. Les dents du pignon, faisant monter la barre, soulèvent peu à peu le fardeau placé sur la tête du cric. Dans cette machine, le bras de levier de la résistance est représenté par le *rayon* du pignon, et celui de la puissance par la longueur de la manivelle ; aussi produit-elle une action très considérable et une vitesse excessivement petite. On peut augmenter encore la puissance du cric en multipliant les roues dentées entre le pignon qui doit faire monter la crémaillère et la manivelle qui doit le mettre en mouvement ; il est vrai qu'ici encore, on ne gagne de la force qu'aux dépens de la vitesse.

CRICO-ARYTÉNOIDIEN, adj., *crico-arytenoïdeus ;* qui appartient aux cartilages cricoïde et aryténoïde. — *Muscle crico-aryténoïdien latéral :* petit muscle caché par l'aile du cartilage thyroïde, prenant son origine sur le bord du cartilage cricoïde, et

déterminée, se fonde sur les caractères connus des races, sur l'influence probable de chacun des reproducteurs. Une autre règle réside dans l'appareillement. — L'amélioration par le croisement s'effectue presque toujours par la voie des mâles, parce que les mâles ont le privilége de transmettre plus sûrement, plus complétement que les femelles, les caractères de leur race; parce qu'un plus petit nombre d'individus peut suffire à une amélioration; parce que les mâles supportent mieux que les femelles les inconvénients de l'importation, et que les femelles indigènes communiquent aux produits plus de dispositions à l'acclimatement. — Quand on veut créer une race intermédiaire, le croisement doit nécessairement s'arrêter au moment où les produits possèdent les caractères moyens que l'on recherche. Mais s'il s'agit de verser dans une race, *pour l'améliorer*, tous les caractères d'une autre race, alors l'emploi des mâles améliorateurs ne doit s'arrêter qu'au jour où l'on croit la transformation assez complète pour ne plus craindre la dégénération, sous l'influence exclusive de la race nouvelle. Jusque-là, les produits mâles doivent être rigoureusement éloignés de la reproduction, tandis qu'on doit y employer les produits femelles de plus en plus améliorés. — Le nombre des générations successives nécessaires pour produire une transformation ne peut être fixé d'une manière absolue; car il dépend de la différence des deux races croisées, de l'appareillement, des conditions de régime qui peuvent être favorables ou défavorables au but poursuivi. Quant à la question de savoir si l'emploi des mâles de la race primitive est nécessaire au maintien d'une race créée par croisement, alors même que la transformation a été complète, elle paraît devoir être résolue par la négative, contrairement à l'opinion de Bourgelat, de Buffon, de Hartmann, etc. — Le produit de deux reproducteurs de races différentes s'appelle *premier métis; demi-sang*, lorsque l'un des reproducteurs est de pur sang; le produit de l'accouplement d'un premier métis avec un individu d'une des races primitives s'appelle *deuxième métis* ou *trois quarts de sang*. On dit aussi *troisième métis, quatrième métis,* etc. La transformation n'est jamais rigoureusement complète; il reste toujours dans le dernier produit obtenu une portion du sang de la race transformée; d'ailleurs, les conditions dans lesquelles s'est formée la race nouvelle ont dû en modifier, sinon les aptitudes, au moins les formes. — Pour améliorer une race, il ne suffit pas d'en croiser les femelles avec des mâles de pur sang ou de pure race, ou appartenant à des races perfectionnées; on doit toujours, avant d'entreprendre un croisement, rechercher si l'amélioration projetée est possible et si elle peut être maintenue; si le climat, la nourriture, etc., sont ou peuvent être mis en harmonie avec les besoins des produits à obtenir. Il

est beaucoup d'améliorations dont la convenance, dont l'utilité sont parfaitement senties, mais que les conditions climatériques, l'état du sol et de l'agriculture, ne permettent pas de réaliser. — Il est impossible de nier l'avantage des croisements judicieux. L'Allemagne, l'Angleterre, la France, etc., en ont obtenu les services les plus signalés dans la création de leurs races chevalines de pur sang ou de demi-sang, de leurs races intermédiaires du bœuf, du mouton et du porc. Nous ne parlons pas des résultats obtenus dans l'espèce canine; ils sont généralement plus curieux qu'utiles. — Le croisement ne s'effectue pas seulement entre des reproducteurs de même race; il peut avoir lieu entre individus d'espèces différentes. Les produits prennent le nom d'*Hybrides* ou de *Mulets*. *V*. pour le complément de cette question, les mots AMÉLIORATION, APPAREILLEMENT, HYBRIDATION, IMPORTATION, MÉTISSAGE, PRODUCTEUR.

CROISER (se), v. p. Se dit d'un cheval dont les deux bipèdes latéraux ne suivent pas la même ligne dans la marche en avant, et dont les hanches vacillent de côté et d'autre; c'est un indice de faiblesse, de fatigue excessive ou de mauvaise éducation.

CROISETTE, *V*. VALANTIE.

CROISSANCE, *V*. ACCROISSEMENT.

CROISSANT, s. m., *Crescentia*, de *crescere*, croître; éminence semi-lunaire existant à la surface de la sole du cheval et formée par une sorte de hernie de l'os du pied, dans la fourbure chronique. Tantôt elle ne se montre qu'en pince, tantôt elle déforme entièrement le dessous du pied. En même temps, la paroi se déprime et se charge de cercles. Le bord tranchant de l'os du pied finit par perforer la sole, et produit une plaie. Souvent le croissant est compliqué de fourmilière. Une forte claudication est la conséquence de la déviation de l'os du pied. Il est difficile d'y remédier complétement. L'opération du croissant consiste à retrancher les tissus cornés et autres qui font exubérance à la surface de la sole; on maintient le pansement par le fer dit *à croissant*, qui a les branches couvertes et droites, avec une ajusture suffisante.

CROSSE, s. f., *Arcus*; nom donné à un bâton recourbé par le bout. On s'en sert en *anatomie*, par analogie, pour indiquer une partie recourbée; ex.: *crosse de l'aorte*, point où cette artère se recourbe vers les vertèbres dorsales. — *Hyg.*: bâton allongé servant à fixer les claies d'un parc à moutons. — *Bot. Inflorescence en crosse*: fleurs portées par un axe recourbé sur lui-même, comme dans les Borraginées.

CROSSETTE, s. f., *Malleolus*. nouvelle pousse attachée par la base à un tronc de vieux bois et employée en bouture.

CROTAPHITE, s. m., *Crotaphites*, de κρόταφος, tempe; synonyme de temporal. Nom donné au muscle *temporo-maxillaire*

le nom de *capsule cristalline* ou *du cristallin*, et présentant cette particularité de conserver sa transparence, lorsqu'on soumet l'œil à la congélation, le cristallin devenant alors opaque. Ce corps est formé de couches concentriques, d'autant plus consistantes qu'elles sont plus intérieures ; la chaleur et la dessiccation le rendent opaque. L'âge détermine une légère opacité chez le chien comme chez l'homme ; ce phénomène se remarque à peine chez le cheval. Le cristallin est destiné à faire converger les rayons lumineux qui pénètrent dans l'œil. Dans les *oiseaux* et dans les *poissons*, sa forme est presque sphérique.

CRISTALLISABLE, adj.; susceptible de cristalliser ou de prendre des formes régulières et polyédriques ; c'est le caractère de beaucoup de corps simples et de tous les composés inorganiques parfaitement définis. Les substances organiques, d'après Dumas, ne sont parfaitement déterminées et définies que quand elles sont susceptibles de cristalliser ou de donner des composés *cristallisables*, et de se vaporiser à une température fixe. Les substances dites *organisées* ne sont pas cristallisables.

CRISTALLISATION, s. f., *Crystallisatio*; on donne ce nom à l'opération intime et moléculaire par laquelle les corps prennent une forme régulière et polyédrique. Elle ne peut avoir lieu que par la réunion des conditions suivantes : 1° liberté complète des molécules ; 2° espace suffisant ; 3° repos complet ; 4° temps plus ou moins long. On trouve dans la nature un grand nombre de corps cristallisés naturellement ; mais, par des procédés artificiels, on peut aussi amener la plupart des corps à revêtir une forme régulière. Les moyens les plus fréquemment mis en usage dans ce but sont les suivants : 1° La *fusion* (soufre, bismuth, étain) ; 2° la *dissolution* (la plupart des sels) ; 3° la *volatilisation* (arsenic, iode) ; 4° *l'électricité voltaïque* (les métaux). Le mécanisme intime de la cristallisation est inconnu : seulement on admet que les molécules cristallines ont une forme polyédrique et qu'elles s'attirent, étant libres, par leurs côtés *homologues ;* le sens d'après lequel elles se groupent porte le nom d'axe d'orientation.

CRISTALLOGRAPHIE, s.f., *Crystallographia*, de χρυσταλλος, *cristal*, et γραφειν, décrire ; science de la cristallisation ou des formes régulières et polyédriques des corps. Elle comprend la *cristallogénie* ou la science de la formation des cristaux, et la *cristallotechnie*, ou l'art de les produire. Les moyens qu'elle met en usage pour étudier les cristaux sont principalement le *clivage* et la mesure de l'angle des cristaux, *ou goniométrie* (*V.* ces mots).

CRISTÉ, ÉE, adj., *cristatus;* couronné d'appendices représentant dans leur ensemble une espèce de crête de coq.

CRITHE, s. f., de χριθη, orge ; tumeur du volume d'un grain d'orge, qui se développe sur les paupières. *V.* ORGELET.

CRITIQUE, adj.; qui a rapport à la crise. — *Abcès critique:* abcès qui se développe pendant une crise.

CROC ou **CROCHET**, s. m.: instrument aratoire à une, deux ou plusieurs dents aiguës, faisant avec le manche un angle plus ou moins ouvert. Le croc est principalement employé dans la petite culture.

CROCHETS, s. m.; nom donné aux dents canines ou angulaires. *V.* DENT. — *Bot. Crochets :* pointes courbées retenant les graines sur le placenta sans leur servir de support.

CROCHU, E, adj., *uncinatus, hamatus; os crochu ;* os du carpe, situé hors rang au côté externe de la région, et s'articulant, dans le cheval, avec l'os externe de la rangée supérieure et avec l'extrémité inférieure du radius. Ce dernier point d'articulation manque dans le bœuf. Cet os donne attache aux deux muscles fléchisseurs principaux du canon. — *Extér.* Nom donné au cheval dont les deux pointes des jarrets se rapprochent fortement l'une de l'autre. On dit aussi dans ce cas que l'animal est *clos du derrière*.

CROCUS METALLORUM, *safran des métaux*, *safran d'antimoine ;* on désigne par ces différents noms une sorte d'oxysulfure d'antimoine, opaque, de teinte marron, qu'on obtient en grillant légèrement le protosulfure naturel d'antimoine, et en le fondant ensuite. On le désigne encore sous le nom *d'oxyde sulfuré demi-vitreux d'antimoine*, pour le distinguer du *verre d'antimoine*. *V.* SULFURE.

CROISÉ, ÉE. adj., *cruciatus;* disposé en croix. *Ligaments croisés:* on donne ce nom à deux ligaments situés à l'articulation fémoro-tibiale, dans la grande échancrure inter-condylienne, entrecroisés en X, et distingués en *antérieur* et *postérieur*. Le premier, le plus fort et le plus court, s'attache, en haut, à la face externe du condyle externe, et, en bas, sur le côté externe de l'épine du tibia. Le postérieur s'insère supérieurement au milieu de l'échancrure inter-condylienne, et inférieurement à une petite crête qui borde la surface articulaire interne du tibia.

CROISEMENT, s. m.; accouplement de deux individus appartenant à deux espèces ou à deux races différentes. Il a pour but la création d'une espèce ou d'une race intermédiaire, ou le transport dans une race donnée des qualités, des aptitudes d'une autre race. Le croisement est un moyen direct d'amélioration. Toutes les races domestiques peuvent être croisées ; il n'en est aucune qui ne puisse être améliorée par croisement, ou qui ne puisse concourir à en améliorer d'autres, parce que toutes ont des défauts qu'il importe de faire disparaître, ou des qualités qu'on doit chercher à propager. — L'une des premières règles du croisement consiste dans le choix judicieux des reproducteurs à accoupler. Ce choix, l'amélioration à produire étant

jaunâtre, offrant quelquefois des stries sanguinolentes ; elle est formée par une matière plastique, exhalée et concrétée à la surface de la muqueuse. Le plus souvent, la fausse membrane ne dépasse pas la trachée ; elle affecte la forme de plaques ou de bandelettes à bords frangés. Sa consistance est molle dans le début ; elle finit par acquérir une ténacité marquée. La fibrine prédomine dans sa composition. — Le pronostic est très grave pour les animaux comme pour les enfants ; relativement à la mortalité, pour ces derniers, on a trouvé le chiffre de deux morts pour trois malades. Beaucoup de moyens ont été proposés inutilement pour guérir le croup. Delafond recommande les saignées copieuses et fréquemment répétées, pour faciliter la circulation ; toutefois les émissions sanguines ne conviennent pas dans tous les cas, principalement pour les sujets cachectiques. On a recours en même temps aux autres moyens antiphlogistiques. Si la suffocation paraît imminente, il faut avoir recours à la trachéotomie pour prolonger la vie du malade ; cette opération permet aussi quelquefois de retirer la fausse membrane. On a employé avec avantage les frictions mercurielles autour de la gorge et l'usage du calomel à l'intérieur. Quelques auteurs vantent l'efficacité des vomitifs, tels que l'émétique et l'ipécacuanha. Les sternutatoires en poudre, en vapeur, ont été employés presque toujours sans succès. Les révulsifs cutanés et intestinaux peuvent produire des effets avantageux. Enfin, la trachéotomie, proposée depuis les temps les plus anciens, permet d'obtenir des guérisons désespérées.

CROUPADE, s. f. ; air relevé de manége consistant en un saut dans lequel le cheval, après avoir quitté la terre, ramène sous lui, sans les fléchir, les quatre membres.

CROUPAL, adj.; qui appartient au *croup*. *Angine croupale*, c'est-à-dire, compliquée de *croup*.

CROUPE, s. f. ; région du corps ayant pour base les coxaux, le sacrum, les muscles ilio-trochantériens et les prolongements pyramidaux des ischio-tibiaux. La croupe constitue, avec la hanche, le premier rayon du membre postérieur; mais l'union des deux coxaux, déterminant leur immobilité, fait comprendre cette région dans le tronc. La croupe est belle, lorsqu'elle est *horizontale;* cette disposition rend les hanches peu saillantes et donne aux muscles du membre une longueur et une disposition favorables à l'énergie de leur action. Lorsque la croupe est fortement inclinée en arrière, on la dit *avalée*, et *coupée* si ce défaut, porté à l'excès, la fait paraître plus courte. Dans ces deux derniers cas, l'abaissement de l'ischium donne moins de longueur aux muscles ischio-tibiaux. — La croupe est dite double, lorsqu'elle est formée par des muscles très développés, et présente dans son milieu un sillon longitudinal ; on la dit *tranchante* ou

croupe de mulet, lorsque les masses musculaires, peu saillantes, forment un plan incliné de chaque côté de l'épine sacrée. La croupe double est surtout à rechercher dans les chevaux travaillant au pas et traînant de lourds fardeaux ; la croupe de mulet charge moins l'animal, mais elle accuse moins de force, à moins que l'énergie de contraction des fibres musculaires ne compense leur défaut de volume. — La croupe du bœuf est tranchante, à cause de l'élévation relative de sa partie médiane ; on doit la rechercher très développée, la viande qu'elle fournit étant de qualité supérieure.

CROUPION, s. m., *Uropygium*, de ουρον, queue, et πυγη, fesse ; nom donné dans l'*homme* à la légère saillie que forme le coccyx au bas du bassin. On ne peut guère l'appliquer, dans les *mammifères*, qu'à la base de la queue. Dans les *oiseaux*, on appelle *croupion* l'éminence formée au-dessus du coccyx par les *glandes uropygiennes*.

CROÛTES, s. f.; petites plaques formées sur les plaies par le dessèchement de matières purulentes, sur le bord des muqueuses, par des mucosités solidifiées. Quelquefois elles se développent à la surface de la peau : *croûtes dartreuses*. On les observe dans diverses éruptions : *croûtes varioleuses*, *claveleuses*, etc.

CRUCIFÈRES, s. f., *Cruciferæ;* famille importante et nombreuse de plantes dicotylédonées. Elle a pour caractères : fleurs en épis ou en grappes ; calice à quatre sépales caducs, dont deux plus intérieurs et parfois bossus ; corolle à quatre pétales à onglets, disposés en croix et alternant avec les sépales ; étamines tétradynames, les deux plus petites correspondant aux sépales bossus ; ovaire à deux loges séparées par une fausse cloison ; style souvent persistant, court lorsque l'ovaire est allongé, long quand l'ovaire est court ; stigmate simple ou bilobé; silique ou silicule cylindrique, comprimée, déprimée ou quadrangulaire, déhiscente ou indéhiscente. Les crucifères sont des plantes herbacées, quelquefois souffrutescentes, à feuilles alternes, entières ou lobées ; beaucoup sont bisannuelles. Elles habitent principalement l'Europe. Cette famille, divisée autrefois en crucifères à silique ou *siliqueuses*, et en crucifères à silicule ou *siliculeuses*, a été divisée par de Candolle, d'après les positions relatives de la radicule, en cinq sous-ordres : 1° les Pleurorhizées ; genres : *Chrysantus, Cardamine, Alyssum, Thlaspi, Iberis, Biscutella*, etc.; 2° les Notorhizées; genres : *Sisymbrium, Erysimum, Camelina, Lepidium, Isatis, Myagrum*, etc. ; 3° les Orthoplocées ; genres : *Brassica, Sinapis, Eruca, Crambe, Raphanus*, etc.; 4° les Spirolobées ; genres : *Bunias*, etc. ; 5° les Déplicolobées ; genres : *Senebiera, Heliophila*, etc. La plupart des espèces crucifères habitent l'hémisphère boréal ; presque toutes sont herbacées, annuelles ou bisannuelles ; plusieurs d'entr'elles

CROTONIQUE, *V.* ACIDE et CROTON-TIGLIUM.

CROTON-TIGLIUM, s. m. Les graines de croton-tiglium, appelées dans le commerce *petits pignons d'Inde, graines des Moluques* ou *de Tilly*, fournissent une huile grasse qui est un purgatif drastique des plus violents. Ces graines sont de la grosseur d'un haricot, recouvertes d'un épiderme jaunâtre, tacheté de brun, portant un ombilic et des nervures qui forment deux gibbosités près de la base de la semence. L'amande est blanche, grasse, et d'une saveur âcre et brûlante; elle renferme, d'après Brandes, de l'acide *crotonique*, de la *crotonine*, de la résine, une huile brunâtre, une matière grasse, blanche, une matière brunâtre, une matière gélatineuse, de la gomme et de l'albumine végétale. On extrait l'huile du croton-tiglium après avoir mondé et écrasé les graines, soit par simple expression, soit par l'intermédiaire de l'alcool; le premier moyen donne de l'huile plus riche en acide crotonique et doit être préféré; le second fournit une huile plus chargée de résine. Cette huile est épaisse, jaunâtre, d'une odeur faible, particulière, et d'une saveur brûlante excessivement âcre; elle est soluble dans l'alcool, l'éther et l'essence de térébenthine; on peut aussi la dissoudre ou la mettre en suspension dans une huile grasse, le jaune d'œuf, une eau gommeuse ou mucilagineuse. Les graines et l'huile de croton-tiglium peuvent être employées indifféremment; cependant on préfère généralement l'huile, comme moins irritante et comme étendant plus uniformément ses effets sur le tube digestif; les graines, quelque bien pulvérisées qu'elles soient, présentent toujours de petites parcelles qui irritent vivement les points où elles se déposent. L'huile de croton-tiglium se donne en bols, associée à la poudre de guimauve, au savon vert ou au miel, ou encore à l'état liquide, en dissolution dans une huile grasse, ou en suspension dans le jaune d'œuf, l'eau gommée ou mucilagineuse. — La dose pour le cheval est de 15, 20, 25 et 30 gouttes, ou de 30, 40, 50 ou 60 centigrammes, lorsqu'on doit l'administrer directement dans le tube digestif; la dose des graines serait de 1 gramme 30, à 1 gramme 60, par la même voie (Sommer). On peut aussi administrer l'huile de croton-tiglium par les veines; la dose moyenne est de 10 gouttes; à 30 gouttes, elle devient toxique (Moiroud). Enfin, on peut employer cette huile en frictions sur les parois abdominales; dans ce cas, on la met en dissolution dans l'alcool ou une huile grasse. Essayé seulement sur le cheval, ce purgatif conviendrait sans doute très peu au bœuf, à cause de la difficulté de le faire arriver directement dans le tube intestinal; chez le chien, on en ajoute souvent une ou deux gouttes à la dose d'huile de ricin employée pour le purger. Les effets de l'huile de croton-tiglium et des graines qui la fournissent sont essentielle-ment irritants; appliquée sur les tissus, cette huile produit une irritation violente, comparable à celle de l'ammoniaque, des cantharides, etc. Donnée à l'intérieur à trop forte dose, elle irrite vivement le tube digestif, surtout les gros intestins, détermine une superpurgation violente et parfois l'ulcération de la muqueuse du tube digestif. Comme purgatif, l'huile de croton-tiglium convient surtout aux gros chevaux de trait, à ceux qui sont lourds, lymphatiques, peu sensibles; ceux qui sont irritables la supportent plus difficilement. La purgation n'est pas immédiate; elle ne commence que 16, 24, 30 heures après l'administration du médicament, mais elle dure plusieurs heures et produit des effets très marqués. Ce purgatif paraît convenir dans le cas de vertige, de maladies violentes des yeux, de la peau; dans le tétanos, la paralysie, les affections vermineuses. Quant à son emploi comme rubéfiant ou vésicant, rien ne justifierait la préférence qu'on pourrait lui accorder sur le liniment ammoniacal, l'onguent vésicatoire, etc.

CROTTIN, s. m.; nom donné aux excréments formés d'un certain nombre de petites parcelles ou pelotes, comme ceux du mouton, du cheval. *V.* EXCRÉMENT.

CROUP, s. m., *Croup*; mot d'origine écossaise par lequel on désigne une laryngite, caractérisée par la production de *fausses membranes*. Synonymie : *laryngite croupale, angine croupale, laryngo-bronchite, laryngo-trachéite, diphthérite trachéale* (Bretonneau). Cette maladie, affectant spécialement les enfants de deux à huit ans, est rare sur les animaux. On l'observe plus fréquemment dans les temps froids et humides, pendant le printemps et l'automne, sur les animaux qui ont passé la nuit dans les pâturages, sur ceux qui ont respiré des gaz irritants. Le croup succède quelquefois aux affections catarrhales; quelques auteurs le regardent comme contagieux. — Le croup est *simple* ou *compliqué*. Dans l'inflammation croupale simple, la toux est rauque, le larynx est douloureux; on dirait qu'il recèle un corps étranger. La respiration est courte et fréquente; un jetage muqueux a lieu par les narines et présente quelques débris de fausses membranes. Plus tard, on entend des quintes de toux bruyante, le *sifflement* ou *râle croupal* au niveau de la gorge. Lorsque la maladie doit se terminer par résolution, le cheval rejette par les narines, par la bouche et même par le rectum de fausses membranes bien organisées. Fréquemment la mort a lieu par asphyxie, surtout lorsque l'exsudation plastique envahit la trachée et les bronches. C'est la pneumonie qui est la complication la plus grave du croup. — Sous le rapport de l'anatomie pathologique, le caractère principal consiste dans la présence de la *fausse membrane*, nommée encore *concrétion pelliculaire, diphthérique*. Elle est d'un blanc

acétique et dans les huiles grasses et volatiles. L'acide sulfurique le rougit. Ses propriétés médicinales sont inconnues.

CUBITAL, ALE, adj., *cubitalis*, de *cubitus*, coude ou os du coude; qui appartient au coude ou à l'os *cubitus*. — *Arcade cubitale* ou *radio-cubitale :* espace libre existant supérieurement entre le radius et le cubitus et donnant passage à une branche circonflexe de l'artère cubitale ou radiale postérieure. — *Artères cubitales :* Girard donne ce nom aux branches terminales de l'artère humérale, qu'il distingue en *antérieure* et *postérieure*. Rigot les désigne sous le nom de *radiales*. L'antérieure seule doit porter ce nom et la postérieure doit conserver, comme dans l'homme, le nom de *cubitale*. C'est cette dernière qui, après avoir franchi l'arcade carpienne, donne les artères du métacarpe. — *Veines cubitales :* elles accompagnent les artères de ce nom et doivent, comme elles, prendre les noms de *radiale* et *cubitale;* toutes deux se jettent dans la veine humérale. — *Nerfs cubitaux :* Girard distingue un nerf *cubital postérieur* qui est le véritable *cubital*, et un *cubital interne* qui est le *nerf radial*. Le nerf cubital, encore appelé cubito-cutané, provient du plexus brachial, d'où il gagne la face interne du coude pour aller fournir, en bas de l'avant-bras, une branche qui se réunit à une autre branche provenant du nerf radial.

CUBITO-CUTANÉ, adj. et s.; nom donné par Girard au nerf cubital.

CUBITO-MÉTACARPIEN, adj. et s.; Girard appelle *cubito-métacarpien oblique*, le muscle appelé par Bourgelat, *extenseur oblique du canon*.

CUBITO-PHALANGIEN, adj. et s.; nom donné par Girard au *perforant* ou *fléchisseur profond des phalanges* du membre antérieur.

CUBITO-PRÉPHALANGIEN, adj. et s.; nom donné par Girard à l'*extenseur oblique* ou *latéral des phalanges* du membre antérieur.

CUBITUS, s. m., de *cubitus*, coude; os du coude. Le cubitus, très imparfait chez les solipèdes et intimement soudé avec le radius, semble ne former avec lui qu'un seul os, que Bourgelat et Girard ont nommé cubitus. On doit cependant les distinguer et reconnaître le cubitus dans la forte saillie osseuse située en arrière de la surface articulaire du radius, et désignée sous le nom d'apophyse *olécrâne;* le reste ne forme qu'une partie très amincie, soudée au radius et s'étendant jusque vers le tiers inférieur de cet os. Le cubitus représente à lui seul la rotule et le péroné du membre postérieur. — Dans le *bœuf*, le cubitus, plus complet, s'étend jusqu'à l'extrémité inférieure du radius; il en est de même chez le *mouton;* mais, chez tous deux, la soudure est encore complète. Dans le *porc*, le volume des deux os est plus égal et leur soudure moins intime. Enfin, dans le *chien* et surtout dans le *chat*, les deux os sont mobiles l'un sur l'autre, de manière à permettre au reste du membre des mouvements de *pronation* et de *supination*, qui ne deviennent parfaits que dans le *singe* et dans l'*homme*. — En règle générale, le radius et le cubitus sont inégaux entre eux et soudés dans les animaux qui n'emploient le membre antérieur qu'à supporter le corps. Ils sont d'autant plus égaux et plus mobiles l'un sur l'autre, que le membre est plus employé comme organe de préhension.

CUBOÏDE, adj. et s., *Cuboïdes, cubiformis*, de κυϐος, cube, et ειϑος, forme; en forme de cube. — *Os cuboïde :* os de la rangée inférieure du tarse, situé au côté externe, entre l'extrémité inférieure du calcanéum et l'extrémité supérieure du métatarsien latéral externe. Cet os porte encore le nom de *grand os irrégulier du jarret*.

CUCULLIFORME, adj., *cuculliformis;* en forme de capuchon ou de cornet.

CUCUMÉRIN, adj.; qui ressemble à un grain de courge. *V.* CUCURBITAIN.

CUCURBITACÉES, s. f., *Cucurbitaceæ;* famille de plantes dicotylédones, herbacées, souvent volubiles, pourvues de vrilles simples ou rameuses, ordinairement rudes au toucher. Ses caractères botaniques généraux sont : fleurs généralement monoïques, rarement hermaphrodites; calice monosépale, globuleux, à cinq lobes, soudé avec la corolle dans presque toute son étendue, et adhérant à l'ovaire dans les fleurs femelles; corolle campanulée ou rotacée, à cinq pétales réunis par le calice; cinq étamines monadelphes ou triadelphes; anthères linéaires, courbées en S; ovaire infère, portant à son sommet un disque épigyne; fruit multiloculaire, sec ou charnu, quelquefois très gros, et appelé *Péponide;* style court épais; trois à cinq stigmates souvent bilobés; graines nombreuses attachées aux parois des loges, qui se détruisent souvent vers le centre et font paraître le fruit uniloculaire; embryon homotrope, très développé, sans périsperme; cotylédons épais, foliacés. Les Cucurbitacées habitent principalement les Indes-Orientales. Cependant on en trouve, dans les climats tempérés, d'assez nombreuses espèces appartenant aux genres : *Cucurbita, Pepo, Momordica, Sicyos, Bryonia, Cucumis*, etc. La famille des Cucurbitacées est une de celles sur lesquelles la culture exerce une influence favorable. A l'état spontané, les fruits, dans les genres principaux, sont petits, amers; ils contiennent un principe âcre, irritant, drastique; par la culture, ce principe disparait en tout ou en partie, et les fruits deviennent gros et souvent sucrés. Les graines des cucurbitacées sont classées parmi les *semences froides;* elles servent à former des émulsions rafraîchissantes, etc.

CUCURBITAIN ou CUCURBITAIRE, s. m., de *cucurbita*, courge; ver plat qui ressemble à un pepin de courge. Ce nom est donné plus particulièrement au *tænia du chien*, V. TÆNIA. Les anneaux du tœnia solitaire ont été re-

offrent beaucoup d'intérêt , parce qu'elles fournissent à l'homme et aux animaux une nourriture abondante et saine, à l'industrie des produits d'un usage journalier, des matières tinctoriales, médicamenteuses; telles sont principalement les espèces des genres *Brassica*, *Sinapis*, *Isatis*. *Crambe*, *Camelina*, etc., etc. Il entre dans la composition des Crucifères de l'azote et du soufre en certaines proportions ; toutes contiennent un principe âcre , irritant, volatil, de nature diverse. que la culture ne fait pas toujours disparaître, et que l'on utilise quelquefois , dans la moutarde, par exemple. Les graines renferment toutes en proportion quelquefois considérable , comme dans le colza , une huile grasse.

CRUCIFORME, adj., *cruciformis ;* en forme de croix. C'est un caractère constant de la corolle dans la famille des Crucifères.— Cruciformes, s. f. ; nom de la cinquième classe du système de Tournefort.

CRUDITÉ, s. f., *Cruditas ;* état de ce qui est crû, de ce qui n'a pas éprouvé la cuisson. Cela s'entend plus particulièrement de la chair, des fruits et surtout des fruits mal mûrs qui sont acerbes, astringents. — On dit aussi que l'eau est crue , lorsqu'elle contient une forte proportion de sels calcaires et qu'elle est froide , indigeste.

CRUOR , s. m. Nom donné au *caillot* du sang, et parfois aussi à sa matière colorante. *V*. Caillot, Hématine.

CRUORIQUE , adj. ; qui a rapport au *cruor* ou au *caillot* du sang. *Éléments cruoriques* du sang : parties solides de ce liquide, qui, par leur réunion, constituent le caillot; les principaux de ces éléments sont la fibrine, l'albumine, les globules , la matière colorante , etc. *V*. Sang.

CRURAL, ALE , adj., *cruralis*, de *crus, cruris*, jambe ou cuisse; qui appartient à la jambe ou à la cuisse. —*Aponévrose crurale :* aponévrose d'enveloppe des muscles de la région crurale, désignée aussi sous le nom de *fascia lata*. — *Anneau crural :* ouverture arrondie, située à la partie moyenne de l'arcade crurale, en regard de l'orifice supérieur du trajet inguinal, et donnant passage aux artères abdominale postérieure et scrotale ou mammaire, suivant le sexe. — *Arcade crurale*, *V*. Arcade. — *Artère crurale, tronc crural* ou *iliaque externe* : première des deux branches terminales de l'aorte postérieure, suivant , par une courbe bien marquée , le bord antérieur du bassin, jusqu'au niveau de l'arcade crurale, où elle prend le nom d'*artère fémorale*. Elle donne dans son trajet, la *circonflexe de l'ilium*, la *petite testiculaire* du mâle, *utérine* de la femelle, et la *sus-pubienne*, qui naît plus souvent de la grande musculaire de la cuisse. — *Veine crurale* ou *iliaque externe :* tronc veineux correspondant à l'artère crurale, qu'il accompagne ; il forme la continuité de la veine fémorale et se jette dans le tronc veineux *pelvi-crural*, après avoir reçu les veines *pré-pubienne, petite testiculaire* ou *utérine*, et *circonflexe iliaque*. — *Plexus crural, V*. Lombo-sacré. — *Nerfs cruraux :* nerfs fournis par le plexus crural. — *Muscle crural :* portion moyenne du *triceps crural* ou *fémoral*. — *Triceps crural :* muscle très fort, situé à la région antérieure de la cuisse et recouvrant une grande partie du fémur. Il est formé de trois portions décrites par Bourgelat, comme des muscles particuliers, savoir : le *vaste externe*, le *vaste interne* et le *crural;* toutes trois se terminent à la rotule, et concourent à l'extension de la jambe.

CRUSTACÉ, ÉE, adj., *crustaceus;* en forme de croûte, couvert de croûtes, ex.: *dartre crustacée*. — En *zoologie*, on appelle *Crustacés* une classe d'animaux articulés, qui se distinguent par les caractères suivants: membres articulés, au nombre de dix ou plus ; un cœur artériel à une oreillette et un ventricule ; des branchies; croûte extérieure plus ou moins calcaire; tête confondue avec le tronc ; des yeux; quatre antennes, les externes s'attachant près de l'organe de l'ouïe, ex. : l'*écrevisse*, le *crabe*, le *cloporte*.

CRYPTES , s. f., *Crypta;* de κρυπτος, caché ; petits corps arrondis, cachés dans l'épaisseur de la peau ou des muqueuses, et présentant une cavité intérieure dans laquelle est sécrété un fluide qui se répand au dehors par une ouverture étroite, *V*. Follicule.

CRYPTOCÉPHALE, s. m., *Cryptocephalus*, de κρυπτος, caché, et κεφαλη, tête ; synonyme d'*acéphale* , (*V*. ce mot.)

CRYPTODIDYME, s. m., *Cryptodidymus*, de κρυπτος, caché, et διδυμος, testicule; synonyme d'*endocymien* (*V*. ce mot).

CRYPTOGAMES, s. et adj., *Cryptogami*, de κρυπτος, caché, et γαμος, mariage; nom créé par Linné pour désigner tous les végétaux dont les organes reproducteurs sont cachés ou inconnus. Il a été depuis remplacé par celui d'*Agames*. Ni l'un ni l'autre ne peuvent rigoureusement convenir aux plantes qu'ils désignent, puisque l'observation démontre, dans beaucoup d'entre elles, des organes évidemment reproducteurs. Le nom d'Acotylédonés, adopté par les botanistes modernes, est préférable aux précédents, *V*. Acotylédonés, Racine, Tige, Fruit, Fleur.

CRYPTOGAMIE , s. f., *Cryptogamia;* vingt-quatrième classe du système de Linné, renfermant les plantes cryptogames. Elle comprend à peu près le $^1/_5$ du règne végétal, environ 20,000 espèces , réparties dans plus de 1,000 genres, et dans sept jusqu'à dix-huit familles, selon les botanistes.

CUBÈBE , *V*. Poivre.

CUBÉBIN, s. m. C^{84} H^{34} O^{10}. *Cubébine;* principe neutre découvert dans le *poivre cubèbe* par Soubeiran et Capitaine. Il est solide , cristallisé en aiguilles, incolore, inodore, insipide, non volatil, insoluble dans l'eau, soluble dans l'alcool, l'éther, l'acide

rhomboïdes par la voie sèche et en cubes par la voie humide. Soumis à l'action de la chaleur, il fond à 27° du pyromètre de Wegwood ou 800° centigrades, température voisine du rouge; à la chaleur blanche, le cuivre donne des vapeurs très sensibles qui brûlent avec une flamme verte. Chauffé au contact de l'air, le cuivre s'oxyde, et il se détache de sa surface des *battitures* d'un brun-noirâtre de bioxyde. Exposé à l'air humide, le cuivre se couvre bientôt d'une couche d'un gris-verdâtre d'hydrocarbonate (*vert-de-gris*); dans l'air et l'oxygène secs, ce métal se conserve sans altération. A la chaleur blanche, il décompose l'eau en vapeur, mais en petite quantité; à froid et en présence des acides, il ne l'altère pas. L'acide azotique et l'eau régale attaquent vivement le cuivre à la température ordinaire, et dégagent des vapeurs rutilantes d'acide hypoazotique; l'acide sulfurique étendu ne l'altère pas, mais concentré ou chaud, il le dissout rapidement et dégage de l'acide sulfureux; le cuivre humecté d'acide sulfurique attire vivement l'oxygène de l'air; l'acide chlorhydrique ne l'attaque que quand le cuivre est très divisé; enfin les acides organiques, les alcalis, l'ammoniaque, le sel marin, les corps gras, etc., en présence de l'air, altèrent rapidement le cuivre; ce qui indique la nécessité de l'étamage et d'une propreté rigoureuse des vases de cuivre destinés à la préparation des aliments et des médicaments. Ce métal se combine facilement à la plupart des corps simples non métalliques et s'allie à tous les métaux. Le phosphore, l'arsenic et le carbone le rendent cassant, et le plomb diminue considérablement sa ténacité. Le cuivre pur, ses alliages et plusieurs de ses composés sont employés dans l'industrie et l'agriculture; quelques-unes de ses combinaisons sont utiles à la médecine. A ces divers titres, le cuivre est un des métaux les plus importants.

CUL-DE-POULE, s. m. En *pathol.*, l'on donne ce nom aux ulcères farcineux dont les bords sont renversés en dehors. — En *extérieur*, on dit qu'un cheval à la croupe en *cul-de-poule*, quand cette partie du corps fait une saillie prononcée près de la queue.

CUL-DE-VERRE, s. m.; synonyme de GLAUCÔME (*V.* ce mot.)

CULMIFÈRE, adj., *culmifer*; se dit de la plante dont la tige est un chaume.

CULOT, s. m.; on appelle ainsi, la masse métallique plus ou moins pure qu'on trouve au fond d'un creuset, après la réduction d'un composé métallique au moyen du charbon, ou après la séparation d'un métal dans un alliage, comme on le voit dans la *coupellation.*

CULTELLAIRE, adj., *cultellarius;* qui a la forme d'un couteau. — *Cautère cultellaire*, c'est-à-dire, qui a la forme d'un couteau; on le nomme encore *cautère hastile.* C'est celui qu'on emploie pour appliquer la cautérisation transcurrente.

CULTIVATEUR, s. m., *Cultor*, de *colere*, *cultiver; supin: cultum;* celui qui cultive la terre. On confond souvent, dans le langage, le cultivateur avec l'agriculteur et l'agronome; cela ne devrait pas être. Le cultivateur ne connaît que la partie pratique de l'agriculture; il travaille et dirige son exploitation sans connaître les principes de la science agricole. — CULTIVATEUR. Charrue légère, remplaçant la houe dans les binages, et, conséquemment, employée dans la culture des plantes en lignes. Les principaux instruments de ce nom sont : le cultivateur de Châteauvieux, celui de Duhamel, de Guillaume. Dans la pratique, les binoirs, les buttoirs, les houes à cheval, les ratissoirs, les scarificateurs, les extirpateurs, reçoivent le nom générique de *cultivateurs*, ou sont employés pour remplacer dans quelques circonstances le cultivateur proprement dit. Celui-ci est caractérisé, au milieu d'eux, par l'existence du versoir.

CULTRIROSTRES, adj. et s., *Cultrirostrati;* à bec en forme de couteau. Nom donné, à cause de la forme de leur bec, à une famille d'oiseaux de l'ordre des échassiers, ex.: la *grue*, le *héron*, la *cigogne*.

CULTURE, s. f., *Cultura;* travail de la terre, ensemble des opérations propres à obtenir du sol les végétaux dont l'homme et les animaux ont besoin. On distingue la culture en *grande, moyenne* et *petite culture.* Ces expressions n'ont pas une signification bien précise; elles se rapportent au mode de cultiver, à la nature des produits plutôt qu'à l'étendue de la surface. Appliquée aux arbres, aux forêts, à la vigne, aux vergers et potagers, la culture prend les noms particuliers d'*Arboriculture, Sylviculture, Viticulture, Horticulture.* — La culture peut seule faire la richesse d'un grand peuple; seule elle peut lui permettre d'entretenir les hommes et les animaux nécessaires à sa conservation. Il importe donc qu'elle se développe et se perfectionne à mesure que s'accroît la population, que la concurrence étrangère peut livrer ses produits à meilleur marché. Dans notre pays, la grande culture surtout a besoin de perfectionnements en ce qui concerne les labourages, la fabrication, la conservation et l'emploi des engrais divers, l'emploi des amendements, les rotations de culture ou assolements, l'appropriation des récoltes aux diverses espèces de terrains, la production des fourrages, la mise en culture des terrains incultes, l'amélioration et la multiplication des bestiaux, la comptabilité agricole, les chemins vicinaux, etc. Si la grande culture produit moins que la petite, sur un espace donné de terrain, elle exige aussi moins de bras, moins de fumure et produit des objets de grande, de première nécessité.— CULTURE (effets sur les végétaux). L'effet le plus général consiste dans la disparition des espèces spontanées et leur remplacement par des espèces plus utiles, plus productives, et quelquefois d'un aspect si

gardés à tort comme autant de petits vers qu'on a nommés *Cucurbitaires.*

CUCURBITE, s. f., *Cucurbita ;* chaudière en cuivre étamé formant la partie inférieure de l'*alambic*, et recevant la matière à distiller dans la majorité des cas. Elle est fixée dans un fourneau et reçoit directement l'action du feu ; sur un des côtés, existe une ouverture par laquelle on introduit une nouvelle quantité de liquide pendant la distillation. *V.* ALAMBIC.

CUILLER ou **CUILLÈRE**, s. m. ou f., de κοχλιάριον, sorte de mesure ancienne ; ustensile de table ayant une forme allongée et concave. Plusieurs instruments de chirurgie ont une forme analogue : tels sont le forceps, la pince pour extraire les aliments de la panse du bœuf, etc.

CUILLÈRE A PROJECTION, s. f. ; on donne ce nom, dans les laboratoires, à une demi-sphère creuse, en fer ou en fonte, munie d'un manche en bois ; c'est à l'aide de ce vase qu'on fait fondre les métaux, les alliages ; on s'en sert aussi pour verser certains corps dans les creusets chauffés au rouge, pour faire détoner les composés ou les mélanges solides fulminants, etc.

CUIR, s. f. *Corium*; nom vulgaire de la peau des gros mammifères, tannée et préparée pour les usages domestiques. — Ce mot s'emploie aussi quelquefois pour désigner la peau des animaux vivants. C'est ainsi qu'on dit, en parlant d'un bœuf, qu'il a le *cuir épais*, le *cuir mince*, etc.

CUISSE, s. f., *Femur;* partie du membre postérieur ayant pour base l'os fémur et les grosses masses musculaires qui l'entourent. La cuisse, dans les grands animaux domestiques, est peu distincte des régions qui l'avoisinent. On recherche dans cette partie une forme arrondie ; la cuisse *plate* est généralement un défaut. La face interne ou le *plat* de la cuisse présente dans sa longueur la partie supérieure de la veine saphène.—Dans l'*âne* et le *mulet*, la cuisse est plate ; elle l'est aussi dans le *bœuf*, où son développement est toujours une beauté. Dans le *chien*, la cuisse se détache du tronc et forme un rayon distinct, que l'on doit rechercher garni de muscles volumineux.

CUISSON, s. f. ; opération qui consiste à soumettre dans des vases, et pendant un temps limité, à l'action d'une température d'au moins 100°, des substances organiques solides ou dissoutes. La cuisson suppose toujours l'existence d'un liquide, de l'eau, soit que celle-ci existe naturellement dans la matière à cuire, soit qu'elle y ait été ajoutée à l'état liquide ou à l'état de vapeur. La cuisson modifie les conditions physiques et chimiques des aliments ; elle les ramollit, leur enlève certains principes âcres, irritants, rend leur amidon plus soluble, augmente leur digestibilité, fixe de l'eau dans leur substance et, conséquemment, en accroît les propriétés nutritives et la valeur. Elle rend mangeables des matières que leur fadeur, leur dureté, eût fait rejeter. Ce qui précède souffre quelques exceptions : ainsi, la chair crue est plus facile à digérer que la chair cuite, et l'observation prouve que les aliments cuits sont moins favorables au développement des forces qu'à la production de la graisse et du lait. Tous les aliments destinés aux animaux peuvent être soumis à la cuisson ; néanmoins ce mode de préparation ne leur est guère appliqué que dans des limites restreintes, tant à cause de ses difficultés matérielles que de l'ignorance où sont la plupart des cultivateurs de ses avantages. Les aliments peuvent être cuits à l'eau, à la vapeur, et même à sec, c'est-à-dire, sans addition d'eau. Ce dernier procédé n'est guère employé que pour les substances très aqueuses, comme les racines, les tubercules, etc. La cuisson à la vapeur, si elle n'est pas la plus simple, est certainement la meilleure.

CUIVRE, s. m., *Cuprum.* Cu. Eq. 395,6. Corps simple métallique de la cinquième section, connu depuis les temps les plus reculés ; les alchimistes le consacraient à *Vénus.* Ce métal existe dans la nature sous plusieurs états : le cuivre natif, cristallisé ou en grains, les oxydes de cuivre, les sulfures simples ou doubles, les alliages avec divers métaux, les carbonates, les sulfates, les phosphates de cuivre, etc., sont les composés naturels les plus communs. Les minerais les plus exploités sont le cuivre oxydulé, le carbonate et la pyrite cuivreuse, ou double sulfure de cuivre et de fer. L'extraction de ce métal, au moyen de l'oxyde et du carbonate est très simple ; il suffit de fondre ces minerais avec du charbon et des scories siliceuses, pour obtenir du cuivre noir, que plusieurs grillages rendront pur. Les minerais sulfurés exigent, au contraire, un traitement très long et très compliqué. On les soumet à des grillages préparatoires, que l'on répète plusieurs fois, afin de transformer le plus possible les sulfures en oxydes ; on fond ensuite ces minerais dans des fourneaux à réverbère, en y ajoutant des fondants siliceux et du charbon. L'oxyde de cuivre formé pendant le grillage est réduit par le charbon, et se combine avec le sulfure non grillé pour former du *cuivre noir* appelé *matte*, tandis que l'oxyde de fer s'unit à la silice des fondants pour constituer des *scories* qu'on sépare à mesure qu'elles se forment. Le cuivre noir ou la matte est grillé de nouveau plusieurs fois, puis réduit avec le charbon et la silice, et enfin *raffiné* pour le débarrasser entièrement des impuretés qu'il peut avoir retenues encore. Le cuivre est un métal d'un rouge caractéristique, d'une odeur désagréable qui s'exhale par le contact des mains, d'une saveur métallique et styptique et d'une densité qui varie de 8,78 à 8,96. Très ductile et très malléable, le cuivre est, après le fer, le plus tenace de tous les métaux ; sa dureté et sa sonorité sont médiocres. Il cristallise en

hulles grasses. Traitée par les alcalis, elle prend une teinte rouge-brun; de là l'emploi de la teinture ou du papier de curcuma dans les laboratoires, pour reconnaitre ces oxydes.

CURE, s. f., *Cura;* guérison d'une maladie. On a *fait une cure*, quand on a réussi à empêcher les suites d'une maladie grave. La *cure* est le résultat de la *curation.*

CURE-PIED, s. m.; lame de fer, droite ou recourbée, servant à enlever la terre, le fumier, les pierres, etc., qui s'introduisent entre le fer et la sole des animaux ferrés.

CURETTE, s. f.; instrument usité en chirurgie humaine pour extraire la pierre de la vessie, après qu'on a fait une incision sur le canal de l'urètre. — *Curette-tire-balle,* sorte de cuiller fixée sur une longue tige en fer, qu'on destine à l'extraction d'une balle enfoncée dans les chairs.

CURVATIF, IVE, adj., *curvativus;* se dit des feuilles dont les bords sont très légèrement roulés.

CURVEMBRIÉES, adj. et s.; nom donné par de Candolle à l'une des deux divisions de la famille des Légumineuses. Elle renferme les genres dont la radicule est courbée sur la commissure des cotylédons.

CURVINERVE, **CURVINERVÉ**, adj., *curvinervis, curvinervatus;* se dit des feuilles dont les nervures latérales sont courbées à peu près dans la direction des bords du limbe.

CUSCUTACÉES, s. f., *Cuscutaceæ;* petite famille formée par quelques botanistes, du genre *Cuscuta,* distrait de la famille des Convolvulacées.

CUSCUTE, s. f. *Cuscuta;* genre de la famille des Cuscutacées. Les botanistes décrivent environ cinquante espèces de Cuscutes; deux ou trois seulement croissent spontanément dans nos contrées. Ce sont des plantes annuelles, parasites, aphylles, dont les tiges rougeâtres, filiformes, volubiles portent, au lieu de feuilles, de petites écailles. La graine de la cuscute germe dans la terre; mais aussitôt que les radicules ont rencontré le pied d'une plante sur laquelle elle peut vivre, elles s'y attachent, et c'est désormais de ce point que la cuscute va tirer sa nourriture, car les radicules se dessèchent au moment ou une plante en quelque sorte nouvelle se forme. La cuscute attaque beaucoup de végétaux, le lin, le chanvre, la vigne, le houblon, mais surtout le trèfle et la luzerne. Les prairies artificielles qu'elle envahit ne tardent pas à devenir improductives. Les cuscutes sont de dangereux ennemis de l'agriculture. Pour détruire la cuscute, divers moyens ont été proposés: le fauchage, le brulage des feuilles et des tiges à l'aide d'une couche de paille étendue sur le terrain, les labours, l'arrosage du terrain avec le sulfate de fer en dissolution, l'acide sulfurique, la poudre de vieux tan de chêne, enfin, et comme méthode plus simple et plus efficace, le criblage de toutes les semences que l'on sait

contenir la graine de la cuscute. On trouve en France la C. à grandes fleurs, *C. major,* et la C. à petites fleurs, *C. minor, C. epitymum* de Murr, que Linné considérait comme deux variétés d'une espèce qu'il appelait *C. Europœa,* et Lamark également comme deux variétés d'une espèce, *C. filiformis.* De Candolle décrit sous le nom de C. du lin, *C. epilinum, C. densiflora,* une espèce que l'on trouve principalement sur le lin en Suisse, en Belgique, dans le nord de la France, etc.

CUSPARIN, s. m.; principe neutre découvert par Saladin dans l'écorce de l'*angusture vraie* (*Galipea cusparia,* D. C.). C'est un corps solide, cristallisé en tétraèdres, peu soluble dans l'eau froide, soluble dans l'eau chaude, l'alcool, les acides et les alcalis. Il est précipité par la noix de galle.

CUSPIDÉ, ÉE, adj., *cuspidatus,* de *cuspis, cuspidis,* pointe; pointu. *Dents cuspidées :* nom donné quelquefois aux dents canines, à cause de leur forme pointue, soit du côté de la partie libre, soit du côté de la racine. Sous ce dernier rapport, on emploie aussi les expressions de *bicuspidé, tricuspidé, multicuspidé.* Ce mot est aussi employé en *botanique* pour désigner des parties raides, minces et pointues, que l'on appelle quelquefois *cuspides.*

CUTANÉ, ÉE, adj., *cutaneus,* de *cutis,* peau; qui appartient à la peau. *Muscle cutané :* nom donné par Bourgelat au muscle *sous-cutané de la face.* — *Absorption, exhalation, maladies cutanées:* ce sont celles dont la peau est le siége. — *Veines cutanées, V.* Sous-Cutanées.

CUTICULE, s. f., *Cuticula,* de *cutis,* peau; diminutif du mot peau appliqué à l'épiderme. (*V.* ce mot). — *Bot.* Couche la plus extérieure de l'épiderme des végétaux et plus générale encore : c'est une membrane simple, continue, d'apparence granuleuse, sans organisation évidente, et percée d'ouvertures correspondant aux stomates.

CUVE, s. f., *Cupa;* on appelle ainsi, dans les laboratoires, des vases rectangulaires, en bois ou en pierre, remplis de liquide et dans lesquels on manipule les gaz. Il en existe deux espèces principales : la *cuve à eau* et la *cuve à mercure.* 1° La première, appelée *hydro-pneumatique,* est une sorte de coffre en bois dur, supporté par quatre pieds, doublé intérieurement en plomb ou en zinc et rempli d'eau ordinaire. Il porte à la partie inférieure d'une de ses parois un robinet qui permet de vider le vaisseau et d'en changer le liquide. Une tablette horizontale en métal ou en bois, percée de plusieurs trous pour livrer passage aux tubes de dégagement qui amènent les gaz sous les cloches, glisse, à frottement, dans deux rainures des parois latérales de la cuve. L'eau doit recouvrir la planchette de la cuve d'une couche de 3 à 4 centimètres d'épaisseur. L'un des trous de la tablette est garni en dessous d'un entonnoir très évasé pour les transvasements des gaz. Cet appa-

différent, qu'il est impossible de les reconnaître. La culture développe certaines parties, multiplie certains organes, augmente généralement la substance et les qualités nutritives, l'amidon, le sucre, atténue ou fait disparaître les principes vénéneux, etc. Il suffit, pour se faire une idée des effets de la culture sur les végétaux, de comparer les variétés de plantes utiles qui peuplent nos champs et nos jardins avec les espèces spontanées d'où elles proviennent. — CULTURES FOURRAGÈRES, SARCLÉES, INDUSTRIELLES (*V.* ces mots).

CUMIN, s. m., *Cuminum*, L.; genre de la famille des Ombellifères. Il se compose de trois espèces seulement; la principale, la seule cultivée est le C. officinal, *C. cuminum*, très commun en Allemagne et dans l'Asie septentrionale. Elle est très aromatique; ses graines servent dans le nord de l'Europe, et même en France, à aromatiser le fromage, et quelquefois le pain.—*Phar.* Les semences du cumin sont plus grosses que celles d'anis et de carvi; elles sont d'une teinte jaunâtre ou fauve, d'une forme ovoïde allongée, marquées de lignes qui se prolongent en pointe au sommet, rudes au toucher et munies du style qui est persistant. Leur odeur est forte, aromatique, peu agréable, leur saveur chaude et amère; elles contiennent une grande quantité d'huile essentielle très excitante. Les semences de cumin sont stimulantes, stomachiques et carminatives à la manière de l'anis et même avec plus d'énergie; cependant, elles sont peu usitées comme médicament. On les mêle, dit-on, parfois à titre de condiment, dans l'avoine des chevaux pour lui donner des propriétés stimulantes; cet usage est peu répandu.

CUNÉIFORME, adj., *cuneiformis*, de *cuneus*, coin, et *forma*, forme; en forme de coin. — *Os cunéiformes :* ils sont au nombre de deux, le *grand* et le *petit*. Le *grand os cunéiforme*, encore appelé *os plat inférieur du jarret*, se trouve placé entre le scaphoïde et la face supérieure du métatarsien principal. Le *petit os cunéiforme*, aussi appelé *petit os irrégulier*, occupe le côté interne du tarse, et se trouve quelquefois divisé en deux pièces. Il s'articule avec le scaphoïde, le grand os cunéiforme, le métatarsien principal et le métatarsien rudimentaire interne. — *Bot.* CUNÉIFORME, CUNÉAIRE, adj., *cuneiformis*, *cunearis;* en forme de coin.

CUPULAIRE, adj., *cupularis;* en forme de coupe plus ou moins évasée.

CUPULE, s. f., *Cupula;* petite coupe formée par des bractées réunies et soudées, entourant d'abord la fleur, puis la base ou la totalité du fruit. Le chêne, le noisetier, en offrent des exemples frappants. —On appelle aussi *cupule* la glande concave qui termine certains poils; ces poils sont dits *cupulifères.*

CUPULÉ, adj., *cupulatus;* qui est pourvu de cupules.

CUPULIFÈRE, adj., *cupulifer;* se dit des poils qui portent à leur extrémité une glande concave, ex.: les *poils du pois chiche.*

CUPULIFÈRES, s. et adj., *Cupuliferæ;* tribu de la grande famille des Amentacées, élevée au rang de famille distincte. Les Cupulifères, qui doivent leur nom à la cupule qui accompagne leurs fruits, ont pour caractères : fleurs monoïques ou dioïques, les mâles en chaton, les femelles solitaires ou réunies en nombre variable dans des involucres communs disposés en tête ou en épi; style cylindrique, dressé, divisé à son sommet en autant de stigmates qu'il y a de loges dans l'ovaire: deux, trois, quelquefois six; fruit souvent monosperme par avortement, renfermé en tout ou en partie dans une cupule; feuilles alternes, simples, dentées ou sinuées, à nervures pinnées. Toutes les plantes de cette famille sont des arbrisseaux ou des arbres particuliers aux régions tempérées et froides des deux hémisphères, et présentant, la plupart, un intérêt de premier ordre. Les principaux genres de cette famille sont les genres : *Chêne*, *Hêtre*, *Charme*, *Noisetier*, *Châtaignier*, etc. (*V.* ces mots). Les Cupulifères ont reçu de plusieurs botanistes les noms de *Quercinées*, *Castanées*, *Corylacées.*

CUPULIFORME, adj., *cupuliformis;* en forme de cupule.

CURABILITÉ, s. f., de *curare*, guérir; qualité de ce qui est *curable*. C'est l'opposé d'*incurabilité.*

CURAGE, s. m.; action de curer. Le produit du curage des étangs, des mares, etc., composé de substances terreuses et de détritus organiques dans un état variable de décomposition, prend le nom de *curures;* il doit être employé comme engrais, soit seul après sa dessiccation, soit mélangé à de la chaux.

CURATIF, IVE, adj., de *curare*, guérir; qui guérit. — *Remèdes curatifs:* remèdes qu'on applique pour guérir. — *Indications curatives*, c'est-à-dire, qui indiquent les moyens de guérir. — *Traitement curatif, méthode curative, effets curatifs des médicaments.*

CURATION, s. f., *Curatio*, de *curare*, guérir; traitement d'une maladie; ensemble des moyens proposés pour guérir.

CURCUMINE, s. f.; on désigne sous ce nom une matière colorante jaune qu'on retire du rhizôme du curcuma long et du curcuma rond (*C. longa* et *rotunda*), plantes amomacées qu'on cultive dans les Indes et qui sont très voisines des gingembres. On l'obtient en traitant ces racines, déjà épuisées par l'eau, à l'aide de l'alcool et de l'éther; ce dernier ne dissout que la curcumine. La matière colorante du curcuma est solide, amorphe, d'un brun rougeâtre en masse et jaune quand elle est divisée; sa saveur est âcre et poivrée; elle fond à 40°; insoluble dans l'eau, elle est soluble dans l'alcool, l'éther et les

principalement sur l'espèce humaine, et qui consiste dans la coloration bleue ou livide de la peau. C'est dans le choléra qu'on observe surtout la cyanose. Elle peut se montrer par l'effet de causes très variées, et donne ordinairement une prédisposition aux hémorrhagies. La cyanose a été considérée comme dépendant d'une altération du sang.

CYANURES, s. m.; composés de cyanogène et des différents métaux; ils sont isomorphes avec les chlorures, bromures, iodures, et correspondent assez exactement, par leur composition, aux différents oxydes métalliques. Ce sont des produits artificiels, qu'on obtient par l'action de l'acide cyanhydrique sur les oxydes, ou par celle d'un cyanure alcalin sur les sels métalliques. Ils sont solides et cristallisables; ceux de la première section résistent au feu, quand ils sont à l'abri de l'air; les autres se décomposent. Les cyanures alcalins et celui de mercure sont seuls solubles dans l'eau; les autres sont insolubles. Ces composés ont la plus grande tendance à s'unir entre eux et à former des cyanures doubles; ils se combinent facilement aussi aux chlorures, bromures, iodures, sulfures, ainsi qu'à quelques oxydes. *Caractères spécifiques.* Traités par les acides, et surtout par l'acide chlorhydrique, ils dégagent une odeur d'amandes amères, par suite de la formation d'acide cyanhydrique; ceux de mercure et d'argent ne donnent pas d'odeur sensible. Le nitrate d'argent forme dans leur solution un précipité blanc, caillebotté, soluble dans l'ammoniaque et l'acide azotique bouillant, mais insoluble dans l'acide froid. Enfin, quand on ajoute de la potasse caustique à un cyanure soluble ou insoluble, puis un sel de fer au maximum et quelques gouttes d'acide chlorhydrique, on obtient une coloration bleue ou verte tout-à-fait caractéristique.

Cyanure d'argent. Ag. Cy. On obtient ce composé en traitant l'azotate d'argent dissous, par l'acide cyanhydrique ou le cyanure de potassium. Il est solide, incolore, insoluble dans l'eau, l'alcool, mais soluble dans l'ammoniaque et dans les acides bouillants; il se dissout également dans la solution des cyanures alcalins, avec lesquels il se combine. Les cyanures doubles sont employés dans l'argenture par la galvanoplastie.

Cyanure de fer. Le fer et le cyanogène ont une grande affinité l'un pour l'autre, et donnent naissance à plusieurs composés plus ou moins importants. Parmi les cyanures de fer, il en est de *simples* et de *doubles*. Les premiers sont au nombre de trois et sont d'une faible importance en raison de leur peu de fixité, ce sont: 1° *le protocyanure* de fer. Fe Cy. Il est solide, jaune, bleuissant rapidement à l'air en s'altérant; il est insoluble dans l'eau, et jouit de la propriété de se combiner aux autres cyanures de fer et à tous les composés de cyanogène; 2° le *sesquicyanure de fer.* Fe² Cy³; il est solide, brun-jaunâtre, so-

luble dans l'eau, et peu connu jusqu'ici; 3° le *cyanure magnétique* ou *intermédiaire.* Fe, Cy, Fe² Cy³, 3 HO. Ce composé, découvert par Pelouze, correspond à l'oxyde noir de fer. Il est solide, en poudre verte, sans odeur ni saveur, insoluble dans l'eau. Quant aux cyanures doubles formés par le fer, soit entre les cyanures simples, soit entre ces composés et d'autres cyanures métalliques, ils sont nombreux et plus ou moins importants; ceux qui suivent méritent seuls une mention particulière.

Cyanure double de fer. 3 Fe Cy, 2 Fe² Cy³ + 9 HO. *Cyanure ferroso-ferrique, Bleu de Prusse.* Le bleu de Prusse a été découvert en 1710 par Diesbach; le procédé fut tenu secret jusqu'en 1724, époque où Woodward, chimiste anglais, le rendit public. Il consiste aujourd'hui à traiter le cyanure jaune de fer et de potassium par le sulfate de sesquioxyde de fer légèrement acide; le précipité est ensuite recueilli, lavé et desséché. Le bleu de Prusse présente trois variétés: le bleu de Prusse *neutre*, le bleu de Prusse *soluble*, et le bleu de Prusse *basique*. Le premier est formé de trois proportions de protocyanure de fer, de deux proportions de sesquicyanure, et d'eau d'hydratation; le deuxième est une combinaison de deux proportions de cyanure jaune de fer et de potassium et de trois proportions de bleu de Prusse; enfin, le troisième parait être une combinaison du bleu de Prusse avec les oxydes de fer hydratés. — Le bleu de Prusse, quelle que soit sa variété, est solide, en masses amorphes, poreuses, légères, d'une belle couleur bleue avec des reflets cuivrés; inodore, non vénéneux, le bleu de Prusse neutre ou basique est insoluble dans l'eau, l'alcool, les acides étendus, excepté l'acide oxalique qui le dissout facilement. Soumis à l'action de la chaleur, il perd de l'eau, puis se décompose en donnant des produits ammoniacaux et cyanurés, et en laissant un résidu de carbure de fer; chauffé convenablement à l'air, il peut brûler, s'il est sec. Les alcalis et les acides concentrés l'altèrent. Le bleu de Prusse est employé dans les arts comme matière tinctoriale. — *Pharmacologie.* Le bleu de Prusse du commerce renferme toujours un excès d'oxyde de fer et de l'alumine, dont on peut le débarrasser par des lavages avec de l'eau acidulée. Il a été préconisé contre les fièvres intermittentes, la dysenterie, la chorée et l'épilepsie. D'après Mérat, il jouirait, chez l'homme, d'une efficacité réelle contre cette dernière affection; il serait bon d'en faire l'essai en médecine vétérinaire. Il est peu vénéneux; on pourrait le donner en poudre aux petits animaux, à la dose de un à deux grammes et au-delà même quand on connaitra la susceptibilité des malades; chez les grands animaux, on pourrait commencer par cinq grammes et augmenter graduellement jusqu'à quinze, où il conviendrait peut-être de s'arrêter.

reil sert à recueillir les fluides élastiques insolubles ou peu solubles dans l'eau. 2° La cuve à mercure, nommée encore *hydrargiro-pneumatique*, est formée d'un bloc de marbre ou de pierre dure, dans lequel on a creusé une cavité rectangulaire, plus profonde au centre qu'à la circonférence, où on a ménagé un rebord sur lequel on dépose les éprouvettes remplies de gaz. Une petite tablette en bois, également percée de trous, glissant dans deux rainures, reçoit le tube de dégagement et supporte les cloches qui doivent contenir les gaz. Une des parois de la cuve à mercure est échancrée et complétée par une glace à travers laquelle on peut examiner le niveau des gaz dans les tubes gradués. Cette cuve est employée pour la manipulation des gaz solubles dans l'eau.

CYAMÉLIDE, s. f. C^2 Az O $+$ HO. Composé isomérique de l'acide cyanique, provenant de la décomposition spontanée de l'hydrate de cet acide. Ce corps est solide, blanc, présentant l'aspect de la porcelaine. La cyamélide est insoluble dans l'eau, l'alcool, l'éther et les acides étendus. Les alcalis caustiques la transforment en ammoniaque, en cyanate et cyanurate alcalins. L'acide sulfurique concentré la dissout et la décompose en acide carbonique et ammoniaque.

CYANATES, s. m.; genre de sels formés par l'acide cyanique avec les bases. Les cyanates alcalins seuls sont solubles dans l'eau. Traités par les acides, ils dégagent des vapeurs d'acide cyanique ; si on ajoute de l'hydrate de chaux, l'odeur devient ammoniacale. La solution des cyanates alcalins, moins celui d'ammoniaque, se transforme, par l'ébullition, en carbonates alcalins et en ammoniaque.

CYANHYDRATES, *V*. Cyanures.

CYANHYDRIQUE, *V*. Acide.

CYANIQUE, *V*. Acide.

CYANOFERRATES ou **CYANOFERRIDES**, s. m., *ferrocyanates;* nom donné aux cyanures doubles formés par la combinaison du sesqui-cyanure de fer avec les cyanures métalliques. Décomposés par les acides, ils produisent un acide particulier appelé *hydroferricyanique*, $H^3 Cy^6 Fe^2$, qu'on peut considérer comme formé d'acide cyanhydrique et de sesqui-cyanure de fer $= 3$ H Cy $+$ $Fe^2 Cy^3$, ou de trois équivalents d'hydrogène et d'un radical hypothétique appelé *ferricyanogène* et qui est égal à $Cy^6 Fe^2$. — Les cyanoferrides sont donc formés de *ferricyanogène* et de métaux, ou de sesqui-cyanure de fer et d'autres cyanures métalliques. Ils présentent à peu près les mêmes caractères que les cyanoferrures. Ils ne sont pas non plus vénéneux. Un seul a quelque importance, c'est le *cyanure rouge* de fer et de potassium, *V*. Cyanures.

CYANOFERRURES, s. m. *ferrocyanures;* on donne ce nom à des cyanures doubles formés par l'union du protocyanure de fer avec les autres cyanures métalliques. Traités par les acides, en présence de l'eau, ils donnent un acide appelé *hydroferrocyanique*, $H^2 Cy^3$ Fe, considéré par quelques chimistes comme une combinaison de protocyanure de fer et d'acide cyanhydrique, Fe Cy $+ 2$ H Cy, et par d'autres comme étant formé par l'union de deux équivalents d'hydrogène avec un radical hypothétique appelé *ferrocyanogène*, et dont la formule est Cy^3 Fe. Les cyanoferrures alcalins et terreux sont solubles dans l'eau; les autres sont insolubles. Ils sont colorés ou incolores, inodores, insipides et non vénéneux, en quoi ils diffèrent beaucoup des cyanures simples, généralement très actifs sur l'économie animale. Les acides les décomposent lentement; ils supportent l'action de la chaleur, lorsqu'ils sont à l'abri de l'air ; cependant l'un des cyanures est toujours décomposé. Ils ont beaucoup de tendance à s'unir entre eux, ainsi qu'aux composés binaires des métaux. Le fer, dans ces composés, n'est plus sensible à ses réactifs ordinaires. Le plus important des ferrocyanures est le cyanure jaune de potassium et de fer. *V*. Cyanures.

CYANOGÈNE, s. m., de κυανός, bleu, et γεννάω, j'engendre. *Azoture de carbone*. Az. C. $=$Cy. Ce composé binaire remarquable a été découvert en 1815 par Gay-Lussac; il forme le radical du bleu de Prusse, d'où lui vient son nom, et celui de l'acide cyanhydrique. Quoique composé, le cyanogène se comporte dans ses combinaisons comme un corps simple, et présente beaucoup d'analogie, sous ce rapport, avec les *chloroïdes*, à côté desquels il doit être placé. Il n'existe pas dans la nature; mais il prend facilement naissance, quand on traite les substances organiques par le feu, en présence des bases alcalines. On le prépare dans les laboratoires en traitant par la chaleur, dans un ballon muni d'un tube de dégagement, du cyanure de mercure. Le produit doit être recueilli sur la cuve hydrargiro-pneumatique. Le cyanogène est un gaz coërcible, incolore, d'odeur de kirsch, de saveur piquante et d'une densité de 1,86. Chauffé à une haute température, il se décompose; impropre à la combustion et à la respiration, le cyanogène brûle au contact de l'air avec une belle flamme bleue-pourpre caractéristique, et produit de l'acide carbonique et de l'azote; refroidi à — 20°, ou comprimé par la pression de quatre à cinq atmosphères, il se liquéfie. L'eau dissout quatre à cinq fois son volume de ce gaz et acquiert une saveur piquante et poivrée; l'éther et l'essence de térébenthine en prennent autant; mais l'alcool en dissout 23 fois son volume. En général ces dissolutions s'altèrent rapidement. Le cyanogène, mélangé à l'air ou à l'oxygène détone et produit de l'acide carbonique. Il s'unit à la plupart des corps simples métalloïdes ou métalliques et donne naissance à des composés plus ou moins importants. A l'état de pureté le cyanogène n'a aucun usage.

CYANOSE, s. f., de κυάνωσις, teinte bleue, de κυανός, bleu ; état pathologique observé

avec un peu moins d'activité ; il lui est cependant préférable comme plus facile à conserver, à peser et à administrer aux animaux. On le donnera à l'intérieur, en solution dans l'eau, à la dose de 1 à 5 grammes aux grands animaux et à celle de 5 à 25 centigrammes aux petits. A l'extérieur, on peut en faire des frictions sur le trajet des nerfs douloureux, sur les paupières, dans l'amaurose commençante, etc. A l'intérieur, il a été préconisé par Lafore, contre le tétanos essentiel ; il peut convenir aussi contre l'épilepsie, la chorée, le vertige, etc.

CYANURE DE ZINC. Zn Cy. On obtient ce cyanure en traitant l'acétate de zinc par l'acide cyanhydrique. Il est solide, amorphe, incolore, inodore, insipide, insoluble dans l'eau et dans l'alcool, soluble dans l'ammoniaque, décomposable par l'acide chlorhydrique, qui en dégage de l'acide cyanhydrique et forme du chlorure de zinc. — *Pharmacol.;* médicament *antinévralgique* et *vermifuge* inusité en médecine vétérinaire.

CYANURIQUE, *V.* ACIDE.

CYATHIFORME, adj., *cyathiformis;* en forme de cône renversé.

CYCADACÉES, s. f., *Cycadaceæ;* famille de plantes dicotylédones, exotiques, ressemblant aux Palmiers par le port, et aux Conifères par la structure de l'embryon et la disposition des fleurs. Genres : *Zamia, Cycas.*

CYCLAME, s. m., *Cyclamen,* T.; genre de la famille des Primulacées. Les cyclames sont désignés vulgairement sous le nom de *pain de pourceaux,* à cause de la forme de leurs racines ; elles sont grosses, aplaties, tubéreuses, et ressemblent grossièrement à un pain. Ces racines sont irritantes et purgatives. Plusieurs cyclames sont cultivés comme plantes d'ornement. L'espèce la plus commune est le C. d'Europe, *C. Europœum.*

CYCLANTHACÉES, s. f., *Cyclanthaceæ;* petite famille de plantes monocotylédones, voisine des Pandanées, avec lesquelles elle est même confondue par quelques botanistes. Elle renferme les genres : *Cyclanthus, Phytelephas, Carludovica.*

CYCLE, s. m., *Cyclus,* de χυχλος, cercle; ligne spirale entre deux feuilles qui se correspondent exactement sur une tige ou un rameau. — Le cycle comprend un ou plusieurs tours de spirale, et un nombre de feuilles toujours le même dans une espèce donnée. *V.* PHYLLOTAXIE.

CYCLOCÉPHALE, s. et adj., *Cyclocephalus,* de χυχλος, globe, ωψ, œil, et χεφαλη, tête; genre de monstres cyclocéphaliens caractérisés par deux yeux contigus ou un œil double occupant la ligne médiane, et un appareil nasal atrophié, sans trompe.

CYCLOCÉPHALIE, s. f., *Cyclocephalia;* état des monstres cyclocéphales.

CYCLOCÉPHALIENS, s. et adj. m. pl. : famille de monstres chez lesquels l'appareil nasal, plus ou moins complètement atrophié, laisse se rapprocher vers la ligne médiane les appareils de la vision imparfaitement conformés, qui, presque toujours, viennent se confondre en un seul. La région maxillaire présente toujours chez ces monstres des anomalies plus ou moins importantes. M. I. Geoffroy-Saint-Hilaire a divisé les cyclocéphaliens en cinq genres, qui sont les suivants : *Ethmocéphale, Cébocéphale, Rhinocéphale, Cyclocéphale, Stomocéphale.*

CYCLOSE, s. f., *V.* CIRCULATION.

CYGNE, s. m., *Cygnus;* genre d'oiseaux de l'ordre des palmipèdes, ayant pour caractères distinctifs un cou long et replié en arc, un bec aussi large en avant qu'en arrière et plus haut que large à sa base. Ce genre nous offre deux espèces principales : le *cygne à bec rouge,* élevé en domesticité comme oiseau d'agrément, et le *cygne à bec noir,* remarquable surtout par les deux circonvolutions que sa trachée décrit dans l'intérieur du sternum avant de se rendre au poumon.

CYLINDRACÉ, CYLINDROIDÉ, adj., *cylindraceus, cylindroïdes, teres;* en forme de cylindre.

CYLINDRIQUE, adj., *cylindricus;* qui a la forme d'un cylindre, ex. : *os cylindrique, tige cylindrique,* etc.

CYLINDROIDE, adj., *cylindroïdes;* qui se rapproche de la forme d'un cylindre. — *Protubérances cylindroïdes :* nom donné aux cornes d'ammon, *V.* CORNE.

CYLLOSOME, s. et adj., *Cyllosomus:* de χυλλος, boiteux, et σωμα, corps; genre de monstres célosomiens présentant les caractères suivants : éventration latérale occupant principalement la région inférieure de l'abdomen ; absence ou développement très imparfait du membre abdominal correspondant à l'éventration.

CYLLOSOMIE, s. f., *Cyllosomia;* état des monstres cyllosomes.

CYME, s. f., *Cyma;* inflorescence définie, dans laquelle chaque rameau se termine par une fleur, après avoir fourni ou non à l'aisselle des feuilles un rameau secondaire qui se termine également par une fleur. Ici, l'anthèse commence toujours par les fleurs centrales ; l'inflorescence est par conséquent centrifuge. La cyme peut être dichotome, trichotome, scorpioïde, contractée, etc.

CYNAPINE, s. f.; ce principe se rencontrerait, selon Ficinus, dans l'*æthusa cynapium.* Il est solide, en prismes rhomboïdaux, d'une réaction alcaline, donnant un sel cristallisable avec l'acide sulfurique. Soluble dans l'eau et l'alcool, la cynapine est insoluble dans l'éther.

CYNAROCÉPHALES, s. f., *V.* CARDUACÉES.

CYNIQUE, adj., de χυων, chien. *Spasme* ou *convulsion cynique :* convulsion des muscles, qui tire la face de côté ou qui contracte les lèvres et découvre les dents comme dans le chien qui est irrité.

Cyanure jaune de fer et de potassium. 2 K Cy, Fe Cy, + 3 H O. *Cyanoferrure ou ferrocyanure de potassium.* Ce composé peut se préparer par plusieurs procédés : 1° en traitant une solution de cyanure de potassium par le sulfate de fer; 2° en décomposant au rouge, en présence du fer, par le carbonate de potasse, les matières animales azotées, desséchées et carbonisées; 3° en faisant passer un courant d'air désoxygéné sur un mélange de carbonate de potasse et de charbon de bois, chauffé au rouge, et en traitant le produit de cette réaction par le carbonate ou l'oxyde de fer, etc. — Le cyanure de fer et de potassium est solide, en prismes à 4 faces courtes, tronqués sur les arêtes et les angles, ou en tables, d'un beau jaune citron, inodore, d'une saveur d'abord douce, puis amère, et d'une densité de 1.83. — Chauffé à 100°, il perd ses trois équivalents d'eau; à une température plus élevée et à l'abri de l'air, il se décompose en cyanure de potassium, carbure de fer et azote; au contact de l'air il se transforme en cyanate. — Inaltérable à l'air froid, il se dissout dans quatre parties d'eau froide et deux parties d'eau bouillante; il est insoluble dans l'alcool. Les alcalis et les acides ne l'altèrent pas à froid; à chaud l'acide sulfurique en dégage de l'acide cyanhydrique. — Ce composé est fréquemment employé dans les laboratoires, comme réactif, pour distinguer les bases des quatre dernières sections, avec lesquelles il forme des composés colorés caractéristiques; dans les arts, il est employé en teinture et pour la fabrication du bleu de Prusse. — *Pharmacologie.* Le cyanure jaune de fer et de potassium agit comme purgatif sur le tube intestinal, mais il est peu usité, même chez l'homme.

Cyanure rouge de fer et de potassium. K³ Cy, Fe² Cy³. *Cyanoferride de potassium* ou *cyanoferrure de potassium.* On l'obtient en traitant par le chlore une dissolution de cyanure jaune de fer et de potassium, en essayant la liqueur, jusqu'à ce qu'elle cesse de précipiter en bleu les sels de peroxyde de fer; on concentre et on refroidit les liqueurs jusqu'à cristallisation. Ce sel est solide, en prismes rhomboïdaux transparents, d'un beau rouge orangé, dépourvus d'eau. Chauffé, ce sel se décompose, comme le précédent; à une douce chaleur, il revient à l'état de cyanure jaune; l'acide sulfurique et plusieurs métaux lui font éprouver le même changement; enfin, exposé à la flamme d'une bougie, ce sel brûle en projetant des étincelles. Inaltérable à l'air, ce composé est peu soluble dans l'eau froide et l'alcool, mais très soluble dans l'eau chaude. — Ce cyanure est employé comme réactif dans les laboratoires, et comme matière colorante dans l'industrie.

Cyanure de mercure. Hg Cy. *Prussiate de mercure.* Ce composé haloïde, formé de cyanogène et de mercure, n'existe pas dans la nature; on le prépare artificiellement par plusieurs procédés : 1° on fait agir l'acide cyanhydrique sur le bioxyde de mercure; 2° on fait bouillir 2 p. de bleu de Prusse, 1 p. d'oxyde de mercure et 8 p. d'eau; on filtre ensuite la liqueur et on la concentre jusqu'à ce qu'elle cristallise; 3° on soumet à l'ébullition 2 p. de cyanure jaune de fer et de potassium, 3 de sulfate de deutoxyde de mercure, dans 15 p. d'eau; on filtre et on concentre jusqu'à cristallisation. — Le cyanure de mercure est solide, en cristaux prismatiques, quadrangulaires, tronqués très obliquement, opaques ou transparents; incolore, inodore, ce sel a une saveur âcre et styptique, comme celle des autres composés mercuriels. — Chauffé doucement, il se décompose entièrement en cyanogène et mercure. Peu soluble dans l'alcool, il se dissout facilement dans l'eau, surtout lorsqu'elle est bouillante. Tous les hydracides le décomposent en dégageant de l'acide cyanhydrique; les oxydes et les alcalis ne l'altèrent pas sensiblement à froid. — *Pharmacol.* Ce composé est un agent toxique très énergique; il serait transformé dans le tube digestif, d'après Mialhe, en sublimé corrosif et acide cyanhydrique. Il doit être administré avec beaucoup de prudence. Ses effets généraux sont les mêmes que ceux des autres composés mercuriels, c'est-à-dire *fondants* et *spoliatifs.* C'est un médicament peu usité en médecine vétérinaire.

Cyanure de Potassium. K. Cy. *Prussiate, cyanhydrate de potasse.* — Ce composé n'existe pas dans la nature; mais il prend facilement naissance, quand on calcine à l'air le carbonate de potasse mélangé au charbon. On peut l'obtenir par plusieurs procédés : 1° en faisant passer un courant d'acide cyanhydrique dans une solution alcoolique de potasse; 2° en calcinant dans une cornue le cyanure jaune de potassium et de fer, reprenant le résidu par l'eau, filtrant et concentrant jusqu'à cristallisation. — Le cyanure de potassium est solide, cristallisé en cubes ou amorphe, incolore, inodore ou sentant les amandes amères, selon qu'il est récent ou ancien; sa saveur est âcre, alcaline et amère. — Chauffé à l'abri de l'air, il ne s'altère pas, et fond en un liquide transparent et incolore; au contact de l'air, il se transforme en cyanate. Exposé à l'air, il s'altère en attirant l'humidité et l'acide carbonique, et répand des vapeurs d'acide cyanhydrique. Peu soluble dans l'alcool absolu, soluble dans l'alcool étendu et dans l'eau, les solutions qui en résultent sont très altérables à l'air; elles laissent échapper de l'acide prussique et se changent en carbonate de potasse. Les acides le décomposent facilement, et les alcalis à l'aide de la chaleur, le transforment en ammoniaque et en formiate de potasse. Il dissout la plupart des cyanures métalliques, avec lesquels il forme des composés doubles; il dissout également les oxydes, qu'il peut réduire tous à l'aide d'une haute température. — *Pharmacol.* Le cyanure de potassium agit sur l'économie animale à la manière de l'acide cyanhydrique, mais

la vessie, les efforts des grands animaux pour le tirage, l'abus des diurétiques, les métastases, les opérations dans le voisinage de la vessie, une nourriture échauffante, etc. Les symptômes sont le besoin fréquent d'uriner, la douleur de l'hypogastre développée par la pression ; l'animal éprouve des coliques, accompagnées même d'accès de fureur. Il y a émission des urines, qui sont tantôt troubles et sédimenteuses, tantôt rougeâtres ; elles s'écoulent difficilement, goutte à goutte. *V.* HÉMATURIE, ISCHURIE, DYSURIE, STRANGURIE. La fièvre de réaction devient intense, le corps est baigné de sueur. Comme terminaisons, l'on observe la résolution, la paralysie, la gangrène, la rupture de la vessie, l'induration. Dans le cas de rupture, le malade paraît être soulagé ; mais il succombe bientôt à des coliques intenses. Les désordres cadavériques consistent surtout en des changements dans la couleur et la texture des membranes vésicales. Le traitement doit être antiphlogistique ; il consiste principalement dans l'usage des saignées répétées, des lavements émollients, des boissons mucilagineuses, des fomentations, du sachet sur les lombes. On s'assure de l'état de la vessie en fouillant l'animal, si son volume le permet ; dans le cas de plénitude, on favorise l'écoulement des urines par l'emploi de la sonde. — *Cystite chronique.* On la confond avec le *catarrhe chronique.* C'est un état consécutif à plusieurs altérations de la vessie ou de l'appareil urinaire, dans lequel les urines présentent des qualités fort variables. Le vésicatoire sur la région lombaire est employé avec avantage dans les grands animaux pour remédier à cet état. — *Cystite des bêtes à laine.* Dans quelques contrées du midi, les moutons sont fréquemment atteints d'une inflammation de la vessie, qu'on nomme *genestade,* parce qu'on l'attribue à l'usage des pousses du genet d'Espagne. Cette affection est redoutable ; elle fait périr un cinquième des animaux qu'elle atteint. On la guérit par les moyens recommandés contre la cystite aiguë ordinaire.

CYSTITOME, s. m., de κυστις, vessie, et τεμνω, je coupe, *V.* CYSTOTOME.

CYSTOCÈLE, s. f., de κυστις, vessie, et κηλη, hernie ; hernie de la vessie. Ce déplacement s'effectue le plus souvent à travers l'anneau inguinal, quelquefois par le canal crural, et plus rarement encore à travers le périnée. On distingue, sous ce rapport, la *cystocèle inguinale* ou *cysto-bubonocèle,* la *cystocèle crurale* ou *cysto-mérocèle,* et la *cystocèle périnéale.* Dans les femelles, on observe la *cystocèle vaginale.* Enfin, la vessie peut passer à travers une ouverture accidentelle du ventre ; c'est la *cystocèle ventrale.* Il y a *cysto-entérocèle, cysto-épiplocèle* ou *cysto-entéro-épiplocèle,* suivant que la vessie est suivie d'une anse d'intestin, d'une partie de l'épiploon, ou des deux à la fois. Ces accidents sont très rares chez les animaux ; on

les rencontre quelquefois, surtout dans l'espèce du chien. — Les causes sont : le relâchement de la poche urinaire, la compression de la vessie, dans les femelles, par les produits de la conception. — Une tumeur indolente se montre dans la région de la vessie ; elle est alternativement petite ou volumineuse, dure ou molle, suivant qu'elle est plus ou moins distendue par l'urine. La pression de cette tumeur provoque le besoin d'uriner ; quand l'émission des urines s'est effectuée, le toucher ne découvre plus qu'une petite masse de membranes épaissies. La *cystocèle inguinale* est seule susceptible d'étranglement : on remarque alors de violentes coliques accompagnées d'envies fréquentes d'uriner. — Les indications à remplir sont semblables à celles des autres hernies, mais il n'est pas toujours possible de les satisfaire. La réduction est bientôt rendue impossible par la rapidité avec laquelle des adhérences s'établissent. En médecine humaine, on a souvent recours à l'emploi de bandages, qui ne sont d'aucune utilité pour les animaux. Si la tumeur est trop distendue par l'urine, il faut pratiquer la ponction. Une incision est nécessaire pour retirer les calculs qui compliquent la cystocèle. Ces différents moyens ont quelque succès dans les carnivores ; on ne les met pas en usage dans les grands animaux, pour qui la mort est bientôt la conséquence de cet accident.

CYSTODYNIE, s. f., de κυστις, vessie, et οδυνη, douleur ; souffrance dans la vessie. Synonyme de *cystalgie* et de *cystopathie.*

CYSTOHÉMIE, s. f., de κυστις, vessie, et αιμα, sang ; congestion sanguine de la vessie.

CYSTOÏDE, adj., de κυστις, vessie, et ειδος, forme ; qui a la forme d'une vessie. Nom donné par Rudolphi aux entozoaires composés d'une vessie avec appendices pourvus de trompes, sans apparence de tube digestif ; ce sont les *cysticerques,* les *cœnures,* les *échinocoques.* — Ces vers sont encore appelés *cystiques.*

CYSTOLITHIQUE, adj. des deux genres, de κυστις, vessie, et λιθος, pierre ; qui concerne la formation de la pierre ou des calculs dans la vessie.

CYSTOMÉROCÈLE, s. m., de κυστις, vessie, μηρος, cuisse, et κηλη, tumeur ; hernie crurale de la vessie.

CYSTOPHLEXIE, s. f., de κυστις, vessie, et φλεξις, ardeur ; inflammation de la vessie.

CYSTOPHLOGIE, s. f., de κυστις, vessie, et φλοξ, φλογος, flamme ; inflammation de la vessie.

CYSTOPLÉGIE, s. f., de κυστις, vessie, et πλησσω, je frappe ; paralysie de la vessie.

CYSTOPTOSE, s. f., de κυστις, vessie, et πτωσις, chute ; relâchement de la membrane interne de la vessie, avec prolapsus à travers le col de l'organe.

CYSTOPYIQUE, adj. des deux genres, de κυστις, vessie, et πυον, pus ; qui a rapport à la suppuration de la vessie.

CYNOGLOSSE, s. f., *Cynoglossum*, L. ; de κυων, chien, et γλωσσα, langue : genre assez nombreux de la famille des Borraginées. La principale espèce, la **C.** officinale, **C.** *officinale*, langue de chien, est employée comme émolliente et diurétique. Sa racine passe pour antispasmodique.

CYNOREXIE, s. f., de κυων, chien, et ορεξις, faim, appétit ; faim canine. C'est un état pathologique caractérisé par une faim excessive, suivie de vomissement dès qu'elle a été satisfaite ; la cynorexie est un symptôme de gastrite.

CYPÉRACÉES, s. f., *Cyperaceæ ;* famille de plantes herbacées, monocotylédones, ayant pour caractères généraux : fleurs unisexuées ou hermaphrodites, réunies en épillets écailleux ou en petits épis, composées chacune d'une écaille portant à son aisselle deux ou trois étamines à filet capillaire, un ovaire uniloculaire, monosperme, un style terminé par deux ou trois stigmates allongés et velus ; ovaire souvent entouré de soies hypogynes, d'écailles simulant un périanthe, ou d'un disque hypogyne ; akène de forme diverse, nu ou enveloppé dans une sorte de capsule ; embryon minime avec endosperme farineux. Les cypéracées sont des herbes à tige sans nœuds et ordinairement triangulaire, à feuilles étroites, pourvues de gaines entières. Elles font partie de toutes les prairies basses, humides, et donnent un fourrage dur, coriace, peu nutritif et généralement dédaigné des bestiaux, même lorsqu'il est vert. Elles se rapprochent beaucoup des Graminées. Les espèces de la famille des Cypéracées sont nombreuses ; elles ont été réparties par Kunth dans les six tribus suivantes : les Cypérées ; genres : *Cyperus*, *Mariscus*, etc.; les Scirpées; genres: *Scirpus*, *Eleocharis*, etc. ; les Hypolythrées; genres: *Hypolythrum*, *Lipocarpha* ; les Rhincosporées ; genres ; *Rhincospora*, *Schœnus*, etc. ; les Scláriées : genres: *Scleria*, *Becquerelia*, etc. ; les Caricinées; genres : *Carex*, *Uncinia*.

CYPRÈS, s. m., *Cupressus*, L. ; genre de la famille des Conifères. Il ne renferme que des arbres. Quoique appartenant aux grandes espèces résineuses, le cyprès est une plante du midi ; il y prend quelquefois des dimensions considérables, et vit de longues années. Les anciens en avaient fait l'image de la mort. Le fameux cyprès chauve, observé dans le Mexique, dont le tronc avait 5ᵐ 79 de circonférence, et auquel on attribuait une durée de 4,000 ans, appartient au genre Taxodium.

CYPSÉLE, *V.* Carcérulaire.

CYRTANDRACÉES, s. f., *Cyrtandraceæ ;* famille de plantes dicotylédones, exotiques, établie par Jack, et admise par de Jussieu. Genre principal : *Cyrtandra*.

CYSTALGIE, s. f., de κυστις, vessie, et αλγος, douleur ; douleur de la vessie.

CYSTENCÉPHALE ; synonyme de *thlipsencéphale*. (*V.* ce mot).

CYSTICERQUE, s. m., *Cysticercus*, de κυστις, vessie, et κερκος, queue ; genre de vers intestinaux, dont le corps forme une vessie pleine de sérosité limpide, et qui sont munis d'une tête garnie de quatre suçoirs. Le genre *cysticerque* comprend trois espèces : 1° le cysticerque fistulaire, *C. fistularius*, dont la tête est tétragone, le corps court et cylindrique ; 2° le cysticerque à long cou, *C. longicollis*, dont la tête tétragone présente une trompe ronde, épineuse, et le corps est très court ; 3° le cysticerque celluleux, *C. cellulosus*, celui qu'on rencontre dans le tissu cellulaire du porc atteint de *ladrerie*. Ce ver a la tête tétragone, munie de quatre suçoirs et de trente-deux crochets divisés en deux rangées.

CYSTIDE, s. f., de κυστις, vessie ; organe celluleux analogue à l'anthéridie, mais dont les fonctions sont peu connues.

CYSTIPATHIE, s. f., de κυστις, vessie, et παθος, souffrance ; maladie de la vessie accompagnée de douleur ; ce terme est employé d'une manière générale.

CYSTINE, s. f., *Cystina*, de κυστις, vessie ; néphrine, oxyde cystique. C^{12} Az^2 H^{14} O^4 S^2. Principe particulier découvert par Wollaston dans certains calculs vésicaux de l'homme. La cystine se forme dans les reins et existe dans l'urine, mais en très petite quantité ; on l'obtient en traitant les calculs qui en contiennent par l'ammoniaque, abandonnant la solution à l'évaporation spontanée ; la cystine se dépose. Elle est solide, en lames rhomboïdales, blanche, inodore, insipide, insoluble dans l'eau et l'alcool, soluble dans les alcalis et les acides : chauffée elle donne des produits ammoniacaux et un charbon spongieux, et dégage, lorsqu'on la projette sur les charbons ardents, une odeur alliacée particulière. — La cystine se combine aux acides et donne des composés cristallisés.

CYSTIQUE, adj., *cysticus*, de κυστις, vessie, vésicule; qui appartient à la vésicule biliaire. *Bile cystique* : bile contenue dans la vésicule. *Canal* ou *conduit cystique* : conduit étroit existant entre la vésicule biliaire, et le canal hépatique, avec lequel il se réunit pour former le canal cholédoque. *Fossette cystique* : légère dépression du foie, logeant une partie de la vésicule biliaire. *Vaisseaux cystiques :* ramuscules artériels et veineux appartenant à la vésicule.

CYSTIRRHAGIE, s. f., de κυστις, vessie, et ρηγνυμι, je romps ; hémorrhagie de la vessie.

CYSTIRRHÉE, s. f., de κυστις, vessie, et ρεω, couler ; catarrhe de la vessie.

CYSTITE, s. f. de κυστις, vessie; inflammation de la vessie. Ce mot désigne l'inflammation de toutes les membranes de cet organe ; la phlegmasie de la muqueuse est appelée *catarrhe de la vessie*. On observe cette maladie plus souvent sur les mâles que sur les femelles ; elle est *aiguë* ou *chronique.* — *Cystite aiguë*. Elle est produite par un coup, une chute sur le ventre, la présence d'un calcul, le séjour trop prolongé de l'urine dans

D

DACRYADÉNITE, s. f., de δακρυον, larme, et, αδην, glande ; inflammation de la glande lacrymale.

DACRYCYSTALGIE, s. f. de δακρυον, larme, κυστισ, sac, vessie, et αλγος, douleur ; douleur du sac lacrymal.

DACRYNOME, DACRYOME, s. m., de δακρυω, je pleure; écoulement des larmes causé par l'oblitération des points lacrymaux.

DACRYOLITHE, s. m., de δακρυον, larme, et λιθος, pierre : calcul lacrymal.

DACRYOPÉE, s. f., de δακρυω, je pleure, et ωψ, œil; substance qui augmente le larmoiement.

DACTYLE, s. m., *Dactylis*, L.; genre de la famille des Graminées, voisin des Brômes. Il a pour caractères : Glume multiflore à deux valves, glumelle à deux valves courbées comme celles de la glume, en carène, l'une d'elles portant une arête courte; fleurs en panicule courte, serrée et dirigée d'un seul côté; épillets tri ou quadri-flores. Ce genre ne renferme qu'une espèce, le D. pelotonné, *D. glomerata*, commun dans les prés et très propre à faire, seul ou mélangé avec d'autres graminées, des prairies artificielles d'un excellent rapport. Le dactyle pelotonné est vivace; il croit à toutes les expositions et dans toutes sortes de terrains. Il doit être mangé en vert, car son fourrage sec est dur et fade. Cette plante est recherchée par tous nos herbivores domestiques ; elle pousse vite, et peut être broutée ou fauchée. Ses touffes larges, résistent à la dent et s'étendent, lorsqu'on les coupe très près de terre.

DACTYLITE, s. f., de δακτυλος, doigt; inflammation, du doigt. *panaris*. (*V.* ce mot.)

DAGUERRÉOTYPE. *V.* PHOTOGRAPHIE.

DAHLIA, s. m., *Dahlia*, Cav.; genre de plantes de la famille des Composées, tribu des Astérées ou Radiées, originaires du Mexique, et cultivées en France comme plantes d'ornement. Le Dahlia est remarquable par la hauteur de ses tiges herbacées, et la beauté de ses fleurs; aussi a-t-il beaucoup exercé, dans ces derniers temps, l'industrie des jardiniers fleuristes. Sa multiplication se fait par semis, par boutures et par tubercules. Ses variétés sont très nombreuses, et rien n'est plus divers que les nuances qui les caractérisent. Le tubercule du Dahlia est féculent ; il renferme une matière analogue à l'Inuline.

DAHLINE, s. f.; principe féculent découvert par Payen dans les tubercules du *Dahlia*. C'est une substance solide, en poudre très fine, blanche, inodore, insipide, soluble dans l'eau, plus à chaud qu'à froid, insoluble dans l'alcool concentré, fermentescible sous l'influence de la levure, etc. La dahline paraît avoir beaucoup d'analogie avec *l'Inuline* (*V.* ce mot.)

DAMASSÉ,ÉE, adj.; *Acier damassé;* variété d'acier employée en Orient et surtout à Damas, pour la fabrication des armes blanches; on l'appelle encore acier *Wootz* ou *Indien.* Il a pour caractère principal de présenter un beau moiré métallique, lorsqu'on décape sa surface avec de l'eau acidulée. *V.* ACIER.

DANSE DE ST-GUY. *V.* CHORÉE.

DANOIS (cheval.) Le Danemarck possède une population chevaline assez nombreuse, inégalement répartie dans ses iles et provinces, et appartenant à des races d'origine et de conformation différentes. La race qui doit prendre le nom de Danoise est celle qui habite l'île de Séeland. Riquet lui attribue les caractères suivants : formes gracieuses, tête belle, bord refoulé du maxillaire un peu prononcé, encolure assez bien, courte et droite, cadre bon, côte ronde, tempérament robuste, allures bonnes, beaucoup de fond, peu de taille. On peut conclure, en voyant ce tableau, que le portrait que l'on trace habituellement du cheval danois appartient plutôt aux chevaux du Schleswig et du Holstein. Au reste, l'emploi des étalons anglais et arabes tend à modifier là, comme ailleurs, les caractères des races chevalines.

DAPHNACÉES, *V.* THYMÉLÉES.

DAPHNÉ, *V.* DAPHNACÉES.

DAPHNINE, s. f.; principe neutre, non azoté, découvert par Vauquelin dans l'écorce de plusieurs variétés de garou. (*Daphne mezereum, D. alpina.*) On l'obtient en traitant la teinture alcoolique de cette écorce par l'acétate de plomb, décomposant par l'acide sulfhydrique, reprenant par l'eau et concentrant la liqueur pour faire cristalliser. La Daphnine est solide, en cristaux incolores, groupés en aigrette, inodore, d'une saveur amère et âcre, peu soluble dans l'eau froide, plus soluble dans l'eau chaude ainsi que dans l'alcool et l'éther, volatile et décomposable. Elle ne se combine pas aux acides ; les alcalis la colorent en jaune et l'acide azotique la transforme en acide oxalique. La Daphnine ne paraît pas avoir de propriétés irritantes bien marquées ; elle n'est donc pas le principe actif de l'écorce de garou; ce serait, d'après Vauquelin, un principe huileux, d'un jaune doré, volatil, incristallisable, épispastique, très âcre et devenant résineux par les progrès de la végétation.

DARTOIQUE, adj.; de la nature du dartos : tissu très élastique, intermédiaire entre le tissu fibreux jaune et le tissu musculaire, participant de ce dernier par une contractilité très apparente. Ce tissu forme le dartos, et se retrouve autour de la plupart des canaux, dans lesquels il favorise par sa contraction le cours des liquides.

DARTOS, s. m., δαρτος, de δερω j'écorche;

CYSTOSARCOME, s. m., de κυστις, vessie, et σαρξ, chair; dégénérescence charnue des membranes de la vessie.

CYSTOSOMATOTOMIE, s. f., de κυστις, vessie, σωμα, corps, et τομη, action de couper; incision du corps de la vessie.

CYSTOSPASTIQUE, adj., de κυστις, vessie, et σπαω, je resserre; qui tient au resserrement, au spasme de la vessie.

CYSTOSTÉNOCHORIE, s. f., de κυστις, vessie, et στενοχωρεω, je resserre; épaississement des membranes qui diminue la capacité de la vessie.

CYSTOTOME, s. m., de κυστις vessie, et τεμνω, je coupe; nom donné à plusieurs instruments usités dans l'opération de la taille sur l'homme pour inciser la vessie. Ces instruments ne sont pas employés pour le cheval; on les remplace par le bistouri droit que l'on introduit dans le canal de l'urètre à l'aide de la sonde cannelée, quand on veut atteindre le col vésical.

CYSTOTOMIE, s. f., *Cystotomia*; opération qui consiste à pénétrer dans la vessie à travers les tissus, pour extraire les corps étrangers ou les calculs qu'elle contient. Synonymie: *Lithotomie, taille, urétrotomie, urétrocystotomie.—Cystotomie du cheval.* Elle expose les malades à des dangers fréquemment mortels. On la pratique par le rectum, sur le contour de l'urètre ou sur le périnée : 1° *Cystotomie recto-vésicale.* Elle consiste à inciser le rectum pour pénétrer dans la vessie. Conseillée par Végèce et par Chabert, cette méthode expose trop à l'épanchement de l'urine dans le péritoine, accident toujours mortel; 2° *Cystotomie urétrale.* Elle offre plusieurs procédés. Fromage de Feugré se servait d'un cathéter, du lithotome caché, du bistouri et des tenettes; le cathéter introduit dans l'urètre servait par sa cannelure à diriger le bistouri dans l'incision de ce canal. Girard, voulant éviter les accidents causés par l'introduction du cathéter dans le canal de l'urètre, a proposé les injections d'eau tiède pour le dilater. Il pratiquait l'incision latérale et oblique sur le contour de l'ischium, pour éviter les artères bulbeuses et le ligament suspenseur de la verge. On opère l'animal debout, après avoir fixé à ses membres postérieurs les entravons dont le lacs vient s'arrêter autour de l'encolure. Des aides retirent le pénis du fourreau et procèdent à quelques injections d'eau tiède dans le canal de l'urètre, que l'opérateur incise pour frayer un passage suffisant aux tenettes. Ce procédé a été longtemps enseigné dans les Écoles vétérinaires; aujourd'hui l'on préfère le suivant : 3° *Cystotomie périnéale.* Comme dans la méthode précédente, on dilate le canal de l'urètre par des injections; mais on pratique l'incision en dessous du rectum dans le milieu du périnée, au-dessus du point d'anastomose des artères bulbeuses, que l'on évite facilement. On pénètre ainsi dans le col de la vessie et l'on peut retirer des calculs fort volumineux. Avant et après l'opération, le cheval ne demande pas des soins trop minutieux; on abandonne la plaie aux soins de la nature. Les exemples de cystotomie nécessitée par des calculs dans le cheval, sont assez rares. — *Cystotomie de la jument.* On extrait la pierre en dilatant le canal de l'urètre par des injections; quand elles ne suffisent pas, on se borne à une simple incision de l'urètre suivant le plan médian, avec un bistouri droit. — *Cystotomie dans le bœuf.* On distingue deux procédés. La cystotomie *ischiale* consiste à opérer comme pour le cheval sur le périnée, immédiatement au-dessous du rectum. La cystotomie *scrotale* ou mieux *urétrotomie* est l'incision du canal de l'urètre pour extraire les calculs que ce conduit renferme.

CYTINACÉES, s. f., *Cytinaceæ*; famille de plantes dicotylédones, généralement parasites, ayant de l'analogie avec les Orobanches par leurs tiges aphylles, couvertes d'écailles, et habitant principalement l'Inde et les îles voisines de Java. Genres: *Cytinus, Hypolipis,* etc.

CYTISE, s. m., *Cytisus*, L.; genre assez nombreux de la famille des Légumineuses. Plusieurs espèces de ce genre croissent en France et pourraient être cultivées en vue de l'alimentation des bestiaux. L'effeuillement ne paraît pas nuisible à ces plantes. L'espèce la plus grande et la plus commune dans nos contrées est le C. faux ébénier, *C. laburnum;* c'est une jolie plante d'ornement. Son bois est dur, veiné de vert, et susceptible de prendre un beau poli.

CYTISINE, s. f.; principe particulier, vert jaunâtre, amorphe, très amer, qu'on obtient en traitant par l'alcool les graines du faux ébénier (*Cytisus laburnum*). La cytisine, très voisine de la *Cathartine*, détermine des vertiges et des vomissements (Chevalier et Lassaigne).

CYTOBLASTE, s. m., de κυτος, cavité, et βλαστος, germe; corps lenticulaire ou sphérique, que le microscope fait apercevoir dans la cellule à noyau ; c'est le *noyau* ou *nucleus* de R. Brown, le *Phacocyste* de Decaisne. Le cytoblaste est tantôt unique, plus rarement multiple dans la cellule; il est ordinairement attaché à la face interne : quelquefois, peut-être, avant la formation de la cellule, il semble déposé dans le cytoblastème. Il renferme les *nucléoles,* quand ceux-ci existent. Schleiden a fait jouer au cytoblaste un rôle important dans la formation des cellules.

CYTOBLASTÈME, s. m., de κυτος, cavité, et βλαστημα, bourgeon; matière amorphe dans laquelle se développent le cytoblaste et les cellules.

giques et directs ; les émollients et les contre-stimulants sont aussi des débilitants très efficaces dans la plupart des maladies inflammatoires ; il en est de même des diverses classes d'évacuants, tels que les purgatifs, les diurétiques, les sudorifiques. Enfin, lorsque les forces sont accrues par une excitation morbide du système nerveux, les débilitants les plus efficaces sont les antispasmodiques, les anodins et surtout les narcotiques, *V.* Émollient et Antiphlogistique.

DÉBILITÉ, s. f., *Debilitas* ; affaiblissement, faiblesse.

DÉBOISEMENT, s. m. ; destruction des forêts, et principalement des forêts de montagne. Les bois exercent, sur les conditions climatériques des lieux qui les environnent, une influence heureuse, incontestable ; ils retiennent les eaux de la pluie et donnent naissance aux sources et aux rivières ; ils modèrent la violence des vents, entretiennent la fraîcheur de la terre, s'opposent à la formation des torrents et des avalanches. Le déboisement produit des effets contraires, *V.* Forêts.

DÉBORDEMENT, s. m. ; épanchement d'une rivière hors de son lit ; écoulement abondant d'humeurs : *débordement de bile.*

DÉBRIDEMENT, s. m. ; opération qui consiste à diviser les tissus qui compriment les plaies, à étendre les bords d'une solution de continuité qui donne issue à la suppuration. C'est dans le voisinage des aponévroses que le débridement est surtout utile pour éviter l'étranglement des tissus enflammés. Lorsqu'on débride, on doit inciser dans une direction parallèle aux fibres des tissus. Ce moyen chirurgical a l'avantage de produire un écoulement de sang qui soulage le malade. Il est des accidents pour lesquels le débridement est indispensable, ex. : hernies étranglées.

DÉBRIS CADAVÉRIQUES ; *Hyg.* et *Agr.* L'usage, assez généralement répandu dans les campagnes, de jeter à la voirie ou dans les rivières, les cadavres des animaux morts ou abattus pour cause de maladie, est nuisible à l'agriculture et à l'industrie ; il prive l'une d'un engrais excellent pour toutes sortes de cultures ; il enlève à l'autre des matières premières d'une utilité réelle. Dans les clos d'écarrissage bien organisés, le cadavre d'un cheval produit un rendement brut de 70 fr. ; celui d'une vache de 60 fr. Toutes les parties y sont soigneusement séparées et employées ; les os servent à fabriquer de la gélatine ou des manches d'instruments ; la peau est tannée, les crins sont convertis en bourre ; la chair est livrée à des porcs ou réduite en engrais ; les issues servent à l'éclosion des larves pour la nourriture des poules, ou entrent avec la chair et le sang dans la composition du noir animalisé ; la graisse est fondue, les tendons sont transformés en colle ; on extrait des pieds frais de l'huile propre au graissage des machines ; le sang est desséché pour la

clarification des sirops ; la corne est râpée ou travaillée, etc., etc. On peut mentionner encore, pour ordre, la moelle extraite des os, les plumes des oiseaux, etc., *V.* Écarrissage. — Débris cadavériques. *Pol. sanit. V.* Enfouissement. — Débris. *Bot.* ; parties du pétiole, ou du limbe des feuilles qui restent adhérentes à la tige après la défoliation.

DÉCA, δέκα, signifie dix dans les composés grecs : *décafide*, *décalobé*, etc.

DÉCAFIDE, adj., *decafidus ;* se dit de la corolle ou du calice, ou même d'un organe membraneux quelconque, présentant dix découpures profondes.

DÉCAGYNE, adj., *decagynus*, de δέκα, dix et γυνή, femme ; pourvu de dix pistils ou des dix styles.

DÉCAGYNIE, s. f. ; *Decagynia ;* nom de chacun des ordres établis dans les classes de Linné, comprenant les végétaux décagynes.

DÉCALOBÉ, ÉE, adj., *decalobus ;* divisé en dix lobes.

DÉCANDRE, adj., *decander*, de δέκα, dix, et ἀνήρ, mari ; se dit des plantes ou des fleurs qui ont dix étamines.

DÉCANDRIE, s. f., *Decandria ;* nom de la dixième classe du système de Linné ; elle comprend tous les végétaux décandres.

DÉCANTATION, s. f., *Decantatio*, de *de*, par, et *canthus*, goulot, bec d'aiguière ; *verser doucement par le goulot.* Opération qui consiste à séparer les liquides des dépôts solides qui se sont formés dans leur intérieur. C'est un des moyens à l'aide desquels on sépare les parties liquides et les parties solides des solutions incomplètes et troubles. On y arrive par divers procédés : le plus simple consiste à incliner doucement le vase une fois que le dépôt s'est formé, de manière à faire couler la partie limpide au-dessus des parois de ce vase et en la faisant glisser le long d'une baguette en verre ; le deuxième moyen repose sur l'emploi d'ouvertures placées à diverses hauteurs, sur un des côtés du vase, et par lesquelles s'écoule la partie claire de la solution ; le troisième consiste dans l'usage d'un siphon en verre ou en fil ; et le quatrième à enlever le liquide avec une pipette. La décantation ne donne qu'une partie du liquide de la solution ; le reste s'obtient par *filtration.* (*V.* ce mot.)

DÉCAPAGE, s. m. ; opération consistant dans l'enlèvement des impuretés qui recouvrent une surface métallique, de manière à la rendre nette et brillante. On emploie dans ce but divers dissolvants, le plus souvent acides, à cause de la nature de la couche impure à enlever et qui est généralement formée par un oxyde ou un carbonate ; le chlorhydrate d'ammoniaque, le chlorure de zinc, etc., sont aussi employés pour cet usage.

DÉCAPARTI, adj., *decapartitus ;* divisé en dix parties.

enveloppe jaune rougeâtre, élastique et contractile, située immédiatement sous le scrotum ou enveloppe cutanée des testicules. Chacun des deux testicules possède un dartos spécial, uni de la manière la plus intime avec le scrotum, et par un tissu cellulaire très lâche avec les enveloppes qu'il recouvre. Entre les deux dartos, existe un espace triangulaire dans lequel passe le corps du pénis. En avant, le dartos s'étend pour former les ligaments suspenseurs du fourreau ; sur le côté et en arrière, il s'étend en lame mince sur les muscles de la face interne de la cuisse et sur la région périnéale.

DARTRE, s. f., *Herpes;* terme générique sous lequel on a désigné pendant longtemps toutes les maladies de la peau. Aujourd'hui ce mot est peu usité. Voici la synonymie des principales affections autrefois admises sous le nom de *dartres.* 1° *Dartre furfuracée*, caractérisée par une desquamation légère, accompagnée ou non de coloration anormale; on l'observe sur les parties saillantes du corps du cheval, le front, les côtes, *V.* Pytiriasis. 2° *Dartre squameuse*, caractérisée à son début par des vésicules légères, rapprochées ou isolées, se terminant par la desquamation de l'épiderme, *V.* Eczéma. 3° *Dartre ulcérée* ou *rongeante*, ulcère rongeant qui fournit un pus fétide, s'étend aux muqueuses, aux cartilages, aux os; commune chez le chien et le chat, sur le nez, les oreilles, les lèvres, le scrotum, *V.* Lupus. 4° *Dartre crustacée*, pustules plates produisant l'exsudation d'un liquide qui recouvre la peau de croûtes irrégulières grisâtres, *V.* Impetigo. 5° *Dartre phlycténoïde*, vésicules remplies d'une sérosité ichoreuse, laissant des écailles, *V.* Herpès. 6° *Dartre pustuleuse, V.* Acné. D'autres maladies de la peau du cheval ont été considérées comme ayant le caractère dartreux ou herpétique; ce sont la crapaudine, le mal d'âne, les crevasses du genou, du jarret. Le mot *dartre* est considéré comme trop vague dans le langage médical.

DARTREUX, adj., de δαρτος, écorché, de δερω, j'écorche; qui est de la nature de la dartre.

DATISCÉES, s. f., *Datisceæ;* famille de plantes dicotylédones, diclines, formant autrefois une tribu dans la famille des Urticées. Toutes ses espèces sont des herbes annuelles, exotiques. Genres: *Tetrameles, Datisca,*etc.

DATTIER, s. m., *Phœnix,* L.; genre de la famille des Palmiers, comprenant huit ou neuf espèces toutes originaires de l'Asie ou de l'Afrique. L'espèce intéressante est le Dattier cultivé, *P. dactylifera*, L., spontané en Arabie et dans plusieurs points de l'Afrique, et cultivé dans presque toutes les contrées chaudes de l'Ancien continent, et même sur les bords de la Méditerranée et dans la Provence. La culture du Dattier exige beaucoup de chaleur et de l'humidité. Dans ce genre, les sexes sont exactement séparés sur des pieds différents. Les arbres femelles portent un fruit oblong, de la grosseur du pouce, de couleur rouge-jaunâtre, de saveur douce, sucrée, légèrement vineuse, servant à la nourriture des nombreuses populations de l'Afrique et de l'Asie. Les dattes que l'on trouve en France viennent de l'Afrique par la voie d'Alger et de Tunis. On en récolte quelques-unes en Provence. La médecine en fait usage comme émollient. On les donne aussi aux petits animaux en décoction ou coupées dans du lait.

DATURINE, s. f.; alcaloïde végétal découvert par Brandes dans les semences et les feuilles du *datura stramonium*, et obtenu à l'état de pureté par Geiger et Hesse. Pour préparer la daturine, on traite les semences pulvérisées du datura par l'alcool; on fait digérer la teinture qui en résulte avec la magnésie calcinée, pendant 24 heures, et on filtre ensuite à chaud sur le charbon animal ; la liqueur, en se refroidissant, laisse déposer l'alcaloïde. La daturine est solide, cristallisée en prismes incolores, fort brillants et réunis en aigrettes; elle est inodore, de saveur amère d'abord, puis âcre comme celle du tabac ; elle est un peu volatile et entre en fusion à 100°. Peu soluble dans l'eau, la daturine est fort soluble dans l'éther et surtout dans l'alcool. Ses solutions ont une forte réaction alcaline, aussi neutralise-t-elle les acides avec lesquels elle forme des sels cristallisés. — Cette substance, qui paraît former le principe actif de la stramoine, est très vénéneuse pour les animaux et détermine la dilatation de la pupille, comme la belladone et l'atropine (*V.* ces mots).

Datura stramonium, *V.* Stramoine.

DAUPHINELLE, s. f., *Delphinium;* genre de la famille des Renonculacées. Plusieurs espèces de ce genre sont cultivées comme plantes d'ornement, sous le nom générique de Pieds d'Alouette. La Staphysaigre, *D. staphysagria*, spontanée en Provence et dans le Languedoc, est classée parmi les vomitifs et les anthelmintiques. On utilise principalement sa graine.

DAVIER, s. m., de l'allemand *taube*, pigeon, parce que la pince de cet instrument est faite comme le bec d'un pigeon. C'est une pince forte, à serres courtes, dentelées, qu'on emploie pour arracher les dents de l'homme, qui n'ont qu'une racine. Le Davier est usité en vétérinaire pour extirper les incisives caduques du cheval, dont les racines sont peu profondes. On ne pourrait l'employer pour arracher les molaires.

DÉBILE, adj., *debilis*, faible; *tempérament, constitution débiles.* — On le dit en *botanique*, des végétaux dont la tige est trop grêle, trop faible pour se soutenir seule et sans appui.

DÉBILITANT, s. et adj., *debilitans;* nom donné en *thérapeutique* à tous les moyens propres à diminuer les forces naturelles ou factices de l'économie animale. La saignée et la diète sont deux moyens débilitants éner-

dans les médicaments soumis à la décoction, comme le sucre, la gomme, le mucilage, la fécule, les acides fixes, l'extrait, le tannin, etc. Les décoctés, souvent transparents lorsqu'ils sont chauds, se troublent en se refroidissant et laissent déposer des sédiments de nature variable, à cause de la diminution de la faculté dissolvante du véhicule à mesure que la température baisse. Ces préparations sont employées à l'intérieur, en breuvages, en boissons, en lavements; alors elles ne doivent pas être trop chargées; on en fait usage aussi à l'extérieur pour faire des bains, des lotions, des fomentations, des injections, pour délayer des cataplasmes; dans ces derniers cas, elles ne sauraient être trop concentrées.

DÉCOCTION, s. f., *Decoctio*, de *decoquere*, faire cuire ou bouillir. Opération pharmaceutique qui consiste à soumettre, pendant un temps plus ou moins long, les substances médicamenteuses à l'action d'un liquide bouillant, pour en extraire les principes solubles. On donne souvent aussi le même nom au produit de l'opération; cependant il vaut mieux employer les mots *décocté* ou *décoctum* (*V.* ces mots). Les substances organiques, végétales ou animales, sont seules soumises à la décoction; le véhicule ordinaire est l'eau; plus rarement on fait usage des liqueurs alcooliques, de l'éther, des huiles, qui sont trop altérables par l'action de la chaleur; la température s'élève au point d'ébullition des liquides, et même au-delà, quand on fait intervenir une pression artificielle, comme dans le digesteur de Papin. Il convient de soumettre à la décoction les substances d'une texture très serrée et dont les principes médicamenteux sont fixes, comme les graines des Graminées, la graine de lin, les écorces, les feuilles, les racines, les bois, etc.; mais on évitera l'emploi de ce procédé pour les drogues à texture lâche, ou dont les principes volatils ou altérables ne pourraient supporter sans dommage une aussi haute température. Si la décoction a l'avantage d'épuiser plus complètement les médicaments de leurs principes utiles, de chasser ou de détruire certains principes volatils et âcres, comme ceux des Crucifères, des Liliacées, elle a l'inconvénient d'altérer certains principes actifs, comme celui de l'aloès, par exemple, de déterminer des combinaisons inertes entre la fécule, la gomme, l'albumine végétale, le mucilage, et le tannin; de produire la dissolution de principes âcres et résineux, comme celui de la réglisse, celui de l'aunée; de faire disparaître entièrement les principes essentiels de certains médicaments, etc. Aussi la décoction, très employée autrefois, est-elle actuellement, en raison de ces inconvénients graves, remplacée autant que possible par la *macération* et l'*infusion* (*V.* ces mots).

DÉCOLLEMENT, s. m.; action de décoller, de séparer. Un tissu est décollé, quand

une cause a détruit le tissu cellulaire qui l'unissait aux parties voisines. Les décollements se montrent dans les brûlures, les abcès, etc. **Décollement du placenta**: séparation du placenta de la face interne de la matrice.

DÉCOLORATION, s. f., *Decoloratio*, de *de*, sans, et *color*, couleur. On donne ce nom à une opération qui consiste à enlever la couleur naturelle ou accidentelle des corps, sans altérer leur composition. Cette opération porte, dans les arts et l'économie domestique, les noms de *blanchiment* et de *blanchissage*. Les agents décolorants enlèvent les couleurs des corps par une action qui varie de nature: ainsi, le charbon de bois, et surtout le noir animal, décolorent les corps en absorbant dans leurs nombreux pores les principes colorants sans les altérer; l'acide *sulfureux* les décolore en leur enlevant de l'oxygène pour se transformer en acide sulfurique; le chlore en les déshydrogénant; l'eau oxygénée, l'acide permanganique, les acides chloreux, hypochloreux, chlorique, chromique, etc. en fournissant aux principes colorés une grande quantité d'oxygène, qui les brûle et les détruit instantanément; enfin les chlorures d'oxydes ou hypochlorites alcalins paraissent agir à la fois par le chlore qu'ils renferment en grande quantité et par l'oxygène de l'acide hypochlorique. La décoloration par le charbon est la seule qui n'altère aucunement la composition des corps; aussi est-elle employée de préférence en chimie et en pharmacie, pour la préparation, à l'état de pureté, des principes tirés des plantes et des animaux.

DÉCOLORIMÈTRE, s. m.; nom d'un instrument imaginé par Payen, pour évaluer le pouvoir décolorant des charbons artificiels et surtout du noir animal. Il est employé seulement dans l'industrie.

DÉCOMBANT, TE, adj., *decumbens;* la tige est *décombante* quand, après s'être élevée directement, elle tombe et se replie vers la terre, sur laquelle elle s'étale; la tige de la petite pervenche présente habituellement cette disposition.

DÉCOMBUSTION, s. f.; synonyme de *désoxygénation*, *désoxydation*, *réduction* (*V.* ces mots).

DÉCOMPOSABLE, adj.; susceptible d'être décomposé; c'est le cas de tous les corps composés ou renfermant plusieurs éléments, et peut être aussi de plusieurs corps regardés comme simples dans l'état actuel de la science.

DÉCOMPOSÉ, ÉE, adj., *decompositus;* se dit de la feuille *composée* dont le pétiole commun se divise en pétioles secondaires portant les folioles. Les Mimosa en offrent des exemples. *V.* Composé et Surdécomposé.—*Chimie.* État d'un corps dont on a séparé les éléments.

DÉCOMPOSITION, s. f., *Decompositio;* destruction d'un composé par la séparation de ses éléments. La décomposition est appelée *spontanée*, lorsqu'elle s'opère d'elle-même

DÉCAPER, v. a.; pratiquer l'opération du décapage, ou nettoyer la surface terne d'un métal.

DÉCARBONATÉ, ÉE, adj.; dépouillé d'acide carbonique : *chaux, magnésie, potasse, soude*, etc., *décarbonatées*, soit par la calcination, comme pour les deux premières, soit par réaction chimique, comme pour les dernières. On dit aussi, et plus fréquemment, que ces bases sont *caustiques*. (*V.* ce mot.)

DÉCARBURATION, s. f.; opération par laquelle on enlève le carbone contenu dans un corps; se dit surtout des métaux. L'affinage de la fonte est une véritable décarburation de ce composé dont on brûle le carbone au contact de l'air (*V.* affinage).

DECEM; signifie dix dans les mots composés latins. ex : *decemfide, decem-locularie*, etc.

DÉCHARNÉ, ÉE, adj.; on appelle *tête décharnée*, celle qui, péchant par excès de longueur, présente en outre peu de développement dans les parties molles qui entourent la partie osseuse. La tête décharnée donne au cheval un aspect désagréable, un air de vieillesse, que l'on a exprimé par les mots : *tête de vieille*.

DÉCHAUMER, v, a.; *Agr.*, s'entend généralement de l'action de donner un premier labour après la récolte des céréales; mais il signifie aussi plus spécialement le travail superficiel que l'on fait subir à la terre, après les récoltes du froment, de l'avoine, des graines oléagineuses, etc., dans le but de provoquer la germination des mauvaises plantes, pour détruire sûrement celles-ci dans un labour subséquent. Le déchaumage est une opération agricole dont la pratique suppose des connaissances agronomiques; il est trop peu employé. On le fait à l'extirpateur ou à la herse.

DÉCHAUSSÉ, ÉE, adj.; *Dents déchaussées*, dont les gencives ne recouvrent plus la racine. — On dit qu'une plante est *déchaussée*, quand la terre qui recouvrait la base de la tige et les premières racines a été enlevée, ou lorsque la plante elle-même a été soulevée.

DÉCHAUSSEMENT, s. m., *Agr.*; action de déchausser, c'est-à-dire d'enlever la terre qui protége le pied d'un arbre, d'une plante quelconque. On déchausse quelquefois l'olivier, le figuier, en automne, et l'on remplace la terre par un engrais actif; d'autres arbres sont déchaussés dans le but de retarder leur floraison trop hâtive pour le climat. La gelée en soulevant les terres légères, calcaires ou tourbeuses, et les laissant retomber ensuite, est souvent une cause de *déchaussement* des céréales.— *Chirurg.* Action de dégarnir, de déchausser une dent, avant de l'arracher.

DÉCHIQUETÉ; synonyme de *lacinié*.

DÉCHIRÉ, ÉE, adj., *laceratus;* se dit principalement du bord d'une feuille irrégulièrement découpé comme s'il avait été, en effet, déchiré. — *Anat. Trou déchiré* : nom donné à l'hiatus occipito-sphéno-temporal, à cause de l'irrégularité de son pourtour. — *Pathol. Tissu déchiré, plaie déchirée :* dont les bords sont irréguliers.

DÉCHIREMENT, DÉCHIRURE, s. m.; action de déchirer; solution de continuité dont les bords sont inégaux et frangés.

DÉCIDU, UE, adj., *deciduus;* s'entend des organes ou des verticilles qui tombent quelque temps après leur développement. La corolle et le calice sont décidus, lorsqu'ils tombent peu après la fécondation.

DÉCLARATION, s. f.; *Pol. sanit.;* mesure de police sanitaire qui a pour but de porter à la connaissance des autorités l'existence d'une maladie contagieuse sur les bestiaux. Elle doit être faite immédiatement par le propriétaire des animaux, ou par le vétérinaire, lorsque le propriétaire a négligé ce devoir. La déclaration doit être écrite, énoncer clairement ce dont il s'agit, et être adressée au maire de la commune ou au commissaire de police du quartier. Pour couvrir la responsabilité que la loi lui impose, le déclarant peut et doit exiger acte de sa déclaration. Cette mesure n'est point facultative : elle est spécialement ordonnée par l'art. 1ᵉʳ de l'arrêt du conseil d'état du roi du 16 juillet 1784; par le décret de l'Assemblée constituante concernant les biens et usages ruraux et la police rurale du 6 octobre 1791, tit. 1ᵉʳ, art. 19; par l'art. 459 du code pénal, et subsidiairement, par l'art. 4 de l'arrêt cité. Il importe que la déclaration soit faite le plus tôt possible, car des mesures énergiques, appliquées en temps opportun, peuvent prévenir ou arrêter le développement d'épizooties meurtrières.

DÉCLIN, s. m.; état d'une chose qui décline, qui penche vers sa fin. *Déclin de l'âge, d'une maladie.*

DÉCLINAISON, s. f., *Declinatio*; on appelle ainsi l'inclinaison de l'aiguille aimantée sur le méridien astronomique du globe terrestre, ou l'angle qu'elle forme avec la ligne qui joint les deux pôles de la terre. La déclinaison est dite *orientale*, quand le pôle austral de l'aiguille est à l'*est* du méridien, et *occidentale* lorsqu'il est à l'*ouest*. Il est des points du globe où la direction de l'aiguille aimantée coïncide avec le méridien; on les appelle *lieux sans déclinaison;* ils sont peu nombreux et disposés sans ordre déterminé, sur chaque hémisphère. Dans les lieux où la déclinaison se produit, on observe qu'elle n'est pas constante et qu'elle varie selon les temps, les régions du globe, les saisons, les heures de la journée, etc.

DÉCLINÉ, ÉE, adj.; *declinatus;* les étamines ou le style sont déclinés, lorsque, dans une fleur située horizontalement, ils se penchent vers la partie inférieure.

DÉCOCTÉ ou **DÉCOCTUM**, s. m.; noms employés indifféremment pour désigner le produit de la décoction. Ce produit est formé par le liquide qui a servi de menstrue, tenant en dissolution les principes contenus

ment en forme d'X , ex. : l'entrecroisement
des nerfs optiques.

DÉDOLATION, s. f., de *dedolare* , tailler
en doloire ; action de couper les tissus
couche par couche, ex.: opération du javart
cartilagineux ; mot peu usité.

DÉDUPLICATION , *V. Duplication.*

DÉFAILLANCE , s. f.; faiblesse , diminution marquée dans les fonctions du cœur et
des poumons , syncope. Ce phénomène est
rare dans le cheval ; lorsqu'il se produit,
l'animal chancelle et tombe ; les yeux sont
hagards , le pouls accéléré. La défaillance
n'est le plus souvent qu'un symptôme d'une
maladie du cœur ou du système nerveux.
— *Chimie.* Transformation d'un solide en
liquide par l'absorption de l'humidité atmosphérique; synonyme de *déliquescence.* (*V.* ce
mot.) *Huile de tartre par défaillance :* carbonate de potasse réduit en liquide par
absorption de l'humidité de l'air.

DÉFAUT , s. m. ; on peut donner à ce mot
deux acceptions particulières , et le prendre
comme synonyme *d'imperfection* ou *d'absen-*
ce, manque. Les défauts peuvent tenir à la conformation ou au caractère : les premiers
portent plus souvent le nom de *défectuosités*
ou *tares*, suivant qu'ils sont dus à une conformation naturelle ou à des accidents qui ont
laissé des traces. Le mot défaut est employé
dans sa seconde acception pour exprimer
l'absence de quelque qualité ou de quelque
partie, ex. : *défaut de taille* , *monstruosité*
par défaut.

DÉFÉCATION, s. f., *Defecatio*, de *de*, hors,
et *feces* , dépôt, lie; action physiologique
consistant dans l'expulsion au dehors des
matières excrémentitielles accumulées dans
le rectum. La défécation s'effectue par la contraction de cet intestin , aidée par celle du
diaphragme et des parois inférieures de l'abdomen. Quoique soumise à l'action de la
volonté, la défécation ne peut cependant être
retardée que pendant un certain temps. *Phar-*
macie. — Séparation par précipitation des
parties solides d'un liquide qu'on soumet à
l'évaporation. Se dit particulièrement des sucs
végétaux qu'on concentre, et au fond desquels
se dépose un sédiment particulier , formé de
parenchyme, d'albumine végétale, etc.

DÉFECTUOSITÉ, s. f. ; défaut de formes,
de conformation , diminuant la valeur d'un
animal.

DÉFENDS ; *Eaux* et *For.* Un bois est en
défends, lorsque son entrée n'est pas permise
aux bestiaux. Quand la dépaissance des
forêts est comprise dans les droits usagers des
communes ou des particuliers, la jouissance
de ce droit est subordonnée à la déclaration
de défensabilité faite par l'administration;
mais cette restriction n'est point applicable
au propriétaire vis-à-vis de sa propriété.

DÉFENSABLE , adj. ; se dit d'une forêt
qui peut se *défendre* contre le pied et la dent
des bestiaux , ou dont les taillis sont assez
âgés pour que les droits usagers puissent y

être exercés sans dommage notable. La loi
de 1827 laisse à l'administration des forêts le
soin de déclarer la défensabilité des bois ;
l'époque ne peut en être fixée d'avance. L'expérience prouve qu'un bois de bon rapport, bien
venant, n'est défensable que six ans au moins
après la coupe. *V. Usages et Usagers.*

DÉFENSES , s. f. p. ; dents prolongées
hors de la bouche des animaux et leur servant de moyen de défense ou d'attaque.—*Bot.*
On donne quelquefois ce nom à l'ensemble
des épines, aiguillons ou poils dont les plantes
sont couvertes.—*Hort.* Moyens employés pour
protéger les jeunes arbres contre tout ce qui
pourrait les blesser, les courber ou leur nuire
de quelque façon. Tantôt les défenses consistent en un simple cordon de paille roulé
autour de la tige , tantôt en une cage assez
résistante , d'autres fois en des branches
d'épines, liées autour du tronc, en un tuteur, etc.

DÉFENSIF, adj. et sub.; ce mot a deux
significations distinctes en thérapeutique :
tantôt il sert à désigner l'ensemble des objets
que l'on applique sur les parties malades
pour les préserver du contact de l'air et des
corps environnants , comme les bandages, les
objets de pansement , les onguents , les
cérats , tous les topiques , en un mot ; et tantôt il est employé pour indiquer les médicaments propres à prévenir ou à empêcher le
développement d'une maladie, notamment
d'une congestion , d'une inflammation, etc.
Sous cette dernière acception, le mot *défensif*
est surtout synonyme de *réfrigérant, d'as-*
tringent , etc. (*V.* ces mots.)

DÉFÉRENT, adj. , *deferens*, de *de*, hors,
et *fero* , je porte ; qui emmène , qui porte
dehors. *Conduit ou canal déférent. V.* Efférent.

DÉFINI, E, adj., *definitus;* s'entend du nombre ou de la disposition de certains organes.
Le nombre des étamines n'est rigoureusement
défini que jusqu'à dix ; au-delà il est indéterminé. Lorsque, dans un verticille floral, le
nombre des folioles dépasse dix , il n'est plus
défini.— L'inflorescence est *définie*, quand
l'axe floral terminé par une fleur ne peut
prendre aucun allongement. *V.* Inflorescence. — *Chimie. Composés définis :* ceux
qui sont formés d'éléments unis en proportions fixes et invariables.

DÉFLAGRATION , s. f., *Deflagratio*, de
deflagrare, brûler. Combustion très active avec
projection en tous sens de vives étincelles;
ex.: azotates, chlorates, bromates, iodates, etc.,
déposés sur les charbons ardents : mode de
préparation du carbonate de potasse pur, par
le mélange de nitre et de bitartrate de potasse
qu'on fait *déflagrer* dans une bassine chauffée
au rouge. En général, ce ne sont que les corps
très riches en oxygène et facilement décomposables , qui déterminent la déflagration
lorsqu'on les dépose sur un corps chaud et
combustible.

DÉFLEURIR, *V.* Décombant.

DÉFLORÉ, E, adj. *defloratus;* se dit d'une

au bout d'un temps plus ou moins long ;
on la remarque principalement dans les
corps où les éléments sont unis par des affinités peu puissantes (acide cyanhydrique,
chlorure d'azote, fulminates, etc.), ou qui
sont associés en si grand nombre qu'ils ont
de la tendance à se désunir pour se combiner ensuite en des proportions plus simples
(substances organiques non définies).—La décomposition *chimique*, qui est un des principaux moyens d'analyse, s'opère par des
agents très variés : c'est souvent à l'aide des
fluides impondérables (calorique, électricité,
lumière), fréquemment aussi au moyen de
dissolvants appropriés, tels que les acides,
les alcalis, l'eau, l'alcool, l'éther, les essences, etc. C'est par cet ordre de moyens qu'on
parvient principalement à séparer les uns des
autres les nombreux principes contenus dans
les matières organiques. La décomposition
s'opère très souvent par *réaction* chimique,
c'est-à-dire, par l'intervention de l'affinité plus
puissante d'un autre corps qui se substitue à
l'un des éléments combinés et met l'autre en
liberté; enfin, il arrive qu'entre deux corps
binaires ou plus composés encore, la décomposition survient par l'échange réciproque
de leurs éléments simples ou complexes et
par la formation de nouveaux corps; on dit
alors qu'il y a *double décomposition.*—*Phys.*
Décomposition de la lumière, *V.* Dispersion et Spectre solaire.

DÉCORTICATION, s. f., *Decorticatio*;
séparation naturelle ou artificielle de l'écorce
de la tige ou des racines des arbres. Une décortication partielle s'opère spontanément
chaque année sur la tige de la vigne, du
platane, etc.; à des époques moins rapprochées, sur le liège; elle est nécessaire à la
végétation de ces plantes. La décortication
violente, celle qui a lieu par suite de gelée,
de blessures, etc., est nuisible aux arbres;
elle peut même les faire périr, lorsqu'elle
occupe toute la circonférence du tronc. Aussi,
la loi du 28 septembre 1791, le Code pénal,
les lois forestières, prononcent-ils des
peines graves contre ceux qui se rendent
coupables du délit de décortication des arbres sur pied, dans les forêts et les propriétés
particulières, *V.* Écorcement.—*Pharm.* Opération pharmaceutique qui consiste à enlever
l'écorce des tiges, des branches, des racines,
des fruits, de certaines plantes ligneuses, pour
l'employer à l'usage médical. Elle a lieu à
certaines époques déterminées, le plus souvent en automne, ou lorsque l'écorce a acquis
un degré voulu de maturité visible à la couleur, comme cela se remarque pour la cannelle, le quinquina, etc. La décortication est
précédée ou non de l'enlèvement de l'épiderme, *V.* Écorce.

DÉCOUPÉ, ÉE, adj., *incisus*; se dit du bord
des organes foliacés, lorsqu'il présente des
échancrures, des divisions plus ou moins
profondes. Les découpures des sépales, des
pétales, et surtout des feuilles, sont extrême-

ment variées. D'après leur forme, leur étendue, leur direction, leur nombre, etc., les
feuilles, les folioles, reçoivent les épithètes
particulières de *dentées, crénelées, laciniées,
bi-, multilobées, bi-, multipartites, bi-, multifides*, etc., etc.

DÉCOUPURE. *V.* Découpé.

DÉCOUSU, UE, adj. On dit qu'un cheval
est *décousu*, lorsque les différentes régions de
son corps ne sont pas régulièrement proportionnées, et surtout lorsque l'animal est de
taille élevée, et présente des membres longs
et grêles. On dit aussi que la tête est *décousue*,
lorsque son attache à l'encolure est marquée
par un sillon trop profond, qui semble la
détacher du reste du corps.

DÉCOUVERT. *V.* Gymnocarpien.

DÉCRÉPITATION, s. f., *Decrepitatio*,
de *crepitus*, bruit; bruit pétillant que font
entendre les substances salines qu'on expose
à une température élevée. Il est dû à de l'eau
interposée qui, par sa transformation en vapeur, sépare brusquement les molécules des
cristaux, ex. : *sel marin*. D'autres fois il
provient de la fracture même des cristaux,
par suite de leur inégale conductibilité dans
tous les sens.

DÉCRÉPITUDE, s. f., du latin *decrepere*,
jeter son dernier éclat; dernière période de
la vie, dans laquelle les organes de l'animal
deviennent de moins en moins aptes à remplir leurs fonctions, et n'entretiennent plus
la vie que d'une manière imparfaite. Inusité
en vétérinaire.

DÉCRESCENTI-À-PENNÉ, ÉE, adj., *decres-
cente-pinnatus*; on appelle ainsi la feuille
composée-pennée dont les folioles vont en
diminuant de longueur de la base du pétiole
commun au sommet, ex. : le *vicia sepium*.

DÉCUMBE, s. a. ; mot latin signifiant
coucher (*V.* ce mot).

DÉCURRENT, TE, adj., *decurrens*; se dit
d'un organe qui se prolonge au-delà de sa
base sur la partie qui le supporte. Les feuilles
sont *décurrentes*, lorsque leur limbe se prolonge sur la tige ou le rameau; la *Consoude*
en offre un exemple.

DÉCURSIF, IVE, adj., *decursivus*; De Candolle appelle *feuille décursive* celle dont la
nervure seule est décurrente. Richard père
donne le nom de *décursif* au style qui,
soudé ou confondu latéralement avec les parois de l'ovaire, semble s'élever de son sommet. Le style est décursif dans le genre
Allenia.

DÉCURSIVÉ-PENNÉ, ÉE, adj., *decursive-
pinnatus*; on donne cette épithète aux feuilles
composées pennées, dont les folioles sont
décurrentes sur le pétiole commun ou secondaire.

DÉCUSSATIF, IVE, adj., *decussativus*; opposé par paire et à angle droit. Cette disposition se rencontre dans les rameaux et les
feuilles de diverses Labiées.

DÉCUSSATION, s. f., *Decussatio*, de
decussare, diviser en sautoir; entrecroise-

tabilité des espèces ; l'autre est seul acceptable par l'hygiène. En acquérant une finesse de laine inconnue jusqu'à ce jour, le mouton mérinos a perdu de la rusticité, de la force ; il est devenu à peu près impropre à la vie libre et indépendante. Mais s'il a dégénéré sous ce rapport, ne s'est-il pas, sous d'autres rapports, considérablement perfectionné ? Et si, dans le plan de la nature, le mouton a dû fournir à l'homme un vêtement doux et chaud, n'aura-t-on pas le droit de regarder le moufflon, sinon comme plus *dégénéré* que le mérinos et le dishley, du moins comme s'éloignant davantage du type parfait, du type utile. — Les races, une fois formées, se présentent à nous, non-seulement avec les caractères de leur espèce, mais aussi avec des aptitudes différentes, selon les conditions qui ont présidé à leur formation. Il y a abâtardissement, dégénération, toutes les fois que ces qualités acquises diminuent ou se perdent. Le point de départ, c'est l'état de l'animal, de la race, c'est le degré d'appropriation, et l'appropriation se rapporte aussi bien au climat qu'à la destination. L'individu, la race, ne peuvent alors se comparer qu'à eux-mêmes. — Ainsi entendue, la dégénération reconnaît de nombreuses causes : un mauvais régime, une nourriture insuffisante ou mauvaise, un climat pernicieux, la consanguinité, un accouplement prématuré, un appareillement vicieux, des alliances indignes, etc. — Dans la dégénération par croisement, on peut rencontrer autre chose qu'un changement de forme ; il y a quelquefois perte de ce qu'en hippologie on appelle *sang*. Le sang est pour l'hygiéniste la cause d'une aptitude originelle, *V.* SANG et CROISEMENT. — Le climat est, bien certainement, pour l'individu et pour les races, une cause de dégénération, dans le sens que nous avons attaché à ce dernier mot. On ne peut nier qu'il ne contribue à l'amélioration des races, et, conséquemment, qu'il ne puisse ôter ce qu'il donne, *V.* ACCLIMATEMENT, *V.* aussi DÉGÉNÉRESCENCE. — *Path.* Dépérissement; altération dans les solides et les liquides; changement en une substance morbide ; *dégénération cancéreuse, tuberculeuse.*

DÉGÉNÉRESCENCE, s. f., *Degenerescentia. Bot.* Gœthe avait donné aux changements de forme et de nature des organes végétaux le nom de *métamorphoses* ; mais il y avait attaché une signification trop étendue, en y faisant entrer les adhérences et les avortements, et, d'autre part, il en avait limité le sens, en laissant en dehors, des espèces d'altérations qui devaient y prendre place. De Candolle, rectifiant les idées de Gœthe, admet seulement cinq ordres de dégénérescences végétales; ce sont : les dégénérescences *épineuses, filamenteuses, membraneuses* ou *foliacées, scarieuses* et *charnues.* Elles ont pour manifestation et pour résultat la transformation de certains organes de forme déterminée en épines, en vrilles, en feuilles, stipules, etc., en écailles

et en organes épais et succulents. — La question des dégénérescences a été embrassée d'une manière complète par Moquin-Tandon, qui les fait entrer, selon leur ordre, dans les diverses classes de *Monstruosités* et de *Variétés* (*V.* ces mots). — La dégénérescence ne doit pas être confondue, dans les végétaux, avec les maladies. Les effets de celles-ci sont accidentels, irréguliers, quelquefois temporaires, et reconnaissent presque toujours une cause extérieure parfaitement déterminée, tandis que la dégénérescence est régulière, *naturelle*, réduite à quelques genres de manifestations, et reconnaît pour causes des influences générales souvent impossibles à déterminer ou à apprécier. *V.* DÉGÉNÉRATION.

DÉGLANDER, v. act.; enlever une glande, *V.* ÉCLANDER.

DÉGLUTITION, s. f., *Deglutitio*, de *deglutire*, avaler ; action par laquelle le bol alimentaire, suffisamment mâché et insalivé, passe de la bouche dans le pharynx, et de celui-ci dans l'estomac, en traversant l'œsophage. Le bol, comprimé entre le palais et la langue, arrive au fond de la bouche, soulève le voile du palais et abaisse l'épiglotte ; le pharynx, dilaté et porté en avant par les muscles ptérygo-pharyngiens, le reçoit, et l'action successive des muscles hyo, thyro et crico-pharyngiens, le pousse d'avant en arrière, pour l'engager dans l'œsophage, qui, en se contractant successivement d'avant en arrière, le fait arriver dans l'estomac. La déglutition n'est soumise à la volonté de l'animal que jusqu'à l'arrivée du bol dans le pharynx ; le reste de l'action est involontaire. — La déglutition des boissons ne diffère de celle des aliments solides que par la promptitude plus grande du passage de la gorgée liquide dans le pharynx et l'œsophage.

DÉGOÛT, s. m. ; répugnance pour les aliments. Le dégoût résulte d'une irritation gastro-intestinale ; il existe dans d'autres maladies, soit de la bouche, soit des premières voies respiratoires.

DEGRÉ, s. m., *Gradus ;* on donne ce nom à chacune des divisions d'une étendue quelconque partagée en parties égales : degrés du cercle, degrés de l'échelle thermométrique, degrés du pyromètre, de l'hygromètre, des aréomètres, etc. — Les anciens médecins reconnaissaient des *degrés* dans les vertus des médicaments. — En *Pathologie*, on reconnaît des degrés dans l'intensité d'une même maladie, dans sa gravité, ses symptômes, etc.

DÉGUSTATION, s. f. ; *Degustatio*, de *gustare*, goûter ; action de goûter, d'apprécier par le sens du goût la qualité des substances alimentaires. La dégustation précède toujours la mastication, et complète l'appréciation des aliments commencée par l'olfaction. — *Pharm.* La dégustation est employée pour distinguer les corps les uns des autres, pour apprécier leur degré de pureté. Sous le premier rapport, elle peut être de quelque utilité au chimiste pour l'analyse qualitative des

plante dont les fleurs sont tombées, d'une anthère vide de pollen après la fécondation.

DÉFOLIATION, s. f., *Defoliatio;* chute des feuilles. A une certaine époque de l'année, chaque végétal se dépouille de ses feuilles. Dans les plantes herbacées, les feuilles meurent ordinairement avec la tige ou les rameaux qui les portent. Dans les végétaux ligneux, les rameaux persistent et les feuilles se détachent au printemps après s'être desséchées, comme on le voit sur le chêne, ou bien tombent en automne après avoir jauni. La défoliation est une loi de la nature; elle est la conséquence d'une modification profonde apportée dans la végétation de la plante ou dans les conditions particulières de végétation de la feuille. Dans les feuilles simples, comme dans les feuilles composées, la séparation a toujours lieu au point de jonction du pétiole avec le rameau. Dans la plupart des végétaux ligneux de nos contrées, la défoliation est générale; toutes les feuilles tombent en un espace de temps assez court; dans les arbres verts, la chute des feuilles est successive et leur remplacement partiel.

DÉFONCEMENT, s. m.; action de creuser méthodiquement un terrain plus profondément que ne le font les labours ordinaires, pour ramener vers la surface les parties profondes, les diviser ou les mêler. Les défoncements ameublissent la terre, la rendent plus perméable aux agents atmosphériques, aux racines, augmentent l'épaisseur du sol actif et lui rendent des matériaux utiles entraînés pendant les végétations précédentes. La profondeur des défoncements doit varier selon la nature du terrain; elle ne dépasse 70 centimètres que dans des circonstances particulières. Les défoncements s'exécutent à la pioche, à la bêche ou à la charrue; les premiers sont les plus longs et les plus coûteux, mais aussi les plus réguliers et les meilleurs. La grande araire écossaise, la charrue jumelle de De Valcour sont particulièrement employées dans les défoncements en grand. Tous les terrains gagnent à être défoncés. Quant aux plantes qui réclament des défoncements, ce sont celles dont les racines longues ou pivotantes vont chercher profondément les matériaux de la végétation.

DÉFORMATIONS, s. f.; monstruosités végétales caractérisées par un changement de forme d'un organe ou d'un ensemble d'organes. Les déformations peuvent toujours être ramenées à des atrophies, des avortements ou des hypertrophies, et conséquemment reconnaissent les mêmes causes. Elles se font remarquer sur les organes appendiculaires et sur les organes axiles. Les déformations des organes appendiculaires sont, le plus souvent, *crispées*, *rubanées*, *cupulées*. Les principales déformations des organes axiles consistent en *enroulements*, en *torsions* (*V.* ces mots).

DÉFRICHEMENT, s. m.; opération qui

a pour but de mettre en culture réglée, les landes, bruyères, bois, terres incultes, etc. Les considérations auxquelles peut donner lieu la question du défrichement sont variées à l'infini. Elles sont relatives à la possibilité et à l'opportunité du défrichement, au moyen de l'exécuter, aux frais qu'il entraîne, à la mise en culture des terrains défrichés, etc., etc. Leur juste appréciation suppose une connaissance précise des conditions générales et particulières des lieux. Il est peu de défrichements qui n'exigent, de ceux qui les entreprennent, des avances pécuniaires, de bonnes notions agricoles et le temps d'attendre le résultat des travaux : aussi ne peuvent-ils être généralement exécutés par les fermiers. La France attend une bonne loi sur le défrichement: près de $^1/_7$ de ses terres sont encore incultes: près de 8,000,000 d'hectares, inégalement répartis dans les 86 départements, sont couverts de bruyères, de très mauvais pâturages, etc. Quel champ pour le travail, et quelle immense ressource future pour la population !

DÉGEL, s. m.; on appelle ainsi la fonte naturelle de la glace et de la neige par l'adoucissement de la température, qui remonte au-dessus du zéro de l'échelle du thermomètre. Ce phénomène est toujours accompagné d'un refroidissement marqué de l'air ambiant par suite de l'absorption de la chaleur nécessaire pour fluidifier la glace et la neige, et qui devient latente; il s'accompagne aussi d'un très grand état d'humidité de l'atmosphère; aussi le temps de dégel n'est-il pas favorable à la santé des animaux et détermine-t-il souvent des désordres très graves dans la végétation, lorsqu'il survient brusquement et sans transition.

DÉGÉNÉRATION, s. f., *Degeneratio*. En hygiène, les mots *dégénération*, *dégénérescence* sont employés comme synonymes d'*abâtardissement*. Ils indiquent que des modifications nuisibles ont eu lieu dans l'état des animaux ou des races, sous l'influence d'une cause quelconque. C'est dans ce sens que la dégénération va être examinée ici. — Les animaux domestiques sont modifiés par le climat, par le régime, etc.; les races le sont de plus par la génération. Les changements opérés se font sentir dans la forme, dans le volume, dans la santé, dans les aptitudes. Mais, pour juger de la nature et de l'étendue de ces changements, et dire s'ils constituent ou non une dégénération, il faut un point de départ, un objet de comparaison. On ne le trouvera que dans l'animal à l'état de nature ou dans l'individu considéré dans la race à laquelle il appartient. Il est certain qu'en se plaçant au premier point de vue, la domesticité apparaît comme une cause incessante de dégénération, tandis que dans le second cas tout est subordonné à la question d'appropriation. Mais celui-là ne peut être adopté que par la zoologie, encore contient-il une pétition de principes, l'immu

DÉLITS RURAUX. La nomenclature des délits qui peuvent être commis contre la propriété agricole est fort longue ; les peines que ces délits entraînent ont été réglées par le Code pénal ou par des lois particulières. Les principaux consistent en attentats contre les animaux d'autrui ; en destructions de récoltes sur pied, d'arbres des jardins ou des forêts ; en vol de récoltes détachées ; en bris de clôtures ou d'instruments aratoires, déplacement de bornes, inondations artificielles, etc. On ne saurait demander trop de protection pour les produits et les instruments de l'agriculture.

DÉLIVRANCE, s. f. ; sortie du délivre. La délivrance est le plus souvent spontanée ; elle suit de très près l'accouchement dans la jument, et se fait un peu plus attendre chez la vache, à cause du mode différent d'adhérence du délivre à la matrice. Un retard trop prolongé de l'expulsion du délivre exige les soins du vétérinaire. Souvent un corps de poids médiocre, attaché à la portion des enveloppes apparente au dehors, suffit pour provoquer en peu de temps le rejet de l'arrière-faix.

DÉLIVRE, s. m., *V.* ARRIÈRE-FAIX.

DELPHINE, s. f. C^{27} H^{19} Az O^2. Alcaloïde organique, résiniforme, découvert simultanément, en 1819, par Lassaigne et Feneulle, et par Brandes, dans les semences de staphysaigre, *Delphinium staphysagria*, dont il est le principe actif, et dans lesquelles il se trouve à l'état de malate. Le procédé le plus simple pour l'obtenir consiste à faire bouillir ces graines concassées avec de l'eau acidulée par l'acide sulfurique : à filtrer la liqueur, à la précipiter par la chaux, recueillir, laver et dessécher le précipité qui en résulte, et enfin à le traiter par l'alcool bouillant qui laisse précipiter la delphine par le refroidissement. Cette substance est solide d'apparence cristalline, incolore, inodore, d'une saveur d'abord amère, puis très âcre. Chauffée, elle fond à 120° et se prend par le refroidissement en une masse dure et cassante d'aspect résineux. Très peu soluble dans l'eau, la delphine se dissout facilement dans l'alcool et l'éther. Sa réaction est alcaline ; aussi se combine-t-elle aux acides pour former des sels peu cristallisables. — Essayée par Orfila sur les chiens, à la dose de 30 à 40 centigrammes, la delphine détermina de l'irritation locale, des vomissements, la purgation, etc., et, lorsqu'elle fut absorbée, des phénomènes nerveux, tels que l'agitation, des mouvements convulsifs, des vertiges, de la faiblesse, etc.

DELPHINOÏDES, s. m. p. ; première tribu de l'ordre des Cétacés, renfermant ceux de ces animaux qui, comme le *Dauphin*, se rapprochent le plus de la forme des poissons.

DÉMANGEAISON, s. f. ; espèce de picotement ou de chatouillement de la peau, qui porte le sujet qui l'éprouve à se frotter. — *V.* PRURIT.

DÉMENCE, s. f. ; *Dementia*, de *de* priv., et *mens*, esprit ; aliénation d'esprit, folie. L'homme en démence est privé de la faculté de saisir les rapports des objets. Cet état ne peut être constaté chez les animaux. Il dépend d'une affection cérébrale.

DEMI-AMPLEXICAULE, *V.* SEMI-AMPLEXICAULE.

DEMI-CIRCULAIRE, adj., *semi-circularis* ; contourné en demi-cercle. — *Canaux demi-circulaires* : petits canaux osseux, situés en arrière du vestibule de l'oreille interne. Ils sont au nombre de trois, deux verticaux et un horizontal, s'ouvrant dans le vestibule par cinq ouvertures, les deux verticaux se réunissant par une de leurs branches. — Dans les oiseaux, les canaux demi-circulaires sont au nombre de deux seulement et croisés en X. *Bandelette demi-circulaire : V.* BANDELETTE.

DEMI-EMBRASSANT, adj., *semi-amplexicaulis* ; synonyme de demi ou semi-amplexicaule.

DEMI-FLEURON, *V.* FLEURON.

DEMI-FLOSCULEUSES, adj., *semi-flosculosæ* ; se dit des fleurs composées de demi-fleurons.

DEMI-FUTAIE, s. f. ; bois de *haut revenu* âgé de 40 ou 60 ans.

DEMI-MEMBRANEUX, adj. et s., *semi-membranosus* ; muscle de la région postérieure de la cuisse, désigné par Girard sous le nom d'*ischio-tibial interne*. Il naît de la tubérosité et de la crête ischiales, ainsi que de l'aponévrose d'enveloppe des muscles de la queue, et s'insère au condyle interne du fémur. Il étend la cuisse sur le bassin, en la tournant en dedans ; lorsque son point fixe est au fémur, il étend, au contraire, le bassin sur la cuisse.

DEMI-MÉTAL, s. m. : nom donné autrefois par les anciens chimistes aux métaux dépourvus de ténacité, de ductilité et de malléabilité, comme l'*arsenic*, l'*antimoine*, le *bismuth*, le *manganèse*, etc., qui sont durs, cassants et plus ou moins volatils. Ils les appelaient encore *métaux imparfaits*, pour les distinguer des véritables métaux, comme l'*or*, l'*argent*, le *cuivre*, le *fer*, etc., qui portaient le nom de *métaux parfaits*.

DEMI-TENDINEUX, adj. et s., *semi-tendinosus* ; muscle de la région postérieure de la cuisse, désigné par Girard, sous le nom d'*ischio-tibial moyen* ou *postérieur*. Ce muscle, encore appelé *biceps de la jambe*, prend son origine à la tubérosité et à la crête ischiales, ainsi qu'à la partie postérieure de l'épine sus-sacrée, à laquelle il s'attache par une pointe pyramidale ; son insertion a lieu par un tendon aplati, à la crête du tibia ; sa partie la plus externe s'unit à la plus inférieure des trois branches du long vaste. Son usage est de fléchir la jambe sur la cuisse en la tournant en dedans, ou d'étendre le bassin sur la cuisse, lorsque son point fixe est au tibia.

DEMI-TRANSPARENCE, s. f. : état de ce

corps, surtout quand ils sont d'origine organique; cependant les réactifs sont toujours plus fidèles, et il convient de leur donner une préférence à peu près exclusive toutes les fois que cela est possible. Enfin, sous le deuxième rapport, la gustation joue un rôle important pour le commerce des liqueurs alcooliques et ne saurait être remplacée par les réactifs.

DÉHANCHÉ,ÉE, adj.; nom donné au cheval chez lequel, par suite d'une fracture du coxal, une hanche est moins saillante que l'autre. On dit, dans le même sens, *épointé*.

DÉHISCENCE, s. f.; *Dehiscentia;* propriété que possèdent certaines cavités des végétaux de s'ouvrir spontanément, à l'époque de la maturité des organes, soit par des trous, soit par la séparation des valves, pour laisser échapper un produit qui doit jouer ultérieurement son rôle. La déhiscence existe toujours dans les anthères; on la retrouve dans beaucoup de fruits. La déhiscence est tantôt *régulière*, tantôt *irrégulière*. Lorsqu'elle est régulière et a lieu par des valves, on la dit: *loculicide, septicide* ou *septifrage* (*V.* ces mots, ainsi que ANTHÈRE et FRUIT.)

DÉHISCENT, TE, adj., *dehiscens;* se dit des fruits qui s'ouvrent spontanément à leur maturité.

DÉLAITAGE, s. m.; action de presser et de laver le beurre ou le fromage entre les mains, pour les séparer du petit lait qu'ils retiennent au moment de leur fabrication. *V.* BEURRE et FROMAGE.

DÉLAYANT, adj. et s., *diluens*, de *diluere*, dissoudre, délayer. On désigne sous ce nom une classe de médicaments qui auraient la propriété d'augmenter la fluidité des liquides nutritifs du corps, et consécutivement celle des produits de sécrétion. Ils paraissent porter primitivement leur action sur le sang, dont ils augmentent la partie séreuse; c'est ainsi que semblent agir l'eau et toutes les préparations dont elle forme le véhicule. Cependant les médicaments appelés *alcalins, altérants, fondants*, etc., augmentent aussi la fluidité des humeurs du corps, mais par un autre mécanisme, en attaquant les parties solides de ces liquides; ce sont donc des *délayants indirects*. Les délayants aqueux, portés directement par absorption dans le torrent circulatoire, augmentent la proportion de sérum du sang, le rendent plus clair, plus ténu, d'une circulation plus facile, surtout dans les capillaires; les sécrétions dépuratives, comme celles des reins, de la peau, du foie, etc., prennent plus d'activité, fournissent un produit plus abondant et plus aqueux, et entraînent au dehors les parties salines trop abondantes contenues dans le sang, ainsi que les parties non assimilables introduites accidentellement dans l'économie. Le sang étant devenu plus aqueux et moins nutritif, la respiration produit moins de

chaleur, conséquemment la température du corps baisse d'autant plus sensiblement que la transpiration devient très abondante. Les délayants sont surtout utiles dans la fièvre bilieuse, la gastro-entérite chronique, la toux sèche, les maladies de la peau, telles que gale, dartres, crevasses, etc., la pléthore, les congestions vers les centres nerveux, etc. Les délayants les plus employés sont l'eau acidulée, les infusions mucilagineuses, gommeuses, le petit lait, le bouillon de racines charnues, les boissons abondantes blanchies par la farine d'orge ou de sarrasin, etc. Enfin, le délayant le plus utile pour les grands herbivores domestiques, c'est incontestablement l'usage du *vert* (*V.* ce mot et EAU.)

DÉLÉTÈRE, adj., de δηλέω. je nuis; nuisible au corps, à la santé, vénéneux. *Gaz délétères :* gaz qui, introduits dans les voies respiratoires, peuvent déterminer la mort (*chlore, A. sulfhydrique, A. sulfureux*, etc.) *Principes délétères :* corps quelconques susceptibles de nuire à la santé ou de déterminer la mort (*virus, miasme, effluve*, etc.).

DÉLIQUESCENCE, s. f.; *Deliquescentia,* de *deliquescere*, se liquéfier. Propriété qu'ont certains corps de se réduire en liquide par l'absorption de l'humidité atmosphérique; c'est le cas de tous les sels très solubles dans l'eau et dans l'alcool hydraté, comme ceux de potasse, quelques composés de calcium, etc. *V.* DÉFAILLANCE.

DÉLIQUESCENT, TE., adj.; qui jouit de la faculté d'attirer l'humidité de l'air et de s'y dissoudre : ex. : *carbonate de potasse, chlorure de calcium*, etc.

DÉLIQUIUM, s. m.; mot latin introduit dans la langue française, pour désigner l'état d'un corps qui s'est liquéfié en se dissolvant dans la vapeur d'eau atmosphérique qu'il a condensée. *Tomber en déliquium:* se résoudre en liquide en absorbant de l'humidité.

DÉLIRE, s. m.; *Delirium*, de *de* et *lira*, hors du sillon; *hors de la ligne* tracée par le bon sens. Désordre des facultés intellectuelles causé chez l'homme par un état maladif. Le délire est caractérisé chez le cheval par quelques erreurs de la volonté dans les actes essentiels à la vie.

DÉLITER, v. a.; action d'hydrater la chaux vive, ou de l'arroser avec de l'eau; la chaux se délite spontanément à l'air en attirant l'humidité atmosphérique.

DÉLITESCENCE, s. f.; de *delitescere*, se cacher; en *Pathologie*, disparition subite des phénomènes d'une maladie, d'un phlegmon, d'une éruption, etc. La délitescence est une terminaison favorable, quand l'inflammation disparaît sans se montrer sur une autre partie, ou lorsqu'elle abandonne un viscère pour se développer sur un organe moins important. Il faut distinguer la *délitescence* de la *métastase;* dans cette dernière, la maladie se reproduit toujours d'une manière fâcheuse sur un autre organe.

laire, ayant la propriété de se mouler exactement dans les vases qui les contiennent, la détermination de leur densité est une opération extrêmement simple. On prend un flacon à l'émeri, on le sèche, on le pèse vide, puis plein d'eau; on le sèche de nouveau, on le remplit avec le liquide dont on veut connaître la densité, et on le pèse exactement; la différence des deux pesées indique celle de la densité des liquides examinés; en divisant leurs poids respectifs, l'un par l'autre, on obtient leur densité relative. On peut encore employer la balance hydrostatique pour déterminer le poids spécifique des liquides: dans ce but, on pèse successivement le même corps solide dans l'eau et divers liquides; comme le corps déplace chaque fois le même volume de liquide, les pertes de poids qu'il éprouve indiquent la densité relative des liquides. Enfin, à l'aide des *aréomètres*, on détermine approximativement la densité des principaux liquides employés dans l'industrie et la pharmacie, *V.* Aréomètres. — C. *Densité des gaz.* Les gaz, comme les liquides, se moulant exactement dans les vases, leur densité peut être prise en pesant successivement un vase vide, puis plein d'air, puis enfin plein des divers gaz qu'on veut examiner. Dans ce but, on prend un grand ballon à robinet dans lequel on peut faire le vide; après l'avoir pesé vide et plein d'air, on y fait le vide aussi complètement que possible, puis on y introduit les gaz très purs et parfaitement desséchés, et l'on pèse de nouveau; les poids obtenus, comparés au poids de l'air, donnent les densités relatives. Dans cette opération, il faut tenir compte de la température et de la pression barométrique, qui influent beaucoup sur le volume et la densité des gaz; aussi a-t-on l'habitude de ramener, par le calcul, les résultats à ce qu'ils seraient à 0° et à 0,76 de pression. Cependant, lorsque l'opération se fait rapidement, il est inutile de tenir compte de la pression, si elle n'a pas varié pendant le cours de l'expérience, parce qu'elle s'exerce d'une quantité proportionnelle sur l'air et les gaz examinés, et n'en change pas, par conséquent, les rapports. — D. *Densité des vapeurs.* Les vapeurs pourraient être pesées par les mêmes procédés que les gaz, si leur grande condensabilité n'y mettait obstacle et n'obligeait à y introduire quelques modifications. Deux procédés sont mis en usage pour déterminer la densité des vapeurs, celui de Gay-Lussac et celui de Dumas. 1° Le premier consiste à peser une petite quantité de liquide, à le réduire ensuite en vapeur et à en mesurer le volume. Connaissant le poids du liquide, on connaît aussi celui de la vapeur sous un certain volume; en prenant le rapport du poids de la vapeur avec celui du même volume d'air, on a la densité comparative de cette vapeur. 2° Le procédé de Dumas consiste à peser directement un volume déterminé de vapeur. Pour cela, on prend un matras dont on recourbe et étire le col; on y introduit (avant, si le corps est solide, et après, s'il est liquide), le corps à examiner, et on le réduit complètement en vapeur; lorsque la vapeur remplit la capacité du ballon et qu'elle ne sort plus du vase, on le clôt, puis on le pèse, et après avoir cassé la pointe du col, on y laisse introduire du mercure pour déterminer sa capacité et le volume de la vapeur. Connaissant le poids du ballon, on a celui de la vapeur; le volume de cette dernière est ramené à 0° et à 0,76 de pression afin d'avoir sa densité relativement à l'air. — *Utilité de la détermination de la densité des corps.* La densité des corps est un caractère extrêmement important; elle sert à indiquer le degré de pureté ou de concentration des corps employés dans l'industrie, l'économie domestique, la pharmacie, etc. Le chimiste, le minéralogiste, s'en servent fréquemment pour distinguer les corps les uns des autres; la densité sert aussi à expliquer une foule de phénomènes qui ont lieu dans le mélange des solides aux liquides ou aux gaz; elle ne saurait donc être déterminée avec trop de soin.

DENT, s. f., *Dens*, οδους, οδουτος. Les dents sont des organes solides, très durs, ayant beaucoup d'analogie avec les os, par leur composition, et avec les poils, sous le rapport de leur développement. Elles sont implantées dans les alvéoles des os maxillaires, et se divisent, suivant leur forme, leur position et leurs usages, en *incisives*, *canines* et *molaires*. Deux substances bien distinctes concourent à les former: l'*émail* et l'*ivoire* (*V.* ces mots). On trouve, en outre, une troisième substance qui se dépose sur les dents, et qu'on appelle *tartre* (*V.* ce mot). — Dents des solipèdes. Elles sont au nombre de 40 chez le mâle, et de 36 chez la femelle, savoir: chez l'un et l'autre, 12 incisives, 24 molaires, plus 4 canines chez le mâle seulement. — *Incisives.* Elles forment, à l'extrémité de chaque mâchoire, une arcade arrondie. Les deux médianes portent le nom de *pinces*; celles qui les suivent sont appelées *mitoyennes*, et les dernières, *coins.* Chaque incisive offre une *racine* ou partie enchâssée et une partie libre, à l'extrémité de laquelle se trouve la *table* de la dent, ou surface de frottement. Sur cette surface, on observe un enfoncement entouré d'émail, formant le cul-de-sac externe de la dent, qui disparaît à mesure que l'organe s'use par le frottement. Cette cavité, remplie d'une substance noirâtre, porte le nom de *germe de fève.* La racine, creuse pendant la jeunesse de l'animal, se remplit peu à peu de substance ébarnée, plus jaune que celle du reste de la dent, et qui apparaît, à une certaine époque, sur la table, lorsque la dent a été raccourcie par l'usure. L'incisive est enveloppée, à l'extérieur, par une couche d'émail qui, dans la *dent vierge*, se continuait avec l'émail du cul-de-sac extérieur ou *cornet dentaire.* Ce der-

tains corps qui ne laissent passer qu'une quantité de rayons lumineux insuffisante pour permettre d'apercevoir nettement les objets à travers leur substance, *V.* DIAPHANE.

DENDROIDE, adj., *dendroïdes*, de *δένδρον*, arbre, et *εἶδος*, forme. Cette épithète s'applique aux Cryptogames qui sont ramifiées comme les arbres.

DENDROLOGIE, s. f., *Dendrologia*; partie de la botanique qui s'occupe exclusivement des arbres.

DENSE, adj.: état d'un corps qui présente une densité quelconque; c'est le cas de tous les corps pondérables. On dit qu'un corps est *très dense*, lorsque ses molécules sont très rapprochées et que, sous un petit volume, il contient beaucoup de substance, ou présente un grand poids. Un corps est *peu dense*, lorsqu'il se trouve dans des conditions opposées, c'est-à-dire que, sous un grand volume, il renferme un petit nombre de molécules. — Cette expression reçoit en *botanique* une signification plus étendue que celle qui lui est donnée en physique. Elle peut exprimer qu'un corps, un organe, etc., renferme sous un petit volume beaucoup de matière; mais elle peut indiquer aussi que certains organes, tels que les fleurs, les feuilles, sont nombreux et très rapprochés les uns des autres. De là, les mots composés: *densifolié, densiflore.*

DENSITÉ, s. f., *Densitas*, de *densus*, épais, compacte: *pesanteur* ou *poids spécifique.* On appelle *densité* des corps, leur poids considéré relativement à leur volume; elle représente la *masse* ou la quantité de particules matérielles contenues sous un volume donné; c'est donc le *rapport* de la masse des corps à leur volume. — La densité des corps étant une *quantité* représentée par un nombre, elle est susceptible de comparaison; elle porte alors le nom de densité *relative* ou de *poids spécifique, V.* POIDS. Un *volume donné* d'un corps sous un poids quelconque, sert d'unité conventionnelle ou de terme de comparaison pour tous les autres corps; l'*eau* sert de type pour les solides et les liquides, et l'*air* pour les gaz et les vapeurs; l'un et l'autre sont représentés sous l'unité de volume et de poids par les chiffres 1, 10, 100, ou 1000. Si un corps pèse autant que l'eau ou l'air, à volume égal, on dit que sa densité est égale à celle de l'un ou l'autre de ces corps, et on la représente par 1; si elle est double, triple, par 2, 3; si au contraire, il ne pèse que moitié, sous le même volume, on représente sa densité par les chiffres 0, 5. — La densité comparative des corps exprimant combien ils pèsent relativement à l'eau ou à l'air, sous le même volume, tout se réduit, pour trouver leur poids spécifique, à déterminer combien le poids qu'ils représentent est contenu de fois dans celui d'un pareil volume d'eau ou d'air: en divisant le poids des corps par celui de leur volume d'eau ou d'air, on aura leur densité relative. — Le calcul de la densité des corps repose sur les principes suivants: 1° *quand deux corps ont la même densité, leurs poids sont proportionnels à leurs volumes;* 2° *lorsque deux corps ont le même poids, leurs volumes sont en raison inverse de leurs densités;* 3° *lorsque deux corps ont le même volume, leurs densités sont proportionnelles à leurs poids.* — *Moyens employés pour déterminer la densité relative des corps.* Ces moyens varient nécessairement selon l'état des corps; mais ils consistent tous à peser des volumes égaux d'eau ou d'air et des différents corps dont on veut déterminer la densité relative. — A. *Densité des solides.* On la détermine par trois moyens principaux, qui sont: 1° *la méthode du flacon;* elle est fondée sur ce principe, qu'un corps solide plongé dans l'eau, en déplace un volume égal au sien; l'expérience se réduit donc à peser le corps dans l'air, à peser l'eau déplacée et à comparer leurs poids. Pour cela, on prend un petit flacon bouchant à l'émeri, et on le pèse exactement plein d'eau; le corps solide est pesé d'abord dans l'air, puis dans l'eau, en l'introduisant dans le flacon; on essuie et on bouche ensuite celui-ci et on pèse; le poids trouvé est moindre que les poids réunis du flacon plein d'eau et du corps solide pesé dans l'air: la différence est le poids du volume d'eau déplacé; or, ce volume étant égal à celui du solide, si on divise son poids dans l'air par le poids de l'eau déplacée, on aura sa densité relativement à ce liquide. 2° *Méthode d'Archimède;* elle est fondée sur le principe posé par ce grand géomètre, à savoir: qu'un corps solide plongé dans un fluide, perd une partie de son poids, égale au poids du volume de fluide déplacé. Pour mettre cette méthode en pratique, on se sert de la balance hydrostatique; on pèse d'abord le corps solide dans l'air en le plaçant sur le plateau de la balance, puis dans l'eau en l'attachant au crochet qui existe en dessous de ce plateau; la différence des deux pesées représente le poids du volume d'eau déplacé; en divisant le poids du corps dans l'air par cette différence, on obtient son poids spécifique. 3° *Procédé de Nicholson;* il est fondé aussi sur le principe d'Archimède; il consiste à prendre le poids du corps solide dans l'air, en le plaçant sur le plateau supérieur de l'aréomètre de ce physicien, et à le peser ensuite dans l'eau en le fixant sur le plateau inférieur: le poids obtenu dans l'air, divisé par la différence des deux pesées, donne la densité comparative du corps soumis à l'expérience. Lorsque les solides sont solubles dans l'eau, on ne peut employer ce liquide pour déterminer leur densité; on détermine alors cette densité par rapport à un autre liquide dans lequel ils ne sont pas solubles, puis la densité de ce liquide par rapport à l'eau, et l'on multiplie ces deux densités; le produit exprime la densité du corps par rapport à l'eau. — B. *Densité des liquides.* Ces corps, en raison de leur grande mobilité molécu-

rieure se dirigent en avant comme chez les rongeurs. Les coins, moins volumineux, sont isolés entre les mitoyennes et les crochets. — Les canines ou *défenses* sont très développées, surtout dans le mâle, et croissent pendant toute la vie de l'animal ; elles sont caduques comme les incisives. Les molaires augmentent de volume de la première à la dernière qui est très forte ; leur surface de frottement tient le milieu pour sa disposition, entre les dents des herbivores et celles des carnivores. — *Bot.* DENT : saillie plus ou moins aiguë, mais toujours de petite dimension, du bord des organes membraneux.

DENTAIRE, adj., *dentarius*; qui appartient ou a rapport aux dents. — *Arcade dentaire* : réunion d'une série de dents soit incisives, soit molaires, décrivant toujours une ligne plus ou moins courbe. — *Cul-de-sac ou cornet dentaire* : cavité existant à la surface de frottement des incisives des solipèdes, et formée par un repli de l'émail de la dent, qui s'enfonce dans l'intérieur en se rapprochant de plus en plus du bord postérieur. Cette cavité disparaît par suite de l'usure de la dent, et sa disparition est un des signes utilisés pour la connaissance de l'âge. — *Cavité dentaire* : cavité existant dans toutes les dents peu éloignées de l'époque de leur éruption, et contenant la *pulpe* ou le *follicule* dentaire. Cette cavité, dans les incisives des solipèdes, se croise avec le cornet dentaire ; elle disparaît petit à petit et se trouve remplie par une substance éburnée de couleur particulière. — *Septum dentaire* : portion de la dent séparant, dans son intérieur, le cul-de-sac externe de la cavité intérieure. — *Canaux ou conduits dentaires* : V. MAXILLAIRES et SUS-MAXILLAIRES. — *Artères dentaires* : rameaux artériels fournis à la racine des différentes dents par la maxillo-dentaire pour les inférieures, et la sus-maxillo-dentaire pour les supérieures. — *Nerfs dentaires* : filets très fins fournis aux dents par les nerfs sus-maxillaire et maxillaire, émanant de la cinquième paire. — *Formule dentaire* : disposition de chiffres adoptée pour indiquer d'une manière abrégée le nombre des dents de chaque espèce, chez les mammifères, ex. : formule dentaire du cheval : inc. $\frac{6}{6}$, can. $\frac{1-1}{1-1}$, mol. $\frac{6-6}{6-6}$ = 40.

DENTS (maladies des). Elles sont peu nombreuses dans les animaux, parce que leur régime alimentaire est bien plus simple que celui de l'homme. *Division* : 1° maladies causées par l'éruption des dents; 2° irrégularités des dents et lésions produites par les anomalies de la dentition ; 3° altérations et maladies des dents. — Les *irrégularités* de la dentition peuvent être rapportées à deux classes ; les unes consistent dans le nombre des dents et la disposition particulière de quelques-unes d'entre elles ; les autres dépendent d'une direction vicieuse des arcades dentaires. On nomme *dents surnuméraires*, celles qui, par leur présence, augmentent le nombre que chaque arcade doit présenter. Les *dents de loup* sont placées en dedans ou en dehors des arcades ; par leur présence elles gênent l'action de manger. — Dans les chevaux affectés de mauvaise denture, les molaires inférieures offrent une usure exagérée de leur table, qui est oblique de dedans en dehors ; les molaires supérieures sont usées de dehors en dedans ; la mastication est difficile ; des aliments s'accumulent dans la poche formée entre les joues et les dents molaires. L'absence d'une dent laisse un vide, qui permet l'accroissement exagéré de la dent correspondante dans la mâchoire opposée. On a vu le palais du cheval perforé par une dent de la mâchoire inférieure et les aliments s'échapper par la narine correspondante. Si les aspérités des dents ne sont pas trop prononcées, on y remédie par quelques coups de râpe. Les dents de loup doivent être arrachées. Les irrégularités qu'on nomme *surdents*, sont enlevées par l'usage de la gouge et du maillet ; le rabot odontriteur de Broguiez est très commode pour cette opération. — Les maladies proprement dites des dents sont le *spina-ventosa* et la *carie*. Le *spina-ventosa* résulte d'un développement anormal de la pulpe à l'époque de la formation de la racine ; c'est une altération peu commune. La *carie* est assez rare dans les animaux ; elle se manifeste par de vives douleurs et la difficulté qu'ils éprouvent pour manger. Cette maladie est constitutionnelle ou produite par des causes externes qui altèrent les substances dont les dents sont composées. La dent cariée présente une teinte noirâtre ; elle donne une odeur infecte ; son contact peut produire la carie de l'os maxillaire. Des symptômes analogues à ceux de la morve se montrent parfois après la carie des dents molaires de la mâchoire supérieure. Le traitement consiste à cautériser ou extraire les dents malades ; ce dernier moyen est préféré. Delafond a augmenté les dimensions de la clé de Garengeot pour arracher les dents du cheval. On peut se servir encore du davier ordinaire, du pied de biche, du davier à bascule de Plasse. Quand ces instruments sont insuffisants, on est obligé de briser la dent malade ou au moins de l'ébranler avec la gouge. Si l'une des dernières molaires produit une collection dans les sinus sus-maxillaires, H. Bouley conseille de pratiquer la trépanation de ces sinus au-dessus de la dent affectée pour la repousser ensuite avec un mandrin dans la bouche, tenue préalablement ouverte avec le spéculum-oris.

DENTAIRE, s. f., *Dentaria*, T.; genre de plantes vivaces, de la famille des Crucifères. Ces plantes ont des racines tuberculeuses et dentées, réputées autrefois toniques et excitantes. Les espèces *pinnata*, *enneaphylla*, *bulbifera*, sont les plus communes en France.

DENTÉ, adj., *dentatus*; muni de dents. Le nombre des dents est varié ; de là les expressions de *bidenté*, *tridenté*, etc.

nier se rapproche d'autant plus de la paroi postérieure de la dent qu'on l'examine plus profondément. L'émail qui le forme constitue *l'émail central*, et la couche extérieure, *l'émail d'encadrement*. L'extrémité du cul-de-sac intérieur, lorsqu'elle apparaît entre le cornet dentaire et le bord antérieur de la dent, porte le nom d'*étoile dentaire*. La forme de l'incisive varie suivant le point où on l'examine. *Aplatie d'avant en arrière* à son extrémité libre, elle devient *ovale* un peu plus bas, puis *arrondie*, puis *triangulaire*, enfin *biangulaire* ou aplatie d'un côté à l'autre. L'usure donne successivement à la table ces différentes formes, dont on tire parti pour la connaissance de l'âge. — Toutes les incisives sont caduques, et se renouvellent à des époques qui varient selon leur position dans l'arcade (*V.* AGE). — *Canines* ou *crochets*. Ces dents n'existent que dans le mâle ; quelques juments cependant présentent des canines, mais toujours plus petites que celles des chevaux. Les crochets constituent des dents un peu coniques et recourbées en arrière, existant au nombre de quatre, un à chaque côté de chaque mâchoire, en arrière de l'arcade incisive, dont ils se rapprochent plus à la mâchoire inférieure qu'à la supérieure. La face interne de leur partie libre présente une éminence conique circonscrite par deux sillons. Les crochets s'usent par le frottement du mors, et non par le frottement réciproque, qui n'a pas lieu pour ces dents. — Les canines ne poussent qu'une fois, quoique l'on ait constaté, à cet égard, quelques exceptions. — *Molaires*. Au nombre de six à chaque arcade, les molaires sont des dents très fortes, de forme carrée, profondément implantées dans les alvéoles, et formant, par leur réunion, une surface rugueuse, parsemée de croissants d'émail, et disposée obliquement et en sens inverse à chaque mâchoire, de telle sorte que, dans les mouvements latéraux nécessaires à la mastication, les incisives ne sont pas exposées à se rencontrer. Les molaires supérieures sont beaucoup plus fortes que les inférieures. Les trois molaires antérieures ou *avant-molaires* de chaque arcade sont caduques : les arrière-molaires, beaucoup plus tardives dans leur éruption, ne poussent qu'une fois, et persistent pendant toute la vie de l'animal. — On trouve quelquefois, en avant de l'arcade molaire, une petite dent supplémentaire, qui tombe ordinairement avec la molaire caduque qu'elle confine. — Toutes les dents des solipèdes sont chassées hors des alvéoles, pendant toute la vie, à mesure qu'elles s'usent. Il en résulte que la longueur de la partie apparente varie peu, tandis que les racines diminuent de longueur à partir du moment où la dent a cessé de croître. — DENTS DU BŒUF. Le bœuf a, comme le cheval, 24 molaires ; il manque de canines, et n'a que huit incisives, appartenant toutes à la mâchoire inférieure, la supérieure présentant, au lieu d'incisives, un bourrelet cartilagineux, sur lequel vien-

nent s'appuyer celles de l'autre mâchoire. — *Incisives*. Elles sont disposées en clavier arrondi à l'extrémité de la mâchoire, et portent les noms de *pinces*, *premières mitoyennes*, *secondes mitoyennes* et *coins*. Leur partie enchâssée est arrondie et toujours mobile dans l'alvéole. La partie libre, séparée de la racine par un *collet* très prononcé, est aplatie de dessus en dessous et tranchante à son bord antérieur, qui s'use contre le bourrelet, en même temps que la face supérieure, qui perd par ce frottement une légère éminence conique faisant relief dans son milieu, et circonscrite, de chaque côté, par un sillon assez prononcé. A mesure que cette surface s'use, on voit se dessiner une *étoile dentaire* formée par l'ivoire qui a rempli la cavité de la dent, et dont la forme varie suivant le degré d'usure. Les dents du bœuf n'étant pas chassées de l'alvéole à mesure qu'elles s'usent, il en résulte qu'à mesure que le frottement détruit la partie évasée, les dents semblent s'écarter et finissent par ne plus former que des chicots très éloignés les uns des autres. — Toutes les incisives du bœuf sont caduques et se renouvellent par paires à des époques à peu près fixes. — *Molaires*. Disposées comme celles du cheval, et en même nombre, les molaires du bœuf sont beaucoup moins fortes, et beaucoup plus inégales entre elles, la première étant la plus petite et la dernière la plus forte ; les trois avant-molaires sont caduques comme chez les solipèdes. — DENTS DU MOUTON ET DE LA CHÈVRE. Au nombre de 32, comme chez le bœuf, les dents de ces ruminants ne diffèrent guère de celles de cette espèce que par un moindre volume, et par la disposition des incisives, qui sont relevées et à peine *colletées*. Ce dernier caractère empêche, lors de l'usure, l'écartement que l'on remarque chez le bœuf. — DENTS DU CHIEN. Le chien présente 12 incisives, 4 canines et 26 molaires, dont 12 supérieures et 14 inférieures, en tout 42 dents. — Les incisives, plus fortes à la mâchoire supérieure qu'à l'inférieure, portent à leur partie libre, trois tubercules, dont un médian et deux latéraux : ce qui leur donne la forme d'un trèfle ou d'une *fleur de lis*, qui se déforme par l'usure. Elles sont toutes caduques. — Les canines, également caduques, sont très fortes, de forme conique, et placées immédiatement à la suite des incisives. — Quant aux molaires, elles présentent des lobes assez aigus pour déchirer la nourriture animale. La plus forte est la première *arrière-molaire*, c'est-à-dire la quatrième à la mâchoire supérieure, et la cinquième à l'inférieure. Toutes celles situées plus en avant, sont sujettes au remplacement. — DENTS DU PORC. Le porc présente 12 incisives, 4 canines et 28 molaires, sept à chaque arcade, en tout 44 dents. — Les pinces et les mitoyennes de la mâchoire supérieure offrent quelque analogie avec celles du cheval ; celles de la mâchoire infé-

de *slryux*, phlegme. *T. de pharmacie* par lequel on désignait autrefois la redistillation d'un produit volatil, pour en séparer les parties aqueuses ou *phlegmatiques*. Cette opération différerait de la *rectification* et de l'*évaporation* en ce qu'on obtiendrait deux produits, tandis que ces dernières n'en donneraient jamais qu'un seul, *V.* RECTIFICATION.

DÉPHLOGISTIQUE, adj.; qui a perdu son *phlogistique*; *air déphlogistiqué*: nom donné à l'oxygène avant l'établissement de la nomenclature chimique. *V.* OXYGÈNE.

DÉPILATION, s. f.: *Depilatio*, de *de*, priv., et *pilus*, poil; chute des poils. La dépilation est le résultat de quelques maladies de la peau, de l'application des médicaments vésicants.

DÉPIQUAGE, s. m.; mode de battage des grains, principalement en usage dans le midi. Le dépiquage se fait avec le mulet ou le cheval, quelquefois même avec le bœuf. Cette opération remonte à une haute antiquité; elle était connue des Egyptiens et des peuples de l'ancienne Italie. Elle consiste dans un piétinement que l'on fait subir aux céréales récoltées, sur une aire horizontale et battue. On y emploie une ou plusieurs paires d'animaux auxquels on fait décrire des cercles alternativement concentriques et excentriques. Les épis ainsi foulés dans ces piétinements répétés laissent échapper leurs grains, tandis que la paille elle-même se froisse et se brise sous les pieds des animaux. Quelque bien exécuté que soit le dépiquage, il laisse toujours dans les épis un certain nombre de grains que l'on enlève ensuite quelquefois avec le fléau. La rapidité d'exécution est le principal avantage de ce mode d'égrenage, car il est dispendieux, et si la paille est brisée, elle est bien souvent aussi souillée par la poussière et les excréments. De plus, il n'est applicable que dans les contrées méridionales, car il doit être fait en plein air, et, dans les autres contrées, on ne peut compter sur une succession assez longue de beaux jours. Le prix du dépiquage est fort variable selon les lieux; s'il est de 13 à 20 p. 100 de la valeur du blé dans les Bouches-du-Rhône, il n'est que de 5 à 6 p. 100 dans la Haute-Garonne. La quantité de blé dépiquée par jour et par paire est aussi fort variable; elle s'élève pour deux hommes et deux chevaux de 5 à 10 hectolitres. Le dépiquage se fait aussi au moyen du rouleau. Cet instrument, lorsqu'il est perfectionné, a, sur le dépiquage proprement dit, l'avantage de l'économie.

DÉPLACEMENT (méthode de), *V.* LIXIVIATION.

DÉPLÉTIF, adj., *depleticus*, de *deplere*, vider. On donne ce nom à tout ce qui peut diminuer la masse des liquides animaux. On dit que la saignée est *déplétive*, quand elle a pour but principal de diminuer l'abondance du sang. Le pansement *déplétif* favorise l'évacuation du pus fourni par une solution de continuité.

DÉPLÉTION, s. f., *Depletio*, de *deplere*, vider: action de vider, de désemplir. La saignée produit la déplétion des veines gonflées par le sang. La ponction d'un abcès amène la déplétion de la collection formée par le pus.

DÉPOT, s. m., de *deponere*, déposer. On donne ce nom aux matières solides et molles qui se déposent au fond d'un vase contenant un liquide impur ou hétérogène. Les liquides naturels ou artificiels qui sont d'origine organique, donnent toujours un dépôt plus ou moins abondant par le repos; on l'appelle aussi *sédiment* (*V.* ce mot). — *Path.* Synonyme d'*abcès*. Ce mot s'applique aux collections formées par des matières sorties de leurs voies naturelles et épanchées dans le tissu cellulaire, *V.* ABCÈS.

DÉPÔTS, *V.* ALLUVION et ATTÉRISSEMENT.

DÉPRESSION, s. f., *Depressio*, de *deprimere*, abaisser, enfoncer; se dit des blessures du crâne compliquées de l'enfoncement de l'os fracturé vers les méninges. — Synonyme d'*abaissement*, pour l'opération de la cataracte.

DÉPRIMÉ, adj.; *depressus*; se dit des parties du corps dont la forme est aplatie. Une tumeur *déprimée* a le centre peu saillant. Le pouls est déprimé quand il est faible, et disparaît sous la pression du doigt.

DÉPRIMER; *Agr.*; faire paître, au printemps, les premières pousses des prairies ou des champs de céréales.

DÉPURATIF, s. et adj.; *Depurans*, de *depurare*, purifier. — On appelle ainsi les médicaments qui auraient la propriété de purifier les humeurs du corps des principes hétérogènes et morbifiques qu'elles renferment accidentellement. Les uns agiraient en détruisant directement ces principes, comme les toniques amers, les antiputrides; et d'autres, en provoquant leur expulsion par les sécrétions du corps, comme les purgatifs, les diurétiques, les diaphorétiques, et en général tous les évacuants.

DÉPURATION, s. f., *Depuratio*; action de rendre plus pur, de purifier. Opération pharmaceutique à l'aide de laquelle on débarrasse un liquide des parties solides qu'il renferme et qui en altèrent la pureté. Elle se fait le plus souvent d'une manière spontanée et par le simple repos de la solution; ce n'est, dans la plupart des cas, qu'une opération préparatoire de la *clarification*, (*V.* ce mot).

DÉRADELPHE, s. et adj; *Deradelphus*, de *δερη*, cou, et *αδελφος*, frère; uni par le cou. Genre de monstres doubles monocéphaliens, présentant, d'après G. St-Hilaire, les caractères suivants: troncs séparés au-dessous de l'ombilic, réunis au-dessus: trois ou quatre membres thoraciques: une seule tête, sans aucune partie surnuméraire à l'extérieur.

DÉRADELPHIE, s. f., *Deradelphia*; état des monstres déradelphes.

dents sont *égales* ou *inégales*. Le bord est *doublement denté*, lorsque chaque dent porte elle-même une dent plus petite. On le dit *denté en scie*, quand chaque dent est dirigée vers le sommet de l'organe denté.

DENTELAIRE, s. f. *Plumbago* T.; genre de la famille des Plombaginacées. La plupart des espèces de ce genre sont exotiques; quelques unes sont introduites en Europe comme plantes de serres. La seule espèce que l'on trouve en France est la **D. d'Europe**, **P.** *Europœa*, connue dans le Midi sous le nom de *Malherbe*. Sa racine est irritante, rubéfiante et vomitive. On la dit propre à guérir la gale.

DENTELÉ, ÉE, adj., *dentatus;* découpé en forme de dents; on donne ce nom à plusieurs muscles. — *Dentelé* ou *grand dentelé de l'épaule;* ce muscle a été divisé par Gérard et par Rigot en deux portions: l'une antérieure. appelée *trachélo-sous-scapulaire* ou *angulaire de l'omoplate;* l'autre, postérieure, nommée *costo-sous-scapulaire*. L'ensemble de ces deux portions constitue un muscle très large, flabelliforme, prenant son origine aux apophyses transverses des quatre dernières vertèbres cervicales. ainsi qu'à la surface externe des neuf premières côtes, par des dentelures, et allant s'insérer aux deux surfaces triangulaires de la face interne des angles supérieurs du scapulum. Ce muscle est le principal moyen de suspension du tronc entre les membres thoraciques. Sa portion antérieure tire le scapulum en avant; l'autre l'abaisse en le tirant en arrière. Si le point fixe est au membre, il élève le thorax et peut, par sa portion costale, concourir à écarter les côtes et dilater le thorax — *Petits dentelés;* ils sont au nombre de deux : un *antérieur* et un *postérieur*. Le premier, ou *dorso-costal*, prend son origine par une aponévrose mince et nacrée au sommet des apophyses épineuses des vertèbres dorsales, et va s'insérer, par des dentelures charnues à la partie externe et antérieure des huit côtes qui suivent la cinquième; il est *inspirateur*. Le petit dentelé postérieur, ou *lombo-costal*, prend aussi son origine par une aponévrose; celle-ci s'attache à la ligne médiane lombaire, et les dentelures qui lui font suite vont s'insérer vers le bord postérieur des six dernières côtes qu'il tire en arrière, concourant ainsi à l'expiration. — *Ligament dentelé :* petit cordon fibreux, régnant longitudinalement le long de la moëlle et envoyant, entre chaque paire de nerfs, un petit prolongement triangulaire vers la dure-mère.

DENTELÉ, adj., *serratus;* denté en scie. *V.* **Denté.**

DENTELURES, s. f., *Serraturœ;* dents en scie, c'est-à-dire, aiguës et dirigées vers le sommet de l'organe denté.

DENTICIDE, adj., *denticidus;* la déhiscence et, par suite, la *dissémination*, sont denticides lorsqu'elles ont lieu par l'écartement des dents qui terminent le sommet des carpelles.

DENTICULÉ. adj., *denticulatus ;* pourvu de petites dents ou *denticules*.

DENTIFRICE, s. et adj. *dentifricium*, de *dens*, dent, et *fricare*. frotter : substances à l'aide desquelles on frotte et on nettoie les dents ; elles ne sont employées que chez l'homme. comme moyen d'entretenir la propreté de la bouche.

DENTIROSTRES, s. m. et adj., *Dentirostrati :* famille de passereaux caractérisée par la présence d'une échancrure plus ou moins marquée à l'extrémité du bec, ex. : la *pie-grièche.* le *merle*, etc.

DENTITION, s. f., *Dentitio ;* on comprend sous ce nom l'ensemble des phénomènes relatifs à la formation, à l'éruption, au remplacement, à l'usure des dents. *V.* **Age** et **dent.**

DÉNUDATION, s. f., *Denudatio*, de *denudare*, mettre à nu ; état d'une partie qui est mise à nu, qui est dépouillée de ses enveloppes: *dénudation d'un os, d'une artère. d'un testicule*.

DÉNUDÉ. adj., *denudatus*, de *nudus*, nu. Se dit principalement de l'état d'un os. dont la surface est mise à découvert : *os dénudé*.

DÉPAISSANCE, s. f. ; ce mot s'entend tantôt de l'action de faire paître. tantôt de l'action de paître. ou même du lieu où ces actes s'exécutent. *V.* **Paturage.**

DÉPART, s. m. : *Separatio*, du vieux v., *départir*, séparer. — Opération chimique au moyen de laquelle on sépare l'or de l'argent; elle est fondée sur la propriété dont jouissent certains acides de dissoudre l'argent sans attaquer l'or. L'acide azotique et l'acide sulfurique, possèdent l'un et l'autre cette propriété ; cependant le premier, employé autrefois pour cet usage, est à peu près abandonné et remplacé par le second. L'acide sulfurique transforme l'argent en sulfate et l'or se dépose sous forme de poudre brune, qu'on recueille, qu'on lave avec soin et qu'on sèche.

DÉPENSE, s. f., *T. d'hydraulique :* quantité de liquide fournie. dans un temps donné, par un orifice d'écoulement. La dépense d'un orifice est proportionnelle à son aire et à la racine carrée de sa profondeur au-dessous du niveau du liquide, abstraction faite de toute pression étrangère. La *contraction* de la veine fluide diminue d'un tiers environ la dépense d'un orifice percé en mince paroi; les ajustages peuvent y remédier. — On appelle *pouce fontainier*, l'unité ancienne employée pour évaluer la dépense des orifices d'écoulement; il est égal à environ 13 litres, et représente la quantité d'eau qui s'écoule dans une minute par un orifice d'un pouce de section percé sur une paroi verticale, et chargé de 7 pouces d'eau sur son centre d'ouverture, ou d'une ligne sur la surface d'ouverture. Le demi-pouce d'eau est le quart, et la ligne d'eau la 144ᵉ partie du pouce fontainier.

DÉPHLEGMATION. s. f., de *de* hors. et

ou fait disparaître l'infection, les miasmes, les virus. Les désinfectants sont tantôt des agents mécaniques, tantôt des substances qui agissent chimiquement. Ceux qui exercent les deux actions à la fois, comme les solutions de chlorites alcalins, doivent inspirer le plus de confiance. Les substances aromatiques, odorantes, telles que le camphre, les baies de genièvre, le vinaigre, etc., peuvent bien masquer une odeur désagréable; mais elles sont impuissantes à détruire un virus, un miasme : ce ne sont donc pas de véritables désinfectants, *V.* Désinfection et Fumigation.

DÉSINFECTION, s. f.; action d'enlever, de détruire, par des moyens mécaniques ou chimiques, les éléments miasmatiques ou contagieux dont l'air ou les corps solides peuvent être imprégnés. Envisagée comme mesure de police sanitaire, la désinfection est d'une absolue nécessité. Hygiénique et préservatrice, elle est le complément indispensable de toutes les mesures d'isolement. Elle ne doit pas alors se borner à l'atmosphère des étables; elle doit embrasser le sol, les parois et tous les objets qui ont été directement employés au service des malades. Les matériaux du sol sont enlevés et enfouis hors de l'habitation, puis remplacés par d'autres matériaux; les parois et plafonds sont raclés, lavés, puis blanchis à la chaux ou au plâtre; il en est de même des objets fixés au mur, tels que rateliers, mangeoires, etc. Ceux des ustensiles qui peuvent supporter une haute température sont passés à un feu clair, ou chauffés au-delà de 100°, dans des appareils convenables. L'arrêt du 16 juillet 1784, dit que les harnais, équipages, colliers, etc., seront échaudés ou brûlés, etc.; on ne doit brûler que les objets de peu de valeur; les autres peuvent être désinfectés. Les *lavages* peuvent être faits dans une *eau courante*, à l'*eau chaude*, avec les *solutions alcalines* de soude ou de potasse du commerce, de nitre, de sel marin, avec une forte *lessive de cendres*, avec les *solutions* de chlorite de soude, de chaux, de potasse. L'atmosphère des étables peut être purifiée par l'*aérage* à l'aide d'ouvertures convenablement pratiquées, par la *ventilation* à l'aide de moyens artificiels, par les *fumigations*. Celles-ci se font en brûlant des *baies de genièvre*, des *plantes aromatiques*, du *sucre;* elles masquent l'odeur, mais ne détruisent pas les virus; en vaporisant les *acides acétique, sulfureux, azotique, chlorhydrique;* enfin, elles peuvent consister en *fumigations guytonniennes*, *V.* Fumigations.

DESMEUX, adj., *desmosus*, de δεσμος, ligament; nom donné par Béclard au tissu ligamenteux.

DESMITE, s. f., de δεσμος, ligament; inflammation des ligaments.

DESMODYNIE, s. f., de δεσμος, lien, ligament, et οδυνη, douleur; douleur des ligaments.

DESMOGRAPHIE, s. f., *Desmographia*, de δεσμος, ligament, et γραφω, je décris; description des ligaments.

DESMOLOGIE, s. f., *Desmologia*, de δεσμος, ligament, et λογος, discours; traité des ligaments.

DESMOPATHIE, s. f., de δεσμος, ligament, et παθος, souffrance; maladie des ligaments.

DESMOPHLOGOSE, s. f., de δεσμος, ligament, et φλοξ, φλογος, inflammation; inflammation des ligaments.

DESMORRHEXIE, s. f., de δεσμος, ligament, et ρηξις, rupture; rupture des ligaments.

DESMOTOMIE. s. f., *Desmotomia;* de δεσμος, ligament, et τεμνω, je coupe, je dissèque; dissection des ligaments.

DÉSOBSTRUANT, adj. et s., *Desobstruens, desoppilans;* nom sous lequel les humoristes et les mécaniciens désignaient autrefois les médicaments qu'ils croyaient capables de désobstruer les canaux naturels du corps, et notamment les capillaires, des substances qui s'y étaient arrêtées et accumulées, et qui entravaient la circulation. Ces obstructions se faisaient remarquer le plus souvent dans les glandes et les organes parenchymateux; elles siégeaient, disait-on, ou dans les capillaires sanguins, ou dans les capillaires du système lymphatique. Les désobstruants les plus employés étaient les *fondants*, les *dépuratifs*, les *savonneux*, les *alcalins*, les *sudorifiques*, les *diurétiques*, et en général tous les *évacuants*. Enfin, on admettait des obstructions mécaniques dans les conduits naturels des glandes, dans l'intestin, l'urètre, etc., contre lesquelles on employait des moyens très divers, *V.* Apéritifs.

DÉSOXYDATION, s. f.; action d'enlever l'oxygène d'un métal oxydé. On dit aussi *réduction* (*V.* ce mot). Cette opération se fait à l'aide de la chaleur seule (oxydes de la sixième section), ou aidée par un corps avide d'oxygène, comme le charbon, l'hydrogène, le phosphore, etc.

DÉSOXYGÉNATION, s. f.; action d'enlever l'oxygène qui entre dans la composition d'un corps. On considère ce mot comme synonyme de *désoxydation;* cependant, ce dernier est moins général et s'applique seulement à la réduction des oxydes; tandis que le premier s'entend à la fois de la désoxygénation des substances minérales et de celle des matières organiques.

DESPUMATION, s. f., *Despumatio*, de *despumare*, formé de la particule *de*, et de *spuma*, écume; action d'enlever l'écume d'un liquide en ébullition; on se sert d'une cuillère percée de petits trous et nommée, à cause de son usage, *écumoire*. Cette opération pharmaceutique est rarement mise en usage; elle n'est utile que pour les liquides d'origine organique et très riches en principes albumineux.

DÉRENCÉPHALE. s. et adj.; *Derencephalus*, de δερη, cou et εγκεφαλος, encéphale; littéralement, cerveau sur le cou ; genre de monstres anencéphaliens dont les caractères sont : point d'encéphale ; moelle épinière manquant dans la région cervicale ; crâne et partie supérieure du canal rachidien largement ouverts.

DÉRENCÉPHALIE, s. f.; *Derencephalia*; état des monstres dérencéphales.

DÉRIVATIF, s. et adj., *deflectens;* on, désigne ainsi les moyens employés pour produire la dérivation, ou pour appeler et fixer au-dehors une congestion ou une inflammation qui tend à s'établir ou qui est déjà établie dans l'intérieur, sur un organe important. Ces moyens sont *chirurgicaux*, comme les sétons, les saignées, ou *pharmaceutiques*, comme les sinapismes, le vésicatoire, les frictions irritantes, etc. *V. Rubéfiant, vésicant*, etc.

DERMATALGIE, s. f.; de δερμα, peau, et αλγος, douleur : douleur vive de la peau.

DERMATANEURIE, s. f., de δερμα, peau, α priv., et νευρον, nerf ; paralysie, insensibilité de la peau.

DERMATHÉMIE, s. f., de δερμα, peau, et αιμα, sang ; congestion sanguine de la peau.

DERMATITE, s. f., de δερμα, peau, et de la désinence *ite* ; phlegmasie, inflammation de la peau.

DERMATOPATHIE, s. f., de δερμα, peau, et παθος, souffrance, maladie ; maladie de la peau.

DERMATORRHAGIE, s. f., de δερμα, peau, et ρηγνυμι, je romps ; hémorrhagie de la peau.

DERMATORRHÉE, s. f., de δερμα, peau, et ρεω, je coule ; exsudation de sueur plus ou moins abondante.

DERMATOSE, s. f., de δερμα, peau ; maladie de la peau en général.

DERME, s. m.; *Derma*, de δερμα, peau ; membrane fibro-cellulaire formant le feuillet principal de la peau et déterminant son épaisseur. Le derme sert de soutien aux différentes parties dont l'ensemble constitue la peau. Il est formé de fibres entrecroisées de manière à laisser entre elles des intervalles de forme conique, dont la base se trouve à la surface adhérente de la peau, et le sommet à la face externe. Ces fibres sont blanches, élastiques, évidemment contractiles, beaucoup moins cependant que les fibres musculaires. L'ébullition les réduit en gélatine, et le tannin forme avec elles un composé qui arrête leur putréfaction et change le derme en cuir. L'épaisseur du derme varie beaucoup suivant les différentes régions où on l'examine, et suivant les diverses espèces.

DERMOGRAPHIE, s. f., *Dermographia*, de δερμα, peau, et γραφω, je décris ; description du derme, ou de la peau.

DERMOIDE, adj., de δερμα, peau, et ειδος, ressemblance ; qui ressemble au derme

ou à la peau. On détourne souvent ce mot de sa véritable acception en l'employant pour signifier le derme lui-même. C'est dans ce sens que Bichat a adopté l'expression de *système dermoïde*.

DERMOLOGIE, s. f., *Dermologia*, de δερμα, peau, et λογος, discours ; traité de la peau.

DERMOTOMIE, s. f., *Dermotomie*, de δερμα, peau, et τεμνω, je coupe, je dissèque ; dissection de la peau.

DÉROBÉ, ÉE, adj.; *pied dérobé* : pied duquel des portions de corne ont été enlevées, soit par éclat, soit par usure, de manière à détruire par des courbes rentrantes le cercle que forme le bord inférieur de la paroi. Le pied dérobé exige une ferrure particulière, faite par un maréchal habile ; il indique, en outre, généralement une corne sèche et cassante. *Agric. Culture dérobée* : se dit de la culture des racines semées après une récolte principale faite dans l'année.

DÉRODYME, s. et adj., *Derodymus*, de δερη, cou, et de δυω, dont le radical est δυο, deux ; genre de monstres doubles, sysomiens, présentant les caractères suivants : corps unique, à une seule poitrine, dont le sternum est opposé à deux colonnes vertébrales ; deux cous ; membres thoraciques et membres pelviens au nombre de deux, quelquefois avec les rudiments d'un troisième. Ce genre de monstruosité est surtout commun chez le veau.

DÉRODYMIE, s. f., *Derodymia;* état des monstres dérodymes.

DÉSAGRÉGATION, s. f., *Desagregation* : action de séparer les molécules d'un corps solide en détruisant sa force de cohésion par l'action d'une force mécanique : cette opération est souvent employée dans les laboratoires, avant de faire réagir les corps les uns sur les autres, de les soumettre à l'action d'un dissolvant, etc.

DESCENDANT, adj., *descendens;* se dit en botanique des parties des végétaux qui se dirigent vers le sol. Linné donnait à la portion souterraine des plantes le nom de *caudex descendant.*

DESCENTE. s. f., de *descendere*, descendre ; action de descendre. — Déplacement des intestins, de l'épiploon, par une rupture ; hernie ombilicale ou inguinale. — Synonymie vulgaire de *hernie.*

DÉSHYDROGÉNATION, s. f.; action d'enlever de l'hydrogène à un corps ; on y parvient surtout en faisant agir le chlore qui a une affinité puissante pour ce principe. Dans les corps organiques, le chlore se substitue aisément à l'hydrogène d'après certaines lois qui seront indiquées au mot *substitution.*

DÉSHYDROGÉNÉ, adj.; privé d'hydrogène ; se dit d'un corps dont on a enlevé, en totalité ou en partie l'hydrogène, qu'il renferme naturellement.

DÉSINFECTANT, TE, adj.; qui détruit

DESSOLURE, s. f. ; opération qui consiste dans l'évulsion ou l'extirpation de la sole du cheval. Cette opération est *complète* ou *partielle*. Autrefois, la dessolure *complète* était fréquemment employée comme préparatoire dans le cas de blessure de la sole. La seconde, celle qui est *partielle*, est seule usitée aujourd'hui ; on la pratique dans le cas de piqûre du pied, de clou de rue compliqué, etc., excepté dans le cas où la sole est décollée dans toute son étendue, comme dans quelques brûlures produites par l'application trop prolongée du fer chaud, dans le crapaud qui a envahi toute la partie inférieure du pied. — La dessolure complète a l'inconvénient d'augmenter inutilement la douleur, de produire une plaie trop étendue, qui exige des pansements plus compliqués. Il est reconnu, d'ailleurs, qu'après l'enlèvement partiel de la sole, la partie qui reste ne se détache pas toujours par l'effet de la suppuration ; le décollement eût-il même lieu, ce n'est pas toujours une complication ; la nouvelle corne est bientôt sécrétée. — En général, dans les opérations que l'on pratique sur la face inférieure du sabot, il faut se borner à enlever avec le boutoir ou la feuille de sauge la corne qui est séparée des parties molles. Dans le cas de clou de rue, on procède en n'enlevant du tissu de la sole que la surface qui entoure le point par lequel le corps piquant a pénétré dans les parties molles. Le pansement nécessité par les plaies de la sole consiste dans un appareil composé de plumasseaux gradués, maintenus par des éclisses. — Dans les didactyles et les tétradactyles, on emploie quelquefois la dessolure, qui est toujours partielle, lorsqu'on n'opère que sur une des phalanges.

DESSUINTAGE, s. m. ; opération qui a pour but de débarrasser la laine du suint qui la recouvre dans l'état naturel. *V.* SUINT et LAINE.

DESSYMPHYSER, v. a. ; de *de*, séparer et *symphyse* ; division de la symphyse du pubis.

DESTRIER, s. m., *Dextrarius* ; cette expression, rarement employée aujourdhui, servait autrefois à désigner le cheval que l'on menait en main (*ad dexteram*), en attendant qu'il fût réclamé par l'homme d'armes.

DÉSUNI, E, adj. ; disjoint, manquant d'union. — *Galop désuni* : galop dans lequel la piste d'un pied antérieur étant la plus avancée, celle du pied postérieur du même côté reste en arrière de la piste du pied postérieur opposé. Le galop désuni ôte au cheval toute sa solidité. On dit quelquefois aussi pour exprimer la même idée : *cheval désuni*.

DÉTERSIF, IVE, adj. et s., *Detergens*, de *detergere*, nettoyer ; médicament propre à nettoyer la surface des solutions de continuité anciennes. Ce mot ne s'applique pas seulement aux liquides qu'on emploie pour enlever les impuretés de la surface d'une plaie ou d'un ulcère, mais encore aux topiques mis en usage pour modérer le bourgeonnement et la suppuration des solutions de continuité, et les disposer à la cicatrisation. Les préparations digestives, les légers caustiques, les lavages avec les liqueurs alcooliques, l'essence de térébenthine, etc., sont les meilleurs détersifs. *V.* DIGESTIF, ABSTERGENT.

DÉTONANT, adj. ; qui peut produire une détonation ; *mélange détonant* : mélange d'un volume d'oxygène et de deux d'hydrogène, (*V.* ces mots et EAU).

DÉTONATION, s. f., *Detonatio;* bruit instantané et plus ou moins violent qui accompagne certaines réactions chimiques. La détonation provient d'un choc violent contre l'air, déterminé par l'expansion subite des produits gazeux engendrés par la réaction chimique, ou par le choc brusque des couches d'air qui se précipitent dans un vide prenant tout-à-coup naissance par la condensation complète des gaz qui réagissent les uns sur les autres. De là deux sortes de détonations : une par *expansion* des gaz produits (poudre à canon, fulminates, chlorure d'azote, composés oxygénés du chlore); l'autre par *condensation* brusque de certains mélanges gazeux (gaz détonant, mélange de chlore et d'hydrogène, d'air et d'hydrogène proto ou deuto carboné). La détonation par expansion ou condensation est produite par la chaleur, l'étincelle électrique, la lumière, le choc, la compression, l'éponge de platine, etc. Le chimiste doit prévoir ce phénomène pour se garantir de ses effets dangereux ; l'industrie doit s'appliquer à l'utiliser comme force motrice, en le modérant et en régularisant son action.

DÉTROIT, s. m., *Angustia;* passage étroit, lieu resserré, où l'on passe difficilement. *Détroit du bassin* : partie resserrée de la cavité pelvienne, que le fœtus doit franchir lors de l'accouchement. Les détroits du bassin sont loin d'exiger, chez les animaux l'étude approfondie que l'on en fait dans l'espèce humaine.

DÉTUMESCENCE, s. f., de la prép. *de*, et *tumescere*, s'enfler ; désenflure, délitescence, résolution d'une tumeur.

DEUTERGIE, s. f., de δεύτερος, second, et ἔργον, action ; dénomination proposée par Cap pour désigner l'ensemble des effets *secondaires, consécutifs, curatifs* ou *thérapeutiques* des médicaments. Les effets *primitifs* ou *physiologiques* seraient désignés par le mot *protergie* (*V.* ce mot). Enfin l'action totale et définitive de chaque médicament porterait le nom de *médication* (*V.* ce mot).

DEUTÉROPATHIE, s. f., de δεύτερος, second, et πάθος, maladie ; maladie secondaire ; affection qui se montre consécutivement à une autre.

DEUTO, δεύτερος ; mot grec dont on se sert dans la nomenclature chimique, pour indiquer le rang d'un composé ou la proportion relative de son élément électro-négatif ; ainsi

DESQUAMATION, s. f., *Desquamatio*, de *de* priv., et *squama*, écaille. En *Pathol.*, exfoliation de l'épiderme sous forme d'écailles, caractère des maladies herpétiques ; on l'observe aussi dans l'érysipèle et la clavelée. — En *pharmacie*, opération qui consiste à enlever les squames des racines bulbeuses.

DESSABOTTÉ, adj., de *de* priv., et *sabot* ; qui a perdu le sabot. Se dit d'un cheval dont le sabot a été arraché par une cause violente ou détaché complètement par l'effet d'une maladie. — Peu usité.

DESSÉCHEMENT, s. m. ; action d'enlever à une portion de terrain l'excès d'humidité qu'elle renferme. Il est peu de terrains humides ou inondés qui ne puissent être desséchés ; mais il en est beaucoup qui ne peuvent l'être économiquement. Les avantages de cette opération se font sentir aussi bien dans les terres arables que sur les prairies marécageuses ; car un excès d'humidité nuit au travail de la terre, pourrit les semences, entraîne les engrais et altère les récoltes. D'ailleurs, le desséchement, considéré d'une manière générale, est un puissant moyen d'assainissement. — Les moyens propres à enlever l'excès d'humidité d'une terre doivent varier comme la cause qui l'entretient, et selon la nature et la position du terrain à dessécher. Tantôt, en effet, ce sont les eaux de la pluie qui séjournent à la surface d'un terrain horizontal à sous-sol imperméable ; d'autres fois, ce sont les eaux d'une source ou des hauteurs voisines qui viennent se concentrer, se réunir dans une partie basse, non inclinée ; ou bien, une rivière débordée a laissé, en se retirant, de l'eau qui ne peut plus s'écouler ; enfin, l'excès d'humidité peut provenir d'un cours d'eau qui domine quelque partie d'un terrain.— La cause de l'excès d'humidité et la nature du terrain étant connue, il est généralement facile, à l'inspection des lieux, de déterminer le mode de desséchement qui convient. Les moyens principaux sont : le billonnage, le colmatage, les tranchées, les fossés couverts ou découverts, libres ou remplis de pierres, de fascines, les rigoles, les tuyaux. L'emploi de ces moyens suppose que le terrain est incliné et que les eaux qui le recouvrent peuvent être dirigées dehors. Lorsqu'il n'en est pas ainsi, il faut arriver à d'autres moyens. Ce sont : les *sondages*, les *puits-perdus*, *puisards*, *bétoirs* ou *boit-tout*, et enfin l'*épuisement* à l'aide *des machines*. Il suffit de se rappeler les éléments de la géologie pour comprendre le mode d'action des premiers. — Les puisards et boit-tout peuvent rester ouverts ou être remplis et fermés. — L'Allemagne, l'Angleterre, font un fréquent usage de la sonde pour le desséchement des terres. — L'épuisement par les machines est une opération généralement dispendieuse, soit qu'on l'exécute avec l'auxiliaire de grands fossés ou de canaux, soit qu'on y emploie des machines seulement. Il exige souvent un ensemble d'études qui ne peuvent être faites que par les ingénieurs. — Quand un desséchement a été opéré, il reste encore à pourvoir aux moyens d'en assurer la durée, et, dans quelques circonstances, à déterminer la mise en culture des terrains desséchés. Or, pour que les sols habituellement couverts d'eau, les marais, les tourbières, etc., puissent être cultivés, après leur desséchement, en plantes productives, il faut qu'ils y aient été préalablement préparés par l'écobuage, par la chaux, les cendres, les labours répétés, par des plantations d'arbres, ou par un passage à l'état de prairies. C'est alors, d'après l'état du sol, d'après sa nature, que l'agriculteur se décide sur le choix de la rotation à établir.

DESSICCATIF, adj. et s., *Exsiccans* ; on donne ce nom à des médicaments externes propres à dessécher la surface des plaies, des ulcères, des crevasses, et autres solutions de continuité dont la suppuration est trop abondante ou trop prolongée. Ce sont le plus souvent des substances absorbantes ou astringentes, comme la poudre de charbon, la chaux vive, l'alun calciné, le tan, les préparations de plomb, et notamment l'extrait de Saturne, le cérat saturné, etc. Quelques auteurs ont admis les évacuants comme des *dessiccatifs internes* parce qu'ils diminuent, par une action dérivative, la sécrétion morbide des exutoires.

DESSICCATION, s. f., *Dessiccatio* ; action de dessécher un corps ou de lui enlever l'humidité qu'il renferme ; opération pharmaceutique qui consiste à dépouiller de leur eau de végétation les plantes employées comme médicament, afin d'en assurer la conservation. La dessiccation est d'autant plus parfaite, qu'elle est plus rapide, que les substances ont été plus exactement desséchées et que leurs principes constituants ont subi moins d'altération. Cette opération se pratique dans un grenier aéré, appelé *séchoir*, ou dans une *étuve*. La température doit être, au commencement, de 20 à 25°, et, vers la fin de la dessiccation, elle peut monter, sans inconvénient, à 40 ou 50°, mais non au-delà ; l'air doit être renouvelé le plus possible, afin d'entraîner la vapeur d'eau à mesure qu'elle se forme ; c'est une condition essentielle dans cette opération. La dessiccation des plantes doit être faite, autant que possible, à l'abri de la poussière et des rayons lumineux trop ardents. Les fleurs, les tiges, les semences, seront étendues sur des claies garnies de papier gris, et souvent retournées afin d'accélérer la dessiccation ; les écorces, les sommités fleuries, les racines, seront réunies en bottes, disposées en guirlandes, et suspendues à l'aide d'une corde ; les racines charnues, les fruits, les bulbes et tubercules, devront être coupés en tranches minces et desséchés sur les claies comme les fleurs. Les substances animales, excepté les cantharides, ne donnent pas lieu à cette opération en pharmacie vétérinaire. — *Hyg. et Agr.* *V.* Récolte et Fanage.

dissous dans 125 grammes d'eau distillée. Chaque gramme de ce sirop contient environ 1 centigramme d'extrait. Employé fréquemment en médecine humaine comme anodin et calmant, le sirop diacode est à peine usité en médecine vétérinaire. Il ne pourrait convenir que pour les chats et les chiens jeunes ou de petite taille.

DIACOUSTIQUE, s. f., *Diacoustica;* de *δια*, à travers, et *ακουειν*, entendre; branche de l'acoustique qui s'occupe du passage des sons à travers les différents milieux formés par la matière pondérable.

DIACRANIEN, NE, adj., *diacranianus*, de *δια*, auprès, et *κρανιον*, crâne; nom donné à la mâchoire inférieure, qui n'est jointe au crâne que par des ligaments permettant des mouvements en divers sens.

DIADELPHE, adj., *diadelphus*, de *δις*, deux fois, et *αδελφος*, frère. Les étamines sont *diadelphes*, lorsque, dans une même fleur, elles sont réunies en deux faisceaux par leurs filets. Les faisceaux sont égaux ou inégaux. Dans beaucoup de Légumineuses, les étamines sont distribuées en deux faisceaux : l'un d'une étamine, et l'autre de neuf.

DIADELPHIE, s. f., *Diadelphia*, de *δις*, deux fois, et *αδελφος*, frère ; nom de la dix-septième classe du système de Linné ; elle comprend les végétaux à étamines diadelphes. On la divise, d'après le nombre des étamines renfermées dans la fleur, en quatre ordres : *pentandrie, hexandrie, octandrie* et *décandrie*.

DIADELPHIQUE, adj., *diadelphicus;* désigne la plante ou fleur diadelphe.

DIAGNOSE, s. f., de *διαγνωσις*, connaissance ; connaissance qu'on obtient par l'examen des signes d'une maladie. Peu usité.

DIAGNOSTIC, s. m., de *διαγνωσκω*, je connais ; art de connaître une maladie, de découvrir son siége. Un diagnostic exact fait établir un pronostic certain, et fournit un guide excellent pour le choix des moyens thérapeutiques à opposer à une maladie. Sous le rapport du diagnostic, les maladies des animaux offrent une grande analogie avec celles des enfants. — Dans une acception moins étendue, ce mot indique l'opinion qu'on se forme sur un malade.

DIAGNOSTIQUE, adj., *diagnosticus*, de *διαγνωσκω*, je connais. — *Signes diagnostiques:* qui font connaître l'état d'un malade.

DIAGNOSTIQUER, v. a.; établir le *diagnostic* d'une maladie.

DIAGOMÈTRE, s. m., de *διαγω*, je traverse, et de *μετρον*, mesure ; on appelle ainsi une sorte de galvanomètre imaginé par Rousseau pour reconnaître la pureté de l'huile d'olive ; il est fondé sur la propriété conductrice des autres huiles grasses, et sur la non conductibilité de l'huile d'olive. Cet instrument se compose d'une petite pile sèche et d'une aiguille aimantée, portée par un pivot métallique sur lequel elle peut librement tourner, et abritée par une cloche reposant sur un plateau enduit de résine. Entre l'aiguille et la pile, on peut interposer l'huile à essayer, au moyen d'un petit godet métallique qui communique avec l'aiguille par une tige conductrice. L'aiguille étant disposée sur le méridien magnétique, si on fait communiquer le fil de la pile avec l'huile placée sur le circuit électrique, il n'y aura aucune déviation de l'aiguille si l'huile d'olive est pure ; mais si elle est mélangée avec une autre huile grasse, la déviation sera plus ou moins forte, selon les proportions du mélange. D'après les expériences de Rousseau, l'huile d'olive conduirait l'électricité 675 fois moins que les autres huiles grasses.

DIAGRÈDE, s. m., *Diacrydium;* ancien nom de la Scammonée. Le *Diagrède cydonié* était composé de deux parties de scammonée et d'une partie de suc de coing. Le *Diagrède glycyrrhizé* était formé de scammonée et d'extrait de réglisse. Enfin, le *Diagrède sulfuré* se préparait en exposant la scammonée à la vapeur du soufre en combustion. Ces préparations ne sont plus employées, même chez l'homme.

DIAKÈNE, s. m., *Diakenium;* fruit composé de deux akènes; tel est celui des Ombellifères. *V.* ACHAINE.

DIALYPÉTALE, adj. et s., de *δια*, indiquant la séparation, et *πεταλον*, feuille; mot nouveau créé pour désigner les plantes dont le périanthe est double, à corolle polypétale. Les Dialypétales sont hypogynes ou périgynes.

DIAMANT, s. m., *Adamas*, de *αδαμας*, indomptable. Le diamant est formé de *carbone pur* et *cristallisé*. Longtemps inconnu dans sa nature, le diamant fut considéré par Newton comme un corps combustible, à cause de son action réfringente très intense, sur la lumière, ce qui fut vérifié en 1694, par l'académie de Florence. C'est Lavoisier qui détermina la nature de ce corps, en le faisant brûler dans l'oxygène et en recueillant l'acide carbonique qui s'était formé. Enfin Davy constata que le diamant peut convertir le fer en *acier*, comme le charbon ordinaire. On trouve cette pierre précieuse dans les contrées les plus chaudes du globe (à Golconde, Visapour, Borneo, au Brésil); elle existe surtout dans les terrains d'alluvion; plus rarement on la rencontre dans des roches quartzeuses. On n'a pu l'obtenir jusqu'ici par aucun procédé artificiel. Le diamant est solide, cristallisé en *octaèdres* réguliers, à facettes curvilignes; inodore et insipide, il est le plus souvent incolore; sa densité varie de 3, 50, à 3, 55. C'est le corps le plus dur; il raye tous les corps et n'est rayé par aucun. Mauvais conducteur de la chaleur et de l'électricité, il est *absolument* infusible, et brûle seulement au contact de l'air; il réfracte la lumière plus que tous les autres corps. Le diamant est inaltérable à l'air et insoluble dans tous les liquides connus. — *Usages.* En raison de sa grande dureté, le diamant est employé à couper le

deutoxyde d'étain indique le 2° oxyde de ce métal, ou celui qui renferme deux fois autant d'oxygène que le premier ; il s'emploie avec la même signification pour les *sulfures*, les *chlorures*, les *iodures*, les *bromures*, les *cyanures*, etc., *V.* NOMENCLATURE CHIMIQUE.

DÉVIATION. s. f., *Deviatio.* de *de*, hors, et *via*, voie, chemin ; direction vicieuse des parties solides du tronc, courbure de la colonne vertébrale, difformité des os soudés après fracture. *Déviations congéniales:* c'est-à-dire, qui existent au moment de la naissance. *Déviation des cils, des muscles, des phalangiens. Déviation de la bile :* son passage dans le sang.

DÉVOIEMENT, s. m., *V.* DIARRHÉE.

DEVONSHIRE ; comté d'Angleterre où l'on trouvait autrefois une race ovine de grande taille, à longue laine, à peau épaisse, de forme défectueuse, et difficile à engraisser. Cette race a été croisée avec les New-Leicester ; il en est résulté une race intermédiaire à laine plus fine, d'un engraissement plus facile, et susceptible d'acquérir un poids remarquable. — On élève, dans la même contrée, une race bovine petite, légère, agile, propre à un travail actif, mauvaise laitière et médiocrement disposée à prendre la graisse.

DEXTRINE, s. f., de *dextera*, droite, parce que cette substance dévie fortement à droite les rayons de la lumière polarisée ; $C^{12} H^{10} O^{10}$; *gomme d'amidon.* La dextrine est une substance gommeuse qui existe naturellement au centre des grains d'amidon, et qu'on peut obtenir artificiellement en faisant agir la chaleur, les acides étendus ou l'orge germée, sur la fécule. Pour obtenir la dextrine par ce dernier moyen, on délaye 100 p. d'amidon dans 400 p. d'eau, on y ajoute 5 p. d'orge germée et on expose le mélange à une température de 70°, jusqu'à ce que tout l'amidon soit dissous et ne bleuisse plus par l'iode ; arrivé à ce point on porte la dissolution à l'ébullition, afin de détruire la *diastase (V.* ce mot), qui transformerait la dextrine en *glucose (V.* ce mot). Enfin, on clarifie la liqueur avec de l'albumine, et on évapore à siccité ou on conserve la solution. La dextrine est solide, amorphe, jaunâtre, inodore et insipide ; complètement desséchée, elle a un aspect gommeux ; elle est transparente, friable, à cassure vitreuse. Chauffée à 140°, elle exhale une odeur de pain cuit ; à 225°, elle éprouve un commencement de fusion, et se décompose à 235°. Exposée à l'air, elle est inaltérable ; très soluble dans l'eau froide ou chaude qu'elle rend gommeuse, la dextrine se dissout dans l'alcool étendu, mais est précipitée par l'alcool anhydre. Elle diffère de l'amidon, par sa solubilité dans l'eau et par l'absence de la coloration en bleu par l'iode ; et des gommes, par sa transformation rapide en sucre par l'action des acides et de la diastase. — *Pharmacol.* La dextrine peut remplacer les gommes pour l'usage interne. A l'extérieur, elle est employée, d'après le conseil de Darcet, pour consolider les appareils contentifs des fractures de l'homme et des petits animaux ; pour en faire usage, on dissout 100 p. de dextrine dans 50 p. d'eau-de-vie camphrée et 40 p. d'eau ; le mélange sirupeux qui en résulte sert à imbiber les étoupes et les bandes de l'appareil, qui prend par la dessiccation une grande consistance.

DEXTRO-VOLUBILE, adj., *dextro-volubilis* ; volubile à droite.

DI, δις ; monosyllabe employé dans les composés grecs, et doublant la valeur ou signification des noms devant lesquels il est placé, ex. : *diandre, disperme.*

DIABLE, s. m. ; machine à deux ou à quatre roues ordinairement basses, employée au transport des caisses d'orangers ou autres. Il en existe de plusieurs sortes. Le plus commode, le meilleur, actuellement en usage dans les grands établissements publics, se compose d'un cadre avec cabestan, porté par quatre roues. La caisse engagée dans ce cadre est soulevée et suspendue sur des cordes, à quelques centimètres au-dessus du sol ; elle peut ainsi être facilement prise, transportée et déposée, sans dommage pour elle ni pour la plante qu'elle contient.

DIACANTHE, adj., *diacanthus*, de δις, deux fois, et κανθα, épine ; se dit quelquefois des plantes qui portent deux épines à la base des pétioles, comme on le voit dans quelques groseillers.

DIACAUSIE, s. f., de διακαυσις, brûlure, chaleur brûlante ; échauffement, grande chaleur.

DIACAUSTIQUE, s. m., *Diacausticus*, de δια, à travers, et καυσις, action de brûler ; on donne ce nom aux corps caustiques par la réfraction de la lumière : telles sont les lentilles biconvexes qui rassemblent tous les rayons lumineux en un point unique appelé *foyer*, où la température est tellement élevée, que les corps combustibles y prennent feu, et que les parties vivantes qui y sont placées sont fortement brûlées.

DIACHALASIE, s. f., de διαχαλαω, je relâche, j'ouvre ; séparation des sutures du crâne.

DIACHYLON ou **DIACHYLUM**, s. m., de δια, avec, et χυλος, suc ; composé de sucs. Nom de plusieurs préparations emplastiques employées en médecine humaine, mais inusitées en médecine vétérinaire. Le *diachylum simple*, composé de parties égales de litharge, d'axonge et d'huile d'olive, pourrait être employé pour faire des bandes agglutinatives chez les petits animaux et même sur les grands, lorsque les solutions de continuité siègent sur des parties délicates, comme aux paupières, aux lèvres, à la vulve, et en général au pourtour des ouvertures naturelles.

DIACODE, adj., de δια, avec, et κωδια, tête de pavot. — *Sirop diacode.* Il est composé de 1500 grammes de sirop de sucre, et de 16 grammes d'extrait alcoolique de pavot

verre. Comme objet d'ornement, son prix surpasse celui de tous les corps connus. La taille de ce corps, découverte en 1476, par Louis de *Berquem*, se fait avec la poudre de diamant, appelée en terme d'art *égrisée*. On fait, avec le diamant, des lentilles de microscope d'une grande puissance.

DIANDRE, adj., *diander*, de δις, deux fois, et ανηρ, ανδρος, homme, mari; se dit d'une plante ou d'une fleur à deux étamines. Ex. : le *troène*, le *lilas*, etc.

DIANDRIE, s. f., *Diandria*; nom de la deuxième classe dans le système de Linné : elle renferme les végétaux à fleurs diandres. On la divise, d'après le nombre des pistils, en trois ordres : *Monogynie, Digynie, Trigynie*.

DIANDRIQUE, adj., *diandricus*; qui a rapport à la diandrie. *Fleur diandrique* : c'est-à-dire, renfermant deux étamines.

DIANE ; nom que les alchimistes donnaient à l'*argent*. (*V.* ce mot.)

DIANTHACÉES, s. f., *Dianthaceæ* ; famille de plantes dicotylédones. Ses caractères sont : fleurs souvent solitaires et terminales ; calice à quatre ou cinq sépales distincts ou soudés, formant un tube ordinairement vésiculeux ; corolle composée de cinq pétales à onglet ; cinq étamines alternes avec les pétales ou dix étamines, dont cinq alternes et cinq opposées ; deux à cinq styles à stigmate subulé ; ovaire uni, quinqueloculaire, porté par un disque hypogyne, ovules nombreux, baie ou capsule déhiscente ; tiges herbacées ou souffrutescentes, noueuses; feuilles entières, constamment opposées, souvent connées. Cette famille se divise en deux tribus : les *Silénées* ; genres: *Dianthus, Silene, Githago, Lychnis, Cucubalus, Saponaria, Agrostema*, etc. ; les *Alsinées* ; genres : *Cerastium, Spergula, Alsine, Mollugo*, etc.

DIAPALME, s. m. ; *Diapalma*, de δια, avec, et *palma*, palmier ; parce qu'on faisait entrer autrefois dans cette préparation une décoction de feuilles de palmier. Le diapalme est un emplâtre composé de trois parties de litharge, d'huile d'olive et d'axonge, de deux parties de cire blanche et de quatre parties de sulfate de zinc en solution. Le diapalme est astringent et résolutif; il est peu employé en médecine vétérinaire.

DIAPÉDÈSE, s. f., de διαπηδαω, je traverse; éruption du sang par les pores des vaisseaux.

DIAPHANE, adj., de δια, à travers, et φαινος, clair. On donne ce nom aux milieux qui laissent passer la lumière sans l'absorber, et à travers lesquels on aperçoit les corps avec leurs formes et leurs couleurs naturelles. Diaphane est synonyme de *transparent*. (*V.* ce mot). L'air, l'eau, l'éther, l'alcool, le verre, le cristal, etc., sont des corps *diaphanes* ou *transparents*.

DIAPHANÉITÉ, s. f. ; qualité des corps diaphanes ; c'est le synonyme de *transparence*, qui est plus usité, *V.* **Transparence**.

DIAPHANOMÈTRE, s. m., de δια, à travers, φαινος, clair, et μετρον, mesure ; instrument proposé par de Saussure pour mesurer la transparence de l'air atmosphérique, soit aux diverses heures de la journée, soit pendant les saisons de l'année, soit enfin à différentes hauteurs.

DIAPHORÉTIQUE, s. et adj., *Diaphoreticus*; qui excite la *diaphorèse*, ou transpiration insensible. Synonyme de *sudorifique*. (*V.* ce mot.)

DIAPHRAGMATIQUE, adj., *diaphragmaticus* ; qui appartient au diaphragme ou qui a rapport à ce muscle ; *artères diaphragmatiques*: on les distingue en *supérieures* et *inférieures;* celles-ci sont fournies par l'artère asternale, qui pourrait elle-même prendre le nom de *diaphragmatique inférieure*. Les supérieures, au nombre de deux, émanent de la face inférieure de l'aorte, à son point de passage entre les piliers du diaphragme. — *Veines diaphragmatiques* : disposées en forme de rayons, et au nombre de trois de chaque côté, dans l'épaisseur du diaphragme, elles s'ouvrent dans la veine cave postérieure, à son passage à travers le centre aponévrotique. *Nerf diaphragmatique :* formé par un cordon de la sixième et de la septième paires cervicales et par un filet très fin de la cinquième ; il contourne le muscle scalène et passe entre les deux lames du médiastin, pour aller se diviser en nombreux filets dans le diaphragme. *Anneau diaphragmatique*: ouverture du centre aponévrotique, donnant passage à la veine cave postérieure. — *Bot.* On appelle *gousses diaphragmatiques* celles qui sont divisées par des cloisons transversales en plusieurs loges monospermes, ex.: la gousse du *Cassia*.

DIAPHRAGMATITE, s. f., *V.* **Diaphragmite**.

DIAPHRAGMATOCÈLE, s. m., de διαφραγμα, diaphragme, et κηλη, tumeur ; hernie du diaphragme. Elle est formée par des ruptures, des déchirements, qui laissent passer une partie de l'intestin, de l'épiploon, dans le cheval, un des estomacs, l'épiploon ou le foie dans le bœuf. Quelquefois la hernie se produit par l'ouverture qui donne passage au canal œsophagien. On observe le diaphragmatocèle après les coliques violentes. Cette hernie, à l'état aigu, cause les douleurs les plus intenses ; le cheval se tient fréquemment accroupi ; la mort termine ses souffrances. L'état chronique ne cause pas la perte du malade ; il donne des coliques intermittentes ; on observe quelques difficultés dans la respiration. Aucun moyen ne peut guérir les hernies du diaphragme, lors même qu'on en aurait établi rigoureusement le diagnostic.

DIAPHRAGME, s. m., *Diaphragma, phrenes, septum transversum*, διαφραγμα; de δια, à travers, entre, et φρασσω, je ferme; littéralement: *cloison*. On appelle *Diaphragme* un grand muscle impair, aplati, de forme ovalaire, formant, entre le thorax et l'abdomen une cloison oblique de haut en bas et d'arrière en avant. Le diaphragme est formé de deux parties : l'une *charnue*, l'autre *aponévrotique*. La portion charnue se divise en une partie circulaire, s'attachant au sternum et à la face interne des cartilages des côtes asternales, et une supérieure, constituant les *piliers*. Ceux-ci, au nombre de deux, s'attachent à la face inférieure des vertèbres lombaires par des fibres tendineuses, et se prolongent inférieurement, formant échancrure dans le centre aponévrotique. Entre les deux piliers, existe supérieurement une ouverture pour le passage de l'aorte, et, dans le pilier droit, beaucoup plus fort et plus long que le gauche, une autre ouverture pour le passage de l'œsophage et des divisions vasculaires ou nerveuses qui l'accompagnent. La portion aponévrotique, anciennement appelée *centre nerveux* du diaphragme, ou *centre phrénique*, représente assez bien la forme d'un cœur de carte à jouer; elle offre, dans son milieu, une ouverture pour le passage de la veine cave postérieure. — Le diaphragme est un muscle inspirateur lorsque, par sa contraction, il tend à ramener à la ligne droite sa surface qui est convexe antérieurement. Son relâchement produit l'effet opposé. — Dans les *didactyles*, le diaphragme est plus bombé en avant que chez les solipèdes; sa partie supérieure est moins prolongée en arrière. — Dans le *porc*, le *chien* et le *chat*, l'ouverture œsophagienne est pratiquée entre les deux piliers.

DIAPHRAGMITE, s. f., de *diaphragma*, diaphragme; inflammation du diaphragme. Synonymie : *paraphrénésie*, *phrénésie*, *phrénite*. Maladie rare, difficile à constater dans l'homme et les animaux; elle est souvent accompagnée de l'inflammation des organes voisins, du foie, de l'intestin, du poumon. On lui attribue des symptômes analogues à ceux de l'inflammation des viscères de la poitrine : difficulté dans la déglutition, battement des flancs, convulsions, accès de fureur. Les causes sont inconnues. Le traitement à employer doit être antiphlogistique.

DIAPHYSE, s. f., *Diaphysis*, de διαφύω, je nais entre ; nom donné à une partie qui en sépare deux autres. C'est dans ce sens qu'on appelle *diaphyse* la partie moyenne des os longs.

DIAPNOGÈNE, adj., de διαπνοή, transpiration, et γεννάω, j'engendre; *appareil diapnogène* : nom donné par Breschet à l'ensemble des glandules sécrétant la sueur, et des canaux excréteurs qui la transmettent à la surface de la peau.

DIAPYÉTIQUE, s. et adj., de διαπύησις, suppuration ; qui facilite ou accélère la suppuration, synonyme de *suppuratif* et de *maturatif* (*V.* ces mots).

DIARRHÉE, s. f., *Diarrhœa*, de δια, à travers, et ρέω, je coule; dévoiement : évacuation abondante de matières alvines, muqueuses, séreuses, puriformes; ce n'est le plus souvent qu'un symptôme de *l'entérite* (*V.* ce mot).

DIARRHÉIQUE, adj.; qui tient à la diarrhée : *flux diarrhéique*.

DIARTHRODIAL, E, adj., *diarthrodialis* ; qui a rapport à la diarthrose, ex. : *articulation diarthrodiale* ; *surface diarthrodiale* : surface destinée à former une diarthrose.

DIARTHROSE, s. f., *Diarthrosis*, de δια, signifiant division (διαίω, je divise), et ἄρθρωσις, articulation; articulation permettant des mouvements étendus; articulation mobile.

DIASCORDIUM, s. m., de δια, avec, et *scordium;* qui contient du scordium; électuaire très composé, astringent et sédatif, employé dans la médecine de l'homme, mais inusité dans celle des animaux.

DIASTASE, s. f., de διάστασις, séparation ; à cause de la propriété dont jouit cette substance de séparer la partie gommeuse de la partie tégumentaire des grains d'amidon. Payen et Persoz ont donné ce nom à un principe albuminoïde contenu dans les grains germés, et qui jouit de la faculté remarquable de transformer l'amidon en *dextrine* et en *glucose* (*V.* ces mots). On ne trouve pas seulement la diastase dans les grains germés, autour du cotylédon, mais encore dans les tubercules, auprès des nouvelles pousses, à la base des bourgeons des plantes ligneuses, en un mot dans tous les points où sa présence peut être nécessaire pour dissoudre la fécule et la rendre assimilable. — On extrait la diastase en faisant macérer l'orge germée, grossièrement moulue, avec de l'eau à 25° ou 30°. La pâte qui en résulte est soumise à une forte pression ; la liqueur filtrée est ensuite chauffée à 75° pour coaguler l'albumine, et traitée par l'alcool absolu qui précipite la diastase en gros flocons blancs qu'on lave sur un filtre, qu'on fait dissoudre dans l'eau et qu'on précipite de nouveau par l'alcool. Enfin, on étend la diastase sur des plaques de verre, et on la fait sécher à une température de 40° à 45°. La diastase pure est solide, amorphe, incolore, inodore, insipide, soluble dans l'eau et l'alcool faible, insoluble dans l'alcool absolu. Sa solution aqueuse est neutre, s'altère facilement à l'air, et ne donne aucun précipité par l'acétate de plomb; desséchée complètement, la diastase peut se conserver pendant plusieurs années. Ce ferment n'a aucune action sur l'albumine, le gluten, le sucre, la gomme et le ligneux; mais il agit au contraire si activement sur l'amidon, qu'une partie suffit pour dissoudre deux mille parties de fécule. C'est en raison de son action si énergique sur l'amidon que la diastase joue, dans la vie des plantes, un rôle si important, notamment dans l'acte de la germination et du développement des bourgeons.

DIASTOLE, s. f., *Diastole*, de διαστέλλω, je dilate; mouvement de dilatation des cavités du cœur et des artères, permettant l'introduction du sang dans le cœur, et résultant de son introduction dans les artères.

DIASTROPHIE, s. f., *Diastrophia*, de δυαστροφη, perversion; déplacement de muscles, de tendons, de nerfs.

DIATHERMANE, s. m. et adj., de δια, à travers, et θερμη, chaleur; nom donné par Melloni aux corps qui laissent passer les rayons du calorique libre qui tombent à leur surface, comme les corps diaphanes se laissent traverser par la lumière. Les corps *diathermanes* sont donc aux rayons du calorique ce que les corps *transparents* sont à ceux de la lumière. En général, les substances diaphanes sont aussi diathermanes; cependant, il y a quelques exceptions: ainsi l'eau et l'alun, qui sont deux substances transparentes, sont de très mauvais diathermanes. Le plus parfait des diathermanes, parmi les corps solides, c'est le sel gemme, qui laisse encore passer les rayons calorifiques lorsque sa surface est noircie. Le passage des rayons du calorique à travers les corps diathermanes est soumis aux lois suivantes: 1° la quantité de chaleur qui se transmet à travers un corps diathermane est d'autant plus grande, que sa surface est plus polie; 2° les rayons qui ont traversé un premier corps diathermane, ont plus de force pour en traverser un deuxième, un troisième, etc.; 3° la quantité de chaleur transmise diminue, quand l'épaisseur du corps diathermane augmente; 4° la nature des corps influe beaucoup, et suivant des lois inattendues, sur la transmission des rayons calorifiques; 5° la faculté que possèdent les corps de se laisser traverser par la chaleur rayonnante n'a aucun rapport avec leur transparence, et des substances entièrement opaques pour la lumière peuvent être transparentes pour la chaleur; 6° la faculté que possède la chaleur de traverser les corps diathermanes diminue rapidement avec la température de la source, excepté pour le sel gemme; 7° il existe différentes espèces de rayons calorifiques, comme il existe des rayons de lumière de diverses couleurs, etc.

DIATHERMANSIE, s. f.; on donne ce nom à la faculté qu'ont certains rayons de chaleur de traverser plus facilement que d'autres un milieu donné, comme certains rayons lumineux traversent avec plus de facilité quelques milieux. La diathermansie des rayons calorifiques, considérée d'une manière absolue, dépend évidemment de leur nature intime, comme la couleur ou la réfrangibilité des rayons lumineux; d'une manière relative, elle dépend du pouvoir diathermique des milieux que traversent les rayons de chaleur. On admet, d'après Melloni, que les corps diathermanes possèdent tous une sorte de *teinte* ou de *coloration calorifique*, en vertu de laquelle ils interceptent ou transmettent certains rayons, selon leur diathermansie, comme les milieux colorés rejettent ou admettent certains rayons de lumière, selon leur couleur. La coloration calorifique des corps diathermanes porte le nom de *thermochrose*. — Le mot *diathermansie* peut être employé pour désigner la partie de l'histoire du calorique qui traite des phénomènes *diathermiques*.

DIATHERMIQUE, adj.; *pouvoir diathermique*, faculté qu'ont les corps diathermanes de laisser passer les rayons de chaleur. Ce pouvoir varie d'une manière absolue, suivant la nature des corps, et d'une manière relative, selon la nature des rayons calorifiques. Un rayon qui a une grande force de *diathermansie*, pour un milieu, en a aussi, en général, pour les autres; cependant, il y a des exceptions, en sorte qu'on doit admettre un pouvoir diathermique propre à chaque milieu. — Le mot *diathermique* est employé aussi comme synonyme de *diathermane*.

DIATHÈSE, s. f., de διαθεσις, disposition, de διατιθημι. je dispose; prédisposition à être affecté de telle ou telle maladie.— *Diathèse vermineuse*, *morveuse*, *cachectique*, c'est-à-dire prédisposition à contracter les affections vermineuses, la morve, une maladie cachectique.—*Diathèse sthénique*, *asthénique*, caractérisée par l'excitation ou l'affaissement des forces.

DIATOMÉES, s. f., *Diatomeæ*; tribu des Phycées. Elle se compose de petites plantes aquatiques ou marines, très simples, composées d'un corpuscule libre ou réuni à d'autres corpuscules pareils, nu ou renfermé dans un tube gélatineux. Chaque corpuscule est protégé par une enveloppe siliceuse, diaphane, rougeâtre, dont les débris ont été trouvés à l'état fossile en masses considérables. Ce sont leurs débris qui constituent le produit employé dans l'industrie sous le nom de *Tripoli*.

DICÉPHALE, adj., de δις, deux, et κεφαλη, tête; nom général donné aux divers genres de monstres à deux têtes.—*Bot.* Se dit de la tige ou du rameau divisé à son sommet en deux pédoncules portant chacun une calathide solitaire.

DICHOGAMIE, s. f., *Dichogamia*, de διχα, séparément, et γαμος, mariage; mode de fécondation des plantes unisexuées, dans lequel il y a nécessairement transport à d'assez grandes distances du pollen fécondant, *V.* Fécondation.

DICHONDRÉES, s. f., *Dichondreæ*; famille de plantes dicotylédones, monopétales, hypogynes, voisine des Borraginées; genres: *Dichondra, Falkia.*

DICHOTOMAL, adj., *dichotomalis*; se dit du pédoncule lorsqu'il naît dans l'angle formé par les deux branches d'une tige ou d'un rameau dichotome.

DICHOTOME, adj., *dichotomus*, de διχοτομεω, je coupe en deux parties; la tige est dichotome, quand elle se divise et se subdivise toujours en deux branches, ex.: le *Valerianella*, le *Dianthus deltoïdes*.

DICHOTOMIE, s. f., *Dichotomia*, de διχοτεμνω, je coupe en deux parties; division successive en deux rameaux; angle laissé entre deux branches dichotomes.

DICHOTOMIQUE, adj., *dichotomicus;* qui se rapporte à la dichotomie, *V.* Dichotomal.

DICLINE, adj., *diclinis*, de δις, deux fois, et κλινη, lit; se dit des plantes à fleurs unisexuées.

DICLINIE, s. f., *Diclinia*, de δις, deux fois, et κλινη, lit; nom de la quinzième et dernière classe de la méthode de Jussieu; elle renferme toutes les plantes dicotylédonées diclines, et se divise en deux groupes: les *Gymnospermes;* fam., *Cycadacées, Conifères;* les *Angiospermes;* fam., *Amentacées, Cucurbitacées, Euphorbiacées*, etc.

DICOTYLÉDON, *V.* Dicotylédoné.

DICOTYLÉDONÉ, ÉE, adj., *dicotyledoneus;* pourvu de deux cotylédons.

DICOTYLÉDONES ou **DICOTYLÉDONÉES**, adj. et sub., de δις, deux, et κοτυληδων, cotylédon; le plus nombreux des trois embranchements du règne végétal, composé de toutes les plantes pourvues de deux ou d'un plus grand nombre de cotylédons. Les *dicotylédones* sont les végétaux les plus complets, ceux dont l'organisation est le plus compliquée. Ils ont tous une tige herbacée ou ligneuse, formée de couches concentriques, un canal médullaire, et un système cortical, des racines qui les fixent au sol, des vaisseaux de divers ordres et des fibres. Tous sont pourvus d'organes foliacés distincts, principalement chargés de la respiration, et concourant, avec les racines, à la nutrition des individus. Les plantes dicotylédones ont une reproduction apparente, des organes sexuels distincts, tantôt placés dans la même fleur ou sur le même individu, tantôt placés sur des individus différents. La fécondation a lieu par l'imprégnation des ovules, à laquelle succède la formation des graines destinées à reproduire le végétal. Le pollen ou poussière fécondante est renfermé dans des organes particuliers appelés *anthères*, s'ouvrant à une certaine époque de la végétation; il est reçu, au moment de la fécondation, par le *stigmate* qui couronne l'ovaire, où sont renfermés les ovules, *V.* Accroissement et Tige. Les Dicotylédones ont été divisées par Jussieu en quatre sections : les *Apétales*, les *Monopétales*, les *Polypétales* et les *Diclines*. La première et la troisième comprennent chacune trois classes; la deuxième en comprend quatre; la dernière forme la *Diclinie*.

DICOTYLÉDONIE, s. f. *Dicotyledonia;* embranchement renfermant les plantes dicotylédonées.

DICROTE, adj., *dicrotus, bisferiens*, adj. des deux genres et subst. mas., de δις, deux fois, et κροτεω, je frappe; on dit que le pouls est *dicrote*, lorsqu'il semble battre deux fois. Dans ce cas on le nomme encore *rebondissant*, parce qu'il donne un mouvement analogue au marteau qui frappe sur l'enclume et re-

bondit. C'est dans les hémorrhagies qu'on observe le pouls *dicrote*.

DICTAME, s. m. *Dictamnus*, L.; genre de la famille des Rutacées. Il ne renferme qu'une seule espèce, le **D**. blanc ou fraxinelle, *D. albus*, Linn., *D. fraxinella*, Pers., que l'on trouve dans toute l'Europe méridionale et centrale, et dont la racine est blanche, amère et aromatique. Ce que l'on appelle, en pharmacie, *dictame de crète* est une plante du genre *Origan*.

DICTYITE, s. f., *Dictyitis*, de δικτυον, réseau; inflammation de la rétine.

DIDACTYLE, adj., *didactylus*, de δις, deux, δακτυλος, doigt; dénomination appliquée aux animaux dont le pied se divise en deux doigts, ex. : les ruminants.

DIDYME, s. m., de διδυμος, double; métal nouveau découvert par Monsander, dans la Cérite, et présentant avec le *cérium* et le *lanthane* (*V.* ces mots), la plus grande analogie.—*Bot.* Se dit des organes composés de deux lobes arrondis, réunis seulement par un point, ex. : la racine dans l'*Orchis militaris*, l'anthère dans les *Chenopodium*, les *Euphorbia*.

DIDYMALGIE, s. f., *Didymalgia*, de διδυμος, testicule, et αλγος, douleur; douleur des testicules, inflammation des parties inférieures.

DIDYMYTE, s. f. de διδυμος, double; inflammation des testicules. *V.* Orchite.

DIDYNAME, adj., *didynamus;* de δις, deux fois, et δυναμις, puissance; les étamines sont *didynames* lorsque, étant au nombre de quatre dans une fleur, elles sont divisées en deux paires, dont une plus grande que l'autre. Les Labiées et les Scrophulariacées offrent de nombreux exemples de cette disposition.

DIDYNAMIE, s. f., *Didynamia*, de δις, deux fois, et δυναμις, puissance; nom de la quatorzième classe dans le système de Linné; elle renferme les plantes à étamines didynames et se divise en deux sections : la *Gymnospermie*, et l'*Angiospermie*.

DIDYNAMIQUE, adj., *didynamicus;* qui appartient à la didynamie.

DIÉRÈSE, s. f., *Diæresis*, de διαιρεω, diviser, séparer; division des parties dont l'union n'est pas naturelle. Terme générique employé pour désigner les procédés par lesquels on opère la division. C'est par la *synthèse*, qu'on obtient la réunion des parties divisées.

DIÉRÉSILE, *V.* Diérésiliens.

DIÉRÉSILIENS, adj., *dieresilii*, de διαιρεω, je divise; Mirbel désigne ainsi un ordre de fruits composé de ceux dont le péricarpe est formé d'un nombre plus ou moins grand de coques symétriquement rangées autour d'un axe fictif ou réel, et se séparant les unes des autres à l'époque de la maturité. Cet ordre comprend trois genres : le *Crémocarpe*, le *Diérésile*, et le *Regmate*.

DIÉRÉTIQUE, adj.; de διαιρεω, je divise; *moyens diérétiques*, moyens mécaniques ou chimiques par lesquels on opère la division.

DIÈTE, s. f., *Diæta*, de διαιτα, régime de vie, manière de vivre réglée. Dans le sens le plus général, ce mot concerne ce qui a rapport aux substances qui doivent pénétrer dans le corps de l'animal et en être évacuées; ex.: air, aliments, bains, etc. On l'emploie plus fréquemment dans une acception plus restreinte, pour exprimer le régime qui consiste dans l'abstinence totale des aliments. Delafond divise la diète en *conservatrice, préservatrice* et *curatrice*, suivant qu'on l'envisage sous le rapport de l'hygiène ou de la thérapeutique. La diète curatrice est un puissant moyen contre un grand nombre de maladies; les souffrances ou l'instinct portent les animaux à refuser quelquefois les aliments pour lesquels ils ont le plus d'appétence dans l'état de santé. C'est un moyen débilitant qui agit principalement sur les phénomènes de la circulation, qu'il ralentit au point d'amener bientôt l'amaigrissement. La demi-diète et la diète absolue déterminent, indépendamment de l'appauvrissement des globules et de l'albumine du sang, une augmentation dans la partie aqueuse et une diminution notable de la quantité de sang existant dans les vaisseaux (Delafond). Les herbivores ne peuvent supporter la diète aussi bien que les carnivores. Dans le *cheval*, cette particularité dépend du petit volume de l'estomac qui ne peut supporter une abstinence prolongée; de la grande étendue des intestins, qui réclament toujours un lest volumineux. Trop prolongée dans les solipèdes, la diète expose à des accidents, lorsqu'on se propose de la faire cesser. Elle doit être complète dans quelques affections aiguës, celles du tube digestif surtout; dans le plus grand nombre des maladies, on donne, pendant la diète, des aliments légers. Les *ruminants* ne doivent pas être soumis à une diète sévère et prolongée, parce qu'elle suspend la rumination, et facilite la fermentation des matières accumulées dans le rumen, mais qui ne sont pas en volume assez considérable pour que leur retour à la bouche puisse s'effectuer. Les *carnivores* sont les animaux qui supportent le mieux la diète absolue; le chien refuse tout aliment dans le plus grand nombre des maladies qu'il est susceptible d'éprouver. La diète sera toujours contre-indiquée dans les affections caractérisées par l'altération du sang.

DIÉTÉTIQUE, s. f., *Diætetice*, de διαιτα, diète, régime de vie; partie de la médecine qui s'occupe du régime à prescrire pendant l'état de santé. Ce mot est employé quelquefois pour ce qui concerne seulement le régime des maladies. Si la *diététique* est la mise en observation des principes de la *diète*, c'est-à-dire, de l'administration des choses nécessaires à la vie, ce n'est autre chose que l'*hygiène*. — Pris adjectivement le mot *diététique* s'applique à ce qui est relatif à la *diète*.

DIFFRACTIF, adj., qui a rapport à la diffraction de la lumière, *V*. DIFFRACTION.

DIFFRACTION, s. f., *Diffractio*, de *defringere*, rompre, briser; on désigne ainsi, en optique, l'ensemble des effets qu'éprouvent les rayons lumineux en rasant les bords des corps opaques, ou en passant à travers une ouverture ou une fente très étroite. Ces effets consistent dans une déviation de ces rayons en divers sens, et même en leur décomposition lorsqu'ils sont formés par de la lumière blanche. — Le point lumineux qui occupe le centre de l'ombre formée par une boule noire, et le cercle brillant qui entoure parfois sa pénombre, sont dus à la diffraction des rayons lumineux qui rasent la circonférence de cette boule. — Quand on regarde un corps lumineux à travers une ouverture ou une fente étroite, on observe des franges irisées autour de ce corps, qui sont encore produites par le phénomène de la diffraction. Enfin, quand, sur le trajet d'un très mince faisceau de lumière qui pénètre dans une chambre obscure, on place un corps opaque très étroit, on remarque sur son ombre reçue par un écran, des *franges intérieures* formées de points clairs et obscurs, projetées sur cette ombre, et des *franges extérieures*, environnant l'ombre, et formées, le plus souvent, des couleurs du spectre, selon la distance de l'écran du corps opaque. Si le rayon lumineux était formé d'une couleur élémentaire, les franges seraient formées de zônes alternatives de la couleur de ce rayon et d'ombre. Les phénomènes de diffraction ne peuvent être expliqués que dans le système des ondulations. *V*. LUMIÈRE.

DIFFUS, USE, adj., *diffusus;* se dit, en botanique, des rameaux partant d'une tige, nombreux, sans direction fixe et sans ordre apparent.

DIFFUSIBLE, s. et adj.; nom donné par quelques auteurs à un certain groupe d'excitants généraux, dont l'action vive et passagère se porte particulièrement sur les centres nerveux. On range généralement dans cette catégorie l'ammoniaque et ses composés, les liqueurs alcooliques, l'éther, les essences, le camphre, etc. Leur action est la même au fond que celle des stimulants; seulement elle se développe plus rapidement, dure moins, et s'accompagne, lorsqu'elle est très intense, d'une perturbation des centres nerveux, qu'on appelle *ivresse*. (*V*. ce mot.) Ils touchent aux *excitants généraux* par les essences et les alcooliques, et aux *antispasmodiques* par l'éther, le camphre, etc. *V*. EXCITANT et ANTISPASMODIQUE.

DIFFUSION, s. m., de *diffundere*, étendre, répandre. Nom donné au mélange de gaz de densité différente, malgré leur superposition par ordre de densité. Un mélange gazeux, comme un liquide hétérogène, se dispose d'abord par couches horizontales, de manière à ce que ses éléments les plus lourds soient placés en dessous; mais ce triage est de courte durée, et bientôt le mélange devient intime par le déplacement réciproque des éléments mélangés. C'est ainsi qu'un ballon rempli d'acide carbonique et placé en dessous d'un flacon plein d'hydrogène, dans le col duquel il est engagé, lui envoie de l'acide carbonique qui s'élève et reçoit de l'hydrogène qui descend. Ce phénomène de diffusion, contraire aux lois de la pesanteur, est dû à la tension des gaz.

DIGASTRIQUE, adj. et s., *Digastricus*, de δίς, deux, et γαστήρ, ventre ; qui a deux ventres. On appelle ainsi les muscles qui présentent deux ventres ou parties charnues, séparés par un tendon. On donne spécialement le nom de *digastrique* à un muscle des mâchoires, que Girard a réuni au stylo-maxillaire. Le Digastrique prend son origine, avec ce muscle, à l'apophyse styloïde de l'occipital, par une portion charnue donnant naissance à un tendon mince aplati, qui s'engage dans un anneau formé par le grand kérato-hyoïdien ; un peu plus loin, le muscle redevient charnu, et va se terminer par une aponévrose à la partie inférieure de la branche maxillaire. Le digastrique concourt au mouvement de rétropulsion de la mâchoire, et aux mouvements latéraux du larynx et du pharynx.

DIGESTA; expression latine employée pour désigner ceux des agents hygiéniques qui sont ingérés ou digérés, comme les aliments et les boissons. *V.* INGESTA.

DIGESTÉ, s. m. ; nom proposé par Chéreau pour désigner le produit de l'opération pharmaceutique appelée *digestion* (*V.* ce mot.)

DIGESTEUR ou **MARMITE DE PAPIN**; appareil dans lequel on peut retarder l'évaporation des liquides et élever fortement leur température au-dessus de leur point d'ébullition. Il consiste en un vase en bronze, à parois épaisses, muni d'une anse traversée par une vis de pression destinée à serrer fortement le couvercle sur l'ouverture du vase ; ce couvercle est percé d'un trou fermé par une soupape qui ne laisse passer la vapeur qu'à une certaine pression. La vapeur formée sur la surface du liquide étant comprimée par le couvercle, elle presse à son tour le liquide et en retarderait indéfiniment l'ébullition, si les parois du vase présentaient assez de résistance. Dans le digesteur de Papin, les substances peu solubles sont dissoutes avec rapidité, les os et les cartilages sont dépouillés de leurs principes gélatineux.

DIGESTIF, IVE, adj., *digestivus* ; qui a rapport à la digestion.—*Appareil digestif*, *voies digestives, organes digestifs* : ensemble des organes qui concourent à la digestion.—*Substances digestives* : substances qui facilitent la digestion. — En *pharmacie*, le mot *digestif* a deux acceptions : il est employé comme synonyme de *stomachique* (*V.* ce mot), ou pour désigner certains topiques onguentacés qu'on applique sur les plaies et les ulcères pour en exciter la suppuration et modérer leur bourgeonnement : *onguent digestif*. *V.* ONGUENT.

DIGESTION, s. f., *Digestio*, *Coctio*, *Chylosis;* fonction importante formant l'un des caractères les plus essentiels du règne animal. La digestion consiste dans l'introduction à l'intérieur du corps de substances dites *alimentaires*, lesquelles sont séparées par l'action des organes en une partie utile, alibile, qui est absorbée par les chylifères, et une partie inerte, excrémentitielle, qui est expulsée du corps après un séjour plus ou moins long dans le tube intestinal. — La digestion proprement dite, a lieu dans l'estomac et l'intestin ; plusieurs opérations préliminaires ont précédé cette action principale ; ce sont : la *préhension*, la *dégustation*, la *mastication*, l'*insalivation*, et la *déglutition* (*V.* ces mots). — *Digestion chez les solipèdes*. Les aliments apportés à l'estomac par l'acte de la déglutition se déposent dans ce réservoir suivant l'ordre de leur arrivée ; ils le distendent et déterminent, dans ce viscère, un mouvement en arrière, vers le flanc gauche. Bientôt la circulation s'active dans les vaisseaux de l'estomac et augmente la sécrétion du suc gastrique; les parois du ventricule entrent en contraction et compriment la masse alimentaire, du cardia au pylore, jusqu'à ce que, ramollie et dissoute par le suc gastrique, elle se convertisse en *chyme* et passe dans le duodénum. — On a cherché à expliquer l'action de l'estomac en la comparant à une *coction* proprement dite, à une *fermentation*, à une *putréfaction*, une *trituration*, une *macération*, une *dissolution chimique*. Aucune de ces hypothèses n'est admissible ; l'estomac n'est pas plus chaud que les autres viscères ; il ne contient pas de ferment ; les substances alimentaires s'y conservent au lieu de se putréfier ; des larves d'insectes y passent plusieurs mois, sans éprouver le moindre broiement ; la macération ne peut non plus être admise, et la dissolution chimique n'explique pas suffisamment les changements éprouvés par les aliments. Tout ce que l'on peut affirmer, c'est que la digestion s'exécute par l'action du suc gastrique et par l'influence du système nerveux. La section des nerfs pneumo-gastriques l'arrête, et l'on peut, jusqu'à un certain point, la faire développer de nouveau en rétablissant l'action nerveuse par un courant galvanique. — Arrivé dans le duodénum, le chyme subit une nouvelle élaboration qui doit le rendre propre à fournir le chyle. C'est dans cette portion d'intestin qu'il se mêle à la bile et au suc pancréatique, et c'est à partir seulement du point où a lieu ce mélange, que l'on rencontre les vaisseaux chylifères. Quoique l'action de la bile ne soit pas bien connue, on sait qu'elle joue un rôle très important dans la chylification, et que c'est au moment de la digestion qu'elle est sécrétée en plus grande abondance. Quant à l'action du suc pancréatique, les expériences récentes de Bernard, de Villefranche, tendent à prouver que ce fluide est destiné surtout à favoriser la digestion des matières grasses, en facilitant leur absorption par les vaisseaux chylifères.— Après avoir subi l'action de la bile et du suc pancréatique, le chyme parcourt le long canal formé par l'intestin grêle, et perd, pendant ce trajet, la majeure partie de ses matériaux alibiles, qui sont absorbés par les chylifères. Arrivées au cœcum, les matières chymeuses ont perdu leur apparence pulpeuse; elles sont mêlées, le plus souvent, à une grande masse de liquide provenant des boissons. De là, elles passent dans le colon et s'avancent en se solidifiant, par suite de l'absorption de leurs derniers matériaux alibiles, qui sont repris par les lymphatiques. Les bosselures du colon flottant les divisent en parcelles, qui se moulent isolément et viennent s'accumuler dans le rectum d'où elles sont expulsées par la *défécation*. — *Digestion chez les ruminants.* La digestion, chez ces animaux, présente un caractère particulier. Les aliments, pris en abondance et très rapidement, subissent une mastication très incomplète et passent dans un premier réservoir, le *rumen*, où ils séjournent un certain temps, s'imprégnant des sucs sécrétés par le réservoir, prenant sa température et subissant les effets de sa contraction. L'animal les ramène plus tard, dans sa bouche, par un mouvement rétrograde, pour être mâchés de nouveau et ingérés définitivement. Ce mode de digestion a reçu le nom de *rumination* (*V.* ce mot). — *Digestion chez les carnassiers.* La différence de nourriture amène nécessairement une différence dans la digestion de ces animaux. Les substances animales, plus analogues à celles qui composent le corps, exigent des organes moins puissants; elles cèdent plus facilement leurs principes alibiles; aussi l'intestin grêle a moins de longueur chez ces animaux, de même que le gros intestin, qui n'est destiné à recevoir que des résidus peu abondants, et qui, complètement dépourvus de matériaux alibiles, n'ont pas besoin de s'accumuler pour donner aux lymphatiques le temps de les en dépouiller. — *Digestion chez les oiseaux.* Les aliments pris par les oiseaux se rendent d'abord dans un premier réservoir appelé *jabot* ou *gave*, où ils sont ramollis par l'action de sucs abondants sécrétés par les glandules des parois de cet estomac, situé à la base du cou, hors des cavités splanchniques. De là, ils passent dans un réservoir beaucoup plus étroit, le *ventricule succinturié*, dont les parois très épaisses sécrètent des sucs abondants. Ils arrivent enfin dans le *gésier* ou troisième estomac, organe musculeux, très fort, et toujours garni de petites pierres siliceuses, qui aident à la trituration complète des aliments. La chymification ne se termine que dans le duodénum, où l'aliment broyé rencontre la bile et le suc pancréatique. Deux cœcum, très développés dans les oiseaux de basse-cour, suppléent au manque de lon-

gueur du colon, qui se termine par le rectum dans la cavité commune désignée sous le nom de *cloaque*. — **Digestion des boissons.** Les boissons, en arrivant dans l'estomac, délaient les aliments, se mêlent au suc gastrique et facilitent la digestion, si elles ne sont pas prises en trop grande quantité. Le cheval boit souvent, en une fois, plus que ne peut contenir son estomac; mais l'ouverture constante du pylore permet au liquide de passer dans l'intestin grêle à mesure qu'il arrive, et de se rendre promptement au cœcum, leur quantité diminuant cependant par l'absorption durant le trajet. Les boissons ne subissent aucune élaboration particulière; mêlées à la masse chymeuse, elles sont absorbées, portées dans le sang et bientôt séparées par les reins sous forme d'urine qui est rejetée au dehors. — On appelle *digestion*, en *pharmacie*, une opération qui consiste à laisser tremper une substance médicinale dans un liquide chauffé à une douce température, afin d'en extraire les principes utiles. On se sert, pour cette opération, d'un ballon ou d'un matras qu'on bouche exactement si le véhicule de la digestion est volatil, comme l'esprit de vin ou l'éther. L'appareil est chauffé à l'aide du bain-marie, des cendres chaudes, des rayons du soleil, ou encore avec du fumier en fermentation; la température ne doit pas dépasser 40 à 50 degrés. Cette opération est utile pour la préparation des huiles médicinales, des teintures, surtout lorsque la substance à dissoudre est renfermée dans un tissu compacte.

DIGITAL, E, adj., *digitalis ;* qui appartient aux doigts ou qui y a rapport. *Cavité digitale*, *impressions digitales :* cavité, dépression, qui semblent avoir été formées par l'impression du doigt, ex. : les anfractuosités de la face interne du crâne. *Artères, veines digitales :* artères, veines des doigts.

DIGITALE, s. f., *Digitalis;* genre de plantes de la famille des Scrophulariacées. Il renferme des espèces originaires de l'Europe ou de l'Asie centrale, croissant ordinairement dans les lieux élevés, secs et pierreux. L'espèce principale est la D. pourprée, *D. purpurea*, encore appelée Gant de Notre-Dame, Gantelée, commune dans presque toute l'Europe et souvent cultivée comme plante d'ornement. Sa graine est oléagineuse. Parmentier en a proposé la culture en grand. Cette espèce de digitale a une variété constante à fleurs blanches. — *Pharmacol.* La digitale pourprée, la seule du genre qui soit employée en médecine, fournit à la matière médicale ses feuilles. Elles sont radicales et forment une touffe qui environne le bas de la tige; leur pétiole est court, leur forme est ovale, leur face inférieure est blanchâtre et veloutée, leur face supérieure verte et luisante; elles ont une odeur nauséeuse quand on les écrase sous les doigts, une saveur un peu âcre et amère; on doit les récolter au moment de la floraison , les dessécher avec soin, les réduire en poudre et les conserver dans des vases exactement clos; au bout d'un an, il faut les rejeter et les remplacer par de plus fraîches. Les feuilles de digitale se donnent surtout en poudre , sous forme d'électuaire ou de bol ; on fait aussi usage de l'infusion et de la teinture , mais plus rarement. La dose de la poudre, pour les grands animaux, doit varier de 4, 8 , à 16 grammes, et de 50 centigr. à 1 ou 2 grammes pour les petits ; c'est surtout pour ce médicament qu'il convient de s'assurer de la susceptibilité nerveuse des sujets. La digitale pourprée est un médicament narcotico-âcre, agissant surtout comme sédatif du cœur et comme un puissant diurétique. Donnée à forte dose , elle irrite le tube digestif et provoque, chez les carnivores, des nausées, des vomissements et des déjections alvines; elle produit aussi des convulsions , des vertiges et un état de stupeur qui précède la mort de peu d'instants. Ses effets sur la circulation , quoique constants, ne sont pas toujours analogues; chez la plupart des sujets, au dire des auteurs, les battements du cœur et des artères sont réduits d'un quart, d'un tiers et même de la moitié de leur nombre normal; de plus, ils sont moins énergiques et souvent aussi très irréguliers. Dans quelques sujets , on observe, au contraire, une accélération marquée dans les mouvements circulatoires ; quelques auteurs même affirment que c'est toujours l'effet primitif de la digitale, et que son action sédative sur le cœur est toujours un effet consécutif ; si cette opinion était exacte, elle pourrait expliquer bien des dissidences sur l'histoire de la digitale. Quant à l'action diurétique de ce médicament , elle paraît tout-à-fait constante. D'après les effets qu'il produit , il est facile d'indiquer les maladies qui en réclament l'emploi. On l'a surtout préconisé contre les affections du cœur qui tiennent à l'existence d'une névrose de ce viscère ou à une inflammation de son tissu propre ou de son enveloppe fibreuse ; dans ces divers cas, la digitale paraît jouir d'une efficacité incontestable. Les hydropisies des grandes séreuses, surtout celles du péritoine , des plèvres et du péricarde , réclament aussi l'emploi de ce puissant diurétique. Quelques affections nerveuses, telles que l'épilepsie, l'immobilité , la pousse , etc., pourraient être au moins amendées par l'usage méthodique de la digitale. Les Razoriens , qui la placent au nombre de leurs contre-simulants les plus énergiques, en conseillent l'emploi contre les phlegmasies franches, pour combattre les phénomènes les plus violents de la fièvre; elle a reçu peu d'applications , sous ce rapport, en France. L'usage externe de la digitale est à peu près nul ; cependant on pourrait faire usage de sa teinture en frictionssur les parties qui sont le siége d'épanchements séreux, surtout en l'associant à lascille maritime.

DIGITALINE , s. f. ; principe actif de la digitale pourprée, découvert par Leroyer et obtenu récemment à l'état de pureté par Homelle et Quevenne. Le procédé employé pour obtenir la digitaline pure est assez compliqué ; il consiste à traiter par l'eau froide un kilogramme de feuilles sèches de digitale , dans un appareil de déplacement, à précipiter le liquide obtenu par l'acétate de plomb, à filtrer et à traiter la liqueur par le carbonate de soude jusqu'à cessation de précipité ; après avoir filtré de nouveau et précipité la magnésie par le phosphate d'ammoniaque, on traite la solution claire par l'acide tannique; on mêle le précipité qui en résulte avec le cinquième de son poids de litharge, et on dessèche le tout à l'étuve; on émiette ensuite le gâteau ainsi obtenu et séché , puis on le lessive dans un appareil de déplacement avec de l'alcool, et après avoir décoloré la teinture on l'évapore lentement pour qu'elle laisse déposer la digitaline ; celle-ci, recueillie etséchée, est enfin traitée à plusieurs reprises par l'éther, qui la laisse parfaitement pure. La digitaline est solide , en masses d'un blanc-jaunâtre et mamelonnées ou en poudre blanche, inodore et d'une amertume excessive ; elle est neutre et dépourvue d'azote. Insoluble dans l'eau froide, peu soluble dans l'eau chaude et l'éther , elle se dissout aisément dans l'alcool. L'acide sulfurique la dissout et la colore en rouge hyacinthe; ce soluté, étendu d'eau, devient vert ; l'acide azotique la jaunit, l'acide chlorhydrique la verdit vivement, et les bases alcalines la jaunissent — *Pharmacol*. La digitaline est une des substances les plus actives de la matière médicale ; son activité est cent fois plus grande que celle de la digitale sèche ; elle agit comme cette dernière sur le cœur , les centres nerveux et les reins ; dix centigr. injectés dans les veines d'un chien , l'ont tué en deux minutes; cinq centigr. ont produit le même résultat , après trois minutes ; un centigr., donné de la même manière, a déterminé la mort au bout de cinq heures ; enfin, cinq centigr. injectés dans l'estomac par l'œsophage qui fut lié ensuite , déterminèrent une violente inflammation du tube digestif avec exsudation sanguine sur la muqueuse , qui fit périr le sujet au bout de cinq à six heures (Bouchardat et Sandras). La digitaline n'a pas encore reçu d'application importante en médecine.

DIGITATIONS, s.f., *Digitationes;* portions charnues, isolées, par lesquelles certains muscles prennent à la fois leur origine à plusieurs points osseux, et que l'on a comparées aux doigts de la main , ex.: les digitations par lesquelles le mastoïdo-huméral s'attache aux apophyses transverses des vertèbres cervicales.

DIGITÉ, **ÉE**, adj., *digitatus;* qui appartient aux doigts; employé comme synonyme de *digital* , ex.: région digitée ou digitale. — *Bot.* se dit des organes foliacés ou autres , dont les lobes, plus ou moins profondément divisés, semblent partir d'un point unique, comme les doigts de la main, ex. : la feuille du marronnier d'Inde ; la racine est également digitée dans le Dioscorea alternifolia. *V*. Palmé.

DIGITIFOLIÉ, ÉE, adj., *digitifolius;* à feuilles digitées.

DIGITIFORME, adj., *digitiformis;* qui a la forme digitée.

DIGITIGRADES, adj. et s. ; *Digitigrada;* de *digitus*, doigt, et *gradior*, je marche. Tribu de la famille des Carnivores, composée de ceux de ces animaux qui n'appuient sur le sol que par l'extrémité des doigts, comme le chien, le chat, etc.

DIGITI-PENNÉ, adj., *digitato-pinnatus;* on désigne ainsi les feuilles décomposées dans lesquelles les pétioles secondaires partent, en divergeant, du sommet du pétiole commun. La sensitive pourprée nous en offre un exemple.

DIGYNE, adj., *digynus*, de δίς, deux fois, et γυνή, femme ; se dit de la fleur pourvue de deux pistils ou organes femelles distincts ; on le dit, par extension, de celle qui n'a qu'un style surmonté de deux stigmates, ou deux stigmates sessiles.

DIGYNIE, s. f., *Digynia;* nom de l'ordre qui, dans les treize premières classes du système de Linné, renferme les plantes digynes.

DILACÉRATION, s. f., *Dilaceratio*, de *dilacerare*, déchirer ; division violente, compliquée du froissement des parties molles ; déchirure, déchirement.

DILATABILITÉ, s. f., *Dilatabilitas*. On appelle ainsi la propriété qu'ont les corps d'augmenter de volume sans changer de masse. Elle est commune à tous les corps, mais elle varie dans chacun d'eux; très prononcée et assez uniforme dans les gaz, cette propriété est moins évidente et moins régulière dans les liquides, et encore moins dans les solides. Elle est mise en jeu par le calorique qui écarte les molécules des corps malgré l'action de la force attractive moléculaire ; le froid produit un effet opposé, et au lieu de dilater les corps, il les resserre, en sorte que le volume des corps n'est jamais constant et varie avec la température à laquelle ils sont soumis. Les gaz se dilatent aussi par la diminution de la pression qu'ils supportent; ce caractère leur appartient en propre.

DILATATEUR, adj., *dilatatorius;* nom donné aux muscles qui dilatent les cavités. Le ptérygo-pharyngien et le kérato-pharyngien sont des *dilatateurs* du pharynx ; le naso-transversal est un dilatateur des naseaux, etc., etc.

DILATATION, s. f. On donne ce nom à l'augmentation de volume qu'éprouvent les corps par l'action de la chaleur. C'est un phénomène très général qui s'observe dans un grand nombre de circonstances ; une vessie à moitié pleine d'air et dont les parois se distendent par la chaleur ; un thermomètre dont la colonne liquide s'élève quand on touche le réservoir ; une verge métallique chaude qui ne peut plus passer par un anneau où elle entrait facilement étant froide, etc., sont autant d'exemples de dilatation observés dans les trois genres de corps. Ce phénomène présentant des particularités importantes selon qu'on l'étudie dans les corps solides, liquides ou gazeux, il importe de l'examiner dans chacun d'eux. — 1° *Dilatation des gaz*. La dilatation de ces corps présente plusieurs caractères remarquables: 1° elle est très prononcée et sensiblement égale pour tous ; 2° elle est régulière ; 3° elle va en diminuant d'intensité à mesure que la température augmente. D'après Gay-Lussac, le coëfficient de dilatation des gaz serait de 0,375, de 0° à 100° ou de 0,00375 pour chaque degré du thermomètre centigrade à mercure ; selon Regnault, il faudrait réduire un peu ce nombre et le porter à 0,366 seulement. — *Dilatation des liquides*. La dilatation de ces corps, quoique moins prononcée que celle des gaz, est cependant très manifeste, comme on le remarque lorsqu'on fait chauffer les liquides dans des vases. Elle diffère en outre de celle des corps gazeux en ce qu'elle est variable pour chaque liquide, et qu'elle varie aussi pour chacun d'eux aux divers degrés de l'échelle thermométrique. Il faut distinguer, dans ces corps, la dilatation *réelle* de la dilatation *apparente;* cette dernière est toujours plus faible que la première et doit être augmentée, pour l'égaler, de la dilatation cubique du vase dans lequel on a chauffé le liquide. Le mercure se dilate de $\frac{1}{5550}$ de son volume primitif pour chaque degré du thermomètre centigrade; l'eau de $\frac{1}{2200}$, l'alcool de $\frac{1}{900}$, l'éther et l'essence de térébenthine de $\frac{1}{1400}$, les huiles grasses de $\frac{1}{1250}$, etc.— *Dilatation des solides*. Dans ces corps la dilatation est faible et varie selon leur nature, et dans chacun d'eux, suivant le degré de température. Elle est distinguée en *dilatation linéaire*, ou selon la longueur des corps, et *dilatation cubique*, ou en tous sens ; la première n'est que le tiers de la seconde, en sorte que rien n'est plus facile que de passer de l'une à l'autre par le calcul. On mesure la dilatation linéaire des solides au moyen des pyromètres à cadran et de Borda *V*. Pyromètre, et la dilatation cubique par l'augmentation de la capacité des vases formés par les divers solides. La force avec laquelle les différents corps se dilatent ou se resserrent est immense ; aucune matière, quelque compacte et tenace qu'elle soit, ne peut y résister. Cet effet de la chaleur explique beaucoup de phénomènes qu'on peut observer, et on doit soigneusement en tenir compte dans les arts pour la construction des machines, des appareils de précision ou de force. — *Chirurg*. Agrandissement accidentel d'un canal ou d'une ouverture naturelle ; la dilatation du cœur et des artères porte le nom d'*anévrysme* ; celle des veines porte celui de *varice*. Dans les grands animaux on rencontre quelquefois la dilatation anormale de l'œsophage, qui forme une sorte de *jabot*. Les bronches et les vésicules pulmonaires sont agrandies dans quelques variétés de la pousse. — La dilatation est un moyen thérapeutique pour rétablir le calibre d'un canal, d'une ouverture, pour empêcher une fistule de se fermer. Elle est employée principalement en médecine humaine pour remédier aux rétrécissements du canal de l'urètre: sous ce rapport, on distingue la dilatation en *temporaire* et *permanente*. En vétérinaire on fait la dilatation avec des mèches d'étoupes, des sondes en plomb, en gomme élastique, avec des canules en métal. On dilate la bouche, le vagin, les paupières avec divers speculums ou des crochets mousses.

DILIGENCE (cheval de). La plupart des hippologues qui se sont occupés de la classification des chevaux, d'après les aptitudes ou le genre de service, ont admis une catégorie de chevaux de poste et de diligence, et lui ont assigné les caractères suivants : taille moyenne, corps plutôt court que long ; membres forts, pied bien conformé et solide; poitrine ample, muscles développés et bien dessinés. Ces caractères n'appartiennent spécialement à aucune race connue, mais ils sont tels que les animaux qui les présentent réunissent généralement les conditions de force et de vitesse nécessaires pour le transport des diligences et des malles-poste. C'est parce que les races de la Bretagne et du Perche les présentent à un degré plus ou moins prononcé, qu'elles sont si bien appropriées à ce service et conséquemment si précieuses. On conçoit qu'à mesure que les routes deviennent plus horizontales et mieux entretenues, les voitures plus légères, la charge moins forte, les chevaux de diligence et de poste peuvent avoir plus de taille, être moins étoffés et plus vites.

DILLÉNIACÉES, s. f., *Dilleniaceæ* ; famille de plantes dicotylédones polypétales hypogynes ne renfermant que des arbres ou des arbustes, tous exotiques. Genres : *Dillenia, Pleurandra, Davilla*, etc.

DILUTION, s. f., *Dilutio*, de *diluere*, délayer. Ce terme a deux significations: par la plus générale, il désigne l'action d'étendre fortement un principe actif dans un véhicule, surtout dans l'eau ; lorsqu'on étend un acide d'une grande quantité d'eau, on opère une dilution ; c'est un terme fréquemment employé dans la pharmacie homœopathique. Dans l'autre acception, le mot dilution est employé pour désigner une opération pharmaceutique, qui consiste à délayer une poudre insoluble dans l'eau afin de séparer les parties les plus grossières des plus ténues ; les premières se déposent au fond du vase, et les autres restent en suspension dans le liquide ; celui-ci décanté et abandonné dans un repos complet,

laisse peu à peu déposer la poussière impalpable qu'il contient.

DILUVIENS, adj. (Terrains). On appelle ainsi ceux qui ont été formés par les alluvions antérieures aux temps historiques. Le nom de *diluvium* que l'on donne à la matière de ces alluvions, semble indiquer qu'elles sont le résultat d'un déluge universel ; il n'en est rien, les observations des géologues modernes contredisent cette opinion. S'il en était ainsi, en effet, on trouverait dans ces dépôts des ossements humains comme on y trouve des débris de grands mammifères terrestres. La nature du *diluvium* varie beaucoup, lorsqu'on l'examine dans une grande surface; il est tantôt calcaire, tantôt siliceux ; dans quelques endroits, vers l'embouchure du Rhône, par exemple, il consiste en de vastes dépôts de cailloux roulés. En général, lorsqu'il est superficiel, il se compose d'une couche profonde de marne, d'une couche supérieure argilo-siliceuse, et, entre les deux, d'un sous-sol variable ne contenant pas de terreau. Les terrains diluviens recouvrent une grande partie de la surface habitable du globe. Les alluvions récentes, en s'y mêlant, en ont souvent modifié la superficie, mais ces altérations n'ont eu lieu que dans des limites restreintes. L'étendue, le gisement élevé de beaucoup d'entre eux indiquent assez qu'ils sont le résultat de causes plus puissantes que celles que nous voyons agir de nos jours. Au reste, partout où la végétation a pu s'établir, l'homme s'adonner à la culture, un nouvel élément, le terreau est venu, en l'absence même d'alluvions récentes, se joindre aux terrains d'alluvions, en modifier la surface.

DIMIDIÉ, ÉE, adj., *dimidiatus;* diminué de moitié : se dit, en botanique, d'un ensemble d'organes ne présentant, d'une manière constante, invariable, que la moitié des parties que le même ensemble présente dans d'autres végetaux. On préfère généralement à cette expression celle d'*unilatéral*, qui exprime toutefois une pensée moins complète et, conséquemment, moins exacte.

DIMORPHE, adj., *dimorphus*, de δις, deux, et μορφη, forme; qui présente deux formes ; se dit des corps cristallisés, dont les formes appartiennent à deux systèmes différents ou au même système, mais avec des différences tellement grandes dans les angles, qu'on ne peut les faire dériver géométriquement d'une forme commune et fondamentale. C'est le caractère que présentent le carbonate de chaux, le sulfate de nickel, le borate de soude, le soufre, etc.

DIMORPHIE, s. f.; propriété qu'ont certains corps de présenter deux formes cristallines différentes et incompatibles géométriquement.

DIMORPHISME, s. f.; phénomène de la formation des corps dimorphes ; partie de la cristallographie qui traite de ces corps.

DINDON, s. m.; *Meleagris* ; genre d'oiseaux gallinacés remarquables par leur tête dépourvue de plumes et garnie de caroncules érectiles , dont une , placée au-dessus de la base du bec , pend sur le côté ; par une queue arrondie et pouvant se relever en éventail comme celle du paon ; par un bouquet de poils raides situé sur le poitrail du mâle. La femelle porte le nom de *dinde ;* elle pond des œufs peu estimés comme aliment , et qu'elle couve pendant trente jours , avec la plus grande assiduité. On profite de cette disposition naturelle pour lui faire couver des œufs de poule ; mais elle montre bien moins de sollicitude pour ses petits que la poule. Les jeunes dindons , appelés *dindonneaux* , sont difficiles à élever jusqu'à ce qu'ils aient *poussé le rouge ;* passé cette époque , ils deviennent très rustiques et vivent constamment en plein air. Le dindon n'est connu que depuis l'an 1500 ; son introduction en Europe est due aux jésuites, qui l'ont rapporté d'Amérique.

DIOECIE , s. f. , *Diœcia,* de δίς, deux fois , et οικια . maison ; nom de la 22me classe dans le système de Linné , où sont renfermées toutes les plantes qui ont des fleurs unisexuées et portées sur deux individus différents. Cette classe se divise en quinze ordres. — Nom du deuxième ordre de la polygamie , dans le même système.

DIOIQUE , adj. , *dioïcus ;* on appelle ainsi les végétaux dont les organes sexuels sont séparés et portés par des individus différents.

DIOPTRIQUE , s, f. , *Dioptrica .* de δια, à travers , et οπτομαι, je regarde. On donne ce nom à la partie de l'*optique* qui traite de la lumière réfractée ou des phénomènes que présentent les rayons lumineux en traversant les milieux transparents de densités différentes. *V.* Lumière et Optique.

DIOSCORÉACÉES , s. f., *Dioscoreaceœ ;* famille de plantes monocotylédones souvent sarmenteuses , à racines presque toujours charnues, distraites, par R. Brown , de la famille des Asparagacées. Genres: *Dioscorea, Tamus , Rajania ,* etc.

DIPÉRIANTHÉ, ÉE, adj., *diperianthatus ;* de δίς , deux fois , περι, autour , et ανθος, fleur ; pourvu de deux enveloppes florales distinctes ou périanthes. Les végétaux dipérianthés sont *monopétales* ou *polypétales.*

DIPÉTALE , **DIPÉTALÉ** , adj. , *dipetalus ,* de δίς , deux fois , et πεταλον, feuille ; on appelle ainsi la corolle, lorsqu'elle est composée de deux pétales.

DIPHTHÉRITE , s. f. , *Diphtherites ,* de διφθερα , parchemin , membrane. Nom donné par Bretonneau , à l'angine couenneuse. *V.* Croup.

DIPHYLLE , adj. , *diphyllus ,* de δίς , deux fois , et φυλλον , feuille ; divisé en deux feuilles ou composé de deux folioles ; tels sont le calice dans le pavot, la *spathe* dans l'ail.

DIPLOE , s. m. , *Meditullium,* διπλοη, de διπλοος - double ; nom donné à la substance spongieuse située entre les deux lames des os du crâne , et de tous les os plats en général.

DIPLOGÉNÈSE , s. f. , *Diplogenesis,* de διπλοος, double, et γενεσις , génération ; synonyme de monstre double.

DIPLOIQUE , adj, *diploïcus ;* qui appartient au diploë.

DIPLOPIE , s. f. , *Diplopia ,* de διπλοος, double, et ωψ, œil ; vue double: disposition des yeux, qui fait apercevoir les objets doubles. Cet état, dû au défaut de parallélisme de l'axe visuel, ne peut être observé dans les animaux.

DIPLOSTÉMONES , adj. , *diplostemones ,* de διπλοος, double, et στημων filament ; les étamines sont *diplostémones* lorsque, dans une seule fleur , elles sont en nombre double des pétales.

DIPSACÉES , s. f. *Dipsaceœ ;* famille de plantes dicotylédones, voisine des Valérianées et des Composées. Elle a pour caractères : fleurs réunies en capitule entouré à sa base d'un involucre polyphylle, sessiles, à involucre propre , gamosépale, tubuleux. Corolle gamopétale , tubuleuse, à quatre ou cinq divisions inégales ; ovaire infère, uniloculaire et monosperme , style simple , stigmate simple ou bilobé ; quatre étamines; akène couronné par le limbe calicinal ; tige herbacée ; feuilles opposées , sans stipules. Genres : *Dipsacus , Scabiosa* , etc.

DIPTÈRES , *Diptera ;* ordre d'insectes caractérisés par la présence de deux ailes membraneuses , étendues , accompagnées dans presque tous par deux corps mobiles, en forme de balancier. Leur bouche est en forme de suçoir. Genres principaux : *OEstre, Hippobosque, Mouche , Cousin , Taon,* etc.

DIPTÉRACÉES , s. f. , *Dipteraceœ ;* famille de plantes dicotylédonées, polypétales, à étamines hypogynes, composée de grands arbres résineux originaires du continent et de l'Archipel indien. Ils donnent , pour la plupart, un suc résineux employé comme vernis, comme encens, etc. Genres : *Dipterocarpus , Vateria , Shorea ,* etc.

DIRIGEANTS , s. et adj. Nom qu'on donnait autrefois aux médicaments auxquels on attribuait la vertu de diriger vers tel ou tel organe l'action des substances médicinales auxquelles on les associait.

DISCOIDE , adj., *discoïdeus, disciformis,* de δισκος, disque, et ειδος, figure ; en forme de disque.

DISCOLORE, adj., *discolor ;* qui présente dans son étendue deux colorations distinctes. Se dit plus particulièrement, en botanique, des feuilles ou autres organes minces dont les deux faces offrent une couleur différente.

DISCRET , adj., *discretus* , part. pas. de *discernere,* distinguer, séparer ; épithète donnée à certaines éruptions dont les pustules sont isolées, séparées les unes des autres. On dit la *variole discrète,* la *clavelée discrète,* quand les pustules sont distinctes les unes des autres.

DISÉPALE, adj., *disepalus*; composé de deux sépales distincts.

DISHLEY ou **NEW-LEICESTER** (race). C'est vers 1755 que Backewel a commencé ses expériences sur l'amélioration des races ovines à longue laine. L'aptitude à l'engraissement, la précocité, étaient son but; une sélection minutieuse fut son principal moyen. Les caractères de la race de Dishley sont si distincts que l'on ignore quels éléments Backewel a d'abord employés, à quelle race de l'Angleterre il les a empruntés. Trente années après les premiers essais, la nouvelle race avait atteint une valeur telle que son emploi, comme type améliorateur, n'était accessible qu'à de riches propriétaires. Backewel recueillit, en 1789, de la location de ses béliers pour le temps de la lutte, des sommes immenses. La race de Dishley présente les caractères suivants : taille moyenne, corps allongé, cylindrique, membres plutôt courts que hauts, grêles, tête effilée, sans cornes, même chez les mâles; dos droit, horizontal; poids : 45 à 50 kilog.; laine longue de 15 à 20 centimètres; poids de la toison : 3 à 4 kilog.; laine uniforme, douce mais un un peu faible. Le principal mérite de cette race réside dans sa précocité et dans son aptitude à s'engraisser à 15 ou 18 mois. A côté de ces qualités, viennent se placer de nombreux défauts : le mouton Dishley est exigeant, sans être toutefois aussi délicat qu'on l'a avancé. Il veut une nourriture abondante, des pâturages fertiles, des herbages frais. Il craint la chaleur et ne peut, comme les races plus petites et plus robustes, aller chercher sa nourriture dans des pacages élevés et médiocres. Si la graisse qui s'accumule sous la peau est très abondante, la chair n'est pas de première qualité, ni pour la finesse du grain, ni pour le goût. La femelle est moins prolifique que dans les races moins perfectionnées. Le Dishley a été introduit en France et croisé avec plusieurs de nos races indigènes. Les résultats de cette introduction et de ces croisements ne sont pas tous connus. On pourrait trouver dans ce qui a été dit à ce sujet bien des exagérations, beaucoup d'opinions contradictoires. En résumé, on peut dire que la race Dishley ne doit prospérer que dans les lieux où il est possible de lui fournir constamment une nourriture abondante et saine, où elle n'a pas à souffrir de la chaleur, des déplacements, de la sécheresse. Son introduction ne saurait être tentée que dans le nord et l'ouest, et les croisements doivent être opérés avec beaucoup de ménagement.

DISJONCTIF, IVE, adj., *disjunctivus*. D'après Richard, l'*insertion* est *disjonctive* lorsque les pétales et les étamines sont attachés sous le disque, ex.; dans les *Simaroubées*.

DISJONCTION, s. f., *Disjunctio*; séparation de deux parties ou de deux corps qui devraient être ou qui étaient unis. — *Anomalies par disjonction :* anomalies consistant dans cette séparation, qui peut être plus ou moins étendue. De là, trois groupes dans ces anomalies : les *perforations*, les *divisions partielles*, et les *divisions complètes* ou *scissions* (Geoffroy St-Hilaire). — *Bot.* Monstruosité consistant dans la division accidentelle d'organes ordinairement soudés ou indivis. Dans le premier cas, la disjonction a lieu au point de réunion; dans le second, elle se fait dans le sens longitudinal ou dans le sens des divisions, lorsque des divisions naturelles préexistent. Les disjonctions qui n'ont pour effet que de continuer ou rendre plus profondes les divisions déjà établies dans les organes, sont très communes dans les végétaux, sur les feuilles surtout; elles sont peu importantes. Il en est de même de celles qui isolent des organes normalement unis, les folioles de la corolle ou du calice, par exemple. Les plus rares, les plus intéressantes, sont celles qui se forment dans des organes indivis; elles changent quelquefois leur aspect au point de les rendre méconnaissables.

DISOME, **DISOMIE**, de δίς, deux, et σῶμα, corps; monstruosité par duplicité du tronc.

DISPENSATION, s. f., *Dispensatio*, de *dispensare*, distribuer, disposer; opération préliminaire de la préparation des médicaments composés, qui consiste à peser et à disposer méthodiquement les drogues simples qui entrent dans la formule de ces médicaments, avant de procéder à leur confection.

DISPERME, adj., *dispermus*, de δίς, deux fois, et σπέρμα, graine; qui renferme deux graines ou semences. Fruit, ovaire, loge *dispermes*.

DISPERSIF, adj.; qui a rapport à la dispersion de la lumière. *Phénomène dispersif* ou décomposition de la lumière blanche. *Pouvoir dispersif*: faculté plus ou moins grande des milieux pour séparer les rayons colorés de la lumière blanche. On obtient la valeur de ce pouvoir en divisant la dispersion par l'indice moyen de réfraction de la substance qu'on examine, diminué d'une unité. L'indice moyen de réfraction est celui qui appartient à la lumière moyenne du spectre solaire.

DISPERSION, s. f., *Dispersio*, de *dispergere*, dérivé de διασπείρω, répandre, distribuer. On appelle ainsi, en *optique*, la décomposition de la lumière ou la séparation de ses rayons colorés au moyen du *prisme* (*V.* ce mot). Ces rayons séparés forment derrière le prisme une image elliptique divisée en sept couleurs principales, dont la teinte est extrêmement vive et riche, *V.* Spectre.

DISQUE, s. m., *Discus*, de δίσκος, palet, disque. On donne généralement ce nom à un corps solide, mince, de forme circulaire, ayant deux surfaces parallèles. Cette forme,

25

ou une forme analogue, se rencontre dans un certain nombre d'organes ou d'ensemble d'organes végétaux qui ont reçu, à cause de cela, le nom de *disque*. Ce que les botanistes désignent plus habituellement ainsi, d'après Richard, c'est un corps charnu, de nature glanduleuse, ordinairement jaunâtre, plus rarement vert, placé soit sous l'ovaire, soit sur son sommet, soit sur la paroi interne du calice. Ce corps glanduleux ou disque est *hypogyne*, *périgyne*, ou *épigyne*. Les naturalistes donnent aussi le nom de *disque* à la partie du clinanthe qui porte les fleurons dans les fleurs radiées, ou encore à la partie de la calathide formée par les fleurons du centre. Pour de Candolle, le disque est aussi cette portion du réceptacle relevée en une protubérance plus ou moins charnue, qui porte les pétales et les étamines. Enfin, on appelle, mais plus rarement, *disque*, la partie de la surface d'une feuille comprise entre ses bords, et le centre d'une ombelle composée.

DISSECTION, s. f., *Dissectio*; de *δίς*, indiquant disjonction, et *secare*, couper; action de disséquer, c'est-à-dire de séparer, au moyen de l'instrument tranchant, les parties du corps les unes des autres, par la division du tissu cellulaire; de pratiquer, dans les organes ou les tissus, des sections ou coupes, qui permettent d'en reconnaître la structure ou la disposition, etc. La dissection reçoit différents noms, suivant les organes qu'elle sert à explorer. La dissection des muscles, des artères, etc., prend les noms de *Myotomie*, *Artériotomie*, etc.

DISSÉMINATION, s. f., *Disseminatio*; action par laquelle les graines se dispersent naturellement sur la terre, à l'époque de la maturité. Le mode, suivant lequel cette dispersion a lieu, est extrêmement varié. Les graines pourvues d'ailes membraneuses, comme celles de l'*Érable*, ou d'aigrettes légères, comme celles des Composées, sont emportées au loin par les vents. Quelquefois, dans la *Balsamine*, la *Fraxinelle*, par exemple, le péricarpe est formé de valves membraneuses qui se roulent à la maturité des graines, et se détachent bientôt avec élasticité, emportant celles-ci loin de la plante-mère. Les graines des fruits déhiscents sont souvent jetées à quelque distance par suite des mouvements imprimés à la plante par les animaux ou par les vents. Dans quelques circonstances, la dissémination est précédée d'actes préparatoires naturels qui témoignent de l'importance que prend, dans le plan de la nature, la conservation des espèces. Les hommes, les animaux, sont aussi des causes fréquentes de dispersion des graines, en les emportant attachées à leurs vêtements ou à leur toison, ou pour les faire servir à leur alimentation ou à tout autre usage. Les eaux de la pluie, les cours d'eau, concourent encore à ce phénomène, en entraînant les fruits ou les graines et les déposant ensuite, ou

les abandonnant sur leurs bords; c'est ainsi que s'explique la présence dans les plaines, aux embouchures des fleuves, de végétaux qui ont leur station ordinaire sur les montagnes. Beaucoup de fruits charnus sont trop volumineux ou trop lourds pour être disséminés par les moyens ordinaires; ils se détachent et pourrissent près du lieu où ils ont pris naissance, mais presque toujours leurs graines sont entourées d'une coque dure, qui les protège contre les agents destructeurs.

DISSÉQUÉ, ÉE, adj., *dissectus*. Se dit d'une feuille dont le limbe est finement découpé.

DISSOLUTION, s. f., *Dissolutio*. On désigne sous ce nom une opération physico-chimique, qui consiste dans le mélange *intime* et *moléculaire* d'un corps avec un liquide. Ce mot est considéré comme synonyme de *solution*, et désigne comme lui, à la fois, l'opération et son produit; cependant, on a établi une petite différence entre ces deux termes. La *dissolution* s'accompagnerait d'altération chimique du corps dissous, ex. : métaux dissous par les acides; tandis que la *solution* ne produirait aucun changement chimique dans le corps soumis à l'action dissolvante du liquide, ex. : sucre ou sel marin dissous dans l'eau. Il serait plus convenable d'appeler *dissolution* l'opération elle-même, et de réserver le nom de *solution* au produit ou au résultat de la dissolution. Quoi qu'il en soit, la dissolution est intermédiaire entre le mélange et la combinaison chimique; elle diffère de cette dernière en ce qu'elle ne change pas sensiblement les propriétés des corps agissants, qu'elle se fait en des proportions indéterminées et le plus souvent variables, et enfin, en ce qu'elle produit du froid au lieu de développer de la chaleur. — La dissolution a lieu le plus souvent entre un solide et un liquide, et plus rarement entre un gaz et un liquide, ou entre deux liquides. — La dissolution des solides est complète, lorsque la transparence du liquide n'est pas troublée; elle est d'autant plus rapide et plus abondante, que le solide est plus divisé et que le liquide est plus chaud, à quelques exceptions près. — Les gaz se dissolvent avec d'autant plus de facilité, que le véhicule est plus froid et qu'ils sont soumis à une pression plus énergique; la dissolution réciproque des liquides n'est soumise à aucun principe général. On dit qu'une dissolution ou solution est *saturée*, lorsqu'elle renferme la quantité maximum du corps dissous, et qu'elle est *sursaturée*, quand elle abandonne une partie du corps en dissolution et le laisse cristalliser, s'il en est susceptible. — Comme opération pharmaceutique, la dissolution prend différents noms, selon le mode opératoire, *V.* Macération, Infusion, Digestion, Décoction, Lixiviation, etc.

DISSOLVANT, s. et adj., *Dissolvens*; qui produit la dissolution. Ce mot, synonyme de *menstrue*, de *véhicule*, sert à désigner les liquides qu'on emploie le plus souvent pour dissoudre les autres corps. On peut les ranger sous le rapport de la fréquence de leur emploi ou de l'étendue de leur action, dans l'ordre suivant : *eau, alcool, éther, acides, vinaigre, vin, bière, huiles grasses, huiles essentielles*, etc. — Les alchimistes s'étaient efforcés de chercher le *dissolvant universel;* Van-Helmont croyait l'avoir trouvé et le désignait sous le nom d'*Alcaest* ou d'*Alkahest*.

DISTANCE EXPLOSIVE, s. f. On désigne ainsi le plus grand intervalle qui puisse exister entre un corps conducteur électrisé et un corps à l'état neutre qui soutire son électricité par étincelle. Cette distance varie beaucoup, selon la tension de la couche électrique du conducteur, selon sa forme ou celle du corps qu'on lui présente, selon leur conductibilité, selon l'état du milieu ambiant, etc., *V*. Etincelle électrique.

DISTANT, adj., *distans;* synonyme d'*éloigné*. Il se rapporte toujours au cas où deux organes de même nature naissent, sur la tige ou sur les rameaux, à des distances plus grandes que celles qu'on remarque ordinairement entre des organes semblables.

DISTENSION, s. f., *Distensio*. Ce mot est employé en médecine pour désigner l'extension forcée des tissus blancs et des muscles. On l'emploie comme synonyme d'*entorse*, ex. : *distension du boulet*, de l'épaule, de la *cuisse*. On dit aussi : *distension musculaire*.

DISTICHOPHYLLE, adj, *distichophyllus;* synonyme de *distique*, en ce qui concerne la distribution des feuilles sur les tiges ou les rameaux. Le *panicum disticophyllum* offre un exemple de cette disposition.

DISTILLATION, s. f., *Distillatio*, de la particule *di*, qui marque la division, et de *stilla*, goutte qui tombe. On appelle ainsi une opération qui consiste à réduire les corps en vapeur, dans des vases clos, et à les condenser ensuite par le refroidissement. Elle a pour but de séparer les parties volatiles des parties fixes d'un mélange, de purifier ou de concentrer certains liquides, de retirer les parties essentielles des substances végétales, de produire par décomposition des matières organiques, des produits ammoniacaux ou pyrogénés, etc. Les anciens distinguaient trois genres de distillation, selon la direction que prenait la vapeur produite: la distillation, *per ascensum* (alambic), la distillation *per latus* (cornue), et la distillation *per descensum*, selon que le produit s'élevait, s'échappait par le côté ou descendait. Cette distinction surannée est complétement abandonnée. La distillation se fait au moyen de deux appareils spéciaux dont la forme, la disposition, les dimensions, varient à l'infini; ces appareils sont l'*alambic* et la *cornue*, (*V*. ces mots). Dans ce dernier cas on ajoute à la cornue tubulée ou non, une *allonge* et un *récipient;* souvent aussi l'al-

longe passe dans une sorte de manchon en fer-blanc verni, dans lequel circule un courant d'eau froide; il remplace le *réfrigérant* de l'alambic. Les vases distillatoires sont chauffés à feu nu, au bain de sable, au bain de liquides, à la vapeur, etc. Quand on chauffe à feu nu, on se sert du fourneau à coquille ou du fourneau à reverbère, selon la température nécessaire pour déterminer la vaporisation du corps à distiller ; le bain de sable est à demeure ou portatif; il peut produire une haute température; les bains à liquides sont formés par l'eau pure (bain-marie) par des solutions salines ou des huiles grasses ; ils donnent une température déterminée et invariable, ce qui est d'une grande commodité dans la pratique et permet d'éviter l'altération du corps soumis à la distillation. Lorsque les corps à distiller sont visqueux et ne se volatilisent qu'à une haute température, comme l'acide sulfurique par exemple, il se produit, dans le vase principal de l'appareil, des soubressauts qui pourraient occasionner sa rupture, si l'on ne prenait certaines précautions ; c'est pour éviter cet inconvénient qu'on chauffe seulement le vase par la partie supérieure, ou qu'on place dans son intérieur des fragments de verre, une spirale en platine, etc. S'il était possible de faire le vide dans les appareils distillatoires rapidement et à peu de frais, on obtiendrait des produits plus purs, plus abondants et d'un prix moins élevé. Dans l'industrie, on a déjà fait l'application de ce principe avec beaucoup d'avantages.

DISTILLATOIRE, adj., *distillatorius;* qui a rapport ou qui sert à la distillation. *Vase, appareil distillatoire*.

DISTINCT,E,adj.,*distinctus;* synonyme de *séparé, libre*. Un organe est distinct, lorsqu'il ne contracte avec les organes voisins aucune adhérence.

DISTIQUE, adj, *distichus*, de δίς, deux fois, et στίχη, rang, rangée ; se dit des feuilles, des rameaux ou des fleurs, lorsqu'ils naissent sur un axe commun, en deux séries opposées situées dans le même plan, ex. : *les feuilles du Lycopode, les épillets du Poa disticha*, etc.

DISTOME, s. m.. *Distoma*, de δίς deux et στόμα, bouche ; qui a deux bouches ; entozoaire du genre *Fasciole*, (*V*. ce mot).

DISTRACTILE, adj., *distractilis;* le *connectif* est *distractile*, lorsqu'il tient sensiblement écartées les loges de l'anthère.

DISTRIBUTION, s. f., *Distributio;* on le dit de l'action de donner des aliments ou de la répartition des objets dans des lieux déterminés.*Distribution des aliments, V*. Ration; *distribution des animaux, des plantes*, *V*. Géographie.

DISTYLE, adj., *distylus;* pourvu de deux styles.

DIURÈSE, s. f., *Diuresis*, de διουρέω, j'urine; excrétion abondante d'urine, produite surtout par la médication diurétique.

DIURÉTIQUES, s. et adj, *Diuretica*, de οἰουρέω, j'urine. On donne ce nom à une classe de médicaments qui ont la propriété d'augmenter la sécrétion urinaire, quelle que soit leur voie d'introduction dans l'économie animale. Ce sont des médicaments très importants et qui tiennent le premier rang parmi les *évacuants*. Il est facile de le comprendre, quand on réfléchit au rôle considérable que la sécrétion urinaire joue dans la fonction complexe de la nutrition ; c'est en quelque sorte le *régulateur* de la crâse sanguine. C'est par les reins, en effet, que sont expulsés : 1° l'eau excédante introduite dans le sang par l'absorption des boissons ; 2° les principes hétérogènes et non assimilables portés dans le torrent circulatoire par l'absorption intestinale, cutanée ou interstitielle ; 3° les principes minéraux et azotés séparés des organes par le jeu de la nutrition (*sels de l'urine*, *urée*, *acide urique*) ; 4° les matériaux des autres sécrétions dépuratives, ou accidentelles (*sécrétion cutanée*, *intestinale*, *hépatique*, *suppuration des sétons*, *vésicatoires*), lorsqu'elles sont supprimées brusquement ou notablement diminuées dans leur activité ; 5° les principes morbifiques (*virus*, *venins*, *miasmes*), qui font effort pour s'échapper de l'économie par cette voie. Les médicaments diurétiques sont nombreux et fournis par les trois règnes de la nature. Ils se donnent le plus souvent à l'intérieur sous forme de breuvage, plus rarement en lavement ; la forme liquide est préférable et assure beaucoup mieux les effets de ces médicaments que la forme solide ; on emploie quelques-uns d'entre eux en frictions, mais il est très rare qu'on les injecte dans les veines. Les *effets* des diurétiques sont simples et consistent tous dans l'augmentation du produit de la sécrétion urinaire, dans la modification chimique de ce produit, et parfois aussi de celle des surfaces qui produisent l'urine ou que ce liquide parcourt. L'action intime des diurétiques est loin d'être la même, malgré l'apparente uniformité des effets sensibles qu'ils déterminent. Les uns paraissent agir sur le sang dont ils dissolvent les éléments solides et dont ils activent fortement les mutations chimiques, l'oxydation par exemple ; c'est ainsi que paraissent agir les *sels alcalins*. D'autres augmentent la sécrétion urinaire par la grande quantité d'eau qu'ils introduisent dans l'économie animale ou par la proportion notable de principes alcalins qu'ils contiennent ; telles sont les plantes *mucilagineuses* et *nitreuses*. Un certain nombre agissent à la fois sur les reins qu'ils irritent et sur le système nerveux, ils diminuant son activité, et secondairement celle du cœur et du système circulatoire ; d'où résulte une diurèse par action directe et par action sympathique ou solidaire, la peau devenant froide et inactive pendant l'action sédative de ces médicaments ; c'est par ce double mode que semblent agir la *digitale*, la *scille maritime*, le *colchique* et les *cantharides*. Enfin, quelques diurétiques portent particulièrement leur action sur la muqueuse des voies urinaires, dont ils tendent à modérer la sécrétion folliculaire ; de ce nombre sont les *térébenthines*, le *copahu*, les *baumes*, les *résines*, plusieurs *essences*. Quoi qu'il en soit de leur mode d'action, les diurétiques sont indiqués principalement dans les cas suivants : 1° dans les phlegmasies, comme délayants et antiphlogistiques directs ; 2° dans les hydropisies ; 3° dans les maladies virulentes, celles de la peau, des muqueuses ; 4° dans les résorptions purulentes, la suppression d'un exutoire ou d'une sécrétion naturelle, celle du lait par exemple ; 5° dans les maladies des voies urinaires, la suppression de l'urine, etc. Pour ce dernier usage il convient de donner la préférence aux diurétiques les plus doux, les *mucilagineux*, par exemple.

TABLEAU DES DIURÉTIQUES.

1° DIURÉTIQUES FROIDS	A. Alcalins.	Carbonates, bicarbonates, azotates, sulfates, phosphates, borates, acétates, tartrates, citrates, savons de potasse et de soude.
	B. Mucilagineux.	Graine de lin, mauve et guimauve, bourrache, pariétaire, buglosse, bugrane, asperge, bourgeons de vigne, etc.
2° DIURÉTIQUES CHAUDS	A. Sédatifs.	Digitale. Scille maritime. Colchique d'automne. Cantharidine.
	B. Balsamiques.	Térébenthines. Copahu. Baumes. Résines. Essences hydrocarbonées.

DIURNE, adj., *diurnus*, de *dies*, jour ; se dit d'une fleur qui s'ouvre le matin et se ferme le soir, ou encore d'une fleur qui ne persiste qu'un jour après son épanouissement. — *Path.* On appelle *diurnes* les fièvres dont les accès reviennent pendant le jour. — *Zoologie.* On appelle *diurnes* les oiseaux de proie qui volent le jour, ex. : le *vautour*, le *faucon*, par opposition avec les rapaces *nocturnes*, comme la *chouette*, le *duc*, etc.

DIVARIQUÉ, ÉE, adj., *divaricatus ;* se dit des rameaux et pédoncules ramifiés et dirigés dans tous les sens.

DIVERGENT, E, adj., *divergens ;* partant d'un centre commun et s'en écartant ensuite : les rameaux, les pédoncules des fleurs, les nervures des feuilles sont souvent divergents.

DIVERSIFLORE, adj., *diversiflorus ;* à fleurs variables, les unes régulières, les autres irrégulières. C'est ce qui s'observe dans quelques ombelles, quelques calathides.

DIVERSIFOLIÉ, ÉE, adj., *diversifolius;* se dit du végétal dont les feuilles affectent naturellement, habituellement des formes dissemblables ; ex. : le *Pelargonium diversifolium*, le *Broussonetia papyryfera*.

DIVERTICULUM, s. m.; mot latin employé en *anatomie*, pour désigner un appendice creux, espèce de cul-de-sac. On l'emploie aussi en *physiologie* pour désigner certains organes qui reçoivent plus de sang, pendant qu'un organe voisin en reçoit moins. C'est dans ce sens que l'on regarde la rate comme le *diverticulum* de l'estomac.

DIVISÉ, *V*. DÉCOUPÉ.

DIVISIBILITÉ, s. f., *Divisibilitas*. On donne ce nom à une propriété générale de la matière pondérable, en vertu de laquelle elle peut être séparée en plusieurs parties. La matière étant divisée elle-même dans sa substance, en *atomes*, *molécules*, et ne formant pas, par conséquent, un tout continu ; si l'on détruit la force attractive qui réunit les parties qui la constituent, elle se divise naturellement de plus en plus à mesure que la force de cohésion diminue d'intensité. Les anciens philosophes ont discuté longuement sur la question de savoir si la matière pondérable est divisible ou non jusqu'à l'*infini*. Sans entrer dans l'examen d'un pareil sujet, on peut dire que, mathématiquement et rationnellement, la matière est divisible à l'infini, puisqu'on peut toujours admettre plusieurs parties dans un *tout*, si petit qu'il soit ; mais, mécaniquement et chimiquement, on peut affirmer que la matière ne se divise que jusqu'à un certain point encore indéterminé. Du reste, les philosophes de la Grèce l'avaient pensé ainsi, puisqu'ils admettaient dans la matière des parties très tenues, indivisibles, insécables, qu'ils appelaient conséquemment *atomes*. Si la matière n'est pas divisible indéfiniment, elle peut atteindre par fois un degré de ténuité extraordinaire ; c'est ainsi que dans les arts on fait avec les métaux ductiles et malléables des lames et des fils d'une ténuité surprenante ; les corps odorants, tels que le musc, le camphre, répandent pendant long-temps des particules odorantes dans l'espace, sans perdre sensiblement de leur poids; certains *liquides* colorés, acides ou amers, peuvent communiquer leurs propriétés à des masses considérables d'autres liquides ; les gaz fétides peuvent infecter une quantité énorme d'air en s'y divisant. La nature organique présente encore des exemples plus étonnants de division ; c'est ainsi que dans une seule goutte de sang ou de lait, on compte des milliers et même des millions de globules ; les animaux microscopiques qui ont une vie distincte comme les animaux visibles, doivent avoir des fibres, des fluides, d'une ténuité incomparable.

DIVISION, s. f., *Divisio;* désunion, séparation; en *chirurgie*, c'est une solution de continuité produite accidentellement, ou une opération qui consiste à couper certaines parties dans un but de guérison. — *Bot.* Partie résultant de la découpure naturelle d'un organe auquel elle reste attachée par sa base. Les divisions consistent en lobes, en languettes ou filaments, etc. *V*. DISJONCTION.

DIVULSION, s. f. *Divulsio*, de *divellere*, arracher, séparer de force; séparation produite par une cause violente, arrachement.

DOCIMASIE, s. f., *Docimasia*, de δοκιμαζειν, éprouver. On donne ce nom à l'ensemble des procédés analytiques employés pour déterminer la composition des minerais et la richesse de leurs produits. La docimasie est surtout employée en métallurgie pour éclairer les industriels sur la nature des minerais et sur les chances de profit que peut présenter leur exploitation. Elle se fait par deux procédés principaux : par la *voie sèche*, au moyen de la chaleur et des *fondants*, et par la *voie humide*, en employant les *réactifs* ou les *liqueurs titrées* ou *normales*. — La *docimasie pulmonaire*, par l'eau ou par la balance, usitée en médecine humaine, dans les cas d'expertise légale, n'est d'aucune utilité en médecine vétérinaire.

DOCIMASIQUE, adj.; qui a rapport à la docimasie; *opération, analyse docimasiques*.

DODECA, *duodecim*, δωδεκα ; signifie *douze* dans les composés grecs, comme dans *dodécagyne*, *dodécandre*, etc.

DODÉCAFIDE, adj., *dodecafidus;* s'entend des organes membraneux dont le limbe est divisé en douze lobes ou segments.

DODÉCAGYNE, adj., *dodecagynus*, de δωδεκα, douze, et γυνη, femme; se dit de la fleur qui a douze pistils, ou simplement, *douze* styles ou stigmates distincts.

DODÉCAGYNIE, s. f., *Dodecagynia;* nom de l'un des ordres de la onzième classe du système de Linné, renfermant les plantes à fleurs dodécagynes.

DODÉCANDRE, adj., *dodecander*, de δωδεκα, douze, et ανδρος, génitif de ανηρ, mari ; se dit de la fleur qui renferme de douze à dix-neuf étamines.

DODÉCANDRIE, s. f., *Dodecandria ;* nom de la onzième classe dans le système de Linné. Elle renferme toutes les plantes à fleurs hermaphrodites et dodécandres, et se divise en six sections d'après le nombre des pistils.

DOGMATISME, s. m., *Dogmatismus ;* qui a rapport à la doctrine dogmatique; cette doctrine elle-même.

DOGMATIQUE, s. et adj., *Dogmaticus*, de δογμα, dogme, dérivé de δοκειν, penser; nom d'une ancienne secte de médecins qui soumettaient tout au raisonnement et qui tenaient peu de compte de l'expérience. Les adeptes de cette secte cherchaient à pénétrer par cette voie l'essence des maladies, l'influence des causes occultes, etc. Ils étaient les adversaires des *empiriques*, qui s'en tenaient à l'expérience, aux faits observés, et ne faisaient que peu de cas des résultats du raisonnement.

DOIGT, s. m., *Digitus*, δάκτυλος ; nom donné aux prolongements qui terminent les membres, à partir des os métatarsiens et métacarpiens. Les doigts des mammifères, autres que les cétacés, ont tous trois phalanges, excepté le pouce qui n'en présente que deux. Le nombre des doigts varie de un à cinq, et n'est pas toujours le même aux membres antérieurs et postérieurs. — Dans les *oiseaux*, les doigts varient de deux à quatre, et présentent de trois à cinq phalanges, le doigt interne en ayant toujours le plus grand nombre ; le pouce fait aussi exception. Le nombre, la séparation complète ou l'union de quelques régions des doigts, leur longueur, etc., constituent d'excellents caractères distinctifs pour les espèces et les genres, parmi les mammifères et les oiseaux.

DOLABRIFORME, adj., *dolabriformis* ; en forme de doloire : telles sont les feuilles du *Mesembrianthemum dolabriforme*.

DOLIC, s. m., *Dolichos* L. ; genre de plantes de la famille des Légumineuses, originaires des contrées inter-tropicales. Quelques espèces fournissent des graines ressemblant aux haricots et mangées comme eux : d'autres sont cultivées dans les serres d'Europe comme plantes d'ornement.

DOLOMIE, s. f. ; carbonate naturel de chaux et de magnésie.

DOMAINE, s. m., *Domanium* ; propriété foncière destinée à l'exercice de l'industrie agricole, composée de terres arables, forêts, prairies, pâturages, etc., et pourvue de bâtiments d'habitation et d'exploitation. Le domaine peut comprendre une ou plusieurs exploitations agricoles distinctes. Dans l'appréciation d'un domaine, il importe surtout de connaître son étendue totale et l'étendue relative de chaque partie, la qualité et la nature du sol, la position et les rapports de chaque parcelle de terrain, les cours d'eau ou les sources pouvant être employés aux arrosages, aux irrigations, les circonstances extérieures dépendant de la situation géographique l'état des chemins, l'état actuel des terres, etc.

DOMAINE AGRICOLE. Il se compose de toutes les surfaces d'un pays donnant, par la culture ou spontanément, des végétaux utiles, et produisant un revenu annuel. L'étendue du domaine agricole de la France était, en 1840, de 50,614,973 hect. ou 25,623 lieues carrées, divisées ainsi qu'il suit :

Cultures et prairies artificielles . . . . 20,894,288 hect.

Vergers ; pépinières, oseraies 766,578

Pâturages, jachères, prés et pâtis 20,152,556

Bois, forêts et terrains forestiers 8,804,551

Ce qui donne, pour chaque habitant, non compris le *Domaine social*, villes, villages, routes, canaux, rivières, etc., estimé 2,534,55,51 hect. une surface de 51 ares : c'est moins qu'en Écosse et en Prusse : c'est plus que dans la

plupart des autres contrées de l'Europe. — Le revenu total brut du domaine agricole de la France a été évalué, pour 1840, à 6,022,169,450 francs, sur lesquels 5,092,146,220 fr. ont été donnés par les cultures. Mais le revenu de chaque hectare est fort variable, selon les lieux, les produits et le mode d'exploitation. Il est dans la France septentrionale de 103 à 110 fr., et seulement de 74 à 75 fr. pour la France méridionale. Tandis qu'il a été de 1,191 fr. 25 cent. pour le houblon ; il a été de 242 fr. 45 cent. pour la vigne, et 29 fr. 70 cent. pour le châtaignier. Ce revenu brut a donné, à chaque habitant, 135 fr., ou 40 cent. par jour. — Le revenu brut du domaine agricole s'est accru et s'accroît encore chaque année, dans certaines proportions : de 1700 à 1840, l'accroissement total a été de 4,522,169,000 fr. ou par année, 32,000,000. Il est à peine besoin de faire remarquer que c'est surtout dans le siècle actuel que s'est réalisé ce progrès. Mais il n'est point le résultat de l'extension du domaine agricole, qui a la même étendue, à peu de chose près, qu'au temps de Louis XIV, mais bien de la répartition des diverses cultures et des perfectionnements de l'exploitation du sol.

DOME, s. m. ; partie supérieure du fourneau à réverbère, *V.* FOURNEAU.

DOMESTICATION, s. f., *Domesticatio* ; action d'amener, de réduire les animaux à l'état domestique. Elle est distincte de l'*acclimatement* et de la *naturalisation* qui la précèdent toujours. La domestication a toujours pour but de rendre les animaux plus utiles à l'homme, en modifiant leurs caractères, en substituant à leur volonté propre une volonté plus intelligente. Elle n'est point un fait accidentel ; ce n'est pas le hasard qui a soumis au joug de l'homme les espèces domestiques qui l'entourent aujourd'hui ; ia domesticité découle de la *sociabilité* ; celle-ci est à son tour un résultat de l'*instinct*. Il est des espèces qui semblent avoir été créées pour servir d'auxiliaires directs à l'homme ; ce sont celles qui lui rendent le plus de services ; ce sont celles aussi qui, dans l'état sauvage, manifestent le mieux l'instinct de la sociabilité. Tous nos animaux domestiques sont sociables ; le chat forme, il est vrai, parmi eux, une exception. Dans la réalité, ce n'est qu'une exception apparente ; car, le chat qui vit et s'entretient dans nos maisons, n'est pas entièrement soumis. Ce sont ses appétits qui le retiennent près de nous, et non l'instinct de la sociabilité. Il n'est pas rare de le voir quitter le toit de son maître pour aller vivre seul dans les bois. Le chat est *apprivoisé*, il n'est pas entièrement *domestique*. Les espèces solitaires, d'une humeur craintive et sauvage, celles qui vivent par paires, mâle et femelle, que l'on ne voit jamais réunies en troupe pour la défense ou l'intérêt commun, celles-là s'apprivoisent, peuvent être naturalisées hors de leur patrie : elles ne deviennent pas domestiques. C'est dans les animaux supérieurs, dans les grands quadrupèdes, et surtout parmi les herbivores, que l'on trouve le véritable état de domesticité. Les carnivores, et cela s'explique par la nécessité où ils sont généralement de vivre de proies vivantes, sont moins sociables et partant moins souvent domestiqués. Les effets de la domestication se retrouvent dans les habitudes, dans les formes, dans les aptitudes, dans le caractère des animaux. A l'état sauvage, les animaux d'une même espèce, vivant sous un même climat, se ressemblent ; même pelage, même conformation, mêmes goûts, etc., tandis que la variété est le signe, le cachet de la domesticité. On peut se convaincre de ce fait en comparant aux types sauvages du chien, du cheval, du bœuf, du mouton, etc., les représentants de ces espèces constituées en groupes ou *races* dans toutes les contrées de l'Europe. En accompagnant l'homme dans toutes ses pérégrinations, en le suivant sous les divers climats qu'il habite, les espèces se sont modifiées, non-seulement selon l'influence des conditions extérieures, mais encore, suivant le caprice de l'homme ; pour s'approprier à ses besoins, pour satisfaire ses désirs, elles ont perdu leurs caractères, leurs habitudes originelles, et ont revêtu d'autres aptitudes, d'autres formes. Dans ces changements, les soins, la protection de l'homme, leur ont été acquis presque toujours aux dépens de leur liberté, de leur volonté, de leur rusticité, etc. On leur a créé des besoins que la plupart sont désormais inhabiles à satisfaire; au point que beaucoup d'animaux périraient, si l'homme les rendait subitement à la liberté, à la vie indépendante. L'établissement des races, la transmissibilité par voie de génération des caractères acquis, est le signe constant de la domesticité ; les animaux qui ne sont susceptibles que de s'apprivoiser ne forment pas de race. Aussi verrait-on bientôt les animaux perdre leurs caractères de famille, et prendre des caractères en harmonie avec le climat, s'ils s'affranchissaient un jour du joug de l'homme. Le nombre des espèces réduites en domesticité est peu considérable; il ne dépasse guère quarante. On pourrait l'accroître en essayant la domestication de quelques animaux sociables, qui deviendraient *auxiliaires* ou *alimentaires*. Reste à savoir si cette adjonction serait vraiment utile. I. G. St-Hilaire considère, comme pouvant être tentée, la domestication de l'*Hémione*, du *Zèbre*, du *Dziggtai*, du *Tapir*, de quelques *Kangourous* de la Nouvelle-Hollande, etc. Parmi les espèces, domestiques ailleurs, et que ne possède point encore la France, on peut citer le *Chameau*, le *Dromadaire*, les variétés laineuses du *Lama*, et de l'*Alpaca*, le *Buffle*, l'*Yack*, le *Renne*. Il est incontestable que l'introduction et la naturalisation de quelques-unes de ces espèces serait facile et augmenterait les richesses de la France, *V*. NATURALISATION.

DOMESTICITÉ, s. f.; état de dépendance, de servitude dans lequel vivent, relativement à l'homme, les animaux qu'il entretient et modifie pour ses besoins ou ses plaisirs, *V*. DOMESTICATION, ANIMAUX DOMESTIQUES, RACES.

DOMPTE-VENIN, s. m. ; *Vincetoxicum*, Mœnch.; genre de la famille des Asclépiadées. L'une des espèces de ce genre, le *V. officinale*, Mœnch, *Asclepias vincetoxicum*, Linn., est commune dans les lieux élevés et pierreux de l'Europe, de la France, etc. Sa racine, composée de longues fibres blanchâtres, possède à l'état frais une saveur et une odeur désagréables. Elle est diurétique.

DORINE, s. f., *Chrysosplenium*, L.; genre de plantes de la famille des Saxifragées. Deux espèces vivaces, la **D.** à feuilles alternes, *C. alternifolium*, et la **D.** à feuilles opposées, *C. oppositifolium*, croissent en France au bord des ruisseaux, où elles sont mangées au printemps, par les bestiaux.

DORSAL, ALE, adj., *dorsalis*, de *dorsum*, dos; qui appartient au dos. —*Artère dorsale*, ou *dorso-musculaire :* artère émanant du tronc brachial, directement du côté gauche, et, du côté droit, d'un tronc qui lui est commun avec la cervicale supérieure. Après avoir donné dans le thorax une branche *sous-costale*, qui fournit la deuxième, la troisième et la quatrième intercostales et les rameaux spinaux correspondants, elle franchit le deuxième espace intercostal, et va se ramifier dans les muscles du dos et principalement du garrot. —*Artère dorsale de la verge ;* branche allongée et mince, émanant de la génitale externe, dont une division longe la face supérieure du corps caverneux jusqu'à la tête de la verge. —*Nerfs dorsaux :* ce sont les dix-huit paires qui s'échappent du canal rachidien par les trous de conjugaison de la région dorsale; ils sont au nombre de treize paires chez le bœuf et de quatorze chez le porc. — *Vertèbres dorsales*, *V*. VERTÈBRES. —*Muscle grand dorsal* ou *dorso-huméral :* large muscle mi-charnu, mi-aponévrotique, prenant son origine par une large aponévrose au sommet des apophyses épineuses de toutes les vertèbres lombaires et des six dernières dorsales, devenant charnu dans sa moitié antérieure et inférieure, et s'insérant au tubercule interne du corps de l'humérus par un tendon aplati, qui lui est commun avec l'adducteur du bras. Ce muscle tire le bras en arrière et le fait tourner en dedans. —*Muscle long-dorsal ;* portion de l'*ilio spinal*, (*V*. ce mot). —*Bot.;* se dit d'un organe qui prend naissance sur le dos d'un autre organe ou s'y attache : ainsi l'arête dans les avoines, le connectif dans le lys, etc.

DORSET (race) : race ovine du Dorsetshire, autrefois très répandue en Angleterre. Elle est remarquable par sa précocité, sa fécondité et l'aptitude des femelles à donner du lait. Sa toison est fine, courte et frisée comme celle du mérinos, avec lequel le Dorset a beaucoup de ressemblance extérieure. Cette race, rustique et docile, convient pour le parcage. Elle donne, d'ailleurs, une viande d'assez bonne qualité. Le bélier et la femelle portent des cornes. Le Dorset est généralement croisé avec le Leicester et le Southdown, et finira par disparaître.

DORSO-ACROMIEN, *V*. Trapèze.

DORSO-COSTAL, *V*. Dentelé.

DORSO-ÉPINEUX, , *V*. Épineux.

DORSO-HUMÉRAL, *V*. Dorsal.

DORSO-MASTOIDIEN, *V*. Transversal.

DORSO-OCCIPITAL, *V*. Complexus.

DORSO-SOUS-SCAPULAIRE, *V*. Rhomboïde.

DORSTÉNIE, s. f., *Dorstenia*, Plum.; genre de la famille des Morées. Il se compose de plantes acaules ou subcaulescentes, originaires de l'Amérique tropicale. L'une de ces espèces, le *D. contrayerva*, fournit aux pharmacies de l'Europe une racine qui a passé pour sudorifique, mais qui est négligée maintenant. Les Américains l'emploient encore contre la morsure des serpents. Plusieurs espèces de Dorsténies sont cultivées dans les serres d'Europe.

DOS, s. m., *Dorsum*; région du tronc ayant pour base les douze dernières vertèbres dorsales, dans les solipèdes, et les muscles ilio-spinaux qui longent la colonne. Le dos présente une légère concavité; s'il est trop concave, l'animal est dit *ensellé*. Le dos convexe est appelé *dos de mulet, dos de carpe*; il donne à l'animal beaucoup de force pour porter, et des réactions dures. C'est l'opposé pour le dos ensellé. Le *dos long* est moins fort que le *dos court*; il présente plus de souplesse dans les allures et par conséquent des réactions plus douces. Le *dos large* accuse un fort développement des muscles et l'ampleur de la poitrine. — Dans le bœuf, le dos est long; on le recherche large à cause de la qualité supérieure de la viande de cette région. — *Bot. Dos* d'une *strie*, c'est sa partie saillante. — *Dos* d'une *graine*, c'est la face correspondant aux parois du péricarpe. — *Dos* d'une *feuille*, d'un *carpelle* ou la partie médiane de sa face extérieure. — *Dos* d'une *anthère*, côté opposé à la face qui porte le sillon ou les pores.

DOSE, s. f., *Præbium*, δόσις, de δίδωμι, je donne. On appelle ainsi la quantité de médicaments qu'il convient de donner à un malade, en une seule fois. La dose des médicaments se détermine le plus souvent au poids; cependant, les liquides peuvent être mesurés en volume, par litres ou fractions de litres, ou encore par gouttes. On donne aussi le nom de dose à la quantité relative des drogues simples qui entrent dans la confection d'un médicament composé, magistral ou officinal. La dose, dans le premier cas, est *médicinale;* dans le second,

elle est *pharmaceutique*. — La détermination de la dose des médicaments est le point le plus important de leur emploi; c'est le principal moyen d'en assurer les effets et de prévenir les accidents que pourraient déterminer ceux qui sont très actifs. La dose ne doit pas seulement varier pour chaque médicament en particulier et chacune de ses préparations, mais encore selon l'état du sujet. Sous ce dernier point de vue, la dose des médicaments doit varier selon l'espèce du malade, son volume, son âge, son sexe, son tempérament, la maladie dont il est atteint, etc. — La quantité d'un médicament, administrée à un malade, n'influe pas seulement sur l'énergie de ses effets, mais aussi sur leur nature; c'est ainsi que l'émétique est vomitif, purgatif, sédatif du poumon, selon la dose à laquelle il est administré; que les sels alcalins sont purgatifs ou diurétiques, suivant la quantité ingérée; que les liqueurs alcooliques sont excitantes ou stupéfiantes, suivant la dose employée, etc. — Les doses des médicaments varient aussi, indépendamment des circonstances précédentes, selon les systèmes adoptés par les praticiens; les doses énormes des Rasoriens et celles infinitésimales des Homœopathes, forment les extrêmes entre lesquels on trouve les doses perturbatrices, les doses altérantes ou fractionnées, et les doses moyennes employées par la majorité des praticiens.

DOTHINENTÉRIE, s. f., *Dothinenteria*, de δοθιήν, bouton, et εντερον, intestin. Nom donné par Bretonneau à une maladie de l'espèce humaine, qui attaque tout l'organisme avec lésion de l'intestin, accompagnée d'une éruption, de l'ulcération et de l'engorgement des glandes de Peyer. Petit l'a nommée *fièvre entéro-mésentérique*. Broussais en fait une *gastro-entérite*, nom défectueux qui suppose une gastrite, qui n'existe pas. Chomel la désigne sous le nom d'*affection typhoïde*. On n'a pas encore décrit de maladie analogue dans les animaux, *V*. Fièvre typhoïde.

DOUBLE, adj., *duplex*. Cette épithète indique, en *botanique*, la multiplication, soit naturelle et constante, soit accidentelle et anormale, d'un organe de même nature ou remplissant les mêmes fonctions. C'est ainsi que le calice et la corolle, existant dans la même fleur, constituent un périanthe double, que deux rangées dissemblables de squames ou folioles forment un double calice ou un involucre double. On appelle *fleurs doubles* ou *doublées*, celles dans lesquelles les étamines et les pistils se sont transformés en pétales vrais. La transformation peut porter sur les étamines ou les pistils, ou même sur une partie de ces organes. Dans ce dernier cas, il n'y a pas, à proprement parler, *dédoublement*, mais bien *métamorphose*. Les fleurs doubles sont presque toujours stériles. La culture est une des causes les plus puissantes de cette multiplication. — *Anat.* et *phys. Monstres doubles;* monstres composés de deux individus réunis par quelques-unes de leurs parties. I. Geoffroy Saint-Hilaire les divise en deux ordres, qui sont : 1° les *autositaires;* 2° les *parasitaires.*

DOUBLE FOLLICULE , *V.* Follicule.

DOUBLE RÉFRACTION, s.f. On donne ce nom à la réfraction de la lumière, qui s'accompagne de la bifurcation du rayon lumineux. Elle a lieu dans la plupart des cristaux qui n'ont pas la forme cubique ou octaédrique, et qu'on nomme, à cause de l'effet qu'ils produisent, des milieux *bi-réfringents.* Ce phénomène a pour effet de faire voir une double image des corps qu'on regarde à travers un milieu bi-réfringent. — Des deux rayons, provenant de la bifurcation du rayon incident, l'un se réfracte selon les lois de la *simple réfraction* (*V.* ce mot), et porte le nom de *rayon ordinaire;* l'autre, qu'on nomme *rayon extraordinaire,* se réfracte suivant des lois qui ont été déterminées par le calcul et l'expérience, mais qui ne peuvent trouver place ici. — Le phénomène de la double réfraction a été observé pour la première fois, en 1669, par Erasme Bartholin.

DOUCE AMÈRE, *V.* Morelle. — *Phar.* La tige et les jeunes rameaux de la douce-amère, sont les seules parties employées en médecine; ces organes ont une saveur amère, puis douceâtre, dont l'intensité varie selon les cas; sèche, la douce-amère présente une amertume prononcée; fraîche et jeune, elle est plutôt sucrée. Elle renferme, selon Desfosses, une matière sucrée qu'il appelait *dulcamarine,* et qui a été obtenue récemment à l'état de pureté par Pfaff, qui l'a nommée *préroglycion;* Morin y a signalé l'existence de la *solanine.* — La douce-amère se donne à l'intérieur en décoction ou en extrait; elle agit comme *dépurative, sudorifique,* à dose moyenne, et comme *narcotique* léger, à forte dose. Employée chez l'homme contre les affections de la peau, la syphilis, le rhumatisme, etc., la douce-amère est peu usitée dans le traitement des maladies des animaux domestiques.

DOUCETTE, *V.* Mache.

DOUCHE, s. f., *Ducia,* de *ducere,* conduire. On donne ce nom à une colonne liquide qu'on dirige avec plus ou moins de force sur une partie extérieure du corps, dans un but thérapeutique. C'est l'eau qui forme, le plus souvent, la base des douches; elle est simple ou chargée de divers principes médicamenteux, et dans l'un ou l'autre cas, elle peut être *froide, tiède* ou *chaude.* — La douche est *descendante, ascendante* ou *latérale,* suivant la direction du jet. En médecine vétérinaire, elle est le plus souvent latérale, parce qu'on emploie une seringue pour diriger avec force le jet liquide sur la partie malade. Les effets des douches dépendent surtout de la nature du liquide, de sa température, de la vitesse

du jet, de la durée de l'application, etc. ; ces effets sont locaux et généraux : les premiers, essentiellement stimulants, consistent dans l'exaltation de la sensibilité de la partie, de la circulation capillaire, de la calorification, de la perspiration cutanée, etc. ; les effets généraux participent des effets locaux et consistent notamment en un ébranlement général favorable au rétablissement des fonctions. — Les douches ne sont employées sur les animaux que pour remédier à des accidents locaux, comme des entorses, des distensions articulaires, des engorgements indolents, des affections cutanées anciennes, des contusions étendues, des piqûres d'insectes venimeux, etc. Le coma, le narcotisme profond, l'encéphalite, etc., peuvent aussi exiger l'emploi des douches sur la tête et le long de la colonne vertébrale.

DOULEUR , s. f. , *Dolor ,* αλγος , οδυνη ; c'est une sensation , une perception pénible reçue par une partie vivante. On appelle *douleur morale,* certaines affections , telles que la tristesse , la colère , etc.; *douleurs physiques* les impressions senties par les nerfs. Les causes de la douleur peuvent être rapportées à des excès d'excitation , des lésions organiques , des influences sympathiques. Son intensité varie selon les tissus où elle se produit , les causes qui l'excitent ; la douleur vive se réfléchit sur tous les appareils d'organes et détermine la fièvre de réaction. Les sensations douloureuses n'ont pas toujours le même caractère ; on désigne par des expressions particulières ces différences qui ne sont pas toutes appréciables dans les animaux : *douleur prurigineuse, brûlante, gravative, pulsative, déchirante, lancinante, pongitive, tensive, mordicante, sourde, nerveuse, rhumatismale,* etc. D'après son siége, la douleur a reçu les noms divers de *céphalalgie , odontalgie, otalgie, cardialgie , gastralgie, entéralgie,* quand elle existe dans la tête, les dents, les oreilles, le cœur, l'estomac, l'intestin, etc. Pour remédier à la douleur, il faut rechercher le repos de la partie malade, guérir la maladie qui la produit. Si les souffrances sont violentes et continues, on prescrit les narcotiques, les antiphlogistiques, les réfrigérants.

DOUVE , s. f. , du lat. barbare *doga,* douelle; ver intestinal qu'on rencontre fréquemment dans le foie du mouton et des poissons, dans les poumons des mammifères et des oiseaux. *V.* Fasciole.

DRAGEON, s. m. , *Surculus;* tige nouvelle ou jet s'élevant du pied ou de la racine de certains arbres. Le drageon peut être arraché et replanté; il devient alors un organe de multiplication.

DRAGON, s. m., *Draco;* monstre de la fable, auquel on donne des ailes et une queue de serpent; tache blanche irrégulière qui se développe dans la pupille de l'œil, et a son siége sur le cristallin; c'est un commencement de cataracte. (*V.* ce mot.)

DRAGONIER, s. m., *Dracœna*, L; genre de la famille des Asparaginées. Il se compose d'espèces exotiques, arborescentes, à stipe simple ou ramifié. La plus remarquable est le Dragonier commun, *D. draco*, originaire de l'Inde, acquérant parfois des dimensions colossales. Celui de Humboldt observé aux environs d'Orotava, dans l'une des Canaries, est probablement la plus grande monocotylédonée connue: son stipe avait, en 1799, 45 pieds de circonférence. Cette espèce fournit l'une des résines connues dans le commerce sous le nom de *Sang dragon*.

DRAGONNEAU, s. m.; *Dracunculus gordius*, L.; ver ayant la grosseur d'une plume de corbeau, qu'on observe dans les contrées de la Zône-Torride; il attaque particulièrement les membres inférieurs de l'homme et se développe sous la peau. — Les vétérinaires donnent aussi le nom de *dragonneau* au *crinon* (*V*. ce mot).

DRASTIQUE, s. et adj., *Drasticus*, de Δραστικος, efficace, formé de δραω, j'agis. — On donne ce nom aux médicaments purgatifs les plus énergiques, tels que le jalap, la gomme-gutte, la bryone, la scammonée, l'euphorbe, l'ellébore noir, l'huile de croton-tiglium, etc. Ces médicaments déterminent la purgation en irritant vivement la muqueuse intestinale; ils produisent souvent la superpurgation et doivent être employés avec prudence. Ils conviennent contre les affections graves des centres nerveux, des yeux, de la peau, contre les hydropisies des grandes séreuses, l'arthrite, etc. *V*. PURGATIFS.

DRAVE, s. f., *Draba*. L.; genre nombreux de la famille des Crucifères. Il est composé de petites plantes herbacées, croissant dans les lieux élevés, sur les montagnes, dans presque toutes les contrées froides du globe.

DRÈCHE, s. f.; résidu de l'orge germée et concassée qui a servi à la fabrication de la bière. Cette substance sucrée, légèrement alcoolique, et rendue tonique par la présence de quelques débris de houblon, est employée, dans les villes ou à leur voisinage, à la nourriture des bestiaux, à l'engrais des bœufs, à une dose qui varie de 5 à 20 ou 40 litres par jour. On la donne seule ou associée. On ne peut, sans prendre quelques précautions pour la conserver, en faire une provision notable; elle entre bientôt en fermentation, s'échauffe, devient aigre et perd ses qualités. La drèche, pouvant concourir à la fumure des terres, est toujours utilisable. Sa valeur, dans ce dernier cas, parait même avoir été beaucoup exagérée en Angleterre et en Allemagne. En la ramenant à ses justes proportions, elle est encore assez forte pour engager les propriétaires et fermiers à ne pas la négliger. La drèche peut être employée comme engrais, à la dose de 80 à 100 hectol. par hectare. — *Pharm*. La drèche peut être employée à préparer des breuvages adoucissants et diurétiques: elle est peu usitée.

DRESSAGE, s. m.; partie de l'éducation qui a pour but d'habituer les animaux aux allures, au travail, au genre d'exercice auxquels les destinent leur espèce, leur conformation, leur race. Le dressage est un entraînement, dans l'acception la plus large du mot; c'est une gymnastique qui dispose les animaux à obéir, développe leurs forces et peut constituer quelquefois un travail utile. Il doit toujours être confié à une personne intelligente et douée de patience, être en harmonie avec les moyens des jeunes sujets, commencer de bonne heure et suivre une marche graduelle et progressive quant aux difficultés qu'il présente et relativement aux fatigues qu'il occasionne. Le dressage du cheval de selle ne peut guère être fait que par un écuyer, en ce qui concerne du moins l'éducation du manége; mais on peut toujours, dans les fermes, accoutumer les jeunes chevaux au bruit, au mouvement, à supporter non-seulement la selle et la bride, mais aussi un jeune cavalier; on peut y commencer le travail de la longe comme exercice réglé. La question de savoir s'il convient d'atteler, dès l'âge de 2 ans $\frac{1}{2}$ ou 3 ans, les jeunes chevaux destinés à la selle, parait être jugée en faveur de l'affirmative pour tous les sujets qui ne sont point trop brillants ou trop légers; mais leur emploi à un travail utile, si faible qu'il soit, dans les campagnes où les chemins sont mauvais, les terres fortes, présente des difficultés dont ne tiennent pas assez de compte nos hippologues théoriciens; et ces difficultés sont un obstacle à l'élevage du cheval de selle. Le dressage du cheval de trait rapide exige, pour être bien fait, la connaissance de l'action du mors, l'intelligence des reins, des jarrets des animaux, de la douceur, de la précision, du coup-d'œil pour juger les allures. L'éducation du cheval commun, du bœuf, est très simple; elle consiste généralement, après les avoir habitués à supporter le collier, le joug, à les soumettre à un travail léger, à côté d'un animal de leur espèce, fort et rompu au service.

DRESSÉ, ÉE, adj., *erectus;* se dirigeant de bas en haut dans un sens à peu près vertical. La tige, dans la majorité des plantes, les rameaux dans le cyprès, les feuilles dans beaucoup de graminées, dans le sparganium, les folioles du calice, l'anthère, etc., offrent des exemples de cette disposition. Les graines, les ovules peuvent être *dressés* dans la cavité du péricarpe.

DRIMYS, s. m., *Drimys*, Forst.; genre de la famille des Magnoliacées. Il renferme cinq ou six espèces communes dans le Nouveau Monde, à la Nouvelle Zélande: deux seulement sont cultivées en Europe. C'est le *Drimys Winteri* qui fournit à la pharmacie l'écorce aromatique connue sous le nom d'*écorce de Winter*.

DROGUES, s. f. On désigne sous ce nom les médicaments bruts, tels que les fournit la nature ou que les présente le commerce. Ce sont les matières premières que l'art du pharmacien transforme en médicaments officinaux ou magistraux. Les drogues sont fournies par les trois règnes de la nature et sont formées par des plantes ou des animaux entiers, et le plus souvent par des parties déterminées de ces êtres, par des produits qu'ils fournissent naturellement ou qu'on en retire artificiellement. Les drogues tirées du règne minéral portent aussi dans le commerce le nom de *produits chimiques*.

DROGUIER, s. m. ; collection d'échantillons de drogues simples rangés méthodiquement dans un but d'étude. Les anciens hippiatres donnaient ce nom à la partie de leurs ouvrages où ils traitaient de l'étude des médicaments ou drogues.

DROGUISTE, s. m., *Pharmacopola;* qui vend des drogues simples ; négociant qui vend les matières premières avec lesquelles les pharmaciens confectionnent les médicaments magistraux et officinaux.

DROIT, ITE, adj., *rectus;* qui s'étend en ligne droite. Plusieurs muscles portent cette dénomination. — *Muscles droits de la tête :* ils sont au nombre de quatre : deux *postérieurs grand* et *petit*, et deux *antérieurs*, également *grand* et *petit*. Le grand droit postérieur, ou *court axoïdo occipital*, prend son origine à l'extrémité antérieure de l'épine de l'axis et s'insère à l'occipital avec le petit complexus. Le petit droit postérieur ou *atloïdo-occipital*, prend son origine à la partie supérieure de l'atlas, et s'insère à l'occipital en dessous du précédent ; tous deux sont extenseurs de la tête. Le grand droit antérieur, *long fléchisseur de la tête*, *trachélo-sous-occipital*, prend son origine aux apophyses transverses des troisième, quatrième et cinquième vertèbres cervicales, et vient s'insérer au point de réunion du sphénoïde avec l'apophyse basilaire. Le petit droit antérieur, *court fléchisseur de la tête*, *atloïdo-sous-occipital*, beaucoup plus petit que le précédent, part de la face inférieure de l'atlas, et vient s'insérer en dehors du grand droit.— *Muscle grand droit de l'abdomen ou sterno-pubien :* ce muscle, remarquable par ses nombreuses intersections tendineuses disposées transversalement en zig-zag, s'attache antérieurement sur les côtés du sternum et sur les cartilages des huit côtes qui suivent la quatrième, et va s'insérer postérieurement au tendon commun pubien des muscles abdominaux. Il relève l'abdomen , et rapproche le bassin du sternum, en fléchissant la colonne dorso-lombaire. — *Muscle droit antérieur de la cuisse, ou ilio-rotulien :* gros muscle cylindrique logé dans la gouttière du triceps, prenant son origine par deux tendons à l'angle cotyloïdien de l'ilium, et s'insérant à la rotule qu'il élève , et par l'intermédiaire de laquelle il étend la jambe. — *Muscles droits de l'œil :* ils sont au nombre de cinq , dont un postérieur ; les quatre autres forment quatre bandelettes naissant en com-

mun des crêtes de l'hiatus orbitaire et se portant à la sclérotique, où ils se terminent par un tendon aplati et albuginé. On les distingue en *supérieur, inférieur, externe*, *interne*, faisant exécuter à l'œil toutes les espèces de mouvements autres que ceux de pivotement sur l'axe antéro-postérieur. Le *droit postérieur*, qui n'existe pas chez l'homme, répète par ses quatre parties les quatre autres muscles droits , entre lesquels il se trouve placé. Son insertion a lieu à la face postérieure de la sclérotique ; son usage principal est de retirer le globe de l'œil au fond de l'orbite.—On dit,en *botanique*,une tige *droite*, par opposition à celle qui est volubile, courbée ou flexueuse ; mais on dit généralement une feuille *plane;* l'épithète de *droite* ne s'emploie que lorsque la feuille est cylindrique ou linéaire. Il importe, pour l'exactitude du langage, de ne point confondre *droit* avec *dressé*.

DROIT SUR SES MEMBRES, (cheval). *V.* Bouleté.

DROMADAIRE, s. m., *Camelus dromedarius;* espèce du genre *Chameau*, ayant pour caractère distinctif, une bosse unique, occupant la région dorsale , *V.* Chameau.

DROSÉRACÉES, s. f. , *Droseraceæ;* famille de plantes dicotylédones polypétales, généralement herbacées, annuelles ou vivaces, divisée en trois tribus : les *Drosérées;* genres: *Drosera*, *Aldrovanda*, etc. : les *Parnassiées;* genre *Parnassia* : les *Dionées;* genre: *Dionœa*. C'est à ce dernier genre qu'appartient le *Dionœa muscipula*, dont les feuilles , couvertes de quelques poils *irritables*, saisissent les insectes qui vont se reposer à leur surface et les font périr dans cette étreinte.

DROSOMÈTRE, s. m. , de δρόσος, rosée , et μέτρον, mesure . — Instrument proposé pour mesurer la rosée, *V.* Ætrioscope.

DRUPACÉ,ÉE,adj.,*drupaceus;* se dit d'un fruit qui a les caractères de la Drupe, ex. : *le fruit de l'amandier , du noyer , etc.*

DRUPE, s. f. , *Drupa;* fruit charnu , indéhiscent , renfermant un noyau uniloculaire formé par l'endocarpe et une partie du sarcocarpe. La pêche, la cerise , la prune , sont des *Drupes*. La noix, l'amande, qui ne diffèrent des précédentes que parce que leur péricarpe est moins charnu et plus dur, doivent être regardées comme des fruits drupacés.

DRUPÉOLE, s. f. , *Drupeola;* drupe ne dépassant pas le volume d'un pois, ex. : *le fruit du Sumac.*

DRUPÉOLÉ, ÉE, adj., *drupeolatus;* se dit du fruit qui a l'apparence ou les caractères de la drupéole.

DRYADE. s, f., *Dryas*, L.: genre de la famille des Rosacées. L'une de ses espèces, la D. à huit pétales , *D. octopetala*, est une plante vivace des pâturages élevés et des régions froides.

DRYMYRRHIZÉES, s. f. : nom par lequel Ventenat, et d'après lui, R. Br. et De Candolle désignent la famille des Amomacées. (*V.* ce mot.)

DUCTILE, adj., *ductilis*, de *ducere*, conduire ; qui est doué de la *ductilité*. (*V*. ce mot.)

DUCTILITÉ, s. f., *Ductilitas* ; propriété qu'ont certains corps de s'étendre en fils sans se rompre, lorsqu'on les passe à la filière. Cette propriété est surtout marquée dans les métaux où elle présente une grande importance ; ces corps doivent être rangés, sous ce rapport, dans l'ordre suivant : *or*, *argent*, *platine*, *fer*, *cuivre*, *zinc*, *étain*, *plomb*.— La ductilité suppose toujours, dans les corps qui en sont doués, une certaine mobilité moléculaire jointe à une assez grande ténacité ; aussi n'observe-t-on cette propriété que dans les métaux qu'on appelle *usuels* ou *parfaits*.

DULCIFIER, v. act., *dulcorare, edulcorare*, adoucir ; on appelle ainsi l'action de diminuer l'âcreté ou la causticité d'un corps en le mélangeant à un autre corps ; se dit particulièrement de l'action d'adoucir l'âcreté des acides minéraux au moyen de l'alcool.

DULCIFIÉ, ÉE, adj., rendu plus doux ; *acide nitrique dulcifié :* acide azotique étendu avec de l'alcool ; *esprit de sel dulcifié*: acide chlorhydrique alcoolisé.

DUNES, s. f. ; d'un mot celtique, *dun*, qui signifiait *élévation ;* monticules ou collines de sable élevés par les vents sur les rivages sablonneux des mers. L'Angleterre, la Hollande, le Danemark, etc., ont leurs dunes ; la France en possède, de Dunkerque à Boulogne, et surtout de Bordeaux à Bayonne, de vastes étendues, évaluées ensemble à près de 100 lieues carrées. Le phénomène le plus remarquable des dunes consiste dans un déplacement presque continuel du sable qui les forme, par l'action des vents, et leur tendance à envahir sans cesse le continent. On voit ces collines de sable s'avancer, se déformer et se reformer plus loin comme les rides à la surface de l'eau, envahissant des vallées fertiles, engloutissant même des villages entiers. La marche des dunes est intermittente comme l'action des causes qui la déterminent ; mais elle se prononce toujours dans le même sens, et pour être assez lente, elle n'en est pas moins puissante ni moins sûre. Sa vitesse dépend de la force du vent, de la nature et de la grosseur du sable, des obstacles de nature quelconque que celui-ci rencontre. Dans les landes de Gascogne, elle est assez régulièrement de 20 à 25 mètres par année, lorsqu'elle peut s'effectuer librement. — Les dunes ne sont point absolument stériles ; quand le sable qui les constitue ne se déplace plus, il se couvre spontanément de plusieurs espèces végétales. Cette végétation est d'ailleurs favorisée par l'humidité qu'entretient dans les couches moyennes et profondes un sous-sol imperméable. Quand on peut les abriter contre le vent, et surtout les soumettre à l'irrigation, elles deviennent, en peu de temps, susceptibles de recevoir les cultures ordinaires de nos champs, les céréales, à l'exception du blé peut-être, les

légumineuses, le chanvre, la betterave, la pomme de terre, etc. Il importe donc, d'abord, lorsqu'on veut cultiver ces terrains, de les fixer, de s'opposer au déplacement du sable. En Hollande, les plantations de l'*Arundo arenaria*, du *peuplier*, ont été employées avec succès pour fixer le sable et rompre les efforts du vent. Cette méthode a été heureusement appliquée en France ; on peut même dire qu'elle a été perfectionnée par Brémontier, qui a substitué le pin au peuplier. La plus grande difficulté de l'opération consiste dans l'établissement du premier rempart contre l'invasion du sable ; on y parvient généralement en faisant, entre les premiers monticules et la mer, un semis de pins, de genêts, d'ajoncs, que l'on protége par des clayonnages ou des fascines fixées au sol. Ce premier travail est bientôt suivi d'un semblable à l'intérieur et sur les sables eux-mêmes, et ainsi successivement, à mesure que ceux-ci prennent de la stabilité. C'est en opérant d'après ces principes, qu'en France, on est parvenu à fixer et à rendre productifs plus de 10,000 hectares de dunes, et à préserver de l'invasion des villages et des surfaces considérables de terrain. — Les plantes qui croissent le mieux dans les dunes ne sont pas les meilleures ; on peut citer les épines noire et blanche, l'élyme des sables, les alaternes, les tamaris, le roseau des sables, etc. ; mais on doit les considérer, au début de la mise en culture, comme des auxiliaires précieux.

DUODÉNAL, ALE, adj. ; qui appartient au duodénum. —*Artère duodénale :* branche de l'hépatique se portant vers le duodénum et allant s'anastomoser, dans le mésentère, avec la première artère de l'intestin grêle.

DUODÉNITE, s. f., *Duodenitis ;* inflammation du duodénum. Il est difficile de la distinguer de la gastro-entérite ; aucun symptôme spécial ne l'indique sur l'animal malade. Elle n'est apparente qu'à l'autopsie, et compliquée souvent de la phlegmasie de quelques portions de l'intestin grêle.

DUODÉNUM, s. m., Δωδεκαδάκτυλον; première portion de l'intestin grêle, ainsi appelée parce qu'elle a, dans l'homme, une longueur d'environ douze travers de doigt. Le duodénum forme, dans le cheval, immédiatement à sa naissance au pylore, un renflement rappelant l'estomac par sa forme, mais présentant ses courbures en sens opposé. Dans ce renflement viennent aboutir les canaux *hépatique* et *pancréatique*. Le duodénum diminue ensuite de diamètre, se recourbe de droite à gauche en passant derrière l'artère grande mésentérique et se continue par le jéjunum ou partie flottante de l'intestin grêle, sans que rien indique le point de séparation de ces deux parties, la division étant admise seulement pour faciliter l'étude de l'intestin grêle.

DUPLICATION, s. f., de *duplicatio*, redoublement ; mode de multiplication par ticulier à quelques genres de végétaux microscopiques, dans lequel les corpuscules ou frustules, à une certaine époque de leur existence, se divisent spontanément et donnent naissance à deux individus semblables. La duplication se remarque sur les Diatomées, les Baccillariées, etc.

DUR, E, adj., *durus ;* qui est doué de *dureté* (*V.* ce mot). — *Eaux crues* ou *dures :* eaux potables chargées d'une trop grande quantité de sulfate de chaux. — *Anat. Parties dures :* organes ou tissus qui présentent beaucoup de consistance, comme les os, les dents, les cartilages, par opposition à d'autres parties qui offrent peu de résistance et qu'on appelle *molles.* — *Extér. Réactions dures :* secousses fortement marquées, imprimées au corps à chaque *poser* des membres pendant les allures de certains chevaux, et surtout de ceux qui sont court-jointés et ont le dos de mulet.

DURAMEN, s. m. ; nom latin sous lequel Dutrochet décrit le bois parfait ou bois proprement dit.

DURÉE, *V.* Vie et Végétation.

DURE-MÈRE, *V.* Méninge.

DURETÉ, s. f., *Durities.* On appelle ainsi la propriété qu'ont les corps solides de résister aux agents qui tendent à entamer leur substance par frottement. C'est, en un mot, la résistance qu'ils opposent aux corps qui tendent à les user, à les rayer ou à les entamer d'une manière quelconque. Aussi mesure-t-on la dureté relative des corps en les rayant les uns par les autres. Cette propriété est, en général, plus prononcée dans les minéraux que dans les végétaux et les animaux ; cependant, certaines parties de nature ou d'origine organique présentent une dureté considérable ; telles sont les dents, les os, la corne, le test des crustacés, le bois parfait, les noyaux des rosacées, etc. — Parmi les minéraux, c'est le diamant qui est le plus dur de tous les corps ; puis viennent les pierres précieuses à base d'alumine ou de silice, le verre, le carbonate de chaux cristallisé, etc. ; l'acier, la fonte, le manganèse, le fer, etc., sont des métaux très durs. En général, les corps les plus durs sont aussi les plus fragiles. Cette propriété paraît dépendre surtout de la nature chimique des corps et de la disposition de leurs molécules ; les corps cristallisés sont généralement très durs. Certains corps, qui présentent peu de dureté en masse, sont très durs dans leurs particules ; c'est ce qu'on remarque dans le charbon de bois, la craie, le tripoli, etc.

DURHAM (race de). Cette race, remarquable par ses aptitudes, par sa conformation, est originaire de la Grande-Bretagne. Elle a sa souche dans une race courte-cornes du district de la Tees, formée dans la première moitié du XVIIIme siècle par des animaux de la Hollande ou du Holstein, dont l'Angleterre faisait alors de fréquentes importations, et descend, dit-on, d'un taureau de cette race et d'une vache Galloway. D'abord successivement améliorée par sélection, la race de Durham n'a pris les caractères qui la distinguent qu'après son importation dans le comté de Durham, vers 1770, par les frères Ch. et Rob. Colling, de Darlington. Depuis lors, elle a été propagée dans presque tous les districts de l'Angleterre, dans l'Irlande, pour y être substituée aux anciennes races ou servir à leur amélioration. Ses caractères extérieurs sont frappants ; ils indiquent de suite la précocité du développement, l'aptitude à prendre la graisse, peu de résistance à la fatigue et beaucoup d'exigence dans le régime. Sa taille est assez élevée ; son corps, large et arrondi, présente beaucoup de profondeur ; ses membres sont courts et grêles. La tête et l'encolure sont fines, les cornes petites et courtes, l'épaule et la jambe droites, la peau mince et souple, le pelage blanchâtre, brun ou pie-brun. — La race de Durham a été introduite en France, en 1821, par les soins du Gouvernement ; plusieurs autres importations ont eu lieu depuis cette époque. L'avenir prouvera si ces opérations économiques ont été heureuses. Il est incontestable que l'on a exagéré, sinon les qualités des Durham, du moins leur utilité pour l'amélioration de nos races indigènes et surtout leur aptitude à produire des améliorations durables. Leur importation a, du moins, eu le mérite de montrer à la France ce que peuvent, pour l'appropriation et l'amélioration des races, la patience unie à l'intelligence de certaines lois de la nature. — La race de Durham est délicate et peu propre au travail ; elle exige une bonne et abondante nourriture et donne rarement beaucoup de lait, quoique l'aptitude à l'engraissement, dans les bœufs, n'exclue pas absolument la faculté lactifère dans les vaches. Mais ces défauts se rachètent, pour les Anglais, par la précocité du développement, l'abondance de la graisse, un volume prédominant des parties recherchées et une forte proportion de viande nette. Ces mérites n'ont pas la même importance pour nous qui faisons travailler beaucoup de nos bœufs et même nos vaches, qui avons une agriculture et des pâturages moins riches, et qui ne soignons pas assez nos animaux. D'ailleurs, l'expérience a été, jusqu'à ce jour, assez peu favorable aux essais de substitution et de croisement, et l'avenir dira quel espoir on peut fonder sur les résultats déjà obtenus.

DURILLON, s. m. ; sorte de calus ou de dureté, produit par des frottements rudes fréquemment répétés, *V.* Cor.

DUVET, s. m., *Lanugo ;* poil fin et court qui croît, principalement en hiver, autour des poils plus gros qui forment le pelage d'un certain nombre de quadrupèdes. C'est ce produit que l'industrie emprunte aux chèvres de Cachemire, Thibet, etc., pour la fabrication de quelques étoffes. — On appelle aussi *duvet* les premières plumes dont se couvre le jeune oiseau. Il ne les perd jamais complétement. Quelques oiseaux, tels que le canard, l'oie, l'eider, etc., en conservent beaucoup; on le recueille chaque année pour la confection des coussins, etc. Le duvet le plus fin est appelé *édredon*. — En *botanique*, on appelle *duvet* un assemblage de poils blancs, soyeux, qui recouvre la face inférieure de beaucoup de feuilles. La surface, ainsi recouverte, est dite *tomenteuse*.

DYME, *dymus*, de δύμι, δύμος, dont le radical est δύο, deux; terminaison adoptée par I. Geoffroy Saint-Hilaire pour les noms génériques des monstres doubles supérieurement et simples inférieurement.

DYNAMIDE, s. m., de δύναμις, force, et εἶδος, forme, ressemblance; nom proposé par Berzélius pour désigner collectivement le calorique, la lumière, l'électricité et le magnétisme; ce mot est donc synonyme de *fluide impondérable*, et indique que ces agents dérivent de la même cause et sont intermédiaires entre les *forces* qui n'ont pas d'existence matérielle et la *matière pondérable* dont ils ne présentent aucun des attributs les plus essentiels.

DYNAMIQUE, s. f., de δύναμις, force; partie de la physique qui traite des forces et de leurs effets; c'est la *mécanique* proprement dite; cependant on réserve ce nom à la partie de la mécanique qui étudie les différents mouvements, celle qui traite de l'équilibre portant celui de *statique*. (*V.* ce mot.)

DYNAMOMÈTRE, s. m., de δύναμις, force, et μέτρον, mesure. Nom des instruments employés à mesurer la force musculaire de l'homme et des animaux. Il en existe aujourd'hui un assez grand nombre; mais celui de Regnier est le plus connu; il se compose d'un ressort d'acier qui, lorsqu'on en rapproche les branches, fait mouvoir un petit levier coudé qui pousse une aiguille sur un cadran divisé en degrés représentant des kilogrammes et des myriagrammes. Cet instrument est parfois employé pour évaluer la force des animaux de travail au moment de la vente.

DYSCINÉSIE, s. f., *Dyscinesia*, de δύς, difficilement, et κινεῖν, mouvoir; difficulté de se mouvoir.

DYSCOILIE, s. f., *Dyscoïlia*; de δύς, difficilement, et κοιλία, selle; constipation.

DYSCRASIE, s. f., *Dyscrasia*, de δύς, difficilement, et κρᾶσις, tempérament; mauvais tempérament.

DYSENTERIE, s. f., *Dysenteria*, de δύς, difficilement, et ἔντερον, intestin; on donne ce nom à l'une des formes de l'entérite, dans laquelle on observe des évacuations fréquentes de matières muqueuses mêlées de stries sanguinolentes et rendues en petite quantité à la fois. Cette maladie est aiguë ou chronique; elle est due aux aliments de mauvaise qualité, aux eaux stagnantes. Souvent elle prend le caractère enzootique. Dans les jeunes chiens, elle est fréquente pendant la maladie du jeune âge. On traite la dysenterie par les antiphlogistiques, les boissons mucilagineuses, les saignées, pendant l'état aigu. L'opium est recommandé contre l'état chronique. Pour les petits animaux, on emploie avec avantage les lavements avec la dissolution d'amidon et la tisane de riz.

DYSESTHÉSIE, s. f., *Dysæsthesia*, de δύς, difficilement et αἴσθησις, sentiment; affaiblissement ou privation totale du sentiment.

DYSLISINE, s. f.; produit résinoïde particulier, résultant de l'ébullition de la bile pure avec l'acide chlorhydrique.

DYSODIE, s. f., *Dysodia*, de δύς, et ὄζω, je sens; émanations fétides du corps.

DYSOPIE, s. f., *Dysopia*, de δύς, et ὤψ, œil; faiblesse de la vue.

DYSOREXIE, s. f., *Dysorexia*, de δύς, et ὄρεξις, appétit; diminution de l'appétit.

DYSPEPSIE, s. f., *Dyspepsia*, de δύς, difficilement, et πέπτω, je digère; difficulté de digérer.

DYSPERMATISME, s. m., ou **DYSPERMASIE**, s. f., de δύς, difficilement, et σπέρμα, sperme; émission lente ou difficile de la liqueur séminale.

DYSPHAGIE, s. f., *Dysphagia*, de δύς, difficilement, et φαγεῖν, manger; difficulté de la déglutition. C'est un symptôme des affections des premières voies digestives ou respiratoires.

DYSPHONIE, s. f., *Dysphonia*; de δύς, difficilement, et φωνή, son; difficulté d'émettre des sons.

DYSPNÉE, s. f., *Dyspnœa*, de δύς, difficilement, et πνέω, respirer; difficulté, brièveté de la respiration.

DYSTOCIE, s. f., *Dystocia*, de δύς, difficilement, et τόκος, accouchement; parturition laborieuse.

DYSURIE, s. f., *Dysuria*, de δύς, difficilement, et οὖρον, urine; difficulté d'uriner; effet de l'inflammation de la vessie et du canal de l'urètre.

E

EAU, s. f., *Aqua*, ὕδωρ, *protoxyde d'hydrogène ;* HO. L'eau est un composé binaire, qui constitue, avec l'air atmosphérique, le corps le plus important de la nature. Elle est formée d'un volume ou un équivalent d'oxygène et de deux volumes ou une proportion d'hydrogène ; ce qui représente en poids 88 , 87 du premier et 11 , 13 du second. Regardée comme un corps simple, jusqu'au milieu du siècle dernier , et placée parmi les éléments de la nature par les philosophes de l'antiquité , l'eau ne fut analysée que dans les dernières années du XVIII° siècle. Entrevue d'abord par Sigaud-Lafont , Cavendisch , Priestley et Watt , la composition de l'eau fut démontrée par Lavoisier au moyen de l'analyse et de la synthèse, vers 1789. L'eau est, de tous les corps, le plus abondamment répandu dans la nature ; elle s'y trouve sous les trois états principaux de la matière : *liquide*, elle forme les mers, les lacs, les étangs , les fleuves , les rivières , etc., et recouvre les $^4/_5$ environ de la surface du globe terrestre ; *solide*, elle existe *constamment* dans les régions polaires et au sommet des hautes montagnes, et *accidentellement* dans les régions tempérées et froides de la terre , où elle forme la *glace*, la *neige*, etc.; *gazeuse*, l'eau existe constamment au sein de l'atmosphère, où elle donne lieu aux différents phénomènes météorologiques qu'on y observe. L'eau à l'état liquide est pure ou chargée d'une proportion plus ou moins grande de corps étrangers ; *pure* , et telle qu'on l'obtient par la distillation ou par la fonte de la neige et de la glace , elle porte le nom d'*eau distillée*, et s'emploie alors dans les laboratoires de chimie et de pharmacie ; chargée d'un demi-gramme à un gramme de substances salines par litre ou kilogr., l'eau peut servir de boisson à l'homme et aux animaux, ainsi qu'aux divers usages de l'économie domestique, et prend le nom d'*eau potable ;* enfin, lorsque les principes salins sont en plus forte proportion , l'eau est appelée *minérale.* — *Propriétés.* L'eau pure est liquide entre 0° et 100⁰, limpide, transparente, incolore en petite masse, d'une teinte verdâtre ou bleuâtre vue en grande quantité , insipide, inodore, d'une densité moyenne entre les corps les plus lourds et les plus légers ; un litre pèse un kilogr. et le centimètre cube à 4⁰,1 gramme, qui sert d'unité de poids ; l'air atmosphérique pèse 770 fois moins que l'eau. Refroidie graduellement, l'eau augmente de densité jusqu'à 4⁰ , puis diminue jusqu'à 0⁰, où elle se congèle dans les circonstances ordinaires ; en se solidifiant, l'eau cristallise comme on le remarque dans la glace et la neige, et augmente de volume avec une force à laquelle rien

ne résiste. Chauffée peu à peu, l'eau se dilate régulièrement jusqu'à 100⁰, où elle entre en ébullition et se réduit en vapeur en absorbant une quantité considérable de chaleur qu'elle rend latente ; en passant à l'état gazeux, l'eau prend un volume 1700 fois plus grand, et présente une force expansive énorme qu'on emploie comme force motrice. L'eau réfracte fortement la lumière, et conduit bien l'électricité quand elle a été légèrement acidulée. La faculté dissolvante de l'eau est le point le plus important de son histoire : les corps *gazeux* s'y dissolvent pour la plupart, et d'autant mieux qu'elle est plus froide et soumise à une pression plus forte ; les *liquides* s'y mélangent, s'ils sont acides ou contiennent un excès d'oxygène ; mais ceux qui sont fortement hydro-carbonés s'y dissolvent incomplètement ou point ; quant aux *solides,* ils s'y dissolvent ou ne s'y dissolvent pas, selon leur nature, et sans qu'il soit possible d'établir aucune règle générale ; on peut dire cependant que les corps solubles dans l'eau forment la grande majorité, et que leur dissolution est d'autant plus facile que la température de l'eau est plus élevée. — *Composition.* La composition de l'eau se démontre par l'analyse et la synthèse ; dans le premier cas, on fait passer l'eau en quantité déterminée sur un corps chaud avide d'oxygène, comme le fer par exemple , on recueille l'hydrogène qui se dégage, on le pèse avec soin, et la proportion d'oxygène se trouve ainsi déterminée par différence. La pile voltaïque fournit un moyen aussi simple qu'ingénieux pour séparer les éléments de l'eau et les doser en volume et même en poids. La *synthèse* de l'eau se fait par deux procédés distincts : le premier consiste à faire détoner dans un eudiomètre ou tout autre appareil approprié, des volumes déterminés de chaque gaz qui entre dans la composition de l'eau ; l'autre procédé, qui appartient à Dulong et Berzélius, consiste à faire passer sur du bioxyde de cuivre chauffé un courant d'hydrogène sec, à recueillir et à peser exactement l'eau qui s'est formée ; la perte de poids de l'oxyde de cuivre indique la proportion d'oxygène, et la différence d'avec l'eau formée, celle de l'hydrogène. Les usages *économiques, industriels, hygiéniques , chimiques, pharmaceutiques et médicinaux* de l'eau sont aussi nombreux qu'importants : mais ils sont généralement trop connus pour qu'il soit utile de les examiner tous ici. — *Pharmacol.* Ce liquide est fréquemment employé pour préparer les médicaments : comme *dissolvant*, pour les administrer , à titre de *véhicule*, pour en faciliter les effets, ou comme *médicament* lui-même. Les effets de l'eau sur l'économie animale sont distingués en *locaux* et *généraux;* les premiers, qui ont lieu sur la peau ou dans le tube digestif, dépendent essentiellement de la *température* de ce liquide; les effets généraux en sont jusqu'à un certain point indépendants, et proviennent surtout de la faculté dissolvante de l'eau. 1° *Effets locaux.* Ces effets varient selon la température de l'eau; ce liquide peut être *froid, tiède* ou *chaud.* L'eau est *froide* à partir de 15°, jusqu'à zéro et au-dessous; elle est *tiède,* de 25° à 35° environ, et *chaude* de 40° à 50°; au-dessus elle ne peut être supportée et devient rubéfiante d'abord, puis vésicante. — A. L'*eau froide,* appliquée sur les tissus, en chasse le sang, décolore leur surface, les crispe et détruit peu à peu leur chaleur et leur sensibilité; si l'application est peu prolongée, elle est suivie d'une réaction très-vive. Introduite dans le tube digestif, l'eau fraîche stimule l'estomac et accélère la digestion; mais si elle est très froide, elle peut déterminer une hémorrhagie intestinale. —B. L'*eau chaude,* appliquée localement, efface d'abord le calibre des capillaires, puis détermine une congestion violente si la température est élevée; des phlyctènes peuvent se produire. Employée en boisson, elle excite primitivement l'estomac et secondairement le débilite radicalement. — C. L'*eau tiède* relâche fortement les tissus par une sorte d'imbibition physique, gonfle la peau, ramollit l'épiderme. Ingérée dans l'estomac, elle peut produire le vomissement et relâcher le tube intestinal; en outre, elle provoque, ainsi que l'eau chaude, la transpiration et la diurèse. — 2° *Effets généraux.* Absorbée rapidement par les veines mésaraïques, l'eau va augmenter la partie aqueuse ou séreuse du sang, et diminuer ses propriétés nutritives et ses qualités stimulantes; employée trop longtemps ou en grande quantité, l'eau attaque les globules du sang, gonfle et dissout leur membrane, et amène bientôt un état anhémique et cachectique des plus marqués. — *Emploi thérapeutique.* A l'extérieur, où elle est le plus souvent employée, l'eau se donne en bains, lavages, lotions, douches, fomentations, fumigations, etc., et sous les trois états qu'elle présente dans la nature. On en fait surtout usage contre la fourbure, les efforts et distensions articulaires, les congestions de la tête, les contusions graves, etc.; alors on l'emploie froide. Les solutions de continuité, les maladies de la peau, en réclament l'emploi journalier. Employée en *irrigation continue* (*V.* ce mot), elle peut produire la guérison rapide de la plupart des solutions de continuité. A l'intérieur, l'eau est employée en boissons, breuvages, lavements, injections, etc., contre les affections du tube digestif, du foie, de la poitrine, des reins, de la vessie, etc. Les effets du vert sur les maladies des herbivores tiennent en grande partie à la nature aqueuse de cette alimentation. Enfin, depuis quelques années, on préco-

nise sous le nom d'*hydrothérapie* (*V.* ce mot) l'emploi de l'eau contre la plupart des maladies.

Eau acidule. Eau chargée d'acide carbonique; elle est naturelle ou artificielle. Inusitée en médecine vétérinaire.

Eau aérée. Eau potable, renfermant la quantité normale d'air; les eaux qui en sont dépourvues en dissolvent par leur exposition à l'air ou par l'agitation.

Eau alcaline gazeuse. Solution de carbonate de soude saturée d'acide carbonique. Inusitée pour les animaux.

Eau d'alibour. ♃ Alun, sulfate de fer, sulfate de zinc, sulfate de cuivre, de chaque, 8 parties; chlorhydrate d'ammoniaque, 4 parties; camphre et safran en poudre, de chaque 1 p. ¹/₂; réduisez en poudre, mêlez et dissolvez-en 30 grammes dans un litre d'eau auquel on a ajouté 100 grammes d'eau-de-vie, et filtrez. Astringente et détersive; usitée sur les solutions de continuité et les yeux.

Eau arsénicale anti-pédiculaire (Clater). ♃ Acide arsénieux, 100 grammes; savon vert 2 kilo.; eau 15 litres. Employée contre les poux des moutons.

Eau d'arquebusade. ♃ Alcool, vinaigre, de chaque 750 grammes; acide sulfurique 150 grammes; sucre ou miel 200 grammes. Préparation résolutive et anti-putride, bonne sur les plaies contuses.

Eau antidartreuse. ♃ Eau de plantain, 250 grammes; carbonate de plomb, alun, de chaque 15 grammes; bichlorure de mercure, 6 grammes; blanc d'œuf, n° 1. Appliquez sur les dartres, après en avoir nettoyé la surface.

Eau antiputride de Beaufort. ♃ Eau, 500 grammes; acide sulfurique, 30 grammes; mêlez.

Eau blanche. Ces mots ont deux acceptions en médecine vétérinaire : dans le premier cas, ils servent à désigner la solution lactescente du sous-acétate de plomb dans l'eau ordinaire, *V.* Acétate ; et dans le second, ils servent à indiquer une boisson alimentaire formée par l'eau et la farine ou le son.

Eau de boule. Dissolution aqueuse de boule de Mars ou de Nancy. *V.* Boule.

Eau camphrée. ♃ Camphre pulv., 4 grammes; eau distillée, 500 grammes; mélangez, laissez macérer et filtrez. Peu usitée.

Eau céleste. ♃ Sulfate de cuivre, 2 grammes; eau distillée, 1 litre; ammoniaque, Q.S.; faites dissoudre le sulfate de cuivre dans l'eau et ajoutez l'ammoniaque jusqu'à dissolution complète du précipité. Collyre irritant et résolutif.

Eau chalybée, *V.* Eau ferrée, rouillée.

Eau de chaux. ♃. Chaux vive, Q. S.; faites-la déliter; ajoutez de l'eau distillée et laissez en repos 24 heures; décantez et conservez dans des bouteilles bouchées; *eau de chaux première.* En versant de nouvelles quantités d'eau, on obtient de l'eau de chaux *seconde* ou *troisième*, etc., un peu moins actives que la première qui contient une petite quantité de potasse. Préparation usitée à l'extérieur et à l'intérieur. *V*. CHAUX.

EAU CHLORÉE. Solution aqueuse de chlore, (*V*. ce mot).

EAU DE CRISTALLISATION. Eau combinée à certains sels et devenue solide comme eux; elle est indispensable à l'existence de quelques combinaisons salines; dans d'autres, elle remplace une certaine proportion de la base; enfin, dans le plus grand nombre, elle ne paraît pas participer aux propriétés chimiques du composé, et peut être chassée par la chaleur, sans que les propriétés essentielles du sel changent. La quantité d'eau de cristallisation est fixe et déterminée pour chaque sel, et son oxygène est un multiple ou un sous-multiple de celui de la base. Lorsque, par une température appropriée, on peut faire changer la proportion d'eau de cristallisation d'un sel, on en change aussi la forme cristalline; souvent aussi, en enlevant l'eau de cristallisation de certaines combinaisons salines, on détruit leur couleur propre; ex.: sulfates de fer et de cuivre.

EAU DE CRÉOSOTE. ♃ Créosote, 1 gramme; eau distillée, 100 grammes; préparation hémostatique et antiputride; peu usitée.

EAU DISTILLÉE. Eau pure provenant de la distillation de l'eau ordinaire ou de la fonte de la glace et de la neige. Elle doit être dépourvue de toute substance saline, de matière organique et même de principes gazeux, à cause de son emploi dans les analyses chimiques. On s'assure de la pureté de l'eau distillée au moyen des réactifs suivants, qui ne doivent donner aucun précipité : *eau de baryte, de chaux, sous-acétate de plomb*, qui indiqueraient la présence de l'acide carbonique; le *chlorure de baryum*, qui précipiterait les sulfates; l'*azotate d'argent*, qui formerait avec les chlorures un précipité insoluble; l'*oxalate d'ammoniaque*, qui décèlerait la présence des sels de chaux; l'*acide sulfhydrique*, qui indiquerait les composés métalliques; le *bichlorure de mercure*, le *chlorure d'or*, et le *sulfate de zinc*, qui précipiteraient les matières organiques. Enfin l'eau distillée ne doit pas laisser de résidu, lorsqu'on l'évapore sur une lame de platine.

EAU DIVINE. Dissolution de *pierre divine* (*V*. ce mot) dans l'eau distillée; usitée comme collyre.

EAU DOUCE. Eau potable (*V*. ce mot). par opposition à l'eau de mer ou aux eaux minérales.

EAU DURE; nom qu'on donne aux eaux de puits qui sont peu aérées, chargées de sels calcaires, qui dissolvent mal le savon et cuisent difficilement les légumes. *V*. EAU POTABLE.

EAU ÉTHÉRÉE. ♃ Éther sulfurique, 10 grammes; eau distillée, 100 gram.; mêlez. placez dans un vase pendant vingt-quatre heures. Antispasmodique.

EAU ÉTHÉRÉE CAMPHRÉE. ♃ Éther 1 part.; camphre, 3 p.; eau 50 part.; dissolvez le camphre dans l'éther et mêlez la teinture à l'eau.

EAU FERRÉE. Elle se prépare en plongeant à plusieurs reprises, dans un vase rempli d'eau, un morceau de fer rougi au feu; elle est noirâtre et renferme en suspension de l'oxyde noir et du carbonate de fer; on la trouve toute préparée dans la boutique du maréchal. Elle se donne à l'intérieur comme boisson tonique.

EAU FORTE, *V*. ACIDE AZOTIQUE.

EAU GAZEUSE. Eau chargée d'acide carbonique. *V*. EAU ACIDULE.

EAU DE GOUDRON. ♃ Goudron, 1 kilog.; eau ordinaire, 10 litres; laissez macérer et remuez de temps en temps avec une spatule en bois; après quelques jours, décantez et donnez à boire. Antiseptique, diurétique, hémostatique, anti-catarrhale. — Trop peu usitée.

EAU DE GOULARD. ♃ Sous-acétate de plomb liquide, 15 gram; eau commune 1 litre; alcool, 60 gram.; mêlez.—Dessiccatif et léger résolutif, employé comme collyre.

EAU DE JAVELLE, *V*. HYPOCHLORITE DE POTASSE.

EAU DE LUCE. ♃ Ammoniaque liquide, 70 gram.; alcool, 5 gram.; huile de succin, 1 décigr.; baume de la Mecque, savon blanc, de chaque 5 centigr.; mêlez ces dernières substances à l'alcool, et versez la teinture qui en résulte dans l'ammoniaque. Employée à l'extérieur sur les plaies envenimées, et à l'intérieur, en dissolution dans l'eau, comme stimulante et alexitère.

EAU MARÉCAGEUSE. Eau des marais, des mares, des étangs, qui est toujours chargée de matières végétales et animales en putréfaction; ce qui est indiqué par sa couleur, son odeur et sa saveur. C'est une boisson insalubre qui peut déterminer des maladies putrides chez les animaux. Si l'on est forcé d'en faire usage, il est indispensable de la désinfecter en la faisant filtrer dans un tonneau contenant du gravier et du charbon de bois concassé.

EAU MERCURIELLE. Solution de proto-azotate de mercure dans l'eau acidulée par l'acide azotique, pour empêcher la formation de sous-nitrate de mercure. Excellent caustique pour le farcin chronique.

EAU-MÈRE. Résidu d'une dissolution saline qui a laissé déposer toutes les substances cristallisables. L'eau-mère évaporée ne doit pas donner de nouveaux cristaux.

EAU DE MER, *Aqua marina*. Eau minérale remplissant le vaste bassin des mers et formant, en outre, sur le continent, un grand nombre de sources *salées*. Cette eau minérale est froide et chargée principalement de *chlorure de sodium*, dont la proportion varie selon la latitude, le climat, les saisons, la profondeur des couches d'eau, etc. L'eau de mer est limpide, incolore en petite quantité, verte ou bleue vue en masse, d'une saveur salée, amère et nauséabonde, d'une odeur désagréable sur le rivage, et qui disparaît en pleine mer; d'une densité variable, mais plus forte que celle de l'eau ordinaire. La composition de l'eau de mer est très complexe et paraît varier selon les régions du globe. Un litre contient en moyenne 1,000 gram. d'eau pure et de 30 à 40 gram. de matières salines fixes. Les sels contenus dans l'eau de mer sont fort nombreux et paraissent varier, sinon en nature, au moins en proportion, selon les latitudes. Les plus abondants et les plus constants sont les suivants : CHLORURES de *sodium*, de *calcium* et de *magnésium*; SULFATES de *chaux*, de *magnésie*, de *soude* et de *potasse*; BICARBONATES de *chaux* et de *magnésie*; IODURES et BROMURES de *sodium* et de *magnésium*; *matière organique*, provenant de la décomposition des êtres qui vivent dans la mer. L'eau de mer, prise comme boisson, produit le vomissement et la purgation; en plus petite quantité, elle agit comme un *fondant* ou *altérant* énergique. Donnée en bains locaux ou généraux, elle produit un effet tonique et antipsorique. Elle est bien rarement employée, sous ces différents rapports, en médecine vétérinaire.

EAU MINÉRALE, *V.* EAUX MINÉRALES.

EAU OXYGÉNÉE, *V.* BIOXYDE D'HYDROGÈNE. On donne aussi ce nom, en pharmacie, à l'eau acidulée par l'acide azotique.

EAU PHAGÉDÉNIQUE. ♃ Bichlorure de mercure, 40 centigrammes; eau de chaux, 125 grammes. Dissolvez le sublimé corrosif dans un peu d'eau distillée, mêlez à l'eau de chaux, agitez et conservez pour l'usage. Employée comme léger escharotique sur les ulcères farcineux, morveux, sur les dartres rongeantes, etc. Il est indispensable de remuer le mélange avant de s'en servir.

EAU DE PLUIE; eau à peu près aussi pure que l'eau distillée, et provenant de la condensation de la vapeur vésiculaire des nuages. Celle qui tombe en premier lieu n'est pas très pure, parce qu'elle entraine avec elle les corpuscules qui voltigent dans l'air, les émanations diverses de la terre, les principes ammoniacaux, etc. La pluie d'orage renferme un peu d'acide azotique libre ou combiné, d'après les recherches de Liébig. Quand on recueille cette eau pour servir aux préparations pharmaceutiques, comme cela arrive aux vétérinaires qui n'ont pas d'alambic à leur disposition, on doit la recevoir dans des vases larges et au milieu d'une pluie abondante, mais non orageuse.

EAU POTABLE, de *potus*, boisson; eau assez pure pour servir de boisson à l'homme et aux animaux; elle ne doit pas renfermer plus d'un demi gramme à un gramme de substances salines par litre ou kilogramme; elle doit être claire, limpide, fraîche, fortement aérée, dépourvue d'odeur et de saveur spéciales, dissoudre le savon sans le décomposer, cuire aisément les légumes, contenir de l'acide carbonique libre, du bicarbonate de chaux, etc., *V.* EAU.

EAU DE PUITS. Cette eau, qui a séjourné plus ou moins longtemps au sein de la terre ou qui en a traversé un certain nombre de couches, est toujours chargée d'une forte proportion de substances salines, principalement de sulfate de chaux, de chlorures de calcium et de magnésium, qui la rendent dure, lourde à la digestion, impropre à cuire les légumes, à dissoudre le savon, à nettoyer le linge, etc., défauts exagérés encore par l'absence d'air en dissolution. Aussi, est-il convenable de laisser séjourner cette eau à l'air avant de la donner à boire aux animaux, afin qu'une partie des sels calcaires se déposent et qu'un peu d'air atmosphérique se dissolve.

EAU DE RABEL. *Acide sulfurique alcoolisé ou dulcifié.* ♃ Alcool, trois parties; acide sulfurique, une partie. Versez peu à peu l'acide sulfurique sur l'alcool, agitez et placez dans un flacon après refroidissement complet du mélange. Cette préparation, étendue d'eau jusqu'à acidité supportable, se donne à l'intérieur comme boisson astringente et antiputride, dans la diarrhée séreuse, les affections charbonneuses et typhoïdes, ainsi que dans le pissement de sang des ruminants. A l'extérieur, on l'emploie concentrée ou étendue contre certaines plaies rebelles, contre les hémorrhagies, contre quelques ulcères ou caries, comme le piétin, le crapaud, le mal de garrot, le javart, etc.

EAU RÉGALE. Mélange à proportions variables d'acide azotique et d'acide chlorhydrique, ainsi nommé à cause de sa propriété de dissoudre l'or, appelé par les alchimistes le *roi* des métaux. Les proportions les plus ordinaires de ce mélange sont d'une partie d'acide azotique et de trois ou quatre parties d'acide chlorhydrique. L'eau régale est employée dans les laboratoires à de nombreux usages, surtout dans l'analyse des métaux et dans la préparation de leurs composés, *V.* ACIDE CHLORAZOTIQUE.

EAU DE RIVIÈRE. Elle est bonne comme boisson et pour la plupart des usages auxquels l'eau est employée. Elle est peu chargée de sels et tient toujours en dissolution une forte proportion d'air et d'acide carbonique.

EAU DE RIZ; nom donné à la décoction de riz (*V.* ce mot).

EAU SATURNINE; solution aqueuse d'acétate neutre de plomb.

EAU SÉDATIVE (Raspail). ♃ Ammoniaque liquide, cent parties; alcool camphré, dix parties; sel marin, soixante parties; eau commune, mille parties ou un litre; faites dissoudre le sel dans l'eau et mêlez le tout à froid. Excitante et résolutive, en frictions sur des points contus, sur les piqûres des insectes ou des reptiles; se donne aussi à l'intérieur, étendue d'eau, comme stimulante, antiputride et alexitère.

EAU SECONDE. Celle des anciens chimistes était formée d'acide azotique étendu; celle des peintres est une dissolution de carbonate de potasse dans trois parties d'eau.

EAU DE SOURCE. Elle est toujours fraîche, contient peu d'air et d'acide carbonique, et des proportions très variables de sels; elle en est parfois aussi chargée que l'eau de puits. Il faut éviter d'en abreuver les animaux à sa sortie de la source, surtout lorsqu'ils sont en sueur, sa température étant toujours bien inférieure à celle de l'air, notamment pendant l'été.

EAU ROUILLÉE ; eau qui a séjourné sur des morceaux de fer rouillés ; elle tient en suspension de l'hydrate de peroxyde de fer, et se donne aux animaux comme boisson tonique.

EAU VÉGÉTO-MINÉRALE , *V.* EAU de GOULARD.

EAU-DE-VIE. On appelle ainsi le produit de la distillation du vin et des liqueurs spiritueuses. Chimiquement, l'eau-de-vie est de l'alcool faible ; cependant, indépendamment de l'eau et du principe spiritueux, l'eau-de-vie contient une huile volatile qui lui donne parfois une odeur spéciale, comme dans le *kirsch*, le *rhum*, etc., et enfin elle renferme toujours un peu d'acide tannique qu'elle doit aux tonneaux en bois où elle séjourne ; c'est le tannin qui lui communique sa couleur spéciale et lui donne la propriété de colorer les sels de fer en noir. Dans le commerce, on substitue souvent à l'eau-de-vie naturelle une liqueur factice formée d'alcool étendu d'eau, et colorée par le sirop de caramel. L'eau-de-vie de bonne qualité doit marquer de 16 à 22° à l'aréomètre de Baumé ou de 40° à 45° à l'alcoomètre centésimal de Gay-Lussac. Les usages pharmaceutiques et médicinaux de l'eau-de-vie sont les mêmes que ceux de l'alcool, *V.* ce mot et ALCOOLIQUE.

EAU - DE - VIE ALLEMANDE ; préparation purgative des plus énergiques. ♃ Racine de jalap, 250 grammes ; racine de turbith , 30 grammes ; scammonée , 60 grammes ; eau-de-vie , 3,000 grammes. Laissez macérer pendant quinze jours et passez avec expression.

EAU - DE-VIE CAMPHRÉE , *V.* ALCOOL CAMPHRÉ.

EAUX DISTILLÉES. — *Hydrolats.* On désigne sous ce nom, en pharmacie, de l'eau chargée des principes volatils des plantes au moyen de la distillation. Les principes essentiels dissous dans l'eau communiquent à ce liquide l'odeur et les propriétés médicinales des plantes soumises à son action. Les parties végétales qu'on distille sont les fleurs, les feuilles, les écorces, les semences , les tiges, les racines , etc. L'opération a lieu dans l'alambic ordinaire, auquel on a ajouté un *diaphragme* où on dépose les parties soumises à la distillation ; cette pièce de l'alambic, placée entre la cucurbite et le chapiteau, laisse passer la vapeur d'eau par son fond qui est percé de trous, et cette vapeur, traversant les plantes, entraîne avec elle les principes volatils qu'elles contiennent. Ces préparations sont inusitées en médecine vété-

rinaire; leur faible activité, en général , et leur grande altérabilité les rendent peu dignes d'être employées, d'autant plus qu'une simple infusion de la plante active peut parfaitement tenir lieu de son eau distillée.

EAUX MINÉRALES. On nomme ainsi , des eaux de source chargées d'une certaine quantité de principes fixes ou volatils, qui les rendent impropres à servir de boisson à l'homme et aux animaux , mais qui leur donnent des propriétés médicinales précieuses. A leur sortie du sein de la terre , ces eaux ont une température plus ou moins élevée qui les fait distinguer en *eaux thermales* et en *eaux froides.* Leur composition chimique est extrêmement variable et le plus souvent fort complexe. Les corps qu'on y rencontre le plus fréquemment sont : parmi les *métalloïdes*, l'oxygène, l'azote, le carbone, le soufre , l'arsenic , le chlore , l'iode , le brôme, etc., et parmi les *métaux*, le potassium , le sodium, le magnésium, le calcium, le fer , etc. Ces corps sont associés de diverses manières et forment des composés binaires, ternaires, quaternaires , etc. Enfin , un assez grand nombre d'eaux minérales contiennent, en outre, une matière organique particulière. Les eaux minérales proviennent de la filtration des eaux pluviales à travers les fissures du globe ; elles dissolvent, pendant cette espèce de lixiviation, les divers éléments inorganiques et quelques principes organiques contenus dans les couches du globe; arrivées dans les profondeurs de la terre, elles s'y chargent encore d'autres principes en raison de la pression à laquelle elles sont soumises, et acquièrent souvent une température élevée qu'elles possèdent encore à leur arrivée sur la surface du sol. Les eaux minérales ont été diversement classées par les médecins; cependant, en prenant pour base leur composition chimique généralement bien connue aujourd'hui, on est arrivé à en faire cinq groupes distincts d'après la nature de leur principe prédominant: 1° *Eaux sulfureuses ;* elles ont une forte odeur d'œufs pourris, sont généralement chaudes, et contiennent de l'acide sulfhydrique, des sulfhydrates alcalins et de la *barégine* (*V.* ce mot). Elles sont stimulantes , diaphorétiques , et conviennent contre les affections lymphatiques, muqueuses , cutanées, etc. ; 2° *Eaux alcalines;* elles sont parfois gazeuses par un excès d'acide carbonique libre. Leur saveur est alcaline et urineuse ; elles renferment principalement du bicarbonate de soude. Ces eaux sont fondantes et diurétiques, et conviennent dans les engorgements parenchymateux, les affections de l'estomac, celles des reins et de la vessie , etc. ; 3° *Eaux acidules;* elles moussent et pétillent par l'agitation, et présentent une saveur aigrelette. Ces caractères sont dus à la présence d'une grande quantité d'acide carbonique libre que ces eaux tiennent en dissolution; elles peuvent, du reste, contenir

en outre divers principes salins. Elles stimulent le tube digestif et l'appareil hépatique ;
4° *Eaux salines ;* ces eaux sont chargées
d'un grand nombre de principes salins, et
notamment de sulfate de soude, de chlorures
de sodium, de magnésium, de calcium, etc.
Les propriétés thérapeutiques de ces eaux
varient nécessairement selon leur composition ;
plusieurs sont purgatives : l'eau de mer rentre dans cette catégorie ; 5° *Eaux ferrugineuses ;* ce sont les eaux minérales les plus
communes ; elles déposent de l'ocre dans les
bassins, noircissent par la teinture de noix
de galle et bleuissent avec le ferrocyanate de
potasse. Le fer qu'elles contiennent est à l'é-
tat de bicarbonate ou de sulfate de protoxyde, qui s'altèrent rapidement à l'air.
Les eaux ferrugineuses sont toniques et re-
constituantes. — *Emploi thérapeutique des
eaux minérales.* Autant ces eaux forment
une ressource puissante pour la médecine
humaine, autant elles sont négligées dans
celle des animaux, par des raisons qu'il
est à peine besoin d'indiquer : les animaux
domestiques, représentant individuellement
de faibles valeurs, sont rarement assez précieux pour qu'on les conduise dans les localités où existent des sources d'eaux minérales. Cette question d'économie ne prouve
rien, du reste, contre l'efficacité des eaux
minérales dans les maladies des animaux ;
des faits bien observés, autant que l'analogie,
démontrent le contraire. Dans les contrées
qui possèdent des eaux de cette nature, les
vétérinaires pourraient y trouver parfois une
ressource précieuse pour la guérison de certaines maladies rebelles. Ce que nous venons
de dire des eaux minérales naturelles peut se
répéter des eaux *minérales artificielles*, dont
la fabrication prend de plus en plus d'extension, mais dont le prix trop élevé encore ne
peut s'adapter à notre médecine économique.
Cependant, si un jour les vétérinaires font
usage des eaux minérales, ce sera plutôt de
celles-ci que de celles-là.

EAUX DE L'AMNIOS ; liquide émanant du
sac amniotique, s'écoulant au moment de
l'accouchement, lors de la rupture de la
poche des eaux, qui a lieu avant la sortie
du fœtus. Les eaux de l'amnios sont mélangées avec celles de l'allantoïde.

EAUX AUX JAMBES ; maladie qui a son
siége sur la peau de la partie inférieure des
membres des solipèdes, et qui est caractérisée
par le suintement d'une matière aqueuse,
tombant par gouttelettes fixées à l'extrémité des
poils. — Synonymie : *phymatose* (Vatel), *grease*
des Anglais, *mauvaises eaux, eaux puan-
tes,* etc. ; *crapaudine*, quand elle est bornée
à la couronne. Cette maladie est particulière
au cheval, rare chez l'âne et le mulet ; on
n'en connaît pas d'exemples bien avérés dans
les autres animaux domestiques. Depuis l'excellent mémoire publié par Huzard père en
1784, on n'a fait aucun progrès marqué dans
l'étude de cette affection. Sa nature est en-

core à déterminer. Huzard la considérait
comme une maladie cutanée, contagieuse,
souvent chronique. D'après Vatel, c'est une
inflammation de la peau, souvent compliquée d'excroissances, de végétations charnues.
Dupuy l'a regardée comme une inflammation ulcéreuse des glandes et des follicules
muqueux de la peau. Pour Girard, c'est une
affection cutanée érysipélateuse, fréquemment chronique. Enfin, Hurtrel en fait une
maladie locale, consistant dans une lésion des
bulbes des poils. — Certains chevaux sont,
plus que bien d'autres, prédisposés aux eaux
aux jambes ; ce sont ceux de race commune,
d'un tempérament lymphatique, à pieds plats,
à membres chargés de poils, ceux de quelques races du nord de la France, élevés dans
des pays marécageux. Le séjour prolongé à
l'écurie, l'humidité, le lavage fréquent des
extrémités à l'eau froide, les vapeurs irritantes, l'action des boues âcres, du fumier, sont
les causes occasionnelles. Commune pendant
l'hiver, rare pendant l'été, cette maladie est
fréquente dans les grandes villes ; elle est en
quelque sorte enzootique à Paris. Elle disparait par l'émigration dans les pays secs,
dans le midi. La transmission par hérédité et
par contagion n'est pas prouvée. L'affection est
constitutionnelle ou *accidentelle*. On observe
trois degrés dans la succession des symptô-
mes : 1er *degré ;* au début, les membres sont
affectés d'un engorgement qui se dissipe par
le travail : les poils sont hérissés sur une ou
plusieurs extrémités. Plus tard, on observe
un suintement d'un fluide séreux, limpide,
d'une odeur fétide, qui se condense en gouttelettes à l'extrémité de chaque poil. 2e *degré ;*
engorgement considérable jusqu'aux jarrets
ou aux genoux : la douleur est plus vive :
l'animal boite ; l'humeur sécrétée s'épaissit ;
la corne du sabot se ramollit, se détache vers
le biseau ; les poils fortement hérissés tombent par places ; la peau est parsemée d'ulcères ou de crevasses. 3e *degré ;* une suppuration grise, verdâtre, corrosive, très fétide, se
manifeste à distance, et provoque le larmoiement. Des excroissances irrégulières, qu'on
appelle *grappes, poireaux,* se développent à
la surface de la peau. Le moindre contact
provoque une hémorrhagie ; la douleur est
excessive pendant la marche ; la corne, les
cartilages du pied, les parties osseuses s'altèrent profondément ; on voit l'animal tomber dans le marasme et périr. — La durée
de cette maladie est variable suivant les
tempéraments, les saisons, les dispositions
individuelles. En moyenne, elle dure de six
à neuf mois. Le pronostic des eaux aux jambes est fâcheux ; on a essayé une foule de
moyens curatifs ; chaque praticien préconise
des remèdes spéciaux, qui échouent presque
toujours. — Il serait difficile d'assigner des
moyens préservatifs autres que l'observation
des règles de l'hygiène, l'éloignement des
causes réputées occasionnelles ; car la maladie
se développe assez souvent sans cause con-

une. Au début, les antiphlogistiques donnent quelques succès. Plus tard, quand la maladie est apparente, on retire quelques bons effets de la pommade de Rodier, composée de sous-acétate de cuivre, une partie, sur quatre d'axonge, avec addition d'une quantité suffisante de miel. Dans les eaux anciennes, Schaak recommande l'emploi de la poudre de Dubois ; c'est, en effet, un remède qui guérit souvent. Cette poudre est composée d'acide arsénieux, 4 grammes ; sang-dragon pulv., 45 ; bi-sulfure de mercure, 32 ; on la délaye dans l'eau pour former une pâte qu'on étend à l'aide d'un pinceau sur les parties malades. La liqueur de Villatte, le bain arsénical de Tessier, la dissolution d'acétate de cuivre, etc., ont été également recommandés. En même temps qu'on procède à l'application de ces topiques, il faut produire une dérivation sur les principaux organes sécréteurs, sur la peau, les reins, le canal intestinal. On enlève les grappes ou excroissances charnues avec le bistouri ; ensuite on en cautérise la base. Quand les eaux aux jambes sont invétérées, l'on n'a pas d'espoir de guérison ; il faut se borner à des soins de propreté, par l'emploi de quelques lotions savonneuses, et à l'application des toniques astringents.—On a considéré les eaux aux jambes comme la source du *cowpox*. Jenner a regardé la vaccine de la vache comme transmise par des hommes qui avaient pansé des chevaux atteints d'eaux aux jambes. Les expériences nombreuses tentées dans le but d'éclaircir cette question, donnent des résultats contradictoires. Des essais faits à l'hospice de la Charité de Lyon prouveraient que la matière des eaux aux jambes ne peut produire la vaccine. Il est probable que l'expérience finira par sanctionner ce dernier résultat.

· **ÉBÉNACÉES**, s. f., *Ebenaceæ* ; famille de plantes dicotylédones, monopétales, hypogynes. Elle se compose d'arbres et d'arbrisseaux habitant l'Inde et quelques contrées du midi de l'Europe. La plupart des plantes de cette famille ont un bois dur et coloré, une écorce qui jouit de propriétés toniques et fébrifuges. C'est l'une d'elles, le *Diospyros ebenum*, qui fournit l'ébène. Genres ; *Plaqueminier*, *Cavanilla*, etc.

ÉBÉNIER. *V.* Plaqueminier. — **Ébénier** (faux). *V.* Cytise.

ÉBOURGEONNEMENT, s. m. ; T. de jard. ; opération qui consiste à retrancher une partie des bourgeons, pendant la période de végétation, dans le but de régler la pousse de l'arbre et de déterminer la position des branches, de faire reporter sur les bourgeons réservés ou sur les fruits la sève en circulation, ou, enfin, pour donner aux fruits, lorsque les arbres en sont chargés, plus d'air et de lumière. L'ébourgeonnement se pratique dès le mois de mai et par un temps serein. Cette opération doit être distinguée de l'*éborgnage* qui consiste à supprimer totalement le bourgeon pendant la période de repos.

ÉBRANCHEMENT, s. m. ; action de couper, d'élaguer les branches d'un arbre, pour le faire croître en hauteur, pour lui donner une forme particulière, diriger sa pousse ou le débarrasser de branches excédantes.

ÉBRACTÉE, ÉE, adj., *ebracteatus* ; dépourvu de bractées.

ÉBROUEMENT, s. m. ; phénomène analogue à l'éternuement qu'on observe dans l'homme. C'est une expiration forte et brusque, provoquée par une irritation ou titillation de la muqueuse nasale. L'ébrouement est un signe précurseur du coryza, de la bronchite, de la maladie des chiens. Vers le déclin des maladies, il annonce le retour des forces vitales dans l'appareil respiratoire.

ÉBULLITION, s. f. *Ebullitio*, de *ebullire*, bouillonner. On donne ce nom au mouvement tumultueux qui s'établit dans la masse d'un liquide qu'on chauffe assez fortement, par sa *partie inférieure*, pour le réduire en vapeur. Ce mouvement intestin ne se produit plus, quand on chauffe le liquide par sa surface supérieure. Le mécanisme de l'ébullition est fort simple, et l'on peut l'observer dans toutes ses phases, en faisant bouillir un liquide dans un ballon de verre ; si le liquide est aéré, comme l'eau potable par exemple, on voit d'abord une foule de petites bulles gazeuses se dégager le long des parois du vase, s'élever et venir crever à la surface du liquide en produisant un bruit léger appelé *frémissement* ; puis, lorsque la température est assez élevée, il se forme sur la paroi chauffée des bulles de vapeur, qui grossissent peu à peu et s'élèvent comme de petits ballons en traversant la masse liquide ; cette ascension des globules de vapeur est la cause de ce mouvement tumultueux qui accompagne le phénomène de l'ébullition ; souvent même, il est trop prononcé, s'accompagne d'accidents qu'on appelle des *soubresauts*, et qu'on observe surtout dans les liquides visqueux, dans les vases à fond plat, etc. On y remédie jusqu'à un certain point en plaçant dans le liquide une spirale en platine, en déposant des fragments de verre dans le fond du vase, etc. Tous les liquides, sous la pression ordinaire de l'atmosphère, bouillent à des températures différentes, mais fixes pour chacun d'eux ; depuis l'acide sulfureux liquide, qui entre en ébullition à 40°, jusqu'au mercure, qui bout à 350°, on trouve beaucoup d'intermédiaires, comme l'eau qui bout à 100°, l'alcool à 79°, l'éther sulfurique à 36°, le chloroforme à 60°, etc. Quoique chaque liquide éprouve le phénomène de l'ébullition à une température déterminée, il est certaines circonstances qui peuvent la faire varier ; parmi ces circonstances se trouvent la *pression*, la *nature* du liquide, la *forme* du vase, la *matière* qui en constitue les parois, etc. La pression supportée est évidemment la circonstance qui influe le plus sur le point d'ébullition des liquides ; en effet, pour que ce phénomène ait lieu, il est nécessaire que la tension de la vapeur qui se forme puisse vaincre la pression atmosphérique ; d'après ce principe, il est en quelque sorte indifférent, pour faire bouillir un liquide, ou d'augmenter la tension de sa vapeur par la chaleur, ou de diminuer la pression qui pèse sur ce liquide ; voilà pourquoi les liquides bouillent si facilement sur les hautes montagnes, et entrent en ébullition sous le plateau de la machine pneumatique à la température ordinaire. Par une pression artificielle, comme dans le digesteur de Papin, on pourrait retarder en quelque sorte indéfiniment l'ébullition des liquides, malgré l'élévation croissante de la température, si la faible résistance des parois du vase ne s'y opposait. La densité, et surtout la viscosité des liquides ont beaucoup d'influence sur leur degré d'ébullition ; les huiles, l'acide sulfurique, les solutions salines, bouillent difficilement à cause de leur viscosité ; au contraire, l'eau, l'alcool, l'éther entrent facilement en ébullition, parce qu'ils sont *limpides*. La forme et la nature des vases a aussi beaucoup d'influence ; les vases profonds retardent l'ébullition, parce qu'ils augmentent la pression ; ceux qui sont larges et plats la facilitent ; les vases métalliques, d'après Gay-Lussac, accélèrent l'ébullition, tandis que ceux de terre ou de verre la retardent. Les divers liquides exigent des quantités très différentes de chaleur pour bouillir ; mais ils présentent, à l'égard de ce phénomène, une particularité remarquable, savoir, que, pendant l'ébullition, la température n'augmente pas, et que toutes les acquisitions successives de chaleur sont entièrement employées à vaporiser le liquide, mais non à l'échauffer davantage.—*Pathol.* ÉBULLITION, synonyme d'*échauboulure*, (*V.* ce mot).

ÉBURNÉ, ÉE, adj. ; qui ressemble à l'ivoire ; qui est de la nature de l'ivoire. — *Substance éburnée des dents*, *V.* IVOIRE. — *Exostose éburnée* : exostose formée d'une substance compacte, analogue à l'ivoire.

ÉCAILLES, s. f., *Squamæ;* petites plaques solides, le plus souvent imbriquées, qui recouvrent le corps de la plupart des poissons et des reptiles. — Nom donné à certaines coquilles bivalves, ex.: *écaille d'huitre.* — Substance de nature cornée recouvrant la carapace des tortues. — *Pathol.;* petites plaques épidermiques qui rendent la peau rugueuse dans certaines maladies cutanées, telles que les dartres, l'éléphantiasis, etc. — *Bot.* Organes foliacés, membraneux, souvent secs et coriaces, quelquefois colorés, qui protégent les bourgeons, entourent la fleur ou la tige dans beaucoup de végétaux. Le calice, dans quelques Composées, les enveloppes florales, dans les Graminées, les Conifères, et généralement les plantes à chatons ou à cônes, ne sont que des écailles. Ce sont aussi des écailles que portent, au lieu de feuilles, les tiges de l'Orobanche et de plusieurs autres

parasites. Ces organes sont quelquefois des feuilles transformées, ou mieux, avortées. Ils sont presque toujours entiers, mais souvent épineux ou mucronés.

ÉCAILLEUX, EUSE, adj., *squamosus;* recouvert d'écailles.

ÉCARRISSAGE, s. m.; action de dépecer les cadavres des animaux dont la chair ne doit pas être consommée par l'homme, pour en utiliser les diverses parties. L'écarrissage est pratiqué en grand à Paris et dans la plupart des villes un peu considérables de France. Il offre l'avantage de faire disparaitre des matières que la putréfaction rendrait bientôt dangereuses pour la santé publique, et de les transformer en produits utiles. Un *clos d'écarrissage* est un établissement nécessaire à la salubrité et favorable à un assez grand nombre d'industries. Convenablement exploité, le cadavre d'un cheval, vendu dans les campagnes et même dans les villes, de 5 à 10 francs, donne en moyenne 70 francs. Une vache donne 60 francs. On ne doit point s'étonner de ce résultat, si l'on songe que l'écarrisseur tire parti de tous les organes. La peau est tannée, la corne rapée ou travaillée ; les crins servent à faire des coussins ; avec les os, on fabrique de la gélatine, des manches d'instruments ou divers autres produits ; la graisse est fondue pour le graissage des machines, la chair donnée aux porcs ou transformée en un puissant engrais ; les tendons sont réduits en colle forte ; le sang est desséché pour la clarification des sirops ou pour la préparation du noir animalisé ; les viscères et autres issues servent à l'éclosion des larves employées à la nourriture des volailles ; enfin, on retire des membres et des pieds une graisse fluide très onctueuse. — Un clos d'écarrissage bien organisé se compose, en général : 1° d'un hangar pour l'abattage des chevaux vivants ; 2° de compartiments renfermant les chaudières d'ébullition, les fondoirs pour la graisse, des emplacements dallés pour recevoir les détritus ; 3° d'un service hydraulique et de vapeur : 4° de hangars pour l'entrepôt des produits après leur séparation. — La chimie a, dans ces derniers temps, tellement perfectionné les procédés de l'écarrissage qu'elle a ôté à cette industrie presque tout ce que le voisinage des clos avait d'incommode ; cependant, la loi les a maintenus dans la première classe des établissements insalubres. C'est qu'il est difficile, en effet, d'établir et de conserver une exploitation complète sur une échelle assez large. L'écarrissage n'est point nuisible à ceux qui le pratiquent, aux personnes qui vivent au milieu des miasmes qui s'échappent des chantiers ; l'opinion contraire a été victorieusement combattue par Parent-Duchatelet, d'Arcet, Payen, etc. Les exhalaisons qui prennent naissance dans les clos ne sont pas non plus nuisibles à la végétation. La multiplication des rats, leur émigration dans les lieux environnants ;

est un danger plus réel. — Quant aux inconvénients qui peuvent résulter, pour le voisinage, de la vue des cadavres ou des débris, de l'abattage des animaux vivants, etc., ils peuvent être facilement évités.

ÉCART, s. m.; maladie de l'articulation de l'épaule du cheval, accompagnée de boiterie; on lui a donné ce nom parce qu'on a supposé qu'elle était due à un écartement exagéré des rayons supérieurs du membre de devant. On donne généralement le nom d'*écart* à toute boiterie de l'épaule, quelle qu'en soit la cause. Synonymie: *effort d'épaule*, *entr'ouverture*, *faux écart*. La boiterie de l'épaule résulte le plus souvent de la distension du ligament capsulaire et des tendons qui sont en contact avec lui. — Les causes de l'écart sont les glissades, les faux pas, les chutes, les contusions, les efforts de l'animal pour retirer le pied engagé dans un obstacle qui le retient. — Dans l'état aigu, la locomotion est difficile; l'animal boite; il ne peut fléchir sans douleur les articulations supérieures; l'instinct l'excite à les porter en avant, suivant une ligne courbe; on dit qu'il *fauche*. Si l'on explore les muscles de l'épaule, la pression des doigts cause une souffrance marquée. Après un exercice prolongé, l'intensité de la claudication diminue d'une manière évidente; mais elle devient plus prononcée après le repos qui succède à cet exercice. Dans l'écart chronique, la douleur est moins apparente; l'appui sur le sol est plus facile. C'est à cette variété qu'il faut attribuer la plupart des boiteries ou claudications de vieux mal, que l'on distingue en *permanentes* ou *continues*, et *intermittentes*. — Souvent, le diagnostic de l'écart est difficile à établir; on peut se tromper dans le cas de maladie naviculaire et pour le plus grand nombre des boiteries qui ne sont pas dues à une lésion apparente. Lorsqu'on ne peut établir, sous ce rapport, un diagnostic certain, c'est toujours l'épaule qu'on regarde comme étant le siège de la douleur; il en résulte que, fort souvent, cette partie des extrémités antérieures est médicamentée, quand le mal réside sur une autre région. — On a conseillé bien des moyens de traitement, qui n'ont qu'une efficacité inconstante, ce qui tient aux erreurs de diagnostic. Contre l'écart récent, on emploie avec avantage les douches froides ou chaudes, la saignée à la veine de l'ars, les lotions émollientes, les frictions avec les huiles essentielles. Si la boiterie est chronique, il faut avoir recours à des prescriptions plus énergiques, et surtout à l'application des révulsifs. Les frictions avec la teinture de cantharides ou le liniment ammoniacal double, les vésicatoires volants, réussissent fréquemment à faire disparaître la douleur que l'animal éprouvait pendant la marche. Lorsqu'on échoue avec ces médications, le séton à rouelle ou à l'anglaise, le séton ordinaire sur la face antérieure de l'épaule, sont re-

commandés. Dans le cas d'un second insuccès, le séton monstre, dit à la Gaullet, permet d'obtenir une dérivation énergique; ce séton part de la région supérieure et antérieure de l'épaule, pour se diriger contre le poitrail et revenir en arrière vers la partie supérieure et postérieure, au niveau du point de départ. Ce moyen a l'inconvénient de produire quelquefois la mort par le développement de la gangrène traumatique. Il est prudent de se borner à l'appliquer seulement sur la face antérieure de la région malade. Dans les cas désespérés, on emploie le trochisque de sublimé-corrosif ou la cautérisation inhérente sous-cutanée, dite *napolitaine*. — On donne aussi le nom d'*écart* à l'entorse de l'articulation coxo-fémorale, *V.* Entorse. — *T. de man.*, saut de côté par lequel un cheval cherche à s'éloigner de l'objet qui l'effraie. Les chevaux que l'on qualifie d'ombrageux y sont beaucoup plus sujets que les autres. Ils exigent du cavalier inexpérimenté qui les monte une attention soutenue.

ECCATHARTIQUE, adj.; *eccatharticus*, de εκ, hors, et καθαρτικος, purgatif; purgatif qui pousse les humeurs au-dehors; synonyme de *cathartique* et même de *sudorifique*, d'après Galien.

ECCHYMOSE, s. f.; *Ecchymosis*; de εκ, hors et χυμος, suc; de εκχυω, je verse au dehors; extravasation du sang dans le tissu des organes, résultat d'une cause violente qui a produit la rupture de quelques vaisseaux capillaires, ou d'une altération du sang. Le froissement, la contusion, la succion déterminent les ecchymoses sous-cutanées. Les contractions violentes des muscles, les ruptures des tendons, font développer des extravasations sanguines des parties profondes. Dans la morve aiguë, les affections du cœur, dans quelques maladies thyphoïdes, on trouve sur le cadavre des ecchymoses de divers organes. L'ecchymose est un des caractères de la contusion; elle est apparente seulement sur les animaux à robe claire. Elle disparaît petit à petit, à mesure que le sang extravasé est absorbé; la matière colorante part la première; vers la fin de la résolution, il ne reste plus qu'une tache jaunâtre.

ECCOPÉE, s. f., de εκκοπη, entaille, de κοπτω, je coupe; fracture d'un os plat; division faite par un instrument tranchant, qui a agi en dédolant sans produire une perte de substance.

ECCOPROTIQUE, adj., *eccoproticus*, de εκ, hors, et κοπρος, excrément; synonyme de *laxatif* (*V.* ce mot).

ÉCHALAS, s. m.; perche ou bâton de hauteur variable, principalement destiné à soutenir les tiges de la vigne. C'est, à proprement parler, un tuteur. La question de l'origine et de la nature du bois qui fournit les échalas n'est point indifférente pour les propriétaires de vignes, car c'est un mobilier dont le renouvellement peut coûter cher. On doit donc les rechercher en bois dur, ayant crû dans un lieu sec , et provenant de quartiers fendus plutôt que de taillis ou rondins.

ÉCHALOTE, s. f. , *Allium ascalonicum* . L. ; plante du genre Ail, cultivée pour ses bulbes employés comme assaisonnants dans l'économie domestique.

ÉCHANCRÉ,ÉE,adj., *emarginatus;* pourvu d'une ou de plusieurs échancrures.

ÉCHANCRURE , s. f. , *Incisura , emarginatura ;* sinus arrondi occupant le sommet ou la base d'une surface plane , et n'atteignant jamais la moitié de son étendue. Les pétales , les feuilles , etc. , sont souvent échancrés. — Les os plats présentent aussi quelquefois des échancrures.

ÉCHARDONNAGE , s. m. ; opération qui consiste à couper ou arracher les plantes désignées vulgairement sous le nom de chardons. Les terres à froment ou terres fortes, les champs de blé, de légumineuses, sont particulièrement sujets à être infestés par les chardons ; le plus commun est, sans contredit, la Sarrette des champs ou chardon hémorroïdal, *Serratula arvensis.* On peut citer encore le chardon penché, *C. nutans*, le chardon crispé, *C. crispus* , la carline vulgaire , *Carlina vulgaris;* mais ces dernières espèces se multiplient beaucoup moins que la première. Au reste, l'expression d'*échardonnage* est générique et doit embrasser toutes les parasites agricoles nuisibles aux récoltes. L'échardonnage est une opération importante qu'un cultivateur intelligent et soigneux ne néglige jamais. Elle doit, pour être efficace, se pratiquer au moment où les chardons ne sont pas encore en fleur et ne peuvent plus repousser du pied, et s'étendre à la plus grande surface possible. L'échardonnage se fait : 1° en arrachant les plantes avec la main recouverte d'un gant ou avec une espèce de pince en bois appelée *mouette;* 2° en coupant la racine avec une lame de fer tranchante , emmanchée.

ÉCHASSIERS , s. m. p. , *Grallæ ;* cinquième ordre de la classe des oiseaux, caractérisé par des pattes longues, à jambes dénudées inférieurement, et un bec généralement allongé. Presque tous les échassiers fréquentent les lieux humides , le bord des lacs , des rivières . etc. ; ce qui leur a fait donner le nom d'*oiseaux de rivage.*

ÉCHAUBOULURE, s. f., du latin barbare *caleo* . j'ai chaud , et *bulla*, bulle, bourgeon, bourgeon sur la peau; synonymie: *ébullition.* Affection de la peau caractérisée par l'éruption de boutons arrondis, suite d'une congestion qui a son siège dans le corps muqueux et le réseau vasculaire cutanés. On l'observe sur le cheval et le bœuf. Elle se développe principalement sur les côtés du tronc, des épaules , de la croupe ; elle se déclare plus souvent au printemps et sur les jeunes chevaux. Les causes directes se rattachent à l'alimentation par des fourrages des prairies artificielles qui viennent d'être récoltés . à la pléthore, à l'action du soleil . etc. Cette ma-

ladie est quelquefois symptomatique : elle peut être épizootique; elle n'est pas contagieuse. — L'échauboulure est *générale* ou *partielle.* Ce sont des élevures circonscrites, ne produisant ni douleur ni démangeaison, apparaissant d'une manière subite , pouvant disparaître aussi rapidement. Cette délitescence n'est suivie d'aucun symptôme fâcheux. Quand les boutons persistent, leur surface laisse suinter un liquide séreux qui forme des croûtes. L'ébullition générale produit des symptômes généraux ; elle peut être compliquée de congestion sur les poumons ou les muqueuses internes ; la bronchite est la complication la plus commune. Il ne faut pas confondre l'échauboulure avec les boutons de farcin , le furoncle, les tumeurs contenant des larves d'œstres. — L'ébullition partielle ne réclame ordinairement que des soins hygiéniques. Quand elle est générale, on ouvre la jugulaire pour opérer une forte déplétion sanguine ; on donne des breuvages tempérants, acidulés par la crème de tartre, le vinaigre ; on fait sur la peau des lotions avec l'eau vinaigrée, l'eau de Goulard. Lorsqu'on ne peut obtenir immédiatement la délitescence, il faut redouter la métastase et ne pas répercuter trop vite la sérosité épanchée dans le tissu de la peau. Il faut employer le régime diurétique.

ÉCHAUFFANT, adj. et s., *calefaciens;* on donne ce nom à certains médicaments excitants qui ont la propriété d'augmenter l'activité des fonctions, et par suite , la chaleur animale. Il en est qui produisent cet effet instantanément, comme les diffusibles, et d'autres, au bout d'un certain temps, comme les *épices* ou excitants gastro-entériques qui , tout en élevant la chaleur animale, échauffent, irritent le tube digestif, et causent la constipation. Ce sont ces derniers que le vulgaire considère comme les véritables échauffants, *V.* EXCITANT.

ÉCHAUFFEMENT , s. m. ; effet de l'action d'*échauffer ;* synonyme d'*excitation*, de *constipation* , de *blennorrhagie*, d'*urétrite ;* état général caractérisé par l'augmentation de la chaleur animale, de la soif, une sécrétion urinaire plus abondante, la rougeur des membranes muqueuses, le prurit sur quelques parties du corps. C'est une réunion de symptômes qui se manifestent dans les maladies graves, sthéniques, surtout à leur premier degré. Quelquefois l'échauffement est indépendant de toute affection bien déterminée ; on le combat par les rafraichissants et la saignée. — *Phys. V.* REFROIDISSEMENT.

ÉCHAUFFEMENT DES TERRES. *E. rurale.* Il a lieu sous l'influence de la chaleur solaire et se trouve subordonné, la source de calorique étant égale, à la couleur de la surface, à son inclinaison, à son degré d'humidité, à sa composition. La coloration de la terre par l'humus, les oxydes de fer, est une des causes les plus puissantes d'échauffement, tandis que la nature du sol ne peut apporte

que des changements insignifiants. L'échauffement est, en général, proportionnel au
sinus de l'angle d'incidence des rayons calorifiques ; l'humidité le retarde jusqu'à ce
qu'elle ait été totalement évaporée. Une élévation notable de la température du sol peut
exercer une influence sur la végétation, de
plusieurs manières : en provoquant la disparition d'une humidité nécessaire aux plantes;
en augmentant l'évaporation dont elles sont
le siège; en hâtant la maturité des fruits ou
en déterminant la formation des produits
qui exigent, pour prendre naissance ou revêtir tous leurs caractères, une certaine
somme de chaleur. Beaucoup de plantes des
pays chauds ne peuvent vivre dans les autres
climats, parce qu'elles n'y trouvent point le
degré de température nécessaire à leur existence. Mais ce que ne peut faire le soleil
dans certaines conditions, il nous est quelquefois possible de l'obtenir à l'aide de
moyens artificiels. C'est en partie dans ce
but que sont construites les serres chaudes,
les bâches, etc. Si l'échauffement du sol
est souvent un bien, il peut aussi être un
mal, et l'homme ne possède les moyens
d'obtenir l'un et de prévenir l'autre, que
dans des limites étroites.

ÉCHELLE, s. f., *Scala ;* ensemble des divisions égales et régulières d'un instrument de précision : échelle du *thermomètre*, du *baromètre*,
de l'*aréomètre ;* échelle *centigrade* de Réaumur, de Farenheit, etc., *V.* THERMOMÈTRE.

ÉCHENILLAGE, s. m. ; opération qui a
pour but la destruction des chenilles. La loi
du 26 ventose an IV, fait au propriétaire et
au fermier une loi de l'échenillage sur les
arbres, les haies et les buissons; elle leur
enjoint également de brûler les bourses et
toiles qui servaient d'habitation aux chenilles. Le Préfet est chargé de faire éche-
niller dans les propriétés de l'État. D'après
cette loi, l'opération doit commencer le
20 février. Les contrevenants sont passibles
(Code pénal, art. 471) d'une amende de
1 à 5 francs. — Pour qui connaît les dégâts
occasionnés par les chenilles sur les arbres
fruitiers et autres, les dispositions de cette
loi ne paraîtront ni inutiles, ni trop sévères.
On peut même dire qu'il faudrait que l'obligation de la destruction s'étendît aux insectes autres que la chenille, tels que les
scolytes, la pyrale, etc. — On emploie à
l'échenillage différents instruments qui tous
permettent de couper, à des distances variables, les petites branches, les rameaux sur
lesquels sont établies les chenilles. — Parmi
les moyens qui ont été proposés pour débarrasser de ces animaux les plantes potagères
qui en recèlent, le meilleur et le plus sûr
consiste à leur faire, le matin et au milieu
du jour, une chasse active.

ÉCHINE, s. f., de ἐχῖνος, hérisson ; nom
vulgaire de la colonne dorso-lombaire, à
cause des saillies que forment les apophyses
épineuses des vertèbres.

ÉCHINÉ, ÉE, adj., *echinatus ;* hérissé de
pointes raides, ex. : l'*involucre de la châtaigne*, le fruit du *Bignonia echinata*. On dit
aussi *spinellé*.

ÉCHINOCOQUE, s. m., *Echinococcus*,
de ἐχῖνος, hérisson, et κοκκος, grain; genre
de vers intestinaux présentant la forme d'un
kyste rempli d'eau, dont la surface extérieure offre des aspérités qu'on regarde
comme autant de têtes. On n'en connaît
qu'une espèce, l'*échinocoque des vétérinaires*,
E. *veterinarius*, Rud. Il se développe
dans le tissu cellulaire.

ÉCHINOPE, s. m., *Echinops* L; genre de
la famille des Composées. Il se compose
d'espèces généralement annuelles ou bisannuelles dans nos contrées, et remarquables
par leur capitule sphéroïdal hérissé, leurs
feuilles divisées, à dents spinescentes, leur
tige dressée, quelquefois haute et très rameuse. L'espèce la plus commune en France
est l'E. commune, vulg. *Boulette*, E. *sphœro-
cephalus*. L'E. azurée, *E. ritro*, est aussi
indigène. Ces plantes ne redoutent point la
sécheresse. On les cultive comme plantes
d'ornement.

ÉCHINOPHTHALMIE, s. f., *Echinoph-
thalmia*, de ἐχῖνος, hérisson, et ὀφθαλμος,
œil ; inflammation des paupières, dans laquelle les cils sont hérissés.

ÉCHINORRHYNQUE, s. m., *Echinor-
rhyncus*, de ἐχῖνος, hérisson, et ῥυγχος, bec ;
genre unique comprenant les vers intestinaux de la famille des Acanthocéphales. Ce
genre ne renferme qu'une espèce, l'Echinor-
rhynque géant, *E. gigas*, à qui l'on a attribué la perforation de l'intestin dans les solipèdes. Il a le corps cylindrique, décroissant
en arrière, l'extrémité antérieure prolongée
en trompe, hérissée de crochets disposés
en couronne; la longueur de son corps peut
atteindre 10 décimètres. Il est plus commun
dans le porc et le mouton que dans les autres animaux. On emploie les purgatifs contre
cet entozoaire.

ÉCHO, s. m., *Echo*, de ἦχος, son; nom
donné, en *acoustique*, à la répétition d'un son
réfléchi par un obstacle matériel. Pour que
ce phénomène puisse être observé, il faut
que l'oreille soit placée, au minimum, à
17 mètres du corps qui réfléchit le son,
parce que l'expérience a démontré que cet
organe ne distingue plus les sons qui ne sont
pas séparés au moins par un dixième de
seconde ; or, dans ce laps de temps,
le son parcourt 34 mètres, c'est-à-dire, 17
en son initial, et 17 en son réfléchi; donc,
si l'obstacle qui réfléchit le son était à une
distance moindre de 17 mètres, l'oreille
confondrait le son direct et le son réfléchi ;
il n'y aurait plus *écho*, mais seulement *résonnance* (*V.* ce mot). L'écho est distingué
en *simple* et *multiple*, selon qu'il répète les
sons une ou plusieurs fois; le premier est
monosyllabique ou *polysyllabique*, selon le
nombre de syllabes qu'il peut répéter; ce

qui dépend essentiellement de la distance de la surface qui réfléchit à l'observateur.

ÉCLAIR, s. m., *Fulgur;* on appelle ainsi une étincelle électrique plus ou moins volumineuse qui accompagne le phénomène de la *foudre* et en constitue le caractère le plus essentiel. Cette étincelle se produit entre deux nuages, entre les parties d'un même nuage chargées d'électricité de nom contraire, et entre les nuages et un point saillant du globe. De là des éclairs *célestes* qui sont les plus nombreux et des éclairs *terrestres* qui constituent la foudre proprement dite (*V.* ce mot). La forme des éclairs varie beaucoup ; Arago en a distingué trois espèces principales : la première comprend les éclairs linéaires formés par un trait de lumière blanche ou purpurine, minces, nettement arrêtés sur les bords, et parcourant en zigzag une grande étendue du ciel avec une vitesse extrême ; ce sont les plus dangereux et ceux qui produisent la foudre, parce qu'ils ont lieu entre les nuages et la terre ; on peut les appeler *éclairs fulminants.* Ceux de la seconde espèce sont très étendus, diffus et formés d'une lumière rougeâtre qui illumine une grande partie du ciel ; ce sont les plus communs et les moins à craindre, parce qu'ils se produisent entre les nuages ; ce sont les *éclairs* en *nappe.* La troisième espèce comprend des éclairs très rares qui ont la forme de globes de feu et qui marchent avec lenteur dans l'espace ; ils sont encore peu connus ; ils méritent le nom d'*éclairs sphériques.* Enfin, il est une quatrième espèce de ces étincelles qu'on appelle vulgairement *éclairs de chaleur.* On les observe le soir, au coucher du soleil, après une journée très chaude et sans qu'il existe de nuages au ciel ; ils ne sont pas accompagnés du bruit ordinaire de la foudre, ce qui provient vraisemblablement de leur grand éloignement. Le mécanisme des éclairs est simple et tout-à-fait analogue à celui de l'*étincelle électrique* ordinaire, *V.* ÉTINCELLE.

ÉCLAIRCIE, s. f. ; *E.* et *For.* ; mode d'exploitation ou d'aménagement d'un bois par coupe partielle et périodique. Ici on ne coupe que les brins susceptibles de gêner par leur présence le développement des arbres que l'on trouve le plus avantageux de conserver. C'est le contraire de la coupe à *tire et aire*, dans laquelle tout le bois est abattu, moins les arbres *porte-graines* et les baliveaux. Avant 1827, l'exploitation par éclaircie était défendue en France. Elle a encore aujourd'hui ses adversaires. On la regarde généralement comme seule avantageuse à l'aménagement des forêts d'arbres résineux.

ÉCLAIRE, *V.* CHÉLIDOINE.

ÉCLAT MÉTALLIQUE, s. m.; ce nom s'applique à l'un des caractères les plus importants et les plus tenaces des métaux. Il est dû à l'opacité presque absolue de ces corps et à la réflexion totale de la lumière sur leur surface qui paraît brillante, quoi-

qu'avec des couleurs variables. L'éclat des métaux persiste longtemps ; les moyens mécaniques le détruisent difficilement, et, quand il a disparu par la porphyrisation des métaux, il reparaît de nouveau par le frottement d'un corps dur, appelé dans les arts un *brunissoir.* L'oxydation et les autres combinaisons chimiques détruisent rapidement l'éclat métallique.

ÉCLATS, s. m.; les jardiniers donnent ce nom aux bourgeons naissant sur les racines, qui, séparés de la plante-mère et transplantés dans un lieu convenable, reproduisent un nouvel individu.

ÉCLECTISME, s. m., de ἐκλέγειν, choisir ; système ou méthode philosophique qui consiste à n'adopter aucune doctrine particulière, et à prendre dans tous les systèmes ce qu'ils renferment de bon ou ce qu'ils ont produit de conforme à la raison et à l'expérience. Appliquée à la médecine, cette méthode est d'une grande utilité ; elle met le praticien à l'abri des erreurs inévitables qu'engendrent les systèmes exclusifs, et lui permet, au contraire, de profiter des vérités que toutes les doctrines ont pu mettre au jour. Tout homme sage doit donc l'adopter malgré les sarcasmes des innovateurs, des faiseurs de systèmes, ses détracteurs naturels.

ÉCLEGMES, s. et adj., *Eclegma*, de ἐκλείχειν, lécher ; médicaments employés autrefois chez l'homme dans les maladies du pharynx ; ils étaient de nature mucilagineuse, sucrée, et devaient être lentement déglutis par la succion de morceaux d'éponge ou de linge qu'ils imprégnaient. En thérapeutique vétérinaire, les *nouets* et les *mastigadours* sont des préparations à peu près analogues (*V.* ces mots.)

ÉCLISSES, s. f. ; petites attelles qu'on applique sous le pied du cheval pour maintenir le pansement des plaies de la sole et de la fourchette, qui exigent une certaine compression, et éviter des cerises, des boursouflements des chairs. On garnit ordinairement la surface de la sole avec deux éclisses de forme ovale, tronquées sur un des côtés et retenues par une traverse. Les éclisses en fer battu sont préférables à celles en bois ; elles durent plus longtemps et ne se gonflent pas par l'humidité ; elles font une compression plus égale. Souvent, on les remplace par les fers couverts ou garnis d'une plaque.

ÉCOBUAGE, s. m. ; opération qui consiste à enlever la couche superficielle du terrain et à la brûler sur place avec les matières organiques qu'elle renferme. Les effets de l'écobuage sont physiques et chimiques ; il ameublit le sol, détruit les mauvaises herbes, les racines et les graines nuisibles, les larves et les œufs d'insectes, brûle l'excès d'humus et transforme toutes ces substances en produits utiles. Il convient de l'employer pour les terres compactes, engazonnées, tourbeuses, paludiennes, couvertes de landes, de bruyères, de vieilles prairies , etc., etc. Il est peu avantageux , il peut même être nuisible aux sols légers , maigres , siliceux , et aux terrains fertiles. Cette opération se fait, au printemps ou à la fin de l'été , par un temps calme et constant. L'écobuage proprement dit doit être précédé d'une opération préparatoire qui consiste à *écrouter* le sol ; celle-ci se fait au moyen de la bêche ou de la houe , ou, ce qui est plus expéditif et plus économique, à l'aide d'une charrue à soc large ou d'un cultivateur à houes plates et tranchantes. L'épaisseur des tranches à enlever varie selon la nature et les conditions du terrain ; elle est comprise entre cinq et huit centimètres. Dans la confection des espèces de fourneaux à faire avec les gazons qui doivent être brûlés , on se propose un emploi économique du combustible auxiliaire et la rapidité de l'opération. Quant à la forme et au volume de ces fourneaux , ils varient selon les lieux. La combustion exige ordinairement 24 heures. Pour être complète, elle doit avoir été surveillée. Les monceaux de cendres ne sont répandus sur le sol qu'après le refroidissement ; mais, tantôt cette opération suit immédiatement l'écobuage , tantôt elle en est éloignée. Dans tous les cas, elle est toujours suivie d'un labour, et celui-ci précède la semaille. Il convient, surtout dans les sols tourbeux, de mêler les cendres à de la chaux ou de la marne. Les plantes textiles, oléagineuses, la pomme de terre, les navets, le sainfoin, le blé même, etc., doivent être semés ou plantés après l'écobuage. — L'écobuage n'est pas toujours aussi complet ; il se borne quelquefois à la combustion sur place des végétaux et de leurs racines. Il est alors applicable à tous les sols.

ÉCONOMIE, s. f. ; *OEconomia*, de οικια , maison, et νομος , règle, loi. — *Économie animale :* on donne à ces mots deux acceptions différentes ; ils sont employés , soit pour exprimer l'ensemble des lois qui président à l'organisation, à la vie des animaux , soit pour indiquer l'ensemble des organes qui les constituent.

ÉCONOMIE RURALE. Cette expression devrait être employée comme synonyme d'agriculture. Dans l'usage, on lui donne une signification plus étendue. L'économie rurale ne comprend pas seulement l'art de cultiver la terre, l'exploitation agricole proprement dite, mais les règles et les moyens qui font obtenir de la terre la plus grande somme de produits , aux moindres frais, et pendant un temps indéterminé, ainsi que les principes qui doivent guider dans l'emploi de ces produits. Ainsi entendue, l'économie rurale embrasse l'agronomie, la culture du sol, l'industrie du bétail , l'aménagement des forêts et les arts agricoles ou l'exploitation réglée des productions végétales, telles que la fabrication du vin, du cidre, du sucre de betteraves, etc. Parmi les nombreux problèmes que pose l'agronomie et que le cultivateur est chargé de résoudre , il en est qui , par leur importance , dominent la question agricole , et subordonnent à leur bonne ou mauvaise solution le succès des exploitations ou la ruine des agriculteurs ; ce sont : la multiplication et l'entretien des animaux domestiques comme agents moteurs, comme consommateurs des végétaux créés , comme source de produits et d'engrais ; la préparation et l'emploi raisonné des amendements et de l'alimentation végétale ; le choix d'un bon assolement d'où dépend l'appropriation des cultures ; enfin la comptabilité agricole. Dans quelque condition que l'on se trouve, quelque peu étendue que soit une exploitation , aucun de ces problèmes ne peut être impunément négligé.

ÉCORCE, s. f. , *Cortex ;* enveloppe extérieure de la tige , des rameaux et des racines des plantes. Étudiée dans un végétal ligneux appartenant à l'embranchement des dicotylédonés, où elle est le plus complexe et le mieux organisée, on la trouve composée, en allant de l'extérieur à l'intérieur : 1° de l'épiderme ; 2° de la couche subéreuse ; 3° de l'enveloppe herbacée ; 4° des couches corticales ou *liber*. L'*épiderme* est une couche mince , superficielle enveloppant en entier le végétal ; il est immédiatement appliqué sur la *couche subéreuse*. Celle-ci entoure et contient l'enveloppe herbacée ; elle est formée exclusivement de deux sortes d'utricules , les unes incolores, les autres colorées, qui se multiplient dans quelques arbres , les premières surtout, au point de donner à l'écorce une grande épaisseur. L'*enveloppe herbacée* est placée entre la couche précédente et la feuille externe du liber. C'est elle qui donne aux jeunes branches leur couleur verte ; elle doit cette propriété à la matière verte qui est déposée dans les utricules dont elle se compose. Cette enveloppe est en communication directe avec la moëlle par les rayons médullaires, ce qui lui a fait donner par Dutrochet le nom de *médulle externe*. Les *couches corticales* ne sont séparées de la surface de l'aubier que par la couche de tissu utriculaire générateur, dans laquelle se dépose chaque année le cambium ; elles se composent de faisceaux fibreux disposés en zones qui s'emboîtent, ou de filets corticaux plus ou moins isolés. — L'écorce ne contient pas de trachées ; le liber renferme des vaisseaux laticifères, mais il n'en est pas uniquement formé.—L'écorce des arbres monocotylédonés présente à peu près l'organisation qui vient d'être décrite ; mais les diverses parties sont moins distinctes, et la couche la plus interne du liber est intimement unie aux organes sous-jacents. On n'y trouve pas la couche de tissu utriculaire générateur qui a été signalée. — Dans les plantes herbacées, l'écorce offre encore les mêmes divisions , mais moins distinctes. Les faisceaux fibreux ne forment pas des couches aussi bien définies ; le plus souvent ils pénètrent dans les couches utriculaires extérieures et semblent en faire partie. — L'écorce des jeunes branches est plus ou moins lisse: celle du tronc, dans beaucoup d'espèces, se gerce, se fendille à une certaine époque de la vie du végétal. Dans certains arbres, il y a un renouvellement annuel d'une partie de l'écorce. Dans le chêne liége, c'est la couche subéreuse qui éprouve ces changements. Le nom qu'elle porte rappelle, en effet, le produit qu'elle forme dans cette circonstance particulière. — Beaucoup d'écorces sont utiles à l'industrie, à la médecine. On peut citer parmi les premières : celle du chêne qui fournit le tan, celle du liége, enfin les écorces des principales plantes textiles, le lin et le chanvre. *V.* ÉPIDERME et TIGE.—*Pharm.* L'écorce des tiges dicotylédonées est la partie la plus active de ces organes, et celle qui fournit les médicaments les plus actifs et les plus importants. Les écorces renferment le plus souvent du tannin (chêne, marronnier), quelquefois une huile essentielle excitante (cannelle, cascarille), ou irritante (garou). On y rencontre aussi des alcaloïdes très énergiques, tels que la *quinine*, la *brucine*, la *salicine*, (quinquina, écorce de fausse angusture, de saule, etc.) La *récolte* des écorces doit être faite un peu avant la chute des feuilles, ou lorsqu'elles ont acquis une couleur spéciale indiquant le moment de la maturité, comme pour le quinquina, la cannelle. On donnera la préférence aux arbres vigoureux, ni trop jeunes, ni trop vieux, à l'écorce des branches plutôt qu'à celle du tronc. L'épiderme est enlevé préalablement, ou est laissé adhérent à l'écorce; la décortication a lieu par *plaques*, en *lanières* ou en *tuyaux*, selon les cas. La dessiccation et la conservation de ces drogues ne présentent rien de particulier.

ÉCORCE D'ANGUSTURE (*V.* ce mot).

ÉCORCE DE CHÊNE (*V.* ce mot).

ÉCORCE DE GAROU (*V.* ce mot).

ÉCORCE DE GRENADIER (*V.* ce mot).

ÉCORCE DU PÉROU *V.* QUINQUINA.

ÉCORCE DE SAULE (*V.* ce mot).

ÉCORCE DE WINTER, *cannelle de Magellan.* Écorce stimulante fournie par le *Drymis Winteri* D. C., arbre de la famille des Magnoliacées, qui croit dans le détroit de Magellan. Elle ressemble beaucoup à la cannelle blanche ; elle est en morceaux roulés, longs de 30 à 40 centimètres, d'une teinte rousse à la surface extérieure, qui est rugueuse et garnie de taches rouges elliptiques. Sa cassure est résineuse, grise à la circonférence, rouge au centre, d'une saveur âcre et brûlante, d'une odeur aromatique rappelant celle du basilic et du poivre. Cette écorce contient, d'après Henry, de l'huile volatile, de la résine, une matière extractive, du tannin et des sels. L'écorce de Winter jouit à peu près des mêmes propriétés que la cannelle, mais elle est beaucoup moins usitée.

ÉCORCEMENT, s. m. ; action d'enlever l'écorce des arbres. Exécutée sur les arbres sur pied, elle entraîne, comme on l'a dit au mot *décortication*, la mort des végétaux, après un temps variable qui ne dépasse guère un an ou deux. Elle est néanmoins pratiquée assez souvent : 1° pour fournir à l'industrie les matériaux du tan ; 2° pour donner au tronc des arbres plus de dureté. Dans les deux cas, l'écorcement doit être fait au moment où la sève est le plus abondante. Lorsqu'il est exécuté dans le but d'augmenter les qualités du bois, les arbres doivent être coupés pendant l'hiver qui suit l'écorcement. D'après le code forestier de 1827, la décortication des arbres sur pied, dans les coupes de bois adjugés, ne peut avoir lieu à moins d'une autorisation expresse.

ÉCORCHURE, s. f. : solution de continuité superficielle de la peau, produite par le frottement ou une contusion. Ce mot est peu usité.

ÉCOULEMENT, s. m., T. *d'hydraulique*, servant à désigner la sortie d'un liquide du vase qui le contient, par un *orifice*. Ce phénomène présente une foule de particularités selon la position de l'orifice, selon qu'il est en mince paroi ou muni d'un ajutage ou de tuyaux plus ou moins longs, droits ou courbes, horizontaux ou inclinés, etc. Lorsque l'orifice est percé en *mince paroi*, la vitesse du liquide à sa sortie du vase est égale à celle d'un corps qui serait tombé de la hauteur du niveau à l'orifice (théorème de Toricelli.) Ce principe se trouve démontré expérimentalement par ce fait : qu'un tuyau recourbé en haut et ajouté à l'orifice conduit le liquide à la hauteur du niveau, en sorte que la vitesse d'écoulement d'un liquide est proportionnelle à la racine carrée de la hauteur du niveau au-dessus de l'orifice, ou de la charge du liquide dans le réservoir. Pendant l'écoulement du liquide, il se passe, dans l'intérieur du vase et à l'extérieur, des particularités très intéressantes. Aussitôt qu'un orifice est ouvert, les molécules qui l'avoisinent, cessant d'être soutenues, se précipitent dans l'ouverture par suite de la pression qu'elles éprouvent de la part de celles qui leur sont superposées. Les molécules qui sont placées sur les côtés de l'orifice, comme celles qui sont au-dessus, se présentant à la fois pour s'échapper du vase, se soutiennent réciproquement, en sorte que la surface du liquide reste longtemps plane, horizontale et descend parallèlement à elle-même vers l'orifice d'écoulement. Cependant, lorsque le liquide ne forme plus qu'une couche peu épaisse sur l'orifice, les molécules placées directement au-dessus, n'étant plus soutenues par l'arrivée des molécules latérales, tombent en quelque sorte en chute verticale, et il se forme bientôt, au milieu du liquide, une dépression infundibuliforme qu'on nomme *entonnoir* (*V.* ce mot). Si le liquide est agité ou si le vase est dé forme conique, l'entonnoir se forme beaucoup plus tôt. Quant aux particularités *extérieures* de l'écoulement par des orifices en mince paroi, *V. veine fluide, contraction, ajutage.* — Lorsqu'on ajoute à un orifice d'écoulement un tuyau plus ou moins long, il en résulte des changements remarquables dans la vitesse du liquide et dans la dépense de l'orifice. Si le tube est droit et horizontal, il retarde l'écoulement, à cause des frottements qui ont lieu dans son intérieur ; une inclinaison du dixième de la longueur du tuyau suffit pour annuler les effets du frottement : un tuyau plus fortement incliné augmente la dépense de l'orifice ; celui qui est redressé la diminue. Les tuyaux flexueux ou coudés, qu'ils soient horizontaux, inclinés, ou redressés, retardent toujours l'écoulement des liquides à cause des chocs qu'éprouve, à chaque coude, la colonne d'écoulement. — *Pathol.* Écoulement, s. m., *fluxus*; mouvement de ce qui s'écoule ; évacuation d'urine, de larmes, de sang, de pus, de sérosité ; écoulement de mucosités par les narines d'un cheval morveux ; jetage par les narines des chiens atteints de la maladie du jeuneâge. Synonyme de *blennorrhée.*

ÉCOURTÉ, ÉE. adj. ; cheval auquel on a retranché une partie de la queue.

ÉCOURTER, v. act. ; rogner, couper *trop court;* couper la queue à un cheval, les oreilles à un chien. *V.* Amputation.

ÉCROU, s. m. ; *scrob*, de l'*Allemand, Scrauben*, tordre, tourner. Pièce solide percée d'un trou rond, dont la circonférence est creusée d'une spirale dans laquelle s'engage le pas d'une *vis.* Cette partie de la vis est fixe ou mobile selon les cas. *V.* Vis.

ÉCROUISSEMENT, s. m. ; modification produite dans la texture des métaux par leur martelage à froid, leur passage au laminoir et à la filière. Cette modification consiste dans un rapprochement, un état forcé des molécules de ces corps, d'où l'augmentation de leur densité, de leur dureté et la diminution de leur ténacité, etc. On détruit cet effet par le *recuit.* (*V.* ce mot.)

ECSARCOME, s. m., *Ecsarcoma;* de *εκ*, hors, et *σαρξ*, chair : excroissance charnue.

ECTASIE, s. f., *Ectasis;* de *εκτασις*, dilatation ; allongement, dilatation morbide d'un organe.

ECTHYMA, s. m., de *εκθυω*, j'apparais; exanthème léger qui apparaît subitement, caractérisé par des plaques larges ayant leur siége dans les follicules sébacés, (Willan.) Cette maladie n'a pas été observée dans les animaux.

ECTHYMOSE, s. f., *Ecthymosis*, de *εκ*, hors, et *θυμος*, ardeur; agitation et raréfaction du sang.

ECTOPAGE, s. et adj., *Ectopages*, de *εκτος*, dehors, et *παγης* uni; genre de monstres doubles monocéphaliens, présentant les caractères suivants : deux individus à ombilic commun, réunis latéralement sur toute l'étendue du

thorax. Ce genre n'a été rencontré jusqu'à présent que dans l'espèce humaine.

ECTOPAGIE, s., f., *Ectopagia;* état des monstres ectopages.

ECTOPIE, s. f., de *εκ* ou *εξ*, hors, et *τοπος*, lieu; synonyme de déplacement.

ECTOZOAIRES, s. m., de *εκ*, dehors, et *ζωον*, animal; insectes parasites qui vivent sur le corps des animaux, ex : *poux, puces, ricins, œstres, ixodes*, etc. (*V.* ces mots.)

ECTRODACTYLIE, s. f., de *εκτρωω*, je fais avorter, et *δακτυλος*, doigt; absence d'un ou de plusieurs doigts. Cette monstruosité est très rare chez les animaux. On appelle *ectrodactyles* les sujets qui en sont affectés.

ECTROMÈLE, s. et adj., *Ectromeles*, de *εκτρωω*, je fais avorter, et *μελος*, membre; genre de monstres ectroméliens, chez lesquels les membres, soit thoraciques, soit abdominaux, sont nuls ou presque nuls.

ECTROMÉLIE, s. f., *Ectromelia;* état des monstres ectroméliens.

ECTROMÉLIENS, s. et adj; famille de monstres unitaires autosites, caractérisés par l'avortement plus ou moins complet d'un ou de plusieurs membres, en même temps que le tronc et la tête sont dans l'état normal ou s'en écartent à peine. Les ectroméliens sont divisés par I. Geoffroy-St-Hilaire, en trois genres, qui sont : les *Phocomèles*, les *Hémimèles*, les *Ectromèles.*

ECTROPION, s. m., *Ectropium*, de *εκτρεπω*, je renverse; renversement en dehors de la paupière supérieure ou inférieure. L'ectropion se montre quelquefois sur les petits animaux ; il est produit par la paralysie du muscle orbiculaire, une perte de substance de la peau, un boursouflement de la conjonctive, les ulcères claveleux. La muqueuse de la paupière forme un bourrelet rouge, qui simule le chémosis. Quand le renversement est dû au gonflement de la conjonctive, on emploie les émollients, les scarifications. Souvent on est obligé d'exciser le bourrelet formé par la muqueuse des paupières. Lorsqu'une cicatrisation vicieuse a fait rétracter la peau, il faut quelquefois inciser la cicatrice et provoquer des bourgeons charnus, volumineux, pour réparer la perte de substance du tégument. Le renversement en dedans des paupières porte le nom d'*entropion* (*V.* ce mot.)

ECTROTIQUE, adj., et s., *Ectroticum* de *εκτιτρωσκειν*, faire avorter ; synonyme d'*abortif*, (*V.* ce mot et Utérin.) — *Path.* La méthode ectrotique consiste à cautériser des pustules pour les faire avorter. On l'emploie dans le traitement de la variole et de l'érysipèle sur l'homme. C'est avec le nitrate d'argent qu'on pratique cette cautérisation.

ÉCURIE, s. f., *Equile;* habitation réservée aux solipèdes et particulièrement au cheval. On doit rechercher dans les écuries, la pureté de l'atmosphère, la commodité du service. Pour cela, il faut que leurs dimensions soient convenables, que l'air puisse s' renouveler, que la propreté y règne, et que chaque objet, chaque partie de l'aménagement soit à sa place. Quant aux conditions particulières à remplir, les voici : l'écurie doit être établie sur un terrain sec, ne conservant, ne recevant point un excès d'humidité ; le sol doit être pavé en petits cailloux roulés ou en briques dures placées sur champ ; le bitume et les larges dalles exposent les animaux à glisser ; celles-ci sont en outre très froides ; la terre battue n'offre pas assez de résistance ; elle se ramollit au contact des urines, les pieds des chevaux y creusent des trous dans lesquels les excréments séjournent. Le sol doit avoir deux pentes générales pour l'écoulement des engrais liquides : l'une, d'un côté à l'autre, la seconde, d'avant en arrière. Celle-ci est faible afin de ne point fausser les aplombs. Les urines sont reçues dans une rigole et conduites autant que possible hors de l'écurie, dans la fosse à fumier. Les murs doivent être enduits et blanchis ; le plancher supérieur plafonné ou du moins formé de planches jointes. La dimension est une question importante dans la construction des écuries. Le problème à résoudre peut être ainsi énoncé : donner aux écuries une hauteur, une largeur et une profondeur telles, que chaque cheval puisse y être logé convenablement et séparé des autres, que le service soit facile, que l'air y conserve un degré de pureté suffisant sans y éprouver de l'agitation et sans former des courants bien sensibles. On estime qu'avec un système bien combiné d'ouvertures, chaque cheval doit trouver une capacité moyenne de 30 à 33 mètres cubes d'air. On l'obtient en donnant à l'écurie une hauteur de 4 mètres ; à chaque cheval, en largeur, 1,45 cent., à 1,55 centimètres ; en profondeur, pour le cheval et la mangeoire 4 mètres ; pour le passage derrière les animaux, 1,50 centimètres. Dans une écurie à deux rangs, si les animaux sont attachés à un ratelier central, ce qui nécessite deux passages, la largeur de l'écurie d'un côté à l'autre doit être de 12 mètres. Plus le nombre des chevaux est considérable, plus grand doit être l'espace afférent à chaque individu. — Les portes sont pratiquées derrière les animaux ; elles doivent être assez larges pour permettre au cheval et à son conducteur de passer simultanément de front et avec facilité. Elles sont à deux ventaux. — Les fenêtres ne doivent jamais être pratiquées dans le mur qui fait face aux chevaux. Elles ont leur bord supérieur un peu au-dessous du plafond ; on doit pouvoir les ouvrir et les fermer à volonté, les garnir en été de paillassons, de toiles, de stores, etc. Elles sont en rapport de nombre, de largeur, avec la capacité de l'écurie et sa population. Dans les grandes écuries, dans celles qui péchent par les dimensions en hauteur, il serait bon d'établir dans la partie supérieure une cheminée d'appel qui contribuerait, avec des barbacanes percées à la partie inférieure du mur correspon-dant à la croupe des chevaux, au renouvellement de l'air. — Si l'on ne possède pas de lieu pour le dépôt des harnais, ces objets doivent être appendus au mur. Des placards seront construits pour la conservation des instruments de pansage et autres ustensiles nécessaires au service des chevaux. *V.* pour ce qui concerne la nourriture et la séparation des chevaux, les mots : RATE-LIER, MANGEOIRE, ATTACHE, BARRER, FENIL. — Le fumier ne doit point séjourner dans les écuries ; le sol, les parois et les divers objets demandent à être entretenus avec propreté. — On doit éviter de loger avec les chevaux des ruminants et surtout des porcs, et de laisser pénétrer dans les écuries les oiseaux de la basse-cour. — L'immense majorité des écuries est bien loin de réunir les conditions qui viennent d'être indiquées. Les propriétaires et fermiers ne sont point généralement assez persuadés de l'influence pernicieuse des écuries mal pavées, mal couvertes, trop petites, peu aérées, mal percées, etc., sur la santé, la force et la durée des chevaux. — Mais, s'il ne faut pas que ces animaux respirent une atmosphère chaude et humide, il ne faut pas non plus qu'ils aient à souffrir du froid, des courants d'air, et que les habitations soient trop spacieuses.

ÉCUSSON, s. m., *Scutula* ; morceau d'écorce portant un bourgeon ou un œil, que l'on enlève pour l'appliquer ensuite sur une autre plante. Ce mode de multiplication prend le nom de greffe en *écusson*. Celui-ci est à *œil poussant* ou à *œil dormant*, *V.* GREFFE. — Guénon appelle *écusson* ou *gravure* la surface de forme variable, ayant sa base sur les mamelles et s'élevant plus ou moins haut dans la région périnéale, distincte par la direction particulière des poils, et qui lui sert à apprécier les facultés lactifères des vaches, les qualités du taureau comme reproducteur, *V.* LAITIÈRES.

ÉCUYER, s. m. Ce nom a été donné à des hommes dont les fonctions étaient fort différentes, mais principalement à celui qui devait présenter le cheval et les armes du chevalier, et, dans la suite, à celui qui avait la haute direction des écuries. Il désigne plus généralement aujourd'hui celui qui enseigne, dans un établissement spécial, la théorie et la pratique de l'équitation, qui dresse les chevaux, etc.

ECZÉMA, s. m., de εκζεω, je brûle, je fais effervescence ; nom donné par Willan à une affection de la peau caractérisée par l'éruption de vésicules légères, confluentes ou isolées, se terminant par la résorption ou l'ouverture de la vésicule et la desquamation de l'épiderme ; c'est la *dartre squameuse humide* des anciens. Lorsque ces vésicules sont confluentes et qu'elles se vident, les poils sont humectés et collés les uns aux autres, le produit de l'exsudation est inodore ; ensuite, le liquide se concrète et forme des croûtes. La surface de la peau est rouge ;

l'animal éprouve un violent prurit. Cette dartre a une grande tendance à envahir de larges surfaces. On la rencontre assez communément dans le chien. Le traitement consiste dans l'emploi des émollients au début; on a recours ensuite à la cautérisation par la solution concentrée de nitrate d'argent.

ÉDENTÉS, s. et adj., *Edentata;* cinquième ordre de la classification des mammifères de Cuvier, renfermant des animaux complètement dépourvus d'incisives, manquant souvent de canines, et souvent privés de toute espèce de dents. Les édentés ont les doigts en nombre variable, toujours terminés par des ongles robustes; leur démarche est généralement lente et leur corps souvent couvert de larges écailles et même d'une espèce d'étui coriace et résistant. Cet ordre a été divisé en trois tribus, qui sont : les *Tardigrades* : genre Bradype; les *Edentés proprement dits:* genres Fourmilier, Pangolin, etc.; les *Edentés monotrèmes* : genres Echydné, Ornithorynque.

ÉDOCÉPHALE, s. et adj., *Ædocephalus,* de αἰδοῖον, parties sexuelles, et κεφαλή, tête; genre de monstres otocéphaliens ayant pour caractères : les deux oreilles rapprochées ou réunies sous la tête; mâchoires atrophiées; point de bouche; une trompe placée au-dessus d'un œil unique et médian, et souvent prise autrefois pour un pénis.

ÉDOCÉPHALIE, s. f., *Ædocephalia;* état des monstres édocéphales.

ÉDUCATION, s. f., *Educatio;* exercice propre à développer l'intelligence et les forces des animaux, à les rendre plus dociles et plus aptes à exécuter le travail, à donner les services qui doivent leur être demandés. L'éducation est l'une des parties les plus intéressantes de l'élevage, et la plus négligée en France. Elle est cependant indispensable pour donner aux animaux de travail les qualités sans lesquelles leur appropriation n'est jamais complète. L'éducation est spéciale comme la destination. Elle doit toujours commencer de bonne heure, et si les jeunes animaux ne peuvent être soumis, avant que leurs forces aient acquis un certain développement, à un exercice suivi, à un travail utile, on ne doit pas moins les habituer à sentir la main de l'homme, à se laisser conduire, panser, etc. L'éducation doit être graduelle; pour le poulain, elle consiste à l'habituer à supporter un licol, une selle, un collier, le repos à l'écurie, les manœuvres de la ferrure, la brosse, l'étrille, etc.; pour le jeune bœuf, à l'habituer au joug, au pansage, etc.; pour la génisse, à l'accoutumer à la mulsion. — Toutes ces opérations demandent, de la part de celui qui les exécute, de la douceur et de la patience. Avec elles on arrive toujours au but. Il n'est guère de caractères difficiles qu'une éducation intelligente ne puisse réduire. Les caresses ont souvent plus d'empire que les châtiments. Ce n'est pas à dire que ceux-ci ne doivent ja-

mais être employés, mais il faut, pour en obtenir de bons effets, les appliquer justement et avec mesure. — La partie de l'éducation qui a pour objet l'assouplissement, l'habitude au travail utile, l'enseignement, si l'on peut ainsi dire, du trot, de la course, du tirage, etc., prend le nom particulier de *dressage* (*V.* ce mot); elle ne peut être faite, dans plusieurs circonstances, que par des hommes spéciaux; celle qui doit y préparer les sujets, est toujours à la portée des éleveurs. *V.* ENTRAINEMENT, ÉQUITATION, ÉLEVAGE.

ÉDUCTUM, s. m., de *educere*, conduire dehors; nom proposé par Berzélius, pour désigner les substances qu'on retire des matières organiques dans lesquelles elles étaient toutes formées, et dont on n'a fait, par conséquent, que les séparer. C'est le cas des principes appelés *immédiats*, comme l'amidon, le sucre, l'albumine, la fibrine, etc.

ÉDULCORATION, s. f., *Edulcoratio*, de *edulcorare*, rendre doux; action de sucrer ou d'adoucir une préparation médicinale liquide. — Les boissons et les tisanes des animaux malades sont édulcorées avec le miel, la mélasse, la glucose, très rarement avec le sucre et les sirops.

EFFANAGE, *V.* EFFEUILLAISON.

EFFÉRENT, adj., *efferens*, de *è*, hors, et *ferre*, porter; qui porte dehors, qui emporte.— *Canal* ou *conduit efférent* : canal transportant le sperme du testicule aux vésicules séminales. Il commence à l'épididyme, monte avec le cordon testiculaire jusqu'à l'anneau inguinal, qu'il traverse avec lui. Il s'en sépare à son arrivée dans l'abdomen, gagne en arrière la cavité du bassin, croise la direction de l'uretère et du ligament latéral de la vessie, et vient former, au-dessus de ce réservoir, un gros renflement, avant de se réunir avec le canal de la vésicule et de constituer avec lui le *canal éjaculateur*. Dans les animaux dépourvus de vésicules, l'extrémité urétrale du conduit efférent forme à elle seule ce dernier canal.

EFFERVESCENCE, s. f., *Effervescentia*, de *effervere*, dérivé de *fervere*, bouillir, bouillonner.—Mouvement tumultueux, bouillonnement qui s'établit dans un liquide par le dégagement rapide d'un gaz. — Ce phénomène, très fréquent, reconnaît des causes physiques ou chimiques; ainsi, quand un gaz en solution dans un liquide s'en dégage par la diminution de la pression, par le contact d'un corps solide anguleux, par la vibration des parois du vase, par l'action de la chaleur, etc., l'effervescence est toute *physique;* mais elle est *chimique*, au contraire, quand elle survient lorsqu'on traite un carbonate, un bi-carbonate, un sulfure, etc., par un acide énergique, en présence de l'eau; elle est encore de même nature, lorsqu'elle reconnaît pour cause la fermentation ou la putréfaction des substances organiques. — Les anciens humoristes ont fait jouer un rôle important à la fermentation dans le jeu des fonctions et la production des maladies. *V.* Chimiatrie et Humorisme.

EFFET, s. m. ; T. de man. ; résultat de de l'action d'une aide et principalement du mors sur le cheval monté. *Effet de la main, de la bride.* On dit aussi : *effet des jambes.* Chacune de ces aides peut contribuer pour une part principale à faire exécuter un mouvement ou un changement; c'est son *effet.*

EFFET DE CONTACT. *V.* Catalytie.

EFFETS DES MÉDICAMENTS, s. m.; on donne ce nom à l'ensemble des modifications matérielles et fonctionnelles que les médicaments déterminent dans l'économie animale. Les *modifications matérielles* sont dues à l'*activité propre* des médicaments, qui dépend essentiellement de leur composition chimique ; les *modifications fonctionnelles* provoquées par les premières doivent être attribuées à la sensibilité, à la force réagissante des organes. Les effets des médicaments, très nombreux et très variés, peuvent être *primitifs* ou *physiologiques*, et *consécutifs* ou *thérapeutiques*, selon le moment où ils se développent et selon leur nature. — 1° *Effets primitifs* ou *physiologiques.* Ces effets, qui se produisent peu de temps après l'application des médicaments et peuvent se développer sur des sujets sains, sont *locaux* ou *généraux ;* les premiers se développent dans le lieu même où on a déposé les médicaments, comme sur la peau, le tube digestif, les diverses muqueuses; les seconds ne se produisent que quand les molécules médicamenteuses, absorbées et transportées dans le sang, impressionnent les divers organes. — A. *Effets locaux.* On les distingue, selon leur nature, en *physiques, chimiques* et *physiologiques :* les premiers sont dus à la matérialité même des médicaments ou à leur température; c'est ainsi que l'effet purgatif du charbon de bois est *mécanique ;* l'effet réfrigérant de l'eau froide, de l'éther qui s'évapore sur une partie, de l'alcool, est purement *physique.* Les effets *chimiques* des médicaments proviennent de la combinaison réelle de leurs principes avec les tissus et les humeurs des organes avec lesquels ils ont été mis en contact; c'est ainsi, que paraissent agir tous les *caustiques.* Enfin, les effets *physiologiques*, plus difficiles à expliquer, paraissent consister dans une modification des qualités vitales ou organiques des tissus, comme on peut le remarquer dans l'action des narcotiques sur le trajet des filets nerveux endoloris, etc. — B. *Effets généraux.* Ces effets, quelle que soit leur cause première, consistent principalement dans des changements, en divers sens, du rythme habituel des fonctions ; ils surviennent seulement, lorsque les molécules des médicaments ont été portées dans le sang ; cependant ils peuvent provenir de l'extension des effets locaux, au moyen de la *contiguité* et de la *continuité* des organes, ainsi que par l'intermédiaire du *système* nerveux. Cependant le pre-

mier moyen de propagation des effets des médicaments est évidemment le plus habituel, le plus certain et le plus important. L'*absorption* des médicaments, comme celle des aliments, est donc une condition essentielle de leurs effets généraux ; elle se fait avec plus ou moins de facilité selon la perméabilité des tissus, la nature des médicaments et l'état du système circulatoire. Sous le premier rapport, l'expérience a démontré que l'activité d'absorption des tissus devait les faire ranger dans l'ordre suivant : *séreuses, tissu cellulaire, muqueuses, peau dénudée, peau entière,* etc. A l'égard des médicaments, on peut dire, d'une manière générale, qu'une substance insoluble dans l'eau et les liquides du corps ne peut être absorbée ; car l'observation démontre que les liquides et les gaz seuls peuvent pénétrer dans le torrent circulatoire, toute absorption devant nécessairement commencer par une *imbibition* et une *endosmose*, puisque les vaisseaux absorbants n'ont pas, comme les exhalants ou les canaux excréteurs, d'orifices béants à la surface des membranes absorbantes. Enfin, quant à l'état du système circulatoire, les expériences de Magendie ont démontré que son influence est très grande sur la rapidité de l'absorption ; lorsqu'il est distendu par un excès de liquide, l'absorption se fait lentement ; relâché par des saignées copieuses, il appelle en quelque sorte à lui les matériaux déposés sur les surfaces absorbantes. Le mécanisme intime des effets généraux des médicaments est tout-à-fait impénétrable, comme toutes les actions moléculaires. Ce qu'on sait de positif sur ce sujet obscur se réduit à peu de chose : cependant on peut dire, d'une manière générale, que les médicaments, comme toutes les substances non assimilables, provoquent dans l'économie des mouvements extraordinaires qui doivent en amener l'expulsion au dehors ; aussi après avoir été portés aux divers organes avec le sang et y avoir déterminé des changements particuliers, les médicaments sont peu à peu éliminés par les sécrétions. On sait aussi que certains médicaments rendent le sang plus plastique ; que d'autres, au contraire, le fluidifient ; qu'il en est qui activent l'action comburante de la respiration, et que d'autres l'entravent, etc. Il est rare, du reste, qu'un médicament agisse également sur tous les organes ; le plus souvent, au contraire, chaque substance a un appareil où elle porte plus particulièrement son action; un médicament agira sur le système nerveux, l'autre sur la peau, celui-ci sur le cœur, celui-là sur les reins, etc., et en excitera ou ralentira les fonctions. — 2° *Effets consécutifs, thérapeutiques.* Ces effets, qui semblent prendre leur origine dans les effets primitifs et n'en être que la continuation ou la conséquence, sont encore plus obscurs et surtout beaucoup plus incertains, plus variables. Pour bien comprendre et expliquer les effets thérapeutiques des médicaments, il faudrait d'abord que leur action primitive fût bien connue, que la nature des maladies le fût également ; de plus, que la médecine fût régie par une seule doctrine ; or , il est bien évident que ces conditions sont loin d'être réalisables. Cette connaissance est peu importante au fond , et chaque système médical l'envisagera toujours à son point de vue ; en sorte que, sur ce sujet, les leçons de l'expérience, seules, méritent quelque confiance.

EFFEUILLAGE, EFFEUILLAISON, s. ; action d'enlever aux arbres tout ou partie de leurs feuilles. On a souvent confondu l'effeuillaison avec la *défoliation* : c'est à tort. Celle-ci ne doit s'entendre que de la chute naturelle des feuilles. L'effeuillaison est pratiquée dans des divers buts : pour procurer aux fruits plus de lumière et de soleil, pour assurer la reprise d'un arbre que l'on transplante, pour déprimer des moissons dont les feuilles sont trop vigoureuses, et enfin pour tirer parti des feuilles elles-mêmes. C'est dans cette vue que l'on effeuille le mûrier dans les localités où l'on élève les vers à soie ; que l'on arrache ailleurs les plus anciennes feuilles de la betterave, de l'orme, du frêne , de la vigne , etc. L'effeuillaison pratiquée trop tôt ou dans des proportions considérables fait périr les branches, souvent l'arbre lui-même. Il est toutefois des plantes qui la supportent bien mieux que d'autres.

EFFILÉ, ÉE , adj., *virgatus* ; aminci, grêle ; se dit de la tige , des rameaux.

EFFLANQUÉ , ÉE , adj. ; qui a le flanc creux : *cheval efflanqué.*

EFFLORESCENCE . s. f., *Efflorescentia*, de *efflorescere* , fleurir. — En *pathologie*, c'est un exanthème qui s'élève légèrement au-dessus de la surface de la peau , et qui disparaît promptement. — *Bot.* Premiers phénomènes de l'anthèse. — *Chimie.* Perte d'eau de cristallisation qu'éprouvent certains sels par leur exposition à l'air : ceux de soude , d'alumine , présentent surtout ce caractère. Ils deviennent ternes, opaques et se recouvrent d'une poussière blanche , farineuse , qu'on nomme elle-même *efflorescence.*

EFFLORESCENT, TE , adj., *efflorescens* ; substance cristallisée qui s'effleurit à l'air en perdant de l'eau de cristallisation : *sels efflorescents* : sulfate, carbonate de soude , alun, etc.

EFFLUVE , s. m. , *Effluvium* , de *effluere*, s'écouler ; on donne ce nom générique aux gaz simples , composés ou mélangés, qui se dégagent des flaques d'eau , des marais et de tous les lieux où des matières végétales se putréfient. La nature de l'effluve est inconnue ; on ne sait pas positivement quelle est sa partie active : l'analyse des gaz fait reconnaître dans l'air qui recouvre les lieux où se fait le dégagement de l'hydrogène proto et bi-carboné, de l'acide carbonique , de l'hydrogène libre, de l'ammoniaque, etc. ;

celle des gaz qui se dégagent immédiatement de la vase démontre, en outre, la présence de l'azote ; l'analyse élémentaire n'obtient que du carbone, de l'oxigène, de l'hydrogène et de l'azote. La vapeur d'eau recueillie en même temps que les gaz effluviens laisse déposer une forte proportion de matière organique qui se décompose avec rapidité. Est-ce à cette matière que sont dus les effets de l'effluve ? — C'est pendant la journée et surtout dans les jours chauds que les gaz effluviens se forment, se mêlent à l'air et s'élèvent pour retomber, le soir et pendant la nuit, avec la rosée et s'épandre aux environs. Cette dernière circonstance explique pourquoi le voisinage des étangs , des marais est dangereux pour l'homme et pour les animaux. Les courants d'air dispersent les effluves , les bois les arrêtent et les décomposent sans doute.—Les effets des effluves sont généralement caractéristiques. Sur l'homme, ils produisent des fièvres intermittentes. Sur les animaux , on observe des affections charbonneuses, gangreneuses qui revêtent jusqu'à un certain point le type intermittent ; on observe surtout l'ophthalmie périodique. Les solipèdes , les moutons, sont particulièrement sensibles à l'influence des marais. Les porcs les fréquentent à peu près impunément ; le buffle y passe une partie de son existence.

EFFORT , s. m. , *Nisus* ; contraction d'un ou de plusieurs muscles pour vaincre une résistance extérieure , ou pour aider l'action de quelque réservoir intérieur tendant à expulser les matières qu'il renferme , comme dans la défécation , l'accouchement, etc. — En *pathologie*, on donne plus particulièrement ce nom à des distensions musculaires , tendineuses ou ligamenteuses. Ces distensions sont causées, dans les grands animaux, par des mouvements violents, les ruades, les chutes, par exemple : elles sont fréquemment des causes occasionelles de fractures. — Le vulgaire appelle *effort* la douleur survenue dans une articulation et la claudication dont l'animal est affecté. *Effort d'épaule, V.* ÉCART : *effort de boulet, V.* ENTORSE ; *effort de reins, V.* LOMBAGO. — On donne aussi aux hernies le nom d'*efforts.*

EFFRITEMENT . s. m. ; épuisement d'une terre par le retour de certaines cultures. Une terre effritée n'est pas , à proprement parler, devenue stérile : elle ne l'est en effet que pour les végétaux qui ont les mêmes besoins que ceux qui ont produit l'effritement. Une plante céréale ne doit point succéder à une autre céréale , parce qu'il lui faut les mêmes éléments et dans le même lieu ; et ainsi de suite pour les autres plantes. Les labours répétés hâtent , l'effritement en augmentant la perte des engrais et des sels nécessaires à la végétation. Les fumures, les engrais salins, l'alternance, sont les seuls moyens de prévenir l'effritement ou d'y remédier.

ÉGAGROPILE . s. m. , *OEgagropilus* ; de αἴξ , chèvre , et πόᾳ , poil ; corps étranger qu'on rencontre dans les organes digestifs de plusieurs animaux, et qui sont formés de poils unis à des matières terreuses. On les rencontre fréquemment dans la caillette des ruminants, quelquefois dans l'intestin du cheval. Chez l'homme, on a trouvé des concrétions offrant une certaine analogie avec les égagropiles, et qui étaient formées par les balles contenues dans le pain d'avoine. Le plus souvent, leur présence ne cause aucun dérangement dans les fonctions digestives : les égagropiles d'un gros volume peuvent obstruer ou perforer les intestins et causer la mort. Leur volume varie depuis la grosseur d'une noisette jusqu'à celle de la tête d'un enfant ; leur poids peut s'élever jusqu'à 4 ou 5 kilog. On distingue deux sortes d'Égagropiles comprenant plusieurs espèces : 1° *Egagropiles calculeux* (Girard), *Eg. composés*, *Bézoards terreux*. Ils ont une forme sphérique, rarement aplatie : ils sont composés de couches concentriques diversement disposées sur un noyau central, qui est un corps étranger. Ces couches sont produites par du phosphate ammoniaco-magnésien, de la silice, des matières végétales ou animales. Ils se forment dans le cœcum ou la partie cœco-gastrique du colon du cheval. Fromage cite un cas de déchirure de l'intestin par un Bézoard terreux du poids de 4 kilog. — *2° Egagropiles simples* ou *proprement dits*. Ils sont composés de poils agglutinés par des matières animales ; on les trouve ordinairement dans les animaux ruminants ; ils sont rares dans les herbivores à estomac unique ; on les rencontre aussi dans le porc et le chien. On en reconnait de deux sortes: A. *Egagropiles non encroûtés.* Ce sont desagglomérations formées par la laine du mouton ou les poils du veau, de la vache, etc. Quelquefois ces poils sont feutrés dans différents sens ; d'autres égagropiles présentent des poils disposés dans la même direction, comme s'ils avaient été lissés avec une brosse. Ils ont une couleur grise, tirant plus ou moins sur le roux. Si l'on coupe un de ces produits, on ne trouve pas de noyau central ; les poils intérieurs sont inextricables et mêlés à des débris de fourrage. Les bouchers les trouvent surtout dans la caillette des veaux, quelquefois dans la panse et le bonnet. Ils sont ovoïdes et peuvent acquérir le volume du poing. B. *Egagropiles encroûtés.* Ils sont moins communs que les précédents. Ils ont un volume plus considérable : leur forme est sphérique. A leur surface extérieure, est une sorte de vernis, qui forme une croûte très adhérente, d'un à deux millimètres, composée de mucus et de phosphate de chaux. Ils n'ont pas de noyau central, point de couches concentriques ; les parties superficielles sont plus fortement feutrées que les autres. C'est seulement dans l'espèce bovine qu'on trouve des égagropiles encroûtés ; on ne sait pas s'ils se forment dans la caillette ou dans le bonnet. Diverses théories ont été données pour expliquer leur

développement. Breschet attribue leur formation à l'habitude qu'ont les animaux de se lécher, aux aspérités de la langue qui rassemble les poils comme un peigne, à la disposition de la gouttière œsophagienne, qui les réunit et les moule. — A certaines époques, où l'on a observé une grande mortalité sur des troupeaux de bêtes à laine, on a trouvé des égagropiles dans les estomacs d'un grand nombre de ces animaux qui avaient succombé. En 1803, un malheureux agriculteur du département de l'Eure faillit être condamné aux galères, comme convaincu d'avoir fait périr les moutons de son voisin, en leur donnant des gobes ou pelotes de laine prétendues empoisonnées. L'Ecole d'Alfort émit une opinion qui put heureusement empêcher cette condamnation ; elle prouva que ces corps étaient formés naturellement et ne pouvaient être attribués à l'œuvre de la malveillance.

EGAGROPILIFORME, adj. ; qui a la forme de l'égagropile ; *calcul égagropiliforme*.

ÉGAL. ALE, adj., *œqualis;* pareil, uniforme. *V.* POLYGAMIE.

ÉGILOPS ou **ÆGILOPS**, s. m., *Ægilops.* L., de αἴξ, chèvre, et ωψ, œil ; genre de plantes de la famille des Graminées, voisin du Triticum. Il se compose de cinq ou six espèces particulières aux contrées méridionales de l'Europe. On en trouve quatre dans le midi de la France. La plus intéressante est *l'Egilops ovata,* de laquelle une opinion qui a eu peu de succès a fait dériver le blé, *triticum sativum* — *Pathol.* Petit ulcère qui se forme à l'angle interne des paupières, près du sac lacrymal.

ÉGLANDER, v. a. ; opération qui consiste à extraire les ganglions tuméfiés sous la ganache d'un cheval. Ce moyen est inutile, quand ces glandes existent en même temps que la morve, parce qu'elles en sont un symptôme, une conséquence. Mais il y a indication d'extirper les ganglions indurés sous la ganache d'un cheval qui n'a pas d'autres signes d'une affection morveuse. Pour faire cette opération, on incise la peau qui recouvre la glande, et l'on dissèque celle-ci pour la détacher complétement ; on réunit ensuite les bords de la peau par une suture à points continus. Les accidents à craindre sont la lésion du canal excréteur de la glande parotide, et la piqûre de l'artère glossofaciale, à laquelle on remédie par la ligature.

ÉGLANTIER, s. m. ; nom d'une espèce de Rosier étendu à tous les rosiers sauvages, *V.* ROSIER.

ÉGOPHONIE, s. f., *Ægophonia*, de αἴξ, chèvre, et φωνη, voix ; bruit perçu par l'oreille dans l'auscultation de la poitrine d'un individu atteint d'un épanchement de liquides. La voix que fait entendre le malade est saccadée comme celle de la chèvre ; elle dénote une collection peu considérable. Ce symptôme ne peut être perçu dans les animaux.

ÉGOUTTEMENT, s. m.; cette expression, appliquée aux terres, au sol, désigne un desséchement sur une petite échelle, et destiné seulement à faire écouler les eaux qui mouillent accidentellement une terre cultivée, *V.* Desséchement.

ÉGRAINER ou **ÉGRAPPER**, v. act.; c'est séparer de leur grappe les graines d'un raisin mûr. Cette opération se fait au moyen d'instruments de formes diverses appelés *égrappoirs* ou *égrainoirs*. L'usage d'égrapper le raisin avant la fermentation n'est point général; l'habitude contraire a de nombreux partisans. La grappe facilite la fermentation, donne au vin de la force, de la durée, mais le rend âpre. Ces effets étant connus, on doit agir selon le but que l'on se propose. On n'égraine pas ordinairement le raisin blanc, ni celui dont le jus est destiné à être *brûlé* pour la distillation des eaux-de-vie. On égrappe, d'ailleurs, plus souvent dans le Midi que dans le Nord.

ÉGRENAGE, s. m.; s'entend de l'action de séparer les grains de leurs épis, les graines de leurs péricarpes, *V.* Battage.

ÉGYPTIAC, *V.* Oxymellite de cuivre.

ÉJACULATEUR, adj., *ejaculator*, de *jaculare*, darder, lancer; qui darde, qui lance. — *Conduits* ou *canaux éjaculateurs*: conduits résultant de l'union du col des vésicules séminales et de la terminaison des conduits efférents, s'ouvrant dans la portion pelvienne de l'urètre, dans le *veru-montanum*. Ces deux canaux ont pour usage de lancer le sperme dans l'urètre pendant l'acte de la copulation.

ÉJACULATION, s. f., *Ejaculatio;* action de darder, de lancer. Ce mot est employé pour exprimer l'émission rapide et saccadée du sperme, lors de l'accouplement.

ÉLABORATION, s. f., *Elaboratio*, de *laborare*, travailler. On exprime par ce mot les différentes modifications que les organes des animaux ou des plantes font subir aux substances qu'ils introduisent dans leurs cavités intérieures, pour leur entretien. C'est ainsi que l'estomac élabore les aliments pour en former le chyme; que le chyme est élaboré lui-même dans l'intestin, l'air dans le poumon, les fluides sécrétés dans leurs réservoirs, etc.

ÉLÆAGNÉES. s. f., *Elœagneœ;* famille de plantes dicotylédones, apétales, périgynes, à fleurs hermaphrodites ou diclines. Elle se compose d'arbres ou d'arbrisseaux. Genres principaux: *Elœagnus, Hippophae, Shepherdia*, etc. C'est au premier que se rapportent ces arbrisseaux à fleurs odorantes et si communs dans l'Inde, désignés par les botanistes sous le nom générique de *Chalef.*

ÉLÆIS, s. m., *Elœis;* genre de la famille des Palmiers. On attribue la production de l'huile de palme à l'*Elœis guineensis.* Le *beurre de Bambouc*, le *beurre de Galam*, sont aussi regardés comme des produits de cet arbre. D'autres auteurs font provenir cette dernière substance de l'*Elœis butyracea.*

ÉLÆOCARPÉES, s. f., *V.* Tiliacées.

ÉLAGAGE, s. m.; opération qui consiste à couper principalement les branches inférieures d'un arbre, dans le but de faire développer et grandir la tige, de tenir les arbres plus droits, et enfin de se procurer des fagots pour le chauffage. L'élagage ne se pratique que sur les grands arbres et dans certaines limites. On ne l'applique aux arbres fruitiers que par exception. La récolte périodique des branches du saule têtard est un élagage complet, qui n'est guère applicable qu'à cet arbre. L'opération de l'élagage se pratique habituellement au printemps.

ÉLAÏDINE, s. f.; produit particulier résultant, d'après Félix Boudet, de l'action de l'acide hypoazotique sur les huiles grasses. L'élaïdine est solide, blanche, inodore, fusible à 36°, insoluble dans l'eau, faiblement soluble dans l'alcool, et se dissolvant, au contraire, avec facilité dans l'éther. Les alcalis la saponifient en donnant naissance à de la glycérine et à un acide particulier appelé *élaïdique*, qui est solide, fusible à 44°, et peu volatil.

ÉLAINE, *V.* Oléine.

ÉLAIOMÈTRE ou **OLÉOMÈTRE**, s. m., de ἔλαιον, huile, et μέτρον, mesure; espèce d'aréomètre destiné à reconnaître la pureté des huiles grasses par leur densité; il en existe plusieurs. Celui de Gobley marque zéro dans l'huile d'œillette, et 50° dans l'huile d'olive pure; les degrés intermédiaires indiquent la composition du mélange de ces deux huiles, pour lequel il est spécialement destiné.

ÉLANCÉ, **ÉE**, adj., *elatus;* se dit d'une partie ou d'un individu dont les dimensions en hauteur ou en longueur l'emportent beaucoup sur les dimensions en largeur, en prenant pour terme de comparaison les conditions moyennes. C'est dans ce sens que l'on dit: un *arbre élancé*, une *tige élancée*, un *cheval élancé.*

ÉLANCEMENT, s. m., *Lancinatio;* impression d'une douleur subite, analogue à celle produite par un léger coup de lance. *Douleur lancinante;* elle précède ordinairement la suppuration.

ÉLARGI, **IE**, adj., *extensus;* accru dans le sens transversal.

ÉLASTICITÉ, s. f., *Elasticitas*, de ἐλαστής, qui pousse, dérivé de ἐλάω, je pousse, je presse; propriété dont jouissent certains corps de revenir à leur forme et à leurs dimensions primitives, dès que la force extérieure, qui les avait modifiées, cesse d'agir. Elle est due à l'action des forces constitutives de la matière, qui tendent à maintenir constamment les molécules des corps dans une sorte de position d'équilibre. Différente dans son mécanisme et son intensité selon les corps, l'élasticité doit être examinée dans les solides, les liquides et les gaz. 1° *Elasticité des corps solides.* Pour qu'un corps solide soit élastique, il faut qu'il soit *ténace* pour ne pas se briser ; *dur*, peu *malléable* et peu *ductile* pour ne pas trop se déformer : aussi cette propriété est-elle très différemment développée dans cette classe de corps : les uns sont complètement élastiques, les autres incomplètement : enfin quelques-uns sont entièrement dépourvus d'élasticité. Le mécanisme du jeu élastique des corps solides est peu connu et paraît varier, du reste, avec le mode d'action de la force agissante : cependant, on suppose que les molécules de ces corps, maintenues dans une sorte d'équilibre par la force *attractive* et la force *répulsive* qui agissent constamment sur la matière, tendent à y revenir, lorsqu'une force extérieure plus énergique les a déplacées. Ce retour ne s'effectue pas instantanément, et les molécules exécutent, autour de leur position d'équilibre, une série d'oscillations isochrones, à la manière du pendule. L'élasticité des corps solides peut être mise en jeu par la *pression*, la *traction*, la *flexion* et la *torsion ;* chacun de ces modes est soumis à des lois particulières, qu'il serait trop long de faire connaître. Considérée dans les corps solides, l'élasticité joue un rôle important dans les phénomènes de la matière pondérable ; c'est à elle que sont dues les vibrations qui engendrent les sons, les particularités les plus intéressantes du choc des corps, du mouvement réfléchi, le jeu de beaucoup de machines et d'instruments, etc. La vie des plantes et des animaux est soumise, dans quelques-uns de ses actes, à l'empire de l'élasticité des organes qui en sont chargés, *V.* Élasticité de pied, Circulation. Respiration, Locomotion, etc. 2° *Élasticité des liquides.* Cette propriété est parfaite dans ces corps, puisqu'ils reprennent exactement leur première forme et leur premier volume après la compression, qu'ils produisent et transmettent les sons, qu'ils rejaillissent à la surface des solides, ou les uns sur les autres, etc.; mais le jeu élastique de ces corps se fait dans une sphère très étroite. 3° *Élasticité des gaz et des vapeurs.* Dans les fluides aériformes, l'élasticité est très prononcée et d'un mécanisme fort simple ; elle se développe principalement par la pression. Leurs molécules, tenues à une certaine distance les unes des autres par une force répulsive énergique, opposent à leur rapprochement une résistance de plus en plus grande à mesure que la pression augmente, et reviennent rapidement et complètement à leur position primitive, aussitôt que la compression a cessé. Aussi, dans les gaz permanents, l'élasticité est toujours proportionnelle à la pression qu'ils supportent, *V.* Loi de Mariotte. Dans les gaz très coercibles et surtout dans les vapeurs, la force élastique a moins d'énergie, et lorsque la pression est arrivée à un certain degré, elle est vaincue, et le fluide se résout en liquide. La température et la saturation ont, sur le degré d'élasticité des vapeurs, la plus grande influence. *V.* Vapeur et Tension. — *Bot.* Si

l'élasticité tend toujours à faire reprendre leur place aux molécules, lorsqu'elles en ont été détournées par une force, ce n'est point à cette propriété seule que les étamines, dans beaucoup de fleurs, les fruits de la balsamine, etc., doivent de s'étendre, de se diviser tout-à-coup, à certaine époque de la végétation, *V.* Reptilité.

ÉLASTIQUE, adj., *elasticus ;* qui est doué d'élasticité : *fluides élastiques :* nom qu'on donne aux gaz, à cause de leur élasticité parfaite. *Gomme élastique :* nom donné au caoutchouc, qui jouit d'une grande élasticité ; plusieurs tissus de l'économie animale jouissent d'une élasticité très prononcée, tels sont le tissu fibreux jaune, la tunique moyenne des artères, les cartilages, la corne, etc.

ÉLATÈRE, s. m., *Elater ;* de Candolle appelle ainsi les filets élastiques, membraneux, tordus, qui, dans quelques hépatiques, fixent les graines au placenta et les dispersent à la maturité.

ÉLATÉRIE, s. f., *Elaterium*, de ἐλατήρ, qui pousse ; Richard a donné ce nom à un fruit libre, composé de coques bivalves faisant saillie à la circonférence, et s'ouvrant au moment de la maturité des graines. Tel est le fruit des Euphorbiacées et de beaucoup de Malvacées. On peut le regarder comme une capsule composée de plusieurs coques réunies. C'est le *Regmate* de Mirbel.

ÉLATÉRINE, s. f.; principe actif du concombre sauvage.

ÉLATÉRIUM, s. m.; nom pharmaceutique du concombre sauvage.

ÉLECTIF, IVE ; adj., *electivus ; médicaments électifs :* ceux qui agissent spécialement sur une maladie, ou qui portent leur action plus particulièrement sur un organe. *Affinité élective :* celle qui porte un élément à se combiner à un corps de préférence à tout autre : cette affinité n'est pas absolue et invariable ; elle dépend de circonstances nombreuses, comme l'état des corps, leur solubilité, leur température, etc.

ÉLECTION, s. f. *Electio*, de *eligere*, choisir ; partie de la pharmacie qui traite du choix des substances employées comme médicaments. Cette opération comprend la distinction individuelle des drogues simples, qui est fondée sur la connaissance de leurs caractères chimiques, botaniques et zoologiques, et l'emploi des moyens à l'aide desquels on peut reconnaître leur degré de pureté. L'élection des médicaments s'entend aussi du choix du moment le plus favorable à leur administration, *V.* Opportunité.

ÉLECTRICITÉ, s. f., de ἤλεκτρον, dérivé de ἕλκω, j'attire ; nom grec du succin ou ambre jaune, sur lequel on a observé primitivement les phénomènes électriques, environ 600 ans avant Jésus-Christ. On appelle *électricité* un fluide impondérable que l'on considère comme la cause de certains phénomènes appelés *électriques*, et parmi lesquels ceux de la *foudre* sont à la fois les plus frappants et les plus terribles. Ces phénomènes consistent principalement en des attractions et répulsions de la matière pondérable, en des effets mécaniques, magnétiques, chimiques, lumineux, physiologiques, etc., d'un caractère particulier. La nature du fluide électrique, comme celle du calorique et de la lumière, est complètement inconnue ; on admet qu'entre ces trois principes il existe une grande analogie et que, probablement, ils ont une origine commune. Il existe, sur l'état naturel du fluide électrique, dans la matière pondérable, deux systèmes principaux : celui de Franklin et celui de Dufay et Simmer ; dans le premier, on admet que, dans les corps, l'électricité naturelle, formée d'un seul fluide, ne donne lieu à aucun phénomène tant qu'elle est en équilibre, mais aussitôt que, par le frottement ou tout autre cause, l'équilibre est rompu, l'électricité donne naissance à ses effets caractéristiques ; sur certains corps, elle est en *excès (état positif)*; sur d'autres elle est en *moins (état négatif)*, comparativement à l'état d'équilibre. Dans l'autre système, on admet l'existence de deux fluides qui, combinés l'un à l'autre, formeraient le *fluide neutre*, qui existerait naturellement dans tous les corps, dans les circonstances ordinaires ; décomposé par une cause quelconque, ce fluide se dédoublerait et fournirait deux fluides distincts : l'un qu'on appelle *vitré* ou *positif*, et l'autre *résineux* ou *négatif*. Cette dernière hypothèse est généralement admise. Les moyens de développer l'électricité, ou de rompre son état d'équilibre dans la matière pondérable, sont très nombreux et généralement fort simples ; ils comprennent le *frottement*, qui est le plus anciennement connu, la *percussion*, le *choc*, les *changements d'état* et *de température*, le *contact de corps hétérogènes*, les *combinaisons chimiques*, les *phénomènes physiologiques*, etc. Quoique restant la même, au fond, l'électricité présente pourtant certains caractères spéciaux selon la cause de son développement ; il sera utile de les faire connaître. Lorsque l'électricité est devenue libre, elle se comporte différemment selon la nature des corps : il en est qui ne peuvent la conserver et la laissent librement passer dans leur substance ; on les appelle corps *bons conducteurs* (métaux, tissus organiques, la plupart des liquides, globe terrestre); d'autres la conservent aisément en la répandant sur leur surface, mais ne s'en laissent pas pénétrer ; on nomme ces corps *mauvais conducteurs* ou *isolants* (succin, résine, gomme laque, verre, soufre, soie, etc.), *V.* CONDUCTIBILITÉ. Le fluide électrique, répandu à la surface d'un conducteur isolé, forme une couche plus ou moins épaisse et dont la *tension* ou la tendance à se répandre dans l'espace est en raison directe de l'épaisseur de cette couche. Distribuée régulièrement à la surface d'une sphère, l'électricité s'accumule aux extrémités des corps, sur leurs angles, leurs arêtes, et y acquiert une tension considérable ; c'est ce qui explique l'influence des *pointes* sur la déperdition de l'électricité libre des conducteurs. Lorsque le fluide électrique est libre et forme une couche d'une certaine épaisseur, il donne lieu, entre les corps pondérables sur lesquels il est répandu ou qui se trouvent dans sa sphère d'activité, à quelques phénomènes particuliers qui sont soumis à certaines lois. Les attractions et répulsions électriques ont lieu d'après les lois suivantes : 1° *Les corps électrisés attirent ceux qui sont à l'état naturel;* 2° *un corps électrisé positivement attire celui qui est électrisé négativement, et réciproquement ;* 3° *les corps chargés d'électricité de même nom se repoussent, et s'attirent dans le cas contraire ;* 4° *les corps qui se sont attirés se repoussent après le contact;* 5° *les attractions et répulsions électriques sont réciproques ;* 6° *elles sont proportionnelles à l'épaisseur ou à la tension de la couche électrique ;* 7° *leur énergie est en raison inverse du carré des distances.* Indépendamment des attractions et répulsions matérielles, l'électricité produit aussi des aigrettes lumineuses, lorsqu'on approche à une certaine distance un corps à l'état naturel d'un conducteur chargé, *V.* ÉTINCELLE ÉLECTRIQUE. Elle peut aussi embraser certains corps, en briser d'autres, en décomposer plusieurs, et déterminer des *commotions* en parcourant les organes des corps vivants. — A. *Électricité statique* ou *par frottement.* Cette électricité, dont les caractères viennent surtout d'être étudiés, se développe par le frottement des corps les uns sur les autres ; s'ils sont bons conducteurs, ces corps devront être *isolés.* Le frottement produit toujours deux électricités de nom contraire : une qui se porte sur le corps frotté, et l'autre sur le corps frottant. Cette espèce d'électricité est appelée *statique*, parce qu'elle se fixe à la surface des corps, où, malgré sa tension, elle est maintenue par la pression atmosphérique dans une sorte d'équilibre.—B. *Électricité par influence.* C'est aussi une électricité statique, qui se développe sur les corps conducteurs isolés par l'influence d'un corps déjà électrisé. Ce mode d'électrisation des corps est fort simple, et joue un grand rôle dans les phénomènes de l'électricité statique ; voici comment on l'explique : un conducteur chargé d'électricité étant placé à une certaine distance d'un conducteur à l'état naturel, décompose par influence son fluide neutre et sépare les deux fluides libres en attirant celui de nom contraire vers les parties les plus rapprochées, et en repoussant le fluide de nom semblable dans les points les plus éloignés du conducteur isolé. Si, pendant l'action du conducteur électrisé, on a donné écoulement à l'électricité repoussée, le conducteur influencé restera chargé de fluide de nom opposé, lorsqu'on le portera hors de la sphère d'activité du premier; dans le cas contraire, dès que l'influence du conducteur électrisé aura cessé, les deux fluides du conducteur à l'état naturel se recombineront pour former du fluide neutre, et tout rentrera dans le premier état. — C. *Électricité dissimulée.* Électricité libre qui est dépourvue de tension, par suite de l'influence qu'exerce sur elle une autre électricité libre à travers une lame non conductrice ; c'est cette espèce d'électricité qui existe dans les condensateurs, la bouteille de Leyde, le carreau électrique, etc. (*V.* ces mots). — D. *Électricité de contact*, *électricité galvanique*, *voltaïque*, *dynamique.* Cette variété remarquable d'électricité, se développe par le simple contact des corps hétérogènes ; elle présente des caractères tout spéciaux, et produit des phénomènes très remarquables ; il en sera traité aux mots *galvanisme, pile voltaïque* (*V.* ces mots). — E. *Électricité atmosphérique.* Électricité naturelle de l'atmosphère, qui s'accumule parfois dans les nuages et donne naissance aux phénomènes de la *foudre* (*V.* ce mot). Elle existe dans l'atmosphère la plus pure, et varie en quantité et en nature, selon les saisons, les heures de la journée, les phénomènes météorologiques de l'air, etc. Celle des nuages est surtout abondante dans les contrées et la saison chaudes ; elle varie aussi de nature et de quantité, selon les circonstances. L'électricité de l'air et celle des nuages paraissent dues à l'évaporation de l'eau à la surface de la terre, à la végétation, aux vents ou courants de l'atmosphère, aux changements d'état de la vapeur aqueuse dans l'air, etc. Cette électricité est de même nature que celle produite par des moyens ordinaires ; ce qui avait déjà été soupçonné par les anciens physiciens et démontré de la manière la plus évidente, vers le milieu du siècle dernier, tant en Amérique qu'en France. — F. *Électricité magnétique : V.* Magnétisme. — G. *Électricité animale :* électricité produite par certains animaux de la classe des poissons et munis à cet effet d'appareils spéciaux, *V.* Torpille, Gymnote. — L'électricité, si universellement répandue, paraît jouer dans la vie des êtres organisés un rôle aussi important que dans l'économie générale de la nature. Elle est appelée à rendre de grands services à l'industrie humaine.

ÉLECTRIQUE, adj., *electricus ;* qui a rapport à l'électricité ou qui est de sa nature. *Aigrette électrique: V.* Étincelle. — *Atmosphère électrique :* couche d'électricité qui entoure un conducteur isolé, un nuage. *Bain électrique: V.* Bain. — *Balance électrique* ou *de Coulomb: V.* Électromètre. — *Batterie électrique: V.* Batterie. — *Commotion électrique :* secousse plus ou moins forte que l'électricité produit en traversant les organes de l'homme et des animaux ; elle se fait sentir surtout aux articulations, et

provient d'une contraction brusque des muscles, déterminée par le courant électrique qui parcourt les nerfs. — *Courant électrique: V.* Courant. — *Étincelle électrique: V.* Étincelle. — *Fluide électrique : principe, cause, force,* qui produit les phénomènes électriques. — *Frictions électriques :* elles se font de deux manières : en approchant à une certaine distance d'une partie malade un conducteur chargé d'électricité, ou en frottant cette partie pendant que le corps, supporté par un isoloir, communique avec une source d'électricité. — *Machine électrique: V.* Machine. — *Pendule électrique : V.* Électromètre. — *Tension électrique :* tendance plus ou moins grande de la couche d'électricité d'un conducteur isolé à se répandre dans l'espace ; elle est due à la répulsion réciproque des molécules d'un fluide semblable, et se trouve contrebalancée, en partie, par la pression atmosphérique.

ÉLECTRISABLE, adj. ; susceptible d'être électrisé ; c'est le cas de la plupart des corps solides ; ceux qui sont bons conducteurs, doivent être isolés.

ÉLECTRISATION. s. f., *Electrisatio ;* développement de l'électricité dans les corps, au moyen de divers procédés ; action de soumettre un malade à l'action de l'électricité.

ÉLECTRO-CHIMIE, s. f. : partie du galvanisme qui traite de l'action de la pile dans les combinaisons et décompositions chimiques, (*V.* Pile et Galvanoplastie). Système dans lequel on explique tous les phénomènes chimiques par l'intervention du fluide électrique.

ÉLECTRO-CHIMIQUE, adj. : qui a rapport à l'électro-chimie ; *phénomène électro-chimique :* celui qui est dû à l'action d'un courant ou d'une étincelle électrique ; il consiste en une combinaison ou en une décomposition.

ÉLECTRO-DYNAMIQUE, s. f., de ἤλεκτρον, électricité, et δύναμις, force ; on donne ce nom à la partie de la physique qui traite de l'action réciproque des courants électriques les uns sur les autres, et de celle des courants sur les aimants. Cette partie importante de l'histoire de l'électricité a été découverte par OErsted, en 1820, et enrichie surtout de faits nombreux et intéressants par Ampère. Les phénomènes les plus importants de l'électro-dynamique peuvent se résumer ainsi : deux courants électriques parallèles s'attirent, s'ils sont dirigés dans le même sens ; et se repoussent, s'ils marchent en sens contraire. L'effet est le même entre un courant droit et un courant sinueux, pourvu que les sinuosités ne s'éloignent pas trop du parallélisme. Lorsque les courants sont croisés ou vont en divergeant ou en convergeant, ils s'attirent dans les points où ils se rapprochent, ou s'éloignent l'un et l'autre, et se repoussent dans ceux où l'un des courants s'éloigne pendant que l'autre se rapproche, et réciproquement. Deux courants croisés à angle droit tendent à devenir parallèles pour marcher dans le même sens. Ces attractions et ces répulsions deviennent apparentes dans les appareils où les conducteurs sont mobiles. Un courant électrique, qui traverse un fil conducteur, fait naître un courant dans un fil voisin; c'est ce qu'on nomme un *courant par induction;* il est dans le même sens, quand le courant commence; et en sens contraire, quand il finit. Un courant électrique attire et aimante les corps magnétiques; ainsi, un morceau d'acier entouré d'une spirale en fil de fer, dans laquelle on fait passer un courant électrique, devient un aimant. Enfin, un aimant, par une action réciproque, peut faire naître un courant dans un fil conducteur qui l'entoure. L'action des courants sur l'aiguille aimantée, librement suspendue par son centre, est très remarquable; le principe le plus général de cette action peut s'énoncer ainsi : *un courant, qui agit sur une aiguille aimantée, tend à la diriger en travers de la direction du courant.* Si le courant passe au-dessus de l'aiguille, et selon sa direction, le pôle nord sera chassé à droite ou à gauche selon la direction du courant, et l'aiguille formera, avec le fil conducteur, un angle droit; si le courant passe au-dessous, les effets seront inverses des précédents. Le courant passant à droite ou à gauche de l'aiguille aimantée, la pointe nord s'élèvera ou s'abaissera; enfin, si le fil est disposé en cercle et l'aiguille placée sur le diamètre de ce cercle, les effets révolutifs du courant seront doublés, parce que le fil agira en dessus et en dessous de l'aiguille; et si le fil est enroulé un grand nombre de fois autour de l'aiguille, et que, par ses extrémités, il soit en contact avec une source d'électricité, l'effet révolutif sera proportionnel au nombre des circuits du fil conducteur. C'est sur ce principe que les galvanomètres ou multiplicateurs sont construits. *V.* Galvanomètre.

ÉLECTRO-GALVANIQUE, adj.: qui a rapport au galvanisme; *phénomène électro-galvanique:* qui est produit par la *pile, V.* ce mot et Galvanisme.

ÉLECTRO-MAGNÉTIQUE, adj.; qui a rapport à l'électricité et au *magnétisme,* (*V.* ce mot et Électro-dynamique).

ÉLECTRO-MAGNÉTISME, s. m. ; ensemble des phénomènes produits par les courants électriques sur les aimants; partie de la physique qui traite de ces phénomènes et de leurs lois; synonyme d'électro-dynamique (*V.* ce mot).

ÉLECTROMÈTRE ou **ÉLECTROSCOPE**, s. m. , *Electrometrum,* de ηλεκτρον, électricité, et μετρον, mesure. On donne ce nom à de petits instruments destinés à mesurer la tension et la nature de l'électricité statique répandue à la surface d'un conducteur isolé. Ceux qui sont employés à mesurer l'électricité *dynamique* sont appelés *galvanomètres* ou *multiplicateurs* (*V.* ces mots). Les électro-mètres sont principalement fondés sur la répulsion mutuelle des corps chargés d'une électricité de même nature. Le plus simple est le *pendule électrique,* formé d'un fil de soie suspendu à l'extrémité d'une tige recourbée supportée par un pied, et portant inférieurement une petite balle en moëlle de sureau; c'est cette balle qui est attirée ou repoussée par les corps électrisés selon les circonstances, et qui indique la nature et la force de l'électricité. L'électromètre à *feuilles d'or* se compose d'un petit plateau couvert de résine et uni au pourtour avec l'ouverture d'une petite cloche en verre, dont le fond est percé d'un petit trou dans lequel passe un conducteur métallique, terminé en dehors par une boule et en dedans par une petite pince qui soutient les lames d'or ; ces lames, qui sont parallèles, peuvent être remplacées par deux *pailles* ou deux balles de sureau. Le degré d'écartement des lames , lorsque l'instrument est à l'état naturel et qu'on électrise le conducteur , indique la force de l'électricité, et l'écartement ou le rapprochement des lames de l'électroscope, déjà chargé d'une électricité connue, fournit le moyen de déterminer la nature d'une électricité donnée. — *L'électromètre à cadran* ou de Henley est formé d'une tige métallique portant un demi-cercle gradué et une petite tige d'ivoire garnie d'une boule de moëlle de sureau à son extrémité libre, qui sert, par ses mouvements sur le demi-cercle gradué, à indiquer la tension électrique; il fait habituellement partie du conducteur de la machine électrique sur lequel il est vissé. *L'électromètre condensateur* se compose , comme l'indique son nom, d'un condensateur au plateau inférieur duquel est adapté un électromètre à lames d'or; quand on enlève le plateau supérieur , l'électricité de l'inférieur devient libre et fait diverger les lames ; on reconnaîtra aussi, à l'aide de cet instrument, la nature d'une électricité quelconque, comme avec l'électromètre à lames d'or. — La *Balance de Coulomb* est l'électroscope et l'électromètre le plus sensible et le plus exact à la fois ; c'est par son moyen que l'inventeur a déterminé , d'une manière si remarquable, les lois des attractions et répulsions électriques. Cet instrument se compose d'une cage cylindrique en verre , au centre de laquelle est suspendu verticalement un fil métallique très fin, supportant par son milieu une petite aiguille en gomme laque disposée horizontalement, et munie, à l'une de ses extrémités, d'un petit disque en clinquant; un grand cercle gradué gravé au pourtour de la cage et un plus petit en dehors servent à indiquer l'étendue des mouvements de l'aiguille; une ouverture placée à la partie supérieure de la cage permet de descendre dans son intérieur les corps électrisés, et d'étudier leur influence sur l'aiguille de la balance, le fil étant sans torsion ; l'angle de torsion de ce fil servira à mesurer l'intensité de l'électricité du corps soumis à l'expérience.

ÉLECTROMÉTRIE, s. f. : partie de la physique qui traite de la mesure de la tension de l'électricité, au moyen des électromètres.

ÉLECTROMÉTRIQUE, adj. : qui a rapport à l'électrométrie.

ÉLECTRO-MOTEUR, TRICE, s. m., de ἤλεκτρον, électricité, et *movere*, mouvoir, exciter. *Appareil électro-moteur* : assemblage de corps hétérogènes qui développent par leur contact un courant électrique. *Éléments électro-moteurs* : nom donné par Volta aux métaux, à cause de leur faculté de développer de l'électricité par leur contact mutuel. *Force électro-motrice* : puissance particulière qui se développerait par le contact des corps hétérogènes, et jouirait de la propriété de décomposer le fluide naturel de ces corps, de distribuer les deux sortes d'électricité sur chacun d'eux, et de s'opposer, jusqu'à un certain point, à leur recomposition. Cette force, admise par Volta, doit être rapportée à l'action chimique qui s'exerce entre les corps hétérogènes mis en contact. *V.* PILE.

ÉLECTRO-NÉGATIF, IVE, adj.; nom donné aux corps chargés d'électricité *résineuse* ou *négative*; état naturel d'un corps qui se porte au pôle *positif* de la pile dans les décompositions chimiques, ex. : *oxygène, acides*. Cet état n'a rien d'absolu : il se détermine par comparaison; souvent un corps est électro-négatif par rapport à un corps déterminé, et électro-positif relativement à un autre élément.

ÉLECTROPHORE, s. m., de ἤλεκτρον, électricité, et φέρω, je porte; sorte de machine électrique très simple, imaginée par Volta. Elle se compose d'un gâteau de résine parfaitement uni à la surface, coulé dans un moule en bois ou en métal, et d'un plateau métallique, ou en bois recouvert d'étain, muni d'un manche isolant, à l'aide duquel on peut l'enlever. — On charge l'électrophore en frappant sa surface avec une peau de chat parfaitement sèche; il se développe de l'électricité résineuse. Quand on place sur le gâteau de résine électrisé le plateau mobile, le fluide neutre de celui-ci se décompose : l'électricité positive s'accumule à la face inférieure du plateau, et le fluide négatif à la face supérieure. Si l'on enlève ce plateau sans avoir préalablement touché sa surface, il ne donne aucun signe d'électricité, parce que les éléments séparés de son fluide neutre se recombinent et le ramènent à l'état naturel. Mais, si l'on touche la surface du plateau avant de le séparer du gâteau de résine, on donne écoulement à l'électricité résineuse qui y était accumulée, et il reste chargé de fluide vitré. On peut en tirer alors une vive étincelle en en approchant le doigt, et recommencer plusieurs fois la même opération sans avoir à battre de nouveau la surface du gâteau de résine. — L'électrophore est d'un fréquent usage dans les laboratoires pour enflammer les mélanges gazeux.

ÉLECTRO-PUNCTURE, s. f., *Electro-punctura*, de *electrum*, électricité, et *pungere*, piquer : opération qui consiste à faire pénétrer une ou plusieurs aiguilles dans des parties souffrantes, et à diriger sur ces aiguilles des courants électriques. Synonymie : *Electro-acupuncture, galvano-puncture*. Elle a été employée dans les paralysies musculaires, dans certains cas d'inertie des viscères. Ce moyen produit des sensations très douloureuses, des contractions convulsives presque insupportables. Les aiguilles s'oxident et noircissent; des phlyctènes soulèvent l'épiderme comme dans les brûlures : quelquefois de petits furoncles se développent. Les résultats thérapeutiques obtenus par cette méthode sont encore douteux.

ÉLECTRO-POSITIFS, adj : corps chargés d'électricité *positive*, ou qui se portent au pôle négatif de la pile, dans la décomposition des corps dont ils font partie : ex., *potassium, sodium, bases salifiables*. Cet état, comme le précédent, n'est que comparatif.

ÉLECTROSCOPE, s. m., de ἤλεκτρον, électricité, et σκοπεῖν, examiner : synonyme d'*électromètre*. (*V.* ce mot.)

ÉLECTUAIRE, s. m., *Electuarium*, de *eligere*, choisir : on donne ce nom à des préparations magistrales de consistance de pâte molle, destinées exclusivement à l'usage interne. Les électuaires ne diffèrent des *bols* et des *pilules* que par une consistance moins grande et l'absence de toute forme déterminée. Ils prenaient autrefois le nom d'*opiats*, lorsqu'ils contenaient de l'opium; mais, aujourd'hui, cette distinction surannée n'est plus admise, et les deux mots sont considérés comme synonymes. Les électuaires destinés aux animaux ont pour excipients ordinaires le *miel* et la *mélasse*, plus rarement la cassonade, l'extrait de genièvre, et beaucoup plus rarement encore les sirops. Les matières actives des électuaires sont très variables; ce sont, le plus souvent, des préparations minérales pulvérisées, solubles ou insolubles; des poudres végétales, des extraits, des sucs bruts, etc. Toutes ces substances sont employées isolément ou combinées. La préparation des électuaires est simple et doit être effectuée, au moment même de l'emploi du médicament; car ces préparations s'altèrent promptement. La partie active du médicament est incorporée par trituration avec l'excipient, à l'aide d'une spatule ou d'un pilon. Lorsque l'électuaire ne renferme qu'une seule substance, on dit qu'il est *simple*; quand il en contient plusieurs, il est *composé*, et peut l'être plus ou moins. Les électuaires, selon leurs qualités, sont appelés *adoucissants, astringents, diaphorétiques, diurétiques, fondants, purgatifs, stimulants, toniques, vermifuges*, etc. Toutes les formules étant magistrales, et par conséquent variables au gré du praticien, nous n'en rapporterons aucune.

ÉLÉMENT, s. m., *Elementum*. On donne ce nom, en *chimie*, aux corps qui n'ont fourni jusqu'ici à l'analyse qu'une seule substance. Ces corps ne sont donc pas *simples absolument*, mais seulement par rapport aux moyens actuels dont la science peut disposer pour la décomposition des corps. Les anciens n'admettaient que quatre éléments : le *feu*, l'*air*, l'*eau* et la *terre*; et cette croyance singulière a été admise à peu près sans contestation jusque vers la fin du siècle dernier : époque, où Lavoisier analysa ces prétendus éléments et posa d'une main si ferme les fondements de la chimie moderne. Dans l'état actuel de la science, on reconnaît l'existence d'environ soixante éléments qui, par leurs associations diverses, constituent tous les corps connus, tant minéraux qu'organiques. Ces éléments sont divisés en *métalloïdes* et en *métaux* (*V.* ces mots). Voici leurs noms d'après l'ordre alphabétique :

1° MÉTALLOÏDES.

1° Arsenic.	9° Iode.
2° Azote.	10° Oxygène.
3° Bore.	11° Phosphore.
4° Brôme.	12° Sélénium.
5° Carbone.	13° Silicium.
6° Chlore.	14° Soufre.
7° Fluor.	15° Tellure.
8° Hydrogène.	

2° MÉTAUX.

16° Aluminium.	39° Nickel.
17° Antimoine.	40° Niobium.
18° Argent.	41° Or.
19° Baryum.	42° Osmium.
20° Bismuth.	43° Palladium.
21° Cadmium.	44° Pélopium.
22° Calcium.	45° Platine.
23° Cérium.	46° Plomb.
24° Chrôme.	47° Potassium.
25° Cobalt.	48° Rodium.
26° Cuivre.	49° Ruthénium.
27° Didyme.	50° Sodium.
28° Erbium.	51° Strontium.
29° Etain.	52° Tantale.
30° Fer.	53° Terbium.
31° Glucinium.	54° Thorium.
32° Iridium.	55° Titane.
33° Lantane.	56° Tungstène.
34° Lithium.	57° Uranium.
35° Magnésium.	58° Vanadium.
36° Manganèse.	59° Yttrium.
37° Mercure.	60° Zinc.
38° Molybdène.	61° Zirconium.

Phys. Éléments de la pile : métaux qui forment les couples de cet instrument, *V.* **Pile.** — *Anat. Éléments organiques, V.* **Organique.**

ÉLÉMENTAIRE, adj., *elementarius*; qui constitue un élément ou qui y a rapport. *Principes élémentaires des corps :* les éléments eux-mêmes. *Analyse élémentaire des substances organiques :* celle qui remonte jusqu'aux éléments eux-mêmes et en détermine le nom et la proportion : par opposition à l'*analyse immédiate*, qui sépare seulement les principes immédiats des substances végétales ou animales. — *Anat.* — *Tissus élémentaires :* tissus simples auxquels peuvent se réduire tous les tissus qui composent un corps organique. Tels sont les tissus cellulaire, nerveux et musculaire. — *Bot.* Les phytologistes admettent dans les végétaux trois tissus élémentaires : 1° le *tissu cellulaire* ou *utriculaire*; 2° le *tissu fibreux*; 3° le *tissu vasculaire*. Le premier, seul, peut suffire à la composition d'un végétal; c'est ce qui a lieu, en effet, pour les plantes inférieures que de Candolle appelle *cellulaires*; combiné en proportions diverses avec les deux autres tissus élémentaires, il constitue les organes de tous les autres végétaux, *V.* **Utricule, Fibre, Vaisseaux.**

ÉLÉMI, s. m.; nom d'une résine exotique dont on distingue deux variétés commerciales : l'*élémi oriental* ou *vrai*, et l'*élémi occidental* ou *bâtard*. Cette résine n'est plus usitée, en médecine vétérinaire.

ÉLÉOCÉRÉOLÉ, s. m.; nom proposé par Henry et Guibourt, pour désigner les *cérats*. (*V.* ce mot).

ÉLÉOLÉ, s. m., de ἔλαιον, huile; nom proposé pour désigner collectivement les huiles médicinales (*V.* ce mot).

ÉLÉOLIQUE, adj.; médicaments composés ayant l'huile pour excipient.

ÉLÉOPTÈNE, s. m., de ἔλαιον, huile, et πτηνός, volatil; nom donné par Berzélius à la partie concrète des essences qui se dépose par le refroidissement dans quelques-unes d'entre elles. Le *camphre* paraît être un corps de cette nature.

ÉLÉPHANT, s. m., *Elephas*; genre de mammifères de l'ordre des Pachydermes, tribu des Proboscidiens (de *proboscis*, trompe). Chez ces animaux, le nez se prolonge en une trompe allongée formant un organe de préhension très mobile et très sensible, avec lequel l'animal saisit, non seulement ses aliments solides, mais encore les boissons qu'il aspire pour les verser ensuite dans la bouche. L'éléphant est employé comme animal domestique aux Indes, où l'on met à profit sa force énorme en le faisant servir comme bête de somme. Le genre Éléphant renferme deux espèces bien distinctes : l'*É. d'Asie*, et l'*É. d'Afrique*. D'autres espèces ont existé anciennement, et ne sont connues que par leurs ossements passés à l'état fossile.

ÉLÉPHANTIASIS, s. m., *Elephantia, elephantiasis*, de ἐλέφας, éléphant. On désigne sous ce nom deux affections différentes : l'une est une intumescence de la peau et des tissus sous-jacents; c'est l'*éléphantiasis des Arabes*; l'autre est caractérisée par des tubercules; on la nomme *éléphantiasis des Grecs*. — 1° *Éléphantiasis des Arabes*. On observe sur quelques animaux, principalement sur le bœuf, le porc et le chien, une maladie qui ressemble à l'éléphantiasis ou lèpre des

Orientaux. Cruzel, Pradal, Taiche et Deloupy, l'ont décrite sur l'espèce bovine. Elle est causée par tout ce qui trouble les fonctions de la peau, ex. : les variations de température, les pluies froides, la malpropreté, les maladies psoriques négligées. Les symptômes caractérisent deux périodes distinctes. *Etat aigu.* Symptômes généraux de la fièvre de réaction, rougeur de la peau, poils hérissés, boutons d'un aspect tuberculeux, qui forment bientôt des croûtes. *Etat chronique.* Engorgement des ganglions lymphatiques ; augmentation considérable de l'épaisseur du derme ; gerçures se développant sur plusieurs parties de la peau, dont l'aspect extérieur représente les rides de celles de l'éléphant ; infiltration générale ; yeux ternes, enfoncés dans les orbites. Les animaux finissent par rester constamment couchés : ils exhalent une odeur infecte ; la peau présente des ulcérations sanieuses : les malades sont hideux ; la mort est la fin du marasme dans lequel ils sont tombés. Si la tête est plus particulièrement affectée, le mufle est tuméfié, les narines sont épaissies ; cette déformation présente une certaine analogie avec les traits du lion ; de là le mot *léontiasis*, pour exprimer cet état. — Comme lésions cadavériques, on remarque l'épaississement du derme, dont les papilles sont considérablement tuméfiées ; il y a des infiltrations dans le tissu cellulaire qui avoisine le derme, dans celui qui entoure les gaines des tendons. Les séreuses splanchniques contiennent un épanchement séreux. — Le pronostic est d'autant plus grave que la maladie est plus ancienne. — Contre l'état aigu, la saignée large et copieuse est recommandée. Plus tard, quand les symptômes d'acuité ont disparu, la saignée est nuisible ; on a recours à des soins hygiéniques, à l'emploi des dérivatifs ; on frictionne les parties de la peau qui sont affectées, avec des antipsoriques excitants. Deloupy conseille pour le bœuf l'usage du topique suivant : poudre d'amidon, 250 grammes ; iode en poudre, 8 grammes ; acétate de morphine, 4 grammes. On fait un bandage matelassé avec du coton non filé ; on le saupoudre avec ce mélange, pour l'appliquer ensuite sur la peau. Il faut administrer en même temps, à l'intérieur, les toniques combinés avec les sudorifiques, ex. : la gentiane, le gayac, la salsepareille, etc. — 2° *Eléphantiasis des Grecs, lèpre noire, tuberculeuse, lèpre tuberculeuse léontine* d'Alibert. Chez l'homme, cette maladie est caractérisée par des tubercules irréguliers, précédés de taches bronzées. On l'a peu étudiée dans les animaux ; elle se montre quelquefois sur les chiens qui sont atteints de la gale depuis longtemps. Elle envahit principalement les extrémités et la tête. La guérison est presque toujours impossible.

ÉLÉPHANTIQUE, adj. ; qui est affecté d'éléphantiasis ; *membre éléphantique.*

ÉLEUTHÉRANTHÉRÉ, ÉE, adj., *eleutherantherus,* de ἐλεύθερος, libre, et ἀνθηρός, fleuri. On appelle ainsi les étamines, quand les anthères sont libres.

ÉLEUTHÉROGYNE, adj., *eleutherogyna,* de ἐλεύθερος, libre, et γυνή, femme : se dit de la fleur dont l'ovaire est libre et n'adhère point au calice.

ÉLEUTHÉROGYNIE, s. f., *Eleutherogynia,* de ἐλεύθερος, libre, et γυνή, femme ; nom de chacune des classes établies par A. Richard dans les deux embranchements des monocotylédonés et des dicotylédonés, pour les plantes à fleurs éleuthérogynes.

ÉLEVAGE, s. m. : ensemble des opérations qui ont pour but la multiplication et l'éducation des animaux domestiques. L'élevage tient l'un des premiers rangs dans l'industrie agricole ; c'est de sa bonne exécution, de son exécution économique, que dépend souvent le succès d'une exploitation rurale. Si les animaux donnent peu de bénéfices par eux-mêmes, leur entretien est toujours avantageux au point de vue des engrais. Quel que soit, au reste, le but que l'on poursuive, on ne doit point entreprendre d'élevage sans avoir auparavant recherché les conditions qui peuvent le rendre le plus productif. Cette étude préliminaire comprend le choix de l'espèce et de la race la plus appropriée au climat, aux besoins de la consommation, aux ressources de la localité, et la détermination du meilleur mode d'élevage à mettre en pratique. L'élevage complet, celui dans lequel on fait naître, où l'on conserve les jeunes animaux jusqu'au jour où ils peuvent être livrés au consommateur, est rarement économique et lucratif, au moins en ce qui concerne les grands herbivores. Il y a presque toujours bénéfice à diviser la tâche et à la répartir entre des éleveurs différents. L'espoir d'un profit peu éloigné stimule celui qui fait naître, et le conduit à faire quelques sacrifices en vue d'une bonne production ; tandis que la crainte de perdre exerce sur ceux qui ont acheté une influence pareille. Chaque classe d'éleveurs donne ainsi plus de soins aux animaux dont elle s'occupe. Les races chevalines françaises dont l'élevage est le plus avantageux, celles du boulonnais et du perche, sont le produit de deux ou trois éleveurs différents. L'élevage des animaux est généralement mal compris et mal exécuté en France. Il pèche dans deux points essentiels : dans le choix des reproducteurs ; dans la nourriture et les soins consacrés aux produits. On n'attache pas assez d'importance au rôle que jouent les reproducteurs dans l'entretien des races, à l'influence qu'ils peuvent avoir sur leur amélioration ou leur abâtardissement ; les appareillements sont négligés ; les croisements sont vicieux ; souvent même on consacre à la reproduction des femelles que l'on n'a pu vendre à un prix avantageux, parce qu'elles avaient des tares ou des défauts. D'un autre côté, on élève les jeunes sujets avec parcimonie : on leur refuse l'air, la nourriture indispensable à leur complet développement ; leur éducation est presque partout abandonnée aux mains d'hommes inintelligents et souvent peu fidèles. — Cet état de l'industrie animale, en France, tient moins qu'on ne le croit au défaut d'instruction des cultivateurs, à la division des fortunes ; il est la conséquence des mauvaises habitudes, des traditions vicieuses conservées dans le pays, de l'indifférence des propriétaires ou fermiers ruraux pour tout progrès qui exige un changement dans leurs actes, de leur prévention contre tout ce qui diffère de ce qu'ils ont toujours eu sous les yeux ; enfin, du défaut d'encouragements offerts à une industrie entourée de tant de difficultés et de chances d'insuccès. — Huzard fils a substitué au mot que nous avons adopté celui d'*élève*; nous croyons ce dernier moins convenable, parce qu'il a dans la langue une signification différente et parfaitement déterminée.

ÉLÉVATEUR, s. et adj., *Elevator*, *levator*; qui élève ; *muscle élévateur propre de la lèvre supérieure* ou *sus-maxillo-labial* : muscle allongé naissant par une portion charnue de la surface externe du grand-sus-maxillaire et du zygomatique, et s'insérant à la lèvre supérieure par un tendon aplati qui se réunit avec celui de son congénère. Ce muscle élève la lèvre supérieure, s'il agit avec le muscle opposé ; et la porte de côté, s'il agit seul. *V*. RELEVEUR.

ÉLÉVATION, s. f., *Altitudo*; synonyme d'altitude ; indique toujours, en *botanique*, la hauteur au-dessus du niveau de la mer du lieu où croît une plante. A mesure que l'on s'élève sur les flancs d'une montagne, le nombre des espèces végétales diminue, celui des monocotylédones et surtout des acotylédones s'accroît. A une certaine hauteur, on retrouve les mêmes végétaux ou des végétaux analogues à ceux que l'on avait rencontrés en marchant de l'équateur vers les pôles. Ainsi, on rencontre les pins et les sapins, le chêne, le châtaignier, le hêtre, le bouleau; puis, lorsqu'on arrive au voisinage des neiges éternelles, on ne trouve plus, parmi les phanérogames, que des Composées, des Gentianées, des Chénopodées, des Portulacées, etc. Enfin, la végétation, avant de disparaître, ne se compose plus que de quelques lichens. Les modifications apportées dans la flore et dans l'état des plantes des lieux élevés sont le résultat des changements survenus dans le degré de la température, dans la densité de l'air, dans la lumière. Les espèces deviennent petites, rabougries ; les fleurs prennent des nuances plus vives, les parties vertes une teinte plus pâle. Les expositions, la culture, la latitude, etc., peuvent faire varier l'aptitude des plantes à croître à certaines hauteurs : les céréales s'avancent au nord jusqu'au 60° ; elles ne s'arrêtent qu'avec les grands arbres ; dans les Andes d'Amérique, elles ne s'élèvent pas au-delà de 3,000

mètres ; la pomme de terre reste dans les mêmes lieux entre 3,000 et 4,600 mètres ; le maïs entre 1,000 et 2,000 mètres. La vigne croît en Hongrie à 360 mètres ; sur le versant méridional des Alpes, à 650 mètres ; en Sicile, à 960 mètres. Au Mexique, la canne à sucre se trouve à 2,000 mètres. *V*. GÉOGRAPHIE BOTANIQUE.

ÉLÉVATOIRE, s. m., *Elevatorium;* instrument en fer faisant partie de la boîte à trépan, et servant à relever les pièces d'os enfoncées accidentellement dans le crâne, les cavités nasales, les sinus maxillaires. Les extrémités de l'élévatoire sont plus ou moins recourbées et taillées en biseau. — En chirurgie vétérinaire, on connaît une autre variété d'élévatoire ayant à peu près la même forme, mais plus de volume et de solidité. On s'en sert, dans l'opération du javart cartilagineux, pour soulever une partie de la paroi du sabot qu'on se propose d'extirper. L'emploi de cet instrument n'est pas indispensable.

ÉLÈVE, s. m. et f. Ce mot est employé avec les deux genres : au masculin, il signifie un *jeune animal* dont l'éducation et le développement ne sont point terminés ; au féminin, il est synonyme d'*élevage*.

ÉLÉVURE, s. f., synonyme d'*exanthème*, d'*échauboulure*. (*V* ces mots.)

ÉLIXATION, s. f., *Elixatio*, de *elixare*, faire bouillir dans l'eau ; synonyme de *décoction;* peu usité.

ÉLIXIR, s. m., *Elixir;* nom de certains médicaments, souvent très complexes, formés généralement de sirop et d'alcool. Il n'en est aucun qui soit employé dans la médecine des animaux.

ELLÉBORE, *V*. HELLÉBORE.

ELLIPTIQUE, adj., *ellipticus;* qui a la figure d'une ellipse. On ne doit pas confondre la feuille *elliptique*, dont les deux extrémités ont la même forme, avec la feuille *ovale* dont la base est toujours élargie.

ÉLOIGNÉ, *V*. DISTANT.

ÉLONGATION, s. f., *Elongatio;* monstruosité végétale consistant dans un allongement excessif des parties axiles. L'étiolement plus ou moins complet est une cause d'élongation. Les pommes de terre renfermées dans une cave en donnent des preuves convaincantes, au moment où elles poussent de longs germes qui cherchent la lumière. Les plantes aquatiques ont ordinairement les tiges plus longues que les plantes terrestres ; le séjour accidentel de celles-ci dans l'eau détermine leur élongation.

ÉLUTRIATION, s. f., *Elutriatio*, de *elutriare*, verser d'un vase dans un autre ; synonyme de *décantation*, qui est seul usité. *V*. DÉCANTATION.

ÉLYME, s. m., *Elymus* L.; genre de la famille des Graminées. Toutes les espèces de ce genre sont des herbes d'un vert pâle ou glauque, à racines longues et traçantes, et recherchant de préférence les lieux sablonneux. Les deux espèces principales qui croissent en France, sont : l'E. d'Europe, *E. europeus*, commun dans le midi, et l'E. des sables, *E. arenarius*, qui croit principalement sur les dunes. Ces deux espèces sont broutées par les bestiaux, lorsqu'elles sont jeunes; elles deviennent dures en vieillissant. L'E. des sables, en se multipliant sur les dunes, contribue à les fixer : on le cultive en effet pour cet usage.

ÉLYTRE, s. m., *Elytrum*, de ἔλυτρον, gaîne, enveloppe ; aile externe des insectes coléoptères, formant un étui solide et corné, destiné à protéger l'aile membraneuse qu'il recouvre.

ÉLYTROCÈLE, s. f., de ἔλυτρον, gaîne, et κήλη, tumeur : hernie vaginale.

ÉLYTROÏDE. adj., *elytroïdes*, de ἔλυτρον, gaîne, et εἶδος, forme : nom donné à la tunique péritonéale des testicules. Peu usité.

ÉLYTROPTOSE, s. f., *Elytroptosis*, de ἔλυτρον, gaîne, et πτῶσις, chute : chute, renversement du vagin.

ÉLYTRORRHAGIE, s. f., *Elytrorrhagia*; de ἔλυτρον, gaîne, et ῥέω, couler : écoulement sanguin par le vagin.

ÉMACIATION, s. f., *Emaciatio*, de *macies*, maigreur. *V.* AMAIGRISSEMENT.

ÉMAIL, s. m. ; nom d'une sorte de verre opaque, diversement coloré ; on le forme en fondant ensemble du sable, de la potasse et des oxydes de plomb et d'étain : on le colore avec divers autres oxydes métalliques ; on y ajoute aussi parfois de l'acide borique ou du borate de soude.—*Anat.* Substance concourant à la formation des dents. L'émail est une substance blanche, très dure, faisant feu avec le briquet, formant une enveloppe plus ou moins épaisse autour de la dent, et se repliant quelquefois dans des cavités extérieures, au moment de l'éruption de l'organe : l'émail est grisâtre et marqué de stries très fines qui s'effacent par le frottement et font bientôt place au plus beau poli. Cette substance parait formée de fibres disposées perpendiculairement à la surface de la dent, comme les filaments du velours relativement à la trame : elle est sécrétée par la membrane qui tapisse l'alvéole.

ÉMARGINÉ, ÉE, adj., *emarginatus*; synonyme d'échancré. Il s'applique spécialement aux organes aplatis, membraneux, tels que les feuilles, les pétales, etc.

ÉMASCULATION, s. f., *Emasculatio*, de *è*, négatif, et *masculus*, mâle : action d'émasculer ; synonyme de *castration*, (*V.* ce mot).

EMBARRAS GASTRIQUE, s. m. : trouble de la digestion ayant son siège dans l'estomac ou l'intestin. *L'embarras gastrique* n'a pas les mêmes caractères que *l'embarras intestinal* ; ce dernier est accompagné, dans les solipèdes, par des coliques plus ou moins violentes, tandis que le premier est caractérisé par la tristesse, la perte de l'appétit, la teinte jaune des muqueuses et, quelquefois, des symptômes nerveux. **Dans les carnivores, l'embarras gastrique produit le vomissement.**

EMBARRURE, s. f. ; sorte de fracture du crâne, dans laquelle une esquille passe entre l'os sain et la dure-mère. — En *Vétérinaire*, on donne vulgairement ce nom à la contusion produite à la face interne de la jambe d'un cheval, par une barre qui sert à le séparer de son voisin dans l'écurie. Cet accident produit un engorgement, quelquefois un abcès, une plaie. *V.* ENCHEVÊTRURE.

EMBLAVER, v. a. : on l'entend vulgairement de l'action d'ensemencer une terre en blé.

EMBONPOINT, s. m. : état résultant de l'accumulation dans le corps animal d'une quantité notable de graisse.

EMBOUCHE, s. m. On appelle en France *pré d'embouche*, ou tout simplement *embouche*, une prairie très fertile dont les produits, consommés sur place, sont consacrés à l'engraissement des bestiaux. *V.* HERBAGE.

EMBOUCHER, v. a.; appliquer le mors dans la bouche du cheval : choisir le mors qui convient le mieux d'après les dispositions et les moyens du cheval. *V.* MORS.

EMBOUCHURE, s. f. ; synonyme de *canon*. *V.* MORS.

EMBRANCHEMENT, s. m. : grande division établie dans l'un des règnes de la nature. Le règne animal se divise en quatre embranchements qui sont : 1° les *Vertébrés*; 2° les *Mollusques*; 3° les *Articulés*; 4° les *Radiés*. — *Bot.* Le règne végétal est divisé en deux ou en trois embranchements. De Candolle divise les plantes en *Vasculaires* ou *Cotylédonées*, et en *Cellulaires* ou *Acotylédonées*. — Dans la *méthode* dite plus particulièrement *naturelle*, le règne végétal est séparé en trois embranchements comprenant : 1° les Acotylédonés; 2° les Monocotylédonés; 3° les Dicotylédonés. *V.* *Méthode*, *Système*, *Taxonomie*.

EMBRASSANT, TE, adj., *amplectens*; se dit d'un organe membraneux qui entoure par sa base l'organe auquel il est attaché. Cette disposition s'observe dans les graines, les stipules, les feuilles sessiles. Quand il s'agit des feuilles, on dit de préférence *amplexicaule*.

EMBRASSÉ, ÉE. adj., *amplexus*; la préfoliaison est embrassée, ou les feuilles sont embrassées, lorsque les côtés de celles-ci, repliés l'un sur l'autre, sont recouverts par les deux côtés des feuilles précédentes pliées comme elles ; ex. : les *Iris*. Elles sont *demi-embrassées*, lorsqu'un de leurs côtés seulement est contenu entre les deux côtés de la feuille opposée : ex. : la *Saponaire*.

EMBRICATIF, IVE, adj., *imbricativus*; la préfoliaison et la préfloraison sont dites *embricatives*, lorsque les feuilles ou les pièces de la corolle ou du calice, formant plus de deux séries, sont appliquées en recouvrement les unes sur les autres, comme les tuiles d'un toit. Ex. : *les feuilles des Mélèzes, le calice des Composées*.

EMBROCATION, s. f., *Embrocatio*

de ἐμβροχή, arrosement. On donne ce nom aux frictions employées pour étendre un corps gras sur la peau. Elles ont lieu sur les diverses parties du corps, surtout sur celles qui sont douloureuses, crevassées, engorgées, contuses, etc. Les corps gras employés sont les huiles simples ou médicinales, les pommades, les cérats, les baumes, etc. On emploie ces préparations froides ou chaudes, et on les étend doucement sur la partie, en frottant en divers sens, pour mieux appliquer le médicament sur la peau et le faire pénétrer dans son parenchyme. Les surfaces où on a fait des embrocations, doivent être nettoyées à l'eau chaude et au savon, de temps en temps, pour prévenir les effets irritants des corps gras devenus rances. Les embrocations sont renouvelées ensuite, lorsque la partie est devenue sèche.

EMBRYOCTONIE, s. f., *Embryoctonia*, de ἐμβρύον, embryon, et κτόνος, meurtre ; opération qui consistait à faire périr le fœtus dans la matrice pour faciliter l'accouchement. Elle est complètement rejetée.

EMBRYOGÉNIE, s. f., *Embryogenia*, de ἐμβρύον, embryon, et γεννάω, j'engendre ; formation de l'embryon. On désigne sous ce nom la partie des sciences anatomique et physiologique qui s'occupe de la formation et du développement des premiers rudiments du fœtus.

EMBRYOGRAPHIE, s. f., *Embryographia*, de ἐμβρύον, embryon, et γράφω, décrire ; description de l'embryon ou fœtus.

EMBRYOLOGIE, s. f., *Embryologia*, de ἐμβρύον, embryon, et λόγος, discours ; traité de l'embryon ou fœtus.

EMBRYON, s. m., ἐμβρύον, de ἐν, dans, et βρύω, je crois ; nom donné au produit de la génération, dès que le germe laisse apercevoir la trace des formes du nouvel être ; plus tard, l'embryon prend le nom de *fœtus*, (*V.* ce mot.) — Bot. *Embryo*, Gœrt. *Cor seminis*, Césalp. *Corculum* ; partie de la graine destinée à reproduire la plante. L'embryon se compose, dans les deux principaux embranchements du règne végétal, de quatre parties : 1° le *corps radiculaire* ou la *radicule* ; on le regarde comme faisant la base de l'embryon ; 2° la *tigelle*, qui unit la radicule à la gemmule et se confond avec la première ; 3° la *gemmule* ou *plumule*, faisant suite à la tigelle et constituant le sommet de l'embryon ; 4° le *corps cotylédonaire*, composé de un, deux ou un plus grand nombre de *cotylédons*. — Quelques auteurs ont seulement établi deux divisions dans l'embryon : 1° le *blaste* ou *blastème*, comprenant la radicule, la tigelle et la plumule ; 2° le *corps cotylédonaire*. Le premier compose l'*axe* ou partie *axile* de l'embryon ; le second, la partie *latérale* ou *appendiculaire*. — L'embryon qui n'est point accompagné d'endosperme est immédiatement enveloppé de l'épisperme et forme l'embryon *épispermique* ; dans le cas contraire, il est dit *endospermi-*

que. Celui-ci, par rapport à l'endosperme, est *intraire*, *extraire* ou *périphérique*, *axile* ou *latéral*. — La radicule est *nue* ou enveloppée d'une *coléorhize* ; dans le premier cas, l'embryon est dit *exhorizé* ; dans le second, *endorhizé*. — Suivant la direction absolue qu'il affecte, l'embryon est *droit*, *courbé*, *plié*, *roulé en crosse*, *en spirale*, etc., etc. : selon la position et la direction qu'il prend vis-à-vis des autres parties de la graine, on le dit : *homotrope*, *hétérotrope*, *anatrope*, *orthotrope*, *antitrope* ou *amphitrope*. Lorsque la radicule est très développée, on donne à l'embryon l'épithète de *macropode*. Dans quelques familles de plantes monocotylédonées, l'embryon présente des particularités qui ont fait donner des noms différents à ses diverses parties ; on distingue : le *blaste* comprenant la tigelle et la plumule ; la *radiculode* ou partie inférieure du blaste, correspondant à la radicule ; l'*hypoblaste*, corps charnu, discoïde, unissant le blaste à l'endosperme ; l'*épiblaste*, appendice ou prolongement antérieur du blaste. — Dans l'embranchement des acotylédonés, on ne distingue ni radicule, ni plumule ; les cotylédons n'existent pas. Le corps embryonnaire à l'état latent avant la germination, ne paraît encore être formé, dans ces végétaux, que d'utricules agglomérées. — EMBRYON BULBIFÈRE : nom donné par Turpin aux *Bulbilles*. — EMBRYON FIXE : Dupetit-Thouars appelle ainsi les *bourgeons*. Lorsque les bourgeons sont adventifs, Turpin les appelle EMBRYONS LATENTS. — EMBRYON GRAINE (Turpin), EMBRYON LIBRE (Turpin, Dupetit-Thouars) ; c'est la *graine*, la *semence*. — EMBRYON MIXTE, *V.* EMBRYON BULBIFÈRE.

EMBRYONÉ, ÉE, adj., *embryonatus* ; pourvu d'un ou de plusieurs embryons. — Les végétaux embryonés ont été divisés par Richard en deux grandes séries : les *Endorhizes*, correspondant aux monocotylédonés ; les *Exhorizes*, correspondant aux dicotylédonés.

EMBRYOTÈGE, s. m., *Embryotegia*, de ἐμβρύον, embryon, et τέγη, toit : corps renflé, formant à l'embryon une sorte de calotte, et se détachant au moment de la germination pour lui livrer passage. L'embryotège n'existe que dans un certain nombre de graines. On le trouve dans celles de l'asperge, de la comméline. Il appartient à l'épisperme.

EMBRYOTOMIE, s. f., *Embryotomia*, de ἐμβρύον, embryon, et τομή, section ; division du fœtus opérée pour l'extraire par parties, lorsqu'on ne peut le retirer entier à cause de son volume, de l'étroitesse du bassin ou d'une position vicieuse. Cette opération n'offre pas de grands dangers ; c'est souvent le seul moyen de sauver la mère. Il suffit quelquefois de retrancher certaines parties du fœtus, comme la tête, les épaules, ou la croupe et les membres de derrière (Rainard). — 1° *Amputation de la tête.* — A. *Volume exagéré par suite d'hydrocéphale ;*

il suffit de séparer les os de la boîte du crâne, pour faire écouler la sérosité qu'il contient. — B. *Tête enchassée dans l'excavation du bassin.* Avec l'instrument tranchant, on sépare la tête du fœtus à l'articulation axoïdo-occipitale, puis on place des crochets à l'extrémité antérieure du tronc, pour exercer une traction suffisante. — C. *Tête retenue dans l'abdomen, en avant du détroit antérieur du bassin.* Cette particularité résulte de ce que l'encolure est pliée et la tête reportée sur un des côtés du corps. — 2° *Amputation des épaules.* Autrefois, on procédait par arrachement; aujourd'hui l'on a recours à l'emploi du bistouri. Pour faciliter la désarticulation, il est utile de disséquer la peau de l'extrémité qu'on veut enlever. — 3° *Ablation du sternum.* On la pratique, lorsque l'obstacle vient du côté de la poitrine. — 4° *Enlèvement des membres postérieurs.* Cette opération est nécessaire, quand le fœtus se présente par la croupe. — 5° *Séparation du tronc en deux parties.* Cette variété de l'embryotomie devient nécessaire dans le cas de tuméfaction emphysémateuse du corps du fœtus et d'étroitesse du bassin chez les jeunes femelles. On fait l'incision au niveau des premières vertèbres lombaires. — Après l'extraction du fœtus, qu'on a été obligé de diviser en plusieurs parties, il importe quelquefois de relever les forces de la mère qui sont épuisées; dans quelques cas, il faut combattre l'inflammation consécutive de la matrice.

EMBRYULCE. s. m , de εμβρυον, embryon, et ὁλκω, tirer; crochet de fer dont on se sert pour retirer un fœtus de la matrice.

EMBRYULCIE. s. f., *Embryulcia;* action d'extraire le fœtus au moyen de crochets. Synonyme d'*opération césarienne* (*V.* ce mot).

EMBRYULE, s. m., *Embryulus;* diminutif d'*embryon;* premiers rudiments du fœtus.

ÉMERGÉ, ÉE, adj., *emersus;* les plantes, les feuilles, sont dites *émergées* lorsqu'elles ne s'élèvent qu'en partie au-dessus de la surface de l'eau.

ÉMERI ou **ÉMERIL**, s. m., *Smyris;* composé alumineux, ainsi nommé parce qu'on le tire du cap *Emeri*, dans l'île de Naxos. Il est composé, en proportions variables, d'alumine, de silice et d'oxyde de fer; ce qui influe sur sa couleur, qui varie du gris au brun rougeâtre. Il est en masses amorphes, concrétionnées, ou réduit en poudre; dans ce cas, il est fréquemment employé dans les arts et les laboratoires pour polir différents corps, tels que les glaces, les cristaux, les marbres, l'acier, etc. — *Flacons à l'éméri :* flacons dont l'intérieur du goulot et le bouchon ont été ajustés au moyen de cette substance; aussi bouchent-ils très exactement et conviennent-ils très bien pour conserver tous les liquides plus ou moins volatils et décomposables.

ÉMÉTINE, s. f., de εμεω, je vomis. C³⁷ H²⁷ Az O¹⁰. Alcaloïde végétal découvert par Pelletier et Magendie, dans l'ipecacuanha, et par Brandes, dans la racine de caïnça. Le procédé le plus simple pour l'obtenir à l'état de pureté est celui de Calloud. On fait macérer 4 parties de poudre d'ipécacuanha dans 24 parties d'eau acidulée par l'acide sulfurique; on sature par 4 parties de chaux éteinte, et on dessèche; on reprend par l'alcool bouillant; on évapore; on reprend par un peu d'eau acidulée; on passe au charbon animal; on concentre, puis on précipite par l'ammoniaque. — L'émétine pure est solide, blanche, pulvérulente, inodore, de saveur un peu amère, et fusible à 50°. — Soluble dans l'eau et l'alcool, l'émétine se dissout peu dans l'éther et les huiles. L'acide azotique la change d'abord en matière résineuse amère, puis en acide oxalique; l'acide gallique et la noix de galle, qui la précipitent, peuvent lui servir d'antidote; elle est peu alcaline, sature mal les acides et donne des sels incristallisables. — Principe actif de l'ipécacuanha, l'émétine est un vomitif très violent. Donnée au chien par Magendie, à la dose de 30 à 50 centigrammes, elle détermina, quelles qu'aient été les voies d'introduction, des vomissements répétés, un état comateux et la mort, suite de l'inflammation violente des poumons et du tube digestif.

ÉMÉTIQUE, *V.* Tartrate de potasse et d'antimoine.

ÉMÉTIQUES, *V.* Vomitifs.

ÉMÉTISÉ, ÉE adj.: contenant de l'émétique. — *Boisson, tisane émétisées; pommade émétisée* ou *stibiée: V.* Pommade; *onguent vésicatoire émétisé:* auquel on a ajouté de l'émétique pour augmenter son activité, etc.

ÉMÉTO-CATHARTIQUE, s. et adj.. *Emetocatharticus*, de εμετος, vomissement, et καθαιρειν, purger; médicament ayant la propriété de déterminer à la fois le vomissement et la purgation. L'émétique, les hellébores, l'euphorbe et, en général, tous les purgatifs irritants, produisent souvent ce double effet.

ÉMÉTOLOGIE, s. f., *Emetologia*, de εμετος, vomissement, et λογος, discours; traité du vomissement ou des médicaments vomitifs.

ÉMIGRATION, *V.* Transhumance et Migrations.

ÉMISSIF, adj.: qui émet. — *Pouvoir émissif;* on donne ce nom, en *physique*, à la faculté plus ou moins grande qu'ont les corps d'émettre au dehors, par rayonnement, leur propre chaleur. Il est en raison directe du pouvoir *absorbant*, et en raison inverse du pouvoir *réflecteur*. Toutes choses égales d'ailleurs, le pouvoir émissif des corps est d'autant plus prononcé que leur température est plus élevée, que leur surface est plus grande, qu'elle est plus inégale, plus noire, que le milieu est plus froid, etc. Le pouvoir émissif de différents corps est exprimé comparativement par les chiffres suivants : *noir de* *fumée*, 100 ; *eau* . 100; *papier*, 98 ; *verre et glace*, 90 ; *encre de Chine*, 88 ; *mercure*, 20 ; *plomb*, 19 : *fer*, 15 ; *étain, argent, cuivre*, 12. En médecine, en hygiène, en agriculture, dans l'industrie, dans l'économie domestique, on doit tenir compte du pouvoir émissif des corps dans une foule de circonstances.

ÉMISSION, s. f., *Emissio*, de *emittere*, émettre, laisser sortir, chasser ; action par laquelle l'animal chasse au dehors un produit de sécrétion : *émission de l'urine, du sperme*.

EMMÉNAGOGUE, s. m., *Emmenagogus*, de εμμηνα, menstrue, et αγω, pousser ; médicaments propres à exciter l'écoulement menstruel. Ce phénomène n'existant pas chez les femelles des animaux domestiques, ces médicaments prennent le nom d'*utérins*, en thérapeutique vétérinaire, *V*. UTÉRIN.

EMMIÉLURE, s. f. ; espèce de cataplasme formé de miel et de son qu'on applique parfois sur le pied du cheval, sur le genou, lorsque l'animal a fait une chute sur cette partie. Terme peu usité.

ÉMOLLIENTS, s. et adj., *Emollientes*, de *emollire*, amollir: *adoucissants, débilitants, relâchants, etc.* On désigne ainsi une classe de médicaments qui ont la propriété de ramollir, de relâcher les tissus, de diminuer leur tonicité, leur sensibilité, et, par suite, de modérer leur activité fonctionnelle. Ces médicaments, qui sont aussi légèrement alimentaires, ont également pour effet de diminuer les propriétés excitantes et nutritives du sang, en augmentant la proportion de ses parties séreuses. Les émollients sont fournis par le règne végétal et le règne animal ; le règne inorganique ne fournit que l'eau, qui est réellement l'émollient par excellence, et qui donne cette propriété aux corps organiques qui la présentent. Ils sont solides ou liquides, très rarement gazeux, sauf la vapeur aqueuse qui est très émolliente. Leurs propriétés physiques et organoleptiques sont peu prononcées et en quelque sorte négatives; leur composition chimique est simple et formée principalement par l'association de plusieurs principes immédiats, neutres, des plantes et des animaux. Les effets locaux de ces médicaments sont fort simples : ils relâchent, amollissent, détendent les fibres des tissus, gonflent la peau, épaississent l'épiderme, ralentissent la circulation capillaire, émoussent la sensibilité, etc., en s'imbibant dans la trame organique. Dans le tube digestif, ils ralentissent la digestion, relâchent les intestins et produisent la diarrhée, si leur usage est continué trop longtemps. Introduits par absorption dans le torrent de la circulation, ils rendent le sang plus clair, moins nutritif, à cause de la forte proportion d'eau qu'ils contiennent; de là la diminution de l'activité des fonctions, le ralentissement de la circulation, l'abaissement de la chaleur animale, etc.; les sécrétions, notamment celles des reins et de la peau, sont, au contraire, notablement augmentées. Les émol-

lients sont indiqués dans toutes les phlegmasies internes, dans les congestions et inflammations locales ; ils sont contre-indiqués, au contraire, dans toutes les affections asthéniques. A l'intérieur, on les donne en boisson, en lavements, en injections ; à l'extérieur, on en forme des bains, des cataplasmes, des lotions, etc. On les emploie purs ou mélangés aux anodins, aux narcotiques, etc.

TABLEAU
DES
ÉMOLLIENTS USITÉS EN MÉDECINE VÉTÉRINAIRE.

AMIDON	Riz. Orge. Maïs. Blé. Avoine. Son. Pain.		
GOMMES	Arabine	arabique. Sénégal.	
	Adragantine	adragante. du pays.	
SUCRE	Cassonnade. Mélasse. Glucose. Miel. Réglisse. Betterave.		
MUCILAGE	Graine de lin. Guimauve. Mauve. Molène. Bourrache.		
PECTINE	Carotte. Navet. Rave.		
CORPS GRAS	Végétaux	Huiles grasses.	
	Animaux	Graisses. Cétine. Cire. Crème. Beurre.	
ALBUMINE	OEufs.		
GÉLATINE	Tissus blancs.		
FIBRINE	Chair.		
CASÉINE	Lait.		

ÉMONCTOIRE, s. m., *Emunctorium*, de *emungere*, moucher, tirer dehors: organe destiné à rejeter au-dehors des substances devenues inutiles ou nuisibles à l'économie. L'appareil urinaire est l'émonctoire principal du corps animal.

ÉMONDATION, s. f., *Emundatio*, de *é*, hors, et *mundare*, nettoyer; opération pharmaceutique qui consiste à retrancher d'une substance médicinale les parties inutiles ou altérées. Elle ne se pratique guère que sur les drogues d'origine végétale, parce que, en général, dans chaque plante il est des parties employées et d'autres qui ne le sont pas : alors l'émondation consiste à retrancher ces dernières. et. parmi les parties employées, celles qui sont incomplétement développées ou altérées. Les parties rejetées varient selon celles que l'on veut conserver; ainsi. on enlève les tiges et les pétioles aux feuilles, les pédoncules aux fleurs. l'épiderme aux écorces , les radicules et la terre aux racines. etc.

ÉMONDER, v. a. : action de nettoyer les arbres , de les débarrasser des branches mortes, des plantes parasites . des mousses des lichens , etc. Dans beaucoup de localités, on le fait aussi synonyme d'élaguer. *V.* ÉLAGAGE. On émonde au printemps. La sape et surtout *l'émondoir à croissant* sont employés à cette opération.

ÉMOTTAGE, s. m. ; action de briser, de diviser les mottes de terre qui sont restées entières après les labours et les hersages. L'ameublissement de la surface de la terre est une condition indispensable à une germination régulière ; il est surtout nécessaire pour les petites graines comme celles du blé, de la luzerne, du trèfle. Les terres calcaires et argileuses réclament seules l'émottage ; encore n'en ont-elles le plus souvent besoin que lorsque les labours n'ont pas été faits en moment opportun. Le *rouleau à dents*, la *houe à cheval* sont employés, dans la grande culture. à cette opération.

ÉMOUSSÉ. ÉE, adj., *ebetatus;* très obtus.

EMPAILLER , v. a., : T. de Jard. : entourer de paille des arbres pour les protéger contre les rayons solaires, contre le froid, les atteintes des animaux ou des instruments ; envelopper des légumes pour les étioler et les faire blanchir.

EMPATEMENT , s. m. : gonflement du tissu cellulaire , qui participe des caractères de l'*œdème* (*V*. ce mot.)

EMPÉTRACÉES . s. f., *Empetraceæ ;* famille de plantes dicotylédones , diclines. Elle se compose des trois genres : *Empetrum, Corema* et *Ceratiola*. Les espèces sont de petits arbustes ressemblant la plupart aux bruyères.

EMPHYSÈME , s. m., *Emphysema*, de ιν, dans, et φυσαω, je souffle; tumeur formée d'air; boursouflure. On désigne , sous ce nom , l'infiltration gazeuse du tissu cellulaire; c'est plutôt une complication qu'une maladie particulière. L'emphysème se produit dans le cas de plaies pénétrantes du thorax avec blessure du poumon , après les fractures des côtes , les blessures de la trachée, les opérations pratiquées sur les parois de l'abdomen, comme la castration de la vache. Quelquefois on ne peut déterminer l'origine de cette pneumatose ; elle peut aussi se montrer après la morsure de la vipère, les piqûres des insectes. C'est un symptôme fréquent des affections charbonneuses et gangreneuses. On distingue, sous ce rapport, l'emphysème *trauma-*

tique et l'emphysème *spontané*. — Cette maladie est caractérisée par une tumeur molle , élastique , faisant sentir , lorsqu'on la presse, une sorte de crépitation, comme si l'on froissait une vessie desséchée contenant de l'air ; la tuméfaction s'étend autour de la blessure ; elle envahit facilement tout un côté du corps et devient même générale. L'œdème diffère de cet état, parce que, dans l'emphysème, l'impression du doigt ne persiste pas sur les parties qu'on a comprimées avec la main. Il faut remplir plusieurs indications : combattre les causes de la maladie . en empêchant l'infiltration de nouvelles quantités d'air ; remédier aux symptômes principaux , par l'emploi de la saignée et des antiphlogistiques. Si la présence de l'air ne paraît pas se dissiper naturellement , on pratique dans les parties tuméfiées quelques mouchetures ou scarifications. En même temps. on prescrit des frictions sèches ou des lotions aromatiques. — Il ne faut pas confondre avec l'emphysème la *météorisation* ou *pneumatose* qu'on observe dans le rumen du bœuf pendant certaines indigestions , ni celle qui se développe au milieu des mêmes circonstances dans l'intestin du cheval. *V.* TYMPANITE et INDIGESTION.— *L'emphysème du poumon* consiste dans la dilatation des cellules aériennes, à la suite des grands efforts de la respiration : c'est la lésion à laquelle il faut attribuer le plus ordinairement la *pousse* du cheval. *V.* POUSSE.

EMPIRIQUE , s. et adj., de deux genres, de εμπειρια, savant par expérience, de πειρα, expérience : médecin qui ne s'attache qu'à l'expérience , sans suivre les règles d'une théorie. Aujourd'hui, ce mot n'est pris qu'en mauvaise part, et s'applique à tout charlatan ou guérisseur, qui traite les maladies au hasard et sans avoir obtenu un diplôme.

EMPIRISME , s. m. ; méthode thérapeutique qui consiste à employer les médicaments et les autres moyens de guérir les maladies, d'après les seules données de l'expérience. Employée par des hommes ayant, du reste, toutes les connaissances nécessaires pour l'art de guérir , cette méthode peut donner de bons résultats. Ce mot, pris en mauvaise part, est synonyme d'ignorance, de routine.

EMPLASTIQUE , adj., *emplasticus;* qui est de la nature de l'*emplâtre* (*V*. ce mot).

EMPLATRE , s. m., *Emplastrum*, de εμπλασσω, j'enduis. On donne ce nom à des préparations onguentacées, très consistantes, destinées à servir exclusivement de topiques. On les divise en deux classes : les *emplâtres onguentacés*, formés de corps gras et de principes résineux, et les *emplâtres saturnés*, contenant. indépendamment des corps précédents , un oxyde de plomb. Les premiers portent, en médecine vétérinaire. les noms d'*onguents* ou de *charges* (*V*. ces mots); quant aux seconds, qui sont les *emplâtres* proprement dits, ils sont à peu près inusités en thérapeutique vétérinaire.

EMPOIS, s. m. ; espèce de gelée ou de colle épaisse, formée par l'amidon ou la fécule dont les grains ont été détruits par l'action de l'eau bouillante *V.* AMIDON.

EMPOISONNEMENT , s. m. , *Toxicatio.* Ce mot sert à désigner l'ensemble des effets que les substances vénéneuses produisent, quel que soit leur mode d'application, ou l'action qui consiste à administrer une substance nuisible, qui peut déterminer la mort ou altérer gravement la santé. La plupart des poisons agissent , quand on les introduit dans l'estomac ; il en est qui exercent leur influence, dès qu'ils sont en contact avec la surface du derme ou le tissu cellulaire sous-cutané. Quelques substances vénéneuses désorganisent les parties vivantes et laissent des traces de leur action ; d'autres causent même une mort rapide sans déterminer la moindre altération. *V.* POISONS. — *Médecine légale.* L'art. 452 du code pénal est relatif aux empoisonnements dont les animaux peuvent être l'objet ; cet article est ainsi conçu : « Quiconque aura empoisonné des chevaux ou autres bêtes de voiture, de monture ou de charge , des bêtes à cornes , des moutons, chèvres ou porcs, ou des poissons dans un étang, vivier ou réservoir , sera puni d'un emprisonnement d'un an à cinq ans et d'une amende de 16 à 300 fr. Les coupables pourront être mis par l'arrêt ou le jugement sous la surveillance de la haute police pendant deux ans au moins et cinq ans au plus. » — Dans le cas d'empoisonnement , les recherches médico légales doivent porter sur quatre points : 1° l'exploration des symptômes ; 2° l'examen du cadavre ; 3° des expériences faites sur des animaux vivants ; 4° l'analyse chimique des matières rejetées par le malade ou recueillies dans le cadavre. Il faut se conformer à quelques formalités pour procéder à l'analyse des matières que l'on soupçonne contenir des produits vénéneux, afin de donner toute l'authenticité nécessaire aux opérations que ces investigations doivent exiger. Les experts auront surtout le soin de n'agir que sur une partie des corps qui sont soumis à leurs recherches, pour que, le cas échéant, il soit possible de contrôler leur travail. L'arsenic et le sublimé-corrosif sont les substances qui occasionnent le plus souvent des poursuites judiciaires. *Bot.* — La végétation peut être suspendue ou arrêtée par l'absorption de diverses substances ; cet effet constitue un véritable empoisonnement. Il est remarquable que la plupart des matières minérales vénéneuses pour l'homme, à faible dose, sont pour les plantes des poisons actifs. Les solutions arsénicales et mercurielles , celles des oxydes solubles d'étain, de cuivre, de plomb, de baryum, de soude et de potasse caustiques, de cyanure de potassium et de fer , de chaux , etc., font périr les végétaux quand elles se trouvent en quantité notable dans le milieu où les racines sont plongées. Employés comme engrais, c'est-à-dire, à petite dose , l'ammoniaque et ses sels favorisent la végétation : ils l'arrêtent, lorsque leurs solutions même étendues sont directement absorbées par les plantes. Ce résultat se fait remarquer pour bien d'autres substances, parmi lesquelles on peut citer les azotates et les chlorures alcalins. Tous les acides, à l'exception de l'acide carbonique, sont vénéneux pour les plantes ; l'acide cyanhydrique agit avec beaucoup d'intensité. Les éthers , les liqueurs alcooliques produisent des effets analogues. Il est probable que ces poisons n'agissent qu'après avoir été portés dans les tissus, car l'analyse retrouve dans la trame profonde des végétaux ceux qui sont sensibles aux réactifs. Une substance vénéneuse n'a pas besoin, pour exercer son action , d'être absorbée par les radicules ; du moins l'expérience prouve-t-elle que la plupart des poisons produisent leur effet, lorsqu'on les met au contact d'une surface vivante. — Les poisons gazeux agissent comme les matières liquides ; on sait combien sont nuisibles aux plantes les émanations des fabriques de produits chimiques. Pourtant, leur influence délétère ne se fait pas également sentir à toutes les heures de la journée ; elle est bien plus active pendant la nuit.

EMPREINTE, s. f., *Impressio ;* surface rugueuse existant sur quelques points de l'étendue des os, et donnant attache à des muscles ; ces rugosités portent, à cause de cet usage, le nom d'*empreintes musculaires.*

EMPROSTHOTONOS, s. m.; de ἐμπροσθεν, en devant, et de τονος, tension ; contraction spasmodique du tronc, dans laquelle la colonne vertébrale est courbée en avant.

EMPYÈME, s. m, *Empyema;* de ἐν, dans, et πυον, pus. Pris dans une acception générale , ce mot s'appliquait autrefois à toute collection purulente contenue dans la plèvre. Dans un sens plus restreint, on l'emploie aujourd'hui pour désigner la ponction de la poitrine. Cette opération consiste à plonger un trois-quarts dans la poitrine pour évacuer les matières contenues dans le sac des plèvres. La ponction du thorax a été conseillée pour remplir diverses indications ; elle a été mise en usage dans le cas d'épanchement sanguin, de collection purulente et d'hydrothorax. Les tentatives faites par Lafosse , Gohier, Hurtrel d'Arboval, etc., ont été infructueuses ; la ponction des plèvres pratiquée sur le cheval n'est pas même un moyen palliatif ; elle accélère la perte de l'animal. C'est à peine si l'on cite des exemples bien avérés de succès sur les animaux solipèdes. On échoue aussi souvent sur le chien , le poumon ayant perdu dans le cas d'hydropisie thoracique toute sa perméabilité. Le *lieu d'élection* n'est pas le même pour tous les animaux ; sur le cheval, on opère entre la sixième et la septième côtes, au-dessus de la sous-cutanée du thorax. Plus en avant, on blesserait le membre antérieur appliqué contre la poitrine ; plus en arrière, on atteindrait le diaphragme et le foie. — Jadis on avait recours à l'usage du cautère pour pratiquer la ponction de la poitrine ; actuellement on préfère le trois-quarts. On emploie plusieurs procédés : 1° l'*incision*, avec le bistouri, à travers l'espace intercostal désigné, jusqu'à ce qu'on arrive à la plèvre ; alors le doigt indicateur sert à guider l'instrument qui doit perforer la membrane séreuse ; 2° la *ponction* avec le trois-quarts, après avoir préalablement incisé la peau à l'aide du bistouri. Dans le cheval, l'opération faite d'un seul côté suffit toujours à cause de la communication des deux plèvres par les ouvertures du médiastin. Gohier a retiré jusqu'à 66 litres de sérosité de la poitrine d'un cheval de petite taille ; la collection de liquide peut donc être très abondante. La prudence défend de tout évacuer à la fois, dans la crainte de produire la syncope ou l'asphyxie, dès que le cœur et le poumon sont soustraits à la forte compression qui résulte de l'épanchement. Les pansements consistent à fermer la surface de la plaie à l'aide d'un bandage. Des injections de diverse nature ont été faites pour modifier la surface des plèvres selon les indications ; les émollients, les aromatiques, les antiseptiques ont été essayés à peu près sans succès. Quelques dangers accompagnent l'opération de l'empyème; ce sont : la blessure du poumon, l'inflammation de cet organe, la syncope, l'asphyxie ; enfin, la pénétration de l'air peut altérer les fluides épanchés et donner les symptômes de l'infection purulente. — L'empyème est une opération abandonnée en vétérinaire, parce que les animaux ne présentent que fort rarement des collections limitées comme celles qu'on observe sur l'homme.

EMPYOCÈLE, s. m., de εν, dans, πυον, pus, et κηλη, hernie, tumeur ; nom donné aux abcès du scrotum, de la tunique vaginale.

EMPYOMPHALE, s. m. ; de εν, dans, πυον, pus, et ομφαλος, ombilic ; abcès de l'ombilic, du nombril.

EMPYREUMATIQUE, adj. ; épithète qu'on donne aux produits liquides et huileux qu'on obtient par la distillation sèche des matières organiques d'origine animale : *huile empyreumatique, odeur empyreumatique. V.* HUILE.

EMPYREUME, s. m., *Empireuma*, de εμπυρειν, brûler ; nom donné au principe ou à l'odeur des substances pyrogénées provenant de la distillation à feu nu des matières organiques. *V.* PYROGÉNÉ.

ÉMULGENT, ENTE, adj., *emulgens*, de *emulgere*, traire ; nom donné aux vaisseaux des reins. *V.* RÉNAL.

ÉMULSIF, IVE, adj., *emulsivus*, de *emulgere*, tirer, traire ; qui est de la nature de l'émulsion ou qui peut la produire, ex : *Préparation émulsive, semences émulsives.*

ÉMULSINE, s. f. ; *Synaptase*. Principe albuminoïde particulier existant dans les amandes douces et amères. Desséchée, l'émulsine est solide, d'aspect corné, opaque, dure, très soluble dans l'eau et insoluble dans l'alcool ; humide ou récemment précipitée, elle est blanche, d'aspect caséeux. On la prépare en traitant les tourteaux d'amandes amères par l'eau froide, précipitant la caséine par l'acide acétique, et l'émulsine par l'alcool ; sa dissolution aqueuse se coagule à 60°, ce qui la rapproche beaucoup de l'albumine. Son caractère essentiel et qui la différencie de toute autre albumine végétale, a été particulièrement étudié par Liébig et Wœlher ; il consiste en une action fermentescible particulière sur l'*amygdaline*, d'où résulte sa transformation en acide cyanhydrique et huile essentielle d'amandes amères, lorsque ces deux substances sont en présence de l'eau et soumises à une chaleur modérée ; conditions qui se trouvent réunies dans l'estomac, et qui pourraient donner lieu à des accidents fréquents, si les acides n'avaient la propriété d'empêcher cette transformation singulière de l'amygdaline (*V.* ce mot).

ÉMULSION, s. f., *Emulsio* ; préparation magistrale, liquide, blanche et opaque comme du lait, et résultant de la suspension dans l'eau de principes huileux ou résineux, au moyen d'un intermède particulier. Le *véhicule* des émulsions est l'eau froide ou chaude, l'*intermède* est une gomme, du mucilage, ou de l'albumine ; la *base* est formée par une *huile grasse*, une *résine*, ou une *gomme - résine*. On en distingue de *vraies* et de *factices*. Les premières sont formées par la suspension naturelle des principes des graines émulsives dans l'eau, comme les amandes, les noix, les noisettes, le chenevis, les semences des Cucurbitacées, la graine de lin, etc.; ou de celle des gommes-résines dans le même véhicule. Les émulsions *factices* se préparent en donnant d'abord à l'eau de la viscosité au moyen d'une gomme, du mucilage, du blanc ou du jaune d'œuf, et en agitant fortement ensuite de l'huile grasse ou une résine très divisée qu'on y a mélangées. Les émulsions vraies ou factices seront préparées au moment même de leur emploi, parce qu'elles sont très altérables ; on évitera leur mélange avec les acides, l'éther ou l'alcool, qui précipiteraient l'intermède ou le principe essentiel, s'il est résineux. Ces préparations se donnent à l'intérieur en boissons et en lavements. Elles sont peu employées chez les animaux, et leurs formules varient au gré des praticiens.

ÉNADELPHIE, s. f., *Enadelphia*, de εν, dans, et αδελφος, frère ; synonyme d'inclusion monstrueuse.

ÉNANTIOPATHIQUE, adj., de εναντιος, opposé, et παθος, maladie ; nom donné par Hannemann aux médicaments qui guérissent les maladies par une action qui est en sens opposé d'elles-mêmes. C'est l'opposé d'*homœopathique, V.* ce mot.

ÉNARTHROSE, s. f., *Enarthrosis*, de εν,

dans, et ἀρθρωσις, articulation ; articulation orbiculaire, dans laquelle une tête bien prononcée est reçue dans une cavité profonde ; ex.: l'*articulation coxo-fémorale*.

ENCANTHIS, s. m. , de ἐν, dans, et κανθος, angle de l'œil ; tumeur de la caroncule lacrymale, située à l'angle interne des paupières. Elle est plus rare dans les animaux que dans l'homme. L'encanthis est *bénin*, quand il cède facilement aux collyres astringents ; il est *malin*, lorsqu'il a le caractère cancéreux. Dans ce dernier cas , on doit l'extirper ; si l'on craint sa reproduction, il faut cautériser de temps en temps la plaie avec le nitrate d'argent.

ENCAPUCHONNER (S'), v.: se dit du cheval qui rapproche fortement le bas de la tête du côté du poitrail. Les chevaux à encolure *rouée* s'encapuchonnent par le fait même de cette direction du cou.

ENCASTELURE, s. f. , du latin *castellum* ; défectuosité du sabot, qui consiste dans le resserrement des quartiers et des talons, et cause une compression douloureuse. Cette conformation est naturelle chez l'âne et le mulet qui n'en éprouvent aucune souffrance. On la rencontre dans les chevaux de selle et particulièrement dans les races barbe, espagnole et limousine. L'encastelure est *naturelle*, lorsqu'elle dépend de la construction même du sabot ; dans ce cas, il est difficile d'y remédier ; elle est *accidentelle*, quand elle est le résultat d'une mauvaise ferrure , etc. On n'observe guère cette maladie que sur les pieds de devant. C'est par la ferrure qu'on cherche à guérir l'encastelure. On conseille de parer le pied bien à plat, jusqu'à la rosée, de ménager les arcs-boutants et d'appliquer un fer léger. Tous les maréchaux ne sont pas d'accord sur la forme du fer qui convient en pareil cas. Il en est qui appliquent le *fer à lunette*, ou à *éponges tronquées* ; d'autres préfèrent le *fer à planche*, dont la traverse garantit les talons et tend à les écarter, si l'on peut obtenir un point d'appui sur la fourchette. Enfin, on a appliqué le *fer à bec de flûte* qui est , en quelque sorte , incrusté sur les arcs-boutants, et qui presse les quartiers de dedans en dehors : c'est le procédé le plus défectueux. En même temps qu'on applique une ferrure convenable , il faut favoriser l'élasticité de la corne par l'emploi de l'axonge ou de l'onguent de pied.

ENCENS, s. m.. *Thus*, de *incendere*, brûler ; nom vulgaire de la résine *oliban* (*V.* ce mot). ou de son mélange avec les résines communes et quelques principes aromatiques ; usité comme parfum.

ENCÉPHALE, s. m. , *Encephalum*. de ἐν, dans, et κεφαλή, tête ; qui est situé dans la tête. On appelle de ce nom, assez général, l'ensemble des masses nerveuses centrales, en y comprenant même souvent la moelle épinière. dont une portion seulement est logée dans la tête.

ENCÉPHALIQUE, adj. , même étymologie ; qui appartient à l'encéphale. — *Nerfs encéphaliques*: nom réservé aux douze paires de nerfs qui s'échappent par des trous de la cavité crânienne.

ENCÉPHALITE, s. f. , *Encephalitis* ; inflammation de l'encéphale ; inflammation locale du cerveau et du cervelet, c'est-à-dire réunion de la *cérébrite* et de la *cérébellite*. Synonymie : *vertige essentiel, idiopathique, méningo-encéphalite, arachnoïdite, apoplexie cérébrale, fièvre cérébrale*, etc. Cette maladie se montre fréquemment sur le cheval et les animaux de l'espèce bovine. Les causes occasionnelles sont les chocs, les commotions violentes, les coups sur le crâne, une forte insolation, les courses violentes pendant les chaleurs de l'été, l'action de quelques médicaments. L'encéphalite se montre quelquefois à la suite de la congestion cérébrale, de l'apoplexie, de la méningite. Elle est aiguë ou chronique. — Dans les symptômes, on trouve quelques variétés, suivant que la maladie affecte plus particulièrement le cerveau ou le cervelet. — *Prédominance de l'inflammation du cerveau.* L'invasion est lente ou subite. Dans le premier cas , on observe des symptômes précurseurs, qui consistent dans l'obscurcissement de la vue, la pesanteur de la tête, l'action de pousser au mur, des baillements fréquents , la marche chancelante. Quand la maladie est prononcée, le cheval tient la tête basse ou très élevée, l'appuyant sur la crèche ou contre la muraille. Il est dans un état de coma, d'assoupissement, qui le rend insensible à tout ce qui l'entoure ; les yeux sont ouverts et fixes ; ils perdent la faculté de voir. De temps en temps, le malade éprouve des accès, pendant lesquels il se livre à des mouvements désordonnés ; il se précipite avec violence contre les murs, se redresse et va jusqu'à poser les pieds antérieurs entre les bâtons du ratelier de l'écurie. Quelques sujets cherchent à mordre tout ce qui est à leur portée ; il en est qui se déchirent l'épaule ou l'avant-bras à coups de dents. Après ces transports de fureur, les malades retombent dans un état d'abattement et de somnolence : ils refusent tout aliment. Le pouls est petit et peu accéléré ; la respiration est très lente ; le flanc ne bat quelquefois que quatre à cinq fois par minute. — Dans le bœuf, on observe l'obtusion de la vue, la stupidité, l'incertitude dans la marche, et, plus tard, des accès de fureur. Dans l'état chronique, les symptômes ont moins d'intensité. — *Inflammation marquée du cervelet, cérébellite.* Cet état n'a pas encore été bien étudié ; il se manifeste par la contraction de la tête en arrière, la tendance du malade à reculer en tirant sur sa longe, des mouvements désordonnés dans le système musculaire. — On ne peut assigner d'une manière précise la durée de l'encéphalite ; il est des malades qui périssent en quelques heures ; d'autres vivent pendant dix-huit à vingt jours. — Les complications à craindre sont l'apoplexie, la paralysie partielle ou générale, la myélite, l'épilepsie, le tétanos, l'immobilité. — Les lésions anatomiques de l'état aigu sont : la congestion, l'infiltration sanguine du cerveau et des méninges, une collection de sérosité dans les ventricules du cerveau. A l'état chronique, on trouve des indurations fibreuses et même osseuses dans les plexus choroïdes, la présence d'un kyste, la déformation des grands ventricules. — Le diagnostic est fréquemment difficile à établir, si l'on tient à ne pas confondre l'encéphalite avec la méningite, la cérébrite, la cérébellite, proprement dites, avec l'apoplexie, etc. — L'encéphalite est une maladie très grave, que l'on ne guérit pas facilement. Elle se termine souvent par la mort en deux ou trois jours; fréquemment elle produit une longue convalescence, et prive pour toujours le malade d'une partie de ses facultés : elle est sujette à la récidive.— *Traitement.* Dans la période d'excitation, de congestion sanguine, la première indication consiste dans l'emploi des émissions sanguines, soit à la jugulaire, soit à l'artère temporale. On est quelquefois obligé de pratiquer quatre à cinq saignées dans la première journée. Quelques praticiens reprochent à la saignée générale l'inconvénient d'augmenter l'intensité et la fréquence des accès de vertige; ils préfèrent les saignées locales aux saphènes, l'amputation de la queue. Il faut seconder les effets des saignées par l'application de corps froids sur la tête, les affusions d'eau fraîche, l'emploi de la glace pilée renfermée dans une vessie. Des révulsifs sont appliqués sur les extrémités; ce sont les sinapismes, les vésicatoires, les sétons à l'encolure. On administre à l'intérieur des purgatifs énergiques ou l'émétique, le calomel à hautes doses. Le camphre est avantageux comme calmant et antispasmodique. — Dans la période de ramollissement, les saignées et les réfrigérants sont inutiles, les toniques sont nécessaires pour soutenir les forces d'un animal épuisé par la maladie; on donne le quinquina et les ferrugineux. Quand il y a paralysie, tout est inutile. — Lorsqu'on traite l'encéphalite chronique, il faut insister principalement sur les dérivatifs, tant externes qu'internes.

Encéphalite symptomatique, *vertige abdominal.* Cette variété de l'encéphalite se développe principalement dans l'indigestion de l'estomac et l'inflammation du foie. *V.* Gastro-encéphalite et Gastro-hépatite.

ENCÉPHALOCÈLE, s. m., de ἐγκέφαλον, cerveau, et κήλη, hernie; hernie du cerveau; tumeur située sur le crâne, formée par la substance encéphalique qui sort de cette cavité par une ouverture accidentelle ou par une fontanelle dans les jeunes animaux. Cette hernie, résultat d'une contusion, d'une chute, entraîne presque toujours une mort rapide. On l'observe quelquefois dans le chien.

ENCÉPHALOIDE, s. m., de ἐγκέφαλον, cerveau, et εἶδος, ressemblance; nom donné par Laënnec à une matière qu'on rencontre souvent dans le cancer, et dont l'aspect ressemble à la substance du cerveau. Ce produit est encore appelé *matière cérébriforme.* *V.* Cancer.

ENCHEVÊTRURE, s. f., de *en*, dans, et du mot *chevêtre*, licol; prise dans le licol. On nomme ainsi l'excoriation ou plaie transversale produite sur un membre d'un cheval, qui s'est embarrassé dans sa longe. Cette maladie se montre principalement au paturon d'un membre de derrière; elle se produit quand l'animal cherche à se frotter la tête ou la crinière. Les lésions occasionnées par la longe de corde contenant du crin sont toujours plus contuses. Dans les cas les plus ordinaires, l'enchevêtrure est une simple excoriation de la peau; d'autres fois, il y a une plaie profonde, qui cause une violente claudication. Le furoncle ordinaire et le javart tendineux sont des complications fréquentes de cet accident. L'enchevêtrure peut produire des accidents graves, tels que la blessure et l'ulcération des tendons fléchisseurs, le tétanos, etc.; la cicatrisation laisse, sur quelques chevaux, des cordons épais, qui ont la consistance des durillons. On prévient cette maladie en attachant les animaux d'une manière convenable, avec une chaine en fer, en plaçant un billot à l'extrémité de la longe. Le traitement le plus efficace consiste dans l'emploi d'un cataplasme de miel, qui agit comme émollient pour diminuer la douleur, comme maturatif pour accélérer la chute des eschares, quand il y a gangrène partielle des tissus, et comme cicatrisant; ce topique est préférable sous tous les rapports à la farine de lin. Sur la fin du traitement, on applique l'égyptiac ou la liqueur de Villatte, surtout quand les cicatrices paraissent dégénérer en crevasses. On emploie aussi avec avantage l'onguent vésicatoire sur la blessure dès le début. Les mêmes moyens de traitement sont usités pour guérir l'enchevêtrure du pli du jarret et du genou.

ENCHIFRÈNEMENT, s. m.; embarras dans la respiration causé par un rhume de cerveau; synonyme de *coryza.*

ENCHYMOSE, s. f., *Enchymosis*, de ἐν, dans, et χύω, je verse; effusion rapide du sang dans les vaisseaux cutanés, par l'effet des impressions vives.

ENCLAVEMENT, s. m.; action d'enclaver; état dans lequel la tête du fœtus, engagée dans le bassin, ne peut changer de place par les efforts de la nature. Cette particularité se présente souvent dans les petites femelles domestiques qui ont été accouplées avec des mâles trop gros.

ENCLOUURE, s. f.; blessure faite aux tissus vifs du pied du cheval et du bœuf, par les clous que le maréchal implante pour fixer le fer; on donne aussi ce nom à la piqûre produite sur la sole par un *clou de rue* (*V.* ce mot). L'enclouure diffère de la piqûre produite par la même cause, parce que, dans le premier cas, le clou reste implanté dans le pied. Cet accident se montre quand on broche trop gras, ou lorsque le clou rencontre dans la corne une vieille souche qui le dévie. Le tissu réticulaire s'enflamme et occasionne une boiterie plus ou moins intense, qui disparaît ordinairement lorsqu'on retire le clou qui a fait la piqûre. Mais il n'en est pas toujours ainsi ; quelquefois la suppuration se développe, et le pus détache la sole sur une grande partie de sa surface, ou pénètre jusqu'à la couronne et décolle une certaine étendue de la paroi ; l'on dit alors que la *matière a soufflé aux poils*. Des maladies graves sont la conséquence de l'enclouure négligée ; ainsi la carie de l'os du pied, le javart cartilagineux, l'arthrite des phalanges peuvent mettre en danger la vie de l'animal et rendre nécessaires des opérations très compliquées. Dans le début, il suffit d'enlever le fer pour reconnaître le point douloureux. S'il n'y a pas de foyer purulent, le repos et quelques bains froids suffisent pour prévenir toute suite fâcheuse. Si l'on trouve un abcès, l'ouverture faite à la corne avec le boutoir ou la rainette laisse écouler le pus ; les symptômes disparaissent, à moins qu'il n'y ait carie de l'os du pied ou du fibro-cartilage. Alors, il est nécessaire d'avoir recours à l'évulsion d'une partie de la paroi, de faire, par conséquent, l'opération du javart encorné ou du javart cartilagineux. — On donne le nom de *retraite* à une variété de l'enclouure, dans laquelle un clou pailleux s'est divisé en deux lames, dont l'une atteint les parties vives du pied, tandis que l'autre arrive au dehors et permet de brocher le clou complètement.

ENCLUME, s. f., du latin *Incudo*, *Incus ;* masse de fer aciérée sur laquelle on forge le fer, l'argent et d'autres métaux. Terme de maréchal. C'est un ustensile indispensable de l'atelier. L'enclume présente deux extrémités : l'une est aplatie de dessus en dessous et taillée carrément ; c'est le *talon ;* l'autre, de forme conique, terminée en pointe, constitue la *bigorne*. On reconnaît encore à l'enclume un *corps*, deux *faces*, dont une antérieure, l'autre postérieure, et une *table* qui est garnie d'une plaque d'acier parfaitement soudée avec le corps. — *Anat.* Petit os de l'oreille interne, qui est en rapport avec un autre os appelé le marteau.

ENCOLURE, s. f., *Collum ;* nom donné, en *extérieur*, à la région du cou. L'encolure forme, en avant du tronc, un long bras de levier supportant la tête, et susceptible, par ses différents mouvements, de faire varier beaucoup le centre de gravité de l'animal. Sa longueur est variable ; une encolure *courte* et *forte* convient surtout aux chevaux de gros trait ; l'encolure *longue*, dans les chevaux de selle, ne devient un défaut que si elle est *grêle* et supporte une tête lourde. L'encolure doit affecter une direction moyenne entre la ligne

verticale et la ligne horizontale. Si elle se rapproche trop de cette dernière, le cheval porte la tête basse, et le poids de cette partie surcharge les membres antérieurs. — L'encolure est *rouée*, lorsqu'elle affecte dans toute la longueur de son bord supérieur une courbe bien prononcée ; on la dit *encolure de cygne*, lorsque la courbure se fait remarquer seulement vers la tête. Ces deux conformations de l'encolure obligent le cheval à porter la tête verticale ou encapuchonnée.—L'encolure *de cerf* ou *encolure renversée* offre, à son bord inférieur, une convexité qui en relève l'extrémité supérieure, de telle sorte que l'animal *porte au vent*. — Un excès de développement dans le bord supérieur de l'encolure l'entraîne de côté et constitue l'*encolure penchée*.—On dit l'encolure *fausse*, lorsqu'elle ne s'unit pas d'une manière insensible avec les épaules et le poitrail ; dans le cas contraire, elle est dite *bien sortie*. — Le développement du muscle mastoïdo-huméral est toujours une beauté, car il indique beaucoup de force dans le principal agent des mouvements des membres antérieurs. — Les maladies de l'encolure sont la *gale* ou le *rouvieux* et le *thrombus*. — Dans l'espèce bovine, l'encolure porte, à sa partie inférieure, un repli de la peau qui a reçu le nom de *fanon*. On doit rechercher, dans le taureau, une encolure courte et épaisse : celle du bœuf est d'autant plus forte qu'on l'a gardé entier plus long-temps ; chez la vache, elle est beaucoup moins développée. On doit toujours préférer une encolure courte, la viande du cou étant de qualité inférieure.

ENCOURAGEMENTS, s. m. Toute protection qui assure la vente, facilite les échanges ; toute mesure qui fournit à l'industrie de bons moyens d'exécution, enseigne à produire ou à perfectionner, qui sollicite le développement du travail, l'amélioration du produit par des récompenses, est un encouragement. Il est peu d'industries qui soient constamment assez prospères pour n'avoir jamais besoin d'être encouragées ; il n'en est pas surtout qui en ait plus besoin, qui mérite davantage de l'être que l'agriculture, et surtout la production animale ; car aucune ne donne de plus faibles bénéfices, n'est entourée de plus de chances de perte, n'offre moins d'espoir aux capitaux. Et, pourtant, l'agriculture est le premier de tous les arts : c'est elle qui, en assurant la satisfaction des besoins naturels de l'homme, rend possible l'organisation régulière et le développement des sociétés. Les peuples chasseurs ne forment pas de véritables associations ; ils n'ont qu'une existence précaire et misérable ; leur gouvernement, lorsqu'il existe, n'est qu'un fantôme à chaque instant méconnu.—Le principal stimulant d'une industrie, c'est le bénéfice réalisé, le placement avantageux, la production à bon marché. Pour l'industrie agricole, ce sont les débouchés, une consommation active. C'est là l'encouragement direct, le plus direct de tous, car les autres n'ont souvent qu'une valeur très restreinte. — Parmi les encouragements appelés par l'économie rurale, on peut citer : les prix, les primes accordés aux meilleures exploitations, à la mise en culture des marais, des landes, des terrains incultes, à l'extension des prairies artificielles, des cultures sarclées, à la bonne tenue des fermes, à la moralité des serviteurs ruraux ; les primes à l'exportation; les droits bien combinés de douane; l'achat de reproducteurs choisis et appropriés aux races et aux localités ; les exhibitions, les prix et primes aux plus beaux animaux; les courses ; les moyens de propager l'enseignement et l'application des bonnes méthodes.

ENCRE, s. f. On donne ce nom à diverses préparations liquides colorées qu'on emploie pour écrire ou pour marquer différents objets. — *L'encre noire*, formée de tannate et de gallate de fer, en suspension dans une eau gommeuse, est parfois employée comme astringent tant à l'intérieur qu'à l'extérieur, mais très rarement chez les animaux domestiques. Les formules de cette préparation sont fort nombreuses ; la suivante donne de bons résultats :

    2⁒ Noix de galle. . . . . 2000 grammes.
    Sulfate de fer 1000
    Gomme arabique . . 500
    Eau commune . . . Q. S.

Concassez grossièrement les noix de galle ; faites-les bouillir dans l'eau; décantez ; faites dissoudre la gomme et ajoutez le sulfate de fer dissous dans une petite quantité d'eau froide ; ajoutez un peu d'essence de lavande pour empêcher l'encre de moisir, et conservez dans des bouteilles bouchées.

ENDÉMIE, s. f., *Endemia;* de εν, dans et δημος, peuple ; maladie due à des causes locales, particulières à certains climats, et qui y règnent constamment ou à des époques fixes. *V.* Enzootie, Épizootie.

ENDÉMIQUE, adj., *endemicus;* qui a le caractère de l'endémie; *maladie endémique,* — *Bot.* De Candolle appelle *endémiques* les familles, genres ou espèces dont l'aire est restreinte à une contrée, et qui ne croissent spontanément que dans un seul pays.

ENDERMIQUE (méthode), s. f., de εν, dans, et δερμα, derme, peau; mode d'administration des médicaments qui consiste à les déposer sur la peau dépouillée de son épiderme. — L'enlèvement de l'épiderme se fait à l'aide du vésicatoire ou du feu ; il a pour effet de mettre à nu la surface du derme et les vaisseaux absorbants. La surface qui en résulte étant toujours rouge, gonflée, très douloureuse, il importe de calmer préalablement les symptômes de l'inflammation avant de déposer les médicaments sur la plaie; autrement, l'absorption en serait très lente et incomplète. Les médicaments administrés par cette voie doivent être fort actifs, pour que leurs effets soient sensibles, parce que l'absorption s'en fait avec lenteur et en petite quantité ; aussi

emploie-t-on de préférence les alcaloïdes végétaux et leurs sels, comme la morphine, la strychnine et leurs préparations. Ces médicaments doivent être réduits en poudre très fine ou dissous dans une petite quantité de leur véhicule le plus convenable, et ensuite étendus par des frictions légères sur toute la surface dénudée. Ce mode d'administration des médicaments est rarement employé sur les animaux ; il ne convient en effet que quand les voies digestives ne sont pas libres par une cause quelconque, ou lorsqu'une indication précise en prescrit l'usage. Pour certaines affections locales, comme des engorgements des ganglions, on pourrait peut-être trouver avantage à se servir de cette méthode pour faire pénétrer les médicaments sur le siège du mal.

ENDHYMÉNINE, s. f., de εν, dans, et υμην, membrane; membrane interne du grain de pollen pulvérulent; c'est l'*Intine* de Fritzsche. Elle est mince, extensible et renferme la *fovilla.*

ENDIGUEMENTS, s. m.; talus ou digues élevés au bord des torrents, des rivières, pour prévenir les inondations. La France ne possède aucune bonne loi sur ce sujet, et sa législation sur les endiguements, très incomplète, se réduit à peu près à la loi du 16 septembre 1807. Cette question paraît devoir se relier à celle du reboisement des montagnes et généralement des terrains inclinés non soumis à la culture ; car la formation des torrents et l'inondation par les rivières vient souvent de ce que les eaux de la pluie, ne trouvant aucun obstacle dans les pentes dépouillées de végétation, se rassemblent au même lieu et arrivent ensemble vers les endroits qui leur offrent l'écoulement le plus facile. Il serait difficile de calculer d'avance l'effet des endiguements appliqués au cours d'une rivière ou d'un fleuve. Les eaux ne pouvant plus se répandre sur les terrains et y déposer les matières solides qu'elles charrient, auraient bientôt encombré les embouchures, élevé le niveau du lit, d'où la nécessité d'exhausser et de consolider les digues après chaque grande crue.

ENDIVE, *V.* Chicorée.

ENDOCARDE, s. m., *Endocardium*, de ενδον, dedans, et καρδια, cœur; nom donné par Chaussier à la membrane qui tapisse l'intérieur du cœur.

ENDOCARDITE, s. f., *Endocarditis;* inflammation de la séreuse interne du cœur. *V.* Cardite.

ENDOCARPE, s. m., *Endocarpium*, de ενδον, dedans, et καρπος, fruit; partie interne du péricarpe. L'endocarpe est, à proprement parler, la membrane pariétale interne du fruit, tapissant les cavités séminifères ou loges. Il provient de l'épiderme intérieur des carpelles. Toujours membraneux et le plus souvent très mince, il se confond, dans beaucoup de fruits, avec tout ou partie du sarcocarpe. La coque de la noix est le résultat d'une de ces associations.

ENDOCYMIENS, s. et adj., de ενδον, dedans, et κυημα ou κομα, fœtus ; monstres doubles par inclusion, c'est-à-dire chez lesquels un individu, du reste bien conformé, renferme un second sujet très imparfait, et plus ou moins bien caché dans le sujet principal.

ENDODERME, s. f., *Endoderma*, de ενδον, en dedans, et δερμα, peau, derme ; Richard donne ce nom à la couche utriculaire située entre le liber et le système ligneux. Il l'appelle aussi *couche sous-libérienne*. — D'autres botanistes appellent *endoderme* la plus intérieure des trois membranes ou couches qui enveloppent la graine. *V*. Épisperme.

ENDOGÈNES, s. et adj., *Endogeni*, de ενδον, en dedans, et γενναω, j'engendre ; l'une des grandes classes ou embranchements établis par de Candolle dans les végétaux phanérogames. Les endogènes comprennent les plantes dans lesquelles les vaisseaux sont réunis en faisceaux comme épars dans la tige, sans former de zônes concentriques ni d'étui central, et dont l'accroissement se fait simultanément partout où ces faisceaux existent, du centre à la circonférence, et par le sommet. Les *endogènes* correspondent exactement aux monocotylédonés.

ENDOPHORE, *V*. Endoplèvre.

ENDOPLÈVRE, s. f., *Endoplevra* ; pellicule interne du spermoderme, enveloppant immédiatement la substance de la graine. Elle est peu ou point perméable à l'humidité. On l'appelle encore *tunique interne* ou *hilofère*. C'est le *Tegmen* de Mirbel.

ENDOPTILE, adj., *Endoptiles*, de ενδον, en dedans, πτελον, petite plume ; se dit de l'embryon dont la plumule est renfermée, avant la germination, dans une coléoptile.

ENDORHIZES, s. *Endorhizæ*, de ενδον, en dedans, et ριζα, racine ; l'une des trois divisions établies par C. Richard dans le règne végétal, comprenant les plantes dont la radicule est renfermée, avant la germination, dans une *coléorhize*. Elle correspond à l'embranchement des *monocotylédonés*.

ENDORHIZÉ, E, adj., *endorhizatus ;* enveloppé dans une coléorhize. Se dit de l'embryon ou mieux encore de la radicule des monocotylédonés.

ENDOSMOMÈTRE, s. f., *Endosmometrum ;* instrument destiné à rendre sensibles et à mesurer les phénomènes d'endosmose. Il se compose d'un tube élargi en entonnoir à l'une de ses extrémités, et bouché par une membrane organique. On le remplit de liquide et on plonge son extrémité élargie dans un vase contenant un autre liquide.

ENDOSMOSE, s. f., *Endosmosis*, de ενδον, en dedans, et ωσμος, action de pousser ; phénomène remarquable observé par Dutrochet, et consistant en un double courant qui s'établit entre deux liquides séparés par une membrane organique ou un corps poreux. Le courant le plus fort est appelé *endosmose*,

et le courant le plus faible, *exosmose* (*V*. ce mot). Cependant, comme le phénomène est toujours le même au fond, on ne se sert que d'un seul terme et on donne la préférence au premier. — La rapidité de l'endosmose est plus ou moins grande, selon la nature des liquides et celle du corps interposé. Il n'y a jamais endosmose d'un liquide à lui-même. Les liquides albumineux et sucrés sont ceux qui donnent lieu à l'endosmose la plus prononcée, et il est à remarquer que les liquides végétaux et animaux sont précisément de cette nature. En général, ce phénomène s'observe seulement entre les liquides qui ont une affinité réciproque, et le courant fort a toujours lieu du liquide le plus dense au plus léger, et le courant faible en sens contraire, à quelques exceptions près. L'élévation du liquide dans le tube ou son abaissement, selon le sens du courant fort, continue jusqu'au moment où la membrane interposée commence à se putréfier ; les corps poreux minéraux ne produisent pas cette interruption. Dans tous les cas, il suffit de quelques gouttes d'acide sulfhydrique dans l'un ou l'autre liquide, pour arrêter complètement les courants de l'endosmose. Les causes de ce phénomène sont inconnues ; cependant, il parait dépendre principalement : 1° de l'imbibition de la membrane ou du corps interposé par l'un des liquides, ce qui rapproche l'endosmose de la capillarité ; 2° de l'affinité réciproque des liquides ; 3° et peut-être du développement d'un courant électrique par le contact des deux liquides. Quoi qu'il en soit, ce phénomène parait jouer dans la vie des êtres organisés, notamment dans l'absorption, un rôle fort important.

ENDOSPERME, *V*. Périsperme.

ENDOSPERMIQUE, adj., *endospermicus ;* accompagné d'un endosperme ; *embryon endospermique*, *V*. Périsperme et Embryon.

ENDOSPORE, adj., *endosporus ;* se dit des plantes ou des organes qui portent des spores renfermées dans des sporanges ou des conceptacles.

ENDOSTOME, s. f., *Endostoma*, de ενδον, dedans, et στομα, ouverture ; nom donné par Mirbel à l'ouverture formée au sommet de l'ovule par la *primine* ou première membrane. Elle constitue, seule ou avec l'exostome, le *micropyle*, *V*. Ovule.

ENDOTHÈQUE, s. f., *Endothecium ;* membrane interne de l'anthère.

ENÉILÈME, s. f., *Eneilema*, de εν, dedans ; nom donné par Dutrochet à l'une des trois membranes qu'il admet dans la composition de l'ovule avant la fécondation ; c'est la membrane moyenne.

ÉNERVÉ, E, adj., *enervis ;* sans nervure. Peu usité.

ÉNERVER, v. a., *enervare*, de é, et *nervus*, nerf ; ôter le nerf ; affaiblir beaucoup ; mot employé improprement par le vulgaire pour désigner la section des tendons.

ENFANCE, s. f., *Infantia ;* premier âge de la vie extra-utérine. Peu usité en vétérinaire.

ENFLÉ, ÉE, adj..*inflatus ;* ayant de l'analogie avec une vessie gonflée d'air, ex. : la *gousse* du Baguenaudier, le *calice* du Cucubale, du Coqueret, etc.

ENFLURE. s. f. ; gonflement, tuméfaction d'une partie du corps. L'enflure est due à l'abord plus considérable de sang dans le phlegmon, à l'infiltration de la sérosité dans l'œdème et l'anasarque, à la présence de l'air dans l'emphysème. — Nom vulgaire donné au *charbon.* Inusité.

ENFOUISSEMENT, s. m.; action d'enfouir, d'enterrer les cadavres des animaux morts ou abattus. — Considéré comme mesure de police sanitaire, l'enfouissement est un auxiliaire, une extension de l'isolement, et se trouve réglé et ordonné par l'art. 6 de l'arrêt du 16 juillet 1784. D'après cet arrêt, l'enfouissement doit avoir lieu à 100 toises au moins des habitations et des chemins fréquentés, et dans des fosses ayant 10 pieds (3 mètres 25 centimètres) de profondeur. Les cadavres doivent être enterrés chairs et ossements, la peau ayant été tailladée. Cette dernière disposition n'est point ordinairement exécutée ; on ne voit guère la possibilité, ni même de motifs assez sérieux de l'invoquer, sinon dans les épizooties très meurtrières, ou pour des maladies à contagium très actif. L'art. 9 de l'arrêt précité défend à toute personne de soustraire, pour en faire un usage quelconque, aucuns débris des cadavres enfouis, ainsi que la terre des fosses et tous les objets destinés à les protéger. — Dans les circonstances ordinaires, l'enfouissement, à une distance plus rapprochée des habitations, peut être toléré. On conçoit aussi qu'il suffit que les cadavres soient recouverts de 1 mètre à 1,50 centimètres de terre. L'enfouissement, d'après l'arrêt du 10 avril 1714, devait être fait à 1 mètre de profondeur seulement ; le décret de la Constituante du 6 octobre 1791 fixe cette profondeur à 1 mètre 30 centimètres.

ENGAINANT, TE, adj., *vaginans ;* se dit de la feuille, du pétiole, etc., qui forme à la tige une sorte de gaine qui l'enveloppe, ex. : les *feuilles* des Graminées, des Cypéracées.

ENGAINÉ, ÉE, adj., *vaginatus ;* enveloppé dans une gaine, ex. : la *tige* des Graminées, la *hampe* de beaucoup de plantes.

ENGARROTTÉ, adj.; blessé au garrot; *cheval engarroté, V.* MAL DE GARROT.

ENGELURE, s. f., de *in*, dans, et *gelare*, geler; sorte d'érysipèle phlegmoneux produit par le froid, commun dans l'espèce humaine, inconnu dans les animaux. On a observé sur les volailles exposées au froid, une maladie particulière des pattes, qui peut se terminer par gangrène et présente quelque analogie avec l'engelure.

ENGORGEMENT, s. m.: embarras de l'écoulement du sang. Synonyme de *tuméfaction* (*V.* ce mot).

ENGOUEMENT, s. m., *Ingurgitatio ;* obstruction d'un conduit qui ne peut expulser les matières qui s'y sont accumulées. L'*engouement des bronches* est produit par une accumulation de mucosités ; l'*engouement des poumons* est le résultat de l'infiltration des ramuscules bronchiques. On dit qu'il y a *engouement d'une hernie intestinale*, lorsque les matières alimentaires ou stercorales s'arrêtent dans l'anse d'intestin herniée et s'opposent au passage des produits de la digestion. Cet accident est suivi de coliques violentes et se termine par l'étranglement de la hernie, si rien ne peut faire progresser les matières contenues dans l'intestin. — *Engouement du feuillet :* accumulation de matières alimentaires durcies, entre les lames de cet estomac. — *Engouement du jabot :* réplétion outrée de cette poche formant le premier réservoir stomacal des oiseaux.

ENGOURDISSEMENT, s. m. ; état de torpeur d'une région du corps, qui perd en partie la faculté de sentir et de se mouvoir. On observe cet état après l'application d'une ligature, la contusion d'un nerf. — Ce mot est employé quelquefois comme synonyme de *refroidissement.*

ENGRAIS, s. m. Tout ce qui, déposé à la surface du sol et mêlé à la terre arable, conserve, augmente ou rétablit sa fécondité, en lui fournissant les matières organiques ou minérales nécessaires à la végétation, est un *engrais.* Il devient inutile, après cette définition, de reproduire les distinctions admises autrefois pour les *amendements*, les *stimulants* et les *engrais proprement dits*; ceux-ci ne comprenaient que les substances susceptibles de fournir à la terre les éléments organiques, carbone et azote ; ils appartenaient tous nécessairement au règne organisé. Les engrais forment la base de la bonne agriculture ; ils en sont l'auxiliaire indispensable et le plus puissant. C'est sur leur production économique et leur emploi raisonné que repose tout le succès d'une exploitation rurale. Tous ne sont pas également propres à remplir le but. Les uns ont des propriétés générales qui les rendent utiles à tous les genres de culture : ce sont les engrais azotés; d'autres sont particulièrement réclamés par certaines plantes qui ne prennent leur développement que dans les sols qui les contiennent en proportion suffisante. On peut donc poser en principe que le meilleur engrais sera celui qui renfermera une forte proportion de matière organique azotée, soit qu'on l'envisage d'une manière absolue, soit qu'on la compare à la proportion de matière minérale, qui se décomposera plus sûrement et d'une manière graduelle dans la période végétative pour laquelle il a été employé ; qui contiendra enfin, en proportion convenable et sous une forme assimilable, les éléments minéraux particulièrement nécessaires à la constitution des plantes. Le choix des engrais ne peut donc être fait d'une manière absolue ; car si toutes les plantes ont besoin de carbone, d'hydrogène, d'azote, etc., il faut aussi à chacune d'elles des substances minérales parmi lesquelles une ou plusieurs prédominent habituellement. C'est ce que nous ont démontré les recherches intéressantes, les analyses raisonnées de Gasparin, Boussingault, Liébig, de Saussure, Payen, etc. On sait que la paille des céréales, et surtout celle du seigle renferme beaucoup de silice ; les légumineuses, le blé, beaucoup de phosphate calcaire ; la vigne, une forte proportion de potasse ; certaines plantes ne croissent bien que dans des terrains fortement imprégnés de chlorure de sodium. Une terre, privée absolument de ces éléments minéraux, ne peut suffire à la végétation des plantes qui les réclament ; et, si elle en a été épuisée par des récoltes successives, elle ne redevient féconde pour elles que par l'emploi d'engrais qui lui rendent ce qu'elle a perdu. C'est sur ces données que s'appuie la règle de l'alternance des récoltes ; car un terrain qui ne contient plus en proportion convenable l'élément nécessaire à une culture céréale, peut renfermer celui que demande une culture sarclée. La théorie chimique des assolements est donc bien fondée. — Les bases de même nature, les sels analogues, peuvent être, selon les cas, substitués les uns aux autres : par exemple, la potasse à la soude, ainsi que l'ont prouvé les recherches de Liébig, de Saussure, etc. ; mais cette substitution n'a pas lieu pour des composés qui ne se ressemblent point par leurs propriétés chimiques. — De ce qui précède, il résulte que, pour déterminer rigoureusement l'engrais qui convient à un terrain donné, il faut connaître la composition de la terre, les besoins des récoltes que l'on veut obtenir, et la composition des engrais. — La liste des engrais employés par l'agriculture, le jardinage, est longue. *Engrais azotés :* fumier des herbivores, excréments divers, urine, guano, colombine, poudrette, débris cadavériques, pain de créton, noir animal, engrais désinfecté, Flamand, Jauffret. *Substances minérales azotées :* merl, tangue, suie, cendres pyriteuses, faluns. *Engrais végétaux, engrais verts :* résidus de fabriques, goëmon, fanes vertes, etc. *Engrais minéraux :* eau, marne, chaux, plâtre, cendres, sel marin, nitrates et sulfates alcalins, sels ammoniacaux. — On trouvera, dans le cours de cet ouvrage, quelques détails consacrés à chacun des principaux engrais. — Beaucoup d'essais ont été faits pour classer les engrais d'après leur valeur réelle ; tous ont été infructueux ; il devait en être ainsi d'après les principes énoncés tout-à-l'heure. Les diverses méthodes employées ont conduit à des appréciations différentes. Celle qui procède par la détermination de la proportion d'azote, est

susceptible d'une application plus générale et donne les meilleurs résultats ; mais elle ne peut être invoquée que pour les engrais azotés, et, parmi ceux-ci, pour ceux qui agissent principalement par leur azote. Quoi qu'il en soit, on consultera toujours avec intérêt et avec fruit les tableaux dressés par Boussingault et Payen. — L'observation, d'accord en cela avec l'expérience, a prouvé que les engrais les plus azotés, les plus actifs, n'étaient point toujours les meilleurs ni les plus économiques ; que le fumier des herbivores, par exemple, remplissait le mieux les conditions générales demandées ; c'est donc à la production de cet engrais que le cultivateur doit s'attacher principalement, sans négliger de tirer parti des autres engrais que la situation de l'exploitation lui indique comme avantageux. D'un autre côté, une production abondante de fumiers entraine et suppose une culture alterne perfectionnée.

Engrais désinfecté ; mélange d'excréments humains, de poudrette, avec le charbon ou, ce qui est beaucoup plus économique, avec le terreau carbonisé. On l'appelle aussi *engrais Salmon.* Le plâtre, le sulfate de fer, son aussi employés pour former cet engrais.

Engrais Flamand. Produit des fosses d'aisance conservé et soumis à une fermentation lente dans de grandes citernes creusées dans le sol, voûtées et tenues closes.

Engrais Jauffret. Il se compose de végétaux verts entassés sous des hangars ou à l'air libre et arrosés avec des purins ou des lessives propres à provoquer la fermentation. Le procédé Jauffret n'est applicable que dans les lieux où l'on peut trouver à vil prix une assez grande quantité de végétaux verts herbacés ou sous-ligneux. On a cherché à le modifier en substituant aux végétaux verts recueillis sur les landes, les bruyères ou ailleurs, des pailles de colza, de sarrasin, etc., et au purin proprement dit, des lessives plus économiques, composées d'excréments humains, de sels solubles d'ammoniaque, de soude, de fumier, etc. Cette lessive est appelée *levain d'engrais.* On ajoute aux plantes de la chaux, du plâtre, etc. L'engrais Jauffret exige beaucoup de main-d'œuvre et coûte souvent assez cher. Sa valeur, au reste, est inférieure à celle du fumier normal. Le cultivateur n'a donc un intérêt sérieux à le préparer que lorsqu'il ne peut se procurer économiquement une assez grande quantité de fumier ordinaire.

Engrais Laisné. L'engrais vendu aujourd'hui sous ce nom, parait être une association fort complexe de substances végétales et animales, de sels calcaires, de résidus, d'immondices, etc., de valeur presque nulle, et ordinairement négligés.

Engrais normal. Payen et Boussingault ont appelé ainsi du fumier de ferme produit par une proportion de 30 chevaux, 30 bœufs ou vaches, 12 à 20 porcs. Ils lui ont trouvé la composition suivante :

	Frais.	Desséché.
Carbone	7,41	35,8
Oxigène	5,34	25,8
Hydrogène	0,87	4,2
Azote	0,41	2,0
Sels et terre	6,67	32,2
Eau	79,30	» »
	100,00	100,0

Ce fumier leur sert de type, et, dans leurs recherches comparatives, ils fixent sa valeur ou ses effets à 100,00.

ENGRAIS NORMAL CHIMIQUE. Il a pour base des matières animales et végétales ; mais il renferme une diversité de substances minérales, qui, par leur nombre, leur nature, leur proportion absolue ou relative, l'approprient toujours, la composition du terrain étant connue, à la récolte à venir. Il est inutile d'ajouter que le but est rarement bien rempli.

ENGRAIS TERRE. Sorte de compost, préparé par la méthode Jauffret, dans lequel la terre remplace les végétaux.

ENGRAIS VERTS. Les fanes vertes des légumineuses, du sarrasin, du colza, de la navette, du madia, les fougères, les bruyères, les roseaux, les plantes de rivages, les feuilles vertes des arbres, des plantes potagères, de la betterave, de diverses céréales, etc., enfouies dans la terre sur place ou transportées dans les champs, sont des engrais verts. L'emploi des engrais verts n'est véritablement économique que dans les lieux où l'on peut se les procurer à bon compte, sur les terrains où la culture les fait naître en abondance. Dans ce dernier cas, on s'accorde généralement à dire qu'il vaudrait mieux les faire consommer par des animaux et utiliser le fumier. Les engrais verts sont aussi regardés comme de véritables amendements pour les terrains dont ils facilitent et maintiennent l'ameublissement. Aux engrais verts proprement dits, se rattache une autre série d'engrais végétaux ; ce sont : les pulpes, les résidus de fabrique, le marc de raisin, les tourteaux, la tourbe, les terreaux, etc.

ENGRAISSEMENT, s. m.; action d'engraisser les animaux, de les soumettre à un régime qui leur fasse prendre une certaine quantité de graisse. Considéré comme industrie agricole, l'engraissement est une opération qui intéresse au plus haut point l'hygiène publique et l'agriculture. Fait dans des conditions convenables et d'une manière économique, il concourt, par l'obligation où se trouvent généralement les engraisseurs de choisir des cultures appropriées, au perfectionnement de l'industrie agricole ; il fait livrer à la consommation des produits de bonne qualité, et augmente la quantité et la valeur des principaux engrais. Dans cette question, nous avons surtout en vue l'engraissement du bœuf, qui tient le premier rang parmi les animaux de consommation. Des considérations spéciales se trouveront consignées aux mots *vache*, *mouton*, *veau*, *volaille*. — L'engraissement peut se faire exclusivement au pâturage, à l'étable, ou selon une méthode mixte. Le premier n'est économique que lorsque les pâturages sont fertiles et de bonne qualité. Les prairies médiocres ou mauvaises engraissent mal et lentement, *V.* HERBAGES. — L'engraissement à l'étable est presque toujours le plus avantageux ; il est aussi d'un emploi beaucoup plus général, *V.* POUTURE et STABULATION. Les résultats de l'opération, sous le double point de vue des bénéfices et de la valeur des produits obtenus, peuvent être fort variables, selon l'âge et l'aptitude des animaux, le prix de revient des fourrages, la convenance des débouchés, la méthode d'engraissement. On conçoit de suite quelles sont, parmi toutes les conditions où l'engraisseur peut se trouver, les plus favorables. Il faut ajouter, que si les bœufs d'herbages sont généralement moins gras que ceux d'étable, leur chair, leur graisse, sont généralement aussi plus fermes et plus recherchées. — Dans tout engraissement, on doit se conformer aux grands principes qui suivent : choisir avec soin des animaux jeunes, aptes, bien portants, bien conformés, n'ayant pas beaucoup souffert, et appropriés pour la taille aux ressources de l'exploitation ; disposer d'une nourriture abondante et de bonne qualité ; la parcimonie est toujours onéreuse, quand il s'agit d'engraisser ; varier l'alimentation d'une manière absolue et relativement à la période de l'engraissement, de telle sorte que les animaux, toujours rassasiés, n'éprouvent jamais de dégoût et que leur appétit soit constamment excité ; enfin, distribuer la nourriture avec beaucoup de régularité. A ces données, on peut ajouter les prescriptions suivantes : faire usage des condiments et surtout du sel marin ; donner des boissons à discrétion et surtout de l'eau blanchie avec la farine d'orge, de maïs, etc.; interdire tout travail, le pansage remplaçant l'exercice ; veiller aux soins de propreté ; ne pas déplacer inutilement les animaux, surtout lorsqu'ils sont arrivés à un haut état de graisse. — L'engraissement est ordinairement précédé de l'emploi d'un régime préparatoire, d'une sorte d'*entraînement*. Il consiste, en France, dans l'administration temporaire d'une nourriture adoucissante, qui ramollit la fibre et la dispose à recevoir la graisse ; en Angleterre, dans l'usage d'une alimentation très alibile, féculente, qui provoque en peu de temps la formation de beaucoup de graisse et jette en quelque sorte l'économie dans une condition nouvelle et inaccoutumée, mais propre à faire atteindre plus vite le but recherché. L'habitude de saigner les animaux avant et pendant l'engraissement, est assez répandue ; rien ne la justifie absolument. La saignée doit être réservée pour les cas où elle est véritablement indiquée par l'état des muqueuses, de l'appétit.—Les différents états de graisse s'expriment par des mots de convention utiles à connaître, et correspondent, en moyenne, à des proportions relatives de viande nette et de suif connues, le poids vivant étant déterminé. Un animal est *en chair*, lorsqu'il se trouve dans un état d'embonpoint qui n'indique pas encore l'accumulation de la graisse; sous cet état, le bœuf fournit en moyenne, pour 100 kilogrammes de poids vivant, 50 à 55 kilogrammes de viande nette, 4 à 5 kilogrammes de suif; il est *gras*, lorsque l'embonpoint est très prononcé, c'est l'opposé de la *maigreur*; sous cet état, il a 55 à 60 kilogrammes de viande nette, et 5 à 8 kilogrammes de suif; enfin, il est *fin gras*, quand l'embonpoint est extrême; cet état est l'opposé du *marasme*. Il y a alors 60 à 65 kilogrammes de viande nette, 6 à 12 kilogrammes de suif. Il n'est pas toujours possible d'obtenir le gras et surtout le fin gras; il serait même assez souvent inopportun de les rechercher. On doit se guider en cela sur l'aptitude et l'âge des bestiaux, sur la qualité et la quantité des aliments dont on dispose, sur les besoins et les offres de la consommation. On ne doit pas oublier que les dernières opérations de l'engraissement sont les plus difficiles à bien diriger et les plus dispendieuses; que les bœufs fin gras sont plus exposés aux maladies et souffrent beaucoup des déplacements. — La détermination du poids des animaux vivants, l'appréciation de leur degré d'engraissement, peuvent être, pour les éleveurs et les acheteurs, de la plus grande importance; on y arrive par le *pesage*, la *mensuration* et le *maniement*, (*V.* ces mots).

ENGRAVÉE, s. f.; maladie des pieds des didactyles, analogue à la contusion ou foulure de la sole du cheval. On l'observe sur les bœufs qui travaillent sur des terrains durs, garnis de cailloux. Les symptômes consistent dans une boiterie plus ou moins intense, la sensibilité des pieds, la coloration rouge de la corne; souvent la fourbure est la suite de cette affection. Le traitement préservatif consiste dans l'application de fers qui garantissent les onglons contre les aspérités du sol. Les pédiluves et cataplasmes astringents sont les moyens curatifs à employer; un repos complet doit seconder leur action.

ENGRENURE, s. f.; réunion de deux os par le moyen de petites irrégularités qui se reçoivent réciproquement.

ENIVRANT, adj., *inebrians;* nom donné aux substances susceptibles de produire, chez l'homme et les animaux, les phénomènes de l'*ivresse*. Indépendamment des alcooliques, qui sont les enivrants par excellence, l'éther, le chloroforme, les narcotiques, peuvent déterminer des effets à peu près semblables. La coque du levant produit rapidement l'ivresse chez les poissons.

ENKYSTÉ, ÉE, adj., de εν, dans, et κυστις, vessie; renfermé, contenu dans un kyste; *tumeur enkystée.*

ENNÉA. Ce mot, dans les composés grecs, indique le nombre neuf.

ENNÉAGYNE, adj., *enneagynus*, de εννεα, neuf, et γυνη, femme; on donne cette épithète à la plante dont les fleurs renferment neuf styles ou neuf stigmates.

ENNÉAGYNIE, s. f., *Enneagynia;* nom commun à tous les ordres du système de Linné, qui renferment des plantes *ennéagynes*.

ENNÉANDRE, adj., *enneander*, de εννεα, neuf, et ανηρ, ανδρος, mari; se dit des plantes dont les fleurs renferment neuf étamines.

ENNÉANDRIE, s. f., *Enneandria;* neuvième classe du système de Linné. Elle renferme les plantes ennéandres. L'ennéandrie se subdivise en trois ordres: 1° *E. monogynie;* 2° *E. trigynie;* 3° *E. hexagynie.*

ENNÉANDRIQUE, adj., *enneandricus;* qui appartient à l'ennéandrie. Il est également synonyme d'*ennéandre*.

ENNÉANTHÈRE, adj.; synonyme d'*ennéandre*.

ENNÉANTHÉRIE, s. f.; synonyme d'*ennéandrie*.

ÉNODE, adj., *enodus;* privé de nœuds; opposé à noueux.

ÉNORMON, du grec ενορμων; nom employé par Hippocrate, pour désigner le *principe vital* des physiologistes modernes.

ÉNOSTOSE, s. f., *Enostosis*, de εν, dans, et οστεον, os; tumeur développée dans un os; tumeur osseuse dans le canal médullaire.

ENRAGÉ, ÉE, adj.; saisi, atteint de la rage; *animal enragé, chien enragé, V.* RAGE.

ENROUEMENT, s. m., *Raucitas*, de *raucus*, rauque; altération particulière de la voix produite le plus souvent par un état maladif des organes respiratoires. L'enrouement est un symptôme pathognomonique de la *rage* dans le chien.

ENROULEMENT, s. m.; déformation dans laquelle les organes axiles des végétaux sont courbés de haut en bas et roulés sur eux-mêmes. Les enroulements sont souvent précédés de la *fasciation* des axes et en sont probablement la conséquence. Ils s'accompagnent toujours d'une anomalie dans le nombre, la direction et la forme des organes appendiculaires.

ENSELLÉ, ÉE, adj.; nom donné au cheval dont le dos et les reins présentent une concavité trop marquée. Le cheval *ensellé* a peu de force, mais ses réactions sont très douces. Les chevaux qui vivent très vieux deviennent souvent ensellés dans leurs dernières années.

ENSEMBLE, s. m.; synonyme d'union, de régularité. On dit qu'un cheval a de l'*ensemble*, lorsque ses proportions sont bonnes et régulières; que des allures, des mouvements ont de l'ensemble, lorsqu'ils sont réguliers et uniformes. On appelle, en équitation, *effets* *d'ensemble*, l'action combinée de la main et des jambes ayant pour but de ramener à la position d'équilibre, sans produire de mouvement en avant ni en arrière, toutes les parties du cheval.

ENSEMENCEMENT, s. m. ; action de répandre sur le sol et d'enterrer les semences destinées à produire des récoltes nouvelles. Le mot *ensemencement* est un terme générique qui ne s'emploie guère toutefois que pour les céréales, le sarrasin, le maïs, les prairies artificielles; il est alors synonyme de *semailles*. Pour les autres plantes, on se sert, de préférence, du mot *semis*. L'ensemencement se compose de deux opérations essentielles et distinctes : 1° l'ensemencement proprement dit; 2° l'enterrement des semences. Il doit toujours être précédé du choix de l'époque la plus convenable aux semailles, et du choix de la semence elle-même. — L'époque des semailles varie selon les plantes, selon les conditions atmosphériques générales du lieu. C'est pendant le printemps et dans l'automne que se font les principaux ensemencements. On conseille généralement de choisir le commencement de ces deux saisons. Le seigle, l'orge, le sarrasin aiment à être semés dans un terrain sec et chaud; c'est le contraire pour le froment et l'avoine qui demandent qu'au moment de la semaille, le terrain soit humide. Les petites graines du trèfle, de la luzerne, du sainfoin, s'accommodent mieux de la sécheresse que de l'humidité. Les semences doivent être bien choisies et propres, *V.* le mot SEMENCE. — La quantité de semences nécessaires pour l'ensemencement d'une étendue donnée de terrain ne peut être fixée d'une manière rigoureuse; les évaluations moyennes fournies par la statistique sont insuffisantes pour guider le cultivateur, ou ne lui sont que d'un faible secours dans la pratique. Il ne faut semer ni trop clair ni trop épais, mais proportionnellement à la puissance et à la fécondité du terrain, en tenant compte des besoins des végétaux et des pertes probables de semences. — L'ensemencement proprement dit se fait à la main ou au semoir. Aucun instrument employé dans la grande culture n'a encore donné des résultats assez satisfaisants pour être généralement substitué à la main de l'homme du métier, quoique ce dernier mode ait aussi ses inconvénients. — Les semences sont enterrées par la charrue (semailles sous raies); par la herse (semailles sur raies); par le hersage après un labour et un hersage (semailles sur labour et sur hersage), par l'extirpateur et le cultivateur, avec ou sans labour préalable. L'excès de terre, lorsqu'il ne nuit pas à la germination, est préférable à l'insuffisance.

ENSIFORME, adj., *ensiformis;* qui a la forme d'un glaive, c'est-à-dire aplati, aigu à l'extrémité, épais au milieu et tranchant sur les bords. Les feuilles et le style peuvent présenter cette disposition.

ENTAMER, v. a. : synonyme de commencer, ex : *entamer une allure.* Dans toutes les allures où les pieds se meuvent isolément, c'est toujours un pied de devant qui *entame.*

ENTAMURE, s. f. ; petite incision, déchirure. L'entamure est une solution de continuité des parties dures, entr'autres des os, sans fracture.

ENTE, s. f., *V.* GREFFE.

ENTER, v. a.; greffer en *ente. V.* GREFFER.

ENTÉRALGIE, s. f., *Enteralgia*, de εντερον, intestin, et αλγος, douleur; douleur dans les intestins; synonyme de *colique.*

ENTÉRANGIEMPHRAXIE, s. f., de εντερον, intestin, αγχω, j'étrangle, et εμφρασσω, j'embrasse ; obstruction de l'intestin par étranglement.

ENTÉRARCTIE, s. f., *Enterarctia*, de εντερον, intestin, et *arctare*, resserrer; resserrement des intestins.

ENTÉRECTASIE, s. f., de εντερον, intestin, et εκτασις, dilatation; dilatation de l'intestin.

ENTÉRÉLÉSIE, s. f., de εντερον, intestin, et ειλησις, entortillement; douleur causée par le volvulus ou entortillement de l'intestin.

ENTÉRÉPIPLOCÈLE, s. f., de εντερον, intestin, επιπλοον, épiploon, et κηλη, hernie; hernie formée par l'intestin et l'épiploon dans l'anneau inguinal.

ENTÉRÉPIPLOMPHALOCÈLE, s. f., de εντερον, intestin, επιπλοον, épiploon, ομφαλος, nombril, et κηλη, hernie; hernie ombilicale formée par l'intestin et l'épiploon.

ENTÉRISCHIOCÈLE, s. f., de εντερον, intestin, ισχιον, ischium, et κηλη, hernie; hernie de l'intestin par l'échancrure sciatique.

ENTÉRITE, s. f., *Enteritis;* de εντερον, intestin ; inflammation des intestins ; pour les uns, c'est l'inflammation générale du conduit intestinal ; pour les autres, l'inflammation de la membrane muqueuse de ce canal. Cette maladie est souvent compliquée par l'inflammation de l'estomac. — L'entérite est produite par toutes les causes qui s'opposent au cours des matières contenues dans l'intestin; par des causes externes, telles que les coups, les blessures, les aliments de mauvaise qualité, les substances vénéneuses, l'abus des purgatifs. L'impression du froid sur la peau, les grandes brûlures, la répercussion des maladies éruptives, produisent l'entérite par métastase. L'inflammation des intestins se présente sous des formes variées, qui dépendent du degré d'altération développée sur les tissus, et des causes qui la font naître.

ENTÉRITE AIGUE, *entéro-colite aiguë; suraiguë;* inflammation de la muqueuse intestinale. Les symptômes se montrent brusquement dans les solipèdes. Le ventre se gonfle et devient tendu ; les coliques sont vives et fréquentes; le pouls est petit, accéléré; les excréments sont rares et coiffés; ils donnent une odeur fétide; cet état se prolonge pendant trois à quatre jours. Lorsque l'entérite devient *sur-aiguë*, les phénomènes ont plus d'intensité et déterminent souvent une terminaison fâcheuse. On a donné à l'entérite sur-aiguë les noms de *coliques sanguines*, de *tranchées rouges*. Dans ce cas, l'animal se livre à des mouvements désordonnés; il se couche et se relève fréquemment; les naseaux sont dilatés, les yeux fixes. Quand la mort doit arriver, le pouls, d'abord fort et accéléré, devient petit et intermittent; on observe des mouvements convulsifs; le corps se recouvre d'une sueur froide; les oreilles et les extrémités perdent leur chaleur naturelle. C'est l'intensité des coliques qui fait distinguer cette variété de l'entérite des autres maladies du tube intestinal. L'*invagination*, le *volvulus*, sont des complications toujours mortelles. L'entérite aiguë peut se terminer par la guérison, l'hémorrhagie, *V.* ENTÉRORRHAGIE, la gangrène et l'état chronique. A l'autopsie, la muqueuse intestinale est ramollie, rouge, brune ou noire; on trouve des plaques colorées, séparées par des portions d'un gris sale. La muqueuse est ulcérée quelquefois et se déchire avec facilité. Les caractères de la péritonite et de la gastro-hépatite viennent souvent se joindre à ceux de l'entérite aiguë. Le traitement réclamé doit être antiphlogistique et très actif. On pratique une ou plusieurs saignées, jusqu'à ce que le pouls se relève; on donne des breuvages mucilagineux, mais en petite quantité; des lavements de même nature, des fumigations aqueuses sous le ventre. La promenade doit être continuée, lorsque les coliques sont violentes. Si les symptômes ne s'amendent pas, il est utile de faire, sur les membres et même sur le ventre, de fortes frictions avec l'essence de térébenthine, pour produire une violente dérivation. Dans le cas où l'on a diagnostiqué le volvulus ou l'invagination, tout est inutile. On emploie également la saignée et la diète pour le chien; on donne des boissons gommeuses.

ENTÉRITE CHRONIQUE, *Entéro-colite chronique.* Rarement primitive, elle est presque toujours la suite de l'entérite aiguë; les symptômes sont moins intenses. La chaleur humide, les aliments de mauvaise qualité, les boissons insalubres, les vers intestinaux, en sont les causes les plus ordinaires. Dans cette maladie, le ventre est tendu, les flancs sont rétractés, les excréments sont recouverts de mucosités et quelquefois de stries sanguines; souvent on observe une diarrhée abondante, qui produit bientôt le marasme. On emploie les antiphlogistiques, toutefois avec plus de modération que pour l'entérite aiguë.

ENTÉRITE CHIRURGICALE ou *par cause externe.* C'est l'entérite qui résulte de la blessure ou de la compression d'une partie de l'intestin; elle se termine souvent par la gangrène.

ENTÉRITE TOXIQUE, causée par l'abus des purgatifs, des mercuriaux; elle est généralement accompagnée de diarrhée.

ENTÉRITE DIARRHÉIQUE, *catarrhale, diarrhée, flux intestinal, catarrhe intestinal.* On donne tous ces noms à l'inflammation de l'intestin dans laquelle il y a évacuation fréquente de matières alvines liquides. Cette maladie est commune dans les jeunes poulains, dans les jeunes chiens; elle se montre quelquefois sur le bœuf avec le caractère enzootique. Elle est le résultat des indigestions répétées, de l'usage des aliments avariés, des plantes âcres. Dans les jeunes animaux, elle est produite par l'usage du lait des mères en chaleur, par la persistance de la purgation qui résulte du colostrum. L'expulsion des excréments produit des douleurs violentes; le malade rend des matières tantôt séreuses, tantôt muqueuses, fétides et presque toujours verdâtres. Dans les poulains, les déjections deviennent d'un blanc grisâtre, et prennent l'aspect d'une bouillie claire. Des pétéchies se montrent sur les muqueuses; le pouls est petit et vite; la mort peut survenir vers le sixième jour. Dans les bêtes à cornes, la rumination est suspendue; les forces diminuent rapidement. Les matières rendues par les carnivores atteints d'entérite diarrhéique sont souvent mêlées à des stries de sang. La diarrhée est fréquente chez les moutons. Sur tous les animaux, cette maladie passe quelquefois à l'état chronique. Darreau blâme l'emploi de la saignée et des opiacés dans tout le cours de la maladie. Il donne aux poulains 60 à 75 grammes de crème de tartre dissoute dans trois à quatre litres d'eau tiède; cette tisane est continuée jusqu'au cinquième ou sixième jour. Dans les épizooties des bêtes à cornes et des bêtes à laine, on emploie les émollients combinés aux acidules. Vers le déclin de la maladie, on met du fer dans les boissons. On traite la diarrhée des carnivores par la tisane de riz, et les lavements faits avec la dissolution d'amidon.

ENTÉRITE DYSENTÉRIQUE. Analogue à la précédente, cette maladie paraît avoir son siége particulièrement sur la muqueuse du gros intestin. Les symptômes sont plus intenses; les déjections alvines contiennent des matières muqueuses sanguinolentes, et quelquefois du sang pur.

ENTÉRITE TYPHOÏDE. C'est l'entérite des fièvres typhoïdes, caractérisée par l'éruption folliculeuse des plaques de Peyer. *V.* TYPHOÏDE.

ENTÉRITE COUENNEUSE, *pseudo-membraneuse.* Cette maladie, assez fréquente dans l'espèce bovine, a été étudiée surtout par Delafond. Elle se montre, au printemps, de préférence sur les animaux d'un tempérament sanguin. Au début : accès fébrile et légères coliques; plus tard, le ventre est tendu, météorisé; les excréments, d'abord secs, deviennent bientôt liquides et glaireux. L'intensité des symptômes augmente jusqu'au cinquième ou sixième jour, et les animaux succombent, s'ils ne sont secourus. Lorsqu'on peut arrêter les progrès ou l'intensité de la maladie , les malades rendent des excréments mêlés à des débris membraneux, grisâtres. Plus tard, il y a expulsion d'une fausse membrane blanchâtre , formant un boyau long d'un à cinq mètres. A ces phénomènes, la convalescence succède bientôt. Sur les animaux qui ont succombé , Delafond a trouvé des fausses membranes , adhérentes à des marbrures grisâtres, mais jamais ulcérées. Il conseille de combattre cette maladie, à son début, par de larges saignées et l'administration des breuvages mucilagineux, acidulés par la crème de tartre soluble ou le sulfate de soude. Si l'adynamie se manifeste, il faut donner en breuvage les antiseptiques, entr'autres la teinture de quinquina et l'eau de Rabel étendue. — On observe aussi l'entérite couenneuse dans le cheval, à la suite de la broncho-pneumonie sur-aiguë, causée par la fumée des incendies (Rey). Solleysel , Vitet , Lafosse lui ont donné jadis le nom de *gras-fondure* , inusité de nos jours.

Entérite épizootique, *V.* Gastro-conjonctivite.

ENTÉROCÈLE , s. f. , *Hernia intestinalis* , de ἔντερον , intestin , et κήλη , hernie ; hernie inguinale formée par l'intestin. C'est la hernie inguinale la plus fréquente ; elle apparaît rarement des deux côtés à la fois. On en distingue plusieurs variétés. — 1° *Entérocèle récente dans les chevaux entiers.* A. *Non étranglée* : elle se forme presque toujours brusquement et ne tarde pas à devenir étranglée. C'est une tumeur molle, dont le sommet correspond à l'anneau inguinal ; sa forme est oblique et son diamètre variable. Du côté de la hernie , le testicule monte et descend alternativement. La marche de l'animal est difficile, des coliques se déclarent et cessent dès que l'intestin est rentré dans l'abdomen. B. *Étranglée* : une partie de l'intestin qui s'engage dans l'anneau, est comprimée ; elle s'enflamme et se gonfle. La partie herniée ne peut être réduite ; l'animal éprouve des coliques violentes ; dans les mouvements désordonnés auxquels il se livre , il se place fréquemment sur le dos. La gangrène envahit l'intestin engagé dans l'anneau inguinal ; le malade paraît éprouver un calme prononcé , mais le pouls est petit; le corps est couvert de sueur ; les oreilles et les extrémités sont froides; il se laisse tomber comme une masse et ne tarde pas à périr. Dans l'entérocèle récente *engouée*, des matières alimentaires sont accumulées dans l'anse intestinale herniée ; l'engouement est fréquemment la cause de l'étranglement. — 2° *Entérocèle de castration, hernie de castration.* Elle a quelque analogie avec l'éventration , et se montre pendant qu'on pratique la castration à testicules découverts, ou après l'opération. On la voit se produire pendant que le cheval est encore couché, ou lorsqu'on le fait relever. La partie herniée acquiert en peu de

temps une longueur considérable ; elle devient rouge ; elle est bientôt distendue par des gaz. Des coliques violentes se déclarent et se terminent par la mort, si l'on ne se hâte de remédier à cet état fâcheux. — 3° *Entérocèle ancienne.* Elle est le résultat d'une trop grande dilatation de la gaine testiculaire. Son développement se forme avec lenteur et finit par devenir considérable. Cette tumeur est fréquemment *intermittente* ; elle disparaît par le repos , et se reproduit pendant le travail. Ses complications les plus ordinaires sont l'engouement et l'étranglement. On peut confondre l'entérocèle ancienne avec le sarcocèle, le varicocèle, l'épaississement des membranes, du cordon et l'hydrocèle. — 4° *Entérocèle congéniale.* Elle se montre au moment de la naissance, et augmente de volume pendant les premiers mois de la vie ; elle disparaît presque toujours plus tard, par l'effet du changement de position des diverses parties qui composent la masse intestinale. — Ces différentes hernies formées par l'intestin ne réclament pas toutes les mêmes moyens de traitement. — Pour remédier à l'entérocèle ancienne des chevaux entiers, qui n'est pas compliquée , il faut opérer le taxis et pratiquer immédiatement la castration à testicules couverts. Différentes formes de bandage ont été imaginées, pour éviter la castration ; ces appareils destinés à opérer une certaine compression dans la région inguinale sont tous plus ou moins défectueux et inapplicables. Dans l'opération de l'entérocèle engouée , Girard prescrit l'ouverture du sac herniaire pour retirer momentanément l'intestin en dehors et le faire rentrer immédiatement par petites portions. Sur les chevaux hongres , la hernie est moins volumineuse; l'opération doit être plus simple. Après la réduction , l'emploi de l'instrument tranchant n'est pas nécessaire, il suffit de placer le casseau sur le moignon formé par le scrotum. — Dans l'entérocèle récente étranglée, le seul moyen de guérison se borne à pratiquer une opération compliquée, qui consiste, après avoir placé l'animal convenablement, à ouvrir le sac herniaire et à débrider l'anneau inguinal pour faciliter la rentrée de l'intestin. On porte le bistouri boutonné vers la bride qu'on se propose d'inciser. Le débridement de l'anneau doit être effectué d'arrière en avant et de dedans en dehors. En incisant sur la lèvre interne, on s'exposerait à une hémorrhagie et au déchirement d'une partie des tissus voisins de l'anneau. Cela fait, l'intestin hernié peut être réduit facilement, et l'on pratique la castration à testicules couverts. Si l'intestin hernié présente une teinte noire, violacée, il n'existe pas d'espoir de guérison. Après l'opération, il faut surveiller l'animal et le placer dans une écurie où l'on a disposé une litière abondante , plus épaisse dans la place qui doit correspondre au train postérieur. L'entérocèle de castration demande de prompts secours : il faut la réduire avant que l'intestin

soit trop altéré par le contact de l'air et du
fumier. On couche le cheval sur le dos, et
l'on procède en portant le casseau de côté
pour faire rentrer le viscère hernié ; on peut
encore enlever le casseau , tirer de côté le
cordon testiculaire préalablement saisi par
un lien. La réduction étant faite , on dissèque le dartos pour le séparer du crémaster.
et l'on applique le casseau sur la gaîne testiculaire. — On oppose à l'entérocèle congéniale les mêmes moyens qu'à l'entérocèle ancienne.—*Jurisp.* La hernie de l'intestin ou
entérocèle constitue la variété la plus fréquente des *hernies inguinales intermittentes;*
sous ce rapport, elle rentre quelquefois dans
les cas prévus par l'article 1er de la loi du
20 mai 1838 sur les vices rédhibitoires.
V. Hernies inguinales.

ENTÉRO-COLITE, s. f., de εντερον , intestin, et κωλον, colon; inflammation de
l'intestin colon. *V.* Colite.

ENTÉRO-CYSTOCÈLE , s. f., de εντερον,
intestin , κυστις, vessie, et κηλη, tumeur ,
hernie ; hernie inguinale formée par l'intestin et la vessie.

ENTÉROGRAPHIE , s. f. , *Enterogra-
phia* , de εντερον, intestin , et γραφη , description ; description des intestins.

ENTÉRO-HÉMIE, s. f., *Entero-hemia* ,
de εντερον, intestin, et αιμα, sang ; congestion sanguine de l'intestin.

ENTÉRO-HÉMORRHAGIE , s. f. , de
εντερον, intestin, αιμα, sang, et ρεω, couler ;
écoulement de sang par le rectum.

ENTÉRO-HYDROCÈLE , s. f., de εντερον,
intestin, υδωρ, eau, et κηλη, hernie ; hernie
intestinale de l'anneau inguinal , compliquée d'hydrocèle.

ENTÉRO-HYDROMPHALE , s. f. , de
εντερον, intestin , υδωρ , eau , et ομφαλος ,
nombril ; hernie ombilicale formée par l'intestin et contenant de la sérosité.

ENTÉROLOGIE , s. f., *Enterologia* , de
εντερον , intestin , et λογος , discours ;
traité des intestins.

ENTÉRO-MÉROCÈLE , s. f., de εντερον,
intestin , μηρος, cuisse, et κηλη, tumeur ;
hernie crurale, descente de l'intestin dans
la cuisse,

ENTÉRO-MÉSENTÉRIQUE , adj. , de
εντερον, intestin , et μισεντερον, mésentère ;
qui a rapport à l'intestin et au mésentère.
Fièvre entéro-mésentérique de Petit : variété
de l'entérite aiguë, dans laquelle il y a ulcération des intestins et gonflement des glandes
mésentériques.

ENTÉROMPHALE, s. f., *Enteromphalus* ,
de εντερον, intestin , et ομφαλος, nombril ;
hernie ombilicale formée par l'intestin. *V.*
Exomphale.

ENTÉROPÉRISTOLE , s. f., de εντερον,
intestin, et περιστολη, constriction; constriction ou occlusion de l'intestin.

ENTÉROPHLOGIE , s. f. , de εντερον,
intestin, et φλογοω, j'enflamme ; inflammation
des intestins.

ENTÉROPYRIE , s. f. , de εντερον, intestin, et πυρ, feu ; nom donné à la fièvre mésentérique.

ENTÉRORAPHIE , s. f., de εντερον, intestin, et ραφη, couture ; suture de l'intestin.
Cette opération a pour but de faciliter la cicatrisation des solutions de continuité de
l'intestin ; on préfère la suture à points
séparés.

ENTÉRORRHAGIE , s. f. , de εντερον ,
intestin, et ρεω, je coule ; écoulement de
sang par les intestins ; diarrhée sanguinolente.

ENTÉRORRHÉE , s. f. , de εντερον, intestin , et ρεω, couler ; diarrhée.

ENTÉROSARCOCÈLE , s. f. , de εντερον,
intestin , σαρξ, chair, et κηλη, hernie ; hernie de l'intestin compliquée de sarcocèle.

ENTÉROSCHÉOCÈLE , s. f., de εντερον,
intestin, οσχεον, scrotum, κηλη, hernie ;
hernie scrotale formée par l'intestin.

ENTÉROSE, s. f., *Enterosis*, de εντερον,
intestin ; nom donné à l'ordre des maladies
intestinales (Alibert.)

ENTÉROTOME , s. m., de εντερον, intestin .
et τομη, section ; instrument employé dans
les autopsies pour ouvrir le tube intestinal. Il
se compose de longs ciseaux dont une branche se termine par une surface arrondie :
c'est cette dernière qui doit parcourir dans
sa longueur l'intestin qu'on se propose de
fendre. — Brogniez donne le nom d'*entérotome électrique* à un instrument composé
d'une tige métallique creuse, du diamètre
d'une petite plume à écrire , qu'on implante
d'un seul coup dans le flanc du cheval dont
on veut ponctionner l'intestin ; cet entérotome a deux prolongements qui se déploient
à angle droit pour le maintenir en place.
Formé par la réunion de métaux de nature
différente, il produit des effets électriques qui
favorisent la défécation.

ENTÉROTOMIE , s. f. , *Enterotomia ;* de
εντερον, intestin , et τομη, section ; dissection
des intestins; division des parois de l'intestin
pour extraire un corps étranger ; opération
faite sur deux bouts de l'intestin pour détruire un anus anormal. — Ponction de l'intestin des solipèdes dans le cas de pneumatose , dans l'indigestion compliquée par la
présence des gaz qui résultent de la fermentation des substances alimentaires. On ne la
pratique pas dans les ruminants, pour lesquels
la ponction du rumen est suffisante et moins
dangereuse. Ordinairement , on fait la ponction dans le flanc droit ; l'instrument atteint l'arc du cœcum ou la courbure
pelvienne du colon. Pratiquée dans le flanc
gauche, l'opération intéresse l'intestin grêle
et peut également réussir. Rainard recommande de se servir d'un trocart d'un diamètre plus étroit que celui employé pour le
bœuf. Bernard a donné plus d'importance
encore à cette recommandation , en diminuant davantage le diamètre de la canule du
trocart. Brogniez a inventé un entérotome

électrique. La ponction de l'intestin est facile à exécuter. Dès que le tube du trocart est introduit dans la collection gazeuze, les fluides s'échappent avec impétuosité. Il convient de ne pas laisser ce tube en place trop longtemps ; il produirait une inflammation funeste ; mieux vaudrait avoir recours à une seconde ponction, si la pneumatose se reproduisait. — Les résultats obtenus par l'entérotomie dans l'indigestion gazeuse des solipèdes sont rarement satisfaisants, parce qu'on pratique l'opération trop tard ; la mort peut être produite par une entérite, une péritonite antérieure ; la ponction ne détruit que la cause de la météorisation; elle ne fait pas évacuer ces pelotes stercorales qui occasionnent si souvent le développement des gaz. Pratiquée sur des chevaux non météorisés, elle ne produit aucun accident ; des expériences faites sur des animaux morveux n'ont pas même occasionné des symptômes d'entérite (Rey). On cite un assez grand nombre de guérisons de chevaux ponctionnés dans le cas d'indigestion gazeuse. Sur vingt malades, Schaak en a guéri dix par la ponction ; les dix autres ont succombé à des lésions incurables. Bernard cite des exemples concluants ; des chevaux ont subi trois à quatre fois la ponction sur le côté droit et le côté gauche du ventre pour des pneumatoses qui ont été guéries par ces ponctions multiples.

ENTHLASIE, s. f., de *εν*, dans, et *θλάω*, je brise ; dépression du crâne compliquée de fracture.

ENTIER, ÈRE, adj., *integer;* se dit en *bot.* d'un organe dont les bords ne sont ni incisés, ni dentés. — Les feuillets d'un agaric, lorsqu'ils s'étendent sans interruption du stipe au bord du chapeau. — Un animal entier est un mâle qui n'a point subi la castration. — En terme de manège, un cheval entier est celui qui refuse de tourner. Il peut être entier à une main ou aux deux mains.

ENTOMOLOGIE, s. f., *Entomologia*, de *εντομον*, insecte, et *λογος*, discours ; traité des insectes.

ENTONNOIR, s. m. ; vase conique, dont on se sert pour transvaser les liquides et les gaz. Il se compose d'une partie élargie, formant une sorte de *pavillon*, et d'un *tube* plus ou moins long appelé la *douille*. — Les entonnoirs employés dans les laboratoires sont le plus souvent en verre, très rarement en métal. Il en est dont la douille est munie d'un robinet, au moyen duquel on peut arrêter à volonté l'écoulement du liquide. Quand ces instruments servent à la filtration, ils sont garnis intérieurement d'une sorte de doublure en papier appelée *filtre* (*V.* ce mot et *filtration*). Si les liquides à filtrer sont très corrosifs, on garnit l'intérieur de la douille de l'entonnoir d'amiante ou de verre pilé. — *Hydraulique.* On appelle *entonnoir* une dépression infundibuliforme qui se produit dans le centre d'un liquide qui s'écoule.

V. **Écoulement.** — *Anat.* On emploie le mot *entonnoir*, et surtout celui de *infundibulum* pour désigner différentes cavités : 1° celle qui, du vestibule des couches optiques, s'étend dans la tige susphénoïdale et se termine en cul-de-sac dans l'appendice de ce nom ; 2° une petite cavité conique située au sommet du centre du limaçon, dans l'oreille interne ; 3° l'origine de l'urétère du rein du cheval, ou les calices du rein du bœuf. — *Bot. V.* **Infundibuliforme.**

Entonnoir magique, s. m. ; instrument à l'aide duquel on démontre la pression atmosphérique de bas en haut. Il se compose d'un entonnoir renversé dont le pavillon est bouché par une lame percée de nombreux trous. Son mécanisme est le même que celui de l'*arrosoir magique* (*V.* ce mot).

ENTOPHYTES, adj. et s., *Entophyti ;* de *εντος*, dedans, et *φυτον*, plante ; épithète qui convient à toutes les plantes qui se développent dans le tissu des végétaux vivants, et que Link a donnée particulièrement à une sous-famille des Champignons. les Urédinées. Genres : *Uredo*, *OEcidium*, *Puccinia*, etc.

ENTORSE, s. f., *Distorsio*, de *intorquere*, tordre ; tiraillement violent des ligaments et des parties molles d'une articulation. Elle diffère de la *luxation*, parce qu'elle n'est pas accompagnée de changement de rapport dans les surfaces articulaires. Les articulations ginglymoïdales sont plus exposées aux entorses que les articulations orbiculaires dont les mouvements sont moins bornés. Les entorses résultent de fortes contractions musculaires, d'une violence extérieure, d'une chute. Dans les animaux solipèdes, c'est l'articulation du boulet ou métacarpo-phalangienne, qui est affectée le plus souvent. Les lésions causées par l'entorse sont l'allongement des ligaments, la capsule synoviale ouverte, les cartilages contusionnés, les muscles et les tendons distendus. Une douleur vive, qui n'est pas toujours accompagnée de gonflement, est un des symptômes principaux; elle se manifeste par une boiterie intense. L'immersion dans l'eau froide, continuée pendant plusieurs heures, l'application de compresses imbibées d'eau froide sur l'articulation malade, sont des moyens recommandés depuis longtemps. Dans le cas de souffrances prononcées, on a recours aux antiphlogistiques. Contre l'entorse chronique, on emploie les vésicatoires, et comme dernière ressource, la cautérisation par le fer rouge.

Entorse du boulet, *effort de boulet, mémarchure, entorse métacarpo* ou *métatarsophalangienne.* Elle est fréquente dans les solipèdes, plus que dans le bœuf, chez lequel les surfaces articulaires du boulet sont doubles et mieux disposées pour empêcher la distension des ligaments. Une chute, un faux pas dans une ornière, le choc du pied contre un corps résistant, les efforts pour dégager une extrémité retenue par des liens, voilà les causes les plus ordinaires de l'entorse du boulet. Quelquefois cette partie est chaude et tuméfiée ; souvent son volume n'est pas augmenté ; pendant le repos, l'extrémité est portée en avant ; pendant la marche au pas, l'articulation métacarpo ou métatarso-phalangienne produit une secousse évidente. Cette maladie peut être compliquée de luxation incomplète, de fracture. Le pronostic est grave ; les tissus blancs restent longtemps douloureux, quand ils ont été distendus ; on doit redouter surtout les récidives, l'articulation atteinte d'entorse conservant longtemps un état de faiblesse marquée. Dans le début, le traitement consiste dans l'usage des réfrigérants, l'application prolongée de l'eau froide, ou dans l'emploi des frictions résolutives avec les huiles essentielles. Plus tard, contre l'entorse chronique, on applique avec avantage le liniment ammoniacal double ou le mélange de sublimé corrosif et de térébenthine ; enfin, on a recours à la cautérisation transcurrente, si la boiterie a résisté aux moyens précédents.

ENTORSE DU JARRET, *entorse tibio-tarsienne, effort de jarret.* Elle est plus rare que celle du boulet ; ses conséquences sont plus fâcheuses. Elle se complique fréquemment d'arthrite, et peut se terminer par le développement de tumeurs osseuses autour de l'articulation du jarret. On emploie le même traitement que pour l'entorse du boulet.

ENTORSE DU GRASSET, *entorse fémoro-tibiale, effort de grasset.* Elle est caractérisée par l'appui du pied sur la pince, la difficulté pour porter en avant le membre affecté. Les résolutifs, les frictions ammoniacales, sont employés avec avantage contre cette affection.

ENTORSE DE L'ÉPAULE, *entorse scapulo-humérale, V.* ÉCART.

ENTORSE DE LA CUISSE, *entorse coxo-fémorale,* vulg. *effort de hanche.* Elle consiste dans la distension des ligaments de l'articulation coxo-fémorale, entre autres, du ligament pubio-fémoral. Cette maladie se manifeste par une boiterie intense ; pendant la marche, l'animal exécute l'action de *faucher.* L'exploration des parties extérieures ne donne aucun résultat. Souvent on place le siége d'une boiterie dans l'articulation de la cuisse, quand on ne trouve, sur toute l'extrémité, aucune lésion apparente. Les glissades, les efforts, les contusions, sont les causes ordinaires de cette entorse. Quand il y a rupture d'un des ligaments qui fixent le fémur au coxal, cette entorse est complètement incurable ; elle peut être compliquée de la fracture de la tête du fémur. Pour le traitement, on agit comme dans le cas d'*écart (V.* ce mot).

ENTORSE DES REINS, *entorse dorso-lombaire, effort de reins, tour de reins.* C'est la distension des ligaments qui unissent entre elles les vertèbres lombaires. On l'observe souvent sur les chevaux de trait qui ont à traîner de lourds fardeaux. Elle est le résultat des chutes, des glissades, des efforts violents. Les bœufs y sont prédisposés à cause de la longueur de leurs reins. Il y a sensibilité des lombes, difficulté dans la marche, vacillation de la croupe ; l'action de reculer est quelquefois impossible. Dans l'action de tourner, les membres de derrière se meuvent à peine. Cette entorse est une des plus graves, parce que, même après la guérison, elle laisse une faiblesse de longue durée dans le train postérieur. Lorsque l'accident est récent, on emploie les frictions avec les huiles essentielles, la teinture de cantharides, les vésicatoires, le liniment ammoniacal. Après un premier traitement infructueux, il ne reste plus qu'à appliquer le feu en raies parallèles, de manière à agir sur la moitié postérieure du dos et sur les reins ; après la cautérisation, on applique quelquefois des charges fortifiantes.

ENTORTILLÉ, ÉE, adj., *involutus ;* synonyme de *volubile.* L'axe, autour duquel un organe volubile s'entortille, est réel ou imaginaire.

ENTOURANT, TE, adj., *circumdans ;* on appelle feuilles *entourantes* celles qui forment, en se réunissant autour de la tige, une sorte d'entonnoir.

ENTOZOAIRES, s. m. pl., de εν, dans et ζωον, animal ; produits morbides qui se forment dans l'intérieur du corps des animaux, où ils vivent eux-mêmes. Ces êtres vivants se développent dans les cavités organiques et dans les parenchymes. Quelques-uns d'entre eux ont des habitations particulières : ainsi le prionoderme réside dans les cavités nasales du chien ; le strongle géant, dans les voies urinaires ; les fascioles, dans le foie. Il en est beaucoup qui habitent dans les mêmes organes. Rudolphi a divisé les entozoaires en cinq classes : 1° *Nématodes ;* 2° *Acantocéphales ;* 3° *Trématodes ;* 4° *Cestoïdes ;* 5° *Cystiques (V.* ces mots). Cuvier n'a établi que deux grandes divisions, les *cavitaires,* c'est-à-dire qui ont une cavité digestive, et les *parenchymateux,* qui n'ont pas de tube digestif apparent et ressemblent à un parenchyme amorphe. Duméril a distingué des vers *cylindroïdes,* des vers *aplatis,* et d'autres qui sont *vésiculaires.* C'est la division de Cuvier qui est suivie le plus généralement.

ENTRAILLES, s. f. ; nom donné vulgairement à l'ensemble des viscères abdominaux.

ENTRAINEMENT, s. m. ; mode d'éducation spécial au cheval de course. La signification de ce mot nous paraît devoir être ainsi restreinte malgré son origine, l'expression de *dressage* ayant en français un sens suffisamment large pour comprendre les autres genres d'éducation propres aux chevaux de selle et de tirage. L'entraînement est une pratique anglaise à laquelle il est indispensable de soumettre les chevaux qui doivent paraitre sur l'hippodrome, si l'on veut qu'ils réunissent quelques chances de succès. Le but de l'entrainement est complexe. En débarrassant le cheval de toute graisse superflue par des exercices réglés, il l'habitue à déployer beaucoup de vitesse, à embrasser de suite le galop, et le prépare à supporter des courses très rapides, mais de courte durée. Chaque entraîneur a son secret, sa méthode ; mais l'art de l'entrainement a ses principes, ses règles, qui vont être exposés d'une manière générale. — Le cheval soumis à l'entrainement doit toujours être vêtu de couvertures d'autant plus chaudes qu'il a besoin de plus de *suées* pour être *mis en condition*. Le vêtement complet se compose, indépendamment de la couverture proprement dite, du camail pour la tête, des guêtres pour les membres ; on peut ajouter à cela le bridon avec mors en acier, qui remplace la bride, la selle dont le poids varie de 1 à 2 kilogr. $^1/_2$. — Le cheval doit être logé seul dans un box, ou bien avec des animaux soumis au même genre de nourriture, aux mêmes alternatives de repos et d'exercice. L'écurie est exposée à l'est ; sa température est uniforme et comprise entre 17° et 20° ; elle ne reçoit à l'intérieur qu'une lumière diffuse, et les animaux y jouissent d'une tranquillité parfaite. — La nourriture du cheval à l'entrainement doit être de bonne qualité ; la ration journalière se compose de 3 à 4 kilogr. de foin de premier choix, récolté depuis huit à dix mois sur une prairie naturelle élevée ; d'une forte proportion d'avoine de bonne qualité, 10 à 20 litres selon la taille et les besoins ; de paille hachée. Les Anglais font un grand usage du *chaff* ; c'est un mélange de paille et de foin hachés. Le produit des prairies artificielles ne doit être donné qu'avec beaucoup de précaution. Pas de fourrages verts, ni de son, si ce n'est aux chevaux fatigués, ou hors le temps des exercices, et pendant l'hiver. Il en est de même des carottes. Peu de boisson, au moins aux chevaux gros mangeurs ; de l'eau de bonne qualité et dégourdie. Les féverolles doivent être administrées avec discernement. Distribution fréquente et régulière de la nourriture. Calme parfait hors le moment du travail et du pansage. — Pansage deux ou trois fois par jour sans étrille ; beaucoup de chevaux irritables ne supportent même pas la brosse. Emploi du bouchon sec ou mouillé ; frictions sur les membres avec la main ou la flanelle. — L'âge auquel un jeune cheval peut être entraîné est subordonné à sa force, à ses dispositions, à l'époque de ses premiers engagements. En France, les chevaux ne sont point admis à courir avant trois ans accomplis ; ils courent beaucoup plus tôt en Angleterre. L'entrainement doit commencer huit ou dix mois avant la première course. — La pratique principale de l'entrainement consiste dans des courses suivies de suées qui ont pour but de débarrasser le cheval de son superflu et de lui apprendre à courir. Le terrain sur lequel se fait l'exercice est uni, de consistance moyenne, sans trous ni buttes ; les sols glaiseux sont dangereux dans les temps humides. Il est assez étendu pour permettre de varier la piste ; d'abord horizontal, il présente ensuite deux pentes successives, puis un espace plat qui se termine par une pente relevée. Courbes d'un grand rayon, pas de tournant brusque. L'animal qui doit faire une suée est conduit sur le terrain, vêtu de ses couvertures ; il fait d'abord un kilomètre au pas, autant au galop, puis un nouveau temps de pas et un galop, de 3, 4, 5 kilomètres, selon l'âge, le tempérament, la période de l'entrainement. A ce moment, l'animal est placé sous un hangar ou dans une écurie, recouvert de nouvelles couvertures, et après 5, 10, 20 minutes, rapidement bouchonné et essuyé. On lui donne quelques gorgées d'eau dégourdie, et après un temps de galop de quelques minutes, puis une course au pas de 2 ou 3 kilomètres, il est définitivement rentré à l'écurie. Après chaque suée, les membres sont lavés à l'eau chaude et entourés, pendant deux heures, de bandes de flanelle. On ne permet jamais le trot. Il y a graduation dans la longueur et la rapidité des courses, dans le nombre des couvertures. Les chevaux suent avec plus de facilité au commencement de l'entrainement. Quelques chevaux exigent, pour être mis en condition, trois suées et plus en quinze jours ; d'autres n'en demandent que tous les 10, 15 ou 20 jours. Il est des chevaux à tempérament très irritable qui ont à peine besoin de suées. — L'entrainement se fait dans toutes les saisons, excepté pendant l'hiver. Il se compose ordinairement de deux périodes de suées, qui durent chacune six à huit semaines. — On doit indiquer, comme auxiliaire des moyens précédents qui constituent l'entrainement proprement dit, l'usage des pilules stomachiques pour relever et entretenir l'appétit, et l'administration des sudorifiques, des diurétiques et surtout des purgatifs, pour hâter l'amaigrissement et aider à l'action des suées. L'emploi de ces derniers, blâmé, ridiculisé en France, paraît néanmoins indispensable au succès de l'opération. — On a fait à la pratique de l'entrainement beaucoup d'objections qui peuvent se résumer dans quelques propositions : l'entrainement tend à exagérer les formes élancées du cheval de course ; il peut nuire à la constitution ; il occasionne souvent des douleurs persistantes dans les sabots, la gêne des épaules ; il est une source d'accidents, de fractures ; appliqué, ainsi qu'on le voit chaque jour, à des chevaux trop jeunes, il amène des usures prématurées. Quoi qu'il en soit, de l'aveu même des personnes qui le défendent, il peut avoir, quand il est mal fait, les conséquences les plus déplorables.

ENTRAINER, v. a. ; *entrainer un cheval,* c'est le préparer par l'entrainement. (*V.* ce mot.)

ENTRAVES, s. f. pl., de *in*, dans, et *trabes*, poutre, bâton ; bâtons mis dans ou entre les jambes ; liens qu'on met aux pieds des chevaux dans les pâturages, pour empêcher qu'ils ne s'enfuient. — En *Chir.*, les entraves sont des liens usités pour abattre les animaux et les fixer pour les opérations. Ce sont de simples courroies d'un cuir souple et épais, pourvues d'une boucle à une de leurs extrémités, et présentant, à huit centimètres de celle-ci, un anneau fixé dans l'épaisseur de l'entrave ; l'extrémité de la courroie opposée à la boucle offre des trous destinés à recevoir l'ardillon de cette dernière. Un lacs est fixé à l'anneau de l'une des entraves. Fromage de Feugré a imaginé des entraves qui font deux fois le tour du paturon du cheval qu'on veut abattre ; elles sont abandonnées. Les entraves anglaises sont disposées de manière à se détacher d'elles-mêmes, quand on enlève une vis qui assujettit le lacs. Elles ont aussi quelques inconvénients, dont le plus grand consiste dans un prix trop élevé.

ENTRECOUPÉ,ÉE,*Bot.;*synonyme de *moniliforme.*

ENTREGREFFÉ, ÉE, adj., *coalitus ;* se dit principalement des cotylédons et des fruits qui, d'abord distincts, se sont soudés, confondus, de manière à ne former qu'une seule masse.

ENTRE-NOEUD, s. m., *Internodium;* intervalle compris entre deux nœuds. La tige des Graminées et des Caryophyllées présente une suite de nœuds et d'entre-nœuds alternatifs.

ENTRE-TAILLER (s'), **ENTRE-COUPER** (s'), v. pron. ; se dit d'un cheval qui se frappe les membres en marchant. *V.* SE COUPER.

ENTRETIEN, s. m. En économie rurale, ce mot est synonyme de régime ; il s'entend de la nourriture et des soins que l'on donne aux animaux. L'entretien a lieu à l'étable ou au pâturage. Quand un animal se maintient en santé et en force, s'engraisse, etc, sans exiger des soins extraordinaires, une nourriture qui n'est ni choisie ni surabondante, on dit qu'il est d'un *bon entretien.* — Souvent aussi l'usage du mot *entretien* implique l'idée de l'équilibre entre les acquisitions et les pertes, l'absence de produits et l'état stationnaire du volume et du poids du corps ; c'est dans ce sens que l'on emploie l'expression : *ration d'entretien, V.* RATION. — L'entretien d'une terre se fait au moyen de façons et de fumures qui la maintiennent dans un état constant et moyen de puissance et de fertilité.

ENTROPION, s. m., *Introversio palpebrœ*, de ιν, dans, et τρεπω, je tourne ; renversement en dedans du bord libre des paupières. Il est causé par des blessures, des pertes de substance de la conjonctive, la clavelée, la gale, etc. Cet état de la paupière dirige les cils sur le globe oculaire et produit une vive irritation. C'est par l'excision d'une partie de la peau de la paupière affectée, qu'on remédie à cette difformité. L'*entropion* est une déviation opposée à l'*ectropion*, qui consiste dans le renversement de la paupière en dehors.

ENTR'OUVERTURE, s. f. ; synonyme d'*écart.* Inusité.

ENTRURE, s. f. ; mot généralement employé en agriculture pour exprimer la profondeur à laquelle pénètre le soc de la charrue. L'entrure se règle diversement, selon le système de la charrue ; la partie de l'instrument, qui lui est préposée, prend le nom de *régulateur. (V.* ce mot).

ÉNUCLÉATION, s. f., *Enucleatio*, de *enucleare*, extraire ; ôter le noyau d'un fruit. Extirpation d'une tumeur, qu'on fait sortir de sa place, comme on extrait un noyau d'un fruit. Elle est souvent praticable sur le cheval et le mulet pour l'extraction des fics.

ÉNURÉSIE, s. f., *Enuresis*, de εουρεω, j'urine involontairement ; perte d'urine, incontinence d'urine.

ENVASEMENT, s. m. ; dépôt de terre ou de vase fait par les eaux sur un terrain qu'elles recouvrent accidentellement. L'envasement, selon les circonstances, peut être nuisible aux récoltes ou favorable au sol. Il est quelquefois une opération agricole ; il prend alors le nom de *terrement* ou *colmatage (V.* ces mots).

ENVELOPPANT, TE, adj., *involutans, convolutivus.* L'*estivation* est *enveloppante* lorsque les folioles s'enveloppent successivement, de telle sorte que la dernière enveloppe toutes les autres. On la remarque dans les fleurs de bon nombre de Crucifères, ex. : la *Giroflée.* — Les *feuilles* sont enveloppantes quand, étant alternes, elles s'appliquent pendant la nuit contre la tige, ex. : le *Sida abutilon.*

ENVELOPPE, s. f., de *involvere*, enrouler : pièce de toile destinée à envelopper un appareil, *V.* BANDAGE. — *Bot. Enveloppes florales;* ensemble des parties destinées à envelopper, à protéger les organes sexuels. — *Enveloppes séminales:* ensemble des organes qui enveloppent la graine ; le péricarpe et ses accessoires, l'arille, etc. — *Enveloppe herbacée* ou *cellulaire:* on a désigné ainsi, d'après de Mirbel, la partie de l'écorce située entre l'épiderme et le liber. D'après les travaux récents des botanistes, l'enveloppe herbacée est composée de deux zones distinctes : la couche *subéreuse* et la couche *herbacée, V.* ÉCORCE.

ENVIE, s.f. ; tache analogue à la mélanose ; le plus souvent elle offre une couleur rouge, violacée ou bleuâtre. Elle est due à une disposition particulière des vaisseaux sanguins de la peau. Cette dégénérescence de l'enveloppe tégumentaire n'a pas été observée sur les animaux.

ENZOOTIE, s. f., *Enzootia*, de εν, dans, et ζωον, animal ; maladie contagieuse ou non, qui règne sur une ou plusieurs des espèces animales d'une contrée, d'une manière constante ou périodique, sous l'influence de causes générales dont l'action est limitée aux lieux où la maladie se montre spontanément. Ce mot correspond à celui d'*endémie*, appliqué aux maladies analogues de l'homme.

ENZOOTIQUE, adj., *enzooticus;* qui a rapport à l'enzootie ; qui se montre avec les caractères d'une enzootie; *maladie enzootique.*

ÉOLIPYLE, s. m., de Αιολος, Éole, dieu des vents, et πυλη, porte ; porte des vents ; nom d'un vase métallique très anciennement connu ; il est sphérique ou pyriforme, muni d'un tube recourbé et terminé par une ouverture très étroite. Ce vase, étant en partie rempli d'eau, produit un souffle très violent à l'extrémité du tube, lorsqu'on le chauffe, par suite de la formation d'une vapeur dont la tension est considérable. Ce petit instrument est en quelque sorte le germe des machines à vapeur.

ÉPACRIDÉES, s. f., *Epacrideæ;* famille de plantes dicotylédones, monopétales, hypogynes, très voisine des Ericacées. Elle se compose presque exclusivement d'arbrisseaux originaires de la Nouvelle-Hollande. Plusieurs espèces sont entretenues dans les serres tempérées d'Europe. Cette famille est communément divisée en deux tribus: les *Styphéliées;* genres : *Styphelia, Astroloma,* etc.; les *Epacridées vraies;* genres : *Epacris, Dracophyllum,* etc.

ÉPANCHEMENT, s. f., *Effusio ;* accumulation de matières molles ou liquides, qui se répandent dans des cavités naturelles ou accidentelles, qui ne sont pas destinées à les contenir. Les épanchements présentent des symptômes différents, suivant les matières qu'ils renferment. Ils sont formés par le sang, la sérosité, le pus, la bile, les matières excrémentitielles. On nomme *abcès* un épanchement de pus ; *hydrothorax,* l'épanchement de sérosité dans la poitrine; *ascite,* une collection séreuse dans le péritoine; *hydrocéphale,* un épanchement semblable dans le cerveau, etc. Quelquefois les liquides épanchés rentrent par les absorbants dans la circulation ; souvent ils provoquent l'inflammation ulcérative ; enfin, on les voit rester longtemps stationnaires en apparence, et produire à la longue la diminution des forces, comme dans les hydropisies.

ÉPANOUI, IE, adj., *effusus;* se dit de la fleur dont les pétales sont entièrement développés et ouverts.

ÉPANOUISSEMENT, s. m., *Effusio;* on appelle ainsi le phénomène essentiel de la floraison, caractérisé par l'ouverture de la fleur, le redressement des enveloppes florales, et l'apparition des organes sexuels. L'épanouissement précède la fécondation. Il est des fleurs qui s'épanouissent le soir et se ferment le matin; d'autres, en plus grand nombre, s'épanouissent le matin et se ferment le soir, *V.* HORLOGE DE FLORE. Quelques

fleurs immergées viennent s'épanouir au-dessus de la surface de l'eau, se referment lorsque la fécondation est opérée, et se replongent ensuite au sein de leur élément liquide.

ÉPARS, SE, adj., *sparsus;* placé sans ordre. La plupart des feuilles alternes ne sont point éparses à la surface des tiges et rameaux, comme on l'a cru pendant longtemps; elles forment des spirales composées d'éléments plus ou moins nombreux, de telle sorte que la feuille inférieure correspond à la troisième, à la quatrième, etc.; la deuxième à la quatrième, à la cinquième, etc., *V.* PHYLLOTAXIE.

ÉPARVIN ou **ÉPERVIN**, s. m.; nom donné à deux maladies différentes du jarret du cheval. 1° *Eparvin sec :* flexion convulsive du membre postérieur au moment du départ; c'est le mouvement de *harper;* son intensité diminue par l'exercice. Dans cette affection, il n'y a pas d'exostose à la face interne du jarret. On ne connaît pas la cause de l'éparvin sec ; aucun moyen de traitement ne peut y remédier. 2° *Eparvin calleux, éparvin de bœuf :* c'est une tumeur osseuse de la même nature que la courbe, qui se développe à la face interne du jarret du cheval sur la partie supérieure et latérale du canon et sur les os plats. Une boiterie intense en est souvent la suite, lors même que la tumeur osseuse n'a pas acquis un volume considérable. Un éparvin calleux, gros comme un œuf de poule, ne cause souvent aucune douleur, surtout s'il est éloigné des parties mobiles de l'articulation du jarret. Il est peu de tumeurs osseuses qui résistent autant à l'action du cautère actuel. Fréquemment, l'application du feu, renouvelée deux ou trois fois, ne produit aucune amélioration. La cautérisation, par pointes pénétrantes, a été pratiquée sans donner des résultats plus heureux.

ÉPAULE, s. f., *Scapula,* ωμος ; première région du membre antérieur, ayant pour base le scapulum, dans nos animaux domestiques, et, de plus, dans un certain nombre d'animaux, la clavicule. L'épaule du cheval doit être *longue, oblique* et *sèche.* L'épaule longue donne aux muscles, qui se portent du scapulum à l'humérus, plus d'étendue de contraction ; l'épaule oblique facilite le mouvement en permettant à l'animal d'entamer plus de terrain à la fois. La sécheresse est à désirer surtout pour les chevaux à allures rapides; l'épaule *plaquée,* ou *épaisse,* ne peut convenir que pour le gros trait. *L'angle de l'épaule,* point de réunion de cette région au bras, est souvent le siége d'une tumeur plus ou moins volumineuse, lente à se dissiper, et qui empêche l'emploi du collier. — L'épaule du *bœuf* est toujours plus saillante que celle du cheval, à cause de la proéminence de l'acromion; on doit la rechercher large et charnue.

ÉPEAUTRE, *V.* FROMENT.

ÉPERON, s. m., *Calcar*; nom donné à une arme naturelle, existant aux pattes de plusieurs gallinacés, et consistant en un étui corné, pointu, supporté par une cheville osseuse qui est à l'os du métatarse ce que sont au frontal les apophyses des cornes des ruminants. — En *anatomie*, on appelle *éperon* le petit repli que forme la membrane interne des artères à leur point de bifurcation ; ce relief facilite la division de la colonne sanguine. — *Bot.* Prolongement tubuleux, espèce de cornet, dirigé vers le pédicelle et formé par l'une des pièces de la corolle dans la Linaire, du calice dans la Balsamine, du périanthe dans les Orchis. Dans quelques fleurs, plusieurs pièces forment chacune un éperon, ex. : l'*Ancolie*.

ÉPERONNÉ, ÉE, adj., *calcaratus;* prolongé en forme d'éperon ou muni d'un éperon.

ÉPERVIÈRE, s. f., *Hieracium*, T. : genre de la famille des Composées Les nombreuses espèces d'Epervières croissent presque toutes en Europe ; on en trouve une cinquantaine en France, tantôt dans les prairies élevées et sèches, tantôt à l'ombre des murs, des haies, et même des bois. Les principales sont : l'E. orangée, *H. aurantiacum ;* l'E. dorée, *H. aureum;* l'E. piloselle, *H. pilosella;* l'E. auricule, *H. auricula ;* l'E. des murs, *H. murorum;* l'E. en ombelles, *H. umbellatum,* etc., etc. Ces plantes sont amères et dures à leur maturité. Les bestiaux les mangent sans les rechercher : les poils, quelquefois très longs, dont elles sont recouvertes, contribuent à en faire, sous le rapport économique, des plantes indifférentes. Les Epervières sont toutes vivaces et très difficiles à caractériser. Le nom de *Polymorphes* leur convient particulièrement.

ÉPHÉLIDE, s. f., *Ephelis*, de επι, par, et ηλιος, soleil ; tache irrégulière d'un jaune safrané, suivie de prurit, sans inflammation de la peau, produite, mais rarement, par l'action du soleil. On distingue l'*éphélide hépatique*, attribuée à l'action du foie, d'un jaune brun ; l'*éphélide scorbutique*, résultant de taches formées par le sang dans la peau des individus atteints de scorbut. Les éphélides n'ont pas été étudiées sur les animaux ; elles se montrent partout sur le corps de l'homme ou de la femme, principalement sur les parties qui sont couvertes. L'*éphélide lentigineuse* ou *lentigo*, constitue ce qu'on appelle vulgairement les *taches de rousseur*.

ÉPHÉMÈRE, adj., *ephemerus*, de επι, sur, et ημερα, jour; qui ne dure qu'un jour; *fièvre éphémère ; insecte, fleur éphémères.* — *Bot.* On appelle *éphémères* les *fleurs* dont les enveloppes florales ne restent épanouies que pendant un jour, ex. : le *Convolvulus purpureus,* le *Cereus grandiflorus;* les plantes dont la germination, le développement et la mort se succèdent dans un court espace de temps, ex. : beaucoup de champignons.

ÉPI ; dans les composés grecs, ce mot signifie *sur.*

ÉPI, s. m., *Spica* ; mode d'inflorescence dans lequel des fleurs sessiles ou à pédoncule très court, sont rangées le long d'un axe primaire plus ou moins allongé et ordinairement droit, ex. : le *plantain.* L'épi peut être, *multiflore, pauciflore, ovoïde, cylindrique, grêle, comprimé, lâche, dense, dressé, pendant,* etc., etc. Il est *simple,* quand chaque fleur a son pédicelle propre : on le dit *composé,* quand les fleurs sont réunies en *épillets.* (*V.* ce mot.)—On donne, en *extérieur,* le nom d'*épi* à une ligne plus ou moins régulière formée sur certains points du corps par des changements de direction des poils. On remarque surtout les épis près des plis naturels de la peau, au front, en arrière des mamelles des vaches, où ils forment, par leur direction, diverses figures que Guénon a fait servir à la connaissance de l'aptitude des vaches à la production du lait. *V.* ÉCUSSON.

ÉPIAIRE, s. f., *Stachys*, T; genre de la famille des Labiées. On ne trouve guère dans les prairies que les espèces *palustris, recta* et *germanica.* Les animaux ne les recherchent point. Les porcs mangent volontiers les racines de la première. Les espèces *arvensis, alpina, annua, sylvatica,* sont communes en France ; on les trouve au bord des chemins, des forêts, dans les champs cultivés, etc.

ÉPIBLASTE, s. m., *Epiblastus;* appendice antérieur du blaste. On ne le trouve que dans certaines graminées. Raspail le considère comme un débris de la radiculode.

ÉPICARPE, s. m., *Epicarpium*, de επι, sur, et καρπος, fruit ; partie extérieure du péricarpe. Elle se compose d'une membrane mince, qui n'est que la continuité de l'épiderme qui recouvre la plante. Quand l'ovaire est infère, l'épicarpe est formé par le tube du calice. Cette origine se trahit par la présence, dans le point opposé au pédoncule, des débris du calice.

ÉPICAULE, adj., *epicaulis*, de επι, sur, et καυλος, tige ; on donne ce nom aux champignons et autres parasites qui vivent sur les tiges d'autres végétaux.

ÉPICAUME, s. m., *Epicauma*, de επι, sur, et καιω, je brûle ; brûlure à la surface ; ulcère formé sur la cornée transparente de l'œil, et qui se termine par une tache peu foncée.

ÉPICÉRASTIQUE, adj. et s., *Epicerasticus*, de επικεραννυμι, je tempère. Synonyme de *tempérant, rafraîchissant* (*V.* ces mots).

ÉPICHILIUM, s. m., *Epichilium*, de επι, sur, et χειλος, lèvre ; partie supérieure du tablier des Orchis, lorsque celui-ci est divisé en deux moitiés dissemblables.

ÉPICHORION, s. m., de επι, sur, et χοριον, chorion ; nom donné par Chaussier à la *membrane caduque. V.* CADUC.

ÉPICLINE, adj., *epiclinus*, de επι, sur, et κλινη, lit : d'après de Mirbel, les nectaires sont dits *épiclines,* lorsqu'ils sont placés sur le réceptacle de la fleur.

ÉPICOME, s. et adj., de επι, sur, et κομη, chevelure ; genre de monstres hétéraliens, ayant pour caractère : une tête accessoire, imparfaitement conformée, mais complète, insérée par son sommet, sur le sommet de la tête principale. Ce monstre, très rare, ne s'est encore rencontré que dans l'espèce humaine.

ÉPICONDYLE, s. m., *Epicondylus*, de επι, sur, et κονδυλος, condyle ; éminence osseuse située au-dessus et en arrière du condyle formant la moitié de la surface articulaire de l'extrémité inférieure de l'humérus.

ÉPICONDYLIEN, NE, adj. ; qui appartient à l'épicondyle. — *Artère épicondylienne*, ou *collatérale interne du coude* : rameau artériel naisssant de l'artère humérale, un peu au-dessous de la grande musculaire du bras, et gagnant la face interne du coude, où elle se divise en trois rameaux principaux qui se dirigent le long de l'avantbras.

ÉPICONDYLO-MÉTA-CARPIEN.
ÉPICONDYLO-PHA-LANGIEN.
ÉPICONDYLO-SUS-CARPIEN.
} *V.* FLÉCHISSEUR.

ÉPICOROLLIE, s. f., *Epicorollia* ; groupe de plantes dicotylédonées, monopétales, épigynes, formant, dans la méthode de Jussieu, deux classes : 1° à anthères réunies, *synanthérie* ; 2° à anthères distinctes, *corysanthérie*.

ÉPICRASE, s. f., *Epicrasis*, de επικεραννυμι, je tempère ; méthode qui consiste à opérer une cure par l'emploi des remèdes tempérants, ou même des altérants, pour modifier les liquides animaux.

ÉPIDÉMIE, s. f., *Epidemia*, de επι, sur, et δημος, peuple ; maladie qui attaque un grand nombre de personnes à la fois, dûe à des causes générales et dont l'action ne se renouvelle pas périodiquement dans le même lieu. *V.* ÉPIZOOTIE.

ÉPIDÉMIQUE, adj., *epidemicus*, *epidemius* ; qui a rapport à l'épidémie, qui en offre les caractères.

ÉPIDERME, s. m., *Epidermis*, de επι, sur, et δερμα, peau, *cuticula*, de *cutis*, peau ; *surpeau* ; membrane mince, insensible, plus ou moins transparente, qui recouvre la peau dans toute son étendue et protége son réseau vasculo-nerveux contre le contact des corps extérieurs. On ne trouve dans l'épiderme ni nerfs, ni vaisseaux ; sa couleur est généralement grisâtre : il s'enfonce en s'amincissant dans les cavités des follicules de la peau, et se prolonge sur les poils par de petits étuis à parois très ténues. Quoiqu'il soit percé pour le passage des absorbants et des exhalants de la peau, on ne peut, lorsqu'on l'a détaché par la macération ou la vésication, y reconnaître aucune ouverture ; il ne donne même pas issue au mercure. Vers les orifices naturels, il se continue sur les muqueuses, où il prend le nom d'*épithélium*. Dans les points exposés à un frottement souvent répété, il prend une grande épaisseur, et s'amincit, au contraire, lorsque la région qu'il recouvre est soustraite au frottement et au contact de l'air. L'épiderme, tout en préservant la peau du contact des corps extérieurs, modère sa fonction d'absorption. C'est pour cela qu'on l'enlève par le vésicatoire, lorsqu'on veut faire pénétrer les médicaments par l'absorption cutanée. — *Bot.* Membrane celluleuse recouvrant la surface extérieure des végétaux. Il se compose généralement de deux couches d'utricules, l'une extérieure à cellules grandes, quadrilatères, disposées sur un seul rang, appelée *cuticule* ; l'autre profonde, à cellules plus serrées et perpendiculaires aux premières, ne contenant pas de matière verte. L'épiderme, présente dans toutes les parties des plantes qui respirent, de petites ouvertures allongées, béantes, qui ont reçu le nom de *stomates*. On remarque également dans son épaisseur de petits organes celluleux, analogues à des glandes, paraissant à la surface sous forme de taches, dont les usages sont peu connus, qu'on appelle *lenticelles*. L'épiderme proprement dit n'existe que sur les plantes qui ont une véritable respiration aérienne. Dans les végétaux inférieurs, tels que les champignons, les lichens, sur les racines de toutes les plantes, sur les parties immergées dans l'eau, il se compose d'une couche unique se confondant avec le tissu sous-jacent, et ne porte pas de stomates. *V.* CUTICULE, LENTICELLE, STOMATE.

ÉPIDERMIQUE, adj. ; qui appartient à l'épiderme. *Système épidermique* : ensemble des productions épidermiques du corps animal.

ÉPIDERMOIDE, adj., de επιδερμα, épiderme, et ειδος, ressemblance ; ressemblant à l'épiderme ; employé à tort par Bichat comme synonyme d'*épidermique*.

ÉPIDÈSE, s. f., de επιδεω, j'arrête ; action qui consiste à arrêter le sang qui coule d'une plaie ; application d'une ligature, d'un bandage compressif.

ÉPIDIDYME, s. m., *Epididymus*, de επι, sur, et διδυμος, testicule ; réunion des premiers vaisseaux séminifères, formant audessus de la petite courbure du testicule un petit corps allongé, uni à cet organe par une portion de la séreuse du cordon, et donnant naissance au canal efférent. L'épididyme laisse voir, à travers la séreuse qui leur sert d'enveloppe, les nombreuses circonvolutions des canaux qui le forment. Il présente une extrémité renflée, appelée *tête*, et une autre moins volumineuse, portant le nom de *queue*, se terminant par le canal efférent.

ÉPIDISCAL, ALE, adj., *epidiscalis*, de επι, sur, et δισκος, disque ; *l'insertion* des étamines est *épidiscale*, lorsqu'elle a lieu sur le disque.

ÉPIET, s. m., *Spicula* ; épillet secondaire dans les panicules des graminées, (Palissot de B.). *V*. ÉPILLET.

ÉPIGASTRALGIE, s. f., *Epigastralgia* ; de επιγαστριον, épigastre, et αλγος, douleur ; douleur, inflammation de l'épigastre.

ÉPIGASTRE, s. m., *Epigastrium*, de επι, sur, et γαστηρ, ventre ; nom donné, chez l'homme, à la région qui avoisine l'estomac, et forme la première partie de la région abdominale ; ses parties latérales portent le nom d'*hypochondres*.

ÉPIGASTRIQUE, adj., *epigastricus* ; qui a rapport à l'épigastre. *Région épigastrique* : *V*. ÉPIGASTRE ; *centre épigastrique* : ensemble des ganglions et plexus du grand sympathique, situés autour de l'estomac.

ÉPIGASTROCÈLE, s. f., de επι, sur, γαστηρ, ventre, et κηλη, tumeur ; hernie formée dans la région de l'épigastre.

ÉPIGÉ, ÉE, adj., *epigeus*, de επι, sur, et γη, terre ; se dit des cotylédons lorsque, pendant la germination, ils sont élevés par la gemmule au-dessus de la terre, ex. : le *haricot*. Le plus souvent alors ils deviennent des feuilles séminales.

ÉPIGÉNÈSE, s. f., *Epigenesis*, de επι, sur, et γινομαι, je suis engendré ; nom donné à un système d'après lequel, dans l'acte de la conception, le nouvel être est regardé comme provenant de matériaux fournis à la fois par le père et par la mère. Les sectateurs de l'épigénèse sont loin d'être d'accord entre eux sur l'origine et la nature des molécules fournies, etc.

ÉPIGLOTTE, s. f., *Epiglottis*, de επι, sur, et γλωττις, glotte ; cartilage placé en avant du larynx, près de l'ouverture de la glotte, sur laquelle il se renverse pour la boucher comme une soupape, lors du passage des aliments. L'épiglotte a la forme d'une feuille de laurier recourbée : elle s'attache, par sa base sur la partie médiane du cartilage thyroïde, par un ligament assez court, appelé *thyro-épiglottique*, et prolonge ses attaches jusqu'aux aryténoïdes par deux petits appendices corniculés qui se terminent par les ligaments *aryténo-épiglottiques*. L'épiglotte n'existe que chez les mammifères.

ÉPIGLOTTIQUE, adj., *epiglotticus* ; qui appartient à l'épiglotte.

ÉPIGNATHE, s. et adj., *Epignathus*, de επι, sur, et γναθος, mâchoire ; genre de monstres doubles polygnathiens, caractérisé par une tête accessoire, très incomplète et rudimentaire, attachée à la mâchoire inférieure de la tête principale.

ÉPIGNATHIE, s. f., *Epignathia* ; état des monstres épignathes.

ÉPIGYNE, adj., *epigynus*, de επι, sur, et γυνη, femme ; naissant sur l'ovaire ou placé au-dessus ; corolle, étamines, disque, insertion épigynes.

ÉPIGYNIE, s. f., *Epigynia* ; ordre de phénomènes comprenant tout ce qui est relatif à l'insertion épigynique.

ÉPIGYNIQUE, adj., *epigynicus* ; qui a rapport à l'épigynie. *V*. ÉPIGYNE.

ÉPILEPSIE, s. f., *Epilepsia*, *morbus sacer* ; de επι, sur, et λαμβανω, je saisis ; maladie du cerveau, chronique et intermittente, caractérisée par des accès convulsifs, dans lesquels il y a abolition complète des fonctions sensoriales. Synonymie : *haut-mal*, parce que le siége de la maladie est dans la tête, partie la plus élevée du corps ; *mal caduc*, parce que le malade est renversé par terre ; *mal sacré, mal divin, mal saint*, parce qu'on a regardé cette maladie comme un envoi de Dieu pour punir les hommes. Cette maladie se montre dans tous les animaux domestiques. Elle est causée par les affections de l'encéphale, les contusions sur la tête, les fractures ; elle est un effet de la frayeur, de la colère. Dans l'espèce du chien, l'épilepsie est souvent la suite de la maladie particulière au jeune âge : quelquefois elle est due à la présence de vers dans le canal intestinal. Il y a doute sur la transmission de cette maladie par hérédité. — L'attaque survient ordinairement sans symptômes précurseurs. Le cheval présente tout-à-coup une agitation convulsive générale et se laisse tomber avec violence ; les muscles des membres se raidissent ; les yeux pirouettent dans les orbites ; les mâchoires sont contractées ; une salivation abondante et écumeuse remplit la bouche ; il y a quelquefois des excrétions de matières fécales. Les veines se gonflent considérablement ; les muqueuses prennent une teinte violacée ; le cœur bat tumultueusement ; la respiration est brusque et saccadée. Ces accès cessent par degrés, après avoir duré deux à trois minutes : l'épileptique se relève dans un état apparent de stupeur, et semble revenir bientôt à son état normal. Il est des chevaux qui ne tombent pas pendant la crise épileptique ; ils prennent un point d'appui contre les parois de la stalle, contre un mur, sur les brancards de la voiture, et ne présentent pas des symptômes bien violents. — Dans les ruminants, les caractères de l'épilepsie ont une plus grande intensité. Les accès sont très prononcés ; la bave écumeuse qui sort par la bouche est mêlée à des aliments qui reviennent de la panse ; quelquefois l'animal mugit avec force. — Le chien présente une raideur tétanique générale ; il pousse pendant l'accès des cris violents ; après la cessation des symptômes, il prend quelquefois la fuite comme s'il était poursuivi. Chez le porc, l'attaque de mal caduc commence par un tremblement général, des mouvements brusques des mâchoires ; la bouche est écumeuse ; l'animal se laisse tomber. Les accès se succèdent plus rapidement dans le porc que dans les autres animaux, de sorte que l'épilepsie le fait périr assez promptement. — Les intervalles qui séparent les attaques sont variables ; il est des malades qui restent plusieurs mois sans que l'épilepsie apparaisse de nouveau ; chez d'autres, les accès sont fréquents. Il n'est pas rare de voir le chien les présenter plusieurs fois dans le même jour ; ce n'est pas aussi commun pour le cheval. A l'autopsie des animaux qui ont succombé, l'on ne trouve, le plus souvent, aucune lésion appréciable, même dans le crâne. On a observé l'induration de la méninge, des plaques cartilagineuses ou osseuses adhérentes à l'arachnoïde rachidienne, des épanchements dans les ventricules du cerveau. Le pronostic est des plus fâcheux, puisque jusqu'à présent cette maladie a résisté à tous les moyens qui ont été tentés ; elle produit la mort au bout de quelque temps, après avoir altéré profondément et par degrés les facultés intellectuelles du malade. On a essayé les médicaments les plus simples, comme les plus compliqués et les plus absurdes. Les antispasmodiques, les narcotiques, les révulsifs ont été tour-à-tour abandonnés. Cependant, il est quelques substances qui sont encore recommandées contre l'épilepsie ; ce sont l'huile essentielle de térébenthine, l'infusion de racine de valériane. Quand l'épilepsie est *symptomatique* et dépend de la présence des vers dans l'intestin, les purgatifs laxatifs sont employés avec avantage. — *Jurisp. Comm.* L'épilepsie est mentionnée parmi les vices rédhibitoires prévus par l'art. 1er de la loi du 20 mai 1838, avec trente jours de garantie, pour le cheval et le bœuf. Cette maladie ne peut être constatée que par les accès ; sous ce rapport, la constatation est difficile, l'animal n'étant pas toujours à la portée de l'expert, et les symptômes ayant une durée tout-à-fait passagère. Dans le cas où le fait ne peut être constaté par l'expert, le tribunal doit-il statuer sur un procès-verbal négatif, ou recourir au témoignage des personnes et surtout des vétérinaires qui ont observé une attaque d'épilepsie sur l'animal en litige ? Si les opinions sont partagées sur ce point sous le rapport de la légalité, ce partage ne peut exister sous le rapport de la justice. En pareil cas, il est du devoir de l'expert d'exposer les renseignements qu'il a dû recueillir. Il n'est pas utile de remonter à la cause de la maladie pour la constater, ni de s'assurer que d'autres accès pourront se montrer. On a dit qu'on pouvait simuler ce vice rédhibitoire par l'administration de la noix vomique. Ce moyen frauduleux n'est pas à redouter ; la noix vomique donne lieu à des spasmes, des contractions brusques, des mouvements convulsifs qu'on ne peut confondre avec les symptômes épileptiques. La fourrière est une ressource à laquelle on a recours presque toujours, lorsqu'on doit constater l'épilepsie. — Quand il s'agit de l'espèce bovine, la conduite de l'expert doit être la même. La conciliation est toujours plus facile à obtenir dans le cas de doute, quand il s'agit d'un bœuf, parce que le sujet peut être vendu au boucher : ce qui diminue le préjudice causé par l'existence de l'épilepsie.

ÉPILEPTIQUE, adj., *epilepticus ;* qui se rapporte à l'épilepsie. *Animal épileptique ;* qui prend des attaques d'épilepsie.

ÉPILLET, s. m., *Spicula ;* petit groupe de fleurs sessiles sur un axe secondaire ou tertiaire. Il se compose d'une ou plusieurs fleurs entourées à leur base d'un involucre commun appelé *glume* dans les Graminées. Lorsque les épillets sont portés sur des pédicelles très courts, ils sont rapprochés du rachis ou axe commun : leur ensemble a l'aspect d'un épi et en reçoit habituellement le nom ; quand ils sont plus longuement pédicellés, ils donnent naissance à la panicule. Chaque épillet considéré isolément, au point de vue de l'inflorescence, se comporte comme l'épi proprement dit. Les épillets sont cylindriques ou sensiblement aplatis ; ils s'appliquent contre le rachis par leur face ou leur dos. Ces différences peuvent être facilement observées dans l'ivraie et le froment.

ÉPILOBE, s. m., *Epilobium*, L. ; genre de la famille des OEnothéracées. Les épilobes sont, pour la plupart, des plantes herbacées, vivaces, particulières aux contrées tempérées du globe, croissant généralement à l'ombre des haies, au bord des torrents, dans les endroits frais, sur les terrains sablonneux ou pierreux. On en trouve en France environ quinze espèces : les plus communes sont : l'E. à feuille de romarin, *E. rosmarinifolium ;* l'E. en épis, *E. spicatum ;* l'E. hérissé, *E. hirsutum ;* l'E. à fleurs rosées, *E. roseum.* Elles sont généralement dédaignées du cheval ; le mouton et le bœuf les recherchent assez. Plusieurs de ces espèces, même des plus communes, sont de jolies plantes d'ornement.

ÉPINARD, s. m., *Spinacia*, T. ; genre de la famille des Chénopodées. Il se compose de deux espèces annuelles, cultivées toutes deux, depuis un temps immémorial, dans les jardins pour la nourriture de l'homme. On les dit toutefois originaires de la Perse. Ces espèces sont l'E. d'hiver ou E. cornu, *S. spinosa*, et l'E. sans cornes, E. de Hollande, *S. inermis ;* cette espèce a été longtemps considérée comme une variété de la première. Toutes deux ont donné naissance, par la culture, à plusieurs variétés. Les feuilles de l'épinard sont émollientes et diurétiques ; on pourrait s'en servir pour composer des boissons rafraîchissantes. Elles renferment beaucoup de potasse. L'épinard se cultive principalement en hiver et au printemps. Les feuilles sont les seules parties que l'on utilise ; pour en obtenir une plus grande quantité, il faut les enlever avec précaution, successivement et à mesure qu'elles ont acquis un certain développement.

ÉPINE ou **PIQUANT**, s., *Spina ;* organe aigu, consistant, naissant du corps ligneux, et provenant d'un autre organe transformé. L'épine provient tantôt d'un rameau, ex : les *Ajoncs*, le *Prunier épineux ;* tantôt des pédoncules, ex : l'*Alysson épineux ;* tantôt des nervures d'une feuille, ex : l'*Épine-*

vinette; d'autres fois du pétiole dans une feuille composée, ex: l'*Astragale adragant;* d'autres fois, enfin, des stipules, ex: le *faux Acacia.* Les épines sont simples ou rameuses, solitaires ou fasciculées, axillaires ou terminales. On retrouve toujours dans leur structure celle de l'organe qui leur a donné naissance. Quelquefois même elles conservent extérieurement une partie des caractères de cet organe. Leur structure ne permet pas de les confondre avec les *aiguillons(V.* ce mot).—*Anat.* On appelle généralement épine la colonne dorso-lombaire. On donne aussi ce nom à quelques parties osseuses, allongées et pointues, comme l'*épine nasale, l'épine zygomatique,* etc.

ÉPINETTE. s. f.; cage en bois, en osier, dans laquelle on place une volaille pour l'engraisser. L'épinette doit être assez étroite pour que l'oiseau qu'elle renferme ne puisse y exécuter d'autres mouvements que ceux qui sont nécessaires à l'exercice de ses fonctions digestives. Ce sont surtout les oies et les dindes que l'on engraisse à l'épinette.

ÉPINEUX, SE, adj., *spinosus;* expression employée en anatomie pour désigner les parties saillantes des os, *apophyses épineuses,* ou les muscles qui s'attachent à ces apophyses. — *Muscle court-épineux* ou *dorso-épineux* : muscle prenant son origine à l'apophyse transverse de la première vertèbre dorsale, aux apophyses articulaires des cinq dernières cervicales, et s'insérant successivement aux apophyses épineuses de ces vertèbres jusqu'à l'axis inclusivement; ce muscle est extenseur du cou. — *Muscle long épineux :* nom donné par Bourgelat à une portion de l'*ilio-spinal (V.* ce mot). — Muscle *sous-épineux,* ou *post-épineux,* ou *sous-acromio-trochitérien :* muscle occupant toute la fosse sous-acromienne du scapulum, et s'insérant, à la crête du trochiter, par un tendon qui glisse sur la convexité de cette éminence osseuse; il est abducteur du bras et rotateur en dehors. — *Muscle sus-épineux,* ou *antépineux,* ou *sus-acromio-trochitérien :* il occupe la fosse sus-acromienne qu'il déborde, et va s'attacher au trochiter et au trochin par deux tendons qui embrassent l'origine du *coraco-radial;* ce muscle étend le bras et affermit l'articulation humérale. — *Muscle transversaire-épineux,* ou *transverso-épineux :* couché le long de l'épine dorso-lombaire, et recouvert par l'ilio-spinal, il forme une succession de faisceaux obliques prenant leur origine au sacrum, aux apophyses articulaires antérieures des vertèbres lombaires, aux apophyses transverses des vertèbres dorsales, et s'insérant à l'extrémité des apophyses épineuses lombaires et dorsales, jusqu'au garrot. où les faisceaux s'insèrent à ces apophyses beaucoup plus près de leur origine: ce muscle, très compliqué, est extenseur de la colonne dorso-lombaire.— *Bot.* Couvert, armé d'épines. L'involucre de beaucoup de Composées et de quelques autres

plantes devient épineux. On ne doit pas confondre *épineux* avec *aiguillonné.*

ÉPINE-VINETTE, *V.* VINETTIER.

ÉPINIÈRE, *V.* MOELLE ÉPINIÈRE.

ÉPIPÉTALE, adj. *epipetalus,* de επι, sur, et πεταλον, feuille, pétale; se dit des étamines lorsqu'elles s'insèrent sur les pétales.

ÉPIPÉTALIE, s. f., *Epipetalia;* nom de la XII° classe, dans la méthode de Jussieu. Elle se compose de végétaux dicotylédones, à corolle polypétale et à étamines épigynes.

ÉPIPHÉNOMÈNE, s. m., *Epiphænomenum;* de επι, après, et φαινομαι, paraître: symptôme accidentel qui paraît quand une maladie est déclarée; état pathologique qui se manifeste pendant une autre affection.

ÉPIPHLOSE, s. m., de επι, sur, et φλοιος, écorce; nom donné par quelques botanistes à l'épiderme.

ÉPIPHORA, s. m., *Epiphora,* de επι, sur, et φερω, je porte: larmoiement, écoulement de larmes sur les joues, sur le chanfrein.

ÉPIPHYLLE, adj, *epiphyllus,* de επι, sur, et φυλλον, feuille; naissant sur une feuille. — On donne cette épithète aux cryptogames qui croissent sur les feuilles d'autres végétaux, ex : les *Urédinées.*

ÉPIPHYSE, s. f. *Epiphysis,* de επι, sur, et φυω, je nais; nom donné aux *apophyses,* lorsque, dans la jeunesse, l'éminence qu'elles forment n'est pas encore continue avec l'os, en étant séparée par une couche cartilagineuse. Les épiphyses n'existent plus dans l'animal adulte.

ÉPIPHYTE, adj., *epiphytus,* de επι, sur, et φυτον, plante; se dit des parasites qui naissent sur d'autres végétaux sans leur emprunter leur nourriture, ex : les *Mousses,* beaucoup de *Lichens.*

ÉPIPLOCÈLE, s. f., *Epiplocele,* de επιπλοον, *épiploon,* et κηλη, tumeur, hernie; hernie de l'épiploon par l'anneau inguinal. Elle est rare dans le cheval, parce que l'épiploon n'a pas une grande étendue chez cet animal; dans les carnivores, l'épiplocèle, ainsi que l'entéro-épiplocèle sont très possibles à cause de la large duplicature formée par l'épiploon. Cette hernie ne cause pas des douleurs vives; on observe dans l'aine une tumeur inégale, pâteuse, dont la réduction peut être opérée sans bruit particulier. L'épiploon contracte facilement des adhérences avec le sac herniaire. On reconnaît aussi comme pour l'entérocèle, l'*épiplocèle de castration,* qui apparaît au moment où l'on incise la gaine vaginale pour opérer à testicules découverts. Il n'y a point de danger à retrancher dans ce cas une partie plus ou moins considérable de l'épiploon. Les hernies formées par l'épiploon seul ne sont jamais engouées; elles s'étranglent rarement. Quand il est produit, l'étranglement n'a pas autant de gravité que dans le cas d'entérocèle.

ÉPIPLO-ENTÉROCÈLE, s. f., de επιπλοον, *épiploon,* εντερον, intestin, et κηλη, hernie; hernie de l'intestin et de l'épiploon.

ÉPIPLOIQUE, adj., *epiploïcus*; qui appartient à l'épiploon. — *Artères épiploïques;* la droite est fournie par l'*hépatique*, la gauche par la *splénique*. Elles forment, en s'anastomosant entre elles, un cercle d'où se détachent les rameaux épiplogastriques qui gagnent la grande courbure de l'estomac.

ÉPIPLOISCHIOCÈLE, s. f., de επιπλοον, épiploon, ισχιον, ischion, et κηλη, hernie : hernie formée par l'épiploon à travers l'échancrure ischiatique.

ÉPIPLOITE, s. f., *Epiploïtis ;* inflammation de l'épiploon ; péritonite partielle. Les symptômes de cette maladie se confondent avec ceux de la péritonite.

ÉPIPLO-MÉROCÈLE, s. f., de επιπλοον, épiploon, μηρος, cuisse et κηλη, tumeur ; hernie de l'épiploon par l'arcade crurale.

ÉPIPLOMPHALE, s. f., *Epiplomphalus;* de επιπλοον, épiploon, et ομφαλος, nombril ; hernie ombilicale produite par l'épiploon. *V*. EXOMPHALE.

ÉPIPLOON, s. m., *Omentum, rete, reticulum*, επιπλοον, de επι, sur, et πλεω, je flotte ; large expansion séreuse, formée par un double repli du péritoine et reliant entre eux l'estomac, le foie, la rate et l'intestin. On distingue, dans l'épiploon, plusieurs parties : la portion *hépato-gastrique*, qui s'étend de l'échancrure œsophagienne du foie à la petite courbure de l'estomac; la portion *gastrosplénique*, qui unit l'estomac et la rate, et les portions *gastro-colique* et *spléno-colique*, qui, de l'estomac et de la rate, vont se porter aux grosses courbures du colon en s'étendant de manière à former une *portion flottante* très lâche et glissant entre les circonvolutions intestinales.—Dans le *bœuf*, l'épiploon forme deux portions, dont une se porte de la scissure supérieure du rumen à la petite courbure de la caillette, et l'autre de la grande courbure de ce viscère à la scissure inférieure du rumen. — L'épiploon présente, entre les deux lames qui le forment, des rubans de graisse, peu considérables chez les solipèdes, mais très développés chez les ruminants, le porc et le chien, et surtout chez les animaux soumis à l'engrais.

ÉPIPLOSARCOMPHALE, s. f., *Epiplosarcomphalus;* de επιπλοον, épiploon, σαρξ, chair, et ομφαλος, nombril ; hernie ombilicale dure, comme squirrheuse, formée par l'épiploon.

ÉPIPLO-SCHÉOCÈLE, s. f., de επιπλοον, épiploon, οσχεον, scrotum, et κηλη, hernie ; hernie scrotale de l'épiploon.

ÉPIPODE, s. m., *epipodium;* variété de disque que l'on trouve surtout dans la famille des Crucifères.

ÉPIPTÉRE, ÉE, adj., *epipteratus;* de επι, sur, et πτερον, aile ; se dit, d'après Mirbel, d'une graine ou d'un fruit portant une aile à son sommet.

ÉPIRHIZE, adj., *epirhizus*, de επι, sur, et ριζα, racine ; Mirbel nomme ainsi les parasites qui se développent sur les racines de végétaux vivants et leur empruntent leur nourriture ; ex. : les *Orobanches*.

ÉPIRRHÉE, s. f., *Epirrhœa*, de επι, vers, et ρεω, couler ; afflux des humeurs vers un point de l'économie.

ÉPISÉMASIE, s. f., *Episemasia*, de επισημασια, indication, de επι, sur, et σημαινω, je donne des indices ; premier moment de l'invasion d'une maladie.

ÉPISÉPALE, adj., *episepalus;* se dit, d'après Mirbel, des glandes prenant naissance sur les sépales.

ÉPISPADIAS, s. m., de επι, sur, et σπαω, je divise, j'écarte ; vice de conformation des organes génitaux, dans lequel l'ouverture du canal de l'urètre, dans le mâle, aboutit près de l'arcade pubienne.

ÉPISPERMATIQUE, **ÉPISPERMIQUE**, adj., *epispermaticus;* Richard appelle ainsi l'embryon qui est immédiatement recouvert de l'épisperme, comme dans le haricot.

ÉPISPASTIQUE, adj. et s., *Epispasticus*, de επισπαω, j'attire ; synonyme de *vésicant* (*V*. ce mot).

ÉPISPERME, s. m., *Epispermum*, de επι, sur, et σπερμα, graine ; nom donné par Richard au tégument propre de la graine. C'est le *spermoderme* de de Candolle. Cet organe se compose, d'après la plupart des botanistes, de deux membranes accolées, unies l'une à l'autre, l'une extérieure, généralement dure, appelée *testa* par Gaërtner ; l'autre, interne, mince, appelée *tegmen* ou *endoplèvre*. Quelques auteurs considèrent l'épisperme comme formé de trois couches, l'une extérieure, qu'ils nomment *exoderme*, la seconde moyenne ou *mésoderme*, la troisième intérieure ou *endoderme*. L'épisperme est le plus souvent appliqué sur la graine, sans contracter avec elle aucune adhérence ; quelquefois cependant, il lui est tellement uni, qu'on ne peut l'en séparer que par la macération. Sa cavité est toujours simple; ce n'est que dans un petit nombre de genres qu'il se cloisonne pour loger plusieurs embryons. Il porte toujours, sur un point de sa circonférence, le *hile* que l'on peut reconnaître à la différence de sa couleur ; on y aperçoit aussi, dans beaucoup de graines, le *vasiducte* ou *raphé*, l'*embryotége* qui correspond à la radicule et se détache pour laisser passer l'embryon. L'épisperme est nu ou entouré d'appendices, recouvert de poils ou soies. Le coton se forme sur l'épisperme des cotonniers.

ÉPISTAMINAL, adj., *epistaminalis*, de επι, sur, et σταμων, fil; se dit, d'après Mirbel, des glandes qui ont leur siége sur les étamines.

ÉPISTAMINIE, s. f., *Epistaminia;* nom de la cinquième classe dans la méthode de Jussieu ; elle se compose des végétaux dicotylédonés, apétales, à étamines épigynes.

ÉPISTAXIS, s. m., *Epistaxis, hæmorrhagia narium*, de επι, sur, et σταξειν couler goutte à goutte, ou de ἐπιστάζω, je distille. Synonymie : *hémorrhagie nasale, rhinorrhagie, saignement de nez.* Écoulement de sang à la surface de la membrane muqueuse des narines. On l'observe ordinairement sur le cheval et le mouton, rarement sur le bœuf. — Les causes sont : 1° *mécaniques* ou *externes;* ce sont les coups sur le chanfrein, les chutes, des injections irritantes dans les narines, des sangsues prises avec les boissons dans l'eau des marais, la chaleur solaire ; 2° *internes*, ex. : état pléthorique, altération du sang par une nourriture trop abondante, la suppression d'un émonctoire, etc. — Il y a écoulement de sang par une des narines, rarement par les deux ; cet écoulement a lieu goutte à goutte; le sang est plus ou moins foncé en couleur, mais il n'est pas écumeux comme dans l'hémopthysie. Des caillots sont rejetés par l'ébrouement. — L'hémorrhagie nasale modérée ne réclame aucun traitement. Lorsqu'elle est abondante, on fait sur la tête de l'animal des aspersions avec l'eau froide ou une solution fortement astringente, l'eau alumineuse, l'extrait de saturne. Si ces moyens ne réussissent pas, il faut recourir au tamponnement des fosses nasales. Quand l'écoulement du sang ne se produit que d'un côté, on enfonce dans la narine correspondante des boulettes d'étoupes ; si l'écoulement continue, on pratique la suture des ailes du nez. Lorsqu'on est obligé de faire le tamponnement des deux narines du cheval, la respiration est suspendue; on est forcé de recourir à la trachéotomie. Dans le cas où des sangsues se sont introduites dans les narines, on fait, avant le tamponnement, quelques injections avec l'eau salée ou la décoction de tabac. Pour le cheval surtout, on ne laisse en place l'appareil de compression que le moins de temps possible, pour éviter des lésions de la pituitaire.

ÉPISTHOTONOS, s. m., *V.* Emprosthotonos.

ÉPITHÉLIUM, s. m., *Epithelium;* nom donné à l'épiderme des membranes muqueuses. L'épithélium est très apparent vers les orifices naturels et dans certains organes ; il disparaît complètement dans d'autres.

ÉPITHÈMES, s. m., *Epithema*, de ἐπί, sur, et τίθημι, je mets. Nom donné aux préparations non graisseuses ou résineuses, employées comme topiques. Les épithèmes sont *liquides*, *mous* ou *solides* : les premiers comprennent les *fomentations* ; les seconds, les *cataplasmes;* et les troisièmes, les *sachets.* (*V.* ces mots.)

ÉPITROCHLÉE, s. f., *Epitrochlea*, de ἐπί, sur, et τροχαλία, poulie, trochlée; éminence située au-dessus de la trochlée qui constitue la moitié externe de la surface articulaire de l'extrémité inférieure de l'humérus

ÉPITROCHLO-PRÉ-META-CARPIEN ,
ÉPITROCHLO -PRÉ-PHALANGIEN .   } *V.* Extenseur.

ÉPITROCHLO-SUS-CARPIEN , *V.* Fléchisseur.

ÉPIXYLOME, adj., *epixyloma,* de ἐπί, sur, et ξύλον, bois; on donne ce nom aux plantes parasites qui vivent sur le bois.

ÉPIZOOTIE, s. f. , *Epizootia*, de ἐπί, sur, et ζῶον, animal; maladie qui attaque simultanément un certain nombre d'animaux dans le même lieu, ou dans des lieux rapprochés, sous l'influence d'une cause commune, générale, étendue, mais accidentelle. Une maladie épizootique n'est pas nécessairement contagieuse ; ex. : la *fièvre muqueuse*, la *gastro-encéphalite*, etc. ; de même, une maladie bien évidemment contagieuse peut ne pas revêtir le caractère d'une épizootie ; ex. : la *rage.*C'est donc à tort que, dans l'énoncé des caractères généraux des maladies contagieuses, on les confond toutes sous le nom d'*épizooties. V.* Police sanitaire.

EPIZOOTIQUE , adj., *epizooticus;* qui a rapport à l'épizootie ; qui a les caractères d'une épizootie. *Maladie épizootique.*

ÉPOINTÉ , adj. ; nom donné au cheval chez lequel une hanche a été brisée, et se trouve moins saillante que l'autre.

ÉPONGE, s. f. , *Spongia;* production marine longtemps regardée comme un végétal, et que l'on reconnaît aujourd'hui comme le corps le plus simple du règne animal. Les éponges varient beaucoup pour le volume ; elles sont fixées par un pédicule, traversées à l'intérieur par un certain nombre d'*acicules* pierreux, et recouvertes d'une couche gélatineuse particulière. — *Pharm.* L'éponge a une composition chimique assez compliquée. Elle contient une matière animale qui paraît tenir de la gélatine, de l'albumine et du mucus, ou être un mélange de ces trois principes; elle renferme, en outre, du chlorure de sodium et de magnésium, du carbonate et du phosphate de chaux, de la silice, de l'alumine, de la magnésie, des traces de soufre, et enfin de l'*iode* et du *brôme;* la présence de ces deux derniers principes explique l'efficacité de la poudre d'éponge contre le goitre, et son emploi très ancien et très renommé contre cette affection et les maladies scrofuleuses. La médecine vétérinaire n'en a jamais fait usage ; les composés d'iode et de brôme peuvent, du reste, en tenir lieu. L'éponge entière, très sèche, serrée préalablement par de la ficelle ou enduite de cire, peut être employée comme moyen de dilatation contre les fistules, l'oblitération des conduits naturels, etc. — *Maréchalerie.* Nom donné à l'extrémité de chaque branche du fer à cheval ; cette partie est quelquefois disposée en forme de crampon. — *Pathol.* Tumeur qui se développe sur la pointe du coude du cheval qui se *couche en vache*, et qui est causée par les contusions répétées de l'*éponge* ou du crampon de la branche interne du fer fixé sur le pied correspondant. Cette maladie est aiguë ou chronique. A l'état aigu, c'est une tumeur présentant les caractères du phlegmon, et se terminant fréquemment par suppuration. A l'état chronique, elle a une texture spongieuse ; de là, peut-être, l'origine de son nom ; elle présente les caractères du stéatome ; il y a quelquefois formation d'un cor, par l'effet du frottement qui a causé la tumeur, ou production d'une plaie à bords irréguliers et contus. La carie de l'olécrane et des fistules de l'articulation huméro-radiale sont des complications très graves, mais qui se présentent fort rarement. On observe fréquemment des récidives.—Le traitement préservatif consiste à tronquer les éponges du fer, pour les rendre moins saillantes, à placer autour du pied un bourrelet ou une enveloppe qui empêche le frottement du pied contre le coude quand le cheval vient à se coucher. Les lotions astringentes ou émollientes peuvent suffire pour produire la résolution de cette tumeur, quand elle est peu développée et se présente au début. Quand elle est volumineuse et fluctuante, on fait la ponction avec le bistouri, ou mieux avec le cautère, pour évacuer le liquide contenu, qui est fréquemment composé de sérosité. Dans le cas où l'éponge est indolente et molle au toucher, les vésicatoires seront prescrits d'abord ; plus tard on aura recours à la cautérisation par pointes pénétrantes pour provoquer la suppuration. Enfin, lorsque la tumeur est ancienne, spongieuse et pédiculée, il ne reste plus d'autres ressources que l'ablation, à laquelle on renonce généralement.

ÉPONGE ou MOUSSE DE PLATINE. Platine spongieux, terne, d'un gris cendré, et provenant de la décomposition par le feu du chlorure de platine ammoniacal. Ce métal, dans cet état, jouit de la propriété remarquable de provoquer une foule de combinaisons ou de décompositions *catalytiques*. *V.* Catalyse.

ÉPOUVANTAIL, s. m. ; objet quelconque propre à effrayer les oiseaux, et placé dans un champ, un jardin, pour les empêcher de venir manger les semences déposées dans la terre, les fruits, etc. Pour qu'un épouvantail ait un effet durable, il faut qu'il change chaque jour d'aspect et de place, qu'il exécute des mouvements ou qu'il produise du bruit.

ÉPREUVE, *V.* Courses, Etalon, Essai.

ÉPROUVETTE, s. f. ; tube de verre ou de cristal d'un fort diamètre, à parois épaisses, fermé par un bout, ouvert par l'autre et servant aux manipulations des gaz. L'éprouvette *simple* sert à recueillir et à mélanger les gaz ; l'éprouvette *graduée*, à les mesurer ; celle qui est *courbe*, à les analyser en faisant réagir certains corps appropriés (*V.* Cloche). L'éprouvette à *pied*, dont l'ouverture est tournée en haut, est employée plus particulièrement pour l'étude des précipités, pour les essais aréométriques, alcalinétriques, chlorométriques, etc. *Éprouvette de la machine pneumatique* (*V.* Machine.)

ÉPUISEMENT. *Agr.* Une terre est épuisée lorsque, par suite de cultures mal combinées, de mauvais assolements, elle est devenue inféconde. L'épuisement n'est jamais absolu ; un terrain, quelque pauvre qu'il soit, produit encore des plantes ; il contient toujours quelques débris organiques, de l'humidité, des sels solubles ; l'épuisement ne peut donc être qu'incomplet. Il n'est, en outre, la plupart du temps, que relatif, puisqu'une terre épuisée par une espèce de plantes, peut produire une autre espèce, sans qu'il lui soit rendu d'engrais. On prévient l'épuisement du sol par une bonne rotation de cultures, par l'emploi d'une fumure convenable.

ÉPULIE ou ÉPULIS, s. f., de *επι*, sur, et *ουλον*, gencive ; tumeur charnue formée sur les gencives.

ÉPURGE. *V.* Euphorbe.

ÉQUERRINES (vaches) ; sixième classe de vaches laitières dans le système de Guénon. Elle se distingue par un écusson qui, après avoir embrassé les mamelles, la face interne des cuisses, s'élève, sous forme de bande étroite, sur le périnée, où il forme à une certaine hauteur une sorte de bayonnette ou d'*équerre* qui se prolonge jusqu'au niveau de la commissure supérieure de la vulve. Les ordres sont caractérisés par l'étroitesse de la bande, la longueur de l'équerre, et quelques signes particuliers. La quantité de lait donnée par les vaches de cette classe est, selon la taille, de 14 litres, 12 à 13 litres, et 9 litres par jour, pour le premier ordre ; de 2 litres, 1 litre et 1 litre, pour le huitième. Dans le premier cas, le lait se conserve jusqu'à ce que la vache soit pleine de huit mois ; dans le second, seulement jusqu'à ce qu'elle soit pleine de nouveau.

ÉQUILIBRE, s. m., *Æquilibrium*, de *œquus*, égal, et *libra*, balance. Nom donné en mécanique à l'état d'un corps, qui est sollicité par deux ou un plus grand nombre de forces qui s'entredétruisent, ou qui s'annulent sur une résistance. Dans le cas où le corps est sollicité par plusieurs forces actives qui s'annulent réciproquement, l'équilibre diffère notablement du repos et prend le nom d'*équilibre actif* ; dans le cas, au contraire, où une ou plusieurs forces sont détruites par une résistance, l'équilibre est *passif* et se confond sensiblement avec le *repos* (*V.* ce mot). L'équilibre, quelle que soit sa nature, varie beaucoup selon l'état des corps, et doit être examiné successivement dans les corps *solides*, *liquides* et *gazeux*. 1° *Équilibre des solides.* Dans l'équilibre des solides, on reconnaît plusieurs degrés ; on dit qu'il est *stable*, lorsqu'il se maintient malgré les oscillations étendues qu'on fait éprouver au corps sur sa base de sustentation : ex. : cône posé sur sa base ; qu'il est *instable*, quand il se détruit à la moindre oscillation du corps : ex. : cône ou pyramide sur leur pointe ; qu'il est *indifférent* ou *per-*

manent, quand le corps est en équilibre dans toutes les positions qu'on lui donne ; ex. : sphère sur un plan horizontal. Les conditions d'équilibre des corps solides varient selon qu'ils sont *suspendus* ou *supportés*. Dans le premier cas, le point de soutien est placé au-dessus du centre de gravité, et l'équilibre n'est possible qu'autant que le centre de gravité est directement soutenu ou qu'il se trouve sur la même ligne verticale que le point de suspension : s'il se trouve au-dessus du point d'attache, l'équilibre est *instable* ; s'il est au-dessous, il est *stable*, et il est *indifférent*, quand le centre de gravité coïncide avec le point d'attache du corps suspendu. Dans les corps *supportés*, le centre de gravité est placé au-dessus du plan de soutien qui porte le nom de *base de sustentation (V.* ce mot). L'équilibre, dans cette position, n'est possible qu'autant que la *ligne* de *gravitation* qui part du centre de gravité du corps supporté, rencontre un des points de la base de sustentation. L'équilibre est *stable*, quand le centre de gravité est placé près de la base et que celle-ci est large ; il est *instable*, quand la base est étroite et le centre de gravité placé haut ; enfin, il est *indifférent*, quand la position du centre de gravité ne change pas et que la base reste constante. On tient compte de ces principes dans la construction des vases, dans celle des habitations, dans les chargements des voitures, etc. Dans les animaux quadrupèdes, l'équilibre est garanti par la force des membres qui soutiennent le corps sur quatre colonnes, et qui circonscrivent entre eux une base de sustentation de forme rectangulaire, qu'ils ont la faculté d'agrandir par leurs mouvements ; dans les bipèdes, comme l'homme et les oiseaux, les conditions d'équilibre sont moins parfaites ; aussi ces animaux, en raison de la forme de leur base de sustentation, tombent-ils plus facilement en arrière ou en avant que sur le côté ; tandis que, pour les quadrupèdes, c'est le contraire : 2° *équilibre des liquides.* La mobilité moléculaire de ces corps introduit des modifications essentielles dans leurs conditions d'équilibre. Dans un liquide *homogène* contenu dans un vase, les conditions d'équilibre sont peu nombreuses ; elles se réduisent à l'*horizontalité* de la surface libre du liquide, et a l'*égalité* de *pression* dans tous les sens pour chaque molécule de la masse. Dans un liquide *hétérogène*, l'équilibre n'est établi que quand les liquides mélangés ne sont disposés que par couches horizontales et superposés par ordre de densité, les plus lourds étant au fond et les plus légers à la surface ; 3° *équilibre des gaz.* L'équilibre de ces corps est soumis à un petit nombre de conditions ; leur tension ou force répulsive moléculaire doit être égale dans tous les sens et proportionnelle à la pression supportée par la masse gazeuse, pression qui doit elle-même présenter une égalité parfaite en tous sens. Les gaz *hétérogènes* se superpo-

sent comme les liquides par ordre de densité ; mais cette distribution régulière est de courte durée, et bientôt les couches gazeuses disparaissent par leur mélange réciproque : c'est ce qu'on nomme la *diffusion* des gaz (*V,* ce mot).

ÉQUINOXIAL, ALE, adj.. *equinoxialis ;* les fleurs sont appelées *équinoxiales*, lorsqu'elles s'ouvrent et se ferment à des heures déterminées plusieurs fois pendant la période de leur existence. De Candolle en distingue quatre variétés : les *diurnes*. qui s'ouvrent et se ferment dans le cours d'une journée ; les *nocturnes*, qui s'ouvrent et se ferment dans une même nuit ; les *lucinoctes*, qui s'ouvrent le jour et se ferment la nuit ; les *noctiluces*, qui font le contraire.

ÉQUISÉTACÉES, s. f., *Equisetaceæ ;* famille de plantes rangée par Richard, Jussieu, etc., dans les acotylédonées, et par de Candolle, dans les monocotylédones cryptogames. Ce sont des végétaux à rhizome rampant, à tiges cylindriques. raides, sillonnées, articulées, simples ou rameuses. pourvues à chaque articulation d'une gaine membraneuse, sèche, mince. La fructification est terminale. Les Equisétacées vivent principalement dans les terrains marécageux. Cette famille ne se compose que du genre *Prêle*.

ÉQUITANT, *V.* ÉQUITATIF.

ÉQUITATIF, IVE, adj., *equitativus ;* se dit des feuilles qui. dans leur préfoliation, sont pliées dans le sens de leur nervure principale, de telle sorte qu'une moitié du limbe soit appliquée sur l'autre moitié.

ÉQUITATION, s. f., *Equitatio*, de *equus*, cheval ; art de monter à cheval ; emploi et direction du cheval de selle d'après certains principes. — Au point de vue de l'hygiène de l'homme, l'équitation est considérée comme un exercice gymnastique favorable à la santé, propre à fortifier le corps, à provoquer le développement des organes.

ÉQUIVALENT, s. m., de *æquè*, également, et *valere*, valoir : *équivalents chimiques ;* quantités pondérables d'après lesquelles les corps simples et composés se combinent entre eux ou peuvent se remplacer mutuellement dans leurs combinaisons. Cette quantité n'est pas plus absolue que la densité des corps ; elle est, comme cette dernière, établie sur une unité conventionnelle. L'expérience ayant démontré que les corps se combinent toujours en quantités *constantes* et *invariables*, une de ces quantités a été prise pour terme de comparaison. L'oxygène a fourni l'unité conventionnelle qui se trouve représentée par le chiffre 100, et l'équivalent des autres corps est formé par la quantité pondérable de leur substance qui peut se combiner, au *premier degré d'oxydation*, avec 100 parties en poids d'oxygène. Quand les corps n'ont pas un premier degré d'oxydation bien déterminé, on prend, pour leur *équivalent*. la quantité de ces corps contenue dans une proportion d'acide capable de saturer une quantité d'oxyde métallique renfermant 100 d'oxygène. Les nombres représentant ces équivalents, quoique très différents les uns des autres et du chiffre 100 de l'oxigène, ont cependant la même valeur, puisqu'ils peuvent se remplacer mutuellement dans les combinaisons chimiques ; de là les noms d'*équivalents*, de *nombres proportionnels*, de *proportions*, donnés à ces quantités diverses, et pourtant égales chimiquement, des différents corps. Le nombre qui doit représenter l'équivalent de chaque corps est déterminé par une simple règle de proportion dont ce nombre même est l'inconnue, les trois autres termes étant formés par la quantité d'oxygène et du corps combiné dans 100 parties du 1er oxyde, et le chiffre 100 qui sert de terme de comparaison. Quant aux équivalents des corps composés, ils se forment par l'addition pure et simple des équivalents des corps simples qui les constituent. Les équivalents et la nomenclature chimique sont les deux bases essentielles de la chimie ; les premiers ont servi à détruire cette idée erronée des anciens, savoir : que les corps peuvent se combiner entre eux en *toute proportion*. — Ils ont été établis sur les principes suivants, tous déduits de l'expérience directe : 1° *quand deux corps peuvent se combiner en plusieurs proportions, la quantité de l'un étant prise pour unité, l'autre croît en poids comme les nombres simples* 1, 2, 3, 4, 5 (Loi des proportions multiples ou de Dalton); 2° *les corps gazeux en se combinant entre eux conservent des rapport très simples, non-seulement à l'égard de leurs volumes respectifs, mais encore relativement au volume du composé par rapport à ses composants* (Loi de Gay-Lussac) ; 3° *deux atomes binaires auxquels l'élément électro-négatif est commun, se combinent toujours en des proportions telles que le nombre des atomes de l'élément électro-négatif de l'un est en rapport simple avec le nombre des atomes de l'élément électro-négatif de l'autre* (Loi de Berzélius) ; 4° *il existe une suite de rapports constants entre les poids des bases qui saturent une même quantité d'acide quelconque, ou entre les quantités de divers acides qui saturent un poids déterminé d'une base quelconque* (Loi de Wenzel) ; 5° *Pour les sels d'un même genre, il existe un rapport constant entre la quantité d'acide et la quantité d'oxygène de la base* (Loi de Ritchter); 6° *dans les oxysels, il existe toujours un rapport simple entre l'oxygène de l'acide et l'oxygène de l'oxyde* (Loi de Richter modifiée par Berzélius). *V.*, pour l'équivalent des corps simples, les articles relatifs à chacun d'eux.

ÉRABLE, s. m., *Acer*, L.; genre de la famille des Acérinées. Il est formé d'arbres qui, tantôt composent des forêts ou font partie de leurs essences, tantôt sont cultivés dans les parcs et les jardins. Plusieurs espèces croissent naturellement en France : ce sont : l'E. commun, A. *campestris*, que l'on trouve dans les bois et dont les herbivores recherchent les feuilles ; l'E. platane ou faux platane, Sycomore, A. *pseudo-platanus*, cultivé en avenues, et fournissant un bois éminemment propre au chauffage et à faire du charbon; l'E. à feuilles de platane ou E. plane, A. *platanoïdes*, à bois dense et propre à la fabrication des instruments de musique, des sabots, etc. ; l'E. de Montpellier, A. *Monspessulanum*, très convenable pour faire des haies vives; l'E. jaspé, A. *striatum*, recherché pour l'ornement des parcs. Toutes les espèces d'érable ont une sève sucrée; toutes peuvent fournir par incision un liquide doux et fermentescible ; mais l'E. à sucre, A. *saccharinum*, est particulièrement remarquable sous ce rapport. En Amérique, où il forme de grands bois, on fait dans le tronc de cet arbre des trous obliques de bas en haut; il s'en écoule un liquide très chargé de sucre, d'où cette substance est extraite par plusieurs concentrations. Cette opération se fait toujours au printemps.

ÉRAILLEMENT, s. m.; renversement de la paupière, *V.* ECTROPION.

ERBIUM, s. m.; nouveau métal encore peu connu, découvert par Mosander et ayant avec l'*ittryum* et le *terbium* la plus grande analogie, (*V.* ces mots).

ÉRECTEUR, s. et adj., *Erector*, de *erigere*, relever ; qui érige, qui relève; nom donné au muscle *ischio-caverneux* ou *ischio-souspénien*. Ce muscle constitue un faisceau charnu, épais, prenant son origine à la crête ischiale avec les racines du corps caverneux qu'il recouvre, et s'insérant sur les côtés de la base de ce même corps caverneux.

ÉRECTILE, adj., *erectilis*; susceptible de s'ériger. *Tissu érectile :* tissu particulier, essentiellement vasculaire, formé de nombreuses cellules, où l'abord et le séjour momentané du sang déterminent une dilatation et une turgescence plus ou moins considérables. Ce tissu existe surtout dans le corps caverneux de la verge et du clitoris, où une enveloppe fibreuse borne sa dilatation; on le trouve aussi autour de l'orifice du mamelon, et il se développe quelquefois accidentellement dans des divers points de l'économie. Un tissu érectile particulier, et tout-à-fait distinct de celui du corps caverneux, forme le *bulbe du vagin*, chez la femelle, et chez le mâle, le *bulbe de l'urètre;* d'où ce tissu se continue dans la gouttière pénienne pour aller former le *gland* ou la *tête* du pénis.

ÉRECTILITÉ, s. f.; propriété de s'ériger, particulière au tissu érectile.

ÉRECTION, s. f., *Erectio;* gonflement, durcissement des parties formées de tissu érectile. Ce mot s'entend surtout de la turgescence de la verge et du clitoris.

ÉRÈME, s. f., *Eremus*, de ερημος, solitaire; capsule sans valve ni suture (Mirbel).

ÉRÉTHISME, s. m., *Erethismus*, de ερεθιζω, j'irrite; irritation, exaltation des phénomènes vitaux d'un organe.

ERGOT, s. m., *Calcar*; prolongement aigu et corné dont sont armées les pattes de certains oiseaux (*V.* ÉPERON). — Tubercule corné placé en arrière de la région du boulet, chez les mammifères monodactyles et didactyles. L'ergot n'est que la trace des doigts manquant à ces animaux. En effet, on trouve chez le bœuf, dans l'ergot, une phalange rudimentaire; chez le daim, trois phalanges aussi à l'état de rudiment; et, chez le chevreuil, non-seulement les trois phalanges, mais un commencement de métacarpien, uni par des fibres ligamenteuses au métacarpien principal. L'ergot du cheval, dans les races communes, prend quelquefois un grand développement. Dans les races fines, au contraire, il se réduit presque à une simple plaque cornée.

ERGOT DE SEIGLE, *V.* SEIGLE ERGOTÉ.

ERGOTINE, s. f.; substance particulière découverte par Viggers dans le seigle ergoté, et étudiée plus récemment par Bonjean. L'ergotine de ce dernier s'obtient par le procédé suivant : on épuise la poudre d'ergot dans un appareil de déplacement, puis on chauffe assez fortement pour coaguler l'albumine de la solution ; la gomme est précipitée par de l'alcool, et la dissolution filtrée est ensuite concentrée au bain-marie en consistance d'extrait. — L'ergotine de Bonjean est molle, rouge-brun en masse, et rouge de sang en couches minces ; elle a une odeur de viande rôtie, une saveur piquante et amère rappelant celle du blé gâté. Elle se dissout complétement dans l'eau à laquelle elle communique une belle teinte rouge ; l'alcool et l'éther la dissolvent très peu. — Les effets de l'ergotine, donnée à l'intérieur, paraissent être de déterminer la constipation, de ralentir la circulation passagèrement, de diminuer la force du pouls et de le régulariser d'une manière durable (Germain Sée). Elle paraît être infiniment moins vénéneuse que l'ergot entier. — L'ergotine est surtout employée comme puissant hémostatique interne et externe, chez l'homme ; elle paraît jouir d'une efficacité réelle contre tous les écoulements sanguins, et particulièrement contre ceux de la matrice : on en a conseillé aussi l'emploi contre les maladies du cœur. Cette substance a été peu essayée encore par les vétérinaires.

ERGOTISME, s. m.; maladie produite par l'usage du seigle ergoté. Ses symptôms consistent en des vertiges, l'engourdissement des extrémités, la gangrène des doigts. On l'observe dans l'espèce humaine; quelquefois elle se montre sur les volailles. *Ergotisme convulsif:* qui produit des convulsions; *ergotisme gangreneux :* qui fait développer la gangrène.

ÉRICA, *V.* BRUYÈRE.

ÉRICACÉES, s. f., *Ericaceæ*; famille de plantes dicotylédonées, monopétales, hypogynes. Elle se compose d'arbrisseaux ou sous-arbrisseaux dont la plupart sont toujours verts, et couvrent, dans toutes les contrées du globe, mais surtout en Afrique, de vastes étendues de terrain. Les Ericacées sont communément divisées en deux tribus : 1° les *Ericées;* genres : *Erica, Calluna, Arbutus, Rhododendrum*, etc. ; 2° les *Vacciniées;* genres : *Vaccinium*, etc.

ÉRIGÉRON, s. m., *Erigeron*, L.; genre assez nombreux de la famille des Composées. Presque toutes les espèces de ce genre sont originaires de l'Amérique. Leur aire est très étendue; les aigrettes, dont leurs graines sont pourvues, rendent facile leur dissémination lointaine. L'une de ces espèces, l'E. du Canada, *E. Canadensis*, introduite en Europe, on ne sait au juste par quelle voie, s'y est multipliée presque partout au point de devenir incommode pour l'agriculture. Comme elle croît sur les plus mauvais terrains, on a pensé que sa culture, pour l'extraction de la potasse, offrirait quelque avantage.

ÉRIGNE, s. f., *Uncinus*, de αιρω, je lève ; instrument en forme de crochet, qui sert en chirurgie et en anatomie à soulever les parties qu'on veut disséquer. L'érigne présente un manche, une tige et un crochet : cette dernière partie se termine quelquefois par une pointe mousse. L'érigne *double* présente deux crochets, qui lui donnent l'apparence d'une fourche recourbée. On a inventé quelques modifications de l'érigne ordinaire, pour des opérations spéciales.

ÉRIOCAULONÉES, s. f., *Eriocauloneæ;* tribu de la famille des Restiacées, regardée par plusieurs botanistes comme famille distincte.

ÉRODÉ, ÉE, adj., *erosus;* synonyme de rongé ; légèrement et irrégulièrement denticulé.

ÉRODIUM, s. m., *Erodium*, L.; genre de la famille des Géraniées. Une seule des espèces de ce genre offre quelque intérêt sous le rapport de l'hygiène, c'est l'E. cicutin, *E. cicutarium*, croissant presque partout, dans les prairies sèches, au bord des chemins, très précoce et assez recherché des vaches et des moutons.

ÉROSION, s. f., *Erosio*, de *erodere*, ronger ; action d'une substance corrosive ; plaie légère d'une muqueuse, dans laquelle l'épithélium est enlevé partiellement ; l'*érosion de la pituitaire* est souvent un des premiers signes de l'apparition d'un ulcère.

ÉROTOMANIE, s. f., *Erotomania;* de ερως, amour, et μανια, manie ; aliénation mentale causée par l'amour. *V.* NYMPHOMANIE.

ERPÉTOLOGIE, s. f., *Erpetologia*, de ερπειν, ramper, et λογος, discours ; partie de l'histoire naturelle qui s'occupe des reptiles.

ERRHIN, s. et adj., *Errhinus*, de εν, dans, et ρις, nez ; médicament propre à irriter la membrane pituitaire et à provoquer l'éternuement. Synonyme de *sternutatoire.* (*V.* ce mot.)

ERS , *V.* Lentille.

ÉRUCA . *V.* Roquette.

ÉRUCTATION , s. f. , *Eructatio;* de *è* ou *ex* , parti. extr., et *ructus*, rot ; éruption par la bouche de gaz , ou ventosités provenant de l'estomac. C'est un symptôme qui accompagne, soit le tic en l'air, soit le tic à l'appui. *V.* Tic. On observe l'éructation dans quelques affections de l'estomac , dans le typhus des bêtes à grosses cornes.

ÉRUPTION, s. f. , *Eruptio*, de *erumpere*, sortir ; sortie rapide, violente de boutons , synonyme d'*exanthème;* évacuation subite et abondante d'humeurs. *Eruption des dents :* sortie des dents hors des alvéoles.

ERVILLIER , *V.* Lentille.

ÉRYSIPÉLATEUX, EUSE , adj., *erysipelatosus ;* qui tient de l'érysipèle ; *affection érysipélateuse.*

ÉRYSIPÈLE , s. m.. *Erisypelus;* de ερυω , j'attire , et πελας , auprès , cette maladie s'étendant de proche en proche, comme si quelque cause l'attirait : ou de ερυθρος, rouge, et μελας, noir. C'est une inflammation aiguë de la peau, caractérisée par la rougeur, la chaleur et une tuméfaction peu considérable. Synonymie : *fièvre érysipélateuse.*— Les causes de cette maladie sont difficilement appréciables ; elles sont internes le plus souvent. On voit l'érysipèle survenir par la suppression de la transpiration cutanée , d'une hémorrhagie , par l'usage des aliments de mauvaise nature. Plusieurs agents donnent lieu à l'érysipèle en irritant la peau ; ainsi l'exposition au soleil ardent, l'application d'une substance rubéfiante , des frictions prolongées , les contusions , la morsure de la vipère, sont des causes externes. La contagion n'est pas admise. On distingue plusieurs formes de l'inflammation érysipélateuse: 1° *Erysipèle simple.* Il est commun chez le mouton et le chien, rare chez le bœuf. Il est causé par le frottement, la malpropreté , les piqûres des insectes. On le voit se montrer sur les bêtes à laine qui font usage du sarrasin en fleur. Cette maladie est précédée par un état de malaise général ; elle s'annonce par des plaques d'un rouge foncé, prurigineuses , qui se terminent par résolution au bout de quelques jours. On dit que l'érysipèle est *ambulant*. quand, après avoir abandonné une partie du corps , il se montre sur une autre pour disparaître de nouveau. Son apparition à la tête produit un gonflement considérable des tissus et une fièvre de réaction intense. Quand il envahit une extrémité , le malade devient boiteux. La métastase sur le cerveau peut avoir des suites fâcheuses et occasionner la mort.—2° *Erysipèle phlycténoïde ou bulleux.* Il se produit avec des ampoules . qui se crèvent bientôt et laissent échapper un liquide qui se concrète et forme des croûtes jaunes. Cette variété s'accompagne de symptômes fébriles prononcés. — 3° *Erysipèle phlegmoneux.* L'inflammation s'étend au tissu cellulaire sous-cutané. On observe une tumeur large , profonde , accompagnée d'un prurit violent, et qui se termine par résolution ou par la formation d'unabcès. Cette variété se montre assez fréquemment sur les membres des solipèdes. Il est assez difficile de bien établir le diagnostic de l'abcés à cause de l'engorgement de la peau. Les collections purulentes sont quelquefois multiples : le pus qui s'en échappe est sanguinolent. L'érysipèle phlegmoneux a beaucoup d'analogie avec le phlegmon ; il en diffère par le point de départ : cette dernière maladie commence par le tissu cellulaire sous-cutané et prend le nom de *phlegmon érysipélateux*, lorsqu'elle envahit la peau. — 4° *Erysipèle œdémateux.* C'est celui qui est compliqué de l'infiltration séreuse du tissu cellulaire sous-cutané ; on l'observe après les piqûres faites par les guêpes , les abeilles. L'érysipèle œdémateux est produit sur le mouton par le sarrasin et se manifeste par l'engorgement des paupières, du nez, des oreilles. Les symptômes sont moins intenses que pour l'érysipèle phlegmoneux.— 5° *Erysipèle gangreneux.* Voir plus loin. — Sous le rapport des phénomènes généraux , on dit que l'érysipèle est *apyrétique*, *bilieux*, *adynamique*, *ataxique* , (*V.* ces mots.) On distingue encore l'érysipèle de la tête , de la face, du ventre. des mamelles, d'après le siège occupé par l'inflammation.— Le pronostic varie à raison de la forme de la maladie , et des complications qui se présentent.— Le traitement est subordonné aux mêmes circonstances. Dans l'érysipèle simple, on se borne le plus souvent à des soins hygiéniques. Il y a indication de recourir aux émissions sanguines , s'il y a prédominance du système sanguin. A l'extérieur, on fait des lotions émollientes , en même temps qu'on donne aux malades des boissons diurétiques, des purgatifs rafraîchissants , et qu'on entretient la transpiration cutanée. Il faut fixer l'érysipèle ambulant par l'application du vésicatoire sur la partie où il se montre. L'érysipèle phlegmoneux réclame le traitement du phlegmon ; généralement on le combat par les émollients ; il est préférable d'employer l'onguent vésicatoire, qui fixe la maladie, ou en abrége la durée et prévient les métastases. On emploie le liniment ammoniacal contre l'érysipèle œdémateux causé par la présence d'un venin ; ce traitement est secondé par l'usage interne des tempérants. Dupuy a conseillé les frictions oléo-ammoniacales sur les moutons affectés d'œdème après avoir fait usage du sarrasin ; on obtient ainsi la résolution en deux ou trois jours.

ÉRYSIPÈLE GANGRENEUX. Synonymie : *mal rouge , feu céleste, feu St-Antoine*, *érysipèle épizootique.* Cette variété de l'érysipèle se termine par la gangrene de la peau ; on l'observe principalement sur les bêtes à laine et le porc. Ses causes sont peu connues. Les uns accusent l'humidité froide , d'autres les grandes chaleurs. C'est la seule forme sous laquelle les auteurs admettent la contagion de l'érysipèle. Les symptômes sont : une teinte rouge d'abord, ensuite violacée de la peau, des ampoules remplies d'un fluide séreux, une violente fièvre de réaction. Plus tard, survient la gangrène, l'emphysème général se produit et la mort arrive en quelques heures. La maladie est moins grave et marche avec moins de rapidité dans le porc. On n'a pas indiqué de traitement bien avantageux pour combattre cette affection. Il conviendrait le plus souvent de donner à l'intérieur des infusions aromatiques et amères, en même temps qu'on chercherait à modifier les surfaces envahies par la gangrène, en appliquant le liniment ammoniacal, les chlorures, la cautérisation par le feu. Toutefois, l'emploi de ces moyens est difficile, quand la maladie atteint un grand nombre d'individus dans le même troupeau.—L'érysipèle gangreneux est rare dans les solipèdes : on l'a observé sur la face, sur l'encolure. Il est difficile d'en arrêter les progrès et d'empêcher les malades de se mordre ou de se frotter violemment, à cause du prurit qu'ils éprouvent. On donne les toniques à l'intérieur ; à l'extérieur, on emploie avec quelque avantage l'eau phagédénique.

ÉRYTHÉMATIQUE, adj., *erythematicus*; qui a rapport à l'érythème ; *éruption érythématique*.

ÉRYTHÈME. s. m., *Erythema*; de ἐρυθρός, rouge ; maladie de la peau caractérisée par des taches rouges, superficielles, de forme variable, qui disparaissent sous la pression du doigt. On reconnaît l'érythème *simple*, qui se termine bientôt par une desquamation légère ; l'érythème *papuleux*, *noueux*, *centrifuge*. Le traitement consiste dans l'usage des boissons rafraîchissantes, des évacuations sanguines, des purgatifs légers.

ÉRYTHRINE, s. f., de ἐρυθρός, rouge ; principe pulvérulent, rouge-brunâtre, découvert par Heeren dans l'extrait aqueux de lichen.

ÉRYTHROGÈNE, s. m., de ἐρυθρός, rouge, et γεννάω, j'engendre. Nom donné par Bizio à une matière verte de la bile, qui se transforme en fumée rouge quand on la chauffe à 50° à l'air libre.

ÉRYTHROÏDE, adj., *erythroïdes*, de ἐρυθρός, rouge, et εἶδος, ressemblance ; nom donné à la tunique du testicule formée par le muscle crémaster, à cause de la couleur rouge de ses fibres musculaires.

ÉRYTHROPHYLLE, s. f., de ἐρυθρός, rouge, et φύλλον, feuille ; nom de la matière colorante des feuilles qui prennent une teinte rouge au moment de leur chute, et de celle des fruits qui présentent la même teinte.

ÉRYTHROXYLÉES. s. f., *Erythroxyleæ* ; famille de plantes dicotylédonées, polypétales, particulières aux contrées les plus chaudes du globe. Elle ne se compose que des deux genres *Erythroxylum* et *Sethia*.

ESCALLONIÉES, s. f., *Escallonieæ* ; tribu de la famille des Saxifragées, regardée comme famille distincte par plusieurs auteurs.

ESCHARE ou **ESCARRE**, s. f., *Eschara*, de ἐσχάρα, croûte ; nom donné à une partie vivante désorganisée par la gangrène ou par l'action d'un cautère actuel ou potentiel. L'eschare du cautère actuel est sous forme d'une croûte noire ou brune plus ou moins consistante et de nature charbonneuse. Celle déterminée par un cautère potentiel, est une véritable combinaison chimique des tissus ou des liquides avec la substance caustique ; sa couleur, sa consistance, doivent par conséquent varier avec sa nature. Les caustiques *coagulants* produisent des eschares solides et ne sont pas absorbés; les caustiques *fluidifiants* déterminent la formation d'eschares molles ou fluides, et peuvent être absorbés. Quelle que soit la nature de l'eschare, elle est peu à peu détachée par une inflammation éliminatoire provoquée par sa présence sur les tissus.

ESCHAROTIQUE, adj., *escharoticus*; nom des caustiques forts ou susceptibles de déterminer la formation d'une *eschare* sur les parties où on les applique, *V*. CAUSTIQUES.

ESCOURGEON, *V*. ORGE.

ESCULINE, s. f. ; matière particulière trouvée dans les fruits du marronnier d'Inde (*Æsculus hippocastanum*) par Canzoneri. — Fremy a retiré des mêmes fruits un principe blanc, analogue à la *saponine* et qu'il nomme acide *esculique*.

ESPACE, s. m., *Spatium*; on appelle ainsi le lieu qui renferme la matière, et où se passent les phénomènes auxquels elle donne lieu par l'action des forces. Les caractères de l'espace sont essentiellement négatifs, ce qui fait ressortir avec plus de netteté ceux qui appartiennent à la matière. L'espace *indéfini*, sur lequel les anciens métaphysiciens ont si longuement discuté, ne paraît avoir ni limites matérielles, ni limites rationnelles, l'esprit se refusant à admettre une pareille conclusion. — *L'espace limité*, qu'on nomme vulgairement *étendue* (*V*. ce mot), a des limites réelles ou idéales, et peut être obtenu dans un état de pureté presque parfait au moyen de la machine pneumatique, qui permet d'enlever l'air dans un certain espace clos par des parois résistantes.

ESPALIER, s. m.; arbre dont les branches sont écartées en éventail et attachées contre un mur. On ne cultive ainsi que les arbres fruitiers, ceux surtout dont les fruits demandent beaucoup de chaleur pour venir à maturité, la vigne, les pommiers, les poiriers, les abricotiers, etc. C'est donc dans le Nord que cette culture est principalement répandue. Elle active la maturation, en exposant les fruits au rayonnement et à la réflexion de la lumière et de la chaleur produits par la terre, surtout par les murs. L'espalier ne donne plus de fruits que le *plein-vent ;* il les donne généralement meilleurs et plus gros. L'exposition du levant et celle du midi sont considérées comme très bonnes. Il est toutefois des arbres qui prospèrent au nord et à l'ouest. La direction du nord-est au sud-ouest est, dit-on, la meilleure. La hauteur et la couleur des murs ne sont pas indifférentes ; une élévation de 2 à 3 mètres, une couleur très blanche, ou brune comme celle du pisé, sont des conditions favorables. Le jardinier doit toujours avoir à sa disposition des paillassons pour couvrir les branches, des tuiles pour protéger le pied des arbres. L'espalier ne doit jamais être abrité par d'autres plantes. — On fait aussi des espaliers, en quelque sorte en plein-vent, en étalant les branches et les fixant à diverses hauteurs à des échalas. Cette culture est moins bonne que la première.

ESPARCETTE, *V.* Sainfoin.

ESPÈCE, s. f., *Species;* on donne ce nom, en hist. naturelle, à une série d'individus se ressemblant par des caractères communs, provenant de parents semblables, et susceptibles de reproduire des individus qui leur ressemblent. — *Chimie.* On donne ce nom, dans la nomenclature des sels, à la collection de ces composés qui ont le même métal pour base ; ainsi tous les sels de fer, de cuivre, forment deux espèces de ces composés.

ESPÈCES; nom donné en *pharmacie* à des mélanges, à parties égales, de différentes drogues simples ayant des propriétés médicinales analogues. Les espèces sont généralement formées par le mélange de plusieurs plantes ou parties de plantes. Elles doivent être formées par des matières de même organisation, afin que le mélange soit plus intime, et que les parties composant le mélange soient également attaquées par le véhicule employé pour les épuiser. Les espèces servent à faire des infusions, des décoctions, employées tant à l'intérieur qu'à l'extérieur. Voici les formules les plus importantes :

ESPÈCES AMÈRES : feuilles d'absinthe, de fumeterre, de petite centaurée, fleurs de houblon, de camomille, etc.

ESPÈCES ANTHELMINTIQUES : absinthe, armoise, tanaisie, camomille, etc.

ESPÈCES APÉRITIVES OU DIURÉTIQUES : chiendent, racines d'asperge, de fraisier, de petit houx, de pissenlit, de persil, etc.

ESPÈCES AROMATIQUES : sommités fleuries des labiées.

ESPÈCES ASTRINGENTES : tormentille, bistorte, ratanhia, écorce de chêne, roses rouges, etc.

ESPÈCES BÉCHIQUES : fleurs de mauve, de guimauve, de bouillon blanc, de coquelicot, de violette, etc.

ESPÈCES OU SEMENCES CARMINATIVES : fruits d'anis, de carvi, de coriandre et de fenouil.

ESPÈCES ÉMOLLIENTES : feuilles de mauve, de guimauve, de molène, etc.

ESPÈCES PECTORALES : feuilles de capillaire, de lierre terrestre, d'hyssope, etc.

ESPÈCES SUDORIFIQUES : gaïac, salsepareille, squine, sassafras.

ESPÈCES UTÉRINES : rue, sabine, tanaisie, absinthe, etc.

ESPRIT, s. m., *Spiritus;* nom donné par les anciens chimistes aux produits liquides des différents corps, obtenus par la distillation. En *pharmacie,* on nomme *esprits* les eaux distillées aromatiques ou les alcoolats (*V.* ces mots).

ESPRIT ACIDE; nom ancien des acides étendus ou obtenus par la distillation.

ESPRIT ALCALIN, *V.* Ammoniaque.

ESPRIT ARDENT, *V.* Alcool absolu.

ESPRIT DE BOIS; *hydrate de méthylène, hydrate d'oxyde de métyle.* $C^2 H^4 O^2$. Liquide inflammable, ressemblant à l'alcool et découvert par Taylor dans les produits de la distillation du bois. Il est très fluide, incolore, d'odeur aromatique, rappelant celle de l'alcool et de l'éther acétique, d'une saveur fraîche et piquante, d'une densité de 0,798, bouillant à 66° 5, brûlant à l'air comme l'alcool, et donnant, par le contact de l'éponge de platine, de l'eau et de l'acide formique. Il est sans usages.

ESPRIT DE CORNE DE CERF; nom du carbonate d'ammoniaque liquide et souillé par de l'huile empyreumatique *V.* Carbonate.

ESPRIT DE MINDÉRÉRUS, *V.* Acétate d'ammoniaque.

ESPRIT DE NITRE, *V.* Acide azotique.

ESPRIT DE NITRE DULCIFIÉ OU ACIDE AZOTIQUE ALCOOLISÉ; mélange de trois parties d'alcool et d'une d'acide nitrique, employé très étendu d'eau, comme boisson acidule et diurétique.

ESPRIT DE NITRE FUMANT; acide azotique très concentré.

ESPRIT PYRO-ACÉTIQUE, *V.* Acétone.

ESPRIT RECTEUR; nom donné par Boërhaave à l'*arôme* des plantes (*V.* ce mot).

ESPRIT DE SEL, *V.* Acide chlorhydrique.

ESPRIT DE SEL DULCIFIÉ OU ACIDE CHLORHYDRIQUE ALCOOLISÉ; mélange de deux parties d'alcool et d'une d'acide chlorhydrique, employé, étendu d'eau, comme boisson tempérante et antiseptique.

ESPRIT DE SEL FUMANT; acide chlorhydrique très concentré.

ESPRIT DE SOUFRE, *V.* Acide sulfureux.

ESPRIT DE VIN, *V.* Alcool.

ESPRIT DE VINAIGRE, *V.* Acide acétique.

ESPRIT DE VITRIOL; acide sulfurique dilué.

ESPRIT VOLATIL DE SEL AMMONIAC, *V.* Ammoniaque.

ESPRITS VOLATILS; ancien nom des carbonates d'ammoniaque impurs, provenant de la distillation des matières animales.

ESQUILLE, s. f., *Assula*, de σχίδιον, un éclat de bois ; fragment qui se détache d'un os fracturé ou carié.

ESQUINANCIE, s. f., de ἄγχω, je serre, je suffoque, *V.* Angine.

ESSAI, s. m.; opération chimique qu'on

exécute en petit, pour déterminer les proportions des éléments d'un composé ou d'un mélange. L'essai est le plus souvent destiné à déterminer la quantité des éléments, plus rarement à faire connaître leur nature ou leur degré de pureté. Il se fait par la *voie sèche* ou par la *voie humide*, selon les cas.

Essai alcalimétrique, *V.* Alcalimétrie.
Essai chlorométrique, *V.* Chlorométrie.
Essai docimasique, *V.* Docimasie.
Essai au chalumeau, *V.* Chalumeau.

ESSAI. *Econ. rur.* — *Essai des animaux.* Les diverses épreuves connues sous le nom générique de courses n'ont pour but que de constater la vitesse, le degré d'éducation des chevaux; on déduit de là leur aptitude à courir, leur mérite. Elles ne sont applicables qu'au cheval de selle ou de trait plus ou moins rapide. L'appréciation de la force musculaire d'un cheval de gros trait, d'un cheval d'agriculture, est aussi réclamée chaque jour dans les transactions nombreuses dont ces animaux sont l'objet. L'épreuve à laquelle ils peuvent être soumis prend le nom d'*essai*. On ne trouve le plus souvent sur les foires, sur les marchés, pour essayer les animaux, que des charrettes dont les roues sont en*rayées; ce moyen, suffisant pour quelques chevaux, ne l'est point pour tous. On devrait trouver dans ces lieux un dynamomètre de Régnier, ou, ce qui vaudrait mieux encore, une voiture chargée du fardeau ordinaire d'un cheval, pourvue d'une mécanique graduée dont les effets fussent exprimés en poids. — *Etalon d'essai, V.* Etalon.

ESSAIM, s. m., *Apium pullities;* colonie d'abeilles sortant de la ruche-mère pour aller chercher une autre habitation. L'essaim est le mode de multiplication des ruches, comme la génération est le moyen de reproduction des individus. La formation des essaims est due à plusieurs causes: à l'inimitié des reines les unes pour les autres; à l'instinct de sociabilité chez les abeilles ; à l'exubérance de la population d'une ruche. L'essaimage se fait au printemps. Le premier essaim est ordinairement dirigé par la mère abeille ; les suivants le sont par les jeunes reines. Chaque année, une ruche doit produire un, deux, quelquefois trois ou quatre essaims, dans l'espace de quinze à dix-huit jours. L'intervalle compris entre le premier et le second est de huit à dix jours. Chaque essaim doit contenir de 20 à 25,000 abeilles. La manière de recueillir les essaims, de les traiter, est fort variable. On peut faire des essaims artificiels . des mélanges.

ESSARTAGE, ESSARTEMENT, s. m.; mode d'exploitation des bois, encore employé dans quelques cantons du Nord-Est de la France. Il consiste dans l'action d'arracher toutes les plantes qui couvrent le sol, à écobuer ensuite, et cultiver pendant deux ou trois ans, pour essarter de nouveau après quinze ou dix-huit ans. L'essartage se fait aussi en mettant le feu aux brindilles qui restent sur le sol après l'enlèvement des arbres, des arbrisseaux; c'est ce qu'on appelle *essartage à feu courant.* Ces deux méthodes d'aménagement sont vicieuses, surtout dans les terrains en pente.

ESSEIGLAGE, s. m. ; opération agricole qui consiste à arracher les brins de seigle qui ont poussé dans les champs de froment dont le produit est destiné à servir de semence.

ESSENCE, *Econ. rur.;* indique la présence exclusive ou la prédominance de une ou plusieurs espèces d'arbres dans les forêts. *Essence d'arbres résineux, en bois durs, en bois blancs, de chêne, de hêtre,* etc.

ESSENCES, s. f.; *Huiles essentielles* ou *volatiles;* les essences sont des liquides volatils, inflammables, riches en carbone, insolubles dans l'eau, et auxquels les plantes doivent l'odeur qui leur est propre. Ces principes sont très répandus dans le règne végétal, surtout à l'époque de la floraison des plantes qui leur empruntent leur odeur agréable. Quoique tous les végétaux en renferment plus ou moins, il est certaines familles qui sont en quelque sorte privilégiées sous ce rapport ; telles sont dans nos climats les Labiées, les Composées, les Ombellifères, etc. Les parties végétales les plus riches en huiles essentielles sont les fleurs, les fruits et les écorces ; puis viennent les feuilles, les racines et les tiges. Les essences sont renfermées dans des réservoirs particuliers ou sont sécrétées par des glandes spéciales; parfois elles se trouvent associées à des résines comme dans les baumes et les térébenthines. L'extraction des huiles volatiles est plus ou moins compliquée ; elle a lieu par *pression* (oranges, citrons, bergamotte) ; par *distillation,* au moyen de l'eau ou de l'alcool (labiées, composées, ombellifères) ; par *dissolution,* au moyen d'une huile grasse (violette, rose); enfin, elle se fait aussi par *réaction chimique,* comme on le voit pour l'essence d'amandes amères et celle de moutarde noire qui ne prennent naissance que par l'action de l'eau chaude. La composition *immédiate* des essences est simple et présente quelque analogie avec celle des huiles grasses; elles contiennent en effet un principe solide appelé *stéaroptène,* et un principe liquide et volatil nommé *oléoptène.* Leur composition *élémentaire* est très variable; il en est de *binaires* (*hydrocarbonées*), qui ne contiennent que du carbone et de l'hydrogène ; ce sont de véritables *carbures d'hydrogène* dont la formule générale $= C^{10} H^{16}$; dans cette catégorie se trouvent les essences de *térébenthine,* de ge*nièvre, de sabine, de citron, d'oranger, de poivre, de copahu, de cubébe,* etc. — D'autres essences sont *ternaires* (oxygénées), et présentent une composition très variée, comme les essences d'*amandes amères,* de *reine des prés, de cannelle, de girofle, d'anis,* et des autres ombellifères, de *la-*

vande et de toutes les labiées. Enfin, il en est de plus *composées* encore (*soufrées*), comme celles de *moutarde noire*, de *raifort*, d'*ail*, d'*assa-fœtida*, etc. Les essences sont liquides, incolores, jaunâtres ou teintes de couleurs spéciales, comme celle de cannelle qui est rouge et celle de camomille qui est bleue ; leur odeur est toujours très prononcée, mais moins suave que dans la plante qui les a fournies, à cause de leur état de concentration ; leur saveur est toujours chaude, âcre et souvent caustique ; leur densité varie ; elles sont ou plus lourdes ou plus légères que l'eau. Les essences entrent en ébullition à une température élevée, dont la moyenne est d'environ 160° ; chauffées plus fortement, elles se décomposent en donnant beaucoup de gaz inflammables ; elles brûlent elles-mêmes à l'air avec une flamme très brillante et très fuligineuse. Insolubles dans l'eau, à laquelle elles communiquent pourtant leur odeur (*eaux distillées aromatiques*), les huiles essentielles se dissolvent au contraire aisément dans l'alcool, l'éther et les huiles grasses. Exposées à l'air, les essences s'altèrent en attirant l'oxygène de l'air et se résinifient ; les plus altérables sont toujours les plus odorantes. Elles dissolvent le soufre, le phosphore, et sont profondément altérées par les chloroïdes, qui leur enlèvent leur hydrogène. Les acides concentrés les noircissent ; l'acide azotique les change en produits résineux ; mélangé à l'acide sulfurique, il les enflamme ; enfin l'acide chlorhydrique y produit du *camphre artificiel*. Les oxydes n'ont pas d'action remarquable.

ESSENCE DE LAVANDE ; *huile d'aspic* ou de *spic*. Elle s'obtient par la distillation des sommités fleuries de la lavande officinale et de la lavande spic ; elle est liquide, jaunâtre, d'une odeur fort agréable, d'une saveur chaude et amère, due au camphre qu'elle contient, et d'une densité de 0,939. On y mélange frauduleusement de l'essence de térébenthine dont le prix est moins élevé ; l'odeur suffit pour faire reconnaître cette fraude. Cette essence est un stimulant énergique ; donnée à l'intérieur au cheval, à la dose d'un demi-litre, elle produit une excitation énergique, mais passagère ; elle est très rarement employée par cette voie ; son usage le plus habituel est de servir à faire des frictions irritantes et résolutives sur les engorgements froids, les tumeurs synoviales, les œdèmes, sur les régions qui sont le siége de rhumatisme, de paralysie ou d'atrophie des muscles. Pour ces divers usages, elle est rarement employée seule ; le plus souvent on la mélange à l'alcool, au vinaigre, à l'ammoniaque, et surtout à l'essence de térébenthine ; elle corrige l'activité trop grande de cette dernière.

ESSENCE DE TÉRÉBENTHINE. Elle provient de la distillation de la térébenthine ordinaire ; c'est un liquide incolore, transparent, d'une odeur pénétrante particulière, peu agréable,

d'une saveur âcre et chaude et d'une densité de 0,869 ; elle fournit, par un courant de gaz acide chlorhydrique une grande quantité de camphre artificiel. On la falsifie, dit-on, parfois, avec de l'huile grasse et de la térébenthine ; mais cette fraude doit être rare, à cause du prix peu élevé de cette essence. L'huile volatile de térébenthine est irritante pour la peau et les voies urinaires, mais fort peu pour la muqueuse gastro-intestinale et pour les solutions de continuité. Donnée à l'intérieur, à la dose de 250 grammes, au cheval, elle détermine une excitation générale très vive, mais passagère, l'essence étant peu-à-peu rejetée au dehors par la transpiration cutanée et pulmonaire, et par les voies urinaires, où elle acquiert une odeur de violette. Le tube digestif est peu irrité, mais le tissu des reins l'est assez fortement. Appliquée en frictions sur la peau du cheval, elle produit une vive irritation et tourmente considérablement les animaux, qui se livrent à des mouvements désordonnés, se mordent, frappent du pied, etc. Cependant l'engorgement produit est faible, ce qui paraît indiquer que l'essence de térébenthine agit surtout sur les papilles nerveuses de la peau. A l'intérieur, l'essence de térébenthine se donne en boisson ou en lavement, dans le cas de constipation, de pelotes stercorales chez les solipèdes, et d'engouement du feuillet chez les ruminants ; la dose doit être de 30 à 60 grammes dans un litre d'eau salée, d'eau gommeuse, mucilagineuse ou dans une infusion excitante. Delafond en conseille l'usage, mélangée à l'eau-de-vie ou au vin, contre le charbon et les autres affections putrides des grands herbivores ; la dose peut être de 250 grammes dans les 24 heures. Prise en boisson ou en fumigations, elle produit la diurèse et détruit les entozoaires et les ectozoaires. A l'extérieur son usage est très fréquent ; on en fait des frictions irritantes et résolutives ou révulsives, sur les engorgements indolents, les contusions, les entorses ; sur les genoux et les jarrets dans la fourbure ; sur tous les membres dans le cas de congestion intestinale. Elle est encore employée dans la confection d'onguents ou topiques irritants et antipsoriques, dans le pansement des plaies du pied, des ulcères, des plaies gangreneuses, etc. Traitée par l'acide sulfurique, elle produit un liquide noirâtre, très caustique, qui a été préconisé comme un spécifique contre le crapaud, le piétin et les eaux aux jambes.

ESSENTIEL, ELLE, adj. ; qui est de la nature des essences ; *principe essentiel, huile essentielle*, etc.

ESSOUFFLEMENT, s. m. ; état laborieux de la respiration : synonyme d'*anhélation*.

ESTANTES, *V.* TRANSHUMANCE.

ESTIMATION, *V.* INDEMNITÉS.

ESTIVAL, ALE, adj., *æstivalis ;* qui se fait en été, qui appartient à l'été ; se rapporte principalement à la floraison.

ESTIVATION, *V.* PRÉFLORAISON.

ESTOMAC, s. m., *Ventriculum*, γαστήρ; organe principal de la digestion, renfermé dans la cavité abdominale, faisant suite à l'œsophage, et se continuant par le duodénum. L'estomac constitue, chez les solipèdes, un sac musculo-membraneux peu développé, recourbé sur lui-même et situé en arrière du diaphragme, vers le flanc gauche. Il présente deux *faces*, l'une *antérieure* en rapport avec le foie et le diaphragme, l'autre *postérieure* en rapport avec les circonvolutions intestinales; une *courbure supérieure* ou *petite courbure*, et une *courbure inférieure* ou *grande cour-bure*, séparée des parois abdominales par la courbure susternale du colon; deux orifices, l'un dit *cardiaque*, recevant l'œsophage, l'autre dit *pylorique* ou *pylore*, donnant naissance au duodénum. — Une légère dépression médiane sépare l'estomac en deux *sacs* qui sont surtout accusés, à l'intérieur, par la disposition de la muqueuse, qui est très simple et pourvue d'un fort épiderme dans le *sac gauche*, et, au contraire, très organisée et sans épiderme apparent dans le *sac droit*. — Les artères de l'estomac proviennent non-seulement de la *gastrique*, mais aussi de l'*hépatique*, et surtout de la *splénique*. Les nerfs émanent du *pneumo-gastrique* et du grand sympathique. — Dans les *ruminants*, l'estomac est multiple et se compose de quatre réservoirs qui sont : le *rumen* ou la *panse*; le *réseau* ou *bonnet*; le *feuillet* et la *caillette* (*V.* ces mots). — Dans le *porc*, l'estomac se rapproche, pour la forme, de celui du cheval, et présente aussi, dans le sac gauche, une portion de la muqueuse revêtue d'un épiderme bien complet. — Dans les *carnivores*, l'estomac est peu volumineux, plus piriforme que chez les solipèdes; l'œsophage s'y insère en formant une espèce *d'infundibulum*, tandis que, chez le cheval, il arrive à peu près perpendiculairement à la petite courbure. — Dans les *oiseaux*, l'appareil stomacal se compose de trois réservoirs: le *jabot*, le *ventricule succenturié* et le *gésier* (*V.* ces mots.)

ESTRAGON, *V.* ARMOISE.

ESTRAPADE, s. f.; T. de manég.; défense du cheval consistant en sauts vifs accompagnés de ruades.

ÉSULE, *V.* EUPHORBE.

ÉTABLE, s. f., *Stabulum*; nom générique des habitations consacrées aux bœufs, moutons, porcs, mais plus particulièrement, dans le langage ordinaire, au logement du bœuf. *V.* BOUVERIE, BERGERIE, PORCHERIE; *V.* aussi STABULATION.

ÉTAGÉ, ÉE. adj., *ordinatus;* superposé suivant un certain ordre. Cette disposition que l'on pourrait appeler *étagement*, diffère de l'embrication, en ce que, dans celle-ci, il y a rapprochement sans ordre déterminé. Les *cellules* dans l'intérieur des organes, les *fleurons* dans la calathide, peuvent être étagés. — La queue des oiseaux est *étagée*, lorsque

les plumes arrivent à des longueurs différentes, comme dans les perruches, les aras, les faisans, etc.

ÉTAIN, s. m. *Stannum*; St. Eq. 735 50. — Corps simple métallique de la 4° section, connu de toute antiquité. Il existe dans la nature sous plusieurs états, mais plus particulièrement à l'état de bioxyde et de bisulfure. Le bioxyde ou acide stannique, le seul minerai qui soit exploité, se trouve en filons dans les roches des terrains anciens ou à l'état granuleux dans les terrains d'alluvion. La préparation de ce minerai est simple et consiste en bocardages, lavages et grillages successifs, de manière à le débarrasser de sa gangue, des principes volatils qui l'accompagnent, et à l'amener, aussi complètement que possible, à l'état d'acide stannique. La réduction de celui-ci s'opère en présence du charbon de bois dans des fourneaux à manche ou dans des fours à réverbère, à l'aide de la houille. — L'étain est solide, d'un blanc argentin appauvri par une légère teinte jaunâtre; son odeur est désagréable et devient plus forte, quand on le tient entre les doigts; sa densité = 7, 29; mou, peu élastique, l'étain est très malléable, peu ductile et très peu tenace. Il a beaucoup de tendance à cristalliser ; aussi, quand on courbe une baguette de ce métal, elle fait entendre un craquement particulier appelé *cri de l'étain*, dû à la texture cristallisée, et dont l'intensité indique le degré de pureté; le *moiré* métallique, qui apparaît par le décapage de l'étain, est dû aussi à cette cristallisation intérieure. — L'étain fond à 228° et présente peu de volatilité; fondu et battu avec un pinceau, il se réduit en poudre très fine; tenu en fusion au contact de l'air, il s'oxyde rapidement; solide et froid, il s'altère faiblement. La plupart des acides et l'eau régale l'attaquent facilement à froid ou à chaud ; il en est de même des alcalis caustiques, à cause de la tendance acide de ses composés oxygénés. Les usages industriels et économiques de l'étain sont nombreux et importants; son emploi en médecine est à peu près nul.

ÉTAIRION, *V.* ÉTAIRIONNAIRES.

ÉTAIRIONNAIRES, adj.; Mirbel appelle ainsi les fruits composés de plusieurs fruits simples. Il les distingue en deux genres : 1° *Étairion;* il comprend les fruits multiples de Richard; 2° *Double follicule*, correspondant au Plopocarpe de Desvaux, ou Syncarpe de Richard.

ÉTALÉ, ÉE, adj., *patulus, patens;* écarté, ouvert. Se dit des feuilles, des étamines. — Les tiges herbacées, couchées naturellement sur la terre comme celles de la nummulaire, de la turquette, sont dites aussi, mais improprement, *étalées*.

ÉTALON, s. m.; mâle employé à la reproduction et à l'amélioration de l'espèce. C'est dans ce sens que l'on dit *cheval, bœuf, âne étalon*. Dans le langage ordinaire, ce mot s'applique au cheval non châtré ; de là les expressions : étalon *commun*, *approuvé*, de *pur sang*, etc. — Le cheval devient apte à reproduire son espèce dès l'âge de dix-huit mois à deux ans ; à cette époque, les sujets de sexe différent doivent être séparés, mais ni les uns ni les autres ne peuvent encore être appelés à la reproduction. Les mâles s'épuiseraient en peu de temps et ne donneraient naissance qu'à des produits faibles, mous, sans résistance. Dans toutes les espèces domestiques, l'emploi d'étalons trop jeunes est une cause d'abâtardissement des races. L'étalon peut commencer à saillir à l'âge de quatre ou cinq ans, selon la précocité des races, et continuer jusqu'à l'âge de quinze ans et plus. Il n'est pas rare de voir des étalons de vingt ou vingt-deux ans encore ardents et prolifiques. Généralement, la faculté fécondante, la force, abandonnent les animaux avant l'ardeur vénérienne. Aux deux extrêmes de leur carrière, les étalons exigent plus de ménagement, doivent faire des saillies moins fréquentes que dans la période de leur plus grande activité, de puissance réelle, c'est-à-dire, de cinq à dix ans. — Le cheval entier est disposé à l'accouplement dans toutes les saisons, mais la présence des juments en chaleur excite chez lui l'appétit vénérien et le rend plus prolifique. — Un bon choix des reproducteurs est une des questions les plus importantes de l'hygiène appliquée, en ce qui concerne l'espèce chevaline. Il doit être basé sur les caractères extérieurs, l'origine, la taille, sur le mérite réel dévoilé par les épreuves, sur les exigences d'un appareillement complet, c'est-à-dire déterminé par la conformation des femelles, leurs aptitudes, leurs besoins, etc. Le choix d'un étalon n'est jamais indifférent ; c'est dans les lieux où les races ne sont point définies, et surtout lorsqu'il s'agit d'un croisement, que le choix exige des soins, que l'appareillement vrai est difficile. Les étalons doivent être dans un état de santé parfait et sans aucun des tares ou défauts que la génération reproduit. Tous ne sont point également aptes à féconder les femelles. Un étalon commun bien entretenu, peut faire, pendant trois ou quatre mois consécutifs, deux ou trois et même quatre saillies par jour ; un cheval de pur sang ou de demi-sang n'en doit pas faire plus de deux. Le chiffre de cinquante femelles, indiqué comme la part afférente à chaque étalon, dans le service général de la reproduction annuelle pour la France, est un chiffre de statistique ; il correspond à une moyenne de cent saillies par étalon, et se trouve ainsi beaucoup au-dessous de la faculté fécondante de chaque mâle pris en particulier. — L'étalon, dont tout le service consiste à concourir temporairement à la reproduction de l'espèce, doit être soumis à un bon régime et faire un exercice insuffisant pour occasionner de la fatigue, mais assez suivi pour exciter convenablement les fonctions et prévenir l'excès

d'embonpoint. La ration journalière doit se composer de 3 à 4 kilogrammes de bon foin, 12 à 20 litres d'avoine, selon la race et la taille, 5 à 8 kilogrammes de paille. Il est bon de n'y faire entrer ni fourrages verts, ni farineux, ni son, ni aucun des aliments qui relâchent la fibre, disposent à la graisse, augmentent le volume du ventre et la sécrétion intestinale. — Etalons nationaux. Ils appartiennent à l'état et sont déposés dans les haras et dépôts. Dans le temps de la monte, ils sont répartis entre les diverses stations. Un propriétaire a droit à trois saillies pour chaque jument présentée ; la rétribution exigée par l'administration est insignifiante. Les étalons nationaux sont tous de pur sang arabe ou anglais, ou de demi-sang. Leur nombre est compris, à cette époque, entre douze et treize cents. — Etalons approuvés. Ce sont des étalons particuliers qui ont été soumis à l'approbation de l'administration des haras, qui leur accorde des primes, à la charge, par le propriétaire, de les employer à la reproduction. Ces primes sont :

Pour les étalons de pur sang, de 400 à 700 fr.

    —   — de demi-sang, de 300 à 500.

    —   — de gros trait, de 100 à 200.

Le chiffre des étalons approuvés était, en 1847, de 411. — Etalons autorisés. Cette nouvelle classe d'étalons est choisie par les commissions hippiques départementales, créées en vertu de l'ordonnance royale du 27 août 1847. Les étalons approuvés seront désormais pris parmi eux ; ils reçoivent une prime annuelle. — Etalons rouleurs. On appelle ainsi des chevaux entiers que leurs propriétaires conduisent, à l'époque de la monte, dans les fermes et les villages, pour la saillie des juments. Ces étalons reçoivent une nourriture abondante, n'exigent qu'une faible rétribution et font, selon les circonstances, deux, trois et même quatre saillies par jour. Ils sont généralement prolifiques et presque tous communs et tarés. C'est dans le nord de la France que l'industrie déplorable des étalons rouleurs est le plus répandue. — Etalon d'essai. On donne ce nom à un cheval entier, docile, peu ardent, qui sert à constater si les juments sont en chaleur, par l'effet que son approche exerce sur elles. C'est tantôt un boute-en-train qui ne doit point saillir, tantôt l'étalon le moins précieux, le moins fougueux de la station. On sait que le célèbre Godolphin a fait en Angleterre le *métier* d'étalon d'essai.

ÉTAMAGE, s. m. ; opération qui consiste à recouvrir l'intérieur des vases en cuivre d'une couche mince d'étain, pour les préserver de l'oxydation, et rendre leur usage plus sain dans la préparation des aliments et des médicaments. L'opération consiste à décaper exactement la surface du cuivre et à y promener ensuite de l'étain fondu.

ÉTAMINE, s. f., *Stamina*, de στήμων, filet : organe mâle des végétaux. L'étamine se compose du filet et de l'anthère. Le filet est inséré entre l'ovaire et les enveloppes florales ou sur la corolle ; il porte l'anthère. Le filet manque quelquefois ; l'étamine se compose alors exclusivement de l'anthère qui est *sessile*. L'anthère renferme le pollen ou poussière fécondante ; elle est la partie essentielle de l'étamine ; quand elle manque, l'organe ne peut remplir ses fonctions, l'étamine est *abortive*. —Le nombre des étamines existant dans chaque fleur est variable. C'est sur lui que repose l'établissement des dix premières classes du système de Linné. Lorsque le nombre des étamines d'une fleur dépasse dix, il n'est plus rigoureusement déterminé, et, sur la même plante, les fleurs peuvent en présenter onze, douze ou plus. Dans certaines espèces, une ou plusieurs étamines avortent dans chaque fleur. — Les étamines sont égales ou inégales entre elles ; et, dans ce cas, elles peuvent être *didynames* ou *tétradynames*. — Suivant les rapports de nombre avec les pièces ou divisions des enveloppes florales, elles sont *isostémones* ou *anisostémones*. Dans le premier cas on observe l'alternance. Quelques familles font cependant exception à cette loi, par exemple, les Berbéridées, les Primulacées ; dans leurs fleurs, les étamines, quoique *isostémones*, sont toujours opposées aux pétales. Dans les fleurs *méiostémones* et *diplostémones*, l'alternance s'observe encore. On ne la retrouve jamais dans les fleurs *polystémones*, proprement dites, c'est-à-dire dans celles où le nombre des étamines est beaucoup plus grand que celui des pièces ou des divisions des enveloppes florales. — D'après leur mode d'insertion, les étamines sont dites *épigynes*, *hypogynes*, *périgynes*, *épipétales*. — D'après leur longueur relative et la direction du filet, elles sont *saillantes* ou *incluses*, *unilatérales*, *dressées*, *étalées*, *pendantes*, etc. — Les étamines sont *libres* ou *soudées*. La soudure peut avoir lieu par le filet seul (adelphie), par les anthères (synanthérie, syngénésie), par les anthères et les filets (symphysandrie), avec le pistil (gynandrie). —Les étamines ont avec les pétales une origine commune. Leur *métamorphose* ou transformation s'observe dans les fleurs doubles. Le *nymphea alba* présente souvent, au moment de l'anthèse, tous les degrés de ce phénomène.

ÉTANG, s. m., *Stagnum* ; amas d'eau rendue stagnante par la direction du terrain ou par des écluses. On doit distinguer deux espèces principales d'étangs : 1° les *étangs salés*, situés près de la mer, communiquant librement ou non avec elle ; ils prennent, selon les circonstances, les noms de *marais salans* ou de *lagunes ;* 2° les étangs proprement dits, entretenus et souvent formés par l'homme pour l'irrigation des terrains, le mouvement des usines et surtout pour l'industrie des poissons. Les étangs accidentels, les étangs naturels non utilisés, sont des flaques d'eau ou des marais. — La question des étangs de la seconde espèce peut être envisagée sous le triple point de vue de leur entretien et de leur exploitation raisonnée, de leur influence sur les conditions hygiéniques des lieux où ils se trouvent, de leur emploi comme moyen d'amender les terres. — Les étangs sont considérés comme beaucoup plus dangereux qu'utiles. Ils entretiennent, dans les lieux où ils sont multipliés, une humidité constante et souvent nuisible aux êtres vivants. En été, et pendant toute la durée des chaleurs, ils sont le siége d'exhalaisons, d'émanations effluviennes, qui occasionnent presque chaque année des endémies et des enzooties. Aussi, la Constituante avait décrété, le 14 février an II, une loi de suppression qui fut, il est vrai, rapportée le 13 messidor suivant, d'après les réclamations des propriétaires de la Sologne. — Le produit des étangs à poisson est fort variable. On croit que, dans des localités comme la Sologne, la Bresse, ils augmentent la rente du sol. Il est un point sur lequel les agronomes qui ne nient ni les bénéfices donnés par les étangs, ni leur influence pernicieuse sur la santé de l'homme et des animaux, sont d'accord, c'est qu'on ne doit les entretenir que pendant quelques années, afin de pouvoir les livrer souvent à la culture. — La mise en culture du sol des étangs doit être précédée d'un dessèchement complet et d'un défrichement par écobuage ou à feu courant. L'avoine, les vesces, les pois, etc., doivent être cultivés avant le froment. La France possède 200,000 hectares d'étangs qui pourraient être desséchés et livrés à la culture. —Les étangs peuvent être, le cas échéant, déclarés établissements insalubres de première classe, et, à ce titre, l'administration a le droit d'en ordonner le dessèchement qui est déclaré d'utilité publique. L'administration n'intervient d'ailleurs dans leur établissement que pour fixer la hauteur des écluses.

ÉTAT, s. m., *Status* ; nom donné en *physique*, à la manière d'être de la matière pondérable. Elle en présente trois bien distincts, qui sont : l'état *solide*, l'état *liquide*, et l'état *gazeux*. Boutigny en admet un quatrième, l'état *sphéroïdal*, mais qui est purement accidentel, et qui paraît être intermédiaire entre l'état liquide, et l'état gazeux *V.* MATIÈRE. — *Pathol.* Période d'une maladie arrivée à son plus haut degré d'intensité ; alors elle paraît rester stationnaire. Dans beaucoup de maladies on distingue le *début*, l'*état* et le *déclin*.

ÉTAUPINAGE, s. m. ; opération agricole qui consiste à répandre sur le sol des prairies la terre élevée à la surface par les taupes. Elle a le double avantage de rendre possible la croissance des herbes qui, sans cela, eussent été étouffées par les *taupinières*, et de faire disparaître un obstacle à la fauchaison. Elle fait donc essentiellement partie des moyens d'entretien des prés. L'étaupi-

ture se fait à la main, ou, ce qui est plus expéditif, à l'étaupinoir d'Arnoult, ou de Roville, à la ratissoire à cheval de Guillaume, etc. Si les taupinières ne sont pas très nombreuses, il est préférable de pratiquer l'étaupinage à la main et à mesure qu'elles paraissent. C'est, d'ailleurs, le seul procédé que l'on puisse employer, quand les herbes sont grandes.

ÉTÉ. L'été astronomique commence le 21 ou 22 juin, et finit du 22 au 23 septembre. C'est l'époque d'une partie des grandes récoltes, du foin, des principales céréales. C'est aussi la saison la plus pénible pour les agriculteurs. — Les maladies inflammatoires des voies respiratoires et digestives dominent chez les animaux, pendant l'été, ainsi que les affections putrides, gangreneuses, produites par les émanations effluviennes. Les congestions sanguines, le vertige essentiel, etc.

ÉTENDARD, s. m., *Vexillum*; pétale impair, ordinairement symétrique, situé à la partie supérieure de la corolle papilionacée, et enveloppant les autres pièces avant la floraison.

ÉTENDUE, s. f., *Amplitudo*; propriété essentielle des corps pondérables, en vertu de laquelle ils occupent une portion de l'espace. Les corps sont étendus en tous sens, mais les géomètres n'admettent abstractivement que trois sortes d'étendues qui, dans leur ensemble, les représentent toutes, et forment le caractère de la *solidité* ou du *volume* : ce sont l'étendue en *longueur*, en *largeur*, en *profondeur* ou *épaisseur*. L'étendue, comme toutes les quantités possibles, ne peut être appréciée que par comparaison, au moyen d'une étendue type ou conventionnelle, qui a varié selon les temps et les peuples. Les anciennes étendues servant de mesure, et prises dans les dimensions des organes du corps de l'homme, comme le *pouce*, le *pied*, la *coudée*, la *palme*, l'*empan*, etc., ont été remplacées, en France, depuis la fin du siècle dernier, par une unité fixe et invariable qu'on appelle le *mètre V.* ce mot et MÉTRIQUE.

ÉTERNUEMENT, s. m., *Sternutatio*; mouvement convulsif des muscles expirateurs, qui chasse avec rapidité l'air et les mucosités contenues dans les narines. Quelques médicaments ont la propriété de provoquer l'éternuement; on les nomme *sternutatoires*. Pour le cheval, on se sert du mot *ébrouement*, pour indiquer ce phénomène, qui se montre surtout au début du coryza.

ÉTÊTEMENT, s. m.; mode d'élagage, qui consiste à retrancher toutes les branches qui forment la tête d'un arbre. Les arbres que l'on étête ne portent ni fleurs ni fruits; toute leur force végétative est employée à produire des jets que l'on coupe à des époques diversement éloignées, pour faire du bois de chauffage. Le saule marceau, l'orme, le peuplier, le marronnier d'Inde, sont les arbres qui supportent le mieux l'étêtement. Les arbres étêtés ont des racines moins fortes, et bientôt ils sont frappés d'une carie qui les fait périr après un temps plus ou moins long. — On étête aussi généralement les jeunes arbres que l'on transporte d'un lieu dans un autre. Cette opération est surtout nécessaire, lorsque les arbres ont déjà un certain âge, et qu'on est obligé de leur retrancher des racines. — On n'étête, dans aucun cas, les pins et les sapins.

ÉTHAL, s. m., $C^{32}H^{34}O^2$. Mot formé de la première syllabe des mots *éther* et *alcool*; il sert à désigner un des produits de la saponification de la *cétine* par les alcalis caustiques. On l'obtient en formant un savon avec le blanc de baleine et l'hydrate de potasse, décomposant par un acide, neutralisant les acides margarique et oléique par la baryte et enlevant l'éthal au moyen de l'éther ou de l'alcool absolu. — L'éthal est un corps solide, incolore, inodore, fusible à 50° et se solidifiant à 48° en cristallisant. Distillé à vase clos, sans altération, il s'enflamme et brûle au contact de l'air. Insoluble dans l'eau, il se dissout, en toute proportion, dans l'alcool et l'éther.

ÉTHER, s. m., *Æther*; de αἴθω, je brûle, j'enflamme. — On désigne ainsi en *physique*, un fluide hypothétique, éminemment subtil et impondérable, répandu universellement dans l'espace et jusque dans les intervalles que laissent entre eux les atomes de la matière pondérable. Ce fluide serait la cause commune des phénomènes de chaleur, de lumière et peut-être aussi d'électricité; dans son état de repos, il ne donnerait lieu à aucun effet particulier; mais les oscillations des atomes de la matière pondérable auraient la faculté de déterminer des vibrations, des ondulations dans ce principe; d'où résulteraient les phénomènes de chaleur et de lumière, suivant l'étendue, la force, la direction de ces ondes éthérées. *V.* CALORIQUE et LUMIÈRE.

ÉTHERS, s. m.; nom collectif qu'on donne, en *chimie*, aux produits liquides, volatils et inflammables qui résultent de l'action des acides sur l'alcool, sous l'influence de la chaleur. La constitution atomique de ces produits, qui sont fort nombreux, est aujourd'hui parfaitement déterminée. Tous reconnaîtraient pour base une espèce de bicarbure d'hydrogène, dont la formule égalerait C^4H^4, et qu'on a proposé d'appeler *éthérine*. D'après Liebig, le radical de l'éther serait l'*éthyle*, dont la formule$=C^4H^5$.—Quoi qu'il en soit, les éthers se divisent naturellement en trois genres, d'après leur composition : *Ethers du premier genre*; éthers *hydriques* ou *hydratiques*, *oxydes* d'éthyle. Les éthers de ce genre ne retiennent aucune particule de l'acide qui leur a donné naissance, et paraissent formés d'éthérine et d'eau ou d'éthyle et d'oxygène, selon la théorie admise; leur formule égale C^4H^5+HO: tels sont les éthers *sulfurique* *phosphorique*, *silicique*, *arsénique*, etc. *Ethers du deuxième genre; éthers des hydracides*, sels *haloïdes d'éthyle*, etc. Ces éthers sont formés par les bases ci-dessus, plus un équivalent de l'hydracide qui a servi à leur préparation ; leur formule est égale à $C^4 H^4 + HR$; tels sont les éthers *chlorhydrique, iodhydrique, bromhydrique, sulfhydrique*, etc. *Ethers du troisième genre; éthers salins, oxysels d'éthyle.* Ceux qui sont compris dans cette catégorie sont formés par un équivalent d'éther du premier genre et par un équivalent d'oxacide ; leur formule, un peu variable, quant à l'acide, égale $C^4 H^5 + H O + $ acide. Dans cette classe sont compris les éthers *acétique, azotique, oxalique, tartrique*, etc. L'histoire générale de ces corps sera complétée par la description d'un éther de chaque genre.

ÉTHER ACÉTIQUE ; $C^4 H^5 + H O + \bar{A}$. Éther salin ou du troisième genre, découvert par Lauraguais, en 1759. On l'obtient en distillant un mélange de 10 p. d'acétate de soude, 6 p. d'alcool concentré, et 15 p. d'acide sulfurique, recueillant le produit et le rectifiant ensuite sur la chaux ou le chlorure de calcium. L'éther acétique est un liquide incolore, d'odeur agréable, de saveur chaude, pesant 0,89 et entrant en ébullition à 74°. Soluble dans sept parties d'eau, l'éther acétique se dissout en toute proportion dans l'alcool et l'éther sulfurique. Les acides le décomposent et les alcalis caustiques le transforment en alcool et acétate alcalin. — Son action dissolvante est très marquée sur les corps gras, le camphre, les résines, les essences, la cantharidine, etc. — *Pharmacol.* L'éther acétique jouit des mêmes propriétés antispasmodiques et calmantes que l'éther sulfurique, mais à un degré moindre. Son action anesthésique n'a pas encore été constatée. Pour l'usage externe, il conviendrait mieux que l'éther ordinaire, parce qu'il est beaucoup moins volatil.

ÉTHER AZOTIQUE. On obtient cet éther salin en distillant un mélange, à parties égales en poids, d'alcool et d'acide azotique auquel on ajoute un peu de nitrate d'urée, pour détruire l'acide hyponitrique qui prend naissance pendant l'opération ; le produit est ensuite rectifié par la méthode ordinaire. L'éther azotique est un liquide incolore, d'une odeur suave, d'une saveur sucrée, avec arrière-goût amer, d'une densité de 1,112, et entrant en ébullition à 85°. Insoluble dans l'eau, il se dissout en toute proportion dans l'alcool. Cet éther jouit des mêmes propriétés médicinales que le précédent, mais il est encore plus rarement employé.

ÉTHER CHLORHYDRIQUE. $C^4 H^5 + H Cl$. Éther du second genre, qu'on obtient facilement en distillant de l'alcool saturé de gaz acide chlorhydrique, ou un mélange d'esprit de vin et d'acide, recevant le produit dans un récipient entouré d'un mélange réfrigérant et le rectifiant ensuite. — L'éther chlorhydrique est un liquide très fluide, incolore, d'odeur

alliacée, d'une densité de 0,87, bouillant à 11°, et donnant une vapeur qui brûle avec une flamme verte. Insoluble dans l'eau, il se dissout facilement dans l'alcool. Remarquable seulement par sa grande volatilité, cet éther est inusité en médecine.

ÉTHER SULFURIQUE, HYDRATIQUE, OXYDE D'ÉTHYLE, etc. Ce composé remarquable, qui forme le type de l'espèce, était inconnu des Grecs et des Romains ; l'auteur de sa découverte est inconnu ; cependant, on en attribue l'honneur à Valérius Cordius, qui vivait au XVI° siècle. Fobrenius lui donna le nom d'éther en 1730, sans en indiquer la préparation, et quelques années plus tard, Grosse, chimiste français, fit connaître un procédé pour l'obtenir. Celui qui est actuellement mis en usage consiste à distiller, dans une cornue en verre, munie d'une allonge et d'un récipient, un mélange, à parties égales, d'alcool à 36° et d'acide sulfurique ordinaire. Le produit aqueux obtenu est ensuite rectifié en le distillant une ou plusieurs fois sur de la chaux, du chlorure de calcium ou du carbonate de potasse. La théorie de la formation de l'éther est trop compliquée pour trouver place ici ; on peut, en la réduisant à ce qu'elle a de plus positif, dire que l'acide sulfurique, pendant l'éthérification, enlève un équivalent d'eau à l'alcool et que, de cette soustraction, résulte sa transformation en éther. — L'éther sulfurique est un liquide très fluide, très mobile, incolore, limpide, d'une odeur particulière très suave, d'une saveur âcre et brûlante, d'une densité de 0,74. Il est très volatil, bout à 35° 6, se réduit en une vapeur très inflammable, dont la densité est de 2,565 ; refroidi à 50°, il s'épaissit sans se congeler ; il réfracte fortement la lumière et conduit très mal l'électricité. — L'éther est peu soluble dans l'eau : ce liquide n'en dissout qu'un dixième, et l'éther retient un 36° d'eau ; l'alcool le dissout plus facilement et en toute proportion. Exposé à l'air, il s'oxyde et se transforme en acide acétique. L'éther dissout le brôme, l'iode, le soufre, le phosphore, et réagit fortement sur le chlore, qui l'altère profondément ; il en est de même des alcalis caustiques et des acides. Enfin, l'éther dissout plusieurs principes organiques, tels que les huiles grasses et essentielles, le camphre, les résines, plusieurs alcaloïdes, le caoutchouc, etc. — *Pharmacol.* L'éther sulfurique est un médicament *excitant, diffusible* et surtout *antispasmodique*. Appliqué sur les tissus, il produit un effet réfrigérant dû à sa volatilité ; il diminue aussi la sensibilité locale, et produit rarement une irritation persistante. Donné à l'intérieur en breuvage, l'éther stimule l'estomac et les intestins, provoque la sortie des gaz par sa réduction en vapeur, et peut irriter la muqueuse si la dose est forte ou la surface déjà malade. Toutefois, il paraît qu'on s'est exagéré jusqu'ici son action irritante sur le tube digestif, qui n'en est incommodé que quand déjà il est enflammé. Les effets généraux de l'éther se dessinent rapidement, mais sont de courte durée; ils consistent principalement dans une excitation légère des centres nerveux et du système circulatoire, suivie d'une sédation prononcée ou d'une diminution notable de la sensibilité de tous les organes. Cet effet est surtout très marqué, lorsqu'on injecte l'éther dans le rectum ou dans les veines, ou mieux, lorsqu'on le fait pénétrer dans l'économie par la voie pulmonaire, en faisant respirer ses vapeurs pendant un certain temps, comme on le pratique par la méthode du docteur Jackson, appelée *éthérisation* (*V.* ce mot). Les effets antispasmodiques et anesthésiques de l'éther sont toujours ceux qui dominent dans son action générale. La dose d'éther varie de 15 à 125 grammes pour les grands animaux, et de 50 centigr. à 4 gram. pour les petits, selon les voies d'introduction et les effets qu'on se propose d'obtenir. A l'intérieur, on donne l'éther en dissolution dans l'eau ou dans une infusion aromatique froide, contre l'indigestion simple des solipèdes, dans la tympanite du rumen et des gros intestins, et surtout dans les coliques nerveuses, dont il constitue un vrai spécifique; il convient d'agir avec prudence dans les solipèdes, pour ne pas exaspérer l'inflammation intestinale, cause la plus ordinaire des coliques de ces animaux. L'éther doit être ajouté aux breuvages destinés aux ruminants atteints d'affections putrides compliquées de symptômes nerveux; il peut être utile aussi contre le vertige, le tétanos, etc. A l'extérieur, il modère les effets primitifs des brûlures, etc.

ÉTHÉRAT, s. m.; produit de la distillation de l'éther sur les substances aromatiques; peu usité. *V.* ÉTHÉROLAT.

ÉTHÉRÉ, ÉE, adj.; qui a de l'analogie avec l'éther ou qui en contient; *liqueur, odeur éthérées; boissons, tisanes, eau éthérées*, etc.

ÉTHÉRÈNE, s. f., *éthérine*; noms donnés parfois au bicarbure d'hydrogène considéré comme radical des éthers. (*V.* ce mot.)

ÉTHÉRIFICATION, s. f., *Ætherificatio*; opération chimique qui a pour but la formation de l'éther; réaction particulière en vertu de laquelle les acides transforment l'alcool en produits volatils appelés *éthers*. La théorie de l'éthérification, qui a si long-temps exercé la sagacité des chimistes, n'est pas encore définitive. On sait seulement que les acides enlèvent de l'eau à l'alcool pour donner naissance aux éthers du premier genre; qu'ils s'y combinent, après cette soustraction d'eau, dans les éthers salins ou du troisième genre, et qu'enfin, dans ceux du deuxième genre, le radical de l'hydracide remplace l'oxygène de l'atome d'eau qui fait partie de l'éther. Quant aux produits accessoires de l'éthérification, qu'ils soient liquides ou gazeux, la théorie de leur formation est encore obscure.

ÉTHÉRISATION, s. f., *Ætherisatio*; méthode particulière d'administration de l'éther par les voies respiratoires, imaginée en 1846 par le docteur Jackson, et destinée principalement à détruire momentanément la sensibilité générale du corps, en plongeant l'homme et les animaux dans un sommeil profond. — Après avoir produit une grande sensation dans le monde médical, cette méthode fut soumise à l'expérimentation dans toutes les contrées de l'Europe, tant par les médecins que par les vétérinaires. Elle consiste toujours, soit chez l'homme, soit chez les animaux, à faire inspirer, pendant un certain temps, et à l'aide d'appareils spéciaux, de l'air chargé d'une certaine quantité de vapeurs d'éther. — L'éther employé jusqu'ici est l'éther sulfurique; il doit être pur et parfaitement rectifié. Quant aux appareils, ils ont varié beaucoup en chirurgie humaine, ainsi qu'en médecine vétérinaire. Pour les animaux, ils sont d'un emploi difficile; s'ils sont bien disposés, ils sont trop chers, et s'ils sont défectueux, mieux vaut ne pas en faire usage. Une éponge fine, imbibée d'éther et appliquée sur chaque narine, suffit le plus souvent pour endormir les animaux; seulement il est indispensable de les coucher et de ne pas clore entièrement l'ouverture des naseaux, pour prévenir l'asphyxie et les mouvements désordonnés auxquels se livreraient nécessairement les animaux. Les sujets étant debout s'endorment toujours avec plus de difficulté que quand ils sont couchés, soit parce que l'application de l'éther est plus difficile alors, soit parce que les animaux se défendent avec plus d'énergie contre la chute de leur corps, qui est sans cesse imminente. — Les effets de l'éthérisation se divisent en deux périodes: la période d'*excitation*, et celle de *coma* ou de *sommeil*. Les premières inspirations des vapeurs d'éther sont douloureuses, et les animaux se défendent vivement; puis les sens s'exaltent, la respiration se presse, le cœur bat avec force, le pouls est plein et rapide, les muqueuses se colorent, etc. Ces premiers effets, qui sont plus ou moins prononcés et dont la durée varie selon les sujets, diminuent peu à peu d'intensité, la sensibilité s'émousse, puis s'efface complètement; la motilité subsiste la dernière. Si l'inhalation d'éther est continuée après l'abolition de la sensibilité, on voit la respiration cesser, ainsi que les battements du cœur, et la mort survenir; si, au contraire, on arrête l'inspiration des vapeurs éthérées, aussitôt que le globe de l'œil supporte le contact du doigt, le sujet reste plongé dans un sommeil complet, mais les fonctions végétatives se continuent avec régularité; après le réveil, l'animal présente encore quelques signes d'étourdissement ou d'ivresse, mais il ne tarde pas à recouvrer son état primitif, si l'opération a été bien conduite. — Le sang, pendant l'éthérisation, paraît devenir plus fluide et plus noir; cependant ces effets sont peu marqués, lorsqu'on n'a pas trop entravé la fonction respiratoire. — Quoique cette méthode n'ait pas, pour la médecine des animaux, une importance aussi grande que pour celle de l'homme, elle peut être utile dans les cas suivants : 1° pour suspendre la sensibilité pendant certaines opérations (*cataracte*, *réduction des luxations*, *fractures, hernies*); 2° pour produire le relâchement des muscles dans diverses opérations, pour relâcher les sphincters dans l'accouchement laborieux, la rétention d'urine, etc. ; 3° pour guérir certaines affections nerveuses, notamment le *tétanos* et le *vertige*, comme l'ont déjà fait avec succès quelques vétérinaires.

ÉTHÉROLAT, s. m.; nom de l'éther chargé de principes aromatiques par la distillation. Ce genre de préparation, inusité en médecine vétérinaire, correspond aux *alcoolats* et aux *eaux distillées* aromatiques.

ÉTHÉROLATURE, s. f. ; nom proposé par Béral pour désigner les *teintures éthérées*, qui sont à peu près inusitées en médecine vétérinaire.

ÉTHÉROLÉ, s. m.; préparation médicinale liquide formée par l'éther tenant en dissolution ou en suspension divers principes médicamenteux.

ÉTHÉROLIQUE, adj. et s. ; nom collectif des médicaments composés ayant l'éther pour excipient.

ÉTHÉROLOTIF, s. m.; préparation éthérée, réservée pour l'usage externe.

ÉTHIOPS, s. m., αἰθιοψ, de αἰθω, je brûle, etωψ, aspect, apparence ; nom donné autrefois à certains oxydes ou sulfures métalliques, à cause de leur couleur foncée et de leur aspect brûlé. *Ethiops martial :* oxyde noir de fer. — *Ethiops minéral :* sulfure noir de mercure. — *Ethiops per se :* oxydule de mercure, etc.

ETHMOCÉPHALE, s. et adj. *Ethmocephalus ;* de ηθμος, racine du nez, portion cribleuse du nez, et κεφαλη, tête ; genre de monstres cyclocéphaliens ayant pour caractères : deux yeux très rapprochés mais distincts ; appareil nasal atrophié et ses rudiments apparents à l'extérieur sous la forme d'une trompe au-dessus des orbites.

ETHMOCÉPHALIE, s. f., *Ethmocephalia ;* état des monstres ethmocéphales.

ETHMOIDAL, ALE, adj., *ethmoidalis ;* qui appartient à l'ethmoïde ; *cellules ethmoïdales :* cellules formées par les lames papyracées de l'ethmoïde, et situées au fond des cavités nasales.— *Nerf ethmoïdal*, ou *nerfs ethmoïdaux :* nom donné à la première paire, ou *nerf olfactif*, émanant de la couche ethmoïdale du cerveau par de nombreux filets qui gagnent les cavités nasales en traversant les nombreuses ouvertures de la lame criblée de l'ethmoïde.

ETHMOIDE, s. m., de ηθμος, crible, et ειδος, ressemblance ; *os cribleux ; os cribriforme ;* os placé à la partie inférieure de la

cavité crânienne qu'il sépare des cavités nasales, et tirant son nom des trous nombreux dont il est traversé. L'ethmoïde offre, dans sa structure, deux portions : l'une solide, l'autre papyracée. La première offre, de chaque côté de la partie inférieure du crâne, une cavité digitale formée par la *lame criblée*, et, dans le plan médian, une lame verticale qui forme, du côté du crâne, la crête dite *crista-galli ;* tandis que, du côté des cavités nasales, elle est le principe de la cloison cartilagineuse des narines. Sa portion papyracée forme, de chaque côté de la lame nasale, une série de circonvolutions d'où résultent les *cellules* ou *volutes ethmoïdales*. — D'après Tabourin, la portion antérieure du sphénoïde appartient à l'ethmoïde, avec lequel elle est soudée dès le principe, tandis qu'elle ne se soude que très tard avec l'autre portion du sphénoïde.

ÉTHYLE, s. m. ; radical hypothétique de l'éther hydratique, admis par Liébig ; c'est un carbure d'hydrogène dont la formule égale C^4H^5, *V.* ETHER.

ÉTINCELLE ÉLECTRIQUE, s. f. ; aigrette lumineuse qui s'échappe des conducteurs surchargés d'électricité, ou desquels on approche, à une certaine distance, un corps à l'état naturel, *V.* DISTANCE EXPLOSIVE. Dans le premier cas, l'étincelle se forme parce que la tension de la couche électrique surmonte la pression atmosphérique et se fait jour brusquement dans l'espace. Dans le second cas, le corps qu'on approche du conducteur est électrisé par influence, l'électricité contraire à celle de ce conducteur se porte peu à peu vers lui, et bientôt les deux électricités se combinent après avoir franchi chacune une partie de l'espace qui séparait le conducteur du corps placé à distance. — L'étincelle électrique marche en ligne droite, quand elle est peu étendue ; dans le cas contraire, elle chemine en zigzag comme cela est visible pour les éclairs; elle émet une lumière blanche et très vive; elle s'accompagne d'un bruit particulier, sorte de pétillement brusque et de courte durée, et développe une odeur particulière tenant de celle du soufre et du phosphore. — Les effets de l'étincelle électrique sont *mécaniques* (fracture, transport des corps), *physiques* (inflammation des corps combustibles), *chimiques* (décomposition et combinaison des corps), *physiologiques* (commotions dans les membres, éblouissements dans les yeux, etc.). Tous ces effets se remarquent, dans une grande proportion, lorsque la foudre vient frapper un des points du globe terrestre, *V.* FOUDRE.

ÉTIOLEMENT, s. m., *Grascilescio, Chlorosis ;* anomalie de coloration dans laquelle les parties ordinairement colorées des plantes deviennent blanches ou jaunâtres. L'étiolement se montre sur tous les organes, les fruits et les fleurs aussi bien que les feuilles. Ce sont les fleurs rouges, et surtout les bleues, qui en sont le plus souvent atteintes. Leurs panachures blanches sont le résultat d'un albinisme naturel ; il en est ainsi des taches que l'on observe sur les feuilles de plusieurs plantes , par ex. , la *pulmonaire*. L'étiolement est complet ou incomplet. Il peut être borné à quelques parties des végétaux ; cela a lieu, en effet, lorsqu'il est dû à des causes accidentelles limitées, ou à des causes naturelles inappréciables. D'un autre côté, les herbes qui croissent à l'ombre des arbres ont toujours une teinte pâle. Les causes principales de l'albinisme sont : la privation de lumière, l'abaissement de la température et la croissance dans un mauvais sol. Une plante des contrées basses devient, sur une station élevée , plus petite et plus pâle. La privation de lumière, l'obscurité, est la cause la plus fréquente et la plus puissante de l'étiolement. On sait tout le parti qu'en tire le jardinage pour le blanchiment des salades, des cardons, etc. Les feuilles intérieures des choux en têtes subissent un véritable étiolement. Les plantes étiolées ainsi sont toujours aqueuses et fades ; la modification de coloration qu'elles ont éprouvée s'accompagne d'élongation et d'une élaboration incomplète des sucs. Les foins qui l'ont subie sont peu nutritifs et doivent être classés, malgré leurs apparences quelquefois assez belles pour des yeux peu exercés, au rang des foins très médiocres ou mauvais.

ÉTIOLOGIE, s. f. , *Ætiologia* , d'αἰτία, cause, et λογος, discours ; partie de la pathologie, qui étudie les causes des maladies , *V*. CAUSES.

ÉTIQUE, adj. , *eticus* , de ἐκτικός, habituel ; maigre, décharné. *Fièvre étique*, lente, qui produit l'amaigrissement du corps, le marasme. *V*. HECTIQUE.

ÉTOFFÉ, ÉE, adj.; se dit d'un cheval dont les masses musculaires sont fortement développées.

ÉTOILE , s. f. , *Stella ;* tache blanche plus ou moins large et régulière, située au milieu du front du cheval. Quoiqu'on ait cherché à établir une différence entre l'*étoile* et la *pelote*, en admettant la première expression lorsque la marque présente des angles, ces deux mots sont généralement employés comme synonymes, *V*. PELOTE.

ÉTOILÉ, ÉE . adj., *stellatus, stelliformis;* se dit des parties des plantes très étroites et étalées de manière à représenter , dans leur ensemble, une étoile. La corolle dans la *Stellaire*, le *Galiet*, le calice dans une espèce de *Lampsane*, les poils dans une espèce de *Ciste*, le fruit dans la *Badiane*, sont étoilés.

ÉTONNEMENT DU SABOT ; ébranlement de l'ongle du cheval, causé par une contusion, le heurt du pied contre un obstacle, des coups de brochoir. L'animal boite; le pied est chaud, douloureux à la pression. Porté à l'excès, cet accident peut présenter les phénomènes graves de la fourbure. On y remédie par les bains froids, astringents ,

les frictions avec les huiles essentielles sur les articulations voisines et le repos.

ÉTOUFFEMENT , s. m. , *Suffocatio;* difficulté de respirer ; synonyme de *suffocation*, *V*. ASPHYXIE.

ÉTOUPE , ÉTOUPADE , s. f. , *Stupa*, στυπη ; partie grossière, rebut de la filasse du chanvre ou du lin. Cette matière remplace en vétérinaire la charpie employée pour la médecine de l'homme. Ses longs filaments permettent de lui donner des formes très variées pour les pansements. On en fait des plumasseaux, des boulettes, des gâteaux, des tentes, des mèches, des bourdonnets, etc.

ÉTOURDISSEMENT , s. m. : état de trouble qui consiste dans un embarras passager de l'exercice des fonctions des sens. C'est tantôt le résultat de la pléthore , tantôt la suite d'une congestion cérébrale.

ÉTRANGLÉ, ÉE, adj. et part. pas. de *étrangler ;* qui n'a pas des limites étendues ; *hernie étranglée*.

ÉTRANGLEMENT , s. m. , *Strangulatio ;* resserrement excessif ; état des parties qui se trouvent comprimées avec force. C'est une complication redoutable pour un grand nombre de maladies chirurgicales. On l'observe dans les plaies voisines des régions aponévrotiques ou tendineuses , qui résistent au développement de l'inflammation ; le *débridement* permet de remédier à cet état. L'étranglement, dans les *hernies*, provient de la compression du viscère hernié , et se termine fréquemment par la gangrène. En vétérinaire, le mot *étranglement* n'est pas employé comme synonyme de *strangulation*.—*Bot.*, *V*. BOURRELET.

ÉTRANGUILLON, s. m. ; nom vulgaire donné à l'angine ou esquinancie, *V*. ANGINE.

ÉTRIER, *Equit.* ; anneau métallique sur lequel s'appuient, de chaque côté, les pieds du cavalier. Les étriers sont suspendus à la selle par les *étrivières*. — *Anat*. Nom donné à l'un des osselets de l'oreille interne rappelant , par sa forme, l'étrier d'une selle.

ÉTRILLE , s. f. , *Strigilis ;* instrument employé dans le pansage des grands animaux domestiques et surtout des solipèdes. Il sert à enlever la matière furfuracée, la poussière, attachées aux poils ou à l'épiderme. L'étrille se compose : 1° du *manche*, qui est en bois; 2° du *coffre*, qui sert de base à l'étrille et porte, dans une direction perpendiculaire au manche, les *rangs* dentés et les *couteaux*. Ces derniers sont alternes et parallèles. Le rang le plus éloigné du manche porte, à chacune de ses extrémités, une espèce de tête en fer ou *marteau*, que l'on frappe contre un corps dur , pour faire sortir la poussière retenue dans le coffre, *V*. PANSAGE.

ÉTRIOSCOPE, *V*. ÆTRIOSCOPE.

ÉTUI MÉDULLAIRE. *Bot. V*. CANAL MÉDULLAIRE.

ÉTUVE , s. f. ; sous ce nom , on désigne d'une manière générale des lieux clos, plus ou moins spacieux , dont on peut élever artificiellement la température. Les étuves des *pharmaciens* et celles employées dans l'*industrie* consistent généralement en des chambres plus ou moins vastes chauffées par un poêle en fonte ou un calorifère, et garnies intérieurement d'étagères sur lesquelles sont étalées les substances à dessécher. Des ouvertures disposées convenablement facilitent l'entrée et la sortie de l'air. — Les étuves employées en médecine sont aussi des chambres closes, dont la température est plus ou moins élevée, et dans lesquelles on expose les malades à l'action d'une chaleur sèche (*bain d'air*), ou à celle de la vapeur d'eau (*bain de vapeur*) ; elles ne sont pas employées en médecine vétérinaire. — Enfin, on donne le nom d'étuves, dans les laboratoires de *chimie*, a des caisses en bois ou en métal, chauffées à une température plus ou moins élevée, et employées à la dessiccation complète des produits obtenus, ou des corps soumis à l'analyse. — On en connaît plusieurs espèces : 1° celle de Darcet qui est en bois, en forme de petite armoire plus haute que large, munie à l'intérieur de rayons formés d'un grillage métallique, et chauffée par un quinquet dont le verre s'introduit dans un tube métallique clos de toute part, aboutissant dans l'intérieur de l'étuve ; 2° l'étuve de Gay-Lussac, formée de deux parois en cuivre placées à distance, et entre lesquelles circule de la vapeur d'eau ; elle est commode en ce que la température ne s'y élève jamais au delà de 100° ; 3° les étuves à courant d'air chaud, dont les dispositions varient à l'infini.

EUDIOMÈTRE, s. m., *Eudiometrum*, de εὐδία, pur, serein, et μέτρον, mesure. On donne ce nom à des instruments employés à déterminer la proportion relative des gaz qui composent l'air atmosphérique ou de tout autre mélange gazeux. Ils consistent tous en un tube en verre ou en cristal, à parois épaisses, fermé par une extrémité, ouvert par l'autre, et muni de divers accessoires. On distingue plusieurs espèces d'eudiomètres, dont les principaux sont les suivants : 1° l'*eudiomètre* de Volta, le plus ancien de tous, porte une échelle graduée en cuivre, une douille et un bouton à la partie supérieure, un pied en forme d'entonnoir et un robinet, le tout également en laiton. Il est peu employé, à moins qu'il ne soit muni à la partie supérieure d'une ouverture sur laquelle on puisse adapter un tube gradué, dans lequel on fait passer le résidu de la détonation du mélange gazeux ; alors il devient le plus commode de tous ; 2°, l'*eudiomètre* de Gay-Lussac, beaucoup plus simple, présente une douille en cuivre à la partie inférieure et un bouchon conique, en forme de soupape, s'ouvrant de bas en haut et servant à fermer l'instrument. Un fil de fer disposé en spirale, porte vers le haut de l'instrument une petite boule métallique qui se place à une petite distance du conducteur

situé au sommet de l'instrument, et qui doit recevoir l'étincelle électrique ; 3° l'*eudiomètre à mercure* ressemble au précédent ; seulement ses garnitures sont en fer, et l'ouverture inférieure est close par un obturateur à vis ; 4° l'*eudiomètre* de Dupasquier est un tube gradué, d'un petit diamètre, en verre, fermé par un obturateur également en verre, et ajusté à l'émeri avec la partie inférieure du tube gradué. — L'emploi de ces instruments est simple ; pour analyser l'air par ce moyen, on en mesure une certaine quantité qu'on introduit dans l'eudiomètre, et on fait agir ensuite, dans l'appareil même, un corps avide d'oxygène. Dans les trois premiers, on se sert de l'hydrogène, qu'on mesure aussi avec soin et qu'on fait détoner après son mélange avec l'air, au moyen de l'étincelle électrique. Dans cette réaction, l'hydrogène se combine toujours avec la moitié de son volume d'oxygène pour former de l'eau ; en sorte qu'en prenant le *tiers* de la partie du mélange qui a disparu sous l'influence de l'étincelle électrique, on obtient la proportion d'oxygène contenue dans la quantité d'air soumis à l'analyse. — Dans l'eudiomètre de Dupasquier, l'hydrogène est remplacé par un mélange de potasse caustique et de protosulfate de fer ; l'alcali met à nu le protoxyde de fer, qui, étant très avide d'oxygène, en dépouille complètement l'air contenu dans l'eudiomètre, etc.

EUDIOMÉTRIE, s. f. ; procédé d'analyse qui consiste à déterminer la proportion relative, en *volume*, des éléments de l'air, à l'aide des *eudiomètres* (*V.* ce mot).

EUDIOMÉTRIQUE, adj.; qui a rapport à l'eudiométrie et aux eudiomètres ; *procédé*, *analyse eudiométriques*.

EUPATOIRE, s. f., *Eupatorium*, T. : genre de la famille des Composées. Parmi les nombreuses espèces de ce genre, nous citerons seulement l'E. à feuilles de chanvre, E. d'Avicenne, *E. cannabinum*, la seule qui croisse spontanément en France. On la trouve en beaucoup d'endroits, surtout dans des lieux humides, abrités. Sa racine légèrement aromatique, de saveur amère et piquante, a joui pendant longtemps d'une grande réputation comme purgative : elle est abandonnée aujourd'hui ; l'E. perfoliée, *E. perfoliatum*, qui passe vulgairement en Amérique pour sudorifique, fébrifuge et émétique : l'E. ayapana, *E. ayapana*, avec les feuilles de laquelle on prépare une infusion stimulante et sudorifique qui se rapproche beaucoup de celle du thé. Le prix élevé de ces feuilles a fait transporter, il y a quelques temps, la culture de la plante à l'Ile de France ; et, depuis cette époque, la renommée de l'ayapana s'est perdue.

EUPHORBE, s. m., *Euphorbia*, L. ; genre nombreux de la famille des Euphorbiacées. Il a pour caractères : inflorescence en cymes pédonculées, formant des ombelles terminales entourées à leur base d'un involucre ; fleurs monoïques , plusieurs fleurs mâles entourant une fleur femelle , et contenues dans un calice commun. Chaque fleur mâle est portée sur un pédicelle et pourvue d'une bractée ; elle se compose d'une seule étamine , sans calice ni corolle ; fleurs femelles portées sur des pédicelles plus longs, se composant d'un ovaire triloculaire , de trois styles bifides ; elles sont entourées à leur base d'un petit calice ; capsule lisse ou verruqueuse , glabre ou velue , à trois coques monospermes, bivalves, se séparant, à la maturité , d'un axe persistant, et s'ouvrant avec élasticité le long de la nervure dorsale ; feuilles entières ou denticulées. Les involucres caliciformes qui tiennent lieu d'enveloppes florales sont verts, quelquefois rouges. Les glandes qui alternent avec les pièces de cet involucre sont jaunes ou rougeâtres. Les Euphorbes sont des plantes lactescentes , annuelles ou vivaces, herbacées et rarement suffrutescentes dans les contrées tempérées ou froides , souvent frutiqueuses ou arborescentes dans les régions équatoriales. Plusieurs espèces ont le port des cierges ou des cactus et sont dépourvues de feuilles. Le nombre des espèces du genre Euphorbe s'élève à environ 300. Les plus communes en France sont les espèces *helioscopia*, *cyparissias*, *gerardiana*, *sylvatica*, *esula*, *exigua*, *verrucosa*, *peplus*, *lathyris*, etc. Elles sont toutes âcres et vénéneuses ; aucune n'est mangée par les bestiaux. — Les espèces exotiques, *antiquorum*, *officinarum*, *canariensis*, fournissent à la pharmacie une résine épispastique. D'autres espèces exotiques, remarquables par la coloration de leurs involucres, sont cultivées dans les serres comme plantes d'ornement. Les graines des Euphorbes donnent, par expression , une huile drastique très active. — *Pharm.* Nom donné en *pharmacie* vétérinaire à un suc gommo-résineux , fourni par plusieurs sous-arbrisseaux du genre *Euphorbia*, et qui croissent en Afrique et en Asie. Ce suc, qui est blanc laiteux dans la plante , âcre et très irritant, s'écoule par des incisions artificielles qu'on pratique sur la tige de ces plantes , et se concrète à l'extrémité des épines dont ces végétaux sont garnis. On trouve l'euphorbe dans le commerce en *larmes* ou en *poudre* ; sous le premier état, l'euphorbe est en petits fragments irréguliers, roussâtres à la surface, blancs en dedans , présentant des trous produits par les épines sur lesquelles ils se sont formés, et parfois aussi des débris de ces organes. La poudre d'euphorbe est d'un jaune grisâtre , peu odorante, d'une saveur âcre et corrosive ; introduite accidentellement dans le nez, elle produit des effets sternutatoires très violents. Elle serait composée, d'après Braconnot et Pelletier, de résine , de cire , d'essence volatile très âcre, de malate de chaux et de potasse, de bassorine et de ligneux ; la résine et l'essence paraissent être les principes actifs de cette substance. L'euphorbe est un irritant et un épispastique des plus énergiques ; donnée à l'intérieur , elle produit les effets les plus violents des drastiques ; à la dose de 8 à 12 grammes chez les chiens, et à celle de 60 grammes chez le cheval, elle détermine une irritation gastro-intestinale mortelle ; aussi est-elle à peu près inusitée à l'intérieur. Appliquée sur la peau, elle produit une rubéfaction violente, suivie de la vésication ; sur les tissus dénudés, elle détermine une vive inflammation ; mais elle ne paraît pas être absorbée, quoi qu'en ait dit Orfila. La poudre d'euphorbe entre fréquemment dans la confection des préparations vésicantes et antipsoriques , ainsi que dans celle des charges fortifiantes et résolutives.

EUPHORBIACÉES, s. f. *Euphorbiaceæ*; famille de plantes dicotylédones, diclines, à fleurs unisexuées. Ses caractères sont : inflorescences diverses ; fleurs généralement petites ; calice caduc ou marcescent, libre, à trois, quatre ou cinq sépales distincts ou soudés , ou nul ; corolle le plus souvent nulle ; fleurs mâles composées d'un nombre indéterminé d'étamines, insérées sur la fleur ou sous l'ovaire , à filets libres ou soudés ; fleurs femelles composées d'un ovaire libre, le plus souvent à trois loges uni ou biovulées ; ordinairement trois styles, libres ou soudés , entiers ou bifides ; stigmates en nombre égal aux styles ou aux divisions du style ; capsule à trois coques réunies par un axe central persistant , s'ouvrant presque toujours avec élasticité le long de la nervure moyenne ; graine à enveloppe crustacée et souvent revêtue d'un arille ou caroncule charnu ; feuilles entières ou dentées , mais de formes très diverses. Les Euphorbiacées sont des plantes annuelles ou vivaces, la plupart à suc laiteux, abondant , répandu dans toutes les parties du végétal. Plusieurs espèces , herbacées dans les contrées froides ou tempérées , sont arborescentes dans les régions intertropicales. Leur aspect, leur port, sont fort divers. Le suc de ces plantes est âcre et vénéneux : il renferme une forte proportion de caoutchouc ; leurs graines contiennent une huile grasse , irritante , purgative à un haut degré. Les espèces de la famille des Euphorbiacées sont très nombreuses ; on n'en décrit pas moins de 1,500. Leur nombre décroît, pour un lieu donné, à mesure que l'on s'éloigne de l'équateur pour se rapprocher des régions polaires, où l'on ne retrouve plus guère de représentants de la famille que quelques espèces d'Euphorbes. Les Euphorbiacées ont été divisées en six tribus : les Euphorbiées ; genres : *Euphorbia*, *Medusea*, etc. ; les Stillingiées ; genres : *Stillingia*, *Hippomane* , etc. ; les Acalyphées ; genre : *Acalypha*, *Mercurialis*, etc. ; les Crotonées ; genres : *Croton*, *Jatropha*, *Ricinus*, etc. ; les Phyllanthées ; genres : *Phyllanthus*, *Xylophylla* ; les Buxées ; genres : *Buxus*, *Amanoa*, etc. Cette famille ne renferme pas d'espèce fourragère. Les genres

Euphorbia , *Croton* , *Jatropha* , *Ricinus* , *Buxus* , ont des espèces utiles à des titres divers, mais principalement comme plantes médicinales.

EUPHRAISE , s. f. , *Euphrasia* , L.; genre de la famille des Scrophulariacées. Les espèces de ce genre sont nombreuses, généralement petites et précoces. On les trouve dans les pâturages élevés , dans les bruyères, qu'elles émaillent de leurs mille fleurs de couleur variée et tendre. Les plus répandues sont: l'E. officinale , *E. officinalis* , vantée autrefois contre les maux d'yeux ; l'E. alpine, *E. alpina* , Lamk., commune dans les Alpes; l'E. à larges feuilles , *E. latifolia* , particulière au Mid i ; dans le Nord, les espèces *odon tites, lutea.* Toutes sont amères, astringentes, et broutées au printemps par les moutons.

EUPIONE, s. f. , de εὐ, bien, et πιων , gras. C⁵H⁶. Principe pyrogéné découvert par Reichembach dans la partie liquide des produits de la distillation sèche des substances organiques. Elle est liquide, incolore, sans saveur, d'une odeur agréable et d'une densité de 0,740. Chauffée, elle bout à 169⁰ , se réduit en vapeur sans résidu , s'enflamme et brûle à la manière des corps gras. Insoluble dans l'eau, l'eupione se dissout aisément dans l'alcool, l'éther et les essences.

EURYTHMIE , s. f. , *Eurythmia* , de εὐ , bien, et ρυθμος, rythme , ordre; belle proportion d'un ouvrage d'architecture. En *méd.* , régularité du pouls.

EUSÉMIE , s. f. , *Eusemia* , de εὐ, bien, et σημα, signe ; concours de bons signes ou symptômes dans une maladie.

EUSOMPHALIENS , s. et adj. , de εὐ, ou εὐς, bien, et ομφαλος, ombilic ; monstres doubles à ombilics distincts et normaux. I. Geoffroy Saint-Hilaire les divise en trois genres, qui sont : les *Pygopages*, les *Métopages*, les *Céphalopages.*

ÉVACUANT, s. et adj. , *Evacuans ;* ce mot a deux acceptions distinctes : par la plus spéciale, il est synonyme de *purgatif ;* par la plus générale, il désigne un groupe important de médicaments, qui tous ont la propriété de déterminer des excrétions extraordinaires, et , par conséquent, de faciliter la sortie, hors de l'économie animale , de matières inutiles ou morbifiques qui y ont été introduites accidentellement. Dans cette catégorie, sont compris les *vomitifs*, les *purgatifs*, les *diurétiques*, les *sudorifiques*, les *expectorants*, etc. (*V.* ces mots). Ces médicaments ne sont pas seulement utiles pour provoquer l'élimination des poisons , miasmes, virus et autres principes morbifiques introduits dans l'économie animale , mais encore pour spolier le sang en déterminant des sécrétions extraordinaires, ainsi qu'une révulsion souvent très marquée sur les organes de sécrétion et d'excrétion. Ils sont aujourd'hui d'un emploi fréquent, par suite du retour de l'humorisme dans la science médicale.

ÉVACUATION , s. f. , *Evacuatio* , de *evacuare*, évacuer ; sortie des matières excrémentitielles par les voies naturelles ou par une ouverture accidentelle. La chirurgie produit des évacuations artificielles par l'emploi de l'instrument tranchant.

ÉVAPORATION, s. f. , *Evaporatio.* — *Evaporation spontanée*, *vaporisation :* ces différents mots sont employés comme synonymes ; cependant le premier sert à désigner la transformation naturelle des liquides en vapeur, et le mot *vaporisation*, à indiquer l'opération artificielle qu'on emploie pour produire le même résultat. — *Phys. Evaporation spontanée ;* transformation des liquides en vapeurs à la température et à la pression ordinaires ; elle a lieu par toute leur surface libre, et peut se produire aussi sur les solides ; elle a pour effet de disperser peu à peu la masse de ces corps dans l'air et, parfois, de les faire disparaître entièrement. Tous les liquides, même les plus denses, donnent des vapeurs à la température et à la pression ordinaires de l'atmosphère ; cependant, ce sont ceux qui entrent en ébullition à la température la plus basse qui en donnent le plus ; aussi l'éther et les alcooliques s'affaiblissent à l'air. La forme du vase qui les contient influe considérablement sur la rapidité de l'évaporation des liquides ; les vases larges l'accélèrent ; ceux qui sont étroits la retardent. L'état de l'air n'influe pas moins ; plus il est *sec*, *chaud* et *agité*, plus l'évaporation marche vite, ainsi que cela est évident par les effets qu'un vent sec et chaud produit sur les plantes ; il détermine le *hâle*, c'est-à-dire qu'il flétrit les plantes, en leur enlevant leur humidité. La pression atmosphérique retarde l'évaporation spontanée ; aussi, quand il est possible de la diminuer, au-dessus des vases qui contiennent les liquides à évaporer, on accélère beaucoup l'opération ; c'est ainsi que, dans le vide, l'évaporation marche avec une très grande vitesse. Le mécanisme de ce phénomène est simple : les premières vapeurs qui se forment à la surface d'un liquide, empruntent à la masse et au vase la chaleur nécessaire à leur tension ; aussi la formation de ces vapeurs va-t-elle en diminuant graduellement, et la température du liquide en baissant de plus en plus, au point de se congeler parfois ; c'est ainsi que l'acide sulfureux liquide congèle le mercure en se vaporisant, que l'eau se solidifie en s'évaporant dans le vide, qu'elle se refroidit dans les vases poreux appelés *alcarazas*, que l'éther abaisse la température des parties vivantes où on le dépose, que la gelée blanche détruit les plantes en s'évaporant au soleil, que la rosée les congèle parfois par un mécanisme semblable ; enfin, c'est aussi par l'évaporation de la transpiration cutanée que le corps des animaux à sang chaud se débarrasse d'un excès de chaleur incommode pendant la belle saison, etc. — *Chim.*, *Pharm. Evaporation artifi-*

cielle : opération qui consiste à transformer un liquide en vapeur, afin de le concentrer ou de rapprocher les parties fixes qu'il tient en solution. Elle est entièrement opposée à la distillation, qui permet de recueillir les parties les plus volatiles, tandis que, dans l'évaporation, ce sont les plus fixes. Cette opération a lieu à l'*air libre* ou dans le *vide.* Dans le premier cas, on dépose le liquide à évaporer dans un vase à large surface, comme une capsule de porcelaine, d'argent ou de platine, selon la nature du liquide. La chaleur est donnée par le *feu nu*, par un bain de sable, par une étuve, ou par des bains liquides ; ces derniers sont surtout commodes en ce qu'ils permettent de chauffer à une température donnée et invariable, circonstance avantageuse pour l'évaporation des liquides altérables. Pendant l'opération, il est utile de renouveler fréquemment les surfaces d'évaporation, en agitant le liquide avec une spatule, une baguette en verre ; il est utile aussi de faire l'opération sous la hotte d'une cheminée à fort tirage, afin qu'elle entraîne les vapeurs à mesure qu'elles se forment, comme cela est nécessaire pour certains liquides à vapeurs irritantes. — L'évaporation dans le *vide* se fait rarement en pharmacie, mais elle est employée en chimie pour préparer certains corps altérables à l'air ou très volatils ; on place alors, à côté du vase à évaporation, un corps très hygroscopique, comme la chaux, le chlorure de calcium, l'acide sulfurique, afin que les vapeurs soient absorbées à mesure de leur formation, et que le vide soit maintenu. Enfin, dans l'industrie, on fait très souvent les évaporations au moyen d'un courant de *vapeur* qu'on dirige dans le liquide à évaporer.

ÉVENTRATION, s. f., *Eventratio*, de *ex*, hors, et *venter*, ventre. En vétérinaire, ce mot a deux acceptions. Il est employé quelquefois pour désigner les plaies pénétrantes de l'abdomen avec issue d'une portion des viscères. On donne aussi ce nom aux hernies qui se montrent sur les parois du ventre, dans des points autres que ceux appartenant à des ouvertures naturelles, *V.* HERNIE ABDOMINALE.

ÉVOLUTION, s. f., *Evolutio ;* développement successif des organes, depuis le moment de la première formation du nouvel être, jusqu'à son accroissement complet. — *Bot. V.* OVULE, GRAINE et GERMINATION.

ÉVULSION, s. f., *Evulsio*, de *evellere*, arracher ; action d'arracher ; synonyme d'*avulsion ;* action d'enlever une partie du corps devenue inutile ou nuisible ; *évulsion* des crins, des dents, d'une partie du sabot du cheval.

EXACERBATION, s. f., *Exacerbatio ;* accroissement dans l'intensité des symptômes d'une maladie qui se présente par accès. Ce mot a été appliqué principalement à l'augmentation des symptômes des fièvres continues. C'est une cause imprévue qui fait naître l'exacerbation.

EXALBUMINÉ, ÉE, adj., *exalbuminosus ;* sans périsperme.

EXANIE, s. f., *Exania*, de *ex*, de, hors, et *anus* ; procidence, chute du rectum, *V.* RENVERSEMENT.

EXANTHÉMATIQUE, adj., *exanthematicus ;* qui se rapporte aux exanthèmes ; *affections exanthématiques*, *éruption exanthématique.*

EXANTHÈME, s. m., *Exanthema*, de ἐξανθέω, fleurir ; nom donné par les anciens aux affections de la peau présentant la forme pustuleuse. Les modernes donnent à ce mot une autre signification ; ils appellent *exanthèmes* les phlegmasies de la peau accompagnées de symptômes fébriles, ex. : l'urticaire, la rougeole. Willan lui a donné une autre acception ; pour lui, l'exanthème comprend les maladies de la peau caractérisées par la rougeur, sans vésicules ni papules. Alibert reconnaissait aux maladies exanthématiques les caractères suivants : la contagion, des phénomènes précurseurs, une marche régulière par périodes, la similitude de traitement, enfin, cette particularité que cette maladie ne se montre pas deux fois sur le même individu.

EXARTHRÈME, s. m., *Exarthrema*, de ἐξ, de, ἄρθρωσις, articulation : séparation de deux os qui forment une articulation mobile ; synonyme de *luxation.*

EXARTHROSE, s. f., *Exarthrosis*, de ἐξ, de, et ἄρθρον, articulation ; luxation d'une articulation diarthrodiale ou mobile.

EXARTICULATION ; synonyme d'*exarthrose.*

EXCARNATION, s. f., *Excarnatio*, de *ex*, de, hors, et *caro*, chair ; opération qui consiste à enlever les chairs d'une partie malade. Peu usité.

EXCENTRIQUE, adj., *excentricus ;* situé à côté ou en dehors du centre. *Canal médullaire, ovaire, embryon excentriques.*

EXCÈS (monstruosités par) ; monstruosités consistant en des parties surnuméraires chez les monstres *unitaires.* Cette expression est impropre, lorsqu'on l'applique aux monstres *composés* ; car ceux-ci, représentés par deux individus au lieu d'un, manquent toujours, au contraire, de quelque partie, par suite de leur réunion.

EXCIPIENT, s. m., *Excipiens*, de *excipere*, recevoir ; nom donné à la substance qui, dans une préparation magistrale ou officinale, sert à imprimer au médicament la forme la plus convenable. C'est à ce titre que les gommes, les poudres inertes, sont employées dans la confection des électuaires, des bols, etc. L'excipient prend le nom de *menstrue*, de *véhicule*, lorsqu'il est liquide, et celui d'*intermède*, quand il est de nature gommeuse ou mucilagineuse, et qu'il sert à mettre en suspension un médicament dans un liquide où il n'est pas soluble (*V.* ces mots).

EXCISION, s. f., *Excisio*, de *excidere*,

couper; action de couper, d'enlever avec l'instrument tranchant, une partie peu volumineuse. *Excision de verrues, de polypes.*

EXCITABILITÉ, s. f., *Excitabilitas;* faculté de percevoir l'excitation et d'entrer en action sous l'influence d'un stimulant.

EXCITANT, s. et adj., *Excitans; stimulant, diffusible, cordial,* etc. Noms donnés à une classe de médicaments qui ont la propriété d'exciter les organes, d'accélérer le mouvement fonctionnel, et de produire une sorte de *fièvre artificielle;* de là, le nom de *pyrétogénétiques* qu'on leur donne aussi quelquefois. — Les médicaments excitants sont tirés principalement des végétaux, notamment de ceux qui sont odorants et chargés de principes essentiels ; le règne minéral n'en fournit qu'un petit nombre, et le règne animal encore moins. — Ces médicaments ont une odeur toujours très prononcée, une saveur chaude et souvent irritante; plusieurs sont volatils et inflammables ; leur principe actif est une essence du camphre, de l'acide benzoïque, une résine ou une gomme-résine, etc. — Leur préparation est simple ; ils sont employés solides et à l'état de pureté, ou traités par infusion au moyen de l'eau, du vin, de l'alcool, etc. Souvent aussi on les associe entre eux ou avec les émollients et les toniques: Ils se donnent à l'intérieur en électuaire, en bol, en breuvage, en lavement; à l'extérieur, on en fait des lotions, des bains, des frictions, des injections, etc. — Appliqués sur les tissus dénudés ou sur les muqueuses, les stimulants activent plus ou moins fortement la contractilité fibrillaire, exaltent la sensibilité, la chaleur, déterminent l'afflux du sang dans les capillaires, etc. Introduits dans le tube digestif, ces médicaments excitent l'estomac, développent l'appétit et la soif, accélèrent la digestion en provoquant des sécrétions extraordinaires de la muqueuse, et en augmentant la contractilité de la musculeuse; de là le nom de *stomachiques* qu'on donne souvent à ces médicaments. Passés dans l'intestin, ils facilitent la chylification, rendent l'absorption plus complète et plus rapide, dissipent les vents et les flatuosités (*carminatifs*), et déterminent bientôt la constipation. Les effets généraux de ces médicaments varient beaucoup: certains stimulants produisent des effets très marqués sur le tube digestif et une excitation générale peu vive, lente à se développer; ou les nomme *excitants gastro-entériques,* comme les épices, la cannelle, le girofle, le poivre, beaucoup d'excitants végétaux indigènes. D'autres portent rapidement leur action sur les centres nerveux, excitent vivement le cœur, accélèrent la circulation, augmentent la chaleur animale ; mais cette excitation est de courte durée ; on les appelle *diffusibles* (*V.* ce mot), ou *excitants cardiaques, cordiaux;* tels sont l'ammoniaque et ses composés, les alcooliques, les essences, l'éther, etc. Enfin

il existe une troisième catégorie d'excitants dont les effets locaux sont peu marqués, et dont l'action générale paraît porter surtout sur la moëlle épinière et les nerfs; on les appelle *antispasmodiques* ; tels sont le camphre, l'assa-fœtida, la valériane, l'éther, le chloroforme, etc. Quoi qu'il en soit de ces distinctions, les effets généraux des excitants consistent principalement dans la stimulation des centres nerveux, l'excitation de la circulation, de la respiration, l'élévation de la chaleur animale, l'augmentation de la plupart des sécrétions, notamment de celles des bronches et de la peau, l'exaltation des fonctions génitales, locomotrices, etc. Ces médicaments sont particulièrement indiqués à l'intérieur contre les indigestions, la courbature générale par refroidissement, pour rétablir la transpiration ; dans le part languissant des grandes femelles, dans l'anhémie, la débilité par perte de sang, les hydropisies, la cachexie; pour provoquer une éruption qui est latente, pour déterminer la sortie des tumeurs gangreneuses. Ils peuvent être utiles aussi contre les inflammations chroniques, les convalescences trop longues, les maladies constitutionnelles, etc. — A l'extérieur, les excitants sont employés pour résoudre les engorgements indolents, pour dissiper les œdèmes, pour raviver les vieilles solutions de continuité, les ulcères, pour rendre la circulation aux organes herniés, renversés, lorsqu'ils ont été serrés au passage et qu'ils ont séjourné trop longtemps au-dehors. — Les stimulants sont formellement contre-indiqués dans toutes les phlegmasies à marche franche.

EXCITATEUR, s. m. On donne ce nom, en *physique,* à deux instruments différents par la forme, mais servant l'un et l'autre à décharger les condensateurs électriques sans que l'expérimentateur éprouve de secousse. Le plus simple, appelé *excitateur à manches de verre,* consiste en un arc métallique muni, à son milieu, d'une charnière par laquelle les deux branches peuvent s'éloigner ou se rapprocher, et de deux manches isolants au moyen desquels l'opérateur manie l'instrument. On s'en sert principalement pour décharger la bouteille de Leyde, le carreau électrique, etc. — L'*excitateur universel,* plus compliqué, se compose d'une petite table en bois, portant deux tiges de verre, une à chaque extrémité, placées verticalement, supportant chacune une tige métallique mobile sur un axe horizontal et glissant dans un petit anneau métallique ; à l'aide de ce mécanisme, ces deux tiges peuvent être rapprochées ou éloignées, élevées ou abaissées à volonté. C'est entre ces deux tiges que sont placés les corps qui doivent recevoir l'étincelle électrique qui jaillira entre leurs extrémités: un petit plateau en bois et isolé est destiné à les recevoir. — L'excitateur universel est employé à décharger la batterie électrique et à diriger l'étincelle sur un corps déterminé.

EXCORIATION, s. f., *Excoriatio*, de *ex*, hors, et *corium*, cuir ; plaie de la peau, enlèvement de l'épiderme.

EXCRÉMENT . s. m., *Excrementum;* partie des substances alimentaires qui a été dépouillée de ses matériaux nutritifs, et qui est rejetée au-dehors, unie à divers produits secrétés par l'appareil digestif. — Dans une acception plus générale, on appelle *excréments* tous les produits rejetés du corps de l'animal, comme l'urine, la sueur, etc.—Les excréments constituent la partie la plus active des engrais organiques, et, en se mêlant aux litières , forment les diverses espèces de fumiers. Ils sont très riches en azote, d'une décomposition rapide. Sous le rapport de leur activité , ils peuvent être classés dans l'ordre suivant : excréments des carnivores , des oiseaux , des herbivores. Ils sont rarement employés seuls et à l'état frais ; le plus souvent, ils sont mêlés à des matières fibreuses, sèches , ou bien ils subissent diverses préparations qui en rendent l'emploi plus facile ou plus économique. *V.* pour les détails particuliers : URINE, GADOUE, POUDRETTE, GUANO , COLOMBINE , LISIER , FUMIER , ENGRAIS.

EXCRÉMENTITIEL, ELLE , adj., *excrementitius;* qui est de la nature des excréments, ou qui doit être excrété. *Humeurs excrémentitielles :* produits liquides impropres à la nutrition et qui doivent être rejetés. L'urine est le principal liquide excrémentitiel.

EXCRÉTA , s. m. ; mot latin employé en hygiène pour désigner les excrétions ou les matières des excrétions. Sous ce titre, on étudie le rôle des transpirations , des sécrétions , et leur influence sur la santé.

EXCRÉTEUR ou EXCRÉTOIRE , adj. , *excretorius*, de *excernere*, séparer ; qui sert à l'excrétion. *Canaux excréteurs des glandes :* canaux destinés à transporter les liquides sécrétés , de la glande à une surface extérieure ou dans un réservoir. Les glandes principales, comme le foie , les reins, la parotide , etc., sont pourvues d'un canal excréteur unique ; tandis que d'autres , comme la glande lacrymale , la salivaire sous-linguale, versent leur fluide par de nombreux canaux.— Ces mots sont plus particulièrement employés en *botanique* pour qualifier les poils qui servent de canaux excréteurs aux glandes , comme ceux de l'ortie brûlante. On dit aussi *glandes excrétoires;* ce sont les glandes *nectarifères.*

EXCRÉTION, s. f., *Excretio* ; expulsion au dehors des matériaux de sécrétion qui sont devenus inutiles ou nuisibles à l'économie ; *excrétion des matières fécales* , de *l'urine* , etc. C'est à tort que l'on confond souvent les mots *excrétion* et *sécrétion*, même lorsqu'il ne s'agit que de sécrétions dont les produits doivent être expulsés. La *sécrétion* est la séparation , la formation du produit; *l'excrétion* n'est que son expulsion au dehors. — *Bot.* Les excrétions végétales sont de divers ordres : les unes se com-

posent de matières concrétées à la surface des végétaux ou étendues comme une couche de vernis destinée à protéger les organes ; telles sont les matières résineuses qui recouvrent les bourgeons de beaucoup de plantes, la substance cireuse, blanchâtre , glauque, qui recouvre la surface des feuilles du chou, de la prune ; d'autres se composent de substances gommeuses, sucrées, résineuses etc., qui sont rejetées au-dehors par certains arbres, à travers l'écorce ou dans des incisions ; telles sont la gomme de nos cerisiers, la cire du *cirier* de l'Amérique, la résine des sapins, de l'euphorbe, etc. ; d'autres enfin, dont la composition est peu connue, et dont l'existence, admise autrefois, est contestée aujourd'hui , ont lieu par les racines. Il n'existe pas , dans les végétaux, de cavités dans lesquelles s'accumulent d'une manière périodique ou constante les produits des excrétions ; tout porte à croire que s'il y a dépuration , celle-ci est subordonnée aux phénomènes végétatifs qu'elle suit dans leurs manifestations, et de plus se fait par des organes répandus dans toute la plante. Quant aux excrétions par les racines, sur l'existence desquelles on aurait fondé la théorie physiologique des assolements , les expériences récentes prouvent qu'elles n'existent pas, ou qu'elles sont insuffisantes à produire l'effet qui leur a été attribué.

EXCROISSANCE , s. f. , *Excrescentia*, de *ex* , de, au-dehors , et *crescere* , croître; nom donné à toute tumeur faisant saillie sur une surface. Ce mot , d'une signification très générale , ne peut avoir de valeur que lorsqu'un adjectif qui le suit indique la nature de la tumeur, ex : *excroissance osseuse, excroissance cornée, charnue* etc.— *Bot.* Les excroissances végétales sont de deux ordres. Elles se composent tantôt de couches ligneuses formant des saillies circulaires ou des espèces de bosses , à contours arrondis, dont la formation est due à une stagnation naturelle ou artificielle de la sève ; d'autres fois , ce sont des tissus accidentels formés à la suite de blessures faites aux organes ; telles sont les galles ou noix de galle que l'on recueille sur plusieurs espèces de chêne. Ces dernières excroissances et quelques autres sont utilisées par la médecine ou l'industrie ; les excroissances ligneuses , ordinairement très dures et susceptibles de prendre un beau poli , souvent aussi diversement nuancées, sont employées dans la marquetterie , l'ébénisterie. Leur multiplication nuit à la santé des plantes.

EXENCÉPHALE , s. et adj., *Exencephalus*, de ἐξ ; de, hors de, et ἐγκέφαλος, encéphale ; genre de monstres exencéphaliens , ayant pour caractère l'encéphale situé en très grande partie hors de la cavité cérébrale et derrière le crâne, dont la paroi supérieure manque presque entièrement.

EXENCÉPHALIENS , s. et adj. ; famille de monstres unitaires autositres , caractérisée par un cerveau mal conformé , placé , en partie au moins, hors de la boîte crânienne qui est elle-même très imparfaite. I. Geoffroy St-Hilaire divise cette famille en six genres , savoir : *Notencéphale* , *Proencéphale* , *Podencéphale* , *Hypérencéphale* , *Iniencéphale* , *Exencéphale* .

EXENCÉPHALIE, s. f. , *Exencephalia*; état des monstres exencéphales.

EXERCICE, s. m., *Exercitium;* mouvements involontaires ou provoqués auxquels se livrent les animaux , sans autre but que le mouvement même. Le travail est un exercice utile. Le mouvement est nécessaire à la santé , à l'entretien des forces. au maintien d'un juste équilibre entre les fonctions. L'inaction absolue et prolongée détermine une sorte d'engourdissement des muscles et diminue les forces. Il peut en résulter la perte de l'appétit et la maladie. Un exercice exagéré conduit aux mêmes résultats. mais par d'autres voies, en augmentant, outre mesure, les déperditions. Le repos dispose à l'engraissement. Il est indispensable d'y condamner les animaux que l'on veut engraisser économiquement, et surtout lorsqu'ils doivent être amenés à un haut degré de graisse; tout mouvement inutile à l'exercice des fonctions digestives et de leurs dépendances étant en pure perte. *V.* Éducation et Travail.

EXÉRÈSE, s. f., *Exeresis*, de εξ, hors, et αιρω, je tire; opération qui consiste à retrancher une partie inutile ou nuisible. Synonyme d'*amputation*.

EXERT , TE , adj., *exertus;* synonyme de *saillant;* se dit surtout des organes sexuels qui font saillie hors des enveloppes florales.

EXFOLIATION, s. f., *Exfoliatio*, de *ex*, de, et *folium*, feuille; séparation des parties d'un os. d'un tendon. frappées de nécrose ou de gangrène. L'exfoliation consiste souvent dans la formation et la séparation d'une eschare. On la facilite surtout par la cautérisation. — *Bot.* Soulèvement et chute de l'écorce par feuillets minces et desséchés. L'exfoliation est *naturelle* ou *accidentelle;* dans le premier cas , elle est périodique et n'embrasse que les couches extérieures de l'écorce, l'épiderme et la couche subéreuse, comme dans le chêne liége, le platane, la vigne; dans le second cas, l'écorce, soulevée par la gelée, l'infiltration de l'eau , etc., s'enlève dans toute son épaisseur : l'exfoliation devient souvent alors une véritable maladie.

EXHALANTS , s. m. p. . *Exhalantia* (*vasa*) : vaisseaux admis comme formant la terminaison des artéres et recevant seulement la partie incolore du sang qu'ils transmettent au dehors par les surfaces , sous forme liquide ou vaporeuse. Les exhalants peuvent conduire les liquides aux surfaces externes, par où ils sont rejetés au dehors comme matériaux d'excrétion, ou les transmettre à la surface des séreuses, des synoviales, où ils sont repris par les absorbants.

EXHALATION , s. f. , *Exhalatio* , de *exhalare*, exhaler, répandre; fonction par laquelle les divers matériaux produits par le sang artériel sont constamment versés sur diverses surfaces , soit comme matériaux d'excrétion, soit pour être repris de nouveau et rentrer dans le torrent circulatoire comme matières nutritives. Cette fonction a pour organes les vaisseaux exhalants.

EXHIBITIONS, s. f. , *Exhibitiones* , de *exhibere*, montrer ; réunion, dans un lieu donné, des animaux qui concourent pour des prix ou des primes. L'exhibition diffère des concours proprement dits, en ce que, dans celle-là, les animaux n'ont pas d'épreuves à subir ; aussi n'a-t-elle lieu généralement que pour les bœufs et les moutons. Les exhibitions de Smithfields, en Angleterre, sont très renommées. Celles de Poissy , de Lyon, de Bordeaux et de Lille , en France, n'ont lieu que depuis quelques années.

EXHYMÉNINE , s. f. ; Richard nomme ainsi la membrane externe du grain de pollen ; elle est assez épaisse , résistante, peu extensible , et recouvre immédiatement la membrane interne, quand il n'existe que deux membranes. Sa structure est, dans quelques cas, celluleuse ; le plus souvent, elle est sans traces d'organisation. Les papilles , les granulations que l'on aperçoit à la surface du pollen appartiennent à l'exhyménine.

EXOCARPE, *V.* Épicarpe.

EXODERME, s. m., *Exoderma;* membrane extérieure du tégument propre de la graine. Elle correspond au *testa. V.* Épisperme.

EXOGÈNES, adj. et s. , *Exogeni*, de εξω, dehors, et γεννáω, j'engendre ; de Candolle donne ce nom aux plantes dont les vaisseaux sont disposés en couches concentriques , les plus récentes au dehors, et dont l'embryon a les cotylédons opposés ou verticillés. Cette classe de végétaux correspond aux dicotylédonés.

EXOGYNE, adj., *exogynus*, de εξω, dehors, et γυνη, femme ; se dit des plantes qui ont le style saillant. *exert*, (*V.* ce mot).

EXOMPHALE, s. f., *Exomphalus, exombilicatio*, de εξ, hors, et ομφαλος, nombril : hernie formée à travers l'ouverture ombilicale. Synonymie : *hernie ombilicale , entéromphale, épiplomphale, entéro-épiplomphale, omphalocèle.* Cette maladie est commune sur les jeunes solipèdes et les jeunes chiens; elle est *congéniale* ou *acquise.* Les causes efficientes sont celles de toutes les autres hernies. Les causes prédisposantes sont une organisation vicieuse de l'anneau ombilical, une mauvaise cicatrisation de la plaie du cordon après la naissance, la situation horizontale du ventre des quadrupèdes, les travaux excessifs et prématurés. Le sexe est sans influence; les mères peuvent transmettre ce vice.— Les symptômes de la hernie ombilicale consistent en une tumeur molle. pédiculée, de forme ovalaire dans le cheval, sphérique dans le chien, de volume variable, disparaissant facilement par le taxis. Les opinions varient sur la nature des organes contenus dans la hernie : Hurtrel admet des entéromphales et des épiplomphales ; d'après Girard, on ne trouverait que l'intestin grêle dans une hernie ombilicale; cette manière de voir est partagée par plusieurs praticiens qui ont écrit sur les hernies. Dans les enfants, ces hernies sont communément formées par l'intestin et l'épiploon; dans les sujets avancés en âge, on y trouve une portion considérable de l'épiploon. Le sac herniaire existe toujours; il adhère rarement avec l'intestin. Rarement l'exomphale est multiple ou divisée par des brides. On a vu l'ouraque et la veine ombilicale concourir à former l'exomphale dans quelques poulains et dans des génisses. Les accidents qui la compliquent sont l'engouement, des coliques, l'étranglement, l'éventration. — Le pronostic n'est pas grave. Il arrive souvent que les hernies ombilicales disparaissent à mesure que le gros intestin vient remplacer l'intestin grêle, qui, dans les jeunes chevaux, occupe les parois inférieures du ventre. La plupart des exomphales restent stationnaires. Cette maladie déprécie les jeunes animaux sous le rapport de la vente; quelques accidents peuvent l'aggraver. Après l'opération, les récidives sont fréquentes. — Les moyens de traitement sont nombreux et tirés presque tous du domaine de la chirurgie. — *Moyens chirurgicaux :* 1° *Bandages;* ils réussissent rarement pour les animaux : ils constituent tout au plus un moyen palliatif; leur application est difficile: 2° *Ligature;* après avoir réduit la hernie, on saisit le sac qu'on lie avec une ficelle assez fortement pour en intercepter la circulation : 3° Le *casseau* est le procédé qui est le plus employé parce qu'il offre des avantages réels; on place un casseau jusqu'auprès de l'anneau ombilical en saisissant le pli formé par la peau qui constitue le sac herniaire. Quelquefois on place une cheville au-dessous du casseau, dans le pli de la peau, pour empêcher le déplacement de celui-ci: 4° La *suture* à points passés *entrecroisés* est employée, de manière à lier par petites portions, près de sa base, la poche formée par la peau. Bénard a inventé, pour cette opération, une pince particulière. Mangot emploie la suture également, mais après avoir fait passer la portion de peau qu'il veut détruire à travers l'ouverture ménagée dans le milieu d'une plaque en plomb, fixée sous le ventre par des liens qui partent de chacun de ses angles. Noulard incise la peau et la sépare du péritoine, qu'il fait rentrer dans l'abdomen avec le viscère hernié, et pratique ensuite la suture. — *Moyens médicaux.* Ils ont été regardés à tort comme insuffisants ou dangereux; les astringents, les toniques, les irritants ammoniacaux ont été abandonnés : mais un procédé nouveau, dû à Dayot, réussit parfaitement à faire disparaître le sac herniaire : il consiste à étendre avec un pin-

ceau une couche d'acide nitrique ou azotique à la surface de l'exomphale, deux fois dans l'espace d'une heure. Un engorgement œdémateux se produit et exerce une pression uniforme sur la tumeur ; l'intestin est refoulé dans la cavité abdominale. La chute de l'eschare formée par la peau ne produit aucun accident.

EXOPHTHALMIE, s. f. *Exophthalmia;* de ἐξ, hors, et ὀφθαλμός, œil : sortie de l'œil hors de la cavité de l'orbite. Cet accident est quelquefois le résultat de tumeurs développées dans l'orbite; il est fréquemment dû à des causes violentes, à des contusions. L'exophthalmie est rare dans le cheval, dont l'œil est protégé par une arcade orbitaire osseuse; elle est plus commune dans les carnivores, dont l'orbite n'offre supérieurement qu'un ligament pour terminer sa courbure. Dans les petits animaux, cette maladie est due souvent à des coups de griffe de chat. Il faut distinguer la *providence* du globe, de l'*exophthalmie* proprement dite, qui est beaucoup plus grave. Dans la providence, l'œil est seulement proéminent; il n'est pas entièrement sorti de l'orbite ; il peut revenir à son état normal. Le traitement antiphlogistique donne, dans ce cas, un bon résultat. Quand l'œil est entièrement sorti de l'orbite, le globe oculaire forme en dehors des paupières une tumeur flasque, ridée; la cornée est terne, desséchée; la vision est complétement abolie. Si l'exophthalmie vient d'être produite, on peut encore tenter de remettre dans sa coque le globe luxé, sans espérer toutefois qu'il reprenne ses fonctions, parce que la distension des nerfs a été trop prononcée. Pour peu que le globe soit insensible et altéré par le contact de l'air, l'extirpation est la seule ressource à employer : on la pratique avec des ciseaux; la plaie qui résulte de cette opération ne réclame pas de traitement particulier.

EXOPTILE, adj., *exoptilis*; c'est l'opposé d'*endoptile* (*V.* ce mot).

EXORBITISME, s. m., de *ex*, hors, et *orbitum*, orbite; synonyme d'*exophthalmie* (Percy).

EXORHIZES, s. adj. ; de ἔξω, dehors, et ῥίζα, racine; Richard donne ce nom aux plantes dont la radicule est extérieure et à nu. Elles correspondent aux dicotylédones.

EXOSTOME, s. f., *Exostoma*, de ἔξω, dehors, et στόμα, bouche ; ouverture que laisse, en revenant sur elle-même, la primine ou première membrane de l'ovule.

EXOSTOSE, s. f., *Exostosis*, de ἐξ, de, et ὀστέον, os; tumeur osseuse qui se développe à la surface d'un os. Plusieurs exostoses ont reçu des noms particuliers; telles sont la *jarde*, la *courbe*, l'*éparvin calleux*, etc. (*V.* ces mots). Sous le rapport de leur développement, les exostoses sont *parenchymateuses*, quand elles naissent dans le parenchyme de l'os; *épiphysaires*, lorsqu'elles se forment dans les parties extérieures,

Les premières ont une texture éburnée ; on les voit fréquemment sur la mâchoire inférieure des grands animaux. Les autres ont un aspect aréolaire ; elles semblent surajoutées à l'os primitif ; elles sont communes autour du genou, du jarret du cheval. On donne aux exostoses des noms différents d'après leur situation : celles du jarret sont la *courbe*, la *jarde*, l'*éparvin calleux* ; sur le canon, elles s'appellent *osselet*, *suros*, *chapelet*, *fusée* ; autour de la couronne, l'exostose est désignée sous le nom de *forme*. Une tumeur osseuse *générale* constitue l'*hypérostose*, ex. : boursouflement des sunaseaux dans le cheval morveux. Dans les animaux, c'est autour des grandes articulations par charnière qu'on remarque le plus souvent les exostoses ; les dents peuvent aussi en présenter. Elles sont variables quant à leurs formes ; elles sont élevées en pyramide ou présentent une large surface mamelonnée ; les unes forment des éminences styloïdes, les autres des bosses, semblables à l'aspect du chou-fleur. — Les causes internes qui les produisent sont peu connues : on attribue quelquefois les exostoses au rachitis, aux rhumatismes : on les voit se développer sous l'influence de la morve et du farcin. Les causes externes sont plus faciles à apprécier ; les contusions, les chutes, les efforts, les tiraillements des ligaments, le travail prématuré les occasionnent fréquemment. — Quand les exostoses se développent promptement, elles causent une douleur aiguë et font boiter le cheval ; cette boiterie diminue par l'exercice. Les exostoses éburnées qui se montrent lentement ne font pas boiter, à moins qu'elles ne soient situées trop près d'une articulation. Une tumeur osseuse peut déplacer des muscles, des tendons ; développée dans le bassin, elle déplace des organes importants ; dans l'orbite, elle peut produire l'exophthalmie. Sous le rapport du diagnostic, il est difficile de toujours distinguer l'exostose proprement dite de la périostose. — Les phénomènes qui président à la formation des exostoses parenchymateuses, sont les suivants : 1° action vitale augmentée dans une partie de la trame de l'os ; 2° absorption d'une partie du phosphate de chaux et ramollissement du parenchyme osseux ; 3° turgescence du tissu cellulaire osseux qui constitue l'exostose ; 4° enfin, irruption de matière calcaire, qui constitue la dureté de la tumeur. — Le pronostic est fâcheux, lorsque les exostoses apportent des obstacles à l'exercice d'une fonction ; elles nuisent toujours à la valeur d'un animal. — Dans le début, on met en usage les altérants, les fondants, entre autres l'iodure de mercure en pommade, les vésicatoires, en même temps qu'on combat les causes internes quand elles paraissent exister. La chirurgie fournit les moyens de traitement de l'exostose limitée, ancienne, dont on veut au moins borner le développement. C'est le feu qu'on applique de préférence sous diverses formes, telles que la cautérisation médiate, la cautérisation transcurrente, le feu en pointes pénétrantes ou bornées à la surface de la peau. On peut, avec la scie, la gouge, des tenailles coupantes, faire sauter les exostoses à pédicule étroit de l'os maxillaire. On a essayé de traiter les exostoses du canon par la section du périoste. *V.* Périostotomie et Suros. — *Bot.* Excroissance du premier ordre. *V.* Excroissance.

EXOTHÈQUE, s. f., *Exothecium*, de *ξω*, dehors, et *θήκη*, étui : membrane extérieure des loges de l'anthère.

EXOTIQUE, adj., *exoticus* ; se dit, par opposition à *indigène*, des productions qui viennent d'un pays autre que celui où l'on se trouve, ou dont on parle. — *Pharm.* Nom donné aux médicaments provenant de contrées plus ou moins éloignées. Quelques-uns d'entre eux, comme le *quinquina*, le *camphre*, l'*opium*, etc., jouissent de propriétés si précieuses qu'il est impossible de les remplacer par les médicaments *indigènes* (*V.* ce mot). Mais il en est beaucoup d'autres qui ont pour principal mérite de venir de loin et de coûter fort cher ; ceux-ci doivent toujours être remplacés par les médicaments fournis par le pays, et il devra en être toujours ainsi en médecine vétérinaire, à moins qu'on ne manque complétement de *succédanés* (*V.* ce mot).

EXPANSIBILITÉ, s. f., *Expansibilitas*, de *ex*, hors, et *pandere*, étendre : propriété qu'ont les gaz et les vapeurs de s'étendre indéfiniment dans les lieux où ils se trouvent, quelque vastes qu'ils soient. Cette propriété est due à l'excès de la force répulsive sur la force attractive des molécules de ces corps : c'est sur elle qu'est fondée principalement leur *élasticité* (*V.* ce mot) ; elle augmente à mesure que la température s'élève et que la pression supportée par ces fluides diminue. — *Anat.* Propriété qu'ont certains organes de se distendre, d'augmenter de volume, ex. : les organes ayant pour base le tissu érectile.

EXPANSIBLE, adj. ; qui jouit de l'expansibilité ; c'est le caractère des *gaz*, des *vapeurs* et des tissus érectiles.

EXPANSION, *V.* Fascia.

EXPECTATION, s. f., *Expectatio* ; action d'attendre. Méthode médicale par laquelle on laisse agir la nature dans la marche d'une maladie, sans intervenir par une médication active. Elle est généralement le résultat du scepticisme ; elle donne trop aux maladies le temps de s'aggraver. Cependant l'expectation est utile, quand on a la certitude que l'affection que l'on observe se terminera facilement par les seules ressources de l'organisation, ou bien lorsque la maladie a un cours forcé, qu'on ne pourrait troubler impunément.

EXPECTORANTS, s. et adj., *Expectorantia* ; de *expectorare*, chasser de la poitrine. Mé dicaments propres à provoquer l'expulsion des matières muqueuses ou purulentes des voies aériennes, à modifier le tissu de la membrane muqueuse des bronches : ils portent aussi le nom de *béchiques incisifs.* Ils sont *directs* ou *indirects ;* les premiers consistent en des gaz ou des vapeurs qu'on fait pénétrer dans les voies respiratoires avec l'air inspiré ; tels sont le chlore, l'ammoniaque, les vapeurs de vinaigre, d'éther, celles des baies de genièvre qu'on brûle sur un réchaud, etc. ; les expectorants *indirects* qu'on introduit dans le tube digestif agissent par l'intermédiaire du sang et des nerfs pneumogastriques ; ils sont *minéraux*, comme le kermès, le sulfure noir d'antimoine, l'émétique, le soufre, le sulfure de potasse, etc., *végétaux* comme la scille, le colchique, la digitale, l'assa-fœtida, le lichen d'Islande, les labiées amères, etc. Ces médicaments sont employés dans la dernière période de la bronchite, dans le catarrhe pulmonaire, la gourme, la morve, la pousse, la phthisie pulmonaire, etc. Ils sont moins usités chez les animaux que chez l'homme.

EXPÉRIMENTATION. s. f. : méthode par laquelle s'acquièrent les connaissances positives dans la plupart des sciences naturelles. Elle consiste à produire ou à provoquer la manifestation de certains phénomènes, afin d'en étudier le mode de production, d'en établir les lois et de remonter à leur cause efficiente. C'est l'expérimentation qui a conduit la physique et la chimie au degré de perfectionnement si remarquable où elles sont parvenues ; on peut dire qu'elle constitue en quelque sorte ces sciences, ou que, sans l'expérimentation, elles ne seraient rien. Cette méthode d'interroger la nature, n'est pas moins précieuse en médecine, en physiologie, en thérapeutique, en hygiène, en agriculture ; et son emploi continu et sévère est le seul moyen d'amener ces sciences, toutes d'application, au degré de perfectionnement désirable.

EXPIRATEUR, adj. ; qui sert à l'expiration. On appelle *muscles expirateurs* tous ceux qui concourent à rétrécir le diamètre de la poitrine, et par conséquent à chasser l'air contenu dans le poumon. Les principaux sont le transversal des côtes, le triangulaire du sternum, l'ilio-spinal, etc.

EXPIRATION, s. f., *Expiratio ;* partie de la fonction de la respiration consistant dans l'expulsion de l'air qui a été introduit dans le poumon par *l'inspiration. V.* Respiration.

EXPLOITATION, s. f., *Cultura, Cæsio ;* action d'exploiter, de cultiver et d'entretenir la terre, les forêts, pour en obtenir des produits. *V.* Culture, Assolements, Forêts.— Exploitation agricole : direction d'un domaine : manière dont il est exploité. L'exploitation agricole se fait selon l'un des trois modes suivants : 1° par *maître-valet ;* il est principalement en usage dans le Languedoc.

S'il a l'avantage de permettre au possesseur de diriger la culture, il a aussi plus souvent l'inconvénient de livrer l'exploitation à des mains mercenaires et peu intelligentes, et de placer le propriétaire sous la dépendance et en quelque sorte à la merci d'un ouvrier maladroit ou infidèle. On peut, il est vrai, intéresser le maître-valet dans la production ; mais alors on ne doit pas, comme cela se pratique fréquemment en pareil cas, l'intéresser à une branche exclusive de la production, mais à toutes, afin de lui faire sentir la nécessité de n'en négliger aucune : 2° par *colonage* ou *métayage :* dans ce mode d'exploitation, le propriétaire donne un fonds à cultiver, moyennant partage des produits. Il est fréquent dans le midi, dans le centre et l'ouest de la France, mais très peu connu dans le nord et dans l'est. Rien n'est plus varié que les conditions du *bail à métairie*, selon les lieux, en ce qui concerne les animaux et les fourrages. Il serait impossible d'indiquer ici, même sommairement, les coutumes générales auxquelles les contrats de métayage sont subordonnés, les clauses de toute sorte que le calcul, la défiance, la routine y font introduire ; 3° par *fermage ;* c'est le mode le plus rationnel. Ici l'exploitant, le fermier peut concevoir et travailler pour l'avenir, disposer, comme il l'entend, des animaux et de tous les produits de la terre ; il est libre, et c'est cette liberté qui entretient son émulation. Le fermage est principalement mis en usage dans les pays de grande culture, dans ceux où la terre, moins divisée, permet les grandes exploitations, les larges entreprises, les longs baux. Dans le fermage, le propriétaire ne fournit ordinairement que les bâtiments d'exploitation et les terrains. Mais, dans les contrées où le métayage a été supprimé depuis peu, on trouve dans les baux des modifications qui conduisent, par transition, de ce dernier mode au fermage simple. — L'exploitation par maître-valet et par métayage est vicieuse à bien des titres. Deux raisons puissantes, principales, doivent surtout en faire désirer la suppression graduelle : la nécessité de ne confier l'exploitation de la terre qu'à des hommes qui ont en même temps un intérêt sérieux et les moyens propres à la faire prospérer ; la nécessité de laisser à celui qui exploite une liberté sans laquelle, dans l'industrie, il n'y a ni efforts spontanés, ni progrès. — L'étendue d'une exploitation agricole ne peut être fixée d'une manière absolue ; elle est relative à la situation, à la nature du sol et à toutes les autres circonstances culturales. Ce que l'on a dit du *morcellement des terres* doit être entendu dans un sens relatif. En thèse générale, une exploitation dont la contenance dépasse 50 à 60 hectares est une grande exploitation. Celles où le travail est fait à bras d'homme rentrent dans la petite culture. — Celui qui veut étudier une exploitation, doit se préoccuper :

1° de l'étendue absolue des terres ; 2° de l'étendue relative consacrée à chaque genre de culture ; 3° de l'assolement suivi ; 4° de la nature du sol, de sa direction, des sources et cours d'eau ; 5° de son état de puissance et de fertilité ; 6° de l'orientement, de la distribution, de la salubrité des bâtiments d'exploitation ; 7° enfin, des débouchés offerts aux produits et de la valeur des races domestiques.

EXPLOSIF, **IVE**, adj., *explosivus;* qui peut faire explosion ou la provoquer ; *mélange explosif, V.* DÉTONANT ; *distance explosive (V.* ces mots).

EXPLOSION, s. f., *Eruptio;* bruit instantané et violent produit par l'inflammation brusque ou la décomposition spontanée de certains corps (*V.* DÉTONATION), ou par l'excès de tension d'une vapeur qui brise le réservoir qui la contient.

EXPORTATION, *V.* IMPORTATION.

EXPOSITION, s. f., *Positio;* direction de la surface d'un terrain par rapport aux pôles de la terre. De là les expositions correspondant aux quatre points cardinaux. On conçoit qu'elles se combinent entre elles pour former des expositions intermédiaires. Les différences dans l'exposition font varier beaucoup le caractère et l'activité de la végétation. Ces effets sont le résultat des divers degrés d'échauffement du sol sous l'influence directe des rayons solaires. L'exposition du levant est favorable, parce que l'échauffement est graduel. Néanmoins, elle occasionne au printemps des brûlures. L'exposition opposée, celle du couchant, est froide et surtout humide ; elle convient aux grands arbres, aux plantes qui ont besoin, pour végéter, de beaucoup d'eau, dont les fruits sont tardifs. L'exposition du nord ne peut être bien supportée que par les arbres résineux. La plus avantageuse est celle du midi, parce que, pour elle, l'échauffement et le refroidissement sont progressifs. Des cultures méridionales, l'olivier, l'amandier, la vigne, etc., prospèrent à une bonne exposition dans des latitudes supérieures à celles qu'elles réclament naturellement.

EXPRESSION, s. f., *Expressio ;* nom donné à une opération pharmaceutique qui consiste à soumettre à une pression mécanique les substances succulentes et parenchymateuses, afin d'en extraire les sucs. Elle se fait par divers moyens : on comprime la substance tantôt en la serrant entre les mains ; tantôt en l'enfermant dans un tissu de toile, roulant les bords l'un sur l'autre et tordant en sens contraire ; tantôt, enfin, en employant une presse à vis en bois ou en fer. L'expression est le moyen principal de la préparation des *extraits,* des *sucs,* etc.; elle forme souvent le complément d'une autre opération comme la décoction, la macération, etc. Cette opération est employée également en chimie, notamment pour l'extraction de plusieurs principes immédiats végétaux ou animaux.

EXSERT, **TE**, adj., *exsertus, V.* EXERT.

EXSERTION, s. f., *Exsertio;* mot que de Candolle propose de substituer à *insertion,* parce qu'il rappelle que les organes saillants ne sont point produits d'une manière concentrique, mais excentrique, par allongement ou division.

EXSTIPULÉ, **ÉE**, adj., *exstipulatus;* dépourvu de stipules. De Candolle fait observer que l'exstipulation doit être constatée dès le moment de la naissance des feuilles, car beaucoup de stipules sont éphémères ou caduques.

EXSTROPHIE, s. f., de εξ, hors, et στροφη, renversement ; extroversion d'un organe creux. Cette expression s'applique principalement à un état de la vessie dans lequel le col vésical manque, ainsi que la paroi antérieure de cette poche, et une portion du périnée.

EXSUDATION, s. f., *Exsudatio,* de *ex,* dehors, et *sudor,* sueur ; suintement d'un liquide contenu dans un réservoir naturel. Le mot *exsudation* indique surtout une filtration mécanique, différente de celle occasionnée par l'exhalation. — *Bot.* Les excrétions végétales les plus communes, les plus constantes, se font sous la forme d'exsudations, *V.* EXCRÉTIONS.

EXTEMPORANÉ, **ÉE** adj., *extemporaneus,* de *extemporalis,* qui se fait sur-le-champ ; nom donné à certains médicaments composés magistraux, qui ne doivent être préparés qu'au moment d'en faire usage ; tels sont, par exemple, les *électuaires,* les *émulsions,* les *préparations volatiles,* celles d'*ammoniaque,* d'*éther,* etc., *V.* MAGISTRAL.

EXTENSEUR, s. et adj., *Extensor,* de *extendere,* étendre ; qui étend. Beaucoup de muscles ont reçu ce nom en raison de leur usage. — *Extenseurs de l'avant-bras :* ils sont au nombre de cinq, s'insérant tous à l'olécrâne. Le *long extenseur,* ou *long scapulo-olécrânien,* prend son origine à l'angle dorsal du scapulum. Le *gros extenseur,* ou *grand scapulo-olécrânien,* provient de tout le bord postérieur du même os. Le *court extenseur,* ou *huméro-olécrânien externe,* naît de la ligne demi-circulaire située au-dessus de la tubérosité externe du corps de l'humérus. Le *moyen extenseur,* ou *huméro-olécrânien interne,* provient du pourtour de la tubérosité interne de l'humérus. Le *petit extenseur,* ou *petit huméro-olécrânien,* prend son origine sur le contour de la fosse olécrânienne. — *Extenseurs du métacarpe :* ils sont au nombre de deux. L'*extenseur antérieur,* ou *épitrochlo-pré-métacarpien,* naît de la crête antérieure de l'épitrochlée et de la tubérosité externe de l'humérus, et va s'insérer à la tubérosité antérieure, supérieure et interne de l'os métacarpien principal. L'*extenseur oblique,* ou *adducteur, cubito-métacarpien oblique,* de Girard, prend son origine au côté externe du radius et gagne obliquement la tête du métacarpien latéral interne, à laquelle il s'insère par un tendon aplati. — *Extenseurs du métatarse* : ils sont aussi au nombre de deux. Le *premier extenseur*, ou *les jumeaux*, ou le *bifémoro-calcanéen*, ou encore le *gastro-cnémien*, prend son origine aux deux côtés de l'extrémité inférieure du fémur, et va s'insérer par un fort tendon au sommet du calcanéum. L'*extenseur latéral* ou *plantaire grêle*, ou *péronéo-calcanéen*, naît de la tubérosité externe de l'extrémité supérieure du tibia, près du péroné, et va rejoindre, par son tendon, celui du précédent. — *Extenseurs des phalanges.* Ces muscles sont au nombre de deux à chaque membre, soit antérieur, soit postérieur. Au membre thoracique, *l'extenseur antérieur* ou *commun*, ou *épitrochlo-pré-phalangien*, naît à la fois de l'épitrochlée, de l'extrémité inférieure de l'humérus, du ligament latéral interne de l'articulation du coude, et de la tubérosité externe et supérieure du radius ; il va s'insérer par un long tendon à l'éminence pyramidale du bord supérieur de la troisième phalange. L'*extenseur latéral* ou *oblique*, *cubito-pré-phalangien* de Girard, prend son origine au côté externe des deux os de l'avant-bras, et s'insère à l'extrémité supérieure de la première phalange. Au membre postérieur, *l'extenseur antérieur*, ou *fémoro-pré-phalangien*, naît de l'extrémité inférieure du fémur, entre le condyle externe et la poulie antérieure, et va se terminer, comme l'extenseur du membre antérieur, à l'éminence pyramidale de la troisième phalange. L'*extenseur latéral*, ou *péronéo-pré-phalangien*, s'attache au ligament latéral externe de l'articulation fémoro-tibiale et à toute la longueur du péroné, pour aller confondre son tendon avec celui du précédent sur la face antérieure du métatarse. — Dans les *didactyles*, chaque membre, soit antérieur, soit postérieur, possède trois extenseurs des phalanges : l'un médian, dont le tendon bifurqué s'attache aux deux troisièmes phalanges qu'il rapproche l'une de l'autre en les étendant ; les deux autres appartenant chacun à un doigt qu'ils écartent de son pareil, lorsqu'ils se contractent.

EXTENSIBILITÉ, s. f., *Extensibilitas*, de *ex*, hors, et *tendere*, tendre. On donne ce nom à la propriété qu'ont certains corps de s'étendre sans se rompre, sous l'influence de tractions opposées, et souvent de revenir ensuite à leur forme première : dans ce dernier cas, on dit que ces corps sont *élastiques*, *rétractiles*, comme on le remarque dans le caoutchouc, le tissu fibreux jaune, celui qui forme le dartos, la peau, etc. L'extensibilité, généralement très marquée dans les tissus mous de nature organique, est une propriété plutôt vitale que physique, ou du moins formant une sorte d'intermédiaire entre ces deux ordres de propriétés.

EXTENSIBLE, adj., *extensibilis* : qui jouit de l'*extensibilité* ou qui est susceptible de s'allonger, de s'étendre, sans se rompre.

EXTENSION. s. f., *Extensio*, de *extendere*, étendre : redressement des angles formés par les os constituant une articulation. Ce mouvement est l'opposé de la flexion. — *Chirurgie.* Opération qui consiste à tirer fortement, soit avec les mains pour les petits animaux, soit avec des lacs, sur les grands sujets, la partie mobile d'un membre fracturé, pour ramener graduellement l'os brisé ou déplacé à sa position normale. C'est une action opposée à la puissance qui retient l'autre extrémité, et que l'on nomme la *contre-extension*.

EXTÉRIEUR : adjectif employé substantivement pour désigner la partie des études vétérinaires qui s'occupe de l'examen des beautés et des défectuosités des animaux, de leurs qualités, de leurs défauts, de leur aptitude à tel ou tel service, etc. L'extérieur n'est qu'une application des différentes branches qui composent la science vétérinaire. Il emprunte surtout ses principes à l'anatomie, à la physiologie, à la physique et à la pathologie.

EXTINCTION, s. f., *Extinctio* ; action d'éteindre ; *extinction de la chaux :* action de verser de l'eau sur la chaux vive et de la transformer en hydrate ou *chaux éteinte* ; *extinction du mercure* : opération qui consiste à détruire le brillant métallique du mercure en le triturant avec un corps gras, comme cela se pratique dans la préparation de la pommade mercurielle. Opération de pharmacie qui consiste à chauffer au rouge certains corps et à les tremper ensuite brusquement dans l'eau froide pour détruire leur cohésion ; c'est l'artifice qu'on emploie pour pulvériser les pierres siliceuses ou *quart-zeuses*.

EXTIRPATEUR, s. m. ; instrument agricole ayant la forme générale d'une herse, muni de pieds ou d'espèces de socs propres à déraciner et à entraîner les herbes nuisibles. Cet instrument ne diffère du *scarificateur*, qui sert aux mêmes usages, que par la forme de ses pieds. L'extirpateur est armé de cinq ou sept socs. Il convient surtout aux terres légères et abrège le travail. Dans les terres fortes, on l'emploie avec avantage sur les jachères, après un labour. Les extirpateurs de Fellemberg, de Dombasle modifié, sont les mieux connus.

EXTIRPATION, s. f., *Extirpatio*, de *ex*, hors, et *stirps*, racine : action d'enlever, de retrancher une partie malade. On extirpe des glandes, des tumeurs, des polypes, etc., en se conformant à quelques règles qui consistent à inciser la peau sur un ou plusieurs points, pour la disséquer ensuite et enlever jusques aux racines les parties malades. Ce mot est synonyme d'*amputation*, d'*évulsion*, d'*extraction*.

EXTOZOAIRE. *V.* Ectozoaire.

EXTRA-AXILLAIRE, adj., *extra-axillaris* ; se dit des bourgeons, des pédoncules, etc., qui naissent à côté ou hors de l'aisselle des feuilles.

EXTRACTIF, s. m., de *extrahere*, extraire ; nom sous lequel les anciens chimistes désignaient un produit complexe, mal défini, qu'ils plaçaient au nombre des *principes immédiats végétaux*. Les recherches des chimistes actuels démontrent que l'extractif n'est pas un principe unique, mais bien un mélange de plusieurs substances souvent fort différentes les unes des autres par leur nature. Il forme la base des sucs et des extraits végétaux ; il est généralement mou, amorphe, d'une teinte foncée, d'une odeur très variable, soluble dans l'eau et l'alcool faible, insoluble dans l'éther, l'alcool anhydre, les huiles grasses et les essences. Exposé à l'air, l'extractif s'altère rapidement en absorbant de l'oxygène et en devenant en grande partie insoluble dans l'eau. De là, la nécessité d'évaporer rapidement les sucs pour préparer les extraits.

EXTRACTION, s. f., *Extractio*, de *extrahere*, tirer de : opération chirurgicale qui consiste à retirer, avec la main seule ou armée d'instruments, un corps étranger accidentellement introduit, ou développé contre nature. Plusieurs opérations constituent de véritables extractions, telles sont l'œsophagotomie, la cystotomie, les diverses ponctions, etc. — *Chim. et Pharm.* Opération chimique ou pharmaceutique par laquelle on sépare un corps, un principe quelconque, des matières dans lesquelles il est contenu. — En *chimie*, on emploie le mot *extraction* pour désigner la séparation des métaux de leurs minerais, et quelquefois celle des principes immédiats des végétaux et des animaux ; mais la formation de la plupart des corps composés, la séparation des corps simples, gazeux, etc., portent plus particulièrement le nom de *préparation* (*V.* ce mot). — En *pharmacie*, l'extraction se fait par des moyens très divers et fort nombreux : les uns sont purement *mécaniques*, comme la *cassation*, l'*expression*, la *filtration* ; physiques, comme la *congélation*, la *cristallisation*, l'*évaporation*, la *fusion*, la *sublimation*, la *torréfaction* ; chimiques ou *physicochimiques*, comme la *clarification*, la *décoction*, la *digestion*, la *distillation*, l'*infusion*, l'*immersion*, la *macération*, le *solution*, etc. (*V.* ces différents mots).

EXTRA-FOLIACÉ, ÉE, adj., *extra-foliaceus* ; on désigne par cette épithète les organes qui, au lieu de s'insérer sur les feuilles ou les pétioles, comme le font ordinairement les organes pareils, naissent d'un autre point.

EXTRA-FOLIÉ, ÉE, adj., *extra-foliatus* : Mirbel appelle ainsi la *hampe* qui naît sur la racine en dehors des feuilles, ex. : le *Convallaria maïalis*.

EXTRAIRE, adj., *extrarius* ; se dit de l'embryon placé en dehors du périsperme.

EXTRAIT, s. f., *Extractum*. Nom donné à une classe de médicaments officinaux provenant de l'évaporation des sucs naturels ou des dissolutions artificielles des plantes et des animaux. Les *véhicules* de ces préparations pharmaceutiques sont l'eau, l'alcool, plus rarement le vinaigre, le vin et l'éther. Leur extraction se fait en deux temps : dans le premier, on prépare le suc ou la dissolution, et dans le second, on les concentre. La préparation des *sucs* végétaux est simple, et s'effectue au moyen de procédés mécaniques qui seront indiqués au mot *suc* ; quant à celle des dissolutions artificielles, elle a lieu par *infusion*, *macération*, *décoction*, *digestion*, et surtout par *lixiviation* (*V.* ces mots). La concentration des liqueurs qui doivent fournir les extraits se fait toujours par évaporation à feu nu, à la vapeur, au bain-marie, au soleil, plus rarement dans le vide. Elle doit être continuée jusqu'à la dissipation complète du véhicule qui a servi à la préparation de l'extrait, ou jusqu'à ce que ce produit ait acquis une consistance molle ou solide, dont le degré varie selon chaque substance, et que la pratique seule apprend à déterminer. — La préparation des extraits avec les sucs est un peu plus compliquée, lorsqu'on doit enlever l'albumine végétale ; ce qui a lieu par la filtration après la coagulation de cette substance protéique au moyen de la chaleur ou de l'alcool concentré. Les extraits bien préparés doivent être luisants, fermes, d'odeur et de couleur variables selon leur origine, dépourvus d'odeur empyreumatique, et se dissoudre facilement dans l'eau ou l'alcool, suivant la nature de leur véhicule. Leur préparation a pour avantage de rapprocher les principes actifs de certaines substances médicinales, de les conserver en toute saison, de faciliter leur administration et le développement de leurs effets. On les divise, selon la nature de leur principe prédominant : en extraits *sucrés*, *gommeux*, *résineux*, *gommo-résineux*, *salins*, *savonneux*, etc. ; suivant le véhicule employé : en extraits *aqueux*, *alcooliques*, *éthérés*, *vineux*, etc. ; selon leur consistance, on les distingue aussi parfois en extraits *mous*, *solides*, *secs*, etc.

EXTRAIT DE BELLADONE. Il se prépare avec le suc exprimé des feuilles fraîches écrasées dans un mortier ; on peut le dépouiller de l'albumine qu'il contient, soit par la chaleur, soit par l'alcool concentré, afin de le rendre plus actif ; on ne prend pas toujours cette précaution. Il est peu employé à l'intérieur, si ce n'est pour provoquer la dilatation du col de la matrice, lorsque, par sa contraction spasmodique, il met obstacle à la sortie du fœtus ; l'application est directe. Pour la plupart des autres usages, on lui préfère la belladone. — Donné à l'intérieur, la dose sera de 10 à 15 grammes pour les grands animaux, et de 1 à 2 gram. pour les petits.

EXTRAIT DE CIGUE. On l'obtient, comme le précédent, par la concentration du suc retiré de la plante fraîche, dépuré ou non. Cette préparation, lorsqu'elle est faite avec soin, peut remplacer toutes celles dont la ciguë est la base; elle se donne, à l'intérieur, à la dose de 5 à 10 gram. aux grands herbivores, et à celle de 5 à 8 centigram. aux petits animaux. A l'extérieur, il produit des effets fondants assez énergiques; mais il a été peu employé jusqu'ici sur les animaux.

EXTRAIT DE GENIÈVRE. ♃ Baies de genièvre, 500 gram.; eau distillée, 1,500 gram. Ecrasez grossièrement les baies dans un mortier; faites macérer avec une partie de l'eau pendant vingt-quatre heures, et passez avec expression; reprenez par l'eau restante comme précédemment, passez, exprimez, réunissez les deux produits et évaporez au bain-marie. — Préparation excitante et tonique, très fréquemment employée en médecine vétérinaire; c'est l'excipient le plus convenable pour l'administration des poudres toniques ou excitantes. Pur, on le donne à la dose de 30 à 40 grammes aux grands animaux.

EXTRAIT DE GENTIANE. ♃ Poudre de gentiane; humectez avec la moitié de son poids d'eau tiède; laissez macérer vingt-quatre heures, et passez; ou mieux : placez la poudre dans un appareil à lixiviation; épuisez par l'eau tiède, et évaporez. — Cet extrait est un excellent tonique; il convient de l'associer aux excitants végétaux. On le donne aux grands animaux à la dose de 30 à 45 grammes, dissous dans l'eau, le vin, les infusions aromatiques, ou en électuaire, uni à une poudre végétale.

EXTRAIT DE NOIX VOMIQUE. ♃ Poudre de noix vomique, 500 gram.; alcool ordinaire, 2,000 gram. Faites macérer pendant deux ou trois jours, ou, de préférence, épuisez dans un appareil à déplacement; distillez à une douce chaleur dans une cornue, afin de recueillir une partie du véhicule, et évaporez ensuite dans une capsule placée sur un bain-marie. — Cet extrait est un excitant violent de la faculté de motilité des nerfs; il se donne, en cas de paralysie du mouvement, à la dose de 4 à 10 gram. aux grands animaux, et à celle de 5 à 20 centigr. aux petits.

EXTRAIT AQUEUX D'OPIUM. ♃ Opium de bonne qualité, 500 gram.; coupez en tranches minces; faites macérer avec 3,000 gram. d'eau distillée pendant douze heures; malaxez ensuite avec les mains, et passez avec expression; reprenez le résidu par 6 p. d'eau, et agissez comme précédemment; réunissez les liqueurs, puis évaporez; dissolvez ce premier produit dans 16 p. d'eau et évaporez avec soin cette dissolution. — C'est la préparation d'opium la plus convenable pour l'usage des animaux, malgré son prix élevé. A l'intérieur, la dose variera de 8, 15 à 30 gram. et au delà, selon les cas, dans les grands animaux, et de 5 centigr. à 2 gram. chez les petits.

EXTRAIT DE PAVOT. ♃ Têtes de pavot; écrasez pour retirer les graines et faites macérer les débris de la capsule dans 5 à 6 parties d'eau chaude pendant vingt-quatre heures; passez ensuite avec expression, et concentrez avec beaucoup de soin. Cette préparation peut remplacer, quoique d'une manière incomplète, l'opium d'Orient; elle se donne à l'intérieur, à la dose de 15 à 20 gram. aux grands animaux, et à celle de 2 à 5 gram. aux petits.

EXTRAIT DE SATURNE, *V.* **ACÉTATE DE PLOMB.**

EXTRÉMITÉ, s. f., *Extremitas*; terminaison d'une partie allongée. Ce mot est souvent employé pour désigner les membres.

EXTRORSE, adj., *extrorsus*; dirigé en dehors. Ex : *les anthères de l'Iris.*

EXULCÉRATION, s. f., *Exulceratio*; commencement de la formation d'un ulcère; ulcération légère.

EXUTOIRE, s. m., *Exutorium*, de *exuere*, dépouiller; nom donné à tous les moyens employés pour déterminer, sur un point extérieur de l'économie, une inflammation et surtout l'établissement de la suppuration, dans le but de prévenir ou de combattre une congestion ou une inflammation menaçant des organes intérieurs; tels sont les sétons, les vésicatoires, les moxas, etc.

F

FACE, s. f., *Facies*, *vultus*; portion de la tête placée en avant et en dessous du crâne, auquel elle fait suite. La face est d'autant plus développée et plus allongée que le crâne est lui-même moins considérable; elle se compose de deux mâchoires : l'une *supérieure* ou *syncrânienne* formée de dix-neuf os articulés d'une manière immobile avec le crâne; l'autre *inférieure* ou *diacrânienne*, ayant pour base un seul os, et fixée au crâne par une articulation mobile. — On appelle encore *faces* les diverses surfaces que présentent des organes, comme les os, par exemple, où l'on trouve une *face interne*, une *face externe*, etc. — *Bot.* Se dit des surfaces planes comme celles des feuilles, des bractées, etc. — On donne aussi ce nom à la partie de l'anthère qui porte les sillons; elle est opposée au dos.

FACE (BELLE); on appelle *belle-face* une marque blanche très large occupant presque toute la partie antérieure de la tête du cheval, et s'étendant jusqu'aux yeux et même au-delà. Cette dénomination, exprimant une idée tout-à-fait contraire à la réalité, doit être remplacée par celle de *face blanche*.

FACETTE, s. f.; petite face, face peu étendue; ex. : *les facettes articulaires.*

FACIAL. adj., *facialis*, de *facies*, face : qui appartient à la face. — *Angle facial. V.* **ANGLE**. — *Artère faciale* : nom donné par Girard, d'après Chaussier, à la *carotide* *externe* (*V.* ce mot). — *Veine faciale* ; grosse veine logée dans une scissure de la parotide, résultant de l'union des veines *maxillaire interne, temporale superficielle* et *occipitale*, et constituant la principale racine de la veine *jugulaire*. La veine faciale reçoit dans son trajet les veines *auriculaire postérieure*, *maxillo-musculaire*, et quelques autres rameaux.— *Nerf facial* ou *septième paire* : né de la moëlle allongée avec la huitième paire, en arrière du pédoncule du cervelet, le nerf facial s'enfonce dans l'hiatus auditif interne, et gagne, par le conduit de Fallope, l'orifice du trou prémastoïdien. Dans le parcours de ce canal, il donne plusieurs rameaux, dont le principal est le *tympano-lingual*. Au-dehors du conduit , il donne les nerfs *auriculaires*, distingués en *antérieur, postérieur* et *interne*, un long rameau mince, dit *trachélien*, qui suit le trajet de la jugulaire jusqu'à la partie inférieure de l'encolure. Il se termine enfin par la branche *sous-zygomatique*, qui concourt à former la *patte d'oie*, et se ramifie dans la plupart des muscles superficiels de la tête. Le nerf facial est un nerf moteur.

FACIES, s. m. ; mot latin francisé, employé pour désigner l'aspect de la face ou même l'aspect général d'un sujet dans l'état de maladie. — *Bot.* Se dit, mais rarement, du port, de l'aspect d'une plante. *V.* Port, Habitus.

FAÇON, s. f., *Cultura;* opération qui a pour but le travail, l'ameublissement de la terre. Les labours, hersages, etc., sont des façons. On dit : Donner une première, une seconde façon à la vigne, aux champs.

FACULTÉ, s. f., *Facultas;* puissance naturelle, qui rend un être capable de produire certains effets, qui lui donne l'aptitude à faire quelque chose, à éprouver des sensations. *Faculté de sentir, de voir.*

FAIBLE, adj., *debilis:* qui manque de force, d'énergie. Ce mot s'applique aux animaux valétudinaires, affaiblis par l'état maladif. On s'en sert également pour ceux dont la conformation n'est pas disposée pour suffire à des travaux pénibles. On dit, par extension, qu'une *maladie est faible*, lorsque les symptômes n'ont pas une intensité prononcée.

FAIBLESSE, s. f., *Debilitas;* manque de force, de vigueur, diminution de forces vitales. La faiblesse est *générale* dans les maladies graves, qui affectent les viscères importants; elle est *partielle* dans les maladies locales, par exemple, dans celles des extrémités. En vétérinaire, le mot *faiblesse* est employé quelquefois pour désigner la conformation d'un animal qui n'est pas propre à produire une somme de forces relative à son volume.

FAIM, s. f., *Fames;* besoin de prendre des aliments solides, pour réparer les pertes éprouvées par l'économie. Le premier degré de la faim est appelé *appétit*. Beaucoup de causes ont été invoquées pour expliquer le développement de la faim. La seule chose positive, c'est que cette sensation réside dans le système nerveux de l'estomac. En effet, les narcotiques font cesser la faim, et, si l'on coupe les nerfs pneumo-gastriques, l'animal ne ressent plus le sentiment de satiété provoqué par les aliments, et continue à manger même après la réplétion complète du ventricule, jusqu'à ce que les aliments restent dans l'œsophage.

FAIM CANINE, état maladif dans lequel les chiens mangent, avec une grande voracité, des aliments qu'ils vomissent bientôt. Synonyme de *faim-valle*.

FAIM DE LOUP; variété de boulimie dans laquelle les digestions sont tellement incomplètes que les aliments sont rejetés par le rectum sans avoir été digérés.

FAIM-VALLE, **FAIM-CALLE**, s. f., *Fames caballa*, faim de cheval; synonymie : *faim canine, faim de loup, faim de bœuf, boulimie, fringalle*. C'est une névrose de l'estomac, particulière au cheval. Elle se manifeste par un état de faiblesse qui se déclare tout-à-coup, lorsqu'il est échauffé par la marche; il refuse obstinément d'avancer jusqu'à ce qu'on lui ait donné quelques aliments. Les affections vermineuses du tube digestif sont fréquemment la cause de cet état pathologique.

FAINE, s. f., *Nux fagina;* fruit du hêtre. Généralement on ne donne ce nom qu'à la graine. Cette partie a le volume d'une petite noisette, la forme d'une pyramide triangulaire dont les angles de la base seraient arrondis; son épisperme est consistant et rougeâtre. Elle renferme de l'albumine et une forte proportion d'huile grasse; torréfiée, elle prend une amertume assez agréable, et paraît même être consommée par quelques peuples du Nord en guise de café. A l'état frais, sa saveur rappelle celle de la noisette. Les ruminants, et surtout le porc, mangent la faine; il faut la leur donner avec précaution et mélangée. Son usage peut être dangereux: continué pendant quelque temps, il rend la chair molle, la graisse diffluente. La faine ne convient point aux solipèdes, et ne devrait être considérée comme utile que pour les animaux qui la prennent dans les bois. Dans les Alpes, le Jura, les Vosges, etc., on récolte la faine en octobre pour l'extraction de l'huile qui est douce, agréable, et peut être employée aux mêmes usages que l'huile d'olives commune. Le résidu de cette fabrication est appelé *tourteau de faine*, *V.* Glandée et Tourteau.

FAISCEAU, s. m., *Fasciculus*, dimin. de *fascis;* réunion de plusieurs choses semblables liées entre elles: *faisceau fibreux, faisceau musculaire, faisceau nerveux.* — *Faisceau lumineux;* assemblage de rayons de lumière partant du même point, se dirigeant dans l'espace en divergeant, et formant un cône lumineux: ceux qui viennent du soleil sont sensiblement parallèles à cause de la dislance — *Faisceau aimanté;* réunion méthodique d'aimants naturels ou artificiels, accolés de manière à ce que leurs pôles semblables soient réunis et puissent se renforcer mutuellement.—*Bot.* Les *fleurs* forment des espèces de faisceaux dans l'œillet des Chartreux: les *feuilles*, dans les pins, les mélèzes ; les *étamines*, dans l'adelphie, etc. On appelle aussi faisceaux les *paquets* ou *assemblages de fibres et de vaisseaux* comme épars dans les tiges des monocotylédonés.

FALCIFORME, adj., *falciformis*, de *falx*, *falcis*, faux, et *forma*, forme ; en forme de faux ou de faucille. — *Cloison falciforme de la méninge :* long repli formé par cette membrane, et s'étendant de la protubérance pariétale à la crête ethmoïdale, dans la grande scissure interlobaire du cerveau. — *Sinus falciforme :* sinus veineux renfermé entre les deux lames de la cloison falciforme. — *Ligament falciforme du foie :* ligament du lobe médian formé par le repli du péritoine qui recouvrait la veine ombilicale du fœtus. — *Feuille, fruit falciforme.*

FALÈRE, s. f. ; mot catalan, qui signifie *promptitude*, *activité;* indigestion particulière aux bêtes à laine, caractérisée par une météorisation qui amène rapidement la mort. Cette maladie, observée par Tessier dans les Pyrénées-Orientales, règne à l'état enzootique. Sous le rapport de sa nature, elle a une grande analogie avec la tympanite ou indigestion gazeuse. Elle se montre sur les moutons qu'on a conduits dans les pâturages artificiels mouillés encore par la pluie ou les grandes rosées d'automne ; elle est fréquente surtout dans les localités voisines des bords de la mer ; elle attaque des individus de tout âge, les mérinos aussi bien que les bêtes de la race Roussillonnaise. Les symptômes apparaissent tout-à-coup avec une violence extrême ; les animaux tombent dans un état marqué de stupeur et sont bientôt agités de violentes convulsions. Des gaz se développent dans les estomacs, dont l'augmentation de volume produit une gène marquée de la respiration. Au bout d'une à deux heures, tout est fini, les malades ont succombé. La météorisation est produite par le gaz hydrogène proto-carboné. On peut, sans danger, livrer à la consommation la chair des moutons qui meurent de cette affection. La ponction du rumen et l'usage de quelques boissons stimulantes, sont les moyens de traitement les plus avantageux à employer.

FALQUÉ, ÉE, adj., *falcatus;* en forme de faucille ; les cotylédons, les feuilles, les fruits, etc., peuvent affecter cette disposition.

FALSIFICATION, s. f., *Falsificatio*, de *falsum*, faux, et *facere*, faire ; altération volontaire et frauduleuse d'une substance médicamenteuse, par son mélange avec des substances inertes ou de qualité inférieure. La falsification s'opère en mélangeant à un médicament de bonne qualité, le même médicament altéré ou impur ; en y

mélangeant des corps inertes ou doués de propriétés différentes, mais ayant une analogie plus ou moins grande avec le médicament, soit sous le rapport physique, soit sous le rapport chimique. Les moyens de reconnaitre cette fraude sont très nombreux et varient suivant la nature des corps mélangés. Les médicaments chimiques sont d'un examen facile, et les mélanges dont ils ont été l'objet sont presque toujours dévoilés par les réactifs. L'adultération des substances d'origine organique, présente plus de difficultés: néanmoins, l'examen attentif de leurs caractères naturels, à l'œil nu ou armé d'instruments grossissants, l'emploi raisonné des dissolvants, celui de la chaleur, des réactifs chimiques, etc., conduit presque toujours à la découverte de la nature et de la proportion des corps mélangés.

FALSINERVE, adj., *falsinervis;* se dit, d'après de Candolle, des feuilles dont les nervures sont dépourvues de vaisseaux, ex. : les *fucus.* Leurs formes se rapportent à un petit nombre d'espèces.

FALUN, s. m. : débris coquilliers de divers âges formant des dépôts meubles, quelquefois très considérables, exploités en quelques endroits pour l'amendement des terres. On trouve souvent, dans les faluns, des os de mammifères. La Tourraine possède des falunières très étendues, recouvertes de quelques pieds de terre, et exploitées dans le pays depuis un temps immémorial.

FALUNAGE, s. m. ; action de déposer, sur les terrains en culture, pour les amender, du falun extrait des falunières. Le falunage remplace le marnage, s'exécute de la même manière, et produit les mêmes effets. En Tourraine, le falun est employé à la dose de 30 à 60 hectolitres par hectare ; en Angleterre, la dose est peut être moins forte, mais on y supplée par des composts.

FAMILLE, s. f., *Familia, ordo;* réunion d'un certain nombre de genres qui se rapprochent les uns des autres par plusieurs caractères communs. Les singes et les makis forment deux familles distinctes dans l'ordre des quadrumanes. — *Bot.* Ce mot a été introduit dans le langage botanique par Magnol, et universellement adopté par les botanistes français. Il désigne des groupes plus ou moins nombreux de plantes réunies en genres et en espèces. Les classifications des divers auteurs, reposant sur des caractères quelquefois très différents, font varier le nombre, les limites et le nom des familles dans les diverses classifications proposées, *V.* CLASSIFICATION, SYSTÈME, MÉTHODE. — *Famille naturelle :* groupe dont les divers genres ont entre eux beaucoup de ressemblance par l'organisation, le port, les caractères botaniques, les propriétés. Les Ombellifères, les Labiées, les Crucifères, etc., sont des familles *très naturelles.*

FANAGE, s. m. ; dessiccation des plantes fourragères. *V.* FENAISON.

FANES, s. f. ; tiges vertes ou desséchées des plantes qui ne sont pas spécialement cultivées comme fourragères, telles que la pomme de terre, le colza, la fève, etc.

FANEUSE, s. f. ; machine proposée pour remplacer le rateau et la fourche dans la fanage. La faneuse est mue par des animaux ; sa forme est variée ; en général, ce n'est pas autre chose qu'un rateau tournant sur un axe. Son emploi ne donne pas de bons résultats ; il doit être surtout rejeté pour les produits des prairies artificielles.

FANGEUX, EUSE, adj., *lutosus;* synonyme de *marécageux*, *V.* ce mot et MARAIS.

FANON, s. m. ; ce mot a plusieurs significations. On appelle *fanon* le repli de peau qui pend au bord inférieur du cou dans l'espèce bovine. On donne le même nom au bouquet de poils qui entoure l'ergot à la partie postérieure du boulet du cheval. Le fanon est d'autant plus développé que l'animal est de race moins fine. On appelle *fanons* les grandes lames cornées qui remplacent les dents chez la baleine. Enfin, on donne aussi ce nom à quelques appareils ou coussins entrant dans la composition des bandages.

FANONIERS (muscles) ; nom donné par Lafosse aux muscles *lombricaux inférieurs* du cheval.

FARCIN, s. m., *Farciminium;* inflammation suivie du ramollissement des ganglions et des vaisseaux lymphatiques. C'est une maladie redoutable qu'on observe fréquemment sur le cheval, rarement sur l'âne et le mulet, quelquefois sur le bœuf ; jamais elle ne se montre sur les carnivores. On lui a donné aussi le nom d'*Angéioleucite;* on l'a regardée comme ayant une grande analogie avec les scrofules de l'espèce humaine. Des opinions diverses ont été émises sur la nature de cette maladie ; Dupuy la considère comme une affection tuberculeuse : Hamont l'a comparée à la lèpre boutonneuse de l'homme. Généralement on place le siége du farcin dans le système lymphatique. — FARCIN DU CHEVAL. Les causes de cette affection ne sont pas encore bien déterminées ; on regarde, comme devant prédisposer à son apparition, le séjour dans les écuries basses et humides, l'usage des aliments de mauvaise qualité, des fourrages nouveaux, l'emploi des eaux insalubres pour boissons. C'est pendant les saisons pluvieuses, surtout l'automne et l'hiver, que cette maladie sévit le plus souvent. Le farcin se développe sous l'influence de l'absorption des matières purulentes par les vaisseaux lymphatiques (Renault). Il apparaît à la suite des plaies de mauvaise nature, des sétons qu'on laisse suppurer trop longtemps. Cette maladie peut se transmettre par contagion ; cette opinion, admise par les anciens, a été combattue de nos jours malgré les expériences positives de Gohier, qui prouvent sa transmission. Lépine a cité comme fait des plus concluants,

l'exemple du développement du farcin chronique sur les flancs de six juments, qui avaient été saillies par un étalon atteint lui-même de cette affection. Le farcin est contagieux pour l'homme par inoculation. — On distingue plusieurs espèces de farcin. Il peut être *local* ou *général*, *superficiel* ou *profond*, *malin*, *bénin*, *confluent*, *sporadique*, *enzootique*, *épizootique*. On reconnaît encore le farcin *volant*, *cordé*, en *cul-de-poule*. Enfin, il est une division généralement admise, c'est celle qui reconnaît le farcin *aigu* ou *chronique*. Les boutons farcineux se développent principalement le long du trajet des grosses veines sous-cutanées, dans les parties riches en ganglions lymphatiques, ex. : l'aine, les côtés de la poitrine et le poitrail. Néanmoins, ils se présentent un peu partout, même sur la conjonctive, la cornée transparente, la troisième paupière ou corps clignotant. Ils offrent, dans leurs prétendues espèces, beaucoup de caractères communs. — *Caractères du farcin chronique* : 1° *Tumeurs;* elles sont développées dans le tissu cellulaire sous-cutané, dans les ganglions et vaisseaux lymphatiques, quelquefois dans l'épaisseur de la peau ; leur disposition est cylindrique ou moniliforme. Elles ont une consistance qui, dans le début, a les caractères de l'induration blanche ; plus tard, des foyers purulents partiels se prononcent dans leur épaisseur et produisent l'ulcération des téguments. Observé dans cet état, le farcin est à peine douloureux ; 2° *Boutons.* Ce sont des tumeurs circonscrites, arrondies, qui se ramollissent également et fournissent un foyer. Disposés le plus souvent en forme de *cordes*, on les rencontre dans le voisinage des gros vaisseaux sous-cutanés. Quelquefois ces cordes sont *moniliformes* ou en *chapelet;* elles présentent alors des étranglements de distance en distance ; 3° *Ulcères.* Après leur ramollissement, les tumeurs et les boutons de farcin présentent des plaies de mauvaise nature à bords renversés, dont la suppuration exhale une odeur *sui generis*, ayant une certaine analogie avec celle du safran. C'est cette dernière forme qui est particulière au farcin des membranes muqueuses, telles que la pituitaire et la conjonctive. — Le pus contenu dans les abcès du farcin chronique est tantôt séreux, d'une couleur jaune-verdâtre, tantôt blanc, épais, comme dans les abcès froids : son action est délétère pour les tissus même les plus solides, tels que les os et les ligaments. — L'animal, qui ne présente que quelques boutons de farcin, paraît jouir de l'intégrité de ses principales fonctions ; mais quand l'affection cesse d'être locale pour devenir générale, et se présente sur plusieurs parties du corps à la fois, une réaction violente se fait sentir. La circulation est fortement troublée ; le pouls est d'abord accéléré ; plus tard, il devient lent et mou ; les caractères de l'hydrohémie se manifestent par la pâleur des muqueuses et des œdèmes ou infiltration sur les paupières, les parois abdominales, les extrémités. Dans le farcin chronique incurable, les tumeurs augmentent de volume ; elles s'abcèdent et multiplient les ulcérations. Une foule de complications surgissent par l'envahissement des organes voisins, et produisent des affections très rebelles, qui sont des ophthalmies, des plaies articulaires, le javart cartilagineux, etc. Le malade finit par tomber dans un état de marasme et d'épuisement qui se termine par la mort. — Tous les désordres observés à l'autopsie cadavérique se rapportent à des lésions du système lymphatique : induration, foyers purulents, ulcères, infiltrations séreuses. Les altérations observées dans les autres organes, tels que le poumon, le foie, les testicules, les os, ne sont dues qu'à des complications. On observe fréquemment l'engorgement des ganglions bronchiques et inguinaux. — Sous le rapport du pronostic, le farcin chronique local est facilement curable ; il n'en est pas de même, lorsqu'il envahit plusieurs parties du corps et présente des ulcères calleux, à suppuration fétide et sanieuse, quand il envahit la membrane pituitaire. — *Caractères du farcin aigu.* Ils sont bien différents de ceux du farcin chronique. Les tumeurs sont molles, douloureuses et s'abcèdent facilement. Elles fournissent des abcès moins bien organisés et qui contiennent un pus séreux et jaunâtre. Les ulcérations qui en résultent marchent avec rapidité ; celles qui se montrent sur la pituitaire ont, avec certaines lésions de la morve aiguë, une grande ressemblance qui peut causer une erreur de diagnostic. La réaction générale est violente et l'animal succombe en peu de jours s'il ne reçoit aucun secours, tandis que le farcin chronique marche lentement et ne cause la mort qu'après une existence de plusieurs mois. On peut rapporter au farcin aigu cette variété qu'on nomme *phlyclénoïde* et qui est un des symptômes de la morve aiguë. — Il est une question importante à étudier et qui n'est pas résolue, c'est celle de la récidive. Depuis longtemps les hommes de rivière préfèrent les chevaux qui ont été atteints et guéris du farcin, parce qu'ils les regardent comme exempts désormais de cette maladie. Cette opinion n'est pas complètement fondée. Fort souvent, nous avons constaté des récidives de farcin chronique, même pendant plusieurs années, sur les mêmes sujets. Il est à remarquer que nous n'avons jamais vu le farcin aigu se montrer deux fois sur le même animal ; aussi croyons-nous devoir appuyer cette idée, que cette variété n'est pas susceptible de récidive. — On a beaucoup discuté l'identité de la morve et du farcin ; c'est encore une question à élucider. Il est certain que ces deux maladies peuvent se compliquer, que le farcin en envahissant le nez, en altérant les principes du sang, les principales fonctions organiques, doit produire fréquemment la morve ; d'un autre

côté, cette dernière maladie se complique quelquefois de farcin. Mais il faut ajouter que l'on a souvent confondu, avec la morve, les ulcères farcineux de la pituitaire, et que chacune de ces maladies, étant inoculée, les conséquences de l'inoculation donnent une affection semblable à celle qui a fourni les produits communiqués. — *Traitement du farcin.* Il est incontestable qu'on guérit fréquemment le farcin ; chaque praticien se crée une méthode particulière pour traiter cette maladie. On a recommandé, pour la combattre, une foule de remèdes, et cependant il n'en est aucun qui soit réellement spécifique. Pour obtenir un bon résultat, il faut tenir compte des causes de la maladie et de la constitution de l'animal, dans le choix des moyens à employer. Le traitement est *hygiénique* ou *curatif*. Sous le rapport de l'hygiène, on doit s'attacher à diminuer l'influence du système lymphatique, soustraire les animaux à l'action pernicieuse des habitations humides, insalubres, etc. Le traitement curatif est *local* ou *général*. — A. Dans le début, le traitement *local* consiste à obtenir la résolution des tumeurs. Les émollients sont contre-indiqués ; il est préférable de procéder immédiatement à l'application de l'onguent vésicatoire ou du topique Terrat. Plus tard, lorsque ces médicaments ont diminué la tuméfaction et isolé les boutons ou abcès farcineux, on cautérise fortement ces collections purulentes avec le fer rouge. Pendant les premiers jours qui s'écoulent après la cautérisation, les plaies sont pansées avec le vin aromatique. Après la chute des eschares, on remplace ce topique par l'eau phagédénique. Voilà le traitement local employé le plus souvent et avec le plus d'avantage à l'École de Lyon. D'autres procédés peuvent également réussir. Les cordes farcineuses disparaissent quelquefois par l'application de l'onguent fondant de Lebas, de la pommade mercurielle, de la pommade de biiodure de mercure. La plupart des empiriques, qui ont adopté pour spécialité le traitement du farcin, font pénétrer dans les tumeurs ou boutons un fragment plus ou moins gros de sublimé-corrosif, qui produit une large escharification. Dans certains cas, on procède avec avantage à l'ablation des cordes farcineuses par l'instrument tranchant, surtout lorsqu'elles siègent sur le poitrail. Les plaies et ulcérations farcineuses se cicatrisent aussi plus facilement par l'application de l'eau de Rabel, des chlorures alcalins, de l'eau mercurielle, etc. — B. La saignée est rarement indiquée dans le traitement *général*, si ce n'est pour le farcin aigu, ou lorsqu'il s'agit d'un animal à tempérament sanguin, chez qui le farcin chronique produit une réaction fébrile. Les médicaments les plus opposés par leur action ont été administrés à l'intérieur pour remédier au farcin ; les uns et les autres n'ont donné que des succès éphémères. Avant de se déterminer dans le choix du traitement interne, il faut surtout consulter l'état et la constitution du malade. Aux animaux trop débilités, on administre les toniques amers, seuls ou combinés aux ferrugineux, surtout au peroxyde de fer. A ceux qui sont dans des conditions favorables sous le rapport des forces vitales, on donne les altérants antimoniaux, le sulfure d'antimoine, le kermès minéral, le sulfure rouge de mercure. Dans quelques localités du midi, l'administration de l'assa-fœtida, combiné au sulfure de mercure, paraît réussir généralement ; mais ce résultat n'est-il pas dû plutôt aux conditions d'un climat si favorable à la guérison de cette maladie ? A l'Ecole de Toulouse, Lafore a employé avec avantage, à l'intérieur, les électuaires composés de teinture d'iode, de poudre de gentiane et d'aloès ; la teinture d'iode est portée à la dose de 15 à 20 grammes par jour. Il faut observer encore que, dans cette localité, les conditions climatériques sont déjà, par elles-mêmes, un puissant auxiliaire pour la guérison. Enfin, on a préconisé les purgatifs, les diurétiques et les sudorifiques. — Le farcin est rare dans le mulet ; il l'est encore plus dans l'âne. Sur les uns et les autres de ces animaux, il se présente le plus souvent à l'état aigu. — *Jurispr.* Le farcin est un des vices rédhibitoires mentionnés dans l'article 1ᵉʳ de la loi du 20 mai 1838, pour les solipèdes. Dans la constatation de cette maladie, il faut éviter de la confondre avec l'échauboulure, les contusions, les phlegmons diffus, les abcès, les piqûres d'insectes, les cors de l'encolure, les engorgements œdémateux des membres. Le diagnostic est généralement facile à établir, surtout si l'on adopte les opinions médicales admises par tous. Un seul bouton de farcin suffit pour faire prononcer la rédhibition, tandis que le sarcocèle, un engorgement squirrheux du testicule, regardés comme des produits farcineux par quelques personnes, peuvent susciter des discussions scientifiques trop vagues pour servir de base à l'application de la loi. L'article 8 consacre le caractère contagieux de cette maladie, en exceptant le vendeur de la garantie dans le cas où l'animal vendu a été, depuis la livraison, mis en contact avec des animaux atteints de cette affection. — Farcin du bœuf. Longtemps méconnue, cette maladie a été étudiée par Fromage de Feugré, Sorillon, Maillet et Mousis. Le farcin du bœuf est toujours chronique ; il se développe principalement sur les animaux employés au service du halage sur le bord des rivières. De petites tumeurs dures, circonscrites, se montrent sur le trajet des veines sous-cutanées, principalement sur les membres. Fréquemment des cordes se produisent ; elles persistent longtemps sans s'abcéder. On a nié jusqu'à présent la contagion du farcin dans l'espèce du bœuf. Le traitement indiqué pour le cheval pourrait être employé dans les grands ruminants, toutefois avec peu de succès. Maillet n'a

jamais vu guérir le farcin dans ces animaux, et si des cordes farcineuses ont disparu, des dégénérescences cancéreuses n'ont pas tardé à envahir d'autres organes. — *Police sanitaire.* Le farcin est contagieux du cheval au cheval et très probablement à l'homme. Cette transmissibilité, admise pour la forme aiguë, doit l'être également pour le farcin chronique, quoique la contagion soit moins rapide dans ce dernier cas. Il y a lieu de croire que le virus existe surtout dans les boutons ou tumeurs et qu'il ne s'y trouve pas à toutes les époques de leur existence ; que peut-être il ne prend naissance qu'après l'ulcération. Toutes les mesures indiquées par les art. 459, 460, 461 du Code pénal, par l'arrêt du 16 juillet 1784, etc., sont applicables à cette maladie, avec cette circonstance restrictive que le farcin est souvent curable, et que c'est tout au plus dans les cas de maladie aiguë et grave que l'on doit ordonner l'enfouissement des cadavres avec leur peau, *V.* Morve et Police sanitaire.

FARCINEUX, EUSE, adj. ; qui tient au farcin, qui a le caractère du farcin, qui est atteint du farcin ; *tumeur, plaie farcineuse ; cheval farcineux.*

FARINACÉ, ÉE, adj., *farinaceus ;* friable et susceptible d'être réduit en poussière par la trituration, l'écrasement ; tel est le périsperme du fruit des Graminées.

FARINE, s. f., *Farina ;* poudre résultant de la trituration des semences végétales, notamment de celles des Graminées et des Légumineuses, ainsi que de certaines amandes. La composition chimique des farines est très variable ; dans les Graminées, l'*amidon* et le *gluten* sont les principes prédominants ; dans les Légumineuses, c'est la *Légumine ;* dans les amandes, c'est une *huile grasse* et de l'*amandine*, etc. ; dans la graine de lin, c'est une *huile grasse* et beaucoup de *mucilage, V.* Blé, Orge, Seigle, Maïs, Fève, Haricot, Amande, Lin. — *Hyg.* Les principales farines sont celles du blé, du seigle, du maïs, du sarrasin, de l'orge. Chacune d'elles concourt, mais dans des proportions fort diverses, à l'alimentation de l'homme. Selon leur nature, leur mode de préparation, de blutage, elles sont plus ou moins blanches, jaunâtres, piquées. La farine du gruau de blé est la plus pure. Ces substances peuvent être falsifiées, altérées ; le toucher, la vue, le goût, l'odeur, peuvent faire apprécier leurs qualités. La farine de froment est, plus souvent que les autres, l'objet de manipulations frauduleuses. Son mélange avec la fécule peut être reconnu à l'aide du microscope, des acides azotique et chlorhydrique, qui colorent la farine pure, le premier en jaune orangé, le second en violet foncé. Les farines contiennent de l'amidon, du gluten, du sucre, en proportions diverses. Une bonne farine de blé doit renfermer le quart de son poids de gluten frais. Pour conserver les farines et prévenir leur échauffement, il faut les placer dans des sacs et dans des lieux aérés et secs. — Toutes les farines sont très nutritives : rarement on les donne entières aux animaux ; on en fait des barbotages alimentaires ou rafraichissants. Celles des graines légumineuses sont échauffantes.

FARINES ÉMOLLIENTES. ♃ Farine de lin, de seigle et d'orge . parties égales.

FARINEUX , EUSE, adj., *farinosus;* qui contient de la farine ou une substance analogue ; qui est recouvert de poussière blanche.

FAROUCH , *V*. TRÉFLE.

FASCIA ; mot latin du genre féminin, que l'on a adopté en français en le mettant au masculin . pour désigner des expansions fibreuses particulières. — *Fascia lata,* bande large : nom donné à l'aponévrose fémorale et au muscle qui sert à son extension. Ce muscle, appelé par Girard *ilio-aponévrotique,* forme une masse charnue assez considérable, prenant son origine aux tubérosités inférieures de l'angle externe du coxal, et se terminant par le *fascia lata* proprement dit, qui recouvre la cuisse, prend un point d'attache à la rotule, et se continue inférieurement avec l'aponévrose jambière. L'ilio-aponévrotique, outre sa fonction de tendre le *fascia lata* , sert encore à l'extension de la jambe, et au lever, en même temps qu'au port en avant du membre postérieur considéré en masse. — *Fascia superficialis :* nom donné, chez l'homme, au feuillet fibreux jaune constituant la *tunique abdominale.* — *Fascia transversalis :* feuillet fibreux , très mince, émanant de la ligne blanche, s'étendant entre le muscle transverse et le péritoine.

FASCICULAIRE , adj., *fascicularis ;* synonyme de *fasciculé.* Mirbel donne le nom de *Réservoirs fasciculaires* à des faisceaux de petites cellules tubulées pleines de sucs propres.

FASCICULE , s. m. , *Fasciculus;* cyme contractée dans laquelle chaque fleur a son pédicelle , ex. : *l'œillet des Chartreux.*

FASCICULÉ , ÉE , adj., *fasciculatus ;* se dit des parties rapprochées en faisceau , en paquet.

FASCIE, s. f. , *Fascia;* expansion fasciée. Elle consiste en une dilatation anormale , avec aplatissement, des organes caulinaires. C'est une monstruosité commune. On l'observe sur les tiges, les branches , les rameaux des plantes herbacées et des plantes ligneuses. Les parties fasciées , plus ou moins striées ou cannelées dans le sens de la longueur, ont toujours une consistance herbacée ou succulente , leur coloration habituelle souvent altérée, leurs bourgeons généralement épars. L'abondance de la nourriture parait être la cause principale de la fasciation ; du moins l'anomalie se rencontre-t-elle plus souvent sur les plantes cultivées.

FASCIÉ . ÉE. adj.. *fasciatus.* de *fascia,*

bande ; marqué de bandes ou bandelettes colorées. On appelle aussi *fasciés* les organes qui sont le siège d'une expansion anormale. *V* . FASCIE.

FASCINAGE , s. m. ; opération qui consiste à placer sur les bords d'un cours d'eau des fascines destinées à les protéger, à empêcher l'immersion des terres. Les fascines ne sont ordinairement que de longs fagots de branches vertes.

FASCIOLE , s. f. , de *fasciola* , bandelette, ruban ; ver intestinal , à corps aplati, qu'on trouve dans les canaux biliaires et le foie de plusieurs animaux, et notamment du mouton. C'est le *fasciola hepatica* de Linné, connu vulgairement sous le nom de *Douve,* nommé encore *Distome* . parce qu'il présente deux bouches distinctes. La fasciole appartient à la famille des *Trématodes* , ou entozoaires présentant des oscule ou bouches plus ou moins nombreuses. Ce ver a la forme de la raie ; sa couleur est verdâtre : sa longueur est d'un à deux centimètres. Il est commun dans les maladies cachectiques, principalement sur les sujets atteints de pourriture. Dupuy en a compté plusieurs centaines dans les canaux d'un seul foie. Le bœuf en présente quelquefois ; Lafosse. Chabert et Girard les ont observés dans le cheval ; les tétradactyles n'en contiennent jamais. Lorsque ces entozoaires existent en grand nombre dans les conduits biliaires , leur présence doit modifier la circulation de la bile. Toutefois, aucun symptôme ne décèle leur existence, qu'on peut soupçonner seulement dans les affections hydrohémiques. Aucun moyen direct ne remédie à leur influence sur l'économie ; les purgatifs, en facilitant l'écoulement de la bile, peuvent les expulser. Le plus souvent, on préfère livrer au boucher les animaux de consommation qui présentent quelques symptômes de cachexie aqueuse.

FASTIGIÉ , ÉE , adj. , *fastigiatus;* les rameaux sont *fastigiés,* lorsqu'ils sont rapprochés du tronc et se dirigent presque verticalement, ex. : le *populus fastigiata.*

FAUCHAISON , s. f. ; opération qui consiste à couper les récoltes avec la faux. C'est le seul mode applicable aux produits des prairies. On fauche aussi les céréales en beaucoup de lieux.

FAUCILLE , s. f. , *Falcula;* instrument employé à couper les tiges des plantes céréales pour la récolte des grains.

FAUVE , adj.. *fulvus; V*. BRUN.

FAUX , s. f. *Faux, faucis, V*. GORGE.

FAUX ou FAULX, s. f. , *Falx;* instrument propre à couper les plantes fourragères, les céréales, etc. Elle est nue, c'est-à-dire qu'elle se compose seulement de la lame et du manche, ou bien elle est armée d'une sorte de rateau qui reçoit les plantes coupées à chaque coup de faux. Entre la petite faux de la Beauce et la grande faux belge, il y a, sous le rapport des dimensions . une différence du simple au double. — *Anat. Faux du cerveau* : nom donné à la cloison falciforme de la méninge, *V*. FALCIFORME.

FAUX, FAUSSE, adj. , *falsus* ; qui n'est pas vrai ; qui n'est pas régulier. — *Allure fausse* : allure dans laquelle les actions des membres ne se succèdent pas suivant le rhythme normal. Un cheval *galope à faux*, lorsque, tournant à droite, il galope à gauche, et réciproquement.

FAUX-ÉCART ; boiterie de l'épaule due, le plus souvent, à une distension musculaire, *V*. ÉCART.

FAUSSE-GOURME ; variété de coryza, présentant quelque analogie avec la *gourme* (*V*. ce mot).

FAUX-MARQUÉ ; cheval chez lequel, par fraude, on a rétabli sur la dent, par des moyens artificiels, la cavité que l'usure naturelle a fait disparaître ; moyen employé par les maquignons pour rajeunir l'animal. On dit aussi que le cheval est *contre-marqué*, ou que la mâchoire est contre-marquée.

FAUSSES-MEMBRANES, *Pseudo-membranæ* ; productions morbides membraniformes résultant d'une phlegmasie, qui s'organisent à la surface des membranes séreuses et muqueuses. On les rencontre dans des cavités naturelles, dans des cavités accidentelles et pathologiques, sur quelques surfaces dénudées, telles que les plaies et les vésicatoires. Elles se développent surtout dans la plèvre, le péritoine et les membranes synoviales. Ce sont tantôt des granulations, des pellicules minces, tantôt des brides celluleuses, qui constituent des adhérences ; ces différences tiennent à la longueur du temps écoulé depuis leur formation. Dans le principe, ces fausses membranes, composées de fibrine et d'albumine, n'ont aucune trace d'organisation ; plus tard, elles contiennent de véritables vaisseaux, et finissent parfois par atteindre la transformation cartilagineuse et osseuse. — Les fausses membranes sont plus rares à la surface des muqueuses ; ce sont la bouche, l'arrière-bouche, le larynx, la trachée et les bronches qui présentent le plus souvent ces productions. Les fausses membranes constituent l'un des caractères principaux du *croup* ; on les rencontre plus rarement sur la muqueuse intestinale. Le cheval en rend par le rectum, dans le cas où il est atteint de bronchite diphtérique, après avoir respiré la fumée d'un incendie. Ces productions morbides ne constituent que des symptômes de quelques inflammations particulières, dont elles sont quelquefois une terminaison critique. Après un certain temps, elles se détachent des muqueuses auxquelles elles adhèrent, et sont expulsées sous forme de lambeaux et même de cylindres entiers. — A la surface interne du cœur et des gros vaisseaux, elles peuvent se montrer sous différents aspects, au point de former des plaques cartilagineuses, après avoir eu, dans le début, toute la mollesse d'un dépôt albumineux. Dans les foyers purulents,

les kystes, les cavernes tuberculeuses, on trouve des fausses membranes. Elles se forment aussi à la surface des vésicatoires, dans les plaies avec perte de substance, etc. Au milieu des articulations, elles peuvent fournir des adhérences qui se terminent par l'ankylose ; là, leur présence est fâcheuse par les obstacles qu'elles apportent au mouvement. Ailleurs, comme dans le larynx et la trachée, en diminuant le diamètre des conduits aériens, elles amènent la mort par asphyxie. — Les moyens thérapeutiques à opposer au développement des fausses membranes varient suivant les maladies pendant lesquelles on les rencontre.

FAUX-PAS, s. m. ; pas mal assuré ; irrégularité dans l'allure du pas, qui consiste dans une flexion subite et prononcée sur l'une des extrémités. C'est ordinairement un signe de faiblesse.

FAUSSE-PLEURÉSIE, s. f. ; pleurésie qui ne résulte que de l'inflammation des parties voisines de la plèvre. Synonyme de *pleurodynie*.

FAUSSE PNEUMONIE, FAUSSE PÉRIPNEUMONIE, s. f. ; bronchite simulant la *pneumonie*, la *péripneumonie* (*V*. ces mots).

FAUX-QUARTIER, s. m. ; on appelle ainsi le quartier du sabot du cheval dont la corne est inégale, rugueuse, fendillée. Il est *naturel* ou *accidentel*, c'est-à-dire, qu'il dépend d'une disposition congéniale de l'ongle, ou se montre après une maladie. Les seimes, les atteintes, les javarts encorné et cartilagineux, les plaies de la couronne et du bourrelet, produisent fréquemment ces irrégularités de la corne. On y remédie par une ferrure convenable, qui consiste à appliquer le *fer à planche*, disposé de manière à ce que l'appui n'ait pas lieu sur le quartier altéré. De plus, on fait sur le sabot quelques onctions avec l'onguent de pied pour augmenter la souplesse des fibres de la paroi.

FAUSSE-ROUTE ; route qui s'écarte de la voie naturelle pour arriver dans une cavité du corps. Ce mot est employé plus particulièrement pour les organes urinaires : il sert à désigner le trajet suivi par la sonde, qui, après avoir été introduite dans le canal de l'urètre, traverse ses parois et s'écarte dans les tissus. Des abcès, des fistules diverses, résultent fréquemment de la déviation de la sonde.

FAUSSE-VARIOLE ; syn. de *varicelle* (*V*. ce mot).

FAVEUX, EUSE, adj., *favosus*, de *favus*, rayon de miel ; qui ressemble à des rayons de miel. — *Teigne faveuse* : maladie de la peau caractérisée par des croûtes jaunes, confluentes ; c'est le *porrigo lupinosa* de Willan. On ne l'observe pas sur les animaux.

FÉBRICITANT, adj. et s. m., *Febricitans*, de *febricitare*, avoir la fièvre ; qui a la fièvre.

FÉBRIFUGES, s. et adj., de *febris*, fièvre, et *fugare*, chasser. — *Antipyrétiques*. Médicaments propres à guérir les fièvres et à détruire ou à prévenir le retour des accès de celles qui sont intermittentes. — La fièvre *symptomatique*, la seule dont l'existence, chez les animaux, soit bien avérée, n'exige pas de traitement particulier, et cède toujours aux moyens qui triomphent de l'affection de laquelle elle dépend. La saignée, les acidules, les délayants, etc., sont, du reste, les meilleurs moyens à mettre en usage contre cette variété de fièvre. Quant aux fièvres *essentielles* et *intermittentes*, dont l'existence est rare, chez les animaux, elles cèdent le plus souvent, chez l'homme, aux préparations de quinquina et d'arsenic. Les toniques amers, les ferrugineux, qui ont été vantés par plusieurs auteurs comme d'excellents fébrifuges, sont toujours infiniment moins fidèles que le quinquina et les préparations arsenicales.

FÉBRILE, adj., *febrilis*, de *febris*, fièvre ; qui a rapport à la fièvre ; *chaleur fébrile*, *pouls fébrile*, *mouvement fébrile*. Les symptômes fébriles sont : l'accélération du pouls, le frisson, la chaleur des muqueuses, etc.

FÉCALES (matières). *V*. EXCRÉMENT.

FÈCES, s. f. pl., *Fœces*, de *fœx*, *fœcis*, lie, résidu ; mot employé comme synonyme *d'excrément*, ou de *dépôt* formé par un liquide.

FÉCOND, DE, adj., *fecundus*. Lorsqu'il désigne un être ou une chose qui produit, il est synonyme de *fertile* ; c'est dans ce sens que l'on dit : *Fleur féconde*. Quand il indique la fécondité, l'abondance, il ne s'applique qu'aux objets qui donnent une collection de produits, des produits relativement nombreux : *terre féconde*, *plante féconde*. On dit aussi : *une race féconde*, pour désigner une race qui se fait remarquer dans l'espèce par son abondante multiplication.

FÉCONDATION, s. f., *Fecundatio* ; la signification de ce mot varie : pour les *ovaristes*, la fécondation est l'acte par lequel le mâle communique au germe contenu dans l'ovaire le principe vital. Pour les partisans de l'*épigénèse*, c'est la formation d'un nouvel être produit par la réunion des matériaux fournis par le mâle et par la femelle.— *Bot.* Acte par lequel l'organe mâle des végétaux (anthère) verse sur l'organe femelle extérieur (stigmate) le pollen ou poussière fécondante, et détermine le développement des ovules. La nécessité de la fécondation pour la production des graines, entrevue par Cœsalpin à la fin du XVI° siècle, parait avoir été démontrée, à la fin du siècle suivant, par Grew et Camerarius. La fécondation proprement dite comprend le dépôt du pollen sur le stigmate, la rupture des grains, la formation des boyaux polliniques, leur pénétration à travers le style jusqu'aux ovules. Ce sont là des *phénomènes essentiels*. Ils sont presque toujours précédés de l'anthèse, quelquefois d'un mouvement des étamines vers le pistil, ex. : la *Rue odorante*; ou encore, dans les plantes dont les fleurs sont habituellement immergées, d'un allongement des pédoncules qui les

élève au-dessus de la surface de l'eau, ex. : le *vallisneria spiralis* ; enfin, dans quelques plantes, d'une élévation marquée de la température, ex. : le *Gouet*. Dans les fleurs hermaphrodites, le transport du pollen s'effectue toujours facilement ; on remarque, d'une autre part, que les fleurs mâles, dans les plantes monoïques, sont presque toujours supérieures. Dans les plantes dioïques, l'air, l'agitation causée par les vents, les insectes, etc., sont des auxiliaires de la fécondation. Lorsque les phénomènes essentiels de la fécondation ont eu lieu, les étamines, le style, la corolle se flétrissent, le calice tombe, persiste ou continue à s'accroître ; l'ovule se développe ; l'embryon se forme. Ce sont là des *phénomènes consécutifs*.

FÉCONDITÉ, s. f., *Fecunditas* ; on appelle ainsi, en agronomie, la *faculté* que possède la terre de produire. Elle est le résultat composé de la *richesse* du sol ou ensemble des principes nutritifs contenus dans la terre, et de sa *puissance* ou *aptitude* à mettre ces principes en action. La *fécondité*, comme on le voit, n'est le produit exclusif ni d'une certaine composition des terrains, ni de la quantité des engrais et autres matières assimilables qu'ils renferment.

FÉCULE, s. f., *Fœcula*, dimin. de *fœx*, dépôt. — Ce mot, qui est synonyme *d'amidon*, est employé particulièrement pour indiquer le principe féculent des pommes de terre, des racines, des tubercules charnus, de la moëlle de certains arbres, etc. (*V*. AMIDON). — *Fécule verte* : nom impropre donné au dépôt qui se forme dans les sucs végétaux obtenus par expression, et formé de chlorophylle, de résine, de cire et d'une matière azotée ou extractive.

FÉCULENT, TE, adj., *fœculentus*; qui est de la nature de la fécule ou qui en contient ; *principe féculent*, *liquide féculent*, *nourriture féculente*, etc.

FÉCULITE, s. f.; terme générique qu'on a proposé pour désigner les principes immédiats, neutres, plus ou moins analogues à l'amidon, comme l'*inuline*, la *dahline*, l'*althéine*, etc.

FEINDRE, v. n. *fingere*; faire semblant, dissimuler ; syn. de *boiter*. Ce terme est peu usité; il a été employé pour désigner une boiterie presque imperceptible.

FEINTE, s. f. ; dissimulation ; action de boiter peu prononcée.

FELLE DE LA DENT ; nom donné dans les anciennes coutumes de Douai au cheval rétif, qui mord et qui rue. Terme inusité.

FÊLURE, s. f.; fente d'une chose fêlée ; fente d'un os, fracture incomplète. *V*. FRACTURES.

FEMELINE, *V*. COMTOIS.

FEMELLE. — *Bot. Plante femelle* : qui ne porte pas de fleurs mâles. — *Fleur femelle* : qui se compose seulement, outre les enveloppes florales, d'un ou plusieurs pistils. — Le pistil est l'organe femelle des végétaux. *V*. PISTIL.

FÉMINIFLORE, adj., *feminiflorus ; se dit,* d'après Cassini, de la calathide exclusivement composée de fleurs femelles.

FÉMORAL, ALE, adj., *femoralis ;* qui appartient à la cuisse. — *Artère fémorale :* continuation de l'artère crurale ou iliaque externe, longeant obliquement la face interne du fémur, de manière à gagner l'origine du bifémoro-calcanéen, en passant entre le double point d'insertion du biceps de la cuisse. Elle fournit les deux *grandes musculaires antérieure et postérieure de la cuisse, la saphène, la médullaire du fémur,* et se termine par les artères *poplitée* et *fémoro-poplitée.* — *Veine fémorale :* elle reçoit les veines du membre postérieur, et suit le trajet de l'artère du même nom, derrière laquelle elle est située. — *Nerf fémoral antérieur :* rameau émanant du plexus lombaire, gagnant le haut de la cuisse où il se divise en deux branches : l'une, *antérieure,* qui s'engage entre le sous-lombotibial et le psoas de la cuisse ; l'autre, *postérieure* et *interne,* qui suit d'abord l'artère fémorale et se termine par plusieurs branches superficielles, dont une constitue le nerf *saphène.*

FÉMORO - PHALANGIEN, *V.* FLÉCHISSEUR.

FÉMORO-POPLITÉ, ÉE ; appartenant au pli de la cuisse. — *Artère fémoro-poplitée :* grosse branche artérielle formant une des terminaisons de l'artère fémorale, et donnant des rameaux à la plupart des muscles situés derrière le fémur.

FÉMORO-PRÉ-PHALANGIEN, *V.* EXTENSEUR.

FÉMORO-TIBIAL OBLIQUE, *V.* POPLITÉ.

FÉMUR, s. m., du latin *femur,* cuisse. Le fémur est le plus gros des os du corps ; il forme la base de la cuisse, et s'articule supérieurement avec le coxal, inférieurement avec le tibia. La partie moyenne de cet os offre à considérer, en haut et en dehors, une forte crête recourbée en avant et nommée *crête sous-trochantérienne,* ou *tubérosité externe ;* plus bas, une fosse dite *sus-condylienne.* En dedans et en haut, on trouve le *trochantin* ou *petit trochanter.* — L'extrémité supérieure offre, du côté interne, la *tête du fémur* pour l'articulation avec le coxal, et, du côté externe, le *trochanter* ou *grand trochanter,* dans lequel on distingue un *sommet,* une *convexité,* une *crête,* et une *fosse.* — Inférieurement, le fémur présente, en arrière, deux *condyles* pour l'articulation fémoro-tibiale, et, en avant, une *poulie* à bord interne beaucoup plus développé que l'externe, contre laquelle glisse la rotule. — Le fémur du *bœuf,* plus mince que celui du cheval, manque de crête sous-trochantérienne, et présente un trochanter très développé qui va rejoindre en arrière le trochantin, en formant un rebord oblique à la fosse trochantérienne. — Dans le *chien* et le *chat,* le

fémur est proportionnellement beaucoup plus allongé, en raison de la brièveté du pied.

FENAISON, s. f., *Fenisecia ;* récolte des foins ; action de dessécher les produits des prairies naturelles et artificielles. C'est au moment où vient de s'effectuer la floraison des plantes, que se fait la récolte. Selon le mode de fanage, on obtient du foin *vert,* ou du foin *brun ;* le premier, complètement desséché, conserve une belle couleur verte, une odeur agréable ; le second exhale une odeur forte, piquante et prend une couleur brunâtre. La fenaison du foin des légumineuses exige plus de précautions, à cause de la facilité avec laquelle les feuilles se détachent. La dessiccation des fourrages verts leur fait perdre environ les $^3/_4$ de leur poids. Il faut éviter, pendant le fanage, d'exposer le foin à des alternatives de pluie et de soleil.

FENDILLÉ, ÉE, adj., *rimosus ;* présentant un grand nombre de petites fentes.

FENDU, UE, adj., *fissus,* dans les composés, *fidus ;* divisé par une ou plusieurs fissures qui s'étendent jusqu'à la moitié de la longueur ou de la largeur de l'organe. Cette disposition se rencontre surtout dans les enveloppes florales, le pistil, etc. De là les expressions de style bifide, etc. — *Vaisseaux fendus :* on appelle ainsi, d'après Mirbel, les vaisseaux dont les parois semblent creusées de raies transversales.

FENÊTRÉ, ÉE, adj ; *pertusus, fenestratus ;* percé de trous nombreux, à jour. Les fruits du pavot sont fenêtrés à la maturité, les cotylédons dans le *Menispermum fenestratum,* les feuilles dans plusieurs plantes. — *Chirurg.* On appelle *fenêtrés* les bandes ou bandages percés de trous.

FENÊTRE, s. f., *Fenestra ;* nom donné à deux ouvertures du tympan ou oreille moyenne. — *Fenêtre ovale* ou *vestibulaire :* elle répond au vestibule, et se trouve en partie bouchée par la base de l'étrier. — *Fenêtre ronde* ou *limacienne,* ou *cochléaire :* elle correspond à la rampe interne du limaçon, et se trouve bouchée par un feuillet membraneux.

FENIL, s. m., *Fenile ;* lieu où l'on conserve les fourrages. On doit rechercher dans sa construction toutes les conditions propres à soustraire le foin à l'humidité, aux émanations et à l'action des animaux, enfin à rendre le service facile. Il sera, en conséquence, bien couvert, bien planchéié, percé d'ouvertures qui pourront être fermées à volonté. Il ne communiquera avec les écuries, étables, que par l'abat-foin qui restera clos hors le temps des distributions. Il importe aussi que le fenil soit disposé de telle sorte, que les voitures puissent en approcher facilement, afin de permettre un rapide entassement à l'époque de la récolte. *V.* MEULE.

FENOUIL, s. m., *Fœniculum,* Adans. ; genre de la famille des Ombellifères. Il ne comprend que trois ou quatre espèces qui croissent dans le Midi de l'Europe. Le F.

commun ; *F. vulgare*, Gaertn., *anethum fœniculum*, Linn. , bisannuel, se rencontre
jusque dans les contrées méridionales de la
France, où il croît spontanément le long
des chemins , dans les prairies sèches. Ses
tiges atteignent quelquefois une hauteur de
deux mètres. Toutes les parties de cette
plante sont stimulantes, aromatiques. Les
bestiaux les refusent. L'espèce *dulce* , regardée autrefois comme une variété de la précédente, *F. dulce*, Bauh., *Finocchio dolce* des
Italiens, est cultivée en Italie, où l'on en fait
une grande consommation pour remplacer le
céleri et l'artichaut.—*Pharm.* Les semences de
fenouil, employées en médecine comme excitantes et carminatives, sont ovoïdes , glabres,
striées, de couleur jaune-verdâtre , de saveur
chaude et sucrée, d'odeur aromatique agréable , plus faible que celle de l'anis. Ces semences, très riches en huile essentielle qui
leur donne leurs propriétés excitantes, s'emploient à l'intérieur en infusion aqueuse ou
vineuse , dans les mêmes cas que l'anis ;
mais elles sont plus rarement mises en
usage. Quant à la racine de fenouil, placée
autrefois parmi les cinq racines *apéritives*,
elle n'est pas employée en médecine vétérinaire.

FENTE, s. f. , *Fissura;* échancrure étroite
et profonde existant dans un os, et donnant
passage à des nerfs ou à des vaisseaux. —
Chir. Fracture légère , incomplète, des os du
crâne ; syn. de *fissure.*

FENTE (Greffe en) *V.* GREFFE.

FENU-GREC, *V.* TRIGONELLE.

FER , s. m. , *Ferrum*, σίδηρος ; Éc. équiv.
350. *Mars* des alchimistes. Corps simple métallique de la troisième section , qui tient le
premier rang parmi les métaux, à cause de
ses applications nombreuses et importantes
aux besoins de l'homme. Le fer est connu
depuis la plus haute antiquité , et l'art de
l'extraire de ses minerais a sensiblement
suivi, dans ses perfectionnements, les progrès
de la civilisation des peuples.—Très abondamment répandu dans la nature, le fer s'y présente sous les états les plus variés ; il est,
à l'état natif, combiné à la plupart des métalloïdes ou allié à plusieurs métaux. Les
minerais de fer les plus abondants sont les
oxydes , le carbonate, les sulfures, les sels ,
etc. ; mais on n'exploite généralement que
l'oxyde magnétique, commun surtout en
Suède, le sesquioxyde amorphe ou cristallisé
qui se trouve dans la plupart des contrées
de l'Europe , notamment à l'île d'Elbe , et le
carbonate de fer , également très répandu.
— Ces composés naturels de fer reçoivent, en
minéralogie, des noms particuliers : l'oxyde
magnétique prend le nom de *fer oxydulé ;*
le sesquioxyde cristallisé est appelé *fer oli-
giste* , *spéculaire* , *micacé* , suivant la forme
des cristaux ; amorphe et anhydre, il constitue
l'*hématite* et l'*ocre rouge* ; hydraté et sans
forme, il porte les noms d'*hématite brune* ,
d'ocre jaune, *de fer en grains*, *d'œtite* , de

minerai oolithique , etc. Le carbonate cristallisé est désigné sous le nom de *fer spathique* ; enfin, les sulfures , qui ne sont pas
exploités , du reste , reçoivent le nom de
pyrites martiales. — *Extraction.* La séparation du fer de ses minerais est très simple au
point de vue théorique, mais assez compliquée dans sa mise en pratique. La préparation du minerai se compose du *bocardage,*
du *lavage* , et parfois aussi d'un *grillage*
préalable, lorsque le minerai est arsénical ,
soufré ou phosphoré. La réduction de ce minerai, qui est le plus souvent du peroxyde
de fer , s'opère toujours en le chauffant à
une haute température, en présence du charbon. L'opération a lieu quelquefois , lorsque
les minerais sont très riches , dans de grandes forges analogues à celles du maréchal
(méthode catalane); d'autres fois dans un fourneau particulier appelé, à cause de ses dimensions , *haut fourneau* (*V.* ce mot). Dans ce
dernier cas, on ajoute souvent au minerai
un *fondant* particulier pour réduire la gangue siliceuse et la séparer du fer ; c'est de
la craie (*castine*) si la gangue est argileuse,
ou de l'argile (*erbue*) si elle est calcaire. —
Il se forme toujours dans le haut fourneau
deux produits particuliers : un principal, la
fonte, et l'autre accessoire, le *laitier* (*V.* ces
mots), que l'on sépare dans le creuset du
fourneau par une sorte de décantation. Pour
obtenir le fer de la fonte, on la soumet à
une opération particulière appelée *affinage*
(*V.* ce mot et *fonte*). — *Propriétés.* Le fer
est solide , d'un gris bleuâtre , très brillant
lorsqu'il a été poli , d'une odeur et d'une
saveur faibles, mais spéciales, d'une densité
de 7, 7, à 7, 9, très ductile, très malléable
et d'une ténacité supérieure à celle de tous les
métaux ; sa texture est granuleuse, à grains
fins et brillants ; elle devient fibreuse par le
martelage ; la cassure d'un bon fer est brillante et à fibres tordues. Soumis à l'action
de la chaleur , le fer ne peut être fondu que
très difficilement, s'il est pur ; à la chaleur
blanche, il se ramollit, se soude à lui-même
et peut prendre, sous le marteau, les formes
les plus variées. Le fer est le seul métal réellement attirable à l'aimant et susceptible de
s'aimanter ; il perd cette propriété, lorsqu'il
est fortement chauffé et la reprend par le
refroidissement. Exposé à l'air humide ou
déposé dans l'eau aérée, il se couvre d'une
couche jaune , pulvérulente , d'hydrate de
peroxyde de fer, qui porte le nom de *rouille.*
Chauffé au rouge et exposé à l'air, il brûle et
produit de l'oxyde noir (*battitures de fer*); mis
en contact avec l'eau, dans cet état, il la décompose rapidement , fixe l'oxygène et dégage
de l'hydrogène. Combiné au carbone, il constitue l'*acier* et la *fonte* (*V.* ces mots);
traité par les acides, il est facilement attaqué,
s'oxyde et donne naissance à des sels. — Les
usages *économiques* , *industriels* , *agricoles*
et *médicinaux* du fer sont aussi variés qu'importants. Les premiers sont généralement

connus; les derniers seront examinés au mot *ferrugineux*.

FER A CHEVAL. En *maréchalerie*, on donne ce nom à une bande de fer, plus large qu'épaisse, courbée sur son épaisseur, de manière à représenter un ovale tronqué, sorte de semelle qu'on fixe sous la face inférieure du pied du cheval. On distingue dans le *fer* plusieurs parties : *deux faces*, dont une inférieure, qui repose sur le sol, une supérieure, qui est en rapport par son ajusture avec le bord inférieur de la paroi du sabot : *deux branches*, l'une interne, l'autre externe ; *deux bords* ou *rives*, l'un externe, qui suit le contour externe du fer, l'autre interne décrivant une courbure appelée la *voûte*. Sur la face inférieure du fer, sont disposées, au nombre de huit, les *étampures*, qui sont des trous destinés à donner passage aux clous dont on se sert pour fixer le fer ; les étampures de la branche externe du *fer* sont percées *à gras*, plus que celles de la branche interne, qui sont percées *à maigre*, c'est-à-dire que les premières sont plus éloignées de la rive externe que les autres, afin de donner au fer plus de garniture en dehors. Considéré dans son ensemble, le fer à cheval comprend quatre parties : la *pince*, les *mamelles*, les *quartiers*, et les *éponges* ou *talons*, correspondant à des régions du sabot qui portent les mêmes noms. Presque toujours, on étire, sur la pince du *fer à derrière*, un prolongement qui a la forme d'un triangle et qu'on appelle *pinçon*. Quelquefois *on lève un crampon* à l'extrémité des éponges du fer. — Le fer destiné au pied *de devant* présente à peu près partout la même épaisseur ; la branche interne est un peu plus *couverte* que l'externe ; les étampures sont disposées de manière à diviser la face inférieure en huit parties égales. Dans le fer *à derrière*, la pince est plus épaisse que les autres parties ; la branche interne est la plus étroite ; les deux étampures de la pince sont plus espacées que les autres, pour laisser la place où l'on doit lever le pinçon. — Avant de fixer le fer sur le pied, on lui donne ce qu'on appelle l'*ajusture* ; c'est-à-dire que le maréchal établit, à la face supérieure du fer, une légère concavité qui a pour but d'empêcher la compression de la sole, et de faciliter la progression ; de plus, l'ajusture peut remédier à quelques conformations vicieuses des extrémités ; elle est même indispensable pour les pieds plats ou combles. L'ajusture, en relevant la pince du pied, empêche le cheval de buter ; de plus, elle diminue la réaction du sol sur les articulations des phalanges par le mouvement de bascule qu'elle fait exécuter au sabot d'avant en arrière. Une ajusture *trop faible* rend les réactions de l'animal plus dures ; *trop prononcée*, elle rend les allures vacillantes et devient également une cause d'usure ; quand elle est *fausse*, elle ne répond pas à la conformation du pied. D'après Bourgelat, dans le fer à

devant *bien ajusté*, la pince doit être relevée en bateau dès les secondes étampures en talon, de deux fois l'épaisseur du fer, les éponges perdant terre du côté des talons, de la moitié de leur épaisseur. — Sous le rapport des formes qu'on lui donne, le fer peut remplir diverses indications : il sert à corriger quelques défectuosités du pied, à remédier aux défauts d'aplomb, à favoriser la guérison des maladies.

1° FERRURE DES PIEDS DÉFECTUEUX.—Sur le pied dérobé, c'est-à-dire dont l'ongle est ébréché dans quelques points, on applique le *fer à étampures irrégulières*, qui n'est étampé que dans les parties correspondant aux régions de la paroi qui sont assez solides pour permettre l'implantation des clous. Les fers *demi-couverts* ou *couverts* ont une grande largeur, qui est utile pour protéger le pied plat ou comble, celui qui présente des bleimes, des ognons. S'agit-il d'un pied excessivement comble, on emploie un *fer très couvert*, à ajusture disposée en forme de bateau, à éponges épaisses ; le *fer à bords renversés*, recommandé en pareil cas, ne peut pas remplir le même but. C'est, sans contredit, le *fer à planches* ou *à éponges réunies* qui est le plus avantageux ; il permet de soustraire les talons à la pression du fer, qu'on fait porter sur la fourchette par la traverse qui réunit les éponges. Les pieds à talons faibles, encastelés, les pieds plats ou combles, s'améliorent constamment par l'application du fer à planche.

2° FERRURE DESTINÉE A REMÉDIER AUX DÉFAUTS D'APLOMB. Pour le cheval pinçard ou rampin, c'est-à-dire, dont la paroi présente en pince une direction perpendiculaire, le *fer à pince épaisse* et *prolongée* augmente l'obliquité du pied. Lorsque l'animal se coupe ou s'entretaille, c'est-à-dire se blesse à la couronne, au boulet, au canon ou au genou, en levant le membre opposé du même bipède, le fer doit éloigner l'un de l'autre les deux membres qui se frappent. On applique alors le *fer à branche interne courte et mince*, ou le *fer à branche interne courte et épaisse*, suivant le degré du défaut d'aplomb observé sur le cheval panard ou cagneux. Ces fers sont improprement nommés *fers à la turque*. Enfin, pour le cheval qui *forge*, qui, pendant le trot, frappe les pieds de devant avec la pince des pieds de derrière, on place aux pieds de devant le *fer à pince épaisse*, *à éponges courtes et minces*, et aux pieds de derrière le *fer à pince tronquée à deux pinçons en mamelles*.

3° FERRURE DES PIEDS MALADES. On a inventé beaucoup de fers pathologiques ; il en est qui soient réellement utiles. Le premier à citer est le *fer à planche*, qu'on peut modifier pour un grand nombre d'affections ; la planche peut être plus ou moins large, droite ou oblique, échancrée, etc. Son application est des plus utiles pour remédier aux seimes quartes, à la faiblesse d'un quartier résultant de l'opération du javart cartilagineux , etc. Le *fer à dessolure, à clou de rue* , est léger et étroit, de manière à découvrir la sole et favoriser le pansement que cette partie peut réclamer ; il est très utile dans le traitement des plaies de la face inférieure du pied. On adapte à ce fer trois éclisses en tole, destinées à protéger les tissus malades , tout en maintenant l'appareil de pansement. Le *fer à javart* n'est autre chose que le fer ordinaire, dont une des branches a été tronquée.—Il est des fers inutiles ou trop compliqués , abandonnés dans la pratique , ex. : *fers à tous pieds, avec ou sans étampures, fers brisés , fers à étressillon , à pantoufle , à plaque , à coulisse , à échancrure , etc. , etc.*

Fer de mulet. Ce fer a une forme quadrilatère, comme celle du pied du mulet, qui est rétréci latéralement. Dans le fer à devant, les branches sont droites ; la branche interne est moins large que l'externe , et se termine en pointe : les étampures sont placées dans le milieu de la branche externe et se rapprochent insensiblement de la rive externe , à mesure qu'elles se dirigent sur la branche interne. Le fer de derrière a les deux branches étroites et terminées en pointe , les étampures sont placées dans le milieu de chaque branche et à une certaine distance de la pince. Le fer à mulet *provençal* garnit fortement en pince : il élargit considérablement l'appui du pied sur le sol. On lui reproche l'inconvénient d'user promptement les aplombs ; c'est un reproche peu fondé. En Italie , on ferre le mulet *à la florentine ;* le fer à la pince prolongée et relevée en pointe.

Fer de bœuf. On ferre rarement les ruminants. Dans les localités où ces animaux sont employés à des travaux pénibles , il est utile de prévenir l'usure de la corne des onglons par une ferrure convenable. On applique, sous chaque onglon, un fer de forme ovalaire , présentant six étampures seulement vers la rive externe. A l'extrémité antérieure de la rive interne , est un prolongement qui se recourbe sur la paroi, de dedans en dehors , pour consolider l'application du fer. Les fers pathologiques inventés pour le bœuf sont peu nombreux et à peu près tous inutiles dans la pratique.

FERMAGE , s. m. ; location d'une ferme, c'est-à-dire d'une certaine étendue de terrain , avec les constructions nécessaires à son exploitation. *V.* Bail , Métairie.

FERME , s. f. , *Colonia ;* ce mot désigne tantôt les terres d'une exploitation, tantôt les bâtiments seuls. Souvent il comprend leur ensemble. L'étendue des fermes est fort variable, et les limites établies pour les diviser en grandes, moyennes et petites fermes, sont nécessairement arbitraires. Les discussions qui ont eu lieu sur l'inopportunité ou l'avantage du morcellement ont conduit à cette donnée, qu'il est favorable à la production , mais dans certaines limites , et subordonné pour ses degrés aux différences de culture. — *Ferme expérimentale.* Etablissement agronomique où l'on se livre à toutes les expériences qui intéressent la physique , la chimie et la physiologie agricoles , et finalement l'agriculture et la production animale. — *Ferme modèle.* Etablissement agricole où l'économie rurale est pratiquée selon les méthodes les meilleures et les plus applicables aux lieux où se trouve l'exploitation. On ne doit pas confondre ces deux sortes d'établissements. Le premier ne peut jamais s'entretenir par lui-même ; il a besoin de subventions. Le second doit faire des bénéfices et peut être pris pour modèle dans ses principes ou dans son application. — *Ferme école.* Institution ayant pour but l'enseignement de la théorie et de la pratique de l'économie rurale. La ferme école peut tenir , par son double objet, par ses résultats , de la ferme expérimentale et de la ferme modèle.

FERMIER , s. m. ; celui qui tient à bail une exploitation. On l'entend aussi dans le langage agricole , et d'une manière générale , du cultivateur , de celui qui pratique l'agriculture, qu'il soit fermier ou propriétaire. C'est dans ce sens que l'on dit : les *fermiers ruraux,* pour les *cultivateurs.*

FERMENT , s. m., *Fermentum ;* nom donné à certaines substances azotées, non cristallisables, en état de décomposition, qui jouissent de la faculté de déterminer , dans d'autres matières organiques, sous l'empire de circonstances particulières, une série de mutations moléculaires appelées *Fermentations (V.* ce mot). — Les ferments sont nécessairement azotés ; ils appartiennent tous à cette classe de corps remarquables dont la *protéïne* forme la base, tels que l'albumine, la fibrine, la caséine, le gluten , l'amandine , etc. Leur action singulière sur les substances fermentescibles ne se produit que quand déjà ils sont en état de décomposition, ou lorsqu'ils ont le contact de l'air ; ils ne développent leurs effets que dans des circonstances spéciales d'humidité , de température , qui sont examinées à l'article *Fermentation.* La composition chimique des ferments est bien connue ; ils sont toujours formés d'un principe azoté et d'une substance neutre qui se rapproche , par sa nature , de l'amidon et du ligneux. Lorsque le ferment agit sur une substance fermentescible ne contenant aucun principe azoté , il se détruit partiellement ; sa portion protéique disparaît, et la partie neutre se dépose sous forme d'une poudre insoluble. Dans le cas , au contraire , où la matière qui fermente contient des principes protéiques, le ferment qui a déterminé la fermentation disparaît , mais se trouve remplacé par un corps analogue jouissant exactement des mêmes propriétés, comme on le voit dans la fabrication de la bière, où la *levure* engendre une grande quantité de la même substance. — La constitution physique ou atomique des ferments est complètement inconnue :

l'examen microscopique démontre seulement l'existence, dans leur masse, de nombreux globules munis d'appendices plus ou moins ovoïdes ou allongés. Quant à leur nature intime , elle est encore le sujet de discussions parmi les chimistes. Les uns considèrent le ferment comme une matière globuleuse, inorganisée et dont la forme est un accident sans importance ; d'autres, et ce sont aujourd'hui les plus nombreux, assimilent les ferments aux êtres vivants, soit aux animalcules, soit aux végétations inférieures. — Les ferments les plus employés dans les arts sont la *levure* de *bière*, le *levain*, la *lie* de *vin* aigrie, celle du *vinaigre*, etc. *V.* LEVURE.

FERMENTATION, s. f., *Fermentatio*, de *fervere*, bouillir, bouillonner. — Mouvement de décomposition qui se développe dans la plupart des substances organiques placées au mileu de circonstances déterminées, et souvent provoqué par un agent spécial appelé *ferment* (*V.* ce mot). Toutes les matières organiques, non définies, sans exception, sont susceptibles d'entrer en fermentation. Celles qui sont non azotées ne fermentent qu'autant qu'on ajoute un principe protéique susceptible de provoquer le mouvement de décomposition ; la fermentation est alors *artificielle*. Les matières azotées présentant tous les principes nécessaires au mouvement fermentescible, leur décomposition est entièrement *spontanée*. — Les conditions indispensables à la fermentation, sont les suivantes : 1° *la présence de l'air atmosphérique* ou *de l'oxygène :* cette condition est d'une nécessité absolue, lorsque la fermentation est spontanée ; lorsqu'elle est provoquée par l'action d'un ferment, la présence de l'oxigène est parfois inutile ;2° *un certain degré d'humidité :* les matières entièrement sèches, ou celles qui sont trop étendues d'eau, ne peuvent entrer en fermentation ; 3° *une température* de 25° à 30° C. : un froid intense ou une chaleur un peu élévée arrêtent également la fermentation. Ce mouvement de décomposition peut être détruit facilement au moyen des acides concentrés, des chloroïdes, des essences, des huiles pyrogénées, des sels métalliques, d'une température de 100°, etc. ; circonstances qu'on met souvent à profit pour conserver les substances organiques et prévenir leur altération. Pendant la fermentation, soit artificielle, soit spontanée, la température s'élève, les matières changent de caractères, des gaz se dégagent, des produits divers prennent naissance, etc. Les effets de la fermentation sont nécessairement variables suivant la nature des substances organiques ; mais toujours ils ont pour résultat de provoquer la formation de produits dont la composition est infiniment moins complexe que celle des matières d'où ils proviennent ; c'est donc une sorte de dédoublement moléculaire. Ce phénomène reçoit différentes dénominations selon les produits formés ; c'est

ainsi que la fermentation est appelée *alcoolique*, *acétique*, *lactique*, *butyrique*, etc., suivant qu'elle donne naissance à de l'*alcool*, à des acides acétique, lactique, butyrique, etc. — La fermentation est une opération chimique moléculaire, dont l'étude est remplie d'intérêt à cause des applications nombreuses qu'elle peut offrir à la physiologie. Non-seulement elle s'exerce sur les mêmes matières que les êtres vivants, mais encore elle a lieu à la même température que leurs actes les plus importants, dont elle revêt parfois les caractères les plus saillants ; elle donne souvent des produits analogues à ceux des sécrétions des animaux, etc. Aussi, ce phénomène a-t-il joué un grand rôle dans la physiologie et la médecine des anciens, et paraît-il appelé, selon toute vraisemblance, à le reprendre un jour dans celles des médecins modernes.

FERMENTATION ACÉTIQUE ; nom donné à la transformation de l'alcool en acide acétique, par l'action combinée de l'air et d'un ferment. Ces deux agents paraissent indispensables, car l'alcool pur ne s'altère pas à l'air autrement qu'en perdant de sa force par l'absorption de l'humidité atmosphérique ; de même que la présence d'un ferment ne peut le faire aigrir dans des vases exactement clos. La fermentation acide succède toujours à la fermentation alcoolique, si celle-ci n'est pas arrêtée à temps ; comme aussi on peut la provoquer facilement en mélangeant l'alcool à un ferment, ou en mettant ses vapeurs en contact avec l'éponge de platine, en présence de l'air. La transformation de l'alcool en acide acétique s'accompagne des mêmes phénomènes physiques que la conversion du sucre en alcool ; la liqueur se trouble, s'échauffe ; des filaments mucilagineux se répandent dans le liquide, qui s'éclaircit lorsqu'ils se sont déposés et que sa saveur est devenue très acide. La formation de l'acide acétique, au moyen de l'alcool, consiste évidemment en une oxydation de celui-ci ; en effet, l'alcool, $C^4 H^6 O^2$, diffère de l'acide acétique, $C^4 H^4 O^4$, par deux équivalents d'hydrogène en plus et deux proportions d'oxygène en moins ; or, il paraît certain que, sous l'influence d'un ferment et d'une température appropriée, l'oxygène de l'air peut brûler les deux équivalents d'hydrogène de l'alcool et s'y fixer ensuite en proportion convenable pour donner naissance à l'acide acétique. L'alcool ne paraît pas, du reste, se transformer d'emblée en vinaigre ; il passerait, selon plusieurs chimistes, par un état intermédiaire appelé *aldéhyde*, dont la formule $= C^4 H^4 O^2$, et qui diffère de l'alcool par deux proportions d'hydrogène en moins, et de l'acide acétique par la même quantité d'oxygène, *V.* ALDÉHYDE et VINAIGRE.

FERMENTATION ALCOOLIQUE. On donne ce nom à la transformation du sucre en alcool et en acide carbonique, sous l'influence des ferments. Elle est *artificielle ou spontanée*.

La fermentation alcoolique artificielle se produit, quand on ajoute un ferment à une liqueur sucrée tenue à une température moyenne ; si le ferment est en activité, la décomposition du sucre peut avoir lieu dans un vase dépourvu d'air ; si le principe azoté n'est pas encore décomposé, l'intervention de l'air ou de l'oxygène est indispensable. La fermentation alcoolique se développe spontanément dans les liquides sucrés qu'on retire de la plupart des fruits et des racines sucrées, comme le raisin, les pommes, les poires, la betterave, etc. ; elle se produit aussi dans le suc qu'on extrait des grains qui ont subi la germination, etc. Tous ces liquides contiennent un principe *fermentescible*, le *sucre*, et un *ferment* ou une matière protéique susceptible de le devenir, tels que *l'albumine végétale*, le *gluten*, etc. Dans ces divers cas, la présence de l'air est indispensable pour provoquer la fermentation : mais, une fois qu'elle est en pleine activité, l'action de l'oxygène n'est plus nécessaire. Pendant la fermentation, on remarque les phénomènes suivants : la liqueur se trouble, s'échauffe, des bulles gazeuses prennent naissance dans le fond du vase, puis s'élèvent à travers le liquide en entraînant des particules de ferment, et forment bientôt à sa surface une écume abondante ; il se dégage une grande quantité d'acide carbonique ; la liqueur change de caractères, perd sa saveur sucrée, devient alcoolique, puis acide, si la fermentation n'est pas arrêtée à temps. La fermentation alcoolique a pour effet de transformer le sucre en alcool et en acide carbonique, sans emprunter aucun principe ni à l'air, ni au ferment. Si la fermentation a pour point de départ le sucre de canne, celui-ci est d'abord changé en sucre de fruit par la fixation des éléments de l'eau ; $C^{12} H^{11} O^{11} + HO = C^{12} H^{12} O^{12}$, formule du sucre incristallisable ou de fruit. Puis, par l'action continue du ferment, le sucre ainsi modifié se trouve dédoublé moléculairement, de manière à donner naissance à deux proportions d'alcool et quatre équivalents d'acide carbonique $= 2 C^4 H^6 O^2 + 4 CO^2 = C^{12} H^{12} O^{12}$.

FERMENTATION BUTYRIQUE ; transformation du sucre en acide butyrique. Elle ne peut avoir lieu qu'en présence d'un ferment, et d'une base alcaline qui maintienne la liqueur à l'état neutre ; quelques chimistes pensent aussi que les corps gras sont nécessaires. Quoi qu'il en soit, la décomposition atomique du sucre se formule ainsi : $C^{12} H^{12} O^{12} = C^8 H^7 O^3 HO + 4 CO^2 + 4 H$; la formation de l'acide butyrique aux dépens du sucre, s'accompagne, en effet, d'un dégagement d'acide carbonique et d'hydrogène.

FERMENTATION LACTIQUE ; conversion du sucre et des autres principes neutres organiques en acide lactique, sous l'influence de l'air et d'un ferment. Elle a lieu dans le petit lait et dans les sucs naturels des plantes ou dans leur décoction. En prenant le sucre de fruit pour point de départ, on trouve les mutations moléculaires suivantes : $C^{12} H^{12} O^{12}$, sucre, donnant naissance à deux proportions d'acide lactique $= 2 C^6 H^5 O^5 . HO$.

FERMENTATION PANAIRE ; nom donné au mouvement de fermentation qui s'établit dans la pâte formée avec la farine des céréales mélangée au *levain*. Elle comprend plusieurs fermentations successives : une *alcoolique* provenant de la transformation du sucre de la farine, par le levain, en alcool et acide carbonique ; une *acétique* produite par la conversion de l'alcool formé primitivement en acide acétique ; enfin, une fermentation *putride* terminerait ces diverses métamorphoses, si la cuisson de la pâte ne venait arrêter complétement ce mouvement de décomposition.

FERMENTATION PUTRIDE, *V.* PUTRÉFACTION.

FERMENTATION SACCHARINE ; transformation des principes neutres végétaux, tels que l'amidon, le ligneux, en sucre, sous l'influence de divers agents. La plus remarquable des fermentations de ce genre est la métamorphose de l'amidon en *glucose*, par l'action de la *diastase* (*V.* ce mot). La germination des graines s'accompagne toujours d'une transformation semblable, *V.* GERMINATION.

FERMENTATION VISQUEUSE ; formation d'un produit muqueux, analogue au mucilage, par la fermentation du sucre en présence de l'albumine, et dans des circonstances particulières encore mal déterminées. Cette fermentation s'établit parfois dans les vins trop chargés de sucre, d'albumine végétale, et ne contenant pas assez de tannin. C'est une sorte de maladie de ces liquides que l'on fait disparaître au moyen des décoctions végétales astringentes.

FERMENTESCIBLE, adj. ; qui a la faculté d'entrer en fermentation ; c'est le cas de toutes les substances organiques non cristallisées, molles et plus ou moins humides.

FERREMENTS, s. m. ; outils de fer ; instruments en fer confectionnés pour maintenir réduites les fractures et les luxations. Bourgelat a décrit longuement ces divers appareils, qui ne sont pas d'une grande utilité dans la pratique, parce qu'ils ne sont pas susceptibles d'être appliqués exactement. Toutefois, leurs formes doivent toujours être modifiées suivant le volume et la disposition des parties sur lesquelles on veut les employer. On a imaginé des ferrements particuliers pour les différents rayons des membres antérieurs et postérieurs.

FERRETIER, s. m. ; marteau à main dont le maréchal se sert pour forger les fers ; sa forme est celle d'un cône dont les extrémités sont arrondies ; l'extrémité inférieure, ou la tête, a une forme ovale et arrondie en tous sens ; les deux faces latérales sont aplaties. Le trou perce le marteau obliquement de bas en haut et de derrière en avant, de sorte que la tête, étant appuyée sur un plan horizontal, le manche présente une ligne oblique relativement à ce plan.

FERRICYANOGÈNE. s. m. Cy⁶ Fe².—Radical composé admis par hypothèse dans la constitution des *cyanoferrates* ou *cyanoferrides* (*V.* ces mots).

FERROCYANATE, *V.* CYANOFERRATE.

FERROCYANOGÈNE, s. m., Cy³ Fe. — Radical composé admis hypothétiquement dans la composition des *cyanoferrures* (*V.* ce mot.)

FERROCYANURE. *V.* CYANOFERRURE.

FERRUGINEUX, s. m. Médicaments *toniques*, *analeptiques* et *reconstituants*, formés par le fer métallique et la plupart de ses combinaisons. Les plus employés sont le fer en limaille, l'oxyde noir, le peroxyde, le carbonate et le protosulfate de fer ; les chlorures, l'iodure et le sulfure sont plus rarement mis en usage ; on peut employer aussi l'eau ferrée ou rouillée, les eaux minérales ferrugineuses, le tartrate de fer et le tartrate double de fer et de potasse. Ces composés, au point de vue thérapeutique, doivent être divisés en ferrugineux *insolubles*, et ferrugineux *solubles*. Les premiers ne produisent, sur les tissus et les muqueuses, d'autres effets que ceux d'une poudre inerte ; les seconds y déterminent, au contraire, une action astringente très marquée. Les ferrugineux s'emploient plus particulièrement à l'intérieur ; ceux qui sont solubles sont parfois appliqués à l'extérieur. A l'intérieur, ils se donnent de préférence en électuaire, seuls ou associés aux toniques amers ou aux excitants gastro-entériques ; les ferrugineux solubles s'emploient aussi en breuvages, mais rarement, à cause de leur saveur très astringente qui met obstacle à leur absorption. Les effets des ferrugineux à l'intérieur sont remarquables : ils stimulent d'abord l'estomac, provoquent la soif, rendent l'absorption intestinale plus complète et déterminent bientôt la constipation. Constamment ils rendent les excréments noirs, soit en formant un tannate de fer avec les matières astringentes des aliments, soit en donnant naissance à du sulfure de fer, en se combinant avec l'acide sulfhydrique des gaz intestinaux. L'absorption des ferrugineux s'opère avec facilité et très rapidement ; ceux qui sont solubles sont directement absorbés, et ceux qui sont insolubles, après qu'ils ont été dissous par les acides du suc gastrique. Arrivés dans le torrent de la circulation, ils modifient le sang et déterminent dans l'organisme des effets qui dérivent directement de cette action primitive sur le fluide nutritif. Les expériences d'Andral et Gavarret démontrent, de la manière la plus évidente, que les ferrugineux jouissent de la faculté précieuse de régénérer les globules du sang, lorsque ce fluide a été appauvri par une cause quelconque, comme on le remarque dans toutes les affections anhémiques et hydrohémiques. Aussi, par l'usage prolongé des ferrugineux, le sang liquide, décoloré, dépourvu de cruor, devient-il plus épais, plus coloré, plus riche et laisse-t-il déposer un caillot consistant et riche en globules. De ce premier effet découlent naturellement l'accélération et la force du pouls, une hématose plus complète, une chaleur plus prononcée, une coloration plus forte des muqueuses, une nutrition plus réparatrice, des sécrétions plus rares et mieux élaborées, etc. Les indications des ferrugineux à l'intérieur sont faciles à déterminer : toutes les fois que le sang manque de propriétés nutritives, qu'il est appauvri dans ses globules, ces médicaments conviennent parfaitement ; c'est ce qui a lieu dans l'anhémie, la cachexie, les hydropisies, les hémorrhagies passives, la ladrerie du porc, le farcin chronique, la morve ancienne, la diarrhée séreuse, les affections vermineuses, épuisantes, etc. Ils peuvent être utiles aussi après les maladies longues et graves, comme les affections putrides, éruptives, gangreneuses, etc. ; dans l'empoisonnement par l'arsenic, les sels de cuivre, etc. Pour l'usage externe, *V.* SULFATE DE FER.

FERRURE, s. f. ; garniture de fer ; action de ferrer les chevaux, manière de les ferrer, genre de fer qu'on emploie. La ferrure est une opération qui consiste à adapter des fers convenables sur le sabot du cheval, de l'âne, du mulet, et sur les onglons du bœuf. En la pratiquant, on se propose de résoudre le problème suivant : étant donné un pied sain, lui adapter un fer qui conserve l'intégrité de sa forme, la rectitude de ses aplombs, et mettre le moins de limites possible à la liberté de ses mouvements (H. Bouley). — Le manuel de la ferrure comprend plusieurs opérations distinctes, qui consistent dans la *préparation du pied*, *l'ajusture*, et *l'adaptation du fer.* 1° *Préparation du pied*. Le maréchal fait lever, par un aide, le pied qu'il veut ferrer, en prenant quelquefois des précautions dictées par le caractère plus ou moins difficile de l'animal. Après avoir enlevé le vieux fer, extirpé les vieilles souches, il coupe avec le rogne-pied et le boutoir les portions de corne qui sont en excès, en donnant au bord inférieur de la paroi une légère convexité à partir de la pince. Dans cette opération, il faut tenir compte de la forme du sabot, de son volume, et prendre en considération les défauts d'aplomb du cheval que l'on se propose de *ferrer*. La sole doit être parée, sans être trop amincie ; on se borne à enlever sur la fourchette les parties les plus superficielles, pour ne pas trop diminuer le volume de ce corps qui joue un grand rôle relativement à l'élasticité du pied ; 2° *ajusture du fer*. L'ouvrier prend dans l'atelier un fer qui présente à peu près les dimensions convenables pour le sabot qu'il veut ferrer : il ajuste ce fer, c'est-à-dire lui donne exactement la tournure du pied, le dispose pour le faire garnir convenablement, et l'empêcher de porter sur la sole. Un fer à cheval ajusté est presque plat dans ses deux tiers postérieurs, et relevé en bateau dans la partie antérieure. Après cette préparation, le fer est *présenté* sur le pied, c'est-à-dire appliqué sur l'ongle, pour qu'il soit possible de voir s'il a reçu la forme la plus rationnelle. Sous le rapport de cette application, il faut distinguer la *ferrure à chaud* et la *ferrure à froid*. La ferrure à chaud consiste à poser pendant quelques instants sur le pied le fer assez fortement chauffé, et à l'enlever dès que la corne a reçu l'impression de la chaleur, pour parer les parties saillantes du sabot, ou modifier sur l'enclume la forme du fer, s'il pèche sous le rapport de l'ajusture ou de ses dimensions. Il faut agir toujours d'après ce principe : qu'il faut disposer le fer pour le pied et non le pied pour le fer. Une application trop prolongée du fer chaud cause des accidents qui consistent dans des brûlures plus ou moins intenses ; mais ces accidents sont le résultat de la négligence et de la paresse de l'ouvrier, qui veut, par la chaleur, ramollir la corne, pour la diviser plus facilement avec le boutoir. Dans la ferrure à froid, le fer est présenté privé de chaleur ; mais cette ferrure demande un temps plus long, et elle est moins solide ; il faut la renouveler fréquemment, ce qui produit promptement la détérioration de la corne. Il est rare que le fer s'adapte aussi bien à la surface du pied, et que l'ouvrier, pour gagner du temps, n'arrange pas un peu le pied pour le fer. Une méthode mixte en quelque sorte est la *ferrure tiède* ; le fer est à peine chauffé, son application prolongée ne peut produire une brûlure ; il est assez malléable pour qu'on puisse modifier sa forme sans le mettre au feu de nouveau, par ce moyen l'on évite tout accident fâcheux, et l'on donne à la corne assez de chaleur pour modifier favorablement ses propriétés hygrométriques et son élasticité ; 3° *adaptation du fer*. L'ajusture étant convenablement disposée, il ne reste plus qu'à fixer le fer sur le pied par l'implantation des clous, qu'on doit diriger de manière à ne pas atteindre les parties molles et sensibles. Les clous doivent être *brochés*, c'est-à-dire enfoncés dans la corne solide, et chassés pour qu'ils ressortent à la même hauteur. Quand tous les clous sont placés, on coupe avec les tricoises les portions qui excèdent la paroi, et l'on recourbe en crochet l'extrémité de chaque lame, pour former les *rivets*. —Une ferrure dure plus ou moins longtemps selon le service que l'animal doit faire ; le pavé des villes est une cause d'usure pour le fer, de détérioration pour le pied, parce qu'en ferrant souvent un cheval, on est forcé d'implanter les clous plusieurs fois dans les mêmes parties de la paroi. Si le fer ne s'use que fort lentement, il est utile de l'enlever avant son usure complète, pour retrancher les portions de corne, qui, par leur longueur, pourraient fausser les aplombs de l'animal. Par la ferrure, on remplit des indications variées ; non-seulement on empêche l'usure prématurée de l'ongle, mais encore

on peut remédier à des défectuosités, à des défauts d'aplomb, à des maladies. *V*. FER. —Les avantages de la ferrure sont incontestables ; cependant son emploi n'est pas général ; on a proposé de la supprimer, parce qu'elle offre quelques inconvénients. Chez les Arabes, les Turcs, et dans quelques contrées du Midi, les chevaux ne sont pas toujours ferrés ; néanmoins ils suffisent à des courses rapides : c'est que ces animaux ont la corne solide, et qu'ils voyagent sur un sol sablonneux et moins dur : c'est qu'ils n'ont pas à traîner de lourds fardeaux comme les chevaux de trait. Dans nos villes, sur nos routes ferrées, il est indispensable de protéger le pied du cheval contre l'usure, quoiqu'on ait reconnu depuis longtemps que le fer nuit à l'élasticité du sabot, à l'intégrité des parties constituantes de la région digitée, quoique la ferrure soit une cause fréquente de maladies graves. — La ferrure du cheval présente des formes différentes qui dépendent des conditions de localités et de races. Chaque peuple adopte un système différent ; nous voyons même la mode exercer en France son empire sur l'art du maréchal, indépendamment des circonstances qui tiennent au sol et au climat. En Angleterre, on applique des fers épais et privés de toute ajusture sur la moitié de leur face supérieure qui correspond à la rive externe ; la face inférieure, tout-à-fait plane, présente dans son milieu une rainure profonde qui reçoit et cache la tête des clous. Ce système de ferrure est favorable à la rapidité des allures ; il est nuisible à la conservation des membres. Les Arabes donnent au fer la forme circulaire, en rapprochant les éponges pour les faire chevaucher ; ils impriment à l'ajusture une disposition opposée à celle des fers français. En Allemagne et en Suisse, les fers sont grossièrement fabriqués, étampés à gras, munis de forts crampons, sans ajusture bien suivie. C'est la ferrure française qui présente le plus haut degré de perfection, surtout pour conserver l'intégrité du pied, la rectitude des aplombs et la solidité des articulations des membres.

FERTILE, adj., *fertilis* ; s'emploie toujours par opposition à *stérile*, mais dans des circonstances fort diverses. Les fleurs sont fertiles, quand elles sont ou peuvent être fécondées. Une étamine n'est fertile qu'à la condition d'avoir une anthère ; un ovule qu'à la condition de recevoir l'action du pollen. En général, on dit qu'une chose est fertile, quand elle produit beaucoup : *terre fertile*, *plante fertile*.

FERTILITÉ, s. f., *Fertilitas* ; aptitude d'une terre, d'un végétal à produire et surtout à produire beaucoup. Dans les deux cas, *Fertilité* est synonyme de *Fécondité* (*V*. ce mot).

FÉRULE, s. m., *Ferula*, T ; genre assez nombreux de la famille des Ombellifères. Il se compose de plantes herbacées particulières aux contrées orientales et au midi de l'Europe. C'est d'une espèce de ce genre, le *F. assa-fœtida*, que l'on extrait l'Assa-fœtida ; d'après quelques auteurs, la gomme ammoniaque serait fournie par le *F. orientalis ;* on attribue au *F. sagapenum*, *F. persica*, la production de la gomme séraphique ou *Sagapenum*.

FESSE , s. f. ; ce mot, en *extérieur*, désigne la région postérieure de la cuisse, ayant pour base les muscles ischio-tibiaux. La région formée par les muscles *fessiers* porte le nom de *croupe*. La fesse, chez le cheval, doit être bien développée et aussi descendue que possible ; elle offre, vers sa partie supérieure, une légère saillie due à l'os coxal et constituant *l'angle de la fesse*. — Dans le *bœuf*, cette région doit offrir un grand développement, la chair qui la forme étant de qualité supérieure.

FESSIER , **ÈRE** , adj. ; qui appartient à la fesse. *Muscles fessiers :* ils sont au nombre de trois. — *Moyen fessier* ou *moyen ilio-trochantérien :* muscle peu épais, formé de deux portions charnues disposées en V, réunies par une aponévrose, prenant leur origine aux angles de la croupe et de la hanche, et s'insérant par un tendon unique, aplati, à la crête sous-trochantérienne du fémur, que ce muscle tire en avant. — *Grand fessier* ou *grand ilio-trochantérien :* muscle considérable, occupant toute la face iliale du coxal et se prolongeant en avant, par une toute pointe pyramidale, dans une excavation particulière du muscle ilio-spinal. Ce muscle, qui forme à lui seul la plus forte partie de la croupe, s'insère au fémur par trois portions terminales, dont une s'attache au sommet du trochanter, l'autre à la crête trochantérienne, après avoir glissé sur la convexité, la troisième en arrière du corps du fémur. Le grand fessier étend le fémur et porte tout le membre postérieur en arrière ; lorsque le membre repose sur le sol, il contribue au mouvement du cabrer. — *Petit fessier* ou *petit ilio-trochantérien :* muscle peu volumineux, situé au-dessus de l'articulation coxo-fémorale, prenant son origine à la crête sus-cotyloïdienne, et son insertion en dedans de la convexité du trochanter. Il est abducteur et rotateur de la cuisse. — *Artères fessières. Fessière antérieure :* forte artère naissant du tronc pelvien, au niveau de l'articulation sacro-iliaque, et se divisant en plusieurs branches dans les muscles fessiers, aussitôt après sa sortie du bassin.—*Fessière postérieure :* branche naissant de l'artère sous-sacrée, et se terminant par deux branches principales dans les muscles fessiers et ischio-tibiaux.—*Nerfs fessiers :* ils forment deux branches distinctes émanant du plexus sacré, et se portant, les *antérieurs*, dans les muscles grand et petit fessiers, les *postérieurs* dans les mêmes muscles et dans les ischio-tibiaux.

FESTONNÉ , **ÉE** , adj. , *spandus ;* bordé par des découpures arrondies.

FESTUCAIRE , s. m. : genre de vers intestinaux parenchymateux, de la famille des *Trématodes*, de l'ordre des *Monostomes*.

FÉTIDE , adj. , *fetidus*, de *fetere*, sentir mauvais ; qui a une odeur forte et désagréable.

FÉTIDITÉ , s. f. , *Fetiditas ;* état de ce qui est fétide ; odeur désagréable.

FÉTUQUE , s. f. , *Festuca* , L. ; genre nombreux de la famille des Graminées. Ses caractères sont : épillets pédicellés ou presque sessiles, disposés en panicule, comprimés latéralement, renfermant de cinq à dix fleurs, quelquefois plus ; glumes carénées, mutiques, jamais égales, rarement surmontées d'une pointe ou arrête ; glumelles presque égales, l'inférieure demi-cylindrique, aiguë, portant à son sommet une arête droite, rarement mutique ; la supérieure carénée, tronquée, ordinairement bidentée ; glumellules bifides ou entières ; deux stigmates plumeux. Le genre fétuque renferme beaucoup d'espèces fourragères intéressantes. Nous citerons les principales : la F. des bois , *F. sylvatica* , Vill. ; la F. des prés, *F. pratensis ;* la F. roseau , *F. arundinacea*, Schreb. ; la F. élevée, *F. elatior ;* la F. géante, *F. gigantea*, Vill. ; la F. hétérophylle, *F heterophylla*. Ces espèces peuvent être cultivées seules , ou mieux, mélangées à d'autres plantes. Les produits qu'elles donnent sont assez abondants et recherchés des animaux ; mais elles demandent à être fauchées de bonne heure, car elles deviennent bientôt très dures et constituent alors un mauvais fourrage. Elles préfèrent les terrains humides ou ombragés aux sols maigres et secs. Les espèces suivantes, très rustiques et peu difficiles, croissent bien sur les coteaux pierreux et desséchés, mais elles sont peu productives et doivent être broutées ; ce sont : la F. raide , *F. rigida*, Kuntz ; la F. ovine , *F. ovina*, L. ; la F. rouge , *F. rubra* , L. ; la F. poa, *F. poa*, D C ; la F. dure, *F. duriuscula*, L. ; la F. couchée, *F. decumbens*. Ajoutons les espèces *myurus* , *bromoïdes* , *spadicea* , *tenuifolia* , etc. , qui concourent à former, avec les précédentes , les pelouses des pâturages élevés. Le fourrage donné par les fétuques paraît surtout convenir aux ruminants.

FEU , s. m. , *Ignis* , πυρ ; nom donné à l'un des quatre éléments de la nature, admis par les anciens philosophes. Les chimistes du siècle dernier le rapportaient à un fluide extrêmement subtil, appelé *Phlogistique* , qui, en se dégageant des corps, lui donnait immédiatement naissance. Aujourd'hui, ce mot doit être considéré comme synonyme de *combustion*, puisque le *feu* n'est autre chose que ce phénomène considéré dans ses effets les plus saillants, comme la *chaleur* , la *lumière* , la *flamme* , etc. (*V.* ces mots.) — *Path.* Nom vulgaire donné à certaines éruptions herpétiques , à cause de la chaleur qu'elles produisent dans la peau. — *Chir.* Dénomination vulgaire donnée à l'emploi du cautère actuel. *V.* Cautère et Cautérisation.

Feu (marqué de) ; on emploie ces expressions pour indiquer la présence de poils d'un rouge vif sur certains points de la robe des animaux ; ex. : *marqué de feu aux flancs et aux fesses*, etc.

Feu céleste ; nom de l'*Erysipèle gangreneux*, (*V.* ce mot).

Feu central ; dénomination par laquelle on désigne le foyer de chaleur qu'on suppose exister au centre du globe terrestre, à cause de la températeure croissante qu'on observe à mesure qu'on pénètre dans le sein de la terre.

Feu follet ; lueurs phosphorescentes qu'on observe dans les lieux humides où sont enfouies des matières animales, et provenant de la combustion spontanée à l'air de *l'hydrogène phosphoré* qui s'en dégage. *V.* Hydrogène.

Feu grisou, Grison ou Brison ; noms donnés par les mineurs à *l'hydrogène protocarboné* qui se dégage dans les mines de houille, et donne lieu à des explosions terribles par son contact avec la flamme des lampes, lorsqu'il est mélangé à l'air atmosphérique. *V.* Hydrogène.

Feu d'herbe, *V.* Rafle.

Feu potentiel ; synonyme de *cautère potentiel*. *V.* Cautère.

Feu sacré ; nom donné à l'*érysipèle simple*.

Feu st-Antoine ; nom donné au *charbon* et à l'*érysipèle gangreneux*.

Feu Saint-Elme ; flamme électrique qu'on remarque, pendant les nuits orageuses, au sommet des mâts des vaisseaux, des flèches des clochers, des pointes des paratonnerres, et provenant de la combinaison de l'électricité de ces corps avec celle des nuages. *V.* Paratonnerre.

FEUILLAGE, s. m., *Frondescentia* ; ensemble des feuilles d'un végétal.

FEUILLAISON, s. f., *Foliatio* ; épanouissement des bourgeons foliacés ou mixtes ; apparition des feuilles.

FEUILLARD, s. m., réunion de branches d'arbres ou d'arbrisseaux encore garnies de leurs feuilles et conservées pour l'alimentation des bestiaux. Ce n'est que dans les contrées pauvres en fourrages, et lorsque la nourriture d'hiver a manqué, que les animaux sont appelés à faire un usage un peu suivi du feuillard. Les arbres que l'on peut mettre à contribution pour cet objet, sont : l'orme, le charme, le frêne, le peuplier, le chêne, le marronnier d'Inde. Les branches de pin, d'ajonc, etc., que l'on donne en vert, sont aussi des feuillards. *V.* Feuille.

FEUILLE, s. f., *Folium* ; organe appendiculaire des plantes, formant des expansions planes, membraneuses, ordinairement vertes, naissant sur la tige et les rameaux, ou seulement au collet de la racine. La feuille se compose, en général, de deux parties : 1° du *pétiole* ou partie rétrécie, formant la base de l'organe ; 2° du *limbe* ou *lame*, qui en est l'expansion. Lorsque le pétiole existe, la feuille est dite *pétiolée* ; dans le cas contraire, elle est *sessile* ou *sub-pétiolée*. La continuation du pétiole constitue la *nervure principale* ou *rachis*, qui se divise dès la base ou à des hauteurs variables, et d'une façon régulière ou irrégulière. — Les feuilles sont *simples* ou *composées*. L'étude de leur structure démontre, dans la composition des nervures, de vraies trachées, dans le parenchyme, plusieurs couches de cellules renfermant de la chlorophylle. La face *supérieure* du limbe est plus lisse, plus verte que l'*inférieure*, sur laquelle les nervures font des saillies plus marquées. C'est aussi sur cette face que se montrent les stomates. Toutes les deux sont recouvertes d'épiderme. Le parenchyme manque quelquefois ; les feuilles sont alors dites *fenêtrées* ; ex. : l'*Hydrogeton fenestralis*. Dans une feuille, on distingue la *base* ou partie qui s'attache au support, le *sommet* ou partie anatomiquement opposée à la base, enfin le *contour* ou la *circonférence*, qui détermine la *figure* de l'organe. Les deux parties qui la composent sont *égales* ou *inégales*. Le limbe peut s'étendre sur la tige, se réunir autour de celle-ci ; de là, les feuilles *décurrentes*, *connées*, *perfoliées*. Quand la base de la feuille embrasse son support, elle est dite *engaînante*, *amplexicaule*, etc. D'après leur figure, les feuilles sont : *ovales*, *elliptiques*, *linéaires*, *lancéolées*, *cordées*, *hastées*, *spatulées*, *filiformes*, etc., etc. D'après la disposition de leur sommet, elles sont : *aiguës*, *acuminées*, *mucronées*, *bifides*, *bilobées*, etc. D'après les divisions du limbe, elles peuvent être *bifides*, *trifides*, *multifides*, etc., *trilobées*, *multilobées*, etc., *tripartites*, *multipartites*, etc. *laciniées*, *sinuées*, *pinnatifides*, *roncinées*, etc. Elles sont, en outre, *entières* ou *dentées*, *crénelées*, *ciliées*, etc. Il en est de *planes*, *convexes*, *onduleuses*, etc. ; *glabres* ou *pubescentes*, etc., *molles*, *charnues*, *scarieuses*, etc., *vertes*, *glauques* ou *colorées*. D'après leur situation sur la tige et leur direction, elles sont : *opposées*, *verticillées*, *ternées*, *alternes*, *éparses*, *dressées*, *infléchies*, *pendantes*, *humifuses*, *nageantes*, etc. Suivant le point où elles prennent leur origine, on les dit *séminales primordiales*, *radicales*, *caulinaires*, *florales*, etc. Elles peuvent être, aussi, semblables ou différentes sur le même végétal. Il est des feuilles qui sont douées d'une sorte d'irritabilité et qui se ferment quand on les touche, ou qui s'infléchissent le soir, pour s'ouvrir et se redresser le matin. *V.* Irritabilité et Sommeil. Les feuilles, d'après leur durée, sont *caduques*, *décidues*, *marcescentes*, *persistantes*, etc. *V.* Défoliation. Ce qui précède, se rapporte surtout aux feuilles simples des plantes dicotylédonées ; toutefois, cela est applicable aux folioles des feuilles composées et à beaucoup de feuilles des végétaux monocotylédonés. Celles-ci sont plus souvent entières, étroites, engaînantes, à nervures parallèles. Dans les acotylédones, les feuilles sont très simples ou inutiles. Quel-

ques-unes font exception, ex. : les feuilles de beaucoup de fougères, *V.* Pétiole, Limbe, Phyllotaxie, Bractée, Stipule, Préfoliaison. — *Usages des feuilles.* Les feuilles d'un grand nombre de plantes servent à nourrir les bestiaux, ou sont consommées par l'homme. On peut citer, à ce sujet, les feuilles de nos légumes et toutes celles qui concourent à former les fourrages. Les feuilles détachées de quelques plantes, comme la vigne, celles des arbres fruitiers ou des forêts, sont aussi utilisées pour l'alimentation des herbivores et principalement des ruminants. On les donne seules ou mélangées, vertes ou sèches. Elles constituent, quand on sait les conserver, une ressource précieuse pour l'hivernage. Dans quelques endroits, on les entasse dans des cuves et on les recouvre d'eau ou de terre glaise. Ailleurs, on les sale et on les stratifie. Les meilleures feuilles des bois, sont celles de frêne, d'érable, de tilleul, d'orme, de platane, de tremble, de noisetier; on récolte aussi celles de charme, de saule, de hêtre. Les feuilles vertes des arbres sont astringentes; leur usage immodéré peut occasionner des maladies intestinales, l'hématurie.

FEUILLÉ, ÉE, adj., *foliatus*; pourvu ou orné de feuilles, *V.* Feuillu.

FEUILLES. *Pharm.* Un grand nombre de feuilles sont employées en médecine, soit seules, soit mélangées aux fleurs ou aux tiges. Leur récolte et leur conservation présentent quelques particularités qu'il est utile d'indiquer. Si les feuilles sont douées de propriétés émollientes, comme celles de la mauve, de la guimauve, du bouillon-blanc, ou anodines, comme les feuilles de belladone, de morelle, de tabac, etc., on les récoltera aussitôt qu'elles seront entièrement développées, sans attendre la maturité de la plante, qui aurait alors perdu ses principes mucilagineux. Dans le cas, au contraire, où les feuilles sont douées de propriétés excitantes et renferment de l'huile essentielle, comme celles des Labiées, des Composées, des Ombellifères, etc., on attendra le moment du développement complet de la plante, parce que c'est à cette époque que tous ses principes actifs sont le plus abondants et le mieux élaborés. Souvent on donne la préférence aux feuilles florales, et on les récolte avec les fleurs qu'elles enveloppent; c'est ce qu'on nomme des *sommités fleuries.* La récolte se fera de préférence par un temps sec, et à une heure de la journée où la rosée a complètement disparu de la surface des plantes. La dessiccation des feuilles s'opère en les étendant sur une claie, en en formant des paquets qu'on suspend à l'aide d'une corde. Quant aux sommités fleuries d'un tissu plus délicat et d'un arôme plus fugace, il convient de les enfermer dans des sacs de papier avant de procéder à leur dessiccation, afin de les préserver de l'action des rayons lumineux et de l'atteinte de la poussière.

FEUILLET, s. m.; troisième estomac des ruminants, situé entre le rumen et le foie, et tirant son nom des nombreuses lames à mamelons miliaires qui garnissent sa cavité intérieure. Toutes ces lames, très inégales entre elles, ont leur point fixe à la grande courbure du viscère et leur bord libre vers la petite courbure, qui est inférieure. Le feuillet communique à gauche avec le réseau et la gouttière œsophagienne, à droite avec la caillette. Les aliments qu'il contient entre ses lames sont toujours peu humectés, et presque secs dans le plus grand nombre des maladies internes des ruminants. On trouve souvent, à l'autopsie, l'épiderme des lames du feuillet détaché et recouvrant les aliments desséchés. — *Bot. Lamellum, Folium.* On appelle *feuillets* les lames qui doublent inférieurement le chapeau de beaucoup de champignons. Chaque feuillet peut être entier ou incomplet, c'est-à-dire s'étendre du stipe au bord du chapeau, ou n'occuper qu'une partie de cette longueur et former un demi-feuillet. Il est toujours formé de deux lames accolées ou d'une même membrane plissée. Les feuillets peuvent être *aigus, arqués, flexueux, étroits, larges, dentés,* etc. Ils sont recouverts par la membrane fructifère, *V.* Champignons et Hyménium. — Les diverses lames du *liber* ont aussi reçu le nom de feuillets.

FEUILLU, UE, adj., *foliosus*; couvert d'un grand nombre de feuilles. Il n'est pas synonyme de *feuillé,* ni de *touffu.* — Les *bois feuillus* sont, dans le langage forestier, ceux composés d'essences à feuilles larges.

FÈVE, s. f., *Faba,* T.; genre de la famille des Légumineuses. Ses caractères sont : fleurs blanches ou rosées, en grappes courtes, axillaires, pauciflores; calice campanulé, à cinq divisions, les deux supérieures plus courtes; ailes de la corolle marquées d'une tache noire; étamines monadelphes; style filiforme, légèrement aplati; gousse oblongue, renfermant un petit nombre de graines séparées par des espèces de renflements celluleux; valves de la gousse succulentes; graines comprimées, grandes, oblongues, tronquées, blanches ou grisâtres; tige droite ordinairement simple; feuilles pennées sans impaire, à arête terminale. Ce genre ne renferme qu'une espèce, la F. commune, *F. vulgaris,* Mench., *Vicia faba,* Linn. Cette plante est annuelle; on la dit originaire de la Perse; son introduction en Europe remonte à une haute antiquité. La culture a établi un certain nombre de variétés, parmi lesquelles on peut citer comme les plus importantes la fève de marais, *F. v. major,* et la Féverole, fève de cheval, *F. v. equina.* Ces deux variétés sont cultivées pour la nourriture de l'homme et des animaux domestiques, et pour la fumure des terres. On fait un grand usage de la fève de marais, pour l'économie domestique, dans le Midi et dans le Nord. La féverole est plus particulièrement réservée pour la grande culture proprement dite et pour l'usage des bestiaux, etc. Du reste, la culture de ces deux plantes est la même. La fève aime un sol frais, profond, riche : on la sème en automne ou au printemps selon les climats, en lignes ou à la volée. Une moyenne de deux hectolitres de semences est nécessaire pour l'ensemencement d'un hectare. Les graines étant recherchées par les mulots et d'une germination lente, il faut, avant de les semer, les faire un peu macérer dans l'eau. Cette culture exige des binages et des sarclages fréquents. Lorsque la récolte doit être consommée en vert, on sème à la volée et l'on fait des mélanges avec une vesce, une gesse ou une graminée, etc. Ce fourrage est de très bonne qualité et convient à tous les herbivores domestiques. Le fauchage se fait quand la plante est en fleur ; et si le terrain est bon, il est possible d'obtenir une seconde coupe encore assez abondante. La dessiccation des tiges de fèves est difficile et donne rarement de bon résultats. Cependant, lorsque la plante est cultivée pour la graine, les fanes peuvent être desséchées et conservées comme fourrage ; on les donne à mesure que le battage s'effectue. — La graine de la féverole est très nutritive ; on peut la donner aux chevaux aussi bien qu'aux ruminants à l'engrais et aux vaches laitières : mais il ne faut pas en abuser, car elle est échauffante et donnerait, même aux chevaux, d'après John Sinclair, *l'haleine courte*. La chair et la graisse des animaux qui font usage des fèves sont fermes et de bonne qualité. On donne ces graines entières ou concassées, sèches ou ramollies par l'eau ou la vapeur, seules ou mélangées. Elles sont d'une grande ressource dans l'allaitement artificiel. Selon M. de Dombasle, leur valeur dans l'alimentation serait à celle de l'avoine à peu près :: 2 : 1 ; dans celle du cheval en particulier, d'après M. Gaujac, :: 20 : 15. — La composition de la féverole est : légumine, 27,5, amidon, 38,5, substances grasses, 2,0, sucre, 2,0, gomme, 4,5, ligneux et acide pectique, 10,0, sels, phosphates, etc, 3,0, eau et perte, 12,5.

FÈVE, s. f. ; nom vulgaire donné au gonflement du palais, qu'on observe quelquefois dans le cheval, surtout à l'époque de l'éruption des dents.

FÈVE DE SAINT-IGNACE ; nom donné, en *pharmacie*, à la graine du *strichnos ignatia*, *ignatia amara*, L. ; arbre qui croît aux îles Philippines. Les fèves de St-Ignace sont de la grosseur d'une olive, convexes d'un côté, anguleuses et à facettes planes de l'autre ; leur surface est grisâtre ; leur intérieur est formé d'une substance cornée, demi-transparente, très dure et d'une teinte brunâtre ; leur odeur est nulle et leur saveur très amère. La fève de St-Ignace présente la même composition chimique que la *noix vomique* ; seulement, elle contient moins de *brucine* et plus de *strychnine* ; aussi est-elle beaucoup

plus active. Elle est peu usitée en médecine vétérinaire. *V.* NOIX VOMIQUE.

FÉVEROLE, *V.* FÈVE.

FÉVIER, s. m.. *Gleditschia*, L. ; genre de la famille des Légumineuses. Il se compose d'arbres originaires de l'Amérique et de l'Asie, souvent couverts d'épines rameuses, extraaxillaires. On en cultive deux espèces en France, soit comme plantes d'ornement, soit en haies ; ce sont : le F. d'Amérique, *G. triacanthos*, et le F. à grosses épines, *G. macrocanthos*.

FIBRATION, s. f., *Fibratio* ; disposition des fibres dans les organes foliacés, *V.* NERVATION.

FIBRE, s. f., *Fibra* ; filament d'une extrême ténuité, plus ou moins solide et résistant, dernier terme de l'analyse organique des animaux et des végétaux. Trois espèces de fibres sont admises dans les animaux ; la fibre *cellulaire*, la fibre *musculaire* et la fibre *nerveuse*. La fibre *albuginée* de Chaussier n'est que la fibre cellulaire condensée. Les anciens admettaient une fibre élémentaire par les modifications de laquelle ils expliquaient la formation de tous les tissus. Aujourd'hui, les cellules et les globules servent aux mêmes explications. —*Bot.* La fibre constitue l'un des trois organes élémentaires des végétaux. Elle paraît être formée d'une utricule plus ou moins allongée dont les extrémités rétrécies s'appliquent les unes contre les autres. Selon le degré d'allongement qu'elle a éprouvé, l'utricule forme : 1° les *cellules allongées* ou *utricules fibreuses* ; 2° les *tubes fusiformes* ou *clostres* ; 3° les *tubes fibreux*. Chacune de ces espèces de fibres est formée d'une membrane simple ou doublée, de manière à présenter les diverses particularités qui caractérisent les vaisseaux *rayés*, *ponctués*, *réticulés*, etc. Les fibres constituent par leur réunion le *tissu fibreux* ou le *prosenchyme*.

FIBREUX, EUSE, adj., *fibrosus* ; formé de fibres. — *Tissu fibreux* ou *ligamenteux* : tissu formé par la fibre cellulaire condensée, et disposée en cordons ou en lames. On distingue deux espèces principales de tissus fibreux : le *blanc* et le *jaune*. — Le tissu fibreux blanc, très dense, formé de fibres albuginées, est en forme de cordon dans les tendons, les ligaments latéraux ou intérieurs des articulations ; il est en lames dans les aponévroses, les ligaments capsulaires, la méninge, le périoste. Ce tissu, très résistant, très peu élastique, a des propriétés vitales très peu apparentes ; on n'y voit point arriver de nerfs ; il ne reçoit aucuns vaisseaux rouges, et sa sensibilité ne se démontre guère que par la torsion des ligaments qu'il sert à former ; desséché, il durcit et jaunit ; soumis à l'ébullition, il se résout, à la longue, en gélatine. — *Le tissu fibreux jaune* ou *élastique* a reçu son nom de sa couleur et de sa grande élasticité. Il est composé de fibres plus grosses et moins serrées que celles du

tissu fibreux blanc , formant des faisceaux
qui admettent dans leurs intervalles des vaisseaux rouges. On trouve ce tissu dans tous
les points de l'économie où il faut un effort
continuel pour résister à une force quelconque ; c'est ainsi qu'on le rencontre à l'encolure , formant un ligament cervical d'autant plus fort que l'encolure est plus longue,
plus horizontale , et la tête plus lourde ; aux
parois abdominales , où son épaisseur est en
raison du développement des viscères digestifs , etc.; on le trouve formant la tunique
moyenne des grosses artères, et résistant par
son élasticité au choc continuel du sang artériel. Il forme une lame qui soutient l'hyoïde
du cheval et le ramène à sa position lorsqu'il
a été abaissé, etc. Il existe aussi d'une manière bien manifeste , comme soutien de
l'estomac du cheval, derrière le diaphragme.
—Le tissu fibreux blanc se développe souvent
accidentellement, formant des ligaments ou
des masses isolées , que l'on désigne sous le
nom de *corps fibreux* ou *sclérômes*. — *Bot.* Le
tissu fibreux ou le *prosenchyme* des végétaux
est composé de fibres entrelacées, mêlées à des
vaisseaux. Il concourt à former les couches
ligneuses dans les plantes dicotylédonées,et les
faisceaux qui parcourent la tige des monocotylédones. Ils sert de base aux nervures des
feuilles, au liber , et constitue la partie
utile des végétaux textiles. Le tissu fibreux
concourt à la circulation, et à donner aux divers organes des plantes leur forme, leur résistance. — RACINES FIBREUSES : elles sont
composées de radicules allongées, distinctes,
simples ou peu rameuses.

FIBRILLAIRE , adj. ; qui appartient ou a
rapport aux fibrilles. *Contractilité fibrillaire :* contractilité des fibres les plus ténues; synonyme de *contractilité insensible*
ou *tonicité*.

FIBRILLE , s. f., *Fibrilla* : petite fibre.—
Bot. On donne ce nom aux dernières ramifications de la racine. L'ensemble des fibrilles
constitue le *chevelu*. Elles sont la partie essentielle de la racine , car c'est par leur
extrémité seulement que se fait l'absorption
dans le milieu terrestre. Les fibrilles se renouvellent chaque année comme les feuilles ,
mais on ignore comment s'effectue le phénomène.

FIBRINE , s. f., *Fibrina.* $C^{40} H^{30} Az^5 O^{10}$.
— Principe neutre azoté à base de *protéine* ;
la fibrine contient en outre une petite quantité de soufre et de phosphore, ainsi que du
phosphate de chaux et de magnésie. Elle est
très répandue dans l'économie animale, dont
elle constitue un des éléments essentiels; on
la trouve à l'état de dissolution dans le sang ,
la lymphe, le chyle , la sérosité secrétée par
les surfaces enflammées, etc. ; dans les muscles , elle est solide et constitue la *fibre* essentielle de ces organes, d'où lui vient son nom,
selon toute probabilité. La fibrine paraît
exister aussi dans les plantes , mais en petite
quantité ; Dumas l'a extraite du *gluten* des cé-

réales ; Vauquelin , du suc laiteux du *carica
papaya*, et Boussingault, de celui de *l'arbre* de
la *vache*. La fibrine animale se prépare en
battant le sang, à sa sortie de la veine, avec
un petit balai de bouleau, ou en lavant le
caillot qui s'est formé par la coagulation du
sang ; elle est ensuite lavée avec l'eau pour enlever la matière colorante, et successivement
avec l'alcool et l'éther pour la dépouiller de
sa matière grasse. La fibrine non lavée est en
longs filaments rougeâtres, entremêlés sans
ordre; lavée, elle est d'un blanc grisâtre,
très élastique, extensible, rétractile, inodore,
insipide et d'une densité supérieure à celle
de l'eau. Desséchée à une température modérée, elle perd les $^4/_5$ de son poids et de
son volume; ses filaments se crispent, se
raccourcissent et se recourbent en tous sens ;
elle devient dure, cassante, d'aspect corné,
et transparente, si elle a été dépouillée de sa
matière grasse ; humectée avec l'eau, elle
reprend ses propriétés premières. Chauffée
à une température élevée , la fibrine se
gonfle , entre en fusion, et se décompose en
donnant tous les produits des matières azotées. La fibrine est insoluble dans l'eau froide
et dans l'eau chaude , ainsi que dans l'alcool
et l'éther. Une ébullition prolongée sépare la
fibrine en deux parties : une soluble, semblable à la chondrine, et qui se sépare sous
forme de gelée lorsque la solution se refroidit,
et l'autre insoluble, en filaments grisâtres et
cassants , qu'on observe facilement dans la
chair trop cuite. Exposée à l'air, étant humide, la fibrine se putréfie et exhale une
odeur ammoniacale infecte. Elle décompose
aisément, et par une action catalytique, l'eau
oxygénée, absorbe l'oxigène dans lequel elle
séjourne, et exhale de l'acide carbonique.
Les acides concentrés décomposent la fibrine,
surtout à l'aide de la chaleur ; l'acide chlorhydrique forme avec elle une solution d'une teinte
bleue ; étendus d'eau , les acides dissolvent la
fibrine, et cette propriété est surtout marquée
dans les acides chlorhydrique , acétique et
phosphorique qui font partie du suc gastrique.
Les solutions alcalines dissolvent la fibrine,
dégagent de l'ammoniaque, et donnent une
solution d'aspect albumineux, de laquelle les
acides séparent de la protéine. La plupart
des sels alcalins dissolvent la fibrine et forment une solution qui a la plus grande analogie avec l'albumine ; c'est vraisemblablement à cette action dissolvante des sels
alcalins qu'est dû l'état de dissolution de la
fibrine dans les liquides nutritifs de l'économie animale. Le rôle de la fibrine, dans la
nutrition des animaux, est considérable ;
c'est l'élément organisable par excellence.

FIBRO-CARTILAGE , s. m., *Fibro-car-
tilago;* tissu formé en partie de cartilage et
de tissu fibreux. Les fibro-cartilages sont
inter-articulaires, comme ceux des articulations du corps des vertèbres, qui adhèrent
par leurs deux surfaces, ceux des articulations temporo-maxillaire et fémoro-tibiale ,

libres par leurs deux surfaces ; *membraniformes*, ex. : ceux qui forment la base des oreilles, des ailes du nez ; d'autres forment des *coulisses* pour le passage des tendons ; enfin, il en est de *temporaires* qui se trouvent placés entre des os destinés à former, par les progrès de l'âge, une articulation immobile.

FIBRO-CARTILAGINEUX. adj. ; qui a rapport aux fibro-cartilages, ex. : *tissu fibro-cartilagineux.*

FIBRO-CHONDRITE, s. f., de *fibra*, fibre, et χονδρος, cartilage ; inflammation des fibro-cartilages. On l'observe le plus souvent sur le fibro-cartilage latéral de l'os du pied. — Nom donné au javart cartilagineux (Vatel).

FIBRO-MUQUEUX, adj. ; tissu formé par une membrane muqueuse unie à un feuillet fibreux, ex. : la *pituitaire.*

FIBRO-SÉREUX, adj. ; tenant à la fois du tissu fibreux et du tissu séreux. On peut citer, comme exemples, le péricarde et la méninge, dont la lame fibreuse est intimément unie au feuillet séreux qui la double du côté du cœur ou du cerveau.

FIBULATION, s. f., *Fibulatio*, de *fibula*, agrafe : action de réunir les lèvres d'une plaie. *V.* INFIBULATION et SUTURE.

FIC. s. m., *Ficus* ; excroissance charnue, vasculaire, quelquefois squirrheuse, à base plus ou moins déprimée, que l'on a comparée au fruit appelé *figue*. Les fics sont communs surtout dans les espèces de l'âne et du mulet ; ils peuvent se développer partout, même sous le pied, dans le tissu de la fourchette ; on les rencontre fréquemment auprès des ouvertures naturelles et près des parties sexuelles. Tantôt isolés, tantôt réunis en masses plus ou moins considérables, les fics ont l'aspect d'une tumeur charnue, arrondie, saignant par le moindre contact. Ils exhalent parfois une odeur fétide. On ne connaît pas la cause de leur développement ; s'ils peuvent se montrer à la suite des plaies de mauvaise nature, des cicatrices défectueuses, souvent ils apparaissent sans cause extérieure. Il est des animaux qui subissent une sorte de diathèse, de disposition à présenter des fics sur plusieurs parties du corps. Les fics sont quelquefois des complications des eaux aux jambes ; on leur donne alors plus particulièrement le nom de *grappes*. La ligature et l'extirpation sont les moyens chirurgicaux les plus usités pour faire disparaître ces excroissances charnues, mais leur emploi n'est pas toujours suffisant : ces productions ont une grande tendance à se reproduire, surtout quand on n'en a pas extrait complétement la base. Pour prévenir leur réapparition, il est utile de cautériser la surface des plaies par le fer rouge ou le sulfure d'arsenic. Les grappes sont incurables.

FICAIRE, *V.* RENONCULE.

FICOIDÉES, s. f., *Ficoïdes*, J., *Mesembryanthemeœ*, Endlick ; famille de plantes dicotylédonées, voisine des Crassulacées et des Cactacées. Genres principaux : *Mesembryanthemum, Tetragonia, Glinus, Oryyia.* Le premier renferme à lui seul environ 300 espèces. Le *M. edule* porte un fruit alimentaire de la grosseur d'une figue. Quelques autres espèces sont également utilisées en Afrique. Parmi celles que nous cultivons en Europe, on doit distinguer la Glaciale, *M. cristallinum.*

FIEL, s. m. ; *Fel* ; nom donné vulgairement à la bile, et employé souvent pour désigner en même temps la vésicule qui la contient. *V.* BILE.

FIENTE, s. f., *Stercus* ; synonyme d'excrément (*V.* ce mot).

FIÈVRE, s. f., *Febris*, de *fervere*, bouillir ; πυρετος, de πυρ, feu ; on a donné ce nom à une foule de maladies dont la nature intime n'est pas bien déterminée, et qui constituent une réunion de symptômes dont le siége principal n'est pas connu. Dans le sens le plus général, le mot *fièvre* exprime un état maladif caractérisé par l'accélération du pouls et une augmentation de la chaleur animale. Pour les anciens, la fièvre existait en quelque sorte indépendamment des organes ; elle différait de l'inflammation ; ils la considéraient comme pouvant la compliquer ou exister sans elle. Toute fièvre exprime des troubles fonctionnels des centres nerveux, de la circulation et de la respiration, tantôt avec augmentation de chaleur, tantôt avec des alternatives de chaleur et de froid. La fièvre peut être la conséquence d'une maladie, d'une lésion appréciable, d'une fracture, par exemple ; ou bien elle résulte du trouble des fonctions d'un organe ; enfin, elle tient quelquefois à certaines conditions du sang. — Pinel regarde les fièvres comme formant une classe de maladies caractérisées par la fréquence du pouls, l'augmentation de la chaleur, le trouble de la plupart des fonctions, et l'absence d'une lésion locale et primitive. Il classe les fièvres en six ordres, *angéioténiques* ou *inflammatoires*, *méningo-gastriques* ou *gastriques*, *adéno-méningées* ou *muqueuses*, *adynamiques*, *ataxiques*, et *adéno-nerveuses*. Dans chaque ordre sont trois genres, selon que la fièvre est *continue*, *rémittente* ou *intermittente*. On a cherché à faire l'application de ce systéme aux animaux. Broussais a considéré la fièvre comme un phénomène sympathique, un symptôme d'une affection locale dont il a placé le siége sur la muqueuse digestive, de sorte que ce ne serait plus qu'une *gastrite* ou une *gastro-entérite.* — Pour Bouillaud, les fièvres se confondent avec les phlegmasies ; il n'y a plus d'essentialité ; ainsi les fièvres *bilieuse*, *adéno-méningée*, *entéro-mésentérique*, proviennent d'une inflammation du tube digestif ; la forme *typhoïde*, *adynamique*, coïncide avec l'inflammation de l'intestin grêle et des follicules ou glandes de Peyer ; les phénomènes *ataxiques* sont l'effet de l'irritation de l'appareil cérébro-spinal. — D'après Littré, la diversité des phénomènes désignés sous le nom de *fièvres*, peut donner quatre classes différentes : 1° le mouvement fébrile proprement dit qui accompagne les inflammations externes ou internes, et qui peut se développer aussi par des influences physiques ou par des causes morales ; 2° les fièvres intermittentes, caractérisées par leurs trois stades et une apyrexie complète de durée variable ; 3° les fièvres rémittentes, où, le mouvement fébrile étant continu, il se joint des accès de types divers ; 4° les fièvres continues. — Il est des phénomènes communs à la plupart des fièvres ; on les rapporte à trois périodes : l'invasion, l'état, le déclin. Dans l'*invasion*, c'est une sorte de malaise général, dans lequel la plupart des fonctions sont troublées, les sécrétions sont modifiées. Pendant l'*état* survient une sorte de réaction ; le pouls se développe, devient fréquent ; la chaleur du corps est élevée ; quelques symptômes particuliers à la fièvre qui s'est produite, se font observer à certaines heures du jour et de la nuit. Dans le *déclin*, les symptômes diminuent progressivement d'intensité ; les fonctions se rétablissent dans leur intégrité ; quelquefois cette terminaison ne peut avoir lieu sans une crise, qui se manifeste par une transpiration cutanée abondante. D'autres fois, la fièvre use les forces du malade et le conduit à la mort. — Les vétérinaires ont suivi le plus souvent les opinions des médecins sur les fièvres, faisant l'application de leurs connaissances à ces troubles morbides qu'on observe dans les animaux, sans siège bien déterminé ; Solleysel, Garsault, Bourgelat, admettaient l'existence des fièvres dans les animaux. Huzard fils reconnaît les mêmes espèces que la plupart de celles admises chez l'homme. Lafosse, Volpi, ne croyaient pas à leur existence. Girard fils confondait avec la gastro-entérite les fièvres charbonneuse, bilieuse, etc. ; pour lui, le mot *fièvre* doit désigner un groupe de symptômes caractérisant une inflammation locale. D'après Hurtrel d'Arboval, les fièvres *essentielles* admises par quelques vétérinaires n'existent jamais indépendamment d'une lésion quelconque. — La division la plus générale des fièvres reconnaît celles qui se manifestent d'une manière continue, et celles qui cessent, pour se montrer de nouveau : de là les fièvres *continues* et les fièvres *intermittentes*. La doctrine de la localisation a beaucoup diminué le nombre des fièvres dites *essentielles* par les anciens médecins.

FIÈVRE ADÉNO-MÉNINGÉE. Pinel appelait ainsi la fièvre *muqueuse* des modernes ; il en plaçait le siège dans les follicules de la muqueuse intestinale. *V. F.* MUQUEUSE.

FIÈVRE ADÉNO-NERVEUSE. Sous ce nom, Pinel a donné la description de la peste, maladie dans laquelle on observe la suppuration des ganglions lymphatiques, des glandes, et un état morbide prononcé du système nerveux, dans l'espèce humaine.

FIÈVRE ADYNAMIQUE, appelée *fièvre putride* par Pinel. C'est un état symptomatique des maladies du système cérébro-spinal et des voies digestives.

FIÈVRE ALGIDE. Fièvre non observée dans les animaux ; elle est caractérisée dans l'homme par un sentiment de froid glacial continu, dans la fièvre intermittente pernicieuse.

FIÈVRE ANGIOTÉNIQUE. Pinel nommait ainsi la fièvre qui accompagne l'inflammation et qui est caractérisée par l'élévation et la plénitude du pouls, la chaleur des muqueuses. On la nomme encore *fièvre inflammatoire*, *fièvre de réaction* ; elle se montre à la suite des opérations chirurgicales qui ont une certaine gravité et qui réagissent sur les centres nerveux et circulatoire.

FIÈVRE ARTHRITIQUE. Fièvre causée par l'inflammation des surfaces articulaires. Elle est un des symptômes de la goutte chez l'homme.

FIÈVRE ASTHÉNIQUE. Elle est caractérisée par la diminution marquée des forces du malade.

FIÈVRE ATAXIQUE. On a donné ce nom à l'ensemble des symptômes provenant de l'irritation des centres nerveux. *V.* ENCÉPHALITE.

FIÈVRE BILIEUSE. *V.* GASTRIQUE.

FIÈVRE BULLEUSE ou **PEMPHYGOIDE.** *V.* PEMPHYGUS.

FIÈVRE CATARRHALE. On a donné ce nom au catarrhe pulmonaire, qui présente de temps en temps des phénomènes d'exacerbation. Ce mot est encore synonyme de *fièvre muqueuse.*

FIÈVRE CÉRÉBRALE. C'est une réunion de symptômes, qui, d'après Broussais, sont communs à l'encéphalite et à la gastro-entérite.

FIÈVRE COLLIQUATIVE, *V.* FIÈVRE HECTIQUE.

FIÈVRE CHARBONNEUSE. C'est une réunion de symptômes fort graves, ayant une grande analogie avec ceux du *charbon*, et produisant la mort au bout de quelques heures, le plus souvent sans apparition de tumeurs à la surface du corps. Chabert est le premier qui ait distingué cette affection du *charbon essentiel* et du *charbon symptomatique*. Cette maladie, contagieuse pour toutes les espèces, même pour l'homme, règne souvent à l'état épizootique. Renault et Delafond l'ont observée dans plusieurs départements, qui sont la Nièvre, l'Allier et la Somme. Plusieurs causes font naître la fièvre charbonneuse ; ce sont les eaux saumâtres, infectes, employées pour abreuver les animaux, l'usage de mauvais fourrages, les changements brusques de température, les brouillards, l'habitation des lieux bas et humides. Delafond a décrit les symptômes suivants : à l'invasion, les poils se hérissent tout-à-coup sur le dos et les côtes ; les conjonctives sont injectées, les pulsations du pouls petites et serrées, les battements du cœur tumultueux. A ces caractères viennent se joindre, aussi bien sur les chevaux que sur les bêtes bovines, des frissons, des tremblements généraux, pendant quinze à vingt minutes, puis un état de retour apparent à la santé. Plus tard, les chevaux éprouvent des coliques, les bêtes à laine se gonflent. Le sang retiré des vaisseaux par la saignée est noir, épais, poisseux ; il se coagule lentement ; les yeux sont enfoncés dans les orbites. Les bœufs font entendre des grincements de dents ; le cheval reste immobile. Il y a expulsion de matières sanguinolentes et fétides par le rectum ; les malades tombent, rejettent par le nez des spumosités sanguinolentes, et périssent dans les convulsions. Sur quelques animaux, on observe, au ventre et sur les flancs, des *tumeurs charbonneuses* dont l'éruption peut être considérée comme une crise salutaire. La fièvre charbonneuse peut parcourir ses périodes dans l'espace de douze à trente-six heures. Les cadavres des animaux qui ont succombé se putréfient promptement. C'est dans le ventre qu'on trouve les principales lésions : ce sont des taches noirâtres violacées sur les gros intestins, qui contiennent un liquide sanguinolent, fétide, des tumeurs noirâtres dans les mésentères. La rate contient souvent un liquide boueux et noirâtre. Les cavités du cœur sont ecchymosées et remplies d'un sang non coagulé. Pour traiter la fièvre charbonneuse avec succès, Delafond défend de pratiquer la saignée ; il conseille de donner aux chevaux, aux vaches et aux moutons des infusions aromatiques dans le vin ou la bière. Les tumeurs du ventre seront incisées, cautérisées avec le fer chaud et recouvertes d'onguent vésicatoire très cantharidé. On aura le plus grand soin d'éviter de se blesser en opérant ces tumeurs ou en pratiquant les autopsies. Plus d'un praticien a succombé après des inoculations aussi virulentes. Il faudra recommander quelques moyens préservatifs sous le rapport de l'hygiène. En outre, l'autorité devra prescrire des mesures administratives pour arrêter les progrès de la contagion, comme dans le cas de l'existence du *charbon* (*V.* ce mot).

FIÈVRE COMATEUSE ; état général caractérisé par l'assoupissement.

FIÈVRE CONTINUE ; c'est-à-dire sans rémission ni intermittence. Les fièvres continues sont symptomatiques d'une phlegmasie.

FIÈVRE DÉCIMANE ; qui revient tous les dix jours.

FIÈVRE DÉPURATOIRE ; celle qui est supposée entrainer par la transpiration des humeurs nuisibles.

FIÈVRE DIAIRE, **ÉPHÉMÈRE** ; qui ne dure qu'un jour.

FIÈVRE ENTÉRO-MÉSENTÉRIQUE ; variété de l'entérite aiguë, dans laquelle on observe des ulcérations des intestins.

FIÈVRE EXANTHÉMATIQUE ; qui accompagne l'éruption d'un exanthème.

FIÈVRE GASTRIQUE, *V.* GASTRIQUE.

FIÈVRE HECTIQUE. On nomme ainsi l'état de marasme dans lequel un animal tombe après une maladie grave. C'est un groupe de symptômes avec *fièvre continue*, tristesse, décoloration des muqueuses, sécheresse de la peau, diarrhée colliquative, engorgement œdémateux des membres.

FIÈVRE INFLAMMATOIRE, *V.* **FIÈVRE ANGIOTÉNIQUE**.

FIÈVRE INTERMITTENTE. On nomme ainsi la fièvre qui apparait et disparait à des intervalles plus ou moins éloignés, pendant lesquels on n'observe aucun symptôme fébrile. Les fièvres intermittentes de l'homme sont *endémiques* et tiennent à certaines conditions locales, telles que les étangs, les eaux saumâtres. A peine étudiées dans les animaux, ces affections ont été niées. Elles ont été observées par Rodet, Clichy, Lautour, Reboul ; nous avons pu nous-mêmes constater plusieurs fois leur existence dans l'espèce du cheval seulement. — Les médecins distinguent, dans la fièvre intermittente simple, trois stades ou périodes : frisson, chaleur, sueur. Ces périodes se montrent aussi dans les animaux avec les caractères suivants : 1er *stade* : malaise général, oreilles et extrémités froides, frissons, tremblements musculaires, pouls petit, serré : 2me *stade* : corps chaud, bouche chaude et sèche, muqueuses injectées, pouls fort et accéléré : 3me *stade* : sueurs partielles, diminution des symptômes, pouls régulier. Dans le cheval, les accès durent plusieurs heures : ils ne reviennent pas toujours après les mêmes intervalles. La fièvre est *quotidienne*, quand elle se reproduit tous les jours à la même heure ; *tierce*, si elle revient tous les deux jours : *quarte*, tous les trois jours : *double quotidienne*, lorsqu'elle revient deux fois en un jour. Si l'on abandonne à eux-mêmes les animaux malades, l'affection disparait sans traitement : rarement elle produit la mort, en se compliquant de péripneumonie ou de gastroentérite. — Pendant l'accès, dans la période de froid, on donne des sudorifiques pour ramener la transpiration cutanée. Lorsque la chaleur est revenue, il faut administrer des boissons acidules. Si le pouls est trop développé, la saignée est utile, non pour guérir la fièvre, mais pour prévenir des complications. Quand on a bien constaté l'intermittence, on donne le quinquina avant ou après l'accès pour couper la fièvre. Le sulfate de quinine n'a pas encore été essayé dans ce but en vétérinaire.

FIÈVRE INTESTINALE ; synonyme de *fièvre gastrique*.

FIÈVRE LAITEUSE ; *fièvre de lait*. Elle apparait le deuxième ou le troisième jour après le part et dépend des efforts de la nature vers les mamelles, pour établir la sécrétion du lait. Elle s'annonce, dans les grandes femelles, par la perte de l'appétit, la diminution des forces, des tremblements généraux, la chaleur des muqueuses, la plénitude du pouls ; les mamelles se gonflent et occasionnent une gêne marquée par leur développement et leur pesanteur. Quelquefois on observe des complications du côté de l'appareil cérébro-spinal, du tube digestif et du péritoine. Elle est moins forte chez les femelles domestiques que chez la femme. Cette fièvre dure peu. Des soins hygiéniques suffisent pour l'empêcher de devenir grave.

FIÈVRE MALIGNE. Synonyme de *fièvre ataxique*.

FIÈVRE MÉNINGO-GASTRIQUE. Pinel a donné ce nom à la *fièvre gastrique*.

FIÈVRE MILIAIRE, *V*. MILIAIRE.

FIÈVRE MUQUEUSE. Elle est considérée aujourd'hui comme n'étant qu'un symptôme de la gastro-entérite. C'est une inflammation de la muqueuse gastro-intestinale, accompagnée d'un état d'abattement des forces.

FIÈVRE NERVEUSE. Nom donné à la *fièvre ataxique*, et quelquefois au typhus.

FIÈVRE ORTIÉE, *V*. URTICAIRE.

FIÈVRE PERNICIEUSE. Chez l'homme, c'est une fièvre intermittente qui cause fréquemment la mort dès les premiers accès. On ne l'a pas observée sur les animaux.

FIÈVRE PESTILENTIELLE. Synonyme de *fièvre ataxique, adynamique*.

FIÈVRE PITUITEUSE. Synonyme de *fièvre muqueuse*.

FIÈVRE PUERPÉRALE, *V*. FIÈVRE VITULAIRE.

FIÈVRE PURULENTE. Elle se montre sur les sujets qui présentent de grands foyers de suppuration.

FIÈVRE PUTRIDE. Synonyme de *fièvre adynamique*.

FIÈVRE QUOTIDIENNE. Fièvre dont les accès se montrent chaque jour.

FIÈVRE RÉMITTENTE. C'est celle qui, sans cesser d'être continue, présente des paroxysmes vers le déclin.

FIÈVRE RHUMATISMALE. Elle est produite par le rhumatisme aigu.

FIÈVRE STERCORALE. État général qui résulte d'un embarras de l'intestin.

FIÈVRE TRAUMATIQUE. C'est la fièvre de réaction qu'on observe après les grandes blessures.

FIÈVRE TYPHODE OU TYPHOÏDE, *V*. TYPHUS et TYPHOÏDE.

FIÈVRE VARIOLEUSE, CLAVELEUSE. Qui accompagne le développement de la variole ou de la clavelée.

FIÈVRE VITULAIRE. C'est une réunion de symptômes ayant de l'analogie avec la fièvre puerpérale de la femme. On lui a donné le nom de *fièvre vitulaire*, parce qu'elle n'a encore été observée que sur les vaches (Rainard). Favre, de Genève, lui donne le nom de *collapsus du part*, c'est-à-dire anéantissement des forces après le part. Schaak l'appelle tout simplement *suite du vêlage*. Les uns placent dans le cerveau le siège de cette maladie, qu'ils considèrent comme une congestion cérébrale ; d'autres, en moins grand nombre, la regardent comme étant une métro-péritonite. Les symptômes de la fièvre vitulaire consistent dans un affaiblissement rapide des forces, un état de coma prononcé, la paralysie du train postérieur ; le pouls est grand, peu fréquent, la respiration est lente comme dans les affections du cerveau. On est porté à attribuer le développement de cette maladie au passage brusque de l'état de plénitude à cet état qui suit le part chez les femelles pléthoriques (Rainard). Les vaches sur lesquelles on a observé cette affection ont presque toujours succombé. Par les recherches cadavériques, on n'a pas encore constaté de lésion qui puisse rendre compte des morts rapides et instantanées qu'on observe après la parturition. Favre a prescrit, comme traitement, l'usage de la gentiane combinée au sulfate de soude. Bragard employait l'assa-fœtida uni au camphre et à la poudre de racine d'impératoire. Schaak blâme l'emploi de la saignée, parce qu'il a toujours observé le pouls faible. Il préfère les excitants pour ranimer les forces digestives et relever la chaleur de la peau : il combine à petites doses les laxatifs salins avec les émollients, pour augmenter les évacuations intestinales, qui sont noires et fétides. Quelquefois il a recours au quinquina et au camphre pour relever les forces et combattre les symptômes nerveux. Il conseille la ponction du rumen, lorsque le météorisme est trop prononcé.

FIÉVREUX, EUSE. a lj., *febricosus* ; qui a la fièvre ; qui donne, qui produit la fièvre.

FIGUE, *V*. SYCONE.

FIGUIER. s. m., *Ficus*, T. ; genre de la famille des *Morées*. Il se compose d'arbres et d'arbrisseaux grimpants ou lactescents. Les espèces sont au nombre de plus de cent ; toutes appartiennent aux contrées chaudes du globe. Les principales sont : le F. commun, *F. carica*, dérivé du *F. sylvestris* ; cette espèce est originaire du midi de l'Europe et des contrées chaudes de l'Amérique. Sa culture, en pleine terre, s'avance jusque dans la Provence et le Languedoc. Il forme aujourd'hui un assez grand nombre de variétés principalement distinguées par la forme, la couleur, le volume de leurs fruits ou *figues* ; le F. élastique, *F. elastica*, arbre de l'Afrique fournissant du caoutchouc ; le F. du Bengale, *F. bengalensis*, remarquable par les arceaux de verdure que forment, en se recourbant sur la terre pour y prendre racine, ses longues branches pendantes ; le F. des pagodes, *F. religiosa*, vénéré dans l'Inde ; il donne de la laque ; le F. sycomore, *F. sycomorus*, dont le bois paraît avoir été employé par les Égyptiens, à cause de son incorruptibilité, à la confection des tombeaux. — Les figues recueillies en Europe sont douces, sucrées, et sont employées à la nourriture de l'homme et même des animaux. La thérapeutique les réclame comme adoucissantes. Elles constituent l'un des quatre fruits pectoraux.

FILAGO, s. m., *Filago*, T. ; genre de

la famille des Composées. Il se compose de petites plantes cotonneuses à leur surface, blanches, communes dans les champs cultivés, au bord des chemins, n'offrant pas d'intérêt comme fourrage. Espèces principales : *germanica*, *arvensis*.

FILAIRE, s. m. : ver intestinal filiforme, appartenant à la classe des entozoaires cavitaires. Les caractères du genre *filaria* sont un corps cylindrique, ayant presque partout le même diamètre, une petite bouche orbiculaire simple. On ne connaît qu'une espèce, le *filaria papillosa*, Linn. Ce ver a de cinq à dix centimètres de longueur, un millimètre de diamètre. On le trouve dans le tissu cellulaire sous-péritonéal du cheval, quelquefois à la surface de la séreuse abdominale, entre les membranes de l'estomac, entre celles des artères. Parfois ces vers sont contenus en grand nombre dans de petites tumeurs enkystées voisines de la grande mésentérique. Bremser a classé dans les filaires le dragonneau, *draconculus gordius*, Linn., qu'il appelle *filaria dracunculus*. Le dragonneau est particulier à l'espèce humaine ; il se développe sous la peau des extrémités inférieures.

FIL-A-PLOMB, s. m.; nom donné à une masse pesante suspendue à l'extrémité d'un fil et indiquant la direction de la pesanteur ou de la ligne *verticale*. Auprès des hautes montagnes, le fil-à-plomb se dévie légèrement pour obéir à l'attraction de cette masse matérielle. Le fil-à-plomb est employé dans les arts pour placer un corps quelconque selon la ligne verticale ; on peut s'en servir aussi pour indiquer l'horizontalité d'une surface en l'attachant à un angle d'un triangle solide ; il doit battre sur la même ligne dans toutes les positions du triangle.

FILAMENT. *V.* FILET.

FILAMENTEUX, adj.; nom donné, à cause de sa disposition en longs filaments, à la variété de tissu cellulaire aussi désignée sous le nom de *tissu cellulaire séreux*. *V.* CELLULAIRE.

FILAMENTEUX, EUSE, adj., *filamentosus* ; formé de filets ou filaments.

FILANDRES, s. f.; longs filets qui existent dans certains légumes ; longues fibres qu'on trouve dans les chairs des animaux. Les anciens vétérinaires donnaient ce nom aux végétations trop prononcées qui s'opposaient à la cicatrisation d'une plaie. Aujourd'hui ce mot est plus spécialement usité pour désigner les faisceaux formés par les fibres de la corne dans le pied du cheval atteint du *crapaud*.

FILET, s. m., *Filamentum* ; expression employée en *anatomie*, pour désigner les divisions les plus ténues des nerfs, ex. : *filets nerveux*, ou comme synonyme de *frein* (*V.* ce mot.) — *Bot.* Partie de l'étamine qui supporte l'anthère. Le filet est ordinairement *étroit* et plus ou moins *allongé*. Quelquefois, néanmoins, il est *aplati*, *pétaloïde*. Sa direction peut être *droite*, *courbe*, etc. Il s'attache à l'anthère, tantôt par son *sommet* qui est *aigu* ou *renflé*, tantôt par un point intermédiaire, et alors son sommet dépasse l'anthère. Lorsque plusieurs étamines existent dans la même fleur, les filets sont *libres* ou *soudés* en un ou plusieurs faisceaux. *V.* ANDROPHORE, ADELPHIE. — La soudure a lieu dans toute la longueur du filet, ou dans une partie de son étendue seulement. Le filet a pour mission de supporter l'anthère, quelquefois de l'approcher du stigmate. Il peut manquer ; l'anthère est alors *sessile*. *V.* ETAMINE. — On donne aussi le nom de filet à un faisceau organique filiforme. — FILET ; bridon léger. *V.* BRIDON.

FILIÈRE, s. f.; on donne ce nom à une lame épaisse d'acier, percée de trous de différents diamètres, et servant à étirer les métaux ductiles pour les transformer en fils plus ou moins fins. — Le mécanisme de cet instrument est fort simple : une tige métallique assez mince est introduite dans le trou le plus large et tirée ensuite avec force pour l'obliger à y passer toute entière et à en prendre le diamètre ; de là, elle est introduite dans les trous d'un numéro inférieur jusqu'à ce qu'elle ait acquis le degré de finesse désiré.

FILIFORME, adj., *filiformis* ; cylindrique et ténu comme un fil.

FILTRATION. s. f., *Filtratio* ; opération pharmaceutique qui consiste à faire passer un liquide trouble à travers un corps poreux, afin de le dépouiller des substances étrangères non dissoutes qu'il tient en suspension. — La matière poreuse employée à la filtration des liquides porte le nom de *filtre* ; elle est formée par du papier non collé, une toile de fil, une étoffe de laine, un corps pulvérulent, tel que du sable fin, du grès ou du verre pilé, du charbon végétal, etc. — La filtration au papier non collé est la plus employée en chimie et en pharmacie ; c'est aussi la plus parfaite, mais elle ne peut être mise en usage pour tous les liquides. Elle consiste à disposer une feuille de papier en cône et à la plisser en éventail ; à l'introduire dans un entonnoir et à verser le liquide dans sa cavité. — L'emploi de la toile de fil sur un *carrelet* en bois (*V.* ce mot) est fréquent dans les laboratoires de pharmacie ; on s'en sert pour filtrer les décoctions, macérations, digestions, émulsions, les sucs des plantes, etc. L'étoffe de laine, appelée *blanchet* ou disposée en *chausse* (*V.* ces mots), est surtout mise en usage pour filtrer les corps sirupeux, les corps gras, les huiles, etc. — Pour filtrer les acides concentrés, les solutions alcalines très chargées, on se sert d'un entonnoir dont la douille est remplie de verre pilé, de grès, de charbon de bois épuré, d'amiante, etc. — Enfin, la filtration des eaux impures qu'on est obligé de faire servir de boisson à l'homme ou aux animaux, peut avoir lieu dans un tonneau muni intérieurement de cloisons percillées sur lesquelles on étend successivement des cailloux, du gros sable, du sable fin, du charbon de bois entier, puis concassé, etc.

FILTRE, s. m., *Filtrum ;* nom donné à un corps poreux employé à la filtration des liquides. Les corps employés à cet usage sont nombreux (*V.* FILTRATION). — Le *filtre en papier*, qui est le plus employé, consiste en une feuille de papier non collé, disposée en cône et plissée comme un éventail ; la pointe du cône doit correspondre au centre du carré de papier dont le filtre est formé. On procède à la confection du filtre par une foule de procédés ; le plus simple consiste à plier le carré de papier en deux comme un fichu, puis en quatre, en faisant coïncider les angles ; ensuite, le filtre étant déplié, on reploie chaque extrémité en dedans, en allant jusqu'au centre ; on recommence ensuite en plis plus petits et alternatifs, disposés comme ceux d'un éventail. Le filtre à très petits plis opère la filtration plus rapidement que le filtre à larges plis, parce que les points adhérents à l'entonnoir ne filtrent pas : la pointe du filtre doit pénétrer dans la douille de l'entonnoir assez profondément pour être soutenue et ne pas se crever, et pas assez cependant pour que la pression qui en résulte empêche la filtration. Le papier employé à la filtration des liquides, dont on fait usage dans les analyses chimiques, doit être préalablement lavé avec de l'acide chlorhydrique étendu, pour lui enlever complétement les sels calcaires qu'il peut contenir. — On trouve, dans le commerce, un papier à filtre spécialement destiné aux analyses quantitatives, et qui ne donne pas sensiblement de cendres par l'incinération ; on l'appelle *papier Berzélius.*

FIMBRILLE, s. f., *Fimbrilla ;* appendice plus ou moins développé du Clinanthe, ordinairement découpé en lanières, et naissant sur le bord des alvéoles. Les fimbrilles forment, pour chaque jeune fleur, une sorte de petit calice. On les rencontre surtout dans les *Carduacées.* Ce sont elles qui constituent ce qu'on appelle le *foin* dans les artichauts.

FIMBRILLIFÈRE, adj., *fimbrilliferus ;* qui porte des fimbrilles. *Clinanthe, alvéole fimbrillifères.*

FIOLE, s. f., *Phiala*, de φιάλη, petite bouteille de verre ; nom donné, dans les officines, à de petites bouteilles de verre blanc à parois minces et à goulot étroit. Elles servent à contenir diverses préparations magistrales liquides, comme les émulsions, les loochs, etc. Dans les laboratoires de chimie, on en fait aussi un fréquent usage pour déterminer certaines réactions, pour obtenir des gaz, parce qu'elles supportent facilement l'action de la chaleur. *Fiole des éléments :* nom qu'on donne, en *hydrostatique*, à une fiole contenant de l'eau, du mercure, de l'huile, une dissolution de carbonate de potasse, etc., et destinée à faire voir la superposition, par ordre de densité, des liquides hétérogènes et leur disposition en couches horizontales.

FIQUE ; nom vulgaire et inusité donné autrefois au furoncle du paturon des bêtes à cornes.

FISSIROSTRES, s. m. p. ; famille de *passereaux* caractérisés par un bec large, légèrement crochu à sa pointe et très profondément fendu à sa base, et par des pattes courtes dont le doigt postérieur varie par sa position. Genres principaux : *Hirondelle, Martinet.*

FISSURE, s. f., *Fissura*, de *fendere*, fendre, diviser ; fracture longitudinale d'un os qui est seulement fêlé, *V.* FRACTURE. — Division de la corne du sabot, *V.* SEIME.—Fentes, gerçures de la peau, *V.* CREVASSES. — *Bot.* Sinus formé entre les parties d'un organe lobé ou partagé, et établissant les divisions.

FISTULE, s. f., *Fistula ;* ulcère étroit, sinueux, disposé en forme de canal, entretenu par un état pathologique des tissus, ou par la présence d'un corps étranger. On distingue des fistules *complètes* ou *incomplètes.* Les premières ont deux orifices réunis par un canal intermédiaire : l'un à la surface de la peau ; l'autre dans une cavité muqueuse, séreuse ou synoviale. Les autres sont appelées *incomplètes* ou *borgnes*, parce qu'elles ont une ouverture unique, sur une des surfaces tégumentaires, externe ou interne : leur fond se termine en cul de sac. Parmi les fistules incomplètes, il en est qui s'ouvrent à la surface de la peau : on les nomme *externes* ; les autres s'ouvrent sur une muqueuse : elles sont dites *internes.* D'autres noms sont donnés aux fistules d'après leur siége et les produits qu'elles laissent échapper ; on les nomme *salivaires, lacrymales, urinaires, stercorales*, quand elles contiennent de la salive, des larmes, de l'urine ou des matières fécales. Les fistules sont déterminées par tout ce qui fait sortir, de leurs conduits ou réservoirs naturels, des liquides autres que le sang, par les causes qui entretiennent la suppuration des tissus. On les observe à la suite des abcès, des plaies qui contiennent des corps étrangers, des portions d'os carié. Le plus souvent, elles résultent de la blessure d'un canal excréteur, d'un réservoir naturel ou d'une glande. Les calculs du canal de Sténon ou de l'urètre peuvent ulcérer ces conduits et les perforer ; la compression, la gangrène sont également des causes de fistule. Des entozoaires peuvent traverser les cavités dans lesquelles ils ont pris naissance et entrainer avec eux le liquide qui les entoure. Enfin, certaines causes sont internes et inappréciables, c'est ce qu'on voit pour les fistules de la cornée lucide. — Une fistule complète se compose d'un canal muqueux et de deux orifices : l'un interne nommé *extrémité d'origine*, l'autre externe ou *extrémité de décharge.* — Les fistules ont un caractère commun ; c'est l'écoulement d'un liquide, qui est du pus plus ou moins sanieux.

dans celles qui sont incomplètes. Dans les fistules complètes, c'est un produit de sécrétion, ex. : la salive, les larmes, l'urine, etc. La quantité de liquide qui s'écoule est plus grande pour les solutions de continuité qui aboutissent à un réservoir et qui donnent passage à un produit de sécrétion : elle augmente par les mouvements ou l'excitation des fonctions des organes voisins. Pendant la mastication, les fistules salivaires donnent une grande abondance de salive. Ces solutions de continuité sont peu douloureuses. Abandonnées à elles-mêmes, il en est qui se guérissent naturellement après l'élimination du corps étranger ou de la portion d'organe altéré qui entretenait la sécrétion du pus. Quelques fistules se cicatrisent pour se reproduire plus tard, ex. : celles des os et des cartilages. La phlébite et la résorption putride sont quelquefois des terminaisons à redouter. — Toutes ne sont pas susceptibles de guérison, parce qu'on ne peut détruire la cause qui les entretient; il en est qui réclament des opérations très graves, ex. : le javart cartilagineux. Quelques-unes deviennent incurables, ex. : celles du maxillaire, du ligament cervical, de l'articulation de l'os du pied. Les plus graves sont celles de l'œsophage. — La première indication pour guérir les fistules consiste à détruire la cause productrice et à changer le mode d'action des tissus. On fait, pour les abcès, des contre-ouvertures, dans lesquelles on introduit des mèches; on extirpe les indurations, les parties cariées ou altérées. Quelquefois on établit des voies artificielles de sortie pour les humeurs qui s'écoulent par la plaie. Quelques fistules réclament des indications particulières, telles que l'emploi de la sonde, de l'algalie, pour les fistules de l'urètre. Pour remédier aux fistules de la parotide, on est allé jusqu'à conseiller l'ablation de la glande.

Fistules anales; *Fistules à l'anus*. On reconnaît des fistules anales *complètes*, ayant une ouverture à l'intestin et l'autre à la peau, et des fistules *incomplètes* ou *borgnes*, qui n'ont qu'une seule ouverture. Suivant qu'elles s'ouvrent à l'extérieur ou à l'intérieur du rectum, ces dernières sont *externes* ou *internes*. Les fistules à l'anus sont rares dans les animaux; on les observe sur le cheval, à la suite de l'opération de la queue à l'anglaise, des plaies par piqûre dans le pourtour du rectum, du ramollissement des mélanoses. Dans le chien, elles sont quelquefois le résultat de la perforation de l'intestin par des fragments d'os mêlés aux excréments. Les fistules anales complètes sont faciles à reconnaître par l'ouverture extérieure qui laisse passer des matières fécales; l'exploration par les lavements est un moyen de diagnostic; il en est de même du stylet qu'on peut introduire dans le trajet fistuleux. Le diagnostic est plus difficile pour la fistule incomplète interne; on la reconnaît quelquefois par un gonflement du pourtour de l'anus,

et par l'aspect des matières rejetées par l'intestin, qui présentent une couche de pus mêlé à des stries sanguinolentes. Ces fistules peuvent se terminer par la gangrène, l'absorption du pus, la phlébite, la morve aiguë. Des méthodes diverses ont été employées pour guérir les fistules anales : 1° injections détersives avec les chlorures, les caustiques; 2° ligature avec une sonde en plomb, disposée sous forme de séton, dont on diminue de plus en plus l'étendue ; 3° compression à l'aide des suppositoires ; 4° incision en prenant pour guide la sonde cannelée, ou un cylindre en bois à rainure qu'on introduit dans le rectum ; 5° excision des tissus traversés par la fistule.

Fistule lacrymale. C'est un ulcère situé au grand angle de l'œil, compliqué de callosités, quelquefois de carie, et qui laisse échapper des larmes mêlées au pus. Cette fistule est généralement précédée d'un gonflement qu'on nomme *tumeur lacrymale*, gonflement causé par l'accumulation des larmes dans le sac lacrymal. Très-rare chez les animaux domestiques, cette affection est causée par tout ce qui donne empêchement à la sortie des larmes; mais les causes les plus fréquentes sont les irritations transmises au sac par les muqueuses voisines, comme par exemple, pendant l'existence de la blépharite.

Fistules salivaires. Elles sont produites par l'ouverture accidentelle de l'un des conduits excréteurs de la salive. Pendant longtemps on les a regardées comme incurables; des faits nombreux prouvent que leur gravité n'est pas très-redoutable. On distingue les fistules de la glande parotide, du canal de Sténon et de la glande maxillaire. 1° *Fistules de la parotide*. Elles dépendent de la blessure d'une ou de plusieurs divisions du canal de Sténon. Dans le cheval, on les observe à la suite des plaies, des abcès de la parotide, après la ponction pratiquée pour évacuer une collection des poches gutturales. Le symptôme principal consiste dans la sortie d'un liquide transparent, qui s'échappe goutte à goutte par la plaie pendant l'action de manger. La position de la fistule la fait distinguer de celle du canal de Sténon, qui n'est pas située dans l'angle de la région parotidienne. La fistule de la parotide est peu grave : elle ne donne pas une déperdition abondante de salive ; la cicatrisation s'opère presque toujours par les soins de la nature. Pour la traiter, on cherche à obtenir la réunion immédiate pour les plaies récentes, ou l'on a recours à la compression. Dans les blessures avec perte de substance, on emploie quelquefois la cautérisation. — 2° *Fistules du canal de Sténon*. Elles sont plus fréquentes que celles de la parotide et plus difficiles à guérir. Dans les monodactyles, elles sont le résultat des plaies contuses, de l'extraction d'un calcul, de l'ablation des ganglions sous-maxillaires, de la cautérisation des boutons farcineux , de l'inflammation du canal par l'introduction d'un corps étranger. On reconnaît leur présence par une perte considérable de salive dans un temps donné, que l'on peut évaluer à plusieurs litres pendant un seul repas. Dans les chevaux bien constitués, les fonctions digestives n'ont pas à souffrir de cette déperdition ; sur d'autres animaux, l'embonpoint diminue rapidement ; on observe des indigestions; les forces s'affaissent considérablement. Souvent la nature fait tous les frais de la guérison , mais il n'en est pas toujours ainsi. D'après les observations de Reynal , le temps nécessaire pour cicatriser la fistule varie suivant quelques circonstances. Si le canal a été seulement divisé par un instrument tranchant , la guérison a lieu dans l'espace de douze à quinze jours. Quand la plaie est produite par le cautère actuel , elle arrive du quinzième au vingtième jour. Lorsque le canal a été coupé en travers, s'il y a perte de substance , la cure peut être complète au bout de quarante à cinquante jours. On a proposé bien des moyens de traitement pour rétablir le canal salivaire, ou l'oblitérer, sans obtenir de grands succès. La meilleure méthode est celle conseillée par Reynal ; elle consiste simplement dans l'application de l'onguent vésicatoire sur le trajet du canal blessé. Pour remédier aux fistules incurables, Leblanc a proposé l'extirpation de la glande parotide, qu'il a pratiquée avec succès. L'idée de cette opération a d'abord été émise en chirurgie humaine , et abandonnée comme une énormité chirurgicale dont personne n'a revendiqué la découverte.—3° *Fistules de la glande maxillaire et du canal de Warton.* Elles se montrent après l'obstruction du canal par les épillets de brôme stérile , par des grains d'orge ou d'avoine, à la suite des abcès sous la ganache. L'ouverture de la plaie fistuleuse existe sous l'auge, près de la réunion des branches du maxillaire. Le traitement consiste à désobstruer le canal, à faire quelques gargarismes ; on peut employer l'incision , l'excision , la cautérisation , et mieux encore l'onguent vésicatoire.

FISTULES URINAIRES. Les fistules qui laissent écouler l'urine , sont distinguées dans les animaux en *vésicales* et *urétrales.* — 1° *Fistules vésicales.* Lorsque l'urine accumulée dans la vessie produit la rupture de cette poche , une péritonite suraiguë amène promptement la mort. Quelquefois la fistule vésicale s'ouvre dans le rectum ou sur un point quelconque des parois abdominales. Ces fistules sont incurables. — 2° *Fistules urétrales.* Elles sont le résultat de l'extraction d'un calcul par la ponction de l'urètre ; on les observe également après des contusions violentes. L'écoulement de l'urine par la fistule ne se produit que lorsque l'animal expulse volontairement le fluide contenu dans la vessie. Si la fistule est la suite d'une opération , le pronostic est peu fâcheux , la guérison arrive sans traitement. Lorsque des callosités se forment autour de la plaie , les fistules urétrales persistent longtemps.

FISTULEUX, EUSE, adj., *fistulosus;* qui a rapport à une fistule, qui a le caractère d'une fistule : *conduit, ulcère, trajet fistuleux.—Bot.* Cylindrique et percé d'un canal intérieur, ex.: *les tiges des Graminées , des Ombellifères.*

FIXE , adj. , *fixus;* épithète par laquelle on désigne, en chimie , les corps non volatils ou d'une fusion difficile.—*Bot.* Se dit, d'après Mirbel, des *cloisons* qui restent immobiles au moment de la maturité des fruits. On les observe dans les péricarpes indéhiscents, ou dans ceux qui s'ouvrent par des pores ou des trous.

FIXER , v. a. ; rendre plus fixe. Opération chimique qui consiste à donner plus de fixité à un corps en changeant sa composition chimique.—*Nitre fixé :* azotate de potasse qu'on a fait déflagrer avec de la crème de tartre ou du charbon.—*Chir. Fixer un animal:* c'est l'assujettir, le placer convenablement pour pratiquer une opération et éviter des accidents , soit pour l'opérateur, soit pour le sujet à opérer. On fixe, on assujettit un cheval debout avec le licol de force, en l'attachant contre un mur , un poteau , la tête plus ou moins élevée suivant qu'on opère sur les membres de derrière ou de devant. Quelquefois on tient l'animal non attaché, à l'aide d'un bridon ou d'un filet ; on l'empêche de voir en lui recouvrant la tête avec la capote. Il faut éviter les coups de pieds par l'emploi de la plate-longe, qui embrasse un des membres postérieurs au milieu du canon , et vient s'arrêter, en passant entre les membres de devant, autour du poitrail et du garrot. On préfère retenir les deux membres de derrière avec deux entraves dont le lacs vient s'arrêter également sur les parties antérieures du tronc. Pour les opérations, même légères , il est utile de détourner la sensibilité par des moyens qui produisent une certaine douleur loin du siège de l'opération. Ces moyens sont le *tord-nez,* les *morailles,* le *mors d'Allemagne* (*V.* ces mots). Il est plus difficile de maintenir debout les animaux de l'espèce bovine ; on les attache par les cornes contre un mur, ou bien on les laisse fixés au joug. — Lorsqu'il s'agit de pratiquer une opération difficile et de longue durée, il est préférable de coucher les chevaux à l'aide des entraves et de la plate-longe, en les faisant tomber sur un lit de paille; ensuite, on donne aux diverses parties du corps, sur lesquelles on doit opérer, des positions qui rendent moins dangereuses et plus faciles les manœuvres de l'opérateur. Au lieu de renverser le cheval sur le sol, pour l'opérer, on peut le fixer au *travail,* sorte d'appareil disposé pour éloigner l'animal du sol, en le soulevant légèrement, et lui ôter tout moyen de défense, *V.* TRAVAIL. Après que l'animal est opéré, il convient de le *fixer,* pour éviter tout accident qui pourrait compliquer l'opération qu'il a subie. On le conduit dans l'écurie, à la place qui lui a été préparée; on l'attache de manière à l'empêcher de porter les dents sur l'appareil pour le déplacer et l'arracher. Le *collier à chapelet* suffit ordinairement; quelquefois il faut employer un long bâton, qui, par une de ses extrémités, s'attache à la muserolle du licol, et s'arrête par l'autre bout à une sangle fixée autour de la poitrine. Dans quelques cas, on a essayé d'avoir recours à la *suspension* du corps à l'aide de larges sangles fixées à des poteaux ou à d'autres machines; ce moyen a d'énormes inconvénients, et surtout celui de produire des maladies graves par la compression des parois abdominales. — On renverse quelquefois les bœufs pour des opérations; on se sert des mêmes procédés que pour le cheval, en disposant toutefois un lit plus épais, à cause de la saillie formée par les cornes. — Les moyens de fixer les petits animaux, tels que les porcs, les chiens, les moutons, varient suivant leur caractère et leur volume. Le mouton est, sans contredit, l'animal qu'on maintient avec le plus de facilité; c'est, du reste, celui dont les moyens de défense sont le moins redoutables.

FIXITÉ, s.f.; propriété qu'ont certains corps de résister à l'action du feu, par opposition à ceux qui sont volatils, fusibles ou décomposables.

FLABELLIFORME, adj., *flabelliformis*, de *flabellum*, éventail, et *forma*, forme; en forme d'éventail.

FLACON, s. m., *Flasca* ou *Flasco*; vase en verre ou en cristal, de forme cylindrique, à fond plat ou bombé et muni d'un ou de plusieurs goulots courts, à bords renversés. Les flacons à un seul goulot servent à contenir les liquides destinés aux opérations chimiques ou pharmaceutiques; ils bouchent au *liège* ou à l'*émeri*; dans ce dernier cas, le bouchon en verre est usé à frottement avec l'intérieur du goulot et y est parfaitement ajusté. Les flacons à plusieurs tubulures sont employés à la confection de l'appareil de Woulf, qui sert aux dissolutions des gaz dans l'eau ou d'autres liquides, *V.* APPAREIL.

FLACOURTIACÉES, s. f., *Flacourtiaceæ*; famille de plantes dicotylédones, polypétales, hypogynes, voisine des *Bixacées*. Elle se compose d'arbrisseaux ou de petits arbres des régions tropicales de l'Inde et de l'Afrique. De Candolle la divise en quatre tribus: 1° les *Patrisiées*; genres: *Patrisia*, etc.; 2° les *Flacourtiées*; genres: *Flacourtia*, *Roumea*; 3° les *Kiggellariées*; genres: *Kiggellaria*, *Melicytus*, etc.; 4° les *Erythrospermées*; genres: *Erythrospermum*, etc.

FLAGELLIFORME, adj., *flagelliformis*, de *flagellum*, fouet, et *forma*, forme; long, flexible, menu, comme un fouet.

FLAGEOLER, v. n. On dit qu'un cheval *flageole*, lorsque les articulations du genou et du jarret tremblent et vacillent dans la marche. C'est un signe de faiblesse ou de

mauvaise conformation, et un défaut grave dans les chevaux de selle. Les jeunes chevaux, dont l'éducation et le dressage ne sont pas faits, *flageolent* ordinairement.

FLAMAND, E, adj.; originaire de la Flandre, qui appartient à la Flandre. — MOUTON FLAMAND; il appartient au groupe des *longue-laines* et le représente presque seul en France. Ses caractères sont: taille élevée, formes régulières; tête petite, ordinairement dépourvue de cornes; oreilles longues, horizontales; laine blanche, de finesse médiocre, réunie en mèches pendantes de 10 à 20 centimètres de longueur. Cette race est féconde, bonne pour la boucherie, productive: mais il lui faut de bons pâturages, une nourriture abondante et saine. — La Flandre envoie dans presque toutes les parties de la France de gros chevaux de trait, à poitrine moins ample, à formes plus empâtées, à croupe plus avalée, et, finalement, plus communs et plus mous que les chevaux boulonnais. On les désigne généralement sous le nom de *chevaux du nord*. Ils sont confondus avec les chevaux *belges*.

FLAMME, s. f., *Flamma*. φλόξ, φλογος. On appelle ainsi l'auréole lumineuse qui provient de la combustion des vapeurs et des gaz des corps combustibles soumis à une haute température. Les corps capables de donner à la distillation des produits gazeux sont seuls susceptibles de brûler avec flamme; ceux qui sont absolument fixes, comme le carbone pur, par exemple, n'en donnent pas. La flamme produite par les gaz ou les vapeurs qui ne laissent pas déposer un corps solide est peu brillante, ex.: hydrogène; dans le cas contraire, elle est très éclatante, ex.: hydrogène bicarboné. La flamme n'est pas homogène; en l'examinant attentivement, on y reconnaît plusieurs couches ou zônes: une *inférieure* de teinte bleue; une *centrale* et *obscure*. où les produits gazeux ne brûlent pas, faute d'air; une *brillante*, qui enveloppe cette dernière, et une *supérieure*, peu visible, où se termine la combustion des gaz et où la température est le plus élevée. Cette disposition particulière des couches de la flamme devient surtout évidente, lorsqu'on la coupe en travers au moyen d'une toile métallique. L'existence de la flamme est liée à deux circonstances extérieures tout-à-fait essentielles: 1° une température élevée; sans cette condition, les gaz ne peuvent brûler et la flamme s'éteint, comme cela arrive lorsqu'on dirige un courant d'air froid et rapide sur une bougie; 2° un courant d'air pur qui puisse alimenter la combustion des gaz de la flamme; si l'air manque entièrement, la flamme s'éteint; s'il n'est pas assez abondant, elle est peu brillante et devient fumeuse par suite d'un dépôt abondant de charbon qui ne peut plus brûler.

FLAMME ou **FLAMMETTE**, s. f., *Phlebotomus*; instrument inventé par les médecins allemands pour pratiquer la saignée;

c'est une boîte contenant une lame de lancette qu'on fait mouvoir par un ressort. La *flamme ordinaire* des vétérinaires se compose d'une châsse faite avec du cuivre, de l'ivoire ou de la corne, plus, d'une ou plusieurs lames de diverses dimensions. La lame est disposée à angle droit sur une tige de dix centimètres de longueur sur huit millimètres de largeur et deux d'épaisseur. La longueur de la lame est de huit millimètres ; sa largeur sur sa base est de cinq à six ; sa surface est taillée en biseau sur chaque côté. Quand on se sert de la flamme ordinaire pour saigner, il faut se munir d'un bâtonnet avec lequel on frappe sur le dos de la tige, après avoir mis la pointe de la lame au niveau de la veine qu'on veut ouvrir. Cet instrument est plus commode que la lancette pour le cheval, dont on doit redouter les mouvements désordonnés pour les opérations même les plus légères. Les Allemands ont imaginé une *flamme à ressort* pour pratiquer la saignée du cheval et du bœuf ; mais cet instrument est d'un prix élevé, d'un emploi incommode ; il est généralement abandonné.

FLANC, s. m. On appelle *flancs* les parties latérales de la région ombilicale de l'abdomen, ayant pour base principale la portion charnue, flabelliforme, du muscle *petit oblique* ou *ilio-abdominal*. On distingue, dans le flanc, une partie saillante, oblique, formée par ce muscle et constituant la *corde du flanc* ; une partie déprimée, située au-dessus de la corde et formant le *creux du flanc* ; une troisième partie, située au-dessous et se continuant avec le ventre. La corde et le creux, très apercevables chez les chevaux maigres, le sont peu chez les chevaux gras. Lorsque la corde est très saillante, on dit le flanc *cordé* ; il est *retroussé*, lorsque la partie inférieure est peu développée. Un flanc *court* indique toujours de la force ; c'est le contraire pour le flanc *long*.—C'est aux mouvements particuliers du flanc que l'on reconnaît la *pousse* (*V.* ce mot) — Le flanc du *bœuf* est long, comme ses reins ; il est toujours un peu creux dans le bœuf maigre, un peu moins, cependant, à gauche qu'à droite, à cause de la saillie formée dans le flanc gauche par le rumen.

FLANDRINES (vaches) ; première classe des vaches laitières, dans le *système de classification* de Guénon. Les Flandrines ou *Indiennes* sont caractérisées par un écusson qui, après avoir embrassé les mamelles et la face interne et postérieure des jambes, s'élève le long du périnée, sous forme d'une large bande, jusqu'à la vulve qu'il entoure. Cet écusson perd de sa largeur et de sa régularité, à mesure que l'on descend du premier au huitième ordre Les trois catégories établies d'après la taille donnent, dans le premier ordre, vingt litres, seize litres et douze litres, et gardent le lait jusqu'à ce que les vaches soient pleines de huit mois, ou même

jusqu'au jour du vêlage, si on continue à les traire ; dans le huitième ordre, quatre, deux, et un litre qu'elles gardent jusqu'à ce qu'elles soient pleines de deux mois.

FLATULENCE, s. f. *Flatulentia ;* de *flatus*, vent ; accumulation de vent, de gaz dans une partie du corps.

FLATULENT, FLATUEUX.adj. *flatuosus;* qui cause, qui engendre des vents.

FLATUOSITÉ, s. f., *flatuositas*, de *flatus*, souffle, vent ; gaz inodore ou fétide, qui s'échappe du corps. L'émission des flatuosités par la bouche constitue l'*éructation*.

FLÉAU, s. m ; nom donné à la partie principale de la *balance*. C'est une barre métallique rigide, droite ou diversement contournée, et dont l'épaisseur est plus grande que la largeur. Elle porte à son centre, qui est toujours plus épais que les extrémités, un couteau triangulaire horizontal qui sert de point de suspension, et une flèche dirigée en haut ou en bas et servant à indiquer l'état d'équilibre de la balance. Les extrémités du fléau sont munies de crochets où sont attachés les moyens de suspension des *plateaux* de la machine. — La qualité essentielle du fléau consiste dans une égalité parfaite, en longueur et en poids, des deux bras de levier qu'il forme de chaque côté de son centre de suspension, *V.* BALANCE.

FLÉCHISSEUR, s. et adj., *Flexor;* qui fléchit. Un grand nombre de muscles remplissent cet usage dont ils tirent leur nom. — *Long fléchisseur de l'avant-bras* ou *coraco-radial. coraco-cubital* de Girard : long muscle cylindroïde, prenant son origine à la portion arrondie de l'apophyse coracoïde du scapulum, glissant par un tendon avec renflement cartilagineux dans la coulisse antérieure et supérieure de l'humérus, et se terminant par deux tendons, dont un s'insère à la tubérosité supérieure, antérieure et interne du radius, et l'autre s'épanouit en une large aponévrose enveloppant les muscles de l'avant-bras. — *Court fléchisseur de l'avant-bras* ou *huméro-radial oblique :* muscle charnu, plus court que le précédent, naissant de la partie supérieure et postérieure de l'humérus, se contournant dans la gouttière de torsion de cet os, et se terminant au radius, un peu au-dessous du coraco-radial. — *Long fléchisseur du cou* ou *sous-dorso-atloïdien :* ses premiers faisceaux d'origine naissent de la face inférieure des six premières vertèbres dorsales et s'insèrent aux apophyses transverses de la sixième vertèbre cervicale. Les suivants proviennent des six dernières vertèbres cervicales, et vont s'insérer au tubercule inférieur du corps de l'atlas. — *Fléchisseurs du métacarpe :* ils sont au nombre de trois. L'*externe*, ou *épitrochlo-suscarpien*, naît de la partie postérieure de l'épitrochlée, par un gros tendon, et s'insère par un tendon bifurqué à l'os suscarpien et au métacarpien latéral externe. Le *fléchisseur oblique*, ou *épicondylo-sus-*

carpien, naît de l'épicondyle par un tendon, et de l'olécrâne par une bandelette charnue, et s'insère à l'os sus-carpien avec le précédent. Le *fléchisseur interne*, ou *épicondylo-métacarpien* prend son origine à la partie antérieure de l'épicondyle, et va s'insérer par un tendon long et mince à la tête du métacarpien latéral interne. — ***Fléchisseur du métatarse*** ou *tibio-pré-métatarsien* : muscle complexe, formé de deux portions distinctes : l'une *tendineuse*, et l'autre *charnue*. La première naît du fémur, entre la poulie et le condyle externe, avec le fléchisseur antérieur des phalanges, et se termine par deux branches tendineuses, dont une s'attache à l'extrémité supérieure du métatarsien principal, et l'autre se contourne pour aller s'insérer au côté externe du cuboïde. La portion charnue prend son origine en haut de la face antérieure et externe du tibia, et se termine aussi par deux tendons, l'antérieur s'attachant à la partie supérieure du métatarsien principal, l'autre se portant en dedans et allant s'attacher au second os cunéiforme. — Le fléchisseur du métatarse, dans le *bœuf*, est formé de trois portions, dont deux s'insèrent à l'extrémité supérieure du métatarsien, et la troisième, se termine au second os cunéiforme par un tendon mince, qui contourne presque toute l'articulation du tarse, caché entre les os de cette région. — ***Fléchisseur superficiel des phalanges***, *sublime*, *perforé* : ce muscle existe, avec quelques différences, au membre antérieur et au membre postérieur. Celui du membre antérieur, ou *épicondylo-phalangien*, prend son origine à l'épicondyle, avec une partie du fléchisseur profond : sa portion charnue se termine au bas de l'avant-bras, par un tendon qui passe dans l'arcade carpienne, règne dans la longueur du canon, accolé à celui du profond, glisse avec lui sur la coulisse sésamoïdienne, en fournissant au même tendon un anneau de glissement, et se termine aux deux côtés de l'os de la deuxième phalange, par deux branches courtes entre lesquelles le profond continue son trajet jusqu'à la troisième phalange. Le fléchisseur superficiel du membre postérieur, ou *fémoro-phalangien*, presque entièrement tendineux, prend son origine dans la fosse sus-condylienne du fémur, descend caché par le bifémoro-calcanéen, contourne son tendon au-dessus de celui de ce muscle, l'élargit en passant sur le sommet du calcanéum, et descend en arrière du canon, où il se comporte comme celui du membre antérieur. — ***Fléchisseur profond des phalanges*** ou *perforant* : celui du membre antérieur, *cubito-phalangien* de Girard, *radio-phalangien*, prend son origine par trois portions, à l'épicondyle avec le perforé, à l'olécrâne avec le fléchisseur externe du métacarpe, et à la face postérieure du radius, vers le tiers inférieur de cet os. Son tendon passe ensuite dans l'arcade carpienne avec le perforé, glisse sur les sésamoïdes dans la gaine que leur fournit ce même muscle, et va se terminer au rebord demi-circulaire de la face inférieure de la troisième phalange, par une expansion élargie que l'on appelle *patte d'oie* ou *aponévrose plantaire*. Vers le milieu du métacarpe, son tendon reçoit une bride fibreuse provenant de la partie postérieure de l'articulation du carpe. Le perforant du membre postérieur, ou *tibio-phalangien*, prend naissance aux empreintes de la face postérieure du tibia. Son tendon glisse dans la coulisse calcanéenne, et se comporte comme celui du perforant du membre antérieur. — ***Fléchisseur oblique des phalanges***, *péronéo-phalangien* : ce muscle prend son origine à la partie supérieure et postérieure du tibia, en arrière du péroné, passe obliquement de dehors en dedans de la jambe, et se termine par un tendon qui va rejoindre celui du perforant vers le tiers supérieur du métatarse. — Dans les *ruminants*, chacun des muscles fléchisseurs, perforant et perforé, se divise inférieurement en deux tendons, en raison de la bifurcation du pied. — ***Long fléchisseur*** et ***court fléchisseur de la tête***. *V.* DROIT. ***Petit fléchisseur de la tête*** ou *atloïdo-styloïdien* : petit muscle prenant son origine à la face inférieure du corps de l'atlas, et s'insérant à la face interne de l'apophyse styloïde de l'occipital.

FLÉOLE, s. f., ***Phleum***, L. ; genre de la famille des Graminées. Ses caractères sont : fleurs en panicule spiciforme ou en épi : épillets uniflores : glumes presque égales, acuminées ou tronquées, carénées, libres, plus longues que les glumelles ; glumelle inférieure tronquée, rarement aristée, plus souvent mutique ou mucronée ; deux styles, stigmate plumeux. Ce genre renferme quelques espèces fourragères intéressantes. La principale est le ***Ph. pratense***, Fléole des prés, Thymoty, herd-grass des Anglais. Cette plante vivace est commune dans les prairies, et donne un fourrage abondant, que recherchent tous les herbivores et particulièrement le cheval. Les Américains la cultivent sur défrichement ; les Anglais en font souvent des prairies artificielles. On la sème seule ou mélangée. Seule, elle exige de 8 à 20 kilogrammes de semence par hectare. Elle est précoce et productive, mais il lui faut un terrain humide et profond. Les espèces *alpinum*, *nodosum*, *asperum*, *gerardi*, etc., se rencontrent dans les prés ; elles donnent un fourrage de bonne qualité.

FLEUR, s. f., ***Flos*** : ensemble des organes de la reproduction des végétaux. La fleur se compose d'*organes essentiels*, ce sont les *organes sexuels*, et d'*organes accessoires* : *enveloppes florales*, *périanthe*, *périgone*. Les premiers sont : le *pistil* ou *gynécée*, au centre de la fleur, les *étamines* ou *androcée*, autour du pistil. Les enveloppes florales sont : le *calice*, à l'extérieur, la *corolle*, entre celui-ci et les étamines. C'est à ces organes accessoires, et surtout à la corolle, que, dans le monde, on donne le nom de *fleur*; c'est à eux en effet qu'elle doit son éclat et son parfum. La fleur *complète* se compose de *quatre verticilles*; le nombre des pièces qui forment chacun de ces verticilles est plus ou moins grand; il est souvent de trois dans les végétaux monocotylédonés, de cinq dans les dicotylédonés. Elles sont *libres* ou *soudées* entre elles, ou *adhérentes* aux verticilles voisins. Lorsqu'une fleur renferme les deux genres d'organes sexuels, elle est *hermaphrodite*. Quand elle ne renferme que l'un ou l'autre, elle est *unisexuée*, mâle ou femelle; dans le premier cas elle est toujours *stérile*. La fleur qui n'a qu'une seule enveloppe florale est *uni* ou *mono-périanthée*, *uni* ou *mono-chlamydée*. Lorsqu'elle a une double enveloppe, corolle et calice, elle est *dipérianthée*; enfin, quand elle est dépourvue d'enveloppe, elle est *nue* ou *apérianthée*; dans ce cas, elle est entourée de *bractées*, de *paillettes*, etc. Les pièces des différents verticilles peuvent être frappées d'*avortement*, ou de *métamorphose*. Elles affectent déjà dans le bourgeon une position, des rapports déterminés, c'est ce que l'on étudie sous le nom de *préfloraison*. Leur ouverture ou épanouissement est appelé *anthèse*. Les fleurs sont *solitaires* ou *groupées*; leur *arrangement* sur l'axe qui les porte, l'ordre dans lequel elles se développent constituent leur *inflorescence*. La fleur est portée sur un *pédoncule* ou un *pédicelle* plus ou moins court, dont le sommet renflé et élargi constitue le *réceptacle*. — Selon l'époque et la durée de leur épanouissement, les fleurs sont *éphémères*, *diurnes*, *nocturnes*, *printanières*, *estivales*, *automnales*, *hibernales*. — Rien n'est plus varié que leurs formes, leurs dimensions, leur coloration et leur odeur. — *Pharmacie*. Les fleurs destinées à l'usage médical doivent être récoltées à l'époque de leur entier développement, mais, autant que possible, avant la fécondation qui attire tous les principes sur l'ovaire, au détriment des autres parties de la fleur. La récolte doit avoir lieu après la complète évaporation de la rosée qui entraverait la dessication. Celle-ci aura lieu sur des claies recouvertes de papier buvard, dans un lieu sec, aéré et à l'abri des rayons solaires. Les fleurs sèches seront placées dans des sacs de papier, dans des bocaux bien bouchés, et renouvelées autant que possible tous les ans. — Les fleurs que l'on récolte le plus souvent en pharmacie vétérinaire sont celles de camomille, de sureau, de tilleul, de mauve, de guimauve, de molène, d'arnica; les sommités fleuries des labiées, des composées, etc. — *Chimie*. Nom que les anciens chimistes donnaient, très improprement, à plusieurs substances minérales pulvérulentes, légères, produites le plus souvent par l'action de la chaleur.

Fleurs argentines d'antimoine. Protoxyde d'antimoine cristallisé.

Fleurs d'arsenic. Acide arsénieux sublimé.

Fleurs de benjoin. Acide benzoïque sublimé.

Fleurs de cobalt. Arséniure de cobalt pulvérulent.

Fleurs de cuivre. Chlorure de cuivre ammoniacal.

Fleurs de Nickel. Oxyde de Nickel.

Fleurs de sel ammoniac. Chlorhydrate d'ammoniaque sublimé.

Fleurs martiales. Chlorure de fer et d'ammoniaque sublimés ensemble.

Fleurs de soufre. Soufre sublimé.

Fleurs de zinc. Oxyde de zinc obtenu par la combustion de ce métal à l'air.

FLEURAISON, *V.* **Floraison**.

FLEUR DE PÊCHER, *V.* **Aubère**.

FLEURON, s. m., *Flosculus*; on désigne ainsi chacune des petites fleurs entières qui composent le capitule des Composées. Le fleuron est formé d'une petite corolle tubuleuse, à cinq divisions ordinairement régulières. Lorsque le limbe de la corolle est divisé d'un côté et aplati de manière à former une languette, la fleur prend le nom de *demi-fleuron*.

FLEURONNÉ, *V.* **Flosculeux**.

FLEXIBILITÉ, s. f., *Flexibilitas*; propriété dont jouissent certains corps solides de pouvoir être courbés sans se rompre. Elle n'est que relative, et dépend de la forme des corps et du degré de courbure qu'on leur imprime. Les molécules des corps pliés sont placées dans une position forcée; d'un côté elles sont éloignées les unes des autres, de l'autre elles sont rapprochées; aussi les corps solides qui ont été courbés se redressent-ils avec force et reviennent à leur forme première en exécutant des oscillations. (*V.* **Élasticité**). — La flexibilité existe dans les métaux ductiles et surtout dans la plupart des corps solides d'origine organique.

FLEXIBLE, adj., *flexibilis*; qui est doué de flexibilité ou qui peut se plier sans se rompre; c'est le cas des tissus végétaux et animaux, des métaux parfaits, etc. — *Bot*. Se dit des tiges et des rameaux droits, minces, pouvant se courber sans se rompre.

FLEXION, s. f., *Flexio*; état de ce qui est fléchi; action de se fléchir; mouvement opéré par les muscles fléchisseurs, tendant à ramener deux rayons osseux vers une direction parallèle.

FLEXUEUX, EUSE, adj., *flexuosus*; présentant plusieurs courbures successives.

FLOCON, s. m., *Floccus*; petite touffe d'un corps filamenteux, comme le coton, la laine, la soie, la neige. Épithète donnée en chimie à certains précipités blancs, légers, filamenteux, etc.

FLOCONNEUX, EUSE, adj., *floccosus*; couvert de flocons de poils, disposé en flocons, en touffes légères. — *Précipité floconneux*, *pus floconneux*: qui sont blancs, légers, formés de filaments entremêlés sans ordre, etc.

FLORAISON. s. f. *Floratio. Anthesis;* épanouissement des fleurs. L'époque de la floraison est variable selon les espèces et les conditions climatériques. Les plantes que l'on appelle *perce-neige*, l'*hellébore noir*, fleurissent dans nos contrées en hiver; d'autres ont besoin de beaucoup de chaleur, et ne donnent des fleurs que dans les pays les plus chauds. Celles-ci ne fleurissent même pas dans nos serres, ou ne fleurissent que très rarement. Mais, pour une contrée, la floraison des espèces commence naturellement au printemps et se prolonge jusqu'à l'hiver. C'est en recueillant et notant une série d'observations sur l'époque où chacune d'elles s'épanouit que l'on a établi des *Calendriers de Flore.* Les plantes bisannuelles n'émettent leurs fleurs qu'une fois tous les deux ans : il en est souvent ainsi dans nos climats pour les végétaux annuels originaires des régions chaudes du globe. Il ne suffit pas, pour que la floraison s'effectue à une époque normale, que les plantes se trouvent sous la latitude qui leur convient; il faut encore qu'elles soient placées dans des conditions convenables de croissance relativement à la terre, à la nature du sol. — Beaucoup de fleurs, sous une latitude donnée, s'ouvrent et se ferment à certaines heures du jour ou de la nuit: de là, ce qu'on appelle le *sommeil* et la *veille* des fleurs, l'*Horloge de Flore*, et les épithètes de *diurnes* et de *nocturnes.* Il en est qui ne restent ouvertes que pendant quelques heures du jour ou de la nuit ; ce sont des *éphémères diurnes*, ex. : la plupart des *Cistes*, ou des *éphémères nocturnes*, ex.: le *Cactus grandiflorus.* Lorsque le phénomène se répète plusieurs jours de suite, et toujours aux mêmes heures, les fleurs sont appelées *équinoxiales;* elles sont *équinoxiales diurnes*, ex. : *Ornithogalum umbellatum,* ou *équinoxiales nocturnes*, ex. : *Mesembryanthemum noctiflorum.* Enfin, d'autres s'ouvrent ou se ferment sous l'influence de certains états de l'atmosphère: ce sont les fleurs *météoriques*, ex. : le *Calendula pluvialis*, qui reste fermé quand il doit pleuvoir. — La lumière artificielle peut, pour la floraison, remplacer la lumière solaire (de Candolle).

FLORAL, ALE, adj., *floralis;* qui appartient à la fleur ou semble en faire partie. — *Feuilles florales :* ce sont de véritables feuilles naissant immédiatement au-dessous de la fleur. — *Enveloppes florales*, le calice et la corolle. — *Axe floral*, pédoncule commun à plusieurs fleurs. — *Bulbille floral*, celui qui naît à la place d'une fleur. — *Glandes florales*, ou naissant dans la fleur même.

FLORE, s. f., *Flora;* ouvrage contenant la description des plantes d'une étendue de pays déterminée: d'un canton, d'un département, d'un Etat, d'une partie du monde, etc. On ne fait entrer habituellement dans les flores que les plantes spontanées.

FLORIFÈRE, adj., *floriferus;* qui porte des fleurs — *Axe florifère* ou floral. — *Bour*geon florifère : c'est le bourgeon *floripare.* — *Feuilles* ou *bractées florifères.*

FLORIPARE, adj., *floriparus;* se dit du bourgeon, lorsqu'il ne renferme que des fleurs.

FLORULE. s. f., *Florula :* fleuron ou demi-fleuron, ou fleur d'un épi considérée isolément. — *Petite fleur.*

FLOSCULE, s. m., *Flosculus;* synonyme de florule.

FLOSCULEUX, EUSE. adj., *flosculosus;* se dit particulièrement du réceptacle qui ne porte que des fleurons. — Tournefort a réuni dans une classe, sous le nom de *Flosculeuses*, les Composées dont le capitule se compose uniquement de fleurons. Elles correspondent aux *Cynarocéphales.*

FLOTTANT, TE, adj., *fluitans;* se dit des plantes aquatiques qui ont leurs racines implantées au fond de l'eau et leurs tiges flottantes dans ce liquide, ex. : plusieurs *Potamots*, des *Chara*, etc.

FLOTTEUR DE PRONY, s. m. ; appareil particulier destiné à maintenir un liquide au même niveau dans un vase percé d'un orifice d'écoulement, afin d'obtenir une pression constante. Il se compose d'un vase vide plongeant dans le vase plein de liquide, d'un autre vase également vide et placé sous l'orifice d'écoulement pour en recevoir le liquide, de plusieurs tringles en fer servant à attacher les deux vases du flotteur l'un à l'autre. Cet appareil, reposant sur le principe d'Archimède, il est évident que le vase plongeur s'enfoncera de plus en plus à mesure que le vase, qui sert de récipient, recevra une plus grande quantité de liquide. Le niveau, dans le vase d'écoulement, sera donc constant.

FLOUVE, s. f., *Anthoxanthum;* genre de la famille des Graminées. Ses caractères sont: fleurs en panicule se rapprochant de l'épi: épillets uniflores, deux fleurs stériles réduites chacune à une glumelle munie d'une arête dorsale tordue; glumes carénées, l'inférieure à une nervure, moins longue de moitié que la supérieure; glumelles membraneuses, presque égales, mutiques; deux étamines, stigmates filiformes. Ce genre ne renferme qu'une seule espèce, la *F. odorante*, *A. odoratum*, plante vivace et commune dans les prés, dans les bois, les lieux ombragés, sablonneux. Elle est très précoce, mais elle forme, dans le courant de l'année, de larges touffes, et repousse après avoir été coupée. Malgré cela, elle est peu productive; ses feuilles sont peu nombreuses. L'odeur agréable que toutes ses parties exhalent en se desséchant se communique aux autres plantes, et, sous ce rapport, elle est une des graminées fourragères les plus intéressantes. Tous les herbivores la recherchent. On prétend que les pâturages qui en contiennent en quantité notable, conviennent particulièrement aux bêtes à l'engrais. Elle doit faire partie de tous les semis dans l'établissement ou l'entretien des prairies naturelles.

FLUATE, s. m.; nom ancien des *fluorures* (*V.* ce mot).

FLUCTUATION, s. f., *Fluctuatio*, de *fluctuare*, flotter; mouvement que l'on imprime à un liquide épanché dans un foyer quelconque, soit au milieu du tissu cellulaire, soit dans une cavité splanchnique. C'est un symptôme pathognomonique des collections purulentes ou séreuses. On perçoit la fluctuation pour un abcès en touchant la tumeur alternativement avec un ou deux doigts sur deux points opposés. Pour reconnaître ce caractère dans l'hydropisie ascite, on applique une main sur un des côtés du ventre, et l'on frappe avec l'autre main sur le côté opposé.

FLUIDE, s. m., *Fluidus*, de *fluere* couler; nom donné, en *physique*, aux corps dont les molécules sont indépendantes les unes des autres, et obéissent parfaitement aux causes extérieures qui agissent sur elles. Ce mot indique toujours l'état de la matière qui présente le plus de légéreté, de subtilité et de mobilité: il s'applique aussi à des agents admis dans la science par pure hypothèse, et dont l'existence matérielle est par conséquent mise en doute. On peut diviser les fluides en deux classes: 1° les fluides *matériels* ou *pondérables;* 2° les fluides *impondérables* et *incoërcibles*. Les premiers comprennent les *liquides* ou *fluides incompressibles*, les *gaz* et les *vapeurs* ou *fluides élastiques* (*V.* LIQUIDE, GAZ, VAPEUR). Les *fluides impondérables*, dont la matérialité est fort douteuse, sont considérés comme des agents, des forces, destinés à agir sur la matière pondérable et à la modifier de plusieurs manières. Leur existence est purement hypothétique et se rattache à celle d'un agent qui n'est pas plus réel qu'eux; on le nomme *éther*. *V.* ce mot et CALORIQUE, LUMIÈRE, ÉLECTRICITÉ, MAGNÉTISME.

FLUIDIFICATION, s. f.; transformation d'un corps solide en *fluide* liquide ou gazeux. *V.* FUSION.

FLUIDITÉ, s. f., *Fluiditas*; état d'un corps qui est fluide, c'est-à-dire dont les molécules libres glissent facilement les unes sur les autres, comme dans les liquides et les gaz.

FLUOBORURE, s. m.; composé formé par l'union d'un fluorure et d'un borure.

FLUOR, s. m., *phthore*. Fl. Equiv. 240. — Corps simple, métalloïde, de la classe des chloroïdes, dont il forme l'élément le plus électro-négatif. Admis pendant longtemps par analogie comme radical des fluorures et de l'acide fluorhydrique, le fluor a été isolé récemment par Louyet, en faisant agir le chlore et l'iode sur des fluorures, dans des appareils en spath-fluor. C'est un gaz incolore, odorant, sans action sur les couleurs végétales, décomposant facilement l'eau, et n'attaquant pas sensiblement le verre. Il se combine à la plupart des métaux et des métalloïdes.

FLUORIDE, s. m.: nom donné par Berzélius aux composés de fluor non oxygénés, mais acides ou électro-négatifs, par opposition aux *fluorures* qui sont basiques ou électro-positifs.

FLUORHYDRIQUE, *V.* ACIDE.

FLUORIQUE, *V.* ACIDE.

FLUORURES, s. m.; composés binaires, électro-positifs, résultant de la combinaison du fluor avec les métaux. Traités par l'acide sulfurique, ils dégagent de l'acide fluorhydrique qui attaque le verre; leur solution ne précipite pas le nitrate d'argent; mélangés à l'acide borique et traités par l'acide sulfurique, ils dégagent d'abondantes vapeurs sèches de fluorure de bore; leur mélange avec la silice, traité par le même acide, produit du fluorure de silicium qui, en se dissolvant dans l'eau, donne de l'acide silicique gélatineux.

FLUOSILICIÉ, *V.* ACIDE FLUOSILICIQUE.

FLUTEAU, s. m., *Alisma*, L.; genre de la famille des Alismacées. Il se compose de plantes herbacées, aquatiques, communes dans les prairies marécageuses, au bord des étangs. La principale espèce est le F. plantain, *A. plantago.*, encore appelé *pain de grenouilles*. Quoique broutée par les chèvres et les chevaux, elle doit être considérée comme indifférente. Les espèces *repens, damazonium*, etc., peuvent lui être assimilées sous le rapport économique.

FLUVIAL, adj., *fluvialis*; synonyme de *fluviatile*. On donne quelquefois le nom de *Fluviales* aux *Naïades* ou *Nayadées*.

FLUVIATILE, adj., *fluviatilis*; se dit des plantes qui croissent dans les fleuves, dans les eaux courantes ou sur leurs bords.

FLUX, s. m., *Fluxus*, de *fluere*, couler; écoulement d'un liquide par une des ouvertures naturelles du corps. Les flux ne sont que des symptômes appartenant surtout aux phlegmasies des membranes muqueuses. — *Flux bilieux:* évacuation de matières bilieuses mêlées aux matières fécales. — *Flux de bouche:* abondante salivation. — *Flux catarrhal:* synonyme de *catarrhe*. — *Flux hémorroïdal:* écoulement sanguin par le rectum. — *Flux hépatique:* évacuation d'excréments tout-à-fait liquides et tirant sur le brun. — *Flux de lait:* écoulement du lait produit par l'engorgement des sinus galactophores. — *Flux muqueux:* synonyme de *catarrhe*. — *Flux de sang:* dévoiement de sang pur. — *Flux d'urine:* évacuation considérable d'urine, relativement à la quantité de boissons qui a été prise. — *Flux de ventre:* synonyme vulgaire de *diarrhée*. — *Chimie.* Nom donné à un *fondant* particulier employé dans l'essai des minerais par la voie sèche, et résultant de la déflagration d'un mélange de nitre et de crème de tartre. On en distingue deux espèces: 1° le *flux blanc*, qui est produit par la combustion de 2 p. de nitre et 1 p. de tartre, est du carbonate de potass. pur; 2° le *flux noir*, qui résulte de la défla-

gration de 2 p. de tartre et une p. de nitre,
est formé d'un mélange de carbonate de
potasse et de charbon très divisé ; aussi est-ce
un réductif très puissant.

FLUXION, s. f., *Fluxio*, de *fluxus*,
écoulement ; écoulement d'humeur, afflux
de fluides et particulièrement de sang vers
une partie du corps. En médecine humaine,
on donne vulgairement ce nom à l'engorgement du tissu cellulaire des joues et des gencives. — *Fluxion catarrhale :* synonyme de
catarrhe. — *Fluxion de poitrine :* nom vulgaire donné à la bronchite et à la pneumonie.

FLUXION PÉRIODIQUE DES YEUX, FLUXION
LUNATIQUE. *V.* OPHTHALMIE PÉRIODIQUE.

FLUXIONNAIRE, adj. ; qui est sujet
aux fluxions : *cheval fluxionnaire.*

FOCAL, adj. de *focus*. foyer : qui a rapport au foyer d'un miroir ou d'une lentille.
Boule focale : boule d'un thermomètre différentiel qu'on place au foyer d'un miroir
pour en apprécier la température. *Distance
focale :* intervalle compris entre le centre
optique d'une lentille et son foyer principal.

FŒTAL, ALE, adj., *fœtalis :* qui appartient au fœtus. — *Enveloppes fœtales :* membranes qui entourent le fœtus dans la matrice.

FŒTUS, s. m. : ce mot désigne d'une
manière générale le produit de la conception ;
mais on l'emploie surtout pour désigner le
nouvel être, à partir du moment où ses formes sont bien distinctes à l'œil nu, c'est-à-
dire lorsqu'il a quitté l'état d'embryon, jusqu'au moment de l'accouchement. Le fœtus
est enveloppé dans deux sacs membraneux,
inclus l'un dans l'autre, dont l'externe porte
le nom de *chorion*, et l'interne celui d'*amnios*.
Entre les deux se trouvent la *vésicule ombilicale* et l'*allantoïde*. A la face externe du chorion, adhère le placenta. Un cordon vasculaire,
dit *ombilical*, met le fœtus en rapport avec
ses diverses annexes. Les organes du fœtus,
considérés vers le terme moyen de la gestation, offrent des particularités remarquables. Le squelette, en partie cartilagineux,
conserve dans ses parties ossifiées de nombreuses épiphyses ; les muscles, inactifs, sont
d'une couleur pâle, ou même livide. L'appareil digestif ne contient que des mucosités
et du *méconium ;* le foie est très volumineux,
et reçoit du cordon la *veine ombilicale.* Le
poumon, inactif, est d'un rouge foncé ; près
de lui se trouve le thymus, qui disparaîtra
après le part. Le cœur présente, entre ses
deux oreillettes, un trou dit de *Botal*, qui
permet la communication entre les cavités
droites et les cavités gauches ; le *canal artériel* fait communiquer l'artère pulmonaire
avec l'aorte ; le tronc artériel pelvien donne
naissance à deux longues branches, dites
ombilicales, qui sortent par l'ombilic et se
divisent dans les enveloppes fœtales. La vessie, allongée et située entre ces deux artères,
communique, par l'*ouraque*, avec l'allan-

toïde. L'appareil génital tout-à-fait rudimentaire dans les ruminants, présente, dans les
solipèdes, des testicules ou des ovaires proportionnellement très développés. Enfin, le
système nerveux se fait surtout remarquer
par son grand développement relatif. — *Nutrition du fœtus.* On a émis sur ce point de
nombreuses opinions. Ce qu'il y a de plus
positif, c'est que, dès les premiers moments
de la gestation, le germe encore informe
absorbe les fluides environnants ; que ces
fluides augmentent le volume de la vésicule
ombilicale, dans laquelle le fœtus puise les
éléments principaux de sa nutrition, et que
peut-être aussi se nourrit-il du fluide existant
à cette époque dans l'allantoïde, qui plus
tard deviendra le réservoir de l'urine. L'eau
de l'amnios sert peut-être aussi à la nutrition : il est certain, du moins, que le fœtus
en avale quelquefois, puisque l'on trouve,
dans son estomac, des portions épidermiques qui n'ont pu y pénétrer que par une
véritable déglutition. Lorsque les enveloppes sont bien formées, on ne peut plus admettre d'autre voie de nutrition que le cordon ombilical qui porte au fœtus, par la
veine ombilicale, les matériaux recueillis par
les radicules entre le placenta et l'utérus,
et qui rapporte par les artères du même
nom, et dans le même lieu, le sang dépouillé
de ses matériaux nutritifs par les organes
du petit sujet. — *Circulation du fœtus.* Le
trou de Botal et le canal artériel établissant
des communications entre le système veineux et le système artériel, il doit en résulter, dans la circulation du fœtus, des modifications toutes particulières. Deux théories sont établies pour l'expliquer. Dans
l'une, le sang apporté par la veine ombilicale parvenant à l'oreillette droite, passerait
immédiatement dans l'oreillette et le ventricule gauches : il serait lancé dans l'aorte ; la
plus grande partie passerait dans l'aorte antérieure, la postérieure étant déjà en partie
remplie par le sang veineux rapporté par
la veine cave antérieure et qui, tombé
dans le ventricule droit et poussé par lui
dans l'artère pulmonaire, aurait gagné l'aorte
postérieure par le canal artériel, pour aller
en partie dans les artères du train postérieur et en partie au placenta par les artères
ombilicales. Cette explication, dans laquelle
on admet la séparation des deux espèces de
sang, malgré la communication de leurs
réservoirs, paraît difficilement admissible.
Si elle explique, jusqu'à un certain point,
chez l'homme, le peu de développement des
parties inférieures du fœtus, il n'en est pas
de même chez les animaux, où cette différence n'est pas sensible. — Dans l'autre
théorie, on assimile la circulation du fœtus
à celle des reptiles, chez lesquels il y a constamment mélange des deux sangs, et, par
conséquent, envoi de sang artériel et veineux
aux divers organes, et retour à l'organe d'hématose d'un semblable mélange. — *Sécrétions*

du fœtus. Quoique peu actives, elles sont cependant appréciables, surtout pour certains organes ; la sécrétion cutanée, celle de la bile, et celle de l'urine constituent les principales. La première est prouvée par l'enduit de la peau plus épais vers les points où sont accumulés les follicules. Celle de la bile fournit les matériaux principaux du méconium. Enfin, le liquide contenu dans l'allantoïde, vers l'époque du part, a trop d'analogie avec l'urine pour n'être pas regardé comme le produit de la sécrétion des reins, amené par l'aqueduc parfaitement libre que lui fournit l'ouraque.

FOIE, s. m., *Hepar, jecur,* ηπαρ ; organe sécréteur de la bile, constituant la plus forte glande de l'économie. Le foie est situé dans l'abdomen, un peu plus à droite qu'à gauche, en arrière du diaphragme, auquel il adhère par du tissu cellulaire et par les replis séreux qui le tapissent en même temps que ce muscle. Sa face inférieure ou postérieure offre, vers son milieu, une grande *scissure* dite *inférieure*, ou *porte du foie*, et logeant le sinus de la veine porte, l'artère et le canal excréteur de l'organe. Sa face supérieure offre aussi une grande *scissure*, dite *supérieure*, logeant la veine cave, qui y reçoit, pendant son trajet, les veines sus-hépatiques. Le bord inférieur du foie est divisé, par deux dépressions, en trois lobes, dont deux latéraux, fixés par des liens émanant du péritoine, le droit sur l'hypochondre, le gauche au diaphragme ; le lobe moyen est maintenu par un ligament *falciforme*, reste du repli péritonéal qui recouvrait la veine ombilicale. Le bord supérieur est échancré à gauche pour le passage de l'œsophage, et présente à droite, une dépression recevant le bord antérieur du rein droit. Un lobule dit de *Spigel*, situé au-dessous, complète cette cavité de réception. — L'appareil excréteur présente trois canaux principaux se réunissant à la grande scissure en un seul canal qui, dans les solipèdes, se rend directement au duodénum : tandis que, dans les ruminants, le porc et les carnassiers, il présente sur son trajet le canal cystique aboutissant à la vésicule biliaire. — Le foie tire ses artères de l'hépatique et ses nerfs du plexus cœliaque. Ses veines se jettent dans la veine cave, à son passage dans la scissure supérieure.

FOIE DOUVÉ ; foie contenant des douves ou fascioles ; nom vulgaire donné à la pourriture ou cachexie aqueuse du mouton. *V.* CACHEXIE.

FOIE POURRI ; autre synonyme vulgaire de la *Cachexie aqueuse.*

FOIE, s. m. ; nom donné par les anciens chimistes à divers composés sulfurés, dont la couleur brunâtre les faisait comparer au tissu parenchymateux du foie.

FOIE D'ANTIMOINE ; nom ancien d'un mélange complexe qu'on obtient en calcinant, dans un creuset, parties égales de protosulfure d'antimoine et d'azotate de po-

tasse. Il paraît formé d'un mélange de sulfate de potasse, d'antimonite de potasse, de sulfure de potassium et de sulfure d'antimoine.

FOIE D'ARSENIC. *V.* ARSÉNITE DE POTASSE.

FOIE DE SOUFRE, *V.* SULFURE DE POTASSIUM.

FOIN, s. m., *Fenum* ; produit desséché des prairies permanentes ou temporaires. — *Foin des prairies permanentes.* Il se compose d'un grand nombre d'herbes, parmi lesquelles dominent les Graminées, les Composées, les Rosacées, les Labiées, les Ombellifères, les Légumineuses. Selon le mode de récolte ou de fenaison, on distingue les foins *bruns* et les foins *verts*. Ceux-ci s'obtiennent par les procédés ordinaires de séchage ; les autres se préparent en laissant l'herbe fauchée pendant un, deux ou quatre jours en andains, la secouant ensuite pour achever son ressuage, puis la mettant dans la même journée en petits tas, un jour ou deux après en tas plus gros, et enfin en meules dans lesquelles l'herbe est pressée. En cet état, le foin s'échauffe, se tasse encore, prend l'aspect d'une tourbe légère, brunâtre, onctueuse et se dessèche peu à peu. — Le foin récolté suivant l'une des méthodes précédentes peut être *bon, médiocre ou mauvais.* Le bon foin est composé de plantes de bonne qualité, fines, entières, feuillées, d'une saveur et d'une odeur qui n'ont rien de désagréable. Un foin peut être médiocre ou mauvais, parce qu'il est mal composé, mal récolté, vasé, étiolé, jauni par la pluie, altéré, etc. — Dans les questions économiques relatives à l'entretien des animaux herbivores, la valeur nutritive du foin de la première classe est évaluée à 100. *V.* RATION. — La nature du sol, l'exposition du terrain, l'époque de la récolte et le mode de fanage peuvent avoir, sur la qualité des produits, la plus grande influence. Le foin des prairies naturelles doit être coupé aussitôt que la majorité des plantes est en fleur : plus tôt l'herbe perd trop de son poids dans le séchage et n'a pas les qualités désirables ; plus tard elle est dure et fade. — *Foin des prairies temporaires.* Il est composé d'un petit nombre de plantes, quelquefois d'une seule espèce, et presque exclusivement fourni par les Légumineuses. La récolte doit en être faite au moment où la floraison s'établit. Sa dessiccation est plus lente et demande plus de soins. — Le fanage fait perdre aux herbes des prairies environ les trois quarts de leur poids. Elles perdent d'autant moins qu'elles sont coupées à une époque plus rapprochée de la maturité complète. — La conservation des foins se fait dans les fenils ou par les meules : dans tous les cas, ils doivent être soustraits à l'action de l'humidité, et des courants d'air intérieurs. Le bottelage, si favorable à la distribution économique des fourrages, ne paraît point être à leur conservation. — Quelques semaines après avoir été mis en meules ou renfermé dans les fenils, le foin nouveau s'échauffe , fermente , laisse échapper une vapeur abondante et perd de quatre à huit pour cent de son poids. Il est alors réduit aux dix-huit ou vingt-cinq centièmes de son poids en vert. On exprime ces phénomènes en disant que le foin *se ressuie*, qu'il *jette son feu*. — Le produit desséché des prairies est consommé par les herbivores , seul ou mélangé à la paille , à d'autres aliments , entier ou haché. Il forme la base de leur alimentation et convient à tous ; cependant, on donne de préférence le regain aux ruminants , tandis que l'on réserve le foin des premières coupes aux chevaux. Celui des prairies permanentes ne suffit pas à l'entretien des animaux qui font un travail suivi ; il entre dans leur ration journalière pour une quantité qui varie de trois à dix kilogrammes. Le bon fourrage des prairies artificielles constitue un aliment plus nutritif et plus complet. — Les foins nouveaux qui n'ont pas *jeté leur feu* sont échauffants et occasionnent des maladies intestinales. Un an ou dix-huit mois après leur récolte, ils sont devenus cassants , *poussiéreux* et ont perdu leurs qualités comme fourrage. — Les foins sont susceptibles de s'altérer de diverses manières avant , pendant ou après la récolte. Ils peuvent être *étiolés* , *versés* , *lavés* , *vasés* , *rouillés* , *moisis* (*V.* ces mots). Les premiers peuvent être corrigés jusqu'à un certain point par le sel, par une bonne *stratification* (*V.* ce mot). Le foin vasé peut être battu , secoué au soleil , puis arrosé d'eau vinaigrée , salée , acidulée, au fur et à mesure des distributions. Les fourrages rouillés et moisis doivent être exclus de la consommation. *V.* ADULTÉRATION , RECAIN, VERT.

FOLIACÉ , **ÉE** , adj. , *foliaceus ;* qui a les caractères des feuilles , leur consistance , leur nature. Les *bractées* , les *stipules* , les *folioles* des involucres , des bourgeons , les *cotylédons* même , sont souvent ou peuvent être *foliacés.*

FOLIAIRE , adj. , *foliaris ;* appartenant aux feuilles ou prenant naissance sur elles.

FOLIATION , s. f. , *Foliatio ;* synonyme de *Feuillaison*

FOLICOLE , adj. et s. , de *folium*, feuille, et *colere* , habiter ; nom générique des parasites vivant sur les feuilles.

FOLIE, s. f., *Insania ;* démence, lésion des facultés intellectuelles , sans trouble dans les mouvements volontaires, et dans les fonctions nutritives. La possibilité de la folie ou démence chez les animaux n'est pas encore prouvée.

FOLIÉ , **ÉE** , adj. , *foliatus ;* pourvu de feuilles ou composé de lames minces. On dit plutôt *feuillé* et *feuilleté*. — Nom donné autrefois, en chimie et en pharmacie, aux composés dont la forme cristalline est plus ou moins aplatie , élargie à la manière d'une feuille ou d'une écaille : *terre foliée mercurielle :* acétate de mercure ; *terre fo-*

liée *minérale* ou de *tartre :* acétates de soude ou de potasse.

FOLIIFÈRE , adj. , *foliiferus ;* se dit, d'après Mirbel, du bourgeon qui ne renferme que des feuilles.

FOLIIFORME , adj. , *foliiformis ;* en forme de feuille ; mince et membraneux.

FOLIIPARE , *V.* FOLIIFÈRE.

FOLIOLE , s. f. , *Foliola*, littéralement *petite feuille*. On désigne ainsi : 1° les diverses feuilles articulées sur les pétioles communs, secondaires, etc. , des feuilles composées. Elles sont de tous points assimilables aux feuilles simples ; 2° les pièces du calice et surtout de l'involucre.

FOLIOLÉ , **ÉE** , adj. , *foliolatus ;* qui porte une ou plusieurs folioles. Ne s'emploie guère qu'avec un autre mot indiquant un nombre. On dit : *uni*, *bi*, *multifoliolé*, etc., en parlant d'un pétiole , d'une feuille composée.

FOLLICULE , s. m. , *Folliculus ;* diminutif de *follis*, sac, littéralement petit sac. On donne ce nom ou celui de *crypte* à de petites cavités plus larges à leur fond qu'à leur ouverture, sécrétant un fluide dont la nature est variable, et le versant sur une surface. Les follicules reçoivent proportionnellement à leur volume un grand nombre de ramifications vasculaires , apportant les matériaux de la sécrétion dont ils sont le siège. On les rencontre dans la peau et les muqueuses, où ils sont tantôt disséminés, tantôt rassemblés en nombre plus ou moins considérable. Ils prennent différents noms, suivant leur position et la nature du fluide qu'ils sécrètent. — *Bot.* Fruit sec, déhiscent, uniloculaire, formé d'un seul carpelle s'ouvrant par une suture longitudinale unique, renfermant une ou plusieurs graines attachées à un trophosperme sutural simple ou divisible, qui reste attaché à l'un des deux bords de la valve, ou devient libre au moment de l'ouverture , ex : le *fruit des Renonculacées.* Le follicule est rarement libre ou solitaire ; sa soudure avec d'autres fruits semblables constitue le double follicule de Mirbel, ou encore le follicule de Desvaux. Tournefort appelait *follicules* les fruits qui mûrissent entourés de leur calice.

FOLLICULES DE SÉNÉ. *V.* SÉNÉ.

FOLLICULEUX , **EUSE** , adj. , *folliculosus ;* qui est pourvu de follicules. Ces petits corps étant très nombreux dans les membranes muqueuses, on leur donne souvent le nom de *membranes folliculeuses.*

FOLLICULIFORME , adj. , *folliculiformis ;* en forme de follicule.

FOMENTATION , s. f., *Fomentatio*, de *fovere*, échauffer, bassiner ; moyen thérapeutique qui consiste à maintenir longtemps, sur une partie du corps, un liquide médicamenteux, à l'aide d'un corps poreux. C'est une sorte de bain local. La fomentation diffère de la *lotion* en ce que, dans cette dernière, le liquide ne séjourne pas sur la partie où on l'applique. Le véhicule le plus ordinaire des fomentations est l'eau chaude ou tiède ; mais on peut aussi se servir du vin , du vinaigre, de l'huile , du lait, etc. ; le principe actif des fomentations, qui est très variable, peut être *émollient, tonique, astringent, résolutif*, etc. On applique les fomentations au moyen d'un bandage matelassé , d'une éponge , d'étoupes, de couvertures en fil ou en laine, etc. Toutes les parties du tronc et des membres peuvent être ainsi médicamentées ; cependant c'est au pourtour des cavités splanchniques et des articulations qu'on emploie ordinairement les fomentations. Elles sont le plus souvent chaudes et doivent être renouvelées fréquemment, pour que la partie où on les applique ne se refroidisse pas. On les emploie pour calmer la douleur , l'inflammation d'une partie , pour agir sur les viscères d'une cavité splanchnique, pour assouplir, détendre la peau crevassée , épaissie , etc.

FONCTION, s. f., *Functio*, de *fungi*, s'acquitter ; action propre à chaque organe. Ainsi définies, les fonctions sont très nombreuses; mais comme un certain nombre , quoique différentes entre elles, concourent vers un même but, à l'une des grandes opérations vitales , on les rassemble, sous ce point de vue , en un certain nombre de groupes dont chacun est désigné comme fonction unique sous le nom du phénomène à la production duquel il concourt. C'est ainsi que l'on admet la fonction de la *digestion* , celle de la *circulation*, etc. On a établi pour les fonctions un nombre infini de classifications. La classification adoptée aujourd'hui est celle de Bichat, qui divise les fonctions en deux classes primitives : celles relatives à la *conservation de l'espèce*, et celles relatives à la *conservation de l'individu*. Ces dernières se subdivisent en celles qui servent à la *vie organique*, communes aux animaux et aux végétaux, et celles servant à la *vie animale*, caractère essentiel des animaux. Les fonctions *organiques* ou *végétatives* sont : la *digestion*, l'*absorption*, la *respiration*, la *circulation*, la *nutrition*, la *sécrétion* et la *calorification*. Les fonctions animales sont : la *sensibilité*, la *locomotion*. Quant à celles relatives à l'espèce, elles comprennent la *copulation*, la *fécondation*, la *gestation*, la *parturition* et la *lactation*.

FONCTIONNEL, **ELLE**, adj. ; qui a rapport aux fonctions. *Balancement fonctionnel:* rapport inverse existant entre l'énergie ou l'activité de deux ou de plusieurs fonctions. C'est ainsi que la dépuration urinaire, que la perspiration pulmonaire, suppléent au défaut d'action de la peau et réciproquement; de même que l'action de la peau fortement excitée diminue celle de l'appareil urinaire et des poumons, etc. C'est sur le balancement fonctionnel que repose la théorie des révulsions.

FONDANT , s et adj. Ce mot a plusieurs

acceptions. En *pharmacologie*, il est synonyme d'*altérant*, qui est plus usité maintenant (*V*. ce mot). En *chimie*, le mot *fondant* désigne des substances solides employées comme réactifs dans l'analyse des métaux par la voie sèche. Ils agissent sur le métal ou sur sa gangue; les plus employés sont les flux blanc et noir, les carbonates alcalins, le borax, la silice, la chaux, etc.

FONDANT DE ROTROU ; mélange complexe de sulfure et d'antimoniate de potasse, employé autrefois en médecine, et résultant de la calcination d'un mélange d'une partie de sulfure d'antimoine et de trois de nitre.

FONDEMENT, *V*. ANUS.

FONGIFORME , adj., *fungiformis*, de *fungus*, champignon, et *forma*, forme; en forme de champignon. Rarement usité en botanique.

FONGOSITÉ, s. f., *Fungositas*, de *fungus*, champignon ; excroissance charnue , spongieuse, ayant la forme d'un champignon, qui se développe sur les plaies ou sur les ulcères. Les fongosités sont le résultat des pansements mal faits, de l'emploi intempestif de quelques médicaments irritants. On les fait disparaître par l'excision, la compression ou l'usage des caustiques.

FONGUEUX, **EUSE**, adj., *fungosus;* qui est de la nature du champignon , qui présente des fongosités ; *chairs fongueuses.* — *Bot.* Synonyme de *subéreux.*

FONGUS, s. m., de *Fungus*, champignon; tumeur charnue, spongieuse, se développant au milieu des tissus sans solution de continuité. Ce mot est quelquefois employé comme synonyme de *fongosité ;* celle-ci diffère du fongus, parce qu'elle se produit sur un ulcère ou sur une plaie. Le fongus se développe sur les membranes muqueuses, les téguments externes, etc. On y remédie par l'extirpation ou l'emploi des caustiques. — *Fongus hématode:* tumeur sanguine formée par l'état variqueux des vaisseaux d'un organe, *V*. ANÉVRYSME, VARICE. — *Extér.;* portion de l'uvée passant de la chambre postérieure dans la chambre antérieure de l'œil, et formant des petits pelotons au bord de la pupille. Les fongus n'influent en rien sur la netteté de la vision.

FONTAINE , s. f. , *Fons*, *fontis*, de *fundere*, répandre; nom que portent plusieurs instruments de physique employés à l'étude des phénomènes des corps liquides. 1° *Fontaine de compression:* elle se compose d'un vase sphérique en cristal, à parois épaisses, reposant sur un pied et portant à la partie supérieure une tubulure traversée par un tube qui plonge au fond du vase, et sur laquelle on peut visser un corps de pompe muni d'un piston plein. On comprime de l'air sur la surface de l'eau qui remplit en partie le vase, et par son élasticité détermine la formation d'un jet qui s'élève à une grande hauteur. 2° *Fontaine de Héron:* elle est formée de plusieurs réservoirs superposés

et communiquant entre eux au moyen de
tubes ; dans le réservoir supérieur, on verse
de l'eau, qui descend dans le réservoir inférieur et en chasse l'air; celui-ci monte dans
un autre réservoir contenant de l'eau, et,
par la compression qu'il exerce sur sa surface, la fait jaillir à une certaine hauteur.
3° *Fontaine intermittente :* cette fontaine,
ainsi nommée à cause de l'interruption de
son jet par intervalles, est composée d'un réservoir exactement clos, contenant une certaine quantité d'eau, d'un tube droit partant
du fond du réservoir dans lequel il fait
saillie, et aboutissant à un plateau creux
percé d'un petit trou. L'eau du réservoir
s'écoule par de petits tubes capillaires placés
sur les côtés, et continue tant que l'air du
réservoir est assez élastique pour la pousser ;
mais, à mesure que l'écoulement continue,
l'air se dilate et l'eau ne sort bientôt plus, à
moins que de nouvel air ne puisse s'introduire par l'extrémité inférieure du tube. C'est
ce qui a lieu pendant un certain temps et
jusqu'à ce que l'échancrure qu'il porte soit
fermée par l'eau du plateau, etc.

FONTANELLES, s. f. p. ; portions non
ossifiées des os du crâne à leur point de
réunion, que l'on remarque chez les enfants.
Dans nos animaux domestiques, les fontanelles n'existent pas chez le fœtus à terme,
à moins qu'il ne soit hydrocéphale. — Le mot
fontanelle est employé, en *chirurgie*, pour
désigner un ulcère artificiel ; il est synonyme
de *séton*.

FONTE, s. f.; on donne ce nom à un carbure de fer qui se forme dans les hauts fourneaux pendant le traitement des minerais de
fer par le charbon, à une température élevée.
La fonte contient plus de carbone que l'acier ;
elle renferme aussi, comme ce dernier, du
silicium ; on y trouve souvent aussi du manganèse, du phosphore et du soufre. Le carbone est parfois combiné en entier dans la
fonte avec le fer (*fonte blanche*); d'autres
fois, une partie est combinée au fer, et
l'autre est disséminée à l'état de graphite dans
la masse (*fontes grise, noire, truitée*). On
distingue quatre variétés de fontes dont voici
les caractères principaux : 1° *Fonte noire :*
elle est d'un gris foncé, prend l'empreinte
du marteau, se casse et fond facilement; elle
a une texture granuleuse et présente des taches de graphite ; dissoute dans les acides,
elle laisse un dépôt de charbon ; elle se forme
dans les hauts-fourneaux surchargés de combustible par rapport au minerai ; 2° *Fonte
grise :* sa teinte est moins foncée que celle de
la précédente ; sa texture est grenue, mais
à grains plus fins ; sa densité varie de 6, 8
à 7, 0; elle présente peu de dureté, se laisse
limer, couper, forer; sa fusibilité n'est pas
très grande ; elle contient toujours du silicium ; fondue et refroidie brusquement, elle
devient blanche ; 3° *Fonte blanche :* elle est
d'une teinte claire et parfois argentine; sa
texture est lamelleuse ; elle est très dure,

très cassante et pourtant plus fusible que la
fonte grise ; elle peut provenir de la trempe
de cette dernière, ou elle contient du manganèse; la première redevient grise par
le recuit; la fonte manganésifère reste constamment blanche. Elle prend naissance dans
les hauts fourneaux surchargés de minerai ;
4° *Fonte truitée :* cette variété, qui est la
plus rare, est formée de fonte blanche et de
fonte grise disposées par places et diversement entremêlées. — La fonte est employée
dans les arts à de nombreux usages ; de plus,
elle sert à la fabrication du fer ou de l'acier.
La transformation de la fonte en fer porte le
nom d'*affinage* (*V.* ce mot) ; elle a lieu par
divers procédés, qui tous ont pour objet
d'oxyder le carbone et le silicium et de les
transformer en acides carbonique et silicique.
Ce dernier se combine à diverses bases et notamment à l'oxyde de fer, et forme des silicates solubles qu'on sépare à l'état de *scories*.
Le soufre et le phosphore sont également
brûlés, mais avec plus de difficulté. A mesure que le fer se sépare, on le réunit en
une boule appelée *loupe*, qu'on forge, qu'on
passe au laminoir, pour lui donner les diverses formes commerciales.

FONTICULE, s. m., *Fonticulus*, de *fons,*
fontaine; cautère, ulcère artificiel, *V.* Séton.

FONTINAL, **ALE**, adj., *fontinalis* ; qui
vit, qui croît dans les fontaines ou au bord
de leurs bassins.

FORBATURE ; mot inusité, *V.* Fourbure.

FORBURE, *V.* Fourbure.

FORCE, s. f., *Potentia*, *Vis*, δύναμις,
κράτος ; *puissance, agent*. On donne ce nom,
dans les sciences naturelles, à la cause souvent inconnue, abstraite, des phénomènes
perceptibles. En *physique*, on définit la *force*,
la cause du mouvement, parce que ce phénomène est un de ceux qui s'observent le plus
fréquemment. Les forces n'ont pas d'existence *matérielle ;* ce sont des êtres abstraits,
imaginés pour expliquer plus facilement les
phénomènes que présente la matière pondérable, brute ou organisée. On les distingue,
suivant les effets produits, en forces *physiques, chimiques* et *physiologiques* ou *vitales.*
Les premières agissent passagèrement sur la
matière et n'en changent pas la nature; elles
peuvent être *artificielles* ou *mécaniques,*
comme la force de la vapeur, ou *naturelles,*
comme la gravitation. Les forces *chimiques*
agissent sur les dernières molécules de la
matière pondérable, et en changent la nature
et les propriétés. Les forces *vitales* entretiennent les fonctions des êtres organisés, dont
l'ensemble constitue le phénomène complexe
qu'on appelle la *vie.* On les distingue en *végétales* et *animales,* selon la nature des êtres
qu'elles animent. — L'étude d'une force physique comprend son *point d'application,* sa *direction,* son *intensité* et le *temps* pendant lequel
elle agit. L'application d'une force est *directe*
comme dans les forces naturelles, la gravi-

tation par exemple, ou *indirecte*, comme pour les forces artificielles. La direction d'une force est celle du mobile qu'elle met en mouvement; elle a lieu suivant une ligne droite ou courbe qu'on appelle *trajectoire* (*V.* ce mot). L'intensité d'une puissance se mesure par les effets qu'elle produit, équilibre ou quantité de mouvement. La durée de son action est très courte, lorsque la force est dite *instantanée;* elle est plus ou moins longue, lorsque la puissance est *continue* ou *accélératrice.* — Composition des forces : 1° *Forces opposées.* Elles peuvent être *égales* ou *inégales;* dans le premier cas, elles s'annulent complètement et le corps reste en repos ou en équilibre; dans le second, il se met en mouvement du côté de la plus grande force et avec une intensité proportionnelle à l'excédant de la plus grande force sur la plus petite ; 2° *Forces parallèles.* Elles sont *égales* ou *inégales;* et, dans les deux cas, les forces s'ajoutent de manière à donner une *résultante* égale à leur somme; cette résultante est placée entre ses deux composantes et à une distance qui est inversement proportionnelle à leur intensité, *V.* Moment statique ; 3° *Forces divergentes.* Lorsque plusieurs forces qui agissent sur le même mobile sont disposées de manière à former entre elles des angles plus ou moins ouverts, leur résultante est représentée, en longueur et en direction, par la diagonale du parallélogramme construit sur les composantes. — Décomposition d'une force. Une force qui agit sur un mobile peut être décomposée en plusieurs forces composantes, dont elle représentera la *résultante* en intensité comme en direction.

FORCEPS, s. m.; instrument usité en chirurgie humaine pour saisir la tête du fœtus et l'extraire de la matrice sans compromettre l'existence de l'enfant. Le forceps est composé d'un double levier ou de deux branches disposées en forme de pinces et réunies par un pivot. Chaque branche présente le manche et la cuillère ; celle-ci est évasée et percée à jour; quand elles sont fermées, les cuillères présentent une courbure qui peut s'adapter à la tête du jeune sujet. On emploie aussi le forceps avec avantage pour accoucher les grandes femelles domestiques.

FORÊTS, s. f., *Sylvæ;* terrains couverts d'arbres exploités pour le chauffage, les constructions, etc. Les forêts occupent en France une superficie de 8,804,550 hectares, ainsi divisés : bois nationaux, 1,101,879 hect.; bois des communes et des particuliers, 7,333,966 hect. ; sol forestier, 368,705 hect.; ce qui donne $\frac{1}{6}$ de l'étendue du territoire. Tous les états de l'Europe, à l'exception de l'Italie, de l'Espagne, de Naples et de la Sicile, du Royaume-Uni, de la Hollande, ont une étendue relative de forêts plus considérable. La Russie d'Europe en renferme 456,000,000 hect.; la Suède et la Norwège, 27,430,000, ou $\frac{1}{3}$ de leur étendue ; l'Empire d'Autriche,

15,428,000; la Hongrie, 5,400,000, la Prusse, 6,640,000, ou $\frac{1}{4}$ de leur surface. Les départements français qui ont la plus grande étendue de bois sont ceux des Landes, de la Nièvre, de la Côte d'Or, du Var, des Vosges. La production totale des forêts, en France, est annuellement de 34 à 35 millions de stères, dont la valeur brute est estimée 206,600,525 fr.. Cette production, en y ajoutant ce qui est donné par les terrains qui ne sont pas soumis au régime forestier, est bien au-dessous des besoins de la consommation. La composition des forêts de la France est variable selon les lieux. On y trouve dix-huit espèces forestières ainsi divisées : le *Mélèze,* l'*Epicea,* le *Sapin* et le *Bouleau,* pour les montagnes élevées; le *Chêne,* le *Charme,* le *Châtaignier,* le *Hêtre,* le *Tilleul,* le *Liége,* l'*Yeuse,* les *Pins* sauvages et maritimes, pour les terrains montueux, pierreux et secs; le *Tremble,* le *Frêne,* l'*Aune,* l'*Ypréau,* le *Peuplier noir,* pour les terrains humides, marécageux. Ces arbres, suivant leur nature, composent les *bois à feuilles* et les *bois résineux.* — Les forêts tiennent une place considérable dans les produits végétaux, et ne sont pas sans influence sur les conditions climatériques et sur l'état industriel des pays. En effet, non-seulement les bois fournissent des matériaux indispensables à l'économie domestique et à l'industrie, mais ils concourent à entretenir le niveau de la température moyenne, la fraîcheur, l'humidité des lieux ; ils rendent productifs des terrains qui, sans eux, seraient dépouillés, ravinés ; ils empêchent la formation des torrents dans les terrains en pente, arrêtent ou dispersent les effluves ; enfin, ils deviennent quelquefois, pour le propriétaire, une source de fourrages ou de quelques autres produits (châtaigne, gland, faine, résine, liége, etc.). L'aménagement des forêts peut faire varier leurs produits. Sous ce rapport, on distingue : les *futaies pleines* ou *hautes futaies* qui s'exploitent de 80 à 250 ans; les *demi-futaies,* de 40 à 80 ans; enfin, les *taillis,* de 10 à 40 ans. L'époque de l'exploitation doit être fondée sur l'étude comparative des produits donnés par les forêts et du temps de croissance des arbres. En France, l'exploitation se fait en taillis de 20 à 30 ans. Il résulte d'expériences faites par Noirot qu'un taillis de 10 ans, donnant un revenu de 248 fr., donne, à 20 ans, 571 fr., à 25 ans, 625 fr. L'exploitation des bois se fait à *tire-et-aire,* c'est-à-dire, en coupant tous les brins, moins les baliveaux des divers âges; *par éclaircie, en jardinant;* ce dernier mode est, jusqu'à ce jour, à peu près le seul employé pour les arbres résineux. La coupe des bois doit toujours avoir lieu en hiver, dans le temps compris entre la chute des feuilles et leur réapparition. — Les forêts sont régies en France par le code forestier de 1827, *V.* Éclaircie. Jardiner, Défensable, Usages et Usagers.

FORGE, s. f. ; foyer dans lequel on fait chauffer le fer pour le travailler ensuite sur l'enclume : atelier ou boutique du maréchal. — La forge est *simple* ou *double* suivant qu'elle présente un ou deux foyers. On distingue dans une forge l'*âtre*, le *foyer*, l'*auge*, la *fenêtre* et la *hotte*.

FORGER, v. act.. *Fabricare ;* donner une forme déterminée au fer ou à tout autre métal, par l'emploi de l'enclume et du marteau. — Dans l'atelier du maréchal, on *forge* les fers de cheval, de mulet, de bœuf, en ayant le soin de choisir du fer de bonne qualité, qui, surtout, ne soit pas trop cassant, soit à chaud, soit à froid. On prend un *lopin* ou morceau de fer soudé, homogène dans toutes ses parties ; après l'avoir fait chauffer à blanc par l'une de ses extrémités, on forge la première *branche* qui est la plus longue et celle qui doit correspondre au quartier externe du pied. La seconde branche est fabriquée après une deuxième *chaude* ; on dispose les trous ou étampures, et l'on abat avec soin, sur la bigorne, les inégalités du fer.

FORGER, SE FORGER. Terme d'hippiatrique employé pour désigner un défaut présenté par le cheval, qui, dans les allures du pas et du trot, frappe les pieds de devant avec la pince des fers des pieds postérieurs. On rencontre ce défaut sur les chevaux dont le corps est court relativement à la longueur des membres, ou qui ont les extrémités de derrière trop allongées. Ce défaut est dû quelquefois à la faiblesse de la colonne dorsale ; il est assez fréquemment le partage des jeunes chevaux et de ceux qui sont trop avancés en âge. Le cheval mou, qui relève lentement les membres antérieurs, est fort exposé à forger, pour peu que le cavalier l'abandonne à l'allure qui lui convient. Dans l'action de forger, le pied de derrière peut atteindre les tendons du membre de devant qui lui correspond, les talons ou le dessous du pied ; on dit que le cheval *forge en voûte*, lorsqu'il atteint la rive interne du fer fixé sous le pied antérieur ; on entend alors un bruit marqué résultant de la percussion. Ce vice disparaît chez les jeunes chevaux à mesure que l'âge adulte arrive. S'il dépend d'un défaut d'aplomb ou de conformation, il importe de laisser toute la longueur de la pince aux sabots antérieurs pour hâter le lever des extrémités correspondantes, de fixer sur ces membres un fer à éponges tronquées. Pour les pieds de derrière, il faut raccourcir la longueur de la pince et adapter un fer à crampons, tronqué sur le devant aux dépens de la rive externe et de la face inférieure. De plus, le cavalier aura le soin de ralentir l'allure et d'alléger le train de devant pour hâter sa progression.

FORMATION, s. f., *Formatio*, de *formare,* former ; on désigne ainsi, en géologie, une fraction du sol composée de roches analogues ou différentes qui ont pris naissance de la même manière, par une semblable opération géogénésique. On distingue des formations *ignées* ou *plutoniennes*, et des formations *aqueuses* ou *neptuniennes*. *V.* GÉOLOGIE et TERRAINS.

FORME, s. f., *Forma*, ϭχημα : figure ou configuration extérieure des corps matériels. Elle est fixe, permanente dans les corps *solides* ; elle est subordonnée aux circonstances extérieures dans les *liquides* et les *gaz*. Lorsque la forme est régulière, géométrique, dans les solides, on dit qu'ils sont *cristallisés* ; c'est la forme naturelle ; lorsqu'ils en sont dépourvus, on les appelle *amorphes*. En général, en chimie, les corps à formes régulières, cristallines, sont considérés comme parfaitement définis et formés d'éléments unis en proportions fixes et invariables. — En histoire naturelle, la forme générale du corps, celle des organes, est considérée comme étant subordonnée à la nature des actes qui doivent être exécutés. Les classifications sont souvent basées sur les variétés de forme du corps et de ses organes les plus importants.

FORME. s. f. *Pat.*; tumeur osseuse qui se développe sur la couronne des monodactyles, autour de l'articulation des deux derniers phalangiens. Cette maladie se présente plus souvent sur les pieds de devant que sur ceux de derrière ; elle se montre le plus ordinairement de chaque côté du pied, au niveau du ligament latéral de l'articulation de l'os de la couronne avec l'os du pied : quand elle se produit plus en arrière, elle est le résultat de l'ossification des fibro-cartilages. La forme est rarement le résultat d'une cause externe, telle qu'une piqûre, une contusion. Souvent elle se développe sur plusieurs pieds d'un même animal ; on dirait que son apparition dépend d'un état constitutionnel comme pour beaucoup d'autres exostoses. L'état d'immobilité auquel le pied est assujetti par l'application du fer n'est pas étranger à la production des formes ; il produit fréquemment l'ossification des cartilages latéraux de l'os du pied. Les animaux qui ont les sabots volumineux, épais, y sont plus exposés. Cette exostose est facile à reconnaître : elle consiste dans une tumeur dure, non adhérente à la peau, placée sur la couronne au-dessus du biseau, quelquefois en dedans du bord supérieur du sabot, qui, dans ce cas, est un peu déformé dans la partie correspondante. Quand elle a acquis un certain volume, une boiterie intense en est la conséquence. La déformation et l'atrophie du sabot, l'ankylose plus ou moins complète des dernières articulations de la région digitée, voilà les suites de ces tumeurs osseuses. C'est une des maladies des membres, qui résiste le plus aux moyens de traitement, même les plus énergiques. Antiphlogistiques, résolutifs, fondants, vésicatoires, rien ne réussit. La seule ressource à employer consiste dans l'application du feu en raies, ou par pointes profondes et rapprochées ; ce traitement n'est le plus souvent que palliatif ; quelquefois il active d'une manière remarquable le développement de la forme. Dans certains cas, on obtient de meilleurs effets en faisant pénétrer le cautère dans l'épaisseur de l'ossification. Jadis, on conseillait des rainures profondes sur la paroi et l'application d'un fer à charnière ; ces moyens sont tout-à-fait inefficaces.

FORMI , s. m. , T. de chasse ; maladie qui se montre sur le bec des oiseaux de proie.

FORMIATE , s. m. , *Formias* ; genre de sels formés par la combinaison de l'acide formique avec les bases. Ils sont tous solubles dans l'eau, décomposables au feu, ainsi que par l'acide sulfurique, qui en dégage de l'acide formique dont l'odeur est caractéristique , etc. Ces sels n'ont aucune importance pour les arts ou la médecine.

FORMICANT, adj., *formicans*, part. pas. de *formicare*, démanger comme si des fourmis couraient sur la peau ; se dit du pouls , qui est petit, faible et fréquent, dont le mouvement est analogue à celui qu'une fourmi produirait en marchant.

FORMICATION, s. f., *formicatio*, de *formica*, fourmi ; picottement qu'on éprouve dans le corps ou sur la peau , comme s'il était produit par le mouvement d'une fourmi.

FORMIQUE. *V.* Acide formique.

FORMULAIRE , s. f.; nom donné à un recueil de formules de médicaments composés officinaux ou magistraux. Lorsque les formules concernent les médicaments officinaux, le formulaire porte le nom de *Codex*.

FORMULE, s. f. , *Formula* , diminutif de *forma* , ferme. On donne ce nom en pharmacie au tableau des substances qui doivent entrer dans la confection d'un médicament composé, *magistral* ou *officinal ;* de là deux genres de formules, les unes variables au gré du praticien , les autres invariables et inscrites au *Codex*. La formule se compose de l'*inscription,* de la *souscription* et de l'*instruction.* L'inscription comprend les noms et la dose des substances médicinales, qui doivent être écrits lisiblement et en langage scientifique ; la dose sera écrite en chiffres d'après le nouveau système métrique, ou au moyen de certains signes consacrés par l'usage (*V.* Abréviation). L'inscription est précédée du signe ℞, qui signifie *recipe ,* prenez. La souscription est relative à la forme pharmaceutique que doit avoir le médicament composé et au mode d'après lequel le pharmacien doit opérer. Enfin, l'instruction indique la manière dont le médicament sera administré au malade. — En *chimie* , on appelle *formule* l'assemblage raisonné de lettres , de chiffres et de signes , destinés à exprimer la composition d'un corps ou le résultat de la réaction de plusieurs corps composés entre eux. *V.* Notation chimique.

FORMYLE , s. m. , F = C²H — Radical composé admis hypothétiquement dans l'acide formique et ses dérivés. Combiné à trois équivalents d'oxygène, le formyle produit de l'acide formique $= C^2HO^3$ — Uni à trois proportions de chlore , de brôme , d'iode, il donne naissance au chloroforme, au bromoforme et à l'iodoforme $= C^2HCl^3$, ou Br³, ou I³.

FORTIFIANT , synonyme de *tonique*. (*V* ce mot).

FORTRAITURE, s. f. ; dénomination vague, inusitée, qu'on employait autrefois pour désigner une maladie spéciale du cheval, qui présentait non seulement des symptômes de fatigue , mais encore des signes d'inflammation de l'intestin , des bronches , etc. C'était au plus haut degré de cette affection que l'on avait donné le nom impropre de *courbature*. On attachait encore une autre signification au mot *fortraiture ;* ainsi le cheval était dit *fortrait* , quand il avait le flanc retracté et tendu par le petit oblique du ventre (flanc *cordé*).

FOSSE, s. f. , *Fossa* , de *fodio* , je creuse ; cavité plus ou moins considérable, dont l'ouverture est plus large que le fond , ex. : *fosse orbitaire*, *fosse temporale*, etc.

FOSSETTE , s. f. ; diminutif de *fosse:* petite fosse, ex. : *fossette sus-sphénoïdale*, *fossette optique* , etc.

FOSSILE , adj. et s., *Fossilis*, de *fodere*, fouiller ; nom désignant les objets qu'on retire du sein de la terre, mais plus particulièrement appliqué aujourd'hui aux ossements enfouis depuis très longtemps dans le sein de la terre, et présentant encore leurs formes primitives, malgré leur pétrification. L'étude des fossiles , portée à un haut degré de perfection par G. Cuvier, a dévoilé l'existence ancienne de nombreuses espèces animales complètement inconnues de nos jours.

FOUDRE, s. f. , *Fulmen ;* on donne ce nom à l'ensemble des phénomènes que produit l'électricité atmosphérique , lorsqu'elle se combine par étincelle avec celle de la terre. La foudre comprend les *éclairs* et un bruit plus ou moins violent appelé *tonnerre* (*V.* ces mots). Elle s'accompagne souvent aussi d'averses abondantes , de grêle , de vents impétueux, de trombes, etc. Ce phénomène se remarque dans les contrées chaudes et tempérées du globe, et, dans ces dernières , plus particulièrement pendant l'été. Il frappe de préférence les corps bons conducteurs, ceux qui font saillie sur le sol , comme les arbres , les édifices, les animaux, etc. Il produit des effets très nombreux et parfois fort bizarres : il brise les corps, les tord en différents sens, embrase ceux qui sont combustibles, tue les animaux, aimante le fer, combine l'oxygène et l'azote de l'air, produit dans la terre des tubes vitrifiés à l'intérieur, qu'on nomme *fulminaires*, etc. La chute de la foudre s'accompagne d'une odeur prononcée de soufre et de phosphore. On préserve les édifices des effets terribles de ce météore électrique au moyen du *paratonnerre* (*V.* ce mot).

FOUETTAGE , s. m. , du mot *fouet ;* procédé de castration qui consiste dans la ligature des bourses au-dessus des testicules, au moyen de la ficelle nommée vulgairement *fouet*. On l'emploie sur les béliers dans plusieurs parties de la France ; on l'a mis également en usage sur le taureau. C'est une opération des plus faciles à exécuter. Le plus ordinairement, on la pratique pendant les mois de mars et d'octobre, et sur des animaux de tout âge. Après avoir donné au bélier une position convenable, on dispose, avec une ficelle suffisamment forte, le nœud de la saignée, dans lequel on engage les testicules recouverts de leurs enveloppes. Le nœud est placé à quelques millimètres au-dessus de ces organes, et deux aides situés de chaque côté tirent sur la ligature, après avoir toutefois enroulé ses extrémités à deux morceaux de bois, qui facilitent une forte traction. Il faut serrer le lien sans secousse jusqu'à ce que l'on ait intercepté la circulation. Peu de temps après l'application de cette ligature, les testicules se flétrissent ; on les ampute au bout de trois à quatre jours à une certaine distance au-dessous du nœud, ou bien l'on attend qu'ils tombent seuls. Le fouettage est un procédé de castration des plus complets ; c'est le meilleur pour les bêtes destinées à la boucherie ; mais il n'est pas exempt de quelques inconvénients. Des accidents fâcheux en sont la conséquence, quand la ligature n'a pas été assez serrée ; on est fort exposé à voir les moutons périr par le développement de la gangrène ou de plaies de mauvaise nature, si l'on a fait l'opération pendant les fortes chaleurs de l'été. Ce moyen de pratiquer la castration sans le secours de l'instrument tranchant et par la ligature médiate, n'a pas été essayé sur l'espèce chevaline.

FOUGÈRES, s. f., *Filices;* famille de plantes acotylédonées, classée dans la Cryptogamie de Linné, dans les Æthéogames ou semi-vasculaires, Cryptogames foliacés de de Candolle, et, par quelques botanistes, dans les Endogènes cryptogames. Les fougères ont des caractères fort variés ; toutefois elles se rapprochent par un assez grand nombre de points pour pouvoir être conservées en un seul groupe. Elles sont toutes vivaces, à rhizôme traçant, privées de tige aérienne dans la plupart des espèces. Les feuilles naissent de la face supérieure du rhizôme ou du sommet de la tige aérienne ; elles sont grandes ou petites, offrant presque toujours, dans leurs découpures, des formes très variées ; leurs nervures sont délicates, simples ou dichotomiques, anastomosées entre elles de manière à former un réseau très fin. A l'exception des Ophioglossées, les fougères ont une estivation circinale. Les feuilles ou frondes sont portées sur un pétiole plus ou moins long, canaliculé supérieurement, qui se détache et tombe chaque année ; les nouveaux pétioles se reproduisent en avant des anciens. Les frondes sont pour-

vues de stomates, comme les feuilles des Phanérogames ; elles portent sur leur face inférieure les organes de la reproduction ; ils consistent en *sporanges* groupées, en *sores* contenant un grand nombre de *spores*, nues ou recouvertes d'une membrane mince (*indusium*). Les fougères n'ont pas de bourgeons axillaires ; quand il se fait un dédoublement, c'est par la division du bourgeon terminal. On trouve, dans les contrées intertropicales, des fougères à tige aérienne haute quelquefois de 15 à 20 mètres ; ces tiges, toujours grêles, sont entourées à leur base, jusqu'à une hauteur de 3 ou 4 mètres, de longues racines adventives qui les soutiennent. La famille des Fougères renferme environ 3,000 espèces réparties fort inégalement à la surface du globe ; elles sont plus communes vers les pôles, et surtout sous les tropiques, que dans les régions tempérées. On sait qu'elles concourent pour une forte part à la formation des houilles ; mais il résulte des observations d'A. Brongniart, que ces fougères fossiles n'étaient pas aussi gigantesques qu'on le dit généralement, et qu'aucune de celles qui ont été observées ne dépasse sensiblement la taille des fougères arborescentes du genre *Alsophila*, existant aujourd'hui. — La famille des fougères a été divisée en neuf tribus : 1° les *Polypodiacées;* genres: *Acrostichum, Ceterach, Asplenium, Polypodium, Aspidium, Adianthum, Pteris*, etc. : 2° les *Cyathéacées ;* genres : *Cyathea, Alsophila*, etc. ; 3° les *Hyménophyllées;* genres: *Hymenophyllum, Trichomanes,* etc. ; 4° les *Cératoptéridées ;* genres : *Ceratopteris*, etc.; 5° les *Gleichéniées;* genres : *Gleichenia*, etc. ; 6° les *Osmondées;* genres: *Osmunda*, etc. : 7° les *Schizéacées ;* genres: *Ligodium,*etc.;8°les *Marattiées;*genres:*Marattia, Angiopteris*, etc. ; 9° les *Ophioglossées;* genres : *Ophioglossum, Botrychium,* etc. — Les fougères assez nombreuses que l'on trouve en France, appartiennent surtout aux genres *Asplenium, Polypodium, Adianthum, Pteris*, etc. Aucune n'est utile comme fourrage. Le *Pteris aquilina*, bien qu'employé quelquefois comme litière, pour couvrir les chaumières ou pour l'extraction de la potasse, doit être considéré comme une plante nuisible. Il est toujours difficile de l'extirper des terrains qu'il a envahis ; les moyens que l'on a proposés pour le détruire, couper les feuilles avec un instrument mouillé par une dissolution de sulfate de fer, les briser à mesure qu'elles se montrent, les brûler et jeter les cendres sur le terrain, ne réussissent pas toujours. Quelques espèces sont utiles à la thérapeutique : l'*Adianthum capillus veneris*, le *Polypodium filix mas*, le *Pteris aquilina*, etc. Certaines fougères exotiques ont un rhizôme féculent et comestible. — *Pharmac.* La racine ou le rhizôme, et les bourgeons de la fougère mâle (*Polypodium filix mas*), sont employés comme médicaments *vermifuges*. La racine est en morceaux

noueux, irréguliers , recouverts d'écailles
brunes; elle est jaune-verdâtre à l'intérieur,
d'odeur nauséeuse et d'une saveur amère.
Elle contient, selon Morin, une huile volatile, une matière grasse, des acides acétique, gallique et tannique, du sucre de fruit,
une matière gélatineuse, de l'amidon et du
ligneux. Les principes actifs paraissent être
l'huile grasse et l'huile essentielle. Cette
racine doit être récoltée en hiver, et paraît
plus active étant fraîche que sèche. On l'administre réduite en poudre, en électuaire ou
en bol, seule, ou mieux, associée à d'autres
vermifuges, à la dose de 150 à 250 grammes
aux grands animaux, et à celle de 30 à
60 grammes pour les petits. On peut la traiter
par infusion ou décoction aqueuse, et la donner
en breuvage ou en lavement; la teinture éthérée serait probablement plus active à cause
de la nature de ses principes actifs. Ce médicament paraît surtout agir avec efficacité
contre le ténia des mammifères et contre les
affections vermineuses des volailles. — Les
bourgeons de fougère mâle, d'après Peschier,
conviendraient mieux que le rhizôme, et seraient formés d'huile volatile, d'huile grasse,
de matière grasse solide, de résine brune,
de principe colorant vert, d'un principe brun
rougeâtre et d'extractif. Ces bourgeons doivent être récoltés au printemps et traités par
l'éther; ils fournissent une teinture très active, mais qui a été peu employée par les
vétérinaires.

FOUILLEUR, s. m.; instrument d'agriculture
propre à remuer et ameublir le sous-sol,
sans ramener à la surface la terre qui le compose. Un buttoir, une forte charrue privée
de son versoir et armée d'un soc triangulaire,
peuvent remplir l'office de fouilleur ; on les
place dans le même sillon qu'une charrue à
versoir d'une forte entrure. Quelques instruments spéciaux ont été imaginés pour ameublir le sous-sol ; celui qui paraît réunir les
meilleures conditions est connu sous le nom
de fouilleur-Bazin. Il se compose essentiellement d'un âge ou haie élargi postérieurement en un plateau où s'insèrent trois socs
en fer disposés en triangle ; de deux mancherons ; d'un régulateur; d'un patin pour
maintenir le fouilleur, quand l'entrure est
réglée; d'une chaine d'attelage.

FOULURE, s. f. ; contusion, distension
d'un membre ou d'une articulation. *V.* Entorse.

FOURBATURE, Fourbissure ; synonymes inusités de *fourbure*. (*V.* ce mot.)

FOURBU, UE, adj. , qui est atteint de
fourbure ; *cheval fourbu.*

FOURBURE, s. f., *Hordeatio;* inflammation du tissu réticulaire du pied des solipèdes et des ruminants. Cette maladie n'existe
pas chez l'homme ; on ne l'observe pas dans
les tétradactyles; elle est particulière aux
animaux dont le pied se termine par une
boîte cornée. Sa gravité diminue en raison
des divisions de la région digitée.

Fourbure dans les monodactyles. Elle
est aiguë ou chronique. — Elle affecte un
ou deux pieds appartenant à un même bipède
et le plus souvent les sabots antérieurs. Diverses opinions ont été émises sur sa nature : Volpi la considérait comme une inflammation de l'articulation du pied ; d'autres
l'ont assimilée au rhumatisme des lombes :
on en a fait un rhumatisme général, une
fièvre inflammatoire. D'après Girard , c'est
l'inflammation du tissu réticulaire du pied ;
Vatel lui donne le nom d'*apoplexie* du tissu
réticulaire du pied, de *podophlegmatite.* Cette
maladie est plus fréquente dans les temps
chauds; un régime trop substantiel prédispose à la fourbure en rendant le sang plus
plastique ; il en est de même de l'abus des
aliments excitants, de l'orge, de l'avoine ,
du seigle et surtout du froment. Les chevaux
de poste , aux allures rapides, y sont plus exposés que les autres; quand les pieds sont
mal conformés, plats ou combles, les réactions produites par un sol dur et inégal sont
plus douloureuses ; la même observation
s'applique aux pieds creux et encastelés.
Une mauvaise ferrure, certaines maladies
du pied qui augmentent la fatigue des membres opposés, sont des causes prédisposantes.
Les causes occasionnelles sont un travail
excessif, comme un repos long et absolu ,
les indigestions produites par l'usage immodéré de l'avoine , les métastases , etc. —
1° *Fourbure aiguë.* Au début, malaise du
cheval, symptômes nerveux , face grippée ,
agitation des flancs, pouls tendu, fort, accéléré,
60 pulsations par minute, perte de l'appétit, constipation. Ces symptômes généraux
tiennent à la résistance que le sabot oppose
au gonflement inflammatoire du tissu réticulaire. Pendant la période d'état, l'animal paraît frappé d'immobilité ; il se meut difficilement, et reste dans une attitude incompa-
tible avec une bonne direction des aplombs.
Le cheval qui est fourbu des membres de
devant allonge, pendant la marche, les extrémités malades pour commencer le point
d'appui sur les talons ; les membres postérieurs se rapprochent du centre de gravité.
Si la fourbure existe seulement sur les extrémités de derrière, les quatre membres sont
rapprochés dans le repos. Le malade se tient
fréquemment couché sur la litière. Les douleurs diminuent par l'exercice. Des symptômes nerveux viennent parfois compliquer la
fourbure ; on dirait le malade atteint d'une
affection vertigineuse. Comme terminaison
de l'état aigu, on observe la résolution, la
suppuration avec décollement partiel de l'ongle, la gangrène et la chute du sabot; on
voit encore survenir l'état chronique. Enfin ,
la mort arrive quand le malade ne peut résister aux vives douleurs qu'il éprouve, et dont
l'influence se fait sentir sur le système cérébro-spinal. Les complications sont l'encéphalite , la pneumonie sur-aiguë. Dans la fourbure aiguë , le pronostic est grave, pour peu

que l'état maladif ait une certaine durée,
parce qu'il produit des déformations du sabot. Il est plus fâcheux pour les membres
de devant que pour ceux de derrière. — Le
traitement consiste à diminuer l'afflux du
sang vers la région digitée. Il n'est pas de
maladie dans laquelle de larges saignées
aient donné plus de succès, tant que l'affection n'est pas localisée ; beaucoup de praticiens saignent à blanc, et répètent la saignée
pendant plusieurs jours. Les saignées locales par des scarifications autour de la couronne sont quelquefois utiles. On a conseillé
de tenir déferré le cheval fourbu pour débarrasser le pied d'un poids qui le comprime
ou le fatigue ; c'est à tort ; les animaux fourbus déferrés se fatiguent davantage pendant
la station. Les bains froids dans la rivière, continués pendant plusieurs heures,
sont reconnus comme très efficaces ; on pratique des frictions dérivatives avec les huiles
essentielles sur les genoux, les jarrets et les
reins. Comme moyens généraux, on conseille
la promenade, les boissons salées avec le
chlorure de sodium ou le sulfate de soude,
les lavements pour combattre la constipation, les diurétiques et les sudorifiques pour
activer la sécrétion urinaire et la transpiration cutanée. Girard a conseillé l'immersion
des pieds dans la terre glaise délayée avec
du vinaigre tenant en dissolution du sulfate
de fer. De Nanzio a préconisé surtout la
compression du pied, en même temps que
les saignées et l'application des réfrigérants.
Il fait garnir la sole d'étoupes imbibées d'eau
salée et vinaigrée, et la comprime au moyen
d'un fer à plaque. Ce procédé ne peut réussir que dans la fourbure légère ; pour peu
que la maladie soit intense, son application
doit augmenter les accidents. — 2° *Fourbure
chronique*. Quand la fourbure persiste plus
de huit à dix jours, elle passe à l'état chronique, et l'on observe des déformations dans
les parties constituantes du pied. Pendant la
station, l'animal tient les membres écartés, en
dehors de la ligne d'aplomb. La marche est
difficile, douloureuse ; les pieds se posent en
exécutant un mouvement de bateau. Pas de
symptômes généraux prononcés. Le sabot ne
tarde pas à se déformer ; des *cercles* saillants
se produisent sur le bourrelet, parce qu'il y
a hypersécrétion de la corne. En douze à
quinze jours, un cercle peut se former par
suite de la déviation du bourrelet. La congestion du tissu podophylleux produit la
fourmilière (*V.* ce mot). L'os du pied perd
sa direction oblique, se rapproche de la perpendiculaire, et produit le *croissant* (*V.* ce
mot). La surface de la sole est bombée ; la
paroi s'allonge considérablement et se relève
en pince. Toutes ces déformations rendent
la fourbure chronique incurable ; les moyens
de traitement proposés sont tout au plus palliatifs. Ainsi, les applications astringentes
ou irritantes, les boissons salées, les purgatifs, ne suffisent plus. Les opérations indi-

quées sont inutiles, parce qu'elles ne peuvent
pas ramener l'intégrité du sabot. L'amincissement extrême de la paroi par la râpe, les
rainures longitudinales, les couronnes de
trépan sur la face externe de l'ongle sont autant de procédés infructueux. On remédie imparfaitement au croissant par une opération
et l'application d'un fer couvert. La fourmilière est le plus souvent incurable.

FOURBURE DANS LES DIDACTYLES. 1° *Fourbure des grands ruminants*. Elle est plus rare
que celle du cheval, à cause de la division des
pieds ; elle offre moins de gravité, parce qu'elle
n'affecte pas toujours également les deux onglons. Il est rare que la fourbure du bœuf s'annonce avec des caractères alarmants ; de plus,
quand les complications les plus graves viennent se montrer, même dans le cas de gangrène, après la chute d'un ou de plusieurs
onglons, il est possible d'obtenir une amélioration suffisante, pour que l'animal puisse encore rendre des services. Enfin, les sujets incurables sont encore bons pour être livrés à la
consommation. La séparation de l'ongle s'o-
père plus souvent que dans le cheval, mais
sa régénération est plus rapide ; en quelques semaines, on a obtenu une corne assez
solide pour supporter l'application d'un fer.
Si l'os du pied, dénudé par la gangrène, se
nécrose, il faut le ruginer et panser avec
les antiseptiques ; on réprime un bourgeonnement trop actif par l'usage du sulfate de
cuivre (Lafore). — 2° *Fourbure des moutons*.
On l'a observée sur les agneaux nourris par
un lait très substantiel, sur ceux qui avaient
parcouru des routes hérissées de pierres.
Les pieds sont chauds, douloureux par la
plus légère pression ; des symptômes intenses de réaction se font remarquer. Dehan a
employé la saignée, les lavements, les pédiluves dans l'eau salée et acidulée par le vinaigre, la diète ; ce traitement a donné d'excellents résultats.

FOURCHE, s. f., *Furca* ; instrument à
deux, trois ou un plus grand nombre de
dents aiguës, droites ou courbées, destiné
à remuer le fumier, les fourrages, et même à
faire les gerbes. La fourche est en bois ou en
fer, à manche plus ou moins long. C'est un
instrument indispensable dans les exploitations. On n'en connaît pas moins de vingt
espèces différentes.

FOURCHET, s. m. ; maladie particulière
au mouton ; elle consiste dans l'inflammation du canal biflexe interdigité, sorte de
repli de la peau, qui s'enroule entre les
doigts et contient des follicules sébacés.
Les causes de cette affection sont l'accumulation de l'humeur sébacée, l'introduction
des corps étrangers. On l'observe surtout
pendant les grandes chaleurs ; elle est enzootique dans quelques départements. Le
gonflement du canal biflexe, et parfois de
toute la région digitée, la difficulté de la
marche, sont les premiers symptômes que
l'on remarque. Des complications survien-

nent ; ce sont : des abcès , l'ulcération du canal, des tendons , des ligaments , la terminaison par gangrène. On a confondu le fourchet, avec le *piétin* et la *limace*, qui n'ont pas le même siége; le piétin se développe sur le bourrelet à l'origine de l'ongle, et la limace attaque le ligament interdigité. Le fourchet, par les souffrances qu'il occasionne, produit un amaigrissement rapide et quelquefois la mort. Au début, le traitement consiste dans l'emploi des émollients , des lotions avec l'eau blanche , la dissolution de sulfate de fer. S'il y a ulcération , il faut avoir recours à l'opération conseillée par Girard, qui consiste à extirper le canal interdigité ; la plaie est pansée ensuite avec l'eau aiguisée d'alcool. Cette opération a l'avantage de prévenir les récidives, en faisant disparaitre l'organe affecté. Quand il y a complication de piétin, décollement d'une partie de l'onglon, il faut enlever la corne désunie , les chairs filandreuses, et panser avec l'eau de Rabel, le sulfate de cuivre ou l'onguent égyptiac.

FOURCHETTE, s. f., *Furcilla*, de *furca*, fourche; petite fourche. La fourchette est la partie du sabot du cheval située à sa face inférieure dans l'angle formé par la rentrée de l'extrémité de la paroi, désignée sous le nom de *barre* ou d'*arc boutant*. La fourchette est formée par une plaque de corne moulée exactement sur le *coussinet plantaire*, et présentant, comme cette partie, deux branches réunies vers le milieu du pied et séparées par une excavation longitudinale du côté des talons, avec lesquels elles se confondent. La face interne de la fourchette offre une disposition exactement inverse de celle de la face externe ; à l'opposé du creux médian de cette dernière, se trouve une éminence cornée appelée, par Bracy-Clark, *arrete-fourchette*. — La fourchette éprouve, pendant la marche, des mouvements successifs d'abaissement et d'élévation. Elle doit avoir un volume moyen ; trop *petite* et *maigre*, elle permet le resserrement des talons ; trop *forte* et *grasse*, elle est exposée aux foulures et aux furoncles qui en sont la suite, et *s'échauffe* facilement.

FOURCHETTE (maladies de la). La fourchette est *échauffée*, quand elle présente un suintement noirâtre, fétide, dans le vide que cette partie montre en arrière; dans ce cas, on dit encore que la fourchette est *irritée*. Elle est *pourrie*, lorsque sa corne devient molle, filandreuse et laisse échapper un produit d'une odeur ammoniacale. Ce dernier état a été considéré comme le premier degré du *crapaud* (*V.* ce mot). Ces altérations résultent d'une ferrure négligée , de l'action des fumiers ; elles dépendent quelquefois de la constitution de l'animal. Pour y remédier, on nettoie avec soin la fourchette du cheval et, de temps en temps, on l'humecte avec quelques gouttes d'essence de térébenthine. On peut aussi employer l'oxymellite de cuivre ou onguent égyptiac. — Les autres maladies de la fourchette sont les plaies produites par l'introduction des corps étrangers, entr'autres du *clou de rue* (*V.* ce mot), les verrues, le fic, le furoncle , etc.

FOURCHU, UE, adj., *furcatus;* divisé en deux branches divergentes. Beaucoup de racines , de vrilles, etc., sont *fourchues*. On dit préférablement *bifurqué*, *bifurcatus*. On dit aussi *trifurqué*, *quadrifurqué*, etc. Le mot *dichotome* n'est point synonyme de bifurqué.

FOURMILIÈRE, s. f.; maladie du pied du cheval qu'on a comparée à un nid de fourmis ; elle est le résultat de la fourbure chronique, et provient de la déviation de l'os du pied relativement à la paroi. Le bord inférieur de l'os du pied se porte en arrière, tandis que le pied s'allonge , se relève en pince et se rétrécit en quartier ; il y a désengrênement de la corne et du tissu feuilleté, et formation d'un vide qui contient quelquefois du sang desséché. Une nouvelle sécrétion de corne se produit sur l'os du pied, de sorte qu'il y a bientôt en pince deux murailles séparées par une cavité. Lorsque la fourmilière n'est pas accompagnée de la déformation du sabot et qu'elle n'existe qu'en pince, on peut la guérir assez facilement; dans le cas contraire, elle est incurable. La fourmilière légère peut disparaitre par avalure ; lorsqu'elle est étendue, on pratique une opération semblable à celle du javart encorné. Cette opération consiste à enlever toute la portion de paroi qui est désunie et à mettre à découvert la surface antérieure de l'os du pied , si cette partie est frappée de nécrose; on fixe en même temps sur le pied un fer couvert. Si la fourmilière est compliquée de croissant, deux opérations sont nécessaires. La fourmilière est quelquefois le résultat du clou de rue. — Dans l'âne, cette maladie se montre fréquemment sans avoir été précédée par la fourbure ; elle est presque toujours la suite de la *crapaudine*.

FOURMILLEMENT, s. m.; synonyme de *formication* (*V.* ce mot.)

FOURNEAU, s. m., *Fornax*, *furnus;* καμινος ; ustensile de laboratoire dans lequel on chauffe à une haute température, à l'aide du charbon de bois, des vases où doit s'effectuer une réaction chimique ou une opération pharmaceutique. Les fourneaux sont en terre réfractaire ou en fonte; ils présentent plusieurs variétés. Le plus simple est le *fourneau évaporatoire* ou à *coquille;* il est rond , peu élevé , rétréci par la base et évasé à son bord supérieur ; il est composé d'un *foyer* qui reçoit le combustible, d'un *cendrier* placé en dessous et séparé par une grille en fer ou en terre; c'est le plus employé; il est parfois muni d'un manche pour le rendre plus portatif. — Le *fourneau à réverbère*, plus compliqué, est *rond* ou *long*, et présente toujours une pièce mobile percée d'une petite cheminée sur laquelle on peut ajuster un tuyau en tôle ; c'est le *dôme* ou le *réverbère* du fourneau, qui rabat la chaleur sur le corps placé dans l'appareil. Celui qui est rond est muni d'une pièce annulaire appelée *laboratoire*, destinée à augmenter la profondeur du foyer et à recevoir la cornue ou le creuset qu'on doit chauffer. Le fourneau long ne présente pas cette pièce; il est percé à ses extrémités d'un trou dans lequel passe le tube de fer ou de porcelaine qu'on veut soumettre à une haute température. — Le *fourneau à combustion*, pour l'analyse élémentaire des substances organiques, est en fonte; il est long, étroit, et présente, en dessous, de nombreuses ouvertures pour le passage de l'air, et pas de foyer.

FOURRAGES, s. m., *Pabula*. Dans son acception la plus générale, ce mot comprend toutes les substances d'origine végétale employées à la nourriture des bestiaux. Dans le langage ordinaire, il signifie seulement les tiges, les feuilles et les racines des plantes fourragères proprement dites. Les familles végétales qui fournissent la plus grande partie des substances nutritives les meilleures et les plus employées, sont: les Graminées, les Légumineuses, les Crucifères, les Ombellifères, les Composées, les Chénopodées, les Solanées, les Polygonées, les Rosacées. Les plantes utiles qu'elles renferment donnent, les unes, leurs tiges et leurs feuilles; d'autres, leurs grains, leurs racines, etc. La liste générale des fourrages, peut être établie de la manière suivante: produit des *prairies naturelles et artificielles*, des *pâturages; paille des céréales; fanes des plantes industrielles* et autres; *débris des jardins; feuilles des arbres; racines et tubercules; grains et graines; son et farine; fruits secs et charnus; résidus alimentaires.* — Les recherches tentées pour établir la valeur comparative des différents fourrages, ont conduit à des résultats qui, pour offrir de nombreuses variations, n'en sont pas moins utiles à consulter. Le fourrage-type, adopté par les agronomes et pris pour point de départ de leurs études, est représenté par 100 kilogr. de bon foin bien récolté d'une prairie naturelle; ils ont trouvé qu'il fallait, pour le remplacer dans l'alimentation:

FOURRAGE VERT.

D'ajonc écrasé.	150	De seigle	430
De gesse.	250	De froment	430
De maïs.	275	D'avoine.	350
De vesces	370	D'orge.	250
De pois	380	De sainfoin	360
De trèfle commun	425	D'herbe des prés	450
De sarrasin	425	De luzerne	450

FOIN.

De trèfle.	90	De spergule.	90
De luzerne	90	De millet	100
De sainfoin	90	De farouch	180

PAILLE.

De trèfle.	120	De féverolles	220
De lentille.	125	D'avoine.	220
De vesce	150	D'orge.	250
De pois	150	De froment	280
De millet	150	De seigle	350
De maïs.	200	De sarrasin	600

FANES ET FEUILLES VERTES.

De colza.	475	De choux	650
De rutabagas	500	De pommes de terre	700
De betterave.	600		

FEUILLES SÈCHES.

De frêne.	150	D'acacia.	110
D'érable.	110	De peuplier	125
D'orme	110	De tilleul	125

RACINES ET TUBERCULES.

Pommes de terre	220	Panais.	310
Rutabaga	240	Choux-raves.	250
Carottes.	260	Betteraves.	250
Topinambours.	250	Raves	550
Navets.	420		

GRAINS ET GRAINES.

De froment	40	De maïs.	45
De lentilles	40	De seigle	45
De fèves.	40	D'orge.	50
De pois	40	De sarrasin	50
De vesces	40	D'avoine.	60

FRUITS SECS ET CHARNUS.

Châtaignes sèches.	60	Marrons d'Inde secs	75
Glands secs.	75	Courges	700

RÉSIDUS, TOURTEAUX.

De lin	50	Des féculeries.	260
De colza.	50	Des dist. de grains	330
De pavot	80	Des dist. de pommes de terre.	600
De chenevis.	110	De raisin	300
De cameline.	110	De fruits	350
Des amidonneries.	150	Cosses de crucifères	200
Des sucreries.	275		
Balles de céréales	120		

Le son, dont la valeur nutritive a été si diversement appréciée, vient d'être analysé de nouveau, *V.* Son. — Il est impossible de fixer absolument la valeur nutritive des fourrages; les chiffres qui précèdent ne sont que des moyennes. Il en est de même de la valeur productive, qui dépend du mode de culture, de la fécondité de la terre, etc. Les résultats suivants ne sont que des moyennes à consulter. Un hectare de terrain donne:

	VERT.	SEC.	
		Schwerz.	Thaër.
Foin ordinaire.	13,300 k.	2,793 k.	3,200 k.
Luzerne.	26,000	5,504	8,000
Trèfle.	23,000	5,000	4,800
Maïs.	»	4,500	»
Froment.	»	3,300	»
Avoine	»	3,000	»
Orge.	»	2,200	»
Seigle.	»	3,500	»

	VERT.	SEC.	
		Schwerz.	Thaër.
Pois et vesces. .	» k.	2,500 k.	4,000 k.
Fève.	»	2,500	»
Choux-raves. . .	35,000	7,700	»
Pommes de terre	27,000	7,560	»
Navets.	50,000	5,500	»
Carottes. . . .	35,000	4,550	»
Betteraves. . .	36,000	4,320	»

La culture des fourrages, leur récolte, leur bonne conservation, leur distribution raisonnée, sont des questions du plus haut intérêt dans une exploitation rurale. Les agriculteurs modernes s'accordent à dire que les cultures fourragères doivent occuper la moitié de l'étendue de la ferme, et que la proportion des prairies, avec les terres labourables, doit toujours être accrue en raison directe de la médiocrité du sol et de la difficulté de subvenir à l'entretien des bestiaux par tout autre moyen.

FOURRAGÈRE, adj., f., *pabulatoria*; se dit de *la plante* particulièrement consacrée à la nourriture du bétail; de *la culture* qui a pour but la production de cette plante. *V.* Fourrage.

FOURREAU, s. m.; repli cutané, renforcé par des faisceaux fibreux, servant d'organe de protection pour la verge des animaux, qui s'y trouve renfermée dans l'état d'inaction. Le *fourreau* du cheval doit être plutôt volumineux que resserré. Dans le dernier cas, la verge sort difficilement, et l'animal *pisse dans son fourreau*, ce qui peut déterminer la production d'ulcères sur la verge ou dans le fourreau. — Le fourreau des ruminants se prolonge plus en avant que celui du cheval; il est retiré en arrière par des muscles spéciaux, lors de l'accouplement. Il est sujet à des obstructions par suite de l'ulcération de sa face interne.—Celui du chien est souvent le siège d'un écoulement morbide entretenu par des végétations situées vers son fond.

FOVILLA, s, f., *Fovilla;* nom donné par Martyn à la matière fécondante renfermée dans les grains de pollen. La fovilla ou foville se compose d'une espèce de liquide mucilagineux dans lequel nagent de petites granulations qui sont douées du mouvement appelé Brownien.

FOYER, s, m., *Focus.* Ce mot a plusieurs significations : en *chimie*, il indique la partie d'un fourneau de laboratoire dans laquelle se place le combustible; en *physique*, il désigne le point de l'axe d'un miroir concave ou d'une lentille biconvexe où se réunissent et s'entrecroisent les rayons lumineux ou calorifiques, après la réflexion et la réfraction. Dans ces deux cas, le foyer est *réel;* dans les miroirs convexes et les lentilles concaves, le foyer est *fictif* ou *virtuel;* il se formerait à la réunion des rayons rendus divergents par la réflexion ou la réfraction, si on les prolongeait à travers les miroirs ou les lentilles. Les foyers qui prennent naissance sur les axes secondaires des lentilles, sont appelés foyers *accessoires ;* enfin, on appelle foyer *conjugué* celui qui se forme en un point autre que celui occupé par le foyer principal, et qui est produit par un corps placé devant la lentille, sur l'axe principal et à une distance plus grande que la distance focale principale. Le foyer conjugué est mobile et s'éloigne de la lentille à mesure que le corps s'en approche ou réciproquement.— *Maréch.* Feu allumé sur une forge. — *Pathol. Foyer de suppuration*, partie dans laquelle une collection purulente se forme. — *Foyer d'infection*, point de départ des émanations végétales ou animales, dont l'effet peut produire des maladies graves. — *Foyer d'une maladie*, c'est-à-dire, son siége principal.

FRACTURE, s. f., *Fractura*, de *frangere*, briser; solution de continuité d'un ou de plusieurs os ou cartilages. L'étude des fractures offre peu d'importance en chirurgie vétérinaire; elles sont moins fréquentes que chez l'homme ; elles résistent le plus souvent à tout moyen de traitement. Parmi les causes prédisposantes, il faut indiquer la position superficielle de quelques os, l'action du froid, de quelques maladies, telles que le cancer, le rachitisme; sur les animaux avancés en âge, les os sont plus fragiles; les jeunes sujets sont plus exposés au décollement des épiphyses. Comme causes efficientes, il faut citer les chocs, les contusions, les ruades, les chutes, l'action musculaire. On appelle fracture *directe* celle qui est produite dans le point même où la cause a agi; fracture *indirecte* ou *par contre-coup*, celle qui se montre dans un lieu plus ou moins éloigné. La fracture est *simple*, quand elle n'est compliquée d'aucune lésion ; *compliquée*, lorsqu'elle se montre en même temps que d'autres accidents, tels que contusions, plaies, luxation, tétanos; *composée*, *double ou triple*, quand la solution de continuité existe sur plusieurs points; *comminutive*, quand l'os est partagé en un grand nombre d'esquilles. Sous le rapport de sa direction, la fracture est *transversale* ou en *rave*, quand elle est nette et dirigée en travers ; *oblique* ou en *bec de flûte*, dans le cas contraire: *longitudinale*, lorsqu'elle est parallèle à l'axe de l'os. On la dit *complète*, quand elle intéresse toute l'épaisseur de l'os; *incomplète*, lorsqu'elle n'affecte qu'une partie de cette épaisseur. Les symptômes sont la difformité, le déplacement de la partie fracturée suivant sa longueur, sa direction, sa circonférence, la crépitation, la mobilité contre nature. Cette mobilité se manifeste dans les mouvements spontanés du sujet blessé, ou c'est le chirurgien qui la détermine en explorant celui-ci; dans les fractures du pied du cheval, elle est difficile à apprécier. Quelques circonstances jettent de l'obscurité sur le diagnostic; elles sont relatives au siége de la lésion, au gonflement, à la tension des tissus. Le pronostic varie suivant la situation de l'os fracturé, l'âge, l'état du sujet, etc. Il n'est pas facile d'obtenir chez les grands animaux un cal régulier. Les moyens de réduction sont moins perfectionnés qu'en chirurgie humaine ; il faut vaincre et comprimer des masses musculaires énormes : les malades se livrent à des mouvements désordonnés ; on ne peut leur donner pendant longtemps une attitude forcée ; souvent il faut lutter contre leur indocilité, les empêcher d'arracher l'appareil avec les dents, de déchirer les plaies. Dans le cheval, les seules fractures réputées curables sont celles des phalangiens, quand il n'y a pas de déplacement trop marqué, les fractures des côtes. Il faut tenir compte des complications suivantes : contusion, déchirement des parties molles, saillie des fragments à travers la peau, division d'une artère ou d'une veine, présence des esquilles qui agissent comme corps étranger, carie, nécrose, spina-ventosa, voisinage d'une articulation, luxation de l'os fracturé. L'animal doit être sacrifié quand il peut servir à la boucherie, si c'est un sujet de travail, vieux et usé, qui n'a pas assez de forces vitales pour la formation d'un cal solide, lorsque l'os brisé est inaccessible à un appareil, quand les fractures sont compliquées, etc. Le traitement doit être essayé pour les animaux de petite espèce, sur ceux qui ont une grande valeur, que l'on veut conserver pour la reproduction, lorsque les fractures sont simples, sans déplacement.—Dans le traitement d'une fracture trois indications sont à remplir : réduire les fragments, les maintenir pendant le temps nécessaire à la formation du cal, prévenir ou combattre les accidents qui peuvent surgir. A. *Réduction ;* elle s'opère par trois moyens : *extension, contre-extension, coaptation.* On applique les puissances *extensives* et *contre-extensives* le plus loin possible de la partie fracturée ; souvent on ne peut réussir, même avec des forces considérables augmentées par l'emploi des moufles ou poulies. B. *Maintien après la réduction.* Quand la réduction est opérée, on emploie des bandages variés, composés d'*attelles* et de pièces de toile qu'on maintient sur le cheval avec la poix fondue, la térébenthine ; sur le chien, avec l'albumine, la gomme, la dextrine. On donne au malade la position la plus favorable, en s'abstenant autant que possible de le suspendre, la suspension produisant trop souvent des accidents, tels que des contusions, des plaies contuses, la phlegmasie des viscères abdominaux. Au bout d'un certain temps, on supprime l'appareil, quand on suppose qu'il y a consolidation du *cal* (*V.* ce mot). C. *Suites, accidents, complications.* Un cal défectueux peut réclamer l'application de quelques topiques, l'emploi du feu ; les muscles atrophiés dans les rayons supérieurs des membres, des contusions, des plaies, la fourbure et

bien d'autres accidents, peuvent appeler l'attention du chirurgien et réclamer des indications toutes spéciales.

FRAGON. s. m., *Ruscus*, T. ; genre de la famille des Asparaginées. Il se compose d'arbrisseaux toujours verts, pour la plupart indigènes du midi de l'Europe et cultivés dans les bosquets. L'espèce principale est le F. vulgaire, petit houx, R. *aculeatus*, commun en France et dont la racine a été employée autrefois comme diurétique et apéritive. Ses graines torréfiées donnent une infusion qui a quelque analogie avec le café.

FRAI, s. m.: ce mot est employé pour désigner les œufs des poissons et de quelques ovipares aquatiques, comme la grenouille, le crapaud. On emploie aussi le mot *frai* pour désigner l'époque où les poissons fraient ou déposent leurs œufs.

FRAICHEUR, s. f. ; état de ce qui est frais ou légèrement humide. *Fraîcheur de la terre :* c'est, d'après de Gasparin, l'état où elle n'est ni trop humide ni trop sèche, mais où elle conserve *toujours* la quantité d'eau nécessaire à une végétation continue. Une terre qui, à 33 centimètres de profondeur, retient habituellement 0,15 à 0,23 d'eau, est une *terre fraîche ;* au-dessus de cette limite, elle est *humide;* au-dessous, elle est *desséchée.*

FRAIS, ICHE, adj. ; d'une température moyenne entre le chaud et le froid. *Bouche fraîche : V.* Bouche.

FRAISIER, s. m., *Fragaria*, L. ; genre de la famille des Rosacées. Le nombre des espèces du genre fraisier est encore assez mal déterminé; de Candolle en décrit dix, parmi lesquelles figurent les espèces *majaufea* et *breslingea* de Duchène. L'espèce principale, la seule d'où proviennent, d'après quelques auteurs, tous les fraisiers cultivés, au moins tous les fraisiers indigènes, est le F. commun, *F. vesca,* que la culture a modifié de cent manières pour donner naissance aux nombreuses variétés de nos jardins. Le fraisier commun se rencontre partout; il produit, à l'état sauvage, des *fraises* petites, mais agréables et parfumées. Les feuilles du fraisier sont astringentes ; elles donnent une infusion diurétique. La décoction obtenue avec la racine est employée comme diurétique, apéritive et détersive.

FRAMBOISIER, *V.* Ronce.

FRANC, CHE, adj.; Arbre franc ; arbre fruitier provenant des graines d'un arbre déjà cultivé. — *Franc sur franc ;* arbre greffé deux fois sur lui-même. — Terres franches ; ce sont celles qui ne sont ni calcaires, ni argileuses, ni décidément siliceuses, mais formées d'une quantité de calcaire qui ne dépasse pas quarante pour cent, et qui peut être moindre. Lorsque ces terres sont convenablement fumées, elles sont très propres à la culture des céréales et des plantes économiques. La pondération de leurs éléments rend inutiles les amendements, s'accorde avec tous les engrais, et facilite la culture.

FRANCOACÉES, s. f., *Francoaceæ*; petite famille de plantes herbacées, dicotylédones, polypétales, périgynes, originaires du Chili. Genres : *Francoa*, *Tetilla*, etc.

FRANC-COMTOIS, *V.* Comtois.

FRANCONIE (race bovine de); cette race que l'on appelle encore race de la *Rhœne*, doit être classée dans la catégorie dite des plaines; elle a une taille moyenne, des membres menus, une tête effilée, des cornes allongées, de couleur claire; une robe rouge-brun ou rouge-jaunâtre. Elle travaille et s'engraisse bien. On la compte au nombre des meilleures races communes de l'Allemagne.

FRANCS-BORDS, s. m., partie couverte de plantes ou cultivée des bords d'un fossé, d'un canal.

FRANGE. s. f., *Bot.* Membrane dentée placée sous l'opercule de certaines mousses.

FRANGÉ, ÉE, adj. ; qui est en forme de frange ; *corps frangé*, *morceau frangé*; partie de la trompe utérine en rapport avec l'ovaire. — *Bot.* Les *pétales*, les *sépales*, les *aigrettes*, etc. sont quelquefois *frangés*.

FRANGULACÉES, s. f., *Frangulaceæ*, *V.* Rhamnées.

FRANKÉNIACÉES, s. f., *Frankeniaceæ*; famille de plantes dicotylédones, polypétales, hypogynes, herbacées ou frutescentes. Genres : *Frankenia*, *Sauvagesia*, etc.

FRAXINELLE, *V.* Dictame.

FREIN, s. m., *Frœnum*; repli membraneux servant à retenir une partie et à borner ses mouvements; ex. : le frein de la langue formé par un repli de la membrane buccale. On emploie aussi, dans le même sens, le mot *Filet*.

FRÉMISSEMENT, s. m., *Fremitus*; mouvement de vibration très léger; bruit particulier produit par le dégagement de l'air contenu dans de l'eau qu'on fait chauffer sur un foyer. — *Path.* Émotion, tremblement des membres ou de tout le corps, qui accompagne ou précède la fièvre. — *Frémissement cataire* : nom donné par Laënnec à un bruit particulier que le cœur fait entendre, quand il y a ossification de la valvule mitrale.

FRÊNE, s. m., *Fraxinus*, T. ; genre de la famille des Oléacées. Il se compose d'une soixantaine d'espèces, la plupart exotiques et presque toutes formées de grands arbres cultivés dans les parcs ou faisant partie des forêts. La principale espèce indigène est le F. élevé, *F. excelsior*, grand et bel arbre de nos forêts, dont le bois blanc veiné, dur et flexible, est fréquemment employé dans le charronnage et l'ébénisterie. Ses feuilles fournissent à la teinture une couleur jaune; desséchées, elles constituent un assez bon aliment pour l'hivernage des ruminants; son écorce est tonique et fébrifuge; on l'a proposée comme un succédané du quinquina. Les autres espèces principales du genre *Fraxinus* sont : le F. à fleurs, *F. ornus*, le F. à feuilles rondes, *F. rotundifolia*, qui fournit la *manne*, le F. d'Amérique, *F. americana*, dont le bois est encore plus estimé que celui du *F. excelsior*, le F. noir, *F. sambucifolia*, le F. bleu, *F. quadrangulata*, etc.

FRÉNÉSIE, s. f., *Frenesis*, de φρην, φρενος, esprit ; aliénation d'esprit accompagnée de fureur; colère furieuse. *V.* Phrénésie.

FRIABILITÉ, s. f., *Friabilitas*; propriété que présentent certains corps solides de se briser facilement sous le moindre choc. C'est le caractère de beaucoup de corps durs.

FRIABLE, adj; qui est doué de friabilité, qui se réduit en poudre par le choc.

FRICHE, s. f., *Incultum solum*; terrain non cultivé, couvert de buissons, de broussailles, et qui ne donne qu'un produit très minime ou nul. Beaucoup de terrains restent en friche faute de bras, de capitaux, ou parce qu'ils sont trop peu profonds, trop inclinés ou qu'ils ne peuvent être arrosés.

FRICTION, s. f., *Frictio*, de *fricare*, frotter; moyen thérapeutique qui consiste à frotter la surface de la peau à l'aide d'un corps rude ou avec une substance médicamenteuse. Dans le premier cas, la friction est dite *sèche* et s'opère à l'aide de la brosse ou d'un bouchon de paille; elle est souvent générale, et peut s'étendre au tronc et aux membres. Les frictions *médicamenteuses* sont appelées *humides*; elles sont toujours *locales*; elles se font avec les teintures, l'alcool, le vinaigre, les essences, etc. On les emploie dans le but d'exciter la vitalité d'une partie du corps, d'y ramener la chaleur, d'accélérer la circulation capillaire, de provoquer la transpiration, etc. On en fait usage aussi comme moyen résolutif ou révulsif puissant; enfin, les frictions sont aussi employées pour faire pénétrer les médicaments par l'absorption cutanée. Elles peuvent être *excitantes*, *résolutives*, *fondantes*, *irritantes*, *vésicantes*, etc., selon la durée de l'application et la nature de la substance mise en usage.

FRIGORIFIQUE, adj., *frigorificus*, de *frigus*, froid, et *facere*, faire; qui produit du froid. *Fluide frigorifique* : cause admise hypothétiquement autrefois pour expliquer les phénomènes du *froid*. *Mélanges frigorifiques*: mélanges de diverses substances chimiques qui, par leur fusion, déterminent un abaissement considérable de température. La plupart ont pour base l'eau liquide ou solide avec les sels alcalins, la glace avec les acides étendus, les sels alcalins avec les acides minéraux, etc.

FRIMAS, s. m., *Pruina*; nom général des météores qui ont pour base l'eau congelée, comme la neige, le givre, le verglas, les giboulées, le grésil, etc.

FRINGALE, s. f.; faim subite, qui se manifeste tout-à-coup. *V.* Faim.

FRISON (cheval). *Race de la Frise.* Cette race se trouve en Hollande, dans les provinces de Frise, de Groningue, etc., et en Hanovre dans la vallée de l'Ems. Elle se distingue par les caractères suivants : taille élevée, 1,60 centimètres, à 1,75 centimètres ; tête forte, busquée, ayant un air de vieille ; encolure peu fournie, mince ; poitrail étroit ; croupe avalée et plate ; membres longs, jarrets larges, pieds volumineux ; formes communes, désagréables ; tempérament lymphatique. Les chevaux Frisons ne sont pas robustes ; cependant ils peuvent devenir de grands trotteurs. C'est dans cette race que les Hollandais puisent leurs *hart-drawers*, à tête plus légère, à encolure plus longue et plus souple, et remarquables par la rapidité de leur trot. Le cheval Frison est considéré comme un des plus communs de l'Allemagne. On en importe peu en France

FRISSON, s. m., *Rigor*, de ριγεω, tremblement ; tremblement causé par le froid qui précède la fièvre. Dans les animaux, c'est un signe précurseur de la pneumonie, de la pleurésie, de la péritonite et de la plupart des phlegmasies graves.

FRISSONNEMENT, s. m. ; léger frisson ; mouvement inégal de la peau.

FRITILLAIRE, s. f. ; *Fritillaria*, T. ; genre de la famille des Liliacées. L'espèce la plus commune en France est la F. pintade ou à damier, *F. meleagris*, qui envahit quelquefois les prairies humides. Elle est au moins inutile. La plupart des autres espèces sont cultivées comme plantes d'ornement : les amateurs distinguent, malgré son odeur désagréable, la F. impériale, *F. imperialis*, dont les Hollandais se sont beaucoup occupés.

FROID ; s. m., *Frigus*, ψυχος ; on donne ce nom à un état *négatif* de la température des corps. Il n'a rien d'absolu, non plus que celui de *chaleur* ; il n'est qu'un état relatif établi par la comparaison de plusieurs corps entre eux ; ceux dont la température est la moins élevée, sont appelés *froids*, et les autres *chauds*. Le *froid absolu* est inconnu, même par abstraction, parce qu'on ignore entièrement les changements qui en résulteraient dans la constitution de la matière pondérable. — Les anciens avaient admis l'existence d'un fluide *frigorifique* comme cause du froid, de même qu'on attribue aujourd'hui les phénomènes de chaleur au *calorique* ; mais rien ne justifiant une pareille supposition, on pense maintenant qu'un seul fluide, avec un état *positif* ou *négatif*, suffit parfaitement à l'intelligence de ces deux ordres d'effets, opposés seulement d'une manière relative.

FROID, IDE, adj., *frigidus* ; privé de chaleur. *Épaules froides* : épaules qui semblent collées au corps, et retardent la marche de l'animal. On les appelle aussi *chevillées*, mot qui exprime une immobilité plus complète encore.

FROMAGE, s. m., *Caseus* ; préparation alimentaire faite avec du lait caillé ou du caséum, de consistance variable et propre à être conservée quelque temps. La quantité de fromage fabriquée annuellement en France est très considérable ; elle est cependant encore inférieure à la consommation, puisque la Suisse, la Hollande, l'Angleterre et même l'Italie nous envoient une partie de leurs produits. — Rien n'est plus varié que les modes de préparation du fromage et, par conséquent, que les espèces de cet aliment. Quant à la qualité du produit, elle est plutôt déterminée par le genre de fabrication que par la qualité de la matière première ou lait. Quelques circonstances extérieures qu'il n'est pas toujours possible de modifier, ni même d'apprécier, jouent aussi un rôle ; ce sont : le mélange des laits, l'état de l'atmosphère ambiante, les effets de la *présure*, etc. Il est des fromages qui sont faits avec du caillé seulement ; ce sont les *fromages maigres* ; d'autres avec du lait naturel ou même du lait naturel auquel on a ajouté de la crème, ce sont les *fromages gras*. Souvent ces trois genres sont fabriqués dans les mêmes lieux et se vendent sous le même nom ou sous des noms différents. La préparation du fromage comprend, en général, quatre opérations principales : 1° la *coagulation du lait*, 2° le *délaitage* ou séparation du petit lait ; 3° la *salaison* du fromage égoutté ; 4° l'*affinage*, qui consiste à le placer dans une atmosphère humide, fraîche ou tempérée et à l'amener au point où il est propre à la consommation. A ces opérations, il faut ajouter la *cuite*, pour les espèces de fromages qui la réclament, et surtout pour les fromages de garde. — La plus grande partie des fromages consommés sont faits avec le lait de vache ; genres principaux, les plus répandus : *Neuchatel, Brie, Marolles, Géromé, Langres, Hollande, Septmoncel, Gruyères, Gérardmer, Vachelin du Jura, Gex* ou *bleu, Fourmes du Cantal, Parmesan, Chester*. Fromages préparés avec le lait de brebis *seul : Roquefort, fromageon de Montpellier*, etc. ; avec le lait de chèvre *seul : Mont-d'Or* ; avec un mélange de lait de brebis ou de chèvre et de vache : *Sassenage, Mont-Cenis*, etc. V. SÉRAI. — *Chimie*. Nom donné dans les laboratoires à une rondelle en terre réfractaire, qu'on interpose entre le fond d'un creuset et la grille du fourneau où on le chauffe. Il peut être remplacé par une brique réfractaire.

FROMAGERIE, s. f., *Caseale* ; lieu où l'on fabrique le fromage. On appelle *fromageries de société, fruitières d'association, de société*, etc., des associations ayant pour but la fabrication du fromage. Ces fruitières existent de temps immémorial sur quelques montagnes de la Suisse et du Jura. Elles se composent d'un certain nombre de propriétaires de vaches qui choisissent entre eux un président, un secrétaire et une commission chargés de la surveillance et de l'administration des fonds. La fromagerie et les ustensiles de fabrication appartiennent tantôt à la société, tantôt à un propriétaire. Le travail est confié à un fromager qui reçoit une rétribution en argent ou une part de la production. Il y a solidarité entre les membres de l'association, et partage des profits et pertes au prorata de l'apport en lait. Les statuts de la société sont écrits ou quelquefois consistent seulement en conventions verbales, ordinairement bien connues, parce qu'elles sont traditionnelles. Entre autres stipulations, on en trouve ordinairement qui garantissent à chaque associé le libre usage du lait pour les besoins de la maison, jusqu'à concurrence du tiers de la quantité quotidiennement obtenue, et qui défendent de confectionner en particulier du beurre ou du fromage. On a trouvé aux fruitières des avantages et des inconvénients qui se résument en ceci : d'une part, elles constituent une fabrication économique ; elles donnent des produits de meilleure qualité que la fabrication isolée ; les fruitières qui écrèment le lait produisent un beurre plus abondant et de meilleure qualité ; elles provoquent l'amélioration des vaches laitières et par suite de l'agriculture ; d'autre part, elles prennent la place de l'élevage, etc. ; les propriétaires sont privés de beurre, etc., pour l'usage journalier, et des ressources immédiates que ce produit et la crème apportent ; elles dépensent du combustible et provoquent des fraudes que l'on ne peut pas toujours prévenir ni reconnaitre.

FROMENT, s. m., *Triticum*, L. ; genre très important de la famille des Graminées. Ses caractères sont : fleurs en panicules très serrées ; épillets brièvement pédicellés, comprimés et appliqués contre le rachis par une de leurs faces ; glume à deux valves mutiques ou aristées ; glumelle inférieure mutique, mucronée ou aristée, la supérieure bicarénée ; glumellules entières, le plus souvent ciliées ; trois étamines ; ovaire sessile, velu au sommet ; deux stigmates plumeux : cariopse ovoïde, profondément sillonné sur une de ses faces, libre ou soudé avec les glumelles ; chaume simple, de hauteur moyenne, devenant quelquefois rameux par la culture. Les espèces peu nombreuses de ce genre ont été transportées par l'homme sur une vaste étendue de terrain, depuis le 12° jusqu'au 58° de latitude, principalement dans l'hémisphère boréal. Le genre froment renferme des espèces annuelles et des espèces vivaces ; les principales sont cultivées. — *Espèces non cultivées*. Elles sont fourragères, mais peu importantes ou nuisibles à l'agriculture ; nous citerons les espèces *sepium*, *glaucum*, *junceum* et *repens*. Cette dernière, la plus répandue, est remarquable par la rapidité avec laquelle ses longues tiges souterraines se multiplient et envahissent le sol. Elle est connue sous le nom vulgaire de *Chiendent*. Aussi les agriculteurs la regardent-ils comme une ennemie et cherchent-ils à l'extirper par

tous les moyens. L'ameublissement continu du sol a paru jusqu'à ce jour le plus efficace. Les feuilles, les tiges aériennes et souterraines du chiendent, constituent un excellent fourrage vert. — *Espèces cultivées*. On ignore leur origine ; on ne sait même pas si elles ont une ou plusieurs souches. Les tentatives de quelques botanistes, pour prouver que le froment n'est qu'une espèce d'*œgilops* modifié par la culture, ont toujours été infructueuses. Le blé est cultivé depuis la plus haute antiquité, du moins tout porte à le croire, sans qu'on puisse toutefois en donner des preuves incontestables. — Il est peu de genres qui aient été l'objet de plus de recherches que celui qui nous occupe, et néanmoins les agriculteurs et les botanistes sont bien loin de s'entendre sur le nombre des espèces cultivées, sur les divisions, les coupures à établir. Nous suivrons ici le travail moderne qui nous a paru offrir le plus de clarté. Les diverses espèces de froment cultivé peuvent être divisées en *espèces* dont le grain est libre, et en *espèces* dont le grain reste adhérent à la glumelle. — Froments nus : 1° F. commun, *T. sativum* ou *vulgare; variétés sans barbes, paille creuse :* Blé commun d'hiver, de mars blanc, de Flandre, de Hongrie, Fellemberg, d'Odessa, de mars rouge ; *V. barbues, paille creuse :* B. barbu d'hiver, de mars barbu, de Toscane à chapeaux, de mars rouge barbu, Saissette de Provence, Richelle blanche, etc. ; *V. barbues, paille pleine :* B. gros rouge, *T. turgidum*, pétanielle, de miracle, *T. compositum*, etc. ; 2° F. dur, *T. durum;* Blé d'Afrique, trémois noir, de Taugarock, etc. ; 3° F. de Pologne, *T. Polonicum*, B. de Pologne, d'Egypte, etc. — Froments vêtus : 1° Epeautre, *T. spelta;* Epeautre sans barbe, blanche, barbue, Amidonnier blanc et roux ; 2° Engrain, *T. monococcum;* E. commune ou petite épeautre ou froment locular. Parmi ces espèces, on en distingue d'automne et de mars. Les meilleures variétés, dans ces dernières, sont : les B. de mars blanc barbu, de mars blanc et rouge sans barbes, trémois, Fellemberg, d'Odessa. Les espèces *œstivum*, *hibernum*, *turgidum*, admises par plusieurs auteurs, sont considérées ici comme variétés du *T. sativum*. Les blés blancs sont tendres, à cassure blanche, et plus particulièrement cultivés dans le Nord ; les blés rouges sont durs, à cassure glacée, et cultivés surtout dans le Midi. On donne généralement la préférence à ceux-ci, quoiqu'ils soient peut-être moins productifs. La culture du froment est de la plus haute importance ; elle occupe en France une superficie d'environ 5,586,800 hectares, et produit annuellement 70,000,000 d'hectolitres de grains. L'ancienne Flandre, la Lorraine, l'Alsace, la Picardie, les départements du Gers, de Lot-et-Garonne, sont les contrées où cette culture est le plus étendue ou le plus productive. Le froment aime les terres franches, les loams, les sols féconds et frais.

Il vient bien après les cultures sarclées, les cultures racines, après les légumineuses qui n'ont pas occupé trop longtemps le terrain. Le blé trop fumé donne beaucoup de paille et verse facilement. On doit apporter une grande attention dans le choix des semences, les chauler, et même les changer. On sème en raies ou à la volée ; deux hectolitres en moyenne sont nécessaires pour l'ensemencement d'un hectare. Le semis en raie est économique, mais mal connu. Les froments bien venus supportent l'effanage ; l'échardonnage est à peu près le seul entretien que réclame le blé, *V.* Moisson et Battage. La production du froment est fort variable ; elle est généralement comprise entre 4 et 20 pour 1. Le blé peut être affecté de la carie, du charbon, de l'ergot. Après sa récolte, il a pour ennemis le charançon, l'alucite, les souris, etc. Le grain se conserve pendant longtemps quand on le place dans des conditions favorables. Des blés oubliés dans la citadelle de Metz, en 1552, ont pu germer encore en 1707. Il en a été de même, dit-on, de ceux trouvés, lors de l'expédition d'Egypte, dans les tombeaux de quelques momies anciennes. Le blé ne se conserve en bon état, dans nos greniers, guère plus de 5 à 6 ans. Par la mouture perfectionnée, il donne plus de 75 p. %, de farine. Des analyses récentes prouvent que la quantité d'écorce ou de ligneux est beaucoup plus faible que cette proportion ne semble l'indiquer. Les usages et l'importance du blé sont trop connus pour qu'il soit besoin de les rappeler. Il est presque exclusivement réservé pour la nourriture de l'homme. Son prix, trop élevé, s'oppose à ce qu'on le donne aux bestiaux ; son emploi ne serait pas d'ailleurs sans inconvénient, s'il était répété ou s'il se faisait à haute dose ; la pléthore et les congestions en seraient bientôt la conséquence. Le blé, pris en vert, constituerait un fourrage très nutritif ; la paille est consommée ou transformée en litière, *V.* Céréales, Farine, Grains, Paille, Son.

FROMENTAL, *V.* Avoine.

FRONDE, s. f., *Funda ;* on donne généralement ce nom aux expansions membraneuses et foliacées des acotylédones. Linné l'employait pour désigner les tiges des palmiers et des monocotylédonées arborescentes. De Candolle pense qu'il doit être réservé aux expansions membraneuses des Algues, ou exclu de la langue botanique.

FRONDULE, s. f., *Frondula ;* ensemble de toutes les feuilles ou frondes d'une mousse.

FRONT, s. m., *Frons* ; région antérieure de la tête, ayant pour base le frontal, le pariétal et les muscles crotaphites. Le front doit être large et droit, formant une seule ligne avec le chanfrein. Il présente souvent, dans son milieu, des pelotes ou étoiles. — Dans le *bœuf*, le front est large et se termine supérieurement par un fort bourrelet appelé *chignon*, des deux côtés duquel se détachent les cornes.

FRONTAL, s. et adj., *Frontalis* ; qui appartient au front. — *Os frontal :* os formant la partie antérieure du crâne et une portion des cavités nasales. Sa face externe est à peu près plane dans le milieu et se recourbe sur les côtés, au niveau d'une apophyse dite *orbitaire*, pour concourir à former les orbites. Sa face interne forme une portion de la boîte crânienne et une partie des sinus frontaux. — Le frontal du bœuf, beaucoup plus large que celui du cheval, forme supérieurement le *chignon*, sur les côtés duquel se trouvent les apophyses longues et poreuses qui portent les cornes, et dans lesquelles se prolongent les vastes sinus du frontal. — *Bosses frontales :* légères éminences que présente de chaque côté le front du bœuf.

FRONTO-SURCILIER, s. et adj. ; nom donné à un faisceau musculeux naissant du milieu du front par une aponévrose, et rejoignant l'orbiculaire des paupières qu'il relève en le tirant du côté du front.

FROTTEMENT, s. m., *Frictio* ou *frictus*, de *fricare*, frotter ; nom donné à la résistance que les corps éprouvent à se mouvoir les uns sur les autres. Il est dû à deux causes principales : aux inégalités de la surface de tous les corps solides, à l'adhérence qui s'établit entre tous les corps qui sont en contact les uns avec les autres. On distingue deux genres de frottements : celui du premier genre ou de *glissement*, dans lequel un corps mobile parcourt l'étendue d'un plan solide en lui présentant toujours la même surface : le frottement du deuxième genre ou de *rotation*, où un corps rond roule sur un plan, ou deux corps quelconques roulent l'un sur l'autre. L'intensité du frottement est très variable et dépend de son espèce, du poli des surfaces, de leur étendue, de la pression qui les rapproche, de la rapidité du mouvement, etc. Ce phénomène, qui est si fréquent entre les corps, a des *avantages* et des *inconvénients*. Ses avantages sont de faciliter la stabilité des corps placés sur le sol, de permettre à l'homme de se servir de ses mains avec plus de sûreté et d'adresse, de lui faciliter, ainsi qu'aux animaux, l'appui sur le sol, qui lui est indispensable pour la progression, etc. Les principaux inconvénients du frottement sont de dépenser beaucoup de force dans les machines, d'en user les rouages. On peut remédier au frottement en polissant les surfaces frottantes, en les recouvrant de corps gras, de savon, de graphite, etc.

FRUCTIFÈRE, adj., *fructifer* ; qui porte un ou plusieurs fruits, ou ce qu'on appelle la fructification dans les Cryptogames. Fleur, plante, membrane *fructifère*.

FRUCTIFICATION, s. f., *Fructificatio* ; dans les Cryptogames, ensemble des organes reproducteurs ; dans les Phanérogames, ensemble des phénomènes qui concourent à la production de la graine ; ils comprennent la *floraison*, la *fécondation*, la *maturation* et la *dissémination* (*V.* ces mots). — On le dit, d'une manière générale, de tout ce qui constitue un fruit et de tous les organes d'une plante employés à la formation des fruits.

FRUCTIFLORE, adj., *fructiflorus;* se dit, d'après Lamarck, de la fleur à ovaire infère, où le calice concourt à former le péricarpe.

FRUCTIFORME, adj., *fructiformis;* qui a la forme ou l'aspect d'un fruit.

FRUGIVORE, adj., *frugivorus,* de *frux, frugis,* fruit de la terre, et de *vorare,* manger; qui se nourrit de productions végétales et surtout de fruits pulpeux.

FRUIT, s. m., *Fructus;* ovaire fécondé et accru. Le fruit se compose essentiellement du péricarpe et de la graine (*V.* ces mots). C'est le premier qui en forme la partie extérieure et qui lui donne son volume apparent. Rien n'est plus varié que la forme, la grosseur, l'organisation, la couleur des diverses espèces de fruits. Les uns sont aussi ténus que des grains de poussière; d'autres sont énormes, ex. : le potiron, qui acquiert quelquefois près de deux mètres de circonférence. On n'observe aucun rapport entre le volume des fruits et la taille et la durée des plantes. Les fruits des grands arbres de nos forêts ont de très faibles dimensions. Il en est beaucoup dont la surface extérieure est brune ou verte; d'autres, en grand nombre, sont nuancés de diverses couleurs. Quant à la forme, elle est très variée, et la nature s'est montrée, ici, aussi riche, aussi prodigue que dans ses autres productions. Les fruits sont *simples*, *multiples* ou *composés*, selon qu'ils sont formés d'un pistil unique, ou de plusieurs pistils réunis dans la même fleur, mais distincts, ou de plusieurs ovaires soudés. D'après la consistance du péricarpe, on les dit *secs* ou *charnus.* Tantôt le péricarpe s'ouvre à la maturité pour laisser échapper les graines; le fruit est alors *déhiscent;* d'autres fois il reste fermé, le fruit est *indéhiscent.* Suivant le nombre des graines que le péricarpe renferme, les fruits sont *monospermes, dispermes, olygospermes, polyspermes.* — Plusieurs classifications ont été proposées : les plus compliquées sont celles de Devaux et de Mirbel; nous donnerons ici celle de Richard qui nous a paru suffisante. Richard divise les fruits en quatre classes: 1° *Fruits simples* ou *apocarpés;* ils sont secs ou *charnus.* — *Fruits apocarpés secs;* ils sont *indéhiscents* ou *déhiscents.* Indéhiscents : *Cariopse, Akène, Samare.* Déhiscents : *Follicule, Gousse* ou *Légume, Pixide.* — *Fruits apocarpés charnus : Drupe, Noix.* 2° *Fruits polycarpés, agrégés* ou *multiples: Syncarpe.* 3° *Fruits syncarpés :* ils sont secs ou *charnus, indéhiscents* ou *déhiscents.* Fruits syncarpés secs indéhiscents : *Polakène, Samaridie, Gland, Carcérule;* déhiscents: *Silique, Silicule, Pixidie, Elatérie, Capsule.* Fruits syncarpés charnus : *Nuculaine, Amphisarque, Péponide, Mélonide, Hespéridie, Baie.* 4° *Fruits synanthocarpés* ou

composés : *Cône* ou *Strobile, Sorose, Sicône.* Chacune de ces espèces de fruits sera étudiée à part. — Les fruits des Acotylédonées ne peuvent entrer dans aucune des classifications proposées, parce qu'ils n'ont de commun avec les fruits précédents que le but, c'est-à-dire la reproduction de l'espèce. *V.* Spore, Sporange, Hyménium, Gongyle, etc., et Fructification.

FRUITIÈRE, *V.* Fromagerie.

FRUSTRANE, ÉE, adj., *frustraneus,* de *frustrari;* synonyme de frustré, privé, *V.* Polygamie.

FRUSTULE, *V.* Diatomées.

FRUTESCENT, TE, adj., *frutescens,* de *frutex,* arbrisseau; se dit de la tige des arbrisseaux. — Sous-frutescent, *fruticulosus;* se dit de la tige des sous-arbrisseaux.

FRUTICULEUX, EUSE, adj., *fruticulosus;* synonyme de *sous-frutescent,* V. Frutescent.

FRUTIQUEUX, EUSE, adj., *fruticosus;* synonyme de *frutescent.*

FUCOÏDES ou **FUCITE**; noms par lesquels on désigne tous les végétaux fossiles qui paraissent avoir appartenu à la famille des Algues.

FUCUS, s. m., *Fucus,* Agar.; genre de la famille des Phycoïdées. Linné donnait le nom de *Fucus* à toutes les plantes marines privées d'articulations et d'expansions vertes et brillantes. Réduit par les botanistes modernes et surtout par Agardh à des limites beaucoup plus restreintes, ce genre ne se compose plus que d'espèces assez bien déterminées. Les Fucus sont plus communs dans l'Océan que dans la Méditerranée; leurs tiges nombreuses, divisées, de couleur verte plus ou moins foncée, forment sur les rochers des touffes olivâtres ou brunes connues en France sous les noms de Varech, Goëmon, et que la mer rejette quelquefois en grande quantité sur la plage. Les fucus sont généralement utilisés; on les transforme en engrais, ou bien ils sont incinérés pour l'extraction de la soude et de l'iode. Quelques espèces sont données aux bestiaux comme fourrage. D'autres, dont le mucilage n'est point associé à une matière grasse fétide, sont consommés par les pauvres habitants des rivages de l'Ecosse et de l'Irlande.

FUGACE, adj., *fugax,* de *fugere,* fuir; qui dure peu. *Symptômes fugaces :* c'est-à-dire, passagers. — *Bot.* synonyme de *caduc.*

FULCRACÉ, ÉE, adj., *fulcraceus;* se dit, d'après de Candolle, des bourgeons dont les écailles sont formées par l'avortement des pétioles bordés de stipules; ex.: le prunier.

FULGURATION, s. f., *Fulguratio;* lueur électrique qu'on remarque dans les hautes régions de l'atmosphère et qui n'est pas accompagnée, comme l'éclair, par le bruit du tonnerre; ex.: *éclairs de chaleur.*

FULIGINEUX, adj., *fuliginosus,* de *fuligo,* suie : qui est de la nature de la suie, *Vapeurs fuligineuses:* qui portent avec elles une sorte de suie. — Dans les gastro-entérites intenses et particulièrement dans la fièvre typhoïde, les dents et la langue sont fuligineuses, c'est-à-dire recouvertes d'un enduit noirâtre.

FULIGINOSITÉ, s. f. . *Fuliginositas*; suie légère que certains corps organiques laissent déposer en brûlant. — *Path.* Matière ayant la couleur de la suie, qu'on rencontre sur les dents et la muqueuse buccale dans la fièvre typhoïde.

FULMI - COTON. *V.* Pyroxyline ou Xyloïdine.

FULMINANT, adj., *fulminans*, de *fulmen*, foudre; nom donné en chimie à certaines combinaisons dont les éléments, faiblement unis entre eux, se séparent avec violence lorsqu'on les chauffe, qu'on les frappe, qu'on les frotte, ou qu'on les fait vibrer légèrement. *Mercure*, *argent*, *fulminants*: ammoniures de ces métaux.

FULMINATE, s. m.; genre de sels formés par l'union des bases avec l'acide fulminique; ils prennent naissance par l'action de l'acide nitrique sur les métaux, en présence de l'alcool. Tous détonent avec violence par la percussion, le choc ou l'élévation de la température. Ils n'ont aucune importance médicale.

FULMINATION, s. f.; *Fulminatio*; décomposition brusque avec détonation, qu'on observe dans certains corps, et notamment dans les fulminates.

FULMINIQUE, s. m.; nom de l'acide qui constitue les *fulminates*.

FUMARIACÉES, s. f., *Fumariaceæ*; famille de plantes herbacées, non lactescentes, dicotylédones, polypétales, hypogynes, très voisines des Papavéracées, dans lesquelles on la confond encore quelquefois. Genres principaux : *Fumaria*, *Corydalis*, etc.

FUMARIQUE. *V.* Acide.

FUMÉE, s. f., *Fumus*, καπνος; espèce de nuage grisâtre ou noir, qui s'élève des foyers de combustion et qui est formé par un mélange de charbon très divisé, de gaz et de vapeurs qui ont échappé à l'action comburante de l'air. La fumée n'est pas un produit nécessaire de la combustion; elle en constitue, au contraire, une perte et indique son imperfection. Elle provient toujours du défaut de proportion entre les produits volatils fournis par les combustibles et la quantité d'oxygène nécessaire à leur combustion complète. Aussi la fumée est-elle fournie principalement par le centre de la flamme, où l'air ne peut pénétrer, et diminue-t-elle de quantité à mesure que le courant d'air qui active la combustion devient plus rapide. Les corps qui ne peuvent fournir de produits volatils, comme le coak, ou qui ne contiennent pas de carbone, tels que l'hydrogène, le phosphore, les métaux, ne peuvent fournir de fumée, quelque imparfaite que soit la combustion.

FUMETERRE, s. f., *Fumaria*, L.; genre de la famille des Fumariacées. Il se compose d'un petit nombre d'espèces communes presque partout. Elles sont amères et broutées par les ruminants sans en être recherchées. Plusieurs d'entre elles seraient de jolies plantes d'ornement, si elles étaient moins répandues. Les espèces principales sont la F. officinale, *F. officinalis*, amère et tonique; la F. bulbeuse, *F. bulbosa;* les espèces *media*, *parviflora, vaillantii*, sont très voisines de la première.

FUMIER, s. m,, *Fimum*, *stercus;* mélange d'excréments, d'urines, et de paille qui a servi de litière aux animaux. C'est là le fumier ordinaire. Il n'est pas le plus actif, mais il est le plus répandu, et son importance est grande, surtout parce qu'il est produit partout où il y a des bestiaux. Le fumier varie par les éléments qui le composent, par son origine et, enfin, par les circonstances qui concourent à sa formation ou qui l'accompagnent. —Il ne doit être question ici que du *fumier proprement dit*, c'est-à-dire de celui que produisent les herbivores domestiques et le porc; on trouvera au mot *Engrais* de nouvelles indications sur les autres matières employées à la fumure du sol. —On classe généralement, en France du moins, les fumiers dans l'ordre suivant : 1° mouton; 2° cheval; 3° bœuf; 4° porc. Leur analyse à l'état frais a donné à Girardin :

	Vache.	Cheval.	Mouton.	Porc.
Eau	79,7	78,3	68,7	75,0
Matières organiq.	16,0	19,1	23,1	20,1
Sels	4,2	2,5	8,1	4,8

Le fumier des bêtes à cornes est plus aqueux et moins actif que celui du cheval et du mouton; il constitue un engrais *froid*, par rapport aux autres qui sont des engrais *chauds*. Il est aussi produit en plus grande quantité. — On a vu, à l'article *Engrais*, ce qu'on doit entendre par *engrais normal*, *fumier type;* pour remplacer 100 kilog. de cette substance, il faut :

18 kilogr. d'excréments de chèvre.
36 — id. de mouton.
73 — id. solides de cheval.
125 — id. id. de vache.

La quantité de fumier produite par les animaux est différente selon le régime, l'espèce, etc.; elle est toujours proportionnelle aux soins que l'on apporte à le recueillir. Une nourriture choisie, très alibile, fait produire un fumier chaud, très fécondant; une alimentation verte, aqueuse, donne du fumier froid, mais en plus grande quantité. Les animaux mal nourris produisent peu de fumier, et il est de qualité inférieure. Quelques recherches de Dombasle sur ce sujet l'ont conduit aux résultats suivants :

	Pour un an.	Nourriture sèche.	proportion p. 0/0.
Cheval	16,200 k.	7,300 k.	221 k.
Bœuf à l'engrais.	25,050	id.	347
id. de trait	7,800	id.	id.
Vache laitière	19,500	3,650	534
Porc	12,350	id.	id.
Mouton adulte	0,600	0,365	164

Ces proportions sont considérables. Dans la pratique ordinaire, une bête bovine, un cheval et demi, 10 à 15 moutons, ne donnent guère au-delà de 50 à 60 quintaux métriques de fumier chaque année. — La litière est susceptible aussi de faire beaucoup varier la quantité et la qualité du fumier. *V.* LITIÈRE. Dans toutes les conditions, pour obtenir beaucoup de fumier, il faut nourrir fortement, donner une litière abondante, entretenir les animaux à l'étable, bien recueillir et bien traiter le fumier. Cette dernière condition est rarement bien observée des cultivateurs. La plupart d'entre eux laissent perdre les urines, laissent dégager par une fermentation prolongée, ou entraîner par les eaux pluviales une partie des principes fertilisants; ils ne mélangent pas les diverses sortes de fumiers ou les laissent se dessécher, se moisir en gros tas. On considère, en beaucoup de lieux, comme utile au fumier et comme indifférent aux animaux de laisser accumuler, dans les étables, excréments et litières; c'est là une double erreur. Un peu de soin permet d'obtenir de bons fumiers hors des écuries, et la malpropreté, les émanations qui se dégagent toujours, quelque bien pénétrée que soit la litière, ne peuvent que nuire à la santé du bétail. Les fumiers frais, qui renferment de la paille non décomposée, sont appelés *fumiers longs, pailleux*; leur action est lente; les autres constituent les *fumiers courts ou gras*; ils ont une action plus rapide, mais de plus courte durée. C'est par habitude que ceux-ci sont préférés des cultivateurs. S'il est vrai qu'ils occupent moins de place, que leur transport est plus facile, il est incontestable aussi que la fermentation leur a fait éprouver une perte considérable. D'après les expériences de Kœrte, 100 volumes de fumier frais se sont réduits, après 81 jours, à 73,3

    —   254   —   à 64,3
    —   384   —   à 62,5
    —   393   —   à 47,2

Les recherches de Gazzeri ont conduit à des résultats analogues. Une fermentation convenable, suffisante pour ramollir la paille, mais non suffisante pour dessécher la matière, demande, selon les saisons, de 2 à 6 mois, et fait perdre au fumier 1/4 de son poids; on conçoit qu'en présence de ce fait, beaucoup d'agronomes aient conseillé d'employer les fumiers à l'état frais. Dans tous les cas, ils ne doivent pas rester en gros monceaux, et la fermentation doit être arrêtée, lorsque la paille commence à brunir et à perdre sa consistance.

FUMIGATION, s. f., *Fumigatio*, de *fumus*, fumée. Moyen thérapeutique qui consiste à diriger sur une partie du corps des gaz ou des vapeurs, dans le but de remédier à des maladies. La peau et la muqueuse respiratoire sont à peu près les seules surfaces qui puissent recevoir les fumigations. Celles de la peau sont *générales* ou *locales*; dans le premier cas, on place le malade dans un local clos, appelé *étuve*, que l'on remplit des produits gazeux qui doivent agir; lorsque c'est du chlore ou de l'acide sulfureux, il faut, autant que cela est possible, tenir la tête du sujet en dehors de l'étuve; on se sert plus communément d'une couverture enveloppant tout le corps et sous laquelle on dirige les vapeurs qui constituent la fumigation. Les fumigations cutanées locales ont toujours lieu avec la couverture et sont dirigées principalement sous le ventre, les mamelles, les testicules, etc. L'introduction des vapeurs et des gaz dans les voies respiratoires se fait à l'air libre ou à l'aide de certains appareils appelés *fumigatoires* (*V.* ce mot); dans l'un et l'autre cas, les produits aériformes sont introduits dans la poitrine avec la colonne d'air inspirée. Les fumigations sont produites à l'aide de décoctions ou d'infusions chaudes, d'un réchaud ou d'une pelle rougie au feu, sur lesquels on projette les substances à volatiliser. Les fumigations peuvent être *émollientes* (eau chaude, décoction mucilagineuse); *excitantes* (infusions aromatiques, vin, alcool, baies de genièvre, résines, etc.); *anodines* (décoctions de plantes narcotiques, tabac en fumée); *spécifiques* (soufre, mercure, chlore, etc).

FUMIGATOIRE, adj., *fumigatorius*; qui sert aux fumigations. *Appareil fumigatoire*: il se compose, pour les grands animaux, d'un sac ouvert par les deux extrémités, appelé *conduit fumigatoire*, et d'une *capote* destinée à envelopper toute la tête. Le conduit fumigatoire se fixe par un bout autour du nez du malade, et, par son autre extrémité tenue ouverte, il reçoit les vapeurs ou les gaz destinés à la fumigation.

FUMURE, s. f., *Stercoratio*. Ce mot est employé comme synonyme d'*engrais*. — Le plus souvent il exprime l'action de fumer la terre, d'épandre du fumier sur le sol. C'est dans ce sens qu'il est entendu ici. L'époque à laquelle on fume les terres arables varie selon la nature des récoltes à obtenir, le mode de culture, etc. C'est tantôt immédiatement avant ou après le premier labour, quelquefois peu de temps après la récolte. Cette dernière méthode s'appelle fumer *en couverture*, parce que l'engrais forme sur le terrain une sorte d'enveloppe; elle est blâmée par beaucoup d'agriculteurs. Dans tous les cas, on regarde comme inopportun de laisser le fumier en petits tas sur le champ. Les sols en pente doivent recevoir plus d'engrais à leur partie supérieure. Les fumiers n'agissent pas de la même manière sur toutes les terres, à toutes les saisons et pour toutes les récoltes. Voici quelques principes généraux dont l'énoncé et l'application peuvent être utiles: l'action des engrais est plus rapide au printemps et dans l'été que dans les autres saisons; dans les terrains légers, sablonneux ou calcaires, que dans les terres argileuses: les terrains légers doivent être fumés souvent et peu à la fois; les fumiers frais leur conviennent particulièrement. Les fumiers longs et pailleux agissent sur les terres argileuses comme amendements et comme engrais; ils soulèvent le sol et l'ameublissent, en même temps qu'ils lui rendent les matériaux organiques que les cultures lui ont enlevés; les engrais très chauds, comme le fumier de bergerie, veulent être employés en quantité modérée. Les récoltes épuisantes demandent une forte fumure; il en est de même de celles qui produisent beaucoup en tiges, graines, racines, etc. Les récoltes-graines ont besoin d'engrais d'une décomposition lente et graduée. 25 à 30,000 kilogrammes d'engrais normal ou leur équivalent sont généralement regardés comme nécessaires à la fumure d'un hectare, *V.* ENGRAIS, FUMIER et PARCAGE.

FUNGINE, s. f.; principe azoté et nutritif des champignons. La fungine est mollasse, fibro-celluleuse, blanche, inodore, insipide, insoluble dans l'eau, soluble dans l'acide chlorhydrique chaud. Distillée seule, elle donne de l'ammoniaque; en présence de l'acide azotique, elle produit du tannin artificiel, de l'acide cyanhydrique, de l'acide oxalique et une matière grasse.

FUNICULE, s. m., *Funiculus*; littéralement, petite corde. On appelle ainsi le cordon pistillaire qui unit la graine au placenta, *V.* TROPHOSPERME et PODOSPERME.

FUREUR UTÉRINE, *V.* NYMPHOMANIE.

FURFURACÉ, adj., *furfuraceus*, de *furfur*, son; qui ressemble à du son. On donne ce nom aux petites écailles que l'épiderme forme dans quelques maladies de la peau, particulièrement dans l'exanthème.

FURONCLE, s. m., *Furunculus;* tumeur dure, saillante, circonscrite, qui a son siége dans les prolongements celluleux du derme, et qui, se terminant par suppuration, laisse tomber une eschare qu'on nomme *bourbillon*. Cette maladie est désignée vulgairement sous le nom de *clou*, à cause de la saillie qu'elle présente dans la tumeur qui la caractérise. On distingue plusieurs variétés de furoncles, à la plupart desquels on donne, en vétérinaire, le nom de *javarts : furoncle cutané* ou *javart cutané*, *furoncle du coussinet plantaire* ou *de la fourchette*, *furoncle* ou *javart tendineux*, *V.* JAVART. Le furoncle *cutané* a beaucoup d'analogie avec le phlegmon; presque toujours il est le résultat du froissement, des contusions, de l'irritation de la peau. Il se développe quelquefois sur l'encolure du cheval, dans les plis de la crinière, et fréquemment sur la région digitée, autour du paturon et de la couronne.—La première indication consiste à favoriser la chute du corps étranger qui constitue le bourbillon. Dans ce but, on emploie les bains, les cataplasmes émollients, les maturatifs, surtout le mélange de miel et de son. Après la chute des eschares, on panse les plaies avec l'alcool ou la teinture d'aloès. Si des complications

surviennent dans les gaînes tendineuses, le pronostic est plus grave, *V.* JAVART TENDINEUX. Le furoncle de la fourchette est produit par les contusions du pied sur les cailloux, les pierres tranchantes. Il est suivi de la formation d'un bourbillon, qui se développe dans le coussinet plantaire et peut donner toutes les complications du clou de rue, même le ramollissement et la gangrène des tendons fléchisseurs du pied, *V.* CLOU DE RUE. — Le furoncle des paupières porte le nom d'*orgelet* (*V.* ce mot).

FURONCULAIRE, adj.; qui est de la nature du furoncle.

FUSAIN, s. m., *Evonymus*, T.; genre de la famille des Célastracées, composé d'arbrisseaux dressés ou grimpants, à branches tétragones. Parmi les sept ou huit espèces de ce genre, on remarque surtout le F. d'Europe, *E. Europœus*, encore appelé *bonnet de prêtre*. Il est commun dans nos forêts. Son bois est employé à faire des fuseaux, des lardoires, etc.; il a les fibres serrées et peut prendre un beau poli. Par la calcination, il donne un charbon très léger, employé par les dessinateurs et pour la fabrication de la poudre. Les feuilles du fusain paraissent être vénéneuses pour les herbivores; elles sont, ainsi que les fruits, vomitives et purgatives. On en fait des poudres et des pommades antipédiculaires.

FUSCINE, s. f., de *fuscus*, brun; nom donné par Unverdorben à une matière brune qui se dépose dans l'huile animale de Dippel exposée à l'air. Insoluble dans l'eau, elle se dissout dans l'alcool et les acides.

FUSÉE, s. f.; trajet plus ou moins sinueux, que le pus parcourt en sortant d'un abcès. On donne encore ce nom à une exostose de forme oblongue située sur l'un des os du canon; c'est un suros plus ou moins étendu, résultant le plus souvent d'une inflammation locale du périoste, *V.* SUROS.

FUSIBILITÉ, s. f., *Fusibilitas*, de *fusibilis*, dérivé de *fundere*, fondre; propriété dont jouissent la plupart des solides de passer à l'état liquide par l'action du calorique.

FUSIBLE, adj., *fusibilis;* qui peut être fondu ou liquéfié; c'est le cas de la plupart des corps solides; mais ils exigent des températures bien différentes; un grand nombre fondent au-dessous de 100°, comme la glace, le suif, le soufre, le phosphore, le potassium, le sodium, la cire, etc.; d'autres au-dessus de 100°, comme l'étain, le plomb, le bismuth, beaucoup d'alliages, etc.; il en est qui exigent une température supérieure à l'échelle thermométrique, comme l'argent, l'or, le cuivre, la fonte, l'acier, le fer, etc.; quelques-uns ne fondent qu'à l'aide du chalumeau à gaz oxy-hydrogène, tels sont la silice, le platine, la chaux, etc.; enfin, deux corps ont jusqu'ici complétement résisté à l'action de la chaleur, ce sont le bois et le charbon; on les appelle *infusibles* ou *apyres* (*V.* ces mots). Deux corps solides présentent une particularité remarquable ; ils passent directement de l'état solide à l'état gazeux ; ce sont l'arsenic et l'iode , qui n'entrent en fusion que lorsqu'on les comprime.

FUSIFORME , adj., *fusiformis;* en forme de fuseau.

FUSIL A VENT , s. m. ; espèce de fusil au moyen duquel on peut lancer des projectiles par la force élastique de l'air comprimé. Il se compose d'un réservoir métallique dans lequel on peut comprimer de l'air à l'aide d'une pompe à main, et d'un canon de fusil qui peut se visser sur le réservoir. Celui-ci étant plein d'air et le canon chargé, on ouvre, à l'aide d'un ressort, une soupape qui sépare ces deux pièces , et l'air chasse avec violence le projectile placé dans le canon. Le fusil à vent produit peu de bruit et point de lumière.

FUSION , s. f. , *Fusio, liquefactio;* on donne ce nom en physique à la transformation des corps solides en liquides par l'action de la chaleur. Elle a lieu à des températures très différentes pour les divers corps, mais *fixes* et *invariables*, pour chacun d'eux , dans les circonstances ordinaires. La fusion des solides présente une autre particularité très intéressante, c'est que la température reste fixe tant qu'il reste encore une partie du corps solide à fondre ; la masse n'augmente de température que lorsque la fusion est complète. Pendant leur fusion, les corps solides absorbent et rendent latente une grande quantité de calorique ; cependant elle n'est pas la même pour un même poids des différents corps, et varie avec leur *capacité calorifique* (*V*. ce mot.) — Comme opération chimique ou pharmaceutique, la fusion s'opère à l'aide du bain-marie , du bain d'huile ou d'alliage , ou du feu direct, dans une capsule métallique ou dans un creuset. — En chimie , on appelle *fusion aqueuse,* celle qu'éprouvent les sels hydratés qui fondent dans leur eau de cristallisation ; ex. : nitre , alun ; et *fusion ignée ,* celle qui consiste dans la fusion de la matière même du sel , comme le nitre après la fusion aqueuse.

FUTAIE , s. f. , *Sylva alta* ; forêt qu'on laisse croître jusqu'à ce que les arbres qui la composent aient atteint leur maximum de développement. On donne aussi ce nom aux baliveaux réservés dans les coupes successives. De là les futaies *pleines* ou en *massif*, et les futaies *éparses* ou *sur taillis*. Suivant l'âge et le degré de croissance des arbres , les futaies sont distinguées en *jeune futaie* , de l'âge de 40 ans; *demi-futaie*, de 40 à 60 ans; *jeune et haute futaie*, de 60 à 120; *vieille futaie* , de 120 à 200 ans; *futaie sur le retour* , celle qui dépérit , dont les brins sont *couronnés* de branches mortes. Ces périodes doivent varier selon les essences, les terrains, les expositions , etc.

G

GADOUE , s. f. ; excréments de l'homme mélangés et non desséchés. Elle est composée, sur 100 parties , de 73 d'eau , 25,5 de débris alimentaires et de matières organiques, de 1,5 de sels solubles ou insolubles. La gadoue est un puissant engrais, surtout pour les plantes industrielles, légumineuses, textiles, etc. On l'emploie telle qu'elle est extraite des fosses d'aisance , ou délayée dans l'eau, ou mélangée avec de la terre. Son usage, dans ces diverses circonstances , est toujours désagréable, et son transport dispendieux. *V*. ENGRAIS et POUDRETTE.

GAIAC , *V* GAYAC.

GAIACINE , *V*. GAYACINE.

GAILLET , **GALIET** , ou **CAILLE-LAIT**, s. m., *Galium*, L,; genre de la famille des Rubiacées. Il se compose d'environ 180 espèces habitant principalement les régions tempérées du globe; on les rencontre dans les prairies, le long des haies , dans les bois , etc. Les gaillets sont des plantes généralement herbacées, annuelles ou vivaces, à tiges grêles , anguleuses , grimpantes , longues et rudes. Les herbivores les broutent, lorsqu'ils sont jeunes; leur fourrage sec n'a aucune valeur. Les espèces les plus communes en France sont : le G. commun , G. *verum*; le G. blanc , G. *mollugo*; le G. accrochant ou Grateron , *G. aparine ;* le G. fangeux , G. *uliginosum*. On peut encore citer les espèces *sylvaticum* , *glaucum*, *erectum*, *cinereum*, *mucronatum* , *divaricatum* , *murale*, *maritimum* , etc., etc. Toutes les espèces renferment dans leurs tiges une matière jaune , et dans leur racine une matière rouge garance qui pourraient être employées dans la teinture. C'est par erreur que l'on a attribué à ces plantes la propriété de coaguler le lait. Le G. commun, ou caille-lait jaune , a été quelquefois employé comme astringent et antispasmodique.

GAINE , s. f. , *Vagina;* espèce d'étui membraneux ayant pour usage de contenir divers organes. Les gaines sont le plus souvent formées par des feuillets fibreux,comme celles qui contiennent les muscles ou les masses musculaires , ou par des lames séreuses ou synoviales , comme les gaines qui entourent les tendons. — *Gaine fibreuse de l'œil* : cornet fibreux ayant son ouverture à l'orifice de l'orbite , et son fond vers l'hiatus orbitaire. Cette gaine remplace dans les mammifères inférieurs la cloison qui , dans *l'homme* et le *singe*, sépare la fosse orbitaire de la fosse temporale. Elle contient l'œil , ses muscles , le coussinet graisseux, le corps clignotant et la glande lacrymale. — *Bot.* Partie inférieure de certaines feuilles, embrassant la tige et remplaçant en quelque sorte le pétiole. La gaîne est *entière* dans les Graminées ; elle est *fendue* dans les Cypéracées.

GAINIER, s. m., *Cercis*, L. ; genre de la famille des Légumineuses. Il se compose d'arbres originaires de l'Europe australe et de l'Amérique boréale. Quelques espèces sont cultivées dans nos jardins : la plus répandue est le *C. siliquastrum*, G. commun, connu sous le nom d'*arbre de Judée.* Il se couvre, au commencement du printemps, d'une multitude de grappes de jolies fleurs roses. Les boutons sont quelquefois confits comme les câpres. Les fleurs elles-mêmes peuvent être employées comme assaisonnement des salades.

GAINULE, s. f., *Vaginula*; tube membraneux contenant la base du pédicelle dans les mousses.

GALACTIE, s. f., *V.* GALACTORRHÉE.

GALACTINE, s. f., *Galactine*; nom proposé par Dœbereiner pour remplacer le mot *caséine* (*V.* ce mot).

GALACTOMÈTRE, s. m., *Galactometrum*, de γαλα, lait, et μετρον, mesure; synonyme de *lactomètre* (*V.* ce mot).

GALACTOPHORE, adj., de γαλα, γαλαχτος, lait, et φερω, je porte; qui porte le lait; nom donné aux vaisseaux excréteurs des mamelles. Chaque mamelle a ses vaisseaux galactophores distincts; et lorsque la même mamelle porte deux mamelons, les canaux qui aboutissent à chacun d'eux sont complètement séparés dans l'organe. Tous ces canaux aboutissent dans le mamelon à un réservoir commun qui a reçu le nom de *sinus galactophore.*

GALACTOPOIÈSE, s. f., *Galactopoïesis*, de γαλα, lait, et ποιειν, faire; action de sécrétion du lait.

GALACTOPOIÉTIQUE, adj., *galactopoïeticus;* nom proposé pour désigner les substances qui jouiraient de la propriété d'augmenter la sécrétion du lait. Aucun fait n'est venu démontrer jusqu'ici qu'une substance, autre que les aliments très nutritifs, jouisse réellement de cette propriété précieuse.

GALACTOPOSIE, s. f., de γαλα, γαλαχτος, lait, et ποσις, boisson ; traitement des maladies par l'emploi du lait.

GALACTORRHÉE, s. f., *Galactorrhœa;* de γαλα, lait, et ρεω, couler; écoulement surabondant du lait.

GALACTOSE, s. f., de γαλα, γαλαχτος, lait; changement du lait en chyle.

GALACTURIE, s. f., *Galacturia;* de γαλα, lait, et ουρον, urine; évacuation d'urine lactescente.

GALANGA, s. m. ; nom donné en pharmacie à deux racines ou tiges souterraines, très voisines des gingembres, et fournies par le *maranta galanga*, L.; plante amomée qui croît dans l'Inde et l'Amérique. Elles

sont noueuses, articulées, marquées de franges circulaires, brunes au-dehors, fauves à l'intérieur, d'une odeur et d'une saveur aromatiques analogues à celles du gingembre. On en connaît deux variétés : le *grand galanga* ou de l'Inde, et le *petit galanga* ou de la Chine; ce dernier est le plus actif. Ces deux racines sont excitantes et stomachiques, et s'emploient dans les mêmes cas que le gingembre dont elles offrent à peu près la composition chimique. *V.* GINGEMBRE.

GALANTHINE, s. f., *Galanthus*, L.; genre de la famille des Amaryllidées. L'espèce la plus commune est le *G. nivalis*, G. perce-neige, Galant-d'hiver, quelquefois très répandue dans les prairies ombragées, et dont les jolies fleurs blanchâtres s'épanouissent dans nos contrées dès le mois de février. Les bulbes de cette plante sont âcres et vénéneux.

GALBANUM, s. m.; nom pharmaceutique d'une gomme-résine fournie par le *bubon galbanum*, L. ; plante ombellifère, originaire du Cap de Bonne-Espérance, et cultivée en Syrie et en Perse. Elle est en *larmes* ou en *sorte*, de couleur jaunâtre, ténace, se ramollissant sous les doigts, d'une odeur forte et vireuse, d'une saveur amère et âcre. Le galbanum est formé de résine, d'arabine, de bassorine, d'huile volatile, etc. Il est antispasmodique et fondant; mais il est rarement employé, même chez l'homme ; on lui préfère l'assa-fœtida et la gomme ammoniaque qui jouissent des mêmes propriétés et qui sont plus répandus dans le commerce.

GALBULE, s. m., *Galbulus*; cône à écailles élargies à leur sommet, libres ou soudées ; ex. : le fruit du Cyprès.

GALE, s. f., *Galla, scabies*, ψωρα; éruption contagieuse, caractérisée par des vésicules transparentes au sommet, renfermant un fluide séreux, accompagnées de démangeaisons. Cette maladie peut se déclarer sur tous les animaux domestiques ; on l'observe souvent sur le cheval, le mouton, le chien et le chat. Elle se développe dans tous les climats et toutes les saisons, principalement par l'effet de la misère et de la malpropreté. La facilité avec laquelle la gale peut se transmettre à fait croire qu'elle peut être épizootique, mais il n'en est rien ; c'est par la contagion qu'elle se propage. Sa cause principale est l'*acare* ou *sarcopte ;* c'est là du moins l'opinion de la plupart des auteurs qui ont écrit sur la gale de l'homme. L'existence de l'acarus est bien démontrée pour les animaux, mais on ne peut pas toujours constater sa présence. Huzard fils distingue, sous ce rapport, une gale *par acare*, une gale *organique*, une gale *symptomatique*. On a regardé comme l'agent principal de la contagion le *virus psorique*, qui consiste dans la sérosité des vésicules. — La gale se transmet facilement parmi les individus d'une même espèce, parmi les solipèdes et les carnivores. On a avancé qu'elle peut se transmettre du cheval à tous les animaux, sans qu'on en ait donné la preuve. Quelques faits semblent constater la possibilité de cette transmission des animaux à l'homme ; mais ils ne sont pas assez nombreux pour décider la question.

GALE DU CHEVAL. On la distingue en *récente, ancienne* et *constitutionnelle*. Le plus souvent sporadique, elle se transmet d'un solipède à un autre avec une grande facilité. Elle affecte fréquemment les chevaux entiers qui ne servent pas à la reproduction, les étalons privés de la saillie. Les fourrages peu substantiels, vasés, détériorés, sont des causes prédisposantes ; des enzooties ou épizooties de gale ont été produites par une mauvaise alimentation. Dans ce cas, on a donné à cette affection le nom de *symptomatique*, comme étant la suite d'une irritation gastro-intestinale. La contagion s'exerce par le contact des harnais, des instruments de pansage, la cohabitation, et par la présence de l'acare. Elle se montre sous l'aspect de vésicules, suivies de prurit, mais dont la forme primitive est promptement altérée par le frottement. La gale de l'encolure, nommée vulgairement *rouvieux*, apparaît dans la crinière et produit fréquemment des foyers purulents, des ulcères. Sur les membres, elle se montre dans le pli des articulations, à la face interne ; elle envahit souvent la base de la queue. Quelquefois on rencontre des *acares* (*V*. ce mot). On distingue deux variétés : la gale *humide* et la gale *sèche*, dite encore *prurigineuse*. Le diagnostic n'est pas facile ; toutes les maladies de la peau causant une vive démangeaison, certaines dartres, entre autres, peuvent produire des méprises. Rarement mortelle, la gale du cheval cause des complications qui sont : le furoncle, le thrombus, les eaux aux jambes, l'éléphantiasis, la morve, le farcin ; par sa répercussion, des phlegmasies mortelles des organes respiratoires et digestifs sont les terminaisons les plus fâcheuses. Généralement on se borne au traitement externe, pour lequel on a préconisé de nombreux topiques, parmi lesquels les préparations soufrées paraissent mériter la préférence. Le soufre est appliqué sous différentes formes ; les plus usitées sont la pommade d'Helmeric, la pommade soufrée cantharidée, les lotions avec la dissolution concentrée de sulfure de potasse. On a recommandé l'onguent mercuriel, l'onguent citrin, la pommade de biiodure de mercure. Les acides, les chlorures, les arsénicaux, le goudron, l'huile de cade, le mélange de goudron et de savon vert sont usités contre la gale du cheval. Enfin, on emploie l'onguent vésicatoire dans le but de substituer une inflammation bulleuse à une inflammation psorique. A l'intérieur, on donne avec avantage les antimoniaux à haute dose.

GALE DU BOEUF. Elle a été peu étudiée ; on l'a constatée en 1814 sur les bœufs hongrois importés par l'invasion étrangère. Ses caractères consistent dans des vésicules multipliées, un prurit violent.

GALE DU MOUTON. Les vésicules sont plus petites que celles du cheval ; la peau présente une rougeur marquée. Les mérinos et les troupeaux du Midi sont attaqués plus souvent que les moutons de la Normandie et de la Sologne. Il n'est pas possible de révoquer en doute la contagion. M. Waëz, vétérinaire allemand, a décrit les caractères de l'acare du mouton. Les symptômes consistent dans le prurit, l'apparition des vésicules, l'altération de la toison, qui tombe par flocons. La maigreur, le marasme atteignent les bêtes qu'on néglige ; la diarrhée ou la pourriture viennent produire la mort. Quand il s'agit d'un grand nombre de malades, le traitement hygiénique doit être observé. Contre la gale récente on emploie les antipsoriques simples, l'eau salée, la décoction de tabac, l'huile de cade ; mais plusieurs de ces moyens ont l'inconvénient de tacher la toison. D'après les observations les plus modernes, le bain ferroso-arsénical de Tessier serait le moyen le plus efficace, et son emploi ne présente pas les dangers qu'on lui supposait.

GALE DU PORC, nommée vulgairement *Rogne*. Cette maladie a été décrite par Viborg et Pradal. Elle est caractérisée par des vésicules qui se développent aux aisselles, à la face interne des membres. Le prurit porte l'animal à se frotter ; de là des plaies galeuses qui suppurent beaucoup et rendent la gale difficile à guérir. On traite la gale récente par une décoction de tabac ou d'hellébore blanc, par la dissolution de sulfure de potasse. Pradal recommande, contre la gale invétérée, la pommade suivante : axonge 300 grammes ; soufre sublimé, 60 grammes ; euphorbe en poudre, 8 grammes.

GALE DU CHIEN. Elle se transmet facilement par la cohabitation ; elle passe pour être héréditaire. On a reconnu la gale *organique*, la gale *par acare*, et la gale *rouge*. Cette maladie se développe le plus souvent le long de la colonne dorsale, sous le ventre, à la face interne des membres. C'est à la gale des parois du ventre qu'on a donné plus particulièrement le nom de gale *rouge*. Quand la gale est ancienne, toutes les parties du corps sont envahies ; la peau s'altère profondément et produit quelquefois l'éléphantiasis. La gale récente peut être guérie par les lotions ou les bains contenant du sulfure de potasse, par les frictions avec la pommade d'Helmeric. Contre la gale ancienne, on emploie avec avantage le bain de Tessier, la pommade soufrée cantharidée, la pommade de biiodure de mercure et l'onguent vésicatoire. On administre des purgatifs de temps en temps.

GALE DU CHAT. Elle affecte principalement la tête et les oreilles ; rarement elle envahit les parties postérieures du corps. Le meilleur traitement consiste dans quelques lotions avec la solution concentrée de nitrate d'argent.

GALEGA, *V.* LAVANÈSE.

GALÉIFORME, adj., *galeiformis*, de *galea*, casque, et *forma*. forme ; en forme de casque ; ex. : le pétale supérieur des aconits, etc.

GALÈNE, s. f., *Galena* ; nom minéralogique du sulfure naturel de plomb, qu'il soit simple ou argentifère. *V.* SULFURE.

GALÉNIQUE, adj., *galenicus* ; qui a rapport à la doctrine de Galien ; *doctrine galénique* ou *galénisme* : variété de l'humorisme ancien. *Pharmacie galénique* : partie de cette science, qui traite des médicaments préparés par simple mélange, comme les onguents, les pommades, les cérats, les poudres, etc. *Médicaments galéniques* : ceux qui sont composés par le mélange de plusieurs substances en proportions non définies, et dont la composition définitive est peu connue. — On appelle, par opposition, *médicaments chimiques*, ceux qui se préparent par réaction et dont la composition est définie et constante.

GALÉOPE, s. m., *Galeopsis*, L. ; genre de la famille des Labiées. Les espèces de ce genre sont peu nombreuses : Benth. n'en admet que trois bien caractérisées. Deux d'entre elles, le G. ladanum, *G. ladanum*, et le G. tétrahit, *G. tetrahit*, sont très communes. Cette dernière surtout paraît suivre l'homme dans presque tous les lieux où il s'établit. Ces plantes n'ont aucune valeur.

GALÈRE, s. m. ; nom donné à un long fourneau en briques réfractaires, dans lequel on peut faire chauffer plusieurs vases à la fois. Il est employé pour l'extraction du soufre, de l'acide arsénieux, pour la sublimation des sels volatils, etc.

GALETS, s. m. ; fragments de roches sphériques ou lenticulaires, de grosseurs diverses. formés antérieurement à notre époque par le mouvement des eaux. Les galets sont vulgairement appelés *cailloux roulés*. Par leur division, ils forment le gravier.

GALIET, *V.* GAILLET.

GALIPOT, s. m. ; térébenthine concrète qui s'est solidifiée sur l'arbre même par l'évaporation spontanée de son essence. Elle n'a pas d'usage médicinal.

GALLATE, s. m. ; genre de sels formés par la combinaison de l'acide gallique avec les bases. Le plus important est le gallate de fer, qui, mélangé au tannate de la même base, constitue l'encre à écrire, lorsqu'il est en suspension dans l'eau gommeuse.

GALLE, *V.* NOIX DE GALLE.

GALLIQUE, *V.* ACIDE GALLIQUE.

GALLINACÉS, s. m. p., *Gallinœ* ; ordre d'oiseaux renfermant la plupart de nos oiseaux de basse-cour, et présentant les caractères suivants : bec fort, un peu arqué ; pieds robustes propres à la marche ; port lourd ; ailes courtes ; sternum fortement échancré ; sou-

vent des caroncules à la tête. Les gallinacés sont essentiellement polygames. Genres principaux : *Dindon, Coq, Paon, Pintade, Perdrix*, etc.

GALLOWAY (Race de) ; race bovine des districts de l'ouest de l'Ecosse. Les animaux de cette race ont une taille petite, des formes ramassées, des membres courts, charnus, une robe généralement noire ; leur poids moyen n'atteint pas 400 kilog. Ils sont sans cornes dans les deux sexes. La race galloway est rustique, d'un bon entretien, et fournit une chair et une graisse très estimées en Angleterre ; 20 à 25,000 têtes de ce bétail sont annuellement vendues sur les marchés de Smithfield et autres. Le lait des vaches est bon, mais peu abondant. On dit que la race de la Tees, qui a servi à former les Durham, a sa souche dans une vache galloway.

GALOP, s. m. ; allure très rapide dans laquelle le cheval est supporté successivement par un pied de derrière, un bipède diagonal et un pied de devant, puis reste sans support un instant, pour retomber de nouveau sur les mêmes appuis. Les battues dans un pas complet du galop sont donc au nombre de trois, séparées de celles du pas suivant par un certain intervalle. Le cheval galope à droite ou à gauche, suivant que le pied droit ou le pied gauche marque sa piste plus en avant. Le galop peut être *faux* ou *désuni* (*V.* ces mots). — Dans le galop de *manége* ou à *quatre temps*, les battues des deux pieds du bipède diagonal sont séparées par un intervalle. — Le *galop de course* n'est que le galop à trois temps, très allongé et exécuté très près de terre.

GALOPADE, s. m. ; air bas, encore appelé *galop de manège*, *d'école*, consistant en un galop à trois temps, raccourci et cadencé, dans lequel le cheval se ramasse en quelque sorte et enlève plus le devant que dans le galop ordinaire.

GALVANIQUE, adj. ; qui a rapport au galvanisme ; *fluide, électricité galvaniques*. *V.* GALVANISME.

GALVANISATION, s. f. ; nom donné dans les arts au zincage du fer ou à l'action de recouvrir les objets en fer d'une couche légère de zinc pour les préserver de l'oxydation. On peut se servir du même mot pour désigner l'opération qui consiste à mettre en contact un métal *positif* avec un métal *négatif* pour empêcher l'oxidation de ce dernier ; ex. : fer, zinc avec le cuivre.

GALVANISME, s. m., *Galvanismus* ; *électricité voltaïque*, *électricité de contact* ; nom d'une variété d'électricité qui se développe par le simple contact de deux corps hétérogènes. Elle est ainsi nommée parce que Galvani, professeur d'anatomie à Bologne, en fit la découverte en 1789. Il remarqua des contractions violentes sur une grenouille récemment dépouillée, toutes les fois qu'on faisait communiquer les muscles de la cuisse avec les nerfs lombaires, au moyen d'un arc métallique. Galvani donna à l'électricité qui se manifeste par ce procédé le nom d'*électricité animale*, parce qu'il la croyait produite par les muscles de la grenouille, qu'il comparait à des bouteilles de Leyde, leur surface extérieure étant négative et leur intérieur à l'état positif; l'arc métallique, en mettant en communication l'extérieur avec l'intérieur du muscle par l'intermédiaire du nerf, ne fait donc que remplir le simple rôle de conducteur, comme les excitateurs ordinaires dans la décharge des condensateurs. Plus tard, Volta, après un examen attentif du phénomène, renversa la proposition admise par Galvani, et adopta comme principe: que c'est au contact des métaux qui constituent l'arc excitateur que l'électricité prend naissance, et non pas dans les organes de la grenouille, qui ne seraient que des conducteurs d'une grande sensibilité. Après une polémique mémorable, qui s'établit entre les deux savants italiens, la victoire resta définitivement à Volta, dont les idées furent généralement adoptées. Selon ce physicien célèbre, le simple contact des deux substances hétérogènes, et notamment des métaux, déterminerait le développement d'une force spéciale appelée *électro-motrice*, et qui jouirait de la triple propriété de *décomposer* le fluide neutre des deux corps en contact, de *distribuer* les fluides de nom contraire qui en résultent sur chacun de ces corps, et de s'*opposer* à leur recomposition. Depuis un certain nombre d'années, cette dernière partie de la théorie de Volta a été modifiée; le contact de deux corps hétérogènes est toujours considéré comme la condition essentielle du développement de l'électricité galvanique, mais la force électro-motrice n'est plus admise; on attribue ses effets aux réactions chimiques qui se développent au point de contact des deux métaux. Le galvanisme a donc suivi trois phases principales, et son développement a été attribué à trois genres de causes: une *physiologique* (Galvani); une *physique* (Volta), et une *chimique* (les chimistes et physiciens actuels). L'électricité galvanique n'est pas d'une nature différente de l'électricité statique; seulement, la cause toujours active de son développement et la construction toute spéciale des appareils où elle se produit (*V.* Pile), amènent quelques différences dans son mode de manifestation. Ainsi, l'électricité statique à l'état de liberté, présente une tension considérable et ne peut se neutraliser qu'en produisant une étincelle plus ou moins violente; l'électricité voltaïque, au contraire, ne manifeste aucune tension, et l'équilibre s'établit sans phénomènes visibles aussitôt qu'on la fait communiquer avec une électricité de nom contraire, par un conducteur métallique; et de plus, le courant, une fois établi, continue toujours paisiblement parce que la source est elle-même continue, tandis que, dans les appareils de l'électricité ordinaire, la décharge est brusque et instantanée. Quant aux effets *physiologiques*, *physiques*, *chimiques*, de l'électricité galvanique, ils seront examinés à l'article Pile voltaïque. — *Bot.* L'action d'un courant galvanique peut se faire sentir sur la végétation de deux manières différentes: 1° lorsqu'il traverse la partie du sol qui environne immédiatement la plante; 2° quand il est appliqué au végétal lui-même. Dans le premier cas, la décomposition des éléments minéraux peut donner lieu à la formation de composés acides ou alcalins qui, presque toujours, détruisent la plante ou mettent obstacle à la végétation. Si aucune décomposition n'avait lieu, l'effet du courant sur le végétal serait nul. Lorsque la plante elle-même sert de conducteur, voici ce qu'on observe: si le pôle positif touche les racines, les liquides qu'elles absorbent sont acides, et le végétal ne tarde pas à mourir si l'effet se prolonge; dans le cas contraire, les liquides prennent le caractère alcalin, et s'ils sont en faible proportion, la végétation est sensiblement activée sans inconvénient. Les effets d'un courant, appliqué dans un point de la tige, sont nuls ou contraires à la végétation. Ce qui précède, s'explique par cette seule circonstance, que les plantes, n'étant point naturellement le siège de courants électriques, l'électricité ne peut avoir sur elles d'action physiologique.

GALVANOMÈTRE, s. m., *Galvanometrum*; instrument destiné à mesurer l'intensité d'un courant galvanique, ainsi que l'indique son nom. Il est fondé sur l'action rotative qu'exerce un courant électrique sur une aiguille aimantée, *V.* Electro-dynamique. Cet effet rotatif est proportionnel à l'intensité du courant et au nombre de circonvolutions que le fil exécute autour de l'aiguille aimantée; de là le nom de *multiplicateur* qu'on donne aussi à cet instrument. Le galvanomètre de Schwelgger se compose d'un fil métallique très fin, de 15 mètres de longueur, garni d'un fil de soie très serré, afin d'isoler les tours du fil métallique; celui-ci est enroulé sur un cadre de bois dans lequel se trouve l'aiguille rotative, et reste libre à ses deux extrémités dans une longueur d'un à deux mètres; c'est ce qu'on nomme les *fils du galvanomètre*; le courant entre par l'un et sort par l'autre. Une aiguille aimantée, suspendue par un fil de coton, se meut comme un index sur un cadran divisé en 360°, tracés sur un plateau et le tout recouvert d'une cloche en verre. La déviation plus ou moins grande de l'aiguille de son méridien magnétique indique l'intensité du courant galvanique.

GALVANOPLASTIE, s. f., de *Galvani*, et de πλάσσειν, former; nom donné à une opération chimique qui consiste à faire déposer, sur un objet donné, une couche de métal, en dirigeant dans sa solution un courant d'électricité. Pour produire le courant électrique, on se sert d'un appareil simple ou complexe. Dans le premier cas, l'objet sur lequel le métal doit se déposer fait partie du circuit galvanique ; dans le second, la pile se trouve en dehors du bain à décomposer, et le moule est attaché au pôle négatif. Le pôle positif est mis en communication avec le bain métallique. — La couche métallique est adhérente ou non au moule selon qu'elle s'est déposée sur une face seulement ou sur toute la surface, et suivant aussi le procédé mis en usage. Quand la couche non adhérente est enlevée, elle reproduit avec une grande fidélité, mais en sens inverse, les reliefs et les enfoncements de l'objet sur lequel elle s'est déposée. Les procédés de cette opération, devenue industrielle, sont trop nombreux ou trop compliqués pour trouver place ici.

GAMOPÉTALE, adj., *gamopetalus*, de γαμος, union, mariage, et πεταλον, pétale ; se dit de la corolle composée de plusieurs carpelles soudés entre eux ; ex.: la corolle des Solanées. Elle diffère de la corolle *monopétale* en ce que celle-ci est formée d'un carpelle ou pétale unique.

GAMOPHYLLE, adj., *gamophyllus*, de γαμος, union, et φυλλον, feuille ; l'involucre est *gamophylle*, quand il est formé de plusieurs borales ou feuilles réunies. *V*. MONOPHYLLE.

GAMOSÉPALE, adj., *gamosepalus* ; se dit du calice formé par la réunion de plusieurs carpelles ou folioles, ex. : l'*œillet*, la *bourrache*. *V*. MONOSÉPALE.

GAMOSTYLE, adj., *gamostylus* ; synonyme de *monostyle*.

GANACHE, s. f. ; région de la tête, ayant pour base la branche du maxillaire inférieur, et se confondant en partie avec la portion supérieure de la joue. On dit le cheval *chargé de ganache*, lorsque cette région est épaisse, soit à cause du volume de l'os, soit à cause du développement des parties molles. L'écartement des ganaches, qu'il ne faut pas confondre avec cette disposition, laisse au larynx un large espace, et contribue à donner à la tête la forme carrée.

GANGLIFORME, adj., *gangliformis* ; qui a la forme d'un ganglion.

GANGLION, s. m., *Ganglion*, γαγγλιον ; petit corps de forme variable, appartenant au système lymphatique ou au système nerveux. — *Ganglions lymphatiques*. Ces petits corps, encore appelés *glandes lymphatiques* ou *glandes conglobées*, varient beaucoup de forme et de volume, et se trouvent placés sur le trajet des vaisseaux lymphatiques, recevant d'une part des rameaux dits *vaisseaux afférents*, et émettant de l'autre des canaux moins nombreux, dits *vaisseaux efférents* ou *déférents*. On les rencontre surtout dans certains points, tels que la partie supérieure ou la base du mésentère, l'aine, l'auge, la base du poumon. L'injection au mercure démontre leur vascularité aux deux points où se terminent les vaisseaux ;

mais elle n'apprend rien sur la texture de leur partie moyenne. Ils reçoivent des vaisseaux sanguins et des nerfs, et sont regardés comme des centres de réunion pour les vaisseaux lymphatiques, dont ils modifient le contenu. — *Ganglions nerveux*. Plus petits et plus durs que les ganglions lymphatiques, de couleur généralement grisâtre ou rougeâtre, ils servent de points de réunion aux nombreux rameaux du système nerveux, et se trouvent partout au point de contact du système cérébro-spinal et du grand sympathique. On les a regardés comme de petits centres nerveux spécialement destinés au système de la vie végétative. On les considère même comme une espèce de barrière, arrêtant l'action des nerfs de la volonté sur les organes de la vie organique. Les ganglions nerveux sont nombreux ; la plupart tirent leur nom de leur position et des organes auxquels ils appartiennent, ex.: *ganglion orbitaire*, *guttural*, *mésentérique*, etc.; d'autres ont conservé le nom des anatomistes qui les ont découverts, ex. : *ganlion de Jacobson*, de *Meckel*, de *Gasser*. — Dans les animaux invertébrés, les ganglions sont les seuls centres nerveux, et sont distribués de distance en distance, suivant l'axe longitudinal du corps, reliés entre eux par des filets nerveux. Le plus voisin de la tête est considéré comme étant le cerveau ; c'est de lui qu'émanent les filets qui vont aux yeux, aux mâchoires, aux antennes, etc. — *Path*. Petite tumeur arrondie, indolente, ayant les caractères du kyste, et se développant sur le trajet des tendons. Dans le cheval, on observe surtout les ganglions sur les tendons fléchisseurs des membres de devant. Ils résultent ordinairement des efforts produits pendant les allures vives ; quelquefois ils sont occasionnés par des contusions. Ils sont plus communs sur les chevaux de selle et principalement sur ceux qui sont long jointés. Ces tumeurs sont formées par un fluide albumineux contenu dans un kyste, qui communique avec la gaine tendineuse. Lorsqu'elles sont volumineuses, leur présence occasionne une boiterie, qui diminue d'intensité pendant l'exercice. Les ganglions ne peuvent pas être guéris d'une manière complète. On fait diminuer leur volume par l'emploi des fondants, surtout par la pommade de biiodure de mercure, par l'action du fer rouge. La compression n'est qu'un palliatif impuissant.

GANGLIONAIRE, adj., *ganglionaris* ; qui présente des ganglions. — *Système nerveux ganglionaire* : nom donné à l'ensemble des rameaux et ganglions du *grand sympathique*.

GANGLIONITE, s. f., *Ganglionitis* ; inflammation des glandes ou ganglions lymphatiques. Elle se montre principalement dans les affections scrofuleuses de l'espèce humaine. Terme inusité en vétérinaire.

GANGRÈNE, s. f., *Gangrena*, γαγγραινα, de γραω ou γραινω, je consume ; extinction complète de la vie dans une partie molle du corps, avec réaction sur les parties contiguës; le même phénomène observé dans les os porte le nom de *nécrose*. On désigne plus particulièrement sous le nom de *sphacèle*, la gangrène des extrémités. Il faut distinguer la gangrène de la *putréfaction*, qui n'est qu'un phénomène de décomposition consécutif; il faut éviter de la confondre avec l'*asphyxie locale*, qui n'empêche pas le retour de la vie dans les tissus. Marjolin classe de la manière suivante les causes de la gangrène : lésions mécaniques ou chimiques, contusions, caustiques, brûlures; lésions produisant une stupeur profonde ; inflammations de cause externe ; réfrigérants; maladies asthéniques; principes délétères, venins, piqûres anatomiques, charbon, typhus, seigle ergoté; interruption avec les centres nerveux et circulatoire, ligature, garrot, maladies organiques du cœur et des gros vaisseaux, anévrismes, ossifications d'artères; maladies générales, épizooties; idiosyncrasies ; gangrène sénile, métastases, crises. — Lorsqu'il y a abondance de fluides dans la partie gangrenée, la gangrène est dite *humide*; quand elle se dessèche, on dit qu'il y a *gangrène sèche*. Ce dernier caractère est fréquent dans la gangrène *sénile*, variété particulière à l'espèce humaine, et qui affecte seulement les vieillards. La gangrène est *traumatique*, lorsqu'elle est le résultat d'un accident, d'une opération, d'une cause physique appréciable. Elle est *externe* ou *interne*, suivant qu'elle est plus ou moins profonde; *locale* ou *partielle*, *générale*, suivant l'étendue qu'elle présente. — Les caractères *locaux* de la gangrène sont la privation de la sensibilité, du mouvement, l'abaissement de température, des changements dans la couleur, la consistance et autres propriétés physiques des tissus, une odeur fétide, l'emphysème. Comme phénomènes *généraux*, on observe des désordres dans les principales fonctions : la soif, la fréquence et la faiblesse du pouls, la teinte jaune des muqueuses et de la peau, la prostration des forces. La couleur des parties gangrenées varie suivant les organes affectés ; le liquide ichoreux qu'elles fournissent est irritant pour les tissus qui n'ont pas été envahis. — Lorsque la gangrène est limitée, comme dans le furoncle ou javart cutané du cheval, le travail éliminatoire produit, au bout de peu de jours, la chute d'une eschare plus ou moins fétide, qui laisse à découvert une plaie simple. Dans les gangrènes étendues, les douleurs cessent brusquement et font concevoir des illusions sur l'état des malades, qui ne tardent pas à succomber; ex. : gangrène du sabot, de l'intestin, etc. — Il est difficile de reconnaître la gangrène *interne* ou *intérieure*, à moins qu'elle n'envahisse quelque organe important comme le poumon. La gravité de cette affection varie suivant son étendue et les parties du corps qu'elle occupe. — Le traitement consiste à prévenir la gangrène, arrêter ses progrès, et favoriser la chute des parties mortifiées. On la prévient par les antiphlogistiques dans le cas d'inflammation violente, les excitants si l'on redoute un état asthénique, la cautérisation si l'on craint l'inoculation d'un principe délétère. On arrête ses progrès par des mouchetures, les scarifications, les lotions désinfectantes avec l'eau-de-vie camphrée, le chlorure de chaux, la décoction de quinquina. On favorise la chute des eschares par les cataplasmes maturatifs, l'application des vésicatoires. Le traitement interne comprend les diurétiques, les purgatifs, les toniques, les antiseptiques, les stimulants diffusibles, etc.

GANGRENEUX, adj., *gangrenosus;* qui concerne la gangrène, qui en a le caractère ; qui est affecté de gangrène.

GANGUE, s. f. ; nom donné en métallurgie et en minéralogie aux substances inutiles qui accompagnent un minerai. Elles peuvent être métalliques, siliceuses, argileuses, calcaires, etc. On en débarrasse, autant que possible, les minerais avant de les réduire.

GARANCE, s. f., *Rubia*, T. ; genre de la famille des Rubiacées. Caractères : calice petit, tétrafide ; corolle en roue, quadrilobée; style bifide ; fruit charnu composé de deux baies monospermes. Les plantes de ce genre sont généralement vivaces, à tiges hispides, à feuilles verticillées. Les espèces décrites sont au nombre de quarante environ. La principale est la G. des teinturiers, *R. tinctorum*, commune dans presque toute l'Europe, dans le Levant, et cultivée en France comme plante industrielle. La garance exige des terrains frais, meubles, profonds, riches ; on la cultive en semis ou en pépinières. Après deux ou trois ans, la racine est arrachée, desséchée et livrée au commerce. Quand on ne veut pas utiliser la graine, les fanes sont fauchées au moment de la floraison et données aux bestiaux. Un pied bien venu donne environ vingt kilogrammes de racine fraîche réduits à trois kilogrammes après dessiccation entière. La racine de garance renferme deux matières colorantes, l'*Alizarine* et la *Xanthine* ou *Purpurine* (*V.* ces mots), dont les proportions respectives sont variables. Ces couleurs sont solides ; on les emploie à la teinture en rouge-garance de la laine, du coton et des soies. Les produits du Levant sont préférés aux produits indigènes. La culture de la garance est ancienne, même dans notre pays. Elle occupe en France une superficie de 14,674 hectares, qui donnent environ 160,000 quintaux métriques de racine, estimés plus de 9,000,000 fr. Cette culture ne se fait que dans six départements ; Vaucluse en possède 9,515 hectares ; Bouches-du-Rhône, 4,143 ; Bas-Rhin, 727. — Les espèces *lucida*, *peregrina*, du même genre, croissent aussi en France.

GARANTIE, s. f. ; sûreté qui garantit une chose. On appelle *garantie de droit* celle qui est due naturellement, comme la possession paisible de la chose vendue. La *garantie conventionnelle* ou *garantie de fait* est celle qui n'a lieu qu'en vertu d'une convention. L'art. 1625 du code civil relatif à la garantie, est ainsi conçu : « La garantie que le vendeur doit à l'acquéreur a deux objets : le premier est la possession paisible de la chose vendue ; le second, les défauts cachés de cette chose ou les vices rédhibitoires. » La loi du 20 mai 1838 énumère, dans son art. 1er, les vices rédhibitoires admis pour les animaux domestiques. *V.* CAS RÉDHIBITOIRES.

GARDE-ÉTALONS, s. m. ; agent de l'administration des haras, chargé des détails de la monte, comme de présenter les étalons aux femelles, de faire exécuter la saillie, etc. — Dans l'ancien système des haras, le *garde-étalons* était un détenteur d'étalons appartenant à l'État, ou un propriétaire lui-même ; dans les deux cas, il jouissait de priviléges à la condition par lui d'employer à la reproduction et à l'amélioration de l'espèce les étalons dont il était possesseur ou détenteur. Le système des garde-étalons date de 1665. Il a été détruit en 1790, après avoir subi diverses modifications en 1668, 1683 et 1717. On n'en retrouve plus de traces que dans l'institution auxiliaire des primes pour les étalons approuvés et autorisés.

GARENNE, s. f., *Leporarium* ; lieu peuplé de lapins. Les lapins y vivent tantôt à l'état entièrement libre, d'autres fois dans un état demi-sauvage.

GARGARISME, s. m., *Gargarisma*, de γαργαρίζω, laver la bouche ; on donne ce nom à des préparations magistrales liquides, qu'on emploie pour laver l'intérieur de la bouche et le commencement du pharynx. Les animaux ne pouvant se gargariser eux-mêmes, on injecte les gargarismes dans la cavité buccale au moyen d'une seringue, ou on les promène sur la muqueuse de la bouche à l'aide d'un tampon d'étoupes, de linges fixés au bout d'un bâton, ou au moyen d'une éponge. Ils sont *émollients*, *astringents*, *tempérants*, *détersifs*, etc., et s'emploient contre les maladies inflammatoires, couenneuses, gangreneuses, aphteuses, de la bouche, ou dans le cas d'hémorrhagie de l'artère palato-labiale après la saignée au palais. Les gargarismes n'agissant, chez les animaux, que dans la bouche, ils méritent plutôt le nom de *collutoires* (*V.* ce mot.)

GARGOUILLEMENT, s. m. ; bruit produit par le passage de l'air à travers un liquide. On donne ce nom au bruit de l'eau dans les intestins. — Bruit que l'on perçoit par l'auscultation du poumon atteint de gangrène ; synonyme de *râle caverneux*.

GARONNAIS, *V.* AGÉNAIS.

GAROU, s. m. ; nom pharmaceutique de l'écorce de plusieurs arbustes du genre *Daphne*, et notamment du *daphne gnidium*, L.., appelé vulgairement *bois gentil*, *sain-bois*. Cette écorce se trouve dans le commerce en lanières longues et tenaces, pliées par le milieu et réunies en bottes ; elles sont grisâtres à l'extérieur, avec un épiderme soyeux et des rides transversales ; la face interne est d'un jaune paille et crevassée longitudinalement ; l'odeur en est nauséeuse et la saveur âcre et brûlante. La composition chimique de cette écorce est assez compliquée ; elle renfermerait de la cire, plusieurs résines ou sous-résines, de la matière colorante jaune, de l'extractif, de la gomme, et de la *daphnine* qui parait en être le principe actif. Macérée dans du vinaigre pendant un certain temps, cette écorce agit avec force sur les tissus ; appliquée sur la peau, elle la rubéfie, puis produit des phlyctènes ; aussi peut-elle être employée à la confection d'onguents et de pommades épispastiques ; cependant, en médecine vétérinaire, on n'en fait guère usage que comme trochisque ou pour animer les sétons, en en attachant un fragment sur la mèche de ces exutoires.

GARROT, s. m. ; région du tronc, ayant pour base les apophyses épineuses des premières vertèbres dorsales et plusieurs plans musculeux dirigés dans différents sens. Le garrot doit être élevé et sec. Son élévation donne plus de puissance au ligament cervical, ainsi qu'aux muscles qui se portent de ce ligament à l'encolure ou au membre antérieur, en même temps qu'elle empêche la selle de se porter trop en avant, et de gêner ou de blesser les épaules et le sommet du garrot. Un garrot épais ou gras est toujours bas et se blesse facilement : accident très fâcheux, car la complication anatomique du garrot rend les blessures de cette région très dangereuses. — Le garrot du bœuf est bas et large, portant une bosse dans certaines espèces sauvages. — *Chirurg.* Instrument destiné à intercepter la circulation dans une partie où l'on doit porter l'instrument tranchant. Il est très employé pour les opérations à faire sur le pied de cheval ; c'est alors un ruban de fil qu'on serre fortement autour du paturon. Le garrot ordinaire, usité en chirurgie humaine, se compose d'un petit cylindre de bois et d'une bande semblable à une ligature, qu'on fixe autour d'un membre ; le cylindre de bois sert à tordre le lien ; un aide peut à volonté graduer la compression. — Ce moyen hémostatique est préférable au tourniquet, parce qu'il intercepte plus complétement le cours du sang ; on ne doit le mettre en usage que momentanément. Si l'on oubliait d'en débarrasser l'animal, la gangrène serait la suite de son action continue.

GARRYACÉES, s. f., *Garryaceæ* ; petite famille de plantes dicotylédones, voisine des Urticacées, formée par Lindley pour le seul genre *Garrya*, et adoptée par Jussieu. Le genre *Garrya* n'est composé, à son tour, que d'une seule espèce, le *G. elliptica*, arbrisseau toujours vert, de la Californie.

GASCONNE (Race bovine). Elle existe dans le département du Gers et s'irradie dans les départements voisins. On la distingue aux caractères suivants : taille de 1 m. 35 cent. à 1 m. 45 cent. ; robe brune ; tête, oreilles et épaules de couleur plus foncée ; mufle noir entouré, ainsi que les yeux, d'une auréole blanche ; tête courte, carrée ; mufle évasé, lèvre supérieure grosse ; cornes courtes, fortes à la base ; encolure fournie, fanon ondulé et large ; corps court, côtes arrondies, poitrine large, ventre volumineux, croupe un peu étroite ; membres courts et forts, pied petit et solide ; aplomb parfait ; peau rude, épaisse, pesante ; viande dure. Poids net 300 à 350 k. Les vaches, assez bien conformées, sont petites et très médiocres laitières. Le bœuf gascon est rustique et très propre au travail ; il peut, mieux que tout autre, résister à la chaleur ; mais il a besoin d'une nourriture abondante et substantielle.

GASTÉRANGEMPHRAXIE, s. f., *Gaste-rangemphraxis*, de γαστήρ, estomac, αγχος, fond, et εμφρασσειν, obstruer ; obstruction du pylore.

GASTÉROPODES, s. m. p., *Gasteropodes*, de γαστήρ, ventre, et πους, ποδος, pied ; classe de mollusques qui rampent sur le ventre ou partie inférieure du corps. Les gastéropodes sont les mollusques les plus nombreux ; l'*Escargot*, la *Limace*, sont les plus communs de ces animaux.

GASTRALGIE, s. f., *Gastralgia*, de γαστήρ, estomac, et αλγος, douleur ; douleur de l'estomac due à un état nerveux, généralement inappréciable dans les animaux, qui ne peuvent accuser de semblables souffrances, *V.* GASTRITE.

GASTRICITÉ, s. f. ; embarras gastrique.

GASTRIQUE, adj., *gastricus*, de γαστήρ, estomac ; qui appartient à l'estomac. *Artère gastrique* : la moins considérable des trois branches de la cœliaque ; cette artère gagne la petite courbure de l'estomac, où elle se divise en *gastrique antérieure* ou *gauche*, et *gastrique postérieure* ou *droite*. Quelquefois ces deux artères naissent chacune isolément de la cœliaque. — *Veines gastriques* : leurs rameaux suivent le trajet des artères ; la *droite* se jette dans la veine grande mésentérique, et la *gauche* dans la splénique. — *Nerfs gastriques* : rameaux de terminaison du nerf de la dixième paire, ou pneumo-gastrique. — *Plexus gastrique* : portion du plexus cœliaque. — *Suc gastrique* : fluide particulier, produit d'une sécrétion spéciale de la muqueuse de l'estomac, et destiné à l'animalisation et à la dissolution des substances alimentaires ingérées. Le suc gastrique est toujours mélangé avec la salive avalée et les mucosités stomacales. On ne peut donc l'obtenir dans un état de pureté complète pour l'analyser. On le trouve toujours un peu trouble, de saveur salée, d'une odeur aigre, et donnant, par le papier de tournesol, des traces d'acidité. Quoique très putrescible hors de l'estomac, il empêche ou même il arrête la putréfaction des substances introduites dans ce viscère.

GASTRIQUE (Fièvre). Quelques vétérinaires ont donné ce nom à une réunion de symptômes qui se rapportent à une affection primitive de l'estomac et des intestins ; de sorte qu'on pourrait la considérer comme une gastro-entérite. Synonymie : *fièvre gastrique bilieuse*, *fièvre bilieuse* ou *méningo-gastrique*. On regarde cette maladie comme rare dans les animaux. Elle est sporadique ou épizootique. Tous les irritants du tube digestif sont susceptibles de la produire ; elle apparaît plus fréquemment sur les chevaux pendant les fortes chaleurs de l'été. Les premiers symptômes sont ceux de l'embarras gastrique : l'appétit est nul ; le pouls est fréquent ; il y a des frissons auxquels succède une chaleur générale ; les excréments sont secs, noirâtres. Des symptômes nerveux viennent parfois compliquer cet état maladif. On a dit que la fièvre gastrique était intermittente. Sa durée ordinaire est de cinq à dix jours. Le traitement à employer est le même que pour la gastrite et la gastro-entérite.

GASTRITE, s. f. ; *Gastritis*, de γαστήρ, estomac ; inflammation de la membrane muqueuse de l'estomac. Cette affection est obscure et difficile à caractériser dans les solipèdes ; elle est plus facile à diagnostiquer sur les carnivores. La gastrite est *aiguë* ou *chronique*. — 1° *Gastrite aiguë* : elle est produite dans le cheval par les fourrages altérés, les plantes irritantes, par toutes les causes qui troublent ou suspendent la digestion stomacale. Les herbivores contractent cette maladie moins souvent que les autres animaux, sans doute à cause de l'uniformité de leur régime alimentaire. Les carnivores sont atteints de gastrite après l'administration d'une substance irritante, d'un poison ; souvent ils en sont affectés spontanément. Parmi les causes communes, il faut placer les variations brusques de température, les indigestions répétées, etc. Dans le cheval, les principaux symptômes de la gastrite sont l'inappétence, la chaleur de la muqueuse buccale ; le pouls plein et dur devient plus tard petit, irrégulier. Fréquemment des symptômes nerveux se présentent et dénotent des complications du côté du cerveau ; on dit alors qu'il y a *vertige abdominal* ou *gastro-encéphalite* (*V.* ces mots). On observe dans le chien des vomissements fréquents, qui sont très rares dans les herbivores monogastriques. Les terminaisons de la gastrite aiguë sont la guérison, le passage à l'état chronique et la mort. A l'autopsie, on peut rencontrer sur la muqueuse stomacale différents degrés d'altération, une coloration plus ou moins intense, l'induration des membranes, leur ramollissement. Dans la gastrite aiguë, on emploie la saignée générale, les boissons émollientes dans le début, et, vers la fin, les dérivatifs, les laxatifs ou purgatifs légers. Le traitement de la gastrite, pour les carnivores, se compose de boissons gommeuses, de lavements émollients. Les applications de sangsues, à la région de l'épigastre, sont suivies d'une amélioration notable. Sur ces animaux, l'administration des vomitifs, entre autres de l'ipécacuanha, est un moyen de guérison qui réussit fréquemment en modifiant l'état morbide de la muqueuse stomacale. — On est peu avancé sur l'étude de la gastrite dans les ruminants, qui ne vomissent pas; chez eux aucun symptôme particulier ne dénote l'inflammation de la caillette, qu'on peut considérer comme le véritable estomac. — 2° *Gastrite chronique* : dans l'espèce humaine, elle est plus fréquente que la gastrite aiguë; sur les animaux, on l'observe bien plus rarement, peut-être parce qu'il est difficile de la constater. Elle est primitive ou succède à l'état aigu; elle peut se terminer d'une manière funeste. La gastrite chronique réclame non la diète, mais une alimentation légère et des soins hygiéniques. Les exutoires ou sétons sur les parties voisines de l'abdomen sont employés avec avantage, lorsque la gastrite dure trop longtemps.

GASTRITIS; synonyme de *Gastrite*.

GASTRO-ADYNAMIQUE, adj.; qui a rapport à l'estomac et à l'adynamie. *V.* TYPHUS.

GASTRO-ARACHNOIDITE, s. f.; inflammation de l'estomac et de l'arachnoïde.

GASTRO-ATAXIQUE, adj.; qui appartient à l'estomac et à l'ataxie.

GASTRO-BRONCHIQUE, adj.; qui appartient à la *gastro-bronchite*.

GASTRO-BRONCHITE, s. f.; inflammation de l'estomac et des bronches, *V.* GASTRITE et BRONCHITE. Nom donné à la maladie des chiens observée dans le jeune âge, *V.* MALADIE.

GASTROBROSIE, s. f., *Gastrobrosia*, de γαστηρ, estomac, et βρωσκω, je ronge; perforation de l'estomac.

GASTRO-CARDITE, s. f.; inflammation de l'estomac compliquée de l'irritation du cœur.

GASTROCÈLE, s. f., *Gastrocele*, de γαστηρ, ventre, et κηλη, tumeur; hernie formée par l'estomac. Elle n'a pas été observée dans les animaux.

GASTRO-CÉPHALITE, s. f., de γαστηρ, ventre, et κεφαλη, tête; inflammation de l'estomac compliquée de celle du cerveau, *V.* GASTRO-ENCÉPHALITE.

GASTRO-CNÉMIENS, s. m. p. et adj., *Gastrocnemii*, de γαστηρ, ventre, et κνημη, jambe; nom donné au muscle bifémorocalcanéen, ou premier extenseur du métatarse.

GASTRO-COLIQUE, adj., *gastro-colicus*, de γαστηρ, estomac, et κωλον, colon; qui appartient à l'estomac et au colon. *Epiploon gastro-colique*, *V.* EPIPLOON.

GASTRO-COLITE, s. f., de γαστηρ, estomac, et κωλον, colon; inflammation de l'estomac et de l'intestin colon.

GASTRO-CONJONCTIVITE, s. f., *Gastro-conjunctivitis*, de γαστηρ, ventre, estomac, et *conjunctiva*, conjonctive; inflammation de

l'estomac et de la muqueuse oculaire. On a donné ce nom à une gastro-entérite épizootique qui se montre chaque année pendant les fortes chaleurs de l'été, sur les animaux de l'espèce chevaline. Cette maladie a été étudiée par Girard, Rainard, Delafond, etc. Elle se montre ordinairement dans les départements du Rhône, de la Loire, de l'Ain, de l'Isère, dans le midi de la France; elle attaque surtout les animaux qui ne sont pas acclimatés. Les symptômes se montrent d'une manière subite : tout-à-coup les malades refusent de manger et perdent une partie de leurs forces; la peau est sèche et brûlante. On trouve la bouche chaude, enduite d'un mucus filant; la langue et les dents présentent un enduit fuligineux; la soif est intense; les excréments sont durs et marronnés. Des borborygmes fréquents se font entendre; il n'y a pas de coliques. La colonne dorsale est raide, inflexible à la pression des doigts. Les paupières sont tuméfiées, enduites de chassie; la conjonctive est d'un rouge foncé; l'œil conserve sa transparence. S'il y a complication d'hépatite, la muqueuse oculaire est d'un rouge safrané. Quelquefois il y a complication de pneumonie. Les battements du cœur sont plus forts qu'à l'état normal; le pouls varie de 60 à 100 pulsations. On observe des accès pyrétiques dans les moments du jour où la température atmosphérique est élevée; alors le malade est triste, le pouls est petit, plus accéléré et donne de 72 à 80 pulsations, le flanc bat 26 à 30 fois, les yeux sont fermés. Une fois l'accès terminé, le bien-être ne tarde pas à se montrer, pour disparaître le jour suivant à la même heure et sous la même influence. Lorsque la maladie doit se terminer par la mort, le pouls devient intermittent, saccadé; l'état de coma est de plus en plus prononcé; des symptômes nerveux et des mouvements désordonnés se font observer et précèdent la perte de l'animal. L'autopsie fournit des lésions gastro-intestinales. Le pronostic est peu fâcheux; la mortalité n'atteint que deux à trois chevaux sur cent. Les moyens de traitement sont débilitants, révulsifs, toniques, antispasmodiques, suivant les caractères particuliers de la maladie. Au début, il faut mettre en usage les saignées et les rafraîchissants; ces moyens suffisent ordinairement; dans le cas contraire, on applique le sachet émollient sur les lombes, ou la moutarde, pour ramener la souplesse de cette région. Les sétons sont dangereux comme dans toutes les affections aiguës de l'appareil gastro-intestinal. Dans les cas désespérés, on obtient de bons résultats par l'application de l'onguent vésicatoire sur la colonne dorso-lombaire. Si la convalescence paraît être longue, il est utile d'administrer le quinquina à la dose de 90 à 100 grammes par jour; on ajoute quelques grammes d'opium, lorsqu'on observe une toux quinteuse causée par la coïncidence de la bronchite.

GASTRO-CYSTITE, s. f.; inflammation

de l'estomac et de la vessie, *V.* Gastrite et
Cystite.

GASTRO-DERMITE , s. f., de γαστηρ ,
estomac, et δερμα, peau; inflammation de
l'estomac et de la peau.

GASTRO-DIDYME, *V.* Psodyme.

GASTRO-DUODÉNITE , s. f. ; inflammation de l'estomac et du duodénum.

GASTRODYNIE, s. f., *Gastrodynia*, de
γαστηρ, estomac, et οδυνη, douleur; douleur
d'estomac.

GASTRO-ENCÉPHALITE, s. f., *Gastro-
encephalitis*, de γαστηρ, estomac, et εγκηραλη,
encéphale; inflammation de l'estomac et de
l'encéphale. Nom donné à l'inflammation de
l'estomac compliquée de phénomènes nerveux. Cette maladie est plus généralement
connue sous le nom de *vertige abdominal*
(*V.* ce mot).

GASTRO-ENTÉRITE , s. f., *Gastro-ente-
ritis*, de γαστηρ, estomac, et εντερον, intestin ;
inflammation simultanée de la muqueuse de
l'estomac et de celle des intestins. C'est la
réunion de la gastrite et de l'entérite. On
distingue la gastro-entérite *aiguë* et la gastro-
entérite *chronique*. — 1° *Gastro-entérite aiguë du cheval.* Cette maladie existe fréquemment avec le caractère épizootique. Elle est
produite par des causes qui agissent directement sur l'estomac et l'intestin : les aliments
de mauvaise nature, les plantes irritantes,
les boissons altérées, les médicaments excitants. D'autres causes agissent d'une manière indirecte ; ce sont les influences atmosphériques, les grandes chaleurs, la répercussion des maladies éruptives. On voit la
gastro-entérite coïncider avec la plupart des
épizooties, entre autres le typhus, la fièvre
charbonneuse. Les symptômes sont les suivants : perte d'appétit; bouche chaude, pâteuse; raideur de la colonne dorsale; pouls
fréquent et peu développé. Cette affection
produit en outre des borborygmes, des coliques intenses. Elle se complique fréquemment de symptômes cérébraux, *V.* Gastro-
encéphalite. Quelquefois elle présente aussi
les caractères de l'ictère, et constitue la *gastro-
entéro-hépatite ;* la teinte jaune des muqueuses est due à des troubles dans la circulation de la bile, troubles résultant de
l'inflammation du duodénum. Dans les épizooties de gastro-entérite, il y a souvent
conjonctivite symptomatique , *V.* Gastro-
conjonctivite. Il n'est pas toujours facile de
distinguer la gastro-entérite aiguë des solipèdes, de la gastrite, ces animaux n'ayant
pas la faculté de vomir. Souvent on confondra avec cette maladie diverses espèces de
coliques dues à quelques variétés de l'entérite. On ne peut pas reconnaître exactement,
sur le malade vivant, les limites de l'inflammation, et savoir si l'intestin grêle ou le
gros intestin sont le siége de cet état morbide. La météorisation serait due plus particuliérement à la phlegmasie de l'intestin
grêle ; la diarrhée à celle du gros intestin. Les

lésions cadavériques consistent dans des
nuances diverses de la muqueuse gastro-
intestinale, depuis le rouge jusqu'au noir;
il y a de plus des érosions, des pétéchies,
des ulcérations de la muqueuse. Pour le traitement, on a recours aux antiphlogistiques :
ainsi les saignées, les lavements émollients ,
les sachets sur les lombes, les fomentations
émollientes, les boissons mucilagineuses avec
la décoction d'orge et de graine de lin, et la
diète. — 2° *Gastro-entérite chronique.* Elle
est quelquefois la suite de l'inflammation
gastro-intestinale aiguë. On l'observe principalement sur les chevaux épuisés par le travail, sur ceux qui reçoivent pendant longtemps de mauvais aliments. La maigreur, la
sécheresse des poils, l'adhérence de la peau,
la pâleur des muqueuses , la perte de l'appétit, la diarrhée, voilà les symptômes les
plus frappants. Sa marche est lente; elle
dure même pendant plusieurs mois et se termine souvent par la mort. A l'autopsie, on
trouve des changements dans l'épaisseur des
membranes intestinales, une couleur plombée
de la muqueuse, quelquefois des ulcérations
et l'engorgement des ganglions mésentériques. La saignée générale n'offre point d'avantages dans l'état chronique ; le plus souvent,
les émollients ne donnent point de succès.
Il est préférable de combiner, pour les boissons, les toniques et les astringents; il est
utile d'appliquer le vésicatoire sur les lombes.
— On observe également ces deux variétés
de la gastro-entérite dans les animaux des
espèces bovine et ovine, ainsi que dans les
carnivores. — La gastro-entérite complique
quelques fièvres , entre autres la fièvre
typhoïde, qui présente plusieurs symptômes de
l'inflammation gastro-intestinale, *V.* Typhus,
Typhoïde.

GASTRO-ENTÉRITE ÉPIZOOTIQUE ,
V. Gastro-conjonctivite.

GASTRO-ENTÉRO-COLITE , s. f. ; inflammation de l'estomac, de l'intestin grêle
et du gros intestin.

GASTRO-ENTÉRO-MÉNINGITE , s. f. ;
inflammation de l'estomac, de l'intestin et
des méninges.

GASTRO-ÉPIPLOÏQUE ou ÉPIPLOGAS-
TRIQUE , adj. , de γαστηρ, estomac , et
επιπλοον, épiploon; qui appartient à l'estomac et à l'épiploon. On appelle ainsi les
rameaux artériels qui se portent des artères
épiploïques à la grande courbure de l'estomac, et les rameaux veineux qui les accompagnent.

GASTRO-ÉPIPLOÏTE, s. f. ; inflammation de l'estomac et de l'épiploon.

GASTRO-HÉPATIQUE , adj. , *gastro-
hepaticus*, de γαστηρ, estomac, et ηπαρ, foie;
qui appartient à l'estomac et au foie. *Epiploon gastro-hépatique* ou *hépato-gastrique,
V.* Épiploon.

GASTRO-HÉPATITE, s. f., *Gastro-hepa-
titis*, de γαστηρ, estomac, et ηπαρ foie; inflammation de l'estomac et du foie. Cette maladie

présente, réunis, les caractères de la gastrite et de l'hépatite. Elle se complique souvent sur le cheval de symptômes nerveux, qui dénotent l'existence de l'encéphalite symptomatique. Dans la gastro-encéphalite, ou vertige abdominal causé par l'indigestion de l'estomac, la teinte jaune orangée des muqueuses indique l'existence de l'hépatite. *V.* GASTRO-ENCÉPHALITE ET HÉPATITE.

GASTRO-HYSTÉROTOMIE, s. f., *Gastro-hysterotomia*, de γαστηρ, ventre, abdomen, νστερα, matrice, et τομη, section; division des parois de l'abdomen et de la matrice. Synonymie : *opération césarienne abdominale.* Cette opération consiste à ouvrir les parois de l'abdomen et celles de la matrice, pour procurer au fœtus une voie de sortie. Ce moyen chirurgical est presque constamment mortel pour les grandes femelles ; il n'en est pas de même pour les carnivores. Rainard fait observer avec raison que l'opération césarienne compromet toujours la mère, qui est d'une valeur bien supérieure à celle du fœtus ; qu'elle doit par conséquent être généralement repoussée, tandis que les opérations qui ne compromettent que le petit, doivent être d'un usage habituel. Cette manœuvre n'est réellement convenable que dans le cas où le fœtus ne peut sortir par les voies naturelles. Il est une autre opération césarienne qui consiste à opérer la division par le vagin ; on la nomme *hystérotomie.* Les circonstances qui réclament la gastro-hystérotomie, sont les changements survenus dans les diamètres du bassin, des exostoses, l'état squirrheux du col de l'utérus, les monstruosités du fœtus. On peut pratiquer cette opération à la partie inférieure du ventre, sur les grandes femelles ; cependant il est préférable de faire l'incision dans le flanc droit, si l'on désire conserver la mère, parce qu'il est plus facile de pratiquer la suture et de la maintenir. C'est par le flanc droit ou le flanc gauche qu'on opère la gastro-hystérotomie dans la chienne et la truie, même lorsque ces femelles sont presque à terme, sans qu'il en résulte fréquemment des accidents mortels. Lorsqu'il s'agit d'une femelle dont la chair peut être consommée sans danger, l'opération césarienne abdominale est préférable à l'hystérotomie ; il n'en est pas de même pour les juments.

GASTRO-LARYNGITE, s. f. ; inflammation de l'estomac et du larynx. *V.* GASTRITE et ANGINE.

GASTRO-MÉNINGITE, s. f. ; inflammation de l'estomac et de la méninge.

GASTRO-MÉTRITE, s. f. ; inflammation de l'estomac et de la matrice, *V.* MÉTRITE.

GASTRO-MUQUEUSE, adj. ; *fièvre gastro-muqueuse :* dans laquelle l'irritation de l'estomac est accompagnée d'une sécrétion muqueuse.

GASTRO-NÉPHRITE, s. f. ; maladie de l'estomac compliquée de l'inflammation des reins, *V.* GASTRITE et NÉPHRITE.

GASTRO-PÉRITONITE, s. f. ; inflammation de l'estomac et du péritoine. *V.* GASTRITE et PÉRITONITE.

GASTRO-PHARYNGITE, s. f. ; inflammation de l'estomac et du pharynx.

GASTRO-PLEURÉSIE. s. f. ; maladie de l'estomac compliquée de l'inflammation des plèvres. *V.* GASTRITE et PLEURÉSIE.

GASTRO-PNEUMONIE, s. f. ; maladie de l'estomac compliquée de l'inflammation du poumon. *V.* GASTRITE et PNEUMONIE.

GASTRORAPHIE, s. f., *Gastroraphia;* de γαστηρ, estomac, et ραφη suture ; suture employée pour réunir les tissus divisés dans les plaies pénétrantes du ventre. On préfère la suture *enchevillée*, parce qu'elle donne une cicatrice plus solide et rarement compliquée de hernie.

GASTRORRHAGIE, s. f., *Gastrorrhagia;* de γαστηρ, ventre, et ρηγνυω, je romps ; exhalation de sang à la surface interne de l'estomac ; hémorrhagie de l'estomac ; *hématémèse.*

GASTRORRHÉE, s. f., *Gastrorrhœa;* de γαστηρ, ventre, et ρεω, je coule ; catarrhe de l'estomac, caractérisé dans les carnivores par le vomissement d'un liquide glaireux. C'est le symptôme d'une inflammation chronique de la muqueuse gastrique.

GASTROSE, s. f., *Gastrosis;* de γαστηρ, estomac ; mot employé par Aiibert pour désigner collectivement toutes les maladies de l'estomac.

GASTRO-SPLÉNIQUE, adj., *gastro-splenicus*, de γαστηρ, estomac, et σπλην, rate ; qui appartient à l'estomac et à la rate. *Epiploon gastro-splénique, V.* EPIPLOON.

GASTROTOME, s. m., *Gastrotomus*, de γαστηρ, ventre, et τεμνω, je coupe ; instrument qui sert à diviser les parois abdominales des animaux ruminants, pour l'extraction des gaz dans le cas de tympanite. Brogniez a imaginé deux instruments de ce genre : 1° Le *gastrotome gazéifère*, ayant quelque analogie avec le trocart ; il est composé d'un tube en cuivre terminé par un fer de lance, et d'un mandrin ; le tube présente de chaque côté, vers son extrémité qui doit se plonger dans le rumen, deux palettes ou leviers qu'on fait mouvoir par un écrou. L'instrument ainsi formé est implanté d'un seul coup dans le flanc gauche de l'animal atteint d'une indigestion gazeuse ; on retire le mandrin et l'on fixe les palettes qui doivent maintenir le tube dans sa place. 2° Le *gastrotome perpendiculaire évacuateur d'aliments*, composé d'un tube coaptateur et d'un mandrin, terminé par une lance à trois lames. Le diamètre du tube est assez large pour permettre l'introduction d'un *extracteur à double cuiller*, destiné à retirer une partie des aliments contenus dans la panse.

GASTROTOMIE, s. f., *Gastrotomia*, de γαστηρ, estomac, et τομη, section ; incision faite sur la cavité du ventre, pour réduire une hernie, faire cesser un étranglement ou pour extraire un fœtus. — Nom donné par

Brogniez à la ponction du rumen pratiquée sur les ruminants atteints de l'indigestion gazeuse ou tympanite. *V.* PONCTION.

GASTRO-TUBOTOMIE, s. f. ; opération qui consiste dans l'extraction du fœtus, lorsqu'il occupe les trompes et les ovaires.

GASTRO-URÉTRITE, s. f., de γαστήρ, ventre, et ουρήρα, urètre ; inflammation de l'estomac et de l'urètre.

GATTILIER, s. m., *Vitex*, L. ; genre de la famille des Verbénacées. Il se compose de près de cinquante espèces, toutes originaires des contrées chaudes du globe, ou du midi de l'Europe. La plus connue, le G. commun, *V. Agnus castus*, croit jusque dans la Provence. *V.* AGNUS CASTUS.

GAUDE, *V.* RÉSÉDA.

GAULE, s. f., *Virga* ; baguette très flexible servant dans les manéges à instruire ou à châtier les chevaux. La gaule est une aide supplémentaire ; on la remplace par la cravache.

GAYAC, s. m. ; nom d'un bois sudorifique fourni par le *Guajacum officinale*, L. ; grand arbre de la famille des Rutacées, qui croit dans l'Amérique méridionale. On le trouve dans le commerce en buches plus ou moins volumineuses ou en copeaux, présentant une partie jaune, qui est à la circonférence et formée par l'aubier, et une partie rougeâtre ou verdâtre occupant le centre et constituée par le bois parfait ; la saveur du gayac est âcre et amère, et son odeur faible et aromatique. — La composition chimique du gayac est la suivante : résines, extrait, gommes, albumine, fibres, sels. — Ce médicament est employé comme sudorifique, dépuratif et fondant ; mais il est peu actif sur les animaux ; aussi les vétérinaires en font-ils rarement usage. On peut le donner en électuaire ou en breuvage, à la dose de 125 grammes pour les grands animaux, contre le farcin, le rhumatisme, les maladies de la peau, etc.

GAYACINE, s. f., principe actif du bois et de la résine de gayac. On l'obtient en dissolvant dans l'eau l'extrait de gayac, et précipitant la liqueur par l'acide sulfurique. La gayacine est solide, amorphe, jaunâtre, inodore, de saveur amère et âcre ; très soluble dans l'eau chaude et l'alcool, la gayacine l'est peu dans l'eau froide et point dans l'éther ; elle est combustible et exhale une odeur aromatique non ammoniacale ; les acides et les alcalis ne se combinent pas avec elle.

GAZ, s. m., d'un mot allemand qui signifie *esprit* ; nom donné, en physique et en chimie, à certains corps dans lesquels la matière est dans un tel état de raréfaction, qu'ils ne tombent pas immédiatement sous le sens du toucher dans l'état de repos, non plus que sous celui de la vue et de l'odorat, à moins qu'ils ne soient doués d'une couleur et d'une odeur particulières. Dans cet état de la matière, dont l'air atmosphérique est le

type, non-seulement les molécules sont indépendantes les unes des autres, mais elles tendent toujours à s'éloigner et à occuper entièrement l'espace qui leur est offert, quelles que soient ses dimensions. D'après Boutigny, les atomes des gaz seraient creux comme les bulles de savon, et l'épaisseur de leurs parois constituerait la seule différence, sous le rapport physique, qui existe entre eux. — Les caractères les plus importants de ces corps, après leur ténuité, sont l'absence de toute cohésion entre leurs molécules, la répulsion mutuelle qui les éloigne indéfiniment les unes des autres, leur élasticité parfaite et proportionnelle aux pressions, etc. — On distingue ces corps en deux classes : en gaz *permanents* ou *incoërcibles*, qui supportent les plus hautes pressions et le froid le plus intense sans se liquéfier ; tels sont l'air atmosphérique, l'oxygène, l'azote, l'hydrogène, etc. : et en *gaz* non *permanents, liquéfiables* ou *coërcibles*, qui passent à l'état liquide ou à l'état solide par la pression et le refroidissement, comme le chlore, l'ammoniaque, l'acide sulfureux, l'acide carbonique, etc. — Jusque vers la fin du siècle dernier, époque où on découvrit un grand nombre de gaz simples ou composés, ces corps ne jouèrent dans la science qu'un rôle peu important. Les premières notions qu'on ait sur les gaz, autres que l'air atmosphérique, remontent à Paracelse qui vivait vers le commencement du seizième siècle. Ces corps étaient désignés alors par le nom générique d'*airs*, auquel on ajoutait une épithète spécifique comme *air méphitique, air inflammable, air hépathique*, etc. C'est Van-Helmont qui a le premier employé le mot *gaz* pour désigner cette classe de corps ; Marquer l'introduisit ensuite en chimie, et depuis il a été adopté généralement par les physiciens et les chimistes.

GAZÉIFIABLE, adj. ; qui est susceptible d'être réduit à l'état gazeux.

GAZÉIFICATION, s. f. ; transformation d'une substance en gaz ; elle peut avoir lieu par l'action de la chaleur seule, par réaction chimique, ou par les deux moyens réunis ; c'est sur ces bases que repose la production de la plupart des gaz simples ou composés. Pour les recueillir, on se sert d'éprouvettes, de cloches, et d'un liquide particulier, eau ou mercure. Si leur production s'accompagne de la formation d'un liquide, il est parfois utile d'interposer un récipient entre les vases où seront reçus les gaz et la cornue où ils prennent naissance. *V.* MANIPULATION DES GAZ.

GAZÉIFIÉ, adj. ; qui est réduit à l'état de gaz.

GAZÉIFORME, adj. ; *gazeifdrmis ;* qui a la forme d'un gaz ou d'une vapeur ; synonyme du mot *aériforme* qui est plus employé.

GAZÉITÉ, s. f. ; propriété d'acquérir et de conserver l'état gazeux. Peu usité.

GAZEUX, adj. ; qui est à l'état de gaz ;

qui en présente les caractères, comme les gaz proprement dits et les vapeurs.

GAZOGÈNE, s. m., de *gaz*, et de γεννάω, j'engendre; nom proposé pour désigner le mélange d'alcool et d'essence de térébenthine, employé pour l'éclairage, et qui fournit un produit gazeux très combustible.

GAZOLYTE, s. m., de gaz, et λυτος, soluble, qui peut se résoudre en gaz; nom sous lequel Ampère désignait un groupe de corps simples susceptibles de former des composés gazeux dans leurs combinaisons; ce groupe comprend tous les métalloïdes et quelques métaux, tels que l'arsenic, l'antimoine, etc.

GAZOMÈTRE, s. m., *Gazometrum*, de *gaz*, et μετρον, mesure; ustensile employé à recueillir, à mesurer les gaz, et surtout à régler leur écoulement par un orifice. Ceux qui sont employés dans les laboratoires sont des cylindres creux dans lesquels tombe un filet d'eau qui chasse constamment le même volume de gaz, puisque ce filet est fourni par un vase de Mariotte et qu'il est constant. Les gazomètres employés à la distribution du gaz d'éclairage dans les villes, sont de grandes cloches en métal, renversées dans des fosses en maçonnerie remplies d'eau, dans lesquelles elles descendent en rasant les parois. Le gaz, en pénétrant dans l'eau, soulève le gazomètre déjà soutenu par un contre-poids. Quand on veut lui donner écoulement, on supprime les contre-poids, et le gazomètre, pesant sur le gaz, le chasse avec force par un orifice placé sur un point de ses parois.

GAZON, *V.* Pelouse.

GÉANTISME, s. m.; état d'un être animé consistant dans un excès de taille sur les autres individus de l'espèce. Le géantisme est rare dans les animaux; on a cependant parlé quelquefois de chevaux ayant acquis une taille de six pieds et plus. Il n'est pas rare de voir des bœufs, des moutons, d'un volume et d'un poids extraordinaires; mais ces particularités sont généralement le résultat d'un régime très riche. — Le géantisme, dans les végétaux, est considéré comme une simple *variété;* il peut se faire remarquer accidentellement sur des plantes jeunes, et constitue alors le *géantisme proprement dit;* lorsque l'excès de volume est le produit de l'âge, comme dans les grands arbres, il prend le nom de *pseudo-géantisme.*

GÉLATINE, s. f., *Gelatina*, de *gelu*, gelée. $C^{13} H^{10} Az^2 O^5$. Principe neutre azoté, connu de tout temps comme principe de la gelée animale et de la colle forte. Il forme la base des tissus blancs des animaux, comme le tissu cellulaire, les séreuses, les tendons, les ligaments, les cartilages, les membranes tégumentaires, ainsi que des os, dans lesquels il se trouve uni à une forte proportion de sels calcaires. Dans les poissons, il existe aussi en abondance et porte le nom d'*Ichthyocolle* (*V.* ce mot). Il n'est pas certain que la gélatine existe toute formée dans ces

tissus; mais l'expérience démontre qu'ils la fournissent en grande quantité par l'ébullition; aussi est-ce le moyen que l'on emploie pour l'obtenir. — La gélatine, à l'état de pureté, est solide, incolore, transparente, inodore, insipide, dure, flexible, plus dense que l'eau, et sans réaction acide ni alcaline. Mise en contact avec l'eau, elle se gonfle, devient opaque sans se dissoudre; dans l'eau bouillante, elle se dissout et se prend par le refroidissement en gelée plus ou moins épaisse, pourvu qu'elle forme le centième de la dissolution. La gelée obtenue directement des tissus n'est pas collante; elle n'acquiert cette propriété que par sa dessiccation à l'air et par une nouvelle dissolution. Une ébullition prolongée l'altère; elle est insoluble dans l'alcool, l'éther, ainsi que dans les huiles grasses et essentielles. La solution de gélatine n'est précipitée ni par les acides, ni par l'alun, ni par les sels de fer neutres, ni par les acétates de plomb; elle l'est au contraire par le sublimé corrosif, les nitrates de mercure, par l'acide tannique, et par le chlore qui l'altère profondément. — Les acides et les alcalis concentrés altèrent fortement la gélatine et donnent naissance, entre autres produits, à du sucre de gélatine. — Cette substance, qui a de si nombreux et si importants usages dans les arts, joue un rôle considérable dans l'organisation des animaux; elle paraît provenir d'une altération particulière des principes protéiques, tels que l'albumine, la fibrine, etc., par le jeu de la vie. Quant à ses propriétés nutritives pour l'homme et les carnivores, elles ont été le sujet d'expériences nombreuses et de longues discussions, qui n'ont pas encore résolu la question d'une manière bien nette.

GÉLATINEUX, adj., *gelatinosus;* qui ressemble à de la gélatine, qui est de sa nature, ou en présente les caractères. *Précipité gélatineux, principes gélatineux.* — *Bot.* Quelques plantes, comme les *Trémelles*, ont l'aspect d'une gelée, ce qui leur vaut l'épithète de *gélatineuses.*

GÉLATINIFORME, adj.; *gelatiniformis* qui a l'aspect, la transparence de la gélatine.

GELÉE, s. f., *Gelu.* Ce mot a plusieurs acceptions: en *météorologie*, il sert à indiquer la congélation de l'eau par suite de l'abaissement de la température au-dessous de 0^0. — *Gelée blanche :* congélation de la rosée avant le lever du soleil, pendant les nuits sereines du printemps et de l'automne; elle détermine souvent des dégâts considérables dans les récoltes, *V.* Rosée. — En *chimie* et en *pharmacie*, on emploie le mot *gelée* pour désigner une solution de certaines substances organiques qui se prennent par le refroidissement en une masse mollasse, tremblotante, translucide, qui retient toujours une partie du véhicule. Les gelées végétales sont à base d'albumine ou de pectine, et les gelées animales sont albumineuses, fibrineuses, gélatineuses, etc. Enfin, dans la pharmacie de l'homme, on connaît certaines préparations médicinales qui portent le nom de *gelées*, mais aucune n'est employée dans la médecine des animaux.—*Econom. rurale*. La gelée est favorable dans quelques circonstances à l'agriculture, le plus souvent elle lui est funeste. Elle détruit beaucoup d'insectes et de plantes nuisibles, arrête une végétation trop précoce, ameublit les terres fortes; voilà ses avantages. Ses inconvénients sont plus marqués; elle soulève la terre et déchausse les plantes dans les terrains sablonneux et calcaires; elle fendille et rompt les écorces, par suite de la formation de cristaux de glace, et détruit les bourgeons, les fleurs, les feuilles même, lorsque le soleil, faisant fondre le givre, celui-ci emprunte au végétal le calorique dont il a besoin pour sa fusion. Ce dernier accident, assez commun dans nos climats, prend le nom significatif de *brûlure* (*V.* ce mot). La gelée qui survient brusquement après un dégel, et surprend les végétaux encore ramollis par la chaleur et l'humidité, est particulièrement nuisible aux récoltes. La résistance que chaque plante apporte aux effets de la gelée est fort variable, et tient à beaucoup de circonstances particulières : les plantes annuelles, les arbres nouvellement transplantés, y sont plus sensibles. Il en est dont la racine gèle plus facilement que les branches. Toutes les espèces, d'ailleurs, ont leur zône d'habitation, leur aire, *V.* Géographie.

GÉLINE, s. f.; nom donné par Gannal à un principe qui existerait tout formé dans les tissus blancs des animaux, et formerait, par l'action prolongée de l'eau bouillante, la *gélatine*, qui ne serait plus qu'un produit artificiel.

GÉMINÉ, ÉE, adj., *geminatus;* rapproché deux à deux. Les feuilles de l'Alkékenge sont *géminées*. Les fleurs, les stipules, présentent cette disposition dans d'autres végétaux.

GÉMINIFLORE, adj., *geminiflorus;* se dit du pédoncule qui porte des fleurs géminées.

GEMMAL, ALE, adj., *gemmalis;* qui appartient au bourgeon. Richard appelle *écailles gemmales* celles qui protègent le bourgeon.

GEMMATION, s. f., *gemmatio;* ensemble des bourgeons d'une plante, leur disposition générale. — *Gemmation* est également synonyme de *bourgeonnement*.

GEMME, s. f., *Gemma. Bot.*; nom générique de toutes les parties autres que les graines, susceptibles de reproduire les végétaux. Les bourgeons, les bulbes, les propagines, etc., sont des gemmes. On appelle également ainsi la *stellule* des mousses.

GEMMIPARE, adj., *gemmiparus;* qui produit des bourgeons.

GEMMULE, s. f., *Gemmula;* premier bourgeon de la jeune plante non encore développée. La gemmule fait partie de l'embryon; elle est portée par la tigelle et cachée dans le cotylédon unique ou entre les deux cotylédons. Elle représente les parties du végétal qui doivent vivre dans l'air, et fournit, au moment de la germination, les feuilles primordiales. — On donne aussi le nom de gemmule à la *stellule* des mousses.

GÉNAL, ALE, adj., *genalis*, de *gena*, joue; qui appartient aux joues.

GÉNÉRAL, ALE, adj., *generalis;* en *botanique*, ce mot est presque toujours synonyme de commun. L'involucre, dans les Ombellifères, est général par rapport aux involucelles; il en est de même de l'Ombelle composée. Mirbel appelle *cloisons générales* les cloisons complètes aussi étendues que le diamètre du péricarpe; on les rencontre dans les *Crucifères*, les *Astragales*.

GENCIVE, s. f., *Gingiva;* portion épaissie de la membrane buccale, entourant les dents à leur base, et les affermissant dans leurs alvéoles par un feuillet mince qui pénètre dans :ces cavités. Les gencives, dans le jeune âge, sont épaisses et roses; plus tard, elles blanchissent, se *dessèchent*, se retirent et laissent les dents *déchaussées*.

GÉNÉRATION, s. f., *Generatio*, de γεννάω, j'engendre; fonction par laquelle les êtres vivants, animaux et végétaux, reproduisent leur semblable. — La génération, chez les animaux, varie beaucoup dans son mode, suivant le degré de l'échelle animale où on l'examine. — On a longtemps admis la génération *spontanée* pour un grand nombre d'animaux; mais, à mesure que l'observation a fait des progrès, on a reconnu l'erreur dans laquelle on était tombé, et il est hors de doute que le petit nombre de générations spontanées admises encore de nos jours disparaîtra par les progrès de la science.—Le mode de génération le plus simple est celui que l'on observe chez certains infusoires qui se divisent en deux pour constituer deux êtres distincts, qui se diviseront à leur tour et ainsi de suite. Ce mode de génération est appelé *fissipare*. — La génération *gemmipare* vient ensuite; elle est *interne* ou *externe*. Dans la première, des bourgeons se développent à l'intérieur du corps, et se détachent pour être rejetés au-dehors, lorsqu'ils ont acquis assez de force pour vivre de leur vie propre. Dans la génération gemmipare *externe*, les bourgeons se développent à l'extérieur, comme dans l'*hydre de Tremblay*, et se séparent de l'hydre mère, lorsqu'ils ont acquis assez de développement. A ce degré, l'on peut encore multiplier les animaux en les coupant en deux, chaque moitié reproduisant les parties qui lui manquent. — Plus haut, on trouve de véritables organes sexuels, mâles et femelles, réunis sur le même animal, comme dans la sangsue, le ver de terre, l'escargot, ou placés sur des individus différents, comme dans les insectes, les crustacés, les arachnides et tous les vertébrés. Chez les animaux *hermaphrodites*, ou portant les deux sexes, l'accouplement est nécessaire comme chez ceux à sexes distincts ; seulement il est double et chacun des animaux concourt directement à la production. Le plus grand nombre des animaux produisent des œufs qui éclosent hors de leur corps, et dont beaucoup donnent des produits qui ne ressemblent à leurs parents qu'après certaines métamorphoses. Cette particularité se remarque même pour quelques vertébrés, ex. : les Batraciens. Les *mammifères*, seuls, conservent à l'intérieur l'œuf produit par l'ovaire, et le nourrissent de leur propre substance jusqu'à ce que le nouvel être puisse se détacher d'eux et vivre de sa vie propre. De plus, ils lui fournissent encore, pendant un certain temps, un fluide sécrété, le lait, qui constitue sa première nourriture. Il ne faut pas confondre avec ces animaux *vivipares* la vipère, la mouche carnassière, dont les œufs éclosent avant d'avoir franchi l'orifice de l'oviducte. — La fonction de la génération est, de toutes, celle qui est enveloppée de plus de mystère ; aussi, les systèmes ont dû se multiplier pour tâcher d'en expliquer les phénomènes. Tous ces systèmes peuvent se rattacher à deux principaux : 1° le système de l'*évolution*, dans lequel on suppose la préexistence du nouvel être, qui serait seulement avivé par l'accouplement ; 2° celui de l'*épigénèse* (*V.* ce mot), dans lequel on regarde le petit animal comme formé de toutes pièces, par l'acte générateur. Le système de l'évolution se partage en deux systèmes secondaires : celui des *ovaristes*, qui voient le principe du nouvel être dans la femelle, et celui des *animalculistes*, qui le trouvent dans les animalcules du sperme du mâle.—La génération comprend dans son ensemble un certain nombre de fonctions secondaires qui sont : la *copulation*, la *fécondation*, la *gestation*, la *parturition* et la *lactation*. Cette dernière n'existe que chez les mammifères ; pour eux seuls aussi l'on peut admettre une véritable gestation. L'incubation remplace cette dernière fonction chez les oiseaux. — *Hyg. V.* REPRODUCTEUR.

GÉNESTADE, s. f., du mot *genêt ;* inflammation de la vessie occasionnée, chez les moutons, par l'usage des genêts. *V.* CYSTITE.

GENÊT, s. m., *Genista*, Lamk.; genre de la famille des Légumineuses. Il renferme près de 80 espèces répandues dans toute l'Europe. Quelques-unes, et ce sont souvent les plus utiles, couvrent de grandes étendues de terres incultes, et forment des pâturages spéciaux qu'on appelle, en France, *Genestières*. Les genêts se divisent en deux grands groupes : l'un renferme les espèces *épineuses;* l'autre, les espèces *inermes*. Les premiers sont des arbrisseaux assez jolis, toujours verts, portant beaucoup de fleurs, dont la brillante couleur jaune contraste avec le vert foncé des feuilles. Les espèces les plus communes, généralement repoussées des

cultures, sont celles dont l'agriculture et l'industrie tirent parti. Les principales sont, pour la France : le G. commun, G. à balais, *G. scoparia*, Lamk., *Cytisus scoparius*, de Cand., le plus répandu, qui acquiert, dans le midi de l'Europe, 5 à 6 mètres et plus de hauteur ; ses longs rameaux déliés et flexibles servent à faire des balais, à couvrir les chaumières, au tannage des cuirs, en litière ou comme engrais; on en extrait, par le rouissage, une matière textile qui remplace le chanvre dans quelques circonstances; par l'incinération, une grande quantité de potasse. Les jeunes pousses et les fleurs sont quelquefois mangées par l'homme ; le G. des teinturiers, *G. tinctoria*, plus petit que le précédent, très commun : le G. d'Espagne, *G. juncea;* ses graines sont recueillies pour la volaille; on le recherche surtout, comme plante textile, dans les Cévennes, en Espagne, en Toscane: il est souvent cultivé comme plante d'ornement ; le G. velu, *G. pilosa'*, très rustique, vit sur les montagnes élevées. La plupart des espèces de genêts fournissent à la teinture une couleur jaune; sous ce rapport, le G. des teinturiers est préféré. Presque toutes sont mangées par les bestiaux et surtout par le mouton; elles constituent, pour certaines contrées, une ressource pour l'hivernage. Les animaux recherchent les jeunes pousses d'un an à deux ans; plus tard, elles deviennent dures et amères ; on ne peut plus les donner qu'après les avoir battues et écrasées. L'usage du genêt vert, le pâturage dans les genestières, produit la maladie vulgairement appelée *Genestade*.

GENÉVRIER, s. m., *Juniperus*, L.; genre de la famille des Cupressinées. Il se compose d'arbres et d'arbustes à peu près confinés dans les régions tempérées et montueuses de l'ancien continent. On en décrit environ 25 espèces. Les principales sont le G. commun, *J. communis*, commun dans le midi de la France, où il acquiert 5 à 6 mètres de hauteur ; il est utilisé en clôture ou comme plante d'ornement; son bois, dur et susceptible de prendre un beau poli, est employé dans les ouvrages de tour; ses fruits, improprement appelés *baies*, servent à préparer diverses boissons fermentées ou distillées, et à plusieurs usages thérapeutiques ; ses jeunes pousses sont broutées par les bestiaux, mais elles en sont bientôt dédaignées à cause de leurs épines; le G. cade, *J. oxicedrus*, plus petit que le précédent, donne, par la distillation de ses tiges, l'*huile de Cade;* le G. sabine, *J. sabina*, utilisé en médecine comme emménagogue ; le G. de Virginie, encore appelé Cèdre rouge, *J. virginiana*, grand et bel arbre commun dans l'Amérique du nord et introduit en France; son bois odorant, incorruptible, est employé dans les constructions, l'ébénisterie, pour la fabrication des crayons de mine de plomb, etc. — *Pharmacologie.* Le genévrier commun (*juniperus communis*) fournit à la thérapeutique vétérinaire ses fruits qui portent le nom de *baies de genièvre.* Elles sont globuleuses, de la grosseur d'un petit pois, noires et luisantes à la surface lorsqu'elles sont fraîches, ridées quand elles sont desséchées; leur saveur est sucrée et résineuse, et leur odeur aromatique rappelle celle de la térébenthine. Elles sont formées d'une enveloppe membraneuse, d'une pulpe verte et de trois osselets très durs; elles contiennent de la résine, de l'essence, de la cire, de l'extractif, du sucre, de la gomme, des sels de potasse et de chaux. L'huile essentielle et la résine sont les principes actifs; la première prédomine pendant que les baies sont vertes et bleues, et se trouve en grande partie remplacée par la seconde, lorsqu'elles sont devenues noires. Les baies de genièvre s'administrent en breuvage après leur macération dans l'eau ou les liqueurs alcooliques; on se contente parfois de les concasser et de les donner en électuaire; souvent on en fait un extrait; enfin on les brûle sur un réchaud pour faire des fumigations dans les narines, les bronches, ou sur la peau pour exciter la transpiration. Administrées à l'intérieur, les baies de genièvre sont excitantes, toniques et diurétiques; à la dose de 25 à 30 gram., elles agissent principalement sur le tube digestif et les reins; mais en doublant ou en triplant cette dose, elles déterminent une excitation générale dans toute l'économie. On en fait principalement usage dans le cas d'hydropisie générale ou locale, notamment contre la pourriture du mouton. Ce médicament, associé aux alcooliques, au quinquina, au camphre, à l'ammoniaque, peut être utile aussi pour combattre les affections putrides du sang, si communes chez les grands ruminants.

GENGIVAL , ALE, adj., *gingivalis*, de *gingiva*, gencive; qui appartient aux gencives : *muqueuse gengivale.*

GÉNICULÉ , ÉE, adj., *geniculatus;* courbé en formant un angle; la tige, le style, le pédoncule, etc., affectent souvent cette disposition.—*Anat. Corps géniculé :* renflement situé à l'extrémité postérieure de la couche optique, et d'où procède en partie le nerf optique.

GÉNIEN , NNE, adj., *genianus*, de γένειον, menton; qui appartient au menton. *Surface génienne:* petite surface existant au point de réunion des deux branches du maxillaire, et donnant origine aux muscles génio-hyoïdien et génio-glosse.

GÉNIO-GLOSSE, s. et adj., *Genio-glossus;* muscle naissant de la surface génienne du maxillaire, et se répandant en éventail dans la masse de la langue où ses fibres s'entrecroisent avec celles des autres muscles. Il contribue à tirer la langue en avant.

GÉNIO-HYOÏDIEN, s. et adj., *Geniohyoïdeus;* muscle fusiforme, prenant son origine à la surface génienne, et son insertion au prolongement du corps de l'hyoïde, qu'il tire en avant.

GÉNITAL , ALE, adj. *genitalis;* qui appartient ou qui a rapport à la génération; *organes génitaux.—Artère génitale externe :* branche de la sus-pubienne, destinée aux organes génitaux, et désignée sous le nom de *scrotale* chez le mâle, et de *mammaire* dans la femelle.

GÉNITO-URINAIRE, adj., *genito-urinaris;* qui appartient à la fois à l'appareil génital et à l'appareil de la sécrétion de l'urine; ex : *muqueuse génito-urinaire.*

GÉNOPLASTIE, s. f., *Genoplastia*, de γένειον, menton, et πλάσσειν, former; opération qui consiste à réparer les pertes de substance du menton et des joues, produites par des ulcères. Inusitée en vétérinaire.

GENOU, s. m., *Genu;* région formée, chez l'homme, par l'articulation du fémur avec le tibia et la rotule. En *extérieur*, on appelle *genou* l'articulation complexe formée par le radius, les os carpiens et les métacarpiens. Le genou doit être large, net, et en ligne droite avec le reste du membre; porté en avant, il rend le cheval *arqué*, et indique l'usure; en arrière, il constitue le *genou creux*, ou *effacé*, ou *genou de mouton*. Porté en dedans, on le dit *genou de bœuf* ou *de veau ;* en dehors, *genou cambré*. Toutes ces déviations faussent l'aplomb, et diminuent la solidité du membre. — Le genou *couronné*, c'est-à-dire entamé antérieurement, est toujours un indice de faiblesse ou de chutes fréquentes. Les exostoses, à son pourtour, gênent les mouvements de l'articulation et des tendons; on les appelle *osselets*, et leur grand nombre rend le genou *cerclé*. Le vessigon du genou, toujours situé en dehors et en haut, indique la fatigue et l'usure. Les crevasses du *pli* du genou sont souvent incurables; elles peuvent être un indice de l'existence des *eaux aux jambes*, dans certaines saisons.

GENOUILLÉ ; synonyme de *Géniculé.*

GENRE, s. m. , *Genus ;* assemblage de corps organiques ou inorganiques constituant des *espèces*, et se ressemblant par quelques caractères communs. Le genre est un assemblage artificiel, susceptible de varier suivant les idées particulières de classification; il en est de même des autres groupes plus généraux encore; l'espèce seule est établie par la nature, et reste la même pour tous les naturalistes. — *Chimie.* Ce mot est employé, dans la nomenclature des sels, pour désigner toutes les combinaisons salines qui ont le même acide pour principe électronégatif. C'est ainsi que les *azotates*, les *carbonates*, les *chlorates*, les *sulfates*, etc., forment autant de genres particuliers de sels.

GENTIANE, s. f. , *Gentiana*, L.; genre de la famille des Gentianées. Il ne renferme pas moins de 150 espèces, croissant en général sur des stations élevées. Aucune ne peut être considérée comme fourragère; leur amertume repousse les animaux. La G. jaune ,

G. lutea, si commune sur les montagnes des Vosges, du centre, etc., intéresse la pharmacie. — *Pharm.* La grande gentiane, ou gentiane jaune, fournit à la médecine vétérinaire sa racine qui est le tonique indigène le plus précieux, à cause de son prix peu élevé et de sa grande énergie. — La racine de gentiane fraîche est cylindroïde, rameuse, longue, charnue, spongieuse et de couleur jaune; sèche et telle qu'elle se trouve dans le commerce, elle est en fragments de longueur variable, très rugueux à l'extérieur, de couleur brunâtre en dehors et d'une teinte jaune foncée à l'intérieur; son odeur est faible, un peu vireuse, et sa saveur franchement amère et persistante. — La composition chimique de cette racine a été déterminée par Henry et Caventou; ils y ont trouvé du *gentianin*, du sucre, du mucilage, des matières colorantes, et de la glu qui, d'après Leconte, serait un mélange de cire, de matière grasse verte et de caoutchouc. — Les formes principales sous lesquelles on administre cette substance sont la poudre, le vin et l'extrait de gentiane; sous le premier état, qui est le plus ordinaire, on en fait des électuaires avec le miel ou l'extrait de genièvre; la dose est de 30 à 125 gram. pour les grands animaux, et de 8 à 15 pour les petits. La racine de gentiane est un tonique amer très énergique; elle convient contre la débilité du tube digestif, l'inappétence, la diarrhée, etc.; mélangée aux excitants, aux astringents, aux antiputrides, elle est très efficace contre les affections typhoïdes des herbivores, contre les altérations septiques du sang, contre les hydropisies, les infiltrations, etc. A l'extérieur, on emploie parfois un morceau de racine de gentiane pour dilater l'ouverture d'une fistule.

GENTIANÉES, s. f., *Gentianeæ;* famille de plantes dicotylédonées, monopétales, hypogynes. Les nombreux genres de cette famille ont été divisés par Grisebach en deux tribus : 1° les *Gentianées vraies;* genres : *Cheronia, Chlora, Swertia, Gentiana, Ophelia,* etc.; 2° les *Ményanthées;* genres : *Villarsia, Menyanthes,* etc.

GENTIANIN, s. m., *Gentianine, Gentianéine.* Principe amer des plantes du genre *Gentiana,* et notamment de la grande Gentiane, découvert en 1822 par Henry et Caventou, en épuisant la poudre de gentiane par l'alcool et l'éther. Il est sous forme d'extrait mou, d'aspect cristallin, jaunâtre, d'une amertume intense, soluble dans l'eau et l'alcool, peu soluble dans l'éther, volatilisable par la chaleur en vapeurs jaunes. — D'après Leconte, le gentianin ne serait pas un composé défini, mais bien un mélange de matière grasse, amère, odorante, amorphe, et d'un principe cristallisable appelé *Gentisin* (*V.* ce mot). Rien, jusqu'ici, n'a démontré que le gentianin fût réellement le principe actif des gentianes; il forme seulement avec la matière colorante, le sucre et

la gomme, la base de l'extrait de gentiane, qu'on emploie souvent en médecine.

GENTISIN, s. m.; nom donné au principe cristallisable et acide du gentianin. Il est solide, en aiguilles d'un jaune pâle, insipide, inodore et sans action sur l'économie animale. Chauffé, le gentisin se volatilise et se décompose en partie. Peu soluble dans l'eau et l'éther, il se dissout facilement dans l'alcool chaud, qui le laisse déposer et cristalliser en se refroidissant. Il se combine aux alcalis et donne des sels d'une belle couleur jaune.

GÉOBLASTE, adj., *geoblastus*, de γῆ, terre, et βλαστάνω, je germe; se dit, d'après Wildenow, de l'embryon dont les cotylédons restent hypogés; il est *arhizoblaste*, privé de racines, ou *rhizoblaste*, pourvu de racines.

GÉOGRAPHIE BOTANIQUE; partie de la botanique qui a pour objet la distribution des espèces végétales à la surface du globe terrestre. Toutes les plantes ne sont pas répandues en égal nombre dans les divers lieux de la terre; il en est même beaucoup qui ne croissent spontanément que dans quelques endroits très limités. Ainsi, la végétation des contrées septentrionales ne ressemble pas à celle des tropiques. A mesure que l'on s'avance des pôles vers l'équateur, le nombre des espèces s'accroît. Réduite à quelques lichens au niveau des neiges éternelles, la végétation se développe et surtout se diversifie jusqu'à ce qu'enfin elle acquière, entre les tropiques, le degré le plus remarquable de variété et de richesse. Ces différences sont le résultat des modifications produites dans les conditions climatériques, par la température, la lumière, l'humidité, etc. Si, comme le fait Mirbel, on compare le globe terrestre à deux puissantes montagnes attachées l'une à l'autre par leur base, on pourra tracer sur chacune d'elles des lignes circonscrivant des zônes qui auront, dans toute leur étendue, à peu près la même flore; mais ces lignes ne seront point exactement parallèles à l'équateur; leur direction variera selon toutes les circonstances particulières qui font varier les limites des climats. Ce que l'on observe relativement au caractère de la végétation sur l'échelle qui vient d'être indiquée et qui n'a d'autres bornes que l'étendue même de la terre, se reproduit, dans des limites plus restreintes, lorsqu'on applique cette étude à un continent qui a pour base le niveau de la mer et pour point culminant le sommet de hautes montagnes. A la base, une végétation variée, intratropicale, tropicale ou tempérée selon la latitude; au sommet, près des neiges éternelles, les espèces rabougries et peu nombreuses des pôles; dans les points intermédiaires, toutes les transitions. Ce qui vient d'être dit d'une étendue considérable de terrain, d'un pays entier comme la France, s'applique à l'espace occupé par une haute montagne; on observe cependant cette particularité, qu'au bord des mers, où la température est plus uniforme, la flore est plus variée que ne l'indique la latitude, et que le niveau de la végétation s'élève davantage sur les hautes montagnes à mesure que l'on s'éloigne des pôles. Ainsi, la limite de la végétation s'élevant à près de 5,000 mètres dans les Cordillières, descend à 2,700 sur les Alpes, à 1,000 en Islande, et s'abaisse enfin au niveau de la mer vers le 75°. L'exposition, la composition et le mode d'agrégation de la terre, la répartition de la chaleur dans les diverses saisons de l'année, peuvent avoir la plus grande influence sur la composition des flores et les caractères de la végétation. Qui ne sait les différences que présentent les individus d'une même espèce et surtout les diverses espèces d'une même famille, selon qu'on les étudie au nord ou au midi ? L'aire occupée par une espèce, constitue sa *patrie*, son *habitation ;* sa *station* est le lieu spécialement approprié à ses besoins, à sa nature. La patrie des espèces, des familles, est quelquefois très restreinte; tandis qu'il est des familles, des espèces cosmopolites et représentées presque partout. On peut énoncer, à cet égard, quelques lois générales : le *nombre relatif* des plantes *acotylédonées diminue* des pôles à l'équateur ; la proportion des *dicotylédonées*, parmi les *phanérogames*, *s'accroît* dans le même sens; le *nombre absolu* et la *proportion* des espèces *ligneuses augmentent* à mesure que l'on s'approche de l'équateur; le *nombre* des espèces *monocarpiennes*, *au maximum* dans les régions tempérées, va en *diminuant* vers l'équateur et vers les pôles. La France renferme plus de 7,000 espèces végétales partagées presque également entre les Cryptogames et les Phanérogames, *V.* STATION, RÉGION, AIRE, HABITATION.

GÉOLOGIE, s. f., *Geologia*, de γη, terre, et λογος, discours; science qui a pour objet l'histoire naturelle de la terre, sa formation, les changements qu'elle a éprouvés, son état actuel. Les mots *géognosie*, *géogénie*, ont une signification restreinte; le premier s'applique à la connaissance de l'état présent du globe terrestre; le second, à l'étude des grands phénomènes par lesquels il s'est constitué, *V.* TERRAINS.

GÉRANIACÉES, s. f., *Geraniaceæ;* famille de plantes dicotylédonées, polypétales, hypogynes, herbes ou arbrisseaux, particulières aux régions extratropicales. Genres : *Erodium*, *Geranium*, *Pelargonium*, etc.

GÉRANIUM, s. m., *Geranium*, **L.** ; genre de la famille des Géraniacées. Les espèces de ce genre sont nombreuses, herbacées, annuelles, bisannuelles ou vivaces. Quelques-unes sont communes dans les prairies, au bord des chemins; on peut citer les espèces *sanguineum*, *phœum*, *nodosum*, *pratense*, *robertianum*, *columbinum*, etc., etc., que les bestiaux broutent sans les rechercher. On doit les considérer comme des plantes indifférentes.

GERBÉE, s. f.; fourrage composé des fanes et des fruits des céréales et des légumineuses, récoltées un peu avant la maturité du fruit et desséchées. Ce fourrage est très alibile ; il convient pour les animaux qui travaillent beaucoup, pour les bœufs à l'engrais, les poulains, etc. ; peut-être même constitue-t-il, dans certains cas, une nourriture trop riche, et doit-on le donner en proportion faible ou le mêler avec d'autres produits. Cette précaution est nécessaire quand les grains sont abondants, voisins de leur maturité, quand les gerbées sont composées de légumineuses, de froment, lorsqu'enfin elles sont distribuées à de jeunes animaux.

GERÇURE, s. f., *Fissura;* crevasse légère qu'on observe quelquefois sur la peau vers les ouvertures naturelles. On observe fréquemment des gerçures sur les mamelles des vaches, dans les plis de la peau qui entoure le mamelon. Elles constituent de petites ulcérations étroites à fond grisâtre ; leur présence cause une vive douleur, dès qu'on veut pratiquer la mulsion ; les femelles se défendent vivement et refusent de se laisser traire. Cette maladie est causée par la malpropreté, le contact de la boue, des corps irritants. On recommande l'emploi des corps gras, le cérat simple ou saturné, l'onguent populéum ammoniacé.

GERMANDRÉE, s. f., *Teucrium*, **L.** ; genre nombreux de la famille des Labiées. Parmi les espèces qui croissent en France, on peut citer : la G. petit chêne, *T.* *chamædrys*, très amère et entrant dans la composition de la thériaque; la G. aquatique, *T.* *scordium*, aussi très amère et faisant partie du diascordium; la G. sauge des bois, *T.* *scorodonia;* la G. botryde, *T.* *botrys*, etc. Toutes ces plantes sont herbacées, vivaces, amères et toniques. Elles ne sont point recherchées des bestiaux, et devraient être conséquemment regardées comme indifférentes ou nuisibles, si elles n'agissaient, en se mêlant au fourrage, comme assaisonnantes.

GERME, s. m., *Germen;* premier rudiment de tout être organisé, acquérant la vie par la fécondation, et passant par les états d'embryon et de fœtus avant de vivre de sa vie propre. — *Bot.* Linné donnait le nom de *germen* à l'ovaire.

GERME DE FÈVE ; nom donné vulgairement à la tache noire formée par la matière que contient le cul-de-sac externe des incisives du cheval.

GERMINATIF, IVE, adj. *Bot.* FACULTÉ GERMINATIVE, *Nisus germinativus:* faculté que possèdent les graines de germer, de se développer, quand elles sont placées dans des conditions favorables. Une température moyenne de 15° à 30° est généralement nécessaire à sa manifestation ; en deçà et au-delà, la plupart des graines ne germent pas. La faculté germinative peut se conserver très longtemps dans les graines soustraites au contact de l'air : on peut citer à ce sujet les semences de céréales, de légumineuses, qui ont germé après avoir séjourné pendant des siècles dans des tombeaux ou des caves, *V.* GERMINATION.

GERMINATION, s. f., *Germinatio;* ensemble des phénomènes qui constituent et accompagnent le développement du germe dans les végétaux. Quand une graine est placée dans des conditions favorables, elle se gonfle d'abord, ses enveloppes se ramollissent, le hile s'ouvre, et l'on voit apparaître au-dehors les deux parties essentielles de l'embryon, la *gemmule* qui se dirige vers la lumière, la *radicule* qui cherche un milieu résistant ; cette dernière apparaît ordinairement avant l'autre, surtout quand elle n'est point renfermée dans une coléorhize. A mesure que la plumule se développe, la graine diminue de volume, se flétrit, et les parties se séparent lorsque la matière nutritive, d'abord renfermée dans les cotylédons ou le périsperme, est épuisée. Alors la jeune plante est apte à vivre de sa vie propre ; elle constitue un nouvel individu. Les rapports des autres parties de l'embryon avec les cotylédons établissent pour ceux-ci des manières d'être différentes, et varient leur rôle selon les cas ; lorsque les cotylédons sont placés au-dessus de la tigelle, ils continuent à s'accroître en même temps que la plumule ; ils sont entraînés au-dessus de la terre (*cotylédons épigés*), et forment les feuilles séminales ; dans le cas contraire (*cotylédons hypogés*), ils s'épuisent complètement et se détruisent avec les enveloppes de la graine. La rapidité de la germination est subordonnée à l'état du péricarpe. — Certaines conditions sont indispensables à la germination ; d'autres lui sont favorables. Il faut que la graine soit mûre, l'embryon entier, et que la graine n'ait point perdu la faculté germinative (*V.* GERMINATIF). Il faut une certaine température, la présence de l'air et de l'eau. La chaleur est un principe de vie ; mais ici elle ne doit pas dépasser 20° ou 30° ; au-delà, la dessiccation de la graine commence. La germination ne peut avoir lieu dans le vide, ni dans les profondeurs de la terre, où l'air ne pénètre pas. L'eau ramollit les enveloppes, sert de véhicule et concourt elle-même à la nutrition de l'embryon. Le chlore, l'électricité négative, hâtent la germination ; l'électricité positive y met obstacle, ainsi que les alcalis. Plusieurs substances, les acides par exemple, qui activent d'abord la germination, l'arrêtent ensuite. Les phénomènes chimiques de la germination consistent dans la décomposition de l'eau, l'absorption d'oxigène et d'azote, l'exhalation d'acide carbonique, la transformation en sucre des principes neutres et insolubles, et la formation d'acide acétique (Milne Edwards et Colin), d'acide lactique (Boussingault).

GÉROFLE, *V.* GIROFLE.

GÉROFLIER ou **GIROFLIER**, s. m., *Caryophyllus*, T. ; genre de la famille des Myrtacées. Il ne renferme que cinq espèces ; la principale est le G. aromatique, *C. aromaticus*, arbre de 8 à 10 mètres, originaire des Moluques et transporté dans les îles de la mer des Indes, les Antilles, etc. C'est lui qui fournit les *clous de girofle*.

GÉSIER, s. m. ; troisième estomac des oiseaux, formé, chez les oiseaux de proie, par des parois membraneuses, et présentant, chez les autres, et surtout chez les granivores, des parois musculeuses épaisses et d'une énorme puissance. L'épaisseur et la dureté de l'épiderme de la muqueuse intérieure, la présence constante de petits cailloux siliceux, indiquent suffisamment que le gésier est un véritable organe de trituration.

GESNÉRIACÉES, s. f., *Gesneriaceœ;* famille de plantes dicotylédonées, monopétales, exotiques. Genres : *Gesneria* , *Gloxinia*, *Besleria* , *Cyrtandra* , *Didymocarpus*, etc.

GESSE, s. f., *Lathyrus*, L. ; genre de la famille des Légumineuses. Ses caractères sont : calice quinquéfide, les deux divisions supérieures plus courtes ; style plane, élargi au sommet, un peu velu, gousse polysperme, oblongue ; tiges longues , grêles, souvent ailées ou anguleuses et grimpantes ; pétioles terminés en vrilles rameuses, feuilles pari-pennées, à 2, 4 ou 6 folioles, quelquefois réduites à une phyllode ; stipules libres, semi-sagittées ou sagittées ; fleurs de couleur variée, en grappes, rarement solitaires au sommet du pédoncule. Les gesses sont des plantes herbacées, annuelles ou vivaces ; on en décrit environ 50 espèces qui croissent presque toutes en France. Quelques-unes offrent beaucoup d'intérêt au point de vue de l'économie rurale. Parmi les espèces annuelles, nous indiquerons : la G. cultivée, *L. sativus*, originaire d'Espagne, et cultivée en grand comme plante fourragère. Elle est peu difficile sur le choix du terrain, mais elle redoute l'humidité et le froid. On la sème en automne ou au printemps à raison de 1 hectolitre $\frac{1}{2}$ ou 2 hectolitres par hectare. Elle est consommée par tous les herbivores, verte ou desséchée, en foin ou en gerbées ; les porcs la mangent également, à l'état frais ; ils en recherchent surtout les fruits. Les graines sont quelquefois mangées par l'homme sous le nom de pois carrés, ou bien on les donne à la volaille, entières ou germées. La gesse cultivée est une des légumineuses que l'on peut donner avec le plus d'assurance aux herbivores, une de celles aussi qui préparent le mieux la terre pour les céréales ; la G. chiche, *L. cicera*, plus rustique et craignant moins le froid que la précédente. Elle est cultivée de la même manière. Ses produits sont plus abondants, mais leur distribution doit être faite avec ménagement ; la G., sans feuilles, *L. aphaca*, qui croît spontanément au bord des haies, dans les moissons; elle est recherchée des herbivores et surtout du mouton; en se mêlant aux pailles céréales, elle les rend nutritives; la G. velue, **L. hirsutus**; elle peut, selon Vilmorin, être placée pour la grande culture et sous le rapport économique, à côté de la G. cultivée: la G. odorante, **L. odoratus**, vulg. *pois de senteur*; elle est cultivée dans les jardins. Parmi les espèces vivaces, on peut citer: la G. des prés, **L. pratensis**, commune dans les prairies fraîches, au bord des haies; c'est une excellente plante fourragère que l'on pourrait cultiver avec beaucoup d'avantage; la G. tubéreuse, **L. tuberosus**, commune, et même quelquefois nuisible aux champs cultivés; son fourrage est bon. Ses tubercules sont mangés par l'homme; leur saveur se rapproche de celle de la châtaigne: la G. des bois, **L. sylvestris**; elle est grande, mais moins recherchée des bestiaux: la G. à larges feuilles, **L. latifolius**; elle produit beaucoup, aime les terrains calcaires, et plaît aux herbivores; la G. de marais, **L. palustris**; elle habite les prairies humides et craint peu le froid, etc., etc. Les gesses productives ne sont pas toujours les meilleures, mais elles peuvent toujours être cultivées avec avantage comme engrais vert.

GESTA, s. m. p.; mot latin qui signifie littéralement *choses faites*, et que l'on emploie en hygiène pour désigner certains états du corps, susceptibles d'exercer une influence sur les fonctions et par suite sur la santé, tels que le repos, l'exercice, etc.

GESTATION, s. f., *Gestatio*, de *gestare*, porter; temps pendant lequel le germe fécondé séjourne dans l'utérus avant d'être expulsé par l'acte de la parturition. La durée de la gestation est très variable, suivant les espèces. La jument porte onze mois et quelques jours; l'ânesse un peu plus; la vache, neuf mois: la brebis et la chèvre, cinq mois; la truie, quatre mois; la chienne, environ soixante-trois jours; la chatte, environ cinquante-huit jours; la lapine, trente jours; la femelle du cochon-d'inde, trois semaines. — *Hyg.* Les femelles domestiques qui sont en état de gestation doivent être l'objet de quelques soins particuliers, ayant pour but de leur procurer les aliments que leur position réclame; de les protéger contre les causes d'avortement, de parturition prématurée. Elles ne seront point exposées à la pluie, aux vents froids, aux rayons brûlants du soleil et ne recevront point de boissons dont la température serait trop basse. Celles qui vivent habituellement dans les pâturages seront remises à l'étable quelques jours avant l'époque de l'accouchement. La jument doit travailler jusqu'à la fin de la gestation, mais, à toutes les époques, son travail doit être proportionné pour les forces qu'il exige, pour la rapidité des allures, aux conditions de la femelle. La ration alimentaire doit être plus abondante que dans l'état ordinaire, surtout pour les femelles qui tra-

vaillent ou allaitent en même temps qu'elles portent un fœtus dans leur sein; cependant, on doit éviter de provoquer l'engraissement, l'accumulation de la graisse devant nuire au développement du jeune sujet.

GIBBEUX, EUSE, adj., *gibbosus*; relevé en bosse.

GIBBIFÈRE, adj., *gibbifer*; qui porte une bosse; se dit de la corolle.

GIBBOSITÉ, s. f., *Gibbus*; courbure, saillie anormale d'une partie de la colonne vertébrale, causée par le ramollissement ou la carie des vertèbres, le relâchement de quelques ligaments, la proéminence de quelques-uns des os. C'est le plus souvent un effet du *rachitisme* (*V.* ce mot). En chirurgie humaine, on distingue trois sortes de gibbosités existant sans carie: 1° *Cyphose*, ou courbure en arrière; 2° *Cordose*, ou courbure en avant; 3° *Scoliose*, ou courbure latérale. Ces difformités sont rares dans les animaux.

GIBOULÉE, s. f., *Nimbus*; mélange de grésil et de pluie froide, qui tombe au printemps, qui est presque toujours et poussé par un vent plus ou moins violent.

GIGANTESQUE, adj., *giganteus*; beaucoup plus grand, plus développé que dans l'état ordinaire.

GINGEMBRE, s. m.; nom pharmaceutique du rhizème articulé du *zingiber officinale*, plante exotique de la famille des Amomées, cultivée dans l'Amérique méridionale et aux Indes orientales. — On en connaît deux variétés commerciales, différant seulement par la couleur, le *gingembre gris* et le *gingembre blanc*. L'un et l'autre sont formés de fragments ou tubercules irréguliers, géniculés, ovoïdes, comprimés et articulés les uns sur les autres; leur couleur est grise ou blanche selon la variété, et leur substance intérieure, un peu ligneuse et jaunâtre, de saveur et d'odeur aromatiques, chaudes et poivrées. — D'après Monin et Bucholz, les gingembres renferment de la résine, de la sous-résine, une essence bleue, une matière azotée, de l'extractif, de la gomme et du ligneux. — Le gingembre se donne en poudre incorporée dans le miel, ou en infusion aqueuse ou vineuse à la dose de 10, 15, 30 grammes aux grands animaux, et à celle de 2 à 5 grammes aux petits. Il entre dans la préparation de la thériaque, des mastigadours, et fait partie de plusieurs poudres composées. — C'est un excitant gastro-entérique très énergique, qui prend place à côté du poivre et du clou de girofle, et qui convient dans les mêmes cas. Quelques marchands de chevaux introduisent dans l'anus des chevaux qu'ils exposent en vente, un morceau de gingembre, pour provoquer le relèvement de la queue et donner aux animaux une apparence de vigueur qu'ils n'ont pas.

GINGLYME, s. m., *Ginglymus*, γιγγλυμος, charnière; articulation par *charnière*, *V.* ARTICULATION.

GINGLYMOÏDAL, ALE, GINGLYMOIDE, adj., de γίγγλυμος, ginglyme, et εἶδος, forme; en forme de ginglyme; *articulation ginglymoïdale.*

GIRATION, s. f., *Giratio;* mouvement de rotation du suc nutritif des plantes dans les cellules. La découverte de ce phénomène, due à Corti, de Modène, date de 1772. Chaque cellule est le siége d'un mouvement de cette nature, indépendant de celui des cellules voisines; mais, dans chaque cellule et dans chaque utricule allongée, on observe au moins deux courants en sens inverse; il en existe quelquefois quatre. La chaleur active le mouvement circulatoire, le froid le ralentit; l'irritation produite par une piqûre, une ligature, le contact d'un acide, le troublent ou l'arrêtent définitivement; il en est de même de l'alcool, de l'opium. L'électricité est presque sans action. Le liquide circulant tient en suspension des globules de deux sortes.

GIROFLE, s. m. *Clous de girofle* ou de *gérofle;* nom que porte, en pharmacie, la fleur non épanouie du *caryophyllus aromaticus*, arbre de la famille des Myrtacées, qui croit spontanément aux îles Moluques et aux Antilles. Tels qu'on les trouve dans le commerce, les clous de girofle sont formés d'une partie globuleuse, ronde, rendue anguleuse par les dents du calice, qui sont saillantes, et qu'on nomme la *tête;* d'une partie allongée, conique, formée par le tube du calice; c'est la *tige* ou *pointe* du clou. La couleur des clous de girofle est brune, leur odeur est forte, aromatique, et leur saveur chaude et brûlante. Les plus estimés, appelés *clous anglais*, sont d'une teinte foncée, bien nourris, pesants et fortement aromatiques; ceux de *Bourbon* et de *Cayenne* sont plus pâles, allongés, secs et moins actifs. — D'après Tromsdorff, les clous de girofle sont formés d'essence âcre et caustique, de tannin, de résine, d'extractif, de *caryophylline*, et de gomme. Ils constituent un médicament excitant gastro-entérique et cordial des plus énergiques; on les administre en infusion alcoolique; on en fait des nouets qu'on fait mâcher aux animaux et qui excitent fortement la salivation et réveillent l'appétit. La dose, pour les grands animaux, varie de 15, 30, 45 grammes, suivant le degré d'excitation qu'on veut déterminer. — Les clous de girofle se donnent rarement seuls; leur prix assez élevé en limite l'usage en médecine vétérinaire; ils peuvent, du reste, être remplacés par le poivre et la cannelle. — Les cas où l'on pourrait en faire usage sont les coliques d'eau froide, les hydropisies, les affections anhémiques, le part languissant, etc.

GIROFLÉE, s. f., *Cheiranthus*, L.; genre de la famille des Crucifères. Il ne renferme qu'un petit nombre d'espèces. La principale, la G. commune, *C. cheiri*, connue sous le nom vulgaire de *ravenelle*, est très répandue; elle croit spontanément sur les murs,

les toits, etc.; la culture a formé dans cette espèce beaucoup de charmantes variétés pour les jardins.

GIVRE, s. m., *Pruina;* eau congelée, en forme d'aiguilles fines, d'une blancheur éclatante, qui se dépose sur les arbres et les corps froids, pendant les nuits froides de l'automne et du printemps. Le givre est formé principalement par la vapeur vésiculaire des brouillards qui sont condensés et congelés à la fois, et par la rosée qui s'est déposée sur les plantes.

GLABRE, adj., *glaber;* se dit en botanique d'une surface entièrement dépourvue de poils.—*Rendu glabre*, s'exprime par *glabratus*, et l'*état d'une surface glabre* par *glabrities.*

GLABRISME, s. m.; variété consistant dans la disparition ou l'absence des poils sur des parties qui en sont ordinairement recouvertes. La culture est une des causes les plus puissantes du glabrisme; viennent ensuite l'étiolement, les progrès de l'âge, le géantisme, les multiplications ou métamorphoses. Le changement de station, lorsqu'on transporte les végétaux des hautes régions dans la plaine, est aussi une cause de glabrisme. Cette variété phytologique est fort peu importante.

GLABRIUSCULE, adj., *glabriusculus;* très légèrement velu.

GLACE, s. f., *Glacies;* nom que porte l'eau solidifiée par le froid; elle existe sous cet état, d'une manière permanente, au sommet des hautes montagnes et dans les contrées voisines des pôles de la terre. Dans les contrées tempérées, la glace prend naissance lorsque, pendant la froide saison, la température de l'air descend au-dessous de zéro. Lorsque l'eau est pure et immobile, elle ne se congèle qu'à plusieurs degrés au-dessous de zéro, ainsi que le démontrent les expériences de Gay-Lussac. On conserve la glace, pendant l'été, dans des puits entourés de galeries, appelés *glacières*, ou on la produit artificiellement au moyen de mélanges réfrigérants et d'appareils spéciaux. La glace qui s'est formée dans de l'eau tranquille est toujours cristallisée; aussi occupe-t-elle un espace plus considérable que l'eau liquide, qu'elle surnage toujours; elle est incolore et transparente; elle commence à fondre à zéro, absorbe une quantité considérable de chaleur et fournit une eau qui ne contient pas de sels. On pourrait employer sur les animaux, à titre de réfrigérant externe, la glace et la neige dans le cas d'encéphalite ou de vertige, de fourbure, d'hémorrhagie, de météorisation, etc.; mais, dans la saison où on pourrait se procurer économiquement l'eau congelée, la plupart de ces maladies sont rares, et par contre, pendant la belle saison où elles sont fréquentes, le prix de la glace est trop élevé, ou cette substance est trop rare pour qu'on en puisse faire usage; aussi se contente-t-on généralement de se servir de l'eau froide,

dont on peut encore abaisser la température
en y faisant dissoudre des sels alcalins, tels
que le sel marin, le chlorure de potassium,
le sel ammoniac, etc.

GLACIAL, ALE, adj., *glacialis ;* se dit
des plantes qui croissent dans les régions élevées des montagnes, vers les pôles, au voisinage des neiges éternelles.

GLAISE, *V.* ARGILE.

GLADIÉ, ÉE, adj., *gladiatus ;* synonyme
d'ensiforme.

GLAIRINE, *V.* BARÉGINE.

GLAMORGAN (race de). Race bovine du
pays de Galles, Angleterre, assez remarquable par son aptitude à donner du lait et à
prendre la graisse. Elle occupe un espace
peu étendu dans les parties basses du Comté,
près du canal de Bristol.

GLANAGE, s. m., *Spicilegium ;* action de
recueillir dans les champs les épis échappés
au moissonneur. Cet usage est très ancien.
Confirmé par saint Louis en 1261, il a été
soumis pendant les XVIme et XVIIIme siècles à divers règlements, ayant pour but de
prévenir le vagabondage, les vols, etc. Il
reste définitivement soumis, dans son exercice, aux dispositions du décret du 28 septembre 1791, modifiées en ce qui concerne les
terrains clos par l'article 471 du code pénal.

GLAND, s. m., *Glans ;* fruit du chêne.
Le gland forme le type d'une espèce de
fruits indéhiscents, renfermés en partie ou en
totalité dans une *cupule*, et provenant toujours d'un ovaire infère, pluriloculaire et polysperme, qui porte à son sommet les dents
très petites du calice. Il correspond au *Calybion* de Mirbel. — Le gland du chêne est
composé d'un péricarpe mince et d'une amande
ovoïde-allongée, à extrémités obtuses ; il renferme de la fécule mêlée à une huile grasse
et à une proportion plus ou moins forte de
tannin, selon les espèces qui l'ont fourni.
Les fruits du chêne à glands doux ne sont
pas âpres comme ceux des autres arbres du
même genre. Le gland est recueilli ou consommé sur place ; on le donne aux animaux
frais ou desséché. Sa conservation est assez
facile ; elle a lieu, en suite de la dessiccation, dans des lieux aérés, ou à l'état frais,
sous l'eau dans des citernes. Il est donné
écrasé ou moulu, à l'état naturel ou germé,
torréfié, quelquefois cuit. Tous les animaux
domestiques le mangent. On conseille de le
donner aux bestiaux à l'engrais, à ceux qui
reçoivent une nourriture très aqueuse, débilitante, de le mêler aux substances fades,
huileuses. Il peut contribuer aussi à la nourriture des volailles. Les glands doux torréfiés
entrent dans plusieurs préparations alimentaires ou toniques destinées à l'homme. La
chimie vient de découvrir le moyen de rendre utilisable la fécule des glands ordinaires.
—*Anat.* Nom donné à l'extrémité libre et renflée de la verge ; on l'appelle plus souvent,
chez le cheval, *tête de la verge.* Cette partie
du pénis est traversée par l'extrémité de l'urè-

tre, et formée par un tissu érectile différent
de celui du corps caverneux ; elle est en
continuité avec la couche érectile qui entoure
le canal de l'urètre dans la gouttière, à
partir du bulbe urétral.

GLANDE, s. f., *Glandula*, αδην ; nom
donné à un grand nombre d'organes, de formes
et d'usages divers, mais que l'on réserve spécialement aujourd'hui aux organes sécréteurs,
quoique le nom impropre de *glandes* soit
resté à beaucoup d'organes qui ne sont le
siége d'aucune sécrétion. Le caractère essentiel des glandes proprement dites consiste
dans la présence d'un canal excréteur. Les
glandes principales sont : le foie, le pancréas, les glandes salivaires, les mamelles,
les testicules, les reins, les glandes lacrymales. Beaucoup de glandes très petites
versent directement leur fluide sécrété sur
différentes surfaces ; elles constituent les
cryptes ou *follicules* (*V.* ces mots).— *Glandes
de Brünner :* follicules muqueux qui n'existent guère, chez les herbivores, que dans le
duodénum. —*Glandes de Clopton Haavers :*
petits pelotons graisseux, pris par Haavers
pour des glandes synoviales. — *Glandes de
Cowper :* petites prostates, *V.* PROSTATE. —
Glandes lymphatiques : nom donné vulgairement aux ganglions lymphatiques.— *Glandes de Meïbomius :* petits follicules placés
au bord libre des paupières, dans la série de
petits sillons que porte le cartilage *tarse*, et
sécrétant la *chassie*, qui s'échappe de chaque
glande par un orifice très ténu, au bord de
la paupière. — *Glandes molaires :* réunion
de follicules salivaires placés en dehors de
l'arcade molaire supérieure, et se continuant
avec les follicules du voile du palais. —
Glandes de Pacchioni : granulations que l'on
rencontre dans les sinus du cerveau et de ses
enveloppes. — *Glandes de Peyer :* follicules
agminés, rassemblés en plaques, existant
surtout vers la partie postérieure de l'intestin
grêle. — *Glande pinéale, V.* CONARIUM. —
Glande pituitaire : nom donné à l'*appendice
susphénoïdale* ou *hypophyse* du cerveau. —
Glande thyroïde, V. THYROÏDE.—*Bot.* Les
glandes des végétaux ont une forme et une
structure variées ; tantôt elles se composent
de tissu cellulaire seulement, tantôt de tissu
cellulaire très fin, dans lequel vient se ramifier
un grand nombre de vaisseaux déliés : les unes
sont lenticulaires, d'autres concaves, globuleuses ; il en est de sessiles ; d'autres sont portées sur des poils ou bien sont cachées sous l'é-
piderme. Quelques-unes ont un canal excréteur ; souvent le liquide qu'elles sécrétent se
dégage par une véritable exhalation ou bien
s'accumule dans des réservoirs accidentels.
Leur situation et la nature des produits
qu'elles donnent ne sont pas moins diverses ;
en général, elles donnent naissance à des
huiles essentielles, odorantes, actives.
L'étude de l'organisation des glandes végétales est encore peu avancée ; on les divise
généralement, d'après leur forme, en *vésicu-*

laires, globulaires, utriculaires, papillaires.
A ces espèces, nous devons ajouter les *poils glanduliferes. V.* Poils.

GLANDÉ, adj. ; se dit d'un cheval qui a une tuméfaction des ganglions lymphatiques de la ganache. Cet état se présente avec des caractères différents dans la gourme, le coryza, l'angine, le farcin et la morve. Dans la morve chronique, cette tuméfaction produit ce qu'on appelle des *glandes*, qui sont dures, adhérentes à l'os maxillaire, insensibles au toucher. Dans la morve aiguë, elles sont mollasses, empâtées et douloureuses. L'engorgement de ces ganglions est le résultat de l'état maladif de la membrane pituitaire.

GLANDÉE, s. f. ; récolte du gland. C'est un usage ancien ; il s'exerce de deux manières : par la récolte proprement dite du fruit ; ou en faisant parcourir les bois par les porcs. La glandée a été l'objet de vives controverses entre les forestiers, sous le point de vue de son effet sur le repeuplement ; son usage est réglé par les art. 53 et suivants du Code forestier de 1827.

GLANDIFORME, adj., *glandiformis;* qui ressemble à une glande.

GLANDULAIRE, adj., *glandularis;* qui est de la nature des glandes.

GLANDULEUX, adj., *glandulosus. V.* GLANDULAIRE.

GLANDULIFÈRE, adj., *glanduliferus;* se dit de toute partie, de tout organe qui porte une glande. — *Poils glanduliferes;* ce sont ceux qui portent, à leur extrémité, une glande qui ne se compose alors que d'une ou quelques cellules ; on les nomme aussi *glanduleux.* Dans ce cas, les glandes sont dites *pédicellées.*

GLANDULIFORME, adj., *glanduliformis;* qui a la forme d'une glande.

GLANE (Race du). Race bovine de la Bavière Rhénane, ayant pour caractères : conformation généralement bonne, à l'exception de la croupe qui est courte et parfois avalée ; robe baie de diverses nuances, ou isabelle, ou mélangée de bai et d'isabelle ; peau douce au toucher, moelleuse ; poids moyen de chair nette, 3 à 400 kilog. Les bœufs du Glane sont dociles ; ils travaillent bien et s'engraissent facilement ; leur chair est de bonne qualité. Les vaches sont de bonnes laitières.

GLAUCESCENCE, s. f., *Glaucescentia;* état d'une surface glauque.

GLAUCESCENT, TE, adj., *glaucescens;* qui présente une teinte glauque.

GLAUCOME, s. m., *Glaucoma*, de γλαυκος, vert de mer ; maladie de l'œil dans laquelle le fond du globe présente la teinte du vert d'eau. La pupille est élargie ; la vue est notablement affaiblie. On attribue généralement cette maladie à une lésion du corps vitré ; cependant des recherches plus récentes établissent son siége sur la rétine et le nerf optique ; on a émis encore d'autres opinions également admissibles. En effet, le glaucome est un symptôme et non pas une affection particulière : on le reconnait dans les maladies du cristallin, de la rétine, de l'hyaloïde, de la choroïde. Le glaucome est assez commun dans le cheval : on le rencontre fréquemment dans la fluxion périodique des yeux. Il est incurable, une fois qu'il est bien apparent. Dans le début, on le combat par les antiphlogistiques ; plus tard, on a recours aux vésicatoires et autres révulsifs cutanés, aux purgatifs, etc. Par l'opération de la cataracte, on pourrait rendre la vue, si le glaucome avait uniquement son siége sur le cristallin.

GLAUQUE, adj., *glaucus;* de couleur blanchâtre et rappelant le vert de mer. La glaucescence peut être attribuée à trois causes différentes : 1° à la présence sur les organes d'une poussière blanchâtre, de nature cireuse, non miscible à l'eau, comme on le voit sur les feuilles du chou, sur les fruits du prunier, de la vigne, etc. ; c'est là la véritable glaucescence ; 2° à une multitude de poils très fins difficilement visibles à l'œil nu, et qui retiennent de l'air entre eux ; 3° à la présence d'une lame mince d'air sous la première couche d'épiderme.

GLAYEUL, s. m., *Gladiolus*, L.; genre de plantes bulbeuses de la famille des Iridées. Les espèces de ce genre sont nombreuses; beaucoup d'entre elles sont cultivées comme plantes d'ornement. Le Glayeul commun jouissait autrefois, en médecine, de beaucoup de réputation ; le bulbe entre encore dans quelques topiques maturatifs.

GLÉCHOME, s. m., *Glechoma*, L.; ce genre est actuellement réuni au genre *Nepeta* (*V.* ce mot).

GLEICHÉNIÉES, s. f., *Gleichenieæ;* tribu des Fougères. Genres : *Gleichenia, Platyzoma.* Endlicher en fait une famille distincte.

GLÉNOIDAL, ALE, GLÉNOIDE, adj., *glenoïdes*, de γληνη, petite cavité articulaire, et ειδος, forme; nom donné aux fossettes articulaires très légèrement concaves comme celle du scapulum.

GLÉNOIDIEN, NNE, adj., *glenoïdeus;* qui appartient à la cavité glénoïde. *Bourrelet glénoïdien :* bourrelet fibro-cartilagineux élargissant, chez l'homme, la cavité glénoïde du scapulum.

GLIADINE, s. f., de γλια, *gluten;* nom donné par Taddei et Einhof à la substance azotée que le gluten cède à l'alcool froid. La gliadine est solide, en plaques minces, transparentes, fragiles, de couleur jaune-paille et d'une odeur aromatique rappelant celle du miel. Décomposable au feu, la gliadine est insoluble dans l'eau et l'éther qui la précipitent de sa solution alcoolique. Cette substance précipite le tannin, ainsi que les sels mercuriels dont elle peut constituer l'antidote.

GLOBE, s. m., *Globus;* corps sphérique, corps arrondi. On appelle *globe de l'œil* le corps sphéroïde résultant de l'ensemble des membranes et des humeurs qui composent cet organe.

GLOBULAIRE, s. f. , *Globularia*, L. ; genre de la famille des Globulariées. Les plantes de cette famille habitent les régions tempérées de l'Europe ; on les trouve souvent sur les pelouses , sur les coteaux. Elles sont âcres et amères ; les bestiaux ne les mangent point. La plupart des espèces contiennent un principe purgatif; les feuilles du *G. alypum* peuvent remplacer le *Séné.* — *Globulaires* (Glandes) ; glandes végétales , de forme sphérique , ne tenant à l'épiderme que par un point. On les rencontre surtout sur les feuilles des Labiées.

GLOBULARIÉES, s. f. , *Globulariew;* petite famille de plantes dicotylédonées, monopétales, hypogynes . formée par de Candolle du seul genre *Globulaire*, extrait des Primulacées.

GLOBULE, s. m. , *Globulus;* terme générique par lequel on désigne les corpuscules arrondis et microscopiques qu'on observe dans les liquides et les solides organiques, tant végétaux qu'animaux. Le globule , malgré sa ténuité, joue un rôle considérable dans l'organisation des êtres vivants; pour Raspail, c'est le rudiment ou le germe de ces êtres; pour tous les naturalistes , c'est le caractère essentiel de toute véritable organisation. Dans les plantes, les globules s'observent dans les liquides qui circulent et dans les cellules des tissus élémentaires ; chez les animaux , on remarque des globules dans la plupart des liquides , surtout dans ceux qui servent à la nutrition du corps , comme le chyle , la lymphe et le sang ; ceux des liquides sécrétés , excepté ceux du lait, sont moins nettement déterminés. Les tissus animaux ne présentent pas tous des globules , mais ce sont, en général, les mieux organisés qui offrent cette structure, comme le système nerveux, le tissu musculaire. les glandes, etc. Le volume, la forme , le diamètre , la couleur, la composition des globules organiques, tant végétaux qu'animaux , sont trop variables pour qu'il y ait profit à les examiner d'une manière générale. Aussi , leur histoire sera-t-elle plus convenablement placée à l'article de chacun des solides et liquides organiques contenant les globules , *V.* AMIDON , CHYLE , LAIT , SANG , MUSCLES , NERFS , etc. — *Bot.* Les botanistes ont donné le nom de *globules* à de petits corps sphériques, d'origine et de nature si variées qu'il est impossible d'employer aujourd'hui cette expression sans y joindre une explication qui en rend l'usage inutile.

GLOBULEUX, **EUSE**, adj. *globosus, globulosus;* arrondi en forme de sphère, de globe. Plusieurs parties des végétaux peuvent présenter cette forme : le *stigmate*, l'*anthère*, l'*ovaire*, le *capitule*, etc.

GLOBULINE, s. f.; nom donné par Berzélius à l'hématosine brute ou mélangée à l'albumine. et telle qu'on l'obtient par la dessiccation, à une douce chaleur, de la masse des globules du sang , *V.* HÉMATOSINE.

GLOBULINS, s. f.; corpuscules ou globules de la chlorophylle, que Turpin croyait composée d'une petite vésicule à parois diaphanes , contenant d'autres vésicules plus petites appelées *globulins*. Après la rupture de la vésicule mère, chaque *Globulin*, formait une utricule nouvelle.

GLOCHIDE, s. f. , *Glochis*, de γλωχις, ongle ; poil mince , raide, recourbé en crochet, ou à divisions rabattues.

GLOMÉRULE, s. f. , *Glomerula;* assemblage irrégulier de fleurs ou de fruits. Acharius l'emploie comme synonyme de *Sorédie.*

GLOSSALGIE, s. f., *Glossalgia*, de γλωσσα, langue, et αλγος , douleur ; douleur de la langue.

GLOSSANTHRAX, s. m., *Glossanthrax*, de γλωσσα, langue, et ανθραξ, charbon ; charbon de la langue. Synonymie : *charbon à la langue*, *charbon volant*, *chancre volant*, *mal de langue*, *perce-langue*, etc. On l'observe sur la plupart des herbivores , mais plus particulièrement sur les bêtes bovines. A plusieurs époques, cette affection s'est montrée à l'état épizootique en France , en Suisse, en Allemagne. Le glossanthrax est contagieux, même pour des animaux d'espèces différentes; il peut aussi se transmettre à l'homme , mais seulement par le contact. Les causes de cette maladie n'ont pas été bien déterminées; on l'a attribuée tour à tour à l'intempérie des saisons, à la sécheresse, à l'humidité, à la mauvaise qualité des aliments et des boissons. Les phénomènes de cette variété de charbon se produisent avec une grande rapidité. Les malades éprouvent une fièvre violente, avec prostration des forces. On voit s'élever sur diverses parties de la langue des phlyctènes livides, contenant une sérosité sanieuse, fétide; elles sont remplacées par des ulcères. La langue se tuméfie considérablement; la salivation devient fort abondante. Bientôt la gangrène apparaît et envahit les organes situés dans l'arrière-bouche. La mort termine souvent le glossanthrax. Parmi les lésions cadavériques, on observe surtout les caractères de la gangrène dans plusieurs parties des voies digestives, notamment dans les estomacs, les intestins grêles. Dans le traitement, il faut éviter surtout les moyens qui pourraient contribuer à transmettre la contagion ; il importe d'isoler les malades. Les moyens curatifs consistent à ouvrir les vésicules, à scarifier la surface de la langue, à cautériser la surface des plaies de cet organe. On emploie avec avantage les dissolutions de sel marin, d'hydrochlorate d'ammoniaque, l'acide sulfurique étendu d'eau, les décoctions de quinquina. A l'intérieur, on administre le nitrate de potasse; on a conseillé l'ingestion du chlorure de soude, à la dose de quelques grammes dans un litre d'eau. Pendant la convalescence , il convient de donner des décoctions amères de gentiane. de quinquina.

pour relever les forces des malades qui sont trop débilités.

GLOSSITE, s. f., *Glossitis*, de γλωσσα, langue; inflammation de la langue. Elle est assez fréquente dans les animaux. Les causes qui la déterminent sont le contact des substances irritantes, des plantes vénéneuses, la pression par le mors de la bride, les blessures produites par les aspérités des dents. La glossite est *superficielle* ou *profonde* : superficielle, elle n'atteint que la muqueuse; souvent elle coïncide avec le développement des aphtes; profonde, elle envahit le parenchyme de l'organe qu'elle fait gonfler considérablement ; la bouche reste béante, les· glandes sous-maxillaires sont tuméfiées, la salivation est abondante. Il y a fièvre de réaction. Quelquefois la glossite est symptomatique d'une inflammation des voies digestives, de la gastrite, de l'entérite, d'une maladie typhoïde. On distingue la glossite du glossanthrax ou affection charbonneuse de la langue caractérisée par la gangrène. L'inflammation légère de la langue cède aux boissons émollientes, aux gargarismes mucilagineux. Pour remédier à la glossite profonde , on a recours à la saignée générale, à la saignée locale sur les veines ranines, aux scarifications; on fait des gargarismes avec la tisane d'orge miellée et acidulée par le vinaigre. Quand la suffocation paraît imminente, la trachéotomie devient nécessaire.

GLOSSOCATOCHE, s. m., *Glossocatochus*, de γλωσσα, langue, et κατεχω, je retiens ; instrument destiné à saisir la langue pour visiter l'intérieur de la bouche. Les formes de cet instrument varient suivant qu'il doit servir pour le cheval ou le chien.

GLOSSOCÈLE, s. m., *Glossocele*, de γλωσσα, langue, et κηλη, tumeur; hernie de la langue. Saillie formée par la langue hors de la bouche, causée par l'inflammation de cet organe, *V.* GLOSSITE.

GLOSSOGRAPHIE, s. f., *Glossographia*, de γλωσσα, langue, et γραφη, description; description de la langue.

GLOSSOLOGIE, s. f. , *Glossologia*, de γλωσσα, langue, et λογος, discours; mot substitué par de Candolle à *Terminologie*, et employé pour désigner l'ensemble des *termes* consacrés dans la langue botanique , des règles qui doivent guider dans l'invention des termes nouveaux et dans leur énoncé. De Candolle divise en cinq classes les termes dont peuvent se servir les botanistes ; il admet 1° des *termes organographiques* , exclusivement propres à l'indication et à la description des organes végétaux ; 2° des *termes physiologiques* , servant à désigner le mode d'action des organes et , par suite, leurs fonctions, l'accroissement, les résultats de la végétation , etc. ; 3° des *termes caractéristiques* , qui font connaître les modifications des organes : 4° des *termes dérivés* ou *composés* , formés par l'union des termes appartenant à la fois à deux des classes précé-

dentes ; 5° des *termes didactiques* , relatifs non aux végétaux , mais à l'art de les étudier. Tous les termes indiqués par de Candolle dans la Glossologie se trouvent dans ce dictionnaire.

GLOSSOTOMIE, s. f. , *Glossotomia*, de γλωσσα , langue, et τεμνω , je coupe ; cette expression est employée, en *anatomie*, pour désigner la *dissection* de la langue ; en *chirurgie*, comme synonyme *d'amputation* de cet organe. *V.* AMPUTATION.

GLOTTE, s. f. , *Glottis* de γλωττα , ou γλωσσα , langue ; ouverture longitudinale, existant à la paroi supérieure et antérieure du larynx , présentant deux lèvres latérales et deux commissures , dont l'antérieure porte l'*épiglotte* destinée à fermer la glotte lors du passage des aliments. On a étendu la signification du mot *glotte* , en l'appliquant à toute la cavité du larynx, où l'on trouve antérieurement le *sinus sous-épiglottique*, et postérieurement le *sinus sous aryténoïdien*. Sur les côtés se trouvent les *ventricules latéraux* , séparés de la cavité par les *cordes vocales* , appelées encore *lèvres* ou *rubans* de la glotte. — Chez les oiseaux, la glotte offre une fente longitudinale , sans épiglotte pour la recouvrir.

GLUCOSE, *V.* SUCRE.

GLUCYNE, s. f. ; *Oxyde de glucynium*. $Gl^2 O^3$. — Cet oxyde, qui a beaucoup d'analogie avec l'alumine, a été découvert dans l'émeraude par Vauquelin, en 1798. La glucyne est solide, en poudre blanche, inodore, insipide , happant à la langue, et pesant 3, 0 environ. Chauffée, elle est infusible; insoluble dans l'eau, elle s'hydrate, mais moins fortement que l'alumine ; exposée à l'air, elle se carbonate ; elle se dissout dans les liqueurs alcalines, ainsi que dans le carbonate d'ammoniaque. Enfin , elle forme avec les acides des sels qui ont une saveur douce et sucrée.

GLUCYNIUM, s. m., de γλυκυς , doux , à cause de la saveur de ses sels. Gl. Eq. 87,06; corps simple métallique de la deuxième section, découvert par Vauquelin. Il s'obtient en décomposant le chlorure de glucynium par le potassium. Il est en poudre grise, qui prend l'éclat métallique sous le brunissoir ; inaltérable à l'air , il ne décompose l'eau qu'à la température de l'ébullition. Chauffé à l'air, il devient incandescent, absorbe de l'oxygène et se change en glucyne. Il se dissout dans les alcalis et dans les acides, avec dégagement d'hydrogène.

GLUMACÉES, s. f. , *Glumaceæ* ; synonyme impropre de Graminées. Jussieu désigne sous ce nom un groupe de végétaux monocotylédonés, à graine périspermée , à fleur apérianthée, à radicule macropode , développée latéralement, à bractées courtes, écailleuses, répondant à des épis latéraux. Ce groupe renferme deux familles: les *Graminées* et les *Cypéracées*.

GLUME , s. f. , *Gluma* ; ensemble des

bractées qui entourent la base de l'épillet.
La glume ou mieux les glumes, car il y a
deux bractées, sont extérieures et opposées
à la glumelle. C'est le *calice* de Linné, le
lépicène de Richard, la *glume calicinale*
de plusieurs auteurs. *V.* GLUMELLE et GLU-
MELLULE.

GLUMÉ, ÉE, adj., *glumatus* ; entouré
d'une glume.

GLUMELLE, s. f., *Glumella* ; enveloppe
florale intérieure des graminées, opposée à
la glume et formée comme elle de deux
bractées. On lui donne les noms de *glume
intérieure* ou *corolline*, de *périgone* ; c'est
la *corolle* de Linné. Les bractées qui composent la glume et la glumelle sont *égales*
ou *inégales*, *libres* ou *soudées*, *carénées*,
aiguës, *mutiques*, *tronquées*, *mucronées*,
nues ou *surmontées* d'une arête, etc.

GLUMELLULE, s. f., *Glumellula* ; corolle intérieure des Graminées, composée de
petites écailles charnues entourant immédiatement les organes de la reproduction.
C'est la *corolle* de Micheli, le *nectaire* de
Schreber, la *lodicule* de Palissot de Beauvais, la *glumelle* de Richard, les *écailles*
de Linné.

GLUTEN, s. m., *Gluten* ; matière azotée
ou végéto-animale, découverte par Beccaria
dans la farine des graines céréales, et notamment dans celle du froment, qui en contient le dixième environ de son poids. On
en sépare le gluten par deux procédés ; le
plus simple consiste à malaxer, sous un
filet d'eau, une pâte ferme de farine de froment jusqu'à ce que l'eau sorte claire ; le
deuxième procédé, plus compliqué, consiste
à faire gonfler des grains de blé dans l'eau,
à les écraser ensuite, puis à les malaxer
dans un linge pour entraîner l'amidon ; le
résidu délayé dans l'eau et battu avec un
petit balai de bouleau, donne de longs filaments grisâtres, semblables à de la fibrine.
Le gluten est en masse amorphe, mollasse,
élastique, collante, glutineuse, d'une teinte
grisâtre, d'une odeur spermatique et d'une saveur fade et mucilagineuse. Soumis à l'action
de la chaleur, il perd son eau, se dessèche,
diminue considérablement de volume, se
durcit, devient luisant, fragile, prend une
teinte jaune foncée si la température s'élève,
et se décompose en donnant les mêmes produits que les substances animales. — L'eau
froide ne dissout pas le gluten ; l'eau bouillante l'altère ; elle lui fait perdre son élasticité et ses propriétés glutineuses. — L'alcool
froid le sépare en deux parties : une soluble,
appelée *gliadine*, et l'autre insoluble qu'on a
nommée *zimôme*; l'alcool bouillant sépare trois
principes du gluten : un insoluble appelé *fibrine végétale*; deux solubles, dont un se dépose
par le refroidissement du véhicule ; c'est la
caséine végétale, et l'autre qui ne s'en sépare
pas ; c'est la *glutine*. L'éther, les huiles et
les essences ne dissolvent pas le gluten. Sec,
il est inaltérable à l'air ; humide, il

s'y putréfie en exhalant une odeur de fromage pourri. L'acide acétique le dissout ; les
acides concentrés et les alcalis l'altèrent ; il
précipite le tannin et plusieurs sels métalliques, notamment ceux de mercure. Il peut,
étant frais, remplir le rôle de ferment. Le
gluten paraît être la matière la plus nutritive des céréales ; dans les grains et graines
où il n'existe pas, il est remplacé par de
l'*albumine* ou de la *caséine* végétale.

GLUTINE, s. f., de *glutinare*, coaguler ;
nom donné autrefois par Rouelle à l'*albumine végétale*; il s'applique actuellement à
une substance azotée qu'on obtient en traitant
le *gluten* par l'alcool bouillant ; on laisse déposer la *caséine végétale*, et la glutine reste
en solution dans l'alcool. Cette substance se
rapproche beaucoup de l'albumine, mais
elle en diffère par sa solubilité dans l'alcool.

GLUTINEUX, adj., *glutinosus* ; qui ressemble au gluten ou qui en contient.

GLYCÉRINE, s. f., de γλυκυς, doux. *Principe doux des huiles* ; *hydrate d'oxyde
de glycéryle*. $C^6 H^8 O^6$. Matière sucrée,
particulière, découverte par Scheele dans les
corps gras, où elle paraît exister en combinaison avec les acides stéarique, margarique et oléique. On l'obtient en traitant les
corps gras par un oxyde métallique, séparant
ensuite ce dernier par un acide ; l'oxyde de
plomb est celui qu'on emploie de préférence,
parce qu'il est facile à séparer au moyen de
l'acide sulfurique ou de l'acide sulfhydrique.
— Évaporée à 120°, la glycérine a la consistance d'un sirop épais, dépourvu de couleur
et d'odeur, d'une saveur douce et sucrée, et
d'une densité de 1,27. Chauffée à vase clos,
elle se volatilise et se décompose en partie ;
à l'air libre, elle prend feu et brûle avec une
flamme très éclatante. Insoluble dans l'éther,
elle se mêle en toute proportion à l'eau et à
l'alcool. La glycérine n'éprouve pas la fermentation alcoolique.

GLYCÉRYLE, s. m. ; radical hypothétique qui existerait dans les corps gras, uni
aux acides de ces corps, et qui formerait la
glycérine, en se combinant avec 5 équivalents
d'oxygène.

GLYCINE, s. f., *Glycine*, L. ; genre de
la famille des Légumineuses. Ce genre ne se
compose que d'espèces exotiques ; parmi lesquelles Linné avait placé le *G. apios*, qui
en a été distrait pour devenir le type du
genre Apios, qu'il forme seul sous le nom
de *A. tubéreuse*, *A. tuberosa*, Mœnch. Cette
plante, originaire de l'Amérique du nord,
résiste bien au froid ; sa racine porte, de
distance en distance, des renflements ovoïdes
ou fusiformes, espèces de tubercules analogues à ceux de la pomme de terre, féculents comme eux, et contenant, d'après
l'analyse, 17 % de plus de matières solides. La glycine tubéreuse, cultivée chez
nous comme plante d'ornement, pourrait
l'être en vue de ses tubercules qui sup-

pléeraient ceux de la pomme de terre, dans l'alimentation de l'homme et des animaux.

GLYCINE, s. f. : principe sucré, cristallisable, non fermentescible, découvert par Bizio dans la noix de coco. Il est analogue à la *mannite*. (*V*. ce mot).

GLYCYRRHIZINE, s. f. ; nom donné au principe sucré non fermentescible de la réglisse (*Glycyrrhiza glabra*), qui a été découvert en 1809 par Robiquet. C'est une matière solide, amorphe, d'apparence résineuse, jaunâtre, inodore, de saveur sucrée, peu soluble dans l'eau froide, soluble dans l'eau bouillante et dans l'alcool. La glycyrrhizine constitue la plus grande partie du suc noir de réglisse.

GNAPHALE, s. m., *Gnaphalium*, *Don;* genre de la famille des Composées. Ce genre autrefois très nombreux renferme encore aujourd'hui près de cent espèces. Ce sont des plantes herbacées, annuelles, bisannuelles ou vivaces, souvent cotonneuses. Les espèces *sylvaticum*, *uliginosum*, *luteo-album*, *fœtidum*, etc., qui croissent en France, sont sans intérêt.

GNÉTACÉES, s. f., *Gnetaceæ ;* famille de plantes dicotylédonées voisine des Conifères. Elle se compose des deux genres *Gnetum* et *Ephedra* qui sont formés : le premier, de grands arbres propres aux régions équinoxiales, et le second, d'arbustes sarmenteux ou grimpants qui croissent dans les régions tempérées.

GOBBE, s. f. ; sorte de préparation en forme de bol, qu'on donne aux chiens pour les empoisonner.—Synonyme d'*égagropile*. On nomme ainsi les concrétions pileuses qu'on rencontre dans la caillette du mouton. On dit qu'une bête à laine est *gobbée*, quand on trouve dans son estomac une *gobbe*.

GODRONNÉ, ÉE. adj., *epandus ;* synonyme *de festonné ;* se dit de la feuille dont les bords présentent des espèces de festons séparés par des sinuosités profondes. — *Anat. Canal godronné* ou *de Petit :* nom donné par Petit à l'espace compris entre le corps ciliaire et le cristallin, et formant un canal qui entoure ce dernier.

GOÉMON, s. m. ; engrais végétal composé de plantes de la famille des Algues, recueillies sur les rochers au bord de la mer. La Bretagne, l'Irlande, l'Écosse, en font un fréquent usage. Le goémon est mélangé à des coquilles, imprégné de sel ; ses cendres sont riches en sels alcalins. On l'emploie à l'état frais ou après lui avoir fait subir un commencement de fermentation.

GOITRE, s. m., *Hernia gutturalis ;* hypertrophie de la glande thyroïde. Synonymie : *bronchocèle*, *gros cou*, *thyroïdite*. Cette maladie est endémique pour l'espèce humaine dans quelques localités, dans la Suisse, le Piémont, les Alpes, les Pyrénées. On l'attribue à l'influence des eaux, qui contiennent beaucoup de magnésie ; Grange a trouvé des roches magnésiennes partout où l'on signale des goitres et des crétins ; il a démontré en outre l'absence d'une quantité de chaux suffisante aux besoins de l'économie dans les eaux qui servent de boisson. Le goitre est très rare sur le cheval et le bœuf ; il est assez commun sur le chien et les petits animaux : les femelles y sont plus disposées. Une tumeur de volume variable se montre à la base du cou : sa forme est ovale, irrégulière, composée de lobes et de lobules distincts : sa consistance est molle et variable ; quelquefois il y a fluctuation. La durée du goitre est illimitée. Les terminaisons sont la résolution, la suppuration, l'état enkysté, le cancer. Sous le rapport du diagnostic, on ne rencontre quelques difficultés que pour reconnaître les diverses lésions du corps thyroïde. Si l'on étudie les caractères anatomiques du goitre, on trouve dans quelques cas toutes les transformations de tissus, jusqu'à l'état osseux. Le goitre *lymphatique* est mou, spongieux ; l'expression en retire un liquide séro-purulent ; on y rencontre parfois du pus, un liquide lactescent, des hydatides, des calculs, des tubercules. Dans le goitre *anévrysmatique*, les artères sont volumineuses. Le traitement interne consiste dans l'usage de l'éponge calcinée, des iodures. À l'extérieur, on a préconisé les frictions mercurielles, les pommades d'iodure de potassium et d'iodure de mercure, les vésicatoires. Quelques procédés chirurgicaux peuvent être essayés. Dans le cas d'insuccès, ce sont la cautérisation, l'incision, le séton, la ligature des artères, la ligature du goitre, son extirpation. Ces divers procédés sont le plus souvent insuffisants ou dangereux.

GOLFE, s. m., *Sinus*: on appelle *golfe des jugulaires* un tronc très court que forme la réunion de ces deux veines, et par lequel elles versent leur sang dans la veine cave antérieure.

GOMME, s. f., *Gummi*. — Les gommes sont des principes neutres, non azotés, fournis par la sécrétion de certains végétaux appartenant surtout aux Légumineuses et aux Rosacées. Ces principes se placent à côté du *sucre* et de l'*amidon* par leur composition chimique ; mais ils diffèrent du premier en ce qu'ils ne peuvent fermenter, et du second par leur transformation en acide *mucique* sous l'influence de l'acide nitrique et de la chaleur. — Les gommes sont toutes solides, incristallisables, translucides, incolores, lorsqu'elles sont pures, inodores, insipides ou légèrement sucrées. Traitées par la chaleur, elles perdent de l'eau, se torréfient, deviennent plus solubles, puis se décomposent. Insolubles dans l'alcool, l'éther, les essences et les huiles grasses, les gommes se dissolvent plus ou moins facilement dans l'eau, qu'elles rendent mucilagineuse. Sous ce rapport, les gommes se divisent en trois séries : 1° les gommes *solubles*, comme la gomme arabique et celle du Sénégal, qui sont à base d'*arabine* (*V*. ce mot) ; elles se dissolvent à la fois dans l'eau froide et dans l'eau chaude; 2° les gommes *insolubles*, comme celle de bassora et la gomme adraganthe ; elles contiennent de la *bassorine* et de l'*adraganthine* (*V*. ces mots), et ne se dissolvent ni dans l'eau froide ni dans l'eau chaude, dans lesquelles elles se gonflent considérablement et prennent l'aspect du mucilage; 3° les gommes *mi-solubles*, celle du pays par exemple, qui contient de la *cérasine* (*V*. ce mot) et qui se dissout dans l'eau chaude, mais non dans l'eau froide. — *Pharmacologie*. Toutes les gommes sont des médicaments essentiellement émollients et adoucissants; elles sont aussi légèrement alimentaires. Elles se donnent à l'intérieur, en solution dans l'eau ou en électuaire, dans la plupart des phlegmasies internes, et surtout de celles du tube digestif et des voies respiratoires. Elles lubréfient les surfaces irritées, remplacent le mucus qui n'est plus sécrété au début de l'inflammation, introduisent dans le sang des principes aqueux et mucilagineux, provoquent la sécrétion urinaire, etc. A l'extérieur, elles sont plus rarement employées.

Gomme adraganthe, de τραχος, hérissé, et αχανθα, épine. Cette variété de gomme est fournie par certains arbrisseaux du genre *Astragalus*, de la famille des Légumineuses, qui croissent en Asie et en Afrique ; les espèces qui en fournissent le plus sont l'*A. verus*, l'*A. gummifer* et l'*A. creticus*. Elle se fait jour par les fissures de l'écorce pendant l'été. La gomme adraganthe est en petites lanières aplaties, vermiformes, ou en grumeaux allongés et recourbés, incolores ou jaunâtres, durs, cornés, fragiles, dépourvus d'odeur et de saveur. Mise en contact avec l'eau, cette gomme se gonfle considérablement, forme une gelée analogue à l'empois si elle est abondante, et une solution mucilagineuse si elle est en petite quantité. Elle est formée d'une partie soluble ressemblant à de l'arabine, et d'une insoluble appelée *adraganthine* (*V*. ce mot). La gomme adraganthe est peu employée comme médicament émollient, mais elle sert à titre d'intermède pour administrer des substances insolubles dans l'eau, ou d'excipient pour la confection des bols.

Gomme arabique, *Gomme blanche*, *Gummi arabicum*. La gomme arabique, la plus pure et la plus estimée de ce genre de corps, est fournie par plusieurs arbrisseaux légumineux des genres *Acacia* et *Mimosa*, qui croissent en Afrique, en Asie, dans l'Inde, et desquels elle exsude naturellement par les fissures de l'écorce. Telle qu'elle se présente dans le commerce, la gomme arabique est en petits fragments irréguliers, anguleux, incolores, transparents, fragiles, fendillés, à cassure vitreuse; sa saveur est peu marquée, sa densité est de 1,57; elle se dissout entièrement dans l'eau froide ou chaude, la rend mucilagineuse sans en troubler la transparence. Sèche et peu hygro-

métrique, la gomme arabique se pulvérise facilement, et fournit une poudre très blanche et douce au toucher, qu'on falsifie souvent dans le commerce avec de l'amidon. Cette fraude est facile à dévoiler au moyen de l'eau froide qui dissout la gomme et non la fécule, et par l'action de la teinture d'iode qui bleuit l'amidon. La gomme arabique est essentiellement émolliente et adoucissante ; mais son prix, assez élevé, en restreint beaucoup l'emploi dans la médecine des animaux.

Gomme-ammoniaque. Gomme-résine fétide, fournie, d'après D. Don, par le *Dorema ammoniacum*, qui croît en Arménie. Elle se présente dans le commerce sous deux formes: en *larmes* détachées, jaunâtres en dehors, blanches en dedans, ou en *masses* formées de larmes agglomérées, mollasses, d'une teinte plus foncée et d'une odeur plus forte. Quelle que soit sa variété, la gomme ammoniaque a une odeur désagréable, une saveur amère et âcre. Ses propriétés médicinales sont analogues à celles de l'assa-fœtida, mais elle est moins employée.

Gomme de Bassora. *Gummi torredonense* ; substance gommiforme, assez semblable à la gomme adraganthe, et sur l'origine de laquelle il existe encore du doute. On la rapporte au *Mimosa sassa*. Elle est en larmes ou en fragments irréguliers, très blancs, transparents, durs, secs, insipides et inodores. La gomme de Bassora se comporte avec l'eau comme la gomme adraganthe, dont elle présente la composition ; elle peut être employée aux mêmes usages, mais elle est très rarement usitée en médecine.

Gomme-élastique, *V*. Caoutchouc.

Gomme-Elémi, *V*. Élémi.

Gomme-Gutte, *Gummi gutta*. Gomme-résine inodore, fournie par plusieurs arbres de la famille des Guttifères, qui croissent dans l'Inde, et notamment par le *Garcinia cambogia* et le *Stalagmitis cambogioïdes*. Elle s'écoule par les fissures de l'écorce ou par des plaies artificielles. Elle se trouve dans le commerce en masses arrondies ou en larmes; sa couleur est d'un jaune foncé en masse et d'un beau jaune doré, lorsqu'elle est réduite en poudre ; elle se brise facilement, et sa cassure est nette et brillante; sa saveur est faible d'abord, puis âcre. Insoluble dans l'eau, la gomme-gutte se dissout presque entièrement dans l'alcool et l'éther, qui prennent une belle couleur jaune. Les solutions alcalines la dissolvent également et exaltent sa couleur. La gomme-gutte contient 20 p. % de gomme et 80 de résine, qu'on peut séparer au moyen de l'éther. Cette gomme-résine est un purgatif drastique des plus violents. Essayée sur la plupart des herbivores, elle a toujours déterminé une forte irritation intestinale sans purgation régulière. Associée aux sels alcalins, elle serait vraisemblablement moins irritante et plus efficace.

Gomme du Pays, *Gummi nostras*. Gomme fournie par plusieurs arbres indigènes de la famille des Rosacées, tels que le cerisier, le merisier, le prunier, l'abricotier, etc. Elle exsude par les fissures de l'écorce pendant la saison chaude, et plus abondamment sur les vieux que sur les jeunes arbres. Elle est en morceaux irréguliers, transparents, rougeâtres, attachés à des débris d'écorce et recouverts d'impuretés. Traitée par l'eau, elle s'y dissout en partie (*Arabine*) ; le reste se gonfle seulement dans l'eau froide, mais se dissout à la longue dans l'eau bouillante (*Cérasine*). La gomme du pays, employée dans les arts, est inusitée en médecine.

Gomme du Sénégal, *gomme rousse ou rouge*, *Gummi senegale*. Cette variété, très voisine de la gomme arabique par sa composition, est fournie, dit-on, par le *Mimosa senegalensis*; elle se reconnaît aux caractères suivants : masses arrondies, de la grosseur d'une petite noix, transparentes, roussâtres ou rougeâtres, ténaces et difficiles à réduire en poudre. Elle est entièrement soluble dans l'eau, comme la gomme arabique, qu'elle peut remplacer dans tous ses usages.

Gommes-résines, *Gummi-resinæ*; substances particulières, plus complexes que ne l'indique leur nom, et formées par la concentration du suc de certaines plantes, desquelles elles exsudent par des incisions artificielles. Elles sont, en général, solides ou molles, incolores ou colorées, plus ou moins odorantes et d'une saveur âcre et irritante. Leur composition est assez compliquée ; elles renferment de la résine, une essence, de la gomme soluble ou insoluble, et divers principes accessoires. Traitées par l'eau ou l'alcool concentrés, les gommes-résines ne s'y dissolvent qu'en partie, et donnent une solution trouble et laiteuse; l'alcool faible, chaud, et le vinaigre les dissolvent entièrement. — Les propriétés médicinales de ces substances varient beaucoup; celles qui sont fétides sont antispasmodiques ; les autres sont purgatives et plus ou moins irritantes. Les gommes-résines les plus importantes sont l'*assa-fœtida*, la *gomme ammoniaque*, la *gomme-gutte*, l'*euphorbe*, le *galbanum*, l'*oliban*, l'*opoponax*, le *sagapenum*, la *scammonée*, etc. (*V*. ces mots.)

GOMMEUX, **EUSE**, adj.; qui est de la nature de la gomme ou qui en contient.

GOMMITE, s. m. ; terme générique qu'on a proposé pour désigner les gommes et les mucilages.

GOMPHOSE, s. f., *Gomphosis*, de γομφος, clou; nom donné au mode d'implantation des dents dans les alvéoles, à cause de l'analogie de cette réunion avec l'implantation d'un clou.

GONALGIE, s. f., *Gonalgia*, de γονυ, genou, et αλγος, douleur; douleur aux genoux.

GONARTHROCACE, s. f., *Gonarthro-cace*, de γονυ, genou, αρθρον, articulation, et κακια, vice, maladie ; inflammation de l'articulation du genou.

GONFLEMENT, s. m., *Inflatio* ; tuméfaction, augmentation de volume d'une partie du corps. Synonyme vulgaire de *tympanite*. — Le gonflement est un caractère commun à plusieurs maladies : au phlegmon, à l'emphysème, à l'œdème, etc. Il est généralement produit par l'afflux du sang, l'accumulation de la sérosité, ou la formation d'un abcès.

GONGYLE, s. m., *Gongylus*, de γογγυλος, rond ; Wildenow donne ce nom aux corpuscules reproducteurs des algues ; de Candolle, aux globules reproducteurs des plantes qui n'ont pas de fécondation apparente ; Acharius, à des globules opaques, épars dans la partie corticale de la lame proligère des lichens ; enfin, Gaertner, à des corpuscules reproducteurs simples, sphéroïques, qui se détachent, par les progrès de l'âge, de la membrane fructifère de la plante-mère.

GONIOMÈTRE, s. m., de γωνια, angle, et μετρον, mesure ; instrument qu'on emploie à mesurer l'ouverture des angles des cristaux.

GONOCÈLE, s. f., *Gonocele*, de γονυ, genou, et κηλη, tumeur; tumeur du genou. — Autre étym., de γονος, semence, et κηλη, tumeur ; accumulation du sperme dans les vaisseaux séminifères ; synonyme de *spermatocèle*.

GONOPHORE, s. m., *Gonophorum* ; de γονος, semence, et φορεω, porter: prolongement du réceptacle ou torus. Il diffère de l'*anthophore* en ce qu'il ne porte que les organes sexuels. Le gonophore n'est bien apparent que dans les Anonacées et les Magnoliacées.

GONORRHÉE, s. f., *Gonorrhœa*; de γονος, semence, et ρεω, couler ; écoulement de semence. Synonyme de *spermatorrhée*. Les anciens donnaient le nom de *gonorrhée*, à ce qu'on nomme aujourd'hui la *blennorrhée*; pour eux, le mucus des écoulements urétraux n'était que du sperme vicié.

GONORRHÉIQUE, adj., *gonorrheicus*; qui concerne la gonorrhée.

GONYALGIE, s. f., *V*. GONALGIE.

GOODÉNIACÉES, s. f., *Goodeniaceæ*; famille de plantes dicotylédonées, monopétales, épigynes, dont les espèces, toutes exotiques, habitent pour la plupart la Nouvelle-Hollande. Elle est divisée en deux tribus: les *Scævolées*, genres: *Scævola*, etc.; les *Goodéniées*; genres: *Goodenia*, *Leschenaultia*, etc.

GORET, s. m., *Porcellus*; nom vulgaire du jeune porc.

GORGE; nom donné vulgairement à la partie antérieure ou trachélienne du cou. En *extérieur*, la gorge est la partie de l'encolure ayant pour base le larynx, et s'engageant dans l'auge dans les mouvements de flexion de la tête. Elle doit être large, ce qui indique l'ampleur du larynx. On comprime la gorge quand on veut faire tousser le cheval. — *Bot.* Entrée du tube de la corolle ou du calice. Elle est *ouverte* ou *fermée*, *nue* ou *ciliée*, *couronnée*, etc.

GOSIER, s. m.; nom vulgaire donné à l'œsophage et aussi à la trachée. En *extérieur*, le gosier est la partie de l'encolure qui a pour base la trachée et les muscles allongés qui l'entourent. Il doit être bien développé et sans dépressions, celles-ci accusant des rétrécissements de la trachée, qui pourraient occasionner une gêne dans la respiration.

GOUDRON, s. m., *Pix navalis*. On donne ce nom à l'un des produits liquides de la distillation sèche des substances organiques. Celui qu'on trouve dans le commerce provient de la distillation à feu étouffé, dans des fours en terre, de débris d'arbres résineux, les pins et les sapins. Le goudron est de la consistance de la térébenthine, noir, granuleux, d'une odeur forte et ténace, d'une saveur amère et très âcre. Il est formé d'huile empyreumatique, de résine altérée, de charbon très divisé et d'acide acétique. Reichenbach y a signalé, en outre, divers produits pyrogénés, tels que la *créosote*, la *parafine*, l'*eupione*, la *pyrélaïne*, etc. (*V.* ces mots). Soumis à la distillation, le goudron donne un mélange d'eau, d'acide acétique et d'huile pyrogénée, qu'on appelle *huile de goudron*. Traité par l'eau, le goudron cède quelques principes à ce liquide, et le colore en jaune (*eau de goudron*); l'alcool, l'éther, les essences, les huiles grasses, dissolvent le goudron. — *Pharmacol.* Donné à l'intérieur, le goudron agit comme vermifuge, excitant, tonique et même diurétique et expectorant; il tend, d'une manière remarquable, à supprimer les supersécrétions des muqueuses. A l'extérieur, il est fréquemment employé sur les animaux comme antipsorique, et jouit d'une grande efficacité; on l'emploie seul ou mélangé au savon vert, à l'axonge, à la pommade mercurielle, au soufre, aux cantharides. A l'intérieur, on l'administre sous forme de bol en le mélangeant à un seizième de magnésie qui le solidifie, ou à l'état d'eau de goudron.

GOUDRONNÉ, *V.* Noir.

GOUET, s. m., *Arum*, L.; genre de la famille des Aroïdes. Les gouets sont des plantes herbacées, à racines tuberculeuses et charnues, à feuilles larges et engaînantes, à fleurs sortant d'une spathe. L'espèce principale est le G. commun, *A. maculatum*, commun dans les lieux humides, ombragés. Sa racine est grosse et féculente; on la donne quelquefois aux porcs, à l'état sec. Toutes les parties fraîches de la plante sont âcres. Le G. d'Italie, *A. italicum*, est souvent confondu avec le premier. Les anciens mangeaient, et l'on consomme encore aujourd'hui en Asie, les feuilles et les tubercules du G. comestible, *A. esculentum*. Toutes les espèces de gouets jouissent de la pro-

priété de développer une grande quantité de chaleur au moment de la fécondation.

GOURMAND, s. m.; branche nouvelle détruisant, par l'activité de sa végétation, l'équilibre établi par la serpette dans les diverses parties d'un espalier, d'un arbre fruitier. La production des gourmands ou branches gourmandes a été considérée, avec raison, comme une manifestation de la nature contrariée, cherchant à reprendre ses droits.

GOURME, s. f.; maladie particulière au cheval, qui consiste dans l'inflammation de la muqueuse des premières voies respiratoires, avec engorgement des ganglions sous-maxillaires et tuméfaction phlegmoneuse du tissu cellulaire environnant. Synonymie : *rhinite*, *angine*, *coryza*, *bronchite*, *laryngo-bronchite*, *rhino-laryngite*, *rhino-laryngo-pharyngite*. Les auteurs ne sont pas d'accord sur sa nature; pour les uns, c'est une inflammation localisée sur la muqueuse respiratoire; pour d'autres, c'est une affection *sui generis*, une crise dépuratoire qui peut se fixer sur diverses parties du corps, sans cesser d'être la gourme. Elle se déclare sur les chevaux, sans distinction d'âge, mais principalement sur les jeunes poulains; d'après Charlier, elle peut se montrer sur les bœufs et dégénérer sur ces animaux en coryza gangreneux. Il est encore plusieurs questions à résoudre sur cette maladie : la gourme affecte-t-elle nécessairement tous les chevaux? peut-elle se montrer plusieurs fois sur le même individu? Nous admettons la négative pour la première de ces questions et l'affirmative pour la seconde. Parmi les causes prédisposantes, la dentition est une des plus influentes; viennent ensuite l'émigration, la fatigue, le travail prématuré, les changements brusques de nourriture. Les causes occasionnelles sont l'impression d'un air froid et humide, les brouillards épais, les gaz irritants, enfin tout ce qui peut exciter la muqueuse respiratoire. Les anciens hippiatres admettaient la contagion; Bourgelat, Gohier, Brugnone, Toggia se sont prononcés dans le même sens. Cette idée, abandonnée depuis, reprend aujourd'hui une faveur marquée par les observations positives de quelques vétérinaires. Les animaux sains, acclimatés, contractent la gourme par la cohabitation avec les chevaux qui en sont affectés (Donaricix). On divise la gourme en *bénigne* ou *maligne*, d'après l'intensité des symptômes. Quelquefois on emploie le mot impropre de *fausse gourme* pour désigner la récidive de la gourme, ou pour expliquer la mauvaise tendance de quelques solutions de continuité. Au moment de l'apparition de la gourme, il y a une sorte de fièvre, de réaction générale, caractérisée par l'abattement, la tristesse, l'inappétence, etc. Les ganglions et le tissu cellulaire de l'auge se tuméfient; la pituitaire et la conjonctive sont gonflées. Du sixième au huitième jour, il y a jetage par les narines; à dater de cet écoulement, l'état général paraît s'améliorer.

La tuméfaction de l'auge se termine presque toujours par suppuration. Quelquefois les symptômes ont plus d'intensité; il y a inflammation du larynx, de la trachée, des bronches; l'écoulement nasal est fort abondant, de couleur verdâtre. Les abcès de l'auge et de la parotide rendent la respiration difficile et produisent le cornage aigu, qui peut être porté au plus haut degré. Parmi les complications, il faut citer la broncho-pneumonie, l'angéioleucite de la face, l'éruption vésiculeuse nasale, qui peut simuler la morve aiguë. Les terminaisons de la gourme sont la résolution, l'asphyxie, la gangrène des poumons, le passage à l'état chronique, la morve. Le traitement présente la plus grande analogie avec celui du coryza et de l'angine. Quand la gourme est simple, il suffit d'en favoriser la marche. Dans le cas contraire, il faut combattre l'intensité des symptômes par les antiphlogistiques. Les saignées sont fréquemment indispensables jusqu'à ce qu'on ait ramené la souplesse du pouls. Il faut prescrire la diète, les fumigations émollientes dans les cavités nasales, l'application des sétons au poitrail. Si la tuméfaction de l'auge persiste et tarde de s'abcéder, on fait, sur cette partie, des embrocations avec l'huile d'olives, l'huile de laurier. Généralement on préfère appliquer l'onguent vésicatoire, qui hâte la maturité de l'abcès. Lorsque la fluctuation est établie, on ouvre la collection avec le bistouri ou le fer rouge. Dans le cas de mort imminente par asphyxie, il importe de recourir à l'opération de la trachéotomie.

GOURMETTE, s. f. ; petite chaîne réunissant les deux branches du mors de la bride, à leur origine, en passant sur la barbe. La gourmette est une partie essentielle. Son action dépend de sa nature, de sa construction, de son mode d'application. Elle doit être proportionnée à la sensibilité du cheval, à sa résistance.

GOUSSE, s f., *Siliqua, Legumen;* fruit sec, déhiscent, bivalve, dans lequel les graines sont attachées à un seul trophosperme régnant le long d'une des sutures. La gousse est un des caractères généraux de la famille des Légumineuses. Elle est *uniloculaire;* elle ne devient *pluriloculaire* que par la formation de fausses cloisons transversales, comme dans la casse, l'astragale. La gousse peut être *lomentacée*, *monosperme*, *polysperme.* Elle peut être, par exception, *indéhiscente*, ce qui constitue une variété. Les dimensions et les formes de la gousse sont très diverses.

GOUT, s. m., *Gustus;* sensation qui donne à l'animal la connaissance de la saveur des corps. Le siège du goût est dans la bouche; la langue est l'organe principal de ce sens; mais le palais et presque toutes les parties molles de l'intérieur de la bouche paraissent concourir à l'exécution de la gustation.

GOUTER, s. m. ; synonyme de *gustation.*

GOUTTE, s. f., *Arthris*, de *gutta*, goutte d'eau, employé dans le sens de fluxion; phlegmasie douloureuse des tissus blancs des articulations, confondue par les vétérinaires avec l'arthrite aiguë, *V.* ARTHRITE. — Dans l'homme, c'est une maladie grave, caractérisée par l'inflammation des petites articulations des extrémités, revenant par accès et produisant des dépôts de matières tophacées. On lui donne les noms de *podagre*, *chiragre*, *gonagre*, *omagre*, *ischiagre*, suivant qu'elle affecte le pied, la main, le genou, l'épaule ou la hanche. La goutte est nommée *inflammatoire* ou *aiguë*, quand elle produit pendant les accès une douleur brûlante et lancinante. Si la douleur est peu vive et persistante, on dit que la goutte est *atonique* ou *asthénique.* Elle peut se porter sur presque tous les organes importants de l'économie, sur le cerveau, le poumon, l'intestin. L'hérédité est une des causes les plus puissantes pour la produire; elle est généralement le partage des gens riches. Pendant les accès, le traitement doit être seulement palliatif : on emploie la diète, des boissons délayantes; il faut recommander la tranquillité d'esprit. Les médicaments les plus recommandés contre la goutte sont les diurétiques, entre autres le nitre, la scille, la digitale, la gratiole.

GOUTTE, s. f., *Gutta.* Ce mot a deux significations en pharmacie; il désigne parfois certaines préparations officinales qui se dosent par gouttes; le plus souvent, il indique le petit globule liquide qui se détache du goulot d'un vase qu'on incline doucement. Le volume et le poids d'une goutte liquide varient nécessairement suivant la consistance du liquide, la forme du vase, celle de son ouverture, etc. On dose quelques médicaments par gouttes : quoique ce mode soit peu employé en pharmacie vétérinaire, il est important de faire connaître le poids d'un certain nombre de gouttes des principaux liquides médicinaux :

Vingt gouttes.	Ether sulfurique à 66°	g°0,35
——	Liqueur d'Hoffmann..	0,45
——	Alcool à 86°......	0,45
——	Huile d'amandes....	0,55
——	Acide acétique à 10°.	0.60
——	Essence de menthe..	0,65
——	Eau de Rabel....	0,70
——	Eau distillée......	0.70
——	Laudanum de Sydenham.........	0,75
——	Laudanum de Rousseau..........	1,10
——	Acide sulfurique à 66°	1,20
——	Sirop de sucre à 35°	1,50

GOUTTES ANODINES D'HOFFMANN, *V.* LIQUEUR D'HOFFMANN.

GOUTTES DE ROUSSEAU, *V.* LAUDANUM.

GOUTTE-SEREINE, *V.* AMAUROSE.

GOUTTIÈRE, s. f., *Collicia;* nom donné, par analogie avec les gouttières des toits, aux sillons étroits plus ou moins allongés, creusés à la surface des os. Les gouttières servent surtout au glissement des tendons et au passage des vaisseaux qu'elles protégent par leurs parois. Celles destinées aux tendons reçoivent souvent le nom de *coulisses*. — *Gouttière œsophagienne*, *V.* OESOPHAGIEN.

GRADUATION, s. f., de *gradus*, degré. Ce mot a deux acceptions : en *physique*, il sert à désigner l'opération par laquelle on détermine, d'après certains principes, les degrés de l'échelle de quelques instruments de précision, comme les *baromètres*, les *thermomètres*, les *pyromètres*, les *aréomètres*, les *hygromètres*, etc. (*V.* ces mots). — En *chimie*, le mot *graduation* est employé pour désigner la concentration progressive de certains liquides, pour retirer les substances salines qu'ils renferment. C'est ainsi qu'on gradue les eaux de la mer pour obtenir le sel marin. — *Bâtiments de graduation* : constructions particulières dans lesquelles on concentre les eaux salées.

GRAIN, s. m., *Granum*; mot qui a un grand nombre d'acceptions. Dans l'ancien système des poids et mesures, le *grain* était la soixante-douzième partie du *gros*, et la vingt-quatrième du *scrupule*; il vaut environ 5 centigrammes (*V.* POIDS et MÈTRE). — En *pharmacie*, le mot *grain* indique une préparation officinale dont la forme globuleuse se rapproche de la pastille et de la pilule. Cette forme est inconnue en pharmacie vétérinaire. *V.* GRAINS.

GRAINE, s. f., *Semen;* ovule développé. La graine est renfermée dans le péricarpe. Elle se compose essentiellement d'une enveloppe propre, ou *épisperme*, et d'une *amande*, et se trouve fixée au péricarpe par le *trophosperme* ou le *placenta*. Le point où le trophosperme s'attache à la graine, est appelé *hile*. La graine est arrondie ou aplatie : le coté où est situé le hile, prend le nom de *face*; on appelle *dos* le côté opposé : la graine est alors dite *déprimée*. Quand le hile est *marginal*, la graine n'a ni face ni dos; elle est dite *comprimée*. La *base* d'une graine correspond au hile, son *sommet* à l'extrémité du diamètre. Selon la manière dont elle est attachée dans la cavité du péricarpe, une graine peut être *dressée* ou *renversée*. Elle est *ascendante*, lorsque, attachée dans un point intermédiaire à la base et au sommet du péricarpe, elle se dirige en haut: *suspendue*, quand sa direction est opposée: *péritrope*, quand son axe est perpendiculaire à celui de la loge. A la maturité, les graines deviennent le plus souvent *libres* dans la cavité qui les contient. Rien n'est plus varié que la *forme* des graines; elles sont *nues*, c'est-à-dire sans appendices, ou *aigrettées*, *ailées*, *arillées*, etc. Leur surface, souvent *lisse*, est fréquemment aussi *rugueuse*, *striée*, *relevée* de côtes, etc. Les graines ont, la plupart, une *couleur foncée*, *brunâtre*: il en est cependant qui sont *blanches*, *rouges*, ou peintes de *diverses nuances*. La *fonction* essentielle de la graine consiste dans la *reproduction* du végétal. Elle est comparable à un œuf fécondé, qui porte en soi des conditions virtuelles et matérielles de vie, et qui ne demande, pour accomplir sa destinée, que d'être placé dans un milieu convenable. — La culture a souvent pour but la multiplication des graines, car beaucoup d'entre elles sont employées à nourrir l'homme et les animaux, ou fournissent des produits industriels, etc. L'hygiène les divise improprement en *grains* et en *graines*. Celles-ci sont divisées à leur tour en graines *farineuses* et en graines *oléagineuses* (*V.* ces mots).

GRAINE DE LIN, *V.* LIN.

GRAINES DE TILLY ou **DES MOLUQUES**, *V.* CROTON-TIGLIUM.

GRAINS, s. m. On désigne généralement sous ce nom le fruit, ou mieux, les graines des plantes céréales. Les grains ont pour caractère commun d'être composés d'amidon, de gluten, d'albumine, de sucre et de ligneux; mais des proportions très diverses établissent la valeur commerciale et la valeur nutritive de ces produits. Dans une espèce céréale donnée, la valeur du grain diminue ou s'accroît selon le climat, le sol, la culture, la récolte, la conservation, etc.; elle est assez exactement donnée par le poids, les grains étant d'ailleurs sains. L'expérience prouve que :

Un hectol. de froment pèse de 70 à 80 kilog.

—	de seigle.	70 à 75
—	d'orge	55 à 63
—	de maïs	54 à 63
—	d'avoine	40 à 55

De ce simple aperçu, on doit conclure que les grains doivent être achetés et distribués au poids. En l'absence des données fournies par la balance, il faut tenir compte des caractères extérieurs, et choisir des grains bien remplis, lisses, brillants à leur surface, glissant avec facilité les uns sur les autres, à écorce fine, de couleur uniforme, sans odeur ni saveur désagréable, sans traces d'altération d'aucune sorte. — La bonne conservation des grains est un point d'économie rurale de la plus haute importance, surtout lorsqu'on l'envisage relativement au froment. Elle s'effectue, de temps immémorial, chez quelques peuples de l'Asie, de l'Afrique et même de l'Europe, dans des silos creusés dans la terre ou les rochers. L'expérience prouve, en effet, que c'est le seul mode qui préserve les grains des parasites, et qui permette de les conserver longtemps. Après lui, vient la disposition en tas de peu d'épaisseur, dans des greniers bien aérés, où les grains sont fréquemment remués et changés de place. On peut garder aussi les grains en gerbes ou dans la menue paille, mais ces deux modes ont, outre l'inconvénient de ne pas permettre une longue conservation, celui d'entraîner de la main-d'œuvre ou d'exposer les grains aux dégâts des souris, des rats, etc. Les grains peuvent éprouver divers genres d'alté ration ; ils peuvent être échauffés, moisis, germés, ou encore affectés d'ergot, de carie, de charbon.

GRAISSE, s. f., *Adeps;* on donne ce nom aux matières grasses qu'on extrait des animaux. Elles sont renfermées dans un tissu celluleux à aréoles closes, qu'on appelle *tissu adipeux*, à cause de son usage. Pour séparer les graisses de ce tissu, on commence par diviser les masses adipeuses au moyen d'un instrument tranchant, et ensuite on les soumet à une température peu élevée pour déterminer la fusion du corps gras. Après avoir exprimé et filtré dans un linge, on conserve dans des vases bien clos. — Les caractères des graisses varient selon les animaux qui les ont fournies et les régions du corps d'où elles proviennent. Très consistantes et presque inodores chez les ruminants, où elles portent le nom de *suif*, les graisses sont molles chez les carnivores, le porc, les solipèdes, et presque fluides ou huileuses chez les oiseaux. Leur couleur est d'autant moins prononcée qu'elles sont plus récentes et proviennent d'animaux plus jeunes. Leur odeur varie beaucoup et rappelle toujours celle de l'animal qui les a fournies. Leurs propriétés physico-chimiques et chimiques sont analogues à celles de tous les autres corps *gras* (*V.* ce mot). — *Pharmacol.* Les graisses sont des corps essentiellement émollients et relâchants, qu'on n'emploie guère qu'à l'extérieur, où elles servent à détendre la peau, à adoucir les crevasses, hâter la maturation des phlegmons, conserver la souplesse de la corne, etc. Elles forment l'excipient des pommades, des onguents, des charges, des topiques, etc. *V.* Axonge, Beurre, Suif, Blanc de Baleine, Cire, etc.

GRAISSEUX, adj. ; synonyme d'*adipeux*.

GRAMINÉES, s. f., *Gramineæ*; famille de plantes monocotylédonées, importante par le nombre des espèces qui la composent et par le rôle que plusieurs d'entre elles remplissent dans l'économie rurale et politique. Les graminées sont annuelles ou vivaces, et, à part quelques espèces, ce sont des herbes peu élevées. La tige, pleine dans la très jeune plante, devient plus tard fistuleuse dans tous les genres, excepté dans le maïs, la canne à sucre et quelques autres espèces. Elle est cylindrique, ordinairement simple, et, de distance en distance, entrecoupée de nœuds ; les feuilles étroites, à nervures parallèles, sont pourvues d'une gaine ligulée qui embrasse la tige. Celle-ci prend le nom particulier de *chaume*. Les fleurs sont quelquefois unisexuées, le plus souvent hermaphrodites, et réunies en épillets uni ou pluriflores, disposés eux-mêmes en panicules serrées ou lâches. Chaque épillet est entouré à sa base de deux bractées appelées *glumes*; chaque petite fleur, prise en particulier, est enveloppée à son tour de deux autres bractées qui constituent la *glumelle* ; enfin, au centre de la fleur même et à la base des étamines, on trouve plusieurs petits corps charnus; ce sont les *glumellules*. *V.* Glume, Glumelle, Glumellule et Bale. Les fleurs des graminées renferment trois étamines hypogynes, à filament grêle, supportant une anthère linéaire, médifixe. Dans quelques genres, on trouve une, deux, quatre, six étamines et plus, par suite d'avortements ou de métamorphoses. L'ovaire est unique, uniloculaire et monosperme ; il porte un ou deux, quelquefois trois styles terminés par autant de stigmates plumeux. Le fruit est un cariopse de forme variable, dans lequel le péricarpe est presque toujours soudé très intimement avec la graine. Celle-ci se compose essentiellement d'un embryon à radicule coléorhizée et d'un épisperme farineux très développé relativement au volume de la graine. Toutes les graminées ont un air de famille qui les rapproche ; un autre trait commun se trouve dans la composition de leurs graines et dans cette circonstance de végétation qui appelle la silice dans leurs tiges. Cette famille renferme plus de 3,000 espèces répandues sous toutes les latitudes, depuis l'équateur jusqu'aux cercles polaires. Quelques-unes sont éminemment sociales. Leur taille varie à l'infini ; il y a une différence énorme entre les humbles agrostis qui couvrent nos pâturages ou composent nos pelouses, et les superbes bambous dont la tige atteint souvent une hauteur de trente mètres. Dans une même espèce, on observe aussi des différences de taille, selon que les plantes ont été ou non cultivées, qu'elles ont crû au nord ou au midi, etc. Parmi les espèces les plus utiles, le maïs, le riz, le millet appartiennent aux contrées méridionales ; le seigle et surtout l'avoine, aux régions septentrionales ; le blé occupe une zone étendue entre les latitudes extrêmes ; l'orge appartient à tous les climats. Au reste, on ne peut limiter d'une manière absolue l'habitat de chaque espèce, moins encore pour celles qui sont cultivées que pour les autres. Aucune famille végétale ne renferme un plus grand nombre d'espèces utiles, ni des espèces plus importantes que celle des Graminées. Il suffit, pour s'en convaincre, de citer les espèces céréales, la canne à sucre, de rappeler que les graminées forment la base de nos prairies et contribuent pour une large part à la nourriture de nos bestiaux. Cette vaste famille a été l'objet de nombreux travaux de la part de beaucoup de botanistes, et notamment de Seringe et de Kunth. Ce dernier la divise en treize tribus, ce sont : les *Orizées* ; genres : *Leersie*, *Riz*, *Zizanie*, etc. ; les *Phalaridées*; genres : *Maïs*, *Coix*, *Vulpin*, *Phléole*, *Phalaris*, *Houlque*, *Flouve*, etc. ; les *Panicées* ; genres : *Paspale*, *Millet*, *Panic*, etc. ; les *Stipacées*; genres : *Stipe*, etc. ; les *Agrostidées*; genres : *Agrostis*, *OEgopogon*, etc.; les *Arundinacées* ; genres : *Calamogrostis*, *Roseau*, etc. ; les *Pappophorées* ; genres :

Amphipogon, etc. ; les *Chloridées ;* genres : *Cynodon*, etc. ; les *Avénacées ;* genres: *Canche, Lagure, Avoine*, etc. ; les *Festucacées ;* genres : *Seslérie , Paturin, Brize , Mélique , Dactyle, Cynosure, Fétuque , Brôme, Uniole, Bambou* , etc. ; les *Hordéacées* , genres : *Ivraie , Froment , Seigle , Elyme , Orge , Egylops*, etc. ; les *Rottbœlliacées ;* genres : *Nard* , etc. ; les *Andropogonées ;* genres: *Saccharum, Andropogon*, etc. Nous n'avons indiqué que les genres qui doivent être, dans ce Dictionnaire, l'objet d'articles particuliers. *V.* CÉRÉALES.

GRAMME , s. m. , de *γραμμα*, petit poids en usage chez les Grecs. Nom donné , dans le nouveau système des poids et mesures , au poids d'un *centimètre cube* d'eau distillée, à son maximum de densité , et qui sert *d'unité conventionnelle* pour la formation des autres poids , qui n'en sont que des multiples ou des sous-multiples. *V.* POIDS et MÈTRE.

GRANATÉES , s. f. , *Granateæ ;* tribu des Myrtacées assez généralement regardée aujourd'hui comme une famille distincte. Elle ne se compose que du genre *Grenadier*.

GRANGE, s. f., *Horreum ;* bâtiment destiné au logement des gerbes et au battage des grains. En principe , la grange devrait être séparée des habitations de l'homme et surtout des animaux ; tout, dans sa construction , doit tendre à obtenir la propreté, l'aération , une température uniforme , la sécheresse, la commodité du service , l'économie. La disposition et l'étendue des granges sont très variables.

GRANIFÈRE , adj. , *granifer ;* qui porte des grains.

GRANIT , s. m. ; roche à contexture grenue, composée de 50 à 75 de feldspath , de quartz et de quelques centièmes de mica. La couleur et le volume des grains varient beaucoup. Le granit est une roche primordiale ; sa formation remonte donc aux époques les plus anciennes. Il ne contient pas d'êtres organisés, et se montre toujours sous la forme d'épanchement. Ses masses présentent quelquefois un volume considérable, sans traces de disjonction. Son mode d'agrégation est tel qu'il résiste ordinairement à l'action des agents atmosphériques, et que les montagnes qu'il forme restent sans végétation. Le granit est très répandu dans la croûte solide du globe ; on l'exploite pour les constructions , etc.

GRANITEUX , EUSE, adj. ; qui a rapport au granit, composé de granit. — On appelle *plantes graniteuses* celles qui croissent plus particulièrement dans les terrains granitiques.

GRANITIQUE , *V.* GRANITEUX.

GRANIVORE, s. et adj., *Granivorus,* de *granum* , grain , et *vorare*, manger ; qui se nourrit de grains. Ce mot, employé substantivement , désigne une tribu de la famille des Conirostres , ordre des Passereaux , dont les espèces se nourrissent principalement de grains ; genres principaux : *Fringille , Bouvreuil , Bruant*, etc.

GRANULATION , s. f. , *Granulatio* , de *granum* , grain ; opération pharmaceutique qui consiste à réduire un métal en grenaille, en le faisant passer à travers un tamis métallique, après l'avoir fondu, ou en le laissant tomber dans un liquide où il se divise. Elle est peu employée en pharmacie vétérinaire. — *Anat.* Petits grains plus ou moins solides situés sur les parois internes de diverses cavités.

GRANULE , s. f. , *Granula ;* fructification granuleuse de certaines algues. — Guillemin désigne aussi sous ce nom les corpuscules de la fovilla. — Corpuscules de matière organique azotée appliqués contre les parois du tissu utriculaire.

GRANULÉ, GRANULEUX ; qui a l'apparence de granulations. *V.* GRENU.

GRANULEUX, EUSE , adj. , *granulosus ;* à surface rugueuse et comme recouverte de petits grains.

GRAPHITE , s. m. , de *γραφω*, j'écris. — *Plombagine, mine de plomb, carbure de fer,* etc. Le graphite est un charbon fossile associé à des matières terreuses , renfermant de l'ocre. Il existe surtout dans les terrains de transition ; les mines les plus estimées sont celles de l'Angleterre ; celles du Piémont et de la France donnent un graphite de qualité inférieure. — Il est solide , le plus souvent amorphe , de couleur gris-bleuâtre , inodore , insipide , pesant 2,08 , à 2,45. — Son aspect est gras et onctueux ; il tache les doigts en gris noir et laisse sur le papier un trait de même couleur avec éclat métallique. — Bon conducteur du calorique et de l'électricité , le graphite est infusible et ne brûle que très difficilement. Il est employé surtout à la confection des crayons ; mélangé aux corps gras, il sert à rendre les surfaces des machines en métal plus glissantes ; on l'emploie , pulvérisé , pour lustrer la fonte et le fer, pour les préserver de l'action oxydante de l'air.

GRAPPE , s. f. , *Racemus ;* mode d'inflorescence indéfinie, dans lequel l'axe primaire ou pédoncule porte des pédicelles simples terminés chacun par une fleur. La grappe diffère de *l'épi* en ce que, dans celui-ci, les fleurs sont sessiles ou presque sessiles ; de la *panicule*, en ce que ses pédicelles sont simples et à peu près de même longueur. Lorsque les pédicelles sont ramifiés et ceux du milieu plus longs que ceux de la base et du sommet, la grappe prend le nom de *thyrse*. La grappe est généralement pendante ; on la rencontre sur le muguet, le groseiller rouge , etc.

GRAPPES , s. f. ; excroissances charnues, bourgeonnées, ressemblant quelquefois à des grappes de raisin, qui se développent autour du paturon et de la couronne du pied du cheval, de l'âne et du mulet. Ces tumeurs présentent la nature du squirrhe. Elles se développent par l'effet de la malpropreté, de l'action de la boue, des meurtrissures ; elles sont souvent le résultat d'une plaie négligée. Fréquemment, les grappes sont une complication des *eaux aux jambes*. *V.* ce mot.

GRAPPILLAGE, s. m., *Uvarum sublatio;* action d'enlever les raisins qui restent attachés aux ceps après la vendange. C'est un usage ancien, plus vicieux encore que le glanage, et régi par les lois du 28 septembre 1791 et du 28 avril 1832.

GRAS (Corps), s. m.; principes neutres, non azotés, très riches en carbone et en hydrogène, combustibles, peu consistants, onctueux, doux au toucher, s'étendant sur les corps solides qu'ils rendent glissants, et formant des taches en pénétrant dans les interstices de ceux qui sont très poreux, comme le papier, par exemple, qu'ils rendent transparent. Considérés longtemps comme des *principes immédiats*, végétaux ou animaux, les corps gras ont une composition plus complexe qu'on ne l'avait d'abord supposé. Élémentairement, ils ne contiennent que du carbone, de l'hydrogène et de l'oxygène ; mais, considérés au point de vue de l'analyse immédiate, ils sont formés de trois principes essentiels, qui sont, d'après Chevreul, la *stéarine*, la *margarine* et l'*oléine*, lesquels sont formés de trois acides distincts : l'acide *stéarique*, l'acide *margarique* et l'acide *oléique*, combinés à un principe basique la *glycérine*. Les éléments immédiats des corps gras se séparent par des procédés très simples; mais la séparation des acides de la glycérine exige l'emploi des oxydes métalliques, comme il sera dit à l'article *Savon.* — Les corps gras n'ont pas toujours la même composition; non-seulement les proportions de la stéarine, de la margarine et de l'oléine varient, mais elles sont parfois remplacées, ou l'une d'entre elles, par des principes particuliers, fixes ou volatils. La consistance des corps gras varie beaucoup ; ils sont liquides comme les *huiles*, consistants comme le *suif*, ou mous comme les *graisses* et le *beurre.* Leur couleur, leur odeur varient aussi ; leur densité est toujours moindre que celle de l'eau. Soumis à l'action de la chaleur, ils fondent à une température qui outre-passe rarement 50° à 60° ; ils entrent en ébullition de 300° à 320°, et ne tardent pas à se décomposer en donnant une grande quantité de gaz combustibles. Exposés à l'air, les corps gras absorbent de l'oxygène, deviennent acides, odorants et irritants ; ils sont devenus *rances.* L'eau ne dissout aucun corps gras ni à chaud ni à froid ; l'alcool, l'éther, les essences, l'esprit de bois, les huiles pyrogénées les dissolvent au contraire facilement, soit à chaud, soit à froid ; les corps gras liquides dissolvent aussi ceux qui sont mous ou solides. Parmi les corps simples, le soufre, le phosphore et l'iode se dissolvent dans les corps gras; les métaux oxydables s'altèrent par leur contact. Les acides faibles altèrent peu les corps gras ; ceux qui sont concentrés changent leur nature. Les oxydes métalliques décomposent les principes immédiats des corps gras, séparent les acides de la glycérine, pour s'y combiner et former des sels particuliers qui portent le nom de *savons.* Tous les corps gras ne sont pas *saponifiables;* les plus importants le sont tous. Cette classe de corps paraît jouer, dans l'économie des êtres vivants, végétaux et animaux, un rôle très important. Les huiles des graines sont détruites pendant la germination, et les graisses accumulées dans les tissus animaux sont des réserves alimentaires qui serviront à nourrir le corps pendant les moments de disette. Les usages économiques, industriels et médicinaux des corps gras sont très étendus. *V.* Graisses et Huiles.— *Bot.* Plantes grasses : celles dont les tiges et les feuilles sont épaisses, charnues, succulentes, ex. : les *cactus*, les *sedum*, etc. — *Econ. rur.* Gras. *V.* Engraissement.

GRAS DE CADAVRE, *V.* Adipocire.

GRAS-FONDURE, s. f. : expression inusitée, employée autrefois pour désigner une diarrhée accompagnée d'une maigreur telle, qu'on supposait que la graisse se fondait, pour s'échapper avec les matières fécales. — On a encore donné ce nom à une variété de l'entérite, dans laquelle les crottins expulsés sont recouverts de mucosités épaisses.

GRASSET, s. m. ; région du membre postérieur, correspondant au *genou* de l'homme, et ayant pour base la rotule et les parties molles qui l'entourent ; l'intégrité du grasset est d'autant plus essentielle, que la rotule est le point d'attache de tous les muscles extenseurs de la jambe. Les contusions, les plaies de cette région occasionnent des boiteries souvent incurables. — *Le pli du grasset* du bœuf est un des meilleurs points de *maniement* explorés par les bouchers.

GRASSETTE, s. f., *Pinguicula*, T. ; genre de la famille des Lentibulariées. Il se compose d'un petit nombre d'espèces herbacées, vivaces, habitant les prairies marécageuses de l'Europe ou de l'Amérique. La G. commune, *P. vulgaris* est quelquefois très abondante dans les prés humides, au bord des marais, principalement dans les lieux élevés. Elle n'est point mangée par les bestiaux, et produit sur ceux qui en font usage des effets purgatifs. Ses feuilles sont employées pour guérir les gerçures des mamelles; leur décoction fait périr les épizoaires. Les Lapons font avec les feuilles de grassette une préparation, qui, mêlée au lait des rennes, empêche sa coagulation et lui donne une saveur agréable. Les espèces *villosa*, *grandiflora*, *alpina*, etc., du même genre, paraissent jouir des propriétés de la Grassette commune.

GRATIOLE, s. f., *Gratiola*, R. Br. ; genre de la famille des Scrophulariacées. Ce genre renferme environ vingt espèces presque toutes exotiques. La principale est la G. commune, *G. officinalis*, que l'on trouve dans toute l'Europe, habitant les marécages. Elle est âcre et nauséabonde et, conséquemment, nuisible aux bestiaux.

GRATELLE, s. f.; nom donné quelquefois à la gale miliaire de l'homme.

GRAVATIF, **IVE**, adj., *gravativus*; pesant. *Douleur gravative*: douleur accompagnée d'un sentiment de pesanteur; elle se montre au début de la phlegmasie des parenchymes.

GRAVELEUX, **EUSE**, adj., *calculosus*; composé de petites pierres arrondies, de cailloux roulés, mêlés à du sable, à du calcaire divisé. Les sols graveleux sont généralement très perméables, et s'échauffent beaucoup au soleil; ils laissent facilement *brûler* les plantes et dépensent beaucoup d'engrais. Les récoltes y mûrissent vite. Les céréales, les légumineuses, la pomme de terre, réussissent dans les sols graveleux, pourvu que ceux-ci aient un peu d'humidité. L'irrigation est un des meilleurs moyens de les rendre productifs.

GRAVELLE, s. f., *Lithiasis*; maladie causée par de petites concrétions semblables à du sable ou à du gravier, qui se produisent dans les voies urinaires et se déposent au fond des vases dans lesquels l'urine est rendue. Cette affection est rare dans les animaux, *V.* Calcul. — Petite tumeur de la paupière supérieure.

GRAVIMÈTRE, s. m., de *gravis*, pesant, et μετρον, mesure; aréomètre analogue à ceux de Farenheit et de Nicholson, perfectionné par Guyton de Morveau. Il est en verre et peut servir à peser tous les liquides, par suite d'un *lest* additionnel, appelé *plongeur*, qu'on peut ajouter à sa partie inférieure.

GRAVITATION, s. f., *Gravitatio*. Pris dans son acception la plus large, ce mot est synonyme d'*attraction universelle* ou *planétaire;* dans une signification plus restreinte, il est synonyme de *pesanteur* ou *attraction terrestre*, *V.* Attraction et Pesanteur.

GRAVITÉ, s. f., *Gravitas;* qualité de ce qui est pesant; c'est le cas de tous les corps matériels et palpables; synonyme de *gravitation*, (*V.* ce mot).

GREFFE, s. f., *Inosculatio;* action de transporter, d'insérer une jeune tige ou une portion d'écorce pourvue d'un ou de plusieurs bourgeons, sur un autre individu, dans le but de réunir et de confondre en une seule plante ces deux êtres d'abord séparés. On donne aussi le nom de *greffe* (*surculus*) à la partie greffée; on appelle *sujet* l'individu sur lequel l'inosculation a eu lieu. Le phénomène essentiel de la greffe, son résultat physiologique, consiste dans la soudure, la fusion de l'aubier et du liber correspondants de la greffe et du sujet. Il faut donc que ces parties aient été mises en contact. Cette soudure peut avoir lieu entre deux branches, deux tiges qui se touchent et dont le frottement a usé les portions d'écorce en regard.

C'est là une greffe naturelle que l'homme a dû prendre dès l'origine pour exemple. La greffe ne peut s'effectuer indistinctement entre tous les individus du règne végétal. Pour réussir, il est nécessaire qu'il y ait analogie de structure, et coïncidence de végétation. On pense même que la greffe n'est efficace et solide qu'entre plantes d'une même famille. Il existe d'ailleurs, dans ces limites générales, parmi les végétaux, sous le rapport de l'inosculation, des sympathies et des antipathies que la science n'explique pas suffisamment. La greffe ne change ni les espèces ni les variétés. Ses effets se traduisent par des changements dans le volume, la longévité, l'époque de la végétation des plantes, etc.; quelques observations tendraient à prouver que le sujet peut être modifié par la greffe; mais les faits de cette nature sont rares. Le sujet reste, au-dessous de la greffe, ce qu'il eût été, avec ses caractères physiques et physiologiques; seulement, il prospère plus ou moins selon qu'il y a plus ou moins d'analogie d'organisation entre lui et la greffe. Il existe plusieurs manières de greffer, que l'on peut réunir sous les titres suivants: 1° *greffe par approche;* elle peut avoir lieu entre toutes les parties vivantes des tiges, rameaux, racines, fleurs, fruits, etc. Elle consiste à mettre à nu, sur les deux parties correspondantes, les couches du liber et la surface de l'aubier, à rapprocher les deux individus et à les maintenir en contact à l'aide de matières agglutinatives ou de ligatures; lorsque la soudure est opérée, on coupe au-dessous de ce point celui des deux individus que l'on a voulu greffer, de telle sorte que l'autre devienne le sujet, tandis que le sommet de ce dernier est coupé au-dessus du point d'union; 2° *greffe par rameaux ou scions:* elle se pratique à la fin de l'hiver. On coupe transversalement le sujet, puis on fait, à sa partie supérieure, une petite entaille ou fente dans laquelle on introduit la base du rameau aminci en biseau, de telle sorte que la zône de végétation du sujet corresponde exactement à la zone végétative d'un des côtés de la greffe. On lie ensuite et l'on protège par un mélange agglutinatif. Ce mode constitue la *greffe en fente*. On peut placer ainsi plusieurs scions autour du sujet, de manière à leur faire simuler une couronne; de là le nom de *greffe en couronne*. Il n'est pas indispensable de couper, avant l'insertion, la tête du sujet; les rameaux peuvent être placés de côté, dans des fentes faites à l'écorce et à l'aubier. On greffe de cette manière sur les racines. 3° *Greffe par bourgeons:* elle consiste à enlever, sur une branche de la plante à greffer, un petit disque d'écorce portant à son centre un œil ou bourgeon latent, à enlever sur le sujet un disque semblable auquel on substitue le premier, et qu'on assujettit à l'aide d'un fil de laine. Ce mode prend le nom particulier de *greffe en écusson*, et ceux de greffe à *œil poussant* ou *œil dormant*, selon l'époque. Quand, au lieu d'un disque, on laisse attaché autour du bouton un anneau d'écorce, l'inosculation prend le nom de *greffe en flûte*, *en sifflet* ou *en tube*. Les variétés, les modifications apportées par les jardiniers dans ces diverses opérations, sont trop nombreuses pour qu'il soit possible de les indiquer ici. La greffe est un auxiliaire puissant de la culture proprement dite ; elle augmente le nombre des sujets utiles et permet d'obtenir plus de fruits et des fruits meilleurs ; elle accroît la rusticité des individus et fait gagner beaucoup de temps. Un phytologiste célèbre, de Candolle, l'a proposée pour faire reconnaître, entre des plantes de même genre ou de la même famille, des affinités que l'étude organographique n'indiquait pas suffisamment.

GREFFÉ, ÉE, adj., *insertus ;* se dit d'une partie, d'un organe enté sur un autre, soudé à lui.

GRÊLE, s. f., *Grando ;* météore aqueux formé par de petites masses de glace appelées *grêlons*, et qui tombent des nuages sur la terre avec une très grande vitesse. La chute de la grêle est annoncée par quelques gouttes de pluie très larges ; elle est accompagnée d'orages violents, et presque toujours suivie d'averses abondantes et d'un abaissement notable de la température. La grêle tombe de jour, très rarement pendant la nuit. Les nuages qui la fournissent sont noirs, gris ou roussâtres et toujours chargés d'électricité ; ils font souvent entendre un bruit particulier qu'on perçoit à de grandes distances. Les grêlons sont arrondis ou allongés, quelquefois anguleux avec des angles et des arêtes en partie effacés. Leur volume varie depuis celui d'un haricot jusqu'à celui d'un œuf de poule et plus ; les uns ont une structure homogène, les autres sont cristallisés ; enfin, on en trouve à couches concentriques avec un noyau central. — La formation de la grêle au sein des nuages est encore un mystère ; cependant la plupart des auteurs admettent que l'électricité atmosphérique y a une large part, puisque ce météore ne prend guère naissance dans les contrées tempérées, que pendant la saison des orages. La grêle est le météore aqueux le plus terrible ; la vitesse énorme des grêlons à leur arrivée sur la terre, vitesse qui est encore augmentée par l'action du vent qui accompagne toujours sa chute, la rend capable de détruire les récoltes et souvent de tuer les animaux.

GRÊLE, adj., *gracilis, tenuis, exilis ;* long, étroit, délié. Plusieurs muscles ont reçu ce nom à cause de leur forme. *Scapulo-huméral grêle*, *V.* SCAPULO-HUMÉRAL. — *Plantaire grêle : V.* PLANTAIRE. — *Grêle antérieur de la cuisse :* petit muscle allongé, prenant son origine à l'angle cotyloïdien de l'ilium, et son insertion en haut de la face antérieure du fémur. Il est destiné principalement à soulever la capsule de l'articulation coxo-fémorale, dans les mouvements de flexion. — *Grêle interne de la cuisse :* muscle petit, aplati, d'un rouge vif, naissant de l'extrémité antérieure de l'épine ischiale, et s'insérant au tiers supérieur de la face postérieure du fémur qu'il tire en arrière, en le faisant tourner en dedans. — *Intestin grêle, V.* INTESTIN.

GRÉMIL, s. m., *Lithospermum*, T.; genre de la famille des Borraginées. Il renferme environ soixante espèces parmi lesquelles nous citerons le G. officinal, *L. officinale*, commun en Europe dans les lieux secs, le long des haies, etc. Cette plante n'est mangée que par le mouton et le porc. Ses graines ont joui de la réputation de dissoudre dans la vessie les calculs urinaires ; elles ne la devaient qu'à leur ressemblance avec de petites pierres polies et à leur dureté remarquable.

GRENADIER, s. m., *Punica*, T.; genre unique de la petite famille des Granatées. Il ne renferme que deux espèces. La principale est le G. commun, *P. granatum*, originaire de la Mauritanie, et transporté de là dans l'Europe méridionale et dans presque toutes les contrées chaudes du globe. Il croît jusque dans la Provence. Le Grenadier est un bel arbrisseau pouvant acquérir 6 à 7 mètres de hauteur, et remarquable par ses belles fleurs rouges, appelées *balaustes*. Ses fruits, appelés *grenades*, ont la grosseur d'une pomme ; ils renferment une chair acidule d'un goût agréable. Dans le Nord, le Grenadier est entretenu dans des caisses comme plante d'ornement ; il peut y donner des fleurs, mais non des fruits. On a créé des variétés à fleurs doubles. Le G. nain, *P. nana*, croît principalement aux Antilles, à la Guyane, etc., il n'atteint pas au-delà de 40 centimètres. — *Pharm.* Le grenadier fournit à la thérapeutique ses fleurs, l'enveloppe de son fruit et l'écorce de sa racine. — Les fleurs de grenadier sont quelquefois employées comme astringent, tant à l'intérieur qu'à l'extérieur ; il en est de même de l'enveloppe épaisse de la grenade, qui est aussi très riche en tannin ; les vétérinaires font assez rarement usage de ces deux médicaments. — La racine de grenadier fournit son écorce qui est un bon vermifuge ; cette écorce est fibreuse, jaunâtre à l'extérieur, rougeâtre à l'intérieur, inodore et d'une saveur amère et astringente. Elle sera choisie fraîche de préférence, et prise sur un arbre qui vit en plein champ. — D'après Mitouard, cette racine renferme du tannin, de l'acide gallique, de la cire, une matière grasse et deux substances sucrées, dont une est analogue à la mannite. — La racine du grenadier s'administre en breuvage après une décoction prolongée ; la dose est de 150 à 200 grammes pour les grands animaux, dans les 24 heures, et de 20 à 30 grammes pour les petits. Ce vermifuge paraît surtout efficace pour amener l'expulsion du tænia, qui est assez commun chez les carnivores.

GRENADINE, s. f. ; nom donné par Latour à une substance sucrée semblable à la mannite, qu'on a trouvée dans l'écorce de racine de grenadier.

GRÉNÉTINE, s. f. ; gélatine pure qu'on prépare avec la colle de poisson ou *ichthyocolle* (*V.* ce mot).

GRENIER, s. m., *Granarium;* lieu où l'on conserve les grains. On doit avoir pour but, dans sa construction, de mettre les produits à l'abri des dégâts causés par les souris, de l'humidité, et autant que possible des variations de température. — On donne aussi le nom de *grenier* à la partie de la grange où l'on conserve les gerbes avant le battage, et à la partie des constructions où sont déposés les foins. — *Ext.* On dit qu'un cheval fait *grenier* ou *magasin*, quand, après avoir mangé, il conserve des aliments mâchés entre les joues et les arcades dentaires. Ce défaut est dû à une altération des molaires; il empêche l'animal de se nourrir convenablement.

GRENOUILLETTE, s. f., de *grenouille;* tumeur molle qui se développe sous la langue, dans le conduit excréteur de la glande sous-maxillaire, qui est dilaté, engorgé par l'accumulation de la salive. On observe alors les symptômes de la stomatite aiguë. Dans le cheval, cette tumeur se termine ordinairement par suppuration. Les moyens à employer pour la guérir sont l'incision, la ponction avec le bistouri, ou la cautérisation par le fer rouge.

GRENU, UE, adj., *granulatus;* se dit des racines composées de petits tubercules.

GRÉSIL, s. m. ; grêle très menue et très dure, qui tombe au printemps et qui parait formée par la congélation des gouttes de pluie, pendant leur trajet des nuages à la terre. Le grésil forme la base des *giboulées*.

GRIFFES, s.f.p. *Bot. Clavicules;* appendices crochus à l'aide desquels certaines plantes grimpantes s'attachent aux corps qui les entourent: les rochers, le tronc des arbres, etc.; ex.: le *lierre*.

GRILLAGE, *V.* Torréfaction.

GRIMPANT, ANTE, adj., *scandens;* se dit des plantes dont les longues tiges, trop faibles pour se soutenir seules, se fixent sur les corps voisins à l'aide de vrilles ou de griffes, ou en se tortillant autour des tiges ou des branches d'autres végétaux; ex.: le *lierre*, la *bryone*, la *vigne*, etc. Les plantes volubiles sont un genre de plantes grimpantes, *V.* Volubile.

GRIMPEURS, s. et adj. ; ordre de la classe des oiseaux, dont le caractère principal consiste dans la disposition des doigts, deux en avant et deux en arrière, ce qui facilite chez eux l'action de grimper. La plupart ont une queue courte et raide, qui leur sert de point d'appui. Genres principaux: *Perroquet. Pic, Torcol*.

GRIPPE, s. f. ; nom vulgaire donné au catarrhe pulmonaire épidémique de l'homme. Terme inusité en vétérinaire.

GRIPPÉ, adj., *contractus, retractus;* se dit d'un malade dont les traits de la face sont contractés. On observe cet état particulier dans la péritonite et les douleurs abdominales aiguës.

GRIS, adj. ; nom donné à l'un des groupes de *robes* les plus nombreux, qui doit sa couleur à un mélange de poils noirs et de poils blancs. Les proportions de chacun de ces poils font beaucoup varier la teinte du *gris*, et ont fait établir plusieurs espèces qui sont: 1° le *gris très clair;* 2° le *gris clair* ; 3° le *gris ordinaire* ou *cendré;* 4° le *gris foncé;* 5° le *gris ardoisé;* 6° le *gris de fer*. Les espèces *gris tourdille*, *gris étourneau*, *gris sale*, sont dues à des modifications particulières de la nuance générale. D'autres modifications de la robe grise sont encore occasionnées par les *mouchetures*, *pommelures*, etc. — La nuance de la robe grise diminue souvent d'intensité avec l'âge. — *Bot.* Diverses nuances de la couleur grise s'expriment en botanique de la manière suivante : *cinereus*, gris cendré; *griseus*, gris plus foncé; *fumosus*, couleur de fumée; *nigrescens*, gris noirâtre : *plombeus*, gris de plomb ; *cinerescens*, grisâtre ou gris légèrement cendré.

GROS D'HALEINE, s. et adj. ; se dit d'un cheval qui devient facilement essouflé par l'exercice; cet état coïncide quelquefois avec la *pousse* ou avec le *cornage* (*V.* ces mots).

GROSEILLIER, s. m., *Ribes*, L.; genre de la famille des Ribésiacées. Il se compose d'environ cinquante espèces tant indigènes qu'exotiques, consistant toutes en des arbrisseaux inermes ou épineux, ayant pour fruit une baie de grosseur et de couleur diverses. Trois espèces principales croissent en France, ce sont: 1° le G. rouge, *R. Rubrum;* c'est l'espèce le plus communément cultivée dans nos jardins. On sait l'usage que font l'économie domestique et la médecine de ses charmantes grappes de groseilles rouges ou blanches; 2° le G. épineux ou à maquereaux, *R. grossularia, R. uvacrispa*, L., épineux, spontané et modifié par la culture; ses fruits, quelquefois gros comme le pouce, sont employés avant la maturité à l'assaisonnement du maquereau. On les consomme aussi comme les fruits du groseillier commun ; 3° le G. noir, vulg. cassis, *R. nigrum*, cultivé pour ses fruits utilisés dans la préparation du *cassis*. Chacune de ces espèces fournit, par la culture, plusieurs variétés.

GROSSULARIACÉES, *V.* Ribésiacées.

GROSSULINE, s. f.; nom proposé par Guibourt pour désigner la *pectine* des groseilles, qui leur donne la propriété de former une gelée.

GROUPE, s. m., *Sorus;* agglomération de capsules fructifères sur les feuilles des fougères. — Les *espèces*, les *genres*, les *fa-*

milles, etc. , composent des *groupes* d'êtres, réunis par leurs affinités , par un ou plusieurs caractères communs.

GRUAU, s. m., *Polenta;* partie intérieure du grain des céréales, séparée de l'écorce par une mouture appropriée, et simplement concassée. C'est donc improprement que l'on appelle *gruau* la farine la plus blanche du froment. On peut faire du gruau avec toutes les céréales ; on sait que les Suisses, les Allemands, en font, pour leur usage journalier, avec l'orge ; mais c'est surtout avec l'avoine que l'on prépare le gruau du commerce. Plusieurs espèces peuvent être récoltées à cet effet : l'avoine stérile, l'avoine folle, l'avoine cultivée, etc. ; mais ce sont surtout les variétés à gros grains de l'avoine nue , *A. nuda*, qui doivent être préférées. Quelques autres graminées, telles que le Poa flottant, le Panic sanguin, sont employées au même usage en France, en Pologne, etc. Le gruau est mangé en bouillie, en gâteaux ; son usage est très ancien ; il a dû précéder partout celui du pain. On peut en faire des barbottages pour les chevaux. Traité par décoction, le gruau fournit une tisane qui, édulcorée par le miel, est émolliente et légèrement nutritive ; elle convient dans les phlegmasies du tube digestif et des voies respiratoires.

GRUMEAU , s. m. , *Grumus;* petite masse d'albumine, de fibrine, de caséine, coagulée dans un liquide animal, comme le sang, le pus, le lait.

GRUMELÉ, ÉE, adj., *grumosus;* divisé en petites masses arrondies, en espèces de grumeaux ; ex. : le pollen de quelques Orchidées.

GRUMELEUX, EUSE, adj. ; qui contient des grumeaux, ou qui est composé de grumeaux : *pus, lait, précipité grumeleux.*

GUANO , s. m. ; engrais composé d'excréments d'oiseaux déposés depuis long-temps sur le sol. Au Pérou et dans la Bolivie, on se sert depuis long-temps, pour la fumure des terres , de cette substance que l'on va chercher dans plusieurs îlots de la mer du sud, où elle forme, en quelques endroits, des couches de 15 à 20 mètres d'épaisseur. On a découvert dernièrement de puissants dépôts de Guano au cap Tenez, sur les côtes du Labrador , dans les îles Ichaboé , Malaga, sur la côte sud-ouest de l'Afrique; mais il est de qualité inférieure à celui du Pérou et du Chili. L'introduction du guano en Europe et son emploi dans l'agriculture ne remontent pas au-delà de 1841. C'est surtout en Angleterre que l'on en fait usage. 350 à 400 kilog. paraissent nécessaires pour la fumure d'un hectare de terrain ; il coûte en France 22 à 28 fr. le quintal métrique. On l'emploie, seul ou , comme le font les fermiers anglais , mêlé au $1/_4$ ou au $1/_3$ de charbon en poudre ou de noir animal , ou mélangé , à parties égales , avec le plâtre pulvérisé. C'est sur les prairies qu'il produit les meilleurs effets. L'origine du guano ne peut plus être contestée aujourd'hui , mais on est obligé d'admettre que les vastes dépôts qu'il forme, remontent à une époque antédiluvienne. Sa composition est la même que celle des excréments desséchés des oiseaux ; mais il est moins actif. Il a pour base l'urate d'ammoniaque et l'acide urique; il renferme, en outre , un peu de matière animale , des proportions notables de phosphates de chaux , de potasse et d'ammoniaque , de l'oxalate de chaux , du sulfate de potasse, etc. La proportion d'azote pour 100 peut varier de 6 à 26 et plus : ce qui explique les différences des résultats obtenus dans l'emploi de guanos de diverses origines. On a proposé en Angleterre , pour remplacer le guano , une préparation dont la poussière d'os , le sulfate d'ammoniaque et le sel marin forment la base.

GUAYACANÉES , *V.* ÉBÉNACÉES.

GUBERNACULUM TESTIS ; prétendu ligament servant à diriger la descente du testicule dans les bourses.

GUÉRISON , s. f. ; recouvrement de la santé ; retour des organes lésés à l'intégrité de leurs fonctions. Pour ce qui concerne les animaux , la guérison incomplète est un insuccès , si l'on n'a pas mis le malade en état de rendre quelques services, de compenser au moins, par le travail qu'il fournit, ses frais d'entretien.

GUEUSE , s. f. ; de l'Allemand *Giessen*, fondre ; masse de fonte brute qui se moule dans le sable à sa sortie du creuset du haut-fourneau.

GUI , s. m. , *Viscum*, L. ; genre de la famille des Loranthacées. De Candolle décrit dans ce genre soixante-cinq espèces distinctes, tant indigènes qu'exotiques , toutes parasites. La principale et presque la seule connue en France est le G. blanc . *V. Album*, en grande vénération chez nos ancêtres , les Gaulois, qui le coupaient sur le chêne avec des faucilles d'or ; la religion druidique en avait fait un arbre sacré. Le gui blanc est un arbrisseau parasite très commun : on le trouve sur le pommier , le poirier , le chêne rouvre , le frêne, le tilleul , le peuplier , le pin , l'érable , le prunier et beaucoup d'autres arbres de nos contrées. Ses tiges cylindriques, à rameaux dichotomes, sont soutenues sur les branches des arbres à l'aide de petites racines qui s'implantent entre l'écorce et le bois, ou entre les feuillets corticaux. Ses baies blanches sont pleines d'une matière visqueuse que les chasseurs savent utiliser. Les graines du gui germent partout ; mais la plante ne peut vivre que sur d'autres végétaux. Cette plante, réputée autrefois antispasmodique, est négligée aujourd'hui. On doit la détruire comme nuisible aux arbres sur lesquels elle végète. On conseille d'en donner les branches vertes au porc, et surtout au mouton qui en est friand.

GUIDES , s. f. , *Rhedariæ habenæ :* courroies de cuir ou de toute autre matière résistante et souple, dont le cocher ou le postillon placés sur le siége se servent pour diriger les chevaux. On distingue les *grandes* et *les petites guides.*

GUIMAUVE, s. f., *Althœa*, L. ; genre de la famille des Malvacées. Ses caractères sont : calice quinquéfide, muni extérieurement d'un calicule à six ou neuf folioles presque égales et soudées à leur base ; corolle à cinq pétales hypogynes : stigmates nombreux, disposés en rosette ; fruits capsulaires, monospermes, disposés en boule ou globe un peu déprimé. Ce genre renferme dix-neuf espèces annuelles ou vivaces, propres aux régions tempérées, et toutes tomenteuses et riches en mucilage. On trouve, en France, cinq espèces de Guimauves : la G. officinale, *A. officinalis*, utilisée par la médecine ; la G. de Narbonne, *A. narbonensis*, dont l'écorce peut être filée comme celle du chanvre ; la G. à feuilles de chanvre, *A. cannabina* ; la G. hérissée, *A. hirsuta* ; la G. passe-rose ou rose trémière, *A. rosea*, cultivée comme plante d'ornement. — *Pharmacol.* Toutes les parties de la guimauve sont émollientes et adoucissantes ; on fait usage des *fleurs*, des *feuilles* et de la *racine*. Les premières sont peu employées à cause de leur prix élevé ; les feuilles peuvent servir à la confection de cataplasmes et de lavements émollients, mais elles peuvent être remplacées par celles de la *mauve* qui sont plus communes. — La racine de guimauve est un médicament fréquemment usité en médecine vétérinaire ; elle est longue, fusiforme, blanche en dehors, jaune en dedans, fibreuse, féculente : elle contient, selon Baron, du mucilage, de la gomme, du sucre, de l'amidon, une huile grasse, et de l'*althéïne*. Pulvérisée, elle donne une poudre grossière, blanche, inodore, d'une saveur douceâtre et mucilagineuse. La racine de la *mauve alcée* ou *guimauve de Nîmes*, remplace souvent, dans le commerce, celle de la guimauve officinale. — La racine de guimauve se donne en breuvage après une décoction prolongée ; elle forme alors, mélangée au miel, une boisson émolliente et béchique, très souvent employée contre l'angine, la bronchite et la pneumonie. Réduite en poudre et associée au miel ou à la mélasse, la racine de guimauve constitue d'excellents électuaires qu'on emploie souvent contre les phlegmasies internes ; dans le cas de toux douloureuse, on y ajoute de l'extrait aqueux d'opium. Les doses sont de 60 à 125 grammes pour les grands animaux, et de 15 à 30 pour les petits.

GUSTATION, s. f., *Gustatio* ; action de goûter, *V.* Gout.

GUTTE, *V.* Gomme-Gutte.

GUTTIFÈRES, s. f., *Guttiferæ* ; famille de plantes dicotylédonées, polypétales, hypogynes, composée d'arbres et d'arbrisseaux quelquefois parasites, originaires des régions tropicales. Ses genres, assez nombreux, ont été divisés en quatre tribus : 1° les *Clusiées* ;

genres : *Clusia*, *Arrudea*, etc. ; 2° les *Moronobées* ; genres : *Moronobea*, *Ancuriscus*, etc. ; 3° les *Garciniées* ; genres : *Garcinia*, *Stalagmites*, etc. ; 4° les *Calophyllées* ; genres : *Calophyllum*, etc. Le genre *Canella* est devenu le type de la petite famille des *Canellacées*. Les Guttifères renferment toutes un suc résineux, âcre. Plusieurs espèces fournissent de la *gomme-gutte* (*V.* ce mot).

GUTTURAL, ALE, adj., *Gutturalis*, de *guttur*, gosier ; qui a rapport au gosier ou qui s'en rapproche. — *Conduit guttural du tympan*, ou *trompe d'Eustache* : canal en partie cartilagineux, doublé d'une membrane muqueuse, et mettant en communication la cavité du tympan avec celle de l'arrière-bouche ou pharynx. — *Poche gutturale* : réservoir existant, dans les solipèdes, sur le trajet de la trompe d'Eustache, et formé par une dilatation de la muqueuse de ce conduit. Les deux poches gutturales sont adossées l'une à l'autre au-dessus du pharynx. Elles ne contiennent que de l'air dans l'état de santé, et leur usage est inconnu. — *Plexus guttural* : nom donné par Girard au plexus formé vers la région gutturale par les nerfs des neuvième, dixième, onzième et douzième paires, et au milieu duquel se trouve placé le ganglion cervical supérieur du grand sympathique, encore appelé *ganglion guttural.*

GUTTURO-MAXILLAIRE, adj. ; nom donné par Girard, d'après Chaussier, à l'artère *maxillaire interne.*

GYMNOCARPE, adj., *gymnocarpus*, de γυμνος, nu, et καρπος, fruit ; se dit, d'après Mirbel, du fruit qui n'est attaché à aucun organe accessoire. Ce mot est conséquemment l'opposé d'*angiocarpe*. — Persoon appelle *gymnocarpes* les champignons dont les corpuscules reproducteurs sont placés extérieurement.

GYMNOCARPIEN, ENNE, adj., *gymnocarpeus* ; qui porte des *fruits gymnocarpes.*

GYMNOGYNE ; adj., *gymnogynus*, de γυμνος, nu, et γυνη, femme ; se dit des plantes qui portent des *ovaires nus.*

GYMNOSPERME, adj., *gymnospermus*, de γυμνος, nu, et σπερμα, graine ; se dit des végétaux dont les graines paraissent manquer de péricarpe, ex. : le *froment*. Cette absence apparente tient à ce que les enveloppes du fruit sont amincies et soudées avec l'épisperme.

GYMNOSPERMIE, s. f., *Gymnospermia* ; premier ordre de la didynamie, dans le système de Linné, renfermant les plantes didynames gymnospermes. Il correspond aux vraies Labiées.

GYMNOSPERMIQUE, adj., *gymnospermicus* ; qui a rapport à la gymnospermie.

GYMNOSPORE, adj., *gymnosporus* ; dont les spores sont situées à l'extérieur. *V.* Gymnocarpe.

GYNANDRE, adj., *gynander*, de γυνη, femme, et ανηρ, homme ; on appelle ainsi les plantes dont les étamines sont soudées avec le pistil. Se dit aussi des étamines elles-mêmes.

GYNANDRIE , s. f. , *Gynandria ;* vingtième classe du système de Linné, renfermant les plantes gynandres. Elle se subdivise, d'après le nombre des étamines , en quatre ordres ; *G. monandrie , diandrie, hexandrie, et polyandrie.*

GYNANDRIQUE , adj. , *gynandricus ;* qui a rapport à la gynandrie : *fleurs gynandriques.*

GYNÉCÉE , s. m. ; de γυναικειον, appartement des femmes; ensemble des organes femelles d'une fleur. Synonyme de *Pistil.*

GYNOBASE , s. m. , *Gynobasis ,* de γυνη , femme , et βασις , base ; partie inférieure et renflée d'un style, unissant plusieurs loges distinctes d'un même ovaire et communiquant avec chacune d'elles , ex. : les *Labiées.*

GYNOBASIQUE , adj. , *gynobasicus* , de γυνη , femme , et βασις , base ; se dit , d'après de Candolle, des fruits provenant de plusieurs loges distinctes portées sur la partie du style que l'on appelle *gynobase.* Les fruits gynobasiques forment deux espèces : le *Microbase* et le *Sarcobase* , *V.* CÉNOBIONNAIRE.

GYNOPHORE , s. m. , *Gynophorum* , de γυνη , femme , et φερω , je porte; support naissant du réceptacle, et ne portant que les organes femelles. Il prend les noms de *car-*

pophore, *técaphore* ou *basigyne* , quand il n'est surmonté que d'un seul ovaire ; on l'appelle *polyphore,* quand il en porte plusieurs.

GYNOPHORÉ , ÉE, adj., *gynophoratus;* se dit du réceptacle d'où naît un *gynophore.*

GYNOPHORIEN , ENNE, adj. , *gynophorianus;* le *style* est *gynophorien,* quand il prend naissance sur un gynophore.

GYNOPHOROIDE , adj. , *gynophoroïdeus;* qui ressemble au gynophore , qui en joue le rôle ; se dit des nectaires dans quelques plantes, comme le *Cneorum tricoccum.*

GYPSE , s. m. ; *Gypsum* ; nom minéralogique du *sulfate de chaux* ou *pierre à plâtre.* — *Econom. rurale, V.* PLÂTRE.

GYPSOPHILE, s. f., *Gypsophila,* L.; genre de la famille des Caryophyllées. Les espèces de ce genre , au nombre de 36 , sont de jolies petites plantes , la plupart vivaces, et quelquefois broutées par les herbivores. Les espèces *fastigiata , muralis, saxifraga,* sont à peu près les seules que l'on trouve en France.

GYRATION, *V.* GIRATION.

GYROME . s. m. , *Gyroma;* de γυρος , cercle ; anneau élastique entourant la capsule des Fougères (*Linné*). — Réceptacle orbiculaire , ridé , renfermant les capsules dans les lichens (*Sprengel*).

H

HABITAT, s. m., *Situs*; lieu spécialement habité par une espèce végétale , *V.* STATION.

HABITATION , s. f. , *Habitatio ;* lieu destiné au logement de l'homme ou des animaux. L'architecture rurale est une question généralement négligée aujourd'hui des hommes de l'art et de l'agriculteur lui-même , et, cependant, elle mérite de tenir l'une des premières places dans tout ce qui a trait à l'exploitation d'un domaine. On ne peut donner ici ni le plan, ni la description des différentes parties des habitations que l'on doit trouver dans une ferme bien disposée , bien aménagée ; en voici la simple indication: maison d'habitation pour le fermier et ses employés, logements pour les chevaux , les bœufs de travail et d'engrais, les vaches laitières, les moutons , les porcs , poulailler et colombier, grange, grenier pour les gerbes et pour les grains, fenil, hangar, laiterie, buanderie, cellier, serres pour les légumes et les racines , sellerie. A tout cela on doit ou l'on peut ajouter : cours, abreuvoirs, fosses à fumier, ruches, magnanerie , aire à battre le blé, etc. — *Habitation des animaux.* Les animaux sauvages n'ont d'autres habitations que celles qu'ils se construisent, ou les abris naturels que leur offrent les cavernes , le

tronc des arbres, etc. Aussi leur habitation s'entend-elle du climat, du pays dans lequel ils vivent et se reproduisent. Les véritables habitations sont donc celles que l'homme prépare et dispose. Elles sont pour les animaux, un signe de servitude et , entre les mains de l'homme, un moyen puissant de domestication. Leur étendue , leur forme, leur agencement, sont appropriés à leur destination et au genre de sujets qu'elles doivent contenir. Leur nom varie également de la même manière : *V.* ÉCURIE, BOUVERIE, BERGERIE, PORCHERIE, CHENIL, RUCHE, MAGNANERIE, ETANG. Les habitations ne sont pas rigoureusement nécessaires à l'entretien des animaux domestiques. Dans nos climats même le cheval , le bœuf, le mouton passent quelquefois toute ou une grande partie de leur existence à l'air libre; mais ce régime n'est ni le meilleur, ni applicable partout et à tous. Les habitations sont souvent indispensables pour protéger contre les intempéries les animaux délicats, jeunes , malades, les mères au moment de la parturition, les produits après leur naissance ; sans elles, les animaux ne peuvent recevoir une éducation suffisante, et la reproduction est souvent abandonnée au hasard. Les habitations permettent aussi une distribution plus économique de la nourriture et offrent le moyen d'augmenter la masse des engrais. — HABITATION. *Bot.* Climat, région habitée par une espèce végétale. On ne doit pas la confondre avec l'*habitat*, la *station*; (*V.* ces mots, et aussi RÉGION, GÉOGRAPHIE BOTANIQUE, AIRE, STATION.)

HABITUDE, s. f., *Consuetudo;* penchant acquis par la répétition fréquente des mêmes actions. L'habitude influe beaucoup sur l'exercice de certaines fonctions. Elle peut rendre inefficace l'action des médicaments, lorsque ceux-ci sont administrés longtemps à la même dose. On appelle aussi *habitude* du corps l'ensemble de ses qualités physiques. *V.* HABITUS.

HABITUS, s. m. ; ce mot n'est employé qu'en botanique ; il sert à indiquer l'aspect extérieur, le port, le facies d'une plante.

HACHE-PAILLE, s. m.; instrument propre à réduire en fragments plus ou moins menus la paille, le foin et tous les fourrages secs et herbacés, employés à la nourriture des bestiaux. La forme et la disposition de cet instrument sont trop variées, pour qu'il soit possible d'en donner ici une idée même sommaire; nous dirons seulement que les parties essentielles du hache-paille consistent en une forte lame courbe et tranchante qui exécute, à l'aide d'une manivelle, dans un plan vertical, un mouvement circulaire rapide, ou en un tambour armé de quatre ou cinq lames disposées en hélice ; un système de cylindres cannelés et de volants est destiné à présenter aux lames tranchantes les matières à diviser. Le hache-paille à tambour est le plus expéditif, mais il coûte cher. Le petit hache-paille allemand modifié par Guillaume et Mathieu de Dombasle est le plus simple, le plus économique et le plus répandu. Il peut suffire dans toutes les exploitations ordinaires, et devrait toujours s'y trouver.

HACHISCH, s. m., d'un mot arabe qui signifie *herbe*. Préparation pharmaceutique douée de propriétés narcotiques et exhilarantes, et dont le chanvre indien constitue la base. Il est employé en Orient pour produire les effets enivrants de l'opium et des alcooliques. Après de nombreux essais sur l'homme sain, pour en apprécier les effets, quelques médecins ont proposé le hachisch pour guérir certaines affections mentales ou nerveuses, comme la folie, la rage, le tétanos, le choléra asiatique, etc. Des expériences tentées par Liautaud sur les animaux paraissent démontrer que les préparations du *cannabis indica* déterminent les effets de l'ivresse sur les carnivores et les poissons, mais sont sans action sur les herbivores.

HÆMORODACÉES, s. f., *Hœmorodaceæ;* famille de plantes monocotylédonées, à périanthe à six divisions colorées, à tige herbacée, quelquefois nulle. Cette famille, voisine des Iridées, ne se compose que d'espèces exotiques. Genres : *Conostylis, Hœmodorum*, etc.

HAIE, s. f., *Sepes;* cloture d'arbres ou d'arbustes destinée à protéger ou limiter un champ, un jardin, etc. On distingue les haies en *vives* et en *sèches*. — HAIES VIVES. Un grand nombre d'arbustes et quelques arbres sont employés à l'établissement de ces sortes de clotures. On doit, en principe, choisir des plants qui croissent bien dans le lieu où l'on veut faire une cloture, qui se garnissent bien du pied, offrent assez de résistance aux animaux et aux hommes, et enfin puissent former un abri suffisant, si la haie doit abriter des plantes contre un vent dominant. Les arbustes épineux sont excellents pour la défense. Les végétaux les plus employés à l'établissement des haies vives sont : le *Faux-Acacia*, l'*Ajonc*, l'*Aubépine*, le *Houx*, le *Prunier épineux*, l'*Amandier*, le *Buis*, le *Charme*, le *Chêne*, l'*Erable*, le *Cornouillier sanguin*, le *Lyciet*, le *Micocoulier*, le *Noisetier*, le *Sureau*, le *Troène*, la *Clématite des haies*, etc. Il y a généralement avantage à associer plusieurs espèces. L'entretien des haies doit avoir pour but de les maintenir suffisamment hautes et garnies, de les empêcher de s'étendre et d'envahir, de les débarrasser de toutes les plantes étrangères propres à les étouffer. — HAIES SÈCHES. On les fait avec des branches de bois mort ou des morceaux de bois fendu. Le bois le plus dur, le plus résistant est toujours le meilleur. Les haies sèches sont des clotures de défense. Elles demandent plus d'entretien, quand on sème des plantes à leur pied. Les dispositions légales relatives aux haies sont renfermées dans les articles 670 à 673 du Code civil.

HALAGE, s. m.; action de hâler, de remorquer un bateau sur un fleuve, sur une rivière. Le remorquage se fait à l'aide de machines ou d'animaux. Les chevaux employés à ce service sont appelés *chevaux de halage;* on en faisait autrefois une classe à part. De bons membres, un corps court mais volumineux, une taille au-dessus de la moyenne, tels sont les caractères que l'on doit rechercher. On leur coupe la queue très court, afin que les crins ne s'embarrassent pas dans le palonnier. Le service du halage est excessivement pénible; les chevaux qui le font habituellement sont exposés à contracter la morve, le farcin, des maladies de la peau, des fièvres muqueuses. Une bonne nourriture et de bons soins, avant et après le travail, sont des moyens préservatifs.

HALE, s. m.; état de l'atmosphère caractérisé par la sécheresse de l'air; effet d'une sécheresse accidentelle de l'atmosphère sur les plantes. Le hâle est produit par des vents très secs et se manifeste dans toutes les saisons; il dessèche et fait tomber les fleurs, jaunit les feuilles et fane en quelque sorte les plantes qui ne trouvent pas assez d'humidité dans le sol pour fournir à l'abondante évaporation dont elles sont le siége. Les abris, les paillassons , les arrosages préviennent les effets du hâle.

HALEINE, s. f., *Halitus*, *Anhelitus;* nom donné à l'air qui sort des poumons après avoir servi à la respiration.

HALEINE (court d'). On dit qu'un cheval est *court d'haleine*, *gros d'haleine* , qu'il a l'*haleine courte*, lorsqu'il respire difficilement après le moindre exercice, lorsqu'il est essoufflé. Cet état constitue l'un des premiers degrés de la pousse ou du cornage chronique. Il dépend d'une altération produisant l'oblitération d'une partie des tuyaux bronchiques, ex.: induration , œdème du parenchyme pulmonaire.

HALETER, v. n. , de *halitare*, exhaler , souffler; souffler avec force. Quand un cheval halète , les mouvements de la respiration sont courts et pressés. Pendant les grandes chaleurs de l'été, on observe cet état sur les animaux soumis à des courses rapides , et surtout chez le chien.

HALLEY; mot employé par les anciens hippiatres comme synonyme de *cornage* (*V.* ce mot).

HALO, s. m. , *halo*, αλος; anneau ou cercle lumineux, le plus souvent coloré, qui entoure parfois le soleil, la lune ou les étoiles. Il n'est pas toujours complet ou unique; souvent il est accompagné de demi-cercles, également colorés, et placés au-dessus ou au-dessous du cercle principal.

HALOGÈNE, s. et adj. , *Halogenus*, de αλς, sel, et γεννάω, j'engendre; nom donné par Berzélius, aux corps électro-négatifs qui peuvent donner naissance à des sels par leur combinaison directe avec les métaux; tels sont le chlore, le fluor, l'iode, le brôme et le cyanogène.

HALOGRAPHIE, s. f., *Halographia*, de αλς, sel, et γραφειν, décrire ; description des sels; partie de la chimie qui traite de ces corps.

HALOIDE, adj. , *haloïdeus*, de αλς, sel, et ειρος, ressemblance ; nom donné par Berzélius aux sels binaires qui résultent de l'union d'un principe halogène avec les métaux, comme les *chlorures*, *iodures*, *bromures*, etc.

HALOLOGIE, s. f., *Halologia*, de αλς, sel, et λογος, discours; traité des sels; synonyme de *halographie*.

HALORAGÉES, s. f., *Halorageæ* ; famille de plantes dicotylédonées, périgynes, polypétales et généralement aquatiques. Cette famille, encore mal limitée, se compose des genres *Haloragis*, *Hippuris*, *Myriophyllum*, etc.

HALOTECHNIE, s. f., *Halotechnia*, de αλς, sel, et τεχνη , art; art de préparer les sels par des procédés artificiels; partie de la chimie qui traite de cette préparation.

HALURGIE, s. f., *Halurgia*, de αλς, sel, et εργον, travail; art de la fabrication des sels; synonyme de *halotechnie*.

HAMAMÉLIDÉES, s. f., *Hamamelideæ;* famille de plantes dicotylédonées , polypétales , périgynes , composée d'arbres ou d'arbrisseaux des contrées chaudes de l'Asie et de l'Afrique. Elle est divisée en deux tribus : les *Hamamélées* ; genres: *Hamamelis*, etc. , les *Bucklandiées ;* genres : *Bucklandia* , etc.

HAMEÇON, s. m. , *Rostellum*. — *Bot.* Organe aigu et recourbé ou crochu.

HAMEÇONNÉ , ÉE , adj., *hamatus ;* terminé en pointe crochue; pourvu d'hameçons.

HAMIPLANTE, adj. et s. ; se dit des végétaux dont les tiges munies de crochets s'attachent à tous les corps qu'elles rencontrent.

HAMPE, s. f. , *Scapus ;* mot dont l'acception est vague et l'usage à peu près abandonné des botanistes actuels. La hampe est un long pédoncule axillaire, nu , s'élevant d'un point très rapproché du collet ; c'est à tort qu'elle a été considérée comme un rameau proprement dit, suppléant une tige très déprimée et invisible, et surtout comme la continuation de la véritable tige. La hampe appartient exclusivement aux monocotylédonées ; c'est un pédoncule d'un ordre particulier. Elle est toujours simple dans sa longueur, sans feuilles ni vestiture. Sa longueur, sa forme, le nombre de ses rameaux supérieurs, sont fort variables.

HANCHE, s. f. , *Coxa;* région du tronc formée par l'angle externe et antérieur de l'ilium. La hanche forme une saillie sur le côté de la croupe, en arrière et en haut du flanc. Cette saillie peut être plus ou moins forte , selon la structure de la base osseuse, la direction du coxal, et le degré d'embonpoint de l'animal. Une hanche saillante nuit toujours à la beauté du cheval; elle n'est cependant un défaut véritable que lorsqu'elle est due à une grande obliquité du coxal. On appelle *cornu* le cheval dont la hanche est fortement saillante; *épointé* ou *éhanché*, celui qui , par suite d'accident, a une hanche moins forte que l'autre. — Le *bœuf* a toujours la hanche saillante.

HANGAR, s. m. ; remise ouverte de deux ou de trois côtés, et destinée à servir d'abri aux charriots, aux instruments de labourage, aux outils, etc. Un hangar est une construction peu dispendieuse et cependant très utile.

HANOVRE (chevaux du). On trouve dans les divers districts ou baillages du Hanovre plusieurs races distinctes de chevaux propres au carrosse ou à la selle. Les principales sont celles de l'*Ems*, *V.* FRISON, d'*Oldenbourg* , *Hanovrienne* proprement dite, *Senner* et *Anglo-Hanovrienne*. La race hanovrienne a , suivant Riquet, une taille moyenne, des formes assez distinguées, une tête légère , parfois un peu busquée, l'œil petit, haut placé *(tête d'oiseau)*, l'encolure sortie, musculeuse , l'épaule haute et oblique, le poitrail assez ouvert, le garrot bien sorti, la côte ronde, le dos et le rein un peu longs, le sacrum mal attaché au rein, la croupe plutôt bien que mal, l'avant-bras musclé, le genou bien fait, la cuisse assez forte, le pied quelquefois un peu plat. Les chevaux de cette race, fréquemment introduits chez nous par le commerce, y sont employés concurremment à la selle et aux attelages de luxe. — La race anglo-hanovrienne n'est pas exclusivement formée par le mélange de la précédente et de la race anglaise de pur sang; elle se trouve principalement dans le centre et la partie méridionale du Hanovre. Légère et presque exclusivement propre à la selle, cette race se rapproche plus, par ses caractères extérieurs, du cheval anglais que des chevaux danois. Elle est exportée dans les diverses contrées de l'Allemagne, dans l'Italie. *V.* OLDENBOURG, SENNER.

HAPPER, v. a.; se dit d'un chien qui prend avidement avec la gueule les aliments qu'on lui jette. Se dit aussi, en *chimie*, des corps qui s'attachent à la langue, lorsqu'on les goûte; *happer à la langue:* c'est le cas de l'alumine anhydre.

HAPPANT, adj.; qui happe à la langue, ex. : *alumine, glucyne.*

HAPPEMENT, s. m., de ἅπτομαι, je m'attache à; action de happer ou de s'attacher à la langue; c'est ce qui arrive pour l'alumine et la glucyne calcinées, parce que, étant très avides d'eau, elles adhèrent fortement à la langue aussitôt qu'elles sont en contact avec cet organe, à cause de son état habituel d'humidité.

HAQUENÉE, s. f., *Asturco;* mot anciennement employé, et presque abandonné aujourd'hui, pour désigner un cheval léger, docile et marchant ordinairement l'amble. La haquenée était la monture réservée aux dames.

HARAS, s. m.; établissement dans lequel sont entretenus des reproducteurs de l'espèce chevaline, pour la multiplication et l'amélioration. Le mot haras reçoit, du reste, une signification variable, selon les cas, selon les objets auxquels il s'applique. On distingue: 1° des *Haras d'amélioration* ou *de tête;* ce sont ceux dans lesquels on ne trouve que des reproducteurs susceptibles d'améliorer l'espèce, ex. : les haras nationaux de France; 2° des *Haras de production*, où l'on a surtout pour but la multiplication, la reproduction; ex. : les haras sauvages, demi-sauvages, etc. D'après la manière dont les haras sont dirigés et constitués, on reconnait: 1° des *Haras sauvages;* ils ne peuvent être établis que dans des contrées où se trouvent de vastes étendues de terrains incultes, de grands pâturages possédés par un très petit nombre de propriétaires; la Pologne, la Russie nous en offrent des exemples. Ces haras se composent communément d'environ 1,000 chevaux de tout âge, de tout sexe, libres, mais confiés à la garde de quelques conducteurs qui les poussent plutôt qu'ils ne les conduisent, successivement, et pendant toute l'année, de pâturages en pâturages. A certaines époques, on s'empare de ceux de ces animaux qui doivent être vendus : la force et l'adresse sont ici des auxiliaires indispensables; car ces chevaux n'ont jamais eu de rapports directs avec l'homme. Ces haras donnent peu de bénéfices et ont de nombreux inconvénients : beaucoup de sujets jeunes ou malades périssent, faute de soins ou d'abris; la reproduction étant abandonnée en quelque sorte au hasard, les défauts se perpétuent comme les qualités; aucune éducation n'est possible, et les animaux, toujours difficiles à dompter, sont, d'ailleurs, ce que les ont faits le climat et la nourriture; 2° des *Haras demi-sauvages;* ici les animaux sont abandonnés à eux-mêmes pendant une partie de l'année; mais l'homme s'occupe des produits, les soigne, choisit même des reproducteurs, donne à tous des abris et des suppléments de nourriture, lorsque le besoin s'en fait sentir. L'Autriche, la Hongrie, la Transylvanie ont eu de ces haras qui présentent une partie des inconvénients des précédents; 3° des *Haras parqués;* ce sont les seuls établissements qui méritent véritablement le nom de Haras, parce que tout y est disposé soit uniquement pour la production ou l'amélioration, soit simultanément pour remplir les deux buts. Les animaux y sont divisés par catégories selon leur âge, leur destination. Rien n'y est confié au hasard; des croisements peuvent y être exécutés; les jeunes sujets y reçoivent une éducation conforme à leurs moyens. On suppose que, dans les haras parqués, les animaux passent dans des pâturages ou dans des enclos une grande partie de l'année, ou même toute l'année; lorsque les animaux sont renfermés dans des écuries et n'en sortent que pour prendre un exercice salutaire, les haras sont dits d'*écurie.*— Les haras peuvent appartenir à des particuliers ou à l'État. — HARAS PARTICULIERS OU PRIVÉS. Ils se rattachent nécessairement à l'une des catégories précédentes. En France, où la division de la propriété ne permet plus les grands pâturages, où l'abondance de la population, où les progrès de l'art agricole font mettre en culture presque toutes les terres accessibles à la charrue ou à la bêche, les haras d'écurie doivent être les plus nombreux. On ne trouve guère que dans la Camargue des espèces de haras plus ou moins sauvages, dont les produits ont une valeur minime; c'est à peine si dans les grands pays d'élevage, comme la Normandie, le Poitou, etc., on rencontre un système mixte, où le parc joue un rôle continu, où les individus sont tout-à-fait abandonnés à eux-mêmes pendant leur jeunesse. — HARAS NATIONAUX. Ils sont confiés en France à une administration spéciale, et ont pour but exclusif, l'amélioration de l'espèce. Leur origine remonte au règne de Louis XIII; les premiers essais de l'intervention de l'Etat dans la production chevaline datent de 1639, mais ces essais n'ont pas eu de suite. Un arrêté de 1665, provoqué par Colbert, a réglé définitivement cette intervention, et disposé que des étalons achetés en Hollande, en Danemark, dans la Barbarie, etc., seraient placés dans des dépôts, ou départis à des particuliers qui, moyennant certains priviléges, devaient les entretenir et les faire servir à la reproduction. Un nouvel arrêté reconnut en 1668 trois classes d'étalons, *royaux, départis, approuvés* ou *particuliers*. En 1690, leur nombre total était de 1,636. Le haras du Pin fut créé en 1714, celui de Pompadour en 1745, celui de Rosières en 1767. Le système de Colbert établi en 1665, perfectionné ou modifié en 1668, 1683, 1717, 1722, dura 125 ans. Lorsque, le 20 janvier 1790, la Constituante décréta la suppression des haras, l'Etat renfermait 15 dépôts, et 3,239 étalons royaux, départis ou approuvés. Des essais de réorganisation eurent lieu sans résultat important, en l'an III et en l'an VI. Le 4 juillet 1806, Napoléon rendit un décret portant l'établissement ou la restauration de 6 haras, 30 dépôts, 2 écoles d'expérience, avec un budget de 2,000,000 fr.; le nombre minimum des étalons devait être de 1,470, le maximum de 1,825. Dès 1816, ce système était complété par la création de primes aux juments et aux produits; les courses, autre auxiliaire de l'amélioration, existaient depuis 1805. Avant 1834, les haras nationaux poursuivaient trois buts: relever les races par elles-mêmes, les améliorer par l'emploi de producteurs étrangers, produire sur leur domaine propre; aujourd'hui ils n'ont plus d'autre vue que l'amélioration. Leurs moyens directs consistent en 1250 étalons environ, classés ainsi: étalons de pur sang arabe $^1/_{17}$, de pur sang anglais $^1/_{5}$, de $^3/_4$ et de $^1/_2$ sang $^9/_{12}$. Ces étalons font la monte chaque année dans les 21 dépôts, les 2 haras et dans de nombreuses stations, pour une somme de 5 francs par jument, qui a droit à trois saillies. A ces moyens, il faut ajouter un budget annuel de 1,500,000 fr., des courses spéciales pour les reproducteurs, l'institution des étalons approuvés et autorisés qui reçoivent des primes, une école des haras.

HARICOT, s. m., *Phaseolus*, L.; genre de la famille des Légumineuses. Parmi les quatre-vingts espèces de haricots décrites par Bentham, une seule paraît spontanée ou sub-spontanée en France, c'est le H. commun, *P. vulgaris*, qui a formé, par la culture, un grand nombre de variétés. Le haricot commun est cultivé dans les jardins comme plante alimentaire. On distingue les variétés à rames et les variétés sans rames ou naines. Quelques naturalistes ont regardé, comme des variétés du H. commun, le H. comprimé, *P. compressus*, D. C., qui donne les H. de Soissons et de Hollande; le H. renflé, *P. tumidus*, Savi, H. princesse, flageolet, d'Amérique; le H. tacheté, *P. hœmatocarpus*, Savi, H. du Cap; le H. sphérique, *P. sphœricus*, Savi, H. d'Orléans, de Prague; tandis que la plupart des botanistes les décrivent comme espèces. Quelques espèces exotiques sont cultivées chez nous comme plantes d'ornement: le H. caracalle, *P. caracalla*, L.; le H. à bouquets, *P. multiflorus*, Willd. Les haricots peuvent entrer dans la grande culture; ils comptent alors comme culture sarclée. Une terre fraîche, légère, fertile, plutôt sèche que marécageuse, leur convient. On les sème en lignes ou à la volée. Les fanes et les gousses vides sont consommées par les bestiaux.

HARIDELLE, s. f.; nom employé pour désigner un cheval vieux et maigre.

HARMONICA CHIMIQUE. On appelle ainsi, dans les laboratoires de chimie, une *lampe philosophique*, consistant en une fiole où se dégage de l'hydrogène, surmontée d'un tube effilé recouvert d'un tube autre en verre, qui est mis en vibration par la flamme de l'hydrogène qui brûle. Le mécanisme des sons produits par cet appareil est imparfaitement connu; cependant, la plupart des chimistes pensent qu'ils sont dus à une série de détonations qui ont lieu dans le tube, par le contact de l'air avec l'hydrogène de la flamme.

HARMONIE, s. f., *Harmonia*, de αρμονια, liaison, accord; ordre qui règne entre les diverses parties d'un tout: *harmonie des fonctions*. L'articulation par *harmonie* est celle dans laquelle deux surfaces, très légèrement sinueuses, sont appliquées l'une contre l'autre sans aucune soudure, ex.: la portion tubéreuse du temporal avec la partie écailleuse et l'occipital.

HARNACHEMENT, s. m., *Equi stratum*; ensemble de toutes les pièces constituant ou composant les *harnais* (*V.* ce mot).

HARNAIS, s. m.; partie constituante et distincte du harnachement d'un animal de service. Le nom, la forme, l'application des harnais varient selon l'espèce et la destination des animaux. — *Harnais d'écurie*: le licol ou collier, les couvertures, le surfaix. — *H. du cheval en main*: caveçon, bridon, bride, licol. — *H. du cheval de selle*: filet, bride, selle. — *H. du cheval de trait*: bride ou bridon avec ou sans œillères, collier ou bricole, sellette ou mantelet, avaloire ou reculement, croupière, traits, sous-ventrière. — *H. du cheval de bât*: bride ou licol, bât, avec croupière ou fessière. Le harnachement est le même pour le mulet et l'âne. — *H. du bœuf*: licol, joug ou collier, avaloire. L'anneau, qui *traverse* la cloison nasale et s'attache à une têtière, sert à maîtriser le bœuf et fait, à ce titre, partie du harnachement.

HARPER, v. a., de αρπαζειν, gravir, prendre et serrer fortement. Un cheval *harpe*, lorsqu'il fléchit brusquement les jarrets dans l'allure du pas et du trot. Ce mouvement défectueux est l'unique symptôme de *l'éparvin sec;* il s'affaiblit et disparaît souvent pendant l'exercice, pour reparaître après quelque temps de repos.

HARPIN, s. m. ; croc de batelier. Nom donné, dans le midi de la France, au charbon qui se développe sur les membres des bêtes à cornes ; inusité.

HASTÉ, ÉE, adj., *hastatus*, de *hasta*, pique ; en forme de fer de pique, ex. : les *feuilles du Gouet tacheté.* On dit aussi, mais plus rarement, *hastiforme.*

HATIF, IVE, adj., *præcox;* synonyme de précoce. Se dit surtout de certaines variétés obtenues par la culture.

HAUT-CHAUSSÉ, ÉE, adj. ; nom donné à la balzane, lorsqu'elle s'étend jusqu'au genou ou au jarret, ou au-dessus de ces régions.

HAUT-CRU; expression employée anciennement par les agriculteurs et les vétérinaires dans le sens de *haut-lieu, haut-pâturage.* Les bœufs destinés au travail ou manifestant peu d'aptitude à un engraissement précoce étaient appelés *bœufs de haut-cru,* parce qu'ils étaient supposés devoir se trouver exclusivement dans les contrées élevées ou montueuses. Les bœufs propres à l'engrais étaient appelés, par opposition, *bœufs de nature.* Les animaux de haut-crû, dans les divisions modernes, correspondent aux races de montagne, *V.* Bovines.

HAUTEUR, s. f., *Altitudo;* latitude ou niveau auquel croissent les plantes, *V.* Station et Géographie ; — élévation qu'atteignent les végétaux pendant leur vie. La nature présente, sous ce rapport, d'innombrables diversités selon les espèces, la nature du sol, le climat, l'exposition, la latitude, la culture, etc.

HAUT-FOURNEAU. Appareil dans lequel on réduit les minerais de fer à l'aide de la chaleur du charbon et de fondants appropriés. Il est construit en briques réfractaires, et présente une hauteur qui varie de 10 à 15 mètres. Il est vertical et formé par deux cônes adaptés par la base, le supérieur étant beaucoup plus long que l'inférieur. Il se charge par l'ouverture supérieure appelée *gueulard,* et reçoit le vent de machines soufflantes, par la partie inférieure. Le haut-fourneau est divisé en plusieurs régions : une inférieure, le *creuset;* une, placée au niveau des tuyères, c'est *l'ouvrage;* la partie la plus renflée est appelée les *étalages,* et celle qui lui est superposée porte le nom de *cuve;* elle s'étend jusqu'au *gueulard.* Les minerais, mélangés aux combustibles et aux fondants, descendent vers l'ouvrage pendant que la colonne d'air, qui part de ce point, s'élève en s'échauffant considérablement, en brûlant le combustible et en réduisant le minerai. Dans la cuve, ce dernier est soumis à une sorte de *distillation* qui le dépouille de ses principes volatils ; dans les étalages, il éprouve la *réduction* produite par l'oxyde de carbone qui monte et qui se change en acide carboni-

nique ; dans l'ouvrage, il est réduit en *fonte* et subit la *fusion;* enfin, dans le creuset, la fonte et le laitier se séparent par décantation.

HAUT-MAL, s. m. ; synonyme d'*épilepsie, mal-caduc,* *V.* Épilepsie.

HAUT-MONTÉ, adj.; nom donné au cheval dont le tronc est supporté par des membres longs et grêles.

HECTARE, s. m., de εκατον, cent, et *are;* cent ares ; mesure de superficie employée dans l'arpentage du sol ; elle est égale à dix mille mètres carrés, *V.* Mètre.

HECTIQUE, adj., *hecticus,* de εκτικος, habituel; on écrit aussi *étique;* maigre, décharné. *Fièvre hectique* : fièvre lente succédant à une maladie chronique, qui produit l'amaigrissement du corps. Cet état se présente à la suite de la phtisie pulmonaire, de la morve, du farcin.

HECTISIE, s. f. ; on dit aussi *étisie* ; état de maigreur produit par la fièvre hectique. Synonyme de *consomption.*

HECTO, s. m., de εκτον, contracté de εκατον, cent. Mot dérivé du grec et qu'on place devant les noms de mesure et de poids pour désigner des unités cent fois plus grandes.

HECTOGRAMME, s. m., de εκτον, cent, et γραμμα, gramme ; cent grammes.

HECTOLITRE. s. m., de εκτον, cent, et λιτρα, litre ; cent litres ; mesure de capacité employée à la fois pour les liquides et les grains.

HECTOMÈTRE, s. m., de εκτον, cent, et μετρον, mesure ; cent mètres.

HÉDÉRACÉES, s. f., *Hederaceæ;* tribu des Caprifoliacées renfermant les genres *Cornus, Hedera, Viburnum,* etc., mais dont le nom devrait être réservé, selon quelques botanistes, pour une petite famille qui serait composée provisoirement du seul genre *Hedera.*

HÉDÉRINE, s. f., de *hedera,* lierre ; suc gommo-résineux fourni par le tronc du lierre, dans les pays chauds. Il est sans importance.

HELCOSE, s. m., *Helcosis,* de ελκος, ulcère, ulcération.

HELCTIQUE, adj., *helcticus,* de ελκειν, attirer; synonyme d'*attractif,* d'*épispastique,* de *vésicant,* etc. (*V.* ces mots).

HELCYDRION, s. m., *Helcydrium,* de ελκυδριον, petit ulcère ; ulcère superficiel de la cornée.

HÉLÉNINE, s. f. Synonyme d'*inuline* (*V.* ce mot).

HÉLIANTHE, s. m., *Helianthus,* L.; genre de la famille des Composées. Il est formé d'environ 40 espèces, la plupart herbacées, quelques-unes frutescentes, toutes exotiques. Trois ou quatre d'entre elles ont été naturalisées en France et y sont cultivées comme plantes d'ornement ou comme plantes utiles. Ce sont : l'Hélianthe annuel ou Grand Soleil, *H. annuus,* vulgairement appelé *Tournesol,* (*V.* ce mot) ; l'H. tubéreux, *H. tuberosus,* ou *Topinambour* (*V.* ce mot) ; l'H. multiflore, *H. multiflorus;* l'H. élevé, *H. altissimus;*

ces deux dernières, originaires de l'Amérique, sont cultivées pour l'ornement des jardins, à cause de leur large capitule jaune très persistant.

HÉLIANTHÈME ; s. m., *Helianthemum*, T. ; genre de la famille des Cistacées. Ce genre, voisin des Cistes, longtemps confondu avec eux, et peut-être encore mal limité aujourd'hui, malgré les nombreux travaux dont il a été le sujet, se compose d'espèces herbacées ou souffrutescentes, très rares dans les climats froids ou tempérés. Une seule croit dans le Nord de la France. Les hélianthèmes se trouvent principalement sur les coteaux élevés, les pelouses sèches, où les broutent les moutons et les vaches.

HÉLICINE, s. f.; principe soufré trouvé dans l'escargot par Figuier, de Montpellier.

HÉLIOSTAT, s. m., de χλιος, soleil, et στατος, qui s'arrête ; appareil d'optique imaginé par S'gravesande et destiné à maintenir un rayon lumineux qu'on introduit dans une chambre obscure, dans une direction constante, malgré le mouvement du soleil. La pièce essentielle de cet instrument est un miroir métallique mobile sur un axe vertical et sur un axe horizontal, et mis en mouvement par des rouages d'horlogerie.

HÉLIOTROPE, s. m., *Heliotropium*, L. ; genre nombreux de la famille des Borraginées, composé d'herbes ou de sous-arbrisseaux, la plupart originaires des contrées chaudes. L'H. d'Europe, *H. Europæum*, vulg. *herbe aux verrues*, est commun dans les champs cultivés du midi de la France.

HÉLIOTROPE, adj., *heliotropius*, de χλιος, soleil, et τροπεω, tourner ; se dit des fleurs qui se tournent vers le soleil tant qu'il est sur l'horizon. Cette faculté singulière s'appelle *héliotropisme*.

HÉLIOTROPISME, *V.* HÉLIOTROPE.

HELLÉBORE, s. m., *Helleborus*, Adans.; genre de la famille des Renonculacées. Ses caractères sont: périanthe à cinq sépales pétaloïdes, persistant ; corolle rudimentaire, composée de petits pétales nectariformes ; involucre nul ; trois à dix capsules unisériées, verticillées, soudées à leur base. Les hellébores sont herbacés, vivaces, particuliers à quelques parties de l'ancien continent ; leurs feuilles sont de deux sortes : les radicales sont grandes et souvent palmées ou pédalées, les caulinaires sont plus petites ou même nulles ; leur couleur est d'un vert sombre ; l'ensemble de la plante a quelque chose de désagréable. Les fleurs, verdâtres ou d'un pourpre plus ou moins clair, se montrent de très bonne heure, au mois de février ou de mars. Les espèces de ce genre sont peu nombreuses ; les principales sont : l'H. d'Orient, *H. orientalis;* l'H. noir, *H. niger;* l'H. fétide, *H. fœtidus;* l'H. vert, *H. viridis;* les trois dernières espèces se trouvent en France ; l'H. livide, *H. lividus;* cette espèce croit en Corse, etc. Toutes ces espèces d'H. ont été ou sont encore employées en méde-

cine. L'économie rurale les considère comme nuisibles. Quand les herbivores, qui les repoussent habituellement, en mangent quelques feuilles, ils éprouvent une superpurgation et quelquefois un empoisonnement grave. —*Pharmac.* Deux racines médicinales portent le nom d'*hellébore;* l'une provient de l'*helleborus niger*, et l'autre du *veratrum album.* 1° *Racine d'hellébore noir* (Renonculacées). Elle est longue, noueuse, ridée, marquée d'anneaux circulaires rapprochés, desquels partent des radicules nombreuses et entremêlées ; noire en dehors, blanche et fibreuse en dedans, cette racine a une odeur nauséeuse faible et une saveur âcre et amère. Elle contient, d'après Feneulle et Capuron, une huile volatile, une huile grasse âcre, une résine, de la cire, un acide volatil, un principe amer, du muqueux, de l'ulmine, du gallate de potasse et de chaux, et un sel ammoniacal. L'essence, l'huile âcre, la résine et peut-être l'acide volatil, paraissent être les principes actifs de la racine d'hellébore noir. Elle doit être récoltée au printemps, séchée avec soin, ou confite dans du vinaigre (Bourgelat) ; sèche, elle ne sera pas conservée plus d'un an, car elle s'altère promptement.—Donnée en poudre ou en décoction, à l'intérieur, la racine d'hellébore noir fait vomir le chien et le porc, et détermine aussi la purgation ; chez les herbivores, elle irrite vivement le tube digestif sans déterminer les effets vomitifs des émétiques, et sans produire de purgation régulière. Pour l'usage interne, c'est un médicament peu digne d'être employé, d'autant plus qu'à la dose de 8 à 10 grammes chez le chien, et à celle de 100 à 125 grammes chez le cheval, il détermine une inflammation gastro-intestinale souvent mortelle (Moiroud). Introduite sous la peau, fraiche ou macérée dans le vinaigre, cette racine produit un engorgement phlegmoneux considérable, suivi d'accidents internes chez les carnivores (Orfila), mais nullement chez les herbivores (les vétérinaires) ; aussi l'emploie-t-on fréquemment pour établir des trochisques au fanon du bœuf, en l'introduisant sous la peau ou en en fixant un fragment à la mèche du séton (Gilbert). Sur le cheval, cette racine est plus rarement employée. Réduite en poudre, elle peut remplacer l'*euphorbe* dans la confection de l'onguent vésicatoire ; elle entre, du reste, dans la préparation de plusieurs pommades antipsoriques, dont on doit user avec précaution chez le chien, à cause des accidents produits par l'absorption. — 2° *Racine d'hellébore blanc*, vératre (Colchicacées). Elle est cylindrique, légère, grisâtre en dehors, blanche en dedans, hérissée de fibrilles, d'une odeur vireuse qui à la dessiccation diminue, et d'une saveur âcre et amère plus persistante. Elle contient, entre autres principes, deux alcaloïdes végétaux, la *vératrine* et la *jervine* (*V.* ces mots). Donnée à l'intérieur, cette racine agit à la manière de l'hellébore noir, mais avec moins d'activité. Donnée à la dose de 90 grammes à une vache, elle a causé beaucoup de fatigue sans déterminer de purgation ; à dose double, donnée au même sujet, elle détermina la mort (Ecole de Lyon). A l'extérieur, cette racine agit comme la précédente, et est employée aux mêmes titres pour établir des exutoires, et pour la confection de pommades épispastiques et antipsoriques.

HELMINTHAGOGUE, adj., *helminthagogus*, de ἕλμινς, ver, et ἄγω, chasser ; qui chasse les vers intestinaux ; synonyme de *vermifuge* et d'*anthelminthique*.

HELMINTHES, s. m. pl., *Helminthi*, de ἕλμινς, ἕλμινθος, ver ; nom donné par Duméril aux vers intestinaux, *V.* VERS.

HELMINTHIASE, **HELMINTHIASIE**, s. f. ; même étymologie que le précédent ; maladie causée par les vers intestinaux.

HELMINTHOCORTON, *V.* MOUSSE DE CORSE.

HELMINTHOLOGIE, s. f., *Helminthologia*, de ἕλμινς, ver, et λόγος, discours ; partie de l'histoire naturelle, qui s'occupe des vers.

HÉMAGOGUE, adj., de αἷμα, sang, et ἄγω, chasser ; synonyme d'*emménagogue*.

HEMALOPIE, s. f., *Hæmalopia*, de αἷμα, sang, et ὤψ, œil ; épanchement de sang dans le globe oculaire, produit par une violence extérieure.

HÉMATÉMÈSE, s. f., *Hæmatemesis*, de αἷμα, sang, et ἐμέω, vomir ; vomissement de sang. C'est un symptôme de lésions qui n'ont pas toujours le même siège et la même nature. Le sang vomi peut venir de la bouche, du pharynx, de l'œsophage, de l'estomac et du duodénum. On donne principalement le nom d'*hématémèse* au vomissement de sang dû à une hémorrhagie gastrique. Quoique le cheval ne vomisse pas facilement, on a observé sur lui cette affection. Dans le chien, le vomissement de sang accompagne le ramollissement morbide de l'estomac, la dégénérescence cancéreuse de cet organe. Cette affection est très rare sur les animaux.

HÉMATIDROSE, s. f., *Hæmatidrosis*, de αἷμα, sang, et ἱδρός, sueur ; exhalation du sang par la surface de la peau ; sueur de sang.

HÉMATINE, s. f., de αἷμα, sang ; nom du principe colorant du bois de Campêche, qui devient rouge par l'action des alcalis. On lui a donné aussi le nom d'*hématoxyline*.

HÉMATITE, s. f., *Hæmatites*, de αἷμα, sang ; nom minéralogique de plusieurs variétés de sesqui-oxyde de fer.

HÉMATOCÈLE, s. m., *Hæmatocele*, de αἷμα, sang, et κήλη, tumeur ; tumeur sanguine. On a réservé ce nom pour désigner l'épanchement du sang dans les enveloppes testiculaires. Il y a trois variétés, qui sont l'*hématocèle scrotal* ou par *infiltration*, l'*hématocèle vaginal* ou par *épanchement*, et l'*hématocèle testiculaire*, qui siège dans la tunique albuginée. Les contusions, les violences, les efforts musculaires, causent cette maladie par la déchirure des membranes. On confond l'épanchement sanguin avec l'épanchement séreux, si l'on ne tient pas compte de la nature de la fluctuation, qui est moins prononcée. La tumeur qui résulte de l'hématocèle est irréductible ; elle cause une douleur locale et une gêne marquée dans les mouvements du train postérieur du cheval. On a rencontré la rupture de la tunique érythroïde ou de l'albuginée, sur les solipèdes qui ont été observés. Le traitement consiste dans l'emploi des antiphlogistiques ou des résolutifs. Les frictions irritantes, les vésicatoires, sont utiles comme produisant une résolution plus prompte. Enfin, on y remédie le plus souvent par la castration à testicules couverts, avec la précaution d'évacuer, par la ponction, le sang contenu dans la gaine vaginale, avant d'appliquer le casseau sur le crémaster.

HÉMATOCÉPHALE, s. m., *Hæmatocéphalus*, de αἷμα, sang, et κεφαλή, tête ; nom donné à des monstres atteints de déformation du cerveau.

HÉMATODE, adj., *hæmatodes*, de αἷμα, sang, et εἶδος, ressemblance ; sanguin, sanguinolent, qui ressemble au sang. Peu usité. — *Fongus hématode* : variété de cancer d'apparence fongueuse, et produisant fréquemment des hémorrhagies, *V.* CANCER.

HÉMATOMPHALE ou **HÉMATOMPHALOCÈLE**, s. f., *Hæmatomphalum*, de αἷμα, sang, ὀμφαλός, nombril, et κήλη, tumeur ; hernie du nombril contenant du sang, ou hernie ombilicale qui présente des veines variqueuses.

HÉMATOMYÉLIE, s. f., *Hæmatomyelia*, de αἷμα, sang, et μυελός, moelle ; apoplexie de la moelle épinière.

HÉMATONCIE, s. f., *Hæmatoncus*, de αἷμα, sang, et ὄγκος, tumeur ; tumeur sanguine.

HÉMATONOSE, s. f., *Hæmatonosis*, de αἷμα, sang, et ἐν, dans ; présence du sang dans les cavités organiques.

HÉMATOPISIE, s. f., *Hæmatopisia* ; amas de sang dans l'utérus, par analogie avec l'hydropisie utérine.

HÉMATOPORIE, s. f., *Hæmatoporia* ; de αἷμα, sang, et ἀπορία, défaut ; état de la circulation remarquable par le défaut du sang ; synonyme d'*anémie*.

HÉMATOSE, s. f., *Hæmatosis*, de αἷμα, αἵματος, sang ; formation du sang, ou conversion en sang du chyle et de la lymphe. Cette conversion n'étant parfaite qu'après que le sang veineux et le fluide qu'il a reçu ont été soumis à l'action de l'oxygène dans le poumon, on applique généralement le nom d'*hématose*, à la conversion du sang noir en sang rouge. *V.* RESPIRATION.

HÉMATOSINE, s. f., de αἷμα, sang ; *Hémachroïne*, $C^{40} H^{30} O^{10} Az^3 + Fe$. Nom donné à la matière colorante rouge du sang, qui paraît être formée de protéine et de fer, et qui est renfermée dans l'intérieur des *globules*.On la prépare en traitant le sang défibriné par l'acide sulfurique, soumettant le magma brunâtre qui en résulte à la pression, dissolvant le résidu par l'alcool, et sursaturant par l'ammoniaque. La solution ammoniacale est évaporée à siccité, le résidu lavé par l'eau, l'alcool, l'éther, puis enfin dissous une deuxième fois dans l'alcool ammoniacal et évaporé de nouveau à siccité. L'hématosine est solide, amorphe, brunâtre, dépourvue d'odeur et de saveur, insoluble dans l'eau, l'alcool, l'éther, les huiles grasses et essentielles, excepté l'essence de térébenthine et l'huile d'olive qui la dissolvent à chaud. Les acides concentrés lui enlèvent du fer sans la dissoudre ; le chlore la décolore ; les solutions acides la brunissent ; celles des alcalis la rendent plus rouge ; les alcalis caustiques la verdissent. Chauffée à l'air, elle brûle si elle est sèche, et laisse pour résidu une cendre rougeâtre composée de peroxyde de fer, dont la quantité varie de 6 à 10 p. %₀ du poids de l'hématosine.

HÉMATURIE, s. f., *Hæmaturia*, de αἱμα, sang, et ουρεω, uriner ; évacuation par l'urètre de sang pur ou mêlé aux urines. Synonymie : *pissement de sang, hématurie des feuilles* (Favre). Cette affection n'est le plus souvent qu'un symptôme de plusieurs maladies des voies urinaires ; le sang peut venir de l'urètre, de la vessie, des uretères, des reins. L'hématurie peut résulter aussi d'une altération du sang. On l'observe plus souvent dans les animaux de l'espèce bovine que dans les autres ; elle se montre quelquefois dans les solipèdes, rarement dans les carnivores. Elle se présente à l'état *aigu* ou *chronique ;* elle est quelquefois *intermittente*. Vigney reconnaît pour les animaux didactyles quatre variétés. *Première variété :* résultat de l'altération du sang, du gonflement de la rate ; l'urètre rejette du sang qui semble avoir perdu une partie de sa fibrine et de sa matière colorante. *Deuxième variété :* elle est causée par des hydatides développées dans les lobes des reins ; l'urine contient des mucosités purulentes. *Troisième variété :* cystorrhagie, état produit par la rupture de quelques vaisseaux de la vessie ; l'urine contient des caillots de sang non altérés. *Quatrième variété :* elle est causée par les calculs rénaux, les contusions sur la région lombaire ; l'urine non altérée présente des caillots de sang noirs et grumeleux. — Il ne faut pas confondre avec l'hématurie cette variété d'entérite, dans laquelle les urines prennent une teinte noire dès le début. Les causes les plus fréquentes consistent dans une mauvaise nourriture, les changements brusques dans le choix des pâturages. Les jeunes pousses de quelques arbres ont la funeste propriété de causer l'hématurie ; ce sont surtout celles des arbres résineux, du hêtre, de l'orme, du chêne et de toutes les plan-

tes qui contiennent des principes âcres, astringents. Le pissement de sang provient encore des lésions mécaniques, des contusions des lombes, des efforts provoqués par le tirage, de l'inflammation et des dégénérescences des organes urinaires, de l'abus des médicaments diurétiques, tels que les cantharides, la térébenthine, la scille, etc. Dans le cheval, cette affection est caractérisée par des coliques, l'émission fréquente d'une petite quantité d'urine plus ou moins colorée en rouge ; la réaction fébrile est violente.Chez les animaux de l'espèce bovine, il arrive souvent que l'hématurie produit la mort en 24 heures, comme par effusion de sang. Il y a ordinairement diarrhée, suspension de la rumination, diminution notable dans la sécrétion du lait chez les vaches ; l'excrétion des urines devient difficile. La peau devient adhérente, prend une teinte ictérique.Si la maladie dure plusieurs jours et doit se terminer par la mort, les malades restent couchés ; ils tombent dans un état de faiblesse extrême et périssent. Le pronostic est fâcheux quand la perte de sang est considérable. La vache et la brebis présentent un appareil de symptômes moins intenses que les mâles. Pour remédier au pissement de sang, il est nécessaire de rechercher les causes organiques, pour les combattre. On a proposé beaucoup de remèdes contre l'hématurie, qui, souvent, ne doivent leurs prétendus bons effets, qu'aux efforts de la nature. Le traitement antiphlogistique est préféré le plus souvent. Quelquefois il faut régénérer le sang, lui rendre les principes qu'il a perdus, par l'emploi des toniques ferrugineux, concurremment avec la digitale, quand les battements du cœur sont trop précipités. Tous les praticiens ne sont pas partisans de la saignée, pour combattre l'hématurie.

HÉMÉRALOPIE, s. f., *Hemeralopia*, de ημερα, jour, et οπτω, je vois ; maladie des yeux dans laquelle on ne peut apercevoir que les objets situés au grand jour. C'est une variété d'amaurose incomplète qu'on ne peut constater sur les animaux. L'héméralopie est un état opposé à la *nyctalopie*, affection dans laquelle on ne voit que les corps placés dans l'obscurité. *V.* Amaurose.

HÉMÉROPATHIE, s. f., *Hemeropathia*, de ημερα, jour, et παθος, affection ; maladie qui n'apparait que pendant le jour, ou qui ne dure qu'un jour.

HÉMI ; dans les composés d'origine grecque, ce mot signifie demi ou la moitié.

HÉMIACÉPHALE, s. et adj., *Hemiacephalus*, de ημι, moitié, α privatif, et κεφαλη, tête ; genre de monstres paracéphaliens ayant pour caractères : tête représentée par une tumeur informe avec quelques appendices ou replis cutanés en avant ; membres thoraciques existant.

HÉMIACÉPHALIE, s. f., *Hemiacephalia;* état des monstres hémiacéphales.

HÉMIANATROPE, adj. : demi-anatrope.

se dit de l'ovule dont le micropyle, dirigé vers le hile, ne lui correspond pas exactement.

HÉMICARPE, s. m., et adj.; littéralement, *moitié d'un fruit*. Cette expression n'est employée que lorsque le fruit se sépare naturellement en deux parties, ex. : le fruit des Ombellifères.

HÉMICRANIE, s. f., *Hemicrania*; de ημι, moitié, et κρανιον, crâne ; douleur qui occupe la moitié de la tête.

HÉMI-CYLINDRIQUE, adj.; demi-cylindrique, c'est-à-dire ayant une face plane et un côté arrondi, comme un cylindre divisé dans le sens de son grand diamètre.

HÉMIGONIAIRE, adj., *hemigoniaris*; se dit, d'après de Candolle, de la fleur métamorphosée, dans laquelle une partie seulement des organes mâles et femelles sont transformés en pétales.

HÉMIMÈLE, s. et adj., *Hemimelis*, de ημι, moitié, et μηλος, membre ; genre de monstres ectroméliens, chez lesquels les membres, soit thoraciques, soit abdominaux, sont terminés en forme de moignons, et les doigts nuls ou très imparfaits.

HÉMIMÉLIE, s. f., *Hemimelia*; état des monstres hémimèles.

HÉMIOPIE, s. f., *Hemiopia*, de ημισυς, demi, et ωφ, œil; trouble de la vision dans lequel l'œil ne découvre qu'une partie des objets. C'est le résultat d'une paralysie partielle de la rétine ou de l'opacité d'une partie des humeurs de l'œil.

HÉMIPAGE, s. et adj., *Hemipagis*, de ημι, moitié, et παγις, uni; genre de monstres doubles monomphaliens, présentant les caractères suivants : deux individus à ombilic commun, réunis latéralement sur toute l'étendue du thorax et du cou, et jusque par les mâchoires.

HÉMIPAGIE, s. f., *Hemipagia*; état des monstres hémipages.

HÉMIPLÉGIE, s. f., *Hemiplegia*, de ημισυς, moitié, et πλισσω, je frappe; paralysie qui frappe la moitié du corps.

HÉMIPTÈRES, s. m. p., *Hemiptera*, de ημι, moitié, et πτερον, aile; ordre d'insectes ayant pour caractères : quatre ailes, dont les deux supérieures en forme d'étui crustacé, avec l'extrémité membraneuse, ou semblables aux inférieures mais plus fortes et plus grandes; les mandibules et les mâchoires remplacées par des soies formant un suçoir renfermé dans une gaîne d'une seule pièce, articulée, cylindrique ou conique, en forme de bec. Genres principaux : *Punaise, Pentatôme, Cigale*, etc.

HÉMISPHÈRE, s. m., *Hemisphærum*, de ημι, moitié, et σφαιρα, sphère; demi-sphère. On appelle, en anatomie, *hémisphères* du cerveau, les deux lobes de cet organe, séparés par la faux de la méninge.

HÉMISPHÈRES DE MAGDEBOURG; instrument de physique employé à démontrer les effets de la pression atmosphérique. Il se compose, comme l'indique son nom, de

deux demi-sphères creuses, qui s'adaptent exactement, par leur ouverture, à l'aide d'un anneau en cuir. Tant que la capacité de la sphère contient de l'air, la séparation des deux calottes est facile; mais aussitôt que le vide a été produit, leur séparation devient impossible à cause de la pression de l'atmosphère qui les tient fortement rapprochées.

HÉMISPHÉRIQUE, adj., *hemisphericus*; qui a la forme d'une demi sphère : le *stigmate*, le *chapeau* des agarics, la *cupule* du gland, etc., affectent souvent cette forme.

HÉMITE, s. f., de αιμα, sang; synonyme de *fièvre inflammatoire*; état du sang caractérisé par l'abondance de la couenne inflammatoire ou caillot blanc.

HÉMITÉRIE, s. f., *Hemiteria*, de ημι, moitié, et τερας, monstre; demi monstruosité. Ce mot est employé par I. Geoffroy-Saint-Hilaire, pour désigner les anomalies simples, qui ne s'élèvent pas au degré de *monstruosité*. Les hémitéries sont divisées en cinq classes relatives : 1° au volume; 2° à la forme; 3° à la structure; 4° à la disposition; 5° au nombre et à l'existence des organes ou parties d'organes.

HÉMITRITÉE, adj. f., *hemitritœa*, de ημιτσυς, moitié, et τριταιος, tiers. En médecine humaine, on donne ce nom à la fièvre continue qui a un redoublement tous les trois jours.

HÉMODIE, s. f., *Hœmodia*, de αιμα, sang, et οδους, dent; congestion sanguine des vaisseaux des dents.

HÉMOPHTHALMIE, s. f., *Hœmophthalmia*, de αιμα, sang, et οφθαλμος, œil; épanchement de sang dans le globe oculaire.

HÉMOPROCTIE, s. f., *Hœmoproctia*, de αιμα, sang, et προκτος, anus; hémorrhagie de l'intestin rectum.

HÉMOPTYSIE, s. f., *Hœmoptysis, Hœmoptœ*, de αιμα, sang, et πτυσις, crachement; hémorrhagie de la muqueuse bronchique. Synonymie: *pneumorrhagie*. Les anciens donnaient ce nom à toute hémorrhagie dans laquelle le sang était rejeté par la bouche ou les cavités nasales; on le réserve aujourd'hui pour l'écoulement sanguin qui provient du poumon. Cette affection est assez fréquente dans le cheval et le bœuf. On reconnaît: 1° l'*hémoptysie traumatique*, résultant d'une plaie, d'une blessure; 2° l'*hémoptysie essentielle*, consistant dans une simple exhalation de sang à la surface de la muqueuse bronchique; 3° l'*hémoptysie symptomatique*, produite par une lésion organique du poumon. C'est la dernière variété qu'on observe le plus fréquemment dans l'espèce chevaline. L'hémorrhagie bronchique est causée par la pléthore, les travaux excessifs, l'inflammation des bronches, du poumon, la phtysie pulmonaire. — *Hémoptysie essentielle*. On l'observe assez rarement dans les animaux. Le sang qui s'écoule par les cavités nasales est plus ou moins rouge, écumeux, mêlé à des mucosités; la toux est fréquente, et chaque expiration forcée rejette une quantité de sang plus abondante. Ordinairement, cette excrétion sanguine diminue rapidement ; lorsqu'elle se continue trop longtemps, les malades tombent dans un état marqué d'affaissement. L'épistaxis diffère de cette affection, parce que le sang n'est pas spumeux dans l'hémorrhagie nasale proprement dite. Les désordres observés après la mort causée par l'hémoptysie essentielle sont l'injection de la muqueuse bronchique, la présence de caillots sanguins dans les bronches, une légère infiltration séreuse du poumon. Le traitement consiste à arrêter l'hémorrhagie, à en prévenir le retour. On pratique la saignée à la jugulaire, surtout si l'on reconnaît, par l'auscultation, les caractères de l'apoplexie pulmonaire. Si l'hémorrhagie continue, il faut employer les réfrigérants locaux. Les boissons froides, les lavements de même nature, ont été quelquefois donnés avec avantage. — *Hémoptysie symptomatique.* Elle est produite par la bronchite, la pneumonie, la gangrène du poumon, les tubercules ramollis, par la rupture d'un anévrysme ; on la voit aussi dans quelques affections graves avec altération du sang. L'hémoptysie, produite dans le cheval par la gangrène du poumon, est caractérisée par l'écoulement d'un sang de couleur roussâtre, avec odeur fétide de l'air expiré ; c'est un cas constamment suivi de mort. Lorsque l'hémorrhagie est causée par le ramollissement d'une induration du poumon, d'un tubercule, le sang n'a pas une couleur vermeille ; il est spumeux et ne s'écoule pas en grande abondance. Il est très rare de voir les solipèdes survivre à cet accident, qui est un symptôme d'une altération organique profonde. En pareil cas, il faut combattre la toux par l'usage de l'opium, et donner des toniques ferrugineux, si les forces des malades sont abattues par l'état anémique.

HÉMOPTYSIQUE, adj., *hæmoptoïcus*; qui est atteint d'*hémoptysie.*

HÉMORRHAGIE, s. f., *Hæmorrhagia*, de αἱμα, sang, et ῥηγνυμι, je romps, ou ῥεω, je coule. On donne ce nom à tout écoulement de sang hors des vaisseaux, quelle qu'en soit la cause. Chomel a divisé les hémorrhagies en deux grandes classes, savoir : les *hémorrhagies spontanées* ou par *exhalation*, et les *hém. traumatiques* ou par *rupture*. — 1° HÉMORRHAGIES SPONTANÉES. C'est une effusion de sang, dans un conduit qui s'ouvre à l'extérieur, ou dans une cavité qui ne communique pas au-dehors ; cette effusion a lieu sans qu'il y ait solution de continuité des tissus. L'hémorrhagie spontanée est plus rare dans les animaux que dans l'homme. On l'observe surtout chez les sujets sanguins, pléthoriques. Une alimentation trop substantielle, la suppression des saignées habituelles, une température élevée, les exercices violents, sont les causes les plus ordinaires des hémorrhagies. On a distingué ces

maladies en *actives* et *passives*; les hémorrhagies *actives* sont dues à l'exaltation de l'action organique ; les hémorrhagies *passives* résultent d'un état de faiblesse et d'atonie. Pour Broussais, ces dernières n'existent pas ; toutes les hémorrhagies sont actives. — Au début d'une hémorrhagie spontanée, on observe quelques symptômes de congestion sanguine vers les organes qui en sont le siége. Le caractère essentiel consiste dans un écoulement de sang rouge ou noir, plus ou moins séreux, mêlé quelquefois à des produits de diverse nature. Sa quantité varie à l'infini ; quand l'hémorrhagie est abondante, il survient un trouble dans les fonctions, une faiblesse marquée ; les muqueuses sont pâles ; rarement il y a syncope dans les animaux ; le pouls devient petit et fréquent. Quand la perte de sang se montre trop considérable, le pouls est irrégulier, intermittent ; les battements du cœur sont tumultueux ; on observe la syncope, quelquefois des mouvements convulsifs et la mort. — Les lésions anatomiques consistent dans l'accumulation du sang, au milieu des cavités naturelles ou accidentelles ; tantôt ce liquide est coagulé, tantôt il est mélangé à d'autres fluides, ou infiltré dans les tissus. Les vaisseaux et les muqueuses ne présentent aucune trace de rupture ; les organes sont décolorés pour la plupart et contractent une mollesse plus grande. — On doit varier le traitement suivant la nature de l'hémorrhagie. Est-elle *active* et due à l'état pléthorique, un écoulement abondant de sang ne peut que soulager le malade ; c'est un moyen employé par la nature, qu'il faut seconder par la saignée générale ou locale, les frictions dérivatives. Si l'hémorrhagie continue, il est utile d'appliquer, sur le siége de l'écoulement sanguin, des corps froids, des astringents, en les employant toutefois avec assez de prudence pour éviter des métastases. Quand la perte de sang est *passive*, il faut s'attacher à relever l'action des exhalants, les forces des malades ; les toniques et les astringents sont surtout indiqués. — HÉMORRHAGIES SPONTANÉES EN PARTICULIER. On les distingue suivant que le sang s'écoule au-dehors ou qu'il s'accumule dans une partie du corps. Dans la première classe, on range les hémorrhagies des muqueuses et de la peau ; dans la seconde, celles des membranes séreuses qu'on nomme plus spécialement des *épanchements sanguins*, et les tumeurs sanguines. Les hémorrhagies des muqueuses ont reçu différents noms : celle des cavités nasales est nommée *épistaxis*; celle de la bouche, *stomatorrhagie*; de l'estomac, *hématémèse*; de l'intestin, *entérorrhagie*; des bronches, *hémoptysie*; du rectum, *hémorrhoïdes*. On a encore adopté les noms de *métrorrhagie*, *urétrorrhagie*, *hématurie*, *ophthalmorrhagie*, pour la matrice, l'urètre, la vessie, le globe oculaire (*V.* tous ces mots). — 2° HÉMORRHAGIES TRAUMATIQUES. Elles sont déterminées par des blessures qui ont produit la division des vaisseaux artériels, veineux ou capillaires. Les causes des hémorrhagies par rupture agissent diversement, suivant la forme des corps vulnérants; ce sont des corps pointus qui donnent lieu à une perte de sang peu considérable, ou des agents contondants dont l'effet n'amène pas une hémorrhagie copieuse, des projectiles lancés par les armes à feu. Les corps tranchants ou incisants sont ceux qui produisent ordinairement une perte considérable de sang. Le travail causé par l'ulcération, la gangrène. donne aussi parfois des hémorrhagies. — Quand l'hémorrhagie résulte de la blessure d'une artère, le sang est rutilant; il s'écoule par un jet saccadé, isochrone aux battements du cœur. S'il est fourni par une veine, sa couleur est plus foncée; le jet est continu. Lorsque les vaisseaux capillaires sont blessés, le sang est d'une couleur assez vive; il s'écoule en nappe et d'une manière uniforme. Eprouve-t-on quelques difficultés pour reconnaître quel est le vaisseau qui fournit l'hémorrhagie? il convient de se rappeler le sens dans lequel ont lieu les circulations artérielle et veineuse, et d'opérer la compression entre la plaie et le cœur; cette compression suspend ou diminue l'hémorrhagie artérielle, tandis qu'elle augmente ou favorise la circulation veineuse. On rencontre malheureusement une foule de circonstances qui dissimulent ces caractères; tels sont le trajet sinueux de la solution de continuité, la blessure simultanée de plusieurs vaisseaux, l'attrition des tissus, etc. Les hémorrhagies traumatiques n'ont pas autant de gravité sur les animaux que dans l'espèce humaine. Sous ce rapport, on trouve également des différences d'après les espèces. Ainsi, leur existence est plus redoutable pour les herbivores que pour les carnivores. On peut impunément ouvrir sur le chien les vaisseaux les plus volumineux, l'écoulement sanguin s'arrête presque toujours sans l'emploi des hémostatiques; c'est ce qui explique pourquoi les spécifiques recommandés contre les hémorrhagies sont toujours aussi vantés à l'époque de leur découverte, où l'on pratique les premières expériences sur les animaux. C'est à la plasticité du sang qu'il faut attribuer ces différences dans la gravité des hémorrhagies. — Des moyens nombreux ont été recommandés pour remédier aux hémorrhagies traumatiques. Contre l'hémorrhagie artérielle, on a recommandé la compression, la ligature, la torsion, le fer rouge, etc. Pour les veines, on se borne presque toujours à la compression. L'hémorrhagie des capillaires est combattue par la compression, les réfrigérants, les absorbants, la cautérisation, *V.* HÉMOSTATIQUES.

HÉMORRHAGIQUE, adj., *hœmorrhagicus*; qui concerne l'hémorrhagie, qui appartient à l'hémorrhagie. On a donné le nom de *molimen hœmorrhagicum* à un ensemble de symptômes qui précèdent les hémorrhagies qu'on observe pour la première fois; ces symptômes indiquent la congestion vers l'organe qui doit être le siége d'un écoulement sanguin.

HÉMORRHÉE, s. f., *Hœmorrhœa*, de αἱμα, sang, et ῥεω, couler; écoulement de sang de peu de durée. Nom donné par quelques auteurs aux hémorrhagies passives.

HÉMORRHINIE, s. f., *Hœmorrhinia*, de αἱμα, sang, ῥεω, je coule, et ῥιν, nez; hémorrhagie nasale. *V.* EPISTAXIS.

HÉMORRHOIDAL, adj,, *hœmorrhoïdalis;* qui a rapport aux hémorrhoïdes; *tumeur hémorrhoïdale, flux hémorrhoïdal.*

HÉMORRHOÏDES, s. f. pl., *Hœmorrhoïdes*, de αἱμα, sang, et ῥεω, je coule; on donne ce nom, en médecine humaine, à une affection caractérisée par un écoulement sanguin à l'extrémité du rectum, avec formation de tumeurs sanguines; son existence est très commune. Peu étudiées sur les animaux, les hémorrhoïdes ont été constatées sur plusieurs espèces, entre autres sur le cheval; Gohier et Debeaux en ont donné la description; nous les avons nous-même observées plusieurs fois. Delabère-Blaine, contrairement à l'opinion de Gohier, les regarde comme très fréquentes sur les chiens. On ne connaît pas les causes qui les font développer sur le cheval. Leur présence ne produit sur cet animal aucun trouble d'une autre partie du corps; des tumeurs du volume d'un œuf de pigeon se forment autour de l'anus, sans écoulement de sang; il y a des contractions fréquentes du sphincter du rectum, ce qui indique un sentiment de gêne, de douleur ou de prurit. Si l'on excise les hémorrhoïdes, il en résulte une légère hémorrhagie suivie bientôt de guérison. Il n'est pas utile de mettre en usage un traitement quelconque. On évitera de confondre ces tumeurs sanguines avec les mélanoses.— Delabère-Blaine attribue les hémorrhoïdes du chien au défaut d'exercice, à une nourriture abondante, à la constipation. Souvent on les confond avec le ténesme, les efforts infructueux pour la défécation. Le chien qui en est atteint cherche continuellement à se frotter l'anus contre le sol. Quelques lavements et des purgatifs légers suffisent pour calmer la douleur qui en résulte.

HÉMORRHOSCOPIE, s. f., *Hœmorrhoscopia*, de αἱμα, sang, ῥεω, je coule, et σκοπεω, j'examine; inspection du sang retiré des vaisseaux. On emploie aussi le mot *aimascopie*, qui est vicieux.

HÉMOSPASIE, s. f., *Hœmospasia*, de αἱμα, sang et σπαω, j'attire; moyen thérapeutique qui consiste à attirer le sang sur une partie de la surface du corps. On arrive à ce but par l'emploi des ventouses, par les frictions irritantes.

HÉMOSTASE, s. f., *Hœmostasis*, de αἱμα, sang, et στασις, station, repos, de ιστημι, j'arrête; stagnation du sang occasionnée par la pléthore; opération qui consiste à arrêter l'écoulement du sang. On dit aussi *hémostasie.*

HÉMOSTATIQUES, adj, et s. pl, *Hœmostatici,* de αιμα, sang, et ιστημι, j'arrête; moyens propres à arrêter les hémorrhagies. Chez la plupart des animaux, l'écoulement du sang à la surface des plaies s'arrête spontanément, soit par l'action de l'air, soit par l'effet des propriétés vitales des tissus. Les moyens auxquels on a recours pour arrêter une hémorrhagie sont *internes* ou *externes;* ces derniers sont *physiques* ou *chimiques.* — *Hémostatiques internes.* Tout ce qui ralentit la circulation rentre dans cette classe; la saignée est le meilleur procédé sous ce rapport, excepté toutefois pour les hémorrhagies passives. — *Hémostatiques externes.* A. *Moyens physiques.* Les principaux sont la *compression,* la *ligature,* la *torsion,* (*V.* ces mots). Il faut citer encore les *absorbants,* qui sont la charpie, l'amadou, l'agaric et surtout l'étoupe ou filasse de chanvre, qui agissent en s'imbibant de sang et formant un caillot solide. La cautérisation par le fer rouge est un moyen mixte qui décompose les tissus touchés par le cautère, et fait rétracter les trois membranes des artères, qui forment un bouchon. B. *Moyens chimiques.* Les principaux sont les *astringents,* et les *caustiques* ou *escharotiques.* Les astringents ou styptiques condensent les tissus par leur contact et favorisent la coagulation du sang; les sels à base de fer, de cuivre et d'alumine, les acides minéraux, l'eau de Rabel, peuvent être employés dans ce but. On peut ranger les *réfrigérants* dans cette catégorie. Les caustiques, tels que le nitrate d'argent, le sublimé corrosif, les chlorures de zinc, d'antimoine, désorganisent les tissus et forment un bouchon qui arrête l'écoulement du sang d'une manière mécanique. On a attribué à certains caustiques des effets particuliers, qui dépendent sans doute de la nature du plus ou moins de solubilité de l'escharre qu'ils forment. Le plus souvent, ces caustiques ont besoin d'être soutenus par un appareil qui exerce la compression; de sorte qu'on combine des hémostatiques d'un genre différent.

HÉMURÉSIE, s. f. *Hœmuresis,* de αιμα, sang, et ουρον, urine; excrétion du sang par le canal de l'urètre; synonyme d'*hématurie.*

HENNISSEMENT, s. m., *Hinnitus;* nom donné à la voix du cheval. Le hennissement varie beaucoup suivant le sentiment que veut exprimer l'animal. Il est facile de distinguer le hennissement d'allégresse de celui de la peur, le hennissement du désir de celui de la douleur, etc.

HÉPATALGIE, s. f., *Hepatalgia,* de ηπαρ, foie, et αλγος, douleur; douleur de foie, colique hépatique.

HÉPATEMPHRAXIS, s. f., *Hepatemphraxis,* de ηπαρ, ηπατος, foie, et εμφραττω, j'obstrue; obstruction du foie, des canaux biliaires.

HÉPATIQUE, adj., *Hepaticus,* de hepar, foie; qui a rapport au foie. — *Artère hépatique :* branche moyenne du tronc cœliaque, gagnant la grande scissure inférieure du foie, et fournissant pendant son trajet les artères *pancréatiques, pylorique* et *duodénale.* — *Veines hépatiques :* on les distingue en *sous-hépatiques,* fournies par la veine-porte, et *sus-hépatiques,* situées dans l'épaisseur même du foie, et s'abouchant avec la veine-cave postérieure, à son passage dans la grande scissure supérieure. — *Canal hépatique :* canal résultant de la réunion des conduits biliaires, et s'unissant lui-même avec le canal cystique, pour former le canal cholédoque. Chez les solipèdes, qui sont privés de vésicule biliaire, le canal hépatique se continue jusqu'au duodénum, et prend le nom de canal *hépato-intestinal.* — *Plexus hépatique :* portion du plexus cœliaque fournissant les rameaux qui accompagnent l'artère hépatique.—*Chimie.* Epithète qu'on donnait autrefois en chimie aux composés qui contiennent du soufre; *gaz hépatique :* acide sulfhydrique, ou hydrogène sulfuré.

HÉPATIQUES, s. f., *Hepaticæ;* famille nombreuse de plantes acotylédonées, voisine des Mousses. Ses caractères généraux sont : tige foliacée ou foliée, c'est-à-dire consistant en une fronde aplatie, ou caulescente avec feuilles distinctes; frondes ou feuilles portant les organes des deux sexes; coiffe nulle ou confondue avec le fruit; périanthe nul ou tubuleux; fruit consistant en une capsule ovoïde, pédicellée, indéhiscente, ou s'ouvrant en général en quatre valves; spores pourvues d'élatères; anthéridies arrondies et pédicellées ou nulles. La famille des Hépatiques réduite, au temps de Linné, à 44 espèces, en compte aujourd'hui plus de 1,200, réparties dans trois tribus : les *Jongermanniées;* genres : *Jungermannia, Frullana,* etc. : les *Marchantiées;* genres : *Lunularia, Marchantia, Monoclea, Anthoceros,* etc., les *Ricciées;* genres : *Riccia,* etc. Beaucoup d'hépatiques habitent exclusivement les régions intertropicales; d'autres sont particulières à l'Europe. Le *Marchantia polymorpha* est de tous les pays; les *Jongermannes* se trouvent presque toutes en France. Toutes ces plantes croissent dans les lieux humides; elles ne sont d'aucune utilité.

HÉPATIRRHÉE, s. f.; *Hepatirrhœa,* de ηπαρ, foie, et ρεω, je coule; diarrhée produite par une obstruction du foie.

HÉPATISATION, s. f., *Hepatisatio,* de ηπαρ, foie; dégénérescence d'un tissu qui prend l'aspect et la consistance du foie. C'est le poumon qui présente le plus souvent cette altération, qui peut se montrer sous plusieurs aspects. L'*hépatisation rouge* constitue le deuxième degré de la pneumonie; dans ce cas, le tissu pulmonaire est compacte dans la partie hépatisée; sa texture ressemble à celle du foie; l'air ne pénètre plus dans sa substance ; il a un poids spécifique plus considérable que l'eau, dans laquelle il s'enfonce. Par la pression, un liquide rougeâtre, partiellement puriforme, en est retiré ; son parenchyme est friable. L'*hépatisation grise* caractérise la pneumonie au troisième degré ; le poumon est plus pesant que l'eau ; il présente une teinte jaune ou grisâtre ; l'incision en fait écouler du pus mêlé à du sang ; la pression réduit la partie hépatisée en un réseau celluleux et vasculaire qui se sépare de la matière purulente. Ces deux variétés de l'hépatisation sont souvent réunies dans les mêmes cas de pneumonie.

HÉPATITE, s. f., *Hepatitis*, de ηπαρ, foie ; inflammation du foie. Cette maladie n'est pas très rare, surtout dans l'espèce du cheval ; elle est produite par les contusions, les chutes, une nourriture trop stimulante, les vicissitudes atmosphériques, l'abus des purgatifs drastiques. Quelques causes organiques amènent l'inflammation du foie ; ce sont : l'encéphalite, la gastro-entérite, la répercussion d'une éruption cutanée. Cette maladie se montre à l'état aigu et à l'état chronique. Les caractères principaux, dans le cheval, sont une douleur qu'on reconnait dans l'hypochondre droit, douleur que l'on constate par la pression de cette partie avec la main, une toux sèche et quinteuse, un dérangement marqué dans les fonctions digestives. La sécrétion de la bile devient plus active ; de là une exubérance qui augmente la coloration des matières fécales et des urines. Une interruption du cours naturel du liquide biliaire produit la teinte jaune de la peau et des membranes muqueuses. Au début, le pouls est plein et fréquent. Il est rare que l'inflammation du foie ne se propage pas au duodénum ; quelquefois elle s'étend à tout le tube alimentaire ; souvent il y a complication d'encéphalite et apparition de symptômes nerveux, avec des accès de fureur qui se succèdent à des intervalles assez rapprochés. On confond presque toujours la coexistence de ces deux maladies sous le nom de *vertige abdominal* (*V.* ce mot). Il est difficile de reconnaître sur un animal si l'inflammation du foie est partielle, parce qu'on ne peut se rendre compte de la nature des douleurs qu'il éprouve. Lorsque cette inflammation est chronique, sa marche est obscure ; l'appétit est presque nul ; le ventre se gonfle du côté droit, surtout dans le chien ; les urines sont chargées ; le malade tombe dans un état de marasme et finit par périr. Les terminaisons de l'hépatite, sont : la résolution, la suppuration, l'induration, l'état tuberculeux, et d'autres dégénérescences. Fréquemment, dans l'état chronique, on trouve le foie augmenté de volume, friable ; sa couleur tire sur le jaune ; les foyers purulents contiennent une matière dont la couleur est lie de vin. On y trouve quelquefois cette matière mélangée avec des hydatides, surtout dans les ruminants de l'espèce bovine, avec des fascioles dans ceux de l'espèce ovine.

La surface de l'organe est parsemée de taches blanches, et présente parfois des adhérences, lorsque l'affection s'est propagée à la capsule péritonéale. Pour remédier à l'état aigu, le traitement est semblable à celui des autres phlegmasies ; on tire un grand parti des saignées locales ; la diète est nécessaire ; on applique un sachet émollient sur la région des lombes, des sinapismes sur les extrémités ; on donne des lavements. Un laxatif ajouté aux boissons facilite la circulation de la bile ; il faut, sous ce rapport, préférer le sulfate de soude à dose modérée ; pour les carnivores, on emploie le calomélas, ou protochlorure de mercure. Si l'hépatite est chronique, il faut la combattre par les toniques amers, l'usage des fourrages verts. Mais, le plus souvent, on n'a aucun résultat, parce qu'on ne persévère pas dans l'emploi des moyens hygiéniques, dont l'usage doit être longtemps continué.

HÉPATOCÈLE, s. f., *Hepatocele*, de ηπαρ, foie, et κηλη, tumeur ; hernie du foie. Cette hernie peut se montrer sur les parois du ventre à la suite de l'éventration. Gohier a observé, sur un chien qui est mort de la jaunisse, la hernie d'une portion du foie à travers le diaphragme et le péricarde.

HÉPATO-CÉPHALITE, s. f., *Hepatocephalitis*, de ηπαρ, foie, et κεφαλη, tête ; inflammation du foie, qui produit par sympathie celle de l'encéphale.

HÉPATO-GASTRIQUE, *V.* GASTRO-HÉPATIQUE.

HÉPATO-GASTRITE, s. f., *Hepato-gastritis*, de ηπαρ, foie, et γαστηρ, estomac ; inflammation du foie et de l'estomac.

HÉPATO-INTESTINAL, adj ; qui appartient au foie et à l'intestin. Nom donné au canal hépatique des solipèdes.

HÉPATOLOGIE, s. f., *Hepatologia*, de ηπαρ, foie, et λογος, discours ; traité sur le foie.

HÉPATOMPHALE, s. f., *Hepatomphalum*, de ηπαρ, foie, et ομφαλος, nombril ; hernie du foie par le nombril, par l'anneau ombilical.

HÉPATOTOMIE, s. f., *Hepatotomia*, de ηπαρ, foie ; et τεμνω, je coupe ; dissection du foie.

HEPTA ; dans les composés d'origine grecque, ce mot signifie *sept*.

HEPTAGYNIE, s. f., *Heptagynia*, de επτα, sept, et γυνη, femme ; nom donné par Linné à chacun des ordres qui, dans les treize premières classes de son système, renferment les plantes pourvues de sept styles ou sept stigmates distincts.

HEPTANDRE, adj., *heptander*, de επτα, sept, et ανηρ, ανδρος, mari ; se dit des fleurs qui ont sept étamines. Gleditsch employait comme synonyme le mot *heptanthère*.

HEPTANDRIE, s. f., *Heptandria* ; nom de la septième classe dans le système de Linné. Elle comprend les végétaux qui ont sept étamines libres et égales.

HEPTAPÉTALE, adj., *heptapetalus*, de *ɛπτα*, sept, et *πεταλον*, pétale; se dit de la corolle composée de sept pétales.

HEPTAPHYLLE, adj., *heptaphyllus*, de *ɛπτα*, sept, et *φυλλον*, feuille; composé de sept feuilles ou folioles.

HEPTASÉPALE, adj., *heptasepalus*, de *ɛπτα*, sept, et *sepalum*, sépale; composé de sept sépales.

HERBACÉ, ÉE, adj., *herbaceus;* se dit de toute partie végétale qui a la mollesse et la couleur verte de l'herbe. Une plante herbacée est celle dont la tige n'est point ligneuse, qu'elle soit ou non vivace.

HERBAGE, s. m; ce mot est synonyme de pâturage. Mais tantôt il signifie un pâturage communal, d'autres fois une prairie de montagne, où les bœufs et les vaches vont paître pendant la belle saison, tantôt, enfin, une prairie fertile et grasse où l'on engraisse les bœufs et les moutons. Dans ce dernier cas, herbage est synonyme d'*embouche*, *pré d'embouche*, et c'est l'acception qui lui est plus particulièrement réservée. Toutes les contrées agricoles ont des herbages; l'Angleterre, l'Allemagne, la Belgique, en possèdent de très riches. Ceux de la Normandie, du Charollais, de l'Auvergne, sont justement renommés, soit pour l'abondance de leurs produits, soit pour la qualité des animaux qui en sortent. L'herbage est souvent un objet de spéculation pour son propriétaire qui, au lieu de l'exploiter, le loue à un engraisseur. Les méthodes d'engraissement, ou mieux peut-être les habitudes d'engraissement dans les herbages, varient selon les contrées, et chaque engraisseur a souvent son secret auquel il accorde exclusivement sa confiance. On peut toutefois établir en principe, comme condition d'un engraissement économique, toutes autres choses étant égales : la division de l'espace en compartiments, le pâturage sur des endroits de plus en plus fertiles, la succession sur le même terrain de bœufs, de chevaux ou de moutons, le calme extérieur, l'établissement d'abris, d'abreuvoirs, la division de l'année de pâturage en deux périodes inégales, celle qui compte l'été et l'automne plus longue, plus productive, et seule appelée à produire un état de graisse prononcé. On estime qu'un hectare d'herbage suffit pour l'engraissement de 2 bœufs et de 15 à 20 moutons. Cette évaluation absolue est arbitraire et ne peut être considérée que comme une moyenne.

HERBE, s. f., *Herba;* nom générique de tous les végétaux ordinairement annuels, dont la tige molle, verte, non ligneuse et ne résistant point au froid, reste généralement basse et grêle. Tournefort avait, dans sa classification, divisé le règne végétal en *arbres* et en *herbes*. Cette division est essentiellement en désaccord avec la méthode naturelle.

HERBIER, s. m., *Herbarium;* collection de plantes desséchées, disposées pour la conservation et classées pour l'étude. La pré-paration des herbiers a reçu le nom de *Chortonomie*.

HERBIVORE, s. m., *Herbivorus*, de *herba*, herbe, et *vorare*, manger; qui se nourrit d'herbe, et, en général, de substances végétales.

HERBORISTE, s. m., *Herborarius*; on désigne ainsi celui qui récolte et vend des plantes vertes ou desséchées pour les usages de la médecine.

HEREFORD (Race de). Grande race bovine du Comté de Hereford en Angleterre, créée par Tomkins dans la seconde moitié du XVIIIe siècle. On lui assigne les caractères suivants : robe rouge sombre, avec la tête blanche et du blanc au ventre et sur le dos, cornes moyennes et ouvertes, front large, regard doux, poitrine large et profonde, épaules bien faites. Les vaches sont médiocres laitières. Cette race se rapproche de celle de Devon; elle lui est égale ou supérieure en poids et en qualité. Aucune de celles de l'Angleterre n'acquiert plus de volume. Le bœuf hereford est rarement élevé dans le Comté où existe la race pure; il est acheté par des éleveurs et engraissé dans différents districts. Il concourt à l'approvisionnement des grands marchés de Bath et de Londres. Il a trouvé dans le bœuf de Durham un rival qui l'emporte par sa précocité.

HÉRISSÉ, ÉE, adj., *hispidus*, *hirtus;* couvert de poils raides non couchés.

HÉRISSONNÉ, ÉE, adj., *ericiatus*; armé d'épines ou d'aiguillons grêles, rapprochés, flexibles.

HERMAPHRODISME, s. m., *Hermaphrodismus*, de *Ἑρμης*, Mercure, et *Ἀφροδιτη*, Vénus, c'est-à-dire qui participe du sexe mâle et du sexe femelle. On appelle ainsi des monstruosités presque toujours apparentes à l'extérieur, et consistant dans la présence simultanée des deux sexes ou de quelques-uns de leurs caractères. — Il ne faut pas confondre cet hermaphrodisme monstrueux avec l'hermaphrodisme naturel que l'on trouve dans certains animaux inférieurs et dans le plus grand nombre des végétaux. M. I. Geoffroy St-Hilaire divise les hermaphrodismes en deux classes : ceux *sans excès* et ceux *avec excès* dans le nombre des parties. Il divise la première classe en quatre ordres : 1° hermaphrodisme *mâle;* 2° hermaphrodisme *femelle;* 3° hermaphrodisme *neutre;* 4° hermaphrodisme *mixte*. Dans sa seconde classe, il admet trois ordres : 1° hermaphrodisme *masculin complexe;* 2° hermaphrodisme *féminin complexe;* 3° hermaphrodisme *bisexuel*.

HERMAPHRODITE, s. m. et adj., *hermaphroditus;* qui participe des deux sexes. *V.* HERMAPHRODISME. — *Bot.* Se dit de la fleur qui renferme des organes des deux sexes. Le capitule est dit *hermaphrodite*, soit que les petites fleurs qui le composent aient chacune un pistil et des étamines, soit que les organes mâles et les organes femelles se trouvent renfermés dans des fleurs distinctes.

HERMÉTIQUE, adj., de Ερμης, Mercure; qui a rapport à la science d'Hermès; *science, philosophie hermétiques :* l'alchimie.

HERMÉTIQUEMENT, adj.; terme emprunté à l'alchimie et synonyme d'*exactement, parfaitement :* un vase est *hermétiquement* fermé, lorsqu'il est clos de manière à ne pas permettre l'entrée de l'air et à ne rien laisser échapper de ce qu'il contient, même les principes les plus volatils.

HERMINÉ, **ÉE**, adj.; *balzane herminée :* balzane présentant des taches noires, simulant celles de la fourrure d'hermine.

HERNANDIÉES, s. f., *Hernandieæ*; petite famille voisine des Daphnacées, établie par R. Blum pour les deux genres *Hernandia*, L. et *Inocarpus*, Forst. Les Hernandiées sont des plantes dicotylédones, arborescentes, confinées dans les régions tropicales.

HERNIAIRE, s. f., *Herniaria*, T.; genre de la famille des Paronychiées. Il se compose d'arbrisseaux ou d'herbes à racines vivaces, originaires des régions tempérées de l'ancien continent. Les espèces *glabra, hirsuta, cinerea, alpina,* etc., croissent en France. La première, encore appelée *herniole, turquette,* se trouve presque partout. On lui attribuait autrefois la propriété de guérir les hernies.

HERNIAIRE, adj., *herniaris;* qui a rapport aux hernies. Ce mot se dit d'un chirurgien qui s'occupe de la cure des hernies. — *Bandage herniaire*, c'est-à-dire, destiné à contenir une hernie; *tumeur, sac herniaires.*

HERNIE, s. f., *Hernia*, κηλη; ce mot désigne toute tumeur formée par la sortie d'un viscère hors de la cavité qui le contient. C'est plus spécialement au déplacement d'un viscère abdominal, qu'on applique le mot *hernie*. Synonymie : *descente, effort.* — Ces maladies sont moins fréquentes chez les animaux que chez l'homme, dont la position verticale fait peser les viscères sur le bassin et les ouvertures de la région inguinale. Elles sont plus fréquentes dans les mâles que dans les femelles, dans les jeunes sujets que dans ceux avancés en âge. Si les hernies inguinales sont plus rares dans les animaux, les hernies ventrales, diaphragmatiques, ombilicales, se montrent plus souvent chez eux. Les intestins, l'épiploon, la matrice sont des viscères plus flottants que les autres et plus susceptibles de se hernier. — Les causes prédisposantes sont la mobilité des viscères abdominaux, les changements de position et de volume de ces organes, la dilatation anormale des ouvertures naturelles, la formation d'ouvertures accidentelles, la contraction simultanée du diaphragme et des muscles abdominaux pour les grands mouvements, l'hérédité. Comme causes occasionnelles, on cite les contusions, les plaies pénétrantes, les courses rapides, le saut, les efforts pour le tirage de lourdes voitures, etc. — *Espèces de hernies.* D'après leur siége, on appelle *ombilicales* les hernies du nombril; *inguinales,* celles de l'aine; *crurales,* celles de l'arcade de ce nom. Il en est qui se montrent par des ouvertures accidentelles : on les nomme *ventrales* ou *abdominales.* La nature des viscères contenus dans le sac herniaire a fait admettre des noms différents; on appelle *entérocèle,* la hernie de l'intestin par l'anneau inguinal ; *épiplocèle,* celle de l'épiploon ; *entéro-épiplocèle,* la hernie de l'intestin et de l'épiploon; *métrocèle, hystérocèle,* la hernie de la matrice. Dans le nombril, les hernies ont reçu les noms d'*entéromphale, épiplomphale, entéro-épiplomphale,* suivant qu'elles contiennent l'intestin ou l'épiploon, ou les deux à la fois. On nomme *hépatocèle,* la hernie du foie; *cystocèle,* la hernie de la vessie; *gastrocèle,* la hernie de l'estomac ; *encéphalocèle,* la hernie du cerveau, etc. La hernie inguinale constitue le *bubonocèle,* quand elle est bornée à l'anneau inguinal ; l'*oschéocèle,* quand elle descend jusqu'au scrotum. — La composition des hernies est compliquée. On trouve le *sac herniaire* formé par le péritoine pariétal, et doublé par du tissu cellulaire; ce sac est pyriforme et présente un orifice qui communique avec la cavité abdominale. Quelques hernies offrent des sacs multiples. Des aponévroses voisines des couches musculaires augmentent dans quelques régions l'épaisseur du sac herniaire. Le volume des hernies est quelquefois très considérable; c'est dans les flancs des solipèdes qu'on voit les plus monstrueuses. — Les signes des hernies sont bien tranchés. Une tumeur, plus ou moins volumineuse, se présente dans le voisinage des ouvertures normales de l'abdomen ; cette tumeur est réductible ou irréductible : 1° *hernie réductible;* elle est souple, indolente ; elle fuit sous la main; elle rentre facilement, quand le cheval est couché sur le côté opposé du corps. La consistance varie suivant les parties contenues; la hernie de l'épiploon est pâteuse et molle; celle de l'intestin contient des corps gazeux et cause des gargouillements; elle produit des mouvements vermiculaires. Dans un grand nombre de cas, la plupart de ces symptômes sont équivoques. On peut confondre la hernie avec d'autres tumeurs, telles que des collections sanguines, des abcès; 2° *hernie irréductible;* elle ne peut disparaître, quelle que soit la position donnée à l'animal. Cette particularité est le résultat des adhérences qui se sont formées entre le sac et le viscère hernié. Des accidents fréquents compliquent les hernies; ce sont des douleurs aiguës, les adhérences, les corps étrangers, l'engouement, l'étranglement et la gangrène. — Dans le traitement des hernies, il y a des indications communes, qui consistent à réduire les organes déplacés, à les maintenir réduits. Quand la hernie est réductible, on opère le *taxis* (*V.* ce mot) et l'on applique des bandages de forme variée suivant la région du corps, pour empêcher le déplacement des viscères. Plusieurs opérations sont employées sur les animaux pour détruire

le sac herniaire et, par conséquent, empêcher la récidive : ce sont la *ligature*, le *casseau* ; pour la hernie inguinale, on pratique
la *castration* (*V.* ce mot). Dans quelques
cas, on a conseillé l'excision, des scarifications,
la cautérisation, la suture. Lorsque la hernie
est *étranglée*, il faut pratiquer une opération
particulière, *V.* Hernie inguinale. Si la hernie est irréductible, elle est le plus souvent
incurable (*V.* chaque hernie en particulier).

Hernie abdominale, ventrale. On réserve
ce nom à la hernie qui a lieu par une ouverture anormale de l'abdomen. Elle est fréquente
chez les grands animaux, à cause du grand
développement de leur ventre et des viscères
qui y sont contenus. Les violences extérieures,
les coups de cornes, de pied, les chutes sur
des corps aigus, en sont les causes les plus
fréquentes. Le principal symptôme consiste
dans une tumeur située sur une partie plus
ou moins éloignée des ouvertures naturelles,
contenant des organes qui sont, pour le cheval, une partie de l'intestin grêle, du gros
intestin, le cœcum, l'épiploon. Dans la hernie
ventrale de la vache, on peut rencontrer une
partie de l'intestin grêle ou du gros intestin
et la caillette. Les hernies abdominales
occupent le plus souvent les flancs, quelquefois les espaces intercostaux. Les complications sont l'*adhérence* des parois du sac avec
l'organe contenu, l'*engouement*, l'*étranglement*, les *fistules alimentaires*, l'*anus contre
nature*. Ces hernies compromettent la vie des
animaux ou diminuent leur valeur. Dans
l'état aigu, on procède à la réduction et l'on
facilite, par la compression, l'adhérence des
déchirures des parois abdominales. A l'état
chronique, on ne peut espérer ce résultat ;
la réduction et la contention ne sont que des
moyens palliatifs dans le plus grand nombre
des cas. On a employé divers moyens, qui
sont les *sutures enchevillée* et *à bourdonnets*,
le *casseau*, le *bandage à pelote*, etc. Dans
le cas d'adhérence, on détruit par une dissection délicate les lames de tissu cellulaire ;
après cette opération, la péritonite et l'entérite surviennent fréquemment et sont des
accidents graves. On a donné improprement
le nom d'*éventration* à la hernie abdominale.

Hernie crurale, *V.* Mérocèle.

Hernie du cerveau, *V.* Encéphalocèle.

Hernie du diaphragme, *V.* Diaphragmatocèle.

Hernie engouée ; hernie dans laquelle
des corps étrangers, des matières fécales,
s'accumulent au milieu des portions d'intestin déplacées. *V.* Engouement.

Hernie épiploique, *V.* Épiplocèle et
Exomphale.

Hernie étranglée ; hernie dans laquelle
les viscères sont comprimés par le gonflement des tissus, ce qui cause fréquemment
le développement de la gangrène. *V.* Entérocèle.

Hernie fémorale, *V.* Mérocèle.

Hernie du foie, *V.* Hépatocèle.

Hernie inguinale ; c'est une tumeur formée par le passage d'un organe à travers
le canal inguinal. On a donné à cette hernie
les noms de *bubonocèle*, *oschéocèle*, *entérocèle*, *épiplocèle*, *entéro-épiplocèle*, *descente*,
effort (*V.* ces mots). On la rencontre sur le
cheval et le mulet, rarement dans l'âne, plus
rarement encore sur la jument. Girard a
insisté avec raison sur la disposition des parois abdominales, afin d'établir pourquoi,
dans les monodactyles, ces hernies sont peu
fréquentes ; pourquoi celles du diaphragme
sont, chez eux, plus communes que dans
l'homme. Les chevaux entiers sont plus
sujets à la hernie inguinale que les chevaux
hongres ; on n'a pas constaté si elle se présente plus souvent à droite qu'à gauche.
Girard et Hurtrel divisent les hernies inguinales, d'après les organes qu'elles renferment.
Ces maladies peuvent être *aiguës* ou *chroniques*, *nouvelles* ou *anciennes*, *réductibles* ou
irréductibles. Toute hernie inguinale se compose d'une portion de viscère, d'un sac et
d'enveloppes accessoires. Dans les monodactyles, les viscères susceptibles de s'échapper par la gaîne testiculaire sont l'intestin
grêle, la partie flottante du colon et l'épiploon. Dans les carnivores, on observe l'entéro-épiplocèle. C'est l'intestin grêle qui
forme le plus grand nombre des hernies :
voir, pour de plus grands détails, le mot Entérocèle.—*Jurisprudence.* La *hernie inguinale intermittente* constitue l'un des vices
rédhibitoires mentionnés dans l'art 1er de la
loi du 20 mai 1838. Il n'en est fait mention
dans aucune des anciennes coutumes. Pour
constater cette maladie, l'expert doit reconnaître l'existence de la hernie et son intermittence. Des difficultés sérieuses peuvent
se présenter dans l'expertise : l'intermittence,
sans être complète, peut être plus ou moins
prononcée ; faut-il, pour qu'elle existe, que
la hernie disparaisse complètement dans certaines conditions ? Quelquefois il faut attendre longtemps pour constater la réapparition de la hernie. L'animal peut, pendant la
fourrière, périr par suite de l'étranglement
ou d'autres complications. Quelques maladies peuvent être confondues avec cette affection : ce sont le sarcocèle et l'hydrocèle. La
hernie inguinale intermittente est un vice
qui ne se présente que fort rarement ; la loi
eût pu l'omettre sans inconvénients, puisqu'elle a rejeté de son cadre d'autres affections tout aussi graves et bien plus fréquentes.

Hernie de l'intestin, *V.* Entérocèle,
Entéromphale, Exomphale.

Hernie de la matrice, *V.* Hystérocèle.

Hernie musculaire ; déplacement d'un
ou plusieurs muscles à travers les gaînes
qui les enveloppent.

Hernie oesophagienne, *V.* Jabot.

Hernie ombilicale, *V.* Exomphale.

Hernie du poumon, *V.* Pneumocèle.

Hernie scrotale, *V.* Hernie inguinale et
Entérocèle.

Hernie de la vessie, *V.* Cystocèle.

HERNIÉ, adj., *herniatus ;* se dit des organes déplacés contenus dans la hernie.

HERNIEUX , adj. , *herniosus ;* qui est de la nature des hernies ; qui est incommodé par une hernie.

HERPÈS , s. m., *Herpes,* ερπης ; maladie de la peau caractérisée par de petites vésicules transparentes , agglomérées sur une ou plusieurs surfaces enflammées, plus ou moins larges, séparées les unes des autres par des intervalles dans lesquels la peau est saine. Bouley et Patté ont décrit l'*herpès* du cheval, en l'assimilant surtout à l'*herpes labialis* de l'homme. Cette maladie aurait son siége, d'après eux, le plus ordinairement à la face et au tronc. Suivant les mêmes auteurs, l'*herpès phlycténoïde* serait la variété la plus commune ; cette variété, se développant sur la membrane pituitaire, simule la morve et peut donner lieu à des erreurs de diagnostic. Les vésicules qui constituent l'herpès du cheval perdent en peu de temps le liquide qu'elles renferment, et forment des croûtes jaunâtres , irrégulières. Des symptômes de réaction l'accompagnent rarement. Au début, on prescrit la saignée, quelques lotions émollientes ou narcotiques. L'herpès phlycténoïde des cavités nasales disparaît ordinairement au bout de quelques jours, ne laissant que de petites taches rouges de peu de durée. Cependant, il arrive que ces phlyctènes produisent des plaies ulcérées qui tendent à envahir de larges surfaces sur la pituitaire ; dans ce cas, les lotions avec l'eau phagédénique amènent rapidement la cicatrisation. — L'herpès correspond à la *dartre phlycténoïde* des anciens.

HERPÉTIQUE , adj. , *herpeticus ;* qui se rapporte à l'*herpès,* qui est de la nature de la dartre.

HERPÉTOLOGIE , s. f. , *Herpetologia ,* de ερπετος, reptile, de ερπειν, ramper, et λογος, discours ; traité des Reptiles.

HERSAGE , s. m. , *Occatio ;* travail fait avec la herse. Le hersage a pour but : d'ameublir et de diviser la surface de la terre, de recouvrir les semences qui viennent de lui être confiées. Il se pratique en faisant parcourir plusieurs fois à la herse posée sur ses dents le champ à herser. Le hersage doit être d'autant plus multiplié et plus profond que la terre a plus besoin d'être ameublie , que sa surface est moins divisée, et que les semences veulent être enterrées plus profondément. Les semences très petites, comme celles du trèfle, des crucifères, doivent être hersées très légèrement ; il est même quelquefois utile de les semer sur un hersage et de ne les enterrer qu'avec le rouleau. On herse quelquefois les plantes semées à la volée ; ce travail les éclaircit, lorsque les plants sont trop épais, et , dans tous les cas, représente un binage ou un sarclage.

HERSE, s. f. , *Occa ;* instrument d'agriculture employé à diviser la superficie du sol , à l'égaliser , et principalement à recouvrir les semences immédiatement après l'ensemencement. La herse se compose essentiellement d'un cadre triangulaire ou quadrangulaire, solide, dont toutes les parties sont reliées par des traverses, et de dents plus ou moins longues, droites ou courbes, et toutes plus ou moins inclinées dans le même sens. Ces dents sont en bois et le plus souvent en fer. Quelques herses ont un avant-train ; il en est d'assez fortes pour remplir le rôle d'extirpateur et pouvoir être employées à des défrichements. Les herses doivent remplir les conditions générales suivantes : être solides, assez lourdes pour le travail à exécuter ; avoir des dents également longues et également distantes les unes des autres ; faire autant de raies distinctes qu'il y a de dents ; avoir ces dents disposées de telle sorte qu'elles traversent la terre, la divisant sans l'accumuler devant elles. La grandeur et le poids des herses sont très variables ; chaque cultivateur doit se guider en cela sur le nombre et la force de ses animaux , la nature des terrains.

HESPÉRIDIE, s. f. , *Hesperidium ;* nom donné par Desvaux à un fruit syncarpé , charnu, divisé intérieurement par des cloisons membraneuses à double feuillet, renfermant les graines, et recouvert d'une enveloppe épaisse, ex. : l'*orange,* le *citron,* etc.

HESPÉRIDINE, s. f., matière cristalline, blanche , découverte en 1838 par Lebreton, dans l'enveloppe blanche et spongieuse des oranges et des citrons. Insoluble dans l'eau et l'éther, elle se dissout dans l'alcool, le vinaigre , les alcalis. Les persels de fer la colorent en cramoisi.

HÉTÉRACANTHE, adj. , *heteracanthus ,* de ετερος, autre, et ακανθα , épine ; qui porte des épines ou des aiguillons de plusieurs sortes.

HÉTÉRADELPHE, s. et adj., *Heteradelphus ,* de ετερος, autre, et αδελφος , frère ; genre de monstres doubles hétérotypiens , composés d'un sujet principal, sur la face antérieure du corps duquel est implanté un sujet accessoire très petit, très imparfait , privé de tête et quelquefois de thorax.

HÉTÉRADELPHIE, s. f., *Heteradelphia ;* état des monstres hétéradelphes.

HÉTÉRALIENS , s. et adj., de ετερος, autre , et αλως, ou αλοη, aire, place ; famille de monstres doubles parasitaires, chez lesquels le parasite, très incomplet, et réduit à une seule région, s'insère très loin de la région ombilicale du sujet principal.

HÉTÉRANDRE , adj. , *heterander ,* de ετερος, autre, et ανηρ, ανδρος, homme ; dont les étamines ou les anthères ne se ressemblent point. Peu usité.

HÉTÉRANTHE , adj. , *heteranthus ,* de ετερος, autre, et ανθος fleur ; dont les fleurs sont dissemblables. Peu usité.

HÉTÉROCARPIEN , ENNE, adj., *heterocarpianus ;* se dit du fruit qui, dans son développement se trouve modifié dans sa forme primitive par la soudure de l'ovaire avec un autre organe. Cassini appelait *hétérocarpe* la calathide dont les fruits ne sont point tous pareils.

HÉTÉROCÉPHALE ; synonyme d'*hypognathe* (*V.* ce mot).

HÉTÉRODYME, s. et adj., *Heterodymus,* de ετερος, autre, et δυμος, dont le radical est δύο, deux ; genre de monstres doubles hétérotypiens, chez lesquels on trouve un sujet accessoire, très petit, très imparfait, réduit à une tête incomplète, portée par l'intermédiaire d'un cou et d'un thorax très rudimentaires, sur la face antérieure du corps du sujet principal.

HÉTÉRODYMIE, s. f., *Heterodymia ;* état des monstres hétérodymes.

HÉTÉROGAME, adj. ; de ετερος, autre, et γαμος, mariage, noce ; le capitule est dit *hétérogame,* lorsqu'il est composé de fleurs unisexuées et de fleurs hermaphrodites.

HÉTÉROGÈNE, adj., *heterogenus,* de ετερος, autre, et γενος, genre ; épithète qu'on donne aux corps dont les parties sont différentes les unes des autres, soit par leur nature, soit par leurs propriétés. Les corps organisés sont tous des corps hétérogènes, puisque leur structure est différente dans les divers organes. *Molécules hétérogènes:* molécules de différente nature qui entrent dans la constitution d'un corps composé ; on les appelle aussi *constituantes.*

HÉTÉROGÉNÉITÉ, s. f., *Heterogeneitas ;* état de ce qui est hétérogène.

HÉTÉROMORPHE, adj., *heteromorphus,* de ετερος, autre, et μορφη, forme ; qui affecte plusieurs formes ; *corps* ou *composés hétéromorphes* : corps ayant la même constitution moléculaire, abstraction faite de la nature de leurs éléments, et affectant des formes différentes ; c'est l'opposé d'*isomorphe* et le synonyme de *dimorphe* (*V.* ces mots).

HÉTÉROMORPHIE, s. f., *Heteromorphia ;* état des corps hétéromorphes, ou faculté d'affecter des formes différentes avec la même constitution chimique.

HÉTÉROPAGE, s. et adj., *Heteropages,* de ετερος autre, et παγεις, uni ; genre de monstres doubles hétérotypiens, dans lesquels on trouve un sujet accessoire très petit et très imparfait, mais encore pourvu d'une tête et de membres pelviens au moins rudimentaires, implanté sur la face antérieure du corps du sujet principal. Cette monstruosité, nommée *hétéropagie*, n'a encore été observée que sur l'homme.

HÉTÉROPÉTALE, adj., *heteropetalus,* de ετερος, autre, et πεταλον, pétale ; cette épithète a été appliquée tantôt aux fleurs dont les pétales sont dissemblables, tantôt à la calathide qui porte des corolles de formes diverses.

HÉTÉROPHYLLE, adj., *heterophyllus,* de ετερος, autre, et φυλλον, feuille ; qui porte des feuilles dont la forme est variable ; ex : le *mûrier à papier.*

HÉTÉROPHYLLIE, s. f., *Heterophyllia ;* état d'une plante hétérophylle ou dont les feuilles n'ont point toutes la même forme.

HÉTÉROREXIE, s. f., *Heterorexia,* de ετερος, autre, différent, et ορεξις, appétit ; dépravation de l'appétit.

HÉTÉROTAXIE, s. f., *Heterotaxia,* de ετερος, autre, et ταξις, ordre, arrangement ; anomalie complexe, grave en apparence sous le rapport anatomique, mais non apparente à l'extérieur, et ne mettant obstacle à aucune fonction.

HÉTÉROTROPE, adj., de ετερος, autre, et τρεπω, je tourne ; Richard père donne ce nom à l'embryon dont aucune des extrémités ne correspond au hile.

HÉTÉROTYPIENS, s. et adj., de ετερος, autre, et τυπος, plan, type ; famille de monstres doubles parasitaires, dans lesquels le plus petit des deux sujets est attaché sur le sujet principal, à peu de distance et souvent immédiatement au-dessus de l'ombilic.

HÊTRE, s. m., *Fagus,* T. ; genre de la famille des Cupulifères. Il ne se compose que d'un petit nombre d'espèces, parmi lesquelles on doit mentionner en particulier le H., commun, *F. sylvatica,* L., *F. sylvestris,* Gaertn., encore appelé *fayard,* grand et bel arbre des forêts de tous les pays tempérés de l'Europe. Le hêtre s'avance au nord de l'Europe jusqu'au 59°. Partout il cherche de préférence les côteaux pierreux et secs. Dans les terrains qui lui conviennent, il acquiert une hauteur de 30 à 40 mètres et un volume considérable. Son tronc est cylindrique, presque lisse, et s'élève quelquefois beaucoup avant de se ramifier. Le hêtre est un arbre très utile ; son bois est très propre au chauffage et même à certaines constructions, à la fabrication d'objets et de meubles communs ; il se conserve longtemps dans l'eau avant de se décomposer ; son fruit, appelé *faîne* (*V.* ce mot), fournit de l'huile ; ses feuilles concourent en beaucoup de lieux à l'hivernage des animaux, ou sont consommées en vert. Le hêtre commun présente plusieurs variétés, qui sont quelquefois considérées comme des espèces distinctes. — Le H. ferrugineux, *F. ferruginea* ou *americana,* ressemble à notre hêtre commun et le remplace en Amérique. — Le *Châtaignier,* placé par Linné dans le genre Hêtre, est devenu le type d'un genre particulier.

HÉVÉÉNE, s. f. ; nom donné par Bouchardat à un produit huileux, transparent, de couleur ambrée, qu'on obtient par la distillation sèche du caoutchouc. Ce nom dérive de celui de l'arbre qui fournit cette matière (*hevea guianensis*).

HEXA ; ce mot, dans les composés d'origine grecque, signifie six.

HEXAGYNE, adj., *hexagynus,* de εξ, six, et γυνη, femme ; qui a six styles ou six stigmates distincts.

HEXAGYNIE, s. f., *Hexagynia ;* nom commun à tous les ordres qui, dans les quatorze premières classes du système de Linné, renferment les plantes *hexagynes*.

HEXANDRE, adj., *hexandrus*, de εξ, six, et ανηρ, ανδρος, mari; se dit de la fleur qui renferme six étamines.

HEXANDRIE, s. f., *Hexandria*; nom de la sixième classe du système de Linné. Cette classe renferme les plantes qui ont des fleurs *hexandres*, ex.: les *Liliacées*.

HEXAPÉTALE, adj., *hexapetalus*, de εξ, six, et πεταλον, pétale; on donne cette épithète à la corolle composée de six pétales.

HEXAPHYLLE, adj., *hexaphyllus*, de εξ, six, et φυλλον, feuille; se dit du calice, de l'involucre, etc., composés de six folioles. On peut employer dans le même sens *hexasépale*.

HEXASPERME, adj., *hexaspermus*, de εξ, six, et σπερμα, graine; qui renferme six graines ou semences.

HIATUS, s. m., de *hiare*, bailler; mot latin par lequel on désigne, en anatomie, certaines ouvertures à bords irréguliers. — *Hiatus occipito-temporal*, ou *occipito-sphéno-temporal*: nom donné au grand trou déchiré du crâne.

HIBERNACLE, s. m., *Hibernaculum*; Linné appelait ainsi l'ensemble de tous les organes qui protègent les bourgeons, les jeunes pousses, et les abritent contre le froid.

HIBERNAL, ALE, adj., *hibernalis*; qui arrive, qui se produit pendant l'hiver.

HIDROTIQUE, adj., *hidroticus*, de ιδρως, sueur; synonyme de *diaphorétique* et de *sudorifique*. Inusité.

HIÉBLE, *V.* Sureau.

HILARANT, adj., de *hilaris*, gai; qui provoque la gaîté, la joie. — *Gaz hilarant:* nom donné au protoxyde d'azote, à cause de certains effets qu'il détermine sur la respiration de l'homme.

HILE, s. m., *Hilum;* point de la surface de la graine par lequel elle est fixée au trophosperme. Synonyme d'*ombilic.* — Dans la théorie qui considère les grains d'amidon comme suspendus à l'extrémité de petits funicules, on donne aussi le nom de *hile* au point où chaque funicule est supposé s'attacher.

HILIFÈRE, adj., *hiliferus*, de *hilum*, hile, et *ferre*, porter; se dit de la radicule lorsqu'elle est directement en rapport avec le funicule. Cette particularité ne peut s'observer que dans les graines nues.

HILOFÈRE, s. m., *Hilofer;* synonyme d'*endoplèvre* (*V.* ce mot).

HIPPIATRE, s. m., ιππιατρος, de ιππος, cheval, et ιατρος, médecin; médecin de chevaux, et, par extension, vétérinaire.

HIPPIATRIQUE ou **HIPPIATRIE**, s. f., ιππιατρια, de ιππος, cheval, et ιατρεια, médecine; médecine des chevaux, et, par extension, médecine vétérinaire.

HIPPIQUE, adj., *Hippicus*, de ιππικος, de cavalier; qui a rapport au cheval: *sciences hippiques, connaissances hippiques.*

HIPPOCAMPE, s. m.; *grand hippocampe, pied d'hippocampe.* *V.* Corne d'Ammon.

HIPPOCASTANÉES, s. f., *Hippocastaneæ;* famille de plantes dicotylédonées, polypétales, à étamines hypogynes. Cette famille, peu nombreuse, se compose d'arbres et d'arbrisseaux tous originaires de l'Amérique septentrionale, à l'exception du marronnier d'Inde que l'on a trouvé en Asie. Genres: *Æsculus, Pavia, Ungnadia.*

HIPPOCOLLE, s. f.; gélatine préparée avec la peau de l'âne ou du zèbre, et qu'on employait autrefois à la confection de certains médicaments.

HIPPOCRATÉACÉES, s. f., *Hippocrateaceæ;* famille de plantes dicotylédonées, polypétales, voisine des Acéracées. Elle se compose d'arbustes ou d'arbrisseaux particuliers aux régions intertropicales. Quelques espèces ont des fruits charnus mangés par les habitants de ces contrées. Genres: *Hippocratea, Salacia,* etc.

HIPPOCRÉPIS, s. m., *Hippocrepis,* L.; genre de la famille des Légumineuses. Il se compose de plantes annuelles ou vivaces, herbacées ou souffrutescentes, croissant, la plupart, dans les terres sablonneuses du midi. L'H. chevelu, *H. comosa,* que l'on trouve dans presque toute la France, est une plante fourragère que les herbivores recherchent lorsqu'elle est verte et jeune; elle forme de larges touffes et pourrait être essayée seule ou mélangée, en prairies artificielles, dans les cantons méridionaux de la France.

HIPPODROME, s. m., *Hippodromus*, de ιππος, cheval, et δρομος, course; lieu où se faisaient anciennement les courses de chevaux et de chars. En France, on donne ce nom aux terrains sur lesquels se font les courses plates. Les principaux hippodromes de France sont ceux de Paris, de Chantilly, de Pompadour, Caën, etc., etc. Le sol de l'hippodrome propre aux courses de grande vitesse doit être uni, solide, sans être dur ni glissant, *V.* Courses.

HIPPOLITHE, s. f., de ιππος, cheval, et λιθος, pierre; calcul de l'intestin ou de la vessie du cheval. Inusité.

HIPPOLOGIE, s. f., *Hippologia*, de ιππος, cheval, et λογος, discours; littéralement, discours, traité sur le cheval. En France, le mot *hippologie* n'a pas une signification bien déterminée. Il désigne, en effet, tantôt la science complète du cheval; tantôt ce qui concerne son régime, son entretien, son emploi: tantôt, enfin, ce qui se rapporte seulement à son amélioration. Nous adoptons le sens le plus large, parce que nous croyons que l'étude d'un organisme aussi compliqué que celui du cheval ne peut être partagée. C'est à ce titre que l'hippologie nous paraît une science longue et difficile à acquérir; qu'elle nous semble exiger, de ceux qui veulent s'en occuper sérieusement, un sens droit, de la réserve, de l'observation; qu'elle est inséparable des notions précises d'anatomie, de physiologie et d'hygiène générale. On ne doit pas s'étonner si l'hippologie est peu répandue chez nous, mal comprise; si, pour beaucoup de propriétaires et d'éleveurs, elle se borne à des routines plus ou moins vicieuses; pour la plupart des *amateurs*, à un jargon moitié barbare, moitié scientifique, dans lequel il est impossible de trouver autre chose que des banalités débitées avec assurance. — L'histoire du cheval est l'histoire de l'hippologie appliquée.

HIPPOLOGUE, s. m.; celui qui s'occupe d'hippologie.

HIPPOMANE, s. m., *Hippomanes*, de ιππος, cheval, et μανια, folie; nom donné anciennement au fluide qui s'écoule de la vulve des juments en chaleur. On donne aussi ce nom à un corps brunâtre, aplati, de consistance analogue à celle du gluten, que l'on rencontre seul ou accompagné d'autres corps de même nature, nageant dans le liquide allantoïdien de la jument. On le rencontre aussi, mais plus rarement, dans l'allantoïde de la vache. Les hippomanes sont quelquefois *pédiculés*, et, dans ce cas, si l'on presse sur ces corps, la matière qui les forme, traverse le pédicule et vient sortir à la face externe du chorion. Ces hippomanes pédiculés ne constitueraient-ils pas la première phase de la formation de ces corps, dont le pédicule disparaîtrait ensuite?

HIPPOPATHOLOGIE, s. f., *Hippopathologia*, de ιππος, cheval, παθος, maladie, et λογος, discours; traité des maladies du cheval; connaissance des maladies du cheval.

HIPPOSTÉOLOGIE, s. f., *Hipposteologia*, de ιππος, cheval, οστεον, os, et λογος, discours; traité des os du cheval.

HIPPOTOMIE, s. f., *Hippotomia*, de ιππος, cheval, et τεμνω, je coupe; anatomie ou dissection du cheval.

HIPPURIQUE, *V.* Acide.

HIPPURIS, s. f., *Hippuris*, L.; genre de la famille des Haloragées. Il se compose de deux ou trois espèces aquatiques, à souche traçante, toujours submergée. L'H. commune, *H. vulgaris*, encore appelée *pesse-d'eau*, est très commune en France. Le sommet de ses tiges et de ses feuilles est quelquefois brouté par les bestiaux au bord des étangs et des marais.

HIRSUTÉ, ÉE, adj., *hirsutus;* couvert de poils longs raides et nombreux. Synonyme de *hérissé*.

HISPIDE, adj., *hispidus;* même sens que *hérissé*.

HISTOIRE NATURELLE, *Historia naturalis;* vaste science qui s'occupe de tous les corps organiques ou inorganiques dont l'ensemble constitue la nature. Cette science se divise naturellement en trois branches: la *zoologie*, qui s'occupe des animaux; la *botanique*, qui s'occupe des plantes; et la *minéralogie*, qui comprend tous les corps inorganiques. Chacune de ces branches est subdivisée en de nombreuses parties dans

lesquelles les corps qu'elles comprennent, sont disposés en ordres, en familles, genres et espèces (*V.* ces mots).

HISTOLOGIE, s. f., *Histologia;* de ιστος, tissu, et λογος, discours; traité des tissus, ou *anatomie générale*.

HIVER, s. m., *Hiems;* quatrième saison de l'année. L'hiver astronomique commence le 21 décembre et finit le 20 mars. C'est, pour l'agriculteur, la saison du repos ou la saison des battages, de la préparation des semences de printemps. Les labours des jachères ou des cultures d'été commencent en hiver, lorsque la température le permet. Cette saison peut être favorable ou funeste. Trop froide et trop longue, elle fait périr des plantes ou retarde la végétation; trop douce, elle ne détruit pas les insectes nuisibles aux récoltes, et expose les jeunes pousses trop tôt écloses aux gelées du printemps. Les affections inflammatoires et catarrhales sont les plus communes en hiver. C'est aussi pendant cette saison que se font les engrais de pourriture.

HIVERNAGE, s. m.; prairie artificielle, culture sarclée, établie en automne et dont les produits doivent être consommés sur place à la fin de l'hiver ou au printemps. — Approvisionnement de fourrages pour la saison d'hiver. Il doit être proportionné pour sa quantité et sa nature au nombre et aux besoins des animaux. Les racines et les tubercules en font toujours partie, lorsqu'il s'agit de l'entretien des ruminants. — Régime de la stabulation pour les animaux qui passent l'été et l'automne dans les pâturages. C'est pour les animaux habitués à une alimentation verte qu'il convient surtout de faire entrer des racines dans les rations de l'hiver.—Labours de l'automne pour la jachère.

HOLLANDAIS, (Cheval). La Hollande est très peu propre à l'élève du cheval. La nature du sol, la situation géographique, le commerce, les habitudes de ce pays, tout concourt à la faire négliger. On trouve, en Hollande, deux races chevalines principales: celle de la *Frise*, qui a été décrite en particulier, et celle qui se trouve principalement dans les vallées du Rhin et de la Meuse, sur les côtes de la mer du Nord, race que l'on pourrait appeler *flamande* pour la distinguer de la première. Cette race a une taille élevée, une conformation commune, défectueuse, un corps long, une tête forte, un peu busquée, mal attachée, une encolure trop mince, une poitrine étroite, une croupe large, avalée, saillante, des membres hauts et grêles, des pieds grands et plats. Elle n'est propre qu'aux usages ordinaires, et inférieure aux autres grandes races de trait de l'Europe.

HOLSTEIN, (Cheval du). Il a, jusqu'à ce jour, été compté parmi les races du Danemark. C'est dans la Marche du Holstein, sur la rive droite de l'Elbe, jusque vers Hambourg, que se trouvent les meilleurs chevaux dits du Holstein. On leur attribue les caractères suivants : conformation assez belle et régulière ; tête parfois un peu effilée ; œil ouvert, expressif ; encolure plutôt forte et un peu courte qu'allongée ; corps et croupe arrondis ; poitrine quelquefois un peu étroite ; membres antérieurs manquant assez souvent d'ampleur ; du reste, allures bonnes, décidées. Le cheval du Holstein est un des plus beaux chevaux de l'Allemagne, et s'il n'a pas toujours la valeur du Mecklembourgeois de bonne origine, il a des formes plus agréables. Le commerce l'introduit en France, et l'y vend comme carrossier et même comme cheval de selle. L'introduction du pur sang anglais n'a pas encore eu lieu dans le Holstein d'une manière assez suivie pour avoir modifié les formes d'un grand nombre de sujets. Ce croisement nous paraît très rationnel, à la condition d'y employer des juments à poitrine ample et des étalons suffisamment étoffés et pourvus de bons membres.

HOMALINÉES, s. f., *Homalineæ*; famille de plantes dicotylédones, polypétales, périgynes, composée de petits arbres et d'arbrisseaux des contrées tropicales de l'Afrique, de l'Amérique et de l'Asie. Genres : *Homalium*, *Nisa*, etc.

HOMOEOPATHIE, s. f., de ὅμοιος, semblable, et πάθος, maladie. — Doctrine médicale imaginée en Allemagne, vers la fin du dix-huitième siècle, par Samuel Hahnemann. Elle se divise en deux parties : la *pathologie* et la *thérapeutique*. — La partie pathologique de cette doctrine est fort simple ; les homœopathes ne reconnaissent que deux classes de maladies : des maladies *aiguës* et des maladies *chroniques* ; les premières sont des aberrations de la force vitale ; les secondes sont attribuées à l'influence d'un *miasme* ou *virus*, qui circulerait dans les fluides organiques, où il éprouverait une série de transformations. Du reste, dans cette doctrine, on s'inquiète peu de la nature et du siége des maladies, mais on étudie avec soin leurs symptômes ou leur manifestation extérieure. — La thérapeutique d'Hahnemann repose sur cet axiome, opposé à celui d'Hippocrate : *Similia similibus curantur*, c'est-à-dire qu'on doit opposer aux maladies des médicaments capables de déterminer dans l'économie animale des effets *entièrement semblables* aux symptômes de la maladie qu'on traite. Les homœopathes prétendent que deux maladies analogues ne peuvent exister au même degré dans le même organe ; en sorte que la maladie *artificielle* qu'on produit avec le médicament détruit la maladie *naturelle*, et que tout rentre bientôt dans l'ordre par la cessation du remède. — Il n'est pas exact de dire, comme on l'a prétendu, que les homœopathes traitent chaque maladie avec un médicament unique, s'appliquant à tous les symptômes ; le plus souvent, au contraire, ils attaquent

les symptômes prédominants de la maladie avec un remède, et font disparaître ensuite successivement, et par de nouveaux moyens, les autres symptômes qui ont résisté. Hahnemann a posé un autre principe thérapeutique qui a soulevé, non sans raison, une très violente opposition de la part des hommes instruits, savoir : que la *dose* des médicaments homœopathiques ne saurait être *trop faible*, pour que l'intensité de leurs effets ne soit pas trop supérieure à celle des symptômes morbides auxquels on les oppose. — Les disciples d'Hahnemann, eux-mêmes, ne sont pas toujours restés fidèles à l'axiome du maître, et, de leur propre aveu, quand la *dilution* d'un médicament ne produit aucun effet, ils ont recours à une dilution moins étendue, et parfois même au médicament pur, ou à ce qu'ils appellent la *teinture-mère*. — La pharmacie homœopathique a aussi ses règles particulières : d'abord, les médicaments sont choisis et préparés avec un soin minutieux ; si la forme du médicament doit être solide, on fait ce qu'on nomme des *globules* de plusieurs numéros ; on prend, par exemple, *un grain* du médicament pur, et on le broie exactement avec 99 grains de sucre de lait ; puis un grain de ce mélange est broyé avec 99 autres grains de sucre, et ainsi de suite, depuis 1 jusqu'à 30. Pour les médicaments liquides, on part de la *teinture-mère*, et on procède comme précédemment : une *goutte* est mélangée avec 99 gouttes d'eau distillée, puis une goutte du mélange avec 99 nouvelles gouttes d'eau, et ainsi de suite jusqu'à la *trentième dilution*. — On broie, à dessein, et pendant un temps déterminé, les médicaments solides ; on secoue aussi, pendant un temps donné, dans des fioles, les préparations liquides ; le tout dans le but de développer ce que les homœopathes appellent la force *dynamique* des remèdes. — Cette doctrine ne compte que de rares adeptes en médecine vétérinaire.

HOMOGAME, adj., de ὅμος, semblable, et γάμος, noce ; le capitule est *homogame*, quand il est composé de fleurs toutes pareilles.

HOMOGÈNE, adj., *homogeneus*, de ὅμος, semblable, et γένος, genre ; qualification que l'on donne aux corps dont toutes les parties sont semblables, soit sous le rapport chimique, soit sous le rapport physique. C'est ce qui a lieu pour tous les composés chimiques parfaitement définis ; ce mot est l'opposé d'*hétérogène*. — *Molécules homogènes ou intégrantes* : celles qu'on obtient par la division mécanique, et qui sont semblables à la masse du corps d'où elles proviennent.

HOMOGÉNÉITÉ, s. f., *Homogeneitas*; qualité ou état des corps homogènes.

HOMOPÉTALE, adj., *homopetalus*, de ὅμος, semblable, et πέταλον, pétale : se dit des fleurs ou des corolles dont les pétales se ressemblent. — Se dit aussi du capitule dont toutes les corolles sont semblables.

HOMOPHYLLE, adj., *homophyllus*, de

ομος, semblable, et φυλλον, feuille ; qui a des feuilles ou des folioles semblables. Lorsqu'il s'agit du calice ou du périanthe, on peut dire *homosépale*.

HOMOTROPE , adj. , *homotropus*, de ομος, semblable , et τρεπω, je tourne ; l'embryon est *homotrope*, quand il a la même direction que la graine, et que sa radicule correspond au hile. Cette définition n'implique pas que l'embryon est *droit*, mais seulement *dressé ;* car l'embryon homotrope est toujours plus ou moins courbé. *V.* ORTHOTROPE.

HONGRE , s. m. *Cantherius* ; nom du cheval adulte privé, par la castration, de la faculté de se reproduire.

HONTEUX , **EUSE** , adj., *pudendus ;* se dit des parties génitales , chez l'homme. — *Artère honteuse externe, V.* GÉNITALE. *Artère honteuse interne :* nom donné à l'artère bulbeuse, *V.* BULBEUX. *Nerfs honteux internes ou génitaux :* branches provenant du plexus sacré , et dont les ramifications principales se rendent à la verge, après avoir donné des filets à la vessie, aux vésicules séminales, à l'urètre, etc.

HOQUET , s. m., *Singultus*, du flamand *hick*, qui a la même signification ; mouvement convulsif du diaphragme, qui détermine une secousse brusque et s'accompagne d'un son inarticulé. Ce phénomène nerveux existe fréquemment chez l'homme à la suite d'un repas immodéré ; on l'observe fort rarement sur les animaux. Le hoquet produit chez le cheval un mouvement saccadé des muscles des flancs, qui se répète plusieurs fois par minute et pendant plusieurs heures.

HORDÉATION, s. f., *Hordeatio*, de *hordeum*, orge ; nom donné à la fourbure produite par l'abus du grain d'orge pris comme aliment. *V.* FOURBURE.

HORDÉINE, s. f., *Hordeina*, de *hordeum*, orge ; nom donné par Proust à un des principes constituants de l'orge, dont il forme plus de la moitié en poids. C'est une substance d'apparence ligneuse, pulvérulente, jaunâtre, sèche, grenue, rude au toucher, insoluble dans l'eau, et qui se transforme en acide oxalique par l'action de l'acide nitrique, et en sucre par la germination. D'après ces caractères, l'hordéine doit être considérée comme de l'amidon mélangé aux cellules ligneuses du pourtour des grains d'orge.

HORIZON, s. m. , de οριζω, borner, terminer ; on donne ce nom à une ligne circulaire qui entoure le globe terrestre, et qui est perpendiculaire à la ligne *verticale.* On distingue deux espèces d'horizons : l'horizon *sensible* et l'horizon *rationnel* ou *astronomique.* Le premier , variable en chaque lieu , est la ligne circulaire dont l'observateur est le centre, et où le ciel et la terre semblent se joindre : le second est un plan qui, passant par le centre de la terre , divise le ciel

et le globe terrestre en deux hémisphères, un supérieur et un inférieur.

HORLOGE DE FLORE ; tableau indiquant les heures du jour auxquelles a lieu l'épanouissement des fleurs dans les diverses plantes à floraison périodique, etc. Ce tableau ne se rapporte nécessairement qu'au lieu dans lequel il a été dressé , et présente des variations dues aux influences atmosphériques.

HORTENSIA. *V.* HYDRANGÉE.

HORTICULTEUR, s. m.; celui qui cultive les jardins , qui pratique l'horticulture.

HORTICULTURE, s. f.; culture des *jardins* (*V.* ce mot).

HOTTE, s. f., de l'allemand *huten*, couvrir ; partie inférieure et évasée d'une cheminée, qui recouvre un fourneau de laboratoire, une forge, et qui doit faciliter l'élévation des principes volatils ou gazeux qui s'en échappent.

HORRIPILATION, s. f., *Horripilatio*, de *horrere*, se hérisser, et *pilus*, poil ; hérissement des cheveux ; hérissement des bulbes des poils, qu'on observe dans les symptômes généraux qui précèdent la fièvre.

HOUBLON, s. m., *Humulus*, L.; genre de la famille des Urticacées. Il n'est composé que d'une seule espèce, le H. commun ; *H. lupulus*, plante volubile, à racines vivaces, spontanée en beaucoup de lieux. Soumis à la culture, le houblon a produit de nombreuses variétés ; celles de la France sont l'objet de préventions injustes que nos exportations devraient détruire. La culture du houblon occupe, en France, une surface d'environ 900 hectares qui donnent annuellement 900,000 kilogrammes de produits utiles. Un petit nombre de départements se partagent cette production ; ce sont : la Meurthe , le Nord, la Somme, le Bas-Rhin, le Pas-de-Calais , les Vosges. Ce sont les fleurs que l'industrie de la bière utilise ; elles sont disposées en cônes verdâtres , à folioles imbriquées, et forment de belles grappes pendantes. Elles répandent, à l'état frais , une odeur forte qui n'est pas désagréable. La *lupuline* (*V.* ce mot) parait en être le principe actif. Ces fleurs ne sont employées qu'après avoir été desséchées avec soin ; en cet état, elles ne se gardent guère au-delà de deux années. Dans le Nord de l'Europe, on extrait des tiges du houblon des fibres ligneuses que l'on transforme en cordes ou en tissus grossiers. La jeune pousse, analogue au turion de l'asperge, peut être consommée de la même manière. Toutes les parties de la plante, mais notamment les fleurs , sont amères et toniques. — *Pharmacol.* Le houblon fournit à la médecine deux médicaments : sa *racine* qui est diurétique , mais peu employée, et ses *fleurs* ou *cônes*, fréquemment usités chez l'homme à titre de *tonique.* Les cônes de houblon sont membraneux, allongés, ovoïdes, formés d'écailles membraneuses et persistantes, qui sont environnées à leur base d'une poussière jaune, granuleuse, appelée *lupulin*. C'est le principe actif du houblon, qui est composé de *lupuline*, d'essence, de résine, d'extractif, de gommes, d'osmazome, de graisse, d'acide malique, de malate de chaux, etc. On peut donner le houblon à l'intérieur, après l'avoir infusé dans l'eau ou le vin ; la dose peut être de 40 à 60 grammes pour les grands animaux, et de 10 à 20 pour les petits. C'est un tonique amer, légèrement stimulant, qui conviendrait dans le cas d'inappétence, de diarrhée, de cachexie, de farcin chronique, etc. Les vétérinaires du Nord peuvent faire usage de ce médicament avec avantage.

HOUE, s. f., *Ligo* ; instrument de petite culture, essentiellement composé d'un manche en bois, long d'environ un mètre, et d'une lame de fer fixée au manche par une douille et faisant avec lui un angle plus ou moins aigu Quelquefois, la lame est divisée en deux parties. La forme du tranchant, sa longueur, sa force, sont très variables ; on peut distinguer des *houes carrées, triangulaires, arrondies* et *bicornes*. — La **HOUE A CHEVAL** est une petite charrue à un ou plusieurs socs triangulaires, employée surtout à des binages.

HOUILLE, s. f., du mot saxon *hulla*. *Charbon de terre ou de pierre.* La houille est un charbon fossile formé de *carbone*, de *bitume* et de *matière terreuse*. Elle existe dans les terrains secondaires et intermédiaires, où elle s'est formée par la décomposition lente des matières organiques enfouies dans le sein de la terre pendant les premières révolutions du globe, et d'où on l'extrait par des procédés mécaniques. Le carbone forme les 60 à 70 centièmes du poids de la houille ; le bitume, de 30 à 40 centièmes, et les matières terreuses, de 3 à 5 centièmes. On distingue deux variétés principales de houille : la *houille grasse* et la *houille maigre*. La première, très riche en bitume, est d'un noir luisant, friable, légère, prend feu avec facilité, s'agglutine, se boursoufle beaucoup en brûlant, et donne une flamme brillante et fuligineuse. A la distillation, elle fournit beaucoup de gaz, du goudron, et laisse un *coke* léger et boursouflé. La *houille maigre*, peu riche en bitume, est souvent schisteuse et pyriteuse ; sa couleur est grise-noirâtre ; elle est lourde, compacte, peu friable et peu combustible ; au feu, elle ne se boursoufle pas et donne une flamme bleuâtre d'odeur sulfureuse. A la distillation, cette houille fournit peu de gaz, très peu de goudron, et laisse un coke pulvérulent. Il existe en Angleterre de la houille dite *compacte* ou encore *charbon chandelle*, qui est plus riche en bitume que la houille grasse ; enfin, on trouve dans tous les pays de la houille *irisée*, qui reflète les couleurs de l'arc-en-ciel ; elle paraît avoir été soumise dans le sein de la terre à une température élevée. La houille est em-

ployée comme combustible dans l'économie domestique et dans l'industrie ; elle sert, en outre, à la fabrication du gaz de l'éclairage et du *coke* (*V.* ce mot).

HOULQUE ou **HOUQUE**, s. f., *Holcus*, L. ; genre de la famille des Graminées. Ses caractères sont : épillets biflores, glumes membraneuses, en carène, plus longues que les fleurs ; glumelles à peu près de même longueur ; la supérieure bicarénée, l'inférieure carénée, mutique dans la fleur inférieure, aristée au-dessous du sommet dans la fleur supérieure ; trois étamines ; deux styles très courts ; stigmates plumeux à poils simples ; glumellules glabres. Ce genre, dont faisaient autrefois partie beaucoup d'espèces désignées sous le nom commun de *Sorgho*, ne se compose plus que d'un petit nombre de plantes, parmi lesquelles nous citerons : la H. laineuse, *H. lanatus*, vivace, très commune dans les prairies, productive, précoce, peu difficile sur le choix du terrain, et principalement recherchée des moutons et des bœufs. On a conseillé de la cultiver en prairie artificielle, seule ou mélangée. Elle supporte bien le pâturage ; la H. molle, *H. mollis*, vivace, souvent confondue par les agriculteurs avec la précédente, plus robuste et craignant moins la sécheresse, mais fade, cotonneuse et décidément inférieure comme plante fourragère.

HOUPPE, s. f., *Apex*, *Barba* ; touffe de poils située sur une partie d'un végétal, mais principalement à l'une des extrémités de la graine. — *Anat.* On appelle *houppes nerveuses* les terminaisons des nerfs formant les papilles. — *Extér.* La *houppe du menton* est une protubérance appartenant à la lèvre inférieure et formée par le muscle *mentolabial*.

HOUSSE, s. f. ; couverture en drap attachée à la selle et couvrant les parties postérieures et latérales du ventre du cheval. La housse n'a guère d'autre usage que d'orner le cheval et de protéger, contre les frottements et la sueur, l'habit du cavalier.—La *housse du collier* est la peau de mouton ou autre qui couvre souvent cette partie du harnachement des chevaux de trait.

HOUX, s. m., *Ilex*, L. ; genre de la famille des Aquifoliacées, composé de petits arbres ou d'arbrisseaux toujours verts, répandus principalement dans l'Amérique et dans les régions chaudes de l'Asie. Une seule espèce croit spontanément en France ; c'est le H. commun, *I. aquifolium*, arbre dont la hauteur varie, selon les circonstances, de 1 à 10 ou 15 mètres. Le houx est remarquable par la lenteur de sa croissance et sa longévité ; ses feuilles ondulées, épineuses, coriaces, sont amères ; son bois dur, flexible, est susceptible de prendre un beau poli ; ses graines desséchées ont été proposées pour remplacer le café. Le houx sert à faire des haies vives. Nous citerons encore, dans le même genre, le H. apalachine, *I. vomitoria*, vulg. *thé apalache*, dont les feuilles et les fruits fournissent une infusion tonique et excitante , ou vomitive, selon la dose; le H. maté, *I. mate*, vulg. *thé du Paraguay*, dont les feuilles fournissent une infusion stimulante d'un grand usage dans l'Amérique centrale.

HOYAU, s. m., *Pastinum;* houe à lame forte, aplatie, taillée en biseau, à manche souvent recourbé, employée au défoncement des terrains et aux façons de la petite culture qui demandent le plus de force.

HUCHÉ, adj.; se dit vulgairement d'un cheval dont les jarrets et les boulets sont redressés par l'usure.

HUILE , s. f., *Oleum*, ἔλαιον. On donne ce nom, d'une manière générale, à certains liquides d'origine organique, très riches en carbone et en hydrogène, très combustibles et insolubles dans l'eau. Autrefois, les chimistes appelaient aussi *huiles*, certains liquides minéraux, épais, visqueux, oléagineux, quelle que fût leur nature; de là, les noms d'*huile de vitriol*, d'*huile de tartre par défaillance*, etc., qui sont encore employés dans le vulgaire pour désigner certains composés. Les huiles véritables se divisent en quatre groupes: les *huiles grasses*, les *huiles essentielles*, les *huiles pyrogénées* ou *empyreumatiques* et les *huiles médicinales* (*V.* ces mots).

HUILE D'ASPIC, *V.* ESSENCE DE LAVANDE.

HUILE DE CAMPHRE; produit d'apparence huileuse, qu'on obtient en traitant le camphre par l'acide azotique.

HUILE DE CHAUX ; chlorure de chaux tombé en déliquescence.

HUILE DE CROTON-TIGLIUM, *V.* CROTON.

HUILE DOUCE DE VIN; nom donné à l'un des produits accessoires de l'éthérification, à cause de son aspect oléagineux. Sa composition représente de l'acide sulfovinique, dans lequel l'eau serait remplacée par du bicarbure d'hydrogène. C'est un liquide jaunâtre , d'une odeur éthérée et irritante, d'une saveur âcre , plus pesant que l'eau et bouillant à 280°. Mis en contact avec l'eau bouillante, il se décompose en acide sulfovinique et *huile légère de vin*. Ce composé est sans usage.

HUILE ESSENTIELLE, *V.* ESSENCE.

HUILE FIXE, *V.* HUILES GRASSES.

HUILE DE MERCURE; sublimé corrosif dissous dans l'alcool, ou sulfate de mercure tombé en déliquium.

HUILE DE TARTRE PAR DÉFAILLANCE ; carbonate de potasse dissous dans l'humidité atmosphérique.

HUILE DE VITRIOL , *V.* ACIDE SULFURIQUE.

HUILE DE LAURIER, *V.* POMMADE.

HUILE DE RICIN, *V.* RICIN.

HUILES ESSENTIELLES OU VOLATILES , *V.* ESSENCES.

HUILES GRASSES OU FIXES; produits organiques onctueux, fournis principalement par les végétaux. Les huiles réduites à leurs éléments sont formées de carbone , d'hydrogène et d'oxygène ; soumises à l'analyse immédiate , elles fournissent de la *margarine* et de l'*oléine*, et parfois aussi une petite quantité de *stéarine*. Les huiles grasses sont très répandues dans les végétaux ; presque tous les organes en contiennent ; cependant, les graines, les amandes et le péricarpe de quelques fruits sont les parties qui en sont le plus abondamment pourvues. L'extraction des huiles fixes est généralement très simple; elle a lieu par simple *pression* (huile d'*olives*, d'*amandes*, de *noix*, de *faîne* , etc.), ou bien une légère torréfaction précède la *compression* (huile de *chenevis* , de *colza*, d'*œillette* , de *choux*, etc.). Les huiles sont généralement *liquides* à la température ordinaire ; quelques-unes seulement sont *solides* et prennent parfois le nom de *beurres* (huile de *cacao* , de *muscade* , de *palme* , de *laurier*) ; incolores quand elles sont parfaitement pures , les huiles sont habituellement colorées en jaune verdâtre ; leur odeur, généralement peu marquée, est spéciale pour chacune d'elles ; leur saveur, qui est douce et mucilagineuse quand elles sont récentes et bien préparées , devient âcre et irritante quand elles ont vieilli ; enfin leur densité est moindre que celle de l'eau qu'elles surnagent toujours. Soumises à l'action de la chaleur, les huiles entrent en ébullition au-dessus de 300°, et ne tardent pas à se décomposer; chauffées à l'air, elles prennent feu et brûlent avec une flamme très éclairante et chargée de suie. Refroidies, quelques huiles riches en margarine et en stéarine, comme l'huile d'olives par exemple , s'épaississent et se figent. Elles conduisent bien l'électricité , excepté l'huile d'olives, ce qui fournit un moyen de reconnaître les mélanges frauduleux dont celle-ci est l'objet (*V.* DIAGOMÈTRE). Mélangées et agitées avec l'eau , les huiles forment d'abord une émulsion laiteuse , puis se rassemblent en une couche distincte à la surface de l'eau; l'alcool froid les dissout peu, mais l'alcool chaud , l'éther et les essences les dissolvent facilement. Exposées à l'air, les huiles absorbent activement l'oxygène , deviennent acides et rances. Quelques-unes prennent plus de consistance et se résinifient; on dit qu'elles sont *siccatives* (huiles de *noix*, de *lin*, de *chenevis*, d'*œillette*, de *ricin*, etc.); d'autres, tout en prenant de la consistance, ne peuvent se dessécher ; elles sont *non siccatives* (huiles d'*amandes*, d'*olives* , de *faîne*, de *noisette*, de *navette*, de *colza* , etc.). Parmi les corps simples non métalliques, le soufre et le phosphore seuls se dissolvent dans les huiles grasses ; les chloroïdes, les altèrent profondément; il en est de même des acides concentrés, qui mettent leurs acides gras à nu ; les alcalis se substituent à la glycérine et forment des sels qu'on nomme *savons*. Les huiles fixes jouent un grand rôle dans la nutrition des animaux; formées par les plantes, elles passent dans les animaux par l'alimentation et servent à la formation de la graisse. Les usages économiques et industriels de ces corps sont fort étendus et très importants. — *Pharmacol.* Les huiles grasses sont employées en pharmacie à la confection des cérats, des liniments, des onguents, des baumes, des emplâtres, des pommades, etc. Ces liquides sont essentiellement adoucissants et relâchants; on les emploie en embrocation, à l'extérieur, pour assouplir la peau, effacer les crevasses, donner de la souplesse aux membres, conserver la corne du pied, etc. A l'intérieur, on les administre en breuvage ou en lavement; elles sont adoucissantes et laxatives; elles conviennent dans les cas d'empoisonnement, d'introduction de corps étrangers, lors de l'existence de pelotes stercorales, etc. Les huiles grasses les plus importantes sont les suivantes:

Huile d'amandes douces. Elle se prépare par la compression des amandes douces entre deux plaques chauffées à l'eau bouillante; on peut l'obtenir aussi des amandes amères et des noyaux des Rosacées. Elle est liquide, d'une teinte ambrée, inodore, d'une saveur douce rappelant celle des amandes. Elle est soluble dans l'éther et très peu dans l'alcool; exposée à l'air, elle rancit facilement; aussi doit-elle être conservée dans des vases parfaitement clos. C'est, de toutes les huiles grasses, la plus douce, la plus relâchante, et celle qui conviendrait par conséquent le mieux pour l'usage interne; mais son prix élevé en restreint beaucoup l'emploi en médecine vétérinaire.

Huile de chenevis. On l'extrait des semences du chanvre cultivé, après une légère torréfaction. Elle est verdâtre, lorsqu'elle est récente, et devient jaune en vieillissant, épaisse, d'odeur peu agréable et de saveur fade; elle pèse 0,928, et se résinifie à l'air. Employée dans les arts, elle l'est rarement en médecine; cependant elle est réputée purgative pour le bœuf.

Huile de colza et de navette. Huile produite par les graines écrasées, chauffées et comprimées du *Brassica campestris* et du *B. napus*. Elle est jaune-verdâtre, visqueuse, d'odeur de crucifère, d'une saveur amère et désagréable; sa densité est de 0,914. Elle ne peut être employée que pour l'usage externe.

Huile de faine. Elle présente beaucoup d'analogie avec l'huile d'olive qu'elle peut remplacer au besoin pour l'usage alimentaire et médical. On l'extrait du fruit du *fagus sylvatica*.

Huile de noix. Préparée avec l'amande du fruit du *juglans regia*, à froid ou à chaud, elle est d'un jaune verdâtre, d'une odeur et d'une saveur spéciales, peu prononcées lorsqu'elle a été préparée à froid. Elle est siccative, alimentaire et médicinale; elle est peu employée sous ce dernier rapport.

Huile d'oeillette ou de pavot. On l'obtient en broyant et en soumettant à la presse les graines contenues dans les capsules du pavot indigène. Elle est d'une couleur jaune pâle, sans odeur, d'une saveur de noisette, peu visqueuse, moussant par l'agitation, ne se figeant pas à zéro, siccative et pesant 0,925. Elle peut remplacer, pour l'usage médicinal, l'huile d'olives de deuxième qualité.

Huile d'olives. Cette huile importante, qui peut remplacer toutes les autres pour les usages économiques, industriels et pharmaceutiques, s'extrait du fruit de l'olivier par divers procédés, selon la qualité de l'huile qu'on veut obtenir. L'huile *vierge*, ou de première qualité, s'obtient par la compression directe des olives bien mûres; l'huile de deuxième qualité, en comprimant le marc de cette première expression, après l'avoir arrosé avec de l'eau chaude. Enfin, l'huile de troisième qualité se retire du marc qu'on a laissé fermenter. Cette huile est fluide à la température ordinaire, concrète à zéro et même au-dessus; sa couleur jaune dorée tire d'autant plus sur le vert qu'elle est d'une qualité meilleure; sans odeur, elle présente une saveur douce et agréable. Chauffée elle bout à 315°. On la reconnaît en ce qu'elle ne donne pas de bulles persistantes par l'agitation dans une fiole; qu'elle se solidifie rapidement par l'action de l'acide hypo-azotique; qu'elle ne conduit pas l'électricité, etc. On l'emploie comme émollient, tant à l'intérieur qu'à l'extérieur, seule ou associée à divers médicaments.

Huiles médicinales; éléoléS. Préparations officinales liquides et onctueuses, ayant les huiles grasses pour excipient et divers principes organiques pour base. L'huile grasse la plus employée est l'huile d'olives; les principes actifs qu'elle peut dissoudre, sont une essence, une résine, de la cire, de la chlorophylle, quelques alcaloïdes. La préparation a lieu par macération, digestion ou décoction. Lorsqu'on emploie des parties végétales vertes, des sucs, il est important de tenir le mélange sur le feu jusqu'à ce qu'il soit homogène et que toute l'eau de végétation soit évaporée. Les huiles médicinales sont *simples* ou *composées;* simples, quand elles ne contiennent qu'une substance active, ex.: *huile camphrée;* composées, lorsqu'elles tiennent en dissolution les principes actifs de plusieurs drogues simples; elles prennent souvent alors le nom impropre de *baumes,* ex.: *baume tranquille.* Les huiles médicinales les plus importantes sont les suivantes:

Huile de belladone. ♃ feuilles fraîches de belladone, 1 p.; huile d'olives, 2 p. Écrasez les feuilles, mélangez-les à l'huile, et faites chauffer sur un feu doux jusqu'à évaporation complète de l'eau de végétation de la belladone. Laissez digérer pendant quelques heures après avoir retiré le mélange du feu; passez avec expression, et filtrez. Anodine et calmante. Préparez de même, et d'après les mêmes proportions, les huiles de *ciguë*, de *jusquiame*, de *man-*

dragore, de *morelle*, de *stramoine*, de *tabac frais*, etc.

HUILE DE CAMOMILLE. ♃ fleurs de camomille sèches, 60; huile d'olives, 230; faites digérer pendant deux heures à la chaleur d'un bain-marie; remuez et passez ensuite avec expression. Excitante et résolutive.

HUILE CAMPHRÉE. ♃ camphre, 60; huile d'olives, 500; arrosez le camphre avec quelques gouttes d'alcool; triturez et faites dissoudre dans l'huile. Résolutive et calmante.

HUILE CANTHARIDÉE. ♃ poudre de cantharides, 125; huile d'olives, 2,000; mêlez et faites digérer au bain-marie ou sur des cendres chaudes pendant quelques heures; passez avec expression et filtrez. Résolutive, rubéfiante et épispastique.

HUILE DE LIN SOUFRÉE. BAUME DE SOUFRE. ♃ fleur de soufre, 60 gr.; huile de lin, 250 gr.; chauffez dans une fiole jusqu'à dissolution presque complète du soufre. Antipsorique. On peut la rendre plus active en y ajoutant un peu d'essence de térébenthine.

HUILE DE MORPHINE. ♃ Acétate de morphine, 25 centigrammes; huile d'olive, 125 grammes; mêlez et faites digérer à une douce chaleur. Anodine et calmante.

HUILE DE MUCILAGE. ♃ Graine de lin, fenugrec, racine de guimauve, ana, 500; eau bouillante, 500; faites infuser vingt-quatre heures, et passez; ajoutez : huile d'olives, 1,000, et chauffez doucement jusqu'à évaporation de l'eau. Emolliente et relâchante.

HUILE OPIACÉE. ♃ Opium brut, 30 grammes; huile d'olives, 1,000 grammes; coupez l'opium en tranches minces et faites digérer pendant vingt-quatre heures; passez avec expression, et reprenez au besoin le résidu par une petite quantité d'huile. Anodine et relâchante.

HUILES PYROGÉNÉES OU EMPYREUMATIQUES. Nom donné aux produits liquides noirs et infects, qui résultent de la distillation à feu nu des substances organiques Ces composés, en général très complexes, n'ont des huiles grasses que l'aspect et la viscosité; toutes leurs autres propriétés, ainsi que leur composition chimique, sont très différentes. Elles sont liquides, épaisses, sirupeuses, noires, extrêmement fétides, plus légères que l'eau et d'une saveur âcre et amère. Imparfaitement solubles dans l'eau, elles se dissolvent bien dans l'alcool, l'éther, les huiles grasses et les essences. Distillées, elles perdent leur couleur noire, deviennent fluides, incolores, moins fétides, et se colorent bientôt par leur exposition à l'air. Leur composition chimique est extrêmement compliquée; indépendamment de l'eau, de l'acide acétique, de l'ammoniaque, du bitume, du charbon, et de l'huile pyrogénée qu'elles renferment, on y a découvert, comme dans le goudron, de la *créosote*, de l'*eupione*, de l'*odorine*, de l'*animine*, de l'*acide pyrozoïque*, etc. — Trois huiles pyrogénées sont employées en médecine vétérinaire; ce sont les suivantes :

HUILE DE CADE. Huile pyrogénée provenant de la distillation à feu nu du *juniperus oxycedrus*, qui croît dans le Midi. Elle est sous forme d'un liquide épais, brun-noir, d'une forte odeur de goudron et d'une saveur âcre. Donnée à l'intérieur, elle agit comme l'huile empyreumatique, mais elle est rarement employée; on la réserve pour l'usage externe où elle est usitée à titre d'antipsorique. Employée dans le Midi contre la gale du mouton, elle réussit aussi bien sur le cheval; on la mélange souvent à l'essence de térébenthine pour augmenter son activité, ou à l'huile d'olives pour lui enlever une partie de son âcreté. On peut également l'associer aux cantharides et au sulfure de potasse.

HUILE ANIMALE DE DIPPEL. Huile pyrogénée provenant de la distillation à vase clos de l'huile empyreumatique noire. Parfois on y mélange de l'essence de térébenthine avant la distillation, et l'on obtient alors une combinaison d'huile animale et d'essence; c'est ce qu'on nomme en pharmacie *huile empyreumatique de Chabert*. — L'huile animale de Dippel est très fluide, incolore, volatile, d'une odeur empyreumatique, d'une saveur irritante et désagréable, et d'une densité de 0,878. Exposée à l'air, elle s'altère rapidement, noircit, devient épaisse et reprend l'aspect de l'huile empyreumatique brute. Peu soluble dans l'eau, qu'elle rend alcaline, elle se dissout dans l'alcool, l'éther, les huiles et les essences, ainsi que dans l'acide chlorhydrique; l'acide azotique l'enflamme et la transforme en résine. — D'après les recherches de Unverdorben, cette huile serait formée par un grand nombre de principes acides et alcalins, qu'on peut séparer les uns des autres par la distillation de l'huile en présence des bases alcalines. Excitante, antispasmodique et vermifuge, cette huile est peu employée dans la médecine des animaux; les vétérinaires lui préfèrent l'huile empyreumatique brute, tout aussi efficace et qui coûte moins cher.

HUILE EMPYREUMATIQUE. Cette huile pyrogénée, à l'état brut, est épaisse, de consistance sirupeuse, noirâtre, d'une saveur amère et âcre, et d'une fétidité insupportable et tenace. Moins dense que l'eau, elle s'y dissout incomplètement; par contre, elle est très soluble dans l'alcool, l'éther, les essences, et les huiles grasses. Rectifiée seule, elle fournit l'huile animale de Dippel; mélangée à l'essence de térébenthine, elle fournit un mélange incolore qu'on appelle *huile empyreumatique de Chabert*, du nom du praticien célèbre qui l'a préconisée dans la médecine vétérinaire. — L'huile empyreumatique, brute ou rectifiée, agit sur la peau comme rubéfiante et antipsorique. Donnée à l'intérieur, elle excite toute l'économie et détruit les vers intestinaux; c'est un des vermifuges les plus fidèles. Si la dose est un peu élevée, elle provoque des désordres graves vers le tube digestif, comme des vomissements chez les carnivores, des coliques et la purgation chez les herbivores ; une fièvre plus ou moins intense et quelques phénomènes nerveux se font remarquer en outre sur certains sujets. La dose médicinale est de 16 à 32 grammes pour les grands animaux, et de 5 à 10 chez les petits. On la donne dans une infusion de plantes amères, ou mieux en bol, après l'avoir associée à la poudre de gentiane ou de fougère, ou rendue solide avec la magnésie calcinée. Quelques affections nerveuses, comme l'épilepsie et la chorée, peuvent être traitées, dit-on, avec avantage au moyen de ce médicament.

HUMECTANT, adj. et s., *Humectans*, de *humectare*, rendre humide ; nom donné à certains médicaments qui auraient la propriété de remédier à l'état de sécheresse des tissus et à la trop grande densité des humeurs du corps, notamment du sang. L'eau, les émollients et les acidules sont les meilleurs humectants. L'usage du vert en produit encore mieux les effets sur les herbivores. *V.* Délayant.

HUMECTATION, s. f., *Madefactio* ; pénétration d'un liquide ou d'une vapeur dans les interstices d'un corps solide, avec fixité des molécules du liquide sur celles des solides. *V.* Imbibition.

HUMÉRAL, ALE, adj, *humeralis* ; qui a rapport à l'humérus. — *Artère humérale :* continuation du tronc brachial, se dirigeant du haut en bas, à la face interne de l'humérus, jusqu'au niveau du pli de l'articulation du coude, où elle se termine par deux branches qui sont l'artère *radiale antérieure* et la *radiale postérieure* ou *cubitale*. Les divisions principales qu'elle fournit dans son trajet sont : la *pré-humérale*, la *musculaire postérieure du bras*, et la *collatérale interne du coude*. — *Veine humérale :* elle accompagne l'artère du même nom et se jette dans le tronc veineux brachial. — *Nerf huméral antérieur :* il se porte du plexus brachial jusqu'au niveau de l'articulation du coude, et fournit, outre plusieurs divisions musculaires, les nerfs *radial antérieur* et *radial interne.* — *Nerf huméral postérieur :* il se porte du plexus brachial au milieu du bras, où il se contourne et se termine en dehors par des divisions qui gagnent l'avant-bras. — *Nerf huméral moyen :* moins volumineux que les deux autres, il gagne la face interne du coude, dont il constitue le nerf *collatéral interne*, et se continue en prenant le nom de *nerf cubital*.

HUMÉRO-CUBITAL, ALE, adj., *humero-cubitalis* ; Girard appelle *huméro-cubital oblique* le muscle court fléchisseur de l'avant-bras. *V.* Fléchisseur.

HUMÉRO-OLÉCRANIEN, adj. ; nom donné, avec les épithètes d'*externe*, *interne* et *petit*, aux muscles *court*, *moyen* et *petit extenseurs* de l'avant-bras. *V.* Extenseur.

HUMÉRUS, s. m. ; nom latin donné à l'os du bras. Cet os long, cylindroïde et comme tordu sur lui-même, présente à son côté externe une crête recourbée en arrière et appelée *sous-trochitérienne ;* au côté interne, une tubérosité moins forte, occupant à peu-près le milieu de l'os. A son extrémité supérieure, on trouve une large tête articulaire, et, de chaque côté, une tubérosité ; l'externe portant le nom de *trochiter*, et l'interne celui de *trochin*. En avant, et entre ces deux éminences, existe une coulisse à deux gorges, correspondant à la coulisse *bicipitale* de l'humérus de l'homme. Inférieurement, l'humérus présente une large surface articulaire dont la moitié externe est en forme de *poulie* ou *trochlée*, et la moitié interne en forme de *condyle* ; chacune de ces deux portions est surmontée, en arrière, d'une éminence à insertions musculaires, portant, du côté de la trochlée, le nom d'*épitrochlée*, et, du côté du condyle, le nom d'*épicondyle*. Entre ces deux éminences, existe une fosse dite *olécrânienne*, parce qu'elle loge l'olécrâne dans les mouvements d'extension de l'avant-bras. — La longueur de l'humérus est toujours en raison inverse de celle des os du pied. L'humérus du *bœuf* se distingue surtout par l'absence de la crête sous trochitérienne, par l'élévation du sommet du trochiter et par la disposition de la coulisse bicipitale, qui n'a qu'une seule gorge. Dans le *porc*, il présente une disposition analogue ; il est, en outre, aplati latéralement d'une manière bien marquée. Celui du *chien*, très allongé en raison de la brièveté du pied, est percé d'outre en outre à la fosse olécrânienne. L'humérus des *oiseaux* reçoit, à l'intérieur, de l'air que lui apporte un canal membraneux communiquant avec les sacs aériens de l'appareil respiratoire.

HUMEUR, s. f., *Humor* ; terme générique par lequel on désigne collectivement tous les liquides de l'économie animale, quelle que soit leur nature. Ces liquides, qui sont fort nombreux et constituent la plus grande partie de la masse du corps, circulent dans des canaux, oscillent dans des vacuoles, ou sont contenus temporairement dans des réservoirs spéciaux. Les humeurs du corps contiennent une forte proportion d'eau, qu'on peut évaluer en moyenne aux $9/10$: le reste est formé par des sels à base de potasse, de soude, d'ammoniaque et de chaux, plus rarement de magnésie, et par des principes organiques spéciaux, variables pour chaque liquide du corps. — Les anciens ne reconnaissaient que quatre humeurs fondamentales, parmi lesquelles deux sont hypothétiques ; ce sont le *sang*, la *bile*, l'*atrabile* et la *pituite*. Ils faisaient jouer à ces humeurs un rôle considérable dans la constitution des tempéraments, dans le développement des maladies, etc. On distingue aujourd'hui, au point de vue physiologique, les humeurs du corps en deux classes distinctes, les *humeurs* *nutritives*, comme le *chyle*, la *lymphe* et le *sang*, et les *humeurs sécrétées*, comme la *salive*, la *bile*, l'*urine*, la *sueur*, le *lait*, etc. Ces dernières sont subdivisées en humeurs *recrémentitielles* (liquide des séreuses), *excrémento-recrémentitielles* (bile, salive), et *excrémentitielles* (urine, sueur), selon qu'elles sont résorbées en totalité ou en partie, ou complètement rejetées du corps. — Sous le point de vue chimique, les liquides du corps pourraient être divisés en *liquides alcalins*, comme les fluides nutritifs et un grand nombre d'humeurs sécrétées, et *liquides acides*, comme le suc gastrique, la sueur, etc.; mais la science est encore trop peu avancée pour qu'on puisse tirer un grand parti de cette distinction, qui ne serait pas toujours exacte et qui varierait, du reste, suivant les animaux. D'après Andral, lorsqu'une surface sécrète ou exhale deux liquides, ils ont toujours une réaction chimique différente: l'un est acide, l'autre alcalin; ainsi, la sueur est acide, et l'humeur sébacée est alcaline; la salive bleuit le papier rouge de tournesol, et le mucus buccal rougit le papier bleu; le suc gastrique est acide, le mucus de l'estomac est alcalin, etc. On n'avait tenu jusqu'ici que peu de compte de l'intervention des fluides de l'économie animale dans l'action des médicaments; Mialhe vient d'ouvrir une voie nouvelle et féconde de recherches, sous ce rapport. Il pose en principe que les médicaments dissous, seuls, peuvent pénétrer dans le sang et porter leur action sur tous les organes; ceux qui ne sont pas solubles dans l'*eau* le deviennent dans l'intérieur du corps par l'action des *acides*, des *alcalis* et des *chlorures alcalins* qu'ils y rencontrent. Quant aux altérations des humeurs pendant les maladies, *V.* Humorisme et Sang.

HUMIDE, adj., *humidus*; qui est imprégné d'humidité; *air humide*: chargé de beaucoup de vapeur aqueuse; *sol humide*: renfermant une grande quantité d'eau.

HUMIDE RADICAL, s. m., *Humidum radicale*; nom donné par les anciens humoristes aux principaux liquides organiques, et notamment à celui qui est distribué dans toute l'économie par la circulation, et qui entretient la consistance et la souplesse nécessaires aux organes. Le sang seul mériterait cette dénomination.

HUMIDITÉ, s. f., *Humiditas*; état d'un corps qui est imprégné d'eau; nom donné parfois à la vapeur aqueuse de l'air atmosphérique qui se dépose sur les corps froids.

HUMIFUSE, adj., *humifusus*, de *humus*, terre, et *fusus*, répandu; se dit des tiges couchées sur la terre et étalées en tous sens. Synonyme de *couché*.

HUMIRIACÉES, s. f., *Humiriaceœ*; petite famille de plantes dicotylédonées, polypétales, à étamines hypogynes, dont les espèces habitent l'Amérique tropicale. Elle ne se compose que d'arbres et d'arbrisseaux. Gen-

res: *Humirium*, *Helleria*, etc. C'est d'une espèce du premier, l'*H. floribundum*, que l'on extrait le *baume d'Umiri*.

HUMORISME, s. m., de *humor*, humeur; nom d'une doctrine médicale ancienne qui attribue toutes les maladies à l'altération primitive des humeurs. Née dans l'antiquité la plus reculée, cette doctrine s'est modifiée selon les âges et selon les médecins qui l'ont adoptée. Plutôt physiologique et pratique que chimique, entre les mains d'Hippocrate, ce système médical devint complètement spéculatif et chimique sous les inspirations de Galien, et surtout de Sylvius, qui le porta jusqu'à l'absurde en faisant à la médecine une application abusive des principes erronés de l'alchimie. Les théories humorales de l'époque actuelle sont presque toutes fondées sur les altérations du sang. *V.* Sang et Chimiatrie.

HUMUS, s. m.; matière brune, peu soluble dans l'eau, soluble dans les alcalis, provenant de la décomposition et de la combustion lente des substances organiques dans le sol ou à sa surface. L'humus ne paraît pas être un corps uniforme, identique dans toutes les circonstances; la diversité de son origine et la manière dont il se comporte avec les réactifs autorisent à le penser. Le rôle de l'humus dans la végétation est mal connu; il ne passe pas en nature dans les plantes, ainsi qu'on le croyait avant les recherches de Liébig; mais, se transforme-t-il en acide carbonique ou en ulmate alcalin et terreux pour être absorbé, ou bien ne sert-il que d'intermédiaire aux éléments de l'atmosphère et aux radicules des plantes, de telle sorte qu'il agisse comme force chimique, par contact, plutôt que comme matière alibile? Ces questions attendent encore une solution plus précise que celle qui leur est donnée par les chimistes modernes, *V.* Terreau et Végétation.

HYALOIDE, adj., *Hyaloïdes*, de υαλος, verre, et ειδος, forme; qui ressemble à du verre. — *Membrane hyaloïde*: membrane très fine, parfaitement transparente, renfermant l'humeur *vitrée* ou *hyaloïde*. Cette membrane est formée d'une lame externe ou feuillet d'enveloppe, et de cellules intérieures, communiquant toutes entre elles et contenant l'humeur vitrée. On admet généralement, qu'au niveau du cristallin, la membrane hyaloïde se dédouble et forme deux lames passant, l'une en arrière, l'autre en avant de ce corps. — *Corps hyaloïde, humeur hyaloïde, V.* Vitré.

HYBRIDATION, s. f., *Hybridatio*; production des hybrides. L'hybridation peut avoir lieu *naturellement* entre deux plantes voisines, d'espèces ou de variétés différentes, et dont l'anthèse coïncide; on peut la provoquer *artificiellement* en transportant le pollen d'un végétal sur le pistil d'un autre sujet. L'existence des hybrides, admise depuis la fin du **XVII**ᵐᵉ siècle, n'a été bien étudiée que dans ces derniers temps. Cette question est surtout redevable aux travaux de Gœrtner, Sageret, H. Lecoq, etc. L'hybridation naturelle ou artificielle ne peut avoir lieu qu'entre des plantes voisines par leurs caractères. Elle n'a point lieu entre sujets de familles différentes ; elle est très difficile entre plantes appartenant à deux genres distincts, si surtout ils sont éloignés ; souvent même, elle n'a pas point lieu entre deux sujets de même espèce. C'est dans les variétés que l'hybridation est le plus facile et le plus complète, car les produits sont alors féconds, tandis que les hybrides d'espèces sont généralement inféconds. Pour que l'hybridation soit possible, il faut que le pistil à féconder soit vierge ; il doit être mis à l'abri du pollen de la même fleur et des fleurs du voisinage. Le pollen d'une fleur peut être conservé plusieurs mois à l'abri de l'air, pour les hybridations ou fécondations artificielles.

HYBRIDE, s. et adj., du grec ὕβρις, ὕβριδος, métis ; animal né de deux animaux de différentes espèces, comme le *mulet*. Cette dénomination a été étendue aux plantes. Les hybrides du règne animal sont généralement inféconds. Lorsqu'ils sont féconds, ce n'est qu'avec des animaux de l'une des deux espèces dont ils sont issus, et non avec des animaux hybrides comme eux. Il en résulte que leurs produits se rapprochent alors de l'un des types primitifs. — *Bot.* Les hybrides végétaux correspondent aux individus, qu'en zoologie on appelle *mulets;* mais ils en diffèrent souvent par une propriété essentielle et définitivement acquise, la faculté de se reproduire. L'hybride tient, par ses caractères extérieurs, des deux végétaux qui ont concouru à le produire ; mais le résultat n'est pas toujours une moyenne, et les règles observées par la nature en cette circonstance, n'ont pu être encore déterminées.

HYBRIDITÉ, s. f., *Hybriditas ;* état, condition d'un être hybride.

HYDARTHROSE, s. f., ou **HYDARTHRE**, s. m., *Hydarthrosis*, de ὕδωρ, eau, et ἄρθρον, articulation ; hydropisie des articulations ; accumulation de synovie dans une articulation. Synonymie : *Vessigon.* L'hydarthrose peut se montrer dans toutes les articulations diarthrodiales ; on l'observe surtout dans les articulations par charnière, dans celles du jarret et du genou du cheval. L'hydarthrose du jarret est celle dont la description offre le plus d'intérêt. Les causes des hydropisies articulaires sont les contusions, les efforts violents, les courses rapides, les entorses, les luxations, les plaies pénétrantes des articulations. Il est des causes internes qu'on ne peut méconnaître ; ce sont les rhumatismes, la répercussion d'un œdème, d'un exanthème. Le symptôme principal consiste dans une tumeur molle, avec fluctuation, circonscrite par l'insertion des ligaments capsulaires. Cette tumeur cède par la pression, mais ne conserve pas l'empreinte

du doigt ; elle augmente pendant l'extension et diminue pendant la flexion des rayons articulaires correspondants. Dans chaque articulation, la tumeur présente des formes variées. Une claudication apparente existe, lorsque la capsule articulaire est considérablement dilatée. Il ne faut pas confondre l'hydarthrose avec les varices, l'arthrite, l'hygroma, les tumeurs osseuses articulaires. La synovie est altérée dans cette affection ; elle est plus épaisse et d'une teinte jaune plus foncée ; quelquefois elle est rougeâtre et mélangée à une certaine quantité de sang. Enfin, ce liquide peut subir une foule d'altérations pathologiques. Sa quantité devient plus considérable ; elle varie suivant les articulations affectées. Dans le début, la synoviale est rouge ; les franges de cette membrane sont injectées ; les cartilages articulaires sont intacts. Plus tard, la séreuse est épaissie, de couleur fauve foncée ; les cartilages sont partiellement résorbés. Tantôt l'hydarthrose débute avec rapidité, sans cause connue, c'est ce qu'on voit sur les jeunes poulains ; tantôt, et le plus souvent, elle survient avec lenteur. Abandonnée à elle-même, elle persiste longtemps et finit par se compliquer de désordres articulaires plus ou moins graves. L'hydarthrose déprécie considérablement le cheval qui en est affecté ; rarement on peut la guérir sans laisser des tares apparentes. Au début, on applique les cataplasmes résolutifs ; on fait des frictions avec l'huile camphrée, les huiles essentielles. Le plus souvent on préfère les dérivatifs, les vésicatoires, surtout contre l'hydarthrose chronique ; dans ce cas on emploie encore avec avantage la pommade de biiodure de mercure. Si ces moyens de traitement ne réussissent pas, il reste une ressource, qui consiste à faire la ponction de l'hydarthrose. On n'est pas encore fixé sur la valeur de cette opération, qui paraît d'abord redoutable. Les vétérinaires allemands l'emploient fréquemment avec succès et la font suivre de l'application du vésicatoire. Nos essais, sous ce rapport, ont confirmé les avantages de la ponction des synoviales articulaires. S'il est démontré que cette pratique chirurgicale est bien moins dangereuse qu'on ne l'a dit, en est-il de même pour la ponction suivie des injections avec la teinture d'iode? Des faits nombreux que nous avons recueillis, nous concluons qu'il faut y renoncer, parce qu'il en résulte des accidents graves, entre autres l'arthrite purulente.

HYDATIDES, s. f., pl., *Hydatides ;* de ὕδωρ, eau ; on donne ce nom aux vers vésiculaires qui se développent dans l'intérieur du corps des animaux. Cruveilhier en donne la définition suivante : ce sont des vésicules libres de toutes parts, vivant d'une vie propre, et ne demandant à l'animal porteur que le lieu, la chaleur et des produits exhalés, qu'elles ont le pouvoir de s'assimiler. On a confondu pendant longtemps les hydatides avec certains kystes ; ce n'est que vers la fin du

XVIIe siècle qu'on a reconnu qu'elles jouissaient d'un mouvement propre. Longtemps on leur a donné le nom de *tænias hydatigènes*, à cause de certains caractères communs avec le tœnia, entre autres la forme de la tête. Ces vers ont été divisés en *acéphalocystes*, formant une simple vessie sans aucun appendice, et *céphalocystes*, présentant un ou plusieurs appendices qui sont autant de têtes. Raynaud les a partagés en plusieurs genres distincts, qui sont les *acéphalocystes*, les *cysticerques*, les *polycéphales*, les *échinocoques* et les *ditrachycéro*, (*V.* ces mots). Ce sont les acéphalocystes qui se présentent le plus souvent et causent les accidents les plus graves : elles sont communes dans les ruminants. Le tournis est le résultat de leur présence dans les ventricules du cerveau. — Les hydatides sont des vésicules sphériques, qui n'ont pas de canal intestinal, ni de vaisseaux distincts, ni d'organes reproducteurs. Leur volume varie depuis celui d'un grain de millet, jusqu'à la grosseur d'une forte orange. Elles contiennent un liquide généralement transparent comme de l'eau pure; quelquefois cette transparence est un peu troublée; des flocons demi-transparents, provenant de la pellicule interne, nagent souvent au milieu du liquide; ils sont le résultat de l'altération cadavérique de ces vers retirés des tissus. Les mouvements des hydatides sont peu prononcés; leur existence est liée à celle des animaux qui les renferment; elles périssent aussi, dès qu'on les en sépare. Elles ont pour enveloppe une membrane très extensible, qui se déchire facilement, qui revient sur elle-même dès qu'on ouvre une issue au liquide qu'elles contiennent; cette poche serait, d'après Cruveilhier, composée de cinq feuillets inéga'ement épais. Leur poids spécifique est plus considérable que celui de l'eau; le liquide contenu est formé d'eau, d'albumine et de chlorure de sodium. Les hydatides sont rarement *solitaires;* le plus souvent elles sont multiples; on en a trouvé depuis quelques-unes jusqu'à mille contenues dans une même poche. L'humidité, la mauvaise qualité de la nourriture, sont des causes fréquentes de la production de ces vers; le plus fréquemment, il est impossible de saisir les conditions générales qui président à leur développement. Les organes qui en contiennent sont le cerveau, le foie, le poumon, le péritoine, l'épiploon, les ovaires, les interstices musculaires. Ordinairement, les accidents dus à leur présence ne se prononcent que lentement. Les moyens à employer pour détruire les hydatides dépendent beaucoup de la nature des organes qui les contiennent. Si le kyste hydatique est placé superficiellement, il faut évacuer le liquide. Dans le cas contraire, on a recours aux moyens hygiéniques pour combattre les influences auxquelles on attribue la formation de ces vers.

HYDATIDIQUE, adj., *hydatidicus;* qui renferme des hydatides; *kyste, poche hydatidiques.*

HYDATIDOCÈLE, s. f., *Hydatidocele,* de ὑδατις, hydatide, et κήλη, tumeur, hernie; tumeur renfermant des hydatides; espèce d'hydrocèle qui contient des hydatides.

HYDATIQUE, adj., *hydaticus;* produit, formé par les hydatides.

HYDATIS, s. f., *Hydatis;* tumeur graisseuse de la paupière supérieure.

HYDATISME, s. m., *Hydatismus,* de ὑδωρ, ὑδατος, eau; bruit causé par la fluctuation des liquides dans une cavité.

HYDATOÏDE, adj., *hydatoïdes,* de ὑδωρ, eau, et εἶδος formé : aqueux : qui ressemble à l'eau; synonyme de *hyaloïde.*

HYDRACIDE, s. m.; nom donné à tous les acides qui ont l'hydrogène pour principe acidifiant, comme les acides bromhydrique chlorhydrique, cyanhydrique, fluorhydrique, iodhydrique, sulfhydrique, etc. Leur composition est toujours fort simple et représentée par la formule H R; leurs éléments sont unis le plus souvent sans condensation. Les hydracides présentent tous les caractères essentiels des oxacides; ils rougissent, comme ces derniers, la teinture de tournesol et neutralisent les bases; seulement, dans cette dernière circonstance, au lieu de se combiner intégralement avec les oxydes, comme le font les oxacides, ils éprouvent presque toujours une décomposition. Leur hydrogène se combine avec l'oxygène de l'oxyde pour former de l'eau, et leur radical s'unit au métal pour donner naissance à un composé binaire que Berzélius appelle *un sel haloïde*, ex. : *chlorure, bromure,* etc.

HYDRAGOGUE, s. et adj., *Hydragogus,* de ὑδωρ, eau, et ἄγω, chasser; dénomination par laquelle on désigne les médicaments qui auraient la propriété de provoquer l'expulsion, hors de l'économie, des liquides épanchés dans les séreuses ou infiltrés dans la trame des tissus. Ce nom a particulièrement été donné aux purgatifs drastiques, qui déterminent des évacuations abondantes de sérosité; mais il convient également à tous les évacuants quels qu'ils soient, et même aux toniques, qui font cesser les hydropisies générales ou locales. *V.* Antihydropiques.

HYDRALCOOL, s. m.; alcool faible à 22°. Synonyme d'*eau-de-vie.* (*V.* ce mot).

HYDRALLANTE, s. f., de ὑδωρ, eau, et ἄλλας, ἄλλαντος, allantoïde; hydropisie de l'allantoïde.

HYDRAMNIOS, s. f., *Hydramnios,* de ὑδωρ, eau, et ἀμνιος, amnios; variété d'hydropisie utérine, caractérisée par l'abondance des eaux de l'amnios.

HYDRANGÉE, s. f., *Hydrangea,* L.; genre de la famille des Saxifragacées; il se compose d'arbrisseaux élégants, originaires de l'Amérique septentrionale, du Japon, etc. Quelques espèces sont cultivées comme plantes d'ornement, entre autres l'*Hortensia* importé en Europe dans les dernières années du XVIIIe siècle, et qui a joui si longtemps de la faveur des fleuristes de toute condition.

HYDRARGYRIE, s. f., *Hydrargyria*, de ὑδράργυρος, mercure; éruption cutanée produite par l'usage du mercure. Maladie inconnue en vétérinaire.

HYDRARGYRO-PNEUMATIQUE, adj., de ὑδράργυρος, mercure, et πνευμα, vent, gaz; nom de la cuve à mercure. *V.* Cuve.

HYDRARTHRE, *V.* Hydarthrose.

HYDRATABLE, adj.; qui est susceptible de s'hydrater ou de se combiner avec une proportion définie d'eau; c'est le cas des oxydes de la première section, de l'alcool, de plusieurs acides organiques, etc.

HYDRATE, s. m., *Hydras*; nom donné aux combinaisons définies des *acides*, des *bases* et des *sels* avec l'eau. La présence de ce liquide dans ces divers composés a beaucoup d'influence sur leurs propriétés. L'eau d'hydratation est positive ou basique dans les acides et les sels, et négative ou acide dans les bases.

HYDRATÉ; adj.; qui contient de l'eau d'hydratation : acide, base, sels *hydratés*.

HYDRATIQUE, adj.; épithète qu'on donne à l'éther sulfurique qui ne retient pas d'acide, et qui est formé seulement d'hydrogène bicarboné et d'eau.

HYDRAULIQUE, s. f., *Hydraulica*, de ὑδωρ, eau, et αυλος, tuyau; partie de la physique qui traite des liquides, et surtout des lois de leur mouvement et des moyens d'en tirer un parti utile.

HYDRAULIQUE, adj., *hydraulicus*; qui est relatif à l'eau. *Chaux hydraulique :* chaux argileuse qui a la propriété de durcir sous l'eau. *V.* Chaux.

HYDRENCÉPHALE, *V.* Hydrocéphale.

HYDRIODATE, s. m., *Hydriodas*; ancien nom des *iodures*. (*V.* ce mot).

HYDRO-BENZAMIDE, s. f.; substance cristalline, incolore, fusible à 110°, insoluble dans l'eau, soluble dans l'alcool, et obtenue par Laurent en faisant agir l'ammoniaque sur l'essence d'amandes amères.

HYDROBROMATE, *V.* Bromure.

HYDROBROMIQUE, *V.* Acide bromhydrique.

HYDROCARDIE, s. f., *Hydrocardia*, de ὑδωρ, eau, et καρδια, cœur; hydropisie du péricarde. *V.* Hydropéricarde.

HYDROCÈLE, s. f., *Hydrocele*, de ὑδωρ, eau, et κηλη, tumeur; tumeur formée par une accumulation de sérosité dans la région scrotale. On distingue *l'hydrocèle par infiltration*, nommée encore *externe, akystique*, et *l'hydrocèle par épanchement*, *interne* ou *kystique*. — 1° *Hydrocèle par infiltration.* Elle a son siége dans le tissu cellulaire du dartos; on devrait l'appeler *œdème du scrotum*. Elle est *symptomatique* ou *idiopathique*. L'hydrocèle symptomatique est observée quelquefois pendant les hydropisies, la morve,

le farcin; l'hydrocèle idiopathique est rare; c'est le résultat d'une inflammation locale. La tumeur produite par cette hydropisie est mollasse, pâteuse, mal circonscrite, et conserve l'impression du doigt. Il n'y a rien de fâcheux sous le rapport du pronostic. Pour obtenir la résolution, il faut mettre en usage les astringents, si l'affection est locale. Lorsque l'hydrocèle est symptomatique, il importe de combattre la maladie qui la fait développer, en même temps qu'on pratique sur le scrotum des mouchetures ou des scarifications. Employé dans cette circonstance, le vésicatoire donne aussi de très bons résultats. — 2° *Hydrocèle par épanchement.* On en distingue trois variétés. A. *Hydrocèle de la tunique vaginale.* C'est l'espèce la plus fréquente. Elle reconnaît des causes directes, qui sont le froissement, la compression, les contusions, les efforts violents. Souvent, il n'est pas possible d'en déterminer la cause. Cette hydrocèle est aiguë ou chronique, simple ou compliquée. L'état chronique est le plus ordinaire. Les symptômes consistent dans une tumeur pyriforme, d'abord molle, plus tard résistante au toucher. Elle n'est pas transparente sur les animaux comme sur l'homme. Plusieurs maladies peuvent être confondues avec cette hydrocèle; ce sont les sarcocèles, la hernie, le varicocèle. On trouve dans l'hydrocèle de la tunique vaginale une sérosité le plus souvent citrine, quelquefois rouge ou lactescente, contenant des flocons albumineux. Quand le liquide est limpide, la tunique vaginale n'a pas subi d'altération. Dans le cas contraire, ses parois subissent des transformations variées, qui augmentent sa consistance au point de la rendre cartilagineuse. De son côté, le testicule subit diverses altérations; il s'atrophie, lorsque l'hydrocèle débute par la tunique vaginale; au contraire, l'hypertrophie se montre, si l'orchite a été le point de départ de la maladie. Le pronostic de l'hydrocèle n'est pas très grave. Cependant, sa présence peut disposer aux hernies; les fonctions des testicules sont dérangées; des complications fâcheuses peuvent survenir. Le traitement palliatif consiste dans l'emploi des émollients, des saignées locales, des médicaments astringents; on a recours aussi à des moyens chirurgicaux. De temps en temps on vide la tunique vaginale par la ponction. Pour obtenir la cure radicale, on a essayé la cautérisation, le séton, l'incision, les injections avec la teinture d'iode. Les accidents qui se montrent après la ponction, sont l'hémorrhagie, la piqûre du testicule, la gangrène du scrotum, le sarcocèle, etc. Pour le cheval, on se décide le plus souvent à pratiquer la castration. B. *Hydrocèle du sac herniaire :* c'est l'hydropisie produite dans un sac herniaire abandonné par les viscères. C. *Hydrocèle enkystée du cordon :* elle est placée entre le testicule et l'anneau inguinal, et forme une tumeur oblongue, élastique.

HYDROCÉPHALE, s. f. et adj., de ὑδωρ,

eau, et *κεφαλη*, tête ; hydropisie de la tête. Depuis longtemps, on a distingué l'hydrocéphale en *externe* et *interne :* la première est l'œdème du tégument du crâne ; la deuxième, l'hydropisie proprement dite des parties crâniennes. L'hydrocéphale interne à son siége entre la dure-mère et les os du crâne, le plus souvent dans les ventricules du cerveau. On reconnaît l'hydrocéphale *aiguë* et l'hydrocéphale *chronique ;* chacune de ces variétés est primitive ou secondaire. *V.* ENCÉPHALITE. — L'hydrocéphale *congénitale* n'est pas très rare dans les animaux de l'espèce bovine. Le fœtus hydrocéphale a la boîte crânienne considérablement développée, ce qui empêche parfois d'amener le jeune sujet hors de la matrice, sans avoir recours à une opération qui consiste à ouvrir le crâne pour évacuer le liquide qu'il contient. Dans ce cas, on tient à sauver la mère aux dépens du fœtus, dont la conservation est très problématique.

HYDROCHARIDÉES, s. f., *Hydrocharideæ ;* famille de plantes monocotylédonées, aquatiques, généralement vivaces, plus communes dans les climats tempérés, habitant les eaux douces et tranquilles, quelquefois le fond des anses. Genres : *Anacharis, Hydrilla, Vallisneria, Blyxa, Hydrocharis,* etc.

HYDROCHLORATE, *V.* CHLORHYDRATE et CHLORURE.

HYDROCHLORIQUE, *V.* CHLORHYDRIQUE.

HYDROCHLORONITRIQUE, *V.* ACIDE CHLORONITRIQUE et EAU RÉGALE.

HYDROCIRSOCÈLE, s. f., de *ύδωρ*, eau, *κιρσος*, varice, et *κηλη*, tumeur ; hydropisie du scrotum compliquée de varices.

HYDROCYANATE, *V.* CYANURE.

HYDROCYANIQUE, *V.* ACIDE CYANHYDRIQUE.

HYDROCYSTE, s. f., *Hydrocystis*, de *ύδωρ*, eau, et *κυστις*, vessie ; kyste séreux ; hydropisie enkystée.

HYDRODERME, s. f., *Hydroderma*, de *ύδωρ*, eau, et *δερμα*, peau ; œdème de la peau ; anasarque.

HYDRODYNAMIQUE, s. f., *Hydrodynamica*, de *ύδωρ*, eau, et *δυναμις*, force ; partie de la physique qui traite des liquides en mouvement. Elle est fort étendue et très compliquée ; elle s'occupe de l'écoulement des liquides, de leur circulation dans des tuyaux, de leur progression dans les canaux et les rivières, etc.

HYDRO-ÉLECTRIQUE, adj., *hydro-electricus ;* épithète donnée aux phénomènes de la pile voltaïque, à cause de l'intervention de l'eau. Peu usité.

HYDRO-ENCÉPHALOCÈLE ou HYDRENCÉPHALOCÈLE, s. f. ; tumeur produite par l'hydrocéphale.

HYDRO-ENTÉROCÈLE ou HYDRENTÉROCÈLE, s. f., *Hydrenterocele*, de *ύδωρ*, eau, *εντερον*, intestin, et *κηλη*, tumeur, hernie ; hydrocèle compliquée de hernie intestinale.

HYDRO-ENTÉRO-ÉPIPLOCÈLE, s. f. ; hernie inguinale formée par l'intestin et l'épiploon, compliquée d'hydrocèle.

HYDRO-ÉPIPLOMPHALE, s. f., *Hydroepiplomphalum ;* hernie ombilicale formée par l'épiploon, compliquée d'hydrocèle.

HYDROFLUATE, *V.* FLUORURE.

HYDROFLUOBORIQUE. *V.* ACIDE FLUOBORIQUE.

HYDROFLUORIQUE. *V.* ACIDE FLUORHYDRIQUE.

HYDROFLUOSILICIQUE. *V.* ACIDE FLUOSILICIQUE.

HYDROGALE, s. m., *Hydrogala*, de *ύδωρ*, eau, et *γαλα*, lait ; mélange d'eau et de lait.

HYDROGÈNE, s. m., de *ύδωρ*, eau, et *γενναω*, j'engendre. H. Éq., 12,50. *Air ou gaz inflammable.* Corps simple non métallique, organogène, très remarquable par ses propriétés électro-positives. Connu depuis longtemps comme gaz susceptible de brûler, l'hydrogène fut distingué comme corps particulier, en 1776, par Cavendisch. Abondamment répandu dans la nature, ce corps se trouve à la fois dans le règne inorganique et dans les êtres organisés ; l'ammoniaque, l'eau et les matières organiques, dont il est un des éléments essentiels, donnent une idée de son abondance et de son utilité dans l'économie générale de la nature. L'hydrogène est un des corps les plus faciles à obtenir ; on peut décomposer l'eau par la pile, par un métal de la troisième section chauffé au rouge, ou par l'intervention d'un acide ; toujours ce gaz se dégage en abondance. C'est un corps gazeux, incoërcible, incolore, inodore s'il est pur, insipide et d'une densité de 0,0688 ; il pèse environ 14 fois et demi moins que l'air, et le poids du litre égale 0,08937 ; c'est, par conséquent, le corps le plus léger de la nature pondérable. Impropre à la combustion et à la respiration, il brûle facilement, et produit une flamme presque invisible pendant le jour, qui laisse déposer de l'eau au lieu de suie. Il réfracte la lumière 6 fois et demi plus que l'air, et se porte constamment au pôle négatif dans les décompositions chimiques. L'eau ne dissout qu'un centième et demi en volume de gaz hydrogène. Mélangé à l'air, à l'oxygène et au chlore, ce gaz détone avec violence au contact d'un corps embrasé, de l'éponge de platine, ou par l'action de l'étincelle électrique et de la compression. Le gaz hydrogène exerce sur tous les corps oxydés, à l'aide de la chaleur, une action désoxygénante énergique par suite de la formation d'eau. Très important par le rôle qu'il joue dans la nature, le gaz hydrogène, à l'état de pureté, a des usages très limités ; on s'en sert pour l'analyse eudiométrique de l'air, pour alimenter la lampe hydroplatinique, le chalumeau à gaz, pour gonfler les aérostats.

HYDROGÈNE ARSÉNIÉ ou ARSÉNIQUÉ. As H³. Ce composé binaire prend naissance toutes les fois qu'on traite un alliage d'arsenic par un acide étendu d'eau, ou qu'on verse une solution arsénicale dans un flacon où se produit de l'hydrogène. Il est gazeux, coërcible à — 30°, d'une forte odeur alliacée et d'une densité de 2,695. La chaleur le décompose en hydrogène et arsenic métallique, et il brûle avec une flamme livide, qui laisse déposer sur les corps froids de l'eau et des taches noires et miroitantes d'arsenic métallique ; c'est sur cette propriété qu'est fondé l'emploi de l'appareil de Marsh. Très peu soluble dans l'eau, l'hydrogène se décompose à l'air humide, ainsi que par les chloroïdes et les métaux. C'est un des corps les plus vénéneux que l'on connaisse ; sa préparation et ses manipulations doivent être faites avec prudence.

HYDROGÈNE ANTIMONIÉ. Ce composé a beaucoup d'analogie avec le précédent et se forme dans les mêmes circonstances. Il est gazeux, incolore, inodore, insoluble dans l'eau et les solutions alcalines. Très combustible, il prend feu au contact des corps embrasés, et brûle avec une flamme jaunâtre qui laisse déposer sur les corps froids des taches noires et brillantes d'antimoine. Il ne paraît pas être vénéneux.

HYDROGÈNE CARBONÉ. Le carbone et l'hydrogène se combinent entre eux en un grand nombre de proportions, et forment des composés très variés. Quelques-uns existent tout formés dans la nature, ou se forment par la décomposition des matières organiques par le feu ; ils sont solides ou liquides, et portent le nom de *carbures d'hydrogène* ; tels sont beaucoup d'essences et de produits pyrogénés. Trois combinaisons gazeuses d'hydrogène et de carbone existent et sont bien définies ; elles seront seules décrites ici. 1° *Hydrogène protocarboné ou gaz des marais.* $C^2 H^4$. Ce composé se forme par la décomposition des matières organiques ; aussi, existe-t-il en abondance dans les eaux stagnantes et les marais, d'où il se dégage quand on remue la vase ; on le trouve souvent aussi dans les mines de houille, où il forme, avec l'air, un mélange explosif appelé *grisou*, et qui donne fréquemment lieu à des accidents graves. On peut le préparer artificiellement en décomposant l'acide acétique ou les acétates alcalins par la potasse ou la chaux, à l'aide de la chaleur. L'hydrogène protocarboné est un gaz incolore, inodore, très léger, pesant 0,556, insoluble dans l'eau et brûlant avec une flamme peu brillante, déposant de l'eau et exhalant de l'acide carbonique. Mélangé à trois volumes de chlore, il détone avec violence ; il forme, du reste, avec ce corps, plusieurs combinaisons plus ou moins importantes, parmi lesquelles se trouve le *chloroforme*. 2° *Hydrogène bicarboné*, *gaz oléfiant*. $C^4 H^4$. Ce produit gazeux résulte de la décomposition des matières organiques par le feu. On l'obtient dans les laboratoires, en décomposant l'alcool par quatre ou cinq fois son poids d'acide sulfurique concentré

à l'aide de la chaleur. C'est un gaz coërcible, incolore, d'odeur éthérée, et d'une densité de 0,985. Très peu soluble dans l'eau, soluble dans l'acide sulfurique, ce gaz brûle à l'air avec une flamme blanche et éclatante qui laisse déposer du charbon. Mélangé à l'air ou au chlore, il détone violemment ; avec le dernier de ces corps, il se combine à volumes égaux et donne naissance à un liquide huileux, qui porte le nom de *liqueur des Hollandais*. L'hydrogène bicarboné forme la base du gaz d'éclairage. 3° *Bicarbure d'hydrogène.* $C^8 H^8$. Ce composé, découvert par Faraday, se forme lors de la décomposition, par le feu, des matières grasses. Il est gazeux, coërcible à —18°, pesant 1,927, insoluble dans l'eau, peu soluble dans l'alcool et les huiles grasses, très soluble au contraire dans l'acide sulfurique. Il brûle avec une flamme très éclairante, et forme, avec le chlore, un corps gras comme le gaz oléfiant. Il fait partie du gaz d'éclairage et paraît former le radical de plusieurs composés organiques, comme certaines essences, par exemple, etc.

HYDROGÈNE PHOSPHORÉ. Pendant longtemps on a admis l'existence de deux combinaisons gazeuses de phosphore et d'hydrogène : *l'hydrogène proto* et *l'hydrogène per-phosphoré* ; mais les recherches récentes de Paul Thénard démontrent qu'il n'en existe qu'une seule à l'état gazeux, *l'hydrogène phosphoré*, $Ph\,H^3$, et que les deux autres composés de phosphore et d'hydrogène, sont, l'un liquide $Ph\,H^2$, et l'autre solide $Ph^2 H$; on les appelle des *phosphures d'hydrogène*. Il ne sera question que du premier : *Hydrogène phosphoré*. Il n'existe pas dans la nature, mais prend naissance dans les lieux où sont enfouies de grandes quantités de matières organiques, comme dans les cimetières, où il donne naissance à ces lueurs phosphorescentes qui apparaissent pendant la nuit, et qu'on nomme *feux follets*. Dans les laboratoires, on l'obtient en traitant le phosphore par la chaleur, en présence d'une base alcaline, ou en décomposant le phosphure de chaux par l'eau à la température ordinaire. C'est un gaz incolore, d'odeur alliacée, et d'une densité de 1,185. Peu soluble dans l'eau, il se dissout dans l'alcool, l'éther et l'essence de térébenthine. Lorsqu'il est pur, il n'est pas spontanément inflammable, et ne prend feu qu'à 100° ; mais s'il renferme du phosphure d'hydrogène liquide, comme cela est le plus ordinaire, il s'enflamme au contact de l'air, et la fumée qui s'en échappe est blanche et forme une couronne qui s'agrandit rapidement à mesure qu'elle s'élève. Ce gaz pur est sans usage.

HYDROGÈNE SÉLÉNIÉ. *V.* **ACIDE SÉLÉNHYDRIQUE.**

HYDROGÈNE SULFURÉ. *V.* **ACIDE SULFHYDRIQUE.**

HYDROGÉNÉ, adj., *hydrogenatus*; qui contient de l'hydrogène ; se dit surtout des substances organiques dans lesquelles l'hydrogène est prédominant, comme dans les essences, les corps gras, les résines, etc.

HYDROGÉOLOGIE, s. f., *Hydrogeologia*, de νδωρ, eau, γη, terre, et λογος, discours; partie de la physique du globe qui traite des eaux répandues à la surface de la terre et dans ses couches superficielles.

HYDROGLOSSE; synonyme de *grenouillette* (*V.* ce mot).

HYDROGRAPHIE, s. f., *Hydrographia*, de νδωρ, eau, et γραφειν, décrire; description des eaux qui recouvrent le globe terrestre; synonyme d'*hydrogéologie*.

HYDROL, s. m., de νδωρ, eau; nom proposé par Béral, pour désigner, d'une manière collective, les *eaux minérales*.

HYDROLAT, s. m.; nom collectif des eaux distillées aromatiques.

HYDROLATURE, s. f.; dénomination proposée par Béral, pour désigner les préparations médicinales ayant l'eau pour menstrue, et renfermant des matières extractives organiques.

HYDROLÉ, s. m.; nom collectif des *dissolutions* aqueuses médicinales.

HYDROLÉACÉES, s. f., *Hydroleaceæ*; famille de plantes herbacées ou souffrutescentes, dicotylédones, monopétales, principalement originaires de l'Amérique tropicale. Genres: *Hydrolea*, *Nama*, etc.

HYDROLIQUE, adj. et s.; autre nom générique des préparations pharmaceutiques ayant l'eau pour véhicule.

HYDROLOTIF, s. m.; préparation aqueuse spécialement destinée pour l'usage externe ou pour les muqueuses voisines de la peau.

HYDROLOGIE, s. f., *Hydrologia*, de νδωρ, eau, et λογος, discours; histoire de l'eau sous les rapports géologique, chimique, physique et météorologique.

HYDROMÉDIASTINE, s. f., *Hydromediastina*, de νδωρ, eau, et *mediastinum*, médiastin; hydropisie, collection séreuse du médiastin.

HYDROMEL, s. m., *Hydromeli*, de νδωρ, eau, et μελι, miel; mélange d'eau et de miel. On donne aussi ce nom à l'eau miellée qui a subi la fermentation alcoolique.

HYDROMELLÉ, s. m.; nom donné par Béral au mélange de miel et d'une préparation aqueuse végétale, comme une infusion, une décoction, un suc, etc.

HYDROMÉTÉORE, s. m.; synonyme de *météore aqueux*, *V.* MÉTÉOROLOGIE.

HYDROMÈTRE, s. m., *Hydrometra*, de νδωρ, eau, et μετρα, matrice; hydropisie, collection séreuse de la matrice. Cette maladie est rare dans les femelles domestiques; elle n'a été observée que sur la jument et la vache. Les pathologistes ont admis, pour l'espèce humaine, plusieurs espèces d'*hydromètres*: 1° l'*hydromètre ascite*, qui consiste dans la présence d'une certaine quantité de sérosité au sein de l'utérus; 2° l'*hydromètre hydatique*, formée par la présence des hydatides; 3° enfin, l'*hydromètre*, qui a lieu pendant la grossesse. Les mêmes variétés peuvent se montrer sur les animaux. C'est l'inflammation qui, le plus souvent, les fait développer. L'*ascite de l'utérus* ou *hydromètre* proprement dit, coïncide nécessairement avec l'occlusion de l'orifice de cet organe et une exhalation abondante à la surface de la muqueuse. Le liquide exhalé est quelquefois séreux, ordinairement d'un blanc laiteux; il s'échappe en partie pendant les efforts opérés pour tousser ou pour rejeter les urines, mais il se reproduit rapidement. Cet état peut être confondu avec l'augmentation de volume qui résulte de la gestation. Les indications consistent à évacuer le liquide contenu dans la matrice, à faire des injections émollientes d'abord, et plus tard toniques ou astringentes. Il faut en outre, comme pour les autres hydropisies, activer la sécrétion urinaire et la transpiration cutanée.

HYDROMÈTRE, s. m., de νδωρ, eau, et μετρον, mesure; instrument propre à mesurer l'épaisseur de la couche d'eau qui tombe chaque année sur la surface de la terre, dans un lieu donné. *V.* PLUVIMÈTRE.

HYDROMPHALE, s. f., *Hydromphalum*, de νδωρ, eau, et ομφαλος, nombril; hydropisie du nombril.

HYDRONOSE, s. f., *Hydronosis*, de νδωρ, eau, et νοσος, maladie; nom donné à une fièvre passagère avec transpiration, nommée la *suette*; cette affection n'est pas connue sur les animaux.

HYDROPATHIE, s. f., de νδωρ, eau, et παθος, maladie; méthode de traitement qui consiste à faire exclusivement usage de l'eau, pour combattre les maladies, *V.* HYDROTHÉRAPHIE.

HYDROPÉDÈSE, s. f., *Hydropedesis*, de νδωρ, eau, et πεδησις, action de faire jaillir; sueur trop abondante.

HYDROPÉRICARDE, s. m., *Hydropericardia*, de νδωρ, eau, et περικαρδια, péricarde; hydropisie du péricarde; accumulation de sérosité dans la cavité du péricarde. Cette maladie a été peu étudiée dans les animaux; cependant elle est assez fréquente. L'épanchement dans le péricarde se montre dans la plupart des cadavres; il s'est formé pendant l'agonie ou après la mort; quelquefois cette collection séreuse est le résultat d'une maladie préexistante. On a distingué l'hydropéricarde *passif*, reconnaissant pour cause un obstacle à la circulation veineuse, et l'hydropéricarde *actif*, qui est produit par des changements survenus dans les fonctions de la séreuse du péricarde. Il n'est pas facile de déterminer les causes de cette dernière variété sur nos grands animaux; l'excès de travail, les efforts exagérés pour le tirage, paraissent la produire le plus souvent. Cette hydropisie accompagne aussi quelques-unes des phlegmasies des viscères de la poitrine. Les symptômes ne sont apparents qu'après l'accumulation d'une certaine quantité de sérosité ; on observe un trouble marqué dans la circulation. Dans le début, le pouls est plein, accéléré ; il donne 60 à 70 pulsations par minute ; le doigt perçoit deux battements distincts, simultanés, ce qui constitue le pouls dicrote ou *bis-feriens;* plus tard, les pulsations deviennent plus faibles, plus accélérées ; on en compte 90 à 100 par minute ; enfin, elles deviennent intermittentes. Les battements du cœur, isochrones à ceux des artères, sont plus forts qu'à l'état normal ; on les compte facilement en appliquant la main sur le côté gauche du thorax. Par l'auscultation, l'oreille perçoit le *bruit de cuir neuf,* qui ressemble à un craquement produit entre les mains par un morceau de cuir ; ce bruit n'est bien apparent que dans l'hydropisie du péricarde avec fausses membranes. Les malades ont le poil terne, piqué ; les muqueuses sont pâles, infiltrées, la colonne dorsale sensible à la pression. C'est une maladie fort grave, qui se termine par la mort, surtout s'il y a complication de cardite. Il faut cependant ajouter que les cas de guérison ne peuvent être signalés exactement, parce que l'on ne peut facilement constater cette hydropisie, quand la collection séreuse n'est pas abondante. A l'autopsie, on trouve une quantité variable de sérosité, qui, toutefois, ne peut être copieuse, vu le peu d'étendue du réservoir formé par le péricarde. Sur le cheval et le bœuf, on en rencontre au plus deux à trois litres. La couleur de la sérosité tire sur le jaune ; sa transparence est quelquefois troublée par de fausses membranes, par le mélange d'une certaine quantité de sang. En vétérinaire comme en médecine humaine, il n'y a aucun cas bien avéré de guérison d'hydropéricarde bien constaté. Nous avons employé inutilement, à l'Ecole de Lyon, la digitale, les diurétiques, les sudorifiques, les révulsifs, soit externes, soit internes. On obtient, au début du traitement, une amélioration marquée, mais seulement passagère, par l'emploi de la digitale ; les symptômes reprennent leur intensité au bout de deux ou trois jours. La ponction du péricarde, proposée pour l'homme par Sénac, employée par Corvisart et Laënnec, sans résultats satisfaisants, n'a pas été essayée sur les animaux, et ne donnerait sans doute sur eux aucun succès.

HYDROPHANE, s. f., de υδωρ, eau, et φαινω, je brille ; nom d'une pierre siliceuse, qui est translucide lorsqu'elle est imbibée d'eau.

HYDROPHOBE, adj. et s., *Hydrophobus;* qui a horreur de l'eau, qui est atteint d'hydrophobie.

HYDROPHOBIE, s. f., *Hydrophobia,* de υδωρ, eau, et φοβος, crainte ; horreur de l'eau. C'est un symptôme de la rage, qui consiste dans une aversion marquée pour un liquide quelconque, et même pour une surface brillante. L'homme qui est atteint de la rage éprouve des accès convulsifs à la vue de l'eau qu'on approche de ses lèvres ; les muscles de sa figure se contractent ; il y a constriction de la gorge, des symptômes de suffocation : la déglutition est impossible. Ces accès se répètent souvent. On n'observe pas toujours cette horreur des liquides sur les animaux. Dans l'intervalle des accès de rage, le chien enragé ne dédaigne pas toujours l'eau qu'on lui présente ; on a vu des carnivores, atteints de cette affreuse maladie, traverser une rivière à la nage. L'hydrophobie n'est donc pas un symptôme constant, inséparable de la rage. Il faut s'attacher à combattre l'opinion contraire, afin d'éviter les dangers d'une fausse sécurité. Le mot *hydrophobie* est employé comme synonyme de *rage,* c'est à tort, puisqu'il ne désigne qu'un symptôme qui n'est pas aussi important qu'on l'a dit, et qui manque quelquefois. *V.* RAGE.

HYDROPHTHALMIE, s. f., *Hydrophthalmia,* de υδωρ, eau, et οφθαλμος, œil ; hydropisie de l'œil. Synonymie : *buphthalmie.* Elle dépend d'une augmentation de l'humeur aqueuse ou de l'humeur vitrée, ou des deux à la fois ; l'hydropisie peut aussi se former entre la sclérotique et la choroïde. Cette maladie se montre sur les animaux, entre autres le cheval et le bœuf ; elle est presque toujours accidentelle, rarement congénitale ; elle est produite par les contusions, les ophthalmies réitérées. Les paupières sont distendues ; la conjonctive est apparente ; les diamètres du globe sont augmentés ; la cornée est saillante, plus ou moins opaque. Dans l'hydropisie de l'humeur aqueuse, l'iris est concave et porté en arrière ; dans celle de l'humeur vitrée, il est convexe et porté en avant. De ce changement dans les dimensions de l'œil, résulte le trouble de la vision ; la cécité devient complète, si les milieux de l'œil perdent leur transparence. Le traitement consiste à combattre les causes occasionnelles. On emploie les antiphlogistiques, lorsque la maladie résulte d'une contusion ; les dérivatifs externes et internes, les diurétiques, les purgatifs, sont également recommandés. Comme dernière ressource, on a conseillé la ponction de la cornée ; mais ce n'est tout au plus qu'un moyen palliatif.

HYDROPHYLLÉES, s. f., *Hydrophylleœ;* famille de plantes dicotylédonées, herbacées, annuelles ou vivaces, monopétales, hypogynes, originaires des parties tempérées et froides de l'Amérique. Genres : *Hydrophyllum, Nemophila, Ellisia,* etc.

HYDROPHYSOCÈLE, s. f., *Hydrophysocele,* de υδωρ, eau, φυσα, air, et κηλη, tumeur ; tumeur du scrotum, formée d'eau et d'air ; synonyme de *hydropneumatocèle.*

HYDROPHYSOMÈTRE, s. f., *Hydrophysometra,* de υδωρ, eau, φυσα, air, et μητρα, matrice ; hydropisie de la matrice avec collection gazeuse.

HYDROPHYTE, s. f., *Hydrophyta,* de υδωρ, eau, et φυτον, plante ; nom générique des plantes qui vivent dans l'eau. Toutefois on désigne plus particulièrement ainsi les plantes acotylédones aquatiques, et on les divise en *Nayophytes* ou plantes d'eau douce, et en *Thalassiophytes* ou plantes marines. *V.* PHYCÉES.

HYDROPIQUE, adj. et s., *hydropicus;* qui a une hydropisie ; qui a rapport à l'hydropisie.

HYDROPISIE, s. f., *Hydrops*; υδρωψ, de υδωρ, eau, et ωψ, aspect; épanchement de sérosité dans une cavité quelconque du corps ou dans le tissu cellulaire. L'hydropisie est le résultat d'un trouble survenu dans l'exhalation ou l'absorption. On désigne les hydropisies d'après leur siége ; on appelle *hydrothorax* l'hydropisie de la poitrine ; *ascite*, celle de l'abdomen ; *hydrorachis*, celle du canal rachidien ; *hydrocèle*, celle de la tunique vaginale ; *anasarque*, *œdème*, l'hydropisie du tissu cellulaire, etc. D'après leur marche, les hydropisies sont *aiguës* ou *chroniques* ; elles sont *essentielles* ou *symptomatiques*, suivant qu'elles se rattachent ou non à une lésion locale. Autrefois, on appelait hydropisies *actives*, celles qu'on attribuait à un surcroît d'activité dans les exhalants; *passives*, celles qui dépendaient d'un état d'atonie des absorbants. Aujourd'hui, on donne le nom d'*hydropisies actives* à celles dues à un afflux de sang dans les capillaires artériels d'une partie; d'*hydropisies passives* aux collections qui résultent d'un obstacle au cours du sang. Les collections de sérosité dans les cavités splanchniques ne constituent pas une maladie particulière, mais un symptôme plus ou moins prédominant, donnant lieu à quelques symptômes consécutifs. Les phénomènes locaux dépendent de l'accumulation du liquide épanché, qui produit, pour certaines parties, pour la peau et la cavité abdominale, une intumescence prononcée, sans qu'il y ait un trouble marqué des fonctions des organes. Pour les cavités à parois résistantes, telles que le crâne et la poitrine, la compression, produite par la sérosité, cause de graves désordres. Les symptômes généraux consistent dans la pâleur des membranes muqueuses, la faiblesse, l'engorgement des extrémités dans les grands animaux, la difficulté de respirer. Dans les collections hydropiques, la sérosité est limpide, sans couleur ou légèrement citrine, jaune ou rougeâtre ; quelquefois elle contient des flocons ou des filaments qui troublent sa transparence. Certaines hydropisies sont très graves et toujours mortelles chez les animaux; telles sont celles du thorax, la plupart de celles du cerveau. Quelquefois la nature en détermine la guérison par une sécrétion urinaire plus abondante, l'augmentation de la sueur, etc.; souvent les hydropisies se terminent par des altérations organiques irrémédiables, par des métastases. Elles peuvent être compliquées par l'inflammation érysipélateuse, la gangrène. Le traitement doit varier suivant le siége de l'hydropisie et les causes qui l'ont produite; on excite généralement les sécrétions urinaire, intestinale et cutanée, pour fournir une voie de sortie à la sérosité. Le régime doit recevoir quelques modifications. Si la thérapeutique est impuissante, on a recours à la ponction pour évacuer le liquide épanché ; mais ce n'est le plus souvent qu'un palliatif.

HYDROPNEUMATIQUE, adj., *hydropneumaticus*; de υδωρ, eau, et πνευμα, air, gaz; dénomination par laquelle on désigne la cuve à eau. *V.* CUVE.

HYDROPNEUMATOCÈLE, s. f., *Hydropneumatocele*, de υδωρ, eau, πνευμα, air, et κηλη, tumeur, hernie ; hernie du scrotum contenant de plus un liquide et un corps gazeux ; synonyme d'*hydrophysocèle*.

HYDROPNEUMONIE, s. f., *Hydropneumonia*, de υδωρ, eau, et πνευμων, poumon ; hydropisie du poumon. Cette dénomination a été donnée par Sauvages à l'*œdème du poumon.*

HYDROPNEUMOSARQUE, s. f., *Hydropneumosarca*, de υδωρ, eau, πνευμα, air, et σαρξ, chair ; tumeur contenant de l'eau, un corps gazeux et des matières charnues. Cet état peut se rencontrer dans les tumeurs cancéreuses qui ont développé des gaz par la décomposition de quelques-unes de leurs parties.

HYDRORACHIS, s. f., *Hydrorachis*, de υδωρ, eau, et ραχις épine ou rachis; hydropisie du canal vertébral. On dit aussi *hydrorachitis*, *spina bifida.* Cette affection produit la paralysie des membres postérieurs; elle est le plus souvent congénitale. Toggia, Leblanc et Raikem l'ont observée sur les agneaux ; ceux-ci contractaient l'hydrorachis dans le premier mois après leur naissance.

HYDROSARCOCÈLE, s. f., *Hydrosarcocele*, de υδωρ, eau, σαρξ, chair, et κηλη, hernie ; sarcocèle compliqué d'hydrocèle de la tunique vaginale.

HYDROSARQUE, s. f., *Hydrosarca*, de υδωρ, eau, et σαρξ, σαρκος, chair ; nom donné à des tumeurs charnues contenant une certaine quantité de sérosité.

HYDROSCHÉONIE, *Hydroscheonia*, de υδωρ, eau, et οσχεον, scrotum ; hydropisie du scrotum ; synonyme d'*hydrocèle.*

HYDROSÉLÉNIATE, *V.* SÉLÉNIURE.

HYDROSÉLÉNIQUE, *V.* ACIDE SÉLÉNHYDRIQUE.

HYDROSTATIQUE, s. f., *Hydrostatica*, de υδωρ, eau, et ισταμαι, s'arrêter; partie de la physique qui traite de l'équilibre des liquides.

HYDROSUDOPATHIE, s. f., de υδωρ, eau, *sudor*, sueur, et παθος, maladie; méthode thérapeutique qui consiste à traiter les maladies en provoquant des sueurs abondantes par l'ingestion de grandes quantités d'eau et par l'exercice au grand air. *V.* HYDROTHÉRAPIE.

HYDROSULFATE, *V.* SULFHYDRATE et SULFURE.

HYDROSULFURIQUE, *V.* Acide Sulfhydrique.

HYDROTHÉRAPIE, s. f. , *Hydrothera-*
pia, de υδωρ, eau, et θεραπευειν, guérir ;
mode de traitement des maladies chroniques
par l'usage exclusif de l'eau froide, tant à
l'intérieur qu'à l'extérieur. — Cette méthode
thérapeutique a été imaginée vers 1834 , par
un paysan de la Silésie autrichienne, nommé
Priestnitz, fils d'aubergiste, qui exerçait, dit-
on, la médecine vétérinaire , probablement
à titre d'empirique. — Elle consiste à couvrir
le malade en l'enveloppant, étant dépouillé
de tous ses vêtements et couché, avec des couvertures en laine, et en lui donnant de l'eau
froide comme boisson. Lorsque la transpiration, qui est toujours fort abondante, a pro-
curé une évacuation humorale très copieuse ,
on plonge le malade dans un bain d'eau
froide, ou on le recouvre de linges mouillés,
suivant sa force de résistance. — A sa sortie
du bain, le malade est vêtu chaudement et
soumis à un exercice capable de produire
une nouvelle transpiration abondante. Le
régime alimentaire doit être copieux, très alibile, et généralement au gré du malade. —
Ce nouveau mode de traitement n'a point
été encore essayé sur les animaux et ne le
sera vraisemblablement jamais. L'usage du
vert, à l'air libre , auquel on soumet souvent
les herbivores atteints de maladies chroniques rebelles, présente une analogie éloignée
avec la méthode du paysan de Silésie.

HYDROTHORAX, s. m. , *Hydrothorax* ,
de υδωρ, eau, et θοραξ, poitrine ; hydropisie
de poitrine ; collection de sérosité dans la cavité de l'une des plèvres, ou dans les deux
cavités formées par cette membrane séreuse.
Cette maladie est rare dans les grands animaux domestiques ; le plus ordinairement,
elle est la suite de l'inflammation des poumons ou des plèvres. Le médiastin du cheval étant criblé de trous, l'hydropisie se montre toujours dans les deux sacs formés par
la plèvre. Les symptômes de l'hydrothorax
sont la difficulté de respirer , l'élévation exagérée des côtes , l'infiltration des parois inférieures du ventre, des membres postérieurs ;
le pouls est faible, irrégulier. Cette hydropisie se forme lentement ; on ne soupçonne
son existence que lorsqu'elle a fait des progrès qui la rendent incurable. A l'autopsie,
on trouve dans les plèvres un liquide séreux,
jaune citrin, mêlé quelquefois à des fausses
membranes. Dans le cheval, la quantité en est
considérable ; on en a extrait jusqu'à 66 litres
par la ponction. Les poumons sont rapetissés,
à tel point que, dans le chien atteint d'hydrothorax, ces organes deviennent en grande partie
imperméables à l'air. Le pronostic est toujours
fâcheux. C'est par la suppression des fonctions
du poumon que la mort arrive presque toujours. Le traitement consiste dans les émétir-
ques, les purgatifs, les diurétiques ; la ponction
est la dernière ressource, mais elle est à peu près
infructueuse puor les animaux. *V.* Empyème.

HYDROTIQUE , adj. , *hydroticus ;* synonyme d'*hydragogue*, (*V.* ce mot.) — *Pathol.*
Fièvre hydrotique : caractérisée par des
sueurs abondantes.

HYDROTITE, s. f. , *Hydrotis* , de υδωρ,
eau, et ους, oreille ; hydropisie de l'oreille ;
c'est une rétention de matières dans la cavité du tympan et dans les cellules mastoïdiennes.

HYDRURE, s. m. , *Hydruretum* , de
υδωρ, eau ; dénomination par laquelle on désigne les composés neutres et non gazeux formés par l'hydrogène et un corps simple métalloïde ou métallique, ex. : *hydrure de sou-*
fre, *d'antimoine*, *d'arsenic ;* combinaisons
plus riches en soufre, en arsenic, en antimoine,
que les composés gazeux hydrogénés de ces mêmes éléments. On donne aussi ce nom à certains composés organiques qu'on suppose formés d'hydrogène et d'un radical composé. C'est
ainsi que l'ammoniaque est appelée *hydrure*
d'amide ; l'essence d'amandes amères est regardée comme un *hydrure de benzoyle*, celle de
cannelle, comme un *hydrure de cynnamile*, etc.

HYÉTOMÈTRE, s. m. ; synonyme de *pluvi-*
mètre , (*V.* ce mot.)

HYGIÈNE, s. f., *Hygiene ;* de υγιεινη, santé ;
art de conserver la santé ; étude des effets des
agents hygiéniques sur la santé, et du parti que
l'on en peut tirer pour le gouvernement et l'a-
mélioration des animaux. L'hygiène vétérinaire ne se borne point à prévenir les maladies ; elle recherche les moyens de perfectionner les bestiaux, de rendre leur entretien plus
productif et d'augmenter le nombre des espèces domestiques utiles. Elle embrasse, indépendamment des règles qui doivent conduire
à la conservation de la santé, celles de la
production , de l'éducation. On comprendra
l'importance de cette partie des sciences vétérinaires, si l'on se rappelle le nombre et le
rôle des animaux domestiques, si l'on songe
qu'un élevage , une multiplication bien entendus peuvent en accroître beaucoup la valeur. Les animaux domestiques ont d'autant
plus besoin du secours de l'homme qu'ils ont
été plus profondément modifiés par la domestication, et qu'ils sont devenus , par cela
même , plus impressionnables aux causes de
maladies et de dégénérations. Mais l'étude de
l'hygiène n'est pas seulement utile parce qu'elle
embrasse la *prophylaxie ;* en faisant connaître
les agents morbifiques, en dévoilant leur action,
elle conduit à l'*étiologie* et au *diagnostic*. —
Les animaux domestiques n'ont point tous
le même rôle à remplir : les uns sont exclusivement entretenus pour le travail, d'autres
doivent donner des produits en nature, du
lait, de la graisse, de la laine, etc. ; quelques-uns même n'ont d'autre fonction utile
que celle de la reproduction de l'espèce. On
prévoit dès-lors que, pour une espèce, et surtout pour l'ensemble des espèces domestiques, les règles de l'hygiène ne peuvent être
les mêmes , et que les deux buts principaux ,
conserver , utiliser économiquement et amé-

liorer, ne peuvent pas toujours être atteints simultanément; que les moyens employés contribuent quelquefois à détruire la santé. En effet, la domestication a eu pour premier résultat général de diminuer la rusticité des animaux, et l'observation prouve que les races bovines et ovines les plus précieuses, les plus perfectionnées pour la laine ou pour la chair, sont aussi les plus délicates; qu'un animal très gras est bien près d'être malade. Il ne faut donc ici se préoccuper que du but, et l'hygiène est rationnelle, quand elle conduit à un résultat économique. C'est de l'hygiène vétérinaire surtout que l'on peut dire qu'elle varie dans ses applications, et que ses principes, stables en ce qu'ils sont conformes aux lois de la physique et de la physiologie, doivent être choisis et appliqués en vue d'une santé relative.—Les animaux domestiques sont les *sujets de l'hygiène;* tout ce qui peut agir sur eux pour les modifier, le régime, les habitations, etc., reçoit le nom d'*agents*. Les anciens divisaient ceux-ci en *choses naturelles* et en *choses non naturelles* ou *extérieures*. Haller et, depuis son époque, tous les hygiénistes, les ont divisés en six classes: les *Ingesta* ou *Digesta*, les *Circumfusa*, les *Applicata*. les *Acta* ou *Gesta*, les *Percepta* et les *Excreta* (*V.* ces mots). — L'hygiène vétérinaire peut être étudiée isolément; en théorie comme en fait, elle doit se lier à l'*agriculture*, pour constituer l'*économie rurale*. L'agriculture, en effet, emploie les animaux comme moteurs, réclame leurs fumiers et fournit à chacun d'eux les aliments nécessaires à son entretien, à son amélioration. — Etudiée sans acception d'espèce ou de race, l'hygiène prend le nom d'*hygiène générale;* dans le cas contraire, elle constitue l'*hygiène spéciale* ou *appliquée*. — Lorsque l'hygiène vétérinaire a pour but de rechercher les moyens de prévenir, borner ou faire disparaître les maladies contagieuses, de les empêcher de se transmettre à l'homme, elle prend le nom de *Police sanitaire*, et constitue, à ce titre, une branche particulière de l'*Hygiène publique*.

HYGIÉNIQUE, adj.; qui a rapport à l'hygiène. *Traitement hygiénique. V.* Diététique.

HYGIÉNISTE, s. m.; celui qui étudie ou applique les règles de l'hygiène.

HYGROCIRSOCÈLE, s. f., *Hygrocirsocele*, de υγρος, humide, aqueux, κιρσος, varice, et κηλη, tumeur; hydropisie du scrotum avec développement de varices. Synonyme de *hydrocirsocèle*.

HYGROMA, s. m., *Hygroma*, de υγρος, humide, aqueux; hydropisie des bourses muqueuses sous-cutanées. Dans le cheval, on observe cette maladie sur le genou, à la pointe du coude, du jarret, à la face antérieure des boulets, sur la nuque. L'hygroma du coude est désigné sous le nom d'*éponge*, celui du jarret sous la dénomination de *capelet* (*V.* ces mots).

C'est la contusion qui produit le plus souvent l'hydropisie des bourses muqueuses; elle reconnaît aussi des causes internes. Le symptôme principal consiste dans une tumeur molle, de forme oblongue; on sent qu'il y a dans le tissu cellulaire sous-cutané un amas de liquide qui cède à la pression du doigt, sans douleur ni inflammation. L'hygroma de cause externe se développe plus lentement que celui de cause interne; il est susceptible d'acquérir un plus grand volume. Le traitement consiste à détruire le contenant et le contenu, comme dans l'hydrocèle. Dans le début, on obtient de bons effets des frictions résolutives, ammoniacales, cantharidées, de l'application de l'onguent vésicatoire. Pour guérir l'hygroma du coude, on a presque toujours recours à l'incision. Lorsqu'il s'agit de l'hydropisie de la bourse muqueuse du boulet, il faut pratiquer la ponction et injecter la teinture d'iode. Certains hygromas réclament l'incision dans la partie déclive et la compression.

HYGROMÈTRE, s. m., *Hygrometrum*, de υγρος, humide, et μετρον, mesure; instrument de construction variable, employé à mesurer le degré d'humidité de l'air atmosphérique. On connaît plusieurs hygromètres; ils se distinguent en deux classes: les hygromètres de *condensation* et les hygromètres d'*absorption;* les premiers condensent l'humidité atmosphérique, parce qu'ils présentent un point dont la température est plus basse que celle de l'air ambiant, et les seconds, l'absorbent parce qu'ils sont formés par un corps *hygrométrique* ou très avide d'humidité. Il ne sera question ici que des hygromètres de *Daniel* et de *Saussure;* quant à celui de *Regnault*, d'invention récente, il est trop compliqué pour être décrit sans l'aide d'une figure.—1° *Hygromètre de Daniel*. Cet instrument est un hygromètre de condensation. Il se compose d'un tube de verre courbé en siphon, et de deux boules creuses, de même substance, terminant les bouts du tube. Il repose par son centre sur une colonne métallique qui lui sert de support. La boule qui termine la grande branche du siphon est de couleur noire, et porte intérieurement un petit thermomètre qui plonge dans de l'éther; la boule de la courte branche, plus petite, est recouverte d'une gaze en mousseline; l'intérieur du tube est vide d'air. Pour connaître le degré d'humidité de l'air avec cet instrument, on procède de la manière suivante: on verse sur la boule de la courte branche, de l'éther qui, en se vaporisant, la refroidit et condense les vapeurs d'éther qu'elle contient; le liquide contenu dans la boule noire se vaporise alors et la refroidit au point de condenser l'humidité atmosphérique à sa surface; cet effet a lieu à une température qui porte le nom de *point de rosée*, et qui est marquée par le thermomètre intérieur, celui qui est attaché à la monture de l'instrument donnant celle de l'air ambiant. En général, plus la différence de température du point de rosée et de l'air extérieur est grande, plus l'air est sec, et plus elle est petite, plus il est humide. Si le point de rosée indique la *quantité absolue* de vapeur d'eau contenue dans l'air, la différence entre cette température et celle de l'air, indiquera la *quantité relative* de vapeur aqueuse ou d'humidité. Pour obtenir cette dernière en centièmes, il faut diviser la quantité de vapeur d'eau que contiendrait l'air, s'il était saturé à la température où se fait l'observation, par la quantité qu'il contient réellement, et multiplier le quotient obtenu par le nombre 100. — 2° *Hygromètre de Saussure* ou à *cheveu*. Cet hygromètre d'absorption, qui est le plus employé pour les observations ordinaires, se compose d'un cheveu dépouillé de sa matière grasse par une lessive alcaline, attaché par une extrémité à un point fixe, enroulé par son autre bout sur une poulie, et tenu tendu par un contre-poids ; la poulie est munie d'une aiguille qui parcourt les divisions d'un cadran. La partie fixe de l'instrument est un cadre métallique contenu dans une petite boîte en bois dont les parois à jour sont garnies d'une toile métallique, pour que l'air puisse aisément se mettre en contact avec le cheveu. Pour graduer l'instrument, on l'introduit d'abord sous une cloche dont l'air a été complètement dépouillé de son humidité, et on marque 0° au point où l'aiguille s'arrête sur le cadran ; puis on le place sous une cloche qui repose sur un vase plein d'eau, et, au point où l'aiguille reste stationnaire, on marque 100° ; enfin, l'intervalle compris entre ces deux points extrêmes est divisé en 100 parties égales, appelées *degrés* de l'hygromètre. Ainsi préparé, cet instrument indiquera si l'air est humide ou sec, par les mouvements de l'aiguille, le cheveu s'allongeant en absorbant de l'eau, et se raccourcissant à mesure qu'il se dessèche. A part les points extrêmes de l'échelle, dont les indications sont absolues, toutes les indications intermédiaires ne sont que relatives, et, pour les transformer en valeurs positives, il faut avoir recours à des tables spéciales dressées par plusieurs physiciens, et notamment par Gay-Lussac.

HYGROMÉTRIE, s. f., *Hygrometria ;* partie de la physique qui traite de l'humidité atmosphérique et des moyens propres à en constater la présence et en mesurer la quantité, ainsi que les variations qu'elle éprouve selon les saisons, les climats, etc. C'est la branche la plus importante de la météorologie, au point de vue de l'hygiène, de l'agriculture et de la médecine.

HYGROMÉTRIQUE, adj., *hygrometricus ;* épithète donnée à tous les corps susceptibles d'absorber l'humidité atmosphérique ou de la précipiter à leur surface. Les premiers sont hygrométriques par absorption, et les seconds par condensation. Les corps susceptibles d'absorber l'humidité sont fort nombreux ; il en est d'inorganiques comme les acides concentrés, les alcalis anhydres, la chaux, le chlorure de calcium, etc. ; on en trouve aussi de nature organique, comme les tissus de sécrétion, l'épiderme, les poils des plantes et des animaux, les cheveux, la corne, les cordes à boyaux, et, en général, toutes les substances organiques desséchées. Les corps hygrométriques par condensation comprennent tous ceux dont la température est inférieure à celle de l'air ambiant, ce qui détermine la précipitation à l'état liquide d'une partie de l'humidité contenue dans l'atmosphère.

HYGROPHOBIE, s. f., *Hygrophobia*, de υγρος, humide, aqueux, et φοβος, crainte ; synonyme d'*hydrophobie*.

HYGROPHTHALMIQUE, adj., *hygrophtalmicus*, de υγρος, humide, et οφθαλμος, œil ; qui humecte l'œil. *Canaux hygrophtalmiques :* petits conduits très ténus amenant les larmes sécrétées par la glande lacrymale, à la face interne des paupières, vers l'angle temporal de l'œil.

HYGROSCOPE, s. m., *Hygroscopium*, de υγρος, humide, et σκοπεω, observer ; synonyme d'*hygromètre* (*V.* ce mot).

HYGROSCOPICITÉ, s. f., *Hygroscopicitas ;* propriété particulière aux corps *hygrométriques*, en vertu de laquelle ils absorbent et condensent l'humidité atmosphérique. — *Agr.* L'hygroscopicité d'une terre est représentée par la quantité d'eau qu'elle peut retenir, sans la laisser égoutter, après en avoir été saturée. Pour l'étudier, on place sur un filtre 20 grammes de terre desséchée à l'étuve ; on verse de l'eau jusqu'à complète saturation ; quand l'égouttage est terminé, on pèse le filtre contenant la terre ; on défalque le poids de celui-là, et l'augmentation du poids de la terre représente sa faculté hygroscopique. On trouve que 100 parties de sable ont absorbé 25 d'eau ; la glaise grasse, 50 ; la terre argileuse, 50 ; la terre calcaire fine, 85 ; la terre de jardin, 89 ; le terreau, 190. Toutes choses égales, l'hygroscopicité d'une terre augmente avec la proportion du terreau et de la magnésie. *V.* FRAICHEUR.

HYGROSCOPIE ; synonyme d'*hygrométrie* (*V.* ce mot).

HYGROSCOPIQUE ; synonyme d'*hygrométrique*.

HYMEN, s. m., de υμην, membrane ; espèce de valvule membraneuse incomplète, située à l'entrée du vagin, dans l'espèce humaine et plusieurs animaux, avant l'accouplement. La jument et l'ânesse sont, parmi les animaux domestiques, les femelles chez lesquelles la membrane de l'hymen est le plus développée.

HYMÉNIUM, s. m. ; couche membraneuse superficielle portant les organes de la fructification dans les champignons. Ses synonymes rappellent généralement que les gongyles ou les spores lui sont immédiatement attachés ; ainsi *membrane fructifère*, *placenta*, *membrana sporulifera*, etc. Dans les champignons gymnocarpes, l'hyménium se plisse en feuillets ou s'élève en papilles, etc.

HYMÉNOPHORE, s. m.; partie du champignon qui supporte l'hyménium. Le chapeau des Agarics est un hyménophore d'une forme particulière.

HYMÉNOPTÈRES, s. m. p., *Hymenoptera* (*insecta*), de υμην, membrane, et πτερον, aile; ailes membraneuses. Ordre d'insectes caractérisé principalement par quatre ailes membraneuses et nues, les inférieures plus petites que les supérieures, et l'abdomen des femelles presque toujours terminé par une tarière ou par un aiguillon. Genres principaux: *Abeille, Guêpe, Fourmi. Cynips, Ichneumon.*

HYO-ÉPIGLOTTIQUE, s. et adj., *Hyo-epiglotticus;* muscle impair fixé sur le milieu du corps de l'hyoïde, et s'insérant à la base de l'épiglotte, qu'il tire en avant pour ouvrir la glotte, lorsque le passage des aliments a rabattu mécaniquement ce cartilage sur l'orifice du larynx.

HYO-GLOSSE, s. et adj., *Hyo-glossus;* qui appartient à l'hyoïde et à la langue. *Hyoglosse supérieur :* muscle formé de deux bandelettes partant, l'une de la partie inférieure, l'autre de la partie supérieure de la petite branche de l'hyoïde, et se prolongeant sous la muqueuse linguale. La branche inférieure concourt à former le pilier de la langue. *Hyo-glosse inférieur* ou *basio-glosse :* muscle élargi, partant du corps de l'hyoïde, et se portant principalement dans la partie fixe de la langue.

HYO-GLOSSIEN, adj., *hyo-glossianus;* nom donné par Chaussier au nerf de la douzième paire, *V.* HYPO-GLOSSE.

HYOIDE, s. et adj., *Hyoïdes*, de la lettre Y, et ειδος, forme, ressemblance; os formé de la réunion d'un certain nombre de pièces distinctes, et servant de base à la langue qu'il soutient, en même temps que le larynx et le pharynx. L'hyoïde du cheval est formé de cinq pièces : 1° un corps présentant lui-même un prolongement antérieur plongé dans la langue, et deux cornes postérieures qui lui donnent la forme d'une fourche; 2° deux petites branches cylindroïdes unissant le *corps* aux grandes branches; 3° celles-ci, au nombre de deux, sont fixées par leur partie supérieure à la portion tubéreuse du temporal, et s'articulent par leur extrémité inférieure avec les petites branches.—L'hyoïde du *bœuf* présente quatre petites branches; les deux en surplus ne sont que le développement d'un noyau osseux ou branche avortée qui existe chez le cheval, à l'articulation des grandes avec les petites branches. Le prolongement lingual est réduit à un tubercule peu développé.

HYOIDIEN, adj., *hyoïdeus;* qui appartient à l'hyoïde.

HYO-PHARYNGIEN, s. et adj., *Hyo-pharyngeus;* muscle aplati, prenant son origine à la branche postérieure du corps de l'hyoïde, et se réunissant avec son congénère à la partie supérieure du pharynx, qu'il concourt à resserrer.

HYOSCYAMINE, s. f.; principe actif de la jusquiame noire (*hyoscyamus niger*), découvert par Brandes, et contenu principalement dans les semences de cette plante. L'hyoscyamine est solide, en aiguilles blanches soyeuses, disposées en étoiles, inodore, de saveur âcre, rappelant celle du tabac. Chauffée, elle se volatilise en partie sans altération. Insoluble dans l'eau, elle se dissout bien dans l'alcool et l'éther. L'hyoscyamine est très vénéneuse et produit la dilatation de la pupille, à la manière de la jusquiame entière et de la belladone.

HYO-THYROIDIEN, s. et adj., *Hyo-thyroïdeus;* muscle aplati, presque quadrilatère, prenant son origine à la branche postérieure du corps de l'hyoïde, et s'insérant sur la surface extérieure de l'aile du cartilage thyroïde. Il rapproche le larynx de l'hyoïde.

HYOVERTÉBROTOMIE, s. f., *Hyovertebrotomia*, de υωειδης, os hyoïde, *vertebra*, vertèbre, et τεμνω, je divise; ponction des poches gutturales. Cette opération est une des plus hardies de celles qu'on pratique sur les animaux solipèdes; sa découverte est due aux écoles vétérinaires. Elle a été décrite par Chabert, Fromage de Feugré, Barthélémy, Éléouet, F. Lecoq. C'est dans le cas de réplétion des poches gutturales, qu'elle est indiquée, lorsque surtout il y a collection purulente entretenue par une irritation chronique. On pénètre dans la poche par la partie supérieure, pour opérer ensuite une contre-ouverture de dedans en dehors, à la partie inférieure. Rarement il est nécessaire de la pratiquer; on la demande dans les concours des écoles, parce qu'elle présente des difficultés réelles lorsqu'elle n'est pas indiquée, et parce qu'elle exige des connaissances anatomiques positives. On la pratique par plusieurs méthodes: 1° *hyovertébrotomie proprement dite; ponction entre la première vertèbre et l'hyoïde.* On la pratique sur l'animal debout. La première incision doit être faite au bord antérieur de l'atlas, au-dessous du tendon commun aux muscles cervico-trachélien et dorso-mastoïdien, en arrière de la parotide. La poche doit être ponctionnée sur la partie correspondante au muscle stylo-hyoïdien ; à travers le muscle stylo-maxillaire, on s'exposerait à blesser l'artère carotide externe, et l'on arriverait moins facilement dans la poche (Lecoq). Le même professeur conseille de tourner le tranchant de l'instrument vers la tubérosité de l'hyoïde, dans la direction du bout du nez de l'animal, pour éviter des accidents, contrairement à l'opinion d'Hurtrel, qui dispose le tranchant perpendiculairement à la direction de la tête. Quand la ponction est terminée, il faut, avec une sonde à S ou un trocart courbe, établir une contre-ouverture sous la ganache, en évitant la branche glosso-faciale de la jugulaire. 2° *Ponction par la partie moyenne de la poche.* Lorsqu'il y a réplétion d'une poche gutturale, on préfère la ponction par la partie moyenne avec le fer rouge ou le bistouri.

Dans ce cas, les lobules de la parotide sont écartés suffisamment ; les parois de la poche sont rapprochées des téguments. 3° *Ponction par la partie inférieure de la poche.* C'est la méthode qui a le plus d'avantage ; le pus s'écoule facilement, sans qu'il soit nécessaire de faire plusieurs ouvertures ; il n'y a pas de danger à redouter. On emploie de préférence le cautère olivaire chauffé à blanc. 4° *Ponction par les narines.* Günther, vétérinaire à Hanovre, a imaginé un instrument pour la ponction des poches gutturales par les cavités nasales. Cet instrument ne peut pas toujours être employé avec une grande exactitude. — En résumé, dans la pratique, on fait la ponction de la poche gutturale, soit à la partie moyenne, soit à la partie inférieure, sur le point de la peau où la fluctuation est apparente ; on opère sans danger à travers la parotide. C'est seulement dans les cas exceptionnels, où le pus est trop épais, qu'on a conseillé l'hyovertébrotomie proprement dite, c'est-à-dire la ponction entre l'hyoïde et la première vertèbre cervicale.

HYPERBORÉEN, ENNE, adj., *hyperboreus ;* se dit des plantes qui croissent dans des lieux très froids.

HYPERCHROMA, s. f., *Hyperchroma*, de υπερ, en excès, et χρωμα, peau ; tumeur de l'angle de l'œil, à côté de la caroncule.

HYPERCRINIE, s. f., *Hypercrinia*, de υπερ, avec excès, et κρινειν, séparer ; augmentation de sécrétion, sans altération de tissu.

HYPERCRISE, s. f., *Hypercrisis*, de υπερ, au-delà, et κρισις, crise ; crise violente d'une maladie.

HYPERDIACRISIE, s. f., *Hyperdiacrisia*, de υπερ, avec excès, δια, à travers, et κρισις, crise ; augmentation de sécrétion ; sécrétion excessive. Synonyme de *Hypercrinie.*

HYPÉRÉMIE, s. f., *Hyperœmia*, de υπερ, avec excès, et αιμα, sang ; excès, surabondance du sang. *V.* POLYHÉMIE. — Synonyme de *congestion.*

HYPÉRENCÉPHALE, s. et adj., *Hyperencephalus*, de υπερ, sur, au-dessus, et εγκεφαλον, encéphale ; genre de monstres encéphaliens, ayant pour caractère l'encéphale situé en grande partie hors de la boîte cérébrale, et au-dessus du crâne, dont la paroi supérieure manque presque complètement.

HYPÉRENCÉPHALIE, s. f., *Hyperencephalia ;* état des monstres hypérencéphales.

HYPÉRÉPHIDROSE, s. f., *Hyperephidrosis*, de υπερ et επι, sur, et ιδρος, sueur ; sueur excessive.

HYPÉRÉPIDOSE, s. f., *Hyperepidosis*, de υπερ, et επιδοσις, accroissement ; augmentation considérable de volume d'une partie.

HYPÉRESTHÉSIE, s. f., *Hyperesthesis*, de υπερ, avec excès, et αισθησις, sentiment ; excès de sensibilité.

HYPERGÉNÉSIE, s. f., *Hypergenesis*, de

υπερ, au-dessus, et γενεσις, génération ; synonyme de *monstruosité par excès.*

HYPÉRICINÉES, s. f., *Hypericineœ ;* famille de plantes dicotylédones, polypétales, à étamines hypogynes, arbres, arbrisseaux, sous-arbrisseaux et herbes, habitant principalement les contrées tempérées de l'hémisphère boréal, surtout en Amérique. Genres : *Hypericum, Vismia*, etc. Plusieurs espèces de ces genres exhalent une odeur fort désagréable ; leur suc blanc ou jaunâtre est irritant ou purgatif. C'est le *Vismia Guianensis* qui fournit la *gomme-gutte d'Amérique.*

HYPERLYMPHIE, s. f., *Hyperlymphia*, de υπερ, avec excès, et *lympha*, lymphe ; surabondance de lymphe.

HYPÉROSTOSE, s. f., *Hyperostosis*, de υπερ, au-dessus, et οστεον, os ; tumeur d'un os, excroissance osseuse. *V.* EXOSTOSE.

HYPERSARCOSE, s. f., *Hypersarcosis*, de υπερ, au-dessus, et σαρξ, σαρκος, chair ; excroissance charnue, bourgeonnement excessif d'une plaie.

HYPERSTHÉNIE, s. f., *Hypersthenia*, de υπερ, au-delà, et σθενος, force ; surcroît, exaltation de forces.

HYPERTONIE, s. f., *Hypertonia*, de υπερ, au-delà, et τονος, ton ; tension violente des solides organiques.

HYPERTROPHIE, s. f., *Hypertrophia*, de υπερ, au-delà, et τροφη, nourriture ; accroissement excessif de nutrition dans un organe, avec augmentation de volume. C'est l'état opposé à l'*atrophie.* L'hypertrophie prononcée amène des troubles dans les fonctions des parties où elle se développe. Dans les tissus cellulaire et graisseux, elle constitue le *lipome*, la *loupe*, le *stéatome.* Lorsqu'elle atteint le système osseux, c'est le *rachitisme.* Elle affecte souvent la rate du cheval. — *Bot.* Dans les plantes, l'hypertrophie est souvent la conséquence de l'atrophie et le résultat d'un balancement organique. Elle est sans influence sur les fonctions de l'organe hypertrophié, ou bien, celles-ci sont supprimées en tout ou en partie. L'hypertrophie intéresse les organes *appendiculaires* ou *axiles*, et constitue des *élongations*, des *fascies.* (*V.* ces mots).

HYPERZOODYNAMIE, s. f., de υπερ, sur, ζωον, animal et δυναμις, force ; augmentation des forces animales. Synonyme d'*hypersthénie.*

HYPO, du grec υπο, *sous ;* dénomination adjective qu'on place souvent devant les noms de certains composés chimiques, pour indiquer leur infériorité relativement à d'autres composés qui ont la même terminaison. Ex. : acide *hypo-sulfurique* : acide moins oxygéné que l'acide sulfurique.

HYPOBLASTE, s. m., *Hypoblasta*, de υπο, sous, et βλαστος, germe ; corps épais, charnu, en forme de disque, appliqué sur l'endosperme et supportant le *blaste.* Cet organe ne prend pas d'accroissement par la germination. Gœrtner l'appelle *vitellus :*

Kunth, *cotylédon*. On ne le trouve que dans la famille des Graminées.

HYPOCARPOGÉ, ÉE, adj., *hypocarpogeus*, de υπο, sous, καρπος, fruit, et γη, terre ; se dit des plantes dont les fruits mûrissent sous la terre ; telles sont *l'arachide*, le *trèfle souterrain*.

HYPOCHILIUM, s. m., de υπο, sous, et χειλος, lèvre ; nom donné par Richard à la partie inférieure du tablier des orchis, lorsque cette partie est divisée en deux moitiés inégales.

HYPOCHLORITES, s. m. ; *Chlorures d'oxydes ; Chlorites*. On donne ces différents noms aux composés complexes formés par l'action du chlore sur les oxydes de la première section, et notamment sur la potasse, la soude et la chaux. Les chimistes sont peu d'accord sur leur constitution atomique ; les uns les considèrent comme des chlorures d'oxydes, les autres comme des chlorites ou des hypo-chlorites, et enfin, ce qui paraît conforme à la vérité, comme des mélanges de chlorures, d'hypo-chlorites et même de chlorates, lorsqu'ils ont subi l'action de l'air, et souvent enfin d'excès d'oxydes ou de carbonates. On prépare ces composés en faisant agir directement le gaz chlore sur les oxydes de la première section, ou sur leurs carbonates secs ou dissous dans l'eau. Ils sont solides ou liquides, incolores, d'odeur de chlore, de saveur âcre et astringente. Traités par la chaleur, ils se décomposent, dégagent du chlore et de l'oxygène, et se transforment en chlorures simples. La lumière les change en chlorates. Exposés à l'air, ils s'altèrent promptement, et l'acide hypochloreux se trouve peu à peu remplacé par l'acide carbonique de l'atmosphère. Très solubles dans l'eau, ils se décomposent aisément sous l'influence de la plupart des agents chimiques, qui en dégagent du chlore, facile à reconnaître. Ces composés sont surtout remarquables comme agents désinfectants et décolorants ; ils reçoivent, sous ces divers rapports, des applications étendues dans l'industrie, l'hygiène publique et la médecine.

HYPOCHLORITE ou **CHLORITE DE CHAUX**; **CHLORURE DE CHAUX**; **POUDRE DE TENNANT**. Ce composé complexe de chlorite et de chlorate de chaux, de chlorure de calcium et de chaux hydratée, se prépare en grand dans le commerce, à l'état pulvérulent, en faisant agir, jusqu'à saturation complète, dans des locaux spéciaux, le gaz chlore sur de la chaux éteinte disposée par couches légères. On le prépare aussi, mais plus rarement, à l'état liquide, en dirigeant un courant de gaz chlore dans du lait de chaux. Tel qu'on le trouve dans le commerce, l'hypo-chlorite de chaux est blanc, pulvérulent, d'une odeur plus faible que celle du chlore, et d'une saveur âcre et alcaline. Exposé à l'air, il en attire d'abord l'humidité, se grumelle, devient mou et se pelotonne sous les doigts, puis peu à peu se décompose par

l'action de l'acide carbonique qui se combine à la chaux ; cette altération est surtout rapide, lorsqu'il est à l'état de dissolution. Traité par l'eau, il ne s'y dissout qu'incomplètement, à cause d'un excès de chaux éteinte qui résiste à la dissolution. Les usages industriels de ce composé, comme agent décolorant et désinfectant, sont extrêmement étendus. La police sanitaire ou hygiène publique l'emploie fréquemment, comme un complément des fumigations guytonniennes, pour désinfecter les habitations des hommes et des animaux atteints d'affections contagieuses ou putrides. — *Pharmacologie*. Le chlorure de chaux est un médicament astringent et antiseptique fréquemment employé à l'extérieur contre les plaies gangreneuses, les caries, les fistules et les sétons dont le pus est ichoreux, le farcin, les eaux aux jambes, le crapaud, etc. On l'emploie aussi en injections dans les cavités nasales, contre la morve aiguë ou le catarrhe ancien, dans l'oreille du chien, dans le cas d'otite suppurante, sur l'œil dans l'ophthalmie purulente, dans le vagin, lorsque l'arrière-faix s'est putréfié dans la matrice, etc. A l'intérieur, le chlorite de chaux est peu usité ; il a été conseillé pourtant contre la diarrhée et la dysenterie, et conviendrait aussi dans les maladies typhoïdes et putrides.

HYPOCHLORITE DE POTASSE. EAU DE JAVELLE. Ce composé se prépare directement ou par double décomposition par les mêmes moyens que pour l'*hypo-chlorite* de *soude* (*V*. ce mot). Le chlorite de potasse est liquide, incolore quand il est pur, habituellement coloré en violet par un peu de chlorure de manganèse ; quant à ses autres propriétés physiques, chimiques, médicinales, elles sont entièrement semblables à celles du chlorure de soude qui est plus usité. Le chlorite de potasse est employé dans les arts comme désinfectant et décolorant.

HYPOCHLORITE DE SOUDE; *liqueur de Labarraque*. On prépare ce composé en faisant agir le chlore sur une solution de carbonate de soude jusqu'à saturation, ou en décomposant le chlorure de chaux par le carbonate de soude. Il est liquide, incolore, d'odeur faible de chlore, d'une saveur âcre et alcaline. Ses propriétés chimiques sont analogues à celles des autres hypo-chlorites. Comme agent décolorant et désinfectant, il doit être préféré à tous les autres chlorures d'oxydes.—*Pharmacologie*. Le chlorure de soude est un médicament essentiellement antiputride et fondant. A l'extérieur, son emploi est fréquent pour traiter les ulcères, les plaies gangreneuses, les fistules, le trajet des sétons qui ont provoqué le développement de la gangrène, etc. Dans ces divers cas, il déterge fortement les surfaces, rend le pus plus louable, et favorise d'une manière remarquable la formation de la membrane pyogénique. Essayé sur les plaies envenimées, virulentes, il n'a pas eu tout le succès qu'on en espérait pour la neutralisation des virus. Employé en injections nasales dans le cas de morve (Marc Etienne), ainsi qu'en injections bronchiques dans la même affection, par Lelong, il a eu quelques succès. Donné à l'intérieur par Huguet et Moiroud contre cette maladie, il a eu peu d'efficacité, mais ses effets fondants sur le système lymphatique ont été très évidents. On peut le donner, étendu d'eau, depuis 15 grammes jusqu'à 500, sans crainte d'accidents. Cependant, il vaut mieux ne pas dépasser 50 à 100 grammes dans les 24 heures. Conseillé par Charlot, ainsi que les autres hypochlorites, contre la météorisation des herbivores, il paraît moins efficace que l'éther et l'ammoniaque, qui méritent la préférence.

HYPOCHONDRE, s. m., *Hypochondrium*, de υπο, sous, et χονδρος, cartilage; région de l'abdomen située au-dessous du cercle cartilagineux des côtes, sur les côtés de la région épigastrique.

HYPOCHONDRIAQUE, adj. et s., *Hypochondriacus;* qui est atteint d'*hypochondrie*. On dit aussi *maladie hypochondriaque*.

HYPOCHONDRIE, s. f., *Hypochondria*, de υπο, sous, et χονδρος, cartilage; les anciens plaçaient le siége de cette affection dans le foie, situé derrière les cartilages des côtes du côté droit. C'est une sorte de déviation des facultés mentales, produite par la coïncidence d'une encéphalite chronique légère avec une irritation gastrique. Les animaux ne paraissent pas exposés à l'hypochondrie.

HYPOCOPHOSIE, s. f., *Hypocophosis*, de υπο, sous, et κωφωσις, surdité; dureté d'oreille, surdité incomplète.

HYPOCOROLLIE, s. f., *Hypocorollia;* nom de la huitième classe dans la méthode de Jussieu. Elle renferme les plantes dicotylédonées, monopétales, à corolle hypogine.

HYPOCRANE, s. m., *Hypocranium*, de υπο, sous, et κρανιον, crâne; formation de pus entre le crâne et la dure-mère.

HYPOCRATÉRIFORME, adj., *hypocrateriformis;* se dit de la corolle gamopétale dont le tube est long, étroit, non renflé, le limbe étalé brusquement, de telle sorte qu'elle ait quelque ressemblance avec une coupe antique, ex. : le *Lilas*. — De Candolle employait de préférence le mot *hypocratérimorphe*, de υπο, sous, κρατηρ, coupe, et μορφη, forme, comme ne présentant pas l'inconvénient d'une origine hybride.

HYPOGASTRE, s. m., *Hypogastrium*, de υπο, sous, et γαστηρ, ventre; nom donné, chez l'homme, à la partie inférieure de l'abdomen.

HYPOGASTRIQUE, adj., *hypogastricus;* qui appartient à l'hypogastre.

HYPOGASTROCÈLE, s. f., *Hypogastrocele*, de υπο, sous, γαστηρ, ventre, et κηλη, hernie; hernie de la région hypogastrique.

HYPOGASTRORRHEXIE, s. f., *Hypogastrorrhexia*, de υπο, sous, γαστηρ, ventre, et ορηξις, déchirement; déchirure du ventre. Synonyme d'*éventration*.

HYPOGE, ÉE, adj., *hypogeus*, de υπο, sous, et γη, terre; on donne cette épithète aux cotylédons qui ne sont point soulevés hors de terre pendant la germination, ex. : *le pois*.

HYPOGLOSSE, s. et adj., *Hypoglossus*, de υπο, sous, et γλωσσα, langue; sous la langue. On donne ce nom au nerf de la douzième paire encéphalique. Né du sillon qui sépare les pyramides inférieures des corps olivaires, l'hypoglosse sort du crâne par le trou condylien et se termine dans la langue, après avoir donné sur son passage quelques divisions au nerf pneumo-gastrique, un rameau très fin à la première paire cervicale, un autre au nerf mylo-hyoïdien et des divisions aux muscles de l'hyoïde et du pharynx. L'hypoglosse est un nerf moteur de la langue.

HYPOGNATHE, s. et adj., *Hypognathus*, de υπο, sous, et γναθος, mâchoire; genre de monstres doubles polygnathiens caractérisés par une tête accessoire, très incomplète et rudimentaire dans la plupart de ses parties, attachée à la mâchoire de la tête principale.

HYPOGNATHIE, s. f., *Hypognathia;* état des monstres hypognathes.

HYPOGYNE, adj., *hypogynus*, de υπο, sous, et γυνη, femme; placé ou inséré sous le pistil. Les enveloppes florales, les étamines, le disque, peuvent être hypogynes. Si l'on a égard au point où ces organes prennent naissance sur l'axe, on peut admettre, avec de Candolle, que les enveloppes florales, les étamines, ne sont périgynes ou épigynes, que parce que les onglets ou les filets sont soudés avec les parties d'un verticille voisin.

HYPOGYNIE, s. f., *Hypogynia;* état des organes hypogynes; insertion hypogynique.

HYPOGYNIQUE, adj., *hypogynicus;* synonyme d'hypogyne. L'insertion est hypogynique quand elle se fait sous l'ovaire ou à la base de cet organe.

HYPOLYMPHIE, s. f., *Hypolymphia*, de υπο, sous, et *lympha*, lymphe; diminution de la lymphe.

HYPOPÉTALIE, s. f., *Hypopetalia*, de υπο, sous, et πεταλον, pétale; nom de la treizième classe dans la méthode de Jussieu. Elle comprend les plantes dicotylédones, polypétales, à étamines hypogynes.

HYPOPHASE, s. f., *Hypophasis*, de υπο, sous, et φαινειν, paraître; état dans lequel les yeux sont presque complètement fermés. On dit aussi *hypophasie*.

HYPOPHORE, s. f., *Hypophora*, de υπο, sous, et φερω, je porte; ulcère profond et fistuleux.

HYPOPHOSPHITE, s. m.; genre de sels formés par la combinaison de l'acide hypophosphoreux avec les bases. Ils sont encore peu connus.

HYPOPHTHALMIE, s. f., *Hypophthalmia*, de υπο, sous, et οφθαλμος, œil; gonflement de la paupière inférieure.

HYPOPYON, s. m., *Hypopyum;* de υπο, sous, et πυον, pus; nom donné à l'abcès qui occupe les chambres de l'humeur aqueuse de l'œil. L'hypopyon est produit par l'inflammation de la membrane de l'humeur aqueuse. C'est un liquide puriforme qui trouble d'abord la transparence de cette humeur, et finit par se précipiter dans la partie déclive, son poids spécifique étant plus considérable ; lorsque cette précipitation est terminée, on voit, à la partie inférieure de la première chambre, un croissant blanchâtre. La matière épanchée peut être assez abondante pour amener la rupture de la cornée transparente. Ordinairement, l'hypopyon disparaît en produisant, après qu'il s'est porté dans le fond de l'œil, un nouvel accès d'ophthalmie. Ce dépôt purulent constitue l'un des caractères de la fluxion périodique des yeux. Il ne faut pas confondre l'hypopyon avec l'abcès de la cornée, auquel on donne souvent ce nom. Après la disparition de l'hypopyon, l'œil conserve une disposition à de nouveaux accès d'ophthalmie, qui finissent par altérer le globe et produire la perte de la vision. Lorsque l'abcès de l'humeur aqueuse coïncide avec une inflammation interne, il faut employer les antiphlogistiques. On a conseillé l'incision de la cornée pour extraire l'hypopyon; c'est une opération généralement abandonnée en chirurgie humaine et en vétérinaire.

HYPOSARQUE, s. f., *Hyposarca*, de υπο, sous, et σαρξ, chair; tumeur non fluctuante des parois de l'abdomen.

HYPOSPADIAS, s. m., *Hypospadias*, de υπο, sous, et σπαω, je tire, je contracte; vice de conformation de la verge, dans lequel l'urètre, au lieu de se continuer jusqu'au gland, s'ouvre en dessous du pénis, à une distance plus ou moins grande de son extrémité.

HYPOSPHAGME, s. f., *Hyposphagma*, de υπο, sous, et σφαζω, je répands du sang; ecchymose de la conjonctive.

HYPOSTAMINIE, s. f., *Hypostaminia*, de υπο, sous, et στημων, filament; nom de la septième classe dans la méthode de Jussieu. Elle renferme les plantes apétales, à étamines hypogynes.

HYPOSTHÉNIE, s. f., *Hyposthenia*, de υπο, sous, et σθενος, force; affaiblissement des forces.

HYPOSULFATE, s. m.; genre de sels formés par l'union de l'acide hyposulfurique avec les bases salifiables. Il sont peu importants.

HYPOSULFITE, s. m.; genre de sels formés par l'acide hypo-sulfureux et par les oxydes basiques. Ils sont cristallisés en prismes, solubles dans l'eau et décomposables par la chaleur. Traités par les acides, ils dégagent de l'acide sulfureux, et laissent déposer du soufre qui rend la solution laiteuse; cette réaction est caractéristique. Au contact des agents oxydants, ils se transforment en sulfates. Ils sont peu importants, excepté l'hyposulfite de soude qui est employé dans l'embaumement des cadavres et dans la formation des images daguerriennes.

HYPOSULFUREUX, *V.* Acide.

HYPOSULFURIQUE, *V.* Acide.

HYPOXIDÉES, s. f., *Hypoxideæ;* famille de plantes monocotylédones, apétales, herbacées, vivaces, à racine tubéreuse ou fibreuse, originaires de l'Afrique australe, de la Nouvelle-Hollande, de l'Inde, etc. Elle ne ne renferme qu'un très petit nombre de genres : *Hypoxis*, *Curculigo*, etc. Cette famille est encore souvent considérée comme une tribu des Amaryllidacées.

HYSSOPE, s. m., *Hyssopus*, L.; genre de la famille des Labiées. Bentham n'admet dans ce genre qu'une seule espèce, l'H. officinal, *H. officinalis*, plante vivace, souffrutescente, assez commune au pied des vieux murs, dans les lieux arides, élevés, pierreux. L'hyssope est classé parmi les plantes aromatiques. Il a plusieurs variétés cultivées comme plantes d'ornement.

HYSTÉRALGIE, s. f., *Hysteralgia*, de υστερα, matrice, et αλγος, douleur; douleur dans la matrice.

HYSTÉRANTHÉ, ÉE, adj., *hysterantheus*, de υστερος, postérieur, et ανθος, fleur; se dit des plantes dont les fleurs apparaissent avant les feuilles, ex. : le *noisetier*. On a employé comme synonyme le mot *hypéranthéré*, en l'appliquant aux feuilles.

HYSTÉRICISME, s. m., de υστερα, matrice; diminutif d'*hystérie*.

HYSTÉRIE, s. f., *Hysteria*, *affectio hysterica*, de υστερα, matrice; maladie nerveuse, apyrétique, particulière à la femme, et qui a son siège dans l'utérus. Les symptômes consistent en des accès caractérisés par des convulsions.

HYSTÉRIQUE, adj., *hystericus;* qui a rapport à l'hystérie; qui est atteint d'hystérie.

HYSTÉRITE, s. f., *Hysteritis*, de υστερα, matrice, avec la désinence *ite* ; inflammation de la matrice. On dit aussi *hysteritis*, *V.* Métrite.

HYSTÉRO-BUBONOCÈLE, s. m., *Hystero-bubonocele*, de υστερα, matrice, et βουβων, aine; hernie inguinale formée par la matrice.

HYSTÉROCÈLE, s. f., *Hysterocele*, de υστερα, matrice, et κηλη, hernie ; hernie de la matrice. Elle peut avoir lieu par une éventration, par l'anneau inguinal et l'arcade crurale. On l'observe rarement dans la jument; elle est plus commune dans la vache, la brebis, et surtout dans la chienne.

HYSTÉROCYSTOCÈLE, s. f., *Hysterocystocele*, de υστερα, matrice, κυστις, vessie, et κηλη, hernie; hernie contenant l'utérus et la vessie urinaire.

HYSTÉROLOXIE, s. f., *Hysteroloxia*, de υστερα, matrice, et λοξιος, oblique; déviation, obliquité, inclinaison de la matrice.

HYSTÉROMANIE, s. f., *Hysteromania*, de υστερα, matrice, et μανια, folie; fureur utérine; synonyme d'*utéromanie* et de *nymphomanie* (*V.* ces mots).

HYSTÉROPTOSE, s. f., *Hysteroptosis*, de υστερα, utérus, matrice, et πτωσις, chute; chute de la matrice.

HYSTÉROSTOMATOME, s. m., *Hysterostomatomus*, de υστερα, matrice, στωμα, bouche, et τεμνειν, couper; instrument inventé pour inciser le col de la matrice dans le cas de dégénérescence squirrheuse. Inusité en vétérinaire.

HYSTÉROTOME, s. m., *Hysterotomus*, de υστερα, matrice, et τομη, section; instrument inventé pour inciser le col de la matrice. C'est une sorte de bistouri caché.

HYSTÉROTOMIE, s. f., *Hysterotomia*, de υστερα, matrice, et τομη, section; opération qui consiste à inciser le col de la matrice et même les parois de cet organe, en pénétrant par le vagin, pour faciliter l'extraction du fœtus. Synonymie : *hystérotomie vaginale, opération césarienne vaginale.* On la pratique, lorsque le col de la matrice est induré, squirrheux, au moment de la parturition, et lorsque les efforts de la femelle deviennent désordonnés. Cette opération n'offre pas de difficultés sérieuses. Le chirurgien introduit dans le vagin le bistouri boutonné et promène la lame de cet instrument d'avant en arrière sur l'étranglement formé par le col utérin. Il est souvent indispensable de faire plusieurs incisions au pourtour de l'orifice, afin de provoquer une dilatation suffisante. L'hémorrhagie est inévitable après cette opération; on la fait cesser par des lotions astringentes. C'est sur la vache qu'on pratique le plus souvent l'hystérotomie vaginale. L'*hystérotomie abdominale* ou *opération césarienne abdominale*, est bien différente de celle qu'on nomme vaginale; elle consiste à diviser les parois du ventre et de l'utérus, pour extraire les produits de la conception. *V.* GASTRO-HYSTÉROTOMIE.

HYSTÉROTOMOTOCIE, s. f., *Hysterotomotocia*, de υστερα, matrice, τομη, incision, et τοχος, accouchement; opération qui consiste à inciser les parois de l'utérus pour faciliter l'accouchement.

HYVERNAL, *V.* HIBERNAL.

I

IATRALEPTIQUE, adj. et s., *Iatralepticus*, de ιατρικη, médecine, et αλειφειν, frotter. On appelle *méthode iatraleptique, iatralepsie, méthode épidermique*, un mode d'administration des médicaments, qui consiste à les étendre par frictions, à la surface de la peau, afin d'en provoquer l'absorption. L'épiderme, couche sèche et coriace, qui protége la peau contre le contact des corps extérieurs, met un obstacle considérable à l'absorption cutanée; aussi la méthode iatraleptique, employée fréquemment pour les médications locales ou de voisinage, l'est très rarement pour déterminer une médication générale, même chez l'homme. Elle conviendrait moins encore pour les animaux, dont la peau, plus grossière, couverte de poils, moins sensible et moins active, se prêterait encore plus difficilement à l'absorption des médicaments. Aussi cette méthode n'est-elle qu'un pis-aller ou tout au plus une ressource accessoire, lorsqu'un obstacle quelconque s'oppose à l'ingestion des remèdes dans le tube digestif. Néanmoins, quand on emploie cette méthode, il convient de choisir les points du corps où la peau est fine et douce, sensible, et repose sur des vaisseaux absorbants nombreux, comme à la face interne des membres, au pourtour des ouvertures naturelles. L'épiderme sera ramolli préalablement par un topique chaud, ou exfolié par des frictions sèches ou humides très prolongées. Les médicaments employés doivent être actifs, très divisés, dissous dans l'eau, le vin, l'alcool ou les corps gras, suivant leur nature, et étendus par frictions sur la surface où ils doivent pénétrer. L'application subséquente d'un corps chaud facilite parfois la pénétration des molécules médicamenteuses.

IATROCHIMIE, s. f., *Iatrochimia*, de ιατρικη, médecine, et χιμια, chimie; chimie appliquée à la médecine; synonyme de *chimie médicale*, de *chimiatrie. V.* CHIMIE, et CHIMIATRIE.

IATROMÉCANIQUE, s. f., *Iatromechanica*; mécanique appliquée à l'étude des phénomènes physiologiques de l'économie animale. La médecine du XVIIe siècle a compté une secte de *Iatromécaniciens* ou *iatromathématiciens*, qui prétendaient expliquer tous les phénomènes naturels ou morbides par les lois de la mécanique, de l'hydraulique, ou par le secours du calcul. Cette secte, complètement éteinte, n'a laissé que de faibles traces de son passage dans la science médicale.

IATROPHYSIQUE, s. f., *Iatrophysica*; physique appliquée à la physiologie et à la médecine; synonyme de *physique médicale. V.* PHYSIQUE.

IBÉRIDE, s. f., *Iberis*, L.; genre de la famille des Crucifères. Il se compose d'une trentaine d'espèces originaires de l'Asie ou de l'Europe, et principalement des bords de la Méditerranée. Quelques-unes d'entre elles figurent parmi les plantes d'ornement les plus communes de nos jardins. Espèces principales : *semperflorens, sempervirens, pinnata, intermedia*, etc.

ICHOR, s. m., *Ichor*, de ιχωρ, sanie; sanie, pus mal élaboré, qui se forme sur les ulcères et les plaies de mauvaise nature. Tout liquide ichoreux irrite les tissus avec lesquels il se met en contact.

ICHOREUX , EUSE , adj. ; qui est de la nature de l'ichor.

ICHTHYOCOLLE , s. f. , *Ichthyocolla* , de ιχθυς , poisson, et κολλη , colle. — *Colle de poisson.* — Gélatine très pure qu'on retire de la vessie natatoire de plusieurs esturgeons, et notamment du grand esturgeon (*accipenser huso*) , qui habite la mer Caspienne. La colle de poisson présente plusieurs formes commerciales ; le plus souvent, elle est roulée sur elle-même , incolore ou jaunâtre , transparente , souple , sans odeur ni saveur sensibles. Elle se dissout dans l'eau chaude à la manière de la gélatine, dont elle partage d'ailleurs toutes les propriétés. Ses usages assez nombreux et assez importants dans les arts, le sont fort peu en médecine vétérinaire, son prix élevé en limite beaucoup l'emploi.

ICHTHYOLOGIE , s. f. , *Ichthyologia* , de ιχθυς , poisson, et λογος , discours ; partie de l'histoire naturelle qui traite des poissons.

ICHTHIOPHAGE , adj. , *ichthyophagus* , de ιχθυς , poisson , et φαγειν , manger ; qui se nourrit de poissons.

ICHTHYOSE , s. f., *Ichthyosis* , de ιχθυς , poisson ; Alibert a donné ce nom à une maladie de la peau qu'on observe dans l'espèce humaine, et qui est caractérisée par l'épaississement de l'épiderme. Cette affection n'a pas été observée sur les animaux.

ICO ; employé dans les composés grecs, ce mot signifie *vingt.*

ICOSANDRE , adj. , *icosander* ; se dit des fleurs qui ont au moins vingt étamines insérées sur l'ovaire ou sur le calice, ex.: le *Rosier.*

ICOSANDRIE , s. f. , *Icosandria* ; nom de la douzième classe dans le système de Linné. Elle se compose des plantes *icosandres,* ex.: le *Fraisier,* le *Prunier,* et toutes les véritables *Rosacées.*

ICOSANDRIQUE , adj. , *icosandricus* ; qui a rapport à l'icosandrie.

ICTÈRE , s. m. , ou ICTÉRICIE , s. f. , *icterus , icteritia ,* ιχτερος , de ιχταρ , subitement , ou de ιχτις , espèce de belette aux yeux jaunes ; coloration en jaune des yeux et des téguments , due à la présence de la bile dans les tissus. Synonymie : *jaunisse* , *cholihémie.* Elle se montre dans tous les animaux domestiques. Les causes qui la font développer sont les obstacles qui dérangent le cours naturel de la bile , comme les calculs biliaires , le développement anormal des organes voisins du foie. La colère et la frayeur peuvent la produire dans les animaux comme dans l'homme. Souvent l'ictère est une affection symptomatique de l'hépatite, de la gastro-entérite , de la gastro-encéphalite ou vertige abdominal. Le chien de chasse est atteint de cette maladie après la chasse au marais , pendant laquelle il y a fréquemment immersion

du corps fortement échauffé. Pour les uns , l'ictère n'est qu'un symptôme, pour d'autres, c'est une affection essentielle ; il y a du vrai dans ces deux opinions. Les symptômes sont la coloration en jaune des muqueuses et de la peau , se montrant subitement ou par degrés , l'inappétence , une douleur dans l'hypochondre droit ; les urines sont rougeâtres , sédimenteuses ; il y a plus souvent constipation que diarrhée. Les caractères anatomiques sont la teinte jaune des tissus , à l'exception des dents ; le foie est ramolli ou induré ; quelquefois on trouve dans sa substance des kystes, des calculs. Une question n'est pas encore résolue ; elle consiste à savoir s'il y a passage de la bile ou de quelques-uns de ses principes dans le système sanguin; ou bien y a-t-il seulement dans le sang une surabondance des éléments biliaires, par suite d'un dérangement dans les fonctions du foie? On trouve dans le sang du sujet ictérique les principes colorants de la bile. La jaunisse dure longtemps ; son pronostic n'est pas grave dans les herbivores ; il est fâcheux pour les carnivores; les chiens succombent le plus ordinairement. Le traitement est variable, suivant les causes de la maladie. On préfère les antiphlogistiques, lorsque la maladie dépend de l'inflammation d'un organe voisin , en les combinant aux purgatifs salins.

ICTÉRIQUE , adj. et s. , *Ictericus* ; qui a rapport à l'ictère ; qui est atteint d'ictère.

IDIO-ÉLECTRIQUE. adj. , *idio-electricus;* épithète qu'on donne parfois aux corps mauvais conducteurs de l'électricité, en ce qu'ils ont la propriété de s'électriser entre eux par le frottement.

IDIOGYNE , adj. , *idiogynus* , de ιδιος , propre, et γυνη , femme ; se dit de la fleur qui n'a pas d'étamines, ou de la plante sur laquelle les étamines sont complètement séparées des pistils.

IDIOPATHIE , s. f. , *Idiopathia* , de ιδιος, propre, et παθος , maladie ; maladie propre à une partie du corps, et dont l'existence n'est pas liée avec celle d'une autre affection.

IDIOPATHIQUE , adj. , *idiopathicus;* qui appartient à l'idiopathie.

IDIOSYNCRASIE , s. f. , *Idiosyncrasis* , de ιδιος , propre, συν , avec , et κρασις , tempérament ; disposition spéciale à chaque individu , qui lui fait ressentir d'une manière particulière les impressions extérieures. Les idiosyncrasies varient selon les individus ; on peut ranger parmi ces dispositions spéciales l'appétence ou la répugnance pour tel ou tel aliment.

IDIOTISME , s. m. , *Idiotismus* , de ιδιος, propre , du grec ιδιωτης , idiot ; sorte de manie ou d'imbécillité congéniale , qui est commune sur l'homme et qu'on n'a pas encore constatée positivement sur les animaux.

IDRIALINE , s. f. , C³H. Espèce de carbure d'hydrogène, solide, découvert par Dumas dans les mines de mercure d'Idria. C'est une substance solide , cristalline , volatile, insoluble dans l'eau, peu soluble dans l'alcool et l'éther, mais très soluble dans l'essence de térébenthine bouillante.

IF, s. m., *Taxus*, T.; genre de la famille des Conifères. Les espèces de ce genre sont des arbres ou des arbrisseaux toujours verts, des contrées tempérées et même froides de l'hémisphère boréal, à feuilles petites, raides, linéaires. La plus commune en France et la plus intéressante est l'I. commun, T. *baccata*, s'élevant quelquefois à 10 ou 12 mètres, mais n'acquérant jamais un grand volume; les ifs de Buckland, de Fortingal, cités par Loudon, sont des géants dans l'espèce. Le bois de cet arbre est rougeâtre, très dur, caractère qu'il doit surtout à la lenteur remarquable de sa croissance. Les feuilles, les fruits et les sucs de l'if ont passé longtemps pour très vénéneux. Les anciens croyaient que l'arbre en végétation était entouré d'une atmosphère pestilentielle. — *Toxicol.* Les fruits de l'if commun (*taxus baccata*), sont peu vénéneux, les feuilles le sont, au contraire, beaucoup, surtout pour le cheval; les ruminants en supportent plus facilement les effets, et les carnivores encore mieux; néanmoins, à fortes doses, ces feuilles peuvent empoisonner tous les animaux à la manière des narcotiques. Théophraste connaissait les propriétés vénéneuses des feuilles d'if pour le cheval; les hippiatres et les agriculteurs romains ne les ignoraient pas non plus. Des expériences nombreuses, faites, tant à l'école d'Alfort qu'à celle de Lyon, démontrent que les feuilles d'if, ainsi que le suc qu'on en extrait, sont très vénéneux pour le cheval; l'écorce et les racines paraissent jouir des mêmes propriétés. La dessiccation ne dépouille pas les feuilles d'if de leurs propriétés vénéneuses. Elles produisent peu d'irritation intestinale, et portent surtout leur action sur les centres nerveux qu'elles excitent d'abord, et qu'elles stupéfient ensuite. L'antidote à leur opposer est inconnu; les évacuants intestinaux au début, puis les excitants pendant le coma, sont les moyens les plus rationnels à mettre en usage.

IGNITION, s. f., *Ignitio*, de *ignis*, feu; état d'un corps dont la température a été portée jusqu'au rouge, soit par son exposition à un foyer de chaleur, soit par suite d'une réaction chimique. Les corps en état d'ignition sont à la fois chauds et lumineux.

ILÉITE, s. f., *Ileitis*, de *ileum*, iléon; inflammation de la muqueuse de l'intestin iléon. Cette maladie est presque toujours confondue avec la gastro-entérite.

ILÉO-COECAL, ALE, adj., *ileo-cœcalis*; qui appartient à l'iléon et au cœcum. — *Valvule iléo-cœcale* ou *de Bauhin*: repli membraneux existant dans le cœcum de l'homme et de plusieurs animaux, entre l'orifice de l'intestin grêle et celui du colon. Cette valvule manque chez les solipèdes. — *Artère*

iléo-cœcale: rameau émanant du faisceau droit de la grande mésentérique, et suivant la portion iléo-cœcale de l'intestin grêle, pour aller s'anastomoser avec la dernière anse artérielle fournie à cet intestin par le faisceau gauche.

ILÉON, s. m., *Ileum*, de είλεω, entortiller; dernière portion de l'intestin grêle, faisant suite au jéjunum ou portion flottante, et se continuant avec le cœcum. L'iléon, ou portion iléo-cœcale de l'intestin grêle, est remarquable, dans les solipèdes, par ses parois épaisses et par son double mésentère.

ILES, s. m. pl., *Ilia*; les flancs. — *Os des îles*: portion iliale du coxal, ainsi appelée à cause de sa situation près du flanc.

ILÉUS, s, m., *Ileus*; on n'est pas bien d'accord sur la signification qu'il faut donner à ce mot. Le fait-on dériver du mot είλεω, iléon, il signifie une maladie qui a son siège dans l'intestin iléum. S'il vient du grec είλεω, tourner, il désigne cette affection dans laquelle l'intestin grêle est roulé et comme entortillé. *V.* VOLVULUS.

ILIACO-FÉMORAL, ALE, adj., *iliaco-femoralis*; qui appartient à la surface iliaque et au fémur. *Artère iliaco-fémorale*: branche externe de la bifurcation terminale du tronc pelvien, se contournant de dedans en dehors de l'angle cotyloïdien de l'ilium, et se partageant en plusieurs branches qui se plongent dans les muscles rotuliens.

ILIACO-MUSCULAIRE, adj., *iliaco-muscularis*; qui appartient aux muscles de la surface iliaque. — *Artère iliaco-musculaire*: artère émanant à angle droit du tronc pelvien, en regard de l'artère fessière, et se portant entre la surface iliaque du coxal, et le muscle iliaco-trochantinien, jusqu'au bord externe de l'ilium, où elle se plonge et se divise dans le muscle grand fessier.

ILIACO-TROCHANTINIEN, *V.* ILIAQUE.

ILIAQUE, s. et adj., *Iliacus*, de *ilia*, les flancs; qui a rapport aux flancs, ou qui les avoisine. — *Os iliaque*: portion antérieure du coxal, ou ilium. — *Surface iliaque*: face inférieure ou interne de l'ilium. — *Crête iliaque*: bord lombaire de l'ilium. — *Muscle iliaque* ou *iliaco-trochantinien* ou *psoas iliaque*: gros muscle pyramidal, formé de deux portions naissant de toute la face iliaque du coxal, de l'angle externe et interne de l'ilium, et du ligament sacro-ischiatique, et s'insérant au trochantin avec le tendon du grand psoas, qu'elles embrassent à leur insertion. Ce muscle fléchit la cuisse et la fait tourner en dehors. — *Artères iliaques*: on donne ce nom aux quatre branches, deux droites et deux gauches, formant la terminaison de l'aorte abdominale. L'*iliaque interne*, ou *tronc pelvien*, donne naissance aux artères *ombilicale*, *sous-sacrée*, *fessière*, *iliaco-musculaire*, *obturatrice* et *iliaco-fémorale*. L'*Iliaque externe*, ou *tronc crural*, donne les artères *circonflexe de l'ilium*, *petite tes-*

ticulaire ou *utérine, sus-pubienne,* et devient *artère fémorale.*

ILICINE, s. f.; matière jaune brunâtre, cristalline, très amère, contenue dans l'écorce et les feuilles du *petit houx (ilex aquifolium)*, dont elle paraît être le principe actif. Elle a été vantée comme anti-périodique.

ILICINÉES, s. f., *Ilicineæ;* nom donné par A. Brongniart à la tribu des *Aquifoliacées,* élevée au rang de famille.

ILIO-ABDOMINAL, s. et adj., *Ilio-abdominalis;* nom donné par Girard, d'après Chaussier, au muscle *petit oblique* de l'abdomen. *V.* OBLIQUE.

ILIO-FÉMORAL; nom donné au muscle grêle antérieur de la cuisse *V.* GRÊLE.

ILION, *V.* ILIUM.

ILIO-ROTULIEN, s. et adj.; nom donné par Girard, d'après Chaussier, au muscle droit antérieur de la cuisse, *V.* DROIT.

ILIO-TROCHANTÉRIEN, s. et adj., *Ilio-trochanterianus;* ce nom a été donné aux trois muscles *fessiers,* grand, moyen et petit, *V.* FESSIER.

ILIUM, s. m., *Ilium,* de ειλεω, j'entortille; portion antérieure et supérieure du *coxal, V.* COXAL.

ILLITION, s. f., *Illitio,* de *illinire,* oindre; synonyme d'*onction,* d'*embrocation.*

ILLUMINANT, adj., *illuminans ;* qui illumine ou qui produit de la lumière. *Pouvoir illuminant :* faculté qu'ont les corps *lumineux* par eux-mêmes de produire plus ou moins de lumière, et d'éclairer un espace proportionné à l'intensité de la lumière produite. Les *réflecteurs* ont un pouvoir illuminant proportionnel au brillant de leur surface.

ILLUMINATION, s. f., *Illuminatio ;* lumière, clarté produite par les corps lumineux, et qui rend les objets visibles.

ILLUSION D'OPTIQUE, s. f.; erreur du sens de la vue sur l'état réel des corps. Elle peut être *naturelle,* comme le *mirage,* par exemple, ou *artificielle,* comme celle que produisent la plupart des instruments d'optique. L'illusion naturelle est, en quelque sorte, l'état habituel de la vision ; il suffit, en effet, pour tromper l'œil sur les dimensions des corps, sur leur forme, leur couleur, etc., d'une distance plus ou moins grande, de l'interposition d'une certaine couche d'air, d'eau ou de tout autre corps transparent; or, ces circonstances se rencontrent toujours dans l'exercice naturel de la vision. Le sens de la vue a donc besoin d'être complété et rectifié par les autres sens, et notamment par le toucher.

ILLUTATION, s. f., *Illutatio,* de *in,* sur, et *lutum,* boue; action d'enduire de boue une partie du corps, pour remédier à ses maladies. On se sert des boues minérales, de terre glaise, de boue de meule à aiguiser, etc. ; on les applique sur un point contus, sur le sabot du cheval fourbu, sur le pied du chien atteint d'aggravée, etc. Expression inusitée.

IMAGE, s. f., *Imago,* εικον ; terme d'optique; représentation ou apparence plus ou moins exacte des corps, donnée par les rayons lumineux réfléchis ou réfractés qui en émanent. Les miroirs plans donnent l'image des corps avec leurs dimensions naturelles; les miroirs concaves les amplifient, et les miroirs convexes les rapetissent (*V.* MIROIR). Les images qui se forment par réfraction, à travers les lentilles, sont aussi agrandies ou rapetissées, suivant la configuration de ces milieux, *V.* LENTILLE.

IMBIBITION, s. f., *Imbibitio,* de *in,* dans, et *bibere,* boire; phénomène capillaire, dans lequel les molécules d'un liquide s'introduisent et se fixent dans les pores d'un corps solide. Il est très général, et se produit toutes les fois qu'un corps solide est en contact avec un liquide susceptible de le mouiller. Tous les liquides ne peuvent pas pénétrer indifféremment dans les solides; il y a, à cet égard, des affinités et des antipathies particulières que l'expérience fait facilement connaître. L'eau peut imbiber la plupart des solides d'origine organique, ainsi que beaucoup de minéraux; il en est de même des corps gras qui ont une force de pénétration particulière; les métaux ne peuvent s'imbiber que de mercure. Quand un solide est déjà imprégné d'un liquide, il peut absorber encore quelques liquides et en rejeter d'autres, selon que les fluides mis en contact sont miscibles l'un à l'autre; circonstance remarquable qui assure l'isolement des humeurs de l'économie animale, et qu'on met souvent à profit dans les arts pour séparer des liquides accidentellement mélangés. La force avec laquelle les liquides pénètrent ainsi dans les interstices des solides est quelquefois énorme; la science a enregistré des effets remarquables de cette force moléculaire. En général, quand un solide s'imbibe d'un liquide, il augmente de volume, mais il change aussi de forme dans la plupart des cas, et se modifie dans un sens variable, suivant sa texture ; ainsi, les tissus à fibres parallèles, comme le bois, par exemple, augmentent seulement en largeur et en épaisseur ; ceux qui sont à fibres entre-croisées, comme les toiles, ou tordues, comme les cordes, se raccourcissent, mais augmentent d'épaisseur ; enfin, les tissus feutrés s'agrandissent en tous sens. Si l'imbition a lieu seulement sur un point, sur une face d'un corps solide, il peut en résulter des déformations particulières, qu'on met à profit dans les arts pour courber certains corps, comme des pièces de bois, des planches qu'on mouille d'un côté pendant qu'on les sèche de l'autre. Le phénomène de l'imbibition peut expliquer un grand nombre d'effets qui se passent dans la nature organisée ou inorganique; la fonction d'absorption qui joue un si grand rôle dans les plantes et dans les animaux, est sous la dépendance immédiate de l'imbibition, qui commence toujours le phénomène.

IMBRICATIF, IVE, adj., *imbricativus;*
V. Embricatif.

IMBRIQUANT, ANTE, adj., *imbricans;*
se dit des feuilles composées lorsque leurs
folioles, en s'appliquant sur le pétiole, le
recouvrent comme les tuiles d'un toit.

IMBRIQUÉ, ÉE, adj., *imbricatus;* disposé
comme les écailles de poisson.

IMMARGINÉ, ÉE, adj., *immarginatus;*
dépourvu d'un bord distinct.

IMMÉDIAT, ATE, adj., *immediatus.*
Terme de chimie. *Principes immédiats:* nom
donné aux principes qui existent tout formés
dans les substances organiques végétales ou
animales, et qu'on en retire par des procédés
très simples, comme la pression, la dissolution, etc. C'est ainsi que l'*amidon*, le *sucre*,
le *ligneux*, le *mucilage*, etc., pour les plantes,
et l'*albumine*, la *fibrine*, la *caséine*, etc.,
pour les animaux, se séparent des tissus ou
des fluides qui les contiennent par des procédés physiques ou mécaniques. — *Analyse
immédiate :* séparation des principes immédiats contenus dans une substance organique,
au moyen de procédés spéciaux. Dans ce
genre d'analyse, plutôt pharmaceutique que
chimique, on emploie des moyens très simples, tels que la division, la pression, la
macération, la dissolution par l'eau, l'alcool,
l'éther, les acides, etc. — *Bot.* Se dit, de
l'insertion qui laisse libre l'organe inséré,
dès le point où il commence à apparaître. —
Police sanit. Se dit de la *contagion*, quand elle a
lieu par le contact de l'individu affecté d'une
maladie contagieuse avec le sujet sain.

IMMERGÉ, ÉE, adj., *immersus;* entièrement plongé dans l'eau.

IMMERSION, s. f., *Immersio*, de *in*,
dans, et *mergere*, plonger; action de plonger, en totalité ou en partie, un corps quelconque au sein d'un liquide, dans un but déterminé. En *thérapeutique*, c'est un bain
partiel, de courte durée et le plus souvent
froid. En *physique*, on appelle *point d'immersion* celui où un rayon lumineux pénètre dans un milieu transparent, et surtout dans
un liquide.

IMMOBILITÉ, s. f., *Immobilitas*, de *in*,
prop. nég., et *movere*, mouvoir; difficulté de
se mouvoir. On désigne sous ce nom une maladie particulière au cheval, dont la nature
et le siège ne sont pas encore déterminés, et
qui consiste dans une réunion de symptômes
indiquant une lésion de l'innervation. Cet
état offre quelque analogie avec la catalepsie
de l'espèce humaine. Des opinions diverses
ont été émises sur la nature de l'immobilité.
On l'a considérée tour à tour comme une hydropisie du cerveau, de la moelle épinière,
une inflammation de l'arachnoïde, une névrose des fonctions cérébrales et particulièrement de celles qui président aux mouvements volontaires. Son siège existe dans les
organes de la sensibilité, mais on ne pourrait le
fixer d'une manière positive; la plupart des
affections cérébrales peuvent faire surgir le
groupe de symptômes qui constitue l'immobilité. Cette affection résulte d'une foule de
causes différentes: de la pléthore, des différentes variétés de vertige, des maladies gastro-intestinales; quelquefois elle est produite
par la suppression de la sueur ou de toute
autre sécrétion, etc. On a distingué la forme
aiguë et l'état chronique; ce dernier seul est
bien démontré. Les symptômes principaux se
déclarent pendant le repos, le travail et l'action de manger. Pendant le repos, l'animal
conserve les positions d'équilibre instable
qu'on donne à ses extrémités; quand l'on
croise les membres de devant ou de derrière,
il conserve cette attitude indéfiniment; pendant la nuit il tire sur sa longe et cherche à
se renverser. Son facies est hébété, sans expression. Dans le travail ou l'exercice, les
mouvements sont gênés; le malade refuse
de reculer; s'il est mis en action pendant
quelque temps, il méconnaît bientôt la volonté de son conducteur, s'emporte ou se
livre à des mouvements désordonnés. L'action de manger est difficile; l'animal prend
les aliments avec indolence; il mâche pendant quelque temps, et s'arrête, pour recommencer bientôt la mastication. Qu'on lui
présente un seau d'eau, il plonge la tête jusqu'au fond, parce qu'il ne voit pas le liquide
placé devant lui. Le diagnostic offre parfois
de grandes difficultés; les symptômes pathognomoniques ne sont pas toujours assez développés; de plus ils sont communs à plusieurs affections de nature différente. Il ne
faut pas confondre l'état nerveux du cheval
immobile avec la rétivité, avec les difficultés
de mouvement qui doivent résulter d'un état
maladif des reins et des jarrets. Souvent on
a regardé comme immobiles de jeunes chevaux fatigués par la dentition, ou des sujets
atteints de lésions chroniques des viscères
abdominaux. Généralement, on considère
l'immobilité comme incurable; c'est une
opinion exagérée; Chabert indiquait un traitement qui, disait-il, devait toujours réussir;
quelques auteurs modernes ont constaté la
guérison de cette maladie; plusieurs fois
nous avons vu ses symptômes disparaître à
la longue, sans le secours de la thérapeutique.
— Les moyens les plus variés ont été mis en
usage pour combattre l'immobilité; ils ont
été infructueux, ou n'ont pas donné des résultats constants. Dans le début, les émollients combinés aux laxatifs, les exutoires, les
antispasmodiques, ont donné quelques succès;
contre l'état chronique, on conseille les moxas, les vésicatoires. Lafore a préconisé la
noix vomique administrée alternativement
avec le cyanure de potassium; ce traitement
est aussi infidèle que les autres méthodes.
— *Jurisprud.* L'immobilité était admise
comme vice rédhibitoire par les coutumes de
l'Ile de France, par l'art. 1641 du code civil;
elle est mentionnée dans l'art. 1er de la loi
du 20 mai 1838. Pour constater cette affection, il faut examiner l'animal, pendant le

repos, le travail et l'action de manger. L'expertise offre fréquemment des difficultés, par l'absence ou le peu d'intensité de quelques-uns des symptômes pathognomoniques. On ne peut pas simuler cette maladie; il est possible d'empêcher sa manifestation, en n'exigeant pas de l'animal un long exercice au moment de la vente. La durée de la garantie est de neuf jours.

IMMORTELLE, s. f.; nom vulgaire du *Xeranthemum annuum.* — L'immortelle *blanche* est l'*Antennaria margaritacea* de R. Br., *Gnaphalium margaritaceum* de Linn. — L'Immortelle *jaune* est l'*Hélychrysum orientale* de Tournef. Le nom de ces plantes leur vient de la propriété dont elles jouissent de conserver pendant longtemps, même après avoir été coupées, leurs capitules hémisphériques ou radiés.

, **IMPACTION**, s. f., *Impactio*, de *impingere*, heurter; fracture du crâne. Inusité.

IMPAIR, E, adj., *impar;* se dit de la foliole unique qui termine la feuille composée, ex.: la *Luzerne.*

IMPARFAIT, E, adj., *imperfectus;* opposé à *parfait*, (*V.* ce mot.)

IMPARI-NERVIÉ, ÉE, adj., *imparinervatus;* on donne cette épithète à la glume ou à la glumellule, lorsque les bractées ou folioles qui la composent ont une nervure médiane saillante, avec ou sans autres nervures latérales et symétriques.

IMPARI-PENNÉ, ÉE, adj., *imparipennatus;* on appelle ainsi la feuille composée qui se termine par une foliole impaire, ex: la *Luzerne.*

IMPÉNÉTRABILITÉ, s. f., *Impenetrabilitas;* propriété essentielle de la matière pondérable, en vertu de laquelle chaque corps occupe l'espace où il est placé, d'une manière absolue et à l'exclusion de tous les autres corps. Cette propriété générale, quoique très évidente dans les corps *solides*, semble présenter de nombreuses exceptions; mais elles ne sont qu'apparentes, puisque la pénétration des corps les plus durs dans ceux qui sont les plus mous, s'accompagne toujours de déplacements moléculaires; ce qui n'aurait pas lieu, si un corps pouvait s'identifier réellement à un autre. Les *liquides* sont tout aussi impénétrables que les solides et résistent avec la même force à la pénétration d'autres corps, lorsqu'ils sont renfermés dans des vases à parois résistantes. Enfin les *gaz*, malgré la subtilité de leur substance, résistent aussi avec force, lorsqu'ils sont emprisonnés et comprimés jusqu'à un certain point; c'est ainsi qu'un verre renversé sur l'eau ne laisse pas mouiller son fond, à cause de la résistance de l'air qu'il contient. La cloche à plongeur dont on se sert pour pénétrer dans les eaux est fondée sur ce principe.

IMPÉRATOIRE, s. f., *Imperatoria*, L.; genre de la famille des Ombellifères. Il se compose d'un petit nombre d'espèces exotiques dont on retrouve quelques représentants

sur les Alpes, les Pyrénées et les montagnes du nord de l'Europe. La principale espèce est l'I. ostrute, *I. ostruthium*, nuisible aux prairies et dédaignée des herbivores. *Pharm.* Toutes les parties de l'impératoire sont aromatiques, excitantes, et pourraient être employées en médecine; cependant on ne fait guère usage que de la racine. Celle-ci est brunâtre, noueuse, comprimée, branchue, creuse intérieurement, marquée d'anneaux circulaires à l'extérieur; fraîche, elle contient un suc lactescent très âcre; sèche, elle est aromatique, d'une saveur amère et âcre. Elle contient de l'huile essentielle, de la résine et plusieurs principes extractifs. Elle est syalagogue, tonique, excitante, et convient dans les mêmes circonstances que l'angélique, qui est beaucoup plus usitée. *V.* ANGÉLIQUE.

IMPÉRATRINE, s. f.; espèce de matière résineuse, cristalline, qu'on a retirée de la racine d'impératoire. Elle est peu connue.

IMPERFORATION, s. f., *Imperforatio*, de *in*, particule négative, et *perforare*, percer; occlusion congéniale des organes destinés à être ouverts naturellement. L'occlusion accidentelle porte spécialement le nom *d'obliteration.* Les imperforations les plus communes dans les animaux sont celles de l'anus, de la vulve, du vagin, du col de la matrice. On y remédie par des opérations qui consistent à rétablir l'ouverture qui est bouchée; il faut avoir soin, en outre, de prévenir la formation des adhérences.

IMPERMÉABILITÉ, s. f., *Impermeabilitas*, d'*in*, part. négative, *per*, à travers, et *meatus*, méat, ouverture; propriété qu'ont certains corps solides de ne pas se laisser pénétrer par les liquides. Cette propriété n'est que relative; certains solides, qui sont imperméables à l'eau par exemple, sont perméables aux huiles grasses, et réciproquement. L'imperméabilité des solides s'entend aussi de la résistance qu'ils opposent à se laisser traverser par les gaz.

IMPERMÉABLE, adj.; qui ne se laisse pas pénétrer par les fluides.

IMPÉTIGINEUX, adj., *impetiginosus;* qui est de la nature de l'*impétigo.*

IMPÉTIGO, s. m., *Impetigo;* nom donné à la *dartre crustacée* des anciens. Cette affection consiste en des pustules plates produisant l'exsudation d'un liquide qui recouvre la peau de croûtes grisâtres.

IMPONDÉRABLE, adj., *imponderabilis*, de *in*, part. négative, et *pondus*, poids; dépourvu de poids, ou qui ne peut être pesé.— *Fluides impondérables:* dénomination par laquelle on désigne les principes inconnus de la chaleur, de la lumière, et de l'électricité, par ce qu'on n'a pas pu jusqu'ici déterminer leur poids, soit par ce qu'ils en sont réellement dépourvus, soit par ce que les balances ne sont pas assez sensibles pour l'apprécier. *V.* ETHER, FLUIDE, INCOERCIBLE.

IMPONDÉRÉ, adj.; synonyme *d'impondérable*, et préférable à ce dernier en ce qu'il ne préjuge rien sur la *pondérabilité* ou la *matérialité* des agents auxquels il s'applique.

IMPORTATION, s. f., *Importatio;* introduction d'une race domestique étrangère dans une localité donnée. L'importation a pour but de doter une contrée d'une race qu'elle ne possède pas encore, pour remplacer ou non une race indigène, ou d'améliorer celle-ci. Dans tous les cas, il est indispensable d'en faire le choix, d'après la nature du climat et de ses productions, et d'après les règles des croisements, *V.* CROISEMENT, AMÉLIORATION et DOMESTICATION. — La France importe aussi des animaux pour ses services et sa consommation. Elle importe des grains, de la laine. Son agriculture ne peut suffire aux besoins de sa population, de son commerce, de ses fabriques. — Ses principales exportations consistent en vins et en produits manufacturés. C'est à peine si elle fournit à ses voisins, en échange de chevaux anglais, allemands, belges et suisses qui lui arrivent chaque année, quelques milliers de chevaux, la plupart propres au trait. C'est dire assez que, si son économie rurale est en progrès, elle est loin encore d'avoir atteint le degré désirable.

IMPRÉGNATION, s. f., *Impregnatio;* synonyme d'*imbibition.* En *physiologie,* on nomme ainsi l'acte par lequel le germe est fécondé par la liqueur séminale. — *Bot.* Action du pollen ou de la matière fécondante de l'organe mâle d'un végétal sur l'ovule. *V.* FÉCONDATION.

IMPUISSANCE, s. f., *Impotentia,* de *in,* part. nég., et *potentia,* puissance ; manque de force ou de pouvoir pour faire une chose ; impossibilité de se livrer à l'acte de la copulation. Cet état résulte de vices de conformation dans les organes génitaux, de quelques maladies de l'appareil génital. Il ne faut pas confondre 'impuissance avec la *stérilité.* Les animaux *stériles* peuvent néanmoins se livrer à l'acte de l'accouplement, mais ils sont incapables de procréer, ex. : le mulet, qui ne reproduit son espèce que très rarement, et qui cependant montre beaucoup d'ardeur pour le coït.

INALBUMINÉ, ÉE, adj., *inalbuminatus;* privé d'albumen ou de *périsperme.* (*V.* ce mot).

INALLIABLE, adj.; qui ne peut s'allier. Se dit en chimie et en métallurgie d'un métal qui ne peut s'allier à un autre. Cette propriété négative ne peut être absolue, et tel métal, qui ne peut se combiner à un autre métal déterminé, est susceptible de s'allier à un métal différent.

INANGULÉ, ÉE, adj., *inangulatus;* qui n'a point d'angle; opposé d'*angulé* et d'*anguleux.*

INANITION, s. f., *Inanitio,* de *inanire,* vider; faiblesse extrême, épuisement qu'éprouvent les animaux par suite de privation de nourriture.

INANTHÉRÉ, ÉE, adj., *inantheratus;* privé d'anthères par avortement. Se dit des étamines, ou mieux, des filets staminaux.

INAPPENDICULÉ, ÉE, adj., *inappendiculatus;* sans appendices. Se dit surtout du capitule, quand il n'a ni squames ni fimbrilles.

INAPPÉTENCE, s. f., *Inappetentia,* de *in,* part. nég., et *appetere,* désirer; défaut d'appétit; synonyme d'*anorexie.* (*V.* ce mot).

INARTICULÉ, ÉE, adj., *inarticulatus;* sans articulations dans sa longueur ou à sa base.

INCALICÉ, ÉE, adj., *incalicatus;* dépourvu de calice.

INCANDESCENCE, s. f., *Incandescentia;* état d'un corps dont la température est assez élevée pour le porter au rouge blanc et le rendre lumineux. Ce mot est synonyme d'*ignition,* bien que ce dernier terme s'applique surtout à un état d'incandescence accompagné de combustion.

INCARNATIFS, s. et adj., *Incarnativi,* de *caro,* chair; *sarcotiques ;* médicaments qu'on supposait capables de régénérer les chairs dans les solutions de continuité. Synonyme de *cicatrisant* (*V.* ce mot).

INCENDIAIRE, adj.; épithète qu'on donnait aux excitants, dans la doctrine de Broussais, parce qu'ils étaient considérés comme capables d'exaspérer la phlegmasie gastro-intestinale qu'on supposait liée à l'existence de toutes les affections internes un peu graves. Aussi étaient-ils rigoureusement proscrits dans toutes les maladies du tube digestif, quelle que fût leur nature.

INCERTÆ SEDIS; dénomination par laquelle plusieurs pharmacologistes, et notamment Barbier d'Amiens, désignent un certain nombre de médicaments qui ne peuvent entrer dans les classifications établies. Ce groupe de médicaments disparates peut être plus ou moins nombreux, selon les bases de la classification admise; et il est probable même que la plupart des médicaments en feraient successivement partie, si on essayait de faire entrer chacun d'eux dans les divers systèmes de classification qui ont cours dans la science.

INCESTE, s. m., *Incestum,* de *in,* marquant la privation, et *castus,* chaste; union entre parents à un degré prohibé par les lois. — En vétérinaire, il y a *inceste* quand on accouple pour la génération le père avec la fille, la mère avec le fils, le frère avec la sœur; c'est ce que les Anglais appellent propagation *in and in. V.* CONSANGUINITÉ.

INCIDENCE, s. f., *Incidentia,* de *incidere,* tomber sur ; angle sous lequel un mobile ou un rayon de lumière rencontre le plan sur lequel il doit se réfléchir. Cet angle se mesure par la perpendiculaire élevée du point de *rencontre* ou d'*incidence* du plan avec le mobile ou le rayon qui se réfléchit à sa surface. L'expérience a démontré que dans le mouvement réfléchi des corps pondérables, comme dans la réflexion de la lumière, on observe toujours les deux lois suivantes : 1° l'angle de réflexion est égal à l'angle d'incidence, et réciproquement ; 2° le sinus de l'angle de réflexion est dans un rapport constant avec le sinus de l'angle d'incidence, *et vice versâ.*

INCIDENT, adj., *incidens ;* qui tombe. — *Rayon incident :* rayon qui tombe sur un plan en formant un angle plus ou moins ouvert, par opposition à celui qui s'élève de la surface du plan et qu'on nomme *rayon réfléchi.*

INCINÉRATION, s. f., *Incineratio, Cinefactio*, de *cinis*, cendre ; réduction en cendre ; action de brûler les substances organiques, afin d'en retirer les principes minéraux fixes et indécomposables qu'elles renferment, et qu'on nomme des *cendres (V.* ce mot). C'est par ce procédé qu'on obtient la soude naturelle, la potasse, l'iode, etc. On l'emploie aussi pour doser les matières minérales des substances organiques.

INCISÉ, ÉE, adj., *incisus*, de *incidere*, couper ; découpé sur ses bords ; opposé à entier. Les *incisions* se distinguent théoriquement des *dents* et des *crénelures*, en ce qu'elles sont plus longues.

INCISIF, IVE, adj. et s., *Incidens, incisivus*, de *incidere*, couper.—*Dents incisives :* dents antérieures servant à couper les aliments, *V.* DENT. — *Os incisif :* nom donné à l'os petit sus-maxillaire. — *Ganglion incisif* ou *ganglion de Jacobson :* petit ganglion situé dans les fosses nasales, au niveau des ouvertures incisives. — *Pharmacol. Médicaments incisifs :* groupe de médicaments qu'on supposait capables de diviser les humeurs morbides trop épaisses, et de faciliter leur sortie de l'économie animale. Ils diffèrent des *apéritifs* en ce qu'ils agissent sur les humeurs, et que les derniers portent leur action sur les canaux et tendent à les ouvrir, et des *fondants*, en ce que ceux-ci, beaucoup plus énergiques, agissent à la fois sur les liquides et les solides du corps. Cette dénomination a vieilli et n'est plus employée qu'adjectivement pour désigner les expectorants les plus actifs, qu'on appelle *béchiques incisifs.*

INCISION, s. f., *Incisio*, de *incidere*, couper ; solution de continuité produite par un instrument tranchant. La surface tranchante des instruments résulte de la jonction de deux surfaces planes, formant un angle très aigu, qui présente au microscope une série innombrable de petites dents. Les incisions constituent une foule d'opérations ; elles sont employées pour ouvrir les abcès, réséquer des tumeurs ; elles entrent comme élément dans la plupart des grandes opérations. Pour pratiquer les incisions, on se sert du bistouri, seul ou guidé par des conducteurs, de la feuille de sauge, des ciseaux. — Les incisions faites avec le bistouri prennent des noms différents, suivant leurs formes : 1° *incisions droites :* ce sont les plus simples ; elles servent plus spécialement à ouvrir des abcès,

rarement pour extirper des tumeurs. Elles doivent être parallèles à la direction des fibres musculaires, des artères, des veines, des nerfs ; 2° *incisions elliptiques :* on les pratique en deux temps, de manière à tracer chaque fois une moitié de l'ellipse qu'elles représentent. On les emploie pour enlever les tumeurs volumineuses, lorsqu'il y a indication d'exciser une partie de la peau qui les recouvre ; 3° *incisions cruciales :* elles se composent de deux incisions qui se croisent à angle droit ; ensuite, chaque lambeau est disséqué successivement. On les met en usage, lorsqu'on veut extirper une partie malade sans enlever la peau qui la recouvre, pour l'extirpation des tumeurs enkystées, pour découvrir un os qu'on se propose de trépaner, de cautériser ; 4° *incisions en T :* ce sont des incisions cruciales incomplètes ; on les a employées pour la trépanation des os du crâne ; les précédentes sont préférables ; 5° *incisions en V ;* elles se composent de deux incisions réunies à l'une de leurs extrémités, et plus ou moins écartées à partir de leur point de réunion ; elles peuvent servir dans les mêmes cas que les incisions en croix et en T. — On pratique les incisions en différents sens ; d'après leur direction, elles sont distinguées comme il suit : 1° *incisions de dehors en dedans*, ex. : ouvertures d'abcès, division des parties charnues ; la peau est divisée avant les parties profondes ; 2° *incisions de dedans en dehors*, ex. : les ponctions avec le bistouri droit ; l'instrument est introduit par la pointe, tenu dans la paume de la main, le tranchant en haut ; en le retirant, on divise plus ou moins les tissus, suivant qu'on le tient dans une direction plus ou moins parallèle aux téguments ; 3° *incision le tranchant tourné de côté*, ex. : opération de la queue à l'anglaise, de la ponction de l'urètre, de la trachéotomie ; le manche du bistouri correspond à la paume de la main ; la lame est placée entre le pouce et l'index, le tranchant dirigé en arrière ou en avant, suivant qu'on opère l'incision de gauche à droite, ou de droite à gauche ; 4° *incision en dédolant ;* le tranchant de l'instrument est dirigé sur les parties qu'on veut couper, de manière à les enlever couche par couche, ex. : extirpation des excroissances charnues, du fibro-cartilage dans le javart cartilagineux. — *Bot.* Découpure du bord d'un organe foliacé plus profonde que la crénelure et la dent. — *Incision annulaire :* opération souvent pratiquée par les jardiniers dans le but de faire mettre à fruit des branches gourmandes, ou de modérer l'activité trop grande de la végétation. Elle consiste dans l'action d'enlever à la branche un anneau circulaire d'écorce. On la pratique à l'époque de la seconde sève ou quelques jours avant la floraison, selon que l'on veut seulement modérer la végétation ou prévenir la *coulure* des fleurs.

INCITABILITÉ, s. f., *Incitabilitas ;* synonyme d'*excitabilité (V.* ce mot).

INCLINAISON, s. f., *Inclinatio.* — *Inclinaison de l'aiguille aimantée*: inclinaison d'une de ses extrémités vers la terre, ou angle qu'elle forme avec l'horizon. L'inclinaison est nulle sous l'équateur; mais, à mesure qu'on avance vers l'un des pôles, la pointe de l'aiguille qui est dirigée vers lui s'incline de plus en plus vers la terre; arrivée au pôle magnétique, l'aiguille serait verticale. Cette inclinaison est variable suivant les points du globe, et peut servir jusqu'à un certain point, à faire connaitre la latitude. — *Econ. rur.* Ce mot est souvent employé en agriculture comme synonyme d'exposition, *V.* EXPOSITION. — Considérée d'une manière absolue, l'inclinaison peut avoir sur la culture, sur l'appropriation, la plus grande influence, selon son degré et la nature des terrains qui la présentent. Si une certaine pente est nécessaire pour l'écoulement des eaux, il faut qu'elle soit faible, et les agronomes estiment qu'en général l'inclinaison ne peut dépasser $2^0,55$, environ cinq centimètres par mètre, sans qu'un terrain cultivé ne perde de sa valeur; au-delà de ce chiffre, la pente devient assez forte pour qu'il y ait déplacement de terre, et pour que l'on soit obligé de fumer un peu davantage la partie la plus élevée du terrain. Le travail à la charrue ne peut plus avoir lieu, lorsque la pente dépasse 5^0 à 6^0, 10 à 11 centimètres par mètre; il faut labourer dans le sens horizontal, cultiver à la houe, à la pioche ou faire des terrasses. De fortes pentes, lorsque l'exposition est bonne, sont favorables à quelques végétaux qui ont, comme la vigne, de longues souches; mais elles ne conviennent point aux plantes annuelles. L'exemple du sarrasin cultivé avec avantage dans un terrain qui avait plus de 60 centimètres d'inclinaison, est une exception qui ne doit point être imitée. Les accidents, les ondulations du sol en augmentent la surface absolue, mais n'en augmentent pas, ainsi qu'on le croit généralement, la surface utile ou végétante. Celle-ci reste toujours sensiblement égale à l'étendue du plan perpendiculaire à une verticale tirée du centre de l'espace. C'est qu'en effet, les tiges des végétaux ne se dirigent point dans le sens perpendiculaire à la surface réelle du terrain, mais suivant la verticale.

INCLINÉ, ÉE, adj., *inclinatus;* penché, courbé vers la terre. On le dit de la tige des végétaux. Ne doit pas être confondu avec *décliné*, qui ne s'applique qu'aux organes sexuels, *étamines* et *style.*

INCLUS, E, adj., *inclusus;* se dit du pistil ou des étamines, lorsqu'ils n'apparaissent pas en dehors des enveloppes florales, et qu'ils ne dépassent pas la gorge de la corolle ou du périanthe; ex,: le *Lilas. Inclus* est ici l'opposé d'*exsert.*

INCOERCIBLE, adj., *incoërcibilis,* de *in,* part. négative, et *coërcere,* contenir, resserrer; qui ne peut être contenu ou resserré; *fluides incoërcibles :* nom donné aux principes de la chaleur, de la lumière et de l'électricité, parce qu'ils ne peuvent être emprisonnés indéfiniment dans des vaisseaux formés avec la matière pondérable. *Gaz incoërcibles :* corps gazeux qui sont permanents ou qui ne peuvent être réduits à l'état liquide par le refroidissement et la compression, comme l'air atmosphérique, l'oxygène, l'azote, l'hydrogène, le bioxyde d'azote, l'oxyde de carbone, etc.

INCOMBANT, ANTE, adj., *incumbens,* couché sur un autre organe sans y adhérer. La radicule est *incombante,* lorsqu'elle s'applique sur le dos de l'un des cotylédons. — L'anthère est *incombante,* lorsque, étant attachée au filet par un point de sa longueur, la partie située au-dessous de ce point est appliquée contre le filet de l'étamine.

INCOMBUSTIBILITÉ, s. f.; qualité de ce qui n'est pas combustible.

INCOMBUSTIBLE, adj.; qui ne peut brûler; c'est le cas de toutes les combinaisons oxygénées complètement saturées d'oxygène, comme la plupart des acides minéraux, beaucoup d'oxydes et de sels, etc.

INCOMPATIBILITÉ, s. f., *Incompatibilitas;* dénomination employée en pharmacie et en matière médicale pour désigner l'opposition chimique que se font en quelque sorte certains médicaments dans leur mélange; d'où résulte l'annulation de leurs propriétés médicinales ou leur exaltation à un degré nuisible. Cette incompatibilité provient de certaines réactions chimiques qui ont lieu entre les médicaments mélangés, annulent une partie des propriétés actives de ces substances par suite de la formation d'un composé insoluble, inactif, ou donnent naissance à des composés nouveaux dont les vertus sont souvent opposées à celles des corps mélangés. Quoiqu'il existe des incompatibilités nombreuses et réelles entre les divers médicaments susceptibles d'être associés, on s'est exagéré souvent les inconvénients de leur mélange, parce qu'on n'a pas assez tenu compte de l'action des liquides de l'économie animale sur les médicaments. C'est ainsi que beaucoup de corps insolubles qui se forment dans les médicaments composés deviennent très actifs, lorsqu'ils sont introduits dans le corps, parce qu'ils sont dissous par les liquides acides ou alcalins du tube digestif, et peuvent dès-lors être absorbés. C'est ainsi encore que le mélange d'émulsine et d'amygdaline qui produit de l'acide cyanhydrique par son contact avec l'eau, n'en produit plus dans l'estomac, à cause des qualités acides du suc gastrique, qui empêchent cette singulière transformation. Le tableau des substances incompatibles, quoique très intéressant, ne saurait trouver place ici à cause de son étendue.

INCOMPLET, ÈTE, adj., *incompletus :* appliqué aux fleurs, il est l'opposé de *parfait,* et signifie qu'il leur manque l'un des quatre

verticilles qui doivent composer la fleur parfaite. Cette expression doit être employée,
comme on le fait ici, dans le sens absolu, ou
bien il faut la rejeter du langage botanique.
V. Parfait.

INCOMPRESSIBILITÉ, s. f., *Incompres-
sibilitas*; propriété qu'auraient certains corps
de résister à la compression et de ne pas
changer de volume sous son influence. Aucun corps matériel ne jouit absolument de
cette propriété opposée à la *compressibilité*,
en sorte que son existence est fort douteuse.
V. Compressibilité.

INCONSTANT, E , adj. , *instabilis*; changeant, instable; se dit des caractères zoologiques ou botaniques qui n'ont rien de fixe ,
qui varient d'un individu à un autre individu
de la même espèce; tels sont ceux tirés du
pelage, de la taille, de la vestiture. L'incon-
stance est d'autant plus prononcée que les individus ont été plus profondément modifiés
par la culture ou par la domesticité. Les caractères instables ne peuvent servir qu'à l'établissement des races ou des variétés.

INCONTINENCE, s. f., *Incontinentia*,
de *in*, négatif, et *continere*, contenir, retenir ; écoulement, rejet involontaire d'une
matière excrétée, qui ne doit être évacuée qu'à
des intervalles plus ou moins éloignés. Ce
mot est employé plus particulièrement pour
désigner l'écoulement involontaire de l'urine.
L'incontinence d'urine n'est qu'un accident ,
un symptôme de quelques maladies des voies
urinaires; on l'observe dans la cystite chronique, la paralysie de la vessie, la rupture
de cet organe; elle est rare dans les animaux
domestiques bien plus que dans l'espèce humaine.

INCORPORATION, s. f., *Incorporatio* ;
mélange intime de plusieurs substances solides, molles ou liquides, à l'aide de la trituration. C'est par ce moyen qu'on prépare beaucoup d'onguents, de pommades, de cérats, etc.

INCRASSANT, s. et adj. , *Incrassans*,
Spissans ; nom donné par les humoristes à
certains médicaments qu'ils supposaient capables d'épaissir les humeurs du corps, de
les rendre plus plastiques. Les incrassants sont
opposés, par conséquent, aux *incisifs*, qui les
divisent, les rendent plus fluides. On plaçait
surtout dans cette classe les mucilagineux;
mais il est évident que ces médicaments ne
jouissent pas de cette propriété, et que les
véritables incrassants sont les *analeptiques*
et les *toniques* (*V.* ces mots).

INCRUSTATION, s. f., *Incrustatio*, de
in, dans, et *crusta*, croûte ; formation
d'une croûte ou couche solide à la surface
d'un corps; cette couche elle-même. On remarque ce phénomène dans les tuyaux de
conduite où les eaux laissent déposer leurs
sels calcaires ; dans les fontaines pétrifiantes,
où le bicarbonate de chaux, en se déposant ,
forme bientôt, à la surface des corps, une cou
che épaisse qui en prend exactement la configuration.

INSCRUSTÉ, ÉE , *incrustatus* ; rapproché , confondu. Le *péricarpe* et la *graine*
sont *incrustés*, lorsqu'ils adhèrent naturellement entre eux au point de ne pouvoir être
séparés par les moyens ordinaires; ex. : le
fruit appelé *cariopse*.

INCUBATION, s. f., *Incubatio*, de *in*,
sur, et *cubare*, être couché ; action des oiseaux qui restent couchés sur leurs œufs
pour les couver. L'incubation, chez les oiseaux, remplace la gestation des mammifères. Sa durée varie beaucoup suivant les espèces ; elle est de 19 jours pour le pigeon,
de 21 pour la poule, de 30 pour la dinde. —
Pol. Sanit. Période comprise entre l'instant où un virus a été introduit dans un
organisme sain, et celui où apparaissent
les symptômes de la maladie transmise. Le
temps d'incubation varie selon la nature du
germe contagieux, l'espèce d'individu auquel
ce germe a été communiqué, les conditions
physiologiques du sujet, et enfin les circonstances hygiéniques. Il n'est point le
même pour une maladie contagieuse donnée,
dans les diverses espèces domestiques. Ainsi,
la rage inoculée se développe chez le chien
dans une période qui varie de cinq à quarante ou cinquante jours, tandis que , pour
les solipèdes, l'incubation est comprise entre
vingt-cinq et cent dix à cent vingt jours.
V., pour ce qui concerne chaque maladie
transmissible par virus, le nom de cette
maladie, et Police sanitaire.

INCURVÉ, ÉE, adj., *incurvatus*; courbé. infléchi de dehors en dedans.

INDÉFINI, IE , adj., *indefinitus*; lorsque cette expression se rapporte à un nombre , elle indique que ce nombre est *indéterminé* et qu'en général il n'est pas constant. — *L'inflorescence* est *indéfinie* ou *axillaire*, quand les fleurs naissent de l'aisselle
des feuilles florales ou des bractées, de telle
sorte que, toutes étant latérales , l'axe peut
croître indéfiniment. *V.* Inflorescence. —
Pharm. Se dit des combinaisons chimiques
dont les éléments ne sont pas combinés en
proportions fixes et invariables. C'est ce qui
arrive surtout pour beaucoup de substances
organiques amorphes et non susceptibles de
cristalliser.

INDÉHISCENCE, s. f., *Indehiscentia* ;
caractère d'un péricarpe qui ne s'ouvre point
naturellement à la maturité. Beaucoup de
fruits sont dans ce cas: le *Cariopse*, l'*A-
kène*, le *Gland*, la *Baie* et tous les fruits
charnus.

INDÉHISCENT, E , adj., *indehiscens*;
se dit du fruit ou du péricarpe qui ne s'ouvrent pas au moment de la maturité pour la
dissémination naturelle des graines.

INDEMNITÉS, s. f., *Indemnitates*; secours , dédommagements pécuniaires accordés à celui qui a éprouvé une perte. — Les
indemnités pour perte de bestiaux, par suite
d'épizootie, sont accordées en France sur une
allocation spéciale du ministère de l'agricul-

ture et du commerce. La quotité absolue en est fixée par le ministre ; la répartition en est faite par les Préfets ou les Conseils de préfecture, d'après les rapports des experts. La première a une valeur variable selon les circonstances ; la seconde doit être faite conformément aux régles d'une bonne justice distributive et au prorata des pertes subies. Il est donc indispensable que l'impartialité la plus scrupuleuse préside à *l'estimation* faite par les vétérinaires, lorsqu'ils sont appelés à éclairer l'administration sur la valeur des animaux morts ou sacrifiés. Les arrêts de 1774, 1775 et l'ordonnance du 27 janvier 1815 fixent au tiers de la valeur réelle des animaux le chiffre de l'indemnité à accorder ; mais si cette proportion est suffisante pour les animaux morts de la maladie, elle ne l'est plus quand il s'agit de sujets sains ou suspects abattus par ordre de l'autorité. Dans ce dernier cas, le dédommagement doit être entier. Pour les autres circonstances, on devrait, après avoir établi le chiffre proportionnel de l'indemnité, accorder des primes qui ne pourraient jamais, ajoutées à l'indemnité, dépasser la valeur des animaux, à ceux des propriétaires qui auraient mis le plus d'empressement à faire la déclaration, la meilleure volonté, le plus de soins à appliquer les mesures prescrites par l'autorité et les experts. — Un propriétaire n'a droit à une indemnité pour perte de bestiaux par suite d'épizootie, qu'autant qu'il a fait une déclaration en temps utile, et (circulaire du 7 avril 1841) que ses animaux ont été visités par un vétérinaire, hors les cas où il n'existerait pas de vétérinaire breveté dans un rayon de 8 kilomètres autour de l'habitation.

INDENTÉ, ÉE, adj., *indentatus;* entier, sans dents ni dentelures.

INDÉTERMINÉ, *V.* INDÉFINI.

INDIENNES. *V.* FLANDRINES.

INDIFFÉRENCE, s. f., *Indifferentia;* état d'un corps dont les affinités chimiques sont satisfaites, et qui n'a plus de tendance à se combiner à d'autres éléments. Cet état n'est jamais absolu, et tel corps qui se trouve dans un état de neutralité relativement à plusieurs corps, peut néanmoins se combiner avec d'autres dont les affinités pour lui sont plus fortes que celles des éléments avec lesquels il est combiné. *V.* NEUTRALITÉ.

INDIFFÉRENT, adj., *indifferens;* corps dont les affinités chimiques sont satisfaites, et qui n'a plus de tendance à entrer dans de nouvelles combinaisons.

INDIGÈNE, s. et adj., *Indigenus;* naturel d'un pays ; se dit aussi des plantes, des animaux, des produits, qui ont pris naissance et ont été formés dans le lieu que l'on indique. *Indigène* est l'opposé d'*exotique*, d'*étranger;* appliqué aux êtres vivants, il est synonyme d'*aborigène.* — *Pharm.* Se dit des médicaments tirés de la contrée même qu'on habite. Ils doivent être préférés aux médicaments exotiques pour la médecine des animaux, toutes les fois que cela est possible, parce que leur prix est peu élevé, leurs vertus souvent aussi grandes, que celles des médicaments qui viennent de loin, et qu'il est possible de les avoir dans un plus grand état de pureté. Les médicaments exotiques ont presque tous des succédanés parmi les médicaments indigènes ; ceux-ci obtiendront donc la préférence, lorsqu'il n'y aura aucun inconvénient.

INDIGESTION, s. f. ; mauvaise digestion. On désigne ainsi tout trouble momentané du tube gastro-intestinal, pendant lequel la digestion est arrêtée ou suspendue. Les animaux solipèdes sont plus exposés aux indigestions que les ruminants et les carnivores, à cause du petit volume de l'estomac, de l'étendue de l'intestin. Les suites de ces affections sont également plus graves pour eux, à cause de l'impossibilité de vomir, qui résulte de la disposition de leurs organes. Par la rumination, les didactyles font parvenir dans la caillette des aliments mieux élaborés ; néanmoins ils sont encore assez exposés aux météorisations. — *Indigestion dans les solipèdes.* Les causes qui la produisent sont très variées. Il en est qui agissent indirectement sur l'estomac ; ce sont l'impression de la chaleur, du froid, les courses violentes, etc. Les causes directes se trouvent dans la mauvaise qualité des aliments, des fourrages altérés, mal récoltés, contenant des plantes malfaisantes, dans l'usage du vert mouillé par la rosée, etc. Les boissons, par leur mauvaise qualité, leur température, leur abondance, produisent également des indigestions. Sous le rapport du siége de la maladie, on distingue l'indigestion en *stomacale* ou *intestinale*, suivant qu'elle se produit dans l'estomac ou l'intestin. L'indigestion stomacale se complique souvent de symptômes nerveux très graves, qui dénotent une violente irritation du cerveau, et constituent cette variété d'encéphalite qui a reçu le nom de *vertige abdominal* ou *symptomatique*. On distingue encore l'indigestion *simple* et l'indigestion *gazeuze*, ou *tympanite*, compliquée d'un dégagement considérable de gaz dans le conduit intestinal. L'indigestion simple a pour symptômes le dégoût, des douleurs intestinales ou coliques plus ou moins violentes, des borborygmes et quelques évacuations alvines qui soulagent le malade. Des accidents fort graves et mortels peuvent résulter des indigestions ; ce sont l'inflammation de quelques parties du tube intestinal, l'invagination, le volvulus, la rupture de l'estomac, de l'intestin, du diaphragme, etc. En quelques heures, les chevaux périssent, présentant presque toujours avant la mort le ballonnement du ventre. Aux symptômes de l'indigestion, sont venus s'ajouter ceux des accidents qui se sont montrés consécutivement. *V.* COLIQUE, GASTRITE, GASTRO-ENTÉRITE, etc. Pour combattre l'indigestion simple, on donne des layements et quelques infusions excitantes faites avec les fleurs de sureau, de camomille. Le traitement doit aussi être modifié suivant les complications. Les saignées générales sont d'une grande utilité, même pour favoriser l'évacuation des gaz et des matières accumulés dans les voies digestives ; elles produisent ce résultat par l'affaissement qui en est l'effet. — *Indigestion dans les ruminants.* Elle est généralement accompagnée du développement de gaz et quelquefois compliquée de surcharge d'aliments; de là une division qui distingue l'*indigestion avec météorisme sans surcharge d'aliments*, et l'*indigestion avec plénitude de la panse.* On reconnaît encore l'indigestion *aiguë* et l'indigestion *chronique*, *V.* Météorisation et Tympanite. Enfin, dans les ruminants, on distingue encore l'*indigestion du feuillet*, parce qu'elle a spécialement son siége dans l'estomac de ce nom.

INDIGO, s. m., *Pigmentum indicum;* matière colorante bleue qu'on retire des feuilles de plusieurs plantes du genre *Indigofera*, de la famille des Légumineuses, et qui croissent dans l'Inde, d'où vient sans doute le nom de cette substance. L'indigo est solide, inodore, insipide, d'une belle teinte bleue avec des reflets cuivrés, insoluble dans l'eau, dans l'alcool et l'éther, soluble au contraire dans les acides et notamment dans les acides sulfurique et nitrique. Il est composé, selon Chevreul, d'*indigotine*, de résine rouge, de matière colorante rouge-verdâtre, de carbonate de chaux, de silice, d'alumine, d'oxyde de fer et de quelques sels. L'indigo est principalement employé en teinture ; cependant Décroizille en a fait une liqueur d'épreuve pour la *chlorométrie. — Physique.* Nom d'une des sept couleurs du spectre solaire. *V.* Spectre.

INDIGOTIER, s. f., *Indigofera*, L.; genre nombreux de la famille des Légumineuses. Il renferme plus de deux cents espèces herbacées, frutescentes ou souffrutescentes, croissant dans les contrées chaudes de l'Asie, de l'Afrique et de l'Amérique. Cinq ou six espèces de ce genre sont cultivées dans l'Inde, en Egypte, dans la Caroline, etc., pour l'extraction de la matière tinctoriale appelée *indigo;* nous citerons : l'I. franc, *I. tinctoria*, (Inde, Madagascar, Bourbon); l'I. bâtard, *I. anil*, (Inde, Amérique); l'I. argenté, *I. argentea* (Inde, Egypte, Arabie); l'I. de la Caroline, *I. carolina* (Caroline); l'I. de la Jamaïque, *I. jamaïcensis* (Jamaïque). Plusieurs de ces espèces ont des variétés. Les essais tentés pour naturaliser en Europe ces végétaux importants ont été jusqu'à ce jour infructueux. *V.* Indigo.

INDIGOTINE, s. f.; nom du principe colorant bleu de l'indigo, qu'on en sépare à l'aide de la chaleur ou par la voie humide. C'est une substance cristalline, d'un beau bleu cuivré, inodore, insipide, insoluble dans l'eau, dans l'alcool et l'éther, volatile et décomposable par l'action de la chaleur, à

la manière des substances organiques azotées. Dépouillée de son oxygène, elle devient jaune et repasse ensuite au bleu à mesure qu'elle reprend de l'oxygène à l'air. Employée seulement en teinture.

INDISSOLUBILITÉ, s. f., *Indissolubilitas*, de *in*, part. négative, et *dissolvere*, dissoudre ; synonyme d'*insolubilité*, qui est plus usité.

INDISSOLUBLE, adj ; synonyme d'*insoluble (V.* ce mot).

INDISTINCT, TE, adj., *indistinctus;* peu apparent, disposé sans ordre; se dit principalement des *nervures.*

INDIVIS, ISE, adj., *indivisus;* entier, non divisé.

INDOLENT, adj., *indolens*, de *in*, négat., et *dolor*, douleur; qui ne cause pas de douleur; qui n'est pas le siége d'une douleur. *Tumeur indolente:* celle dont la présence ne cause pas de douleur.

INDUCTION, s. f.; nom donné par Faraday au développement d'électricité ou de magnétisme par l'action des aimants sur les fils conducteurs, par celle des courants sur les aimants, ou enfin des courants sur les fils conducteurs. Ce développement de fluide a lieu par simple voisinage, comme dans l'électrisation par influence. Ainsi, quand un courant électrique passe auprès d'un fil conducteur dont les extrémités sont réunies, il y a développement d'un courant dans ce fil; de même, quand un fil conducteur est enroulé autour d'un morceau de fer doux, il le rend magnétique momentanément par simple induction, et réciproquement, un aimant produit un courant électrique dans un conducteur fermé qui est disposé en spirale autour de lui. Ces états électriques ou magnétiques par induction sont éphémères, et disparaissent aussitôt qu'ils ne sont plus sous l'influence de la cause qui leur a donné naissance. *V.* Electro-dynamie.

INDUPLICATIF, IVE, adj., *induplicativus* ; se dit de l'*estivation* dans laquelle les parties de la fleur, disposées en cercle parfait, ont leurs bords repliés régulièrement en dedans.

INDURATION, s. m., *Induratio*, de *indurare*, endurcir, de *durus*, dur ; état d'augmentation de densité, de dureté dans le tissu des organes, sans qu'il y ait altération de texture. On distingue une induration *naturelle* dans les organes par l'effet de l'âge. L'induration qu'on pourrait appeler *pathologique* résulte d'un dérangement dans les lois organiques. Tous les tissus, même les os, sont susceptibles d'éprouver l'induration. Cet état morbide se présente sous plusieurs aspects; il y a l'induration *rouge*, la *grise* et la *blanche. L'induration rouge* affecte les parties riches en vaisseaux sanguins ; on la nomme quelquefois *hépatisation*, à cause de sa ressemblance avec la texture du foie. Elle se développe dans le poumon surtout, dans le foie, dans les reins. *L'induration grise* est le produit de l'inflammation chronique ; c'est dans les tissus blancs qu'elle se montre de préférence ; elle est assez commune dans le poumon ; le plus souvent elle se termine par le ramollissement. L'*induration blanche* a beaucoup d'analogie avec la précédente ; elle résulte de l'accumulation des fluides blancs, qui stagnent dans les tissus, ou de l'induration rouge suivie de l'absorption de la matière colorante.

INDUSIE, s. f., *Indusium* ; conceptacle de quelques champignons (Link). — Membrane recouvrant, dans leur jeunesse, les amas de capsules occupant la face inférieure des feuilles de beaucoup de fougères ; *membranules* de Necker ; *glandes écailleuses* de Guttard ; *périsporanges*, de Hedwig.

INDUVIAL, E, adj., *induvialis ;* se dit, d'après Mirbel, du calice qui persiste et recouvre le fruit ; ex. : le *Rosier.*

INDUVIE, *V*. Chemise.

INDUVIÉ, ÉE, adj, *induviatus ;* pourvu d'une induvie ou chemise.

INÉGAL, E, adj., *inæqualis ;* offrant des proportions différentes. L'inégalité des organes analogues peut être régulière et constante, et devenir par cela même un caractère distinctif important. On en trouve un exemple pour les étamines dans l'établissement des classes de la didynamie et de la tétradynamie.

INEMBRYONNÉ, ÉE, adj., *inembryonnatus ;* dépourvu d'embryon ; ex. : les corpuscules reproducteurs des acotylédones. — C'est aussi le cas des ovules non fécondés.

INÉQUILATÈRE, adj., *inequilater ;* se dit de la feuille dont les deux portions du limbe situées de chaque côté de la nervure principale ne sont point égales ; ex. : l'*Orme.*

INÉQUIVALVE, adj., *inequivalvis ;* se dit de l'organe composé de valves inégales.

INERME, adj., *inermis ;* privé d'armes ou de défenses ; sans épines ni aiguillons.

INERTE, adj., *iners ;* privé d'activité, de mouvement. *V*. Inertie. — Les agriculteurs appellent *sol inerte* la partie du sol arable située entre le sol actif et le sous-sol. Sa composition est toujours la même que celle du sol actif ; il en a les qualités et les défauts. Il n'existe pas, lorsque le sol actif repose immédiatement sur le sous-sol. Le sol inerte est trop perméable et trop filtrant, ou trop compacte et peu filtrant. Dans ces deux cas, il contribue à accroître les mauvaises qualités du terrain. En moyenne, le sol inerte ne devrait avoir qu'un mètre de profondeur.

INERTIE, s. f., *Inertia ;* propriété générale qu'ont tous les corps pondérables de persister dans l'état où ils se trouvent, tant qu'une cause quelconque n'intervient pas. C'est une propriété essentiellement négative et rationnelle, qu'on ne peut admettre que comme une inaptitude, une incapacité de la matière à changer, par elle-même, son état de repos ou de mouvement, comme ses propriétés. L'inertie de la matière dans l'état de repos est évidente, puisqu'on ne voit jamais un corps se mettre en mouvement par lui-même et sans l'intervention d'une force ; les animaux ne forment une exception apparente à cette loi générale de la nature, que parce qu'ils possèdent en eux une force particulière qui met leur corps en mouvement. L'inertie, dans l'état dynamique, quoique moins évidente, n'en est pas moins réelle, puisque les corps qui ne peuvent pas produire le mouvement, n'ont pas non plus la puissance de le détruire par eux-mêmes. Aussi un cavalier dont le cheval s'abat brusquement, est lancé en avant par le mouvement horizontal dont il était animé et qu'il n'a pas la faculté de détruire instantanément, etc.

INFÉCOND, E, adj., *sterilis ;* non productif, non fécondé, *V*. Stérile.

INFECTION, s. f., *Infectio*, de *inficero*, gâter, altérer ; influence morbide exercée sur l'économie vivante par des miasmes ou des effluves ; résultat de cette action. Les médecins et les vétérinaires sont bien loin d'être d'accord sur le sens précis à attacher au mot *infection*. Pour les uns, il y a infection quand des sujets sains, exposés à des émanations provenant d'individus malades, contractent la maladie dont ceux-ci étaient atteints, mais ne la contractent que parce qu'il y a eu viciation de l'air, intoxication lente, graduelle et subordonnée à l'activité et à la puissance du foyer de production. Pour d'autres, l'infection existe toutes les fois que des émanations quelconques, d'origine animale ou végétale, occasionnent une maladie. — Il est évident qu'en adoptant la première opinion, il n'est plus possible de distinguer la contagion de l'infection, et que toute la différence réside dans les degrés variables d'activité du virus. D'autre part, on laisse également en dehors de la question d'infection les effets délétères produits par les matières gangrénées et septiques, les gaz nés de la putréfaction des substances animales et végétales. *V*. Effluve et Miasme.

INFECTION PURULENTE ; action nuisible exercée sur l'économie par l'absorption du pus. Syn. *Résorption purulente*, *métastase*, *diathèse purulente*, *phlébite*. Renault et H. Bouley ont particulièrement étudié cette maladie sur le cheval et le chien. C'est à la suite des plaies récentes qu'elle se développe, après les opérations et non à la suite des vieux ulcères. Les lésions des veines sont des causes fréquentes de l'infection purulente ; on l'observe souvent à la suite d'une simple saignée de précaution faite à la jugulaire d'un cheval jouissant d'une bonne santé. Les causes prédisposantes sont l'encombrement des malades, la débilité de la constitution, les écarts de régime, les indigestions, les pansements mal faits. — *Phénomènes généraux*. Ce sont la tristesse, la perte de l'appétit, la diminution des forces vitales : le pouls devient petit, filiforme ; la respiration est accélérée, irrégulière ; on observe une toux fréquente et quinteuse, la fétidité des matières excrétées, la diarrhée. Les muqueuses ont une teinte jaune ictérique ; les poils sont ternes et piqués. Des collections purulentes se forment dans le tissu cellulaire sous-cutané ; les extrémités deviennent œdémateuses. Le sang retiré des vaisseaux est brun-violacé ; le caillot blanc est volumineux, jaune foncé. *Phénomènes locaux.* La plaie suppurante, point de départ de l'infection, devient blafarde, plombée ; ses bords s'affaissent ; le pus devient séreux et fétide ; les ganglions voisins se tuméfient. Huit à dix jours au plus après l'apparition des premiers symptômes, les malades succombent. Chez quelques-uns, l'infection produit les caractères de la morve aiguë. A l'autopsie, on rencontre des collections purulentes disséminées dans tous les organes, dans le poumon, le foie, la rate, le cerveau, dans les articulations, les gaines tendineuses, les muscles, les os. Ces collections sont des *abcès métastatiques.* Certaines parties du poumon ont été trouvées gangrenées, présentant au centre une matière purulente d'un blanc grisâtre. Le cœur offre des ecchymoses sur les parois extérieures ; le ventricule droit est coloré en rouge violet et contient un sang poisseux, noirâtre. Diverses théories ont été admises pour expliquer l'infection purulente. Deux doctrines sont en présence : l'introduction du pus par la voie d'absorption, et la formation spontanée du pus dans les veines, son mélange avec le sang. On est d'accord sur ce fait, que la mort résulte de l'infection du sang par la présence du pus dans ce liquide : les opinions diffèrent sur le point de savoir quelle est l'origine du pus qu'on retrouve dans les vaisseaux.—On peut confondre l'infection purulente avec l'ictère et la morve aiguë. Le pronostic est des plus graves ; la mort est inévitable. Tous les moyens thérapeutiques ont échoué ; jusqu'à présent on a été réduit à des essais. Les saignées locales et générales, les vésicatoires, les purgatifs, les vomitifs, les sudorifiques, les toniques ; tout est inutile. Quelques médicaments spéciaux, tels que l'émétique, les mercuriaux, l'acétate d'ammoniaque, n'ont pas donné de meilleurs résultats ; il en est de même du camphre, de l'éther et des opiacés. On croit pouvoir arrêter le développement de l'absorption purulente en cautérisant fortement les plaies suppurantes, avec le fer rouge.

INFÉRE, adj., *inferus ;* inférieur, situé au-dessous ; se dit du périanthe, lorsqu'il s'insère au-dessous de l'ovaire ; de l'ovaire, lorsque, contractant des adhérences avec le calice, il est entouré de celui-ci, de telle sorte qu'il semble donner naissance à son limbe. *V.* INSERTION.

INFÉROVARIÉES, s. f., *Inferovarieæ ;* classe ou groupe de plantes établi par Richard dans la méthode naturelle modifiée.

Il renferme les végétaux gamopétales à ovaire infère.

INFIBULATION, s. f., *Infibulatio,* de *fibula,* boucle ; opération qui consiste à réunir au moyen d'un anneau les parties externes de la génération, *V.* BOUCLEMENT.

INFIRMITÉ, s. f., *Infirmitas ;* indisposition ou maladie habituelle. Il faut distinguer l'infirmité de la maladie. L'*infirmité* consiste dans la privation congéniale ou accidentelle d'une fonction, dans l'altération définitive d'un organe : elle est souvent la terminaison de la *maladie ;* elle est rarement curable. La maladie est un état de dérangement organique dont la durée est plus passagère, dont les suites sont le plus souvent annihilées par un traitement rationnel.

IMFLAMMABILITÉ, s. f., *Inflammabilitas ;* qualité de ce qui est inflammable.

INFLAMMABLE, adj. *inflammabilis ;* épithète qu'on donne à tous les corps qui prennent feu avec facilité et qui brûlent avec flamme. C'est le cas de tous les corps très riches en hydrogène et en carbone, comme les essences, les huiles, les corps gras, les gaz hydro-carbonés, etc. *Gaz inflammable :* ancien nom de l'*hydrogène* (*V.* ce mot).

INFLAMMATION, s. f., *Inflammatio,* de *flamma,* flamme ; terme de pathologie employé pour désigner l'état d'une partie dans laquelle il y a afflux de sang, gonflement, chaleur et rougeur. Synonymie : *Phlogose, phlegmasie.* Les causes de l'inflammation sont nombreuses ; elles sont directes ou indirectes. Les causes directes sont mécaniques ou chimiques ; ex., pour les premières, la contusion, le frottement, la pression, etc. ; pour les deuxièmes, l'action des acides, des alcalis, du calorique. Comme prédispositions, il faut citer le tempérament sanguin, les aliments substantiels, tout ce qui rend le sang plus excitant. Les *phénomènes* de l'inflammation sont : la *rougeur,* due à l'abord plus considérable de sang, depuis la teinte rose jusqu'au brun foncé ; la *douleur,* due à l'exaltation de la sensibilité nerveuse ; la *chaleur,* appréciable surtout dans les tissus riches en vaisseaux sanguins ; la *tumeur* ou *tuméfaction,* diffuse ou circonscrite, résultant de l'accumulation du sang dans les parties enflammées. A ces phénomènes, les modernes ajoutent celui de la sécrétion d'une *lymphe coagulable,* qui se répand dans la trame des organes enflammés. Quand une inflammation est intense, elle réagit sur l'économie et produit la fièvre de réaction. Il est des cas dans lesquels l'inflammation est un moyen dont la nature se sert pour expulser des corps étrangers ou des produits morbides. —Les terminaisons de l'inflammation sont : la résolution ou disparition graduée des symptômes, la suppuration, la gangrène, l'induration, la métastase. Cet état pathologique offre des caractères variés suivant les tissus qu'il envahit. On a admis l'inflammation *simple* ou *franche, aiguë, chronique.* Elle est *adhésive*, lorsqu'elle amène la réunion des parties divisées.—Dans le traitement de l'inflammation, la méthode la plus utile consiste dans l'emploi des *antiphlogistiques* ou médicaments destinés à combattre les phlegmasies. Parmi les antiphlogistiques *locaux*, sont les sangsues, les scarifications, les fumigations, les fomentations émollientes; la révulsion rentre également dans cette classe; elle comprend les sinapismes, les vésicatoires, même la cautérisation. Les antiphlogistiques *généraux* comprennent la saignée générale, la diète, le régime débilitant.

INFLAMMATOIRE, adj., *inflammatorius*; qui est relatif à l'inflammation. *Phénomène, symptôme, maladie, tumeur, fièvre inflammatoires.*

INFLATION, s. f., *Inflatio*; synonyme inusité *d'enflure.*

INFLÉCHI, IE, adj., *inflexus*; fléchi en dedans, courbé vers le centre ou l'axe. Opposé à *réfléchi* et à *réclinatif* (*V.* ces mots).

INFLORESCENCE, s. f., *Inflorescentia*; disposition générale, arrangement des fleurs sur les rameaux et les pédoncules. On appelle *axe floral, rachis*, la partie qui sert de support principal aux fleurs. Tantôt celles-ci naissent à l'aisselle des feuilles ou des bractées, tantôt elles occupent le sommet des axes primaires ou secondaires; dans le premier cas, elles sont dites *axillaires* et sont *sessiles* ou *pédonculées, solitaires, opposées, verticillées*, etc.; dans le second, elles reçoivent l'épithète de *terminales*. Quand une fleur est *terminale*, le rameau qui la porte ne peut plus *s'allonger*; si de nouvelles fleurs se produisent, ce n'est que par le développement, à l'aisselle des feuilles, d'axes secondaires qui peuvent se ramifier à leur tour de la même façon; l'*inflorescence* est alors *définie* ou *terminée*. Lorsque l'*axe primaire* n'est point terminé par une fleur, il peut *s'allonger indéfiniment* et donner des axes secondaires qui se ramifieront à leur tour sans être nécessairement terminés par une fleur; l'*inflorescence* est alors *indéfinie* ou *indéterminée*. Enfin, ces deux modes pourront se combiner et donner lieu à une *inflorescence mixte*. Dans l'inflorescence définie, l'*évolution* se fait du centre à la circonférence; elle est *centrifuge*; elle est *centripète* dans l'inflorescence indéfinie. Ces deux *évolutions* se combinent dans l'inflorescence mixte. Au premier mode d'inflorescence se rattache la *cyme*; l'inflorescence indéfinie comprend l'*épi*, le *chaton*, la *grappe*, le *spadice*, le *corymbe*, la *panicule*, le *capitule*, l'*ombelle*, le *sycone*, le *thyrse*. — Quelques anomalies peuvent se faire remarquer dans les rapports des fleurs avec les rameaux et les feuilles; les inflorescences sont alors appelées *anomales*. Elles sont *épiphylles, extra-axillaires, oppositifoliées, pétiolaires.*

INFLUENCE A DISTANCE. *V.* ÉLECTRICITÉ par INFLUENCE, DISTANCE EXPLOSIVE.

INFUNDIBULIFORME, adj., *infundibuli-*formis; en forme d'entonnoir.—***Bot.*** INFUNDIBULIFORMES: nom de la deuxième classe dans la méthode de Tournefort. Elle comprend les plantes herbacées à corolle gamopétale régulière, présentant la forme d'un *entonnoir*, comme le *tabac*, d'une *coupe antique* comme le *lilas*, d'une *roue* comme la *bourrache.*

INFUNDIBULUM; mot latin, signifiant *entonnoir*, et employé souvent dans ce sens. *V.* ENTONNOIR.

INFUSIBILITÉ, s. f., *Infusibilitas*; qualité de ce qui est infusible.

INFUSIBLE, adj., *infusibilis*; *apyre*; qui ne peut être fondu par le feu. Les corps qui présentent cette propriété sont aujourd'hui peu nombreux, et on ne compte comme méritant réellement ce nom, dans l'état actuel de la science, que le bois et le carbone, *V.* FUSION.

INFUSION, s. f., *Infusio*, de *infundere*, verser dessus; opération pharmaceutique très simple, qui consiste à mettre en contact avec un liquide bouillant, dans un vase clos et jusqu'à entier refroidissement, une substance médicinale aromatique. On donne le même nom au produit de l'opération, mais il vaudrait mieux employer le mot *infusé* proposé par Schwilgué, ou le mot latin *infusum*, indiqué par Chaussier. Le véhicule le plus ordinaire des infusions est l'eau; mais on emploie aussi le vin, l'alcool, plus rarement le vinaigre. On chauffe ces liquides jusqu'à une température voisine de l'ébullition, et on les verse sur la substance médicinale, ou on jette cette dernière dans le liquide bouillant et, dans l'un et l'autre cas, on couvre le vase, pour que les parties volatiles du médicament ne puissent s'échapper. Les diverses parties des végétaux sont soumises à l'infusion; cependant ce sont les plus délicates, comme les fleurs, les sommités fleuries, les semences, les racines et les écorces aromatiques, qu'on y soumet le plus fréquemment. Les principes contenus dans les infusions varient avec la nature du liquide et celle du médicament, mais ce sont les essences, le mucilage, la gomme, etc., qui en font le plus souvent partie. On les donne à l'intérieur, en breuvage ou en lavement, après les avoir filtrées dans un linge, et y avoir ajouté du miel dans le premier cas; à l'extérieur les infusions s'emploient en lotions, fomentations, etc.

INFUSOIRES, s. m. pl.; animaux microscopiques que l'on rencontre dans les *infusions* de plantes ou de matières animales, dans les eaux putrides, marécageuses, etc. Les infusoires, que Cuvier a réunis en une seule classe, présentent des conformations très variées et peuvent se rattacher à plusieurs des classes animales inférieures. Leur génération est des plus simples, et s'opère par une division successive des individus. Leur nombre supplée à leur petitesse.

INGESTA, s. m. pl.; mot latin par lequel Hallé comprenait ceux des agents hygiéniques qui sont introduits dans les organes digestifs, les aliments et les boissons. On lui substitue souvent, comme plus exact, celui de *Digesta.*

INGRÉDIENT, s. m., *Ingrediens*, de *ingredi*, entrer ; nom général qu'on donne aux diverses substances qui entrent dans la confection des médicaments composés, quel que soit leur rôle. *V.* BASE, ADJUVANT, AUXILIAIRE, CORRECTIF, EXCIPIENT, INTERMÈDE. Synonyme de *Drogue,* (*V.* ce mot.)

INGUINAL, **ALE** ; adj., *inguinalis*, de *inguen*, aine ; qui appartient à l'aine ; qui est situé vers l'aine. — *Anneau inguinal,* ou *canal inguinal :* ouverture traversant obliquement les parois inférieures de l'abdomen et donnant passage au cordon testiculaire. Le canal ou *trajet* inguinal a une longueur de 7 à 8 centimètres, et a pour parois, antérieurement, la partie charnue du petit oblique et le *fascia transversalis*, et postérieurement, l'aponévrose crurale. Il présente deux *piliers* ou *lèvres*, l'un *antérieur*, l'autre *postérieur* ; et deux *commissures*, l'une *externe*, l'autre *interne.* — *Artères inguinales :* elles consistent en un ou deux longs rameaux grêles, émanant de la génitale externe au moment où elle franchit l'anneau inguinal, et remontant vers le flanc. *Pores inguinaux :* petits culs-de-sac, remplis de follicules sébacés, et placés à la région de l'aine, dans plusieurs *Antilopes.*

INHUMATION, *V.* ENFOUISSEMENT.

INIENCÉPHALE, s. et adj, *Iniencephalus*, de ινιον, occiput, et εγκεφαλος, encéphale ; genre de monstres exencéphaliens présentant, outre une fissure spinale, un encéphale situé en grande partie dans la cavité crânienne, et en partie au-dehors, en arrière et un peu au-dessous du crâne, qui est ouvert dans sa portion occipitale.

INIENCÉPHALIE, s. f., *Iniencephalia ;* état des monstres iniencéphales.

INIODYME, s. et adj., *Iniodymus* ; de ινιον, occiput, et de δυμος, dérivé de δυο, deux ; genre de monstres doubles monosomiens, ayant un seul corps et deux têtes réunies en arrière par le côté.

INIODYMIE, s. f., *Iniodymia ;* état des monstres iniodymes.

INIOPE, s. et adj., *Iniops*, de ινιον, occiput, et οψ, visage, œil ; genre de monstres doubles sycéphaliens présentant deux corps intimement unis au-dessus de l'ombilic, une tête incomplètement double, ayant, d'un côté, une face, et, de l'autre, un œil imparfait et une ou deux oreilles.

INIOPIE, s. f., *Iniopia ;* état des monstres iniopes.

INJECTION, s. f., *Injectio*, de *injicere*, jeter dedans ; nom donné à la fois à l'opération qui consiste à introduire dans une cavité naturelle ou accidentelle un liquide médicamenteux, et à ce liquide lui-même. Les injections pharmaceutiques ont l'eau pour véhicule et divers principes médicamenteux

pour base ; de là des injections *émollientes*, *toniques*, *astringentes*, *irritantes*, *caustiques*, selon la nature du principe actif. On les introduit dans les kystes, les trajets fistuleux, les abcès ou clapiers, et dans les cavités muqueuses les plus voisines de la peau, comme la bouche, le nez, l'oreille, les yeux, le rectum, le vagin, l'urètre, etc. Quelques-unes portent des noms spéciaux comme celles de la bouche qu'on appelle *gargarismes* ou *collutoires*, celles de l'œil appelées *collyres*, et enfin celles du rectum connues sous le nom de *lavements* (*V.* ces mots). Les injections se font à l'aide d'une seringue appropriée, et, faute de mieux, avec une vessie et un tube, un entonnoir, lorsque la cavité peut prendre une direction verticale, etc. Quelques-unes sont purement *détersives*, et doivent provoquer l'expulsion des matières accumulées dans une cavité accidentelle ; d'autres sont seulement *médicatrices*, et enfin souvent elles produisent les deux effets et sont dites *mixtes.* Les injections, qui sont des moyens intermédiaires entre les médicaments *externes* et *internes*, sont d'un emploi fréquent en médecine vétérinaire pour clore une fistule, détruire une carie (javart), oblitérer un kyste, la cavité d'un abcès (hygroma , éponge, capelet), et surtout pour modifier une surface muqueuse, arrêter un écoulement muqueux ou purulent (cavités nasales, vagin, urètre, oreille). *Injection dans les veines, V.* ADMINISTRATION DES MÉDICAMENTS. — *Anat.* introduction dans les vaisseaux de différentes matières propres à les rendre plus apparents, soit en changeant leur volume, soit en leur donnant une couleur particulière. Les matières employées le plus ordinairement pour les injections sont les corps gras, les résines, la gélatine, unis à diverses matières colorantes. Le mercure sert à l'injection des vaisseaux les plus ténus, pour lesquels on emploie aussi l'alcool ou l'essence de térébenthine, diversement colorés. Le plâtre des mouleurs peut servir pour les injections grossières qui ne sont pas destinées à être conservées. La seringue est l'instrument employé pour les injections ordinaires. Le mercure exige des appareils particuliers.

INNERVATION, s. f., *Innervatio*, de *in*, dans, et *nervus*, nerf ; on entend d'une manière générale, par ce mot, l'action, l'influence des nerfs sur tous les organes, qu'ils appartiennent à la vie animale ou à la vie organique. On ignore quelle est l'essence intime de cette fonction qui paraît résider dans les centres nerveux, surtout chez les animaux supérieurs. L'expérience et l'observation prouvent que l'influence nerveuse tient les organes sous sa dépendance, d'autant plus que ces organes sont plus importants, que l'animal est plus rapproché de l'âge adulte, et qu'il est placé plus haut dans l'échelle animale.

INNOMINÉ, **ÉE**, adj., *innominatus ;* sans

nom. Cette expression inusitée en anatomie vétérinaire, a été employée en anatomie humaine pour désigner certaines parties qui n'ont reçu que plus tard des noms particuliers ; ex. : *os innominé*, *artère innominée*, etc.

INODORE, adj., de *in*, part. négative, et *odor*, odeur ; dépourvu d'odeur ; c'est le cas de tous les corps absolument fixes ou qui ne peuvent fournir de principes volatils capables d'agir sur la membrane pituitaire. Cette absence d'odeur peut tenir aussi à la nature intime des corps, comme on le voit pour beaucoup de gaz, complètement inodores, bien qu'ils puissent pénétrer dans le nez.

INONDÉ, ÉE, adj., *inundatus* ; synonyme d'*immergé* et de *submergé* (*V.* ces mots.).

INORGANIQUE, adj., *inorganicus*, de *in*, priv. et *organum*, organe ; dépourvu d'organes ou ne provenant pas des corps organisés. — *Corps inorganiques* : ceux qui sont fournis par les *minéraux*. Ils ont une composition chimique définie et très simple, des formes géométriques, et présentent une indépendance complète dans leurs parties, dont chacune forme un tout complet. Ils sont soumis à l'empire des lois physiques et chimiques, s'accroissent par juxta-position, n'ont pas de durée déterminée, etc. *Règne inorganique* ; ensemble des corps inertes, bruts ou dépourvus d'organisation, qu'on appelle des *minéraux*. *V.* RÈGNE.

INOSCULATION, s. f., *Inosculatio*, de *in*, dans, et *osculari*, baiser ; mode d'anastomose dans lequel deux artères s'abouchent l'une dans l'autre par leur extrémité. — *Bot.* Action de greffer. Résultat de cette action, soudure de la greffe avec le sujet. *V.* GREFFE.

INOVULÉ, ÉE, adj., *inovulatus* ; qui ne renferme pas d'ovules.

INQUARTATION, s. f. ; opération chimique particulière qui consiste à ajouter, à un alliage d'or, une quantité d'argent telle, que l'or soit à l'argent dans le rapport de 1 à 3 ; d'où vient le mot *inquartation*, parce que l'or ne forme qu'un quart du mélange ; celui-ci est ensuite soumis à l'opération du *départ* (*V.* ce mot).

INSALIVATION, s. f., *Insalivatio* ; action par laquelle la salive se mêle avec les aliments, pendant la mastication, pour les ramollir et leur imprimer un premier et faible degré d'animalisation.

INSECTE, s. m., *Insectum*, de *inseco*, je coupe, je divise ; classe d'animaux de l'embranchement des Articulés, composée d'individus présentant les caractères suivants : six pattes ; souvent des ailes, au nombre de deux ou quatre ; sang blanc, circulation imparfaite ; respiration ayant lieu par des trachées ; sexes distincts sur des individus séparés ; reproduction au moyen d'œufs, d'où sortent des individus qui auront à subir des métamorphoses avant de ressembler à leurs parents ; corps couvert d'une enveloppe cornée plus ou moins épaisse, formée de pièces articulées. — Les insectes ont été divisés en onze ordres qui sont : 1° les *Thysanoures* ; 2° les *Parasites* ; 3° les *Suceurs* ; 4° les *Coléoptères* ; 5° les *Orthoptères* ; 6° les *Hémiptères* ; 7° les *Névroptères* ; 8° les *Hyménoptères* ; 9° les *Lépidoptères* ; 10° les *Rhipiptères* ; 11° les *Diptères* (*V.* ces mots).

INSECTIVORE, adj., *insectivorus*, de *insectum*, insecte, et *vorare*, manger ; qui se nourrit d'insectes. On donne le nom d'*insectivores* à une famille de Carnassiers dont les insectes forment la nourriture principale. La *taupe*, le *hérisson*, la *musaraigne*, sont les genres les plus connus de cette famille.

INSÉRÉ, ÉE, adj., *insertus* ; ajouté, fixé sur ou dans. *V.* INSERTION.

INSERTION, s. f., *Insertio* ; action d'insérer. — En *anatomie*, on appelle *insertion* d'un muscle le point où s'attache son extrémité le plus souvent mobile. — *Bot.* Position, situation d'un organe sur un autre organe qui paraît lui donner naissance. De Candolle s'est attaché à combattre l'emploi de cette expression comme susceptible d'apporter à l'esprit une idée fausse, parce que, en réalité, les organes ne s'insèrent pas les uns sur les autres, mais se succèdent dans leur évolution du centre à la circonférence. Malgré l'autorité du nom de ce célèbre botaniste, le mot *insertion* est resté dans la science. Il est surtout employé pour indiquer les rapports des étamines avec les autres parties de la fleur, et le pistil en particulier.—Lorsque l'insertion coïncide effectivement avec le point d'émergence de l'organe inséré, elle est *immédiate* ; dans le cas contraire, elle est *médiate*. — Les étamines ont trois modes principaux d'insertion constituant l'*épigynie*, la *périgynie*, l'*hypogynie*. Ces expressions n'indiquent que l'insertion apparente, car, dans les deux premiers modes, les étamines ont leur origine réelle au même point que dans le troisième, mais sont soudées dans une plus ou moins grande étendue avec l'ovaire ou le calice, de telle sorte que leur point d'émergence est élevé jusqu'à la partie moyenne ou supérieure de l'ovaire. Les étamines peuvent être soudées avec la corolle ; alors elles sont *hypogynes*, *périgynes* ou *épigynes* comme elle. L'un de ces cas se présente constamment pour toutes les dicotylédones gamopétales. Le mode d'insertion des étamines joue un rôle capital dans la méthode de Jussieu, car il sert à l'établissement des treize quinzièmes de ses classes.

INSEXE ou **INSEXÉ**, adj., *insexus, insexifer* ; dépourvu d'organes sexuels ; neutre.

INSIPIDE, adj. ; qui est dépourvu de saveur, ce qui peut provenir de la nature du corps ou de son insolubilité.

INSOLITE, adj., *insolitus* ; extraordinaire ou inconstant. Se dit de l'existence et de la forme.

INSOLUBILITÉ, s. f. ; qualité de ce qui

qui est insoluble. Cette propriété n'est que rarement absolue ; le plus souvent, lorsqu'un corps solide, liquide ou gazeux, est insoluble dans l'eau, il peut se dissoudre dans l'alcool, l'éther, les corps gras, les acides, les alcalis, etc. Le carbone seul a résisté complétement jusqu'ici à l'action de tous les dissolvants connus.

INSOLUBLE, adj., *insolubilis ;* qui ne peut se dissoudre dans un liquide.

INSPIRATEUR, s. et adj., *inspirationi inserviens ;* on appelle ainsi les muscles qui concourent à dilater la poitrine, pour permettre l'accès de l'air extérieur dans le poumon.

INSPIRATION, s. f., *Inspiratio ;* action par laquelle l'air est introduit dans le poumon. *V.* RESPIRATION.

INSTABLE, adj., *instabilis ;* qui manque de stabilité, de fixité ; *équilibre instable :* celui qui se détruit à la moindre oscillation du corps sur sa base. *V.* ÉQUILIBRE

INSTAMINÉ, ÉE, adj., *instaminatus ;* privé d'étamines.

INSTIPULÉ, ÉE, adj., *instipulatus ;* sans stipules. La caducité de beaucoup de stipules pouvant induire en erreur sur la question de leur existence, on doit vérifier le caractère sur les jeunes plantes.

INSTRUMENT, s. m., *Instrumentum ;* tout ce qui sert à faire quelque chose ; agent mécanique qu'on emploie pour pratiquer une opération chirurgicale, ex. : les ciseaux, bistouris, etc., ou pour une opération chimique, ex. : cornues, fourneaux, alambic, etc. — On dit aussi des instruments aratoires ; ex. : la charrue, la herse ; des instruments de pansage, ex. : l'étrille, etc. ; des instruments de punition : le serre-nez, etc.

INTÉGRANT, TE, adj., *integrans ; molécules intégrantes :* celles qui constituent les corps simples ou composés et qui sont semblables à la masse. Elles peuvent donc être *simples,* comme dans les corps élémentaires, ou *composées,* comme dans ceux qui renferment plusieurs éléments.

INTENSITÉ, s. f., *Intensitas ;* degré d'activité ou puissance d'une force, d'un agent quelconque. *Intensité d'une force :* degré d'impulsion qu'elle communique à un mobile ; elle se mesure par la quantité de mouvement qu'elle produit. *Intensité du son :* c'est son plus ou moins de force, qui est déterminée par l'étendue des vibrations du corps élastique qui produit le son, autour de sa position d'équilibre. *Intensité de la lumière :* elle est proportionnelle à l'activité de la source qui la fournit, et en raison inverse du carré des distances. *Intensité de la chaleur, de l'électricité : V.* ces mots, TENSION et TEMPÉRATURE.

INTERARTICULAIRE, adj., *inter-articularis ;* qui est situé entre les surfaces osseuses d'une articulation ; ex. : *ligaments, fibro-cartilages inter-articulaires.*

INTERCELLULAIRE, adj., *intercellularis ;* placé entre les aréoles du tissu cellulaire. *V.* MÉAT, LACUNE.

INTERCERVICAL, adj., *intercervicalis ;* Girard appelle *intercervicaux* les muscles *inter-vertébraux* de Bourgelat, appelés par Rigot *inter transversaires.*

INTERCOSTAL, ALE, adj., *intercostalis ;* qui se trouve placé entre les côtes. — *Artères intercostales :* artères grêles, longues, situées à la partie postérieure des côtes, et s'anastomosant inférieurement, suivant leur position, avec des rameaux de l'artère *thoracique interne,* ou de l'artère *asternale.* La première naît de la *cervicale supérieure,* les trois et quelquefois les quatre suivantes de la branche *sous-costale* de la dorsale, et les treize ou quatorze dernières naissent directement de l'*aorte thoracique.* — *Veines intercostales :* elles accompagnent les artères et se jettent, suivant leur position, dans les veines *sous-dorsales* ou dans la veine *azygos.* — *Nerfs intercostaux :* ils émanent des paires dorsales, et chacun d'eux accompagne l'artère et la veine du même nom. On appelle quelquefois *intercostal* le nerf grand sympathique. — *Espaces intercostaux :* espaces existant entre les côtes. — *Muscles intercostaux :* muscles remplissant les espaces intercostaux, et distingués en *externes* et *internes.* Les premiers ont leurs fibres dirigées obliquement de haut en bas et d'avant en arrière ; les autres les croisent en X. Les uns et les autres servent à l'inspiration. — *Muscle intercostal commun* ou *trachélocostal :* muscle très compliqué, longeant le bord de l'ilio-spinal, et formé de faisceaux distincts, obliques, disposés en un plan externe et un plan interne. Le dernier faisceau du premier plan va se réunir à l'ilio-spinal, et le dernier s'attache à l'apophyse transverse de la dernière vertèbre cervicale ; le premier faisceau du plan interne a son origine à cette apophyse, et le dernier se termine à la dernière côte ; tous les autres s'attachent aux côtes par leurs deux extrémités. Par son plan externe, l'intercostal commun est expirateur ; il est inspirateur par son plan interne.

INTER-ÉPINEUX, adj., *inter-spinalis ;* qui est situé entre les apophyses épineuses. *Ligaments inter-épineux :* ligaments situés entre les apophyses épineuses des vertèbres, qu'ils fixent les unes aux autres en leur permettant cependant un certain écartement, à l'encolure par l'élasticité de leurs fibres jaunes, au dos et aux lombes par un changement de direction de leurs fibres, qui appartiennent au tissu ligamenteux proprement dit.

INTERFÉRENCE, s. f., *Interferentia,* de l'anglais *to interfere,* se rencontrer. — On désigne ainsi, d'après Young, l'ensemble des effets produits par la rencontre, sous un angle très aigu, de deux rayons lumineux. L'effet fondamental consiste dans l'extinction plus ou moins complète des deux rayons qui se sont rencontrés, et la production d'*obscurité* par la superposition des ondes lumineuses qui les constituent. Les conditions nécessaires à la production de ce phénomène essentiel d'interférence sont les suivantes : rayons lumineux *homogènes*, simples ou composés, mais de même couleur ; *origine* du même point ou de la même source lumineuse ; *rencontre* sous un angle très aigu ; *différence* notable dans le chemin parcouru par chaque rayon ; cette dernière condition est de rigueur. L'explication plus détaillée de ce phénomène ne saurait trouver place ici.—Il est à noter que les phénomènes d'interférence présentent une certaine analogie avec ceux des ondes liquides ; ces dernières se renforcent ou s'effacent comme les rayons lumineux, selon qu'elles sont semblables ou différentes, qu'elles ont une direction commune ou opposée, etc. *V.* ONDES.

INTERFOLIACÉ, ÉE, adj., *interfoliaceus*, de *inter*, entre, et *folium*, feuille ; indique la position des fleurs placées alternativement entre chaque paire de feuilles opposées.

INTERLOBAIRE, INTERLOBULAIRE, adj., de *inter*, entre, et *lobus*, lobe ; qui est placé entre les lobes ou les lobules d'un organe. *Sillon interlobaire* : enfoncement séparant les deux lobes ou hémisphères du cerveau. *Scissure interlobulaire* ou *de Sylvius* : sillon séparant le lobule mastoïde de la partie antérieure du cerveau. Cette scissure transversale se divise en deux branches, dont l'une passe en avant du lobule, et l'autre se dirige entre ce lobule et le pédoncule du cerveau.

INTERMAXILLAIRE, adj., *intermaxillaris* ; qui est entre les os maxillaires. — On appelle de ce nom, à cause de sa position, l'os *petit sus-maxillaire* ou *incisif*.—*Espace intermaxillaire* : espace compris entre les deux branches du maxillaire inférieur.

INTERMÈDE, s. m., *Intermedius* ; substance qui, dans la confection d'un médicament composé, a pour principal usage de faciliter la dissolution de la base dans le véhicule, comme le mucilage dans les émulsions, ou le mélange intime du principe actif dans l'excipient, comme l'alcool dans la préparation de la pommade camphrée, pour faciliter la trituration du camphre.

INTERMÉDIAIRE, adj., *intermedius* ; se dit des stipules prenant naissance entre des feuilles opposées.

INTERMITTENCE, s. f., *Intermissio* ; cessation, interruption d'un ou de plusieurs symptômes d'une maladie. On dit qu'il y a *intermittence du pouls*, lorsque, sur un nombre donné de pulsations, il en manque une ou deux. L'intermittence du pouls est *régulière*, quand elle a lieu après un nombre donné de pulsations ; *irrégulière*, dans le cas contraire. Le pouls est intermittent dans quelques affections du système nerveux, dans les maladies du cœur.

INTERMITTENT, TE, adj., *intermittens*, de *intermittere*, cesser, discontinuer ; qui présente des intermittences. *Pouls intermittent* : dont les battements cessent avec des intervalles égaux ou inégaux. — *Fièvre intermittente : V.* FIÈVRE. Une maladie est intermittente, quand elle cesse pour reparaître après un temps plus ou moins long. L'épilepsie, la fluxion périodique des yeux, sont des maladies intermittentes.

INTERMUSCULAIRE, adj., *intermuscularis*, de *inter*, entre, et *musculus*, muscle ; qui est situé entre les muscles ; ex. : *tissu cellulaire intermusculaire.*

INTERNE, adj., *internus* ; placé en dedans. — *Maladie interne* : ayant son siége dans les organes intérieurs. — *Pathologie interne* : partie de la pathologie spéciale qui s'occupe des maladies internes. — *Anat.* On appelle *internes* les parties les plus rapprochées de l'axe central du corps.—*Bot. Bourgeon interne : V.* LATENT. — *Ombilic interne : V.* CHALAZE. — *Embryon interne : V.* INTRAIRE.

INTER-OSSEUX, adj., *inter-osseus* ; qui est placé entre deux os : ex., *ligament inter-osseux.* Les muscles et les vaisseaux interosseux décrits en anatomie humaine, portent d'autres noms en anatomie vétérinaire.

INTERPENNÉ, ÉE, adj., *interpennatus* ; épithète donnée aux feuilles pennées qui portent, entre leurs folioles principales, des folioles plus petites ; ex. : l'*Aigremoine.*

INTERPOSITIF, IVE, adj., *interpositivus*, de *inter*, entre, et *positus*, posé, placé ; en général, synonyme d'*alterne*. Les *pétales* alternant avec les divisions du calice sont *alternes* ou *interpositifs*. Il en est de même des *étamines* par rapport aux divisions du périanthe ; des *fleurs* qui alternent avec les feuilles opposées. — On appelle *cloisons interpositives* celles qui, formées par des prolongements du placentaire ou trophosperme, se dirigent du centre du péricarpe vers les sutures des valves auxquelles elles s'attachent : ex. : les *Liserons.*

INTERROMPU, UE, adj., *interruptus* ; séparé par un espace libre ou par un organe de forme ou de dimensions différentes. Les *lobes* d'une feuille simple séparés par des lobes plus petits, les *folioles* d'une feuille composée, séparées par des folioles moins grandes, les *faisceaux* ou *verticilles* de fleurs placés de distance en distance sur un axe, sont *interrompus.*

INTERROMPTÉ-PENNÉ, ÉE. adj., *interrompté-pennatus* ; synonyme d'*interpenné.*

INTERSECTION, s. f., *Intersectio* ; point de rencontre de deux lignes. On appelle *intersections tendineuses* ou *énervations*, les lames de tissu fibreux que l'on rencontre dans la partie charnue des muscles, et qui fournissent à leurs fibres contractiles de nombreux points d'insertion.

INTERSTICE, s. m., *Interstitium* ; nom donné aux espaces que laissent entre elles les particules des corps pondérables ; synonyme de *pore* (*V.* ce mot). — *Anat.* Intervalle entre divers organes ; ex. : *interstice musculaire.*

INTERTRIGO, s. m., *Intertrigo;* blessure produite par le frottement d'une partie contre une autre. Excoriation légère de la peau.

INTER-TRANSVERSAIRE, adj, *inter-transversarius* ou *inter-transversalis;* on appelle *muscles inter-transversaires des lombes*, de petits muscles aplatis situés entre les apophyses transverses des vertèbres lombaires et destinés, en les rapprochant les unes des autres, à affermir la colonne lombaire ou à la courber latéralement, selon qu'ils se contractent des deux côtés à la fois ou d'un côté seulement.

INTERVALVAIRE, adj., *intervalvaris;* se dit de la *cloison interpositive* qui se sépare des valves et reste attachée au placentaire, lorsque le péricarpe s'ouvre à la maturité. La famille des Crucifères en offre de nombreux exemples.

INTER-VERTÉBRAL, ALE, adj., *intervertebralis;* qui est situé entre les vertèbres. — *Trous intervertébraux* ou *de conjugaison:* ouvertures formées par la réunion des échancrures postérieures d'une vertèbre avec celles antérieures de la vertèbre suivante. — *Fibrocartilages inter-vertébraux:* plaques fibro-cartilagineuses, arrondies, unissant la cavité postérieure des vertèbres avec la tête de la vertèbre suivante.

INTERVERTÉBRO-COSTAL, ALE, adj.; nom donné à l'articulation de la tête des côtes avec la cavité résultant de l'union de deux vertèbres dorsales.

INTESTIN, s. m., *Intestinum*, εντερον; long conduit musculo-membraneux, replié en différents sens, et s'étendant de l'extrémité pylorique de l'estomac à l'anus. La longueur et la capacité de l'intestin varient suivant le genre de nourriture des animaux. Chez les *carnivores*, il est court et étroit, tandis que, chez les *herbivores*, il forme souvent d'énormes réservoirs et de nombreuses circonvolutions. L'intestin a été divisé en deux parties distinctes : l'*intestin grêle* et le *gros intestin.* — L'intestin grêle, chez le *cheval*, est très long, et les circonvolutions qu'il forme sont situées principalement dans le flanc gauche, où le maintient, d'une manière assez lâche, un mésentère très développé. On le divise en trois portions : 1° Le *duodénum* (*V.* ce mot), qui fait suite immédiate à l'estomac ; 2° le *jéjunum* (*V.* ce mot), ou *partie flottante;* 3° la portion *cœcale* ou *iléo-cœcale*, qui se reconnait facilement à l'épaisseur plus grande de ses parois et à son double mésentère. — Le gros intestin se compose de trois portions distinctes : le *cœcum*, le *colon* et le *rectum* (*V.* ces mots). — Dans les *ruminants*, l'intestin, quoique plus long que chez les solipèdes, est beaucoup moins considérable, en raison du développement énorme de la masse stomacale; l'intestin grêle occupe le bord inférieur du mésentère, où il forme des circonvolutions très nombreuses. Le cœcum et le colon sont placés entre les deux lames du mésentère, où

ils forment plusieurs replis ; la pointe du cœcum est arrondie et tournée en arrière, vers la cavité pelvienne. — L'intestin du *porc* est long dans sa partie grêle ; le cœcum, gros, court et bosselé, a sa pointe tournée en arrière. — Dans le *chien*, l'intestin est court, et le cœcum se réduit à un petit diverticulum de quelques centimètres. Le cœcum n'existe pas dans plusieurs mammifères essentiellement carnassiers.

INTESTINAL, ALE, adj., *intestinalis;* qui appartient à l'intestin; ex. : *canal intestinal*, *artères intestinales*, etc.

INTESTINES, adj., *intestinæ;* se dit des *parasites* naissant et vivant à l'intérieur des végétaux vivants ou morts; ex. : les *Uredo*, les *Xyloma*, etc.

INTIGÉ, *V.* Acaule.

INTRADILATÉ, ÉE, adj., *intradilatatus;* on désigne ainsi les *squames* de l'involucre, lorsque, disposées sur plusieurs rangs, les intérieures sont plus larges. On dit *interdilaté*, *extradilaté*, pour indiquer que ce sont les squames intermédiaires ou les extérieures qui présentent, au contraire, la plus grande largeur.

INTRAFOLIÉ, ÉE, adj., *intrafoliatus;* placé entre les feuilles. On dit aussi *intrapétiolaire*.

INTRAIRE, adj., *intrarius;* se dit de l'embryon, lorsqu'il est renfermé dans le périsperme.

INTRINSÈQUE, adj., *intrinsecus;* qui est intérieur. On appelle muscles *intrinsèques* les muscles intérieurs des organes; ex. : les muscles intrinsèques de la langue, ou ceux qui lui appartiennent en propre, par opposition avec les muscles *extrinsèques*, qui ont des rapports avec d'autres parties voisines.

INTRORSE, adj., *introrsus;* tourné en dedans. L'*anthère* qui a sa face dirigée vers le pistil, et qui s'ouvre dans cette direction, est dite *introrse*. Ce cas est presque universel pour les fleurs hermaphrodites.

INTUMESCENCE, s. f., *Intumescentia;* de *intumescere*, s'enfler, se gonfler; augmentation de volume d'une partie du corps ou du corps tout entier. Synonyme de *tumeur*, *enflure*, *tuméfaction.* — *Bot.* Tuméfaction produite à la base du pétiole des feuilles de la sensitive. Dutrochet l'attribuait à l'endosmose et la considérait comme la cause du mouvement de ces feuilles.

INTUSSUSCEPTION, s. f., *Intus-susceptio*, de *intus*, dedans, et *suscipere*, recevoir; introduction contre nature d'une portion d'intestin dans une autre. *V.* Invagination. — *Physiol. Accroissement par intussusception :* mode d'accroissement caractérisant le règne organique, et opéré par l'absorption de matériaux extérieurs assimilés par l'action vitale du corps qui s'accroit.

INULINE, s. f.; substance féculente particulière, trouvée dans la racine d'aunée (*Inula helenium*). On la rencontre également dans le topinambour, le dahlia, le colchique, la pyrèthre. Elle est solide, blanche, pulvérulente, insoluble dans l'eau froide, soluble dans l'eau bouillante et présentant du reste toutes les propriétés de l'amidon, moins la faculté de bleuir par l'iode et de donner de l'empois au moyen de l'eau chaude.

INVAGINATION, s. f., *Invaginatio*, de *in*, dans, et *vagina*, gaîne; entrée contre nature d'une portion d'intestin dans celle qui la précède ou qui la suit. Cet accident est souvent confondu avec le *volvulus*, état particulier dans lequel des anses intestinales s'enroulent les unes dans les autres et mettent obstacle aux fonctions digestives. Ces deux accidents sont également mortels. *V.* Volvulus.

INVASION, s. f., *Invasio*, de *invadere*, envahir, de *in*, dans, et *vadere*, aller; action d'envahir; début d'une maladie.

INVERSE, adj., *inversus*; tourné en dedans. Ce mot est employé tantôt dans le sens propre et littéral, tantôt dans un sens relatif. Ainsi, le stigmate est inverse lorsqu'il est tourné vers le centre de la fleur, comme dans les renoncules; tandis que l'anthère est inverse, quand sa face est dirigée vers la circonférence.

INVERSION, s. f., *Inversio*, *transpositio*; renversement de l'ordre normal. — *Inversion splanchnique*, *transpositio viscerum* : sorte d'anomalie ou d'*hétérotaxie*, dans laquelle des viscères sont déviés de leur position normale et même placés en sens opposé. L'inversion splanchnique n'a encore été constatée que chez l'homme. — *Inversion générale* : inversion des organes externes et internes : on la remarque chez les animaux de forme non symétrique, et surtout chez le limaçon et plusieurs autres mollusques gastéropodes.

INVERTÉBRÉ, ÉE, adj., *invertebratus*, de *in*, employé comme négatif, et *vertebra*, vertèbre; qui n'a pas de vertèbres. Les animaux *invertébrés*, quoique peu volumineux, forment la plus grande partie du règne animal et comprennent les trois embranchements des *articulés*, des *mollusques* et des *radiés*.

INVERTENT, *V.* Rabattu.

INVOLUCELLE, s. m., *Involucellum*; involucre secondaire entourant la base des fleurs, des faisceaux ou des verticilles, lorsque l'ensemble est pourvu à sa base d'un involucre général. Dans l'inflorescence en ombelle, chaque ombellule est habituellement munie d'un *involucelle*. Les folioles de l'involucelle prennent le nom de *bractéoles*; elles sont libres ou soudées.

INVOLUCELLÉ, ÉE, adj., *involucellatus*; pourvu d'un involucelle.

INVOLUCRAL, ALE, adj., *involucralis*; se dit des épines qui naissent sur l'involucre ou des folioles de l'involucre.

INVOLUCRE, s. m., *Involucrum*; réunion de bractées formant autour d'une fleur, d'un capitule, à la base d'une ombelle, une enveloppe générale ou une sorte de collerette. C'est ce que Linné appelait, dans les Composées, *calice commun*, Richard, *périphorante*. L'involucre est composé de deux ou d'un plus grand nombre de bractées égales ou inégales, libres ou soudées; elles forment un ou plusieurs rangs. Lorsqu'il y a deux verticilles, les bractées extérieures sont ordinairement plus petites; l'involucre est dit *caliculé*. Quand il en existe un plus grand nombre, elles se recouvrent comme les tuiles d'un toit, et l'involucre prend l'épithète d'*imbriqué*. Les bractées deviennent souvent épineuses et persistent jusqu'après la maturité du fruit. — Cassini réservait le nom particulier d'*involucre* aux *verticilles* de folioles situées à la base du péricline proprement dit, et ressemblant plus aux feuilles qu'aux bractées.

INVOLUCRÉ, ÉE, adj., *involucratus*; pourvu d'un involucre.

INVOLUTÉ, ÉE, adj., *involutus*; roulé en dedans. Se dit des organes amincis, tels que les feuilles, les pétales et même les cotylédons.

INVOLUTIF, IVE, adj., *involutivus*; la *préfoliation* est *involutive*, quand, avant leur épanouissement, les feuilles ont leurs bords roulés en dedans; ex. : le *pommier*.

IODATE, s. m., *Iodas*; genre de sels formés par l'union de l'acide iodique avec les bases. Ils sont solubles pour la plupart, décomposables par la chaleur; ils activent la combustion comme les nitrates, les chlorates et les bromates, mais avec moins de force. Les acides mettent en liberté de l'iode facile à reconnaitre. Ils sont sans usage.

IODE, s. m., *Iodum*, de ιωδης, violet; I. équiv. 1578,50. *Iodine;* corps simple, non métallique, du groupe des chloroïdes, dont il est l'élément le plus électro-positif. Inconnu des anciens, l'iode fut découvert en 1812, par Courtois, salpêtrier à Paris, et étudié successivement par Clément, Gay-Lussac et Davy, qui le placèrent à côté du chlore comme corps simple. Il existe dans la nature combiné aux métaux de la première section; on le trouve dans l'eau de la mer, dans celle des fontaines salées, dans le sel gemme, les eaux salines, sulfureuses, etc.; dans certaines plantes ou productions marines (fucus, algues, éponges, corail), ainsi que dans quelques mollusques et crustacés (huitres, crabes, etc.). On retire l'iode des soudes de Vareck; pour cela on évapore les eaux-mères à siccité, et le résidu, mêlé à de l'acide sulfurique, est distillé dans des cornues en verre; l'iode, séparé par volatilisation, est reçu dans des récipients tenus froids. Il est solide, d'un gris d'acier, cristallisé en paillettes fragiles, brillantes avec éclat métallique, qui tachent en jaune les tissus organiques; son odeur rappelle celle du chlore, mais elle est plus faible; sa saveur est âcre et sa densité égale 4,95. L'iode fond à 107°, se volatilise de 175 à 180°, et donne des vapeurs violettes magnifiques, pesant, relativement à l'air, 8,72. L'eau n'en dissout que 10 à 15 centig. par litre ; l'alcool en prend le dixième de son poids et l'éther plus encore. L'affinité de l'iode pour l'hydrogène est très grande, mais moindre que celle du chlore ; il se combine avec la plupart des métalloïdes et des métaux, et souvent avec ces derniers à la température ordinaire. L'amidon, qui forme avec l'iode une belle teinte bleue, est son réactif le plus sensible. — *Pharmacologie.* L'iode est un médicament énergique qui a été introduit en thérapeutique par Coindet, de Genève. Il agit sur les tissus dénudés comme irritant, et dans le tube digestif comme un poison caustique. A faible dose (5 à 10 gr. aux grands animaux, 25 à 40 centigr. aux petits), il stimule l'estomac, augmente l'appétit et pénètre peu à peu dans le sang, qu'il modifie profondément. Il enraye bientôt le mouvement d'assimilation et produit la maigreur ; ses effets fondants se portent surtout sur les glandes et le système lymphatique. L'iode pur est peu employé chez les animaux ; la teinture, étendue d'eau, a été essayée en injections contre les hydarthroses, mais elle n'a eu que quelques succès contestés et plusieurs échecs.

IODÉ, ÉE, adj., *iodatus;* contenant de l'iode: *préparation iodée, eau iodée.*

IODHYDRATE ; synonyme d'*iodure* (*V.* ce mot).

IODIDE, s. m. ; nom donné par Berzélius aux combinaisons iodées dans lesquelles l'iode est électro-positif, par opposition aux *iodures* où il est négatif.

IODINE, s. m., ; nom proposé par Davy pour désigner l'*iode.*

IODIQUE, *V.* ACIDE IODIQUE.

IODOFORME, s. m., $C^2 H I^3$. Corps particulier correspondant au chloroforme et découvert par Sérulas, en faisant agir, à une douce chaleur, la potasse caustique sur la teinture d'iode. Il est solide, jaune, d'une odeur de safran, insoluble dans l'eau, soluble dans l'alcool et l'éther, volatil à 100° et se décomposant à 120°, en carbone, iode et acide iodique. La potasse caustique le transforme en formiate et iodure alcalins. Il est sans usage.

IODURES, s. m., *Iodureta;* sels haloïdes formés par l'union de l'iode avec les corps simples métalloïdes ou métalliques. Les iodures naturels sont peu nombreux ; le plus grand nombre s'obtient artificiellement par l'action de l'iode sur les autres corps, ou par double décomposition. Ils sont cristallisables, solubles ou insolubles dans l'eau et décomposables par la chaleur. Le chlore et la plupart des acides en séparent l'iode, qui donne des vapeurs violettes sur les charbons ardents et une belle coloration bleue au moyen de l'empois. Leur solution aqueuse précipite en jaune par les sels de plomb, en jaune verdâtre par les sels de protoxyde de mercure,

en rouge coquelicot par les sels de peroxyde du même métal ; enfin, ils précipitent en blanc jaunâtre avec le nitrate d'argent, et le précipité est insoluble dans l'ammoniaque ; ce qui différencie les iodures des chlorures.

IODURE D'AMIDON. Il forme la base de la coloration bleue que l'amidon produit sur l'iode. On peut l'obtenir solide, en traitant une solution d'empois contenant 25 gr. d'amidon, par de la teinture d'iode renfermant 1 gr. de ce corps en dissolution ; l'iodure est reçu sur un filtre et séché à l'air. Traité par la chaleur, il se décolore à 90°, puis reprend sa coloration par le refroidissement ; tenu à 100° degrés pendant quelques minutes, il perd entièrement sa couleur ; les chloroïdes, les acides et plusieurs sels métalliques produisent le même effet. Il est peu employé.

IODURE D'ARGENT. Ag I. On le trouve dans quelques mines d'argent ; on le prépare aisément en traitant le nitrate d'argent par l'iodure de potassium. Il est solide, blanc-jaunâtre, insoluble dans l'eau, très peu soluble dans l'ammoniaque, ce qui le différencie du chlorure. Exposé à la lumière, il s'altère peu-à-peu, et joue, sous ce rapport, un grand rôle dans la formation des figures daguerriennes. Il n'a pas d'autre usage.

IODURE D'ARSENIC. On obtient ce composé en traitant à une douce chaleur un mélange de 3 parties d'iode et 1 partie d'arsenic pulvérisé. Il est solide, d'aspect résineux, d'une couleur rouge de laque, fusible, volatil et décomposable par l'eau en acide iodhydrique et arsenic. L'iodure d'arsenic est très vénéneux ; il est fondant et antipsorique : mais on n'en fait usage qu'à l'extérieur, uni à l'axonge, sur les dartres rebelles, les crevasses avec dégénérescence de la peau, etc.

IODURE D'AZOTE. Ce composé remarquable se forme, quand on fait agir l'iode sur l'ammoniaque liquide. Il est sous forme d'une poudre noire, solide, et détone avec violence lorsqu'il est humide ; sec, il ne détone plus, mais il suffit de le jeter sur l'eau pour qu'il se décompose brusquement. C'est une des substances les plus dangereuses à manipuler, car une légère vibration, une élévation de température, suffisent pour le faire détoner. Il est sans usage.

IODURE DE FER. Fe I. On le prépare en chauffant un mélange d'iode, de limaille de fer et d'eau. Il est solide, en cristaux verdâtres, hydratés, ou en solution brunâtre, car cet iodure est très soluble dans l'eau. C'est sous cet état qu'on l'emploie chez l'homme contre les affections scrophuleuses. Il n'a pas été essayé sur les animaux d'une manière bien suivie ; aussi est-il à peu près inusité.

IODURES DE MERCURE. Il existe trois iodures de mercure : le proto-iodure, $Hg^2 I$; le deuto-iodure, $Hg I$; et l'iodure intermédiaire, $Hg^2 I$, 2 Hg I ; les deux premiers seuls sont utiles à connaître. — 1° *Proto-iodure de mercure.* On le prépare facilement en broyant l'iode avec le mercure, ou mieux, en traitant le protonitrate de mercure par l'iodure de potassium. Il est solide, pulvérulent, d'un vert jaunâtre, inodore et insipide. Chauffé brusquement, il se volatilise lentement, il devient rouge, et reprend sa couleur en se refroidissant; il se produit du bi-iodure. Insoluble dans l'eau, il se dissout un peu dans l'alcool et les solutions d'iodure de potassium et de nitrate de mercure. L'iode le change en deuto-iodure.—2° *Bi-iodure de mercure.* On l'obtient par la double décomposition du deutochlorure de mercure et de l'iodure de potassium. Il est solide, pulvérulent ou cristallisé en lames, d'une couleur rouge coquelicot magnifique; il est dépourvu d'odeur et de saveur. Chauffé, il entre en fusion, se volatilise en cristaux jaunes devenant rouges par le refroidissement. Cependant, ceux qui sont volumineux restent jaunes; mais il suffit de les rayer sur un point, pour qu'ils reprennent dans toute leur étendue la couleur rouge. Insoluble dans l'eau, il se dissout dans l'alcool bouillant, ainsi que dans les solutions des chlorures et des iodures. Le mercure le ramène à l'état de proto-iodure. — *Pharmacol.* Les iodures de mercure sont des médicaments fondants des plus énergiques, mais qui doivent être employés avec prudence. Le bi-iodure, le seul employé chez les animaux, se donne à l'intérieur dissous dans l'alcool ou en bol, à la dose de 4 à 8 grammes chez les grands animaux, et à celle de 10 à 25 centigrammes chez les petits. Il a, dit-on, quelque efficacité contre le farcin. Mélangé à l'axonge, il constitue une pommade irritante et résolutive qu'on emploie avec succès sur tous les engorgements indolents, et notamment ceux des tendons, des ligaments, des articulations. De nombreux essais et un emploi suivi à la clinique de l'Ecole de Lyon ont démontré l'efficacité de ce médicament. *V.* POMMADE.

IODURE DE PLOMB. Pb I. Il se prépare par la double décomposition d'un sel soluble de plomb et de l'iodure de potassium. Il est solide, d'une belle couleur jaune-citron, inodore et insipide. Peu soluble dans l'eau froide, il se dissout sensiblement dans l'eau bouillante, qui le laisse déposer par le refroidissement en écailles d'un jaune d'or. Il est sans usage.

IODURE DE POTASSIUM. K I. *Hydriodate de potasse.* Ce sel haloïde existe dans la nature, dans les eaux salées, plusieurs eaux minérales, les plantes marines, etc. C'est de lui qu'on retire une partie de l'iode. On le prépare le plus souvent en traitant la solution d'iodure de fer par le carbonate de potasse; mais on peut aussi l'obtenir en dissolvant l'iode dans la potasse caustique, évaporant à siccité et calcinant le résidu pour transformer l'iodate en iodure. Il est solide, cristallisé en cubes, incolore, inodore et d'une saveur alcaline et amère. Chauffé, il décrépite, fond et se volatilise sans décomposition. L'eau bouillante en dissout la moitié de son poids,

et l'alcool froid le cinquième seulement. La solution d'iodure de potassium peut dissoudre une nouvelle quantité d'iode et donner de *l'iodure ioduré*, souvent employé dans la médecine de l'homme. — *Pharmacol.* Ce médicament est un des *fondants* les plus actifs de la thérapeutique; il peut remplacer, pour l'usage interne, la plupart des préparations d'iode. Donné à l'intérieur, en solution dans l'eau, à la dose de 12 à 15 grammes chez les grands animaux, et à celle de 4 grammes chez les petits, il irrite fortement le tube digestif et peut causer la mort. A dose médicinale (4 à 8 grammes pour les grands, 25 centigrammes à 1 gramme pour les petits animaux), l'iodure de potassium stimule seulement le tube digestif sans produire d'irritation grave; il pénètre ensuite très rapidement dans le sang qu'il liquéfie, diminue le mouvement d'assimilation, sort de l'économie par la plupart des voies d'excrétion et communique une odeur chlorée à l'air expiré. Les effets fondants de l'iodure de potassium ont lieu sur tous les organes sécrétoires et parenchymateux, mais sont toujours moins prononcés, dans l'état de santé, que ceux déterminés par l'iode. On fait usage de l'iodure de potassium contre le goitre, les affections scrofuleuses, le farcin, la morve, les engorgements indolents qui résistent aux moyens locaux. A l'extérieur, il est employé en *pommade* (*V.* ce mot) contre le goitre principalement, et contre tous les engorgements glanduleux indolents; à l'état d'*iodure-ioduré* (solution aqueuse chargée d'iode), il peut servir comme léger caustique sur les ulcères indurés, quelle que soit leur nature.

IODURE DE SODIUM. Na I. Il existe dans la nature, où il accompagne toujours l'iodure de potassium. On le prépare par les mêmes procédés que ce dernier avec lequel il a la plus grande analogie sous tous les rapports; aussi peut-il le remplacer dans tous ses usages; cependant, on préfère généralement pour la médecine *l'iodure de potassium.* (*V.* ce mot).

IODURE DE SOUFRE. Les composés d'iode et de soufre sont mal définis et peu stables. Celui qu'on emploie quelquefois en médecine se prépare en chauffant légèrement un mélange de 4 parties d'iode et 1 partie de soufre sublimé. Il est solide, brunâtre, d'odeur d'iode, soluble dans l'eau et décomposable au feu. Mélangé à l'axonge, on en fait une pommade qu'on a essayée sur l'homme, avec succès, contre les affections tuberculeuses de la peau; il pourrait trouver quelques applications semblables sur les animaux.

IPÉCACUANHA, s. m., *Ipecacuanha;* nom pharmaceutique de plusieurs racines exotiques, remarquables par leurs propriétés vomitives. Elles sont fournies par certains arbrisseaux des genres *cephælis* et *psychotria*, de la famille des Rubiacées, qui croissent spontanément au Pérou et dans plu sieurs autres contrées de l'Amérique méridionale. On distinguait autrefois les variétés commerciales d'ipécacuanha d'après la couleur de l'écorce ; de là des ipécacuanha *noirs*, *gris*, *rouges*, *bruns*. Richard a divisé plus rationnellement ces racines, d'après leur forme, en *ipécacuanha strié*, et *ipécacuanha annelé* ; ce dernier est le seul qui soit employé en médecine. Il est formé d'une petite racine cylindroïde, grêle, contournée, simple ou rameuse, garnie d'anneaux circulaires très rapprochés, séparés par des étranglements profonds ; cette racine est formée d'une partie centrale, ligneuse, blanche, et d'une écorce épaisse, d'une teinte variable, le plus souvent brune ou grise, fragile et à cassure résineuse. Réduit en poudre, l'ipécacuanha est grisâtre, d'une odeur faible, nauséeuse et d'une saveur âcre et amère. Il contient, d'après Pelletier, une matière grasse odorante, de la cire, un extrait vomitif, de la gomme, de l'amidon, du ligneux, et de l'*émétine*, qui en est le principe actif. *V.* ÉMÉTINE. L'ipécacuanha se donne en poudre, sous forme de bol, ou en suspension dans une eau gommeuse ou mucilagineuse, à la dose de 10 à 50 centigrammes et plus, chez les petits animaux, pour lesquels seuls il est employé comme vomitif; son action est plus douce que celle de l'émétique, ce qui lui fait accorder la préférence lorsque l'estomac est déjà irrité. Employé fréquemment chez l'homme, contre la dysenterie et la diarrhée, qu'il fait disparaître promptement, il aurait sans doute les mêmes avantages chez les animaux ; Delabère-Blaine en a, du reste, préconisé l'emploi contre ces maladies. Usité aussi pour l'homme à titre d'expectorant, il serait bon de continuer les essais que Bourgelat avait faits de l'ipécacuanha, sous ce rapport, sur les grands animaux.

IRIDECTOMÉDIALYSE, s. f., *Iridecto-medialysis* ; de ιρις, iris, εκτομη, retranchement, et διαλυσις, séparation ; opération de la pupille artificielle faite par l'excision d'une partie de l'iris.

IRIDECTOMIE. s. f., *Iridectomia*, de ιρις, iris, et εκτομη, retranchement ; excision d'une partie de l'iris.

IRIDÉES, s. f., *Irideæ* ; famille de plantes monocotylédones, herbacées, à rhizome bulbiforme, souvent aromatique, rarement pourvues de racines fibreuses. Les espèces de cette famille sont nombreuses et habitent généralement les régions tempérées ; beaucoup d'entre elles sont cultivées comme plantes d'agrément. Quelques-unes sont utiles à la médecine ou à l'industrie ; ex. : le *Safran*, plusieurs *Iris*. Cette famille est habituellement divisée en deux tribus : les *Gladiolées* ; genres : *Gladiolus*, *Iris*, *Crocus*, *Ixia*, etc. ; les *Galaxiées* ; genres : *Tigridia*, *Galaxia*, etc.

IRIDENCLÉISE, s. f., *Iridencleisia*, de ιρις, iris, et εγκλειειν, enfermer ; opération de

la pupille artificielle, dans laquelle on détache une partie de l'iris, pour la fixer dans la plaie.

IRIDÉRÉMIE, s. f., *Irideremia*, de ιρις, iris, et ερημη, absence ; absence, privation congéniale de l'iris.

IRIDOCÈLE, s. m., *Iridocele* ; hernie de l'iris à travers une plaie de la cornée lucide ou de la sclérotique.

IRIDOCOLOBOME, s. m., *Iridocoloboma*, de ιρις, iris, et κολοβωμα, déchirement ; division, déchirement de l'iris.

IRIDODIALYSE, s. f., *Iridodialysis*, de ιρις, iris, et διαλυσις, séparation ; décollement, séparation d'une partie de l'iris.

IRIDOPTOSE, s. f., *Iridoptosis*, de ιρις, iris, et πτωσις, chute ; chute, procidence de l'iris.

IRIDOTOMÉDIALYSE, s. f., *Iridotomedialysis*, de ιρις, iris, τομη, section, et διαλυσις, séparation ; opération de la pupille artificielle, qui consiste à décoller et inciser une partie de l'iris.

IRIDOTOMIE, *Iridotomia*, de ιρις, iris, et τομη, section ; opération qui consiste à inciser l'iris.

IRIDIUM, s. m. Ir. équiv. 1233,2. Métal de la dernière section, découvert simultanément par Tennant et Descotil en 1803, et ainsi nommé à cause de l'irisation des dissolutions qu'il fournit. On le trouve, dans la nature, associé au platine avec lequel il a beaucoup d'analogie. Il est le plus souvent terne, prenant l'éclat métallique par le frottement, pesant 16,00 environ et résistant complétement au feu de forge. Les acides et l'eau régale ne l'attaquent pas, quand il est pur; allié au platine, il se dissout dans l'acide chloronitrique. Les alcalis et le nitre l'oxydent par l'action de la chaleur. Il est sans usage.

IRIEN, **ENNE**, adj., *irinus*; qui appartient à l'iris ; ex. : *vaisseaux iriens*, *nerfs iriens*. Les procès ciliaires portent aussi le nom de *procès iriens*. *V.* CILIAIRE.

IRIS, s. m., *Iris*, de ιρις, ιριδος, arc-en-ciel ; on appelle *iris*, en anatomie, une membrane appartenant au globe de l'œil et formant une cloison verticale, percée dans son milieu, et placée entre la chambre antérieure et la chambre postérieure de l'œil. L'iris présente deux faces : l'une antérieure, dont la couleur varie selon les espèces, les individus et l'âge ; l'autre postérieure, constamment de couleur noire. Sa grande circonférence adhère, dans toute son étendue, au ligament ciliaire ; la petite circonférence circonscrit l'ouverture de la pupille, dont les dimensions varient suivant l'intensité de la lumière qui parvient à l'œil. Cette mobilité de l'ouverture pupillaire dépend des mouvements de l'iris, qui font regarder cette membrane comme étant de nature musculaire suivant les uns, et, suivant les autres, de nature érectile. L'usage de l'iris consiste à régler la quantité de lumière que reçoit l'œil, la pupille se dilatant dans l'obscurité, et se resserrant sous l'influence d'une vive lumière. Cette membrane sert aussi à la vision, en ne laissant pénétrer que les rayons les moins divergents, seuls propres à peindre l'image d'une manière nette au fond de l'œil. Les mouvements de l'iris s'exécutent sous l'influence de la rétine.

IRIS, s. m., *Iris*, L. ; genre type de la famille des Iridées. Le nombre de ses espèces est considérable ; on cultive dans les jardins les *I. florentina*, *germanica*, *punicæa*, *Swertzii*, etc. ; leur rhizome desséché exhale une odeur de violette. Les espèces *pseudoacorus*, *sibirica*, *fœtidissima*, croissent dans les lieux marécageux ou ombragés et frais ; elles sont âcres et nuisibles. La matière connue dans la peinture sous le nom de *vert d'Iris* est fournie par plusieurs espèces de ce genre.

IRISATION, s. f. ; état d'un corps qui présente à sa surface plusieurs teintes, comme l'iris ou l'arc-en-ciel. Beaucoup de minéraux, notamment le charbon, la houille, plusieurs métaux qui ont subi l'action d'une chaleur violente, présentent souvent de l'irisation à leur surface.

IRITIS, **IRITE**, s. f., *Iritis* ; inflammation de l'iris. Considérée isolément, cette maladie est rare et difficile à constater dans les animaux. Elle coëxiste le plus souvent avec l'inflammation des autres parties de l'œil, dans les diverses variétés d'ophthalmie. Les médecins reconnaissent l'inflammation *séreuse* de l'iris, et celle qui est *parenchymateuse*.

IRRÉDUCTIBLE, adj. ; qui ne peut être réduit ; se dit des oxydes qui ne peuvent être ramenés à l'état métallique par l'action du feu et du charbon ; c'est le cas des oxydes de la deuxième section.—On dit aussi *fracture*, *luxation irréductible*, quand on ne peut ramener dans leur position normale les parties fracturées ou luxées.

IRRÉGULIER, **IÈRE**, adj., *irregularis* ; dont les parties ne sont ni semblables ni symétriques, *V.* COROLLE.

IRRIGATIONS, s. f., *Irrigationes* ; arrosage des champs, des prairies. La pratique des irrigations est très ancienne ; l'usage qui s'en est conservé dans les lieux habités autrefois par des nations puissantes, les monuments écrits, les canaux et les aqueducs que le temps n'a pu détruire, tout atteste que l'antiquité connaissait les effets de l'irrigation. Les Arabes ont exécuté, dans la France même, de grands travaux ayant pour but l'arrosage du sol ; les Italiens les ont imités dans la péninsule. Les irrigations sont applicables à toutes les cultures, à tous les sols qui n'ont pas un degré suffisant d'humidité. On arrose surtout les prairies naturelles. — Toutes les eaux n'y sont pas également propres ; celles qui sont froides, peu aérées, croupissantes, qui contiennent beaucoup d'acide ulmique, de sels de fer, de chaux, etc.,

sont nuisibles directement ou indirectement. Les effets de l'irrigation sont complexes : l'eau de bonne qualité entretient le sol dans un état convenable de fraîcheur, dépose des matières fertilisantes, fournit à la végétation un agent indispensable, favorise la germination, enlève l'excès des sels solubles, chasse les taupes et les insectes, détruit des plantes inutiles, etc. Ces bienfaits se traduisent par une augmentation dans la qualité et la quantité des produits, augmentation qui peut aller jusqu'au quadruple dans les circonstances favorables, et qu'on estime, en moyenne, au double du rendement ordinaire. — L'arrosage en grand se fait par *infiltration* ou *submersion*. La quantité d'eau nécessaire à chaque irrigation a été évaluée à 100 mètres cubes par hectare ; mais c'est là une moyenne qui doit varier selon la nature du terrain, la température des lieux et la fréquence des arrosages. La dérivation, le forage, l'élévation à l'aide de machines, sont les moyens usités pour se procurer de l'eau ; mais le prix de revient peut être fort variable selon les circonstances. Il est telle condition où l'on est forcé de renoncer aux irrigations, parce qu'elles ne peuvent être pratiquées économiquement. La France a fait beaucoup de progrès dans la pratique des irrigations depuis un quart de siècle ; il suffit de rappeler ce qui s'est fait dans les Alpes, les Pyrénées, sur les bords de la Moselle, dans la Provence, la Bourgogne, etc., etc., où des terres incultes ont été transformées, en quelques années, en prairies qui se vendent de 2,000 à 5,000 fr. l'hectare. Il lui reste beaucoup à faire encore, car, sur son vaste territoire, à peine 100,000 hectares de terrain sont régulièrement arrosés. C'est une proportion relative seize fois moindre que celle du Piémont, quarante fois moindre que celle de la Lombardie. La question des irrigations, déjà effleurée par la Constituante de 1790, a été traitée plus explicitement par le Code civil, article 642 et suivants, et par la loi du 29 avril 1845.

IRRITABILITÉ, s. f., *Irritabilitas* ; qualité de ce qui est irritable ; susceptibilité des tissus pour présenter les phénomènes de *l'irritation*. — Propriété vitale qui, d'après Haller, produit la contractilité musculaire c'est-à-dire des mouvements subits plus ou moins prononcés, sans que la volonté participe à leur exécution. — *Bot. V.* SOMMEIL DES PLANTES.

IRRITABLE, adj., *irritabilis* ; qui est doué d'irritabilité.—On dit qu'un animal est *irritable*, lorsqu'il est vivement affecté par des maladies peu intenses.

IRRITANT, s. et adj., *Irritans* ; nom donné à un groupe de médicaments qui ont pour effet de produire, sur les tissus où on les applique, une inflammation plus ou moins violente, suivie de désordres matériels particuliers. Leur usage interne est peu fréquent, tandis que leur emploi externe l'est beau coup ; ils servent à établir, sur la peau ou dans le tissu cellulaire sous-cutané , des points de révulsion ou de dérivation favorables à la résolution des phlegmasies internes. Les irritants comprennent les *rubéfiants*, les *épispastiques* ou *vésicants*, les *caustiques*, etc. (*V.* ces mots).

IRRITATION, s. f., *Irritatio*, de *irritare*. irriter, agir ; action des irritants, ou état d'une partie qui est irritée. L'irritation a été considérée comme le premier degré de l'exaltation des propriétés vitales ; c'est un état contre nature qui trouble l'ordre habituel des fonctions d'un organe. Elle ne produit immédiatement aucune modification appréciable dans les tissus qu'elle atteint. On a distingué plusieurs sortes d'irritations : elle est *inflammatoire*, lorsqu'elle est assez prononcée pour causer dans les tissus les caractères de l'inflammation ; *ulcérative*, quand elle s'accompagne du ramollissement d'une partie. On nomme *hémorrhagique* l'irritation qui produit un épanchement sanguin ; *évacuative*, celle qui est accompagnée d'une augmentation dans la sécrétion et l'exhalation ; *nerveuse*, celle qui consiste seulement en un surcroît de la sensibilité d'un organe. On combat l'irritation par les moyens prescrits contre l'inflammation.

ISABELLE, s. et adj. ; genre de robe caractérisé par la couleur jaune-clair de toute la surface du corps, quelle que soit la nuance des crins. L'isabelle peut être *clair*, *ordinaire*, ou *foncé*. La couleur des crins et la présence de la raie de mulet ne sont que des particularités qu'il importe cependant de signaler.

ISADELPHIE, adj., *isadelphus*, de ισος, égal , et αδελφος, frère ; se dit d'une fleur dont les étamines sont réunies par leurs filets en deux faisceaux égaux.

ISCHIADELPHIE, s. et adj., *Ischiadelphus* ; synonyme d'*ischiopage*.

ISCHIAGRE, s. f., *Ischiagra*, de ισχιον, hanche, et αγρα, prise ; rhumatisme de la hanche.

ISCHIAL, **ALE**, adj. ; *ischialis*, qui a rapport à l'ischium ; cet os est lui-même souvent appelé *portion ischiale* du coxal.

ISCHIATIQUE , adj. , *ischiaticus* , de ισχιον, ischium ; qui appartient à l'ischium. — *Artère ischiatique* ou *fessière postérieure* : branche principale de la bifurcation de l'artère sous-sacrée, traversant le ligament sacro-ischiatique, et se terminant par deux branches principales , dont la supérieure est destinée aux muscles *biceps de la jambe* et *demi-membraneux*, et l'inférieure, la plus considérable, à la portion postérieure du *grand fessier* et au *long vaste*, — *Nerfs ischiatiques : V.* SCIATIQUE.

ISCHIATOCELE ; synonyme d'*ischiocèle*.

ISCHIO-ANAL, s. et adj., *Ischio-analis*; nom donné par Girard au muscle *releveur de l'anus. V.* RELEVEUR.

ISCHIO-CAVERNEUX , s. et adj. , *Ischio-cavernosus*; muscle court et pyramidal, prenant son origine à la crête ischiale, et s'insérant à la base du corps caverneux qu'il recouvre. Les muscles ischio-caverneux ou *érecteurs* concourent à fixer le pénis dans une direction convenable à l'accouplement.

ISCHIOCÈLE, s. m. , *Ischiocele*, de ισχιον, hanche, et κηλη, hernie : hernie à travers l'échancrure ischiatique. Elle n'a pas été observée dans les animaux.

ISCHIO-CLITORIEN, s. et adj., *Ischio-clitorianus*; muscle formé de plusieurs faisceaux provenant de la crête ischiale, et s'implantant sur les racines du clitoris, qu'ils recouvrent. Il est l'analogue de l'ischio-caverneux ou sous-pénien du mâle.

ISCHIO-COCCYGIEN, s. et adj., *Ischio-coccygeus*; qui appartient à l'ischium et au coccyx. Le muscle *ischio-coccygien* consiste en une lame charnue, s'attachant à la face interne du ligament sacro-ischiatique, et s'insérant aux apophyses latérales des premiers os coccygiens. Il a pour usage d'abaisser la queue.

ISCHIO-FÉMORAL, s. et adj., *Ischio-femoralis*; Girard donne au muscle *grêle interne* le nom d'*ischio-fémoral grêle. V.* GRÊLE.

ISCHIOPAGE, s. et adj., *Ischiopages*, de ισχιον, ischion , et παγης, uni ; genre de monstres doubles monomphaliens, composés de deux individus à ombilic commun, réunis dans la région hypogastrique.

ISCHIOPAGIE, s. f., *Ischiopagia*; état des monstres ischiopages.

ISCHIO-PÉRINÉAL, s, et adj., *Ischio-perinœalis*; nom donné par Girard à quelques bandelettes charnues provenant de l'ischium et se perdant sous la peau du périnée.

ISCHIO-SOUS-PÉNIEN. *V.* ISCHIO-CAVERNEUX.

ISCHIO-TIBIAL, s. et adj., *Ischio-tibialis*; nom commun à trois muscles du membre postérieur. — *Ischio-tibial externe, V.* LONG VASTE. — *Ischio-tibial moyen* ou *postérieur , V.* DEMI-TENDINEUX. — *Ischio-tibial interne, V.* DEMI-MEMBRANEUX.

ISCHIO-TROCHANTÉRIEN, s. et adj., *Ischio-trochanterianus*; nom donné par Girard , d'après Chaussier, aux *jumeaux* de la cuisse. *V.* JUMEAUX.

ISCHIO-URÉTRAL, s. et adj. , *Ischio-uretralis*; nom donné par Girard au muscle *triangulaire* de l'urètre , *V.* TRIANGULAIRE.

ISCHION ou ISCHIUM, s. m. , *Ischium*; partie inférieure et postérieure du *coxal*. (*V.* ce mot).

ISCHURIE, s. f., *Ischuria*, de ισχω, arrêter, et ουρον, urine; impossibilité d'uriner.

ISOCHRONE, adj., *Isochronus*, de ισος, égal, et χρονος, temps; qui se fait en même temps, ou dans des temps égaux; *oscilla-*

tions isochrones : qui sont séparées par des temps égaux et qui ont la même durée, ex. : celles du *pendule.* — En *physiologie*, ce mot s'applique plus particulièrement aux battements artériels, qui sont isochrones à ceux du cœur.

ISOCHRONISME, s. m., *Isochronismus* ; état de ce qui est isochrone.

ISODYNAMES, s. f., *Isodynamos*, de ιτος, égal, et δυναμις, puissance ; nom proposé par Cassini pour remplacer celui de dicotylédones.

ISOLANT, adj. ; qui isole ou qui sépare plusieurs corps les uns des autres ; se dit, en physique, des corps non conducteurs : tels que le verre, la laque, qu'on emploie comme supports dans les appareils électriques, pour séparer la partie qui sert de réservoir, de tout corps conducteur. *Tabouret isolant :* qui est muni de pieds en verre pour le séparer du réservoir commun. On place à sa surface les corps bruts ou animés qu'on veut électriser.

ISOLATEUR, s. m., *Isolator* ; nom de quelques appareils employés pour séparer un corps électrisé de la terre, qui est un bon conducteur, ou pour recevoir eux-mêmes de l'électricité.

ISOLÉ, adj. ; état d'un corps chargé d'électricité ou propre à en recevoir, et qu'on a séparé de tout corps conducteur par l'emploi de supports non susceptibles de conduire l'électricité.

ISOLEMENT, s. m. ; action de séparer un corps électrisé de tout corps conducteur. —*Police sanit.* Action d'isoler. Mesure ayant pour but de soustraire les animaux sains à la contagion. L'isolement est, de tous les moyens préservatifs, le plus efficace et le plus difficile à bien pratiquer. Il tient sous sa dépendance et suppose, pour être complet, toutes les autres mesures. L'isolement se fait de plusieurs manières : 1° en plaçant dans une étable isolée les animaux d'un propriétaire, suspects ou malades ; c'est ce qui constitue la *séquestration*; 2° en réunissant dans un lieu isolé les animaux malades d'un village ou d'une contrée, *V.* LAZARET ; 3° en laissant dans une étable saine les animaux non malades et cantonnant les autres dans des lieux isolés, sous la conduite d'un ou de plusieurs gardiens ; c'est le *cantonnement* ou *parcage.* Toutes les fois que des animaux malades seront isolés ou séquestrés, on affectera à leur service spécial des personnes, des aliments et des ustensiles distincts ; et l'on évitera tout rapport inutile avec les autres êtres. L'isolement, dans le cas de maladies contagieuses, est ordonné par l'arrêt du 16 juillet 1784, le décret de la Constituante du 6 octobre 1791, les articles 459, 460 et 461 du Code pénal.

ISOLOIR, s. m. ; synonyme d'*isolateur* (*V.* ce mot). Le mot *isoloir* est le plus usité.

ISOMÉRIE, s. f., de ιτος, semblable, et μέρος, partie ; état de certains corps qui, sans changer de composition, peuvent présenter un aspect et des propriétés très différents. C'est ainsi que le soufre est jaune et friable, ou rouge, épais et ductile, sans changer de nature ; que le cyanogène, qui est un gaz, et le *paracyanogène*, qui est solide, sont les mêmes corps sous un groupement moléculaire différent. Dans le phénomène de l'isomérie, on suppose que les corps peuvent présenter des propriétés variables par l'arrangement de leurs atomes, sans que ceux-ci changent de forme ni de nombre.

ISOMÉRIQUE, adj., *isomericus;* qui a rapport à l'*isomérie.*

ISOMORPHE, adj., *isomorphus*, de ιτος, égal, et μορφη, forme ; *corps isomorphes :* on donne ce nom aux corps qui, avec une composition ou une nature chimique différente, donnent la même forme cristalline, et peuvent se substituer les uns les autres dans leurs combinaisons, sans que les formes cristallines qui leur sont propres soient altérées. C'est ainsi que le chlore, l'iode, le brôme, le fluor, peuvent se remplacer dans leurs composés métalliques, sans que la forme cubique, qui leur est propre, soit changée. Le protoxyde de fer est isomorphe par rapport à l'oxyde de manganèse, à l'oxyde de zinc ; le sesquioxyde par rapport à l'alumine, etc. Le phénomène de l'isomorphisme paraît tenir au nombre égal des molécules chimiques des corps isomorphes, d'où dépendraient les formes semblables de leurs cristaux.

ISOMORPHISME, s. m. ; état des corps, qui, avec une composition chimique différente, présentent des formes cristallines semblables, à cause du nombre égal de leurs molécules.

ISOPÉTALE, adj., *isopetalus*, de ιτος, égal, et πεταλον, pétale ; à pétales égaux.

ISOPHYLLE, adj., *isophyllus*, de ιτος, égal, et φυλλον, feuille ; se dit d'une plante dont les feuilles sont toutes semblables ; d'une fleur ou d'un calice dont les folioles ont les mêmes caractères.

ISOSTÉMONES, adj., *Isostemones*, de ιτος, égal, et στημων, filament ; on donne cette épithète aux fleurs dont les étamines sont en nombre égal aux pétales.

ISOTHERME. s. et adj., de ιτος, égal, et τερμη, chaleur ; qui est égal en température. *Ligne isotherme :* nom donné à une ligne qui passe par tous les points du globe terrestre dont la température moyenne est égale. Les lignes isothermes sont parallèles à l'équateur jusqu'au 22° environ de chaque hémisphère, mais elles sont loin d'être droites ; elles présentent des sinuosités nombreuses dépendant de l'élévation et de l'exposition des lieux, de la nature du terrain, etc. L'espace compris entre deux lignes isothermes porte le nom de *zône* ou de *bande isotherme.*

ISSUES, s. f. ; ensemble des parties d'un animal destiné à la consommation, qui sont livrées par le boucher au commerce de la triperie ou à l'industrie ; ce sont : la peau , le suif, la tête et les pieds, le bas des membres , et tous les viscères ou organes renfermés dans les cavités pectorale et abdominale, etc. Ce qui reste constitue la viande nette. Le poids des issues s'élève, selon le degré de graisse, des 35 °/₀ aux 45 °/₀ du poids de l'animal vivant , dans l'espèce bovine. *V.* DÉBRIS.

ISTHME, s. m. , *Isthmus;* ce mot, qui signifie proprement une langue de terre intermédiaire à deux parties plus larges, est employé , en anatomie , pour désigner un rétrécissement vers quelque point , comme *l'isthme du gosier.* On appelle *isthme des thyroïdes* un petit prolongement rétréci qui réunit ces deux corps glanduleux. — *Bot.* Étranglement qui sépare deux loges ou articles dans un fruit articulé.

ITALIENNES (races bovines). On signale en Italie deux races principales : la *Romagne* ou *Romagnaise*, assez grande, de couleur grise ou brune , ayant de l'aptitude pour la graisse et la chair ; elle peut être classée parmi les races des plaines ; les vaches sont bonnes laitières ; — la race de *Parmesan* , qui n'est autre chose que celle de Schwitz, importée dans le pays.

IVOIRE , s. m. , *Ebur* ; substance de nature osseuse , d'un blanc jaunâtre , moins dure que l'émail, et entrant comme lui dans la composition des dents, dont l'ivoire forme surtout la partie centrale. Sa quantité augmente dans ces organes, à mesure que la cavité de la pulpe diminue ; mais cet ivoire de nouvelle formation offre une teinte plus foncée que l'autre. L'ivoire est sécrété par la papille renfermée dans l'intérieur de la dent.

IVRAIE, s. f. , *Lolium* , L. ; genre de la famille des Graminées. Ses caractères sont : épillets multiflores , solitaires , alternes-opposés , comprimés , appliqués par le dos de leurs fleurs dans une excavation du rachis ; glume bivalve, la foliole extérieure plus grande, l'inférieure restant souvent rudimentaire; paillette intérieure de la glumellule ciliée. Ce genre renferme plusieurs espèces importantes : l'I. vivace , Raygrass d'Angleterre , *L. perenne* , commune dans les prairies humides. Elle donne un foin précoce , un peu dur , mais d'assez bonne qualité et très estimé des éleveurs anglais. Cette espèce peut être avantageusement cultivée seule ou mélangée, en prairies temporaires ; elle aime les terres fraîches, plutôt argileuses

que légères, susceptibles d'être arrosées , riches en fumure. Elle ne refuse de croître que dans les sols secs ou marécageux. On la sème à la dose de 50 kilog. par hectare. Elle veut être fauchée de bonne heure et supporte parfaitement le pâturage. L'I. vivace a plusieurs variétés connues. L'I. multiflore , *L. multiflorum* ; l'I. d'Italie , *L. italicum* , sous le rapport agronomique , ne présentent pas de différences notables avec la précédente. Dans de bonnes conditions , ces trois espèces donnent au moins trois coupes chaque année, et peuvent être fauchées pendant deux ou trois ans ; leur rusticité est remarquable. L'I. enivrante , *L. temulentum* , annuelle , commune dans les champs , précoce, mangée en vert par les bestiaux, est dure après sa dessiccation. Ses graines sont des excitants du système nerveux ; elles occasionnent des vertiges ; leur farine mêlée avec la farine du froment dans les proportions de ¹/₉ empêche la fermentation ; on prétend que, dans la proportion de ¹/₁₅ , et par suite d'un usage prolongé du pain , elle occasionne des accidents graves.

IVRESSE , s. f. , *Ebrietas* ; nom donné à l'ensemble des effets produits par les liqueurs alcooliques sur les centres nerveux. L'ivresse , déterminée par les narcotiques , porte le nom de *narcotisme* (*V.* ce mot). L'ivresse alcoolique présente, chez les animaux comme chez l'homme, une période d'*excitation* et une période de *coma*. Pendant cette dernière , qui constitue plus particulièrement l'ivresse , la vue devient trouble , la pupille se dilate , la peau est froide, la station chancelante, les mouvements irrésolus , irréguliers , les muscles n'obéissant plus qu'incomplètement à l'influence de la volonté. Plus tard , la station devient impossible , les muscles se relâchent , les membres se fléchissent , les animaux tombent sur le sol , dorment pendant plusieurs heures pour se relever ensuite , ou meurent si la dose d'alcool a été trop forte. L'ammoniaque et son acétate étendus dans une grande quantité d'eau , font disparaître , dit-on , peu à peu les phénomènes de l'ivresse.

IXIE, s. f. , *Ixia*, L. ; genre assez nombreux de la famille des Iridées. Il se compose de petites plantes herbacées , à racine bulbiforme , souvent cultivées pour l'ornement des jardins. L'espèce *bulbocodium,* commune dans les pâturages du Midi, est très peu développée et n'a aucune valeur comme plante fourragère.

J

JABOT, s. f. ; poche membraneuse formée par une dilatation de l'œsophage, qu'on observe dans les oiseaux en avant du sternum ; les aliments y séjournent pendant quelque temps pour se ramollir, avant de passer dans le ventricule succenturié, pour arriver au gésier. — *Pathol.* On a donné ce nom à un état particulier de l'œsophage du cheval, dans lequel ce canal présente tantôt une poche formée par la membrane muqueuse, qui fait hernie à travers la membrane charnue, tantôt une dilatation anormale du même conduit ; enfin, on a employé le mot *jabot* pour désigner la dilatation de l'œsophage produite par l'arrêt d'un corps étranger. Les aliments s'accumulent dans ce renflement anormal et produisent des accidents graves, plus souvent le cheval que dans le bœuf. Quelquefois, cette accumulation est causée par des corps volumineux, des morceaux de fruits qui ne peuvent pénétrer jusque dans l'estomac ; ce sont aussi des aliments fibreux et des grains qui s'arrêtent dans le canal de l'œsophage. G. Tisserant, vétérinaire dans les Vosges, a donné une histoire complète de cette affection. Voici les principaux symptômes qu'il lui assigne : toux gutturale, convulsive ; rejet des aliments contenus dans l'arrière-bouche avec une bave abondante ; jetage par les naseaux de mucosités contenant des parcelles d'aliments. Sur le côté gauche de l'encolure, existe une tuméfaction due au gonflement de l'œsophage. Le cheval exécute de temps en temps de violents efforts, des contractions convulsives des muscles de l'abdomen pour vomir, et pousse quelquefois une sorte de cri semblable à celui de l'homme qui cherche à vomir. Le séjour des aliments dans l'œsophage peut amener la rupture des parois de ce conduit, et des abcès suivis de gangrène ; si l'on est appelé trop tard, on observe les mêmes terminaisons que dans le cas où un corps étranger volumineux s'est arrêté dans le tube œsophagien. Ces aliments accumulés de la sorte peuvent disparaître spontanément, surtout s'il y a eu ingurgitation de fourrages secs. G. Tisserant emploie avec succès des manipulations qui consistent à secouer vivement avec la main la saillie formée par l'œsophage, à exercer ensuite des mouvements attentifs de pression en haut et en bas. Dans le cas d'insuccès, il ne faut pas songer à l'introduction d'un tube ; les aliments sont tellement tassés, que cette manœuvre est impossible. La guérison peut survenir à la suite de l'ouverture spontanée de l'œsophage. Enfin, l'œsophagotomie est la dernière ressource à employer.

JACHÈRE, s. f., de *jacere*, se reposer ; état d'une terre arable à laquelle on n'a pas confié de récolte, dans le but de la laisser reposer pour la faire produire de nouveau plus abondamment. La jachère est *absolue* ou *complète*, lorsque le sol est au moins une année sans recevoir de semence : elle est *relative* ou *incomplète*, dans le cas contraire ; celle-ci est distinguée en *jachère d'été* et *jachère d'hiver*. Elle peut durer, en conséquence, depuis quelques mois jusqu'à plusieurs années. Son usage repose sur cette idée que la terre éprouve une sorte de fatigue et s'épuise après une série de récoltes ; le fait est vrai, mais relatif, car le sol en jachère ne se repose pas ; il continue à produire ; seulement il produit mieux d'autres plantes. Les effets de la jachère sont incontestables ; elle donne le temps aux agents atmosphériques de pénétrer le sol, d'agir sur ses éléments constitutifs, et de les amener aux conditions d'ameublissement et de désagrégation dans lesquelles il peut produire de nouveau, même sans engrais ; elle donne le moyen de détruire, par des labours répétés, mieux que ne pourraient le faire les cultures fourragères, les herbes nuisibles. Enfin, elle est quelquefois indispensable ; c'est lorsque les terres sont très peu fertiles, ou lorsque les bras et le fumier manquent. La jachère morte constitue un pâturage accidentel et de peu de ressources.

JACINTHE, s. f., *Hyacinthus*, L. ; genre de la famille des Liliacées. Ce genre, beaucoup moins étendu que ne l'avait fait Linné, se compose aujourd'hui de quelques espèces herbacées, bulbeuses, dont les fleurs sont disposées en grappes terminales sur des hampes plus ou moins longues. Les jacinthes sont originaires de l'Europe méridionale et de l'Asie ; on en trouve même dans le midi de la France. Plusieurs espèces sont cultivées comme plantes d'ornement. La principale est la J. d'Orient, *H. orientalis*, dont on connaît maintenant près de 500 variétés.

JACQUIER ou **JAQUIER**, s. m., *Artocarpus*, L. ; genre de la famille des Urticacées. Il se compose d'arbres à sucs laiteux, indigènes des contrées chaudes de l'Asie et de l'Océanie. Les deux espèces *incisa* et *integrifolia* sont connues sous les noms d'*arbres à pain*. Les fruits, de la grosseur d'un melon, sont une ressource fondamentale pour les habitants de certaines contrées.

JACTATION, JACTITATION, s. f., *Jactatio, Jactitatio*, de *jactare*, jeter çà et là ; agitation continuelle, anxiété. Ce mot est inusité en vétérinaire.

JADE, s. m. ; *pierre néphrétique* ; espèce de silicate complexe renfermant de la silice, de la chaux, de la potasse, de la soude, de l'oxyde de fer, etc., et qu'on employait autrefois, chez l'homme, comme amulette contre les maladies des reins.

JAIS, *V.* JAYET.

JALAP, s. m.; nom donné en pharmacie à la racine desséchée du *Convolvulus jalapa*, L.; espèce de *liseron*, de la famille des Convolvulacées, qui croît au Mexique. Le jalap du commerce est en morceaux arrondis, plus ou moins volumineux, ou en rondelles épaisses, rugueuses, noirâtres à la circonférence, lisses et grisâtres au centre, d'une cassure nette et résineuse, d'une teinte marbrée, d'une odeur nauséabonde faible et d'une saveur âcre et irritante. La racine de jalap paraît formée de résine, d'extractif, de gomme, de sucre, de mucilage, de matière colorante, d'albumine, d'amidon et de sels. La résine, qui est très abondante, est le principe actif; elle est employée chez l'homme, à l'état de pureté, comme purgatif drastique. Le jalap est un purgatif drastique des plus actifs, mais infidèle chez les grands herbivores, où il détermine de l'irritation, sans évacuation sensible; il produit plutôt la diurèse, par l'action de son principe résineux sur les reins. Dans les carnivores, le porc et le mouton, ses effets sont plus constants. Chez ces derniers, on le donne en suspension dans l'eau miellée à la dose de 15 à 20 grammes; chez le chien, la dose varie de 1 à 4 grammes, et chez le chat, de 25 à 50 centigrammes. Il est bien rarement employé pour ces divers animaux. Le jalap entre dans la composition de l'*eau-de-vie allemande* et de la *médecine Leroy*.

JAMBE, s. f., *Crus;* région du membre postérieur, comprise entre la cuisse et le pied et ayant pour base osseuse le tibia, le péroné et la rotule. Chez les animaux, ce rayon est le premier qui se détache complètement du tronc. On doit, dans le *cheval*, rechercher une jambe bien garnie de muscles; la jambe *grêle* indique toujours peu de force. La longueur de la jambe se remarque dans les chevaux propres à la course; une jambe courte indique plus de force que de vitesse. La jambe est toujours courte dans le *bœuf*, plus longue chez le *mouton*, plus longue encore chez la *chèvre*, qui se rapproche des ruminants coureurs.

JAMBIER, ÈRE, adj., *tibialis;* qui appartient à la jambe. — *Aponévrose jambière:* aponévrose enveloppant en masse les muscles situés autour du tibia. — L'expression de *Jambier*, appliquée à certains muscles de l'homme, n'est pas usitée en anatomie vétérinaire.

JANICÉPHALE, *V.* JANICEPS.

JANICEPS, s. et adj., *Janiceps;* genre de monstres doubles sycéphaliens ayant pour caractères: deux corps intimement unis au-dessus de l'ombilic commun; une double tête à deux faces directement opposées.

JARDE, JARDON, s. f.; tumeur osseuse, qui se développe à la face externe, inférieure et un peu postérieure du jarret, sur la tête du métatarsien externe. Cette tumeur est due aux grandes fatigues, aux efforts violents; les jarrets coudés y sont prédisposés. Il est rare que la jarde ne donne pas lieu à une claudication violente et soutenue. Cette tumeur coïncide souvent avec l'engorgement de la gaine tarsienne des tendons fléchisseurs. C'est une des exostoses les plus graves que l'on observe sur les articulations du cheval, à cause de sa position et de l'inutilité de tous les moyens qui ont été conseillés pour y remédier. Dans le début, on met en usage les astringents, les frictions résolutives, les vésicatoires; plus tard, on a recours à l'emploi du fer rouge. Renault a proposé la cautérisation par pointes pénétrantes dans la tumeur osseuse; ce moyen réussit quelquefois, quand l'exostose n'est pas trop rapprochée de l'articulation tibio-tarsienne ou de la gaine postérieure du jarret.

JARDIN, s. m., *Hortus;* espace clos, planté de végétaux utiles ou d'agrément. La partie de l'agriculture qui concerne les jardins prend le nom spécial d'*horticulture*. Elle ne peut être négligée sans inconvénient; car le jardin est une source constante de produits pour l'homme et les animaux, et, dans quelques positions, une source de bénéfices notables. Les jardins, étant cultivés à bras d'homme, rentrent dans le domaine de la petite culture. D'après leur destination, on les distingue en jardins *potagers* dans lesquels se trouvent, à peu près exclusivement, des plantes légumières; *fruitiers*, ce sont les *vergers* proprement dits: *potagers-fruitiers; botaniques*, destinés à l'étude élémentaire des végétaux; d'*hygiène* ou de *pharmacie*, où l'on cultive, à titre d'expérience, des plantes fourragères, ou, pour l'usage pharmaceutique, des plantes médicinales; d'*agrément*, ils sont *naturels* ou *ornés, paysagers*, etc.; *mixtes*, où l'on joint l'utile à l'agréable. Tous les jardins peuvent être, en outre, des *écoles de naturalisation* et des *pépinières*.

JARDINAGE, s. m., *Res hortensis;* culture des jardins; produit ou récolte obtenue dans les jardins. — En termes d'*eaux et forêts*, le *jardinage* est un mode d'exploitation des bois, dans lequel on choisit, pour les couper, les arbres qui dépérissent, ou ceux qui ont acquis le volume que l'on recherche. Ce mode est l'opposé de l'exploitation à *tir et air*, qui consiste à couper, à des intervalles plus ou moins éloignés, tous les brins, moins les baliveaux. *V.* FORÊTS.

JARRE, s. f.; poils courts, grossiers, mêlés à la laine des moutons, des chèvres de cachemire, etc. Sa présence, en quantité sensible, diminue la qualité et la quantité du produit principal.

JARRET, s. m.; nom donné, en *extérieur*, à l'ensemble des articulations formées par le tibia, les os tarsiens et les métatarsiens. Le jarret des animaux ne correspond donc pas au jarret de l'homme (*poples*), qui n'est que la partie postérieure de l'articulation fémoro-tibiale. Le jarret est le principal centre de mouvement du membre postérieur ; on doit donc le rechercher aussi solide que possible. Il doit être épais, large, et présenter un angle d'une certaine dimension, au-delà et en deçà de laquelle il devient défectueux. Le jarret trop plié est dit *coudé ;* il donne à l'animal beaucoup de force d'impulsion ; mais celle-ci s'exerçant surtout en hauteur, le cheval a des allures plus brillantes que rapides. Trop ouvert, le jarret est dit *droit ;* il est moins fort, mais il chasse principalement en avant. Ce jarret, toujours moins large que le jarret coudé, ne peut acquérir de largeur que par l'inclinaison de la jambe, le canon restant vertical. Les jarrets peuvent être écartés l'un de l'autre ou rapprochés ; le cheval est alors *ouvert* ou *clos* du derrière ; dans ce dernier cas, on l'appelle encore *crochu.* — Les maladies du jarret sont nombreuses. Les exostoses prennent différents noms, suivant leur position. L'*éparvin* occupe la partie supérieure et interne du canon ; la *courbe,* la partie inférieure et interne du tibia ; la *jarde,* la partie externe et supérieure du métatarse. On appelle *cerclé* le jarret entouré d'exostoses qui, par leur augmentation de volume, peuvent se réunir pour produire l'ankylose. Les tumeurs synoviales ou *vessigons* se développent sur les deux côtés, entre le tibia et la corde tendineuse, et en avant, au pli du jarret. Le *capelet* est une tumeur située à la pointe du jarret, au sommet du calcanéum. Des *crevasses* peuvent aussi se développer au pli. — Le jarret du *bœuf* est très large, en raison de la longueur du calcanéum. Celui du *chien* est assez droit et se redresse avec l'âge.

JARREUX, EUSE, adj. ; on dit que la toison est *jarreuse,* quand elle contient de la jarre en proportion évidente. Dans ce cas, la laine est dite *jarrée.*

JASIONE, s. f., *Jasione,* L. ; genre de la famille des Campanulacées. Il se compose d'espèces herbacées, annuelles, bisannuelles ou vivaces, croissant, en général, sur les lieux élevés, dans les pâturages secs et découverts, ou sur les sols volcaniques. On trouve surtout en France : la J. des montagnes, **J.** *montana,* annuelle ou bisannuelle, très commune ; la J. vivace, **J.** *perennis,* habitant le centre de la France. Ces petites plantes sont mangées par les bestiaux, mais elles ont peu d'importance.

JASMIN, s. m., *Jasminum,* T. ; genre de la famille des Jasminées. Les nombreuses espèces qui le composent sont des arbrisseaux à fleurs blanches ou jaunes et odorantes, originaires des pays chauds. Deux seulement s'avancent jusque dans les localités les mieux exposées de la Provence. Douze ou quinze espèces et beaucoup de variétés sont cultivées comme plantes d'agrément.

JASMINÉES, s. f., *Jasmineæ ;* famille de plantes dicotylédones, monopétales, hypo-gynes, arbres ou arbrisseaux, la plupart indigènes des régions chaudes de l'ancien continent. Genres : *Jasminum, Parilium,* etc.

JAUGE, s. f. ; tranchée longitudinale creusée pour la plantation des arbres ou arbustes, pour la destruction des mauvaises herbes ou pour le défoncement. La profondeur varie selon les cas. On distingue habituellement, dans le jardinage, la *jauge de labour,* large et peu profonde ; la *jauge de plantation,* proportionnée à la grandeur des sujets ; la *jauge de défoncement.*

JAUNE, s. f., *Flavus ;* nom de la troisième couleur du spectre solaire placée entre l'orangé et le vert. Les corps qui ont cette couleur sont ceux qui réfléchissent ou laissent passer les rayons jaunes de la lumière. — *Jaune de Cassel :* espèce d'oxychlorure de plomb, de couleur jaune, qu'on obtient en calcinant 1 p. de sel ammoniac et 4 p. de litharge. — *Jaune de Turner :* oxychlorure de plomb calciné. — *Anat.* Tissu fibreux jaune, *V.* FIBREUX. —En *Botanique,* les diverses nuances de la couleur jaune sont exprimées de la manière suivante : jaune pur, *luteus, flavus ;* jaune doré, *aureus ;* jaune de soufre, *sulfureus ;* jaune pâle et sale, *ochroleucus ;* jaune d'ocre, *ochraceus ;* jaune fauve, *fulvus ;* jaune de miel, *mellinus ;* jaune d'abricot, *armeniaceus ;* jaune citron, *citrinus ;* jaune paille, *helvolus ;* jaune clair, *luteolus ;* jaunissant, *lutescens, flavescens, flavidus.*

JAUNISSE, s. f. ; nom vulgaire donné à l'inflammation du foie, à cause de la couleur jaune que cette maladie développe dans les tissus. *V.* ICTÈRE.

JAVART, s. m. ; nom donné à plusieurs maladies différentes, qu'on observe sur la région digitée du cheval, de l'âne, du mulet et du bœuf, maladies de nature phlegmoneuse, dans lesquelles il y a gangrène du tissu cellulaire, d'une portion d'aponévrose ou de fibro-cartilage. On distingue quatre sortes de javarts : le *simple* ou *cutané,* le *tendineux,* l'*encorné* et le *cartilagineux.*

JAVART SIMPLE OU CUTANÉ. Synonyme : *furoncle.* Il a son siége dans les prolongements celluleux du derme. On l'observe souvent dans le pâturon, sur la couronne des chevaux de halage, de gros trait, de diligence, pendant la saison des boues ; fréquemment encore, il est produit par des contusions. Dans le début, c'est une tumeur douloureuse, suivie presque toujours de claudication, se terminant par un abcès et la chute d'un *bourbillon,* et laissant une plaie qui se cicatrise rapidement. Les complications sont : les javarts tendineux et cartilagineux, les fistules articulaires. Ordinairement, on se contente d'un traitement local, qui consiste à appliquer des cataplasmes maturatifs pour hâter la chute du bourbillon, et à panser la plaie qui en résulte avec la teinture d'aloès.

JAVART TENDINEUX. Il siége dans le tissu cellulaire aponévrotique de la région digitée, et présente une grande analogie avec le *panaris* de l'homme. Ses causes sont les mêmes que celles du javart cutané. Les symptômes consistent dans une inflammation phlegmoneuse très aiguë, qui fait des progrès rapides et occasionne de vives douleurs. Des fistules profondes, la gangrène et l'ulcération des aponévroses et des tendons en sont des suites fréquentes. Les terminaisons sont : la résolution, la suppuration avec formation d'un ou plusieurs bourbillons, la gangrène, la fourbure. On met en usage le traitement antiphlogistique avec énergie, saignée générale, saignées locales, cataplasmes et bains émollients, vésicatoires. Il faut inciser les parties qui paraissent contenir du pus, débrider les fistules, pour faire cesser la compression causée par le gonflement des tissus. Quelquefois on a recours à l'application du feu, lorsqu'après la diminution de la douleur, le membre conserve une tuméfaction prononcée.

JAVART ENCORNÉ. Il se développe dans le tissu podophylleux. Vatel lui a donné le nom de *podophyllite*. Les causes qui le produisent sont les chocs extérieurs sur la paroi, les seimes ou fissures de la corne, une mauvaise ferrure, la piqûre, l'enclouure. Le diagnostic est facile. Dans le début, il y a chaleur du sabot, boiterie ; plus tard, désunion de la corne à la couronne; *la matière a soufflé aux poils*, c'est-à-dire que la suppuration s'échappe par le bord supérieur de la paroi. Si l'on ne se hâte d'y remédier, on voit survenir des complications graves, telles que la carie de l'os du pied, du fibro-cartilage, la gangrène du tissu feuilleté, la chute de l'ongle. Par les applications astringentes, on réussit quelquefois à arrêter la marche funeste de la maladie. Presque toujours, il faut pratiquer l'opération du javart encorné, qui consiste à enlever, avec la rainette, une certaine étendue de la paroi, pour faciliter l'issue de la suppuration, mettre à découvert et enlever les tissus altérés.

JAVART CARTILAGINEUX. C'est la carie partielle du fibro-cartilage latéral de l'os du pied. Vatel l'a appelé *fibro-chondrite* du troisième phalangien des solipèdes. Cette variété de javart est particulière aux animaux monodactyles, eux seuls étant pourvus de ce fibro-cartilage. C'est une des maladies du pied qui offre le plus d'intérêt; son étude a donné lieu à la publication de plusieurs monographies, dont la plus remarquable est due à Renault. Les causes du javart cartilagineux sont les contusions, les atteintes, la piqûre, l'enclouure, la bleime suppurée, le clou de rue, la seime quarte. Les chevaux de trait y sont plus exposés que les autres, parce qu'ils travaillent sur des terrains inégaux, cailouteux, parce que leurs fers sont munis de crampons saillants, qu'ils sont plus exposés aux glissades, aux atteintes pendant l'hiver. Quelques défauts d'aplomb sont des prédispositions; ex. : les chevaux qui forgent, qui se coupent. On observe le javart plus souvent aux pieds de devant qu'à ceux

de derrière, en dedans, qu'en dehors. — Les symptômes sont une tumeur sur la couronne, une ou plusieurs fistules, qui laissent échapper un pus visqueux, odorant, contenant des débris verdâtres provenant de la carie du cartilage ; la claudication n'est pas constante. Si le javart débute par une bleime suppurée, la fistule existe à la partie inférieure du pied; le diagnostic est plus difficile. Le sabot présente des altérations dans sa forme ; la corne de la paroi sécrétée pendant la maladie se rapproche de la direction verticale; on peut remonter à l'époque où le javart s'est produit, en comparant l'étendue de la déviation de la muraille avec celle de l'accroissement qui a lieu pendant un mois environ, et qu'on évalue à 14 ou 15 millimètres. Sur quelques animaux, le javart cartilagineux est double et se montre sur les deux côtés d'un même pied. Les complications de cette maladie sont la nécrose de l'os du pied, les déformations de la boîte cornée, les plaies pénétrantes de l'articulation des derniers phalangiens, l'ankylose complète ou incomplète, la chute du sabot. Quelquefois l'animal périt par de violentes souffrances; il contracte le tétanos traumatique; la fourbure atteint un ou plusieurs membres, etc. Le javart cartilagineux est une maladie grave qui nécessite souvent un traitement de longue durée. Pour établir le pronostic, on tiendra compte des désordres qui le compliquent; quand la maladie est compliquée de suppuration dans le sabot, sa gravité est bien plus grande que si le cartilage seul est affecté de carie. — *Traitement.* Lorsque la carie est en talon, les bains, les cataplasmes émollients, peuvent amener la guérison ; alors on réussit encore par l'excision partielle. Il n'en est pas de même, quand la carie est profonde et placée en avant. Dans ce cas, deux méthodes se présentent: ce sont la cautérisation et l'opération. 1° *Cautérisation.* Les anciens hippiâtres se servaient du cautère actuel; leurs procédés ont été modifiés et abandonnés. Le traitement par le cautère potentiel est généralement préféré; la cautérisation par le sublimé-corrosif est désignée sous le nom de méthode de Solleysel. Elle a été avantageusement modifiée par Girard, dont le procédé consiste, après avoir préparé le pied convenablement, à faire pénétrer dans la fistule un cône long de 10 à 12 millimètres, fait avec la pâte de sublimé. Mariage a préconisé l'usage des caustiques liquides. Son procédé consiste à faire, tous les jours, une ou plusieurs injections dans les fistules, à l'aide d'une petite seringue, avec la liqueur escharotique de Vilate, et à recouvrir la partie malade avec des plumasseaux d'étoupes sèches que l'on maintient à l'aide de quelques tours de bande. Après douze à quinze jours au plus, la fistule est close; le traitement est terminé. Ce procédé bien exécuté est constamment efficace pour guérir les javarts cartilagineux causés par des contusions et non compliqués de suppuration dans le sabot. — 2° *Opération.* Elle consiste à extirper le fibro-cartilage tout entier. Cette opération, la plus compliquée que le vétérinaire soit appelé à pratiquer, a été étudiée par Lafosse père, Vitet, Girard, Huzard fils, Hurtrel d'Arboval, Bernard, Renault. Après avoir appliqué sur le pied malade un fer à éponges tronquées, on extirpe d'abord une certaine étendue de la paroi du sabot ; ensuite, avec la feuille de sauge, on enlève le cartilage, avec la précaution de conserver le bourrelet intact. Souvent on rencontre des ossifications qui rendent l'opération plus difficile. Les complications, qui se présentent sont l'ouverture de la capsule de l'articulation du pied, la lésion du ligament latéral antérieur, la carie de l'os du pied, les altérations du bourrelet. Une fois qu'on a enlevé les dernières parcelles du fibro-cartilage, on procède à l'application d'un pansement méthodique, qui consiste à recouvrir la plaie avec des plumasseaux gradués imbibés d'alcool étendu d'eau, autour desquels on enroule une bande à un ou plusieurs chefs. Les soins ultérieurs du malade, les pansements subséquents, présentent une multitude d'indications qu'il n'est pas possible d'énumérer ici. Outre les accidents qui se produisent sur le pied opéré, on voit encore survenir des maladies qui siègent sur des organes éloignés et qui résultent de l'opération ; ce sont la morve, le farcin, les eaux aux jambes, le crapaud, des phlegmasies viscérales.— Des procédés nombreux ont été proposés pour l'opération ; leurs différences portent principalement sur l'étendue de la paroi qu'il faut enlever. Les uns veulent la respecter entièrement, les autres pratiquent au contraire sur elle de larges brèches. Il faut éviter les deux excès, en se rapprochant toutefois du dernier, parce que les grandes plaies du pied se terminent toujours plus heureusement que celles qui sont étroites et sinueuses. Voir, dans les traités spéciaux, les procédés de Pagnier, Bernard, Maillet, Huzard fils, Belle, Hurtrel d'Arboval et Renault.

JAVELAGE, s. m. ; opération agricole qui consiste à coucher sur le sol, séparées et étendues, les poignées de céréales qui viennent d'être coupées par le moissonneur. Le javelage est surtout appliqué à l'avoine ; il a pour but de prévenir l'égrenage en forçant à couper les grains avant leur entière maturité, de dessécher la paille et les plantes adventices qui s'y trouvent mêlées. Mais si ces résultats peuvent être réellement obtenus, on ne doit pas les exagérer en coupant les grains trop tôt et les laissant trop longtemps sur le sol. Dans le fait, on se propose souvent, dans le javelage, de faire gonfler le grain pour en obtenir un plus grand volume. Ici la pratique devient nuisible et constitue une *manipulation* frauduleuse, parce qu'elle diminue la valeur du produit. Le javelage est aussi appliqué au sarrasin, mais les *javelles*, au lieu d'être couchées, sont dressées.

JAYET, s. m., *Gagates ;* charbon fossile formé par une variété de *lignite.* Il est d'un noir brillant, compacte et susceptible de prendre un beau poli ; sa cassure est nette, conchoïde et présente quelques traces d'organisation végétale.—*Extér.Noir jais* ou *jayet :* robe noire d'une teinte bien franche et présentant un reflet brillant.

JÉJUNUM, s. m. ; nom latin donné à la partie moyenne de l'intestin grêle, parce que cette partie est presque toujours vide à l'ouverture des cadavres. Le jéjunum, dans le cheval, est très long et se trouve soutenu d'une manière lâche par le mésentère, dans le flanc gauche. On lui donne aussi, à cause du peu de fixité de son attache, le nom de *partie flottante* de l'intestin grêle.

JERVINE, s. f. ; espèce d'alcaloïde végétal trouvé par Simon dans le *veratrum album,* avec la *vératrine* et la *colchicine.* C'est une matière blanche, cristalline, insoluble dans l'eau et soluble dans l'alcool ; elle est encore peu connue.

JET, s. m., *Surculus ;* nouvelle pousse d'un arbre ; tige secondaire partant du collet de la racine ; rameau accidentel ou adventif développé sur un tronc, une grosse branche.

JETAGE, s. m. ; écoulement de mucosités par les narines d'un cheval. Le jetage se montre pendant la morve, la gourme, le coryza, la bronchite, la broncho-pneumonie, etc. Les caractères des mucosités varient beaucoup, même pendant l'existence de la même maladie. Ses nuances ordinaires sont le blanc plus ou moins jaune ou grisâtre ; quelquefois des stries sanguinolentes sont mêlées aux matières rejetées par les cavités nasales.

JET D'EAU, s. m., *Jactus aquæ ;* nom donné, en hydrodynamique, à une colonne d'eau lancée de bas en haut par une certaine pression. Le jet d'eau est produit le plus souvent par un réservoir placé à une hauteur déterminée, au-dessus de l'orifice par où s'échappe la colonne liquide ascensionnelle qui le constitue ; il en résulte une certaine pression qui pousse cette colonne jusqu'au niveau du réservoir ; cependant, elle n'y arrive jamais, à moins qu'on n'ajoute une pression artificielle, qu'on n'injecte de l'air, ou qu'on ne fasse le vide au-dessus de l'orifice d'écoulement, etc. L'expérience démontre que le jet ne parvient qu'aux deux tiers environ de la hauteur du réservoir, et que, pour avoir un jet d'eau de 100 pieds, par exemple, il faut élever le réservoir à une hauteur de 133 pieds (Mariotte). Cela tient aux frottements qui ont lieu dans les tuyaux de conduite et à l'orifice d'écoulement, à la résistance de l'air, à la chute des molécules liquides sur celles qui s'élèvent, et à quelques autres causes accessoires qu'il est possible d'annuler.

JEUNESSE, s. f.. *Adolescentia ;* second

âge de la vie, succédant à l'enfance et précédant l'âge adulte.

JOINTÉ, ÉE, adj. ; *long-jointé :* se dit d'un cheval dont les pâturons sont allongés. Le cheval long-jointé a les réactions douces, mais il est sujet aux efforts de boulet et se fatigue promptement. — *Court-jointé :* cheval chez lequel les pâturons sont courts ; cette conformation lui donne de la force, mais en même temps des allures dures. — *Bas-jointé :* cette conformation, plus fréquente chez les chevaux à pâturons longs que chez ceux à pâturons courts, consiste dans une direction de cette région se rapprochant beaucoup de *l'horizontale.* Cette conformation ôte au membre une partie de sa force.

JOINTURE, *V.* ARTICULATION.

JONC, s. m., *Juncus,* L. ; genre nombreux de la famille des Joncacées. Il a pour caractères : périanthe glumacé, composé de six folioles dont les trois extérieures sont légèrement carénées ; trois, le plus souvent six étamines ; un style ; ovaire à trois loges polyspermes ; trois stigmates filiformes, velus ; capsule à trois loges plus ou moins confondues à la maturité. Les joncs sont des plantes herbacées, vivaces, rarement annuelles, croissant dans les étangs, les marais, les lieux humides, à souche cœspiteuse ou traçante, à longues tiges glabres, vertes, cylindriques, à feuilles engaînantes ou nulles, pleines de moëlle, portant à leur sommet des fleurs en glomérules ou en corymbes. Les espèces de ce genre sont nombreuses : elles dépassent cent ; on les trouve plus particulièrement dans les régions tempérées et froides. Les espèces *maritimus, conglomeratus, effusus, bothnicus, squarrosus, bufonius, capitatus, acutiflorus, obtusiflorus, bulbosus, articulatus, glaucus,* sont les plus communes ; elles sont insignifiantes comme fourrage et ne peuvent jamais donner un foin de bonne qualité. A l'exception du *J. bothnicus* qui croît dans les terrains salés, les bestiaux ne les mangent pas, même en vert. Quelques joncs sont utiles : les *J. effusus* et *glaucus* servent à lier la vigne, les branches d'espalier, etc. ; d'autres sont employés à soutenir les terres sur les bords des canaux ; la moëlle du *J. conglomeratus* sert à faire des mèches de lampe dans plusieurs contrées de la France. Les trois espèces qui viennent d'être indiquées passent pour diurétiques. Quelques botanistes regardent les espèces *effusus* et *conglomeratus* comme des variétés de l'espèce type, *J. communis.*—Le *jonc des tonneliers* est le *Scirpus lacustris ;* le *jonc à balais* est le *Phragmites communis.*

JONCACÉES, s. f., *Juncaceœ ;* famille de plantes monocotylédones, herbacées, vivaces, rarement annuelles, à rhizôme traçant, écailleux, à tiges simples, droites, sans feuilles ou pourvues à leur base de feuilles engaînantes, à périanthe composé de six folioles disposées sur deux rangs, verdâtres, croissant presque toutes dans les lieux maré-

cageux des régions tempérées et froides. Genres : *Juncus, Luzula, Abama, Prionium.*

JOUBARBE, s. f., *Sempervivum,* L. ; genre de plantes de la famille des Crassulacées. Il se compose d'environ quarante espèces herbacées, frutescentes ou sous-frutescentes. La plus commune est la J. des toits, *S. tectorum,* dont les feuilles radicales, charnues, très aqueuses, sont rendues rafraîchissantes et astringentes par le malate de chaux qu'elles contiennent.

JOUE, s. f., *Gena ;* partie latérale de la face, ayant pour base les muscles masséter et molaires. La partie supérieure, ayant pour base le *masséter,* doit être sèche et sans cicatrices ; l'inférieure, formée par les *molaires,* est légèrement arrondie, et ne devient saillante que par suite de déviation des dents ou d'amas d'aliments entre la joue et les arcades dentaires, lorsque l'animal *fait magasin.* Ce défaut, qui nuit à l'alimentation en dégoûtant le cheval, est presque toujours dû à la vieillesse ou à une altération des arcades dentaires.

JOUG, s. m., *Jugum ;* pièce de bois servant presque exclusivement à l'attelage des bœufs et des vaches. Le joug s'applique habituellement en arrière ou quelquefois en avant des cornes, et se fixe ainsi sur le sommet de la tête, rarement au cou ou sur les épaules. Il est destiné à un seul ou à deux animaux attelés ensemble et côte à côte. On remarque souvent dans le joug double ordinaire les défauts suivants : la partie qui correspond à la tête n'est pas assez cintrée ; le point d'action de la force individuelle ne correspond pas au milieu de ce cintre ; le joug ne peut être allongé ni raccourci selon les besoins. Les modifications à introduire dans la confection de ces instruments doivent surtout porter sur ces trois points. *V.* BŒUF.

JOUR, s. m., *Diurnum, dies,* ημερα ; nom vulgaire du laps de temps qui s'écoule depuis le lever jusqu'au coucher du soleil ; c'est ce qu'on nomme le jour *naturel.* On appelle jour *astronomique,* le temps pendant lequel la terre fait sa révolution complète autour du soleil, qui apparaît deux fois sur le même point de l'horizon ; il marque le commencement et la fin de ce jour qui est composé de 24 heures, et se prend de midi au midi du lendemain. Le jour *civil* dure aussi 24 heures ; il commence à minuit et finit à minuit de la nuit suivante. Les jours, sous l'équateur, durent autant que les nuits ; vers les pôles, on compte trois mois de jour et trois mois de nuit, et six mois de crépuscule ; dans les contrées tempérées, la proportion de nuit et de jour varie selon les saisons, mais le crépuscule du matin et celui du soir augmentent en toute saison la longueur réelle des jours.

JUCHÉ, ÉE, *V.* HUCHÉ.

JUCHOIR, s. m., *Scala gallinaria ;* assemblage de pièces de bois étroites ou de perches, élevé dans l'intérieur du poulailler, et sur lequel les poules, etc., vont se placer pour la nuit. Le juchoir, ainsi disposé, est bien préférable aux planches.

JUGAL, *V.* ZYGOMATIQUE.

JUGLANDÉES, s. f., *Juglandeæ;* famille de plantes dicotylédones, apétales, diclines, à fleurs monoïques ou dioïques. Elle se compose de grands arbres presque tous originaires de l'Amérique septentrionale, dont on utilise le bois et souvent les feuilles et les fruits. L'une des espèces principales, le *noyer*, est répandue dans toute la France. La famille des Juglandées est une division du grand groupe des *Amentacées*. Genres : *Juglans*, *Carya*, etc.

JUGULAIRE, s. et adj., *Jugularis*, de *jugulum*, la gorge; qui appartient à la gorge. — *Veine jugulaire :* grosse veine s'étendant depuis l'angle postérieur de la mâchoire jusqu'à l'entrée de la poitrine, et rapportant au cœur la plus grande partie du sang apporté à la tête par les artères. La jugulaire est située superficiellement dans l'espèce de gouttière formée par les muscles mastoïdo-huméral et sterno-maxillaire; elle a, pour racines principales, la veine *faciale* et la *maxillaire externe* ou *glosso-faciale*. A la partie inférieure, les deux jugulaires, droite et gauche, se réunissent pour former un tronc court appelé *golfe des jugulaires*, qui se jette dans la veine cave antérieure. Dans la partie supérieure de la gouttière, la jugulaire est séparée de la carotide par le muscle sous-scapulo-hyoïdien; elle lui est contiguë inférieurement. — Dans les animaux autres que les solipèdes, il existe une seconde jugulaire dite *interne*, qui accompagne la carotide.

JUJUBE, s. m.; nom pharmaceutique du fruit du *Zizyphus communis*, qui croît dans les contrées chaudes du globe. C'est une drupe ovoïde, de la grosseur d'une olive, recouverte d'une pellicule rouge, renfermant une pulpe jaune, sucrée, et un noyau osseux au centre. C'est un fruit sucré et mucilagineux, employé comme béchique et pectoral chez l'homme ; on n'en fait pas usage en médecine vétérinaire, à cause de son prix.

JUJUBIER, s. m., *Zizyphus*, T. ; genre de la famille des Rhamnées. Il renferme des arbrisseaux et de petits arbres indigènes des régions tropicales et transportés dans le Levant et tout le bassin de la Méditerranée. Le J. commun, *Z. communis*, est cultivé dans la Provence ; ses fruits appelés *jujubes* sont alimentaires et adoucissants; le J. lotos, *Z. lotos*, qui a peut-être donné son nom aux peuples *lotophages* dont Polybe et Homère ont parlé, est cultivé en Barbarie, en Portugal.

JULEP, s. m., *Julapium;* nom donné, en pharmacie humaine, à une potion adoucissante ou anodine, composée d'eaux distillées et de sirop. La préparation et le nom qui sert à la désigner sont inusités en médecine vétérinaire.

JULIENNE, s. f., *Hesperis*, L. ; genre de la famille des Crucifères. Il se compose d'une quarantaine d'espèces herbacées, annuelles ou bisannuelles, rarement vivaces, originaires des régions méditerranéennes et de quelques contrées de l'Asie. La principale, la J. des dames, *H. matronalis*, croît spontanément dans les Pyrénées et les montagnes du centre de la France ; elle est entretenue dans les jardins comme plante d'ornement, et se divise maintenant en plusieurs variétés. Les ruminants mangent volontiers, lorsqu'elle est jeune, celle qui vient spontanément dans les pâturages.

JUMART, s. m.; nom donné au produit de l'accouplement problématique du taureau et de la jument.

JUMEAU, ELLE, adj. et s., *Geminus*, *Gemellus;* on appelle *jumeaux* les animaux nés d'une même portée d'une femelle habituellement *unipare.*—Par analogie, on donne le nom de *jumeaux* aux muscles formés de deux portions charnues contiguës. Le *bifémoro-calcanéen* ou *premier extenseur du métatarse* est appelé *jumeaux de la jambe :* — *Jumeaux du bassin* ou *petits jumeaux:* petit muscle appelé par Girard, *ischio-trochantérien*, et s'étendant de l'angle cotyloïdien de l'ischium jusqu'à la fosse du trochanter, où il s'insère avec les deux *obturateurs* et le *piriforme*.

JUMENT, s. f., *Equa;* nom particulier de la femelle dans l'espèce du cheval. *V.* POULINIÈRE.

JUNCAGINÉES, s. f., *Juncagineæ;* tribu des Alismacées, généralement regardée aujourd'hui comme une famille distincte. Genres : *Triglochin*, *Lilœa*, etc.

JURISPRUDENCE, s. f., *Jurisprudentia*, de *juris*, génitif de *jus*, droit, et de *prudentia*, science; science du droit tant public que privé ; on entend aussi par *jurisprudence* les principes suivis en matière de droit dans un pays, dans un tribunal. — *Jurisprudence vétérinaire :* c'est la connaissance des lois et des règlements qui concernent les animaux domestiques considérés comme propriété privée ou comme propriété publique. On la subdivise en trois branches. La *jurisprudence commerciale vétérinaire*, s'occupe des lois relatives au commerce des animaux, des vices rédhibitoires, des règles de la procédure relatives à l'arbitrage. La *médecine légale vétérinaire* comprend l'application des connaissances médicales aux questions de droit civil ; elle s'occupe des blessures et des empoisonnements. La *police sanitaire* considère les animaux comme propriété commune, sous le rapport des épizooties, des maladies contagieuses.

JUS, s. m., *Succus;* nom qu'on donne parfois, en pharmacie, au suc naturel des plantes vertes ou au produit concentré de leur décoction. Synonyme de *suc*, qui est plus usité (*V.* ce mot).

JUSQUIAME, s. f., *Hyoscyamus*, T. ;

genre de la famille des Solanées. Ses caractères sont : fleurs solitaires, à l'aisselle des feuilles florales ; calice urcéolé , à cinq dents; corolle infundibuliforme , divisée en cinq lobes inégaux, arrondis ; cinq étamines ; un style, un ovaire biloculaire, polysperme ; capsule entourée du calice accrescent ; feuilles alternes , sinueuses. Ce genre comprend environ vingt espèces herbacées , d'un aspect sombre, visqueuses à leur surface, répandant une odeur vireuse. On les trouve spontanées en Asie, dans l'Europe méridionale et centrale. Les deux espèces principales sont : la **J.** noire , ***H. niger***, et la **J.** blanche , ***H. albus***, toutes deux vénéneuses , mais produisant des effets fort variables, et toutes deux employées en médecine. — *Pharmacol.* Toutes les parties de la jusquiame noire peuvent être employées à titre de narcotiques, comme la racine, les feuilles et les graines ; cependant les feuilles sont à peu près seules usitées en médecine vétérinaire. On doit les récolter au moment où la plante est parvenue à son entier développement, les faire sécher avec soin, ou mieux en faire un extrait aqueux ou alcoolique. Les doses, encore mal déterminées, doivent varier selon la préparation ; les feuilles fraîches peuvent être données aux grands herbivores, jusqu'à la dose de 124 grammes (Moiroud); cependant il serait imprudent d'employer cette dose d'emblée ; on doit commencer par le quart seulement et élever la dose progressivement ; l'extrait aqueux s'emploie à la dose de 1 à 4 grammes, et l'extrait alcoolique à dose moitié moindre ; ces doses peuvent être augmentées peu à peu; pour les petits animaux, les carnivores surtout, qui sont très sensibles à l'action de ce médicament, la dose des feuilles fraîches peut varier de 5 à 10 grammes ; celle des extraits de 5 à 20 centigrammes. Les préparations de jusquiame se donnent à l'intérieur dans l'estomac ou le rectum, et à l'extérieur elles s'emploient en cataplasmes ou en frictions. Les effets de cette plante sont analogues à ceux de la belladone qui est plus employée ; comme cette dernière, elle produit des vertiges, la dilatation des pupilles, de l'abattement, de la faiblesse dans les membres postérieurs, de l'assoupissement et quelques mouvements convulsifs, sans déterminer d'irritation locale bien sensible. Les préparations de jusquiame s'emploient à l'extérieur contre les inflammations très douloureuses, comme celles des testicules, des mamelles , de l'œil , du larynx , des articulations, des gaines tendineuses, etc. A l'intérieur, on peut en faire usage contre la plupart des affections nerveuses , telles que le tétanos, le vertige, l'épilepsie, la chorée, l'immobilité, etc.

JUTLAND (Race chevaline du). Le Jutland renferme une assez nombreuse population chevaline, mais dont les caractères varient nécessairement un peu, selon que l'on observe dans les parties méridionales ou occidentales du pays. Cependant, on peut dire que la race dominante, avec un peu plus d'étoffe et un peu moins de distinction, se rapproche beaucoup de la belle race danoise. Riquet lui assigne les caractères suivants : charpente forte, bon cadre , tête carrée , œil beau , d'une bonne expression, ganache empâtée , encolure courte , forte et peu gracieuse , croupe et côtes arrondies, reins courts , poitrail ouvert , épaule longue , avant-bras bien musclé, genoux ronds, canons forts , boulets arrondis, pieds très bons, mais quelquefois panards, cuisse bien musclée, jarrets étroits et droits, respiration excellente ; robe dominante noire et bai-brune ; poils longs et foncés ; taille 1 mètre 50 cent. à 1, 60. Les chevaux du Jutland sont élevés rustiquement et deviennent robustes. Ils sont propres au service de la cavalerie légère ou de ligne et aux attelages. Le nombre des naissances annuelles dépasse 15,000. L'étalon anglais est beaucoup moins employé que dans la plupart des contrées du Danemarck , du Holstein , du Schleswig, etc.

JUXTA-POSITION, s. f. , *Juxtà-positio* , de *juxtà* , auprès, et *ponere* , placer ; mode d'accroissement des corps inorganiques , dont le volume augmente par l'addition de nouvelles couches à leur surface.

K

KAIEPUT, *V.* **Cajeput.**
KAINÇA , *V.* **Cainça.**
KALÉIDOSCOPE , s. m. , de χαλος , beau, ειδος , image , et σκοπειν , examiner ; instrument d'optique imaginé par Brewster, et à l'aide duquel on multiplie un certain nombre de fois l'image d'un corps. Il se compose de deux miroirs plans, longs et étroits, placés dans un tube, où ils forment un angle plus ou moins aigu. L'objet à examiner est placé vers une extrémité du tube, et l'observateur regarde par l'autre. L'image du corps est répétée autant de fois que l'angle des miroirs est contenu dans la circonférence, et ces images multiples sont rangées symétriquement sur un arc de cercle dont l'intersection des miroirs forme le centre.

KAOLIN , s. m.; sorte d'argile blanche, très pure, renfermant de l'alumine, de la silice et de la potasse. Elle paraît provenir de la désagrégation des roches feldspathiques, et sert à fabriquer la porcelaine.

KARABÉ ; nom donné à plusieurs produits fossiles, comme *l'ambre jaune*, le *bitume* de Judée, la résine *copal* , etc.

KATIK ou **KADISCHI** ; ces mots qui

signifient, dit-on, *cheval* ou *chevaux de race
incertaine*, sont employés par les hippologues
pour désigner une tribu collatérale de chevaux arabes moins purs que les Kohel ou les
Kocklani. C'est à tort que l'on compare ces
chevaux aux demi-sang de nos contrées,
puisque ce n'est que relativement à une
race à laquelle on donne une origine hypothétique presque divine, qu'ils sont réputés
moins purs. Les chevaux les plus communs
de l'Arabie sont appelés *Attechi*.

KÉLOIDE, s. f., *Kelois*, de κηλη, pince
d'écrevisse, et ειδος, ressemblance ; nom
donné par Alibert à une tumeur de la nature
du cancer, qui se développe sur la partie
antérieure de la poitrine. Cette affection n'a
pas été observée sur les animaux.

KÉLOTOMIE, s. f., *Kelotomia*, de κηλη,
tumeur, et τομη, section ; opération qui consiste à détruire le sac d'une hernie inguinale,
à obtenir des adhérences assez solides pour
empêcher le passage des viscères à travers
l'anneau inguinal.

KENT (Races ovines de) ; on en distingue
deux : Kent méridionale ou Romney-Marsh,
Kent septentrionale ou perfectionnée.— *Romney-Marsh :* cette race a le corps gros et arrondi, les jambes longues, la tête forte et
blanche, le chanfrein plissé ; sa laine est
fine, blanche et longue, mais elle manque de
brillant ; sa toison pèse de 3 à 4 kilog. Cette
race est rustique, s'entretient bien dans les
terres humides, et s'accommode d'une nourriture aqueuse. Elle s'engraisse assez facilement
et donne une viande médiocre. — *Kent perfectionnée* ou *New-Kent* ; elle a plus de sang
dishley que la première et une conformation
plus régulière ; mais elle est moins rustique
et demande plus de soins, quoiqu'elle s'accommode encore d'une nourriture aqueuse.
Sa laine est belle, longue, fine et brillante.
Elle s'engraisse bien et donne d'assez bonne
viande. Ces deux races ont souvent été croisées
ensemble. — La race de Kent perfectionnée
a aussi été croisée avec le mérinos pour
constituer la race Kento-mérine.

KÉRACÈLE, s. f., *Keracele*, de κερας,
corne, et κηλη, tumeur ; nom donné par
Vatel aux tumeurs de la face externe du sabot.
On distingue plusieurs sortes de tumeurs de
cette nature : 1° le *kéracèle cycloïde* est une
tumeur en forme de cercle, qui forme sur la
muraille une éminence due le plus souvent
à la fourbure. Les cercles disparaissent par
avalure ; ils ne font boiter que dans les cas
où ils opèrent une compression sur l'os du
pied par la saillie qu'ils font en dedans de la
muraille ; 2° le *kéracèle stélidioïde* est une tumeur parallèle aux fibres de la paroi du sabot ;
il coïncide souvent avec la seime, *V.* SEIME.

KÉRAPHYLLEUX, adj., de κερας, corne,
et φυλλον, feuille ; nom donné par Bracy-Clark
à la portion du tissu de la paroi formant
à sa face interne les nombreuses lames
verticales qui s'engrènent avec les lames
correspondantes du tissu *podophylleux*.

KÉRAPHYLLOCÈLE, s. m., *Keraphyllo-
cele*, de κερας, corne, φυλλον, feuille, et κηλη,
tumeur ; nom donné par Vatel à une tumeur
cornée qui se forme à la surface interne de
la paroi du sabot du cheval. Tantôt pleine,
tantôt creuse, cette tumeur comprime le
tissu feuilleté et la surface de l'os du pied.
Les causes qui favorisent le développement
du kéraphyllocèle sont les seimes, la fourbure, la fourmilière, les opérations pratiquées
sur la paroi. On reconnaît l'existence de
cette altération du sabot en parant à fond la
surface inférieure du pied, sur laquelle on
remarque l'extrémité d'une colonne de corne.
Le traitement est analogue à celui de la *seime.*
(*V.* ce mot.).

KÉRAPSEUDE, ou **KÉRAPSÉIDE**, de
κερας, corne, et ψευδος, faux ; nom donné par
Vatel à la corne fendillée, cassante, altérée,
formée par le bourrelet, recouvrant une
autre couche de corne sécrétée par le tissu
feuilleté de la paroi. C'est une variété de
faux-quartier, qui se forme souvent après
l'opération du javart encorné, et surtout du
javart cartilagineux.

KÉRATECTOMIE, s. f., *Keratectomia*,
de κερας, cornée, et εκτομη, excision ; excision
d'une partie de la cornée.

KÉRATITE, s. f., *Keratis*, de κερας, cornée : inflammation de la cornée. Synonyme
de *Cornéite* (*V.* ce mot).

KÉRATOCÈLE, s. f., *Keratocele*, de
κερας, cornée, et κηλη, hernie ; hernie de la
cornée lucide.

KÉRATO-GLOSSE, adj., *kerato-glossus*,
de κερας, corne, et γλωσσα, langue ; muscle
allongé, prenant son origine à l'extrémité
inférieure de la grande branche hyoïdienne,
et se prolongeant jusqu'à l'extrémité de la
langue qu'il retire en arrière ou qu'il tire de
côté, suivant qu'il agit avec son congénère
ou isolément.

KÉRATO-HYOIDIEN, adj., *kerato-hyoï-
deus*, de κερας, corne, et υοειδης, hyoïde ;
nom donné à deux muscles de l'hyoïde. —
Grand kérato-hyoïdien : muscle allongé,
fusiforme, prenant son origine à la tubérosité
postérieure de la grande branche hyoïdienne,
et s'insérant au côté externe de la corne du
corps de l'hyoïde par un tendon divisé en
deux branches, entre lesquelles glisse le
tendon du digastrique. Il tire en arrière et
en haut le corps de l'hyoïde. — *Petit kérato-
hyoïdien :* petit muscle aplati et triangulaire
remplissant l'angle formé par la petite branche et la corne du corps de l'hyoïde, auxquelles il s'insère. Il rapproche les deux
pièces osseuses qui lui donnent attache.

KÉRATOIDE, adj., *keratoïdes*, de κερας,
corne, et ειδος, ressemblance ; qui ressemble
à une corne ; ex. : *branche kératoïde* de
l'hyoïde.

KÉRATOMALACIE, s. f., *Keratomalacia*,
de κερας, cornée, et μαλακια, mollesse ; ramollissement de la cornée. On observe cet état
sur les jeunes animaux et particulièrement

sur les chiens pendant la *maladie* du jeune âge.

KÉRATONYXIS, s. f., *Keratonyxis*, de κέρας, cornée, et νύττω, percer ; opération de la cataracte, qui consiste à déplacer ou broyer le cristallin, à l'aide d'une aiguille qu'on introduit à travers la cornée transparente, *V.* CATARACTE.

KÉRATOTOME, s. m., *Keratotomus*, de κέρας, cornée, et τομή, section ; instrument employé pour inciser la cornée transparente dans l'opération de la cataracte par extraction. C'est une sorte de couteau dont la forme a été modifiée par plusieurs chirurgiens. Le kératotome n'est pas employé par les vétérinaires.

KÉRATOTOMIE, s. f., *Keratotomia ;* incision de la cornée transparente pour l'opération de la cataracte.

KERMÈS ANIMAL, s. m., *Graine* de *Kermès, graine d'écarlate ;* nom donné à la femelle fécondée d'un insecte du même genre que la cochenille, le *Coccus ilicis,* qui vit dans les pays chauds, sur un chêne vert appelé *Quercus coccifera.* Cet insecte, qui fournit à l'industrie une matière colorante écarlate, analogue à celle de la cochenille, était autrefois employé dans la médecine de l'homme comme stomachique et astringent ; il ne l'a jamais été dans celle des animaux.

KERMÈS MINÉRAL ; composé antimonial sur la nature duquel il reste encore quelque incertitude. Le plus grand nombre des chimistes, cependant, le considèrent comme un *oxy-sulfure d'Antimoine.* — Découvert à la même époque par Glauber et Lémery, ce composé remarquable fut tenu secret jusqu'en 1720, époque où le Gouvernement français en acheta le mode de préparation du chirurgien La Ligerie, et le rendit public. — On prépare le kermès par la *voie humide* et par la *voie sèche,* et on compte, pour chaque mode, une foule de procédés ; les deux suivants sont les meilleurs : 1° *Procédé Cluzel, par voie humide ;* on fait bouillir 250 p. d'eau de rivière dans une marmite en fonte, puis on y ajoute 22 p. de carbonate de soude et 1 p. de protosulfure d'antimoine pulvérisé ; on fait bouillir pendant une demi-heure, on passe au filtre et on reçoit la solution dans des terrines tenues chaudes ; le kermès se dépose à mesure que la liqueur se refroidit ; on le recueille, on le lave et on le sèche ensuite avec soin. 2° *Procédé de Liébig par la voie sèche ;* on fond à la chaleur rouge dans un creuset 4 p. de sulfure d'antimoine et 1 p. de carbonate de soude ; le produit refroidi est pulvérisé ; puis on en fait bouillir 1 p. dans 16 p. d'eau contenant en dissolution 2 p. de carbonate de soude ; pour le reste de l'opération, on opère comme précédemment. — La théorie de cette réaction est trop compliquée pour trouver place ici. — En général, les procédés par la voie humide donnent moins de produit que ceux par la voie sèche, mais

il est plus beau et de meilleure qualité ; ils doivent donc être préférés par le praticien consciencieux. — *Caractères.* Le kermès est solide ; il se présente sous forme d'une poudre impalpable, légère, d'une couleur brun-chocolat, d'un aspect velouté, inodore et d'une saveur métallique et astringente, mais faible. Chauffé, le kermès perd son eau d'hydratation et devient noir. Insoluble dans l'eau froide, il s'altère dans l'eau chaude qui lui enlève un principe alcalin qu'il retient toujours ; il ne se dissout pas non plus dans l'alcool et l'éther, mais il est soluble dans les liqueurs alcalines. — *Sophistication.* On y mélange parfois de la brique pilée, de l'oxyde rouge de fer, des poudres végétales rouges, etc., qu'on en peut séparer aisément avec une solution chaude de potasse qui ne dissout que le kermès. *Pharm.* Le kermès est resté l'expectorant le plus fidèle de la thérapeutique vétérinaire ; ses effets contrestimulants et diaphorétiques, quoique bien évidents, sont moins constants. Il se donne à l'intérieur en électuaire, plus rarement à l'état de suspension dans un liquide approprié. La dose pour les grands quadrupèdes varie de 15 à 125 grammes par jour ; pour les petits animaux, elle peut varier de 10 centigrammes à 8 grammes et plus, selon leur taille, leur espèce et la maladie dont ils sont atteints. Sur les tissus dénudés, le kermès produit peu d'effet ; dans le tube digestif, il provoque le vomissement chez les carnivores et le porc, mais purge rarement les herbivores. Dissous à la fois par le suc gastrique et par le liquide alcalin du tube intestinal, le kermès passe dans le sang et y produit bientôt les mêmes effets que l'*émétique.* A doses modérées, il porte son action sur les poumons, les bronches et la peau ; à dose élevée, il produit des effets contre-stimulants très énergiques et semblables à ceux du tartre stibié. — On emploie surtout ce médicament contre la pneumonie récente et chronique, contre le catarrhe bronchique, l'hépatisation du poumon, la bronchite chronique, etc. On en fait usage aussi, avec quelques avantages, contre le farcin, la morve, les affections invétérées de la peau, etc.

KERMÈS VÉGÉTAL ; nom donné parfois au *Kermès animal.* (*V.* ce mot).

KERRY (Races du). Le Kerry est un comté de l'Irlande formant la partie la plus occidentale de l'Europe, montagneux, humide et pauvre. On y trouve une race particulière de bœufs et une race de moutons. — *Race bovine ;* elle occupe plus particulièrement le comté de Kerry, mais elle est répandue dans presque toute l'Irlande. Cette race a une petite taille, une robe de couleur variable, souvent noire, des cornes coniques plutôt longues que courtes, pointues, relevées. Elle est sobre et robuste ; les femelles sont bonnes laitières. C'est cette race qui a donné naissance à la sous-race de *Dexter,* à formes plus larges , plus arrondies , à jambes plus courtes. — *Race ovine :* sa taille tient le milieu entre celle des plus petites races et celle des races ordinaires. Les moutons du Kerry sont sauvages , d'une croissance lente ; leur toison , de finesse très médiocre,est irrégulière, jarreuse; leur viande est de bonne qualité.

KINA , *V.* QUINQUINA.

KINATE , s. m. ; genre de sels formés par la combinaison de l'acide kinique avec les bases organiques et minérales. Dans le quinquina, il existe des kinates de quinine , de cinchonine et de chaux. On a proposé l'emploi de ces sels naturels pour remplacer les sels artificiels de quinine et de cinchonine.

KININE, *V.* QUININE.

KINIQUE , *V.* ACIDE KINIQUE.

KINO, s. f. , *Gomme Kino;* nom donné à une sorte d'extrait astringent plus ou moins analogue au cachou , mais dépourvu de saveur sucrée. Il en existe un grand nombre de variétés commerciales; mais le *vrai Kino,* ou *Kino* d'*Amboine* , de l'*Inde* , est fourni par le *Nauclea gambier*, de la famille des Rubiacées. Il est en masses amorphes , sèches, fragiles , se réduisant en une poudre d'un rouge brun , à odeur bitumineuse faible et d'une saveur amère et astringente. Peu soluble dans l'eau et l'alcool froids , il se dissout facilement dans ces véhicules chauds, auxquels il communique une teinte rouge. Il est formé d'acides tannique et pectique et de divers principes accessoires. C'est un tonique astringent très actif , mais peu employé.

KINOVATE , s. m. ; genre de sels formés par la combinaison de l'acide *kinovique* avec les bases.

KIOTOME , s. m. , *Kiotomus* , de κιων , bride, soutien, et τομη , section ; instrument pour couper les brides du rectum et de la vessie , employé seulement en chirurgie humaine.

KIRRONOSE, s. f., *Kirronosis*, de κιρρος , jaune, et νοσος, maladie ; ce nom a été donné à la mélanose qui présente une teinte jaune. On nomme aussi *kirronose* la coloration ictérique de la moëlle épinière chez le fœtus.

KOCHLANI ou **KOCKLANI** (Race). Race chevaline de l'Arabie centrale , l'une des plus précieuses et des plus estimées des races pures de l'Orient. On la trouve dans le Nedj. Les Arabes la font descendre des haras de Salomon. Est-elle la même que la belle sous-race de Kohel ou Kohejle ? ou ne sont-elles toutes deux que des démembrements de la race pure primitive , deux brillants fleurons de la couronne arabe? C'est ce qu'il est difficile de décider après les rapports vagues, contradictoires et souvent contredits, des voyageurs. Il est certain que, jusqu'à ce jour , les Européens sont fort peu avancés sur le compte des races orientales et en particulier des races de l'Arabie et de la Syrie.

KOUMISS , s. m. ; liqueur fermentée que les Arabes et les Tartares préparent avec le lait de jument. Le Koumiss est alimentaire et rafraîchissant.

KYANOL, s. m. ; nom donné par Runge à un alcaloïde qu'il a découvert dans le goudron de la houille. C'est un liquide oléagineux , d'une odeur vineuse , d'une saveur aromatique , pesant 1,020 , bouillant à 182° et brûlant avec une flamme fuligineuse. Insoluble dans l'eau , soluble dans l'alcool et l'éther , le Kyanol se combine aux acides et forme des sels cristallisables.

KYLLOSE , s. f., *Kyllosis*, de χυλλος, recourbé ; on dit aussi *Kyllopodie* , de χυλλος , recourbé , et πους , ποδος, pied. Ce nom a été donné au *pied-bot.* Inusité.

KYSTE , s. m. , *Kystus*, de χυστις, vessie ; sac ou cavité membraneuse, sans ouverture, qui se développe accidentellement dans l'épaisseur des tissus. On a divisé les kystes d'après les matières qu'ils contiennent en *séreux , synoviaux , mélicéritiques , stéatomateux , graisseux , athéromateux , pileux , vermineux.* Une autre division les distingue d'après la nature de leurs parois en *séreux , muqueux , dermoïdes , fibreux , cartilagineux, osseux.* Rigot reconnaissait ceux dont les parois adhèrent à la substance intérieure, et ceux où elles sont simplement en contact avec elle. On observe les kystes, dans le cheval , au coude , sur la hanche , au boulet , au jarret, et partout où le frottement s'exerce avec trop de force; ils sont fréquents dans les chiens à la suite des morsures. Ils se forment partout, excepté dans les cartilages et les os. La surface externe du kyste est contiguë ou adhérente aux parties voisines : elle presse le tissu cellulaire voisin au point de le condenser et d'augmenter l'épaisseur de ses parois; la surface interne a quelquefois l'aspect des séreuses. Dans d'autres cas, elle est rugueuse, hérissée de poils. Rien n'est plus varié que les produits contenus ; on y trouve du sang pur, de la sérosité sanguinolente avec ou sans fibrine, du pus, des matières muqueuses , des substances grasses , de la matière tuberculeuse , des entozoaires, etc. Leurs symptômes résultent de leur forme , qui est arrondie , ovoïde, de leur consistance. Une gêne marquée peut être la suite du développement d'un kyste dans un organe; le pronostic est en raison du volume de ce produit et des parties qu'il envahit. Le traitement à employer est tout chirurgical ; les moyens à mettre en usage sont : l'*ablation* par incision ou excision, la *cautérisation* , la *compression* , la *rupture ;* les *résolutifs* sont des procédés infidèles. Enfin, on a préconisé la *ponction* suivie de l'*injection* avec la teinture d'iode ou toute autre substance irritante.

KYSTIRRHAGIE, s. f., *V.* CYSTIRRHAGIE.

KYSTOTOME , s. m., *V.* CYSTOTOME.

KYSTOTOMIE , s. f. , *V.* CYSTOTOMIE.

L

LABELLE, s. f., *Labella;* partie inférieure et moyenne du périanthe pétaloïde des Orchidées. On l'appelle aussi *tablier.*

LABIAL, ALE, adj., *labialis,* de *labia,* lèvre ; qui a rapport aux lèvres. — *Artères labiales* ou *coronaires, V.* CORONAIRE. — *Veines labiales :* elles suivent le trajet des artères et se jettent dans la *glosso-faciale* ou *maxillaire externe.* — *Muscle labial* ou *orbiculaire des lèvres :* muscle situé entre la peau et la muqueuse des lèvres, et formé d'une série de fibres circulaires se repliant vers les commissures pour former une espèce d'anneau brisé, dont les deux portions ferment la bouche en s'appliquant l'une contre l'autre, lors de la contraction du muscle. Le muscle labial est le point où aboutissent la plupart des muscles de la région du chanfrein, qui lui font éprouver divers mouvements, lorsqu'il est raidi par la contraction.

LABIATIFLORES, s. f. et adj., *Labatiflores;* littéralement, fleurs labiées ou à deux lèvres. On a donné ce nom à un groupe de la famille des Composées. — Cassini l'appliquait à la calathide, à la couronne ou au disque, composés de corolles labiées.

LABIÉ, ÉE, adj., *labiatus;* synonyme de *bilabié, V.* PERSONNÉ.

LABIÉES, s. f., *Labiatæ;* famille nombreuse, naturelle et importante de plantes dicotylédonées, monopétales, hypogynes. Ses caractères sont : fleurs hermaphrodites, solitaires, ou plus souvent groupées en verticilles incomplets à l'aisselle des feuilles ou des rameaux ; calice gamosépale, libre, persistant, régulier, à cinq ou dix dents ou plus, ou irrégulier et bilabié; corolle gamopétale, tubuleuse, caduque, bilabiée, la lèvre supérieure quelquefois très petite ou nulle, ou grande et voûtée, entière ou échancrée; l'inférieure divisée en trois lobes égaux ou inégaux; quatre étamines, ordinairement didynames, insérées sur le tube de la corolle, quelquefois réduites aux deux inférieures qui sont médianes, une cinquième étamine avorte constamment ; anthères à deux loges séparées par un connectif plus ou moins long ; ovaire gynobasique se transformant en tétrakène ; graine dressée; périsperme nul ou très peu apparent ; radicule courte, dirigée vers le hile. Les labiées sont des végétaux herbacés, frutescents ou sous-frutescents, très rarement des arbres; leurs tiges sont tétragones ainsi que les rameaux, qui sont axillaires, opposés ou verticillés. Ces plantes exhalent toutes une odeur aromatique, plus ou moins agréable, qu'elles doivent à une huile essentielle sécrétée par les glandes nombreuses qui tapissent surtout la face supérieure des feuilles. Elles sont toutes stimulantes et toniques. Elles jouent, dans les fourrages, le rôle d'assaisonnements, mais il est nécessaire qu'elles en soient pas trop nombreuses; car, alors, elles sont repoussées par les herbivores : les moutons seuls les broutent volontiers; desséchées, elles ont peu de valeur. — Les labiées ont une aire très étendue; pourtant elles sont rares entre les tropiques, plus rares encore au voisinage des neiges éternelles. C'est sur les montagnes des régions tempérées de notre hémisphère qu'elles sont le plus communes. Elles croissent principalement dans les endroits secs, bien exposés, très rarement dans les lieux humides, marécageux. Le nombre des espèces labiées connues s'élève à environ 1,700, que Bentham répartit dans les huit tribus suivantes : les *Ocimoïdées;* genres : *Ocimum, Mesona, Coleus, Hyptis,* etc., etc. ; les *Sataréiées :* genres : *Mentha, Lycopus, Origanum, Thymus, Satureia, Calamintha, Melissa, Hyssopus, Horminum,* etc. ; les *Monardées;* genres : *Salvia, Rosmarinus, Monarda,* etc. ; les *Népétées;* genres : *Nepeta, Dracocephalum,* etc.; les *Stachydées;* genres : *Prunella, Scutellaria, Melittis, Sideritis, Marrubium, Betonica, Stachys, Galeopsis, Leonurus, Lamium, Molucella, Ballota, Phlomis,* etc.; les *Prasiées;* genres : *Prasium,* etc. ; les *Prostanthérées ;* genres : *Prostanthera,* etc.; les *Ajugées;* genres : *Isanthus, Teucrium, Ajuga,* etc. — *Pharmacol.* Les plantes de la famille des labiées sont aussi remarquables par l'analogie de leurs propriétés médicinales et de leur composition chimique que par celle de leurs caractères botaniques. Toutes, en effet, sont aromatiques, stimulantes et plus ou moins diffusibles ; quelques-unes seulement sont aussi franchement amères et toniques. La composition chimique des labiées est aussi sensiblement uniforme; toutes renferment une huile essentielle chargée de camphre, et un extractif amer, espèce de sous-résine ou de gomme-résine ; seulement, les proportions relatives de ces deux principes varient beaucoup; chez le plus grand nombre, c'est l'essence qui prédomine ; dans un petit nombre seulement, c'est le principe amer ; enfin, dans quelques-unes, les deux principes sont à peu près en égale proportion. — Les sommités fleuries des labiées, les seules parties qui soient employées, doivent être desséchées avec soin pour être conservées ; elles peuvent être employées fraîches avec les mêmes avantages. Pour extraire les principes actifs des labiées, on les traite par l'eau ou le vin, en infusion théiforme, ou on les distille pour obtenir l'huile essentielle. L'infusion est administrée à l'intérieur en breuvages ou en lavements ; à l'extérieur, elle est employée en bains, en lotions et en fomentations ; l'essence sert à faire des frictions irritantes et résolutives sur la peau. Toutes les préparations des labiées agissent avec force sur le tube digestif, qu'elles stimulent vivement ; aussi sont-elles réputées stomachiques et carminatives. Leur action générale est essentiellement stimulante et diffusible. On emploie les préparations des labiées dans l'inappétence, l'indigestion, la diarrhée séreuse, les maladies vermineuses, la cachexie, l'inertie de la matrice, l'anhémie, etc.; les labiées amères sont surtout indiquées dans la bronchite ancienne et le catarrhe pulmonaire. A l'extérieur, on fait usage de l'infusion chaude contre certains engorgements indolents, pour stimuler les organes herniés qui ont été flétris par un contact trop prolongé de l'air, etc.

TABLEAU PHARMACOLOGIQUE DES LABIÉES.

1° Labiées aromatiques.	Romarin, lavande, menthe, mélisse, sauge, thym, serpolet, sariette, marrube, origan, basilic, marjolaine, calament, etc.
2° Labiées aromatiques-amères.	Hyssope, germandrée, cataire, glécome ou lierre terrestre, ortie blanche, scordium, ballote, lavande stœchas, etc.
3° Labiées amères.	Bugle, germandrée petit chène, ivette, bétoine, prunelle officinale, etc.

LABORATOIRE, s. m., *Laboratorium*, de *laborare*, travailler ; on donne ce nom au lieu où le chimiste et le pharmacien procèdent aux opérations chimiques et pharmaceutiques. Un laboratoire bien organisé présente plusieurs compartiments ou pièces distinctes qui ont chacune leur destination particulière ; il renferme un grand nombre d'appareils, de vases, d'ustensiles et d'outils pour les diverses opérations qui doivent être effectuées. — Ce nom appartient aussi à une pièce du fourneau à reverbère. *V.* FOURNEAU.

LABOURAGE, LABOUR, s. m., *Aratio;* action de remuer, de retourner la terre d'un champ avec des *instruments* dits *aratoires.* On laboure avec la bêche, la houe ; toutefois, cette expression s'entend plus particulièrement du travail de la charrue. Le but du labourage est d'ameublir le sol, d'enfouir l'herbe et les engrais, d'exposer à l'action des agents extérieurs les couches du terrain qui se trouvent dans un état impropre de cohésion, de ramener à la surface les parties non épuisées de principes fertilisants. Le labour à la charrue n'est point le plus parfait, mais il est le plus expéditif ; le meilleur est celui qui remplit le mieux le but qui vient d'être signalé et d'une façon économique. Le succès dépend beaucoup de la qualité de la charrue, de l'adresse du laboureur, de la nature du terrain. — La profondeur du sol actif est une condition des plus avantageuses pour toute culture, mais il est des cas où il serait dangereux de labourer profondément : quand le sol est de mauvaise qualité ; quand le sol actif, peu épais, repose sous un sous-sol capable de lui nuire par le mélange des éléments ; quand le terrain est trop meuble et trop filtrant ; lorsque, enfin, on n'a pas assez de fumure pour entretenir la fécondité d'un sol profond. La profondeur des labours ordinaires est comprise entre 11 et 33 cent. ; la largeur entre 16 et 30 centimètres ; les plus profonds et les plus larges étant réservés pour les *jachères*, *déchaumages*, etc. Thaër prétend qu'un sol de 6 pouces de profondeur gagne 8 pour 100 à chaque pouce qui lui est ajouté jusqu'à 10. — L'inclinaison des bandes est une question importante et souvent controversée ; la solution paraît devoir être en faveur du labour incliné. En effet, celui-ci expose à l'action des agents extérieurs une plus grande superficie de terrain ; les angles qu'il laisse sont favorables au mélange des terres ; s'il n'enfouit pas aussi exactement les tiges que les labours à bandes renversées, il les enfouit suffisamment ; il rend plus efficace l'action de la herse ; enfin, il est le seul applicable aux labours profonds. — La direction, la profondeur des sillons, des raies d'égouttement, leur nombre, sont subordonnés aux conditions de nature et d'exposition des terrains. — On laboure *à plat*, quand la surface du champ est plane, sans billons, ni raies ; *en planches*, lorsque le terrain est coupé de distance en distance de raies d'égouttement pour l'élimination des eaux surabondantes ; enfin, on laboure *en billons*, quand l'espace est divisé en *billons* plus ou moins larges, séparés par des raies ou tranchées. *V.* CHARRUE.

LABYRINTHE, s. m., *Labyrinthus*, de λαϐύρινθος, lieu plein de détours ; nom donné, par analogie, à l'oreille interne, à cause des nombreuses cavités qu'elle contient. Le *labyrinthe osseux* comprend le *vestibule*, les *canaux demi-circulaires* et le *limaçon*.

LABYRINTHIFORME, adj., *labyrinthiformis ;* disposé en labyrinthe, en dédale. Les plis ou lames de certains champignons sont labyrinthiformes.

LABYRINTHIQUE, adj., *labyrinthicus ;* qui appartient au labyrinthe. On appelle *nerf labyrinthique* le nerf de la huitième paire, qui se distribue en entier dans l'oreille interne. On le nomme aussi *acoustique* (*V.* ce mot). — *Artère labyrinthique :* artère très mince, fournie ordinairement par le tronc basilaire, et s'engageant avec le nerf, dans le conduit auditif interne.

LACCINE, s. f. ; nom donné par Unverdorben à la matière résineuse pure qui constitue la base des laques du commerce.

LACÉRÉ, ÉE, adj., *laceratus ;* divisé naturellement, mais d'une façon irrégulière.

LACHE, adj., *laxatus ;* se dit de quelques organes composés dont les diverses parties sont écartées les unes des autres ; ex. : la *panicule* dans les brômes, les avoines, etc.

LACINIÉ, ÉE, adj., *laciniatus;* découpé en longues lanières inégales, irrégulières; ex.: les *feuilles* de beaucoup d'Ombellifères, de Composées, etc., les *pétales* du Réséda, les *stipules* de la Luzerne.

LACINIURE, s. f., *Lacinia;* découpure longue, étroite, irrégulière. Peu usité.

LACIS, s. m., *Reticulum;* entrelacement de petits vaisseaux ou de filets nerveux, formant une espèce de toile ou réseau. *V.* Plexus.

LACRYMAL, ALE, adj., *lacrymalis,* de *lacryma,* larme; qui a rapport aux larmes. — *Appareil lacrymal :* ensemble des organes destinés à sécréter et excréter les larmes. — *Voies lacrymales :* ensemble des canaux que parcourent les larmes. — *Os lacrymal :* os peu considérable de la face, situé à la partie antérieure et inférieure de l'orbite; sa face externe est divisée en deux portions : l'une faisant partie du chanfrein, et présentant un petit tubercule pour l'attache du muscle orbiculaire des paupières; l'autre concourant à former l'orbite et offrant une petite fosse pour l'attache du muscle petit oblique, et, à côté, l'orifice du canal lacrymal. Sa face interne concourt à former les sinus. Dans les *ruminants,* la portion chanfrine est plus large que dans les *solipèdes.* Dans le *chien,* le lacrymal ne forme qu'une petite plaque située dans l'orbite, et justifie le nom d'*os unguis* qu'on lui donne en anatomie humaine. — *Artère lacrymale :* branche de l'*ophthalmique* suivant la direction des muscles droit supérieur et orbito-palpébral, et donnant ses principales divisions à ces muscles, ainsi qu'à la glande lacrymale et à la paupière supérieure. — *Nerf lacrymal :* nerf émanant de la branche ophthalmique de la 5e paire, suivant l'artère lacrymale, et se divisant dans la glande lacrymale et la paupière supérieure. — *Glande lacrymale :* petite glande située entre l'apophyse orbitaire et le globe de l'œil, sur lesquels elle se moule, et sécrétant les larmes, qu'elle verse à l'angle temporal de l'œil par les canaux hygrophthalmiques. — *Points lacrymaux :* petites ouvertures situées à l'angle nasal de l'œil et constituant l'orifice des conduits lacrymaux. Ils sont au nombre de deux, un *supérieur* et un *inférieur.* — *Conduits lacrymaux :* également au nombre de deux, ils forment deux petits canaux conduisant les larmes des points lacrymaux au sac lacrymal. — *Sac lacrymal :* petit réservoir membraneux, intermédiaire aux conduits lacrymaux et au canal lacrymal. Il est situé dans l'infundibulum qui sert d'entrée au canal osseux lacrymal. — *Canal lacrymal;* il fait suite au sac lacrymal, et s'étend depuis ce sac jusque vers la commissure inférieure de la narine, où il s'ouvre en formant l'*égout nasal,* qui, dans l'*âne* et le *mulet,* se rapproche de la commissure supérieure. — *Caroncule lacrymale :* petit tubercule situé à l'angle nasal de l'œil,

entre les deux points lacrymaux, formé par une agglomération de petits follicules, et portant à sa surface quelques poils courts et fins qui arrêtent les corpuscules étrangers mêlés aux larmes. *Fistule lacrymale : V.* Fistule.

LACS, s. m., *Laqueus;* cordon délié; corde pour abattre les chevaux. *V.* Entraves.

LACTATE, s. m., *Lactas;* genre de sels formés par l'union de l'acide lactique avec les bases salifiables. Ils sont cristallisables en mamelons ou en aiguilles soyeuses; solubles dans l'eau et l'alcool, ils renferment toujours un équivalent d'eau. Ils se décomposent sur les charbons ardents comme tous les sels organiques et donnent de la *lactone.* exhalent une odeur de pomme de reinette et noircissent par l'action de l'acide sulfurique à chaud, ce qui les différencie des acétates avec lesquels ils ont une certaine analogie. Le lactate de soude fait partie de plusieurs liquides animaux. Le lactate de fer, préconisé comme analeptique, ne parait pas mériter la préférence sur les autres sels de fer.

LACTATION, s. f., *Lactatio;* ce mot est tantôt synonyme d'*allaitement,* tantôt il indique la *fonction de sécrétion spéciale* par laquelle le lait se forme dans les mamelles.

LACTÉ, ÉE, adj., *lacteus,* de *lac,* lait; qui ressemble au lait; qui en a la couleur. *Vaisseaux lactés :* nom par lequel on désigne les vaisseaux chylifères, à cause de leur couleur blanche. *V.* Chylifère.

LACTÉINE. *V.* Lactoline.

LACTESCENT, TE, adj., *lactescens;* qui contient du lait ou un liquide qui lui ressemble; *plantes lactescentes :* qui renferment un suc blanc, laiteux, ex. : la plupart des euphorbes. *Solution lactescente :* blanche, trouble et opaline comme du lait.

LACTIFÈRE, adj., *lactifer,* de *lac, lactis,* lait, et *fero,* je porte; qui porte le lait, synonyme de *galactophore.* — *Bot.* Synonyme de *lactescent* et de *laiteux.*

LACTIFUGE, s. m.; synonyme d'*antilaiteux (V.* ce mot).

LACTIGÈNE, adj., *lactigenus,* de *lac, lactis,* lait, et γεννάω, j'engendre; on désigne ainsi les aliments que l'on croit propres à faire sécréter beaucoup de lait; ex. : les féculents, les laiteux, les fourrages verts, etc. Synonyme de *galopoiétique (V.* ce mot).

LACTINE, s. f.; nom donné au *sucre de lait. V.* Sucre.

LACTIQUE, *V.* Acide lactique.

LACTODENSIMÈTRE, *V.* Lactomètre.

LACTOLINE, s. f.; nom donné par Grimaud et Galais au lait très concentré par l'évaporation, et qui reproduit du lait ordinaire par l'addition d'une nouvelle quantité d'eau.

LACTOMÈTRE, s. m., de *lac,* lait, et μέτρον, mesure. *Galactomètre, pèse-lait,* etc.

On donne ce nom à divers instruments destinés à indiquer le degré de pureté du lait de vache qui est vendu sur les marchés comme aliment. Ce sont le plus souvent des aréomètres gradués d'une manière spéciale et en rapport avec leur destination. Les points fixes de l'instrument sont fournis par l'eau distillée et le lait pur ; mais ce dernier étant variable, les indications de l'instrument ne sont jamais rigoureusement exactes; cependant elles sont suffisantes pour la pratique. On connaît plusieurs espèces de lactomètres ; le plus exact et le plus employé est le *lacto-densimètre* de Quevenne. C'est un aréomètre ; il porte sur sa tige deux échelles : une pour le lait non écrémé, et l'autre pour le lait écrémé ; l'une et l'autre indiquent les densités comprises entre 1,014 et 1,042. La densité de l'eau distillée étant 1,000, celle du lait pur varie de 1,029 à 1,033, dont la moyenne est 1,031 ; celle du lait écrémé varie entre 1,032, 5 et 1,036, 5 ; moyenne 1,034, 5. L'instrument ayant été gradué à 15°, les indications qu'il fournit à d'autres températures seront corrigées par le calcul : l'expérience démontre qu'une variation de 5° au-dessus ou au-dessous de ce chiffre fait varier les indications de l'instrument de 1° ; la correction est donc facile à faire. Les degrés de l'instrument étant positifs, puisqu'ils indiquent la densité du liquide, si ses indications sont trop au-dessus ou au-dessous de la moyenne du lait pur et du lait écrémé, c'est une preuve que ce liquide a été falsifié. Chaque *dixième* d'eau ajouté diminue la densité du lait pur de 3°, et celle du lait écrémé de 3° 1/2. Les deux échelles ne portent que des nombres de deux chiffres, par ce qu'on a supprimé les deux premiers de gauche ; mais ce changement n'offre aucun inconvénient dès qu'il est connu et admis conventionnellement.

LACTOSCOPE, s. m., de *lac*, lait, et σκοπεω, examiner ; petit instrument imaginé par Donné pour apprécier la richesse du lait en matière butireuse. Il est fondé sur l'opacité que les globules gras communiquent au lait. Il se compose d'une espèce de lorgnette contenant deux glaces planes qu'on peut écarter à volonté, et entre lesquelles on place le lait ; on observe une bougie à travers cette couche de liquide, et l'on éloigne les glaces l'une de l'autre, jusqu'à ce que l'opacité soit telle qu'on cesse de voir la flamme de la bougie ; la proportion de matière grasse sera d'autant plus grande qu'il faudra une couche moindre pour arriver à ce résultat. — On doit opérer dans l'obscurité et placer la bougie à une distance fixe (*un mètre*) en avant de l'instrument ; une des glaces est fixe et l'autre est montée sur un pas de vis assez fin pour qu'un tour entier corresponde à un demi-millimètre. La circonférence est divisée en 50 parties égales qui forment les degrés de l'instrument. Un lait de bonne qualité doit marquer 34° au lactoscope.

LACTOSE, *V.* Sucre de lait.

LACTUCARIUM, s. m., de *lactuca*, laitue ; nom donné au suc de la laitue montée, obtenu par incision et desséché au soleil. Il ne paraît pas différer notablement de la *thridace* (*V.* ce mot) ; cependant il est plus actif. On l'a proposé pour remplacer l'opium. Il n'a pas encore été employé dans la médecine des animaux.

LACUNE, s. f., *Lacuna ;* petite cavité formant l'orifice commun d'un assemblage de cryptes ou follicules appartenant aux membranes muqueuses, ex. : les *lacunes* de la langue, encore appelées *trous borgnes. Lacune de la fourchette :* nom donné par Bracy-Clark à la fente qui sépare la fourchette en deux portions.—*Bot.* Nom donné par Mirbel à des cavités pleines d'air qui se sont formées dans le parenchyme des végétaux. Ce sont les *creux tubulaires* de Grew, les *vaisseaux pneumatiques* de Rudolphi, les *réservoirs d'air accidentels* de Linck, les *cavités aériennes* de de Candolle. Elles communiquent ou non à l'extérieur.

LACUSTRAL, ALE, adj., *lacustralis ;* synonyme de *lacustre.*

LACUSTRE, adj., *lacustris*, de λαϰϰος, ou *lacus*, lac ; se dit des plantes qui croissent autour des lacs, des grandes mares d'eau, dans la queue des étangs ; ex. : le *Nymphœa alba.*

LADANUM, s, m. ; nom donné à une gomme-résine employée autrefois en médecine comme stimulante, et à peu près inusitée aujourd'hui. Elle est fournie par les plantes du genre *Cistus*, qui croissent spontanément dans la plupart des îles de la Méditerranée ainsi qu'en Espagne.

LADRE, adj., du vieux mot français *lastre* ou *lazre*, de Lazare, parce que Lazare était chargé d'ulcères. Synonyme de *lépreux.* Ce mot est employé pour les animaux atteints de *ladrerie.*—*Extér. Tache de ladre :* partie de la peau dépourvue de *pigmentum*, et nue ou recouverte de poils fins et courts. Les taches de ladre se rencontrent surtout autour des lèvres et des autres orifices naturels.

LADRERIE, s. f. ; *Ladraria ;* ce mot a été employé autrefois pour désigner une sorte de lèpre, connue aujourd'hui sous le nom d'éléphantiasis. On a appelé aussi sous ce nom l'hôpital destiné au traitement des lépreux. — En vétérinaire, on nomme *ladrerie* une maladie particulière à l'espèce du porc, caractérisée par le développement, dans le tissu cellulaire, de vers appelés *cysticerques.* Les causes de cette affection sont peu connues ; on l'a attribuée aux habitations humides, à l'usage des aliments avariés, surtout du gland de chêne. L'hérédité n'est pas encore bien prouvée ; quelques faits paraissent constater son influence. Il n'en est pas de même pour la contagion, qu'on ne saurait admettre. — Lorsque la maladie est peu avancée, aucun signe extérieur n'indique son existence. Plus tard, les experts chargés de visiter les marchés n'ont d'autres caractères pour la constater que des points blancs à la surface de la langue ; ces caractères manquent quelquefois, même sur des pores ladres à l'excès. La marche de la ladrerie est lente ; c'est seulement quand les cysticerques se sont développés en grande quantité, que le malade tombe dans un état de marasme, qui se termine par la mort. A l'autopsie, on rencontre le cysticerque celluleux, *cysticercus cellulosa*, Rud., dans tous les organes qui présentent du tissu cellulaire ; on en trouve dans les muscles, le foie, le cœur et même le cerveau. Cette maladie est incurable ; elle déprécie considérablement la valeur de l'animal affecté. L'engraissement est difficile ; la chair n'est pas absolument impropre à la consommation, mais elle donne un mauvais bouillon ; elle est fade et, prise à l'excès, occasionne la diarrhée. La ladrerie était rédhibitoire dans les coutumes de l'île de France et de l'Orléanais ; elle était admise d'après l'article 1641 du Code civil ; la loi du 20 mai 1838 n'en fait pas mention. Pour le traitement, on ne peut mettre en usage que des moyens préservatifs ; on est encore peu fixé sur la nature de ces moyens, vu l'obscurité qui règne sur les causes de la ladrerie.

LAGÉNIFORME, adj., *lageniformis*, de *lagena*, bouteille, et *forma*, forme ; en forme de bouteille. *Certains fruits* dans la famille des cucurbitacées, les *urnes* de quelques mousses, sont *lagéniformes*.

LAGOPHTHALMIE, s. f., *Lagophthalmia*, de λαγος, lièvre, et οφθαλμος, œil ; œil de lièvre ; disposition vicieuse des paupières, qui ne peuvent recouvrir le globe oculaire. Cet état dépend surtout de la paupière supérieure, qui est raccourcie ou renversée par l'effet d'une plaie, d'une brûlure.

LAGOPODE, adj., *lagopus*, de λαγος, lièvre, et πους, ποδος, pied ; épithète donnée aux organes végétaux qui sont recouverts d'un duvet long et très abondant.

LAGOSTOME, s. m., *Lagostoma*, de λαγος, lièvre, et στωμα, bouche ; bec de lièvre. *V.* BEC DE LIÈVRE.

LAICHE, s. f. ; *Carex;* L. ; genre de la famille des Cypéracées. Ses caractères sont : fleurs en épis axillaires ou terminaux, solitaires ou fasciculés, unisexués ou portant en haut les fleurs mâles, en bas les fleurs femelles ; bractées régulièrement imbriquées ; trois étamines ; un pistil enveloppé à sa base d'une utricule ou périanthe bicaréné, accrescent, comparé tantôt à la glume, tantôt à la glumelle des Graminées ; style à deux ou trois divisions allongées ; akène de forme variable contenu dans l'utricule. Les Laiches sont des plantes herbacées, vivaces, ayant presque toutes un rhizome souterrain. Chaque année, s'élèvent de ce rhizome des bourgeons qui se transforment en tiges triangulaires dont le développement entier demande deux années. Les feuilles sont tristibesu, engaînantes, très rudes sur les bords

et sur le dos de la nervure médiane, dures, coriaces, épaisses, ayant la forme des feuilles de Graminées. Ces plantes habitent principalement les régions tempérées et froides, et croissent dans les lieux humides, les prés fangeux ou les sables. Leur présence dans les prairies est l'indice d'une sécheresse constante ou d'une humidité surabondante, d'un sol tourbeux. Elles constituent un très mauvais fourrage que les herbivores ne mangent que trompés par leur instinct ou pressés par la faim. Les cendres, les lessives alcalines, les engrais liquides sont employés pour les chasser des terrains qu'elles ont envahi, et où elles se propagent avec rapidité. — Ce genre est l'un des plus nombreux de ceux qui ont été décrits jusqu'à ce jour. Il compte plus de 400 espèces, parmi lesquelles 90 environ croissent spontanément en France. Les plus répandues sont les espèces : *dioïca, distans, disticha, filiformis, flava, glauca, humilis, maxima, muricata, paniculata, paradoxa, praecox, remota, sylvatica, pulicaris, vulpina, canescens, leporina, intermedia, sempervirens, nutans,* etc., etc.

LAINE, s. f., *Lana;* poil d'une espèce particulière, fin, doux au toucher, flexible, contourné en spirale ou flexueux, fourni par le mouton. La laine est blanche ou colorée en roux, en noir. La première est préférable sous tous les rapports ; elle est plus fine, plus facile à travailler et prend mieux la teinture. Les races ovines perfectionnées ont une toison abondante et d'une finesse supérieure : le mérinos l'emporte sur toutes les autres. Toutes choses égales, la laine est plus fine et plus tassée dans les points où la peau se fait remarquer par son peu d'épaisseur. On peut donc dire que le perfectionnement des races, pour la laine, doit tendre à obtenir, pour résultat constant et immédiat, la délicatesse de la peau sur la plus grande étendue possible. Cet état n'est compatible qu'avec un certain régime ; une nourriture abondante et grossière fait produire une laine dure et inégale ; un régime insuffisant rend la laine plus fine, mais lui ôte de sa force. Quand la finesse d'une laine est naturelle, elle est accompagnée de beaucoup de souplesse, de douceur, de ténacité ; il ne faut pas toutefois vouloir obtenir une ténuité exagérée du brin, car, alors, la toison perd de son poids, la laine de sa force, et l'animal de sa rusticité. — Les laines sont distinguées en *communes, métisses* et *fines.* On peut ajouter aujourd'hui une quatrième classe : la *laine soyeuse.* Chaque genre a ses degrés différents de finesse. — La ténuité et la longueur du fil qu'une quantité donnée de matière peut produire, avant d'être transformée en étoffe, dépendent presque exclusivement de la finesse du brin. Dans la filature ordinaire, 1 kilog. de laine fine, de bonne origine et bien préparée donne un fil d'environ 25,000 m. de longueur. Un filage perfectionné et des laines superfines produisent davantage. —

D'après la longueur du brin, on distingue les laines en *longues* et en *courtes;* les premières ont de 15 à 25 centimètres; elles sont onduleuses et point ou peu spiralées, propres au *peignage* et à la fabrication des étoffes lisses; les autres ont de 6 à 15 centimètres; elles sont fortement spiralées et propres à la *carde.* Il faut toujours distinguer la longueur apparente de la longueur réelle. — L'élasticité et le moëlleux de la laine dépendent de sa finesse et de sa souplesse; elles sont toujours plus grandes dans les laines en spirale. La substance médullaire, dont le dessuintage ne prive pas entièrement le produit, contribue toujours à entretenir la douceur du brin. La ténacité de la laine est inférieure à celle de la soie et du chanvre. — Les laines les plus fines nous viennent de l'Allemagne; aucune ne dépasse, toutefois, sous ce rapport, la beauté des purs naz français —Une production abondante d'une matière aussi indispensable pour les usages domestiques et l'industrie est un un élément puissant de prospérité pour un pays. *V.* Toison.

LAINEUX, EUSE, adj., *lanatus, lanuginosus;* couvert de laine ou d'un duvet ayant l'aspect de la laine; ex. : plusieurs *Filago* et *Gnaphalium.*

LAIS, LAISSE, *V.* Alluvion.

LAIT, s. m., *Lac,* γάλα. Le lait est le produit de sécrétion des mamelles des femelles des animaux vertébrés supérieurs appelés, à cause de ces glandes, *mammifères.* Il est destiné à la nourriture de leurs petits pendant les premiers temps de la vie extra-utérine; aussi la production de ce fluide est-elle essentiellement liée à la fonction de génération. A sa sortie de la glande mammaire, le lait est neutre ou légèrement alcalin, mais il ne tarde pas à devenir acide par son exposition à l'air.—*Caractères généraux.* C'est un liquide plus épais que l'eau, blanc-bleuâtre, opalin, d'une odeur légère, fugace, spéciale pour chaque femelle, et se dissipant en partie par le refroidissement; sa saveur est douce, sucrée, un peu différente suivant les espèces, sa densité varie de 1029 à 1035. Soumis à l'action de la chaleur, le lait bout et ne se coagule pas; il se forme à sa surface une pellicule blanche qui se renouvelle à mesure qu'on l'enlève, et qui est formée par la matière caséeuse. Exposé à l'air, le lait s'acidifie bientôt, se coagule, puis entre en fermentation. L'eau le dissout en toute proportion; l'alcool le coagule; il en est de même des acides, de plusieurs sels métalliques et des décoctions végétales astringentes; les solutions alcalines s'opposent à sa coagulation et dissolvent même le coagulum formé. — *Composition et analyse.* Le lait a pour base l'eau tenant en dissolution de l'albumine, un peu de caséine, du sucre de lait, des sels calcaires et alcalins (*sérum* ou *petit-lait*); du *caséum* en partie dissous dans le sérum et en partie sous forme de globules d'une excessive ténuité (*V.* Caséine), et une matière

grasse sous forme de globules visibles au microscope, de 1 à 3 centièmes de millimètre, et paraissant contenus dans une petite enveloppe albumineuse ou caséeuse (*V.* Beurre, Crème). — Lorsque le lait est abandonné à lui-même, ses trois éléments principaux ne tardent pas à se séparer spontanément les uns des autres. La matière grasse monte à la surface; le liquide s'aigrit ensuite, le caséum se coagule et le petit-lait surnage le coagulum. Pour doser les éléments du lait, on commence par évaporer à siccité une certaine quantité de ce liquide pour connaître la proportion d'eau; le résidu repris par l'éther cède sa matière grasse qui peut être pesée; on reprend par l'eau acidulée par l'acide acétique, pour faire déposer le sucre de lait; enfin le caséum et les sels fixes sont dosés par l'incinération de la masse restante, parfaitement desséchée. D'après Haidlen, l'addition d'un peu de gypse faciliterait la séparation des éléments du lait. Le tableau suivant indique la proportion relative des éléments de 1000 p. de lait de vache :

Matière grasse	40
Matière caséeuse insoluble)	
— — soluble .}	35
Matière albumineuse. . . .)	
Sucre de lait . . . .)	
Phosphate de chaux	
— de magnésie . .	
— de potasse . . .	
— de soude . . . .}	50
— de fer.	
Chlorure de potassium. . .	
— de sodium . . . .)	
Soude libre. . . . .)	
Eau	875
	1,000

Les proportions de ces éléments varient selon l'état de la femelle qui a fourni le lait, selon l'époque du part, la nourriture employée, le moment de la traite, etc. Avant le part, le lait ne contient que de l'albumine et de la matière grasse, mais point de caséine, ni de sucre de lait, ni d'acide lactique (Lassaigne). Pendant les quelques jours qui suivent la parturition, le lait est jaunâtre, épais, visqueux, et contient beaucoup de globules muqueux et gras, c'est le *colostrum;* il jouit de propriétés laxatives et sert à débarrasser l'intestin du jeune sujet du *méconium* qui l'encombre. — *Pharm.* Le lait entier est un médicament essentiellement émollient, délayant, tempérant et relâchant; il rafraîchit les voies digestives, rend le sang plus fluide et plus doux et accélère la sécrétion urinaire. Il se donne à l'intérieur, seul ou mélangé, pur ou étendu d'eau. Il calme la toux, diminue la soif, adoucit l'irritation gastro-intestinale, relâche les intestins, etc. Aussi convient-il dans les affections de la poitrine, dans celles du tube digestif, dans le cas d'empoisonnement par les substances irritantes, dans quelques maladies nerveuses, celles de la peau, des voies urinaires, etc. Cependant on fait assez rarement usage de ce liquide, dont le prix est encore trop élevé relativement à la valeur de beaucoup d'animaux ; aussi, préfère-t-on souvent l'emploi du *petit-lait* (*V.* ce mot) qui est très abondant dans les fermes et qui a peu de valeur. A l'extérieur, on emploie aussi le lait en lotions, bains, injections, fomentations, sur les yeux, les oreilles, les mamelles, etc. On s'en sert aussi pour délayer les cataplasmes. Les divers éléments du lait peuvent être employés séparément en thérapeutique, (*V.* Beurre, Crème, Petit-Lait ou Sérum). On fait usage à peu près exclusivement du lait de vache en thérapeutique vétérinaire ; cependant on peut employer aussi le lait des autres femelles domestiques ; le tableau suivant, qui indique leurs principales différences, mettra le praticien à même de faire sous ce rapport un choix raisonné :

PRINCIPES CONSTITUANTS DU LAIT.	VACHE 100 p.	CHÈVRE 100 p.	BREBIS 100 p.	ANESSE 100 p.	JUMENT 100 p.
Eau	87,4	82,0	85,62	90,3	89,65
Beurre	4,0	4,5	4,20	4,4	traces.
Sucre et sels solubles . .	5,0	4,5	5,68	6,4	8,75
Caséum, albumine, sels insolubles.	3,6	9,0	4,50	4,7	4,60

— *Hyg.* Le régime peut avoir la plus grande influence sur la quantité et la qualité du lait que donne une vache laitière. Pour donner beaucoup, les animaux doivent recevoir tous les aliments qu'ils peuvent consommer. La somme absolue des produits est toujours proportionnée à l'excès de la ration de production sur celle d'entretien ; et l'observation démontre qu'une vache bien tenue doit donner un poids de lait égal au poids de cet excédant. Une bonne laitière fournit en moyenne, pendant une période de 360 jours, 2,500 kil. de lait ; en supposant qu'elle pèse 300 kil., sa ration d'entretien a dû être chaque jour 4 kilog. 50, ou un peu plus, de foin ; il faut donc qu'elle consomme en outre, pour la production du lait, environ 7 kilog. Ce qui porte sa ration journalière à 12 ou 13 kilog. de foin ou son équivalent, en y comprenant ce qui est nécessaire pour la production d'un veau. Mais pour donner ce résultat, il ne suffit pas que les aliments soient seulement de bonne qualité, il faut qu'ils soient appropriés à leur destination, *V.* Vaches laitières. En principe, ils doivent être plutôt aqueux que secs, féculents, doux, et renfermer en proportions convenables les plantes ou les condiments qui provoquent, par la légère excitation qu'ils produisent, l'activité sécrétoire, et notamment la sécrétion des mamelles. Les substances amères, âcres, de saveur alliacée, diminuent la quantité et la qualité du lait. Une nourriture mauvaise, insuffisante produit des effets analogues, appauvrit la sécrétion, donne un lait médiocre. La saveur des aliments, lorsqu'elle est prononcée, se retrouve presque toujours dans le lait ; les résidus de la fabrication de l'huile lui donnent un goût rance. La douleur, la crainte, la fatigue, les mauvais traitements, diminuent la sécrétion lactée ou altèrent le produit. La malpropreté exerce une influence semblable ; les vaches mal entretenues, jamais pansées, qui séjournent dans le fumier, donnent un lait qui a l'odeur de l'étable, de la sueur. *V.* Beurre, Fromage, Ration, etc.

Lait d'amandes. Emulsion d'amandes douces ou amères, ayant beaucoup de ressemblance avec le lait.

Lait d'anesse. Il est très aqueux, très sucré, pauvre en caséum et surtout en crème ; il ne fournit qu'un beurre mollasse, blanc et insipide.

Lait artificiel. Solution de caséine dans les carbonates alcalins.

Lait de beurre. Résidu liquide de la préparation du beurre. Il est formé d'eau tenant en dissolution du caséum, du beurre, du sucre de lait, des acides lactique, acétique et butyrique, ainsi que des sels calcaires. Il est alimentaire ; on le donne surtout au porc comme médicament tempérant, à cause de sa saveur aigrelette, pendant la variole dont ce quadrupède est souvent atteint dans sa jeunesse.

Lait de brebis. Plus épais que celui de vache ; crème abondante, donnant un beurre mollasse ; caséum plus gras, plus visqueux et ne donnant pas un caillot ferme comme celui de la vache.

Lait bleu. Coloration accidentelle qu'acquiert parfois le lait de la vache par une cause restée inconnue. La teinte bleuâtre du lait est parfois un indice de l'existence de la phtisie tuberculeuse chez les vaches.

LAIT DE CHAUX. Solution aqueuse, trouble, tenant de l'hydrate de chaux en suspension.

LAIT DE CHÈVRE. Plus consistant que celui de la vache, le lait de chèvre exhale une odeur de bouc plus ou moins prononcée; sa crême fournit un beurre blanc et odorant; son caséum, très abondant, est gras, visqueux comme celui du lait de brebis.

LAIT DE CHIENNE. Epais, peu aqueux, renfermant beaucoup de matière grasse et de caséum, et point de sucre de lait, si le régime a été entièrement animal.

LAIT DE JUMENT. Très aqueux, très sucré, le lait de jument est dépourvu de matière grasse, et présente une assez forte proportion de caséum.

LAIT DE POULE. Solution de jaune d'œuf dans l'eau chaude; c'est une émulsion adoucissante et pectorale dont on fait un fréquent usage chez l'homme, après l'avoir sucrée et aromatisée.

LAIT DE SOUFRE. Solution trouble et laiteuse qu'on obtient en traitant un polysulfure par un acide en présence de l'eau; elle est formée par du soufre très divisé tenu en suspension dans le liquide.

LAIT DE VACHE. *V.* l'art. LAIT, qui s'applique à cette variété.

LAIT VÉGÉTAL. Nom donné au suc blanc des plantes *lactescentes*, telles que la laitue, le pavot, l'euphorbe, etc. Le plus remarquable de ces sucs est celui du *Galactodendron utile*, végétal d'Amérique appelé *arbre de la vache*, à cause de la grande analogie de son suc avec le lait de cette femelle domestique.

LAITE ou LAITANCE, *Lactes*, *Lactium;* nom donné aux testicules des poissons, organes consistant en deux sacs énormes qui sécrètent et tiennent en réserve la liqueur séminale.

LAITERIE, s. f.; lieu où l'on conserve le lait, où l'on fait la crème, le beurre; partie de l'exploitation agricole relative à la manipulation du lait et de ses produits. Une laiterie a plus ou moins d'importance selon le nombre des vaches, mais elle n'est jamais indifférente; car le lait constitue, pour les populations rurales, une source constante de bénéfices ou d'aliments variés. Elle est plus ou moins compliquée, selon que l'on se propose de vendre le lait immédiatement ou peu de temps après la traite, ou que l'on veut le transformer en crême, en beurre, en fromage; dans tous les cas, elle doit être exposée au nord, pouvoir être aérée et maintenue à une température de 10 ou 15°, et dans un grand état de propreté. Les ustensiles employés à l'exploitation du lait et de la crème consistent en vases de bois, grès ou faïence, de forme et de grandeur diverses, qui doivent être tenus très proprement. La bonne administration d'une laiterie est inconnue d'un très grand nombre d'agriculteurs français; ils sont loin, sous ce rapport, de leurs voisins de la Belgique, de la Suisse, etc.

LAITEUX, EUSE, adj., *lacteus*, *lactifluus*; synonyme de *lactescent*.

LAITIER, s. m.; sorte de verre opaque ou de silicate très complexe qui se forme dans le travail métallurgique de plusieurs métaux; il porte aussi le nom de *scorie* (*V.* ce mot). Le laitier qui surnage la fonte dans le creuset du haut fourneau est un silicate de chaux, d'alumine, de fer, etc.

LAITON, s. m.; alliage de cuivre et de zinc d'un grand usage dans les arts et l'économie domestique. Il est d'un jaune plus ou moins foncé, ductile et malléable à froid, cassant à chaud, plus fusible que le cuivre et moins oxydable que ce dernier. La proportion des métaux qui le composent varie; celle du zinc est de 0,25 à 0,35, et celle du cuivre de 0,75 à 0,65. Dans les arts, on le fabrique en chauffant dans un creuset de terre un mélange de calamine, de cuivre rouge et de charbon.

LAITRON, s. m., *Sonchus*, L.; genre de la famille des Composées. Il comprend environ cinquante espèces herbacées ou sousfrutescentes; sept ou huit, toutes herbacées et généralement vivaces, croissent en France. Les principales sont le L. commun, *S. oleraceus*, et le L. des champs, *S. arvensis*, le premier annuel, l'autre vivace, répandus dans les champs dont le sol est argilo-calcaire et un peu humide. Ils sont laiteux, d'une saveur amère non désagréable, et principalement recherchés par les vaches et les lapins.

LAITUE, s. f., *Lactuca*, L.; genre de la famille des Composées. Il renferme environ soixante espèces herbacées, lactescentes, annuelles, bisannuelles ou vivaces. Les plus répandues sont: la L. cultivée, *L. sativa*, plante alimentaire d'origine inconnue et dont on a fait plus de 100 variétés; la L. vivace, *L. perennis*, commune le long des chemins, amère et mangée par les bestiaux, quelquefois même par l'homme; la L. vireuse, *L. virosa*, dont l'odeur est désagréable et les propriétés narcotico-âcres. — *Phar.* La laitue montée et la laitue vireuse renferment l'une et l'autre un suc blanc laiteux, très abondant, qui s'écoule par les incisions qu'on pratique sur la tige; il se concrète à l'air, devient brun, exhale une odeur vireuse et ressemble quelque peu à l'opium, bien que moins actif; il porte le nom de *lactucarium* ou de *thridace* selon le mode de préparation employé (*V.* ces mots); ces deux préparations sont encore inusitées en médecine vétérinaire. Les deux espèces de laitues sont narcotiques et anodines; on peut les donner crues ou cuites, entières ou écrasées, mais elles ont peu d'action sur les herbivores. A l'extérieur, la laitue cuite constitue d'excellents cataplasmes émollients et calmants, qu'on peut appliquer sur les phlegmons, les furoncles, les yeux, les oreilles, etc.

LAMA, s. m., *Auchenia*; genre de Ruminants sans cornes, ni bois, comme les chameaux , ayant comme eux six incisives inférieures et deux supérieures , une semelle calleuse au pied, mais manquant de bosses dorsales. Ce genre renferme trois espèces , le L. domestique, ou guanaco, *A. glama*, le L. alpaca, *A. paco*, et le L. vigogne , *A. vicugna.* On fait , en ce moment des essais de naturalisation sur l'espèce de l'alpaca.

LAMBEAU, s. m., de *limbus*, bord, frange ; pièce d'étoffe déchirée. En chirurgie, on dit qu'une plaie présente des lambeaux , lorsque la surface des chairs est inégale et frangée. — *Amputation à lambeaux*, *V.* AMPUTATION.

LAMBOURDE , s. f., petit rameau couvert d'yeux noirâtres et rapprochés , produit par le vieux bois et ne donnant de fruit qu'au bout de plusieurs années.

LAME , s. f., *Lamina* ; limbe d'un pétale ou même d'une feuille ; dans le dernier cas , ce mot est synonyme de *disque*. On appelle aussi *lames* les feuillets qui garnissent la face interne du chapeau des champignons.

LAMELLE, s. f., *Lamella* ; littéralement *petite lame* ; jamais employé dans le même sens que le mot lame ; sert à désigner plusieurs organes , mais principalement les appendices nectarifères ou pétaloïdes naissant sur certaines corolles.

LAMELLÉ , ÉE, adj., *lamellatus*; recouvert ou composé de petites lames , d'écailles.

LAMELLEUX , EUSE , adj., *lamellosus.* Synonyme de *lamellé.*

LAMELLIFÈRE , adj., *lamelliferus ;* se dit de la corolle quand elle porte des lamelles à sa gorge , ex. : les *Borraginées.*

LAMELLIFORME , adj., *lamelliformis ;* en forme de lamelle.

LAMELLIROSTRES , s. m. p., *Lamellirostrati ;* famille de l'ordre des Palmipèdes , caractérisée essentiellement par un bec plus ou moins aplati, garni sur ses bords de petites dents ou lamelles transversales, ex : le *Canard.*

LAMIER , s. m., *Lamium*, L. ; genre de la famille des Labiées. Il se compose de plantes herbacées. Bentham en décrit 33 espèces parmi lesquelles on doit remarquer le L. blanc , *L. album*, vulg. Ortie blanche, commun en France le long des haies, vivace, précoce, mangé quelquefois par l'homme , généralement dédaigné des bestiaux.

LAMINOIR , s. m. ; machine à l'aide de laquelle on étire en *lames* ou en *feuilles* les métaux malléables. Elle se compose de deux cylindres , tournant en sens contraire , et entre lesquels on fait passer les métaux à étendre , après les avoir fait chauffer à une température déterminée. En rapprochant graduellement les deux cylindres, on peut obtenir des feuilles métalliques d'autant plus minces que les métaux sont plus malléables et plus ténaces.

LAMPAS , s. m., λαμπας ; enflure du palais du cheval. Synonymie, *fève*. L'engorge-

ment du palais du cheval est commun sur les animaux dont les incisives de lait n'ont pas été remplacées. Les anciens hippiatres et les maréchaux ne voyaient qu'un engorgement du palais chez les chevaux qui perdaient l'appétit par suite d'une foule d'affections différentes. Par suite ils appliquaient sur cette partie de la bouche un cautère chauffé à blanc, ou bien ils pratiquaient une déchirure avec la corne de chamois. Lorsque la partie antérieure du palais est gonflée par la protusion des dents , on fait une saignée sur cette région avec le bistouri droit. *V.* STOMATITE.

LAMPATE , s. m. ; nom des sels formés par l'acide lampique avec les bases. *V.* ACÉTATES et ACÉTITES.

LAMPE , s. f., *Lampas*, de λαμπειν, luire, briller ; nom donné, en général, à des vases ou ustensiles destinés à produire de la lumière ou de la chaleur, à l'aide d'un liquide combustible et d'une mèche. Leur mécanisme est très variable : les unes reposent sur le simple effet de la capillarité, les autres sont fondées sur les lois les plus compliquées de l'hydrostatique. Les lampes employées dans les laboratoires ou utiles à connaître sous un point de vue particulier sont les suivantes : 1° *Lampe à alcool ou à esprit de vin.* Elle est en crystal ou en métal ; dans ce dernier cas elle est munie d'un manche. Sa capacité est remplie d'alcool au lieu d'huile, et sa mèche, à plusieurs doubles , passe à travers une ouverture à bords relevés, sur laquelle on peut placer un opercule pour éteindre la flamme. La lampe à alcool produit une flamme peu brillante qui ne dépose pas de suie , et qui développe beaucoup de chaleur. Elle est employée à chauffer les fioles ou les ballons dans lesquels se passe une réaction chimique, les cloches courbes sur le mercure, etc. 2° *Lampe d'émailleur.* Elle se compose d'une lampe à huile, de configuration particulière, d'une petite table sur laquelle elle repose , et d'un soufflet à double courant placé sous la tablette et qu'on met en mouvement à l'aide d'une pédale. Un courant d'air très actif est dirigé sur la flamme de la lampe , lui fait acquérir la forme d'un *dard* et en élève considérablement la température. Cet instrument est employé à ramollir le verre, à le fondre, à le courber, à le souder à lui-même , à l'étirer, en un mot, à lui faire prendre toutes les formes exigées par les diverses opérations chimiques. 3° *Lampe de Davy ou de sûreté.* Petite lampe à huile entourée d'une enveloppe en toile métallique, et dont se servent les mineurs pour travailler dans les galeries des mines de houille où se dégage un mélange gazeux explosible , formé d'hydrogène protocarboné et d'air atmosphérique. Cette lampe imaginée par Davy , chimiste anglais, est fondée sur la propriété qu'ont les toiles métalliques de refroidir la flamme assez fortement pour l'empêcher de traverser leur tissu. Elle n'est pas toujours un préservatif infaillible, parce que la toile métallique s'échauffe peu à peu et n'arrête plus la flamme, qui peut alors embraser au dehors le mélange explosif. 4° *Lampe sans flamme.* Lampe de Davy dont la mèche est entourée d'un fil de platine disposé en spirale, et qui reste incandescent après que la flamme de la lampe est éteinte. C'est une addition importante à la lampe de sûreté ordinaire.

LAMPIQUE, *V.* ACIDE LAMPIQUE.

LAMPOURDE, s. f., *Xanthium*, T.; genre de la famille des Composées. On trouve en France les espèces *spinosum* et *strumarium*. La dernière, à laquelle on attribuait la propriété de guérir les scrophules, est connue sous le nom d'*Herbe aux écrouelles*.

LAMPSANE, s. f., *Lampsana*, Vaillant; genre de la famille des Composées. Il se compose d'un petit nombre d'espèces herbacées, peu développées. Une seule croît en France où on la trouve le long des chemins, dans les champs cultivés, c'est la L. commune, *L. communis*, connue vulgairement sous le nom d'*Herbe aux mamelles*, parce qu'on la croyait propre à guérir les engorgements des glandes mammaires. Elle est quelquefois employée à l'état frais dans les dermatoses. Les herbivores la négligent.

LANCÉOLAIRE, adj., *lanceolaris;* synonyme de *lancéolé.*

LANCÉOLÉ, ÉE, adj., *lanceolatus;* se dit des organes minces, oblongs, rétrécis en pointe à leurs extrémités, rappelant en un mot la forme d'un fer de lance; ex. : la feuille du *Laurier rose.*

LANCETTE, s. f., *Lanceola;* petite lance; instrument de chirurgie qui sert à l'opération de la saignée. La lancette se compose d'une *lame* et d'une *chasse*. La lame est en acier pur et bien trempé; son extrémité libre est terminée par une pointe aiguë à bords tranchants, et légèrement convexe. De la disposition respective de ses bords, résultent les diverses formes de la lancette. Elle est dite à *grain d'orge*, quand la pointe est large et obtuse; à *grain d'avoine*, si l'angle est moins ouvert; à *langue de serpent*, si la pointe est très aiguë. La lancette *à abcès* sert à ouvrir les collections purulentes; sa pointe est large et quelquefois échancrée. On emploie peu la lancette pour saigner le cheval, si ce n'est pour les veines sous-cutanées des membres; on préfère la *flamme*, (*V.* ce mot). La lancette est spécialement réservée pour les petits animaux.

LANCETTIER, s. m.; étui, boîte qui contient des lancettes.

LANCINANT, adj., *lancinans*, de *lancea*, lance; qui se fait sentir par élancement. — *Douleur lancinante:* celle qui produit des élancements correspondant aux pulsations des artères.

LANDAIS (cheval). Il est petit, robuste, sobre, approprié par sa taille, son volume, au pays dans lequel on le trouve. On peut l'employer à traîner ou à porter. L'amélioration de ce cheval, dans ses formes et ses aptitudes, ne doit s'effectuer qu'à mesure que l'agriculture des landes se perfectionnera.

LANDES, s. f., *Sabuleta;* terrains incultes couverts de bruyères, de genêts, de fougères et autres plantes spontanées de peu de valeur. Tous les pays ont des landes; la France en possède de vastes étendues dans plusieurs de ses provinces, et surtout dans la Bretagne et la Gascogne. La stérilité de ces terres peut tenir: à l'épuisement complet du sol, au défaut de culture, à l'aridité naturelle du terrain ou à sa ténacité, qui le rendent impropre à fournir aux plantes le degré d'humidité et les matériaux inorganiques réclamés par la végétation. Mais toutes ne sont pas également stériles; il en est beaucoup qui ne demandent, pour devenir productives, que des défrichements, des dessèchements, des irrigations, de la marne, des engrais, des labours. Presque toutes peuvent servir aux plantations de bois résineux. Les travaux nécessaires pour mettre les landes en culture exigent des dépenses considérables que peu de particuliers peuvent faire; c'est l'État qui doit se charger des principales, et elles doivent avoir pour but l'établissement de nombreuses voies de circulation, le morcellement des terrains et les travaux d'art nécessaires. Quant à l'exploitation proprement dite, elle peut être abandonnée à l'intérêt privé.

LANDIER, *V.* AJONC.

LANGUE, s. f., *Lingua*, γλωσσα ou γλωττα; organe musculeux renfermé dans la cavité buccale entre les deux branches maxillaires, et remplissant en partie le *canal*. Variable en grosseur et en mobilité, suivant les espèces, la langue présente une partie fixe située au fond de la bouche, adhérente à l'hyoïde et au maxillaire, et une partie mobile, protractile, lâchement fixée par un repli muqueux sur la symphyse maxillaire. Entre les muscles qui forment la langue, se trouvent de nombreux pelotons graisseux; le tout est enveloppé par une membrane muqueuse mince et lisse sur les côtés et la face inférieure, épaisse et rugueuse à la face supérieure, surtout vers la partie fixe où se trouvent postérieurement les *lacunes* ou *trous borgnes*. — Les artères de la langue émanent de la *maxillaire externe* ou *glosso-faciale;* les nerfs proviennent des cinquième, neuvième et douzième paires. — La langue a pour fonctions de concourir à la préhension, à la gustation, à la mastication et à la déglutition des aliments. — Dans le *bœuf*, elle est beaucoup plus épaisse que chez les solipèdes, surtout dans sa partie fixe, qui présente à sa partie supérieure un renflement remarquable. Les papilles de sa muqueuse sont de nature cornée, surtout à la partie libre. La langue du *chien* est longue, lisse, plate, très protractile, et se recourbe en cuillère pour la préhension des boissons. Celle du *chat* est couverte de papilles cornées qui la rendent très rude.

LANGUETTE, s. f., *Lingula;* lame aplatie, étroite, composant le limbe de la corolle dans les demi-fleurons des Composées. On l'emploie aussi comme synonyme de *ligule* (*V.* ce mot).

LANGUEUR, s. f., *Languor,* de *languere,* languir; abattement; diminution lente des forces, état de faiblesse, de dépérissement par suite d'un état maladif.

LANGUÉYAGE, s. m.; action de visiter la langue du porc, pour voir s'il est atteint de ladrerie.

LANGUÉYEUR, s. m.; qui est commis pour visiter la langue d'un porc, afin de savoir s'il est sain ou ladre.

LANGUISSANT, TE, adj., *languens,* de *languere,* languir; qui est atteint de langueur, qui est faible.

LANIÈRE, s. f.; fragment déchiré des feuilles des palmiers.

LANIFÈRE, adj., *lanifer;* synonyme de *laineux.*

LANIGÈRE, adj., *laniger;* synonyme de *lanifère.*

LANUGINEUX, EUSE, adj., *lanuginosus;* qui a l'aspect de la laine. On l'emploie aussi comme synonyme de *laineux.*

LANTHANE, s. f., de λανθάνω, je suis caché; corps simple métallique de la deuxième section, découvert en 1829, par Mosander, dans un minéral appelé *cérite.* Il a la plus grande analogie avec le *cérium* et le *didyme,* (*V.* ces mots).

LAPAROCÈLE, s. f., *Laparocele,* de λαπαρα, lombe, et κηλη, tumeur, hernie; hernie lombaire à travers le muscle carré des lombes. Cette hernie n'a pas été observée sur les animaux.

LAPILLI, s. m. pl.; mot latin adopté en agrologie pour désigner les éléments qui composent certains tufs ponceux désagrégés. Les lapilli ont une couleur grise ou rougeâtre, selon qu'ils renferment plus ou moins de fer oxydulé; ils sont à divers degrés d'atténuation et constituent des terrains secs, sans consistance, privés de terreau et quelquefois encore le siége d'émanations gazeuses. Ces lapilli sont abondants dans le royaume de Naples, dans la Sicile, aux environs du Vésuve; ce sont des terrains de cette nature qui produisent les fameux vins de *Lacryma Christi.*

LAPIN, *V.* LIÈVRE.

LAPPACÉ, ÉE, adj., *lappaceus,* de *lappa,* nom botanique de la Bardane; se dit des bractées ou folioles de l'involucre, courbées ou repliées comme la pointe d'un hameçon, ex. : l'involucre de la *Bardane vulgaire.*

LAQUE, s. f., *Lacca;* ce nom s'applique à plusieurs substances de nature très différente. La *laque naturelle* ou *gomme-laque,* est une résine transparente, d'un rouge jaunâtre, fragile, inodore, de saveur astringente

et dont le commerce présente un grand nombre de variétés. Elle est surtout employée dans la confection des instruments et appareils destinés à l'étude de l'électricité, et sert à isoler les parties conductrices les unes des autres. On la colore ordinairement en rouge. Les *laques artificielles* sont des mélanges de matières colorantes avec l'alumine, les sels d'étain, etc., et qu'on emploie tant en peinture que dans la teinture des tissus.

LARDACÉ, ÉE, adj., *lardaceus,* du mot *lard* qui ressemble à du lard. Les tissus prennent la consistance lardacée dans les œdèmes ou infiltrations séreuses chroniques, dans le début du squirrhe et de l'encéphaloïde.

LARDIZABALÉES, s. f., *Lardizabaleæ;* famille de plantes dicotylédones, polypétales, hypogynes, frutescentes, sarmenteuses, originaires de la Chine, du Japon, du Chili, formée par Decaisne aux dépens des Ménispermacées. Genres : *Lardizabala,* *Boquila,* etc.

LARGE, adj., *latus;* se dit d'un corps considéré dans l'extension qu'il a de l'un de ses côtés à l'autre, et par opposition à *long.* — *Ligaments larges :* nom donné, à cause de leur largeur, aux ligaments sous-lombaires de l'utérus. Le mot *large* est appliqué, en anatomie humaine, à certains muscles étendus.

LARMAIRE, adj., *lacrymæformis,* de *lacryma,* larme, et *forma,* forme; en forme de larme. Mirbel donne ce nom à quelques graines, telles que celles du *lin,* de l'*amandier.*

LARME, s. f., *Lacryma;* humeur sécrétée par la glande lacrymale et destinée à lubrifier la surface de l'œil. Le liquide des larmes est limpide, d'apparence aqueuse, légèrement alcalin, et renferme quelques sels de soude et de chaux.

LARMIER, s. m.; repli de la peau situé au-dessous de l'œil dans certains ruminants, surtout chez les *antilopes,* et au fond duquel se trouvent plusieurs follicules sébacés. Le larmier est logé dans une dépression osseuse à laquelle on donne le nom de *fosse larmière.*

LARMOIEMENT, s. m.; écoulement continuel des larmes; synonyme d'*épiphora.* C'est un symptôme de plusieurs maladies différentes, ayant leur siége soit dans l'appareil lacrymal, soit dans le globe oculaire lui-même; quelquefois le larmoiement se montre pendant les affections du cerveau, du tube digestif. *V.* OPHTHALMIE.

LARVÉ, ÉE, adj., *larvatus,* de *larva,* masque, déguisement. Ce mot, inusité en vétérinaire, est employé en médecine humaine pour désigner les fièvres qui ont une marche insidieuse : on dit *fièvres larvées.*

LARYNGÉ, ÉE, adj., *laryngeus;* qui appartient au larynx. — *Nerfs laryngés :* le supérieur émane du pneumo-gastrique peu après sa sortie du crâne, et pénètre dans le larynx par un petit trou du cartilage thyroïde. L'inférieur naît du même nerf dans l'intérieur du thorax et porte le nom de *récurrent* (*V.* ce mot). — *Artère laryngée* ou *laryngienne :* elle naît tantôt directement de la carotide, tantôt, et plus souvent, de l'artère thyroïdienne, et pénètre entre les cartilages cricoïde et thyroïde, pour se diviser dans le larynx, ayant donné sur son trajet quelques rameaux ténus à l'œsophage, au pharynx, etc. — *Angine laryngée*, *V.* Angine.

LARYNGIEN, ENNE, *V.* Laryngé.

LARYNGITE, s. f., *Laryngitis*, de λάρυγξ, larynx; inflammation du larynx. *V.* Angine laryngée.

LARYNGOGRAPHIE, s. f., *Laryngographia*, de λάρυγξ, larynx, et γράφειν, décrire; description du larynx.

LARYNGO-PHARYNGITE, s. f.; inflammation de la muqueuse du larynx et de celle du pharynx. *V.* Angine.

LARYNGOTOMIE et **LARYNGO-TRACHÉOTOMIE,** *V.* Trachéotomie.

LARYNGO-TRACHÉITE, s. f.; inflammation de la muqueuse du larynx et de la trachée. *V.* Angine.

LARYNX, s. m., *Larynx*, λάρυγξ, de λαρύζω, crier; organe principal de la phonation, et première partie du tube trachéal, le larynx constitue une boîte cartilagineuse située en dessous du pharynx, auquel elle sert de support, et formée de cinq pièces distinctes: les cartilages *thyroïde*, *cricoïde*, *épiglotte*, et les deux *aryténoïdes* (*V.* ces mots). L'ensemble de ces pièces cartilagineuses forme une boîte à parois mobiles présentant deux ouvertures : l'une inférieure, recevant l'extrémité supérieure de la trachée; l'autre supérieure, appelée *glotte* (*V.* ce mot). L'intérieur du larynx, tapissé par la muqueuse respiratoire, est aussi quelquefois appelé *glotte*, et présente plusieurs particularités indiquées à ce mot. — Les artères du larynx émanent de la *thyroïdienne; ses* principaux nerfs, de la dixième paire ou *pneumo-gastrique.* — Le larynx offre plus de largeur chez les *ruminants* que chez les *solipèdes.*—Chez les *oiseaux*, il existe deux larynx: l'un, supérieur, manquant d'épiglotte; l'autre, inférieur, situé au point de division des bronches, très simple dans les oiseaux qui ne chantent pas, très compliqué sous le rapport musculaire chez les oiseaux chanteurs, et présentant, chez certains canards, des renflements ou tambours osseux très remarquables.

LASER, s. m., *Laserpitium*, L. : genre de la famille des Ombellifères. Il se compose d'environ vingt espèces herbacées, toutes spontanées en Europe, et croissant surtout dans les lieux élevés. La principale est le L. à larges feuilles, *L. latifolium*, commun dans les bois, les terrains ombragés, etc.; cette plante, que les herbivores mangent assez volontiers, quand elle est jeune, est dédaignée plus tard et donne un mauvais fourrage. On trouve également en France les espèces *nestleri*, *gallicum*, *siler*, *prutenicum*, etc.

LASSITUDE, s. f., *Lassitudo;* fatigue légère qu'on éprouve après un exercice violent. Les médecins donnent aussi ce nom à un état de faiblesse dans le système nerveux, qu'on ne peut attribuer à la fatigue.

LATENT, adj., *latens;* qui est caché; se dit aussi par opposition à *libre.* — *Calorique latent:* calorique combiné à la substance des corps, et qui n'est plus sensible au thermomètre. Tous les corps en contiennent, même les corps solides, ainsi que le démontrent les effets du frottement, de la percussion, etc. Dans les gaz, où il est très abondant, il constitue leur force de tension, et tient toujours les molécules de ces corps hors de leur sphère d'attraction. — *Pathol. Maladie latente :* celle dont le diagnostic est obscur, qui ne présente pas de symptômes caractéristiques.

LATÉRAL, ALE, adj., *lateralis*, de *latus, lateris*, côté; situé à côté d'un axe, d'une partie principale et centrale. Le *style* est latéral, quand il émerge d'une des faces de l'ovaire; le *stigmate* est latéral, quand il n'est point situé au sommet du style; la *radicule* est latérale, lorsqu'elle est couchée sur la commissure des cotylédons, comme dans le haricot.

LATÉRIFOLIÉ, ÉE, adj., *laterifolius;* se dit des fleurs qui naissent à côté des feuilles.

LATÉRINERVE, adj., *laterinervis;* dont les nervures latérales et partant d'une nervure centrale, se dirigent vers les bords de la feuille ou du carpelle.

LATEX, s. m., *Latex;* suc propre de beaucoup de végétaux, de nature variable, circulant dans un ordre de vaisseaux particuliers, *les vaisseaux laticifères*. Le latex est un liquide visqueux, composé d'un véhicule aqueux dans lequel nagent des globules colorés qui se précipitent par le refroidissement et forment un coagulum membraneux analogue au caoutchouc; c'est en effet du caoutchouc qui forme la base de cette matière dans un certain nombre de plantes des contrées chaudes. Le latex a été considéré tantôt comme un fluide propre à la nutrition, et, en conséquence, confondu avec la sève descendante; tantôt comme un produit excrémentitiel. Quelques-uns ont cru qu'il était chargé de fournir la sève; d'autres n'y ont vu qu'une lymphe ou sève altérée. On peut conclure de là que de nouvelles observations sont nécessaires pour fixer ce point de physiologie végétale. Le latex est quelquefois très abondant, ex. : les *Euphorbes*, la *Chélidoine*, etc. Certaines plantes qui en ont beaucoup, quand elles croissent sous les tropiques, en sont dépourvues presque complètement, quand elles vivent dans nos climats tempérés.

LATICIFÈRES, adj., *laticiferi*, de *latex*, et *ferre;* on donne, en botanique, le nom de vaisseaux laticifères , à un ordre particulier de vaisseaux ou tubes simples ou ramifiés et anastomosés entre eux , à parois minces et transparentes ou inégalement épaisses, *peut-être contractiles,* ni ponctuées ni rayées. Les vaisseaux laticifères, que plusieurs botanistes appellent *vaisseaux propres,* sont tantôt gonflés de liquide et en état d'expansion, alors ils sont cylindriques ou anguleux et de calibre inégal; tantôt ils présentent de distance en distance des étranglements ou articulations; d'autres fois enfin, ils sont vides, resserrés et comme contractés. Ils renferment le suc appelé *latex.* On le trouve, dans les plantes dicotylédones, dans l'écorce et partout où existent des trachées, dans les monocotylédones autour des faisceaux fibreux et vasculaires. Quelques acotylédonées en possèdent également.

LATIQUE , adj. , *laticus,* de *latere,* être caché ; nom donné à une fièvre quotidienne rémittente dont les accès sont très longs et peu marqués. Inusité en vétérinaire.

LATITUDE , *V.* GÉOGRAPHIE BOTANIQUE.

LAUDANUM , s. m. ; nom donné à deux préparations pharmaceutiques liquides dont l'opium forme la base et le vin le véhicule : 1° *Laudanum* de *Rousseau.* ♃ Opium, 125 grammes ; miel , 375 grammes ; eau , 1,875 grammes ; levure de bière, 8 grammes. Délayez séparément l'opium et le miel dans l'eau chaude, mêlez et ajoutez la levure. Exposez à une température de 25° à 30° , pendant un mois, le mélange contenu dans un matras; filtrez ensuite et évaporez au bain-marie jusqu'à réduction au poids de 400 grammes environ ; laissez refroidir et ajoutez 125 grammes d'alcool à 36° ; après vingt-quatre heures de contact , filtrez et conservez dans des vases bien clos. Vingt gouttes de laudanum de Rousseau pèsent environ 1 gramme , et contiennent 15 centigrammes d'extrait d'opium , soit 5 centigrammes par 7 gouttes : 2° *Laudanum de Sydenham.* ♃ Opium choisi, 64 grammes; safran, 32 grammes: cannelle, 4 grammes ; girofle, 4 grammes; vin blanc généreux, 500 grammes; coupez l'opium en tranches minces, divisez le safran , concassez la cannelle et le girofle , et faites macérer à une douce chaleur pendant quinze jours ; passez ensuite avec expression et filtrez. Vingt gouttes de cette préparation, pesant 8 décigrammes, renferment 5 centigrammes d'extrait d'opium. Ces deux préparations sont essentiellement anodynes et calmantes. Elles se donnent à l'intérieur, dans les breuvages et les lavements, à la dose de 15 à 30 grammes, dans les affections très douloureuses du tube digestif , les coliques d'eau froide, les maladies nerveuses , etc. A l'extérieur, on en arrose les cataplasmes , on en ajoute aux collyres, aux injections calmantes, etc.

LAURIER , s. m. , *Laurus,* T. ; genre de la famille des Laurinées. D'abord très considérable, le genre *Laurus,* adopté par Linné , a été successivement restreint à un très petit

nombre d'espèces, en tête desquelles se place le L. d'Apollon , *L. nobilis,* cultivé en France pour les usages domestiques et ceux de la médecine. Le L. d'Apollon est un arbre originaire des contrées les plus chaudes de l'Europe, de l'Afrique , de l'Asie-Mineure ; là , il atteint une hauteur de 8 à 10 mètres. Dans les climats plus froids, il reste toujours petit. Les peuples de la Grèce et de l'Italie, qui l'avaient consacré à Apollon, en avaient fait le symbole de la victoire. Ses feuilles sont aromatiques et excitantes ; ses baies renferment une matière grasse appelée *Huile de Laurier.* — Les autres espèces principales sont: le L. cannellier , *L. cinnamomum ,* L., *Cinnamomum zeylanicum ,* Bryn. — L. camphrier, *L. camphora* , L., *Camphora officinarum* , Bauh. et Ness. *V.* CAMPHRE. — L. sassafras , *L. sassafras* , L., *sassafras officinale* , Ness. , *V.* SASSAFRAS. — L. Benjoin, *L. benzoin,* L., *Benzoin odoriferum,* Ness., *V.* BENJOIN. — *Pharmacol.* Les diverses espèces de Lauriers fournissent toutes quelques produits à la thérapeutique. Le *L. nobilis* fournit ses feuilles et ses fruits appelés *baies de laurier;* ceux-ci entrent dans la préparation de *l'onguent* ou *pommade* de *laurier.* *V.* POMMADE.

LAURINE , s. f. ; matière neutre, cristalline, découverte par Bonastre en épuisant les baies de laurier par l'alcool. Elle est solide , cristallisée en aiguilles prismatiques, inodore , de saveur âcre et amère ; insoluble dans l'eau et l'alcool froid , soluble dans l'éther et l'alcool bouillant , fusible et volatile , exhalant une odeur de résine et se colorant en jaune orangé par l'action de l'acide sulfurique.

LAURINÉES , s. f. , *Laurineœ;* famille de plantes dicotylédones , apétales , périgynes , composée presque exclusivement d'arbres croissant sous les tropiques et dans la zône torride. Toutes ces plantes sont aromatiques et renferment, dans leurs feuilles, leur écorce et leurs fruits, de l'huile volatile odorante ; quelques-unes contiennent de plus une matière grasse fluide ou solide. Un travail récent a établi dans cette famille d'assez nombreuses coupures. Genres principaux : *Cinnamomum , Camphora , Persea, Sassafras, Benzoin , Laurus , Daphnidium,* etc.

LAVAGE , *V.* SUINT.

LAVANDE, s. f. , *Lavandula* , T. ; genre de la famille des Labiées. Il renferme quinze à dix-huit espèces herbacées, frutescentes ou sous-frutescentes , originaires des régions chaudes et s'avançant jusque dans les lieux secs , élevés et bien exposés de l'Europe. La France en possède trois : la L. spic ou aspic, *L. spica,* exploitée pour la préparation de l'essence de lavande ; la L. vraie , *L. vera,* plus robuste , d'une odeur moins forte et plus agréable , employée aux mêmes usages; la L. stœchas , *L. stœchas* , inférieure aux précédentes , cultivée comme plante d'agrément. Ces trois espèces sont de petits sous-arbrisseaux. — *Pharmacol.* Les diverses espèces de lavandes comptent parmi les Labiées les plus franchement aromatiques et excitantes. Toutes les parties de ces plantes exhalent une odeur très prononcée, due à la présence d'une huile essentielle, qui est surtout abondante dans les sommités fleuries ; aussi, ces dernières parties sont-elles à peu près exclusivement employées pour faire des infusions excitantes qu'on donne parfois en boissons, en lavements, en bains ou en lotions, etc. — Le produit le plus important des lavandes est l'huile essentielle qu'on retire par distillation de la *lavande spic*, qui croit en abondance dans le midi de la France, et dont l'emploi est fréquent en thérapeutique vétérinaire. *V.* ESSENCE.

LAVANÈSE, s. f., *Galega*, T. ; genre de la famille des Légumineuses. Il se compose d'un petit nombre d'espèces habitant des pays fort divers. La principale, la L. officinale, *G. officinalis*, se trouve dans le midi de la France, où elle croit au bord des haies, le long des fossés. On a proposé de la cultiver comme plante fourragère ; mais les bestiaux la refusent généralement ; l'abondance de ses produits, la rapidité de sa croissance pourraient la rendre utile comme engrais vert.

LAVATÈRE, s. f., *Lavatera*, L. ; genre de la famille des Malvacées. Les espèces, au nombre d'environ vingt cinq, sont des plantes herbacées, frutescentes ou même arborescentes, originaires des régions chaudes et s'avançant jusque dans la Provence et le Languedoc. On trouve en France les espèces *arborea, trimestris, olbia, cretica, maritima, punctata* ; les trois premières sont cultivées presque partout comme plantes d'agrément.

LAVÉ, ÉE, adj., *pallidus* ; se dit du foin qui, étant sur pied, a séjourné dans l'eau, ou a été mouillé après le fauchage et surtout pendant le fanage. Le foin lavé peut n'avoir pas subi d'altérations proprement dites, mais il est peu nutritif, insipide, se réduit facilement en poussière et entretient mal les animaux. On doit le mêler, au moment où on le récolte, avec de bon foin des prairies artificielles, le saler, ou l'arroser d'eau salée ou vinaigrée, avant la distribution. — *Extér.* Épithète employée pour exprimer certaines couleurs peu vives et peu chargées, une dégradation de teinte ; ex. : bai-brun *lavé* aux flancs, alezan-clair ventre *lavé*, etc.

LAVEMENT, s. m., de *lavare*, laver ; préparation magistrale liquide qu'on injecte dans le rectum pour le vider de son contenu ou pour le faire pénétrer dans ses gros intestins dans un but thérapeutique. Les lavements consistent en eau pure, froide, tiède ou chaude ; en décoctions ou infusions de substances végétales ; en solutions de sels, d'extraits végétaux, etc. Leur administration est facile et s'effectue habituellement à l'aide d'une seringue, et, à son défaut, au moyen d'une vessie munie d'un tube creux, d'une corne, d'une bouteille, d'une aiguière, etc. — Les lavements sont distingués en *simples* et *composés*. Les premiers, encore appelés *lavements expulsifs*, consistent en eau pure ou légèrement blanchie par du son cuit, qu'on administre dans le but de ramollir les excréments accumulés dans le rectum et le colon flottant, de faciliter leur expulsion, de rafraîchir le tube intestinal, etc. Les *lavements composés* sont *alimentaires* ou *médicamenteux* ; dans le premier cas, ils contiennent des substances très alibiles dissoutes ou en suspension dans l'eau, et doivent suppléer les aliments et les boissons qui ne peuvent pénétrer par les premières voies, à cause d'un obstacle quelconque ; dans le second cas, ils sont formés par divers principes médicamenteux qui agissent directement sur les intestins ou sur l'économie animale tout entière, après avoir été absorbés. — Les lavements médicamenteux sont appelés *émollients, tempérants, stimulants, irritants, purgatifs, narcotiques, vermifuges*, etc., selon la nature des principes qu'ils contiennent. D'après certaines destinations particulières, les lavements sont parfois distingués en *révulsifs, supplétifs* et *topiques*. Les premiers, plus ou moins irritants, sont destinés à produire une irritation plus ou moins forte sur le rectum, afin de détourner l'afflux sanguin qui s'est établi ou tend à s'établir, sur les centres nerveux, les yeux, les poumons, la peau, etc. Les lavements supplétifs doivent être absorbés, et sont destinés à remplacer les préparations qu'on administre par les premières voies et qui ne peuvent pénétrer dans l'estomac à cause d'un obstacle mécanique. Enfin, les lavements topiques doivent agir sur le rectum, les reins, la vessie, la matrice, etc. Dans ces différents cas, le rectum doit être préalablement vidé des excréments qu'il renferme, soit avec la main soit à l'aide d'un lavement simple, et la quantité de liquide injectée ne doit être que la moitié ou le quart de celle des lavements ordinaires.

LAXATIF, s. m. et adj., *Laxativus, laxans*, de *laxare*, relâcher ; classe de purgatifs qui provoquent les déjections alvines, en relâchant le tube digestif. Ils sont tous d'origine organique et appartiennent, pour la plupart, à la classe des aliments plus ou moins indigestes. Les uns sont *sucrés* ou *mucoso-sucrés* (miel, casse, tamarin, manne), les autres sont *gras* (huiles grasses, huile de ricin, graisses, etc.). Les aliments très aqueux et acidules, tels que le regain, l'herbe des prés, le petit-lait, purgent les animaux à la manière des laxatifs. Leur administration est simple ; ils se donnent sous forme liquide, et, le plus souvent, associés les uns aux autres. Le mode d'action de ces médicaments est encore peu connu : d'après quelques auteurs les laxatifs purgeraient en irritant le tube digestif comme les autres purgatifs, mais avec moins de force ; d'autres pensent qu'ils relâchent les intestins à la manière des émollients ; enfin, quelques-uns les considèrent comme des aliments indigestes qui troublent la digestion et amènent conséquemment des déjections hâtives et plus abondantes que dans l'état ordinaire. Les laxatifs s'emploient surtout sur les petits et sur les jeunes animaux ; on en fait particulièrement usage contre les maladies du tube digestif, de la peau, etc.

LAXIFLORE, adj., *laxiflorus*, de *laxus*, lâche, et *flos*, *floris*, fleur ; se dit de l'inflorescence dans laquelle les fleurs sont écartées, éloignées les unes des autres, parce que les pédoncules sont distants ou divergents.

LAXITÉ, s. f., *Laxitas*, de *laxare*, relâcher ; relâchement, défaut de tension dans les fibres, les tissus, les viscères.

LAZARET, s. m. ; édifice isolé, établi dans certains ports de mer, et dans lequel séjournent, pour y être *désinfectés*, les hommes et tous les objets provenant de lieux où règne une maladie épidémique contagieuse. La durée du séjour dans un lazaret varie ; elle était autrefois de quarante jours ; d'où le nom de *quarantaine* qui lui a été conservé pour tous les cas — L'établissement d'un lazaret a été essayé en France en 1797, au voisinage de la ville de Metz, dans un îlot de la Moselle, pour les bœufs atteints du typhus contagieux. Cette idée malheureuse, déraisonnable, n'a pas eu de succès.

LAZULITE, s. f., *Lapis lazuli* ; nom d'une pierre dure, d'un beau bleu d'azur. C'est un silicate d'alumine, mêlé d'oxyde de fer, de sels calcaires, et peut-être aussi d'une petite quantité d'oxyde de cobalt.

LÉGAL, ALE, adj., *legalis*, de *lex*, loi ; qui concerne la loi. *Médecine légale :* celle qui s'applique aux questions de droit. *V.* MÉDECINE.

LÉGUME, s. m., *Legumen* ; plante potagère cultivée pour la nourriture de l'homme. *V.* PLANTE. — Fruit de la famille des Papilionacées, d'où le nom de Légumineuses. *V.* GOUSSE.

LÉGUMINE, s. f., de *Legumen*, légume. $C^{90} H^{74} Az^{15} O^{27}$. Principe neutre azoté découvert par Braconnot, dans les pois, les haricots et les lentilles ; les deux premiers en contiennent 18 pour 100 de leur poids. Pour l'obtenir, on concasse ces légumes, et on les met en macération dans l'eau tiède ; la pulpe ramollie est écrasée de nouveau, mise en macération dans l'eau chaude, puis exprimée dans un linge, et la liqueur qui en résulte est filtrée au papier ; la solution claire qui passe laisse déposer de la légumine, lorsqu'on la traite par l'acide acétique. La légumine, qui présente beaucoup d'analogie avec la caséine végétale et l'amandine, est solide, blanche, amorphe, en masse diaphane et

brillante ; lorsqu'elle est sèche, et présentant l'aspect de l'empois d'amidon lorsqu'elle est humide. Sa dissolution aqueuse est coagulée par l'alcool, les acides minéraux concentrés, le sublimé corrosif, les sels calcaires, la créosote et la décoction de noix de galle. Les acides et les solutions alcalines faibles dissolvent le coagulum formé. Le sulfate de chaux et les autres sels calcaires dissous dans l'eau forment, avec la légumine, un précipité insoluble, ce qui explique pourquoi les légumes ne peuvent cuire dans les eaux séléniteuses. La légumine parait être le principe nutritif des fruits de la famille des Légumineuses.

LÉGUMINEUSES, s. f., *Leguminosæ* ; famille nombreuse de plantes dicotylédonées. Ses caractères sont les suivants : fleurs hermaphrodites, solitaires ou à inflorescence variée (épis terminaux, grappes, panicules, ombelles) ; calice gamopétale, tubuleux inférieurement, non soudé à l'ovaire, à 2, 4 ou 5 dents, persistant ou caduc ; corolle papilionacée ; dix étamines monadelphes ou diadelphes ; ovaire libre, simple, portant à l'angle interne de sa loge un ou plusieurs ovules ; style filiforme, souvent coudé vers le sommet, stigmate simple, arrondi, presque toujours terminal ; légume ou gousse ; graines de formes diverses, quelquefois assez volumineuses, à périsperme nul ou peu développé ; embryon courbe, à cotylédons épais ; radicule accombante. Les légumineuses sont des plantes herbacées annuelles, bisannuelles ou vivaces, des arbrisseaux et même des arbres ; leurs feuilles sont alternes, composées-pennées, pourvues de stipules persistantes. Ces plantes habitent toutes les régions du globe, mais leur nombre s'accroît dans une forte proportion des pôles à l'équateur. C'est dans les contrées chaudes qu'elles prennent le plus de développement et revêtent les caractères les plus variés ; dans les climats tempérés et froids, elles sont généralement alimentaires. Les légumineuses fournissent à l'homme les produits les plus divers et les plus utiles ; des légumes ou plantes légumières : pois, haricot, lentille ; des fourrages : trèfle, luzerne, sainfoin, gesse, etc.; des substances pharmaceutiques : casse, séné, cachou, réglisse, sang-dragon, copahu, baume du Pérou, de Tolu, gommes, etc. ; des matières industrielles : bois de palissandre, de Fernambouc, de Brésil, de fer, de Campêche, l'indigo, la fève de Tonka, etc. ; des bois de chauffage ; des plantes d'agrément, etc. C'est dans cette famille que l'on trouve le plus grand nombre de végétaux manifestant des signes d'irritabilité : la *sensitive pudique*, si délicate, si sensible, le *sainfoin oscillant*, dont les deux folioles se balancent constamment, sont des légumineuses. La grande famille des Légumineuses a été l'objet de nombreux travaux ; on la divise généralement en trois sous-familles : les PAPILIONACÉES ; genres : *Anagyris*, *Lupinus*, *Ononis*, *Ulex*, *Spartium*, *Genista*, *Cytisus*, *Anthyllis*, *Medicago*, *Me-*

lilotus, **Trifolium**, **Lotus**, **Psoralea**, **Indigofera**, **Glycyrrhiza**, **Galega**, **Robinia**, **Astragalus**, **Cicer**, **Pisum**, **Ervum**, **Vicia**, **Lathyrus**, **Orobus**, **Coronilla**, **Ornithopus**, **Hippocrepis**, **Hedysarum**, **Onobrychis**, **Glycine**, **Phaseolus**, **Dolichos**, **Dalbergia**, **Myrospermum**, etc., etc.; les Cœsalpiniées; genres: **Gleditschia**, **Cœsalpinia**, **Cassia**, **Senna**, **Cordyla**, **Tamarindus**, **Bauhinia**, **Cercis**, **Copaïfera**, **Ceratonia**, etc., etc.; les Mimosées, genres: **Mimosa**, **Acacia**, etc. Les botanistes modernes n'admettent pas moins de seize à dix-sept tribus dans la famille des Légumineuses.

LEMNACÉES, s. f., *Lemnaceæ;* famille de plantes monocotylédones, aquatiques, voisine des Naïadées, regardée par quelques botanistes comme une tribu des Aroïdées. Elle se compose d'un petit nombre de végétaux vivant dans les eaux douces des régions tempérées, où ils se multiplient quelquefois prodigieusement. La plupart nagent à la surface; leurs racines, qui n'atteignent pas le sol et sont libres dans l'eau, sont terminées par un petit renflement celluleux en forme de coiffe. Le genre *Lemna*, qui composait seul cette famille, a été récemment divisé.

LÉMURIENS, s. m. pl., *Lemures;* famille de l'ordre des *Quadrumanes*, renfermant ceux de ces animaux dont les formes générales se rapprochent de celles des quadrupèdes proprement dits. Le genre *Maki* est le type de cette famille.

LENT, adj., *lentus;* qui est tardif. *Fièvre lente :* dont les symptômes sont peu marqués, peu intenses. *Pouls lent :* dont les battements ne se succèdent qu'à de longs intervalles.

LENTE, s. f.; nom vulgaire donné à l'entérite dysentérique du gros bétail. Inusité.

LENTIBULARIÉES, *V.* Utriculariées.

LENTICELLE, s. f., *Lenticella;* littéralement *petite lentille.* On donne ce nom à de petites taches allongées situées sous l'épiderme d'un certain nombre de végétaux dicotylédonés, appartenant au parenchyme cortical extérieur, de structure cellulaire, et dont l'usage et les fonctions ne sont point encore connus. Guettard les avait comparées à des glandes et les appelait *glandes lenticulaires;* de Candolle, qui leur a appliqué le nom qu'elles portent, les regardait comme des bourgeons latents d'où pouvaient sortir des racines adventices. L'épiderme, en se rupturant, les laisse à nu sous la forme de petites masses brunes présentant quelquefois deux lèvres. Unger les compare aux propagules des cryptogames, sans leur attribuer le même rôle.

LENTICULAIRE, adj.; qui a la forme d'une lentille.—*Bot. Glandes lenticulaires, V.* Lenticelle. — *Anat. Os lenticulaire :* os de l'oreille interne, très petit, en forme de lentille, placé entre l'enclume et l'étrier.

LENTICULE, *V.* Lenticelle.

LENTICULÉ, *V.* Lenticulaire.

LENTILLE, s. f., *Ervum*, L.; genre de la famille des Légumineuses. Caractères : fleurs portées sur de longs pédoncules axillaires; calice à cinq divisions étroites, aiguës, à peu près égales; corolle papilionacée, courte; dix étamines diadelphes; ovaire sessile oligosperme; style bifide, renflé au-dessous du stigmate; gousse oblongue; graines plus ou moins petites, lenticulaires. Les lentilles sont des plantes herbacées, annuelles, à feuilles composées-pennées, terminées par une vrille et pourvues de stipules semi-sagittées. Elles croissent surtout dans les régions tempérées de l'hémisphère boréal. Ce genre ne renferme qu'un petit nombre d'espèces parmi lesquelles on distingue : la L. commune, *E. lens*, dont on connaît deux variétés principales, la grosse lentille ou L. blonde, et le lentillon ou L. rouge; la L. ervilier, *E. ervilia;* la L. à une fleur, *E. monanthos.* Les deux premières sont cultivées en grand pour la nourriture de l'homme; la troisième l'est à peu près exclusivement comme fourrage. Les lentilles se sèment en raies ou à la volée, dans des terres plutôt sèches qu'humides. Les espèces ou variétés à petits fruits sont plus robustes et préférées dans le Midi. Les graines sont très nutritives et doivent être données avec précaution aux animaux. Les gallinacés et surtout les pigeons les recherchent. Les fanes sont consommées vertes ou sèches; on en doit faire entrer d'autant moins dans la ration, qu'elles conservent plus de graines. La grosse lentille et même le lentillon peuvent être cultivés comme engrais vert; elles sont épuisantes, quand on laisse mûrir leurs fruits. Les espèces *hirsutum*, *tetraspermum*, *pubescens*, croissent en France au bord des chemins, etc., où elles sont broutées par les bestiaux. Plusieurs lentilles ont été placées par quelques botanistes dans le genre *Vicia.* — *Physiq.* On appelle ainsi, en optique, des milieux transparents, en verre ou en cristal, terminés par deux surfaces courbes ou une surface courbe et une surface plane, et destinés à rassembler ou à disperser les rayons lumineux qui les traversent. On en distingue plusieurs espèces divisées en deux classes particulières : les *lentilles convergentes* et les *lentilles divergentes.* Les premières sont à bord tranchant, le centre étant plus épais que la circonférence; elles concentrent les rayons lumineux en un même point appelé *foyer.* On en connaît trois espèces : 1° la *lentille bi-convexe*, terminée par deux surfaces convexes dont les centres sont placés sur une même ligne droite appelée *axe principal* de la lentille; 2° la *lentille plan-convexe*, formée par une surface plane et une surface convexe qui lui tourne sa concavité; 3° la *lentille concave-convexe* ou *ménisque convergent*, sorte de croissant formé de deux surfaces sphériques, dont l'intérieure a une courbure moindre que l'extérieure. Les lentilles divergentes ont la circonférence plus épaisse que le centre; elles font diverger les rayons lumineux, et n'ont pas de foyer réel; leur foyer est *fictif* ou *virtuel*. On distingue les espèces suivantes: 1° la *lentille bi-concave*, formée de deux surfaces sphériques opposées par leur convexité ; 2° la *lentille plan-concave*, formée d'une surface plane et d'une surface courbe qui lui présente sa convexité ; 3° la *lentille convexe-concave* ou *ménisque divergent*, qui présente deux surfaces sphériques dont l'intérieure a une courbure plus grande que l'extérieure.

LENTISQUE, *V*. PISTACHIER.

LÉONURE, s. m., *Leonurus*, L. ; genre de la famille des Labiées. Il se compose d'environ dix espèces herbacées, annuelles ou vivaces. L'une d'elles, le L. cardiaque, croît dans la plus grande étendue de la surface de la terre. *V*. AGRIPAUME.

LÉONTIASIS, s. m., *Leontiasis*, de λεων, lion; nom donné à l'éléphantiasis tuberculeux de la face. *V*. ELÉPHANTIASIS.

LÉPICÈNE, s. f., *Lepicena*, de λεπος, tunique, et κενος, vide ; nom donné par Richard à la bale des Graminées; c'est ce que Linné appelait *calice*, et ce qu'on désigne généralement aujourd'hui sous les noms de *glume*, *glume calicinale*, *glume extérieure*. *V*. GLUME.

LÉPIDOPHYLLE, adj., *lepidophyllus*, de λεπις, écaille, et φυλλον, feuille ; se dit des plantes qui ont des feuilles sous forme d'écailles. On dit aussi *leptophylle*, de λεπτος, mince.

LÉPIDOPTÈRES, s. m. pl., *Lepidoptera*, de λεπις, λεπιδος, écaille, et πτερα, aile; ailes écailleuses. Ordre d'insectes caractérisé par la présence de quatre ailes membraneuses, couvertes de petites écailles colorées semblables à une poussière farineuse. Leurs mâchoires sont remplacées par deux filets tubuleux dont la réunion compose une espèce de langue roulée en spirale, d'où le nom de *glossata* qui leur a été donné. L'ordre des lépidoptères renferme un grand nombre d'insectes vulgairement appelés *papillons*. On l'a divisé en trois familles, savoir: les *Diurnes*, les *Crépusculaires* et les *Nocturnes*.

LÉPIDOSARCOME, s. m., *Lepidosarcoma*, de λεπις, écaille, et σαρκωμα, sarcome; nom donné par A. Severinus à un sarcome formé dans la bouche de l'homme et couvert d'écailles irrégulières.

LÉPIOTE, *V*. ANNEAU et CORTINE.

LÈPRE, s. f., *Lepra*, λεπρα, de λεπις, écaille ; on a donné ce nom à plusieurs maladies de l'homme, surtout à l'*éléphantiasis des Grecs*, qui a le caractère tuberculeux. Ce mot est inusité en vétérinaire.

LÉPROSERIE, s. f. ; hôpital autrefois consacré aux lépreux.

LEPTONTIQUE, s. et adj., *Leptunticus*, de λεπτυνειν, atténuer ; synonyme d'*atténuant* ou d'*altérant* (*V*. ces mots).

LÉSION, s. f., *Læsio*, de *lædere*, nuire, blesser; changement morbide survenu dans un organe. On ne reconnaît aujourd'hui que des *lésions organiques*. On a donné le nom de *lésions de continuité* à des altérations causées par des agents mécaniques ou chimiques, qui diminuent ou suppriment la fonction d'un organe, d'un tissu ; les *lésions de rapport* consistent dans des changements survenus pour les rapports des tissus ou des organes entre eux. Dans le langage médical, la plupart des affections chirurgicales sont des lésions, ex. : plaie, contusion, fracture, brûlure, hernie, luxation.

LESSIVE, s. f., *Lixivia*, *Lixivium* ; nom donné dans l'industrie et les laboratoires à la dissolution aqueuse des alcalis caustiques ou carbonatés. — *Lessive de cendres:* solution des sels solubles des cendres des végétaux; elle contient des carbonates. des sulfates de potasse ou de soude. du chlorure de sodium ou de potassium, selon que les végétaux sont maritimes ou terrestres. On y trouve, en outre, de la silice, des oxydes de fer, de manganèse. etc. *Lessive des Savonniers:* dissolution de soude caustique. contenant trois parties de soude sur huit d'eau ; elle est employée, ainsi que l'indique son nom, à la fabrication du savon.

LÉTHALITÉ, s. f., *Lethalitas*, de *lethum*, mort; synonyme de *mort;* état d'un mal mortel. La *léthalité* d'une maladie comprend les conditions qui la rendent mortelle.

LÉTHARGIE, s. f., *Lethargia*, de λήθη, oubli, et αργος, prompt ; assoupissement profond et continuel, qui suspend l'usage des sens et fait croire à la mort. Cet état n'a pas été observé dans les animaux. Il ne faut pas confondre avec la léthargie le sommeil des hibernants.

LÉTHARGIQUE, adj., *lethargicus;* qui tient de la léthargie, qui est atteint de léthargie.

LÉTHIFÈRE, adj., *lethifer*, de *lethum*, mort, et *fero*, je porte ; mortel, qui donne la mort.

LEUCÉTHIOPIE, s. f. ; synonyme d'*albinisme* (*V*. ce mot).

LEUCINE, s. f., de λευκος, blanc. $C^{12} H^{13} Az^2 O^4$. Produit particulier qui résulte de l'action de l'acide sulfurique sur la chair musculaire, ou de la potasse caustique sur les matières albuminoïdes. Pure, la leucine est solide, sous forme de lames blanches, brillantes, fragiles, dépourvue d'odeur et de saveur, plus légère que l'eau et un peu grasse au toucher. Chauffée, elle se volatilise à 170°, sans laisser de résidu et sans subir d'altération. Soluble dans l'eau, peu soluble dans l'alcool, insoluble dans l'éther, la leucine se dissout dans l'acide sulfurique sans décomposition ; combinée à froid avec l'acide nitrique, elle se décompose à l'aide de la chaleur. Les alcalis ne l'altèrent pas; l'eau ammoniacale la dissout facilement, et le nitrate de mercure est le seul sel métallique susceptible de la précipiter de sa dissolution aqueuse.

LEUCOL, s. m.; nom d'un principe alcalin extrait par Runge du goudron de houille. Il est liquide, incolore, oléagineux, pesant 1,030 ; il bout à 240⁰, brûle à l'air avec une flamme fuligineuse, se dissout en toute proportion dans l'alcool et l'éther et nullement dans l'eau. Il se combine à la plupart des acides, et forme des composés cristallisables.

LEUCOLYTE, s. m., de λευχος, blanc, et λυτος, qui peut se dissoudre ; nom donné par Ampère à tous les métaux qui forment des sels blancs ou incolores avec les acides non colorés.

LEUCOME, **LEUCOMA**, s. m., de λευχος, blanc ; tache blanche de la cornée transparente de l'œil. *V.* Albugo.

LEUCOPHLEGMASIE, s. f., *Leucophlegmasia*, de λευχος, blanc, et φλεγμα, phlegme, pituite ; on a donné à ce mot plusieurs significations. Pour les uns, c'est une infiltration séreuse générale du tissu cellulaire, qu'on nomme encore *anasarque*. Pour d'autres, c'est l'infiltration gazeuse nommée aussi *emphysème*.

LEUCORRHÉE, s. f., *Leucorrhœa*, de λευχος, blanc, et ρεω, couler ; inflammation chronique de la muqueuse utérine, avec un écoulement muqueux de couleur variable. Synonymie : *fleurs blanches, catarrhe utérin.* On observe cet état sur quelques femelles carnivores après la mise bas. Ce mot n'est pas usité en vétérinaire.

LEUCORRHÉIQUE, adj. ; qui tient de la leucorrhée ; *flux, écoulement leucorrhéique.*

LEUCOSE, s, f., *Leucosis*, de λευχος, blanc ; nom donné par Alibert aux maladies des vaisseaux lymphatiques.

LEVAIN, s. m. ; pâte aigrie employée comme ferment pour provoquer la fermentation panaire dans la pâte destinée à la fabrication du pain. On en fait parfois des boissons acidules et des topiques qui jouissent de propriétés résolutives.

LEVIER, s. m., *Vectis* ; le levier est une machine simple qui consiste, théoriquement, en une ligne dépourvue de pesanteur et tournant sur un point d'appui. Le levier usuel est formé d'une barre rigide reposant sur un point fixe, et soumise à l'action de deux forces antagonistes qui portent les noms de *puissance* et de *résistance.* La position relative du point d'appui et des deux forces fait distinguer trois espèces de leviers : 1° le levier *du premier genre*, dans lequel le point d'appui est placé entre les deux forces (*inter-fixe*) ; 2° le levier *du deuxième genre*, où la résistance est placée entre le point fixe et la puissance (*inter-résistant*) ; et 3° le levier *du troisième genre*, dans lequel la puissance est située entre la résistance et le point d'appui (*inter-puissant*). — *Statique du levier.* Un levier sollicité par une seule force ne serait en équilibre qu'autant qu'elle s'annulerait sur le point d'appui ; avec deux forces, le levier se maintient en équilibre, lorsque la résultante de ces forces passe sur le point fixe ; ce qui arrive, lorsqu'elles sont égales ainsi que les bras du levier, ou, ce qui revient

au même, quand elles sont réciproquement proportionnelles à leurs bras de levier, et qu'elles sont situées dans le même plan que le point d'appui. — *Dynamique du levier.* L'intensité d'action d'un levier dépend essentiellement de celle de la puissance, de la direction et de la longueur de son bras de levier. La première circonstance s'explique d'elle-même ; l'influence de la direction de la puissance est facile à comprendre : cette force déploie toute son intensité, quand elle est perpendiculaire à son bras de levier, et s'annule en partie sur le point fixe lorsqu'elle est oblique ; quant à celle du bras du levier, elle est très grande et se trouve traitée à ce mot (*V.* Bras de levier). — Le levier, comme machine élémentaire, entre dans la composition de la plupart des machines composées ; il est, de plus, employé dans son état de simplicité dans une foule de cas. La machine animale est mise en mouvement par une série de leviers formés par les pièces du squelette et mus par les muscles ; les résistances sont les parties du corps à mouvoir ; les points d'appui se prennent sur le sol, les articulations, etc. Une analyse rigoureuse fait facilement reconnaître, dans les divers mouvements locomoteurs des membres et du tronc, les trois genres de leviers admis en mécanique ; mais ce sujet serait trop compliqué et trop étendu pour trouver place dans ce livre.

LÉVIGATION, s. f., *Levigatio ;* opération pharmaceutique qui consiste à séparer, au moyen de l'eau, les parties les plus fines des plus grossières d'un corps pulvérisé, afin d'obtenir une poudre impalpable. Elle consiste à faire une pâte avec la poudre brute, puis à la délayer dans une grande quantité d'eau qu'on abandonne ensuite au repos dans un vase transparent. Lorsque les parties les plus grossières se sont déposées au fond du vase, on décante la partie liquide qui surnage et on la laisse à son tour dans un repos complet. Les particules solides qu'elle laisse déposer forment alors une poudre impalpable. Ce moyen de pulvérisation, qui ne convient que pour les poudres minérales, est peu usité en pharmacie vétérinaire.

LÉVRE, s. f., *Labium* ou *labrum ;* portions charnues, aplaties, très mobiles, fermant l'orifice de la bouche, et distinguées en inférieure et supérieure, cette dernière se confondant avec le *bout du nez*, et l'inférieure portant un renflement appelé *houppe du menton.* Les lèvres ont pour base le muscle *labial*, recouvert en dehors par une peau fine portant quelques grands poils appelés *moustaches*, et en dedans par la muqueuse buccale couverte d'un épiderme très épais. Leur point de jonction porte le nom de *commissure* et influe, par sa situation, sur le plus ou le moins d'ouverture de la bouche. Une bouche trop fendue laisse remonter le mors près des molaires ; trop peu fendue, elle le rapproche des canines. Les lèvres épaisses diminuent l'impression du mors sur les barres. — La lèvre inférieure est quelquefois *pendante ;* ce défaut paraît se transmettre par génération. — Les lèvres du *bœuf* sont épaisses et peu fendues ; la supérieure se confond avec le *mufle.*—Dans le mouton, la lèvre supérieure est marquée d'un sillon médian, qui, dans le *chameau,* devient complet et sépare la lèvre en deux parties. — *Lèvres de la vulve :* replis de la peau, arrondis, portant quelques rides transversales, et bornant latéralement l'orifice de la vulve. — *Bot.* L'une des deux divisions de la corolle ou du calice bilabié ; l'un des bords du stomate.

LEVURE, s. f., *Spuma cerevisiæ ;* ferment particulier qui prend naissance en grande quantité pendant la fermentation de la bière. Elle paraît formée d'un mélange de bière, de ferment, d'amidon, d'acide carbonique, etc. Pour l'avoir pure, il faut la filtrer à travers une toile, après l'avoir délayée dans quinze à vingt fois son poids d'eau, puis la distribuer en couche mince sur des filtres en papier, pour la faire égoutter et sécher. Telle qu'on la trouve dans les brasseries, elle est sous forme d'une bouillie écumeuse, pultacée, grenue, d'une couleur grisâtre et d'une odeur de bière aigre. Examinée au microscope, la levure présente des globules de $1/100$ à $1/400$ de millimètre, de forme ovoïde, isolés ou groupés les uns aux autres. Desséchée, la levure forme une substance amorphe, dure, d'aspect corné, demi-transparente, d'un gris-rougeâtre ; humectée, elle reprend ses propriétés premières. La levure est un des ferments les plus actifs. Employée sous forme de cataplasme, elle paraît jouir de propriétés résolutives et produire des effets maturatifs, mais elle est peu usitée.

LIANE, s. f. ; nom générique donné à toutes les plantes sarmenteuses, grimpantes, qui enroulent leurs tiges ou leurs rameaux autour d'autres plantes ; ex. : le *lierre,* l'*aristoloche,* etc.

LIBER, s. m., de *liber,* livre ; couches corticales profondes ; elles se composent de feuillets minces qui s'emboîtent, et sont séparés de la surface de l'aubier par du tissu utriculaire générateur. L'enveloppe herbacée les recouvre. Chaque année, une nouvelle couche de liber vient s'ajouter à la face interne de la couche la plus profonde. *V.* ÉCORCE.

LIBÉRIENNE (sous), adj., *V.* ÉCORCE et ENDODERME.

LIBRE, adj., *liber ;* non adhérent, distinct de la base au sommet. *Ovaire, étamines libres.* — La *graine* est libre, quand elle n'est point collée au péricarpe. — Les *cloisons* sont dites libres, lorsqu'elles se détachent des valves ou carpelles au moment de la déhiscence. — *Physiq.* Se dit par opposition de *latent ; calorique libre :* calorique non combiné à la matière, sensible aux sens et au thermomètre, et déterminant la température des corps. *V.* TEMPÉRATURE.

LICHÉNINE, s. f. ; nom donné par Guérin à la substance organique qui forme la base de la gelée de lichen. Soluble dans l'eau chaude, elle est peu soluble dans l'eau tiède, insoluble dans l'alcool. L'acide sulfurique la convertit en sucre et l'acide azotique en acide oxalique.

LICHENS, s. m., *Lichenes :* famille de plantes agames, vivaces, composées d'un *thalle* crustacé, cylindrique ou foliacé, se reproduisant par des sporidies contenues dans des réceptacles ou par des espèces de gemmes cachées sous l'épiderme, et qui, par leur développement, continuent en quelque sorte la plante comme le ferait un bourgeon. Le thalle est la partie végétative, l'organe de nutrition des lichens. Ces plantes ont besoin, pour croître, d'air, de lumière, de chaleur, et surtout de beaucoup d'humidité. On peut les dessécher, les conserver ainsi quelque temps et les faire revivre en leur rendant de l'humidité. Tous les corps, minéraux ou organiques, vivants ou morts, susceptibles de leur fournir un point d'appui, deviennent pour elles un habitat auquel elles n'empruntent rien, car elles sont de faux parasites. — Le nombre des espèces est évalué à 1,000 ou 1,200 ; si leur nombre s'élève à mesure que l'on marche des pôles vers l'équateur, le nombre des individus croît dans un sens contraire. Celles que le renne de la Laponie va chercher sous la neige sont les derniers produits de la végétation dans ces froides contrées. — Tous les lichens contiennent une matière organique gélatineuse, soluble, la *lichénine ;* elle existe en abondance dans le Lichen d'Islande, *Cetracia islandica,* qui remplace dans quelques régions la farine des céréales. Plusieurs espèces sont utiles à l'industrie ; l'*orseille* est extraite des *Rocella tinctoria, faciformis,* du *Lenora parella,* etc. Enfin, la médecine humaine en emploie quelques-unes comme vermifuges, adoucissantes, pectorales, etc.

LICOL ou **LICOU**, s. m., *Capistrum ;* harnais de tête, en cuir ou en corde, servant à attacher les solipèdes à la mangeoire, au poteau, ou à les assujettir. Un licol se compose essentiellement de deux montants, d'un dessus de nez ou muserolle, d'une sous-gorge et d'un anneau auquel se trouve fixée la longe. On distingue le *licol ordinaire* et le *licol de force ;* celui-ci ne diffère du premier que parce qu'il est beaucoup plus fort et plus résistant dans toutes ses parties. Il sert à attacher solidement le cheval, lorsqu'on veut pratiquer une opération, le sujet étant maintenu debout. La longe de ce licol doit être une corde, pour rendre les nœuds plus faciles à délier. Ce moyen d'assujettir le cheval a l'inconvénient de produire des contusions à la nuque, si l'animal tire fortement en arrière pour se défendre.

LIE DE VIN, s. f. ; dépôt pultacé qui se forme dans les vases où séjourne le vin nouveau. Elle est blanche ou rouge selon la couleur du vin qui l'a fournie. Sa composition est fort complexe ; elle contient , d'après Braconnot , de l'eau , de l'alcool , une matière animale , une matière grasse , des tartrates de potasse et de chaux , de l'acide tannique , une matière colorante , jaune ou rouge , selon la couleur de la lie, etc. On en fait parfois des bains résolutifs contre les engorgements des membres des solipèdes.

LIÉGE , s. m., *Suber* ; nom donné à l'écorce du *Quercus suber*. Il est composé de ligneux, appelé *subérine* (*V.* ce mot) par Chevreul, contenant des matières colorantes, astringentes , résineuses , grasses , etc. — L'emploi du liége dans les laboratoires de pharmacie et de chimie est fort étendu. On s'en sert pour boucher les vases et surtout pour ajuster les tubes et les diverses pièces des appareils de chimie.

LIEN, s. m., *ligamen* ; qui sert à *lier* , à attacher ; moyen d'attache pour fixer un animal. — On donne encore le nom de *liens* aux cordes et rubans de fil, qui servent à fixer un bandage.

LIENTERIE , s. f., *Lienteria*, de λειος , poli , et εντερον , intestin ; sorte de diarrhée, dans laquelle les aliments sont rendus à peine élaborés par la digestion. Les anciens attribuaient cet effet à la surface des intestins qui serait devenue tout-à-fait glissante.

LIENTÉRIQUE , adj., *lientericus* ; qui a rapport à la *lienterie*.

LIERRE, s. m., *Hedera*, T. ; genre de la famille des Araliacées. Il se compose d'environ quarante espèces ligneuses : la plus commune est le L. grimpant , *H. helix*, arbrisseau toujours vert, très robuste, à longues tiges grêles, jaunâtres, s'attachant par des crochets au tronc des arbres, aux murailles, qu'elles couvrent de leurs feuilles luisantes et coriaces. Le lierre grimpant vit de longues années et peut acquérir ainsi à sa base un diamètre de un à deux décimètres et couvrir une surface considérable. Ses feuilles sont employées comme antiseptiques et pour panser les cautères ; ses baies sont émétiques et purgatives. Dans les contrées chaudes, il exsude de la tige des vieux lierres une matière résineuse appelée *hédérine* (*V.* ce mot). Le lierre grimpant parait avoir plusieurs variétés. — *Lierre terrestre*, *V.* NEPETA.

LIÈVRE , s. m., *Lepus* ; genre de l'ordre des Rongeurs, dont les caractères principaux sont les suivants : quatre incisives supérieures, inégales et placées sur deux rangs ; deux inférieures ; douze molaires supérieures , dix inférieures ; intérieur de la bouche garni de poils ; pieds velus à cinq doigts antérieurement et quatre aux postérieurs ; queue courte et relevée, cœcum très développé et divisé à l'intérieur par une lame spirale longitudinale ; orbites séparées seulement par une lame osseuse comme dans les oiseaux ; un seul trou pour les deux nerfs optiques, en arrière de cette lame. Le lièvre ordinaire, *L. timidus*, se distingue par son pelage gris fauve nuancé de brun , ses oreilles plus longues que la tête et les pieds de derrière, et une queue de la longueur de la cuisse, blanche, avec une ligne noire en dessus. Le L. lapin, *L. cuniculus*, ressemble assez au lièvre, mais en diffère surtout par ses oreilles plus courtes, et sa queue également plus courte et brune en dessus. A l'état de domesticité , il a donné une foule de variétés ou races, dont les principales sont : le *lapin de clapier*, variant beaucoup pour le pelage, le *lapin riche* , d'un gris brunâtre argenté, et le *lapin d'angora* à poil long , frisé, de différentes nuances. — Le lapin se multiplie très rapidement ; sa gestation n'est que de 30 jours , et la femelle bien nourrie peut faire par an jusqu'à sept portées, allant jusqu'à huit et même dix petits, qui naissent entièrement nuds. Cet animal ne se nourrit que de substances végétales ; il cause de grands préjudices à l'agriculture dans les lieux où il abonde à l'état sauvage. L'élevage bien entendu des lapins de clapier peut procurer de notables bénéfices.

LIGAMENT , s. m., *Ligamentum* , de *ligare*, lier ; nom donné à toutes les parties dont l'usage est de fixer plus ou moins solidement les organes dans des positions données. Le tissu fibreux forme le plus grand nombre des ligaments, ceux surtout qui fixent fortement les organes ; ex. : les *ligaments articulaires*. Les séreuses en forment un grand nombre, qui sont beaucoup plus lâches , ex. : les *mésentères*, les *ligaments larges de l'utérus*, les *ligaments de la vessie*, etc. — *Ligament de Fallope ou de Poupart*: *V.* CRURAL.

LIGAMENTEUX , EUSE , adj., *ligamentosus* ; qui a rapport aux ligaments ou qui est de la nature des ligaments. *Tissu ligamenteux*, *V.* FIBREUX.

LIGATURE , s. f., *Ligatura*, de *ligare*, lier ; lien à l'aide duquel on étreint une tumeur pour en amener la chute, ou un vaisseau divisé pour arrêter l'hémorrhagie qui en résulte. On donne aussi ce nom à l'opération qui consiste à appliquer ce moyen. Par la ligature , on peut remplir les indications suivantes : arrêter les hémorrhagies ; produire l'atrophie d'une tumeur , la cure d'un anévrysme, d'une hernie, des varices. On fait les ligatures avec divers tissus ; les fils de chanvre cirés sont préférés aux autres moyens ; on a essayé les fils métalliques, la soie, les cordes à boyau. Peu importe la forme qu'on leur donne, que les fils soient ronds ou larges, les effets sont les mêmes. Il résulte des expériences de Jones , Béclard , Vacca, que la constriction d'une artère à l'aide d'un fil suffisamment serré, divise les tuniques interne et moyenne de ce vaisseau, qu'elle fronce seulement la tunique externe ou celluleuse ; le même effet n'est pas produit sur les veines. Lorsqu'une artère a été liée, un caillot se forme, depuis la ligature jusque vers la première branche collatérale ; une sécrétion de lymphe plastique fait adhérer ce caillot à la face interne du vaisseau ; plus tard, l'artère est transformée en un cordon fibreux, qui finit par disparaître. La ligature est *immédiate* quand, on ne saisit avec le lien que les parois du vaisseau ; elle est *médiate*, lorsqu'on étreint en même temps une certaine épaisseur des tissus voisins. On préfère la ligature immédiate, la ligature des nerfs et des veines offrant quelques dangers. La ligature *d'attente* est celle qui, placée autour d'une artère, n'est serrée que dans le cas où d'autres ligatures ne suffiraient pas. La ligature *temporaire* est celle qu'on ne maintient que pour un certain temps, dans le but de modérer le cours du sang pendant certaines opérations. — Dans l'*horticulture*, on lie les branches des arbres à la fin de l'hiver ou au milieu de l'été, pour provoquer la *nouure* ou le développement des fruits, ou pour hâter la formation des racines dans les marcottes et les boutures.

LIGNE, s. f., *Linea* ; étendue en longueur, sans largeur ni épaisseur. *Ligne blanche :* cordon fibreux s'étendant depuis l'appendice xiphoïde du sternum jusqu'au tendon commun qui fixe les muscles abdominaux au pubis. La ligne blanche est le point de réunion des aponévroses des muscles *obliques* et *transverses* de l'abdomen ; elle présente, vers ses deux tiers postérieurs, la trace de l'anneau ombilical et concourt à fortifier les parois abdominales. — *Ligne médiane :* ligne suivant laquelle on suppose le corps divisé verticalement, et d'avant en arrière, en deux moitiés égales.

LIGNÉ, ÉE, adj., *lineatus ;* marqué de lignes parallèles, simples, fines, et d'une couleur qui tranche sur la couleur générale. Les nervures latérales produisent quelquefois ces effets sur les feuilles.

LIGNEUX, s. m., de *lignum*, bois. *Lignine, cellulose.* $C^{12} H^{10} O^{10}$. — Principe immédiat neutre, non azoté, insoluble, et formant la base de l'organisation des végétaux. Il existe en grande quantité dans les plantes ligneuses, d'où lui vient son nom. Dans les végétaux herbacés, le tissu cellulaire est formé essentiellement de ligneux qui prend alors le nom de *cellulose ;* dans les parties ligneuses proprement dites, la cellulose est incrustée de matières colorantes, résineuses, grasses, acides, salines, terreuses, etc., et porte plus particulièrement le nom de *ligneux*. Cette substance qui existe presque à l'état de pureté dans le vieux linge, le coton, le papier, s'obtient pure en épuisant de la sciure de bois successivement par l'eau, l'acide chlorhydrique faible, l'alcool bouillant, l'éther, etc. Le ligneux est solide, amorphe, incolore, inodore, insipide, pesant plus que l'eau (1,525), insoluble dans ce liquide, ainsi que dans l'alcool, l'éther, les essences, les huiles, etc. Exposé à l'air

et à l'humidité, le ligneux s'altère lentement, subit une sorte de combustion lente, dégage de l'acide carbonique et laisse un résidu noir, appelé *humus*. Distillé en vase clos, il fournit des produits empyreumatiques et acides, et laisse un résidu charbonneux ; à l'air libre il brûle et ne laisse que des cendres. Torréfié, le ligneux devient soluble et donne avec l'eau une solution mucilagineuse. L'acide sulfurique concentré transforme le ligneux en une substance gommeuse à la température ordinaire, puis la change peu à peu en sucre de raisin. L'acide azotique étendu d'eau change le ligneux en acide oxalique ; concentré ou mélangé à son poids d'acide sulfurique, il forme avec le ligneux un composé très inflammable et détonant comme la poudre ordinaire ; c'est ce qu'on nomme la *xyloïdine* ou *pyroxyline* (*V.* ces mots), et vulgairement la *poudre-coton*. Les solutions alcalines attaquent peu le ligneux ; les alcalis caustiques et solides le détruisent au contraire rapidement. Comme base des bois, des tissus de coton, de chanvre, de lin, du papier, etc., le ligneux est un des produits végétaux les plus importants.

LIGNEUX, EUSE, adj., *lignosus ;* qui a la nature, la consistance, la structure du bois. — *Plantes, végétaux ligneux*, se dit, par opposition à plantes ou végétaux *herbacés*, de ceux dont la tige résistante renferme sous l'écorce un *système ligneux*. — *Couches ligneuses, système ligneux, V.* Bois.

LIGNITE, s. m., de *lignum*, bois. *Bois fossile* ou *bitumineux, jais* ou *jayet, terre d'ombre.* Le lignite est un charbon fossile de formation récente ; aussi, conserve-t-il souvent des traces évidentes d'organisation végétale, d'où lui vient son nom. — Il est composé de charbon, de bitume, d'eau et de matières terreuses, en proportions très variables ; il renferme en outre, le plus ordinairement, du sulfure de fer. On trouve le lignite dans les terrains modernes (tertiaires), où il se forme par la décomposition lente des matières végétales qui y sont enfouies. On trouve des gisements de lignite en France, en Allemagne, en Angleterre, etc. Ce charbon présente trois variétés principales : 1° *Lignites ternes.* Cette variété est la plus récente ; elle est d'un brun noir et présente la texture ligneuse d'une manière très évidente ; elle renferme beaucoup d'*ulmine* (*V.* ce mot) ; parfois même, le bois s'est entièrement changé en ce principe, comme on le voit dans la terre d'ombre ou de Cologne ; 2° *Lignites piciformes.* Ces lignites, comme l'indique leur nom, ont l'aspect de la poix ; ils sont noirs, brillants, d'une cassure conchoïde, et ne présentent plus de trace d'organisation végétale ; ce sont les plus anciens ; aussi se rapprochent-ils de la houille ; 3° *Lignites jayets.* Cette variété de lignites se rapproche beaucoup de la précédente : cependant les jayets sont plus noirs, plus luisants, plus compactes ; ce qui permet de les travailler et de les polir ; ils n'offrent que rarement des traces d'organisation végétale. — Les lignites se comportent au feu et à la distillation à peu près comme la houille ; aussi sont-ils employés comme combustibles, surtout dans l'industrie. Le jayet sert à fabriquer des objets d'ornement pour le deuil. *V.* JAYET.

LIGULE, s. f., *Ligula ;* appendice située à la face interne et au sommet de la gaine des feuilles des Graminées ; la ligule est membraneuse, entière ou dentée, ou formée de poils. — Ce mot est également synonyme de *languette.*

LIGULÉ, ÉE, adj., *ligulatus ;* ayant la forme d'une ligule, c'est-à-dire d'une languette. On donne aux corolles composées d'un demi-fleuron le nom de fleurs *ligulées.*

LIGULIFÈRE, adj., *liguliferus ;* se dit, d'après de Candolle, des fleurs Composées dont les corolles sont devenues ligulées par métamorphose.

LIGULIFLORE, adj., *liguliflorus ;* Cassini appelle ainsi la couronne des fleurs composées, lorsqu'elle résulte d'un ensemble de corolles ligulées.

LIGULIFORME, adj., *liguliformis, V.* LIGULÉ.

LILAS, s. m., *Syringa*, L. ; genre de la famille des Oléacées. Les espèces en petit nombre, sont, pour la plupart, des plantes d'ornement très communes et très belles. Les plus répandues sont le L. commun, *S. vulgaris,* le L. de Perse, *S. Persica* et le L. varin. *L. rothomagensis.*

LILIACÉES, s. f., *Liliaceæ ;* famille de plantes monocotylédones, généralement vivaces, herbacées, frutescentes ou même arborescentes. Les Liliacées ont des tiges le plus souvent simples, feuillées ou non, des feuilles entières planes ou en gouttière, plus ou moins charnues, une racine bulbeuse ou fasciculée, des fleurs hermaphrodites, à périanthe pétaloïde de six pièces dont trois internes, à six étamines et un ovaire à trois loges. Les espèces sont nombreuses et répandues sur toute la surface du globe. Beaucoup d'entre elles sont intéressantes par leurs usages économiques ou médicinaux. Genres principaux ; *Lilium, Aloe, Allium, Scilla, Phormium, Muscari, Asphodelus, Ornithogalum, Hyacinthus, Yucca,* etc.

LIMACE, s. f., *Limax ;* inflammation de la peau de l'intervalle interdigité du bœuf, se propageant au ligament situé dans cet espace. Cette maladie a été nommée *limarcuola* par Toggia. On l'a confondue avec le *fourchet* et le *piétin (V.* ces mots). C'est Favre de Genève qui a le plus contribué à établir le diagnostic différentiel de ces affections. Santin appelle *limace* une maladie des didactyles analogue au javart tendineux, et qui siège dans le coussinet de graisse situé au-dessous du ligament interdigité. Les symptômes de la limace sont la rougeur de la peau qui sépare les onglons, la formation d'une crevasse suivie bientôt de l'ulcération des tissus, et fréquemment un bourbillon qui ne tarde pas à se détacher. Cette affection n'offre des dangers qu'autant qu'elle s'étend aux tissus ligamenteux. Elle n'est pas contagieuse ; elle est produite par la malpropreté, l'action de la terre et des graviers qui se fixent dans l'espace interdigité. Au début, les pédiluves, les lotions émollientes, font avorter la maladie. Dans le cas d'ulcération, Girard indique les pansements avec l'eau-de-vie, l'égyptiac. Fréquemment, la guérison est incomplète ; le bœuf reste boiteux après l'ulcération du ligament interdigité.

LIMAÇON, s. m., *Helix ;* genre de mollusques gastéropodes remarquables par la disposition de leur coquille contournée en spirale. — *Anat.* On appelle *limaçon,* par analogie, l'une des cavités de l'oreille interne, formée par un double canal enroulé comme la coquille du limaçon. L'intérieur du limaçon est divisé par une cloison en deux *rampes* dont l'*externe* ou *supérieure* s'ouvre dans le vestibule et se nomme *vestibulaire ;* l'autre, *interne* ou *inférieure,* aboutit à la fenêtre cochléaire et est appelée *tympanique.*

LIMAILLE, s. f. ; petites particules métalliques provenant de l'action de la *lime* sur les métaux. La *limaille de fer* est un médicament tonique, reconstituant, comme tous les *ferrugineux (V.* ce mot). Son action est surtout rapide, lorsqu'elle a été porphyrisée. La *limaille de cuivre* est d'un usage fréquent dans les laboratoires pour reconnaître les azotates, pour préparer le deutoxyde d'azote, etc.

LIMARCUOLA ; nom donné à la *limace* par Toggia. *V.* LIMACE.

LIMASSURA ; nom donné à la limace par les bergers du Piémont, d'après Favre de Genève. *V.* LIMACE.

LIMBAIRE, adj., *limbarius ;* qui a rapport au limbe.

LIMBE, s. m., *Limbus ;* partie étalée, élargie de la feuille, du sépale et du pétale. On lui donne aussi, dans le premier cas, le nom de *disque,* et dans les autres, celui de *lame.* C'est de la disposition, de la forme, etc., du limbe que dépendent, en général, le mode de préfoliaison et d'estivation, la forme du calice et de la corolle.

LIMOCTONIE, s. f., *Limoctonia,* de λιμός, faim, et κτείνω, je tue ; faim excessive ; inanition.

LIMON, s. m., *Limus ;* dépôt de terre divisée et de débris organiques formé au fond des étangs, des fossés, ou entraîné par les eaux dans les parties déclives des terrains. Les limons doivent être recueillis comme engrais. — On donne aussi ce nom au fruit d'une espèce du genre *Citronnier.*

LIMONADE, s. f. ; nom donné généralement à une boisson acidule composée d'eau, de sucre et de jus de limon (citron), d'où lui vient son nom. Elle n'est point employée pour les animaux. On donne aussi ce nom

au simple mélange des acides minéraux avec
l'eau jusqu'à agréable acidité. — *Limonade
minérale :* eau acidulée par l'acide sulfurique
(*V.* ce mot).— *Limonade oxygénée :* boisson
acidulée par l'acide nitrique. *V.* Acide.

LIMOUSIN (cheval). Il est un des chevaux
français qui ont conservé le plus de traces du
séjour des races orientales dans le midi de la
France , et qui se rapprochent davantage, par
leur conformation et leur aptitude , des chevaux arabes et barbes. Sa taille est peu élevée,
ses membres fins et nerveux, son pâturon
long, son pied petit et bon ; sa tête, un peu
forte peut-être , est allongée et amincie ; ses
oreilles sont longues ; son encolure redressée
porte souvent le coup de hache ; son corps, un
peu étroit antérieurement, a beaucoup de
profondeur ; sa croupe est un peu anguleuse
et inclinée comme celle du mulet ; les jambes
sont sèches et les jarrets évidés. Le cheval
limousin, malgré l'exiguïté regrettable de
son volume, est un brillant et rapide cheval
de selle ; il se fait remarquer par une puissante vitalité, de l'énergie musculaire jointe
à la souplesse et à l'intelligence. Sa croissance
est longue ; son développement n'est complet
qu'à six ou sept ans, surtout quand il est
élevé dans les pacages peu fertiles de son
pays natal ; mais il dure longtemps. Sobre et
robuste , il peut supporter jusqu'au delà de
vingt années de rudes labeurs. On croit avec
raison que la race limousine descend des
chevaux barbes montés par les Barbares qui
ont envahi le midi et le centre de la France
dans les premiers siècles de la Monar-
chie. On lui a reproché son peu de taille ; on
ne peut, en effet, s'expliquer que par cette
circonstance et par un ridicule engouement
pour le cheval anglais, le discrédit et l'abandon dans lesquels est tombée, depuis trente
ans, la précieuse race limousine. La conséquence de cet abandon a été la destruction
presque complète de ces types que nos ancêtres ont vu briller dans les tournois et les
batailles pendant plusieurs siècles, et dont
nos contemporains ont encore admiré la valeur dans les guerres de l'Empire. Les efforts
tentés depuis quelque temps pour relever la
race limousine, la régénérer , ne peuvent conduire tous au même résultat. Les émigrations
des poulains dans les pâturages fertiles du
Poitou sont-elles bien rationnelles ? Le Poitou
paraît constituer un mauvais choix. Peut-on
compter sur les étalons anglais et de demi-
sang ? Mais avec eux, c'est une nouvelle race
que l'on crée, et le temps seul peut la faire
apprécier. — Limousin (bœuf). Taille 1,40 à
1,50 ; robe froment ou rouge et nuances intermédiaires ; corps allongé, arrondi, formant
du garrot à la queue une ligne droite ; épaules
fortes ; tête assez longue et un peu amincie ;
cornes longues, plus minces que dans les
bœufs d'Auvergne ; fanon ample, membres
un peu hauts ; croupe et fesses peu garnies
de muscles. Ces bœufs travaillent et s'engraissent assez bien. — Les caractères qui

précédent se rencontrent le plus souvent dans
les bœufs du Limousin , mais le mélange des
bêtes de l'Auvergne, du Bourbonnais, les
croisements, les font nécessairement varier.
— La vache limousine est petite, mais agile ;
elle est bonne laitière et travaille bien.

LIMOUSINES (vaches) ; septième classe
de vaches laitières dans le *système de classification* de Guénon. Les limousines sont caractérisées par un écusson qui occupe la
partie postérieure des mamelles, et se trouve
surmonté d'un triangle dont la base est toujours moins large que la partie supérieure de
l'écusson, et dont le sommet n'atteint jamais
la vulve. Ce triangle, ainsi que la marque
principale, vont en diminuant, dans les divers ordres, de largeur et de hauteur. Les
trois catégories établies d'après la taille,
donnent, dans le premier ordre, 14, 11 et
8 litres de lait par jour; dans le huitième,
2 litres, 2 litres et 1 litre.

LIMPIDE , adj., *limpidus*, de λαμπειν,
luire , briller ; qui est clair, net, transparent.
— *Liquide limpide :* qui est clair, qui ne
contient aucun corps solide en suspension.
Se dit aussi, par opposition au mot *visqueux*,
pour indiquer des liquides dont les molécules
sont très mobiles, comme l'eau, l'alcool,
l'éther, contrairement aux huiles grasses, à
l'acide sulfurique, dont l'attraction moléculaire est très grande.

LIMPIDITÉ, s. f., *Limpiditas* ; qualité de
ce qui est limpide.

LIN, s. m., *Linum*, L. ; genre de la famille des Linacées. Il se compose de plus de
quatre-vingts espèces herbacées ou sous-frutescentes, à feuilles étroites, à tiges articulées, simples ou dichotomes. La plus importante est le L. commun, *L. usitatissimum*,
plante annuelle originaire de la Perse, introduite vers le XIIIme siècle, de la Flandre,
où elle était cultivée depuis longtemps, en France, où elle remplace des espèces et des variétés
peu connues, employées alors aux mêmes
usages. Le lin, spontané ou subspontané dans
beaucoup de lieux, est cultivé dans presque
toute l'Europe pour la filasse que donne son
écorce, et pour ses graines qui fournissent, par
leur expression, une huile grasse siccative,
par leur écrasement, une farine émolliente,
et par leur décoction, un liquide très mucilagineux. Le lin aime les terres meubles, légères , fertiles, riches en humus ; on le sème
au printemps, à la volée , à la dose moyenne
de 150 kilogrammes par hectare. Les semences
doivent être enterrées peu profondément et
roulées ensuite. Quelques sarclages, quelques
arrosages, si cela est possible , sont les seuls
soins qu'exige cette plante. L'arrachage a
lieu au commencement de l'automne, au moment où les graines sont mûres. Celles-ci ayant
été enlevées par le battage ou à l'aide des
dents serrées d'un rateau, on fait rouir légèrement les tiges pour obtenir la filasse. La
valeur de ce dernier produit est subordonnée
aux qualités du lin, au mode de rouissage,

de teillage, de filature, etc. Les départements du nord et de l'ouest de la France, la Belgique, fournissent des produits recherchés. On distingue plusieurs variétés de lin, entre autres une variété d'hiver. — Le L. vivace, *L. perenne*, peut être cultivé comme plante textile; le L. cathartique, *L. catharticum*, a des feuilles purgatives. — *Pharmac.* Le lin cultivé fournit à la thérapeutique sa graine, qui est essentiellement émolliente et mucilagineuse. Elle est petite, ovale, comprimée, luisante, de couleur puce, inodore, et de saveur mucilagineuse ; elle est formée d'un épisperme membraneux, très chargé de mucilage, et d'une amande intérieure, blanche et très riche en huile grasse siccative. Le mucilage de graine de lin s'obtient aisément en jetant une pincée de graine dans un litre d'eau; il en résulte une solution mucilagineuse qui jouit de grandes propriétés émollientes et diurétiques. On en fait usage dans les phlegmasies franches du tube digestif, dans le cas d'empoisonnement par des substances irritantes ou corrosives, dans l'inflammation des reins, de la vessie, de l'urètre, dans la rétention d'urine, le pissement de sang, etc. — L'huile de lin est peu employée en médecine, si ce n'est dans la confection de quelques préparations antipsoriques. — La graine de lin moulue forme ce qu'on nomme la *farine de graine de lin*, d'un emploi si fréquent en médecine vétérinaire. Délayée dans une grande quantité d'eau, elle forme une solution mucilagineuse trouble qui, passée dans un linge, peut former des breuvages émollients étant édulcorée par le miel, ou d'excellents lavements relâchants. Traitée par l'eau chaude et cuite sur un foyer jusqu'à ce qu'elle ait acquis la consistance d'une pâte molle, la farine de lin forme des cataplasmes essentiellement émollients.

LINACÉES, s. f., *Linaceæ;* famille de plantes dicotylédones, polypétales, hypogynes, formée par de Candolle aux dépens des Caryophyllées. Elle ne se compose que des deux genres : *Linum* et *Radiola*.

LINAIGRETTE, s. f., *Eriophorum*. L. ; genre de la famille des Cypéracées. Il se compose d'espèces herbacées, vivaces, habitant les endroits marécageux, les prairies tourbeuses. Les linaigrettes ne sont broutées que par les ruminants, et seulement lorsqu'elles sont jeunes.

LINAIRE, s. f., *Linaria*, L. ; genre de la famille des Scrophulariacées. Ce genre renferme d'assez nombreuses espèces herbacées, annuelles ou vivaces, originaires principalement des contrées tempérées de l'Europe. Elles présentent souvent le phénomène de la *Pélorie*. Plusieurs d'entre elles sont de jolies plantes d'ornement. La plus répandue est la L. commune, *L. vulgaris*.

LINCOLN (mouton de). Le Lincolnshire possédait autrefois une race ovine remarquable par sa taille, la longueur et le moelleux de sa toison. Cette race, qui habitait une contrée marécageuse, était privée de cornes, avait des formes grossières, peu d'aptitude à s'engraisser et consommait beaucoup. Elle a presque entièrement disparu par son croisement avec des béliers Dishley ; peut-être même aucun troupeau du Lincolnshire ne possède une bête pure de l'ancienne race.

LINÉAIRE, adj., *linearis;* se dit des organes allongés, très étroits, ex. : les feuilles de plusieurs Conifères.

LINGOTIÈRE, s. f. ; petit instrument métallique dans lequel on coule les métaux fondus, les substances salines, pour leur faire acquérir la forme cylindrique. La lingotière pour les métaux est d'une seule pièce et percée de la cavité où doit se mouler le métal. La lingotière dans laquelle on moule le nitrate d'argent fondu, la potasse caustique, est formée de deux pièces pourvues de rainures demi-cylindriques, qu'on serre l'une contre l'autre avec une vis, en faisant correspondre les rainures des deux plaques.

LINGUAL, ALE, adj. et s., *Lingualis*, de *lingua*, langue; qui appartient à la langue. — *Muscle lingual :* Girard décrit sous ce nom la masse charnue qui forme la langue, et dans laquelle viennent se terminer les différents muscles extrinsèques de l'organe. Une dissection minutieuse fait distinguer dans la langue un grand nombre de muscles intrinsèques dont chacun porte le nom de *lingual;* ce sont : le *lingual longitudinal supérieur*, le *longitudinal inférieur*, l'*oblique latéral*, le *transverse*, le *vertical*. — *Artère linguale* ou *dorsale de la langue :* elle naît de la maxillaire externe, dont elle forme la plus grosse branche, et s'étend dans toute la longueur de la langue, en décrivant de nombreuses flexuosités, d'où se détachent des rameaux latéraux pour la substance de l'organe. — *Nerf lingual :* ce nom appartient à trois nerfs provenant de trois paires différentes. Le lingual de la cinquième paire provient de la branche maxillaire; il forme un gros cordon aplati qui s'enfonce dans la langue, entre les muscles hyo-glosse et kérato-glosse, et accompagne l'artère. Ce nerf préside à la sensibilité de l'organe. Le *lingual* de la neuvième paire forme un cordon peu volumineux qui termine le glosso-pharyngien et s'enfonce dans la base de la langue. Le *lingual* de la douzième paire, destiné au mouvement, est un très gros cordon aplati qui s'enfonce dans la langue, et la suit dans sa longueur, en décrivant comme celui de la cinquième paire des flexuosités qui se redressent lors de la protraction de l'organe.

LINGUIFORME, adj., *linguiformis*, de *lingua*, langue, et *forma*, forme; en forme de langue, allongé, un peu épais, et atténué brièvement à l'une des extrémités ; ex. : les feuilles du *Cynoglossum*, du *Mesembryanthemum linguiforme*.

LINIMENT, s. m., *Linimentum*, de

linire, oindre, adoucir. — Préparation magistrale, liquide, de la classe des topiques, qu'on emploie sur la peau, en frictions, pour remplir diverses indications thérapeutiques. Leur composition est extrèmement variable, ainsi que leur mode de préparation. Les huiles grasses et volatiles, le savon, l'alcool, sont les principes les plus ordinaires des liniments ; on y fait entrer souvent aussi le camphre, l'opium, les cantharides, le sulfure de potasse, diverses teintures, etc. — On prescrit les liniments pour assouplir la peau, calmer des douleurs vives, ramener la sensibilité dans les parties paralysées, dissiper les engorgements glandulaires ou autres, guérir les affections de la peau, produire un effet révulsif, etc. — Les formules suivantes sont les plus usitées.

Liniment ammoniacal simple : ♃ huile d'olives, 125 grammes ; ammoniaque liquide, 32 grammes ; mettez les deux liquides dans un flacon, remuez vivement et tenez le vase bouché. Irritant et résolutif employé pour dissiper les engorgements indolents et ceux des tendons et des articulations, pour panser les plaies gangreneuses ; dans ce dernier cas, on y ajoute parfois du camphre.

Liniment antipsorique n° 1 ; ♃ savon vert, goudron, parties égales ; mélangez exactement par trituration. Contre la gale du cheval.

Liniment antipsorique n° 2 ; ♃ huile de lin ou de noix, 128 grammes ; pommade de nitrate de mercure, 32 grammes ; faites fondre au bain-marie et remuez jusqu'à refroidissement du mélange.

Liniment antipsorique de Jadelot ; ♃ huile d'olives, 320 grammes; savon blanc, 125 grammes; sulfure de potasse, 64 grammes ; dissolvez le savon et le sulfure de potasse dans une petite quantité d'eau, et mêlez à l'huile par trituration.

Liniment antipsorique de Vatel ; ♃ savon vert, 128 grammes ; sulfure de potasse, 32 grammes ; pulvérisez le sulfure et mêlez par trituration.

Liniment calcaire ; ♃ eau de chaux, 250 grammes; huile d'olives, 32 grammes ; mettez les deux liquides dans un vase et remuez. Employé contre les brûlures et les inflammations vives de la peau.

Liniment cantharidé camphré ; ♃ huile d'olives, 125 grammes ; savon, 32 grammes ; teinture de cantharides, 32 grammes ; camphre, 4 grammes ; dissolvez le camphre dans l'huile, et le savon dans la teinture de cantharides, et mêlez les deux liquides. Résolutif, rubéfiant et anti-septique.

Liniment dessiccatif (*Delabère-blaine*) ; ♃ sous-acétate de cuivre, 64 grammes ; goudron, 125 grammes; savon vert, 64 grammes ; pulvérisez le sel et mélangez-le par trituration au savon et au goudron. Bon contre la gale du cheval, les crevasses des extrémités, etc.

Liniment excitant résolutif ; ♃ savon blanc, 32 grammes ; sel ammoniac, 16 grammes ; alcool à 22° ou eau-de-vie, 125 grammes; faites dissoudre le savon dans l'alcool, puis ajoutez-y le sel. Employé contre les engorgements froids, les cors, etc.

Liniment irritant de Pott ; ♃ essence de térébenthine, 64 grammes ; acide chlorhydrique, 32 grammes ; mélangez les deux liquides. Irritant et caustique ; bon contre le piétin, le crapaud, les anciennes crevasses, etc.

Liniment narcotique simple ; ♃ huile d'olives, 125 grammes; laudanum, 64 grammes; mêlez. Anodin et calmant.

Liniment savonneux opiacé ; ♃ huile d'olives, 125 grammes; teinture d'opium, 64 grammes; savon blanc, 16 grammes; dissolvez le savon dans la teinture, et mélangez exactement avec l'huile.

Liniment savonneux simple ; ♃ teinture de savon, 32 grammes; huile d'olives, 4 grammes; alcool à 32°, 32 grammes ; mêlez exactement.

LIONDENT, s. m., *Leontodon*, L. ; genre de la famille des Composées. Les espèces de ce genre, assez nombreuses, sont des plantes herbacées, vivaces, à feuilles toutes radicales, amères, toniques, et croissant principalement dans les prairies de montagne. Elles sont précoces, durent longtemps et conviennent surtout pour être mangées en vert. Les herbivores, et notamment les bœufs, les recherchent; on les croit propres à faire donner du lait. Les espèces principales sont les *L. hirtum, squamosum, autumnale, crispum*, etc.

LIPAROCÈLE, s. f., *Liparocele*, de λιπαρός, gras, et κήλη, tumeur ; *tumeur graisseuse* du scrotum; *lipôme* du scrotum.

LIPAROIDE, s. m., de λιπαρός, gras, et εἶδος, ressemblance ; nom générique par lequel Béral désigne les préparations pharmaceutiques formées par les graisses avec les huiles et la cire.

LIPAROLÉ, s. m.; nom que Béral donne aux préparations pharmaceutiques formées par l'axonge et divers principes médicamenteux. Elles portent plus particulièrement le nom de *pommades* (*V*. ce mot).

LIPAROLIQUE, adj.; épithète donnée par Béral à toutes les préparations pharmaceutiques qui ont les corps gras pour excipient ; ex. : les pommades, les onguents, etc.

LIPOME, s. f., *Lipoma*, de λίπος, graisse; tumeur formée par l'accumulation de la graisse dans le tissu cellulaire ; c'est une des variétés de la loupe non enkystée. Les causes de cette affection sont peu connues ; c'est au froissement, à la pression qu'on rapporte le plus souvent la formation du lipôme. Il se développe sur diverses parties du corps, principalement sous le ventre, autour des ouvertures naturelles. On l'observe plus souvent sur le chien et le mouton que sur les autres animaux. Les moyens de traitement sont chirurgicaux; ce sont la ligature et l'extirpation.

LIPOPSYCHIE, s. f., *Lipopsychia*, de

λειπειν, manquer, et ψυχη, vie; synonyme de *lipothymie*, de *syncope*.

LIPOTHYMIE, s. f., *Lipothymia*, de λειπειν, manquer, et θυμος, âme; perte subite des forces, défaillance. Ce mot est employé comme synonyme de *syncope*; il a cependant une signification différente. Il y a, dans la lipothymie, perte instantanée du sentiment et du mouvement, tandis que, dans la syncope, il y a, de plus, suspension de la circulation et de la respiration.

LIPPITUDE, s. f., *Lippitudo*, de *lippitudo*, lessive; écoulement abondant de chassie due à une sécrétion surabondante des glandes de Meibomius. C'est un symptôme de l'ophthalmie, de la blépharite; on l'observe aussi pendant quelques affections catarrhales, surtout dans la maladie des chiens.

LIPYRIE, s. f., *Lipyria*, de λειπειν, manquer, et πυρ, feu, chaleur; sorte de fièvre continue, avec une chaleur extrême au dedans et du froid au dehors.

LIQUATION, s. f., *Liquatio*; nom d'une opération métallurgique employée pour séparer l'argent du cuivre. Elle consiste à combiner le cuivre argentifère avec une certaine quantité de plomb, et à chauffer ensuite la masse à une température suffisante pour fondre le plomb sans produire la fusion du cuivre. Le plomb, entraîne l'argent qu'on en sépare ensuite par la *coupellation* (*V.* ce mot).

LIQUÉFACTION, s. f., *Liquefactio*, de *liquefacere*, faire fondre; transformation des solides en liquides par l'action de la chaleur. *V.* Fusion.

LIQUÉFIABLE, adj., *liquefiabilis*; qui est susceptible de fondre et de passer à l'état liquide; c'est le cas de tous les corps fusibles, excepté l'iode, l'arsenic, qui passent directement de l'état solide à l'état aériforme.

LIQUEUR, s. f., *Liquor*; ce nom est donné vulgairement aux liquides alcooliques sucrés ou non. En chimie et en pharmacie, on l'emploie souvent pour désigner d'une manière vague certains liquides qui ne se prêtent pas à une classification régulière. Les noms suivants indiquent, parmi ces liquides, les plus importants:

Liqueur anodine d'Offmann; ♃ éther sulfurique et alcool à 36⁰, P. E.; agitez dans un flacon que vous tiendrez ensuite exactement bouché. Propriétés et doses semblables à celles de l'éther.

Liqueur arsénicale de Fowler; ♃ acide arsénieux, 5 grammes; carbonate de potasse, 5 grammes; eau ordinaire. 500 grammes; pulvérisez l'acide arsénieux et le carbonate de potasse; faites bouillir avec l'eau jusqu'à dissolution complète; laissez refroidir, filtrez et conservez pour l'usage. Elle se donne à l'intérieur contre les gales invétérées de tous les animaux.

Liqueur arsénicale de Pearson; ♃ arséniate de soude, 5 centigrammes; eau distillée, 32 grammes. Employée dans les mêmes cas que la précédente.

Liqueur de Cadet. Alcarsine; liquide particulier qu'on obtient en distillant un mélange d'acétate de potasse et d'acide arsénieux.

Liqueur des cailloux; solution aqueuse de silicate de potasse, qu'on obtient en fondant ensemble dans un creuset 1 p. de silice et 3 p. de potasse hydratée, ou 4 à 5 p. de carbonate de potasse.

Liqueur fumante de Boyle, *V.* Sulfhydrate d'ammoniaque.

Liqueur fumante de Libavius, *V.* Deutochlorure d'étain.

Liqueur des Hollandais; produit huileux qui se forme par l'action du chlore sur l'*hydrogène bicarboné* (*V.* ce mot).

Liqueur de Labarraque, *V.* Hypochlorite de soude.

Liqueur de Lampadius, *V.* Sulfure de carbone.

Liqueur de Mercier; ♃ essence de térébenthine, 4 parties; acide sulfurique, 1 p.; mettez l'essence dans une terrine reposant sur de l'eau froide; ajoutez peu à peu, et par petites parties, l'acide sulfurique; laissez refroidir et conservez dans des vases bouchés à l'émeri. Préconisée par l'auteur contre la fourchette pourrie, le crapaud, le piétin, les eaux aux jambes, la crapaudine, les vieilles crevasses, etc., elle paraît jouir de quelque efficacité dans ces différents cas.

Liqueur de Van-Swiéten; ♃ sublimé corrosif, 1 gramme; eau distillée, 1000 grammes; alcool à 36⁰, 100 grammes; dissolvez le sublimé dans l'alcool et mêlez à l'eau distillée. Elle se donne à l'intérieur à titre de fondant.

Liqueur de Van-Swiéten *réformée* (Mialhe); ♃ eau distillée, 500 grammes; sel ammoniac, sel marin, ana 1 gramme; bichlorure de mercure, 0,50 grammes.

Liqueur de Veyret; ♃ vinaigre blanc, 80 p.; Deutosulfate de cuivre, 10 p.; acide sulfurique concentré, 12 p.; dissolvez le sel dans le vinaigre, ajoutez l'acide et remuez. Employée contre le piétin, le crapaud, les crevasses, etc.

Liqueur de Villatte; ♃ sous-acétate de plomb liquide, 125 grammes; sulfate de zinc, 64 grammes; sulfate de cuivre, 64 grammes; vinaigre blanc, 1 litre. Dissolvez les sels dans le vinaigre, et ajoutez peu à peu l'extrait de saturne. Employée à l'extérieur sur les plaies profondes du garrot et de l'encolure avec carie du ligament cervical. Préconisée par Mariage contre le javart cartilagineux des solipèdes, cette préparation réussit dans la majorité des cas et dispense de l'opération si grave qu'on emploie pour détruire cette carie.

LIQUIDAMBAR, s. m., *Liquidambar*, L.; genre de la famille des Balsamifluées. Il se compose d'arbres résineux croissant en Amérique, dans l'Inde, etc. Presque tous fournissent des matières balsamiques désignées sous le nom générique de *styrax li-*

quide. L'espèce principale est le *L. Styraci-flua.* — *Pharmac.*, *V.* STYRAX.

LIQUIDES, s. et adj., *Liquidi; Fluides incompressibles*; on donne ce nom à une classe de corps caractérisés principalement par leur grande mobilité moléculaire; de ce caractère essentiel découlent les propriétés suivantes : 1° les corps liquides n'ont pas de *forme* propre et permanente; celle qu'ils revêtent momentanément est entièrement sous la dépendance des circonstances extérieures qui les environnent: 2° leurs molécules, quoique aussi rapprochées en apparence que celles des solides, n'adhèrent que faiblement entre elles; en sorte que l'action de la pesanteur, l'influence attractive d'un corps solide, suffisent presque toujours pour les désunir; 3° cette faible adhérence de leurs molécules permet aux liquides de se prêter à toutes les formes possibles, de couler en filets ou en gouttes, de s'insinuer dans les interstices des solides, etc.; 4° leur substance est, dans toute la masse, d'une homogénéité parfaite; 5° leur compressibilité est à peu près nulle. Leurs autres caractères varient beaucoup. On divise les liquides en deux catégories : les *liquides limpides* et les *liquides visqueux;* les premiers sont parfaitement transparents et jouissent d'une grande mobilité moléculaire, ex.: l'eau, l'alcool, l'éther; les seconds sont remarquables par l'adhérence de leurs molécules qui ne prennent que difficilement la forme sphérique; ex.: huiles grasses, solutions mucilagineuses, acide sulfurique, etc.

LIQUIDITÉ, s. f., *Liquiditas;* état des corps liquides.

LIS, s. m., *Lilium*, L.; genre de la famille des Liliacées. Il se compose de 30 ou 35 espèces presque toutes cultivées comme plantes d'agrément. On connaît la beauté du lis blanc, *L. candidum;* ses fleurs servent à préparer une eau aromatique antispasmodique. Cuits sous la cendre, les bulbes des lis sont émollients, anodins et maturatifs.

LISERON, s. m., *Convolvulus*, T.; genre de la famille des Convolvulacées. Les espèces, au nombre d'environ 120, sont annuelles ou vivaces, herbacées ou sous-frutescentes. Il en est qui intéressent la thérapeutique; ex. : le *L. scammonée;* d'autres sont des plantes d'ornement, ex.: les *L. tricolore*, *sativé*, etc. Les espèces *sepium*, *arvensis*, *cantabrica*, sont des plantes à longues tiges grêles, volubiles, à racines profondes, vivaces; elles croissent dans les champs, dans les vignes, d'où il est quelquefois difficile de les extirper. Les bestiaux et surtout le cheval et le bœuf les recherchent.

LISIER, s. m.; liquide provenant du mélange des urines et des excréments des animaux, recueilli dans des fosses creusées sous le sol des étables ou au-dehors, et couvertes pour empêcher la fermentation et l'évaporation. La capacité des réservoirs à lisier varie selon le nombre des animaux, la disposition des lieux, etc.; il en est d'assez grands pour recevoir tout le liquide produit en six mois. En général, le premier trou à lisier communique avec un second réservoir, à l'aide d'une écluse que l'on peut ouvrir ou fermer pour opérer une décantation toujours nécessaire. C'est là que le lisier subit la fermentation qui doit le rendre propre à être employé sur les cultures et surtout sur les prairies.

LISIÈRES (Vaches). Deuxième classe de vaches laitières, dans le *système de classification* de Guénon. Les lisières sont caractérisées par un écusson qui s'élève, dans le premier ordre, des mamelles jusqu'à la vulve, sous forme d'une bande étroite comme une *lisière*, sans écussons latéraux, et va, en s'abaissant successivement dans les différents ordres, jusqu'au huitième, où la marque est à peine visible au dessus du pis. Les trois catégories, établies d'après la taille, donnent, dans le premier ordre, 18, 14 et 10 litres de lait par jour; dans le huitième, 4 litres, 3 litres et 1 litre.

LISSE, adj., *levigatus*, *levis;* uni, sans protubérances ni sillons, sans poils, ni épines, ni glandes, etc.

LISTE, s. f., *Lista;* bande, bandeau; bande blanche située à la partie antérieure de la tête, occupant le front et le chanfrein. La liste, par ses dimensions, par ses déviations à droite ou à gauche, ses mouchetures, etc. est un excellent caractère à recueillir pour l'établissement du signalement.

LITHAGOGUE, s. et adj., *Lithagogus,* de λίθος, pierre, et ἄγω, chasser; nom donné aux médicaments capables de dissoudre et d'expulser les calculs de la vessie.

LITHARGE, s. f., *Lithargyrum*, de λίθος, pierre, et ἄργυρος, argent; nom donné vulgairement au protoxyde de plomb fondu. *V.* OXYDE.

LITHIASE, **LITHIASIE**, **LITHIASIS**, s. f., *Lithiasis*, de λίθος, pierre; formation des calculs urinaires. — Développement de petites concrétions dans le tissu des paupières. *V.* CALCULS.

LITHIASIQUE, adj., *lithiasicus;* qui a rapport à la lithiase.

LITHINE, s. f., *Oxide de lithium.* Li O, H O. Cet oxyde hydraté, de la première section, a été découvert par Arfwedson, en 1818, dans quelques minerais de la Suède, notamment dans la *pétalite*. La lithine est solide, blanche, inodore, de saveur âcre et caustique comme les autres alcalis, verdissant les couleurs végétales. Exposée à l'air, elle se carbonate, mais n'attire pas l'humidité atmosphérique. La lithine est indécomposable au feu; chauffée dans un creuset de platine, elle attaque fortement le métal. Sa solubilité dans l'eau est faible comparativement à celle de la potasse et de la soude; il en est de même de son carbonate qui est à peine soluble. La lithine se distingue de la potasse en ce qu'elle ne précipite pas par le bichlorure de platine.

LITHIQUE, adj., *lithicus;* nom donné à l'acide *urique*, parce qu'il constitue quelques pierres ou calculs de la vessie. *V.* ACIDE URIQUE.

LITHIUM, s. m., de λιθος, pierre. Li, Eq. 80, 37.; métal de la première section, formant la base de la lithine et présentant avec le sodium beaucoup d'analogie. Il est encore peu connu, parce qu'on ne peut l'obtenir qu'en petite quantité.

LITHOCÉNOSE, s. f., *Lithocenosis*, de λιθος, pierre, et κενωσις, évacuation; évacuation par l'urètre des fragments d'un calcul vésical qui a été morcelé. Terme inusité.

LITHOCLASTE, s. m., de λιθος, pierre, et κλαειν, écraser; instrument usité en chirurgie humaine pour la lithotritie.

LITHOCLASTIE, s. f., *Lithoclastia*, de λιθος, pierre, et κλαειν, rompre; opération qui consiste à briser les calculs vésicaux en fragments d'un petit volume, qui peuvent sortir par l'urètre. Synonyme de *lithotritie*.

LITHODIALYSE, s. f., *Lithodialysis*, de λιθος, pierre, et διαλυσις, dissolution; traitement qui consiste à faire dissoudre les calculs dans la vessie.

LITHODRASSIQUE, adj., *lithodrassicus*, de λιθος, pierre, et δρασσειν, saisir; épithète donnée à un instrument employé pour saisir le calcul dans la lithotritie.

LITHOLABE, s. m., *Litholabus*, de λιθος, pierre, et λαμβανειν, saisir; pincette pour saisir la pierre dans l'opération de la taille.

LITHOMYLIE, s. f., *Lithomylia*, de λιθος, pierre, et μυλη, meule; action de moudre, de broyer les calculs dans la vessie. Synonyme de *lithotritie*.

LITHONTRIPTIQUE, s. et adj., *Lithontripticus*, de λιθος, pierre, et τριψις, broiement; épithète donnée aux médicaments propres à dissoudre les calculs de la vessie. Aucun ne mérite ce nom dans tous les cas, puisque la nature chimique de ces calculs varie.

LITHOPRINIE, s. f., *Lithoprinia*, de λιθος, pierre, et πριειν, scier; action de scier les calculs dans la vessie. Cette opération n'a jamais pu être exécutée.

LITHOPRIONE, s. m., *Lithoprionus*, de λιθος, pierre, et πριων, scie; nom donné à un instrument proposé pour la lithotritie.

LITHORINEUR, s. m., de λιθος, pierre, et ρινειν, limer; instrument proposé pour limer la pierre dans la vessie.

LITHOTOME, s. m., *Lithotomus*, de λιθος, pierre, et τομη, section; instrument tranchant employé pour l'opération de la taille. *V.* CYSTOTOME.

LITHOTOMIE, s. f., *Lithotomia*, de λιθος, pierre, et τομη, section; opération qui consiste à extraire un calcul de la vessie par l'incision du canal de l'urètre. *V.* CYSTOTOMIE.

LITHOTOMISTE, s. m.: chirurgien qui s'occupe particulièrement de l'opération de la taille.

LITHOTRÉSIE, s. f., *Lithotresia*, de λιθος, pierre, et τρησις, action de trouer; action de percer la pierre ou le calcul dans la vessie, pour en faciliter le broiement. Cette opération n'a pas été essayée sur les animaux.

LITHOTRIPSIE, s. f., *Lithotripsia*, de λιθος, pierre, et τριψις, broiement; opération qui consiste à broyer la pierre dans la vessie. Synonyme de *lithotritie*.

LITHOTRITEUR, s. m.; instrument inventé pour broyer la pierre dans la vessie; chirurgien qui pratique la lithotritie.

LITHOTRITIE, s. f., *Lithotritia*, de λιθος, pierre, et *terere*, broyer; opération qui consiste à broyer, à diviser les calculs dans la vessie, pour les réduire en petits fragments qui puissent traverser le canal de l'urètre. Cette opération n'a pas été tentée sur les animaux.

LITIÈRE, s. f., *Stramentum;* corps sec, poreux, plus ou moins divisé, placé sur le sol des écuries et étables pour protéger les animaux contre le froid, favoriser leur repos, absorber les excréments liquides, etc. Les pailles ou fanes desséchées sont les substances le plus généralement employées en litière; celles des céréales, riches en silice, en potasse et en magnésie, sont d'un usage journalier; leur emploi, au point de vue des engrais, est cependant moins avantageux que celui des fanes de colza, de sarrasin, de fève, de lentilles, de pois, qui renferment, avec beaucoup de phosphates terreux, plus d'azote. La quantité de litière à employer est évaluée, en moyenne, au $\frac{1}{3}$ de la ration, mais elle doit être subordonnée à l'état de la substance, à son pouvoir absorbant, à l'espèce des animaux, dont les excréments sont consistants ou mous, desséchés ou aqueux, à la quantité des urines évacuées, aux aliments qui sont secs ou verts et aqueux, à la manière dont les fumiers sont recueillis, au genre d'engrais que l'on veut obtenir. Quand on emploie comme litière des pailles de bonne qualité, il y a avantage à les faire passer par le ratelier. — C'est une erreur de croire que la litière doit être enlevée tous les jours; c'en est une plus préjudiciable encore de supposer qu'elle peut se pourrir impunément sous les pieds des animaux. Le temps qu'elle doit y rester est variable selon les circonstances indiquées plus haut. Dans tous les cas, on doit en ajouter chaque jour et ne jamais la laisser accumuler plus de huit à quinze jours sous les solipèdes et les grands ruminants. — On peut employer comme litière, à défaut des matières précitées, les feuilles d'arbres sèches, les balles de céréales, les roseaux, les fougères, la sciure de bois, le gazon, la tourbe, le sable, et surtout la terre desséchée. *V.* ENGRAIS et FUMIER.

LITTORAL, ALE, adj., *littoralis :* se dit des plantes qui croissent au bord des eaux.

LIVÈCHE, s. f., *Levisticum*. Koch.;

genre de la famille des Ombellifères. Il ne se compose que de la L. officinale, *L. officinale*, Koch., *Ligusticum levisticum*, L., plante des contrées tempérées de l'Europe, assez commune sur les versants des Alpes et des Pyrénées. Son odeur et sa saveur prononcées la font dédaigner des bestiaux. Ses racines et ses fruits sont excitants et diurétiques.

LIVRET. *Bot.* Synonyme de *liber*. Peu usité.

LIXIVIATION, s. f., *Lixiviatio*, de *lixivium*, lessive. *Méthode de déplacement.* On a donné d'abord ce nom à l'opération qui consiste à enlever les sels solubles des cendres en faisant filtrer dans leur masse une certaine quantité d'eau chaude; son acception est aujourd'hui plus étendue; il s'applique à toute opération industrielle ou pharmaceutique dans laquelle on épuise une substance quelconque de ses principes solubles en faisant passer à travers, de haut en bas, un liquide susceptible de les dissoudre. Les véhicules les plus ordinaires de cette opération, au point de vue pharmaceutique, sont l'eau, l'alcool, le vin, l'éther, le vinaigre, etc. ; les substances sont pulvérulentes et presque toujours d'origine végétale. L'appareil employé, et qui varie infiniment, consiste essentiellement en un tube creux en verre ou en métal, ouvert par ses deux extrémités, disposé verticalement et entrant par son extrémité inférieure, de forme conique, dans le goulot d'un flacon ou d'une carafe. Pour disposer l'appareil, on place dans le fond du tube un corps poreux susceptible d'arrêter la substance à épuiser, sans mettre obstacle à l'écoulement du liquide. Celui-ci est versé peu à peu sur la poudre légèrement tassée et passe lentement dans le récipient inférieur, qui ne doit pas être exactement clos, pour que l'air puisse s'échapper à mesure qu'il est remplacé par le liquide qui tombe. Cette opération, qui est maintenant très employée dans les arts et la pharmacie, est fondée essentiellement sur la superposition des liquides de densité différente; en sorte que, dans cet appareil, c'est toujours le liquide le plus chargé qui occupe la partie inférieure et qui s'échappe le premier.

LIXIVIAL ou **LIXIVIEL**, adj., *lixivialis*; épithète qu'on donnait autrefois aux sels qu'on obtenait par lixiviation des cendres des végétaux.

LOAM, s. m.; nom donné par les agronomes à une terre arable dans laquelle les principaux éléments des sols, silice, calcaire, argile et terreau, se trouvent associés en de bonnes proportions. Les vrais loams renferment au moins 10 % de silice et autant d'argile; ils présentent toutes les conditions désirables d'ameublissement, d'hygroscopicité, de puissance et de fertilité; ils sont faciles à travailler en toute saison, et conviennent aux riches cultures céréales et industrielles. Les bons loams n'ont ordinairement besoin ni de marnage, ni de plâtrage; ils constituent ce

qu'en France on appelle *terres franches*. Un loam riche a donné à l'analyse: calcaire, 43,5; argile, 32,5; silice, 20,0; terreau, 4,0. Lorsque la silice ou l'argile prédominent sensiblement, les loams sont dits *inconsistants* ou *ténaces*.

LOASÉES, s. f., *Loaseæ*; famille de plantes dicotylédones, polypétales, périgynes, herbacées, souvent grimpantes et hérissées de poils piquants, toutes originaires du Nouveau-Monde. Genres: *Loasa, Acrolasia*, etc.

LOBAIRE, adj.; qui appartient aux lobes. — *Artères lobaires*: elles portent aussi le nom d'artères cérébrales. *V.* CÉRÉBRAL.

LOBE, s. m., *Lobus*; portion détachée et saillante d'un organe; ex.: *lobes du poumon, du foie, du cerveau*, etc. — *Bot.* Division arrondie d'un organe aplati ou de toute autre configuration. Beaucoup de feuilles sont plus ou moins profondément *lobées*.

LOBÉ, ÉE, adj., *lobatus*; partagé en deux ou en un plus grand nombre de lobes. On dit, lorsqu'on veut exprimer le chiffre exact de ceux-ci, *bilobé, trilobé*, etc. Quand les lobes sont nombreux et indéterminés, on dit *pluri* ou *multilobé*.

LOBÉLIACÉES, s. f., *Lobeliaceæ*; famille de plantes dicotylédones, monopétales, périgynes, formant encore aujourd'hui, pour quelques botanistes, une section des Campanulacées. Les Lobéliacées sont des végétaux herbacés ou frutescents, à suc âcre et narcotique, et plus répandus dans les régions chaudes que partout ailleurs. Genres: *Centropogon, Isolobus, Lobelia*, etc.

LOBULE, s. m.: diminutif de *lobe* (*V.* ce mot). — *Bot.* Cotylédon rudimentaire.

LOCHIES, s. f. pl., *Lochiæ*, de λοχος, femme en couche; évacuations qui suivent l'accouchement. Mot inusité en vétérinaire.

LOCHIORRHAGIE, s. f., *Lochiorrhagia*, de λοχεια, lochie, et ρηγνυμι, je coule avec force; écoulement immodéré des lochies.

LOCHIORRHÉE, s. f., *Lochiorrhœa*; de λοχεια, lochie, et ρεω, couler; écoulement des lochies.

LOCOMOTEUR, TRICE, adj., de *locomovere*, changer de place; destiné à la locomotion; ex.; *appareil locomoteur, puissances locomotrices*, etc.

LOCOMOTION, s. f., *Locomotio*; fonction par laquelle les animaux se transportent d'un lieu dans un autre. La locomotion établit une différence bien tranchée entre les animaux et les végétaux, car on ne peut regarder comme un changement de lieu les mouvements que l'on remarque dans quelques plantes. La cause première des mouvements des animaux réside dans l'encéphale. Les muscles en sont les organes actifs et les produisent en agissant sur les pièces osseuses qui composent le squelette et qui constituent une série de leviers. Les mouvements produits par l'appareil locomoteur varient beaucoup par leur étendue et leur rapidité dans les divers modes de progression, que l'on désigne sous le nom d'*allures* (*V.* ce mot).

LOCOMOTIVITÉ, s. f., *Locomotivitas;* faculté de se mouvoir.

LOCULAIRE, adj., *locularis;* divisé en loges ou compartiments. Ce mot ne s'emploie que précédé d'un autre mot indiquant d'une manière précise ou générale le nombre des loges; on dit alors *uni*, *bi*, *tri*, *quadri*, *pluri* ou *multiloculaire*.

LOCULÉ, adj., *loculatus;* divisé en plusieurs loges.

LOCULEUX, EUSE, *loculosus;* synonyme de *loculé*.

LOCULICIDE, adj., *loculicidus;* se dit de la déhiscence quand elle se fait au milieu des loges, à égale distance des cloisons; ex.: les *éricacées*.

LOCUSTE, s. m., *Locusta;* synonyme d'*épillet*.

LODICULE, s. f., *Lodicula;* enveloppe la plus intérieure de la fleur graminée. Elle se compose de deux ou trois écailles. C'est la *corolle* de Jussieu, la *glumelle* de Richard, la *glumellule* de Desvaux, l'*écaille* de Linné. La lodicule n'existe pas toujours.

LOGANIACÉES, s. f., *Loganiaceæ;* famille de plantes dicotylédones, monopétales, hypogynes, distraites par R. Brown des Apocynées et des Rubiacées. Les espèces qui la composent sont herbacées, frutescentes ou arborescentes, et croissent principalement sous les tropiques. Quelques-unes sont remarquables par les principes vénéneux qu'elles renferment; ex.: *Strychnos*, *Curare*, *Ignatia*, etc.

LOGE, s. f., *Loculamentum;* cavité, compartiment simple ou multiple, constituant ou occupant l'intérieur des anthères, des fruits, et renfermant le pollen ou les graines. Les loges sont tapissées par une membrane qui reçoit un nom particulier selon l'organe où elles se trouvent, et sont séparées les unes des autres par des cloisons vraies ou fausses, complètes ou incomplètes. *V.* LOCULAIRE.

LOGEMENT, *V.* HABITATION.

LOI, s. f., *Lex.:* on appelle ainsi, en physique, un rapport constant et invariable entre les phénomènes ou entre les diverses phases d'un même phénomène. — *Loi de Mariotte:* cette loi se rapporte au volume des gaz relativement aux pressions qu'ils supportent; elle s'énonce ainsi: *Les volumes des gaz sont en raison inverse des pressions.* En sorte que, si le volume de l'air est 1 sous la pression ordinaire de l'atmosphère, il ne sera plus que $\frac{1}{2}$ sous la pression de 2 atmosphères, de $\frac{1}{3}$ sous celle de 3 atmosphères, etc. — Cette loi a été reconnue exacte au-dessous de la pression normale, et au-dessus jusqu'à celle de 27 atmosphères, mais seulement pour les gaz permanents, car les gaz coërcibles et les vapeurs s'éloignent de cette loi dès qu'ils arrivent à leur point de condensation. — *Lois de l'attraction*, *V.* ce mot. *Lois de la chute des corps*, *V.* CHUTE, etc.

LOIMOGRAPHIE, s. f., *Loïmographia*, de λοιμος, peste, et γραφειν, décrire; description de la peste et des maladies contagieuses.

LOMBAGO, s. m., *Lumbago*, de *lumbi*, lombes; douleur dans la région lombaire. On a confondu sous ce nom plusieurs affections de nature différente; pour les uns, c'est une inflammation musculaire, siégeant dans les muscles psoas, ou dans les muscles fessiers; pour d'autres, c'est un rhumatisme; enfin, on l'a considéré comme une névralgie. Ces différentes opinions peuvent être également soutenues. On réserve plus spécialement le nom de *lombago* au rhumatisme des lombes. Les symptômes ont une grande analogie avec ceux de l'*entorse des reins*; les indications à remplir sont les mêmes sous le rapport du traitement. *V.* ENTORSE.

LOMBAIRE, adj., *lumbaris*, *lumbalis;* qui appartient aux lombes. *Artères lombaires:* elles sont au nombre de cinq à six de chaque côté; les quatre premières émanent directement de la face supérieure de l'aorte; la sixième et quelquefois la cinquième émanent de l'iliaque interne. Toutes gagnent les vertèbres lombaires, et se divisent en deux branches: une supérieure qui se rend dans les muscles de la région spinale; l'autre inférieure qui se divise surtout dans les psoas. — *Veines lombaires:* elles suivent la direction des artères et se rendent dans la veine-cave postérieure. — *Nerfs lombaires:* leur nombre égale celui des vertèbres lombaires; ils se divisent, après leur sortie du canal rachidien, en deux branches, dont une supérieure se rend à la partie spinale des lombes, et l'inférieure aux muscles sous-lombaires. — *Plexus lombaire:* portion antérieure du plexus lombo-sacré, fournissant différents rameaux sous-lombaires, et les nerfs *fémoral antérieur et obturateur*.—*Vertèbres lombaires*, *V.* VERTÈBRE.

LOMBES, s. f. p., *Lumbi;* région formée par les vertèbres lombaires et les muscles ou portions de muscles qui les recouvrent. En *extérieur*, les lombes portent le nom de *reins* (*V.* ce mot).

LOMBO-ABDOMINAL, s. et adj., *Lumbo-abdominalis;* nom donné par Girard, d'après Chaussier, au muscle *transverse* de l'abdomen. *V.* TRANSVERSE.

LOMBO-COSTAL, s. et adj., *Lumbo-costalis;* nom donné par Girard, d'après Chaussier, au *petit dentelé* de la respiration. *V.* DENTELÉ.

LOMBO-SACRÉ, adj.: qui appartient aux lombes et au sacrum.—*Plexus lombo-sacré:* plexus nerveux formé par les branches inférieures des trois ou quatre dernières paires lombaires, et des trois premières paires sacrées. Il fournit principalement les nerfs des membres postérieurs, et se divise en deux plexus secondaires, les plexus *lombaire* et *sacré*, entre lesquels on admet aussi quelquefois un troisième plexus, appelé *sciatique*.

LOMBRIC, s. m., *Lumbricus*, de *lubricus*, glissant, visqueux ; genre de vers endobranches, nommés vulgairement *vers de terre*. — Nom donné à l'*Ascaride lombricoïde*. *V*. ASCARIDE.

LOMBRICAL, s. et adj., *Lumbricalis*, de *lombricus*, lombric ou ver de terre; qui ressemble à un lombric. — *Muscles lombricaux :* ils sont au nombre de quatre : deux supérieurs et deux inférieurs. Les *supérieurs* ou *grands lombricaux* prennent naissance à l'extrémité supérieure des métacarpiens ou métatarsiens latéraux, par une portion charnue très grêle, se continuant par un tendon très mince qui va se perdre sur les tendons phalangiens. Les *inférieurs* ou *petits lombricaux* naissent par une portion charnue, aplatie, sur le côté du tendon perforant, et leur tendon se termine au-dessous de l'articulation du boulet. Ces muscles, sans usage bien distinct dans les grands animaux, sont la trace des muscles qui, dans les animaux à pied divisé, opèrent le mouvement de diduction latérale des doigts. — On ne retrouve pas ces muscles dans les didactyles.

LOMBRICOÏDE, adj., *lumbricoïdes;* qui ressemble au lombric. — *Ascaride lombricoïde*, *V*. ASCARIDE.

LOMENTACÉ, ÉE, adj., *lomentaceus;* se dit des feuilles composées, et surtout des gousses, coupées d'espace en espace par des articulations. La feuille de l'oranger nous offre un exemple des premières; le fruit du sainfoin un exemple des autres.

LONG, GUE, adj., *longus* ; qui l'emporte en longueur sur les autres dimensions. Cet adjectif est ajouté au nom de plusieurs muscles très étendus; ex. : *long fléchisseur du cou, long extenseur de l'avant-bras*, etc., etc., *V*. FLÉCHISSEUR, EXTENSEUR, etc. — *Os long*, *V*. Os.

LONGE, s. f., *Lorum;* corde ou forte lanière de cuir plus ou moins longue, destinée à attacher les animaux à l'écurie, au poteau, ou à les guider dans les premières opérations du dressage.

LONGÉVITÉ, s. f., *Longœvitas*, de *longum œvum*, long âge; longue durée de la vie. Peu employé pour les animaux.

LONGIPENNES, s. p. et adj. ; famille de Palmipèdes, caractérisée par des ailes très étendues qui rendent le vol très puissant. Genres principaux : *Pétrel*, *Albatros*, *Sterne*, etc.

LONGIROSTRES, s. p. et adj.; famille d'oiseaux échassiers, caractérisée par un bec long, mince, quelquefois flexible, et essentiellement destiné à saisir des insectes ou des vers. Genres principaux : *Ibis*, *Courlis*, *Bécasse*, etc.

LONGITARSES, s. p. et adj.: tribu de la famille des Longirostres, caractérisée par des tarses très développés. Genres principaux : *Ibis*, *Courlis*, *Échasse*.

LONGITUDINAL, ALE, adj, *longitudinalis;* dirigé dans le sens de l'axe principal d'un organe. En *botanique*, il s'agit toujours de l'axe organique.

LONGUES-CORNES (Races). On donne ce nom générique à un groupe de bêtes bovines occupant autrefois les parties occidentales des iles britanniques, le Lancastre, l'Irlande, etc., etc., et qui avaient pour caractère commun des cornes longues, courbées d'abord en bas et relevées. Ces races avaient une taille variable selon les lieux, une robe noire ou brune, pie, un cuir épais, un poil abondant, un corps long et des épaules chargées ; elles étaient lentes à croître, mais fortes, rustiques et conservant bien leurs caractères. Les femelles étaient estimées comme laitières. — L'amélioration à commencé dans plusieurs comtés à la fois, pendant le siècle dernier. C'est sur une race longues-cornes, déjà perfectionnée, la race Canley, que Backewel a fait les premières expériences qui l'ont conduit à créer la race bovine de Dishley, supérieure, comme conformation et comme aptitude à l'engraissement, à ce qui existait alors, mais dépassée depuis, et inférieure comme laitière, même à sa souche propre.

LONGUE-LAINE (Races). Nom commun à toutes les races ovines dont la laine est lisse, longue de 15 à 35 centimètres, et propre au peignage. Les races Cotswold, Kent, New-Leicester, Dishley, Flandrine, etc., appartiennent à ce groupe.

LOOCH, s. m., *Linctus*, *Eclegma ;* ce mot, d'origine arabe, sert à désigner, en pharmacie humaine, une préparation magistrale, liquide, épaisse comme un sirop ou une émulsion, contenant de l'huile, et qu'on administre par cuillerée dans les affections des voies respiratoires. Le nom et la préparation qu'il indique sont également inusités en médecine vétérinaire.

LORDOSE, s. f., *Lordosis*, de λορδὸς, plié, courbé; incurvation en avant de l'épine du dos dans l'espèce humaine.

LORANTHACÉES, s. f., *Loranthaceœ;* famille de plantes dicotylédones, classée par les uns dans les polypétales périgynes, par d'autres, avec plus de raison peut-être, parmi les apétales. Elle se compose d'arbrisseaux presque tous parasites, à rameaux dichotomiques, articulés. On les trouve presque tous dans les contrées tropicales: la famille n'est représentée chez nous que par le *Gui*. Genres : *Viscum*, *Loranthus*, etc.

LORIQUE, s. f., *Lorica;* nom donné par Mirbel à la couche externe de l'épisperme; par Dutrochet, à la membrane extérieure de l'ovule.

LOTIER, s. m., *Lotus*, L. ; genre de la famille des Légumineuses, composé de plantes herbacées, vivaces, à souche dure, à feuilles trifoliolées. Les espèces, au nombre de cinquante, habitent presque exclusivement les régions tempérées de l'ancien continent. La principale est le L. corniculé , *L. corniculatus* , commun dans les prairies et sur les pelouses; cette plante est robuste, peu productive, mais assez recherchée des bestiaux. On en a proposé la culture, mais la difficulté de récolter ses graines est un obstacle à sa propagation; d'ailleurs, elle ne peut être appelée à faire seule des prairies temporaires. Les espèces *cytisoïdes, uliginosus, allionis, creticus*, etc,, sont également fourragères. On mange, en Egypte et dans le midi de l'Europe, les gousses du *L. edulis*.

LOTION, s. f., *Lotio*; lavage; on donne ce nom, à la fois, à l'action de laver une partie du corps, dans un but hygiénique ou thérapeutique, et au liquide employé, lui-même. Pour faire une lotion, on se sert d'un corps tomenteux, comme du linge, des étoupes, une éponge, qu'on trempe dans un liquide approprié, et qu'on exprime ensuite sur le point du corps qu'on veut laver. Le liquide employé en lotion peut être de l'eau simple, froide, tiède ou chaude, ou de l'eau chargée de divers principes médicamenteux; de là des lotions *émollientes, anodines, réfrigérantes, excitantes, astringentes*, etc. On peut faire aussi des lotions avec le vin chaud, simple ou médicamenteux, avec le vinaigre, l'alcool, etc. Les lotions sont employées pour nettoyer et assouplir la peau dans les affections psoriques ou herpétiques; on en fait un fréquent usage sur les solutions de continuité, sur les exutoires, etc.

LOUCHE, adj.; synonyme de *trouble*, *opalin*; on dit qu'un liquide est *louche*, lorsque sa transparence est troublée par la présence de particules solides qu'il tient en suspension.

LOUP, s. m., *Canis lupus*; espèce du genre Chien, caractérisée par une queue droite, des yeux obliques et un pelage gris-fauve, avec une raie noire sur les pattes de devant des adultes. Le loup est assez connu par les ravages qu'il exerce dans les troupeaux. Les très jeunes loups sont très difficiles à distinguer des renards du même âge.—*Path.* Nom vulgaire donné à une gastro-entérite compliquée d'hématurie, qui a été observée par Ladague sur les vaches du département de l'Oise.

LOUPE, s. f., *Lupia*; tumeur circonscrite, indolente, développée dans le tissu cellulaire sous-cutané. Les loupes peuvent se montrer sur toutes les parties du corps; parfois elles acquièrent un volume considérable. On distingue des loupes *enkystées*, dont la matière est contenue dans une enveloppe particulière, et des loupes *non enkystées*, qui manquent de cette espèce de sac. Les loupes enkystées contiennent quelquefois un liquide séreux ou plus ou moins lactescent; il en est qui renferment une matière jaune analogue à du miel; on les nomme *mélicéris;* d'autres, appelées *athéromes*, recèlent une matière

grumeleuse, d'un blanc grisâtre. Les loupes non enkystées sont formées par la graisse dégénérée, endurcie, contenue dans les loges du tissu cellulaire, et constituent les *stéatômes;* ou elles sont produites par la graisse qui a conservé ses caractères ordinaires, et sont désignées sous le nom de *lipômes*. — Les loupes ont une forme généralement arrondie; elles sont rarement adhérentes à la peau. Leur développement est lent; souvent elles restent stationnaires pendant une grande partie de la vie. Pour les faire disparaître, on emploie les résolutifs, les excitants, les caustiques, la ligature, l'extirpation, l'excision.—*Phys.* Nom donné vulgairement à la lentille biconvexe, qui grossit beaucoup les objets. Elle constitue le *microscope simple* (*V*. ce mot).

LOUVET, s. m.; robe caractérisée par la présence de la nuance jaune et du noir, qui lui donne une certaine ressemblance avec le poil du loup. Le louvet n'est, à proprement parler, qu'un *isabelle charbonné*. — *Path.* Nom donné vulgairement au charbon des bêtes à laine.

LOXARTHRE, s. m., *Loxarthrus*, de λοξος, oblique et αρθρον, articulation; déviation ou direction vicieuse d'une articulation d'un membre, sans luxation; ex. : dans le pied-bot, le cheval bouleté.

LUBRIFIER, v. a., *lubricare;* oindre, rendre glissant. Le mucus lubrifie les membranes; la synovie lubrifie les articulations et les gaînes tendineuses.

LUCINOCTE, adj., *lucinoctis ;* se dit, d'après de Candolle, des plantes équinoxiales dont les fleurs s'ouvrent le soir et se ferment le matin.

LUETTE, s. f., *Uvula*, *uva ;* littéralement, grain de raisin; appendice médian du voile du palais chez l'homme. Dans les animaux, le voile plus abaissé sur la langue, surtout chez le cheval, ne porte pas de luette.

LUMIÈRE, s. f., *Lux*, *lumen*, φως. La lumière est la cause de la visibilité des corps. C'est l'agent intermédiaire indispensable entre l'œil et les corps matériels pour que ceux-ci deviennent visibles. Parfaitement connue dans ses effets et ses modes divers de manifestation, la lumière est complètement inconnue dans son essence. D'après Newton, ce serait un fluide éminemment subtil, formé de molécules d'une grande ténuité, émanant des corps dits lumineux et se propageant dans l'espace avec une grande vitesse et toujours en ligne droite. Selon Descartes, au contraire, la lumière n'aurait pas d'existence matérielle, et proviendrait de la vibration de l'*éther*, comme le son est produit par celles des corps pondérables. Les caractères de la lumière sont semblables à ceux des autres *fluides impondérables*, mais elle présente en outre certaines propriétés qui lui sont particulières et qui varient selon qu'on la considère hors de

la matière pondérable , c'est-à-dire *libre*
dans l'espace, ou qu'on l'examine lorsqu'elle
rencontre des corps opaques ou transparents.
Aux articles *réflexion* , *réfraction*, *spectre
solaire* , il sera question des phénomènes
produits par la lumière au contact de la matière ; dans cet article, on étudiera seulement
les caractères de la lumière *directe* ou *libre*.
1° La lumière, en émanant de certains corps
appelés lumineux (soleil , étoiles etc),
se propage dans l'espace sous forme de
rayons droits et divergents. 2° La *direction*
de la lumière est toujours rectiligne dans
un milieu homogène , ainsi que le démontre
facilement l'expérience. 3° Sa *vitesse* est
extrêmement grande et surpasse de beaucoup
la plus grande vitesse que puissent acquérir
les corps pondérables. Elle parcourt environ
80,000 lieues par seconde. 4° *L'intensité* de
la lumière varie d'une manière absolue selon
la source d'où elle émane , et d'une manière
relative suivant la distance et l'angle que
forme, avec sa direction, la surface éclairée ;
sous ces deux derniers rapports, l'expérience
a démontré que l'intensité de la lumière est
en raison inverse du carré de la distance et
proportionnelle au co-sinus de l'angle d'incidence de ses rayons sur la surface qui les
reçoit. L'évaluation de l'intensité de la
lumière constitue la *photométrie* (*V.* ce mot).
— L'influence de la lumière dans l'économie
générale de la nature est extrêmement grande,
non-seulement pour la visibilité des corps, mais
aussi pour l'existence des êtres organisés dont
elle constitue un des stimulants essentiels.

LUMINEUX , adj. , *luminosus ;* qui a
rapport à la lumière. *Corps lumineux :* corps
qui envoient vers l'œil des rayons de lumière ; ils se divisent en corps *lumineux
par eux-mêmes*, comme le soleil, les étoiles,
les corps qui brûlent, ceux qui sont phosphorescents, et corps *lumineux par réflexion*,
comme la lune, peut-être quelques planètes ou
satellites, les corps opaques polis à la surface et recevant des rayons lumineux qu'ils
réfléchissent. *Rayon lumineux :* ligne droite,
idéale , selon laquelle on suppose que les
rayons lumineux se propagent de la source
d'où ils émanent vers l'œil.

LUNAIRE , s. f., *Lunaria* L. ; genre de
la famille des Crucifères. Il se compose d'un
petit nombre de plantes herbacées , bisannuelles ou vivaces , croissant surtout sur
les lieux élevés, dans les régions tempérées
de l'Europe. On trouve en France les espèces
rædiviva et *biennis ;* les feuilles et les semences de cette dernière ont passé pour apéritives et propres à guérir la rage.

LUNAIRE , adj., *lunaris;* présentant la
forme du disque de la lune.

LUNATIQUE, adj., *lunaticus* , de *luna* ,
lune ; qui est sous l'influence de la lune. —
Maladies lunatiques : qui sont influencées
par les phases déterminées de la lune. —
Cheval lunatique : qui est sujet à l'ophthalmie périodique des yeux.

LUNE , s. f. ; nom donné à l'argent par les
alchimistes. — *Lune cornée* : ancien nom du
chlorure d'argent (*V.* ce mot).

LUNETTE , s. f.; bandage composé de
deux pièces de cuir concaves et larges, que
l'on applique sur les yeux du cheval pour
l'empêcher de voir. On préfère généralement
la *capote*.

LUNULÉ , ÉE, adj., *lunulatus*, *V.* S**E-
MILUNÉ**.

LUPIN, s. m., *Lupinus* , T. ; genre de la
famille des Légumineuses. Il a pour caractères : calice bilabié à divisions profondes;
étendard ovale, caréné; carène arquée; étamines monadelphes, anthères inégales , glabres ; style subulé, courbé près de son
sommet; gousse oblongue, plus ou moins
large , bosselée, polysperme. Les lupins sont
des plantes herbacées, frutescentes ou sous-
frutescentes, répandues dans presque toutes
les contrées du globe, cultivées tantôt comme
espèces fourragères ou alimentaires, tantôt
comme végétaux d'agrément. L'espèce principale est le L. blanc, *L. albus*, originaire
du Levant et cultivé dans les zônes méridionales de la France. Les herbivores qui manifestent d'abord peu d'appétit pour cette
plante, la recherchent quand ils sont habitués à sa saveur; jeune et verte, elle constitue un assez bon fourrage. Mais c'est surtout
comme engrais vert que le lupin blanc peut
rendre des services à l'agriculture. On peut
assimiler à cette espèce, au point de vue de
l'hygiène, le L. varié, *L. varius*, et le L. termis, *L. termis*, Forsk. Les fruits de ces plantes
sont consommés par l'homme, malgré leur
amertume, dans quelques contrées de l'Egypte
et de l'Europe méridionale.

LUPULINE, s. f., de *Lupulus*, houblon.
Lupulin; amer de *houblon*. Sous ces différents noms, on désigne, soit la poussière pollinique que l'on trouve à la base des bractées
des cônes de houblon (*lupulin*), soit un principe particulier que l'on retirerait de cette
poussière en l'épuisant par l'alcool (*lupuline*).
Le lupulin se présente sous forme d'une poudre jaune doré, résiniforme, d'odeur de houblon et d'une saveur très amère. Il est composé d'huile essentielle, de résine et d'un
principe amer que l'on a appelé *lupuline* et
lupulite. Cette substance paraît jouir des propriétés toniques du houblon, et, de plus,
posséder quelques vertus narcotiques. Elle
est peu employée, même chez l'homme. —
Bot. V. L**UZERNE**.

LUPUS, s. m. , *Lupus;* nom donné autrefois aux ulcères rongeurs. Villan et Bate-
man réservent ce nom pour une forme particulière de l'inflammation cutanée chronique
qui se présente sous deux aspects : 1° tubercules suivis d'ulcères ichoreux et rongeants:
lupus exedens ; 2° altération de la peau sans
ulcération : *lupus non exedens*. La dartre
rongeante du scrotum du chien, des lèvres
du chat, est une variété du lupus.

LUT, s. m., *Lutum;* nom donné dans

les laboratoires à un mélange pâteux, de composition variable, durcissant par la dessiccation, et employé, soit à boucher exactement les jointures des appareils, soit à recouvrir les parties chauffées pour les préserver de l'action destructive du feu. Les luts sont très nombreux ; il ne sera question que des plus usuels. 1° Le *lut d'amandes*, qui est le plus employé, se compose de *pâte* ou de *farine* d'amandes délayée dans de l'eau ou de la colle d'amidon. Il sert à recouvrir les bouchons des appareils et prévenir la fuite des gaz. On peut remplacer la farine d'amandes par celle de graine de lin, mais d'une manière imparfaite. 2° Le *lut gras*, se fait en mélangeant intimement de l'argile cuite et pulvérisée, avec de l'huile de lin bouillie avec le 1/3 de son poids de litharge. Il est plus résistant que le précédent. 3° Le *lut* à la *chaux* se prépare en triturant dans un mortier de la chaux délitée avec de l'eau fortement albumineuse. On en enduit des bandes de toile ou des morceaux de vessie qu'on lie ensuite sur les jointures des appareils par-dessus l'autre lut, ou on les applique sur les fissures des vases en verre. 4° Le *lut terreux* se compose d'argile choisie, de grès pulvérisé ou de sable, et d'un peu d'eau pour en faire un mortier épais ; on y ajoute parfois de la bourre ou du crottin de cheval. Il sert à recouvrir les cornues et les tubes qui doivent supporter une haute température. Il doit être séché avec beaucoup de soin.

LUTÉOLINE, s. f. ; nom donné par Chevreul à la matière colorante jaune de la gaude (*Reseda luteola*). Elle est solide, jaune, cristalline et soluble à la fois dans l'eau, l'alcool et l'éther.

LUTTE, s. f. : on désigne ainsi, en hygiène, l'accouplement des béliers avec les brebis. La lutte se fait à une époque variable selon les conditions de l'exploitation, le but que l'on se propose, la race même et le climat. Quand on veut obtenir des agneaux robustes, il convient de faire naître en automne. C'est au commencement de l'été, que les femelles entrent naturellement en chaleur ; il suffit, pour provoquer cet état en d'autres temps, de mettre avec elles des béliers, qui sont toujours disposés à les couvrir. Ni les uns ni les autres n'ont besoin d'excitants artificiels. Si les béliers séjournent constamment avec les brebis, on doit leur mettre un tablier pour empêcher des saillies inopportunes et l'épaisement des mâles. Les brebis et surtout les béliers doivent recevoir, quelque temps avant l'époque de la lutte, une bonne nourriture, des grains, des graines concassées ; mais il ne faut pas provoquer l'engraissement. — Dans l'opération dont il s'agit, on doit, après avoir déterminé le choix des reproducteurs, chercher à réunir les conditions suivantes : faire couvrir, autant que possible, toutes les brebis d'un troupeau dans l'espace de 20 à 30 jours au plus ; fixer le nombre des béliers et établir leurs rapports, de telle sorte que toutes les femelles soient satisfaites et que les mâles ne soient point épuisés. — Le nombre des brebis qu'un bélier doit être appelé à féconder, dans une période de monte, est de 30 ou 40 ; sa faculté prolifique est plus grande que ce chiffre ne l'indique, mais il faut tenir compte des saillies perdues et de l'avantage qui résulte d'une lutte de peu de durée. La lutte se fait ordinairement en liberté. La rivalité des béliers est une cause incessante de combats et un inconvénient sérieux. Pour la prévenir, on conseille de ne mettre les mâles avec les femelles que pendant la nuit, de diviser les femelles en petits lots auxquels on ne donne qu'un mâle à la fois. Il est bon d'avoir des antenais de rechange pour compléter la lutte, et pour entretenir ou rappeler les chaleurs. Leur emploi est réglé d'après le nombre des brebis qui manifestent des dispositions. — Les brebis et les béliers n'ont besoin, pendant la lutte, d'autres soins que ceux qui ont été indiqués ; quand, vers la fin de la période, ceux-ci s'épuisent, deviennent moins ardents, ont le regard un peu terne, il faut les éloigner et les rétablir par le repos et une bonne alimentation : quelques jours suffisent pour les rendre aptes à remplir leurs fonctions.

LUXATION, s. f., *Luxatio*, de *luxare*, déboîter ; changement de rapport dans les surfaces articulaires des os, par l'effet d'une violence extérieure ou d'une altération organique. La luxation est *accidentelle*, quand elle est produite par une cause violente ; elle est dite *spontanée*, lorsque le déplacement est dû à l'altération de l'une des parties qui constituent l'articulation luxée. On distingue encore la luxation *complète*, dans laquelle les surfaces articulaires des os ont perdu leurs rapports, et la luxation *incomplète*, dans laquelle ces rapports ne sont pas entièrement changés. Ce sont les articulations orbiculaires et les articulations par ginglyme qui sont luxées le plus souvent. Les causes efficientes sont les violences, l'effort d'une chute ; la contraction musculaire concourt fréquemment à produire ces accidents. — Les *signes* des luxations sont la douleur, l'impossibilité des mouvements dans la partie luxée. Dans les articulations orbiculaires et ginglymoïdales, les surfaces ne sont plus en rapport ; de là des changements dans les dimensions des parties correspondantes ; il y a chevauchement des os, comme dans les fractures. Il y a changement de direction dans l'axe du membre luxé. Fréquemment le diagnostic est difficile à cause du gonflement qui se développe, parce que certaines parties sont déchirées ou froissées violemment. Les complications sont les contusions, les déchirures, les fractures, etc. On observe rarement les luxations sur les grands animaux. Le pronostic est très-fâcheux, à cause de la difficulté que l'on éprouve à vaincre les grandes masses musculaires qui s'opposent à la réduction; le traitement est de longue durée et rarement suivi du rétablissement d'une intégrité complète dans les mouvements de l'articulation luxée. Plusieurs indications se présentent; elles consistent à réduire la luxation, la maintenir réduite et combattre les complications. 1° *Réduction.* Il faut y procéder sans délai. Elle consiste à ramener l'os déplacé dans sa cavité articulaire; il est nécessaire d'employer des forces considérables pour vaincre, dans certains cas, la contraction musculaire. Ces forces sont appliquées en deux sens opposés, comme pour les fractures, de manière à produire l'*extension* et la *contre-extension.* Lorsqu'on fait tirer les deux extrémités des articulations luxées, pour produire l'allongement, on a recours à une troisième force, la *coaptation*, qui détermine la rentrée des surfaces déplacées. Les forces extensives et contre-extensives doivent être appliquées aussi loin que possible de l'articulation luxée, pour éviter la compression des muscles dont l'allongement est nécessaire pour la réduction. 2° *Prévenir la luxation.* Après la réduction, il est généralement facile de maintenir ont dans leur situation naturelle les parties qui été déplacées; un repos absolu est nécessaire. Quand on lève, au bout d'un certain temps, l'appareil qui maintient les parties malades, il y a quelques indications particulières à remplir, pour dissiper l'atrophie, la paralysie partielle qui se sont produites. 3° *Combattre les complications.* On emploie les topiques résolutifs pour dissiper l'engorgement; on met en usage la saignée, s'il y a fièvre de réaction. Les plaies, les ruptures exigent quelques modifications dans le traitement. S'il y a complication de fracture, on attend la formation du cal, avant de réduire la luxation.

LUZERNE, s. f., *Medicago*, L.; genre de la famille des Légumineuses. Ses caractères sont : fleurs jaunâtres, jaunes ou violacées, en grappes ou en capitules multiflores; calice en cloche, quinquéfide; corolle caduque, à étendard plus long que les ailes et la carène; étamines diadelphes; gousse plus longue que le calice, droite ou falciforme, spiralée, réniforme, etc., monosperme ou polysperme, quelquefois épineuse. Les luzernes sont des plantes annuelles ou vivaces, plus rarement bisannuelles, à feuilles trifoliolées pennées, munies de stipules, croissant dans toutes les contrées de l'Europe, et constituant quelquefois des espèces difficiles à caractériser. — La principale espèce est la L. cultivée, *M. sativa*, originaire de l'Europe méridionale. Elle est vivace et très répandue comme plante fourragère. On en fait des prairies artificielles dont la durée est de trois à dix ou quinze ans et plus. Cette plante aime les terres profondes, ameublies, un peu fortes, propres, humides et riches d'engrais. Elle vient également sur les sols pierreux, calcaires, dans lesquels ses longues racines vont chercher profondément des matériaux nutritifs; mais elle craint la sécheresse et l'excès d'humidité et de froid. On la sème au printemps ou en automne, seule ou associée à une céréale, plus rarement à une autre légumineuse, dans les proportions de vingt kilogrammes environ par hectare. La semence doit être bien nette et exempte de graines étrangères; c'est aux belles luzernières du Midi, âgées de quatre à cinq ans, que l'on n'épuise point par la faux, que l'on doit la demander. La graine étant petite est enterrée peu profondément. Cette culture ne réclame guère de soins : sarcler quelquefois, arracher les mauvaises herbes, ensemencer les places découvertes, répandre sur le sol, dès la troisième année, du plâtre, du purin, des engrais pulvérulents ou consommés, c'est là tout ce qu'elle exige. La luzerne produit beaucoup; dans un bon terrain, elle donne de trois à cinq coupes chaque année, et fournit en moyenne 8,000 kilogrammes de foin sec par hectare. Elle est précoce et se dessèche facilement. Son fourrage est excellent et peut être consommé vert ou sec. Il convient à tous les herbivores, et peut entretenir seul, lorsqu'il a été bien récolté, les animaux qui travaillent modérément. La luzerne sur pied peut être attaquée par deux parasites : la *Cuscute* et le *Rhizoctone* (*V.* ces mots). — La L. lupuline, *M. lupulina*, vulg. *minette*, *trèfle jaune*, est bisannuelle; elle croit le long des chemins, dans presque toutes les prairies. Plus rustique et plus précoce que la précédente, elle peut être pâturée et donne un excellent fourrage pour les moutons et les vaches, mais elle produit beaucoup moins. On la sème seule ou associée, à la dose de 15 à 18 kilogrammes par hectare. — La L. en faux, *M. falcata*, L., la L. intermédiaire, *M. media*, Pers., *M. falcato-sativa*, Ruhb., sont vivaces et peuvent être rapprochées de la L. cultivée. — Les espèces *striata*, *orbicularis*, *scutellata*, *disciformis*, *coronata*, *præcox*, *polycarpa*, *maculata*, *minima*, etc., sont annuelles. — La L. en arbre, *M. arborea*, originaire d'Italie, est ligneuse, toujours verte, et cultivée en France comme plante d'ornement.

LUZULE, s. f., *Luzula*. D. C.; genre de la famille des Joncacées. Il se compose de plantes herbacées, vivaces, nombreuses, communes sur presque toutes les pelouses des lieux un peu ombragés, dans l'hémisphère boréal. Ce sont des plantes peu productives, souvent très précoces et broutées pendant leur jeunesse, mais souvent aussi indifférentes. Les espèces *maxima*, *campestris*, *nivea*, *vernalis*, *multiflora*, *forsteri*, sont les plus répandues en France.

LYCHNIDE, s. f., *Lychnis*, T.; genre de la famille des Caryophyllées. Il se compose de plantes herbacées, vivaces, plus rarement annuelles, presque toutes originaires des contrées tempérées de notre hémi-

sphère. Les espèces *dioïca* , *viscaria* , crois
sent au bord des haies où , pendant leur jeunesse , elles sont broutées par les bestiaux
sans en être recherchées.

LYCIET, s. m., *Lycium*, L. ; genre de la
famille des Solanées. Il se compoc de trente
à quarante espèces , arbres ou arbrisseaux ,
originaires des contrées chaudes. Deux espèces , que plusieurs botanistes réunissent en
une , croissent spontanément dans les haies
de la France , surtout dans le Midi, ce sont :
les *L. barbarum et europæum*. Les Lyciets
sont cultivés comme plantes d'agrément.

LYCOPE , s. m. , *Lycopus*, T. ; genre de
la famille des Labiées. Il se compose d'un
petit nombre d'espèces herbacées croissant
surtout dans les prairies humides. La principale est le L. d'Europe , *L. europæus* ,
qui doit être considéré comme une plante
au moins inutile.

LYCOPERDON, s. m., *Lycoperdon ;* genre
de la famille des Champignons. C'est à lui
qu'appartiennent ces productions globuleuses
ou aplaties désignées sous le nom de *vesses
de loup*, employées comme l'Agaric pour
arrêter les hémorrhagies. Le *L. giganteum*
atteint en Europe un diamètre de 40 à 45 cent.
Le *L. horrendum*, trouvé dans les forêts de la
Crimée, avait plus d'un mètre de largeur ;
c'est le plus grand de tous les champignons
connus.

LYCOPODE, s. m., *Lycopodium* , L. ;
genre de la famille des Lycopodiacées. Les
capsules qui constituent la fructification des
plantes de ce genre, renferment une poussière
jaune comme la fleur de soufre et inflammable, que la médecine utilise comme dessiccative , la pharmacie comme excipient
pulvérulent pour les pilules. C'est surtout au
L. clavatum que cette poudre est empruntée.
Le *L. selago* est un purgatif drastique et un
anti-épizoaire.

LYCOPODIACÉES, s. f., *Lycopodiaceæ ;*
famille de plantes acotylédones formant
autrefois une section des mousses. Elle se
compose d'espèces quelquefois annuelles, le
plus souvent vivaces, à tige rameuse, développée, pourvue de feuilles petites, à fructification composée de capsules pleines d'une
poussière dont le rôle spécial est mal connu.
Genres : *Lycopodium* , *Psilotum*.

LYCOPSIDE, s. f. , *Lycopsis*, L. ; genre
de la famille des Borraginées, composé d'un
petit nombre d'espèces annuelles. La seule
que l'on trouve en France est la L. des champs,
L. arvensis, que Bosc considère comme
rafraîchissante et très bonne pour le mouton,
et dont il conseille la culture.

LYCOREXIE, s. f., *Lycorexia*, de λύκος ,
loup, et ὄρεξις , appétit ; faim de loup ;
variété de la boulimie. *V.* FAIM-VALLE.

LYMPHANGITE, s. f., *Lymphangitis*, de
lympha, lymphe, ἀγγεῖον, vaisseau, et *itis ;*
inflammation des vaisseaux et des ganglions
lymphatiques. Cette maladie diffère du farcin
avec lequel on l'a confondue : synonyme : an-

géioleucite. La maladie se montre fréquemment à la face interne et supérieure des
membres, et surtout des membres postérieurs
du cheval. Les causes déterminantes sont les
contusions, les blessures, le travail forcé, la
suppression d'un écoulement catarrhal ou
purulent, etc. On trouve le membre malade
considérablement tuméfié ; les ganglions lymphatiques forment une tumeur volumineuse
sensible au toucher ; l'animal éprouve des
signes violents de réaction. En 24 à 40 heures,
la période d'état s'est montrée. Le traitement
consiste dans l'emploi de la saignée générale
et quelques applications de vésicatoires sur
le siège de l'engorgement lymphatique.

LYMPHATIQUE, adj. et s., *Lymphaticus*,
de *lympha*, lymphe ; qui a rapport à la
lymphe. — *Vaisseaux lymphatiques :* réseau
vasculaire formé de canaux très nombreux et
très fins, répandus dans tous les points de
l'économie, et recueillant un fluide à peu près
incolore, appelé *lymphe*, qu'ils transportent
dans le système veineux par deux canaux
particuliers : le *canal thoracique* et le canal
lymphatique droit ou *trachéal*. Les lymphatiques du mésentère transportent aussi le
chyle produit par la digestion, et prennent
de cet usage le nom de *chylifères*. Beaucoup
plus nombreux que les vaisseaux sanguins ,
les lymphatiques sont loin de les égaler pour
la capacité. Leur mode d'origine n'est pas
encore bien connu ; on sait seulement qu'ils
prennent naissance sur les surfaces libres, ou
dans le tissu même des organes, par des
radicules extrêmement déliées qui convergent
toutes de la circonférence au centre. Ils forment généralement deux plans : un *profond*
et un *superficiel*. Ils contractent, pendant
leur trajet, de nombreuses anastomoses qui
font ressembler le système lymphatique
plutôt à un réseau qu'à un arbre. Leur calibre
n'a rien de régulier ; ils présentent de distance
en distance de petits renflements indiquant
la position des nombreuses valvules de leur
intérieur. Avant d'aboutir à l'un des troncs
principaux, les lymphatiques traversent un
ou plusieurs ganglions, dont l'action sur
le fluide contenu n'est pas encore bien connue. — Les lymphatiques sont transparents
ou blanchâtres, extensibles ou élastiques ;
ils sont formés d'une membrane interne
très mince dont les replis constituent les
valvules, et d'une membrane externe de nature dartoïque, qui se confond avec la tunique
moyenne, et donne à ces vaisseaux la force
et la contractilité qui les distingue. —
Ganglions lymphatiques, *V.* GANGLION. —
Tempérament lymphatique , *V.* TEMPÉRA-
MENT. — *Bot.* Nom générique des vaisseaux
des plantes renfermant des sucs non élaborés
ou la *lymphe*. Ce sont les *vaisseaux séveux* de
Duhamel, les *vaisseaux pneumatiques* de
Bernhardi. Ils sont ponctués, rayés, en spirale , etc., *V.* VAISSEAUX. — *Poils lymphatiques :* ce sont les poils non glandulifères ni
excréteurs. *V.* POILS.

LYMPHE, s. f., *Lympha ;* liquide nutritif contenu dans les vaisseaux lymphatiques, moins les *chylifères,* qui n'en contiennent que pendant l'abstinence. Pour l'obtenir, on soumet un animal à la diète absolue pendant quelques jours, et on le sacrifie après avoir lié le canal thoracique à son arrivée dans la veine-cave antérieure. Le vaisseau lymphatique principal du cou fournit parfois de la lymphe très pure. Ce liquide est incolore, rosé ou jaunâtre, d'une odeur spermatique, d'une saveur salée, d'une densité qui paraît varier de 1,022 à 1,045 ; sa réaction est toujours alcaline ou nulle. Exposée à l'air, la lymphe se colore en rose et se sépare bientôt en une partie liquide, espèce de *sérum*, et en une partie solide, mollasse, qui est un *caillot* fibrineux. Examiné au microscope, ce liquide présente des globules peu nombreux, incolores, sphériques, mais plus petits que ceux du sang. D'après Chevreul et Lassaigne, la lymphe contient environ $^9/_{10}$ d'eau, et le reste est formé d'albumine, de fibrine, de chlorure de sodium et de potassium, de carbonate de soude, de carbonate et de phosphate calcaire. La lymphe présente beaucoup d'analogie avec le chyle, mais elle en diffère surtout par l'absence de toute matière grasse ou par la très petite quantité de ce principe ; ses analogies avec le sang sont aussi nombreuses, surtout avec celui qui a été privé de ses globules par son mélange avec le sulfate de soude et la filtration. La quantité de chlorures alcalins est plus forte dans la lymphe que dans le sang ; quant à la fibrine, elle augmente à mesure que l'abstinence se prolonge, parce que les vaisseaux lymphatiques l'empruntent aux tissus. — *Bot.* Employé comme synonyme de *sève (V.* ce mot).

LYMPHITE, s. f., *Lymphitis*, inflammation des vaisseaux lymphatiques.

LYMPHOSE, s. f., *Lymphosis*, de *lympha,* lymphe ; action de formation de la lymphe.

LYMPHOTOMIE, s. f., *Lymphotomia*, de *lympha,* lymphe, et τομη, section ; mot peu usité signifiant dissection des lymphatiques.

LYRE, s. f., *Lyra, corpus psalloïdes ;* nom donné à la surface inférieure du trigone cérébral, par suite d'une fausse interprétation du mot grec ψαλιδοειδης, dérivé de ψαλις, voûte, et non de ψαλις, joueur d'instrument.

LYRÉ, **ÉE**, adj., *lyratus ;* se dit des feuilles *laciniées* portant au sommet un lobe arrondi beaucoup plus grand que les autres ; ex. : la *Benoîte*, le *Radis sauvage.*

LYRIFORME, adj., *lyriformis ;* en forme de lyre. Synonyme de *lyré.*

LYSIMACHIÉES, *V.* PRIMULACÉES.

LYSIMAQUE, s. f., *Lysimachia ;* L. ; genre de la famille des Primulacées. Il se compose de plantes herbacées, vivaces, communes dans les prairies humides. Les espèces *vulgaris, nummularia, nemorum*, les plus répandues en France, sont plutôt nuisibles qu'utiles. S'il n'est pas vrai qu'elles soient plus que d'autres susceptibles de produire la pourriture, elles contribuent certainement à cet effet dans leur association avec les végétaux des lieux marécageux.

LYSIS, s. f., *Lysis*, de λυσις, solution ; crise salutaire sans phénomènes apparents.

LYSSES, s. f. pl., *Lyssæ*, de λυσσα, rage ; nom donné par les anciens auteurs à de petites vésicules, d'un aspect terne et presque charnu, qu'on supposait se montrer vers le neuvième jour, près du frein et particulièrement à côté des veines de la langue des personnes mordues par un animal enragé. On a dit qu'il faut enlever ces *lysses* dès qu'on les aperçoit ; que, sans cette précaution, elles rentrent en dedans vers le vingtième jour, produisent une métastase du côté du cerveau et la mort avec tous les symptômes de la rage. Les lysses ont été observées en Prusse et en France par des hommes qui se sont fait un nom dans la science ; cependant leur existence est plus que problématique. Le corps vermiforme, blanc, que l'on a pu remarquer sous la langue des chiens, a été considéré avec raison par Appert comme n'étant qu'une production tendineuse appartenant au muscle génio-glosse.

LYTHRARIÉES, s. f., *Lythrarieæ ;* famille de plantes dicotylédones, polypétales, périgynes, herbacées, frutescentes ou arborescentes, plus communes entre les tropiques que sous les autres climats, et croissant presque toutes dans les lieux ombragés, frais ou marécageux. Genres : *Lythrum*, *Cuphea*, *Lagerstrœmia*, etc. Cette famille est encore connue sous les noms de *Lytracées, Salicariées.*

M

MACÉRATION, s. f., *Maceratio ;* opération pharmaceutique, qui consiste à faire tremper dans un liquide froid une substance médicinale, afin d'en extraire les principes les plus solubles. Dans ce but, on divise le médicament en le concassant ou le pulvérisant selon sa nature ; on l'introduit dans un ballon ; on le recouvre du véhicule qui doit agir sur lui, et on abandonne le tout à l'influence de la température de l'air pendant un temps variable. La macération convient surtout, lorsque la substance médicinale ou le véhicule employé, le vin par exemple, est très altérable à la chaleur. On en fait usage aussi, quand on veut séparer plusieurs principes inégalement solubles. Enfin, la macération n'est parfois qu'une simple opération préparatoire, comme lorsqu'on fait tremper dans l'eau une racine desséchée, un bois dur, avant de le traiter par décoction ou infusion. — *Anat.* : mode de préparation des os, pour l'étude, dans lequel on laisse ces organes pendant plusieurs mois dans la même eau, à la température ordinaire. En laissant autour des os la majeure partie des chairs qui les recouvrent, l'opération est beaucoup plus rapide et les os deviennent très blancs.

MACÉRÉ, MACÉRATUM, s. m. ; noms donnés au produit de la macération.

MACHE, *V.* VALÉRIANELLE.

MACHELIÈRES ; synonyme de *molaires*. *V.* DENT.

MACHINE, s. f., *Machina*, μαχινη ; nom donné en mécanique aux instruments et appareils à l'aide desquels on modifie l'action des forces. Cette modification s'étend à la fois au *point d'application* de la force, à sa *direction* et à son *intensité*. Sous ce dernier rapport, qui est le plus important, les changements produits par les machines ne sont jamais absolus ; ainsi, quand on favorise l'intensité de la force, c'est toujours aux dépens de la vitesse produite et réciproquement. — Les machines se divisent en *simples* ou *élémentaires*, comme le *levier*, le *plan incliné* et la *corde*, et en *composées* qui sont formées par l'assemblage plus ou moins ingénieux des premières. On les distingue aussi en machines de FORCE, comme la *poulie*, les *moufles*, le *tour*, etc., et en machines de PRÉCISION, telles que la *balance*, le *pendule*, les *horloges*, etc.

MACHINE ANIMALE ; nom donné à l'ensemble des organes composant le corps de l'animal.

MACHINE D'ATWOOD, du nom de son inventeur ; appareil employé à la démonstration expérimentale des lois de la chute des corps. Elle se compose essentiellement : 1° d'une poulie fixe tournant sur son axe avec une grande facilité ; 2° d'un fil très fin passant sur la gorge de la poulie et portant à ses extrémités deux poids égaux ; 3° d'une règle verticale divisée en parties égales ; 4° de deux *curseurs* mobiles, l'un plein, l'autre annulaire, que l'on peut placer à volonté sur les divisions de la règle ; 5° d'un pendule à secondes et de divers accessoires. Le mécanisme de cette machine est simple : tant que les poids restent égaux, ils se font équilibre sur la poulie et tout reste en repos ; mais si l'on ajoute à l'un d'eux une masse additionnelle, il se mettra en mouvement en entraînant l'autre poids. La chute sera lente, mais rien ne sera autrement changé dans les lois de la chute des corps. Si la masse ajoutée est aux deux poids réunis, comme 1 : 9, comme 1 : 49, comme 1 : 99, l'intensité de la pesanteur sera réduite au 10ᵉ, 50ᵉ, 100ᵉ, et la chute des poids sera ralentie dans le même rapport. À l'aide de cet appareil, on vérifie non-seulement les lois de la *chute des corps* (*V.* ce mot), mais encore la *vitesse finale* après chaque instant de la chute (*V.* VITESSE FINALE), en arrêtant, à un temps

donné, le poids additionnel dans le curseur annulaire.

MACHINE DE COMPRESSION ; on donne ce nom à toutes les pompes foulantes à gaz, dans lesquelles on accumule un grand volume d'air ou de produits gazeux dans un petit espace appelé *réservoir*. *V.* POMPE.

MACHINE ÉLECTRIQUE ; machine à l'aide de laquelle on développe l'électricité ordinaire ou statique. Elle est plus ou moins compliquée, mais présente toujours un corps *frotté*, un corps *frottant* et un *conducteur isolé*, où s'accumule l'électricité qui s'est développée. Le corps frotté est un plateau de verre placé verticalement entre deux montants en bois, et mis en mouvement à l'aide d'une manivelle dont l'axe passe par le centre du plateau. Le corps frottant se compose de deux paires de coussins en cuir rembourrés de crin, frottés de bisulfure d'étain et fixés aux extrémités des deux montants entre lesquels tourne le plateau de verre. Le collecteur est formé d'un ou de plusieurs cylindres creux en laiton, isolés au moyen de colonnes de verre enduites de gomme-laque, et présentant en avant deux branches en fer à cheval, munies de pointes qui embrassent le plateau en verre. Les autres parties, plus accessoires, comprennent deux *armatures* en taffetas gommé, pour garantir le plateau de l'action de l'air, depuis sa sortie des coussins jusqu'au conducteur ; d'un électromètre à cadran ; de chaînes ; d'une grande tablette en bois pour supporter toutes les pièces de l'appareil, etc. — La manière dont se charge la machine est facile à comprendre : le plateau de verre, en frottant entre les coussins, se charge d'électricité vitrée, et ceux-ci se couvrent d'électricité résineuse qui s'écoule par les supports de la table ou par une chaîne qu'on y adapte à dessein. L'électricité vitrée du plateau décompose le fluide neutre du conducteur, neutralise le fluide résineux, et le fluide vitré, resté libre, s'accumule peu à peu sur le conducteur, jusqu'à ce que sa tension soit assez forte pour vaincre la pression de l'air.

MACHINE PNEUMATIQUE ; appareil imaginé en 1650 par Otto de Guericke, et à l'aide duquel on fait le vide dans un espace déterminé. Très simple à l'origine et composée seulement d'un récipient et d'une petite pompe, la machine pneumatique a été successivement perfectionnée par plusieurs physiciens et est devenue un des appareils les plus parfaits de la physique. Telle qu'elle est aujourd'hui, elle se compose : 1° de deux corps de pompe verticaux et de deux pistons bien ajustés, munis de soupapes, qu'on met en mouvement par une barre horizontale et un système d'engrenages ; 2° de deux tubes d'aspiration aboutissant à un seul conduit dont l'orifice est placé au centre d'une surface plane horizontale appelée *platine* ; 3° de deux soupapes en forme de bouchons coniques, munies d'une tige qui passe dans les pistons qui doivent les mettre en mouvement ; elles

sont placées entre le corps de pompe et le
tube d'aspiration et s'ouvrent de bas en haut ;
4° d'un robinet destiné à fermer ou ouvrir
le conduit de la platine, et muni, à cet effet,
de deux ouvertures, une transversale et
l'autre longitudinale ; 5° d'un baromètre tronqué, espèce de manomètre appelé *éprouvette*,
et destiné à faire connaitre le degré de raréfaction de l'air sous le récipient. Le mécanisme de cette machine est celui d'une pompe
aspirante à air ; seulement elle présente deux
corps de pompe, ce qui rend l'opération plus
rapide et moins pénible parce que la pression atmosphérique s'équilibre sur les deux
pistons comme les poids sur les plateaux
d'une balance ; de plus, les soupapes étant
mises en mouvement par les pistons mêmes,
la raréfaction de l'air à la fin de l'opération,
n'est plus un obstacle à leur jeu, etc. — La
machine pneumatique sert à démontrer les
effets de la pression atmosphérique, à faire
des expériences sur la respiration, la combustion, l'évaporation, à dessécher certains
produits chimiques très altérables, etc.

MACHINES A VAPEUR ; appareils très
compliqués, imaginés par Papin, et mis en
mouvement par la tension de la vapeur d'eau
ou de tout autre liquide. — Ces machines,
dont le principe seul peut être indiqué ici,
se divisent naturellement en deux classes :
1° les machines à *simple effet* ou *atmosphériques* ; 2° les machines à *double effet* ou
de Watt. — Les premières se composent
d'un corps de pompe ouvert à son extrémité
supérieure et d'un piston plein. La vapeur
frappe, à un instant donné, la face inférieure
du piston et le force à monter ; puis, le courant de vapeur étant interrompu, si on injecte de l'eau froide dans le corps de pompe,
ou si on le fait seulement communiquer avec
un réservoir tenu froid, la vapeur se condense et un vide plus ou moins parfait se
produit sous le piston ; alors, la pression
atmosphérique pesant sur sa face supérieure
le force à redescendre dans le corps de pompe,
où une nouvelle colonne de vapeur le soulève et ainsi de suite. C'est d'après ce principe que se meut la machine atmosphérique
dite de Newcommen. — Les machines à double effet, imaginées par Watt, ne reçoivent
aucun effet de la pression atmosphérique.
Elles se composent d'un corps de pompe
fermé de toutes parts, et d'un piston qui
reçoit l'action de la vapeur tantôt en haut,
tantôt en bas, et par ce jeu alternatif se meut
constamment par la détente de la vapeur.
La condensation de celle-ci n'a plus lieu dans
le corps de pompe, mais bien dans un réservoir spécial. Son passage de la chaudière
dans le corps de pompe, et de celui-ci dans
le réservoir de condensation, est réglé par
une pièce importante inventée par Murray,
et appelée le *tiroir*. (Pour plus amples détails, voir les traités de physique et de mécanique.)

MACHOIRE, s. f., *Maxilla, Mandibula ;*

appareil osseux sur lequel se trouvent implantées les dents ou les parties qui les remplacent. Les mâchoires sont distinguées en
mâchoire supérieure ou *syncrânienne*, et
mâchoire inférieure ou *diacrânienne*. Cette
dernière est seule mobile, chez les mammifères ; la supérieure jouit de quelque mobilité chez les oiseaux, où les mâchoires
portent le nom de *mandibules*.

MACINE, s. f. ; principe gommeux, plus ou
moins analogue à l'adraganthine ou à la bassorine, et trouvé dans le macis, par Henry.

MACIS, s. f. : arille ou trophosperme de
la *noix muscade* dont il partage les propriétés
aromatiques et excitantes. C'est une enveloppe laciniée ou découpée à jour, de couleur orangée, mince, onctueuse, souple, d'une
odeur aromatique et d'une saveur âcre. Le
macis contient, d'après Henry, une essence,
une huile grasse jaune, une huile rouge, de
la gomme et de l'amidon. Il jouit des mêmes
propriétés que la noix muscade, mais il est
moins employé, parce que son prix est très
élevé. *V.* NOIX MUSCADE.

MACRANTHE, adj., *macranthus*, de
μακρος, grand, et ανθος, fleur ; se dit des
plantes qui ont de larges fleurs.

MACROCÉPHALE, s. et adj., *macrocé-
phalus*, de μακρος, gros, grand, et κεφαλη,
tête ; qui a une grosse tête. Les *Macrocéphales*
forment une tribu de la famille des Cétacés
souffleurs. Genres principaux : *Cachalot,
Baleine. — Bot.* On désigne ainsi l'embryon,
quand il est accompagné de deux cotylédons
soudés et renflés ; ex. : *l'embryon* de la
capucine.

MACRODACTYLES, s. m. p., de μακρος,
grand, et δακτυλον, doigt ; famille de l'ordre
des Échassiers, renfermant des oiseaux à
doigts très allongés et terminés par de grands
ongles. Genres principaux : *Ralle, Poule
d'eau.*

MACROPHYLLE, adj., *macrophyllus*,
de μακρος, grand, et φυλλον, feuille ; se dit des
végétaux qui portent des feuilles grandes et
épaisses.

MACROPODE, adj., *macropodus*, de
μακρος, grand, et πους, ποδος, pied ; se dit
de l'embryon dont la radicule est renflée
à son extrémité ; ex. : *la plupart des
Graminées.*

MACULE, s. f., *Macula ;* tache, souillure ;
nom vulgaire donné *aux eaux aux jambes.*

MACULÉ, ÉE, adj., *maculatus ;* synonyme
de *taché.*

MADAROSE, s. f., *Madarosis*, de μαδαρος,
chauve ; chute des poils et plus particulièrement des cils.

MADÉFACTION, s. f., *Madefactio*, de
madidus, humide, et *facere*, faire ; action
d'humecter, de rendre humide. Peu usité.

MADIA, s. m., *Madia*, Mol. ; genre de la
famille des Composées. Il ne renferme que
deux espèces, réunies même en une seule par
la plupart des botanistes. Ce sont des plantes
herbacées, annuelles, originaires du Chili.

L'une d'elles, le *M. sativa*, est cultivée comme plante oléagineuse. Transportée en France, il y a quelques années, elle a eu un succès passager.

MADRÉPORE, s. m., *Madrepora;* demeure calcaire des *Polypes madréporiens.* Ces productions, imitant souvent la forme des plantes, se rencontrent surtout dans l'Océan pacifique, l'Archipel indien et le Grand-Océan méridional. La formation des madrépores est tellement active, qu'ils encombrent certaines parties de ces mers, et forment des écueils très dangereux pour la navigation.

MAGASIN, s. m., de l'arabe *Maghasin;* lieu où l'on renferme un grand nombre de choses. On dit qu'un cheval *fait grenier* ou *magasin*, lorsque, pendant l'action de manger, il laisse les substances alimentaires s'accumuler entre la face interne de la joue et les dents molaires. Ce défaut dépend de l'irrégularité des dents molaires qui sont usées inégalement. Lorsqu'il est porté à l'excès, on remarque au-dessus de la commissure des lèvres une tumeur allongée, qui résulte de l'accumulation des fourrages. On y remédie en enlevant les aspérités des dents avec la rape, la gouge ou le rabot odontriteur de Brogniez.

MAGISTÈRE, s. m., *Magisterium*, de *magister*, maître; nom donné autrefois en pharmacie et en chimie à certaines préparations mal définies, et notamment à certains précipités auxquels on supposait des vertus supérieures. — *Magistère de bismuth*: sous-azotate de bismuth. — *Magistère de Jalap*: résine de Jalap précipitée de la teinture au moyen de l'eau. — *Magistère de soufre*: soufre précipité d'un polysulfure.

MAGISTRAL, adj., *magistralis*, de *magister*, maître; épithète qu'on donne à tout médicament composé qui ne doit être préparé qu'au moment de l'employer et sur l'ordonnance du médecin ou du vétérinaire.

MAGMA, s. m., de $\mu\alpha\sigma\sigma\epsilon\iota\nu$, piler, exprimer; mot latin passé dans le langage scientifique et servant à désigner le *résidu*, le *marc*, qui reste après la pression d'une substance organique ou qui s'est déposé dans un liquide très épais. Synonyme de *dépôt*, *lie*, *sédiment*, etc. (*V.* ces mots).

MAGNANIÈRE, **MAGNANERIE**, de *magnan*, nom vulgaire du ver-à-soie dans le Languedoc; lieu où se fait l'éducation du ver-à-soie. On doit rencontrer dans les magnaneries, comme principales conditions, un air pur, une lumière constante et une douce chaleur. Il faut éviter l'humidité, la mauvaise odeur, la fumée des lampes et du charbon. Quant aux ustensiles, ils consistent en thermomètres, claies, chassis, caisses et tables de transport, instruments pour nettoyer, boites à faire éclore, appareils de chauffage, de ventilation, etc.

MAGNÉSIE, s. f., *Magnesia; terre amère; oxyde de magnésium.* Mg O. Cet oxyde, le seul que l'oxygène et le magnésium soient susceptibles de former, existe dans la nature combiné aux acides carbonique, sulfurique, phosphorique, etc. On l'obtient à l'état de pureté, soit en précipitant un sel soluble de magnésie par la potasse: alors il est hydraté; soit en calcinant le carbonate de magnésie: dans ce cas, il est anhydre. La magnésie calcinée est solide, amorphe, présentant l'aspect d'une poudre blanche, douce au toucher, inodore, insipide, légèrement alcaline, et pesant 2, 3. Infusible au feu, la magnésie, exposée à l'air, s'hydrate et se carbonate lentement. A peine soluble dans l'eau, elle se dissout plus à froid qu'à chaud, ainsi qu'on le remarque pour l'oxyde de calcium. Traitée par les acides, elle se dissout et s'y combine en donnant naissance à des sels blancs, cristallisés et remarquables par leur saveur amère. Ils se reconnaissent aux caractères suivants: précipité blanc avec les carbonates alcalins, et point de précipité avec les *bicarbonates;* précipité avec les alcalis caustiques, et ce précipité insoluble dans un excès du réactif. Ils précipitent également avec l'ammoniaque, ce qui les différencie des sels de chaux, de baryte et de strontiane. — *Pharmacol.* La magnésie calcinée est un purgatif minoratif fréquemment employé chez l'homme, mais à peu près inusité en médecine vétérinaire. On fait usage de cet oxyde comme absorbant interne ou anti-acide, dans le cas de météorisation et de diarrhée chez les jeunes animaux herbivores, ainsi que chez les carnivores. C'est un excellent antidote contre les acides et même contre l'acide arsénieux, ainsi que le démontrent les expériences de Bussy.

MAGNÉSIEN, adj.; qui contient de la magnésie.

MAGNÉSIUM, s. m., Mg. Equiv. 158,0; métal de la seconde section, qui constitue le radical de la magnésie. On l'obtient en décomposant le chlorure de magnésium anhydre dans un creuset chauffé au rouge, en contact avec le potassium. Il est solide, blanc d'argent, ductile et malléable, pesant 1,87, et fusible à la température rouge. Exposé à l'air, il s'oxyde lentement, brûle avec vivacité quand on le chauffe dans l'oxygène ou le chlore. Il décompose l'eau à la température de 100° et forme de la magnésie hydratée.

MAGNÉTIQUE, adj., *magneticus;* qui a rapport au magnétisme ou aux aimants. *Barreau magnétique*: faisceau de verges d'acier ou de fer doux aimantés. *Fluide magnétique*: principe ou cause des phénomènes magnétiques. *V.* MAGNÉTISME.

MAGNÉTISME, s. m., *Magnetismus*, de *magnes*, aimant; nom donné à la cause inconnue des propriétés des aimants et à la partie de la physique qui traite de leurs effets et des lois qui les régissent. Le magnétisme est considéré comme un fluide impondérable, analogue à l'électricité par sa nature, mais en différant notablement par son mode de manifestation. L'expérience démontre, en effet, qu'un courant électrique qui circule autour d'un fragment de fer lui communique des propriétés magnétiques analogues à celles d'un véritable aimant ; cependant, on ne peut se refuser à reconnaître, entre l'électricité et le fluide magnétique, un certain nombre de différences notables. Ainsi, l'électricité occupe la surface seulement des corps conducteurs isolés, tandis que le magnétisme semble uni à chaque molécule des aimants ; le fluide électrique possède une tension qui tend à l'éloigner du corps électrisé, tandis que le fluide magnétique tient aux aimants avec une grande ténacité ; le magnétisme présente toujours la bipolarité, ce qu'on n'observe pas pour l'électricité statique. On admet, du reste, dans le magnétisme comme dans l'électricité, deux fluides distincts qui s'attirent réciproquement et se repoussent par eux-mêmes (*V.* AIMANT) : l'un porte le nom de fluide *austral*, parce qu'il dirige l'aiguille aimantée vers le nord où existe du fluide de nom contraire, et le fluide *boréal* qui regarde le pôle sud de la terre. — *Magnétisme terrestre.* La terre est un vaste aimant qui présente un équateur magnétique presque parallèle à celui du globe, et deux pôles qui sont éloignés des pôles astronomiques d'environ 100 lieues. C'est cet état de la terre qui explique les mouvements de l'aiguille aimantée. Il serait dû, d'après Ampère, à des courants électriques qui circuleraient autour du globe terrestre. *V.* AIMANT, AIGUILLE AIMANTÉE, etc.

MAGNÉTOLOGIE, *Magnetologia ;* partie de la physique qui traite du magnétisme et des aimants.

MAGNOLIACÉES, s. f., *Magnoliaceæ ;* famille de plantes dicotylédones, polypétales, hypogynes, frutescentes ou arborescentes, remarquables par la beauté et la grandeur de leurs fleurs ou par les principes aromatiques que renferment leur écorce et leurs fruits. Genres : *Magnolia, Mangletia, Drimys, Canella, Illicium,* etc.

MAIGREUR, s. f. ; état d'un animal dont le tissu cellulaire ne contient qu'une petite quantité de graisse. L'*amaigrissement* est le commencement de la maigreur ; le *marasme* en est l'exagération. Quelquefois on donne au mot *amaigrissement* une autre signification, en l'employant pour désigner la diminution de la graisse résultant d'une maladie ; tandis que la *maigreur* n'exclut pas la santé.

MAILLECHORT ou **MELCHIOR**, s. m. ; alliage de cuivre, de zinc et de nickel, qui sert à la fabrication de quelques objets de luxe et d'ustensiles employés dans l'économie domestique. Les proportions des trois métaux varient selon les fabriques ; les plus usuelles sont : cuivre, 50 ; zinc, 25 ; nickel, 25. Il est susceptible d'acquérir un beau poli, mais il s'oxyde aisément.

MAIN, s. f., *Manus, χειρ* ; ce mot désigne d'une manière générale, en zoologie, toute la partie du membre antérieur située au-dessous de l'avant-bras ; mais on ne donne ordinairement le nom de main à cette partie, que lorsque le pouce plus ou moins opposable aux autres doigts en fait un organe de préhension, comme chez l'Homme et les Quadrumanes.

MAIS, s. m.. *Zea*, L. ; genre de la famille des Graminées. Ses caractères sont : fleurs monoïques, les mâles disposés en belles grappes terminales, rameuses, les femelles nombreuses, sessiles, réunies en épi simple sur un rachis épais et cylindrique, enveloppé dans une gaine formée par des feuilles ; style long, capillaire, entier ; trois étamines. Le fruit est un cariopse sub-globuleux ou réniforme, à surface luisante, entouré à sa base par des glumes et glumelles. La tige est forte, simple, pleine ; les feuilles longues, planes, larges et pourvues d'une petite ligule. Le nombre des espèces de maïs n'est pas rigoureusement fixé ; la plupart des Botanistes le réduisent à une, le M. commun, *Z. maïs*, vulg., *blé de Turquie, d'Inde, de Rome, gros millet,* etc. ; mais on a cru dernièrement pouvoir y rattacher quatre espèces américaines qui ne sont peut-être que des variétés de la première. Quant aux variétés proprement dites créées par la culture, en Europe ou ailleurs, elles sont nombreuses et distinguées par la couleur du fruit qui est blanc, jaune ou rouge ; par la durée de la croissance qui peut être de deux ou six mois. Le maïs, répandu presque partout aujourd'hui en deçà du 50° de latitude, a été introduit en Europe pendant le XVI° siècle ; mais bien qu'il ait été alors apporté d'Amérique, il y a lieu de penser, d'après les recherches de Bonafous, que cette plante était connue dans l'ancien continent, dans l'Inde, en Afrique, longtemps avant la découverte du Nouveau-Monde. — Le maïs demande des terrains légers, propres, ameublis, profonds, bien fumés. Il est assez robuste ; néanmoins il craint un peu le froid et l'excès d'humidité. On le sème au printemps ou après une récolte d'hiver, en lignes ou à la volée, selon que l'on veut obtenir beaucoup de grain, ou des fanes pour fourrage, pour engrais vert. Cette culture est épuisante ; elle exige des sarclages et des buttages. Pour hâter la maturité, on retranche souvent le sommet des tiges, après la fécondation. — Les tiges et les feuilles vertes du maïs constituent un excellent fourrage, surtout pour les femelles laitières ; desséchées, elles servent comme engrais ou dans l'économie domestique. Le grain est très nutritif ; il renferme, d'après une analyse récente : fécule 75,35, matière sucrée et animalisée 4,50, albumine 0,50, mucilage 2,50, son 3,25, eau 12,00. Il est employé à la nourriture de l'homme ; sa farine est douce et jaunâtre. Le maïs convient aux animaux de travail et d'engrais. Il n'est pas un animal domestique, sans en excepter les oiseaux de basse-cour, auquel il ne puisse être administré avec profit ; mais c'est surtout aux ruminants.

aux veaux, aux agneaux, aux vaches laitières, aux volailles qu'il est bon de le
donner. On l'administre entier ou concassé,
sec ou macéré dans l'eau, sous forme de
pâte, etc. On le donne même quelquefois
aux chevaux, encore attaché à l'épi ou rafle.
La farine de maïs est diurétique; on en fait
de bons cataplasmes.

MAL, s. m., *Malum*; on se sert de ce
mot pour désigner un état contre nature,
une affection indéterminée d'une partie
malade.

MAL D'ANE; crevasses ulcéreuses du pied
des monodactyles autour de la couronne et
du bord supérieur de la paroi du sabot.
V. **CRAPAUDINE.**

MAL DES ARDENTS; *érysipèle, fièvre érysipélateuse.* (*V.* ces mots).

MAL DE BOIS, MAL DE BROU; gastro-entérite
sur aiguë, produite sur les herbivores par
l'action vénéneuse des jeunes bourgeons des
arbres de nos forêts, entre autres du chêne
et du frêne.

MAL CADUC, *V.* **EPILEPSIE.**

MAL DE CERF, *V.* **TÉTANOS.**

MAL DE DENTS; désignation vague d'une
maladie du système dentaire. *V.* **DENTS.**

MAL D'ENCOLURE; on comprend sous ce
nom générique les blessures de la partie supérieure de l'encolure, produites par des contusions ou des frottements répétés. C'est
principalement dans le cheval de trait, sur le
point d'appui du collier, qu'on observe le
mal d'encolure; fréquemment cette affection
se développe à la suite du mal de garrot.
Les symptômes varient suivant que la maladie débute par un phlegmon ou la formation d'un cor, qui peut embrasser une grande
partie des tissus. La suppuration ne tarde
pas à se produire et à fournir des abcès, des
trajets fistuleux. Ces fistules donnent un pus
grisâtre, caillebotté; parfois elles longent le
ligament cervical jusqu'au niveau de l'atloïde.
Il est peu de blessures dont la durée soit
aussi longue. Les terminaisons sont la résolution, la suppuration, la gangrène. Des
complications redoutables viennent aggraver l'état du malade : ce sont la carie du
ligament cervical, le mal de garrot, le mal
de taupe, la gale, qui surviennent comme
complications locales. La résorption du pus,
la morve aiguë, le farcin, la pneumonie ou
la gastro-entérite, viennent aussi compromettre la vie de l'animal blessé. Les mouvements fréquents de l'encolure, la nature si
variée des tissus qui la composent, rendent
le pronostic généralement fâcheux : la guérison se fait longtemps attendre, surtout
quand il y a carie du ligament cervical. C'est
par la chirurgie qu'on remédie à cette affection. Dans le début, on provoque la résolution par l'application du vésicatoire. Plus
tard, lorsque la suppuration existe, il importe de favoriser par des incisions et des
contre-ouvertures l'écoulement du pus,
d'empêcher le frottement, de modifier les

plaies pour en activer la cicatrisation. Des
opérations variées sont réclamées pour l'enlèvement des parties cariées, dégénérées. Si
le ligament cervical est altéré, l'instrument
doit être porté sur cet organe. Hertwigt a
conseillé la section transversale de ce ligament. Lafosse de Toulouse fait l'extirpation
de la corde ligamenteuse pour obtenir une
plaie simple dont la cicatrisation est rapide.
Lorsqu'on enlève une certaine étendue de ce
ligament, il y a abaissement de la tête pendant quelques jours; mais cet abaissement
cesse à mesure que les plaies se cicatrisent.
Quant aux solutions de continuité qui résultent des diverses opérations pratiquées dans
le mal d'encolure, on les panse avec la teinture d'aloès, l'eau de Rabel, la liqueur
de Villatte, ou l'onguent digestif, suivant
qu'elles sont plus ou moins compliquées;
le cautère actuel est aussi un bon moyen
pour hâter la cicatrice en changeant la nature des tissus altérés.

MAL DE FEU OU MAL D'ESPAGNE; dénomination vicieuse donnée à l'hépatite aiguë
compliquée de l'inflammation des méninges.
V. **ENCÉPHALITE** et **VERTIGE.**

MAL DE FOIE; nom vulgaire qui a été donné
à la pourriture du mouton, ou cachexie
aqueuse. *V.* **CACHEXIE.**

MAL DE GARROT; blessure du garrot du
cheval, produite par la pression ou le frottement; c'est tantôt une contusion, tantôt une
plaie plus ou moins compliquée. Les causes
prédisposantes sont le garrot bas et charnu,
qui permet à la selle de se porter trop en avant,
la gale, des plaies et autres maladies qui
ont leur siège sur cette région. Les causes
occasionnelles sont la pression, le frottement
produit en arrière du garrot par la selle ou
le bât, en avant par le collier. Cette maladie
peut débuter à l'état de phlegmon, de cor,
d'abcès ou de solution de continuité. La suppuration et la formation d'une plaie sont
quelquefois le résultat de la négligence du
propriétaire de l'animal blessé. Le pus s'é-
coule difficilement, à cause de la position de
la plaie; bientôt il étend ses ravages, favorisé
par la mobilité de la partie malade; il atteint
le ligament cervical et propage parfois le mal
d'encolure jusque vers la tête : les apophyses
épineuses des vertèbres dorsales se carient.
Parfois la suppuration très abondante amène
le marasme et la perte du malade. Dans certains cas, le mal de garrot présente au début
une tumeur froide, fluctuante, contenant de
la sérosité et des corps albumineux produits
par la fibrine du sang épanché; c'est après
le frottement occasionné par la gale qu'on
observe cette variété dans les symptômes.
Le mal de garrot peut durer plusieurs mois.
Les complications les plus graves qu'il présente sont la carie des os et des ligaments,
la filtration du pus en dedans de l'omoplate,
dans le canal vertébral, la phlébite générale, le farcin, la morve. Le garrot est
le centre du mouvement des membres an-

térieurs ; il est composé de tissus doués d'une vitalité différente; voilà ce qui explique la gravité du pronostic relativement aux blessures de cette partie. Pour obtenir la guérison, le traitement varie suivant la nature des lésions qui ont été produites. S'agit-il d'une tumeur contuse à l'état aigu ? les astringents, la compression ou le vésicatoire sont employés. Contre une tumeur indolente, il faut appliquer le vésicatoire dès le début, ou recourir à l'emploi des fondants, du cautère actuel. Les abcès réclament une incision qui produit l'écoulement du pus et l'empêche de porter profondément ses ravages. Lorsqu'un cor s'est développé et a occasionné une gangrène locale et sèche, on favorise par les maturatifs la chute des eschares. La carie du ligament sus-épineux dorso-lombaire réclame des excisions, des contre-ouvertures; ensuite. les plaies et fistules sont pansées avec divers topiques, tels que la liqueur de Villatte, l'eau de Rabel, les chlorures alcalins, l'eau phagédénique, la teinture d'aloés. Si les apophyses épineuses sont cariées, l'opération du mal de garrot devient plus compliquée; non-seulement il est utile de faire de grandes incisions, mais encore il faut exciser les parties osseuses altérées, les portions de ligament cervical qui sont cariées. Enfin, quand le pus pénètre en dedans de l'omoplate, la trépanation de cet os devient nécessaire pour favoriser l'expulsion de ce produit. Pendant le traitement, l'animal doit être assujetti convenablement pour l'empêcher de frotter la région malade contre les corps qui sont à sa portée. Un repos complet est nécessaire ; en outre, il convient de modifier le régime suivant les caractères des solutions de continuité dont on veut obtenir la cicatrisation.

Mal de gorge ; synonyme d'Angine.

Mal de langue, *V.* Glossanthrax.

Mal de mâchoire ; nom vulgaire donné au *trismus.*

Mal de mer, *Nausea navigantium ;* on a donné ce nom aux nausées et aux vomissements qui tourmentent les personnes qui s'embarquent pour la première fois sur un navire. Souvent même, dans les gros temps d'orage, les marins sont eux-mêmes exposés à cette indisposition, qui cesse dès qu'on quitte la mer. Les carnivores, entre autres les chiens, prennent facilement le mal de mer. Le cheval est susceptible de l'éprouver, mais il ne vomit pas ; on observe en lui un état général de fatigue, la perte de l'appétit, et même quelques contractions des muscles abdominaux, qui produisent des nausées; tout indique qu'il ressent aussi dans la région de l'épigastre des douleurs violentes, comme les animaux qui sont susceptibles de vomir.

Mal de mouton, *V.* Pourriture.

Mal de pied ; nom vulgaire donné au *piétin.*

Mal de pis, *V.* Mammite ou Mastoïte.

Mal de rognon ; dénomination ancienne et impropre dont on se sert pour désigner l'affection analogue au mal de garrot, qui se développe dans la région dorso-lombaire. Cette maladie est produite par le bât sur l'âne et le mulet, par l'arçon de la selle sur les chevaux de cavalerie, par le porte-manteau, qui exercent un frottement, une pression trop prononcés. Au début, c'est le plus souvent un phlegmon peu volumineux : plus tard, c'est un abcès dont le pus s'écoule difficilement. Le mal de rognon peut se terminer par résolution, par suppuration, par induration, par le développement d'une exostose. Dans le traitement, quatre indications se présentent : faciliter l'écoulement du pus; empêcher le frottement; enlever les parties cariées; cicatriser les plaies, comme dans le mal de garrot.

Mal rouge; on a désigné sous ce nom plusieurs maladies différentes, qui sont la clavelée, la maladie de Sologne et l'érysipèle.

Mal saint-Antoine ; nom vulgaire de l'*érysipèle gangreneux.*

Mal sacré, *V.* Epilepsie.

Mal de saignée, *V.* Phlébite et Trombus.

Mal saint-Jean, *V.* Epilepsie.

Mal de taupe, *Testudo ;* tumeur analogue au mal de garrot, qui se développe sur la nuque du cheval et du bœuf. Synonymie : *mal de nuque, fistule à la nuque, phlegmon à la nuque, hygroma attoïdien* (Loiset), *écrouellet du bœuf.* On a donné à cette maladie le nom qu'elle porte, parce qu'on a comparé la disposition des fistules, qu'elle présente quelquefois, aux galeries creusées dans la terre par la taupe. Les auteurs qui ont étudié ce mal sont Chabert, Hurtrel d'Arboval, Hertwigt et Loiset. — Les causes occasionnelles sont les coups de fouet, les contusions contre la mangeoire, le frottement ou la pression du licol, du joug, l'action de tirer sur la longe. La gale ou rouvieux est une cause prédisposante, surtout pour les chevaux entiers. — Cette maladie peut se présenter sous plusieurs aspects différents : 1° Un *phlegmon* apparait et constitue une tumeur chaude ou froide, accompagnée de prurit, de réaction fébrile et de coma. 2° Le mal peut avoir son siège dans la bourse muqueuse attoïdienne. Dans ce cas, Loiset lui donne le nom d'*hygroma attoïdien.* Sa forme est sphérique, déprimée dans le milieu par la pression du ligament cervical. 3° C'est une collection séreuse ou un *abcès* dont il est facile de constater la fluctuation. 4° Des *fistules* borgnes existent plus ou moins nombreuses; les tissus sont indurés; le pus amène la carie des tendons, des ligaments, des os. On peut observer de nombreuses complications, outre le ramollissement et la carie des tissus précités. Les vertèbres cervicales peuvent s'ankyloser ; les os se dénudent; un liquide séro-purulent pénètre dans le crâne, comprime le cerveau, la moelle épinière et produit la mort, ou tout au moins l'immobilité. Quelquefois le pus passe dans les veines;

le malade contracte une pneumonie aiguë avec gangrène du poumon ; la cachexie, le marasme, le farcin, la morve, peuvent aussi se montrer. On établit le diagnostic du mal de taupe en explorant la nuque avec la main, les doigts, avec la sonde en S, en ayant la précaution de porter en avant la tête de l'animal. C'est une des maladies les plus difficiles et les plus longues à guérir ; souvent elle est incurable. — Lorsque le mal de taupe n'est qu'à l'état de phlegmon, il faut employer le traitement général des contusions, qui comprend, soit les astringents ou défensifs, soit les résolutifs, tels que le vésicatoire, le liniment ammoniacal, le mélange de sublimé et de térébenthine, les sinapismes. Dans le cas d'hygroma atloïdien, Loiset pratique avec le trocart la ponction de la bourse muqueuse, et pose un séton transversal à la direction du ligament cervical. Hertwigt à établi plusieurs principes pour remédier au mal de taupe qui s'est terminé par suppuration. A. Produire l'écoulement libre du pus qui stagne dans les fistules. On y parvient par des débridements faits avec précaution à l'aide du bistouri boutonné. B. Empêcher et éviter toute pression et tout frottement, tant du dehors que des parties malades les unes sur les autres. Pour atteindre ce but, il faut quelquefois pratiquer la section transversale du ligament cervical. Il peut en résulter tout au plus un abaissement momentané de la tête et une dépression peu apparente. C. Enlever avec l'instrument les parties dégénérées du ligament cervical et des tissus voisins. D. Favoriser la cicatrisation des plaies par des pansements convenables. E. Ne pas négliger les soins hygiéniques par lesquels on entretient dans un état satisfaisant la constitution des malades.

MAL DE TÊTE DE CONTAGION ; cette expression est inusitée de nos jours. On l'a employée pour désigner le gonflement de la partie inférieure de la tête du cheval, avec difficulté dans la respiration. Vitet et Paulet en ont parlé. Gohier considère cet état comme un phlegmon de la tête, bientôt suivi d'inflammation et de gangrène de la muqueuse nasale. Vatel, tout en rappelant que les hippiatres désignaient ainsi le coryza gangreneux du cheval et la morve aiguë, propose de lui donner le nom de *rhinite gangreneuse* ; Hurtrel l'appelle *morve gangreneuse*. Nous devons considérer ce que les anciens appelaient *mal de tête de contagion* comme un symptôme commun à plusieurs affections différentes, surtout à la morve aiguë et à l'anasarque. Cette tuméfaction des cavités nasales, suivie d'une difficulté prononcée dans la respiration, est réellement contagieuse quand elle appartient à la morve aiguë, dont elle est quelquefois un symptôme. Au contraire, elle n'est pas susceptible de se transmettre, lorsqu'elle est symptômatique de l'anasarque : dans ce dernier cas, elle est curable. *V.* MORVE et ANASARQUE.

MALACIE, s. f., *Malacia* : de μαλακια, mollesse ; dépravation du goût, appétit dépravé, causé par l'état de faiblesse de l'estomac. Ce terme n'est pas usité en vétérinaire.

MALACODERME, adj., de μαλακος, mou, et δερμα, peau ; à peau molle ; nom donné à quelques coléoptères à corps mou.

MALACOSARCOSE, s. f., *Malacosarcosis*, de μαλακος, mou, et σαρξ, σαρκος, chair ; état de mollesse des chairs, du système musculaire.

MALACOSTÉOSE, s. f., *Malacosteosis*, de μαλακος, mou, et οστεον, os ; ramollissement des os.

MALACOZOAIRES, s. m. pl., de μαλακος, mou, et ζωον, animal ; nom donné par M. de Blainville à l'embranchement des mollusques.

MALACTIQUE, s. et adj., *malacticus*, de μαλασσειν, ramollir ; synonyme d'*émollient* ; peu usité.

MALADE, adj., et s., *Æger, ægrotans*, νοσηρος ; qui souffre de quelque altération de la santé ; qui est dans l'état de maladie.

MALADIE, s. f., *Morbus*, νοσος ; on a donné à ce mot diverses définitions. Les modernes désignent ainsi une altération notable survenue dans l'exercice d'une ou de plusieurs fonctions, ou dans la structure des tissus. Les animaux, tout aussi bien que l'homme, sont exposés à de nombreuses maladies ; elles sont ordinairement le résultat de la domesticité, des travaux pénibles auxquels on les assujettit. Leur diagnostic offre fréquemment de grandes difficultés, parce que les malades ne peuvent fournir par eux-mêmes aucun renseignement au praticien. Sous ce rapport, les maladies des animaux ressemblent à celles des enfants. On a donné aux maladies des noms tirés de leur siége, de leurs causes, des lieux dans lesquels on les observe ; quelquefois c'est un symptôme, une altération particulière, qui a fait inventer un nom pour les désigner. La nomenclature vétérinaire subira sans doute des réformes utiles, et changera bien des noms bizarres ou insignifiants qui ont été conservés ; mais il faut aussi se garder d'un néologisme exagéré.—De nombreuses divisions ont été admises pour les maladies. On nomme maladies *externes* ou *chirurgicales*, celles qui siégent à la surface externe du corps et qu'on traite généralement par des moyens chirurgicaux ; *internes* ou *médicales*, celles qui se développent sur les organes profonds, et qu'on traite par des moyens médicaux. La maladie *locale* affecte une partie déterminée du corps; celle qui est *générale* embrasse plusieurs organes ou appareils d'organes. On appelle *sporadiques* les affections qui se montrent isolément; *enzootiques*, celles qui paraissent inhérentes à quelques localités ; *épizootiques*, celles qui envahissent toute une contrée et atta-

quent un grand nombre d'animaux à la fois
Les maladies sont *idiopathiques* , *essentielles* , *primitives* , lorsqu'elles se montrent
sur la partie qui a subi l'influence d'une
cause occasionnelle ; *sympathiques*, si elles
résultent de l'affection d'un organe éloigné. On les nomme *secondaires*, *consécutives* , quand elles sont la suite d'une autre
maladie ; *fixes* , *mobiles* , *ambulantes*, *vagues* , suivant qu'elles conservent leur siége
ou se déplacent. Elles sont *latentes* ou *ma-
nifestes*, selon que leurs symptômes sont cachés ou apparents. D'après leur durée, on
les nomme *aiguës* ou *chroniques*. En tenant
compte de leurs caractères, de leur coïncidence avec d'autres affections, on les dit
simples ou *compliquées*. Sous le rapport de
leur origine, les maladies sont *congéniales*,
innées, *héréditaires*, *acquises*, *constitutionnelles*. On appelle *virulentes*, *miasmatiques*, celles produites par un virus , par des
miasmes; *contagieuses* , celles qui peuvent
se transmettre ; *intermittentes* , *périodiques*,
celles qui reparaissent par intervalles, etc.

MALADIE APHTEUSE , *V.* APHTES.

MALADIE CONVULSIVE ; nom donné par
Tessier à une maladie des moutons qui a
beaucoup de rapport avec l'épilepsie. Girard
lui a donné le nom de *névralgie lombaire
des bêtes à laine*. *V.* TREMBLANTE.

MALADIE CHARBONNEUSE, *V.* CHARBON et
FIÈVRE CHARBONNEUSE.

MALADIE DES CHIENS. Synonymie : *maladie
du jeune âge*, *gastro-bronchite* , *coryza*,
fièvre muqueuse , *morve des chiens*. On a
donné ces divers noms à une maladie que
tous les chiens contractent dans leur jeune
âge , et qui est caractérisée surtout par un
état catarrhal des membranes muqueuses.
Diverses opinions ont été émises sur la nature de cette affection. Barier l'a considérée
comme une fièvre bilieuse , compliquée d'a-
taxie ; d'autres l'ont assimilée à la gourme
du cheval, à la vaccine, à la clavelée ; on en
a fait une rhinite, une bronchite ou une gastro-
entérite. Tous les chiens contractent cette
maladie avant l'âge de 12 à 15 mois, mais
elle n'a pas toujours une grande intensité;
généralement elle passe inaperçue sur ceux de
ces animaux qui habitent la campagne. Elle
n'atteint qu'une seule fois les mêmes individus.
La question de la contagion n'est pas complètement résolue. Les chiens ne sont pas seuls
affectés de la maladie du jeune âge ; tous les
carnivores des genres *canis* et *felis* sont dans
le même cas ; la *maladie des chats* se présente avec des caractères analogues. Parmi
les symptômes principaux, on remarque l'é-
tat catarrhal des muqueuses, surtout de la
conjonctive et de la pituitaire , qui présentent un écoulement d'abord blanchâtre , plus
tard jaune tirant sur le vert et adhérant aux
orifices tapissés par ces membranes ; la toux
et les vomissements se montrent souvent;
quelquefois on observe la diarrhée, même
dès le début. A mesure que la maladie fait

des progrès, il y a prédominance des symptômes qui indiquent l'altération de quelque
organe important, tel que l'intestin, le poumon ou l'appareil cérébral. La maladie finit
par la dysenterie, la pneumonie avec hépatisation , caractérisée par le *souffle labial*,
ou l'épilepsie et la chorée. Fréquemment on
observe l'ophthalmie symptomatique avec ulcération de la cornée transparente de l'œil.
Il n'est pas rare de voir se produire une
éruption miliaire sur diverses parties du
corps. Parmi les lésions organiques observées dans les chiens atteints de cette affection catarrhale , Bernard a signalé l'augmentation de volume des follicules placés aux
environs de l'anus, et qui viennent s'ouvrir
dans l'intestin rectum ; il a ajouté qu'il suffit
de vider cette poche tous les deux ou trois
jours pour obtenir la guérison ou une amélioration notable. A l'autopsie, on trouve généralement les désordres de la broncho-
pneumonie ou de la gastro-entérite. Sur le
plus grand nombre des malades , cette affection suit la marche ordinaire et bénigne,
puis elle disparait; le pronostic ne devient
fâcheux que dans le cas de complication
vers l'appareil cérébro-spinal ou sur celui de
la respiration.—Une foule de remèdes prétendus héroïques ont été préconisés ; il n'en est
aucun qui soit réellement spécifique et puisse
être employé d'une manière empirique. Le
traitement antiphlogistique ne doit être recommandé que dans le cas où les caractères
de la phlegmasie des muqueuses sont bien
déterminés. Les évacuants obtiennent du succès dans le début ; l'huile de ricin et le sulfate de soude sont les purgatifs à préférer,
parce qu'ils se bornent à un effet relâchant.
Un remède vulgaire consiste à faire avaler
au malade une pincée de sel de cuisine, qui
produit quelques vomissements et guérit en
peu de temps ; le sirop de nerprun est également adopté par les chasseurs ; mais ces
irritants, tout comme l'émétique , le mercure doux, le kermès , ont l'inconvénient de
produire quelquefois une superpurgation mortelle. Lorsque, après l'administration d'un
purgatif leger, l'état catarrhal persiste, les
dérivatifs extérieurs, tels que le séton, la pommade stibiée, le vésicatoire, sont généralement
indiqués. Quand il y a complication de bronchite, de pneumonie, d'épilepsie , de chorée , etc., les moyens de guérison varient d'a-
près la nature de ces maladies.

MALADIE NAVICULAIRE , *V.* NAVICULAIRE.

MALADIE PÉDICULAIRE, *V.* PHTHIRIASE.

MALADIE DE SANG , *V.* SANG DE RATE.

MALADIE DE SOLOGNE ; maladie des bêtes
ovines décrite par Flandrin et Tessier ; elle
est ainsi nommée, parce qu'elle est enzootique
dans la Sologne; on l'a appelée *mal rouge*, *maladie rouge*, parce que les malades rendent
quelquefois du sang avec les urines ; *maladie
de sang*, par la même raison et parce qu'elle
n'est autre chose que le *sang de rate*, avec des
symptômes moins intenses en y ajoutant

quelques-uns des caractères de la cachexie. Dupuy l'a assimilée aux fièvres pernicieuses de l'espèce humaine. On peut la considérer comme une maladie par altération du sang. Les causes de cette affection dépendent de la nature du sol, des habitations, de la nourriture. Les pâturages de la Sologne sont très humides ; il en est de même pour les habitations, qui sont en outre mal tenues. Abondante pendant l'été, la nourriture est donnée avec parcimonie pendant le reste de l'année ; les agneaux sont trop souvent dans de mauvaises conditions pour atteindre leur développement normal. — Les symptômes, précurseurs de la maladie indiquent l'invasion d'une phlegmasie. On observe ensuite un écoulement muqueux, quelquefois sanguinolent par les cavités nasales ; les muqueuses sont injectées ; les urines sont rouges ; les excréments contiennent du sang. La tête et les membres se tuméfient ; le malade tombe dans un état de prostration extrême ; il reste immobile, respire avec peine ; la mort arrive au milieu des convulsions ou d'un état d'affaissement complet. Cette maladie dure sept à huit jours environ ; la mortalité est forte pendant l'hiver et diminue à mesure que la température atmosphérique s'élève. Dans les autopsies, on a trouvé des ecchymoses sur la muqueuse intestinale, des vésicules remplies d'un liquide rougeâtre à la surface de la rate, dont le volume est augmenté ; les bronches contiennent une écume sanguinolente ; le cœur est ecchymosé ; les cavités splanchniques présentent des épanchements de sérosité roussâtre ; on rencontre des hydatides dans le thorax et l'abdomen, des fascioles dans le foie. — Tessier a recommandé principalement les toniques, les décoctions de sureau, de sauge, d'hyssope. Flandrin employait le quinquina ; Dupuy a proposé le sulfate de quinine. Comme il est difficile de donner des soins efficaces à un grand nombre de malades, il faudra s'attacher surtout à l'emploi des moyens préservatifs prescrits par l'hygiène, sous le rapport du régime alimentaire et des habitations. Il importe principalement de soustraire les moutons à l'influence de l'humidité et d'une alimentation trop irrégulière.

MALADIE VÉNÉRIENNE, *V.* SYPHILIS.

MALADIE VERMINEUSE ; maladie occasionnée par les vers. *V.* STRONGLE, ASCARIDE TÆNIA, HYDATIDE, etc.

MALADIES CONTAGIEUSES, *V.* CONTAGION et POLICE SANITAIRE.

MALADIES DES PLANTES, *V.* PHYTOTHÉROSIE.

MALADIF, IVE, adj., *valetudinarius* ; qui est exposé à être malade.

MALADRERIE, s. f. ; contraction de deux mots *mal*, et *ladre*, nom donné autrefois aux lépreux ; hôpital des lépreux.

MALAIRE, adj., de *mala*, joue.—*Os malaire* ; os de la joue ou de la pommette. *V.* ZYGOMATIQUE.

MALAISE, s. m. ; état fâcheux, incommode. *V.* ANXIÉTÉ.

MALANDRE, s. f. *Malandra*, de μέλας, noir, et δρυς, chêne ; crevasse qui se développe au pli du genou dans le cheval. *V.* CREVASSES.

MALANDRIE, s. f., *Malandria* ; espèce de lèpre. Inusité en vétérinaire.

MALATE, s. m. ; nom des sels formés par l'acide malique avec les bases. Ils sont sans importance.

MAL-DENTÉ ; on désigne sous le nom de *mal dentés* ou *mal-bouchés* les chevaux chez lesquels une mauvaise disposition des dents, une usure trop lente ou trop rapide, rendent difficile ou impossible l'appréciation de l'âge.

MALE, s. et adj., *Masculus*, *Mas* ; qui appartient au sexe masculin.— *Bot.* La *fleur mâle* est celle qui ne renferme que des étamines sans pistil. On appelle *plante mâle*, dans la diœcie, celle qui porte les fleurs mâles.

MALESHERBIACÉES, s. f., *Malesherbiaceæ* ; tribu de la famille des Loasées, regardée par beaucoup d'auteurs comme famille distincte. Genres : *Malesherbia, Gynopleura*.

MALIGNITÉ, s. f., *Malignitas* ; qualité nuisible. Ce mot s'applique aux maladies graves par la nature de leurs symptômes ou leur opiniâtreté.

MALIN, adj. et s. ; au fém. MALIGNE ; qui présente de mauvaises qualités, de mauvais caractères : *pustule maligne*, *fièvre maligne*.

MALIQUE, *V.* ACIDE MALIQUE.

MALLÉABILITÉ, s. f., *Malleabilitas* ; de *malleus*, marteau ; propriété dont jouissent certains métaux, de s'étendre en lames sans se rompre, sous l'influence de la pression du laminoir et du choc du marteau. — Cette propriété précieuse n'existe que dans les métaux parfaits, et suppose dans les corps une certaine mobilité moléculaire jointe à une grande ténacité. Les métaux peuvent être classés sous ce rapport dans l'ordre suivant : *or*, *argent*, *cuivre*, *étain*, *platine*, *plomb*, *zinc*, *fer*, *nickel*.

MALLÉABLE, adj., *malleabilis* ; qui jouit de la malléabilité, ex : Les métaux parfaits.

MALLÉOLE, s. f., *Malleolus*, de *malleus*, marteau ; on appelle ainsi, chez l'homme, les deux saillies osseuses situées, l'une en dedans, l'autre en dehors à l'articulation de la jambe avec le pied. La malléole interne est très saillante au *jarret* du cheval, où son développement anormal constitue la *courbe*.

MALLIER, s. m. ; nom donné vulgairement au cheval placé dans les brancards d'une chaise de poste. On l'appelle aussi *brancardier*.

MALPIGHIACÉES, s. f. *Malpighiaceæ* ; famille de plantes dicotylédonées, polypétales, hypogynes, arbres ou arbrisseaux souvent volubiles, et remarquables par la segmentation de leur tige qui paraît comme formée de plusieurs branches tordues ensemble. Les Malpighiacées se rencontrent surtout en Amérique. Genres : *Malpighia* , *Banisteria* . *Molina* , *Gaudichaudia* , etc.

MALT, s. m.; orge germée et desséchée que l'on emploie à la fabrication de la bière.

MALVACÉES , s. f. , *Malvaceæ;* famille de plantes dicotylédones, polypétales, hypogynes. Ses caractères sont : fleurs axillaires, solitaires ou diversement groupées ; calice gamosépale, à trois ou cinq divisions persistantes, souvent accompagné d'un calicule ; corolle composée de cinq pétales inéquilatéraux , obliques ; étamines nombreuses , monadelphes , réunissant à la base les divisions de la corolle ; styles en nombre variable , libres ou soudés entre eux ; fruit à déhiscence septicide ou loculicide, composé d'une capsule pluriloculaire ou d'un assemblage, en forme de tête aplatie, de carpelles rangés circulairement autour d'un axe central ; graines réniformes, à périsperme mucilagineux , très peu développé. Les Malvacées sont des végétaux herbacés , bisannuels ou vivaces, des arbrisseaux et même des arbres, à feuilles simples , alternes , pétiolées , palmatilobées et munies de deux stipules. Les plantes de cette famille sont toutes remarquables par la grande quantité de mucilage qu'elles renferment et par leurs propriétés émollientes. Elles prennent quelquefois, sous les tropiques, des dimensions considérables. Plusieurs espèces de nos contrées sont d'excellentes plantes médicinales ; d'autres sont cultivées dans les jardins d'agrément ; l'un des genres fournit à l'industrie le *coton*. Cette famille est divisée en quatre tribus : les *Malopées* ; genres : *Malope* , etc. ; les *Sidées* , genres : *Abutilon* , *Sida* , etc. ; les *Malvées* ; genres : *Pavonia* , *Malva* , *Althœa* . *Lavatera* , etc. ; les *Hibiscées;* genres : *Hibiscus* , *Gossypium* , etc.

MAMELLE , s. f. , *Mamma* , μαστος ; organe sécréteur du lait. Les mamelles sont des glandes plus ou moins volumineuses , variant par leur nombre et leur position , et destinées à fournir au petit, pendant quelque temps après sa naissance , un liquide particulier , le lait, qui sert à son alimentation. Chaque mamelle se compose d'une masse glanduleuse renfermant dans son intérieur un grand nombre de canaux sécréteurs se réunissant de proche en proche pour aboutir à un ou à deux, et quelquefois trois mamelons , au bout desquels se trouve l'orifice d'excrétion du lait. Beaucoup de vaisseaux sanguins, de nombreux lymphatiques, font partie de la mamelle, qui est toujours recouverte d'une peau plus fine que celle des parties voisines et contenant de nombreux follicules sébacés. Dans les solipèdes, les mamelles sont au nombre de deux , *inguinales*, peu développées hors le temps de la lactation, et ne portant chacune qu'un seul mamelon ; leurs artères proviennent de la *sus-pubienne*. — Dans la *vache*, les deux mamelles sont inguinales comme dans la jument, mais très

développées , et portant chacune deux mamelons, auxquels s'ajoute parfois , de chaque côté , un troisième mamelon rudimentaire. Dans la chèvre et la brebis, les deux mamelles sont aussi inguinales , mais ne portent, chacune, qu'un seul mamelon. La *chienne* a huit et quelquefois dix mamelles, *pectorales* , *ventrales* et *inguinales*. *La truie* en a douze placées de même. Les *singes* , les *chauve-souris* , *l'éléphant* , n'ont que deux mamelles , *pectorales* comme celles de l'espèce humaine. — On retrouve toujours , chez le mâle, la trace des mamelles de la femelle.

MAMELON , s. m. , *Papilla ;* extrémité amincie de la mamelle , appropriée pour la forme et le volume à la bouche du petit sujet, et au milieu de laquelle s'ouvre le *canal* ou *sinus galactophore*, point de réunion de tous les canaux sécréteurs de la mamelle ou partie de mamelle correspondante. — On donne aussi , par analogie , le nom de mamelons à des éminences arrondies et peu volumineuses existant à la surface de divers organes.

MAMELONNÉ , **ÉE** . adj. , *mamillatus;* expression figurée employée pour désigner les surfaces ou les organes présentant de petits tubercules ou *mamelons*. — *Bot.* Couvert d'éminences coniques, arrondies et peu élevées, semblables à des mamelons, ex. : le chapeau de quelques champignons.

MAMILLAIRE , adj.', *mamillaris* , de *mamilla* , petite mamelle ; qui a la forme d'un mamelon.

MAMMAIRE , adj., *mammarius*, de *mamma*, mamelle ; qui appartient aux mamelles ; *glande mammaire*, *V.* MAMELLE. — *Artère mammaire :* cette artère , correspondant à la génitale externe du mâle, émane de la sus-pubienne , traverse le trajet inguinal et se divise en deux branches : l'une antérieure et l'autre postérieure , qui fournissent à la mamelle de nombreuses divisions. — *Veine mammaire :* elle se jette dans la génitale externe. Dans la vache , on donne aussi le nom de *veine mammaire* à la sous-cutanée abdominale, très développée dans la vache laitière, et toujours consultée par les acheteurs comme indiquant par son volume la bonté de la vache. Cette veine passe par une ouverture particulière des parois abdominales , pour aller se réunir à la thoracique interne.

MAMMALOGIE , s. f. , *Mammalogia* , de *mamma* , mamelle , et λογος , discours ; description des mammifères.

MAMMIFÈRES , s. m. pl. , *Mammalia* , *mammata* , de *mamma* , mamelle , et *fero* , je porte ; nom donné à la première classe des animaux vertébrés, renfermant tous ceux qui sont pourvus de mamelles. Outre ce caractère essentiel, les mammifères présentent les caractères suivants : poumons celluleux et libres dans la poitrine ; sang chaud , passant en entier dans les poumons ; cœur à deux oreillettes et deux ventricules; un diaphragme; corps couvert de poils dans la grande majorité des individus. La classe des mammifères a été divisée par Cuvier en huit ordres, qui sont : les *bimanes*, les *quadrumanes*, les *carnassiers*, les *rongeurs*, les *édentés*, les *pachydermes*, les *ruminants* et les *cétacés*.

MAMMIFORME, adj., *mammiformis*, *mastoïdes ;* en forme de mamelle. *V.* MASTOÏDE.

MAMMITE, s. f., de *mamma*, mamelle ; inflammation de la mamelle. *V.* MASTITE.

MANCENILLIER, s. m., *Hippomane*, L.; genre de la famille des Euphorbiacées. Il n'est composé que d'une seule espèce, le M. vénéneux, *H. mancenilla*, arbre remarquable par les propriétés délétères de son suc et des gaz qui s'échappent de ses feuilles pendant la végétation. Il croit aux Antilles, dans l'Amérique méridionale, etc., où il est même devenu très rare, parce que la destruction en est poursuivie par les naturels.

MANCHERON, s. m. ; partie de la charrue consistant en une espèce de bras dirigé en arrière et attaché au sep ou à l'âge. Le mancheron est souvent bifurqué. Le laboureur s'en sert pour maintenir et diriger l'instrument.

MANDIBULE, s. f., *Mandibula*, de *mandere*, mâcher ; expression employée comme synonyme de *mâchoire*, pour les oiseaux, les insectes, etc.

MANDRAGORE, s. f., *Mandragora*, T ; genre de la famille des Solanées. Il se compose d'un petit nombre d'espèces herbacées croissant surtout dans l'Europe méridionale. Les deux principales, qui peuvent être confondues pour leurs propriétés, sont : la M. officinale, *M. officinalis* (*Atropa mandragora*, L.) ; la M. printanière, *M. vernalis*. — *Pharmacol.* Toutes les parties de ces plantes sont narcotiques et peuvent être employées en thérapeutique ; cependant on ne fait guère usage que de la racine et des feuilles. Ces parties ont une odeur vireuse, une saveur nauséabonde et styptique, qui indiquent des propriétés vénéneuses ; aussi produisent-elles les effets des poisons narcotico-âcres, lorsquelles sont ingérées en trop grande quantité. — La mandragore parait jouir des mêmes propriétés que la belladone, mais elle est plus rarement employée ; elle conviendrait pourtant à l'extérieur pour faire des cataplasmes narcotiques, car ses propriétés sont très prononcées.

MANDUCATION, s. f., *Manducatio*, de *manducare*, manger ; action de manger.

MANÉGE, s. m., *Hippodromus ;* terrain entouré de murs et destiné à enseigner ou à pratiquer l'art de l'équitation. Le manége est plus ou moins vaste, selon son emploi. Il est *couvert* ou *découvert ;* celui-ci prend le nom de *carrière*.

MANGANATE, s. m. ; nom des sels formés par l'acide manganique avec les bases. Ils sont peu connus. Un seul présente quelque intérêt, c'est le *manganate* de *potasse*, qui forme ce qu'on nomme le *caméléon vert.* On l'obtient en calcinant un mélange à parties égales de peroxyde de manganèse et d'hydrate de potasse. La solution évaporée dans le vide donne des cristaux verts ; exposée à l'air, elle absorbe de l'oxygène, devient rouge, et le manganate de potasse se transforme en *permanganate potassique*, (*V.* ce mot).

MANGANÈSE, s. m., *Manganesium ;* Mn. Equi. 344,70; métal de la 3ᵉ section découvert par Scheele et Gahn, en 1774, et existant dans la nature à l'état d'oxyde, de sulfure et de sels. On le prépare en décomposant le chlorure ou le sulfate par le carbonate de potasse ou de soude, pour obtenir du carbonate de manganèse pur, qu'on sèche, qu'on mêle avec du noir de fumée, du borax et de l'huile, et qu'on calcine ensuite, après avoir préalablement desséché le mélange dans un creuset brasqué et à la plus haute température qu'on puisse produire dans une bonne forge. Le manganèse est solide, gris comme la fonte blanche ; son odeur est désagréable lorsqu'on le touche; sa texture est grenue, sa dureté très grande ; il est très cassant et nullement malléable, ni ductile ; sa densité est de 8,00 environ. Il n'entre en fusion qu'à la température blanche la plus élevée et qu'on évalue à 160° du pyromètre de Wedgwood. Son affinité pour l'oxygène est très puissante ; à l'air, il s'oxyde rapidement en prenant successivement une teinte grise, violette et noire. A 100° il décompose l'eau avec beaucoup de force. On doit le conserver dans l'huile de naphte ou dans un tube de verre scellé à la lampe d'émailleur.

MANGEOIRE, s. f., *Præsepis ;* auge en bois ou en pierre, dans laquelle on dépose, au moment du repas, les aliments destinés aux animaux. La mangeoire doit être polie, avoir des angles arrondis, ne laisser échapper aucune parcelle de liquide, ne pas présenter d'excavations dans lesquelles puissent se putréfier les matières alimentaires. Sa hauteur et sa capacité sont subordonnées aux exigences des espèces. On préfère aujourd'hui, comme plus simples et de meilleur usage, au moins pour les chevaux, des mangeoires en pierre dure, non percées de trous, et divisées en autant de compartiments distincts qu'il y a d'animaux.

MANGUIER, s. m., *Mangifera*, L. ; genre de la famille des Térébinthacées. Plusieurs de ces espèces, originaires de l'Inde, sont cultivées dans diverses parties de l'Amérique; pour leur fruit qui est sucré et légèrement acidule. On en fait une grande consommation dans l'Inde, les Antilles, etc. La seule espèce M. *indica* a produit par la culture environ 80 variétés. Les feuilles et l'écorce, et même le fruit sont employés à divers usages médicinaux.

MANIE, s. f., *Mania*, de μανια, fureur ; délire avec penchant à la fureur.

MANIEMENT, s. m. ; action de manier, de toucher. On appelle ainsi l'action de toucher, de palper avec la main les régions où s'accumule la graisse chez les animaux de boucherie, pour juger de leur degré d'engraissement. Les points de maniement sont, pour le bœuf : le poitrail, le grasset, la base de la queue, la croupe, les parois supérieures, latérales, et postérieures de la poitrine, la partie supérieure du flanc, la base du scrotum, la région du coude ; pour le mouton : les parois pectorales, le fanon, le dos, la région inguinale et le grasset. Ces endroits sont désignés sous le nom générique de *maniements*.

MANIHOT, s. m., *Manihot*, Plum. ; genre de la famille des Euphorbiacées. Il se compose d'un petit nombre d'arbrisseaux ou d'arbres à sucs laiteux, des parties les plus chaudes de l'Amérique. C'est la racine du M. comestible, *M. utilissima*, Pohl, *Jatropha manihot*, L., qui fournit la farine de manioc, avec laquelle on prépare le *pain de Cassave* et le *Tapioka*.

MANIOC, *V.* **Manihot**.

MANIPULATION, s. f., *Manipulatio*, de *manus*, main ; nom donné dans les laboratoires à l'action d'exécuter certaines opérations à l'aide de la main, ainsi qu'aux opérations chimiques et pharmaceutiques elles-mêmes. En effet, toutes ces opérations, si simples qu'elles soient, exigent l'emploi de la main avec plus ou moins d'adresse ; mais l'habileté manuelle exige toujours un temps plus ou moins long pour s'acquérir ; aussi n'y a-t-il que l'exemple et une longue habitude du laboratoire qui puissent la donner.— **Manipulation des gaz.** Ces corps, en raison de leur subtilité et souvent de leur faible densité, ne peuvent être manipulés au milieu de l'air atmosphérique. Aussi les reçoit-on, à mesure qu'ils se dégagent, dans des cloches remplies d'eau ou de mercure et retournées, comme aussi on ne peut les transvaser sans l'emploi d'un liquide qui les rende palpables. La pression dans l'intérieur des appareils où se dégagent des gaz étant très susceptible de varier, on emploie des tubes dits de *sûreté*, pour éviter les accidents que déterminerait la pression atmosphérique. *V.* **Absorption, atmosphère, tube de sûreté.**

MANIPULE, s. m., *Manipulus*, de *manus*, main ; synonyme de *poignée*. Quantité de substances médicinales qu'on peut prendre avec une seule main. Elle est indiquée dans les formules pharmaceutiques, par la lettre M. *V.* **Abréviations.**

MANNE, s. m., *Manna*, de *manare*, couler ; suc mucoso-sucré, concret, fourni par plusieurs espèces de frênes, et notamment par le *F. ornus* et le *F. rotondifolia*, qui croissent spontanément en Sicile et en Calabre. La manne s'écoule à la fois par les fissures naturelles de l'épiderme du tronc et par des incisions artificielles. Celle qui sort la première est la plus solide et la plus sucrée, mais elle n'est pas la meilleure comme purgatif ; celle qui s'écoule la dernière est molle, et le sucre est en grande partie remplacé par un principe muqueux ou mucilagineux qui paraît être le principe le plus actif. On connaît trois variétés commerciales de mannes : 1° la *manne en larmes*, qui est solide, blanche, légère, très sucrée, très peu odorante et peu active, quoique la plus chère ; 2° la *manne en sorte*, formée de larmes blanches, légères, sucrées, et d'une sorte de sirop brunâtre, muqueux, qui lui donne une saveur nauséeuse ; 3° la *manne grasse*, en masses poisseuses, brunâtres, ne contenant que quelques larmes blanches, d'une odeur désagréable et d'une saveur douceâtre et nauséabonde ; c'est la variété la moins chère, la plus active et par conséquent celle qui mérite la préférence pour les animaux. Toutes les variétés de mannes sont formées de trois matières principales, mais en des proportions variables : d'un sucre fermentescible analogue au sucre de raisin, d'un sucre non fermentescible appelé *mannite* (*V.* ce mot), et d'un principe muqueux particulier qui paraît être le principe purgatif de la manne.— Cette substance est un purgatif laxatif très doux et qui convient parfaitement pour les petits animaux qu'on veut purger sans irriter le tube digestif ; la dose peut varier depuis 30 jusqu'à 90 grammes et plus. Pour les grands animaux, elle n'est pas employée à titre de purgatif, parce qu'il en faudrait de trop grandes quantités ; mais on en a conseillé l'usage comme *béchique* dans la bronchite et le catarrhe pulmonaire. On l'emploie à la dose de 60 grammes dans un électuaire.

MANNEQUIN ; figure de cheval, formée de pièces articulées et servant à la démonstration des aplombs et de la succession d'action des membres, dans les allures.

MANNITE, s. f., $C^6H^7O^8$. Matière sucrée cristallisable, mais non fermentescible, découverte par Thénard, dans les diverses espèces de mannes du commerce, dont elle forme la plus grande partie. On la trouve aussi dans la plupart des sucs végétaux sucrés qui ont éprouvé la fermentation acétique ou visqueuse. — On obtient la mannite en traitant la manne en larmes par l'alcool bouillant, reprenant le précipité par le même véhicule après l'avoir préalablement séché. Elle est solide, en aiguilles quadrangulaires, minces, incolores, soyeuses, transparentes, de saveur douce et sucrée, soluble dans l'eau, peu soluble dans l'alcool froid et très soluble au contraire dans celui qui est bouillant. L'acide azotique la transforme en acide oxalique, et le permanganate de potasse en oxalate de potasse.

MANOMÈTRE, s. m., *Manometrum*, de μανος, rare, non condensé, et μετρον, mesure ; instrument destiné à mesurer la force élastique des gaz et des vapeurs. Le baromètre ordinaire est, en quelque sorte, le type des manomètres. L'*éprouvette* ou *baromètre tronqué*, annexé à la machine pneumatique, est un manomètre très sensible destiné à indiquer le degré de raréfaction de l'air du récipient disposé sur la plateau. — Les manomètres employés pour connaître la force élastique des vapeurs dans les machines varient beaucoup de forme ; c'est parfois une simple soupape de sûreté, chargée d'un poids donné représentant un certain nombre d'atmosphères. Les tubes de sûreté employés dans les appareils de chimie sont aussi de véritables manomètres.

MANOSCOPE, s. m., *Manoscopium*, de μανος, rare, et σκοπεω, examiner ; espèce de *Baroscope* (*V.* ce mot) employé à indiquer les variations de la densité de l'air. Il se compose d'un pied supportant un petit fléau, aux extrémités duquel se trouvent suspendus, d'un côté, un globe creux de cuivre, et de l'autre un petit poids qui lui fait équilibre. Au milieu du fléau se trouve un arc gradué sur lequel se meut l'aiguille de la balance. Lorsque la densité de l'air varie, les conditions d'équilibre n'étant plus remplies, la balance penche du côté du globe si l'air se raréfie, et du côté du petit poids si sa densité augmente.

MARAICHER, s. m., *Olitor;* nom donné aux jardiniers qui font spécialement la culture des légumes.

MARAICHINS (bœufs) : on appelle ainsi les bœufs qui naissent ou vont s'engraisser dans les prairies basses établies sur les marais desséchés de la Charente-Inférieure, de la Vendée et des contrées voisines. Ceux de ces animaux qui descendent de la race qui occupait ces lieux avant leur assainissement, ont encore une taille peu élevée, la robe brune, le poil un peu grossier, les jambes et les cornes fortes, et peu d'aptitude à un engraissement rapide ; mais de nombreuses variétés de formes se font observer sous l'influence du changement de régime, des croisements qui ont été essayés avec des taureaux français ou étrangers.

MARAIS, s. m., *Palus;* terrain non cultivé, très humide ou incomplètement couvert d'eau. Le sol des marais est tourbeux, mais ils doivent leur existence à leur situation au-dessous du niveau d'un cours ou d'un réservoir d'eau, à leur sous-sol imperméable qui ne laisse point écouler les eaux de la pluie, des sources ou des torrents. Les caractères des marais varient selon leur nature ; il en est de même de leur utilité et de leurs inconvénients. On appelle *marais salants* ou *lagunes* ceux dans lesquels peuvent être dérivées les eaux de la mer, pour l'extraction du sel marin. — Certains marais ne sont que des *prairies marécageuses* où les herbes, grossières et peu nutritives, sont de qualité très inférieure, où l'air est, pendant l'été et en automne, infecté par des effluves qui rendent dangereux leur voisinage, sur-

tout le matin et pendant la nuit. — Les *marais à tourbes* sont à peu près stériles ; ils n'ont de valeur qu'autant que la tourbe qu'ils peuvent fournir est de bonne qualité. — La France a près de 800,000 hectares de marais et ne possède aucune bonne loi sur leur mise en culture. Cependant, les exemples des succès obtenus dans cette partie de l'industrie ne lui manquent pas. La première condition à remplir est celle du *dessèchement* (*V.* ce mot).

MARANTA, s. m., *Maranta*, L. ; genre de la famille des Amomacées, composé de végétaux herbacés ou sous-frutescents de l'Amérique tropicale, plus rarement de l'Asie. L'une de ses espèces, le M. à feuilles de Balisier, *M. arundinacea*, est cultivée dans le Nouveau-Monde, aux Antilles, etc., pour son tubercule, qui fournit la fécule désignée sous le nom d'*Arrow-Root*.

MARASME, s. m., *Marasmus*, de μαραινω, je flétris ; état de maigreur porté au dernier degré. On l'observe après les maladies chroniques de longue durée, telles que la gale, le farcin, la morve, la dysenterie. L'*atrophie* diffère du marasme en ce qu'elle consiste dans la maigreur bornée à une partie du corps.

MARBRE ; nom vulgaire du *carbonate de chaux* (*V.* ce mot).

MARC, s. m., *Magma;* résidu des substances, fruits ou racines, dont on a exprimé le suc. On en utilise de diverses sortes. Le *marc de raisin* non distillé peut être conservé dans des vases où on le soustrait à l'action de l'air par une couche de terre glaise ; il constitue un bon aliment auxiliaire pour le cheval, le bœuf, les oiseaux de basse-cour, etc. Il est donné seul ou associé avec des menues pailles, des pailles hachées. — Le *marc de cidre* est inférieur au précédent ; on ne le donne guère qu'au porc. — Le *marc de pommes de terre* est abondant et à bon marché dans les lieux où ces tubercules sont soumis à la fermentation et à la distillation pour l'extraction de l'eau-de-vie. Il convient aux ruminants et aux porcs, dont il peut hâter l'engraissement ; mais il faut le donner avec précaution. Il en est de même des *résidus de fabrique d'amidon*, de *sucre de betterave*, du *marc d'olives*. *V.* RÉSIDU.

MARCAIRE, s. m. ; nom vulgaire du bouvier, ou, plus exactement de celui à qui est confié le soin des vaches laitières, la mulsion. Ce mot vient sans doute de l'allemand *melker*, qui signifie proprement *trayeur*.

MARCESCENT, NTE, adj., *marcescens;* se dit du calice et de la corolle, quand ils restent attachés au pédoncule après leur dessèchement ; des feuilles, quand elles se dessèchent sur les rameaux avant de tomber ; ex. : les *feuilles du chêne.*

MARCGRAVIACÉES, s. f., *Marcgraviaceæ;* famille de plantes dicotylédones, polypétales, hypogynes, composée d'arbres ou d'arbrisseaux sarmenteux de l'Amérique tropicale. Genres : *Ruyschia, Marcgravia.*

MARCOTTAGE, s. m. ; multiplication des végétaux par le moyen des marcottes. Le marcottage consiste dans l'action de placer, sans les séparer de la plante-mère, des parties susceptibles de développer des bourgeons, dans un milieu différent de celui dans lequel elles se trouvaient jusque-là. Il est donc fondé sur cette propriété des racines de donner des tiges et des branches, quand leurs bourgeons sont mis à nu ; des tiges ou des branches de produire des racines, lorsque leurs bourgeons latents sont cachés dans la terre. Quant aux procédés particuliers de marcottage, ils sont trop nombreux pour pouvoir être indiqués ici.

MARCOTTE, s. f., *Propago, Malleolus;* tige à laquelle on fait pousser des racines ; racine à laquelle on fait pousser une tige, avant de la séparer de l'individu dont elle fait partie, pour la planter ensuite comme on plante les végétaux venus de semis (O. L. Thouin).

MARE, s. f., *Lacus;* amas d'eau stagnante provenant d'une source, de la pluie, mêlée à de la vase, des excréments, et dont le niveau n'est jamais constant. L'eau des mares est presque toujours malsaine ; le goût que les bestiaux manifestent souvent pour elle vient de ce qu'elle est rendue sapide par des substances minérales. C'est à tort qu'on laisse les animaux s'en abreuver, et que l'on conserve dans les campagnes ces cloaques d'où s'échappent constamment en été des gaz infects. Les mares occasionnent des affections charbonneuses, putrides, etc.

MARÉCAGEUX, EUSE, adj., *paludosus;* qui tient de la nature des marais. *V.* Prairie et Marais.

MARÉCHAL, s. m., *Marechalus*, du teutonique *mur*, cheval, et *schalk*, serviteur ; artisan qui ferre le cheval. On dit aussi *maréchal-ferrant*.

MARÉCHALERIE, s. f. ; art du *maréchal-ferrant*.

MARGARATE, s. m., *Margaras;* nom des sels formés par la combinaison de l'acide margarique avec les bases. Les plus importants sont ceux de potasse et de soude, qui entrent dans la composition des savons.

MARGARINE, s. f. ; nom donné par Chevreul à la combinaison naturelle d'acide margarique et de glycérine, qui forme la plus grande partie de la portion concrète des huiles grasses. On la sépare de l'*oléine* par le froid ou au moyen du papier buvard. Elle est solide, blanche, inodore, insipide, cassante comme de la cire, sans action sur les couleurs végétales, plus légère que l'eau, insoluble dans ce liquide, soluble dans l'alcool bouillant, d'où elle se précipite par le refroidissement, fusible à 28°, décomposable par les solutions alcalines en acide margarique et glycérine.

MARGARIQUE, *V.* Acide margarique.

MARGARONE, s. f., $C^{33}H^{33}O$. ; produit solide qui se forme pendant la distillation sèche de l'acide margarique et du margarate de chaux, observé primitivement par Bussy. C'est une matière solide, d'un blanc nacré comme le blanc de baleine, fusible à 77°, volatile sans résidu, insoluble dans l'eau, soluble dans l'alcool, l'éther, les huiles grasses, l'essence de térébenthine, l'acide acétique, etc. Les acides et les alcalis ne l'altèrent pas sensiblement.

MARGE, s. f. *Bot.* On se sert de ce mot, principalement dans la description des Lichens, pour désigner la bordure qui entoure le *thalle* de ces plantes. — *Anat. Marge articulaire :* portion osseuse comprise entre la surface articulaire et le point d'attache du ligament capillaire.

MARGINAIRE, adj., *marginaris;* se dit, d'après Mirbel, des cloisons formées par les bords rentrants des carpelles. Ce sont des *cloisons vraies*. Elles sont toujours complètes.

MARGINAL, ALE, adj., *marginalis;* situé au bord d'un organe ou près d'un orifice.

MARGINÉ, ÉE, adj., *marginatus;* bordé par quelque chose; par une expansion membraneuse étroite, comme beaucoup de graines, de carpelles calicinaires, de pétioles; par une bande colorée comme certaines feuilles.

MARGUERITE, *V.* Paquerette et Chrysanthème.

MARIN, INE, adj., *marinus;* qui appartient à la mer. On appelle *plantes marines*, celles qui croissent dans les eaux de la mer.

MARITIME, adj., *maritimus;* se dit des plantes qui croissent sur les bords de la mer.

MARJOLAINE, *V.* Origan.

MARMITE AUTOCLAVE ; marmite de Papin, à ouverture elliptique, et fermée par un couvercle de même forme, mais plus grand et maintenu en dedans de l'appareil par la pression de la vapeur.

MARMITE DE PAPIN, *V.* Digesteur de Papin.

MARNAGE, s. m. ; opération agricole qui consiste à mêler à la terre arable, pour en augmenter la puissance, une certaine quantité de marne. Le marnage est réclamé par les terrains où manque l'élément calcaire ; cependant, il agit encore dans ceux où cet élément n'est pas dans un état physique convenable. La marne est employée seule ou en compost. Puvis estime que la dose doit être en moyenne $^{1}/_{300}$ de la masse du sol actif. Cette évaluation est généralement trouvée trop faible. La proportion doit être d'autant plus forte que la marne contient moins de chaux utile, et que les marnages sont moins fréquents. Le besoin du renouvellement est indiqué par la diminution des produits et l'apparition sur la terre de plantes acides, *rumex, oxalis*, etc.

MARNE, s. f., *Marga;* mélange naturel, dans des proportions variables, de calcaire et d'argile auxquels se trouve presque toujours associé un peu de sable. La délitescence, c'est-à-dire la propriété de se résoudre en une masse pulvérulente sous l'influence de l'air humide et surtout de la gelée, est le caractère agricole de la marne. Suivant les proportions relatives des substances essentiellement constituantes de la marne et la présence de matières accidentelles, les marnes sont dites *calcaires, argileuses, sablonneuses, gypseuses, magnésiennes, humeuses*. Les premières contiennent depuis 0,50 jusqu'à 0,90 de chaux carbonatée. — La marne se trouve presque partout, à des profondeurs diverses ; il est rare que des terrains où manque le calcaire ne reposent pas sur des couches de cette substance. Son aspect varie beaucoup, et il est difficile de fonder sur ce caractère aucune donnée précise. Elle est tantôt homogène, tantôt formée en partie de rognons. La première est la meilleure, toutes choses égales, parce qu'elle se délite plus facilement. La marne peut être composée d'une masse homogène pulvérulente, dans laquelle se trouvent des rognons offrant plus de résistance aux agents extérieurs ; ou bien ces rognons sont exclusivement calcaires, et l'effet utile de la marne doit être diminué d'autant. La rapidité avec laquelle elle agit est subordonnée à son aptitude à se déliter. — L'effet de la marne est double ; elle agit physiquement par son mélange avec les éléments agricoles des terrains, et produit l'ameublissement ; en outre, elle agit chimiquement comme corps basique et poreux. On pense que la valeur de la marne pourrait être déduite de la quantité d'eau absorbée ; il serait plus exact de procéder à l'analyse par les acides minéraux. — On croit également que les marnes sont d'autant plus fertilisantes que leur formation est moins ancienne.

MARNEUX, EUSE, adj. ; qui renferme de la marne ou en présente les caractères : *sol marneux, couche marneuse*.

MARNIÈRE, s. f. ; lieu, carrière où l'on extrait de la marne pour les besoins agricoles.

MARQUE, s. f. ; on désigne ainsi, en police sanitaire, un signe appliqué à un animal, et propre à constater son état sanitaire, dans les cas d'épizooties. La marque sert à prévenir le détournement des bestiaux, les ventes clandestines, à établir les pertes, etc., et devient, quand elle est bien conçue et bien exécutée, un puissant auxiliaire de l'isolement. L'article 4 de l'arrêt du 16 juillet 1784 en fait une obligation rigoureuse et stipule qu'elle doit consister en un cachet de cire verte appliqué sur le front. A ce moyen, qui est radicalement mauvais, on peut substituer la marque aux ciseaux dans une région très apparente ; la marque au fer rouge sur les cornes, les ongles, etc. Quant à la forme des signes, elle est peu importante, pourvu que leur valeur soit bien établie. Dans tous les cas, les marques seront visibles, et devront pouvoir disparaître natu-

rellement après un certain temps, sans que, dans cet intervalle, on ait pu les enlever sans laisser des traces très sensibles de leur destruction. — On marque aussi les moutons, dans les circonstances ordinaires, pour établir, aux yeux de la loi, la propriété du troupeau. Un acheteur n'est recevable, dans sa demande en garantie, dans les cas prévus par la loi du 20 mai 1838, en ce qui concerne les bêtes ovines, qu'autant que le troupeau porte la marque du vendeur.

MARRONNIER, s. m., *Æsculus hippocastanum*; vulg. marronnier d'Inde ; plante du genre *Æsculus*, de la famille des Hippocastanées. Le marronnier d'Inde est un grand et bel arbre, touffu, à larges feuilles composées, digitées, à fleurs disposées en superbes panicules assez serrées, originaire d'Asie, transporté en Europe vers la fin du 16e siècle, en France vers le milieu du 17e, et aujourd'hui très répandu dans les parcs et les promenades, dont il fait l'ornement. Le fruit du marronnier, appelé marron d'Inde, est amer et astringent. Bien qu'il renferme beaucoup de fécule, il ne peut être consommé avant d'avoir été privé d'une partie de son amertume par la cuisson ; sans cette précaution, les animaux s'y habituent difficilement. Il exerce une action tonique et fortifiante, mais on doit le donner en petite quantité. On le croit bon pour les femelles dont le lait est employé à la fabrication des fromages. On l'emploie écrasé et mélangé à des fourrages hachés, à de la farine. On a proposé récemment d'en extraire la fécule, en traitant la pulpe par une dissolution légère de carbonate de soude. Le bois du marronnier offre peu de résistance et n'est guère propre que pour le chauffage, la teinture en noir ou la fabrication des charbons légers. L'écorce peut être employée au tannage des cuirs ; elle est amère et fébrifuge. Elle renferme, ainsi que les fruits, une matière particulière appelée *esculine* (*V.* ce mot).

MARRUBE, s. m., *Marrubium*, L. : genre de la famille des Labiées. Il se compose de plantes herbacées, vivaces, habitant presque uniquement les contrées de l'ancien monde situées dans l'hémisphère boréal. Bentham en décrit vingt-huit espèces. La principale est le M. commun, *M. vulgare*, commun dans les chemins, au bord des haies. Les bestiaux ne le mangent point. La pharmacie le récolte comme excitant et tonique, et le conserve sous le nom de *M. blanc*, pour le distinguer de la *Ballote noire*, vulg. appelée *Marrube noir*.

MARS, s. m. ; nom que les alchimistes donnaient au *fer* (*V.* ce mot).

MARSILÉACÉES, s. f., *Marsileaceæ*; famille de plantes acotylédones classée par de Candolle dans les Æthéogames ou Semivasculaires. Elle se compose de petites plantes vivant souvent dans les eaux et donnant en même temps des racines adventives et des feuilles flottantes et émergées, dont les folioles présentent le phénomène remarquable du sommeil. Les Marsiléacées reçoivent encore les noms de Rhizocarpées, Rhizospermées, Hydroptéridées. On les divise en deux tribus que les auteurs récents regardent comme des familles distinctes : genres : *Pilularia, Marsilea, Salvinia.*

MARSUPIAUX, s. m. pl., *Marsupialia*, de μαρτυπιον, bourse ; animaux à bourse. La plupart de ces animaux portent une poche renfermant les mamelles et recevant les petits, qui naissent avant terme. Cette poche, remplacée chez quelques-uns par un simple repli, est soutenue par deux os particuliers situés en avant du pubis et appelés *os marsupiaux*. Le système dentaire de ces animaux varie beaucoup suivant les divers genres, dont les principaux sont : le *Didelphe*, le *Kanguroo*, etc.

MARTEAU, s. m., *Martellus;* outil en fer garni d'un manche, qui sert à battre les métaux, à forger. En maréchalerie, on se sert du *marteau à main*, du *marteau à panne*, du *marteau à frapper devant.* — En *Hist. nat.*, on donne ce nom à un poisson du genre des squales.—*Anat.* Osselet de l'ouïe, ressemblant à un marteau, s'articulant, par sa tête, avec l'*enclume*, et adhérant, par son manche, à la membrane du tympan.

MARTELAGE. s. m. ; action de frapper avec le marteau. — *Castration par martelage.* Ce moyen d'opérer la castration du taureau est mis en usage depuis longtemps dans la Bresse et le Bugey, à l'exclusion de toutes les autres méthodes. C'est Chanel qui, le premier, a fait ressortir la valeur de cette opération, qui a le mérite d'une grande simplicité, et qui, loin d'être une pratique barbare, constitue au contraire le moyen de castration le moins douloureux. Le martelage consiste à frapper plusieurs coups de marteau sur chaque cordon testiculaire appuyé contre un corps dur, qui est ordinairement un bâton cylindrique. Le taureau ne paraît pas éprouver de douleurs vives, soit pendant, soit après l'opération. Les testicules se rétractent, le cordon s'engorge, la fièvre de réaction n'est pas intense. Au bout de quelques jours, les organes sexuels s'atrophient. Le martelage produit sur les testicules le même effet que le bistournage, tout en rendant la castration plus complète et la chair plus délicate. Après cette opération, les bourses se remplissent de graisse, ce qu'on n'observe pas en employant les autres procédés. Pour peu que les cordons soient engorgés, les testicules arrondis, le bistournage est difficile ou impossible ; il faut renoncer à le pratiquer de nouveau sur le taureau qui a été *manqué*. Rien de tout cela n'est à considérer avec l'emploi du marteau ; l'opérateur a-t-il été maladroit, l'opération peut être recommencée plusieurs fois avec la même facilité, sans danger. Le martelage réussit parfaitement sur l'espèce ovine. Il est plus difficile à pratiquer sur le cheval, dont

le cordon testiculaire est assez court ; ses effets sont les mêmes que pour les ruminants.

MARTIAL, adj., *chalybeatus;* qui contient du fer ; nom donné à toutes les préparations pharmaceutiques qui contiennent un composé de fer. Synonyme de *ferrugineux* et de *chalybé* (*V.* ces mots).

MARTINGALE, s. f. ; courroie simple ou bifurquée partant de la muserolle de la bride et allant se fixer, à l'aide de boucles, sous les sangles. On admet généralement qu'elle empêche le cheval de se cabrer, de porter au vent, de battre à la main ; plusieurs écuyers, entre autres Baucher, lui dénient cette influence.

MASCULIFLORE, adj., *masculiflorus;* se dit de la calathide ou du disque dont les fleurs sont toutes mâles.

MASQUE (en), *V.* PERSONNÉE.

MASSE, s. f., *Massa;* nom donné en physique à l'ensemble des parties matérielles et pondérables qui constituent les corps. Le rapport qui existe entre le *volume* et la *masse* des corps constitue leur *densité* (*V.* ce mot). La masse d'un corps est représentée exactement par son poids, qui n'est autre chose qu'une unité de *masse* admise conventionnellement dans le but d'établir, sous ce rapport, entre les différents corps, un point de comparaison.

MASSÉTER, s. m., *Masseterus*, μασσητηρ, de μασσκομαι, je mange ; muscle des mâchoires prenant son origine à la crête zygomatique, et son insertion dans toute la portion élargie de la face externe du maxillaire inférieur. Ce muscle, encore appelé *zygomato-maxillaire*, est entremêlé de fortes lames tendineuses, et sert au rapprochement de la mâchoire inférieure, en agissant toujours sur un levier du troisième genre. On appelle aussi *masséter interne* le sphéno-maxillaire ou ptérygoïdien interne.

MASSÉTÉRIN, INE, ou **MASSÉTÉRIQUE**, adj., *masseterinus, masseticus;* qui appartient au masséter.—*Artère massétérine:* seconde branche de la *maxillo-musculaire*, qui se plonge dans le muscle masséter. On appelle aussi *artères massétérines* de petits rameaux que le muscle masséter interne reçoit de la seconde courbure de la carotide externe. — *Nerf massétérin* ou *ptérygo-musculaire:* petit cordon nerveux émanant de la branche maxillaire de la cinquième paire, et se divisant dans le masséter interne.

MASSETTE, s. f., *Typha*, L. ; genre de la famille des Typhacées. Il se compose de plantes aquatiques croissant dans les marais, au bord des étangs, dans presque toutes les contrées du globe. On en trouve en France quatre espèces, parmi lesquelles on remarque, à cause de leurs longues feuilles, de leur rapide propagation, la M. à larges feuilles, masse d'eau, *T. latifolia*, et la M. à feuilles étroites, *T. angustifolia.* Les chevaux les broutent quand elles sont très jeunes, et les porcs recherchent leurs racines.

MASSUE (en), *V.* CLAVÉ.

MASSICOT, *V.* PROTOXYDE DE PLOMB.

MASTIC, s. f.; résine jaunâtre extraite par incision d'une espèce de pistachier *(Pistacia lentiscus)*, qu'on employait autrefois en médecine à titre d'astringent et de fondant.

MASTICATION, s. f., *Masticatio*, de *masticare*, mâcher; action de broyer les aliments avec les dents, pour les atténuer avant de les introduire dans l'estomac par la déglutition. La mastication s'opère en même temps que l'insalivation; elle s'exécute au moyen des dents qui exercent l'action de broiement; des joues et de la langue, qui repoussent sous les dents les aliments chassés par la pression. Dans les herbivores, la mastication est un véritable broiement rendu facile par le mode d'articulation de la mâchoire, qui permet des mouvements latéraux. Dans les carnivores, les mâchoires ne pouvant que s'écarter et se rapprocher, la mastication n'est qu'un déchirement facilité par la forme des dents qui sont aiguës et tranchantes, tandis qu'elles sont en forme de *meule* chez les herbivores.

MASTICATOIRE, s. m., *Masticatorium*; substance ou préparation pharmaceutique destinée à être mâchée pour exciter la salivation. *V.* MASTIGADOUR.

MASTICINE, s. f.; nom donné par Mathews au résidu insoluble qui reste après l'action de l'alcool sur le mastic; c'est une sorte de sous-résine.

MASTIGADOUR, s. m., *Mastigator; nouet*; nom donné autrefois par les maréchaux et les hippiâtres à certaines préparations médicamenteuses destinées à être lentement mâchées par les animaux malades. Elles étaient presque toujours formées de substances très actives, telles que l'assa-fœtida, le poivre, le gingembre, la racine de pyrèthre, l'ail, le sel de cuisine, le sel ammoniac, etc., unis en certaines proportions. On en faisait des préparations pâteuses qu'on enveloppait d'un linge et qu'on attachait ensuite au mors d'un filet pour que le cheval pût les soumettre à une mastication lente et avaler les sucs exprimés. Il résultait de cette pratique, exclusivement employée chez les solipèdes, une excitation de la membrane buccale, une salivation abondante, et par suite de l'ingestion de principes excitants, une stimulation marquée de l'estomac. — Les mastigadours sont maintenant très peu employés par les vétérinaires; on les remplace par les *électuaires* (*V.* ce mot).

MASTITE, s. f., *Mastitis*, de μαστός, mamelle; inflammation des mamelles. Synonymie: *mastoïte, mammite, congestion sanguine, engorgement laiteux, phlegmon des mamelles.* Toutes les femelles d'animaux y sont exposées; sur chacune d'elles, on remarque des nuances relatives aux causes productrices. Aux causes ordinaires de l'inflammation, il faut ajouter les phénomènes relatifs à la gestation, la parturition, l'allaitement. Les causes de la mastite sont, pour la vache, l'abondance de la sécrétion lactée, l'accumulation du lait dans les sinus lactifères (*empissement*), les courants d'air, les piqûres d'insectes, les blessures, les contusions, les émanations irritantes, les sympathies. Plus rare dans la jument, cette maladie est occasionnée par l'état maladif du poulain, le sevrage, les contusions. Dans la brebis, c'est la malpropreté, le défaut de précautions dans l'action de traire. Velpeau divise les caractères de la mastite suivant les parties enflammées: 1° *inflammation superficielle ou sous-cutanée;* qui envahit l'aréole et le tissu cellulaire: 2° *inflammation profonde ou sous-mammaire;* elle est idiopathique ou symptomatique: 3° *glandulaire;* c'est l'inflammation proprement dite. L'inflammation superficielle se montre sur les jeunes vaches qui allaitent pour la première fois; le gonflement est partiel, douloureux. — L'inflammation sous-mammaire est plus commune chez les femelles qui fournissent habituellement du lait. Il y a tuméfaction, douleur, chaleur et rougeur. Des modifications se produisent dans le lait, qui se montre blanc sale ou caillebotté, séreux, mêlé de grumeaux de sang, ou de matières purulentes. — La troisième variété a son point de départ dans les canaux galactophores; la glande est gonflée, douloureuse; en la pressant, on constate des noyaux multiples. Les terminaisons de la mammite sont la résolution, l'induration, la cessation de la sécrétion lactée, la suppuration, la gangrène.— Dans le début, on emploie les antiphlogistiques, lotions ou fumigations émollientes; plus tard, l'eau blanche, la solution d'alun, enfin le liniment ammoniacal simple, s'il reste quelque induration. Des saignées générales et locales seront faites, s'il y a réaction fébrile. Quand l'animal éprouve de vives douleurs, on combine les narcotiques avec les émollients; on emploie les décoctions de guimauve et de têtes de pavot, auxquelles on ajoute le laudanum. — *Les abcès* qui sont le résultat de l'inflammation sont *superficiels, profonds,* et *glanduleux.* Abandonnés à eux-mêmes, ces abcès s'ouvrent vers le dixième jour. Les abcès profonds donnent un engorgement considérable, suivi d'une forte sécrétion purulente. Ils produisent des nodosités, des durillons, la diminution ou la perte de la sécrétion lactée. Le traitement consiste à favoriser la maturité de l'abcès, dont on pratique ensuite la ponction. — En outre, les mamelles présentent une foule de tumeurs dues aux *dégénérescences* fournies par le sang, le lait, le pus. Outre les *kystes* des mamelles, on rencontre les dégénérescences *fibreuse, butyreuse, caséeuse, farineuse, cancéreuse, encéphaloïde, tuberculeuse, osseuse.*

MASTODYNIE, s. f., *Mastodynia*, de μαστός, mamelle, et ὀδύνη, douleur; douleur des mamelles.

MASTOÏDE, adj., *mastoïdes*, de μαστος, mamelle, et εἶδος, forme ; en forme de mamelon. *Apophyse mastoïde* : apophyse située à la face externe de la portion pétrée du temporal.

MASTOIDIEN, ENNE, adj., *mastoïdeus;* qui a rapport à l'apophyse mastoïde. *Portion mastoïdienne du temporal:* partie de la portion tubéreuse de cet os, portant l'hiatus auditif externe, le prolongement hyoïdien, etc. — *Protubérance mastoïdienne* : éminence de la portion mastoïdienne du temporal, creusée à l'intérieur par les *cellules mastoïdiennes.* — *Crête mastoïdienne* : crête partant de la partie latérale de la protubérance occipitale, et longeant l'apophyse mastoïde.

MASTOIDO-AURICULAIRE, s. m., *Mastoïdo-auricularis ;* petit faisceau musculeux partant du pourtour de l'hiatus auditif externe, et s'insérant à la base de la conque, qu'il rapproche du trou auditif.

MASTOIDO-HUMÉRAL, s. m., *Mastoïdo-humeralis ;* muscle considérable de la région trachélienne de l'encolure, prenant ses attaches:1° à l'apophyse mastoïde par une aponévrose ; 2° aux apophyses transverses des cinq premières vertèbres cervicales, par des digitations ; 3° à la crête semi-circulaire de l'humérus, par une aponévrose ; 4° au prolongement trachélien du sternum, par une bandelette charnue. Sa partie la plus large recouvre l'angle scapulo-huméral et y adhère par une aponévrose qui se répand sur les parties voisines. Ce muscle, appelé par Bourgelat le *commun au bras, à l'encolure et à la tête*, fléchit la tête et lui imprime un mouvement de semi-rotation, quand son point fixe est postérieur. Lorsque, au contraire, son point fixe est vers la tête et l'encolure, il tire en masse le membre antérieur en avant, et tend à porter le sternum dans la même direction.

MATIÈRE, s. f., *Materia*, *Materies*, ὕλη ; nom donné en physique à la substance pondérable qui constitue les corps. La matière a pour caractères de tomber immédiatement sous les sens, d'obéir aux forces attractives et à celles développées par les fluides impondérables, d'être impénétrable, étendue, indestructible, etc. — Elle ne forme pas un tout continu et indivisible ; elle est constituée, au contraire, par de très petites parties appelées, selon leur ténacité, *atomes, molécules*, *particules* (*V.* ces mots), et maintenues dans une certaine position d'équilibre au moyen de deux forces opposées : l'une attractive, appelée *cohésion*, et l'autre répulsive, formée par le *calorique latent* contenu dans les corps. — La matière pondérable présente trois états principaux, qui ne préjugent rien, du reste, sur sa nature intime ; ce sont l'état *solide*, l'état *liquide* et l'état *gazeux* (*V.* ces mots).

MATIÈRE MÉDICALE, s. f., *Materia medica;* dans leur sens le plus étendu, ces mots signifient la science qui traite des agents employés en thérapeutique, qu'ils soient tirés de la *pharmacie*, de l'*hygiène* ou de la *chirurgie*. Mais, dans leur acception la plus ordinaire, ils désignent cette partie des sciences médicales qui traite des médicaments sous le triple rapport de l'*histoire naturelle*, de la *pharmacie* et de la *thérapeutique*. Quelques auteurs les considèrent comme le synonyme du mot *pharmacologie*, et d'autres leur donnent une signification plus étendue *V.* Pharmacologie.

MATINAL, ALE, adj.; se dit des plantes dont les fleurs s'ouvrent le matin, au lever de l'aurore.

MATITÉ, s. m., *Matitas ;* qualité de ce qui est mat. Défaut de résonnance des parties qu'on percute, soit avec les doigts, soit avec un instrument appelé *plessimètre*. On observe la matité dans le cas d'hydrothorax et dans toutes les affections du poumon caractérisées par une augmentation de densité. *V.* Percussion.

MATRAS, s. m., *Matracium ;* vase sphérique à fond plat ou bombé, surmonté d'un col long et étroit. Il est d'un usage fréquent dans les laboratoires de pharmacie, pour opérer des macérations, des digestions, etc., sur des substances médicinales organiques. En chimie, on s'en sert pour opérer, la concentration des liquides, pour sublimer certains sels, etc.

MATRICAIRE, s. f., *Matricaria*, L.; genre de la famille des Composées. Deux espèces, spontanées dans les champs, sont employées en médecine comme stimulantes, amères, emménagogues, vermifuges, etc., ce sont : la M. camomille, *M. chamomilla*, L., *Pyrethrum chamomilla*, Cer. et Goss.; la M. inodore, *M. inodora*, L., *Pyrethrum inodorum*, Smith. On leur préfère généralement la Camomille romaine.

MATRICE, *V.* Utérus.

MATURATIF, adj. et s., *Maturans*, de *maturare*, faire mûrir; épithète donnée à certains médicaments propres à hâter la formation du pus dans les tumeurs phlegmoneuses. Dans celles où l'inflammation est franche et plus ou moins violente, les meilleurs maturatifs sont les *émollients* (*V.* ce mot). Pour les tumeurs indolentes, on a recours aux excitants et même aux vésicants. Les plus employés sont, parmi les substances simples, les térébenthines, les résines et gomme-résines, et parmi les préparations pharmaceutiques, l'onguent populéum, le basilicum, l'onguent fondant de Lebas ou de Girard, l'onguent vésicatoire, etc.

MATURATION, s. f., *Maturatio ;* ensemble des phénomènes par lesquels un fruit arrive à la maturité. Ils ne peuvent être les mêmes dans tous. En général, il y a diminution du ligneux, des matières extractives amères ou acides et de l'eau, et formation de gomme et de sucre. Quelques-uns de ces effets sont indépendants de toute végétation et s'effectuent dans les fruits détachés de la plante ; les réactions s'exécutent alors entre les éléments constituants sous l'influence de l'air atmosphérique et par une sorte de combustion lente accompagnée de dégagement d'acide carbonique. — *Pathol.* Progrès d'un abcès , d'un foyer purulent vers la maturité.

MATURITÉ , s. f. , *Maturitas ;* état des fruits qui ont éprouvé la maturation , qui sont mûrs. — C'est aussi l'état d'un abcès dans lequel le pus est formé et possède ses caractères propres.

MAUCHAMP (race ovine de). Cette race est remarquable par sa toison qui se compose d'un poil long, soyeux , non spiralé , très doux et d'une grande finesse. Elle a été récemment créée par M. Graux , aidé dans cette opération par les encouragements et les conseils du gouvernement. Sa souche se trouve dans un bélier né, il y a dix-huit ans environ, de mérinos purs, avec les caractères de la race actuelle. Des croisements bien entendus et une amélioration progressive par sélection ont établi définitivement la race, qui est maintenant en état de se conserver.

MAURE (Cap de), *V.* Cap-de-maure.

MAUVE, s. f. , *Malva* , L. ; genre de la famille des Malvacées. Ses caractères sont : calice quinquéfide, avec calicule à trois folioles libres ; corolle à cinq pétales le plus souvent échancrés au sommet , réunis à leur base , dans la fleur adulte, par les filets staminaux ; étamines nombreuses , monadelphes. Ce genre renferme plus de cent espèces bisannuelles ou vivaces, herbacées, frutescentes ou même quelquefois arborescentes ; quelques-unes sont de jolies plantes d'ornement ; telles sont les **M.** *crispa, capensis , virgata , miniata.* etc. Toutes sont riches en mucilage ; à ce titre , on emploie en médecine les espèces *sylvestris , rotundifolia , alcœa , moschata,* etc. Celles-ci croissent en France ; les deux premières y sont surtout très communes. — *Pharmacol.* Toutes les espèces de mauves sont essentiellement émollientes et mucilagineuses. Les différentes parties de ces plantes peuvent être employées sous ce rapport ; cependant on ne fait guère usage que des *feuilles* et des *fleurs.* Les feuilles, soumises à la décoction, fournissent un liquide verdâtre, doux au toucher et mucilagineux , qu'on emploie journellement en bains , lotions, lavements, injections , dans les inflammations franches qui ont leur siége sur la peau ou les muqueuses voisines du tégument externe. Le marc qui résulte de cette décoction est employé à composer d'excellents cataplasmes émollients, seul ou mélangé à la farine de lin , à la mie de pain , etc. Quant aux fleurs de mauves, émollientes et pectorales , elles fournissent , lorsqu'on les traite par infusion , des breuvages adoucissants qu'on emploie contre les affections de la poitrine ; seulement leur prix assez élevé en interdit l'usage pour les grands animaux.

MAXILLAIRE , adj. , *maxillaris* , de *maxilla* , mâchoire ; qui appartient à la mâchoire. — *Os maxillaire :* os de la mâchoire inférieure, présentant la forme d'un V , dont les deux branches s'articulent d'une manière mobile avec les temporaux. Le *corps* ou partie moyenne du maxillaire porte six alvéoles pour les dents incisives , et , de plus, chez le mâle, deux alvéoles pour les canines. De chaque côté se trouve au point de réunion des branches au corps, le *trou mentonnier* , orifice du conduit maxillaire , et, entre elles deux , existe une surface légèrement rabotteuse, appelée *surface génienne.* Chacune des deux branches offre deux parties , l'une droite, l'autre recourbée en haut , séparées à leur bord postérieur par une légère dépression dite *scissure maxillaire.* La première porte à son bord supérieur les six alvéoles des dents maxillaires , au-dessous desquelles existe une légère ligne, suivant la direction de ces dents, et appelée *ligne myléenne.* La partie recourbée et élargie se termine supérieurement par un condyle situé en arrière , et par une apophyse dite *coronoïde* placée plus en avant et séparée du condyle par une échancrure dite *corono-condylienne.* A la face interne, se trouve l'orifice supérieur du conduit maxillaire qui aboutit inférieurement au *trou mentonnier.* Dans le jeune âge , le maxillaire est divisé en deux portions égales, réunies par la symphyse maxillaire. — Le maxillaire du *bœuf,* plus courbé que celui du cheval, porte huit alvéoles pour les incisives ; ses apophyses coronoïdes s'écartent en dehors et sont plus allongées ; ses deux branches ne se soudent jamais complètement. — Celui du *porc* offre un condyle triangulaire et une apophyse coronoïde large et peu élevée.— Dans le *chien,* le condyle est parfaitement arrondi d'avant en arrière ; l'apophyse coronoïde est très large et très forte ; la face externe de chaque branche offre une fosse bien marquée. Les deux moitiés, comme dans le bœuf, ne se soudent que très rarement. — Les os de la mâchoire supérieure portent le nom de *sus-maxillaires* (*V.* ce mot). — *Artères maxillaires :* on en distingue deux : l'*externe* et l'*interne.* La *maxillaire externe,* ou *glosso-faciale* est une forte division naissant de la carotide externe , et fournissant successivement les artères *pharyngienne , linguale , sous-linguale ;* après quoi elle se replie de dedans en dehors dans la *scissure maxillaire* et se répand sur la face, où elle fournit, outre divers rameaux, les artères labiales inférieure et supérieure. L'artère *maxillaire interne* ou *gutturo-maxillaire* n'est autre chose que la continuation de la carotide externe ou artère faciale , qui se recourbe en dedans et en avant, s'enfonce sous le condyle maxillaire , passe dans le conduit sous- sphénoïdal , et se termine au niveau de la protubérance maxillaire. Ses rameaux principaux sont : la *dentaire inférieure* , les *ptérygoïdiennes* , la *tympanique* , la *méningée moyenne,* la *temporale profonde postérieure,* la *massétérine,* la *tempo-*

rale profonde antérieure, l'*ophthalmique*, la *bucco-labiale*, la *dentaire supérieure*, la *staphyline*, la *nasale* et la *palato-labiale*.— *Veines maxillaires :* elles correspondent à peu près aux artères du même nom et se jettent, l'*interne* dans la veine faciale, et l'*externe* dans la jugulaire, dont elle forme une des principales branches. — *Nerfs maxillaires :* le *supérieur* est la branche terminale de la portion sus-maxillaire de la cinquième paire. Ce nerf s'engage dans le conduit sus-maxillaire, et vient donner aux lèvres et aux ailes du nez de nombreux et très gros rameaux. Dans le conduit, il fournit des filets dentaires aux molaires, et, par une branche qui se prolonge dans l'épaisseur des os, aux dents incisives. Le *nerf maxillaire inférieur* émane de la branche maxillaire de la cinquième paire, parcourt le conduit maxillaire, d'où il sort par le trou mentonnier, pour se distribuer dans sla lèvre inférieure, après avoir fourni, comme le supérieur, des filets aux molaires et aux incisives inférieures. — *Glande maxillaire :* la moyenne en grosseur des trois glandes salivaires ; elle est située dans l'espace intra-maxillaire, sur les côtés du pharynx, et s'étend depuis l'atlas jusqu'à la base de la langue. Son canal excréteur ou *conduit de Warthon* longe le bord supérieur de la glande, et vient aboutir près du frein de la langue où il est protégé par un petit tubercule, vulgairement appelé *Barbillon.* — *Sinus maxillaire :* cavité osseuse située entre les lames des os sus-maxillaires et de quelques os voisins.

MAXILLO-DENTAIRE, adj., *maxillo-dentarius;* qui appartient à la mâchoire et aux dents. *Artère maxillo-dentaire :* elle naît de la maxillaire interne, traverse le canal dentaire inférieur, et se termine par deux branches, dont une sort par le trou mentonnier pour se plonger dans la lèvre inférieure, tandis que l'autre continue son trajet dans l'os pour fournir aux incisives et à la canine les mêmes rameaux que la branche primitive a fournis, dans le canal, aux dents molaires.

MAXILLO-LABIAL, s. et adj., *maxillo-labialis;* petit muscle allongé, situé le long de l'alvéolo-labial, avec lequel il naît de la tubérosité alvéolaire, et s'insérant par un petit tendon à la lèvre inférieure, qu'il écarte de la supérieure. Bourgelat l'appelle *releveur,* et Rigot *abaisseur de la lèvre inférieure.*

MAXILLO-MUSCULAIRE, adj., *maxillo-muscularis; artère maxillo-musculaire :* artère naissant de la carotide externe, en arrière du bord refoulé du maxillaire, et se divisant en deux branches destinées aux muscles masséter et ptérygoïdien.

MÉAT, s. m., *Meatus,* de *meare,* couler ; synonyme de conduit ou gouttière. — *Méat urinaire;* orifice de l'urètre dans le vagin de la femelle. *Méat du nez:* gouttières formées par la disposition des cornets dans la cavité nasale. — *Bot.* Espace de forme variable que l'on croit exister dans le parenchyme des végétaux entre les cellules non comprimées.

MÉCANIQUE, s. f., *Mechanica,* de μηχανη, machine. La mécanique est une science intermédiaire entre les mathématiques et la physique, qui étudie les forces motrices, les lois de l'équilibre et du mouvement, ainsi que la théorie de l'action des machines. Elle se divise naturellement en *statique* ou science de l'équilibre, et en *dynamique* ou étude du mouvement. On peut la distinguer aussi en mécanique *rationnelle* ou *analytique*, qui analyse au moyen des mathématiques l'action des forces, et, en mécanique *pratique*, qui traite de l'action des forces par l'intermédiaire des machines simples ou composées, dont elle examine aussi la construction et la théorie.

MÉCONATE, s. m.; genre de sels formés par l'acide *méconique* et les bases. Il en existe plusieurs dans l'opium brut, tels que le méconate de morphine, ceux de narcotine, de chaux, etc., etc. Leur caractère le plus saillant, c'est de donner un précipité rouge cramoisi avec les sels de protoxyde de fer.

MÉCONINE, s. f., $C^8 H^5 O^2$. Principe alcaloïde découvert par Couerbe dans l'opium, duquel on le retire après avoir précipité la *morphine.* La méconine est solide, incolore, cristallisée en prismes à six pans, inodore et d'une saveur faible d'abord, puis âcre. Fusible à 90°, volatilisable à 155° sans décomposition, cette base se dissout à la fois dans l'eau, l'alcool, l'éther et les essences. Elle est sans usage.

MÉCONIQUE, s. m..*V.* Acide méconique.

MÉCONIUM, s. m. *Meconium,* de μηκωνιον, suc de pavot ; on donne ce nom, par analogie, aux premiers excréments contenus dans l'intestin du fœtus, et qu'il rejette peu de temps après sa naissance.

MÉDECIN, s. m., *Medicus;* de μηδος, soin; en grec ιατρος, de ιαομαι, je guéris ; celui qui sait, qui exerce la médecine.

MÉDECIN VÉTÉRINAIRE, *V.* Vétérinaire.

MÉDECINE VÉTÉRINAIRE, *V.* Vétérinaire.

MÉDECINE LÉGALE VÉTÉRINAIRE; on désigne sous ce nom l'ensemble des connaissances vétérinaires qui s'appliquent aux questions de droit relatives aux animaux considérés comme propriété particulière. Elle s'applique surtout aux *blessures* et aux *empoisonnements* (*V.* ces mots).

MÉDIAIRE, adj., *mediaris;* se dit, en botanique, de l'*embryon,* quand il est placé au milieu du périsperme; des *cloisons* du péricarpe, quand elles correspondent à la partie moyenne des valves. *V.* Médian.

MÉDIAN, ANE, adj., *medianus;* qui est au milieu. *Ligne médiane, V.* Ligne. *Sinus médian :* sinus longitudinal supérieur de la méninge.—*Bot.* Employé comme synonyme de *médiaire;* toutefois, quand il s'agit des nervures moyennes des feuilles, on dit toujours : *nervures médianes. V.* Médiifixe.

MÉDIASTIN, s. m.; cloison membraneuse

formée par l'adossement des deux plèvres, à peu près dans le plan médian de la poitrine, et séparant cette cavité en deux parties : l'une droite et l'autre gauche. Le cœur, placé entre les deux lames du médiastin, sépare cette cloison en deux parties : l'une antérieure ou *petit médiastin*, comprenant entre ses lames la trachée, l'œsophage, les gros vaisseaux, et, chez le fœtus, le thymus ; l'autre, postérieur ou *grand médiastin*, embrassant l'œsophage, la veine-cave postérieure, des nerfs, etc. *V.* PLÈVRE. Les artères du médiastin proviennent des différents troncs qui l'avoisinent, et portent le nom de *médiastines.*

MÉDIAT, ATE, adj., *mediatus* ; la *contagion* est *médiate*, lorsque le virus a été transporté de l'animal malade à l'animal sain par un corps qui a servi d'intermédiaire. — *Bot. L'insertion* est *médiate*, quand elle ne correspond pas avec le point d'émergence de l'organe inséré.

MÉDICAMENT, s. m., *Medicamen, Medicamentum, Pharmacum*, de φαρμακον, médicament ; on appelle ainsi toute substance douée d'une certaine activité qui la rend capable de modifier matériellement et fonctionnellement l'économie animale et de remédier à ses maladies. Des différences essentielles existent entre le *médicament* et l'*aliment*, tant sous le rapport de leur composition chimique, que sous celui de leur action sur l'organisation animale. Entre le *poison* et le *médicament*, au contraire, il n'existe aucune différence fondamentale, et tout se réduit, dans le poison, à une activité plus grande, qu'il est toujours possible de diminuer et de régler. Les médicaments sont tirés des trois règnes de la nature ; cependant le règne animal n'en fournit qu'un petit nombre à la médecine vétérinaire. Ils sont *solides, liquides*, plus rarement *gazeux* ; leurs propriétés organoleptiques sont toujours plus ou moins prononcées ; quant à leurs caractères spécifiques et à leur composition chimique, ils présentent la plus grande variété ; leurs principe *actif* est aussi extrèmement variable : c'est un acide, un alcaloïde, une essence, une résine, etc. On divise les médicaments en *simples et composés* ; les premiers, encore appelés *drogues simples*, sont formés d'une seule substance, quelque complexe qu'elle soit, et les seconds sont constitués par le mélange méthodique de deux ou d'un plus grand nombre de drogues simples. Ils sont aussi distingués, selon leur origine, en *minéraux*, *végétaux* et *animaux*, et, d'après leur provenance, en *indigènes* et *exotiques* (*V.* ces mots). Enfin, suivant les effets qu'ils produisent sur l'économie animale, on les divise assez rationnellement en médicaments *physico-chimiques*, qui modifient matériellement et localement les tissus, et en médicaments *dynamiques*, qui, après leur passage dans le sang, changent le rhythme des fonctions des organes.

MÉDICAMENTAIRE, adj., *medicamentarius* ; qui concerne les médicaments.

MÉDICAMENTATION, s. f. ; action d'administrer des médicaments. Requin a proposé ce mot pour désigner l'action des médicaments ou l'ensemble des effets qu'ils produisent sur les sujets sains ou malades. *V.* MÉDICATION.

MÉDICAMENTER, v. a., *mederi* ; action de donner des remèdes à un malade.

MÉDICAMENTEUX, EUSE, adj., *medicamentosus* ; qui jouit des propriétés des médicaments. *Substance médicamenteuse* : épithète donnée parfois aux médicaments bruts ou drogues, qui contiennent toujours un principe actif prenant plus particulièrement le nom de *médicament.* — *Aliment médicamenteux* : substance nutritive et médicinale, à la fois, comme la plupart des médicaments émollients.

MÉDICASTRE, s. m., *Medicaster* ; mot inusité qui signifie *mauvais médecin.*

MÉDICATION, s. f., *Medicatio*, de *mederi*, remédier. Ce mot a deux acceptions : dans l'une il est synonyme de *traitement* ou de méthode de traitement ; dans l'autre, qui est la plus habituelle, il sert à désigner l'ensemble des effets produits sur l'économie animale par un médicament ou une classe distincte de médicaments. La médication consiste essentiellement dans un changement du rhythme des fonctions, qui peuvent être accélérées, ralenties ou perverties dans différents sens. C'est en quelque sorte une maladie artificielle développée par les médicaments, qui peut amener la cessation d'un état morbide par suite des mutations physiologiques qu'elle a déterminées. On divise les médications, suivant leur étendue, en *locales* et *générales*, et selon la nature de leurs symptômes, en médications *émolliente, excitante, narcotique, tonique*, etc.

MÉDICINAL, ALE, adj. ; qui jouit des propriétés des médicaments ; *substances, plantes médicinales* ; *propriétés médicinales*, appelées improprement *médicales.*

MÉDICINIER, s. m., *Jatropha*, Kunth. ; genre de la famille des Euphorbiacées, composé de plantes herbacées, frutescentes ou même arborescentes, renfermant toutes un suc laiteux et âcre. On ne les trouve que dans les contrées les plus chaudes du globe. L'espèce principale est le M. cathartique, *J. curcas*, L., connu sous les noms de *Ricin d'Amérique*, *Gros pignon d'Inde*, dont les graines, mais surtout l'épisperme et l'embryon sont éminemment purgatifs. On en retire une huile grasse employée, en Amérique, comme irritante, et même comme huile à brûler.

MÉDIIFIXE, adj., *mediifixus* ; se dit, à peu près exclusivement, de l'*anthère* quand elle est attachée au filet par la partie médiane de son dos. Elle est souvent alors *oscillante.*

MÉDIVALVE ou MÉDIIVALVE, adj., *medivalvis* ; appliqué aux cloisons ; il est synonyme de *médiaire* et de *médian.*

MÉDULLAIRE, adj., *medullaris*, de *medulla*, moëlle ; qui appartient à la moëlle.

— *Système médullaire :* portion du système adipeux propre aux os.— *Canal médullaire :* cavité des os longs renfermant la moëlle. — *Membrane médullaire :* membrane très fine tapissant la cavité médullaire des os. On l'appelle quelquefois *périoste interne.* — *Artères médullaires :* rameaux artériels destinés à la moëlle et pénétrant dans les os par les trous nourriciers. — *Substance médullaire :* substance molle, comme la moëlle des os, la substance cérébrale, etc. — *Bot.* *Canal, étui médullaire, V.* CANAL.

MÉDULLE, s. f., *Medulla;* Dutrochet appelait la moëlle proprement dite des végétaux *médulle centrale,* pour la distinguer de *l'enveloppe herbacée,* à laquelle il donnait le nom de *médulle corticale* ou *externe.* *V.* MOELLE et ÉCORCE.

MÉDULLEUX, EUSE, adj., *medullosus;* se dit des tiges qui ont un large canal médullaire; ex.: le *sureau.*

MÉDULLINE, s. f., *Medullina;* nom donné par John et Chevreul à la moëlle des végétaux épuisée par l'eau et l'alcool; elle se rapproche à la fois du *ligneux* et de la *subérine* (*V.* ces mots).

MÉGALOSPLANCHNIE, s. f., de μεγας, grand, et σπλαγχνον, viscère; tumeur dans les viscères abdominaux; développement anormal d'un des viscères abdominaux.

MÉGALOSPLÉNIE, s. f., *Megalosplenia,* de μεγας, grand, et σπλην, rate; enflure, augmentation de volume de la rate.

MÉIOSTÉMONE, adj., *meiostemonis,* de μειον, moins, et στημων, filament; se dit des fleurs dans lesquelles le nombre des étamines est inférieur à celui des pétales.

MELÆNA ou MÉLÉNA, s. f., *Melœna, Morbus niger,* de μελας, noir; *maladie noire;* vomissement de matières noires, avec des évacuations semblables par la voie du rectum. C'est une variété de l'hématémèse qu'on n'observe pas dans les herbivores. Les animaux carnivores présentent quelquefois ce phénomène dans la gastro-entérite.

MÉLAINE, s. f., de μελας, noir; nom donné par Bizio au principe noir de la choroïde, de la peau, de la mélanose. Insoluble dans l'eau froide, la mélaïne se dissout dans l'eau bouillante, d'où elle est précipitée par les acides.

MÉLAM, s. m.; $C^{12} H^9 Az^{10}$. Produit particulier qui prend naissance pendant la distillation d'un mélange d'une partie de sulfocyanure de potassium et deux de sel ammoniac, et découvert par Liébig. Il est solide, blanc-grisâtre, granuleux, insoluble dans l'eau, l'alcool et l'éther, mais soluble dans les acides. L'hydrate de potasse, à l'aide de la chaleur, transforme le mélam en deux bases organiques artificielles: la *mélamine* et *l'amméline.*

MÉLAMINE, s. f.; base organique artificielle qui résulte de l'action de l'hydrate de potasse sur le mélam. Elle est solide, cristallisée en octaèdres blancs; insoluble dans l'alcool et l'éther, elle se dissout dans l'eau bouillante. Fusible et cristallisable par le refroidissement, la mélamine se combine aux acides, avec lesquels elle forme des produits cristallisés.

MÉLAMPYRE, s. m., *Melampyrum,* L., genre de la famille des Scrophulariacées. Il se compose de plantes herbacées, annuelles, croissant dans les champs, les bois, etc. Les espèces sont au nombre de six; la principale est le M. des champs, *M. arvense.* Elles conviennent aux vaches laitières, auxquelles elles font donner du lait et du beurre de bonne qualité. Ce sont de bonnes plantes adventices trop peu productives pour être cultivées isolément.

MÉLANCOLIE, s. f., *Melancholia,* de μελας, noir, et χολη, bile; bile noire. Synonymie: *tristesse, chagrin.* Etat particulier de rêverie, de délire sans fièvre, que l'on observe sur les individus de l'espèce humaine, chez lesquels il y a prédominance du foie. On observe des phénomènes analogues chez les animaux dont on change brusquement les habitudes, chez ceux qu'on prive des sujets de leur affection.

MÉLANÉ, adj., *melanus,* de μελας, noir; qui a la nature de la mélanose; *cancer mélané, tissu mélané.*

MÉLANGE, s. m.; union, en proportions indéfinies et sans combinaison chimique, de deux ou d'un plus grand nombre de corps entre eux. On donne le même nom au corps complexe qui en résulte. Le mélange réciproque des liquides ou des gaz se fait sans préparation préliminaire, parce que les molécules de ces corps sont faiblement liées entre elles; mais, pour les solides, leur mélange intime exige une division mécanique préalable. Le mélange diffère notablement de la *combinaison* chimique; il se fait en toute proportion; il ne s'accompagne d'aucun des phénomènes de la combinaison, comme le dégagement de chaleur, de lumière, etc.; il produit seulement du froid, lorsque le mélange présente un état différent de celui des corps mélangés; les propriétés des éléments du mélange sont masquées, mais non changées d'une manière durable comme dans la combinaison; leurs particules sont visibles à l'œil nu ou au microscope, et souvent on peut les séparer par une simple opération mécanique, etc.— *Hyg.* On associe diverses substances alimentaires; dans ce cas, on peut avoir pour but de donner une forme plus convenable à la substance principale ou de compléter ce qui lui manque. C'est encore ce que l'on se propose dans le mélange des engrais. — Dans la culture, les mélanges ne peuvent avoir lieu qu'autant que les végétaux ne peuvent se nuire ni dans leur croissance et leur développement, ni dans leur exploitation. *V.* PRAIRIES.

MÉLANGES FRIGORIFIQUES (*V.* ce dernier mot).

MÉLANGES (méthode des); procédé employé en calorimétrie pour évaluer la quantité de calorique contenue dans un poids donné d'un corps, afin d'en évaluer la *chaleur spécifique* ou la *capacité* pour la *chaleur*. Il repose sur ce principe : qu'en mélangeant deux corps inégalement chauds, le plus froid s'échauffe aux dépens de celui dont la température est la plus élevée, et que si le mélange est composé de poids égaux des deux corps, il est facile, connaissant leur température primitive, de calculer leur capacité calorifique.

MÉLANIEN, adj., *melanianus*, de μέλας, noir ; qui a la nuance, la couleur, les caractères de la mélanose : *taches mélaniennes*.

MÉLANIQUE, adj., *melanicus;* qui a la nature de la mélanose.

MÉLANISME, s. m., *Melanismus ;* excès de coloration de la peau ou de ses productions.

MÉLANOSE, s. f., *Melanosis*, de μέλας, noir, et νόσος, maladie ; nom donné par Laënnec à une production accidentelle, d'un noir foncé, ayant, par sa consistance, quelque analogie avec le tissu des ganglions bronchiques, donnant, par la pression, un liquide roussâtre et se convertissant quelquefois en une bouillie noire. On a conservé ce mot pour désigner la même altération de tissu dans les animaux. Hénon, Gohier, Girard fils, Rigot, Leblanc, ont particulièrement étudié cette affection. Les mélanoses sont bien plus communes dans le cheval que dans toutes les autres espèces animales. Le plus grand nombre des chevaux gris et blancs en présente des traces ; on les a rarement constatées sur les chevaux d'une couleur plus foncée. Cette maladie n'est pas contagieuse ; les expériences de Gohier l'ont prouvé positivement. On ne peut douter de sa transmission par hérédité. Jusqu'à présent on n'a pu déterminer la cause occasionnelle des mélanoses. Il est rare qu'elles apparaissent avant l'âge de trois à quatre ans ; elles sont d'autant plus développées, qu'on les observe sur des animaux plus âgés. Longtemps confondues avec le squirrhe et le cancer, les mélanoses sont mieux connues sous le rapport de l'anatomie pathologique ; elles peuvent se montrer sous quatre formes différentes : 1° en masses enkystées ou non ; 2° infiltrées dans un organe ; 3° liquides ; 4° déposées par couches à la surface des tissus. — La *mélanose en masse*, qu'on a désignée vulgairement sous le nom d'hémorroïdes des chevaux, se montre le plus souvent autour des parties sexuelles, où elle offre parfois un volume considérable ; Gohier en a vu du poids de 18 kilog. La forme de ces masses est irrégulière, bizarre, bosselée, tantôt sphérique, tantôt semblable à des grappes de raisin. Ces saillies présentent à travers la peau une teinte de bistre. Leur consistance varie ; on a distingué, sous ce rapport, l'*état de crudité* et l'*état de ramollissement*. On voit des masses ramollies produire l'ulcération de la peau et laisser échapper un liquide brun-rougeâtre ; tantôt l'ulcère s'agrandit,

tantôt il se cicatrise. Il est peu de parties dans lesquelles on n'ait observé les productions mélaniques ; on les rencontre partout où il y a du tissu cellulaire. Les parois des veines en contiennent. Leur existence n'a pas été observée dans les tissus fibreux, cartilagineux et osseux. On les rencontre dans le bœuf, le chien, le chat, le lapin.—La *mélanose infiltrée* se présente dans les organes parenchymateux, tels que le poumon, le foie, la rate ; les tissus prennent alors une teinte ardoisée.—On a regardé, comme étant la *mélanose liquide*, une matière noire résultant de l'état maladif de quelques organes, et qu'on rencontre dans certains vomissements, dans l'excrétion d'une urine noirâtre ; c'est à tort. La mélanose liquide est formée par le ramollissement, et contenue quelquefois dans une sorte de kyste fibreux. — Enfin, la *mélanose* sous forme de *lames* ou *de couches solides* a été observée dans le tissu cellulaire sous-jacent des plèvres, du péricarde, de l'arachnoïde, du péritoine. — D'après les analyses chimiques faites par Barruel, Lassaigne et Foy, les mélanoses ont une composition analogue à celle du sang, avec prédominance de carbone. Dans le cheval, elles ont présenté de la fibrine, une matière colorante noire, soluble dans l'acide sulfurique et la solution de sous-carbonate de soude, de l'albumine, du chlorure de sodium, du phosphate de chaux et de l'oxyde de fer. Des opinions diverses ont été émises sur la nature de la mélanose ; on l'a considérée comme un tissu accidentel, une maladie du tissu cellulaire, l'effet d'une nutrition vicieuse, un épanchement de sang, une aberration du pigmentum ou matière colorante de la peau. Sous le rapport de la santé, les mélanoses offrent peu de dangers pendant les premiers temps de leur apparition et lorsqu'elles restent stationnaires. Quand elles prennent un développement prononcé, leur volume peut obstruer l'intestin rectum, comprimer d'autres organes ; les ulcères, qui peuvent en résulter autour des parties sexuelles, attirent les insectes et se cicatrisent difficilement. On ne connaît aucun moyen de traitement efficace pour arrêter le développement des mélanoses ; on peut tout au plus songer à extirper les tumeurs qui apportent quelques obstacles dans l'exercice d'une fonction importante. L'ablation réussit ; il en est de même pour la cautérisation avec le fer rouge des parties ramollies.

MÉLANOSPERME, adj., *melanospermus*, de μέλας, noir, et σπέρμα, graine ; se dit des plantes dont les graines sont noires.

MÉLANOURINE, s. f., de μέλας, noir, et οὖρον, urine ; nom donné par Braconnot à une matière noire que Marcet a observée dans l'urine. Elle est soluble dans les acides et les alcalis.

MÉLANTHACÉES, *V.* **COLCHICACÉES.**

MÉLASSE, s. f.; sirop épais formant le résidu de la fabrication du sucre, et provenant en grande partie de l'altération qu'eprouve ce dernier pendant les manipulations qu'on lui fait subir. La mélasse est un liquide épais, d'un rouge brun foncé, d'une odeur de caramel, d'une saveur sucrée peu agréable, soluble en toute proportion dans l'eau, et susceptible d'éprouver la fermentation alcoolique. Elle paraît formée de sucre incristallisable, de matière colorante (*caramel*), d'un principe mucoso-sucré, d'acide acétique et d'acétates, surtout lorsqu'elle a un peu vieilli. — Dissoute dans les boissons et les breuvages, elle sert à les édulcorer comme le miel ; elle peut aussi remplacer cette dernière substance pour la confection des électuaires, des bols, etc. — *Hyg*. La mélasse pourrait entrer dans l'alimentation des herbivores, servir à faire des mélanges, si son emploi, quelque précaution que l'on prenne, n'était rendu très difficile et fort désagréable par l'état même de la substance.

MÉLASTOMACÉES, s. f., *Melastomaceæ*; famille de plantes dicotylédones, polypétales, pérygynes. Elle est composée d'arbres, d'arbrisseaux, de sous-arbrisseaux et d'un petit nombre d'herbes répandues surtout dans les contrées les plus chaudes de l'Amérique. Les espèces sont très nombreuses. Genres : *Melastoma*, *Osbeckia*, *Miconia*, *Chariantus*, *Lavoisiera*, *Rhexia*, etc.

MÉLÉOLE, s. m. ; nom donné par Béral aux médicaments composés de miel et d'une poudre. Ils se confondent avec les électuaires.

MÉLÉOLIQUE, adj. ; nom générique des préparations pharmaceutiques à base de miel.

MÉLÈZE, s. m., *Larix*, T. ; genre de la famille des Conifères, composé d'arbres résineux, à feuilles annuelles étroites, ressemblant beaucoup, par leur port et surtout par leurs propriétés, aux pins et aux sapins, auxquels ils ont d'ailleurs été réunis par un certain nombre de botanistes. L'espèce la plus importante est le M. d'Europe, *L. Europœa*, D. C.; *Pinus larix*, L. ; *Abies larix*, R., spontané dans les montagnes de l'Europe, en Amérique, etc. Cet arbre peut atteindre 30 à 40 mètres de hauteur. Sa croissance est rapide, son bois dur, mais d'une combustion lente et difficile. Il fournit la térébenthine de Venise.

MÉLIACÉES, s. f., *Meliaceæ*; famille de plantes dicotylédones, polypétales, périgynes, frutescentes ou arborescentes, originaires des contrées chaudes du globe. Elles ont presque toutes les sucs âcres ou amers. Genres : *Melia*, *Epicharis*, *Trichilia*, etc. La racine du *Melia azedarach* est vermifuge; ses fruits sont vénéneux. Le noyau, très dur et inaltérable, sert à faire des chapelets.

MÉLICÉRIS, s. m., *Meliceris*, de μελικηρον, rayon de miel; sorte de tumeur enkystée contenant une matière qui a l'aspect et la consistance du miel. Il se forme dans les parties exposées au frottement, surtout à la commissure des lèvres du cheval, par l'action du mors. On y remédie par la ponction.

MÉLILOT, s. m., *Melilotus*, T. ; genre de la famille des Légumineuses. Les plantes qui le composent sont des herbes bisannuelles, dont les fleurs sont jaunes ou blanches, les feuilles pennées trifoliolées, les racines longues et pivotantes. Les espèces les plus intéressantes sont : le M. officinal, *M. officinalis*, souvent spontané dans les champs, les prairies. Il est peu difficile sur le choix du terrain, et peut être cultivé comme plante fourragère, mais il demande à être coupé jeune. Mêlé à d'autres plantes, il leur communique une odeur agréable ; le M. blanc, *M. alba* et le M. bleu, *M. cærulea*, plus rustiques peut-être, médiocrement productifs, durs et provoquant la météorisation. Ces trois mélilots, surtout le premier, sont cultivés comme engrais vert. Les espèces *parviflora*, *gracilis*, *sulcata*, sont aussi fourragères mais trop petites.

MÉLIQUE, s. f., *Melica*, L. ; genre de la famille des Graminées. Il se compose d'un petit nombre de plantes rustiques, peu développées, plus propres au pâturage qu'à une culture réglée. Les méliques, assez appréciées des bestiaux quand elles sont jeunes, donnent plus tard un fourrage dur. Les espèces *ciliata*, *nutans*, *altissima*, *cærulea*, sont les plus connues.

MÉLISSE, s. f., *Melissa*, T. ; genre de la famille des Labiées. Il se compose de plantes herbacées, vivaces, parmi lesquelles se distingue la M. officinale, *M. officinalis*, très commune dans les prairies ombragées, au bord des bois. Son odeur forte, pénétrante, sa saveur chaude et amère, la font repousser des bestiaux ; mais la thérapeutique l'emploie comme excitante. On prépare avec elle une eau distillée aromatique et une huile essentielle employées comme cosmétiques et comme calmantes. Le genre mélisse, tel qu'il vient d'être limité par Bentham, ne comprend plus que quatre espèces. On y plaçait autrefois le *Calament*, *M. calamintha*, L., dont les propriétés sont les mêmes que celles de la M. officinale, mais un peu affaiblies.

MELLITES, s. m. ; préparations pharmaceutiques à base de miel. Elles sont plus ou moins compliquées. C'est parfois un sirop dans lequel le miel remplace le sucre (*mellite simple*) ; d'autres fois, une solution mielleuse à laquelle on a ajouté divers principes médicamenteux (*miel rosat*, *mellite de scille*). Ces préparations sont assez rarement employées en médecine vétérinaire. *V*. OXY-MELLITE.

MELLON, s. m., $C^6 Az^4$; radical composé, voisin du cyanogène, et découvert par Liébig en distillant le sulfocyanogène en présence du chlore. C'est un corps solide, pulvérulent, d'un jaune clair, insoluble dans l'eau et dans l'alcool. Chauffé fortement, il se décompose en azote et cyanogène. Il forme, avec l'hydrogène, de l'acide *mellonhydrique*, et avec les métaux, des *mellonures*.

MÉLOÉ, s. m., *Meloe ;* genre d'insectes coléoptères dont quelques espèces, et notamment le *M. proscarabæus*, peuvent être employées comme vésicants et remplacer la cantharide.

MÉLOMÈLE, s. et adj., *Melomeles ;* genre de monstres doubles, polyméliens, ayant pour caractère un ou deux membres accessoires insérés par leur base sur les membres principaux.

MÉLOMÉLIE, s. f., *Melomelia ;* état des monstres mélomèles.

MELON, *V.* Concombre.

MÉLONGÈNE, *V.* Aubergine.

MÉLONIDE, s. f., *Melonida*, de μῆλον, pomme, et εἶδος, forme ; fruit charnu provenant de plusieurs ovaires pariétaux réunis et soudés avec le tube du calice. C'est le *Pyridion* de Mirbel, la *Mélonidie* de Desvaux. Dans ce fruit, la partie charnue est formée par le calice et par le péricarpe ; l'endocarpe est cartilagineux ou osseux. On distingue la Mélonide à nucules, ex. : la *Nèfle*, et la Mélonide à pépins, ex. : la *Poire*, la *Pomme*.

MEMBRANACÉ, *V.* Membraneux.

MEMBRANE, s. f., *Membrana*, ὑμήν, ou μῆνιγξ ; nom donné, en général, à tous les tissus aplatis en forme de lames ou de toiles. Cette définition suffit pour indiquer que les membranes présentent de nombreuses différences. En effet, outre les différentes espèces bien tranchées établies parmi les membranes, on trouve encore, dans la même espèce, de nombreuses modifications. Bichat a divisé les membranes en *simples* et *composées*. Parmi les premières, il place les membranes *séreuses*, *muqueuses* et *fibreuses* (*V.* ces mots). Ces dernières ne sont autre chose que le tissu fibreux réduit en lames, ex. : les aponévroses, les ligaments capsulaires, etc. Parmi les membranes composées, Bichat a admis les membranes *fibro-séreuses*, ex. : le péricarde ; *séro-muqueuses*, ex. : la portion membraneuse de l'urètre. — Dans cette classification ne se trouvent pas comprises la membrane interne des vaisseaux, participant des séreuses et des muqueuses, la membrane médullaire, l'iris, etc. — Des membranes peuvent se développer accidentellement, comme on le voit dans la formation des kystes, des fausses articulations. Ces membranes, dont la nature varie, sont appelées *membranes accidentelles*. Enfin, l'état de maladie peut occasionner le développement de *fausses membranes* (*V.* ce mot). — *Membrane de Schneider :* nom donné à la membrane pituitaire, en mémoire de l'anatomiste qui l'a décrite le premier. — *Membranes du fœtus*, *V.* Fœtus. — *Bot. Membrane fructifère*, *V.* Hyménium. — *Membrane interne*, *V.* Enéilème. — *Membrane périspermique :* nom donné au *périsperme*, quand il est réduit à une lame ou membrane.

MEMBRANEUX, EUSE, adj., *membranosus ;* de nature membraneuse ; formé de membranes. — *Bot.* Se dit des organes qui ont, par leur consistance, leur peu d'épaisseur, quelque analogie avec les membranes, ex. : les spathes, beaucoup de stipules et de feuilles.

MEMBRANIFORME, adj., *membraniformis ;* en forme de membrane.

MEMBRE, s. m., *Membrum*, *Artus ;* on donne ce nom aux appendices destinés à supporter le tronc et à le transporter, et servant quelquefois d'organes de préhension. Les membres sont au nombre de quatre chez les vertébrés, et distingués en deux paires : l'une antérieure, l'autre postérieure ; chacun d'eux est divisé en quatre rayons, qui sont, pour le membre antérieur ou *thoracique :* l'*épaule*, le *bras*, l'*avant-bras* et le *pied ;* pour le membre postérieur ou *abdominal :* la *hanche*, la *cuisse*, la *jambe* et le *pied*. — Dans l'étude des allures et des signalements, on réunit les membres par *bipèdes* (*V.* ce mot). — Chez les oiseaux, les deux membres postérieurs supportent seuls le corps ; les antérieurs sont uniquement destinés au vol.

MÉMÉCYLÉES, s. f., *Memecyleæ ;* famille de plantes dicotylédones, polypétales, périgynes, composée d'arbrisseaux originaires des régions tropicales. Genres : *Memecylon*, *Scutula*, etc.

MÉNIANTHE, s. f., *Menianthes*, L. : genre de la famille des Gentianées. Il ne renferme qu'une seule espèce, le *M.* trèfle d'eau, *M. trifoliolata*, habitant les prairies humides, le bord des étangs. Quelques peuples du nord extraient de son rhizome une fécule qu'ils font concourir à la fabrication du pain et de la bière. Les feuilles vertes sont toniques et antiscorbutiques.

MÉNINGE, s. f., *Meninx*, de μῆνιγξ, membrane ; nom donné aux enveloppes des centres nerveux, mais principalement réservé aujourd'hui à l'enveloppe fibreuse, la plus externe, connue sous le nom de *dure-mère*. La méninge enveloppe la masse cérébrale et la moëlle épinière, adhérant très intimement aux os dans le crâne, très peu dans le canal rachidien. — La méninge forme, à sa face interne, deux replis dont un, portant le nom de *cloison falciforme*, sépare les deux lobes du cerveau et renferme le *sinus veineux longitudinal supérieur* ou *médian*, et l'autre, portant le nom de *cloison transverse* ou *tente du cervelet*, sépare la masse du cerveau de celle du cervelet et renferme les *sinus veineux latéraux* et *caverneux*. Un troisième repli, dit sus-phénoïdal, renferme le *sinus veineux coronaire*. La face interne de la méninge est tapissée par le feuillet pariétal de l'arachnoïde.

MÉNINGINE, s. f. ; nom donné par Chaussier à l'arachnoïde et à la pie-mère, mais réservé surtout à la première de ces membranes. *V.* Arachnoïde.

MÉNINGITE, s. f., *Meningitis ;* inflammation de la méninge, c'est-à-dire des trois membranes dont la réunion forme les méninges, et qui sont la dure-mère, l'arachnoïde et la pie-mère. Dans les animaux, cette maladie est confondue, sous le nom de *vertige*, avec les autres affections de l'encéphale. *V.* ENCÉPHALITE.

MÉNINGOSE, s. f., *Meningosis*, de μηνιγξ, membrane ; articulation affermie par des ligaments membraneux. Peu usité.

MÉNISCOIDE, adj., *meniscoïdeus*, de μηνισκος, de μηνη, lune, croissant, et ειδος, forme ; en forme de croissant.

MÉNISPERMACÉES, s. f.; *Menispermaceæ;* famille de plantes dicotylédones, polypétales, hypogynes, grimpantes, originaires, pour la plupart, des régions tropicales, et remarquables par la disposition concentrique des couches qui composent leurs tiges, couches séparées par des zônes corticales. Leurs fruits sont en général narcotico-âcres. Genres : *Menispermum*, *Cocculus*, *Cissampelos*, etc. Plusieurs espèces de cette famille fournissent la *Coque du Levant*.

MÉNISPERMINE, s. f., *Picrotoxine ;* substance alcaloïde découverte par Pelletier et Couerbe dans la coque du levant. Elle est solide, cristalline, blanche, inodore, insipide, fusible à 120°, insoluble dans l'eau, soluble dans l'alcool et l'éther, et saturant les acides, avec lesquels elle forme des sels. Elle est très vénéneuse et se rapproche, sous ce rapport, de la *strychnine*.

MÉNISQUE, s. m., de μηνη, lune. —*Anat.;* fibro-cartilage inter-articulaire imitant, par sa forme, un croissant de la lune, ex. : les fibro-cartilages de l'articulation fémoro-tibiale.

MÉNORRHAGIE, s. f., *Menorrhagia*, de μην, mois, et ρηγνυμι, je romps ; hémorrhagie utérine. Synonyme de *métrorrhagie*.—Ecoulement trop abondant des menstrues chez la femme.

MENSTRUATION, s. f., *Menstruatio;* écoulement des *menstrues* (*V.* ce mot).

MENSTRUE, s. f.; on donne ce nom à tout liquide qui dissout les corps solides sans les altérer. Les plus usités en chimie et en pharmacie sont l'eau, l'alcool, l'éther, le vin, le vinaigre, les huiles grasses, les essences, etc. Ce mot est à peu près synonyme de *dissolvant*, de *véhicule*, d'*excipient liquide*, etc.

MENSTRUES, s. f. pl., *Menstruæ;* de μην, mois; évacuations périodiques de sang chez la femme; elles sont ainsi nommées, parce qu'elles ont lieu périodiquement chaque mois. On n'observe pas des phénomènes semblables sur les femelles des animaux domestiques.

MENSURATION. *Extérieur.* La mensuration est employée pour constater la taille des animaux. Deux instruments sont employés à cet effet : la *potence* et la *chaîne*. Par la potence, on obtient la taille exacte, c'est-à-dire, la distance existant en ligne verticale du sommet du garrot au sol. La chaîne suivant la courbe de l'épaule, donne une mesure plus grande que la distance réelle, et la différence est d'autant plus marquée que la poitrine est plus large, et l'épaule plus arrondie. La po-

tence doit donc être toujours préférée à la chaîne. —On ne mesure guère que le cheval; pour les autres animaux, on désigne la taille par les épithètes de *grande*, *moyenne*, *petite*. —*Hyg.* La mensuration est appliquée aux bœufs à l'engrais, dans le but de déterminer leur poids de viande nette. Ce résultat est donné par le périmètre du thorax. C'est à M. de Dombasle que l'on doit la découverte de cette méthode. Pour en faire l'application, on doit avoir à sa disposition une lanière longue, mince et étroite, sur les faces de laquelle se trouvent tracées des divisions métriques. L'animal étant placé sur un terrain horizontal, les deux membres antérieurs sur la même ligne transversale, la tête en belle position, l'opérateur place l'une des extrémités de la mesure sur le point le plus élevé du garrot; de là il la descend vers la pointe de l'épaule droite, puis dans l'inter-ars qui est traversé en diagonale, enfin derrière le coude gauche, d'où elle est ramenée, en passant sur l'épaule gauche, au point de départ. Si l'animal changeait de position pendant l'opération, il faudrait recommencer. Pour avoir des bases plus certaines, on mesure un second périmètre en suivant une marche inverse, c'est-à-dire, en passant du garrot sur l'épaule gauche, etc.; on ajoute ensuite les deux produits et l'on divise par deux. M. de Dombasle a dressé une table sur laquelle se trouve indiqué le poids de *viande nette* des bœufs dont le périmètre du thorax est compris entre 1 m. 81 et 2 m. 73. On y trouve les évaluations suivantes : 1,81 correspond à 175 kilog. ;1,90 à 203 ; 2 mèt. à 235 ; 2,10 à 271 ; 2,20 à 312 ; 2,30 à 360; 2,35 à 385 ; 2,40 à 410 ; 2,45 à 435 ; 2,50 à 460 ; 2,55 à 487; 2,60 à 518; 2,65 à 550; 2,73 à 600. En deçà et au-delà les évaluations sont très incertaines. S'il est vrai que ce mode de mensuration donne des résultats assez bons en général, il est vrai aussi qu'ils ne présentent qu'une moyenne ; au-delà d'un certain degré de graisse, ils sont supérieurs à la réalité, et toutes les races ne se soumettent pas également à cette étude. Cette méthode n'en est pas moins la meilleure pour toutes les personnes qui n'ont pas l'habitude de juger à la vue et d'après les *maniements* le poids approximatif des bestiaux. Celle qui a été proposée par Law est certainement moins exacte et plus difficile à appliquer. — *Pathol.* La mensuration de la poitrine consiste à mesurer l'étendue de cette cavité. Dans le cas d'hydrothorax dans une des plèvres, la mensuration donne une amplitude plus grande dans le côté correspondant. La diminution de l'un des cotés de la poitrine coïncide avec une affection chronique du poumon.

MENTAGRE, s. m., de *mentum*, menton, et αγρα, capture ; dartre pustuleuse, qui se développe sur le menton.

MENTHE, s. f., *Mentha*. L.; genre de la famille des Labiées. Il se compose de plantes herbacées, vivaces, communes dans

les prés frais, au bord des haies, et dont les
caractères, surtout ceux tirés de la végétation, sont assez variables pour que les espèces soient difficiles à distinguer. Toutes
répandent une odeur forte, particulière, ont
une saveur chaude et piquante, et donnent
à la distillation une huile essentielle. On peut
les regarder comme assaisonnantes. La médecine les emploie en infusions toniques ou
excitantes. Les espèces *sylvestris*, *rotundifolia*, *viridis*, *pratensis*, *piperita*, *arvensis*,
aquatica, *pulegium*, *graveolens*, sont les
plus communes. — *Pharmac.* Toutes les espèces de ce genre, et surtout la M. poivrée,
constituent des médicaments franchement
excitants et diffusibles. Elles contiennent
beaucoup d'essence, exhalent une odeur
agréable, présentent une saveur amère, aromatique, chaude d'abord, puis fraiche et
piquante. Les feuilles et les jeunes tiges, traitées par infusion dans l'eau ou le vin, donnent des breuvages stomachiques, carminatifs
et même sudorifiques, qui sont indiqués
dans l'indigestion, la tympanite, la courbature par refroidissement, la cachexie du
mouton, etc. A l'extérieur, ces infusions
conviennent parfaitement pour activer la cicatrisation des plaies blafardes, etc. L'huile
essentielle de menthe, diffusible et légèrement antispasmodique, si fréquemment employée chez l'homme, est inusitée chez les
animaux, à cause de son prix qui est très
élevé.

MENTO-LABIAL, s. m., *Mento-labialis;*
faisceau musculaire prenant son origine à la
symphyse du menton et son insertion à la
peau. Il forme la base de la *houppe du menton*, qu'il raidit par sa contraction.

MENTON, s. m., *Mentum;* partie antérieure et inférieure de la mâchoire diacrânienne, bien apparente chez l'homme,
diminuant chez le singe, et disparaissant à
peu près complètement chez les animaux à
museau allongé. — *Houppe du menton :* partie
renflée de la lèvre inférieure située en dessous, en avant de la *barbe*, et ayant pour
base le muscle mento-labial.

MENTONNIER, ERE, adj., *mentalis*,
de *mentum*, menton; qui appartient au
menton. *Trou mentonnier :* orifice inférieur
du conduit maxillaire, s'ouvrant sur le côté
du menton. *Artère mentonnière :* branche de
la maxillo-dentaire se divisant dans le muscle labial, à sa sortie du trou mentonnier.

MERCAPTAN, s. m., *Mercurio aptum*,
à cause de son affinité pour le mercure;
produit particulier découvert par Zeize en
chauffant un mélange de sulfovinate de baryte avec un sulfhydrate. C'est un liquide
incolore, fluide comme l'éther, d'une forte
odeur d'ail, et pesant 0,842. Chauffé, il bout
à 362°, prend feu à l'air et brûle avec une
flamme bleue. Insoluble dans l'eau, il se dissout dans l'alcool et l'éther. Il réagit sur les
oxydes métalliques et produit des *mercap-
tides.*

MERCURE, s. m., *Mercurius*, *hydrar-
gyrum*, ὑδράργυρος, de ὕδωρ, eau, et ἄργυρος,
argent. *Argent liquide*, *vif argent.* Hg.
Equiv. 1250, 00. — Métal de la 6ᵉ section,
connu dès la plus haute antiquité, et celui
de tous les métaux qui a le plus exercé la
patience des alchimistes, en raison de son
aspect argentin. — Il existe dans la nature
sous plusieurs états : à l'état natif, allié
aux métaux, combiné aux chlorures et surtout au soufre. Le sulfure de mercure est à
peu près le seul minerai exploité ; on le
trouve en Espagne, en Carinthie, dans le
Frioul, dans le Nouveau Monde, etc. — Son
extraction se fait par deux procédés distincts :
1° en distillant le sulfure très divisé avec de
la chaux et un peu de fer ; 2° en grillant ce
minerai dans des fours à plusieurs voûtes
superposées, percées de trous pour le passage de l'air, et recevant les produits volatils, parmi lesquels se trouve le mercure,
dans des aludels et des chambres de condensation. — On le purifie ensuite en le passant à travers une peau de chamois et en le
distillant. Cependant, celui du commerce
n'est jamais pur, ce qu'on reconnaît à ce
qu'il forme des globules allongés au lieu
d'être sphériques, à ce qu'il mouille le
verre, etc. Pour l'avoir exactement pur, il
faut le traiter par l'acide azotique et décomposer l'azotate par la chaleur. — Le mercure
est le seul métal *liquide* à la température
ordinaire ; il est blanc d'argent et très brillant ; ce caractère qui est fort ténace, peut
être détruit par l'agitation prolongée du mercure, par son mélange à un corps pulvérulent, à une graisse ; il devient gris et ou dit
alors qu'il est *éteint*; dépourvu d'odeur et
de saveur, le mercure pèse 13,596. Chauffé, il
bout à 350° et se réduit en vapeurs dont la
densité est de 6.976. Malgré sa densité, le
mercure est volatil, même à la température
ordinaire, ainsi qu'on peut le démontrer en
suspendant au-dessus de lui une lame d'or
qui ne tarde pas à blanchir. Bon conducteur
de la chaleur, il se dilate sous son influence,
de ¹/₅₅₅₅ par chaque degré du thermomètre centigrade, et de 0.0182 de zéro à
100°. — Soumis à l'action d'un froid intense,
le mercure se solidifie vers 40° et présente
l'aspect du plomb, dont il partage la malléabilité, la ductilité et la ténacité. — A la température ordinaire, le mercure s'altère peu à
l'air ; mais, tenu à son point d'ébullition, il
absorbe de l'oxygène et se couvre de pellicules rouges de bioxyde. — Ce métal présente
des affinités chimiques très énergiques ; il se
combine à la plupart des métalloïdes et peut
s'allier à tous les métaux. Les acides l'attaquent généralement à l'aide de la chaleur,
excepté l'acide chlorhydrique qui l'altère peu ;
l'acide nitrique le transforme en nitrate de
protoxyde ou de bioxyde, selon les proportions des deux corps ; l'acide sulfurique produit du sulfate de mercure et dégage de
l'acide sulfureux. — *Usages.* Les usages in-
47

dustriels de ce métal sont très étendus ; il est très employé surtout dans la confection de beaucoup d'instruments de physique, tels que les baromètres, thermomètres, aréomètres, etc. — Ses manipulations ne sont pas sans danger ; ses vapeurs sont très délétères ; lorsqu'elles sont absorbées par les voies pulmonaires, elles portent une atteinte funeste au système nerveux et produisent le *tremblement mercuriel*, qu'on a pu observer sur les chiens, les chats des doreurs, comme sur ces ouvriers eux-mêmes. — *Pharmacol.* Le mercure métallique est rarement employé comme médicament, surtout à l'intérieur ; on l'a conseillé pourtant pour détruire mécaniquement l'invagination intestinale ; mais ce moyen est inusité et parait peu rationnel. Incorporé à l'axonge, il forme la *pommade mercurielle* simple ou double, dont l'usage, à l'extérieur, est très fréquent sur les animaux. *V.* POMMADE.

MERCURE ALCALISÉ ; mercure éteint avec de la craie.

MERCURE DOUX, *V.* PROTOCHLORURE DE MERCURE.

MERCURE ÉTEINT ; mercure divisé au point de perdre son éclat métallique.

MERCURE SACCHARIN ; mercure éteint avec du sucre en poudre.

MERCURE SOLUBLE D'HAHNEMANN ; produit particulier qu'on obtient en ajoutant une certaine quantité d'ammoniaque liquide à une solution de protoazotate de mercure. Le précipité grisâtre qui en résulte, parait formé d'un mélange de sous-azotate de mercure et de protoazotate ammoniacal. Cette préparation, qui est employée chez l'homme comme antisyphilitique, est inusitée pour les animaux.

MERCURE DE VIE, *V.* POUDRE D'ALCAROTH.

MERCURIALE, s. f. *Mercurialis*, T. ; genre de la famille des Euphorbiacées. Les espèces qui le composent sont des plantes herbacées, annuelles ou vivaces ; quelquesunes sont des sous-arbrisseaux. Les deux plus communes sont la M. annuelle, *M. annua*, non mangée par les bestiaux et entrant dans une préparation laxative, et la M. vivace, *M. perennis*, vénéneuse à l'état frais. Ces deux plantes croissent au bord des chemins, sur la lisière des bois, etc.

MERCURIAUX, s. et adj., *Mercurialia* ; médicaments altérants dont le mercure forme la base ou le principe électro-positif. Ils sont fort nombreux et comprennent les oxydes, sulfures, chlorures, iodures, cyanures et oxysels à base de protoxyde ou de deutoxyde, sans compter le mercure coulant et les nombreuses préparations pharmaceutiques dans lesquelles ce métal et ses composés entrent pour une proportion plus ou moins grande. Les mercuriaux s'administrent par trois méthodes distinctes : par ingestion dans l'estomac, par frictions cutanées et par fumigations dans les voies respiratoires ; dans les deux premiers cas, ils sont sous forme solide ou liquide, et dans le troisième, ils sont réduits en vapeur. *Effets locaux.* Ces effets varient selon que les composés mercuriels sont *solubles* ou *insolubles* ; dans le premier cas, ils agissent comme des caustiques escharotiques sur les tissus et comme des poisons irritants et caustiques dans le tube digestif (*bioxyde*, *bichlorure*, *cyanure*, *nitrate*, etc.) Dans le second cas, leur action est nulle sur les tissus et peu active sur l'appareil digestif (*sulfures*, *iodures*, *protochlorure*, *mercure coulant*). L'usage prolongé des mercuriaux détermine toujours dans l'appareil de la digestion des désordres graves ; c'est d'abord une *salivation* plus ou moins abondante avec diverses altérations de la muqueuse buccale, la perte de l'appétit, une digestion laborieuse, une purgation marquée, etc. — *Effets généraux.* Les effets généraux de ces médicaments sont essentiellement *altérants* et *spoliatifs*, mais lents à se développer. Ils pénètrent facilement dans le torrent circulatoire, surtout par les voies digestives. D'après Mialhe, le produit absorbé serait toujours le bichlorure de mercure, quel que soit le composé administré, parce que l'acide chlorhydrique du suc gastrique, et les chlorures alcalins contenus dans les liquides du tube digestif, transformeraient toutes les préparations mercurielles en sublimé corrosif ; cette transformation, d'après le même auteur, serait plus directe, plus facile et, partant, plus abondante pour les composés de deutoxyde, que pour ceux de protoxyde de mercure ; aussi considère-t-il les premiers comme beaucoup plus actifs que les derniers. Quoi qu'il en soit de cette opinion, à mesure que les mercuriaux pénètrent dans le torrent de la circulation, ils déterminent les effets suivants : le sang perd à la longue sa couleur vermeille et devient très fluide et pauvre en globules ; les tissus parenchymateux, les glandes, les ganglions et le système lymphatiques, reçoivent particulièrement l'influence des mercuriaux, qui tendent à faire disparaitre les engorgements dont ils sont le siége ; la nutrition est enrayée ; la maigreur, puis le marasme ne tardent pas à survenir. Souvent aussi, la peau devient le siége d'une éruption que les médecins ont appelée *hydrargyrie*, et qui a été observée sur les ruminants par plusieurs vétérinaires du Midi ; elle est formée de grosses pustules suivies d'ulcérations et parfois de chutes partielles de la peau. L'usage trop prolongé des mercuriaux produit aussi une toux quinteuse, des tremblements nerveux, une dissolution complète du sang, la flaccidité des tissus, des épanchements séreux, en un mot, ce que les médecins nomment la *cachexie mercurielle*. Cet état peut être amendé par l'emploi de boissons albumineuses et astringentes, par l'usage du quinquina, des excitants et de quelques évacuants pour amener l'expulsion progressive des molécules mercurielles hors de l'économie animale. — *Indications générales*. Les mercuriaux s'emploient contre tous les engorgements indolents des glandes, des ganglions, de la peau, et contre le farcin, la morve, les affections cutanées anciennes, les maladies pédiculaires, etc. On en fait usage, depuis quelques années, pour arrêter les phlegmasies violentes, les inflammations couenneuses, comme dissolvant du sang. A l'extérieur, plusieurs d'entre eux sont employés comme caustiques. Quant aux indications spéciales, voyez chaque composé mercuriel en particulier.

MERCURIEL, adj., *mercurialis*; qui contient du mercure ou qui y est relatif. *Composé mercuriel*, *préparation mercurielle*, *traitement mercuriel*, etc.

MÉRENCHYME, *V.* Utriculaire.

MÉRENDÈRE, s. f., *Merendera*, Ram.; genre de la famille des Colchicacées, très voisin du Colchique. Il ne se compose que d'une seule espèce, la M. bulbocode, *M. bulbocodium*, jolie plante des Pyrénées, partageant les propriétés vénéneuses du Colchique d'automne.

MÉRIDIEN, ENNE, adj., *meridianus*; se dit, en botanique, des plantes dont les fleurs s'ouvrent vers le milieu du jour; ex. : le *Mesembryanthemum nodiflorum*.

MÉRINOS (Mouton). Le mouton mérinos se distingue aux caractères suivants : taille moyenne; laine tassée, très fine, courte, frisée, abondante, couvrant la tête et les avant-bras; tête presque droite, grosse; membres forts; fanon souvent prononcé, peau plissée transversalement sur le cou; mâle pourvu de cornes fortes, épaisses, longues, contournées en spirale sur les côtés de la tête, profondément sillonnées en travers. Poids compris entre 25 et 50 kilog.—Le mérinos est tardif; le poids moyen de sa toison en suint est de 5 à 6 kilog.; il s'engraisse médiocrement et mange bien; il craint l'humidité et paraît plus exposé que les autres au piétin, au tournis, à la cachexie aqueuse. Les brebis sont peu fécondes. Le mérinos peut être entretenu à la bergerie ou au pâturage; mais partout il a besoin d'une bonne nourriture, d'un air pur et sec. — La race mérine est actuellement naturalisée en France; partout où elle a trouvé un régime convenable, elle s'est plutôt améliorée qu'abâtardie. Elle nous vient de l'Espagne, qui a dû la recevoir elle-même des Maures. Un premier troupeau est arrivé à Rambouillet en 1786; un second, acheté quelques années après par Gilbert, pour le compte du Gouvernement, fut placé à Perpignan. C'est là, dépouillée de tout ornement épisodique, l'histoire de l'une des importations les plus heureuses dont les annales agricoles aient conservé le souvenir, et l'origine presque exclusive des nombreuses bêtes mérines existant aujourd'hui en France. Les animaux introduits furent d'abord offerts aux cultivateurs qui les refusèrent; plus tard,

on les vendit 50 francs par tête, et l'on trouva des acheteurs. En 1800, le prix moyen des béliers était de 80 fr.; il fut de 605 fr. en 1808; en 1821, un bélier fut adjugé au prix de 3,117 fr.; un autre, en 1830, à 3,600 fr. Le prix a dû nécessairement baisser depuis l'époque où les animaux de choix, beaucoup plus nombreux, ont pu satisfaire plus d'acheteurs. Il est cependant resté encore assez élevé pour les produits de Rambouillet et de Naz. — La France possède aujourd'hui trois sous-races pures perfectionnées : celle de Naz, petite, mais ne le cédant en rien pour la finesse à ce que la Saxe possède de plus beau; la race de Rambouillet, forte, trapue, dont la toison pèse de 8 à 10 kilog.; celle de Perpignan, souvent sans cornes, légère, rustique, et tenant en quelque sorte le milieu entre les deux autres. — Le mérinos a été croisé avec la plupart de nos races indigènes, il a donné d'excellents métis partout où ils trouvaient les conditions favorables à l'établissement des races à laine frisée. On peut dire qu'il est destiné à remplacer presque partout, par lui-même ou par ses produits, les anciennes races françaises. Il a également été croisé avec les moutons à laine longue d'Angleterre. Les produits obtenus ont plus de taille, plus d'aptitude à l'engraissement, une toison plus longue et plus lourde sans être beaucoup moins fine. Mais ces résultats ont été donnés par des animaux de choix et placés au milieu des circonstances les plus avantageuses; ils ne sont donc pas tels que l'on puisse les transporter maintenant dans la pratique, la race intermédiaire ne possédant pas encore la faculté de se conserver sans dégénération. — La race mérine a été définitivement établie en Angleterre vers 1791. *V.* Mauchamp.

MERISIER, *V.* Cerisier.

MÉRITHALLE, s. m., *Merithallus*; intervalle compris entre deux nœuds.

MERL, s. m.; nom sous lequel est vulgairement désigné un engrais composé de vase mêlée à des coquillages, à des débris de coraux associés à une forte dose de matières organiques. Le merl se recueille sur les bords de la mer. Les cultivateurs de l'ouest en font un fréquent usage; ils l'emploient le plus souvent en composts. On lui donne aussi le nom de *Tangue*.

MÉROCÈLE, s. f., *Merocele*, de μηρός, cuisse, et κήλη, hernie; hernie crurale, hernie fémorale. Elle est formée au pli de l'aine par le passage d'un viscère abdominal à travers l'arcade crurale. Cette affection est très rare dans les animaux; Girard fils a expliqué cette rareté par la disposition du tissu fibreux jaune qui enveloppe les muscles abdominaux; il a démontré qu'elle était presque impossible dans les solipèdes, à cause de deux productions aponévrotiques qui réduisent l'étendue du canal crural. On a constaté la mérocèle dans la jument : on n'en a pas cité d'exemple dans le cheval. Cette maladie n'est pas aussi rare dans le chien.

MÉRYCISME, s. m., *Merycismus*, de μηρυκάω, je rumine ; affection pendant laquelle un homme malade fait revenir à la bouche, pour les mâcher de nouveau, les aliments déjà parvenus dans l'estomac, comme les ruminants le font dans l'état normal.

MÉRYCOLOGIE, s. f., *Merycologia*, de μηρυκάω, je rumine, et λόγος, discours ; traité de la rumination, ou des ruminants.

MÉSARAIQUE, adj., *mesaraïcus*, de μεσάραιον, mésentère ; qui appartient au mésentère, *V.* MÉSENTÉRIQUE.

MÉSEMBRYACÉES, **MÉSEMBRYAN-THÉMÉES**. *V.* FICOÏDÉES.

MÉSEMBRYANTHÈME, s. m., *Mesembryanthemum*, L. ; genre unique de la famille des Ficoïdées. Il se compose de plus de 200 espèces, parmi lesquelles on trouve quelques plantes utiles et un plus grand nombre propre à l'ornement des jardins. *V.* FICOÏDÉES.

MÉSENTÈRE, s. m., *Mesenterium*, de μέσος, milieu, et ἔντερον, intestin : qui est au milieu de l'intestin. On donne le nom de *mésentère* à divers replis du péritoine, qui, en se réfléchissant de la région sous-lombaire pour venir envelopper l'intestin, forment par leur adossement de grands liens membraneux, fixant d'une manière très lâche dans l'abdomen les diverses parties du tube intestinal. Le mésentère porte en même temps, entre ses lames, les vaisseaux et les nerfs intestinaux. On le divise en quatre parties qui sont : le mésentère de l'intestin grêle, ou *mésentère proprement dit*, le *méso-cæcum*, le *méso-colon* et le *méso-rectum* (*V.* ces mots).

MÉSENTÉRIQUE, adj., *mesentericus* ou *mesaraïcus;* qui appartient au mésentère. — *Artères mésentériques :* elles sont au nombre de deux, l'une *antérieure* ou *grande mésentérique*, l'autre *postérieure* ou *petite mésentérique.* La première constitue un tronc très court, mais le plus gros fourni par l'aorte postérieure. Elle se divise presque immédiatement en trois faisceaux : un *antérieur*, un *droit*, et un *gauche.* Le faisceau *antérieur*, le plus petit, fournit 1° une branche *colique* qui remonte de la terminaison de la partie repliée du colon jusqu'à la courbure pelvienne, où elle s'anastomose avec l'artère *colique* provenant du faisceau droit; 2° une artère grêle, qui se replie en arrière pour aller s'anastomoser avec la branche la plus antérieure de la petite mésentérique. Le faisceau *droit* présente souvent, surtout dans l'âne, une dilatation anévrysmatique, et fournit: 1° une artère *colique*, qui suit le colon depuis son origine jusqu'à la courbure pelvienne, où elle s'anastomose avec la colique provenant du faisceau antérieur ; 2° deux artères *cæcales ;* 3° une artère, qu'on peut appeler *iléo-cæcale*, suivant la partie de l'intestin grêle qui porte ce nom, et s'anastomosant avec la dernière anse four-

nie par le faisceau gauche. Le faisceau *gauche*, entièrement destiné à l'intestin grêle, fournit environ 24 branches qui se répandent dans le mésentère de cet intestin, et se divisent en branches antérieures et postérieures, qui se subdivisent de nouveau d'après le même mode. s'anastomosant entre elles de manière à fournir à l'intestin grêle une véritable artère collatérale, dont l'extrémité antérieure s'anastomose avec l'artère *duodénale*, et l'extrémité postérieure avec l'*iléo-cæcale*. De cette longue artère formant une série d'arcades, se détachent les rameaux qui entourent l'intestin grêle. — L'artère *mésentérique postérieure* naît de la partie inférieure de l'aorte, près des artères rénales, et se divise dans le mésocolon, à la manière des artères de l'intestin grêle, s'anastomosant par sa branche la plus antérieure avec une branche du faisceau antérieur de la grande mésentérique, et par ses divisions terminales avec les ramifications qui entourent l'anus. — *Veines mésentériques :* leurs rameaux d'origine suivent la direction des artères. Toutes deux se jettent dans la veine-porte; souvent la petite mésentérique aboutit dans la splénique. — *Ganglions mésentériques :* ganglions lymphatiques situés entre les lames du mésentère, vers la région sous-lombaire. — *Plexus mésentériques :* ils sont au nombre de deux ; un *antérieur* et un *postérieur*, et comprennent les nombreux rameaux du grand sympathique qui gagnent les différentes parties de l'intestin, en suivant les artères.

MÉSENTÉRIE, s. f., *Mesenteria*, de μεσεντέριον, mésentère ; nom donné par Alibert au *carreau* ou dégénérescence tuberculeuse des ganglions mésentériques.

MÉSENTÉRITE, s. f., *Mesenteritis*, de μεσεντέριον, mésentère; inflammation du mésentère. — Nom donné à l'affection connue sous la désignation de *carreau* (*V.* ce mot).

MÉSOCARPE, s. m., *Mesocarpon*, de μέσος, milieu, et κάρπος, fruit; synonyme de *sarcocarpe* (*V.* ce mot).

MÉSOCÉPHALE, s. m., *Mesocephalum*, de μέσος, milieu, et κεφαλή, tête; partie centrale et la moins considérable de la masse encéphalique, située au-dessous du cerveau et du cervelet, et se continuant en arrière avec la moelle épinière. Le mésocéphale présente inférieurement la *protubérance annulaire* ou *pont de varole*, et, supérieurement, les *tubercules quadrijumeaux.* Il est traversé intérieurement par le canal angulaire qui fait communiquer le troisième ventricule avec le ventricule du cervelet.

MÉSOCÉPHALIQUE, adj., *mesocephalicus;* qui appartient au mésocéphale. — *Artère mésocéphalique, V.* BASILAIRE.

MÉSOCHYLIUM, s. m., *Mesochylium*, de μέσος, milieu, et χεῖλος, lèvre ; partie moyenne du tablier, dans la fleur des orchidées

MÉSOCOECUM, s. m.; portion du mésentère, commune au cæcum et au gros colon, fixant ces deux intestins à la région sous-lombaire, et les liant entre eux dans une certaine étendue, tout en réunissant les deux moitiés juxta-posées du colon.

MÉSOCOLON, s. m., *Mesocolum;* on a réservé ce nom à la partie du mésentère qui soutient la portion flottante du colon ou *petit colon*. Le mésocolon ressemble beaucoup au mésentère de l'intestin grêle; mais il est moins étendu, et d'une teinte jaunâtre, à cause de la graisse qu'il renferme presque toujours entre ses lames. Il provient du pourtour de la petite mésentérique, dont les rameaux se réunissent, pour former l'artère collatérale, beaucoup plus près du colon que ne le font les artères du mésentère de l'intestin grêle.

MÉSODERME, s. m., *Mesoderma*, de μεσος, milieu, et δερμα, peau; partie de l'écorce comprise entre la couche subéreuse proprement dite et l'enveloppe herbacée. Elle se compose, suivant Richard qui lui a donné ce nom et qui la regarde comme distincte, d'une couche d'utricules inégales, un peu allongées, à parois épaisses, soudées entre elles et ne contenant pas de chlorophylle.

MÉSOLOBAIRE, adj.; qui appartient au mésolobe. — *Artère mésolobaire*, *V.* CÉRÉBRALE ANTÉRIEURE.

MÉSOLOBE, s. m., *Mesolobus*, de μεσος, milieu, et λοβος, lobe; nom donné par Chaussier au *corps calleux*. *V.* CALLEUX.

MÉSOPHYLLE, s. m., *Mesophyllum*, de μεσος, milieu, et φυλλον, feuille; nom donné par De Candolle au parenchyme des feuilles, ou couche utriculaire comprise entre les deux lames épidermiques.

MÉSOPHYTE, s. m., *Mesophytum*, de μεσος, milieu, et φυτον, plante; synonyme de *collet* (*V.* ce mot).

MÉSORECTUM, s. m.; portion du mésentère émanant du milieu de la région sous-lombaire, formant le prolongement du mésocolon, et soutenant le rectum jusqu'à l'extrémité de la cavité abdominale.

MÉSOSPERME, s. m., *Mesospermum*, de μεσος, milieu, et σπερμα, graine; synonyme de *sarcoderme* (*V.* ce mot).

MESURE, s. f., *Mensura;* action de comparer une quantité quelconque avec une quantité de même nature, admise conventionnellement comme *unité*, afin d'en connaître les rapports; nom donné à *l'unité conventionnelle* elle-même. On distingue des mesures de longueur ou de superficie, de capacité, de poids, etc., qui toutes dérivent du *mètre* (*V.* ce mot). La mesure du *temps* est fondée sur l'accomplissement de certains phénomènes réguliers dont la durée est connue, comme les oscillations d'un pendule, ses mouvements d'un ressort, la sortie du sable d'une clepsydre, etc. — *Hyg. V.* MENSURATION et POLICE SANITAIRE.

MÉTABOLÉLOGIE, s. f., *Metabolelogia*, de μεταβολη, changement, et λογος, discours; description des changements survenus dans le cours d'une maladie.

MÉTACARPE, s. m., *Metacarpus*, de μετα, avec, après, et καρπος, carpe ou poignet; seconde région du pied antérieur, articulée supérieurement avec le carpe, inférieurement avec la première phalange, et formée, chez les *solipèdes*, de trois os dont deux rudimentaires; chez le *bœuf*, de deux os dont un rudimentaire; de quatre os chez le *porc*, et de cinq chez le *chien* et le *chat*. Cette région porte, en extérieur, le nom de *canon*.

MÉTACARPIEN, ENNE, adj., *metacarpianus;* qui appartient au métacarpe. — *Os métacarpiens*: ils sont au nombre de trois dans les solipèdes. Le *métacarpien principal* ou *os du canon*, est un os long arrondi en avant, aplati en arrière, s'articulant supérieurement avec la rangée inférieure des os du carpe, et inférieurement avec la première phalange, au moyen de deux condyles arrondis d'avant en arrière et séparés par un relief médian suivant la même direction. Les deux *métacarpiens latéraux* ou *rudimentaires*, appelés par Lafosse *os styloïdes*, et improprement *péronés du canon* par la plupart des auteurs, sont deux os grêles dans leur longueur, articulés le long de l'os principal, et concourant, supérieurement, à former l'articulation carpo-métacarpienne. Inférieurement, ils se terminent par un petit bouton arrondi, vers les deux tiers inférieurs de l'os principal. — Dans le *bœuf*, l'os du canon porte évidemment la trace de sa séparation en deux parties longitudinales, qui existent inférieurement pour donner attache à deux phalanges distinctes. Le métacarpien latéral est très petit, et situé au côté externe de la partie supérieure de l'os du canon. Les métacarpiens du porc, du chien, du chat, sont en nombre égal à celui des doigts de ces animaux. — L'artère dite *métacarpienne*, chez l'homme, porte en anatomie vétérinaire, le nom d'*artère plantaire*. — *Rangée métacarpienne* des os du carpe: on donne ce nom à la rangée inférieure qui s'articule avec le métacarpe.

MÉTACARPO-PHALANGIEN, ENNE, adj., *metacarpo-phalangianus;* qui appartient au métacarpe et aux phalanges, ex.: *articulation métacarpo-phalangienne*.

MÉTACHORÈSE, s. f., *Metachoresis*, de μεταχωρεω, je passe d'un endroit dans un autre; changement de place d'une maladie; synonyme de *métastase*.

MÉTAIRIE, s. f., *Colonia;* domaine agricole exploité par un métayer.

MÉTAL, s. m. *V.* MÉTAUX.

MÉTALLIFÈRE, adj., *metalliferus;* qui contient un métal; ex.: les minerais.

MÉTALLOGRAPHIE, s. f., *Metallographia*, de μεταλλον, métal, et γραφειν, décrire; description des métaux. Synonyme de métallurgie.

MÉTALLOÏDES, s. m., de μεταλλον, métal, et ειδος, ressemblance; corps simples non métalliques, électro-négatifs, mauvais conducteurs du calorique et de l'électricité, donnant souvent, par leur union réciproque, des composés gazeux, et, avec l'oxygène, des combinaisons acides. Leurs autres caractères sont très variables. Plusieurs classifications ont été proposées pour ranger méthodiquement ces corps ; celle de Dupasquier, qui tient le milieu entre les classifications dites naturelles et celles appelées artificielles, sera adoptée comme la plus simple et la plus rationnelle.

TABLEAU DES MÉTALLOÏDES, D'APRÈS DUPASQUIER.

1° ORGANOGÈNES :	oxygène. azote. hydrogène. carbone.
2° SULFUROÏDES :	soufre. sélénium. phosphore. arsenic.
3° CHLOROÏDES :	fluor. chlore. brôme. iode.
4° BOROÏDES :	bore. silicium.

MÉTALLURGIE, s. f., *Metallurgia*, de μεταλλον, métal, et εργον, travail ; partie de la chimie minérale qui traite de l'extraction des métaux.

MÉTAMORPHOSE, *V.* DÉGÉNÉRESCENCE et MONSTRUOSITÉS.

MÉTAPTOSE, s. f., *Metaptosis*, de μεταπιπτω, je passe, je change ; changement d'une maladie relativement à sa forme ou à son siége.

MÉTASTASE, s. f., *Metastasis*, de μετιστημι, je change de place ; changement subit dans la forme ou le siége d'une maladie. Les anciens attribuaient la métastase au transport des humeurs ou d'une matière morbifique vers une partie du corps autre que celle qui était primitivement affectée. La métastase est *salutaire*, quand elle consiste dans une maladie des parties extérieures du corps, comme certains abcès ; elle est *funeste*, lorsqu'elle se produit sur un organe profond. Le poumon et le tube intestinal sont les organes sur lesquels les métastases se déclarent le plus souvent.

MÉTASTATIQUE, adj., *metastaticus* ; transporté. *Crise métastatique*, *affection métastatique* : phénomènes résultant de la métastase d'une autre maladie.

MÉTATARSE, s. m., *Metatarsus*, de μετα, après, avec, et ταρσος, tarse ; seconde région du pied postérieur, articulée supérieurement avec le tarse et inférieurement avec la première phalange. Le métatarse est formé, chez les solipèdes, de trois os, dont deux rudimentaires ; chez le bœuf, de deux os, dont un rudimentaire ; chez le porc,

le chien, le chat, d'un nombre d'os en rapport avec le nombre des doigts, qui est de quatre dans ces trois espèces.

MÉTATARSIEN, ENNE, adj., *metatarseus* ; qui appartient au métatarse. — *Os métatarsiens* : ils ont la plus grande analogie avec les os métacarpiens. L'os principal présente, comme différences, une longueur plus grande, une forme plus cylindrique et une très légère courbure en arrière, à sa partie inférieure.

MÉTATARSO-PHALANGIEN, **ENNE**, adj., *metatarso-phalangianus* ; qui appartient au métatarse et aux phalanges ; ex. : *articulation métatarso-phalangienne.*

MÉTATHÈSE, s. f., *Metathesis*, de μεταιθημι, je change de place ; transport d'une maladie d'un lieu du corps dans un autre. On donne aussi ce nom à tout ce qui tend à déplacer la cause d'une maladie ; telles sont l'opération de la cataracte par abaissement, la répulsion dans la vessie d'un calcul engagé dans l'urètre.

MÉTAUX, s. m. pl., *Metalla* ; corps simples, électro-positifs, généralement solides, opaques, brillants, plus pesants que l'eau, bons conducteurs de la chaleur et de l'électricité, etc. Les autres caractères varient. — Les métaux usuels sont connus de la plus haute antiquité ; depuis le XVe siècle, on en a découvert une trentaine, parmi lesquels il en est d'importants. — Leur état naturel est fort variable : quelques-uns sont *vierges* ou à l'*état natif* ; le plus grand nombre est combiné à l'oxygène, au soufre, au phosphore, à d'autres métaux, ou forme des composés salins comme des sulfates, des carbonates, des silicates, des phosphates, etc. — L'extraction de ces corps varie nécessairement suivant la nature des minerais qui les fournissent ; le plus souvent, cependant, l'opération définitive consiste à réduire un oxyde au moyen du charbon et d'une température plus ou moins élevée. — *Propriétés générales*. Les métaux sont tous *solides*, excepté le mercure qui est seul à l'état *liquide*. Plusieurs peuvent cristalliser régulièrement (*bismuth*, *étain*, *plomb*, *antimoine*). Leur texture est fibreuse, granuleuse ou lamelleuse. Le plus grand nombre présente une couleur variant du blanc pur au gris bleuâtre ou jaunâtre ; trois métaux font exception : l'or qui est *jaune*, le cuivre et le titane qui sont *rouges*. — L'odeur et la saveur des métaux sont peu prononcées, sauf pour quelques-uns de ceux qui sont oxydables ; (*cuivre*, *fer*, *étain*). Tous les métaux, sauf le potassium et le sodium, pèsent plus que l'eau ; leur densité varie de 5 à 21. Quant aux propriétés de texture, telles que la *dureté*, la *ténacité*, la *ductilité*, la *malléabilité*, etc., elles sont très variables (*V.* ces mots). — La fusibilité des métaux est générale, mais s'effectue à des températures très diverses ; leur volatilité est généralement faible ou nulle. L'opacité des métaux est très grande ;

il faut les réduire en feuilles excessivement minces, pour qu'ils laissent passer la lumière ; aussi la réfléchissent-ils parfaitement et présentent-ils un éclat métallique qui est un de leurs caractères les plus tenaces. — L'action des métaux sur l'eau, l'air, l'oxygène, les métalloïdes, les métaux, les acides, les oxydes, les sels, les substances organiques, est trop diverse et entraînerait à des considérations trop étendues, pour qu'elle puisse trouver place ici ; il en sera question, du reste, ainsi que des usages, à l'article consacré à chaque métal. — Les métaux étant fort nombreux, on les a classés de diverses manières ; la classification de Thénard, fondée sur l'action des métaux sur l'oxygène, l'eau et les caractères de leurs oxydes, est généralement admise. La voici telle qu'elle a été modifiée par Regnault.

TABLEAU DES MÉTAUX D'APRÈS THÉNARD ET REGNAULT.

1re Section.	Vanadium.
Potassium.	Zinc.
Sodium.	Cadmium.
Lithium.	Uranium.
Baryum.	
Strontium,	4me Section.
Calcium.	Tungstène.
2me Section.	Molybdène.
Magnésium.	Osmium.
Aluminium.	Tantale.
Manganèse.	Titane.
Glucynium.	Etain.
Zirconium.	Antimoine.
Yttrium.	5me Section.
Thorium.	Cuivre.
Cérium.	Plomb.
Lanthane.	Bismuth.
Didyme.	6me Section.
Erbium.	Mercure.
Terbium.	Argent.
3me Section.	Rhodium.
Fer.	Iridium.
Nickel.	Palladium.
Cobalt.	Platine.
Chrôme.	Ruthénium.
	Or.

MÉTAYAGE, s. m. ; mode d'affermage d'un domaine agricole suivant les règles du *bail à métayage*. Celui qui exploite en vertu de ce bail, est appelé *Métayer* ; le domaine prend le nom de *Métairie*. *V.* EXPLOITATION.

MÉTEIL, s. m. ; mélange de grains de seigle et de froment récoltés dans le même champ. Les proportions relatives dans lesquelles ces deux grains se trouvent dans le méteil varient nécessairement selon la volonté du cultivateur. En général, il y entre plus de blé que de seigle. On a blâmé ce mélange, parce que les deux plantes ne mûrissent pasexactement ensemble, parce

qu'elles ne réclament pas les mêmes terres. Les objections sont sérieuses, mais l'expérience prouve qu'elles n'ont pas, dans la pratique, toute la valeur qu'on a voulu leur donner. La Provence, le Dauphiné, la Lorraine cultivent beaucoup de méteil. Quelle que soit, au reste, l'opinion que l'on se forme, il paraît incontestable que cette culture perd chaque jour du terrain, et que les agronomes désirent la voir disparaître.

MÉTÉORE, s. m., *Meteorum*, de μετίωρος, haut, élevé, fait de μετα, au-dessus, et de αείρω, j'élève ; on donne vulgairement ce nom à certains phénomènes lumineux qui apparaissent parfois dans les hautes régions de l'atmosphère ; en physique, ce mot a une signification plus étendue et s'applique à tous les phénomènes qui se montrent journellement dans l'atmosphère, quelle que soit, du reste, leur nature. On les divise en quatre classes principales : 1° les météores *aériens*, formés par l'air atmosphérique ; ce sont les *vents* ; 2° les météores *aqueux*, ayant la vapeur d'eau pour base, comme les *brouillards*, les *nuages*, la *pluie*, la *rosée*, la *neige*, etc. ; 3° les météores *lumineux*, tels que *l'arc-en-ciel*, le *mirage*, les *halos*, les *parhélies*, etc. ; 4° les météores *ignés* ou *électriques*, tels que les *éclairs*, le *tonnerre*, *l'aurore boréale*, les *feux follets*, les *trombes*, etc.

MÉTÉORIQUE, adj., *meteoricus* ; qui a rapport aux météores. *V.* MÉTÉOROLOGIQUE. — *Bot.* Se dit des fleurs dont l'épanouissement est subordonné à certains états de l'atmosphère ; ex.: le *Calendula pluvialis*, qui ne s'ouvre pas le matin quand il doit pleuvoir pendant le jour.

MÉTÉORISATION, MÉTÉORISME, *Meteorisatio*, de μετίωρος, élevé ; tension considérable du ventre, produite par l'accumulation de gaz dans le tube alimentaire des solipèdes et des ruminants. *V.* TYMPANITE.

MÉTÉOROLOGIE, s. f., *Meteorologia*, de μετίωρος, météore, et λογος, discours ; partie de la physique qui traite des phénomènes qui ont lieu dans l'atmosphère, ou des météores ; qui les analyse, en cherche l'explication et étudie leur influence sur les plantes et les animaux qui vivent à la surface de la terre.

MÉTÉOROLOGIQUE, adj. ; qui a rapport aux météores. *Observations météorologiques*: qui ont trait à l'étude des phénomènes qui se passent dans l'atmosphère. *Instruments météorologiques* : qui sont employés à l'étude des météores, comme le baromètre, l'hygromètre, le thermomètre, etc.

MÉTÉOROGRAPHIE, s. f. ; synonyme de *météorologie*.

MÉTÉOROLITHE, s. f. ; synonyme d'*Aérolithe*. (*V.* ce mot).

MÉTHODE ; classification des êtres d'après leurs caractères, leurs affinités ou leurs dissemblances. La méthode est un moyen et non un but. Lorsque l'étude n'envisage qu'un seul organe et fondé sur ses différences une classification, la méthode est dite *artificielle* et prend le nom de *système*; tels sont les systèmes de Linné et de Tournefort, en botanique. Cependant, il est juste d'ajouter que si ces deux naturalistes ont pris en considération, le premier, l'organe mâle des végétaux, le second, la corolle, ni l'un ni l'autre ne s'est borné à un seul caractère. Quand la classification est établie sur l'organisation même des êtres et d'après l'étude de tous les organes, en rapprochant les individus dont les ressemblances l'emportent sur les dissemblances, la méthode est dite naturelle; telle est celle de Jussieu pour les plantes, *V.* TAXONOMIE. — La *Méthode synthétique* procède du simple au composé; elle a été suivie par Jussieu; la *Méthode analytique* procède dans un sens opposé: elle a été adoptée par de Candolle. — La *Méthode dichotomique* est une étude analytique des plantes, dans laquelle on les compare successivement sous un plus ou moins grand nombre de points isolés. Elle sert à arriver en peu de temps à la connaissance de leur nom et de leur rang. Lamark en est le créateur.

MÉTHODISTES, s. m.; nom d'une secte de médecins dont Thémison est le chef, et qui attribuaient le développement des maladies à deux causes principales, le *relâchement* (*laxum*) des tissus, ou le *resserrement* de leurs fibres (*strictum*). Ils admettaient en outre un genre *mixte* ou *composé*, pour les cas qui ne rentrent pas nettement dans les deux premiers. Brownn et Broussais ont emprunté à ce système les données fondamentales de leurs doctrines des maladies.

MÉTHYLÈNE, s. m., de μέθυ, vin, et ὕλη, bois. C² H⁴; radical admis par Dumas et Péligot comme formant la base de l'*esprit de bois* (*V.* ce mot), qui n'en serait qu'un *hydrate*. Il est liquide au-dessous de zéro, incolore, très fluide, d'une odeur alcoolique et d'une saveur piquante et poivrée. Traité par les acides, il donne des produits comparables aux éthers.

MÉTIS, s. m.; produit de l'accouplement de deux individus d'espèces ou de races différentes. On dit aussi, mais plus rarement, *mulet*. Pour les végétaux, on emploie le mot *hybride*. Les métis créés dans une même espèce sont toujours féconds.

MÉTISATION, *V.* MÉTISSAGE.

MÉTISSAGE, s. m.; accouplement de deux reproducteurs d'espèces ou de races différentes. Le produit est un *métis*. L'expression de métissage est généralement réservée pour les croisements pratiqués dans l'espèce ovine. Dans les autres cas, on emploie de préférence le mot *croisement*. — Le métissage se fait selon plusieurs méthodes: par *l'introduction de mâles étrangers* et la suppression immédiate des mâles indigènes et métis, jusqu'à ce que les caractères de la race importée aient passé dans la race locale; par

progression, c'est-à-dire en employant concurremment le mâle étranger, les femelles étrangères et indigènes, supprimant les métis mâles et successivement les bêtes indigènes, jusqu'à ce que la substitution du sang soit complète. — Le métissage ne va pas toujours aussi loin, et l'on peut obtenir, dès la première ou deuxième génération, des animaux améliorés sous le rapport de la laine, du volume, de la conformation, etc.; mais alors la race n'a pas toujours l'aptitude à s'entretenir par elle-même; il faut renouveler les croisements à l'aide des mâles.

MÉTOPAGE, s. et adj., *Metopages*, de μέτωπον, front, et πάγης, uni; genre de monstres doubles eusomphaliens, formés par deux individus à ombilics distincts, ayant leurs têtes réunies supérieurement front à front.

MÉTOPAGIE, s. f., *Metopagia*; état des monstres métopages.

MÉTRALGIE, s. f., *Metralgia*, de μήτρα, matrice, et ἄλγος, douleur; douleur ayant son siège dans la matrice.

MÉTRAMANIE, s. f., *Metramania*, de μήτρα, matrice, et μανία, fureur; nymphomanie, fureur utérine.

MÈTRE, s. m., *Metrum*, de μέτρον, mesure; nom donné à l'unité de mesure admise en France depuis la fin du siècle dernier. Elle est égale à la dix millionième partie du quart du méridien terrestre, compris entre l'équateur et le pôle boréal: ce qui représente une longueur de *trois pieds, onze lignes, deux cent nonante-six millièmes* de l'ancienne mesure. — Le mètre fournit non-seulement l'unité des mesures de longueur ou de superficie, mais encore on en a fait dériver toutes les autres. Les plus importantes sont les suivantes:

1° Mesures de longueur.

MÈTRE	unité.
Décimètre	10ᵉ de mètre.
Centimètre	100ᵉ de mètre.
Millimètre	1,000ᵉ de mètre.

2° Mesures itinéraires.

Myriamètre	10,000 mètres.
Kilomètre	1000 mètres.
Décamètre	10 mètres.

3° Mesures agraires.

Hectare	10,000 mètres carrés.
Are	100 mètres carrés.
Centiare	1 mètre carré.

4° Mesures de capacité.

Kilolitre	1,000 litres.
Hectolitre	100 litres.
Décalitre	10 litres.
Litre	décimètre cube.
Décilitre	dixième de litre.
Centilitre	centième de litre.

5° Mesures de solidité.

Décastère	10 stères.
Stère	mètre cube.
Décistère	10ᵉ de stère.

6° *Mesures de poids.*

Myriagramme . . . . 10,000 grammes.
Kilogramme. . . . . 1,000 grammes.
Hectogramme . . . . 100 grammes.
Décagramme. . . . . 10 grammes.
GRAMME . . . . centimètre cube d'eau.
Décigramme. . . . . 10° de gramme.
Centigramme. . . . . 100° de gramme.
Milligramme. . . . . 1,000° de gramme.

MÉTREMPHRAXIS, s. f., *Metremphraxis*, de μητρα, matrice, et εμφρασσω, j'obstrue; obstruction de la matrice.

MÉTRITE, s. f., *Metritis*, de μητρα, matrice; inflammation de la matrice. Synonymie: *hysteritis*. On donne plus particulièrement le nom de *métrite* à l'inflammation du tissu même de l'utérus; la phlegmasie de la muqueuse constitue le catarrhe utérin. Cette maladie est plus commune dans la vache que chez les autres femelles domestiques. Elle se montre à l'état aigu et à l'état chronique — *Métrite aiguë*. Parmi les causes déterminantes, les unes ont une action directe sur la matrice; ce sont l'avortement, les manipulations exercées pour extraire le fœtus, les opérations nécessitées par une parturition laborieuse. D'autres causes déterminantes sont indirectes; ce sont l'inflammation d'un organe voisin, le refroidissement du corps, la disparition d'une maladie cutanée, les médicaments utérins. Les signes précurseurs sont des frissons, la suspension de la rumination; les symptômes caractéristiques sont la douleur, la tension du ventre, la rétraction des flancs, le regard dirigé vers les côtes, la rougeur, la chaleur, l'engorgement et la douleur de la vulve, du vagin, du col et du corps de la matrice (Rainard). Des symptômes généraux se montrent; ce sont l'état fébrile, la sécheresse de la peau, etc., etc. Parmi les complications à redouter, il faut citer l'entérite et l'entéro-péritonite, les indigestions, les congestions cérébrales, la paraplégie, le renversement de l'utérus. La terminaison la plus heureuse est la résolution; le passage à l'état chronique est une autre terminaison fréquente; enfin, la métrite se termine par suppuration et par gangrène. Souvent les mamelles restent flasques, la sécrétion du lait est suspendue pendant longtemps. Le traitement réclame les antiphlogistiques, parmi lesquels la saignée, les cataplasmes sur les lombes, les injections vaginales. — *Métrite chronique*. Elle persiste longtemps; les lèvres de la vulve deviennent molles et laissent passer un écoulement brunâtre et sanguinolent, quelquefois fétide. Les forces abandonnent peu à peu la vache atteinte de métrite chronique et le marasme survient. Les femelles qui résistent à cette affection deviennent généralement stériles. — *Métrite typhoïde*. Lafore nommait ainsi les métrites accompagnées d'adynamie et de fétidité des matières excrétées. Il les attribuait à la résorption des fluides altérés renfermés dans la ma-

trice, à l'action des débris du placenta, d'un fœtus en putréfaction. Parmi les lésions cadavériques, cet auteur a remarqué sur la muqueuse utérine des pétéchies ou taches sanguines.

MÉTROCAMPSIE, s. f., *Metrocampsis*, de μητρα, matrice, et καμψις, flexion; inflexion de la matrice; synonyme de *hystéroloxie*.

MÉTROCÈLE, s. f., *Metrocele*, de μητρα, matrice, et κηλη, hernie; hernie formée par la matrice; synonyme de *hystérocèle* (*V.* ce mot).

MÉTRODYNIE, s. f., *Metrodynia*, de μητρα, matrice, et οδυνη, douleur; douleur existant dans la matrice.

MÉTROLOXIE, s. f., *Metroloxia*, de μητρα, matrice, et λοξος, oblique; obliquité de la matrice; synonyme d'*hystéroloxie*.

MÉTROMANIE, s. f., *Metromania*, de μητρα, matrice et μανια, fureur; fureur utérine; synonyme de *nymphomanie*.

MÉTRO-PÉRITONITE, s. f., *Metro-peritonitis*; inflammation de la matrice et du péritoine; c'est une des terminaisons de la métrite ordinaire; on lui a donné, en médecine humaine, le nom de *métrite puerpérale*, *fièvre puerpérale*. Cette affection est très grave et souvent mortelle; fréquemment elle passe à l'état chronique. Il faut lui opposer un traitement des plus énergiques, dans lequel on combine les émollients avec les révulsifs externes et internes.

MÉTROPOLYPE, s. m., *Metropolypus*; polype de la matrice.

MÉTROPTOSE, s. f., *Metroptosis*, de μητρα, matrice et πτωσις, chute; chute de la matrice.

MÉTRORRHAGIE, s. f., *Metrorrhagia*, de μητρα, matrice, et ρηγνυμι, je romps; écoulement de sang, hémorrhagie de la matrice.

MÉTRORRHEXIE, s. f., *Metrorrhexia*, de μητρα, matrice, et ρηξις, déchirure; rupture, déchirure de la matrice.

MÉTROSCOPE, s. m., *Metroscopium*, de μητρα, matrice, et σκεπτω, examiner; instrument à l'aide duquel on peut percevoir les mouvements du fœtus à travers les parois de l'abdomen. Cet instrument inventé par Nauche n'est pas usité en vétérinaire.

MÉTROTOMIE, s. f., *Metrotomia*, de μητρα, matrice, et τομη, section; opération césarienne vaginale; incision de la matrice. *V.* HYSTÉROTOMIE.

MEUBLE, adj.: se dit de la terre arable, lorsqu'elle est divisée et facile à labourer, à cultiver. Quand elle a été rendue ainsi par des façons répétées, on dit qu'elle est *ameublie*.

MEULE, s. f.; monceau de fourrage, foin ou paille, établi dans les prairies ou les champs, au voisinage de la ferme, pour la conservation des produits. Les meules sont temporaires ou permanentes, de volume variable, de forme conique, pyramidale, fusiforme, etc. La meule doit reposer sur un sol dur, sec, plus élevé que les lieux environnants, et être séparée de la terre par un plancher ou tout autre assemblage d'objets qui la protègent contre l'humidité. Les fourrages qui la composent doivent être déposés par couches régulières, tassés et dirigés de dedans en dehors et de haut en bas, de telle sorte que l'air ne pénètre point dans le sein de la masse et que la pluie glisse à la surface sans atteindre les couches intérieures. Le foin se conserve aussi bien dans les meules bien faites que dans les fenils, et il n'y prend pas de mauvaise odeur. D'un autre côté, l'usage des meules évite les frais de construction et d'entretien des greniers.

MEURTRISSURE, s. f.; ecchymose, marque livide causée par une *contusion* (*V.* ce mot).

MÉZÉRÉINE, s. f.; principe actif du Garou (*Daphne mezereum*) obtenu par Dublanc, en épuisant cette écorce par l'alcool et l'éther. Il est encore peu connu.

MIASME, s. m., *Miasma*, de μιαινω, je souille, je corromps; nom donné aux émanations qui se répandent dans l'air et exercent sur les animaux une influence pernicieuse. Cette influence diffère suivant leur origine; les miasmes qui proviennent d'un animal sain vicient l'atmosphère et rendent l'air irrespirable, s'il n'est renouvellé. Pendant l'état maladif, les miasmes ont une nature particulière; leur action est plus délétère. L'humidité favorise l'influence funeste de ces émanations, qui pénètrent partout, se déposent à la surface des corps et vont aussi se mettre en rapport avec la muqueuse pulmonaire. Les miasmes causent surtout les maladies par infection, par altération du sang, celles qui ont été désignées comme adynamiques. Pour annihiler l'action des miasmes, on a recours à la *désinfection*. (*V.* ce mot).

MICOCOULIER, s. m., *Celtis*, T.; genre de la famille des Celtidées. Il se compose d'arbres originaires des contrées chaudes du globe. L'une de ses trente espèces, le M. austral, *C. autralis*, s'avance jusque dans le midi de la France. Son bois, remarquable par sa ténacité, est employé, sous le nom de *bois de Perpignan*, à la confection d'instruments qui exigent du poli, de la souplesse. Les oiseaux recherchent beaucoup ses fruits.

MICROBASE, s. m., *Microbasis*, de μικρος, petit, et βυσις, base; fruit gynobasique à gynobase très petit. C'est le *Polexostyle* de Mirbel.

MICROPYLE, s. m., *Micropyla*, de μικρος, petit, et πυλη, porte; petite ouverture laissée à l'une des extrémités organiques de l'ovule végétal par l'endostome et l'exostome qui n'enveloppent pas complètement le nucelle. Turpin supposait que cette ouverture était pratiquée au moment de la fécondation par un faisceau vasculaire.

MICROSCOPE, s. m., *Microscopium*, de μικρος, petit, et σκοπεω, examiner; nom de plusieurs instruments d'optique à l'aide desquels on peut voir les objets qui échappent à la vue simple, par suite du grossissement plus ou moins considérable produit par ces appareils. Il sont fort nombreux et très variés de forme; il ne sera question ici que des plus importants. 1° *Microcospe simple*; loupe, lentille. Il est formé par une seule lentille biconvexe d'un foyer très court, fixée dans une monture particulière, mais variable. L'objet qui doit être examiné est placé au-devant de la lentille, à une distance toujours moindre que la distance focale principale, et différente selon l'état de la vue de l'observateur. L'image virtuelle du corps est agrandie et reculée à une distance qui diffère peu de la vue distincte à l'œil nu. Le grossissement est d'autant plus grand que la lentille est à un plus court foyer. 2° *Microscope composé*. Ses formes, ses dimensions et ses parties accessoires sont extrêmement variables. Ses parties essentielles sont deux lentilles convergentes à très court foyer, placées à une certaine distance et enchassées dans un système de tuyaux emboités et mobiles, qui permettent de faire varier à volonté la distance des lentilles. L'une de ces lentilles est placée vers l'objet, c'est ce qu'on nomme l'*objectif;* l'autre est appliquée vers l'œil et porte le nom d'*oculaire*. L'objet est placé sous la première lentille, au-delà de son foyer principal, et donne, au-dessus de cette lentille, une image agrandie, que l'oculaire, remplissant l'office de loupe, amplifie encore; mais pour cela il est indispensable que l'image fournie par l'objectif soit placée entre l'oculaire et son foyer principal; alors l'image amplifiée par la deuxième lentille est parfaitement distincte et se trouve placée à la distance de la vue ordinaire de l'observateur. L'objet est éclairé par un miroir; les tuyaux peuvent être verticaux, horizontaux ou obliques, et l'oculaire est muni, dans ces deux derniers cas, d'une *camera lucida*, pour dessiner les objets grossis par l'instrument. Le microscope composé a deux avantages sur la loupe : il produit un grossissement plus considérable et présente un champ plus vaste; mais les images qu'il fournit sont moins nettes que celles du microscope simple. Le grossissement du microscope composé est égal au produit des grossissements des lentilles qui le composent. 3° *Microscope solaire*. Il se compose d'un miroir plan destiné à réfléchir les rayons du soleil, et de trois lentilles convergentes contenues dans un tube; les deux premières sont destinées à concentrer les rayons lumineux sur un objet placé au foyer de la deuxième lentille et devant la troisième qui sert à amplifier son image et à la projeter sur un tableau placé dans un lieu obscur. Cet instrument permet de rendre visibles des objets d'une excessive ténuité, comme des infusoires, des globules organiques, les molécules cristallines des sels, etc.

MICROSCOPIQUE, adj., *Microscopicus;* qui a rapport au microscope. *Examen microscopique; animalcules microscopiques,* etc. Les opérations microscopiques ont grandement contribué aux progrès des sciences naturelles; mais, pour qu'elles aient quelque valeur, il faut qu'elles soient faites par un observateur exercé et consciencieux.

MICROGRAPHIE, s. f., *Micrographia;* partie des sciences physiques qui traite de l'examen des corps au moyen du microscope.

MICROGRAPHE, s. m. ; celui qui fait des études micrographiques ou microscopiques.

MIEL, s. m., *Mel,* μέλι; matière sucrée, particulière, aromatique, que les abeilles déposent dans les alvéoles de leurs ruches, comme réserve alimentaire pour la mauvaise saison. On ignore encore si les abeilles trouvent le miel tout formé dans les nectaires des fleurs où elles butinent, ou s'il résulte d'une élaboration particulière qui aurait lieu dans les organes de ces insectes, sur les matériaux recueillis dans les fleurs. Un fait certain, c'est que le miel se ressent toujours de son origine, et que l'odeur et la saveur des plantes, qu'il conserve, indiquent au moins une élaboration très légère. La récolte du miel a lieu vers la fin de l'automne; on fait passer les abeilles dans une autre ruche, ou, comme on l'a conseillé récemment, on les endort avec l'éther ou le chloroforme, et on détache avec précaution les rayons de cire dans les alvéoles desquels le miel est contenu. Pour le séparer de la cire, on expose les rayons sur des claies d'osier au soleil, ou à une douce température, et on recueille le miel qui s'égoutte ; c'est le plus blanc, le plus sucré et le plus aromatique; on l'appelle *miel vierge.* Ce qui reste dans les gâteaux est retiré au moyen de la compression et forme le *miel jaune* ou *commun.* Le miel est solide, mou ou presque liquide, d'une couleur blanche, jaune ou roussâtre, d'une saveur sucrée particulière, d'une odeur aromatique rappelant toujours celle des plantes sur lesquelles les abeilles ont butiné. Il est soluble dans l'eau, l'alcool faible, et peut fermenter comme le sucre. Sa composition chimique est assez complexe ; il contient du sucre de fruit, solide et cristallisable, du sucre liquide, de la cire, une matière colorante, un arôme, etc. Les miels les plus estimés sont ceux des îles de la Méditerranée, de Narbonne, du Gâtinais; les plus communs viennent de la Bretagne. Ceux qui sont vieux, qui ont un goût aigre, doivent être rejetés ; il en est de même de ceux qu'on a falsifiés avec de l'amidon pour leur donner de la consistance, fraude qu'on reconnaît avec l'eau tiède, qui ne dissout pas la fécule, et la teinture d'iode qui la bleuit. — *Pharmacol.* Le miel est un médicament émollient, adoucissant et laxatif. Il sert surtout à édulcorer les breuvages et les tisanes qu'on donne aux animaux atteints de phlegmasies internes. Il forme l'excipient ordinaire des électuaires et des bols. Donné à la dose de plusieurs onces, il peut purger les petits herbivores, ainsi que les carnivores. A l'extérieur, on en fait d'excellents cataplasmes maturatifs et adoucissants, en le mélangeant avec du son. Enfin, il entre dans la confection de plusieurs préparations pharmaceutiques.

Miel rosat. ♃. Pétales secs de rose rouge, 1 partie ; calice des mêmes fleurs, 4 parties ; miel blanc, 6 parties ; eau de rivière, 2 parties; faites bouillir les calices dans l'eau ; infusez les pétales dans la décoction ; passez et mêlez au miel. Préparation légèrement astringente, qu'on fait entrer dans quelques collutoires ou gargarismes.

MIELLÉ, adj., *mellinus;* qui contient du miel. *Boisson, breuvage miellés.*

MIGRATIONS, s. f., *Migrationes;* voyages périodiques ou irréguliers, de durée variable, entrepris dans certaines saisons de l'année, par des animaux qui quittent leur séjour actuel, pour aller vivre temporairement sous des climats plus appropriés à leurs besoins. L'instinct est le mobile des migrations régulières ; les perturbations de l'atmosphère, le défaut de nourriture sont les causes des migrations accidentelles. Les exemples les plus remarquables de déplacements sont donnés par les oiseaux et les poissons. Les mammifères, les reptiles et les insectes n'émigrent pas ou émigrent peu.

MIL, *V.* Millet.

MILIAIRE, s. f., *Miliaria;* qui ressemble à des grains de millet. En médecine, on a donné ce nom à une affection de la peau, caractérisée par des vésicules semblables à des grains de millet. On a également confondu sous ce nom les éruptions vésiculeuses qui accompagnent les affections gastro-intestinales. Il est une variété, qui a le caractère épidémique; on la nomme *Suette miliaire.* — Ces maladies ont été peu étudiées sur les animaux. Miquel de Béziers a décrit sur les chevaux et les mulets une éruption *miliaire* concomitante de la gastro-conjonctivite. Il a constaté de petites élevures du volume d'une tête d'épingle, surmontées d'une croûte sèche, adhérente au bord d'un petit ulcère arrondi. Cette éruption se montrait sur toute la surface du corps. La maladie décrite par Miquel a été signalée par d'autres vétérinaires comme un exanthème, qui, du reste, se dissipe rapidement et n'a point de gravité. — *Bot. Glandes miliaires:* ce sont les glandes les plus petites que le microscope fasse découvrir à la surface des organes végétaux. Guettard donnait ce nom aux *stigmates.*

MILIEU, s. m., *Medium;* ce mot a plusieurs acceptions : d'une manière générale, on donne ce nom à un corps liquide ou gazeux qui environne de toutes parts d'autres corps ; ainsi, l'air est le milieu naturel du plus grand nombre des plantes et des animaux; l'eau, celui des poissons, des végétaux et des animaux aquatiques. En dynamique, on appelle *milieux résistants*, les gaz et les liquides dans lesquels se meuvent les corps et qui en ralentissent la vitesse. Enfin, en optique, les milieux sont tous les corps solides, liquides ou gazeux qui laissent passer la lumière et qui la réfractent pendant son trajet à travers leur substance; ainsi, l'eau, l'air, le verre, le cristal, etc., sont les milieux les plus ordinaires de ce fluide impondérable. *V.* RÉFRACTION.

MILLEFEUILLE, s. m., *Achillœa millefolium*, L.; plante de la famille des Composées. *V.* ACHILLÉE.

MILLE-FLEURS; on donne ce nom à la robe aubère, lorsque les poils rouges et les poils blancs sont disséminés en petits bouquets distincts.

MILLEPERTUIS, s. m., *Hypericum*, L.; genre de la famille des Hypéricinées. Il se compose de nombreuses espèces, communes dans les régions chaudes et tempérées du globe et surtout de l'hémisphère boréal, et remarquables par leur odeur désagréable ou leur saveur amère. Elles sont généralement repoussées des bestiaux; quelques-unes sont même vénéneuses. La France en possède une vingtaine. L'*H. perforatum* est employé en médecine comme tonique.

MILLET; nom commun à plusieurs plantes. *V.* PANIC, SORGHO, MAÏS, PHALARIS.

MILPHOSE, s. f., *Milphosis*; dépilation des paupières; chute des cils.

MIMEUSE, s. f., *Mimosa*, L.; genre de la famille des Légumineuses. Composé autrefois de plusieurs centaines d'espèces, il en renferme encore aujourd'hui, malgré les réductions qu'il a subies, plus de deux cents. Presque toutes sont originaires de l'Amérique. La plus intéressante est la M. pudique, *M. pudica*, la plus délicate des espèces connues sous le nom commun de *Sensitives*.

MINÉRAI, s. m., *Mineralia*; nom donné en métallurgie à toute substance métallifère formée d'un ou de plusieurs métaux et de gangue.

MINÉRAL, s. et adj., *Minerale*; nom de tout corps brut, dépourvu d'organisation, formé de molécules polyédriques réunies par l'affinité chimique et la force d'agrégation — *Eaux minérales*, *V.* EAUX. — RÈGNE MINÉRAL: ensemble des corps bruts appelés *minéraux*.

MINÉRALISABLE, adj.; susceptible d'être changé en *minerai* ou en *minéral*.

MINÉRALISATEUR, s. m.; épithète donnée principalement au soufre et à l'oxygène, parce qu'en se combinant aux métaux, ils en altèrent profondément les caractères et les changent en *minerais*.

MINÉRALISATION, s. m.; transformation des métaux en minerais.

MINÉRALISÉ, adj.; qui a été transformé en minerai.

MINÉRALOGIE, s. f., *Mineralogia*; partie de l'histoire naturelle qui traite des minéraux

ou corps bruts. Elle en étudie les caractères extérieurs, la composition chimique, la distribution dans le sein de la terre, les range par familles, genres, espèces, etc.

MINÉRALOGIQUE, adj.; qui a rapport à la minéralogie. — *Etude minéralogique d'un corps:* description de ses caractères dans son état de nature.

MINÉRALOGISTE, s. m.; celui qui étudie les minéraux.

MINES, s. f., *Fodinœ;* excavations pratiquées dans le sein de la terre pour l'extraction de certaines substances minérales, telles que les métaux et le sel gemme. La loi de 1810 déclare les mines propriétés de l'Etat et les sépare de la surface; en sorte que le propriétaire du fond lui-même ne peut exploiter qu'après avoir obtenu une concession spéciale. Toutefois, celui auquel la concession a été faite ne peut troubler le maître de la surface et creuser des puits, établir des galeries sous les habitations, enclos et jardins, et à 100 mètres à la ronde, sans avoir consenti, au préalable, au payement d'une indemnité. Les mines comprennent les filons et gîtes métallifères, les minerais divers, le sel gemme, la houille, les bitumes, l'alun; leurs produits ont une valeur brute de plus de cent millions de francs.

MINETTE, *V.* LUZERNE.

MINIÈRE, s. f., *Minera*; mine; se dit surtout des régions, des contrées, où les minerais exploitables sont abondants. — Lieu d'où l'on extrait certains minéraux. La loi de 1810 distingue les minières des mines et des carrières. Elles comprennent les minerais d'alluvion, les terres pyriteuses, alumineuses et les tourbes.

MINIUM, s. m.; nom vulgaire de l'oxyde intermédiaire de plomb. *V.* OXYDES DE PLOMB.

MINORATIF, adj. et s., de *Minorare*, amoindrir; épithète donnée aux purgatifs dont l'action est très douce. *V.* PURGATIF et LAXATIF.

MINORATION, s. f., *Minoratio*; purgation douce produite par les *purgatifs minoratifs*.

MIRAGE, s. m.; phénomène de réflexion totale de la lumière, donnant lieu à une illusion d'optique, en vertu de laquelle les corps placés à une certaine distance paraissent accompagnés de leur image renversée, placée en dessous d'eux et comme plongeant dans l'eau. — Ce phénomène s'observe dans les plaines arides ayant un horizon très étendu et très bas. Il est dû à l'inégalité de la densité des couches d'air qui avoisinent le sol. Celui-ci, échauffé par le soleil, entretient l'air qui est en contact avec lui, dans un grand état de raréfaction; aussi les rayons lumineux qui traversent obliquement les couches inférieures de l'atmosphère, passant d'un milieu plus dense dans un milieu qui l'est moins, se relèvent bientôt peu à peu et arrivent près du sol avec un angle d'incidence

tellement faible, que leur réflexion devient
totale. Ce sont ces rayons réfléchis qui donnent l'image accidentelle des corps , ceux-ci
étant représentés directement par les rayons
qu'ils envoient immédiatement à l'œil. —
Dans le mirage qu'on observe en mer, les
images accidentelles sont relevées vers le
ciel au lieu d'être abaissées vers la terre.

MIROIR, s. m.; nom donné en optique à toutes les surfaces solides , polies ,
planes ou courbes, qui sont susceptibles de
réfléchir la lumière. On en distingue plusieurs espèces : 1° les *miroirs plans*, qui donnent derrière eux l'image exacte des corps qu'on
leur présente; 2° les *miroirs sphériques* qui sont
concaves ou *convexes*. Les premiers ont un
foyer réel placé sur leur axe et à une distance égale à la moitié du rayon de la sphère
dont ils faisaient partie. Les rayons lumineux parallèles qui tombent à leur surface
sont réfléchis en convergeant, et forment un
cône lumineux dont la base porte sur le miroir et la pointe occupe le foyer; les rayons
divergents se relèvent parallèles. Ce miroir
amplifie l'image des corps placés devant lui.
Les miroirs convexes n'ont qu'un *foyer
virtuel*; ils font diverger les rayons lumineux qu'ils reçoivent et rapetissent l'image
des corps qu'on leur présente.

MIROITÉ . ÉE, adj. ; on appelle ainsi
les robes dans lesquelles on remarque des
plaques arrondies plus brillantes ou d'une
nuance plus claire que le fond de la robe.

MISCIBLE, adj. , de *miscere* , mêler ;
qui peut se mélanger ; se dit surtout des
liquides qui peuvent se mêler exactement
sans perdre leur transparence; ex. : l'eau
et l'alcool.

MISCIBILITÉ, s. f., *Miscibilitas*; qualité
de ce qui est miscible. .

MISPICKEL, s. m. ; nom minéralogique
de l'arséniure et de l'arsénio-sulfure de fer.

MITRAL , ALE, adj, *mitralis ;* en forme
de mitre d'évêque. *Valvules mitrales* : on
appelle ainsi l'ensemble des quatre replis
membraneux, dont deux grands et deux petits opposés deux à deux, qui bordent l'orifice auriculo-ventriculaire du cœur gauche.

MIXTE , adj, *mixtum, de miscere* , mêler ;
nom donné par les anciens chimistes à tous les
corps formés d'éléments hétérogènes. — Se dit
en botanique, des *bourgeons* qui renferment
en même temps des fleurs et des feuilles ; des
vaisseaux qui présentent dans leur étendue
les caractères spéciaux de plusieurs espèces,
qui sont, par exemple, rayés en un point,
ponctués en un autre , etc.

MIXTINERVE , adj. , *mixtinervis ;* dont
les nervures sont dirigées dans tous les sens.

MIXTION, s. f. , *Mixtio;* opération pharmaceutique qui consiste à mêler ensemble
plusieurs substances de nature différente. Un
grand nombre de préparations pharmaceutiques se font par simple mixtion.

MIXTURE, s. f., *Mixtura;* mélange liquide de plusieurs substances plus ou moins

actives , sans véhicule aqueux. Ce nom
peut s'appliquer à un grand nombre de préparations pharmaceutiques ; en vétérinaire ,
on ne l'a appliqué qu'à la liqueur escharotique de Villatte. *V.* Liqueur.

MOBILE , *V*. Oscillant.

MOBILITÉ, s. f. , *Mobilitas;* propriété
générale des corps, en vertu de laquelle ils
obéissent parfaitement, et en tous sens , aux
causes de mouvement. Cette propriété, essentiellement négative et rationnelle, est la
conséquence naturelle de *l'inertie* de la matière , qui ne peut pas plus resister à l'action
des forces qu'elle ne peut se donner le mouvement ou le repos. Elle est manifeste pour
tous les corps, et existe aussi bien dans ceux
qui sont déjà en mouvement que dans ceux
qui sont en repos. *V.* Mouvement.

MOELLE, s. f. , *Medulla , Meditullium ,*
μυελός; ce nom sert à désigner principalement le tissu adipeux contenu dans le canal
des os longs. On l'applique aussi à la portion des centres nerveux contenue dans le canal rachidien. — *Moëlle des os* : tissu graisseux de nature particulière contenu dans une
membrane très fine, appelée *médullaire ,*
qui tapisse le canal des os longs. Le suc
graisseux médullaire existe aussi dans les
cellules du tissu spongieux et pénètre même
dans la substance compacte. Dans le fœtus,
le canal médullaire est d'abord rempli d'une
substance cartilagineuse au milieu de laquelle
se trouve l'artère nourricière ; ce n'est que plus
tard que cette substance fait place à la moëlle.
La membrane médullaire fait fonction de
périoste interne et envoie des prolongements
dans l'épaisseur du tissu osseux; c'est elle
qui soutient les divisions vasculaires intérieures, et sa destruction amène la nécrose
de la couche interne de l'os. La moëlle se
moule sur la cavité qui la contient; elle est
renfermée dans des cellules closes comme
celles du tissu adipeux du corps. Les usages
mécaniques qu'on lui a attribués sont purement hypothétiques. Il est probable que la
moëlle est comme l'autre graisse, un aliment
en réserve, constamment sécrété et absorbé
selon les besoins de l'économie. — *Moëlle
épinière* ou *vertébrale , prolongement rachidien :* on donne ces noms à un long cordon
de substance nerveuse , logé en partie dans
le crâne, mais surtout dans le canal rachidien , et formant le centre commun de tous
les nerfs. La partie antérieure ou crânienne
de la moëlle épinière porte le nom de *bulbe
rachidien*, ou *moëlle allongée* , et fait suite
à la masse cérébrale. Sa face supérieure
concourt à former le ventricule du cervelet ;
elle présente dans le plan médian, un léger
sillon, sur les côtés duquel se trouvent les
pyramides supérieures ou *corps restiformes.*
La face inférieure offre, de chaque côté de la
ligne médiane, *les pyramides inférieures,* et,
plus en dehors, les *corps olivaires.* — La
portion rachidienne s'étend du trou occipital
au commencement du sacrum : elle présente,

suivant les régions, un volume différent, et surtout deux renflements bien marqués, l'un à l'union des régions cervicale et dorsale , l'autre à la réunion des vertèbres lombaires et du sacrum, pour fournir les nerfs destinés à former les plexus des membres. La face supérieure de la moëlle, ainsi que sa face inférieure, présentent chacune un sillon médian qui les sépare en deux portions symétriques. Sa terminaison a lieu par un prolongement en pointe-mousse entouré d'un grand nombre de cordons nerveux dont l'ensemble a reçu le nom de *queue de cheval.* — Les nerfs se détachent de la moëlle par paires, et chaque cordon naît par deux séries de racines, les unes *supérieures,* destinées à la sensibilité, les autres *inférieures,* destinées au mouvement ; ce qui fait distinguer dans la moëlle, au moins physiologiquement, une couche supérieure , *sensitive,* et une inférieure, *motrice,* entre lesquelles Ch. Bell admet en outre une couche *respiratoire,* ou donnant naissance aux nerfs de la respiration. — Dans la structure de la moëlle , on trouve la substance blanche à l'extérieur et la substance grise formant le noyau intérieur. Les enveloppes extérieures sont la continuation de celles de la masse cérébrale crânienne. — *Bot.* Tissu utriculaire placé au centre de la tige des dicotylédonés et renfermé dans le canal ou étui médullaire. On l'appelle aussi *Médulle interne.* La forme générale de la moëlle, son volume, sont subordonnés aux dimensions du conduit qui la renferme , *V.* CANAL. Elle est, dans le jeune sujet surtout, continue à elle-même et communique par les rayons médullaires , avec l'enveloppe herbacée ou médulle externe. Ses utricules sont grosses, hexagonales, polyédriques, laissant entre elles des méats souvent traversés par des fibres et des vaisseaux de plusieurs ordres. D'abord molle et pénétrée de sucs , grisâtre ou verdâtre , la moëlle, à mesure que le végétal se développe , blanchit ou quelquefois devient brunâtre, se dessèche , se divise dans sa longueur, se creuse d'un canal moyen , forme de grandes lacunes accidentelles, et finit, comme on le voit dans beaucoup de Graminées et d'Ombellifères, par se réduire à une mince couche d'utricules attachée à la paroi interne du canal médullaire. Quelques phytographes prétendent qu'elle ne disparaît jamais entièrement. Les fonctions de la moëlle sont peu connues ; les uns ont voulu y voir un organe d'innervation présidant à la vie végétale ; d'autres un réservoir de nourriture pour la jeune plante ; d'autres la considèrent comme tout-à-fait inerte ; enfin on a supposé , sans fondement, qu'elle contribuait à donner de la flexibilité et de la résistance aux tiges.

MOELLEUX , EUSE , adj. , *mollis ;* ce mot est employé tantôt comme synonyme de *cotonneux* ou *laineux,* doux au toucher , d'autres fois comme synonyme de *médullaire.*

MOFETTE , s. f. , *Mopheta, Mephitis ;* nom donné par les anciens chimistes à tous les gaz non respirables. *Mofette atmosphérique* : ancien nom de l'azote (*V.* ce mot).

MOISI , IE , adj. , *mucidus ;* couvert de moisissures. — *Foin moisi :* son odeur est forte , pénétrante , désagréable , sa saveur âcre. Quand on le secoue , il laisse dégager une poussière piquante, et lorsqu'il est tassé, il se prend en masses brunes ou blanchâtres. La poussière , les débris qui s'échappent de ce foin, altèrent les fourrages avec lesquels ils ont été en rapport. Le foin moisi est dédaigné des bestiaux, qui ne le mangent que lorsqu'ils sont pressés par la faim. Il est éminemment nuisible à la santé et provoque le développement de maladies intestinales , d'affections du sang , etc. Aucun moyen ne peut corriger ses funestes propriétés ; il doit être converti en fumier. Les fourrages mal desséchés , conservés dans des lieux humides , ceux qui ont été pénétrés profondément par la pluie , après avoir été tassés , sont susceptibles de se moisir. Ce qui vient d'être dit des foins , s'applique aux pailles et à tous les aliments.

MOISISSURES , s. f. , *Mucores ;* nom générique de toutes les petites végétations cryptogamiques qui se développent , sous l'influence de l'humidité de l'air et d'une certaine température , sur les végétaux morts. Elles appartiennent au groupe des Mucédinées et surtout au genre *Mucor.*

MOISSON , s. f. , *Messis ;* récolte des grains et principalement des céréales. Elle comprend l'action de couper les tiges, le javelage et le transport au lieu où doivent être établies les meules, ou dans la grange. La moisson doit commencer au moment où les tiges jaunissent à leur base et à leur sommet, où les feuilles qui se dessèchent ne peuvent plus fournir au grain aucune nourriture ; mais il ne faut pas laisser passer ce moment, sous peine de perdre une partie de la récolte par l'égrenage.

MOLAIRE , adj., *molaris ,* de *mola ,* meule ; en forme de meule. *Dents molaires, V.* DENTS.

MOLE , s. f., *Mola,* de *moles,* masse ; embryon informe consistant en un simple sac cutané, sans organes distincts, renfermant quelquefois des portions d'os, des dents, etc. La môle est le dernier degré d'imperfection que l'on peut rencontrer dans les monstres. *V.* ZOOMYLIENS.

MOLÉCULAIRE , adj., *molecularis ;* qui a rapport aux molécules des corps. *Actions moléculaires :* celles qui se passent dans l'intimité de la substance des corps, comme les actions chimiques. *Forces moléculaires :* celles qui s'exercent entre les molécules homogènes (*cohésion*), ou hétérogènes (*affinité*) (*V.* ces mots). *Théorie moléculaire, V.* ATOMIQUE.

MOLÉCULE , s. f., *Molecula ;* diminutif de *moles ,* masse. Les molécules des corps sont considérées comme des groupes d'*atomes*; cependant ces deux mots sont souvent employés comme synonymes. Les molécules sont *invisibles* comme les atômes, *insécables* par les forces physiques, mais paraissant *divisibles* par les forces chimiques qui en sépareraient les atômes. Leur *forme* est inconnue; on admet qu'elle est polyédrique dans les solides, et sphérique dans les liquides et les gaz. En chimie, on les distingue en *molécules intégrantes*, qui sont semblables à la masse des corps simples ou composés, et en *molécules constituantes*, différentes pour chaque élément des corps composés.

MOLÈNE, s. f., *Verbascum*, T.; genre de la famille des Scrophulariacées, autrefois rangé parmi les Solanées. Il se compose de plantes herbacées, annuelles, bisannuelles ou vivaces, et de quelques sous-arbrisseaux. Bentham en décrit 90 espèces; mais dans ce nombre beaucoup sont douteuses ou difficiles à déterminer. Les espèces *thapsus*, *nigrum*, *phlomoïdes*, *lychnitis*, etc., croissent en France. Leurs feuilles et leurs fleurs sont émollientes; on fait un fréquent usage de celles-ci. Ces plantes ne sont point fourragères; toutefois les porcs les mangent assez volontiers. — *Pharm. V.* BOUILLON BLANC.

MOLETTE, s. f.; espèce de pilon en pierre dure ou en verre, à surface large et plane, employé à broyer les corps sur le *porphyre* (*V.* ce mot). — *Pathol.* Tumeur molle, produite sur les membres du cheval par l'hydropisie des gaines synoviales inférieures des tendons fléchisseurs. Cette maladie constitue la *synovite tendineuse chronique*. Les molettes sont dues à un défaut de proportion entre l'absorption et l'exhalation de la synovie. Elles sont produites par les efforts violents, la fatigue qui résulte d'un travail pénible et prématuré. Les chevaux long-jointés y sont prédisposés. La molette consiste dans une tumeur molle située sur les côtés des tendons, au-dessus du boulet, tumeur formée par le gonflement de la membrane synoviale dans laquelle glissent les tendons fléchisseurs. Elle est *simple*, lorsqu'elle n'existe que d'un côté; *chevillée*, quand on l'observe sur les faces externe et interne de l'extrémité; *soufflée*, lorsqu'elle est volumineuse et s'étend dans la région du pâturon. Cette maladie est commune dans l'espèce chevaline; elle déprécie les animaux qui en sont atteints, parce qu'elle est un signe d'usure. Elle ne produit une douleur manifeste que dans un certain degré. La molette molle au toucher fait rarement boiter; il n'en est pas de même de celle qui est dure, parce qu'elle est fortement distendue par la synovie, ou se complique d'un épaississement de la gaine tendineuse; une claudication permanente en est la conséquence. Dans le début, divers moyens peuvent diminuer le volume des molettes : ce sont les frictions avec les huiles essentielles, le liniment ammoniacal,

la pommade de biiodure de mercure; mais, le plus souvent, ces remèdes ne sont que palliatifs; la tumeur se reproduit, et l'on finit par avoir recours à l'application du feu. Cette cautérisation est des plus efficaces, mais elle a l'inconvénient de laisser des tares indélébiles. Leblanc a conseillé la ponction suivie de l'injection avec la teinture d'iode; l'expérience n'a pas encore prononcé sur la valeur de ce procédé. Les vétérinaires allemands emploient la ponction sur les molettes, en la faisant suivre de l'application du vésicatoire. Il résulte de nos expériences, que cette ponction n'offre pas de dangers; la plaie qui en résulte se cicatrise promptement, mais les molettes reprennent bientôt leur volume primitif.

MOLLUSQUES, s. m. p.; animaux formant le deuxième embranchement de Cuvier, et présentant les caractères suivants : corps mou, sans squelette, ni organes passifs solides de locomotion; cerveau très petit, consistant en une seule masse nerveuse; moelle épinière renflée de distance en distance, placée à la face abdominale, et se reliant avec le cerveau par des cordons nerveux qui entourent l'œsophage; canal intestinal à deux issues; circulation complète; sang blanc, mu le plus souvent par un seul ventricule aortique, dans quelques espèces par trois ventricules, dont deux pour les organes respiratoires et un pour le corps; quelques organes des sens spéciaux; génération ovipare. Les mollusques sont divisés en six classes : les *Céphalopodes*, les *Ptéropodes*, les *Gastéropodes*, les *Acéphales*, les *Brachiopodes* et les *Cirrhopodes*.

MOLYBDATE, s. m., *Molybdas*; nom des sels formés par l'acide molybdique.

MOLYBDÈNE, s. m., *Molybdos*, de μολυβδαινα, plombagine. Mo. Equiv. 598,5; métal de la quatrième section, découvert en 1778 par Scheele, dans un sulfure de ce métal, qui avait été considéré jusqu'à cette époque comme de la plombagine. — Le molybdène s'obtient en réduisant l'acide molybdique à une haute température par le charbon ou l'hydrogène. Il est solide, blanc comme l'argent mat, malléable, presque infusible, pesant 8,615. Exposé à l'air, il s'oxyde. Chauffé, il passe à l'état d'acide molybdique; l'acide azotique produit le même effet. Il est sans usages.

MOMENT, s. m., de *Movere*, mouvoir. D'une manière générale, on appelle ainsi, en statique, le produit d'une force par sa perpendiculaire au point fixe du système qu'elle doit mouvoir. En mécanique, on appelle *moments d'un levier* le produit de chaque bras de levier par la force qui lui est appliquée. L'égalité des moments détermine l'équilibre de cette machine.

MOMORDIQUE, s. f., *Momordica*, L.; genre de la famille des Cucurbitacées. L'espèce connue sous le nom de Concombre sauvage, *M. elaterium*, est devenue le type d'un genre nouveau, l'*Ecbalium elaterium.* Son fruit est petit, velu, et fort amer, ainsi que la racine qui est grosse et charnue. L'un et l'autre sont purgatifs et entraient autrefois, le premier surtout, dans diverses préparations pharmaceutiques.

MONADE, s. f., *Monas*, de μονος, unité; corpuscule d'une mobilité prodigieuse dans lequel on ne découvre, avec le meilleur microscope, aucune trace d'organisation particulière. On aperçoit dans une simple goutte d'eau, une multitude de monades sans cesse en mouvement, jusqu'à l'entière évaporation du liquide.

MONADELPHE, adj., *monadelphus*, de μονος, seul, et αδελφος, frère. Les *étamines* sont *monadelphes*, quand elles sont réunies par leurs filets en un faisceau unique, ex.: les *Malvacées.*

MONADELPHIE, s. f., *Monadelphia*; nom de la seizième classe, dans le système de Linné. Elle renferme les plantes dont les étamines sont monadelphes, et se divise, d'après leur nombre, en huit ordres.

MONANDRE, adj., *monandrus*, de μονος, seul, et ανηρ, ανδρος, mari; se dit des fleurs qui ne renferment qu'une seule étamine, ex.: le *Canna indica*, le *Blitum vulgare.*

MONANDRIE, s. f., *Monandria*; nom de la première classe, dans le système de Linné. Elle comprend les plantes à fleurs monandres, et se divise, d'après le nombre des pistils, en deux ordres.

MONANDRIQUE, adj., *monandricus*; synonyme de *monandre.*

MONANTHÈRE, adj., *monantherus*, de μονος, seul, et ανθηρος, fleuri; se dit de la fleur qui n'a qu'une seule anthère.

MONDER, v. a., de *mundare*, rendre pur, net; action de nettoyer les drogues des substances impures qu'elles contiennent, d'en retrancher les parties altérées ou inutiles, etc.—Ce mot est employé quelquefois en jardinage, comme synonyme d'*ébourgeonner. V.* Ébourgeonnement.

MONDIFICATIF, s. et adj., *Mundificans*, de *mundificare*, nettoyer; médicament propre à nettoyer et à changer l'état des solutions de continuité. *V.* Détersif, Cicatrisant, etc.

MONTGOLFIÈRE, *V.* Aérostat.

MONILIFORME, adj., *moniliformis*, de *monile*, collier, et *forma*, forme; en forme de collier ou de chapelet, c'est-à-dire divisé en petites masses séparées par des étranglements. Plusieurs gousses de Légumineuses sont dans ce cas. — *Vaisseaux moniliformes* ou *vermiformes*, ou présentant de distance en distance des étranglements. On les trouve à l'origine des jeunes branches. Ils peuvent être rayés, *ponctués*, etc. Ce sont les *vaisseaux en collier* de Bernhardi, *vermiculaires* de Tréviranus, en *chapelet*, de plusieurs botanistes.

MONIMIACÉES, s. f., *Monimiaceæ*; famille de plantes dicotylédones, dicliues, monochlamydées, originaires des contrées chaudes de l'hémisphère austral. Genres: *Ambora*, *Monimia*, etc. Les Monimiacées sont des arbres ou des arbrisseaux.

MONOBASE, adj., *monobasis*, de μονος, seul, et *basis*, base: se dit des parasites radicicoles qui ne s'implantent que par un seul point.

MONOCARPE, adj., *monocarpus*; qui ne porte qu'un fruit ou que des fruits solitaires. Cette acception est impropre et inusitée; il vaut mieux faire monocarpe synonyme de *monocarpien.*

MONOCARPIEN, adj., *monocarpeus*, de μονος, seul, et καρπος, fruit; se dit des végétaux qui ne portent des fruits qu'une fois; ils sont annuels ou bisannuels. On a proposé de remplacer ce terme par *Apogyne.*

MONOCARPIQUE, *V.* Monocarpien.

MONOCÉPHALIENS, s. m. p. et adj., de μονος, seul, et κεφαλη, tête; famille de monstres doubles autositaires, chez lesquels les deux corps sont surmontés par une tête n'offrant, à l'extérieur, aucune trace de duplicité. Les deux troncs sont toujours réunis au moins jusqu'à l'ombilic, et souvent au delà. Cette famille est divisée en trois genres: les *Déradelphes*, les *Thoradelphes*, et les *Synadelphes.*

MONOCHLAMYDÉ, ÉE, adj., *monochlamydeus*, de μονος, seul, et χλαμυς, casaque; se dit, d'après De Candolle, des fleurs qui n'ont qu'une seule enveloppe florale ou périanthe.

MONOCLINE, adj., *monoclinus*, de μονος, seul, et κλινη, lit; ce mot est synonyme d'hermaphrodite, mais moins souvent employé.

MONOCOTYLÉDONÉ, ÉE. adj., *monocotyledoneus*; pourvu d'un seul cotylédon.

MONOCOTYLÉDONES, **MONOCOTYLÉDONÉES**, s. f., de μονος, seul, et κοτυληδων, cavité; l'un des trois embranchements du règne végétal. Ce sont les *Endorhizes* de Richard, les *Endogènes phanérogames* de De Candolle. Les monocotylédones se caractérisent par un embryon de forme cylindrique, composé d'une plumule dont les feuilles sont emboîtées dans une plus grande feuille qui constitue le cotylédon, et d'une radicule enfermée, au moment de la germination. dans une coléorhize qu'elle traverse pour disparaître bientôt et être remplacée plus tard dans ses fonctions par une touffe de radicelles partant du collet. Les enveloppes florales sont souvent formées par un verticille unique appelé *périanthe* ou *périgone;* les verticilles floraux sont fréquemment composés de trois pièces. La tige n'est point formée de couches concentriques régulières, mais d'une masse médullaire entourée d'écorce et traversée par des faisceaux plus ou moins nombreux, épars, et dans lesquels on retrouve le liber, les vaisseaux propres et le corps ligneux, mais pas de canal médullaire. Les feuilles sont alternes, souvent sessiles, amplexicaules ou pourvues de gaines, simples, généralement entières et à nervures parallèles. Richard divise les monocotylédones en *exendospermées* ou *apérispermées* et en *endospermées* ou *périspermées*. Jussieu en fait trois grandes classes : la *Monohypogynie*, la *Monopérigynie* et la *Monoépigynie*. *V.* TIGE et ACCROISSEMENT.

MONOCOTYLÉDONIE, s. f., *Monocotyledonia;* division de la méthode de Jussieu, renfermant les végétaux monocotylédonés.

MONOCOTYLE, *V.* MONOCOTYLÉDONÉ.

MONOÉCIE, s. f., *Monoecia*, de μονος, seul, et οικια, maison ; nom de la XXIᵉ classe, dans le système de Linné. Elle renferme les végétaux qui ont les organes sexuels contenus dans des fleurs différentes, mais portées par le même individu, et se divise, d'après le nombre et la disposition des étamines, en onze ordres.

MONOÉPIGYNIE, s. f., *Monoepigynia*, de μονος, seul, επι, sur, et γυνη, femme ; nom de la IVᵉ classe dans la méthode de Jussieu. Elle renferme les plantes monocotylédonées à étamines épigynes.

MONOGAME, adj., *monogamus*, de μονος, seul, et γαμος, mariage ; se dit des plantes appartenant à la syngénésie, qui ont leurs fleurs distinctes et munies chacune d'un calice particulier.

MONOGAMIE, s. f., *Monogamia*, de μονος, seul, et γαμος, mariage ; ordre de la XIXᵉ classe du système de Linné, la syngénésie, renfermant les végétaux à fleurs monogames.

MONOGAMIQUE, adj.; synonyme de *monogame.*

MONOGASTRIQUE, adj., *monogastricus*, de μονος, seul, et γαστηρ, estomac; qui n'a qu'un seul estomac ; ex. : le cheval, par opposition aux ruminants qui ont plusieurs estomacs.

MONOGÈNES, adj. et s., *Monogeni;* nom proposé pour remplacer celui de monocotylédonés.

MONOGYNE, adj., *monogynus*, de μονος, seul, et γυνη, femme ; se dit des fleurs qui ne renferment qu'un pistil unique.

MONOGYNIE, s. f., *Monogynia*, de μονος, seul, et γυνη, femme ; nom commun à tous les ordres du système de Linné renfermant les végétaux à fleurs monogynes.

MONOHYPOGYNIE, s. f., *Monohypogynia*, de μονος, seul, υπο, sous, et γυνη, femme ; nom de la IIᵉ classe dans la méthode de Jussieu, renfermant les végétaux monocotylédonés à étamines hypogynes.

MONOHYPOGYNIQUE, adj., *monohypogynicus ;* qui a rapport à la monohypogynie.

MONOIQUE, adj., *monoïcus*, de μονος, seul, et οικια, maison ; se dit des plantes dont les organes mâles et femelles sont placés dans des fleurs différentes, mais portées sur le même individu.

MONOMPHALIENS, s. m. pl. et adj., de μονος, seul, et ομφαλος, ombilic ; famille de monstres doubles autositaires caractérisés par l'existence d'un seul ombilic pour les deux sujets, qui sont presque complets. Cette famille comprend les cinq genres suivants : *Ischiopage*, *Xiphopage*, *Sternopage*, *Ectopage* et *Hémipage*.

MONOPÉRIANTHE, ÉE, adj., *monoperiantheus*, de μονος, seul, περι, autour, et ανθος, fleur : synonyme de *monochlamydé.*

MONOPÉRIGYNIE, s. f., *Monoperigynia*, de μονος, seul, περι, autour, et γυνη, femme ; nom de la IIIᵉ classe, dans la méthode de Jussieu. Elle renferme les plantes monocotylédonés à étamines périgynes.

MONOPÉRIGYNIQUE, adj., *monoperigynicus;* qui a rapport à la monopérigynie.

MONOPÉTALE, adj., *monopetalus*, de μονος, seul, et πεταλον, feuille ; se dit de la *corolle* composée d'un seul pétale ou foliole. Quand la corolle monopétale résulte de la soudure de plusieurs pièces, elle est dite *gamopétale*, (*V.* ce mot).

MONOPÉTALÉ, *V.* MONOPÉTALE.

MONOPHTHALME, *V.* CYCLOCÉPHALIENS.

MONOPHYLLE, adj., *monophyllus*, de μονος, seul, et φυλλον, feuille ; le calice est *monophylle*, quand il n'est composé que d'un seul sépale ou foliole. Lorsqu'il est composé de plusieurs pièces réunies, on l'appelle *gamophylle*, (*V.* ce mot). La *spathe*, l'involucre peuvent être *monophylles.*

MONOPHYTE, adj., *Monophytus*, de μονος, seul, et φυτον, plante ; se dit des genres botaniques composés d'une seule espèce.

MONOPSE. *V.* CYCLOCÉPHALIENS.

MONOPTÈRE, adj., *monopterus*, de μονος, seul, et πτερον, aile; pourvu d'une seule aile ; on dit aussi *uni-ailé.*

MONORCHIDE, adj., de μονος, seul, et ορχις, testicule ; qui n'a qu'un seul testicule.

MONOSÉPALE, adj., *monosepalus;* synonyme de monophylle, mais ne s'appliquant qu'au calice. *V.* GAMOSÉPALE.

MONOSOMIENS, s. m. pl. et adj., de μονος, seul, et σωμα, corps ; famille de monstres doubles autositaires, chez lesquels les deux corps sont tellement confondus que la dissection la plus minutieuse peut à peine retrouver quelques vestiges de la composition binaire du tronc. Chez le plus grand nombre, la duplicité ne se montre qu'à la tête, ou à la région supérieure du cou. Cette famille comprend les trois genres : *Atlodyme*, *Iniodyme* et *Opodyme.*

MONOSPERME, adj., *monospermus*, de μονος, seul, et σπερμα, graine ; se dit du péricarpe ou de la loge d'un fruit qui ne renferme qu'une seule graine.

MONOSPERMIQUE, *monospermicus ;* synonyme de *monosperme.*

MONOSTIGMATÉ, ÉE, adj., *monostigmateus*, de μονος, seul, et στιγμα, stigmate ; se dit du pistil ou du style, quand il ne porte qu'un stigmate.

MONOSTYLE, adj., *monostyleus*, de μονος, seul, et στυλος, style; on donne cette épithète à l'ovaire qui n'est surmonté que d'un seul style. On dit aussi *monostylé.*

MONOTYPE, adj., *monotypus*, de ϱϵνος, seul, et τυπος, modèle ; se dit des *genres* dont les espèces ont entre elles des rapports qui en font un groupe bien distinct, des *familles* très naturelles.

MONSTRE, s. m., *Monstrum ;* animal ou végétal affecté de *monstruosité. (V.* ce mot).

MONSTRUOSITÉ, s. f., *Monstrositas,* de *monstrum,* monstre ; anomalie congéniale, très complexe, très grave, rendant difficile ou impossible l'accomplissement d'une ou de plusieurs fonctions, ou produisant, chez les individus qui en sont affectés, une conformation vicieuse très différente de celle que présente ordinairement leur espèce (I. Geoffroy. St. Hilaire). Cette définition sépare des monstruosités un grand nombre d'anomalies moins graves que cet auteur comprend parmi les *hémitéries*, les *hétérotaxies* et les *hermaphrodismes.* On classait autrefois les monstruosités d'après le *défaut,* l'*excès* ou la *déviation* des parties. Une étude plus approfondie des monstres a prouvé que les parties manquant en apparence, existent, mais à l'état de rudiment, et que celles qui se trouvent en excès appartiennent à un second germe accolé au premier, mais dont certaines parties seulement ont pris du développement. Cette classification est donc vicieuse, et Geoffroy Saint Hilaire l'a remplacée par la suivante : Il établit d'abord deux classes, les monstres simples ou *unitaires,* et les monstres *composés,* qu'il divise en deux sous-classes : monstres *doubles* et monstres *triples.* Les monstres unitaires sont divisés en trois ordres : les *autosites*, capables de vivre et de se nourrir par le jeu de leurs organes ; les *omphalosites,* qui cessent de vivre dès qu'ils sont séparés du cordon ombilical ; les *parasites,* les plus imparfaits et manquant de cordon ombilical. Les monstres doubles sont divisés en deux ordres : les *autositaires,* et les *parasitaires.* Quant aux monstres triples, ils sont si peu connus qu'il était inutile d'établir des divisions dans cette sous-classe. *V.* Autosite, parasite, omphalosite, etc. — *Bot.* Les monstruosités végétales s'observent sur les parties axiles et sur les organes appendiculaires. Les premières sont toujours plus graves et persistent plus longtemps. Leurs effets se font généralement sentir sur les organes appendiculaires. Elles se présentent indistinctement sur les individus sauvages ou cultivés et sont ordinairement congénitales. Leur siége peut être très circonscrit ; elles tendent plutôt à s'accroître avec l'âge qu'à diminuer. Moquin Tandon a transporté dans la tératologie végétale les principes adoptés en tératologie animale ; il divise les monstruosités en quatre classes et dix ordres qui sont : M. de volume : 1° *atrophies,* 2° *hypertrophies* ; M. de forme : 3° *déformations* , 4° *pélories* , 5° *métamorphoses* ; M. de dispositions : 6° *soudures* , 7° *disjonctions.* 8° *déplacements* ; M. de nombre : 9° *avortements* , 10° *multiplications.*

MONTAGNARD, ARDE, adj. *montanus ;* on appelle ainsi les plantes croissant sur les montagnes que la neige couvre temporairement.

MONTE, s. f. ; expression par laquelle on désigne plus particulièrement l'accouplement dans l'espèce chevaline. — La monte se fait, chaque année, du mois de février au mois de juillet. Les animaux n'ont pas besoin d'y être préparés, s'ils ne sont point en mauvais état ; toutefois, il faut attendre la manifestation des chaleurs, chez les juments, et n'employer, si elles s'établissent mal, que le boute-en-train, sans recourir aux drogues échauffantes. Le rapprochement des reproducteurs a lieu le matin ou le soir, une heure ou deux après le repas. On distingue, en hippologie, la *monte en liberté*, la *monte en main*, et la *monte mixte.* La première est certes plus conforme aux vues de la nature, qui a voulu qu'un certain calme, une sorte de mystère, présidât aux phénomènes de la génération ; mais, pour ne pas être en opposition avec les règles de l'hygiène appliquée, il est indispensable qu'elle se fasse entre deux reproducteurs seulement, dans un enclos où on puisse les saisir après une ou deux saillies. On aura dû prendre la précaution préalable d'enlever les fers. Dans toute autre condition, la monte en liberté peut avoir des inconvénients de plusieurs ordres : les étalons peuvent s'épuiser et fatiguer les femelles, ou se faire blesser par des juments mal disposées ; des étalons manifestent quelquefois des préférences exclusives ; il n'est pas toujours possible de surveiller les appareillements. La *monte en main* a des avantages et des inconvénients opposés. Il est d'observation qu'elle est suivie d'un moins grand nombre de fécondations, à cause de la contrainte à laquelle sont soumises les juments , par les entraves employées pour éviter les ruades, par le tord-nez appliqué au moment de la saillie, par la traction exercée sur les crins de la queue pour éviter l'obstacle que cet organe pourrait apporter à l'intromission. On ne doit permettre la saillie que lorsque l'étalon est bien préparé ; il faut aussi veiller à ce qu'il n'y ait pas erreur de lieu. La *monte mixte* se fait dans un espace assez grand pour recevoir à la fois l'étalon et la femelle, assez étroit pour qu'ils ne puissent y faire de grands mouvements et qu'on puisse se rendre maître d'eux à volonté. Après l'accouplement, les reproducteurs sont séparés, bouchonnés, puis ils reçoivent une poignée d'avoine ou un barbottage , et on les laisse en repos pendant une heure avant de leur donner la ration. — L'administration des haras accorde trois saillies à chaque jument. Beaucoup de femelles sont fécondées après la première ou la seconde.

MONTOIR, s. m. ; expression qui sert à désigner le côté gauche du cheval, celui par où l'on monte communément en selle. Le côté droit s'appelle *hors-montoir* ou *hors du montoir.*

MONT-TONNERRE (race du); race bovine de la Bavière rhénane, ayant beaucoup de rapports avec celle du Glane, mais plus forte et, en général, un peu moins bien conformée. *V.* GLANE.

MORAILLES, s. f. pl.; instrument de punition avec lequel on serre le nez du cheval. Les morailles sont en fer ou en bois; elles se composent de deux branches, disposées en forme de compas et jointes à charnière. A l'extrémité d'une branche des morailles en fer, se trouve un anneau mobile, qui reçoit une crémaillère graduée, placée à l'extrémité correspondante de l'autre branche. L'anneau et la crémaillère sont remplacés, dans les morailles en bois, par une ficelle qui sert à tenir les deux branches rapprochées. On place les morailles au bout du nez, à la lèvre inférieure, aux oreilles; il faut les faire maintenir par un aide, pour éviter qu'elles blessent l'opérateur ou ses aides, quand l'animal secoue la tête. Cet instrument a l'avantage de maitriser le cheval et de détourner la sensibilité pendant une opération.

MORBEUX, MORBIDE, MORBIFIQUE, *morbosus*, *morbidus*, *morbificus*. Ces trois adjectifs, souvent employés comme synonymes, ont une signification particulière. *Morbeux* et *morbide* indiquent ce qui est le produit, le résultat d'une maladie: *phénomènes morbides, état morbide. Morbifique*, veut dire qui cause, qui occasionne une maladie: *principe morbifique.*

MORBILLEUX, adj., *morbillosus*; qui se rapporte à la rougeole.

MORCELLEMENT, s. m.; division, séparation d'un tout en parties. —*Morcellement des terres*: division du domaine agricole en petites propriétés. On s'élève depuis longtemps contre le morcellement de la propriété territoriale, sans pouvoir s'entendre sur la solution à donner à la question. Cela tient à ce que tous les domaines ne sont pas susceptibles des mêmes considérations, à ce que l'on ne peut fixer, même approximativement, l'étendue la plus convenable pour une exploitation. Tout ce qu'on peut dire dans l'état, c'est que le morcellement ou la réduction en petites propriétés est d'autant plus nuisible que la division est poussée plus loin, que les pièces de terre sont plus isolées, et que le mode d'exploitation directe se rapproche davantage de la grande culture. Lorsque la culture est spéciale, la terre rapprochée de l'habitation, le morcellement est avantageux.

MORDANT, adj.; nom donné en teinture à certaines substances ayant la propriété de fixer les matières colorantes sur les tissus. Les plus employées sont l'alun, le protochlorure d'étain, le sulfate de fer et la noix de galle.

MORDICANT, adj., *mordicans*, de *mordicare*, picoter. — *Chaleur mordicante:* qui imprime une sensation de picotement désagréable; se dit aussi de la chaleur de la peau, qui fait éprouver à la main qui la touche un sentiment de sécheresse.

MORÉES, *V.* URTICACÉES.

MORELLE, s. f., *Solanum*, T.; genre important de la famille des Solanées. Ses caractères sont: fleurs blanches ou violettes, en corymbes ou en cymes terminaux ou extra-axillaires; calice à cinq divisions, quelquefois décalobé, marcescent ou accrescent; corolle rotacée, à quatre, six ou dix divisions; cinq étamines, quelquefois quatre ou six; baies bi, tri, ou quadriloculaires. Les morelles sont des plantes annuelles ou vivaces, herbacées ou ligneuses; quelques-unes sont arborescentes sous les tropiques. L'espèce la plus intéressante est la M. tubéreuse, *S. tuberosum*, vulg. *pomme de terre* (*V.* ce mot). D'autres espèces américaines fournissent également des tubercules comestibles. La M. noire, *S. nigrum*, très commune dans les lieux cultivés, est légèrement narcotique; la M. douce-amère, *S. dulcamara*, si répandue dans les haies de toute l'Europe, est remarquable par ses longues tiges grêles, dont la saveur est d'abord douce, puis amère, *V.* DOUCE-AMÈRE; la M. melongène, *S. melongena*, porte un fruit consommé comme légume dans le midi de la France, *V.* AUBERGINE. Plusieurs espèces de morelles sont cultivées comme plantes d'agrément. — *Pharmacol.* Deux plantes de ce genre sont employées en médecine vétérinaire: la *douce-amère* (*V.* ce mot) et la *morelle noire.* Cette dernière est une petite plante peu élevée, très commune, munie de feuilles de forme triangulaire, de petites fleurs blanches groupées au haut de la tige et donnant de petites baies globuleuses, d'abord vertes, puis noires. Ces baies renferment, d'après Desfosses, un alcaloïde narcotique qu'on trouve également dans les pousses des pommes de terre, et qu'on nomme *solanine* (*V.* ce mot). Toutes les parties de cette plante jouissent de propriétés anodines et narcotiques, mais très faibles; les baies seraient vénéneuses pour les moutons. On fait particulièrement usage des feuilles, avec lesquelles on confectionne d'excellents cataplasmes calmants qu'on applique sur les yeux, les oreilles, les testicules, les mamelles, les articulations, les gaines tendineuses, etc., frappés d'une vive inflammation. La partie liquide de la décoction sert à faire des lavements, des bains, des lotions propres à calmer les douleurs vives. L'usage interne de la morelle est à peu près nul.

MORFONDURE, s. f., *Phlegmatorrhagia;* ce mot inusité de nos jours était employé autrefois pour désigner le catarrhe nasal ou coryza du cheval.

MORILLE, s. f., *Morchella*, Dill.; genre de la famille des Champignons. Il renferme plusieurs espèces comestibles, parmi lesquelles on distingue les *M. esculenta, vulgaris, deliciosa*, etc.

MORPHINE, s. f., *Morphina*, de *Morpheus*, Morphée, dieu du sommeil. $C^{35} H^{20} O^6 Az + 2 HO$. Alcaloïde végétal découvert simultanément par Séguin en France et Sertuerner en Allemagne, vers le commencement de ce siècle; c'est le premier alcaloïde organique qui fut découvert. Il existe dans l'opium à l'état de *méconate*, et forme environ 5 à 10 °/₀ du poids de ce médicament. Les procédés d'extraction sont fort nombreux; il ne sera question que de celui de Grégory qui parait être le plus avantageux : il consiste à traiter une solution concentrée d'extrait aqueux d'opium par un excès de chlorure de calcium; à séparer par la filtration le précipité qui s'est formé; à concentrer la liqueur après l'avoir neutralisée par la craie. La masse cristalline qui s'est déposée, et qui consiste en chlorhydrate de morphine et de codéine, est dissoute dans l'eau et traitée par l'ammoniaque liquide : la morphine se précipite et la codéine reste en solution dans les eaux mères. La morphine brute qui s'est déposée est décolorée par le charbon animal et dissoute dans l'alcool concentré et bouillant, qui la laisse déposer et cristalliser. La morphine est solide, en aiguilles prismatiques, blanches, légères, inodores et d'une saveur amère. Chauffée, elle perd son eau d'hydratation et se prend par le refroidissement en une masse cristalline, rayonnée; au-dessus de 300°, elle se décompose. Très peu soluble dans l'eau froide, soluble dans 100 parties d'eau chaude, la morphine se dissout à peine dans l'éther, faiblement dans l'alcool faible et froid, mais facilement dans l'alcool concentré et bouillant. Elle est très soluble aussi dans les solutions alcalines et dans les corps gras. La morphine, dont la réaction est alcaline, neutralise facilement les acides, donne des sels cristallisés, solubles et vénéneux. — *Caractères spécifiques.* Traitée par l'acide nitrique, la morphine prend une teinte rouge de sang : sa solution alcoolique mêlée à celle des persels de fer, au chlorure d'or, donne une coloration bleue; enfin, elle réduit l'acide iodique avec rapidité. — *Pharmacologie.* La morphine jouit des propriétés narcotiques de l'opium, dont elle paraît être le principe le plus actif; cependant, à l'état de pureté, elle est à peu près inusitée en médecine vétérinaire, tant à cause de son prix très élevé que de son peu de solubilité dans la plupart des véhicules. On lui préfère ses sels, notamment l'*acétate* et le *chlorhydrate.* (*V.* ce mots).

MORS, s. m., *Frenum*; partie de la bride ou du bridon du cheval destinée à agir sur les barres, lorsque le cavalier presse sur les rênes. Le mors se compose essentiellement du *canon* ou *embouchure* et des *branches.* Le canon est simple ou articulé; le premier est droit ou présente dans son milieu une courbure appelée *liberté de langue.* Les branches s'étendent le long des lèvres. Elles sont droites ou courbées et plus ou moins longues. Le mors y est fixé par ses deux extrémités ou *fonceaux.* Les anneaux qu'elles portent dans leur longueur sont pour les rênes et la *gourmette.* Cette dernière partie est un accessoire indispensable du mors. Les variétés de forme, de dispositions que présente cet instrument sont très nombreuses. Il en existe un qui se fixe dans la bouche sans bride. —*Chir. Mors d'Allemagne :* instrument employé pour punir le cheval, ou pour détourner sa sensibilité pendant une opération chirurgicale. Il se compose d'une corde de la grosseur du doigt, que l'on introduit dans la bouche et que l'on attache au-dessus de la tête; on se sert ensuite d'un morceau de bois pour diminuer l'étendue de l'anse formée par la corde et comprimer les commissures des lèvres. Le mors d'Allemagne n'est pas employé par les vétérinaires français. Il ne permet pas de maîtriser le cheval aussi facilement que par les morailles et le tord-nez; il a l'inconvénient de blesser, de mutiler la commissure des lèvres.

MORSURE, s. f., *Morsus;* plaie contuse ou déchirée qu'un animal fait en *mordant.* La morsure est *simple* ou *compliquée.* Les complications viennent de l'introduction d'un virus ou d'un venin, ex. : la morsure faite par le chien enragé, la morsure de la vipère. *V.* PLAIE.

MORT, s. f., *Mors*, θάνατος; cessation des conditions qui entretenaient la vie. On distingue la mort *naturelle*, et la mort *accidentelle.* La mort *naturelle* résulte de l'épuisement des principes de la vie par l'effet de sa durée. La mort *accidentelle* est produite par des circonstances particulières qui frappent l'individu; ce sont des causes physiques violentes, les coups, les chutes, la viciation de l'air, l'ingestion de substances délétères, l'action d'un froid intense. Tantôt la mort survient lentement à la suite d'une maladie; tantôt elle se montre brusquement, d'une manière subite. La mort *subite* peut être produite dans les animaux par le *défaut d'action du poumon*, ex. : asphyxie; par le *défaut d'action du cœur*, qui résulte de plaies, de la rupture d'un anévrysme, de l'introduction de l'air dans les veines; par le *défaut d'action du cerveau :* la congestion, l'hémorrhagie cérébrale. Il faut distinguer la mort *réelle* de la mort *apparente*, dans laquelle les fonctions vitales sont seulement suspendues.

MORTALITÉ, s. f., *Mortalitas*, *lethalitas ;* condition de ce qui est sujet à la mort; quantité d'hommes ou d'animaux qui meurent dans un temps donné d'une même maladie.

MORTIER, s. m., *Mortarium*; vase à parois épaisses, creusé d'un cavité hémisphérique évasée par le haut, et dans lequel on concasse, pulvérise ou écrase, à l'aide d'un pilon, des substances chimiques ou pharmaceutiques. Les mortiers sont en fonte, en fer, en laiton, en marbre, en verre, en porcelaine, en agathe. Le pilon est habituellement de la même substance que le mortier, sauf celui de marbre dans lequel on emploie un pilon en bois. Le mortier sera choisi de manière à ce que la substance à diviser ne puisse l'attaquer chimiquement. La pulvérisation sera opérée d'après certains principes qui seront indiqués à l'article qui lui est consacré.

MORTIFICATION, s. f., *Mortificatio;* action par laquelle une chose se corrompt. En chirurgie, ce mot désigne l'état des parties frappées de mort ou de gangrène.

MORVAN (Race bovine du). Cette race se trouvait autrefois dans une grande partie du département de la Nièvre ; elle est maintenant confinée dans les endroits les plus montueux et les plus pauvres. Sa taille est petite, ses formes un peu anguleuses, lourdes, basses, sa robe rougeâtre, ou rouge et blanche. Elle est sobre, rustique, propre au travail et assez facile à engraisser. Elle convient pour les travaux agricoles ou de transport dans les lieux en pente, les chemins pierreux, etc., à cause de sa force de résistance, de la sûreté de son pied. Dans toutes les parties du département où la culture l'a permis, cette race a été remplacée par des animaux du Charollais. — (Race chevaline). Le cheval du Morvan est petit, léger, robuste, de formes peu agréables, sobre, peu précoce, mais d'une longue durée. Les remontes de l'Empire l'ont presque complétement épuisé. Il a été successivement remplacé, autant que l'ont permis les conditions agricoles, par le cheval comtois et le cheval percheron.

MORVE, s. f., *Morbus;* maladie particulière aux animaux monodactyles, ainsi nommée à cause de l'écoulement qu'elle présente presque toujours par les cavités nasales. Il est impossible, d'après l'état actuel de la science, de donner une définition exacte de cette affection. Synonymie : *morve aiguë, morve chronique, morve nasale, morve gangreneuse, coryza gangreneux, affection calcaire, affection tuberculeuse, rhinite, phthisie nasale.* Une division admise depuis longtemps reconnaît la *morve aiguë* et la *morve chronique;* cette distinction a le tort de donner le même nom à deux maladies bien différentes, mais qui, au premier aspect, paraissent avoir une grande analogie. Légalement parlant, on dit qu'un cheval est *morveux*, lorsqu'il présente les trois symptômes suivants : ganglions de l'auge tuméfiés, jetage par les narines, ulcères sur la membrane pituitaire ; on dit que l'animal est *douteux* ou *suspect*, lorsque ces trois caractères ne sont pas réunis ; cette distinction est impropre et doit être rejetée. — *Symptômes de la morve aiguë.* Elle est précédée d'un état pyrétique. Les ganglions lymphatiques de l'auge sont tuméfiés, sensibles au toucher, roulants sous la peau. Il y a écoulement, par une ou par les deux narines, de matières filantes, jaunâtres ; les ailes du nez se tuméfient ; la pituitaire est injectée, d'un rouge jaunâtre ; des pustules se montrent à sa surface et forment bientôt de larges plaies ulcéreuses, des ulcères profonds et rugueux.

La respiration est difficile ; le pouls est accéléré ; les extrémités sont œdémateuses, ainsi que les parties sexuelles. Le plus souvent, la morve aiguë marche avec une grande rapidité ; les malades tombent dans un état de prostration, d'adynamie, et périssent du huitième au douzième jour. Quelquefois les symptômes perdent leur acuité et la morve chronique en est le résultat. Pendant la morve aiguë, ou observe fréquemment, à la surface du corps, des tumeurs du tissu cellulaire, qui s'abcèdent promptement et donnent un pus séreux, jaunâtre ; c'est à tort qu'on a confondu avec le farcin ces abcès métastatiques qu'on observe aussi dans l'infection purulente. Chez le mulet, la morve aiguë est bien plus fréquente que la morve chronique ; l'âne ne présente jamais cette dernière variété. C'est par suffocation que la mort arrive chez l'âne atteint de la morve aiguë, à cause du gonflement de la pituitaire, qui obstrue les cavités nasales naturellement étroites dans cet animal. *Symptômes de la morve chronique.* La morve chronique est presque toujours primitive ; quelquefois elle est la suite de cet état maladif appelé la morve aiguë. Les ganglions maxillaires sont tuméfiés et constituent ce qu'on appelle des *glandes*, qui sont dures, indolentes, adhérentes à l'os de la mâchoire. Il y a jetage par une ou deux narines d'un gris tirant quelquefois sur le vert. La muqueuse nasale offre des érosions ou des *chancres;* sa surface ne présente pas de signes de phlegmasie. Les chancres ou ulcères ont une teinte d'un gris plombé, avec ou sans auréole rouge ; ou bien l'on constate de légères érosions, des élevures arrondies ou linéaires. Dans quelques cas, le bord interne de la narine présente des piquetures jaunes qui indiquent des ulcères dans les parties supérieures et une collection dans les sinus de la tête. Le jetage est rarement fétide ; s'il n'a lieu que d'un côté, c'est une forte présomption pour la gravité du pronostic. On a cru remarquer que le jetage avait lieu plus fréquemment par la narine gauche ; cette remarque n'a aucune importance ; le hasard seul a pu établir, pour quelques praticiens, la fréquence du jetage par une narine, tandis que d'autres l'ont constatée pour le côté opposé. En l'absence des chancres visibles, l'hémorrhagie nasale est un indice certain de l'existence de ces ulcères au fond des narines. Fréquemment, la table des sus-naseaux et du frontal se tuméfie. La morve chronique peut durer pendant plusieurs années, sans paraître exercer une influence fâcheuse sur les fonctions nutritives des malades, qui conservent leur embonpoint. Sur quelques animaux, les poumons sont altérés par les tubercules ou les abcès métastatiques ; le marasme et la mort en sont les conséquences. La morve aiguë peut être la conséquence de la morve chronique ; mais il faut distinguer aussi ce qu'on pourrait appeler l'*état aigu de la morve chronique*, pendant lequel les symptômes prennent une certaine acuité, sans qu'on

doive les confondre avec ceux de la morve aiguë. Lorsque la morve chronique se présente avec des ulcérations nombreuses sur la pituitaire, sans qu'il y ait jetage prononcé, on lui donne le nom de *morve sèche*. — On a appelé *morve gangreneuse*, cet état particulier de la morve aiguë caractérisé par l'altération et la destruction rapide de la membrane pituitaire. — *Autopsie. Lésions de la morve aiguë.* Infiltration de la muqueuse nasale, teinte safranée ; érosions superficielles, chancres, ulcérations isolées ou agglomérées, formant une large plaie, quelquefois seulement des élevures d'une teinte jaunâtre ; sinus veineux remplis de caillots fibrineux jaunes, ramollis et purulents. La cloison cartilagineuse est rarement à nu. Un liquide albumineux jaune-citrin existe dans les cornets et les sinus de la tête. Les poumons présentent à leur surface des pétéchies et contiennent des noyaux dont on exprime un pus grisâtre, et qu'on nomme abcès métastatiques. Des pétéchies, des ecchymoses et des dépôts purulents se montrent dans le tissu cellulaire sous-cutané. *Lésions de la morve chronique.* La pituitaire est épaissie ; sa surface est pâle et luisante ; elle présente des érosions superficielles ou des chancres tantôt agglomérés, tantôt isolés, à fond grisâtre, ou des élevures qui, plus tard, donnent naissance à des ulcères, et qui sont formées par le gonflement de la membrane nasale. Sur quelques points, on observe des cicatrices rayonnées, provenant de la disparition de quelques ulcères. La cloison cartilagineuse est quelquefois mise à découvert et perforée par l'ulcération. Les cornets et les sinus de la tête contiennent un liquide purulent d'un blanc laiteux. Certains os sont altérés ; leur tissu se boursoufle, devient poreux, facile à écraser, ou bien il prend une plus grande consistance. Des ulcérations se montrent parfois sur le larynx, dans la trachée et les bronches. Les poumons présentent de petites granulations semblables à des têtes d'épingle, d'un blanc grisâtre, qu'on a nommées tubercules *miliaires;* on y rencontre aussi des points partiels du volume d'une noisette à celui d'une noix, qui contiennent une infiltration purulente. Il y a tuméfaction des ganglions bronchiques ; les ganglions sous-maxillaires, qui constituent les *glandes*, contiennent quelquefois une matière tuberculeuse.—*Prétendue analogie de la morve et du farcin.* On a dit que ces deux affections, qui se compliquent réciproquement, étaient identiques. D'après Renault, il n'y a de différence entre ces deux maladies que dans la région où elles se déclarent ; Delafond les considère aussi comme étant de même nature. Cette opinion paraît être confirmée par les recherches nécroscopiques. Loiset a reconnu que le travail qui produit l'ulcération morveuse sur la muqueuse du nez, est le même qui produit vers la peau les ulcérations farcineuses. Hurtrel d'Arboval regarde cette question comme non résolue, et fait remarquer que le farcin siège dans le système lymphatique, tandis qu'il n'en est pas de même pour la morve ; que la première de ces maladies est facilement curable, qu'il n'en est pas de même pour la seconde. — *Siège de la morve.* Lafosse l'a placé dans la membrane pituitaire ; Hurtrel partage cette opinion, en établissant que, dans certains cas, la phlegmasie nasale est primitive, qu'elle est quelquefois consécutive à une altération profonde de l'économie. — *Nature de la morve.* C'est une question fort controversée. Malgré leurs connaissances peu étendues en anatomie pathologique, les anciens attribuaient la morve à une altération des humeurs, qu'il n'ont pu bien définir ; sous ce rapport ils étaient aussi avancés que les modernes qui la considèrent avec raison comme une maladie du sang. Lafosse, père et fils, la regardaient comme une affection locale ; Buffon a partagé cette opinion erronée. Dutz a comparé les chancres de la membrane pituitaire du cheval morveux aux ulcères vénériens ou syphilitiques. Dupuy envisage à tort la morve comme une affection tuberculeuse, analogue à la phthisie de l'espèce humaine, et susceptible de prendre une foule de formes ; il distingue avec raison l'énorme différence qui existe entre la morve aiguë et la morve chronique. On a considéré la morve comme une affection du système lymphatique ; mais l'altération de la lymphe et l'angéio-leucite ne sont que le résultat et non la cause de l'infection. D'après Vatel, ce serait une phthisie de la membrane pituitaire. On a encore émis d'autres suppositions peu satisfaisantes. En résumé, l'on ne sait encore précisément quelle est la nature de la morve, et à quelle classification il est possible de la rapporter. — *Causes de la morve.* On ne connaît pas les causes spéciales qui produisent cette maladie. Généralement on l'attribue à l'inobservation des règles de l'hygiène et surtout aux alternatives de température, qui occasionnent des refroidissements de la peau, des arrêts de transpiration. Le froid et l'humidité sont au moins des causes prédisposantes dont on ne saurait nier l'influence ; en effet, la morve est plus rare dans les climats chauds que dans les régions tempérées. Les habitations mal saines, les aliments de mauvaise nature, la fatigue excessive, les difficultés pour le dressage des chevaux de l'armée, le défaut d'exercice régulier, la malpropreté, tendent à la faire naître. Le défaut de ventilation des écuries, la respiration d'un air corrompu, altéré par des substances en putréfaction, par des vapeurs ammoniacales, la gourme, le coryza, les fractures des os du nez, sont des causes occasionnelles. On voit cette maladie se montrer sur les chevaux épuisés par le travail, et sur ceux qui tombent dans le marasme, à la suite des grandes opérations. La morve aiguë est déterminée par la résorption du pus à la surface des plaies, tout comme par l'injection, du pus dans les veines. Il est très rare qu'un cheval contracte la morve avant l'âge de trois ans ; cette maladie est commune dans un âge avancé ; elle termine la carrière de la plupart des vieux chevaux. — *Hérédité*. Admise par les anciens, elle est encore problématique. Il y a peu de partisans de l'hérédité de la morve. Dupuy, Liégard et Lautour ont cité quelques faits qui tendent à prouver son existence. Des expériences faites à l'Ecole de Lyon, donnent des résultats négatifs. — *Contagion*. C'est une des questions les plus graves ; à cet égard les opinions sont encore bien partagées sur quelques points. Personne ne met en doute la contagion de la morve aiguë, qui peut se transmettre par l'air expiré, l'inoculation du sang, de la sécrétion nasale. Les dissidences portent sur la contagion de la morve chronique. Sous ce rapport, les vétérinaires forment deux camps également nombreux. Parmi les contagionistes on compte la plupart des hommes qui ont recueilli l'expérience d'une longue pratique. Bourgelat, Desplas, Grognier, Huzard, Gohier, Hurtrel, Leblanc, Miquel, Barcyre, Rainard, Barthélemy ont admis la contagion de la morve chronique. Dans le rang des non contagionistes, nous citerons Godine jeune, Chabert, Fromage de Feugré, Louchard, Magendie, et la plupart des professeurs de l'école d'Alfort. Quant à nous, nous soutiendrons l'opinion consacrée depuis si longtemps par l'école de Lyon, que la contagion existe pour la morve chronique, sans qu'elle cesse d'être chronique, en admettant toutefois qu'elle se transmet bien plus rarement que la morve aiguë. — *Contagion du cheval à l'homme*. La contagion de la morve des solipèdes à l'homme est non seulement *possible*, mais encore *facile*, par le contact, la cohabitation avec les animaux morveux, par l'inoculation pendant qu'on fait une autopsie. L'homme ne peut contracter que la morve aiguë, qui est constamment mortelle ; on a dit qu'on avait observé sur lui une morve chronique, à marche plus lente que la précédente, mais également mortelle. Chez l'homme, cette maladie est caractérisée par des pustules sur la pituitaire, le jetage nasal, comme dans le cheval, des gangrènes superficielles sur diverses parties du corps. Le plus souvent, on observe la forme *farcino-morveuse* (Marchant). Rayer a reconnu la morve *pustuleuse*, la *gangreneuse* et la *pustulo-gangreneuse*. — Il résulte des expériences faites dans les écoles de Lyon et d'Alfort que la morve n'est pas transmissible aux carnivores et aux ruminants. Les plaies produites par l'inoculation sur le chien, le porc et le mouton ne tardent pas à disparaître. — *Pronostic*. La morve *est incurable* ; c'est un axiôme admis depuis long-temps, et qui n'est pas détruit par ces guérisons problématiques opérées par la nature, ou par des médications qui échouent sur le plus grand nombre des chevaux morveux. On a obtenu quel-

ques succès sur des sujets qui ne présentaient pas à un haut degré les symptômes de la morve, et l'on a observé, au bout de quelque temps, des rechutes sur la plupart de ces malades mal guéris. Quand il y a collection dans les sinus de la tête, gonflement des os du nez, etc., toute tentative devient inutile. — *Traitement*. Tous les moyens ont été essayés pour combattre la morve ; on a mis en usage les plus absurdes comme les plus rationnels, toujours en vain. La morve est la maladie qui a donné le plus de déceptions au thérapeutiste. Nous devons nous borner à l'énumération des méthodes de traitement qui ont été employées, en faisant observer que si quelques-unes d'entre elles ont donné des espérances, c'est à cause des bons effets qu'elles ont produits sur les lésions locales de la pituitaire ; presque toujours la guérison n'a été que momentanée. On a pu, d'un autre côté, constater des guérisons complètes sur des chevaux abandonnés sans traitement dans une prairie, dans une île, à l'influence d'une atmosphère constamment renouvelée. Bien des chevaux morveux ont été guéris par la seule influence du travail, par leur séjour dans les mines, au milieu d'une température douce et à peu près invariable. On a donc constaté que cette maladie redoutable peut disparaître naturellement dans des conditions opposées. Quelques médicaments ont été recommandés comme spécifiques ; ce sont le soufre et les sulfures, les chlorures, les eaux minérales, qui sont abandonnés aujourd'hui. Il en est de même des contre-stimulants, des révulsifs internes ou externes, tels que purgatifs, diurétiques, vésicatoires, sétons. De nombreux toniques ont été essayés en vain ; même résultat pour les altérants, entre autres la médication mercurielle, l'usage des sulfures et des chlorures de mercure. Pendant long-temps, on a fait des injections dans les cavités nasales avec les chlorures de chaux et de soude, l'acétate de plomb, le nitrate d'argent ; on a fini par y renoncer. Les injections avec la dissolution de sulfate de zinc, dans la proportion de 30 grammes de cette substance dans un litre d'eau, doivent être préférées comme moyen local (Rey). Au lieu de faire des injections, on pourrait utiliser ce liquide sous forme de bains, de la narine la plus affectée, au moyen d'un tube recourbé qu'on adapterait à l'ouverture du nez et qui permettrait d'élever suffisamment le niveau de la solution. Bien des médicaments ont été administrés sous forme de fumigations sans succès prononcé ; ex. : le chlore à petites doses, les décoctions ou infusions aromatiques, la fumée produite par la combustion de la résine, de l'encens, des baies de genièvre. La méthode Raspail, qui consiste à placer sous le nez d'un cheval morveux un sachet contenant un morceau de camphre, nous a paru être constamment funeste en augmentant l'acuité des symptômes et aggravant l'état des malades. L'emploi de

trépan pour faciliter les injections dans les sinus de la tête n'a pas réussi. L'extirpation des glandes ou ganglions sous-maxillaires tuméfiés ne sert qu'à pallier un des symptômes consécutifs de la morve ; on ne devra recourir à cette opération que dans le cas où il n'y a pas d'ulcères sur la membrane du nez , et quand il y a absence de jetage. Parmi les moyens qui favorisent la résolution de ces glandes , la pommade de biiodure de mercure est celui qu'il faut préférer. — *Jurisprudence.* La morve était reconnue comme rédhibitoire par les anciennes coutumes , par le code civil ; elle est mentionnée dans l'art. 1er de la loi du 20 mai 1838. Les trois symptômes principaux, qui sont l'engorgement des ganglions sous-maxillaires , le jetage et les chancres ou ulcères , peuvent ne pas se trouver réunis sur un cheval morveux. Les chancres constituent le caractère spécifique de la maladie ; néanmoins , leur existence n'est pas indispensable pour admettre la rédhibition. Il faudra ne pas confondre la morve avec le coryza chronique , l'herpès phlycténoïde et autres maladies curables ou incurables , qui en diffèrent essentiellement. L'art. 8 de la loi du 20 mai consacre le caractère contagieux de la morve, en déclarant que le vendeur sera dispensé de la garantie , s'il prouve que l'animal , depuis la livraison , a été mis en contact avec des animaux atteints de cette maladie. La durée du délai fixé par l'art. 3 est de neuf jours ; néanmoins, après ce délai , on pourra toujours exercer des poursuites par le ministère public contre le vendeur , si l'on peut établir que la maladie est antérieure à la vente. — *Pol. sanit.* Les dispositions renfermées dans les art. 459 , 460 , 461 , du Code pénal , dans l'arrêt du 16 juillet 1784 , sont applicables à la morve. Ainsi, la déclaration, la visite , la marque , la séquestration , etc., seront employées lors de l'existence de chevaux morveux ou suspects de morve. Quand la maladie aura été constatée, l'abattage devra avoir lieu sans rémission. Les injonctions de l'art. 6 , en ce qui concerne l'enfouissement, sont peut-être trop sévères pour les chevaux affectés de la morve chronique, mais elles devraient être observées , dans l'intérêt de l'humanité , pour les chevaux atteints de morve aiguë ou gangreneuse. La transmission du virus ne paraissant s'effectuer que dans la cohabitation , la séquestration des animaux suspects pourra être simple.

MORVEUX, adj. , *morbosus* ; qui est atteint de la morve : *cheval morveux* ; qui a rapport à la morve : *ulcère morveux.*

MOSCOUADE. *V.* Cassonade et sucre.

MOTEUR , TRICE , adj. , *Motor;* tout ce qui produit le mouvement. *Force motrice :* celle qui détermine un mouvement, comme la plupart des forces artificielles. *Moteurs animés :* nom donné à l'homme et aux animaux considérés dans leur emploi à porter

ou à traîner des fardeaux. — *Nerfs moteurs des yeux :* on a donné ce nom aux nerfs des troisième et sixième paires encéphaliques.

MOTILITÉ, s. f., *Motilitas,* de *motus* , mouvement ; faculté d'exécuter des mouvements. *V.* Contractilité.

MOU, MOLLE , adj. , *mollis* ; opposé de dur. *Parties molles :* on appelle ainsi, en *anatomie* , tous les tissus qui ne font pas partie du squelette , et principalement les parties charnues. — *Portion molle de la septième paire :* elle forme aujourd'hui la huitième paire ou le nerf labyrinthique.

MOUCHE, s. f., *Musca;* genre d'insectes diptères renfermant un nombre très considérable d'espèces, parmi lesquelles la plus connue est la M. domestique, *M. domestica,* si commune en été, et que l'on confond souvent avec la mouche piquante, qui est un *stomoxe.* L'obscurité dans les écuries est le meilleur moyen d'éloigner les mouches qui tourmentent les animaux.

MOUCHETÉ, ÉE, adj. ; on donne ce nom aux robes blanches et gris-clair , lorsqu'elles sont parsemées de petites taches noires de très petite dimension.

MOUCHETURE , s. f. ; on désigne ainsi de simples piqûres, des scarifications superficielles , faites aux téguments, dans le but de dégorger les liquides qui sont infiltrés. On les pratique avec la lancette, la flamme ou le bistouri droit. Leur usage est recommandé contre les infiltrations séreuses des membres, du ventre, du scrotum , du pénis, et dans tous les œdèmes. Elles ont quelquefois l'inconvénient de produire des hémorrhagies abondantes sur le cheval et des inflammations qui tendent à se terminer par gangrène.

MOUFLE, s. f. , de l'allemand *moffel* ; assemblage de poulies fixes et de poulies mobiles, employé à l'élévation de lourds fardeaux. Cet appareil favorise l'intensité de la puissance aux dépens de la vitesse. Le poids du fardeau étant supporté en partie par les poulies fixes, l'appareil sera d'autant plus puissant, que les poulies seront plus nombreuses. — *Chimie.* Petit four portatif en argile cuite et réfractaire, destiné à recevoir une haute température. Il est employé surtout pour les essais des métaux et des alliages.

MOURON, s. m. ; nom vulgaire de plusieurs plantes appartenant à des espèces diverses , mais plus particulièrement appliqué au genre *Anagallis.* Le M. des champs, *A. arvensis,* et ses deux variétés , le M. rouge et le M. bleu , *phœnicea* et *cœrulea,* sont de petites plantes très communes dans les champs cultivés , mais inutiles. — Le *Mouron des oiseaux* est le *Stellaria media,* Sm. , *Alsine media,* L. Le *Mouron d'eau* est le *Samolus valerandi.*

MOUSSE DE CORSE , s. f. , *Helminthocorton; Corallina corsica;* nom que porte en pharmacie un mélange hétérogène de plantes marines, de polypiers, de coquillages, de graviers, etc. Telle qu'elle se trouve dans le commerce, cette substance est sous forme de touffes serrées composées de filaments rougeâtres, entremêlés sans ordre, de lames membraneuses, de tiges blanches et articulées, etc., le tout exhalant une odeur saumâtre et désagréable, et présentant une saveur salée, amère et nauséabonde. Ce mélange serait formé, d'après Bouvier, d'une grande quantité de gélatine, de sels alcalins et de sels calcaires; de plus, il paraît y exister un principe marin particulier encore inconnu dans sa nature, et qui, cependant, semble être le principe actif de ce médicament. La mousse de Corse est un médicament vermifuge dont l'action est surtout efficace pour détruire les entozoaires cavitaires, tels que l'ascaride, le strongle, etc., mais elle ne convient que pour les petits animaux, auxquels on l'administre en infusion à la dose de 30 à 60 grammes. Pour les grands animaux, le remède ne serait pas assez actif ou reviendrait à un prix trop élevé.

MOUSSES, s. f., *Musci;* famille de plantes acotylédonées, annuelles ou vivaces, rarement réduites à une fronde. Toutes les mousses ont des racines composées de filaments capillaires continus, souvent colorés et toujours entrecroisés. Leur tige est simple ou rameuse; la première est ordinairement annuelle. Les feuilles sont radicales, caulinaires ou raméales, sessiles, uninerviées, petites, délicates et toujours alternes et en spirales variées. Elles sont, ainsi que les tiges, uniquement composées de tissu cellulaire ou d'utricules agglomérées, sans traces de vaisseaux. Les mousses ont des organes sexuels des deux genres. Les mâles se composent de feuilles périgoniales (périgone), d'une anthère portée sur un pédicule (anthéridie), et de paraphyses. Les fleurs femelles sont composées de feuilles périchétiales (involucre), de pistils formés d'un ovaire, d'un style, d'un stigmate et de paraphyses. La partie essentielle du fruit est une capsule de forme variée, dont la membrane interne constitue le sporange. Elle est indéhiscente ou *astôme*, ou déhiscente et garnie à son ouverture d'un *péristôme*. Les filaments cloisonnés, fournis par les spores dans la germination, ont reçu les noms de *pro-embryons, pseudo-cotylédons*. — Les mousses sont terrestres ou aquatiques. On en trouve sous toutes les latitudes, mais elles sont plus communes dans les régions polaires et tempérées. Leur statistique a donné, en 1846, deux mille trois cent cinquante-trois espèces réparties dans cent cinquante-deux genres. Aucune n'est fourragère; elles nuisent quelquefois aux prairies par leur excessive multiplication. Les acides minéraux, les alcalis, les sels de fer, le mercure, les cendres, le plâtre, etc., les font périr. Ce sont les *Hypnum parietinum* et *triquetrum*, qui composent les charmants tapis de verdure, dont les débris sont

employés au calfeutrage après leur dessiccation; le *Polytrichum commune* sert à faire des balais et des brosses; le *Sphagnum palustre* entre dans la confection des matelas chez les peuples du Nord.

MOUSTACHES, s. f. p.; on donne ce nom aux poils longs et raides qui se trouvent implantés sur les lèvres de beaucoup d'animaux et notamment du chat. Le cheval porte quelquefois à la lèvre supérieure deux bouquets de poils raides et frisés ressemblant beaucoup aux moustaches de l'homme.

MOUT, s. m.; nom donné au suc du raisin avant qu'il ait subi la fermentation alcoolique. On emploie le même mot pour désigner le suc de la canne à sucre, de la betterave, et généralement tous les sucs sucrés propres à la fermentation alcoolique.

MOUTARDE, s. f., *Sinapis*, L.; genre de la famille des Crucifères. Ses caractères sont: fleurs jaunes ou jaunâtres, en grappes terminales; calice en croix, étalé, non renflé à la base des sépales; corolle crucifère; étamines tétradynames à filets libres; silique cylindroïde ou à quatre angles, à deux valves convexes marquées d'une nervure saillante et de deux ou quatre nervures latérales; style persistant, atténué en bec; graines globuleuses ou ovoïdes, suspendues, sur une seule série longitudinale. Ce genre renferme aujourd'hui environ quarante espèces herbacées, parmi lesquelles on doit mentionner: la **M.** des champs, *S. arvensis;* la M. noire, *S. nigra;* la *M.* blanche, *S. alba.* Toutes les trois sont annuelles et croissent dans les champs. Les deux premières sont irritantes et âcres; on ne doit en donner les fanes aux herbivores et surtout aux vaches laitières qu'avec beaucoup de précaution. Il n'en est pas ainsi de la *M.* blanche, considérée comme fourragère. Les deux espèces *alba* et *nigra* sont cultivées pour leurs graines employées en médecine ou dans l'économie domestique. — Quelques botanistes modernes ont placé la *M. noire* dans le genre *Chou* et en ont fait le *Brassica nigra.* — *Pharmacol.* On connaît en pharmacie deux espèces de graines de moutarde, la *moutarde noire* et la *moutarde blanche :* 1° la première est formée de petites graines globuleuses, noires extérieurement, jaunes en dedans, et formant, lorsqu'elles sont écrasées, une farine jaunâtre, d'une odeur peu prononcée, mais d'une saveur âcre et amère. Leur composition chimique est très compliquée : elles contiennent une huile grasse, douce, de l'albumine végétale, de la myrosine, du myronate de potasse, du sucre, de la matière gommeuse, une matière colorante, une substance grasse, nacrée, un acide libre, de la sinapisine, une matière verte, quelques sels. Quant à l'huile essentielle de moutarde, qui est le véritable principe actif de cette substance, elle ne préexiste pas dans la graine; elle prend seulement naissance, lorsqu'on délaie la farine de moutarde dans l'eau tiède, par suite de l'action de la myrosine sur

le myronate de potasse. L'eau froide ou tiède favorise mieux le développement de l'essence sulfureuse de moutarde, que l'eau chaude ; l'eau bouillante en empêche la formation en altérant la myrosine qui joue le rôle de ferment ; les acides concentrés, et la plupart des sels alcalins, produisent le même effet ; seulement, lorsque l'huile volatile est développée, ces corps n'ont plus aucune influence. — L'emploi de la moutarde a lieu exclusivement à l'extérieur ; délayée dans l'eau froide ou tiède en consistance de cataplasme, elle constitue ce qu'on nomme des *sinapismes*, dont l'usage comme rubéfiant et révulsif est très fréquent en médecine vétérinaire. Considérée comme peu active sur les grands animaux, par Bourgelat, la moutarde fut peu ou point employée par les vétérinaires du siècle dernier ; c'est Gohier qui, par ses expériences rigoureuses, a dévoilé la véritable action de ce médicament et l'a fait admettre dans la pratique vétérinaire. La moutarde, appliquée sur la peau, rougit d'abord cette membrane, puis détermine un fort engorgement sous-cutané qu'on scarifie souvent pour produire un dégorgement sanguin local ; enfin, si l'application est prolongée, il se forme des phlyctènes sur la peau et même des eschares épaisses. On emploie les sinapismes à titre de révulsifs dans la plupart des phlegmasies internes plus ou moins violentes. Donnée aux animaux sous forme de mastigadour, la moutarde détermine une salivation abondante ; mais elle est rarement employée pour cet usage. 2° La *moutarde blanche* présente des graines plus fortes que la moutarde noire ; elles ont une teinte blanc-jaunâtre, une saveur piquante et une odeur presque nulle. Ces graines renferment un principe particulier, soufré, appelé *sulfo-sinapique*, et une substance âcre, non volatile, qui se forme dans les mêmes circonstances que l'essence de la moutarde noire. Conseillée à titre de léger évacuant chez les animaux, par Cabaret, Huvellier et Delafond, à la dose de 90 *gr.* pour les grands animaux, la moutarde blanche est encore peu employée par les vétérinaires.

MOUTON, s. m., *Ovis ;* genre de mammifères ruminants à cornes creuses, présentant les caractères suivants : huit incisives inférieures, trente-deux molaires, point de canines ; point de mufle, chanfrein généralement arqué ; cornes grosses, ridées transversalement et contournées en spirale ; point de barbe au menton ; deux mamelles ; un sinus folliculeux (*canal biflexe*) au-dessus de la couronne, entre les deux doigts. L'espèce domestique du mouton n'a pas de véritable représentant à l'état sauvage ; on la regarde comme descendant du *Mouflon* et comme devant aux soins de l'homme les nombreuses modifications qui la distinguent aujourd'hui de sa souche primitive, et qui en font un grand nombre de races distinctes. — *Hyg.* Le mouton est entretenu pour sa chair, sa laine, sa graisse et quelquefois son lait. Il donne, dès la première année de son existence, des produits qui se renouvellent d'année en année, jusqu'à ce qu'on le livre à la boucherie. Le mouton vit en troupeaux plus ou moins nombreux, soit exclusivement au pâturage, lorsque la température le permet, soit presque exclusivement à la bergerie. Le régime mixte est le seul qui puisse lui être imposé dans la plus grande partie de la France. — Les fourrages des prairies naturelles et artificielles, les racines et tubercules, les feuilles des arbres, les grains, les résidus, peuvent entrer dans l'alimentation des bêtes ovines. Leur nourriture ne doit jamais être exclusivement sèche. Aucun animal n'éprouve plus vite les effets d'une alimentation trop substantielle ou insuffisante. La ration journalière, variable selon la taille et le poids, est en moyenne de 1 kilog. à 1 k. 1/2 de bon foin ou l'équivalent en tout autre fourrage. — Un excès de nourriture provoque bientôt des apoplexies ; on en tempère les effets par des boissons acidules. Une nourriture insuffisante produit la cachexie, les affections cutanées, etc. ; on les prévient par l'emploi des condiments, des assaisonnants et surtout à l'aide du sel marin. — Les bêtes ovines craignent l'excès de chaleur et surtout l'humidité ; de là l'indication de ne pas les conduire au pâturage dans les heures les plus chaudes et pendant les nuits froides et humides, ni dans les pâturages marécageux. Au reste, les diverses races présentent, sous ces rapports, des différences très marquées. — Le mouton a naturellement de la tendance à s'engraisser ; mais cette aptitude se prononce plus ou moins tôt selon les races. L'Angleterre, qui ne peut lutter avec le continent pour les laines de carde, s'est efforcée d'améliorer ses longues-laines et de leur communiquer l'aptitude à un engraissement précoce, remplissant ainsi les deux buts le plus en harmonie avec la nature et les conditions de son climat, avec les besoins et les habitudes de sa population. — Pour donner de bonne chair, un mouton doit avoir été châtré jeune, n'avoir pas plus de 3 à 4 ans, et avoir été constamment bien entretenu. *V.* OVINES, LAINE, TONTE, PARCAGE.

MOUVEMENT, s. m., *Motus*, κινησις ; état d'un corps qui change constamment de rapports, dans son ensemble ou dans ses diverses parties, avec les corps qui l'environnent. Il consiste, le plus souvent, dans le transport d'un corps d'un lieu dans un autre, avec changements de rapports de toute sa masse avec le monde environnant ; alors il constitue le *mouvement* de *translation ;* mais il peut aussi s'effectuer sur place avec de simples changements de rapports des diverses parties du corps avec ceux qui l'entourent et avec persistance relative de son ensemble avec ce qui l'environne ; c'est ce qu'on remarque dans le *mouvement* de *rotation.* — On a distingué le mouvement en *absolu* et *relatif.* Le premier est purement abstrait, parce qu'il supposerait un mouvement sans comparaison avec le monde extérieur, ce qui ne saurait être admis rationnellement. Le mouvement *relatif*, le seul qui existe, est appelé *mouvement commun* lorsqu'il est le partage de plusieurs corps qui se meuvent dans le même sens; *mouvement propre*, lorsqu'un corps se meut seul dans la même direction, ou du moins avec une vitesse et des caractères propres, car il peut coexister avec le mouvement commun. D'après la forme de la *trajectoire*, le mouvement est dit *rectiligne* ou *curviligne;* selon la *vitesse* qu'il présente, on l'appelle mouvement *uniforme, accéléré, retardé, varié*, etc., (*V.* ces mots).

MOXA, s. m., *Moxa;* on donne ce nom à des matières enflammées que l'on brûle sur les téguments dans un but thérapeutique. Ce moyen est fort usité chez les Japonais et les Chinois. Les moxas sont fabriqués avec les feuilles d'armoise desséchées et battues, avec la moëlle de sureau, le coton cardé, l'amadou; la substance qu'on préfère est roulée pour former un cylindre compacte, autour duquel on coud une pièce de toile; ce cylindre est ensuite coupé en cylindres longs de deux à trois centimètres. On applique rarement les moxas sur le cheval; leur emploi est plus fréquent pour le chien. Les maladies, contre lesquelles on les a employés sont les névralgies, les paralysies, la chorée, la surdité, etc. Pour appliquer le moxa, il faut allumer une de ses extrémités et fixer l'autre à l'aide du *porte-moxa* sur la partie que l'on doit cautériser. La combustion est accélérée à l'aide du souffle de la bouche, ou par un soufflet. Une vive douleur se montre seulement, quand l'incandescence approche des téguments. Par cette opération, une eschare noirâtre se produit; elle tombe du huitième ou quinzième jour. En vétérinaire, on a employé contre le crapaud un moxa d'une espèce toute particulière; il consiste à remplir les plaies avec la poudre à canon ou un mélange de soufre, de nitre et de charbon, que l'on enflamme immédiatement pour produire la cautérisation. Ce moyen n'a pas eu de succès.

MOXIBUSTION, s. f., *Moxibustio;* de *moxa*, moxa, et *ustio*, brûlure; cautérisation qui consiste dans l'emploi du *moxa.*

MUCATE, s. m.; nom des sels formés par l'acide *mucique* avec les bases.

MUCILAGE, s. m., *Mucilago, Mucago.* $C^{12}H^{12}O^{10}$. Substance gommeuse, particulière, qui existe en abondance dans certains végétaux indigènes, tels que les mauves et les guimauves, la bourrache, le bouillon blanc, la consoude, la graine de lin, les semences des Cucurbitacées, etc. On se sert du même nom pour désigner la solution aqueuse des gommes, surtout de celles qui sont peu solu-

bles, comme les gommes de Bassora, du pays, adraganthe, etc. Les mucilages s'extraient en faisant macérer les plantes divisées dans l'eau tiède ou en les soumettant à l'infusion ou à la décoction, et passant ensuite la liqueur dans un linge fin et propre. Le mucilage des tiges est mêlé à l'amidon et bleuit avec l'iode; celui des semences en est exempt et se rapproche beaucoup des gommes. Le mucilage est liquide, incolore, inodore, insipide; il rend l'eau visqueuse, filante, un peu gluante comme les gommes, et même plus que ces dernières; il retient toujours une grande quantité de ce liquide. Il est insoluble dans l'alcool et l'éther, qui le précipitent de sa dissolution aqueuse. Ce qui le rapproche chimiquement des gommes, c'est qu'il fournit, comme ces dernières, de l'acide *mucique* par l'action de l'acide azotique. Il est toujours chargé d'une forte proportion de sels calcaires et alcalins, ce qui explique ses propriétés diurétiques; le mucilage de graines de lin donne plus de 10 pour 100 de son poids de cendres. — *Pharmacol.* Tous les mucilages sont des principes essentiellement émollients et relâchants; ils forment souvent la base des boissons, fomentations, bains, lotions, lavements émollients et adoucissants, qui sont d'un si fréquent usage contre les phlegmasies internes et externes. La dissolution aqueuse de mucilage, donnée à l'intérieur, résiste à la digestion, si elle est concentrée; absorbé, ce principe ne subit que peu d'altérations dans le torrent circulatoire, d'où il est expulsé par l'action des reins; ce qui explique à la fois ses propriétés diurétiques et son action adoucissante sur les voies d'excrétion de l'urine qu'il parcourt en nature. Le mucilage sert fréquemment d'intermède pour l'administration de corps insolubles dans l'eau (camphre, huiles, résines); il entre aussi dans quelques formules magistrales et officinales.

MUCILAGINEUX, adj., *mucilaginosus;* qui contient du mucilage ou qui lui ressemble; *liquide mucilagineux; principe mucilagineux*, etc.

MUCIQUE. *V.* **Acide.**

MUCOR. *V.* **Moisissure.**

MUCOSITÉ, s. f., *Mucositas;* fluide en partie formé de mucus, mais généralement plus fluide.

MUCOSO-SUCRÉ, s. m.; nom donné à certains fluides ou produits concrets des végétaux qui contiennent un mélange de mucilage, de muqueux et de sucre; ex. : la *manne.* On a désigné aussi sous ce nom le sucre incristallisable. *V.* **Sucre.**

MUCRONÉ, ÉE, adj., *mucronatus;* surmonté d'une pointe courte, isolée que l'on appelle quelquefois *mucrone;* ex. : l'une des glumes ou glumelles de beaucoup de Graminées.

MUCRONIFORME, adj., *mucroniformis;* en forme de *mucrone. V.* **Mucroné.**

MUCRONULÉ, ÉE, adj., *mucronulatus;*

surmonté d'une très petite pointe mucroniforme.

MUCUS, s. m., *Mucus*, μνξα; substance visqueuse sécrétée par les membranes muqueuses, et servant à les lubrifier pour les préserver de l'action des corps en contact avec elles. Le mucus est fourni par les nombreux follicules que renferment ces membranes; sa quantité et sa nature varient suivant les points qui le fournissent. C'est surtout vers le pharynx que cette substance est abondante, pour faciliter le glissement du bol alimentaire. Dans l'état normal des membranes, il est généralement clair et transparent; mais dans l'état de maladie, il devient blanc, jaune, verdâtre, comme on le voit pour le mucus de la muqueuse nasale, dans le cas de morve ou de gourme, ou pour celui des bronches, dans la bronchite. La sécrétion du mucus intestinal est quelquefois augmentée à tel point, que cette substance enveloppe les crottins, qui sont alors dits *coiffés*.

MUFLIER, s. m., *Antirrhinum*, L.; genre de la famille des Scrophulariacées. Autrefois très considérable, il a été réduit par Bentham à onze espèces, parmi lesquelles on peut distinguer les *A. orontium, majus, latifolium*, etc., cultivés comme plantes d'agrément, et spontanés ou subspontanés dans toute l'Europe. On les connait sous le nom générique de *Mufle-de-veau*.

MUGUET, s. m., *Convallaria*, L.; genre de la famille Asparaginées. Le M. de mai, *C. maïalis*, est une plante commune dans nos bois et recherchée pour l'odeur agréable que répandent ses fleurs. Les bestiaux ne la mangent pas. Elle est sternutatoire et donne par la distillation une eau calmante dont on faisait autrefois un fréquent usage sous le nom d'*Eau d'or*. — On donne aussi le nom de *Muguet* à l'*Aspérule odorante*.—*Pathol.* Inflammation aphteuse de la bouche, fréquente sur les veaux et les agneaux et analogue au muguet des enfants. Les symptômes consistent dans la rougeur de la muqueuse buccale, une éruption miliaire sur les gencives, la face interne des joues, la langue, l'arrière-bouche. Bientôt les nouveau-nés sont dans l'impossibilité de téter et ne tardent pas à périr. La contagion n'est pas prouvée. — On y remédie par des gargarismes adoucissants d'abord, et plus tard, toniques.

MULASSERIE, s. f.; industrie ayant pour objet la production du mulet. D'abord, confinée, pour la France, dans le Poitou et la Gascogne, elle s'est étendue au Languedoc, à la Provence, au Dauphiné, aux départements du centre, et fait encore aujourd'hui des progrès. Cette circonstance tient à ce que ses produits sont toujours demandés et bien payés pour peu qu'ils aient d'apparence; à ce que l'industrie chevaline offre des bénéfices moins certains. *V.* **MULASSIÈRE.**

MULASSIÈRE, s. f. (jument); nom donné vulgairement à la femelle employée à la production du mulet et de la mule. Les caractères à rechercher dans la jument mulassière sont: de l'étoffe, de bons membres, une taille plutôt forte que faible, une croupe, des reins et un poitrail larges, des pieds plutôt grands que petits. La jument du Poitou n'est point la seule qui réunisse ces conditions principales de la production des beaux mulets; mais il faut convenir qu'elle est bien appropriée aux lieux dans lesquels on l'entretient, aux baudets avec lesquels on l'accouple. La jument ne paraît pas faire de distinction entre l'âne étalon et le cheval entier; il n'en est pas ainsi du premier, qui préfère visiblement l'ânesse. On remarque aussi que la jument porte plus longtemps le produit du baudet que celui du cheval.

MULE, s. f., *Mula*; produit femelle de l'accouplement de l'âne et de la jument. La mule a la même conformation que le mulet; mais, en général, elle est plus petite, plus délicate, plus souple, plus docile, plus adroite et un peu moins robuste. Ses allures sont plus vives et plus relevées. Dans les régions méridionales de l'Europe, elle est fréquemment employée aux attelages de luxe. En France, on la voit aussi quelquefois attelée à des voitures légères. Généralement, on l'emploie aux mêmes travaux que le mulet.—Elle est, comme lui, inféconde; cependant on cite quelques exemples avérés de mules qui auraient été fécondées, mais dont les produits n'ont pas vécu. — *Pathol.* On donnait autrefois le nom de *mules traversines* aux crevasses du paturon du cheval. *V.* CREVASSES.

MULET, s. m., *Mulus;* nom générique donné au produit de l'accouplement de deux individus d'espèces et de races différentes. Il est synonyme de *métis*.—On le donne en particulier aux produits de l'accouplement de l'âne et de la jument, mais plus spécialement au produit mâle.—Le mulet a une taille variable, tantôt faible comme celle d'un âne moyen, tantôt aussi haute que celle d'un fort cheval. Il a le pelage ras, de couleur diverse, le plus souvent uniforme, avec ou sans raie cruciale; sa tête est grosse, courte, ses oreilles longues, son encolure droite et mince. Il a le garrot bas, le poitrail étroit, les côtes généralement plates, le dos droit ou convexe, la croupe étroite, inclinée, souvent avalée, la queue garnie de crins dans toute son étendue, mais peu fournie, les membres longs, secs, très forts, le jarret large, les articulations bonnes, le sabot semblable à celui de l'âne. Sa voix, qu'il fait entendre rarement, est sourde; elle ne ressemble ni au braiement de l'âne, ni au hennissement du cheval, et tient toutefois beaucoup de celui-ci. Le mulet est robuste, sobre, très fort; mais il est très souvent têtu et difficile à conduire. Il a le pied sûr.

Quoique infécond, le mulet mâle manifeste des appétits vénériens très énergiques, ce qui en rend quelquefois l'usage dangereux. Il faut donc toujours le châtrer. Il est employé au service du bât, de la selle ou du tirage. Il est plus vif, plus alerte que l'âne, partant, d'un emploi plus avantageux ; ne servant jamais à la reproduction, il n'est recherché que comme animal de service. Celui du Poitou est plus étoffé, celui de la Gascogne plus élevé et plus mince, celui du centre et du Dauphiné, avec moins de taille ou de volume, a généralement une conformation plus régulière ; il est plus commode pour le service du bât et convient peut-être mieux pour les travaux des champs. On doit mettre à la voiture les mulets dont le dos est droit, dont les membres sont grêles, et rejeter ceux qui sont trop clos du derrière. *V.* Mule et Mulasserie.

MULSION, s. f. ; action de traire les femelles laitières. Elle se fait en pressant avec la main les trayons ou mamelons, de la base vers l'extrémité. Aboutissants des canaux excréteurs des glandes mammaires, les trayons ne sont que des espèces de réservoirs temporaires d'où la main fait écouler le lait à mesure qu'il y est amené par les canaux galactophores. Cette excrétion est facilitée par la pression de la main et par l'espèce d'éréthisme que provoque le frottement du mamelon. L'état moral des femelles n'est donc pas sans influence sur la quantité de lait qu'elles donnent, et la mulsion doit toujours être faite avec douceur. Il est peu de femelles, dans les espèces bovine et caprine, qui ne se laissent traire volontiers ; il faut les y habituer de bonne heure ; c'est le meilleur de tous les moyens. Quant à l'ordre dans lequel les mamelons de la vache doivent être épuisés, à la forme du vase, de la sellette qui est posée librement sur le sol ou attachée au marcaire à l'aide de courroies, il est évident que ce sont là des questions secondaires. La mulsion se fait une, deux ou trois fois par jour, selon l'aptitude des femelles. Chaque fois, les mamelles doivent être complètement vidées. *V.* Lait et Laiterie.

MULTI ; ce mot, dans les composés latins, signifie *plusieurs, beaucoup*.

MULTICAPSULAIRE, adj., *multicapsularis ;* désigne les fruits composés de plusieurs capsules.

MULTICAULE, adj., *multicaulis ;* qui a plusieurs tiges.

MULTICOQUE, adj., *multicoccus ;* désigne les fruits à plusieurs coques.

MULTICUSPIDE, adj., *multicuspidus ;* terminé par plusieurs pointes.

MULTIDIGITÉ-PENNÉ, adj., *multidigité-pinnatus ;* se dit des feuilles digité-pennées, dont les pétioles secondaires sont nombreux.

MULTIFIDE, adj., *multifidus ;* divisé en lanières jusqu'à la moitié de la longueur.

MULTIFLORE, adj., *multiflorus ;* qui renferme ou qui porte beaucoup de fleurs ;

glume, spathe *multiflores ; plante multiflore.*

MULTIFOLIOLÉ, ÉE, adj., *multifoliolatus ;* se dit des feuilles composées qui portent un grand nombre de folioles non disposées par paires.

MULTIJUGÉ, ÉE, adj., *multi-jugatus ;* on désigne ainsi les feuilles composées, dont les folioles, disposées par paires, sont nombreuses ; les fruits des Ombellifères relevés de beaucoup de côtes.

MULTILOBÉ, ÉE, adj., *multilobatus ;* divisé en plusieurs lobes.

MULTILOCULAIRE, adj., *multilocularis ;* se dit des fruits, des anthères, dont la cavité est divisée en plusieurs loges.

MULTIMAMME, adj., de *multœ*, plusieurs, et *mammœ*, mamelles ; qui a plus de deux mamelles.

MULTINERVÉ ou **MULTINERVIÉ**, ÉE, adj., *multinervis, multinervatus ;* offrant un grand nombre de nervures.

MULTIOVULÉ, ÉE, adj., *multiovulatus ;* contenant un grand nombre d'ovules.

MULTIPARE, adj., de *multi*, plusieurs, et *parire*, accoucher ; qui fait à chaque portée plusieurs petits, comme la *chienne*, la *truie*, etc.

MULTIPARTI, **MULTIPARTITE**, adj., *multipartitus ;* divisé profondément en beaucoup de segments étroits.

MULTIPÉTALÉ, ÉE, adj., *multipetalatus ;* synonyme de polypétale.

MULTIPLE, adj., *multiplex ;* se dit de l'*organe femelle*, quand il est composé de plusieurs ovaires ; du *style*, quand il en existe plusieurs sur le même ovaire ; du *fruit*, quand il résulte de la réunion de plusieurs ovaires, *V.* Agrégé ; du *part*, quand il a donné naissance à plusieurs jeunes sujets.

MULTIPLICATION, s. f., *Multiplicatio ;* appliqué aux animaux, ce mot est synonyme de reproduction par la génération. — Considérée comme opération économique et dans ses rapports avec l'amélioration des races domestiques, la multiplication est une partie importante de l'économie rurale. — Les animaux sont utiles à l'homme par les nombreux produits qu'ils lui fournissent, par les forces qu'ils dépensent à son service. Leur nombre ne saurait donc être trop grand. Mais pour que leur entretien soit avantageux, il faut que l'on puisse y subvenir par une nourriture appropriée et suffisante. D'où la nécessité de fixer le nombre des animaux d'après les conditions des exploitations, de déterminer, d'après les mêmes données, l'espèce ou les espèces à entretenir. La multiplication étant aussi un moyen d'améliorer, suppose un choix préalable d'améliorations et de reproducteurs. C'est alors seulement que commencent, dans la série naturelle des actes de l'industrie animale, les considérations relatives à la multiplication proprement dite, c'est-à-dire au régime des reproducteurs, à leurs rapprochements, aux soins qu'ils exigent ensuite, à l'élevage et à l'éducation des produits. — Dans la question qui nous occupe, on ne doit pas seulement se préoccuper du nombre et de la valeur des animaux, il faut aussi, car c'est là l'un des points importants du problême, avoir en vue la production économique des engrais.

MULTIPLICATIONS, s. f. ; monstruosités végétales consistant dans l'augmentation du nombre de certains organes, par l'apparition d'organes surnuméraires. La multiplication peut porter sur les organes appendiculaires ; elle constitue alors la *chorise simple ;* quand elle affecte les individus élémentaires, on l'appelle *prolification* (*V.* ces mots). Les multiplications diffèrent des métamorphoses en ce que, dans celles-ci, il y a seulement transformation d'organes et non production.

MULTIPLIÉ, ÉE, adj., *multiplicatus ;* se dit, d'après de Candolle, des fleurs doublées par la multiplication des parties de la corolle ou des organes génitaux transformés en pétales.

MULTISÉRIÉ, ÉE, adj., *multiserialis, multiserialus ;* disposé sur plusieurs rangs, en un certain nombre de séries. Se dit surtout du *péricline* des Composées.

MULTISILIQUEUX, EUSE, adj., *multisilicosus ;* composé de plusieurs siliques groupées ensemble. — S'il s'agissait de *silicules ,* on dirait *multisiliculeux.*

MULTIVALVE , adj., *multivalvis ;* se dit des capsules ou coques composées d'un grand nombre de valves. Se dit aussi des coquilles des mollusques.

MUQUEUX , EUSE, adj. , *mucosus ;* qui a rapport au mucus.—*Membranes muqueuses :* elles ont reçu ce nom à cause de l'enduit muqueux qui recouvre leur surface. Elles constituent le tégument interne , recouvrant et protégeant toutes les cavités qui communiquent à l'extérieur par les ouvertures naturelles. Bichat a divisé les muqueuses en deux grandes surfaces : l'une *gastro-pulmonaire ,* l'autre *génito-urinaire ;* on doit y ajouter, chez la femelle, la muqueuse des canaux mammaires, et, chez les solipèdes , la conjonctive, qui aboutit à la peau, et non à la pituitaire , par l'égoût nasal.—Des deux surfaces que présentent les muqueuses, l'une adhère aux parties qu'elles revêtent, par un tissu cellulaire dit *sous-muqueux,* qui ne contient jamais de tissu graisseux ; l'autre, libre et humectée par la sécrétion de la membrane , forme la surface externe des canaux et réservoirs.—Les muqueuses présentent, comme la peau, un *derme* qui en forme la partie résistante, un réseau muqueux, et un épiderme ou épithélium qui , très apparent vers les orifices, disparaît dans les parties situées profondément. Des follicules muqueux sont disséminés dans l'épaisseur de la membrane et sécrétent le fluide qui la distingue ; Maillet y a découvert des bulbes pileux, et leur surface est couverte de papilles dans lesquelles domine l'élément nerveux· Outre leur sécré-

tion muqueuse , ces membranes sont encore, sur certains points, le siége de sécrétions particulières, comme celle du suc gastrique, par exemple. Cette sécrétion abondante s'explique facilement par la grande quantité de vaisseaux que reçoivent les membranes muqueuses. Leur faculté d'absorption est aussi très active et s'exerce au moyen des absorbants qui font partie des papilles. Les muqueuses sont en sympathie très prononcée avec la peau, qui peut]être considérée comme une muqueuse épaissie et durcie par sa position à l'extérieur ; chez le fœtus et les animaux inférieurs , ces deux membranes présentent beaucoup d'analogie ; et, chez l'adulte, on voit quelquefois des transformations de muqueuse en peau, et de peau en muqueuse. —*Système muqueux :* nom donné à l'ensemble des membranes muqueuses. — *Follicules muqueux :* petites ampoules ou glandes sécrétant du mucus, renfermées dans les membranes muqueuses , qui ont reçu, à cause de ces glandes, le nom de *membranes folliculeuses.* — *Fièvre muqueuse, V.* FIÈVRE.

MURAILLE , *V.* PAROI.

MURAL, ALE, adj, *muralis ;* on désigne ainsi les végétaux qui croissent sur les murs.—*Pathol.* ; qui ressemble à une mûre. On donne cette épithète aux calculs vésicaux dont la surface est mamelonée.

MURIATE , s. m. , *Murias ;* nom donné par les anciens chimistes aux *chlorures* et *chlorhydrates.* (*V.* ces mots).

MURIATIQUE. *V.* ACIDE CHLORHYDRIQUE.

MURIATIQUE OXYGÉNÉ , *V.* CHLORE

MURIATIQUE SUROXYGÉNÉ , *V.* ACIDE CHLORIQUE.

MURIDE , s. m. ; nom proposé d'abord pour désigner le *brôme.*

MURIER, s. m. , *Morus ,* T. ; genre de la famille des Urticacées. Il se compose d'arbres et d'arbrisseaux à suc laiteux, originaires des contrées chaudes du globe. Plusieurs espèces de ce genre sont intéressantes. Le M. noir , *M. nigra ,* est un arbre de moyenne hauteur, originaire de la Perse ou de la Chine et transporté en Europe depuis très longtemps. Son fruit appelé *mûre* est alimentaire et acidule ; on l'emploie dans les pharmacies ; ses feuilles sont peu estimées pour la nourriture du ver-à-soie. Le M. blanc, *M. alba ,* indigène de la Chine , naturalisé en Europe depuis le VI° siècle, a été transporté en France vers la fin du XV°. D'abord cultivé dans les provinces méridionales, il est répandu aujourd'hui jusque dans le Nord. C'est sur cet arbre que repose presque uniquement l'industrie séricicole en Europe. Le M. multicaule, *M. multicaulis,* Perrot, *M. cucullata ,* Bonaf., est un arbrisseau de la Chine transporté en France depuis environ 25 ans, plus rustique que le précédent, et employé aux mêmes usages. Le M. de l'Inde, *M. indica ,* est particulièrement recherché dans l'Inde et la Cochinchine pour l'entretien des vers-à-soie. Les espèces *italica*, *rubra*, sont cultivées pour leurs fruits.

MURIQUÉ, ÉE, adj., *muricatus*; couvert ou armé de pointes courtes à larges bases.

MUREXANE, s. f. ; substance particulière analogue à la *purpurine* de Prout et provenant de la décomposition de la *murexide*. *V.* PURPURINE.

MUREXIDE, s. f. $C^{12}H^6O^8Az^5$. — *Purpurate d'ammoniaque*. Produit remarquable découvert par Prout en traitant l'acide urique par une petite quantité d'acide azotique concentré et ajoutant ensuite un peu d'ammoniaque. C'est un corps solide, cristallisé en prismes courts à quatre pans, verts par réflexion et rouge-grenat par réfraction, donnant une poudre rouge-brun, prenant sous le brunissoir un éclat métallique et une teinte verte. Insoluble dans l'alcool et l'éther, peu soluble dans l'eau froide, ce corps se dissout dans l'eau à 70° et lui communique une teinte purpurine ; il se dissout aussi dans la potasse et prend une belle couleur bleue indigo.

MUSACÉES, s. f., *Musaceæ*; famille de plantes monocotylédonées, à étamines épigynes, herbacées ou ligneuses, à peu près confinées dans les régions tropicales des deux continents. C'est à cette famille qu'appartiennent les *Bananiers*. Genres : *Musa*, *Ravenala*, *Strelitzia*, etc.

MUSC, s. m., *Moschus*; matière sébacée, très odorante, fournie par un ruminant du genre chevrotin (*Moschus moschiferus*), et sécrétée par une poche folliculaire située vers le prépuce du mâle. — Cette matière, demi-liquide sur l'animal vivant, devient ensuite solide, granuleuse, d'une couleur brunâtre, d'une saveur amère, et d'une odeur forte, pénétrante, particulière, d'une grande expansibilité. — Le musc est formé des principes suivants : ammoniaque, essence, stéarine, oléïne, cholestérine, gélatine, albumine, fibrine, sels, etc.— Employé dans la médecine de l'homme comme puissant antispasmodique, le musc est inusité dans celle des animaux à cause de son prix très élevé.

MUSCADE, *V.* NOIX MUSCADE.

MUSCADIER, s. m., *Myristica*, L. ; genre de la famille des Myristicacées. Il se compose d'arbres et d'arbrisseaux ayant beaucoup de ressemblance avec les lauriers, et croissant dans les régions chaudes de l'Amérique et dans les îles de l'Asie tropicale. Plusieurs espèces de ce genre, mais surtout le M. aromatique, *M. aromatica*, Lamk. , *M. fragrans*, Houtt. , fournissent au commerce une graine appelée *noix muscade*, aromatique et employée comme condiment ou comme médicament.

MUSCLE, s. m., *Musculus*, μυων, de μυω, fermer, mouvoir ; organes rouges, charnus, contractiles, distribués autour du squelette dans les vertébrés, et servant, sous l'influence des nerfs, à l'exécution des

mouvements. Les muscles sont composés de deux parties : l'une contractile, véritablement musculaire, l'autre fibreuse, en forme de tendon ou d'aponévrose, et servant seulement à transmettre l'action de la partie contractile. Celle-ci est formée de fibres musculaires agglomérées en fascicules, en faisceaux, réunis par du tissu cellulaire, et entre lesquels se distribuent les vaisseaux et les nerfs. — Les muscles sont *simples* ou *composés* ; dans les premiers, la fibre suit la direction du muscle ; dans les autres, elle est plus ou moins oblique et s'attache sur des lames tendineuses formant, dans le muscle, des intersections. La contraction du muscle occasionne son raccourcissement, qui est toujours d'autant plus grand que les fibres contractiles sont plus longitudinales, mais qui s'exécute avec d'autant plus d'intensité, qu'elles sont plus courtes et plus obliques, car, dans ce cas, elles sont plus nombreuses. La forme et les dimensions des muscles varient beaucoup. On distingue des muscles *longs*, *larges*, *courts* ; des muscles *penniformes*, *triangulaires*, *flabelliformes*, *carrés*, etc.—Les noms qu'ils ont reçus proviennent tantôt de leur forme, de leurs dimensions, d'autres fois de leur position, de leurs usages, etc. La nomenclature de Chaussier, fondée sur les principaux points d'attache, serait la meilleure si l'on n'avait à s'occuper que d'une espèce. Elle a été longtemps employée dans nos écoles à l'exclusion de toute autre, et la difficulté de l'appliquer à la fois à plusieurs espèces, à cause des différences, a seule fait revenir à l'ancienne nomenclature fondée sur les dimensions, les formes, la situation, les usages, etc. — Dans les animaux inférieurs, les muscles sont blancs et situés en dedans des parties qui représentent le squelette, comme les enveloppes coriaces des crustacés, des insectes, etc.

MUSCOLOGIE, s. f., *Muscologia ;* partie de la botanique qui traite spécialement des Mousses.

MUSCULAIRE, adj., *muscularis*, de *musculus*, muscle ; qui appartient aux muscles. — *Artères musculaires :* artères diverses se répandant dans des masses de muscles, ex. : la *grande musculaire de la cuisse*, la *musculaire antérieure du bras*, etc. — *Fibres musculaires :* filaments rouges qui, par leur réunion, forment les muscles. — *Force musculaire :* puissance développée par la contraction des muscles. — *Système musculaire :* ensemble des parties musculaires du corps de l'animal. On distingue le *système musculaire de la vie animale*, comprenant les muscles soumis à la volonté, et le *système musculaire de la vie organique*, comprenant les muscles qui sont soustraits à son influence, comme le cœur, les tuniques musculaires des viscères creux, tels que l'intestin, l'estomac, etc.

MUSCULEUX, EUSE, adj., *musculosus;* qui est de la nature des muscles; qui est bien garni de muscles , ex. : *avant-bras musculeux.*

MUSCULO - CUTANÉ , adj. , *musculo-cutaneus;* qui appartient aux muscles et à la peau ; plusieurs rameaux artériels et nerveux présentent ce mode de distribution.

MUSEAU DE TANCHE , *Os tincæ;* nom donné à l'orifice de l'utérus au fond du vagin , encore appelé *fleur épanouie.* *V.* UTÉRUS.

MUSELIÈRE , s. f. , *Fiscella ;* assemblage de lanières de cuir dans lequel on introduit la partie inférieure de la tête du cheval, le museau du chien, pour les empêcher de mordre. On donne aussi le même nom à une courroie armée de pointes passant sur le chanfrein du jeune veau , et destinée à l'empêcher de téter.

MUSETTE , s. f. ; sac de toile qui peut être suspendu à la tête du cheval, et dans lequel celui-ci mange l'avoine pendant la route ou en travaillant.

MUTIQUE , adj., *muticus;* se dit des organes appendiculaires dont le sommet ne porte ni piquant, ni pointe.

MYCÉLIUM , s. m., *Mycelium ;* assemblage de filaments d'abord simples , puis plus ou moins compliqués , produits de la végétation des spores et servant de support ou de racines aux champignons. C'est ce qu'on appelle le *Blanc de champignons* ou *des jardiniers.* Le Mycélium est indispensable à la vie de ces plantes; il a une existence propre et peut reproduire le champignon, qui n'en est , en quelque sorte, qu'une émanation , une efflorescence ou le produit. Le Mycélium est *nématoïde* ou filamenteux , *hyménoïde* ou membraneux , *scléroïde* ou tuberculeux, *malacoïde* ou pulpeux.

MYCOLOGIE , s. f. , *Mycologia ;* partie de la botanique qui s'occupe spécialement de l'étude des Champignons.

MYDRIASE, s. f., *Mydriasis,* de ἀμυδρός, faible , obscur ; paralysie de l'iris. Synonymie : *amaurose , goutte-sereine.* *V.* AMAUROSE.

MYELITE, s. f., *Myelitis,* de μυελος, moëlle; inflammation de la moëlle épinière. Synonymie : *rachialgite , spinitis.* On distingue difficilement la phlegmasie de la méninge rachidienne de celle de la moëlle épinière. Les causes sont les efforts , les chutes, les coups violents sur la colonne vertébrale , les fractures des vertèbres; souvent la cause est inconnue. Cette maladie est *aiguë* ou *chronique.* La myélite aiguë produit la paralysie des parties situées en arrière de la région enflammée. Dans le cheval, on observe la paralysie du train postérieur ; la paralysie du sentiment succède à celle du mouvement ; les fonctions de l'intestin et de la vessie sont troublées. Dans la myélite chronique, les symptômes ont moins d'intensité; les mouvements sont difficiles; les extrémités supportent avec peine le poids du corps, la marche est vacillante ; les pieds traînent sur

le sol. La myélite aiguë peut produire promptement la mort ; celle qui est chronique dure longtemps , et diminue peu à peu. Ces affections sont très-graves ; elles résistent le plus souvent à tout moyen de guérison. Lorsque les symptômes sont aigus , on emploie le traitement antiphlogistique le plus énergique : saignées générales et locales , boissons émollientes, opiacées , etc. Contre l'état chronique, on met en usage les révulsifs, les sétons, les vésicatoires , les moxas , le feu. Le galvanisme et la strychnine ont été essayés dans le but de rétablir les contractions musculaires. Dans le chien , la myélite qui se développe après la maladie du jeune âge est presque toujours incurable; on guérit facilement celle qui résulte de la constipation.

MYLACÉPHALE , s. et adj., *Mylacephalus,* de μυλη, môle, et ακεφαλος, acéphale ; genre de monstres acéphaliens ayant pour caractères: corps non symétrique , très irrégulier , informe, ayant diverses régions peu ou point distinctes; membres très imparfaits , rudimentaires ou nuls.

MYLACÉPHALIE , s. f. , *Mylacephalia ;* état des monstres mylacéphales.

MYLO-HYOIDIEN , s. et adj., *Mylo-hyoïdeus,* de μυλοι, dents molaires, et νοειδης, hyoïde; muscle aplati, très mince, semipenné , naissant de toute l'étendue de la ligne myléenne, et s'insérant à l'appendice antérieur du corps de l'hyoïde, et au mylo-hyoïdien opposé, au moyen d'une espèce de raphé tendineux. Il porte l'hyoïde en avant et concourt à le relever vers le palais.

MYOCÉPHALE , s. m. , *Myocephalum,* de μυια , mouche, et κεφαλη , tête; ce nom est donné au staphylôme dans lequel une ouverture accidentelle de la cornée laisse passer une petite tumeur noirâtre formée par l'iris.

MYOCOELITE, s. f., *Myocœlitis,* de μυων, muscle, et κοιλια , ventre; inflammation des muscles du ventre.

MYODÉSOPSIE, s. f. , *Myodesopsia,* de μυιωδης, semblable aux mouches , et οψις, vue ; sorte de berlue, pendant laquelle le malade croit apercevoir voltiger des mouches. Cet état ne peut être constaté sur les animaux.

MYODYNIE, s. f. , *Myodynia,* de μυων, muscle, et οδυνη, douleur; douleur rhumatismale des muscles.

MYOGRAPHIE , s. f. , *Myographia,* de μυων, muscle, et γραφη, description ; description des muscles.

MYOLOGIE, s. f. , *Myologia,* de μυων, muscle, et λογος, discours; traité des muscles.

MYOPE, adj., *myops;* qui est atteint de *myopie.*

MYOPIE, s. f., *Myopia,* de μυειν, cligner, et ωψ, œil; imperfection de la vue, qui ne permet de voir les objets que très rapprochés de l'œil. On l'attribue généralement à une trop grande convexité de la cornée lucide ou du cristallin, à la surabondance des humeurs de l'œil, dispositions desquelles résulte un effet convergent trop prononcé sur les rayons lumineux qui traversent l'œil, et la formation des images des corps en avant de la rétine chargée de les percevoir. Ce défaut se corrige un peu par l'âge, et on y remédie, quoique imparfaitement, chez l'homme, au moyen de lunettes à verres concaves. Cette imperfection de la vision est à peu près inconnue chez les animaux.

MYOPORINÉES, s. f., *Myoporineæ*; famille de plantes dicotylédones, monopétales, voisine des Verbénacées. Les espèces qui la composent sont des arbrisseaux presque tous originaires de la Nouvelle-Hollande. Genres: *Myoporum, Bontia,* etc.

MYOSE, s. f., *Myosis*, de μυειν, cligner l'œil; contraction permanente de la pupille.

MYOSITE, s. f., *Myositis*, de μυων, muscle; inflammation des muscles. Pendant longtemps, cette maladie a été confondue avec le rhumatisme. Les causes de la myosite sont la contusion, le froissement, les secousses violentes, le refroidissement de la peau. Sur le cheval, l'inflammation des muscles est fréquemment la conséquence de la position qu'on lui donne pour pratiquer quelques opérations, entre autres celles du pied, la cautérisation des membres. On voit la myosite se montrer au coude, sur les muscles pectoraux, sur ceux de la face antérieure de l'épaule et sur la fesse. Un engorgement douloureux caractérise cette inflammation; il se montre presque toujours sur le membre opposé à celui qu'on opère; le tissu cellulaire est œdémateux; le membre correspondant ne peut se mouvoir; quelques jours suffisent pour obtenir la guérison, en employant des frictions résolutives, et même sans traitement. Quelques pathologistes placent le siège de la phlegmasie dans le tissu cellulaire et non dans la fibre musculaire. Après les inflammations intenses, le muscle est changé en une pulpe couleur lie de vin, par l'effet de l'infiltration du sang.

MYOSOTE, s. m., *Myosotis*, Dill.; genre de la famille des Borraginées. Il se compose de jolies petites plantes aqueuses et de saveur fraîche. Presque toutes croissent dans les lieux humides. Les bestiaux les mangent volontiers. Le nombre des espèces est d'environ trente; la plus connue est le M. des marais, *M. palustris*, que ses petites fleurs bleues, très délicates, font rechercher comme plante d'agrément. Elle est d'ailleurs commune. C'est le *Ne m'oubliez pas* des Français, *Vergiss mein nicht* des Allemands.

MYOTILITÉ, s. f., *Myotilitas*, de μυων, muscle; nom donné par Chaussier à la contractilité musculaire.

MYOTOMIE, s. f., *Myotomia*, de μυων, muscle, et τεμνω, je coupe; dissection des muscles. — *Chirurg.*; section des muscles dans le but de guérir certaines déviations d'organes extérieurs. *Myotomie caudale*: opération de la queue à l'anglaise.

MYRICACÉES, s. f., *Myricaceæ*; famille de plantes dicotylédones, monoïques ou dioïques, frutescentes ou arborescentes, des régions chaudes de l'Amérique, de l'Asie et de l'Europe. Elle ne comprend que le genre *Myrica*, dont quelques espèces doivent être mentionnées. Le *M. gale*, vulg. *Piment royal*, croît en Italie; il est aromatique et donne une infusion excitante. On l'emploie, dans quelques contrées, à la teinture en jaune, au tannage des cuirs et à la fabrication de la bière. Le *M. cerifera*, vulg. *Arbre à cire, Cirier de la Louisiane*, porte un petit fruit globuleux qui se recouvre d'une matière cireuse exploitée et employée comme la cire des abeilles; la culture de cet arbrisseau a été tentée sans succès en Europe. Le *M. cordifolia*, et quelques autres espèces, donnent aussi de la cire; mais leur exploitation est moins avantageuse.

MYRICINE, s. f., *Myricina*, de μυρον, onguent; l'un des principes constituants de la cire d'abeilles. La myricine est solide, blanche, inodore, insipide, fusible à 65°, volatilisable sans décomposition et non saponifiable par les alcalis. Insoluble dans l'eau et l'alcool froid, elle se dissout dans l'alcool bouillant, ainsi que dans l'éther.

MYRISTICACÉES, s. f., *Myristicaceæ*; famille de plantes dicotylédones, diclines, composée d'arbres et d'arbrisseaux des régions tropicales. Genres: *Myristica, Pyrrhosa*, etc.

MYROSINE, s. f.; nom donné par Bussy, qui en a fait la découverte, à une matière albuminoïde, analogue à l'émulsine des amandes amères, et qui produit l'huile volatile de moutarde noire, en réagissant, en présence de l'eau froide ou tiède, sur le *myronate* de potasse, qui contient tous les éléments de l'essence de moutarde. On obtient la myrosine en épuisant la moutarde par l'eau, évaporant à une basse température et précipitant par l'alcool.

MYROSPERME, s. m., *Myrospermum*, L.; genre de la famille des Légumineuses. Les Myrospermes sont des arbres ou des arbrisseaux des régions chaudes de l'Amérique, donnant par l'incision de leur tronc des fluides balsamiques. Le *M. peruiferum*, D. C., fournit le baume du Pérou; le baume de Tolu est produit par une espèce voisine, le *M. toluiferum*, A. Rich.

MYRRHE, s. f., *Myrrha*; gomme-résine d'origine inconnue, employée autrefois comme tonique et stimulante, mais à peu près inusitée maintenant.

MYRSINÉES, s. f., *Myrsineæ*; famille de plantes dicotylédones, monopétales, hypogynes, arborescentes ou frutescentes. Genres: *Myrsine, Ardisia*, etc.

MYRTACÉES, s. f., *Myrtaceæ*; famille de plantes dicotylédones, polypétales, à étamines périgynes, composée d'arbrisseaux et même de grands arbres. Cette famille est très nombreuse; on l'a divisée en cinq tribus ou sous-ordres : les *Chamœlauciées* ; genres : *Chamœlaucium*, etc. ; les *Leptospermées* ; genres : *Leptospermum*, etc.; les *Myrtées*; genres : *Myrtus*, *Caryophyllus*, *Eugenia*, etc.; les *Barringtoniées*; genres: *Barringtonia*, etc. ; les *Lécythidées*; genres : *Lecythis*, etc. — Le myrte commun était consacré à Vénus ; ses fleurs et ses feuilles fournissent une eau distillée aromatique stimulante.

MYRTIFORME, adj., *myrtiformis*, de *myrtus*, myrte, et *forma*, forme; en forme de feuille de myrte, ex. : les papilles du rumen du bœuf.

MYURE, *myurus*, adj., de μῦς, rat, et οὐρά, queue ; qui diminue insensiblement comme la queue d'un rat. — *Pouls myure :* dont les pulsations vont en s'affaiblissant peu à peu. On dit que le pouls est *myure réciproque*, lorsque les pulsations remontent progressivement comme elles ont descendu.

N

NACELLE, s. f., *Carina ;* synonyme de carène.

NAGEANT, **ANTE**, adj., *natans;* se dit des plantes dont les feuilles *nagent* à la surface de l'eau sans être submergées. Elles sont fixées au fond de l'eau par leurs racines, comme les *Nymphœa*, ou flottantes dans le liquide, comme les *Lemna*. Les feuilles des plantes nageantes n'ont de stomates qu'à leur face supérieure.

NAIADÉES, s. f., *Naïadeœ ;* famille de plantes monocotylédonées, herbacées, aquatiques, submergées ou nageantes, monoïques ou dioïques, généralement apérianthées. Ventenat leur donnait le nom de *Fluviales;* L. Richard, celui de *Potamophiles;* genres : *Najas, Caulinia, Zostera, Thalassia, Ruppia, Zanichellia, Potamogeton*, etc.

NAIN, **AINE**, adj., *nanus ;* petit, peu développé. On le dit des plantes et des animaux dont la taille est relativement faible, lorsqu'on les compare aux individus de la même espèce ou du même genre.

NAIOPHYTES, s. f., *Naïophytes;* nom collectif des algues d'eau douce ou *hydrophytes* (*V.* ce mot).

NANCÉIQUE ; ancien nom de l'acide lactique. *V.* A. LACTIQUE.

NANISME, s. m., *Nanismus;* genre d'anomalies formant le caractère des individus nains. Cet état se rencontre sur les animaux et sur les plantes. Pour les premiers, il est souvent le résultat de causes inappréciables, mais il peut être produit par la génération. Pour les seconds, il est attribué à un défaut d'humidité et de nourriture, à l'influence d'une station trop élevée, à la greffe, etc.

NAPACÉ, **NAPIFORME**, adj., *napaceus, napiformis;* en forme de navet.

NAPHTALINE, s. f. $C^5 H^2$. Produit remarquable de la distillation du goudron de houille, découvert par Kidd. On l'obtient en réduisant le goudron à la moitié de son poids par la distillation, puis en faisant passer un courant de gaz chlore dans le produit distillé, reprenant par l'eau et redistillant le résidu. La naphtaline obtenue est soumise à la presse et traitée à plusieurs reprises par l'alcool, pour la purifier. Elle est solide, cristalline, grasse au toucher, transparente, d'une odeur forte, d'une saveur âcre et aromatique et pesant 1,048. Exposée à l'action de la chaleur, elle fond à 80°, bout à 212°, et s'enflamme à l'air en répandant beaucoup de fumée. Insoluble dans l'eau, la naphtaline est soluble dans l'alcool, l'éther, les huiles et les essences. Elle donne, avec les acides, plusieurs produits peu importants. — *Pharmacologie.* Il paraît que cette substance a beaucoup d'analogie avec le camphre, sous le rapport médical, et qu'en raison de son bas prix elle pourrait remplacer, avec avantage, ce médicament pour la médecine des animaux. Elle est insecticide, vermifuge, antipsorique et fortement expectorante, d'après Dupasquier. On peut l'administrer, à l'intérieur, dissoute dans l'alcool, ou en électuaire; à l'extérieur, on l'emploie en teinture et en pommade, comme le camphre.

NAPHTE, s. m., *Naphta*, ναφθα. $C^3 H^3$. Ce carbure d'hydrogène n'est autre chose que du *pétrole* purifié par la distillation. Pour avoir le naphte parfaitement blanc, il faut le laisser en contact pendant un mois avec une dissolution de chromate de potasse. C'est un liquide limpide, fluide comme l'alcool, incolore ou jaunâtre, d'une odeur forte et ténace, d'une saveur amère et styptique, pesant 0,753, très inflammable, brûlant avec une flamme très éclairante et fuligineuse; insoluble dans l'eau, il est miscible en toute proportion avec l'alcool, l'éther, les essences. On emploie le naphte, dans les laboratoires, pour conserver les corps très oxydables, tels que le potassium et le sodium, par exemple. Quant à ses usages thérapeutiques, *V.* PÉTROLE.

NARCÉINE, s. f. La narcéine est un des alcaloïdes de l'opium, découvert par Pelletier, en 1832. On la retire des eauxmères de la morphine, au moyen de la baryte et de l'ammoniaque. Elle est solide, en aiguilles blanches et soyeuses, inodore et d'une saveur amère et styptique; elle fond à 92°, se dissout dans l'eau et l'alcool et non dans l'éther. Traitée par les acides légèrement étendus d'eau, elle prend une teinte bleue qu'elle perd également, lorsqu'ils sont trop concentrés ou trop étendus; seulement, dans ce dernier cas, la couleur reparaît à mesure que l'eau s'évapore.

NARCISSE, s. m., *Narcissus ;* L. ; genre

de la famille des Amaryllidées. Il se compose de plantes bulbeuses, originaires du bassin de la Méditerranée. Les espèces *odorus*, *tazetta*, *junquilla*, *poëticus*, sont cultivées pour l'ornement des jardins ; le *N. pseudo-narcissus*, commun dans nos prairies, a un bulbe émétique et des fleurs antispasmodiques.

NARCOTINE, s. f., *Narcotina*. $C^{40} H^{20} O^{12} Az$. Sel d'*opium* ou de *Derosne*. Cet alcaloïde qui a été découvert par Derosne, dans l'opium, en 1803, s'obtient en faisant bouillir le résidu de la préparation de la morphine avec de l'acide acétique étendu, précipitant la solution par l'ammoniaque, faisant bouillir le précipité dans l'alcool avec un peu de noir animal, filtrant et laissant cristalliser. — La narcotine est solide, en aiguilles, en paillettes ou en prismes rhomboïdaux, inodore, insipide, fondant à 170° comme une résine ; insoluble dans l'eau froide, peu soluble dans celle qui est chaude, elle se dissout dans l'alcool, l'éther, les huiles et les essences. Sa solubilité dans l'éther la différencie de la morphine, qui n'est pas soluble dans ce véhicule. La Narcotine se combine aux acides et donne des sels solubles d'une grande amertume ; leur solution ne bleuit pas par les persels de fer, ce qui les différencie des sels de morphine ; quant à la Narcotine, elle ne rougit avec l'acide nitrique que quand celui-ci contient un peu d'acide sulfurique. — La Narcotine parfaitement pure paraît être à peu près inactive sur l'homme et les carnivores ; elle n'aurait donc, selon toute vraisemblance, aucune action sur les animaux herbivores.

NARCOTIQUE, s. et adj., *Narcoticus*, de νάρκη, assoupissement ; nom donné à une classe de médicaments qui ont pour principal caractère de porter leur action sur les centres nerveux. Ce caractère est à peu près le seul qui leur soit commun, car rien n'est plus disparate que le mode d'action de ces médicaments ; les uns produisent leurs effets sur le cerveau, qu'ils stupéfient ; tels sont l'opium, la belladone, le pavot, les composés de cyanogène, etc., on les appelle *stupéfiants* ou *encéphaliques* ; d'autres, comme la jusquiame, la ciguë, le tabac, etc. ; tout en agissant sur les centres nerveux et les nerfs, déterminent souvent une irritation plus ou moins vive sur les points où ils sont appliqués ; ils portent le nom de *narcotico-âcres*. Enfin, quelques-uns, tels que la noix vomique, la fève de Saint-Ignace, l'écorce de fausse angusture, la coque du Levant, etc., au lieu de diminuer l'activité du système nerveux, d'amoindrir ou de détruire la sensibilité, comme le font les précédents, excitent vivement et d'une manière spéciale les centres nerveux et notamment la moëlle épinière, provoquent des contractions permanentes dans les muscles, etc. ; on leur donne le nom de *tétaniques*, à cause de leur effet principal. Les narcotiques des deux premiers groupes déterminent dans l'écono-

mie animale une série d'effets dont l'ensemble porte le nom de *narcotisme* (*V.* ce mot) ; mais, en général, les animaux herbivores, et surtout les ruminants, sont très peu sensibles à l'action de ces médicaments ; par contre, les carnivores, comme l'homme, en ressentent vivement les effets. — On administre les narcotiques à l'état liquide ou à l'état solide ; dans le premier cas, on en fait des breuvages, des lavements, des bains, des lotions, des frictions ; dans le second cas, on les donne sous forme de bols, d'électuaires ; on les applique en cataplasmes, etc. L'économie s'habitue facilement à l'action des narcotiques ; de là l'utilité d'interrompre leur emploi, d'en varier les formes, la nature, le mode d'administration, etc. — Les indications des narcotiques sont assez fréquentes ; un de leurs usages les plus ordinaires, c'est de combattre l'élément le plus fâcheux et le plus constant des maladies, la *douleur ;* quant aux affections qui en réclament plus particulièrement l'emploi, ce sont : les névralgies, le tétanos, la chorée, les maladies du cerveau, celles des intestins, la dysenterie, les coliques nerveuses, les paraplégies, la néphrite, etc.

NARCOTISME, s. m., *Narcosis ;* nom donné à l'ensemble des effets déterminés par les narcotiques sur l'homme et les animaux. Cet état, qui a beaucoup d'analogie avec les affections comateuses, est caractérisé par les symptômes suivants : engourdissement général, obtusion des sens, assoupissement, vertiges, dilatation des pupilles, plus rarement leur contraction, paupières abaissées, conjonctives injectées, stupeur profonde ou mouvements convulsifs, tremblements de certaines régions musculaires, faiblesse des membres, surtout des postérieurs, paraplégie, pénis pendant, chute sur le sol, froid de la peau et des parties en appendice, mort. — Les remèdes à opposer à cet empoisonnement, sont d'abord, les purgatifs pour vider l'intestin des matières narcotiques qu'il renferme ; puis des boissons astringentes pour les neutraliser ; une ou plusieurs saignées ; une infusion chaude et chargée de café pour réveiller le cerveau ; l'emploi des diffusibles, des diurétiques, peut être utile aussi, etc.

NARD, s. m., *Nardus*, L. ; genre de la famille des Graminées. Il ne renferme qu'une espèce le N. raide, *N. stricta*, petite plante très commune dans les prairies et pâturages du centre de la France, sur les sols volcaniques. Les herbivores, et surtout les vaches, la broutent volontiers ; mais elle est dure, très peu développée, et, pour ces deux causes, il est à peu près impossible de la faucher.

NARINE, s. f., *Naris ;* ouverture extérieure de l'appareil respiratoire. *V.* NASEAUX et NASALES (FOSSES). — *Fausse narine :* espèce de cul-de-sac formé par la peau amincie, existant chez les solipèdes, à l'entrée de la narine, entre l'épine nasale et le biseau du petit sus-maxillaire.

NASAL, ALE, adj., *nasalis;* qui appartient au nez.—*Os nasal. V.* Sus-nasal.— *Cavités ou fosses nasales :* cavités irrégulières formant l'entrée de l'appareil respiratoire, placées à côté l'une de l'autre et séparées par une cloison cartilagineuse faisant suite à la lame médiane de l'ethmoïde, s'implantant dans la gouttière du vomer et sur l'articulation qui réunit les deux os sus-nascaux. Les narines sont très grandes dans les solipèdes ; chacune d'elles présente une entrée, un fond et deux parois, dont une interne et l'autre externe. L'entrée, ou *naseau*, présente deux lèvres soutenues par un fibro-cartilage en forme de virgule, fixé à l'extrémité de l'épine nasale. Le fond est formé par les volutes de l'ethmoïde, et présente, au-dessous, l'ouverture gutturale, large orifice qui met la cavité en rapport avec le pharynx. La face externe porte les deux cornets qui la divisent longitudinalement en trois *méats* ou *gouttières*, dont le médian présente à son extrémité postérieure une ouverture étroite communiquant dans les sinus. La face interne, lisse, est formée par la cloison nasale. Toute la cavité est tapissée par une membrane muqueuse appelée *pituitaire*, qui recouvre toutes ses surfaces, s'enfonce dans les circonvolutions des cornets et de l'ethmoïde, et présente, dans divers points, des sinus veineux assez développés. Cette muqueuse, très fine et très sensible, se continue, d'une part, dans les sinus, et de l'autre dans le pharynx. — *Cloison nasale :* lame cartilagineuse divisant longitudinalement en deux parties, la cavité unique que forment les os de la face pour l'appareil nasal. — *Epine nasale :* prolongement aigu formé, chez les solipèdes, par l'extrémité inférieure des deux sus-nascaux réunis.—*Artère nasale:* branche terminale de la maxillaire interne, pénétrant dans la fosse nasale par le trou nasal, et se divisant immédiatement en deux branches, l'une pour la paroi externe, l'autre pour la paroi interne de la cavité. — *Nerf nasal:* branche de la portion sus-maxillaire de la cinquième paire, pénétrant avec l'artère dans la cavité nasale, où le nerf se divise, comme ce vaisseau, en deux rameaux, l'un externe et l'autre interne.

NASEAUX, s. m. pl. ; nom donné, chez les animaux, aux narines ou ouvertures extérieures des cavités nasales. Chaque naseau présente deux lèvres : l'une externe et l'autre interne, réunies par deux commissures, dont la supérieure conduit dans la fausse-narine et l'inférieure présente un petit orifice appartenant au conduit lacrymal, et vulgairement désigné sous le nom d'*égout nasal.* On recherche, dans le cheval, des naseaux bien larges et bien ouverts ; la portion de muqueuse qu'ils laissent apercevoir doit être d'un rose vif, sans ulcérations ni cicatrices. Dans l'état de santé, il ne s'écoule des naseaux qu'un fluide limpide et en petite quantité. Un écoulement muqueux, abondant, doit

mettre en garde contre la morve, surtout lorsque le mucus est odorant, verdâtre, gluant, et s'attache au pourtour des naseaux. Les *glandes* de l'auge doivent toujours être consultées, lorsque l'état des naseaux laisse quelques doutes.

NASO-TRANSVERSAL, s. m., *Naso-transversalis ;* muscle impair, placé sur la partie élargie des cartilages des ailes du nez et dilatant les naseaux, en soulevant l'aile interne de chacun d'eux.

NASTURCE, s. m., *Nasturtium*, R. Brow.; genre de la famille des Crucifères, composé de plantes herbacées, annuelles, bisannuelles ou vivaces, croissant dans les eaux douces, au bord des fontaines, et répandues presque partout. Le nombre des espèces est de près de cinquante. Les principales sont : le N. officinal, *N. officinale*, R. Brow., *Sisymbrium nasturtium*, L., vulg. *cresson de fontaine*, commun au bord des sources et cultivé dans des cressonnières artificielles ; on le mange à l'état vert en salade ; il est aussi très vanté comme dépuratif et antiscorbutique. Le N. amphibie, *N. amphibium*, R. Brow., *Sisymbrium amphibium*, L., croît le long des fossés ; il peut être employé aux mêmes usages que le précédent, mais il est beaucoup moins recherché. Ces deux espèces sont broutées par la vache et le mouton ; on peut leur assimiler, sous ce rapport, les *N. sylvestre, palustre, pyrenaïcum.*

NATES ; mot latin signifiant les *fesses*, et donné anciennement aux deux tubercules quadrijumeaux supérieurs. *V.* Quadriju-meaux.

NATIF, adj., *nativus*, de *nasci*, naître ; épithète par laquelle on désigne les métaux qui existent à l'état de pureté dans le sein de la terre ; tels sont ceux de la sixième section, le mercure, l'argent, l'or, le platine ; on les appelle aussi *métaux vierges.*

NATRIUM ; nom latin du *sodium (V.* ce mot).

NATRON, s. m., *Natrum* ; ancien nom du sesqui-carbonate de soude naturel qu'on trouve dans certains lacs en Egypte, en Hollande, etc. *V.* Carbonate.

NATURALISATION, s. f. ; transport et acclimatation d'un animal ou d'une plante dans un climat différent de celui dont il est indigène. La naturalisation est toujours accompagnée de la faculté de vivre et de se reproduire dans les conditions ordinaires, et c'est en quoi elle diffère de l'acclimatement proprement dit. Beaucoup d'animaux et de végétaux, transportés chez nous, s'y acclimatent et y vivent, mais ne s'y reproduisent point d'une façon régulière et naturelle ; ils ne sont pas naturalisés, il ne sont qu'acclimatés. *V.* Animaux domestiques et Acclimatation.

NATURE, s. f., *Natura*, de *nascor*, je nais ; ensemble des objets créés par l'Être suprême. Le même mot est employé pour indiquer la qualité d'une chose ; ex. : un sol de nature calcaire, etc.

NATURE (Bœufs de). Expression impropre, mal définie, dont on se sert pour caractériser les animaux de l'espèce bovine plus propres à être soumis à l'engraissement qu'au travail. Ils correspondent aux races des vallées. *V.* HAUT-CRU.

NATUREL, ELLE , adj., *naturalis;* qui a été produit par la nature. Se dit généralement des choses dans la production desquelles les soins de l'homme ne sont entrés pour rien; ex. : *prairies naturelles*, etc. — *Bot.* Synonyme de *spontané, d'indigène.* — *Méthode naturelle, V.* MÉTHODE.

NATURISME, s. m., *Naturalismus;* système ou doctrine médicale qui considère la guérison des maladies comme l'œuvre de la *force médicatrice* de la nature, qui préside à la conservation de tous les êtres animés.

NATURISTE, s. m. ; partisan de la doctrine du naturisme; médecin qui pratique la médecine expectante, c'est-à-dire qui confie le sort du malade à la force médicatrice qu'il regarde comme essentiellement conservatrice, qui se borne à corriger ses écarts et à la maintenir dans la voie la plus favorable à la guérison des maladies.

NAUCLÉE, s. f., *Nauclea*, L.; genre de la famille des Rubiacées, composé d'arbrisseaux grimpants de la Chine, de l'Inde, etc. C'est des feuilles de la N. gambir , *N. gambir*, Hunter , *Uncaria gambir*, D. C., que l'on extrait la *gomme Kino.*

NAUSÉE, s. f., *Nausea*, de ναῦς, vaisseau, parce que le mot *nausée* a été employé primitivement pour signifier l'envie de vomir à laquelle on est sujet en mer; envie de vomir. On observe les nausées, ou efforts pour vomir, sur les carnivores, principalement dans quelques maladies.

NAVARRINE (Race) ; nom de l'ancienne race de chevaux de la Navarre , du Béarn et du Roussillon. Elle descendait des Genets d'Espagne, mais elle était moins forte, moins élégante et plus robuste. Cette race n'existe plus aujourd'hui dans toute sa pureté; elle a fait place à plusieurs familles modifiées par la nourriture et par des croisements avec des étalons arabes et anglais.

NAVET , s. m., *Brassica napus*, D. C. ; plante de la famille des Crucifères , genre Chou. Cette espèce diffère du chou proprement dit par une tige plus mince et des feuilles découpées en quelques points jusqu'à la nervure centrale, du *Brassica campestris* par ses feuilles glabres, et de tous les deux par les graines qui sont beaucoup plus petites. L'origine du navet est inconnue. On distingue deux variétés dans l'espèce : le Navet comestible et la Navette d'hiver. — NAVET PROPREMENT DIT OU NAVET COMESTIBLE , *B. N. esculenta*, D. C : il diffère de la seconde variété par des tiges charnues, renflées, plus ou moins grosses. Il offre, à son tour, des races distinguées d'après la forme de la racine, la couleur du collet, de l'écorce, etc. Le Navet est habituellement cultivé dans les jardins pour la nourriture de l'homme; il entre aussi fréquemment dans la grande culture, en vue de l'alimentation des bestiaux ; on le sème à la volée, à la dose de 5 à 6 kilogrammes par hectare, sur jachère, entre deux cultures plus ou moins épuisantes, avec une bonne fumure, en récolte dérobée, et toujours comme culture sarclée. Il est consommé à l'étable ou sur place. On doit prendre, dans sa récolte et sa conservation, les soins qu'exigent les racines charnues. Le navet est une nourriture d'hiver; il convient aux ruminants. On le donne très rarement au cheval. Sa valeur nutritive est à celle du foin de bonne qualité comme 25 : 100. Il ne faut l'administrer qu'à dose modérée, surtout aux vaches laitières, car il provoque le relâchement des organes digestifs et communique au lait un peu d'âcreté.

NAVETTE , s. f. ; on désigne ainsi deux plantes appartenant à des espèces distinctes : 1° la Navette d'été; 2° la Navette d'hiver. — N. D'ÉTÉ, *Brassica præcox.* D. C.; elle est cultivée comme plante oléagineuse, plus rarement comme fourrage ; peu productive, mais aussi, peu exigeante sur la nature du sol. — N. D'HIVER, *Brassica napus oleifera:* on la cultive comme la précédente. Son avantage, comme plante oléifère réside surtout dans sa précocité. Elle doit être donnée aux bestiaux avec ménagement. Moins productive que le colza, elle l'est plus que la navette d'été et plus rustique. Elle permet une récolte secondaire. —Lorsque les navettes sont cultivées pour être mangées en vert, on doit les semer épais Leurs fanes sèches peuvent être utilisées en litière.

NAVICULAIRE , adj., *navicularis*, de *navicula*, petite barque. *Os naviculaire, V.* SÉSAMOÏDE. *Fossette naviculaire:* cavité existant autour du pavillon de l'urètre , à l'extrémité de la verge des solipèdes.

NAVICULAIRE (maladie) ; nom donné à l'inflammation de la gaine sésamoïdienne du cheval. Synonymie : *Maladie naviculaire* (Turner), *synovite podo-sésamoïdienne* (H. Bouley), *podotrochilite chronique* (Brauell), *naviculare disease* des Anglais , *chronische hufgelenklœhme* des Allemands. Ce sont les Anglais qui, les premiers, ont signalé cette maladie spéciale ; les premières études sont dues à Turner, Percivall, Sewell ; en France, elle a été observée surtout par Girard fils , Berger , Loiset. En Angleterre, on considère cette affection comme très fréquente, comme la cause générale de la boiterie des pieds resserrés. On ne peut nier l'existence de la maladie naviculaire ; mais il faut reconnaître que les Anglais sont tombés à cet égard dans une exagération marquée, en lui faisant jouer un trop grand rôle dans les diverses claudications du cheval. Ils en ont placé le siège dans la trochlée du pied, formée par la surface du petit sésamoïde; elle a pour point de départ , soit l'os naviculaire , soit la

synoviale, et se propage plus tard au tendon.
Les causes prédisposantes résident dans
l'usage de la trochlée du pied, dans les fou-
lées ou percussions répétées sur le sol. Les
causes occasionnelles sont le repos longtemps
prolongé à l'écurie, le repos forcé, tout
aussi bien que l'exercice aux allures rapides,
les sauts élevés, les courses sur les terrains
pierreux, une ferrure défectueuse. Les chevaux anglais y sont plus exposés que les
chevaux français par leur mode de progression pendant l'allure du trot, et le mode d'a-
justure donné au fer, qui rejette sur la fourchette du pied toute la violence des réactions.
Comme pour les autres synoviales, on observe
aussi la synovite podo-sésamoïdienne, à la
suite de la pneumonie et de la pleurite. Elle
se montre principalement sur les chevaux de
selle et presque toujours sur les pieds de
devant. On reconnaît l'état *aigu* et l'état
chronique. L'état aigu est rare ; il se fait remarquer par une invasion brusque, une
claudication prononcée. La podotrochilite
chronique est observée bien plus souvent.
Quand elle existe, la station à l'écurie est
modifiée ; l'animal tient l'extrémité la plus
fatiguée en avant du corps. Pendant la marche, les articulations ne prennent qu'une
extension incomplète ; contrairement à ce
qu'on voit dans les chevaux fourbus, l'appui
se fait sur la pince ; les talons tombent à peine
sur le sol ; on dirait que les épaules sont
chevillées. Comme symptômes locaux, on a
signalé l'encastelure du pied, la douleur produite par la pression sur la sole et la paroi, la
tuméfaction légère de la couronne, des cercles, des inégalités à la surface du sabot.
Le diagnostic est difficile ; on la distingue
assez bien des bleimes, clous de rue, fractures, ruptures des tendons, maladies dans
lesquelles la trochlée du pied est plus ou
moins intéressée ; on peut la confondre avec
l'écart ou boiterie de l'épaule, les névromes,
les claudications produites par les ganglions
des tendons, une forme commençante. Les
terminaisons sont la résolution et l'altération plus ou moins prononcée de la trochlée du
pied. Au début, on rencontre comme lésions
la synoviale enflammée, la synovie rougeâtre, analogue au sérum coloré du sang.
Plus tard, le cartilage de l'os naviculaire
est ulcéré ou absorbé ; le tendon fléchisseur
présente une surface raboteuse ; l'os sésamoïde est poreux, boursouflé. Quand la
maladie est avancée, la synovie a disparu ;
la jointure ou coulisse sésamoïdienne est complétement désorganisée. La maladie naviculaire est, en Angleterre, la cause de la perte
de beaucoup de chevaux ; susceptible de guérir au début, elle devient bientôt incurable.
Des moyens de traitement variés ont été proposés. Turner conseille d'obtenir la résolution de l'inflammation et de prévenir la compression de l'os naviculaire ; il prescrit la
saignée à l'artère plantaire, l'extirpation du
quartier interne de la paroi, l'application du

fer à planche, moyen vicieux, parce que ce
fer exerce son appui sur les talons, la fourchette n'étant pas assez développée dans les
pieds affectés. Godwin ordonne la saignée
générale, les cataplasmes autour du sabot,
le repos, quand la maladie est récente ; plus
tard, l'amincissement de la sole, le vésicatoire à la couronne, le séton à travers la
fourchette. Dans les podotrochilites récentes,
Braüell recommande comme traitement prophylactique, les cataplasmes émollients, les
corps gras, le repos, quelques pédiluves
froids, les révulsions sur le tube intestinal
en alternant les purgatifs et les diurétiques.
Lorsque la maladie est chronique, il réitère
plusieurs fois le vésicatoire sur la couronne ;
il emploie aussi le séton à travers le coussinet plantaire ; à l'intérieur, il fait donner
des bols d'iode à la dose d'un à quatre grammes. Cet auteur émet l'idée de pratiquer la
ténotomie pour éviter pendant quelque temps
le frottement du tendon fléchisseur sur la
coulisse sésamoïdienne. Enfin, la *névrotomie
plantaire* a été inventée pour remédier à la
synovite naviculaire ; mais cette opération
doit être considérée tout au plus comme un
palliatif. *V.* Névrotomie.

NAYADÉES, *V.* Naïadées.

NAZ (Race ovine de). C'est la race la plus
fine que possède la France. Elle est d'origine
espagnole et entretenue dans la ferme de
Naz, pays de Gex. Cette race consomme peu,
mais elle manque de rusticité ; sa toison est
peu fournie ; la finesse de sa laine constitue
à peu près son unique mérite, car elle n'a
pas de valeur comme bête de boucherie. On
a essayé de la croiser avec des animaux de
Rambouillet, mais les résultats n'ont pas été
satisfaisants ; les produits sont trop inférieurs
aux Rambouillet pour le poids de la chair et
de la toison.

NÉCESSAIRE, *V.* Polygamie.

NÉCROGÈNE, adj., *necrogenus*, de νεκρός,
mort, et γεννάω, j'engendre ; se dit des parasites se développant à l'intérieur des végétaux
mourants ou morts, ex. : les *Xyloma*.

NÉCROPSIE, s. f., *Necropsia*, de νεκρός,
mort, et ὄπτομαι, voir ; examen des cadavres. On dit encore *Nécroscopie. V.* Autopsie.

NÉCROSE, s. f., *Necrosis*, de νεκρός,
mort ; mortification d'une partie plus ou
moins étendue d'un os. Elle correspond à la
gangrène des parties molles. Tous les os sont
susceptibles d'éprouver la nécrose ; on l'observe plus fréquemment sur certains os exposés à l'action des causes qui modifient leurs
propriétés vitales. Lorsqu'une portion du périoste est détruite, la substance osseuse correspondante devient un corps étranger et s'exfo-
lie, son expulsion étant devenue nécessaire
comme celle d'une eschare gangreneuse.
Quelquefois, la partie nécrosée est volumineuse ; le périoste sécrète une matière osseuse
qui l'entoure et forme ce qu'on appelle un
séquestre. La nécrose attaque plus souvent le

tissu compacte, que la substance spongieuse des os. On l'observe sur le cheval dans le mal de garrot, sur les vertèbres dorsales, sur l'omoplate; dans l'enclouure et le clou de rue, sur le dernier phalangien; sur le tibia, le canon, à la suite des coups de pied. Les causes externes de la nécrose sont les contusions, les piqûres, les fractures, les plaies par armes à feu, l'action du froid, de la chaleur concentrée, l'emploi de la cautérisation par le fer rouge, les acides minéraux, etc. Il est démontré que des causes internes peuvent produire cette maladie dans l'espèce humaine; tels sont les vices scrofuleux, arthritique, rhumatismal, le virus vénérien; l'influence de ces causes est peu connue sous ce rapport dans les animaux. La partie d'os mortifiée est d'un blanc grisâtre, noire sur quelques points; elle agit comme corps étranger; sa présence fait tuméfier les parties molles environnantes; la plaie laisse écouler du pus odorant et sanieux. La marche de la maladie est plus ou moins rapide, selon l'intensité de la cause productrice. Si la partie nécrosée peut s'échapper par des ouvertures fistuleuses, la nature fait tous les frais de la guérison; des bourgeons cellulo-vasculaires remplacent bientôt le vide qui s'est formé. Dans le cas contraire, si la nécrose n'est pas expulsée, des accidents graves se montrent; le pus exerce ses ravages sur les parties voisines et produit des complications. Le séquestre peut être *invaginé*, comme on a pu le constater pour le scapulum tout entier; dans les fractures, il est emprisonné par le cal et ne peut être éliminé. On a distingué la *carie* de la *nécrose*, qu'on a encore appelée *carie sèche*. Dans la carie proprement dite, l'os malade se ramollit sans être mortifié; dans la nécrose, il devient corps étranger en tout ou en partie. Le traitement de la nécrose est facile à déterminer. En premier lieu, l'on doit combattre la cause de la maladie. Les indications locales ne peuvent prévenir ni arrêter les progrès de la nécrose; il suffit de favoriser l'action de la nature qui, dans un grand nombre de cas, suffit pour opérer l'expulsion de la nécrose ou du séquestre. Il est utile d'ouvrir l'abcès qui se produit et de favoriser la cicatrisation, après que l'ulcération a chassé la partie osseuse mortifiée. Dans certains cas, on a recours à l'emploi de la rainette, du trépan, de la gouge et du maillet, lorsque le séquestre, recouvert par un os de nouvelle formation, ne peut s'échapper au dehors.

NECTAIRE, s. m., *Nectarium*; ce nom, donné d'abord par Linné à toutes les parties de la fleur, productrices du suc mielleux appelé *nectar*, fut ensuite étendu par lui aux parties de la fleur, qui ne sont ni des enveloppes proprement dites, ni des organes sexuels, qu'elles fussent ou non glandulaires. Les botanistes modernes ont laissé introduire, dans ce point d'anatomie végétale, une confusion que n'ont pu détruire les travaux de plusieurs auteurs français et étrangers. On peut, toutefois, considérer comme nectaire tout organe glanduleux situé dans la fleur, émanant du réceptacle et ne remplissant ni le rôle d'une enveloppe, ni ceux du pistil et de l'étamine. En adoptant cette idée, Bravais distingue neuf espèces de nectaires.

NECTARIFÈRE, adj., *nectarifer*; qui porte un ou plusieurs nectaires.

NÉFLIER, s. m., *Mespilus*, L.; genre de la famille des Rosacées. Il se compose d'arbres de petite taille, originaires des parties moyennes et septentrionales de l'Europe, perdant par la culture les épines dont ils sont couverts à l'état sauvage. L'espèce principale de ce genre, est le N. d'Allemagne, *M. germanica*, dont les fruits appelés *nèfles*, sont mangés après leur blettissement ou sont employés comme astringents ou détersifs.

NÉGATIF, IVE, adj., *negativus*; nom donné par Franklin à l'électricité *résineuse* qui, dans son système, était considérée comme un état *en moins* dans les corps, ceux-ci, renfermant, selon lui, moins d'électricité que dans l'état naturel. *V.* ELECTRO-NÉGATIF.

NÉGATIVITÉ, s. f.; état d'un corps chargé d'électricité négative ou en manifestant les effets. En chimie, on considère, au contraire, les corps à l'*état négatif*, comme chargés d'électricité positive, puisqu'ils se portent au pôle négatif de la pile.

NEIGE, s. f., *Nix*, χιων; météore aqueux provenant de la congélation de la vapeur des nuages. La neige tombe vers la terre en petites masses légères, d'un blanc éclatant, qu'on appelle des *flocons*, et dont le volume est d'autant plus considérable que la température est plus douce. Ces petites masses sont formées d'aiguilles prismatiques de glace, disposées parfois en étoiles régulières, dont la forme varie à l'infini. Les flocons de neige, en traversant l'atmosphère, condensent à leur surface la vapeur des régions inférieures de l'air et grossissent, par conséquent, jusqu'à leur arrivée sur le sol. La neige est très inégalement distribuée sur la surface du globe et paraît l'être en sens inverse de la *pluie* (*V.* ce mot); elle augmente en allant de l'équateur vers les pôles et en s'élevant du niveau de la mer au sommet des hautes montagnes, où elle est permanente comme dans les régions polaires. Dans les climats tempérés, la neige ne tombe généralement que pendant l'hiver, et forme toujours un vêtement protecteur pour les plantes contre les rigueurs du froid.

NEIGÉ, ÉE, adj.; nom donné aux robes sur lesquelles se remarquent des taches blanches, peu étendues, ressemblant à des flocons de neige. Ces taches sont très communes sur les chevaux de l'Algérie.

NÉLUMBIACÉES, s. f., *Nelumbiaceæ*; *Nelumbonées*; famille de plantes dicotylédonées, formée, aux dépens des Nymphéacées, du seul genre *Nelumbium*.

NÉMOBLASTE, adj., *nemoblastus*, de

νεμος , bois, et βλαττος , germe ; se dit , d'après Wildenow , des embryons filiformes, comme ceux des *mousses.*

NÉNUPHAR , s. m. , *Nymphæa* , L. ; genre de la famille des Nymphéacées. Il se compose de plantes herbacées , à rhizôme volumineux , charnu , féculent , habitant les eaux douces , stagnantes ou peu courantes. Dans le Levant et en Egypte , on exploite , comme alimentaires , les rhizômes des espèces *cœrulea et lotus.* Le *N. alba*, vulg. *Lis des étangs,* commun en France , a également une racine féculente , mais non utilisée. Elle passe, ainsi que les fleurs , pour anaphrodisiaque.

NÉPENTHE , s. m. , *Nepenthes* , L. ; genre de la famille des Népenthées , composé de sous-arbrisseaux de l'Afrique et de l'Asie tropicale. Les espèces sont surtout remarquables par leurs feuilles présentant une sorte d'urne (ascidie), dans laquelle s'amasse de l'eau dont on ne connait pas bien l'origine. On a supposé que ces plantes étaient une ressource merveilleuse pour le voyageur altéré , mais cette circonstance qu'elles ne croissent que dans les terrains humides , au bord des eaux , diminue beaucoup l'importance de leur rôle.

NÉPENTHÉES , s. f. , *Nepentheæ*; famille de plantes dicotylédonées , dioïques, formée du seul genre *Nepenthes.*

NÉPÉTA, s. m. , *Nepeta* , Benth.; genre nombreux de la famille des Labiées. Il est composé de plantes généralement odorantes, de saveur chaude , désagréable. Bentham en décrit plus de cent-treize espèces, la plupart exotiques. Parmi celles que l'on trouve en France, nous citerons le N. chataire , *N. cataria* , vulg. *Herbe aux chats,* remarquable par le plaisir que les chats éprouvent à se frotter contre ses tiges ; le N. glechome, *N. glechoma* , Benth. , *Glechoma hederacea* , L. vulg. *Lierre terrestre.* Ces plantes sont généralement repoussées des herbivores. Les sommités fleuries du lierre terrestre sont employées en infusions comme béchiques.

NÉPHÉLION , s. m. , *Nephelion* , de νεφελη , nuage , brouillard ; tache blanche produite sur la cornée transparente de l'œil par la cicatrisation d'un ulcère. *V.* ALBUGO.

NÉPHRALGIE , s. f. , *Nephralgia* , de νεφρος , rein, et αλγος , douleur; douleur des reins.

NÉPHRELMINTHIQUE , adj. , *nephrelminthicus* , de νεφρος, rein, et ελμυς , ver ; se dit de l'ischurie causée par la présence des vers dans les reins. — *Ischurie néphrelminthique.*

NÉPHREMPHRAXIS , s. f. , *Nephremphraxis*, de νεφρος, rein , et εμφρασσω, j'embrasse ; obstruction des reins.

NÉPHRÉTIQUE , adj. , *nephreticus;* ce mot s'applique aux douleurs qui ont leur siége dans les reins, et aux médicaments qu'on emploie pour y remédier. *Colique néphrétique , douleur néphrétique.*

NÉPHRINE , *V.* CYSTINE.

NÉPHRITE , s. f. , *Nephritis* , de νεφρος , rein ; inflammation des reins. Synonymie : *fièvre néphrétique , albuminurie.* Rayer a donné le nom de *néphrite* à l'inflammation des substances corticale et tubuleuse des reins : il a décrit , sous le nom de *pyélite*, l'inflammation des bassinets ; sous celui de *périnéphrite*, l'inflammation de la membrane d'enveloppe. Cette maladie est plus commune dans les ruminants que dans les monodactyles ; elle est très grave sur ces derniers. La néphrite est *aiguë* ou *chronique.* — *Néphrite aiguë.* Ses causes déterminantes sont directes ou indirectes. Les coups sur la région lombaire , les secousses violentes , les efforts, sont des causes directes , ainsi que les diurétiques âcres ou irritants , tels que le nitrate de potasse à haute dose , l'essence de térébenthine , les cantharides. Les bêtes à cornes contractent la néphrite par un régime excitant et surtout par l'usage des gousses de genêt , des jeunes pousses d'arbres résineux. Le trop long séjour de l'urine dans la vessie , les calculs rénaux, sont aussi des causes de néphrite. On voit cette affection survenir sympathiquement par la suppression de la transpiration cutanée , la répercussion des exanthèmes cutanés ; quelquefois elle se produit à la suite de l'entérite et de la gastro-entérite. L'invasion est tantôt lente, tantôt subite. Il n'est pas possible de saisir sur les animaux ce sentiment douloureux , précurseur de la maladie , que l'homme éprouve dans la région lombaire. Des coliques violentes se montrent sur le cheval. La sécrétion urinaire est diminuée ou même supprimée ; le malade se campe fréquemment pour uriner et ne rejette qu'une petite quantité d'urine trouble , huileuse , quelquefois sanguinolente. La région lombaire est douloureuse, quand on la presse avec les doigts ; on observe la rétraction des testicules. Plus tard , le pouls est petit, serré ; le corps présente des sueurs partielles ; il y a paralysie du train postérieur ; l'animal périt. Il faut éviter de confondre la néphrite avec le rhumatisme des lombes , avec d'autres coliques dues à des causes différentes, avec la cystite. Quand elle est enflammée , la vessie est pleine ; les envies d'uriner sont plus fréquentes que dans la néphrite. Dans la néphrite *calculeuse*, il y a des rémissions dans l'apparition des symptômes. Les terminaisons de l'inflammation des reins sont la résolution , la suppuration , la gangrène; cette dernière est la plus rare. Dès le début, il convient de mettre en usage le traitement antiphlogistique. On pratique plusieurs saignées générales à de courts intervalles ; on prescrit la diète, les boissons mucilagineuses de graine de lin ; on place sur la région lombaire des sachets ou des cataplasmes émollients, des ventouses , des vésicatoires volants. Si la néphrite est due à l'action des cantharides , il importe de neutraliser leur

action par les potions et les lavements camphrés. — *Néphrite chronique* : ses symptômes sont plus obscurs que ceux de la néphrite
aiguë. Quelquefois l'inflammation chronique
prend momentanément une certaine acuité.
Dans l'homme, on a considéré l'alcalinité de
l'urine comme un caractère de la néphrite
chronique; l'alcalinité est l'état normal
dans les animaux herbivores ; on a considéré
cet état comme incurable. C'est principalement
par un régime rafraîchissant, qu'on peut y
remédier ; on administre aux ruminants plusieurs fois par jour la décoction d'oseille ; on
donne aux animaux des plantes fraiches acidules ; on recherche pour eux des habitations
où l'air se renouvelle facilement.

NÉPHROGRAPHIE , s. f. , *Nephrographia*, de νεφρος, rein, et γραφη, description: description des reins.

NÉPHROLITHE , s. m. , *Nephrolithus* ,
de νεφρος, rein , et λιθος, pierre; pierre ou
calcul formé dans les reins. *V.* CALCUL.

NÉPHROLITHIQUE, adj., *nephrolithicus*,
de νεφρος, rein , et λιθος, pierre ; qui dépend
des calculs rénaux; *ischurie néphrolithique.*

NÉPHROLITHOTOMIE , s. f. , *Nephrolithotomia*, de νεφρος, rein , λιθος, pierre ,
et τεμνω, je coupe ; incision des reins pour
extraire un calcul. Opération inusitée.

NÉPHROLOGIE , s. f. , *Nephrologia*,
de νεφρος, rein , et λογος, discours ; traité
sur les reins.

NÉPHROPHLEGMASIE , s. f. , *Nephrophlegmasia* , de νεφρος , rein , et φλεγω,
j'enflamme; inflammation des reins. *V.* NÉ
PHRITE.

NÉPHROPHLEGMATIQUE , adj. , *nephrophlegmaticus*, de νεφρος , rein, et φλεγω ,
j'enflamme: qui concerne la *néphrophlegmasie.*

NÉPHROPLÉGIE , s. f., *Nephroplegia*,
de νεφρος, rein, et πλασσω, je frappe ; atonie ,
paralysie des reins.

NÉPHROPLÉGIQUE , adj. , *nephroplegicus* , de νεφρος , rein , et πλασσω, frapper ;
qui a rapport à la néphroplégie.

NÉPHROPLÉTHORIQUE, adj., *nephroplethoricus*, de νεφρος, rein, et πληθωρα, pléthore;
qui tient à l'ischurie causée par la pléthore
des reins.

NÉPHROPYIQUE , adj., *Nephropyicus* ,
de νεφρος , rein , et πυον, pus ; qui a rapport
à la suppuration des reins , à la *néphropyose.*

NÉPHROPYOSE , s. f., *Nephropyosis*, de
νεφρος, rein , et πυον, pus ; suppuration des
reins.

NÉPHRORRHAGIE , s. f. , *Nephrorrhagia*, de νεφρος, rein , ρεος, écoulement ,
et αγω, je pousse: hémorrhagie des reins.

NÉPHROSPASTIQUE , adj. , *nephrospasticus* , de νεφρος, rein , et σπαω, je resserre ;
se dit de l'ischurie qui dépend du spasme
des reins.

NÉPHROTHROMBOIDE, adj. , *nephrothromboïdes* , de νεφρος, rein , et θρομβος ,
caillot de sang ; ischurie des reins causée par
le sang grumelé.

NÉPHROTOMIE , s. f. *Nephrotomia*, de
νεφρος , rein , et τομη , incision ; opération
qui consiste à faire une incision sur un rein
pour extraire un calcul ou donner issue à
une collection purulente. Cette opération n'a
jamais été tentée sur les animaux. Du reste,
elle n'est jamais indiquée , les signes de la
présence des calculs rénaux ne pouvant être
établis d'une manière positive.

NERF, s. m., *Nervus*, de νευρον, force;
les nerfs sont des cordons blanchâtres, cylindriques ou aplatis , en rapport avec les centres nerveux et se divisant à partir de ces
centres jusqu'à leur terminaison dans les organes. Ils sont les conducteurs du mouvement et de la sensibilité. On les distingue en
nerfs de la vie animale et *nerfs de la vie
organique*. Les premiers ont été divisés suivant le point du centre nerveux auquel ils
aboutissent, en nerfs crâniens ou encéphaliques , et nerfs spinaux ou rachidiens. Les
premiers sont au nombre de douze paires ;
les seconds sont subordonnés pour leur nombre à celui des vertèbres. Les uns naissent
par une seule racine, les autres par deux.
Enfin , les uns distribuent la sensibilité, d'autres le mouvement, et un grand nombre
transmettent à la fois la propriété de sentir
et celle de se mouvoir. — Le point de rapport des nerfs avec les centres nerveux ne se
borne pas à la surface d'où les premiers paraissent partir ; les nerfs s'enfoncent plus
profondément dans la substance médullaire,
et tous communiquent avec la moëlle spinale :
les nerfs *sensitifs* avec le faisceau supérieur,
les *moteurs* avec le faisceau inférieur, et les
nerfs *mixtes* avec les deux faisceaux. A
partir du centre nerveux cérébro-spinal , les
nerfs vont en se divisant et se subdivisant,
contractant entre eux des *anastomoses*, différant de celles des vaisseaux en ce que,
dans ceux-ci, il y a réunion complète des
deux colonnes de fluide , tandis que, dans les
nerfs , il y a simple accolement des filets nerveux, qui se réunissent sans partager leurs
propriétés. L'entrecroisement d'un certain
nombre de filets nerveux constitue ce que
l'on appelle un *plexus*. — Le mode de terminaison des filets nerveux dans les tissus est
très obscur et a donné lieu à une foule d'explications qui ne peuvent trouver place ici. Ce
qu'il y a de plus positif, c'est que le névrilème disparaît et que les filets se renflent et
se ramollissent jusqu'au point où l'on cesse
de les apercevoir. — Les nerfs de la vie organique diffèrent de ceux de la vie animale par
une forme moins régulière, une couleur souvent grisâtre, et l'existence , sur leur trajet,
de nombreux *ganglions* (*V.* ce mot). — Quant
à leur structure, les nerfs résultent de l'assemblage de filaments très fins, réunis en
fascicules, puis en faisceaux, etc.; chaque
filament étant muni d'une enveloppe ou névrilème dont l'épaisseur augmente avec le
volume du cordon nerveux. La division des
nerfs s'opère toujours à angle aigu, par le

simple écartement de leurs fibres ou faisceaux, de telle sorte que la dissection peut faire varier facilement le point de division des cordons.—Les nerfs sont très irritables et destinés à transmettre le sentiment ou le mouvement, suivant leur point de rapport avec la moelle épinière. Pour les fonctions des nerfs de la vie organique, *V.* Sympathique.

NERF-FERURE, s. f., de *ferire*, frapper; mot impropre employé par les hippiâtres pour désigner la contusion produite sur les tendons fléchisseurs des membres, ou l'engorgement, la tuméfaction de ces tendons résultant d'autres causes. Inusité.

NÉRION, s. m., *Nerium*, T.; genre de la famille des Apocynées. Plusieurs espèces sont cultivées comme plantes d'ornement : le N. laurier-rose, vulg. *Laurier rose*, *N. oleander*, arbrisseau commun dans le bassin de la Méditerranée; le N. odorant, *N. odorum*, Soland., originaire de l'Inde. Ces deux plantes sont narcotico-âcres. L'extrait des feuilles du laurier rose a été essayé contre la gale; son emploi demande beaucoup de circonspection.

NÉROLI, s. m.; nom commercial de l'essence de fleur d'oranger.

NERPRUN, s. m., *Rhamnus*, T.; genre de la famille des Rhamnées, composé d'arbrisseaux et de petits arbres originaires des régions tempérées de l'hémisphère boréal. Les principales espèces sont : le N. cathartique, *R. catharticus*, commun dans le midi de la France et fournissant à la pharmacie ses graines et son écorce; le N. alaterne, *R. alaternus*, joli arbrisseau toujours vert, également répandu dans les départements méridionaux; le N. des teinturiers, *R. infectorius*, croissant dans les mêmes lieux, arbrisseau épineux dont les fruits donnent une couleur jaune; le N. bourdaine, *R. frangula*, sert à faire des haies vives; son bois léger est converti en charbon pour la préparation de la poudre. — *Pharmacol.* Le Nerprun cathartique fournit à la thérapeutique ses fruits, qui sont de petites baies globuleuses de la grosseur d'un petit pois, d'abord vertes, puis noires, formées d'une pellicule lisse et d'une pulpe verte, d'une odeur nauséabonde, d'une saveur amère, et renfermant trois petits noyaux. Ces petites baies, qu'on doit récolter à leur entière maturité, sont composées, d'après Hubert, d'acide acétique, d'acide malique, de cathartine, d'une substance gommeuse, de sucre et d'une matière colorante qui devient rouge par l'action des acides, et verte sous l'influence des alcalis. — Les baies de nerprun constituent un purgatif assez énergique, mais qui ne convient que pour les petits animaux. On les donne, après les avoir concassées, à la dose de 8 à 15 grammes, ou mieux, on en forme un extrait ou rob qui se donne au chien, dissous dans l'eau à la dose de 30 à 90 grammes.

NERVAL, ALE, adj., *nervalis*; se dit des vrilles provenant du prolongement de la nervure médiane des feuilles.

NERVATION, s. f., *Nervatio*; ensemble des nervures d'une feuille; disposition, arrangement, situation relative des nervures; c'est cette disposition qui détermine la forme de ces organes.—*Pathol.* Synonyme d'*énervation* (*V.* ce mot). — Donné quelquefois comme synonyme de *névrotomie* (*V.* ce mot).

NERVÉ, ÉE, adj., *nervatus*; qui a des nervures, et surtout des nervures saillantes.

NERVEUX, EUSE, adj., *nervosus*; qui appartient aux nerfs, ou qui en est fortement pourvu. — *Système nerveux* : ensemble de tous les nerfs et des centres auxquels ils aboutissent. Bichat a divisé le système nerveux en système *de la vie animale* et système *de la vie organique*. Le premier comprend les grands centres nerveux et tous les cordons qui sont directement en rapport avec eux; c'est le système nerveux *cérébro-spinal*, tenant sous sa dépendance tous les organes soumis à l'empire de la volonté. Le second, ou système *du grand sympathique*, comprend tous les nerfs dits *ganglionnaires*, c'est-à-dire séparés du système cérébro-spinal par des ganglions. Il tient sous sa dépendance tous les organes remplissant des fonctions végétatives, et dont l'action est soustraite à l'influence de la volonté. *V.* Nerf. — *Fièvre nerveuse. V.* Fièvre. — *Tempérament nerveux. V.* Tempérament.

NERVIN, adj., *nervinus*, *neuroticus*; qui peut remédier aux maladies des nerfs. Se dit surtout des substances employées à l'extérieur pour fortifier les nerfs ou pour faire disparaître les douleurs dont ils sont le siége. *V.* Antinévralgique.

NERVULE, s. f., *Nervula*; faisceau fibreux et vasculaire émanant du trophosperme ou cordon ombilical, et allant se ramifier dans les placentaires.

NERVURE, s. f., *Nervus*; faisceau vasculaire formant le prolongement plus ou moins ramifié du pétiole des feuilles. Les nervures sont simples ou divisées, droites ou courbes, parallèles ou divergentes suivant divers modes, confondues à leur terminaison avec le limbe, ou prolongées en épines, en vrilles; elles sont plus ou moins saillantes et comprennent entre elles le parenchyme de la feuille; souvent elles sont bordées de cils ou couvertes d'aiguillons. Plusieurs espèces de vaisseaux entrent dans leur composition; on y trouve des trachées déroulables. — Cassini appelle *fausses nervures*, nervures surnuméraires, celles que présentent un certain nombre de corolles dans la famille des Composées.

NETTOIEMENT, *V.* Sarclage.

NEUTRALISATION, s. f.; annulation des propriétés électro-négatives des acides et des propriétés électro-positives des bases, par le mélange, en proportions déterminées, de ces deux genres de corps qui se combinent pour former des sels.

NEUTRALITÉ, s. f., *Neutralitas ;* état d'un corps qui ne manifeste aucune propriété acide ou alcaline au contact des matières colorantes végétales, et notamment de la *teinture de tournesol.* Les anciens chimistes donnaient à cette indication une valeur absolue et considéraient comme sels *neutres* tous ceux qui n'altéraient pas les couleurs végétales, et dans lesquels, suivant cette opinion, les propriétés respectives de l'acide et de la base se trouvaient *entièrement neutralisées.* — La neutralité chimique, considérée à ce point de vue, n'est plus admise que comme un état relatif ; en effet, le tournesol doit être regardé comme un sel formé d'une base et d'un acide qui est rouge ; un acide rougit donc le tournesol, parce qu'il met à nu l'acide qui existe dans cette matière colorante. Or, un sel paraîtra acide ou basique, suivant que les éléments qui le constituent seront plus énergiques ou moins forts que ceux qui forment la teinture de tournesol. Pour sortir de cette incertitude, les chimistes ont cherché les bases de la neutralité chimique dans la constitution même des sels ; ainsi, ils considèrent comme *sels neutres,* quelle que soit d'ailleurs leur action sur les couleurs végétales, *ceux dans lesquels le rapport entre l'oxygène de la base et celui de l'acide est le même que celui qu'on observe dans les sels du même genre,* qui, formés d'*acide et de base énergiques,* sont *neutres* aux papiers colorés ; ex. : sels à base de potasse et de soude.

NEUTRE, adj., *neuter.* Ce mot a plusieurs acceptions : en *chimie,* on appelle *corps neutres* ceux qui n'agissent pas sur les couleurs végétales, ou dont la composition est conforme à celle de certains corps qui présentent tous les caractères de la *neutralité (V.* ce mot). En *physique,* on appelle corps *neutres* ceux qui sont dans l'état naturel ou qui ne présentent aucun signe d'électricité ; *ligne neutre :* la partie d'un aimant ou d'un conducteur isolé qui ne présente pas le magnétisme ou l'électricité. — *Bot.* Privé de sexe ou d'organes sexuels. Cet état peut être la conséquence d'une transformation ou d'un avortement. Les fleurs neutres sont constamment stériles. — *Zoolog.* On appelle *neutres* ou ouvrières les abeilles privées de sexe, qui constituent la presque totalité d'une ruche. Les abeilles et les fourmis *neutres* ne sont que des femelles incomplètes. Lorsque la *reine* vient à manquer dans une ruche, des œufs qui devaient donner des neutres donnent des *reines,* les larves étant logées et nourries d'une manière particulière.

NEUTRIFLORE, adj., *neutriflorus ;* la calathide, la couronne, sont *neutriflores* quand elles sont composées de fleurs neutres.

NÉVRALGIE, s. f., *Nevralgia,* de νευρον, nerf, et αλγος, douleur ; douleur des nerfs. On n'a pas de moyens pour constater les névralgies sur les animaux, chez qui elles existent probablement. — On appelle *névralgie trem-*

blante des bêtes à laine, maladie folle, mal de nerfs, maladie convulsive, une affection encore peu connue, que Girard a considérée comme une névrose de la moëlle épinière. *V.* TREMBLANTE.

NÉVRILÈME ou **NÉVRILEMME**, s. m., *Nevrilema,* de νευρον, nerf, et λιμμα, tunique ; enveloppe cellulaire, très solide, qui entoure chaque filet nerveux en particulier, et, en général, le cordon qui résulte de l'assemblage de ces filets. Le névrilème a son origine à la pie-mère, et se perd vers les extrémités des cordons nerveux. Il reçoit beaucoup de vaisseaux sanguins évidemment destinés à la substance nerveuse du cordon qu'il protège.

NÉVRILÉMITE ou **NÉVRILEMMITE**, s. f., *Nevrilemmitis,* de νευρον, nerf, et λιμμα, membrane ; inflammation du névrilème. Inconnue dans les animaux.

NÉVRITE, s. f., *Nevritis,* de νευρον, nerf ; inflammation des nerfs. Tout aussi peu connue que les névralgies, en médecine vétérinaire.

NÉVROGRAPHIE, s. f., *Nevrographia,* de νευρον, nerf, et γραφη, description ; description des nerfs.

NÉVROLOGIE, s. f., *Nevrologia,* de νευρον, nerf, et λογος, discours ; traité des nerfs ou du système nerveux.

NÉVROME, s. f., *Nevroma,* de νευρον, nerf ; tumeur qui se développe dans l'épaisseur du tissu d'un nerf, et qui semble formée par une sorte de végétation intérieure du névrilème. Les névrômes peuvent s'élever du volume d'un grain de millet à celui d'une orange ; plusieurs de ces dégénérescences peuvent se montrer sur un même nerf. Mobiles latéralement, ces tumeurs produisent quelque souffrance lorsqu'on les déplace. Par leur présence, le nerf est gêné dans ses fonctions ; dans leur voisinage, les filets nerveux sont atrophiés. C'est Rigot, qui, le premier, a appelé l'attention sur les tumeurs des nerfs plantaires du cheval ; Goubaux a décrit plus tard les névrômes du nerf fémoral antérieur. Il attribue à leur présence des claudications dont le siége n'a pu être bien déterminé. Par la section du nerf fémoral antérieur, pratiquée à la face interne de la cuisse et à la partie supérieure, ce professeur a déterminé une claudication analogue à celle qu'il a observée sur quelques animaux atteints de névrôme. Brogniez et Delwart citent des boiteries dues au névrôme du nerf plantaire dans le pâturon ; l'extirpation de la tumeur nerveuse a produit la guérison.

NÉVROPTÈRES, s. m. pl., *Nevroptera ;* ordre d'insectes ayant pour caractères principaux : quatre ailes membraneuses et nues, divisées finement à leur surface par de nombreuses nervures : les inférieures ordinairement de même grandeur que les supérieures ou plus étendues dans un de leurs diamètres ; des mâchoires et des mandibules ; ex : les *Libellules.*

NÉVROSE, s. f., *Neurosis ;* terme générique

employé pour désigner les maladies qu'on suppose avoir leur siége dans le système nerveux, et qui produisent un trouble fonctionnel sans lésions apparentes dans les organes. Les névroses sont de longue durée, intermittentes, apyrétiques ; elles causent des souffrances violentes et sont difficilement curables. Roche pense que ces maladies consistent dans l'accumulation du fluide nerveux dans un tissu, accumulation déterminée par un agent irritant. On a donné plusieurs classifications des névroses. Pinel reconnaît : 1° les *névroses des sens*, ex.: amaurose, diplopie, héméralopie, nyctalopie ; 2° les *névroses cérébrales*, ex. : rage ; 3° les *névroses de la locomotion* : névralgies, chorée, paralysies, tétanos ; 4° les *névroses de la voix* ; 5° les *névroses de la digestion* : pica, boulimie, iléus ; 6° les *névroses de la respiration* : asthme, pousse, asphyxie ; 7° *névroses de la circulation* : lypothimie ; 8° *névroses de la génération* : nymphomanie, satyriasis.

NÉVROSTHÈME, NÉVROSTHÉNIE s. f., *Neurosthenia*, de νευρον, nerf, et σθημωγ, amas ; excès d'irritation nerveuse.

NÉVROTHÉLE, adj., de νευρον, nerf, et θηλη, mamelon. *Appareil névrothéle* : nom donné par Breschet au corps papillaire de la peau.

NÉVROTOME, s. m., *Nevrotomus*, de νευρον, nerf, et τομη, section ; instrument à deux tranchants usité pour la dissection des nerfs. Rigot a inventé un névrotome pour la section des nerfs plantaires du cheval.

NÉVROTOMIE, s. f., *Nevrotomia*, de νευρον, nerf, et τεμνω, je coupe ; partie de l'*anatomie*, qui consiste dans la dissection des nerfs. — En *chirurgie*, on a donné ce nom à une opération qui consiste dans la section d'un nerf, pratiquée comme moyen curatif de quelques névralgies, des névrômes ; on empêche ainsi la transmission de la douleur au cerveau. Pendant longtemps la névrotomie a consisté dans une simple *section*, mais l'expérience a démontré que les nerfs ne jouissant d'aucune rétractilité, le soulagement n'était pas de longue durée, les parties divisées venant à se réunir ; il a fallu recourir à l'excision d'une certaine étendue du nerf à opérer, ce qui n'empêche pas le mal de se renouveler.

NÉVROTOMIE PLANTAIRE ; elle a été désignée improprement sous les noms de *nervation*, *énervation*. Elle consiste dans l'excision d'une partie des nerfs du pied, pour faire cesser la douleur produite par diverses maladies chroniques du sabot. Cette opération a été imaginée par les Anglais et adoptée avec empressement par les vétérinaires français. Moorcroft en a revendiqué la priorité ; Turner, Godwin, Lewel et Percivall l'ont fréquemment pratiquée. Girard fils l'a introduite en France, où elle a été étudiée par Berger, Villatte, Renault, Delafond, Beugnot et autres. Elle a été indiquée pour remédier à la maladie naviculaire, aux boite-

ries chroniques provenant des pieds plats, encastelés, des bleimes, du crapaud. Les opinions ont été assez divisées sur la valeur de la névrotomie plantaire. Elle est impuissante contre les désordres matériels, dont elle n'arrête pas l'accroissement. Lorsque ces désordres n'existent pas, elle fait disparaître la douleur et la claudication qui en résulte, mais ce n'est tout au plus qu'un palliatif. Au bout de quelques semaines, la communication nerveuse se rétablit, la claudication se montre de nouveau (Steinrüch) ; les nerfs plantaires du cheval se régénèrent. Brauell la considère comme un misérable leurre, propre tout au plus à délivrer momentanément l'animal d'une boiterie, à le rendre apte pendant un certain temps à fournir quelques services. On pratique l'opération de la névrotomie sur la branche antérieure ou sur la postérieure du nerf plantaire, ou au-dessus de la division de ces deux branches, suivant qu'on veut anéantir une douleur qui siége en avant ou en arrière du pied, ou dans toute son étendue. Il importe de ne pas exciser le même jour les deux nerfs du même pied ; si l'on oublie cette précaution, la chute du sabot peut survenir ; dans ce cas, Sewel l'a observée six à sept fois sur dix. Le cheval est abattu et fixé convenablement sur un lit de paille. Si l'on veut enlever le nerf plantaire au-dessus du boulet, il faut faire l'incision avant la division de ce nerf, éviter d'atteindre l'artère et la veine qui l'accompagnent. Le nerf étant à découvert, on passe en-dessous une aiguille à suture pour le soulever, et on en excise une étendue de 3 à 4 centimètres ; la plaie est ensuite recouverte par un pansement simple retenu par une bande circulaire. On opère sur les deux nerfs à quinze jours d'intervalle. Souvent on voit immédiatement la douleur disparaître ; mais il en résulte toujours des mouvements incertains dans le membre opéré, par suite du défaut d'innervation. Des accidents funestes ont été observés ; outre le décollement et la chute du sabot, on a signalé le ramollissement et la rupture du tendon perforant (Beugnot et Delafond), la fracture du sésamoïde et de l'os du pied, le retour de la claudication après un ou plusieurs mois.

NEW-LEICESTER, *V.* DISHLEY.

NEZ, s. m., *Nasus*, ριν ; portion proéminente de la face, dans laquelle s'ouvrent les narines. *V.* NASEAUX et NASALES (cavités).

NEZ (bout du) ; portion de la lèvre supérieure située entre les deux naseaux, et servant d'organe de toucher aux solipèdes, en raison de la grande sensibilité que développent dans cette partie les cordons nerveux considérables qui viennent y aboutir. Dans le *bœuf*, le bout du nez est formé par le *mufle* ; dans le *porc*, il porte le nom de *groin* ou *boutoir*.

NICKEL, s. m., *Niccolum*. Ni. Equiv. 369,7 ; métal de la troisième section, découvert en 1754 par Cronstedt. Il existe dans la nature, allié aux métaux, combiné au soufre, à l'arsenic, ou à l'état de sel. On l'obtient des arséniures et des arsénio-sulfures par le procédé suivant : le minerai est grillé avec soin et dissout dans l'eau régale; la solution est reprise par l'eau et abandonnée à elle-même; il se dépose de l'arséniure de fer, qu'on sépare ; on fait passer un courant d'acide sulfhydrique dans la liqueur, puis on la traite par un carbonate alcalin après la décantation ; le précipité recueilli est traité par l'acide oxalique pour séparer le fer; enfin, le carbonate de nickel qui reste est lavé, séché et réduit dans un creuset brasqué. — Le nickel est solide, blanc d'argent, d'une structure fibreuse, dur, ductile, malléable et ténace ; sa densité moyenne est de 8,8 ; il est très difficile à fondre ; magnétique comme le fer, il perd cette propriété à 400° environ. Peu altérable à l'air, à la température ordinaire, il s'oxyde rapidement lorsqu'il est chaud ; il décompose l'eau à la température rouge et se dissout facilement dans tous les acides concentrés. A l'état métallique, il est peu important; mais plusieurs de ses composés servent à colorer le verre et les émaux.

NICOTIANE, *V*. Nicotine et Tabac.

NICOTIANINE, s. f. ; espèce d'huile volatile concrète, signalée dans les feuilles de tabac par Posselt et Reimann. Elle est solide, d'une forte odeur de tabac, d'une saveur amère, insoluble dans l'eau, soluble dans l'alcool et l'éther. Elle est encore peu connue.

NICOTINE, s. f., $C^{10} H^5 Az.$, *Nicotiane;* alcaloïde ou principe actif du tabac; il existe en plus grande quantité dans celui qui n'a pas subi les manipulations des manufactures. Pour l'obtenir, on distille des feuilles sèches de tabac avec $^1/_{12}$ de potasse caustique et de l'eau ; le produit de la distillation est saturé par l'acide sulfurique, évaporé à siccité, épuisé par l'alcool ou l'éther, évaporé de nouveau et redistillé sur de la potasse ou de la chaux vive. — La nicotine est liquide, oléagineuse, incolore ou jaunâtre, d'une forte odeur de tabac, d'une saveur âcre, caustique, engourdissant la langue. Volatile et altérable à la lumière, la nicotine est peu soluble dans l'eau, mais très soluble dans l'alcool, l'éther, les essences et les huiles. Elle sature très bien les acides, et donne des sels très solubles et très déliquescents. C'est une des substances les plus vénéneuses que l'on connaisse ; une seule goutte, déposée sur la langue d'un chien, suffit pour le faire périr rapidement.

NICTATION, s. f., *Nictatio*, de *nictare*, cligner; synonyme de clignotement; action de cligner les yeux.

NIDULANT, ANTE, adj., *nidulans;* se dit des semences qui, dans les cavités du péricarpe, n'affectent aucun ordre déterminé.

NIELLE, s. f. ; nom donné, en agriculture, à des objets fort différents : à la carie et au charbon des céréales, aux graines du *nigella arvensis*, du *melampyrum arvense*, à l'*agrostema githago*, etc.

NIGELLE, s. f., *Nigella*, L.; genre de la famille des Renonculacées. Il se compose de plantes herbacées, annuelles, originaires de l'Orient et des bords de la Méditerranée. Sur les quinze espèces qui composent ce genre, quatre croissent spontanément en France : ce sont les *N. damascena, sativa, arvensis, hispanica*. En Orient, la *N. sativa* est cultivée comme plante légumière; on y fait un grand usage de ses graines comme condiment.

NIHIL ALBUM, *V*. Oxyde de zinc.

NITRATE, *V*. Azotate.

NITRATES. *Econ. rur.* Les nitrates de potasse, de soude et de chaux, ont été essayés en agriculture. Le premier a été considéré comme le plus actif de tous les engrais salins ; il paraît surtout convenir aux graminées, aux légumineuses, au sarrasin; mais il est d'un prix trop élevé pour qu'il soit possible d'en transporter l'usage dans la pratique. Celui de soude doit lui être préféré ; il produit d'ailleurs les mêmes effets. On l'a employé à la dose de 187 kilogrammes par hectare. — Un mélange de terre calcaire poreuse, d'un peu d'argile, de cendre et de fumier, couvert et arrosé de temps en temps, forme une espèce de compost chargé au bout d'un an d'une certaine quantité d'azotate de chaux, et que l'on transporte en cet état sur les terres. La chaux et la marne provoquant par leur présence à la surface du sol la formation d'azotates, agissent dans le même sens.

NITRE, s. m., *Nitrum;* nom vulgaire de l'*azotate de potasse* (*V*. ce mot).

NITRE CUBIQUE, *V*. Azotate de soude.

NITRE FIXÉ PAR LE CHARBON, *V*. Carbonate de potasse.

NITRE LUNAIRE, *V*. Azotate d'argent.

NITRE MERCURIEL, *V*. Azotate de mercure.

NITREUX, *V*. Acide nitreux.

NITRICUM, s. m. ; radical hypothétique dont l'azote serait l'oxyde.

NITRIFICATION, s. f., *Nitrificatio;* formation du nitre aux dépens de certaines substances, telles que les matières animales, les bases puissantes, l'air atmosphérique, etc. *V*. Azotate de potasse.

NITRIQUE, *V*. Acide azotique.

NITRITE, *V*. Azotite.

NITROGÈNE, s. m. ; nom proposé par Chaptal pour désigner l'*azote*, et adopté en Angleterre et en Allemagne. *V*. Azote.

NIVÉAL, ALE, adj., *nivealis;* on appelle ainsi les plantes qui fleurissent pendant l'hiver. ex.: le *galanthus nivalis*.

NIVÉOLE; s. f., *Leucoium*, L.; genre de la famille des Amaryllidées. Il est composé de plantes herbacées, bulbeuses, croissant surtout dans la région méditerranéenne de l'Europe. On les trouve dans les prairies fraîches, au bord des bois. Les deux espèces principales sont: la *N.* printanière, *L. vernum*, encore appelée *perce-neige* à cause de sa floraison précoce; la *N.* d'été, *L. æstivum*, fleurissant de bonne heure , mais moins précoce que la précédente. Ces deux espèces sont cultivées dans les jardins.

NIVERNAIS (Bœuf). La Nièvre ne possède d'autre race bovine propre que celle du Morvan, et celle-ci tend à disparaître de plus en plus, pour faire place au bœuf charollais dont l'introduction , commencée à la fin du siècle dernier, continue à se faire pour toutes les parties du département. Avant cette introduction, les races du Limousin , de l'Auvergne , de la Suisse, etc. , occupaient le sol à côté de la race indigène.

NOBLE , *V.* Chevaline.

NOCTILUCE , adj., *noctilux ;* se dit des fleurs qui s'ouvrent la nuit et se ferment le jour.

NOCTURNE, adj., *nocturnus ;* on désigne ainsi les fleurs qui s'ouvrent et se ferment dans la nuit. — *Zoolog.* Se dit des animaux qui veillent pendant la nuit. Les *Rapaces nocturnes* forment une famille de l'ordre des Rapaces, renfermant les *chouettes,* les *hibous ,* les *ducs ,* etc.

NODIFLORE , adj., *nodiflorus ;* qui porte des fleurs attachées à ses articulations.

NODUS, s. m., Nodosité, s. f. , de *nodus* , nœud ; tumeur dure et indolente qui se forme sur les os. *V.* Exostose et Suros. On a aussi donné ce nom aux renflements des tendons , aux *ganglions* tendineux. *V.* Ganglion.

NOEUD, s. m., *Nodus ;* saillie formée par le végétal au point où les fibres changent de direction et s'entrecroisent, etc., ex. : les nœuds des Graminées. Le nœud ne doit pas être confondu avec *l'articulation,* dans laquelle doit se produire naturellement une solution de continuité, une séparation des fibres qui ne sont qu'apposées ; dans le nœud, les éléments organiques sont confondus et se font continuité. L'intervalle compris entre deux nœuds est appelé *entre-nœud.*

NOIR , **NOIRE** , adj. , *niger ;* en botanique , les modifications de la couleur noire s'expriment de la manière suivante : noir foncé , *ater ;* noir d'encre, *atramentarius ;* noir-bleu , *atropurpureus ;* noir sombre , *obscurus ;* noir triste, *tristis ;* noirâtre , *nigricans ;* noircissant, *nigrescens.* — *Extér. Robe noire:* elle présente trois espèces : le noir *jay* ou *jayet,* qui offre un reflet brillant ; le noir *franc* ou noir proprement dit, et le noir *mal teint* , tirant un peu sur le brun.

NOIR , s. m. ; nom donné par les agriculteurs à des champignons qui recouvrent, sous la forme de croûtes noires, les faces des feuilles et quelquefois les rameaux de certains arbres. L'olivier , l'oranger, le tilleul, l'érable, l'orme, l'aune , etc., sont sujets à cette maladie , qui est, d'ailleurs, plus commune dans le Midi que dans le Nord. Les parasites biogènes qui constituent le noir, appartiennent à plusieurs genres, mais surtout au genre *fumago* de Person. Le meilleur moyen de détruire le noir est d'enlever les branches et les feuilles qu'il attaque.

Noir animalisé ; engrais désinfecté , composé d'excréments humains desséchés et réduits en poudre , ou de matières animales brûlées , mêlés avec de la terre carbonisée. Cet engrais convient à toutes les cultures ; on l'emploie à la dose de 20 à 25 hectolitres par hectare , sur hersage ou sur labour , ou mélangé avec la graine au moment de l'ensemencement. On peut le déposer au pied des arbres et des arbustes, dans les fosses ou les trous pratiqués pour les transplantations , etc.

Noir-museau ; ce nom a été donné à une affection herpétique du mouton, qui se développe au bout du nez, sur les joues , les yeux, à la base des oreilles. On l'a encore appelée *bouquet , barbouquet , faux museau, feu sacré.* Fréquente sur les agneaux , cette maladie est due surtout à la malpropreté des bergeries. L'éruption débute par des plaques rouges qui laissent bientôt échapper de la sérosité et produisent des ulcères recouverts de croûtes noirâtres ; quelquefois les formes de la tête deviennent monstrueuses. A mesure qu'elle est plus ancienne, la maladie envahit les membres et les autres parties du corps qui sont dépourvues de laine. On n'admet pas la contagion. Dans le début, on emploie avec avantage la pommade soufrée simple ; Gasparin recommande l'huile de cade. Lorsque les ulcérations sont tout-à-fait développées , nous employons avec avantage l'eau phagédénique.

NOISETIER , s. m. , *Corylus* , L. ; genre de la famille des Cupulifères. Ce genre se compose de plantes monoïques , frutescentes ou arborescentes , originaires des parties tempérées de l'Europe, de l'Amérique et de l'Inde septentrionale. Les noisetiers d'Europe, cultivés pour leurs fruits, se rapportent, suivant la plupart des botanistes français, à une seule espèce, le N. avelinier, *C. avellana,* L., qui aurait son type ou son origine dans le coudrier des bois, *C. sylvestris ;* tandis que les botanistes allemands admettent une deuxième espèce, le N. franc, *C. tubulosa,* Willd. L'Orient, l'Amérique, cultivent, pour les mêmes usages que nous, d'autres espèces dont quelques-unes sont des arbres moyens. La noisette, lorsqu'elle est fraîche surtout, est un fruit agréable et sain ; le bois de coudrier est propre à quelques ouvrages qui demandent de la flexibilité et de la résistance. On s'en sert aussi pour préparer le charbon qui doit entrer dans la confection de la poudre.

NOIX, s. f., *Nux ;* fruit apocarpé charnu , différant de la drupe, parce que son sarcocarpe est moins succulent, plus coriace, ex. : *le fruit de l'amandier, V. Drupe.* Le sarcocarpe prend , dans cette espèce de fruit, le nom de *Brou.*

NOIX DE GALLE , s. f., *Galla turcica* ou *tinctoria ;* excroissances végétales qui se développent sur les feuilles d'une espèce de chêne, le *quercus infectoria,* arbrisseau peu élevé qui croît spontanément dans l'Asie-Mineure. Elles sont produites par la piqûre d'un insecte du genre *cynips*, le *Diplolepis gallæ tinctoriæ*, qui dépose sa larve dans le tissu de la feuille et y provoque l'abord d'une grande quantité de sucs, d'où la formation de la galle. La noix de galle est globuleuse, de la grosseur d'une petite noix, surmontée de petits tubercules, ligneuse, dure, pesante, de couleur vert-grisâtre, glauque, inodore, d'une saveur amère et très-astringente. Son tissu intérieur, spongieux et jaunâtre, présente plusieurs petites loges où sont renfermées les larves déposées par l'insecte. Le commerce en présente deux variétés : la noix *verte*, *noire* ou d'*alep*, d'une teinte foncée, très dure, très pesante, ronde, très astringente, renfermant les larves de l'insecte, parce qu'on l'a récoltée avant leur entier développement; c'est la variété la plus riche en tannin, la plus estimée et la plus chère ; la *noix blanche*, plus allongée, plus légère, d'une teinte grise, peu astringente, présente un ou plusieurs petits trous ronds par où s'est échappée la larve, qui l'a en partie épuisée de ses sucs ; elle est peu estimée. La noix de galle est composée de tannin, d'acide gallique, d'extractif, de mucilage, de ligneux et de sels calcaires. Cette excroissance constitue un médicament astringent qui, traité par décoction, forme des lotions, des injections astringentes, mais qu'on remplace le plus souvent par celles d'écorce de chêne tout aussi efficaces et moins chères. La teinture alcoolique est fréquemment employée dans les laboratoires pour reconnaître les sels de fer.

NOIX MUSCADE, s. f., *Nux moschata;* nom du fruit du *Myristica moschata*, arbre qui croît principalement aux îles Moluques et qui forme le type d'une nouvelle famille dite des *Myristicées*. Ce fruit, qui est de la grosseur d'une orange, est formé de quatre parties: une enveloppe extérieure, charnue comme le brou de noix ; un réseau particulier, lacinié, rougeâtre appelé *macis* (*V.* ce mot); une enveloppe sèche, coriace, recouvrant immédiatement l'amande ; enfin cette dernière qui occupe le centre du fruit, et qui porte plus particulièrement dans le commerce le nom de *noix muscade*. Elle est ovoïde, grosse comme une petite noix, sillonnée en tous sens de petites rainures ; sa couleur est cendrée sur les parties saillantes et rougeâtre dans les sillons; à l'intérieur, elle est dure, compacte, d'aspect ligneux, grisâtre avec des veinules rouges, facile à couper, mais difficile à pulvériser ; son odeur est forte et aromatique, et sa saveur chaude, âcre, poivrée. La *noix muscade* contient, entre autres principes, une huile grasse et une huile essentielle qu'on en sépare facilement par la pression et la distillation, et qu'on emploie isolément en médecine. Très employée autrefois par les hippiâtres et les

maréchaux, et souvent à contre-sens, la noix muscade est rarement usitée aujourd'hui, le poivre et le clou de girofle pouvant la remplacer avec avantage sous tous les rapports.

NOIX VOMIQUE, s. f., *Nux vomica;* nom donné, en pharmacie, aux semences du fruit du vomiquier (*Strychnos nux vomica*). arbre qui croît dans plusieurs contrées des Indes Orientales, et formant le type de la famille des *Strychnées*. Ces semences, qui sont contenues, au nombre de 15 environ, dans un fruit charnu de la grosseur d'une orange, sont orbiculaires, aplaties comme un bouton, convexes d'un côté, concaves de l'autre, et marquées vers le centre d'une espèce d'ombilic ; leur surface, qui est grisâtre, douce au toucher, est recouverte d'un duvet fin et serré dont les poils sont disposés comme les filaments du velours; leur substance est compacte, comme cornée, jaunâtre, inodore et d'une saveur âcre et très amère. D'après Pelletier et Caventou, la noix vomique renferme deux alcaloïdes, la *strychnine* et la *brucine* (*V.* ces mots), qui sont combinés à l'acide igasurique, une matière colorante jaune, une huile concrète, de la gomme, de l'amidon, de la cire, de la bassorine et du ligneux. Ce médicament se donne aux animaux en bols ou en électuaire, après avoir été réduit en poudre, à l'aide d'une râpe, à la dose de 4, 8 et 13 grammes, rarement au-dessus; pour les petits animaux, et surtout pour les carnivores, qui sont très sensibles à l'action de ce médicament, la dose variera de 5 à 20 centigr., suivant leur espèce, leur taille et leur susceptibilité nerveuse. On fait aussi une teinture et un extrait alcoolique de noix vomique, qu'on donne à l'intérieur à doses un peu plus élevées que les précédentes; mais l'usage en est peu fréquent en médecine vétérinaire, excepté pour la teinture, qu'on emploie parfois à l'extérieur en frictions sur les parties paralysées. La noix vomique, donnée à petites doses, agit comme tonique sur le tube digestif; à doses un peu plus élevées, elle porte son action sur le système nerveux, qu'elle fortifie d'abord et dont elle exalte ensuite les fonctions; enfin, quand on outrepasse les doses médicinales, elle produit sur la moëlle épinière une excitation violente et toute spéciale, d'où résultent une exaltation considérable de la sensibilité, et des attaques intermittentes de contractions tétaniques dans tous les muscles du corps ; la mort survient toujours par asphyxie, la contraction permanente des muscles de la poitrine empêchant l'entrée de l'air dans le poumon. On vient de proposer tout récemment, comme antidote de la noix vomique, d'après les principes de la doctrine italienne, le laudanum mélangé à l'ammoniaque. La noix vomique, comme tonique, est indiquée dans la dysenterie et le farcin ; elle compte des succès contre ces deux maladies, notamment contre la dernière ; à titre d'excitant des centres nerveux, et surtout de la moëlle épinière, on fait usage de la noix vomique, tant à l'intérieur qu'à l'extérieur, contre les diverses espèces de *paralysies*. Elle parait jouir, à cet égard, d'une efficacité réelle.

NOLANACÉES, s. f., *Nolanaceæ;* famille de plantes dicotylédones exotiques, formée aux dépens des Convolvulacées, dont elle n'est encore qu'une tribu pour bon nombre de botanistes. Genres : *Nolana*, *Falkia*, etc.

NOLI ME TANGERE, s. m. ; mots latins qui signifient *ne me touchez pas*. Espèce d'ulcère très rebelle, qu'on ne peut toucher sans danger. C'est un ulcère cancéreux qui se développe sur l'homme principalement au visage et sur les lèvres.

NOMBRES PROPORTIONNELS, *V.* EQUIVALENTS CHIMIQUES.

NOMBREUX, *V.* INDÉTERMINÉ.

NOMBRIL, *V.* OMBILIC.

NOMENCLATURE CHIMIQUE, s. f. ; nom donné au langage dont se servent les chimistes pour désigner les corps, ou à l'ensemble des principes et des règles d'après lesquels on dénomme les corps simples et les corps composés qui sont du domaine de la chimie — L'alchimie et la chimie ancienne n'avoient aucune règle spéciale pour former les noms des composés chimiques ; aussi régnait-il dans cette science, sous ce rapport, la confusion la plus complète. Ce fut Guyton-de-Morveau qui eut, le premier, l'idée de réformer le langage chimique vers la fin du siècle dernier. Aidé de la collaboration puissante de Lavoisier, Bertholet et Fourcroy, il parvint à mener à bonne fin son œuvre, qui est une des plus remarquables de l'esprit humain, et sert encore de fondement à la chimie actuelle. — Ce langage chimique est basé sur les principes suivants : 1° donner aux corps simples des noms insignifiants, pourvu qu'ils soient courts et ne soient pas un obstacle à la formation des noms composés ; 2° former les noms des corps composés, de telle sorte qu'ils rappellent à la fois le nom des éléments et les proportions d'après lesquelles ils sont combinés ; 3° indiquer par la terminaison de ces noms la nature des composés.—A. *Composés binaires*. Le plus grand nombre sont formés par l'oxygène avec les métalloïdes ou les métaux ; ils sont divisés en deux classes : les *acides*, qui rougissent le papier bleu de tournesol, et les *oxydes*, qui bleuissent le papier rougi. Les premiers sont formés de deux mots, le mot *acide* indiquant l'oxygène, et le mot adjectif qui désigne le radical de l'acide : ex. : *acide carbonique*, ou acide formé d'*oxygène* et de *carbone*. Lorsqu'un même élément forme, avec l'oxygène, deux *acides*, la terminaison du mot adjectif indique le degré de chaque acide ; ainsi, le composé le moins oxygéné est terminé en *eux*. ex. : *A. arsénieux*, et le

composé le plus riche en oxygène se termine en *ique*, ex. : *A. arsénique*. Enfin, quand un même radical donne naissance à plus de deux acides, on fait précéder leurs noms de certains mots propres à indiquer leur degré relatif d'oxygénation, ex. : *A. hypo-sulfureux* ou *hyposulfurique*, c'est-à dire en-dessous de ces acides pour la proportion d'oxygène ; *A. per* ou *hyper-chlorique*, ou plus oxygéné que l'acide chlorique. La nomenclature des *oxydes* est un peu différente, quoique Berzélius ait proposé de la rendre semblable à celle des acides ; le nom est toujours composé de deux mots, et le dernier, employé adjectivement, sert à indiquer le radical de l'oxyde, ex. : *oxyde de zinc*. Lorsqu'un même corps forme plusieurs oxydes, les noms sont précédés de certains mots qui indiquent le degré d'oxydation. Ainsi, les mots *protoxyde, deutoxyde* ou *bioxyde*, *tritoxyde* ou *peroxyde de plomb*, indiquent les premier, deuxième et troisième oxydes de ce métal. — Les composés binaires, autres que les composés oxygénés ont tous la terminaison *ure ;* ex : *sulfures, chlorures, iodures*, etc., et on les fait précéder des mots *proto*, *deuto*, *trito* ou *per*, pour indiquer leur degré relatif de combinaison. Enfin, les composés binaires formés par l'*hydrogène* s'écartent un peu des principes posés précédemment ; ainsi, ceux qui sont *acides* portent le nom d'*hydracides*, se terminent en *ique*, et rappellent constamment les premières syllabes du mot hydrogène ; ex. : *A.* sulf*hydrique*, chlor*hydrique*, etc. ; ceux qui ne sont pas acides sont terminés en *é* ; ex. : *hydrogène carboné*, *arsénié*, *phosphoré.* — *Nota.* Les principes de la nomenclature des composés binaires, quoique rigoureux, n'ont pas atteint certains composés très anciennement connus et dont les noms sont consacrés par l'usage ; ex. : *ammoniaque*, *chaux*, *potasse*, etc.—B. *Composés ternaires.* Les principes de la nomenclature des sels sont fort simples ; les acides en *ique*, donnent des sels dont le nom est en *ate* ; ex. : *A. sulfurique* formant les *sulfates ;* les acides dont la terminaison est en *eux*, donnent des sels en *ite ;* ex. : *A. sulfureux*, formant les *sulfites.* *V.* SELS. — C. *Composés organiques.* Ici les règles sont moins rigoureuses ; le nom des composés organiques rappelle le plus souvent leur origine ; les *acides* sont terminés en *ique* ; ex. : *A. acétique ;* les *alcaloïdes* en *ine* ; ex. : *quinine*, *morphine*, etc. ; les noms des autres composés n'ont pas de terminaison spéciale. Ex. : *sucre*, *amidon*, *ligneux*, *résines*, etc.

NOMOLOGIE, s. f., *Nomologia*, de νομος, loi, et λογος, discours ; ce mot a été employé pour désigner l'étude des lois qui président à l'organisation et aux fonctions des végétaux.

NONOPÉTALE, adj., *nonopetalus ;* qui a neuf pétales.

NOPAL, *V.* OPUNTIÉES.

NORFOLK (Race ovine de). On la trouve

principalement dans les parties basses du comté de Norfolk, et sur les dunes du Nord. Elle est rustique, facile à nourrir, et n'exige pas beaucoup de soins. Sa conformation est défectueuse; elle a un corps long, mince, la face noirâtre, des yeux vifs, des cornes longues et contournées, des jambes hautes et grêles. Sa toison est peu abondante; mais sa laine est fine et sa chair de bonne qualité. Elle a été croisée et améliorée par les Dishley et les Southdown.

NORMAND (Cheval). On le reconnaît aux caractères suivants : taille élevée, 1,60 à 1,66; robe généralement baie ; tête un peu forte, quelquefois étroite et légèrement busquée; encolure belle, bien développée ; garrot moyen ; côte arrondie ; formes générales, agréables ; croupe allongée, souvent comprimée d'un côté à l'autre; queue forte, bien plantée ; épaules musculeuses; avant-bras et jarret très beaux ; pieds plutôt grands que petits. — On fait descendre la race normande des Andalous; cette origine est douteuse. Il est plus certain qu'elle a reçu du sang danois, ce qui lui avait donné un chanfrein busqué que les croisements avec l'étalon anglais ont fait disparaître, en même temps que la disposition au cornage. Il n'existe plus guère aujourd'hui de ces grands carrossiers normands qui, il y a 25 ans, étaient si recherchés pour leur forte taille, la régularité de leur conformation et leur aptitude. La race s'est amincie, rapetissée ; elle est devenue plus légère. Ces changements ont été opérés principalement par le haras du Pin. On ne peut plus guère, non plus, établir, comme on le faisait autrefois, de différence entre le cheval Cotentin et celui du Mellerault. Les origines se mêlent en même temps que les procédés d'élevage se rapprochent ou se confondent. — Le cheval normand est élevé dans l'Orne, la Manche, le Calvados, etc. Il est propre aux attelages de luxe, au service de la selle. Tous les chevaux normands un peu légers ont plus ou moins de sang anglais. Le commerce les déprécie ; la cause de ce fait n'est pas bien connue. Ce sont certes de bons chevaux. Les vrais connaisseurs regrettent qu'ils ne soient pas plus nombreux, et que l'élevage, plus divisé et mieux entendu, ne permette pas de les livrer à plus bas prix. On peut leur reprocher encore aujourd'hui une castration trop tardive et un défaut d'éducation ou de dressage. La Normandie n'en est pas moins une pépinière précieuse de beaux et bons chevaux. C'est là que le pur sang anglais d'un mérite sérieux peut trouver des moules dignes de ses nobles qualités. — NORMAND (Bœuf). On distingue celui de la vallée d'*Auge* et du *Cotentin* (*V.* ces mots). Nulle part, en France, les croisements par les Durham n'ont été plus suivis qu'en Normandie.

NOSENCÉPHALE. s. et adj., *Nosencephalus*, de νόσος, maladie, et γραφειν : encéphale: genre de monstres pseudencéphaliens pré-

sentant les caractères suivants : encéphale remplacé par une tumeur vasculaire ; crâne largement ouvert en dessus, mais seulement dans les régions frontale et pariétale; trou occipital distinct. Ce genre de monstruosité, très commun dans l'homme, est encore sans exemple chez les animaux.

NOSENCÉPHALIE, s. f., *Nosencephalia*; état des monstres nosencéphales.

NOSOCRATIQUE, adj., *nosocraticus*, de νόσος, maladie, et κρατεω, je domine; nom proposé par Requin pour désigner les médicaments appelés *spécifiques*.

NOSOGÉNIE, s. f., *Nosogenia*, de νόσος, maladie, et γενναω, j'engendre; théorie des causes qui engendrent les maladies. Inusité.

NOSOGRAPHIE, s. f., *Nosographia*, de νόσος, maladie, et γραφειν, décrire; traité sur les maladies.

NOSOLOGIE, s. f., *Nosologia*, de νόσος maladie, et λογος, discours; traité sur les maladies.

NOSTALGIE, s. f., *Nostalgia*, de νόστος, retour, et αλγος, ennui, tristesse; ennui causé par le désir ardent de retourner dans le pays qu'on a habité. C'est une cause puissante de maladie pour l'homme ; on constate des phénomènes semblables sur les animaux dont les habitudes ont été changées brusquement.

NOSTOMANIE, s. f., *Nostomania*; synonyme de *nostalgie*.

NOTALGIE. s. f., *Notalgia*, de νωτος, dos, et αλγος, douleur; douleur dans le dos. Ce terme est peu usité.

NOTATION CHIMIQUE, s. f.; nom donné en chimie à l'emploi raisonné de lettres, de chiffres et de signes propres à indiquer algébriquement, soit la composition des corps, soit les diverses réactions qu'ils produisent, lorsqu'on les met en contact les uns avec les autres. L'emploi de ce langage conventionnel, introduit dans la science par Berzélius, est réglé par les principes suivants : 1° les éléments d'un composé sont simplement représentés par la première lettre majuscule de leur nom latin, appelée leur *symbole*; ex. : KO, formule de la *potasse* ou oxyde de potassium; 2° quand plusieurs noms commencent par la même lettre, on ajoute à chacun une autre lettre plus petite, prise dans le mot et pouvant le rappeler : ex. : C..Cl., Ca..Cu.. Co., indiquant le *carbone*, le *chlore*, le *calcium*, le *cuivre*, le *cobalt*; 3° le symbole de l'élément électro-positif doit toujours précéder celui de l'élément électro-négatif, dans les composés binaires; 4° les proportions des éléments d'un composé sont indiquées par un chiffre placé en haut et à droite des symboles, en forme d'*exposant* algébrique; ex. : SO^3 ; $Fe^2 O^3$: formules de l'acide sulfurique et du sesquioxyde de fer ; 5° les chiffres placés à gauche des symboles en forme de *cœfficient*, multiplient les lettres et les chiffres qui suivent, jusqu'à la rencontre d'un des signes algébriques

$+$, $-$, $=$, etc.; ex. : $2\,SO^3 + KO$, indiquent deux équivalents d'acide sulfurique et un seul de potasse ; 6° dans la formule d'un sel, les signes de l'acide doivent être séparés de ceux de l'oxyde par une virgule ; ex. : AzO^5,KO, formule du nitrate de potasse ; 7° dans la représentation graphique de la réaction de plusieurs corps simples ou composés, les uns sur les autres, il faut séparer les corps réagissants par le signe $+$ et faire précéder du signe $=$ le résultat de la réaction ; ex. : $SO^3,NO + AzO^5,BaO = SO^3,BaO + AzO^5,NO$; réaction du sulfate de soude sur l'azotate de baryte.

NOTENCÉPHALE, s. et adj., *Notencephalus*, de νωτος, dos, et εγκεφαλος, encéphale ; genre de monstres exencéphaliens caractérisés par un encéphale situé, en très grande partie, hors de la boîte cérébrale, et derrière le crâne, ouvert dans la région occipitale.

NOTENCÉPHALIE, s. f., *Notencephalia;* état des monstres notencéphales.

NOTOMÈLE, s. et adj., *Notomeles*, de νωτος, dos, et μελος, membre; genre de monstres doubles, polyméliens, ayant pour caractère un ou deux membres accessoires insérés sur le dos. Cette monstruosité, inconnue jusqu'à présent chez l'homme, est assez commune dans l'espèce bovine.

NOTOMÉLIE, s. f., *Notomelia;* état des monstres notomèles.

NOUÉ, ÉE, adj.; se dit du fruit encore à l'état rudimentaire, au moment où, après le phénomène de la fécondation, l'ovaire apparaît dépouillé de ses enveloppes et des organes mâles. — *Path.* Synonyme de *rachitique*, employé pour désigner le gonflement des extrémités articulaires des os.

NOUET, s. m. ; nom donné aux *mastigadours* (*V.* ce mot), parce que les substances qui les composent sont renfermées dans un nouet de linge qu'on attache au mors du bridon, pour que les malades puissent les soumettre à une succion lente, en exprimer les sucs, sans avaler les drogues souvent très actives qui entrent dans leur composition.

NOUEUX, EUSE, adj., *nodosus*; présentant des nœuds d'espace en espace ; ex. : la tige des Graminées. *Noueux* n'est point synonyme d'*articulé*.

NOURRICIER, ÈRE, adj., *nutricius*, de *nutrire*, nourrir ; qui nourrit. *Artères nourricières;* artères très minces qui pénètrent dans les os longs par leurs *trous nourriciers*, et vont se distribuer dans la membrane médullaire.

NOURRITURE, s. f., *Alimentum;* ensemble des aliments destinés à nourrir les animaux, à réparer leurs forces, entretenir leur existence. La nourriture est constituée par les fourrages, dans l'acception la plus large de ce mot. — Les aliments sont tous composés de divers principes immédiats ou constituants, sucre, fécule, albumine, géla-tine, graisse, fibrine, gluten, etc. : mais aucune de ces substances ne constitue seule une nourriture. L'expérience démontre que, pour *nourrir*, elles doivent être associées naturellement ou artificiellement en certain nombre.—Une espèce de fourrage, bien qu'avec une composition complexe, contient rarement tout ce qui est nécessaire à l'entretien normal d'un individu qui travaille ou qui produit. Le lait est un aliment en même temps simple et complet ; aussi sert-il exclusivement de nourriture pendant une période de la vie ; mais le lait, que Prout a pris comme le type de la nourriture non mélangée, renferme de la graisse, du sucre, de la caséine, et conséquemment une association où se trouve l'azote. — Il n'existe pas d'animaux *géophages*, dans l'acception scientifique du mot; toutefois les organes ont besoin, pour se constituer, de rencontrer dans les aliments certaines substances minérales. Les aliments ne sont une nourriture complète qu'à la condition de renfermer ces matières. — La digestibilité de la nourriture est subordonnée à la cohésion, à la solubilité des parties qui la forment; mais son odeur, sa saveur, le degré d'appétit, l'état des organes digestifs, et enfin les dispositions particulières aux espèces la font varier, de telle sorte qu'elle ne peut être appréciée d'une manière absolue. — Les effets de la nourriture sont immédiats ou consécutifs ; les uns et les autres sont relatifs à la quantité, à la qualité et aux propriétés spéciales des aliments. Les premiers consistent dans l'ampliation de l'estomac, et par suite du ventre, dans une gêne plus ou moins prononcée de la respiration ; les autres, dans la cessation de l'appétit, l'excitation de la circulation, le retour des forces, la tendance au repos. Ces effets, envisagés dans une période donnée de la vie ou dans les divers états des animaux domestiques, ne peuvent être exprimés par un seul mot. Une alimentation mauvaise ne répare point les déperditions et peut introduire dans l'économie des principes qui altèrent peu à peu les fluides et nuisent à la santé. Une alimentation médiocre pour la qualité ou pour la quantité est insuffisante ; elle n'entretient pas les forces, laisse prédominer les pertes, ne suffit pas aux réparations et ne permet ni un accroissement rapide, ni un engraissement économique, ni la formation de produits abondants. Une alimentation copieuse, mais médiocre pour la qualité, produit des effets analogues mais moins prompts ; elle provoque, sans avantage, le développement des organes digestifs. Enfin, une nourriture de bonne qualité est la seule qui puisse bien remplir toutes les conditions de l'alimentation : mais la quantité et le choix sont subordonnés aux besoins particuliers des espèces et des individus. Abondante et bonne, elle développe les formes, mais peut les rendre massives; elle provoque l'accumulation de la graisse, la sécrétion du lait , donne des forces , mais peut nuire à la finesse de la laine , à la rapidité des allures. L'appropriation étant admise comme la règle dans le choix de l'alimentation, suivant les principes qui viennent d'être exposés , la parcimonie est un vice radical dans l'élevage et dans l'entretien des animaux ; elle est plutôt onéreuse qu'utile. *V.* ALIMENT , RATION.

NOUURE, s. f.; synonyme de *rachitisme.*

NOUVEAU-NÉ, s. et adj., *Neonatus, nuperrimè natus ;* nom donné à l'animal qui vient de naître.

NOVEMFOLIOLÉ , ÉE, adj., *novemfoliolatus ;* qui porte neuf folioles.

NOVEM-LOBÉ, ÉE, adj., *novemlobatus ;* divisé en neuf lobes.

NOVEM-NERVÉ , ÉE, adj. , *novem-nervatus ;* présentant neuf nervures.

NOYAU , s. m. , *Nucleus ;* cavité ou loge à parois dures, osseuses, faisant partie du péricarpe de certains fruits et renfermant la graine. Le noyau est composé de l'endocarpe, sur lequel s'est déposée et soudée une partie du sarcocarpe modifié. Il prend le nom de *coquille* et se trouve renfermé dans les *drupes* (*V.* ce mot).

NOYER, s. m., *Juglans,* L.; genre de la famille des Juglandées. Il se compose d'un petit nombre de grands et beaux arbres originaires de la Perse et de l'Amérique septentrionale. L'espèce la plus importante est le N. commun, *J. regia,* bel arbre pouvant atteindre une grande hauteur et cultivé en Europe depuis un temps immémorial. Les fruits du noyer, appelés *noix,* sont employés dans un état imparfait de maturité , sous le nom de *cerneaux,* à divers usages économiques ou médicinaux; mûrs, ils sont mangés par l'homme ou fournissent, par expression , une huile grasse. Le brou et les racines sont employés dans la teinture en brun. Les feuilles vertes exhalent une odeur forte ; leur saveur est amère et piquante; sèches, on peut les utiliser comme litière. Le bois et la racine sont estimés pour la confection des meubles, etc. Le noyer commun a d'assez nombreuses variétés, qui se propagent par la greffe.

NU, NUE , adj.,*nudus;* se dit d'un organe privé d'enveloppes ou des appendices qui l'accompagnent ordinairement. Le *réceptacle* est nu, quand il ne porte pas de paillettes, d'écailles ; les *fleurs* sont nues quand elles n'ont ni bractées,ni involucres; l'*amande,*quand ses enveloppes propres se sont soudées aux parois de la loge; la *plumule,* quand elle n'a pas de coléoptile; la *radicule,* quand elle n'est point renfermée dans une coléorhize ; le *bouton,* quand il est privé d'enveloppes protectrices; la *tige,* quand elle ne porte ni feuilles, ni écailles, etc.

NUAGES, s. m., *Nubes ;* les nuages sont des amas de *vapeur vésiculaire,* suspendus à une certaine hauteur au sein de l'air atmosphérique. Leur constitution est semblable à celle des brouillards , dont ils ne diffèrent que par leur situation dans l'atmosphère. Ils se forment par la condensation de la vapeur d'eau dans les hautes régions, toujours froides, de l'air; par la rencontre de deux courants d'air humide d'inégale température , par l'ascension des brouillards, etc. Leur suspension dans l'atmosphère est due à la légèreté spécifique de l'air humide emprisonné dans les vésicules aqueuses qui les constituent, à l'action des courants d'air qui s'élèvent de la terre, à celle des rayons solaires qui les frappent par la face supérieure, etc. La hauteur des nuages dans l'air est fort variable ; en moyenne, on l'évalue à 3,000 mètres. Rien n'est plus variable que la *couleur,* le *volume,* et la *forme* des nuages; cette dernière, sur laquelle on a voulu fonder une classification de ces météores, se modifie à chaque instant par l'action du soleil, des vents, etc. — *Pathol.* Tache blanche légère de la cornée transparente de l'œil. *V.* ALBUGO.

NUCELLE, s. m. , *Nucleus ;* corps celluleux , situé au centre de l'ovule dont il forme la base , et renfermé incomplètement dans les membranes ovulaires. *V.* OVULE.

NUCULAINE, s. m., *Nuculanium ;* fruit syncarpé , charnu , renfermant plusieurs *nucules* dans son intérieur; ex.: le *fruit du Nerprun.*

NUCULE, s. m., *Nucula;* petit noyau renfermé dans les fruits drupacés polyspermes, ou *nuculaines.*

NUCULEUX , EUSE , adj. , *onuculsus ;* contenant des nucules.

NUDISEXE, adj., *nudisexus ;* se dit des fleurs privées d'enveloppes florales , et conséquemment réduites à leurs organes sexuels.

NUIT, s. f. , *Nox,* νυξ ; espace de temps compris entre le coucher et le lever du soleil , et pendant lequel cet astre est sur un autre hémisphère. L'obscurité de la nuit n'est jamais complète; les étoiles, d'une manière permanente, et la lune temporairement , éclairent l'hémisphère que le soleil a quitté. En outre, le crépuscule du soir et celui du matin diminuent la durée réelle de la nuit.

NULLINERVE, adj., *nullinervis ;* entièrement privé de nervures.

NUPHAR, s. m., *Nuphar,* Smith.; genre de la famille des Nymphéacées, composé de plantes herbacées croissant dans les eaux douces, et distraites du genre *Nymphæa* dont elles faisaient autrefois partie. La principale espèce de ce genre est le N. jaune, *N. lutea,* Smith., *Nymphæa lutea,* L. , très commune dans les étangs, les ruisseaux peu rapides de la France, et remarquable par ses grandes fleurs jaunes qu'elle épanouit au-dessus de l'eau, et par ses larges feuilles nageantes.

NUQUE, s. f., *Cervix;* région formée par la partie antérieure et supérieure du cou, et par le sommet de la tête. La nuque est exposée au *mal de taupe* (*V.* ce mot).

NUTANT, TE, adj., *nutans V.* PENCHÉ.

NUTATION, s. f., *Nutatio*; mouvement observé à certains moments dans les organes de beaucoup de plantes. Ainsi, les semi-flosculeuses tendent à tourner constamment leur disque vers le soleil et à suivre cet astre dans sa marche. On ignore les causes précises de ce phénomène ; il n'a été fait, sur ce sujet, que des conjectures.

NUTRITIF, **IVE**, adj., *nutritivus*, de *nutrire*, nourrir; qui a rapport à la nutrition, ex. : *absorption nutritive*, *matière nutritive*, etc.

NUTRITION, s. f., *Nutritio*; fonction par laquelle les différents matériaux recueillis par les absorptions sont appliqués à l'entretien des tissus vivants ou à leur accroissement. La nutrition comporte deux mouvements continuels : l'un de *décomposition*, par lequel les matériaux usés ou devenus inutiles sont séparés pour être rejetés par les excrétions ; l'autre de *composition*, remplaçant ces matériaux ou en ajoutant de nouveaux à ceux qui existent déjà. Entre ces deux mouvements, il règne un rapport nécessaire, puisque de l'activité de chacun d'eux résulte l'accroissement ou la diminution des tissus. — On a beaucoup discuté sur le point de savoir si la nutrition renouvelle entièrement l'économie animale, au bout d'un certain temps ; la question reste encore indécise. On a invoqué, contre le renouvellement complet, la persistance des cicatrices pendant toute la vie, celle des marques du tatouage ; mais on a oublié que, pour le premier cas, la nutrition ne remplace une molécule que par une molécule semblable, et que, dans le second, la molécule inorganique insérée dans la peau peut très bien rester entre les molécules vivantes qui se renouvellent. — *Bot. V.* VÉGÉTATION.

NYCTAGINÉES, s. f., *Nyctagineæ*; famille de plantes dicotylédones, apétales, à étamines hypogynes, herbacées et presque toujours vivaces et à racine tubéreuse, ou ligneuses et frutescentes ou arborescentes, croissant pour la plupart dans les régions intertropicales. Genres: *Mirabilis*, *Allioni*, *Pisonia*, etc. Quelques espèces sont cultivées comme plantes d'agrément. Plusieurs du genre *Mirabilis* sont très répandues en Europe, entre autres le *M. jalapa*, L., *Nyctago jalapa*, D. C., et le *M. longiflora* L., *Nyctago longiflora*, D. C., connus sous le nom commun de *Belle-de-Nuit*.

NYCTALOPIE, s. f., *Nyctalopia*, *amblyopia*, de νύξ, nuit, et ὄπτω, je vois ; *visus nocturnus*, *cæcitas diurna* ; état particulier qui fait qu'on voit les objets pendant la nuit. On a donné à ce mot deux significations, suivant qu'on a considéré la nyctalopie comme naturelle ou accidentelle. Un animal *nyctalopique* a la faculté de distinguer les corps qu'on lui présente dans l'obscurité ; la forme elliptique de la pupille indique cette puissance de la vision ; les animaux du genre *Chat* sont très favorisés sous ce rapport, sans que leur vue soit affectée au grand jour ; le cheval est nyctalopique, toutefois à un degré moins prononcé. En *pathologie*, la nyctalopie constitue une affection des yeux, dans laquelle les malades distinguent les objets pendant la nuit et ne peuvent les voir pendant le jour. C'est un état opposé à l'*héméralopie*, et qui constitue une des variétés de l'*amaurose* (*V.* ce mot). Il est difficile de constater l'existence de cette maladie dans les animaux.

NYMPHÉACÉES, s. f., *Nymphæaceæ*; famille de plantes dicotylédonées, polypétales, à étamines hypogynes, vivant dans les eaux douces ou peu courantes, et fixées à la terre par un rhizôme épais, féculent. Genres: *Victoria*, *Nymphæa*, *Nuphar*, *Nenuphar*, etc.

NYMPHOMANIE, s. f., *Nymphomania*, de νύμφη, nymphe, et μανία, manie ; excitation particulière du sens génital chez les femelles, qui provoque chez elles un désir impérieux de l'accouplement. Synonymie : *fureur utérine*, *hystéromanie*. Pinel a considéré cet état comme une névrose analogue au *satyriasis* dans les mâles. Ce désir violent et déréglé de l'acte vénérien est moins fréquent dans les animaux que dans l'espèce humaine. Parmi les femelles domestiques, ce sont les vaches qui sont le plus souvent affectées de nymphomanie ; on les nomme *taurellières*, parce qu'elles recherchent le taureau. On observe alors le gonflement des parties sexuelles avec tous les signes de la chaleur. Les causes occasionnelles sont la privation absolue de l'accouplement, la présence des mâles et des femelles dans les mêmes étables. Parmi les indications à remplir, la première qui se présente consiste à permettre aux femelles les approches du mâle. Si la nymphomanie ne cesse pas après la saillie, on met en usage soit les antiphlogistiques, soit les antispasmodiques.

O

OBCLAVÉ, **ÉE**, adj., *obclavatus*; en forme de massue renversée.

OBCONIQUE, adj., *obconicus*; se dit de l'involucre, quand il a la forme d'un cône renversé ; ex. : l'*Anthemis clavata*.

OBCORDÉ, **ÉE**, adj., *obcordatus*; en forme de cœur renversé, c'est-à-dire, la pointe du cœur correspondant à la base de l'organe ; ex. : *les feuilles du Delphinium obcordatum*.

OBCORDIFORME, adj., *obcordiformis*; synonyme d'*obcordé*.

OBCRÉNELÉ, **ÉE**, adj., *obcrenatus*; ayant ses bords découpés en petits angles aigus séparés par des sinus arrondis.

OBCURRENT, **ENTE**, adj., *obcurrens*:

se dit des cloisons convergeant toutes vers un axe central fictif, et séparant ainsi la cavité du péricarpe.

OBÉSITÉ, s. f., *Obesitas*, de *edere oh*, manger autour ; excès d'embonpoint résultant de l'accumulation de la graisse dans le tissu cellulaire.

OBJECTIF, s. m., de *objicere*, présenter ; nom donné, *en optique*, au verre d'une lunette ou à la lentille d'un microscope, qui est tournée vers l'objet qu'on examine. Dans les télescopes, le foyer de l'objectif est plus long que celui de *l'oculaire* ; dans les microscopes composés, c'est le contraire.

OBIMBRIQUÉ, ÉE, adj., *obimbricatus* ; se dit des folioles de l'involucre imbriquées de telle sorte que les plus courtes sont les plus rapprochées du centre.

OBLIQUE, adj., *obliquus* ; qui tient une direction intermédiaire entre la verticale et l'horizontale. Plusieurs muscles ont reçu le nom *d'obliques*, à cause de leur direction relativement au plan médian du corps. — *Grand oblique de l'abdomen, oblique externe*, ou *costo-abdominal* : large muscle s'attachant par sa portion charnue à la surface extérieure des côtes, au moyen de dentelures dont les antérieures s'entrecroisent avec celles du grand dentelé de l'épaule, et se prolongeant par une large aponévrose qui va aboutir dans le plan médian, à la ligne blanche, et, postérieurement, à l'aponévrose crurale, à l'angle externe de l'ilium et au tendon commun des muscles de l'abdomen fixé au pubis. Le grand oblique resserre l'abdomen et abaisse les côtes. *Petit oblique de l'abdomen, oblique interne*, ou *ilio-abdominal* : placé en dedans du grand oblique, ce muscle s'attache à l'angle externe de l'ilium, par une portion charnue flabelliforme, et se continue par une vaste aponévrose d'abord libre, puis, plus loin, intimement unie à celle du grand oblique. Une première portion de cette aponévrose va s'attacher à la face interne des dernières côtes ; le reste va rejoindre la ligne blanche ; ce muscle est le congénère du précédent. — *Grand oblique de l'œil* : muscle allongé, arrondi, partant de l'hiatus orbitaire, allant se réfléchir dans un fibro-cartilage situé dans l'orbite et qui lui sert de poulie, pour venir se terminer à la sclérotique par une aponévrose qui s'insère en dessous de celle du muscle droit externe. Il fait pirouetter l'œil sur son diamètre antéro-postérieur, de bas en haut et de dehors en dedans. — *Petit oblique de l'œil* : plus court que le précédent, il prend son origine dans une petite fossette, près du conduit lacrymal, et se porte de dedans en dehors, pour aller se terminer à la sclérotique, entre le droit inférieur et le droit externe. Il fait pirouetter l'œil sur son diamètre antéro-postérieur, de haut en bas, et de dehors en dedans. — *Grand oblique de la tête, oblique inférieur*, ou *axoïdo-atloïdien* : muscle situé obliquement sur les deux premières vertèbres du cou, auxquelles il s'atta-

che, et opérant la rotation de l'atlas et par conséquent de la tête sur l'axis. — *Petit oblique de la tête*, *oblique supérieur ou atloïdo-mastoïdien* : ce muscle prend son origine à la partie antérieure du bord refoulé de l'atlas, et s'insère à la crête mastoïdienne ; il produit l'extension et l'inclinaison latérale de la tête sur l'atlas.

OBLITÉRATION, s. f., *Obliteratio* ; état d'un canal ou d'une cavité dont les parois se rapprochent et adhèrent de manière à effacer le vide qu'elles formaient. L'oblitération se produit sur les artères, les veines, les conduits salivaires, le canal nasal, le col de la matrice, etc.

OBLITÉRÉ, adj., *obliteratus* ; se dit d'un conduit ou d'un canal dont les parois sont adhérentes, de manière à effacer leur cavité.

OBOVAL, ALE, adj., *obovalis* ; se dit de la feuille ovale dans laquelle la petite extrémité correspond au pétiole ; ex. : le *Samolus valerandi*.

OBOVÉ, ÉE, adj., *obovatus* ; de forme ovoïde et dans une position renversée.

OBSTÉTRICAL, adj., *obstetricalis*, de *obstetricium*, accouchement ; qui a rapport aux accouchements.

OBSTÉTRIQUE, s. f., *Obstetricia* ; art des accouchements.

OBSTRUCTION, s. f., *Obturatio*, de *obstruere*, boucher, fermer ; embarras, engorgement dans les vaisseaux ou dans les conduits du corps d'un animal.

OBSUTURAL, ALE, adj., *obsuturalis* ; les cloisons formées par les placentaires sont ainsi nommées quand elles sont simplement appliquées contre les sutures des valves, sans y être soudées.

OBTONDANT, adj., *obtundens*, de *obtundere*, émousser ; médicaments qu'on considérait autrefois comme propres à diminuer l'âcreté des humeurs du corps. Inusité.

OBTURATEUR, TRICE, adj. et s., *Obturator* ou *obturatorius*, de *obturare*, boucher ; qui bouche ; nom donné à tort par plusieurs anatomistes à l'ouverture sous-pubienne, ou trou ovalaire du coxal, mais s'appliquant parfaitement aux muscles qui, placés au pourtour de cette ouverture, la cachent ou la ferment. On appelle aussi du même nom les vaisseaux et les nerfs qui la franchissent pour se porter dans la cuisse. — *Muscles obturateurs : l'externe* ou *sous-pubio-trochantérien externe*, naît du pourtour de l'ouverture sous-pubienne par une série de faisceaux qui convergent et se terminent par un tendon commun qui s'insère dans la fosse trochantérienne. *L'interne* ou *sous-pubio-trochantérien interne*, beaucoup plus mince que l'externe, naît de toute l'étendue de la face interne du pubis et de l'ischium, par des faisceaux qui se réunissent à un tendon commun à ce muscle, et au piriforme et qui s'insère dans la fosse trochantérienne. Les deux obturateurs sont adducteurs et rotateurs de la cuisse en dehors. — *Artère obturatrice :* artère volumineuse formant la branche interne de la bifurcation terminale du tronc pelvien. Elle descend en suivant par une courbe les parois du bassin, gagne l'ouverture ovalaire qu'elle traverse, et se divise en deux branches dont une *externe*, la plus considérable, fournit des divisions à la plupart des muscles qui entourent la cuisse, et une *interne* appelée *caverneuse* ou *pénienne*. — *Nerf obturateur*, *sous-pubio-fémoral*, *sous-pelvien :* il naît du plexus lombaire, gagne l'ouverture sous-pubienne, en suivant l'artère obturatrice et se partage, comme elle, en deux branches : l'une *externe*, se distribuant dans les muscles de la face interne de la cuisse ; l'autre, *interne*, se rendant aux organes génitaux externes, et prenant le nom de *honteuse* ou *génitale externe*.

OBTURATION, s. f., *Obturatio ;* synonyme d'*obstruction*.

OBTURBINÉ, **ÉE**, adj., *obturbinatus ;* en forme de toupie renversée.

OBTUSANGULÉ, **ÉE**, adj., *obtusangulatus ;* dont les angles sont arrondis, obtus.

OBVOLUTIF, **IVE**, adj., *obvolutivus ;* se dit de la préfoliaison, quand deux feuilles voisines sont roulées l'une sur l'autre.

OCCASIONNEL, **ELLE**, adj. ; qui donne une occasion. Ce mot s'applique aux causes qui déterminent l'invasion d'une maladie.

OCCIPITAL, **ALE**, s. et adj., *Occipitalis ;* qui appartient à l'occiput. — *Os occipital :* os impair, situé à la partie supérieure et postérieure du crâne, et se continuant à la partie inférieure par une portion de son étendue. L'occipital, qui établit l'union entre la tête et le rachis, offre à considérer, dans son plan médian, la *protubérance occipitale*, la *tubérosité cervicale*, le *grand trou occipital* et l'*apophyse basilaire* ou *prolongement sous-occipital*, qui établit son union avec le sphénoïde ; sur les côtés, on trouve la *crête mastoïdienne*, l'*apophyse styloïde*, le *condyle* séparé de l'apophyse par une échancrure dite *stylo-condylienne ;* enfin, à la base du condyle, le *trou condylien*. La face interne de l'occipital présente des anfractuosités et protège le cervelet, le mésocéphale et le bulbe de la moëlle allongée. — L'occipital du bœuf est entièrement placé en arrière de la tête, et offre, au lieu de protubérance occipitale, deux lignes courbes, saillantes. — Dans le porc, il forme le sommet de la tête qui est très élevé ; ses apophyses styloïdes sont très allongées. En général, la position du trou occipital devient d'autant plus postérieure, que les animaux s'éloignent plus de l'homme, chez lequel il est placé tout-à-fait en-dessous de la tête. — *Artère occipitale :* elle forme une des trois branches terminales de la carotide primitive ; elle se dirige vers la région occipitale et se termine par les artères *occipito-musculaire* et *cérébro-spinale*, après avoir fourni dans son tra-

jet les artères *pré-vertébrale*, *mastoïdienne* et *atloïdo-musculaire*.

OCCIPITO-MUSCULAIRE, adj., *occipito-muscularis ;* artère occipito-musculaire : cette artère, l'une des branches terminales de l'occipitale, passe par le plus supérieur des trous de l'apophyse transverse de l'atlas, et se distribue dans les muscles droits et obliques de la tête.

OCCIPUT, s. m., *Occiput*, *Occipitum ;* région postérieure de la tête, ayant pour base l'os occipital.

OCCLUSION, s. f., *Occlusio*, de *occludere*, fermer ; état d'un vaisseau, d'un organe creux, dont la cavité a disparu par le rapprochement de leurs parois, ce rapprochement n'étant que momentané ; ex. : *occlusion des paupières*. On l'emploie quelquefois comme synonyme d'*oblitération*.

OCELLÉ, **ÉE**, adj., *ocellatus ;* marqué de taches en forme d'anneau et simulant des yeux.

OCHNACÉES, s. f., *Ochnaceœ ;* famille de plantes dicotylédones, polypétales, hypogynes, frutescentes ou arborescentes, particulières aux régions tropicales. Genres : *Gomphia*, *Ochna*, etc.

OCTANDRE, adj., *octander ;* se dit des fleurs qui renferment huit étamines.

OCTANDRIE, s. f., *Octandria*, de οκτω, huit, et ανηρ, ανδρος, mari ; nom de la VIII° classe, dans le système de Linné. Elle renferme les plantes à fleurs octandres, et se subdivise en quatre ordres.

OCTANDRIQUE, adj., *octandricus ;* qui a trait à l'octandrie.

OCTO, de οκτω et *octo ;* dans les composés grecs et latins, signifie *huit*.

OCTOFIDE, adj., *octofidus ;* présentant huit découpures ou divisions qui se prolongent jusqu'à la moitié de la hauteur de l'organe.

OCTOGYNE, adj., *octogynus ;* se dit de la fleur renfermant huit pistils ou huit styles.

OCTOGYNIE, s. f., *Octogynia*, de οκτω, huit, et γυνη, femme ; nom des ordres, dans le système de Linné, qui renferment les plantes à fleurs octogynes.

OCTOGYNIQUE, adj., *octogynicus ;* qui a rapport à l'octogynie.

OCTONÉ, **ÉE**, adj., *octonus ;* les *feuilles* sont *octonées*, quand elles forment autour de de la tige un verticille composé de huit pièces ; ex. : l'*aspérule odorante*.

OCTOPÉTALÉ, adj., *octopetalatus ;* se dit de la corolle composée de huit pétales.

OCTOPHYLLE, adj., *octophyllus ;* se dit du calice, de l'involucre, composés de huit sépales ou folioles.

OCTOSÉPALE, adj., *octosepalus ;* composé de huit sépales.

OCULAIRE, adj., *ocularis ;* qui appartient à l'œil. — *Nerf oculaire*, *V.* Optique.

OCULISTE, s. m., *Ocularius ;* qui fait profession de traiter les maladies des yeux ; on dit *chirurgien oculiste*.

OCULISTIQUE, s. f., de *oculus*, œil ; partie de la médecine qui s'occupe des maladies des yeux.

OCULO-MUSCULAIRE, adj., *oculo-muscularis* ; qui appartient aux muscles de l'œil. Trois paires de nerfs encéphaliques portent ce nom. La troisième paire, ou *oculo-musculaire commun*, naît de la face inférieure des pédoncules du cerveau, sort du crâne par la branche supérieure du conduit sus-sphénoïdal, et se partage, dans l'orbite, en deux branches : l'une supérieure, donnant des divisions aux muscles droit supérieur, orbito-palpébral et droit postérieur ; l'autre inférieure, fournissant des rameaux aux muscles droit interne, droit inférieur, droit postérieur et petit oblique. — La quatrième paire, ou *oculo-musculaire interne*, ou *pathétique*, naît en arrière des tubercules bigéminés, passe par la petite branche externe du conduit sus-sphénoïdal, et va se terminer en entier dans le muscle grand oblique de l'œil. — La sixième paire, ou *oculo-musculaire externe*, naît de la scissure qui sépare la protubérance annulaire de la moëlle allongée, sort du crâne par la branche supérieure du canal sus-sphénoïdal, et se termine dans les muscles droit externe et droit postérieur.

ODACISME, s. m., *Odacismus*, de ὀδούς, dent ; prurit, douleur des gencives, qui précède la sortie des dents.

ODEUR, s. f., *Odor*, ὀσμή ; propriété organoleptique de certains corps, en vertu de laquelle ils impressionnent l'organe de l'odorat par leurs émanations volatiles. — La nature des odeurs, comme les nuances des couleurs, est infinie, et toutes les classifications qu'on a tentées à leur égard ont été abandonnées comme tout-à-fait arbitraires et représentant seulement la manière de sentir d'un individu. L'odeur des médicaments végétaux est souvent un indice assez certain de leurs vertus thérapeutiques.

ODONTAGRE, s. f., *Odontagra*, de ὀδούς, ὀδόντος, dent, et ἄγρα, prise ; douleur rhumatismale des dents ; nom donné à un instrument qui sert à arracher les dents.

ODONTALGIE, s. f., *Odontalgia*, de ὀδούς, ὀδόντος, dent, et ἄλγος, douleur ; douleur produite par les dents. *V*. DENTS (maladies).

ODONTALGIQUE, adj. et s., *Odontalgicus*, *odonticus*, de ὀδούς, ὀδόντος, dent, et ἄλγος, douleur ; médicaments propres à calmer les douleurs des dents. Ils sont à peu près inusités en médecine vétérinaire.

ODONTIASE, s. f., *Odontiasis*, de ὀδούς, dent ; dentition ; ensemble des phénomènes qui accompagnent la formation et la sortie des dents.

ODONTITE, s. f., *Odontitis*, de ὀδούς, ὀδόντος, dent ; phlegmasie, inflammation de la pulpe dentaire.

ODONTOIDE, adj., *Odontoïdes*, de ὀδούς, ὀδόντος, dent, et εἶδος, forme ; en forme de dent ; nom donné, à cause de sa forme, à l'apophyse antérieure de l'axis, établissant son union avec l'atlas.

ODONTOIDIEN, ENNE, adj., *odontoïdeus* ; qui appartient à l'apophyse odontoïde. — *Ligament odontoïdien* : fort ligament, court, large et aplati, s'insérant, d'une part, sur la face supérieure de l'apophyse odontoïde, et, de l'autre, à la crête semi-circulaire du canal vertébral de l'atlas. Ce ligament est aussi appelé *odontoïdo-atloïdien*.

ODONTOLITHE, s. f., *Odontolithus*, de ὀδούς, dent, et λίθος, pierre. En *hist. nat.*, dent fossile. En *path.*, incrustation formée par le tartre à la base des dents. Cette incrustation est fréquente dans l'âne, et tellement développée, que des dents sont entièrement cachées par une couche épaisse de matière terreuse.

ODONTOLOGIE, s. f., *Odontologia*, de ὀδούς, ὀδόντος, dent, et λόγος, discours ; traité des dents.

ODORANT, ANTE, adj., *odoratus* ; qui exhale de l'odeur, bonne ou mauvaise.

ODORAT, s. m., *Odoratus*, de *odor*, odeur ; sens destiné à la perception des odeurs. *V*. OLFACTION.

ODORINE, s. f. ; un des principes constituants de l'huile empyreumatique, d'après Unverdorben. C'est un liquide incolore, d'une odeur repoussante, d'une saveur âcre et brûlante, bouillant à 100⁰, se dissolvant à la fois dans l'eau, l'alcool et l'éther. Elle bleuit le papier rouge de tournesol et neutralise les acides, avec lesquels elle forme des sels particuliers.

ŒDÉMATEUX, EUSE, adj., *œdematodes* ; qui est de la nature de l'œdème ; qui est attaqué d'œdème.

ŒDÉMATIÉ, adj, *œdematus* ; qui est atteint d'œdème.

ŒDÉMATIE, s. f., *Œdematia* ; synonyme d'œdème.

ŒDÈME, s. m., *Œdema*, οἴδημα, de οἰδέω, se gonfler ; hydropisie partielle du tissu cellulaire. C'est une tumeur diffuse, sans chaleur, ni rougeur, ni douleur, cédant à la pression du doigt, qu'elle conserve. L'œdème diffère de l'*anasarque* en ce que, dans cette dernière, il y a infiltration générale du tissu cellulaire par la sérosité. On distingue l'œdème, d'après le siège qu'il occupe, en œdème *sous-cutané*, *sous-muqueux*, *sous-séreux* et *parenchymateux*. L'œdème est *actif*, s'il résulte de causes qui ont augmenté la sécrétion du tissu cellulaire ; il est *passif*, quand il est produit par des causes débilitantes, par un obstacle à la circulation veineuse. On le nomme encore *primitif*, *secondaire*, *consécutif* ou *symptomatique*, suivant qu'il est dû à un état local, ou qu'il est la suite de l'inflammation d'un autre organe. Ce sont les animaux à constitution molle et lymphatique qui présentent le plus souvent cette affection ; elle est commune surtout chez le mouton. L'humidité, la malpropreté, les mauvais aliments sont les causes générales de l'œdème. L'œdème passif est produit par la compression, la ligature des veines, par les altérations dans la composition du sang, par un repos trop prolongé, par les maladies de longue durée, telles que la gourme, le coryza, la bronchite, la morve, le farcin, les eaux aux jambes, les affections cachectiques. L'œdème actif se montre après les opérations chirurgicales, la castration par exemple, l'application d'un exutoire; il est une des suites des contusions. Ce sont les parties déclives, les régions où le tissu cellulaire est abondant qui présentent le plus souvent les symptômes de l'œdème; ex.: parois du ventre, scrotum, fourreau, membres postérieurs, paupières. L'œdème sous-cutané est celui qui présente les symptômes les plus appréciables. Il se distingue par une tuméfaction dans laquelle l'impression du doigt reste marquée et s'efface, quand la partie déprimée se remplit de nouveau de sérosité; par la ponction l'œdème laisse sortir un liquide incolore. L'œdème actif a une température plus élevée que l'œdème passif; de là les noms d'œdème *chaud* et d'œdème *froid*, adoptés par les anciens. Il n'y a rien de fixe pour la durée de l'œdème. Ses terminaisons sont la résolution, l'induration, la métastase; cette dernière produit la pleurite, la pneumonie ou la péritonite. Il faut distinguer l'œdème du phlegmon, du charbon, de la pustule maligne. Sous le rapport de la séméiologie, l'hydropisie partielle du tissu cellulaire a une grande valeur pour établir le diagnostic des altérations du sang, des maladies du cœur, des hydropisies des cavités splanchniques. Le pronostic est plus ou moins grave, suivant que l'œdème se trouve lié à des affections plus ou moins compliquées, et qu'il coïncide avec des maladies de la peau, la phlébite, la gangrène, etc. Dans le traitement, il faut surtout avoir égard à sa cause, à sa nature. Pour guérir l'œdème idiopathique, il suffit presque toujours d'écarter les causes qui l'entretiennent; s'il persiste, on emploie des moyens variés suivant les symptômes, et qui sont les émollients, la saignée générale, les scarifications, les toniques, les astringents, la cautérisation pénétrante par le fer rouge. On apporte quelques modifications au régime, et l'on administre de temps en temps des purgatifs ou des diurétiques. Si l'œdème est symptomatique, il importe de combattre la maladie essentielle et d'utiliser la médication révulsive cutanée, pour éviter les métastases.

OEdème de la glotte; gonflement œdémateux de la membrane muqueuse qui tapisse l'ouverture du larynx. La respiration de l'animal qui en est atteint est bruyante pendant le repos, surtout pendant l'inspiration. Par l'effet de l'exercice, la sérosité disparaît, la muqueuse diminue de volume et le bruit de cornage disparaît. Cette affection est généralement incurable.

OEdème des membres. Dans le cheval, l'œdème des membres se montre dans l'anasarque, l'ascite, la morve, le farcin, les eaux aux jambes. Par l'exercice, l'engorgement du tissu cellulaire diminue; il augmente par le repos. C'est un œdème passif, auquel on ne remédie qu'en attaquant la maladie dont il est un symptôme.

OEdème du poitrail. Il est ordinairement le résultat de l'application des sétons, et disparaît le plus souvent après qu'on a enlevé ces exutoires, excepté dans la gangrène traumatique. Dans ce cas l'œdème s'étend de plus en plus et envahit les extrémités antérieures, ainsi que les côtés du corps.

OEdème du poumon. C'est l'infiltration du tissu pulmonaire par une certaine quantité de sérosité. On distingue l'œdème *général* et l'œdème *partiel*. Dans l'œdème général, les poumons ne s'affaissent pas à l'ouverture du thorax; néanmoins ils sont plus légers que l'eau. Par l'incision, la sérosité s'en écoule et laisse reconnaître la spongiosité de ces organes. L'œdème partiel se montre autour des parties du poumon qui sont enflammées; on l'observe aussi dans la portion du tissu pulmonaire qui correspond au côté sur lequel l'animal a succombé. Il est difficile de reconnaître l'œdème du poumon par l'auscultation. Les causes de cet œdème sont les maladies diverses du poumon, les affections organiques du cœur, les hydropisies générales.

OEdème du scrotum et du fourreau. C'est une tumeur molle et pâteuse qui gagne quelquefois le dessous du ventre et la face interne des membres postérieurs. L'œdème du fourreau est produit par l'accumulation de la matière sébacée, les ulcères dans la même région; il se développe à la suite de la castration. Quelquefois il est symptomatique du farcin, de la morve, d'une hydropisie des séreuses splanchniques.

OEdème du ventre. Il débute dans le cheval par une tumeur sur la partie la plus déclive des parois abdominales, pour se porter jusqu'au poitrail, aux membres antérieurs, vers le fourreau, les mamelles. Parfois il acquiert une épaisseur considérable et persiste pendant très longtemps. Il faut pratiquer avec précaution les mouchetures qui doivent faciliter l'écoulement de la sérosité, parce qu'il en résulte souvent des hémorrhagies difficiles à arrêter. Quand l'œdème du ventre ne tend pas à disparaître après les mouchetures, on emploie la cautérisation par pointes pénétrantes, pour fournir une issue au liquide épanché et provoquer en même temps une abondante suppuration.

OEIL, s. m., *Oculus*, ωψ, οφθαλμος; organe de la vision situé dans l'orbite, qui le protège, et entouré de diverses parties qui servent à le mouvoir, le lubrifier et le préserver d'une trop grande lumière et de l'approche des corps étrangers. Le *globe* ou *bulbe* de l'œil constitue un corps arrondi formé par diverses membranes, et rempli par des liquides de densités différentes ; il forme une véritable chambre noire, au fond de laquelle viennent se peindre les objets extérieurs. La partie la plus externe de l'œil est formée par la *sclérotique* et la cornée *transparente*; la sclérotique est tapissée par la *choroïde*, recouverte elle-même par la *rétine*. L'*iris* situé transversalement dans l'intérieur même de l'œil le divise en deux parties très inégales, dont l'antérieure, bornée en avant par la cornée, forme la *chambre antérieure* de l'œil, remplie par l'humeur aqueuse ; la partie postérieure est occupée par le *corps vitré*, dans lequel est enchatonné en avant le *cristallin ;* un petit espace restant entre celui-ci et l'iris, forme la *chambre postérieure*, remplie, comme l'antérieure, par l'humeur aqueuse. — Le nerf optique aborde à l'œil par sa partie postérieure et se termine brusquement à son arrivée au globe, se continuant à l'intérieur par la *rétine*. — Les *paupières* protégent la face antérieure du globe de l'œil, et lui sont reliées par la *conjonctive ;* l'appareil *lacrymal* humecte constamment cette même partie ; cinq muscles *droits* et deux *obliques* communiquent le mouvement au globe. *V.* CORNÉE, SCLÉROTIQUE, IRIS, LACRYMAL, etc., etc. — *Bot.* Bourgeon à l'état rudimentaire. — Couronne formée des dents du calice et persistant au sommet du fruit. Les fruits des Rosacées en offrent des exemples.

OEIL CERCLÉ; œil laissant voir autour de la cornée un cercle blanc qui n'est qu'une portion de la sclérotique.

OEIL DE BOEUF OU OEIL GROS; œil à cornée très convexe, donnant à l'animal un air stupide, et le rendant myope. *V.* BUPHTHALMIE.

OEIL PETIT OU GRAS; ce défaut peut provenir du peu de volume du globe ou du peu d'ouverture des paupières. L'œil petit appartient surtout aux têtes lourdes, chargées, et indique souvent une prédisposition à la fluxion périodique. On l'appelle encore *œil de cochon*.

OEILLÈRE, s. f.; pièce de cuir attachée à chaque montant de la bride du cheval, pour l'empêcher de voir de côté. L'œillère se met rarement à la bride du cheval de selle.

OEILLET, s. m., *Dianthus*, L.; genre de la famille des Dianthacées. Il se compose de plantes herbacées et sous-frutescentes, croissant presque uniquement dans les régions tempérées de l'hémisphère boréal. On compte aujourd'hui, dans ce genre, environ cent trente espèces, parmi lesquelles on trouve quelques-unes des plus jolies plantes d'ornement. Celles qui croissent spontanément sur les pelouses, n'ont aucune valeur comme fourrage. L'œillet des jardins, ou OE. giroflée, *D. caryophyllus*, offre un nombre considérable de variétés.

OEILLETON, s. m.; drageon pourvu de racines, séparé de la plante-mère et replanté.

OENANTHE, s. f., *OEnanthe*, L.; genre de la famille des Ombellifères, composé de plantes herbacées, généralement aquatiques, habitant surtout les régions tempérées de l'ancien continent. Ce genre renferme une vingtaine d'espèces; on trouve en France les *OEnanthe pimpinelloïdes, lachenalii, crocata, fistulosa, peucedanifolia, globulosa, phellandrium*, etc. A l'exception de la première, qui peut être consommée par l'homme et par les animaux, les autres sont inutiles ou dangereuses.

OENANTHIQUE, *V.* ACIDE OENANTHIQUE.

OENOLATURE, s. f., de οινος, vin; nom donné par Béral aux préparations qu'on obtient en faisant macérer diverses substances végétales dans le vin. *V.* VINS MÉDICINAUX.

OENOLÉ, s. m.; nom générique des préparations pharmaceutiques destinées à l'usage interne, qui ont le vin pour véhicule et divers principes médicamenteux pour base.

OENOLIQUE, adj. ; médicament ayant le vin pour excipient.

OENOLOGIE, s. f., *OEnologia*, de οινος, vin, et λογος, discours; traité sur les vins; art de faire le vin.

OENOLOTIF, s. m.; Béral donne ce nom aux préparations vineuses destinées à l'usage externe.

OENOMEL, s. m., de οινος, vin, et μελι, miel; sirop dont le vin fait la base et dans lequel le miel remplace le sucre.

OENOMELLÉ, s. m.; préparations pharmaceutiques formées d'œnomel et de divers médicaments.

OENOTHÈRE, *V.* ONAGRE.

OENOTHÉRACÉES, *V.* ONAGRARIÉES.

OESOPHAGE, s. m., *OEsophagus*, du grec αιω, futur οισω, je porte, et φαγειν, manger; qui porte le manger. L'œsophage est un long conduit cylindrique, formé de deux membranes dont l'externe charnue, et l'interne muqueuse, et s'étendant depuis l'arrière-bouche jusqu'à l'estomac en longeant le côté gauche du cou et traversant la poitrine. Dans la région cervicale, l'œsophage est d'abord placé dans le plan médian, derrière la trachée ; il se dévie bientôt à gauche, et pénètre dans la poitrine en passant entre la côte gauche et la trachée. En traversant la poitrine, il laisse à gauche le cœur et les gros troncs artériels, et gagne le diaphragme en passant entre les deux lames du médiastin, et caché entre les deux lobes du poumon, dont chacun est creusé d'une gouttière pour le loger. Dans les solipèdes, l'œsophage, à partir de la partie postérieure du cœur, devient plus épais, plus rigide, plus blanc, et conserve cette disposition jusqu'à l'estomac, où il s'insère, à la petite courbure, après avoir traversé le pilier droit du diaphragme. — Dans les ruminants, l'œsophage s'insère au rumen en formant un évasement, véritable infundibulum, et se continue par une gouttière jusqu'à la caillette. Dans les autres animaux, il s'insère aussi, en s'évasant, vers le cul-de-sac gauche de l'estomac. — Dans les oiseaux, l'œsophage présente, avant d'entrer dans la poitrine, un réservoir appelé *jabot* (*V.* ce mot).

OESOPHAGIEN , ENNE , adj. , *œsophageus;* qui appartient à l'œsophage. — *Artère œsophagienne :* artère grêle, longue, naissant de la courbure de l'aorte postérieure, avec la bronchique , et accompagnant l'œsophage auquel elle fournit de nombreuses divisions dans son trajet jusqu'à l'estomac, où elle s'anastomose avec des divisions de la *gastrique.* — *Gouttière œsophagienne :* canal formé par deux lèvres latérales, et s'étendant depuis la terminaison de l'œsophage à la face interne du rumen, jusqu'à l'entrée du feuillet, dont la petite courbure continue cette gouttière jusqu'à la caillette. La gouttière œsophagienne facilite le passage direct dans la caillette, pour les aliments très atténués ou les liquides qui arrivent par l'œsophage en petite quantité à la fois. — *Nerfs œsophagiens :* cordons du pneumo-gastrique . accompagnant l'œsophage jusqu'à l'estomac, où ils se divisent, le supérieur s'anastomosant avec des divisions du plexus solaire.

OESOPHAGISME , s. m. , *OEsophagismus* ; spasme de l'œsophage.

OESOPHAGITE, s. f. , *OEsophagitis ;* inflammation de l'œsophage. Cette maladie est encore peu connue dans les animaux, parce qu'elle ne donne pas lieu à la manifestation de signes extérieurs bien remarquables ; du moins ces signes ne deviennent apparents que lorsque la lésion est portée à un haut degré. L'œsophagite a été observée sur le cheval ; la première observation sur cette maladie est due à Renault ; nous en avons consigné plusieurs exemples dans le *Journal de Médecine vétérinaire.* Cette inflammation se développe à la suite de l'introduction de corps étrangers, qui se sont arrêtés dans le canal œsophagien ; toutefois, l'existence de la phlogose n'est bien constatée qu'après la mort. Pendant la vie, on reconnaît seulement la difficulté pour déglutir, et des vomituritions qui rejettent par les narines les liquides déglutis ; à l'autopsie, la muqueuse de l'œsophage n'offre des traces d'inflammation que dans le point où le corps étranger s'est arrêté. L'œsophagite peut survenir spontanément , c'est-à-dire sans la présence d'un corps étranger dans l'œsophage. Comme symptômes particuliers de la maladie , on observe la difficulté de la déglutition, les efforts pour vomir, et un sentiment de douleur développé par la pression sur le trajet de l'œsophage. Toutefois, la difficulté pour déglutir et les vomituritions se montrent aussi dans l'angine pharyngée, parce que, dans ce cas, le commencement de l'œsophage peut participer à l'inflammation. Dans l'œsophagite due à une cause interne , les symptômes sont à peu près les mêmes que pour l'œsophagite traumatique résultant de la présence d'un corps étranger. Cette inflammation cède assez facilement au traitement antiphlogistique.

OESOPHAGOTOMIE, s. f., *OEsophagotomia* , de οισοφαγος, œsophage, et τομη, incision; opération qui consiste à inciser l'œsophage, pour retirer un corps étranger arrêté dans ce canal, ou pour faire pénétrer des substances médicamenteuses dans l'estomac. Cette opération est appliquée avec avantage dans les solipèdes et les ruminants, quand un corps étranger est arrêté dans la région cervicale du conduit œsophagien ; elle est inutile, si ce corps est placé dans la région thoracique. On y a renoncé généralement, pour employer la sonde œsophagienne disposée en forme de *poussoir.* (*V.* ce mot). Dans le cas de tétanos, on a pratiqué l'œsophagotomie sur le cheval , pour placer une sonde dans l'œsophage et y faire pénétrer quelques médicaments ou des produits alimentaires, la déglutition étant impossible. Ce procédé n'a pas donné de bons résultats. A part quelques cas exceptionnels relatifs à l'extraction d'un corps étranger, la ponction de l'œsophage n'est guère pratiquée que dans les écoles ; elle est classée parmi les opérations chirurgicales, offrant quelques difficultés , dont l'exécution est demandée dans les concours. Le lieu sur lequel on la pratique est de *nécessité,* lorsqu'il y a indication d'extraire un corps volumineux , dont la situation peut être constatée ; il est d'*élection* dans les autres cas. C'est toujours sur le côté gauche de l'encolure qu'on fait l'opération , le canal œsophagien se déviant dans cette direction à mesure qu'il descend vers la poitrine. Les instruments nécessaires sont les ciseaux courbes, un bistouri convexe, et , au besoin , une aiguille à suture et un fil ciré. On opère l'animal debout, en le faisant maintenir par des aides. Si l'on agit sur le cheval , on tient la tête fixe et élevée par un tord-nez placé à la lèvre supérieure. La première incision est faite en arrière de la jugulaire, qu'il importe d'éviter ainsi que l'artère carotide. Quand on choisit la partie la plus basse de la gouttière gauche de l'encolure, on découvre l'œsophage aussitôt après l'incision de la peau et du muscle sous-cutané ; plus haut, le muscle omo-hyoïdien sépare ce canal de la jugulaire. Une incision étendue facilite le temps de l'opération qui consiste à ramener l'œsophage avec le doigt indicateur au-dehors de la plaie. Si l'animal est atteint du tétanos, on incise les deux tuniques du conduit pour introduire une sonde en gomme élastique, qu'on laisse à demeure dans la plaie. On a proposé diverses sutures pour faciliter la cicatrisation de la solution de continuité faite sur l'œsophage ; on a renoncé à la *suture à points passés* sur la substance de ce canal ; on emploie quelquefois encore la *suture à points séparés* sur les lèvres de la peau , pour les rapprocher après avoir appliqué un plumasseau léger dans le fond de la plaie ; souvent on se borne à des soins de propreté. Les suites des plaies œsophagiennes sont redoutables, parce que l'on a à craindre l'action délétère des aliments qui peuvent s'épancher dans les tissus voisins.

On a dit qu'il fallait donner à l'animal des aliments liquides, faciles à déglutir, et qui peuvent traverser l'œsophage sans trop le distendre; on a dit aussi que les aliments solides étaient préférables, parce qu'ils n'avaient pas l'inconvénient de s'extravaser facilement.

OESTRE, s. m., *OEstrus*, de οιστροω, je pique avec un aiguillon; ou de οιστρος, fureur, à cause de la fureur provoquée par l'œstre sur l'animal qu'il attaque. Les œstres sont des insectes qui appartiennent à la tribu des OEstrides, à l'ordre des Diptères, à la famille des Athéricères. Ils ont été étudiés par Réaumur, Linné, Bracy-Clark, Latreille, Demoussy; la monographie la plus complète est due à Joly, professeur à la faculté des sciences de Toulouse. Les caractères généraux des œstrides sont des antennes très-courtes, une trompe distincte ou une simple cavité buccale, le port de la mouche domestique, le corps velu. Pendant longtemps, on a dit que leurs larves vivaient seulement sur les quadrupèdes herbivores; on en a rencontré depuis sur le chien, les singes et l'homme lui-même. Ces insectes sont répandus dans l'ancien et le nouveau Continent. Ils habitent les prairies, la lisière des bois; leurs principales fonctions consistent dans l'accouplement et la ponte des œufs, que la femelle dépose tantôt sur les téguments, tantôt sous la peau de l'animal. Les larves sont apodes, de forme conique; leur corps, composé de 11 à 12 segments, est garni de tubercules, d'épines; elles vivent aux dépens des sucs dont leur présence provoque la sécrétion. — *Classification.* Bracy-Clark les a divisés, d'après leur séjour et leur genre de vie, en *Gastricoles chylivores* (*œ. equi*, *œ. hemorrhoïdalis*); en *Cavicoles* ou *lymphivores* (*cephalemyia ovis*), et en *Cuticoles* ou *purivores* (*cuterebra*, *œdemagena*, *hypoderma*). D'après Joly, la tribu des œstrides comprend les genres *Cutérèbre*, *Céphénémie*, *OEdémagène*, *Hypoderme*, *OEstre*, *Céphalémyie*, *Colax.* — Le genre *OEstrus* est celui qui offre le plus d'intérêt; c'est à lui que se rapportent les espèces connues du temps de Linné.—*OEstre du cheval*, *OEstrus equi*, B. Clark, *Gasterophilus equi*, Leach. Caractères : longueur de 10 millimètres; ailes traversées dans le milieu par une bande noirâtre et présentant deux points semblables vers leur sommet; abdomen fauve ferrugineux; thorax jaunâtre; tête large, garnie d'un duvet blanchâtre; yeux noirâtres; antennes ferrugineuses. La femelle colle ses œufs sur les poils de diverses parties du corps du cheval, à l'aide d'une liqueur glutineuse; les œufs n'éclosent qu'au bout de 20 à 25 jours; ce n'est qu'après l'éclosion que la larve pénètre dans l'estomac; le cheval l'introduit en se léchant. Arrivée à sa destination, cette larve se développe à l'aide du mucus sécrété par la muqueuse stomacale; elle s'y tient fixée par deux crochets cornés placés à côté de la bouche. Quand elle s'est développée, au bout de dix à onze mois de séjour, du mois de septembre au mois de juillet suivant, elle se laisse entraîner avec les substances alimentaires, sort par le rectum, et tombe à terre pour opérer sa métamorphose. Au bout de quelques semaines, la nymphe donne un insecte parfait. Presque tous les chevaux portent dans leur estomac des larves de cette espèce d'œstre pendant une partie de l'année. Réaumur et Bracy-Clark ne les regardaient pas comme nuisibles; d'autres leur ont attribué des épizooties meurtrières. Quand ces larves existent en grand nombre dans l'estomac, elles doivent rendre les digestions difficiles; on a même constaté que cet organe pouvait être perforé par ces insectes. — *OEstre hémorrhoïdal*, *OEstrus hemorrhoïdalis*, Linné, *OEstre du fondement des chevaux*, Geoffroy. Plus petit de moitié que le précédent, cet insecte a le thorax recouvert de poils bruns, l'abdomen fauve, doré à son extrémité postérieure, les ailes brunâtres, sans bande transversale, les pieds d'un jaune ferrugineux. D'après Bracy-Clark, la femelle va pondre sur les lèvres du cheval et non sur les bords de l'anus. Comme la larve du précédent, celle de l'œstre hémorrhoïdal se cramponne dans l'estomac au moyen des crochets dont elle est munie. Souvent, quand elle traverse le rectum, la larve s'accroche à l'orifice externe de cette partie de l'intestin. Bientôt elle se laisse tomber sur la terre pour se métamorphoser. L'état de nymphe dure peu; l'insecte parfait éclôt au bout de 25 à 30 jours.— *Genre Cephalemyia*, Latr. de κεφαλη, tête, et μυια, mouche; mouche de la tête. *Céphalémyie du mouton*, *Cephalemyia ovis*, Latr. *OEstrus ovis*, Lin. Cet insecte a la tête d'un gris jaunâtre, plus grosse que celle des œstres du cheval, le thorax grisâtre, hérissé de petits tubercules noirs, l'abdomen taché de brun sur un fond blanc jaunâtre, les ailes blanches, marquées de quelques points noirâtres; la longueur du corps est de 0,010. On ne sait pas encore quel est le lieu dans lequel la femelle dépose ses œufs; tout porte à croire qu'elle les place à l'entrée des narines des moutons. D'après Dufour, la femelle est *larvipare;* Joly persiste à la considérer comme *ovipare*. Les larves passent l'hiver dans les cavités nasales des bêtes ovines, où quelquefois elles produisent des ravages. Les bêtes qui sont attaquées par ces larves s'ébrouent fréquemment pour les expulser. Arrivée à terme, la larve de la céphalémyie, tombe sur la terre et s'enfonce à une certaine profondeur avec agilité. — *Genre Hypoderma*, Latr., de υπο, sous, δερμα, cuir, peau, qui vit sous la peau. *Hypoderme du bœuf*, *Hypoderma bovis*, Latr., *OEstrus bovis*, Vall., vulgairement *OEstre du bœuf, taon*. Le corps de cet insecte est très velu; le thorax est jaune antérieurement, noir au milieu, marqué de quatre lignes longitudinales noires , interrompues dans leur milieu ; l'abdomen est d'un blanc grisâtre ; les ailes sont brunes , comme enfumées ; longueur 0, 012. L'insecte parfait cause une grande agitation dans un troupeau de bœufs ; l'animal, qui est attaqué, entre dans une sorte de fureur et fuit vers l'étang le plus voisin ; on ne sait pas encore comment l'hypoderme peut inspirer une frayeur semblable. Les naturalistes admettent que la femelle perce la peau du bœuf au moyen de son oviscapte, qui agit comme une tarière. La larve a le corps formé par onze segments , chagrinés par des points que la loupe permet de distinguer comme des épines plates et triangulaires ; elle vit du pus que sa présence doit produire dans le tissu cellulaire. Son existence sous la peau du bœuf est accusée par une tumeur percée d'un trou au sommet; après sa sortie, la cicatrice se produit, en laissant une nodosité qui déprécie la valeur du cuir. Ce sont ordinairement les meilleures bêtes qui sont attaquées par ces œstres ; c'est à ce point que, dans les campagnes, les habitants s'opposent à leur extraction , même si l'on veut les étudier ; ils les considèrent comme entretenant la santé de leurs animaux. On trouve quelquefois sur la région dorsale du cheval, comme sur le bœuf, de gros boutons indurés, de forme conique , avec une ouverture étroite au sommet. Par la pression, l'ouverture laisse échapper une larve d'œstre , fusiforme, aussi volumineuse que l'hypoderme. Macquart de Fontenille et Loiset la considèrent comme une espèce inédite, qu'ils appellent l'*œstre cuticole* du cheval. Cette espèce est commune dans le nord de la France, la Belgique ; mais on ne trouve tout au plus que trois ou quatre insectes sur le même animal. Nous avons plusieurs fois constaté son existence dans le Midi. — *Genre Cuterebra*, Ralr. , de *cutis*, peau, et *terebrare*, percer, *Cutérèbre noxial* , *Cuterebra noxialis* , Goudot : ce diptère est étranger à la France ; il attaque les bœufs américains, comme l'hypoderme poursuit nos bœufs indigènes.

OEUF, s. m. , *Ovum*, ῳον; ce mot est particulièrement adopté pour désigner le produit incomplet de la génération d'un grand nombre de femelles, qui , expulsé au-dehors et couvé par la mère ou abandonné aux soins de la nature, s'ouvre au bout d'un temps variable et donne naissance à un animal de même espèce que ceux qui l'ont produit. D'une manière plus générale, on entend par œuf le germe de tout être vivant quelconque, animal ou végétal. — Tous les animaux , excepté les mammifères, pondent des œufs dont la forme et le volume varient; l'œuf de l'oiseau se compose : 1° d'une coquille solide, calcaire, diversement colorée ; 2° d'une membrane doublant cette coquille ; 3° de la masse glaireuse appelée *blanc de l'œuf*, et composée de deux couches albumineuses distinctes ; 4° d'une portion centrale arrondie , égale-

ment albumineuse , et désignée , à cause de sa couleur, sous le nom de *jaune*. Sur ce globe central se trouve le germe qui doit, par l'incubation, former les premiers rudiments du jeune oiseau. L'œuf, dans l'ovaire, n'est qu'un grain jaunâtre très petit , qui , par suite de l'accouplement et même sans qu'il ait eu lieu, se détache de l'ovaire, parcourt l'oviducte, en se revêtant successivement des couches albumineuses et membraneuses, et, en dernier lieu, de sa coquille qui se trouve parfaite au moment de l'expulsion de l'œuf au dehors ou de la *ponte*. — Par suite de l'incubation , le germe se développe, prend peu à peu de nouvelles formes, se nourrit aux dépens du *jaune* et du *blanc*, reçoit l'air à travers les pores de la coquille que le jeune oiseau rompt au bout d'un temps très variable, suivant les espèces, pour arriver au jour et se nourrir lui-même (*gallinacés*, *palmipèdes*), ou être nourri pendant un certain temps par ses parents. — On désigne encore sous le nom d'œuf le produit de la conception des mammifères, comprenant le fœtus et ses annexes. Ici , l'incubation est remplacée par le séjour dans l'utérus de la mère , et la coque qui protège l'œuf des oiseaux n'existe pas, parce qu'elle devenait inutile. La nourriture du fœtus est fournie directement par la mère , jusqu'au moment où le petit est expulsé et vit de sa vie propre, nourri pendant quelque temps par le lait de sa mère. — *Pharmacologie*. Les trois parties principales des œufs des oiseaux de basse-cour, c'est à dire, la *coquille*, le *blanc*, le *jaune*, sont employées en médecine, ensemble ou séparément. On écrase parfois les œufs, et le mélange qui en résulte est administré aux très jeunes animaux qui sont atteints de dysenterie ou de diarrhée ; souvent aussi on leur fait prendre cette préparation comme simple mesure hygiénique, au moment de leur naissance. — La *coquille*, composée de carbonate de chaux, de carbonate de magnésie , de phosphate de chaux , d'oxyde de fer, de soufre, etc., est employée, après avoir été pulvérisée, comme absorbant interne. — Le *blanc*, formé d'eau , d'albumine, de gélatine et de sels de soude, est fréquemment employé, tant à l'extérieur qu'à l'intérieur, comme composé albumineux, *V.* Albumine. — Le *jaune* d'œuf, qui contient de l'albumine, de la vitelline, deux principes colorants, un jaune et un rouge, et une huile grasse, forme, avec l'eau, une émulsion mucilagineuse adoucissante et pectorale, qu'on emploie comme boisson émolliente ou dont on se sert à titre d'intermède pour administrer le camphre, les résines, la térébenthine, etc. Uni à cette dernière substance, le jaune d'œuf constitue l'onguent digestif simple ; incorporé dans de l'huile douce, il forme un liniment très adoucissant; allié au soufre , il constitue un liniment antipsorique, etc.

OFFICINAL, adj. , *officinalis*, de *officina* , boutique ; nom sous lequel on désigne les médicaments composés qui se trouvent tout préparés dans les officines des pharmaciens. Les formules en sont invariables et inscrites dans un formulaire appelé *Codex*, auquel les pharmaciens sont tenus de se conformer dans la préparation de ces médicaments. *Plantes officinales :* celles qui sont employées en médecine.

OGNON, s. m., *Allium cœpa*, L.; plante légumière du genre *ail*. On fait avec le bulbe cuit des cataplasmes adoucissants et maturatifs. — Les jardiniers donnent improprement le nom d'*ognon* aux bulbes des plantes d'ornement. — *Path.* Nom donné, en médecine humaine, à des tumeurs dures qui se forment dans le voisinage des articulations du pied, et qui consistent en un gonflement des os du métatarse. Dans le cheval, l'ognon se montre sur la sole des quartiers et constitue une bosse produite par une exostose du dernier phalangien. Cette maladie n'est pas rare sur les pieds de devant, sur les pieds plats et combles ; on ne l'observe presque jamais sur les pieds de derrière. La mauvaise ferrure est une cause fréquente de l'ognon, qui est aussi le résultat des contusions de la sole, d'une marche forcée sur un terrain cailouteux. La bleime suppurée, le javart cartilagineux et la fourbure sont les complications qu'il faut redouter. C'est par la ferrure qu'on remédie à cette maladie du pied; on applique le *fer couvert*, en lui donnant assez d'ajusture pour recouvrir et protéger la protubérance de la sole, sans la comprimer. Le fer couvert sur toute la branche correspondante à l'ognon est préférable au *fer à ognon*, proprement dit, qui n'est élargi que sur une surface limitée. Une opération a été conseillée pour enlever l'exostose qui constitue l'ognon; elle est abandonnée à cause du peu d'amélioration qu'elle est susceptible de produire, comparativement à la gravité des complications qu'elle peut faire naître.

OIE, s. f., *Anser*; genre d'oiseaux palmipèdes, ayant pour caractère essentiel un bec médiocre ou court, plus étroit en avant qu'en arrière, plus haut que large à sa base. Les jambes de l'oie sont plus élevées que celles du canard, et plus rapprochées du milieu du corps, ce qui facilite sa marche. Le genre Oie présente plusieurs espèces. L'oie commune, provenant de l'espèce sauvage est d'un bon rapport dans les basses-cours. Ses variétés ou races sont nombreuses et surtout entretenues dans l'Alsace, le Languedoc, la Touraine, etc., pour leurs plumes et leur chair.

OISEAUX, s. m. p., *Aves*; classe de vertébrés ovipares incubateurs, pourvus de poumons celluleux fixés aux parois de la poitrine, et complétés par des sacs aériens renfermés dans l'abdomen et communiquant avec les principaux os des membres. Leur corps est couvert de plumes; leur membre antérieur, destiné au vol, n'est jamais un organe de préhension ; leurs mâchoires sont garnies d'une couche cornée remplaçant les dents et formant un *bec* de forme très variable. La plupart des oiseaux construisent, pour déposer leurs œufs, un nid qui, pour quelques espèces, est un chef-d'œuvre de patience et d'adresse. La classe des oiseaux est divisée en six ordres qui sont : les *Rapaces*, les *Passereaux*, les *Grimpeurs*, les *Gallinacés*, les *Echassiers* et les *Palmipèdes*.

OLACINÉES, s. f., *Olacineæ*; petite famille de plantes dicotylédones, polypétales, hypogynes, frutescentes ou arborescentes, habitant surtout entre les tropiques et dans la Nouvelle-Hollande. Genres : *Olax*, *Opilia*, etc.

OLANINE, s. f.; principe constituant de l'huile animale de Dippel d'après Unverdorben, et qui lui donnerait la propriété de noircir à l'air. Elle est liquide, de consistance oléagineuse, odorante, s'altérant à l'air et laissant déposer une matière brunâtre insoluble dans l'eau, soluble dans l'alcool et appelée *Fuscine* (*V.* ce mot).

OLDEMBOURG (chevaux de l'). Ils appartiennent au Hanovre. On en distingue deux races qui ne sont pas parfaitement limitées: l'une plus appropriée au service du carrosse, l'autre plus propre à la selle. La première a, d'après Riquet, une taille de 1,60 à 1,65 cent. et plus, un bon cadre, la tête carrée et un peu busquée, l'œil beau, le rein bien fait, la croupe arrondie ou légèrement inclinée, beaucoup de ventre, des formes généralement communes et empâtées, les membres assez forts, les pieds volumineux et plats, mais susceptibles de s'améliorer. Ces chevaux ont des allures bonnes, peu brillantes, et du fond, quand on les attend jusqu'à l'âge de six ans. Ils sont grands mangeurs. — La race de selle, plus rare que la première, a des formes moins communes, plus de légèreté, une taille moins haute et plus de qualités que la première.

OLÉACÉES, s. f., *Oleaceæ*; famille de plantes dicotylédonées, monopétales, hypogynes. Elle se compose d'arbres et d'arbrisseaux qui croissent principalement dans les régions tempérées de l'hémisphère boréal. Quelques-uns de ses genres ont de l'importance; ex. : l'*Olivier*. Genres : *Olea*, *Ligustrum*, *Fraxinus*, *Syringa*, etc. Pour plusieurs botanistes, les Oléacées ne sont qu'une tribu des Jasminées.

OLÉAGINEUX, adj., *oleosus*; qui ressemble à de l'huile ou qui en contient. *Consistance oléagineuse:* épaisse et visqueuse comme celle des huiles, de l'acide sulfurique, etc.

OLÉATE, s. m., *Oleas*; nom des sels formés d'acide oléique et d'une base. Ils entrent pour une certaine proportion dans les *savons*.

OLÉCRANARTHROCACE, s. f., de ωλεκρανον, olécrane, αρθρον, articulation, et κακος, vicieux; nom donné à l'inflammation de l'articulation du coude.

OLÉCRANE, s. m., *Olecranum*, de ωλην,

coude, et *καρηνον*, tête; littéralement *tête du coude*; nom donné à la forte apophyse qui termine supérieurement le cubitus, et qui représente , dans le membre thoracique, la rotule du membre postérieur.

OLÉCRANIEN, ENNE, adj.; qui appartient à l'olécrâne. *Fosse olécrânienne :* cavité située entre l'épicondyle et l'épitrochlée de l'humérus, et recevant l'olécrâne dans les mouvements d'extension de l'avant-bras.

OLÉFIANT, adj.; épithète donnée anciennement à l'hydrogène bicarboné, parce qu'il donne naissance, en se combinant au chlore, à un composé d'aspect huileux. *Gaz oléfiant. V.* HYDROGÈNE BICARBONÉ.

OLÉINE, s. f., de *oleum*, huile; nom donné par Chevreul au principe liquide des huiles et des graisses, desquelles on le sépare au moyen du froid ou de l'alcool. — L'oléine est liquide à la température ordinaire, présente l'aspect d'une huile, se solidifie à — 6° ou — 7°, est dépourvue d'odeur, de saveur et de couleur lorsqu'elle est pure; sa densité est de 0,913. Insoluble dans l'eau, elle se dissout dans l'alcool et l'éther, surtout à chaud. Les alcalis la décomposent en acide *oléique* et en *glycérine*, qui sont ses principes constituants.

OLÉIQUE, *V.* ACIDE OLÉIQUE.

OLÉONE, s. f.; produit de la distillation de l'acide oléique avec la chaux. L'oléone est liquide, neutre, incolore, inodore. Elle est à l'acide oléique ce que la *margarone* est à l'acide margarique.

OLÉRACÉ, ÉE, adj., *oleraceus*, de *olus, oleris*, légume; se dit des plantes herbacées, cultivées et employées comme légumes. — On dit aussi une odeur oléracée.

OLÉULE, s. f.; nom proposé pour désigner les huiles essentielles. *V.* ESSENCES.

OLÉULÉ, s. m.; nom donné par Béral à tout médicament formé par la solution d'un principe actif dans une essence.

OLÉULIQUE, adj.; nom générique des médicaments composés formés d'essences et de divers principes médicamenteux.

OLFACTIF, IVE, adj., *olfactivus*, de *olfactus*, odorat; qui a rapport à l'odorat. — *Nerf olfactif :* première paire de nerfs encéphaliques, formée d'un grand nombre de filets pulpeux, émanant des couches olfactives, traversant les trous de la lame criblée de l'ethmoïde, et se divisant dans la portion de la pituitaire qui revêt les cellules ethmoïdales. — *Couches olfactives* ou *ethmoïdales :* appendices creux, au nombre de deux , un droit et un gauche, situés à la partie inférieure du cerveau, logés dans la fosse digitale de l'ethmoïde, et donnant naissance aux nerfs olfactifs. — *Membrane olfactive, V.* PITUITAIRE.

OLFACTION, s. f. , *Olfactio;* sensation donnant à l'animal la connaissance des odeurs. Le nerf olfactif est regardé comme étant l'agent essentiel de l'olfaction.

OLIBAN, s. m., *Olibanum, Thus;* résine

particulière appelée vulgairement *Encens*, et fournie par le *Juniperus lycia* , L. Employé dans la médecine de l'homme dans quelques topiques résolutifs, l'oliban est inusité dans celle des animaux.

OLIGOPHYLLE , adj. , *oligophyllus;* qui n'a qu'un petit nombre de feuilles. Peu usité.

OLIGOSPERME , adj. , *oligospermus*, de *ολιγος* , peu , et *σπερμα*, semence; se dit des fruits ou des cavités du péricarpe qui renferment un petit nombre de semences.

OLIVAIRE, adj. , *olivarius*, de *oliva*, olive ; en forme d'olive. — *Corps olivaires* , *V.* PYRAMIDES.

OLIVIER, s. m., *Olea* , L.; genre de la famille des Oléacées. Il se compose d'arbres ou d'arbrisseaux que l'on trouve dans le bassin de la Méditerranée, et surtout en Europe , en Asie , au Cap de Bonne-Espérance, plus rarement en Amérique. L'espèce principale est l'O. d'Europe, *O. Europœa*, formant, à l'état sauvage, un arbrisseau buissonnant, épineux, et par la culture, un arbre de hauteur moyenne , d'une croissance lente, et d'une longévité remarquable. Dans cette dernière condition, il fournit un grand nombre de variétés. L'olivier paraît avoir été transporté de l'Asie dans la Grèce où il a été consacré à Minerve , et est devenu le symbole de la paix. Il n'est passé en Italie que deux ou trois siècles après la fondation de Rome. Les Romains l'ont trouvé dans la Gaule méridionale, où les Phocéens, qui ont fondé Marseille , avaient dû le transporter plusieurs siècles avant l'ère actuelle. L'olivier craint le froid; il caractérise toute une région agricole. Sa culture est bornée, pour la France, aux bords de la Méditerranée, c'est-à-dire aux parties les plus chaudes de notre pays; sept ou huit départements y prennent part. Les usages de l'olive sont connus. Le bois de l'olivier est dur, susceptible de prendre un beau poli et d'être avantageusement employé dans la marqueterie. Ses feuilles peuvent être utilisées comme fourrage.

OLOPÉTALAIRE, adj., *olopetalaris;* se dit, d'après de Candolle, des fleurs dont les téguments, en tout ou en partie, les étamines et le pistil , sont transformés en pétales ou lobes pétaloïdes.

OMACÉPHALE, s. et adj., *Omacephalus*, de *ωμος*, épaule, et *ακεφαλος*, acéphale; acéphale terminé à la région de l'épaule; genre de monstres paracéphaliens ayant une tête mal conformée, mais encore volumineuse, une face distincte, des organes sensitifs rudimentaires, et point de membres thoraciques.

OMACÉPHALIE, s.f., *Omacephalia;* état des monstres omacéphales.

OMBELLE, s. f., *Umbella;* mode d'inflorescence indéfinie dans lequel plusieurs pédicules naissent en même temps du sommet tronqué de l'axe commun, et arrivent tous à peu près à la même hauteur. Chaque pédoncule ou rayon de l'ombelle peut être terminé à son tour par des pédoncules secondaires qui forment une autre ombelle plus petite appelée *ombellule*. L'ensemble des bractées qui entourent la base de l'ombelle, prend le nom d'*involucre*; autour de l'ombellule, elles constituent l'*involucelle*. L'ombelle caractérise une famille naturelle, celle des Ombellifères.

OMBELLÉ, ÉE, adj., *umbellatus*; disposé en ombelle.

OMBELLIFÈRE, adj., *umbellifer*; qui porte des ombelles.

OMBELLIFÈRES, s. f., *Umbelliferæ*; famille de plantes dicotylédones, polypétales, périgynes, ayant pour caractères : fleurs en ombelle, blanches ou jaunes, petites, hermaphrodites, quelquefois unisexuées par avortement; calice gamosépale, à cinq dents, formant à sa base un tube soudé avec l'ovaire; corolle à cinq pétales libres, caducs, entiers, presque toujours infléchis, quelquefois divisés en deux lobes arrondis, insérés au sommet du tube du calice; cinq étamines libres, insérées avec les pétales; ovaire adhérent, biloculaire, disperme; ovules suspendus, insérés au côté interne des loges; deux styles persistants. Le fruit sec, couronné des dents du calice, est composé de deux ou plusieurs akènes réunis et suspendus à une columelle; chaque akène est relevé de cinq ou neuf côtes primaires et secondaires, les principales, séparées par des intervalles appelés *vallécules*; embryon très petit, droit, à périsperme corné. La tige est striée ou cannelée et fistuleuse; les feuilles sont alternes, rarement entières, presque toujours très profondément découpées, quelquefois réduites au pétiole qui est d'ailleurs plus ou moins élargi à sa base. Les ombellifères sont des plantes herbacées, annuelles, bisannuelles ou vivaces, répandant une odeur forte et souvent désagréable; elles sont plus communes dans les régions tempérées et froides de l'ancien continent que partout ailleurs. Le nombre total des espèces est de 1,000 environ. Les unes sont alimentaires comme la *carotte*, le *panais*, le *céleri*; d'autres assaisonnantes, comme le *persil*, le *cerfeuil*; il en est de vénéneuses, la *ciguë*, l'*œnanthe*, etc. Celles qui croissent dans les prairies sont trop précoces, elles ont des tiges trop dures pour constituer un bon fourrage; quelques-unes, toutefois, agissent comme assaisonnement. Le fruit est quelquefois utilisé dans l'économie domestique ou la médecine; ex.: la *coriandre*, le *carvi*; dans toutes, il renferme une huile essentielle, aromatique. La tige, la racine ou les feuilles de plusieurs espèces contiennent des sucs résineux que l'on obtient par extrait, par incision ou expression : l'*assa-fœtida*, l'*opopanax*, le *galbanum*, la *gomme ammoniaque*, etc., ont cette origine. — Les Ombellifères ont été divisées en trois sous-familles : 1° les *Orthospermées*; genres : *Astrantia*, *Eryngium*, *Sanicula*, *Cicuta*, *Apium*, *Petroselinum*, *Ammi*, *Carum*, *Pimpinella*, *Sium*, *Buplevrum*, *OEnanthe*, *OEthusa*,

Fœniculum, *Seseli*, *Ligusticum*, *Selinum*, *Angelica*, *Opopanax*, *Ferula*, *Peucedanum*, *Anethum*, *Pastinaca*, *Galbanum*, *Cuminum*, *Daucus*, etc.; 2° les *Campylospermées*; genres : *Caucalis*, *Scandix*, *Chœrophyllum*, *Conium*, *Arracacha*, *Cynapium*, etc.; 3° les *Cœlospermées*; genres : *Coriandrum*, etc.

OMBELLIFLORE, adj., *umbelliflorus*; on appelle ainsi l'involucre qui entoure la base d'une ombelle.

OMBELLULE, s. f., *Umbellula*; littéralement *petite ombelle*; ombelle simple couronnant chacun des rayons de l'Ombelle composée.

OMBILIC, s. m., *Umbilicus*; cicatrice résultant de l'oblitération du cordon ombilical après la naissance. *V*. OMBILICAL. — *Bot. Umbilicus, Hilum*; synonyme de *Hile* (*V*. ce mot et GRAINE); on donne aussi vulgairement le nom d'ombilic à la dépression entourée des débris du calice qui marque le sommet organique des fruits des Rosacées; ex.: la *Pomme*.

OMBILICAL, ALE, adj. *umbilicalis*; qui a rapport à l'ombilic. — *Anneau ombilical* : ouverture située sur la ligne blanche, donnant passage aux vaisseaux qui forment le cordon ombilical, s'oblitérant après la naissance et formant une cicatrice désignée sous le nom d'*ombilic* ou *nombril*. — *Artères ombilicales* : elles naissent de la bulbeuse, à son origine, accompagnent la vessie, dont elles renforcent les ligaments, traversent l'anneau ombilical, et vont se ramifier à la face interne du chorion, dont elles traversent l'épaisseur pour concourir à former les villosités du placenta. — *Veine ombilicale* : elle prend son origine par une foule de rameaux capillaires concourant à la formation du placenta. Ces rameaux traversent le chorion et se réunissent de proche en proche à sa face interne, de manière à former en dernier lieu un vaisseau unique qui suit le cordon, pénètre dans l'abdomen par l'ouverture ombilicale et se porte en avant jusqu'à la face antérieure du lobe mitoyen du foie, où la veine se termine en se mettant en communication avec la veine-porte, et, par le *canal veineux*, avec la veine-cave postérieure. Dans les ruminants, il existe, dans la longueur du cordon, deux veines ombilicales, qui se réunissent à leur entrée dans l'abdomen. — *Cordon ombilical* : assemblage de différents vaisseaux ou canaux établissant la communication entre le fœtus et ses enveloppes, et indirectement entre le fœtus et la femelle qui le porte. Dans les solipèdes, le cordon ombilical est composé: 1° des deux artères ombilicales; 2° de la veine ombilicale; 3° du canal de l'*ouraque*; 4° de la vésicule ombilicale; 5° des deux vaisseaux omphalo-mésentériques. Ce cordon, assez allongé, est enveloppé, dans sa portion la plus rapprochée de l'abdomen, par l'amnios, et par l'allantoïde, dans le reste de son étendue.

Dans les ruminants, le cordon est plus court, présente deux veines, et se divise aussitôt qu'il abandonne la gaine amniotique. — *Région ombilicale:* région des parois inférieures de l'abdomen, située au pourtour de l'ombilic. — *Vésicule ombilicale:* vésicule située au voisinage de l'ombilic, dans le cordon ombilical, communiquant, dans les premiers temps de la gestation, avec l'intestin du fœtus, et plus tard avec l'artère mésentérique et la veine porte, par l'artère et la veine omphalo-mésentériques. La vésicule ombilicale des solipèdes, située dans l'espèce d'infundibulum que forment, en s'évasant, les vaisseaux du cordon, a la forme d'une poire, dont la grosse extrémité toucherait au chorion, et la partie amincie s'engagerait entre l'amnios et le feuillet amniotique de l'allantoïde; quoique s'oblitérant de bonne heure, elle forme, lorsqu'elle a perdu sa cavité, un cordon rouge qui persiste jusqu'à la parturition. Dans les ruminants, la vésicule disparaît de très bonne heure. Dans la chienne et la chatte, elle persiste avec sa cavité jusqu'au part, et présente des parois très vasculaires et très rouges. On ne peut établir une véritable analogie entre la vésicule ombilicale des mammifères et le *vitellus* ou jaune de l'œuf des oiseaux. Ce dernier est tout formé, lorsque le petit commence à se développer, tandis que la vésicule des mammifères croît, pendant un certain temps, avec le fœtus auquel elle fournit des matériaux nutritifs. — *Hernie ombilicale. V.* Hernie.

OMBILICO-MÉSENTÉRIQUE, *V.* Omphalo-mésentérique.

OMBILIQUÉ, ÉE, adj., *umbilicatus;* portant dans son centre une dépression ou point ressemblant à un ombilic.

OMBRAGEUX, EUSE, adj., *trepidus;* se dit du cheval qui a peur des objets qui s'offrent à sa vue, et qui cherche à les fuir. Ce défaut est souvent le résultat de la myopie ou d'une mauvaise vue. Le cavalier qui monte ou conduit un tel cheval, doit être constamment sur ses gardes et agir avec douceur et fermeté. L'étalon ombrageux doit être rejeté de la production.

OMBRE, s. f., *Umbra;* espace obscur qu'on observe derrière un corps opaque éclairé par un seul côté. La formation de l'ombre est la conséquence, et en même temps la preuve de la marche constante de la lumière en ligne droite. Le faisceau lumineux qui tombe sur un corps opaque ne pouvant s'infléchir pour l'éviter, est arrêté en grande partie; ses rayons les plus excentriques seuls rasent le pourtour du corps opaque, et vont derrière lui circonscrire l'ombre et concourir à la formation de la *pénombre* (*V.* ce mot). La forme de l'ombre dépend du volume relatif du corps lumineux et du corps opaque, ainsi que de la distance qui les sépare. S'ils ont le même diamètre, l'ombre est un cylindre qui se prolonge indéfiniment dans l'es-

pace; si le corps lumineux est le plus volumineux, l'ombre est un cône dont la base repose sur le corps opaque et la pointe dans l'espace, ex.: ombre de la terre éclairée par le soleil; si le corps opaque est le plus grand, l'ombre est encore un cône, mais disposé en sens inverse; ex.: ombre de la terre éclairée par la lune. — La teinte de l'ombre est d'autant plus foncée que la lumière est plus éclatante, ce qui donne le moyen d'en mesurer l'intensité. — L'ombre donne le moyen de mesurer la hauteur d'un corps élevé, d'un édifice, d'un arbre; il suffit pour cela de connaître la longueur de l'ombre d'un corps d'une hauteur connue et de celle de l'édifice; une simple règle de proportion donne le chiffre de l'élévation cherchée.

OMBREUX, EUSE, adj., *umbrosus;* donnant une ombre épaisse: *allée ombreuse.* — On donne aussi cette épithète aux plantes qui recherchent l'ombre.

OMNIVORE, adj., *omnivorus,* de *omnis,* tout, et *vorare,* manger; qui mange toutes sortes d'aliments, soit animaux, soit végétaux; ex.: le *porc.* On dit aussi, improprement, *omniphage.*

OMO-BRACHIAL, *V.* Coraco-huméral.

OMODYME, *V.* Dérodyme et Xiphodyme.

OMOPLAT-HYOIDIEN, *V.* Sous-scapulo-hyoïdien.

OMOPLATE, s. f., *Omoplata,* de ωμος, épaule, et πλατυς, large; os de l'épaule, désigné, en anatomie vétérinaire, sous le nom de *scapulum* (*V.* ce mot).

OMPHALOCÈLE, s. f., *Omphalocele,* de ομφαλος, ombilic, et κηλη, hernie; hernie de l'ombilic. *V.* Exomphale.

OMPHALODE, s. m., *Omphalodium;* point central du hile, auquel viennent immédiatement aboutir les vaisseaux nourriciers.

OMPHALO-MÉSENTÉRIQUE, adj., *omphalo-mesentericus,* de ομφαλος, ombilic, et μεσεντεριον, mésentère; qui appartient à l'ombilic et au mésentère. — *Vaisseaux omphalo-mésentériques:* on appelle ainsi une artère et une veine très grêles, qui se portent, en suivant le cordon ombilical, l'artère, de la grande mésentérique à la vésicule ombilicale, et la veine, de cette même vésicule à la veine porte. Ces vaisseaux très apparents, même à la fin de la gestation, chez la chienne, disparaissent plus promptement chez les solipèdes et surtout chez les ruminants.

OMPHALORRHAGIE, s. f., *Omphalorrhagia,* de ομφαλος, nombril, et ρειν, couler; hémorrhagie de l'ombilic.

OMPHALOSITES, s. m. pl., de ομφαλος, ombilic, et σιτος, nourriture; second ordre des monstres unitaires, dans la classification de I. Geoffroy St-Hilaire. Les omphalosites sont des monstres ne vivant que d'une vie imparfaite, entretenue seulement par la communication avec la mère, et cessant dès que le cordon ombilical est rompu. Cet ordre se divise en deux tribus dont la première comprend deux familles : les *Paracéphaliens* et les *Acéphaliens*, et la seconde une famille unique : les *Anidiens* (*V.* ces mots).

OMPHALOTOMIE, s. f., *Omphalotomia*, de ομφαλος, nombril, et τομη, section ; amputation, section du cordon ombilical.

ONAGRARIÉES, s. f., *Onagrarieæ* ; famille de plantes dicotylédones, polypétales, périgynes, herbacées ou frutescentes, répandues presque partout, mais habitant surtout l'Amérique et les régions tempérées de l'hémisphère boréal. Genres : *OEnothera*, *Epilobium*, etc.

ONAGRE, s. m., *OEnothera*, L. et T. ; genre de la famille des Onagrariées, composé de plantes herbacées ou sous-frutescentes, originaires de l'Amérique et cultivées, pour la plupart, en Europe, pour l'ornement des jardins. Les espèces sont assez nombreuses. — *Zoolog.* Nom donné à l'âne sauvage.

ONCOTOMIE, s. f., *Oncotomia*, de ογκος, tumeur, et τομη, incision ; ouverture, ponction d'une tumeur, d'un abcès, avec l'instrument tranchant.

ONCTION, s. f., *Unctio*, de *ungere*, graisser ; action d'oindre la peau avec des corps gras dans un but thérapeutique. *V.* EMBROCATION.

ONCTUEUX, EUSE, adj., *unctuosus* ; qui présente la consistance et l'aspect des corps gras.

ONCTUOSITÉ, s. f., *Unctuositas* ; qualité de ce qui est onctueux ou gras.

ONDE, s. f. *Unda* ; nom donné aux traces circulaires qui se propagent à la surface d'un liquide qui a été ébranlé dans un de ses points. Ce sont des *élévations* ou des *dépressions* qui se forment sur le liquide et en altèrent le niveau, en formant des oscillations verticales. Elles vont en s'agrandissant sans cesse, se propagent avec rapidité autour du centre d'ébranlement et s'entrecroisent les unes les autres sans se détruire. Elles sont soumises aux lois suivantes : 1° un corps solide qu'on plonge dans un liquide produit des ondes *saillantes* ou *élevées ;* celui qu'on en retire donne naissance à des ondes *déprimées ;* 2° le niveau du liquide n'est pas altéré dans les intervalles des ondes, et l'agitation moléculaire ne se fait sentir dans les masses qu'à une profondeur égale à la hauteur verticale de l'onde ; 3° quand deux ondes se rencontrent, elles s'annulent si elles sont égales et d'espèce différente, et s'ajoutent au contraire si elles sont de même espèce ; après s'être rencontrées, elles se séparent sans avoir subi d'altération, etc. Par analogie, on admet des ondes *sonores*, *lumineuses*, qui ont lieu par suite de la vibration de la matière pondérable et de l'éther.

ONDÉ, ÉE, adj., *undatus* ; synonyme d'*ondulé*.

ONDÉE, s. f., *Nimbus* ; pluie ou averse abondante, qui dure peu de temps, et après laquelle le soleil reparaît.

ONDULATION, s. f., *Undulatio* ; onde ou succession d'ondes. *Système des ondulations :* système d'après lequel les effets de la lumière, et probablement aussi les phénomènes produits par les autres fluides impondérables, seraient dus aux vibrations déterminées par la matière pondérable dans un principe éminemment subtil appelé *éther. V.* ce mot et LUMIÈRE.

ONDULATOIRE, adj., *undulatorius* ; qui est formé d'ondes ou qui résulte d'une suite d'ondulations. *Mouvement ondulatoire :* celui qui produit le son (*V.* ce mot).

ONDULÉ, ÉE, adj., *undulatus* ; synonyme d'*onduleux*.

ONDULEUX, EUSE, adj., *undulosus* ; présentant sur ses bords une suite de plis plus ou moins larges et arrondis.

ONGLADE, s. f. ; ongle rentré dans les chairs. Ce cas est observé quelquefois sur le chien ; l'ongle du gros doigt s'allonge outre mesure, se recourbe et pénètre par sa pointe dans les tissus.

ONGLE, s. m., *Unguis*, ονυξ ; plaque cornée plus ou moins étendue, protégeant l'extrémité du doigt, qu'elle recouvre en partie seulement, comme chez la plupart des animaux, ou en totalité, comme chez les ruminants, les pachydermes et surtout les solipèdes. *V.* SABOT.

ONGLET, s. m., *Unguiculus* ; partie inférieure, rétrécie et plus ou moins allongée d'un pétale. C'est l'onglet qui forme la base de l'organe ; il représente le pétiole. — *Pathol.* Synonyme de *ptérygion*.

ONGLON, s. m. ; nom donné aux enveloppes cornées de l'extrémité des doigts, chez les animaux à pied fourchu, comme les ruminants. *V.* SABOT.

ONGUENTS, s. m., *Unguenta*, de *ungere*, oindre : préparations pharmaceutiques le plus souvent officinales, employées exclusivement à l'extérieur et formées de corps gras, de principes résineux, et d'une base plus ou moins active. Les onguents diffèrent des pommades par les résines qu'ils contiennent, et des véritables emplâtres par l'absence d'oxydes métalliques. Les corps gras sont graisseux ou huileux ; les principes résineux sont des résines, des térébenthines ou des gommes-résines ; la base des onguents est très variable. Leur préparation est simple : on fait fondre ensemble les corps gras et les corps résineux, si leur fusibilité est peu différente ; dans le cas contraire, on commence par fondre les principes les plus réfractaires. Lorsque les excipients sont préparés, on incorpore, pendant qu'ils se refroidissent, les principes actifs, solides ou liquides, qui doivent entrer dans la composition de l'onguent, en triturant le tout ensemble dans un mortier. Les formules de ces préparations sont innombrables ; il ne sera question que des plus importantes.

ONGUENT D'ALTHÆA. ♃ huile de mucilage, 1000 grammes ; cire jaune, 250 grammes ; térébenthine, 125 grammes ; poix-résine,

125 grammes ; faites fondre toutes ces substances à une douce chaleur et passez. Adoucissant, mais assez rarement employé.

ONGUENT D'ARCŒUS. ♃ suif de mouton, 1000 grammes : térébenthine, 750 grammes ; résine élémi, 750 grammes ; axonge, 500 grammes ; faites fondre le suif, la résine et l'axonge, et ajoutez la térébenthine après avoir ôté le vase du feu. Légèrement excitant et dessiccatif ; bon pour faciliter la cicatrisation des plaies blafardes.

ONGUENT BASILICUM. ♃ poix noire, poixrésine, cire jaune, de chaque, 125 grammes ; huile d'olives ou d'œillette, 500 grammes ; faites fondre les trois premières substances, ajoutez-y l'huile grasse et passez. Excitant et résolutif, d'un emploi fréquent pour panser les plaies, les ulcères, les vésicatoires, pour animer les sétons, faire fondre les phlegmons ou hâter leur maturation. On y ajoute parfois de l'essence de térébenthine pour le rendre plus actif.

ONGUENT BRUN. ♃ onguent basilicum, 64 grammes ; bioxyde de mercure, 4 grammes ; incorporez Légèrement escharotique et propre à modérer le bourgeonnement des plaies blafardes et des ulcères.

ONGUENT DIGESTIF SIMPLE. ♃ térébenthine, 64 grammes ; jaunes d'œufs, n° 2 ; huile d'olives, 16 grammes ; broyez les jaunes d'œufs avec la térébenthine et ajoutez peu à peu l'huile d'olives. Légèrement excitant et dessiccatif.

ONGUENT DIGESTIF OPIACÉ. ♃ onguent digestif simple, 125 grammes ; laudanum, 32 grammes ; incorporez exactement. Résolutif et calmant.

ONGUENT CITRIN, *V.* POMMADE.

ONGUENT ÉGYPTIAC, *V.* OXIMELLITE.

ONGUENT ÉPISPASTIQUE. ♃ onguent basilicum, 500 grammes ; pommade de peuplier, 500 grammes ; cantharides pulvérisées, 32 grammes ; mélangez par trituration. Epispastique et résolutif. Il est peu employé.

ONGUENT FONDANT DE GIRARD. ♃ térébenthine, 380 grammes ; bichlorure de mercure, 32 grammes. Incorporez exactement le sel pulvérisé dans la térébenthine. Résolutif très puissant pour faire disparaître les tumeurs du collier, les engorgements indolents, etc.

ONGUENT FONDANT DE LEBAS. ♃ onguent vésicatoire, 500 grammes ; pommade mercurielle double, 250 grammes ; savon vert, 125 grammes ; huile de laurier, 160 grammes ; cire jaune, 100 grammes. Faites fondre la cire ; ajoutez successivement l'huile de laurier, l'onguent vésicatoire, la pommade mercurielle et le savon vert ; mêlez avec soin. Très bon résolutif pour les ganglions engorgés, les tumeurs dures et indolentes.

ONGUENT MERCURIEL, *V.* POMMADE.

ONGUENT DE PIED. ♃ cire jaune, axonge, huile grasse, térébenthine et miel, de chaque, 500 grammes. Faites fondre la cire et l'axonge ; ajoutez ensuite l'huile ; retirez du feu et faites dissoudre dans les corps gras la térébenthine et le miel. On s'en sert pour oindre la corne du sabot, entretenir sa souplesse, prévenir ses gerçures, etc. ; souvent on le colore avec du noir de fumée.

ONGUENT POPULEUM, *V.* POMMADE.

ONGUENT VÉSICATOIRE. ♃ poix noire et poix résine, de chaque, 400 grammes ; cire jaune, 300 grammes ; huile d'olives, 1200 gr. ; cantharides en poudre, 600 grammes ; euphorbe pulvérisée, 200 grammes. Faites fondre la poix, la résine et la cire ; ajoutez l'huile et passez ; incorporez les cantharides et l'euphorbe jusqu'à ce que l'onguent soit figé. Irritant et vésicant, d'un emploi fréquent comme révulsif, substitutif et résolutif. Il fond rapidement les tumeurs indolentes, et même celles qui sont aiguës, ramène sur la peau une inflammation plus profonde, sert à établir les exutoires sous la poitrine, à animer les sétons, etc. Souvent on y ajoute de l'émétique, pour augmenter son activité. *V.* VÉSICATOIRE.

ONGUENT VÉSICATOIRE ALLEMAND. ♃ cantharides pulvérisées, térébenthine et axonge, parties égales ; mélangez à froid. Cet onguent est plus actif que le vésicatoire ordinaire, mais il coûte près du double.

ONGUENT VÉSICATOIRE (Rey). ♃ onguent basilicum, 500 grammes ; cantharides pulvérisées, 50 grammes ; euphorbe en poudre, 60 grammes ; incorporez les deux poudres au basilicum, à froid, en triturant le tout dans un mortier. Il produit les mêmes effets que le vésicatoire ordinaire ; mais sa préparation est plus facile et moins longue.

ONGUICULE, s. m., diminutif de *unguis*, ongle ; petit ongle. On donne ce nom aux ongles qui ne revêtent qu'une partie de l'extrémité des doigts, comme chez l'homme, le singe, etc.

ONGUICULÉ, ÉE, adj., *unguiculatus*; pourvu de petits ongles ou onguicules. Les mammifères terrestres sont divisés en *onguiculés* et *ongulés*.— *Bot.* Pourvu d'un onglet.

ONGULÉ, ÉE, adj., *ungulatus;* pourvu de forts ongles ou de *sabots*.

ONOMATOLOGIE, s. f., *Onomatologia*, de ονομα, ονοματος, nom, et λογος, discours ; partie de la botanique qui traite de la nomenclature.

ONONIDE, s. f., *Ononis*, L., *Anonis*, T. ; genre de la famille des Légumineuses. Il est assez nombreux en espèces ; on n'en compte pas moins de vingt-cinq en France. Deux d'entre elles sont surtout très communes, ce sont : l'O. épineuse, *O. spinosa*, L., et l'O. rampante, *O. repens*, L., souvent confondues sous le nom générique d'*arrête-bœuf*, *V.* BUCRANE. Quelques espèces de ce genre, également indigènes, sont cultivées comme plantes d'ornement.

ONOPORDE, s. m., *Onopordon*, Vaill.; genre de la famille des Composées. Il se compose de grandes herbes à tiges rameuses, épineuses, à feuilles dentées, également épineuses, très communes en Europe. Ce sont des plantes nuisibles à l'agriculture. L'Espèce la plus répandue est l'O. acanthe, *O. acanthium*, vulg. *Chardon-aux-ânes.*

ONYX, s. m., *Onyx*, de ονυξ, ongle. *V.* Ptérygion.

ONYXIS, s. m., *Onyxis*, de ονυξ, ongle; inflammation de l'ongle.

OPACITÉ, s. f., *Opacitas ;* propriété qu'ont beaucoup de corps solides d'intercepter les rayons lumineux. Elle n'est jamais absolue, et dépend de l'épaisseur du corps, de sa nature et de l'arrangement intérieur de ses molécules; ainsi, l'or, qui est un des corps les plus denses, laisse passer les rayons verts de la lumière, lorsqu'il est réduit en feuilles minces; les métaux sont tous opaques et les corps irréguliers plutôt que ceux qui sont cristallisés.

OPALIN, adj., *opalinus ;* qui est d'une teinte laiteuse et se laisse à peine traverser par la lumière.

OPAQUE, adj., *opacus*; état d'un corps qui ne se laisse pas traverser par les rayons lumineux. *V.* Opacité. — *Anat. Cornée opaque :* nom donné à la *sclérotique* (*V.* ce mot), par opposition avec la *cornée transparente.*

OPÉRATION, s. f., *Operatio*, de *opus*, ouvrage ; action de ce qui opère. — *Opération chirurgicale :* action méthodique du chirurgien sur une partie du corps; cette action est généralement exercée dans le but de guérir une maladie ou de conserver la santé. L'opération doit quelquefois remplir un but hygiénique ; elle sert à modifier la nature des animaux, leurs formes, leur embonpoint, lorsqu'on les destine à la consommation ; elle tend à rendre leur caractère plus docile , quand leur méchanceté expose à des dangers. On appelle *instantes* les opérations réclamées par un état pathologique qui tend à s'aggraver, ex. : réduction des luxations, des fractures; les opérations de *convenance* ou de *fantaisie* ne sont pas utiles pour conserver la vie de l'animal; elles sont pratiquées pour satisfaire un caprice, ou pour rendre le sujet plus apte à certains services, ex. : opération de la queue à l'anglaise, amputation des oreilles, castration. Les opérations *simples* ne se composent que d'une seule ou d'un petit nombre d'actions; les opérations *composées* résultent de la combinaison de plusieurs opérations simples. La piqûre, l'incision, sont des opérations simples ; la trachéotomie, la trépanation, sont des opérations compliquées. Les opérations sont *régulières* ou *dépourvues de règles déterminées*, suivant qu'on les pratique sur des parties saines, ex. : cystotomie, ou sur des parties altérées dont les lésions peuvent varier à l'infini, ex.: hernie étranglée, tumeurs cancéreuses. On nomme *insolites* des opérations qu'on n'a jamais vu faire; elles consistent surtout à enlever des tumeurs qui ne sont pas limitées. Il y a des opérations de *complaisance ;* elles sont du domaine de la petite chirurgie et ne

compromettent pas la vie du sujet, ex. : saignée, sétons. — On peut diviser les opérations en quatre classes : le chirurgien divise les parties continues, c'est la *diérèse* ; il réunit les parties séparées , ce qui constitue la *synthèse ;* s'il fait l'extraction d'une partie, il pratique l'*exérèse ;* enfin, par la *prothèse*, il substitue une partie artificielle à un organe naturel qui manque. La prothèse est rarement appliquée aux animaux.

OPÉRATOIRE , adj. , *operatorius* , de *operatio*, opération ; qui concerne les opérations. *Médecine opératoire* , *méthode*, *procédé opératoires.*

OPERCULAIRE , adj. , *opercularis;* fermant comme un couvercle ou opercule.

OPERCULE, s. m., *Operculum* , de *operire*, couvrir; espèce de couvercle recouvrant ou fermant une ouverture, une cavité. — *Zoolog.* Plaque écailleuse recouvrant et protégeant les branchies chez la plupart des poissons. — Espèce de couvercle fermant l'ouverture des coquilles des mollusques univalves. — *Bot.* L'opercule des mousses est une portion de la capsule dont elle forme le sommet, ayant la même organisation, convexe, conique, allongée, plus ou moins prolongée en bec, et recouverte à son tour par la coiffe. Au moment de la maturité des corpuscules reproducteurs, la coiffe et l'opercule se séparent et tombent. — Opercule est encore synonyme d'*Embryotége.*

OPERCULÉ , adj. , *operculatus*; muni d'un opercule ou d'un embryotége.

OPHIASIS, s. f. , *Ophiasis*, de οφις, serpent, et οσις, semblable; sorte d'alopécie dans laquelle les animaux perdent les poils par places, ce qui produit sur le corps des taches analogues à celles de la peau du serpent.

OPHIDIENS , s. m. pl. et adj., de οφις, serpent; troisième ordre de la classe des Reptiles, caractérisé par le manque complet de membres apparents , des formes extrêmement allongées, et une peau recouverte d'écailles ou de tubercules. Cet ordre renferme tous les animaux connus vulgairement sous le nom de *serpents* ou de *couleuvres.* Il a été divisé par Duméril en deux familles: les *homodermes* et les *hétérodermes.*

OPHIOGLOSSE , s. f. , *Ophioglossum*, L.; genre de fougères, renfermant une quinzaine d'espèces petites et très répandues. La principale , connue sous le nom vulgaire de *langue de serpent*, *O. vulgatum*, a une longue souche fibreuse qui passe pour vulnéraire.

OPHIOSPERMÉES , *V.* Myrsinées.

OPHTHALGIE, s. f., *Ophthalgia*, de οφθαλμος, œil, et αλγος, douleur; nom donné à la douleur des yeux sans inflammation.

OPHTHALMIE , s. f. , *Ophthalmia*, de οφθαλμος, œil; inflammation de l'œil. Ce mot sert à désigner l'inflammation des paupières et celle des membranes qui constituent le globe oculaire. L'étude des maladies de l'œil est d'une grande importance ; elle porte sur des tissus d'une texture délicate, dont la moindre altération peut avoir les conséquences les plus graves. Cette étude est peu avancée en vétérinaire. On distingue plusieurs variétés d'ophthalmie : elle est *externe* ou *interne*, suivant qu'elle affecte les parties extérieures de l'œil, ou celles qui constituent le globe. L'ophthalmie *interne* est *générale* ou *partielle*; on la nomme *kératite* ou *cornéite*, *iritis*, *choroïdite*, *sclérotite*, quand elle atteint plus particulièrement la cornée, l'iris, la choroïde, ou la sclérotique. Elle est *aiguë*, *chronique*, *intermittente* ou *périodique*, *épizootique*, suivant que sa marche est plus ou moins rapide, qu'elle se montre par accès séparés par des intervalles prononcés, qu'elle attaque plusieurs animaux à la fois. L'ophthalmie est *franche*, lorsque sa marche est bien caractérisée; elle est dite *symptomatique*, quand elle est liée avec une autre affection viscérale, comme on en voit un exemple dans la gastro-conjonctivite.

OPHTHALMIE EXTERNE; inflammation des parties extérieures de l'œil; on lui donne plus particulièrement le nom de *conjonctivite*. (*V.* ce mot).

OPHTHALMIE INTERNE, *ophthalmie générale*, *ophthalmie proprement dite*; c'est l'inflammation du globe oculaire. Elle envahit toutes les membranes et se termine souvent d'une manière fâcheuse. Les causes qui la produisent sont les lésions physiques de l'œil, les contusions, les piqûres accidentelles, les opérations pratiquées sur le globe; il faut signaler aussi les mêmes causes indirectes que pour l'ophthalmie externe. Les symptômes varient suivant qu'on observe l'état aigu ou l'état chronique. Dans l'état aigu, le cheval paraît éprouver des douleurs violentes; la sensibilité de l'œil est exagérée; la moindre lumière augmente les souffrances du malade, qui se défend contre toute exploration. La photophobie diminue par l'effet d'une extravasation entre la choroïde et la rétine. Il y a resserrement de la pupille; les humeurs de l'œil sont troublées : des dépôts albumineux ou purulents se montrent dans les deux chambres. La coque de l'œil est distendue; la pression éprouvée par la cornée lui fait perdre sa transparence. Des accidents graves peuvent en résulter pour la vision, soit immédiatement, soit plus tard, à cause de la prédisposition que l'œil conserve pour s'enflammer de nouveau. Il est rare que les parties extérieures de l'œil ne présentent pas en même temps des signes de phlegmasie; les paupières sont gonflées : la conjonctive est rouge, injectée : les larmes sont sécrétées en plus grande abondance. Dans l'ophthalmie interne chronique, les symptômes ont moins d'intensité; les vaisseaux de la sclérotique sont variqueux; la conjonctive est moins rouge que dans l'état aigu; l'animal supporte plus facilement l'impression de la lumière. Les terminaisons sont la résolution ou guérison entière, ou l'affaiblissement, la

perte plus ou moins complète de la vue, produite par des altérations dans les parties constituantes du globe. Le pronostic varie suivant la nature des causes occasionnelles : il est peu grave, si la maladie n'attaque qu'un œil ; si surtout elle est due à une cause extérieure, à un corps étranger : c'est le contraire, si l'ophthalmie est constitutionnelle et périodique ou intermittente. L'ophthalmie aiguë légère cède au traitement antiphlogistique. Il importe de s'assurer qu'un corps étranger ne s'est pas introduit entre l'œil et les paupières. On applique sur l'œil malade un bandage pour le préserver de l'influence de la lumière. Lorsque l'intensité de l'inflammation a diminué, on substitue les astringents aux émollients. Plusieurs collyres sont assez recommandés; tels sont ceux qui contiennent de l'acétate de plomb, du sulfate de zinc. Le nitrate d'argent est un des topiques à la mode pour combattre les ophthalmies. Dans les inflammations très intenses, les saignées générales et locales sont utiles pour prévenir divers épanchements dans le globe oculaire. *V.* OPHTHALMIE PÉRIODIQUE.

OPHTHALMIE PÉRIODIQUE : inflammation particulière de l'œil qui se montre sur les animaux solipèdes avec les caractères de la périodicité. Synonymie : *fluxion périodique des yeux*, *ophthalmie intermittente*, *rémittente*, *maladie lunatique*, *lunatisme*, *lune*, *tour de lune*, *mal de lune*. C'est à Chabert, qu'on doit les premiers travaux importants sur cette maladie désastreuse, qui depuis a donné lieu à beaucoup de recherches. Chabert l'a considérée comme constitutionnelle ; Maynenc l'a comparée à tort aux fièvres intermittentes; Dupuy l'a attribuée à la compression de la cinquième paire des nerfs encéphaliques ; Hurtrel la regardait comme une phlegmasie de la membrane de l'humeur aqueuse. Elle est décrite, comme particulière au cheval, à l'âne et au mulet; Lapoussée l'a observée sur le bœuf; d'autres l'ont vue sur le mouton. C'est une affection épizootique pour un grand nombre de contrées. La Bavière, l'Autriche, la France subissent continuellement ce fléau. En Allemagne, il y a des villages où tous les chevaux sont borgnes (Renault, Delaguette). On est peu avancé sur l'étiologie. — *Causes prédisposantes :* âge de l'animal ; évolution des dents ; tempérament lymphatique, auquel appartiennent les robes claires ; aliments durs, altérés ; travail prématuré ; pression du collier, qui favorise la congestion vers la tête, etc. *Causes occasionnelles :* celles des ophthalmies ordinaires : tout ce qui tend à produire dans l'organisation des changements brusques ; état pléthorique ; travail excessif; influence des brouillards, des courants d'air. La constitution *argileuse* du sol est regardée comme une des causes les plus puissantes ; partout où l'élément *calcaire* domine, la fluxion périodique est rare. Sur les terres basses et *argileuses*, l'humidité est la cause principale de cette maladie, à ce point qu'on a dit que la fluxion peut servir à apprécier l'état hygrométrique des lieux. L'émigration dans les lieux secs est considérée comme un préservatif. Les maladies intestinales du cheval produisent des ophthalmies dont toutefois la périodicité n'est pas bien démontrée. On admet généralement l'hérédité, qui paraît prouvée par une foule de faits irrécusables. Cette maladie se montre à tous les âges ; elle est plus fréquente de 2 à 5 ans. — *Caractères* : on les distingue en ceux des accès et ceux des intervalles des accès. Pendant les *accès*, on reconnaît trois périodes. *Première période*: symptômes de l'ophthalmie ordinaire ; tuméfaction et rougeur des paupières ; larmoiement ; photophobie, trouble de l'humeur aqueuse ; cornée blanchâtre, arborisée ; contraction de la pupille ; durée 3 à 10 jours. *Deuxième période*: trouble de l'humeur aqueuse ; diminution dans l'intensité des symptômes ; formation et précipitation d'un hypopion dans la chambre antérieure de l'œil. *Troisième période* : réapparition des premiers symptômes de l'inflammation ; la transparence des humeurs est troublée de nouveau ; les flocons coagulés se dissolvent ; l'œil paraît revenir à son état normal. L'autre œil reste quelquefois intact ; souvent il est attaqué peu de jours après. L'accès ne présente pas toujours cette marche régulière. Il est démontré que la durée des intermittences est en raison directe de l'âge du sujet, et en raison inverse du nombre des accès développés antérieurement sur le même animal. On a fixé cette durée, en moyenne, de 40 à 60 jours ; les chiffres extrêmes les plus rationnels, sur lesquels la moyenne peut être établie, sont huit jours et quinze mois. Pendant la *rémission* ou *intermittence*, si la maladie est récente, il n'y a rien. Si la maladie est ancienne, la sensibilité de l'œil est exaltée ; le globe paraît plus petit et présente une teinte de feuille morte ; le cristallin montre diverses altérations ; la pupille est resserrée. Sur les parties voisines, on observe la brisure de la paupière supérieure du côté de l'angle nasal, la conjonctive injectée, variqueuse, les paupières ridées, abaissées ; quelquefois l'animal est ombrageux. Chez le cheval, il y a plusieurs ophthalmies simples qu'on peut confondre avec la fluxion périodique des yeux ; ce sont surtout celles qui sont symptomatiques de la gastro-entérite et de la gastro-hépatite. On n'a pas encore pu déterminer irrévocablement les signes pathognomoniques de l'ophthalmie périodique. Pour beaucoup de praticiens, c'est la périodicité seule, c'est-à-dire, le retour d'un accès, qui est son caractère essentiel. Il est des vétérinaires qui se contentent de constater le trouble nouveau des humeurs avant la disparition des flocons déposés dans l'humeur aqueuse. A ce symptôme, il faut en joindre un autre tout aussi positif, la teinte de feuille morte du fond de l'œil. — C'est la

maladie la plus grave des organes de la vue, celle qui produit le plus souvent la cécité. Il est rare qu'elle disparaisse sans les secours de l'art. Après les accès les plus légers, on doit redouter les récidives, qu'on peut cependant retarder par un traitement convenable. Sous le rapport du pronostic, on aura égard à la violence des accès, au volume de l'œil, à la nature des altérations qu'il a éprouvées, à l'âge du sujet, etc. — Les moyens de traitement les plus variés ont été essayés sans succès ; on peut tout au plus retarder l'apparition des accès. Il faut s'attacher principalement aux moyens prophylactiques, donner aux animaux des habitations saines, les soumettre à un travail modéré ; éviter les localités basses et humides, se décider à l'émigration des sujets disposés à devenir fluxionnaires, ne pas les laisser paître en liberté, pour empêcher l'afflux du sang à la tête. Comme traitement curatif pendant les accès, on prescrit les antiphlogistiques, les saignées, les révulsifs, les purgatifs ; parmi les collyres antiophthalmiques, on emploie la mauve, la tête de pavot, la fleur de sureau ; on donne aux malades des aliments de facile digestion. En agissant ainsi, on régularise la marche de l'accès, qu'on rend moins douloureux, mais on ne s'oppose pas aux récidives. Bien des procédés ont été essayés dans l'intervalle des accès pour empêcher leur retour ; on n'a pu qu'éloigner leur invasion. Nous citerons les affusions d'eau froide sur la tête, les toniques internes, entre autres le quinquina, la cautérisation par le fer rouge autour des yeux, le feu par approximation, les frictions mercurielles. On est allé jusqu'à provoquer la perte d'un œil pour conserver l'autre, opération aussi absurde que barbare. Lafosse et Chabert ont essayé la ponction de la cornée pour retirer les flocons déposés dans les chambres de l'œil. Il est plusieurs pommades caustiques indiquées pour éloigner le retour des accès ; celle qu'on peut appliquer avec le plus d'avantage est composée de nitrate d'argent, 10 centigrammes ; axonge, 10 grammes (Bernard). Il serait utile d'augmenter la dose du nitrate d'argent. — *Jurisprudence commerciale*. Les coutumes de plusieurs provinces admettaient comme rédhibitoire la fluxion périodique des yeux ; tous les tribunaux la regardaient comme rentrant dans les dispositions de l'art. 1641 du Code civil ; elle est mentionnée dans l'art 4er de la loi du 20 mai 1838, avec une garantie de trente jours. Dans l'expertise, on évitera de la confondre avec les ophthalmies ordinaires, avec celles qui sont symptomatiques et non périodiques. Il n'est pas toujours nécessaire d'attendre deux accès pour confirmer l'existence de la périodicité, qui peut être démontrée par les désordres survenus dans le globe oculaire. Lorsqu'un œil est détérioré, atteint d'une cataracte, cela n'empêche pas l'action en garantie pour l'œil opposé. La rédhibition ne doit pas être admise pour l'animal acheté comme aveugle, parce que les suites de la fluxion ne peuvent pas devenir plus fâcheuses. Quelquefois on aura recours à la fourrière pour soumettre le sujet à plusieurs examens, pour attendre un nouvel accès ; dans ce cas, le délai demandé doit être au plus de trente jours, la loi considérant ce temps comme le plus long intervalle qui puisse s'écouler entre deux accès. Enfin, on peut constater la fluxion pendant les intervalles des paroxysmes, par les altérations de l'œil, sans qu'il soit nécessaire d'attendre qu'une attaque vienne se produire.

OPHTHALMIQUE, adj., *ophthalmicus*, de οφθαλμος, œil ; qui a rapport aux yeux. — *Artère ophthalmique* : artère très rameuse naissant de la gutturo-maxillaire, s'engageant dans la gaine de l'œil, formant une courbe entre les muscles droits, et rentrant par le trou orbitaire, pour se terminer par deux branches : l'une *méningienne* et l'autre *nasale*. Dans son trajet, elle fournit les artères *lacrymale*, *surciliaire*, *musculaires supérieure et inférieure*, *centrale de la rétine*, et *ciliaires*. — *Branche ophthalmique* de la cinquième paire : cordon nerveux arrondi, sortant du crâne par le canal sus-sphénoïdal supérieur et se divisant, à l'extérieur de la gaine fibreuse de l'œil, en trois rameaux, qui sont : le nerf *surcilier*, le nerf *lacrymal*, et l'*orbito-nasal*. — *Ganglion ophthalmique* : petit ganglion nerveux situé dans l'orbite, près du nerf optique, et fournissant les nerfs *ciliaires*.

OPHTHALMITE, s. f., ; synonyme d'*ophthalmie*.

OPHTHALMOBLENNORRHÉE, s. f., de οφθαλμος, œil, βλεννα, mucus, et ρεω, couler ; nom donné à une variété de l'ophthalmie purulente, qui, au lieu de se borner à la conjonctive, attaque le globe de l'œil lui-même.

OPHTHALMOCELE, s. m., *Ophthalmocele*, de οφθαλμος, œil, et κηλη, hernie ; synonyme d'*exophthalmie*.

OPHTHALMODYNIE, s. f., *Ophthalmodynia*, de οφθαλμος, œil, et οδυνη, douleur ; névralgie de l'œil ; névralgie frontale ; douleur rhumatismale de l'œil.

OPHTHALMOGRAPHIE, s. f., *Ophthalmographia*, de οφθαλμος, œil, et γραφη, description ; description de l'œil.

OPHTHALMOLOGIE, s. f., *Ophthalmologia*, de οφθαλμος, œil, et λογος, discours ; traité de l'œil.

OPHTHALMOPONIE, s. f., *Ophthalmoponia*, de οφθαλμος, œil, et πονος, douleur ; douleur de l'œil ; synonyme d'*ophthalmie*.

OPHTHALMOPTOSE, s. f., *Ophthalmoptosis*, de οφθαλμος, œil, et πτωσις, chute ; saillie de l'œil produite par l'hydrophthalmie ; ce mot est aussi employé comme synonyme d'*exophthalmie*.

OPHTHALMORRHAGIE, s. f., *Ophthalmorrhagia*, de οφθαλμος, œil, et ρηγη, rupture ; hémorrhagie de l'œil.

OPHTHALMOTOMIE, s. f., *Ophthalmotomia*, de οφθαλμος, œil, et τομη, section ; dissection de l'œil. — En chirurgie, extirpation de l'œil.

OPHTHALMOXYSE, s. f., *Ophthalmoxysis*, de οφθαλμος, œil, et ξυω, racler ; scarification sur la conjonctive dans le cas d'ophthalmie.

OPIACÉ, adj., *opiaceus* ; qui contient de l'opium.

OPIAT, s. m., *Opiatum* ; nom donné tant aux électuaires en général, qu'à ceux qui contiennent de l'opium. *V.* ELECTUAIRE.

OPILATION, s. f., *Opilatio*, de *opilare*, obstruer ; synonyme d'obstruction.

OPISTHOGASTRIQUE, adj., *opisthogastricus*, de οπισθεν, en arrière, et γαστηρ, estomac ; nom donné par Chaussier à l'artère cœliaque (*V.* ce mot).

OPISTHOTONOS, s. m., *Opisthotonus*, de οπισθεν, par derrière, et τονος, tension ; renversement du corps en arrière dans le tétanos.

OPIUM, s. m., οπιον, de οπος, suc, μηκωνιον, des grecs ; on désigne ainsi le suc épaissi des diverses espèces de pavots, et notamment du pavot d'Orient (*papaver somniferum*), qui est cultivé en grand dans la Perse, la Turquie, l'Egypte, etc. Essayée plusieurs fois en France, cette culture n'a pas eu de succès ; introduite depuis peu en Algérie, elle paraît avoir beaucoup de chances de réussite. — La récolte de l'opium s'opère au moment où les capsules du pavot ont acquis tout leur développement ; on fait d'abord des incisions desquelles découle immédiatement un suc blanc, laiteux, épais, qui ne tarde pas à se concréter au soleil et à prendre une teinte brunâtre ; on finit d'épuiser les capsules en les écrasant et en les soumettant à la pression et même à la décoction. — Le commerce présente trois variétés principales d'opium : 1° l'*opium de Smyrne* ou *noir*, qui est en masses irrégulières, déformées, mollasses et recouvertes de semences de rumex ; c'est la variété la plus estimée et la plus riche en morphine ; elle en renferme de 6 à 10 p. $^0/_0$; 2° l'*opium de Constantinople* est en petits pains aplatis, ellipsoïdes, fermes et recouverts d'une feuille de pavot dont la nervure les sépare en deux parties sensiblement égales : il contient de 5 à 6 p. $^0/_0$ de morphine ; 3° l'*opium d'Egypte* ou *thébaïque* est en pains très petits, durs, fermes, propres à la surface ou ne conservant que quelques débris de feuilles fortement adhérents à leur substance ; il ne renferme que 3 à 4 p. $^0/_0$ de son poids de morphine. — *Caractères généraux.* Quelle que soit sa variété, l'opium se présente toujours en masses amorphes, mollasses ou dures, d'une couleur brun-rougeâtre, d'une odeur forte, particulière, dite *vireuse*, d'une saveur amère et nauséeuse, et d'une densité de 1,33. Chauffé, il fond à une douce chaleur et peut brûler à l'air comme une résine ; l'opium se dissout en grande partie dans l'eau et l'alcool. On le trouve rarement pur dans le commerce ; aussi les praticiens qui veulent employer un produit identique, doivent-ils le purifier en le ramollissant dans l'eau, le soumettant à la presse et rapprochant tous les produits en consistance d'extrait. — *Composition chimique.* L'opium renferme six alcaloïdes, trois vrais, la *morphine*, la *codéine* et la *narcotine*, et trois faux, la *narcéine*, la *méconine* et la *thébaïne* ou *paramorphine* ; quatre principes acides, les acides *méconique* et *sulfurique*, un acide brun extractif et une résine acide ; deux huiles, une grasse et une volatile ; enfin, des principes neutres, tels que la bassorine, la gomme, le ligneux, et quelques sels alcalins. — *Administration et doses.* Lorsqu'on administre l'opium à l'intérieur, on le donne en dissolution dans un breuvage ou un lavement, ou incorporé au miel et à une poudre inerte, sous forme d'électuaire ou de bols. La dose doit varier selon la préparation dont on fait usage ; l'opium brut et l'extrait aqueux, qu'on emploie le plus souvent en médecine vétérinaire, se donnent sensiblement à la même dose, qui est de 2, 4, 8, et rarement 15 gr., dans les 24 heures, pour les grands animaux ; de 50 centigrammes à 2 grammes pour les petits herbivores et le porc ; et enfin, de 5, 10, 25 centigrammes aux carnivores, qui sont très sensibles à l'action de ce médicament. Pour l'administration du laudanum et des sels de morphine, voyez les articles qui les concernent. — *Effets de l'opium.* Appliqué sur les tissus sains, l'opium ne produit aucune irritation ; il calme au contraire la douleur dont ils peuvent être le siége. Donné à l'intérieur par la bouche, il produit des effets remarquables dans le tube digestif ; chez les carnivores, il détermine souvent le vomissement ; chez tous les animaux, il arrête complètement la digestion, soit en stupéfiant l'estomac et les intestins, soit, et surtout, en supprimant les sécrétions qui ont lieu dans l'appareil digestif ; les herbivores sont souvent météorisés et tourmentés d'une soif vive. Il est donc de toute nécessité de faire observer une diète rigoureuse aux animaux auxquels on administre l'opium par les voies digestives. — Les effets *généraux* de l'opium se divisent en *essentiels* et *accessoires.* Les premiers, les plus importants, sont ceux qui se produisent vers les centres nerveux. Niés par les anciens vétérinaires, les effets narcotiques de l'opium ont été démontrés par les expériences de Huzard, de Gohier, de Prévost de Genève, de Renault, et par l'observation journalière des praticiens. A petites doses, ces effets sont peu sensibles sur les herbivores ; mais à dose élevée, ils se développent après une excitation violente de toute l'économie et déterminent un *narcotisme* complet, *V.* Narcotisme. — Les effets accessoires de l'opium ont principalement trait aux sécrétions de l'économie ; ainsi, pendant la période d'excitation, il se produit

toujours une transpiration abondante ; mais cet effet est de courte durée ; toutes les autres sécrétions sont diminuées, notamment celle de l'urine et toutes les sécrétions folliculaires des muqueuses. — Le principe actif de l'opium est évidemment la morphine ; elle est absorbée et distribuée par le sang à toute l'économie ; mais son action parait se concentrer sur les centres nerveux et surtout sur le cerveau. Quant à son mode d'action, il est complétement inconnu ; cependant, tout en admettant une action toute spéciale de l'opium ou de son principe actif sur la pulpe cérébrale, on ne peut nier que cet effet, quel qu'il soit, s'accompagne toujours d'un afflux sanguin vers les centres nerveux. — *Indications de l'opium.* Ce médicament, comme tous les narcotiques, est surtout employé à combattre la *douleur* dans toutes les maladies, lorsque cet élément morbide est trop prononcé ; de plus, certaines affections dites *nerveuses*, telles que l'encéphalite, la myélite, le tétanos, la chorée, le rhumatisme, la paralysie, etc., exigent parfois l'emploi de l'opium. Il en est de même des coliques d'eau froide, de la diarrhée, de la dysenterie, et, en général, de toutes les supersécrétions des muqueuses.

OPOCÉPHALE, s. et adj., *Opocephalus*, de ωψ, ωπος, œil, et κεφαλη, tête ; genre de monstres otocéphaliens présentant deux oreilles rapprochées ou réunies sous la tête, point de mâchoire, point de bouche, point de trompe, et un seul œil, ou deux yeux réunis dans la même orbite.

OPOCÉPHALIE, s. f., *Opocephalia* ; état des monstres opocéphales.

OPODELDOCH, *V.* Baume.

OPODÉOCÈLE, s. f., *Opodeocele* ; nom donné à la hernie sous-pubienne.

OPODYME, s. et adj., *Opodymus*, de ωψ, ωπος, œil, et δυμι, dérivé, de δυο, deux ; genre de monstres doubles monosomiens, ayant pour caractères : un seul corps ; une tête unique en arrière, mais se séparant en deux faces distinctes, à partir de la région oculaire. Ce genre de monstruosité n'est pas très rare.

OPODYMIE, s. f., *Opodymia* ; état des monstres opodymes.

OPOPANAX, s. m. ; suc gommo-résineux retiré d'une plante du genre *panais*, et employé autrefois en médecine à titre d'expectorant et d'antispasmodique. Il est inusité en médecine vétérinaire.

OPPOSÉ, ÉE, adj., *oppositus* ; placé en regard, vis-à-vis. Se dit surtout des organes pareils. Quand il s'agit d'organes différents, comme les feuilles et les pédoncules des fleurs, les étamines et les pétales, etc., on dit de préférence *oppositif.*

OPPOSITÉ-PENNÉ, ÉE, adj., *oppositè-pinnatus* ; on désigne ainsi les folioles opposées sur un pétiole commun ; ex.: le *Robinier.*

OPPOSITIF, IVE, adj. *oppositivus*, *V.* Opposé.

OPPOSITIFOLIÉ, ÉE, adj., *oppositifoliatus* ; opposé aux feuilles ; tels sont les pédoncules de la *douce amère*. — Se dit aussi du végétal dont les feuilles sont opposées.

OPPRESSION, s. f. ; *Oppressio* ; état de ce qui est opprimé. Ce mot employé seul sert plus spécialement à désigner la difficulté de la respiration due à l'engorgement du parenchyme pulmonaire. On dit qu'il y a *oppression des forces*, lorsque le malade est au contraire opprimé par leur excès.

OPTIQUE, s. f., *Optice*, de οπτευϰε, je vois ; partie de la physique qui traite de la lumière en général et spécialement de la lumière directe. L'étude de la lumière réfléchie forme l'objet de la *catoptrique*, et celle de la lumière réfractée, de la *dioptrique* (*V.* ces mots).

OPTIQUE, adj., *opticus* ; qui a rapport à l'œil. — *Conduit* ou *trou optique* : conduit osseux percé dans le sphénoïde, prenant naissance dans la *fossette optique*, et venant aboutir dans l'hiatus orbitaire. Il donne passage au nerf optique. — *Fossette optique* : fossette située à la face interne du sphénoïde ; allongée transversalement, recevant le *chiasma* des nerfs optiques, et se terminant à ses deux extrémités par les conduits optiques. — *Nerf optique* : deuxième paire encéphalique, entièrement destinée au globe de l'œil. Les nerfs optiques proviennent à la fois des corps genouillés internes appartenant aux couches optiques, et des tubercules quadrijumeaux. Chacun de ces nerfs se porte en avant et en dedans, de manière à rencontrer son congénère dans le plan médian, où a lieu leur entrecroisement ou *chiasma*. Chaque nerf enfile ensuite le trou optique qui lui correspond, arrive dans l'orbite, et va se terminer à la partie postérieure de la sclérotique, avec laquelle son névrilème paraît se confondre, tandis que la pulpe seule pénètre à l'intérieur du globe pour former la rétine. — *Couches optiques* : éminences arrondies et blanchâtres situées à la partie postérieure des ventricules latéraux, recouvertes par la toile choroïdienne, et recouvrant le *troisième ventricule*, ou *ventricule des couches optiques*.

OR, s. m., *Aurum* ; χρυσος. Au. Equiv. 1227,60. Métal de la sixième section, connu de toute antiquité et un des corps les plus précieux pour les sociétés humaines dans leur constitution actuelle. Ce métal existe dans la nature à l'état natif ou allié à plusieurs métaux ; on le trouve principalement dans les terrains primitifs et dans quelques terrains de transport ; il est en paillettes dans les sables de plusieurs rivières, en grains ou en petites masses appelées *pépites*, dans les terrains de première formation. Les principaux gîtes d'or se trouvent, pour l'Europe, en Sibérie, en Transylvanie ; et hors de l'Europe, en Afrique, en Asie, dans l'Inde, au Mexique, au Chili ; enfin, on vient de découvrir en *Californie* un terrain aurifère d'une grande étendue et d'une grande richesse ; l'or s'y trouve en pépites et en paillettes, dans les sables de la rivière *Sacramento*. L'extraction de l'or est très simple ; les pépites sont fondues ; les alliages sont soumis à l'amalgamation et à divers procédés de purification suivant les métaux alliés à l'or. Ce métal est solide, d'une belle couleur jaune rougeâtre, inodore, insipide et d'une densité de 19,5 ; très ductile, extrêmement malléable, l'or ne tient que le quatrième rang pour la ténacité. Soumis à l'action de la chaleur, l'or fond à 32° du pyromètre et ne se volatilise qu'à une très haute température ou sous l'influence d'un fort courant d'électricité voltaïque. L'or est un des métaux les moins altérables que l'on connaisse ; l'air, l'eau, l'oxygène et la plupart des acides ne peuvent l'attaquer ; mais l'eau régale, le chlore et le brome, l'altèrent facilement. Ce métal, indépendamment de son usage ordinaire, comme valeur type à laquelle on compare celle des autres objets, est employé dans l'industrie pour colorer le verre, la porcelaine, pour dorer les autres métaux, et enfin, la médecine en retire quelques préparations antiscrophuleuses et antisyphilitiques.

OR MUSSIF. *V.* Sulfure d'étain.

ORANGER. *V.* Citronnier.

ORANGERIE, s. f. ; lieu où l'on conserve les orangers pendant l'hiver, dans les climats où ces arbres ne peuvent supporter la température ambiante. C'est une espèce de serre tempérée.

ORBICULAIRE, s. et adj., *Orbicularis*, de *orbs, orbis*, cercle ; nom donné à plusieurs muscles entourant des ouvertures naturelles. — *Orbiculaire des lèvres*, *V.* Labial. — *Orbiculaire des paupières* : muscle aplati, arrondi, entourant l'orbite, et se prolongeant jusqu'au bord libre de chaque paupière. Il prend son origine au tubercule lacrymal, par un tendon, et, de là, se divise en deux portions : l'une pour la paupière supérieure, l'autre pour l'inférieure. Par sa contraction, il rapproche les paupières l'une de l'autre. — *Bot.* Se dit des feuilles de forme à peu près circulaire.

ORBITAIRE, adj, *orbitarius, orbitalis* ; qui appartient à l'orbite. — *Arcade orbitaire* : arcade osseuse formée par *l'apophyse orbitaire* du frontal, et s'appuyant, chez le cheval, sur l'apophyse zygomatique du temporal, et chez le bœuf, sur l'apophyse du zygomatique. Dans le porc et le chien, l'arcade orbitaire est presque entièrement formée par un ligament. — *Trou orbitaire* : trou formé par la réunion de deux échancrures appartenant, l'une au sphénoïde, l'autre au frontal, et donnant passage à l'artère *ophthalmique* et au nerf *orbito nasal*. — *Hiatus orbitaire* : point de réunion au fond de l'orbite, des conduits sus-phénoïdaux, sous-sphénoïdal, optique, vidien, et du trou orbitaire. — *Artère orbitaire. V.* Ophthal-

MIQUE. — *Nerf orbitaire :* rameau de la branche sus-maxillaire de la cinquième paire, se portant vers l'angle temporal de l'œil et se divisant dans les paupières. — *Ganglion orbitaire. V.* OPHTHALMIQUE.

ORBITE, s. f., *Orbita,* de *orbis,* cercle; cavité arrondie destinée à loger l'œil et à le protéger contre les chocs extérieurs. Les orbites sont placées sur les parties latérales et un peu supérieures de la tête; elles sont formées par les os *frontal, sphénoïde, lacrymal* et *zygomatique.* L'ouverture des orbites est arrondie, ovalaire, et leur fond présente les irrégularités de l'hiatus orbitaire. Dans tous les animaux autres que l'homme et les quadrumanes, les orbites sont en libre communication avec les fosses temporales.

ORBITO-NASAL, s. m., *Orbito-nasalis;* division nerveuse de la branche ophthalmique de la cinquième paire, partagée, entre les muscles droits de l'œil, en deux branches, dont une *orbitaire,* envoyant des rameaux à la conjonctive, au corps clignotant, etc., et l'autre *nasale ou ethmoïdale,* qui rentre par le trou orbitaire et se termine dans la muqueuse des parties postérieures des cavités nasales.

ORBITO-PALPÉBRAL, s. m., *Orbito-palpebralis;* nom donné au muscle *releveur de la paupière supérieure. V.* RELEVEUR.

ORCANETTE, s. f.; nom vulgaire de l'*Anchusa-tinctoria* et du *Lithospermum tinctorium. Chimie.* La racine d'orcanette (*Anchusa tinctoria,* L.) fournit une matière colorante rouge employée en pharmacie, en parfumerie, pour colorer certaines préparations. Cette matière est solide, compacte, rouge brun, inodore, insipide, fusible et volatile. Insoluble dans l'eau, l'orcanette est soluble dans l'alcool et les alcalis. Elle donne avec les sels d'étain une laque cramoisie et avec les sels de fer un précipité violet.

ORCHIDÉES, s. f., *Orchideæ;* famille de plantes monocotylédones, tuberculeuses, à étamines épigynes. Elle renferme environ 3,000 espèces; son aire est très étendue. Genres : *Epidendrum, Orchis, Ophrys, Serapias, Horminium,* etc., etc. C'est une espèce du genre *Epidendrum* qui fournit la *vanille.* On extrait le *salep* du tubercule de plusieurs *Orchis.* Beaucoup d'Orchides et d'Ophrydes sont remarquables par la forme singulière et les belles nuances de leurs fleurs.

ORCHIOCÈLE, s. f., *Orchiocele,* de ορχις, testicule, et κηλη, tumeur, hernie; tumeur du testicule. Ce nom a été donné à plusieurs maladies différentes, qui forment une tumeur dans la région du testicule.

ORCHITE, s. f., *Orchitis,* de ορχις, testicule; inflammation du testicule. *Syn. Didymite.* L'inflammation envahit le testicule, l'épididyme et la tunique vaginale. Cette maladie est commune dans les gros chevaux de trait; elle est dangereuse à cause des dégénérescences qui peuvent en être la suite. Les causes les plus ordinaires sont les contusions, les frottements, la compression, les efforts violents, le coït immodéré, le mode de castration par bistournage. Les deux testicules sont rarement atteints en même temps. Les symptômes consistent dans la tension du scrotum, l'augmentation de volume du testicule malade, le développement d'une sensibilité anormale; la locomotion est devenue difficile; les reins sont courbés en contre-haut; le pouls est dur, fréquent; les urines sont rougeâtres. Cette inflammation marche avec rapidité; l'engorgement se propage le long du cordon dans l'anneau inguinal. Les recrudescences ou récidives sont fréquentes, et dues le plus souvent à une mauvaise médication. Comme terminaisons, on observe la résolution, l'état chronique, la suppuration, la gangrène, l'induration, le sarcocèle et d'autres dégénérescences. Le pronostic n'est grave qu'autant qu'il y a des complications; l'orchite cause rarement la mort. Le traitement doit être actif; il faut chercher à obtenir la résolution : saignées générales et locales, lavements émollients et narcotiques, laxatifs doux, repos. Les cataplasmes chauds ont des inconvénients, de même que les applications froides. Si les organes malades ont acquis un volume considérable, on fait usage du suspensoir matelassé. On a aussi conseillé les astringents répercussifs, l'alun et l'extrait de Saturne. L'onguent vésicatoire appliqué sur le scrotum est aussi un puissant moyen pour obtenir la résolution. Dans l'orchite chronique, on a préconisé les frictions mercurielles longtemps continuées, les pommades iodurées. Enfin, la castration est pratiquée sur les animaux dont les testicules paraissent contracter des dégénérescences à la suite de l'orchite. *V.* SARCOCÈLE et HYDROCÈLE.

ORCHOTOMIE, s. f., *Orchotomia,* de ορχις, testicule, et τομη, section : section des testicules; synonyme de *castration.*

ORCINE, s. f.; principe colorant du *lichen dealbatus,* employé à la fabrication de l'orseille. Cette substance est blanche, d'une saveur sucrée, volatile, soluble dans l'eau et l'alcool; traitée par une solution alcaline et surtout par l'ammoniaque au contact de l'air, elle prend une belle couleur violette.

ORDRE, s. m., *Ordo;* nom donné à des groupes plus ou moins nombreux de végétaux ou d'animaux, et souvent employé comme synonyme de *famille.*

OREILLE, s. f., *Auris,* ωτος, ωτος; organe destiné à la perception des sons, et formé d'une série de cavités très irrégulières dans lesquelles s'engage la pulpe du nerf auditif ou labyrinthique. On distingue dans l'oreille trois parties : *l'oreille externe,* essentiellement formée par la conque et qui n'existe que dans les mammifères; *l'oreille moyenne,* comprenant la caisse du tympan; et *l'oreille interne*, formée par le *limaçon*, le *vestibule* et les *canaux demi-circulaires.*— *Extérieur.* Placées à la partie supérieure de la tête, de chaque côté de la nuque, les oreilles sont un des moyens d'expression de l'animal. On les dit *hardies*, lorsqu'il les porte bien en avant, ce qui annonce de l'énergie; il les couche en arrière, s'il veut mordre ou ruer; leur mouvement continuel pendant la marche doit faire soupçonner une mauvaise vue. Les oreilles longues sont d'un aspect désagréable, surtout si elles sont pendantes; on dit, alors, que le cheval est *oreillard* ou qu'il a des *oreilles de cochon.* — L'oreille de l'*âne* et du *mulet* est très longue ; elle est large et pendante dans l'espèce *bovine* ; droite ou pendante chez le *chien* suivant la race. Ces derniers animaux sont très sujets au *catharre auriculaire* ; le chancre de la conque attaque souvent les chiens à oreilles larges et pendantes.

OREILLETTE, s. f., *Auricula* ; petite oreille. On donne ce nom, en *anatomie*, aux deux appendices en forme d'oreilles qui couronnent le cœur. On les distingue en oreillette *droite* ou *antérieure*, et oreillette *gauche* ou *postérieure*. Leur cavité intérieure communique, dans la droite, avec les veines caves et le ventricule droit, dans la gauche, avec les veines pulmonaires et le ventricule correspondant. *V.* Cœur.

ORGANE, s. m., *Organum*, οργανον, de εργον, travail, ouvrage ; on donne ce nom à toutes les parties d'un être organique susceptibles d'exécuter une fonction. Les organes sont rassemblés pour l'étude en certains groupes ou appareils, comprenant divers organes concourant au même but ; ex. : *appareil de la digestion, de la respiration*, etc.

ORGANIQUE, adj., *organicus*, de *organum*, organe ; qui a rapport aux organes. — *Eléments organiques* : produits animaux ou végétaux de la composition la plus simple, concourant à former les solides et les liquides des corps organisés ; ex. : la *gélatine*, l'*albumine*, la *fibrine*. — *Règne organique* : grande division des corps, dans laquelle on range tous ceux qui sont pourvus d'organes, et qui jouissent par conséquent de la vie, soit d'une manière bien apparente, comme les *animaux*, soit d'une manière plus obscure, comme les végétaux. *Vie organique* : ensemble des fonctions *végétatives*, c'est-à-dire qui entretiennent l'existence du corps sans concourir à ses rapports avec les objets extérieurs.—*Maladies organiques, V.* Maladie.—*Substances organiques* : nom donné par Dumas à toutes les substances définies tirées des êtres organisés, c'est-à-dire, qui sont susceptibles de cristalliser ou de donner des composés cristallisables et de se volatiliser à une température fixe.

ORGANISATION, s. f., *Organisatio* ; arrangement des parties qui constituent les corps animés ; disposition des différentes parties constituant un organe.

ORGANISÉ, ÉE, adj., *organis instructus* ; composé d'organes.—*Corps organisés* : corps pourvus d'organes destinés à entretenir la vie, et, par conséquent, formés de solides et de liquides disposés de telle sorte que leur composition ne se trouve pas la même dans tous les points de l'individu. Synonyme de *corps organiques.*

ORGANISME, s. m., *Organismus* ; disposition, arrangement des organes ; ensemble des lois qui président à leurs fonctions.

ORGANOGÈNE, adj., *organogenus*, de οργανον, organe, et γεννάω, j'engendre ; nom donné par Dupasquier à l'oxygène, à l'hydrogène, à l'azote et au carbone, parce qu'ils sont les éléments essentiels de toute organisation végétale ou animale.

ORGANOGRAPHIE, s. f., *Organographia*, de οργανον, organe, et γραφειν, décrire ; partie des sciences de l'organisation qui comprend la description des organes.

ORGANOGRAPHIQUE, adj., *organographicus* ; qui a rapport à l'organographie. On appelle *termes organographiques* ceux qu'emploient les naturalistes pour désigner les organes et leurs modifications.

ORGANOLEPTIQUE, adj., *organolepticus*, de οργανον, organe, et ληπτος, délié ; épithète donnée par Chevreul aux propriétés par lesquelles les corps impressionnent les sens, comme la couleur, l'odeur, la saveur, la pesanteur, la digestibilité, etc.

ORGANOLOGIE, s. f., *Organologia*, de οργανον, organe, et λογος, discours ; traité des organes.

ORGASME, s. m., *Orgasmus*, de οργασμος, de οργαω, je désire avec ardeur ; exagération de l'action vitale d'une partie ; on applique surtout ce mot à l'excitation de l'appareil de la génération.

ORGE, s. f., *Hordeum*, L. ; genre de la famille des Graminées. Ses caractères sont : rachis de l'épi denté, portant à chacune de ses dentelures trois épillets biflores ; l'une des deux fleurs de chaque épillet, et souvent les deux fleurs des épillets latéraux stériles ; pour chaque fleur entière : glumes presque unilatérales, lancéolées, subulées ou aristées ; deux glumelles inégales, l'inférieure concave portant une arête à son sommet, la supérieure bicarénée; glumellules souvent plumeuses ou allongées en poils; trois étamines ; ovaire sessile à sommet velu, deux stigmates plumeux. Le fruit est un cariopse velu à son extrémité supérieure. — Les diverses espèces d'orges se divisent en deux sections : 1° celles dont le grain reste enveloppé dans la glumelle ; 2° celles dont le grain est nu. Voici les principales : *Grains enveloppés. Orges à six rangs.* O. escourgeon. *H. hexastichon* ; épi raide, court, composé de six rangs réguliers de fleurs distinctes, aristées. Semée en automne ou au printemps. Elle a trois ou quatre variétés. O. commune, *H. vulgare* ; regardée comme la souche de l'espèce précédente, elle s'en distingue par un épi allongé, flexible, un peu arqué, à fleurs lâches disposées sur six rangs irréguliers. On distingue, dans cette espèce, des variétés d'hiver et d'été. *Orges à deux rangs*. O. éventail, *H. zeocriton*, L.; *Zeocriton commune*, Paliss.; O. pamelle, *H. distichon*, L.; *Zeocriton distichum*, Paliss.; ces deux espèces se distinguent des orges à six rangs par un épi allongé, aplati d'un côté à l'autre, portant sur ses deux côtés opposés des arêtes divergentes en éventail. *Grains nus. Orges à six rangs.* O. céleste, *H. celeste*, Paliss.; souvent confondue avec l'orge commune. Elle a plusieurs variétés. *Orges à deux rangs.* O. à café, *H. celestoïdes*, Scring., vulg. *Orge d'Espagne, du Pérou.* — Les espèces précédentes sont cultivées pour leurs grains ou pour leurs fanes utilisées comme fourrage. On les sème en automne ou au printemps. Dans le premier cas, la récolte se fait assez tôt pour qu'elle puisse être suivie d'une culture secondaire, tandis que dans le second on peut quelquefois semer sur une première récolte. L'orge aime une terre meuble, franche, assez fertile; la rapidité de sa croissance en fait une plante du Nord aussi bien que du Midi. L'orge en vert est une bonne plante fourragère; c'est l'escourgeon que l'on choisit de préférence pour cet usage. On doit le semer épais et le couper au moment où les épis se montrent. La paille d'orge est dure, mais nutritive; les arêtes qui s'y trouvent attachées ou mêlées en rendent quelquefois l'emploi fâcheux.—Le grain de l'orge est consommé par l'homme sous diverses formes. Sa farine fait un pain grossier, difficile à manger; elle contient d'après Proust : amidon 32, hordéine 55, gluten 3, extrait gommeux sucré 9, résine jaune 1. Sur une grande partie du globe, l'orge remplace l'avoine dans l'alimentation du cheval. Les sujets non habitués à ce régime sont exposés à contracter la fourbure, quand la proportion est forte. Le grain concassé ou la farine entrent dans la ration des animaux à l'engrais, servent à faire des barbottages, etc. L'industrie emploie le grain à la fabrication de la bière et de l'eau-de-vie; la pharmacie le transforme en orge *perlée*, *mondée*, pour la préparation des tisanes. — L'orge est cultivée depuis la plus haute antiquité. Sa patrie, comme celle des autres céréales est inconnue. Sa culture occupe en France une superficie de 1,188,190 hectares, et donne environ 16,700,000 hectolitres de grain ayant une valeur de 138,000,000 fr. Elle exige en moyenne 2 hect. 17 lit. de semence par hectare. — Quelques espèces spontanées dans les champs ou les prairies, appartenant à l'une ou l'autre des divisions précédentes, sont considérées comme inutiles ou nuisibles. — *Pharmacol.* Les grains de cette céréale sont employés pour faire des tisanes émollientes, rafraîchissantes et nutritives. Ils sont formés d'une enveloppe ligneuse,

jaunâtre, dure, cassante, et d'une amande intérieure, blanche et farineuse. D'après Proust, l'orge est formé d'amidon, de sucre, de gomme, de gluten, d'hordéïne et de résine jaune. Lorsqu'on emploie l'orge entière (*orge en paille*), on la traite par décoction, et dans ce cas on recommande de jeter la première eau dans laquelle le grain a bouilli; mais cette précaution, qui peut être utile, n'est pas indispensable. Avec l'*orge mondée* ou *perlée*, c'est-à-dire dont on a enlevé l'enveloppe coriace avec la meule, on obtiendrait d'excellentes boissons pour les animaux, mais le prix de cette substance est alors trop élevé; on préfère donc l'orge ordinaire qui fournit aussi une excellente tisane délayante, qu'on édulcore avec le miel, et qui convient dans la plupart des phlegmasies internes, notamment dans celles du tube digestif, de la poitrine, des voies urinaires, etc.

ORGELET ou **ORGEOLET**, s. m., *Hordeolum*, de *hordeum*, orge, grain d'orge; petit furoncle qui se développe sur le bord libre des paupières et qui est ainsi nommé à cause de sa ressemblance avec un grain d'orge. Il a son siège dans les glandes de Méibomius. On l'observe quelquefois dans le cheval et le chien. Les causes générales paraissent dépendre des affections gastriques; les causes locales sont les corps étrangers, l'irritation des paupières. La tumeur de l'orgelet a une forme conique; le sommet laisse échapper un bourbillon. Fréquemment on voit survenir des récidives. Le traitement consiste dans l'emploi des lotions émollientes au début et plus tard astringentes. Dans tous les cas, la cautérisation par le nitrate d'argent est préférable.

ORICULAIRE, adj., *oricularis*; qui appartient à l'oricule. *V.* AURICULAIRE.

ORICULE ou **AURICULE**, s. f., *Auricula*, de *auris*, oreille; nom peu employé de l'oreille externe.

ORIFICE, s. m., *Orificium*, de *os*, *oris*, bouche, et *facere*, faire; nom que porte en hydraulique toute ouverture qui donne écoulement à un liquide contenu dans un vase. Il peut être percé en *mince paroi*, ou muni *d'ajutage* (*V.* ce mot); sa position, son diamètre, l'état de ses bords, etc., ont beaucoup d'influence sur la rapidité de l'écoulement et sur la forme de la veine fluide. — *Anat.* Ouverture servant d'entrée à un canal ou à une cavité quelconque, ou établissant entre des organes creux une communication réciproque : ex : *orifice anal*, *orifice pylorique de l'estomac*, etc. — *Bot.* Ouverture régulière ou irrégulière par laquelle les spores s'échappent des réceptacles qui les renferment.

ORIGAN, s. m., *Origanum*, T.; genre de la famille des Labiées. Il se compose de vingt-quatre ou vingt-cinq espèces de plantes herbacées ou sous-frutescentes, habitant surtout le bassin de la Méditerranée et l'Asie. Les Origans exhalent une odeur forte et jouissent de propriétés stimulantes. On rencontre surtout en France l'O. commun, *O. vulgare*. La marjolaine, *O. majorana*, L., et Benth., *Majorana hortensis*, Mœnch., appartient au même genre.

ORME, s. m., *Ulmus*, L.; genre de la famille des Ulmacées. Il se compose d'un petit nombre d'arbres ou d'arbrisseaux habitant presque exclusivement les régions tempérées de l'hémisphère boréal. L'espèce européenne principale est l'O. champêtre, *U. campestris*, grand et bel arbre cultivé en avenues. Son bois est dur et résistant: ses feuilles peuvent être données comme fourrage aux ruminants. On fait avec son écorce des décoctions astringentes. L'O. d'Amérique, *U. americana*, joue dans le Nouveau-Monde le rôle que remplit en France l'espèce précédente. Il lui est inférieur.

ORNITHOGALE, s. m., *Ornithogalum*, L.; genre de la famille des Liliacées. Il se compose de plantes bulbeuses habitant surtout l'Europe méridionale et l'Afrique. Une espèce, l'O. *pyrenaïcum*, est commune en France.

ORNITHOLOGIE, s. f., *Ornithologia*, de ορνις, ορνιθος, oiseau, et λογος, discours; traité des oiseaux.

ORNITHOPE. s. m., *Ornithopus*, L.; genre de la famille des Légumineuses, composé de petites plantes herbacées, la plupart annuelles, croissant de préférence dans les terrains secs et sablonneux, et résistant bien à la chaleur et au pâturage. Les ornithopes seraient des plantes très utiles, car les bestiaux les recherchent, si leurs produits pouvaient être abondants. Ils peuvent très bien, toutefois, concourir à l'établissement de pâturages sur des terrains arides dans lesquels leurs longues racines vont chercher de la nourriture. L'espèce principale est l'O. délicat, *O. perpusillus*.

OROBANCHE. s. f., *Orobanche*, L.; genre de la famille des Orobanchées. Il est composé de plantes herbacées, habitant les régions tempérées de l'hémisphère boréal, parasites sur les racines de végétaux divers, auxquels elles empruntent par des suçoirs tuberculeux les fluides propres à leur développement et à leur entretien. Leurs tiges, simples ou rameuses, ne portent que des écailles ou des feuilles rudimentaires; leurs fleurs, disposées en épi terminal, sont sessiles et axillaires. Ce genre renferme d'assez nombreuses espèces, parmi lesquelles nous citerons : l'O. *cruenta*. qui vit sur le sainfoin, le lotier, etc.; l'O. *minor*, qui vit sur le trèfle, sur d'autres plantes de familles diverses; l'O. *epithymum*, que l'on rencontre sur plusieurs Labiées, etc., etc.

OROBANCHÉES, s. f., *Orobancheæ*; famille de plantes dicotylédonées, monopétales, hypogynes, vivaces, rarement annuelles, herbacées, jamais vertes, et parasites sur les racines de beaucoup d'espèces très différentes. Ce sont des plantes nuisibles à l'agriculture. Genres: *Phelipæa*, *Orobanche*. *Lathræa*, etc.

OROBE, s. m., *Orobus*. T.: genre de la famille des Légumineuses, composé de plantes vivaces, à tige anguleuse, dressée, non grimpantes, généralement glabres, habitant surtout les régions tempérées de l'hémisphère boréal. dans les lieux couverts et ombragés. On décrit, dans ce genre, environ quarante espèces, parmi lesquelles une dizaine appartient à la Flore française. Dans ces dernières, nous citerons: l'O. tubéreux. *O. tuberosus*, dont les tubercules pourraient offrir quelque ressource pour la nourriture de l'homme et des animaux, s'ils étaient plus développés; l'O. printanier, *O. vernus*; l'O. noir, *O. niger*; l'O. jaune, *O. luteus*, etc., dont les feuilles sont volontiers mangées par les bestiaux, mais qui donnerait un fourrage très dur.

ORPIMENT, s. m, *Auripimentum*, de *aurum*, or, et *pigmentum*, fard : ancien nom du *sulfure jaune d'arsenic*. *V.* SULFURE.

ORPIN, s. m., *Sedum*, L.; genre de la famille des Crassulacées. Il se compose de plantes herbacées ou sous-frutescentes. Le nombre des espèces est considérable: elles habitent principalement les régions tempérées de l'Europe et de l'Asie; la France en compte 31 dans sa Flore. Elles ne sont pas considérées comme fourragères, bien que quelques-unes soient mangées par les porcs.

ORTHOPÉDIE, s. f., *Orthopædia*, de ορθος, droit, et παις, enfant ; art de prévenir ou de corriger les difformités du corps dans les enfants. Mot inusité en vétérinaire.

ORTHOPNÉE. s. f., *Orthopnœa*, de ορθος, droit, et πνεω, je respire: difficulté de respirer telle que le malade ne peut rester couché. C'est un symptôme commun à quelques affections des organes thoraciques.

ORTHOPTÈRES, s. m. p., *Orthoptera*, de ορθος, droit, et πτερον, aile : ordre d'insectes ayant pour caractères : quatre ailes dont les deux supérieures droites en forme d'étuis ordinairement coriaces; les inférieures pliées en deux sens ou simplement dans leur longueur; des mandibules et des mâchoires. Genres principaux : *Taupe-grillon*, *Criquet*, *Blatte*.

ORTHOTROPE, adj., *Orthotropus*, de ορθος, droit, et τρεπω, tourner: se dit de l'embryon rectiligne, qui a la même direction que la graine et dont la radicule correspond au hile.

ORSEILLE, s. f.; matière colorante violette qu'on obtient en traitant plusieurs *lichens* par les liqueurs alcalines et surtout par l'urine putréfiée. *V.* ORCINE.

ORTIE, s. f., *Urtica*. L.; genre de la famille des Urticacées. Il se compose de plantes herbacées ou sous-frutescentes, monoïques ou dioïques, à tige ordinairement simple et droite, recouverte, ainsi que les feuilles, de poils glanduleux ou glandulifères dont la piqûre fait éprouver une sensation brûlante. Parmi les espèces indigènes, nous citerons : l'O dioïque , *U. dioïca* , très commune au bord des chemins , mangée par les ruminants et cultivée dans le nord de l'Europe comme plante fourragère et textile ; l'O. pilulifère , *U. pilulifera*, que l'on ne rencontre que dans les départements du midi ; l'O. brûlante, *U. urens*, dont on ne tire aucun parti. Dans les espèces exotiques, l'*U. nivea* et l'*U. utilis* sont remarquables par la valeur des fibres qu'elles donnent. La dernière est cultivée en Chine , dans l'Inde , etc.; elle est souvent désignée sous le nom de *Ramie*. — *T. de chir.* Sorte de séton consistant en un corps étranger qu'on insinue sous la peau du cheval , dans le but de produire une dérivation et une sécrétion purulente. Ordinairement, l'*ortie* ou *séton à rouelle* consiste en un morceau de cuir découpé en rondelle ; dans le midi de la France, on emploie souvent un morceau de racine d'ellébore noir ou d'écorce de garou (*Daphne gnidium*). *V.* SÉTON.

ORTIÉE, adj. f. ; *fièvre ortiée* : qui est accompagnée d'une éruption semblable à celle excitée par l'ortie. Synonyme d'*urticaire*.

OS, s. m. . *Os*, οστεον : parties solides, dures et d'apparence inorganique formant le squelette des animaux vertébrés. Les os forment une série de leviers mis en mouvement par la contraction musculaire. Leurs dimensions et leurs formes, très variables, ont fait distinguer : 1° des *os longs*, caractérisés non-seulement par leur longueur, mais aussi par la présence d'un canal médullaire ; on les trouve aux membres ; 2° des *os courts*, qui se trouvent partout où il faut beaucoup de force , et peu d'étendue de mouvement; 3° des *os plats*, concourant principalement à former des cavités protectrices pour divers organes. On appelle *os pairs* ceux qui se trouvent disposés de chaque côté de la ligne médiane ; *os impairs*, ceux qui , situés dans le plan médian, sont formés de deux moitiés semblables. — La surface des os est généralement irrégulière et présente une série d'éminences, de cavités, de trous, etc., qui ont reçu différents noms suivant leur forme, leurs usages, leur position, etc. — Les os sont formés d'une trame fibreuse dans laquelle viennent se déposer des sels calcaires qui leur donnent leur solidité. Cette composition est facile à démontrer par la calcination qui détruit la portion cartilagineuse, pour ne laisser que la partie calcaire, et par l'action des acides minéraux qui dissolvent la partie calcaire, et laissent intacte la trame organique. — La substance osseuse présente des degrés différents de densité ; on distingue : 1° la *substance compacte*, formant l'enveloppe extérieure solide de tous les os, et presque en entier le corps des os longs ; 2° la *substance spongieuse*, disposée en cellules , remplissant les extrémités des os longs, et formant en entier l'intérieur des os courts et plats ; 3° la *substance réticulée*, formée de filaments très fins, soutenant la

membrane médullaire dans le canal des os longs. Ces trois substances ne sont que trois formes différentes d'un même tissu, et présentent la même composition chimique. — Les os sont entourés à l'extérieur par une membrane particulière , de nature fibreuse , désignée sous le nom de *périoste*. C'est dans cette membrane que se divisent, en rameaux extrêmement ténus, les vaisseaux destinés aux os. Les os longs reçoivent, en outre, des ramuscules provenant de leur artère nourricière divisée dans la membrane médullaire. Pour ce qui concerne le développement des os, *V.* OSTÉOGÉNIE. — *Agr.* Les os des animaux sont employés comme engrais, dans certains pays, depuis un temps immémorial. L'Angleterre en fait une consommation immense pour la culture du turneps. L'action des os est extrêmement lente ; c'est peut-être ce qui l'a fait nier par M. de Dombasle et quelques autres agriculteurs. Il est incontestable qu'ils agissent par les sels de chaux et par la matière organique qui les composent. On les emploie réduits en poudre à la dose de 45 à 49 hectol. par hectare : dans ces conditions , leur influence se fait encore sentir pendant 40 à 25 ans ; mais elle est bien plus prononcée pendant les deux premières années.

OSCHÉITE, s. f., *Oscheitis*, de οσχεον , scrotum : inflammation du scrotum.

OSCHÉOCÈLE , s. f. , *Oscheocele* , de οσχεον, scrotum , et κηλη, tumeur , hernie ; hernie scrotale ; hernie dans laquelle l'organe déplacé descend jusqu'au scrotum.

OSCHÉOCHALASIE, s. f., *Oscheochalasia*, de οσχεον, scrotum, et χαλασις , relâchement ; nom donné par Alibert au relâchement du tissu cellulaire scrotal. Cette affection peut être confondue avec le sarcocèle.

OSCHÉONCIE , s. f. , *Oscheoncia*, de οσχεον, scrotum , et ογκη , tumeur ; tumeur qui se développe dans le scrotum.

OSCHÉOTITE , s. f. , *Oscheotitis*, de οσχεον, scrotum ; inflammation du scrotum.

OSCILLANT, **ANTE** , adj. , *oscillans* ; se dit de l'anthère attachée au sommet du filet par son dos, et pouvant décrire autour de ce point des oscillations.

OSCILLATION, s. f., *Oscillatio* ; mouvement alternatif qu'un corps ou des molécules exécutent autour de leur position d'équilibre. — Les oscillations du pendule , qui sont très visibles, se font de chaque côté de la ligne verticale et sont isochrones, quelle que soit leur amplitude. — Les oscillations des molécules d'un corps élastique autour de leur point d'équilibre , constituent ce qu'on nomme le mouvement *oscillatoire* (*V.* ce mot).

OSCILLATOIRE , adj. , *oscillatorius* ; formé d'oscillations : tel est le mouvement du pendule , de la corde tendue qui vibre , du corps élastique déformé et qui revient à sa première forme, etc.

OSCULE , s. m. ; petite ouverture située à la face externe des grains de pollen. Cet *oscule* ou *pore* n'est percé qu'à travers l'exhyméninc ; c'est par lui que le boyau pollinique sort au moment de la fécondation. Quelquefois il est recouvert d'un petit couvercle formé par l'exhyménine , couvercle qui se soulève pour laisser passer le boyau.

OSEILLE , *V.* Rumex.

OSMAZOME , s. f., de οσμη , odeur , et ζωμος , bouillon ; nom donné par Thénard au principe odorant et sapide qui existe dans le bouillon préparé avec la viande de bœuf. Ce n'est pas un principe simple , mais une sorte d'extrait formé de *créatine* (*V.* ce mot), d'un principe aromatique , d'acide lactique , de lactate de soude, etc. — On l'obtient en épuisant la chair du bœuf avec de l'eau distillée , concentrant les liqueurs , reprenant par l'alcool et évaporant en consistance d'extrait. L'osmazôme est sous fo me d'un liquide épais, jaune-rougeâtre, d'une odeurde bouillon et d'une saveur salée rappelant celle du jus de viande. Cette substance est déliquescente, soluble dans l'eau et l'alcool , difficilement altérable à l'air , précipitable par le tannin , le sous-acétate de plomb , les azotates d'argent et de mercure , etc. — L'osmazôme paraît être un des principes les plus nutritifs de la chair musculaire et en même temps son principe aromatique et excitant.

OSMIUM , s. m. , de οσμη , odeur. — Os, équiv. 1244.2. — Métal de la sixième section découvert en 1803 par Tennant. On le trouve dans les minerais de platine et dans ceux d'iridium. Il est solide , gris comme le platine , pesant 10,00 environ , malléable quoique cassant, infusible et non volatil ; récemment précipité , il absorbe de l'oxygène, brûle dans ce gaz à 100° et donne naissance à de l'acide osmique qui est très odorant , d'où vient le nom du métal. Il est sans importance.

OSPHALGIE , s. f., *Osphalgia* , de οσφυς, rein , et αλγος , douleur ; douleur qui se développe dans les lombes.

OSPHYTE , s. f., *Osphyta* , de οσφυς , rein ; inflammation du tissu cellulaire des lombes.

OSSELET , s. m. , *Ossiculum ;* petit os. —*Osselets de l'ouïe :* on appelle ainsi quatre petits os contenus dans l'oreille moyenne et portant les noms suivants : *marteau , enclume, ,lenticulaire* et *étrier* (*V.* ces mots). — *Path.* Tumeur osseuse d'un petit volume, qui se développe en dedans du canon du cheval. *V.* Exostose et Suros. — *Bot.* On donne ce nom à un petit noyau ne se séparant pas en deux valves ; ex. : les *noyaux de la nêfle.*

OSSEUX , **EUSE**, adj. , *osseus ;* qui est de la nature des os. — *Système osseux :* ensemble des os qui forment le squelette. *V.* Os.

OSSIFICATION , s. f. , *Ossificatio* , de *os* , os , et *facere* , faire ; ce mot est employé dans deux acceptions. Il désigne la formation , le développement naturel des os ,

V. Ostéogénie , ou le développement accidentel de la substance osseuse dans des points où elle n'existe pas naturellement. Si cette production de nouvelle substance osseuse s'ajoute à un os , elle prend le nom d'*exostose.*

OSTÉALGIE, s. f., *Ostealgia* , de οστεον , os , et αλγος , douleur : douleur dans les os.

OSTÉALGIQUE , adj. , *ostealgicus ;* qui se rapporte à l'ostéalgie.

OSTÉIDE , s. f. , *Osteida* , de οστεον , os , et ειδος , forme ; production osseuse accidentelle.

OSTÉITE, s. f., *Osteitis*, de οστεον , os : inflammation des os , du tissu osseux. Tous les os peuvent être atteints d'inflammation. Des causes variées produisent l'ostéite ; ce sont les contusions, les plaies , les fractures , les piqûres. Il est des causes constitutionnelles qu'on rapporte au rhumatisme, à la morve, au farcin. On observe l'ostéite sur les vertèbres dans le mal de garrot, dans la taupe ; sur le tibia, le canon , les phalangiens. L'os, enflammé spontanément ou par une lésion accidentelle, se tuméfie ; la douleur précède le gonflement : cette douleur est gravative. Il est rare que l'inflammation ne s'étende pas au périoste et aux parties molles contiguës, qui se disposent alors à s'ossifier. Gerdy a distingué trois formes de l'ostéite : ce sont les variétés *raréfiante, condensante , ulcérante.* Il est souvent difficile de distinguer l'ostéite de la périostite. Les terminaisons sont la *résolution* , qui consiste dans la diminution du gonflement osseux, l'*induration*, ou formation d'une exostose de forme variée, ex. : courbe, suros, éparvin , forme. etc. , la *suppuration* ou *carie* , la *gangrène* ou *nécrose.* Le traitement est le même que pour l'inflammation des parties molles; mais il doit être continué avec persévérance. Depuis longtemps, on a prescrit les antiphlogistiques, saignées, bains émollients. On accorde une grande efficacité aux mercuriaux ; à l'intérieur, on donne le calomel, même le sublimé ; à l'extérieur , on fait des frictions mercurielles. La suppuration réclame des opérations pour faire écouler la matière purulente ; on agit comme dans les cas de carie et de nécrose ; il est des circonstances dans lesquelles la trépanation est nécessaire.

OSTÉOCÈLE, s. f., *Osteocele*, de οστεον, os , et κηλη , hernie ; hernie dont le sac a pris la texture cartilagineuse ou osseuse.

OSTÉOCOPE, s. f. et adj., *Osteocopus,* de οστεον , os, et κοπτω , je brise : douleur profonde dans les os, comme s'ils étaient brisés : *douleurs ostéocopes.*

OSTÉODYNIE ; s. f.. *Osteodynia*, de οστεον , os, et οδυνη, douleur : douleur dans les os.

OSTÉOGÉNIE ou **OSTÉOGÉNÉSIE**. s. f., *Osteogenia, Osteogenesis*, de οστεον , os , et γενεσις, génération ; formation des os. Dans les premiers temps de la formation du fœtus, les os sont complètement mous et à l'état *muqueux;* ils passent ensuite à l'état dit *cartilagineux*, et ce n'est que plus tard que commence le travail de la véritable ossification, qui présente, en apparence, quelques différences suivant la forme des os. Dans les os longs, un point osseux se développe dans le corps ou partie moyenne de l'os, et un ou plusieurs à chacune des extrémités. Ces points calcaires gagnent peu à peu en étendue, jusqu'à ce qu'ils ne soient plus séparés que par une couche cartilagineuse qui les isole encore et fait, de l'os, un assemblage de plusieurs pièces distinctes, dont celle qui occupe le corps porte le nom de *diaphyse*, et les autres celui d'*épiphyses.* Cet état persiste longtemps après la naissance, et les épiphyses ne se réunissent au reste de l'os, que lorsque l'accroissement est terminé. Dans les os plats, plusieurs points calcaires se montrent à la fois et se rapprochent peu à peu pour former plus tard un seul os, de plusieurs pièces d'abord séparées. C'est à la persistance de cette division, qu'est dû le nombre beaucoup plus grand des os de la tête, chez les vertébrés inférieurs, comme les reptiles. — L'accroissement des os a lieu en longueur et en épaisseur. L'accroissement en *longueur* se fait entre les points osseux, qui ne se lient les uns aux autres que lorsqu'il est complètement terminé. Quant à l'accroissement en *épaisseur*, il se continue beaucoup plus longtemps que le premier, et a lieu par superposition de couches, en même temps que, dans les os longs, disparaissent à l'intérieur d'autres couches dont l'absorption augmente d'autant le canal médullaire, qui n'existait même en aucune façon lorsque l'os était à l'état cartilagineux. — A mesure que l'animal vieillit, les os unis par des articulations synarthrodiales tendent à se souder entre eux comme se sont soudées auparavant les pièces qui les forment; de telle sorte qu'on pourrait, à la rigueur, considérer le crâne, par exemple, comme un seul os formé, dans le principe, par de nombreuses pièces qui se sont partiellement et successivement unies pour n'en plus former qu'une seule dans un âge avancé.

OSTÉOGRAPHIE, s. f., *Osteographia,* de οστεον, os, et γραφειν, décrire; description des os.

OSTIOLE, s. m., *Ostiolum;* petit orifice recouvert par l'opercule dans les mousses. *V.* OPERCULE.

OSTÉOLOGIE, s. f., *Osteologia,* de οστεον, os, et λογος, discours; traité des os.

OSTÉOLYSE, s. f., *Osteolysis,* de οστεον, os, et λυσις, action de dissoudre; altération d'un os dans laquelle son tissu disparait.

OSTÉOLITHE, s. m., *Osteolithus,* de οστεον, os, et λιθος, pierre; os fossile ou pétrifié; production osseuse accidentelle.

OSTÉOMALAXIE, s. f., *Osteomalaxia,* de οστεον, os, et μαλαξις, de μαλασσω, je ramollis; ramollissement des os. Par la privation des sels calcaires, les os deviennent souples et flexibles. Cette affection est distincte du *rachitisme*, en ce qu'elle se développe dans tous les âges et tantôt sur un ou plusieurs os, tantôt sur le squelette entier. On n'a pas cité d'exemple de l'ostéomalacie proprement dite dans les animaux. L'homme, qui est atteint de cette affection, ne peut faire aucun mouvement, lorsqu'elle est générale. On a prescrit contre elle les moyens employés contre le rachitisme.

OSTÉONÉCROSE, s. f., *Osteonecrosis,* de οστεον, os, et νεκρωσις, nécrose; synonyme de *nécrose.*

OSTÉOPHTHORIE, s. m., *Osteophthoria,* de οστεον, os, et φθορα, perte; carie interne des os.

OSTÉOPHYTE, s. m., *Osteophytus,* de οστεον, os, et φυειν, croître; nom donné aux parties osseuses de nouvelle formation, à celles surtout qui paraissent devoir remplacer les surfaces cariées.

OSTÉOPSATHYROSE, s. f., *Osteopsathyrosis,* de οστεον, os, et ψαθυρος, friable; friabilité des os.

OSTÉOSARCOME, s. m., ou OSTÉOSARCOSE, s. f., *Osteosarcoma, Osteosarcosis,* de οστεον, os, et σαρξ, chair: ramollissement du tissu osseux, qui se transforme en une substance plus ou moins analogue au cancer des parties molles. C'est le cancer des os. Il est le résultat de la plupart des maladies du système osseux. L'ostéosarcome peut attaquer tous les os du squelette et surtout les os de la face et ceux des membres. On a distingué l'ostéosarcome propagé des parties molles aux os, de celui qui a son point de départ dans l'os lui-même. Le tissu de l'os finit par disparaitre; il est remplacé par une substance lardacée, d'un gris jaunâtre, dont la consistance varie jusqu'à celle de la matière cérébriforme. On a trouvé dans ce cancer des foyers contenant de l'ichor, de la bouillie grisâtre, des produits gélatineux. Nous avons vu sur un chien tous les os de la mâchoire supérieure disparaitre, et être remplacés par une matière molle de consistance variée; il ne restait plus que deux dents molaires implantées dans cette production. Dans la vache et le cheval, cette maladie se développe dans les sinus sus-maxillaires, à la suite de la carie des dents. L'ostéosarcome est caractérisé par des douleurs profondes; la tuméfaction est inégale, bosselée; souvent la peau s'ulcère et prend l'aspect cancéreux. Le malade est tourmenté par la fièvre de réaction et finit par tomber dans le marasme. Le pronostic est très fâcheux. On suit le même traitement que pour le cancer des parties molles.

OSTÉOSE, s. f.; synonyme d'*ostéogénie* ou d'*ossification.*

OSTÉOSTÉATOME, s. m., *Osteosteatoma;* de οστεον, os, et στεαρ, στεατος, suif; dégénérescence du tissu osseux en une substance qui a l'apparence de la graisse. C'est une variété de l'*ostéosarcome.*

OSTÉOTOMIE, s. f.. *Osteotomia*, de οστεον, os, et τεμνω, je coupe; dissection ou préparation des os.

OSTÉOTYLE. s. m., *Osteotylus*, de οστεον, os, et τυλος, cal: exostose.

OSTITE, s. f., *Ostitis*, de οστεον, os; inflammation des os. *V*. OSTÉITE.

OSTIGO. s. m. : nom donné par Columelle à l'affection herpétique qui se développe sur les lèvres des agneaux. *V*. NOIR-MUSEAU.

OTALGIE, s. f., *Otalgia*, de ους, ωτος, oreille, et αλγος, douleur; douleur d'oreille. *V*. OTITE.

OTIRRHÉE, s. f., *Otirrhœa*, de ους, ωτος, oreille, et ρεω, je coule; écoulement par l'oreille. *V*. OTORRHÉE.

OTITE. s. f., *Otitis*, de ους, ωτος, oreille; inflammation de l'oreille. Cette maladie a été jusqu'à présent assez mal étudiée sur les animaux. La cause la plus commune est l'impression du froid humide; elle est produite aussi par le refroidissement de la peau, les changements brusques de température, l'introduction des corps étrangers, des insectes dans l'oreille, les causes contondantes, la cessation subite d'une phlegmasie de la peau, du globe oculaire. On a distingué l'inflammation du conduit auditif, de celle de l'oreille moyenne et de l'oreille interne. Les caractères généraux consistent dans la douleur, qui est très vive, la rougeur et l'écoulement muqueux. Le chien secoue fréquemment la tête et frotte ses oreilles avec ses pattes. L'otite produit souvent le catarrhe auriculaire, avec un écoulement séreux dans le début, devenant ensuite sanguinolent et d'une nature analogue à celle du pus; des ulcérations se forment sur la muqueuse; cet état entraîne parfois la perte de l'ouïe. L'otite interne peut amener la rupture de la membrane du tympan, la carie de l'os du rocher. Cette maladie passe quelquefois à l'état chronique et se lie avec une affection générale. En général, le pronostic des maladies de l'oreille est moins fâcheux pour les animaux que pour l'homme, parce que, pour les premiers, les altérations de l'ouïe ont certainement moins d'importance. Dans le chien, l'otite est rebelle aux traitements les plus actifs, lorsqu'elle est compliquée d'un état catarrhal ancien; la mort peut résulter de la proximité du cerveau. Dans le début, on combat l'otite par les injections émollientes; ensuite on a recours à quelques astringents, qui sont l'acétate de plomb, le sulfate de zinc. En même temps, on emploie les dérivatifs cutanés et les purgatifs. Dans le chien, on traite avec succès l'otite rebelle par les injections avec la solution concentrée de nitrate d'argent.

OTOCÉPHALE. s. et adj., *Otocephalus*, de ους, ωτος, oreille, et κεφαλη, tête: genre de monstres otocéphaliens ayant pour caractères: un seul œil ou deux yeux réunis dans la même orbite: les deux oreilles rapprochées ou réunies sous la tête; mâchoire et bouche distinctes; point de trompe nasale.

OTOCÉPHALIE, s. f., *Otocephalia*; état des monstres otocéphales.

OTOCÉPHALIENS, s. et adj. : famille de monstres unitaires autosites, caractérisés par le rapprochement ou la réunion médiane des oreilles, par une atrophie plus ou moins marquée de la région inférieure du crâne, et souvent par l'absence des mâchoires et d'une partie de la face. Cette famille renferme les cinq genres : 1° *Sphénocéphale*; 2° *Otocéphale*; 3° *Edocéphale*; 4° *Opocéphale*; 5° *Triocéphale*.

OTOCONIE, s. f., *Otoconia*. de ους, ωτος, oreille, et κονια, poussière : nom donné par Breschet à des concrétions qui se forment dans l'oreille.

OTOGRAPHIE, s. f., *Otographia*, de ους, ωτος, oreille, et γραφη, description; description de l'oreille.

OTOLITHE. s. f., *Otolithe*, de ους, ωτος, oreille, et λιθος, pierre: concrétion pierreuse qu'on trouve dans l'oreille de certains poissons.

OTOLOGIE, s. f., *Otologia*. de ους, ωτος, oreille, et λογος, discours; traité de l'oreille.

OTORRHÉE, s. f., *Otorrhœa*, de ους, ωτος, oreille, et ρεω, couler: écoulement par l'oreille. *Catarrhe auriculaire*. Cet écoulement, dont la nature varie, est un des symptômes de l'otite; on l'observe fréquemment dans les chiens à oreilles pendantes. Lorsqu'il dépend d'une inflammation simple de la muqueuse, on y remédie facilement au début par des injections avec la décoction de têtes de pavot, blanchie par l'extrait de saturne. Le catarrhe ancien résiste longtemps aux moyens les plus actifs. Quand on a diminué la douleur par les émollients, on emploie les injections avec la solution de sulfate de zinc ou de nitrate d'argent. En même temps, on applique un séton sur le cou de l'animal. Enfin le catarrhe auriculaire est incurable, s'il est compliqué d'ulcérations dans l'intérieur de l'oreille.

OTOTOMIE, s. f., *Ototomia*, de ους, ωτος, oreille, et τεμνω, je coupe; dissection de l'oreille.

OUIE, s. f., *Auditus*, de *audire*, entendre; sens destiné à l'audition ou à la perception des sons. L'oreille est l'organe de ce sens. Les vibrations de l'air, dans les animaux supérieurs, sont perçues par la *conque* ou *oreille externe*, qui les dirige dans une cavité osseuse renfermant diverses membranes vibrantes, et une chaîne d'osselets qui se portent de la première membrane ou membrane du tympan, jusqu'à la fenêtre ovale, où la vibration se propage par l'intermédiaire d'un liquide particulier, à la pulpe du nerf auditif qui perçoit la sensation. L'espèce de tambour formé par l'oreille moyenne ne peut transmettre les vibrations qu'en recevant l'air dans sa cavité, au moyen de la *trompe d'Eustache* ou *conduit guttural du tympan*, qui aboutit dans le pharynx. — L'ouïe s'exerce d'une manière *passive* et d'une manière *active*. Il y a entre ces deux modes la même différence qu'entre *entendre* et *écouter*. — *Zoologie.* Chez les poissons, on appelle *ouïes* les deux appareils respiratoires placés de chaque côté de la tête, formés par les *branchies* et protégés, chez la plupart, par les *opercules*.

OULITE , s. f. , *Oulitis* , de ουλον, gencive ; inflammation des gencives.

OULORRHAGIE, s. f., *Oulorrhagia* , de ουλον, gencive, et ρεω, je coule ; écoulement de sang par les gencives.

OURAQUE , s. m. , *Uracus, urinaculum*, de ουρον, urine, et αγω, je conduis ; canal membraneux, formant, dans le fœtus, la continuité de la partie antérieure de la vessie, et mettant ce réservoir en communication avec l'allantoïde. L'ouraque se dirige vers l'anneau ombilical , qu'il traverse , et se porte, avec le cordon , jusqu'au sac allantoïdien. Dans l'abdomen , il est situé entre les deux artères ombilicales.

OUROCYSTÈLE, s. f. , *Ourocystele*, de ουρον, urine et κυστις, vessie ; inflammation de la vessie urinaire.

OURONOSCOPIE, s. f,, *Ouronoscopia*, de ουρον, urine, et σκοπεω, examiner ; inspection des urines pour établir le diagnostic d'une maladie.

OUTRE , s. f. , *Uter ;* espèce de sac ouvert par une de ses extrémités, formé par le limbe ou le pétiole d'une feuille, et pouvant contenir du liquide. Les *Népenthes*, en offrent des exemples.

OVAIRE , s. m. , *Ovarium*, de *ovum* , œuf; organe destiné à la production des œufs dans les ovipares et même dans les vivipares. Les ovaires, dans ces derniers, sont deux glandes suspendues à la région sous-lombaire par un prolongement des ligaments larges de l'utérus, et communiquant avec ce viscère, par la *trompe utérine*. Les ovaires ont à peu près la forme d'un petit rein, et présentent une enveloppe fibreuse, blanche , analogue à la tunique albuginée du testicule, présentant, comme cette dernière, des circonvolutions vasculaires nombreuses. La substance intérieure de l'ovaire , peu connue dans sa nature , est traversée par des filets fibreux de la tunique extérieure et présente des cavités occupées par de petits sacs membraneux , jaunâtres, désignés sous le nom de *vésicules de Graaf*, et qui renferment les ovules. — Dans le fœtus, les ovaires présentent des différences assez remarquables suivant les espèces. Très gros et mous chez les solipèdes , ils diminuent de volume après la naissance et restent stationnaires jusqu'à la puberté. Dans les ruminants , au contraire , ils sont extrêmement petits, et prennent du volume après la naissance. — L'ovaire des oiseaux n'existe que du côté gauche, le droit étant constamment atrophié; il consiste en une grappe composée de granulations de diverses grosseurs constituant les œufs, et dont les plus grosses sont toujours les plus voisines de l'oviducte. — Chez les poissons, les ovaires

sont énormes ; ils consistent dans l'assemblage d'un nombre considérable de petits œufs qui , chez le plus grand nombre, sont pondus sans accouplement et fécondés hors du corps de la femelle. — *Bot.* L'ovaire est la partie principale de l'organe femelle ; il en forme la base , soutient le style et le stigmate , et renferme les ovules. Il est le plus souvent *ovoïde* ou *globuleux* , quelquefois *allongé*, *cylindrique*, etc. Quand il est libre, au fond de la fleur, les étamines s'insèrent au-dessous de lui, il est *supère ;* quand il est soudé avec le calice, l'insertion est *supère*, et l'ovaire est *infère*. Enfin, il peut être contenu au fond d'un calice resserré à la gorge , on le dit alors *pariétal*. L'ovaire porté immédiatement au sommet du pédoncule est *sessile ;* soutenu par un podogyne, il est *stipité;* par un gynobase, il est *gynobasique*. Il est composé d'un seul carpelle roulé sur lui-même, et alors nécessairement *uniloculaire*, ou composé de plusieurs carpelles réunis, et dans ce cas, il peut être *uniloculaire*, *biloculaire*, *triloculaire*, etc., selon le nombre des cloisons qui coupent la cavité. L'ovaire *pluriloculaire* a sa cavité divisée par des *cloisons vraies* ou *fausses*, *complètes* ou *incomplètes*. En se développant, l'ovaire constitue le *péricarpe*, qui reste *libre* de toute association, de toute adhérence , ou *se soude* avec d'autres organes ou des portions d'organes.

OVALE, adj. , *ovalis* , de *ovum* , œuf : qui a la forme d'un œuf. — *Fosse ovale :* cavité existant dans l'oreillette droite du cœur, au point d'oblitération du *trou de Botal*. — *Trou ovale :* nom donné à l'ouverture sous-pubienne du coxal. — *Centre ovale :* nom donné à la lame de substance blanche formant le plafond des grands ventricules du cerveau. *V.* Mésolobe.

OVARIEN , ENNE , adj. ; qui appartient à l'ovaire. — *Artère ovarienne :* elle représente l'artère grande testiculaire du mâle , et naît, comme elle, directement du tronc de l'aorte près de la mésentérique postérieure. qui la fournit quelquefois. Elle se divise en deux branches , dont une antérieure pour l'ovaire , et l'autre postérieure , destinée à la partie antérieure de la corne utérine. — *Bot.* Turpin appelait *feuilles ovariennes* les carpelles composant l'ovaire des plantes ; la nervure médiane de chaque carpelle formerait, en se prolongeant, le style ou une portion du style. — D'après cette idée , l'ovule serait une *feuille ovulaire*.

OVARISTES, s. m. pl. ; nom adopté pour désigner les physiologistes qui voient dans l'œuf que contient l'ovaire le principe du développement de tous les êtres animaux. Pour eux, l'action du mâle ne consiste qu'à aviver le germe et non à le former, comme le pensent les *animalculistes*.

OVARITE , s. f. , *Ovaritis* , de *ovarium* . ovaire ; inflammation de l'ovaire. Cette maladie est peu connue dans les femelles domestiques. Elle se manifeste par des symptômes généraux, analogues à ceux produits par la péritonite et la métrite. Les symptômes locaux sont inappréciables ; le seul qu'on puisse constater quelquefois dans les femelles carnivores consiste dans une tumeur qui occupe la région sous-lombaire. L'inflammation des ovaires produit dans ces organes des dégénérescences nombreuses qu'on ne peut constater qu'à l'autopsie. Le traitement antiphlogistique est le seul à prescrire contre l'ovarite.

OVIDUCTE, s. m., *Oviductus*, de *ovum*, œuf, et *ducere*, conduire : ce mot appliqué quelquefois à la trompe utérine des mammifères, s'emploie surtout à l'égard des ovipares. Dans les oiseaux, l'oviducte est un canal membraneux, s'étendant depuis l'ovaire jusqu'au cloaque, en décrivant de nombreuses circonvolutions que parcourt l'œuf, depuis le moment où il se détache de l'ovaire, jusqu'à ce qu'il soit expulsé au-dehors. L'augmentation successive du volume de l'œuf exige une augmentation proportionnelle de l'oviducte. Ce canal, qui représente la trompe utérine, l'utérus et le vagin des mammifères, est suspendu à la région sous-lombaire, par un ligament analogue aux ligaments larges de l'utérus.

OVINES (Races). Elles sont nombreuses, et beaucoup d'entre elles présentent des variétés qui se modifient chaque jour par les soins de l'homme et par des croisements. On les distingue, soit par la présence ou l'absence des cornes chez les mâles, soit, plus souvent, par les caractères de la laine, qui est longue ou courte. Cette dernière division ne peut être rigoureuse que lorsqu'elle a pour objet des animaux dont la laine a des caractères bien tranchés. La première catégorie a pour type la race de Dishley ; la deuxième, la race mérine. Les autres s'y rattachent et s'en rapprochent plus ou moins. A ces types, il faut ajouter aujourd'hui celui de *Mauchamp*, à laine soyeuse, et qui n'a pas encore de dérivé. — *Races à laine courte.* Taille variable, mais généralement peu élevée ; toison fournie ; laine de 6 à 15 cent. de longueur, plus ou moins fine, spiralée, propre à la carde ; tempérament plus robuste, craignant moins la chaleur, plus prolifique, plus apte à la transhumance ; redoutant l'humidité et une nourriture trop aqueuse ; propres aux pâturages élevés et au parcage. A cette division se rattachent les races du Roussillon, de la Provence, de la Sologne, du Berry, de Southdown, de Dorset, Cheviot, Norfolk, etc., etc. — *Races à laine longue.* Taille généralement forte ; toison moins tassée ; laine moins fine, longue de 15 à 35 cent., non spiralée, propre au peigne et à la fabrication des étoffes unies ; tempérament plus délicat, redoutant davantage la chaleur et moins l'humidité ; plus exigeantes pour la quantité et la qualité de la nourriture ; impropres à la trans-

humance ; accroissement plus rapide ; plus d'aptitude à l'engraissement ; s'entretenant bien à la bergerie et moins disposées à parquer. A cette seconde division appartiennent les races de Dishley, de Kent, Lincoln, Costwold, Shetland, Flamande, Picarde, etc., etc. — Il y a généralement avantage à rechercher dans les bêtes ovines une aptitude prononcée à donner une laine fine et abondante, à s'engraisser vite et de bonne heure ; mais ces résultats ne peuvent être obtenus qu'autant que les animaux sont placés dans des conditions favorables. Il y a rarement avantage, dans les circonstances ordinaires, à exagérer une qualité : de même, il peut être nécessaire, dans un pays où les pâturages sont médiocres ou mauvais, de se borner à élever des moutons robustes et sobres, mais dont la toison n'est point fine. *V.* Mouton et Laine. — La France possédait en 1789, 20,000,000 de bêtes ovines : elle en possède aujourd'hui plus de 32.000,000, dont la valeur totale est estimée environ 314.000,000 francs, et le revenu annuel 120,000,000 francs, un peu moins de 4 fr. par tête. La valeur des moutons et leur revenu s'accroissent surtout par la multiplication des races fines, et, sous ce rapport, l'augmentation est depuis vingt ans bien supérieure à celle qu'indique le nombre des animaux. — L'industrie du mouton n'est point uniformément répartie sur le sol de la France. La Provence, le Languedoc, les Pyrénées, le Dauphiné, le centre, la Lozère, l'Ardèche, y donnent beaucoup de soins et y attachent du prix ; il en est de même encore dans une partie du bassin de la Loire. L'Aisne, le Pas-de-Calais, le Nord, l'Oise, Seine-et-Oise, Seine-et-Marne, Marne, Aube, etc., élèvent aussi un grand nombre de bêtes ovines.

OVIPARE, s. et adj., de *ovum*, œuf, et *parere*, accoucher ; nom donné aux animaux dont les œufs sont expulsés au-dehors du corps avant leur éclosion.

OVO-VIVIPARE, s. et adj., de *ovum*, œuf, *vivum*, vivant, et *parere*, accoucher ; on nomme ainsi les animaux chez lesquels les œufs, sans adhérence avec la cavité qui les contient, éclosent avant d'arriver hors de l'oviducte, comme dans la *vipère*, la *mouche vivipare*.

OVULAIRE, *V.* Ovarien.

OVULE, s. m., *Ovulum*, diminutif de *ovum*, œuf ; petite vésicule contenue dans l'ovaire et formant le rudiment du nouvel individu. Les ovules des mammifères, beaucoup plus petits que ceux des autres animaux, nagent librement dans la vésicule ovarienne ; ceux des oiseaux sont adhérents. — *Bot.* Les ovules des plantes sont renfermés dans l'ovaire, *sessiles* sur le placenta ou *attachés* à cet organe par un petit faisceau vasculo-fibreux, appelé *funicule*, *podosperme* ou *cordon ombilical*, qui s'insère à la base organique de l'ovule, en un point appelé *hile.* Ils sont tantôt épars et pressés les uns contre les autres à la surface du placenta, le long des trophospermes ; tantôt placés avec ordre sur une ou plusieurs séries, *V.* PLA-CENTATION. Leur direction, relativement à l'axe de l'ovaire, est variable ; ils sont *dressés*, *pendants*, *horizontaux*, etc. — Chaque ovule a pour base un *nucelle*, *tercine* de Mirbel, attaché à ces enveloppes en un point appelé *chalaze.* Le nucelle est entouré à son origine de deux membranes, l'une externe, *pri-mine* de Mirbel, l'autre interne, *secondine* de Mirbel. Les bords de ces deux membranes, d'abord distincts, laissent au sommet de l'ovule deux ouvertures correspondantes : l'une externe, *exostome*, formée par la pri-mine ; l'autre interne, *endostome*, formée par la secondine ; leur ensemble constitue le *micropyle.* — Pendant le développement de l'ovule, le nucelle se creuse à son centre d'une cavité utriculaire cloisonnée ; c'est le *sac amniotique* de Malpighi, la *quintine* de Mirbel. Dans ce sac, se forme bientôt l'utricule, qui doit plus tard donner nais-sance à l'*embryon.* C'est à son pourtour que se trouve la cavité utriculaire que Mirbel appelle *quartine.* — Le tissu utriculaire qui remplit, avec l'embryon, le sac amniotique, celui qui forme ce sac, ou le nucelle lui-même, peuvent se développer et constituer plus tard l'*endosperme.*

OXACIDE, s. m. ; nom par lequel on dé-signe les acides formés par l'oxygène, pour les distinguer de ceux formés par l'hy-drogène ou d'autres principes acidifiants.

OXALATE, s. m., *Oxalas;* genre de sels formés par l'union de l'acide oxalique avec les bases. Ils sont à l'état d'oxalate neutre, de bioxalate ou de quadroxalate; ceux de la première section et quelques-uns de la troi-sième sont seuls solubles; les autres sont insolubles; les premiers perdent de leur so-lubilité par un excès d'acide; les derniers deviennent au contraire plus solubles. Quel-ques oxalates existent dans la nature; le plus grand nombre est le produit de l'art. Ils sont hydratés ou anhydres; ces derniers, comme ceux de soude, de plomb et d'argent, sont remarquables, en ce qu'en joignant l'oxygène de la base à celui de l'acide, ils représentent de l'acide carbonique uni à un métal. Sur les charbons ardents, ils se décomposent comme tous les sels organiques, et leur solu-tion précipite à la fois avec le sulfate de chaux et le sulfate de cuivre, ce qui les diffé-rencie des tartrates, qui ne précipitent pas les sels de cuivre. Parmi ces sels, l'oxalate d'am-moniaque et ceux de potasse méritent d'être mentionnés.

OXALATE D'AMMONIAQUE. Az H³ $\dot{O}$ + H O. On obtient directement ce sel en neutralisant l'acide oxalique par l'ammoniaque liquide, concentrant la solution et laissant cristalliser. Il est solide, en belles aiguilles prismatiques, incolores et transparentes, soluble dans l'eau, insoluble dans l'alcool et facilement

décomposable par le feu. La solution de ce sel est employée dans les laboratoires pour reconnaître les sels de chaux et les séparer de ceux de magnésie.

OXALATES DE POTASSE. On connaît trois oxalates de potasse : l'*oxalate neutre*, le *bioxalate* et le *quadroxalate.* Le premier est très soluble et difficilement cristallisable ; tous les acides le transforment en bioxalate ou quadroxalate. Le *bioxalate de potasse*, appelé vulgairement *sel d'oseille*, existe tout formé dans les plantes du genre *oxalis* et du genre *rumex.* On l'obtient du suc exprimé de ces plantes, ou par l'union directe de l'acide et de la base. Il est solide, en parallélipi-pèdes très courts, incolore, inodore, de sa-veur piquante, peu soluble dans l'eau et dé-composable par le feu, qui le transforme en carbonate de potasse. Ce sel est employé dans les indienneries et pour enlever sur le linge les taches d'encre ou de rouille. — Le *quadroxalate de potasse*, découvert par Wol-laston, accompagne toujours le précédent, et concourt à former le sel d'oseille du com-merce. Il est très peu soluble dans l'eau.

OXALIDE, s. m., *Oxalis*, L.; genre de la famille des Oxalidées. Il se compose de plantes herbacées ou sous-frutescentes, ori-ginaires de l'Amérique tropicale et du Cap de Bonne-Espérance; un petit nombre appar-tenant aux autres contrées. Quelques espèces, entre autres l'O. petite oseille, Alleluia, Su-relle, *O. acetosella*, croissent spontanément en France ; elles sont petites et assez recher-chées des bestiaux, à cause de leur saveur acidule.

OXALIDÉES, s. f., *Oxalideæ;* famille de plantes dicotylédones, polypétales, hypo-gynes, herbacées, frutescentes ou sous-fru-tescentes, quelques-unes arborescentes, à racines tubéreuses ou bulbeuses, beaucoup plus répandues dans les contrées chaudes, ne dépassant pas les régions tempérées. Elles sont remarquables par leur saveur acide, qu'elles doivent à une forte proportion d'oxa-late alcalin. Genres: *Oxalis*, *Averrhoa*, etc.

OXALIQUE, *V.* ACIDE OXALIQUE.

OXALOVINATE, s. m.; nom des sels formés par l'acide oxalovinique qui se forme dans l'éther oxalique, avec les bases salifia-bles. Ils ont de l'analogie avec les *sulfovi-nates* et sont sans intérêt.

OXAMIDE, s. f.; produit particulier dé-couvert par Dumas, et qui se forme pendant la distillation de l'oxalate d'ammoniaque, duquel il ne diffère que par les éléments de deux équivalents d'eau de moins. C'est un corps solide, blanc, cristallin, pulvérulent, inodore, insipide, volatil à 300°, insoluble dans l'eau froide, très peu soluble dans l'eau bouillante, et se transformant, sous l'influence des acides, des alcalis et de la chaleur, en oxalate d'ammoniaque, en absorbant les élé-ments de deux équivalents d'eau. Dumas en a formé le type des *amides.*

OXÉOLÉ, *V.* ACÉTOLÉ.

OXYBROMURE; union d'un oxyde avec un bromure.

OXYCHLORATE, s. m., *Oxychloras;* sel formé d'acide oxychlorique et d'une base.

OXYCHLORURE, s. m.; espèce de combinaison saline formée par l'union d'un oxyde avec un chlorure, qu'on remarque particulièrement dans les métaux des dernières sections. L'oxychlorure d'antimoine et celui de mercure sont les plus importants. *V.* ALGAROTH et ALEMBROTH.

OXYCRAT, s. m., *Oxycratum*, de εξυς, aigre, et χρασις, mélange; mélange d'eau et de vinaigre employé comme boisson rafraîchissante, ou en lotions réfrigérantes et antiseptiques.

OXYCYANURE, s. m.; combinaison d'un oxyde et d'un cyanure.

OXYDABLE, adj., *oxydabilis;* qui peut s'oxyder, ou se combiner avec l'oxygène; c'est le cas de la plupart des corps simples métalloïdes ou métalliques.

OXYDATION, s. f., *Oxydatio*: combinaison ou union des corps simples ou composés avec l'oxygène. Elle a lieu directement, à la température ordinaire ou à une température plus ou moins élevée, et indirectement, par l'action spéciale de certains agents oxydants.

OXYDES, s. m., *Oxyda. Bases salifiables, oxybases.* On donne ce nom, d'une manière générale, à toutes les combinaisons de l'oxygène avec les corps simples, qui sont douées de propriétés électro-positives. Dans un sens plus restreint, on appelle *oxydes* les composés binaires des métaux avec l'oxygène, qui jouissent de la propriété de neutraliser les acides en donnant naissance à des sels. — Les oxydes métalliques étaient désignés autrefois sous le nom générique de *chaux;* plusieurs d'entre ces corps sont très anciennement connus; cependant le plus grand nombre est de découverte moderne. Un certain nombre existe naturellement dans le sein de la terre ou à sa surface; mais un beaucoup plus grand nombre est le produit de l'art. Les oxydes se préparent par une foule de procédés; les plus ordinaires sont l'oxydation naturelle des métaux à l'air; la calcination des métaux ou des sels, l'acidification, la précipitation par réaction chimique, etc. Les oxydes métalliques sont tous solides, cassants et ternes, lorsqu'ils sont pulvérisés; leur couleur varie; le plus grand nombre est blanc, les autres sont rouges, jaunes, gris, etc. La saveur est nulle pour ceux qui sont insolubles; elle est caustique et urineuse pour les autres; leur densité est supérieure à celle de l'eau, et généralement inférieure à celle des métaux. Traités par la chaleur, les oxydes de la dernière section, et ceux qui sont suroxygénés, se décomposent; les autres résistent, à moins que le charbon ou l'hydrogène n'interviennent; car alors ils se réduisent tous, à quelques rares exceptions près. La lumière agit sur ceux de la dernière section; l'électricité les décompose à peu près sans exception. L'eau dissout les oxydes de la première section; mais elle est généralement sans action sur les autres. Quant à l'action des métalloïdes et des métaux sur les oxydes, elle est très variable; les acides s'y combinent souvent purement et simplement, pour donner naissance à des sels; les oxydes se déplacent les uns les autres dans leurs combinaisons salines. — Les oxides ont été divisés en quatre séries principales: 1° les *oxydes basiques*, qui neutralisent les acides, verdissent le sirop de violette et ramènent au bleu la teinture de tournesol rougie par un acide, tels sont la potasse, la soude, la chaux, la magnésie, la baryte, la strontiane, le protoxyde de fer, celui de plomb, l'oxyde de zinc, etc.; 2° les *oxydes acides* ou *électro-négatifs*, qui peuvent s'unir aux oxydes basiques, comme l'alumine, les oxydes d'antimoine, d'étain, de manganèse, l'oxyde puce de plomb, etc.: 3° les *oxydes indifférents*, qui jouent le rôle d'acides ou de bases, selon les circonstances, comme les peroxydes de la première section, le peroxyde de cuivre, le peroxyde de manganèse, le sous-oxyde de plomb, celui de zinc, etc.; 4° les *oxydes salins*, formés de deux oxydes du même métal, l'un acide et l'autre basique, tels que l'oxyde noir de fer, l'oxyde rouge de manganèse, le minium, etc. — Les usages industriels, économiques, agricoles et pharmaceutiques des oxydes sont très étendus et seront indiqués à l'article consacré à chacun d'eux.

OXYDE D'ALUMINIUM, *V.* ALUMINE.

OXYDE D'AMMONIUM, *V.* AMMONIAQUE.

OXYDE D'ANTIMOINE. St^2O^3—*Oxyde blanc, fleurs argentines d'antimoine.* Cet oxyde, qu'on trouve tout formé dans la nature, mais en petite quantité, se prépare par voie sèche ou par voie humide; dans le premier cas, on calcine l'antimoine à l'air dans un creuset; dans le second, on traite le chlorure d'antimoine par une solution bouillante de carbonate de soude. — Il est solide, en aiguilles blanches, soyeuses, argentines, s'il est anhydre, ou blanc, perlé, pulvérulent, s'il est hydraté. Fusible et volatil, cet oxyde est insoluble dans l'eau, mais soluble dans les solutions alcalines, avec lesquelles il forme des espèces de sels appelés *antimonites* ou *sous-antimonites.* — On a conseillé l'emploi de cet oxyde pour remplacer l'émétique dans le traitement des maladies de poitrine par la méthode de Rasori. Il a été peu employé jusqu'ici en médecine vétérinaire. — L'antimoine forme avec l'oxygène d'autres combinaisons que celle-ci, un sous-oxyde et deux acides. *V.* ACIDES ANTIMONIEUX et ANTIMONIQUE.

OXYDE D'ARGENT. AgO. — On l'obtient en traitant la solution de nitrate d'argent par la potasse; il se fait un précipité d'un brun clair, qui est cet oxyde hydraté; desséché dans le vide, il perd son eau et prend une couleur olive. Chauffé ou soumis aux rayons solaires, l'oxyde d'argent se décompose facilement. Il est insoluble dans l'eau et se combine aux acides pour former des sels ; c'est une base puissante.

OXYDES D'AZOTE. Il existe deux combinaisons d'azote et d'oxigène qui portent le nom d'oxydes : le protoxyde et le bioxyde. 1° Le *protoxyde d'azote*, AzO, *gaz hilarant*, a été découvert, en 1776, par Priestley. On le prépare facilement en décomposant à une chaleur ménagée, dans une cornue munie d'un tube de dégagement, de l'azotate d'ammoniaque. — C'est un gaz coërcible, incolore, inodore, d'une saveur sucrée et d'une densité de 1,53. — Le protoxyde d'azote entretient la combustion comme l'air et l'oxygène, mais moins activement que ce dernier ; il peut être respiré pendant quelques instants sans produire l'asphyxie, mais il cause une sorte d'ivresse avec propension à l'hilarité, d'où le nom de *gaz hilarant* que lui ont donné les Anglais. Mélangé à l'hydrogène, il détone comme l'air. L'eau en dissout la moitié de son volume, et l'alcool une fois et demie. Il n'a pas d'usage spécial. 2° Le *deutoxyde d'azote*, AzO². Cet oxyde, qui a été découvert par Hales, se prépare en traitant de la limaille de cuivre recouverte d'eau par l'acide azotique. C'est un gaz incoërcible, incolore, pesant 1,039, peu soluble dans l'eau, qui n'en dissout qu'un seizième de son volume ; il est impropre à la combustion et à la respiration ; son caractère essentiel est de se transformer en acide hypo-azotique, aussitôt qu'il est en contact avec l'air, parce qu'il absorbe de l'oxygène. Il est parfois employé à l'analyse eudiométrique de l'air.

OXYDE DE BARYUM, *V.* BARYTE.

OXYDE DE BISMUTH. Bi²O³. — On le prépare par la voie sèche, en calcinant le métal ou l'azotate à l'air, et par la voie humide en décomposant un sel bismuthique par la potasse. Dans le premier cas, il est jaune ; dans le second, il est blanc, amorphe ou cristallisé en petites aiguilles brillantes, inodore, insipide ; cet oxyde est fixe, mais entre en fusion au rouge et passe à travers les creusets en terre comme la litharge. Il n'a pas d'usage spécial.

OXYDE DE CADMIUM, *V.* CADMIE.

OXYDE DE CALCIUM, *V.* CHAUX.

OXYDE DE CARBONE. CO. — Découvert par Priestley, l'oxyde de carbone prend naissance dans la plupart des cas où l'acide carbonique se forme. On l'obtient dans les laboratoires en calcinant fortement dans une cornue un mélange de craie et de charbon de bois ou de limaille de fer, ou encore en chauffant dans un ballon du bioxalate de potasse avec un excès d'acide sulfurique. — C'est un gaz incoërcible, incolore, inodore, insipide, à peine soluble dans l'eau, et pesant 0,967. Impropre à la combustion, il brûle lui-même avec une belle flamme bleue ; respiré pendant quelques instants en petite quantité, il produit l'asphyxie, car l'expérience a démontré récemment qu'il est beaucoup plus délétère que l'acide carbonique ; mélangé au gaz chlore et exposé aux rayons solaires, il donne naissance à l'acide *chloroxycarbonique* (*V.* ce mot). L'oxyde de carbone n'a pas d'usage spécial.

OXYDES DE CHRÔME. Ce métal forme, avec l'oxygène, six combinaisons ; la plus importante est le *sesqui-oxyde de chrôme*, Cr²O³, qui peut être anhydre ou hydraté ; dans le premier cas, il est d'un beau vert foncé, et dans le second, il est d'un bleu verdâtre. Cet oxyde est fixe, insoluble dans l'eau et très difficilement réductible ; il est isomorphe avec le sesqui-oxyde de fer.

OXYDES DE COBALT. Il en existe plusieurs, mais il ne sera question ici que du *protoxyde*, CoO, qui peut être anhydre ou hydraté ; anhydre, il est d'un vert olive foncé ; hydraté, il est d'une belle couleur rose. Il est employé pour colorer le verre et la porcelaine en bleu.

OXYDES DE CUIVRE. On en connaît quatre ; le *protoxyde* et le *deutoxyde* seuls seront mentionnés ici. 1° Le *protoxyde de cuivre*, Cu²O, se prépare en faisant bouillir de l'acétate de cuivre avec du sucre, ou en traitant le protochlorure par la potasse ; dans le premier cas, il est anhydre, cristallisé et d'un rouge rosé ; dans le second, il est hydraté et de couleur jaune. Insoluble dans l'eau, cet oxyde se dissout dans l'ammoniaque, qu'il colore en bleu. 2° Le *deutoxyde de cuivre*, CuO, s'obtient par la calcination de l'azotate de cuivre, ou en précipitant par un alcali le sulfate de cuivre. Anhydre, il forme une poudre d'un brun foncé ; hydraté, il est d'une belle couleur bleue. Insoluble dans l'eau, soluble dans l'ammoniaque, cet oxyde est peu stable ; il se décompose au rouge, surtout en présence de l'hydrogène et des substances organiques, qu'il transforme en eau et en acide carbonique, d'où son emploi pour leur analyse élémentaire.

OXYDE CYSTIQUE, *V.* CYSTINE.

OXYDES D'ÉTAIN. Ils sont fort nombreux, mais le protoxyde seul est basique ; les autres sont acides. Le *protoxyde d'étain*, SnO, est hydraté ou anhydre ; dans le premier cas, il est blanc, pulvérulent et électro-négatif ; dans le second cas, il peut être brun, noir ou rouge, selon le mode de préparation. Chauffé à l'air, il brûle comme de l'amadou et se transforme en acide stannique.

OXYDES DE FER. On en connaît trois principaux : le protoxyde, le sesquioxyde et l'oxyde intermédiaire. 1° Le *protoxyde de fer*, FeO, est une base puissante et ne peut être conservé sans altération qu'à l'abri de l'air. Précipité du protosulfate de fer par un alcali, il est d'abord blanc, puis verdâtre, noir, et enfin jaunâtre. 2° Le *sesquioxyde ou peroxyde de fer, colcothar, rouge d'Angleterre*, Fe²O³, existe abondamment dans la nature, cristallisé ou amorphe, anhydre ou hydraté. On l'obtient dans les laboratoires en calcinant au rouge le protosulfate de fer, quand on veut l'obtenir dépourvu d'eau, ou en précipitant la solution de ce sel par la potasse, quand on veut l'avoir à l'état d'hydrate. Anhydre, cet oxyde est en poudre d'une couleur rouge d'autant plus foncée que la calcination a été plus forte, inodore, insipide, pesant 5,225 ; hydraté, il est de couleur jaune. Chauffé au rouge et traité par un courant d'hydrogène, cet oxyde se réduit et donne du fer pyrophorique. Insoluble dans l'eau et les alcalis, le peroxyde de fer se dissout dans les acides à l'état d'hydrate, mais point s'il est anhydre. 3° L'*oxyde de fer* ou *oxyde noir* existe dans la nature, où il constitue l'*aimant naturel*; il se forme quand on décompose l'eau par le fer rouge, quand on bat ce métal chauffé à blanc au contact de l'air, quand on expose à l'air la limaille de fer humectée d'eau, etc. Cet oxyde est toujours solide, noir, inodore, insipide, et insoluble comme le précédent. — *Pharmacol.* L'oxyde rouge et l'oxyde noir de fer sont deux médicaments toniques, très fréquemment employés en médecine vétérinaire; on les donne aux grands herbivores, incorporés dans le miel, en bol ou en électuaire, à la dose de 50 à 100 grammes et plus. L'hydrate de peroxyde de fer a été préconisé comme antidote de l'acide arsénieux.

Oxyde de glucynium, *V.* Glucine.

Oxydes d'hydrogène, *V.* Eau et Bioxyde d'hydrogène.

Oxyde de lithium, *V.* Lithine.

Oxyde de magnésium. *V.* Magnésie.

Oxydes de manganèse. Ils sont au nombre de six, dont deux acides et quatre pouvant jouer le rôle de bases ; parmi ces derniers le peroxyde seul mérite une mention particulière. Le *peroxyde de manganèse*, Mn O², existe abondamment dans la nature, le plus souvent cristallisé. Il est solide, d'un gris d'acier quand il est en masse, et d'un noir mat quand il est réduit en poudre ; inodore, insipide, insoluble dans l'eau, cet oxyde, calciné au rouge, laisse dégager le tiers de son oxygène, d'où son emploi pour la préparation de ce gaz ; délayé dans l'acide sulfurique et chauffé, cet oxyde donne plus facilement encore de l'oxygène. Mélangé à l'acide chlorhydrique et soumis à l'action de la chaleur, il produit un fort dégagement de chlore ; de là l'usage de cet oxyde pour obtenir ce gaz et les hypochlorites alcalins.

Oxydes de mercure. Il en existe deux, mais le bioxyde seul est important à connaître. Le *deutoxyde de mercure*, Hg O, *précipité rouge*, se forme lorsqu'on expose le mercure chauffé à l'ébullition au contact de l'air ou de l'oxygène, ou en traitant ce métal par l'acide azotique et décomposant ensuite l'azotate par le feu. Il est solide, cristallisé en petites paillettes micacées ; sa couleur varie ; pulvérisé ou hydraté, il est jaune ; anhydre ou cristallisé il est rouge. dépourvu d'odeur;

sa saveur est âcre, métallique et sa densité égale 11,074. Soumis à l'action de la chaleur, il noircit et se décompose vers 400° en oxygène et mercure. Il est légèrement soluble dans l'eau. Il entre dans la composition de quelques préparations pharmaceutiques telles que la pommade citrine, l'onguent brun, etc.

Oxydes de nickel. Il en existe plusieurs ; le *protoxyde*, Ni O, qui est sous forme d'une poudre verte cristalline, s'il est hydraté, et d'un gris cendré, s'il est anhydre ; le *sesquioxyde*, Ni² O³, qui est noir et se décompose facilement par l'action de la chaleur.

Oxyde d'or. Le *protoxyde* hydraté est d'un violet foncé ; desséché à 100° il devient bleuâtre.

Oxyde de Phosphore. Ph²o. On donne ce nom à la matière rouge jaunâtre, inflammable, que le phosphore produit en brûlant dans l'air ou l'oxygène. Il est insoluble dans l'eau, l'alcool, l'éther et les essences ; il détone à froid au contact de l'acide azotique et du chlorate de potasse. Il présente une variété isomérique qui est jaune.

Oxydes de plomb. Ce métal se combine en plusieurs proportions avec l'oxygène, et donne naissance à trois oxydes bien déterminés : le *protoxyde*, le *peroxyde*, et l'oxyde intermédiaire appelé *minium* : 1° Le *protoxyde de plomb*, PbO, prend le nom de *massicot* lorsqu'il n'a pas éprouvé la fusion, et porte celui de *litharge* quand il a été fondu. On le prépare par précipitation ou par calcination à l'air du métal ou de son carbonate ; la *coupellation* en produit de grandes quantités. Il est solide, amorphe, d'une couleur jaunâtre ou rougeâtre, inodore, insipide, légèrement soluble dans l'eau, très fusible, perçant les creusets dans lesquels on le fond, à cause de sa tendance à se combiner aux alcalis et aux terres: Chauffé à l'air, il absorbe de l'oxygène et passe à l'état de *minium*. Ses usages industriels et médicinaux sont assez étendus. 2° Le *peroxyde de plomb*, PbO², *oxyde puce*, *acide plombique*, se prépare en faisant bouillir le minium dans de l'acide azotique ; le protoxyde se combine à l'acide et le peroxyde se dépose. Il est solide, d'une couleur brune presque noire, inodore, insipide, insoluble dans l'eau et facilement décomposable par la chaleur, qui en chasse une partie de l'oxygène. Il a des tendances électro-négatives et se combine aux alcalis. 3° *Oxyde intermédiaire*, PbO, PbO²., *minium*, *plombate de protoxyde de plomb*. Il se prépare en chauffant à l'air, jusqu'à 300°, le protoxyde de plomb, qui absorbe de l'oxygène et se suroxyde. Il est solide, d'une couleur rouge orangée, inodore, insipide, insoluble, décomposable par les acides, qui se combinent au protoxyde et laissent déposer le peroxyde. Ses usages industriels sont nombreux et importants.

Oxyde de Potassium. *V.* Potasse.

Oxyde de Sodium, *V.* Soude.

Oxyde de Strontium, *V.* Strontiane.

Oxyde Xanthique, *V.* Xanthine.

OXYDE de Zinc. ZnO. *Fleurs de zinc, pompholix, nihil album, lana philosophica*, etc. On le prépare à l'état anhydre en calcinant le zinc dans un creuset au contact de l'air, et à l'état d'hydrate, en précipitant un sel de zinc par la potasse. Dans le premier cas, il est très blanc, très léger, devient jaune quand on le calcine, pour reprendre sa couleur primitive en se refroidissant; dans le second cas, il est en poudre blanche, insoluble dans l'eau, mais soluble dans les acides, ce que ne fait pas l'oxyde anhydre. Cet oxyde, qui était employé comme antispasmodique, est peu usité maintenant; il entre dans la composition de quelques collyres pulvérulents.

OXYDÉ, adj., *oxydatus*; qui est combiné avec l'oxygène; se dit surtout des métaux qu'on appelle vulgairement *rouillés*.

OXYDULE, adj. et s., *Oxydulum*, diminutif d'oxyde; se dit des degrés inférieurs d'oxydation et surtout des *sous-oxydes* (*V.* ce mot).

OXYDULÉ, adj., *Oxydulatus*, qui est à l'état d'oxydule ou de sous-oxyde : *fer oxydulé. V.* Oxydes de fer.

OXYFLUORURE, s. m.; combinaison d'un oxyde et d'un fluorure.

OXYGÉNABLE, adj.; synonyme d'*oxydable* (*V.* ce mot); cependant ce dernier s'applique spécialement aux métaux, tandis que l'autre est plus général.

OXYGÉNATION, s. m.; combinaison de l'oxygène avec les corps. Synonyme d'*oxydation*, quoiqu'il ait une signification plus étendue, et s'applique à tous les corps, simples ou composés, inorganiques et organiques.

OXYGÈNE, s. m., *Oxygenium*, de οξυς, acide, et γεννωζι, j'engendre. O. Equiv. 100° *air du feu* (Scheele), *air déphlogistiqué* (Priestley), *air respirable* ou *vital* (Condorcet). Corps simple, non métallique, découvert simultanément, en 1774, par Priestley, Schéele et Lavoisier. C'est ce dernier qui lui donna le nom d'oxygène et en traça l'histoire. Ce corps, qui est incontestablement le plus important de la nature et le pivot de la science chimique, est très répandu, mélangé ou combiné, dans le règne inorganique et dans les corps organisés, dont il est un des éléments essentiels, ainsi que de l'air et de l'eau. D'après Berzélius, il forme près de *la moitié*, en poids, de la matière pondérable connue de l'homme. On le prépare par plusieurs procédés : 1° en calcinant le bioxyde de mercure ou les peroxydes des trois dernières sections; 2° en chauffant fortement le peroxyde de manganèse, seul ou mélangé à l'acide sulfurique; 3° en traitant, par une chaleur ménagée, le chlorate de potasse pur ou mélangé à son poids de peroxyde de manganèse. L'oxygène est un gaz incoërcible, incolore, inodore, insipide, d'une densité de 1,1026, et pesant 1 gr. 433 par litre. Inal-

térable à la chaleur, à la lumière et à l'action de l'électricité, il se porte toujours au pôle positif de la pile, parce que c'est le corps le plus électro-négatif. L'eau dissout 3,5 fois son volume d'oxygène. Ce gaz se combine à tous les corps en une ou plusieurs proportions, directement ou indirectement. La combinaison peut être *lente*, comme dans l'*oxydation* ou la *rouille* des métaux, et alors la chaleur développée est peu sensible; ou elle peut être *active*, comme on le voit lorsque le phosphore, les métaux, le charbon, brûlent dans ce gaz; alors la combinaison a lieu avec dégagement de calorique et de lumière et prend le nom de *combustion* (*V.* ce mot). — Le rôle que l'oxygène joue dans la nature est extrêmement important; il est l'agent essentiel de la combustion, de la respiration des plantes et des animaux, de la nutrition de ces êtres, de la germination, de la maturation des fruits, des fermentations, de la coloration des corps, etc. *Caractères spécifiques.* Peu soluble dans l'eau, point combustible, mais rallumant les corps éteints qui présentent encore un point d'ignition et les faisant brûler très activement. Ce dernier caractère lui est commun avec le *protoxyde d'azote;* mais ce composé est moins actif dans la combustion, est plus soluble dans l'eau et laisse un résidu d'azote en brûlant avec l'hydrogène, ce que ne fait pas l'oxygène.

OXYGÉNÉ, adj., *oxygenatus;* qui est combiné avec l'oxygène ou qui en contient. *Eau oxygénée, V.* Bioxyde d'hydrogène.

OXYIODURE, s. m.; combinaison d'un oxyde et d'un iodure.

OXYMEL, s. m., *Oxymel*, de οξος, vinaigre, et μελι, miel; espèce de sirop composé de miel et de vinaigre. On distingue ces médicaments en *simples* et *composés;* les oxymels simples sont formés de miel et de vinaigre naturel, et les oxymels composés de miel et de vinaigre médicamenteux. Trois sont employés en médecine vétérinaire; ce sont les suivants :

Oxymel simple. ♃ miel, 1000 grammes; vinaigre blanc, 500 grammes. Faites cuire le mélange sur un feu doux jusqu'à consistance sirupeuse et passez. Délayé dans l'eau, cet oxymel constitue une excellente boisson tempérante, indiquée dans la fièvre bilieuse, l'ictère et contre la bronchite ancienne, à titre d'incisif.

Oxymel de colchique. ♃ miel, 1000 grammes; vinaigre de colchique, 500 grammes; opérez comme précédemment. Peu usité.

Oxymel scillitique. ♃ miel, 1000 grammes; vinaigre scillitique, 500 grammes; même mode opératoire. Il est employé à la dose de 30 à 150 grammes pour les grands animaux, et à celle de 4 à 16 grammes pour les petits, contre le catarrhe pulmonaire, à titre d'incisif, contre l'hydrothorax, l'ascite, les affections aphtheuses et couenneuses.

OXYMELLITE, s. m.: synonyme d'*oxy*-

mel qui est plus employé ; cependant l'usage l'a conservé pour désigner un oxymel composé, appelé autrefois *onguent égyptiac*. *Oxymellite de cuivre.* ♃ miel, 1000 grammes ; vinaigre, 500 grammes ; sous-acétate de cuivre, 500 grammes ; mettez le tout dans un vase un peu grand, parceque le mélange se boursoufle beaucoup, et faites cuire, en remuant constamment, jusqu'à ce que la préparation ait acquis une consistance onguentacée et pris une belle couleur rouge de cuivre. Cette couleur est due à la transformation de l'acétate en protoxyde de cuivre par le sucre du miel. L'oxymellite de cuivre est d'un emploi fréquent comme topique astringent et léger escharotique, contre le piétin, la crapaudine, la fourchette pourrie, le crapaud, les eaux aux jambes, les crevasses, etc. — *Oxymellite* ou *onguent de Solleysel.* ♃ miel, 1,000 grammes ; sous-acétate de cuivre, 180 grammes ; sulfate de zinc, 180 grammes ; litharge en poudre, 120 grammes ; acide arsénieux pulvérisé, 8 grammes. Préparez comme pour l'égyptiac. Préconisé surtout contre le crapaud ; pouvant remplacer l'oxymellite de cuivre, au besoin : il est plus actif que ce dernier.

OXYPHLOGOSE, s. f., *Oxyphlogosis*, de ὀξύς, aigu, et φλόγωσις, inflammation ; inflammation sur-aiguë.

OXYSEL, s. et adj. ; nom donné par Berzélius aux sels amphides dans lesquels le corps amphigène, ou commun à l'acide et à la base, est l'oxygène. C'est dans cette catégorie que sont compris la plupart des sels les plus importants, tels que les *azo-tates*, les *borates*, les *carbonates*, les *sulfates*.

OXYSULFURE, s. m. ; combinaison d'un oxyde avec un sulfure. Le kermès minéral est le plus important de cette classe de corps. *V.* KERMÈS.

OZÈNE, s. m., *Ozœna*, de ὄζειν, sentir mauvais ; les médecins nomment ainsi les ulcères de la membrane pituitaire qui exhalent une odeur infecte. Boyer ne leur donne ce nom qu'autant qu'ils ne fournissent aucun écoulement. Cette maladie a une marche lente ; elle peut amener la carie des os du nez et des cornets. L'ozène est presque toujours incurable. Rare dans les animaux, cette affection a été généralement confondue avec la morve. Assez souvent, on observe dans le cheval des ulcérations des cavités nasales, sans jetage, mais sans la mauvaise odeur qui caractérise l'ozène.

OZONE, s. f., de ὄζη, odeur ; nom donné par Schönbein à un composé volatil, gazeux, dont la nature est restée inconnue. Il est considéré, par les uns, comme un élément de l'azote, et, par d'autres, comme un peroxyde d'hydrogène. Il paraît prendre naissance pendant les décompositions chimiques par la pile ou par les réactifs ; on le prépare artificiellement en faisant passer un courant d'air dans un tube contenant du phosphore. Il est absorbé par l'iodure de potassium dissous et par les métaux très divisés. Ce principe est-il pour quelque chose dans l'odeur soufrée et phosphorée qui accompagne la foudre, dans la formation des miasmes, dans le développement des épidémies et des épizooties ? L'avenir l'apprendra peut-être.

P

PACAGE, s. m., *Pascua ;* nom donné communément aux terrains soumis au pâturage, mais surtout aux terrains en friche, aux communaux.

PACHÉABLÉPHAROSE, s. f., *Pacheablepharosis*, de παχύνειν, épaissir, et βλέφαρον, paupière ; épaississement du tissu des paupières, produit par une inflammation chronique ou par des excroissances développées sur leurs bords.

PACHYCHYMIE, s. f., de παχύς, épais, et χυμός, suc ; épaississement morbide des humeurs.

PACHYDERMES, s. m. p., *Pachyderma*, de παχύς, épais, et δέρμα, peau ; sixième ordre des mammifères, dans la classification de Cuvier, renfermant des animaux à peau généralement épaisse, à doigts pourvus de sabots, à estomac simple, et portant au moins deux espèces de dents. Les pachydermes ont été divisés en trois familles : 1° les *Proboscidiens ;* 2° les *Pachydermes proprement dits ;* 3° les *Solipèdes.* Ces derniers sont généralement détachés de l'ordre des Pachydermes pour former un ordre particulier.

PAILLASSON, s. m., *Storea ;* tissu de paille, natte plus ou moins étendue, propre à servir d'abri aux plantes ou aux animaux contre le vent, le soleil, le froid, etc. Les paillassons sont pleins ou à claire-voie.

PAILLE, s. f., *Palea ;* tiges desséchées des plantes herbacées, fourragères, cultivées pour leurs grains. Les pailles servent à la nourriture des bestiaux, à la confection des litières et des engrais, etc. — *Pailles des graminées.* Elles sont sèches, fistuleuses, dures et peu nutritives, quand elles ne sont pas accompagnées de plantes adventices et de graines. On doit les choisir entières, égales, récentes, flexibles, d'une couleur blanche jaunâtre, brillante, sans odeur, d'une saveur douce, sucrée, non couvertes de taches grises ou noires, de poussière, pourvues de feuilles. — *Pailles des légumineuses.* Elles sont dures, peu recherchées des bestiaux, peu nutritives lorsqu'elles ont été récoltées à la maturité complète du grain. Les pailles des *Crucifères*, du *Sarrasin* ne sont guère employées qu'en litière. — Indépendamment de la fibre végétale, les pailles contiennent de l'albumine, du sucre, du mucilage, des substances minérales, et surtout de la silice. La classification suivante a été établie par Sprengel d'après des analyses chimiques ; elle est accompagnée des proportions de ligneux : millet, 37,52 ; maïs, 24,22 ; lentille, 37,10 ; vesce, 41,99 ; pois, 28,62 ; fève, 51,00 ; colza, 54,90 ; orge, 49,65 ; seigle, 47,60 ; froment, 51,50 ; avoine, 40.93 ; sarrasin, 52,88. L'expérience ne confirmerait pas cette classification. Toutes choses égales, les pailles du midi sont plus sucrées et plus nutritives. — Les pailles sont administrées seules ou associées, entières ou hachées, sèches, macérées, cuites, etc. Il en est qui ne peuvent être consommées sans une préparation préalable ; ex. : celle de maïs. Elles ne peuvent composer exclusivement une ration. Le cheval, et surtout le cheval de selle, doit recevoir de la paille de froment. La plupart peuvent servir à la stratification des foins. Elles peuvent, d'ailleurs, éprouver les mêmes altérations. *V.* Fourrages et Litière. — *Paille* (menue) ; enveloppes florales des Graminées séparées du grain. Elles sont peu nutritives par elles-mêmes. On les donne aux ruminants, ramollies par l'eau ou la vapeur, etc., mélangées à des résidus, des farines, etc. On les emploie en litière, etc.

PAILLETTE, s. f., *Palea;* bractée scarieuse ou charnue en rapport avec les organes sexuels dans les fleurs des Graminées. Les paillettes ont encore reçu dans ce cas les noms d'*Écailles*, *Spathelles*, *Spathellules*, *Glumellules*, *Lodicules*, *Paléoles*, etc. — Écaille de forme et de consistance diverses, mêlée aux fleurs sur le réceptacle de beaucoup de Composées.

PAILLEUX, EUSE, adj.; t. de mar.; se dit du fer et des autres métaux qui ont des *pailles*, c'est-à-dire qui manquent de liaison.

PAIN, s. m., *Panis;* pâte formée avec la farine des graines céréales et soumise à la cuisson après avoir subi un certain degré de fermentation. La farine de toutes les céréales, comme toutes celles qui renferment de l'amidon, du gluten, de l'albumine végétale, peuvent être employées à la confection du pain ; mais celles du froment et du seigle, qui sont les plus riches en gluten, sont les seules farines qui donnent du pain capable de bien nourrir l'homme ; les autres céréales ne donnent qu'un pain grossier, bon seulement pour les animaux. — Le pain contient, d'après Vogel et Proust, du sucre, de la fécule torréfiée et de la fécule intacte, du gluten, de l'acide carbonique, de l'acide acétique, de l'acétate d'ammoniaque et quelques autres sels. — Indépendamment de ses usages alimentaires, le pain a quelques usages pharmaceutiques ; ainsi, la mie sert à confection-ner d'excellents cataplasmes émollients et maturatifs, et le pain macéré dans l'eau (*eau panée*) donne une boisson délayante et nutritive, qu'on emploie dans les affections intestinales des jeunes animaux, et pendant la convalescence qui succède à de graves maladies. — *Hyg.* Le pain ordinaire est réservé pour la nourriture de l'homme ; les herbivores le mangent avec avidité ; rien n'est plus propre à flatter le goût, exciter l'appétit des ruminants ; qu'une tranche de pain couverte de sel. Le prix du pain ordinaire est trop élevé, pour que cette substance puisse entrer habituellement dans l'alimentation des bestiaux ; aussi cherche-t-on, depuis longtemps, pour les substituer à la farine, des formules économiques dans lesquelles entrent, en nombre variable et en proportions diverses, des farines de seigle, d'orge, d'avoine, de féverolles, du son, des pommes de terre cuites et écrasées, de la paille hachée très menue, etc. Le pain, ainsi préparé, est une nourriture peu dispendieuse pouvant entrer sans inconvénients dans la ration des animaux de travail et d'engrais, comme supplément. On en a donné jusqu'à 8 kilogrammes par jour à des chevaux.

PALAIS, s. m., *Palatum;* partie supérieure de la cavité buccale disposée en forme de voûte entre les arcades dentaires. Le palais est formé par une portion épaissie de la muqueuse buccale, recouvrant une couche de tissu particulier, érectile, formé par de nombreuses ramifications veineuses. Il présente une série de sillons transversaux, courbes, et à bord tourné en arrière. Le palais présente généralement, chez les jeunes chevaux, une épaisseur qu'il perd à mesure qu'ils avancent en âge. — *Bot.* On donne le nom de palais à la saillie extérieure qui ferme la gorge de la corolle dans les fleurs monopétales irrégulières.

PALATIN, INE, adj., *palatinus*, de *palatum*, palais ; qui a rapport au palais. — *Os palatin :* os très irrégulier, complétant, en arrière, la voûte palatine presque entièrement formée par le grand sus-maxillaire, et bordant l'orifice guttural des narines. Sa face externe est divisée par une crête en trois portions : une *palatine*, une *nasale*, et une *orbitaire.* A cette dernière, on remarque le *trou nasal* donnant passage à l'artère et au nerf de ce nom. La face interne concourt à former les sinus, et présente une scissure qui, réunie à une semblable scissure du grand sus-maxillaire, forme le *conduit palatin.* — Dans le bœuf, cet os, plus étendu que dans le cheval, forme en entier le conduit palatin. — *Voûte palatine, V.* Palais. — *Nerf palatin :* cordon nerveux émanant de la branche sus-maxillaire de la cinquième paire, accompagnant l'artère palato-labiale, dans la scissure palatine. — *Conduit palatin :* conduit formé par la réunion de deux scissures appartenant au palatin et au grand sus-maxillaire.

PALATITE, s. f., *Palatitis*, de *palatum*, palais; inflammation du palais, du voile du palais. Les anciens désignaient sous ce nom l'angine simple. En vétérinaire, on se sert aussi de ce mot pour désigner le gonflement du palais dû à l'éruption des dents.

PALATO-LABIAL, ALE, adj., *palato-labialis;* qui appartient au palais et aux lèvres. — *Artère palato-labiale :* branche terminale de la maxillaire interne, passant par le conduit palatin, suivant la scissure palatine, et s'anastomosant avec la palato-labiale opposée, près du trou incisif, pour former une branche unique qui traverse ce trou, et se sépare dans la lèvre supérieure en deux branches, dont chacune va s'anastomoser avec la coronaire supérieure correspondante. Cette artère n'a point de veine satellite.

PALATO-PHARYNGITE, s. f.; inflammation du palais et de l'arrière bouche; synonyme d'*angine*.

PALÉACÉ, ÉE, adj., *paleaceus;* de la nature et de la consistance de la paille, c'est-à-dire, ligneux, mince, coriace.—Enveloppé ou formé de paillettes.

PALEFRENIER, s. m., *Hippocomus;* celui qui panse et soigne les chevaux. De l'activité, de la douceur, une certaine intelligence et de la hardiesse sont les qualités nécessaires à un bon palefrenier. On ne doit pas lui confier plus de quatre chevaux.

PALEFROI, s. m., *Equus phaleatus;* nom ancien des chevaux de parade et de guerre des chevaliers. Les palefrois, qui avaient à porter un homme couvert d'une lourde armure, devaient être très forts.

PALÉOLE, s. f., *Paleola;* regardé généralement comme synonyme de *paillette*.

PALINDROMIE, s. f., *Palindromia*, de πάλιν, de nouveau, et δρομος, course; reflux des humeurs vers les organes internes; récidive d'une maladie.

PALIRRHÉE, s. f., *Palirrhea;* de πάλιν, de nouveau, et ρέω, je coule; récidive d'une maladie.

PALISSADE, s. f.; clôture faite avec une suite de planches ou pieux appelés *palis*. — Rangée d'arbres plantés près les uns des autres et faisant clôture.

PALLADIUM, s. m. dérivant de *Pallas*, nom d'une planète. Pa. Equiv. 665,2; métal de la dernière section, découvert par Wollaston en 1803. Il accompagne souvent le platine et l'or. On le retire d'un minerai de platine qu'on dissout dans l'eau régale et qu'on traite par le chlorhydrate d'ammoniaque, pour séparer le platine; le palladium qui est resté dans la solution en est séparé au moyen d'une lame de zinc sur laquelle il se précipite. Repris par l'eau régale et traité par le cyanure de mercure, le palladium se précipite à l'état de cyanure qu'on recueille et qu'on réduit par la chaleur. Ce métal est solide, blanc comme le platine, très ductile, très malléable, tenace et pesant 10,8 environ. Soumis à la chaleur, il peut être forgé au blanc et soudé, mais il ne peut être fondu qu'à l'aide du chalumeau oxy-hydrogéné; chauffé à l'air, il prend une couleur bleue qu'il perd en se refroidissant. Il ne décompose pas l'eau, résiste à l'action des acides sulfurique et chlorhydrique, mais se dissout dans l'acide azotique et l'eau régale.

PALLIATIF, IVE, adj., *palliativus;* nom donné en thérapeutique à tous les moyens qu'on emploie pour diminuer l'intensité d'une maladie incurable, ou pour la masquer ou la faire disparaître momentanément, comme on le fait quelquefois, par fraude, sur les animaux exposés en vente. Ces palliatifs ne sont que d'un emploi très restreint en médecine vétérinaire, parce que les animaux n'ont quelque valeur que quand ils jouissent entièrement du libre exercice de leurs fonctions.

PALLIATION, s. f., *Palliatio*, de *palliare*, couvrir; action de pallier; emploi des moyens qui ne guérissent une maladie qu'en apparence, ou qui diminuent l'intensité des symptômes.

PALMAIRE, adj., *palmaris*, de *palma*, paume de la main; ce mot n'est pas usité en anatomie vétérinaire; il est remplacé par le mot *plantaire*, qui, dans l'homme, ne s'applique qu'au membre postérieur.

PALMATIFIDE, adj., *palmatifidus;* se dit des organes minces et surtout des feuilles dont les divisions prolongées jusque vers le milieu ont une disposition *palmée*.

PALMATIFLORE, adj., *palmatiflorus;* on désigne ainsi la calathide, quand elle est composée de fleurs à corolle palmée.

PALMATILOBÉ, ÉE, adj., *palmatilobatus;* divisé en lobes affectant une disposition palmée.

PALMATINERVÉ, ÉE, adj., *palmatinervius;* dont les nervures sont palmées.

PALMATIPARTI, ITE, adj., *palmatipartitus;* divisé en lobes profondément séparés et palmés.

PALMATISÉQUÉ, ÉE, adj., *palmati-sectus;* se dit des feuilles laciniées, lorsque leurs divisions sont palmées.

PALMÉ, ÉE, adj., *palmatus;* élargi en forme de palme. On appelle pieds palmés, chez les oiseaux, les pieds dont les doigts antérieurs sont réunis par une membrane occupant l'intervalle ou une partie de l'intervalle qui les sépare. — *Bot.* Divisé et écarté comme les doigts de la main ouverte; les feuilles, les racines, la corolle, etc., peuvent présenter cette disposition. — La feuille *palmée* se distingue de la feuille *digitée* en ce que la première est toujours simple.

PALMIERS, s. m., *Palmæ;* famille de plantes monocotylédones, composée d'arbres de diverses grandeurs. Les palmiers n'ont pas de *pivot;* celui-ci se détruit de bonne heure et se trouve remplacé par une masse de racines adventives qui s'élèvent quelquefois beaucoup au-dessus du sol. La tige est simple, souvent droite et très haute; elle présente dans sa longueur des nœuds ou les débris de la base des feuilles. Lorsque le bourgeon terminal reste enveloppé, il devient tendre et comestible : il constitue le *chou palmiste*. Les feuilles, d'aspects divers, sont rectinerves. L'inflorescence est axillaire ; elle consiste en un spadice quelquefois très volumineux, appelé *régime*. Les fleurs sont petites, presque toujours unisexuées, composées de six étamines ou d'un ovaire à trois loges et d'un périanthe double à trois divisions dans chaque verticille. Le fruit, plus ou moins gros, est souvent comestible. Les palmiers sont des plantes des régions chaudes. Deux espèces s'avancent en Europe, le *Palmier nain* et le *Dattier*. Beaucoup de ces plantes sont utiles à des titres divers. Leur bois sert au chauffage et à d'autres usages ; on emploie les feuilles à couvrir des habitations ; les fruits sont souvent d'une utilité indispensable pour la nourriture de l'homme ; le sagou et d'autres fécules sont extraits de la tige de plusieurs palmiers ; d'autres donnent, au moment de la floraison, une sève sucrée qui forme, par la fermentation, le *vin de palme*. Il en est qui fournissent le *cachou*, le *sang-dragon* ; l'*huile de palme* est extraite des fruits d'un *Elœis* ; la cire de palme se récolte sur les feuilles de plusieurs espèces. Les genres sont nombreux : *Cocos*, *Phœnix*, *Chamærops*, *Elœis*, *Areca*, *Sagus*, *Calamus*, *Latania*, *Metroxylon*, etc., etc.

PALMIFORME, adj., *palmiformis ;* se dit des feuilles *ruptinerves* dont les lanières ont la disposition palmée.

PALMINERVE ou **PALMINERVÉ**, adj., *palminervis*, *palminervius ;* synonyme de *palmatinervé*.

PALMINE, s. f. ; principe constituant de l'huile de ricin, qu'on en sépare au moyen de l'acide hypo-azotique. Elle est solide, blanche, odorante, fusible à 66°, très soluble dans l'alcool et l'éther, et se transformant par la saponification en acide *palmique*.

PALMIPÈDES, s. m. pl. ; ordre d'oiseaux ayant pour caractère principal des pieds palmés. Ces oiseaux, vivant le plus souvent sur l'eau, ont les pieds courts et placés à l'arrière du corps, pour leur servir de rames. Leur plumage est épais et imbibé d'un suc huileux qui le rend impénétrable à l'eau. Genres principaux : *Oie*, *Cygne*, *Canard*, etc.

PALMITINE, s. f. ; matière particulière qu'on trouve dans l'huile de palme, et correspondant à la margarine des autres huiles grasses. Elle est solide, cristalline, d'un blanc éclatant, fusible à 48°, très soluble dans l'alcool et l'éther, et se changeant par l'action des alcalis en acide *palmitique*.

PALONNIER, s. m. ; pièce de bois de la grosseur du bras, à laquelle les extrémités postérieures des traits des chevaux sont immédiatement attachés.

PALPÉBRAL, ALE, adj., *palpebralis*, de *palpebra*, paupière ; qui appartient aux paupières. — *Muscle palpébral*, *V.* Orbiculaire. — *Conjonctive palpébrale :* portion de la conjonctive tapissant la face interne des paupières.—*Follicules palpébraux*, *V.* Glandes de Méïbomius.

PALPES, *V.* Antennules.

PALPITATION, s. f., *Palpitatio*, de παλλειν, secouer, agiter ; on donne ce nom aux mouvements déréglés du cœur. Les palpitations ne sont qu'un symptôme commun à plusieurs maladies différentes. Elles sont causées fréquemment, dans le cheval, par une course rapide, un effort, la frayeur. Celles qui sont symptomatiques résultent d'une innervation désordonnée du cœur, de l'inflammation de cet organe, de celle du péricarde. Quelquefois elles sont intermittentes.

PALUDIEN, IENNE, adj., de *palus*, marais ; on appelle *terrains paludiens* ceux qui résultent d'un mélange intime de terre très divisée et d'une forte proportion de tourbe ou de terreau. Lorsque ces terrains ne recouvrent pas un sous-sol imperméable, ils sont généralement très fertiles.

PAMOISON, s. f. ; expression vulgaire, synonyme de *défaillance*, *lypothymie*, *syncope*. Inusité en vétérinaire.

PAMPINIFORME, adj., *pampiniformis*, de *pampinus*, pampre, cep de vigne ; en forme de pampre. — *Corps pampiniforme :* nom donné aux circonvolutions formées par les veines testiculaires dans le cordon spermatique.

PAMPRE, s. m. ; tige de vigne couverte de feuilles, et de fruits.

PANACÉE, s. f., *Panacea*, de πας, tout, et ακος, remède ; *remède universel.* Nom donné par les anciens médecins à quelques médicaments composés auxquels ils attribuaient la faculté de guérir toutes les maladies. Comme la *pierre philosophale*, sa digne sœur, la *panacée* a exercé aussi, et avec le même succès, les patientes et laborieuses recherches des médecins-alchimistes.

Panacée mercurielle, *V.* Protochlorure de mercure.

PANACHÉ, ÉE, adj., *variegatus ;* présentant plusieurs couleurs tranchées et disposées sans ordre.

PANAIS, s. m., *Pastinaca*, T. ; genre de la famille des Ombellifères, composé de plantes herbacées, bisannuelles ou vivaces, des parties moyennes de l'Europe, etc. Il renferme une douzaine d'espèces. La principale est le P. cultivé, *P. sativa*. spontané dans les lieux incultes, les prairies. Par la culture, sa racine est devenue sucrée, charnue, d'une odeur et d'une saveur moins fortes. Elle résiste bien au froid et peut passer l'hiver dans les champs. La culture du panais est la même que celle de la carotte ; seulement, il demande à être plus espacé, à cause de la grandeur de ses tiges. On distingue deux variétés dans l'espèce : l'une à racine *oblongue*, l'autre à racine *ronde*. Le panais est consommé comme légume ou comme fourrage. Sa précocité et le développement de ses rameaux le rendent nuisible aux prairies. Les bestiaux aiment ses feuilles vertes; ils mangent sa racine crue ou cuite. La culture de cette plante, très ancienne dans la Bretagne, s'est peu répandue dans les autres parties de la France. La semence du panais ne dure qu'une année; on la confie à la terre en automne ou au printemps, souvent en culture dérobée, à la dose de 6 à 12 kilog. par hectare. — Le P. sékakul, *P. sekakul*, Russ., est cultivé dans l'Orient, comme plante potagère.

PANARD, adj. m.; *cheval panard*: dont les pieds sont tournés en dehors. Ce défaut est dû à l'étroitesse des parties du tronc auxquelles les membres sont fixés, ou à un défaut dans la direction des rayons inférieurs. Ce vice de conformation expose le cheval à se couper avec les talons; on le pallie par l'application du fer à branche interne courte et épaisse, dit vulgairement *fer à la turque*. Le cheval dont les pieds sont tournés en dedans est dit *cagneux*.

PANARIS, s. m., *Panaritium*, παρωνυχια, de παρα, auprès, et ονυξ ongle : tumeur phlegmoneuse qui se développe dans la région digitée, près de l'ongle. Les médecins distinguent plusieurs variétés de panaris, établies d'après le siége de l'inflammation. En vétérinaire, Rainard a donné ce nom au phlegmon qui se montre dans le cheval autour de la couronne ; c'est tantôt un javart cutané, tantôt un javart tendineux. *V.* JAVART.

PANCRÉAS, s. m., παγκρεας, de παν, tout, et κρεας; chair, qui est entièrement formé de chair. Nom donné à tort à une glande située dans l'abdomen, à la base du mésentère, et comprise dans les replis séreux qui forment cet organe de suspension. Le pancréas est de forme irrégulièrement triangulaire, adhérant supérieurement avec la veine cave et l'aorte, et inférieurement avec l'intestin colon et une petite partie du duodénum, dans lequel pénètre, à côté du canal hépatique, ou avec ce même canal, celui qui appartient au pancréas. Une ouverture, appelée *anneau du pancréas*, livre passage à la veine porte à travers cette glande.

PANCRÉATALGIE, s. f., *Pancreatalgia*, de παγκρεας, pancréas, et αλγος, douleur; douleur dont le siége est dans le pancréas.

PANCRÉATEMPHRAXIS, s. f., *Pancreatemphraxis*, de παγκρεας, le pancréas, et φρασσω, j'obstrue; obstruction du pancréas.

PANCRÉATIQUE, adj., *pancreaticus*; qui appartient au pancréas. *Canal pancréatique* : ce canal, encore appelé *canal de Wirsung*, verse dans le duodénum le fluide secrété par le pancréas. — *Artères pancréatiques* : artères irrégulières dont les principales émanent de l'artère hépatique. — *Nerfs pancréatiques* : filets fournis par le plexus cœliaque. — *Suc pancréatique* : fluide incolore, visqueux, sécrété par le pancréas, et destiné, selon Bernard, de Villefranche, à favoriser la digestion des matières grasses, en facilitant leur absorption par les vaisseaux chylifères.

PANCRÉATITE, s. f., *Pancreatitis*, de παγκρεας, le pancréas; inflammation du pancréas.

PANCRESTE, adj. et s., de πας, tout, et χρηστος, bon; synonyme de *panacée* (*V.* ce mot.)

PANCHYMAGOGUE, adj., *panchymagogus*, de πας, tout, χυμος, suc, et αγειν, chasser; nom donné par les anciens médecins aux purgatifs qui jouiraient de la propriété d'évacuer toutes les humeurs. Les drastiques sont ceux qui donnent lieu aux évacuations séreuses les plus abondantes.

PANDANÉES, s. f., *Pandaneæ*; famille de plantes monocotylédonées, diclines, à fleurs apérianthées, à tige ligneuse, courte et presque nulle, ou longue et grimpante, ou, enfin, arborescente. Les Pandanées sont particulières aux tropiques. Genres : *Pandanus*, etc.

PANDÉMIE, s. f., *Pandemia*, de παν, tout, et δημος, peuple ; maladie qui se montre à la fois sur un grand nombre d'individus; synonyme peu usité d'*enzootie*, *épizootie*.

PANDICULATION, s. f., *Pandiculatio*, de *pandiculari*, s'étendre ; mouvement d'extension du rachis, et quelquefois de l'un des membres postérieurs, que l'on observe chez le cheval et surtout chez les bêtes bovines et les chiens, lorsqu'ils se lèvent après avoir été longtemps couchés et endormis. Les pandiculations cessent chez le bœuf affecté de maladie grave.

PANDURÉ, *V.* PANDURIFORME.

PANDURIFORME, adj., *panduriformis*; se dit des feuilles ayant la figure d'un luth, oblongues, arrondies et larges aux deux extrémités, rétrécies vers le milieu ; ex.: le *Rumex pulcher*.

PANIC, s. m., *Panicum*, L.; genre de la famille des Graminées. Il se compose de plantes herbacées, annuelles ou vivaces, des régions chaudes et tempérées. Le nombre des espèces, malgré les soustractions opérées par les botanistes, est encore, suivant Kunth, de 421. Les principales sont: le P. millet, *P. miliaceum*, vulg: *Mil*, *Millet*, annuel, originaire de l'Inde, et cultivé pour ses graines, qui servent à la nourriture de l'homme, ou pour ses tiges et ses feuilles, qui constituent, à l'état vert, un fourrage excellent; il demande une terre légère et fertile; le P. élevé, *P. maximum*, vulg. *Herbe de Guinée*, originaire d'Afrique, cultivé en Amérique, et introduit en France comme plante fourragère ; le P. d'Allemagne, *P. germanicum*, vulg. *Moha*, inférieur au millet; le P. d'Italie, *P. italicum*, cultivé comme fourrage ou pour ses grains qui servent à la nourriture des bestiaux. D'autres espèces, communes et indigènes, sont également fourragères.

PANICAUT, s. m., *Eryngium*, T.; genre de la famille des Ombellifères. Il se compose d'environ cent espèces herbacées ou frutescentes, quelques-unes même arborescentes, généralement épineuses. La plus commune, parmi celles qui croissent en France, est le P. champêtre, *E. campestre*, vulg. *Chardon Roland;* elle est nuisible à l'agriculture et difficile à extirper.

PANICULE, s. f., *Panicula;* mode d'inflorescence indéfinie, dans lequel les fleurs sont portées au sommet de rameaux terminaux des axes secondaires; ex. : le *Marronnier d'Inde.* La Panicule a généralement une forme pyramidale; elle est plus ou moins *lâche, serrée,* etc.

PANICULÉ, ÉE, adj., *paniculatus;* disposé en panicules.

PANIFICATION, s. f., *panis fabricatio;* nom par lequel on désigne l'ensemble des opérations au moyen desquelles on transforme les substances farineuses, et notamment la farine des céréales, en pain. Elle comprend le *pétrissage,* la *fermentation* et la *cuisson.*

PANOPHOBIE ou **PANTOPHOBIE**, s. f., *Panophobia*, de παν, tout, et φοβος, crainte; état de mélancolie, de maladie, qui fait qu'on a peur de tout.

PANNEXTERNE, s. f., *Pannexterna;* couche extérieure du péricarpe, d'après Mirbel.

PANNICULE, s. m., *Panniculus*, de *pannus*, pièce d'étoffe; ce nom a été donné à la couche de graisse sous-jacente à la peau (*pannicule adipeux*) et au muscle sous-cutané du thorax et de l'abdomen (*pannicule charnu*). *V.* Sous-cutané.

PANNINTERNE, s. f., *Panninterna;* couche interne du péricarpe, d'après Mirbel.

PANSAGE, s. m.; action de passer sur le corps d'un animal domestique, à diverses reprises et dans un but hygiénique, l'étrille, la brosse, etc. Le cheval; le mulet, l'âne, le bœuf, le porc même, doivent être pansés; le frottement du corps contre les arbres ou la terre ne supplée qu'imparfaitement au pansage. — Les instruments nécessaires sont l'*étrille*, la *brosse*, le *bouchon*, l'*époussette*, l'*éponge*, le *peigne*, les *ciseaux*, le *cure-pied* et le *couteau de chaleur.* Les effets du pansage sont *locaux* ou *mécaniques* et *généraux* ou *physiologiques.* Il enlève la poussière, les débris d'épiderme, le résidu de la transpiration. Il excite la peau, active sa circulation, rétablit l'équilibre dans le mouvement des fluides, réagit sympathiquement sur les muqueuses digestive et respiratoire, et favorise leurs fonctions. Par une erreur fondée sur des idées systématiques de physiologie, on a blâmé le pansage des vaches laitières et des bœufs à l'engrais : dans le fait, on ne doit pas panser de manière à surexciter la peau, à exagérer sa sensibilité et diminuer les sécrétions normales.

On a remarqué que le lait des vaches entretenues à l'étable, qui ne sont pas pansées, a le goût de la sueur. Le cheval doit être pansé deux fois par jour.

PANSE, *V.* Rumen.

PANSEMENT, s. m., *Cura, Curatio;* en chirurgie, c'est l'application méthodique des médicaments et des appareils qui doivent hâter la cicatrisation des plaies. On comprend toute l'importance de l'art des pansements, quand on voit le rôle qu'ils doivent remplir après les grandes opérations, qui seraient suivies d'insuccès si l'on négligeait les solutions de continuité qui en résultent. On remplit différents buts par les pansements; ils mettent les plaies à l'abri du contact de l'air et des changements de température; ils servent à rapprocher les tissus divisés, à arrêter les hémorrhagies, à mettre en contact avec les parties malades des topiques divers, à absorber les produits de la suppuration, etc., etc. Pour faire les pansements, on se sert, en vétérinaire, des ciseaux courbes sur plat; ils peuvent suppléer les pinces à pansement employées autrefois, et servent en même temps à exciser les parties exubérantes; les autres instruments qui peuvent être utiles, sont la spatule, les sondes, des aiguilles à suture, le porte-nitrate. Les matières employées pour panser les plaies sur les animaux, sont l'étoupe, les bandes de fil, des bandages variés. Avec les étoupes, on confectionne des plumasseaux, des gâteaux, des boulettes, des bourdonnets, des mèches. Les règles qui doivent présider aux pansements des plaies varient suivant leur nature et les parties du corps qu'elles occupent. Il n'y a pas indication de lever souvent tous les appareils; certaines plaies, celles du garrot par exemple, réclament un ou deux pansements par jour, pour empêcher les ravages du pus sur les parties si variées de cette région. Pour le pied, au contraire, après l'opération du clou de rue ou celle du javart cartilagineux, il y a avantage à s'abstenir de tout pansement pendant la plus grande partie du temps nécessaire à la guérison. Suivant les indications qu'ils doivent remplir, les pansements ont reçu différents noms. Le pansement *simple* est seulement destiné à protéger les plaies contre le contact de l'air, les insectes, les impuretés qui viendraient les irriter. Le pansement *unissant* sert à rapprocher les parties molles divisées; il comprend les bandages, les bandelettes agglutinatives, les sutures; il rend la guérison plus rapide et diminue l'étendue des cicatrices. Le pansement *divisif* empêche la réunion des tissus, quand il s'agit de vastes solutions de continuité dont les bords tendent à se réunir avant le fond. On dit que le pansement est *expulsif*, quand il facilite l'écoulement du pus et empêche l'absorption ou l'infiltration de ce produit; souvent il réclame des débridements, des sétons, des contre-ouvertures. Le pansement est *compres-*

sif, quand on veut maintenir des parties déplacées, comme dans les fractures, les luxations, réprimer des hémorrhagies, etc. Par le pansement *rétentif*, on retient dans les plaies les produits qui doivent s'en échapper, si l'on veut reconnaître un trajet fistuleux, ou cicatriser les blessures d'un conduit excréteur, comme dans les fistules salivaires. Enfin, le pansement *médicamenteux* a pour but de modifier la nature des plaies, de les stimuler, de provoquer la suppuration ou de la diminuer par des médicaments qu'on applique à leur surface.

PANTAGOGUE, s. et adj., *Pantagogus*, de παν, tout, et αγω, chasser : synonyme de *panchymagogue* (*V.* ce mot).

PAON, s. m., *Pavo*; genre de Gallinacés remarquables par les *couvertures* de la queue plus allongées que les pennes et pouvant se relever en roue diaprée des plus brillantes couleurs. Le Paon domestique, *Pavo cristatus*, n'est élevé que comme oiseau d'ornement. Il a été introduit en Europe par Alexandre, qui l'envoya à Aristote.

PAPAVÉRACÉES, s. f., *Papaveraceæ*; famille de plantes dicotylédones, polypétales, hypogynes. Ses caractères sont : calice composé de deux ou plus rarement de trois folioles caduques; corolle de quatre, six ou huit sépales, en croix par paire, à préfloraison convolutive et chiffonnée; étamines nombreuses, à filets libres, déliés, à anthères s'ouvrant longitudinalement; ovaire uniloculaire surmonté d'un stigmate sessile, rayonnant, et divisé par des cloisons incomplètes en nombre égal aux rayons du stigmate; capsule s'ouvrant par la séparation des valves ou par des ouvertures au-dessous du stigmate persistant. Graines en nombre indéterminé. Les Papavéracées sont des plantes herbacées, annuelles ou vivaces, quelquefois sous-frutescentes, à suc laiteux ou aqueux, généralement coloré, âcre ou narcotique. Genres : *Chelidonium*, *Glaucium*, *Argemone*, *Papaver*, etc.

PAPAVÉRINE, *V.* Codéine.

PAPAYACÉES, s. f., *Papayaceæ*; famille de plantes dicotylédonées, diclines, composée d'arbres à sucs laiteux, originaires de l'Amérique tropicale. Elle ne renferme que les deux genres *Vasconcella* et *Papaya*. L'une des espèces de celui-ci, le Papayer commun, *P. communis*, T., *Carica papaya*, L., est cultivée en Amérique et en Afrique; il donne un fruit doux et un peu laxatif. Le suc de cet arbre contient beaucoup de fibrine végétale et jouit de la singulière propriété de ramollir la viande en très peu de temps et d'en provoquer la putréfaction.

PAPILIONACÉ, **ÉE**, adj., *papilionaceus*; on donne cette épithète à la corolle polypétale, rappelant dans son ensemble l'aspect du papillon; elle est composée d'un pétale supérieur (*étendard*) élargi, et recouvrant les autres avant l'anthèse; de deux pétales latéraux (*ailes*); de deux autres pétales inférieurs

ordinairement réunis et représentant la *carène* d'un vaisseau.

PAPILIONACÉES, s. f., *Papilionaceæ*; nom de la dixième classe dans le système de Tournefort. Elle comprend les plantes à corolle papilionacée. Les Papilionacées constituent aujourd'hui, sous le nom de *Légumineuses*, une vaste famille naturelle.

PAPILLAIRE, adj., *papillaris*, de *papilla*, papille; qui a rapport aux papilles; qui est formé de papilles. — *Corps papillaire*; ensemble des papilles formées à la surface du derme et sous l'épiderme par les nombreux filets nerveux qui traversent la peau.— *Bot.* On désigne ainsi des glandes formant à la surface des feuilles des espèces de petits mamelons ou papilles. On les rencontre dans plusieurs Labiées; ex. : la *Sarriette*.

PAPILLE, s. f., *Papilla*, littéralement *mamelon*; petite saillie conique, généralement inclinée, formée vers la surface tactile de la peau, par des ramifications nerveuses et vasculaires. La papille est protégée à la surface du derme par une enveloppe particulière que lui fournit cette membrane, et par l'épiderme qui la préserve du contact immédiat des corps extérieurs. La peau et les muqueuses sont couvertes de papilles dont le nombre varie suivant les régions, et qui présentent une disposition érectile bien évidente sur certains points. — *Bot.* On appelle *papilles*, en botanique, de petites éminences coniques, glandulaires ou non, que l'on rencontre sur divers organes des végétaux, sur certains pollens; on donne aussi ce nom à l'*opercule* ou *embryotège*.

PAPILLEUX, **EUSE**, adj., *papillosus*; couvert de papilles. On dit aussi *papillé* et *papillifère*.

PAPPIFÈRE, adj., *pappiferus*, de *pappus*, aigrette, et *fero*, je porte; surmonté d'une aigrette.

PAPPIFORME, adj., *pappiformis*; se dit du *podosperme*, quand il est composé de filets ténus représentant une aigrette.

PAPULE, s. f., *papula*; petite élevure de la peau, solide, ne contenant ni pus, ni sérosité, se terminant par desquamation. C'est une lésion pathologique élémentaire, qui forme le caractère fondamental de l'ordre *papula* de Willan, et des genres que cet auteur a nommés *strophulus*, *lichen* et *prurigo*. — *Bot.* On appelle *papules* les *glandes utriculaires* superficielles.

PAPULEUX, adj., *papulosus*; qui a rapport aux papules; garni, rempli de papules : *peau papuleuse*.—*Bot.* La *Glaciale* est couverte de papules.

PAPYRACÉ, **ÉE**, adj., *papyraceus*, de *papyrus*, papier; mince et flexible comme du papier, ex. : les lames osseuses qui forment les cornets et les cellules de l'ethmoïde. — *Bot.* Sec, mince et coriace comme du papier; ex. : les *feuilles du Dracœna terminalis*.

PAQUERETTE, s. f., *Bellis*, L.; genre

de la famille des Composées. Une espèce de ce genre la **P.** commune, ***B. perennis***, est répandue dans toute la France. On a proposé de la cultiver comme plante fourragère ; mais elle est certainement trop peu développée pour pouvoir être exploitée avec profit.

PAQUET, s. m. , *Spicula ;* Tournefort donnait ce nom à l'*épillet* (*V.* ce mot).

PARACENTÈSE, s. f. , *Paracentesis*, de παρα, à côté, et κεντεω, je pique ; longtemps employé comme synonyme de *ponction*, ce mot servait à désigner toute opération destinée à faciliter la sortie d'un liquide épanché. De nos jours, il s'applique plus particulièrement à la ponction de l'abdomen dans le cas d'hydropisie ascite. C'est une des opérations les plus anciennes de la chirurgie. Elle consiste à perforer les parois abdominales pour évacuer les liquides épanchés dans la cavité du péritoine. La paracentèse est fort rarement indiquée dans les grands animaux domestiques ; on la pratique fréquemment dans les espèces du chien et du chat, qui sont plus exposées à l'ascite. Ce n'est le plus ordinairement qu'un moyen palliatif, qui soulage momentanément le malade. Quand l'hydropisie est *essentielle*, on arrive parfois à de bons résultats, en ne considérant cette opération que comme un moyen de favoriser le traitement général. On fait cette ponction à l'aide d'un trocart, qu'on enfonce dans la paroi abdominale. Pour les petits animaux, on opère de préférence sur le flanc gauche ; en agissant du côté droit on pourrait blesser le foie. Sur les grands herbivores on ponctionne vers le milieu des parois inférieures de l'abdomen, à peu près à égale distance du pubis et de l'extrémité du sternum. Dans l'ascite avec adhérence des viscères aux parois du ventre, l'instrument produit un accident grave, qui est la blessure de l'intestin. On évite de retirer en une seule fois tout le liquide qui forme l'épanchement, à moins qu'on n'ait la précaution de comprimer avec les mains les parois du ventre, pour ne pas soustraire complètement les viscères de la poitrine et les gros vaisseaux à la pression qui leur est devenue habituelle. Après l'opération, on recouvre la plaie avec un emplâtre agglutinatif, et l'on applique sur le ventre un bandage compressif. Si l'épanchement se reproduit, on fait de nouveau la ponction ; de la sorte, la vie du malade est prolongée jusqu'à ce qu'on soit obligé de l'abandonner aux effets des causes organiques de l'ascite.

PARACÉPHALE, s. et adj. , *Paracephalus*, de παρα, presque, à côté de, et ακεφαλος, acéphale ; genre de monstres paracéphaliens, ayant pour caractères : tête mal conformée, mais encore volumineuse ; face distincte, avec une bouche et des organes sensitifs rudimentaires ; des membres thoraciques.

PARACÉPHALIE, s. f. , *Paracephalia ;* état des monstres paracéphales.

PARACÉPHALIENS, s. et adj. pl. ; famille de monstres unitaires omphalosites, caractérisés par un corps s'écartant dans presque toutes ses régions, de la symétrie normale ; par des membres toujours imparfaits, par l'absence d'une grande partie des viscères thoraciques et abdominaux, et par l'existence d'une tête très imparfaite, mais apparente à l'extérieur ; ce dernier caractère seul les distingue des *acéphaliens*.

PARACYANOGÈNE, s. m. ; matière noire, azotée, isomère avec le cyanogène, et qui se forme dans les vases où l'on chauffe le cyanure de mercure pour préparer ce gaz.

PARACYÉSIE, s. f. , ***Paracyesia***, de παρα, autour, et κυησις, grosseur ; tumeur, grosseur extraordinaire. On a donné ce nom à la grossesse extra-utérine.

PARAFFINE, s. f. , ***Parum affinis ;*** qui a peu d'affinité. CH. Espèce de carbure d'hydrogène obtenu par Reichenbach en distillant le goudron végétal. La paraffine est solide, aiguilles blanches, inodore et insipide, pesant 0,870, fusible à 44⁰ et brûlant à l'air comme la cire. Insoluble dans l'eau, peu soluble dans l'alcool, elle est très soluble dans l'éther, les huiles et les essences.

PARAGEUSTIE, s. f. , *Parageustia*, de παρα, autour, et γευσις, goût ; perversion, dépravation du sens du goût.

PARAGOMPHOSE, s. f. , *Paragomphosis*, de παρα, et γομφος, emboîtement ; terme d'obstétrique employé pour désigner l'enclavement incomplet de la tête du fœtus, dans l'accouchement.

PARALAMPSIE, s. f. , *Paralampsis*, de παρα, qui indique une défectuosité, et λαμπειν, jeter la lumière ; variété de l'*albugo*. (*V.* ce mot).

PARALLAXE, s. f. , *Parallaxis*, de παραλλαττω, je transpose, ou de παρα, autour, et αλλαττειν, changer ; déplacement des deux fragments d'un os fracturé, qui chevauchent l'un sur l'autre.

PARALYSIE, s. f. , *Paralysis ;* de παραλυειν, relâcher ; état morbide caractérisé par la diminution ou l'abolition de la contractilité musculaire, ou de la sensibilité, ou de ces deux fonctions à la fois. La paralysie ne peut atteindre que les parties qui sont sous la dépendance des nerfs cérébraux ou rachidiens ; les organes qui reçoivent l'innervation du trisplanchnique n'en offrent pas d'exemple. Elle est *complète* ou *incomplète*, suivant que le mouvement et le sentiment sont abolis ou seulement diminués. On a distingué la paralysie *générale*, occupant la totalité des organes qui peuvent l'éprouver ; celle qui n'occupe qu'un côté du corps constitue l'*hémiplégie* ; elle est nommée *paraplégie*, quand elle envahit la moitié postérieure du corps ; paralysie *croisée* ou *transverse*, lorsqu'elle atteint un membre de devant et le membre de derrière opposé, *partielle* ou *locale*, si elle est bornée à quelques muscles. Le plus souvent, la paralysie est *symptomatique*, c'est-à-dire qu'elle dépend de la lésion d'un autre organe. Les causes qui la produisent sont variées.; ce sont les fractures du crâne et de la colonne vertébrale qui la déterminent le plus souvent. Presque toujours elle coïncide avec une altération des centres nerveux; elle se montre dans la myélite, l'encéphalite, la méningite, l'apoplexie cérébrale. Considérée comme élément de diagnostic, la paralysie qui se prononce rapidement annonce l'apoplexie; celle qui se montre lentement est le résultat d'un épanchement purulent ou séreux. Les moyens les plus variés ont été prescrits pour combattre la paralysie; on a recommandé les révulsifs violents, les vésicatoires, les moxas, l'acupuncture, le galvanisme; on a donné la noix vomique à l'intérieur, l'essence de térébenthine, etc.

PARALYTIQUE, adj. et s., *Paralyticus;* qui a rapport à la paralysie; qui est atteint de paralysie.

PARAMORPHINE, s. f., *Thébaïne.* Nom donné par Pelletier à un alcaloïde faux de l'opium, dont la composition se rapproche beaucoup de celle de la morphine. Elle est solide, cristallisable, blanche, inodore, de saveur âcre, mais non amère, fusible à 130°, soluble dans l'eau, l'alcool et l'éther, et n'ayant pas la faculté de neutraliser les acides.

PARAPHIMOSIS. s. m., *Paraphimosis*, de παρα, au-delà, et φιμοω, je resserre; maladie du pénis, dans laquelle la tête de cet organe, sortie du prépuce ou fourreau, est comprimée, étranglée, et ne peut rentrer dans ce repli de la peau. Le paraphimosis est le contraire du *phimosis;* on l'observe surtout dans le cheval entier, le chien et le porc. L'excès vénérien, les contusions sur la verge, les dégénérescences squirrheuses, sont les causes les plus ordinaires de cette affection. Comme symptômes, on observe la tuméfaction du pénis, qui se contourne en forme d'arc d'avant en arrière, l'inflammation de la muqueuse, la difficulté d'uriner. Des accidents graves peuvent se montrer après la constriction du pénis; ce sont les ulcérations et la gangrène. Dans le traitement, il faut s'attacher à ramener le fourreau sur l'organe qu'il comprime. Le taxis peut être le résultat des bains froids ou de l'application des émollients. Si ces moyens ne réussissent pas, il ne faut pas craindre d'avoir recours, sur les animaux, à une opération sanglante qui consiste à faire des mouchetures ou même des scarifications sur l'organe hernié. Il est rare qu'on ait à débrider le fourreau. Dans le cas de gangrène, on favorise le travail de la nature qui doit séparer les parties mortifiées; Chabert a conseillé l'amputation du pénis, lorsque cette séparation ne paraît pas devoir s'effectuer. Quelquefois on observe, dans le cheval, une variété de paraphimosis, dans laquelle il y a paralysie de la verge, qui est fortement tuméfiée et pendante, sans qu'il y ait constriction; c'est

alors que l'excision devient nécessaire, si l'emploi des toniques ou d'autres excitants est sans résultat.

PARAPHONIE, s. f., *Paraphonia*, de παρα, autour, et φωνη, voix; altération de la voix, qui consiste dans un ton désagréable.

PARAPHRÉNÉSIE, s. f., *Paraphrenesis*, de παρα, autour, et φρενς, diaphragme : sorte de délire qu'on attribuait à l'inflammation du diaphragme.

PARAPHROSYNIE, s. f., de παρα, autour, et φρην, esprit; délire passager occasionné par l'action des poisons.

PARAPHYSE, s. f., *Paraphysis;* filaments articulés, mêlés en plus ou moins grand nombre aux organes sexuels des mousses, mais surtout aux anthéridies.

PARAPLÉGIE, s. f., *Paraplegia, Paraplexia*, de παρα, autour, et πλησσω, je frappe; paralysie de la partie postérieure du corps, en y comprenant les membres abdominaux et souvent les organes contenus dans le bassin. C'est un symptôme de plusieurs maladies, entre autres de la myélite et des fractures de la colonne dorso-lombaire.

PARAPLEURÉSIE, s. f., *Parapleuritis;* nom donné par les uns, à la pleurodynie, par d'autres, à la pleurésie.

PARAPLEURITIS, s. f., *Parapleuritis*, de παρα, autour, et πλευρα, plèvre; inflammation de la plèvre qui recouvre le diaphragme.

PARAPLEXIE, s. f.; synonyme de *paraplégie*.

PARAPOPLEXIE, s. f., *Parapoplexia*, de παρα, à côté, et αποπληξια, apoplexie: fièvre maligne avec assoupissement; état somnolent qui simule l'apoplexie.

PARARTHRÈME ou **PARARTHROME**, s. m., de παρα, à côté, αρθρον, articulation; luxation incomplète d'une articulation.

PARASCIDE, s. m.; fragment d'un os fracturé; t. peu usité.

PARASITAIRES, s. et adj. p.; deuxième ordre des monstres doubles de I. Geoffroy Saint-Hilaire, renfermant des monstres composés de deux individus très inégaux, dont l'un, complet ou presque complet, est analogue à un *Autosite;* tandis que l'autre, plus petit, et analogue à un *Omphalosite*, se nourrit aux dépens du premier, dont il n'est qu'un appendice. Les parasitaires sont divisés en trois tribus. La première comprend deux familles : les *Hétérotypiens* et les *Hétéraliens;* la seconde, deux familles: les *Polygnathiens* et les *Polyméliens;* la troisième, une seule famille: les *Endocymiens.*

PARASITES, s. et adj. p., de παρα, auprès, et σιτος, nourriture; troisième ordre des monstres unitaires de I. Geoffroy Saint-Hilaire, renfermant les monstres les plus imparfaits, espèces de masses irrégulières, composées principalement d'os, de dents, de poils, et de graisse, et manquant même de cordon ombilical. Cet ordre ne renferme qu'une seule famille: les *Zoomyliens.*

— *Bot.* Les naturalistes divisent les plantes parasites en deux classes : 1° les *parasites vraies* ; ce sont celles qui vivent aux dépens d'un autre végétal et lui empruntent une partie des sucs nécessaires à leur entretien. On les distingue en *superficielles* et en *intestinales*. Les *superficielles* sont *radicicoles*, *caulicoles* ou *folicoles* (*V.* ces mots) ; les *intestinales* sont *biogènes* ou *nécrogènes* (*V.* ces mots) ; 2° les *fausses parasites*, qui s'appuient sur d'autres végétaux, s'accrochent à eux, mais n'en tirent aucuns sucs ou matériaux nutritifs, ex.: le *Lierre*, certains *Lichens* et *Champignons*.

PARASQUINANCIE, s. f., de παρα, beaucoup, συν, avec, et αγχω, je serre ; variété d'esquinancie.

PARATONNERRE, s. m.; appareil imaginé par Franklin, en 1752, pour préserver les édifices élevés des atteintes de la foudre. Il se compose de trois parties : 1° d'une barre pyramidale en fer, d'une hauteur de six à huit mètres, placée verticalement ; 2° d'une pointe aiguë en laiton doré, terminée par une aiguille en platine, le tout disposé au sommet de la barre métallique ; 3° d'un conducteur formé d'une barre ou d'un cable en fils de fer, s'étendant de l'extrémité inférieure du paratonnerre jusqu'au sol et sans aucune solution de continuité. — Le conducteur, qui est une partie essentielle dans un appareil de ce genre, doit être parfaitement continu, assez volumineux, isolé du bâtiment si celui-ci est en bois, ou relié aux pièces métalliques si la charpente est en fer ; enfin, il doit se terminer dans un puits profond contenant de l'eau et du charbon de bois bien calciné pour le préserver de l'oxydation. — La théorie du paratonnerre est simple ; les nuages chargés d'électricité, qui se trouvent au-dessus de sa pointe, décomposent par influence le fluide neutre de l'appareil et du sol par l'intermédiaire du conducteur, attirent vers eux le fluide de nom contraire, pour se neutraliser, et refoulent vers la terre l'électricité de même nature. — Le paratonnerre fait sentir son influence protectrice dans un espace circulaire dont le rayon est le double de la hauteur de la tige.

PARATRIMME, s. m., *Paratrimma*, de παρα, entre, et τριβω, je frotte ; sorte d'érythème qui se montre sur les parties du corps exposées au frottement.

PARC, *V.* **PARCAGE**.

PARCAGE, s. m.; séjour momentané des bêtes à laine, en plein air, dans une enceinte limitée par des cloisons incomplètes, appelée *parc*. On distingue le parc fixe ou domestique, et le parc mobile ou des champs. 1° *Parc fixe.* Il devait, suivant Daubenton, remplacer la bergerie, en présenter les détails et les commodités, être établi près des habitations, sur un sol sec, et défendu par de fortes clôtures hautes de 2ᵐ,35 cent. Chaque animal adulte devait y avoir un espace de 3ᵐ,50 carrés. Si le parc fixe n'a pas l'insalubrité et n'entraîne pas les dépenses des bergeries, il faut observer qu'il n'est point praticable partout. — 2° *Parc des champs.* Il est établi sur une terre que l'on veut fumer, jachère, prairie, céréale levée, etc. Les clôtures qui le forment sont en filets ou en claies, et peuvent être facilement transportées d'un lieu dans un autre. Le parcage se fait pendant la belle saison ; il commence le soir et finit le matin. Chaque *coup de parc* dure quatre à cinq heures, après quoi les troupeaux sont changés de place. La durée est moindre pour les brebis et lorsque la nourriture est aqueuse ou abondante. Le temps, d'ailleurs, doit toujours être en raison inverse de l'espace. Il importe que celui-ci soit fumé et que les moutons ne soient pas entassés. — Un parcage bien dirigé est favorable à la santé des animaux ; il prévient les affections dues à la malpropreté, à l'air vicié des bergeries, ou concourt à les guérir ; il rend la laine plus forte sans lui ôter sensiblement de sa finesse. Il économise la litière, évite le transport des fumiers, tasse les terrains légers. On lui reproche de faire perdre une partie des engrais, d'avoir des effets de peu de durée, de nuire au développement du grain des céréales ; enfin, les races superfines ne le supportent pas. Les agronomes sont loin d'être d'accord sur l'opportunité et la valeur du parcage, comme opération économique.

PARCHEMINÉ, ÉE, adj., *parcheminatus;* qui a la consistance du parchemin, ex. : l'*arille du café*, que l'on désigne même vulgairement sous le nom de parchemin.

PARCOURS, s. m.; action de parcourir ; espace parcouru. Souvent synonyme de pâturage. — Le *droit de parcours* est celui que possède tout propriétaire d'une commune, par suite de l'usage ou d'une aliénation régulière, de faire paître son bétail sur les terres non closes et non actuellement cultivées d'une commune. Ce droit, qui est tombé presque partout en désuétude, est un abus grave.

PAREMPTOSE, s. f., *Paremptosis*, de παρεμπιπτειν, tomber ; synonyme d'*accident*. Peu usité.

PARENCÉPHALITE, s. f., *Parencephalitis*, de παρα, autour, et εγκεφαλον, encéphale ; inflammation du cervelet.

PARENCÉPHALOCÈLE, s. f., *Parencephalocele*, de παρεγκεφαλος, cervelet, et κηλη, tumeur ; hernie du cervelet. Cette maladie est rare ; presque toujours elle est congéniale et résulte d'un retard dans l'ossification du crâne.

PARENCHYMATEUX, adj., *parenchymatosus;* qui est formé de parenchyme.

PARENCHYME, s. m., *Parenchyma*, de παρεγχυμα, épanchement ; nom assez vague donné aux tissus dont la structure n'est pas bien connue, et que l'on regardait autrefois comme formés par l'épanchement du sang ou d'autres fluides dans les mailles d'un tissu cellulaire très fin ; c'est ainsi qu'on dit le *pa-*

renchyme du foie, *du poumon*, etc. A mesure que l'anatomie des tissus fait des progrès, l'acception du mot *parenchyme* se restreint, et le microscope achèvera de le rendre inutile. — *Bot.* En botanique, on appelle parenchyme le tissu utriculaire. Il forme à peu près seul les champignons et tous les végétaux inférieurs. *V.* CELLULAIRE et MÉRENCHYME.

PARER, v. act.; terme de maréchalerie. *Parer le pied* du cheval: enlever avec le rogne-pied et le boutoir la corne qui donne au pied un excès de longueur; niveler la surface plantaire du pied pour recevoir l'application du fer.

PARÉSIS, s. f., *Paresis*, de παρεσις, relâchement: paralysie imparfaite.

PARFAIT, AITE, adj., *perfectus;* se dit des fleurs qui présentent les quatre verticilles floraux, le *calice*, la *corolle*, l'*androcée* et le *gynécée*.

PARIÉTAIRE, s. f., *Parietaria*, L.; genre de la famille des Urticées. Il se compose de plantes herbacées ou sous-frutescentes, communes surtout dans les régions tempérées et chaudes du globe. La P. commune, *P. communis*, que l'on trouve si fréquemment sur les vieux murs, contient une forte proportion d'azotate de potasse; sa décoction est diurétique et rafraîchissante.

PARIÉTAL, s. m., *Parietalis*, de *paries*, muraille; nom donné à l'un des os du crâne situé à la partie antérieure de cette cavité. Le pariétal est un os impair recourbé sur les côtés, concourant à former le front et les fosses temporales; il offre, à sa face externe, deux lignes qui s'écartent en descendant vers les apophyses orbitaires du frontal. A l'intérieur, il est parsemé d'anfractuosités, et présente, supérieurement, une apophyse dite *protubérance pariétale*, et improprement appelée *apophyse falciforme*. Le pariétal des solipèdes se développe par trois points d'ossification dont le médian porte la protubérance. Celui du bœuf, situé derrière le chignon, se soude de très bonne heure avec les os voisins, et se développe aussi par trois pièces osseuses, dont la moyenne offre un triangle presque régulier.

PARIÉTAL, ALE, adj., *parietalis;* qui appartient à une paroi, ou qui s'y applique. — *Feuillet pariétal des séreuses:* c'est la portion de ces membranes qui revêt les parois d'une cavité, celle qui se porte sur les viscères prenant le nom de *feuillet viscéral.* — *Bot.* On le dit, en botanique, du *placentaire* qui tapisse la face interne des valves d'un péricarpe. Les graines attachées à ce placentaire sont dites aussi *pariétales.*

PARINERVIÉ, ÉE, adj., *parinervatus;* se dit des organes paléacés qui portent deux nervures parallèles plus rapprochées des bords que du centre. On dit aussi *bicaréné.*

PARIPENNÉ, ÉE, adj., *paripennatus;* se dit de la feuille composée pennée dont le pétiole commun ne se termine point par une foliole.

PARISETTE, s. f., *Paris*, L.; genre de la famille des Asparaginées, composé d'herbes vivaces à tige simple, à racines rampantes. La *P. quadrifolia*, commune dans les bois humides, est mangée par la chèvre et le mouton.

PARMESAN (bœuf). *V.* ITALIENNES.

PARNASSIE, s. f., *Parnassia*, L.; genre de la famille des Droséracées, composé de plantes herbacées croissant surtout dans les lieux humides. La *P. palustris* est une jolie plante commune dans les prés marécageux des montagnes. Les bestiaux n'y touchent généralement pas.

PARODONTIDE, s. f., *Parodontis*, de παρα, autour, et οδους, οδοντος, dent; tumeur qui se forme sur les gencives.

PAROI, s. f., de *paries*, mur, muraille; partie circonscrivant une cavité, ex.: parois de l'estomac, de la vessie, etc. — On appelle *paroi* ou *muraille*, la portion de corne qui constitue le pourtour du sabot, et qui se replie en dedans pour former les *arcs-boutants* ou *barres*. La face externe de la paroi est lisse et polie dans son état d'intégrité. L'interne est garnie de feuillets nombreux dirigés de haut en bas, formant le *tissu kéraphylleux*, et s'engrenant exactement avec les feuillets du derme, appelés *tissu podophylleux*. Le bord supérieur porte une cavité creusée aux dépens de la face interne et recevant le *bourrelet;* on la nomme *biseau* ou *cavité cutigérale*. Le bord inférieur de la paroi touche le sol lorsque le pied est posé, et s'unit par toute sa partie interne avec le bord externe de la sole. La paroi, qui va toujours en diminuant de largeur, de la partie antérieure du pied à la partie postérieure, se replie aux talons, et s'insinue entre la fourchette et la sole pour former les *arcs-boutants.* — On appelle *pince* la partie antérieure de la paroi ; *mamelles*, les deux parties les plus voisines ; *quartiers*, chacune des parties latérales ; et *talons*, le point où a lieu le repli postérieur. — La corne qui forme la la paroi n'est qu'une agglomération de poils naissant du bourrelet et se dirigeant vers la partie inférieure du pied. Leur agglutination a lieu par la matière cornée amorphe que sécrète le tissu podophylleux. Cette disposition explique l'accroissement de haut en bas de cette partie du sabot. Cet accroissement est d'autant plus rapide qu'on l'examine à la partie la plus antérieure du sabot, qui est aussi la plus exposée à l'usure par le frottement sur le sol. — La paroi du sabot du bœuf, épaisse en dehors, se replie en dedans à chaque extrémité, s'amincit et diminue de hauteur par son bord inférieur, qui n'arrive plus jusqu'au sol.

PAROMPHALOCÈLE, s. m., *Paromphalocele*, de παρα, à côté, ομφαλος, nombril, et κηλη, tumeur; hernie ventrale de l'ombilic.

PARONYCHIÉES, s. f., *Paronychieæ;* famille de plantes dicotylédones, polypétales, pérygines , herbacées ou sous-frutescentes, bornées aux régions tempérées du globe. Genres : *Corrigiola*, *Herniaria*, *Paronychia*, *Telephium*, *Spergula*, etc.

PAROPHOBIE , s. f. ; *Parophobia*, de παρα, contre, et φοδος, crainte; synonyme d'*hydrophobie*.

PARORCHIDIE, s. f. , *Parorchidia*, de παρα, au-delà, et ορχις, testicule ; position anormale d'un ou des deux testicules , relativement à l'enveloppe scrotale.

PARORCHIDO-ENTÉROCÈLE , s. f. , *Parorchido-enterocele;* hernie inguinale formée par l'intestin, et compliquée du déplacement du testicule ou de la rétention de cet organe dans l'abdomen.

PAROTIDE , s. f. , *Parotis* , de παρα, proche, et ους, ωτος, oreille; nom donné à la plus forte des glandes salivaires, située au-dessous de l'oreille, entre le bord postérieur du maxillaire et le bord antérieur de l'atlas. Recouverte à sa face externe par le muscle parotido-auriculaire, la parotide s'applique par sa face interne sur les muscles petit oblique de la tête, stylo-hyoïdien , sur une partie de la poche gutturale , etc. Son bord antérieur adhère d'une manière intime au maxillaire; le postérieur adhère lâchement à l'atlas ; son angle supérieur embrasse étroitement la conque ; l'inférieur se place entre les deux branches d'origine de la veine jugulaire. — La parotide, comme toutes les glandes salivaires, est formée d'une foule de lobes et lobules, dont les granulations donnent naissance à de très petits canaux qui se réunissent de proche en proche, pour former en dernier lieu un canal unique, appelé *canal parotidien* ou *canal de Sténon*. Celui-ci se détache du bord antérieur et inférieur de la glande , s'engage dans la cavité inter-maxillaire, se contourne en dehors à la scissure maxillaire, avec l'artère et la veine glosso-faciales, auxquelles il est postérieur , et va s'ouvrir à la face interne de la joue, au niveau de la troisième dent molaire supérieure.

PAROTIDIEN , adj. , *parotidœus;* qui appartient à la parotide; *canal parotidien,* *V*. PAROTIDE.

PAROTIDITE, s. f. , *Parotiditis;* inflammation de la parotide , phlegmon de la parotide. La parotidite est primitive ou consécutive. Elle est produite par des contusions, des blessures, l'impression du froid ; elle coïncide avec le coryza , l'angine et quelques autres maladies catarrhales. On l'a considérée comme un des symptômes du typhus contagieux. Les symptômes de l'inflammation de la parotide sont le gonflement de cette glande, la gêne dans la mastication et la déglutition , une abondance marquée dans la sécrétion de la salive. Les terminaisons sont la résolution, la suppuration. l'induration, la gangrène. Parmi les accidents qui se montrent pendant cette maladie, on cite surtout les fistules salivaires et la réplétion

des poches gutturales dans le cheval. Le traitement antiphlogistique est généralement employé.

PAROTIDO-AURICULAIRE, s. et adj., *Parotido-auricularis;* nom donné à un muscle de l'oreille, de forme aplatie, prenant son origine à la surface de la parotide, et son insertion à la base de la conque, qu'il tire en bas et en dehors.

PAROTIDONCIE, s. f. , *Parotidoncia*, de παρωτις, parotide, et ογκος, tumeur ; tuméfaction, gonflement de la glande parotide.

PAROTITE, s. f.; synonyme de *parotidite.*

PAROTONCIE , s. f. , *Parotoncia*, de παρωτις, parotide, et ογκος, tumeur; synonyme de *parotidoncie.*

PAROULIE, s. f. , *Paroulia*, de παρα, à côté, et ουλα, gencive ; tumeur, abcès des gencives. Syn. de *parulie.*

PAROXYSME, s. m., *Paroxysmus*, de παροξυσμος, irritation, de παρα, beaucoup, et οξυς, aigu. Syn. d'*accès V*. ce mot.)

PAROXYTIQUE, adj., qui a rapport au paroxysme. *Jours paroxytiques:* dans lesquels les paroxysmes ont lieu.

PART , s. m., *Partus. V*. PARTURITION.

PARTAGÉ , ÉE , adj , *partitus;* synonyme de *divisé;* indique toutefois une séparation étendue.

PARTAGEABLE , adj., *partibilis;* divisible au moment de la maturité sans déchirure sensible.

PARTIBILITÉ, s. f., *Partibilitas;* état de ce qui est partible.

PARTIBLE, adj., *partibilis;* se dit des parties qui se séparent spontanément à la maturité, sans déchirure; ex.: les capsules à déhiscence valvaire.

PARTICULE, s. f. , *Particula*, diminutif de *pars*, *partis*, partie; petite partie. On donne ce nom, en physique, aux parties les plus ténues qui puissent résulter de la division mécanique des corps. Les particules sont toujours de même nature que les corps : *simples*, s'ils sont simples ; *composées*, s'ils sont composés; *solides*, s'ils sont solides; *liquides*, s'ils sont liquides ; *gazeuses*, s'ils sont gazeux (AMPÈRE).

PARTICULIER, *V*. PROPRE.

PARTIEL , ELLE , adj., *partialis;* en botanique, synonyme de *secondaire.*

PARTITE, adj., *partitus;* divisé profondément en découpures ou *partitions.*

PARTITION, s. f. , *Partitio;* division ou lobe d'une feuille, d'un organe, s'étendant à peu près jusqu'à la base.

PARTURITION. s. f. , *Parturitio*, de *parturire*, accoucher; expulsion du fœtus viable hors de la matrice, après un terme variable, pour chaque espèce. Synonymie : *accouchement*, *part*, *mise bas.* La parturition est *simple* ou *naturelle*, quand la sortie du fœtus a lieu sans difficulté vers le terme fixé pour la gestation ; elle est *laborieuse*, si l'expulsion est longue, douloureuse pour la femelle ; on dit qu'elle est *contre-nature*, lorsque les produits de la conception sont mal conformés ou se présentent dans une position anormale. Si le produit sort viable avant terme, la parturition est *prématurée*. D'après Brugnone, le poulain n'est pas viable avant le dixième mois. Le part est *retardé*, s'il arrive après la durée ordinaire de la gestation. La mise-bas peut être retardée par une alimentation peu abondante et de qualité inférieure ; le fœtus peut prendre de telles proportions, qu'on est obligé de l'extraire par pièces. D'après Rainard, les accidents qui retardent la parturition sont la rotation de la matrice sur son axe, les adhérences des ligaments de la matrice, qui empêchent les mouvements de contraction et de dilatation du col, l'induration du col utérin, l'écoulement des eaux, l'inertie de l'organe, les positions vicieuses du fœtus. Si le jeune sujet périt dans la matrice, des accidents surviennent bientôt. Les vaches, dont on ne peut extraire le fœtus, maigrissent beaucoup et finissent souvent par périr. Les fœtus qui séjournent longtemps dans la matrice se momifient, se recouvrent d'une matière plâtreuse, s'ils ont conservé leurs enveloppes ; quelquefois ils tombent en putrilage et sont expulsés en partie par la vulve.

PARULIE, s. f., *Parulia*, de παρα, auprès, et ουλον, gencive ; phlegmon qui se développe dans l'épaisseur des gencives.

PAS, s. m., *Passus;* l'une des allures naturelles du cheval, la plus lente et, en apparence, la moins compliquée, quoiqu'elle le soit plus que le trot et l'amble. Dans le pas, le cheval avance un pied antérieur, puis le pied postérieur opposé en diagonale ; il avance ensuite dans le même ordre les deux autres pieds, pour continuer dans le même ordre. Malgré cette action successive des quatre pieds, il y en a toujours deux au lever à la fois, le second pied se levant de terre, lorsque le premier n'est qu'à la moitié de son lever, et ainsi de suite. Il en résulte que, pendant le pas, le corps est alternativement supporté par un bipède diagonal et par un bipède latéral. Le pied postérieur vient toujours se placer dans la piste laissée par le pied antérieur, preuve bien évidente que, dans ce moment, les deux pieds du côté opposé supportent seuls le corps. On voit cependant quelques chevaux chez lesquels le pied postérieur dépasse la piste du pied antérieur, et d'autres chez lesquels il ne l'atteint pas. L'inclinaison du terrain peut suffire pour amener l'un ou l'autre de ces deux résultats. — L'étendue de terrain embrassée par un *pas complet*, c'est-à-dire par la succession des quatre membres, est mesurée par la distance de la piste quittée par un pied quelconque, au point où il se pose de nouveau. Cette distance est assez variable ; Goiffon et Vincent la regardent au maximum, comme égale à la hauteur du garrot au sol. Dans ce même pas complet, on entend quatre battues, qui ne sont pas régulièrement espacées, mais se trouvent réunies deux à deux par une différence dans les intervalles qui les séparent.

PAS-RELEVÉ, *Passus acceleratus;* allure particulière à certains chevaux, dans laquelle les quatre battues sont plus précipitées que dans le pas ordinaire, et séparées par des intervalles tels que les deux battues d'un bipède diagonal sont plus rapprochées l'une de l'autre que des deux battues du bipède diagonal opposé. C'est, en quelque sorte, un trot fortement décousu et sans le saut qui caractérise cette allure. La rapidité du pas relevé ne laisse pas à l'animal le temps de relever fortement ses membres, et l'oblige à *raser le tapis*.

PAS D'ANE, s. m. ; nom vulgaire donné au tussilage, *tussilago farfara*. — Instrument avec lequel on maintient ouverte la bouche du cheval pour l'examiner. *V.* SPÉCULUM.

PASPALE, s. m., *Paspalum*, L. ; genre de la famille des Graminées. Sur les quatre-vingt-dix espèces qui le composent, quatre seulement croissent en France ; le P. sanguin, *P. sanguinale*, Lamk., *Digitaria sanguinalis*, Willd., et le P. pied de poule, *P. dactylon*, D. C., *Digitarium dactylon*, Scop., sont communs dans les terrains cultivés, sablonneux. Quoique mangées par les bestiaux, ces espèces sont plus nuisibles qu'utiles à l'agriculture.

PASSADE, s. f. ; mouvements, tours et détours exécutés par le cheval au galop. La passade se compose le plus souvent d'une demi-volte faite rapidement aux deux extrémités d'une piste, pour revenir au point de départ.

PASSAGE, s. m. ; pas relevé et cadencé, plus raccourci que le trot ; diminutif de *piaffer*. C'est un air bas.

PASSAGE DES SANGLES ; partie de la région costale située en arrière des coudes, et où passe la sangle de la selle. Les bœufs qui présentent une dépression dans ce point sont dit *sanglés*, et sont peu estimés des engraisseurs.

PASSAGER, **ÈRE**, adj., *deciduus;* synonyme de *caduc, décidu*.

PASSE-CAMPANE ; nom vulgaire et inusité donné au *capelet*.

PASSE-RAGE, s. f., *Lepidium*, L. ; genre de la famille des Crucifères. Une espèce de ce genre, la P. à larges feuilles, *L. latifolium*, est commune sur les rivages de la mer ; les bestiaux la mangent volontiers. On peut la regarder comme une plante assaisonnante. La P. cultivée, *L. sativum*, vulg. *Cresson alénois* est assaisonnante et antiscorbutique.

PASSEREAUX, s. m. pl., *Passeres;* second ordre de la classe des oiseaux, renfermant un grand nombre de genres ayant entre eux peu d'analogie ; ce qui a fait diviser cet ordre en cinq familles qui pourraient former des ordres particuliers. Ces familles sont : les *Dentirostres*, les *Fissirostres*, les *Conirostres*, les *Ténuirostres* et les *Syndactyles*. Il est impossible d'assigner des caractères généraux à l'ordre des Passereaux, qui semble la réunion de tous les oiseaux qui n'ont pu être placés dans les cinq autres ordres.

PASSIF, IVE, adj., de *passum*, supin de *pati*, souffrir ; qui reçoit l'action. On nomme *passives* les maladies que l'on attribue à la diminution des forces ; par opposition les maladies *actives* se rattachent à une augmentation de ces mêmes forces. Les hémorrhagies sont dites *passives*, lorsqu'elles paraissent dépendre d'une débilité générale.

PASSIFLORÉES, s. f., *Passifloreæ* ; famille de plantes dicotylédones, polypétales, périgynes, herbacées ou frutescentes, quelquefois même arborescentes, souvent grimpantes ou volubiles, communes surtout en Amérique. Genres : *Paropsia*, *Passiflora*, *Modecia*. C'est au genre *passiflora* qu'appartiennent ces *passionnaires* si remarquables par la disposition singulière de leurs fleurs.

PASTEL, s. m., *Isatis*, L. ; genre de la famille des Crucifères. L'espèce la plus intéressante de ce genre est le P. des teinturiers, *I. tinctoria*, vulg. *vouède*, *guède*, bisannuel, spontané dans beaucoup de lieux, surtout sur les côteaux pierreux du Midi, et cultivé pour la matière colorante bleue que l'on extrait de ses feuilles. Le pastel est mangé par les bestiaux ; on a conseillé sa culture comme fourrage surtout à cause de sa rusticité et de sa précocité.

PATATE, *V.* BATATE.

PATE, s. f. ; nom donné en pharmacie humaine à certaines préparations médico-alimentaires formées de gomme, de sucre, d'eau et d'un principe médicinal le plus souvent émollient.—Par analogie, on a étendu cette dénomination à certaines préparations topiques qui n'ont de ressemblance avec les précédentes que par la consistance pâteuse.

PATE ARSÉNICALE. ♃ Poudre de Rousselot, de Cosme ou de Schaack, q. s. ; délayez dans une petite quantité d'eau albumineuse. Escharotique efficace contre les eaux aux jambes.

PATE CAMPHRÉE. ♃ Camphre pulvérisé, q. s. ; délayez dans un peu d'alcool. Elle s'applique sur les plaies articulaires avec écoulement synovial.

PATE DE CANQUOIN. ♃ Chlorure de zinc, 1 p. ; farine de froment, 2 p. ; eau simple, q. s. Délayez et faites une pâte très ferme. Escharotique précieux en ce qu'il mortifie une épaisseur de tissus proportionnelle à celle de la couche qu'on applique.

PATE CAUSTIQUE DE PAYAN. ♃ Sulfate de cuivre pulv., q. s. ; jaune d'œuf, N. 1. Délayez. Léger escharotique.

PATE CAUSTIQUE DE POLLAU. ♃ Potasse caustique, 4 p. ; chaux éteinte, 30 p. ; savon, 4 p. Délayez dans un peu d'eau ou d'alcool. Contre les verrues.

PATE CAUSTIQUE DE VIENNE. ♃ Potasse caustique, 50 p. ; chaux vive, 60 p. ; broyez vivement et délayez dans un peu d'alcool. Escharotique.

PATHÉTIQUE, adj., *patheticus* ; nom donné au nerf de la quatrième paire ou oculo-musculaire interne. *V.* OCULO-MUSCULAIRE.

PATHOGÉNIE, s. f., *Pathogenia*, de πάθος, maladie, et γένεσις, génération ; étude de l'origine des maladies, de leurs causes.

PATHOGNOMONIE, s. f., *Pathognomonia*, de πάθος, maladie, et γνῶσις. connaissance ; étude des phénomènes caractéristiques des maladies.

PATHOGNOMONIQUE, adj., *pathognomonicus*, de πάθος, maladie, et γνωμονικός, qui indique ; *signes pathognomoniques* : particuliers à chaque maladie.

PATHOLOGIE, s. f., *Pathologia*, de πάθος, maladie, et λόγος, discours ; partie de la médecine qui traite de l'étude des maladies. L'étendue de cette science a fait adopter plusieurs divisions. On distingue la pathologie en *générale* et en *spéciale*. La pathologie *générale* comprend les généralités, les faits communs aux divers groupes de maladies, les lois qui les régissent ; elle expose aussi les termes adoptés dans le langage médical. La pathologie *spéciale* s'occupe des faits, des individualités morbides. Une autre division reconnaît la pathologie *interne* ou *médicale*, qui embrasse la connaissance des maladies dont les organes internes sont le siége, et la pathologie *externe* ou *chirurgicale*, à laquelle se rapportent les affections que l'on guérit généralement avec les secours de la chirurgie. La pleurésie, la pneumonie, l'entérite, sont des maladies internes ; les plaies, les fractures, les luxations, les hernies, sont des affections externes ou chirurgicales. La pathologie est dite *comparée*, lorsqu'elle étudie comparativement les maladies dans les diverses espèces animales ou végétales. — *Bot.* *Pathologie végétale*, *V.* PHYTOTÉROSIE.

PATHOLOGIQUE, adj., *pathologicus* ; qui appartient à la pathologie.

PATHOLOGISTE, s. m. ; qui s'occupe de l'étude de la pathologie, de la science des maladies.

PATIENCE, *V.* RUMEX.

PATURAGE, s. m., *Pascua* ; lieu où l'on fait paître le bétail ; action de paître. — On distingue des *pâturages naturels* : *pâturages proprement dits*, *communaux*, *friches*, *landes*, *bruyères*, *bois*, *genestières* (*V.* ces mots) ; des *pâturages accidentels* : *jachère*, *chaume*, *parcours* des prairies naturelles, artificielles, des céréales ; des *pâturages artificiels*. — *Pâturages proprement dits*. On les divise en hauts ou de montagne, moyens et gras, bas et marécageux, salés, etc. Leur composition est variable suivant leur situation, et leurs effets subordonnés à leur nature. *V.* HERBAGE et PRAIRIE. — *Pâturages artificiels*. Ils forment la base du système pastoral et se partagent, avec la rotation de culture, les terres du domaine. Le temps pendant lequel ils doivent durer, leur composition, leur étendue relative, sont déterminés d'après les conditions de l'exploitation, l'abondance des engrais, la nature du sol. La surface accordée aux pâturages artificiels, leur étendue et leur durée, sont toujours en raison inverse de la valeur et de la quantité des fumiers, de l'étendue des cultures fourragères, légumineuses ou racines. Le système pastoral peut être une nécessité de la situation. — Les pâturages exigent peu d'entretien. On doit néanmoins les clore, y placer des abreuvoirs, des abris, détruire les plantes nuisibles, dessécher les bas-fonds, enlever ou étendre les excréments, etc. — La dépaissance se fait pendant toute l'année ou pendant une saison, et dure constamment ou seulement pendant quelques heures du jour. — Lorsque les pâturages sont étendus, quand surtout l'herbe est abondante, l'espace doit être divisé en compartiments dans lesquels on fait succéder aux bêtes bovines, les chevaux, puis les moutons. La surface peut être calculée pour chaque espèce d'après les moyennes suivantes : cheval 115 ares, poulain 50, bœuf 92, vaches 75, mouton 7. Un cheval représente donc à peu près 1 $\frac{1}{4}$ bœuf, 1 $\frac{1}{2}$ vache, 2 poulains $\frac{1}{4}$, 15 moutons. — La dépaissance a lieu *en liberté;* mais alors, il faut, si l'on veut que l'herbe ne soit pas gaspillée, perdue, diviser l'espace en compartiments ou *parcs; au piquet*, les animaux trouvant successivement à leur disposition de nouveaux espaces, à mesure que le piquet qui les retient est déplacé, ou la corde allongée; *avec entraves*, ce dernier mode est entouré d'inconvénients. — Le séjour dans les pâturages peut être funeste à la santé des bestiaux pendant les nuits froides, dans les lieux et les saisons où les variations de température sont brusques et étendues, au voisinage des marais pendant l'été et l'automne, surtout le matin, quand les animaux y arrivent à jeun. — On trouve aux pâturages l'avantage d'être peu dispendieux, d'une exploitation facile, et quelquefois indispensable au repos de la terre; de favoriser le développement des forces et de la chair, de donner de la ténacité à la laine. On leur reproche, d'autre part, de donner des produits souvent peu abondants et de qualité médiocre ou mauvaise, d'entraîner des pertes de temps et de fumier, d'être souvent insalubres, et de ne pas permettre toujours de veiller à la reproduction.

PATURE, s. f.; on désigne ainsi tantôt un pâturage, tantôt la nourriture donnée aux bestiaux. — Le *droit de vaine pâture* est celui qu'a tout propriétaire d'une commune de faire paître son bétail sur les terrains non clos ou non actuellement cultivés des habitants de la même commune. Ce droit est nécessairement réciproque. Il devrait être entièrement supprimé.

PATURIN, s. m., *Poa*, L.; genre de la famille des Graminées. Ses caractères sont : fleurs en panicule plus ou moins lâche; épillets distiques; glumes presque égales,

mutiques; glumelles également mutiques, l'inférieure carénée ou concave, la supérieure bicarénée; glumellule formée de deux écailles entières ou bifides. Les paturins ne se distinguent des fétuques qu'en ce que dans celles-ci, la glumelle inférieure est mucronée ou aristée. Ce genre renferme environ 280 espèces. Les principales sont : le P. des prés, *P. pratensis* et le P. commun, *P. trivialis*, toutes deux vivaces, excellentes comme fourrages, faisant partie de la flore des prairies et pâturages, et pouvant entrer dans les semis pour une proportion absolue de 18 à 20 kilog. par hectare; le P. flottant, *P. fluitans*, D. C., *Festuca fluitans*, L., et le P. aquatique, *P. aquatica*, également vivaces, mais croissant dans les prairies humides, au bord des eaux; ce sont des plantes productives et de bonne qualité. Les espèces *annua*, *alpina*, *bulbosa*, *compressa*, *nemoralis*, *angustifolia*, etc., etc., sont aussi fourragères, et se trouvent aussi dans les prés. Le P. d'Abyssinie, *P. Abyssinica* est cultivé en Afrique comme plante céréale.

PATURON, s. m.; région formée par le premier phalangien et les tendons qui l'entourent. Le paturon doit être large, et offrir une direction intermédiaire entre la verticale et l'horizontale. Sa longueur peut varier, et constitue les chevaux *court jointés* et *long-jointés*. Les exostoses du paturon sont un défaut grave, en ce qu'elles gênent le jeu des tendons ou des ligaments. L'engorgement des ligaments sésamoïdiens inférieurs est une cause de boiterie difficile à reconnaître. Les crevasses, les eaux aux jambes, peuvent affecter le *pli du paturon*.

PAUCIFLORE, adj., *pauciflorus;* qui porte un petit nombre de fleurs.

PAUCIFOLIÉ, ÉE, adj., *paucifoliatus;* qui n'a qu'un petit nombre de feuilles.

PAUCIJUGÉ, ÉE. adj., *paucijugatus;* c'est l'opposé de *multijugé.*

PAUCIRADIÉ, ÉE, adj., *pauciradiatus;* composé d'un petit nombre de rayons.

PAUPIÈRES, s. f. p., *Palpebræ;* voiles membraneux recouvrant l'œil et le protégeant contre un excès de lumière et le contact des corps étrangers. Les paupières sont au nombre de deux : une supérieure et une inférieure, réunies par deux commissures formant les angles *nasal* et *temporal* de l'œil. Chaque paupière est formée : 1° par la peau amincie; 2° par le muscle orbiculaire; 3° par une lame fibreuse émanant du pourtour de l'orbite; 4° par la conjonctive. On trouve en outre à la paupière supérieure entre la conjonctive et la couche fibreuse, l'expansion du muscle orbito-palpébral. Le bord de chaque paupière est garni du *fibro-cartilage tarse*, portant dans de petits sillons les *glandes de Meïbomius*, petits follicules sécrétant la chassie. Des poils courts et raides, appelés *cils*, garnissent le bord des deux paupières, et sont beaucoup plus nombreux à la supérieure qu'à l'inférieure.

PAVILLON, s. m. ; extrémité évasée d'un canal ou d'une cavité. — *Pavillon de l'oreille :* espèce de cornet ou d'entonnoir formé par la conque. *Pavillon de la trompe utérine :* partie évasée de ce canal, contiguë à l'ovaire, et recevant le germe ou œuf, pour le transporter dans l'utérus.—*Bot.* Synonyme d'*étendard.*

PAVOT, s. m., *Papaver*, L. ; genre de la famille des Papavéracées. Il se compose de plantes herbacées, annuelles ou vivaces, contenant un suc laiteux plus ou moins abondant. Elles habitent les parties tempérées de l'Europe, de l'Asie, etc. Les espèces principales sont : le P. coquelicot, *P. rheas*, annuel, commun dans les moissons et refusé des bestiaux ; ses pétales entrent dans les fleurs pectorales ; le P. somnifère, *P. somniferum*, dont on retire l'opium et que l'on cultive en France pour ses graines oléagineuses. Il a plusieurs variétés ; la meilleure est celle dont la capsule est indéhiscente. On le sème en automne ou au printemps, selon le climat, dans un sol meuble et substantiel. Il a besoin de sarclages et de binages ; le P. d'Orient, *P. orientale*, cultivé chez nous comme plante d'agrément.—*Pharmacol.* Les *capsules* ou *têtes* du pavot blanc, cueillies avant la maturité des graines et vidées de celles-ci, sont d'un emploi fréquent en médecine vétérinaire ; la petite quantité d'opium qu'elles renferment leur donne des propriétés anodines et calmantes. On les traite par décoction (3 à 4 par litre d'eau), et on obtient un décoctum qui peut être employé à volonté en breuvages, en lavements, en bains, en lotions, en fomentations. Cette décoction est surtout d'un emploi usuel pour lotionner les yeux recouverts d'un bandage matelassé, dans la première période des ophthalmies.

PEAU, s. f., *Cutis*, *pellis*, δέρμα ; portion externe du tégument général, recouvrant toutes les parties du corps directement exposées au contact des corps extérieurs. La peau est une membrane d'une nature toute particulière, résistante, plus ou moins épaisse suivant les régions où on l'examine, couverte de poils chez le plus grand nombre des animaux mammifères, et se continuant sans interruption avec les muqueuses à toutes les ouvertures naturelles. La peau a pour base principale le *derme* ; celui-ci est recouvert par l'*épiderme*. Entre ces deux couches, ou dans l'épaisseur du derme, se trouvent placés les papilles, les appareils *chromatogène*, *blennogène*, *diapnogène*, ainsi que les capillaires destinés à l'absorption cutanée. Dans le derme, encore, sont placés les *follicules sébacés*, ainsi que les *bulbes* des poils ou des plumes. La peau adhère par sa surface interne avec les muscles sous-cutanés ou leurs aponévroses. Elle est le siége d'une absorption et d'une sécrétion très actives, et constitue l'organe du tact ou du toucher, dont la finesse varie suivant l'abondance des papilles dans les diverses régions de la sur-

face du corps. — *Bot.* On donne souvent, en botanique, le nom de *peau* à l'enveloppe de la graine ou amande. — Grew appelait ainsi l'épiderme des vieux arbres.

PEAUCIER, s. et adj., *cuticularis* ; nom donné au muscle sous-cutané de l'encolure. *V.* Sous-cutané.

PECCANT, adj., *peccans*, de *peccare*, pécher ; qui pèche. En médecine, ce mot est employé quelquefois par les humoristes pour désigner les humeurs viciées.

PÊCHER, s. m., *Persica*, T ; genre de la famille des Amygdalées, composé d'arbres originaires de la Perse. Les nombreuses variétés de pêcher sont rapportées toutes par quelques botanistes, au *P. vulgaris*, Mill ; par d'autres à deux espèces distinctes. Pour beaucoup d'autres, les pêchers ne sont pas distincts des *amandiers.*

PECTATE, s. m., *Pectas* ; nom que portent les sels formés par l'acide pectique avec les bases salifiables.

PECTINE, s. f., de πηκτίς, *coagulum* ; principe immédiat neutre, non azoté, des végétaux, découvert par Braconnot, et formant la base des gelées végétales tirées des racines ou des fruits charnus. La pectine parait intermédiaire entre les sucres et les mucilages, et se rapprocher aussi de la gélatine animale par plusieurs de ses propriétés physiques. On l'obtient en précipitant le jus de groseilles filtré, par l'alcool concentré. — Récemment précipitée, la pectine est en masse amorphe, demi-transparente, gélatineuse, inodore, insipide et neutre aux papiers réactifs. Desséchée à 100°, elle diminue considérablement de volume, forme des plaques transparentes qui ressemblent à celles de la colle de poisson, et, comme cette dernière, se gonflent dans l'eau sans s'y dissoudre entièrement. Bouillie avec l'acide nitrique, la pectine se transforme en acides mucique et oxalique ; traitée par les alcalis, elle se change en acide *pectique*. — Les propriétés alimentaires de la pectine paraissent certaines ; elle jouit aussi de vertus émollientes.

PECTINÉ, s. et adj., *Pectineus*, de *pecten*, peigne ; muscle de la région interne de la cuisse, prenant son origine au bord abdominal du pubis, et au tendon commun des muscles abdominaux, et s'insérant au pourtour du trou nourricier du fémur. Ce muscle, encore appelé *sus-pubio-fémoral*, est divisé à son origine en deux branches entre lesquelles passe le ligament *pubio-fémoral*. Il est adducteur et fléchisseur de la cuisse.—Se dit, en botanique, des organes foliacés, découpés latéralement en lanières étroites comme les dents d'un peigne.

PECTIQUE, *V.* Acide pectique.

PECTORAL, **ALE**, adj, *pectoralis*, de *pectus*, *pectoris*, poitrine ; qui appartient à la poitrine. — *Muscle grand pectoral* ou *sterno-trochinien* : large muscle de la région axillaire, prenant son origine sur la tunique abdominale, et sur la face latérale et inférieure du sternum , et s'insérant , par une portion épaisse et prismatique , au trochin , entre le sous-scapulaire et le sus-épineux. Il est adducteur du bras , en même temps qu'il le porte en arrière , et le fait tourner en dedans. — *Muscle petit pectoral* ou *sterno-pré-scapulaire :* muscle long et pyramidal, s'étendant de la partie latérale du sternum , où il prend son origine en avant du précédent , jusqu'au bord antérieur du scapulum , où il se termine par une aponévrose qui recouvre les muscles sus-scapulaires. Ce muscle agit surtout sur l'angle scapulo-huméral qu'il tire en bas et en arrière. — *Pharmac.* Epithète par laquelle on désigne les médicaments propres à guérir les affections de la poitrine. Leur nature varie nécessairement, puisque les maladies de poitrine ne sont jamais identiques ; aussi la dénomination vague de *médicaments pectoraux* s'applique t-elle à plusieurs classes de remèdes, tels que les *émollients*, les *béchiques*, les *expectorants*, etc.

PECTORILOQUE, s. m., de *pectus*, poitrine , et *loqui* , parler ; instrument imaginé par Laënnec pour explorer la poitrine ; le synonyme *sthétoscope* est plus employé. On donne aussi le nom de pectoriloque au sujet qui présente le phénomène de la *pectoriloquie.*

PECTORILOQUIE, s. f., *Pectoriloquia*, de *pectus*, poitrine, et *loqui* , parler ; parole venant de la poitrine. Laënnec a donné ce nom à un phénomène qu'on observe à l'aide du sthétoscope chez les phtisiques et les individus qui ont des cavernes dans le poumon; la voix semble sortir directement à travers les parois de la poitrine. Ce phénomène a été peu étudié dans les animaux.

PÉDALÉ, ÉE, adj. , *pedatus;* on désigne ainsi les feuilles composées dont le pétiole commun se divise en deux pétioles secondaires qui portent au côté intérieur un rang de folioles.

PÉDALINERVE, adj., *pedalinervis* ; se dit , d'après de Candolle, des feuilles dont les nervures sont pédalées.

PÉDICELLE , s. m. , *Pedicellus;* divisions du pédoncule portant les fleurs.

PÉDICELLÉ, EE, adj. , *pedicellatus;* porté sur un pédicelle.

PÉDICULAIRE , adj. , *pedicularis* , de *pediculus*, pou ; *maladie pédiculaire :* qui engendre des poux, qui est caractérisée par la présence, le développement des poux. *V.* PHTHIRIASE.

PÉDICULAIRES. *V.* SCROPHULARIACÉES.

PÉDICULE, s. m., *Pediculus;* synonyme de *support*, de *pied.* On désigne aussi de cette manière le pied ou *stipe* de beaucoup de Champignons.

PÉDICULÉ , ÉE , adj. , *pediculatus;* porté sur un pied.

PÉDIEUX, s. et adj., de *Pes, pedis* , pied ; muscle du pied postérieur, encore appelé *petit extenseur du pied* ou *tarso-pré-phalangien.* Il prend son origine à l'extrémité inférieure du calcanéum , et son insertion au tendon de l'extenseur antérieur des phalanges, dont il aide l'action.

PÉDIGRÉE, s. m. ; mot anglais introduit dans l'hippologie française et surtout dans le langage du *turf;* il est synonyme d'*origine* , de *généalogie.*

PÉDILE , adj. , *pedilis* ; se dit du prolongement d'un organe servant de pied ou de support à cet organe.

PÉDILUVE, s. m. , *Pediluvium* ; bain de pied. Cette dénomination est assez rarement employée en médecine vétérinaire , mais le moyen qu'elle sert à désigner est d'un emploi fréquent. Les bains de pied qu'on donne aux grands animaux sont *froids* , *tièdes* ou *chauds.* Les premiers, les plus usités, se donnent dans un seau ou à l'eau courante dans le cas de fourbure, de contusion de la sole , de piqûre, d'entorse des articulations inférieures , etc. Les bains tièdes ou chauds sont simples ou médicamenteux et destinés à produire un effet émollient après l'enchevêtrure, les crevasses saignantes , etc.

PÉDIMANES , s. m. pl. , de *Pes, pedis*, pied , et *manus*, main ; nom donné à une tribu de *Marsupiaux*, chez lesquels le pouce est opposable dans les pieds postérieurs , ex. : les *Sarigues.*

PÉDONCULAIRE , adj. , *peduncularis;* qui appartient au pédoncule.

PÉDONCULE , s. m. , *Pedunculus;* rameau particulier supportant les fleurs. Il est quelquefois très court et paraît manquer; les fleurs sont alors dites *sessiles.* Il peut être *radical, caulinaire, ramaire, terminal, axillaire , supraxillaire*, etc. , *alterné, opposé , oppositifolié* , disposé en *verticille ,* etc. Le pédoncule est *simple* ou *ramifié* ; dans le premier cas, il prend le nom d'*axe floral* ou *rachis.* Les divisions immédiates peuvent constituer des *axes secondaires;* les dernières ramifications prennent toujours le nom de *pédicelles.* Le pédoncule est *uniflore , biflore , multiflore*, etc. , *droit , courbé , spiralé* renflé , etc. Il est *nu*, comme la hampe, ou *garni de feuilles bractéiformes.* Lorsqu'il paraît sortir de la surface d'une feuille ou bractée , on le dit *épiphylle.* Il tombe avec les fleurs ou persiste après elles. — *Anat. Pédoncules du cerveau :* gros faisceaux blancs situés à la partie inférieure du cerveau , séparés dans le plan médian par un sillon dit *interpédonculaire.* Ils se terminent en arrière à la protubérance annulaire du mésocéphale , de laquelle ils sont séparés par un sillon transversal. — *Pédoncules du cervelet :* réunion des trois cordons qui établissent l'union entre le cervelet d'une part, et d'une autre part , les tubercules bigéminés, la protubérance annulaire du mésocéphale, et les corps restiformes.

PÉDONCULÉ , ÉE , adj. , *pedunculatus* ; porté sur un pédoncule.

PÉDONCULÉEN, ÉENNE, adj., *pedunculaneus*; se dit des organes, vrilles, épines, etc., qui proviennent d'un pédoncule dégénéré ou transformé.

PEIGNE, s. m.; nom vulgaire donné à la crapaudine, lorsque cette maladie se montre à la partie antérieure de la couronne, et produit le hérissement des poils, qui simulent alors les dents d'un peigne. *V.* CRAPAUDINE.

PÉLADE, s. f., du mot *peler*; maladie qui fait tomber les poils et l'épiderme. Synonyme d'*alopécie*.

PÉLAGIE, s. f.; variété d'érysipèle. *V.* PELLAGRE.

PÉLICAN, s. m., *Pelicanus*, de πελεκυς, hache, parce que son bec ressemble à une hache; oiseau aquatique, de la famille des palmipèdes. — *Chir.* Instrument employé pour arracher les dents, lorsque la douleur empêche de prendre un point d'appui sur les gencives avec la clef de Garengeot. Essayé en vétérinaire, cet instrument a été abandonné.

PELLAGRE, s. f., *Pellagra*, de *pellis*, peau, *œgra*, malade; affection de la peau de l'homme, commune dans certaines contrées de l'Italie, caractérisée par une inflammation chronique exanthématique ou squameuse. Jusqu'à présent, on n'a pas reconnu de maladie analogue sur les animaux.

PELLICULAIRE, adj., *pellicularis*; mince comme une pellicule; se dit surtout du périsperme.

PELLICULE, s. f., *Pellicula*, de *pellis*, peau; diminutif de peau; on donne ce nom à toute membrane très mince.—*Bot. Corticula*; membrane mince recouvrant certaines graines et chargée de poils. Le cotonnier en offre un exemple.

PÉLOHÉMIE, s. f., *Pelohemia*, de πηλος, boue épaisse, et αιμα, sang; nom donné par Delafond à cet état dans lequel le sang est épais, sirupeux, d'une couleur noire foncée. Quelquefois le sang forme dans l'hématomètre une purée épaisse, d'une odeur fétide, qui s'altère promptement. Elle se montre dans les maladies du sang, la gangrène, la fièvre charbonneuse.

PÉLOPIUM, s. m.; métal nouveau découvert par Henry Rose, mais encore peu connu.

PÉLORIE, s. f., de πελος, prodige; nom donné par Linné à un état particulier des fleurs qui, d'irrégulières qu'elles sont habituellement, deviennent régulières. Ainsi, dans les *Linaires*, où cette modification a été d'abord observée, la corolle, au lieu de rester personnée avec un seul éperon, devient régulière, tuberculeuse, avec trois, quatre ou cinq éperons. De Candolle regarde les fleurs pélorisées comme des types irréguliers de fleurs irrégulières; Moquin-Tendon fait de la pélorie une monstruosité par altération régulière de forme. Les pélories peuvent être complètes ou incomplètes, atteindre une ou toutes les fleurs, être reproduites par bouture. Elles sont ordinairement accompagnées de diminution de volume.

PÉLORIÉ ou PELORISÉ, ÉE, adj., *pelorisatus*; se dit des fleurs qui ont éprouvé le phénomène de la *pélorisation*.

PÉLORISATION, s. f., *Pelorisatio*; phénomène vital par lequel une fleur, originairement asymétrique, devient régulière en se pélorisant, ou en passant à l'état de pélorie.

PELOTE, s. f.; tache blanche arrondie, située sur le front du cheval, et variant beaucoup par ses dimensions.

PELOUSE, s. f., *Campus graminosus*; terrain inculte, couvert d'une foule de petites plantes. La plupart des pelouses peuvent être soumises au pâturage, avec quelque profit, au moins au printemps et en automne.

PELTÉ, ÉE, adj., *peltatus*; se dit des feuilles dont le pétiole s'attache ou aboutit au milieu du limbe, ex.: la *Capucine*.

PELTINERVE, adj., *peltinervis*; on donne cette épithète aux feuilles dont les nervures partent en rayonnant du sommet du pétiole.

PELVI-CRURAL, adj., *pelvi cruralis*; appartenant au bassin et à la cuisse. — *Tronc pelvi-crural* : réunion des troncs veineux crural et pelvien.

PELVIEN, ENNE, adj., *pelvinus*, de *pelvis*, bassin; qui appartient au bassin. — *Cavité pelvienne* : partie postérieure de la cavité abdominale, formant le bassin.—*Membres pelviens* : membres postérieurs ou abdominaux. — *Tronc pelvien* : seconde division terminale de l'aorte, donnant les artères *ombilicale*, *sous-sacrée*, *fessière*, *iliaco-musculaire*, *obturatrice* et *iliaco fémorale*. Le tronc pelvien veineux est formé par la réunion des veines *sous-sacrée*, *obturatrice*, *bulbeuse*, etc.

PELVIMÈTRE, s. m., *Pelvimetrum*, du latin *pelvis*, bassin, et du grec μετρον, mesure; instrument dont on se sert, dans les accouchements, pour mesurer les diamètres du bassin. Inusité en vétérinaire.

PEMPHIGOÏDE, adj., *pemphigoïdes*, de πεμφιξ, pustule, et ειδος, apparence; qui appartient au pemphigus; *fièvre pemphigoïde*: fièvre occasionnée par le pemphigus.

PEMPHIGUS, s. m., *Pemphigus*, de πεμφιξ, πεμφιγος, bulle, pustule; maladie de la peau qui consiste en une éruption de bulles remplies de sérosité. Synonymie : *fièvre bulleuse*, *maladie vésiculeuse*, *pompholix*. Cette affection a été rangée par Willan dans l'ordre des bulles, par Alibert dans les dermatoses eczémateuses. Gohier et Demoussy sont les premiers qui l'ont observée sur le cheval. On l'a distinguée en *aiguë* ou *chronique*. Le pemphigus apparaît sur la tête, sur les ars, les flancs; les bulles ressemblent aux ampoules qui sont produites par les vésicatoires, et laissent échapper un liquide séreux, transparent. Au moment de l'invasion, il y a quelques symptômes fébriles. La dessiccation arrive du sixième au huitième jour. Ordinairement la terminaison est heureuse. Sous le rapport du diagnostic, il faut éviter de confondre le pemphigus avec l'affection aphteuse. Le traitement consiste à donner des boissons délayantes, acidulées ; on pratiquera la saignée au début, si la fièvre d'éruption est intense.

PENCHÉ, ÉE, adj., *nutans ;* incliné, courbé vers la terre.

PENDANT, ANTE, adj., *pendulus ;* se dit d'un organe dont la base est dirigée en haut et le sommet tourné vers la terre et libre. — La graine, l'ovule, sont *pendants* dans le péricarpe ou l'ovaire, quand ils sont suspendus par un funicule.

PENDULE, s. m., *Pendulum ;* le pendule est un corps pesant suspendu à l'extrémité inférieure d'un fil dont l'autre bout est attaché à un point fixe autour duquel le système peut osciller. Il est distingué en *simple* et *composé.* Le premier, appelé encore pendule *rationnel*, parce qu'on ne peut le réaliser, serait formé par une molécule matérielle suspendue à une ligne idéale. Le second se compose d'une tige rigide et d'un corps pesant, comme on le voit dans le pendule des horlogers. — Lorsque le pendule est dans la position verticale, il reste en repos, parce que la pesanteur du corps est détruite par la résistance du fil qui est dans une direction opposée ; mais si le pendule est relevé à droite ou à gauche de la verticale et abandonné à lui-même, il produit, de chaque côté de cette ligne, une série de mouvements qu'on appelle des *oscillations.* Chaque oscillation est formée d'une demi-oscillation *descendante* et d'une demi-oscillation *ascendante.* On nomme *amplitude* de chaque oscillation l'arc de cercle décrit par le corps pendulaire, et *angle d'écart*, l'angle formé par le fil du pendule et la ligne verticale. Les oscillations pendulaires sont soumises aux lois suivantes : 1° elles sont *isochrones ;* 2° elles sont indépendantes de la nature et du poids du corps pesant ; 3° leur durée est en raison directe de la racine carrée de la longueur du pendule, et en raison inverse de la racine carrée de l'intensité de la pesanteur. Le pendule est employé à la mesure du temps et a servi à déterminer la configuration du globe terrestre.

PÉNÉTRANT, adj., *penetrans ;* se dit d'une plaie qui pénètre dans une cavité naturelle ; *plaies pénétrantes des articulations, du thorax, de l'abdomen, clou de rue pénétrant dans la gaine sésamoïdienne.*

PÉNICILLÉ, ÉE, adj., *penicillatus ;* composé de poils disposés en pinceau.

PÉNICILLIFORME, adj., *penicilliformis*, de *penicillus*, pinceau, et *forma*, forme ; se dit du stigmate dont les poils sont ramassés en pinceau.

PÉNIS, *V.* VERGE.

PENNATIFIDE, adj., *pennatifidus ;* se dit des organes foliacés, des feuilles simples, dont le limbe est divisé latéralement, de telle sorte que les découpures, placées les unes vis-à-vis des autres, rappellent les barbes d'une plume.

PENNATILOBÉ, ÉE adj., *pennatilobatus ;* on donne ce nom aux feuilles dont les nervures sont pennées et le limbe divisé en plusieurs lobes.

PENNATINERVE, adj., *pennatinervis ;* synonyme de *pennatilobé.*

PENNATIPARTITE. adj., *pennatipartitus ;* à nervures pennées, avec un limbe partite.

PENNATISÉQUÉ, ÉE, adj., *pennatisectus ;* synonyme de *pennatipartite.*

PENNE, s. f., de *penna*. plume ; nom donné aux plumes fortes et développées qui garnissent les ailes et la queue des oiseaux et servent au vol. Les pennes des ailes sont appelés *rémiges* et celles de la queue *rectrices*, en raison de leurs fonctions particulières, les premières exécutant le vol, les secondes le dirigeant. Les pennes *alaires* ou rémiges sont divisées en *primaires*, s'attachant à la main ; *secondaires*, naissant de l'avant-bras ; et *bâtardes*, appartenant au pouce.

PENNÉ, ÉE, adj., *pennatus ;* se dit des feuilles composées dont les folioles sont placées de chaque côté du pétiole commun comme les barbes d'une plume sur la tige. Les feuilles pennées sont *pari* ou *imparipennées*, *oppositi-pennées*, *alterné-pennées*, *décrescenté-pennées*, etc.

PENNÉ-DÉCROISSANT, *V.* DÉCRESCENTÉ-PENNÉ.

PENNIFORME, adj., *penniformis*, de *penna*. plume, et *forma*, forme ; en forme de plume. Se dit, d'après de Candolle, des feuilles *ruptinerves* dont les divisions sont pennées. — Se dit, en anatomie, des muscles dans lesquels les fibres charnues sont disposées le long d'un tendon médian, comme les barbes d'une plume le long de la tige principale.

PENNINERVE. *V.* PENNATINERVE.

PÉNOEACÉES, s. f., *Penœaceœ ;* famille de plantes dicotylédones, apétales, périgynes, composée de sous-arbrisseaux originaires du Cap. Genres : *Pœnœa*, *Sarcocolla*, etc.

PÉNOMBRE, s. f., de *penè*, presque, et *umbra*, ombre ; nom par lequel on désigne la zone d'ombre d'une teinte plus claire qui borde de chaque côté l'ombre véritable. Elle est due en grande partie à l'*interférence* qu'éprouvent les rayons lumineux en rasant la surface du corps opaque qui produit l'ombre.

PENSÉE, *V.* VIOLETTE.

PENTA, de πεντε, cinq ; s'emploie dans les composés grecs, et signifie cinq.

PENTA-COQUE, adj., *penta-coccus ;* on appelle ainsi le diérésile et le regmate, quand ils sont composés de cinq coques.

PENTADACTYLE, adj., *pentadactylus*, de πεντε, cinq, et δακτυλος, doigt ; on le dit des feuilles et autres organes foliacés, quand ils présentent cinq divisions profondes.

PENTADELPHE, adj., *pentadelphus*, de πεντε, cinq, et αδελφος, frère ; on désigne ainsi les étamines réunies en cinq faisceaux.

PENTAGONE, adj., *pentagonus*, de πεντα, cinq, et γωνια, angle; qui a cinq angles et cinq côtés ; ex. : la tige du *cactus pentagonus*.

PENTAGYNE, adj., *pentagynus*, de πεντα, cinq, et γυνη, femme; se dit des fleurs qui ont cinq ovaires ou cinq styles ; ex. : le *Coriaria*.

PENTAGYNIE, s. f., *Pentagynia*; nom commun des ordres du système de Linné qui renferment les plantes à fleurs pentagynes.

PENTAGYNIQUE, adj., *pentagynicus*; qui a rapport à la pentagynie.

PENTAKÈNE, adj., *pentachainus*; composé de cinq achaines.

PENTANDRE, adj., *pentander*, de πεντα, cinq, ανηρ, ανδρος, mari; se dit des fleurs qui renferment cinq étamines.

PENTANDRIE, s. f., *Pentandria*; nom de la Vᵉ classe dans le système de Linné; elle renferme les plantes dont les fleurs ont cinq étamines, et se subdivise en six ordres.

PENTANDRIQUE, adj., *pentandricus*; qui a rapport à la pentandrie.

PENTAPÉTALE, adj., *pentapetalus*, de πεντα, cinq, et πεταλον, pétale; se dit de la corolle polypétale composée de cinq pétales.

PENTAPHYLLE, adj., *pentaphyllus*, de πεντα, cinq, et φυλλον, feuille; désigne un calice, un involucre, composé de cinq folioles.

PENTASÉPALE, adj., *pentasepalus*; synonyme de *pentaphylle*; s'applique plus particulièrement au calice.

PENTASPERME, adj., *pentaspermus*, de πεντα, cinq, et σπερμα, graine; se dit d'un fruit ou d'une loge renfermant cinq graines ou semences.

PENTASTYLE, adj., *pentastylus*, de πεντα, cinq, et στυλος, style; se dit de l'ovaire surmonté de cinq styles.

PENTATEUQUE, s. m., *Pentateuchus*; de πεντα, cinq, et τευχος, livre; les cinq livres de Moïse. —En *chirurgie*, on a donné le nom de *pentateuque* à la division des maladies externes formant cinq classes : plaies, ulcères, tumeurs, fractures, luxations.

PÉPASME, s. m., *Pepasmus*, de πεπαινω, je cuis; nom donné par les humoristes à la matière morbifique, qui a perdu sa crudité.

PÉPIE, s. f., *Pepita*, de *pituita* : ce nom a été donné à une pellicule blanche, qui entoure la langue des oiseaux, et les empêche de boire et de pousser leurs cris ordinaires. Telle est la définition de Rosier. C'est plutôt un symptôme de la stomatite ou de toute autre maladie du tube digestif, d'une bronchite, d'une pneumonie. La méthode qui consiste à enlever ou arracher la muqueuse desséchée sur la langue ne saurait être trop blâmée. Il faut chercher à établir le diagnostic de la maladie dont ce symptôme dépend, et mettre en usage le traitement qu'elle réclame.

PÉPIN, s. m., *Granum*; semence cou-

verte d'une enveloppe coriace, particulière à certains fruits charnus, au centre desquels elle se trouve ; ex. : la *Pomme*, le *Raisin*.

PÉPINIÈRE, s. f., *Plantarium*; terrain dans lequel on fait des semis d'arbres pour en obtenir de jeunes plants destinés à être transplantés ailleurs. On fait des pépinières pour les arbres *fruitiers*, pour les arbres *forestiers*, *d'agrément*, *résineux*, et chacune d'elles exige un terrain et des conditions de culture appropriés.

PÉPONIDE, s. f., *Peponida*; fruit syncarpé, charnu, à une seule loge, renfermant beaucoup de graines attachées à trois trophospermes pariétaux plus ou moins rapprochés du centre du péricarpe ; ex. : le *fruit des Cucurbitacées*.

PEPSINE, s. f., de πεψις, coction. *Chymosine; Gastérase*. Ces différents noms ont été donnés à une espèce de ferment découvert dans l'estomac par Eberle, en 1834, et servant, avec le suc gastrique, à dissoudre les aliments, notamment ceux qui sont de nature albumineuse. On obtient ce produit en précipitant par l'alcool ou l'acétate de plomb, soit le macératum qu'on prépare avec la caillette du veau ou l'estomac du porc et l'eau à 40°, soit le suc gastrique naturel. La pepsine dissoute rend l'eau visqueuse ; récemment précipitée, elle se présente sous forme de flocons blancs, d'aspect albumineux ; desséchée à siccité, elle est en masse brune, grisâtre, visqueuse, comme un extrait. Insoluble dans l'alcool concentré, l'éther, la pepsine se dissout dans l'eau froide ou tiède, pure ou acidulée. Ses caractères les plus essentiels sont de dissoudre l'albumine coagulée à l'aide des acides dilués, et de coaguler le lait sans l'intervention de principes acides. Elle perd ces propriétés lorsqu'elle est chauffée à 100° ; le froid les rend latentes, et la température de 40° les développe à leur maximum d'intensité.

PER : particule augmentative qui, placée devant les noms des composés chimiques, sert à désigner le plus haut degré de combinaison auquel ils puissent atteindre ; ex. : *peroxyde, perchlorure, persulfure*, etc. Le mot *per* se met toujours avant le nom du dernier de ces composés, quel que soit du reste son degré relatif de combinaison, qu'il soit le 2ᵉ, le 3ᵉ ou le 4ᵉ oxyde, chlorure ou sulfure.

PÉRACÉPHALE, s. et adj., *Peracephalus*, de περα, au-delà, et ακεφαλος, acéphale; genre de monstres acéphaliens ayant pour caractères un corps mal symétrique, irrégulier, ayant ses diverses régions bien distinctes, et manquant de membres thoraciques.

PÉRACÉPHALIE, s. f., *Peracephalia*; état des monstres péracéphales.

PÉRAPÉTALE, adj., *perapetalus*, de περα, au-delà, et πεταλον, pétale ; se dit des appendices de la corolle. Pour les appendices du calice, on dit *péraphylle*.

PERCE-LANGUE; nom vulgaire donné au *glossanthrax*.

PERCEPTA , s. m. pl. ; mot latin employé en hygiène pour désigner la classe des agents qui renferme tout ce qui a trait aux sensations : la *douleur* , les *mauvais traitements* , etc.

PERCEPTION , s. f., *Perceptio* , de *percipere* , recueillir ; impression occasionnée sur le *centre commun* par l'action des sens. L'organe sensitif, affecté par les corps extérieurs, transmet l'impression qu'il en reçoit au centre nerveux où a lieu l'appréciation de cette impression.

PERCHERON (Cheval). Il est produit dans les départements de l'Orne , d'Eure-et-Loir , Sarthe , Loir-et-Cher. Le cheval percheron est classé parmi les races communes propres au trait rapide. Il a une taille moyenne , 1,55 à 1,62 cent. ; ses formes sont un peu lourdes , et sa conformation, quoique bonne, n'est ni bien régulière, ni bien agréable. Il a la robe ordinairement grise , la tête moyenne , carrée , les oreilles un peu grandes, le corps long , arrondi, l'épaule oblique , les hanches larges , la croupe longue et arrondie, le poitrail ouvert , les jarrets larges, souvent un peu rapprochés , les membres fort peu garnis de crins , les pieds bons. Le cheval percheron est doué d'énergie , de force et de résistance. Il est assez sobre, d'un entretien et d'une éducation faciles. Son développement n'est complet qu'à six ans, mais, quand il atteint cet âge sans être taré , il peut faire un bon service jusqu'à quinze ou dix-huit ans. Ce cheval est très propre au service des diligences , des postes, des attelages de l'armée. Il trotte bien , et, quand il n'est pas trop volumineux, on peut parfaitement s'en servir comme bête à deux fins. La contrée où l'on produit le cheval percheron a la forme d'une ellipse; c'est à ses extrémités que l'on fait naître. Là , on cultive avec des poulinières. Les jeunes sujets sont sevrés à quatre ou cinq mois , vendus ensuite au prix de 3 à 500 francs, et conduits au centre de l'ellipse, où ils restent jusqu'à dix-huit mois ou deux ans , nourris médiocrement à l'écurie ou au pâturage. Alors ils commencent à travailler jusqu'à trois ans , époque à laquelle ils sont vendus à des cultivateurs de la Beauce et de la Normandie , au prix de 6 à 900 francs. Dans ces nouvelles conditions, ils sont bien nourris et travaillent fortement. A quatre ou cinq ans , ils sont conduits sur les foires de Chartres. — La race percheronne est une des meilleures de la France , l'une de celles dont l'élevage donne le plus de bénéfices. Ce serait un tort grave de chercher à la modifier par des croisements. Beaucoup de départements, plusieurs nations voisines, achètent des étalons percherons pour améliorer leurs races communes.

PERCHLORATE , s. m., *Perchloras;* nom des sels formés par l'acide perchlorique avec les bases salifiables. Ils sont peu importants pour l'usage médical.

PERCUSSION , s. f., *Percussio* , de *percutere* , frapper ; méthode d'exploration qui consiste à frapper les parois des cavités splanchniques, pour reconnaître l'état des organes qu'elles contiennent. C'est Avenbrugger qui , le premier, eut l'idée de l'employer pour les maladies de la poitrine de l'homme; plus tard, on s'en est servi pour d'autres affections. Delafond et Leblanc en on fait l'application au cheval. La percussion est *immédiate* ou *médiate* ; elle est immédiate, lorsqu'on percute avec les doigts rapprochés les uns des autres et allongés, ou avec le poing; elle est médiate, quand on frappe sur un corps intermédiaire appliqué sur les parois thoraciques. Leblanc a proposé de se servir d'un petit marteau en fer , avec lequel on percute sur une rondelle en sapin, recouverte d'un morceau de caoutchouc. Delafond emploie un pleximètre consistant en une rondelle de liége , recouverte du côté qui doit être frappé d'une couche d'éponge épaisse de six millimètres ; il fait la percussion avec un brochoir ordinaire. Ce professeur a étudié avec soin les caractères de la résonnance dans les différentes régions de la poitrine des grands et des petits animaux. Il considère la résonnance comme pouvant être *augmentée* , *diminuée* ou *abolie* ; elle est augmentée du côté opposé à l'épanchement borné à un sac pleural : elle diminue dans l'engouement du poumon , dans la phthisie calcaire : elle est abolie dans les épanchements. On préfère généralement l'*auscultation* comme moyen de diagnostic.

PERDICÉS , s. et adj. ; tribu de l'ordre des Gallinacés, renfermant ceux de ces oiseaux chez lesquels les tarses sont longs , robustes et nus, la queue courte et peu fournie , les sourcils et quelquefois même la tête entière dépourvus de plumes.

PERFOLIE , ÉE , adj., *perfoliatus;* se dit des feuilles alternes, amplexicaules, dont la base du limbe se prolonge autour de la tige et, en se soudant, entoure celle-ci d'une espèce de collerette : ex. : le *Buplevrum perfoliatum;* — des feuilles opposées qui se réunissent autour de la tige par leur limbe.

PERFORANT , s. m. ; nom donné au muscle fléchisseur profond des phalanges. *V.* FLÉCHISSEUR.

PERFORATION , s. f., *Perforatio* , de *per* , à travers, et *forare* , percer ; action de perforer , de percer ; division d'un organe, d'un viscère creux. La perforation *accidentelle* est produite par un corps vulnérant, par une substance caustique. Celle qui résulte de l'ulcération, d'une cause interne , est dite *spontanée*. Souvent la perforation constitue une opération chirurgicale ; la trépanation nous en donne un exemple.

PERFORÉ ; nom donné au muscle fléchisseur superficiel des phalanges. *V.* FLÉCHISSEUR.

PERFORMANCES, s. f.: mot anglais, plus ou moins francisé, employé dans le langage du turf pour indiquer le tableau des épreuves subies sur l'hippodrome par un cheval de course.

PERFUSES, adj., *perfusæ;* on le dit des graines attachées sans ordre à la surface interne des valves ou cloisons du péricarpe.

PERI, de πιρι, autour; employé dans les composés grecs, il signifie *autour.*

PÉRIANDRIQUE, adj., *periandricus;* se dit des nectaires situés autour des étamines.

PÉRIANTHE, s. m., *Perianthum,* de πιρι, autour, et ανθος, fleur; dans son acception la plus large, ce mot désigne l'ensemble des enveloppes florales, calice et corolle; en général, on ne l'emploie que lorsque l'enveloppe est unique.

PÉRIANTHÉ, ÉE, adj., *periantheus;* pourvu d'un périanthe simple ou double.

PÉRIBLEPSIE, s. f., *Periblepsis,* de πιρι, autour, et βλεψις, regard; regard effaré qu'on remarque dans le délire, dans quelques affections cérébrales.

PÉRIBOLE, s. f., *Peribole,* de πιριβαλλω, j'entoure; transport de la matière morbifique à la surface du corps, vers les parties extérieures.

PÉRICARDE, s. m., *Pericardium,* de πιρι, autour, et καρδια, cœur; sac membraneux servant d'enveloppe au cœur, et bornant ses mouvements dans l'intérieur de la poitrine. Le péricarde forme une poche close de toute part, fixée par sa partie inférieure sur le sternum, par sa partie supérieure, sur les gros troncs artériels et veineux, et recouverte sur ses côtés par les lames du médiastin, entre lesquelles se trouve placé le péricarde. Cette poche est formée de deux membranes: l'externe fibreuse, s'étendant sur toute la face externe du péricarde, l'interne séreuse, tapissant la première, avec laquelle elle s'unit intimement, et se repliant à la partie supérieure pour recouvrir toute la masse du cœur.

PÉRICARDITE, s. f., *Pericarditis,* de *pericardium,* péricarde; inflammation du péricarde. Cette maladie est encore peu connue sur les animaux. Elle est assez commune dans le cheval. Les causes qui la produisent sont les contusions de la poitrine, les phlegmasies des viscères de cette cavité, les altérations du cœur. Les symptômes sont la douleur dans la région précordiale, les battements du cœur plus forts, tumultueux, le pouls veineux dans les jugulaires; l'auscultation donne un bruit de cuir neuf. Il est rare que la péricardite ne coïncide pas avec la *cardite* et l'*hydropéricarde* (*V.* ces mots). Le traitement doit être énergique; il consiste dans l'emploi des saignées générales et des révulsifs cutanés sur la région malade.

PÉRICARPE, s. m., *Pericarpium,* de πιρι, autour, et καρπος, fruit; ensemble de toutes les parties qui, dans le fruit, enourent la graine.

PÉRICARPIAL, ALE, adj., *pericarpialis;* tous les organes appendiculaires qui naissent sur le fruit sont *péricarpiaux;* il en est de même des bulbilles, par exemple, qui naissent à la place des graines.

PÉRICARPIQUE, adj., *pericarpicus;* qui a rapport au péricarpe. On désigne en particulier, sous ce nom, les graines qui affectent la même direction générale que le fruit qui les contient.

PÉRICENTRIQUE, adj., *pericentricus;* se dit de l'insertion des étamines, quand elle a lieu sur un calice aplati ou peu convave; ex.: les *Polygonées.*

PÉRICHOÉTIAL, ALE, adj., *perichœtialis;* se dit des petites feuilles qui entourent la base du pédicelle des mousses.

PÉRICHÈSE, s. f., *Perichœtium,* de πιρι, autour, et χεω, je répands; espèce de calice ou involucre entourant les paraphyses dans les mousses; il est composé des feuilles *périchœtiales.* C'est le *périsyphe* de Desvaux, le *péricole* de Palis, de Beauvois.

PÉRICHONDRE, s. m., *Perichondrium,* de πιρι, autour, et χονδρος, cartilage; membrane de nature fibreuse, recouvrant les cartilages, comme le *périoste* revêt les os.

PÉRICLINE, s. m., *Periclinium,* de πιρι, autour, et κλινη, lit; involucre des Composées. C'est le *calice commun* de Linné; le *périphorante* de Richard.

PERICOROLLIE, s. f., *Pericorollia;* nom de la neuvième classe dans la méthode de Jussieu. Cette classe renferme les plantes dicotylédones, monopétales, à étamines périgynes.

PÉRICRANE, s. m., *Pericranium,* de πιρι, autour, et κρανιον, crâne; nom donné à la portion du périoste qui recouvre le crâne. Peu usité en anatomie vétérinaire.

PÉRIDERME, s. m., *Periderma,* de πιρι, autour, et δερμα, peau; couches d'utricules en table situées entre l'épiderme et le mésoderme (périderme externe), entre l'enveloppe herbacée et les couches corticales (périderme interne), dans les tiges dicotylédonées. Ces couches ne sont pas toujours apparentes.

PÉRIDESMIQUE, adj., *peridesmicus,* de πιρι, autour, et δεσμος, lien; qui est produit par une ligature serrée autour d'un organe; se dit de l'ischurie causée par la ligature ou la compression du pénis.

PÉRIDIUM, s. m., *Peridium;* réceptacle membraneux et sec que l'on trouve dans certains champignons. Il est ordinairement rempli d'une poussière abondante.

PÉRIDIDYMITE, s. f., *Perididymitis,* de πιρι, autour, et διδυμος, testicule; inflammation de la membrane externe des testicules.

PÉRIÉRÈSE, s. f., *Perieresis,* de πιρι, autour, et αιρεω, je prends; incision que les anciens pratiquaient autour des grands abcès.

PÉRIGONE, s. m., *Perigonium,* de πιρι, autour, et γωνια, angle: ce mot est employé comme synonyme de *périanthe.*

PÉRIGONIAIRE, adj., *perigoniaris;* se dit des fleurs *permutées* dans lesquelles on observe un changement dans les pièces du périanthe simple ou double. *V.* PERMUTÉ.

PÉRIGORD (race porcine du); on lui attribue les caractères généraux qui suivent: corps court, épais; tête effilée, pointue; dos convexe; côtes arrondies; poitrail large; membres forts; poils courts, rudes, souvent noirs, rarement pie. Cette race, qui peut acquérir un assez grand poids, est bonne. On la croise avec celle du Poitou.

PÉRIGYNE, adj., *perigynus*, de πepι, autour, et γυνη, femme; se dit des parties de la fleur insérées sur le calice, au-dessus de la base de l'ovaire. La corolle et les étamines sont *périgynes* dans les Ombellifères.

PÉRIGYNIE, s. f., *Perigynia;* disposition de la fleur caractérisée par l'insertion périgynique.

PÉRIGYNIQUE, adj., *perigynicus;* on désigne ainsi l'insertion de la corolle, des étamines, quand elle a lieu autour de l'ovaire, sur le calice.

PÉRINÉAL, ALE, adj., *perinœus, perinœalis:* qui appartient au périnée, ex.: *région périnéale.*

PÉRINÉE, s. m., *Perinœum*, de πepι, autour, et νεω, baigner; espace compris entre l'anus et les parties génitales. En *extérieur*, on donne à ce mot une acception plus étendue en l'employant pour désigner l'espace compris entre la vulve et les mamelles. La peau du périnée est très mince et à peine recouverte d'un duvet.

PÉRINÉPHRITE, s. f., *Perinephritis*, de πepι, autour, et νepρoς, rein; inflammation de la substance corticale des reins. *V.* NÉPHRITE.

PÉRIODE, s. f., *Periodus*, de πepι, autour, et oδoς, chemin; nom donné aux différentes phases par lesquelles une maladie est susceptible de passer. Chaque maladie présente en général trois périodes, l'*augment*, l'*état*, le *déclin*. Dans la première, appelée *augment*, *accroissement*, *progrès*, le mal s'accroit; dans la deuxième, ou l'*état*, les symptômes ont acquis leur plus haut degré d'intensité; dans la troisième, ou le *déclin*, il y a diminution. La durée de ces périodes est très variable; en général, on s'attache à abréger celle des deux premières. Il est des maladies dans lesquelles on distingue un plus grand nombre de périodes; on en reconnait encore deux, l'*invasion* et la *terminaison*. Dans les fièvres intermittentes, la *période* indique le temps qui s'écoule entre un accès et une intermission, même entre deux accès.

PÉRIODICITÉ, s. f., *Periodicitas;* qualité de ce qui est périodique; retour de certains phénomènes physiologiques ou pathologiques à des époques déterminées. On recommande surtout les toniques pour combattre cette disposition.

PÉRIODIQUE, adj., *periodicus;* qui reparait à des époques plus ou moins fixes.

parmi les maladies périodiques, la plus commune pour le cheval est l'*ophthalmie*, nommée encore *fluxion périodique.* — *Bot.* Les *fleurs* sont *périodiques*, lorsqu'elles s'ouvrent et se ferment plusieurs jours de suite.

PÉRIODYNIE, s. f., *Periodynia*, de πepι, autour, et oδυνη, douleur; violente douleur locale.

PÉRIOSTE, s. m., *Periostum*, de πepι, autour, et oστεον, os; membrane fibreuse enveloppant les os dans toute leur étendue, à l'exception cependant des surfaces destinées aux articulations. Le périoste adhère intimement aux os par sa face interne, qui envoie dans le tissu osseux, même le plus compacte, une foule de petits prolongements fibreux, et de nombreuses ramifications vasculaires très ténues. Par sa face externe, il donne attache aux muscles, aux tendons, aux ligaments, qui ne se fixent jamais directement sur le tissu osseux. Le périoste soutient les divisions vasculaires destinées aux os; sa destruction, dans une certaine étendue, entraîne la nécrose et l'exfoliation de la couche osseuse correspondante.

PÉRIOSTITE, s. f., *Periostitis*, de πepι, autour, et oστεον, os; inflammation du périoste. *V.* OSTÉITE.

PÉRIOSTOSE, s. f., *Periostosis*, de πepι, autour, et oστεον, os; gonflement du périoste. Ce gonflement se traduit par des tumeurs plus ou moins dures; tantôt le périoste s'imprègne d'une matière blanchâtre, qui s'ossifie et produit une épiphyse qui finit par se souder au corps de l'os; tantôt cette substance se ramollit et reste pâteuse. Ce sont les contusions qui, dans le cheval, développent le plus souvent la périostose. Au début, c'est un empâtement mal limité, douloureux, produisant la claudication, s'il siége près d'une articulation des extrémités. On a presque toujours confondu cette maladie du périoste avec les *exostoses*. Dans les animaux, on se borne presque constamment à des moyens locaux, qui consistent dans l'application du vésicatoire ou des pommades iodurées. Comme dernière ressource, on a recours à l'emploi de la cautérisation par le fer rouge.

PÉRIOSTOTOMIE, s. f., *Periostotomia*, de περιοστεον, périoste, et τεμνω, je coupe; opération qui consiste à couper une partie du périoste d'un os. Ce moyen chirurgical a été essayé en Angleterre d'abord, et plus tard en France, mais sans succès, pour obtenir la guérison des exostoses. Il consiste à faire pénétrer dans les tissus un instrument tranchant et à pointe mousse, avec lequel on opère la séparation du périoste et de la tumeur osseuse qu'il recouvre; une simple piqûre de la peau résulte de l'opération. Sewel a inventé dans ce but un instrument qu'il appelle *périostotome.* Cette division du périoste n'est pas douloureuse; elle produit un engorgement qui se dissipe bientôt; mais le plus souvent le volume de la tumeur ne diminue pas ; quelquefois il subit un accroissement prononcé.

PÉRIPÉTALE, adj., *peripetalus ;* situé autour de la corolle ou des pétales.

PÉRIPÉTALIE, s. f., *Peripetalia*, de πιρι, autour, et πιταλον ; pétale ; nom de la XIVe classe dans la méthode de Jussieu. Cette classe renferme les plantes dicotylédones, polypétales, à étamines périgynes.

PÉRIPHÉRIQUE, adj., *periphericus ;* se dit du *périsperme,* quand il enveloppe l'embryon ; de *l'embryon,* quand il est placé extérieurement sur le périsperme.

PÉRIPHORANTE, *V.* **PÉRICLINE.**

PÉRIPNEUMONIE, s. f., *Peripneumonia,* de πιρι, autour, et πνιυμων, poumon ; inflammation de l'enveloppe du poumon. Ce mot est employé généralement comme synonyme de *pneumonie,* et signifie l'inflammation du parenchyme pulmonaire. *V.* **PLEURÉSIE** et **PNEUMONIE.**

PÉRIPNEUMONIE DANS L'ESPÈCE BOVINE. Synonymie : *maladie de poitrine du gros bétail, péripneumonie gangreneuse, maligne* des anciens, *pneumonie, pleuro-pneumonie, péripneumonie carbunculaire, peste péripneumonique, pleuropneumonie épizootique, contagieuse, chronique, pneumo-sarcie, new disease* des Anglais. Maladie qui exerce depuis longtemps de grands ravages dans plusieurs contrées de l'Europe, dans les plaines comme dans les montagnes, en Allemagne, en Hollande, en Belgique, en Angleterre, en France, où elle frappe les bestiaux de vingt-cinq départements, surtout dans le nord et l'est. Les auteurs, qui se sont le plus occupés de cette affection, sont Chabert, Huzard, Grognier, Bragard, Lessona, Dieterichs, Didry, Lecoq, Mathieu, Taiche, Verheyen, Loiset. C'est Delafond qui a donné sur ce sujet la meilleure et la plus complète monographie. Diverses opinions ont été émises sur la nature de la péripneumonie de l'espèce bovine ; Bourgelat est le premier qui l'ait considérée comme une phlegmasie de la plèvre et du poumon ; Wagensfeld l'a qualifiée à tort comme rhumatismale ; Delafond la regarde comme une maladie spécifique, donnant naissance à un virus spécial susceptible de la reproduire, ce qui la distingue des affections ordinaires des poumons et des plèvres, simple ou compliquée d'altération septique du sang, n'étant jamais essentiellement putride, gangreneuse ou pestilentielle. — Les symptômes parcourent leurs périodes avec régularité ; deux types se présentent, savoir : *l'état aigu* et *l'état chronique.—Etat aigu. Première période, début.* — Symptômes généraux : accélération des mouvements des flancs ; diminution du murmure respiratoire, remplacé par le souffle bronchique ; légère matité ; toux sèche, petite et fréquente ; durée de deux ou trois jours. *Deuxième période, état.* Anorexie ; rumination suspendue ; diminution du lait ; sensibilité de la colonne vertébrale en arrière du garrot ;

bruit respiratoire faible dans les parties du poumon qui sont enflammées ; râle crépitant dans les autres points de cet organe ; matité ; toux pénible ; jetage blanchâtre, visqueux. La maladie arrive à ce degré du huitième au dixième jour ; à cette époque elle est difficilement curable. *Troisième période. Terminaisons.* Ce sont la résolution, l'hépatisation, la gangrène, l'épanchement et l'état chronique. L'*hépatisation* rouge est commune ; on la reconnaît au *bruit de souffle* ou *tubaire,* sans *murmure respiratoire,* à la matité. Delafond considère ces symptômes comme tellement caractéristiques qu'on peut, en coupant le poil, figurer à l'extérieur, jour par jour, l'étendue et les progrès de la lésion. Elle disparaît difficilement ; quelquefois elle passe à l'induration grise et blanche ; la maigreur de l'animal devient extrême ; la respiration est de plus en plus incomplète ; la diarrhée précède la mort pendant quelques jours. La *gangrène* est très rare ; elle s'annonce par l'odeur fétide de l'air expiré, un jetage rouge et d'une mauvaise odeur ; la mort arrive toujours du deuxième au troisième jour. L'*épanchement* ou *hydrothorax* ne produit l'asphyxie qu'au bout de quinze à vingt jours. Quelques complications peuvent survenir ; les plus graves sont la météorisation, l'entérite, l'altération septique du sang. — *Lésions nécroscopiques.* On trouve, soit dans une des cavités pleurales, soit dans les deux, les plèvres ecchymosées, épaissies, recouvertes de fausses membranes, faciles à déchirer ; le tissu cellulaire sous séreux est œdématié. Les poumons sont parfois hépatisés dans une grande partie de leur étendue ; le lobe hépatisé est volumineux, pesant ; son tissu, plus dense que l'eau, présente, lorsqu'on l'incise, des lésions rouges et brunes, encadrées par des bandes jaunâtres, formées par l'infiltration du tissu cellulaire interlobulaire ; ces bandes séparent chaque lobule malade. Leur coupe simule assez bien ce qu'on appelle en charcuterie le fromage d'Italie. S'il y a gangrène, le poumon contient un liquide boueux, noir ou grisâtre, d'odeur infecte ; les parties ramollies communiquent avec les bronches ou avec les plèvres. Les ganglions bronchiques sont volumineux, blanchâtres, mais non tuberculeux. Un liquide citrin existe dans la péricarde. Aucune lésion ne se montre dans l'abdomen et le système cérébro-spinal. — *Etat chronique.* Delafond l'a nommé *phthisie péripneumonite,* pour le distinguer de la phthisie tuberculeuse. Elle se montre à la suite du type aigu ; quelquefois elle débute sous cette forme. La marche de la péripneumonie chronique est lente ; les poumons s'hépatisent sur une grande étendue ; la médecine est impuissante contre les lésions qui se produisent dans les organes respiratoires. Il faut éviter de confondre cette maladie avec la *phthisie tuberculeuse* et la *phthisie calcaire.* — *Etiologie.* Les causes qui concourent au développement de la péripneumonie appartiennent à des genres divers. Dans les pays de montagne, ce n'est pas la constitution du sol, ou la composition de l'air qui exerce une influence sous ce rapport; ce sont les changements de température, les transitions subites dues aux intempéries atmosphériques, desquelles résulte souvent un froid intense après une grande chaleur. Au milieu des plaines, comme Loiset l'a observé dans le département du Nord, la cause la plus active consiste dans l'insalubrité des étables, l'insuffisance d'aération, la stabulation permanente, et dans un régime trop substantiel, pour pousser les animaux à l'engrais. On ne trouve pas, sous le rapport de l'alimentation, des plantes qui aient la propriété de développer la péripneumonie; mais on a constaté que les pâturages trop succulents étaient nuisibles, sous ce rapport, aux bêtes qui, pendant une longue saison d'hiver, avaient été soumises à des privations. Pour les vaches qui fournissent une abondante sécrétion laiteuse, et qui sont livrées en même temps à la stabulation permanente, la maladie est plus commune. Il n'est pas possible de nier la transmission par hérédité; la prédisposition à contracter la pleuro-pneumonie se montre de trois mois environ à deux ans après la naissance. Enfin, il est des états maladifs qui prédisposent à cette maladie du poumon; ce sont la métrite, la péritonite, les phlegmasies gastro-intestinales et pulmonaires. La péripneumonie est contagieuse, c'est un fait parfaitement établi, malgré les controverses émises sur ce point. — *Traitement.* De nombreux essais curatifs ont été faits inutilement; l'art est presque toujours impuissant pour triompher, à moins d'agir dès le début. On est d'accord sur les bons effets des émissions sanguines, mais leur application n'est utile que pendant un temps fort limité; plus tard, la saignée produit un état de faiblesse, qui hâte la marche de la maladie et la perte du malade. Delafond prescrit l'émétique, qu'on doit administrer, trois heures après la saignée, de deux heures en deux heures, et pendant seize heures, à la dose de 4 grammes dans $^1/_2$ litre d'eau de rivière ou de fontaine: il faut donner aussi la tisane d'orge alternativement avec le breuvage émétisé, en ajoutant à cette boisson le sulfate de soude à dose purgative. Loiset regarde comme inefficaces l'émétique et d'autres sels métalliques vomitifs. Aux émissions sanguines, on peut ajouter les exutoires, établis par des frictions ammoniacales sur les parois de la poitrine, par le garou, le sachet de sublimé corrosif; mais les propriétaires se soucient peu de l'emploi de ces moyens, qui déprécient le bétail qu'on se décide à vendre pour la boucherie, lorsque la maladie ne paraît pas s'amender. Le plus souvent, dès les premières atteintes du mal, les cultivateurs préfèrent livrer leurs animaux à la consom-

mation; ils sauvent ainsi 60 à 75 pour cent du capital qu'ils représentent.—Quant au traitement prophylactique, il comprend les moyens relatifs à l'alimentation, l'assainissement des étables; il consiste surtout dans l'exécution des réglements relatifs à la police, qui concernent les maladies contagieuses.— *Pol. sanit.* La contagion de la péripneumonie pour les animaux de l'espèce bovine, méconnue ou niée par Huzard père, Hurtrel, Lessona, Wagensfeld, etc., est admise par le plus grand nombre des vétérinaires actuels. Mais tous ne sont point d'accord sur le mode et les circonstances de la transmission. Les uns admettent la nécessité d'un rapport immédiat entre l'animal sain et l'animal malade; d'autres supposent que la transmission peut avoir lieu dans les rapports passagers qui s'établissent dans les pâturages, à l'abreuvoir, ou par l'intermédiaire des débris cadavériques. Quelques-uns enfin prétendent que la contagion n'est possible que dans les limites de l'atmosphère viciée qui entoure immédiatement les sujets péripneumoniques. En donnant à ce mode de transmission le nom d'*infection*, on ne fait peut-être que changer les mots; car un *miasme* qui n'agit que sur les animaux de l'espèce de ceux qui l'ont fourni, et qui occasionne toujours une maladie identique à celle d'où il provient, ressemble beaucoup à un *virus.* Tout fait présumer que les hommes, les ustensiles, etc., ne peuvent transporter la maladie d'un animal à un autre. — Les mesures administratives à invoquer dans le cas de péripneumonie contagieuse sont : la déclaration, la visite, l'isolement, l'abattage des animaux incurables, l'enfouissement et la désinfection. Le commerce ne peut être absolument prohibé ; pas plus ici qu'ailleurs il ne faut songer à demander des certificats de santé. D'autre part, les prescriptions de l'art. 6, relatives à l'enfouissement des peaux, sont trop sévères, et l'expérience prouve que la chair d'un animal tué pendant la première ou la deuxième période de la maladie peut être consommée sans aucun danger.

PÉRIPTÉRÉ, ÉE, adj., *peripteratus*, de περι, autour, et πτερον, aile; entouré d'un appendice membraneux en forme d'aile.

PÉRISPERME, s. m., *Perispermus,* de περι, autour, et σπερμα, semence; partie de l'amande accessoire à l'embryon; c'est l'*endosperme* de Richard, l'*albumen* de Gœrtner. Il provient du nucelle ou du sac embryonnaire, et se trouve formé d'une masse d'utricules contenant de la fécule, comme dans les Graminées, etc., de l'huile, du mucilage, etc., comme dans les graines oléagineuses, etc. Le périsperme est *blanc* ou *coloré*; il peut être *sec, charnu, coriace, parcheminé, corné,* etc. Sans continuité vasculaire apparente avec l'embryon, il sert néanmoins à le nourrir pendant la germination.

PÉRISPERMÉ, ÉE, adj., *perispermatus;* accompagné ou pourvu d'un périsperme.

PÉRISPORANGE, *V.* Indusie.

PÉRISPORE, s. m., *Perisporium*, de περί, autour, et σπορα, graine; enveloppe du fruit des Cryptogames; c'est l'analogue du *péricarpe* dans les Phanérogames.

PÉRISTALTIQUE, adj., *peristalticus*, de περι, autour, et στελλω, je resserre; mot employé pour désigner le mouvement de contraction par lequel l'intestin pousse d'avant en arrière les matières qu'il contient, et leur fait parcourir le tube intestinal.

PÉRISTAMINIE, s. f., *Peristaminia*, de περι, autour, et σημων, filament; nom de la VIe classe dans la méthode de Jussieu. Cette classe renferme les plantes dicotylédones, apétales, à étamines périgynes.

PÉRISTAPHYLIN, s. et adj., *peristaphylinus*, de περι, autour, et σταφυλη, luette; Bourgelat appelle *péristaphylins externe et interne*, deux faisceaux musculaires décrits par Girard sous le nom de muscle *stylo-staphylin* (*V.* ce mot).

PÉRISTÈRES, s. m. p.; nom donné à une tribu des *Gallinacés*, renfermant les *Pigeons* et les *Tourterelles*. Ces oiseaux doivent former un ordre servant de passage entre les *Gallinacés* et les *Passereaux*.

PÉRISTOLE, s. f., περιστολη, de περι, autour, et στελλω, je resserre; mouvement péristaltique des intestins. *V.* Péristaltique.

PÉRISTOME, s. m., *Peristoma*, de περι, autour, et στομα, bouche; espèce d'involucre simple ou double, composé de petites dents, placé autour de l'orifice de la capsule, dans certaines mousses.

PÉRISTYLIQUE, adj., *peristylicus*; se dit de l'insertion qui a lieu entre le calice et l'ovaire infère, dans laquelle les étamines sont adhérentes à l'ovaire.

PÉRISYSTOLE, s. f., *Perisystole*, de περι, au-delà, et συστολη, contraction; intervalle existant entre la contraction et la dilatation du cœur ou des artères.

PÉRITESTE, s. m.; nom donné quelquefois à la tunique fibreuse ou albuginée du testicule. Peu usité.

PÉRITHÉCIUM, s. m., *Perithecium*; réceptacle coriace ou corné, renfermant des spores nues ou non, dans les champignons.

PÉRITOINE, s. m., *Peritonæum*, de περι, autour, et τεινω, tendre; membrane séreuse tapissant la cavité abdominale, comme une tenture, et se repliant sur la plupart des organes qu'elle renferme, leur fournissant des enveloppes plus ou moins complètes, et des ligaments qui les fixent et bornent leurs mouvements dans la cavité; ex : les mésentères, les ligaments du foie, ceux de l'utérus, de la vessie. Le péritoine, comme toutes les séreuses, forme un sac clos de toute part; une exception existe cependant chez la femelle, où la trompe utérine établit une communication avec l'extérieur, par l'utérus et le vagin, et une continuité entre la séreuse du péritoine et la muqueuse de la trompe au pavillon de cette dernière. La gaine testiculaire n'est qu'un appendice de la membrane péritonéale.

PÉRITONÉAL, ALE, adj., *peritonæus*; qui appartient au péritoine; ex. : *membrane peritonéale*, *repli péritonéal*, etc.

PÉRITONITE, s. f., *Peritonitis*, de περιτουχιου, péritoine, avec la terminaison *ite*, qui indique une phlegmasie; inflammation du péritoine. Elle est rare dans les animaux, qui la présentent plus souvent à l'état aigu qu'à l'état chronique. — *Péritonite aiguë*. Le cheval et le chien y sont plus exposés que les autres animaux. Les causes sont : l'habitation dans les lieux humides, l'action d'une pluie froide sur la peau, l'immersion dans l'eau; voilà pour les influences extérieures. Parmi les causes les plus actives, sont les opérations pratiquées dans le voisinage du péritoine, celles qui intéressent cette membrane; ex.: ponction de l'intestin, du rumen, castration des mâles et des femelles; l'épanchement des substances irritantes provenant de la perforation des intestins et de la vessie. De même que la péritonite peut amener l'inflammation des organes voisins, ces derniers transmettent au péritoine, par contiguité de tissu, la phlegmasie qui les envahit; c'est ce qu'on voit pour l'entérite, l'hépatite, la métrite, la cystite. La brusque disparition d'une affection cutanée fait développer la péritonite par métastase. Dans le cheval, les symptômes principaux sont : la tension des parois de l'abdomen, la douleur produite par l'exploration de cette partie, l'insensibilité des reins, la constipation; le pouls est petit, serré, fréquent; la peau est sèche; la respiration est difficile, fréquente, interrompue. Le chien et le chat éprouvent des vomissements. La péritonite dure de dix à quinze jours; quand elle se prolonge davantage, elle revêt la forme chronique. Ses terminaisons sont : la résolution, la gangrène et l'épanchement. Comme lésions cadavériques, on rencontre des taches rouges sur le péritoine, des injections arborisées; cette séreuse est noirâtre, ecchymosée dans une portion plus ou moins étendue, quand il y a gangrène. On trouve, dans la cavité péritonéale, une sérosité plus ou moins roussâtre et floconneuse; des matières stercorales et de l'urine sont mêlées à ce liquide, dans le cas de péritonite par perforation. Des fausses membranes existent sur quelques-unes des parties enflammées. Sous le rapport du diagnostic, il faut éviter de confondre cette maladie avec l'entérite, la métrite, l'hépatite, la cystite, la pleurésie. Le pronostic est grave pour tous les cas de péritonite; celle qui est causée par les épanchements de matières stercorales est toujours mortelle. Le traitement doit être antiphlogistique; on recommande les saignées larges et répétées, les saignées locales aux veines qui rampent sur les parois du ventre. Dans les petits animaux, on emploie les sangsues. Les bains de vapeur, les fomentations émollientes, les cataplasmes émollients sur les lombes doivent être combinés avec les saignées. Parmi les topiques qu'on applique sur la région dorso-lombaire, on préfère la moutarde pour produire la révulsion. On met les malades à la diète ; on évite de donner trop de boissons, pour ne pas distendre les voies digestives ; les lavements sont contre-indiqués, dans le même but. Si l'on redoute un épanchement, on insiste sur les sudorifiques et les diurétiques. Les frictions mercurielles ont été vantées, surtout pour la péritonite qui se montre après le part. — *Péritonite chronique.* Elle est la suite de l'état aigu ou de la phlegmasie d'un viscère abdominal. Parmi les lésions qu'elle occasionne, on observe des adhérences contre nature des organes revêtus par le péritoine ; souvent il y a épanchement et formation de fausses membranes. Le traitement consiste à activer les fonctions sécrétoires, et à provoquer la révulsion sur différents points des téguments. La ponction est employée quand il y a hydropisie. *V.* ASCITE et PARACENTÈSE.

PÉRITROPE, adj., *peritropus*, de περὶ, autour, et τρέπω, tourner ; se dit de la graine ou de l'embryon dirigés du centre vers la circonférence.

PERMANENT, adj., *permanens ;* se dit des gaz qui conservent leur état aériforme sous toutes les pressions et à toutes les températures. *V.* INCOERCIBLE.

PERMÉABILITÉ, s. f., *Permeabilitas*, de *per*, à travers, et *meare*, passer ; propriété qu'ont la plupart des corps solides de laisser pénétrer les liquides et les gaz à travers leur substance.

PERMÉABLE, adj., *permeabilis ;* qui se laisse pénétrer par d'autres corps.

PERMUTÉ, ÉE, adj., *permutatus ;* on désigne ainsi les fleurs dans lesquelles l'avortement de l'un des sexes détermine un changement notable dans la forme ou la dimension des téguments floraux.

PÉRONÉ, s. m., de περόνη, agrafe ; os grêle en forme de stylet, chez les solipèdes, accompagnant le tibia, au côté externe duquel il se trouve placé. Le péroné s'articule par une tête un peu renflée avec la tubérosité externe du tibia, et se prolonge, en s'amincissant, jusqu'aux deux tiers inférieurs environ de cet os, se continuant par un ligament jusqu'à sa partie inférieure. Chez le bœuf, un ligament remplace le péroné. Cet os prend plus de volume et égale le tibia en longueur dans le chien et le porc.

PÉRONÉO-CALCANÉEN ; nom donné par Girard à l'extenseur latéral du métatarse. *V.* EXTENSEUR.

PÉRONÉO-PHALANGIEN; nom donné par Girard au fléchisseur oblique des phalanges. *V.* FLÉCHISSEUR.

PÉRONÉO-PRÉPHALANGIEN; nom donné par Girard à l'extenseur latéral des phalanges. *V.* EXTENSEUR.

PÉRONÉO-TIBIAL, ALE, adj., *peroneo-tibialis ;* qui appartient au péroné et au tibia ; ex. : *articulation péronéo-tibiale.*

PÉRONIER, ÈRE, adj., *peroneus ;* qui appartient au péroné. Plusieurs muscles et une artère portent ce nom en anatomie humaine.

PERSICAIRE, *V.* RENOUÉE.

PERSIL, *V.* ACHE.

PERSISTANT, ANTE, adj., *persistens ;* on le dit, en botanique, des organes qui restent après avoir rempli leurs fonctions, et durent au-delà du terme qui paraissait fixé pour leur existence. Le calice, le style, etc., sont souvent persistants.

PERSONNÉ, ÉE, adj., *personatus ;* la *corolle* est dite *personnée*, quand elle se compose d'un tube plus ou moins long, à gorge dilatée et fermée, et d'un limbe à deux lèvres inégales représentant grossièrement le mufle d'un animal ; ex. : le *muflier.* La fleur personnée ne se distingue souvent de la fleur labiée que parce que, dans celle-ci, se trouve un ovaire gynobasique.

PERSPIRATION, s. f., *Perspiratio*, de *per*, à travers, et *spirare*, exhaler ; passage insensible d'un fluide, à travers une membrane organique vivante. Synonyme d'*exhalation.*

PERSPIRATOIRE, adj., *perspiratorius ;* qui est produit par la perspiration ; ex. : *humeurs perspiratoires.*

PERSTRICTION, s. f., *Perstrictio*, de *perstringere*, serrer ; nom donné par les anciens médecins à l'application de ligatures serrées sur le trajet des gros vaisseaux, pour arrêter la marche des accès des fièvres intermittentes.

PERTE, s. f., de περθίω, ruiner, détruire ; privation de quelque chose. — En médecine, ce mot est employé pour désigner l'*hémorrhagie utérine* ; on l'applique aussi aux écoulements de la muqueuse vaginale.

PERTÉRÉBRANT, adj., *pertérebrans*, de *per*, à travers, et *terebra*, vrille, outil pour percer ; ce mot s'applique à une douleur très vive, semblable à celle qui serait produite par un instrument qui percerait les tissus.

PERTURBATION, s. f., *Perturbatio*, de *perturbare*, troubler ; trouble des fonctions normales ; changement apporté dans la marche d'une maladie, soit par le traitement, soit par des complications insolites. Dans quelques cas, on a recours à la *méthode perturbatrice*, qui produit dans l'organisme un trouble, duquel doit résulter une modification favorable de la maladie qu'on veut combattre.

PERTUS, USE, adj., *pertusus ;* percé de trous irréguliers ; ex. : les feuilles du *Dracontium pertusum*, les cotylédons du *Menispermum fenestratum.*

PÉRULE, s. f., *Perula ;* nom donné à l'enveloppe écailleuse pétiolienne, stipuléenne, foliacée, etc., des boutons ou bourgeons.

PERVENCHE, s. f., *Vinca*, L. ; genre de la famille des Apocynées, composé de plantes herbacées et sous-frutescentes, croissant surtout dans les régions moyennes et méridionales de l'Europe. Deux espèces sont communes en France, où on les trouve dans les bois, au bord des haies ; ce sont la P. à grandes fleurs, *V. major*, et la P. petite, *V. minor*. Elles offrent quelques variétés cultivées. Les feuilles de ces plantes sont toniques et astringentes. On les considère comme propres à arrêter ou diminuer la sécrétion du lait. Les bestiaux ne les mangent point.

PERVERSION, s. f. ; *Perversio*, de *pervertere*, altérer ; dépravation des humeurs. On désigne encore sous ce nom un changement du bien au mal dans l'exercice des fonctions, ex. : *perversion de l'appétit, du goût, de la vue*, etc.

PESADE, s. f. ; air relevé de manège, dans lequel le cheval, sans que les pieds postérieurs quittent le sol, s'élève du devant comme s'il voulait sauter. La pesade prend aussi le nom de courbette en place.

PESAGE, s. m. ; action de peser, de déterminer le poids à l'aide de la balance. — La connaissance du poids des animaux gras est importante pour celui qui produit ou qui achète. On distingue dans le pesage le *poids vivant* ou vif, c'est celui que l'animal donne sur la bascule ; le *poids brut*, c'est-à-dire celui de toutes les parties utiles prises à l'abattoir ; le *poids de viande nette* ou *de boucherie*, ou celui des parties vendues à l'étal. Il existe, entre le poids de viande nette et le poids vivant, un rapport qui doit nécessairement varier selon les races, le degré d'engraissement, mais qui, une fois connu, peut toutefois conduire à des évaluations d'une grande utilité. Le calcul suivant donné par Anderson est d'une application facile, mais il ne donne pas des résultats bien exacts. On prend les $^4/_7$ du poids vivant, auxquels on ajoute la moitié de ce même poids ; le quotient par 2 du chiffre total représente le poids de viande nette. *V.* ENGRAISSEMENT.

PESANT, adj., *gravis* ; qui est doué de pesanteur. C'est le cas de tous les corps matériels et qui tombent sous les sens. Le caractère principal des corps pesants, c'est de tomber sur le sol lorsqu'ils sont abandonnés à eux-mêmes ; cependant, il en est quelques-uns qui font exception en apparence ; ce sont ceux qui, plus légers que l'air, s'élèvent dans son intérieur comme le liége dans l'eau. Tous les corps matériels tombent dans le vide.

PESANTEUR, s. f., *Gravitas*, βαρύτης, *Gravité*, *gravitation* ; nom donné à la force attractive qui s'exerce entre le globe terrestre et les corps placés à sa surface. C'est elle qui maintient la lune dans son orbite et qui fait tomber vers la terre les corps qui en sont accidentellement éloignés. Comme force attractive, la pesanteur est soumise aux mêmes lois que l'*attraction*, c'est-à-dire qu'elle est réciproque entre la terre et les corps qu'elle attire ; qu'elle est proportionnelle à la masse des corps, en raison inverse du carré de la distance, etc. *V.* ATTRACTION. Elle agit sur tous les corps matériels, leur communique la même *vitesse*, mais non la même *quantité de mouvement*, parce que cette dernière dépend aussi de la masse des corps. Son *point d'application* du côté du globe est au centre de la terre, et, du côté des corps, à chacune de leurs molécules ou à un seul point rationnel appelé *centre de gravité* (*V.* ce mot). La *direction* de la pesanteur est verticale, perpendiculaire à la surface des eaux tranquilles, comme l'indique le fil-à-plomb. Son *intensité* varie avec les distances et les divers points du globe, qui n'est pas sphérique, et qui est animé d'un mouvement assez rapide de rotation. Enfin, l'action de la pesanteur sur les corps étant continue, elle leur communique un *mouvement accéléré*, *V.* CHUTE DES CORPS. La pesanteur étant une force universelle, elle agit sur les plantes et sur les animaux comme sur les corps bruts.

PESANTEUR SPÉCIFIQUE, *V.* DENSITÉ et POIDS.

PÈSE-ACIDE, *V.* ARÉOMÈTRE.

PÈSE-LAIT, *V.* LACTOMÈTRE.

PÈSE-LIQUEUR, *V.* ARÉOMÈTRE.

PÈSE-SEL, *V.* ARÉOMÈTRE.

PESOGNE : mot vulgaire inusité ; synonyme de *piétin*.

PESSAIRE, s. m., *Pessarium*, πεσσός ; instrument qu'on introduit dans le vagin pour maintenir la matrice dans sa position naturelle. Les pessaires sont des moyens de contention de dimensions et de formes variées ; il en est qui sont sphériques, ovoïdes : d'autres sont aplatis ou disposés en cylindre. Ceux qu'on emploie en médecine humaine sont légers et souples ; ils sont le plus souvent en caoutchouc. Les vétérinaires sont forcés d'employer des appareils plus solides et plus grossiers. Le *pessaire à bilboquet, à tige, à pivot*, se compose d'un anneau évasé en fer, d'où partent trois branches qui convergent et se confondent en une tige plus ou moins allongée. Chabert a conseillé de tremper dans la cire fondue les parties du pessaire qui doivent être en contact avec le col de la matrice et les parois du vagin. Le pessaire *en bois*, imaginé par Dorfeuille, diffère du précédent, parce que l'anneau ne présente que deux branches et parce que la tige est munie d'une traverse fixe. On doit au même auteur le *pessaire à pelote*, formé par une simple tige de bois, présentant à l'une de ses extrémités un tampon fait avec du linge ou des étoupes, et qui doit être poussé dans le vagin. Un pessaire simple consiste dans un bâton de sureau lié à une vessie que l'on insuffle, quand elle est introduite dans les voies génitales. Dans les cas urgents, on a proposé l'usage d'une bouteille ordinaire ; c'est le pessaire le plus défectueux. Les médecins se servent fréquemment du *pessaire à cuvette*, qui représente un corps oblong ou arrondi, au centre duquel est une ouverture disposée en forme de godet ; cet instrument ne peut être appliqué qu'aux petites femelles domestiques. Avant de poser un pessaire, il importe de faire vider la vessie et le rectum ; la réduction de la matrice et du vagin étant opérée, on fait entrer doucement l'instrument, qu'on a eu la précaution d'enduire avec un corps gras, et on le maintient à l'aide de la traverse dont il est muni. En général, on ne laisse pas le pessaire en place pendant longtemps. Rainard l'a laissé pendant quinze à vingt jours sur la jument, pour remédier à la chute du vagin sans déplacement de la matrice ; dix à quinze jours sur la chienne. Pendant la gestation, il faut retirer l'instrument, dès que l'on observe les premiers signes d'une parturition prochaine. De nombreux accidents sont le résultat de ce moyen de contention, dont le contact irritant peut excorier, perforer les parois du vagin ; mais on peut aussi en obtenir de grands avantages. — Pour remédier au renversement du rectum, on a recours également à l'application du pessaire pour les petits animaux. On se sert alors d'un tampon en bois qu'on fixe dans l'ouverture anale avec des liens qui viennent s'attacher sur les parties antérieures du corps. Il faut avoir la précaution d'enlever de temps en temps cette sorte de bouchon pour permettre la défécation.

PESTE, s. f., *Pestis*, λιμος ; maladie éminemment meurtrière pour l'espèce humaine, qui est caractérisée par des gangrènes, des pétéchies, des charbons. Synonymie : *fièvre pestilentielle*, *fièvre adéno-nerveuse*, *typhus d'Orient*. Cette affection, éminemment contagieuse, a pris son origine dans le Levant ; elle n'attaque pas les animaux. On a donné à tort le nom de peste au *charbon* et au *typhus* (*V.* ces mots).

PESTILENTIEL, ELLE, adj., *pestilentialis*, de *pestis*, peste ; qui se rapporte à la peste. Par extension, ce nom est donné aux maladies contagieuses : *maladie pestilentielle*.

PÉTALE, s. m., *Petalum* ; pièce de la corolle. On distingue dans un pétale l'*onglet* ou partie rétrécie, et le *limbe* ou partie étalée. Quand l'onglet manque ou se trouve très court, le pétale est dit *sessile*. Le nombre des pétales est très variable dans les diverses fleurs. Il est presque toujours égal à celui des folioles du calice. La corolle, véritablement monopétale, est composée d'une seule pièce. La forme des pétales varie comme celle des feuilles. Leur structure est à peu près la même ; souvent leur épiderme porte des stomates. Ils sont généralement colorés ; souvent ils exhalent une odeur due à la présence de glandes utriculaires sécrétant une essence aromatique. Les pétales sont *libres* ou *soudés, nus, ciliés, prolongés* en appendices de diverses formes, etc. *V.* COROLLE.

PÉTALÉ, ÉE, adj., *petalatus ;* muni de pétales.

PÉTALIFORME, adj., *petaliformis ;* ce mot est généralement employé comme synonyme de pétaloïde.

PÉTALODÉ, ÉE, adj., *petalodeus ;* se dit des fleurs multipliées dans lesquelles tous les organes sexuels ou quelques-uns sont transformés en pétales.

PÉTALOIDE, adj., *petaloïdeus*, de πεταλον, pétale, et ειδος, forme ; qui ressemble aux pièces de la corolle ou pétales, par la structure ou par l'aspect.

PÉTÉCHIAL, adj., *petechialis ;* accompagné de pétéchies. —*Fièvre pétéchiale :* accompagnée de pétéchies ; nom donné au *typhus*.

PÉTÉCHIE, s. f., *Petechia ;* nom donné à des taches rouges, qui se montrent sur la peau et les membranes muqueuses dans certaines maladies, principalement dans les altérations du sang. Sur le cheval, on les remarque le plus souvent sur la conjonctive et la pituitaire.

PÉTIOLACÉ, ÉE, adj., *petiolaceus ;* se dit des bourgeons entourés d'écailles qui sont elles-mêmes des pétioles avortés.

PÉTIOLAIRE, adj., *petiolaris :* se dit des organes qui croissent sur le pétiole ou en sont la continuité. — Quand les fleurs naissent sur le pétiole, l'*inflorescence* est appelée *pétiolaire*.

PÉTIOLE, s. m., *Petiolus :* partie rétrécie de la feuille. Quand il manque, la feuille est dite *sessile*. Il est plus ou moins long, toujours grêle, cylindroïde, et souvent canaliculé à sa face supérieure. Le pétiole est formé de faisceaux fibro-vasculaires qui, en se divisant, constituent les nervures des feuilles. Quand ces faisceaux font continuité avec ceux de la tige ou du rameau, les feuilles sont persistantes. Dans les autres cas, il y a au point de jonction un rétrécissement simple ou une articulation. De même, les divisions du pétiole peuvent être articulées sur la partie principale ou rachis ; c'est ce qui distingue les feuilles composées. Le pétiole peut être amplexicaule, semi-amplexicaule, être disposé en gaîne complète ou incomplète. Quelquefois il s'élargit de manière à remplacer le limbe. *V.* PHYLLODE. Enfin, sa base peut se prolonger en épines, porter des stipules, etc. *V.* FEUILLES.

PÉTIOLÉ, ÉE, adj., *petiolatus ;* pourvu d'un pétiole ; opposé à sessile en parlant des feuilles.

PÉTIOLÉEN, ÉENNE, adj., *petioleanus ;* se dit des organes qui proviennent d'une transformation du pétiole.

PÉTIOLULAIRE, adj., *petiolularis ;* on désigne ainsi les stipules qui prennent naissance sur le pétiolule ; ce sont les stipules de de Candolle.

PÉTIOLULE, s. m., *Petiolulus ;* dernière ramification du pétiole dans les feuilles décomposées. Le pétiolule s'insère sur le pétiole secondaire et porte les folioles.

PÉTIOLULÉ, ÉE, adj., *petiolulatus ;* porté sur un pétiolule.

PETIT-LAIT, *V.* Sérum.

PÉTRÉ, **ÉE**, adj., *petrosus*; qui ressemble à la pierre ou qui en a la dureté. — *Partie pétrée du temporal:* portion de cet os portant l'apophyse mastoïde, l'hiatus auditif externe, et renfermant dans son intérieur les diverses cavités et ouvertures de l'oreille moyenne et de l'oreille interne.

PÉTROLE, s. m., *Petroleum*, de πἰϭρος, pierre, et ἰλαιον, huile. — *Huile de Gabian,* sorte de naphte qui exsude du sein de la terre dans certaines contrées du globe, et qui tient en dissolution du bitume. C'est un liquide épais, noirâtre, d'odeur de bitume, pesant de 0,854 à 0,878, donnant du naphte par la distillation, insoluble dans l'eau, soluble dans l'alcool, les essences, les huiles, etc. Il est vermifuge, antipsorique, etc. *V.* Bitume et Naphte.

PEUCÉDAN, s. m., *Peucedanum*, L.; genre de la famille des Ombellifères, composé d'herbes vivaces, communes en Europe, et croissant surtout dans les lieux humides. Dix espèces croissent en France. Les bestiaux les recherchent peu. La racine du *P. officinale* est mangée par les porcs; elle contient un suc gommo-résineux d'odeur vireuse, qui jouit de propriétés antispasmodiques.

PEUPLIER, s. m., *Populus*, T.; genre de la famille des Salicinées. Il se compose d'arbres généralement de haute taille, originaires de l'Europe et de l'Amérique méridionale. Les espèces les plus intéressantes sont: le P. blanc, vulg. Ipréau, *P. alba*, le P. tremble, *P. tremula*, le P. pyramidal, vulg. *P. d'Italie, de Lombardie, P. pyramidalis,* le P. noir, *P. nigra*; tous ces arbres sont communs en France. Ils sont remarquables par la rapidité de leur croissance. Leur bois est blanc, léger, et propre seulement au chauffage ou à la confection d'objets qui ne demandent pas beaucoup de résistance. Les peupliers se plaisent surtout dans les terrains frais, humides, au bord des eaux. Leurs feuilles sèches sont mangées par les ruminants; on peut aussi les employer en litière. Les bourgeons entrent dans la confection de l'onguent *populéum. V.* Bourgeon.

PHACOÏDE, adj., *phacoïdes*, de φακη, lentille, et εἰδος, forme; en forme de lentille. — *Corps phacoïde:* nom donné par quelques anatomistes au cristallin, à cause de sa forme lenticulaire.

PHAGÉDÉNIQUE, adj., *phagedenicus*; de φαγεδαινα, faim dévorante; nom donné à la fois aux ulcères rongeants et aux substances caustiques propres à détruire les chairs baveuses des ulcères, des plaies, etc. — *Eau phagédénique. V.* Eau et Caustique.

PHALANGE, s. f., *Phalanx*, du grec φαλαγξ, ancien corps d'infanterie macédonienne; on donne ce nom aux principaux os qui entrent dans la composition des doigts. Dans tous les doigts, excepté dans le pouce des animaux pentadactyles, on compte trois phalanges: une première, encore appelée *métacarpienne* ou *métatarsienne*, une seconde ou *moyenne*, et une troisième ou *unguéale*. Le pouce ne compte que deux phalanges.

PHALANGETTE; nom donné par Chaussier à la deuxième phalange.

PHALANGINE; nom donné par Chaussier à la troisième phalange.

PHALANGOSE, s. f., *Phalangosis*, de φαλαγξ, phalange; maladie des paupières, dans laquelle les cils se dirigent contre le globe de l'œil et produisent le larmoiement. Cet état diffère du *trichiasis*, en ce qu'il ne présente pas des cils accidentels, mais seulement des cils naturels déviés de leur direction normale.

PHALARIS, s. m., *Phalaris*, L.; genre de la famille des Graminées. Ses caractères sont: épillets uniflores, deux fleurs étant stériles ou très petites, et réduites à des écailles ciliées; glumes naviculaires, à carène ailée ou non; glumelles naviculaires, coriaces, mutiques, l'inférieure plus grande; deux glumellules glabres; ovaire sessile; trois étamines; styles terminaux, stigmates plumeux; caryopse oblong, comprimé, libre; fleurs disposées en panicule plus ou moins serrée. Les espèces de ce genre se trouvent dans les prés, au bord des bois, etc., mais elles appartiennent presque toutes aux contrées méditerranéennes. Le Ph. roseau, *Ph. arundinacea*, est vivace, assez commun dans les lieux marécageux, au bord des étangs. Il peut être cultivé dans les terrains très humides et donner un fourrage vert abondant et de bonne qualité. Le Ph. des Canaries, *Ph. canariensis*, est annuel, commun dans le midi de la France, où il est cultivé pour la nourriture de l'homme; ses tiges et ses feuilles sont recherchées par les bestiaux.

PHALLITE, s. f., *Phallitis*, de φαλλος, verge; inflammation de la verge.

PHALLODYNIE, s. f., *Phallodynia*, de φαλλος, pénis, et ὀδυνη, douleur; douleur de la verge.

PHALLORRHAGIE, s. f., *Phallorrhagia*, de φαλλος, pénis, et ῥεω, je coule; ce mot a été employé pour désigner l'hémorrhagie du gland; on l'a donné aussi comme synonyme de *blennorrhagie*.

PHANÉRANTHES, *V.* Phanérogames.

PHANÈRE, s. m., de φανερος, apparent; nom donné aux productions apparentes et persistantes de la membrane tégumentaire, comme les poils, les crins, les productions cornées, etc. Ce mot est l'opposé de *crypte*, dérivé de κρυπτος, caché.

PHANÉROGAMES, s. f. et adj., *Phanerogami*, de φανερος, apparent, et γαμος, noce; nom générique des plantes de l'une des deux grandes divisions établies dans le règne végétal par Linné, comprenant tous les végétaux dont les organes sexuels sont apparents.

PHANÉROGAMIE, s. f., *Phanerogamia*; nom de la division du règne végétal renfermant les plantes phanérogames. Pour Linné, la phanérogamie ne s'étendait qu'aux *Monocotylédones* et aux *Dicotylédones.* Les progrès de la science ont fait abandonner sa division.

PHARMACEUTIQUE, s. f. ; nom proposé par Cap et adopté par Requin, pour désigner la partie de la matière médicale qui traite des effets secondaires et de l'emploi thérapeutique des médicaments.

PHARMACEUTIQUE, adj , *pharmaceuticus*; qui a rapport à la pharmacie. *Préparations pharmaceutiques :* celles qu'on effectue dans les pharmacies. *Emploi pharmaceutique :* mise en usage de certains corps dans les officines.

PHARMACIE, s. f., *Ars pharmaceutica ;* on donne généralement ce nom à l'art de préparer les médicaments composés avec les drogues simples ; mais il comprend de plus la récolte, la conservation des médicaments simples et l'étude des moyens propres à faire connaître le degré de pureté de ceux qui sont fournis par le commerce. La pharmacie se compose de deux parties bien distinctes : la *partie théorique* et la *partie pratique.* La première, toute scientifique, est formée par les principes que l'histoire naturelle, la physique et surtout la chimie fournissent au pharmacien pour le guider dans les diverses opérations de son art ; la seconde, toute manuelle, n'est plus qu'un art raisonné guidé par les principes des sciences naturelles. On distinguait autrefois la pharmacie en *galénique* et *chimique.* (*V.* ces mots). La première s'occupait des médicaments préparés par mélange, et la seconde de ceux qu'on obtient par réaction chimique. Cette distinction surannée et souvent fautive est à peu près abandonnée. Le mot *pharmacie* s'applique aussi à l'*officine* du pharmacien, à sa profession même, et, enfin, aux ouvrages qui traitent de son art, qu'on appelle aussi *pharmacopées.* (*V.* ce mot.)

PHARMACIEN, s. m., *Pharmacopæus. Apothicaire.* Nom donné à celui qui exerce la pharmacie, c'est-à-dire qui prépare et vend des médicaments. Le vétérinaire, comme le médecin de campagne, est à la fois médecin et pharmacien. Jusqu'ici aucune loi n'est venue régler cette partie de son art, non plus, du reste, que l'exercice de sa profession; mais il est tenu de se conformer aux prescriptions des lois qui règlent la vente des substances vénéneuses. (Art. 34 et 35 de la loi du 21 germinal an XI ; loi du 25 juillet 1845 et ordonnance du 29 octobre 1846.)

PHARMACOCHYMIE. s. f., *Pharmacochymia,* de φαρμακον, médicament, et χυμια, chimie ; chimie appliquée à la connaissance des médicaments, c'est-à-dire à leur composition chimique et aux opérations les plus convenables à leur préparation.

PHARMACODYNAMIE, s. f., *Pharmacodynamia,* de φαρμακον, médicament, et δυναμις, force ; nom donné par Golfin à la pharmacologie, en général, et qui s'applique-

rait parfaitement à la partie de cette science qui traite des effets primitifs ou physiologiques des médicaments.

PHARMACOGRAPHIE, s. f., *Pharmacographia,* de φαρμακον, médicament, et γραφω, décrire ; nom que Lesson a proposé pour désigner la pharmacologie et surtout la partie qui traite de l'histoire naturelle des médicaments.

PHARMACOMATHIE, s. f., *Pharmacomathia,* de φαρμακον, médicament, et μαθησις, science ; description des drogues simples.

PHARMACOLOGIE, s. f., *Pharmacologia,* de φαρμακον, médicament, et λογος, discours ; partie des sciences médicales qui s'occupe de l'étude des médicaments, dans le but d'éclairer leur emploi au traitement des maladies. Considérée dans son acception la plus large, cette science comprend l'histoire complète des médicaments, et se compose de plusieurs parties, dont quelques-unes même, d'après l'opinion de certains auteurs, constituent autant de sciences distinctes. La connaissance complète d'un médicament comprend les points suivants : 1° son origine et ses caractères naturels, ce qui constitue l'objet de l'*histoire naturelle médicale* ou ce qu'on a proposé d'appeler *pharmacographie* ou *pharmacomathie ;* 2° ses caractères et sa composition chimiques, qui forment l'objet de la *pharmacochymie ;* 3° sa récolte, sa conservation et ses préparations ou associations pharmaceutiques, dont s'occupe la *pharmacie* ou *pharmacotechnie ;* 4° ses modes d'administration et ses *doses* ou ce qu'on appelle la *posologie ;* 5° ses effets locaux et généraux, primitifs et secondaires, qu'étudie la *pharmacodynamie ;* 6° enfin les indications que les maladies présentent à leur emploi, ce qui forme l'objet de la *thérapeutique médicale* ou *pharmaceutique.* L'étude d'un médicament se divise assez naturellement en deux parties distinctes : l'une qui s'occupe des médicaments en eux-mêmes avant leur application à l'économie animale, et ce serait là, d'après quelques auteurs, plus particulièrement le sujet de la *pharmacologie ;* et l'autre qui les examine surtout dans leurs rapports avec l'économie animale, saine ou malade, formerait l'objet de la *matière médicale.* Le *but* essentiel de la pharmacologie est d'apprendre à faire un emploi raisonné des médicaments dans le traitement des maladies. Son *importance* est très grande, puisqu'elle fournit au praticien les moyens principaux de *combattre* les maladies dont il a déterminé la *nature* et le *siège.* Son étude est longue et complexe ; elle exige, pour être approfondie, des connaissances préalables sur l'histoire naturelle, la chimie, l'anatomie, la physiologie, la pathologie, etc.

PHARMACOTECHNIE, s. f., *Pharmacotechnia,* de φαρμακον, médicament, et τεχνη, art; art de préparer les médicaments; synonyme de *pharmacie*, (*V.* ce mot).

PHARMACOPÉE, s. f., *Pharmacopœa*, de φαρμακον, médicament, et ποιειν, faire ; art de connaître les médicaments et de les préparer; synonyme de *traité de pharmacie*, de *formulaire*.

PHARMACOPOLE, s. m., *Pharmacopola*, de φαρμακον, médicament, et πολειν, vendre; qui vend des médicaments; synonyme du mot *pharmacien*. Pris en mauvaise part, il signifie *charlatan*.

PHARMACOPOSIE, s. f., *Pharmacoposia*, de φαρμακον, médicament, et ποσις, boisson ; terme générique par lequel on désigne toute préparation pharmaceutique liquide. Peu usité.

PHARYNGÉ, ÉE, adj., *pharyngeus*; qui ppartient au pharynx. Synonyme de *pharyngien*. *Angine pharyngée*, *V*. ANGINE.

PHARYNGIEN, ENNE, adj., *pharyngeus*; qui appartient au pharynx. *Artère pharyngienne* : elle se détache de la glosso-faciale vers le milieu de la grande branche de l'hyoïde, et gagne le pharynx, où elle se divise. — *Nerfs pharyngiens* : les deux principaux sont fournis par le glosso-pharyngien et par le pneumo-gastrique.

PHARYNGITE, s. f., *Pharyngitis*; inflammation du pharynx. Synonyme d'*angine pharyngée*. *V*. ANGINE.

PHARYNGOCÈLE, s. f., *Pharyngocele*, de φαρυγξ, pharynx, et κηλη, tumeur; tumeur formée par la dilatation du pharynx.

PHARYNGOGRAPHIE, s. f., *Pharyngographia*, de φαρυγξ, pharynx, et γραφη, description ; description du pharynx.

PHARYNGO-LARYNGITE, s. f., *Pharyngo-laryngitis*; inflammation du pharynx et du larynx.

PHARYNGOLOGIE, s. f., *Pharyngologia*, de φαρυγξ, pharynx, et λογος, discours; traité du pharynx.

PHARYNGOTOMIE, s. f., *Pharyngotomia*, de φαρυγξ, le pharynx, et τομη, section; opération chirurgicale qui consiste à ouvrir le pharynx. L'incision du pharynx n'est pas usitée en chirurgie vétérinaire ; on y supplée par l'œsophagotomie, lorsqu'il s'agit de l'extraction d'un corps étranger.

PHARYNX, s. m., *Pharynx*, de φαρυγξ, arrière-bouche; cavité musculo-membraneuse faisant suite à la bouche, dont elle est séparée par le voile du palais, et précédant l'œsophage. Le pharynx est situé au-dessus du larynx, qui lui sert de base, et présente plusieurs ouvertures : 1° une ouverture communiquant avec les narines; 2° une autre établissant la communication avec la bouche; 3° une autre appartenant au larynx; 4° l'ouverture œsophagienne ; 5° enfin, les deux orifices des trompes d'Eustache, protégés chacun par une plaque cartilagineuse, prolongement de la partie solide de la trompe. — Le pharynx est formé par plusieurs muscles ayant leur point fixe sur l'hyoïde, le larynx et la voûte palatine. Les uns sont *dilatateurs*, les autres, *constricteurs* de cette cavité. Il est tapissé à l'intérieur par une muqueuse qui se continue de la bouche et des cavités nasales dans le pharynx et gagne l'œsophage et le larynx. — Le pharynx sert de passage aux aliments qui se rendent de la bouche à l'œsophage et à l'air qui se porte des cavités nasales au larynx.

PHASIANÉS, s. et adj. ; tribu de l'ordre des Gallinacés, renfermant ceux dont les tarses sont nus et garnis d'un ergot, le pouce articulé plus haut que les autres doigts, et la queue très développée, tantôt étagée et cunéiforme, tantôt redressée en panache. Genres principaux : *Faisan*, *Coq*, *Paon*, etc.

PHELLANDRE, *V*. OENANTHE.

PHÉNOMÈNE, s. m., *Phœnomenum*, de φαινομενον, apparence. Dans le langage vulgaire, ce mot sert à indiquer tout évènement extraordinaire; dans les sciences naturelles, on l'emploie pour désigner tous les changements perceptibles aux sens qui surviennent dans l'état des corps. On divise les phénomènes en *généraux* et *spéciaux*, suivant qu'ils ont lieu dans tous les corps ou qu'ils se manifestent dans quelques-uns seulement. Ils ont été distingués aussi en *physiques*, *chimiques* et *organiques*, selon leur nature et les corps dans lesquels ils se produisent. Leur étude comprend leur description et leur classification, la détermination de leurs lois et la recherche de leurs causes.

PHILADELPHACÉES, s. f., *Philadelphaceæ*; famille de plantes dicotylédones, polypétales, périgynes, originaires du midi de l'Europe ou de l'Amérique tempérée. Elle se compose d'un petit nombre d'arbrisseaux. Genres : *Philadelphus*, *Decumaria*. Plusieurs espèces du genre *Philadelphus* sont cultivées dans nos jardins sous le nom de *Seringa* ou *Syringa*.

PHILIATRE, s. m., *Philiater*, de φιλεω, j'aime, et ιατρευ, guérir ; qui se livre par goût à la pratique de la médecine, de l'art de guérir.

PHIMOSIS, s. m., *Phimosis*, *Capistratio*, de φιμος, ficelle, cordon; resserrement de l'ouverture du fourreau ou prépuce, d'où résulte l'impossibilité de la sortie du pénis. Cet état, commun dans le cheval, est toujours maladif. Le phimosis résulte de contusions, de blessures, de la formation des fics, etc. On obtient facilement la résolution par le traitement antiphlogistique, se composant de la saignée générale, des mouchetures employées comme saignées locales et des fomentations émollientes. Lorsque ces moyens ne suffisent pas, on a recours à l'incision du prépuce, qui permet d'extraire le pus et les concrétions qui s'accumulent autour du pénis. — Quelquefois le phimosis est *congénial*; dans ce cas, on opère aussi le débridement. Il ne faut pas confondre avec le phimosis, l'arrêt de développement du fourreau qu'on observe dans les chevaux qui ont subi de bonne heure l'opération de la castration.

PHLASME, ou **PHLASIS**, s. f., de φλασις, ionique, pour φλασις, de φλαω, je brise ; contusion , enfoncement d'un os plat.

PHLÉBARTÉRIODIALGIE , s. f. , de φλιψ, φλεβος, veine, αρτηρια, artère, et αλγος, douleur,: anévrysme variqueux.

PHLÉBECTASIE , s. f. , *Phlebectasia*, de φλιψ, φλεβος, veine, et εκτασις, extension; dilatation d'une veine.

PHLÉBITE, s. f. , *Phlebitis*, de φλιψ, φλεβος, veine, avec la désinence *ite* ; inflammation de la membrane interne des veines. C'est à Renault et H. Bouley qu'on doit les recherches les plus intéressantes sur cette maladie. Elle est fréquente dans les animaux ; elle peut se montrer à la suite de toutes les plaies, même après les opérations les plus simples. C'est principalement sur le cheval qu'on l'observe, à la suite du thrombus de la jugulaire. Il est quelques conditions générales de l'organisme qui prédisposent à la phlébite, et qui ont une certaine analogie avec celles qui apartiennent aux affections thyphoïdes. La phlébite est le plus souvent traumatique dans les animaux ; parmi les causes occasionnelles, on peut citer le thrombus, les blessures de tous les genres, les larges plaies contuses, les fractures comminutives, les déchirures des veines, la ligature et la compression de ces vaisseaux. Elle est produite aussi par l'introduction d'un principe virulent dans le système circulatoire, par l'absorption du pus d'un abcès. Loiset a signalé la phlébite ombilicale, qui empêche l'oblitération de l'ouraque dans les poulains nouveaux-nés. Les symptômes sont *locaux* ou *généraux;* parmi les premiers, on observe une douleur vive sur la plaie, qui résulte de la saignée : il en sort un sang altéré. Loin d'être limitée, l'inflammation suit le trajet de la veine affectée et produit un gonflement œdémateux, en allant vers les ramifications du vaisseau malade ; dans l'homme, au contraire, l'inflammation étend ses progrès dans la direction du cœur, rarement vers le système capillaire. Quelquefois la veine prend la forme bosselée et produit une corde noueuse ; des abcès multiples s'ouvrent à l'extérieur par le tissu cellulaire, et entrainent des fragments de vaisseau. Lorsque le pus passe dans le sang, on observe des accidents funestes; c'est alors que se montrent les symptômes *généraux*, nommés encore symptômes d'*infection* ou de *résorption*. La conjonctive prend une teinte jaune, ictérique, des pétéchies se montrent à la surface de la muqueuse nasale. Le pouls, d'abord fréquent et dur, devient de plus en plus petit; les mouvements du cœur sont tumultueux; on observe dans les battements des flancs ce soubresaut caractéristique des infections du sang et des abcès métastatiques. Des tumeurs douloureuses se montrent sur plusieurs parties du corps; semblables aux éruptions de la morve aiguë, elles se ramollissent dans l'espace de quelques heures, et donnent un pus mal

élaboré, blanc jaunâtre. Les testicules sont infiltrés; les articulations et les gaines tendineuses s'engorgent; l'animal se couche souvent et se relève bientôt, parce que le décubitus gêne la respiration. Recueilli dans l'hématomètre, le sang se coagule lentement; le caillot blanc ressemble à une forte solution de gomme; à sa ligne de jonction avec le caillot noir, on trouve une zône pointillée par des globules d'une teinte jaune, et qui, vingt-quatre heures après, ressemble au pus d'un abcès phlegmoneux mal élaboré. D'après la marche de l'affection et ses caractères anatomiques, on la distingue en *phlébite adhésive*, quand il y a formation de caillots adhérents aux parties enflammées, et *phlébite suppurative*, lorsqu'il y a sécrétion de pus. Après la mort, on trouve des lésions sur le vaisseau primitivement affecté et sur des organes éloignés. Des abcès existent en grand nombre dans les viscères riches en vaisseaux sanguins, dans le tissu cellulaire, autour des articulations. Les poumons sont criblés de dépôts albumino-fibreux, du volume d'une noisette, de consistance caséeuse, comme dans la morve aiguë. Dans quelques points, leur masse est ramollie,et ressemble à une collection purulente. Les cavités du cœur et des gros vaisseaux sont remplies d'un sang noirâtre et poisseux ; la surface interne du ventricule droit est violacée; des pétéchies sont disséminées dans le ventricule gauche. On peut confondre la phlébite locale avec le phlegmon, le farcin. Les terminaisons les plus graves de la phlébite générale sont la morve aiguë et l'infection par les matières purulentes. Le pronostic est peu grave, quand la forme est adhésive; il n'en est pas de même dans le cas de suppuration, à moins que la nature ne limite les ravages du pus. Si ce produit circule avec le sang, la période d'infection est imminente. La phlébite ombilicale observée dans les poulains est presque toujours mortelle. *Traitement local.* On a prescrit la saignée générale, les fomentations émollientes, les cataplasmes sur la partie affectée. Quelques personnes préfèrent les réfrigérants et les astringents. Le meilleur moyen consiste dans l'application de l'onguent vésicatoire sur le trajet du vaisseau malade. On a conseillé la ligature de la veine; cette opération est difficile et rarement suivie de succès. Renault et H. Bouley trouvent la cause du peu d'efficacité de ce moyen dans l'inflammation qui rend tellement friables les parois du vaisseau, que la ligature ne tarde pas à tomber et à permettre l'action désorganisatrice de l'air sur le caillot. La cautérisation par le fer rouge sur la veine enflammée et dans les parties voisines peut être employée avec avantage pour empêcher le développement de la phlébite générale. Le traitement *général* a pour but d'empêcher la résorption du pus. Ce résultat est difficile à obtenir. Quand le pus est dans le sang, rien ne réussit; c'est en vain qu'on met en usage les sudorifiques, antiseptiques, vomitifs, purgatifs et toniques. Des médicaments altérants ont été employés à titre d'essai empirique ; tels sont l'acétate d'ammoniaque, le calomel, l'émétique ; leur influence a été nulle. Les désinfectants, entre autres les chlorures, n'ont pas donné de résultats. Administrés à forte dose, dans le but de relever l'état de prostration des malades, ils n'ont pas eu plus d'avantages.

PHLÉBOGRAPHIE, s. f., *Phlebographia*, de φλεψ, φλεβος, veine, et γραφειν, décrire ; description des veines.

PHLÉBOLITHE, s. m., *Phlebolithus*, de φλεψ, φλεβος, veine, et λιθος, pierre ; calcul des veines. On a donné ce nom à des concrétions osseuses ou calcaires qu'on rencontre dans l'intérieur de quelques veines. *V.* CALCUL.

PHLÉBOLOGIE, s. f., *Phlebologia*, de φλεψ, φλεβος, veine, et λογος, discours ; traité des veines.

PHLÉBORRHAGIE, s. f. *Phleborrhagia*, de φλεψ, φλεβος, veine, et ρεω, je coule ; hémorrhagie fournie par une veine.

PHLÉBOTOME, s. m., *Phlebotomus*, de φλεψ, φλεβος, veine, et τομη, section ; nom donné à la flammette dont on se sert en Allemagne pour saigner. *V.* FLAMME.

PHLÉBOTOMIE, s. f., *Phlebotomia*, de φλεψ, φλεβος, veine, et τεμνω, je coupe ; opération qui consiste à ouvrir une veine pour en tirer du sang. *V.* SAIGNÉE.

PHLEGMAGOGUE, adj., *phlegmagogus*, de φλεγμα, phlegme, pituite, et αγω, chasser ; nom donné par les anciens humoristes aux médicaments propres à évacuer la pituite.

PHLÉBOTOMISER, v. act. ; saigner, ouvrir une veine.

PHLÉBOTOMISTE, s. m. ; chirurgien qui pratique l'opération de la saignée.— Anatomiste qui s'occupe de la dissection des veines.

PHLEGMASIE, s. f., *Phlegmasia*, de φλεγω, je brûle ; synonyme d'*inflammation*. On a donné le nom de *phlegmasies* à des maladies internes, présentant les quatre phénomènes de l'*inflammation* (*V.* ce mot).

PHLEGMASIQUE, adj., *inflammatorius*; qui a la nature de la phlegmasie, de l'inflammation.

PHLEGMATIA ALBA DOLENS ; nom donné, en médecine humaine, à un œdème douloureux des membres abdominaux, qu'on observe sur la femme à la suite de l'accouchement.

PHLEGMATIE, s. f., *Phlegmatia*, de φλεγμα, phlegme ; synonyme d'*anasarque*, d'*œdème*.

PHLEGMATIQUE, s. et adj., *Phlegmaticus*; synonyme de lymphatique.

PHLEGMATORRHAGIE, s. f., *Phlegmatorrhagia*, de φλεγμα, pituite, et ρεω, je coule ; excrétion abondante de mucosités par les narines. Synonyme de *catarrhe*, de *bronchorrhée*.

PHLEGME, s. m., *Phlegma*, *Pituita*: φλεγμα ; humeur naturelle du corps de l'homme, d'après les anciens médecins, qui admettaient qu'elle est *froide* et *humide*. Ce principe est hypothétique. Les anciens chimistes et pharmaciens donnaient le nom de *phlegmes* à tous les produits aqueux, insipides et inodores, fournis par la distillation des plantes.

PHLEGMON, s. m., *Phlegmone*, de φλεγω, je brûle ; inflammation du tissu cellulaire. Cette inflammation est circonscrite ou limitée ; de là le *phlegmon proprement dit* et le *phlegmon diffus*. — *Phlegmon proprement dit :* Il peut se produire sur tous les points de l'économie. Sur le cheval, on l'observe souvent sous la ganache, au cou, à la face interne des rayons supérieurs des membres. Les causes qui le produisent sont toutes celles de l'inflammation ; les plus actives sont les contusions, le frottement, les piqûres, les fractures, les corps étrangers introduits dans les tissus. On distingue des phlegmons *spontanés* dus à des causes internes, ou qui sont symptomatiques de quelques maladies des muqueuses respiratoire et digestive. Les symptômes constituent par leur réunion le type le mieux caractérisé de l'inflammation. Le phlegmon débute par une tumeur circonscrite, dure, résistante, avec rougeur prononcée dans les sujets dont les téguments offrent une nuance claire. Une douleur aiguë, pulsative, se fait sentir ; la chaleur des tissus est augmentée. Ces symptômes sont moins apparents dans le phlegmon profond ; la douleur est plus forte dans ce cas. Les terminaisons du phlegmon sont la délitescence, la résolution, la suppuration, la gangrène, l'induration ou état chronique. C'est la suppuration qui est la terminaison la plus ordinaire ; alors la tumeur se ramollit et présente la fluctuation ; l'ulcération finit par diviser les téguments et donne issue à une certaine quantié de pus. Le pronostic est peu grave pour le phlegmon superficiel ; il n'en est pas de même pour celui qui est situé profondément, qui envahit le tissu cellulaire voisin des tendons et des aponévroses. Généralement, on s'accorde pour recommander le traitement antiphlogistique ; on place la saignée générale en première ligne, pour diminuer l'intensité de l'inflammation, lors même que le pouls est peu développé. Les émollients, sous la forme de lotions ou de cataplasmes, favorisent quelquefois la résolution ; mais leur action n'est pas assez énergique pour prévenir la formation d'un abcès. Il est un moyen qui tend à se répandre de plus en plus comme résolutif des plus énergiques, c'est l'onguent vésicatoire. Lorsque la collection purulente est bien formée, il faut en pratiquer la ponction ; souvent on emploie dans ce but le cautère actuel sur les animaux, pour prévenir la cicatrisation trop rapide de la plaie par laquelle le pus doit s'écouler. — *Phlegmon diffus.* On nomme ainsi l'inflammation non circonscrite du tissu cellulaire. Synonymie : *érysi-*

pêle phlegmoneux, *phlegmon érysipélateux.*
V. ÉRYSIPÈLE.

PHLEGMONEUX , adj. , de φλεγμωνη , phlegmon; qui est de la nature du phlegmon. *Erysipèle phlegmoneux , tumeur phlegmoneuse.*

PHLEGMORRHAGIE, s. f., *Phlegmorrhagia*, de φλεγμα, pituite, et ρεω, je coule; synonyme de *catarrhe.*

PHLÉOLE , *V.* FLÉOLE.

PHLOGISTIQUE, s. m., *Phlogisticon*, de φλεγω, je brûle; principe hypothétique admis par Stahl dans la plupart des corps, et qui, par sa séparation de leur substance, donnerait lieu au phénomène de la combustion et au dégagement de chaleur et de lumière qui en est la conséquence. *V.* COMBUSTION.

PHLOGODE , adj. , *phlogodes*, de φλοξ, φλογος, flamme; enflammé, rouge.

PHLOGOIDE, adj., de φλεγω, je brûle, et ειδος, forme; nom donné à la fièvre inflammatoire.

PHLOGOPYRE, s. f., *Phlogopyrus*, de φλεγω, j'enflamme, et de πυρ, feu; synonyme de fièvre inflammatoire.

PHLOGOSE , s. f., *Phlogosis*, de φλεγω, je brûle; chaleur contre nature; inflammation légère , superficielle. Synonyme d'*inflammation* et de *phlegmasie*. *V.* INFLAMMATION.

PHLOGOSÉ , ÉE, adj. ; qui est atteint de phlogose.

PHLORIDZINE , s. f. , de φλοιος, écorce, et ριζα, racine; principe neutre, voisin de la salicine, découvert par Koninck et Stas dans l'écorce de la racine de plusieurs arbres de la famille des Rosacées (*pommier , poirier, cérisier*). La phloridzine est solide, en aiguilles prismatiques, légère, incolore, inodore, de saveur d'abord douceâtre, puis amère, et d'une densité de 1,43. Elle fond à 100°, perd de l'eau et se décompose ; peu soluble dans l'eau et l'éther, elle se dissout dans l'alcool, surtout à chaud. Exposée étant humide à l'action de l'air et du gaz ammoniaque, elle devient rouge; dissoute dans cet état au moyen de l'ammoniaque liquide et évaporée dans le vide, elle prend une belle couleur bleue. — La phloridzine a été proposée, comme la salicine, pour remplacer la quinine.

PHLYCTÈNE , s. f., *Phlyctæna*, de φλυζειν, bouillonner; pustule, petite ampoule vésiculeuse, contenant de la sérosité qui se forme sous l'épiderme. Les phlyctènes se développent sur la peau dans le *pemphygus;* elles se produisent sur la muqueuse nasale, dans l'*herpès phlycténoïde* de cette membrane.

PHLYCTÉNOIDE, adj., *phlyctenoïdes*, de φλυκταινα, phlyctène, et ειδος, forme; qui est de la nature des phlyctènes; qui est caractérisé par des phlyctènes : *herpès phlycténoïde.*

PHOCÉNINE , s. f., de *phocæna*, marsouin; nom donné par Chevreul au principe fluide (*oléine*) de l'huile de marsouin. La phocénine est fluide à 17°, grasse au toucher, odorante, soluble dans l'alcool bouillant. Les alcalis la transforment en acides *phocénique* et *oléique*, et en glycérine.

PHOCOMÈLE , s. et adj., *Phocomeles*, de φωκη, phoque. et μελος, membre; genre de monstres ectroméliens, comparés au phoque, à cause de leurs pieds qui semblent exister seuls et s'insérer directement sur le tronc.

PHOCOMÉLIE , s. f., *Phocomelia;* état des monstres phocomèles.

PHONATION, s. f.. *Phonatio*, de φωνη, voix; nom donné par Chaussier à la production de la voix.

PHORANTHE, s. m., *Phoranthium*, de φερω, je porte, et ανθος, fleur; nom donné par Richard au réceptacle des fleurs composées. *V.* RÉCEPTACLE.

PHORMIUM, s. m., *Phormium*, Forst.; genre de la famille des Liliacées. Il ne se compose que d'une seule espèce, le Ph. tenace, *Ph. tenax*, connu sous le nom de *lin de la Nouvelle-Zélande.* Cette plante , très commune dans la Nouvelle-Zélande , est remarquable par ses nombreuses feuilles radicales dont la longueur atteint 1 à 2 mètres, la largeur 5 à 8 centimètres, et dont les fibres, plus fines, plus brillantes et plus tenaces que celles du chanvre , peuvent être employées à la confection d'étoffes , de cordes , etc. Les expériences faites en Europe sur la ténacité des fibres du Phormium , ont conduit à ce résultat qu'elle peut être représentée par 23 $^8/_{11}$, tandis que celle du chanvre serait 16 $^1/_3$; celle du lin, 11 $^3/_4$: celle de la soie, 34. La découverte du Phormium eût été pour l'Europe, où on pourrait le cultiver, une source de nouveaux produits, si l'expérience n'avait bientôt démontré que les tissus, les cordes, préparés avec ses fibres, ne peuvent supporter le lavage, l'humidité, etc., et se rompent facilement à la chaleur humide. Il y a donc lieu de prohiber l'emploi du Phormium au lieu de le provoquer. L'acide nitrique concentré , en colorant ses fibres en rouge, dévoile leur présence.

PHOROMÉTRIE, *V.* AGRONONOMÉTRIE.

PHOSGÈNE, adj.. *phosgenus*, de φως, lumière, et γενναω, je produis. — *Gaz phosgène:* nom donné par Davy à l'acide chloroxycarbonique, parce qu'il résulte de l'action des rayons solaires sur un mélange de chlore et d'oxyde de carbone. *V.* ACIDE.

PHOSPHATE, s. m., *Phosphas;* genre de sels formé par la combinaison de l'acide phosphorique avec les bases. Ils sont *neutres, acides* ou *basiques.* Quelques-uns existent tout formés dans la nature; cependant la plupart sont le produit de l'art. Ceux qui sont neutres ou basiques sont insolubles dans l'eau, à l'exception de ceux de potasse, de soude et d'ammoniaque; mais tous se dissolvent à la faveur d'un acide. Chauffés , les phosphates se décomposent, si l'oxyde est décomposable par la chaleur; dans le cas contraire, ils fondent, perdent de l'eau, se vitrifient et sont transformés en *métaphosphates* ou *pyrophosphates*; calcinés avec le charbon, l'acide borique ou silicique, ils donnent du phosphore. Traités par l'acide sulfurique, ils ne dégagent ni odeur ni vapeur; leur solution précipite en blanc par les sels de baryte, de chaux, de strontiane, de plomb, et le précipité est soluble dans un acide; le nitrate d'argent précipite les phosphates hydratés en jaune clair, et les phosphates calcinés en blanc. Ces sels sont fort nombreux; il ne sera question que des plus importants.

PHOSPHATE AMMONIACO-MAGNÉSIEN. Ce sel double existe dans le blé, dans quelques calculs urinaires, et surtout dans les calculs intestinaux qu'on trouve dans le gros intestin des chevaux qui font un usage fréquent du son. On peut l'obtenir en mélangeant directement le phosphate de magnésie et celui d'ammoniaque. Il est blanc, grenu, légèrement soluble dans l'eau pure, mais insoluble dans l'eau chargée de sels. Exposé à une température rouge, il devient subitement incandescent, perd l'ammoniaque qu'il contient et se transforme en pyrophosphate de magnésie.

PHOSPHATE D'AMMONIAQUE. Il en existe plusieurs, mais le phosphate *neutre* est le seul qui mérite d'être décrit. Il existe dans l'urine putréfiée; mais on le prépare en traitant le biphosphate de chaux par l'ammoniaque, filtrant et concentrant. Il est solide, cristallisé en prismes à quatre pans, incolore, inodore, d'une saveur piquante. Chauffé, il fond, se dessèche et laisse un résidu d'acide phosphorique anhydre, d'où son emploi pour préparer cet acide et pour rendre les tissus incombustibles en les recouvrant d'acide phosphorique vitrifié.

PHOSPHATES DE CHAUX. Ces composés sont nombreux, mais assez mal déterminés. Un seul sera décrit ici, c'est le *phosphate calcaire* des os, ou *sous-phosphate de chaux*. Il existe abondamment dans la nature; en Espagne, il forme des montagnes entières et sert de pierre à bâtir; il fait partie constituante des os et cartilages, ainsi que de toutes les parties solides et liquides de l'économie animale. On le prépare en calcinant les os à l'air, traitant le résidu par l'acide nitrique, filtrant la solution étendue d'eau et précipitant par l'ammoniaque. Ce sel est solide, blanc, en poudre grenue, inodore, insipide, insoluble dans l'eau, soluble dans les liqueurs acides ainsi que dans le chlorure de sodium (Lassaigne). Le phosphate basique de chaux joue un rôle considérable dans la nutrition des végétaux et des animaux, qui le retirent, les premiers du sol et les seconds de leurs aliments, par l'action combinée des acides du suc gastrique et des chlorures alcalins contenus dans le suc intestinal. Dans les laboratoires, ce sel est employé à la préparation de plusieurs phosphates, et, dans les arts, à celle du phosphore.

PHOSPHATE DE MAGNÉSIE. Ce sel neutre existe dans les os en petite quantité, dans certains liquides organiques et dans les semences des céréales. On le prépare par double décomposition, en mêlant une solution de phosphate de soude et une de sulfate de magnésie. Il est solide, en aiguilles hexagonales, incolore, inodore, insipide, peu soluble dans l'eau, soluble dans les acides, fondant par la chaleur dans son eau de cristallisation et se transformant en pyrophosphate de magnésie; il forme, étant uni au phosphate d'ammoniaque neutre, le phosphate *ammoniaco-magnésien* (*V.* ce mot).

PHOSPHATES DE SOUDE. Il en existe trois, un *acide*, un *basique* et un *neutre*; ce dernier seul est important. Le phosphate neutre de soude existe dans le sang et l'urine; on le prépare en traitant par le carbonate de soude le biphosphate de chaux, filtrant et concentrant la solution pour faire cristalliser. Ce sel est solide, en cristaux prismatiques rhomboïdaux, transparents, inodores, de saveur salée et contenant 62 p. cent. d'eau de cristallisation. Chauffé, il éprouve la fusion aqueuse, puis la fusion ignée, se vitrifie et se transforme en pyrophosphate de soude. Très soluble dans l'eau, surtout à chaud, le phosphate de soude donne une solution dont la réaction est alcaline. Employé chez l'homme comme purgatif minoratif, ce sel l'est rarement en médecine vétérinaire.

PHOSPHATE DE SOUDE ET D'AMMONIAQUE. SEL MICROSCOMIQUE. Ce phosphate double existe toujours en quantité notable dans l'urine. On le prépare artificiellement en mélangeant les deux sels ou en faisant dissoudre, dans 2 p. d'eau, 6 p. de phosphate de soude et une de sel ammoniac, concentrant ensuite la liqueur pour faire cristalliser. Il est en gros cristaux transparents, inodores, de saveur piquante et salée, très soluble dans l'eau, efflorescent à l'air et se changeant par l'action de la chaleur en métaphosphate de soude. Ce sel est employé comme réactif de la magnésie, et surtout dans l'analyse au chalumeau.

PHOSPHITE, s. m., *Phosphis;* genre de sels formés par l'acide phosphoreux avec les différentes bases. Ils sont insolubles à l'exception des phosphites alcalins. Sur les charbons ardents, ils donnent une flamme jaunâtre et se transforment en phosphates. Tous les agents oxydants les font passer à l'état de phosphate. Aucun sel de ce genre n'est assez important pour mériter une description particulière.

PHOSPHORE, s. m., *Phosphorum,* de φως, lumière, et φορος, qui porte. Ph. Equiv. 400,00. Corps simple métalloïde, très combustible, découvert en 1669 par Brandt, qui l'obtint en calcinant l'extrait d'urine avec du charbon. Préparé plus tard de la même manière, par Kunkel, Boyle, le procédé de sa préparation fut tenu secret jusqu'en 1737, époque où l'Académie des sciences de Paris le rendit public. Enfin, en 1796, Gahn découvrit le moyen de retirer le phosphore des os, et ce corps, jusque-là très rare, devint un produit commercial. Ce corps est très répandu dans la nature où il joue un grand rôle dans la constitution des êtres organisés. Le procédé d'extraction du phosphore est long et compliqué; en voici les principales phases : on calcine des os à l'air ; on les pulvérise, puis on les délaye dans l'eau et l'acide sulfurique ; le sous-phosphate calcaire insoluble est changé en biphosphate soluble ; on filtre pour séparer le sulfate de chaux : on concentre la liqueur en consistance sirupeuse, on mêle avec du charbon, on dessèche et on calcine au rouge dans des cornues de grès ; le phosphore distille au rouge blanc ; on le purifie en le filtrant à travers une peau de chamois ; puis, après l'avoir décoloré et fondu sous l'eau, on le moule en l'aspirant dans des tubes de verre. Le phosphore est solide, amorphe, en petits bâtons cylindriques, incolores et transparents lorsqu'ils sortent du moule, mais se recouvrant au contact de l'air et de la lumière, d'une couche opaque, jaunâtre. De saveur brûlante, d'une odeur alliacée particulière, d'une densité de 1,77, le phosphore est mou comme de la cire, et peut être coupé avec des ciseaux ; on doit le manier avec précaution, et sous l'eau autant que possible, pour éviter des brûlures. Soumis à l'action de la chaleur, le phosphore fond à 44° et bout à 290° ; il ne doit être distillé qu'à l'abri de l'air. Fondu et refroidi brusquement dans l'eau glacée, le phosphore devient noir et opaque (Thénard). Exposé à l'air, il brûle à la température ordinaire et luit dans l'obscurité ; chauffé à 60° ou frotté légèrement, il prend feu et brûle avec une grande activité ; dans le gaz oxygène, il produit une lumière si éclatante que l'œil ne peut la supporter. Insoluble dans l'eau, à laquelle il communique seulement une odeur alliacée et la propriété de luire dans l'obscurité, le phosphore se dissout dans l'éther, l'alcool, les essences, les huiles grasses et surtout le sulfure de carbone. Il se combine très activement à la plupart des métalloïdes et des métaux. Le phosphore joue un rôle important dans l'économie générale de la nature, et surtout dans la nutrition des animaux et des plantes. Ses usages économiques et industriels sont importants. Son emploi médical est encore très restreint, en raison de sa grande activité ; il est réputé excitant et aphrodisiaque.

PHOSPHORE DE BAUDOIN, *V.* AZOTATE DE CHAUX.

PHOSPHORE DE BOLOGNE, *V.* SULFATE DE BARYTE.

PHOSPHORE DE HOMBERG, *V.* CHLORURE DE CALCIUM.

PHOSPHORÉ, adj., *phosphoratus ;* qui contient du phosphore ; *hydrogène phosphoré. V.* HYDROGÈNE.

PHOSPHORÉNÈSE, s. f. ; nom donné par Baumès aux maladies attribuées à des modifications dans la phosphorisation des os, à des changements survenus dans le phosphate calcaire ; ex. : rachitisme.

PHOSPHORESCENCE, s. f., *Phosphorescentia ;* propriété qu'ont certains corps de luire dans l'obscurité à la manière du phosphore, sans dégager de chaleur sensible ni d'odeur appréciable. Cette propriété singulière est le partage de plusieurs corps inorganiques, d'un grand nombre d'animaux inférieurs et de quelques plantes. Certains minéraux, fortement calcinés et frottés ensuite, deviennent phosphorescents, ex. : azotate de chaux, chlorure de calcium, fluorure de calcium, écailles d'huitres ; le frottement ou la percussion produisent cet effet sur certaines variétés de sulfure de zinc, sur le sucre ; l'étincelle électrique sur les corps non conducteurs, une compression brusque sur l'eau et l'air. Enfin un grand nombre de corps sont spontanément phosphorescents : le bois pourri, certains insectes (lampyre, scolopendre), beaucoup de crustacés et de mollusques marins ; quelques plantes (*Bissus phosphorescens, Euphorbia phosphorea)* (Martin), *Rhizomorpha phosphorescens* (Heinsmann). Le phénomène de phosphorescence parait être de nature purement chimique, et dépendre, dans la majorité des cas, d'une véritable combustion lente.

PHOSPHORESCENT, adj., *phosphorescens ;* qui luit dans l'obscurité. *V.* PHOSPHORESCENCE.

PHOSPHOREUX, *V.* ACIDE PHOSPHOREUX.

PHOSPHORIQUE, *V.* ACIDE PHOSPHORIQUE.

PHOSPHOVINATE, s. m. ; nom des sels formés par l'acide *phosphovinique* avec les bases. Cet acide prend naissance pendant la préparation de l'éther phosphorique.

PHOSPHURE, s. m., *Phosphuretum ;* nom des composés binaires formés par le phosphore avec les corps simples métalloïdes ou métalliques. Ils sont peu importants.

PHOSPHURE D'HYDROGÈNE, *V.* HYDROGÈNE PHOSPHORÉ.

PHOTOGRAPHIE, s. f., *Photographia,* de φως, lumière, et γραφειν, écrire, tracer. *Daguerréotypie.* Procédé particulier, d'invention récente, au moyen duquel on fixe sur une plaque sensible, à l'aide de la lumière, l'image des corps qu'on place devant l'objectif d'une chambre obscure. Il est fondé sur les propriétés chimiques dont jouissent quelques rayons de la lumière, qui leur permettent d'agir sur certains corps très sensibles à leur action. Voici l'indication très abrégée de cette opération : sur une plaque de cuivre recouverte d'argent, on reçoit les vapeurs de l'iode jusqu'à coloration en jaune d'or de la surface métallique ; il se forme une couche d'iodure d'argent qui est très altérable à la lumière, et qu'on rend encore plus sensible en l'exposant à l'action de certaines préparations dites *accélératrices* , ayant pour base le brôme et le chlore. La plaque ainsi préparée est placée dans une chambre noire et reçoit l'image du corps que l'on veut peindre. Les rayons lumineux les plus vifs décomposent l'iodure d'argent dans les points où ils frappent; les points de la plaque exposés à l'ombre sont épargnés. L'image est tracée, mais elle est invisible ; pour la faire paraître, on expose la plaque aux vapeurs mercurielles qui se fixent sur les points attaqués par les rayons lumineux. Enfin, on *fixe* l'image en faisant chauffer la plaque recouverte d'abord d'hyposulfite de soude , puis d'hyposulfite double de soude et d'or.

PHOTOMAGNÉTIQUE , adj. ; se dit de l'effet magnétique que certains rayons lumineux (vert, bleu , violet) produisent sur les aiguilles d'acier.

PHOTOMÈTRE , s. m. , *Photometrum* , de φως, lumière, et μετρον, mesure ; nom des instruments employés à mesurer l'intensité de la lumière. Ils sont très nombreux et très divers. Leur description ne saurait trouver place ici (*V.* les traités de physique).

PHOTOMÉTRIE , s. f. , *Photometria;* partie de l'optique qui traite des moyens de mesurer l'intensité de la lumière produite par une source donnée. Les procédés employés sont variables ; mais la plupart reposent sur la comparaison des ombres produites, à une distance déterminée, par les lumières qu'on veut comparer.

PHOTOMÉTRIQUE, adj., *photometricus;* qui a rapport à la *photométrie*, (*V.* ce mot).

PHOTOPSIE , s. f. , *Photopsia*, de ως, lumière , et οψις , vue ; lésion particulière de la vue, dans laquelle on croit voir des traînées lumineuses.

PHRÉNÉSIE , s. f. , *Phrenitis* , de φρην , esprit ; état de délire , de fureur, qu'on observe dans quelques maladies de l'encéphale. On a employé ce mot comme synonyme de *méningite.* On écrit aussi *Frénésie.*

PHRÉNÉTIQUE , adj. , *phreneticus;* qui est atteint de phrénésie.

PHRÉNIQUE , adj. , *phrenicus*, de φρενις diaphragme ; qui appartient au diaphragme. Synonyme de *diaphragmatique.* — *Centre phrénique* : partie centrale et aponévrotique du diaphragme.

PHRÉNISME , s. m. , *Phrenismus* , de φρην, φρενος , esprit ; synonyme de *phrénésie.*

PHRÉNITE , s. f. , *Phrenitis* , de φρενις , diaphragme ; inflammation du diaphragme. *V.* Diaphragmite.

PHRÉNOLOGIE , s. f. , *Phrenologia* , de φρην , esprit , et λογος discours ; étude des différentes facultés, fondée sur celle de la forme et des développements des diverses régions du cerveau. La phrénologie ne s'occupe des animaux que pour établir des comparaisons appuyant les idées des *phrénologues* sur la localisation des facultés dans le cerveau de l'homme.

PHTHIRIASE, s. f. , *Phthiriasis*, de φθειρ, pou ; maladie pédiculaire ; maladie causée par le développement des poux. *Pouilleutement , pouillotement.* Tous les animaux domestiques ont leur espèce de pou ; mais on n'a pas trouvé sur le même animal des espèces différentes, comme chez l'homme , qui présente les *poux de la tête*, les *poux du corps* et les *poux des organes de la génération*, *V.* Pou. C'est la malpropreté de la peau qui cause le plus souvent la phthiriase dans les animaux domestiques. Elle résulte aussi de l'habitation de logements malsains, d'une nourriture avariée , peu substantielle , d'une maladie chronique de longue durée. Les animaux avancés en âge y sont plus exposés que les autres. Comme symptôme de la maladie pédiculaire , on observe une douleur prurigineuse violente ; les animaux se grattent avec leurs dents, ou se frottent contre les corps qui sont à leur portée ; les poils sont enlevés dans quelques parties du corps. Si l'on explore la surface de la peau, on trouve des poux et des lentes en grande quantité ; ces insectes pullulent tellement dans le porc, qu'ils perforent les téguments (Viborg). Les fonctions générales sont troublées ; les animaux tombent dans le marasme et finissent même par succomber. Nous avons vu des chevaux qu'on n'a pu guérir de cette maladie. Le traitement hygiénique consiste à séparer les animaux affectés , à les placer dans des habitations saines, et leur donner une bonne alimentation. Comme moyens *antipédiculaires* , on a proposé les décoctions de tabac et de staphysaigre, pour lotionner le cheval, et l'usage interne de l'essence de térébenthine. Pour la brebis . on a employé les mêmes moyens , de plus le bain arsénical , comme pour la gale. Viborg prescrit pour le porc, à l'extérieur, le vinaigre arsénical ; à l'intérieur, le sulfure de mercure uni au sel marin.

PHTHISIE , s. f. , *Phthisis*, de φθιω , je sèche ; mot adopté par les anciens comme synonyme de consomption, maigreur, dépérissement, pour désigner l'état d'un organe qui dépérit et dont les fonctions perdent de plus en plus leur intégrité. On reconnaissait plusieurs sortes de phthisies, suivant leur siège : *phthisie pulmonaire*, *hépatique* , *mésentérique* , *gastrique* , *rénale* , *laryngée.* Laennec a restreint la signification du mot *phthisie* à l'affection caractérisée par le développement des tubercules dans le poumon. C'est dans l'espèce bovine qu'on rencontre le plus souvent la phthisie pulmonaire; elle est plus rare dans le cheval, le mouton et le chien.

Phthisie pulmonaire du cheval. Synonymie : *vieille courbature.* Elle est la suite de la pneumonie, de la péripneumonie, des affections catarrhales. On ne connait pas précisément les causes de la phthisie du cheval, quand elle se développe sans l'inflammation de l'organe pulmonaire. Les temps froids et humides, les changements brusques de température, les travaux pénibles, sont au moins des causes prédisposantes. On admet l'hérédité, mais on repousse la transmission par contagion. Les symptômes sont la dyspnée, une toux fréquente et sèche, un écoulement nasal fétide, l'amaigrissement général. Par l'auscultation, l'on entend le râle sibilant et le râle caverneux. Les chevaux phthisiques périssent promptement, pour peu qu'on les soumette au travail, parce que les parties affectées sont très prédisposées à l'inflammation et au ramollissement. Sous le rapport du diagnostic, on confond souvent cette maladie avec la pneumonie, la péripneumonie, la bronchite. A l'autopsie, les poumons contiennent des tubercules sous deux formes : à l'état de crudité ou de ramollissement. A l'état de crudité, les tubercules *pisiformes* ont le volume d'une noisette; leur matière est ferme, mais elle est écrasée par la pression du doigt. Les tubercules *miliaires* sont enveloppés d'une coque fibreuse et formés, comme les précédents, d'une matière blanchâtre, composée de phosphate, de carbonate calcaires et d'une matière fibrino-albumineuse. Quelquefois on trouve ces produits ramollis du centre à la circonférence; des ulcères tuberculeux ont fait pénétrer la matière ramollie dans les bronches, et donnent lieu à des cavernes appelées *vomiques*. On peut rencontrer en même temps les diverses lésions pulmonaires aiguës ou chroniques. Cette maladie est incurable sur le cheval ; l'on arrive rarement à obtenir la cicatrisation des cavernes qui résultent du ramollissement des tubercules, et ce succès est toujours incomplet, la respiration de l'animal continuant à être altérée. Les moyens de traitement qui ont été employés sont en tout semblables à ceux de la pneumonie. Cette affection est rédhibitoire, étant considérée comme maladie ancienne de poitrine ou vieille courbature.

PHTHISIE PULMONAIRE DANS L'ESPÈCE BOVINE. Synonymie : *pommelière*, *phthisie tuberculeuse ou calcaire*, *pneumonie chronique*, *pleuro-pneumonie chronique*. Phlegmasie du poumon avec formation de tubercules. Delafond a distingué plusieurs variétés de phthisies; celle qu'il nomme *péripneumonite* est la plus commune; elle résulte de la péripneumonie épizootique. *V.* PÉRIPNEUMONIE. La deuxième variété constitue la maladie *tuberculeuse*, dans laquelle le tubercule se forme dans différents organes et surtout dans les poumons. Une troisième variété est la phthisie *calcaire*, due à la prédominance des sels terreux et à leur dépôt dans plusieurs parties du corps et dans le tissu pulmonaire. — La phthisie est très commune dans les environs des grandes villes, surtout parmi les vaches laitières. Dans la banlieue de Paris, ces bêtes sont fréquemment affectées, tandis qu'il n'en est pas de même pour celles qui vivent dans les pâturages, au lieu de respirer constamment l'air altéré des étables. Cependant, les vaches des pays de montagne sont quelquefois atteintes de tubercules. Parmi les causes déterminantes, on est d'accord pour signaler les effets funestes de la stabulation permanente, l'habitation des lieux humides, peu aérés, dont l'air est vicié par des émanations fétides. On a cherché à expliquer la formation des dépôts calcaires du poumon par la composition des aliments qu'on donne aux vaches, et qui produiraient, dans l'économie, un excès de phosphate et de carbonate de chaux. — Quand la maladie est peu avancée, le diagnostic est obscur; on ne parvient à bien la reconnaître que lorsqu'elle est devenue incurable. *Caractères de la phthisie tuberculeuse.* Au début, la toux est petite et sèche; plus tard elle devient quinteuse, traînée; la respiration est accélérée, irrégulière, entrecoupée. La vache entre souvent en chaleur, et, quand elle arrive à l'état de plénitude, elle avorte facilement. Au troisième degré, survient le marasme; la respiration est tout à fait courte. Par l'auscultation, l'on perçoit le râle muqueux à l'entrée de la trachée dans la poitrine, le râle crépitant dans quelques points des poumons, le bruit tubaire dans d'autres parties. Des matières grisâtres sont rejetées par les narines; une diarrhée muqueuse et infecte épuise encore le malade, qui finit par succomber. Cet état morbide marche lentement; la phthisie peut durer même pendant deux ans. Les lésions qu'on rencontre à l'autopsie sont des tubercules à l'état de crudité et à celui de ramollissement. Les tubercules doivent être distingués des dépôts calcaires; Lassaigne les regarde comme étant composés de matière albumino-fibrineuse et matière grasse, 70 ; sels alcalins solubles, 10 ; sous-phosphate et sous-carbonate de chaux, 11 ; eau, 8. Delafond fait remarquer que cette analyse se rapproche beaucoup de celle des indurations blanche et grise à l'état de ramollissement. Ces produits tuberculeux existent dans le poumon, les ganglions bronchiques et mésentériques et dans quelques organes parenchymateux. *Caractères de la phthisie calcaire.* La toux est sèche, profonde et rauque : le lait est bleuâtre, très séreux et contient sept fois plus de phosphate et de carbonate de chaux que celui qui est à l'état normal. On n'entend plus le murmure respiratoire dans les parties du poumon qui sont envahies; la respiration est entrecoupée. La durée de cette maladie est très variable et généralement longue. Si, pendant sa marche, les parties saines du poumon ne sont pas frappées par une inflammation aiguë, l'animal peut respirer avec des surfaces très restreintes de cet organe. A l'autopsie, on trouve dans les poumons des tumeurs arrondies, dures, ayant le volume d'une noix et quelquefois celui du poing; leur ressemblance avec une pomme a fait donner à la maladie le nom de *pommelière*. Elles sont formées par un produit jaunâtre, semblable à du plâtre. D'après

Dulong et Thénard, cette matière contient du phosphate et du carbonate de chaux dans les mêmes proportions que les os. Le foie, la rate, les différents ganglions renferment des dépôts enkystés de même nature. Delafond assure qu'il n'a jamais vu cette maladie se transmettre, soit par contagion, soit par hérédité. — Quelle que soit sa nature, la phthisie pulmonaire est incurable dans l'espèce bovine. Le traitement consiste surtout dans l'emploi des moyens hygiéniques, pour préserver les animaux de la maladie, pour tenter de les guérir dans le début. Quelques médicaments ont été vantés pour guérir la phthisie; ils n'agissent que comme palliatifs. Comme pour combattre la pneumonie, on a prescrit les émissions sanguines, les révulsifs cutanés, les antimoniaux. Les ferrugineux, les iodures, les préparations mercurielles, et bien d'autres substances, ont été inefficaces. Quand les vaches ne donnent plus qu'une petite quantité de lait, le propriétaire les vend au boucher, qui peut sans danger livrer la viande à la consommation comme étant de médiocre qualité. — *Jurisp. comm.* La phthisie pulmonaire ou pommelière est, pour l'espèce bovine, une des maladies rédhibitoires prévues par l'art. 1er de la loi du 20 mai 1838. Le diagnostic est difficile à établir sur l'animal vivant; il en résulte quelquefois des difficultés sérieuses pour l'expertise. C'est une des affections qui peuvent donner lieu à l'application de l'art. 7 de la même loi. Les désordres qui doivent se montrer à l'autopsie sont trop prononcés pour que la constatation du vice sur le cadavre ne devienne pas très facile. Les auteurs sont d'accord pour assimiler à la phthisie, sous le rapport de la rédhibition, les maladies anciennes de poitrine qui ne constituent pas la phthisie pulmonaire proprement dite.

PHTHISIE LARYNGÉE; affection du larynx, caractérisée par l'inflammation de la muqueuse de cet organe et l'ulcération.

PHTHISIE MÉSENTÉRIQUE, *V.* CARREAU.

PHTHISIE PUPILLAIRE; contraction permanente de la pupille. Synonyme de *myose*.

PHTHISIE TRACHÉALE; inflammation de la trachée avec ulcération de la muqueuse de ce conduit.

PHTHISIE VERMINEUSE; variété de phthisie pulmonaire caractérisée par des vers vésiculaires auxquels Rudolphi a donné le nom d'*Echinocoques*. Ces vers, qui se montrent dans les poumons, ont la forme de kystes du volume d'une noix à celui d'une orange; ils adhèrent au tissu pulmonaire. Ils contiennent une liqueur très-limpide, renfermée dans une enveloppe fibreuse.

PHTHISIOLOGIE, s. f., *Phtisiologia*; de φθίσις, phthisie, et λογος, discours; discours sur la phthisie.

PHTHISIQUE, s. et adj., *Phthisicus;* qui est atteint de phthisie; *animal phthisique*, *un phthisique*.

PHTHISURIE, s. f., *Phthisuria*, de φθίσις,

phthisie, et ουρον, urine; état de dépérissement produit par une sécrétion trop abondante d'urine.

PHTHORE, s. m., de φθορα, destruction; nom donné par Ampère au *fluor* (*V.* ce mot).

PHYCÉES, s. f., *Phyceæ ;* classe de plantes acotylédones, vivant dans les eaux douces ou salées, d'une organisation très simple, de forme extrêmement variée et sans organes sexuels distincts. En modifiant les limites, la constitution de la famille des Algues, les botanistes modernes en ont fait la classe des Phycées, dans laquelle les Algues ne représentent plus qu'une division, à côté des Confervées, des Phycoïdées, etc. Cette classe renferme aujourd'hui plus de 2,000 espèces qui sont réparties par Cam. Montagne en trois familles : les *Zoospermées*, les *Floridees*, les *Phycoïdées*.

PHYCOÏDÉES, s. f., *Phicoïdeæ*, Montag.; tribu des Phycées. Elle ne renferme guère que des Algues marines, parmi lesquelles on trouve les plus grandes. Le mot de Phycoïdées a été employé tantôt comme synonyme d'Algues, et désignait alors la famille, tantôt comme synonyme de Fucacées, et, à ce titre, il n'indiquait qu'un genre ou une division des Algues.

PHYGÉTHLON, s. m., *Phygethlon ;* tumeur inflammatoire qui a son siége dans les ganglions lymphatiques sous-cutanés; ce nom a été donné aussi à une espèce d'érysipèle pustuleux.

PHYLLE, s. f., *Phyllum*, de φυλλον, feuille; employé quelquefois seul comme synonyme de *sépale*, mais plus souvent, avec la même signification dans les composés grecs, tels que *monophylle*, *polyphylle*, etc. — Dans d'autres composés, il est synonyme de feuille ou foliole; ainsi *aphylle*, sans feuilles.

PHYLLODE, s. f., *Phyllodium*, de φυλλον, feuille, et ειδος, forme; pétiole très élargi prenant l'apparence d'une feuille. Cette anomalie, qui parait constante dans quelques espèces, se produit surtout sur les feuilles composées ou très découpées. Synonyme de *pétiole foliacé*.

PHYLLOÏDE, adj., *phylloïdes*, de φυλλον, feuille, et ειδος, forme, ressemblance; se dit des tiges ou des rameaux aplatis et verts comme les feuilles. On en trouve de nombreux exemples dans la famille des Cactacées.

PHYLLOMANIE, s. f., *Phyllomania;* exagération du nombre des feuilles; multiplication exagérée des organes foliacés.

PHYLLOTAXIE, s. f., *Phyllotaxia*, de φυλλον, feuille, et τασσειν, arranger; partie de l'organographie végétale qui a pour objet la disposition, l'arrangement des organes foliacés sur les tiges et les rameaux. Les premières notions de phyllotaxie sont dues à Bonnet; elles remontent au siècle dernier. Braun, Schimper, Bravais frères, de Candolle, ont déterminé les lois qui régissent les rapports de situation des feuilles, etc., avec les axes sur lesquels l'insertion a lieu. Ces lois établissent que les feuilles alternes ou éparses sont disposées sur une *ligne spirale continue.* On donne le nom de *cycle* à cette ligne comprise entre deux feuilles qui se correspondent, parce qu'elles sont situées exactement ou à peu près sur la même verticale. Le cycle peut être *distique*, *tristique*, etc., et embrasser une ou plusieurs circonférences de la tige ou du rameau. En représentant par des chiffres le nombre de tours que fait la spirale d'un cycle et le nombre de feuilles nécessaires pour composer la spirale, si l'on donne au premier le nom de dénominateur, au second le nom de numérateur, on trouve le plus souvent les nombres fractionnaires suivants : $^1/_2$, $^1/_3$, $^2/_5$, $^3/_8$, $^5/_{13}$, $^8/_{21}$, etc. L'angle que forme chaque feuille avec celle qui la précède ou la suit s'appelle *angle de divergence*. Les feuilles sont *rectisériées* ou placées sur des lignes verticales correspondantes, de telle sorte que les feuilles de même rang dans chaque cycle sont placées exactement les unes au-dessus des autres, ou *curvisériées*, lorsque cette correspondance ou superposition n'est pas exacte. Lorsque les feuilles sont nombreuses et serrées, on trouve quelquefois, à côté de la spire principale, une *spire secondaire*.

PHYMATOSE, s. f., *Phymatosis*, de φυμα, excroissance, tubercule ; maladie tuberculeuse des ganglions lymphatiques. Vatel a donné le nom de *phymatose* aux *eaux aux jambes*.

PHYME, s. m., *Phyma*, φυμα, de φυομαι, je nais ; excroissance, tumeur inflammatoire de la peau.

PHYSALIDE. s. f., *Physalis*, L. ; genre de la famille des Solanées. Il se compose de plantes herbacées, annuelles ou vivaces, et d'arbrisseaux. Une seule espèce croît en Europe ; c'est la P. Alkékenge, vulg. *Coqueret*, *P. Alkekengi*. On la trouve en France. Ses baies rouges entourées d'un calice accrescent sont rafraîchissantes et diurétiques. Elles entrent dans le sirop de chicorée.

PHYSCONIE, s. f., *Physconia*, de φυσκη, vessie ; tuméfaction d'une partie de l'abdomen.

PHYSENTÉRIE, s. f., *Physenteria*, de φυσαω, je souffle, et εντερον, intestin ; insufflation de l'intestin. Synonyme de *tympanite*.

PHYSIOLOGIE, s. f., *Physiologia*, de φυσις, nature, et λογος, discours ; littéralement traité de la nature. On a beaucoup restreint cette signification, et le mot *physiologie* ne s'applique qu'à l'étude des phénomènes produits par l'action des organes des animaux ou des végétaux. De là une première division de la physiologie en *animale* et *végétale*. La physiologie prend le nom de *comparée*, lorsqu'elle étudie les fonctions de plusieurs animaux ; à ce titre, la physiologie *vétérinaire* est une véritable physiologie comparée. Si l'on s'occupe d'une seule espèce, la physiologie est dite *spéciale*. Elle est *générale*, lorsque, sans s'occuper spécialement

d'une espèce, on envisage d'une manière générale les différentes fonctions dont l'ensemble constitue la vie. La physiologie est le complément nécessaire de l'anatomie, sans laquelle elle ne peut exister. Elle emprunte aussi beaucoup à la physique et à la chimie organique, qui a fait d'immenses progrès dans son application à la physiologie.

PHYSIQUE, s. f., *Physice*, de φυσις, nature ; science naturelle et expérimentale tenant le milieu entre l'*astronomie*, qui étudie la matière dans des masses immenses, et la *chimie*, qui la considère, au contraire, dans ses parties les plus ténues, dans les atomes. Son *objet* est l'étude de la constitution et des propriétés générales de la *matière*, des *forces* ou *agents* qui agissent sur elle sans en changer la nature, et des *phénomènes* perceptibles qui résultent de l'action de ces forces sur les corps. La *matière*, les *forces* et les *phénomènes* forment donc le triple objet de la physique. — Le *but* de cette science est d'apprendre à observer et à classer les phénomènes, à les analyser de manière à remonter à leurs causes et à en déterminer les lois. Quant à son *importance*, elle est très grande et repose à la fois sur la méthode essentiellement expérimentale et positive de cette science, et sur les lumières nombreuses qu'elle fournit à l'homme dans les besoins ordinaires de la vie, dans les arts, l'agriculture, la médecine.

PHYSIQUE, adj., *physicus* ; synonyme de *naturel*. — *Sciences physiques*, celles qui étudient les caractères naturels des corps, les forces qui agissent sur eux et les phénomènes qui en résultent. Les unes traitent des corps bruts, comme la *géologie* et la *minéralogie* (*V.* ces mots) ; d'autres, des êtres organisés, comme la *botanique* et la *zoologie*, comprenant l'anatomie et la *physiologie*, qu'on distingue en *végétales* et *animales*, selon qu'elles se rapportent aux végétaux ou aux animaux ; et enfin, il en est deux qui s'occupent des trois règnes de la nature, ce sont la *physique* et la *chimie*. — *Phénomènes physiques :* ceux qui ont lieu entre des corps visibles, à des distances appréciables, et qui n'en changent pas les caractères. —*Propriétés physiques :* qualités naturelles des corps qui sont perceptibles aux sens, telles que l'*état*, la *forme*, la *couleur*, l'*odeur*, la *saveur*, la *densité*, etc.

PHYSOCÈLE, s. f., *Physocele*, de φυσα, air, et κηλη, tumeur ; tumeur gazeuse du scrotum. Syn. de *pneumatocèle*.

PHYSOCÉLIE, s. f., *Physocelia*, de φυσαω, je souffle, et κοιλια, ventre ; gonflement gazeux du ventre ; synonyme de *tympanite*.

PHYSOCÉPHALE, s. m., *Physocephalus*, de φυσαω, je souffle, et κεφαλη, tête ; tumeur de toute la tête ; gonflement emphysémateux de la tête.

PHYSOMÈTRE, s. f., *Physometra*, de φυσα, vent, air, et μητρα, matrice ; gonfle ment de la matrice par des gaz ; *tympanite utérine.* Ces gaz proviennent de la décomposition du fœtus, ou de l'arrière-faix.

PHYSOPNEUMONIE, s. f., *Physopneumonia*, de φυταω je souffle, et πνευμων, poumon; emphysème du poumon.

PHYTEUMA, s. m. , *Phyteuma*, L. ; genre de la famille des Campanulacées. Il se compose de plantes herbacées, vivaces, croissant surtout dans les prairies élevées, sur les pelouses des régions tempérées de l'Europe. Le nombre des espèces s'élève à trente environ ; presque toutes se trouvent en France ; les plus communes sont : le Ph. à épis, *Ph. spicata;* le Ph. orbiculaire, *Ph. orbicularis ;* le Ph. hémisphérique, *Ph. hemisphærica.* Ces plantes sont mangées par les bestiaux, surtout par le mouton; mais elles sont peu productives.

PHYTOCHIMIE, s. f., *Phytochimia*, de φυτον, plante, et χημεια, chimie; chimie appliquée aux plantes; *chimie végétale.*

PHYTOGRAPHIE, s. f., *Phytographia*, de φυτον, plante, et γραφειν, décrire ; partie de la Botanique qui a pour objet la description des plantes. Art de décrire les plantes.

PHYTOGNOMIE, s. f., *Phytognomia*, de φυτον, plante, et γνωμι, je connais; connaissance des végétaux ou , plus exactement, étude des organes des plantes.

PHYTOIDE, adj., *phytoïdes*, de φυτον, plante, et ειδος, forme, ressemblance; qui a la forme , l'aspect d'une plante.

PHYTOLACCACÉES, s. f., *Phytolaccaceæ;* famille de plantes dicotylédonées, le plus souvent monopérianthées, présentant quelquefois des pétales accidentels , herbacées ou frutescentes, à suc parfois très âcre. La plupart des genres de cette famille ont été distraits des Chénopodées. Genres principaux : *Phytolacca*, *Petiveria*, *Rivina* , *Limeum*, etc.

PHYTOLAQUE, s. m. , *Phytolacca*, T.; genre de la famille des Phytolaccacées. La principale espèce de ce genre est le Ph. à dix étamines, *Ph. decandra*, vulg. appelé *raisin d'Amérique*, belle plante herbacée, haute de 2 à 3 mètres, vivace, originaire des Etats-Unis, et cultivée tantôt comme plante d'ornement , tantôt comme plante utile. En Amérique et dans quelques contrées de l'Europe, ses jeunes pousses sont mangées comme celles de l'asperge; ses jeunes feuilles, en guise d'épinards. Le jus rouge des baies est quelquefois employé à la coloration des vins. La racine jouit de propriétés purgatives. Toute la plante contient une forte dose de potasse.

PHYTHOLITHE, s. m. , de φυτον, plante, et λιθος, pierre ; végétal fossile.

PHYTOLOGIE, s. f.. *Phytologia*, de φυτον, plante , et λογος, discours; littéralement, discours sur les plantes; traité de la science des plantes. On l'emploie ordinairement comme synonyme de *Botanique.*

PHYTONOMIE, s. f. , de φυτον, plante ,

et νομος, loi; partie de la Botanique qui étudie les lois de la végétation (Cassini). C'est la *physiologie végétale* et l'*organographie.*

PHYTOTECHNIE, s. f. , de φυτον, plante , et τικνη, art; partie de la Botanique qui a pour objet la classification et la nomenclature des plantes (Desvaux). — Art d'étudier et de faire connaître les végétaux ; *philosophie botanique* (Cassini).

PHYTOTÉROSIE, s. f. , *Phytoterosia :* de φυτον, plante, et τηρεω , je conserve ; synonyme de *Pathologie végétale*, (Desvaux). La pathologie végétale est une science à peu près toute à créer.

PHYTOTOMIE, s. f., *Phytotomia* ; de φυτον, plante, et τεμνω , je coupe; nom proposé par Desvaux pour remplacer celui d'*anatomie végétale.*

PIAFFER, s. m. ; action de lever brusquement et successivement les deux membres antérieurs , et de les replacer à peu près au même endroit, sans avancer. Les chevaux jeunes, fringants, montés par un cavalier et retenus, piaffent habituellement; c'est un signe d'impatience et d'ardeur inquiète, mais non toujours un indice de force. — Air bas de manège , dans lequel le cheval lève vite et successivement, et détache de terre les bipèdes diagonaux , sans avancer ni reculer.

PICA, s. m. , *Pica ;* dépravation de l'appétit, qui porte à manger des substances qu'on repousserait dans l'état de santé. On voit des animaux manger de la terre, du plâtre, de la chaux qui enduit les murs , du linge, du cuir, etc.; des herbivores mangent de la viande crue, etc. Cette dépravation indique un état maladif des voies alimentaires. En médecine , on nomme *pica* l'anomalie du goût qui porte à rechercher une substance non alimentaire; on nomme *malacie* l'aberration du goût, qui fait désirer une substance alimentaire plutôt qu'une autre.

PICACISME, s. m. ; synonyme de *pica.* Inusité.

PICAMARE, s. m., de *pix*, poix, goudron, *amarus*, amer; principe amer du goudron découvert par Reichenbach dans les produits huileux de la distillation du bois. C'est un liquide d'aspect oléagineux, incolore, d'odeur de goudron, d'une saveur brûlante et amère et d'une densité de 1,10. Chauffé, il bout à 270°, se dissout très peu dans l'eau, facilement dans l'alcool, l'éther, les huiles, les essences, et se combine aux alcalis, avec lesquels il forme des composés cristallins.

PICARD (Mouton). La Picardie possédait, avant l'introduction en France des mérinos et des dishley, plusieurs races ovines assez médiocres sous tous les rapports, à laine longue et propre au peigne. Les races ou sous-races vermandoise, picarde , thiérache, étaient les mieux connues. Les moutons dits de l'Artois , du Hainaut, provenaient ou de la race flamande ou des races de Picardie. Des croisements nombreux ont eu lieu avec le mérinos et le dishley , dans cette partie de la France, et ont complètement changé les caractères des races ovines qu'on y trouve. Elles ont gagné en aptitude à l'engraissement, en finesse de laine, dans des proportions variables , mais d'une manière certaine. L'usage de la stabulation, qui devient général dans ces contrées, contribue à donner de la taille et de la qualité aux toisons. — PICARD *(Cheval)*, *V.* FLAMAND.

PICOTTE , s. f. ; nom vulgaire donné à la petite vérole de l'espèce humaine, à la vaccine ou variole des vaches , à la clavelée et même à la maladie aphteuse.

PICOTTEMENT , s. m., *Punctio;* sensation douloureuse de la peau, semblable à celle qui serait produite par des piqûres légères ; impression douloureuse produite sur la peau par les humeurs âcres.

PICRIDE , s. f. , *Picris*, L. ; genre de la famille des Composées. Il se compose de plantes herbacées, rameuses, hispides, d'un vert foncé , croissant surtout dans l'Asie centrale ou sur les bords de la Méditerranée. L'espèce la plus commune en France, et répandue d'ailleurs dans toute l'Europe tempérée , est la P. épervière, *P. hieracioïdes.* C'est une plante amère et tonique.

PICROMEL , s. m.; nom donné par Thénard à une matière gluante, amère et un peu sucrée, qu'il considérait comme un des principes constituants de la bile et de quelques calculs biliaires, mais que des expériences plus récentes ont démontré n'être autre chose que de la bile concrète, formée principalement d'acides cholique et choléique unis à de la soude.

PICROTOXINE, s. f., *Picrotoxina*, de πικρος, amer , et τοξικον, poison ; alcaloïde de la coque du Levant. *V.* MÉNISPERMINE.

PIE , adj. ; nom donné à une robe formée du mélange de la robe blanche distribuée par plaques avec toutes les autres robes. Suivant que le blanc ou l'autre couleur domine, on place le mot *pie* avant ou après celui de cette robe ; ex. : *pie-bai, alezan-pie.*

PIED , s. m., *Pes*, πους ; partie servant de base à l'animal dans la station et dans la progression. En *zoologie*, on donne le nom de pied à toute la partie du membre située au-dessous de l'avant-bras ou de la jambe. En *extérieur*, on restreint cette dénomination , et on l'applique seulement au sabot qui protége l'extrémité de la région digitée. *V.* SABOT. — Le pied du cheval , pour être bien conformé, doit présenter les caractères suivants : son volume sera plutôt grand que petit ; son inclinaison en pince tiendra à peu près le milieu entre la verticale et l'horizontale ; la paroi sera lisse, polie , sans dépressions ni fissures , de corne noire ou grise , autant que possible, la corne blanche étant plus molle ; la sole sera aussi concave que possible à sa face inférieure ; la fourchette d'un volume moyen , et peu fendue en arrière. Le pied de derrière diffère du pied de devant

par une inclinaison moindre , un évasement moins considérable, des talons plus hauts , une sole plus creuse et une fourchette moins forte. — Le pied de l'*âne* et celui du *mulet* présentent moins de volume que celui du cheval, moins d'inclinaison dans la paroi , plus de hauteur , et surtout un rétrécissement dans le sens latéral qui donne à la paroi une forme carrée. La sole est plus creuse et la fourchette moins épaisse.— Le pied du bœuf, divisé en deux onglons , représente, par leur réunion, à peu près celui du cheval, et manque de fourchette , la division en tenant lieu. —Le pied peut présenter un grand nombre de défauts , dus à sa conformation naturelle ou à quelques maladies. — *Bot.* *V.* PÉDICULE et STIPE.

PIED-BOT; déviation du pied, causée par la rétraction permanente des tendons fléchisseurs dans le cheval. *V.* BOULETÉ.

PIED de BOEUF , *V.* SEIME.

PIED CAGNEUX ; on donne ce nom à un pied dont la pince est tournée en dedans, soit par la disposition du sabot, soit par celle des rayons supérieurs. Ce défaut est moins grave que le défaut opposé (panard). Cependant le cheval cagneux est exposé à se couper avec la mamelle du fer, et use sa ferrure inégalement.

PIED CERCLÉ ; pied dont la paroi présente, dans le sens horizontal, un ou plusieurs renflements circonscrits entourant plus ou moins complètement le sabot. Les *cercles* se montrent sur des pieds qui ont été malades, et surtout sur ceux qui ont éprouvé la fourbure. Quoiqu'ils n'occasionnent pas toujours la boiterie, on doit se méfier des pieds qui présentent des cercles.

PIED COMBLE ; pied dans lequel la sole, au lieu de présenter une concavité à sa face externe, est au contraire plane ou même renflée et convexe, et dépasse le bord inférieur de la paroi. Le pied comble est très difficile à ferrer , puisqu'il faut préserver la sole du contact du fer, auquel on donne beaucoup d'ajusture ; ce défaut enlève la majeure partie de la valeur de l'animal.

PIED DÉROBÉ , *V.* DÉROBÉ.

PIED ENCASTELÉ , *V.* ENCASTELURE.

PIED ÉTROIT ; ce pied , déprimé latéralement, est toujours allongé en pince. Il comprime les parties molles contenues par le sabot, et fatigue les tendons, à cause de sa longueur.

PIED A FOURCHETTE GRASSE ; le grand volume de la fourchette , qui caractérise ce pied , ne se rencontre que dans les pieds de devant , et se complique toujours de talons bas. Un pied, ainsi conformé, est sujet aux contusions et à l'échauffement de la fourchette.

PIED A FOURCHETTE MAIGRE ; le peu de volume de la fourchette , qui la fait appeler *maigre* , se rencontre dans les pieds secs, étroits , à talons serrés. Ce défaut , qui provient souvent de la ferrure , est tout-à-fait incurable.

Pied grand ; ce défaut, entièrement relatif au volume du cheval, fait généralement paraître celui-ci massif et grossier. Le pied grand, déjà lourd par lui-même, exige des fers pesants, expose le cheval à se couper, et le rend maladroit ; souvent il joint au défaut provenant de son excès de volume, celui d'une corne *grasse* ou *molle.*

Pied gras, *V.* Pied mou.

Pieds inégaux ; l'inégalité existant entre deux pieds antérieurs ou postérieurs provient ou de l'augmentation ou de la diminution de volume de l'un d'eux. Quelle que soit la cause de cette disproportion, elle ne peut que nuire aux allures par l'irrégularité qu'elle apporte dans leur exécution.

Pied maigre, *V.* Pied sec.

Pied mou ou gras ; pied formé d'une corne épaisse, molle, poussant rapidement, et résistant d'autant moins aux clous qui maintiennent le fer, que celui-ci est plus lourd à cause du volume du pied. La corne molle s'use promptement, lorsque l'animal se déferre loin du lieu où l'on peut remédier à l'accident.

Pied panard, *V.* Panard.

Pied petit ; ce pied, que l'on rencontre surtout chez les chevaux de race méridionale, comprime souvent les parties molles ; il est sujet à contracter la fourbure. Il est exposé au resserrement des talons et à l'encastelure. La corne qui le forme est généralement sèche et cassante.

Pied pinçard ou rampin ; pied dont l'appui se fait principalement sur la pince, qui est presque verticale. Ce défaut, très commun chez le mulet, ne se remarque qu'aux pieds de derrière. Les talons de ce pied sont toujours hauts, et le fer ne s'use qu'en pince, ce qui exige une ferrure particulière et fréquemment renouvelée ; quelle que soit cette ferrure, elle aggrave plutôt le défaut qu'elle n'y remédie. *V.* Fer a cheval.

Pied plat ; pied dont la muraille se rapproche beaucoup de la ligne horizontale, de telle sorte qu'il se trouve très large et peu haut. Cette conformation du pied est très défectueuse ; elle expose l'animal à se couper, et la sole étant toujours peu concave ou même plane dans le pied plat, il devient nécessaire de lui appliquer un fer particulier, avec beaucoup d'ajusture. En outre, la direction de la paroi rend difficile l'action de brocher les clous, qui sortent trop tôt si l'on ne les incline pas fortement, et peuvent piquer le pied si on leur donne trop d'inclinaison. — Le pied plat convient aux juments mulassières, pour compenser le défaut opposé que présente le pied du baudet.

Pied plein ; pied dans lequel la sole est à peu près plane ; ce défaut est le même, à un moindre degré, que celui que présente le *pied comble.*

Pied rampin, *V.* Pied pinçard.

Pied sec ou maigre ; on appelle ainsi le pied dont la corne est sèche et cassante. Ce défaut expose le pied à s'éclater par l'action des clous, ou par le frottement, si l'animal se déferre. La corne sèche pousse lentement, et l'on doit hâter sa croissance et diminuer sa sécheresse par des applications de corps gras. Le pied sec est ordinairement petit et étroit.

Pied a talons bas ; dans ce pied, le poids du corps se porte principalement sur les talons, qui se fatiguent, et sur la fourchette, qui, généralement forte dans cette espèce de pied, est exposée aux contusions. Les bleimes sont un accident fréquent dans le pied à talons bas. On doit diminuer, autant que possible, ce défaut, en raccourcissant le bras du levier formé par la pince. Cette conformation ne se rencontre que dans les pieds de devant.

Pied a talons hauts ; lorsque les talons sont trop élevés, l'appui se fait principalement sur la pince, et le boulet se redresse ; le cheval tend à devenir pinçard ; ce pied est ordinairement accompagné d'une fourchette maigre. On doit, autant qu'il est possible, abaisser les talons et rejeter l'appui en arrière, au moyen d'un fer épais en pince et s'amincissant de ce point aux éponges.

Pied a talons serrés ; le resserrement des talons est un commencement d'encastelure ; il accompagne ordinairement une fourchette maigre ; ce défaut est incurable et rend le pied sensible et souvent douloureux.

Pied de travers ; pied dévié en dedans ou en dehors, par suite d'une usure inégale des quartiers provenant d'un défaut d'aplomb, si le cheval n'est pas ferré, ou d'un retranchement inégal de la corne lors de la ferrure. Un bon maréchal fait diminuer ou disparaître complètement ce défaut.

PIE-MÈRE, s. f., *Pia mater ;* on désigne sous ce nom une membrane sous-jacente à la méninge et à l'arachnoïde, enveloppant directement le cerveau et la moelle épinière, et pénétrant dans les ventricules cérébraux. La pie-mère ne peut être considérée comme une véritable membrane ; elle n'est autre chose qu'une couche celluleuse soutenant les nombreuses ramifications que forment les vaisseaux, avant de pénétrer dans la substance nerveuse. La pie-mère ne se borne pas à recouvrir la face externe du centre nerveux en s'enfonçant dans les circonvolutions cérébrales ; elle pénètre aussi dans les cavités du cerveau, où elle forme la toile choroïdienne, le plexus choroïde, etc.

PIERRE, s. f., *Petra,* de πέτρος ; nom donné vulgairement aux fragments des roches qui forment une partie du globe terrestre et qu'on emploie dans les constructions. Elles sont formées de *carbonate calcaire,* de *grès,* de *granit,* de *feldspath,* de *mica,* etc. — *Pathol.* Nom donné vulgairement aux calculs de la vessie. *V.* Calculs.

Pierre d'aigle, *V.* Oetite.

Pierre d'aimant, *V.* Aimant et Oxydes de fer.

PIERRE DE BOLOGNE, *V.* SULFATE DE BA-
RYTE.

PIERRE A CAUTÈRE, *V.* POTASSE.

PIERRE DIVINE; préparation pharmaceutique employée comme collyre après avoir été
dissoute dans l'eau. ♃ sulfate de cuivre,
azotate de potasse, sulfate d'alumine et de
potasse, de chaque, 100 grammes ; faites
fondre les trois sels à une douce chaleur ;
ajoutez 5 grammes de camphre et coulez sur
une surface unie. On pourrait ajouter le sulfate de zinc aux trois autres sels.

PIERRE INFERNALE, *V.* AZOTATE D'ARGENT.

PIERRE MÉTÉORIQUE, *V.* AÉROLITHE.

PIERRE NÉPHRÉTIQUE, *V.* JADE.

PIERRE PHILOSOPHALE, s. f. ; composé
imaginaire, à l'aide duquel on devait
transformer tous les métaux vils en métaux
nobles ou précieux. Ce corps hypothétique
était le but vers lequel étaient dirigées toutes
les patientes et laborieuses recherches des
alchimistes. *V.* ALCHIMIE.

PIERRE DE TOUCHE; espèce de pierre basaltique, noire, très dure, sur laquelle on
frotte les petits bijoux en or, pour en reconnaitre le titre. Dans ce but, on frotte le bijou
sur cette pierre et on traite la trace laissée
sur sa surface au moyen de l'acide azotique ;
la couleur qu'elle prend indique approximativement le titre de l'alliage.

PIERRES PRÉCIEUSES OU GEMMES ; nom
donné à des minéraux d'origine ignée, précieux à cause de leur rareté, de leur belle couleur ou de leurs formes cristallines, formés
en général d'alumine et de silice, et colorés
par des oxydes métalliques, tels que ceux de
fer, de manganèse, de cuivre, etc. Les plus
connus sont le *corindon*, le *saphir*, *l'émeraude*, la *topaze*, le *rubis*, *l'opale*, *l'a-
gate*, etc.

PIERREUX, EUSE. adj., *petrosus* ; synonyme de *pétré*.

PIÉTIN, s. m. ; maladie particulière au
mouton, et qui consiste dans l'inflammation
du tissu réticulaire, à la partie supérieure et
interne de l'onglon. Ce nom est tiré de l'allure de l'animal malade, qui, s'appuyant difficilement sur le pied affecté, se trouve obligé
de *piétiner*. Synonymie : *crapaud du mouton,
inflammation carcinomateuse du tissu réticulaire du pied*. Décrite par Chabert, en
1791, cette maladie a été étudiée par Gohier, d'Arboval, Favre, Gasparin, Girard,
Vatel, Delafond, Charlier. Elle présente
beaucoup d'analogie avec le crapaud du cheval, et surtout la crapaudine de l'âne. On
l'a confondue quelquefois avec le fourchet,
la limace, la maladie aphtongulaire ou aphteuse. Le piétin règne souvent avec le caractère enzootique, mais cette affection est très
négligée dans les campagnes ; aussi produit-
elle une grande mortalité. Charlier estime à
24 millions la perte annuelle que le piétin
fait éprouver en France. On est encore peu
avancé sur l'étude des causes de la maladie
dont il s'agit. Le séjour dans les berge-

ries mal saines, l'humidité, le froid, ont
été considérés comme des causes prédisposantes ; mais si l'on voit le piétin apparaître pendant les saisons pluvieuses, il se
montre également dans les localités où règne
la sécheresse, comme dans les sables arides
du Médoc. Morel de Vindé croit à la transmission par un animalcule qu'il compare à la
chique américaine, *pulex penetrans*. Linn. ;
c'est une supposition gratuite. La vérité n'est
pas encore établie sur la contagion ; Pictet,
Gohier, Gasparin sont les premiers qui aient
admis son existence ; Veilhan et Favre, de
Genève ont établi par des faits la propriété
contagieuse, dans un mémoire couronné par
la Société centrale d'Agriculture. Delafond
et Dombasle regardent la contagion comme
un fait incontestable ; Girard, au contraire,
émet encore des doutes et considère cette
question comme n'étant pas encore jugée.
Les symptômes présentent trois périodes :
première période, désunion de la paroi, rougeur, léger suintement, boiterie quelques
jours après l'invasion ; *deuxième période*,
ulcérations, suintement fétide, abcès, déformation de l'ongle ; *troisième période*, décollement d'une grande partie de l'ongle, tuméfaction de la région digitée, chute de la
corne, fusées purulentes, ulcération des
tendons et des ligaments, carie des os, marasme, mort. —Au début, c'est une maladie
facile à guérir ; plus tard, elle s'accompagne
d'altérations incurables. Le traitement est
toujours chirurgical ; les remèdes internes
sont inutiles. L'indication principale consiste
à enlever la corne et les tissus altérés, pour
obtenir une plaie simple ; c'est ce qui constitue *l'opération du piétin*. On la pratique avec
la feuille de sauge. Divers remèdes ont
été recommandés pour faire cicatriser la
plaie qui en résulte. Morel de Vindé conseille l'application de l'acide nitrique ; Ma-
lingié et Delafond vantent l'emploi de la
chaux disposée en bouillie claire dans des
caisses de bois placées à la hauteur du
sol, et sur lesquelles on fait passer les moutons. Charlier prescrit l'eau de Rabel dans
le début ; d'autres ont préconisé le sous-acétate et le deuto-acétate de cuivre, le sulfate
du même métal, l'onguent égyptiac, l'onguent de Solleysel. Lorsque le décollement est
étendu, Lecoq recommande d'enlever l'ongle en totalité, et même de pratiquer l'amputation du doigt, si les désordres sont graves.
On peut ainsi obtenir la guérison sans qu'il
reste quelque apparence de boiterie. —
Pol. sanit. Les mesures à employer contre
le piétin se réduisent toutes à l'isolement ;
les troupeaux attaqués devront être tenus à
l'étable ou dans des cantonnements spéciaux ;
on ne pourra les conduire aux abreuvoirs
communs ni dans les chemins fréquentés par
les bêtes ovines. L'art. 7 de l'arrêt du 16
juillet 1784, en ce qui concerne la vente et
l'exposition en vente, pourra leur être appliqué. Enfin, les autorités, avant d'exiger la

déclaration et l'application des mesures précédentes , devront informer les propriétaires de troupeaux de l'existence de la maladie.

PIÉZOMÈTRE , s. m. , *Piezometrum*, de πιεζειν , comprimer , et μετρον, mesure ; petit instrument placé dans l'intérieur des appareils à l'aide desquels on comprime les liquides, et destiné à faire connaître le degré de compressibilité de ces corps. La configuration de ce petit instrument varie. Celui qui est employé dans l'appareil d'OErstedt est une petite bouteille en verre, à col long et gradué , droit ou courbe, et portant un petit index mobile destiné à indiquer les effets de la compression sur le liquide de l'appareil.

PIGAMON, s. m., *Thalictrum*, L. ; genre de la famille des Renonculacées. La plupart des espèces de ce genre croissent dans les prairies basses, humides, les lieux couverts, ombragés , les clairières des bois , etc. ; d'autres recherchent de préférence les endroits montueux et secs, les élévations secondaires des Alpes, du Jura, etc. Dans la première classe, se trouvent les espèces *alpinum* , *majus*, *sylvaticum*, *flavum*, etc.; dans la seconde, on rencontre surtout les espèces *aquilegifolium*, *fœtidum*, *minus* , *nutans* , *angustifolium*, *tuberosum*, etc. Ces plantes sont toutes herbacées , vivaces ; elles ont peu de valeur comme fourrage. On en cultive quelques-unes dans les jardins. La racine du P. jaune, *T. flavum*, renferme une matière colorante jaune et un alcaloïde, la *thalictrine*, qui serait fébrifuge. Entière , cette racine est purgative ; ce qui a valu à la plante le nom de *Rhubarbe des pauvres*.

PIGEON, s. m., *Columba;* genre d'oiseau placé à tort parmi les gallinacés, dont il diffère : 1° par sa queue formée de douze pennes au lieu de quatorze ; 2e par son état de monogamie ; 3° par le petit nombre de ses œufs (deux), que le mâle et la femelle couvent tour-à-tour ; 4° par leurs petits qui doivent être nourris par leurs parents. Tous ces caractères rapprochent beaucoup plus les pigeons des Passereaux que des Gallinacés, dont ils diffèrent encore par la puissance et la légèreté de leur vol. Les espèces principales du genre pigeon sont : le *Ramier*, le *Colombin* ou *Petit ramier*, et le *Biset*. Les variétés domestiques sont très nombreuses. Le pigeon pond deux œufs , qu'il couve pendant dix-neuf jours ; les grosses variétés, bien nourries , produisent pendant toute l'année, et ont presque toujours à la fois un nid avec des petits , et un nid avec des œufs. Néanmoins, on ne retire des bénéfices de l'entretien des pigeons, que lorsqu'ils peuvent se procurer eux-mêmes la plus grande partie de leur nourriture.

PIGNON D'INDE, s. m. ; nom donné, en pharmacie, aux semences du *Jatropha curcas*, qui ressemblent à celles du ricin par la forme, mais qui en diffèrent en ce qu'elles sont plus grosses , plus noires et surtout beaucoup plus âcres. Elles renferment une matière résineuse qui les rend drastiques, et d'une grande âcreté. Elles sont inusitées. — Le mot *pignon* s'applique à plusieurs autres graines végétales ; telles sont les semences du ricin qu'on nomme *Pignons de Barbarie*, celles de *croton-tiglium* qui portent le nom de *petits pignons d'Inde* , etc.

PILE, s. f. , *Pile voltaïque*. Appareil imaginé en 1800 par Volta, et au moyen duquel on produit un courant continu d'électricité galvanique. Il se compose de deux corps d'un état électrique opposé , qu'on appelle les *éléments* de la pile ; ce sont le plus souvent deux métaux, notamment le *zinc* et le *cuivre* : le premier étant *positif*, et le second *négatif*. Ces deux métaux sont mis en contact immédiat et quelquefois même soudés l'un à l'autre ; ainsi réunis, ils constituent ce qu'on nomme un *couple* de la pile. Enfin, entre chacun des couples, qui doivent être disposés toujours dans le même ordre, on interpose un corps conducteur qui est formé, le plus ordinairement, par un morceau de drap ou de feutre imbibé d'eau acidulée. Le développement de l'électricité, dans cet appareil , attribué d'abord par Volta à une force physique appelée *électro-motrice*, est considéré aujourd'hui comme le résultat des actions chimiques qui ont lieu entre le métal le plus oxydable , le zinc , et l'eau acidulée qui imprègne le corps conducteur interposé entre les couples voltaïques. Quoi qu'il en soit , à mesure que les deux électricités prennent naissance , elles se distribuent sur les deux métaux , l'électricité *positive* sur le zinc, et l'électricité *négative* sur le cuivre. Si l'un des éléments de la pile communique avec le sol, l'appareil n'est chargé que d'une seule électricité qui est toujours de nom contraire à celle qui s'écoule dans le sol. Si, au contraire, la pile est isolée, elle contient les deux espèces d'électricités, et se constitue dans un véritable état de bipolarité à la manière des aimants. Le centre de la pile est *neutre*, et ses extrémités, qui prennent le nom de *pôles*, sont chargées, l'une d'électricité positive (côté zinc), et l'autre d'électricité négative (côté cuivre). De chacune de ces extrémités ou pôles, part un *fil conducteur*, auquel on a proposé de donner le nom de *réophore* (*V.* ce mot), qui conduit l'électricité au dehors de la pile ; si on rapproche les extrémités des deux fils, leurs électricités qui sont de nom contraire, se combinent pendant qu'elles continuent à se produire dans la pile ; le *circuit* est alors complet. Le mécanisme et la théorie de cet appareil sont trop complexes pour trouver place ici. — Les formes de la pile varient à l'infini ; la plus ancienne est la pile à *colonne* ou de Volta ; viennent ensuite la pile à *auge*, celle de *Wollaston*, la pile en *hélice*, la pile *sèche*, etc. (*V.* Les traités de physique). Depuis un certain nombre d'années, on a imaginé des piles dites à *courant* *constant*, et qui, sous un petit volume, ont une puissance d'action considérable. Leur forme et leur construction varient beaucoup ; mais, dans toutes, on trouve deux corps solides électro-moteurs et deux liquides, dont l'un est conducteur et l'autre agent chimique ou d'oxydation. La plus employée de ces piles est celle dite de *Bunsen*, qui est formée de zinc, d'un cylindre de charbon, d'un bocal en verre contenant de l'acide azotique, et d'un vase en porcelaine dégourdie, rempli d'eau acidulée dans laquelle plonge le zinc (*V.* les traités de physique). Les *effets* de la pile sont très intéressants et souvent d'une grande puissance ; on les distingue en *physiques*, *chimiques* et *physiologiques*. Les premiers sont mécaniques, lumineux, calorifiques, magnétiques, électro-moteurs, etc. Les seconds consistent surtout dans la décomposition des corps chimiques et dans le transport de leurs éléments aux pôles de la pile. Enfin, les effets physiologiques comprennent des commotions dans les articulations, des sensations artificielles, la contraction musculaire sur les animaux morts depuis peu de temps, le remplacement temporaire de l'action nerveuse dans un ou plusieurs organes, etc.

PILÉOLE, s. f., *Pileola* ; littéralement *petit chapeau*. Cette expression, employée pour désigner la partie supérieure, évasée, mais de petite dimension, de quelques champignons, indique quelquefois une feuille primordiale qui, dans la gemmule, enveloppe et couvre exactement les autres petites feuilles rudimentaires. Les Scirpes, quelques Graminées, ont une *piléole*.

PILEUX, **EUSE**, adj., *pilosus* ; qui a rapport aux poils ; qui est couvert de poils. — *Bot.* Couvert de poils longs, peu nombreux et légèrement raides.

PILIER, s. m., *Pila*, *columna* ; espèce de colonne destinée à soutenir quelque partie d'un édifice. — Par analogie, on donne, en *anatomie*, le nom de piliers à des parties renflées bordant certaines ouvertures ; ex. : les *piliers du voile du palais*, les *piliers du diaphragme. Voûte à trois piliers, V.* TRIGÔNE CÉRÉBRAL.

PILIERS, s. m. ; poteaux en bois, arrondis, ayant deux mètres environ au-dessus du sol, situés à l'un des foyers de l'ellipse représentée par la volte principale d'un manège. Les piliers sont au nombre de deux et placés à 1 mètre 30 cent. environ l'un de l'autre. Ils servent à habituer les chevaux à relever le devant et à leur apprendre à exécuter les airs relevés. On place aussi quelquefois un pilier au centre des voltes pour régler l'étendue du terrain.

PILIFÈRE, adj., *pilifer* ; littéralement qui porte des poils. Cette épithète n'est que rarement employée et ordinairement pour indiquer qu'un organe ne porte qu'un seul poil.

PILIFORME, adj., *piliformis* ; en forme de poil.

PILON, s, m., *Pistillum* ; cylindre solide, renflé et arrondi à une extrémité, et servant à triturer les substances solides dans un mortier. Il est en bois, en fer, en laiton, en porcelaine, en verre ou en agate, etc. Son volume est toujours proportionnel à la grandeur du mortier.

PILOSELLE, *V.* EPERVIÈRE.

PILOSISME, s. m. ; variété ou anomalie végétale consistant dans le développement de poils sur des parties qui n'en sont pas ordinairement pourvues, dans leur multiplication, leur accroissement extraordinaire, sur des parties qui en sont couvertes. Les causes du pilosisme ne sont pas parfaitement connues ; on cite l'action d'une vive lumière et d'une température basse, conséquemment, une station élevée, l'atrophie, etc. Quelquefois cet état a dû être attribué à une nutrition surabondante.

PILOSITÉ, s. f., *Pubescentia* ; synonyme de *pubescence*.

PILULAIRE, s. m. ; instrument à l'aide duquel on administre aux grands animaux les médicaments qui sont sous forme de bol ou de pilule. Il peut être plus ou moins compliqué ; c'est parfois un morceau de bois long de 40 à 50 centimètres, pointu à une de ses extrémités, où on fixe le bol, et avec lequel on dépose le médicament sur la base de la langue pour déterminer une déglutition immédiate. Le pilulaire de Lebas est un petit cylindre creux en bois, muni d'un piston pour pousser la pilule dans le fond de la bouche. On pourrait le remplacer par un cylindre en bois à l'une des extrémités duquel on aurait creusé une cavité hémisphérique en forme de bilboquet et dans laquelle on déposerait le bol médicamenteux à administrer.

PILULE, s. f., *Pilula*, petite boule ; préparation pharmaceutique consistante et globuleuse ; les pilules diffèrent des bols en ce qu'elles sont plus petites et qu'elles ont une consistance plus grande. Les pilules qu'on donne aux animaux ont pour excipient le miel, la mélasse, des poudres végétales, et pour principes actifs des extraits végétaux, des teintures, des substances salines, etc. Cette forme, d'un emploi si fréquent chez l'homme, est à peu près inusitée pour les animaux, même pour les petits, auxquels elle pourrait parfois convenir. Les pilules sont remplacées, en pharmacie vétérinaire, par les *bols* et les *électuaires* (*V.* ces mots). Les formules qui existent et qui sont en petit nombre sont magistrales. Elles ne seront pas relatées ici.

PIMENT, s. m., *Capsicum*, T. ; genre de la famille des Solanées. Il se compose d'espèces herbacées ou frutescentes, originaires de l'Asie et de l'Amérique, cultivées presque partout, mais surtout dans les contrées chaudes, pour leurs fruits qu'une saveur âcre et chaude fait employer comme assaisonnement. L'espèce la plus répandue en France est le P. annuel, *C. annuum*, encore appelée *poivre long*, *poivre de Guinée ;* elle est originaire de l'Amérique méridionale.

PIMPRENELLE, s. f., *Poterium*, L. ; *Pimpinella*, T. ; genre de la famille des Rosacées. Ses caractères sont: fleurs sessiles, en épis courts et serrés, bractéolées ; calice turbiné, quadriparti ; vingt à trente étamines ; pétales nuls ; deux ovaires, styles terminaux, stigmates en pinceaux ; akènes enveloppés et contenus dans le tube du calice. Les fleurs femelles occupent le sommet de l'épi ; les fleurs mâles ou hermaphrodites sont situées au-dessous. Les pimprenelles sont des plantes herbacées, vivaces, croissant de préférence sur les lieux élevés, calcaires, dans les prairies sèches et montueuses. L'espèce principale du genre est la P. sanguisorbe, *P. sanguisorba*, décrite jusqu'à ce jour par les auteurs et considérée par Spach comme formant deux espèces distinctes qu'il appelle *P. dictyocarpum* et *P. muricatum ;* celle-ci serait l'espèce principalement cultivée sous le nom *linnéen*. C'est une plante robuste, à longues racines, d'une saveur amère et néanmoins consommée par les herbivores. On l'a fait entrer dernièrement dans la grande culture, sur des terrains calcaires, pour l'alimentation du mouton. Elle peut être semée en automne ou au printemps à la dose de 30 à 40 kilogrammes par hectare, pour être consommée en vert à l'écurie ou sur place. Quelle que soit la valeur nutritive de la pimprenelle, on doit considérer cette plante comme assaisonnante.

PIN, s. m., *Pinus*, L. ; genre de la famille des Conifères. Tournefort le réunissait aux Sapins et aux Mélèzes ; Linné et la plupart des botanistes modernes l'en ont séparé. Le nombre des espèces de Pins est d'environ cinquante ; douze croissent en Europe. Ce sont presque toutes des arbres de haute taille, à feuilles linéaires, subulées, raides, persistantes, généralement groupées par deux ou cinq dans une gaine scarieuse qui les entoure à la base. Les espèces les plus intéressantes sont : le P. sylvestre, *P. sylvestris*, commun en Europe et surtout vers le nord. Son bois est très estimé pour les constructions marines ou terrestres. Son écorce sert au tannage des cuirs ; le P. maritime, vulg. P. de Bordeaux, des Landes, *P. maritima*, moins robuste que le précédent et non moins utile ; on le plante sur les dunes pour les fixer ; le P. de Corse, *P. larix*, dont le tronc est remarquable par sa hauteur et sa forme rectiligne ; le P. austral, *P. australis*, et le P. du lord, vulg. P. de Weimouth, *P. strobus*, tous deux de l'Amérique ; le P. umbro, *P. umbro*, commun dans les Alpes ; le P. pignon, *P. pinea*, dont on mange les fruits sous le nom de Pignons doux. La plupart des espèces du genre fournissent de la térébenthine.

PINÇARD, *V.* Pied.

PINCE, s. f. ; nom donné, en *extérieur*, aux deux incisives antérieures du cheval, *V.* Dent ; en *maréchalerie*, à la partie antérieure du sabot et du fer du cheval, *V.* Paroi. — *Chirur.* Instrument dont on se sert pour diverses opérations, dans le but de fixer, de tenir solidement les parties sur lesquelles on se propose d'agir. Toutes les pinces sont composées de deux branches articulées comme des ciseaux ou soudées ensemble à l'une de leurs extrémités. Ces instruments sont très variés quant à leur forme ; les plus usités en vétérinaire sont les suivants :

Pince a dissection, a artère, a ligature. Elle est formée par deux lames soudées à l'une de leurs extrémités, s'écartant par leur propre ressort à l'autre bout, et ne pouvant se fermer que par la pression des doigts. L'extrémité libre présente, à sa face interne, quelques dentelures transversales qui permettent de presser plus solidement les corps glissants ou fugaces. Cette pince sert à saisir les tissus pendant les opérations qui exigent des dissections ; quelquefois elle se termine par trois petites dents de souris, dont une d'un côté, deux du côté opposé, et porte le nom de *pince à dents de rat*. La pince est dite *à coulisse*, *à ressort*, quand les branches sont percées d'une fente, dans laquelle glisse un coulant mobile qui permet de tenir rapprochées les branches de l'instrument. Quand la pince à dissection sert à saisir les vaisseaux qu'on veut lier ou tordre, on l'appelle *pince à ligature*, *pince à torsion*.

Pince a pansement, pince a anneaux. Autrefois très employé par les vétérinaires, cet instrument est délaissé. Il se compose de deux branches semblables à celles des ciseaux, et articulées de même ; au lieu d'être tranchantes sur la partie opposée aux anneaux, elles sont opposées l'une à l'autre et aplaties ; le bec est taillé d'engrenures superficielles. La pince à pansement sert à enlever les pièces d'un appareil qui recouvre une plaie, à extraire les corps étrangers, à porter des médicaments dans les fistules. On y supplée avantageusement par les *ciseaux à pansement* courbés sur plat.

Pince a double cuillère, extracteur d'aliments. C'est une pince à anneaux d'un gros volume, dont chaque branche est terminée par une cuillère ; cette pince est destinée à l'extraction des aliments de la panse des grands ruminants sur lesquels on a opéré la ponction de cet estomac. Brogniez a combiné cette pince avec le *gastrotome* (*V.* ce mot).

Pince a suture pour les hernies. Pour pratiquer la suture des hernies ombilicales, Bénard a imaginé une pince composée de deux branches d'acier, articulées à charnière et percées d'une rainure qui les traverse de part en part dans leur largeur.

Pince a polypes. Elle est disposée comme la pince à anneaux ; l'extrémité libre de chaque branche est creusée en forme de cuillère, percée de deux ouvertures. Bordonnat a imaginé, pour l'extraction des polypes sur les animaux, une pince à anneaux dont les extrémités libres se terminent par trois dents allongées qui se croisent fortement, une de ces dents étant placée d'un côté et deux du côté opposé.

PINCÉE, s. f., *Pugillus*; quantité d'une substance médicamenteuse qu'on peut saisir entre le pouce, l'index et le médius. Cette manière vague de déterminer la dose d'un médicament, ne s'emploie guère que pour les substances très peu actives, comme certaines poudres végétales, quelques fleurs, etc.

PINCEMENT, s. m.; opération de jardinage consistant dans l'action de couper avec les ongles le sommet d'un bourgeon non encore entièrement développé, dans le but de réprimer une croissance exubérante ou de forcer de jeunes arbres vigoureux à donner des fruits.

PINÉAL, ALE, adj., *pinealis*; en forme de pomme de pin. — *Glande pinéale*. *V.* Conarium.

PINNATIFIDE, *V.* Pennatifide.

PINNATIFOLIÉ, *V.* Pennatifolié.

PINNATILOBÉ, *V.* Pennatilobé.

PINNATISÉQUE, *V.* Pennatiséqué.

PINNÉ, *V.* Penné.

PINNULE, s. f., *Pinnula*; foliole d'une feuille composée.

PINTADE, s. f., *Numida*; genre de Gallinacés ayant pour caractères : la tête nue; des barbillons charnus au bas des joues; la queue courte; le crâne le plus souvent surmonté d'une crête osseuse; les pieds sans éperons. La P. commune, *N. meleagris*, est élevée dans nos basses-cours, où elle s'accorde difficilement avec les autres volailles. Elle pond des œufs nombreux, presque ronds, de couleur nankin, et à coquille très dure.

PIOCHE, s. f., *Ligo*; instrument de petite culture employé à faire les défrichements, les défoncements, les tranchées, etc. La pioche se compose d'un manche et d'un fer terminé d'un côté par un pic, et de l'autre par un fer de houe, de forme, de longueur et de courbure diverses.

PIPÉRACÉES, s. f., *Piperaceæ*; famille de plantes rangées autrefois dans l'embranchement des monocotylédonées, et classées définitivement parmi les dicotylédones. Elle se compose d'espèces herbacées, la plupart vivaces et charnues, ou d'arbrisseaux et d'arbres, tous originaires des régions tropicales de l'ancien continent et surtout de l'Amérique. Les Pipéracées se divisent en deux tribus; genres : *Peperomia*, *Macropiper*, *Chavica*, *Cubeba*, *Piper*. etc. Cette famille fournit les différentes espèces de *Poivriers*.

PIPÉRIN ou **PIPÉRINE**; principe alcaloïde découvert par OErstedt dans les diverses espèces de poivres. On le prépare en épuisant le poivre long par l'alcool, évaporant à siccité, traitant par l'eau alcaline pour enlever un principe résineux, et reprenant par l'alcool pour faire cristalliser. La pipérine est solide, en cristaux blancs, prismatiques, inodore,

de saveur poivrée, fusible, décomposable par la chaleur, insoluble dans l'eau et l'éther, très soluble dans l'alcool, neutralisant mal les acides, qui l'altèrent lorsqu'ils sont concentrés. Ce corps, qui parait jouir de propriétés fébrifuges, est inusité en médecine vétérinaire. Il n'est pas le principe actif des poivres.

PIPETTE, s. f.; petit instrument en verre, qu'on emploie dans les laboratoires de chimie pour puiser dans un vase une petite quantité de liquide destiné à une opération chimique. Il est formé d'un tube en verre, droit ou courbe, effilé par une extrémité et présentant, vers son tiers inférieur, une dilatation sphérique ou cylindrique destinée à contenir le liquide aspiré. On remplit la pipette en aspirant l'air avec la bouche ou en enfonçant le tube dans le liquide, et dans l'un et l'autre cas, en bouchant l'extrémité supérieure de l'instrument pour empêcher temporairement la sortie du liquide que l'on a enlevé.

PIQUANT, s. m. et adj., *Aculeus*; nom générique des épines et des aiguillons. — *Plantes piquantes*, *V.* Plante.

PIQURE, s. f., *Punctura*, de *pungere*, piquer ; plaie étroite faite par un instrument aigu, par un insecte. *V.* Plaies par piqure.

PIRIFORME, adj., *piriformis*, de *pirum*, poire, et *forma*, forme ; en forme de poire. — *Muscle piriforme* ou *sacro-trochantérien*: petit muscle situé à l'intérieur du bassin, sur la paroi latérale, dont il suit la courbure. Il prend son origine à l'angle antérieur du sacrum, et se termine par un tendon qui se réunit à celui de l'obturateur interne, passe avec lui dans la scissure ischiale, pour aller se terminer dans la fosse trochantérienne. Il est abducteur et rotateur de la cuisse en dehors.

PIROUETTE, s. f., *Gyrus*; mouvement dans lequel le cheval tourne sur lui-même, en prenant, pour appui principal ou pivot, l'un des deux membres du côté où il se porte. Dans la pirouette ordinaire, c'est un membre postérieur qui sert d'appui. Ce mouvement s'exécute sur un terrain dont la longueur peut ne pas excéder la longueur du corps du cheval.

PISIFORME, adj., *pisiformis*, de *pisum*, pois, et *forma*, forme; en forme de pois. — *Tubercule pisiforme* ou *mamillaire*: petit tubercule situé à la face inférieure du cerveau, en arrière de la tige sus-sphénoïdale, et caché par l'appendice du même nom. Ce tubercule, double dans l'homme et les carnassiers, est le point où aboutissent les deux piliers antérieurs du trigône cérébral.

PISS-BOL, s. m.; nom donné en Angleterre aux bols ou pilules diurétiques. *V.* Bol.

PISSEMENT, s. m.; action de *pisser* involontaire. — *Pissement de pus*, *V.* Pyurie. — *Pissement de sang*, *V.* Hématurie.

PISSENLIT, s. m., *Taraxacum*, Hall.; genre de la famille des Composées. Il se compose de plantes herbacées, vivaces, très communes, à feuilles radicales nombreuses, sinuées, roncinées, à tige (hampe) simple, nue, fistuleuse, terminée par un seul capitule portant des fleurs jaunes auxquelles succèdent des akènes oblongs, striés, non ailés, atténués en un bec grêle et terminés par une aigrette blanche, longue, très plumeuse. Les espèces de ce genre sont mal définies; le nombre ne peut en être déterminé d'une manière rigoureuse. D. C. en décrit trente; mais plusieurs botanistes pensent que ce nombre pourrait être considérablement réduit, parce que ces espèces sont essentiellement polymorphes. La plus commune, et en même temps la plus importante, est le P. officinal, *T. officinale*, Koch.; *T. dens leonis*, **D. C.**; *Leontodon taraxacum*, L., très répandu en France et s'accommodant de presque tous les terrains, de presque toutes les stations. Cette plante est recherchée des herbivores et même du cochon; son amertume, qui n'a rien de repoussant, en fait un des meilleurs assaisonnements végétaux pour toutes les occasions, mais surtout pour les cas où elle se trouve mêlée à des fourrages trop durs, trop fades et peu nutritifs. Sprengel a fait un tableau séduisant des avantages du pissenlit officinal comme plante fourragère, soit qu'on le cultive seul ou mélangé, soit qu'on le fasse consommer à l'écurie ou sur place par les moutons, les bœufs ou les vaches laitières. Le pissenlit ne craint guère que les terrains marécageux et les sables arides; partout ailleurs, il prospère plus ou moins. Il ne convient point dans les prairies permanentes à cause de sa précocité. Les jeunes feuilles du pissenlit peuvent être mangées en salade plus tard, on les utilise comme toniques et diurétiques. Le suc exprimé pourrait servir de véhicule, d'adjuvant, à des substances fortifiantes. Cette plante n'est peut-être pas utilisée en médecine vétérinaire aussi souvent qu'elle le mériterait.

PISTACHIER. s. m., *Pistacia*, L.; genre de la famille des Térébinthacées. Il se compose de sept à huit espèces d'arbres généralement bas, originaires des contrées méridionales, parmi lesquelles on peut distinguer, le P. franc, *P. vera*, originaire de la Syrie, transporté en Italie par Vitellius, et cultivé aujourd'hui en Provence et jusque dans quelques jardins des environs de Paris. C'est l'amande des fruits de cet arbuste que l'économie domestique et la médecine emploient sous le nom de *Pistache*; le P. térébinthe, *P. terebinthus*, commun en Orient et dans l'Europe méridionale, et naturalisé dans le midi de la France : il fournit la térébenthine de Chio ; le P. lentisque, *P. lentiscus*, originaire des mêmes contrées que le précédent; c'est une variété de cette espèce qui fournit à la droguerie la résine *mastic* (*V.* ce mot).

PISTE, s. f., *Vestigium*; traces suivant une ligne droite ou courbe laissées par le cheval sur le terrain qu'il parcourt. La piste est *simple* ou *double*, selon que les pieds de derrière suivent ou non la ligne tracée par ceux de devant.

PISTIL, s. m., *Pistillum;* organe femelle des végétaux. Il se compose de l'*ovaire*, du *style* et du *stigmate*. Quand le style manque, le stigmate repose immédiatement sur l'ovaire; il est *sessile*. Le pistil ne fait pas suite au pédoncule ; il en est séparé par un *gynophore* ou un *podogyne*. Il est formé d'un seul carpelle ou de plusieurs carpelles soudés. Souvent, lorsque plusieurs carpelles se réunissent pour former un ovaire unique, le style ou le stigmate sont divisés en autant de parties qu'il y a de carpelles ou de loges dans l'ovaire. Le nombre des pistils renfermés dans une fleur est variable selon les espèces; il sert à distinguer beaucoup d'ordres dans le système de Linné. *V.* OVAIRE, STYLE, STIGMATE.

PISTILLAIRE, adj., *pistillaris*; qui appartient au pistil. — De Candolle appelle *fleurs pistillaires* celles dans lesquelles les carpels qui devaient composer le pistil sont transformés en pétales. — *Cordon pistillaire :* nom donné par Richard au trophosperme.

PISTOLET DE VOLTA, s. m.; petit vase cylindroïde en ferblanc verni ou en laiton, portant une armature sur une de ses parois, qu'on remplit de gaz détonant et qu'on décharge ensuite à l'aide d'une étincelle électrique.

PISTON, s. m. ; cylindre très court, ajusté dans un corps de pompe et mis en mouvement par une tige rigide fixée à son centre. Le piston peut être *plein* ou muni de soupapes s'ouvrant dans différents sens. C'est la partie essentielle des pompes.

PITTACALE, s. m., de πιττα, poix, et κάλος, beau ; matière d'un beau bleu, retirée par Reichenbach des produits pyrogénés de la distillation du bois. Cette substance est solide, dure, cassante, inodore, insipide, d'un bleu cuivré comme celui de l'indigo. Insoluble dans l'eau, l'alcool et l'éther, le pittacale est soluble dans les acides ; la solution acétique est rouge, mais devient bleue par l'action des alcalis. Précipitée par l'alumine ou les sels d'étain, cette matière colorante forme une belle laque bleue qui se fixe sur les tissus, et les colore.

PITTOSPORACÉES, s. f., *Pittosporaceæ* ; petite famille de plantes dicotylédones, polypétales, hypogynes, arbres ou arbrisseaux de la Nouvelle-Hollande, des régions tropicales de l'Asie, etc. Genres principaux : *Pittosporum, Billardieria*, etc.

PITUITAIRE, adj. et s., *Pituitaris*, de *pituita*, pituite ou mucosité. — *Membrane pituitaire* ou *membrane de Schneider :* membrane muqueuse tapissant l'intérieur des narines et des sinus, et se continuant avec celle qui revêt l'intérieur du pharynx. La pituitaire, remarquable surtout par sa finesse et sa sensibilité, pénètre dans tous les détours des cavités nasales et des sinus, et présente, dans ces derniers, son plus grand

degré de ténuité. Elle est le siége de l'odorat ou olfaction, et perçoit les odeurs par la large surface que lui donnent les anfractuosités des cornets et de l'ethmoïde. On remarque sur la pituitaire, principalement à la partie qui revêt les cornets, des sinus veineux assez développés. — *Fosse* ou *fossette pituitaire :* petite fosse de la face interne du sphénoïde, logeant en partie la glande pituitaire. — *Tige pituitaire :* nom donné à un petit prolongement creux, servant de pédoncule à la glande pituitaire, et communiquant par sa cavité avec le ventricule des couches optiques. — *Glande pituitaire*, *hypophyse*, *appendice sus-sphénoïdal du cerveau :* appendice arrondi, un peu déprimé de dessus en dessous, formé d'une substance rougeâtre en dehors et grise en dedans, et réuni au cerveau par un pédoncule creux, appelé *tige pituitaire* ou *sus-sphénoïdale*.

PITYRIASIS, s. m., *Pityriasis*, de πιτυρον, son; mot employé par les médecins pour désigner une exfoliation farineuse de l'épiderme. C'est une affection chronique de la peau, caractérisée par une desquamation légère. Elle correspond à la *dartre furfuracée* des anciens. Après le cheval, c'est sur le chien qu'on l'observe le plus souvent. On la voit se développer sur les parties de la peau qui sont le plus rapprochées des os, sur les coudes, la hanche, le pourtour des yeux et des oreilles. Les symptômes consistent en des plaques dénudées de poils, occasionnant beaucoup de prurit. On emploie contre cette affection les lotions émollientes et la pommade sulfureuse simple.

PIVOINE, s. f., *Pæonia;* genre de la famille des Renonculacées. Il se compose de plantes herbacées, vivaces ou frutescentes, originaires des régions tempérées de l'hémisphère boréal, et remarquables par la grandeur et la beauté de leurs fleurs. La souche de la P. officinale, *P officinalis*, est antispasmodique; elle entre dans quelques préparations pharmaceutiques.

PIVOT, s. m., *Radix perpendicularis;* racine principale d'une plante, s'enfonçant dans la terre suivant une ligne qui se rapproche de la verticale. On ne trouve le pivot que dans les dicotylédones. Il sert à fixer les plantes au sol et à aller chercher au loin la nourriture. Il est d'autant plus développé que l'arbre doit vivre plus longtemps. Le pivot n'est pas ordinairement remplacé, lorsqu'il a été coupé; sa section a pour effet de faire développer les racines latérales et les branches correspondantes. —On donne aussi parfois le nom de *pivot* au stipe ou pédicule de l'agaric.

PIVOTANT, TE, adj., *perpendicularis;* se dit de la racine qui s'enfonce verticalement dans le sol et forme pivot; ex. : la *carotte*.

PLACENTA; mot latin, signifiant *gâteau*, employé en français pour désigner la couche vasculaire formée, à l'extérieur du chorion, par les dernières ramifications des vaisseaux ombilicaux, et mettant le fœtus en communication avec l'utérus. Si le placenta a, dans l'espèce humaine et dans les rongeurs, la forme d'un gâteau, il est loin de présenter la même apparence chez les solipèdes, où il recouvre le chorion, formant une couche continue de villosités rougeâtres, sans adhérence marquée avec la muqueuse utérine. — Dans les ruminants, les villosités placentaires sont réunies par plaques ou gâteaux de forme arrondie ou ovalaire, embrassant chez la vache les cotylédons de l'utérus, et embrassés par eux chez la chèvre et la brebis. — Le placenta, chez le porc, est formé d'une série de petites houppes villeuses, circonscrites, disséminées sur toute l'étendue du chorion. — Dans la chienne, il forme autour du sac des enveloppes une ceinture rougeâtre portant de chaque côté une bordure verte, et laissant à nu le chorion de chaque extrémité de l'œuf. — Enfin, dans la lapine, le placenta, épais et arrondi, ressemble beaucoup à celui de la femme, qui ne recouvre qu'une partie du chorion.—*Bot.* Partie du péricarpe à laquelle s'attachent les ovules. Le placenta est toujours situé à l'intérieur de l'ovaire et formé de faisceaux fibro-vasculaires destinés à établir la communication entre la plante-mère et la graine. Il se présente sous la forme de lignes saillantes à la surface ou sur le bord des cloisons, ou sous celle de petites éminences sans ordre apparent, ou de funicules vasculaires simples ou divisés. *V.* PLACENTATION et TROPHOSPERME.

PLACENTAIRE, s. m., *Placentarium;* organe composé de plusieurs placentas réunis, et portant les ovules. C'est le *Trophosperme* de Richard, le *Placenta* de plusieurs botanistes.

PLACENTATION, s. f., *Placentatio;* distribution des ovules dans la cavité ou dans les loges de l'ovaire. Suivant la situation relative des placentas et des diverses régions des cavités ovariennes, la placentation est *axile*, lorsque les placentaires sont portés au centre du péricarpe par les bords des carpels qui se sont réunis pour former des cloisons complètes; elle est *centrale*, lorsqu'elle a lieu par un trophosperme central libre au milieu du fruit; enfin, elle est *pariétale*, quand les ovules sont attachés le long des sutures dorsales des carpels ou sur leurs bords non repliés en dedans comme dans le premier cas, ou dans d'autres parties de leur étendue.

PLACENTÉRIEN, ENNE, adj., *placenterianus;* on appelle cloisons placentériennes les fausses cloisons produites par des prolongements du trophosperme. Elles se distinguent des cloisons vraies en ce qu'elles restent attachées à la columelle, et sont couvertes d'ovules.

PLADAROSE, s. f. *Pladarosis*, de πλαδαρος, flasque; nom donné à une loupe sans rougeur, ni douleur, qui se développe sur les paupières.

PLAIE, s. f., *Plaga, vulnus;* solution de continuité des parties molles, produite par une cause mécanique. Le corps des grands animaux, à cause de leur volume, de leur poids, de la nature des services qu'on exige d'eux, présente fréquemment des exemples de tous les genres de plaies. Ces lésions peuvent siéger sur toutes les parties du corps; elles sont parallèles, transversales ou obliques. Il y a des plaies superficielles; d'autres affectent les couches musculaires profondes, et pénètrent jusque dans les cavités splanchniques. Leurs formes sont déterminées par celles des corps vulnérants. Elles dépendent aussi de la direction de ces corps, de leur acuité, de leur vitesse, de leur force d'impulsion. Les plaies *simples* sont celles dont la réunion immédiate peut être obtenue facilement; les plaies *compliquées* coïncident avec une autre maladie, avec l'introduction d'un corps étranger, d'un produit septique, virulent. Les plaies à *lambeaux* sont celles dont les tissus sont divisés en plusieurs sens et ne tiennent au reste du corps que par une base plus ou moins étroite. On distingue: 1° les *plaies par incision;* 2° les *piqûres;* 3° les *plaies contuses;* 4° les *plaies par morsure;* 5° les *plaies par armes à feu;* 6° les *plaies par arrachement*, les *déchirures;* 7° les *plaies suppurantes.* C'est aux plaies par instruments tranchants qu'on rattache les détails généraux sur les solutions de continuité.

PLAIES PAR INSTRUMENTS TRANCHANTS, OU PAR INCISION. Ce sont les plus simples; les agents qui les produisent pénètrent les tissus en pressant et en sciant. Les symptômes sont l'écoulement du sang, la douleur, l'écartement des bords de la plaie, l'irritation des tissus intéressés. Bientôt survient la fièvre traumatique avec les caractères suivants: pouls tendu donnant dans le cheval 60 pulsations par minute, 100 dans le chien; respiration accélérée, bouche chaude, muqueuses injectées, diminution de l'appétit; quelquefois symptômes ataxiques. Les terminaisons sont la réunion par première intention et la réunion par seconde intention. *Réunion par première intention* ou *cicatrisation immédiate:* entre les bords de la plaie se répand un liquide de nature fibrino-albumineuse, appelé *lymphe plastique* par Hunter; cette lymphe se coagule et passe bientôt par divers degrés d'organisation. Pour obtenir la cicatrisation immédiate, il faut que les lèvres de la plaie soient saignantes, qu'elles soient en rapport avec les centres nerveux et circulatoires; les deux lèvres de la division doivent être formées des mêmes tissus; il faut qu'il n'y ait pas une perte étendue de substance; qu'il y ait absence de corps étranger. On n'obtient pas avec la même facilité la réunion immédiate dans tous les animaux. Rapide chez les carnivores et surtout dans les chiens, on l'obtient difficilement sur les grands herbivores; cette différence dépend sans doute de l'inégale plasticité du sang. On a cité des exemples de greffes animales, dans lesquelles des parties, totalement séparées du corps, ont pu y adhérer de nouveau. Ces faits sont peu authentiques; toutefois Boyer en conclut qu'on doit tenter la réunion des parties séparées du corps et qui sont peu disposées à la putréfaction, que l'on doit surtout espérer l'adhésion de celles qui tiennent encore par un pédoncule. *Réunion par seconde intention, réunion médiate, secondaire, par suppuration:* quand il y a perte de substance, on voit survenir, après la cessation de l'écoulement du sang, un suintement séro-sanguinolent. Vers le troisième jour, l'inflammation s'empare des tissus et produit la suppuration. Au fond de la plaie, on observe des saillies cellulo-vasculaires; ce sont les *bourgeons charnus.* Ils sont bientôt recouverts par une membrane que Delpech a nommée *pyogénique, V.* CICATRISATION.—La plupart des plaies par instrument tranchant donnent un pronostic peu grave; elles ne constituent qu'un accident léger; quelques-unes peuvent amener la mort, quand elles intéressent un organe important. — *Traitement local.* Il faut rechercher la réunion immédiate; les moyens usités pour l'opérer sont au nombre de quatre: A. *Situation:* elle consiste à relâcher les lèvres d'une plaie transversale, à tendre celles d'une plaie longitudinale. Une position convenable de longue durée est difficile à obtenir dans les animaux. B. *Bandages unissants:* ils sont d'une application peu efficace, excepté sur les solutions de continuité des membres. Pour peu qu'ils soient trop serrés, la circulation est interceptée, la pression et le frottement irritent les parties malades. C. *Bandelettes agglutinatives:* elles ont des avantages pour les plaies des parties trop volumineuses pour être embrassées par des bandages. En vétérinaire, on emploie des bandes de toile enduites de térébenthine ou de poix noire pour les grands animaux. Pour les petits, on se sert du blanc d'œuf, de la gomme, de l'amidon, de la dextrine. D. *Sutures:* on rapproche et maintient les lèvres de la plaie par des fils ou des épingles, qui traversent leur épaisseur. Les sutures les plus employées sont la suture entortillée, celle du pelletier. Les moyens précédents, qui constituent la méthode *adhésive*, ne peuvent servir pour les plaies qui suppurent; il faut avoir recours à la méthode *cicatrisante*, et quelquefois à la méthode *exérétique* pour retrancher les parties inutiles ou nuisibles.

PLAIES PAR PIQURE. On appelle ainsi les plaies faites par les corps piquants. Ces corps diffèrent par leur acuité, leur volume; les uns écartent les tissus sans produire une véritable solution de continuité; les autres divisent et contondent les parties qu'ils traversent. Depuis le clou de rue que le cheval rencontre sur son passage, jusqu'au pieu, qui peut accidentellement perforer une région du corps, les variétés de volume sont bien nombreuses. Dans ces plaies, l'écartement des bords est peu prononcé; la douleur est vive; l'écoulement du sang est peu abondant, à moins qu'un vaisseau considérable n'ait été traversé; ex.: piqûre de la carotide. L'inflammation devient très-forte dans les parties riches en filets nerveux, en aponévroses. Les piqûres simples se guérissent presque toujours par première intention; telle est la terminaison de celles qui résultent de l'acupuncture et de quelques ponctions. Après certaines piqûres, on voit survenir des accidents graves; après les enclouures, le pus fuse vers la couronne et produit le décollement du bourrelet. Le clou de rue a pu atteindre l'aponévrose plantaire et occasionner la carie ou la gangrène. Quelques complications rendent les piqûres mortelles. Le tétanos traumatique peut survenir à la suite des plaies des tendons et des aponévroses. La phlébite et la résorption purulente arrivent après la formation de vastes abcès dans les parties où le pus ne peut s'écouler facilement. On voit les piqûres les plus simples être suivies des complications les plus graves, surtout si le corps piquant est imprégné d'un produit morbide, d'un virus ou d'un venin. La première indication consiste à extraire le corps étranger; ensuite, il faut s'opposer au développement de l'inflammation, par les réfrigérants sous forme de bains ou de lotions. Quelquefois il est utile d'opérer le débridement des piqûres; on sera sobre de ce moyen près des surfaces articulaires. *V*. ENCLOUURE, CLOU DE RUE.

PLAIES CONTUSES. Ce sont les solutions de continuité produites par un corps contondant. On distingue les *plaies contuses ordinaires* et les *plaies contuses par morsure*, en laissant de côté les *plaies par armes à feu*. Dans le cheval, les plaies contuses les plus graves se montrent aux genoux, après une chûte; celles qui résultent de coups de pied sur les rayons des membres, les solutions de continuité qu'on voit dans le mal de garrot, le mal de taupe, présentent souvent des complications fâcheuses. Ces plaies ont des bords irréguliers, dentelés, formés de plusieurs lambeaux; le froissement des tissus s'oppose à l'hémorrhagie; la couleur des chairs est d'un rouge violacé. Des eschares se forment à la surface des plaies et sont éliminées, de sorte que la solution de continuité prend une étendue considérable, suppure longtemps et donne des cicatrices très-apparentes. Les complications de ces plaies sont la fracture comminutive des os, leur carie, des fistules articulaires, des abcès, la gangrène, le tétanos. On ne peut obtenir la cicatrisation immédiate; néanmoins la première indication consiste à rapprocher les bords de la plaie; la suture doit être employée, quand les lambeaux sont multiples et trop écartés; préalablement, on aura le soin d'extraire les corps étrangers introduits dans les chairs. Les irrigations d'eau froide seule ou combinée avec les astringents serviront à combattre les

accidents consécutifs. Si la plaie commence à suppurer, on la panse chaque jour avec la teinture d'aloès ou le vin aromatique, et l'on remplit mollement ses anfractuosités avec de l'étoupe hachée. Quelquefois il est utile d'appliquer la cautérisation par le fer rouge ou les agents chimiques, pour modifier la nature des tissus. On a recours aussi à l'application du vésicatoire, quand un engorgement considérable existe au pourtour de la plaie.

PLAIES PAR MORSURE. Elles sont faites par des animaux sains ou par des animaux enragés; ces dernières sont dites *virulentes*, parce qu'un virus est déposé dans la plaie; on reconnaît, en outre, des plaies par morsure faites par les animaux *venimeux*. — *Plaies par morsure d'animaux sains*. Elles sont faites par des carnivores ou des solipèdes; les ruminants se servent rarement des dents pour attaquer ou se défendre. Ces plaies sont produites par piqûre, par contusion ou par arrachement. Les dents du chien sont tranchantes et coniques; en se rapprochant, elles coupent comme des cisailles. Celles du cheval sont aplaties; elles écrasent plutôt qu'elles ne déchirent, et forment des plaies contuses. Il est difficile d'établir exactement le pronostic de ces plaies, les accidents venant à paraître quelquefois assez tard. On voit souvent des morsures qui paraissent assez simples sur les membres des chiens, produire des fistules articulaires incurables; la phlébite peut être la suite d'un grand nombre de morsures. Le traitement consiste à réunir par première intention ou à rapprocher les bords de la plaie, sur laquelle on applique ensuite les défensifs. — *Plaies par morsure d'animaux enragés*. Pendant la période d'incubation, il n'y a pas de différence entre la morsure faite par un animal en santé et celle d'un animal enragé; la plaie suit la marche ordinaire, et se cicatrise; elle ne présente pas le caractère phlegmoneux comme celle qui contient un venin. Le pronostic est toujours dangereux après les morsures faites par le chien enragé; la mort en est fréquemment la terminaison. Les morsures faites à la face et aux lèvres sont plus redoutables à cause de la faculté absorbante de ces régions. Sous le rapport de leur gravité, il faut tenir compte de plusieurs circonstances qui influent sur la contagion de la rage. Des moyens de tous les genres ont été proposés pour prévenir le développement de cette maladie. La première indication consiste à détruire le *virus* dans la partie inoculée, avant son absorption. Nettoyer les morsures, presser les tissus pour en faire couler le sang, provoquer la suppuration, ce n'est pas assez. La cautérisation est le meilleur spécifique; pour les animaux, le fer rouge est préférable à tout autre moyen. — *Plaies par morsure d'animaux venimeux*. Les plaies envenimées sont faites par des insectes ou des reptiles. *Piqûre des abeilles*. Elle produit une douleur cuisante de peu de durée, quelquefois une réaction sur le système cérébral. Hénon a mentionné deux exemples d'animaux morts à la suite des piqûres d'abeilles. On recommande les lotions avec l'eau salée, vinaigrée ou ammoniacée. La piqûre faite par le scorpion réclame le même traitement. *Morsure de la vipère.* C'est sur les chiens de chasse qu'on observe le plus souvent ces plaies envenimées; on en a cité des exemples sur le cheval. La morsure de la vipère n'est pas aussi grave qu'on le croit généralement. Abandonnée à elle-même, sa guérison peut être spontanée. Cette innocuité expliquerait l'efficacité prétendue infaillible de quelques spécifiques. Sous ce rapport, la grande réputation de l'ammoniaque est un peu tombée.

PLAIES PAR ARMES A FEU. Ce sont des plaies contuses au plus haut degré, faites par les projectiles lancés par la poudre à canon. Elles sont produites par les plombs de chasse, les balles, les biscaïens, les boulets, les éclats de bombe, d'obus, des pierres, des fragments de bois frappés par ces projectiles. Leurs caractères généraux sont : une couleur noirâtre ou livide, l'absence de toute effusion de sang, une douleur gravative, une sorte de stupeur des parties blessées. Après ces blessures, on voit apparaître tous les accidents généraux des plaies, tels que des hémorrhagies secondaires, des suppurations, des écrasements des os ou des articulations, la phlébite, le tétanos. La noirceur de la plaie résulte de la mortification des tissus, dont l'attrition a été très grande. Ces plaies sont généralement graves et souvent incurables. Il faut remplir les indications suivantes: 1° modifier la nature de la plaie, la rendre simple, de contuse et inégale qu'elle était; 2° extraire les corps étrangers; 3° faciliter la suppuration et la cautérisation; 4° remédier aux accidents généraux.

PLAIES PAR ARRACHEMENT. Elles résultent d'une traction violente sur quelque partie du corps. Ces blessures sont fréquentes chez les animaux; on les produit pendant les opérations, ex. : arrachement d'une partie du sabot; les morsures, les contusions violentes en donnent des exemples. Dans les usines, sur les chemins de fer, les chevaux sont exposés à des solutions de continuité à larges lambeaux. Il est rare que ces plaies soient suivies d'une forte hémorrhagie; l'allongement, la rupture irrégulière des vaisseaux, s'opposent à l'écoulement du sang. En général, ces déchirures ne peuvent être guéries sans suppuration.

PLAIES PAR SUPPURATION. Il est des plaies dont on ne peut obtenir la cicatrisation immédiate, soit que les bords n'aient pas été rapprochés, soit que de grandes pertes de substance aient rendu la suppuration indispensable. Les plaies suppurantes sont plus fréquentes sur les parties du corps où la peau ne peut se déplacer facilement, dans les régions exposées au contact des boues et du fumier. Pendant la marche des plaies qui suppurent, il faut s'abstenir de donner aux malades une trop grande quantité d'aliments, les indigestions étant fréquentes sur les sujets qui éprouvent de grandes déperditions par des surfaces accidentelles. Quelques causes externes retardent la cicatrisation ; ce sont les décollements de la peau, les frottements, les pansements mal faits ou intempestifs ; des fistules sont entretenues par des corps étrangers, des portions d'organes cariées ou gangrenées. Ces plaies sont *blafardes*, lorsqu'elles présentent des bourgeons pâles ; *bourgeonneuses*, quand elles offrent des chairs saillantes, irrégulières ; *gangreneuses*, lorsqu'elles donnent les signes de la putridité, etc., etc. Les accidents consécutifs sont l'état de débilité, le marasme, les affections psoriques, les métastases, l'infection purulente. Il y a indication de préserver les plaies qui suppurent, du contact de l'air qui les irrite, de rapprocher les bords pour diminuer l'étendue des surfaces blessées sur lesquelles sont appliqués des topiques plus ou moins excitants, pour modifier la suppuration. Quelquefois on emploie des caustiques, l'alun calciné, le nitrate d'argent, l'eau de Rabel, la pâte de Vienne, la pâte de Canquoin, le fer rouge. En même temps, il est utile d'administrer à l'intérieur quelques médicaments purgatifs ou diurétiques, pour éviter les métastases.

PLAIE, *Bot.* Solution de continuité faite artificiellement à une plante, entamure produite par une scie, un instrument tranchant, etc. Les plaies sont plus ou moins graves, selon leur siége, leur étendue. Lorsqu'elles n'intéressent qu'une faible partie de la circonférence d'une tige, d'une branche, elles se recouvrent bientôt, de haut en bas, d'une écorce de nouvelle formation, ou même de fibres ligneuses. Quand elles intéressent une grande portion d'une tige, d'une branche, ou lorsque la division est complète, la plaie devient souvent, si on ne la recouvre de matières protectrices, le point de départ d'une carie profonde, qui fait périr l'arbre ou le rameau.

PLAN, s. m., *Plana superficies;* surface ou superficie plane. On emploie ce mot, en anatomie, pour indiquer des coupes imaginaires divisant le corps animal en différents sens ; ex. : *plan médian du corps*, etc.

PLAN-INCLINÉ, s. m. ; surface plane, solide, intermédiaire entre la verticale et l'horizontale, et pouvant se rapprocher plus ou moins de l'une ou de l'autre de ces deux lignes. C'est une machine élémentaire qu'on emploie pour modifier l'action de la pesanteur sur les corps. Son influence dépend du rapport de sa longueur et de sa base. Le poids relatif d'un corps placé sur un plan incliné est à son poids absolu, comme la hauteur du plan est à sa longueur. — *Plan incliné de Galilée:* corde inclinée sur laquelle glissait un petit charriot en fer, et dont se servit ce célèbre physicien pour déterminer les lois de la chute des corps.

PLANCHE, s. f., *Area;* espace de terrain ordinairement plus long que large, séparé des parties environnantes par une bordure, une allée, des fossés, une raie de charrue, etc. Dans la grande culture, une planche est formée de cinq à vingt sillons. Dans ce cas, la formation des planches est un véritable billonnage.

PLANCHER, s. m.; partie inférieure d'une cavité ; ex. : *plancher des fosses nasales*, etc. — *Hyg. V.* SOL.

PLANT, s. m., *Plantarium ;* végétal destiné à être repiqué ou planté. *Plant de buis, de chou,* etc.

PLANTAGINÉES, s. f., *Plantagineæ;* famille de plantes dicotylédones, monopétales, à fleurs hermaphrodites ou unisexuées, habitant surtout les régions tempérées, méditerranéennes. Elle ne renferme que les trois genres : *Plantago, Littorella, Bougueria.*

PLANTAIN, s. m., *Plantago*, L. ; genre principal de la famille des Plantaginées. Il se compose de plus de cent espèces, parmi lesquelles 20 à 25 habitent la France. Les principales sont : le P. majeur, grand plantain, *P. major ;* le P. moyen, *P. media ;* leurs feuilles sont broutées par le mouton et le porc ; le P. lancéolé, *P. lanceolata,* cultivé en Angleterre et fournissant un fourrage vert d'assez bonne qualité ; ces trois espèces croissent abondamment au bord des chemins, dans les prairies sèches, etc.; leurs feuilles sont toniques et fébrifuges ; on donne leurs fruits aux oiseaux de volière; le P. maritime, *P. maritima*, commun en Europe, le long des côtes de l'Océan et de la Méditerranée, en Auvergne, partout où coulent des eaux minérales; il est très robuste, résiste bien à la sécheresse, repousse vite et plaît aux herbivores ; le P. des sables, *P. arenaria;* le P. pucier, *P. psyllium;* le P. œil de chien, *P. cynops*, dont les graines sont mucilagineuses ; le P. corne de cerf, *P. coronopus*, dont les feuilles quelquefois charnues sont mangées dans quelques contrées.

PLANTAIRE, adj., *Plantaris*, de *planta*, plante du pied. — *Artères plantaires :* elles sont au nombre de deux à chaque membre antérieur et postérieur. Au membre antérieur, la *plantaire profonde* ou *petite plantaire* est la plus petite des branches terminales de la radiale postérieure ; elle gagne, par ses divisions, la face postérieure des os métacarpiens. La *plantaire superficielle*, ou *grande plantaire*, est la véritable continuation de l'artère radiale postérieure, et règne au côté interne des tendons fléchisseurs, au bas desquels elle se divise en deux branches, l'une interne, l'autre externe, formant les artères digitales. Celles-ci suivent la région digitée et vont, après avoir fourni plusieurs arcades antérieures et postérieures ainsi que l'artère du coussinet plantaire, se terminer chacune par deux branches, dont l'une s'engage dans le trou plantaire et l'autre dans le trou pré-

plantaire du troisième phalangien. Au membre postérieur, la *plantaire profonde*, provenant de la tibiale antérieure, traverse le tarse obliquement, et va former des divisions à la face postérieure des os métatarsiens. La *plantaire superficielle*, véritable continuation de la tibiale antérieure, descend obliquement dans une scissure particulière que lui offre le métatarsien principal, et que borde le métatarsien rudimentaire externe, passe ensuite entre ces deux os, pour se porter à la partie postérieure et se diviser en deux artères digitales, qui se comportent comme celles du pied antérieur.—*Aponévrose plantaire :* nom donné improprement à la partie élargie du tendon du perforant, qui se fixe à la face inférieure du troisième phalangien. — *Muscle plantaire grêle* ou *péronéocalcanéen :* petit muscle prenant son origine près du péroné et s'insérant au sommet du calcanéum par un petit tendon qui se confond avec celui du bifémoro calcanéen, dont il partage les usages. — *Nerfs plantaires :* on donne ce nom aux nerfs collatéraux des régions du métacarpe et du métatarse. Ils sont au nombre de deux, l'un interne, l'autre externe, à chacune de ces régions. Au membre antérieur, l'*interne* provient du radial interne, et accompagne l'artère plantaire superficielle. L'externe, formé par deux cordons provenant du radial interne et du nerf cubital, règne au bord externe des tendons fléchisseurs. Au membre postérieur, la disposition est à peu près semblable ; les deux nerfs proviennent d'une bifurcation terminale du nerf tibial postérieur. Au membre antérieur comme au postérieur, les nerfs plantaires fournissent, au niveau du boulet, une branche *antérieure* ou *pré-plantaire* qui se porte à la partie antérieure du pied, et leur branche principale continue son trajet sans changer de direction. — *Coussinet plantaire :* renflement du derme protégeant, sous le pied, la terminaison du tendon perforant, et formant la base de la fourchette. Le coussinet plantaire a la forme d'un coin et se trouve placé entre les fibro-cartilages de prolongement de l'os du pied, avec lesquels il confond son tissu vers les talons.

PLANTATION, s. f., *Plantatio ;* action de planter, de placer dans une nouvelle terre un plant arraché au lieu où il végétait. Dans le langage agricole, le mot *plantation* ne s'applique qu'aux plantes ligneuses ; on emploie celui de *repiquage*, lorsqu'il s'agit de végétaux herbacés. On peut énoncer, relativement à la plantation, les règles suivantes : les tiges doivent être enterrées un peu plus qu'avant l'arrachage; les racines doivent être autant que possible, replacées dans leur situation normale ; tous les vides compris entre leurs divisions doivent être remplis ; la terre doit avoir été bien ameublie, être tassée ensuite et humectée; il faut éviter le déchaussement. Les plantations sont d'autant plus difficiles et plus chanceuses que les arbres sont plus âgés, que la racine pivotante est plus longue et relativement plus forte, que l'on est obligé de faire de plus grands retranchements aux branches. Les plantations ont pour but le repeuplement des bois, le reboisement des côteaux, la formation des vergers, des haies, etc. — On désigne encore sous le nom de *Plantation* l'espace qui a été planté de végétaux ligneux.

PLANTE, s. f., *Planta*; synonyme de *végétal* (*V.* ce mot). L'utilité que l'homme retire des plantes pour sa nourriture ou celle de ses bestiaux, pour les divers usages économiques, industriels, thérapeutiques, etc., est suffisamment connue. Le nombre des plantes utiles est très considérable; mais toutes ne le sont ni au même degré, ni de la même manière. Les unes, et c'est la majorité, sont employées telles que la nature nous les offre; d'autres ont besoin d'être cultivées. Il en est dont on emploie toutes les parties, tandis que la plupart sont récoltées ou entretenues principalement ou exclusivement pour leurs racines ou leurs tiges, leurs feuilles, leurs fruits ou leurs fleurs, ou enfin pour des produits naturels créés par la végétation. On peut établir parmi les plantes, sous le rapport de leur utilisation, les divisions suivantes : *alimentaires* (céréales, légumières ou potagères, fourragères, assaisonnantes); *médicinales; industrielles* (oléagineuses, textiles, tinctoriales); *économiques; nuisibles* (vénéneuses, piquantes, parasites); *inutiles* ou *indifférentes*. — *Plantes grasses*. *V.* Gras.—*Zool.:* partie inférieure du pied, dans les animaux dits *plantigrades*.

PLANTIGRADE, adj. et s., de *planta*, plante du pied, et *gradior*, je marche; qui marche sur la plante des pieds. On appelle *plantigrades*, une tribu de la famille des carnivores caractérisée par l'appui de la totalité du pied sur le sol, pendant la marche. Genres : *Ours*, *Blaireau*, etc.

PLANTOIR, s. m.; morceau de bois dur, garni ou non de fer, recourbé à l'une de ses extrémités, plus ou moins, aigu à l'autre, destiné au repiquage des plantes.

PLANTULE, s. f., *Plantula*; littéralement, *petite plante;* embryon dont la radicule et la gemmule ont été rendues apparentes par la germination.

PLAQUEMINIER, s. m., *Diospyros*, L.; genre de la famille des Ebénacées. Il se compose d'arbres et d'arbrisseaux des contrées intertropicales; un seul, le P. lotus, *D. lotus*, se trouve en Europe jusque dans le midi de la France, où il paraît s'être naturalisé. Le P. de Virginie, *D. virginiana*, fournit aux habitants de l'Amérique un fruit comestible, bacciforme, de la grosseur d'une pomme, d'abord acerbe, puis acidule. Plusieurs espèces de ce genre, et notamment le P. ébénier, *D. ebenum*, le P. à bois noir, *D. melanoxylum*, etc., fournissent à l'industrie, sous le nom d'*ébène*, leurs couches ligneuses.

PLAQUEMINIERS, *V*. Ebénacées.

PLASTIQUE, adj., *plasticus*, de πλασσω, je forme; qui sert à former. — *Force plastique :* nom donné à la puissance qui, dans les animaux et les végétaux, préside aux fonctions de génération, de nutrition, etc., des tissus.

PLASTIQUES (aliments); on désigne ainsi, d'après Dumas et Liébig, les substances alimentaires renfermant de l'azote, telles que le gluten, l'albumine, la caséine, la fibrine, etc., et que l'on regarde comme spécialement appelées à être assimilées. *V.* Respiratoires.

PLATANE, s. m., *Platanus*, T.; genre de la famille des Platanées. Il se compose d'arbres très répandus dans les régions tempérées et surtout dans l'hémisphère boréal. Le nombre des espèces de ce genre n'est pas encore bien limité; Linné n'en admettait que deux : *P. orientalis*, et *P. occidentalis;* Willdenow en reconnaissait quatre; Spach n'en fait plus qu'une seule, le *P. commun*, *P. vulgaris*, et regarde, comme autant de variétés, les formes diverses mais non essentiellement différentes, que prennent les platanes. La variété la plus commune en France, est le *P. occidentalis*, L., *P. acerifolia*, Willd., *P. V. acerifolia*. Spach; il fait l'ornement de nos promenades. Chaque année, les couches extérieures de son écorce tombent et se renouvellent. Le platane est cultivé depuis longtemps; la Grèce, l'Italie ancienne, l'Asie, avaient pour lui une prédilection marquée. Lorsqu'il est âgé, son bois est dur et assez compacte pour être employé à la confection d'objets de luxe, de meubles et même aux constructions navales et terrestres. Morren prétend qu'il se détache de cet arbre de nombreux poils qui gênent la respiration des personnes qui respirent l'air tenant ces corps en suspension. L'écorce du platane pourrait être employée au tannage des cuirs. Cet arbre peut acquérir un grand volume; le platane de Godefroy de Bouillon, que les voyageurs visitent à trois lieues de Constantinople, a 5 mètres de circonférence et 30 mètres de hauteur; de Candolle estime qu'il est âgé de plus de 700 ans. Peut-être est-il formé de plusieurs troncs réunis.

PLATANÉES, s. f., *Plataneæ;* petite famille composée du genre *Platane*, distrait de la famille des Amentacées. On a proposé d'en faire une tribu des *Urticacées*.

PLATEAU, s. m., *Lecus;* partie centrale, essentielle du bulbe. Le plateau est une tige presque toujours très aplatie et déprimée, portant à sa partie supérieure la tige proprement dite et les écailles; à sa partie inférieure, les racines. On lui a donné le nom de *Mésophyte*. Il est quelquefois très allongé, ex. : dans le *Lilium canadense*. — Cassini appelait *plateau* un disque charnu occupant le sommet de l'ovaire et portant la couronne de l'aigrette. Cet organe ne se trouve que dans les Carduacées.

PLATE-LONGE, s. f.; en chirurgie, c'est une large corde, longue de 4 mètres environ, aplatie dans la moitié de son étendue, présentant une ganse à l'une de ses extrémités. On s'en sert pour maintenir les animaux debout ou couchés. Si l'on pratique une opération sur l'animal debout, la plate-longe est fixée autour de l'encolure et du poitrail par un de ses bouts, tandis qu'avec l'autre partie on va saisir un pied de derrière qu'on tient plus ou moins relevé; ou bien la plate-longe est fixée au paturon d'un membre postérieur, pour aller s'enrouler sur les parties antérieures du corps. Quand le sujet est couché sur un lit de paille, la plate-longe sert à assujettir l'extrémité sur laquelle on doit opérer. — On donne encore ce nom à une longe de cuir qui fait partie du harnais des chevaux de carrosse et qui doit les empêcher de ruer.

PLATINE, s. m., de l'espagnol *platina*, petit argent. Pt. Equiv. 1232,00. Métal de la sixième section, connu depuis longtemps en Amérique, et décrit, vers le milieu du siècle dernier, par Don Antonio de Ulloa et Wood. Le platine se trouve dans les terrains aurifères, à l'état natif ou allié à plusieurs métaux de la dernière section, ainsi qu'au fer et au cuivre. Les principaux gisements se trouvent au Pérou, au Brésil, en Sibérie; etc. L'extraction de ce métal est très compliquée; en voici les principales opérations. Le minerai de platine grillé est dissous dans l'eau régale; la dissolution est évaporée, reprise par l'eau et précipitée par le sel ammoniac; le précipité, qui est un chlorure double de platine et d'ammoniaque, est recueilli, lavé, séché et calciné; il en résulte du *platine spongieux* qu'on écrase dans l'eau de manière à en former une pâte épaisse qu'on soumet à une forte pression, qu'on sèche ensuite, qu'on chauffe au rouge blanc et qu'on forge comme du fer. Le platine est solide, inodore, insipide, d'une couleur blanche, mate, et moins riche que celle de l'argent; sa densité, qui est considérable, varie de 21,47 à 21,53. Très ductile et très malléable, le platine est plus mou que l'argent; cependant sa ténacité le cède peu à celle du fer. Chauffé, le platine ne fond pas, même à la température la plus élevée produite par une forge; le chalumeau à gaz et une forte pile électrique peuvent cependant fondre des fils de platine. Au rouge blanc, il se soude à lui-même et peut être forgé comme du fer. Ce métal n'est altéré ni par l'air, ni par l'eau, ni par les acides; l'eau régale seule en opère la dissolution à chaud. La potasse, la lithine, le nitre, le bisulfate de potasse, un mélange de charbon et de silice, etc., attaquent le platine, lorsqu'on les chauffe avec ce métal à une haute température. Le soufre, le phosphore, les chloroïdes et plusieurs métaux, peuvent se combiner ou s'allier au platine, à la faveur d'une chaleur très élevée. Les usages du platine sont assez nombreux et le seraient beaucoup plus encore, si son prix très élevé n'y mettait obstacle.

Dans les laboratoires, il sert à former des capsules, des creusets, des cornues, employés surtout aux analyses quantitatives.

PLATRAGE, s. m.; action de répandre sur la terre ou d'enfouir du plâtre ou sulfate de chaux, pour amender le sol et le féconder. L'emploi du plâtre en agriculture remonte à 1765; on le doit à Meyer, pasteur d'Argovie. On se rappelle l'ingénieux moyen mis en usage par Franklin pour engager ses compatriotes à plâtrer leurs prairies artificielles. Le plâtre est employé crû ou cuit à une température qui n'a pas dû dépasser 300°, seul ou mélangé et sous forme de compost. La dose, qui doit varier selon la composition du terrain, est généralement comprise entre 300 et 600 kilogrammes par hectare; on l'a portée quelquefois à 1,000 kilogrammes. L'opération du plâtrage se fait à la main au moment du labour qui précède les semailles, ou mieux encore immédiatement avant l'ensemencement, ou enfin, après une petite pluie sur les jeunes pousses des plantes. On est généralement d'accord de plâtrer, quand la dose de plâtre employée n'est pas très forte, au moment de l'ensemencement. Quoi qu'il en soit, il n'est pas nécessaire d'attendre la pluie, l'opération est aussi bonne et plus facile, quand elle est faite par un temps calme et humide. Le plâtre convient aux sols où le calcaire manque, où les sulfates ne sont pas en quantité suffisante. Ses effets ne sont ni uniformes, ni constants; il échoue sur des terrains qui paraissent le réclamer; mais quand il agit bien, son influence est prodigieuse. Son action n'a pas encore reçu d'explication satisfaisante; au milieu des opinions contradictoires dont elle a été l'objet, on peut bien quelquefois reconnaître l'erreur, mais non toujours la vérité. On a supposé qu'il absorbait l'humidité pour la transmettre aux plantes; qu'il condensait l'ammoniaque; qu'il hâtait la décomposition des engrais organiques; que le sulfure de calcium, qu'il renferme lorsqu'il est cuit, agissait sur l'acide carbonique comme désoxygénant; qu'il fournissait aux plantes en même temps l'acide sulfurique et la chaux; qu'il était un aliment essentiellement calcaire, etc. Ses effets sont souvent admirables sur les légumineuses et surtout sur le trèfle; il a réussi sur le colza, la navette, le chanvre, le lin, le sarrasin, etc. On lui reproche de faire pousser des tiges plutôt que des graines, de rendre tardives les plantes à cosses, de rendre difficile la cuisson des légumes. On a dit, mais sans preuves positives, qu'il provoquait des météorisations. La durée moyenne de son action est de trois ou quatre ans.

PLATRE, s. m., *Gypsum*; nom du *sulfate de chaux* calciné. *V.* PLATRAGE.

PLATYRHININS, s. m. pl. *Platyrhini*, de πλατυς, large, et ριω, ρινος, nez; nom donné à la tribu des singes du nouveau continent, à cause de l'écartement de leurs na-

rines. Cette tribu se distingue en outre par
six molaires à chaque arcade, une queue
longue, souvent prenante, des fesses velues, sans callosités, et par l'absence des
abajoues.

PLEIN, s. m., *Plenum*, de *plenus*, rempli, qui est opposé au vide ; on donne ce nom
à la partie moyenne d'une *bande* faite avec
la toile ou des rubans de fil.

PLEIN, EINE ; adj., *plenus* ; se dit en
botanique des parties qui n'offrent pas de
cavité et surtout de la tige non fistuleuse.

PLEINE-TERRE (culture en). La culture
en *pleine-terre* est celle qui se fait sans abris,
sans moyens artificiels, et dans les conditions
où croissent les végétaux spontanés. Cette culture, que l'on pourrait appeler *libre*, exige
que la naturalisation soit complète.

PLEIN-VENT s, m. ; arbre fruitier de
taille élevée, libre dans son accroissement et
abandonné à lui-même. Tous les arbres fruitiers pourraient, à la rigueur, être cultivés en
plein-vent ; mais il est des espèces, des variétés à fruits gros et tendres, ou qui demandent beaucoup de chaleur, qui ne sont avantageuses qu'en espalier.

PLÉNITUDE, s. f., *Plenitudo*, de *plenus*,
plein ; abondance excessive. Ce mot a plusieurs acceptions dans le langage médical.
Il s'applique à un sentiment de pesanteur
causé par l'accumulation des aliments dans
le tube digestif : *plénitude d'estomac*. On
s'en sert pour désigner l'abondance des fluides en circulation, dans ce cas il est synonyme de pléthore.— En vétérinaire, cette expression est usitée fréquemment pour désigner l'état de grossesse d'une femelle.

PLÉROSE, s. f. *Plerosis* ; de πληρόω, je
remplis ; rétablissement du corps épuisé par
une maladie.

PLESSIMÈTRE, s. m., *Plessimetrum*,
de πλίσσω, je frappe, ou πλῆξις, percussion,
et μέτρον, mesure ; nom donné à un instrument proposé par Piorry pour pratiquer sur la poitrine la percussion médiate.
Il se compose d'une plaque circulaire de
cinq centimètres de diamètre, de l'épaisseur
de cinq à six millimètres, sur laquelle on percute avec l'extrémité des doigts. Le plessimètre est disposé de manière à s'adapter au
sthétoscope. Ces instruments n'ont pas reçu
d'application bien positive en vétérinaire.
V. PERCUSSION.

PLÉTHORE, s. f., *Plethora*, de πληθύειν,
être plein ; surabondance du sang. Les anciens ont admis la pléthore *vraie* et la pléthore *fausse* ; dans la première, le sang est
trop abondant d'une manière continue ; dans
la seconde, cette abondance n'est que passagère. On distingue la pléthore *générale*, qui
existe dans tout le système sanguin, et la
pléthore *locale*, qui ne se montre que dans
une partie du corps. La pléthore générale
est caractérisée par la rougeur des muqueuses, le gonflement des veines, la force du
pouls et des battements du cœur. Elle est

due à un excès de nourriture, à la suppression d'un émonctoire, etc. Cet état prédispose aux hémorrhagies, aux congestions,
aux phlegmasies. On y remédie par les émissions sanguines et la diète. Ce qu'on a nommé
pléthore locale n'est qu'une congestion, dont
le traitement varie suivant la nature de l'organe affecté ; cependant les saignées générales et locales sont encore indiquées. On
distingue encore d'autres variétés de la pléthore ; on la nomme *physiologique*, quand
elle n'a pas troublé la santé ; *morbide*, lorsqu'elle produit des hémorrhagies, des inflammations ; *constitutionnelle*, si elle dépend de la constitution, du tempérament ;
accidentelle, lorsqu'elle est produite par
une cause violente, par une autre maladie
survenue accidentellement.

PLÉTHORIQUE, adj., *plethoricus* ; qui
est affecté de pléthore, qui concerne la pléthore.

PLEURAL, ALE, adj., de *pleura*, plèvre ; qui appartient à la plèvre : *sac pleural,
cavité pleurale*.

PLEURÉSIE, s. f., *Pleuritis*, de πλευρα,
plèvre ; inflammation de la plèvre. Cette maladie est moins fréquente dans les animaux
que dans l'espèce humaine. On la distingue
en *aiguë* et *chronique*. — PLEURÉSIE AIGUE.
Elle attaque les deux plèvres et constitue la
pleurésie *double*, ou une seule, et forme la
pleurésie *simple*. Les violences extérieures
sont des causes directes de la pleurésie ; ce
sont les contusions, les chutes, les fractures
des côtes, les plaies pénétrantes de la poitrine. D'autres causes sont indirectes : ce
sont l'impression du froid sur la peau, l'ingestion d'une eau glacée donnée comme boisson, les maladies des organes voisins des
plèvres (pneumonie, bronchite, phthisie pulmonaire). Dans le cheval, les symptômes
principaux sont précédés par un état de malaise général. Bientôt on observe la dyspnée ;
la respiration est fréquente ; elle est courte
et entrecoupée pendant l'inspiration, plus
grande pendant l'expiration ; les narines se
dilatent plus que dans l'état normal. La toux
est petite et comme avortée, sans expectoration de mucosités. Le pouls est fréquent,
petit et concentré. Par la percussion, une
vive douleur est produite sur le thorax ; la
sonorité est obscurcie dans les points où l'é-
panchement commence à se former. L'auscultation signale au début la diminution du
bruit respiratoire (*respiration bronchique* ou
tubaire). Cette maladie peut se terminer par
résolution, par épanchement et par formation de fausses membranes. Si l'*épanchement* est peu considérable, l'oreille peut
percevoir un bruit semblable à celui produit
par le froissement d'une feuille de papier :
c'est le *bruit de frottement*. Lorsque le liquide
s'accumule en grande quantité dans les plèvres, on constate dans la partie inférieure
de la poitrine la matité, l'absence du bruit
respiratoire. Le malade reste debout, et péri[t]

asphyxié, la compression du poumon rendant la respiration trop difficile. Quand des fausses membranes se sont développées dans les plèvres, on entend un bruit de *glouglou*, comparable à celui produit par une bouteille que l'on vide. La gangrène est aussi une terminaison fâcheuse de la pleurésie, surtout lorsqu'elle est compliquée de pneumonie. On peut confondre, sous le rapport du diagnostic, la pleurésie avec la pleurodynie; l'auscultation sert à les distinguer facilement. Il est plus difficile de ne pas confondre l'inflammation de la plèvre avec la pneumonie. La durée de la pleurésie est de quatre à huit jours, quand elle doit se terminer par la résolution; l'épanchement est resorbé, s'il est peu abondant. Dans le cas contraire, sa disparition est lente; la maladie passe à l'état chronique. Les symptômes présentent dans les animaux, comme dans l'homme, des redoublements le soir; la respiration devient plus difficile: la toux est plus fréquente; le malaise général est augmenté. Parmi les caractères anatomiques, on doit considérer l'état de la plèvre et la nature de l'épanchement. La plèvre enflammée présente des vaisseaux remplis de sang, qui lui donnent parfois une teinte rouge uniforme; le tissu cellulaire sous-séreux est injecté et infiltré de sérosité. De nombreuses variétés se présentent dans la sérosité exhalée par la plèvre malade; tantôt elle est limpide, transparente et contient quelques flocons albumineux: tantôt elle est trouble, sanguinolente, ou lactescente, jaune, et même purulente; elle est toujours inodore. Sa quantité varie beaucoup: on en a trouvé jusqu'à 50 ou 60 litres dans les grands animaux. Dans la pleurésie avec épanchement, le poumon peut être réduit par la compression à une sorte de noyau, qui n'est plus perméable à l'air et se précipite au fond de l'eau. La collection séreuse n'occupe le plus souvent, dans l'homme et dans le chien, qu'un seul côté de la poitrine; dans le cheval, c'est le contraire. Rigot a signalé, sous ce rapport, les ouvertures multiples dont le médiastin est criblé et qui produisent un hydrothorax double. Delafond a constaté que dans les pleurésies avec épanchement, il y avait en outre fréquemment rupture du médiastin; c'est à ce point que la ponction pratiquée sur un seul côté suffit quelquefois pour vider les sacs des deux plèvres. Des fausses membranes sont formées par la concrétion d'une partie du liquide épanché; elles sont parfois très consistantes et adhèrent à la surface des poumons et des parois costales. Récemment formées, elles sont molles; plus tard elles sont organisées, transformées en brides cellulo-fibreuses et constituent des adhérences. Des expériences ont été faites sur les animaux par Dupuy, Hamont et Delafond pour déterminer le mode de production des pseudo-membranes. — Fréquemment, la pleurésie est une maladie grave,

capable de causer la mort. Il est très rare qu'on obtienne la guérison, quand il y a épanchement prononcé. Le traitement doit être antiphlogistique. Il consiste, dès le début, dans les saignées générales et locales, les boissons émollientes et diurétiques. On a conseillé également le tartre stibié dans la pleurésie, pour faire tomber l'orgasme inflammatoire. Lorsque la maladie a perdu une partie de son acuité, les sinapismes. et les vésicatoires sont utiles pour activer la résorption de l'épanchement; il faut en même temps augmenter par les sudorifiques la transpiration cutanée, donner quelques purgatifs. — PLEURÉSIE CHRONIQUE. Elle succède à l'état aigu le plus ordinairement; quelquefois elle est primitive. Les symptômes sont à peu près les mêmes; mais ils sont plus obscurs que dans l'état d'acuité. Les malades présentent quelques caractères de l'anasarque, la diarrhée, et succombent lorsque la respiration est par trop incomplète. La résorption de l'épanchement peut terminer la pleurésie chronique; mais ce résultat est rare dans les animaux. Le traitement consiste surtout dans l'emploi des exutoires, des boissons diurétiques, purgatives ou sudorifiques. Si la collection formée dans les plèvres ne tend pas à disparaître, il ne reste plus qu'à tenter la ponction de la poitrine, opération funeste qui n'a d'autre effet bien constaté, que celui de hâter la mort des animaux malades. *V.* HYDROTHORAX et EMPYÈME. — Une ancienne division a distingué les pleurésies d'après les régions qu'elles occupent; on a nommé *pleurésie médiastine*, celle qui siégeait sur le médiastin; on a encore admis les noms de *diaphragmatique*, *costo-pulmonaire*, *interlobulaire*. Le diagnostic de ces variétés n'est pas possible en médecine vétérinaire. — On a reconnu la pleurésie *sèche* ou *humide*, suivant que l'expectoration manque ou peut être constatée. La pleurésie est *bilieuse*, lorsqu'elle coïncide avec la gastro-hépatite; elle est *latente*, quand son développement se fait sans symptômes bien apparents. Cette dernière est assez commune dans les solipèdes. — PLEURÉSIE EXSUDATIVE. Duvieusart, médecin vétérinaire à Namur, a donné ce nom à une pleurésie qu'il a observée dans l'espèce ovine, avec formation de fausses membranes, maladie qu'il a attribuée à la tonte pratiquée en plein hiver.

PLEURÉTIQUE, adj., *pleureticus*, de πλευρά, plèvre; qui a rapport à la pleurésie: *maladie pleurétique, couenne pleurétique*; qui est affecté de pleurésie: *malade pleurétique*.

PLEURITE, s. f., *Pleuritis*; synonyme de *pleurésie*.

PLEURO-ARACHNOIDITE, s. f.; inflammation simultanée de la plèvre et de l'arachnoïde.

PLEUROCÈLE, s. f., *Pleurocele*, de πλευρά, plèvre; et κήλη, tumeur; hernie de la plèvre ou du thorax. Cette dénomination est vicieuse, attendu que la plèvre seule ne peut former une hernie. Synonyme de *pneumocèle*.

PLEUROCÉPHALITE, s. f., *Pleurocephalitis*, de πλευρα, plèvre, et κεφαλη, tête; pleurésie compliquée de l'inflammation du cerveau.

PLEURODISCAL, **ALE**, adj., *pleurodiscus*, de πλευρα, côté, et δισκος, disque; se dit de l'insertion des étamines, lorsqu'elle se fait d'un côté du disque.

PLEURODYNIE, s. f., *Pleurodynia*, de πλευρα, plèvre, et οδυνη, douleur; fausse pleurésie, pleurésie rhumatismale. Pendant longtemps on a désigné par ce mot la douleur de l'un des côtés du thorax, et d'autres affections de nature diverse. Aujourd'hui, le nom de *pleurodynie* désigne plus spécialement le rhumatisme des muscles intercostaux. Cette affection ne peut être distinguée dans les animaux.

PLEURODYNIQUE, adj., *pleurodynicus*; qui a rapport à la pleurodynie.

PLEURO-GASTRITE, s. f., *Pleuro-gastritis*; inflammation de la plèvre compliquée de celle de l'estomac.

PLEUROGYNE, adj., *pleurogynus*, de πλευρα, côté, et γυνη, femme; le disque est pleurogyne quand, né sous l'ovaire, il se redresse latéralement.

PLEURO-HÉPATITE, s. f., *Pleuro-hepatitis*; inflammations réunies de la plèvre et du foie.

PLEURO-PÉRICARDITE, s. f., *Pleuro-pericarditis*; inflammation simultanée de la plèvre et du péricarde.

PLEURO-PÉRITONITE, s. f.; inflammations réunies de la plèvre et du péritoine.

PLEURO-PNEUMONIE, s. f., *Pleuropneumonia*, de πλευρα, plèvre, et πνευμων, poumon; pleurésie compliquée de pneumonie. On dit aussi *pneumo-pleurésie*, *pleuro-péripneumonie*. *V.* PÉRIPNEUMONIE.

PLEURORHIZE, **ÉE**, adj., *pleurorhizus*; synonyme d'*homotrope*.

PLEURORRHAGIE, s. f., *Pleurorrhagia*, de πλευρα, plèvre, et ρεω, je coule; hémorrhagie de la plèvre.

PLEURORTHOPNÉE, s. f., *Pleurorthopnæa*, de πλευρα, côté, ορθος, droit, et πνεω, respirer; douleur de côté, qui ne permet la respiration que lorsque le malade est debout.

PLEUROSOME, s. et adj., *Pleurosomus*, de πλευρα, côté, et σωμα, corps; genre de monstres célosomiens présentant les caractères suivants : éventration latérale occupant principalement la portion supérieure de l'abdomen, et s'étendant même au-devant de la poitrine; atrophie ou développement très imparfait du membre thoracique correspondant à l'éventration.

PLEUROSOMIE, s. f., *Pleurosomia*; état des monstres pleurosomes.

PLEUROSPASME, s. m., *Pleurospasma*, de πλευρα, côté, et σπασμα, spasme; spasme de la poitrine.

PLEUROTHOTONOS, s. m., *Pleurothotonos*, de πλευροθεν, de côté, et τεινω, je tends : tétanos qui occupe un des côtés du corps et produit une courbure latérale.

PLÈVRE, s. f., *Pleura*, de πλευρα, côté; nom donné aux deux membranes séreuses qui tapissent la cavité de la poitrine et se replient sur les poumons, auxquels elles servent d'enveloppe. Comme toutes les séreuses, chaque plèvre forme un sac clos de toute part, que l'on divise, pour l'étude, en quatre parties qui sont : la *plèvre costale*, la *plèvre diaphragmatique*, la *plèvre médiastine* et la *plèvre pulmonaire*, qui constitue le feuillet viscéral de la séreuse. L'adossement des deux plèvres médiastines constitue le *médiastin* (*V.* ce mot). Dans les monodactyles, la plèvre médiastine est criblée, dans sa partie postérieure, de petites ouvertures qui établissent une communication entre le sac pleural droit et le gauche.

PLÈVRODYNIE, s. f., *Plevrodynia*; synonyme de *pleurodynie*.

PLEXUS, s. m., de *plectere*, entrelacer; mot latin francisé et employé pour désigner l'entrecroisement de plusieurs filets nerveux ou de plusieurs rameaux vasculaires. —*Plexus brachial*, *guttural*, *hépatique*, *mésentérique*, etc. *V.* BRACHIAL, GUTTURAL, HÉPATIQUE, MÉSENTÉRIQUE. etc,

PLICATIF, **IVE**, adj., *plicativus*; l'estivation est *plicative* ou *chiffonnée*, lorsque, avant l'épanouissement, les pétales sont plissés sans ordre apparent; ex. : dans le *pavot*.

PLIÉ, **ÉE**, adj., *plicatus*; se dit des rameaux qui se courbent en dehors comme ceux du saule pleureur.

PLIQUE, s. f., *Plica*, *trichoma*; maladie de l'homme caractérisée par l'agglomération et le développement anormal des cheveux. Elle se développe particulièrement en Pologne; son existence sur les animaux n'est pas bien avérée.

PLISSÉ, **ÉE**, adj., *plicatus*; présentant une succession d'éminences et d'enfoncements étroits et parallèles. On ne l'emploie guère que pour les organes membraneux.

PLOMB. s. m., *Plumbum*; μολυβδος, des grecs; *Saturne* des alchimistes. Pb. Équiv. 1294,50. Métal de la cinquième section connu depuis les temps les plus reculés. On le trouve dans la nature à l'état de sulfure, de tellure, de séléniure, de carbonate, de phosphate, de chrômate, etc. Le sulfure de plomb, connu sous le nom de *galène*, est à peu près le seul minerai exploité. Le procédé d'extraction varie selon les contrées; lorsque la galène est riche, on la grille après le triage, et le produit, formé d'un mélange de sulfure, de sulfate et d'oxyde de plomb, est traité directement dans un four à reverbère où, sous l'influence de la chaleur, ces composés se réduisent mutuellement par la combinaison de l'oxygène du sulfate et de l'oxyde avec le soufre de la galène non altérée par le grillage, et donnent directement du plomb.

Quand la galène est plus pauvre, après le grillage on mêle le minerai à du charbon ou du fer, auxquels on ajoute parfois de la chaux éteinte et ou chauffe le tout dans un fourneau approprié. — Le plomb est solide, d'un gris bleuâtre, brillant sur une coupe récente, et terne, lorsqu'il a subi l'action de l'air; très mou, pouvant être coupé avec un couteau et rayé par l'ongle, le plomb laisse sur le papier un trait gris et brillant comme le graphite: peu malléable, assez ductile, ce métal est d'une faible ténacité; sa densité est de 11.445. Soumis à l'action de la chaleur, le plomb entre en fusion à 335° (Regnault), se volatilise faiblement et peut cristalliser par un refroidissement méthodique. Exposé à l'air ou mis en contact avec l'eau, ce métal s'oxyde, se couvre d'une sorte de vernis protecteur et reste sans altération dans l'intérieur de sa substance. Les acides sulfurique, chlorhydrique, attaquent faiblement le plomb; mais l'acide azotique et l'acide acétique l'altèrent facilement. La plupart des corps simples non métalliques peuvent s'y combiner directement ; il peut s'allier aussi aux autres métaux. Les usages du plomb, à l'état métallique, sont nombreux et importants dans les arts et l'économie domestique ; de plus, un grand nombre de ses composés intéressent à la fois l'industrie et la médecine.

PLOMB, s. m. ; nom vulgaire du mélange gazeux délétère qui s'échappe des fosses à vidange. Le principe le plus vénéneux est le *sulfhydrate* d'*ammoniaque*, (*V*. ce mot).

PLOMBAGE, s. m. ; opération agricole qui consiste à presser, à tasser plus ou moins la terre après l'ensemencement. Le plombage n'est opportun ni pour toutes les terres, ni dans toutes les saisons. Les terres argileuses et les semailles d'automne ne le réclament pas ordinairement; on se contente, dans ces occasions, après le hersage qui a enterré les semences, de faire passer sur le terrain la herse retournée. —Le plombage proprement dit se fait avec les *rouleaux* en bois, en fonte ou en pierre, selon la nature du terrain et l'effet que l'on veut produire. Dans les jardins, le plombage s'effectue simplement avec les pieds seuls ou armés d'une planche ou batte fixée par des courroies.

PLOMBAGINE. *V*. GRAPHITE.

PLOMBAGINÉES ou PLUMBAGINÉES, s. f., *Plumbagineæ;* famille de plantes dicotylédones, à corolle nulle ou gamopétale, herbacées ou frutescentes, à racines amères ou âcres. L'aire de cette famille, peu nombreuse cependant, est très étendue. Les Plombaginées se divisent en deux tribus : les *Staticées* et les *Plombaginées vraies ;* genres *Statice*, *Plumbago*, etc.

PLOMBÉ, ÉE, adj., *plumbeus;* se dit des parties qui ont la couleur ou la teinte du plomb.

PLONGÉ, ÉE, adj., *submersus;* synonyme de *submergé*.

PLUIE, s. f., *Pluvia;* météore aqueux provenant de la condensation de la vapeur vésiculaire des nuages, et formé de gouttelettes d'eau qui tombent en chute libre dans l'atmosphère. Ces gouttes sont sphériques et d'autant plus volumineuses que le temps est plus orageux, que la température est plus élevée et le lieu où il pleut plus bas. Les nuages qui donnent de l'eau sont d'un gris foncé ou noirs et rapprochés de la terre. Lorsque la pluie n'est pas accompagnée d'orage, les nuages couvrent une grande partie du ciel; dans le cas contraire, ils sont plus ou moins isolés. Les causes de la pluie sont encore mal connues; on cite comme les principales, l'évaporation provoquée sur la face supérieure des nuages par les rayons du soleil, le mélange de vapeurs inégalement chaudes, l'élévation des nuages dans les hautes et froides régions de l'atmosphère, leur proximité d'une montagne couverte de neige, les variations de la pression atmosphérique, l'électricité des nuages, etc. La pluie est très inégalement distribuée sur la surface du globe; très abondante à l'équateur, elle va en diminuant vers les pôles. Dans les contrées tempérées, la pluie est plus abondante en été qu'en hiver, dans les lieux bas que dans ceux qui sont élevés, parce que les gouttes d'eau grossissent en tombant par la condensation à leur surface de la vapeur aqueuse de l'air. En général, on a remarqué que les régions du globe terrestre qui reçoivent la plus grande quantité annuelle d'eau, sont aussi celles où les journées pluvieuses sont les moins nombreuses. L'eau de la pluie est pure et sa quantité, pour chaque lieu, se mesure à l'aide d'un *pluvimètre* (*V*. ce mot et *eau de pluie*).

PLUMASSEAU, s. m., de *pluma*, plume; gâteau d'étoupes disposées par couches plus ou moins épaisses, auquel on donne des formes diverses, et qui est destiné au pansement des plaies. On emploie les plumasseaux seuls ou enduits de substances médicamenteuses, avec ou sans compression.

PLUME, s. f., *Pluma;* production de nature cornée, remplaçant chez les oiseaux les poils qui recouvrent les mammifères. Les plumes présentent dans leur structure une partie moyenne ou *tige* et des parties latérales, flexibles, appelées *barbes*. Leur volume et leur résistance les a fait distinguer en plumes proprement dites, et en *pennes;* ces dernières garnissent les ailes et la queue. Les unes et les autres présentent des couleurs très variées et souvent très éclatantes; ex. : les plumes des oiseaux-mouches, etc.— *Econ. rur.* Les plumes sont considérées par les agronomes comme pouvant constituer un engrais fortement azoté, mais d'une ressource très insignifiante, ces corps étant recueillis par l'industrie, soit pour la literie, l'écriture et le dessin, soit pour la confection d'ornements, etc.

PLUMEUX, EUSE, adj., *Plumosus;* couvert ou formé de poils qui se divisent latéralement en lanières très étroites et légères comme les barbes d'une plume. *L'aigrette*, dans les Composées est souvent *plumeuse* ; le *stigmate* est souvent *plumeux* dans les Graminées.

PLUMULE , s. f. , *Plumula* ; partie de l'embryon décrite aujourd'hui sous le nom de *Gemmule* (*V*. ce mot).

PLUMULIFORME , adj. *plumuliformis*; en forme de plume ou de plumule.

PLURI ; s'emploie dans les composés latins comme synonyme de *multi* ou *poly*, et signifie *plusieurs* , un *nombre indéterminé*.

PLURILOCULAIRE ; adj. *plurilocularis*; se dit du fruit ou de l'ovaire dont la cavité est divisée en plusieurs loges.

PLURIPARTI, adj., *pluripartitus*; synonyme de *multiparti*.

PLURISÉRIÉ , ÉE , adj. , *pluriseriatus*; disposé en plusieurs rangs ou séries.

PLURIVALVE , adj. , *plurivalvus*; composé de plusieurs valves.

PLUVIMÈTRE , s. m. , *Pluviomètre, udomètre* ; instrument à l'aide duquel on évalue l'épaisseur de la couche d'eau qui tombe chaque année dans un point donné de la terre. Sa construction varie ; le plus simple est un vase cylindrique en verre ou en métal , muni d'un fond et recouvert d'un entonnoir pour recevoir la pluie et dont le pavillon est du même diamètre que celui du vase. De la partie inférieure du réservoir part un tube recourbé, en verre, propre à faire connaître la hauteur du liquide dans l'instrument et à permettre d'en calculer la quantité.

PNEUMATIQUE , adj., *pneumaticus*, de πνευμα , air ; qui a rapport à l'air ou aux gaz. *Chimie pneumatique :* nom donné autrefois à la chimie de Lavoisier, par opposition à celle de Stahl fondée sur la théorie du phlogistique, parce que la première était surtout basée sur le rôle du gaz oxygène de l'air , et des gaz qui venaient d'être découverts. *Machine pneumatique* , *V*. MACHINE.

PNEUMATIQUES (vaisseaux).—*Bot*. Rudolphi appelle ainsi les cavités aériennes des végétaux ; *V*. AÉRIEN.— Bernhardi donnait le même nom aux vaisseaux *lymphatiques. V*. LYMPHATIQUE.

PNEUMATOCÈLE, s. m., *Pneumatocele*, de πνευμα , air, et κηλη, tumeur, hernie ; tumeur gazeuse de la tunique vaginale, maladie peu connue dans les animaux.

PNEUMATO-CHIMIQUE , adj ; qui a rapport à la chimie et aux gaz. *Cuve pneumatochimique*, *V*. CUVE.

PNEUMATODE, adj., *pneumatodes*, de πνευμα , air ; qui est distendu par des gaz. On donne ce nom à la respiration courte et fréquente, gênée par l'emphysème pulmonaire.

PNEUMATOMPHALE , s. f., *Pneumatomphalus*, de πνευμα , air, et ομφαλος, nombril ; tumeur du nombril formée par des gaz et qui simule une hernie.

PNEUMATOPHORE , adj. et s., *Pneumatophorum* ; de πνευμα, air , et φερω , je porte ; nom donné par Hedwig à la partie centrale des trachées, qu'il croyait composées d'un *tube droit rempli d'air* , et d'un tube spiralé, enroulé autour du précédent, et qu'il supposait rempli de suc.

PNEUMATO-RACHIS , s. m. *Pneumatorachitis* de πνευμα, air , gaz, et ραχις , rachis ; accumulation de gaz dans le canal vertébral.

PNEUMATOSE, s. f., *Pneumatosis*, de πνευμα, air, vent ; nom donné aux maladies produites par l'accumulation d'un corps gazeux. Le plus souvent elles ne constituent qu'un symptôme ; rarement elles sont idiopathiques. Elles sont occasionnées par l'introduction de l'air dans une ouverture naturelle ou accidentelle , par la décomposition chimique d'un tissu ; quelquefois les pneumatoses paraissent résulter d'une exhalation morbide. La plupart d'entre elles ne compromettent pas la vie des malades ; il en est qui sont assez graves pour causer la mort des animaux, ex. : la tympanite. — *Pneumatose du tissu cellulaire* , *V*. EMPHYSÈME. — *Pneumatoses du tube digestif :* on leur donne communément les noms de *flatuosités* , *coliques venteuses, tympanite*. *V*. TYMPANITE. — *Pneumatoses des séreuses :* l'épanchement de gaz dans les cavités des plèvres constitue le *pneumo-thorax*. (*V*. ce mot). On appelle *pneumo-péricarde* la collection gazeuse dans le péricarde. Le péritoine et l'arachnoïde offrent des exemples de pneumatose ; on ne rencontre pas cet état dans les articulations. — *Pneumatoses des voies génito-urinaires :* la pneumatose de la vessie est produite par une exhalation de la muqueuse. On nomme *physométrie*, la pneumatose de la matrice , on a encore donné à cette affection le nom de *tympanite utérine*.

PNEUMOCÈLE, s. f., *Pneumocele* , de πνευμων, poumon, et κηλη, tumeur ; hernie formée par le poumon à travers les parois thoraciques. Elle est produite par les plaies pénétrantes accompagnées de fractures des côtes, par les coups de corne. La tumeur a pour caractères de se gonfler et de s'affaisser alternativement par la respiration ; elle ne présente pas d'étranglement. Il y a indication de faire rentrer la partie du poumon qui est herniée, et de placer un bandage contentif.

PNEUMO-GASTRIQUE , s. et adj., *Pneumo-gastricus*, de πνευμων, poumon, et γαστηρ, estomac. — *Nerf pneumo-gastrique, nerf vague, petit sympathique :* nom donné à la dixième paire de nerfs encéphaliques, à cause de la distribution de ses principaux rameaux au poumon et à l'estomac. Le nerf pneumogastrique prend son origine aux corps restiformes, par sept ou huit filets placés en arrière de l'origine de la neuvième paire, et se réunissant en un ganglion d'où part le cordon qui traverse un des trous de l'hiatus occipito-temporal, pour se diriger le long de l'encolure vers la poitrine et jusque dans l'abdo men. En traversant le plexus guttural, il s'anastomose avec la onzième paire qui le renforce d'un assez gros rameau, avec le glosso-pharyngien, le ganglion guttural du trisplanchnique, le nerf hypo-glosse, et fournit des rameaux au pharynx, à la division de la carotide en trois branches, et donne en outre le nerf *laryngé supérieur*. Il parcourt ensuite la région trachélienne de l'encolure, uni au cordon du grand sympathique, donnant des filets aux ganglions trachéal et cervical inférieur de ce nerf. Dans la poitrine, il fournit des filets aux plexus bronchique et cardiaque, et donne le trachéal récurrent ou laryngé inférieur, qui se contourne, pour le nerf gauche, autour du tronc aortique, et, pour le droit, autour de l'artère dorso-cervicale. Il se continue par les deux cordons œsophagiens, qui accompagnent l'œsophage en lui fournissant des rameaux, et vont se terminer en fournissant des divisions à l'estomac et à l'appareil excréteur du foie, le cordon supérieur envoyant des rameaux anastomotiques au plexus solaire et se propageant par cette voie sur le tube intestinal.

PNEUMOGRAPHIE, s. f., *Pneumographia*, de πνευμων, poumon, et γραφη, description; description du poumon.

PNEUMOLARYNGALGIE, s. f., *Pneumolaryngalgia*, de πνευμων, poumon, λαρυγξ, larynx, et αλγος, douleur; douleur pneumo-laryngée.

PNEUMOLITHIASE, s. f., *Pneumolithiasis*, de πνευμων, poumon, et λιθιασις, douleur produite par un calcul; maladie consistant dans le développement de calculs à travers le parenchyme du poumon.

PNEUMOLOGIE, s. f., *Pneumologia*, de πνευμων, poumon, et λογος, discours; traité du poumon.

PNEUMONALGIE, s. f., *Pneumonalgia*, de πνευμων, poumon, et αλγος, douleur; douleur dans le poumon. Nom donné par Alibert à l'angine de poitrine.

PNEUMONIE, s. f., *Pneumonia*, de πνευμων, poumon; inflammation du poumon. Cette maladie est fréquente sur les animaux domestiques. On a distingué plusieurs variétés de pneumonies; ce sont l'*état aigu*, l'*état chronique* et les variétés *bilieuse*, *ataxique*, *gangreneuse*, etc. La pneumonie *compliquée* porte le nom de *péripneumonie*, quand elle coïncide avec la pleurésie; on la nomme *bronchopneumonie*, lorsqu'elle existe en même temps que la bronchite; la pneumonie est dite *lobaire* ou *lobulaire*, lorsqu'elle se développe dans un des lobes ou des lobules pulmonaires, par le dépôt d'une matière fibrino-albumineuse, comme dans la morve et le farcin. — PNEUMONIE DANS LE CHEVAL. *État aigu.* Les causes les plus fréquentes sont le refroidissement subit de la peau, l'ingestion d'une grande quantité d'eau froide dans l'estomac, l'inspiration des gaz irritants, la répercussion d'une éruption cutanée. Souvent la pneumonie vient compliquer d'autres maladies qui ont leur siège sur l'appareil digestif, les organes génitaux, etc. Au début, les symptômes principaux sont la dyspnée, la toux, l'expectoration. Au lieu de respirer seize à vingt fois par minute, l'animal donne cinquante à quatre-vingts respirations; dans la plupart des pneumonies, le nombre est de quarante à cinquante. La dyspnée est proportionnée à l'étendue de l'inflammation; elle est un symptôme des plus graves, lorsqu'elle est portée à quatre-vingts. Cependant la congestion pulmonaire offre parfois cette fréquence, qui disparaît bientôt par l'effet des grandes saignées. La toux est profonde, douloureuse, sèche dans le commencement de la maladie: elle cesse tout-à-fait, quand la pneumonie suit une marche funeste. L'expectoration donne un écoulement mêlé quelquefois à des stries sanguinolentes, et qui a une couleur de rouille. Par la percussion, la matité se montre légère dans l'engouement du poumon: elle est plus prononcée dans l'hépatisation. L'auscultation dénote l'absence du bruit respiratoire dans les parties malades du poumon; celles qui sont saines font entendre le bruit supplémentaire. Tantôt le pouls est fort, accéléré; tantôt il est petit et peut causer des erreurs sur l'état de la circulation; s'il est intermittent, il indique une complication du côté du cœur. Le cheval reste constamment debout; le décubitus, qui s'opère indifféremment sur les deux côtés du thorax, indique la convalescence s'il est prolongé; il est d'un mauvais présage, s'il est de courte durée et suivi d'une respiration convulsive. La pneumonie peut se terminer par résolution, induration ou hépatisation du poumon, suppuration, gangrène et état chronique. Dans l'hépatisation, le tissu pulmonaire cesse d'être perméable à l'air; la mort n'est pas toujours la suite de cet état; la respiration peut se rétablir dans les parties hépatisées. La suppuration peut se développer avec rapidité sous différentes formes, à l'état d'infiltration ou d'abcès. Souvent la gangrène se produit par une sorte de putréfaction de l'organe pulmonaire; elle donne une odeur fétide à l'air expiré. Les altérations anatomiques sont variables suivant que la maladie est plus ou moins avancée. Laënnec a distingué trois degrés dans les altérations de la pneumonie: l'*engouement*, l'*hépatisation rouge* et l'*infiltration purulente* ou *hépatisation grise*. Sous le rapport du diagnostic, il importe de distinguer l'inflammation du poumon de la bronchite et de la pleurésie. Dans la bronchite, on observe le râle muqueux ou sibilant; la pleurésie présente la respiration courte et inégale pendant l'inspiration, plus grande pendant l'expiration. Il est possible de confondre avec l'hépatite, la pneumonie *bilieuse* ou *ictérique*, dans laquelle les muqueuses ont une teinte jaune safranée. Le diagnostic est difficile pour les pneumonies *latentes*, dans lesquelles la percussion et l'auscultation sont des moyens infidèles. Le pronostic est grave dans la pneumonie aiguë : de toutes les phlegmasies, c'est celle qui cause le plus de mortalité, lorsqu'elle n'est pas combattue. De nombreuses circonstances peuvent faire varier le jugement à établir sur la situation du malade. La fréquence extrême du pouls, qui donne cent à cent vingt pulsations, est un des symptômes les plus fâcheux. Le traitement le plus efficace consiste dans les émissions sanguines. H. Bouley considère cette indication comme dominant le traitement de la pneumonie, à cause de l'excessive vascularité du poumon, prompt à se désorganiser, quand il est engorgé par le sang. Les saignées répétées plus ou moins, d'après l'état du pouls, des muqueuses, les forces des malades, diminuent la masse des liquides qui doivent traverser le poumon et ralentissent les fonctions de cet organe. On saigne à la jugulaire ; les saignées locales sont moins efficaces que les saignées générales. Les révulsifs externes sont très puissants dans la pneumonie ; on applique des cataplasmes de moutarde, au début, sur différentes régions du corps. Les sétons ne sont utiles qu'après la période d'invasion ; souvent on les établit sur les côtes, mais il faut redouter alors la gangrène traumatique, quand même l'exutoire a été placé convenablement. Les vésicatoires sont appliqués sur les parois thoraciques, sous la poitrine, à la face interne des membres ; ces dernières régions sont préférables pour éviter des tares trop marquées. C'est après la période d'acuité, lorsqu'on ne peut continuer la saignée, que les vésicatoires deviennent utiles. Comme médicament interne, l'émétique ou tartre stibié est très employé ; cependant, en vétérinaire comme en médecine humaine, on ne sait pas encore si cette substance, donnée à haute dose, est réellement utile dans la pneumonie aiguë. L'émétique est administré à l'état solide ou à l'état liquide ; c'est la dernière forme qu'on préfère généralement ; le véhicule le plus convenable est la boisson donnée au malade, avec la précaution de ne faire prendre qu'une petite quantité de liquide. On a encore employé avec avantage les purgatifs doux, entre autres le sulfate de soude. — *Pneumonie chronique.* Elle est plus rare que la pneumonie aiguë, dans le cheval ; elle est plus commune dans l'espèce bovine. Les symptômes sont la toux, comme dans la bronchite chronique, la dyspnée pendant la marche. Par l'auscultation, on reconnaît la diminution du bruit respiratoire, dans les parties du poumon envahies par l'induration. Il n'y a pas de symptômes généraux. La marche de la maladie est lente et constamment envahissante. Les lésions de l'organe pulmonaire consistent dans l'induration grise, qui a remplacé l'hépatisation rouge ; par la pression, le tissu induré se résout en une sorte de bouillie grisâtre, sans odeur. Fréquemment l'inflammation aiguë vient s'ajouter à l'état chronique et produit, en peu de temps, la gangrène de quel-

ques parties du poumon, qui forment alors de vastes cavernes, dont on reconnaît l'existence par le râle caverneux et l'écoulement par les narines d'une matière purulente sanieuse et fétide. La mort est toujours le résultat de cette désorganisation. Cette variété de la pneumonie constitue un cas rédhibitoire qui rentre dans l'article 1ᵉʳ de la loi du 20 mai 1838, comme *maladie ancienne de poitrine* ou *vieille courbature*. — Pneumonie dans l'espèce bovine. Elle est fréquemment compliquée de pleurésie et constitue la *péripneumonie* (*V.* ce mot). — Pneumonie dans l'espèce ovine. On l'a observée à l'état d'enzootie dans quelques départements. Elle a été attribuée à une nourriture trop abondante succédant à un mauvais régime. La respiration est plaintive ; l'inspiration et l'expiration sont rapides ; un mucus épais et jaunâtre adhère aux ouvertures nasales (Séron). La maladie ne dure que 24 à 30 heures et se termine souvent par la mort. On trouve à l'autopsie l'hépatisation d'une partie du poumon. Le traitement consiste dans l'usage des saignées et l'administration des boissons miellées. — Pneumonie dans l'espèce canine. Elle complique souvent la maladie du jeune âge. Lorsqu'une partie du poumon est hépatisée, on observe comme symptôme pathognomonique la respiration labiale. Le traitement à prescrire est antiphlogistique ; dans les cas graves, l'application de la pommade stibiée sur les côtés de la poitrine, est un puissant moyen de dérivation. — Pneumonie catarrhale. Synonyme de *bronchite.*

PNEUMONIQUE, adj. et s., *Pneumonicus;* qui se rapporte aux maladies du poumon.

PNEUMONITE, s. f., *Pneumonitis;* synonyme de *pneumonie.*

PNEUMOPÉRICARDE, s. f., *Pneumopericardia,* de πνεῦμα, air, et περικάρδιον, péricarde ; épanchement aériforme dans la cavité du péricarde.

PNEUMOPLEURÉSIE, s. f., *Pneumopleuritis,* de πνεύμων, poumon, et πλευρῖτις, pleurésie ; inflammation du poumon et de la plèvre ; synonyme de *pleuro-pneumonie.*

PNEUMORRHAGIE, s. f., *Pneumorrhagia,* ou Pneumorrhée, *pneumorrhœa,* de πνεύμων, poumon, et ῥέω, je coule ; hémorrhagie du poumon ; synonyme d'*hémopthysie.*

PNEUMOSARCIE, s. f., *Pneumosarcia,* de πνεύμων, poumon, et σάρξ, σαρκος, chair ; nom donné par Mathieu à l'altération du poumon produite par la péripneumonie contagieuse.

PNEUMOSE, s. f., *Pneumosis,* de πνεύμων, poumon ; nom donné par Alibert à la classe qui comprend les maladies du poumon.

PNEUMOTHORAX, s. m., *Pneumothorax,* de πνεῦμα, air, et θορξ, poitrine ; épanchement d'air dans la poitrine, dans la cavité des plèvres. Ordinairement c'est de l'air atmosphérique qui s'est échappé des bronches par le ramollissement d'une partie du poumon ; quelquefois c'est un gaz formé par la décomposition des matières épanchées.

PNEUMOTOMIE, s. f., *Pneumotomia*, de πνεύμων, poumon, et τομή, action de couper, de disséquer : dissection du poumon.

POA, *V.* PATURIN.

POCULIFORME, adj., *poculiformis*, de *poculum*, coupe ; en forme de coupe.

PODAGRE, s. f., *Podagra*, de πους, pied, et αγρα, prise : goutte des pieds.

PODARTHROCACE, s. f., *Podarthrocace*, de πους, ποδος, pied, αρθρον, articulation, et κακος, vicieux ; inflammation de l'articulation du pied. Nom donné improprement par Stricker à la maladie naviculaire du cheval. *V.* NAVICULAIRE.

PODENCÉPHALE, s. et adj., *Podencephalus*, de πους, ποδος, pied, et εγκεφαλος, encéphale ; genre de monstres exencéphaliens chez lesquels l'encéphale est situé en très grande partie hors de la boîte cérébrale et au-dessus du crâne, dont la paroi supérieure est incomplète.

PODENCÉPHALIE, s. f., *Podencephalia;* état des monstres podencéphales.

PODOGYNE, s. m., *Podogynus*, de πους, ποδος, pied, et γυνη, femme; on donne ce nom au *disque hypogyne*, quand il élève l'ovaire comme sur un pied.

PODOGYNIQUE, adj., *podogynicus*; se dit de l'*insertion*, quand elle se fait sur un *podogyne*.

PODOLACNITE, s. f., *Podolacnitis*, de πους, ποδος, pied, et λαχνος, velu; inflammation du tissu velouté du pied (Vatel). Synonyme de *bleime* (*V.* ce mot).

PODOLIENNE (Race); cette race bovine, que l'on appelle souvent *race hongroise*, se distingue aux caractères suivants : jambes hautes, taille variable, quelquefois très élevée; cornes très longues et contournées en haut, chanfrein busqué; hanches larges, saillantes, queue attachée bas plutôt que haut; robe gris-clair ou cendré plus ou moins foncé. La race podolienne occupe un espace considérable dans l'Europe orientale, au voisinage de l'Asie, en Podolie, en Moldavie, dans la Volhynie, la Transylvanie, la Hongrie, l'Ukraine, etc.; les bœufs travaillent bien, mais les vaches donnent peu de lait; les uns et les autres s'engraissent assez facilement, fournissent beaucoup de suif et de bonnes peaux. Ces animaux vivent souvent en troupeaux considérables au milieu des steppes; ils approvisionnent une partie de l'Allemagne et de la Russie. C'est à cette race que l'on attribue la funeste propriété de répandre le typhus contagieux auquel elle est prédisposée héréditairement par le climat et par le régime.

PODOLOGIE, s. f., *Podologia*: de πους, ποδος, pied, et λογος, discours; traité du pied.

PODOMÈTRE, s. m., *Podometrum;* de πους, ποδος, pied, et μετρον, mesure; instrument destiné à la mesure du pied. On distingue plusieurs sortes de podomètres : 1° Le podomètre de Riquet se compose d'une série de petites pièces métalliques ovales et de petite dimension, en fer, en cuivre ou en acier. Ces pièces sont graduées, articulées à la suite les unes des autres. Cet instrument, posé à plat sur la surface plantaire du sabot du cheval, donne exactement les dimensions du pied; il permet de conserver sur un registre le tracé métrique des pieds qui ont été mesurés et de préparer d'avance des fers pour le même animal. Enfin, par ce podomètre, l'auteur a cherché à rendre plus facile l'application de la ferrure à froid. 2° le podomètre de Belle est formé par deux lames en acier, ayant l'étendue de la face plantaire d'un petit sabot de cheval; la lame principale porte un prolongement suivant son manche. Huit petites tiges mobiles sont maintenues dans des coulisses entre ces deux feuillets; quatre de ces tiges sortent de chaque côté pour déterminer la largeur et le contour des pieds : une neuvième branche plus large, placée longitudinalement sous l'instrument, sert à indiquer la longueur. Ces diverses branches sont fixées au moyen de vis de pression, et présentent une échelle graduée. 3° Le podomètre de Hayoux se compose d'une tige en plomb avec laquelle on prend le contour de la surface plantaire du sabot. Un moyen plus simple que les précédents consiste à prendre une feuille de papier sur laquelle on applique la face inférieure du pied du cheval. Quelques ouvriers se servent plus simplement encore d'une paille pour prendre la longeur et la largeur du pied. Tous ces instruments sont à peu près inutiles; le meilleur podomètre est dans le coup-d'œil du maréchal, à qui la pratique donne l'habitude nécessaire pour préparer les fers sans secours mécanique.

PODOMÉTRIQUE, adj.; qui a rapport au podomètre.— *Ferrure podométrique*: ferrure du cheval qu'on exécute avec l'aide du podomètre. Après avoir paré le pied, le maréchal en prend la dimension avec le podomètre et obtient la mesure du fer à fabriquer. Il trace la configuration du pied sur une feuille de papier ou sur un registre, qu'il conserve, ce qui dispense de mesurer le pied, toutes les fois que le cheval doit être ferré. Les fers sont ensuite préparés et ajustés dans l'atelier, sur la mesure donnée par le podomètre, de telle sorte qu'ils s'adaptent exactement au pied sans qu'il soit utile de les faire porter à chaud. Cette manière de procéder, présentée par Riquet, vivement combattue par des vétérinaires compétents sur la maréchalerie, n'a pas eu un succès de longue durée.

PODOPHLEGMATITE, s. f., *Podophlegmatitis;* de πους, ποδος, pied, et φλεγμα, réseau; nom donné par Vatel à l'inflammation du tissu réticulaire du pied du cheval.

PODOPHYLLEUX; adj., de πους, ποδος, pied, et φυλλον, feuille; nom donné par Bracy-Clark à la portion du derme sous-ongulaire en rapport avec la paroi, et présentant une grande quantité de feuillets dirigés verticalement, qui s'engrènent avec les feuillets du tissu kéraphylleux. C'est le *tissu feuilleté* des autres anatomistes.

PODOPHYLLITE, s. f., *Podophyllitis*, de πους, ποδος, pied, et φυλλον, feuillet; nom donné par Vatel à l'inflammation du tissu feuilleté du pied du cheval.

PODOSPERME, s. m., *Podosperma*, de πους, ποδος, pied, et σπερμα, graine; prolongement du trophosperme qui porte les graines. C'est cet organe que l'on nomme *funicule*, *cordon ombilical*. Il est plus ou moins *long*, *filiforme* ou *renflé*, *droit* ou *courbé*. En se prolongeant au-delà du hile, sur la graine qu'il enveloppe en partie, le podosperme donne naissance à l'*arille* (*V.* ce mot).

PODOSTÉMACÉES, s. f., *Podostemaceæ*; famille de plantes apétales, à fleurs hermaphrodites ou diclines, vivant dans les eaux des régions tropicales, surtout en Amérique. Sa place dans la série végétale n'est point encore parfaitement déterminée. D'abord classée dans les monocotylédones, dont elle a le port, elle a depuis été rendue aux dicotylédones auxquelles elle appartient réellement. Genres : *Podostemon*, *Mourera*, *Hydrostachys;* etc.

PODOTROCHYLITE, s. f., de πους, ποδος, pied, et τροχλια, trochlée; nom donné par le docteur Brauell à la maladie naviculaire, qu'il considère comme une inflammation de la trochlée du pied. *V* NAVICULAIRE.

POIDS, s. m., *Pondus;* on appelle poids d'un corps la somme de toutes les forces de pesanteur qui agissent sur ses molécules. Le poids est donc toujours proportionnel à la *masse* des corps. Il est représenté par la pression que le corps, en état de repos, exerce sur un plan horizontal, comme le plateau d'une balance, par exemple; ou bien par la quantité de mouvement qui l'anime, quand il tombe en chute verticale. Le poids des corps, comme toute quantité quelconque, ne peut être évalué qu'à l'aide d'une comparaison avec une unité conventionnelle. Celle qui est admise en France porte le nom de *gramme* (*V.* ce mot.) Le poids est distingué en *absolu* et *relatif*. Le premier est le nombre de grammes ou de fractions de gramme que représente un corps considéré indépendamment de son volume. Le poids relatif ou *spécifique* est le rapport du poids au volume des corps (*V.* DENSITÉ). Les poids nouveaux ont avec les anciens des rapports qui se trouvent indiqués en nombre ronds dans le tableau suivant :

2 livres.	== 1 kilogr, . .	==	1,000 gr.
1 livre.	== ½ kilogr . .	==	500
1 once.	==	==	32
1 gros.	==	==	4
1 grain.	==	==	0,5

Miquel a indiqué un moyen mnémonique très commode pour transformer les gros en grammes et les grains en centigrammes ou réciproquement. Pour transformer les gros

en grammes, multipliez par 4 ; pour faire l'opération inverse, divisez par le même nombre. Pour la transformation des grains en centigrammes, substituez, par la pensée, des sous aux grains et des centimes aux centigrammes, 1 sou vaut 5 centimes, 1 grain vaut 5 centigrammes, etc. *V.* PESAGE.

POIGNET, s. m. : nom vulgaire du carpe dans l'espèce humaine; cette région, chez les animaux, porte le nom de *genou*.

POIL, s. m., *Pilus*, θριξ, θριχος; filament de nature cornée naissant de la peau ou des muqueuses et y adhérant par une de ses extrémités, l'autre restant libre et amincie. Les poils recouvrent toute la surface extérieure du corps des animaux mammifères ; ils sont distingués, suivant leur volume, en *crins* ou gros poils, *poils ordinaires*, et *duvet* ou poils très fins. Dans quelques animaux, ils prennent des formes particulières, comme chez le *porc-épic*, le *hérisson*, ou s'agglomèrent pour former des écailles, ex. : le *pangolin*, ou même des plaques cornées comme chez les *tatous*. Les poils des oiseaux portent le nom de *plumes*. Quelle que soit sa nature, on distingue dans un poil deux parties : le bulbe producteur, et la tige produite. Le bulbe d'un poil présente la plus grande analogie avec un follicule sécréteur ; seulement, la matière sécrétée, au lieu de se répandre, s'agglomère et s'organise autour de l'organe qui l'a produite. Il consiste en un enfoncement dans lequel se trouve une papille conique, pourvue de vaisseaux et de nerfs, et autour de laquelle la matière cornée s'emboîte, s'allongeant au fur et mesure qu'une nouvelle quantité de matière est sécrétée. Si l'on coupe le poil, il s'accroît de nouveau ; si on l'arrache, il se reproduira de même, pourvu que la papille n'ait pas été altérée. Les plumes des oiseaux, les dents des mammifères ordinaires, les productions cornées qui les remplacent chez les baleines, sont produites à la manière des poils ; la corne elle-même n'est qu'un assemblage de poils agglutinés par la matière cornée amorphe que sécrète le derme sous-corné. La couleur des poils est très variée et constitue la *robe* des animaux. Cette couleur change avec les saisons, chez certains d'entre eux, comme la marte, l'hermine, etc. Il en est de même des plumes des oiseaux, qui prennent leurs couleurs les plus brillantes à l'époque de l'accouplement. — *Bot*. Dans son état le plus simple, le poil végétal se compose d'une cellule épidermique allongée en cône. Dans la grande majorité des cas, la structure des poils est plus compliquée; il y a superposition, association de plusieurs cellules, d'où résultent des poils *celluleux simples* ou *divisés*, des poils *cloisonnés simples*, *articulés* ou *divisés*, des poils *rameux*, *étoilés*, etc. Les poils sont quelquefois réduits à une ou plusieurs écailles, ils sont dits *écailleux* ou *scarieux;* quand, au lieu d'être dressés, ils sont couchés horizontalement et attachés par le milieu de leur longueur, ils reçoivent le nom de *poils en navette*. On distingue généralement les poils en *glanduleux* et en *lymphatiques*. Les poils *glanduleux* reposent sur une glande dont ils sont les canaux excréteurs, ou bien ils portent eux-mêmes, ordinairement à leur sommet, un appareil de sécrétion; les premiers sont les poils *excrétoires*, les autres sont les poils *glandulifères*. Ceux qui ne sont ni excrétoires ni glandulifères, sont des poils *lymphatiques*. — La forme des poils est très variée. — Ils couvrent tous les organes, la tige, les feuilles, les fruits, plus rarement les racines. Tantôt ils sont *rares*, *longs*, disposés *en séries régulières;* d'autres fois ils sont *courts, nombreux, épars*, etc. Leur texture est simple; Jussieu les croit composés de cellules propres épidermiques, et d'un prolongement de la cuticule, qui forme à chaque cellule une double enveloppe. De la différence de leur organisation résulte une foule de modifications de consistance, de couleur, etc.; les poils sont tantôt *blancs*, *soyeux*, *brillants*, d'autres fois *courts, raides*, etc. Selon leur nombre et leurs caractères, les surfaces qu'ils recouvrent prennent des aspects différents. *V.* VILLOSITÉ et PUBESCENCE. Les poils sont surtout abondants sur les plantes qui croissent dans les lieux élevés, sur les terrains secs et maigres, sur les plantes à tiges dures, sèches. etc. Ils manquent généralement sur les plantes grasses et disparaissent ou diminuent par la culture. Ces particularités ont fait penser que les poils concouraient aux fonctions d'absorption et d'exhalation.

POILEUX, *V.* VELU.

POILU, UE, adj., *pilosus;* couvert de poils longs, soyeux, point trop abondants; ex.: la *jusquiame noire.* — *L'aigrette* est *poilue*, quand elle est composée de poils simples non ramifiés.

POINT, s. m., *Punctum;* petite tache plus ou moins apparente à la surface des organes végétaux, et due tantôt à un lenticelle, à un bourgeon latent, à une glande, un hile, etc. Les surfaces couvertes de points sont dites *ponctuées*.

POINTILLÉ, adj. *Bot.* Couvert de points nombreux et rapprochés.

POINTU, UE, adj., *acutus;* synonyme d'aigu.

POIREAU ou **PORREAU**, s. m., *Porrus* ou *Porrum;* excroissance verruqueuse, qui se forme dans l'épaisseur de la peau et présente une surface mamelonnée. Le mot *poireau* est seul usité; synonyme *verrue, fic.* Ces productions prennent naissance dans le derme et le corps muqueux et se montrent sur toutes les parties du corps. Dans le cheval, on les voit se développer à la tête, aux ars, sur le pénis, à la partie inférieure des organes locomoteurs. Les poireaux des membres prennent le nom de *grappes* et compliquent souvent les eaux aux jambes. C'est

dans la bouche et sur les organes génitaux qu'on les rencontre pour l'espèce du chien. Les animaux ruminants y sont peu exposés. — Pour détruire les poireaux, on emploie la ligature, l'excision et la cautérisation. Ces excroissances se reproduisent facilement, si l'on n'a pas enlevé complétement leurs radicules, c'est-à-dire leurs points d'implantation. Dans le but d'empêcher les récidives, on emploie avec avantage le sulfure d'arsenic, dont les eschares enlèvent ce qui a été ménagé par l'instrument tranchant.

POIREAU, s. m., *Allium porrum*, L.; plante légumière du genre *ail.*

POIRÉE, *V.* BETTE.

POIRIER, s. m., *Pyrus*, T.; genre de la famille des Rosacées. Borné par Tournefort aux poiriers proprement dits, il reçut de Linné les pommiers et les coignassiers. Plus tard, quelques botanistes en retirèrent les coignassiers pour y ajouter les sorbiers. Aujourd'hui la circonscription de Tournefort est généralement admise. Le genre poirier se compose d'arbres et d'arbrisseaux des régions tempérées de l'ancien continent. L'espèce principale est le P. commun, *P. communis*, spontané dans les forêts de l'Europe. Il a donné par la culture une foule de variétés dont le nombre s'élève, dans les divers catalogues, de 150 à 600. On les divise en variétés *à couteau* ou *de table* et en variétés *à cidre.* A l'état sauvage, le fruit du poirier est à peine mangeable; on le donne aux porcs, ou on l'emploie à la fabrication de boissons de qualité très inférieure. Le bois du poirier est dur, compacte et propre à la confection des instruments qui ont besoin d'un beau poli et de beaucoup de précision. Le P. Sauger, vulg., *P. de Cirole*, *P. salvifolia*, également spontané en France, est estimé pour l'extraction du cidre.

POIS, s. m., *Pisum;* L.; genre de la famille des Papilionacées: calice campanulé a cinq divisions, les deux supérieures plus courtes et plus larges; étendard portant à sa base deux bosses calleuses; étamines diadelphes; style géniculé, arqué, canaliculé en dessous, velu en dessus, comprimé d'un côté à l'autre au sommet; gousse oblongue, polysperme, terminée en bec allongé; graines globuleuses, légèrement arillées; tiges grimpantes, feuilles paripennées à rachis terminé en vrilles rameuses; stipules libres, foliacées, prolongées inférieurement en oreillettes; fleurs en grappes blanches ou rougeâtres. Ce genre renferme environ dix espèces toutes annuelles; les principales sont: le P. cultivé, *P. sativum*, dont les nombreuses variétés, cultivées dans les jardins ou dans les champs, sont principalement réservées pour l'homme; le P. des champs, *P. arvense*, que l'on a quelquefois regardé comme la souche de l'espèce précédente, et qui est cultivé en grand comme plante fourragère. Le pois des champs se sème en automne et au printemps jusqu'en mai, à la dose de 2 hectolitres ½ par hectare, à la volée, seul ou mélangé avec une graminée ; les terres légères, un peu humides, lui conviennent particulièrement. Son fourrage est recherché par tous les herbivores ; on le fait consommer en vert, au moment de la floraison, ou lorsque les grains commencent à se former ; il constitue alors une culture productive et fertilisante. On peut aussi l'enfouir et le transformer ainsi en un engrais vert excellent pour les terres légères. Les fanes desséchées doivent être hachées pour devenir profitables. Les graines sont données à l'état de mélange ou écrasées, aux animaux à l'engrais, en pâtée aux oiseaux de basse-cour. — Les espèces *alatum* et *maritimum* du même genre se trouvent dans le midi de la France.

POIS CHICHE, s. m., *Cicer arietinum,* L. ; plante annuelle du genre *Cicer*, de la famille des Papilionacées. Le pois chiche se reconnait aux caractères suivants : tiges dressées, rameuses, hautes de 2 à 4 décimètres, velues ; fleurs blanches ou purpurines, solitaires, portées sur un pédoncule axillaire ; gousse courte, renflée, apiculée, renfermant des graines anguleuses, relevées de bosses et rappelant la forme d'une tête de bélier. Cette plante est subspontanée dans nos jardins et nos campagnes, où on la cultive pour l'homme ou pour les animaux. La graine du pois chiche contribue à l'alimentation de beaucoup d'habitants de l'Asie, de l'Afrique et même du midi de la France. Souvent elle est mangée crue, car elle est difficile à cuire. Les fanes sèches sont données aux bestiaux. Quand la plante est cultivée comme fourrage, elle est consommée en vert ; on la sème à la volée, sur jachère ou sur des terres légères un peu fraiches, à la dose de 2 hectolitres par hectare, en automne ou au printemps et même en été. Elle donne, selon la saison et la nature du sol, une ou plusieurs coupes d'un bon fourrage. On l'enfouit également comme engrais vert. Dans quelques endroits, on torréfie les graines du pois chiche, que l'on consomme alors en guise de café ; la farine sert quelquefois à faire des cataplasmes résolutifs. A une certaine époque de sa croissance, la plante excrète par les poils dont elle est couverte une grande quantité d'acide oxalique. — Le genre *Cicer* renferme une seconde espèce, *C. Songarium* qui croit en Perse.

POISON, s. m. *Toxicum*, de τοξικον, qui a la même signification ; nom donné à toute substance qui, introduite à petite dose dans l'économie animale, par une voie quelconque, y détermine des altérations organiques et fonctionnelles assez graves pour compromettre la vie ou déterminer immédiatement la mort. La distinction qu'on a voulu établir entre les poisons et les médicaments n'a rien de fondamental ; il n'y a le plus souvent, entre ces deux classes de corps, qu'une différence du plus au moins : cependant cer-

tains gaz très délétères, les venins, les virus, les substances organiques altérées, qui sont des substances essentiellement toxiques, paraissent peu susceptibles d'être employés comme médicaments, à moins qu'on ne veuille considérer comme une exception les virus qu'on inocule dans un but prophylactique. Les poisons sont tirés des trois règnes de la nature, mais le règne animal n'en fournit qu'un petit nombre. Ils sont solides, liquides ou gazeux ; leurs caractères et leur nature chimique varient à l'infini. On a divisé les poisons, d'après leur origine, en *minéraux*, *végétaux* et *animaux* ; d'après leur composition, en *acides*, *alcalins*, *salins*, *métalliques*, etc. ; d'après leurs effets, en *irritants* ou *corrosifs*, *narcotiques* ou *stupéfiants*, *narcotico-âcres*, *septiques* ou *putréfiants* (Orfila). Le docteur Hoëfer les divise plus rationnellement en poisons *mécaniques*, *chimiques* et *dynamiques*. Les premiers sont ceux qui lacèrent la muqueuse intestinale par leurs pointes, leurs angles, leurs arêtes, comme du verre, du charbon de bois, du sable, des corps étrangers, etc. Les moyens d'y remédier sont souvent nuls ; le corps du délit est facile à constater. Les poisons *chimiques* altèrent profondément les tissus avec lesquels ils sont en contact en s'y combinant directement, comme les acides concentrés minéraux et organiques, les alcalis caustiques, un grand nombre de sels métalliques, etc. Les contre-poisons réussissent presque toujours, lorsqu'ils sont administrés à temps ; le corps du délit peut être constaté avec plus ou moins de facilité, selon les cas. Enfin, les poisons *dynamiques* déterminent la mort rapidement, en portant leur action sur les centres nerveux. Les antidotes, qui doivent être aussi plutôt dynamiques que chimiques, ont rarement du succès. Le corps du délit est très difficile et souvent impossible à constater, tant à cause de l'absence de toute lésion matérielle des organes, que de la difficulté de constater la présence du poison dans l'économie animale, avec les réactifs. Cette division, assez rationnelle, n'est pas rigoureusement exacte ; les narcotico-âcres, l'acide arsénieux, l'acide oxalique, etc., tiennent à la fois aux poisons chimiques et aux poisons dynamiques, parce qu'ils produisent primitivement des lésions organiques et secondairement des altérations fonctionnelles très graves. Les symptômes de l'empoisonnement varient selon l'espèce des animaux, la nature du poison, sa voie d'introduction, etc. Les antidotes doivent varier suivant la nature de la substance toxique, celle des symptômes qui se présentent à l'observateur, etc. *V.* EMPOISONNEMENT, ANTIDOTE, CONTRE-POISON, TOXICOLOGIE, etc. Les poisons minéraux et quelques poisons organiques des plus actifs agissent aussi sur les plantes ; mais la science est encore peu avancée sous ce rapport.

POISSONS. s. m. pl., *Pisces*; ἰχθύς ;

animaux vertébrés, ovipares, à sang froid, et à respiration aquatique, formant la quatrième classe du premier embranchement de Cuvier. Les poissons ont une circulation complète, un cœur à une seule oreillette et un seul ventricule, placé sur le trajet du sang veineux : une grosse artère appelée *vaisseau dorsal*, remplit chez eux les fonctions de ventricule aortique. Leur appareil respiratoire se compose de *branchies* (*V.* ce mot), qui sont le plus souvent protégées par des opercules ; ils n'ont pas de diaphragme. Leur peau est revêtue d'écailles ou plus ou moins nue. La forme de leur corps est la plus favorable pour la natation, et leurs membres disposés également pour ce mode de locomotion, sont aplatis en forme de rames et portent le nom de *nageoires*. La queue, aplatie d'un côté à l'autre, aide aussi puissamment au déplacement de l'animal. Chez le plus grand nombre des poissons, l'accouplement n'a pas lieu ; le mâle se borne à arroser de sa liqueur séminale les œufs déjà pondus par la femelle. Quelques-uns prennent cependant un soin particulier de leurs œufs, qu'ils placent dans un nid gardé avec le plus grand soin. Ce fait, observé à l'égard de l'*Epinoche*, a été publié par F. Lecoq, en 1844 ; Coste l'a vérifié et se l'est approprié en 1846. — On divise les poissons en deux sousclasses : les *ostéoptérygiens*, ou poissons osseux, et les *chondroptérygiens* ou poissons cartilagineux.

POITEVIN (cheval). Ce cheval appartient aux races communes de gros trait. On le trouve principalement dans les départements de la Vendée, de la Charente-Inférieure, des Deux-Sèvres. Ses caractères sont : taille élevée ; formes lourdes, un peu anguleuses, sans proportions ; membres chargés de crins, manquant de développement ; pieds grands, à corne de médiocre qualité ; tête forte, carrée, encolure mince ; ventre volumineux ; croupe trop large, plutôt avalée et plate qu'arrondie ; poitrail un peu étroit ; robe souvent baie : tempérament lymphatique ; yeux petits et prédisposés à la fluxion périodique. Le cheval poitevin ne manque pas d'une certaine énergie ; mais la largeur de ses pieds, sa conformation peu régulière, le développement de ses organes digestifs qui en fait un grand mangeur, la mauvaise constitution de ses yeux, sont des défauts réels, bien susceptibles de le déprécier comme animal de service. Le mérite à peu près unique de la race consiste dans l'aptitude des femelles à produire de beaux mulets ; aussi les juments sont-elles recherchées. Elles ne peuvent même suffire à ce service, car on importe de la Bretagne des juments mulassières qui ne les valent pas sous ce rapport. On ne conçoit pas, en présence de ces faits, que l'on cherche à modifier cette race par des croisements, pour lui faire produire de grands carrossiers sans consistance. Le cheval poitevin parait être

d'origine hollandaise ; il est souvent élevé en liberté dans des pâturages humides où sa constitution se perpétue. Il s'améliore quand sa jeunesse se passe dans des pâturages plus secs et non moins fertiles. Il est employé à peu près exclusivement au service du halage, du roulage et de l'agriculture.

POITEVINES (vaches) ; cinquième classe de vaches laitières dans le système de classification de Guénon. Elles sont caractérisées par un écusson ayant la forme d'une dame-jeanne ou *pot-de-vin* occupant la partie postérieure des mamelles et s'élevant sous forme de bande tronquée plus ou moins haut le long du périnée. Les vaches donnent suivant la taille, dans le premier ordre, 16, 14, et 10 litres par jour ; dans le dernier, 2 litres et 1 litre.

POITOU (Race porcine du). Elle a un corps long, une tête forte, droite, le front saillant, les oreilles longues, pendantes, les membres développés, les soies blanches et grossières. Cette race atteint un grand poids, mais s'engraisse assez difficilement.

POITRAIL, s. m. ; région antérieure de la poitrine, située entre les deux angles des épaules, et ayant pour base la partie antérieure du sternum et une portion des muscles pectoraux. On recherche, chez le cheval, un poitrail large, surtout si l'animal est destiné au gros trait. Pour les allures rapides, cette grande largeur serait nuisible, à cause du déplacement latéral ou *bercement* qui en résulterait. Un poitrail étroit est toujours un défaut grave. — Dans le bœuf, le poitrail doit être bien développé et projeté en avant des membres antérieurs. Le fanon qui borde inférieurement l'encolure se prolonge jusque sur cette région. Ce repli cutané est très peu développé dans les races perfectionnées pour la boucherie.

POITRINE, s. f., *Pectus*, *V.* THORAX.

POIVRE, s. m., *Piper* ; nom commun aux fruits de plusieurs plantes sarmenteuses du genre *Piper*, de la famille des *Pipéracées*, qui croissent surtout aux Indes-Orientales. Le commerce de la droguerie présente quatre espèces principales de poivres, qui seront décrites d'après leur ordre d'importance. 1° *Poivre noir* (*piper nigrum*). Tel qu'il se trouve dans le commerce, le poivre noir est sous forme d'une petite baie globuleuse, dure, résistante, ridée à la surface, formée d'une pellicule noire, sèche, d'aspect résineux, et d'une amande intérieure jaunâtre ; son odeur est vive et pénétrante, sa saveur chaude, âcre et brûlante. Il est formé, d'après Pelletier, de *pipérine*, d'huile concrète, d'essence balsamique, de matière extractive et gommeuse et de principes acides ou neutres. Le poivre est un excitant qui se rapproche des irritants épispastiques. Donné à l'intérieur en infusion dans l'eau, dans les liqueurs alcooliques, ou en électuaire, à la dose de 15 à 30 grammes aux grands animaux et à celle de 2 à 5 grammes pour les petits, le poivre détermine une excitation gastro-intestinale très intense qui retentit dans tous les appareils de l'économie. On en a conseillé l'emploi dans les indigestions, les coliques d'eau froide, les affections hydrohémiques des ruminants, etc. Il est employé parfois pour faire des mastigadours propres à exciter la salivation, des pommades rubéfiantes, antiseptiques et antipsoriques, etc. ; 2° *Poivre blanc*. Celui-ci n'est autre chose que le précédent qu'on a dépouillé de sa pellicule noire en le plongeant dans l'eau chaude. Il est globuleux, lisse à la surface, jaunâtre, d'odeur et de saveur beaucoup plus faibles que celles du poivre noir. Il est peu employé en médecine ; 5° *Poivre cubèbe* ou *à queue* (*piper cubebum*). Il est globuleux, plus gros que le noir, d'une couleur moins foncée, muni d'un pédicelle, d'une odeur plus faible et d'une saveur chaude et amère. Il est formé, d'après Monheim, de *cubébin*, d'huile volatile, de résine balsamique âcre et d'extractif. Le cubèbe est moins excitant que le poivre noir. Il porte son action sur les voies urinaires et tend à faire cesser les écoulements muqueux et les hémorrhagies qui peuvent y avoir leur siège : 4° *Poivre long* (*piper longum*). Il ressemble à un chaton de bouleau, mais il est moins volumineux, sec, dur, tuberculeux, d'un gris noirâtre, et formé par un grand nombre d'ovaires fixés sur un axe commun et dont quelques-uns ont avorté. Son odeur et sa saveur sont plus faibles que celles du poivre ordinaire ; aussi est-il à peu près inusité.

POIVRIER, s. m., *Piper*, L. ; genre de la famille des Pipéracées. Réduit par suite des divisions qui ont été faites dans le genre linnéen, le genre poivrier ne se compose plus aujourd'hui que d'une trentaine d'espèces. Ce sont des arbustes grimpants ou de petits arbres des Indes-Orientales, des îles Philippines, etc. L'une de ces espèces, la plus importante, est le P. noir, *P. nigrum*, cultivé jusque dans les parties chaudes de l'Asie, et même dans l'Amérique. C'est elle qui fournit au commerce la substance assaisonnante connue sous le nom de *poivre*. La culture du P. noir est importante; elle produit annuellement plus de 25 millions de kilog. de baies ou graines de poivre, dont un tiers au moins est transporté en Europe. *V.* POIVRE. — L'ancien genre linnéen renfermait encore le P. long, *P. longum*, L., *Chavica officinarum*, Miq. ; le P. siriboa, *P. siriboa*, L., *Chavica siriboa*, Miq. ; le bétel, *P. betle*, L., *Chavica betle*, Miq. ; le P. cubèbe, *P. cubeba*, L., *Cubeba officinalis*, Miq. ; le P. pelté, *P. peltatum*, L., *Potomorphe peltata*, Miq. ; le *P. methisticum*, Forst., *Macropiper methisticum*, Miq., etc. Toutes ces espèces fournissent des fruits ou des feuilles dont l'âcreté est comparable ou supérieure à celle du poivre commun, et qui sont employés comme excitants par les populations des contrées chaudes du globe. Leur action, nécessaire

pour prévenir, dans ces climats brûlants, l'atonie des organes digestifs, produit presque toujours, lorsqu'elle est souvent répétée, des effets désastreux sur le corps et sur l'intelligence.

POIX, s. f., *Pix*, πισσα, de πιος, gras : ce nom est commun à plusieurs produits résineux provenant de la distillation à feu nu de la térébenthine. On appelle *poix blanche* ou de *Bourgogne* le *galipot* (*V.* ce mot); *Poix sèche*, la *colophane* (*V.* ce mot); *Poix résine*, la résine de la térébenthine *V.* RÉSINE. La *poix noire* ou *navale* (*pix navalis*) s'obtient en distillant, dans des fours en terre munis de tuyaux plongeant dans l'eau, les filtres de paille sur lesquels on a filtré la térébenthine, ainsi que les copeaux faits sur les entailles par où s'est écoulé le produit. La poix noire est solide, d'un noir luisant, souvent cassante, d'une odeur spéciale, d'une saveur amère, très fusible, très inflammable, insoluble dans l'eau, soluble dans l'alcool, l'éther, les huiles, les essences, etc. La poix noire est d'un usage fréquent dans la médecine vétérinaire, où elle est exclusivement employée à l'extérieur pour faire des charges résolutives et fortifiantes, pour confectionner des emplâtres agglutinatifs, pour fixer une bande de toile autour d'un membre fracturé, d'une articulation distendue, etc. Elle entre aussi dans quelques onguents.

POLACHAINE ou **POLAKÈNE**, s. m., *Polachaina* ou *Polakenium* ; fruit d'abord simple, qui se sépare ensuite en plusieurs parties représentant chacune un akène ; ex.: *le fruit des Ombellifères*.

POLARISATION, s. f., de πολειν, faire tourner ; on a donné ce nom à une modification particulière qu'éprouve la lumière par sa réflexion sous certaines incidences ou par sa réfraction simple ou double. Cette modification remarquable, observée par Malus en 1810, consiste : 1° en ce qu'un rayon lumineux polarisé ne donne qu'une seule image en traversant un prisme bi-réfringent, quand la section principale de ce prisme est parallèle ou perpendiculaire au plan suivant lequel le rayon s'est réfléchi et polarisé ; 2° en ce que ce rayon polarisé n'éprouve aucune réflexion en tombant sur une lame de verre, sous un angle de 35° 25', quand le plan d'incidence, sur cette seconde lame, est perpendiculaire au plan d'incidence sur la lame où le rayon s'est réfléchi et polarisé ; 3° enfin, en ce que le rayon polarisé ne se transmet pas à travers une plaque de tourmaline, dont l'axe est parallèle au plan de réflexion ; mais il se transmet tout entier quand l'axe de cette lame est perpendiculaire au plan de réflexion. La polarisation a été attribuée, dans le système de l'émission, à un arrangement particulier des molécules du rayon polarisé, qui deviendraient alors parallèles les unes relativement aux autres, avec leurs faces homologues tournées dans le même sens et à peu près comme une rangée d'aiguilles aimantées dont les pôles semblables seraient tournés du même côté par l'influence d'un aimant. Ce phénomène se produit par la réflexion, la réfraction simple ou la double réfraction de la lumière. — *Angle de polarisation:* angle que doit faire le rayon lumineux incident avec la surface réfléchissante, pour qu'il soit polarisé le plus complètement possible. — *Plan de polarisation :* plan suivant lequel a été réfléchie la lumière qui se trouve polarisée par réflexion. Certaines substances ont la propriété de dévier le plan de polarisation ; on en a profité pour les reconnaître. Ainsi la dextrine, l'amidon, le sucre de lait, celui de raisin, etc., le dévient à droite ; tandis que la gomme, le sucre de fruit, l'essence de térébenthine, etc., le dirigent à gauche. — *Bot.* On désigne ainsi la tendance que manifestent toujours la radicule et la gemmule à se diriger, pendant la germination, dans deux sens différents et diamétralement opposés. Poiteau suppose que cette tendance est le résultat de l'écoulement à travers les organes végétaux, d'un fluide analogue au fluide magnétique.

POLARITÉ, s. f. ; état des corps dans lesquels se montrent deux pôles opposés, comme les aimants naturels et artificiels, la pile isolée, la tourmaline, etc. *V.* BIPOLARITÉ.

POLE, s. m., *Polus;* on donne ce nom, d'une manière générale, aux extrémités de l'axe rationnel autour duquel tourne un corps sphérique ou elliptique, comme les pôles de la terre, d'une sphère, etc. — *Pôles des aimants:* points extrêmes où semblent s'être concentrés les fluides magnétiques qui existent dans les aimants naturels ou artificiels. *V.* AIMANT. — *Pôles d'une pile :* extrémités de cet appareil isolé où se concentrent les deux électricités dégagées par les réactions chimiques dont il est le siège. *V.* PILE.

POLÉMONIACÉES, s. f., *Polemoniaceæ;* famille de plantes monopétales, dicotylédones, hypogynes, composée d'herbes, rarement d'arbrisseaux, presque tous originaires de l'Amérique extra-tropicale. Genres principaux : *Phlox*, *Polemonium*, *Gillia*, etc. Le genre *Cobœa* est devenu le type de la famille des *Cobœacées*.

POLEXOSTYLE, *V.* MICROBASE.

POLICE SANITAIRE; partie de la jurisprudence vétérinaire ayant pour objet les maladies contagieuses ou épizootiques, leurs causes, leurs moyens de propagation, et l'étude des mesures administratives propres à les faire cesser et à en prévenir le retour. La police sanitaire est une science toute d'application. Elle constitue l'une des branches de l'hygiène générale ; à ce titre, elle a la plus grande importance. En effet, les maladies contagieuses des animaux occasionnent de grandes pertes à l'agriculture, s'opposent aux améliorations dont ces animaux sont susceptibles, et peuvent, dans quelques cas, compromettre la vie de l'homme. — En caractérisant la contagion et déduisant de son existence la nécessité de l'isolement, Fracastor posa, en 1514, les bases de la police sanitaire ; les mesures ordonnées par le sénat de Venise, en 1519, et toute la législation créée plus tard dans les diverses contrées de l'Europe, ne sont que des applications de son principe. La police sanitaire vétérinaire n'existe en réalité pour la France que du jour où l'autorité civile a pris des mesures administratives dans le but de prévenir ou d'arrêter les épizooties. Cette époque remonte au 10 avril 1714 ; un arrêt du conseil d'État du roi prescrit l'enfouissement des animaux morts. Depuis lors, de nombreux arrêts, des décrets, des ordonnances, sont venus s'y ajouter et constituent un ensemble assez étendu de prescriptions et de défenses. Malheureusement, ces mesures, presque toutes de circonstance, manquent d'unité et sont aujourd'hui, pour la plupart, d'une application difficile ou impossible. Elles sont comprises dans les articles 19, titre Iᵉʳ, 23 et 13, titre II, du décret de la Constituante du 6 octobre 1791, les articles 459, 460, 461, 462 du code pénal, les arrêts du Conseil d'État du roi, du 10 avril 1714 et du 16 juillet 1784, et embrassent la déclaration, l'isolement, la visite, le recensement, la marque, l'estimation, l'abattage, l'enfouissement, la désinfection, le commerce, les indemnités, etc. *V.* ces mots. — L'action de l'autorité, dans les cas d'épizootie ou de maladie contagieuse, n'est point bornée aux termes de la législation précédente; elle peut être étendue ou restreinte selon les besoins. D'après le décret de la Constituante du 16-24 août 1791, « *les soins de prévenir et de faire cesser les épizooties sont confiés à la vigilance et à l'autorité des corps municipaux.* » Le décret du 6 octobre 1791 dispose que « *les officiers municipaux emploieront particulièrement tous les moyens de prévenir ou d'arrêter les épizooties* ».

POLLEN, s. m., *Pollen*, de *pollen*, fleur de farine ; matière fécondante des végétaux. Le pollen est renfermé dans les loges de l'anthère. Sa couleur est le plus souvent jaune ou blanche jaunâtre ; son odeur souvent spermatique ; sa quantité très variable. En général, il est plus abondant dans les fleurs unisexuées. Son organisation, soupçonnée par Malpighi et Grew, mieux connue par Kœlreuter, a été, de la part de Brongniart, Guillemin, Mirbel, Amici, Rob. Brown, Mohl, Fritzsche, etc., l'objet des recherches les plus intéressantes. Le pollen est composé d'un assemblage de granules libres ou réunis entre eux. Chaque granule ou utricule pollinique est composé d'une, deux ou trois membranes, et d'une matière intérieure appelée *fovilla*. Ses formes sont très diverses, quelquefois régulières, sphériques, aplaties, à facettes, etc.; ses dimensions comprises entre 10 et 130 millièmes de millimètre. Lorsque le granule n'est composé que d'une membrane, celle-ci est lisse; dans le cas où il en existe deux ou trois, la plus extérieure appelée *exhyménine* est épaisse, résistante, colorée, papilleuse, plissée ou granulée à sa surface, ou percée de pores ou oscules, avec ou sans opercules ; elle est *sèche* ou *visqueuse*. Selon Mohl. elle a souvent une texture véritablement celluleuse. La membrane interne, appelée *endhyménine*, est mince, très extensible ; c'est elle qui forme ces *boyaux* qui s'échappent par les oscules ou les déchirures de l'exhyménine, lorsqu'on plonge une utricule pollinique dans l'eau, ou quand le pollen est déposé sur le stigmate. Cette membrane renferme la fovilla. Dans le pollen solide des Orchidées, les masses polliniques se composent de grains réunis par un réseau élastique, ou sont contenues dans de grandes vésicules cloisonnées. Guillemin divise les pollens en *visqueux* et en *non visqueux :* cette distinction est insuffisante. Mohl les classe d'après le nombre des membranes qui entrent dans la composition de l'utricule pollinique : P. à une membrane, ex. : les *Asclépiadées ;* à deux membranes, ex. : *presque toutes les plantes ;* à trois membranes, ex. : l'*If* et d'autres *Conifères. V.* Anthère, Fovilla, Fécondation.

POLLINIFÈRE, adj., *pollinifer ;* qui renferme le pollen. *Loge, vésicule pollinifère.*

POLLINIQUE, adj., *pollinicus ;* qui a rapport au pollen. *Boyau pollinique, V.* Boyau.

POLY, de πολυς, beaucoup ; désigne, dans les composés grecs, un nombre plus ou moins grand, mais indéterminé.

POLYADELPHE, adj., *polyadelphus ;* se dit des étamines, lorsqu'elles sont soudées par leurs filets en plus de deux faisceaux ; ex. : le *Millepertuis,* l'*Oranger.*

POLYADELPHIE, s. f., *Polyadelphia ;* nom de la XVIIIᵉ classe du système de Linné ; elle renferme les plantes hermaphrodites, dites à *étamines polyadelphes.*

POLYADELPHIQUE, adj., *polyadelphicus ;* qui a rapport à la polyadelphie.

POLYAKÈNE, *V.* Polachaine.

POLYANDRE, adj., *polyander ;* se dit des plantes dont les étamines insérées au réceptacle sont en nombre indéterminé.

POLYANDRIE, s. f., *Polyandria,* de πολυς, beaucoup . et ανηρ, ανδρος, mari ; nom de la XIIIᵉ classe du système de Linné ; elle renferme les plantes dont les fleurs ont vingt à cent étamines insérées sous l'ovaire ; ex. : les *Renonculacées.*

POLYANDRIQUE, adj., *polyandricus ;* qui a rapport à la polyandrie.

POLYANDROCARPE, *V.* Agrégé.

POLYCARPE, *V.* Multiple.

POLYCARPIEN, ENNE, adj., *polycarpeus ;* se dit, d'après de Candolle, des végétaux qui portent fruit plusieurs fois. Cet auteur les divise en *Caulocarpiens* et en *Rhizocarpiens* (*V.* ces mots).

POLYCÉPHALE, s. et adj., *Polycephalus.* de πολυς, beaucoup, et κεφαλη, tête ; qui a plusieurs têtes ; nom donné par quelques auteurs à l'hydatide cérébrale. *V.* Hydatide. — *Bot.* Se dit aussi des organes qui portent plusieurs parties renflées en tête ; ex. : les poils du *Croton penicillatum,* les pédoncules de la plupart des *Composées.*

POLYCHOLIE, s. f., *Polycholia,* de πολυς, beaucoup, et χολη, bile ; surabondance de bile, épanchement de bile.

POLYCHORION, s. m., *Polychorion ;* fruit composé de plusieurs cariopses ou achaines réunis.

POLYCHRESTE, adj., *polychrestus,* de πολυς, plusieurs, et χρηστος, utile, bon ; nom donné anciennement à quelques médicaments auxquels on attribuait de grandes vertus. *Sel polychreste de Glazer, V.* Sulfate de potasse.

POLYCHROISME, s. m., *Polychroismus,* de πολυς, plusieurs, et χρωμα, couleur : état de certains corps qui présentent des couleurs différentes, selon qu'on les examine par réflexion ou par réfraction ; ex. : le *brôme.*

POLYCHROITE, s. f., *Polychroitis,* de πολυς, beaucoup, et χρωιζειν, colorer ; nom donné par Bouillon-Lagrange et Vogel à la matière colorante du safran.

POLYCHYLIE, s. f., *Polychylia,* de πολυς, beaucoup, et χυλον, chyle ; surabondance de chyle.

POLYCOTYLÉDONÉ, ÉE, adj., *polycotyledoneus,* de πολυς, plusieurs, et κοτυληδων, cotylédon ; qui renferme ou porte plus de deux cotylédons. La plupart des Conifères sont dans ce cas. Dans les classifications, les plantes polycotylédonées sont confondues avec les dicotylédones, parce que cette particularité d'organisation ne parait entraîner aucune différence dans les autres organes. Aussi, plusieurs naturalistes ont-ils supposé que, dans ces plantes, un ou deux cotylédons se trouvaient divisés en plusieurs lobes distincts et en apparence séparés.

POLYDACRIE, s. f. *Polydacria,* de πολυς, beaucoup, et δακρυ, larme ; excrétion abondante de larmes.

POLYDACTYLE, s. et adj., *Polydactylus,* de πολυς, beaucoup. et δακτυλος, doigt ; ce mot désigne à la fois les animaux dont les pieds sont naturellement terminés par plusieurs doigts, et ceux chez lesquels le nombre des doigts se trouve supérieur à ce qu'il est dans l'état normal.

POLYDACTYLIE, s. f., *Polydactylia ;* état des animaux présentant des doigts plus nombreux que dans l'état normal.

POLYDIPSIE, s. f., *Polydipsia .* de πολυς, beaucoup, et διψα, soif ; soif excessive ; nom donné par Alibert au quatrième genre des gastroses.

POLYGALE, s. m., *Polygala,* L. ; genre nombreux de la famille des Polygalées. Il se compose de plantes herbacées, frutescentes ou sous-frutescentes, communes dans les contrées tempérées de l'hémisphère boréal. On trouve plusieurs espèces de Polygales, et surtout le **P.** commun , *P. vulgaris*, dans les prairies de montagne. Cette plante , qui est assez recherchée des herbivores , passe pour faire donner beaucoup de lait ; son nom rappelle en effet cette propriété , mais rien ne prouve qu'elle ait, sous ce rapport, plus d'effet que les autres aliments substantiels. Les espèces *rosea* , *comosa* , *ciliata* , *calcarea* , *depressa* , *amara* , *austriaca* , *rupestris* , *monspeliaca* , *exilis* , *chamœbuxus* , croissent également en France et jouissent en général des mêmes propriétés que la précédente. Les racines des **P.** commun et **P.** de *Virginie* , ont été et sont encore employées quelquefois comme amères et toniques.

POLYGALÉES, s. f. , *Polygaleæ;* famille de plantes dicotylédones, polypétales, hypogynes , composée d'arbres ou d'arbrisseaux quelquefois grimpants et à suc laiteux, habitant presque toutes les régions du globe. Toutes les espèces de cette famille se font remarquer par l'amertume de leurs sucs, amertume qu'elles doivent à un principe amer appelé *polygaline, acide polygalique* , abondant surtout dans les racines de plusieurs *Polygales* et dans celle du *Krameria triandra* , vulg. *Ratanhia.* Genres : *Polygala, Badiera* , *Krameria* , *Xantophyllum* , etc.

POLYGAME , s. f. , *Polygamus*, de πολυς , plusieurs, et γαμος , mariage ; se dit des espèces animales dans lesquelles un seul mâle suffit à plusieurs femelles. Tous les mammifères et les oiseaux domestiques, le pigeon excepté, sont polygames. Par opposition , on appelle *monogames* les espèces où un mâle et une femelle se réunissent pour la vie ou au moins pour une saison. Tous les oiseaux, autres que les gallinacés et les palmipèdes , sont *monogames.* — *Bot.* Se dit des *végétaux monoïques* ou *dioïques* qui portent des fleurs hermaphrodites ; du *capitule*, qui se compose *simultanément* de fleurs mâles , femelles et hermaphrodites.

POLYGAMIE , s. f. , *Polygamia*, de πολυς , plusieurs, et γαμος, mariage ; nom de la vingt-troisième classe dans le système de Linné ; cette classe se compose d'espèces polygames. — Linné donne aussi le nom de *polygamie* à chacun des six ordres qui forment la *syngénésie* , et il distingue : la *Polygamie égale:* toutes les fleurs sont hermaphrodites et également fécondes, ex. : les *Chardons;* la *Polygamie superflue:* les fleurs du disque sont hermaphrodites , celles de la circonférence ou couronne, sont femelles; toutes donnent des graines, ex. : l'*Absinthe;* la *Polygamie frustranée:* les fleurs du disque sont hermaphrodites , celles de la circonférence sont stériles, ex. : la *Centaurée;* la *Polygamie nécessaire:* les fleurs du disque sont hermaphrodites , mais stériles par imperfection de l'organe femelle, celles de la circonférence sont femelles et productives, ex. : le *Souci;* la *Polygamie séparée:* toutes les fleurs sont hermaphrodites et séparées dans un involucre particulier , ex. : l'*Echinope;* la *Polygamie*

monogamie: toutes les fleurs sont hermaphrodites , solitaires et distinctes sur des pédoncules ou pédicelles propres , ex. : la *Violette.* Cet ordre n'a de commun avec les précédents que la réunion des étamines par les anthères.

POLYGNATHIENS , s. et adj. , de πολυς, plusieurs , et γναθος , mâchoire ; monstres doubles parasitaires, chez lesquels une tête très incomplète , et même réduite quelquefois à une simple mâchoire inférieure , adhère au palais ou à la mâchoire inférieure du sujet principal. Les polygnathiens ont été divisés en trois genres : 1° *Epignathe;* 2° *Hypognathe;* 3° *Augnathe.*

POLYGONÉES , s. f. , *Polygoneæ;* famille de plantes dicotylédones , apétales , périgynes. Ses caractères sont : fleurs hermaphrodites ou unisexuées, petites , nombreuses , disposées en faisceaux, en épis ou en grappes ; calice herbacé ou pétaloïde, marcescent ou accrescent, à trois ou six pétales , presque égaux, sur un ou deux rangs ; quatre à dix étamines opposées ou alternes , le plus souvent insérées à la base du calice ; filets libres ou soudés à leur base ; ovaire généralement libre ou adhérant à la base du calice , uniloculaire, monosperme ; ovule dressé au fond de la loge ; deux , trois , rarement quatre styles libres ou soudés inférieurement : stigmate en tête ou divisé en pinceau ; fruit monosperme (achaine ou cariopse), indéhiscent, à péricarpe crustacé , brunâtre , comprimé ou trigone , ordinairement enveloppé dans le calice accru , ou dans les trois sépales intérieurs ; périsperme farineux ou corné ; embryon droit ou arqué , antitrope. Les polygonées sont des plantes herbacées annuelles ou vivaces, plus rarement frutescentes , habitant en général les régions tempérées de l'ancien continent ; quelquefois de haute taille sous les tropiques, mais croissant toujours sur des lieux élevés. Leurs feuilles sont alternes, entières, crénelées ou ondulées; les tiges, renflées au niveau des articulations, sont enveloppées, en ce point, d'une gaine membraneuse, entière ou non, formée par les stipules. Plusieurs genres de cette famille fournissent des espèces utiles , alimentaires ou médicamenteuses : le *Sarrasin*, la *Rhubarbe*, la *Patience*, etc. Cette famille se divise en deux tribus : les *Eriogonées;* genres : *Eriogonum, Mucronea* , etc. ; les *Polygonées vraies;* genres : *Rheum, Polygonum, Fagopyrum, Rumex*, etc.

POLYGYNE, adj. , *polygynus*, de πολυς, plusieurs, et γυνη , femme; se dit de la fleur qui renferme un nombre indéterminé de pistils, ex. : le *Rosier*, les *Renoncules.*

POLYGYNIE , s. f. , *Polygynia;* nom des ordres qui, dans le système de Linné , renferment les plantes à fleurs polygynes.

POLYHÉMIE, s. f. , *Polyhemia*, de πολυς, beaucoup, et αιμα, sang ; surabondance de sang ; synonyme de *pléthore.* Cet état est dû à l'influence du printemps, d'une alimentation trop substantielle. Les symptômes qui l'annoncent dans les animaux sont la rougeur des muqueuses, le développement prononcé des vaisseaux cutanés, la force du pouls. Retiré de la veine, le sang se coagule promptement ; la fibrine et l'hématosine sont plus abondantes que la partie séreuse. On remédie à cet état par la saignée générale.

POLYMÉLIENS , s. et adj. , de πολυς, beaucoup, et μέλος, membre ; monstres doubles parasitaires , chez lesquels on rencontre un ou plusieurs membres accessoires, accompagnés quelquefois des rudiments de quelques autres parties , sur un sujet d'ailleurs bien conformé. Suivant la position des membres accessoires , les polyméliens ont été divisés en cinq genres : 1° *Pygomèle*, 2° *Gastromèle* , 3° *Notomèle* , 4° *Céphalomèle* , 5° *Mélomèle*.

POLYMORPHISME, s. m. , de πολυς, plusieurs, et μορφη, orme ; état de certains corps qui ont la propriété de cristalliser sous des formes différentes Ex. : le *carbonate de chaux. V.* DIMORPHISME.

POLYOPSE ; synonyme d'*opodyme* (*V.* ce mot).

POLYOPSIE , s. f., *Polyopsia* , de πολυς, beaucoup, et οψις, vue ; vue multiple.

POLYOREXIE , s. f. , *Polyorexia* , de πολυς , beaucoup , et ορεξις , appétit ; faim excessive ; nom donné par Alibert au premier genre des gastroses.

POLYPE , s. m. , *Polypus*, de πολυς , beaucoup, et πους , pied ; nom donné à des tumeurs qui se développent dans les cavités muqueuses, et que l'on a comparées aux poulpes, espèce de mollusques céphalopodes à longs bras. Ce sont des excroissances charnues, fongueuses , carcinomateuses , qui se produisent le plus souvent dans les fosses nasales et dans la matrice. On distingue les polypes sous plusieurs rapports. Quant à leur siége , ils sont *extérieurs* , s'ils se développent près d'une ouverture naturelle ; *intérieurs*, lorsqu'ils occupent les parties profondes et inaccessibles. Les uns constituent des corps lenticulaires placés à la surface d'une muqueuse ; les autres sont implantés dans l'épaisseur de la muqueuse elle-même ; ex. : pour le fourreau du cheval, le vagin ; il en est dont les racines s'étendent au-delà de cette membrane. Leur *nombre* n'est pas considérable sur le même individu ; souvent ils sont solitaires. Ils varient par leur *forme;* quelques-uns sont sessiles et présentent une base assez large ; le plus grand nombre est pédiculé : le pédicule est d'autant plus étroit, que le polype devient plus volumineux. Leur *développement* est en rapport avec l'étendue de la cavité qu'ils occupent ; ce sont ceux des sinus maxillaires , des fosses nasales et de la matrice qui acquièrent le plus de volume. Rien n'est aussi variable que leur *consistance;* il en est qui sont pulpeux; d'autres présentent la dureté des os. C'est par la *structure* qu'on a établi la division la plus importante ; autrefois on n'admettait que deux espèces ,

les polypes *muqueux* ou *vésiculeux* et les *sarcomateux.* Gerdy reconnaît quatre genres contenant plusieurs espèces. *Premi·r genre. Polypes celluloso membraneux*, formés d'une enveloppe et de tissu cellulaire ; ils comprennent quatre espèces. A. *Polypes vésiculeux* ou *muqueux :* ils sont très mous, faciles à déchirer , contenant des vaisseaux très fins ; ils sont très hygrométriques , et prennent rarement de la consistance. B. *Polypes lardacés :* formés d'une substance d'un blanc grisâtre , avec l'aspect du lard ; ils sont fréquemment la suite des précédents. C. *Polypes fongueux :* spongieux à leur surface , ils saignent facilement et dégénèrent fréquemment pour passer à l'état cancéreux. D. *Polypes granuleux :* ils forment des grains blanchâtres , des végétations analogues à celles des *choux-fleurs ;* on les rencontre communément dans l'utérus. — *Deuxième genre. Polypes durs.* Ils comprennent deux espèces. A. *Polypes fibreux :* composés de fibres d'un blanc grisâtre , ils prennent la forme des cavités qui les renferment. Ils sont pesants : leur tissu crie sous le scapel. Rarement ils produisent des hémorrhagies et des suppurations. Par une action mécanique , ils pressent et usent les parties qui les environnent et gênent leur accroissement. B. *Polypes sarcomateux :* ainsi nommés à cause de la mollesse de leurs fibres, ils contiennent des vaisseaux artériels et veineux bien développés ; ils produisent souvent des hémorrhagies ; ex. : polypes de la matrice. — *Troisième genre. Polypes très durs.* Ils sont cartilagineux ou osseux. — *Quatrième genre. Polypes mixtes ou composés.* Ils sont formés de tissus , de corps variés. — L'étiologie des polypes ne peut être déterminée facilement ; quelques-uns sont des produits inflammatoires ; d'autres sont le résultat d'une hypertrophie, ou de l'organisation d'une concrétion fibrineuse. On peut facilement établir le diagnostic des polypes extérieurs : il n'en est pas de même de ceux de l'intestin. Il faut éviter de les confondre avec les abcès sous-muqueux. Le traitement est chirurgical. Les moyens proposés sont l'excision, l'arrachement , la ligature , la cautérisation. On excise de préférence les polypes des bords du vagin ; on arrache ceux du nez ; on lie les polypes de la matrice. Pour empêcher la récidive, il importe de bien détruire le pédicule. — On a donné le nom de *concrétions polypiformes* (Laennec) aux concrétions sanguines formées sur la membrane interne du cœur et des gros vaisseaux.

POLYPES, s. m. p. ; animaux de l'embranchement des *radiaires* ou *rayonnés*, formant la dix-huitième classe de Cuvier, et consistant en un corps gélatineux, en forme de cornet, dont le bord est tantôt simple, tantôt garni d'une multitude de filaments ou de tentacules mobiles. Leur cavité digestive est simple ; aucun organe apparent n'existe chez ces animaux, le plus souvent réunis en grand nombre dans des demeures calcaires qu'ils produisent et qu'on nomme *polypiers*. Tous sont aquatiques, la plupart marins, et se reproduisent par bouture, comme les plantes. Types principaux : *Corail*, *Madrépores*, *Éponges*, *Polypes d'eau douce*.

POLYPÉTALE, adj., *polypetalus*, de πολύς, plusieurs, et πέταλον, pétale : composé de plusieurs pétales libres. La corolle peut être composée de deux, trois, quatre, etc., pétales : on la dit alors *dipétale*, *tripétale*, *tétrapétale*, *pentapétale*, etc. La corolle polypétale est *régulière* ou *irrégulière*. *V.* Corolle.

POLYPHAGE, adj., *polyphagus*, de πολύς, plusieurs, et φαγεῖν, manger ; qui mange plusieurs espèces de nourriture ; employé comme synonyme d'omnivore.

POLYPHAGIE, s. f., *Polyphagia*, de πολύς, beaucoup, et φαγεῖν, manger ; action de manger beaucoup : faim insatiable.

POLYPHARMACIE, s. f., *Polypharmacia*, de πολύς, beaucoup, et φάρμακον, médicament ; nom donné à l'ancienne pharmacie, à la pharmacie galénique, à cause de l'abus qu'on y faisait des formules compliquées, dans lesquelles entraient parfois un nombre extraordinaire de drogues simples, comme l'indiquent la thériaque, le baume vulnéraire, etc.

POLYPHARMAQUE, adj. et s. ; épithète donnée aux partisans de la polypharmacie, à ceux qui, dans leurs ordonnances, accumulent un grand nombre de substances simples, dont plusieurs sont souvent incompatibles.

POLYPHORE, *V.* Gynophore.

POLYPHYLLE, adj., *polyphyllus*, de πολύς, plusieurs, et φύλλον, feuille : composé d'un nombre indéterminé de sépales ou folioles. Se dit du *calice*, de l'*involucre*.

POLYPHYSIE, s. f., *Polyphysia*, de πολύς, beaucoup, et φυσάω, de φυσάω, je gonfle ; abondance de flatuosités.

POLYPODE, *V.* Fougères.

POLYPOSIE, s. f., *Polyposia*, de πολύς, beaucoup, et πόσις, boisson : synonyme de *polydipsie*.

POLYRHIZE, adj., *polyrhizus*, de πολύς, plusieurs, et ῥίζα, racine ; qui a beaucoup de racines.

POLYSARCIE, s. f., *Polysarcia*, de πολύς, beaucoup, et σάρξ, σαρκός, chair ; excès de chairs, embonpoint excessif.

POLYSIALIE, s. f., *Polysialia*, de πολύς, beaucoup, et σίαλον, salive ; excrétion excessive de salive.

POLYSOMATIE, s. f., *Polysomatia*, de πολύς, beaucoup, et σῶμα, corps ; développement excessif du corps.

POLYSPERME, adj., *polyspermus*, de πολύς, beaucoup, et σπέρμα, semence ; qui contient beaucoup de semences.

POLYSPERMIE, s. f., *Polyspermia*, de πολύς, beaucoup, et σπέρμα, sperme ; abondance du sperme.

POLYSPORÉ, ÉE, adj., *polysporus*, de πολύς, beaucoup, et σπορά, spore, semence : qui renferme beaucoup de spores.

POLYSTÉMONE, adj., *polystemones*, de πολύς, beaucoup, et στήμων, étamine ; se dit des étamines, quand elles sont en grand nombre dans une fleur, ou quand elles sont en plus grand nombre que les pétales et non alternes avec eux.

POLYSTOME, s. m., *Polystomus*, de πολύς, beaucoup, et στόμα, bouche ; qui a plusieurs bouches. On donne ce nom à des vers intestinaux dont la bouche présente plusieurs ouvertures. Les animaux n'en présentent qu'une espèce, le *polystome ténioïde*, *polystoma tœnioïdes*, nommé par Rudolphi, *polystome denticulé* ; c'est le *tœnia lancéolé* de Chabert. On lui a encore donné le nom de *prionoderme lancéolé*. Ce ver a le corps aplati, ridé en travers, crénelé sur les bords : on le trouve dans les cavités nasales du chien et du cheval, où il est rarement solitaire.

POLYSTYLE, adj., *polystylus*, de πολύς, beaucoup, et στῦλος, style ; qui porte ou contient plusieurs styles.

POLYTROPHIE, s. f., *Polytrophia*, de πολύς, beaucoup, et τροφή, nourriture ; abondance de nourriture : activité trop grande de la nutrition.

POLYTYPE, adj., *polytypus*, de πολύς, plusieurs, et τύπος, marque ; se dit des genres qui renferment plusieurs espèces ; de ceux dont les espèces peuvent être rangées en série linéaire.

POLYURIE, s. f., *Polyuria*, de πολύς, beaucoup, et οὖρον, urine ; écoulement très abondant d'urine ; se dit de l'ischurie causée par l'accumulation de l'urine dans la vessie.

POMMADE, s. f., *Pommatum* ; préparation pharmaceutique onctueuse, employée exclusivement à l'extérieur, et formée par le mélange de graisses ou d'huiles concrètes avec divers principes médicamenteux. Le nom des pommades provient de ce qu'autrefois on faisait entrer, dans la composition de quelques-unes d'entre elles, de la pulpe de pomme. Les corps gras employés comme excipients des pommades sont la graisse de porc ou axonge, le suif, le beurre et l'huile de palme, dont le prix est très peu élevé. Les principes médicamenteux qui forment la base des pommades sont très variables et tirés des minéraux ou des substances organiques. Leur préparation est fort simple ; elle a lieu par simple *mixtion*, en mélangeant par trituration le corps gras et le principe actif pulvérisé ou dissous dans une petite quantité d'un liquide approprié ; par *solution*, en faisant fondre le corps gras et en laissant infuser le principe actif pendant un certain temps ; enfin, par *réaction chimique*, lorsque la base de la préparation change la nature du corps gras. La conservation des pommades doit avoir lieu dans des vases bien clos. Elles s'emploient sur la peau, sur les muqueuses externes et sur les solutions de continuité, dans un but très variable, selon leur nature.

POMMADE ALCALINE DE DEVERGIE ; ♃ carbonate de soude, 15 grammes ; chaux éteinte, 10 grammes ; axonge, 100 grammes ; incorporez exactement. Anti-herpétique.

POMMADE D'ALOÈS ; ♃ Aloès en poudre, 10 grammes : axonge, 30 grammes ; incorporez. Cicatrisante.

POMMADE ANTI-PSORIQUE ; ♃ soufre sublimé, 350 grammes ; sel ammoniac, 16 gram. ; alun pulvérisé, 16 grammes ; axonge, 500 gr.; mêlez avec soin.

POMMADE ANTIPSORIQUE DE LEBAS ; ♃ mercure coulant, 600 grammes ; soufre sublimé, 600 grammes ; cantharides en poudre, 200 ; axonge, 3,000 grammes ; éteignez le mercure dans une portion de l'axonge, et incorporez ensuite le soufre et les cantharides.

POMMADE ANTIPSORIQUE POUR LES MOUTONS ; ♃ cantharides en poudre, 100 gram. ; pommade mercurielle double, 50 gram. ; essence de lavande, 500 gram. ; savon vert, 2,500 gr. ; axonge, 3,000 grammes ; faites fondre la graisse ; ajoutez successivement les cantharides, la pommade mercurielle, le savon et l'essence.

POMMADE ANTIPSORIQUE POUR LES CHIENS ; ♃ sulfure de potasse, 500 grammes ; savon vert, 400 grammes ; pommade mercurielle double, 400 grammes ; axonge, 2400 grammes. Pulvérisez le sulfure, incorporez à l'axonge et mêlez ensuite avec le reste.

POMMADE ARSÉNICALE SIMPLE ; ♃ acide arsénieux, 1 gramme ; cire, 32 grammes ; axonge ou beurre, 32 grammes; faites fondre la cire, mêlez à la graisse et incorporez l'acide arsénieux pulvérisé, avec beaucoup de soin. — Contre la gale et les dartres invétérées.

POMMADE ARSÉNICALE DE NAPLES ; ♃ acide arsénieux, 30 grammes ; sulfure jaune d'arsenic, 50 grammes ; sublimé corrosif, 50 grammes : euphorbe pulvérisée, 25 grammes ; pommade de laurier, 200 gr. Incorporez avec soin et employez avec beaucoup de ménagement sur les tumeurs farcineuses et les glandes de l'auge.

POMMADE D'AZOTATE D'ARGENT ; ♃ azotate d'argent, 10 centigrammes ; axonge, 10 grammes. Incorporez et employez sur la conjonctive, contre la fluxion périodique (Bernard).

POMMADE D'AZOTATE DE MERCURE , V.
POMMADE CITRINE.

POMMADE DE CANTHARIDES ; ♃ cantharides pulvérisées, 32 grammes ; cire jaune, 64 grammes ; axonge, 384 grammes. Faites fondre la graisse, laissez infuser les cantharides, passez et ajoutez la cire fondue. Épispastique; bonne pour animer les sétons, les vésicatoires et traiter la gale rebelle.

POMMADE CITRINE ; ♃ mercure coulant, 32 grammes ; acide nitrique, 48 grammes ; axonge, 250 grammes ; huile d'olive, 250 grammes. Mettez l'acide et le mercure dans une fiole, et chauffez jusqu'à dissolution du métal; laissez refroidir et incorporez ensuite avec les corps gras mélangés par fusion. Em-

ployée contre les dartres et la gale invétérées.

POMMADE DE CYRILLO ; ♃ sublimé corrosif, 100 grammes ; axonge, 800 grammes. Réduisez le bichlorure de mercure en poudre fine et incorporez-le avec soin dans la graisse. Contre la gale , les dartres , les ulcères atoniques , etc.

POMMADE DESSICCATIVE DE RODIER ; ♃ sous-acétate de cuivre, 32 grammes ; axonge , 128 grammes ; miel, quantité suffisante. Pulvérisez le sel de cuivre et incorporez à la graisse et au miel. Excellente préparation contre les eaux au jambes au début.

POMMADE DESSICCATIVE DE ECKEL ; ♃ sous-acétate de cuivre, 15 grammes ; sulfate de cuivre, 15 grammes ; essence de térébenthine, 30 grammes ; axonge , 120 grammes. Mêlez les deux sels pulvérisés à l'axonge et ajoutez l'essence. Contre les eaux aux jambes.

POMMADE DESSICCATIVE DE LEBAS ; ♃ sous-acétate de cuivre, 200 grammes ; sel ammoniac et alun, de chaque, 100 grammes ; camphre, 50 grammes; pommade de peuplier, 800 grammes. Pulvérisez les sels et le camphre et incorporez. Contre le piétin du mouton et les eaux aux jambes du cheval.

POMMADE DE DESAULT ; ♃ deutoxyde de mercure, oxyde de zinc, alun calciné, acétate de plomb , de chaque 4 grammes; bichlorure de mercure, 6 décigrammes ; axonge, 32 grammes. Pulvérisez les sels et incorporez. Excellente préparation contre l'ophthalmie chronique.

POMMADE ÉPISPASTIQUE VERTE ; ♃ cantharides pulvérisées, 32 grammes ; pommade de peuplier , 875 grammes ; cire jaune, 125 grammes. Faites fondre la cire, ajoutez la pommade et incorporez les cantharides. Employée pour animer les sétons , les ulcères , etc.

POMMADE ESCHAROTIQUE ; ♃ deutosulfure de mercure, 16 grammes ; deuto-chlorure de mercure, 16 grammes ; pommade de laurier, 250 grammes ; beurre ou axonge , 250 grammes. Pulvérisez les sels et incorporez aux corps gras. Contre le farcin (Solleysel).

POMMADE D'EUPHORBE ; ♃ poudre d'euphorbe, 100 grammes ; axonge , 800 grammes; incorporez. Employée pour animer les sétons, les vésicatoires, etc.

POMMADE DE CYANURE DE MERCURE ; ♃ cyanure de mercure, 100 grammes ; axonge, 800 grammes ; incorporez le sel pulvérisé. Contre les dartres et la gale rebelles.

POMMADE DE GONDRET ; ♃ ammoniaque liquide, 64 grammes ; axonge et suif, de chaque, 32 grammes. Faites fondre les corps gras, mettez-les dans une fiole, versez l'ammoniaque , bouchez et agitez vivement. Resolutive et rubéfiante.

POMMADE D'HELMERIC ; ♃ soufre sublimé, 200 grammes ; carbonate de potasse, 200 grammes ; axonge, 800 grammes. Mélangez le soufre et le sel et incorporez à la graisse.

Excellente préparation antipsorique pour les petits animaux.

POMMADE D'IODURE DE MERCURE; ♃ biiodure de mercure, 4 grammes; axonge, 32 grammes. Incorporez. Excellente préparation fondante pour les engorgements tendineux, les glandes de l'auge, etc.

POMMADE D'IODURE DE POTASSIUM; ♃ iodure de potassium, 4 grammes; axonge, 32 grammes; mêlez avec soin. Résolutive, fondante; employée surtout contre le goitre.

POMMADE DE LAURIER; ♃ feuilles fraîches de laurier, 500 grammes; baies de laurier, 500 grammes; axonge, 1,000 grammes. Écrasez dans un mortier les feuilles et les baies de laurier; faites-les infuser dans l'axonge fondue et chaude, et passez avec expression. Résolutive et émolliente; employée pour hâter la maturation des phlegmons, pour exciter la suppuration des plaies.

POMMADE DE LYON; ♃ pommade rosat, 32 grammes; bioxyde de mercure, 2 grammes. Incorporez. Employée contre la conjonctivite chronique.

POMMADE MERCURIELLE DOUBLE; ♃ mercure coulant, 500 grammes; axonge, 500 grammes. Broyez le mercure avec une petite quantité de graisse, jusqu'à ce qu'il soit complétement éteint, et ajoutez le reste de l'axonge. Fondante et résolutive; employée sur les tumeurs indolentes et les ganglions.

POMMADE MERCURIELLE SIMPLE; ♃ mercure métallique, 500 grammes; axonge, 1,000 grammes; ou pommade mercurielle double, 125 grammes; axonge, 575 grammes. Incorporez.

POMMADE DE PEUPLIER; ♃ bourgeons de peuplier, 575 grammes; feuilles fraîches de pavot, de belladone, de jusquiame, de morelle, anâ, 250 grammes; axonge, 2,000 grammes. Écrasez les feuilles dans un mortier et faites-les cuire avec la graisse jusqu'à évaporation complète de l'eau de végétation; ajoutez les bourgeons de peuplier; laissez infuser pendant quelques heures, et passez. Adoucissante et calmante, cette pommade est d'un emploi fréquent sur les parties contuses, enflammées, douloureuses, etc.

POMMADE DE PEUPLIER SATURNÉE; ♃ pommade de peuplier, 125 grammes; extrait de saturne, 16 grammes. Mêlez. Adoucissante et dessiccative.

POMMADE DE PROTOCHLORURE DE MERCURE; ♃ précipité blanc, 32 grammes; axonge, 250 grammes. Incorporez. Contre les dartres furfuracées.

POMMADE DE RÉGENT; ♃ deutoxyde de mercure, acétate neutre de plomb, de chaque, 4 grammes; camphre, 3 décigrammes; beurre frais, 72 grammes. Pulvérisez les sels et le camphre, et incorporez. Anti-ophthalmique.

POMMADE SOUFRÉE; ♃ soufre sublimé, 125 grammes; axonge, 575 grammes. Incorporez. Antipsorique d'un emploi fréquent. On peut la rendre plus active en y ajoutant

de l'alun, du sel ammoniac, des cantharides, etc.

POMMADE DE SULFURE DE POTASSE; ♃ sulfure de potasse, 100 grammes; axonge, 400 grammes; pulvérisez le sulfure et incorporez-le à la graisse. Antipsorique.

POMMADE STIBIÉE, ÉMÉTISÉE, DITE D'AUTENRIETH; ♃ émétique pulvérisé, 4 grammes; axonge, 12 grammes. Incorporez exactement. Contre la gale et les dartres.

POMME, s. f., *Malum;* fruit du pommier. *V.* MÉLONIDE.

POMME DE TERRE, s. f., *Solanum tuberosum.* L.; plante de la famille des Solanées, genre Morelle, vulg. *Parmentière.* La pomme de terre est une plante herbacée à tige charnue, rameuse, haute de 5 à 6 décimètres et plus; ses fleurs sont blanches ou violacées et portées sur des pédoncules articulés; ses feuilles découpées en segments inégaux avec un lobe impair. Ce qui caractérise la pomme de terre comme végétal utile, ce sont ses tubercules, véritables renflements terminaux des tiges souterraines, indépendants des racines, portant à leur surface des bourgeons latents, et susceptibles de reproduire la plante par bouture. La pomme de terre paraît être originaire du Pérou; elle y est cultivée depuis un temps immémorial et consommée sous le nom de *Papas.* On ignore le nom de celui qui l'a introduite le premier en Europe. L'Irlande, l'Italie, l'Espagne, l'Angleterre sont les pays où elle a d'abord paru. La première importation remonte à 1563; celle de l'amiral Raleigh n'a eu lieu que près d'un siècle plus tard et n'était même pas la première qui eût été faite en Angleterre. C'est par les efforts de Parmentier, qu'à la fin du XVIII° siècle, la culture de la pomme de terre s'est propagée en France; jusqu'alors elle ne se faisait que sur quelques points isolés. — La pomme de terre présente de nombreuses variétés: les unes précoces ou hâtives, les autres tardives; il en est à tubercules rouges, blancs, jaunes, violets, gros ou petits, ronds ou allongés. Leurs caractères ne sont point parfaitement fixes; les plus grosses ne sont pas toujours les plus productives, ni surtout les meilleures. La culture de la pomme de terre est facile; on multiplie de semis ou par les tubercules. Il est bon que ceux-ci soient de grosseur moyenne et entiers. On les plante au printemps. La pomme de terre croît dans tous les sols, mais l'expérience prouve qu'elle produit davantage après les défrichements, et que chaque variété affectionne une ou plusieurs espèces de terrains. L'effanage est nuisible au développement des tubercules. Les agronomes les plus expérimentés n'ont pu s'entendre sur la question du buttage. La récolte se fait en automne. On conserve les tubercules dans des caves ou des silos; l'humidité les fait pourrir; le froid les gèle; l'air, la lumière et la chaleur les font germer. La culture de la pomme de terre est classée parmi celles dites sarclées et améliorantes. Cette plante est une ressource précieuse pour l'alimentation de l'homme et des animaux. Ceux-ci la mangent crue ou cuite. Sous le premier état, elle doit leur être donnée avec ménagement ; sous le second, elle provoque plutôt la formation de la graisse que la production du lait. On la fait quelquefois entrer dans la ration des chevaux. La fécule qu'on en extrait entre dans la confection du pain ou de diverses pâtes. Par la fermentation, les tubercules donnent de l'eau-de-vie. Lorsqu'ils ont été gelés, on les ramollit par la vapeur et on les transforme en fécule. Les fanes vertes de la pomme de terre sont un aliment très médiocre ; sèches, elles sont brûlées ou changées en fumier. Le tubercule est composé de : eau, 74,2 ; fécule 13,3 ; albumine, 0,9 ; sucre 3,3 ; acides, sels et matière grasse : 1,5. Il en faut environ 220 kilog. pour remplacer, dans la nourriture des ruminants, 100 kil. de bon foin, et seulement 266 kil. pour remplacer, dans celle de l'homme, 100 kil. de froment. — En 1840, la culture de la pomme de terre occupait en France une surface de 921,973 hectares, produisant 96,233,985 hectolitres de tubercules, de 80 kilog. chacun, estimés 202.405.866 fr. Les départements qui en produisent le plus sont ceux du Bas-Rhin, du Finistère, des Vosges, de la Moselle, de la Meurthe. Le rendement d'un hectare varie beaucoup ; il est en moyenne, pour la France, de 104 hectolitres ; il peut aller jusqu'à 500 et au-delà. Les chiffres adoptés par les agronomes dépassent en général 200 hectolitres. Sept à quinze hectolitres de tubercules semences sont nécessaires, selon les lieux, pour la plantation d'un hectare. — La pomme de terre a été récemment attaquée par deux maladies qui ont occasionné à l'agriculture des pertes considérables. La première, appelée par les Allemands *gangrène sèche*, s'est montrée en 1830 dans une grande partie de l'Allemagne. Elle consistait dans une transformation progressive du tubercule en une masse dure tachée de brun à l'intérieur et à l'extérieur, insusceptible d'être ramollie par la cuisson. Cette maladie occasionnait la perte des deux tiers à peu près de la récolte. De Martius l'a attribuée à la multiplication d'un champignon qu'il a appelé *Perisporium solani*, et croyait qu'elle pouvait se transmettre par infection. La seconde maladie s'est déclarée en 1845 en Hollande et en Belgique ; de là elle s'est rapidement propagée en Allemagne, en Angleterre et en France, où elle règne encore actuellement. Dans beaucoup d'endroits, elle détruit à peu près toute la récolte. Elle est caractérisée par la présence de taches brunes sur les fanes, et par la production dans les tubercules d'une matière jaune brun, occupant d'abord la circonférence. Selon quelques auteurs, cette maladie ne serait pas nouvelle. Les uns l'attribuent à la présence d'un champignon microscopique ; d'autres à une altération des matières azotées du tubercule. Rien ne prouve que l'usage des tubercules attaqués soit dan-

gereux pour les animaux ni pour l'homme ; mais il faut avoir la précaution de les faire cuire. La récolte doit être faite aussitôt que possible et les tubercules placés dans des endroits aérés, en tas peu considérables, à travers lesquels on établit des courants d'air à l'aide de paille ou de fagots. Ces précautions ne préviennent pas toujours l'altération générale. Le meilleur moyen d'éviter une perte totale, c'est de transformer en fécule. Changer les variétés, renouveler par des semis, tels sont les deux moyens généralement proposés pour empêcher le retour de la maladie.

POMMELÉ . ÉE, adj. ; dénomination ajoutée aux diverses nuances de la robe grise, lorsqu'elles présentent des taches arrondies plus foncées que le reste de la robe : *gris clair pommelé*.

POMMELIÈRE, s. f. ; nom donné à la phthisie pulmonaire des vaches. *V.* PHTHISIE.

POMMETTE, s. f. ; nom donné chez l'homme à la proéminence formée par l'os zygomatique, appelé, pour cette raison, *os de la pommette*.

POMMIER, s. m., *Malus*, T. ; genre de la famille de Rosacées. Il se compose d'arbres de hauteurs très diverses, originaires de l'hémisphère boréal et surtout de l'ancien continent. On en distingue onze ou douze espèces. Chacune d'elles offre des variétés cultivées. Les fruits, appelés *pommes*, sont propres à être mangés ou transformés en cidre. Le type du genre est le P. commun, *M. communis*, D. C., *Pyrus malus*, L., spontané dans les forêts d'Europe.

POMPE, s. f., *Antlia ;* nom commun à plusieurs instruments propres à agir sur les liquides ou les gaz. — *Pompe à air*. Elle est *aspirante* ou *foulante*. Dans les deux cas, elle est formée d'un corps de pompe, d'un piston et d'un réservoir ; une soupape existe à la réunion du corps de pompe et du réservoir, et une autre dans le piston. Dans la pompe aspirante, les soupapes s'ouvrent de bas en haut, et dans la pompe foulante ou de compression, de haut en bas. *V.* MACHINE PNEUMATIQUE, FONTAINE DE COMPRESSION. — *Pompes à eau*. Elles sont *aspirantes*, *foulantes*, et *aspirantes* et *foulantes* à la fois. Dans le premier cas, elles se composent d'un petit tube dit d'*aspiration*, plongeant dans le liquide, d'un corps de pompe et d'un piston muni d'une soupape s'ouvrant de bas en haut. Le mécanisme de cet instrument est simple et repose entièrement sur la pression atmosphérique. Le piston produit le vide dans le corps de pompe, puis la soupape, qui sépare celui-ci du tube, d'aspiration, se soulève pour donner passage à l'air de ce dernier. A mesure que le tube aspirateur se vide d'air, l'eau s'élève dans son intérieur pour établir l'équilibre entre la pression intérieure et la pression extérieure ou atmosphérique. Les meilleures pompes ne peuvent élever l'eau, du niveau du réservoir au corps de pompe, à une hauteur de plus de 10 mètres environ, parce qu'une colonne d'eau de 32 pieds fait équilibre à la pression atmosphérique. La pompe *aspirante* et *foulante* est construite comme la précédente; seulement l'eau ne traverse plus le piston; elle est pressée par ce dernier dans le corps de pompe et poussée dans un tube *additionnel*, où elle est soutenue par une soupape. La pompe *foulante* est basée sur l'incompressibilité des liquides. L'eau qui arrive naturellement dans le fond du corps de pompe, est comprimée par un piston plein qui la pousse dans un tuyau de dégagement. Enfin, la pompe à *incendie* est formée de deux pompes aspirantes poussant l'eau dans un réservoir rempli d'air, qui, par son élasticité, rend le jet continu et très fort.

POMPHOLIX, s. m.; nom donné anciennement à l'oxide de zinc sublimé. *V.* Oxyde.

PONCTION, s. f., *Punctio*, de *pungere*, piquer; opération qui consiste à plonger un trois-quarts ou un bistouri à travers les parois d'une cavité naturelle ou accidentelle, dans le but d'évacuer les liquides et les gaz qui s'y trouvent renfermés. La ponction forme le premier temps de quelques opérations compliquées; elle constitue quelques opérations simples; elle n'est pas précisément un moyen curatif. Par son emploi, l'état des organes malades n'est pas modifié; mais on fait disparaître des symptômes alarmants; on met le malade dans des conditions favorables à la guérison. La ponction qui offre le plus d'avantages est celle du rumen, qui produit un soulagement des plus marqués et détruit une complication plus grave que la maladie elle-même. Enfin, par la ponction, il arrive quelquefois que la mort du sujet se trouve accélérée; c'est ce qui a lieu pour l'hydrothorax.

PONCTION DE L'ABDOMEN, *V.* Paracentèse.

PONCTION DU CRANE. Cette opération a été conseillée dans le cas de tournis, pour extraire les hydatides cérébrales. *V.* Tournis.

PONCTION DE LA CORNÉE; elle a été conseillée par Chabert et employée inutilement dans le cas d'ophthalmie périodique, pour extraire l'hypopion qui se forme dans la chambre antérieure de l'œil. On pourrait en retirer quelques avantages dans le cas de commotion, d'épanchement sanguin dans le globe oculaire, dans l'hydrophthalmie. On la pratique avec la lancette.

PONCTION DE L'INTESTIN, *V.* Entérotomie.

PONCTION DE LA POITRINE, *V.* Empyème.

PONCTION DU RUMEN; cette opération consiste à pénétrer dans le rumen à travers les parois abdominales, pour extraire les gaz qui distendent cet estomac dans le cas de tympanite. Synonyme : *gastrotomie*. Lorsque les moyens ordinaires de traitement ont échoué dans l'indigestion gazeuse des ruminants, quand il y a danger d'asphyxie, la ponction simple du rumen devient nécessaire; dans le cas de surcharge d'aliments, il faut en outre extraire une partie des matières contenues dans ce réservoir. On opère sur le flanc gauche, ordinairement à égale distance de la hanche, du cercle cartilagineux des côtes et des apophyses transverses des vertèbres lombaires. La ponction peut aussi être faite sans danger dans le dernier intervalle intercostal. C'est le trois-quarts ordinaire d'un gros volume qu'on emploie pour l'opération; Brogniez a inventé dans ce but un instrument qu'il nomme *gastrotome gazéifère*, *V.* Gastrotome. Avant l'introduction du trois quarts, il faut inciser la peau dans une étendue de quelques millimètres; ensuite on fait pénétrer cet instrument dans le rumen en frappant sur le manche du poinçon engagé dans sa canule; puis, le poinçon étant retiré seul, les gaz s'échappent avec impétuosité. Dans les cas urgents, on fait la ponction avec un couteau et l'on se sert d'une canule en bois ou en fer-blanc. Quand on redoute une nouvelle météorisation, il faut laisser une issue libre aux gaz qui se produiraient de nouveau; dans ce but, on fixe la canule dans la plaie. Quelques accidents peuvent résulter de cette ponction; ce sont la péritonite, l'épanchement des matières qui sortent du rumen, des abcès. Pour les bêtes à laine, on emploie un trois-quarts moins volumineux que pour le bœuf. Chrétien et Charlier ont imaginé des tubes d'une forme particulière, dont l'extrémité opposée au pavillon est terminée en cul-de-sac et criblée de trous. — Si la météorisation est produite par une surcharge d'aliments, on pratique dans le flanc du bœuf une incision assez grande pour introduire le bras d'un enfant ou un instrument convenable. Gohier a inventé dans ce but des pinces à cuillère; Brogniez a imaginé le *gastrotome extracteur d'aliments*.

PONCTION DE LA VESSIE. Cette opération devient nécessaire dans le cas d'ischurie causée par un rétrécissement du canal de l'urètre, par un calcul. On a conseillé de la pratiquer par le rectum et par le canal urétral : 1° *Ponction par le rectum*. L'animal étant fixé convenablement, l'opérateur introduit dans le rectum le trois-quarts courbe, qu'il dirige contre le gonflement formé par la vessie distendue. Mais ce procédé ne donne au cheval qu'un soulagement momentané, la canule ne pouvant être maintenue en place. Un accident grave est produit le plus souvent par l'épanchement de l'urine dans le tissu cellulaire voisin du rectum et de la vessie. Mieux vaut employer la méthode suivante; 2° *Ponction par l'urètre*. On la pratique en dessous du contour de l'ischium, après avoir gonflé le canal par une injection d'eau tiède; ensuite on fait pénétrer par l'incision de l'urètre une sonde qu'on dirige jusque dans la vessie et qu'on peut maintenir fixée dans cette position.

PONCTUÉ, ÉE, adj., *punctatus*; marqué de points, de petites taches. Cette définition ne suppose pas l'existence d'ouvertures, de pores. — *Vaisseaux ponctués* :

ce sont des tubes cylindriques présentant à leur surface de petits enfoncements relevés ou non d'une sorte de bourrelet. Ces vaisseaux sont quelquefois ponctués d'un côté et rayés de l'autre. Ils avaient d'abord été observés dans la tige des Conifères. On trouve dans ces mêmes plantes des *fibres ponctuées*.

PONDÉRABILITÉ, s. f., de *pondus*, poids; qualité des corps pesants.

PONDERABLE, adj.; qui est sensible à la balance; qui peut être pesé; qui jouit d'un poids appréciable aux sens ou aux instruments.

PONEY, s. m.; nom donné au bidet de taille peu élevée, propre aux allures rapides et principalement employé au service de la selle. Les poneys constituent, en Angleterre, une race particulière assez nombreuse. La France tire les siens principalement de la Bretagne; mais l'usage en diminue chaque jour.

PONGITIF, IVE, adj., *pungitivus*, de *pungere*, piquer; se dit d'une douleur aiguë, qui fait éprouver une sensation semblable à celle qui serait produite par une pointe.

PONT-DE-VAROLE; partie inférieure du mésocéphale, formant à la base de l'encéphale un relief transversal qui sépare de la moelle allongée les pédoncules du cerveau, et est circonscrit, en avant et en arrière, par un sillon bien prononcé. Les extrémités de cette espèce d'anneau, encore appelé *protubérance annulaire du mésocéphale*, se continuent avec les pédoncules moyens du cervelet. Sa face supérieure concourt à former le plancher du ventricule du cervelet, et le canal qui le fait communiquer avec le ventricule des couches optiques.

PONTÉDÉRIACÉES, s. f., *Pontederiaceæ*; famille de plantes monocotylédones, composée de plantes herbacées, vivaces, aquatiques, à rhizome rampant, habitant surtout l'Amérique. Genres: *Pontederia*, *Heteranthera*, etc.

POPLITÉ, ÉE, adj. et s., *Poplitatus*, de *poples*, jarret; qui a rapport au jarret. — *Muscle poplité ou fémoro-tibial oblique*; muscle de forme triangulaire, placé obliquement à la face postérieure de l'articulation fémoro-tibiale. Il prend son origine au condyle externe du fémur, par un tendon engagé sous le ligament fémoro-tibial externe et glissant sur une petite portion de la surface diarthrodiale du tibia. Son insertion a lieu sur la surface triangulaire supérieure et postérieure de cet os, qu'il fléchit en le tournant en dedans. — *Artère poplitée*: continuation de l'artère fémorale à la face postérieure de l'articulation fémoro-tibiale. Elle se divise, au niveau de l'arcade tibiale, en deux branches, qui sont la *tibiale antérieure* et la *tibiale postérieure*.

POPULAGE, s. m., *Caltha*, L.; genre de plantes de la famille des Renonculacées. Il ne renferme qu'un petit nombre d'espèces:

la seule que l'on trouve en France, est le P. des marais, *C. palustris*, commun dans les prairies marécageuses, dans les fossés. C'est une plante plutôt nuisible qu'utile, car les porcs seuls la mangent. Ses fleurs pilées donnent une couleur jaune, avec laquelle on colore quelquefois le beurre.

POPULÉUM, s. m.; *onguent populéum*, V. POMMADE DE PEUPLIER.

POPULINE, s. f.; principe voisin de la salicine, découvert dans les feuilles et l'écorce du *tremble* (*Populus tremula*). La populine est solide, en aiguilles blanches, légères, inodore, de saveur douceâtre, fusible, décomposable au feu, qui l'enflamme. Peu soluble dans l'eau, elle est soluble dans l'alcool et l'acide acétique. L'acide sulfurique la colore en rouge et l'altère. Elle est sans usage.

PORC, s. m.; le porc est exclusivement entretenu pour sa chair et sa graisse. Il est peu difficile sur le choix de sa nourriture; la disposition de ses organes digestifs, son appétit glouton, lui permettent de prendre indistinctement les aliments végétaux ou animaux, cuits ou crus. On le nourrit à la porcherie ou au pâturage; ce dernier mode d'entretien est rarement économique. Le porc est engraissé de très bonne heure; dans les races précoces à jambes courtes, il peut être sacrifié à huit ou dix mois. Il faut généralement attendre jusqu'à 15 ou 18 mois et plus les individus des grandes races tardives. La chair de ces derniers est peut-être plus abondante et de meilleure qualité, mais leur graisse coûte beaucoup plus cher. Les porcs ne peuvent être soumis à l'engraissement avant d'avoir été châtrés; malgré cette précaution, la truie et le verrat qui ont été employés à la reproduction donnent toujours des produits médiocres ou mauvais. L'engraissement, pour être complet, rapide et économique, exige des animaux jeunes, en bonne santé et aptes à prendre la graisse; il doit se faire à la porcherie, dans une loge peu étendue, sèche, aérée, propre et défendue contre une lumière trop vive. La nourriture se compose de soupes, d'eaux grasses, de résidus des cuisines et des fabriques, de glands, de châtaignes, de farineux, de son, de racines cuites, de chair, etc.; elle doit être distribuée quatre fois au moins par jour. Dans sa répartition et son choix, on consulte l'appropriation, les principes de la variété et de la progression relativement à la valeur nutritive. Dans de telles conditions, l'engraissement peut être terminé en deux ou trois mois. On a proposé d'administrer aux porcs à l'engrais, comme condiments, le soufre, la poudre à canon, le sulfure d'antimoine, le charbon pulvérisé, les narcotiques, etc.; la préférence doit être accordée au sel marin. — Le porc est un animal fécond; il se propage avec une grande rapidité. Les services qu'il rend à l'homme sont trop connus pour qu'il soit besoin de les indiquer ici. On doit regretter qu'il ne soit pas entretenu avec plus de soin et d'intelligence. *V*. PORCELET, TRUIE, VERRAT.

PORCELET, s. m., *Porcellus* : nom du jeune porc. Lorsqu'il a été sevré et châtré, il prend, selon son sexe, le nom de *cochon* ou de *coche*. Ceux que l'on entretient pour la reproduction sont appelés *verrats* ou *truies*. Après sa naissance, le porcelet adopte un mamelon. Quand le nombre des nouveaux-nés excède celui de ces organes, on veille à ce qu'aucun d'eux ne soit frustré, et l'on en sacrifie quelques-uns comme *cochons de lait*, au bout de quinze jours ou trois semaines. Le sevrage se fait à deux mois environ. Mais on aura dû auparavant habituer peu à peu les jeunes sujets à une nourriture douce et facile à manger. Une séparation brusque ne serait point sans inconvénient. Après le sevrage, la nourriture doit être bonne et substantielle, mais jamais de nature à produire un engraissement relativement trop précoce. — Les jeunes porcs craignent l'excès de chaleur, l'humidité, le froid, les privations. Il leur faut de l'air, de la liberté et de la propreté. Ceux que l'on ne destine pas à la reproduction sont châtrés avant l'âge de six semaines. Rarement on attend plus tard, bien que l'on sache que la castration pratiquée aussi tôt nuit au développement des muscles.

PORCHERIE, s. f., *Suile ;* habitation spécialement destinée aux porcs. Elle doit se composer d'une cour avec réservoir d'eau d'un abord facile, et de toits à porcs ou loges. Plusieurs porcelets ou plusieurs cochons soumis ou non au régime de l'engraissement peuvent être placés dans la même loge ; mais on doit toujours tenir dans des compartiments distincts la truie et le verrat. La dimension des toits à porcs est subordonnée au volume, au nombre et à la destination des animaux. Ils doivent avoir un plancher en dalles ou en forts madriers percés de trous, inclinés d'arrière en avant et élevés de 20 à 30 centimètres au dessus du sol ; celui-ci sera disposé de telle sorte que les urines et excréments ne puissent séjourner à sa surface. Les auges sont situées en dedans ou en dehors des loges ; il faut, autant que possible, que chaque porc y ait une place distincte et ne puisse y introduire que la tête ; qu'enfin on puisse les nettoyer à volonté sans faire sortir les animaux et sans entrer dans la loge. C'est une erreur de croire que les porcs vivent impunément dans un air vicié, sur un sol froid et humide ; les toits doivent toujours être aérés et secs et la litière renouvelée.

PORCINES (Races). Elles sont aussi variées, aussi nombreuses que celles des autres animaux domestiques, et leurs caractères distinctifs souvent difficiles à déterminer. On peut les ranger dans cinq catégories principales : 1° Type oriental ou de Siam ; 2° Type anglo-chinois ; il a sa source dans le cochon de Siam ;

3° Métis ; 4° Type à soies blanches ou mêlées, corps court, ramassé, épais, convexe, jambes droites, de longueur moyenne, oreilles droites ou dressées, courtes ou médiocrement longues et peu pendantes. A cette catégorie appartiennent les races de la Bresse, charollaise, du Périgord, de Craon, du Quercy et quelques races italiennes et allemandes : 5° Type de taille élevée, corps long, plus ou moins profond et étroit, dos convexe, côtes aplaties, oreilles longues, larges et pendantes. Les anciennes races de l'Angleterre, celles de la Normandie, de la Champagne, de la Lorraine, se rangent dans cette section. Elles acquièrent quelquefois un poids très considérable, de 100 à 500 kilog. — Le porc étant uniquement destiné à la boucherie, il est rationnel de rechercher la race, dont l'engraissement est le plus rapide et le plus précoce ; cependant on doit se guider dans cette question sur le mode d'entretien et le régime que l'on se propose d'employer. Ainsi, on ne peut choisir, pour les envoyer dans les champs ou dans les bois, des porcs à jambes courtes, à tête fine, susceptibles d'acquérir un grand poids. On doit consulter aussi les habitudes, les convenances. Le cochon de Siam est peu estimé en France ; l'anglo-chinois l'est moins aussi qu'en Angleterre. — La France possédait en 1789, 4,000,000 de porcs, ou 16 porcs pour 100 habitants, c'est-à-dire une proportion plus forte qu'aujourd'hui. En 1840, leur nombre était de 4,910.721, ou 14 par 100 habitants, estimés 172,556,008 fr., ou 35 fr. par tête, et donnant un revenu moyen de 80,000,000 fr., à peu près. *V*. PORC et SIAM.

PORE, s. m., *Porus*, de πωρος, trajet, passage ; espace ou interstice qui existe entre les particules matérielles des corps et les rend poreux et perméables aux liquides et aux gaz. *V*. POROSITÉ. — *Anat.* On appelle *pores* les orifices invisibles à l'œil nu, par lesquels les vaisseaux exhalants ou absorbants s'ouvrent à la surface des différentes membranes. — *Zoologie. Pores inguinaux*, *V*. INGUINAL. — *Bot. Pores corticaux*, *V*. STOMATE.

POREUX, adj., *porosus;* épithète qu'on donne aux corps solides criblés de pores visibles à l'œil.

PORICIDE, adj., *poricidus ;* se dit des péricarpes qui s'ouvrent par des pores au moment de la dissémination ; ex.: les *capsules des anthirrinum*.

POROCELE, s. f., *Porocele*, de πωρος, dur, et κηλη, hernie ; sorte de hernie calculeuse.

POROMPHALE, s. m., *Poromphalus ;* de πωρος, calus, et ομφαλος, nombril ; hernie ombilicale dont le sac a subi une transformation cartilagineuse.

POROSITE, s. f., *Porositas ;* propriété de texture des corps, en vertu de laquelle ils conservent entre leurs particules matérielles des espaces vides appelés *pores*. Elle paraît être le résultat de l'action de la force répulsive moléculaire luttant contre la force attractive, ou d'une sorte d'impuissance de la matière à arriver à un contact immédiat entre ses molécules comme entre ses plus grandes masses. La porosité est le partage de tous les corps, puisqu'ils se contractent sans exception par l'effet du froid ou de la compression, ce qui suppose un rapprochement moléculaire qui ne saurait être admis sans l'existence des pores, puisque la matière est impénétrable. Cette propriété est surtout évidente et offre beaucoup d'intérêt dans les corps solides. Les pores des solides se distinguent en trois espèces : les pores *visibles* ou *apparents*, comme ceux de l'éponge, du bois, du charbon, etc. ; les pores *microscopiques*, qui sont visibles à l'aide des instruments grossissants, et les pores *intra-atomiques* ou *intra-moléculaires* qui sont invisibles, comme les atômes. L'absorption des gaz par les solides, leur imbibition par les liquides, leurs densités diverses, etc., sont le résultat de la porosité.

POROTIQUE, adj., *poroticus*, de πωρος, cal, durillon ; épithète qu'on donnait autrefois aux médicaments qu'on croyait propres à favoriser la formation du cal.

PORPHYRE, s. m., *Porphyrite*, de πορφυρα, pourpre ; nom minéralogique d'une pierre basaltique très dure, rouge ou noire, composée de feldspath, de quartz et de mica. — *En pharmacie*, on appelle ainsi un instrument à l'aide duquel on réduit certains corps solides en poudre impalpable ou en une pâte très homogène. Il se compose d'une petite table horizontale, ronde ou carrée formée de porphyre, de marbre, de verre, de granit, de grès, parfaitement dressée et polie, et d'une sorte de pilon appelée *molette* (*V.* ce mot).

PORPHYRISATION, s. f., *Levigatio ;* opération pharmaceutique qui consiste à pulvériser finement un corps solide à l'aide du porphyre. Elle n'est souvent qu'un complément de la *pulvérisation* (*V.* ce mot). Elle se fait à sec ou avec un liquide, selon qu'on veut obtenir une poudre ou une pâte, que la substance est altérable ou non, etc.

PORREAU, s. m., *V.* POIREAU.

PORRIGINEUX, EUSE, s. f., *porriginosus*, de *porrigo*, crasse, teigne ; se dit de la teigne furfuracée.

PORRIGO, s. f., *Porrigo* ; mot latin qui signifie crasse ; desquamation furfuracée de l'épiderme, résultant d'une irritation légère du derme. On a donné ce mot comme synonyme de *pityriasis ;* quelques auteurs ont confondu cette affection avec le *psoriasis*, *V.* PITYRIASIS ET PSORIASIS.

PORT, s. m., *Habitus, Facies ;* aspect d'une plante, manière d'être, ensemble des caractères apparents. Le port sert à distinguer, à reconnaître, jamais à classer méthodiquement. Scopoli a distingué dans les plantes quatorze espèces de ports.

PORTE, s. f., *Porta ; veine-porte* ou *système veineux abdominal :* système veineux particulier rapportant au foie le sang de la rate et des viscères digestifs abdominaux. La veine-porte présente des racines, un tronc et des branches. Les racines proviennent de l'intestin, de l'estomac, de la rate et du pancréas. Elles forment trois branches principales : 1° La *grande mésentérique*, qui reçoit, outre les veines de la majeure partie de l'intestin, celles de la partie droite de l'estomac, et des divisions pancréatiques ; 2° la *petite mésentérique*, qui souvent s'ouvre dans la splénique ; 3° la *splénique*. Le tronc de la veine-porte se dirige d'arrière en avant, au-dessous de la veine-cave, passe à travers l'anneau du pancréas, et vient aboutir à la grande scissure inférieure du foie, où il se divise en trois branches, une pour chaque lobe, qui se ramifient ensuite dans toute la substance de l'organe. Dans leur trajet, ces ramifications sont accompagnées de celles de l'artère hépatique et des canaux biliaires, et enveloppées par la *capsule de Glisson*. On désigne les branches de la veine-porte sous le nom de *veines sous-hépatiques*, par opposition avec les autres veines du foie que l'on nomme *sus-hépatiques* et qui se rendent dans la veine-cave, à son passage dans la scissure supérieure. — On regarde aujourd'hui le sang apporté au foie par la veine porte, comme destiné à fournir les matériaux de la sécrétion biliaire.

PORTE-AIGUILLE, s. m. ; instrument dont on se sert en chirurgie pour donner plus de longueur aux aiguilles et les tenir plus solidement.

PORTE-CAUSTIQUE, s. m. ; instrument de forme ronde dont on se sert en médecine pour introduire un caustique dans le canal de l'urètre.

PORTE-MÈCHE, s. m. ; instrument usité en chirurgie pour introduire des mèches dans les ouvertures fistuleuses.

PORTE-MOXA, s. m. ; petit anneau en fer, fixé à un long manche, usité pour maintenir le moxa en place.

PORTE-PIERRE, s. m. ; porte crayon en argent destiné à porter la pierre infernale ou nitrate d'argent.

PORTE-SONDE, s. m. ; instrument dont on se sert pour fixer la sonde dans l'opération de la fistule lacrymale.

PORTEUR, s. m. ; nom donné vulgairement au cheval qui porte le postillon. Il occupe la gauche de l'attelage.

PORTE-VOIX, s. m. ; tube conique, plus ou moins long, le plus souvent en métal, présentant une *embouchure* et un *pavillon*. Il sert à transmettre la voix à une grande distance en dirigeant les vibrations sonores dans une seule direction et en les renforçant.

PORTULACÉES, s. f., *Portulaceæ ;* famille de plantes dicotylédones, polypétales, à étamines périgynes, herbacées ou sous-frutescentes, souvent charnues, plus com-

munes dans les contrées chaudes. Genres :
Portulaca, *Talinum*, etc.

POSITIF, adj. ; *Positivus* ; l'opposé de
négatif. *Fluide positif*. Dans la théorie de
Franklin, le fluide électrique d'un corps électrisé vitreusement était considéré comme
étant en excès relativement à l'état neutre et
à l'état négatif, ce dernier étant l'état où le
corps a moins d'électricité que dans l'état naturel. Dans l'hypothèse des deux fluides, le
fluide positif est celui qui est fourni par
le verre frotté avec la peau de chat ; de là
l'épithète de *vitré* qu'on lui donne aussi parfois. Dans la pile voltaïque, *l'élément posi-*
tif est le zinc, et le pôle positif est celui qui
correspond à ce métal.

POSITIVITÉ, s. f. ; état des corps chargés de fluide positif.

POSOLOGIE, s. f., *Posologia*, de πoσoν,
quantité, et λoγoς, discours ; partie de la
pharmacologie qui traite des doses des médicaments selon l'espèce du sujet, son âge,
son sexe, les maladies dont il est atteint, etc.

POTAGER, *V.* JARDIN.

POTAMOT, s. m., *Potamogeton*, T. ;
genre de la famille des Naïadées, composé
de plantes herbacées, croissant dans les eaux
douces stagnantes ou courantes, et souvent
réunies en grand nombre dans le même lieu.
Quatorze ou quinze espèces se trouvent en
France ; la plus commune est le P. nageant,
P. natans.

POTASSE, s. f., *Potassa* ; de l'allemand
potasche, cendres du pot. *Alcali végétal*,
pierre à cautère, *protoxyde de potassium*.
$KO + HO$. Cet oxyde, le plus électro-positif de cette classe de corps, peut être *anhy-*
dre ou *hydraté* ; c'est sous ce dernier état
qu'il mérite une étude complète. Il existe
dans plusieurs minéraux, dans les végétaux
ligneux, dans les solides et liquides animaux,
mais toujours à l'état de sel. On le prépare dans les laboratoires en traitant une
dissolution de carbonate de potasse pur
par un lait de chaux ; il se forme du
carbonate calcaire insoluble qu'on sépare par
la filtration, et la liqueur qui passe est évaporée à siccité dans une capsule d'argent ;
il en résulte de la *potasse à la chaux*. Pour
l'avoir parfaitement pure, il faut la dissoudre
dans l'alcool, qui n'attaque pas les sels étrangers, et évaporer la solution (*potasse à l'al-*
cool). La potasse est solide, amorphe, quoique susceptible de cristalliser, en plaques
minces ou en baguettes, incolore, de saveur
et d'odeur urineuses, rappelant celles de la
lessive, verdissant la teinture de curcuma et
le sirop de violette, ramenant au bleu le papier rouge de tournesol ; sa densité est de
2 environ. Chauffée, la potasse fond au-dessous du rouge sans éprouver de décomposition. Elle est très soluble dans l'eau, dont elle
abaisse la température et qu'elle rend sirupeuse ; elle forme un hydrate à 5 équiv.
d'eau, qui cristallise aisément. Exposée à
l'air, elle tombe en déliquium et se carbonate

rapidement. La potasse caustique dissout
promptement tous les tissus organiques avec
lesquels elle est en contact ; elle attaque aussi
le verre, la porcelaine, le platine, etc. —
Caractères spécifiques. Elle neutralise tous
les acides ; elle met à nu la plupart des oxydes,
que souvent elle dissout. Ses sels sont anhydres, solubles dans l'eau ; leur solution ne
précipite ni par les carbonates alcalins, ni
par le ferro-cyanure de potassium ; elle précipite en blanc par l'acide tartrique, l'acide
perchlorique et par le sulfate d'alumine ; enfin, le bichlorure de platine précipite les sels
de potasse en jaune, ce qu'il ne fait pas avec
ceux de soude. — *Pharmacol.* La potasse
est un caustique fluidifiant des plus énergiques ; mise en contact avec les tissus, elle les
dissout rapidement en formant une eschare
grisâtre et mollasse. L'absorption n'est pas à
craindre, parce que la potasse se transforme
en carbonate par son contact avec les tissus
et les liquides organiques. Dissoute dans
l'eau, elle sert à nettoyer la peau atteinte de
gale, de dartres, de crevasses. Mélangée à la
chaux, elle forme des eschares plus solides et
mieux délimitées.

POTASSIUM, s. m., *Kalium*. K. Equiv.
499,00 ; métal de la première section, dans
laquelle il occupe le premier rang par ses
propriétés électro-positives ; le potassium fut
découvert en 1807 par Davy, en décomposant
la potasse par une forte pile. On le prépare
actuellement en enlevant l'oxygène de la potasse au moyen du fer ou du charbon, à une
haute température ; le potassium mis à nu
se réduit en vapeur, ce qui facilite la décomposition. Ce métal est solide, mou comme de
la cire, blanc d'argent avec éclat métallique
lorsqu'il vient d'être coupé, mais se ternissant rapidement à l'air en prenant une teinte
bleuâtre ; sa densité est de 0,865. Traité par
la chaleur, il fond à 58° et se volatilise au
rouge sombre en vapeurs vertes. Mis sur
l'eau, qu'il surnage, il décompose immédiatement ce liquide, tournoie avec rapidité,
dégage de l'hydrogène qui s'enflamme et
brûle avec une flamme pourpre. Il doit être
conservé dans un liquide non oxygéné, l'huile
de naphte ou de pétrole, par exemple.

POTENCE, s. f. ; appareil propre à mesurer la taille des animaux ; il se compose
essentiellement : 1° d'une large règle portant
dans toute sa longueur une échelle divisée en
décimètres, centimètres et millimètres ; 2°
d'une petite pièce de bois faisant avec la
première un angle droit et glissant sur elle
à frottement. La potence peut être remplacée
par une ficelle, un ruban, une chaîne, etc.,
mais elle donne des résultats plus exacts que
ces divers moyens.

POTENTILLE, s. f., *Potentilla*, L. ;
genre de la famille des Rosacées. Réuni au
genre *Tormentille* de Linné, comme le font
aujourd'hui plusieurs naturalistes, il comprend près de deux cents espèces de plantes
herbacées vivaces ou quelquefois frutescentes,

habitant surtout les régions tempérées et froides de l'hémisphère boréal. Ces plantes, qui concourent en certain nombre à composer les prairies, sont plutôt assaisonnantes qu'alimentaires. Parmi celles que l'on trouve en France, nous citerons les *P. alba, caulescens, nivea, cinerca, verna, tormentilla, reptans, anserina, supina, argentea. recta*, etc. Les P. ont des feuilles et des racines amères et toniques. *V.* TORMENTILLE.

POTION, s. f., *Potio*, de *potare*, boire; nom donné en pharmacie humaine aux préparations magistrales liquides qu'on administre par cuillerée dans des intervalles de temps déterminés. On y comprend les *loochs*, les *juleps*, les *médecines purgatives*, etc.; ce sont des infusions, des décoctions, des dissolutions, des émulsions, etc. Cette dénomination est inusitée en médecine vétérinaire, où on ne connaît que des *breuvages* et des *boissons* pour tous les liquides médicinaux ingérés dans l'estomac.

POTIRON, *V.* COURGE.

POU, s. m., *Pediculus*; genre d'insectes aptères, parasites, de l'ordre des Épizoïques. Les poux ne subissent pas de métamorphoses; ils vivent sur les mammifères. Ils vivent du sang qu'il sucent avec leur trompe. Ils ont pour caractères une tête petite, allongée, munie d'un rostre rétractile, formant une gaine tubuleuse pourvue d'une double série de crochets, qui servent à fixer l'insecte; les yeux sont petits et indistincts dans plusieurs espèces; le thorax étroit; l'abdomen divisé en neuf segments; les pattes au nombre de six, monodactyles ou didactyles, terminées par un crochet conique. Les poux multiplient avec une rapidité prodigieuse; on a calculé qu'une femelle peut pondre neuf mille œufs en deux mois. Chaque animal quadrupède présente son pou particulier; il en est qui en nourrissent plusieurs espèces. L'homme est attaqué par trois espèces de poux : le pou de tête, *pediculus capitis*, le pou de corps, *pediculus vestimenti* ou *corporis*, et le pou du pubis, *pediculus pubis*. On trouve sur le cheval au moins deux espèces de poux, qui n'ont pas été bien étudiées. Le pou du bœuf, *pediculus bovis*, Linné, est blanc avec huit bandes transversales en dessus, cinq en dessous, rouges, et huit points bruns de chaque côté de l'extrémité des bandes; il épargne le buffle. D'après Grognier, le veau présente une espèce particulière plus grande que le précédent. Le pou du mouton, décrit par Latreille et Fabricius, avait été confondu avec l'hippobosque, *hippoboscus ovis*. Le porc en nourrit plusieurs espèces. On a confondu le pou du chien avec le ricin. Pour connaître les moyens de détruire les poux, *V.* PHTHIRIASE.

POUDRE, s. f., *Pulvis*; préparation pharmaceutique résultant de la pulvérisation des substances médicinales solides. Les poudres sont *simples* ou *composées*. Les premières sont formées par une seule substance,

ex. : poudre de gentiane, de guimauve, de digitale, de fougère, etc. Les secondes résultent du mélange de plusieurs poudres simples. Pour préparer les poudres composées, on réduit à l'état pulvérulent, à l'aide du moulin, de la râpe, du mortier ou du porphyre, chaque substance qui doit en faire partie, et, après les avoir mélangées avec soin, on les passe au tamis pour rendre la poudre composée plus égale et plus homogène. Les poudres doivent être conservées à l'abri de l'humidité, de la poussière et du soleil; elles seront renouvelées toutes les années, si elles sont altérables. Elles se donnent à l'intérieur, en bol, en électuaire ou en suspension dans l'eau; elles s'emploient fréquemment aussi à l'extérieur. Voici les formules de celles qui sont employées pour les animaux.

POUDRE ADOUCISSANTE; ♃ poudre de guimauve, 2 parties; poudre de réglisse, 2 parties; dextrine ou gomme arabique pulvérisée, 1 partie; mêlez.

POUDRE D'ALGAROTH, *V.* ALGAROTH.

POUDRE ANTISPASMODIQUE; ♃ poudre de valériane, 8 parties; opium et camphre, de chaque, 1 partie; mêlez.

POUDRE ARSÉNICALE DE COSME; ♃ deutosulfure de mercure, 62 grammes; sang-dragon, 6 décigrammes; acide arsénieux, 5 gr.; mêlez. Dartres, ulcères, eaux aux jambes.

POUDRE ARSÉNICALE DE SCHAACK; ♃ acide arsénieux, 2 grammes; sang-dragon, 16 gr.; cinabre, 32 grammes; mêlez. Contre les crevasses chroniques et les eaux aux jambes.

POUDRE ARSÉNICALE DE ROUSSELOT; ♃ sang-dragon, 1,000 grammes; vermillon ou sulfure rouge de mercure, 800 grammes; acide arsénieux, 100 grammes; mêlez.

POUDRE ASTRINGENTE ET DESSICCATIVE (Bracy Clark); ♃ sulfate de zinc, poivre blanc, craie calcinée, de chaque, 250 grammes; mêlez. Dartres humides, eaux aux jambes.

POUDRE CORDIALE; ♃ baies de genièvre, poudre de gentiane, d'aunée, de valériane, de chaque, 1 kilogramme; semences d'anis, 500 grammes; feuilles sèches de sauge, 1000 grammes; limaille de fer, 500 grammes; mêlez.

POUDRE DIAPHORÉTIQUE (Bracy-Clark); ♃ protosulfure d'antimoine, 125 grammes; fleur de soufre, 62 grammes; farine d'orge, 250 grammes; mêlez. Doses, 32 à 64 gram.

POUDRE DIURÉTIQUE. (Lebas); ♃ nitre 32 grammes; résine en poudre, 32 grammes; oxyde noir de fer, 4 grammes; peroxyde de fer, 28 grammes; émétique, 1 décigramme; mêlez. Doses : 62 à 125 grammes pour les grands animaux.

POUDRE EXCITANTE (Mathieu); ♃ poudre de moutarde noire, 16 grammes; fleur de soufre, 32 grammes; poudre cordiale, 32 gr.; fenu grec pulvérisé, 128 grammes; sel de cuisine, 500 grammes; mêlez. Contre les affections anémiques, la péripneumonie du gros bétail.

POUDRE INCISIVE; ♃ poudre de réglisse,

6 parties; iris de Florence, 4 parties; kermès minéral, 3 parties; mêlez. Expectorante et incisive.

POUDRE STERNUTATOIRE; ℞ bétoine, asaret, chardon bénit, de chaque 32 grammes; feuilles sèches de tabac, 15 grammes; hellébore blanc, 8 grammes; euphorbe en poudre, 4 grammes. Faites une poudre grossière et insufflez dans les narines avec un tube en sureau, dans le catarrhe nasal chronique, l'œstre ethmoïdal, etc.

POUDRE TEMPÉRANTE DE STAHL; ℞ sulfate de potasse, nitre, de chaque, 9 parties; sulfure rouge de mercure, 2 parties; mêlez.

POUDRE DE TENNANT, *V.* HYPOCHLORITE DE CHAUX.

POUDRE TONIQUE; ℞ poudre de gentiane, 250 grammes; baies de genièvre, 125 grammes; peroxyde de fer, 100 grammes; mêlez.

POUDRE TONIQUE AU QUINQUINA; ℞ poudre de quinquina, 125 grammes; poudre de gentiane, 125 grammes; peroxyde de fer, 62 grammes; sel ammoniac, 64 grammes; mêlez.

POUDRE VERMIFUGE Nº 1; ℞ poudre de racine de fougère mâle, 125 grammes; sommités de tanaisie, 62 grammes; assa fœtida, 82 grammes; poudre d'aloès, 32 grammes; mêlez. — Doses, 32 à 64 grammes pour les grands animaux, 8 à 16 pour les petits.

POUDRE VERMIFUGE Nº 2; ℞ poudre de racine de fougère, 250 grammes; mousse de Corse, poudres de gentiane et de rhubarbe, de chaque 50 grammes; protochlorure de mercure, 25 grammes; mêlez. Même dose que précédemment.

POUDRE de VIENNE; ℞ potasse caustique, 50 grammes; chaux éteinte, 60 grammes. Réduisez en poudre rapidement, mélangez et renfermez dans un vase bouchant à l'émeri. *V.* PATE DE VIENNE.

POUDRETTE, s. f.; excréments de l'homme desséchés et préparés pour la fumure des terres. La transformation de la gadoue en poudrette est une opération simple; on la pratique dans des bassins étagés et communiquant à volonté de la partie supérieure à l'inférieure. La gadoue, telle qu'on l'extrait des fosses, est versée dans le premier bassin; là, elle se sépare en deux parties, dont une liquide surnageant. Quand le départ est à peu près terminé, on ouvre une communication du premier avec le second bassin, le liquide s'écoule dans celui-ci et s'y divise encore en deux. On procède ainsi jusqu'au bassin inférieur, d'où les dernières eaux s'écoulent pour aller se perdre dans un égoût, un puisard, un cours d'eau, ou pour être versées sur les prairies. La matière solide, molle, qui s'est précipitée dans les bassins, est retirée avec des dragues, disposée sur un terrain battu et incliné, et remuée jusqu'à parfaite dessiccation. La poudrette bien préparée, est brune, pulvérulente, sèche, sans odeur trop prononcée; on l'a trouvée composée de : eau, 52,5; sels ammo-

niacaux 3,9; matières organiques azotées 18, 1; matières minérales fixes, 25, 5. A Paris et à Grignon, la proportion d'eau n'a été quelquefois que de 45 et même de 41. Cette matière s'emploie dans la proportion moyenne de 1,800 kilogrammes par hectare. Elle convient à toutes les cultures, mais principalement aux prairies. — La fabrication de la poudrette est accompagnée d'un dégagement considérable de gaz odorants ou délétères et demande beaucoup de temps; elle est, en conséquence, insalubre, et doit avoir lieu loin des habitations. En outre, elle entraîne une grande perte de matière et n'est point économique; on évite ces inconvénients en transformant de suite la gadoue en noir animalisé, par le charbon, le plâtre, la terre carbonisée, ou en la désinfectant par le plâtre, la couperose, etc.

POULAIN, s. m., *Equulus*; nom du cheval avant l'âge adulte. Le poulain naît environ un an après la conception. Au moment de sa naissance, il peut se tenir debout et téter; on doit l'aider dans la recherche du mamelon et commencer dès cet instant l'allaitement artificiel, si la mère est morte ou malade. — Le sevrage se fait à 5, 6 ou 8 mois; jusqu'alors le jeune sujet n'a eu besoin que de soins très ordinaires. Il est logé avec sa mère dans une écurie assez vaste, propre, aérée, ou dans un enclos dans lequel il peut prendre ses ébats. — A 4 ou 5 semaines, le poulain cherche à prendre quelques aliments étrangers; on doit encourager et solliciter ce goût en lui offrant des fourrages verts, du pain, un peu de sel; on augmente ainsi ses forces, en même temps qu'on le prépare à son régime futur. — Le poulain croît en hauteur dans sa première année, en moyenne, de 41 centimètres, dans la deuxième, de 14, dans la troisième, de 8, dans la quatrième, de 4, dans la cinquième, de 12 à 15 millimètres. C'est donc dans les deux premières années que la croissance est le plus rapide. C'est alors aussi que le tempérament se constitue et que l'influence du régime est plus grande sur les formes et les qualités des produits. La nourriture doit être suffisante, de bonne qualité et appropriée à l'origine et aux aptitudes des animaux. Elle sera plus sèche, plus excitante pour le cheval destiné aux allures rapides, et plutôt abondante que choisie pour le gros cheval de trait. L'un et l'autre devront recevoir de l'avoine et d'autres grains aussitôt qu'ils pourront les manger. — Les poulains ont besoin d'exercice et de liberté; mais on doit éviter de les fatiguer par des courses trop longues ou faites à la chaleur du jour. Ils peuvent développer leurs forces aussi bien dans un petit enclos que dans une vaste prairie. C'est une erreur de croire qu'il faut de grands pâturages pour faire de bons chevaux. — On doit habituer le poulain de bonne heure au pansage et le ferrer aussi tard que possible; mais le disposer à se laisser ferrer en lui levant les pieds, en frappant sur les sabots. La castration des mâles peut se faire quelques semaines après la naissance ou à l'âge de 15 à 18 mois. La première méthode n'est applicable que dans les lieux où l'on ne fait jamais d'étalons. — L'éducation des poulains doit commencer de bonne heure, et le dressage aussitôt que leurs forces le permettent. — Le travail, pour les sujets destinés au trait, commence à 25 ou 30 mois. Il est sage de ne monter les chevaux de selle qu'à 3 ans $^1/_2$ ou 4 ans. D'ailleurs, on a pu les mettre auparavant au trait.

POULE, s. f., *Gallina;* nom donné à la femelle dans le genre Coq, *Gallus*, de la famille des Gallinacés. Ce genre est caractérisé par une crête charnue plus ou moins développée surmontant la tête; des barbillons de même nature situés au-dessous du bec; une queue formée de deux plans verticaux adossés l'un à l'autre, et, dans le mâle, des *couvertures* de la queue se relevant en forme de faucille. On compte, dans ce genre, plusieurs espèces, dont trois sauvages. Les variétés de l'espèce domestique sont extrêmement nombreuses ; les principales sont : la *poule pattue*, dont les pattes sont garnies de plumes jusqu'aux ongles; la *poule de soie*, couverte de plumes soyeuses; la *poule nègre*, dont la crête, les barbillons et le périoste de tout le squelette sont noirs; la *poule de Caux*, la *poule russe*, etc., etc. — La *poule commune*, celle que l'on trouve partout, est la plus productive. C'est elle qui fait le plus d'œufs, qui couve avec le plus de succès, et qui élève le plus facilement ses poulets. Son entretien est moins coûteux que celui de toutes les autres variétés. L'incubation, dans l'espèce de la poule, est de 21 jours ; les petits à peine éclos courent et mangent seuls, gardés par leur mère qui divise, au besoin, leur nourriture, et les défend avec le plus grand courage contre leurs ennemis. — On appelle *poulailler* l'habitation des poules ; ce lieu doit être exposé au midi ou au levant, tenu proprement et surtout protégé contre les fouines, les chats, les rats, etc. Aucun étranger ne doit y entrer; les personnes même de la ferme ne doivent y pénétrer que pour recueillir les œufs et nettoyer le local. Dans beaucoup de fermes, un coin de l'étable sert de poulailler. Les poules y trouvent une chaleur qui favorise la ponte; mais les ordures qu'elles déposent partout contrebalancent cet avantage.

POULICHE, s. f., *Equula;* nom du produit femelle de l'étalon et de la jument avant l'âge adulte. Sous le rapport de l'hygiène, de l'éducation et du dressage, la pouliche, quoique généralement moins volumineuse, moins forte et un peu plus délicate que le poulain mâle, est confondue avec lui. *V.* POULAIN. — Lorsque ces jeunes animaux sont élevés ensemble, en liberté, il faut les séparer aussitôt que se manifestent les premiers désirs vénériens, c'est-à-dire vers l'âge de 13 à 18 mois, quelquefois plus tôt. C'est chez le mâle que l'on peut les observer en premier lieu.

POULIE, s. f., du verbe anglais *to pull*, tirer; machine simple dérivant du levier, formée d'une roue creusée d'une *gorge* à sa circonférence pour recevoir une corde, et tournant sur un *axe* qui est supporté à ses extrémités par un ressort appelé *chape*. On distingue deux espèces de poulies : la poulie *fixe* et la poulie *mobile*. La première est fixée invariablement en un point par sa chape, qui est tournée en haut, et roule seulement sur son axe. Elle agit à la manière d'un levier à bras égaux dont le point d'appui est à l'axe et les deux forces agissantes aux extrémités du diamètre. La poulie mobile, dont la chape est tournée en bas, se meut dans l'espace en même temps qu'elle tourne sur son axe. Son mécanisme est analogue au levier du deuxième genre; le point d'appui est à l'extrémité fixe de la corde, la résistance à la chape où est fixé le fardeau, et la puissance à l'extrémité mobile de la corde. Cette poulie favorise l'intensité de la force aux dépens de la vitesse produite. Ces machines sont surtout employées à changer la direction des forces et à vaincre de lourds fardeaux avec une petite force, en employant beaucoup de temps.

POULINIÈRE, s. f., *Armentalis equa;* jument employée à la reproduction de son espèce. C'est depuis l'âge de cinq ans jusqu'à douze ans qu'elle est le plus propre à donner de bons produits. Pendant toute cette période, elle peut être fécondée chaque année. Elle doit avoir une bonne santé, une bonne conformation, un bassin relativement développé. Son influence sur le produit se retrouve surtout dans la taille et le tronc. Une jument que l'expérience a appris être mauvaise nourrice ou mauvaise mère, doit être repoussée de la reproduction. Les chaleurs de la poulinière se manifestent au printemps ou peu de temps après la mise bas. — La jument en bon état, à l'époque de l'accouplement, ne réclame aucun soin particulier ; il vaut mieux qu'elle soit alors, et pendant toute la gestation, dans un degré moyen d'embonpoint que dans un état prononcé de graisse. — La poulinière qui a conçu, peut et doit travailler jusqu'au moment de la parturition. Mais il est bien entendu que le travail doit être proportionné, pour la fatigue qu'il occasionne et pour la rapidité des allures, à l'état des femelles. Une jument qui allaite et qui porte en même temps un fœtus, ne peut travailler beaucoup et doit être bien nourrie. L'alimentation, sans être nécessairement de choix, doit toujours être bonne et abondante, sans toutefois provoquer l'engraissement. Pendant l'allaitement et la gestation, l'excès de la chaleur, les mouches, sont incommodes et nuisibles; peu de temps avant la parturition, il faut suspendre tout travail exigeant des efforts brusques et violents. — La jument qui va mettre bas, doit être surveillée et avoir toujours une bonne litière. Au moment de la parturition et pendant les quelques jours qui la suivent, elle est couverte et placée dans une écurie paisible, soustraite aux courants d'air, au froid, etc. Elle reçoit des aliments légers, farineux, des boissons blanchies, tièdes. Lorsque l'accouchement a été normal et ses suites heureuses, la ration, diminuée d'abord, est remise peu à peu, dans l'espace de quelques jours, à son niveau habituel. On doit veiller aux soins de propreté, au pansage, s'assurer que les mamelles sont en bon état et contiennent du lait. — Il est des contrées où l'on présente la jument à l'étalon trois jours après la mise-bas; en France, c'est ordinairement du neuvième au quinzième jour, et ce délai paraît suffire. *V.* CHALEURS, GESTATION, MONTE.

POULS, s. m., *Pulsus*, σφυγμος, de *pulsare*, battre, frapper; mouvement de dilatation imprimé au système artériel par l'ondée de sang que chaque contraction du cœur y fait pénétrer. Cette dilatation est immédiatement suivie du retour du vaisseau sur lui-même ou de la *systole*. L'exploration du pouls fait connaître l'état de la circulation, et peut donner, dans la plupart des maladies, des indications importantes. — Dans le *cheval*, on explore le pouls à l'artère glosso-faciale, sur le contour du maxillaire; on pourrait s'adresser à la temporale, aux coccygiennes inférieures et aux artères latérales du boulet. L'explorateur place le pouce de la main droite à la partie inférieure de la joue pour y prendre un point d'appui; l'indicateur et les autres doigts suivants sont appliqués mollement sur le trajet de l'artère, en dedans de la partie recourbée de l'os maxillaire. Le pouls du *bœuf* est exploré à la glosso-faciale, à la carotide, à l'auriculaire antérieure, et aux coccygiennes. C'est à l'artère fémorale qu'on s'adresse pour le *mouton*, le *porc* et le *chien*. — A l'état de santé, le pouls est égal, régulier : les battements sont séparés par des intervalles égaux, mais leur nombre varie suivant les animaux qu'on observe. Delafond donne le tableau suivant : le pouls du cheval fournit par minute. . . . . 32 à 36 pul.

Celui de l'âne et du mulet . 45 à 48 —
Celui du bœuf et de la vache. 35 à 42 —
Celui du mouton. . . . . 70 à 79 —
Celui de la chèvre. . . . 72 à 76 —
Celui du chien. . . . . . 90 à 100 —

On observe en outre, pour les mêmes animaux, des différences d'après l'âge, le volume, le tempérament, les races, etc., etc. — Dans l'état maladif, les variations du pouls sont nombreuses. Rochoux les rapporte à trois chefs : au temps que prennent les pulsations, à leur mode d'impulsion, aux rapports qu'elles ont entre elles. 1° *Pouls considéré par rapport au temps* : il est *fréquent* ou *rare*, suivant que les intervalles entre les pulsations sont petits ou grands :

le pouls est fréquent dans la fièvre traumatique; il est rare dans quelques affections cérébrales. On dit qu'il est *vite*, si les pulsations s'exécutent rapidement, ex. : entéro et métro-péritonite; qu'il est *lent*, quand elles se succèdent à de longs intervalles, comme dans l'immobilité. 2° *Pouls par rapport à son mode d'impulsion* : le pouls *grand*, appelé aussi *large*, *développé*, soulève largement les doigts; le pouls *petit* a des caractères opposés, ex. : pleurite, péritonite. Il est *dur*, *tendu*, *résistant*, et produit sur le doigt un choc prononcé, dans les fièvres bilieuses, les phlegmasies des séreuses. Par contre, il est *mou*, lorsque la pulsation est peu intense. Le pouls est *fort*, si les battements frappent le doigt avec force, comme dans le début des phlegmasies aiguës du tissu cellulaire; il est *faible* avec des caractères opposés. Le pouls est dit *insensible*, quand l'on ne perçoit qu'avec peine les battements artériels; cette cessation, cet affaiblissement du pouls est d'un mauvais augure dans le cours des maladies aiguës. Delafond distingue encore le pouls *tremblant*, *embarrassé*, dont les pulsations sont hésitées, le pouls *rebondissant* ou *dicrote*, dont le battement semble rebondir sous le doigt et se faire sentir une seconde fois. 3° *Pouls par rapport à ses pulsations comparées entre elles* : la plupart des auteurs admettent cinq variétés de pouls *irréguliers* ou *inégaux*. A. Le pouls *croissant*, dont les pulsations vont en augmentant de force jusqu'au nombre quatre et diminuent ensuite. B. Le pouls *décroissant*, *myure* ou *en queue de rat*, composé aussi de pulsations quaternaires, qui vont en diminuant de force. C. Le pouls *intermittent*, quand, après quelques pulsations, il se trouve en manquer une. Ordinairement l'intermittence se répète après quatre ou cinq pulsations. Cette variété se fait remarquer dans les maladies du cœur, dans le tétanos, l'encéphalite. D. Le pouls *intercident* présente une pulsation insolite dans l'intervalle qui sépare deux autres pulsations. E. Le pouls *confus* est très-irrégulier, insaisissable; on l'observe dans l'inflammation aiguë du cœur et du péricarde. — *Pouls veineux*. On a donné ce nom à une ondulation qui s'opère dans les jugulaires dans un sens inverse au cours du sang. D'après Delafond, le pouls veineux des jugulaires externes des grands ruminants serait le signe précurseur d'une attaque d'épilepsie.

POUMON, s. m., *Pulmo*, πνευμων, de πνεω, je respire; organe essentiel de la respiration, logé dans la cavité thoracique, dont il occupe la plus grande partie. Le poumon est divisé en deux lobes principaux, un droit et un gauche réunis par les vaisseaux sanguins et aériens vers leur partie moyenne, et séparés, dans le reste de leur étendue, par le médiastin. Chaque lobe ou poumon présente une face *costale*, une face *diaphragmatique* et une face *médiastine*; la face diaphragmatique forme la base du poumon, et son sommet est constitué par le lobule antérieur situé vers l'entrée du thorax ; la face médiastine offre une scissure longitudinale destinée à loger l'œsophage. Les poumons sont fixés dans la poitrine par leur partie moyenne, à la trachée et aux gros vaisseaux, et, par leur partie postérieure, au diaphragme au moyen d'un petit ligament fourni par la plèvre et décrit par Rigot. — On trouve, dans la structure du poumon : 1° les canaux aérifères fournis par les bronches ; 2° des divisions vasculaires servant à l'hématose, fournies par l'artère et les veines pulmonaires ; 3° des vaisseaux appartenant en propre au poumon, l'artère et la veine bronchiques ; 4° des nerfs fournis par le pneumo-gastrique et le grand sympathique ; 5° des lymphatiques ; 6° enfin, du tissu cellulaire. De cet ensemble de parties arrivées à leur degré le plus extrême de ténuité, résultent les lobules pulmonaires dans chacun desquels on trouve ces divers éléments, et où les ramifications aériennes se terminent en formant les vésicules bronchiques ; ces lobules se réunissent en lobules plus considérables unis par du tissu cellulaire ; ceux-ci, en lobes qui s'agglomérant de plus en plus, forment l'organe entier, recouvert par une membrane séreuse constituant le feuillet viscéral de la plèvre. — Dans le fœtus, le poumon est compacte, de couleur foncée, et ne peut rester à la surface de l'eau. Dans l'animal qui a respiré, cet organe prend une teinte rosée et reste à la surface du liquide. — Le poumon du *bœuf* est surtout remarquable par l'abondance du tissu cellulaire interlobulaire ; ce qui fait qu'avec un volume relativement plus considérable que celui du cheval, le poumon du bœuf est le siége d'une respiration moins active. — Dans les *oiseaux*, le poumon est fixé à la région costale, et se trouve complété par des sacs aériens logés dans l'abdomen et communiquant par des portions rétrécies avec le canal intérieur des os du bras et de la cuisse. — Chez les *poissons* et beaucoup d'animaux aquatiques, les poumons sont remplacés par des *branchies*, véritables poumons superficiels qui, constamment en contact avec l'eau, trouvent dans ce liquide la quantité d'air nécessaire à la respiration. — Dans d'autres animaux, les *batraciens*, les *mollusques terrestres*, certaines arachnides, le poumon est en forme de vésicule ; tandis que chez d'autres arachnides et chez les insectes, il est remplacé par un système de trachées qui portent l'air dans toute l'économie et rendent inutile la circulation nécessaire chez les autres animaux pour l'exécution du phénomène de l'hématose.

POUMONIQUE, s. m., *V.* PULMONIQUE.

POURETTE, s. f. ; nom vulgaire donné aux *eaux aux jambes* compliquées de *grappes*.

POURPIER, s. m., *Portulaca*, L. ; genre de la famille des Portulacées. Il se compose de plantes herbacées, charnues, très répandues dans l'Amérique intertropicale, et est représenté en France par une espèce seulement,

le P. cultivé, *P. oleracea*. Cette plante est alimentaire, mais elle a peu de valeur. Sa décoction est rafraîchissante et diurétique.

POURPRE, s. f., *Purpura* ; nom de la matière colorante de la cochenille. — *Pourpre de Cassius* : précipité pourpre produit par le protochlorure d'étain dans la solution de chlorure d'or. Il est employé pour colorer la porcelaine.

POURRITURE, s. f., *Putredo* ; nom vulgaire donné à la *cachexie aqueuse* des bêtes à laine, *V.* CACHEXIE. — *Pourriture de la fourchette*, *V.* CRAPAUD. — *Pourriture de Saint Lazare*, *V.* LADRERIE. — *Pourriture des pieds*, *V.* PIÉTIN. — *Pourriture sèche*, *V.* CHARBON.

POUSSE, s. f., *Anhelatio* ; irrégularité des mouvements des flancs dans l'acte de la respiration du cheval. Synonymie : *coup-de-vent*, *soubresaut*, *asthme*. Cette affection consiste dans un symptôme unique, en un *soubresaut*, qui coupe l'un des mouvements respiratoires, soit l'inspiration, soit l'expiration. Des maladies diverses peuvent produire la pousse ; le plus souvent elle est due à l'emphysème pulmonaire. Les autres états morbides qui font apparaître son symptôme caractéristique sont la bronchite chronique, l'œdème du poumon, les anévrysmes du cœur, les maladies du diaphragme, la hernie diaphragmatique, les affections du foie, de la rate et du péricarde, l'ossification du larynx, les lésions des nerfs pneumo-gastriques. Quelquefois la pousse est considérée comme un état nerveux, qui ne coïncide avec aucune altération organique visible. L'emphysème pulmonaire, qui est la cause principale de cette affection, est dû aux efforts violents, aux courses rapides, qui dilatent ou déchirent les vésicules pulmonaires. La pousse est rare dans le jeune âge avant la cinquième année : elle est commune sur les vieux chevaux qui ont été soumis à un tirage pénible. L'altération du flanc, qui en constitue le caractère principal, se fait remarquer plus souvent dans l'expiration que dans l'inspiration ; au lieu d'être gradué, lent, comme dans l'état normal, l'abaissement des côtes est interrompu par un soubresaut accompagné d'une nouvelle et légère élévation de l'hypochondre, suivie d'un abaissement complet. On a aussi donné les noms de *contre-temps*, *double-temps*, *coup de fouet*, à cette irrégularité de la respiration. Si l'emphysème est la cause de la pousse, on entend le râle crépitant sec dans les parties du poumon qui sont affectées ; souvent cet état est localisé aux bords inférieurs des lobes pulmonaires. Dans l'emphysème avec de vastes dilatations vésiculaires, on perçoit le râle sibilant. Enfin, dans l'emphysème inter-lobulaire, mais jamais dans l'emphysème isolé, on reconnaît, d'après Delafond, le bruit bronchique ou de frottement. La toux est considérée comme symptôme accessoire ; elle n'est bien caractérisée que dans la pousse arrivée à un degré prononcé ;

dans ce cas, elle est sèche, faible, avortée. On reconnaît aussi l'irrégularité dans les mouvements des ailes du nez, la division de la colonne d'air expiré, la mollesse des cerceaux de la trachée. Le cheval atteint de la pousse a la respiration courte et ne peut suffire à de longues courses; il souffle avec force, quand on presse ses allures, ou lorsqu'on le conduit sur un chemin montueux. Dans son début, cette affection n'est pas toujours facile à constater, mais il arrive un moment où elle est évidente pour l'œil le moins exercé. Les muscles des flancs se contractent d'une manière convulsive; les côtes semblent se tordre; l'exercice le plus léger provoque la suffocation. Alors on perçoit facilement le râle sibilant le long de la trachée, le frottement et le râle crépitant sur les côtés du thorax. Il y a des circonstances qui augmentent l'intensité des symptômes de la pousse; ce sont les courses rapides, un travail pénible, l'usage du foin, et surtout du trèfle, de la luzerne. La privation de ces fourrages secs, une alimentation composée de paille et d'avoine, le régime du vert, concourent au contraire à pallier l'état de l'animal, à diminuer l'intensité des symptômes. Quelques maladies des organes respiratoires peuvent être confondues avec la pousse, parce qu'elles présentent un soubresaut dans l'expiration. Il faudra ne pas la confondre avec la pleurite, la bronchite, les maladies du cœur, qui donnent ce symptôme passagèrement. — La pousse est incurable. On peut, par un régime convenable, améliorer l'état de l'animal et prolonger son existence. Les émissions sanguines sont utiles en dégorgeant le poumon, en facilitant la circulation. Il faut donner des aliments nutritifs sous un petit volume, pour diminuer la masse des viscères abdominaux, qui pressent sur le diaphragme. De temps en temps on a recours à l'usage du vert, etc. Le meilleur préservatif consiste à ne pas abuser des forces de l'animal.—*Jurispr. comm.* D'après l'article 1er de la loi du 20 mai 1833, la pousse est un vice rédhibitoire; l'article 3 accorde un délai de neuf jours pour intenter l'action contre le vendeur. Dans l'examen du cheval poussif, l'expert doit rechercher les conditions favorables à la constatation du soubresaut: le sujet doit être maintenu dans un état parfait de tranquillité et placé dans un lieu suffisamment éclairé, lorsqu'on considère les mouvements des flancs. Ordinairement on le visite le matin pendant qu'il est à jeun, après le repas, pendant l'action de manger l'avoine, avant et après un exercice de quelque durée. Une seule visite suffit quand la pousse est arrivée à un degré prononcé; lorsqu'elle est légère, il importe de soumettre l'animal à plusieurs épreuves séparées par un intervalle de quelques jours. La temporisation est utile principalement quand on observe quelques signes d'un état aigu. Fréquemment, la réputation de l'expert est exposée à de rudes épreuves, lors même qu'il suit les rè-

gles d'une extrême prudence. Supposons que le soubresaut résulte d'un état aigu du côté de la plèvre et des bronches; cet état disparaît pendant la fourrière; il est constaté que la pousse n'existe pas; peu de temps après, par l'effet du travail ou d'une cause légère, l'altération des flancs reparaît et persiste. Voilà le cas le plus difficile. Quelques ruses peuvent simuler un état aigu, auquel on attribue l'irrégularité de la respiration; il faut recourir à la fourrière. Par un régime convenable, employé quelques jours avant la vente, par quelques saignées et le repos, on peut affaiblir et rendre peu perceptible le symptôme principal de ce vice. C'est la pousse qui donne lieu le plus souvent à des contestations dans le commerce des animaux monodactyles; c'est aussi le vice dont la constatation offre le plus de difficultés, même pour le vétérinaire expérimenté.

POUSSIÈRE. *Bot. Poussière fécondante,* *V.* Pollen. — *Poussière glauque, V.* Glauque.

POUSSIF, IVE, s. et adj., *Anhelator;* qui est atteint de la pousse: *cheval poussif, jument poussive.*

POUSSOIR, s. m.: instrument destiné à pousser. Les dentistes donnent ce nom à un fer à trois pointes, qui sert à pousser la dent qu'on a déchaussée. — En chirurgie vétérinaire, on se sert du *poussoir* pour chasser les corps étrangers arrêtés dans l'œsophage; cet instrument se compose d'une longue tige en baleine, présentant à l'une de ses extrémités un renflement en bois de forme ovoïde, taillé en entonnoir vers la partie libre.

POUTURE, s. f.; nourriture des animaux engraissés à l'étable. Elle se compose de grains, de farines, résidus, racines, fourrages secs, etc. On doit se conformer, dans son administration, aux principes de l'appropriation, de la variété et de la progression. — On appelle *engrais de pouture*, l'engraissement pratiqué exclusivement à l'étable. Il est, en général, le plus économique, et peut donner de bons produits quand il est bien dirigé. *V.* Engraissement.

POUVOIR, s. m.; pouvoirs *absorbant, émissif, réflecteur* (*V.* ces mots).

PRAIRIAL, ALE, adj., *pratensis;* qui a rapport aux prairies; se dit aussi des plantes qui croissent habituellement dans les prés.

PRAIRIE, s. f., *Pratum;* terrain couvert de plantes herbacées, fourragères, consommées sur place par les bestiaux ou coupées pour être mangées en vert ou desséchées. On distingue les prairies en *naturelles* ou *permanentes* et en *artificielles* ou *temporaires.* — Prairies naturelles. Elles sont *basses* ou *marécageuses, moyennes, hautes,* etc. Leur composition varie selon la nature et la situation du terrain qui les forme; tantôt simple et bornée à un petit nombre d'espèces, elle est quelquefois très compliquée. Les Graminées, les Légumineuses, les Composées, les Rosacées, en forment la base; mais il vient toujours s'y joindre d'autres plantes bonnes ou mauvaises. Tous ces végétaux sont *annuels* ou *vivaces*. Parmi les espèces, et selon leur nombre relatif, les unes sont *dominantes*, d'autres *essentielles, accessoires*, enfin *accidentelles*. Chaque sol, au reste, doit nécessairement porter, selon sa nature et ses conditions, les espèces auxquelles il est approprié, et l'alternance naturelle qui s'établit dans les prairies doit en faire varier tous les ans la flore. — On divise les plantes des prés en *bonnes*, *indifférentes* et *nuisibles*. Les premières sont bonnes comme alimentaires ou assaisonnantes. Mais y a-t-il des plantes véritablement indifférentes? Si celles que l'on qualifie ainsi ne sont pas vénéneuses, elles occupent au moins inutilement une place qui pourrait être mieux remplie. Les plantes nuisibles sont ainsi appelées, parce qu'elles sont vénéneuses ou parce qu'elles envahissent le terrain, étouffent les bonnes espèces, etc. — Les tentatives que l'on a faites pour déterminer le nombre relatif de ces trois espèces de végétaux dans les foins bons, médiocres ou mauvais, dans les diverses sortes de prairies, ont été sans résultat utile; car cette question est de nature à ne pouvoir être résolue par des chiffres. — Quand on veut établir une prairie naturelle, il faut prendre pour règle les principes généraux qui précèdent, éclairés par l'expérience : bien nettoyer la terre par des cultures, des façons, des défoncements ou l'écobuage, bien choisir la semence, et semer avec une plante annuelle, avoine ou seigle, par exemple. L'entretien des prairies consiste à les arroser ou les dessécher selon les besoins et la situation, à étaupiner, à répandre sur le sol des engrais liquides, de la poudrette, du plâtre, des cendres, enfin, à extirper autant que possible les mauvaises plantes. — D'après leurs produits, les prairies ont été divisées en six classes, donnant, chaque ann e, 80, 60, 50, 40, 30, 20 quintaux de fourrage sec, de 50 kilog., par hectare. Ces chiffres sont faibles. Une prairie, qui ne donne pas 25 quintaux, doit être rompue ou exploitée comme pâturage. — PRAIRIES ARTIFICIELLES. On les distingue, d'après leur durée, en *annuelles*, *bisannuelles*, *vivaces*, et d'après les plantes qui les forment essentiellement en *luzernières*, *tréflières*, *esparcettières*, etc. Tantôt elles sont constituées par une plante unique, d'autres fois par un mélange peu nombreux. On n'associe que des plantes de courte durée et dont les conditions de végétation sont les mêmes. Les prairies artificielles forment la base de la culture alterne perfectionnée; dans une exploitation bien placée, elles occupent le quart ou le tiers de l'étendue des terres arables et remplissent successivement les diverses soles. Elles ont l'avantage de donner beaucoup de produits et des produits de bonne qualité, d'obliger le cultivateur à nourrir beaucoup de bétail, de supprimer la jachère improductive, et de diminuer relativement le travail. Les prairies temporaires sont semées au printemps ou en automne, avec une céréale, sur des terrains ameublis, fumés et nettoyés; les semences doivent être récentes et de bonne origine. — Garnir les places où l'espèce composante ou dominante a manqué; arroser ou dessécher, faire des plâtrages ou des chaulages si le sol le permet, répandre des engrais liquides, de l'acide sulfurique étendu, des cendres, de la suie, tel est l'entretien que réclament les prairies artificielles. On peut bien arracher les premières herbes étrangères qui se montrent; mais, une fois envahie, la prairie doit être rompue. Enfin, ce n'est que dans les derniers mois de son existence que, en général, elle peut être pâturée. *V.* FOIN, FENAISON.

PRATICIEN, s. m.; médecin ou vétérinaire qui a acquis beaucoup d'expérience dans son art. Souvent ce mot est employé comme synonyme d'*empirique*, pour désigner celui qui exerce la médecine sans avoir obtenu un titre de capacité.

PRÉ, *V.* PRAIRIE.

PRÉCIPITATION, s. f., *Præcipitatio;* séparation d'un corps insoluble du liquide dans lequel il était en supension, ou dans lequel il a pris naissance par une réaction chimique.

PRÉCIPITÉ, s. m., *Præcipitatum;* corps insoluble qui se forme par réaction chimique et qui se dépose dans le liquide où s'est opérée la réaction. Il est blanc ou coloré de nuances particulières qui, souvent, servent à faire reconnaitre les corps qui l'ont produit. C'est sur cette circonstance qu'est basé l'emploi des réactifs.

PRÉCIPITÉ BLANC, *V.* PROTOCHLORURE DE MERCURE.

PRÉCIPITÉ PER SE, *V.* BIOXYDE DE MERCURE.

PRÉCIPITÉ ROUGE, *V.* BIOXYDE DE MERCURE.

PRÉCOCE, adj., *Præcox;* se dit des végétaux, des fleurs, des feuilles, etc., qui se montrent de bonne heure.

PRÉCURSEUR, s. m., *Præcursor*, de *præ*, devant, et *currere*, courir; chose qui en précède une autre. *Signes, symptômes précurseurs:* qui précèdent l'invasion d'une maladie, qui annoncent une maladie prochaine.

PRÉDISPOSANT, ANTE, adj., de *præ*, avant, et *disposer;* qui dispose d'avance, qui produit une disposition, qui dispose aux maladies : *causes prédisposantes.*

PRÉDISPOSÉ, adj., de *præ*, avant, et *disposé;* disposé d'avance : *prédisposé à une maladie.*

PRÉDISPOSITION, s. f., *Prædispositio,* de *præ*, d'avance, et *disponere*, disposer; aptitude d'un individu, d'un organe à contracter une maladie. Le tempérament, la constitution, l'âge, le sexe, l'hérédité, fournissent des prédispositions.

PRÉFLORAISON, s. f., *Æstivatio;* disposition que les diverses parties de la fleur, mais surtout le calice et la corolle, affectent

58

avant l'anthèse. Les différences observées dans certains genres ou dans certaines familles, différences constantes, peuvent servir à les caractériser. La préfloraison peut être : *chiffonnée*, *tordue*, *convolutive*, *embricative*, *plicative*, *quinconciale*, *superpositive*, *valvaire*, *révolutive*, etc., etc. (*V.* ces mots).

PRÉFOLIATION, s. f., *Præfoliatio*: disposition des feuilles dans le bourgeon qui les contient, avant l'épanouissement. Cet arrangement est toujours le même dans une espèce donnée, quelquefois dans un genre ou même dans une famille : la préfoliation est *applicative*, *plicative*, *révolutive*, *équitative*, *amplective*, *embricative*, *conduplicative*, *involutive*, *supervolutive*, *curvative*, *circinale*, etc. (*V.* ces mots).

PRÉGNANT, TE, adj., *prægnans*; violent, pressant : *douleur prégnante*.

PRÉHENSION, s. f., *Prehensio*, de *prehendere*, prendre : action de saisir, de prendre. — *Préhension des aliments* : elle varie dans son mode suivant les animaux. Chez le cheval et les ruminants, les lèvres, les dents et la langue sont les seuls organes employés; les rongeurs et plusieurs carnassiers joignent à ces organes les membres antérieurs dont l'usage parfait n'existe que chez l'homme et les singes. Le bec est l'organe de préhension des oiseaux ; quelques-uns, comme le perroquet, y joignent l'action du membre postérieur. Enfin, la queue devient un organe de préhension chez plusieurs singes, chez le caméléon, etc.

PRÊLE, s. f., *Equisetum*, L. ; genre de la famille des Équisétacées. Il se compose de plantes herbacées, vivaces, aquatiques ou terrestres, à rhizome traçant, à tige cylindrique portant, au lieu de feuilles, des rameaux verticillés. On les trouve principalement dans les prairies humides, où elles sont plus nuisibles qu'utiles, bien que les herbivores les mangent. Les cochons les recherchent. Dans l'Europe méridionale, on consomme leurs jeunes pousses en guise d'asperges. Les espèces *fluviatile*, *limosum*, sont très répandues.

PRÉNANTHE, s. f., *Prenanthes*, Gaert.; genre de la famille des Composées. Il renferme des plantes herbacées et des arbrisseaux qui recherchent les lieux ombragés, les coteaux pierreux. Les bœufs les mangent volontiers. L'espèce *muralis* est commune.

PRÉPARATION, s. f., *Præparatio*; nom donné en chimie à l'ensemble des opérations qu'on emploie pour séparer un corps des substances qui le contiennent, afin de l'obtenir à l'état de pureté. En pharmacie, on appelle *préparations* les médicaments composés officinaux ou magistraux ; de là, l'expression souvent employée de *préparations pharmaceutiques*.

PRÉPUCE, s. m., *Præputium*; portion de la peau de la verge recouvrant le gland. Le prépuce prend le nom de *fourreau*, chez les animaux. *V.* Fourreau.

PRESBYOPIE, s. f., *Presbyopia*, de πρεσβύς, vieillard, et ωψ, œil: vue longue, synonyme de *presbytie*.

PRESBYTE, adj. et s.; qui est affecté de *presbytie*.

PRESBYTIE, s. f., *Presbytia*, de πρεσβύς, vieillard : état particulier de la vue qui fait que le sujet ne voit nettement les objets qu'à une certaine distance. Cette affection est commune chez les vieillards ; de là le nom qui lui a été donné. On l'observe sur les animaux avancés en âge: sur ceux dont le volume de l'œil est diminué par plusieurs accès d'ophthalmie périodique. Dans la presbytie, les parties constituantes du globe oculaire ont perdu une partie de leurs facultés convergentes. La cornée lucide est moins convexe, l'humeur aqueuse et l'humeur vitrée sont moins abondantes. En médecine humaine, on remédie à cette faiblesse de la vision par des lunettes à verres plus ou moins convexes; ce moyen est inapplicable aux animaux.

PRESBYTISME, s. m., *Presbytisma*; synonyme de *presbytie*.

PRÉSENTATION, s. f., *Præsentatio*; action de présenter. Ce mot est employé en obstétrique, pour désigner la partie par laquelle un fœtus se présente à l'accoucheur.

PRÉSERVANT, ANTE, adj., *tuitans*; se dit des feuilles simples à pétiole allongé qui, pendant leur sommeil, se couchent sur la tige ou autour des fleurs comme pour les protéger.

PRESSE HYDRAULIQUE, s. f.; machine puissante à l'aide de laquelle on peut produire une grande pression avec une petite force, par l'intermédiaire d'un liquide. Elle se compose d'une pompe foulante qui produit la pression sur le liquide, et d'un plateau à piston qui reçoit l'action du liquide et la transmet immédiatement aux corps soumis à la pression. Cette machine est fondée sur la compressibilité à peu près nulle des liquides, sur la faculté qu'ils ont de transmettre sans perte les pressions qu'ils reçoivent, et sur cette loi d'hydrostatique que la pression produite par une colonne liquide est proportionnelle à sa hauteur et non à son diamètre.

PRESSION, s. f., *Pressio*. — *Pression atmosphérique*. *V.* Atmosphère. — *Pression des liquides*. Pression que ces corps contenus exercent, en état de repos, sur les parois des vases et de dedans en dehors. Elle est le résultat de la liberté réciproque des molécules de ces corps, de leur incompressibilité et de leur poids. La pression dans une même couche horizontale est égale en tous sens et perpendiculaire aux parois: c'est ce qu'on nomme le *principe d'égalité de pression* des liquides. Pour un élément de surface quelconque d'un vase, la pression est proportionnelle à la densité du fluide et à la hauteur du niveau au-dessus de cette surface. Elle se distribue très également sur toute la surface inférieure, et chaque partie en supporte sa part proportionnelle.

PRESSIROSTRES, s. et adj.; famille d'oiseaux échassiers, caractérisés par un bec plus ou moins déprimé, médiocrement long, et assez fort pour leur permettre de chercher dans la terre les vers dont la plupart se nourrissent. Leur course est rapide et leur vol peu soutenu. Genres principaux : *Outarde*, *Vanneau*, etc.

PRESSOIR, s. m., *Torcular; pressoir d'Hérophile :* confluent des sinus veineux de la dure-mère. Hérophile pensait que le sang éprouvait dans ce point une assez forte pression.

PRÉ-TIBIAL, ALE, adj., de *præ*, en avant, et *tibia*, le tibia ; qui est en avant du tibia : *région pré-tibiale.*

PRÉ-VERTÉBRAL, ALE, adj., de *præ*, en avant, et *vertebra*, vertèbre ; qui est en avant des vertèbres. — *Artère pré-vertébrale* ou *méningienne postérieure :* artère peu volumineuse naissant de l'occipitale, et passant entre la poche gutturale et le court-fléchisseur de la tête, auxquels elle donne des rameaux, ainsi qu'à la dure-mère, par une branche qui pénètre dans le crâne par le trou déchiré ou par le trou condylien.

PRIAPISME, s. m., *Priapismus, tantigo,* de Πρίαπος, Priape ; érection forte et douloureuse du pénis, avec sentiment d'ardeur brûlante, mais sans désir de l'acte vénérien ; c'est un état opposé au *satyriasis.* L'abus du coït, la présence d'un calcul dans la vessie, les contusions sur le pénis sont des causes de priapisme. Cette affection est rare dans le cheval et le taureau ; elle est plus commune dans le chien. Quelquefois elle se complique de dysurie, de strangurie, de l'émission d'urine rougeâtre. On y remédie par un régime rafraîchissant ou antiphlogistique. Le camphre a été considéré comme un spécifique contre cette affection.

PRIMAIRE, adj., *primarius ;* on désigne ainsi le *pétiole commun* dans les feuilles composées, le *pédoncule principal* dans les panicules, les grappes, etc., les *côtes* qui semblent servir de base à des côtes plus petites et moins saillantes dans les fruits des Ombellifères.

PRIMES, s. f. ; encouragements donnés aux propriétaires ou fermiers qui ont produit les plus beaux chevaux, les laines les plus fines, engraissé avec le plus de succès des bœufs, des moutons, perfectionné la culture, etc. On donne également des primes aux possesseurs d'étalons ou de juments approuvés, autorisés. Les primes sont distribuées par le gouvernement, les sociétés savantes, les comices agricoles, les associations spéciales, etc. Leur influence sur les progrès de l'agriculture, sur l'amélioration des bestiaux, a fait le sujet de nombreuses discussions.

PRIMEUR, s. f. : plante légumière, fruit, obtenus par une culture forcée avant l'époque naturelle.

PRIMEVÈRE, s. f., *Primula*, L. ; genre de la famille des Primulacées, composé de plantes herbacées, vivaces, à feuilles radicales, assez communes dans les prairies humides, et très précoces. Les moutons et les chèvres les broutent assez volontiers.

PRIMINE, s. f. ; la plus extérieure des cinq membranes de l'ovule, d'après Mirbel.

PRIMIPARE, adj. f., *primipara*, de *primus*, premier, et *parere*, accoucher ; se dit de la femelle qui accouche pour la première fois.

PRIMORDIAL, ALE, adj., *primigenius ;* on donne ce nom aux premières feuilles de la plante, à celles qui composent la gemmule. On le dit, en général, des organes qui apparaissent les premiers.

PRIMULACÉES, s. f., *Primulaceæ ;* famille de plantes dicotylédones, monopétales, hypogynes, herbacées, la plupart annuelles, habitant de préférence les régions tempérées de l'hémisphère boréal. Genres : *Hottonia*, *Primula*, *Cyclamen*, *Anagallis*, *Samolus*, *Lysimachia*, etc.

PRINCIPE, s. m., *Principium ;* en chimie inorganique, ce mot est synonyme d'*élément ;* en chimie organique, on appelle *principes immédiats* ceux qui sont tout formés dans les êtres vivants et qu'on en sépare au moyen des réactifs ou des dissolvants. *V.* IMMÉDIAT. En physique, il est synonyme de *cause*, de *force ; principe de la chaleur*, le *calorique* (*V.* ce mot). — *Principe d'Archimède :* principe d'hydrostatique à l'aide duquel on détermine les lois de l'équilibre des corps flottants, ainsi que la densité des corps. Ce principe, découvert par le célèbre physicien dont il porte le nom, s'énonce ainsi : *Un corps plongé dans un fluide* (liquide ou gazeux) *perd une partie de son poids égale au poids du fluide qu'il déplace, V.* AÉROSTAT, DENSITÉ. En pharmacologie, *principe actif* d'un médicament. *V.* MÉDICAMENT.

PRINTANIER, IÈRE, adj., *vernalis*, *vernus ;* qui croît, fleurit ou fructifie au printemps.

PRINTEMPS, s. m., *Ver;* première saison de l'année. Le printemps astronomique commence le 20 mars et finit le 21 juin. Il est froid au commencement et chaud à la fin. Les variations de température sont encore brusques, étendues, la rosée abondante. C'est dans le printemps que se font les semailles des céréales et autres plantes d'été la culture des jardins, etc. Dans cette saison, les indigestions, les affections catarrhales, les échauboulures, les congestions sanguines, sont les maladies les plus communes.

PRIONODERME, s. m., *Prionoderma*, de πρίων, scie, et δέρμα, cuir ; ver qui vit à la surface de la muqueuse nasale. On le nomme *prionoderme lancéolé. V.* POLYSTOME.

PRISMATOCARPE *V.* SPÉCULAIRE.

PRISME, s. m., *Prisma ;* en optique, on appelle ainsi un milieu transparent dont la section transversale est un triangle équilatéral. Le prisme présente trois faces, deux inclinées l'une sur l'autre formant, à leur point d'intersection, le *sommet* du prisme, et qui sont réunies par la troisième surface constituant la *base*. Les rayons lumineux, qui tombent sur une des faces du prisme, émergent toujours vers sa base ; en sorte que les objets vus à travers le prisme sont toujours dérangés de leur position réelle : ainsi, quand le prisme est horizontal et son sommet dirigé en haut, les objets sont *relevés* ; quand il est en bas, les objets sont *abaissés* ; le prisme étant vertical, les corps sont *déviés* à gauche si l'arête est à gauche ; et à droite, si elle est à droite. Enfin, si les rayons lumineux, au lieu de tomber sur une des faces du prisme, immergent par un des angles, ils sortent du prisme colorés des nuances les plus vives et les plus riches de l'arc-en-ciel. *V.* Spectre solaire.

PRIX, s. m. ; encouragements offerts aux propriétaires ou possesseurs d'animaux qui, dans un concours ou une épreuve, ont atteint un but déterminé. On accorde une prime au bœuf le plus gras, au mouton à laine superfine, etc., mais on donne un prix au cheval qui est arrivé le premier et dans un temps fixé, dans une course.

PROBOSCIDIENS, s. et adj., *Proboscidea*, de *proboscis*, trompe : famille de mammifères pachydermes caractérisés par un appareil nasal fortement prolongé, et servant d'organe de préhension ; ex. : l'*Éléphant*.

PROCATARCTIQUE, adj., *procatarcticus*, de πρό, devant, κατά, du haut de, et ἄρχομαι, je commence ; ce mot s'applique aux causes des maladies qui agissent les premières. On l'a employé comme synonyme de *prédisposant*.

PROCÉDÉ, s. m., *Ratio;* manière particulière de faire une opération quelconque, chimique, pharmaceutique ou chirurgicale. *V.* Méthode.

PROCÈS, s. m., *Processus*, de *procedere*, s'avancer ; partie qui s'avance, se prolonge. *Procès ciliaires, V.* Ciliaire.

PROCIDENCE, s. f., *Procidentia*, de *procidere*, tomber ; chute d'une partie. — *Procidence de la matrice, du vagin, du rectum, de l'iris*, etc.

PROCOMBANT, ANTE, adj., *procumbens;* se dit de la tige qui est couchée sur le sol sans y envoyer des racines.

PROCTALGIE, s. f., *Proctalgia*, de πρωκτός, fondement, et ἄλγος, douleur ; douleur de l'anus.

PROCTITE, s. f., *Proctitis*, de πρωκτός, anus ; inflammation de l'anus, du rectum.

PROCTOCÈLE, s. m., *Proctocele*, de πρωκτός, anus, et κήλη, tumeur ; hernie ou chute du rectum.

PROCTONCIE, s. f., *Proctoncia*, de πρωκτός, anus, et ὄγκος, tumeur ; tuméfaction de l'anus.

PROCTOPTOSE, s. f., *Proctoptosis*, de πρωκτός, anus, et πτῶσις, chute ; chute du rectum.

PROCTORRHAGIE, s. f., *Proctorrhagia*, de πρωκτός, anus, et ῥέω, je coule ; hémorrhagie par le rectum.

PROCTORRHÉE, s. f., *Proctorrhœa :* de πρωκτός, anus, et ῥέω, je coule ; écoulement muqueux par le rectum.

PRODIAGNOSE, s. f., *Prodiagnosis*, de *pro*, avant, et *diagnosis*, connaissance ; sorte de diagnostic anticipé, par lequel on prévoit le développement futur d'une maladie dont les symptômes ne sont pas encore apparents.

PRODROME, s. m., *Prodromus*, de πρό, devant, et δρόμος, course ; symptôme précurseur, avant-coureur d'une maladie. — On donne aussi le nom de *prodrome* à un livre contenant la description abrégée des plantes.

PRODROMIQUE, adj., *prodromicus;* qui a rapport aux prodromes. *Maladie prodromique :* dont l'apparition se lie à la manifestation future d'une autre maladie. — *Symptôme prodromique :* qui précède le développement d'une maladie.

PRODUCTION, s. f., *Productio*, de *producere*, allonger ; partie qui se détache d'une autre plus considérable. Les ligaments séreux des organes abdominaux sont des *productions* du péritoine. On appelle *productions accidentelles* les tissus qui se développent dans certaines parties où ils n'existent pas dans l'état normal.

PRODUITS CHIMIQUES ; nom donné dans les arts et l'industrie aux corps simples ou composés, inorganiques ou organiques, à l'état de pureté, qui sont préparés dans les laboratoires, par des procédés chimiques, et livrés ensuite au commerce.

PROÉMINENT, ENTE, adj. ; se dit d'un organe qui fait saillie au-dessus d'un autre ; ex. : le filet dépassant l'anthère. — La septième vertèbre cervicale est appelée *proéminente*, à cause du développement de son apophyse épineuse.

PROENCÉPHALE, s. et adj. ; *Proencephalus*, de πρό, en avant, et ἐγκέφαλος, encéphale ; genre de monstres exencéphaliens chez lesquels l'encéphale est situé en très grande partie hors de la boite cérébrale, et en avant du crâne ouvert vers la région frontale.

PROENCÉPHALIE, s. f., *Proencephalia;* état des monstres proencéphales.

PROFOND, ONDE, adj., *altus, profundus ; muscle profond :* nom donné au muscle perforant ou fléchisseur des phalanges. *V.* Fléchisseur.

PROGNOSTIC, *V.* Pronostic.

PROGNOSTICATION, *V.* Pronostication.

PROGRESSIF, IVE, adj., *progressivus;* qui change de place en avant. On le dit, en botanique, des tiges souterraines dont l'extrémité aérienne s'allonge et pousse chaque année de nouveaux jets , tandis que l'extrémité radicale se détruit, de telle sorte que la plante semble avoir marché, progressé , ex. : les *Iris.*

PROJECTILE, s. m., *Projectile*, de *pro*, en avant, et *jacere*, jeter; corps pesant lancé par une force quelconque , comme la force musculaire , la force expansive de la poudre à canon , de la vapeur, etc. — Les projectiles lancés de bas en haut parviennent, par un mouvement retardé, à une hauteur qui est proportionnelle au carré de l'intensité de la force de projection, et qui est toujours moitié moindre que si la force de pesanteur n'avait agi en sens inverse de celle qui a lancé le projectile. En retombant vers la terre, ramené par la pesanteur, le projectile acquiert une vitesse qui est égale à celle qu'il avait à son départ. Un projectile lancé horizontalement est sollicité par deux forces , une horizontale qui est la force de projection, et une verticale qui est la pesanteur ; en sorte qu'il suit la diagonale du parallélogramme construit sur ces deux lignes. Il arrive sur le sol dans le même temps que s'il était tombé verticalement (Galilée). Enfin , un projectile lancé obliquement décrit une ligne parabolique, et met autant de temps pour arriver au sommet de la courbe que pour en descendre.

PROJECTION, s. f. , *Projectio*, de *projicere*, jeter en avant ; opération qui consiste à jeter dans un creuset chauffé au rouge, à l'aide d'une cuillère , une substance minérale qu'on veut soumettre à la calcination ; ex. : nitre et bitartrate de potasse.

PROJECTURE, s. f., *Projectura ;* espèce de petite côte faisant suite au pétiole et se prolongeant sur la tige de haut en bas ; les légumineuses en offrent de nombreux exemples.

PROLAPSUS , s. m. *Prolapsus* , de *pro* , en avant, et *lapsus* , tombé ; relâchement d'une partie du corps : *prolapsus du vagin , de la matrice , du rectum.*

PROLIFÈRE, adj., *prolifer ;* se dit des organes qui donnent naissance à des organes semblables à eux , ex. : une fleur du centre de laquelle s'élève un pédoncule; ou qui produisent un organe qu'ils ne portent pas ordinairement.

PROLIFICATION, s. f. ; monstruosité végétale consistant dans la multiplication d'individus élémentaires. Elle a été observée dans les fleurs et dans les fruits. De la fleur ou du fruit part un rameau qui donne naissance à des *feuilles* (P. frondipare), à des *fleurs* (P. floripare), ou à des *fruits* (P. fructipare). Les prolifications floripares sont les plus communes. Les unes et les autres peuvent être *médianes, axillaires* ou *latérales.*

PROLONGEMENT RACHIDIEN, *Processus rachidianus , V.* MOELLE ÉPINIÈRE.

PROMONTOIRE, s. m. : petite éminence osseuse, séparant l'une de l'autre la fenêtre vestibulaire et la fenêtre cochléaire de l'oreille moyenne.

PRONATEUR, s. et adj. , *Pronator ;* qui détermine le mouvement de pronation. Deux muscles pronateurs existent à l'avant-bras de l'homme; aucun ne remplit cet office chez le cheval.

PRONATION, s. f. ,*Pronatio*, de *pronus* , penché en avant ; mouvement de torsion de l'avant-bras, tournant en bas la paume de la main. Ce mouvement n'existe pas chez le *cheval* et les *ruminants.* Le *chat* l'exécute d'une manière incomplète , pour ramener dans sa position naturelle la main déplacée par un mouvement incomplet de *supination.*

PRONOSTIC , s. m. , *Prognosis*, de πρo , d'avance, et γνωσκω, je juge , je connais; jugement porté sur les changements qui doivent survenir dans une maladie. L'étude du pronostic est d'une grande importance pour la réputation de l'homme de l'art : elle offre aussi beaucoup d'intérêt pour ce qui concerne le propriétaire d'un animal malade. Il faut calculer d'avance les pertes pécuniaires qui doivent résulter de la maladie, et décider le sacrifice de l'animal, s'il est incurable, si l'on ne doit obtenir qu'une guérison incomplète ; si , dans le cas où l'on espère un entier rétablissement, les frais de traitement n'auront pas bientôt absorbé la valeur du malade. C'est par un *diagnostic* certain , une appréciation exacte des symptômes de la maladie , des lésions auxquelles ces symptômes se rapportent , de la marche de ces lésions, qu'on pourra le plus souvent se fixer sur l'issue qu'on doit obtenir. Quelques conditions générales contribuent à rendre le pronostic plus favorable; c'est ce qui arrive pour l'animal jeune , vigoureux , qui n'a pas été épuisé par les maladies ; pour celui qui est placé dans des circonstances hygiéniques qui peuvent hâter la guérison. Au contraire , le pronostic est fâcheux sur un animal vieux , épuisé par l'excès de travail, la privation de nourriture, par des maladies préexistantes , etc. , etc.

PRONOSTICATION, s. f. , *Prognosticatio ;* action de pronostiquer.

PRONOSTIQUE , adj., *prognosticus;* qui a rapport au pronostic. *Signes pronostiques:* qui font prévoir l'issue d'une maladie. On les a distingués en signes *acritiques* ou *non critiques*, lorsqu'ils sont prévus ; et *critiques*, lorsqu'ils se montrent accidentellement au plus haut degré de la maladie , dont ils font connaître la terminaison.

PRONOSTIQUER , v. a., *prognosticare ;* établir un pronostic. *Pronostiquer une maladie.*

PROPACULE, s. m., *Propaculum ;* coulant ou stolon susceptible de prendre racine, quand il est séparé de la plante-mère, et de développer des bourgeons.

PROPAGINE, s. f. . *Propago ;* corpuscules reproducteurs de certaines mousses. — Gemme simple pouvant reproduire un végétal.

PROPAGULE, s. m. . *Propagulum;* corpuscules répandus à la surface de certains lichens et que l'on considère généralement comme des organes reproducteurs. — Drageon pourvu de bourgeons et susceptible de prendre racine.

PROPATHIE, s. f., *Propathia*, de προ, avant, et παθος, maladie; symptôme qui précède une maladie ; synonyme de *prodrome*. — Maladie primitive. — Incubation morbide.

PROPORTION, s. f. ; convenance et rapport des parties entre elles et avec leur tout. — *Extérieur.* Rapport de dimensions existant entre les diverses parties du corps d'un animal et donnant au corps entier la conformation la plus convenable pour le service auquel on le destine. Indiquées par Grisone en 1565, les proportions ont surtout été étudiées par Bourgelat, qui a poussé cette étude jusqu'à la minutie, dans le but d'établir des régles fixes pour la peinture et la sculpture. Sans descendre dans ces détails, on doit surtout s'attacher aux proportions de hauteur et de longueur du corps, à celles de la tête, de l'encolure et des principales régions. La tête étant prise pour unité, deux fois et demie sa longueur doivent donner la hauteur du corps prise au sommet du garrot, et sa longueur, de l'angle scapulo-huméral à celui de la fesse. La longueur de l'encolure doit, d'après Bourgelat, égaler celle de la tête ; elle la dépasse dans la plupart des chevaux de course.

PROPORTIONS CHIMIQUES, *V.* ÉQUIVALENTS CHIMIQUES.

PROPORTIONNELS, adj., *proportionales* ; *nombres proportionnels*, *V.* EQUIVALENT.

PROPRE, adj., *proprius*; synonyme de particulier ; spécial à un individu. *Suc propre, vaisseaux propres.*

PROPRIÉTÉ, s. f., *Proprietas*; caractères, qualités, manières d'être qui appartiennent naturellement aux corps. Elles sont *générales* ou *spéciales.* Les premières, qui appartiennent indistinctement à tous les corps, sont divisées en trois groupes : 1° *essentielles* (étendue, impénétrabilité) ; 2° *négatives* ou *rationnelles* (inertie, mobilité) ; 3° *constitutives* (divisibilité, porosité, dilatabilité, compressibilité, élasticité, etc.). Les propriétés spéciales ou spécifiques des corps ont été distinguées aussi en trois séries : 1° *propriétés physiques* : comme l'état, la forme, la couleur, l'odeur, la saveur, la densité ; 2° *physico-chimiques* : telles que la conductibilité pour les fluides impondérables, la fusibilité, la volatilité, l'opacité, la transparence, l'état électrique, etc. ; 3° *chimiques* : comme la solubilité, l'action des corps simples ou composés, métalloïdes ou métalliques, minéraux ou organiques, etc. — *Anat. Propriétés vitales* : propriétés inhérentes aux corps organisés et qui sont chez eux la manifestation de la vie; ex. : la *calorieité*, la *sensibilité*, la *contractilité*.

PROPTOME, s. m., ou **PROPTOSE**, s. f., de προπιπτω, je tombe; déplacement, pro-

longement morbide d'un organe, du clitoris, etc.

PROSENCHYME, *V.* FIBREUX.

PROSOPALGIE, s. f., *Prosopalgia*, de προσωπον, face, et αλγος, douleur; nom donné au tic douloureux de la face dans l'homme.

PROSPHYSE, s. f., *Prosphysis*, de προσφυομαι, j'adhère; adhérence anormale des paupières entre elles ou avec le globe ; adhérence anormale de deux parties destinées à être séparées.

PROSTASE, s. f., *Prostasis*, de προ, en avant, et ιστημι, j'établis; supériorité, prédominance d'une humeur sur une autre.

PROSTATALGIE, s. f., *Prostatalgia*, de προστατα, la prostate, et αλγος, douleur; douleur qui siége dans la prostate.

PROSTATES, s. f., *Prostatæ*, de προστατης, qui préside; glandes situées sur le trajet de l'urétre et fournissant un liquide destiné à faciliter le passage du sperme. — *Grande prostate* : glande placée entre le rectum et la portion pelvienne de l'urétre, aplatie de dessus en dessous, élargie en avant, rétrécie à sa partie postérieure, creusée, à son intérieur, de cavités irrégulières, et versant son fluide par une série de petits canaux disposés en couronne autour du veru-montanum. — *Petites prostates* ou *glandes de Cowper* : glandes en forme de petites châtaignes, enveloppées par le muscle ischio-urétral, et situées, une de chaque côté de l'urétre, vers sa courbure ischiale. Leurs canaux excréteurs forment, dans l'urétre, une série d'orifices s'étendant en deux lignes sur une longueur de trois à quatre centimétres. Les glandes de Cowper n'existent pas chez le chien.

PROSTATIQUE, adj., *prostaticus*; qui appartient à la prostate. — *Artères prostatiques* : rameaux provenant de la vésico-prostatique et se divisant dans la prostate.

PROSTATITE, s. f., *Prostatitis*; inflammation de la prostate. Le diagnostic de cette maladie est très obscur dans les animaux.

PROSTATOCÈLE, s. m., *Prostatocele*, de προστατα, prostate, et κηλη, tumeur; tuméfaction, hernie de la prostate.

PROSTRATION, s. f., *Prostratio*, de *prostrare*, renverser ; anéantissement des forces musculaires dans les maladies graves, dans les fièvres typhoïdes principalement. Les animaux qui éprouvent la *prostration des forces* ne peuvent plus se tenir debout; ils ont le pouls faible, la respiration courte et fréquente. Quelquefois on relève les forces par les fortifiants, les toniques ; dans quelques cas, on arrive au même résultat par les débilitants, si la prostration dépend d'une phlegmasie violente.

PROTÉACÉES, s. f., *Proteaceæ*; famille de plantes dicotylédonées, apétales, périgynes, exotiques, arborescentes ou frutescentes, rarement herbacées. Genres *Aula*, *Protea*, *Grevillea*, etc.

PROTÉINE, s. f., de πρωτος, premier, $C^{40} H^{30} O^{10} Az^5$. Nom donné par Mulder qui l'a découverte, à une substance neutre azotée formant la base de l'albumine, de la fibrine et de la caséine. Ces substances nutritives n'en diffèrent que par de faibles quantités de soufre, de phosphore et de sels alcalins. On prépare la protéine en traitant ces substances, préalablement lavées avec de l'eau, de l'alcool, de l'éther ou de l'acide chlorhydrique très étendu d'eau, par une solution faible de potasse maintenue à 50°, et précipitant ensuite avec l'acide acétique. Le précipité recueilli est lavé avec de l'eau distillée jusqu'à ce que celle-ci passe pure. La protéine récemment précipitée est solide, gélatineuse, incolore, inodore, insipide; desséchée, elle devient jaunâtre, translucide et cassante. Chauffée, elle perd toute son eau au-dessus de 100°, et se décompose ensuite en donnant des produits ammoniacaux. Insoluble dans l'eau froide, l'alcool et l'éther, elle se dissout à la longue dans l'eau bouillante; elle est également soluble dans les acides dilués. Les alcalis caustiques et les acides concentrés altèrent la protéine; bouillie avec de l'acide chlorhydrique concentré, elle donne une belle couleur indigo caractéristique. La protéine paraît jouir de toutes les propriétés nutritives des substances organiques dont elle forme la base.

PROTHÈSE, s. f., *Prothesis*, de προ, au lieu de, et τίθημι, je pose; addition d'une partie artificielle à la place de celle qui manque. Cette opération, qui consiste à cacher une difformité, à remplacer un organe qui manque, n'a pas d'application en vétérinaire.

PROTO, de πρῶτος, premier; mot d'origine grecque, qu'on place devant les noms des composés binaires inorganiques (oxydes, chlorures, sulfures, iodures), pour en indiquer le rang relativement aux composés de même nature.

PROTOPATHIE, s. f., *Protopathia*, de πρῶτος, premier, et πάθος, maladie; maladie, affection primitive.

PROTOPHYLLES, s. f., *Protophyllæ*, de πρῶτος, premier, et φύλλον, feuille: premières feuilles ou feuilles séminales; elles sont formées par les cotylédons épigés. On ne doit pas les confondre avec les feuilles *primordiales*.

PROTOXYDE, s. m.: premier oxyde ou le moins oxygéné. *V.* NOMENCLATURE.

PROTUBÉRANCE, s. f., *Protuberantia*, de *pro*, en avant, et *tuber*, bosse: éminence ou saillie. Les protubérances des os prennent différents noms suivant les points où elles existent: ex.: *protubérance pariétale, occipitale*, etc. — *Protubérance annulaire du mésocéphale. V.* PONT DE VAROLE.

PROVENCE (Race ovine de la): elle occupait autrefois toute la Provence et le Languedoc, jusqu'à Toulouse. Son origine devait être la même que celle de la race roussillonnaise, mais elle n'avait pas autant de finesse. Elle a été croisée presque partout avec le mérinos, et compose les nombreux troupeaux transhumants qui vont passer l'été sur les versants des Alpes françaises.

PROVENDE, s. f.; mélange de divers aliments très nutritifs, tels que grains, graines, farines, foin haché, etc., propre à engraisser les bestiaux. *V.* SOUPE.

PROVIGNER, v. n.; coucher en terre une branche ou pousse de vigne, au printemps, pour lui faire prendre racine et produire un nouveau pied ou cep. C'est un marcottage. La branche ainsi couchée s'appelle *provin*.

PRUINE, s. f., *Pruina*; poussière glauque. *V.* GLAUQUE.

PRUNELLE, s. f.; nom donné vulgairement à la *pupille* (*V.* ce mot). — *Bot. V.* BRUNELLE.

PRUNELLIER, *V.* PRUNIER.

PRUNIER, s. m., *Prunus*, T.; genre de la famille des Amygdalées. Il se compose d'arbres et d'arbrisseaux, la plupart originaires des régions tempérées de l'hémisphère boréal. Linné y avait réuni les abricotiers et les cerisiers. Les principales espèces de pruniers sont: le P. épineux, *P. spinosa*, vulg. *prunellier*, *épine noire*, commun dans les bois et les champs de l'Europe, et propre à faire des haies vives; ses fruits, appelés *prunelles*, sont acerbes et astringents; le P. domestique, *P. domestica*, qui a donné naissance à une foule de variétés cultivées pour leurs fruits appelés *prunes*. La variété *insititia* est distinguée par quelques botanistes modernes. Le bois du prunier est dur et rougeâtre.

PRURIGINEUX, adj., *pruriginosus*, de *prurigo*, démangeaison; qui cause de la démangeaison: *douleur prurigineuse*.

PRURIGO, s. m., *Prurigo*; mot latin qui signifie *démangeaison, prurit*. Les médecins désignent ainsi une affection de la peau caractérisée par des papules causant une démangeaison très vive. On en a distingué plusieurs variétés dont les principales sont: le *prurigo mitis* (Willan et Batteman); *prurigo formicans*, des mêmes auteurs; *prurigo pedicularis* (Alibert). *V.* PHTHIRIASE. On y remédie par les bains alcalins. A l'exception du prurigo pédiculaire, les variétés de cette maladie ne sont pas bien connues dans les animaux. Girard a donné le nom de *prurigo lombaire, maladie convulsive, tremblante, trembleuse*, à une affection des bêtes à laine, qui débute par une démangeaison sur la queue et la région lombaire, accompagnée d'accès semblables à ceux de l'épilepsie, se terminant par la paraplégie et la mort. *V.* TREMBLANTE.

PRURIT, s. m., *Pruritus, Prurigo*; démangeaison vive; sensation incommode qui excite les animaux à se frotter contre les corps extérieurs. C'est un symptôme de plusieurs maladies cutanées, entre autres de la gale, de la phthiriase. Le prurit se montre autour des ulcères, des plaies anciennes.

PRUSSIATE, *V.* CYANURE et FERROCYANURE.

PRUSSIQUE. *V.* ACIDE CYANHYDRIQUE.

PSALLOIDE (corps), *V.* Lyre.

PSEUDARTHROSE, s. f., *Pseudarthrosis,* de ψευδής, faux, et αρθρον, articulation ; fausse articulation, articulation accidentelle.

PSEUDENCÉPHALE, s. et adj., *Pseudencephalus,* de ψευδής, faux, et εγκεφαλος, encéphale ; genre de monstres pseudencéphaliens, chez lesquels l'encéphale est remplacé par une tumeur vasculaire, et présentant un crâne et un canal vertébral largement ouverts, manquant de moëlle épinière.

PSEUDENCÉPHALIE, s. f., *Pseudencephalia;* état des monstres pseudencéphales.

PSEUDENCÉPHALIENS, s. et adj.; famille de monstres unitaires autosites, chez lesquels l'encéphale est remplacé par une tumeur vasculaire contenant quelquefois quelques parcelles de substance cérébrale. Cette famille renferme les trois genres suivants : 1° *Nosencéphale;* 2° *Thlipsencéphale;* 3° *Pseudencéphale.*

PSEUDOBLEPSIE, s. f., *Pseudoblepsia,* de ψευδής, faux, et βλεψις, vue; nom donné aux perversions du sens de la vue.

PSEUDOCARPIEN, IENNE, adj., *pseudocarpianus;* on désigne ainsi les fruits cachés ou dissimulés par des organes environnants ou par des soudures.

PSEUDO-MEMBRANE, s. f., *Pseudomembrana,* de ψευδής, faux, et *membrana,* membrane ; synonyme de *fausse membrane,* (*V.* ce mot).

PSEUDO-PÉRIPNEUMONIE, s. f., *Pseudo-peripneumonitis;* fausse péripneumonie.

PSEUDO-PHTHISIE, s. f., *Pseudo-phthisia;* fausse phthisie.

PSEUDOPIE, s. f., *Pseudopia,* de ψευδής, faux, et οψις, vue; hallucination du sens de la vue.

PSEUDO-PLEURÉSIE, s. f., *Pseudopleuritis;* fausse pleurésie. On a aussi donné ce mot comme synonyme de *pleurodynie.*

PSEUDO-PNEUMONIE, s. f., *Pseudopneumonitis;* fausse pneumonie.

PSEUDOREXIE, s. f., *Pseudorexia,* de ψευδής, faux, et ορεξις, faim ; faux appétit.

PSEUDOSPERME, adj., *pseudospermus,* de ψευδής, faux, et σπερμα, graine ; on donne cette épithète aux graines appelées improprement nues, parce que le péricarpe est soudé et confondu avec la graine elle-même ; ex.: le *cariopse, l'achaine,* etc.

PSOAS, s. m., *Psoas,* de ψοα, les lombes ; nom donné à trois muscles de la région sous-lombaire. — *Grand psoas, psoas de la cuisse, sous-lombo-trochantinien :* grand muscle prenant son origine aux deux dernières côtes, aux deux dernières vertèbres dorsales et à la face inférieure de toutes les vertèbres lombaires, par une portion charnue molle et facile à déchirer, et s'insérant avec le psoas iliaque au trochantin. Il fléchit la cuisse sur le bassin, et la fait tourner en dehors. — *Psoas iliaque, iliaco-trochantinien :* muscle large, court et épais occupant toute la surface iliaque du coxal, qu'il dé-

borde en dehors, formé de deux portions qui embrassent l'extrémité du précédent, pour s'insérer au trochantin par le même tendon. Il partage ses usages. — *Psoas du bassin, petit psoas, sous-lombo-pubien :* muscle long, aplati, tendineux, naissant du corps des trois dernières vertèbres dorsales et des six vertèbres lombaires, par une succession de faisceaux charnus qui se terminent par un tendon aplati à la tubérosité du bord iliaque de l'ilium, et non au pubis, comme l'admet Girard. Il fléchit le bassin sur la région lombaire, soit directement ou de côté, suivant que les deux muscles agissent à la fois, ou qu'un seul entre en contraction.

PSODYME, s. et adj., *Psodymus,* de ψοα, région lombaire, et δυος, dont le radical est δύο, deux ; genre de monstres doubles sysomiens, présentant les caractères suivants : deux corps distincts supérieurement dès la région lombaire ; deux thorax complets et séparés ; deux membres pelviens, quelquefois des rudiments d'un troisième.

PSODYMIE, s. f., *Psodymia;* état des monstres psodymes.

PSOITE, s. f., *Psoïtis;* inflammation du muscle psoas ou du tissu cellulaire qui l'environne. Cette affection n'a pas été observée dans les animaux.

PSORA, s. f., *Psora,* de ψωρα, gale ; synonyme de *gale.*

PSORIASE, s. f., *Psoriasis,* de ψωρα, gale ; affection chronique et non contagieuse de la peau, caractérisée dans l'espèce humaine par des plaques rosées, recouvertes d'écailles minces, blanches et nacrées. Alibert a rangé le psoriasis dans les dermatoses dartreuses, genre *herpes* ; cette maladie constitue la seconde variété de l'*herpes furfureux.* — Festal a donné ce nom à une affection cutanée du bœuf, qui se développe sur le front et qui est caractérisée par la rougeur de la peau, le prurit, la chute de l'épiderme. Il conseille de la traiter par la pommade de sulfate de fer.

PSORIDE, s. f., *Psorides,* de ψωρα, gale; maladie de la peau accompagnée de prurit. Synonyme de *psoriasis.*

PSORIFORME, adj., *psoriformis,* de ψωρα, gale, et *forma,* forme ; qui est de la nature de la gale ; qui a l'apparence de la gale.

PSORIQUE, adj., *psoricus,* de ψωρα, gale; qui est de la nature de la gale : *affection psorique, pustules, vésicules psoriques.* On donne aussi ce nom aux médicaments employés contre la gale.

PSOROPHTHALMIE, s. f., *Psorophthalmia,* de ψωρα, gale, et οφθαλμος, œil ; ophtalmie accompagnée du développement sur les paupières de petites pustules analogues à celles de la gale.

PSYDRACIE, s. f., *Psydracia,* de ψυδρακια, pustule ; éruption psoriforme ayant beaucoup d'analogie avec la gale. *V.* Psydracion.

PSYDRACION, s. m., *Psydracium*, de φυδρακια, pustule ; nom donné à des pustules cutanées, qui forment le caractère de l'*impétigo* (Willan et Batteman). Ces pustules sont petites, peu proéminentes, et surmontées d'une croûte lamelleuse. Cette affection de la peau n'a pas encore été distinguée dans les animaux.

PTARMIQUE, s. m., *Ptarmica*, T. : genre de la famille des Composées, établi aux dépens des Achillées. Ce genre se compose de petites herbes à feuilles découpées, de saveur amère et piquante. Le P. sternutatoire, *P. vulgaris*, est commun dans les prairies de la France. C'est une plante au moins inutile.

PTÉROCARPE, s. m., *Pterocarpus*, L. ; genre de la famille des Légumineuses. Il se compose d'arbres et d'arbrisseaux, originaires à peu près exclusivement de l'Asie tropicale. C'est une espèce de ce genre le P. santal, *P. santalinus*, qui fournit le bois de santal, ou *santal rouge*.

PTÉROPODES, s. m. p., de πτερα,, aile, et πους, ποδς, pied ; classe de mollusques ayant pour caractère essentiel deux ailes membraneuses placées sur les côtés du corps et servant de nageoires ; ex. : les *Hyales*, les *Clios*.

PTÉRYGION, s. m.. *Pterygion*, de πτερυξ, aile ; tumeur produite dans le grand angle de l'œil par l'épaississement de la conjonctive. On lui a encore donné le nom d'*onglet*, *unguis*, à cause de sa ressemblance avec un ongle. Quelquefois le ptérygion se montre ailleurs que dans l'angle interne de l'œil ; souvent il existe seul ; on en a rencontré plusieurs sur le même œil. Sa forme est celle d'un triangle dont la base est sur la sclérotique. Sa couleur est rosée comme celle de la conjonctive. A mesure qu'il se développe, le ptérygion se porte vers la cornée, qu'il pénètre ; sa présence fatigue les paupières et provoque la sécrétion des larmes. Les causes de cette maladie sont inconnues. Le traitement est résolutif ou chirurgical. On emploie d'abord les collyres astringents, la cautérisation avec le sulfate de cuivre, le nitrate d'argent. Sur les animaux, on préfère l'excision : dans ce but, on soulève avec des pinces la tumeur qu'on enlève avec des ciseaux courbes. — Quelques auteurs ont distingué le *ptérygion* de l'*onglet* ; ils donnent cette dernière dénomination à l'hypertrophie de la troisième paupière ou corps clignotant. Cette tumeur est également traitée par les caustiques, ou excisée sans danger, lorsqu'elle acquiert un trop grand développement.

PTÉRYGOIDE, adj., *Pterygoïdes*, de πτερυξ, πτερυγος, aile, et ειδος, ressemblance ; qui ressemble à une aile. — *Apophyse ptérygoïde* : crête saillante appartenant au sphénoïde et s'articulant avec l'os ptérygoïdien.

PTÉRYGOIDIEN, ENNE, adj., *pterygoïdes* ; même étymologie, et même signification. — *Os ptérygoïdien* : petit os bien distinct dans les animaux, et considéré chez l'homme comme une apophyse du sphénoïde. Le ptérygoïdien constitue une petite plaque osseuse, articulée par une de ses faces avec le sphénoïde et le palatin, concourant par l'autre à former l'orifice guttural des narines, et présentant une extrémité libre, formant poulie pour le tendon du muscle stylo-staphylin. Cet os est moins large chez le cheval que chez les autres animaux domestiques. — *Conduit ptérygoïdien* : nom donné par quelques anatomistes au *conduit vidien*. *Muscles ptérygoïdiens externe et interne*, *V.* Sphéno-maxillaire. — *Artères ptérygoïdiennes* ou *ptérygo-musculaires* : petites artères très variables en nombre et en calibre, émanant de la maxillaire interne et se distribuant aux muscles stylo-staphylin et ptérygoïdiens. — *Nerf ptérygoïdien* ou *ptérygo-musculaire* : petit cordon émanant de la branche maxillaire de la cinquième paire, et se plongeant dans l'origine du muscle sphéno-maxillaire ou masséter interne.

PTÉRYGO-HYOIDIEN, adj., *pterygo-hyoïdeus* ; qui appartient à l'apophyse ptérygoïde et à l'hyoïde. — *Ligament ptérygo-hyoïdien* : ligament fibreux jaune, partant de l'apophyse ptérygoïde et s'étendant en éventail sur la face externe du muscle ptérygo-pharyngien, pour aller se terminer au bord supérieur de la grande branche hyoïdienne, qu'il soutient dans sa position, et qu'il y ramène lorsqu'elle a été abaissée.

PTÉRYGOME, s. m., *Pterygoma ;* nom donné au gonflement de la vulve, qui rend le coït difficile ou impossible.

PTÉRYGO-MUSCULAIRE. *V.* Ptérygoidien.

PTÉRYGO-PHARYNGIEN, s. et adj., *Pterygo-pharyngeus* ; qui a rapport à l'apophyse ptérygoïde et au pharynx ; on donne ce nom à un muscle aplati formant la partie latérale antérieure du pharynx. Ce muscle, provenant de l'apophyse ptérygoïde, dilate le pharynx et le porte en avant. Il est recouvert en dehors par le ligament ptérygo-hyoïdien.

PTÉRIGYNE, s. m., *Pterigynium* ; appendice membraneux des grains.

PTILOSE, s. f., *Ptilosis*, de πτιλος, qui manque de cils ; chute des cils produite par l'irritation des paupières.

PTYALAGOGUE, s. et adj., *Ptyalagogus ;* synonyme de *sialagogue*, qui est plus usité.

PTYALINE, s. f., de πτυαλον, salive ; *Matière ou diastase salivaire ;* espèce de ferment ou de *diastase* qui existerait dans la salive prise dans la cavité buccale, et qui aurait la propriété de transformer l'amidon des aliments en dextrine et en glucose. Pour l'obtenir, Mialhe conseille de traiter la salive prise dans la bouche et filtrée, par l'alcool absolu. Récemment précipitée, elle est en flocons d'aspect albumineux ; desséchée, elle est solide, d'un blanc grisâtre, amorphe, insoluble dans l'alcool et soluble dans l'eau.

La solution aqueuse de ptyaline est visqueuse, insipide, sans saveur marquée, et neutre aux papiers réactifs; elle ne précipite pas par le sous-acétate de plomb, et se putréfie rapidement à l'air, en donnant de l'acide butyrique. La diastase salivaire paraît jouer un rôle important dans la digestion des aliments féculents.

PTYALISME, s. m., *Ptyalismus*, de πτυαλον, salive; salivation abondante et presque continuelle. On donne plus particulièrement le nom de *ptyalisme* à la supersécrétion de salive, qui résulte de l'abus des préparations mercurielles. D'autres causes peuvent augmenter la salivation dans les animaux: ce sont le travail de la dentition, la carie des dents, les aphthes, l'inflammation de la bouche. Quelques médicaments nommés *sialagogues* jouissent aussi de cette propriété: ce sont l'assa fœtida, le camphre, la pyrèthre, le poivre, la moutarde. On emploie les sudorifiques et les purgatifs pour remédier au ptyalisme mercuriel. Les gargarismes avec l'eau d'orge miellée, l'oxymel, sont indiqués comme moyen local.

PUBERTÉ, s. f., *Pubertas*, de *pubere*, se couvrir de poils; mot exprimant l'âge nubile pour l'espèce humaine, et employé quelquefois par analogie pour les animaux.

PUBESCENCE, s. f., *Pubescentia*; ce mot indique la présence des poils sur un organe, et comprend ce qui est relatif à leur nombre, à leur disposition, etc.

PUBESCENT, ENTE, adj., *pubescens*; couvert de poils courts et faibles imitant le duvet.

PUBIEN, ENNE, adj., *pubianus*; qui a rapport au pubis.— *Région pubienne:* portion des parois abdominales inférieures avoisinant le pubis. —*Symphyse pubienne:* articulation des deux pubis par leur bord interne.

PUBIO-FÉMORAL, adj., *pubio-femoralis;* qui appartient au pubis et au fémur.— *Ligament pubio-fémoral:* gros cordon ligamenteux émanant du tendon commun des muscles de l'abdomen, traversant le muscle pectiné et se portant dans la cavité cotyloïde, où il s'insère à l'échancrure rugueuse de la tête du fémur.

PUBIS, s. m., *Pubis;* partie inférieure et antérieure du coxal. *V.* COXAL.

PUCE, s. f., *Pulex*, Linn.; genre d'insectes de l'ordre des Aphaniptères. Comme caractères généraux, les puces présentent une bouche composée de palpes quadri-articulés, deux lames spadiformes dentées sur leurs deux tranchants, considérées comme les agents des piqûres, et une gaine articulée. La tête est clypéiforme, le thorax composé de trois articles, les pattes longues, propres au saut. Ce genre renferme environ vingt-six espèces dont les principales sont: la Puce irritante, *Pulex irritans*, Linn.; la Puce chique, *Pulex penetrans*, Linn. Il paraît que les puces des animaux domestiques diffèrent de celle de l'homme, et que chaque espèce présente la sienne propre. Les puces pullulent fréquemment sur le dos des vieux chiens tenus dans un état de malpropreté: elles se reproduisent aussi dans les pigeonniers. C'est par des soins hygiéniques qu'on remédie à leur présence. On peut employer avec avantage pour le chien des bains de sulfure de potasse.

PUDENDAGRE, s. f., *Pudendagra*, de *pudenda*, parties génitales, sexuelles, et *æger*, malade: ou suivant d'autres de αγρα, capture; douleur siégeant aux parties génitales.—Synonyme de *syphilis*.

PUERPÉRAL, ALE, adj., *puerperalis*, de *puerpera*, femme en couches: qui a rapport à l'accouchement. En médecine humaine, on a nommé *fièvre puerpérale* la péritonite qui se déclare après l'accouchement. *V.* FIÈVRE VITULAIRE.

PUISARD, *V.* DESSÈCHEMENT.

PUISSANCE, s. f. *Potentia*; synonyme de *force*. (*V.* ce mot.) — *Econ. rur.* Employé pour indiquer l'aptitude de la terre à produire, aptitude résultant d'un certain état physique, de l'ameublissement du sol, de l'état d'agrégation des particules.

PULICAIRE, adj., *pulicaris*, de *pulex*, puce; qui présente des taches semblables à des piqûres de puces: *éruption pulicaire*.

PULMONAIRE, s. f.; *Pulmonaria*, T.; genre de la famille des Borraginées. Il se compose de deux espèces confondues même en une seule par plusieurs botanistes; ce sont: la P. officinale, *P. officinalis*, et la P. à feuilles étroites, *P. angustifolia*. Ces plantes ont un rhizome épais, des feuilles couvertes de poils raides, et plus ou moins tachetées de blanc. Vantées autrefois contre les maladies du poumon, elles n'entrent plus aujourd'hui dans la pharmacopée que comme émollientes. — On trouve aussi dans les pharmacies, sous le nom de *Pulmonaire*, un *lichen exotique* du genre *Sticta*, employé aux mêmes usages que le lichen d'Islande.

PULMONAIRE, adj., *pulmonaris;* qui appartient au poumon. — *Artère pulmonaire:* gros tronc artériel émanant du ventricule droit du cœur, se recourbant en arrière, croisant la direction du tronc aortique, et se partageant en deux branches, l'une droite et l'autre gauche, qui vont se diviser chacune dans l'un des lobes du poumon. L'artère pulmonaire est pourvue à sa naissance, comme l'aorte, de trois valvules sigmoïdes, et fixée à cette artère par le *ligament artériel*, résultant de l'oblitération du *canal artériel* du fœtus. Elle porte au poumon le sang veineux rapporté par les veines aux cavités droites du cœur. — *Veines pulmonaires:* canaux veineux prenant naissance dans le poumon, aux dernières radicules de l'artère pulmonaire, et venant se terminer par quatre à six branches à l'oreillette gauche du cœur, où ils rapportent le sang hématosé par le poumon. — *Plexus pulmonaire* ou *bronchique:* plexus nerveux formé, à la naissance des bronches , par des rameaux provenant du grand sympathique et des nerfs pneumo-gastriques. De ce plexus, partent les filets nerveux qui accompagnent les bronches et les vaisseaux pulmonaires. — *Phthisie pulmonaire* , *V.* PHTHISIE. — *Catarrhe pulmonaire* , *V.* BRONCHITE.

PULMONIE, s. f. , *Pulmonia*, de *pulmo*, poumon ; ce mot est employé généralement comme synonyme de *pneumonie ;* quelques auteurs en font un synonyme de *phthisie pulmonaire*.

PULMONIQUE, s. et adj., *Pulmonicus* , *Pulmonarius ;* qui a les poumons malades ; qui est affecté de *pulmonie*. Ce mot est aussi un des synonymes vulgaires de *phthisique*. On dit aussi *poumonique*.

PULPATION , s. f. , *Pulpatio ;* opération pharmaceutique qui a pour objet la préparation des *pulpes*.

PULPE, s. f., *Pulpa* , *Pulpamen ;* partie molle et charnue des végétaux , que l'on a séparée des parties dures par divers procédés mécaniques , de manière à en faire une bouillie épaisse ou une pâte homogène. Les substances végétales susceptibles de fournir des pulpes sont les racines fraîches , les feuilles , les fleurs , les fruits charnus , etc. Ces parties sont divisées avec un couteau ou une râpe , ramollies au besoin dans l'eau , écrasées dans un mortier , puis passées à travers un tamis à l'aide d'une spatule appelée *pulpatoire*. Les pulpes sont rarement usitées en médecine vétérinaire ; on n'y connaît guère que celles de casse et de tamarin. — *Anat.* On donne le nom de pulpe à la substance blanche du cerveau, à cause de sa mollesse et de son homogénéité apparente, quoique , en réalité. sa texture soit fibreuse.

PULPEUX . EUSE , adj., *pulposus ;* formé de pulpe ; ayant l'apparence de la pulpe *: fruit pulpeux, substance pulpeuse*.

PULSATIF, IVE , adj. , *pulsativus , pulsatorius* , de *pulsare*, frapper , battre. *Douleur pulsative :* sentiment de souffrance qui se produit dans les parties enflammées et qui répond aux pulsations artérielles.

PULSATION, s. f. , *Pulsatio*, de *pulsare*, battre ; nom donné au battement des artères, résultant de leur dilatation et de leur rétraction alternatives. *V.* POULS.

PULSILOGE , s. m. , *Pulsilogium ;* de *pulsus*, pouls. et λόγω, je dis ; instrument destiné à mesurer la vitesse du pouls. Synonyme de *pulsimètre*.

PULSIMANCIE , s. f. , *Pulsimancia*, de *pulsus .* pouls, et μαντεία , divination : pronostic fondé sur les modifications du pouls. Inusité.

PULSIMÈTRE , s. m. . *Pulsimetrum* , de *pulsus*. pouls , et μέτρω mesure : instrument qui sert à mesurer le pouls. Inusité en vétérinaire.

PULSIMÉTRIE , s. f. , *Pulsimetria* , de *pulsus*, pouls , et μέτρω , mesure ; art de mesurer la vitesse du pouls avec le pulsimètre.

PULVÉRISATION , s. f. , *Pulverisatio ;* de *pulvis* , poussière ; action de réduire en poudre les substances solides employées en chimie ou en pharmacie. Cette opération , généralement très simple , comprend plusieurs procédés ou temps qu'on emploie concurremment ou isolément, selon la ténuité que l'on veut donner au corps qu'on pulvérise. Les modes de pulvérisation sont nombreux ; on compte notamment la *contusion* , la *concassation* , la *trituration* , la *porphyrisation*, la *tamisation*, etc., (*V.* ces mots). Les instruments employés à cette opération sont principalement les *mortiers* , le *porphyre* et les *tamis* (*V.* ces mots). Les substances qu'on pulvérise sont les minéraux , les sels et autres composés inorganiques , la plupart des parties dures des végétaux, comme les racines, les bois, les semences, les noyaux, etc., et généralement toutes les matières qui ont beaucoup de cohésion. Avant d'être soumises à l'action du pilon, les substances à pulvériser seront émondées des parties inutiles ou altérées , débarrassées de la poussière, de la terre , en un mot de toute matière étrangère. Les parties végétales à texture fibreuse, telles que les racines et les bois , seront préalablement divisées à l'aide d'un couteau ou d'une râpe ; celles qui sont extrêmement dures, comme certaines semences ou amandes, seront ramollies par l'eau chaude ou la vapeur ; enfin toutes les matières à pulvériser seront séchées assez complètement pour ne pas se tasser sous le pilon au lieu de se diviser en poudre. La pulvérisation commence par la contusion ou la concassation des matières. en frappant verticalement contre le fond du mortier avec la tête du pilon ; puis on triture les petits fragments qui en résultent contre les parois du mortier en faisant exécuter au pilon un mouvement rapide de rotation. Quand les substances à pulvériser sont très irritantes (cantharides, euphorbe) , il est utile de recouvrir le mortier d'une sorte de calotte qui s'attache à son pourtour et au centre de laquelle passe le pilon sur lequel elle est aussi solidement attachée. Enfin, la trituration étant arrivée au degré voulu , on passe la poudre au tamis libre ou au tamis couvert , selon sa nature , afin de l'égaliser parfaitement et d'en séparer les parties grossières qui ont échappé à l'action du pilon.

PULVÉRULENT , adj., *pulverulentus*, de *pulvis*, poussière ; qui est à l'état de poudre ou qui est couvert de poussière. *État pulvérulent :* état d'un corps solide dont la cohésion a été détruite par la pulvérisation.

PULVINÉ. ÉE. adj. , *pulvinatus ;* parcouru par de larges sillons longitudinaux.

PUNCTIFORME , adj.. *punctiformis ;* en forme de points ; se dit des glandes, des écailles, etc.

PUNCTUM SALIENS , *Point bondissant ;* expressions latines consacrées en français pour désigner. chez l'embryon , les premiers rudiments du cœur, indiqués par le mouvement dont ils sont le siége.

PUPILLAIRE, adj.. *pupillaris*; qui appartient à la pupille. *Ouverture pupillaire :* ouverture de l'iris constituant la pupille. — *Membrane pupillaire :* membrane très mince qui, chez le fœtus, bouche la pupille et sépare complètement la chambre antérieure de l'œil, de la chambre postérieure. La membrane pupillaire résulte de l'adossement des deux membranes de l'humeur aqueuse, qui, à cette époque, tapissent séparément les deux chambres et passent devant l'ouverture de la pupille.

PUPILLE, s. f., *Pupilla*; ouverture de forme et de dimensions variables, percée dans le centre de l'iris pour le passage des rayons lumineux. La pupille du cheval et du bœuf est elliptique et oblique : elle est ronde chez le chien; dans le chat, elle est linéaire et verticale au grand jour, et se dilate la nuit. Les variations de l'ouverture de la pupille sont toujours déterminées par la rareté des rayons lumineux, qui détermine sa dilatation, ou par leur abondance, qui provoque son resserrement.

PURGATIF, s. m., *Purgans, purgativus*, de *purgare*, purger; classe de médicaments évacuants qui portent spécialement leur action sur les intestins et qui en augmentent momentanément les évacuations. Parmi les substances qu'on introduit dans le tube digestif, aliments ou médicaments, il en est un grand nombre qui peuvent produire la purgation ou déterminer une diarrhée passagère; mais le caractère essentiel des purgatifs, c'est de développer leurs effets sur le tube intestinal, quelle que soit leur voie d'introduction dans l'économie. Les purgatifs sont fort nombreux, et fournis principalement par le règne minéral et le règne végétal; les animaux n'en fournissent qu'un petit nombre. On les divise, suivant leurs effets principaux, en *cathartiques* et *laxatifs*, et on subdivise les premiers en *minoratifs* ou purgatifs doux, et *drastiques* ou purgatifs irritants. On a proposé des divisions secondaires fondées sur leur nature, comme les purgatifs *salins, résineux, huileux, mucoso-sucrés, émollients, mécaniques*, etc.; mais ces distinctions sont moins généralement admises. Les purgatifs se donnent sous forme *solide* (électuaires, bols), ou sous forme *liquide* (breuvages, lavements). Les voies d'introduction sont la bouche ou le rectum, et exceptionnellement la peau, entière ou dénudée, et les veines. L'administration des purgatifs doit être précédée de quelques précautions hygiéniques qui se résument en un repos complet dans une écurie chaude plutôt que froide, en une diète absolue de 12 ou 24 heures, dans l'ingestion de boissons délayantes, l'administration de quelques lavements, le pansement de la main, etc. L'action des purgatifs sur le tube intestinal n'est pas identique pour tous ces médicaments, et varie nécessairement avec leur nature;

cependant, il est certains effets qui sont communs à tous; tels sont : une irritation plus ou moins vive de la muqueuse intestinale; une augmentation notable des diverses sécrétions de cette membrane, ainsi que de celle des glandes qui y versent leurs produits (*foie, pancréas*); l'accélération des mouvements péristaltiques de la membrane musculeuse de l'intestin; le ramollissement des matières fécales, leur évacuation, etc. Les effets des purgatifs ne se produisent pas instantanément; leur développement exige un temps qui varie de 6, 12, 24, 48 heures et plus. La *purgation* est précédée et suivie de certains signes importants à noter : ainsi, après l'administration d'un purgatif, l'appétit diminue, la soif augmente, la bouche est chaude et pâteuse; la peau est alternativement chaude et froide; le pouls est petit, concentré, parfois irrégulier; des borborygmes se font entendre; des coliques se déclarent, s'accompagnant parfois de tympanite; il y a des épreintes, l'animal relève et agite la queue, expulse des vents, puis enfin des matières fécales d'abord dures, puis de plus en plus molles et enfin liquides. Lorsque la purgation est terminée et qu'elle a été régulière, l'appétit ne tarde pas à se développer, la bouche est fraîche et pleine de salive, le pouls mou et lent, les digestions rapides, le ventre libre et peu volumineux, la peau moite; le poil a repris son lustre, la santé est revenue plus complète et plus solide. Les purgatifs sont des médicaments très importants; les hippiatres et les anciens vétérinaires, imbus des principes de l'humorisme, en faisaient un usage fréquent à titre d'évacuants; abandonnés pendant que florissait la doctrine de Broussais, ils ont repris le rang qu'ils méritent dans la thérapeutique, sous l'influence des théories humorales plus rationnelles qui dominent maintenant en médecine. Ces médicaments sont employés comme *évacuants, révulsifs* et *substitutifs*. Les maladies qui en réclament l'usage sont nombreuses; on les donne contre certaines affections du tube digestif (embarras gastrique, inappétence, bézoards et pelotes stercorales, constipation, empoisonnement, diarrhée séreuse, fièvre bilieuse, entérite chronique, etc.). Les affections de la tête et des centres nerveux en réclament aussi l'emploi (conjonctivite, ophthalmie, vertige, épilepsie, chorée, immobilité, etc.). Il en est de même des hydropisies (œdème, engorgements des membres, des articulations, épanchements des grandes séreuses), des affections anciennes de la peau ou de celles qui sont à leur dernière période, des flux muqueux, tels que ceux de l'urètre, du vagin, des narines, des bronches, des oreilles, etc. Les purgatifs sont contre-indiqués dans les affections aiguës du tube digestif.

PURGATION, s. f., *Purgatio*; on donne ce nom à l'ensemble des effets déterminés par les purgatifs, ou à la diarrhée passagère qu'ils produisent. Cet état, qui est une sorte de maladie intestinale artificielle, est annoncé, accompagné et suivi de certains symptômes qui ont été indiqués au mot *purgatif*. Lorsque la purgation est trop intense, elle porte le nom de *super-purgation* ou *hypercatharsie*. Elle s'accompagne alors de météorisation, de coliques vives, de douleurs du ventre, d'évacuations séreuses, fétides, abondantes et parfois teintes de sang, etc.; c'est alors un véritable empoisonnement qu'il faut traiter par la diète, les breuvages, les lavements émollients et mucilagineux, les fomentations de l'abdomen, etc.

PURIFICATION, s. f., *Purificatio;* action de débarrasser une substance quelconque de toutes les matières qui lui sont étrangères. C'est une opération complémentaire de la préparation de la plupart des corps, qu'on obtient rarement d'emblée dans un état de pureté convenable. Rien n'est plus variable que les moyens mis en usage pour purifier les substances chimiques ; ils varient nécessairement selon la nature des corps, et sont souvent très nombreux, lorsque la substance à purifier est d'origine organique. Les règles les plus générales de cette opération sont les suivantes : les gaz sont lavés dans des liquides appropriés ; les sels et généralement toutes les matières susceptibles de cristalliser, sont soumis à des cristallisations successives ; les substances organiques sont d'abord traitées par divers dissolvants, décolorées par le charbon animal, puis engagées un certain nombre de fois dans des combinaisons avec des substances inorganiques, quand elles en sont susceptibles, jusqu'à ce qu'elles aient acquis leurs caractères propres.

PURIFORME, adj., *puriformis;* qui a les caractères du pus; qui ressemble à du pus. On dit que le *jetage* d'un cheval est *puriforme*, lorsque le produit de la sécrétion de la muqueuse nasale est modifié par l'inflammation, et présente l'aspect du pus.

PURPURA, s. m., *Purpura*, de *purpura*, pourpre ; nom donné en médecine humaine à une affection de la peau caractérisée par l'effusion du sang entre le derme et l'épiderme, sans qu'il y ait eu violence extérieure. Plusieurs auteurs donnent le nom de *pétéchies* aux taches que l'on observe en pareil cas : c'est la *péliose* d'Alibert, l'*hémacélinose* de Pierquin. Willan et Batteman reconnaissent plusieurs variétés de purpura : 1° *purpura simplex*, caractérisé par de petites taches rouges ou violacées qui disparaissent à la manière des ecchymoses, et dont le pronostic n'est pas grave ; 2° *purpura hæmorrhagica*, dont les taches sont plus larges, plus nombreuses, plus foncées, plus irrégulières; cette affection peut causer la mort; 3° *purpura urticans*, ayant quelque analogie avec les élevures de l'*urticaire*. — On observe quelquefois dans le cheval une éruption qui présente les caractères du *purpura*:

cette éruption consiste en des pustules contenant du sang qui s'échappe quelquefois au-dehors, sans qu'on puisse reconnaître l'action d'une cause extérieure.

PURPURINE, s. f. ; principe colorant pourpre de la racine de garance. La purpurine est solide, en aiguilles rougeâtres, volatile, soluble dans l'eau, soluble dans la solution d'alun qu'elle colore en pourpre, prenant une teinte groseille par l'action des alcalis, etc.

PURULENCE, s. f., *Purulentia;* qualité de ce qui est purulent.

PURULENT, TE, adj., *purulentus;* qui est de la nature du pus. *Foyer purulent :* foyer contenant du pus; *jetage purulent :* écoulement de mucosités purulentes par les narines.

PUS, s. m., *Pus*, πυον ; liquide d'un blanc jaunâtre, séparé du sang sous l'influence d'un travail morbide de nature inflammatoire. Le pus est *louable*, *crémeux*, lorsqu'il est blanc, sans mauvaise odeur et produit par le phlegmon ; on lui donne le nom de *sanie*, quand il est jaunâtre, mêlé à du sang; d'*ichor*, lorsqu'il est séreux, âcre et irritant. Il est plus pesant que l'eau, qu'il rend laiteuse par l'agitation ; il est diffluent et ne file pas entre les doigts comme le mucus. Au microscope, le pus présente des *globules* et des corpuscules plus petits, nommés *granules*, suspendus dans un liquide. Les globules sont arrondis; leur volume est plus considérable que celui des globules du sang ; ils se maintiennent intacts dans les liquides les plus variés. Quand il n'a pas subi l'influence de l'air, le pus est neutre ; il est quelquefois acide à la surface des plaies qui marchent régulièrement : on lui reconnaît des propriétés alcalines dans les foyers où l'air pénètre. Les principes constituants du pus sont l'eau dans les proportions de 85 à 90 sur 100, l'albumine, la fibrine, des sels à base de soude, de potasse et de chaux, et le chlorhydrate d'ammoniaque. Si le pus s'altère, il contient du sulfhydrate d'ammoniaque, qui donne cette teinte noire qu'on observe dans les abcès par congestion. Dans ce cas, les pièces de l'appareil de pansement sont colorées en noir, si l'on a employé comme topique l'acétate de plomb qui, par sa décomposition, donne un sulfure de ce métal. Dans les liquides purulents contagieux, le microscope a fait reconnaître des animalcules qu'on a désignés sous le nom de *Monades* (Vogel), de *Vorticelles* (Valentin.)

PUSTULE, s. f., *Pustula;* petite tumeur qui se développe à la surface de la peau, d'abord rouge, ensuite blanchissant au sommet et contenant un fluide séreux, presque toujours virulent. On en trouve des exemples dans la clavelée et la variole.

PUSTULE MALIGNE; maladie gangreneuse produite par l'inoculation d'un principe délétère ou d'un virus. On a confondu cette expression avec celle de *charbon ;* il y a une différence entre elles ; il ne faut pas donner le même nom à la pustule maligne résultant de l'inoculation du charbon, et au charbon spontané ou symptomatique. Dans la pustule maligne, la tumeur précède les symptômes généraux ; dans le charbon, c'est le contraire. Cette maladie funeste atteint les individus qui donnent des soins aux animaux affectés de charbon, ou qui manient leurs dépouilles sans précaution. Elle se montre sur les bestiaux élevés dans les localités basses et marécageuses, nourris avec des fourrages de mauvaise qualité. Une vive démangeaison se prononce dans l'endroit où la pustule maligne doit se développer : bientôt paraît une saillie circulaire, du centre de laquelle s'élève une vésicule remplie d'un fluide séreux. Le tissu cellulaire est envahi par une tumeur volumineuse qui présente un noyau gangreneux. Des phénomènes sympathiques se prononcent sur les voies digestives et précèdent la mort. Par le traitement, il faut favoriser la chute d'une eschare comprenant la partie gangrenée. Dans ce but, on applique la cautérisation par le fer rouge ou par les agents chimiques ; les incisions et l'excision ne dispensent pas de l'emploi des caustiques. Le traitement interne est analogue à celui du charbon et du typhus. *V.* Charbon.

PUSTULEUX, SE, adj., *pustulosus,* de *Pustula,* pustule ; qui a la forme d'une pustule.

PUTRÉFACTION, s. f., *Putrefactio,* σηψις ; *fermentation putride.* Décomposition spontanée des matières organiques privées de la vie. Elle est la conséquence de l'état moléculaire très complexe de ces substances et des faibles affinités qui les unissent hors de l'influence des forces de l'organisation. Aussi la putréfaction, comme toutes les autres fermentations, est-elle un véritable dédoublement moléculaire, accompagné de la formation immédiate de composés plus simples et partant plus stables. Toutes les substances organiques, végétales ou animales, s'altèrent à l'air au bout d'un temps plus ou moins long ; les unes éprouvent une sorte de combustion lente, les autres entrent en fermentation. Celles qui subissent cette dernière altération sont particulièrement les matières qui sont d'un tissu mou, abreuvées de sucs, qui ont une composition chimique très complexe ou mal définie. Quelles que soient, du reste, la texture et la composition des substances organiques, elles n'entrent en putréfaction que dans les circonstances suivantes : 1° lorsqu'elles contiennent une certaine quantité d'eau, car celles qui sont sèches se conservent indéfiniment ; 2° quand la température est de 15° à 30° ; au-dessous de zéro et au-dessus de 50°, la putréfaction est également impossible ; 3° enfin, lorsque l'air est en contact avec les matières organiques, l'observation ayant démontré que, dans le vide et dans les gaz non oxygénés, ces matières se conservent facilement. Toutes les matières en putréfaction dégagent de l'acide carbonique, de l'hydrogène carboné, de l'acide acétique : de plus, celles qui sont azotées donnent de l'ammoniaque et des sels ammoniacaux volatils ; enfin, quand elles contiennent en outre du soufre et du phosphore, comme cela est fréquent, il se produit de l'acide sulfhydrique et de l'hydrogène phosphoré. Tous ces produits gazeux entraînent, en se dégageant, des molécules organiques en état de décomposition, ce qui produit l'odeur putride insupportable qu'ils exhalent. Presque toujours, pendant la putréfaction, il se développe, dans la matière altérée, une quantité prodigieuse d'infusoires, de larves, qui hâtent la décomposition et contribuent à augmenter la mauvaise odeur. Enfin, il reste, comme résidu de la putréfaction, un corps pulvérulent, grisâtre, très riche en carbone et en principes inorganiques, qui est appelé *humus* ou *terreau.* On peut prévenir l'altération des matières organiques par des moyens très-nombreux et variables selon la nature de la substance et le but qu'on se propose ; les principaux sont : la dessiccation, le vide, l'emploi du sel marin, du sucre, de l'alcool, du vinaigre, du nitre, de l'alun, de la créosote, de l'acide arsénieux, du sublimé corrosif, du tannin, de l'hyposulfite de soude, du chlorure de zinc, des sels métalliques, etc.

PUTRIDE, adj., *putridus ;* pourri, corrompu. — *Fièvre putride :* attribuée par les anciens humoristes à la corruption des humeurs. *V.* Typhoïde.

PUTRIDITÉ, s. f., *Putriditas, putredo ;* corruption, état de ce qui est putride. Les humoristes ont donné ce nom à un état maladif dans lequel ils supposaient la formation de combinaisons nouvelles, comparables à celles qui ont lieu dans les corps privés de vie. Ces caractères étaient observés principalement dans les fièvres adynamiques et le typhus.

PUTRILAGE, s. m., *Putrilago ;* nom donné à la matière pultacée qui se forme dans certaines affections gangreneuses.

PUTRILAGINEUX, SE, adj., *putrilaginosus ;* qui a les caractères du putrilage. — *Sécrétion putrilagineuse :* liquide qui suinte des plaies gangreneuses.

PYÉLITE, s. f., *Pyelitis,* de πυελος, bassin ; inflammation de la muqueuse des bassinets des reins. *V.* Néphrite.

PYGOMÈLE, s. et adj., *Pygomeles,* de πυγη, fesses, et μελος, membre ; genre de monstres doubles polyméliens, chez lesquels il existe un ou deux membres accessoires dans la région hypogastrique, derrière ou entre les membres pelviens normaux. Cette monstruosité est commune chez les oiseaux.

PYGOMÉLIE, s. f., *Pygomelia ;* état des monstres pygomèles.

PYGOPAGE, s. et adj., *Pygopages,* de πυγη, fesses, et παγος, uni ; genre de monstres doubles eusomphaliens formés par l'assemblage de deux individus à ombilic distinct, réunis par la région fessière.

PYGOPAGIE, s. f., *Pygopagia*; état des monstres pygopages.

PYLORE, s. m., *Pylorus*, de πυλη, porte, et ουρος, gardien; nom donné à l'orifice du sac droit de l'estomac, formant l'entrée du tube intestinal. Cette ouverture est bordée d'un bourrelet musculaire formé par un renflement de la tunique moyenne de l'estomac.

PYLORIQUE, adj., *pyloricus*; qui appartient au pylore. — *Artère pylorique* : branche de l'artère hépatique se divisant en deux branches secondaires, dont une se ramifie autour du pylore, et l'autre forme l'artère épiploïque droite, s'anastomosant par inosculation avec l'épiploïque gauche provenant de la splénique.

PYOGÉNIE, s. f., *Pyogenia*, de πυον, pus, et γενεσις, génération; formation du pus; formation d'un abcès.

PYOGÉNIQUE, adj., *pyogenicus*, de πυον, pus, et γενναω, j'engendre : qui engendre le pus. — *Membrane pyogénique* : nom donné à la membrane qui tapisse les abcès, les plaies qui suppurent, les ulcères.

PYOMÈTRE, s. m., *Pyometra*, de πυον, pus, et μητρα, matrice; collection purulente de la matrice.

PYOPHTHALMIE, s. f., *Pyophthalmia*, de πυον, pus, et οφθαλμος, œil : formation de pus dans l'œil : *hypopion* (*V*. ce mot.)

PYOPTISIE, s. f., *Pyoptisia*, de πυον, pus, et πτυσις, crachement; crachement de pus.

PYORRHAGIE, s. f., *Pyorrhagia*, de πυον, pus, et ρεω, je coule; écoulement de pus.

PYORRHÉE, s. f., *Pyorrhœa*; synonymie de *Pyorrhagie*.

PYOSE, s. f., *Pyosis*, de πυον, pus; maladie externe de l'œil, qui consiste dans une suppuration continuelle.

PYOTHORAX, s. m., *Pyothorax*, de πυον, pus, et θωραξ, thorax; abcès dans le thorax ou la poitrine.

PYRAMIDAL, ALE, adj., *pyramidalis*, de *pyramis*, pyramide; en forme de pyramide. *Muscle pyramidal des naseaux*. *V*. SUS-MAXILLO-NASAL. *Muscle pyramidal du bassin*. *V*. PIRIFORME. — *Corps pyramidaux*. *V*. PYRAMIDE.

PYRAMIDE s. f., *Pyramis*; on donne le nom de *pyramides* à des éminences situées de chaque côté de la ligne médiane, à la face supérieure et à la face inférieure de la moelle allongée, et séparées latéralement par les éminences olivaires, que l'on appelle aussi *pyramides moyennes*.

PYRÉLAINE, s. f., de πυρ, feu, et ελαιον, huile : nom donné à plusieurs huiles volatiles pyrogénées provenant de la distillation à vase clos de substances organiques, du goudron, des bitumes, etc.

PYRÈNE, s. m. : produit solide et cristallisable de la distillation sèche de la houille. Il est solide, en lames rhomboïdales, inodore, insipide, peu soluble dans l'eau, l'alcool et l'éther, volatil, sans décomposition à 180°. Corps peu important. — *Bot. V*. NUCULE.

PYRÉNÉEN (Cheval). C'est celui qui se forme aujourd'hui dans les départements des Hautes et Basses-Pyrénées, par le croisement des étalons anglais et arabes du haras de Tarbes, avec la jument navarrine ou dérivée. Cette race nouvelle ne présente pas encore beaucoup d'uniformité dans ses caractères; plus étoffée et moins haute dans les environs de Pau, elle est en général légère, brillante, un peu mince, tardive, délicate, mais bonne et rapide, propre à la selle et au service de la cavalerie légère. Il serait à désirer qu'elle eût plus de poitrine et des membres un peu plus forts.

PYRÈTHRE, s. f., *Pyrethrum*. Gaert. ; genre de la famille des Composées. Il renferme une soixantaine d'espèces herbacées ou frutescentes, originaires des régions tempérées de l'ancien continent, et extraites par les botanistes modernes des genres *Matricaria*, *Chrysanthemum*, etc., de Linné. Les espèces principales sont : la P. matricaire, *P. Parthenium*, Smith., *Matricaria parthenium*, Linné; la P. Tanaisie, *P. tanacetum*, D. C. *Tanacetum balsamita*, L. La plante connue en pharmacologie sous le nom de *Pyrèthre* est l'*Anacyclus pyrethrum* de D. C., *Anthemis pyrethrum* de Linné. — *Pharmacologie*. La racine de pyrèthre, qui est la seule partie de la plante qui soit employée, est cylindroïde, allongée, rugueuse, chevelue, brunâtre en dehors, blanchâtre en dedans, d'une odeur désagréable et d'une saveur âcre, irritante, excitant fortement la salivation. Elle paraît formée d'une huile concrète, d'une essence, d'un principe résineux (*pyréthrine*), de tannin, de gomme, de ligneux, de sels, etc. La pyrèthre est un sialagogue puissant dont on fait usage comme masticatoire, comme gargarisme détersif, dans les affections de la bouche et la paralysie de la langue. Elle est peu usitée maintenant, peut-être à tort. *V*. SIALAGOGUE.

PYRÉTHRINE, s. f.; matière résineuse brune, mollasse, poisseuse, très âcre et paraissant former le principe actif de la racine de pyrèthre. Insoluble dans l'eau, elle se dissout dans l'alcool, l'éther, les huiles, les essences et dans le vinaigre. Elle est rubéfiante.

PYRÉTINE, s. f., de πυρ, feu, et ρητινη, résine; nom générique donné aux matières résineuses qui prennent naissance pendant la distillation sèche des matières organiques.

PYRÉTIQUE, adj., *pyreticus*, de πυρετος, fièvre; qui est propre à combattre la fièvre; *remède pyrétique*.

PYRÉTOLOGIE, s. f., *Pyretologia*, de πυρετος, fièvre, et λογος, discours : traité sur les fièvres

PYRÉTOLOGIQUE, adj., *pyretologicus*; qui concerne la pyrétologie.

PYRÉTOLOGISTE, s. m., *Pyretologistus*; qui s'occupe de l'étude des fièvres; auteur d'une *pyrétologie*.

PYREXIE, s. f., *Pyrexia*, de πυρεσσω, j'ai la fièvre; fièvre symptomatique. *V.* **Fièvre**.

PYRIDION. *V.* **Mélonide**.

PYRIFORME, adj., *pyriformis*; en forme de poire. *V.* **Piriforme**.

PYRITE, s. f., *Pyritis*, de πυρ, feu; nom minéralogique du sulfure de fer et du sulfure de cuivre, qu'on trouve souvent associés dans la nature.

PYRITEUX, adj.; qui est de la nature des pyrites ou qui en contient.

PYROMÈTRE, s. m., *Pyrometrum*, de πυρ, feu, et μετρεω, mesure; les pyromètres sont des instruments employés dans les arts pour évaluer approximativement les températures qui outre-passent l'échelle du thermomètre ordinaire. Ces instruments varient de forme. On en connaît deux espèces principales: celui de Weedgwood qui est le plus employé, et le pyromètre métallique. 1° *Pyromètre de Weedgwood*. Il est fondé sur le retrait qu'éprouve l'argile, à mesure qu'elle est soumise à une température plus élevée. Il se compose de deux règles d'acier fixées solidement sur une plaque de cuivre et laissant entre elles un intervalle conique. L'une des règles porte 240 divisions égales qu'on appelle *degrés* du pyromètre. Le 0° de l'instrument est placé à l'entrée la plus large de l'intervalle des deux règles; le petit cône d'argile, cuit à la chaleur rouge sombre, doit s'arrêter à ce degré, qui correspond à 580° environ, chacun des autres degrés valant 72° centigrades. Quand, avec cet instrument, dont la graduation est toute arbitraire, on veut évaluer la température d'un foyer quelconque de chaleur, on y introduit le cylindre d'argile; et, lorsqu'il est froid, on le fait glisser dans la rainure de l'instrument; le degré où il s'arrête indique la température. 2° Le *pyromètre métallique*, dont la construction varie, est formé par une petite barre de métal placée dans une rainure creusée dans une plaque de porcelaine, fixe par une extrémité et portant par l'autre sur le levier coudé d'une aiguille qui parcourt les divisions d'un cadran. La graduation de ce pyromètre est aussi toute arbitraire, et varie selon la destination particulière de l'instrument.

PYROPHORE, s. m., *Pyrophorus*, de πυρ, feu, et φερω, je porte; nom donné en chimie à toutes les substances très combustibles qui prennent spontanément feu à l'air. *Pyrophore de Gay-Lussac*: mélange de 2 parties de sulfate de potasse et de 1 partie de noir de fumée fortement calciné; il est formé de sulfure de potassium et de charbon très divisé. *Pyrophore de Homberg*: mélange de 3 parties d'alun et de 1 partie de farine calciné à l'abri de l'air; il contient du sulfure de potassium, de l'alumine et du charbon.

PYROPHORIQUE, adj.; qui jouit des propriétés des pyrophores. *Fer pyrophorique*: fer provenant de la réduction des oxydes de ce métal par l'hydrogène, et qui s'enflamment spontanément à l'air.

PYROSCOPE, s. m., *Pyroscopium*; de πυρ, feu, et σκοπεω, examiner: espèce de thermomètre différentiel ou de thermoscope dont une des boules est recouverte d'une calotte métallique, et qu'on emploie à mesurer la quantité de chaleur fournie par une cheminée d'appartement.

PYROSIS, s. f., *Pyrosis*, de πυρ, feu; sensation brûlante de l'œsophage et de l'estomac, semblable à celle qui serait produite par un fer chaud. Cet état s'accompagne de nausées, de céphalalgie. On ne peut le constater dans les animaux.

PYROTECHNIE, s. f., *Pyrotechnia*, de πυρ, feu, τεχνη, art; science qui traite du feu considéré dans ses applications aux besoins de l'homme. Partie de la chimie qui traite de la poudre de guerre, des poudres fulminantes, des feux d'artifice, etc. *Pyrotechnie chirurgicale*; nom donné par Percy à la partie de la chirurgie qui traite de l'art d'employer le *feu* ou cautère actuel pour la guérison des maladies.

PYROTHONIDE, s. f., de πυρ, feu, et οθονιον, linge; nom donné par le docteur Ranque au produit charbonneux, huileux, odorant, soluble dans l'eau, qu'on obtient en brûlant du vieux linge dans un vase. On l'a conseillé comme collyre et gargarisme.

PYROXYLINE, s. f., *Pyroxyle*. poudre-coton, *fulmi-coton*, etc.: produit très combustible, fulminant comme la poudre à canon et résultant de l'action des agents oxydants sur le ligneux pur. Pour préparer ce corps, on fait un mélange de trois volumes d'acide azotique concentré et de cinq volumes d'acide sulfurique, on le laisse refroidir et on y plonge, pendant quinze à vingt minutes, du coton cardé qu'on retire ensuite, qu'on lave à grande eau, jusqu'à ce qu'il soit sans action sur le papier bleu de tournesol et qu'on laisse dessécher à la température ordinaire ou dans un vase contenant de la chaux vive. La pyroxyline ressemble au coton cardé; seulement les brins sont friables et rudes au toucher; elle est insoluble dans l'eau, l'alcool et l'éther, soluble dans un mélange de ces deux derniers liquides, ainsi que dans l'acétate de métyline, l'acétone et l'éther acétique. Chauffée à l'air, la pyroxyline détone avec violence au-dessous de 100°; embrasée à l'air libre, elle brûle sans détoner; dans les armes à feu, elle produit les mêmes effets que la poudre ordinaire, mais avec plus de force. Traitée par l'éther acétique, en petite quantité, ou par un excès d'éther sulfurique pur ou mélangé à l'alcool, la pyroxyline perd sa forme, se ramollit, se change en une masse gélatineuse qui, en se desséchant, adhère fortement aux corps sur lesquels elle a été étendue ; c'est le *collodion* , qu'on a récemment proposé comme moyen agglutinatif puissant.

PYULQUE , s. m. , *Pyulcus* , de πυον, pus, et ἑλκω, tirer ; instrument dont on se sert en chirurgie humaine pour retirer le pus contenu dans une cavité du corps.

PYURIE , s. f. , *Pyuria* , de πυον, pus, et ουρεω , j'urine ; pissement de pus ; rejet de matière purulente mêlée aux urines.

PYXIDE , s. f. , *Pyxis ;* fruit apocarpé sec, uniloculaire , déhiscent, s'ouvrant par une scissure circulaire en deux valves superposées , la supérieure servant en quelque sorte de couvercle à l'autre , ex. : les *amaranthes.* On lui donnait autrefois le nom de *boîte à savonnette.* — La *Pyxidie (Pyxidium)* en diffère seulement en ce qu'elle provient de plusieurs carpelles soudés, et qu'elle peut être formée de plusieurs loges ; ex. : le fruit de la *jusquiame,* du *mouron.*

Q

QUADRANGULAIRE , QUADRANGULÉ, *V.* Tétragone.

QUADRI-AILÉ , ÉE , adj., *quadri-alatus ;* portant quatre appendices en forme d'ailes. On dit aussi *tétraptère.*

QUADRI-CAPSULAIRE , adj. , *quadri-capsularis:* formé de quatre capsules réunies.

QUADRI-DENTÉ , ÉE , adj., *quadri-dentatus ;* portant quatre dents, ou terminé par quatre dents.

QUADRI-DIGITÉ , ÉE , adj., *quadri-digitatus ;* se dit des feuilles composées qui portent quatre folioles au sommet de leur pétiole ; ex. : le *Marsilea quadrifolia.*

QUADRIENNAL , ALE , adj., *quadriennalis ;* qui dure quatre ans. *Assolement quadriennal ; rotation quadriennale.*

QUADRIFIDE , *V.* Tétrafide.

QUADRI-FLORE, adj., *quadri-florus ;* portant quatre fleurs, ou composé de quatre fleurs ; se dit du pédoncule, du bouquet, du verticille.

QUADRI-FOLIÉ . *V.* Quadri-digité.

QUADRI-FOLIOLÉ , *V.* Quadri-folié.

QUADRI-FURQUÉ , ÉE , adj., *quadri-furcatus ;* divisé en quatre branches.

QUADRI-JUGUÉ,ÉE,adj., *quadri-jugatus ;* on le dit des feuilles composées qui portent, sur le pétiole commun, quatre paires de folioles opposées.

QUADRI-JUMEAUX, adj. p., *quadri-gemini ; tubercules quadri-jumeaux ou bi-géminés :* tubercules situés à la partie supérieure du mésocéphale, en arrière des couches optiques, et disposés régulièrement de chaque côté d'un sillon longitudinal qui les sépare en deux paires, séparées elles-mêmes en deux tubercules distincts par un sillon transversal. Les deux supérieurs, plus volumineux, portent le nom de *nates,* et les inférieurs celui de *testes.* Ces derniers donnent attache à la *valvule de Vieussens.* Les tubercules quadri-jumeaux sont creux et portent le nom de lobes optiques dans les trois dernières classes de vertébrés.

QUADRI-LOBÉ , ÉE, adj., *quadri-lobatus ;* partagé en quatre lobes.

QUADRI-LOCULAIRE , adj. , *quadri-locularis ;* divisé en quatre loges.

QUADRI-PARTI , adj., *quadri-partitus ;* partagé profondément en quatre parties.

QUADRI-PHYLLE , *V.* Tétra-phylle.

QUADRI-VALVE , adj., *quadri-valvis ;* se dit des fruits ou des péricarpes qui se divisent en quatre valves.

QUADRUMANES , s. m. p., *Quadrumana ;* second ordre des Mammifères , caractérisé par la disposition en forme de *main* des quatre extrémités, deux ou quatre mamelles pectorales, des clavicules complètes , la disposition réciproque des os de l'avant-bras permettant les mouvements de pronation et de supination, la séparation des fosses temporale et orbitaire, etc. Cet ordre, qui comprend les animaux les plus voisins de l'homme , est divisé en deux familles : les Singes, *Simiæ,* et les Makis ou Lémuriens, *Lemures.*

QUADRUPÈDES , s. et adj. p., *Quadrupeda ;* nom donné, en général , à tous les animaux pourvus de quatre pieds, mais plus spécialement réservé aux mammifères terrestres.

QUALITÉ , s. f. , *Qualitas ;* caractère, manière d'être des corps, par lesquels ils frappent nos sens. *V.* Propriété.

QUARTATION, s. f., de *quartare,* diviser en quatre. *V.* Inquartation.

QUARTE , adj., *quartanus ;* qui occupe le quartier. *Seime quarte, V.* Seime. En médecine humaine, on appelle *fièvre quarte,* la fièvre dont les accès reviennent tous les quatre jours, avec deux jours d'intervalle.

QUARTIER , s. m. ; partie latérale de la paroi du sabot du cheval comprise entre la *mamelle* et le *talon.*

QUARTINE , *V.* Ovule.

QUARTZ, s. m. ; nom minéralogique de l'acide silicique plus ou moins pur et cristallisé. Il présente un grand nombre de variétés.

QUASSIA, s. m. , *Quassia,* D. C. ; genre de la famille des Simarubées. Il ne renferme qu'une seule espèce, le *Q. amara,* arbre originaire de la Guyane et naturalisé aux Antilles. Son bois et surtout sa racine et son écorce sont très amers. On trouve la racine dans les pharmacies. Elle est employée dans la médecine humaine comme tonique et fébrifuge. On prétend que l'art de la brasserie commence à l'employer au lieu de houblon dans la fabrication de la bière.

QUASSINE, s. f. ; matière blanche, cristalline, très amère, fusible, insoluble dans l'eau, soluble dans l'alcool et l'éther, et découverte par Winckler dans le *Quassia amara*.

QUASSITE, s. f. ; nom donné par Wigers à la *quassine* (*V.* ce mot).

QUATERNAIRE, adj., *quaternarius;* indique que l'organe est répété quatre fois.

QUATERNÉ, ÉE, adj., *quaternatus;* se dit des fleurs, des feuilles qui naissent par groupes de quatre.

QUENOUILLE, s. f. ; nom donné vulgairement aux arbres fruitiers taillés de telle sorte qu'ils représentent à peu près l'instrument de ce nom. Les quenouilles sont *pyramidales* ou *fusiformes*.

QUERCINE, s. f. ; matière cristalline, amère, soluble dans l'eau et l'alcool, très soluble dans l'éther, voisine de la salicine, et découverte par Gerber dans l'écorce du chêne ordinaire.

QUERCINÉES, *V.* Cupulifères.

QUERCITRIN, s. m. ; nom donné par Chevreul à la matière colorante jaune et cristalline du quercitron.

QUERCY (Race bovine du). On la trouve principalement aux environs de Cahors, département du Lot. Caractères : taille de 1 mèt. 35 cent. à 1 mèt. 40 ; poids moyen de viande nette, 325 à 350 kilog. ; robe rouge, corps allongé, tête étroite, longue, cornes courtes et fortes, encolure courte, fanon peu développé, côte un peu aplatie, ventre relevé, étroit; épaules fortes, membres longs, minces, jarrets larges. Le bœuf du Quercy a plus d'ardeur que de véritable énergie ; il doit être engraissé de bonne heure. Les vaches sont grandes et bonnes laitières. — (Race ovine). Commune, à laine courte, mais donnant de la chair de bonne qualité; s'améliorera par le sang mérinos. — (Race porcine). Taille moyenne ou au-dessous, oreilles petites, dressées, dos convexe, robe mêlée de blanc et de noir, où celui-ci prédomine.

QUEUE, s.f., *Cauda;* prolongement terminal du rachis, faisant une saillie plus ou moins allongée à la partie postérieure du corps d'un grand nombre d'animaux. La queue a pour base le coccyx formé de vertèbres moins complètes que celles de la portion essentielle du rachis, et mues par des muscles particuliers. Sa longueur est très variable chez les mammifères. La queue des oiseaux se prolonge par des plumes au-delà d'un coccyx assez court. Chez certains mammifères et quelques reptiles, elle est *prenante*, c'est-à-dire qu'elle peut s'enrouler autour des corps, et même servir quelquefois d'organe de préhension.— En *extérieur*, la queue du cheval a reçu différents noms suivant la forme de son tronçon ou de ses crins. Elle doit, pour être *bien attachée*, partir d'aussi haut que possible, ce qui ne peut avoir lieu que si la croupe est elle-même horizontale. On appelle *écourté*,

courte-queue, le cheval chez lequel on a raccourci le tronçon ; *anglaisé*, *niqueté*, celui chez lequel on a détruit, par une opération, l'action des muscles abaisseurs. L'animal est à *tous crins*, lorsqu'il a conservé sa queue entière ; il est à *queue de rat*, lorsque les crins manquent, soit par suite de maladie, soit naturellement. Lorsqu'on a raccourci le tronçon et laissé les crins, la queue est dite *en balai*. La queue flasque et facile à lever indique généralement un cheval mou. La queue de l'âne n'est garnie de crins que vers son extrémité ; celle du mulet, fournie dans toute son étendue, porte des crins droits et jamais ondulés. La queue du bœuf, couverte de poils ordinaires, ne porte de crins qu'à sa partie inférieure, où ils forment le *toupillon*. Dans le mouton, la queue se garnit, chez certaines races d'Afrique, de masses graisseuses très considérables. La queue du chien, généralement recourbée et inclinée à gauche, est le principal organe d'expression de cet animal. On en retranche souvent une partie dans certaines races. — *Bot.* Le mot *queue* est employé pour désigner vulgairement le pétiole de la feuille, le pédoncule qui supporte le fruit. On l'applique aussi, mais très rarement, à des appendices terminaux, allongés et mous.

QUEUE A L'ANGLAISE ; opération qui consiste à inciser seulement les muscles abaisseurs de la queue, ou à couper et enlever une partie de ces muscles, dans le but d'augmenter la force de leurs antagonistes, et de permettre à l'animal d'élever davantage le tronçon de cet organe. Synonymie: *Myotomie caudale, action de niqueter*, *d'anglaiser*. Cette opération est ainsi nommée parceque ce sont les marchands de chevaux de l'Angleterre qui l'ont imaginée pour imiter, dans certains animaux, le port naturel des races les plus distinguées ; elle est devenue une affaire de mode ; on la pratique sur tous les chevaux de luxe qui ne sont pas réellement énergiques. Il est des conditions de structure qui rendent inutile la section des muscles abaisseurs de la queue; il faut tenir compte de l'attache de cet organe et de la forme de la croupe. L'opération n'est suivie d'aucun résultat sur les chevaux dont la queue est attachée trop bas, sur ceux dont la croupe est coupée ou avalée, ainsi que pour les sujets à constitution molle. On ne se borne pas toujours à pratiquer la section partielle des muscles coccygiens inférieurs: on pratique aussi *l'écourtage* après l'opération de la queue à l'anglaise. *V.* Amputation. Quelques précautions préparatoires sont nécessaires avant d'opérer. Quand on a choisi la saison la plus convenable, l'animal est mis à la diète la veille. En outre, il faut préparer la queue, afin de pouvoir lui donner, pendant quelques jours, une situation convenable ; il faut aussi disposer la place où l'animal sera fixé, dès que l'opération sera faite. On divise en deux tresses les crins de l'extrémité de la queue ;

on laisse flotter ceux qui sont situés vers la base de l'organe. Cesdeux tresses, auxquelles on a attaché un bout de ficelle, restent séparées si l'on doit employer quatre poulies ; on les réunit, si l'on ne se sert que de deux poulies. Un petit bâtonnet de bois fixé à l'extrémité de la natte forme une sorte de T. On dispose dans l'écurie une stalle étroite ; une poulie est fixée à une traverse située au niveau de la croupe, et correspond à une deuxième poulie située contre le mur de fond opposé à la mangeoire. Un cordeau placé dans ces deux poulies présente, à l'une de ses extrémités, un petit sac qui peut contenir des poids gradués, tandis que l'autre bout présente une anse dans laquelle on engagera le bâtonnet placé à l'extrémité de la queue. Plusieurs procédés ont été successivement préconisés pour l'opération de la queue à l'anglaise : 1° *Procédé par incisions transversales, avec excision d'une partie des muscles* : c'est celui qu'on emploie le plus généralement. Il consiste à faire, avec le bistouri à serpette, trois incisions de chaque côté, distantes au moins l'une de l'autre de deux travers de doigt. Ces muscles incisés profondément sortent en partie de l'ouverture ; l'opérateur excise seulement les parties qui font saillie à la surface des incisions. 2° *Procédé par incisions transversales en* T : pour faciliter l'excision d'une plusgrande étendue du muscle, on a divisé en travers, dans une seule direction l'incision transversale ; cette précaution est inutile. 3° *Procédé par incision longitudinale:* cette manière d'opérer est une des plus anciennes ; elle consiste à faire sur chaque muscle une incision longitudinale à chaque extrémité de l'étendue qu'on veut retrancher, et qu'on enlève d'une seule pièce. Delafond a perfectionné ce procédé qu'il considère comme moins douloureux, plus facile, moins exposé à de graves accidents et donnant des plaies qui se cicatrisent promptement. 4° *Procédé par ponction transversale du muscle :* dans le but d'éviter les difficultés inhérentes à l'emploi du bistouri à serpette, Bernard a fait des essais avec la feuille de sauge double, qu'il plongeait dans le milieu du muscle, en bornant sa longueur et sans incision préalable à la peau. 5° *Procédé Brogniez :* ce professeur emploie le *dermotome caudal,* instrument à deux tranchants réunis en pointe, et le *myotome caudal,* petit bistouri à lame fine, courbe, étroite et boutonnée. L'animal fixe convenablement, on implante le dermotome sur chaque muscle abaisseur dans un sens parallèle à ses fibres sur trois ou quatre points distants dedeux travers de doigt : dans un autre temps, le myotome est introduit dans chaque plaie pour diviser le muscle en travers ; enfin, l'on excise avec le bistouri les portions musculaires qui font saillie par les incisions qu'on a pratiquées. Cette manière d'opérer présente, d'après son auteur, l'avantage d'être facile à exécuter, la certitude

d'éviter l'hémorrhagie, la réunion par première intention, l'absence de la suppuration, une guérison rapide. Elle a l'inconvénient de ne pas permettre assez l'extension de la peau qui recouvre la surface inférieure de la queue, extension nécessaire sur quelques chevaux. — Après l'opération, l'animal est conduit dans sa stalle, où la queue est maintenue relevée au moyen du poids suspendu à la corde passée dans les deux poulies disposées d'avance. Si le sujet doit être conduit assez loin, la queue sera momentanément recourbée sur un bottillon placé en travers, au-dessus de la base de cet organe, à l'extrémité de la croupe. On emploie les poulies pendant dix à quinze jours.Lorsque, après l'opération, la queue est relevée à un degré excessif, on y remédie par une ou deux incisions transversales sur la face supérieure. Dans le cas où cet organe est porté de côté, c'est que les muscles ont été imparfaitement coupés ; il faut renouveler l'opération sur quelques points. Brogniez emploie un *appareil porte-queue* de son invention, qui permet d'éviter les tiraillements causés par les poulies. —*Accidents après l'opération :* ce sont l'hémorrhagie fournie par les artères coccygiennes, les crevasses de la partie supérieure de la queue, l'engorgement de cet organe, les fongosités des plaies, des abcès, des fistules, la chute des crins, la carie, l'ankylose des vertèbres caudales, la chute de ces os, la gangrène et le tétanos. Patu a observé la blessure du rectum ; Brogniez a vu deux chevaux d'expérience périr subitement après l'opération ; ce qu'il a cru pouvoir expliquer par la pénétration de l'air dans les veines.

QUEUE DE RAT. *V.* Arête.

QUINAIRE, adj., *quinarius ;* indique que l'organe est repeté cinq fois.

QUINATE, s. m. ; nom des sels formés par l'acide quinique avec les bases. Dans les quinquinas, il existe des quinates de quinine, de cinchonine et de chaux.

QUINCONCE, s. m. ; plantation d'arbres disposés en échiquier. On dit *planter en quinconce.* — *Chirurg* Pointes de feu en quinconce,

QUINCONCIAL, ALE, adj., *quinconcialis;* se dit de la *disposition* des feuilles sur la tige lorsque, dans la spirale, la cinquième correspond à la première ; de *l'estivation,* quand, des cinq pièces, deux sont extérieures, deux intérieures et une enveloppant d'un côté les intérieures, tandis qu'elle est recouverte de l'autre par les extérieures ; ex. : le *calice des rosiers,* des œillets.

QUINÉ, ÉE, adj. *quinatus;* disposé par cinq.

QUININE, s. f., $C^{20} H^{12} O^2 Az$. Alcaloïde végétal découvert dans le quinquina, en 1820, par Pelletier et Caventou. Cette base organique se rencontre dans toutes les variétés de cette écorce, mais principalement dans le quinquina jaune, où elle est combinée à l'acide quinique et au tannin. On

obtient la quinine pure en dissolvant le sulfate de cette base dans l'eau, précipitant par l'ammoniaque, dissolvant le précipité dans l'alcool, ajoutant quelques gouttes d'eau et abandonnant la liqueur laiteuse à elle-même ; la quinine se dépose lentement et cristallise. La quinine brute se prépare en précipitant la teinture de quinquina par l'eau, ou l'eau acidulée qui a épuisé du quinquina, avec la magnésie. La quinine anhydre est amorphe, jaunâtre, poreuse, résinoïde ; hydratée, elle cristallise en petites houppes soyeuses, formées d'aiguilles blanches, très fines, qui ont la forme de prismes à six pans ; elle est incolore, inodore et d'une amertume intense et persistante. Chauffée, la quinine hydratée perd son eau à 120°, se fond à 150° en un liquide transparent qui, en se refroidissant, se prend en une masse d'aspect résineux qui est de la quinine anhydre. L'eau froide ne dissout qu'un 400e de son poids de quinine ; l'eau bouillante en prend un 250e ; l'alcool et l'éther dissolvent la quinine ; les alcalis et la chaux la dissolvent également ; enfin, les acides la neutralisent et donnent naissance à des sels cristallisables, blancs, inodores, d'un grande amertume et plus solubles que la quinine. *Caractères spécifiques.* La quinine est très amère ; elle bleuit le papier rouge de tournesol ; traitée par le chlore, puis par l'ammoniaque, elle donne une belle couleur verte, qui passe au bleu à mesure qu'on neutralise la liqueur avec de l'acide chlorhydrique très étendu. — *Pharmacol.* La quinine jouit des propriétés toniques, antiputrides et antipériodiques du quinquina ; mais on en fait rarement usage à cause de son insolubilité et de son prix élevé, lorsqu'elle est pure. La quinine brute peut se donner aux grands animaux, à la dose de 2 à 5 grammes en bols ou en dissolution dans l'eau acidulée ; cependant on lui préfère généralement le sulfate de quinine. *V.* Sulfate.

QUINOIDINE, s. f. ; matière résinoïde, brune, inodore, très amère, peu soluble dans l'eau et l'éther, très soluble dans l'alcool, neutralisant les acides, avec lesquels elle forme des sels visqueux, amers, incristallisables. Elle a été découverte dans les quinquinas par Sertuerner.

QUINOLÉINE, s. f. ; nom donné par Gerhaldt à l'un des produits de la décomposition de la quinine et de la cinchonine par la potasse.

QUINOLOGIE, s. f., *Kinologia*, de *Kina*, quinquina, et λόγος, discours : description botanique et pharmacologique des quinquinas.

QUINQUE ; signifie *cinq* dans les composés latins. C'est dans ce sens qu'il est employé dans les adjectifs suivants :

QUINQUE-ANGULAIRE, *quinque-angularis*

QUINQUE-ANGULÉ, *quinque-angulatus.*

QUINQUE-AILÉ, *quinque-alatus.*

QUINQUE-CAPSULAIRE, *quinque-capsularis.*

QUINQUE-DENTÉ, *quinque-dentatus.*

QUINQUE-DIGITÉ, *quinque-digitatus.*

QUINQUE-FIDE, *quinque-fidus.*

QUINQUE-FLORE, *quinque-florus.*

QUINQUE-FOLIÉ, *quinque-foliatus.*

QUINQUE-FOLIOLÉ, *quinque-foliolatus.*

QUINQUE-JUGÉ, *quinque-jugatus.*

QUINQUE-LOBÉ, *quinque-lobatus.*

QUINQUE-LOCULAIRE, *quinque-locularis.*

QUINQUE-NERVÉ, *quinque-nervatus.*

QUINQUENNAL, ALE, adj., *quinquennalis* ; qui dure cinq ans. *Assolement quinquennal ; rotation quinquennale.*

QUINQUE-PARTI, *quinque-partitus.*

QUINQUE-SÉRIÉ, *quinque-seriatus.*

QUINQUE-VALVE, *quinque-valvis.*

QUINQUINA, s. m., des mots Péruviens *Kina Kina*, ou écorce des écorces ; *Cinchona* ; *Peruvianus Cortex* ; *Écorce du Pérou*. Nom collectif d'un grand nombre d'écorces médicinales, exotiques, fournies par les arbres du genre *Cinchona*, de la famille des Rubiacées, qui croissent spontanément dans les forêts des montagnes élevées de l'Amérique du Sud. Cette écorce précieuse, introduite en Europe vers le milieu du XVIIe siècle, est récoltée pendant l'automne sur les branches et les rameaux des cinchonas, et livrée au commerce après avoir été séchée avec soin et assortie en espèces distinctes d'après l'épaisseur, la couleur, etc. — Les espèces commerciales du quinquina sont fort nombreuses et assez mal déterminées ; car l'arbre qui les fournit, son âge, son exposition, les parties du végétal où on enlève l'écorce, les fraudes commerciales, les idées spéculatives des auteurs, etc., jettent beaucoup de confusion sur ce sujet, qui est encore aujourd'hui un des plus embrouillés de la matière médicale.— La plupart des auteurs rapportent toutes les variétés des vrais quinquinas à quatre groupes principaux basés principalement sur la couleur de l'écorce. 1° *Quinquina jaune* (C. *cordifolia*); il est tantôt roulé sur lui-même, tantôt plat, à cassure fibreuse, d'un jaune pâle, d'une odeur faible, d'une saveur très amère et un peu nauséeuse. Il présente trois variétés principales : le *calysaya* ou *jaune royal*, qui est en écorce mince, roulée, fibreuse, recouverte de son épiderme et de lichens, et d'une cassure nette et brillante; le *carthagène*, qui est très épais, non roulé, sans épiderme, ayant parfois une couche d'aubier adhérente à sa face interne, etc. ; enfin, le *jaune orangé*, fourni par le C. *lancifolia*, qui est brunâtre à l'extérieur, jaune rougeâtre en dedans, donnant une poudre d'un jaune fauve ; il est peu répandu dans le commerce. 2° *Quinquina rouge* (C. *oblongifolia*) : il est généralement formé d'une écorce épaisse, fibreuse , rarement roulée , dépourvue d'épiderme ou recouverte de cette couche coriace garnie de lichens ; sa couleur est d'un rouge pâle , sa saveur amère et astringente , et sa poudre d'un rouge ferrugineux. Les variétés, généralement peu distinctes , sont fondées sur l'aspect de l'épiderme , la nuance de la couleur ; etc. 3° *Quinquina gris* (C. *condaminea*) : cette écorce est mince , roulée , recouverte d'un épiderme cendré , ridé transversalement , garni de fissures transversales et chargé de lichens ; sa face interne est d'un brun clair ; sa cassure est nette et résineuse ; son odeur est aromatique, et sa saveur amère avec arrière-goût sucré. On y distingue les variétés suivantes : le *gris loxa*, qui est récolté sur les rameaux ; il est très fin , très actif et fort estimé ; le *gris de Lima*, qui est plus épais, rugueux à la surface , moins roulé , plus fibreux ; on le récolte sur les branches ; enfin , le *huanuco*, qui est l'écorce du tronc , plate , épaisse et coupée obliquement à ses extrémités. 4° *Quinquina blanc* (C. *ovalifolia*) : il est en écorce mince , roulée , à cassure fibreuse , recouverte d'un épiderme rugueux chargé de beaucoup de lichens, de couleur paille à l'intérieur, d'une saveur amère astringente et désagréable. Cette espèce est peu répandue dans le commerce.—Indépendamment des quinquinas véritables , on trouve dans le commerce des écorces qui en ont l'apparence, mais qui n'ont ni la même origine, ni la même composition chimique. Ces *faux quinquinas* sont le PITON, le BICOLORE, le CARAÏBE, le NOVA, etc. La composition chimique du quinquina est très complexe ; cette écorce renferme les principes suivants : trois *acides*, l'acide quinique , l'acide tannique ou rouge cinchonique *soluble*, le rouge cinchonique *insoluble*, qui paraît être du tannin altéré et un principe résineux acide; quatre *bases*, trois organiques , la quinine , la cinchonine, l'aricine , une minérale, la chaux , qui sont combinées dans l'écorce aux principes acides : deux *matières colorantes*, une jaune et une verte de nature grasse ; enfin , des principes *neutres*, tels que l'amidon, la gomme et le ligneux. Tous ces principes ne sont pas en égale proportion dans les diverses espèces de quinquina : ainsi , le quinquina gris renferme principalement de la cinchonine, le jaune de la quinine, et le rouge ces deux bases en égale quantité. Aussi recommande-t-on le gris comme tonique , le jaune comme fébrifuge, et le rouge comme astringent et antiseptique. Le quinquina se donne aux animaux, en *poudre* , sous forme d'électuaires ou de bols ; en *infusion* ou en *décoction* dont on fait des breuvages et des lotions ; on l'emploie aussi en vin , en sirop , plus rarement en extrait. Les doses , pour les grands herbivores, varient de 15 , 32 , 64 à 125 grammes et plus ; pour les petits, de 5 à 15 grammes. On l'associe souvent à des poudres végétales toniques, astringentes ou excitantes , ainsi qu'à des composés

minéraux solides. Le quinquina est un médicament très précieux, qui produit à la fois des effets *toniques* , *antiseptiques* et *antipériodiques*. Donné à l'intérieur , il excite et fortifie le tube digestif, développe l'appétit dans le principe , puis l'arrête, et détermine à la longue la constipation. Passés dans le sang , les principes du quinquina rendent bientôt ce liquide plus plastique , remédient ou s'opposent à l'altération et à la dissociation de ses éléments, rendent l'hématose plus parfaite, développent la chaleur animale, la portent à la peau, fortifient le système nerveux , font disparaître plusieurs de ses affections et de ses irrégularités , etc. On fait usage du quinquina, tant à l'intérieur qu'à l'extérieur. A l'intérieur , on l'emploie à titre de *tonique* , contre l'inappétence, la diarrhée, les affections vermineuses , les hydropisies , les maladies catarrhales , la cachexie , les hémorrhagies passives , le farcin chronique , les éruptions languissantes , les longues convalescences , etc. Comme *antiseptique* , le quinquina, uni aux excitants, est d'un usage fréquent dans les maladies putrides des grands herbivores , telles que le charbon, le mal de tête de contagion , la gangrène , la morve aiguë , les affections typhoïdes , la péripneumonie et l'angine gangreneuses, les absorptions purulentes , miasmatiques , etc. A titre d'*antipériodique* , le quinquina est employé contre les fièvres intermittentes , la fluxion périodique , quelques affections nerveuses, comme la chorée, l'épilepsie , l'immobilité, la paralysie. Enfin , l'usage externe du quinquina est assez fréquent sur les plaies gangreneuses , blafardes , sur les ulcères , dans les trajets fistuleux , etc.

QUINQUINA AROMATIQUE , *V.* CASCARILLE.

QUINQUINA FRANÇAIS; mélange d'écorce de chêne pulvérisée , de poudre de gentiane et de fleurs de camomille , qu'on avait proposé comme succédané du quinquina. Ce mélange , traité par décoction , donne une solution très tonique et très astringente qui peut trouver son application, tant à l'intérieur qu'à l'extérieur.

QUINTANE , adj., *quintanus*, de *quintus*, cinquième : *fièvre quintane* : dont les accès reviennent tous les cinq jours , avec un intervalle de trois jours.

QUINTE , s. f. , *Quinta* ; accès de toux violente : *quinte de toux*.

QUINTESSENCE , s. f. , de *quinta essentia* , cinquième essence ; nom donné vulgairement aux principes les plus volatils des corps. Autrefois on employait ce mot dans les pharmacies pour désigner l'alcool chargé des principes les plus actifs des médicaments. Enfin , les alchimistes appelaient *quintessences* tous les corps susceptibles , d'après leur croyance , de jouer un rôle important dans la transmutation des métaux.

QUINTEUX, EUSE , adj.; se dit du cheval qui se défend contre son cavalier, refuse d'avancer et d'obéir. On dit qu'il fait des *quintes*

QUINTINE , s. f. ; nom donné par Mirbel au sac amniotique de Malpighi. *V*. Ovule.

QUINTUPLE , adj. , *quintuplex ;* se dit du stigmate partagé en cinq lobes.

QUINTUPLÉ , ÉE , adj. , *quintuplex;* les feuilles ont des nervures quintuplées quand la nervure principale émet, un peu au-dessous de sa base , deux nervures de chaque côté.

QUINTUPLINERVE , adj. , *quintuplinervis ;* dont les nervures sont quintuplées.

QUOTIDIEN , adj. , *quotidianus ;* qui se montre tous les jours. *Fièvre quotidienne :* dont l'accès revient chaque jour ; elle est *simple* , *double* ou *triple* , suivant qu'un , deux ou trois accès se montrent dans les vingt-quatre heures.

R

RABATTU, UE , adj., *invertens ;* se dit, d'après de Candolle, des feuilles pennées qui, pendant leur sommeil et tandis qu'elles sont pendantes, appliquent néanmoins contre la la tige leur face supérieure.

RABIÉIQUE, adj., de *rabies*, rage; qui a rapport à la rage. Synonyme de *rabique*.

RABIQUE , adj. , de *rabies*, rage; qui tient de la rage; qui appartient à la rage: *virus rabique.*

RABOT , s. m.; outil de menuisier qui sert à polir le bois. — *Rabot odontriteur :* instrument imaginé par Brogniez pour enlever les aspérités des dents molaires, qui résultent d'une usure inégale ou d'un accroissement anormal. Ce rabot se compose d'une tige portant, à l'une de ses extrémités, un anneau dans lequel est fixée une lame à deux tranchants demi-circulaires; par l'autre bout, cette tige est mobile dans un étui adapté à un manche pesant, qui permet de là pousser par secousses. Avec cet instrument, la régularisation des arcades dentaires devient plus facile; on peut éviter l'usage de la gouge et du maillet qui ont l'inconvénient de trop ébranler les dents dans leurs alvéoles; en outre, il dispense d'appliquer le pas d'âne, qui peut blesser les barres profondément.

RACE, s. f. , *Genus;* réunion d'individus appartenant à la même espèce, ayant une origine commune et des caractères semblables, transmissibles par voie de génération. Chaque race constitue une famille, une grande variété dans l'espèce. Les influences climatériques, le régime de la domesticité, ont contribué à créer la plupart des races domestiques; la génération a été entre les mains de l'homme un facteur puissant. Cela est si vrai, que les animaux rendus à la liberté et aux seules influences du climat, reprennent les caractères généraux et la conformation résultant de l'action immédiate des lieux dans lesquels ils vivent. — Les distinctions des races sont fondées sur les particularités de taille , de conformation , d'aptitudes , etc. Elles ne sont pas toujours faciles à saisir, et se modifient souvent par l'effet de causes analogues à celles qui les ont produites d'abord. Toutefois , elles ne disparaissent définitivement qu'après une période assez longue , lorsqu'elles étaient bien établies ; les grands caractères des races anciennes se conservent longtemps dans leurs descendants, alors même qu'elles ne sont plus représentées par des individus purs. D'un autre côté, beaucoup d'animaux domestiques , nés de croisements ou dont la naissance est due en quelque sorte au hasard, chez lesquels le régime et le climat ont contrarié les aptitudes originelles, ne se rattachent à aucune famille particulière. Ce sont ces causes qui , jointes au nombre considérable et en quelque sorte illimité des variétés qui peuvent s'établir dans chaque espèce domestique, rendent, en hygiène vétérinaire, si difficile et si longue l'étude des races utiles. *V.* Chevalines, Bovines, Ovines, Porcines, Caprines. — Chaque race peut renfermer , à son tour, un certain nombre d'individus qui se font remarquer par quelques caractères spéciaux également transmissibles ; leur réunion constitue une *sous-race.* — Un sujet de pure race est celui qui descend directement de la souche de la race elle-même : on ne doit pas le confondre avec un animal *pur-sang. V.* Sang et Variété.

RACHE, s. f. ; nom donné , en médecine humaine, à plusieurs maladies de la peau qui recouvre la tête, et plus particulièrement à la teigne.

RACHIALGIE, s. f., *Rachialgia*, de ῥάχις, épine du dos, et ἄλγος, douleur; douleur de la colonne vertébrale. C'est un symptôme commun à plusieurs maladies.

RACHIALGITE, s. f., *Rachialgitis*, de ῥάχις, épine du dos, et ἄλγος, douleur; inflammation de la moëlle épinière.

RACHIDIEN, ENNE, adj., *rachideus;* qui appartient au rachis. *Canal rachidien, V.* Vertébral. *Prolongement rachidien, V.* Moelle épinière. *Nerfs rachidiens :* nerfs émanant de la moëlle épinière et sortant du canal rachidien par les trous de conjugaison. On les distingue en *cervicaux, dorsaux , lombaires et sacrés.* — *Artères rachidiennes, V.* Spinal.

RACHIS, s. m., de ῥάχις, épine du dos; longue tige formée par les vertèbres depuis l'occipital jusqu'au coccyx et fournissant un étui de protection à la moëlle épinière. —*Bot.* Le nom de *rachis* désigne, en botanique, l'axe central de l'épi, du spadice, de la feuille composée, pennée.

RACHISAGRE, s. m., *Rachisagra*, de ραχις, épine du dos, et αγρα, prise; douleur rhumatismale, goutte de l'épine dorsale.

RACHITIQUE, adj., *rachitide detentus;* qui est affecté de rachitis.

RACHITIS, s. m. *Rachitis*, de ραχις, épine du dos; courbure de l'épine du dos. Synonyme de *rachitisme*.

RACHITISME, s. m., *Rachitis*, de ραχις, épine du dos; maladie caractérisée par la tuméfaction, le ramollissement des os, qui se déforment et se courbent, et par la déviation du rachis. Commune dans l'espèce humaine, cette affection est beaucoup plus rare dans les animaux; on l'observe quelquefois sur le cheval, le chien, le porc et les ruminants. C'est presque toujours dans le jeune âge qu'elle se développe. Les médecins attribuent le rachitisme à trois causes générales: l'hérédité, l'action d'un virus et l'influence d'une cause inconnue qui enlève aux os leur principe terreux; cette affection attaque surtout les enfants qui sont élevés dans de mauvaises conditions hygiéniques. Il est probable que l'influence des lieux humides, marécageux, d'une mauvaise nourriture, de la constitution vicieuse des sujets destinés à la reproduction, doit faire développer le rachitisme sur les animaux. On distingue plusieurs périodes relativement à l'apparition des symptômes. Dans la *période d'incubation*, les muqueuses sont pâles, les paupières tuméfiées; les muscles perdent leur consistance; le ventre est volumineux. Vient ensuite la *période de déformation*, dans laquelle les articulations se gonflent, la colonne vertébrale se dévie. Les déformations du squelette procèdent de bas en haut pour se porter au rachis. L'amaigrissement fait des progrès; la digestion est difficile; la diarrhée colliquative finit par se montrer. Cette période assez longue est remplacée par la *période de consolidation* ou *de résolution*, dans laquelle les os se durcissent et rendent la guérison impossible, ou qui est caractérisée par la diminution du volume des os. Quelquefois la mort succède à l'état de maigreur et de faiblesse extrême des malades. Le système osseux des sujets rachitiques présente des caractères remarquables: les os sont devenus élastiques à tel point qu'on peut les plier sans les rompre; le canal médullaire a des parois plus dures que dans l'état normal; le tissu spongieux présente un suc rougeâtre qui donne au tissu compacte une teinte violacée. Les parties osseuses qui sont renflées compriment d'autres points dont elles empêchent le développement et amènent la déviation. Quant aux courbures du rachis, on le voit se prononcer sur le cheval, surtout vers les dernières vertèbres dorsales, et produire l'ankylose de quelques-unes des articulations de ces os. Dans quelques parties du thorax, les côtes sont fortement rapprochées les unes des autres et compriment l'appareil

pulmonaire. **J.** Guérin a donné le nom d'*éburnation rachitique* à la dureté que quelques os présentent après la période de résolution. Le pronostic est toujours fâcheux. Dans le traitement, il y a deux indications à remplir: modifier la vitalité des organes; appliquer des moyens mécaniques pour prévenir ou corriger les difformités. Mais les moyens qui peuvent modifier la constitution sont trop incertains; ceux qui doivent redresser les déviations sont inapplicables aux animaux: on préfère renoncer à leur emploi. Les ruminants rachitiques peuvent, sans inconvénient, être livrés à la boucherie; pour les autres espèces, on a seulement recours à des moyens prophylactiques, pour éviter les influences fâcheuses qui dépendent du climat ou du régime.

RACHOSIS, s. m., *Rachosis*, de ραχοω, je fends; relâchement de la peau du scrotum.

RACINE, s. f., *Radix*; système descendant des végétaux. La racine n'est que la radicule embryonnaire développée; elle croît en sens inverse de la tige. La racine forme tantôt un pivot conique d'où s'échappent des divisions ténues; d'autres fois elle se divise, dès la base, en parties nombreuses et à peu près égales. Les premières appartiennent exclusivement aux plantes dicotylédonées. Les acotylédones n'ont pas de racines proprement dites; tous les organes qui, dans les fougères, en remplissent les fonctions, sont des productions adventives émanant du rhizôme ou de la tige aérienne. Les dernières divisions des racines constituent les *radicelles*; leur ensemble prend le nom de *chevelu*. Les racines peuvent être simples, multiples, *fasciculées*; d'après leur direction, on les dit *pivotantes*, *traçantes*, *rampantes*, etc.; selon leur forme, elles sont *fusiformes*, *napiformes*, etc. Leur dimension est variable; elle n'est point toujours en rapport avec le développement de la plante, témoins la luzerne, la betterave, la bryone. Elles sont *annuelles*, *bisannuelles* ou *vivaces*; dans ces dernières, une partie du chevelu se renouvelle chaque année. Les racines ne prennent pas la couleur verte; elles n'ont ni trachées, ni stomates, ni aiguillons. Dans les dicotylédones, le canal médullaire ne s'étend pas ordinairement au-delà du collet; il n'y a pas de liber; l'écorce se confond en quelque sorte avec le corps ligneux. La moelle est remplacée par des rayons médullaires; les trachées, par des vaisseaux rayés ou ponctués. Les racines des monocotylédonées ont une organisation toute différente de celle de la tige à laquelle elles font suite. Au centre, des faisceaux où dominent les clostres; plus en dehors, d'autres faisceaux dans lesquels se trouvent des vaisseaux rayés et de véritables trachées; enfin au-delà, du tissu utriculaire et l'épiderme formant une couche périphérique. Dans toutes les racines, les radicelles sont formées d'utricules et se ter-

minent par ce qu'on a appelé les *spongioles*.
Les racines n'ont ni feuilles ni bourgeons
normaux ; les bourgeons adventifs qu'elles
produisent donnent naissance à des rejets
appelés *surgeons*. Elles s'accroissent exclusivement par leur extrémité. Les racines partent du collet ou de la souche. Celles qui
émanent de la souche ou de la tige sont appelées *aériennes* ou *adventives* ; les monocotylédones, les boutures, en offrent des exemples. Elles ont la même organisation que les
autres. Les racines vivent dans la terre, dans
l'eau ou même dans l'air. Elles ont pour
usage naturel de fixer la plante et d'absorber
une partie des matériaux nécessaires à son
entretien. Beaucoup de racines ont des usages économiques importants ; quelques-unes,
comme celle du buis, sont employées à la
confection d'objets d'un usage journalier ;
d'autres fournissent des produits à la teinture ; ex. : la garance, ou servent à l'extraction du sucre ; ex. : la betterave. La plupart
sont alimentaires ou médicinales. — *Racines
alimentaires*. La culture a rendu propres à
la nourriture de l'homme les racines de la
carotte, de la betterave, du navet, de la
rave, du céleri, etc. ; elle en a modifié le
volume et la composition. Elle a concouru,
autant que les prairies artificielles, à changer
en Europe la face de l'agriculture. Par elle,
en effet, on récolte une plus grande quantité de fourrages ; la stabulation permanente
devient économique et sans danger pour les
bêtes à l'engrais et les femelles laitières. Elle
complète enfin l'assolement perfectionné et
remplace aussi l'improductive jachère. Les
racines sont indispensables à un bon hivernage : leur action sur l'économie prévient les
effets fâcheux de l'usage prolongé d'une nourriture sèche sur les animaux de rente. Elles
tempèrent la soif, fournissent au sang les
éléments d'une sécrétion lactée abondante,
à la respiration ceux d'une hématose active ;
elles disposent et concourent à l'engraissement. On les donne hachées, crues ou cuites,
seules ou associées entre elles ou à d'autres
fourrages. Leurs effets, leur faculté nutritive et
les règles de leur administration sont indiqués
au mot *fourrage* ou au chapitre qui concerne
chacune d'elles en particulier (*V*. aussi, pour
leur culture, le mot *sarclé*). — Les racines
destinées à la nourriture des animaux doivent
être saines. Pour prévenir leur altération et
leur germination, il faut les recueillir à la
maturité, par un beau temps, et, après avoir
éliminé avec soin celles qui sont blessées ou
présentent des traces de maladie, les placer
dans des silos ou dans des caves, à l'abri
de l'humidité, des agents atmosphériques,
etc. — *Anat*. Portion d'un organe servant a
son implantation dans un autre organe ;
ex. ; la racine des dents, des poils, etc.
— *Pharmac*. Les organes des plantes qui
se développent au sein de la terre, racines
ou rhizômes, fournissent à la thérapeutique de nombreux médicaments. On fait principalement usage des racines des végétaux
bisannuels ou vivaces, attendu que celles
des plantes annuelles présentent rarement
des propriétés différentes de celles du reste
de la plante. Les principes actifs des racines
varient beaucoup ; c'est de la gomme, du
mucilage, de l'amidon, du sucre, de la pectine, dans celles qui sont émollientes ; une
essence ou une huile concrète dans celles
qui jouissent de vertus excitantes ; un acide,
un alcaloïde, une résine, une gomme résine, pour celles qui ont des propriétés
astringentes, purgatives, vomitives, antispasmodiques, etc. La récolte des racines
s'effectue toujours en automne ; leur conservation exige une émondation des parties
altérées ou inutiles, de la terre, et une dessiccation complète. Lorsqu'elles sont trop succulentes, on les coupe par tranches et on les
fait sécher sur une claie d'osier ; puis on les
renferme dans des vases bien clos. Pour
extraire leurs principes actifs, on les traite
par macération, infusion, décoction, lixiviation, etc.

RADIAIRES, s. m. pl. ; quatrième embranchement du règne animal, renfermant,
ainsi que l'indique le nom qu'on lui a donné,
des animaux de forme rayonnée, à corps
mou ou recouvert d'un test dur et calcaire.
Les Radiaires n'ont point de cerveau distinct ;
leur système nerveux, lorsqu'il existe, est
rayonné comme leur corps ; les organes de
la circulation et de la respiration sont incomplets lorsqu'ils existent, ce qui n'a lieu que
pour le plus petit nombre. Le canal intestinal
est tantôt à une seule, tantôt à deux ouvertures.
On ne remarque pas d'organes des sens spéciaux. Cuvier a divisé les radiaires en cinq
classes, qui sont : 1° les *Echinodermes* ;
2° les *Intestinaux* ou *Entozoaires* ; 3° les
Acalèphes ; 4° les *Polypes* ; 5° les *Infusoires*.

RADIAL, adj., *radialis* ; qui a rapport au
radius. — *Artères radiales* : elles forment
les divisions terminales de l'artère humérale.
L'*antérieure*, ou *cubitale antérieure* de Girard, règne à la face antérieure du radius,
où elle est cachée par les muscles de cette
région, et se termine au niveau du genou
par de nombreuses ramifications, après avoir
fourni, dans son trajet, outre des rameaux
musculaires, une division circonflexe qui
passe dans l'arcade cubitale et s'anastomose
avec un rameau de la postérieure. La *radiale
postérieure* ou *cubitale*, plus forte que l'antérieure, règne au bord externe de la face
postérieure du radius, donne des rameaux
aux muscles qui la recouvrent, une division
à l'arcade cubitale pour l'anastomose avec
l'antérieure, et se termine par les deux *artères
plantaires*, *profonde et superficielle*. — *Nerfs
radiaux* : *l'antérieur* émane de l'huméral
antérieur, arrive en avant de l'articulation
du coude, après avoir passé sous le muscle
coraco-radial, et donne surtout des rameaux
aux muscles de la région antérieure de l'a-

vant-bras. Le *radial interne*, émanant également de l'huméral antérieur, s'engage sous le muscle fléchisseur interne du métacarpe, et donne principalement des rameaux aux muscles de la face postérieure de l'avant-bras. Il se termine en s'unissant au cubital pour former le nerf plantaire externe. *Nerf radial postérieur. V.* CUBITAL.

RADIATIFORME, adj., *radiatiformis*; se dit de la calathide dont les fleurs vont en augmentant de longueur du centre vers la circonférence où elles sont étalées.

RADICAL, s. m.; on appelle ainsi, en chimie, le principe électro-positif des combinaisons inorganiques, et celui qui, dans les composés organiques, joue le principal rôle. Les radicaux sont *simples* ou *composés*; les métalloïdes sont les radicaux simples des acides oxygénés; les métaux sont les radicaux des oxydes métalliques, etc. En chimie organique, on n'admet que des radicaux composés; les uns ont une existence réelle comme le *cyanogène* et *l'oxyde de carbone*; d'autres sont purement hypothétiques, tels que l'*amide*, le *benzoïle*, l'*éthyle*, l'*acétyle*, le *formyle*, etc. (*V.* ces mots).

RADICAL, ALE, adj., *radicalis*; qui naît de la racine ou se trouve placé sur elle.

RADICANT, ANTE, adj., *radicans*; se dit des organes aériens qui produisent des racines adventives.

RADICELLATION, s. f., *Radicellatio*; ensemble de tout ce qui a rapport à la racine.

RADICELLE. s. f., *Radicella*; rudiment de racine : dernière division des racines.

RADICIFLORE, adj., *radiciflorus*; dont les racines portent des fleurs.

RADICIFORME, adj., *radiciformis*; qui a la forme des racines.

RADICULE, s. f., *Radicula*; partie de l'embryon qui se dirige vers la terre et constitue, par les progrès de la végétation, la racine. On l'appelle aussi *corps radiculaire*; elle porte la *tigelle*. Son extrémité libre est d'abord *simple*; elle est *nue* ou *enveloppée* d'une *coléorhize*. — *Anat.* On appelle *radicules* les vaisseaux extrêmement ténus par lesquels les veines et les lymphatiques prennent leur origine dans les tissus.

RADICULODE, s. f., *Radicita*; partie inférieure du blaste, d'où doit sortir la radicule, dans les embryons monocotylédonés.

RADIÉ, ÉE, adj., *radiatus*: disposé en rayons. Cette épithète s'applique surtout à la calathide des Composées, dans laquelle les demi-fleurons disposés en languettes forment comme une couronne autour des fleurons qui occupent le centre du réceptacle; ex. : le *Chrysanthème.*— *Zool. V.* RADIAIRES.

RADIÉES; s. f., *Radiatæ*; nom de la XIV° classe dans le système de Tournefort. Elle renferme les plantes composées à fleurs radiées, et correspond aux *Corymbifères* de Vaillant et de Jussieu.

RADIO-CARPIEN, ENNE, adj., *radiocarpianus*; qui appartient au radius et au carpe. — *Articulation radio-carpienne :* articulation de l'extrémité inférieure du radius avec la première rangée des os du carpe.

RADIO-CUBITAL, ALE, adj., *radiocubitalis*; qui appartient au radius et au cubitus. —*Articulation radio-cubitale :* elle a lieu dans les solipèdes et les ruminants par la soudure complète des deux os dans une grande partie de leur étendue, et supérieurement par l'union diarthrodiale de facettes peu étendues.

RADIO-PHALANGIEN, s. et adj.; nom donné au muscle fléchisseur profond des phalanges du membre antérieur. *V.* FLÉCHISSEUR.

RADIS, *V.* RAIFORT.

RADIUS, s. m., de *radius*, rayon; os long concourant avec le cubitus à former l'avant-bras. Le radius, dans sa partie moyenne, est légèrement arrondi en avant, à peu-près plane en arrière, et soudé sur le bord externe de cette face postérieure avec le cubitus. Son extrémité supérieure, surmontée par la portion olécrânienne de cet os, offre une surface articulaire moulée sur le condyle et la trochlée de l'humérus. En avant et du côté interne, se trouve une forte tubérosité, et en arrière, un trou nourricier. Inférieurement, le radius s'articule avec la première rangée des os carpiens, et présente, au pourtour de sa surface articulaire, quatre coulisses, dont l'interne est oblique, servant au glissement des tendons des quatre muscles antérieurs de l'avant-bras. — Dans le bœuf et le mouton, le radius est plus court que chez les solipèdes, accompagné du cubitus dans toute sa longueur et soudé avec lui; son extrémité inférieure est taillée obliquement d'un côté à l'autre. Dans le porc, le chien et le chat, les deux os de l'avant-bras sont de volume à peu près égal, et exécutent, dans le dernier de ces animaux, quelques mouvements l'un sur l'autre. *V.* CUBITUS.

RAFFINAGE, s. m., *Purificatio*; nom donné en chimie à la purification des substances qui peuvent cristalliser, telles que le nitre, l'alun, le sucre etc. L'*affinage* s'entend seulement de la purification des métaux. *V.* AFFINAGE, PURIFICATION.

RAFLE, s. f., *Axis*; rachis ou grappe dont on a enlevé les fruits. — *Path.* Nom donné dans les environs de Paris et dans quelques contrées de la Normandie à l'échauboulure des vaches. *V.* ÉCHAUBOULURE.

RAFFLÉSIACÉES, s. f., *Rafflesiaceæ*; famille de plantes parasites, souvent sans tiges et sans feuilles, et réduites quelquefois à une fleur. Sa place dans la série végétale n'est pas bien déterminée. Genres : *Rafflesia, Hydnora, Cytinus,* etc.

RAFRAICHISSANT. Synonyme de *tempérant.* (*V.* ce mot).

RAGE, s. f., *Rabies, hydrophobia, phobodipsia*, λυττα, *hydrophobie, tétanos rabi-*

que ; maladie produite par une cause spécifique , caractérisée par une vive exaltation des organes des sens, l'envie de mordre, des accès de fureur et se terminant toujours par la mort. Elle se développe spontanément chez les animaux du genre *chien* et du genre *chat* ; la spontanéité est admise chez l'homme par beaucoup de médecins ; les autres animaux ne la contractent que par inoculation. Les véhicules du virus rabique sont la salive et le mucus bronchique des sujets enragés ; les expériences faites avec le sang n'ont pas transmis la maladie. Des opinions diverses ont été émises sur la rage ; on l'a regardée comme étant une névrose, une angine , une fièvre ataxique , une gastrite , etc. On reconnait la *rage ordinaire* et la *rage mue* ; cette dernière est particulière aux chiens. — *Rage ordinaire dans le chien* : on la distingue en *rage spontanée* et *rage communiquée*. On n'a pas encore des données certaines sur les circonstances dans lesquelles les animaux deviennent spontanément enragés. Dans les climats extrêmes très chauds ou très froids, cette maladie est inconnue. C'est pendant les temps les plus humides de l'année qu'on observe la rage le plus souvent ; elle ne se montre pas pendant les grandes chaleurs de l'été ; quelques cas se présentent constamment après les jours de pluie ; c'est dans les mois de mars , avril et novembre, qu'il y a le plus d'animaux atteints de la rage. Parmi les causes occasionnelles, on a signalé à tort l'abstinence, une diète prolongée ; les chiens de luxe sont plus souvent atteints que les autres ; il en est de même de l'influence du rut et de la privation du coït. Les chiens atteints de la rage transmettent cette maladie aux animaux de leur espèce et à d'autres qui ne peuvent la contracter spontanément. Ils présentent les symptômes suivants : tristesse , refus de toute nourriture , marche chancelante , regard fixe , au début de la maladie. Qu'on ajoute à ces caractères des changements dans les habitudes, la manie de remuer la paille , de se lancer à la poursuite d'objets imaginaires, de sauter après les mouches. Dans les premiers temps, le malade reconnaît encore son maitre. Plus tard, il se précipite sur tous les corps qu'on lui présente pour les mordre ; il brise tout ce qui se trouve à sa portée. Il prend la fuite, et dans sa course il se jette sur les hommes et les animaux qu'il rencontre , les mord et s'éloigne aussitôt. Le chien enragé montre de l'avidité pour des corps étrangers qu'il repousse dans l'état de santé ; il passe pour avoir horreur des boissons et des corps brillants ; ce phénomène, qui a fait donner à tort à la rage le nom d'*hydrophobie,* manque souvent ; on ne le voit qu'une fois sur quatre pour les carnivores ; il ne manque presque jamais sur l'homme. Il est des chiens enragés qui ont une soif inextinguible ; d'autres essayent de boire et lappent sans prendre la moindre quantité de liquide. L'aboie-

ment du malade est modifié ; sa voix est enrouée , rauque , à ce point que son timbre est un des moyens les plus sûrs de diagnostic. L'œil brille d'abord avec éclat ; ensuite il devient terne et s'obscurcit ; la cornée se flétrit , mais sans s'ulcérer. De temps en temps surviennent des accès de fureur ; les membres sont agités de mouvements convulsifs. Vers la fin , la paralysie attaque les membres postérieurs ; la vie s'éteint après un état d'affaissement qui n'est pas suivi de convulsions. La durée de la rage est d'un à dix jours au plus ; elle se termine toujours par la mort ; c'est ordinairement du deuxième au troisième jour qu'elle survient. L'autopsie ne présente que des probabilités ; l'estomac est vide d'aliments et contient des corps étrangers, tels que de la paille , des étoupes, des fragments de cuir, baignés dans une certaine quantité de bile corrompue ; la muqueuse de cet organe est enflammée et présente une teinte violette ou brune. Voilà les caractères qui ont le plus de valeur ; la phlogose du pharynx et du larynx n'est pas constante ; les lysses ou vésicules observées par Marochetti, de chaque côté du frein de la langue, ont été à peine constatées par quelques rares observateurs ; on nie leur existence ; les autres viscères ne montrent aucune altération. Le temps d'incubation de la rage, après la morsure, est plus ou moins long. La maladie se déclare le plus souvent sur le chien, du vingtième au trentième jour ; quelquefois après un temps plus long et même au bout de trois mois. Mais après un aussi long intervalle, une cause autre que l'inoculation pourrait déterminer l'apparition de la rage. — *Rage mue , rage muette , taciturne , folle , dumb madness* des Anglais. On l'a considérée à tort comme une variété de l'angine du chien , comme le premier degré de la rage ordinaire. Elle a , du commencement à la fin , les mêmes caractères et constitue réellement une variété bien distincte. On la nomme ainsi parce que l'animal qui en est atteint est le plus souvent dans l'impossibilité de crier, et parce qu'il ne peut pas mordre. Il tient la gueule entr'ouverte et ne peut rapprocher les mâchoires pour saisir les corps qu'on lui présente. On dirait qu'un os est arrêté dans la gorge ; de temps en temps, le chien frotte avec ses pattes chaque côté de la gueule. Il est en proie à une grande anxiété , mais il ne présente pas des accès de fureur comme dans la rage ordinaire. La mort est aussi la fin de cet état maladif ; on a observé, à l'école de Lyon, plusieurs cas de guérison par les seuls efforts de la nature. Le chien atteint de rage mue cherche rarement à mordre ; quelquefois il cherche à saisir ce qui est à sa portée, mais il en est empêché par la paralysie des muscles des mâchoires. Il est douteux que cette maladie soit transmissible par inoculation. Elle est souvent la conséquence des morsures faites par le chien enragé : elle aurait donc la même nature que la rage ordinaire. On trouve, à l'autopsie, les mêmes lésions. — *Rage dans le cheval :* elle se montre seulement sur les solipèdes qui ont été mordus par des chiens enragés. Les symptômes principaux consistent dans un état violent d'exaltation ; le malade frappe le sol avec les pieds de derrière ; il lance de fréquentes ruades et cherche à mordre ; quelquefois il déchire avec ses dents une partie de son corps, surtout le poitrail ou les épaules. La mort ne se fait pas attendre, principalement quand le sujet est retenu par des moyens de contrainte. — *Rage dans les ruminants :* les bœufs et les vaches ont la voix modifiée et font entendre un mugissement d'un timbre particulier ; ils cherchent à frapper avec les cornes. Comme les autres animaux, les moutons mettent en usage, pendant les accès de rage, leurs moyens ordinaires de défense et frappent avec la tête ; on peut les approcher sans danger et mettre les doigts dans leur bouche, sans qu'ils cherchent à mordre. L'altération de la voix, l'exaltation nerveuse dans les premiers temps, plus tard la faiblesse, la paralysie des membres, sont des caractères constants. Quelquefois ils perdent tout instinct et viennent stupidement s'assommer contre les murs. — Le diagnostic de la rage est facile à établir dans tous les animaux. Jusqu'à ce jour, cette maladie a résisté pour toutes les espèces à tous les moyens thérapeutiques. Quelques cas de guérison, rapportés sur l'homme, sont regardés comme des exemples d'*hydrophobie rabiforme.* On peut prévenir la maladie en cautérisant la morsure faite par un animal enragé. Pour détruire le virus dans la partie inoculée, il ne suffit pas de nettoyer la plaie, de presser les tissus pour en faire couler le sang, de provoquer la suppuration. Il faut préférer le fer rouge à tout autre moyen pour les animaux, parce qu'on ne craint pas de le porter à une profondeur convenable. Le nitrate d'argent, le chlorure d'antimoine, la potasse caustique, l'ammoniaque, la pâte de Vienne, les acides sulfurique et nitrique, peuvent être employés avec succès : le chlorure ou beurre d'antimoine est plus sûr. — *Transmissibilité de la rage.* Le chien transmet facilement par morsure cette maladie aux autres animaux de toutes les espèces. On a dit à tort que la rage perdait la propriété contagieuse, après sa première transmission à un autre animal : l'expérience prouve malheureusement qu'il n'en est rien. Il est démontré qu'un animal, qui a contracté la maladie par communication, ne la donne pas aussi facilement ; cela tient à ce que le virus rabique perd de sa force en passant par plusieurs animaux. Un chien qui a mordu plusieurs objets, n'inocule pas autant de salive par ses dernières morsures, parce que sa bouche a été essuyée ; de là des conditions moins favorables pour l'inoculation. D'après Huzard, Dupuy, et

d'autres expérimentateurs, les herbivores atteints de la rage ne seraient pas aptes à la transmettre. Aujourd'hui cette opinion ne peut être soutenue ; les faits ont prononcé ; plus on se livre à des recherches sur la rage, plus on acquiert la triste certitude que cette maladie se transmet facilement. Il résulte des expériences que nous avons faites sur des moutons atteints de la rage, que leur salive, inoculée à des animaux de la même espèce, développe cette maladie dans un espace de temps qui varie de vingt à quarante-cinq jours, et que la rage ne perd pas ses propriétés contagieuses même après plusieurs transmissions. Renault a constaté plus tard des faits identiques. Ayant inoculé à un chevreau et à un cheval la rage d'un mouton, produite elle-même par l'inoculation du virus rabique puisé sur le chien, la rage se déclara sur le chevreau au bout d'un mois, et sur le cheval après six semaines. Eckel a transmis la rage du bouc au mouton. Les journaux de médecine ont cité des faits de transmission de la vache à l'homme. Magendie et Breschet ont rendu des chiens enragés en leur inoculant la bave d'un homme atteint de la rage. Les médecins allemands vont jusqu'à admettre la transmissibilité de l'homme à l'homme, ce qui est encore douteux. — *Pol. sanit.* Les dispositions des articles 459, 460, 461 et 462 du Code pénal, 5 et 7 de l'arrêté du 16 juillet 1784, sont rigoureusement applicables dans le cas de rage. Tout traitement étant inutile, les mesures se bornent à la séquestration des animaux suspects et à l'abattage immédiat des malades. La séquestration est simple et doit durer tout le temps assigné à la période extrême d'incubation. Les petits animaux devront être enfouis avec les peaux tailladées. On ne fera jamais usage de la chair des animaux de boucherie.

RAIE, s. f., *Linea* ; ligne étroite, longitudinale, de couleur variable, différant de la strie en ce qu'elle n'est pas déprimée.

RAIE DE MULET : ligne longitudinale de couleur foncée, s'étendant de la crinière à la queue, dans le plan médian du dos et des reins sur certaines robes claires. Elle est quelquefois *croisée* d'une autre raie qui descend du garrot sur chaque épaule. La *raie de mulet croisée* est fréquente chez l'âne.

RAIFORT, s. m., *Raphanus*, L. : genre de la famille des Crucifères. Il se compose de plantes herbacées, annuelles ou vivaces, souvent spontanées dans les moissons, à racine plus ou moins charnue. L'espèce principale est le R. cultivé, *R. sativus*, vulg. *radis*, à laquelle se rattachent sans doute toutes les variétés de nos jardins, et que de Candolle croit pouvoir ranger dans deux races principales : le R. s. *radicula*, et le R. s. *niger*. Le R. ravanelle, *R. raphanistrum*, est annuel et commun dans les champs ; les bestiaux le mangent sans le rechercher. La présence de ses graines dans le blé nuit beaucoup à celui-ci. On trouve sur le littoral de la France les espèces vivaces *landra* et *maritimus*. — *Pharmacol.* Le raifort sauvage (*cochlearia armoracia*) fournit à la thérapeutique sa racine qui est à la fois rubéfiante, excitante et antiseptique. Cette racine est grosse et charnue, fibreuse, blanche en dedans, jaunâtre en dehors, d'une saveur piquante, amère, âcre, et d'une odeur irritante, qui s'exalte quand on l'écrase, et qui disparaît quand on la dessèche. Elle contient, entre autres principes, une huile volatile, analogue à celle de la moutarde noire, et, comme cette dernière, d'une grande âcreté ; on y trouve de plus une résine amère, de l'albumine, du sucre, de l'amidon, de la gomme, du ligneux, des sels. Cette racine s'emploie fraîche ou confite dans le vinaigre ou les liqueurs alcooliques ; sèche, elle a perdu la plus grande partie de ses vertus. On l'administre aux grands animaux en électuaire après l'avoir rapée, écrasée et mélangée à une poudre végétale ; la dose peut être de plusieurs onces. A l'extérieur, elle peut servir comme sinapisme ; à l'intérieur, elle excite vivement le tube digestif, ainsi que les autres appareils, s'oppose à la décomposition du sang, pousse aux urines, etc. Ce médicament est indiqué contre les maladies putrides, typhoïdes, contre les hydropisies, la cachexie aqueuse du mouton, etc.

RAINETTE, s. f. ; instrument qu'on emploie pour diviser l'ongle du cheval en y creusant des rainures. La *rainette simple* consiste en une lame d'acier fixée dans un manche par une de ses extrémités et dont l'autre partie, tranchante sur ses deux faces, est recourbée en formant un arc plus ou moins ouvert ; la *rainette à clou de rue* est celle dont la courbure offre le plus grand diamètre. La *rainette double*, formée par la réunion de deux rainettes simples, est peu usitée.

RAIPONCE, *V.* CAMPANULE.

RALANTE, adj. f. ; accompagné de râle ; *respiration râlante.*

RALE, s. m., *Rhonchus ;* nom donné vulgairement au bruit qu'aux approches de la mort les mucosités font entendre dans le larynx et les bronches. Par extension, Laënnec a désigné ainsi tous les bruits contre nature qu'on peut entendre dans les voies aériennes, qui se mêlent au murmure respiratoire et le modifient. *V.* AUSCULTATION.

RALEMENT, s. m. ; action de râler. *V.* RALE.

RALER, v. n. ; rendre en respirant un son enroué, causé par la difficulté de la respiration.

RAMAIRE, adj., *rameus ;* qui prend naissance sur les rameaux.

RAMASSÉ ; synonyme de *rapproché.*

RAMÉAL, *V.* RAMAIRE.

RAMEAU, s. m., *Ramus ;* division d'une branche d'arbre, d'un nerf, d'un vaisseau. —

RAMEAU-EMBRYON : nom donné par Turpin à l'embryon proprement dit, qu'il considérait comme le prolongement d'un axe.

RAMEUX, EUSE, adj., *ramosus ;* partagé en nombreuses ramifications.

RAMIFICATION, s. f., *Ramificatio ;* division en rameaux. Les rameaux sont *axillaires* ou *extra-axillaires.* — *Anat.* Division des rameaux vasculaires ou nerveux.

RAMIFIÉ, ÉE, adj., *ramosus ;* divisé en rameaux.

RAMILLE, s. m., *Ramulus ;* dernière division d'une branche.

RAMINGUE, adj. ; les écuyers appellent *cheval ramingue* celui qui se défend contre les aides et refuse d'avancer ou de reculer.

RAMOLLISSEMENT, s. m. ; diminution de la densité naturelle ou de la cohésion d'un tissu. C'est une des lésions les plus communes dans l'état pathologique, une de celles qu'on a le moins étudiées ; ordinairement elle est le résultat de l'inflammation. Plusieurs degrés peuvent exister dans cette altération ; dans un premier degré, la densité naturelle est diminuée ; au deuxième degré, elle forme une pulpe facile à déchirer ; au troisième degré, il n'y a plus d'organisation. Le ramollissement est fréquent dans la pneumonie. On donne au ramollissement des os le nom d'*ostéomalaxie.*

RAMPANT, ANTE, adj., *repens ;* couché sur le sol et y émettant des racines.

RAMPE, s. f. ; *rampes du limaçon :* nom donné aux deux cavités du limaçon, séparées par la *lame spirale* placée intérieurement. L'externe ou supérieure est appelée rampe *vestibulaire ;* l'interne ou inférieure est dite rampe *tympanique.*

RAMPIN, adj. m. *Cheval rampin :* qui présente une défectuosité des pieds, dans laquelle la paroi se trouve redressée au-delà de la perpendiculaire, de sorte que le bord supérieur de la pince est plus avancé que l'inférieur. Ce défaut se montre fréquemment sur les chevaux court-jointés. On le rencontre le plus souvent aux membres de derrière. C'est une conformation commune dans le mulet. Les animaux rampins naturellement sont solides et propres à porter le bât dans les pays de montagnes ; ceux qui sont ainsi conformés par usure sont exposés à buter, à s'abattre ; ils contractent fréquemment la seime-quarte. Pour remédier à cette mauvaise direction des pieds, il faut conserver la pince, diminuer la hauteur des talons, et appliquer le fer à *pince épaisse* et *prolongée*, pour augmenter l'obliquité du pied. Dans quelques cas, la ténotomie du tendon perforant peut servir à redresser le cheval rampin avec excès et dans lequel la couronne fait son appui sur le sol.

RAMULEUX, adj., *ramulosus ;* divisé en petits rameaux.

RAMUSCULE, s. m., *Ramusculum ;* très petite division d'une branche.

RANCE, adj., *rancidus ;* se dit des corps gras qui ont pris une saveur âcre, une odeur désagréable, par suite de leur exposition à l'air.

RANCIDITÉ, s. f., *Ranciditas;* état des corps gras qui ont perdu leur saveur douce et qui ont acquis une mauvaise odeur. Elle est toujours le résultat d'une sorte d'oxydation, et par suite, de la formation d'acides gras, volatils et irritants.

RANINE, adj. f. et s., *Ranina*, de *rana*, grenouille. *V.* SOUS-LINGUAL.

RANULE, s. f. *Ranula*, de *rana*, grenouille ; synonyme de *grenouillette* (*V.* ce mot).

RAPACÉ, ÉE, adj., *rapaceus;* ayant la forme d'une rave.

RAPACES, s. m. p., *Rapaces, accipitres;* premier ordre des oiseaux, renfermant tous ceux que l'on désigne vulgairement sous le nom d'*oiseaux de proie.* Ils ont le bec crochu, les ongles forts, recourbés, mus par des muscles puissants et leur servant à saisir leur proie. Leur estomac membraneux est approprié à leur régime, essentiellement composé de substances animales. On divise cet ordre en deux familles : les *Nocturnes* et les *Diurnes.*

RAPAGE, s. m. ; action de réduire en pulpe, avec un instrument appelé râpe, les tubercules et racines dont on veut extraire le jus ou la fécule, ou que l'on veut mêler à d'autres aliments avant de les administrer.

RAPE, s. f. ; sorte de lime à l'usage des menuisiers, des plombiers et des maréchaux. Dentée sur ses deux faces, la râpe sert à abattre les bavures de la corne. Riquet a recommandé l'usage de la râpe perfectionnée ; elle est en acier fondu, longue de 40 à 45 centimètres, plane sur l'une de ses faces, convexe sur l'autre ; les dentures sont distantes de 2 millimètres. Avec cette râpe, on peut, jusqu'à un certain point, suppléer le boutoir.

RAPES; s. f. pl. ; nom vulgaire donné aux crevasses du pli du genou. *V.* CREVASSES.

RAPETTE, s. f.. *Asperugo*, L. ; genre de la famille des Borraginées. Il se compose de plantes herbacées, annuelles, qui croissent surtout dans les décombres et près des habitations. Les bestiaux mangent volontiers la R. couchée, *A. procumbens.*

RAPHANÉDON, s. m., *Raphanedon*, de ραφανη, rave, et εἰδος, forme ; en forme de rave ; fracture transversale d'un os long.

RAPHÉ, s. m., ραφη, de ραπτω, je couds ; ligne saillante ressemblant à une couture, apercevable sur certains points du plan médian du corps, et notamment sur le périnée. — *Bot. V.* VASIDUCTE.

RAPHIDE, s. m., *Raphis*, de ραφις, aiguille ; cristal ayant la forme d'une aiguille ou d'un prisme très allongé, que l'on trouve dans les utricules des végétaux. Les raphides sont de nature minérale.

RAPIFORME, *V.* RAPACÉ.

RAPPORT, s. m. ; action de *rapporter* une chose. En médecine légale, c'est un acte dressé par le vétérinaire pour constater l'état d'un animal, la nature d'une maladie, d'un accident, les causes de la mort, etc. Le rapport est *judiciaire* ou *administratif;* le premier sert à éclairer les juges ; le second donne à l'administration publique des renseignements sur des maladies enzootiques, contagieuses, etc. Les rapports d'*estimation* sont destinés à contrôler les mémoires relatifs à des honoraires réclamés par l'homme de l'art. Enfin, les rapports d'*arbitrage* sont faits sur des rapports ou procès-verbaux d'experts, sur lesquels les juges demandent des éclaircissements. Dans tous rapports, il y a quatre parties : le *protocole* ou *préambule*, qui indique les noms et titres du rapporteur, les jour et heure de la visite, etc, l'*exposé* du fait, les détails de l'*examen* et les *conclusions.*

RAPPROCHÉ, ÉE, adj., *approximatus, glomeratus;* synonyme d'*aggloméré.*

RARÉFACTION, s. f., *Rarefactio*, de *rarefacere*, étendre ; augmentation de volume d'un corps sans changement de masse, par suite de l'écartement de ses molécules, sous l'influence de l'élévation de la température ou de la diminution de la pression. Se dit plus particulièrement des gaz et des vapeurs.

RARÉFIABLE, adj. ; qui peut être raréfié ; synonyme de *dilatable.*

RARÉFIANT, adj. et s., *Rarefaciens;* médicaments qu'on croyait propres à augmenter le volume des solides et des liquides animaux en les rendant plus légers, plus expansibles, etc. Inusité.

RARESCIBILITÉ, s. f. ; synonyme d'*expansibilité*, de *dilatabilité*. (*V.* ces mots).

RARIFEUILLÉ, ÉE, adj., *rarifolius;* qui porte peu de feuilles.

RARIFLORE, adj., *rariflorus;* qui porte peu de fleurs.

RASCATION, s. f., *Rascatio;* râlement causé par le sang qui gêne la respiration.

RASE, ÉE, adj. ; qui a éprouvé le rasement.

RASEMENT, s. m. ; action de raser. On appelle *rasement* l'usure des incisives, qui fait disparaître la cavité ou cul-de-sac externe de ces dents. — Chez le bœuf, le rasement a lieu par l'usure de la face supérieure de la dent ; chez le chien, par la disparition du lobe mitoyen du trèfle que représente l'incisive.

RASER, v. a. ou neutre, suivant le sens dans lequel on l'emploie. On dit qu'un cheval *rase* ou qu'il a *rasé*, lorsque la cavité de ses incisives s'efface, ou est déjà effacée. —On dit qu'un cheval *rase le tapis*, lorsque, dans ses allures, il ne relève pas assez les pieds, et semble les glisser à la surface du sol.

RASION, s. f., de *radere*, ratisser, râcler ; opération pharmaceutique qui consiste à diviser en parties grossières à l'aide d'un couteau, d'une râpe, d'une lime, certains médicaments végétaux, tels que des racines, des tubercules, des écorces, des bois, etc.

RASOIR, s. m. ; instrument qui a le tranchant fin, qui sert à raser. On l'emploie quelquefois en chirurgie pour remplacer le bistouri, dans les opérations qu'on pratique en dédolant. Quelques praticiens se servent du rasoir pour la castration des solipèdes.

RASORISME, *V.* Contre-stimulisme.

RASPATOIRE, s. m.; instrument de chirurgie, qui sert à râcler un os. Synonyme peu usité de *rugine*.

RASSEMBLÉ, ÉE, adj., *confertus;* synonyme de *rapproché*.

RASSIS, s. m.; se dit d'un fer de cheval, qu'on rattache avec des clous neufs, qu'on *rassied*.

RATANHIA; nom que portent en pharmacie les racines du *Krameria triandra* du Pérou et du *Krameria ixina* des Antilles. Cette production est fibreuse, grosse comme le doigt, formée d'une ecorce rouge, à cassure résineuse, et d'une partie ligneuse d'un rouge pâle, et flexible; son odeur est peu prononcée, mais sa saveur est franchement astringente sans mélange d'amertume. Elle contient beaucoup de tannin, de l'acide kramérique, de l'extractif amer, une matière muqueuse, de la gomme, de la fécule, des sels. La racine de ratanhia est l'astringent végétal le plus énergique; chez l'homme, où son usage est fréquent, on l'emploie en poudre, en décoction, en extrait, en teinture, en sirop, tant à l'intérieur qu'à l'extérieur, contre les écoulements muqueux, la diarrhée séreuse, les hémorrhagies passives, les plaies blafardes, les fistules, etc. En médecine vétérinaire, ce médicament n'a été encore que peu ou point employé. Si son prix n'était pas un obstacle, il mériterait d'être essayé dans les mêmes cas que chez l'homme.

RATELAGE, s. m.; action de ramasser, avec un rateau, l'herbe qui reste sur le pré, après l'enlèvement du foin. C'est un usage qui doit être aboli. Il est réglé par les mêmes dispositions légales que le *glanage*. (*V.* ce mot).

RATELIER, s. m., *Feliscæ*; espèce d'échelle à bâtons arrondis, plus ou moins rapprochés, fixes ou tournants, destinée à recevoir les foins, les pailles distribuées aux herbivores, et placée horizontalement dans l'écurie. Les rateliers sont appuyés contre un mur ou fixés au milieu de l'habitation. Ils devraient toujours être disposés de telle sorte que la poussière qui s'échappe des fourrages ne tombe pas dans la crèche. Dans les étables, les aliments destinés aux bêtes bovines sont souvent déposés sur le sol ou dans de larges auges.

RATION, s. m., *Diarium;* quantité de nourriture consommée chaque jour par un animal, ou nécessaire à son existence. On appelle ration *d'entretien* celle qui est rigoureusement indispensable à l'entretien des fonctions, en supposant que l'individu ne donne ni travail ni aucun produit, mais ne diminue ni n'augmente de poids. Elle est évaluée, en moyenne, à 1,500 ou 1,750 grammes de bon foin ou son équivalent pour

100 kilogrammes de poids vif. La ration *de production* comprend toute la nourriture que les animaux reçoivent en sus de la ration d'entretien. C'est de celle-ci que dépend la quantité des produits donnés par les animaux. Nivière admet que la ration d'entretien d'un bœuf de 500 kil. ayant été fixée comme ci-dessus, 7.500 grammes de foin de la ration de production, donnent à peu près 1 kil. et $\frac{1}{2}$ de viande ou six heures de travail. Il est difficile de fixer rigoureusement la quantité de nourriture nécessaire aux animaux; car, s'il est vrai que les produits sont toujours proportionnés à l'excédant représenté par la ration de production, il est également démontré que certaines races, dans chaque espèce, sont plus aptes que d'autres à utiliser cette nourriture et en tirent meilleur parti. Le rendement fourni par la ration de production varie aussi, toutes choses égales d'ailleurs, selon l'âge et le poids des animaux, la valeur nutritive, le degré de digestibilité, le mode de préparation et d'administration des aliments. On ne doit plus s'étonner alors que les expérimentateurs soient arrivés à des évaluations si diverses de la valeur nutritive des fourrages, et à des préceptes si différents sur les méthodes d'administration les plus avantageuses.

RATISSAGE, s. m.; action d'enlever les plantes adventices, soit avec la ratissoire à main, comme dans le jardinage, soit avec la ratissoire à cheval, comme dans la grande culture.

RATISSOIRE, s. f., *Radula*: instrument qui consiste essentiellement en une lame de fer tranchante, tenue parallèlement à la surface du terrain, et manœuvrant à une petite profondeur, pour couper les plantes au-dessous du collet. On distingue des *ratissoires à main* et des *ratissoires à cheval*. Celles-ci sont des espèces de cultivateurs.

RAUCITÉ, s. f., *Raucitas*: son particulier de la voix devenue plus grave. Dans le chien atteint de la rage, on constate la raucité de la voix.

RAUQUE, adj., *raucus*; rude, enroué: *voix rauque*.

RAVE, s. f., *Rapa*: plante potagère cultivée pour sa racine. La rave est une variété de l'espèce chou-rave, *Brassica rapa esculenta*, D. C. Elle présente à son tour deux sous-variétés, la R. déprimée, *B. R. E. depressa*, D. C., vulg. rave du *Périgord*, du *Limousin*, *Rabioule*, *Turneps*, qui est jaune, blanche, noire, etc., et la R. oblongue, *B. R. E. oblongata*, D. C., plus petite, à racine oblongue et conique. Les raves sont cultivées dans les jardins ou dans les champs, pour la nourriture de l'homme et des animaux. Leurs produits sont abondants; le turneps est remarquable sous ce rapport. Elles aiment un sol humide, fertile, meuble, léger et profond. Elles sont rustiques et se protègent contre la gelée mieux que la plupart des autres racines alimentaires ; mais elles craignent la sécheresse , et redoutent beaucoup, quand elles sont jeunes, les attaques des pucerons. On chasse ces insectes en saupoudrant le jeune plant de cendres lessivées. La valeur nutritive des raves est faible ; on estime qu'il faut 450 à 550 kilog. de racines pour remplacer 100 kilog. de bon foin. — Les raves sont consommées sur place ou à l'étable. Leur saveur, fort variable , mais toujours plus ou moins âcre, ne les empêche pas d'être recherchées par les animaux. On les donne crues ou cuites ; la cuisson les rend plus sucrées. Leur usage prolongé peut provoquer la diarrhée ou communiquer au lait une saveur âcre ; il faut les donner à doses modérées. On les regarde généralement comme plus propres à activer la sécrétion lactée qu'à produire l'engraissement. C'est donc surtout pour les femelles des ruminants qu'elles doiventêtre réservées.—*Pathol.* Nom vulgaire donné à la maladie appelée *Rafle.*

RAYÉ, **ÉE**, adj., *lineatus;* marqué de raies.

RAY-GRASS. *V.* IVRAIE.

RAYON, s. m., *Radius;* nom donné en physique à la ligne droite et fictive suivant laquelle se propagent les vibrations sonores, calorifiques, lumineuses, de leur source vers l'espace. Plusieurs rayons lumineux qui sont dirigés vers un seul point forment ce qu'on nomme un *pinceau* de lumière ; plusieurs pinceaux constituent un *faisceau* lumineux, etc. — *Anat. et Extér.* On donne ce nom aux divisions des membres : *rayon de l'épaule, rayon de l'avant-bras,* etc. — *Bot.* On appelle ainsi les demi-fleurons composant la couronne des fleurs radiées ; les pédoncules composant les ombelles ; les feuillets du chapeau des agarics. — RAYONS MÉDULLAIRES : lignes rayonnant du centre à la circonférence, à travers les couches ligneuses de la tige des dicotylédonés. Ils sont complets ou incomplets ; les premiers font communiquer le canal médullaire avec l'enveloppe herbacée. Ces rayons sont aussi appelés *impressions médullaires.*

RAYONNANT, adj. ; qui rayonne ou qui se propage dans l'espace sous forme de rayons. *Calorique rayonnant:* calorique libre ou de température, qui peut se porter d'un corps sur un autre, qui se meut dans l'espace en rayonnant à la manière de la lumière. *Pouvoir rayonnant, V.* ÉMISSIF. — *Bot. Rayonnant* est synonyme de radié, ou disposé en rayons ; ex.: le *stigmate* dans les *pavots.*

RAYONNÉS, *V.* RADIAIRES.

RAYONNEMENT, s, m.; *Radiatio;* mode de propagation du son, de la lumière et du calorique. Ce mode consiste dans des vibrations qui suivent des lignes droites divergentes, et qui éprouvent dans l'espace, à la rencontre des corps, des déviations particulières appelées *réflexion, réfraction , diffraction,* etc. (*V.* ces mots).

RAYONNEUR, s. m. ; instrument aratoire analogue aux extirpateurs , mais portant seulement un seul rang de pieds ou socs, et destiné à tracer des raies pour les semis ou les plantations en lignes.

RÉACTIF, s. m., *Reagens;* nom générique par lequel on désigne, en chimie, tous les corps qui jouissent de la propriété de faire reconnaître une matière quelconque, en faisant ressortir ses propriétés les plus caractéristiques. — Les réactifs s'emploient dans la chimie organique comme dans la chimie minérale ; les uns sont destinés à l'analyse par la voie sèche , et les autres , qui sont les plus nombreux , à l'analyse par la voie humide. Les plus employés , pour ce dernier usage, sont les couleurs végétales, pour reconnaître les acides et les bases, (*tournesol, sirop de violettes , teinture de curcuma , de dalhia ,* etc.); les acides minéraux et quelques acides organiques ; les bases alcalines et leurs carbonates ; l'acide sulfhydrique et les sulfhydrates ; les cyanoferrures et cyanoferrides alcalins; quelques sels de plomb , de mercure, d'argent; le chlore, l'acide sulfureux, la teinture de noix de galle, etc.

RÉACTION, s. f., *Reactio* ; action opposée à une autre action ; résistance à une puissance.—En physique. on donne ce nom à une action , à un effort qui se produit après le développement des effets d'une force ; c'est ainsi que le corps élastique comprimé rebondit à la hauteur d'où il est tombé ; qu'un corps choqué frappe un autre corps avec la même intensité qu'il a été frappé lui-même, etc.; d'où cet axiome: *que la réaction est toujours égale à l'action.*—En chimie, on donne ce nom à l'action d'un réactif sur la substance qu'on examine. Elle consiste le plus souvent dans une décomposition et une combinaison donnant naissance à de nouveaux produits qui , par leur couleur, leur insolubilité, etc., décèlent la présence de certains principes et servent à les faire reconnaître.—*Équitat.* On appelle réaction la secousse plus ou moins forte que le cheval en action fait éprouver au cavalier qui le monte: *réactions douces , réactions dures.*

RÉALGAR, *V.* SULFURE ROUGE D'ARSENIC.

REBOISEMENT, s. m. ; action de planter ou semer des arbres sur des terrains où ont déjà existé des forêts. Le reboisement se fait à l'aide de semis ou de plantations. C'est dans les pays de montagnes qu'il est réclamé et qu'il serait surtout utile. La surface sur laquelle des reboisements pourraient avoir lieu avantageusement en France est d'environ 1.266.000 hectares.

REBOUS ; nom donné au cheval rétif, dans les coutumes de Douai. Inusité.

REBOUTEUR, s. m. ; qui réduit les fractures, les luxations.

RÉCÉPAGE, s. m. ; action de couper un plant près de terre, pour lui faire pousser des jets plus forts que ceux qui ont été retranchés.

RÉCEPTACLE, s. m., *Receptaculum*; sommet évasé ou renflé du pédoncule. Il porte les organes sexuels et leurs appendices. On lui donne, selon les circonstances, les noms de *Torus, Clinanthe, Phoranthe.* (*V.* ces mots.) — On appelle aussi génériquement *réceptacles* les organes de formes très diverses, qui contiennent les corpuscules reproducteurs des cryptogames. — Necker désignait sous le nom de *réceptacle des graines*, le *placenta*.

RECETTE, s. f.; synonyme de *formule*. (*V.* ce mot).

RECHAUSSER, v. a.; amasser de la terre au pied d'une plante pour protéger et couvrir ses racines, lui donner plus de stabilité, etc.

RECHUTE, s. f.; réapparition d'une maladie pendant ou peu après la convalescence. En général, la rechute est dangereuse, parce qu'elle se complique plus facilement d'une autre affection.

RÉCIDIVE, s. f.; réapparition d'une maladie après le rétablissement complet de la santé.

RECIPE, s. m.; mot latin qui signifie *prenez*, et qu'on place au commencement d'une formule pharmaceutique. Il est représenté en abrégé par le signe ℞ qui est un R dont la dernière branche est barrée.

RÉCIPIENT s. m., *Excipulum*; nom donné, dans les laboratoires de chimie et de pharmacie, au vase qui, dans un appareil distillatoire, est destiné à en recevoir les produits. Il est presque toujours en verre, rond ou cylindrique, à une ou plusieurs tubulures, etc. On le tient constamment froid, lorsque le produit de la distillation est très volatil et que l'appareil n'est pas muni d'un *réfrigérant*, comme cela est fréquent dans les distillations à la cornue. — *Récipient florentin*: vase employé à recevoir, pendant la distillation, les essences plus légères que l'eau. Il consiste en une carafe portant sur un de ses côtés une sorte de siphon qui part de son fond et s'élève jusqu'à la naissance du goulot. On remplit en partie le récipient avec de l'eau avant la distillation; l'essence, qui arrive par le goulot, se dépose à la surface du liquide, et, à mesure qu'elle s'accumule, elle pèse sur l'eau, et celle-ci s'écoule par le siphon qui part du fond du vase. En physique, on appelle *récipient* la cloche dont on recouvre la platine de la machine pneumatique (*V.* ce mot).

RÉCLINATIF, IVE, adj., *reclinativus*; la préfoliaison est *réclinative*, quand le sommet des feuilles est renversé en arrière.

RÉCLINÉ, ÉE, adj., *reclinatus*; synonyme de *réfléchi*.

RECLUS, USE, adj., *reclusus*; synonyme de *périspermique*.

RÉCOLTE, s. f.; action de couper, d'arracher les produits du sol et de les transporter dans le lieu où ils doivent être conservés jusqu'au moment de leur utilisation. Quelques récoltes spéciales prennent des noms particuliers; celle des céréales s'appelle *moisson*, celle des foins, *fanage* ou *fenaison*, celle du raisin, *vendange*. Le mot de *récolte* s'entend quelquefois des *produits récoltés*, ou de la *culture*, en ne considérant que les plantes cultivées; c'est dans ce dernier sens que l'on admet des récoltes *sarclées, améliorantes, dérobées, jachères*, (*V.* ces mots).

RECOMPOSÉ, ÉE, *supra-decompositus*; synonyme de *décomposé*.

RECOUPE, RECOUPETTE, s. f.; deuxième et troisième farine obtenue du son séparé du gruau. On donne également ce nom aux secondes coupes faites dans les prairies artificielles.

RECOURBÉ, adj., *recurvatus*; courbé dans sa longueur.

RÉCRÉMENT, s. m., *Recrementum*; fluide qui, après avoir été séparé du sang par un organe sécréteur, est repris par les absorbants, ex.: la sérosité du tissu cellulaire, des membranes séreuses, la synovie, etc.

RÉCRÉMENTEUX, EUSE, ou RÉCRÉMENTITIEL, ELLE, adj., *recrementitius*; nom donné aux fluides sécrétés repris par l'absorption: *humeurs récrémentitielles*.

RÉCRÉMENTO - EXCRÉMENTITIEL, ELLE, adj.; se dit des humeurs dont une partie est reprise par l'absorption et l'autre rejetée par excrétion.

RECRUDESCENCE, s. f., *Recrudescentia*, de *re*, de nouveau, et *crudescere*, s'irriter; augmentation d'intensité dans les symptômes d'une maladie, après une rémission momentanée.

RECTEMBRIÉ, adj.; ne se dit que de l'embryon et signifie *droit*.

RECTEMBRIÉES, s. f.; nom donné par de Candolle à l'une de ses deux grandes divisions de la famille des Légumineuses. Elle renferme les genres dont la radicule est droite.

RECTEUR, adj.; *esprit recteur*: principe de l'odeur des corps. *V.* ESPRIT.

RECTIFICATION, s. f., *Rectificatio*; opération chimique et pharmaceutique employée à concentrer ou à purifier certains liquides plus ou moins volatils. Elle consiste essentiellement en une ou plusieurs distillations, et parfois, dans l'usage de certains réactifs. Lorsque les substances étrangères sont plus volatiles que le liquide à purifier, on les reçoit dans le récipient et celui-ci reste dans le vase distillatoire, (ex.: acide hyponitrique de l'acide azotique; acide sulfureux de l'éther, etc.). Quand, au contraire, ce qui est le plus ordinaire, le liquide à rectifier est plus volatil que les principes étrangers qu'il renferme, il est reçu dans le récipient, et ces derniers restent comme résidu dans le réservoir de distillation. Enfin, quand le produit est très aqueux et que l'eau est retenue avec force, on fait intervenir des substances très hygroscopiques, telles que la chaux, le chlorure de calcium, le carbonate de potasse, etc. Ex.: *alcool, éther, chloroforme.*

RECTIFLORE, adj., *rectiflorus;* se dit, d'après Cassini, de la calathide dont toutes les fleurs sont parallèles à l'axe.

RECTINERVE, adj., *rectinervis;* à nervures droites et presque parallèles, comme celles des feuilles des Graminées.

RECTITE, s. f., *Rectitis;* inflammation de l'intestin rectum.

RECTO-VAGINAL, ALE, adj., *recto-vaginalis;* qui appartient au rectum et au vagin. *Cloison recto-vaginale :* cloison résultant de l'adossement de la partie supérieure du vagin et de la partie inférieure du rectum.

RECTO-VÉSICAL, ALE, adj.; qui appartient au rectum et à la vessie.

RECTUM, s. m., de *rectum*, droit; dernière portion du gros intestin, ainsi nommée à cause de sa direction, faisant suite au colon flottant et se terminant à l'anus. Les parois du rectum augmentent d'épaisseur à mesure qu'il approche de cette ouverture, et peuvent se dilater largement pour loger les matières fécales qui s'accumulent dans cet intestin jusqu'au moment de la défécation. Il est en rapport, supérieurement avec le sacrum, inférieurement avec la vessie chez le mâle, le vagin chez la femelle. Sa partie antérieure, recouverte par le péritoine, est soutenue par le méso-rectum ; postérieurement, il est entouré d'un tissu cellulaire lâche et abondant.

RECULEMENT, *V.* Avaloire.

RECULER, s. m. ; action par laquelle la progression est exécutée en sens inverse de la direction ordinaire et naturelle. Ce mode de progression ne peut être soutenu pendant longtemps. Le cheval recule facilement, lorsqu'il le fait de lui-même. Si l'on exige de lui cette action, il l'exécute difficilement, et avec une grande fatigue, surtout s'il est attelé à un fardeau. Il déplace successivement les membres en sens inverse du déplacement du pas, mais toujours avec la difficulté résultant de la position antérieure du centre de gravité, et de la disposition des membres qui ne favorise que les mouvements en avant.

RÉCURRENT, ENTE, adj., *recurrens*, de *recurrere*, retourner en arrière ; on donne ce nom aux vaisseaux ou aux nerfs qui suivent un trajet inverse à celui qu'ils suivaient précédemment, ou que suivait le tronc dont ils émanent. C'est surtout aux membres que l'on rencontre les *artères récurrentes.* — *Nerf récurrent du canal rachidien :* nom donné à la onzième paire, ou nerf trachélo-dorsal. — *Nerf trachéal récurrent* ou *laryngé inférieur:* cordon nerveux émanant du pneumo-gastrique, et s'en détachant, à droite au niveau de l'artère dorso-cervicale, à gauche au niveau de l'aorte primitive. Chaque nerf récurrent se porte en avant, traverse les plexus cardiaque et cervical, et gagne les côtés de la trachée, le long de laquelle il remonte pour gagner la face postérieure du larynx, et se distribuer à ses muscles.

RÉDHIBITION, s. f., *Redhibitio;* action par laquelle l'acheteur peut faire annuler la vente d'une chose défectueuse. *V.* Cas rédhibitoires.

RÉDHIBITOIRE, adj, *redhibitorius ;* qui concerne la rédhibition: *cas rédhibitoire, vice rédhibitoire.*

RÉDONDANCE, s. f., *Redundantia ;* superfluité. Synonymie de *plénitude*, de *pléthore.*

REDOUBLEMENT, s. m.; accroissement, augmentation: *redoublement de fièvre.*

REDOUL, s. m., *Coriaria*, Niss. ; genre peu nombreux de la famille des Coriariées. Il se compose d'arbres ou d'arbrisseaux communs surtout dans le bassin de la méditerranée. L'espèce principale est le R. à feuilles de myrte, *C. myrtifolia*, dont les folioles servent à sophistiquer le séné. Ces folioles sont vénéneuses; on s'en sert dans le tannage des cuirs et dans la teinture en noir. — *Pharm.* On les mélange frauduleusement aux folioles du *séné*, surtout à celles qui sont brisées et constituent les *grabeaux.* Les feuilles de redoul diffèrent de celles du séné en ce qu'elles sont d'une teinte plus foncée, glabres, entières, lancéolées, à nervures palmées au nombre de trois, saillantes en dessus, creuses en dessous ; tandis que celles du séné sont pennées, c'est-à-dire distribuées de chaque côté de la nervure principale, et, du reste, saillantes en dessus et en dessous.

REDRESSÉ, ÉE, adj., *assurgens;* se dit des organes couchés à leur base et se dressant ensuite pour prendre une direction verticale. En parlant de la tige, on emploie le mot *ascendant.*

RÉDUCTIBLE, adj.; se dit d'un oxyde qui peut être désoxygéné par la chaleur et les agents désoxydants. — *Chirurg.* Qui peut être réduit : *fracture réductible.*

RÉDUCTION, s. f. *Reductio;* nom donné, en chimie et en métallurgie, à l'action de ramener un oxyde à l'état métallique, en lui enlevant son oxygène. Certains oxydes des dernières sections sont réductibles par la chaleur seule ; mais la plupart exigent l'intervention de certains agents désoxygénants tels que le charbon, l'hydrogène, le fer, le potassium. — *Chirurg.* Opération par laquelle on remet à sa place un organe qui a été dérangé de sa position normale. La *réduction* des *fractures* consiste à remettre en leur place les fragments d'un os fracturé; elle comprend l'*extension*, la *contre-extension* et la *coaptation.* La réduction d'une hernie s'opère par le *taxis*, qui consiste à faire rentrer méthodiquement les viscères engagés dans le sac herniaire ; on fait la réduction de la matrice et du vagin dans le cas de renversement de ces organes.

RÉDUPLICATIF, IVE, adj., *reduplicativus ;* la *préfloraison* est *réduplicative*, quand les pétales sont roulés en dehors.

REFERRER, v. a. ; ferrer de nouveau, appliquer un autre fer sur le pied du cheval.

RÉFLÉCHI , IE , adj. , *reflexus* ; fléchi en dehors.

RÉFLEXIBILITÉ , s. f. , de *retrò* , en arrière , et *flectere* , plier : propriété de ce qui est susceptible de se réfléchir , comme le son , le calorique , la lumière.

RÉFLEXIBLE . adj. , *reflecti potens* ; qui peut subir la *réflexion* (*V*. ce mot).

RÉFLEXION , s. f. , *Reflexio* ; déviation , changement de direction qu'éprouvent les rayons de calorique , de lumière , les ondes sonores et même les corps matériels en mouvement , lorsqu'ils rencontrent sur leur passage un obstacle qui les arrête. Ce phénomène quoique très varié , soit relativement aux agents ou corps qui subissent la réflexion, soit par rapport à l'état de la surface où elle s'opère , est soumis à deux lois fondamentales, dont voici l'énoncé : 1° *Dans toute réflexion, l'angle de réflexion est égal à l'angle d'incidence* ; 2° *le rayon incident , le rayon réfléchi et la perpendiculaire à la surface réfléchissante sont compris dans le même plan.* Il résulte de la première loi que, si un rayon ou un corps tombent perpendiculairement sur une surface, ils se relèvent dans la même direction, afin que les angles formés restent égaux : si , au contraire , ils y arrivent obliquement , ils se réfléchissent à l'opposé en conservant le même degré d'obliquité. Quant à la deuxième loi, elle assure la véritable représentation des objets au moyen des rayons lumineux. Que les surfaces réfléchissantes soient planes, concaves, ou convexes , la réflexion s'opère toujours d'après les mêmes lois ; seulement on doit supposer alors que les rayons se réfléchissent sur le plan tangent de la surface courbe au point d'incidence *V*. MIROIR.

REFOULOIR , s. m. ; t. de maréchalerie ; marteau qui sert à refouler les éponges du fer à cheval.

RÉFRACTAIRE , adj. , *refractarius* ; épithète donnée à toute substance qui résiste à l'action de la chaleur , comme le charbon, le bois , qui ne peuvent être fondus.

RÉFRACTIF , adj., *refractivus* ; qui a rapport à la réfraction de la lumière. *Puissance réfractive* : force avec laquelle les corps transparents dévient les rayons lumineux qui les traversent. Cette faculté dépend, d'une manière absolue, de la densité des corps et de leur combustibilité, et, d'une manière relative, de la faculté réfringente du milieu que vient de traverser le rayon lumineux.

RÉFRACTION, s. f. , *Refractio;* sorte de brisure qu'éprouvent les rayons lumineux en passant d'un milieu transparent dans un autre. Ce phénomène important, qui assure l'exercice de la vision , est soumis à un petit nombre de lois très simples qui peuvent s'énoncer ainsi : 1° *tout rayon qui tombe perpendiculairement sur la surface commune des deux milieux ne subit aucune déviation et poursuit sa marche en ligne droite ;* 2° *tout rayon lumineux qui arrive obliquement sur la surface* commune aux deux milieux réfringents se dévie de sa direction primitive , se réfracte et éprouve une sorte de brisure au point d'incidence : 3° *le rayon incident et le rayon réfracté sont toujours compris dans le même plan perpendiculaire à la surface commune des deux milieux ;* 4° *la réfraction est plus prononcée à mesure que l'obliquité du rayon incident augmente ; mais l'indice de réfraction , c'est-à-dire , le rapport du sinus de l'angle d'incidence à celui de l'angle de réfraction, reste constant ;* 5° *quand un rayon lumineux passe obliquement d'un milieu moins réfringent dans un milieu plus réfringent, il dévie en se rapprochant de la perpendiculaire au point d'incidence ;* 6° *lorsqu'un rayon lumineux passe obliquement d'un milieu plus réfringent dans un milieu qui l'est moins, il se réfracte en s'éloignant de la normale au point d'incidence.* — Lorsque la réfraction s'opère dans un milieu à surfaces parallèles , le rayon réfracté continue sa marche en ligne droite et dans une direction parallèle à celle du rayon incident ; si, au contraire , les surfaces des milieux sont inclinées ou courbes , le rayon réfracté ne suit pas la même direction parallèle , mais il se dévie toujours du côté de la plus grande masse du milieu : c'est ainsi que le prisme réfracte la lumière vers sa base , la lentille biconvexe vers son centre, les lentilles concaves sur leur circonférence , etc. *V*. LENTILLE, PRISME. Les corps solides en mouvement éprouvent aussi une réfraction , lorsqu'ils tombent obliquement dans un milieu résistant , un liquide , par exemple.

RÉFRANGIBILITÉ , s. f. : propriété qu'ont les rayons lumineux de s'éloigner ou de se rapprocher plus ou moins de la perpendiculaire , quand ils passent d'un milieu à l'autre. Cette propriété n'est pas également marquée dans tous les rayons colorés de la lumière, et c'est à cette circonstance qu'est due la formation du *spectre solaire* (*V*. ce mot).

RÉFRANGIBLE, adj. ; qui peut subir la réfraction. C'est le cas de tous les rayons de la lumière , mais à des degrés différents.

RÉFRIGÉRANT , s. m. : pièce d'un appareil distillatoire, qu'on maintient à une basse température, afin de condenser les vapeurs à mesure qu'elles la traversent. Dans l'alambic ordinaire, le réfrigérant est un grand vaisseau en cuivre, plus profond que large, et renfermant le *serpentin*, ainsi que l'eau qui doit le refroidir. Il présente à la partie inférieure un robinet par où doit s'échapper l'eau qui a servi à l'opération, et à la partie supérieure un entonnoir avec un long tube, pour porter l'eau froide à la partie inférieure du vase. — Dans la distillation à la cornue, le réfrigérant est tantôt un vase qui laisse tomber de l'eau sur le récipient, et tantôt une sorte de manchon dans lequel circule un courant d'eau, pour refroidir le tube par où se dégagent les produits de la distillation.

RÉFRIGÉRANTS. s. et adj. ; classe de médicaments qui ont la propriété de refroidir les parties où on les applique, en absorbant le calorique qui leur est propre. Leur action n'est pas uniforme ; les uns déterminent le refroidissement en se réduisant en vapeur : tels sont l'éther, le chloroforme et toutes les substances très volatiles ; les autres en se liquéfiant aux dépens de la chaleur du corps, comme la glace, la neige, certains mélanges réfrigérants. Ces médicaments, qui s'emploient plus particulièrement à l'extérieur, ont la propriété de refouler le sang des capillaires, de diminuer la rougeur, la chaleur, la sensibilité des tissus, de les condenser, etc.; mais ils doivent être employés pendant un certain temps, parce qu'ils déterminent une réaction violente. Ils sont indiqués dans les congestions, les hémorrhagies, sur les parties congelées, etc.

RÉFRIGÉRATIF. adj. : synonyme de *réfrigérant, rafraîchissant* (*V.* ces mots).

RÉFRIGÉRATION, s. f., *Refrigeratio;* synonyme de *refroidissement* (*V.* ce mot).

RÉFRINGENT, adj., *refringens;* qui détermine la réfraction. *Milieu réfringent :* milieu transparent qui réfracte les rayons lumineux à leur entrée et à leur sortie. *Pouvoir réfringent :* force avec laquelle un milieu réfracte les rayons lumineux ; il est proportionnel à sa densité et à la combustibilité de sa substance, toutes choses égales d'ailleurs. *V.* RÉFRACTIF. *Faces réfringentes :* faces des cristaux par où s'opère la réfraction simple ou double. *Angle réfringent :* celui que forment entre elles la face d'immergence et la face d'émergence d'un milieu qui produit la réfraction des rayons lumineux.

REFROIDISSEMENT. s. m., *Refrigeratio;* abaissement de la température d'un corps, par suite de la perte de calorique que lui fait éprouver le milieu plus froid qui l'entoure. Ce changement de température est la conséquence de la tendance du calorique à se distribuer également entre tous les corps placés dans une même enceinte, en sorte que les plus chauds cèdent de leur chaleur aux plus froids jusqu'à égalité parfaite de température : encore l'échange continue-t-il, lorsque les corps sont arrivés au même degré de chaleur ; seulement, comme les acquisitions sont alors égales aux pertes, tout reste dans le même état ; c'est ce qu'on nomme l'*équilibre mobile de température.* — Les corps se refroidissent et s'échauffent par deux moyens : à distance, par le rayonnement, et au contact, par la conductibilité. Le refroidissement et le réchauffement, quoique inverses, sont soumis exactement aux mêmes lois, c'est-à-dire que, dans des circonstances réciproquement égales, un corps met autant de temps pour se refroidir que pour se réchauffer, et *vice versâ.* D'après Newton, le réchauffement et le refroidissement sont soumis à la loi suivante : *la chaleur gagnée ou perdue par un corps dans un temps donné ou dans des temps successifs est proportionnelle à la différence de température du milieu qui l'entoure.* Cette loi n'est exacte que jusqu'à

30° ou 40° dans la différence de température ; à des températures plus éloignées, la loi devient plus compliquée ; elle a été déterminée par Dulong et Petit à l'aide du calcul. Elle ne saurait trouver place ici. — *Pathol.* Abaissement de la température du corps, qui supprime l'exhalation cutanée, et produit des maladies graves siégeant pour la plupart sur les organes de la respiration, ex. : angine, coryza, bronchite, pneumonie, pleurésie. Le vulgaire emploie le mot refroidissement pour désigner ces diverses maladies. Les courants d'air, l'immersion du corps dans l'eau froide, le repos dans une écurie humide après le travail, sont des causes de refroidissement.

REGAIN, s. m., *Fenum autumnale;* produit de la seconde coupe des prairies naturelles. Il est composé de plantes molles, aqueuses, très garnies de feuilles, difficiles à dessécher, plus fades, moins près de leur maturité et conséquemment moins nutritives que celles qui composent le foin. Presque toutes sont des rejets de plantes vivaces. On donne aussi le nom de *regain* aux produits des dernières coupes des prairies artificielles.—Le regain entretient mal les solipèdes, surtout lorsqu'ils font un travail suivi ; il leur convient peu. On doit toujours le réserve pour les ruminants, qui le recherchent de préférence aux autres fourrages. Il active la sécrétion du lait et produit de la graisse.

RÉGALE. *V.* EAU RÉGALE.

RÉGÉNÉRATION, s. f., *Regeneratio;* reproduction des parties détruites ou retranchées. La régénération est d'autant plus facile que la partie enlevée est moins importante à la vie, et que l'animal est placé dans un degré plus bas de l'échelle.

RÉGIME, s. m., *Regimen*, de *regere*, gouverner ; ce mot s'entend tantôt du genre de nourriture auquel les animaux sont soumis ; c'est dans ce sens que l'on dit *régime vert, sec, lacté*, etc.; tantôt de l'ensemble des choses essentielles ou utiles à la vie, telles que la nourriture, le logement, le pansage, l'exercice, etc.; tantôt de l'emploi méthodique des divers agents et de l'ordre dans lequel ils se succèdent, dans l'état de santé ou pendant la maladie. Dans son acception la plus large, le mot *régime*, lorsqu'il s'agit des animaux soumis à l'homme, peut être considéré comme synonyme de *domesticité.* Il varie selon les espèces et les destinations, selon les âges et les conditions agricoles des lieux. Quel qu'il soit, lorsqu'un animal passe d'un régime donné à un autre très différent, on doit établir une transition qui dispose les organes au régime nouveau. — *Régime, spadix;* mode d'inflorescence particulier aux palmiers. Le régime se compose d'une large grappe spadiciforme enveloppée, avant son épanouissement, dans une spathe coriace.

RÉGION, s. f., *Regio;* on désigne ainsi, en anatomie, des étendues circonscrites de la masse du corps ou de la surface des organes

C'est ainsi qu'on étudie les muscles par *régions*, qu'on distingue plusieurs *régions* dans un os, etc.

RÉGIONS BOTANIQUES : étendues de terrain caractérisées par une végétation particulière ou par la présence d'espèces végétales très dominantes. Les régions botaniques ne peuvent être rigoureusement limitées; trop de causes concourant à propager les plantes d'un lieu dans un autre. Dans l'Europe, on en distingue trois : 1° la *région hyperboréenne*, comprenant la Laponie, l'Islande, les provinces septentrionales de la Suède et de la Norwège; la végétation y est peu variée; les *acotylédones* y dominent; les *espèces ligneuses* n'y forment que la centième partie des plantes, et elles appartiennent presque toutes aux Conifères et aux Amentacées, et ne dépassent guère le 67° ; 2° la *région moyenne*, comprenant une partie de la Russie, l'Allemagne, la Hollande, la Belgique, la Suisse, le Royaume-Uni, une portion de l'Italie et la plus grande partie de la France ; le *chêne*, constitue la principale essence de ses forêts et la caractérise, mais d'une manière peu rigoureuse. On peut la diviser en deux zones, dont une. méridionale, renferme la *vigne*; 3° la *région méditerranéenne*, comprenant la Grèce, l'Italie, la Sicile, la Sardaigne, la Corse, l'Espagne, etc.; on y trouve l'*olivier*, l'*oranger*, le *grenadier*, le *figuier*, le *myrte*, les *gattiliers*, les *lauriers roses*. Les *chênes verts* et le *liége* y sont communs. C'est dans cette région que l'on peut cultiver le plus grand nombre de plantes utiles à l'homme; car, indépendamment de celles qui viennent d'y être signalées, on trouve encore, à côté de la *vigne* et des *céréales*, plusieurs productions des contrées tropicales, le *cotonnier*, la *canne à sucre*. etc.

RÈGLES, *V*. MENSTRUES.

RÉGLISSE, s. f., *Glycyrrhiza*, L., genre de la famille des Légumineuses. Il se compose de dix à douze espèces de plantes herbacées, vivaces, à rhizôme très développé, et croissant surtout dans les régions tempérées de l'hémisphère boréal. L'espèce principale est la R. officinale, *G. glabra*, L., *Liquiritia officinalis* Mœnch. ; on en fait un fréquent usage en médecine. Cette plante est cultivée en France ; elle croit abondamment dans les contrées méridionales de l'Europe. — ***Pharmacol.*** La racine ou le rhizôme de la réglisse est d'un emploi fréquent en médecine vétérinaire, à titre d'émollient et de béchique. Cette racine est longue, ligneuse, cylindrique, grosse comme le doigt, brune en dehors, jaune en dedans, d'une odeur faible et d'une saveur sucrée avec arrière-goût âcre. Elle contient, d'après Robiquet, de la *glycyrrhizine*, de la fécule, de l'asparagine, de l'albumine, un principe résineux âcre, des sels. La réglisse se donne, aux grands animaux. en poudre, sous forme d'électuaire ou de bol, ou en breuvage après

qu'on l'a traitée par l'eau froide ou chaude; la macération et l'infusion sont préférables à la décoction qui détermine la dissolution du principe résineux, et communique de l'âcreté à la tisane. La dose pour les herbivores varie de 32 à 125 grammes et plus; pour les petits animaux, elle varie de 15 à 30 grammes. La réglisse est employée dans toutes les phlegmasies internes, et notamment contre celles des voies respiratoires.

RÉGMATE, s. m., *Regma*; fruit diérésilien correspondant à l'élaterie de Richard. *V*. DIÉRÉSILIENS.

RÈGNE, s. m., *Regnum*; nom donné à chacune des grandes divisions dans lesquelles on a réparti les corps dont l'ensemble forme la nature. On distingue généralement les trois règnes *animal*, *végétal* et *minéral*, ou seulement deux règnes : l'*organique* comprenant les deux premiers, et l'*inorganique* renfermant les minéraux. Chaque règne se divise en *embranchements*, *classes*, etc.

RÉGULATEUR, s. m., de *regula*, règle. *Régulateur à force centrifuge* : appareil particulier, à l'aide duquel on règle l'arrivée de la vapeur dans les machines à vapeur. — *Agric.* Partie de la charrue qui sert à déterminer la largeur et la profondeur de la raie.

RÉGULE, s. m., de *regulus*, petit roi, de *rex*. *regis*, roi; nom donné par les anciens chimistes à certains métaux qu'ils supposaient voisins par leur nature, de l'or, roi des métaux. *Régule d'antimoine*, *d'arsenic*, *V*. ANTIMOINE, ARSENIC.

RÉGULIER, IÈRE, adj., *regularis*; composé de parties ou semblables ou symétriques. Se dit principalement de la corolle, (*V*. ce mot.)

REINAIRE, *V*. RÉNIFORME.

RÉGURGITATION, s. f., *Regurgitatio*, de *regurgitare*, regorger ; action par laquelle un réservoir se débarrasse des matières qui l'obstruent. Ce nom a été donné comme synonyme de *vomiturition*. Enfin, on désigne par *régurgitation*, ce mode de digestion propre aux ruminants, qui avalent de nouveau les aliments après les avoir dégorgés et mâchés une seconde fois.

REIN, s. m., *Ren*, *renis*, νεφρός; glande préposée à la sécrétion de l'urine. Les reins sont au nombre de deux, placés à la région sous-lombaire, au-dessus du péritoine, qui ne tapisse que leur face inférieure. Le droit, placé un peu plus en avant que le gauche, est reçu par son bord antérieur dans une échancrure particulière du foie. Le bord interne de chaque rein présente une scissure donnant abord aux vaisseaux et d'où s'échappe l'uretère, ou canal excréteur de l'organe. Le rein est formé d'un tissu particulier présentant deux couches, dont l'une, dite *substance cendrée* ou *corticale*, constitue en effet l'enveloppe de l'organe, et l'interne, nommée *substance rayonnée* ou *tubuleuse*, paraît formée d'une série de tubes partant de la substance cendrée et convergeant vers le *bassinet*, cavité située vers la scissure du bord interne, et où l'urine sécrétée vient se déposer pour s'engager ensuite dans l'uretère. Le rein est entouré dans son entier d'une capsule fibreuse, mince, que l'on détache facilement de sa surface. — Dans le bœuf, les reins présentent une surface mamelonnée, et l'uretère naît par une série de tubes ayant pour origine les *calices* qui entourent les mamelons excréteurs situés dans chaque lobule. Lorsque l'animal est engraissé, les reins disparaissent, cachés sous une énorme quantité de graisse. — Les reins du mouton et du chien sont arrondis et plus flottants dans l'abdomen que ceux des autres animaux domestiques.

REINS, s. m. pl., *Lumbi;* nom donné, en *extérieur*, à la région intermédiaire au dos et à la croupe, ayant pour base les vertèbres lombaires et la portion des muscles spinaux qui les entourent. La longueur ou la brièveté des reins entraine les mèmes conséquences que les proportions analogues du dos. Les reins courts annoncent toujours plus de force, mais moins de souplesse que les reins longs. — Dans le bœuf, les reins sont longs, non-seulement à cause de la longueur plus grande des vertèbres lombaires, mais aussi par suite de l'épaisseur des cartilages qui séparent les os. Des muscles épais sont toujours une beauté pour cette région, qui fournit une viande de qualité supérieure.

REJETON, s. m., *Stolo ;* jeune pousse émanant de la tige ou du tronc. On dit aussi *rejet*.

RELACHANT, adj., *laxans;* synonyme d'*émollient* et de *laxatif*. (*V.* ces mots.)

RELACHEMENT, s. m., *Prolapsus, procidentia ;* laxité, diminution de tension des parties molles. C'est le commencement du déplacement d'un organe. Le relâchement de la matrice est le premier degré du renversement de ce viscère. On donne le nom de *Blépharoptose* au relâchement des paupières.

RELAIS, *V.* Alluvion.

RELAXATION, s. f., *Relaxatio ;* synonyme de *relâchement*.

RELEVÉ, *V.* Redressé.

RELEVEUR, s. m., *Elevator ;* on donne ce nom à plusieurs muscles dont l'usage est d'élever les parties auxquelles ils s'insèrent. — *Releveur de l'anus :* ce muscle, mieux nommé *rétracteur de l'anus*, provient de la face interne du ligament sacro-ischiatique où il est aplati en bandelette mince ; il vient s'insérer au sphincter, qu'il retire en avant après l'expulsion des excréments. — *Releveur de la lèvre inférieure V.* Maxillo-labial. — *Releveur de la paupière supérieure*, ou *orbito-palpébral :* bandelette mince, étroite, allongée, prenant son origine à l'hiatus orbitaire et se dirigeant à la partie supérieure du globe de l'œil, pour s'unir au bord de la paupière supérieure, après avoir passé entre la lame fibreuse de cette paupière et la conjonctive palpébrale. Ce muscle relève la paupière en s'appuyant, pendant sa contraction, sur le globe de l'œil, qui lui sert de poulie de renvoi. — *Releveurs des côtes.*, *V.* Transverso-costaux. *Releveur propre de l'épaule* ou *cervico-sous-scapulaire :* muscle épais, charnu, allongé, prenant son origine au bord supérieur du ligament cervical, sous le muscle trapèze, et s'insérant à la face interne de l'angle cervical du scapulum, qu'il tire en haut et en avant. — *Releveur de la lèvre supérieure* ou *sus-maxillo-labial :* muscle charnu à son origine, qui a lieu près de l'angle nasal de l'œil, en avant de l'épine maxillaire, et donnant naissance à un long tendon qui passe sur les ailes du nez et se réunit à celui de son congénère, pour aller se terminer dans la lèvre supérieure, que ces muscles relèvent en produisant une grimace qui leur a fait donner le nom de *grimaciers*.

REMÈDE, s. m., *Remedium;* nom générique de tout moyen thérapeutique, quelle que soit sa nature. Dans le langage vulgaire, ce mot est synonyme de *médicament*. En pharmacie humaine, on donne ce nom à certaines préparations plus ou moins complexes et dont la formule a été ou est encore tenue secrète. Aucune préparation de ce genre n'est usitée en médecine vétérinaire, si ce n'est peut-être le *remède* ou *médecine Leroy*.

RÉMISSION, s. f., *Remissio*, de *remittere*, relâcher ; diminution dans l'intensité des symptômes d'une maladie. On donne aussi ce nom à l'intervalle qui sépare les accès des fièvres rémittentes.

RÉMITTENT, **TE**, adj., *remittens*, de *remittere*, diminuer; qui présente des *rémissions*. Les maladies rémittentes sont, en médecine humaine, des fièvres continues qui ont des redoublements.

REMONTES, s. f. ; achats de chevaux pour le service de l'armée, ou d'étalons pour le service des haras. — *Remontes de l'armée.* Avant 1790, les corps de cavalerie achetaient eux-mêmes les chevaux qui leur étaient nécessaires. Depuis cette époque, on n'a eu recours à ce moyen que dans des cas urgents. Aujourd'hui, les remontes de l'armée sont confiées à un corps spécial d'officiers. Par exception, les corps peuvent acheter les chevaux nécessaires aux officiers, et le gouvernement accepte des fournitures à forfait. — Les sujets achetés par les remontes sont placés, pendant un certain temps, dans des établissements appelés *dépôts de remontes, succursales, annexes*, pour y être préparés au régime militaire et recevoir un commencement d'éducation et de dressage. On compte en France au moins cinq dépôts et douze succursales. Chacun de ces établissements ne doit agir que dans sa circonscription propre. Comme beaucoup d'autres institutions qui ont en elles un vice radical, celle des remontes

parait ne remplir qu'imparfaitement son but.
— Les chevaux de remonte doivent avoir
cinq ans au moins, la taille de l'arme et
l'aptitude probable au service militaire, une
bonne santé, et, s'ils sont mâles, ils doivent
être guéris des suites de la castration. *V.*
TROUPE.

RÉMORA, s. m., de *remorari*, arrêter;
instrument de chirurgie employé autrefois
pour maintenir réduites les fractures et les
luxations. Inusité.

RÉMOTION, s. f., *Remotio*, de *removere*,
écarter; éloignement de la cause d'une maladie. Inusité.

RÉNAL, ALE, adj., *renalis*, de *ren*, rein;
qui appartient aux reins. — *Artères rénales*
ou *émulgentes :* elles émanent de l'aorte postérieure, dont elles se détachent à angle droit
pour se porter, chacune, vers la scissure
du rein qui lui correspond. Ces artères se
divisent en plusieurs branches avant de pénétrer la substance du rein. — *Veines rénales :*
elles accompagnent les artères, et viennent se
rendre dans la veine cave postérieure. —
Plexus rénal : entrelacement de filets nerveux destinés aux reins, et provenant du
ganglion semi-lunaire et du petit splanchnique. — *Calcul rénal, V.* CALCULS.

RENDEMENT, s. m.; expression dont se
servent les agriculteurs pour désigner l'ensemble des produits annuels d'une terre, d'une
exploitation.

RÉNETTE, s. f., *V.* RAINETTE.

RENFLÉ, ÉE, adj., *ventricosus;* présentant un ou plusieurs renflements ou dilatations; ex. : le *calice du silene inflata.*

RENIFLEMENT, s. m.; action de renifler;
nom donné au coryza du porc. Inusité.

RÉNIFORME, adj., *reniformis;* se dit de
tous les organes qui ont la forme d'un rein.

RENONCULACÉES, s. f., *Ranunculaceæ;*
famille de plantes dicotylédones, polypétales,
hypogynes. Elle a pour caractères : fleurs
hermaphrodites, solitaires ou réunies en grappes, en panicules ou en cymes; calice à 3-15
folioles; pétales en nombre égal, ordinairement caducs, quelquefois très petits ou nuls;
étamines libres, en nombre indéfini, insérées
sous l'ovaire, à anthères adnées; un ou plusieurs ovaires; styles en nombre égal, courts,
souvent persistants; fruit composé d'un seul
carpelle bacciforme, ou plus souvent de carpelles monospermes, secs, libres, indéhiscents, ou de carpelles polyspermes déhiscents, libres entre eux ou soudés à leur partie
inférieure. Les Renonculacées sont des herbes
ou des sous-arbrisseaux à feuilles très variées
dont le pétiole s'élargit à sa base en forme de
gaine incomplète, sans stipules. Plusieurs
espèces sont volubiles ou grimpantes; toutes
contiennent un suc âcre, irritant. Elles habitent principalement les prairies et les bois et
ccasionnent des empoisonnements. La dessiccation détruit, dans quelques-unes, la plus
grande partie de leur âcreté; mais la propriété
irritante et vénéneuse persiste toujours dans

d'autres. Les bestiaux ne les recherchent pas;
ils ne les mangent guère que pressés par la
faim. Plusieurs espèces sont utiles à la médecine; ex.: l'*Hellébore.*—La famille des Renonculacées est divisée en quatre, en cinq ou
même en six tribus. Richard admet les suivantes : *Anémonées;* genres : *Clematis, Anemone, Thalictrum. Adonis,* etc.; les *Ranuncu-
lées;* genres : *Ranunculus, Ficaria,* etc.;
les *Helléborées;* genres : *Caltha, Trollius,
Helleborus, Nigella, Aquilegia, Delphinium, Aconitum,* etc.; les *Pæoniées;* genres : *Pæonia,* etc.

RENONCULE, s. f., *Ranunculus,* Hall.;
genre de la famille des Renonculacées. Il a
pour caractères : fleurs jaunes ou blanches,
latérales ou terminales, pédonculées; calice
composé de cinq sépales colorés, caducs;
ordinairement cinq pétales à onglet court et
portant à sa base une fossette nectarifère;
fruit composé de nombreux carpelles disposés
en capitule globuleux ou oblong, et surmontés chacun d'un style persistant; graine dressée. Les renoncules sont des plantes herbacées,
rarement annuelles, le plus souvent vivaces,
glabres, velues ou pubescentes, à tige rameuse, à feuilles entières ou diversement
découpées et dentées. Elles habitent, en plus
grand nombre, les prairies humides, le bord
des étangs, la lisière des bois ; on en retrouve
néanmoins dans toutes les expositions. Elles
sont nuisibles à l'agriculture, parce qu'elles
se propagent facilement. Leur âcreté les
rend dangereuses pour les bestiaux; on ne
doit jamais faire consommer en vert les fourrages qui en contiennent une certaine quantité.
Le fanage leur fait perdre la plus grande
partie de leurs propriétés malfaisantes. La
Flore française ne renferme pas moins de 51
espèces de renoncules; les plus communes
sont les espèces : *hederaceus, tripartitus,
aquatilis, tricophyllus, divaricatus, grami-
neus, flammula, lingua, auricomus, acris,
sylvaticus, repens, bulbosus, monspeliacus,
philonotis, arvensis, sceleratus,* etc. Les
trois dernières sont annuelles; les autres sont
vivaces. Les espèces *sceleratus, acris, flammula, lingua,* passent pour les plus vénéneuses.

RENOUÉE, s. f., *Polygonum,* L. ; genre
de la famille des Polygonées. Ses caractères
sont : fleurs hermaphrodites, blanches, roses
ou rouges, petites et disposées en épis, en
grappes, etc.; calice ordinairement coloré,
presque toujours accrescent, composé de 5,
plus rarement de 3-4 sépales soudés inférieurement et presque égaux; 5-8 étamines, rarement moins ou plus; glandes alternant avec
les étamines, quelquefois nulles; 2-3 styles
plus ou moins longs et soudés dans une certaine partie de leur étendue; fruit lenticulaire
comprimé ou trigone, enveloppé dans le
calice. Les plantes de ce genre sont annuelles
ou vivaces, herbacées, quelquefois volubiles.
Les espèces sont nombreuses; les principales
sont : la **R** bistorte, *P. bistorta,* vulg. *lan-*

que de bœuf, *V.* BISTORTE; la R. vivipare, *P. viviparum*, faisant partie de la Flore des prairies dans les contrées montueuses, et résistant bien au froid : on la considère comme excellente pour les vaches; la R. persicaire, *P. persicaria*, commune dans les fossés, les endroits marécageux, surtout dans les régions froides : elle est negligée des bestiaux; la R. centinode ou des oiseaux, *P. aviculare*, vulg. *trainasse*, remarquable par sa rusticité et sa tendance à envahir les lieux dépouillés; ses longues tiges trainantes sont assez recherchées des herbivores et notamment du mouton et du lapin; la R. liseron, *P. convolvulus*, commune dans les moissons, dans les vignes; on la récolte pour les ruminants, qui la recherchent quand elle est verte; la R. poivre d'eau, *P. hydropiper*, vulg. *Piment aquatique*, commune dans les fossés, les lieux marécageux; sa saveur est âcre, poivrée, irritante. Les deux premières espèces sont vivaces, les autres annuelles. — Le sarrasin, placé autrefois dans ce genre, fait aujourd'hui partie du genre *Fagopyrum. V.* SARRASIN.

RENTRANT, ANTE, adj., *introflexus;* replié en dedans, ex. : les valves du péricarpe dans le colchique.

RENVERSEMENT, s. m.; action de renverser ou état de ce qui est renversé. En chirurgie, on nomme ainsi le déplacement partiel ou total d'un organe, par lequel la partie interne devient externe, la partie supérieure devient inférieure et l'antérieure se porte en arrière. Plusieurs organes sont susceptibles d'éprouver le renversement.

RENVERSEMENT DE LA MATRICE. La matrice peut éprouver plusieurs déplacements, qui sont rendus faciles par sa position et les fonctions dont elle est chargée. Cet organe peut se retourner comme un doigt de gant, de sorte que sa face péritonéale ou externe devient interne. Parmi les femelles domestiques, c'est la vache qui présente le plus souvent ces accidents; on les voit quelquefois sur la brebis et sur la jument. Pour la vache, les causes prédisposantes agissent sympathiquement ou directement; ce sont une nourriture insuffisante, les étables humides, les parturitions prématurées ou trop fréquentes. Les causes occasionnelles sont : le part laborieux, les indigestions, la métrite, la vaginite, les chutes. Le renversement est produit surtout par les mauvaises manœuvres pratiquées pendant l'accouchement. On a dit que, de même qu'on admettait des causes générales inconnues qui produisent les avortements épizootiques, il était possible de reconnaître des influences générales qui font apparaître les chutes de matrice sur un grand nombre de femelles placées dans les mêmes conditions. On a distingué plusieurs degrés dans le renversement de l'utérus; il est *incomplet* ou *complet*. Quand le renversement est incomplet, cet organe se présente seulement à l'orifice du vagin et ne traverse pas l'ouverture de la vulve. Lorsque la chute est complète, on

voit paraître au dehors une masse volumineuse, piriforme, dont la base est renflée, et qui descend quelquefois jusqu'aux jarrets de la femelle. Cette tumeur, recouverte par une muqueuse, présente, dans les ruminants, des cotylédons et des débris de placenta; les tissus prennent une teinte violacée pendant les premiers jours; plus tard, ils deviennent pâles et se dessèchent. Dans le centre de la tumeur, existe un cul-de-sac circulaire, précédé d'un bourrelet formé par le museau de tanche. La malade éprouve de vives souffrances et se livre à des efforts expulsifs continuels, provoqués par l'irritation qui siége dans la matrice. Des complications graves peuvent accompagner cet état; ce sont le renversement du rectum et de la vessie, la rupture de ce réservoir. L'utérus entraîne toujours, par son propre poids, le vagin, qui apparait alors au dehors en formant le pédicule de la masse constituée par ces organes. Le pronostic est toujours grave; de fâcheux accidents peuvent survenir par la phlogose de la matrice et le rôle important que jouent les veines de ce viscère.—Le traitement consiste à opérer au plus tôt la réduction et à éviter les récidives. Si l'on observe des symptômes généraux, il faut avoir recours à la saignée, qu'on renouvelle au besoin. Avant la réduction, il est utile de nettoyer les parties malades, de les lotionner avec quelque liquide stimulant quand elles sont froides, œdématiées; des scarifications sont quelquefois nécessaires pour opérer leur dégorgement; il importe de vider la vessie et le rectum. Pour réduire l'utérus de la vache, on se sert d'un drap pour soulever l'organe et en faciliter la réduction. Quand on repousse cette masse pour la faire rentrer, il faut agir mollement pour ne pas provoquer des efforts expulsifs. Divers moyens ont été proposés pour maintenir la matrice dans sa place et prévenir la récidive. Ces moyens sont les suivants : 1° *suture de la vulve* : c'est un procédé à rejeter, parce que le moindre effort fait rompre les fils; 2° *tamponnement* : le tampon produit la rétention d'urine et l'engouement de l'intestin rectum; 3° *bandages contentifs* : on leur a donné diverses formes; ils sont préférables à tous les autres moyens, parce qu'ils n'agissent pas dans l'intérieur des organes qu'il s'agit de contenir; 4° *pessaires* (*V.* ce mot). Après la réduction, il y a indication de tenir le derrière de l'animal plus élevé que le devant; on donne quelques lavements pour éviter les efforts nécessités par la défécation; quelques injections astringentes sont faites dans le vagin. — *Jurisp. comm.* La loi du 20 mai 1838 admet parmi les vices rédhibitoires, pour l'espèce bovine, le renversement de l'utérus après le part chez le vendeur. Plusieurs opinions ont été émises sur la question de savoir si la rédhibition doit être prononcée seulement après un part récent chez le vendeur, ou si elle doit toujours avoir lieu après un part récent ou ancien, que la vache ait vêlé chez le dernier vendeur ou chez l'un des précédents possesseurs.

RENVERSEMENT DES PAUPIÈRES, *V.* ECTROPION et ENTROPION.

RENVERSEMENT DU RECTUM. *Chute du rectum.* Cet organe peut laisser sortir ses membranes seules ou suivies d'une partie du gros intestin. Les causes déterminantes sont les efforts pour opérer la défécation, la dysenterie, la constipation, les tumeurs dans le rectum, les coliques violentes, la météorisation. Dans le simple renversement, on observe un bourrelet rouge, peu douloureux, ayant une ouverture centrale ; l'animal fait des efforts violents et expulse des mucosités sanieuses. Dans la chute du rectum avec invagination, une partie de l'intestin est renversée et reçoit une autre portion du cylindre intestinal. A l'extérieur, on voit une tumeur quelquefois énorme, d'un rouge jaunâtre, œdématiée, semblable à une andouille. Dans quelques cas, il y a des phénomènes locaux et généraux de l'étranglement intestinal. Le renversement peut disparaître spontanément ; quelquefois la masse s'indure, se recourbe en S, et la muqueuse prend l'aspect de la peau ; c'est ce qu'on voit dans les jeunes poulains, dans le chien, le chat. On observe encore les terminaisons par induration et par gangrène. On ne guérit qu'un chien sur douze ; ces guérisons sont encore plus rares sur les solipèdes ; le pronostic est donc des plus graves. *Traitement.* 1° *Simple renversement* : les moyens médicaux comprennent des lotions astringentes avec l'eau de chaux, la décoction de quinquina, les solutions minérales. Ordinairement on opère le taxis et l'on emploie la contention, qui est plus facile dans les animaux que dans l'homme, à cause de la direction horizontale de leur corps ; on met en usage des pessaires de différentes formes. Des mouchetures, des scarifications, des incisions longitudinales, facilitent la réduction si les tissus sont trop engorgés. Mais, le plus souvent, la réduction n'est qu'un palliatif insuffisant, le prolapsus se montre de nouveau ; on a proposé l'excision et la cautérisation, pour empêcher ces récidives. 2° *Invagination :* des difficultés plus grandes encore se présentent pour remédier à cet état. Si l'on peut réduire la tumeur en la repoussant dans le bassin, on n'a pas la certitude que l'invagination a disparu.

RENVERSEMENT DU VAGIN. C'est dans la vache et la chienne qu'on l'observe le plus souvent. Il est *complet* ou *incomplet.* Dans les petits animaux, il faut éviter de confondre cet accident avec les végétations qui envahissent fréquemment la muqueuse génitale. Le renversement du vagin est un vice rédhibitoire pour l'espèce bovine, après le part chez le vendeur.

RENVERSEMENT DE LA VESSIE. On ne l'observe guère que sur les femelles. C'est un accident qui n'est pas rare sur la chienne ; on en a cité quelques exemples sur la jument.

RENVOI, s. m. ; action de faire retourner. Synonyme d'*éructation.*

RÉOMÈTRE. *V.* GALVANOMÈTRE.

RÉOPHORE, s. m., de ρεος, courant, et ωρω, je porte ; porte-courant ; nom employé depuis quelques années pour désigner les fils métalliques qui, dans une pile, servent à conduire les deux courants électriques qui s'en échappent.

RÉPERCUSSIF, adj. ; terme générique par lequel on désigne tous les médicaments qui, employés localement, ont la propriété de refouler le sang, les flux, les éruptions, de dehors en dedans. Cette catégorie de médicaments, qui doivent être employés avec prudence, comprend les *réfrigérants,* les *tempérants,* les *astringents.* (*V.* ces mots.) Ils ne conviennent généralement que contre les congestions du cerveau, du pied, dans les entorses, les contusions, les hémorrhagies passives, etc. Ils doivent être longtemps continués pour être efficaces et ne pas causer de réaction.

RÉPERCUSSION, s. f., *Repercussio,* de *repercutere,* répercuter ; disparition subite d'une éruption, d'un exanthème, d'un écoulement catarrhal, par l'action du froid ou de toute autre cause.

REPEUPLEMENT, s. m. ; opération qui a pour but de regarnir d'arbres les endroits d'une forêt qui en sont dépouillés. Les moyens principaux sont les semis et les plantations ; on emploie également le récépage, l'extraction des souches, l'écobuage, etc.

REPIQUAGE, s. m. ; transport d'un jeune plant ligneux ou autre, du lieu où il a crû spontanément ou dans lequel il a été semé, dans celui où il doit rester indéfiniment. Le repiquage est généralement peu favorable aux cultures racines.

RÉPLÉTION, s. f., *Repletio,* de *replere,* emplir ; plénitude. Synonyme de *pléthore.*

RÉPLICATIF, IVE, adj., *replicativus ;* la préfoliation est *réplicative.* lorsque la partie supérieure des feuilles est repliée et appliquée sur l'inférieure.

REPOS, s. m., *Quies* ; nom donné. en physique, à la persistance des rapports d'un corps et de ses différentes parties avec le monde environnant. On confond généralement le repos avec l'équilibre ; cependant, il est possible de distinguer ces deux états, en admettant que le repos est le résultat de l'annulation de la force de pesanteur sur une résistance passive, comme un plan horizontal ou un moyen de suspension, et que l'équilibre résulte de l'antagonisme d'une force *artificielle* avec une force active ou passive. Le repos a été distingué en *absolu* et *relatif :* le premier, purement rationnel, ne saurait exister dans la nature qui ne présente rien d'absolument fixe ; le second, qui est le seul réel, se reconnaît à la persistance des rapports des corps qui sont en repos avec ceux qui les environnent. — *Hyg. V.* EXERCICE et TRAVAIL.

REPOUSSOIR, s. m., *Repulsorium* ; qui sert à repousser. Instrument de chirurgie qui sert à extraire les chicots des dents. On donne également ce nom à une tige dont on se sert pour repousser jusque dans l'estomac les corps étrangers arrêtés dans l'œsophage. *V.* Poussoir. — *T. de maréchalerie* ; instrument employé pour repousser les souches ou vieilles lames de clous qui restent engagées dans la corne du cheval.

REPRODUCTEUR, s. m. ; animal spécialement destiné à reproduire ou à améliorer son espèce. Le mâle prend le nom générique d'*étalon*. — La ressemblance des produits aux individus qui les ont engendrés est une loi de nature ; c'est sur elle que repose la fixité des espèces et la conservation des races. Cette ressemblance de caractères embrasse la conformation, les aptitudes, les qualités morales, les défauts, etc. De là on déduit, en hygiène vétérinaire, la nécessité de choisir les reproducteurs d'après l'influence probable que chacun d'eux doit exercer sur le produit de la génération. La mère, qui sert de moule et fournit le germe, communique tout ce qui tient au développement du corps, tout ce qui se trouve plus immédiatement sous la dépendance des organes digestifs ; tandis que le mâle, qui féconde, donne ce qui détermine plus particulièrement les aptitudes, l'énergie, le caractère, les instincts, les appareils circulatoire et respiratoire, la conformation des membres et de la tête. Il résulte des recherches des physiologistes, et surtout de Girou, de Buzareingues, que celui des reproducteurs qui l'emporte sur l'autre, par son état physiologique, imprime davantage ses caractères au produit de leur accouplement, et transmet plus probablement son sexe. — Les *qualités* et les *défauts* des reproducteurs sont *absolus* ou *relatifs*. Une bonne santé, une vaste poitrine, de bons membres, de fortes articulations, de bons aplombs et de bons pieds, sont des qualités absolues dans un animal destiné à travailler. Les caractères opposés sont des défauts absolus. Il en est de même d'une poitrine tombante et profonde, d'un corps long et cylindrique, dans une bête destinée à l'engraissement. — Une beauté est relative, quand elle se trouve dans un certain rapport de convenance avec une destination connue, lorsqu'elle établit entre deux reproducteurs une harmonie ou une opposition nécessaires. Ainsi, une taille élevée, un pied grand, peuvent être tour à tour une beauté ou un défaut : d'où l'on conclut à la nécessité des *appareillements*. (*V.* ce mot.) — On ne doit employer à la reproduction des animaux de travail que des sujets adultes et jouissant de toute la plénitude de leurs facultés ; tandis que l'on peut employer, pour produire des bêtes d'engrais ou des laines fines, des taureaux et des béliers jeunes. — Une bonne santé est indispensable dans un reproducteur ; il faut repousser de la repro-

duction tout individu affecté de maladie héréditaire ou constitutionnelle, de maladie accidentelle grave. La véritable beauté consiste moins dans une harmonie heureuse des proportions, dans l'élégance des formes, que dans une véritable appropriation, dans les aptitudes. Ce n'est pas sans raison que l'on a blâmé, dans beaucoup d'éleveurs, la tendance à attacher trop de prix à une beauté extérieure, même dans des espèces qui en sont très peu susceptibles. Une grande taille peut être un grave défaut dans un reproducteur, quand celui avec lequel il est accouplé est petit ; c'est un défaut surtout quand le produit ne doit pas trouver des conditions agricoles convenables. Il y a généralement avantage à préférer les races moyennes aux petites ou aux grandes. A côté de ces principes, on peut en placer un autre, à savoir : que le produit doit toujours pouvoir être placé dans des conditions de développement supérieures ou au moins égales à celles où a vécu le reproducteur qui doit agir davantage sur la taille. — Lorsqu'il s'agit de croisements, on doit partir de cette donnée, que c'est la race dont les caractères sont les plus anciens et les plus fixes qui influe davantage, toutes choses égales, sur le produit. — Comme qualité spéciale, dans une femelle, on doit rechercher un bassin large et une faculté lactifère bien développée, dans le mâle et dans la femelle des organes génitaux normalement conformés. Quant à la force, à l'énergie réelle, on peut bien la supposer ou la reconnaître, même à certains indices ; mais elle n'est mise en évidence que par des épreuves. Le régime des reproducteurs doit être ordonné selon les besoins des individus. Une bonne nourriture est indispensable, mais il ne faut pas qu'elle exagère l'embonpoint. Un état moyen est le plus favorable à la reproduction à toutes les époques. L'exercice est nécessaire aux animaux de travail, surtout aux reproducteurs qui n'ont d'autre fonction utile à remplir que de multiplier leur espèce. *V.* pour les détails spéciaux, les articles consacrés à chaque espèce : *étalon, poulinière, taureau, baudet, ânesse, vache*, etc.

REPRODUCTION, s. f., *Regeneratio*, *V.* Génération. — *Hyg. V.* Reproducteur.

REPTILES, s. et adj. pl., *Reptilia*, de *reptare*, ramper ; animaux vertébrés, ovipares, à sang froid, à poumon vésiculeux, pourvus d'un cœur à une ou à deux oreillettes, mais toujours à un seul ventricule, chassant une colonne sanguine dont une partie se porte au poumon pour subir l'hématose, et l'autre aux organes pour les nourrir. La circulation est donc incomplète chez les reptiles, les deux sangs étant constamment mélangés. Les formes très variées des reptiles les ont fait diviser en quatre ordres très distincts, qui sont : 1° les *Chéloniens*, ex. : les Tortues ; 2° les *Sauriens*, ex. : les Lézards, 3° les *Ophidiens*, ex. : les

Serpents ; 4° les *Batraciens*, ex. : la Grenouille.

RÉPULSIF, IVE, adj., *repulsivus* ; qui détermine la répulsion. *Force répulsive* : force moléculaire, antagoniste de la cohésion, qui empêche le contact immédiat des molécules des corps. On l'attribue au calorique latent.

RÉPULSION, s. f., *Repulsio* ; écartement produit entre les molécules des corps par la force répulsive du calorique. Elle est réciproque entre les molécules, comme l'attraction. Son degré relatif d'énergie décide des divers états de la matière.

RESCISION, s. f., *Rescisio*, de *rescindere*, retrancher ; action de retrancher ; ablation.

RÉSEAU, s. m., *Reticulum* ; entrecroisement de fibres, de vaisseaux, de nerfs, formant une espèce de filet ; ex. : le *réseau admirable*, formé par les artères du cerveau, à la base de cet organe. — Deuxième estomac des ruminants, placé entre le diaphragme et le sac gauche du *rumen*, avec lequel il communique par une large ouverture munie d'une grande valvule en fer à cheval. Un autre orifice le met en communication avec le *feuillet*. Sa grande courbure est inférieure ; sa petite courbure porte la gouttière œsophagienne (*V.* ce mot). L'intérieur du réseau ou *bonnet* est remarquable par les cellules en forme de filet que forme la muqueuse, et au fond desquelles on retrouve d'autres cellules plus petites. C'est dans cet estomac que l'on retrouve la plupart des corps étrangers qu'avalent si souvent les ruminants.

RÉSECTION, s. f., *Resectio*, de *resecare*, retrancher ; action de retrancher. On donne ce nom à l'opération par laquelle on retranche les bouts d'un os fracturé, quand la fracture n'a pu être réduite convenablement. Cette opération a peu d'importance en vétérinaire, parce qu'elle ne pourrait être employée que pour des fractures dont la guérison complète est impossible.

RÉSÉDA, s. m., *Reseda*, L. ; genre de la famille des Résédacées. Il est composé de plantes herbacées, annuelles ou bisannuelles, plus rarement de sous-arbrisseaux. L'espèce principale est le R. gaude, *R. luteola*, bisannuel, commun dans presque toute l'Europe et cultivé pour la teinture en jaune. Tout le monde connaît le R. odorant, *R. odorata*, annuel et originaire de Barbarie et d'Égypte.

RÉSÉDACÉES, s. f., *Resedaceæ* ; famille de plantes dicotylédonées, polypétales, hypogynes, composée d'herbes annuelles, bisannuelles ou vivaces, quelquefois d'arbrisseaux et de sous-arbrisseaux. Genres : *Reseda*, *Astrocarpus*, etc.

RÉSERVOIR, s. m., de *reservare*, conserver ; cavité ou poche destinée à contenir un liquide. *Réservoir sous-lombaire* ou *citerne de Pecquet* ; renflement formé à l'origine du canal thoracique par l'abord des différents troncs lymphatiques du mésentère. Il a conservé le nom de *Pecquet* qui l'a décrit le premier. — *Bot. V.* ACCIDENTEL.

RÉSIDU, s. m., *Residuum*, *reliquium* ; matière plus ou moins inerte qui reste après une opération chimique. L'inutilité des résidus n'est jamais absolue, car souvent ce qui ne peut servir pour un objet peut être utilisé pour un autre. Les progrès futurs de la chimie font espérer que les véritables *caput mortuum* seront de plus en plus rares.

RÉSIDUS, s. m., *Residua* ; matières solides d'où l'on a extrait un suc, un produit principal. Les résidus sont de diverses sortes. On utilise pour la nourriture du bétail ceux des fabriques d'amidon, de sucre de betterave, de bière, d'eau-de-vie de grains ou de pommes de terre, du cidre, du vin, de l'huile. La plupart sont difficiles à conserver et doivent être consommés en peu de temps. Ceux qui sont aqueux et frais nuisent à la digestion en relâchant l'intestin, lorsque l'usage en est prolongé. On doit les donner avec précaution et à dose restreinte. Ils ne conviennent point aux animaux de travail. *V.* FOURRAGES, TOURTEAUX, MARC, DRÊCHE.

RÉSINES, s. f. *Resinæ* ; produits de sécrétion ou sucs propres de certains végétaux, qui se sont écoulés par des fissures naturelles de l'épiderme ou par des incisions artificielles pratiquées dans l'écorce, et qui se sont concrétés et colorés au contact de l'air. Les résines, longtemps considérées comme des principes immédiats végétaux, ont une composition en général très complexe, et la plupart contiennent une résine acide, une résine neutre, une essence, un principe colorant, etc. Considérées élémentairement, elles ne renferment que trois principes constituants : l'oxygène, l'hydrogène et le carbone, ces deux derniers prédominant beaucoup sur le premier ; aussi considère-t-on les résines comme des huiles essentielles qui sont devenues concrètes par l'action oxydante de l'air. Les résines sont généralement solides, amorphes, translucides, cassantes, peu odorantes, insipides ou d'une saveur âcre, selon les cas ; d'une couleur rougeâtre ou jaunâtre, rarement nulle, et d'une densité égale ou supérieure à celle de l'eau. Soumises à l'action du calorique, elles fondent à une douce chaleur ; distillées à vase clos, elles fournissent une grande quantité de produits gazeux, liquides, et laissent un charbon boursouflé et léger ; au contact de l'air, elles prennent feu et brûlent avec une flamme peu brillante, qui laisse déposer beaucoup de noir de fumée. — Mauvaises conductrices de la chaleur et de l'électricité, les résines s'électrisent négativement par le frottement. Complétement insolubles dans l'eau, elles se dissolvent dans l'alcool, l'éther, les huiles grasses, les essences, les acides acétique et chlorhydrique, ainsi que dans les solutions alcalines ; l'eau rend toujours la solution laiteuse, en précipitant la résine dis-

soute. Traitées par l'acide sulfurique et l'acide
azootique concentrés, les résines sont profondément altérées, et donnent naissance à un
produit particulier appelé *tannin artificiel*.
Les bases alcalines se combinent aux résines
acides et donnent naissance à des sels appelés *résinates* ou *savons résineux*. Les résines les plus employées dans les arts et en
médecine sont : la résine *animée*, la *colophane*, le *copal*, la *laque*, le *mastic*, la
sandaraque, le *sang-dragon*, la *térébenthine*
et ses produits (*V*. ces mots).

RÉSINÉINE, RÉSINONE, RÉSINÉONE,
s. f. ; ces différents noms servent à désigner les divers produits solides ou liquides
qui se forment pendant la distillation sèche
de la colophane avec la chaux.

RÉSISTANCE, s. f., *Resistentia* ; nom
générique par lequel on désigne, en mécanique, toutes les forces que l'on doit vaincre.
La résistance la plus générale est la matérialité ou la pesanteur des corps ; mais elle
peut être représentée aussi par une force artificielle agissant en sens inverse de celle
dont on dispose.

RÉSOLUTIF, adj. et s., *Resolvens* : nom
donné aux médicaments qui ont la propriété
de faire disparaître les engorgements sur lesquels on les applique. Leur nature varie nécessairement avec celle des tumeurs qu'ils
résolvent. Si la tumeur est franchement inflammatoire, les émollients ou les astringents
seront les meilleurs résolutifs. Dans le cas,
au contraire, où l'engorgement est indolent,
les excitants et même les vésicants seront les
seuls efficaces. Les sels alcalins, les résines
et gommes-résines, les préparations fondantes, etc., sont les résolutifs les plus employés. Quant à ceux que l'on met en usage
à l'intérieur, *V*. ALTÉRANT.

RÉSOLUTION, s. f. *Resolutio*, de *resol-
vere*, résoudre ; terminaison d'une inflammation par le retour des organes à l'état normal. C'est la terminaison la plus favorable.

RÉSONNANCE, s. f., *Resonnantia* ; ren-
forcement des sons par suite de leur réflexion
dans une enceinte trop restreinte pour donner naissance à un *écho* (*V*. ce mot). Les
sons sont aussi augmentés par la continuation des vibrations dans les corps qui les conduisent, dans ceux qui les réfléchissent, etc.

RÉSORPTION, s. f., *Resorptio*, de
resorbere. absorber de nouveau ; action par
laquelle les fluides exhalés, comme la graisse,
la sérosité du tissu cellulaire, etc., sont repris par les absorbants et rentrent dans le
torrent de la circulation.

RESPIRABILITÉ, s. f. : qualité de ce
qui est respirable ; se dit seulement des gaz
qui peuvent entretenir la respiration.

RESPIRABLE, adj. : qui peut servir à la
respiration : *gaz respirable* : nom ancien de
l'oxygène, le seul gaz, avec l'air atmosphérique, qui soit réellement respirable sans inconvénient. Tous les gaz respirables sont
aussi propres à entretenir la combustion.

RESPIRATION, s. f., *Respiratio* ; fonction commune à tous les êtres organisés,
plus ou moins parfaite, suivant les différentes classes auxquelles ils appartiennent,
et destinée, chez tous, à compléter, par
l'absorption d'une partie de l'oxygène de
l'air, le fluide qui doit nourrir les organes. —
Chez les animaux supérieurs, la respiration
convertit le sang veineux en sang artériel,
en produisant le phénomène de l'*hématose*.
La respiration, dans les mammifères,
s'opère par l'introduction répétée de l'air
dans le poumon, où se rend le sang qui doit
être soumis à son action. Il y a donc à étudier, indépendamment de l'action réciproque de ces deux fluides, des phénomènes mécaniques qui constituent l'*inspiration* et l'*expiration*.—L'inspiration est produite par la
dilatation du thorax, qui s'opère elle-même
par le port en arrière du diaphragme et par
l'écartement des côtes, qui s'élèvent en se tordant sur elles-mêmes pour porter en dehors
leur partie la plus convexe. Le poumon, en
contact immédiat avec les parois de la poitrine, suit nécessairement leur mouvement,
et permet à l'air de s'introduire dans les ramifications bronchiques, en même temps
que le sang veineux aborde plus facilement
au cœur et à l'organe pulmonaire. L'expiration chasse du poumon l'air qui y a pénétré ;
elle s'opère par le retour sur elles-mêmes des
parois de la poitrine ; le diaphragme se relâche et se trouve repoussé par les viscères
abdominaux ; les muscles inspirateurs cessant leur contraction, les côtes reviennent
presque d'elles-mêmes à leur position première, provoquées d'ailleurs à l'abaissement
par les muscles abdominaux qui s'y attachent,
et sur lesquels pèse la masse intestinale. Les
muscles expirateurs n'agissent guère que
dans les expirations forcées. L'air, comprimé dans les ramifications bronchiques
par suite de la compression du poumon,
s'échappe en suivant une marche absolument inverse à celle de son introduction. La
première inspiration a lieu au sortir de l'utérus, et les deux mouvements se succèdent
alternativement sans interruption jusqu'à la
mort. — L'air qui a pénétré dans le poumon ne présente plus la même composition à
sa sortie ; il a perdu une certaine quantité
d'oxygène, qui est remplacée par une quantité égale d'acide carbonique ; la proportion
d'azote n'a guère varié, et il y a en outre
addition d'une certaine quantité de vapeur
d'eau. Ces faits, qui sont constants, ont été
diversement expliqués, suivant les idées des
auteurs qui ont traité de la respiration.
Quant au sang qui a traversé le poumon,
de noir il est devenu rouge, ou de sang veineux il est devenu sang artériel. — Les
théories admises pour expliquer la respiration ont été nombreuses ; celles des anciens,
entièrement physiques, ne méritent pas
même d'être rapportées, à l'exception cependant de celles d'Hippocrate et de Galien, qui

admettaient dans l'air un fluide subtil, source de la chaleur et de la vie, absorbé par le poumon et porté par les artères dans tout le corps.— Lavoisier, ayant découvert la théorie de la combustion, retrouva le même phénomène dans la respiration. Suivant lui, l'oxygène arrive au sang veineux en traversant la muqueuse bronchique ; une partie brûle le carbone du sang, et produit l'acide carbonique exhalé ; l'autre se combine avec l'hydrogène et fournit la vapeur d'eau. Le calorique dégagé par ces combinaisons entretient la chaleur animale. — Lagrange, ne trouvant pas plus de chaleur dans le poumon que dans le reste du corps, admet que l'oxygène absorbé par le sang n'opère ses combinaisons que pendant le trajet, et que les produits ne sont rejetés qu'au retour du sang par les veines. Dans ce cas, l'action immédiate de l'oxygène sur le sang, dans le phénomène de l'hématose, resterait sans explication. — La théorie de Liébig présente beaucoup plus de probabilité. Le savant chimiste de Giessen admet que l'oxygène se combine avec le fer contenu dans le sang, et lui donne sa couleur rouge ; que ce fer peroxydé abandonne de l'oxygène dans les capillaires, pour la nutrition des tissus et la formation des fluides sécrétés, et revient s'oxygéner de nouveau, pour de nouveau céder son oxygène. — Dans tous les cas, on peut admettre que la vapeur d'eau est le produit de la perspiration pulmonaire. — Plusieurs phénomènes se rattachent à la respiration: tels sont l'ébrouement, la toux, la voix ; aucun effort violent ne s'exécute sans que la poitrine ne reçoive une certaine quantité d'air, qui y est ensuite comprimée par un fort mouvement d'expiration combattu par l'occlusion de la glotte. — Chez les oiseaux, la respiration est plus active que chez les mammifères, développe une plus grande quantité de calorique et augmente l'énergie de la fibre musculaire. — Chez les reptiles, elle s'opère très lentement, et peut être suspendue pendant un temps assez long. — Dans les poissons et beaucoup d'autres animaux aquatiques, elle a lieu par des *branchies*, véritables poumons superficiels recueillant la petite quantité d'air dissous que l'eau met en rapport avec leur surface divisée. Enfin, chez les insectes, l'air parcourt presque tout le corps, au moyen des *trachées*, et va chercher le sang, au lieu de l'attendre dans un organe spécial. Les animaux inférieurs absorbent l'air par leur surface cutanée.

RESPIRATION DES PLANTES. Les plantes respirent; des gaz s'introduisent par les stomates dans les méats intercellulaires, et de là dans les vaisseaux pneumatophores, où ils se mettent en communication avec la sève et les divers organes de la plante. Le mécanisme et les phénomènes intimes de cette fonction ne sont pas encore parfaitement connus. Hales comparait les feuilles aux poumons des animaux ; Bonnet, de Genève, put constater par des expériences qu'elles remplissaient le principal rôle ; Priestley et Ingenhouz donnèrent la démonstration du fait ; mais ce fut Sennebier qui en fournit la théorie, qui fut confirmée par les belles recherches de Th. de Saussure, de Brongniart, de Dutrochet, etc. Dans cette théorie, les plantes, exposées à la lumière, absorbent de l'acide carbonique et dégagent de l'oxygène ; tandis que, dans l'obscurité, le phénomène inverse a lieu. Les phytographes modernes, tout en admettant le phénomène fondamental de la théorie de Sennebier, en ont mieux reconnu la nature intime. Les recherches les plus récentes ont conduit à des données nouvelles dont voici un aperçu : toutes les parties vertes exposées à la lumière solaire absorbent de l'acide carbonique et exhalent une quantité égale d'oxygène ; la lumière est indispensable à cet acte ; à l'ombre et dans l'obscurité, elles absorbent de l'oxygène et dégagent de l'acide carbonique, mais en quantité moindre. Les parties des plantes, les plantes elles-mêmes qui n'ont pas la couleur verte, comme les fleurs, les champignons, certains parasites, etc., aspirent toujours de l'oxygène et dégagent de l'acide carbonique ; cet échange est surtout très actif dans les enveloppes florales, les organes sexuels. Cependant, certaines plantes dont les feuilles sont colorées en rouge, respirent comme les parties vertes, etc., ex : l'*Arroche des jardins*. Les fruits verts respirent à la manière des feuilles, jusqu'à ce que, la maturité changeant leur couleur, le caractère de leur respiration change aussi. L'acte s'effectuant dans tous ces cas à l'aide des stomates, la présence de ces organes ne peut caractériser un mode respiratoire particulier à certains végétaux ou à certaines parties. La respiration normale consiste essentiellement dans la fixation du carbone ; mais Schultz, de Berlin, pense que l'oxygène exhalé provient de la décomposition des acides déposés dans les tissus ; la respiration à l'ombre, celle des parties colorées des fruits, etc., consisterait en une décarbonisation. Ce dernier phénomène produit dans les parties vertes, l'*étiolement*. Les végétaux, à surface égale, n'ont point une respiration également active. — L'expérience démontre que l'hydrogène est quelquefois exhalé pendant l'acte respiratoire des plantes. Quant à l'azote, tantôt il est absorbé, ainsi que cela résulte des observations de Boussingault sur les Légumineuses ; tandis qu'il est exhalé en quantité variable par les champignons, les fruits, quelques dicotylédonés, comme le houx, et par tous les végétaux malades. — Dans une atmosphère très riche en oxygène, la respiration est plus active. L'acide carbonique ajouté à l'air ordinaire ou à de l'oxygène libre favorise la respiration, mais seulement sous l'influence de la lumière ; dans l'obscurité, cet excès est plus nuisible qu'utile. — Dans la respiration des plantes aquatiques, l'eau sert, comme dans celle des poissons, de véhicule à l'air. *V.* TRANSPIRATION et VÉGÉTATION.

RESPIRATOIRES (aliments). On désigne ainsi, d'après Liébig, les substances alimentaires neutres dans lesquelles le carbone et l'hydrogène prédominent, et que l'on suppose fournir la plus grande partie des éléments sur lesquels agit l'oxygène de l'air, dans la respiration; ex : l'amidon, le sucre, les corps gras, etc.

RESSUAGE, s. m. ; nom donné à plusieurs opérations métallurgiques qui, toutes, ont pour but de séparer un métal d'un autre métal moins fusible, ex.: l'argent du cuivre, ou un métal de ses scories, comme le cuivre, le plomb, etc. Le ressuage s'opère dans un fourneau à reverbère et à une température déterminée, mais variable pour chaque métal. — *Econ. rur. V.* FOIN.

RESTIACÉES, s. f. , *Restiaceæ* ; famille de plantes monocotylédones, à graine périspermée, à fleur périanthée, composée de plantes herbacées ou sous-frutescentes, pourvues d'un rhizôme rampant, croissant presque toutes au cap de Bonne-Espérance. Genres : *Leptocarpus*, *Restia*, etc.

RESTIFORME, adj. , *restiformis*, de *restis*, corde, et *forma*, forme; *corps restiformes :* nom donné aux pyramides supérieures de la moëlle allongée. *V.* PYRAMIDES.

RÉSULTANT, TE, adj. et s. ; on donne, en mécanique, le nom de *résultante* à une force qui représente, en intensité et en direction, plusieurs autres forces appelées *composantes*. La résultante des forces opposées est égale à leur différence et placée du côté de la plus intense ; la résultante des forces parallèles est égale à leur somme et dirigée dans le même sens ; enfin, la résultante des forces divergentes est représentée en grandeur et en direction par la diagonale du parallélograme construit sur ces forces. *Affinité résultante :* nom donné par Berthollet à l'affinité d'un corps composé, qui lui permet d'agir comme un corps simple et sans que ses éléments se désunissent; ex.: acides et oxydes dans la formation des sels; cyanogène dans ses combinaisons.

RÉSUPINÉ, ÉE, adj.,*resupinatus;* renversé de telle sorte que ce qui se trouve ordinairement en haut soit placé en bas. Ainsi, quand l'étendard dans une fleur papilionacée est en bas, elle est résupinée.

RÉTENTION, s. f. , *Retentio*, de *retinere*, retenir; accumulation d'une substance solide ou liquide dans les conduits et réservoirs destinés à les contenir momentanément. — *Rétention d'urine :* accumulation de l'urine dans la vessie ; synonyme d'*ischurie*, de *dysurie* et de *strangurie*. Des corps étrangers, des tumeurs, l'inflammation des organes peuvent s'opposer à l'écoulement de l'urine. Il en résulte la gangrène, la rupture de la vessie, ou des abcès, des fistu-

les urinaires ; si l'on ne remédie bientôt à cet état de rétention. Les animaux éprouvent des coliques violentes et se livrent à des mouvements désordonnés. On y remédie en introduisant une sonde creuse par le canal de l'urètre ; quelquefois on a recours à la ponction de ce conduit dans le cheval.

RÉTICULAIRE, adj. , *reticularis*, RÉTIFORME, *retiformis*, de *rete*, réseau, et *forma*, forme ; en forme de réseau. *Tissu réticulaire :* nom donné au derme sous-corné du pied du cheval, comprenant le tissu *feuilleté* ou *kéraphylleux* correspondant à la paroi, et le tissu *villeux* ou *velouté* qui s'unit à la sole et à la fourchette.

RÉTICULÉ, ÉE, adj., *reticulatus* ; se dit des organes disposés en réseau, formant comme une sorte de dentelle.

RÉTINACLE, s. m.. *Retinaculum;* corps ordinairement glandulaire, situé à l'extrémité de la caudicule de certaines masses de pollen solide, comme dans le genre Orchis. — On donne aussi le nom de rétinacle au *crochet*.

RÉTIF . IVE, adj. ; se dit d'un cheval qui refuse d'obéir à celui qui le monte ou qui le conduit. Ce défaut est souvent la suite de mauvais traitements ou d'un vice dans le harnachement. Dans tous les cas, la patience et la douceur sont les premiers moyens à employer pour corriger le cheval rétif, qui, souvent, ne devient tel que par le peu d'adresse du cavalier.

RÉTINE, s. f., *Retina;* membrane molle, pulpeuse, blanc-grisâtre, formant la couche la plus interne de la coque de l'œil. En prenant la rétine au point d'insertion du nerf optique au fond de l'œil, on la voit s'étendre tout autour, entre la choroïde et le corps vitré, jusqu'au point d'union de l'iris avec la choroïde. Cette membrane, de nature nerveuse, est regardée comme l'épanouissement du nerf optique ; c'est à elle que l'œil doit la faculté de recueillir les images et d'en transmettre la perception au centre commun, par l'intermédiaire du nerf optique.

RÉTINERVE, adj., *retinervis ;* se dit des feuilles dont les nervures forment, sur toute leur surface, des espèces de réseaux.

RÉTINITE, s. f. , *Retinitis ;* inflammation de la rétine. Il est à peu près impossible de diagnostiquer, dans les animaux, cette maladie dont le principal symptôme est la photophobie.

RÉTINOÏDE, s. m. ; nom donné par Béral aux excipients pharmaceutiques formés par l'union des résines, des térébenthines et des cires.

RÉTINOLÉ, s. m. ; médicament composé résultant de l'union des résines avec divers principes médicamenteux; Ex.: les *onguents*.

RÉTRACTION ; s. f. , *Retractio ;* contraction, raccourcissement d'une partie. La rétraction se montre chez les solipèdes dans les tendons fléchisseurs des phalanges. *V.* BOULETÉ.

RETRAIT, s. m. ; diminution de volume d'un corps par l'action de la chaleur. Les matières argileuses seules présentent ce caractère à un degré très marqué.

RÉTRÉCISSEMENT, s. m., *Coarctatio;* resserrement, diminution de diamètre dans un canal ou dans un réservoir : *rétrécissement de l'urètre, ou de l'intestin.*

RÉTROCESSION, s. f., *Retrocessio*, de *retrocedere*, retourner en arrière : action de rétrograder. Synonyme de *métastase.*

RÉTROFLÉCHI. IE, adj., *retroflexus;* se dit des organes recourbés sur eux-mêmes.

RÉTROPULSION, s. f., *Retropulsio;* synonyme de *rétroversion.*

RÉTROSTATION, s. f., *Retrostatio*, de *retrò*, en arrière, et *stare*, se tenir; accroissement des dents en dedans.

RÉTROVERSION, s. f., *Retroversio*, de *retrò* en arrière, et *vertere*, tourner ; renversement en arrière : *rétroversion de la matrice.*

RÉTUS, USE, adj., *retusus* ; obtus avec une légère dépression.

RÉUNION, s. f., *Reunio;* action de réunir. Dans le traitement des solutions de continuité, la réunion sert à rapprocher les parties divisées. On l'obtient par une situation favorable des tissus blessés, par le bandage unissant et par les sutures. *V.* SUTURE. La réunion est *immédiate*, quand les bords de la plaie sont mis en contact les uns avec les autres; elle est *médiate*, si la cicatrisation ne peut s'opérer sans suppuration. *V.* PLAIE et CICATRICE.

RÊVE, s. m., *Somnium;* assemblage d'idées qui se présentent à l'esprit pendant le sommeil. — Les animaux, le chien surtout, sont susceptibles d'éprouver des rêves.

RÉVEIL, s. m., *Evigilatio;* cessation du sommeil.

RÉVERBÉRATION, s. f., *Reverberatio;* réflexion de la chaleur ou de la lumière sur un objet quelconque. C'est l'office que remplissent le dôme du fourneau à réverbère, les miroirs concaves pour la lumière, etc.

RÉVOLUTÉ, ÉE, adj., *revolutus;* roulé en dehors et en dessous ; opposé à *involuté.*

RÉVOLUTIF, IVE, adj., *revolutivus;* se dit de la préfoliaison, lorsque les feuilles sont révolutées.

RHACHIALGIE, *V.* RACHIALGIE.

RHAMNÉES, s. f., *Rhamneœ :* famille de plantes dicotylédones, polypétales, périgynes, formée d'arbres et d'arbrisseaux des contrées chaudes, ne franchissant jamais les régions tempérées. C'est à cette famille qu'appartiennent le Jujubier et le Nerprun. On l'a divisée en six tribus. Genres : *Paliurus, Zizyphus, Rhamnus, Pomaderris, Colletia, Phylica, Gouania,* etc.

RHAPONTICINE, s. f. ; matière jaune, cristalline, qu'on retire de l'extrait de rhubarbe au moyen de l'eau et de l'alcool froid. Elle est solide, inodore, insipide, peu soluble dans l'eau et l'alcool froid, très soluble

dans l'alcool bouillant, l'éther et les alcalis.

RHÉINE, s. f. ; matière jaune, cristalline, volatile, devenant rouge par les alcalis, et découverte dans la rhubarbe par Vaudin.

RHINALGIE, s. f., *Rhinalgia*, de ῥίς, nez, et ἄλγος, douleur ; douleur qui siège dans le nez.

RHINANTHE, s. m., *Rhinanthus,* L. : genre de la famille des Scrophulariacées. Il se compose d'un petit nombre de plantes herbacées, annuelles, propres aux régions tempérées. La principale est le R. crête de coq, *R. crista galli,* très commune dans les prairies et donnant un foin très dur que les bestiaux repoussent. Ils ne touchent à la plante que lorsqu'elle est verte et très jeune. Elle est, par conséquent, nuisible et doit être détruite.

RHINENCÉPHALE, *V.* RHINOCÉPHALE.

RHINITE, s. f., *Rhinitis*, de ῥίς, nez ; inflammation du nez.

RHINOCÉPHALE, s. et adj., *Rhinocephalus;* genre de monstres cyclocéphaliens, présentant pour caractères : deux yeux contigus ou un œil double occupant la ligne médiane ; un appareil nasal atrophié et formant une trompe.

RHINOCÉPHALIE, s. f., *Rhinocephalia;* état des monstres rhinocéphales. La rhinocéphalie est surtout fréquente dans l'espèce du porc.

RHINO-LARYNGITE, s. f. ; inflammation du nez et du larynx. Synonyme d'*angine.*

RHINOPLASTIE, s. f., *Rhinoplastia*, de ῥίς, nez, et πλάσσειν, former ; art de refaire le nez. Inusité en vétérinaire.

RHINOPSIE, s. f., *Rhinoptia*, de ῥίς, nez, et ὄπτομαι, je vois ; maladie du grand angle de l'œil, qui ouvre un passage dans le nez et permet de voir par les narines. Affection inconnue dans les animaux.

RHINORRHAGIE, s. f., *Rhinorrhagia*, de ῥίς, nez, et ῥέω, je coule ; hémorrhagie nasale. *V.* EPISTAXIS.

RHINORRHÉE, s. f., *Rhinorrhœa*, de ῥίς, nez, et ῥέω, couler ; écoulement muqueux par le nez.

RHINOSE, s. f., *Rhinosis*, de ῥικνός, rugueux ; rugosités de la peau causées par l'amaigrissement du corps.

RHINOSTÉGNOSE, s. f., *Rhinostegnosis*, de ῥίς, nez, et στέγνωσις, recouvrement; obstruction, resserrement des fosses nasales.

RHISAGRE, s. m., *Rhisagra*, de ῥίζα, racine, et ἄγρα, prise ; instrument employé pour extraire la racine des dents.

RHIZIOPHYSE, s. f., *Rhisiophysis :* appendice attaché à certaines radicules, par exemple, dans le Nénuphar.

RHIZOBLASTE, adj., *rhizoblastus*, de ῥίζα, racine, et βλαστάνω, je germe ; se dit de l'embryon pourvu d'une racine.

RHIZOBOLÉES, s. m., *Rhizoboleœ;* famille de plantes dicotylédones , polypétales , hypogynes, composée de grands arbres de la Guiane ou du Brésil, réunis dans le seul genre *Caryocar.*

RHIZOCARPÉES, *V.* MARSILÉACÉES.

RHIZOCARPIEN, ENNE, adj. , *rhizocarpeus* ; se dit du végétal à racine vivace, dont la tige ne porte qu'une fois des fruits et se reproduit chaque année.

RHIZOCARPIQUE , adj. , *rhizocarpicus* ; se dit des plantes dont les fleurs et les fruits naissent de la racine.

RHIZOME , *V.* SOUCHE.

RHIZOPHORÉES , s. f. , *Rhizophoreæ* ; famille de plantes dycotylédones , monopétales , hypogynes , composée d'arbres ou d'arbrisseaux communs sur les rivages des mers tropicales. Genres: *Rhizophora, Ceriops,* etc.

RHIZOSPERMES, *V.* MARSILÉACÉES.

RHODIUM, s. m. , de *ρόδον*, rose. Rh. Équiv. 652,00. Métal de la dernière section , découvert par Wollaston en 1804 , et ainsi nommé à cause de la couleur rose de ses sels. On le trouve dans la plupart des minerais de platine et dans quelques unes des mines aurifères. Ce métal est solide , blanc - grisâtre comme le platine, très dur, un peu ductile, et pesant 10.64. Il est encore plus difficile à fondre que le platine ; le chalumeau à gaz oxy-hydrogène le ramollit faiblement. Il s'altère peu à l'air, à moins qu'il ne soit très divisé ou chauffé fortement ; les acides et même l'eau régale ne l'attaquent pas s'il est pur ; allié à d'autres métaux, il se dissout dans l'eau régale. Le nitre , la potasse, le bisulfate de cette base, l'oxydent à une haute température.

RHODORACÉES, s. f. , *Rhodoraceæ* ; famille établie par L. de Jussieu et faisant aujourd'hui partie de celle des Éricacées, sous le nom de *Rhododendrées* , avec le genre *Rhododendrum* pour type.

RHOMBOÏDE, ou **RHOMBOÏDAL** , adj., *rhomboïdes* , de *ρομϐος* , rhombe , et *εἶδος* , forme : en forme de rhombe. — *Muscle rhomboïde* ou *dorso-sous-scapulaire* : muscle quadrilatère , mince à son bord supérieur , épais à son bord inférieur, prenant son origine au bord supérieur du ligament cervical ainsi qu'aux apophyses épineuses des vertèbres du garrot, et s'insérant à la face interne du cartilage de prolongement du scapulum , qu'il élève et qu'il applique contre le garrot.

RHOMNEY-MARSH , *V.* KENT.

RHUBARBE, s. f. , *Rheum* , L. ; genre de la famille des Polygonées. Il se compose de grandes plantes herbacées , vivaces , habitant surtout les contrées moyennes de l'Asie, et cultivées assez communément en Europe pour les besoins de la médecine ou pour la nourriture de l'homme. Les espèces principales sont : la R. palmée , *R. palmatum* , dont le rhizôme est purgatif et tonique : la R. rhapontic, *R. rhaponticum,* moins active que la précédente ; la R. ondulée , *R. undulatum,* et la R. groseille, *R. ribes,* culti-

vées toutes deux comme plantes potagères.— *Pharm.* Le commerce présente trois variétés principales de rhubarbes distinguées , d'après leur provenance, en rhubarbes de *Chine,* de *Moscovie* et de *France.* 1° La *rhubarbe de Chine* est en morceaux cylindriques, percés d'un trou, d'un jaune terne, d'une texture serrée, avec des marbrures briquetées , craquant sous la dent, d'une odeur prononcée, aromatique et d'une saveur très amère : sa poudre est jaune orangé. 2° La *rhubarbe de Moscovie* est en morceaux irréguliers, anguleux, plano-convexes , perforés , mondés et grattés au vif , d'une teinte jaune assez vive à l'extérieur , d'une texture peu compacte intérieurement et présentant des marbrures irrégulières, formées de lignes rouges , blanches et jaunes ; son odeur et sa saveur sont très prononcées ; sa poudre est d'un jaune pur. C'est la variété la plus estimée. 3° La *rhubarbe de France* est en gros morceaux irréguliers , mal nettoyés , d'une teinte ferrugineuse , d'une texture ligneuse, avec des marbrures rouges et blanches , d'une odeur peu aromatique et d'une saveur astringente et mucilagineuse ; sa poudre est d'un jaune de rouille ; elle est peu estimée. — La rhubarbe contient de l'amer de rhubarbe (rhubarbarin), du tannin, de la rhaponticine, de l'huile volatile (rhéine), de l'extrait astringent , de l'oxalate de chaux , du ligneux , de l'amidon , etc.— A petite dose (quelques grammes pour les petits , une à deux onces pour les grands animaux) , la rhubarbe agit comme tonique ; à dose plus élevée, elle peut purger les petits animaux , mais il en faudrait de grandes quantités pour qu'elle produisît les mêmes effets sur les herbivores. Elle est à peu près inusitée.

RHUBARBARIN ou **RHABARBARIN** , s. m. ; noms proposés pour désigner la matière amère de la *rhubarbe* (*V.* ce mot).

RHUMATALGIE , s. f. , *Rhumatalgia* , de *ρεῦμα* , fluxion , et *ἄλγος* , douleur ; douleur *rhumatismale.*

RHUMATALGIQUE , adj. , *rhumatalgicus* ; qui appartient à la rhumatalgie.

RHUMATISANT , adj. et s. ; qui est atteint d'un rhumatisme.

RHUMATISMAL , adj. , *rhumatismalis* ; qui tient du rhumatisme.

RHUMATISME , s. m.. *Rhumatismus* , de *ρεῦμα* , cours, fluxion, ou de *ρέω*, je coule, parce que les anciens attribuaient ces maladies à un flux humoral. On est loin de s'entendre sur la signification du mot *rhumatisme,* qu'on a appliqué à un groupe de maladies dues à une cause inconnue et même à des douleurs qui diffèrent par leur siège, par leur nature. Il n'y a guère que les rhumatismes des articulations que l'on ne conteste pas; ceux des muscles ont été à tort confondus avec l'inflammation de ces organes. Différents noms ont été proposés pour remplacer cette expression vague. M. Roche a donné au *rhumatisme articulaire* le nom d'*arthrite rhu-*

matismale; on a encore employé les désignations suivantes : *arthrodynie, myosite, myodynie, rhumatalgie,* etc., etc. Il n'est pas possible de révoquer en doute l'existence des rhumatismes sur les animaux ; on les a observés sur les chevaux, sur les chiens et les animaux de l'espèce bovine. Parmi les causes occasionnelles des affections rhumatismales, c'est le froid humide qui exerce la plus grande influence. Le diagnostic est difficile à déterminer sur les grands animaux, parce que les malades ne peuvent fournir aucun renseignement sur la nature des douleurs qu'ils éprouvent ; on ne peut constater les douleurs musculaires que par le dérangement des fonctions des muscles, par les boiteries plus ou moins intenses qui en résultent ; aussi, l'on attribue généralement au rhumatisme les douleurs articulaires qu'on ne peut rattacher évidemment à une autre cause. L'étude du rhumatisme est à faire complètement en vétérinaire. La thérapeutique adoptée pour combattre ces affections est la même que celle de l'*arthrite* (*V.* ce mot).

RHUME, s. m., *Rheuma,* de ρευμα, fluxion ; inflammation d'une ou plusieurs parties des voies respiratoires qui excite la toux. Ce mot est employé comme synonyme vulgaire de *bronchite, catarrhe bronchique ;* on dit alors *rhume de poitrine.* Le coryza est appelé quelquefois *rhume de cerveau.* — *Rhume des chiens, V.* MALADIE DES CHIENS.

RHYAS, s. m., *Rhyas,* de ρεω, je coule ; écoulement continuel des larmes causé par 'absence ou l'atrophie de la caroncule lacrymale.

RHYTHME, s, m., *Rhythmus,* de ρυθμος, cadence ; proportion qui doit régner entre les diverses parties d'un corps. Ce mot s'applique à la régularité des battements du pouls.

RHYZOCTONE, s. f., *Rhyzoctonia,* D. C. ; genre de la famille des Champignons, composé d'espèces parasites. Le R. de la luzerne, *R. medicaginis,* D. C., attaque la luzerne et la fait périr. Il se développe sur les racines de cette plante sous forme de petits tubercules gris, rougeâtres ou noirâtres.

RIBÉSIACÉES, s. f., *Ribesiaceæ ;* famille de plantes dicotylédones, polypétales, périgynes, appartenant pour la plupart aux régions tempérées et froides de l'hémisphère boréal. Les Ribésiacées sont des arbrisseaux souvent munis de piquants. Leur fruit est une baie charnue appelée *groseille.* Les genres sont peu nombreux. Le seul intéressant pour nous est le genre *Ribes.*

RICIN, s. m., *Ricinus,* L. ; genre de la famille des Euphorbiacées. Il se compose de plantes herbacées ou arborescentes habitant surtout l'Asie et l'Afrique. L'espèce la plus intéressante est le R. commun, *R. communis,* vulg. *Palma-Christi,* originaire de l'Inde et de l'Afrique, où il forme un arbre assez élevé, annuel et presque exclusivement herbacé chez nous. — *Pharmacol.* Les semences du ricin fournissent une huile grasse

d'une nature spéciale, qui jouit de propriétés purgatives. Ces graines, qui sont de la grosseur d'un haricot, sont caronculées, ovales, formées d'une enveloppe testacée, luisante, tachetée de noir, et d'une amande blanche, oléagineuse, inodore, fade si elle est récente, âcre si elle est ancienne. L'huile de ricin s'extrait de ces graines par simple pression ou par l'intermédiaire de l'eau ou de l'alcool. Cette huile est blanche ou jaunâtre, épaisse, visqueuse, d'une odeur nulle, d'une saveur mucilagineuse avec arrière-goût âcre, et d'une densité supérieure à celle des huiles grasses. On la falsifie avec les huiles fixes ; mais la fraude est facile à reconnaître en ce que l'huile de ricin se dissout entièrement dans l'alcool concentré, froid, ce que ne font pas les autres espèces d'huiles. — La composition de cette huile est toute spéciale ; elle renferme trois acides particuliers mis à nu par la saponification : l'acide ricinique, l'acide oléo-ricinique et l'acide margarique ; de la résine molle et une sorte d'huile volatile qui cristallise par le refroidissement. — L'huile de ricin est un laxatif d'un emploi fréquent chez les petits animaux, auxquels on la donne à la dose de 30, 60 et 90 grammes, selon la force des sujets. On y ajoute parfois une goutte d'huile de croton-tiglium pour la rendre plus active. Chez les grands herbivores, elle ne détermine la purgation qu'à la dose d'environ 500 grammes et au-dessus ; encore son action est-elle peu constante ; aussi, son emploi pour ces animaux est-il assez restreint. Elle jouit aussi de propriétés anthelmintiques.— Les graines de ricin écrasées et émulsionnées jouissent de propriétés beaucoup plus actives que l'huile ; cependant elles sont rarement employées.

RICIN, s. m., *Ricinus ;* nom vulgaire donné à une espèce d'*Ixode,* insecte parasite de la famille des *Tiques,* Latr. On trouve des ixodes sur le cheval, le bœuf, le mouton et le chien. Les ixodes, *ixodes,* Latr., *cynorhœstes,* Herm., ont le corps orbiculaire, ou ovale, très plat quand l'insecte est à jeun, énorme quand il est repu ; leur bec est obtus et muni d'un suçoir composé de lames cornées très dures, dentées en scie ; les pattes sont formées de six articles et terminées par des crochets, avec lesquels ils s'accrochent aux animaux qui passent à leur portée. D'après Latreille, les ixodes d'Europe habitent de préférence dans les bois de genêts. On distingue deux espèces d'ixodes : l'ixode ricin, *ixodes ricinus,* Linn., et l'ixode réduve, *ixodes reduvius,* Deg. L'ixode ricin est connu des chasseurs sous le nom de *tique, louvette ;* il ressemble par sa forme à une graine de ricin. Le corcelet est obscur ; le corps, rouge de sang quand il est vide, devient pâle et a six millimètres de long quand il est rempli. L'autre espèce, l'ixode réduve, a un volume double du précédent, le corps grisâtre, les pattes noires. Les bœufs et les moutons sont quelquefois attaqués par ces insectes, à tel point qu'ils maigrissent considérablement. Ils peuvent se multiplier à l'excès en peu de temps ; c'est à ce point que Kalm a vu une femelle d'ixode pondre sous ses yeux un millier d'œufs.

RIDE, s. f., *Ruga*, ρυτις, de ρυεω, tirer ; pli de la peau ou d'une membrane quelconque.

RIGIDITÉ, s. f., *Rigiditas ;* raideur, constriction.

RIGOR, s. m., *Rigor ;* mot latin adopté en pathologie, qui signifie *frisson.*

RIVERAIN, AINE, adj. ; situé au bord d'une rivière.—*Plantes riveraines :* qui habitent les bords des rivières.

RIVET, s. m. ; terme de maréchalerie ; pointe du clou broché dans le pied du cheval, rivée sur la paroi.

RIZ, s. m., *Oryza*, L. ; genre de la famille des Graminées. Ses caractères sont : inflorescence en panicule composée et lâche ; épillets pédiculés, uniflores ; très petites glumes membraneuses, mutiques ; glumelles plus grandes, carénées, l'inférieure plus large et portant, en général, une arête terminale ; glumellules glabres, petites, presque charnues ; six étamines ; un ovaire ; deux styles, deux stigmates plumeux. Le fruit est un cariopse glabre, lisse, de forme oblongue, un peu comprimé, enveloppé dans les glumelles, qui lui restent adhérentes. Les feuilles sont longues et planes. Le genre riz se compose de quatre espèces appartenant toutes aux contrées chaudes. La plus importante est le R. cultivé, *O. sativa*, L., regardé comme originaire de l'Inde et cultivé aujourd'hui jusqu'en Italie et en Espagne. Le riz est une plante annuelle ; il a de nombreuses variétés mal déterminées encore ; Desvaux en admettait au moins trente. Sa culture ne parait pas pouvoir réussir au-delà du 48° de latitude nord et du 43° de latitude australe ; elle a été introduite dans le midi de la France, il y a quelques années. Des tentatives suivies de succès ont eu lieu dans l'île de Camargue et sur les bords de la Méditerranée. La variété principale du riz ordinaire ne peut être cultivée que dans des terres meubles, très humides, et que l'on peut couvrir d'eau à volonté. Ces terrains ainsi occupés sont appelés *rizières ;* ils sont le siège d'émanations dangereuses pour l'homme ; aussi cette culture ne peut-elle être tolérée au voisinage des villes. — On connait plusieurs variétés de riz appelé sec ou de montagne, parce qu'il prospère dans des terres non inondées. Ces variétés, encore peu connues en Europe et surtout en France, sont peu productives et donnent des produits de bonne qualité. Le mode de culture est variable selon les localités. Quelques variétés n'exigent que trois ou quatre mois, à partir du jour de l'ensemencement, pour arriver à maturité ; d'autres, et ce sont généralement les meilleures, demandent sept à huit mois. Le riz forme la base de l'alimentation de l'homme sur le tiers ou la moitié de la surface habitée du globe, où il remplace le blé. En Europe, son usage, moins général que dans les autres parties du monde, est encore très important. C'est un aliment sain et de facile digestion. On en fait des boissons alcooliques et diverses préparations alimentaires. Sa farine ne peut être panifiée ; on l'emploie au collage des toiles. La décoction du grain, appelée *eau de riz*, est fréquemment employée dans la médecine humaine et dans la médecine vétérinaire, en boissons adoucissantes et en lavements, contre la diarrhée et la dysenterie. La paille est utilisée par l'industrie, sous le nom de *paille d'Italie.* L'analyse du riz a été faite à diverses reprises. Braconnot y a trouvé, en le supposant sec : amidon, 90,1 ; gluten, albumine, 3, 9 ; matières grasses, 0, 3 ; sucre, 0, 1 ; gomme, 0, 1 ; parenchyme ligneux, 5, 1 ; phosphate de chaux, 0, 4 ; chlorure de potassium, etc., traces. Payen, Boussingault, Thénard, ont reconnu une proportion double de principes azotés. Les riz des régions chaudes passent pour plus nutritifs que ceux d'Europe.

ROBINIER, s. m., *Robinia*, L. ; genre de la famille des Légumineuses, composé d'arbres quelquefois très grands et très beaux, la plupart originaires du Nouveau-Monde. On cultive communément en France le R. faux-acacia, *R. pseudo-acacia*, soit comme arbre d'agrément pour les bosquets et les promenades, soit pour l'usage que l'on peut faire de son bois dans les constructions maritimes, le charronnage, etc. Le R. en boule, *R. umbraculifera*, le R. visqueux, *R. viscosa*, et le R. hérissé, *R. hispida*, sont moins répandus.

ROBORANT, adj., *roborans ;* synonyme de *tonique*, de *fortifiant.*

ROCCELLE, s. m., *Roccella*, Ach. ; genre de Lichens ayant pour type le *Roccella tinctoria*, vulg. *orseille des Canaries*, *Lichen roccella*, de Linné, plante tinctoriale dont on extrait l'orseille et qui nous est surtout expédiée des Canaries et des îles du Cap vert.

ROCHER, s. m. ; portion du *temporal* (*V.* ce mot).

ROGNE, s. f., du bas Breton *roug*, gale, ou du latin *rubigine*, ablatif de *rubigo*, qui signifie rouille ; gale invétérée. Expression vulgaire, inusitée. *V.* GALE.

ROGNE-PIED, s. m. ; instrument avec lequel le maréchal coupe la corne du cheval trop dure pour qu'on puisse l'enlever avec le boutoir. Le rogne-pied consiste ordinairement en une portion de lame de sabre sur laquelle on frappe avec le brochoir.

ROGNON, s. m., de *renio*. de *ren*, *renis*, rein ; nom vulgaire donné au rein d'un animal. *Mal de rognon, V.* MAL.

ROIDEUR, s. f., *Rigiditas ;* qualité de ce qui est roide, tendu. — *Roideur cadavérique :* roideur qui se développe dans le corps des animaux quelque temps après leur mort.

ROMARIN, s. m., *Rosmarinus*, L. ; genre de la famille des Labiées. Il ne se compose que d'une seule espèce, le R. officinal, *R. officinalis*, commun dans tout le bassin méditerranéen, où il forme un petit arbuste très rameux. — *Pharm.* Les sommités fleuries du romarin, très riches en huile essentielle, sont excitantes et aromatiques, et employées en infusion théiforme, pour remplir la plupart des indications de la médication excitante, tant à l'extérieur qu'à l'intérieur. *V.* LABIÉES, LAVANDE, SAUGE, etc.

RONCE, s. f., *Rubus*, L. ; genre de la famille des Rosacées. Il se compose de plantes le plus souvent frutescentes, sarmenteuses et armées d'aiguillons, originaires des régions tempérées et des tropiques. Les espèces les plus importantes de ce genre sont : la R. framboise, *R. idæus*, vulg. *Framboisier*, spontanée dans presque toute la France, et donnant par la culture beaucoup de variétés ; la R. frutescente, *R. fruticosus*, vulg. *Ronce*, commune et plutôt nuisible qu'utile, quoique ses fruits, connus sous le nom vulgaire de *mûres de ronce*, soient comestibles. Les feuilles de cette dernière sont astringentes et toniques.

RONCINÉ, ÉE, adj., *runcinatus ;* on désigne ainsi les feuilles simples, pinnatifides, à lobes latéraux aigus et recourbés en bas ; ex. les *feuilles du liondent.*

RONFLANT, ANTE, part. pré. ; sonore, bruyant. On dit que le râle bronchique est *ronflant*, quand il est caractérisé par un bruit grave.

RONFLEMENT, s. m. ; bruit produit pendant le sommeil par le passage de l'air, qui produit la vibration du palais, pendant l'inspiration. Il ne faut pas le confondre avec le râle ronflant qui a lieu dans les bronches.

RONGÉ, ÉE, adj., *erosus ;* présentant sur ses bords des découpures inégales qu'on dirait faites avec les dents.

RONGEANT, part. pré. ; qui ronge : chancre, ulcère rongeant ou *phagédénique.* *V.* ULCÈRE.

RONGEURS, s. et adj., *Rosores, glires ;* quatrième ordre de la classification des mammifères de Cuvier, renfermant des animaux ayant, pour principal caractère commun, des incisives au nombre de deux à chaque mâchoire, et point de canines. Un seul genre, celui du lièvre, fait exception pour les incisives, qui sont au nombre de quatre à la mâchoire supérieure. Chez tous, ces dents sont disposées pour l'action de ronger, favorisée, en outre, par l'articulation de la mâchoire, qui laisse beaucoup de liberté aux mouvements de prépulsion, et de rétro-pulsion. Les Rongeurs ont été divisés en *Rongeurs claviculés ;* genres : *Castor, Campagnol, Écureuil,* etc., et *Rongeurs acléïdiens ;* genres : *Porc-épic, Lièvre, Cobaye.*

ROQUETTE, s. f. ; nom vulgaire du *sysimbrium tenuifolium*, dont on mange quelquefois les feuilles en salade, et de l'*eruca sativa*, plante également crucifère, annuelle, de saveur forte, et jouissant de propriétés anti-scorbutiques.

ROSACE, ÉE, adj., *rosaceus ;* se dit de la corolle dont les pétales, au nombre de trois à cinq, s'étalent pour former une espèce de rosace.

ROSACÉES, s. f., *Rosaceæ ;* nom de la sixième classe dans la méthode de Tournefort. Elle renferme les plantes à corolle polypétale régulière, composée de trois à dix pétales disposés en rosette. Genres : *Rosier, Prunier, Ciste,* etc. Cette classe ne correspond qu'en partie à la famille actuelle des Rosacées.

ROSACÉES, s. f., *Rosaceæ ;* famille de plantes dicotylédones, polypétales, périgynes, ayant pour caractères généraux : fleurs hermaphrodites, quelquefois unisexuées par avortement ; calice pentaphylle, plus rarement quadriphylle, dont les pièces sont plus ou moins soudées à la base et souvent munies de stipules ; cinq, plus rarement quatre pétales libres, étalés en rosace ; étamines en nombre indéfini, insérées avec les pétales sur un disque commun ; anthères biloculaires s'ouvrant longitudinalement ; ovaire libre, composé de carpelles distincts en nombre indéterminé, uni ou multi-ovulés, portant chacun un style latéral et auxquels succèdent autant d'akènes disposés en capitule sur le réceptacle, ou renfermés dans le tube du calice ; graines suspendues ou dressées, sans périsperme, à cotylédons charnus ; embryon droit, à radicule dirigée vers le hile. Les Rosacées sont des plantes herbacées, frutescentes ou arborescentes, souvent munies d'aiguillons, à feuilles alternes, à inflorescence variable. De Candolle divisait les Rosacées en huit tribus ; Jussieu en a fait sept sections regardées par plusieurs botanistes comme autant de familles distinctes ; ce sont : les *Pomacées ;* genres : *Cydonia, Pyrus, Mespilus, Cratægus*, etc. ; les *Rosées ;* genres : *Rosa,* etc. ; les *Neuradées ;* genres : *Neurada,* etc. ; les *Dryadées ;* genres : *Dryas, Rubus, Fragaria, Potentilla, Agrimonia, Alchemilla, Sanguisorba, Poterium, Geum,* etc. ; les *Spiræacées ;* genres : *Spiræa,* etc. ; les *Amygdalées ;* genres : *Amygdalus, Prunus,* etc. ; les *Chrysobalanées ;* genres : *Chrysobalanus,* etc. — Les Rosacées sont astringentes ; à ce titre, beaucoup d'entre elles sont rangées parmi les médicaments toniques ou les aliments amers ; tels sont la *ronce,* le *fraisier,* la *potentille,* l'*aigremoine,* le *rosier,* etc. Les principaux arbres fruitiers de nos jardins appartiennent également à cette famille.

ROSAT, *V.* MIEL ROSAT OU MELLITE.

ROSE, s. f., *Rosa. Pharm.* Les pétales de rose de provins sont parfois mis en usage pour faire des infusions légèrement astringentes, employées à peu près exclusivement à la confection des collyres liquides. Ces pétales, qui doivent être récoltés avant l'épanouissement de la fleur et séchés avec soin, sont composés, d'après Cartier, de tannin, d'essence, de matière colorante, de matière grasse, d'albumine et de sels. Ils sont d'un emploi très restreint en médecine vétérinaire.

ROSEAU. s. m., *Arundo*, L.; genre de la famille des Graminées. D'abord, nombreux en espèces, il a été partagé par les agrostographes modernes en cinq ou six genres différents. Tel qu'il est limité aujourd'hui, il ne renferme plus qu'une vingtaine d'espèces, parmi lesquelles on distingue: le R. cultivé, *A. donax*, vulg. *Canne de Provence*, commun dans le midi de la France; le R. de Barbarie, *A. Mauritanica*, Desf., cultivé en Italie. Ces deux espèces sont employées aux mêmes usages; leurs feuilles fraîches et jeunes sont mangées par les bestiaux; leurs tiges, qui atteignent 4 à 5 mètres, servent à faire des échalas, etc. Le R. à balais, *A. phragmites*, L., *Phragmites vulgaris*, Trin., si commun dans toute l'Europe, au bord des cours d'eau, des étangs, et dont les fanes vertes constituent un bon fourrage pour les grands ruminants, est devenu le type d'un genre distinct. Il en est de même de la canne à sucre, *A. saccharifera*, L. — *Pharm.* La racine du roseau à balai (*arundo phragmites*), comme celle de la *canne* de Provence (*arundo donax*), était employée autrefois à titre de léger tonique; mais elle est généralement abandonnée, même des médecins.

ROSÉE, s. f., *Ros*, ὁρόσος; on appelle ainsi la couche d'humidité qui, sous forme de gouttelettes liquides, se dépose à la surface des corps pendant la nuit. Longtemps considérée comme une sorte de transpiration du sol et des plantes, la rosée, d'après les expériences rigoureuses du docteur Wells, paraît être le résultat de la condensation d'une partie de la vapeur aqueuse de l'air sur les corps qui se sont refroidis pendant la nuit. En effet, tous les corps placés à la surface de la terre, rayonnant du calorique vers l'espace, sans compensation, se refroidissent plus rapidement que l'air, et celui-ci, à mesure qu'il se met en contact avec eux, abandonne une partie de la vapeur invisible qu'il contient. La rosée se dépose principalement pendant la deuxième moitié de la nuit, et surtout quelques heures avant le lever du soleil. Elle est nulle ou peu abondante pendant l'hiver et l'été, mais elle se dépose en grande quantité, au printemps et en automne, sur les plantes, les corps mauvais conducteurs, ternes, tomenteux, et lorsque le ciel est clair, l'air calme, la température du jour élevée, l'atmosphère humide, etc. Ce météore est très utile aux plantes, en ce qu'il restitue à la terre une partie de l'humidité volatilisée pendant le jour par l'action des rayons solaires. Il arrive pourtant des cas où la rosée leur est très funeste: c'est lorsque la température s'abaisse au point de congeler ses

gouttelettes et de donner naissance à la *gelée blanche*. (*V.* ce mot). Elle est toujours nuisible aux animaux herbivores qui en ingèrent de grandes quantités avec leurs aliments; non pas qu'elle soit nécessairement impure et malsaine, comme le croyaient les anciens, mais parce qu'elle renferme des matières organiques dans les endroits bas et marécageux, et que, d'une pureté chimique comparable à celle de l'eau distillée, elle relâche l'estomac et produit l'indigestion. Elle donne souvent lieu à la tympanite chez les ruminants.

ROSÉOLE, s. f., *Roseola*; rougeole légère; éruption cutanée considérée comme un épiphénomène de quelques affections internes.

ROSIER. s. m., *Rosa*, L.; genre de la famille des Rosacées dont il est le type. Il se compose d'arbustes presque tous armés d'aiguillons, et dont l'aire est très étendue. Le nombre des espèces distinctes est d'environ 160; celui des variétés obtenues par la culture est beaucoup plus considérable encore; on ne sait où s'arrêteront, en ce point, les efforts des jardiniers fleuristes sur un genre qui fait depuis longtemps l'admiration des amateurs et l'ornement de nos jardins. Les feuilles du rosier sont astringentes et toniques. Les pétales entrent dans des préparations ou donnent une huile volatile. *V.* ROSE.

ROSSE, s. f., de l'allemand *Ross*, cheval; cheval sans force, sans vigueur.

ROSSIGNOL, s. m.; on a donné ce nom à un trou percé entre l'anus et l'origine de la queue du cheval poussif, par des maréchaux ignorants dans la fausse idée de faciliter la respiration. C'est une expression à rejeter.

ROSTRÉ, ÉE, adj., *rostratus*, de *rostrum*, bec; allongé en forme de bec.

ROT, s. m., *Ructus*; sortie des vents de l'estomac par la bouche. *V.* ÉRUCTATION.

ROTACÉ, ÉE, adj., *rotatus*; se dit de la corolle lorsque le tube est très court, le limbe étalé et presque plane; ex.: la *bourrache*.

ROTANG, s. m., *Calamus*, L.; genre de la famille des Palmiers, composé d'arbrisseaux vivaces, à tige grêle, pouvant acquérir, dans le R. à cordes, *C. rudentum*, une longueur de 300 mètres. Ce genre renferme une cinquantaine d'espèces, parmi lesquelles on trouve le *C. draco*, qui fournit à la pharmacie le sang-dragon. Leurs tiges, divisées en lanières, sont employées à des ouvrages de sparterie, à faire des liens, des cordes, etc.

ROTATEUR, s. m. et adj., *Rotator*, de *rota*, roue; nom donné aux muscles destinés à faire tourner sur eux-mêmes certains os ou d'autres organes. Les muscles qui s'attachent au trochanter sont, pour la plupart, des *rotateurs* de la cuisse. Les muscles grand et petit obliques de l'œil sont des *rotateurs* de cet organe.

ROTATION, s. f., *Rotatio*, de *rota*, roue. *Mouvement de rotation:* mouvement

par lequel un corps tourne autour d'une ligne réelle ou fictive appelée *axe de rotation.*
—Ce mouvement peut être *simple* comme celui de la toupie, ou accompagné d'un mouvement de translation, comme on le remarque dans la boule qui roule sur un plan. L'axe d'un corps qui tourne peut être *permanent* ou *variable*, selon sa forme, la direction des forces . etc. — *Physiol.* Action par laquelle un organe tourne sur son axe. La rotation peut avoir lieu en dedans ou en dehors. *V.* Rotateur. — *Agric. V.* Assolement.

ROTULE, s. f., *Rotula*, diminutif de *rota*, roue, à cause de sa forme chez l'homme, *patella*, *mola*, επιγουνίς ; os court prismatique complétant supérieurement le rayon de la jambe, où il représente l'olécrâne de l'avantbras. La rotule offre, à sa face postérieure, une surface diarthrodiale complétée par un renflement cartilagineux du ligament interne, correspondant par sa forme à la poulie du fémur. Le reste de sa surface donne attache aux muscles extenseurs de la jambe et aux ligaments très solides qui, au nombre de trois, fixent cet os au tibia. La rotule du bœuf, plus petite que celle du cheval, affecte une forme prismatique beaucoup plus prononcée.

ROTULIEN, ENNE, adj. ; qui appartient à la rotule. — *Ligaments rotuliens :* ligaments très solides qui fixent la rotule au tibia et transmettent à cet os l'action des muscles extenseurs. Ils sont au nombre de trois, dont le médian s'attache dans une scissure du sommet de la crête tibiale et l'interne porte un renflement cartilagineux qui complète la surface articulaire de la rotule. Deux autres ligaments latéraux aplatis, peu considérables, fixent la rotule au fémur.

ROUAN, ANNE ; *robe rouanne :* mélange, en proportions diverses, de poils noirs, rouges et blancs. Souvent le noir n'existe qu'à la crinière, à la queue et aux extrémités des membres, le reste du corps ne présentant que le blanc et le rouge, comme dans la robe *aubère*. D'après la proportion des poils de chaque couleur, et d'après la nuance plus ou moins foncée des poils rouges, on distingue le rouan en *rouan-clair*, *rouan foncé*, *rouan vineux* et *rouan ordinaire.*

ROUE (en), *V.* Rotacé.

ROUELLE, s. f., de *rota*, roue ; séton en cuir qui a la forme circulaire. *V.* Séton.

ROUERGUE (Races ovines du) ; on en distingue au moins deux. *Race du Causse :* elle a une taille élevée, une tête busquée, sans cornes, avec des oreilles longues. Sa laine est commune, mais forte ; sa chair de bonne qualité, mais peu abondante. *Race du Ségalas:* elle est plus petite que la précédente ; sa laine est plus courte et plus frisée. Elle ressemble beaucoup à la race du Quercy. Les troupeaux entretenus pour la fabrication du fromage de Roquefort ont les caractères de la race du Ségalas.

ROUGE, adj., *ruber ;* les diverses nuances s'expriment de la manière suivante : rouge ordinaire, pur, *ruber ;* rouge sanguin, *sanguineus ;* rouge pourpre, *purpureus ;* rouge carmin, *puniceus ;* rouge de cinabre, *phœniceus ;* rouge coquelicot, *coccineus ;* rouge incarnat, *incarnatus ;* rouge de feu, *igneus ;* rouge safrané, *croceus, crocatus ;* rouge orangé, *aurantiacus ;* rouge de chair, *carneus ;* rouge rosé ou rose . *roseus.*

ROUGEOLE, s. f., *Rubeola*, de *rubeus*, rouge ; *febris morbillosa ;* on donne ce nom à une affection exanthématique contagieuse, caractérisée par des taches rouges, légèrement proéminentes, suivies, au bout de quatre ou cinq jours, d'une desquamation furfuracée. Cette maladie n'a été observée par les vétérinaires que sur le porc. — *Rougeole du porc, rouget, mal rouge, typhus charbonneux* (Hurtrel). C'est surtout vers l'âge de six mois à un an qu'on l'observe. Contagieuse chez les enfants, elle ne l'est pas aussi évidemment chez le porc. Son caractère contagieux est nié par Viborg ; Delafond dit qu'aucun fait ne peut faire croire à cette transmission ; d'autres sont d'un avis différent. Elle est *simple* ou *compliquée.* Dans la rougeole simple, les fonctions ne sont pas troublées. Si la rougeole est compliquée, l'éruption est précédée de vomissements et d'autres symptômes ; elle est quelquefois suivie de métastase, et produit la pneumonite ou l'entérite. Le plus souvent, le traitement est hygiénique et consiste à prévenir ou combattre les complications. Il faut entretenir autour des malades une douce température, donner des boissons diaphorétiques. On donne des infusions de tilleul ou de sureau, auxquelles on ajoute un peu d'ammoniaque, pour activer les fonctions de la peau. Si l'on redoute la pneumonie ou l'entérite, il faut pratiquer des saignées aux veines souscutanées, à la queue, aux oreilles.

ROUGEUR, s. f. ; qualité de ce qui est rouge. Coloration en rouge des tissus, qui constitue l'un des caractères de l'inflammation, et qui est produite par l'afflux du sang dans les vaisseaux capillaires.

ROUILLE, s. f., *Rubigo ;* nom vulgaire des oxydes qui prennent naissance à la surface des métaux ; celui du fer, auquel ce nom s'applique plus particulièrement, est du *sesquioxyde hydraté. V.* Oxyde de fer. — *Agric.* Maladie consistant dans la présence de petits champignons à la surface des tiges et des feuilles de beaucoup de plantes et principalement des céréales. Les champignons appartiennent presque tous aux genres *Uredo*, *Puccinia* et *Sclerotium.* Ils apparaissent surtout au moment où les plantes sont dans leur plus grande végétation. La rouille altère les feuilles et les tiges des herbes qu'elle attaque, diminue la quantité et la qualité des grains. Les causes qui la font naître sont encore peu connues ; on l'a attribuée tantôt à un excès d'humidité , tantôt à des vents secs , à un ensemencement précoce. Il paraît certain qu'elle se reproduit par les semences. Les animaux ne mangent qu'avec répugnance les foins et les pailles rouillés. Les expériences de Gohier prouvent que leur usage prolongé occasionne des affections charbonneuses , putrides , etc. On doit les transformer en fumier, et ne jamais les administrer aux bestiaux , car leurs mauvaises qualités ne peuvent être corrigées par aucun moyen. Les procédés mis en usage pour prévenir la rouille des céréales sont nombreux : ils ne sont pas tous également efficaces. On a employé le chaulage des semences , des engrais chauds et actifs , du sel marin comme condiment. Il y a lieu de compter davantage sur les moyens suivants : éloigner les récoltes des céréales sur la même sole , et ne jamais employer de semence provenant d'un champ où a existé la rouille.—Une maladie semblable à celle dont il vient d'être question attaque quelques arbres. On donne aussi le nom de *rouille* aux taches rouges formées par des dépôts limoneux , à la surface des plantes , dans les prairies tourbeuses ou sujettes aux inondations. Cette altération est moins grave et moins nuisible que la précédente.

ROUILLÉ , *V*. Rouille.

ROUISSAGE , s. m. ; opération qui a pour but de séparer , dans les plantes textiles, la partie filamenteuse utilisable. de la matière gommo-résineuse qui en unit les diverses fibres. Le rouissage se fait dans l'eau courante ou stagnante , en plein air ou sous l'influence de la rosée , ou artificiellement à l'aide d'une dissolution chaude de savon. Ce dernier moyen et le procédé mécanique proposé par Christian sont inférieurs aux premiers. *V*. Routoir.

ROULÉ , ÉE, adj. , *volutus* ; contourné en dedans ou en dehors, ou disposé en spirale. *V*. Volubile , Circinal , Convolutif , etc.

ROULEAU , s. m. ; instrument agricole composé d'un cylindre en bois , en pierre ou en fonte, uni ou armé de pointes, et d'un timon et d'un axe destinés à le mettre en mouvement. Cet instrument sert tantôt à briser les mottes , tantôt à tasser la terre, ou même à battre les grains.

ROUSSILLON (Race ovine du) ; c'est l'une des plus anciennes et des meilleures races françaises. Les uns la font venir directement d'Afrique , d'autres de l'Espagne. La taille et le poids des animaux sont peu considérables , mais la toison est fournie. La laine est courte , frisée, douce au toucher, et souvent le cède bien peu , pour la finesse , aux plus belles laines de la péninsule. La tête est plus petite que dans la race mérine ; il n'y a pas de fanon. Ordinairement le mâle et la femelle ont des cornes , mais peu développées. Cette race n'est point uniforme ; elle est petite ou grande selon les conditions agricoles. On pourrait distinguer dans la localité

trois sous-races assez bien caractérisées. Le Languedoc , l'Aveyron possèdent des races qui ont avec celle du Roussillon une grande analogie.

ROUTOIR , s. m. ; lieu où l'on opère le rouissage du chanvre, à l'aide de l'eau. On doit choisir de préférence un endroit où l'eau, presque stagnante , ne se renouvelle que peu à peu et par un faible courant. Le chanvre, déposé en petites bottes composées de brins de mêmes longueur et grosseur, est maintenu au fond de l'eau où on le laisse de quatre à quinze jours selon la température, l'usage , etc. Les eaux du routoir se colorent , se troublent , laissent dégager des gaz et exhalent une odeur infecte qui en rend le voisinage dangereux pour la santé. Lorsque l'eau se renouvelle lentement, le poisson ne tarde pas à périr. Ces effets ont fait défendre le rouissage du chanvre dans les étangs et près des habitations.

ROUVIEUX et **ROUX-VIEUX** , s. m. ; nom vulgaire donné à la gale de la crinière du cheval et à la gale du chien. *V*. Gale.

RUADE, s. f. ; action par laquelle l'arrière-main subitement enlevé permet à l'animal de lancer vivement en arrière les membres postérieurs, pour attaquer ou se défendre , ou pour compléter un saut en franchissant un obstacle. Pour élever l'arrière-main, l'animal doit rapprocher le centre de gravité du côté des membres antérieurs. Il obtient cet effet en baissant la tête et l'encolure , et cette position favorise l'action du muscle ilio-spinal, qui agit puissamment pour l'exécution de ce mouvement. La ruade ne peut être qu'instantanée , les membres postérieurs devant revenir immédiatement dans leur position pour recevoir l'arrière-main qui retombe vers le sol. Il suffit de relever fortement la tête de l'animal pour l'empêcher de *ruer*.

RUBAN, s. m. ; bande étroite et allongée ; on appelle quelquefois les cordes vocales *rubans de la glotte*. *V*. Glotte.

RUBANAIRE , adj., *fasciaris* ; on désigne ainsi les organes minces, longs et étroits.

RUBANÉ , ÉE , adj. , *fasciatus* ; marqué d'une bande colorée longitudinale.

RUBANNIER , *V*. Sparganier.

RUBÉFACTION , s. f. , *Rubefactio* : rougeur déterminée sur une surface par l'action irritante d'un médicament, d'un *rubéfiant*, par exemple, d'un épispastique, d'un irritant, d'une friction sèche, etc.

RUBÉFIANTS, s. et adj., *Rubefacientes*, de *rubefacere* , faire rougir ; médicaments irritants légers, qui, appliqués sur la peau, déterminent un afflux sanguin dans ses capillaires, et lui font acquérir la teinte rouge de l'inflammation. Cet effet peut être déterminé par de simples agents physiques, tels que la chaleur, l'insolation, l'électricité , des frictions sèches longtemps prolongées , etc. Les rubéfiants les plus employés sur les animaux sont l'ammoniaque, la teinture de cantharides, la moutarde, les essences de lavande et de térébenthine, le vinaigre chaud, etc.; toutes substances qui déterminent également la vésication, lorsqu'elles sont concentrées et appliquées pendant le temps convenable. Les effets des rubéfiants sont entièrement locaux et ne s'accompagnent de réaction fébrile que quand les sujets sont sensibles et que l'application a été faite sur une large surface. Ces effets consistent d'abord dans un picotement incommode, en une douleur vive et cuisante, puis en un afflux sanguin qui dilate les capillaires, produit la rougeur et la tuméfaction de la peau, et parfois aussi un peu d'œdématie. Les rubéfiants s'emploient pour faire disparaître certains engorgements indolents, et surtout pour déterminer une révulsion sur la peau, afin de faciliter la résolution d'une congestion ou inflammation interne.

RUBIACÉES, s. f., *Rubiaceæ*; famille de plantes dicotylédones, monopétales, hypogynes, dont les caractères sont : inflorescence variée ; calice monophylle, tubuleux, bi ou sex-parti ; corolle monopétale à divisions en nombre égal, alternes, insérée au haut du tube, souvent rotacée ou en étoile ; 2-6 étamines alternes, insérées sur la gorge de la corolle, à anthères biloculaires, fixes ou oscillantes, introrses, s'ouvrant longitudinalement ; ovaire soudé avec le calice, généralement biloculaire, à loges uni-ovulées, plus rarement multi-ovulées ; style émergeant du milieu du disque qui couronne l'ovaire, portant autant de stigmates que l'ovaire a de loges. Le fruit est une capsule, une baie, ou une drupe; les graines ont un périsperme charnu ou corné presque toujours épais. Les espèces sont arborescentes ou frutescentes, rarement herbacées, à rameaux quadrangulaires, à feuilles opposées ou disposées en verticille et toujours munies de stipules. La famille des Rubiacées est nombreuse; elle habite principalement les tropiques; on l'a divisée en treize tribus, rangées dans deux sous-familles : 1° les *Cofféacées;* genres: *Coffea, Vaillantia, Galium, Rubia, Asperula, Sherardia, Cephælis, Psychotria*, etc. 2° les *Cinchonacées;* genres : *Nauclea, Cinchona* etc. Les Rubiacées renferment un bon nombre de plantes importantes; il suffit de rappeler qu'elles fournissent le *Café*, le *Quinquina*, la *Garance*, l'*Ipécacuanha*.

RUBICAN; nom ajouté aux robes dans lesquelles le blanc n'entre pas comme nuance composante, lorsqu'elles présentent un certain nombre de poils blancs disséminés et trop peu abondants pour faire changer le genre de la robe; ex. : *bai-clair rubican.*

RUCHE, s. f., *Alveus;* logement particulier des abeilles qui reçoivent les soins de l'homme. Les ruches, dont la forme et les dispositions ont varié et varient encore à l'infini, sont généralement construites aujourd'hui en paille. On évalue à 1,608,643 le nombre des ruches existant en France. Elles produisent environ 7,023,268 kilogrammes de miel et 1,467,516 de cire, valant ensemble 15,000,000 de fr.

RUDE, adj., *asper, scaber;* couvert de petites saillies ou aspérités nombreuses et sensibles au toucher.

RUDÉRAL, **ALE**, adj., *ruderalis;* se dit des plantes qui croissent habituellement sur les décombres.

RUE, s. f., *Ruta*, T.; genre de la famille des Rutacées, établi par Tournefort, et considérablement modifié dans ces derniers temps par de Jussieu. Il se compose de plantes herbacées, vivaces ou sous-frutescentes, originaires des parties un peu chaudes de l'ancien continent, dans l'hémisphère boréal. L'espèce principale est la R. odorante, *R. graveolens*, plante à souche ligneuse, à rameaux herbacés et très glauques, répandant une odeur forte. Elle est commune dans le midi de la France, et cultivée pour les besoins de la médecine. *Pharmacol.* Toutes les parties de cette plante, et principalement le sommet de la tige et des rameaux, sont employés à titre d'utérins. Ces parties sont d'un vert foncé, bleuâtre, d'une odeur vive et repoussante, d'une saveur amère et âcre. Elles renferment de la chlorophylle, de l'albumine, de l'extractif, de la gomme, de la fécule, et surtout une huile volatile jaunâtre, contenue dans des espèces de glandules de l'épiderme, et d'une grande activité. La Rue s'emploie surtout fraîche, écrasée dans un mortier pour en extraire le suc, ou infusée dans l'eau ou les liqueurs alcooliques; elle se donne en breuvages, plus rarement en lavements ou en injections. Les doses sont de 30 à 90 grammes pour les grandes femelles, et de 8 à 16 grammes pour les petites. Donnée en breuvages, la Rue irrite le tube digestif si la dose est trop forte, produit une excitation générale qui, dans tous les cas, se concentre particulièrement sur l'utérus; de là son emploi contre le part languissant, la non-délivrance, etc. On l'a conseillée aussi comme vermifuge, antispasmodique, etc., mais elle est inusitée sous ces différents rapports en médecine vétérinaire.

RUGINE, s. f., *Runcinula, radula, scalpum;* instrument qui fait partie de la boîte à trépan et qui sert à râcler la surface des os pendant une opération, pour enlever le périoste. La rugine est une plaque d'acier, dont les bords sont en biseaux tranchants, et qui présente un manche sur l'une de ses faces.

RUMEN, s. m., *Rumen;* premier estomac des ruminants, encore appelé *panse* ou *herbier*, et occupant à lui seul la plus grande partie de la cavité abdominale. Le rumen occupe toute la longueur de l'abdomen où il se trouve placé obliquement d'un côté à l'autre, sa partie gauche étant directement en rapport avec le flanc gauche, la droite étant séparée du flanc correspondant par la *caillette* et la masse intestinale. Ses faces inférieure et supérieure sont marquées d'une scissure qui divise le rumen en deux sacs, séparés l'un de l'autre à leurs extrémités par une dépression médiane, et, par des scissures transversales, chacun en trois parties, dont une médiane principale, une antérieure et une postérieure: cette division se retrouve à la face interne, tracée par des piliers charnus correspondant aux scissures extérieures. L'extrémité antérieure du sac gauche porte deux ouvertures, dont la supérieure donne abord à l'œsophage, et l'inférieure, munie d'une grande valvule en fer à cheval, communique avec le *réseau* ou *bonnet*. L'extrémité antérieure du sac droit est séparée du foie par le *feuillet*. Les deux extrémités postérieures des sacs constituent des culs-de-sac arrondis que Chabert appelait *vessies coniques* du rumen. A l'intérieur, la muqueuse est garnie de papilles de forme et de grandeur variables, très nombreuses surtout à la partie inférieure du réservoir et dans les culs de sac. La membrane charnue du rumen est très épaisse, formée de plusieurs plans de fibres, et fournit les piliers déjà cités plus haut. — Le rumen reçoit les aliments grossièrement mâchés, les tient en réserve et les humecte au moyen des sucs qu'il sécrète, jusqu'à ce que l'acte de la rumination les ramène dans la bouche pour être soumis à une nouvelle mastication. — Pendant l'allaitement, le lait se rendant directement dans la caillette, cet estomac est plus volumineux que le rumen, ce dernier ne prenant son énorme développement qu'à mesure que l'animal se nourrit d'aliments fibreux.

RUMINANTS, s. et adj., *Ruminantia*; nom donné aux animaux doués de la faculté de ruminer. Les Ruminants forment le septième ordre de la classification des Mammifères de Cuvier. Outre le caractère principal qui leur a valu leur nom, ils en présentent un autre aussi constant : c'est la division du pied en deux doigts. Presque tous manquent d'incisives à la mâchoire supérieure et en portent huit à l'inférieure : le chameau et le lama font seuls exception. Les ruminants ont été divisés en deux grandes familles : 1° les *Ruminants sans cornes*, genres : *Chameau*, *Lama*, *Chevrotain* : 2° les *Ruminants à cornes*. Ces derniers forment trois tribus : 1° les *Ruminants à bois rameux et caducs*; genre : *Cerf*; 2° les *Ruminants à cornes osseuses recouvertes de peau et non caduques*; genre : *Girafe*; 3° les *Ruminants à cornes creuses supportées par une cheville osseuse*; genres : *Antilope*, *Bœuf*, *Chèvre*, *Mouton*, *Ovibos*.

RUMINATION, s. f., *Ruminatio*; fonction particulière à un certain nombre de Mammifères, et qui consiste dans le retour des aliments de l'estomac à la cavité buccale, où ils sont soumis à une seconde mastication, après laquelle ils sont avalés de nouveau. Les ruminants sont pourvus d'un estomac à plusieurs compartiments, dont le premier, le plus large, reçoit les aliments pris à la hâte, incomplètement mâchés, et les tient en réserve, les imbibant des sucs que sécrètent ses parois, jusqu'à ce que commence le phénomène de la rumination. Ce n'est qu'après avoir terminé son repas et lorsqu'il est tranquille, que le ruminant commence à rappeler à la bouche les aliments qu'il a ingérés dans le rumen. Il semble d'abord s'assoupir, opère une grande inspiration suivie d'une expiration entrecoupée par un soubresaut particulier, au moment duquel on voit remonter, le long de l'œsophage, une masse alimentaire qui bientôt est soumise à l'action des dents pendant un temps assez long. Le bol bien mâché et insalivé est alors avalé, et bientôt un autre le remplace, et ainsi de suite pendant un temps plus ou moins long, sans cependant que le rumen soit jamais vidé. Il est difficile d'expliquer comment se forme le bol alimentaire qui, du rumen, remonte à la bouche, à moins que l'on n'admette une action de contraction des lèvres de la gouttière œsophagienne, qui le saisiraient comme une espèce de pince, ce qui n'est nullement prouvé. On ne peut admettre avec plus de probabilité l'idée de la préparation du bol dans le réseau, où il faudrait, d'ailleurs, encore admettre l'action de la gouttière. Quel que soit le mode de retour du bol, on admet que, broyé et fluidifié par la nouvelle mastication qu'il a subie, il passe en grande partie entre les lèvres de la gouttière œsophagienne, ne laissant tomber dans le rumen que quelques portions peu atténuées, et arrive dans le feuillet; d'où la portion la plus liquide passe directement dans la caillette, celles un peu grossières encore passant entre les lames du feuillet pour subir une dernière atténuation. La caillette est donc le seul véritable estomac, celui où se sécrète le véritable suc gastrique et où se forme le chyme. Les trois autres n'ont servi qu'à préparer les matières alimentaires à subir l'action du dernier. — Les boissons prises par les ruminants passent dans le rumen ou dans la caillette, suivant le volume des gorgées avalées. Prises en grande masse, elles écartent les lèvres de la gouttière et tombent dans le premier estomac ; avalées à petites gorgées, elles suivent les lèvres de la gouttière, traversent le feuillet à sa petite courbure et arrivent dans la caillette. C'est pour cette raison que, pendant l'allaitement, cet estomac est plus volumineux que le rumen, le lait se rendant directement dans la caillette et la panse ne recevant aucun aliment. La position tendue du cou du veau, lorsqu'il tète, n'est pour rien dans ce phénomène; car, chez les veaux soumis à l'allaitement artificiel, le lait ne passe pas plus dans le rumen que chez ceux qui tètent leur mère.

RUPESTRE, adj., *rupestris;* qui croît sur les rochers.

RUPIA, s. f., *Rupia*, de ῥύπος; inflammation de la peau caractérisée par des bulles suivies d'une ulcération.

RUPTILE, adj., *ruptilis;* se dit des organes qui se déchirent spontanément dans des points où il n'existe pas de suture. Les feuilles des palmiers, les spathes des narcisses, le péricarpe de certains fruits, etc., sont ruptiles.

RUPTINERVE, adj., *ruptinervis;* se dit des feuilles dont le limbe se déchire parallèlement aux nervures, de manière à former des lanières disposées en palmes, en pennes; ex. : les *Palmiers.*

RUPTURE, s. f., *Ruptura*, de *rumpere*, rompre; solution de continuité à bords inégaux, produite par une extension immodérée. Les organes sont actifs ou passifs dans la production des ruptures; les muscles, l'estomac, la vessie se rupturent en se contractant. La pression, les chutes, les efforts musculaires, peuvent rupturer des organes qui sont dans l'inaction. En général, ces accidents sont funestes; la plupart d'entre eux sont une cause de mort. Les ruptures ont lieu par *distension,* par *extension*, par *affaiblissement de tissu.* La distension produit la rupture du globe de l'œil, du canal alimentaire, de la vessie, des artères et des veines. Par l'extension, ce sont les muscles qui se rompent le plus souvent; on en voit des exemples pour le diaphragme. Enfin, le plus grand nombre des organes peut se rompre par les altérations qui affaiblissent leurs tissus; ex. : le cœur, le poumon, le foie, la rate.

RUPTURES DU CŒUR. Elles sont le résultat d'une chute qui produit une secousse brusque des organes de la poitrine; il ne faut pas les confondre avec les plaies qui résultent de l'introduction des corps étrangers et qu'on observe quelquefois dans les animaux ruminants. Ces ruptures sont complètes ou incomplètes; elles sont plus fréquentes sur les parties gauches du cœur que sur les parties droites; elles ont lieu rarement vers les oreillettes; on les rencontre quelquefois à la naissance de l'aorte. Une rupture complète produit immédiatement des symptômes semblables à ceux d'un accès d'épilepsie; l'animal tombe, éprouve une raideur tétanique, des convulsions; les muqueuses deviennent pâles; la mort est instantanée. Le diagnostic des ruptures incomplètes du cœur est difficile.

RUPTURES DU DIAPHRAGME. Elles sont plus communes dans les grands animaux domestiques que dans l'espèce humaine, le diaphragme ayant, chez les premiers, une étendue qui nuit à sa solidité. Les causes occasionnelles sont les chutes, les fortes pressions, les coups sur les parois du ventre ou de la poitrine, les efforts pour tirer de lourds fardeaux, les mouvements désordonnés causés par de violentes coliques; des abcès du foie et du poumon occasionnent la perforation du diaphragme. A l'état aigu, la rupture de cette cloison produit des douleurs très vives; pen-

dant les coliques qu'il éprouve, le cheval se laisse tomber comme une masse et se place instinctivement sur le dos. La respiration est difficile; le ventre se meut comme la poitrine; ses parois se contractent comme pour la défécation, sans qu'il y ait des matières rejetées. Quelquefois on observe des vomituritions, comme dans la rupture de l'estomac. Le malade a quelque tendance à mordre; il pousse des cris insolites; il éprouve des accès de fureur, pendant lesquels il se déchire quelque partie du corps avec les dents. La mort vient bientôt mettre un terme à ces souffrances. Quand la rupture s'est formée lentement, on observe des coliques intermittentes, résultant de la hernie de quelque viscère; une rupture de petite dimension peut se cicatriser. Ordinairement assez large, la déchirure produite rapidement occupe les côtés du muscle, rarement le centre aponévrotique; ses bords sont irréguliers et frangés. La chirurgie est impuissante contre un accident de ce genre.

RUPTURES DE L'ESTOMAC. Le cheval en offre fréquemment des exemples. Les coups violents, les chutes, les contractions forcées après un repas copieux, sont regardés comme les causes les plus ordinaires de cet accident. La distension par les aliments n'est pas une cause active, cette rupture ne se montrant pas après la surcharge extrême qu'on observe dans quelques cas de vertige abdominal. Comme symptômes, on observe des coliques violentes, pendant lesquelles l'animal se roule sur le dos; quelquefois il prend l'attitude du chien qui s'accroupit sur son derrière; on observe des vomituritions. Le corps est recouvert de sueurs froides; le pouls est inexplorable; la mort survient au bout de quelques heures. A l'autopsie, on trouve les aliments répandus dans le sac du péritoine; c'est à la grande courbure que la rupture se montre toujours, avec une étendue qui varie de 10 à 30 centimètres; la membrane péritonéale est déchirée sur une plus grande surface que les autres tuniques de l'estomac. Toute tentative est inutile pour remédier aux ruptures de l'estomac.

RUPTURES DU FOIE. Elles sont le résultat de l'inflammation de cet organe, soit à l'état aigu, soit à l'état chronique. Ces ruptures causent des symptômes analogues à ceux d'une hémorrhagie interne et la mort. Dans le cheval, on a trouvé des déchirures du foie accompagnées d'un épanchement considérable de sang dans le péritoine.

RUPTURES DES INTESTINS. Elles sont assez fréquentes. On les attribue à la pression du ventre, à des coliques violentes qui causent la météorisation. La rupture du gros intestin est souvent produite par des bézoards volumineux; un explorateur maladroit peut déchirer le rectum. C'est vers la partie cœcogastrique du colon qu'on observe le plus fréquemment les ruptures; quelquefois c'est vers les courbures hépatique et diaphragma-tique. Cet accident produit des coliques , pendant lesquelles l'animal se laisse tomber comme une masse et se place fréquemment sur le dos ; le corps est couvert d'une sueur froide ; le pouls est insensible. A l'autopsie, on trouve les lésions de l'entérite et de la péritonite ; l'abdomen contient des excréments rougis par le sang ; les lèvres de la solution de continuité sont irrégulières et phlogosées. Le traitement est inutile ; il n'est pas possible de tenter la suture de l'intestin dans les grands animaux.

RUPTURES DES MUSCLES. Dans les régions profondes , elles rendent le diagnostic tout-à-fait obscur. Il est probable qu'elles sont produites dans les muscles contractés, qui sont en même temps violemment tirés par la contraction brusque des muscles antagonistes. On voit ces ruptures se produire dans les muscles fixés à un point mobile par un tendon ou une aponévrose ; les muscles les plus exposés à se rompre sont ceux de la jambe, le diaphragme, l'iliaque dans le cheval , le grand droit de l'abdomen. Les rudes travaux , les efforts violents , les mouvements brusques , les contusions , les phlegmasies, sont des causes de rupture pour les muscles. Cet accident est souvent accompagné de hernie musculaire , de déplacement du muscle rupturé. Une douleur vive doit accompagner la déchirure des fibres musculaires ; mais , chez le cheval , lorsqu'il s'agit d'un membre, on constate une boiterie dont la cause est inconnue , rien n'annonçant cette lésion à l'extérieur. Une dépression se montre au niveau du muscle rompu transversalement ; souvent l'épanchement sanguin la fait disparaître. Comme pour les autres solutions de continuité, la cicatrisation se fait par une exsudation de lymphe plastique , laquelle se transforme bientôt en tissu fibreux. Les ruptures des muscles ne sont graves que quand elles sont accompagnées de désordres profonds ; quelquefois elles font développer des abcès considérables dans la cuisse , le long des psoas. La hernie musculaire non étranglée ne constitue qu'une légère difformité sans importance. C'est par le repos et une situation favorable qu'on remédie à ces accidents. Il peut être utile de maintenir un membre pendant quelques jours dans un état d'immobilité complète , ce qui est assez difficile dans les grands animaux. Le traitement antiphlogistique est indiqué dans le cas où l'on observerait de vives douleurs.

RUPTURES DE L'OESOPHAGE. Elles sont produites par le séjour de quelque corps volumineux ou irrégulier avalé par l'animal. L'ouverture accidentelle donne passage aux aliments imprégnés de salive , qui se répandent dans les tissus voisins de l'œsophage et ne tardent pas à occasionner la gangrène. V. OEsophagite et Jabot.

RUPTURES DES TENDONS. On les voit se produire à la suite de très violentes contractions

musculaires, pour franchir un obstacle , pour courir ; elles sont plus fréquentes aux membres de derrière du cheval qu'à ceux de devant. Les signes qui les annoncent consistent dans une paralysie momentanée de la région où siége le tendon rupturé, la déformation de la partie et une vive douleur. La rupture, même partielle , du tibio-prémétatarsien simule la fracture du tibia. Celle du bifémoro-calcanéen ou du tendon d'Achille est facile à reconnaître, parce que l'animal se renverse sur son derrière. On a fait sur des chiens la section de ce tendon pour les empêcher d'aller à la chasse; quatre mois après ils étaient rétablis. Quand il y a rupture du tendon perforant dans le cheval, le paturon se renverse fortement.

RUPTURE DE LA VESSIE. On ne la voit ordinairement que dans les cas où la vessie est malade depuis quelque temps. Elle est produite accidentellement par les chutes d'un lieu élevé , les percussions violentes sur le ventre quand la vessie est distendue, par l'oblitération de l'urètre résultant d'un calcul. Sur le cheval comme sur le bœuf, cette rupture produit des coliques violentes avec tous les symptômes de la péritonite, des besoins fréquents d'uriner. La mort arrive rapidement quand la vessie est rompue sans que l'urine s'écoule par une division des parois abdominales ; les dangers viennent de l'infiltration urineuse. On se borne à combattre les accidents inflammatoires ; on cherche à empêcher le passage de l'urine dans les tissus. Le plus souvent on ne réussit pas à conserver la vie des malades.

RURAL , V. Économie rurale.

RUSSE (cheval), V. Tartare.

RUT, V. Chaleurs.

RUTABAGA, s. m. ; plante alimentaire du genre Chou. C'est une variété du Chou-navet , le Brassica campestris napo-brassica, D. C., cultivé à peu près exclusivement pour la nourriture des ruminants domestiques. On l'appelle vulg. C. de Laponie , de Suède. Cette plante , connue depuis long-temps en Angleterre , a été introduite en France vers 1790. Moins productif en volume que le navet et la rave , le Rutabaga est plus compacte et d'une saveur plus douce , plus délicate. Il est aussi plus rustique et craint moins l'humidité. Sa racine, généralement ovoïde, plus rarement aplatie, est susceptible de varier ; la conservation de ses caractères exige beaucoup de soins. Le rutabaga demande une terre meuble , propre , bien fumée , un sol profond, plutôt humide que sec. On le sème au printemps , à la dose de 2 à 3 kilog. par hectare , tantôt sur le terrain où il doit rester , tantôt, ce qui vaut mieux, sur un autre terrain et en pépinière. Le repiquage se fait, par un temps humide ou pluvieux , sur des lignes écartées de 80 cent., avec 45 cent. de distance entre chaque plant. Un peu de noir animal doit être mis dans chaque trou. Le rutabaga est exposé aux attaques des pucerons; on éloigne ces insectes en saupoudrant les jeunes plantes de cendres lessivées. La racine est grosse et compacte; elle peut rester en terre jusqu'au mois de février, être consommée à l'écurie ou sur place; cette dernière méthode est suivie dans la Grande-Bretagne. En France, on préfère amasser une partie de la récolte, et la conserver, pour l'hivernage, dans des lieux secs, obscurs, dans des silos. Cette racine convient aux moutons et surtout aux bêtes bovines; les agronomes la préfèrent généralement aux raves et aux navets. C'est d'ailleurs, une excellente nourriture d'hiver. On la donne crue ou cuite, toujours divisée. Le produit du rutabaga est considérable. Un hectare de terre convenable et riche d'engrais peut produire au delà de 125,000 kilog. de racines. 225 à 300 kilog. représentent 100 kilog. de bon foin.

RUTACÉES, s. f., *Rutaceæ;* famille de plantes dicotylédones, hermaphrodites ou diclines, à étamines hypogynes, composée d'arbres, d'arbrisseaux ou d'herbes vivaces, habitant la plupart les régions chaudes ou tempérées. Presque toutes les espèces renferment des matières résineuses plus ou moins actives et utiles. Cette famille, très nombreuse, est divisée en cinq tribus que le plus grand nombre des botanistes modernes regardent comme autant de familles distinctes. Ce sont les *Zygophyllées;* genres : *Guaiacum, Zygophyllum,* etc.; les *Rutées;* genres : *Ruta,* etc.; les *Diosmées;* genres : *Dictamnus, Diosma, Galipea,* etc.; les *Zanthoxylées;* genres : *Zanthoxylum, Brucea, Aylanthus,* etc.; les *Simarubées;* genres : *Simaruba, Quassia,* etc.

RUTHÉNIUM, s. m.; Ru. Equiv. 646,00. — Métal de la dernière section, entrevu en 1828 par Osann, et découvert récemment par Clous. Il existe principalement dans les minerais de platine, avec l'iridium. Ce métal est solide, gris comme l'iridium, cassant, infusible, inattaquable par l'eau régale, et pesant 8, 6. Il absorbe l'oxygène au rouge et donne naissance à un oxyde irréductible par la chaleur. Ce métal est peu important.

RYELAND ou **HEREFORD** (Race ovine de); l'une des plus anciennes races des comtes occidentaux de l'Angleterre et surtout de Glocester. Elle est petite, très sobre, sans cornes, bien faite, avec les jambes et la face blanches. La toison ne dépasse guère un kilog.; la laine est courte, mais très fine. Le Ryeland craint les pâturages fertiles et contracte facilement la gale. Sa croissance est lente; il reste toujours petit et se trouve conséquemment peu propre à la boucherie. De nombreux croisements, l'importation de races plus grandes, l'ont fait disparaître en grande partie.

RYTIDOME, s. m.; couche de tissu cellulaire située entre l'enveloppe herbacée et le liber, se confondant avec les feuillets extérieurs de celui-ci, et les entraînant dans sa chute, comme on le voit dans le cerisier.

S

SABADILLINE, s. f.; substance alcaloïde obtenue par Couerbe de la cévadille, où elle accompagne la vératrine. Elle est solide, blanche, cristallisée en prismes hexagones, groupés en étoiles, fusible à 200°, perdant de l'eau et prenant l'aspect d'une résine. Peu soluble dans l'eau froide, la sabadilline se dissout dans l'eau bouillante et l'alcool. D'une réaction alcaline, cette substance se combine aux acides et forme des sels. D'après Simon, la sabadilline ne serait qu'un double *résinate de soude* et de *vératrine.*

SABINE; *Bot. V.* Genévrier.—*Pharmacol.* La tige et les rameaux de cette plante sont employés, à l'état frais ou sec, à titre d'utérins. Toutes ces parties exhalent une odeur aromatique, térébinthacée, ont une saveur âcre et amère, et renferment, comme la plupart des conifères, des principes résineux et une huile essentielle qui a la même composition chimique que celles de genièvre et de térébenthine, d'après Dumas. — La sabine, administrée à l'intérieur, agit dans le même sens que la *rue* (*V.* ce mot), mais avec plus d'activité; aussi la dose doit-elle être environ moitié moindre. Elle se donne également en infusion aqueuse ou alcoolique, dans le part languissant et la non-délivrance; desséchée et réduite en poudre, on peut l'administrer en bol ou en électuaire. On a conseillé d'employer cette poudre sur les anciennes ulcérations, pour les stimuler et les déterger.

SABLE, s. m., *Sabulum;* substance minérale, pulvérulente, provenant de la désagrégation par les eaux, des roches calcaires, granitiques, siliceuses, etc., et qui se trouve dans le lit des rivières, les bords de la mer, qui forme les *dunes,* les déserts et qui entre, pour une certaine proportion, dans les terrains d'alluvion. Ses usages sont nombreux; dans les arts, il sert à faire le mortier à bâtir, par son mélange avec la chaux; en médecine, on en fait des bains, des sachets : dans les laboratoires de chimie et de pharmacie, il sert à transmettre, d'une manière régulière, la chaleur d'un foyer à un appareil, un ustensile, etc. *V.* Bain de sable.

SABLINE, s. f., *Arenaria*, L.; genre de la famille des Dianthacées. Il se compose de plantes herbacées, annuelles ou vivaces, petites, croissant presque partout, mais notamment sur les montagnes, au pied des rochers, dans les terrains sablonneux, les détritus granitiques. Les bestiaux les mangent volontiers. Les espèces sont assez nombreuses. On en compte au moins quinze en France.

SABLONNEUX (Terrains); *Sables;* ils sont caractérisés par la présence de 0,50 de sable siliceux et calcaire, dont les grains ont moins d'un demi-millimètre. Les terrains sablonneux sont propres à la culture des arbres et des légumes, lorsqu'ils ont de la profondeur ; ordinairement colorés, ils sont moins froids que les craies, ne sont point réduits en bouillie par la pluie et ne laissent pas déchausser les plantes en hiver. Un peu d'argile les rend très propres à la culture du froment et autres plantes précoces, de la vigne, etc. Ils peuvent être meubles ou inconsistants. *V.* TERRAINS.

SABOT, s. m. ; enveloppe cornée entourant et protégeant la dernière phalange chez les Ruminants, les Pachydermes et les Solipèdes. Le sabot de ces derniers enveloppe le doigt unique qui termine leurs membres et présente une forme conique en apparence, mais qui n'est qu'une section oblique d'un cylindre, ainsi que l'a démontré Bracy-Clark. Quoique paraissant formé d'une seule pièce et très solide, le sabot présente une élasticité notable, mise en jeu par l'acte même de la locomotion, et se divise en trois parties qui sont : la *paroi*, la *sole*, la *fourchette* (*V.* ces mots).

SABURRAL, adj., *saburralis;* qui est causé par la *saburre.*

SABURRE, s. f., *Saburra;* gravier pour lester. En médecine humaine, on appelait *saburres gastriques* des matières morbides que l'on supposait accumulées dans l'estomac par de mauvaises digestions, et que l'on regardait comme des causes de maladies. Les humoristes considéraient les saburres comme formées par une altération de la sécrétion biliaire ou des substances alimentaires mal digérées. Ce mot est inusité dans les deux médecines.

SAC, s. m., *Sacculus, Seclusorium;* cavité plus ou moins grande, entourée par des parois membraneuses, souvent distinguée d'une autre cavité analogue par une simple dépression des parois. C'est dans ce sens qu'on dit : *les sacs de l'estomac,* les *sacs du rumen. Sac lacrymal, V.* LACRYMAL. — *Bot. V.* AMNIOS. — *Pathol. Sac herniaire :* enveloppe renfermant les organes qui constituent la hernie. Ce sac présente un orifice, un collet, le corps et le fond. Il est ordinairement formé par la peau et tapissé à sa face interne par le péritoine. *V.* HERNIE.

SACCADE, s. f.; mouvement subit imprimé aux rênes par les mains du cavalier ou du conducteur ; synonyme : *à coup.* La saccade blesse les barres, irrite les chevaux, les rend insensibles et rétifs.

SACCADÉ, ÉE, adj. ; qui va par saccades, qui est irrégulier. La respiration est *saccadée* dans la pousse, parce qu'elle est interrompue, tantôt dans l'inspiration, tantôt dans l'expiration, par un instant d'arrêt qui fait que les mouvements de dilatation ou de resserrement s'exécutent en plusieurs temps.

SACCHARATE, s. m., *Saccharas;* nom par lequel on désigne une sorte de combinaison saline formée par le sucre avec certains oxydes métalliques, celui de plomb, par exemple, la chaux, etc.

SACCHARIFICATION, s. f.; transformation d'un principe neutre, non azoté, tel que l'amidon, le ligneux, en sucre, par l'action de l'acide sulfurique et de la chaleur. *V.* DEXTRINE.

SACCHARIFIÉ, adj.; qui a été converti en sucre.

SACCHARIMÈTRE, s. m. : instrument à l'aide duquel on détermine la quantité de sucre contenue dans un liquide quelconque. Il peut être *chimique* ou *physique.* Le premier ne diffère pas sensiblement de l'*alcalimètre* (*V.* ce mot). Quant au second, c'est un appareil d'optique plus ou moins compliqué, et qui donne la quantité de sucre par la déviation qu'éprouve le plan de polarisation de la lumière qui a traversé la liqueur sucrée ; cet appareil ne peut être décrit ici.

SACCHARIMÉTRIE, s. f. : ensemble des procédés employés pour doser la quantité de sucre contenue dans une liqueur sucrée. Ils peuvent être *physiques* ou *chimiques.* Les premiers sont fondés sur la déviation qu'éprouve le plan de polarisation de la lumière qui traverse la liqueur sucrée. Les seconds reposent sur des réactions chimiques. Il ne sera question que de celui de Barreswil. Il est fondé sur la propriété qu'a le glucose de réduire le bioxyde de cuivre à l'état de protoxyde en présence de la potasse caustique. Le procédé consiste à faire bouillir le liquide sucré, légèrement acidulé, pour changer le sucre en glucose, et à le faire agir sur une liqueur d'épreuve, dont un volume déterminé détruit une quantité connue de sucre. — La liqueur normale de cuivre se prépare en dissolvant ensemble du sulfate de cuivre, du tartrate de potasse et de la potasse caustique. On en mesure une certaine quantité, qu'on fait bouillir dans une capsule de porcelaine, et dans laquelle on laisse tomber goutte à goutte la liqueur sucrée ; quand il ne se forme plus de précipité de protoxyde de cuivre, on lit sur la burette le nombre de degrés qui indique, d'après le titre de la liqueur d'épreuve, la quantité de sucre.

SACCHARIN, adj., *saccharinus;* qui est de nature sucrée ou qui contient du sucre.

SACCHARINITE, s. m. : nom générique proposé pour désigner le groupe des substances sucrées susceptibles de fermenter ; ex. : sucre, glucose, dextrine, sucre de diabètes, etc.

SACCHAROITE, s. m. : nom collectif de tous les principes sucrés non fermentescibles, tels que la glycérine, la glycyrrhizine, la mannite, la lactine, le sucre de gélatine, etc.

SACCHAROLÉ, s. m. ; poudre composée, formée de sucre et d'une substance pulvérisée.

SACCHAROLIQUE, adj.; épithète donnée par Béral aux préparations pharmaceutiques qui ont le sucre pour excipient, telles que les *pastilles*, les *tablettes*, les *conserves*, les *confections*, les *pâtes*, les *sirops*, etc. Aucune de ces préparations n'est usitée en médecine vétérinaire.

SACCHARUM, *V.* Canne a sucre.

SACCHARURE, s. f.; nom donné par Béral à une nouvelle préparation médicamenteuse qu'on obtient en versant une teinture alcoolique ou éthérée sur du sucre, et chauffant à une douce chaleur pour volatiliser le véhicule de la teinture. — Inusité pour les animaux.

SACHETS, s. m.; épithèmes ou topiques solides, formés par divers corps médicamenteux renfermés dans un petit sac ou dans un linge, et qu'on applique sur diverses régions du corps, dans un but thérapeutique. Ils sont *secs* ou *humides* et s'appliquent sur les reins, le ventre, les articulations, etc. Ils sont *émollients*, *astringents*, *fortifiants* ou *résolutifs*, selon les substances qui les composent. Les plus employés sont formés par le son bouilli, la cendre chaude, le sable, l'avoine torréfiée, les baies de genièvre infusées dans le vinaigre, les plantes aromatiques, le sel ammoniac, le tannin, le camphre, etc. Ils servent à diminuer une douleur, fondre un engorgement, fortifier une partie, etc. Ils doivent être recouverts d'un tissu tomenteux et renouvelés au besoin. Leur usage est fréquent chez les animaux.

SACRÉ, ÉE, adj., *sacer*; qui appartient au sacrum. — *Région sacrée* : région du sacrum. — *Canal sacré* : portion du canal vertébral traversant le sacrum. — *Trous sacrés* : *V.* Sus-sacré et sous-sacré. — *Nerfs sacrés* : ils sont au nombre de cinq paires, dont les branches supérieures sortent par les trous sus-sacrés, pour se distribuer dans les muscles de la croupe, et les branches inférieures par les trous sous-sacrés ; les trois premières concourent à la formation du plexus *lombo-sacré*, et les deux dernières se distribuent aux viscères et aux muscles voisins. — *Plexus sacré* : partie postérieure du plexus lombo-sacré. Il est formé par les branches inférieures des trois premières paires sacrées, et donne les nerfs *fessiers antérieurs*, *fessiers postérieurs* ou *ischiatiques*, et *génitaux* ou *honteux internes*. — *Pathol. Feu sacré. V.* Erysipèle: *mal sacré. V.* Epilepsie.

SACRO-COCCYGIEN, adj., *sacro-coccygeus* ; qui appartient au sacrum et au coccyx. — *Articulation sacro-coccygienne* : articulation du sacrum avec le premier coccygien ; elle a lieu seulement par le corps des deux os, réunis par un fibro-cartilage inter-articulaire. On la trouve souvent soudée chez les vieux chevaux. Les articulations *inter-coccygiennes* sont analogues, et d'autant plus mobiles qu'elles se rapprochent plus de l'extrémité de la région.—*Muscles sacro-coccygiens* : ils sont au nombre de trois, un supé-

rieur, un *inférieur* et un *latéral*. Tous trois prennent naissance au sacrum, et se portent, par une succession de faisceaux, dans toute la longueur de la région coccygienne. Suivant leur position, ils élèvent, abaissent ou inclinent la queue. De là les noms de *releveur*, *abaisseur* et *inclinateur*, qui leur ont été donnés. Les deux inférieurs se portent de côté lorsque la queue est tenue relevée et fortement renversée sur la croupe.

SACRO-COSTAL. *V.* Carré.

SACRO-COXALGIE, s. m., *Sacro-coxalgia*, de *sacrum*, sacrum, *coxa*, hanche, et χλγος, douleur ; nom donné à l'inflammation des symphyses sacro-iliaques.

SACRO-ILIAQUE, adj., *sacro-iliacus*; qui a rapport au sacrum et à la surface iliaque du coxal. — *Articulation sacro-iliaque* : articulation du sacrum avec la surface iliaque. Elle a lieu par la coopération de deux surfaces rugueuses, maintenues en rapport par trois ligaments, dont deux supérieurs ou *ilio-sacrés* et un inférieur ou *sacro-iliaque*. Le ligament *sacro-ischiatique* concourt aussi à affermir cette articulation très solide et jouissant de peu de mouvement.

SACRO-TROCHANTÉRIEN, *V.* Piriforme.

SACRO-SCIATIQUE ou ISCHIATIQUE, adj., *sacro-ischiaticus* ; qui a rapport au sacrum et à l'ischium. — *Ligament sacro-ischiatique* : grand ligament fibreux, complétant latéralement la cavité pelvienne, s'attachant supérieurement sur les côtés du sacrum et des deux premiers os coccygiens, et inférieurement sur le bord ischiatique et la crête sus-cotyloïdienne ; laissant ensuite une arcade pour le passage de l'obturateur interne, et prenant un dernier point d'attache sur la tubérosité ischiale. Plusieurs nerfs et vaisseaux traversent ce ligament.

SACRO-VERTÉBRAL, adj., *sacro-vertebralis*; qui a rapport au sacrum et aux vertèbres. — *Articulation sacro-vertébrale* ou *lombo-sacrée* : amphiarthrose analogue à celle des autres vertèbres, avec cette différence cependant que le fibro-cartilage inter-articulaire, plus épais, permet un mouvement plus appréciable, et que deux autres points d'articulation formés par les apophyses transverses de la dernière vertèbre lombaire et celles du sacrum, viennent consolider l'union des deux os. Ces articulations latérales n'existent que dans les solipèdes.

SACRUM, s. m., de *sacer*, sacré: assemblage de cinq vertèbres dites *sacrées*, que l'on considère comme un os unique, à cause de la soudure qu'elles ont contractée. Le sacrum forme la partie supérieure du bassin, et présente une face supérieure portant dans son plan médian cinq apophyses épineuses plus ou moins réunies entre elles, à la base desquelles se voient de chaque côté les trous dits *sus-sacrés*, communiquant dans le canal vertébral du sacrum. La face inférieure est plane et porte les trous *sous sacrés*, plus

grands que les sus-sacrés, L'extrémité antérieure du sacrum s'articule avec la dernière
vertèbre lombaire par le corps, les deux
apophyses articulaires et les deux prolongements latéraux ou *ailes du sacrum* qui
n'existent que dans les solipèdes. L'extrémité postérieure s'unit par un point unique
avec le premier coccygien. — Dans le jeune
âge, les cinq vertèbres du sacrum sont séparées les unes des autres par une couche cartilagineuse. — Le sacrum du bœuf, formé
de cinq vertèbres comme celui du cheval,
offre des apophyses épineuses plus courtes,
plus confondues entre elles, et se terminant
supérieurement par une forte crête rugueuse.
— Le sacrum du porc n'offre que quatre vertèbres, dépourvues d'apophyses épineuses.—
Celui du chien n'offre que trois vertèbres;
son articulation avec l'ilium, se fait suivant
un plan à peu près vertical, tandis qu'il se
fait dans les autres animaux suivant un plan
oblique se rapprochant de l'horizontal.

SAFRAN, s. m., *Crocus*, L.; genre de
la famille des Iridées. Il se compose de petites plantes herbacées originaires de l'Asie,
des bords de la Méditerranée, etc. Le nombre des espèces est de trente ou quarante. La
principale est le S. cultivé, *C. sativus*, spontané en Grèce et en Italie, et cultivé dans
presque toute l'Europe pour les besoins de
la pharmacie. — *Pharm.* Le safran du commerce est formé des stigmates trifurqués du
crocus sativus. Ils se présente sous forme de
longs filaments, souples, élastiques, entor-
tillés, d'un jaune orangé foncé, d'une odeur
vive et pénétrante, d'une saveur aromatique
et amère, teignant la salive en jaune doré et
formant par la dessiccation et la division une
poudre d'un rouge rutilant. Il est falsifié avec
les fleurs du carthame, que l'on reconnaît en
ce qu'elles forment un tube rouge, divisé en
cinq parties et renfermant les organes
sexuels; déposée sur l'eau chaude, cette fleur
s'épanouit, ce que ne peut faire le véritable
safran. Ce dernier renferme une huile volatile qui est son principe actif, une huile
grasse concrète, une matière colorante jaune
(*polychroïte*), de la gomme, de l'albumine
et des sels. Le safran se donne en infusion
dans les liqueurs alcooliques, à la dose de 15
à 30 grammes aux grandes femelles à titre
d'utérin. A plus petites doses, il agit comme
stomachique et antispasmodique; mais il est
peu employé. Il entre dans plusieurs préparations officinales.

SAFRANÉ, ÉE, adj., *croceus;* qui a la
couleur jaune-rougeâtre du safran médicinal.

SAFRE, s. m.; produit de la calcination
de l'oxyde de cobalt avec le sable et la potasse.

SAGAPÉNUM, s. m., *Gomme séraphique*. Gomme-résine fétide, provenant de la
Perse et fournie par une plante de la même
famille que celle qui produit *l'assa-fœtida*
(*ferula persica*). Cette matière est en masses
amorphes, mollasses, demi-transparentes,
d'odeur alliacée, de saveur âcre et désagréable. Elle est formée de résine qui ne rougit pas à l'air comme celle de l'assa-fœtida,
de gomme, d'huile volatile, etc. Le sagapénum jouit des mêmes propriétés que l'assa-
fœtida, mais à un moindre degré; aussi est-il
peu ou point employé pour les animaux.

SAGITTAIRE, s., f. *Sagittaria*, L.;
Fléchière; genre de la famille des Alismacées. Il comprend une vingtaine d'espèces herbacées, aquatiques, répandues surtout en
Amérique. Une seule croit en France, c'est la
S. en flèche, *S. sagittata*, commune dans
les lieux inondés, au bord des ruisseaux.
Ses feuilles sont grandes, en forme de fer de
flèche, âcres lorsque leur développement est
complet, mais assez douces quand elles sont
jeunes pour être prises avec une certaine avidité par les herbivores. Le rhizôme est féculent.

SAGITTÉ, ÉE, adj., *sagittatus;* en
forme de fer de flèche.

SAGOUTIER, s. m.. *Sagus*, L.; genre
de la famille des Palmiers, composé d'un
petit nombre d'arbres de moyenne hauteur,
croissant sous les tropiques, dans l'Afrique
et dans le Nouveau-Monde. C'est de leur
tronc que l'on extrait la fécule vendue en
Europe sous le nom de *sagou*. On mange
également leur bourgeon terminal.

SAIGNÉE, s. f., *Sanguinis emissio;*
opération qui consiste à ouvrir un vaisseau
pour extraire une certaine quantité de sang.
C'est une des opérations les plus anciennes,
une des plus communes et des plus délicates.
Pratiquée sur les artères, cette opération
porte le nom d'*artériotomie;* on la nomme
saignée veineuse, *phlébotomie*, quand on
ouvre une veine; on appelle *saignée capillaire*, *artério-phlébotomie*, l'ouverture faite
sur les dernières divisions des artères et des
veines. La phlébotomie est préférée à l'artériotomie, parce qu'il est plus facile d'arrêter
l'écoulement du sang veineux que celui du
sang artériel. — *Saignée artérielle*, *V.* AR-
TÉRIOTOMIE. *Saignée veineuse ou phlébotomie.*
On la pratique sur toutes les parties du corps
où des veines volumineuses rampent sous la
peau et peuvent être atteintes sans danger. Le
sang revenant par les vaisseaux veineux de la
circonférence au centre du corps, on comprime le vaisseau que l'on veut ouvrir dans le
sens opposé au cours du sang, pour le rendre
plus apparent et pour faciliter l'écoulement du
liquide après l'incision. — *Saignée du cheval.*
On la pratique le plus ordinairement aux
jugulaires; quelquefois on saigne aux veines
saphènes, à la veine de l'ars, à la sous-cutanée thoracique; on s'adresse rarement à
celle de l'avant-bras. Les instruments usités
pour faire la saignée sont la *flamme*, la *lancette*
ou le *bistouri* (*V.* ces mots). Pour saigner à
la jugulaire, on préfère la flamme à la lancette; on doit se munir en outre d'un petit
bâton, d'une paire de ciseaux, de quelques

épingles à grosse tête , d'un vase propre à recevoir le sang. La saignée est imparfaite, lorsque la veine n'a pas été ouverte assez largement : on dit qu'elle est *baveuse* ; le sang coule difficilement , parce qu'on n'a pas frappé assez fort sur le dos de la flamme. Il peut arriver aussi qu'il n'y a pas parallélisme entre l'ouverture des téguments et celle du vaisseau. Si la veine n'est pas ouverte, on dit qu'il y a *saignée blanche ;* on a négligé de la fixer , ou l'animal s'est déplacé au moment où le vaisseau devait être piqué.—*Accidents de la saignée.* Ce sont, pour la jugulaire, la persistance de l'écoulement sanguin après l'opération , parce que l'épingle a été mal placée , le thrombus, la phlébite , la blessure de l'artère carotide , la syncope, l'introduction de l'air. *V.* Thrombus, phlébite, syncope , air dans les veines. La saignée aux autres vaisseaux ne présente pas tous ces accidents graves ; elle n'est exposée qu'à des thrombus volumineux , qui disparaissent promptement. — *Saignée dans l'espèce bovine.* On saigne à la veine jugulaire et à la sous-cutanée abdominale, appelée veine mammaire dans la vache. Pour la saignée de la jugulaire , on emploie une corde qui comprime la base de l'encolure et sert à fixer le vaisseau , qui est plus mobile que dans le cheval. — *Saignée du mouton.* Elle est rarement utile. On s'adresse à la jugulaire, à la veine angulaire, à la saphène.—Il est difficile de saigner le porc, dont les veines sont cachées par la graisse ; on divise les veines des oreilles ou de la queue. — On saigne le chien à la jugulaire et à la saphène. — *Saignée capillaire,* artério-phlébotomie. On la nomme encore saignée *locale* , parce qu'on la pratique près des parties malades. Elle est obtenue à l'aide des *mouchetures* , des *scarifications* , des *ventouses* et des *sangsues* (*V.* ces mots). La saignée au palais et à la pince du cheval constitue une saignée *mixte* , donnant à la fois du sang artériel et du sang veineux. — Sous le rapport des indications, la saignée est *spoliative* , *évacuative* ou *déplétive* , quand elle a seulement pour but de diminuer la masse du sang ; *révulsive* ou *dérivative* , quand elle doit détourner le sang qui se portait vers un organe enflammé. On la dit *préparatoire* , si elle est faite sur un sujet qui doit subir une opération grave ; *préservatrice* ou de *précaution* , lorsqu'elle doit prévenir l'apparition d'une maladie ; *curative* , quand elle doit aider à la guérison. — Pour le cheval , la saignée ordinaire est de 2 à 3 kilogr. ; on peut la porter à 5 ou à 6. Le terme moyen pour le bœuf est de 3 à 4 kilo. Pour le porc, on retire 250 à 300 grammes ; 200 à 250 pour la brebis; 150 à 200 pour le chien. Ces quantités varient suivant la taille des animaux , leur tempérament et une foule d'indications.

SAIGNEMENT , s. m. , *Sanguinis fluxus;* écoulement de sang. Ce mot est employé comme synonyme d'*hémorrhagie* et plus particulièrement d'*épistaxis.*

SAILLANT , *V.* Exert.

SAILLIE , s. f. ; synonyme d'accouplement.

SAIN , adj. , *sanus;* qui n'est pas sujet à être malade. Les maquignons disent qu'un animal est *sain et net* , quand il est exempt de vices rédhibitoires.

SAINDOUX, *V.* Axonge.

SAINFOIN , s. m. , *Onobrychis* , T. ; genre de la famille des Légumineuses. Ses caractères sont : fleurs purpurines marquées de stries , quelquefois blanches , disposées en épis multiflores sur de longs pédoncules axillaires et nus : calice campanulé à cinq divisions presque égales ; carène de la corolle longue et tronquée obliquement ; étamines diadelphes ; gousse composée d'un seul article, monosperme , comprimée , réticulée à sa surface , à suture interne droite et épaisse , l'autre courbée , crénelée ou dentée ; graines réniformes : feuilles imparipennées. Le genre Sainfoin se compose d'espèces bisannuelles ou vivaces : quatre d'entre elles croissent spontanément en France ; la plus importante de toutes est le S. cultivé , *O. sativa* , Lam. , *Hedysarum onobrychis* , Lin.. vulg. *esparcette.* Cette plante est un des meilleurs fourrages pour les animaux domestiques : son introduction dans l'agriculture du midi de la France y a produit une révolution analogue à celle qu'à déterminée dans le Nord l'extension des autres prairies artificielles. Elle aime les terres calcaires ou siliceuses, meubles , légères, et craint beaucoup l'humidité. Dans des terres fertiles, ses produits sont très abondants. Ses longues racines vont au loin chercher la nourriture et contribuent à fixer les sols trop légers ou fortement inclinés. L'exposition du sud ou de l'est lui convient particulièrement. On sème le sainfoin vers le milieu du printemps (car les jeunes pousses redoutent la gelée), à la volée , à raison de 4 à 5 hectolitres par hectare , seul ou associé à une céréale. On doit bien choisir la semence et se ressouvenir qu'elle ne conserve que pendant deux ou trois ans sa faculté germinative. Le sainfoin peut être aussi semé en automne ; mais les gelées qui soulèvent la terre lui font considérablement de tort. Dans tous les cas, la semence demande à être enfouie profondément. Quand le sainfoin doit être récolté comme fourrage, on le fauche au moment de la floraison, par un temps sec, et on le dessèche bien. Pour le conserver, on recommande le bottelage. Dans les circonstances ordinaires , le sainfoin ne donne qu'une bonne coupe ; l'une des variétés de l'espèce , dite à deux coupes , étant d'une croissance plus rapide , peut être fauchée deux fois ; mais elle demande un peu plus de semence et, en somme , ne donne pas beaucoup plus de produits ; son foin est même regardé comme plus dur. La quantité de fourrage sec donnée par un hectare d'esparcette est fort variable : on l'évalue en France, en moyenne, à 4,000 kilog. ; Crud l'élève à 6,000 kilog. Une *esparcettière* ne dure guère au-delà de cinq à six ans. Le pâturage ne lui est utile qu'autant que le collet de la plante ne peut être atteint par la dent des animaux. Plusieurs brômes peuvent envahir le terrain ; il est donc indispensable de faire quelquefois des sarclages, et de regarnir les places découvertes. Olivier de Serres, qui appelait le sainfoin une herbe fort valeureuse, regardait sa culture comme améliorante. La récolte peut être consommée verte ou sèche. Le sainfoin passe pour plus nutritif que le trèfle et la luzerne. Il convient parfaitement aux chevaux. C'est une excellente nourriture pour les ruminants, quelle que soit leur destination. Les porcs le mangent aussi, et les abeilles trouvent dans ses fleurs des matériaux abondants et de bonne qualité. Les fanes du sainfoin récolté pour la semence peuvent être données aux chevaux. Les espèces *supina*, *saxatilis* et *caput-galli* sont également fourragères ; elles croissent dans les contrées montueuses de la France. — Le S. à bouquet, *H. coronarium*, L., vulg. *S. d'Espagne*, est cultivé comme fourrage dans le midi de l'Europe. Il compte parmi nos plantes d'agrément.

SAISONS. *V.* Été, Automne, Hiver, Printemps.

SALANDRES, *V.* Solandres.

SALÉ, ÉE, adj., *salsus* ; couvert ou imprégné de sel. — *Prés salés* : herbages situés au bord de la mer et dont le sol renferme une proportion notable de sel marin. Les plantes qui couvrent ces herbages ont une saveur salée qui excite l'appétit des animaux ; elles sont très nutritives. Sous leur influence, la chair, le lait, le beurre, prennent un goût particulier qui les fait rechercher.

SALERS (Race bovine de) ; cette race appartient à l'Auvergne ; elle se distingue aux caractères suivants : taille de 1,40 à 1,50 cent. ; tête couverte supérieurement, chez le taureau, de nombreux poils frisés ; cornes fortes, plus ou moins longues, luisantes, ouvertes, dirigées en avant avec la pointe courbée en haut ; corps épais, ramassé, dos horizontal ; ventre peu volumineux ; épaules et poitrine larges, fanon très développé ; croupe assez volumineuse ; fesses et cuisses étroites, aplaties ; queue attachée haut ; membres forts, jarrets larges ; robe d'un rouge vif uniforme. La race de Salers est éminemment propre au travail : elle est robuste, sobre et dure longtemps. Son aptitude au service est remarquable et son éducation facile. Elle a beaucoup de force, un pied sûr et un bon pas. Cette race est très ancienne ; elle a reçu son nom de la petite ville de Salers, dans le Cantal, autour de laquelle elle était sans doute autrefois plus particulièrement confinée. Aujourd'hui, on la trouve, non-seulement dans les départements voisins, mais encore dans des lieux très éloignés, où on l'exporte à l'âge de trois ou quatre ans,

pour les travaux de l'agriculture. Le bœuf de Salers croît lentement, mais, s'il est bien entretenu, il acquiert un grand poids, tout en travaillant beaucoup. On dit souvent qu'il s'engraisse mal, qu'il n'a aucune aptitude à prendre la graisse ; cela n'est vrai que relativement. Les essais d'amélioration dont il a été dernièrement l'objet ont parfaitement répondu aux espérances qu'on avait conçues ; ils ont prouvé que ce sont moins les aptitudes qui lui manquent qu'un régime convenable et une bonne méthode d'éducation. — On a formé, dans la race de Salers, par des accouplements judicieux et par l'emploi d'une nourriture appropriée, des sous-races qui acquièrent à l'âge de quatre ans un poids et un degré de graisse remarquables. Les vaches, de taille médiocre, donnent un lait abondant, de bonne qualité, et riche en caséum. Elles sont aussi très aptes au travail.

SALICAIRE, s. f., *Lythrum*, L. ; genre de la famille des Lythrariées. Il se compose de plantes herbacées, annuelles ou vivaces, quelquefois sous-frutescentes et même frutescentes. L'espèce principale est la S. commune, *L. salicaria* ; on la trouve souvent dans les prés un peu humides, à l'ombre des saules. Elle est tardive, donne un foin dur quand on attend sa maturité ; jeune, elle est assez recherchée des bestiaux. Les espèces *hyssopifolia* et *thymifolia* peuvent lui être assimilées, mais elles sont plus petites. Ces plantes sont astringentes.

SALICARIÉES. *V.* Lythracées.

SALICINE, s. f., de *salix*, saule. $C^{26} H^{18} O^{14}$. Principe neutre, particulier, découvert dans l'écorce de saule par Leroux, et plus récemment dans celle des peupliers par Braconnot. On l'obtient en traitant une décoction concentrée d'écorce de saule par le sous-acétate de plomb, filtrant, enlevant l'excès de plomb par l'acide sulfurique, et l'excès de ce dernier par le chlorure de baryum, filtrant de nouveau et concentrant pour faire cristalliser. La salicine est solide, en aiguilles prismatiques ou en écailles blanches, satinées, inodore et d'une saveur très amère. Chauffée, elle fond à 132°, peut cristalliser par le refroidissement ou prendre feu et brûler au contact de l'air. Soluble dans l'eau et l'alcool, la salicine est insoluble dans l'éther et les essences. Complètement neutre, elle ne neutralise pas les acides ; sa solution aqueuse ne précipite pas par l'extrait de saturne, le tannin, par la gélatine. L'acide sulfurique la colore en rouge. Les agents oxydants lui font éprouver une foule de transformations remarquables. — *Pharmacol.* Principe actif de l'écorce de saule, la salicine paraît jouir des propriétés fébrifuges de la quinine, mais à un moindre degré. Elle n'a pas été essayée sur les animaux.

SALICINÉES, s. f., *Salicineæ* ; famille de plantes dicotylédones, apétales, diclines, distraite du groupe des Amentacées, dont elle formait autrefois une tribu. Elle se compose d'arbres habitant surtout les régions tempérées et froides, et de quelques arbrisseaux de petite taille. Genres : *Saule, Peuplier.*

SALICORNE, s. f., *Salicornia*. T.; genre de la famille des Chénopodées. Il renferme des plantes herbacées ou ligneuses croissant dans les terrains salifères. On mange en salade les jeunes pousses de quelques unes. La plupart sont exploitées pour l'extraction de la soude.

SALIÈRE, s. f.; nom donné à la cavité naturelle située chez les solipèdes au-dessus de l'arcade orbitaire, dans la fosse temporale. On regarde généralement des salières creuses comme un indice de vieillesse. Leur profondeur est plus souvent due à la maigreur de l'animal.

SALIFÈRES (terrains); ils doivent leurs caractères spécifiques à la présence des sulfates de soude, de magnésie ou de fer, des azotates de chaux ou de potasse, le plus souvent à une proportion plus ou moins forte de sel marin. C'est à ces derniers que l'on donne plus généralement le nom de *terrains salifères*. Lorsque la proportion de sel est de 0,02, ces terrains ne supportent plus que certaines espèces, comme les soudes, les salicornes; à 0.05, ces espèces disparaissent à leur tour; le sel s'effleurit à la surface du sol. Ces terrains sont toujours difficiles à cultiver; desséchés, ils sont durs; humides, ils sont tenaces et glissants. Ils ne peuvent devenir fertiles que lorsqu'ils sont sablonneux et profonds, et qu'ils peuvent être entretenus dans un état constant d'humidité. *V.* SALÉ.

SALIFIABLE, adj., de *sal*, sel, et *fieri*, devenir; épithète donnée aux oxydes métalliques basiques, aux alcaloïdes organiques, parce qu'ils donnent naissance à des sels, en se combinant aux acides. On pourrait l'appliquer aussi aux métaux qui forment des sels haloïdes en s'unissant aux chloroïdes, etc.

SALIN, s. et adj.; qui contient des sels ou qui est de leur nature. *Composé salin:* un sel. *Salin:* résidu de l'évaporation d'une lessive de cendres de bois, calciné au rouge; il forme le carbonate de potasse du commerce (*V. ce mot*).

SALIVAIRE, adj., *salivaris;* qui a rapport à la salive. — *Glandes salivaires :* elles sont au nombre de trois: la *parotide*, la *maxillaire* et la *sous-linguale* (*V.* ces mots). —*Fistules salivaires. V.* FISTULES.—*Calcul salivaire. V.* CALCUL.

SALIVANT, s. et adj.; synonyme de *sialagogue. V.* ce mot).

SALIVE, s. f., *Saliva*, σιαλον, πτυαλον; la salive est un liquide fourni par des glandes placées autour des mâchoires, et versé dans la bouche par des canaux particuliers. Retirée du canal de Sténon, la salive présente les caractères suivants: c'est un liquide incolore, filant, moussant par l'agitation, d'une légère odeur, d'une saveur alcaline faible, verdissant le sirop de violettes, et d'une densité de 1,004 à 1,008. Soumise à l'action de la chaleur, elle bout, se couvre d'écume et se trouble faiblement. La salive est miscible à l'eau et à l'alcool; ce dernier détermine toujours un léger précipité; il en est de même des acides, du tannin, des nitrates d'argent, de plomb, de mercure, du sublimé corrosif, du sous-acétate de plomb, etc. Exposée à l'air, la salive se trouble, laisse déposer des flocons, se putréfie et exhale une odeur ammoniacale d'une grande fétidité. La salive du cheval est composée, sur 100 p. de 99,1 d'eau; les substances fixes sont formées d'albumine, de mucus, de *ptyaline*, de soude libre, de chlorures de potassium et de sodium, de carbonate et de phosphate de chaux. La salive sert à ramollir les aliments pendant la mastication, à dissoudre quelques-uns de leurs principes, et peut-être aussi à modifier certains d'entre eux chimiquement. Alcaline dans les circonstances ordinaires, la salive devient acide pendant les maladies accompagnées de fièvre.

SALPÊTRE, s, m., de *sal*, sel, et *petra, pierre; sel de pierre;* nom vulgaire du nitrate de potasse, parce qu'on le trouve sur les murs. *V.* AZOTATE de POTASSE.

SALSEPAREILLE, s. f.; *Bot. V.* SMILACE. — *Pharmac.* Nom pharmaceutique de la racine sudorifique que l'on croit à tort fournie par le *Smilax salsaparilla*, plante de la famille des Asparaginées, qui croît au Mexique, au Brésil et au Pérou. Le commerce en présente plusieurs variétés, parmi lesquelles la salsepareille *rouge* ou de *honduras* tient le premier rang. Elle est formée par des racines fort longues, comprimées et ridées longitudinalement par la dessiccation, munies de leurs souches, pliées plusieurs fois sur elles-mêmes et liées en bottes; leur épiderme est grisâtre, terreux; la substance intérieure est d'un blanc rosé; l'odeur est nauséeuse et la saveur fade et visqueuse. La salsepareille contient de *l'huile volatile* et de la *salseparine*, qui sont ses principes actifs; puis une résine âcre, une matière huileuse, un extractif, de l'amidon, de l'albumine et du ligneux. Placée parmi les bois sudorifiques et employée chez l'homme contre les affections syphilitiques, la salsepareille est à peu près inusitée en médecine vétérinaire.

SALSEPARINE, s. f.; nom donné à l'un des principes actifs de la salsepareille obtenu par Palotti et Tubœuf. C'est une substance solide, cristallisée en cristaux rayonnés, incolore, inodore, d'une saveur âcre et amère, soluble dans l'eau, qu'elle rend mousseuse, soluble dans l'alcool, surtout à chaud, et insoluble dans l'éther. Elle paraît très voisine de la *saponine* (*V.* ce mot).

SALSIFIS, *V.* SCORZONÈRE et TRAGOPOGON

SAMARE, s. f., *Samara;* fruit uniloculaire, indéhiscent, mono ou polysperme , portant des appendices membraneux ou ailes ; ex. : le *fruit de l'Orme*.

SAMARIDIE , s. f. , *Samaridium ;* fruit composé de plusieurs samares réunies , comme dans l'*Érable*, le *Frêne*.

SAMOLE , s. m. , *Samolus* , T. ; genre de la famille des Primulacées. L'espèce principale est le S. de Valerand , *S. Valerandi ;* elle habite les prairies humides , marécageuses , où les bestiaux la mangent sans la rechercher. Cette plante passe pour antiscorbutique.

SAMYDÉES , s. f. , *Samydeœ ;* famille de plantes dicotylédonées , apétales , périgynes , composée d'arbres ou d'arbrisseaux des régions tropicales , surtout de l'Amérique. Genres : *Samyda* , *Crateria* , etc.

SANG , s. m. , *Sanguis*, αἷμα. — Le sang est le liquide nutritif qui circule dans les artères et les veines des animaux supérieurs. C'est l'agent essentiel des fonctions de ces animaux. Il reçoit par les absorptions les matériaux nouveaux qui entrent dans l'économie , et se dépouille par les sécrétions de ceux qui sont inutiles ou usés par le jeu des organes. Dans tous les animaux vertébrés, le sang est rouge; sa couleur est vermeille, rutilante dans les artères , et d'un rouge brun plus ou moins foncé dans les veines. Tous les animaux invertébrés , à l'exception des *Annélides,* ont le sang incolore ou d'une couleur autre que le rouge. Le sang intéresse le chimiste par sa composition , le physiologiste par son rôle dans l'économie animale , et le pathologiste par les altérations qu'il éprouve pendant les maladies. A ces divers titres, son histoire ne saurait être trop complète. — *Caractères généraux.* Examiné dans les parties transparentes de quelques animaux , à l'aide du microscope, le sang paraît formé d'un liquide incolore, dans lequel nagent une foule de corpuscules sphériques, rougeâtres , d'une grande ténuité. A sa sortie des vaisseaux, c'est un liquide épais , visqueux , trouble. d'un rouge plus ou moins foncé, selon qu'il provient des veines ou des artères , d'une odeur particulière, variable pour chaque animal et s'exaltant par l'addition de l'acide sulfurique , d'une saveur salée et nauséeuse , d'une réaction franchement alcaline , et d'une densité de 1,050 à 1,060 à la température de 15°. Abandonné au contact de l'air, le sang se sépare au bout de 5 à 10 minutes , en deux parties distinctes et superposées : l'une liquide, transparente , jaune verdâtre, appelée *sérum* (*V.* ce mot) ; et l'autre solide , mollasse, opaque, d'un brun rougeâtre et nommée *caillot* ou *cruor.* Ce *départ* naturel des éléments du sang met en évidence la constitution intime de ce fluide organique; il paraît formé en effet, d'une part, d'une solution aqueuse de sels alcalins et calcaires , tenant en dissolution de l'albumine et de la fibrine, c'est le *sérum ;* et d'autre part, de corpuscules ronds , rougeâtres , formés

de matières albuminoïdes et de matière colorante rouge ; ce sont les *globules.* Lorsque le sang est abandonné à lui-même, la fibrine se coagule et forme un réseau qui emprisonne et entraîne avec lui les globules ; d'où la formation du *caillot* qui , par sa contractilité même, expulse peu à peu le *sérum* qui devient alors de plus en plus distinct. La coagulation du sang est un phénomène entièrement physique, qui a lieu dans le vide comme dans l'air et qui peut être accéléré ou retardé selon une foule de circonstances qu'il serait trop long d'énumérer ici. En général, tous les corps susceptibles de dissoudre la fibrine empêchent ou retardent la coagulation du sang. Quand ce phénomène s'opère lentement , la fibrine se sépare nettement des globules et occupe la partie supérieure du caillot, où elle forme une couche blanche, homogène , appelée *couenne inflammatoire* par les médecins, et nommée *caillot blanc* par les vétérinaires, à cause de sa formation constante dans le sang du cheval. Les agents chimiques exercent une action variable sur le sang : ainsi, les gaz respirables rendent la couleur du sang plus claire ; ceux qui sont délétères la rendent plus foncée; en outre, quelques-uns le coagulent, ou le liquéfient, ou altèrent profondément ses principes constituants. Tous les acides susceptibles de coaguler la fibrine coagulent aussi le sang et ses globules ; les alcalis et les sels alcalins le dissolvent ; les sels métalliques précipitent pour la plupart l'albumine et l'hématosine du sang ; enfin, l'alcool, le tannin et la créosote coagulent le sang et préviennent son altération. — *Globules sanguins.* Les globules du sang méritent un examen spécial ; quant à ses autres éléments , *V.* ALBUMINE, FIBRINE , HÉMATOSINE, etc. — On distingue, dans le sang, des globules *incolores* et des globules *rouges;* ces derniers sont circulaires chez la plupart des mammifères , en forme de disques aplatis, renflés à la circonférence , élastiques, se déformant pour passer dans les couloirs les plus étroits, et revenant à leur forme première. Lorsqu'ils sont récents. ils paraissent homogènes ; mais, quand ils ont subi le contact de l'air, ils présentent une sorte de *noyau* central sur la nature duquel on n'est pas bien fixé. Dans le sérum et les liquides albumineux, les globules se conservent longtemps sans altération ; mais, lorsqu'ils sont en contact avec l'eau , ils se gonflent, deviennent sphériques, pâlissent et laissent apparaître de plus en plus leur noyau central ; souvent l'enveloppe est tellement distendue qu'elle se rompt et que la matière colorante se répand au-dehors. Leur diamètre varie dans les animaux domestiques de $^1/_{120}$ à $^1/_{130}$ de millimètre. Ils sont elliptiques dans les mammifères du genre chameau, dans les oiseaux et dans les vertébrés inférieurs. Les globules sanguins paraissent consister en de petites ampoules formées d'une membrane d'enveloppe, de matières albumineuses indéterminées et

d'*hématosine*. — *Composition chimique* : la composition chimique du sang est fort complexe et a donné lieu à de nombreuses recherches. Les procédés d'*analyse* de ce liquide, ou les moyens de séparer ses divers éléments, sont trop compliqués pour trouver place ici. Les principes constituants du sang sont *minéraux* (eau, air, fer, sels à base de potasse, de soude, de chaux et de magnésie); *organiques* (albumine, fibrine, principes gras, matières colorantes); ou *mixtes* (savons fixes et volatils). Du reste, le tableau suivant donnera, d'après Dumas, le résumé des principaux éléments contenus dans le sang.

SANG D'HOMME.

Caillot	130
Sérum	870
	1,000

1° CAILLOT.

Fibrine	3	
Globules. { hématosine . . . 2 ; matières albumineuses . . . 125 }		130

2° SÉRUM.

Eau	790
Albumine	70

Oxygène, azote
Acide carbonique
Matières extractives.
Graisse phosphorée
Cholestérine.
Séroline
Acides oléique et margarique.
Chlorure de sodium
—   de potassium.
—   d'ammonium
Carbonate de soude.
—   de chaux.
—   de magnésie.
Phosphate de chaux.
—   de soude.
—   de magnésie.
Sulfate de potasse.
Lactate de soude
Savons fixes.
Savons volatils
Matière colorante jaune.   } 10

1,000

La composition chimique du sang des principaux animaux domestiques se rapproche beaucoup de celle du sang de l'homme ; les éléments chimiques et organiques sont les mêmes ; les proportions relatives de ces éléments seules varient. Nous empruntons aux travaux d'Andral, Gavarret et Delafond, ainsi qu'à ceux de Nasse, les documents sur lesquels est formé le tableau suivant, résumant les donnés les plus précises que la science possède sur cet important sujet.

Tableau de la composition normale du sang de l'homme et des animaux domestiques.

(Moyennes en nombres entiers).

ÉLÉMENTS DU SANG.	HOMME.	COCHON.	CHIEN.	CHAT.	CHEVAL.	BOEUF.	MOUTON.	CHÈVRE.	LAPIN.	OIE.	POULE.
Eau	792	800	774	810	808	810	815	804	817	815	793
Globules. . . .	125	105	148	112	105	100	104	102	100	121	145
Albumine	70	82	67	65	75	77	70	83	70	51	49
Fibrine.	3	5	2	3	4	4	3	3	4	4	5
Matériaux solubles du sérum.	10	8	9	10	8	9	8	8	9	9	8
Totaux	1,000	1,000	1,000	1,000	1,000	1,000	1,000	1,000	1,000	1,000	1,000

SANG. — *Hyg.* Expression de convention par laquelle on désigne, en hippologie, un ensemble de qualités originelles, de caractères innés, qui sont l'apanage des races de chevaux les plus anciennes et les plus distinguées. Une grande énergie, la faculté de dépenser, en un temps donné, une somme considérable de forces, le privilège d'imprimer à ses descendants un cachet spécial et de transmettre, à un haut degré, ses qualités et ses défauts, tels sont les caractères qui distinguent le cheval de pur sang. On peut ajouter: la finesse et la distinction des formes, la vitesse des allures, la rareté des poils à la partie inférieure et postérieure des membres. Les sujets de pur sang ont les os plus durs, plus compactes, les fibres musculaires plus denses, plus serrées, le tissu cellulaire moins abondant, et le système nerveux plus développé que les individus communs; mais ces particularités d'organisation ne leur sont point exclusives. Seulement, chez eux, elles sont toujours l'effet et la conséquence nécessaire d'une certaine conformation générale, fruit de leur origine. — On a nié l'existence du *sang;* mais, pour cela, il a fallu confondre ce qui n'est qu'aptitude résultant d'une organisation privilégiée, avec le sang ou *fluide réparateur* de l'économie. Dans ces termes, il était impossible de s'entendre. C'est également une erreur de prétendre, avec du temps et de la nourriture, donner du *sang*, faire du *pur sang;* on peut seulement, par ces moyens, rendre plus légers et plus rapides des chevaux communs. — Les hippologues ont discuté la question de savoir quelles races chevalines doivent recevoir la qualification de pur sang. Les uns ont voulu la réserver pour la race arabe seule; d'autres, et M. Gayot est de ce nombre, la partagent entre la race arabe et la race de course de l'Angleterre. Cette dernière opinion doit prévaloir; les objections faites à la pureté d'origine, d'un côté du moins, des coureurs anglais actuels, doivent tomber devant les faits, quand il s'agit de classification. — En langage exact, il n'y a pas de pur sang hors de l'espèce chevaline, indépendamment de la race arabe et de ses divisions immédiates, de la race de course de l'Angleterre; hors de ces conditions, il n'y a que des animaux de *pure race. Pur sang* et *pure race* ne sont donc pas synonymes.

Sang (altérations du). Dans l'état pathologique, le sang présente des modifications nombreuses. D'après Delafond, les altérations de ce liquide sont dues : 1° à la quantité contenue dans les vaisseaux et à la proportion respective des globules et du sérum; 2° à l'altération de la fibrine, de l'hématosine et de l'albumine ; 3° à la présence de produits étrangers circulant avec le sang ; 4° à des états encore peu connus de ce fluide. — *Première classe d'altérations.* A. *Polyhémie* (*V.* ce mot). B. *Anémie* (*V.* ce mot). C. *Hydrohémie*, de ὕδωρ, eau, et αἷμα, sang ; état dans lequel le sang contient une trop forte proportion de sérosité. On l'observe dans la cachexie aqueuse, dans le cours de la morve, du farcin, dans la ladrerie du porc. — *Deuxième classe.* D. *Diarrhémie*, de διαρρέω, je coule, et αἷμα, sang ; état caractérisé par le peu de tendance à la coagulation. Le sang filtre facilement à travers les parois des vaisseaux, et forme, dans les tissus, des pétéchies. Cette altération se montre dans la maladie de Sologne, la cachexie aiguë, le pissement de sang asthénique. E. *Diastashémie*, de διάστασις, séparation, et αἷμα, sang; altération dans laquelle les éléments du sang se séparent facilement après la mort et même pendant la vie, dans

les vaisseaux. Après la mort, on trouve des caillots blancs, fibrineux, très durs, dans le cœur et les grosses artères. On a observé la diastashémie dans l'épizootie qui a régné en 1825 sur les chevaux. F. *Pélohémie*, de πηλός, boue, et αἷμα, sang ; dans cette altération, le sang se montre épais, poisseux, incoagulable ; peu de temps après qu'on l'a retiré des vaisseaux, il s'altère et donne une odeur fétide. On l'a constaté dans les maladies de la rate, dans la fièvre charbonneuse, les affections typhoïdes. — *Troisième classe.* G. *Résorptions purulentes;* les éléments du sang se séparent facilement; on trouve dans l'épaisseur du caillot blanc des points diffluents formés par la fibrine altérée, et qu'on a regardés comme purulents. H. *Résorptions septiques;* dans la gangrène septique, le sang reste fluide et donne une odeur putride immédiatement après sa sortie de la jugulaire (Delafond). D'après le docteur Bonnet, de Lyon, ce liquide contiendrait de l'hydrosulfate d'ammoniaque. — *Quatrième classe.* I. *Couenne inflammatoire ;* on nomme ainsi cette couche blanc-jaunâtre, occupant la partie supérieure du sang qui s'est coagulé dans l'hématomètre. Elle existe toujours dans le cheval, mais dans des proportions variées, suivant les maladies ; chez les ruminants, on ne l'observe pas. Ce caractère ne se montre que très rarement dans le sang de l'homme, et semble annoncer l'existence de fausses membranes dans les plèvres. J. *Coloration jaune;* le caillot blanc est jaune orangé dans la jaunisse. K. *Sang laiteux;* Delafond nomme ainsi une altération qu'il a remarquée sur les chiens affectés de tumeurs encéphaloïdes. D'après Lassaigne, cette matière blanche serait formée d'oléine, de margarine et de stéarine. Cette teinte blanche est normale pour le sérum du sang de l'âne et de l'ânesse.

Sang (maladie de), *V.* **Sang de rate.**

Sang de rate des bêtes a laine ; *Maladie de sang, mourroy rouge, pisse-sang, coup de sang, apoplexie splénique, splénorrhagie, apoplexie charbonneuse de la rate.* Cette maladie se montre sur les bêtes à laine et sur les bêtes à cornes, et parcourt ses diverses périodes avec une grande rapidité. Elle exerce plus particulièrement ses ravages pendant l'été ; d'après Delafond, l'excès d'alimentation est une des principales causes du sang de rate, dans la Beauce, pendant les premiers mois de l'année; pendant l'été, la mortalité est augmentée par l'insolation, l'insuffisance des boissons. Les signes précurseurs de la maladie sont une excitabilité qui n'est pas ordinaire aux moutons, la teinte rouge de la peau et des muqueuses, la dyspnée. Les urines sont roussâtres, sanguinolentes, les excréments mous, recouverts d'une matière glaireuse, souvent rougeâtre. Bientôt la bête à laine qui a présenté ces caractères cesse de manger, reste en arrière du troupeau, respire vite et péniblement ; sa vue s'égare ; le malade fait quelques pas en trébuchant, s'ébroue, râle, rejette un sang écumeux par les narines, tombe à la renverse, agite convulsivement les quatre membres, expulse une petite quantité d'urine sanguinolente, et expire après cinq, dix, quinze, vingt minutes, quelquefois après une à trois heures au plus. Tel est le tableau des symptômes établi par Delafond. A l'autopsie, tous les vaisseaux sont gorgés de sang: la rate est volumineuse, friable, d'un brun-noirâtre, pesant sept à huit fois plus que dans l'état normal. Les estomacs n'offrent une coloration rouge que dans la caillette; les intestins grêles sont injectés de sang et présentent des lésions plus ou moins prononcées, compliquées quelquefois d'une hémorragie. Les gros intestins ont rarement des traces de la maladie. La vessie est remplie d'un liquide rouge foncé; la substance des reins est d'un rouge noirâtre. Le pronostic de cette affection est des plus fâcheux; rien ne peut sauver une bête affectée du sang de rate. Dans quelques départements de la France, entre autres dans le Loiret, les cultivateurs éprouvent, chaque année, par cette maladie, des pertes énormes qui peuvent s'élever au tiers du troupeau. Tout traitement curatif est inutile; on ne peut guère proposer que la saignée tout-à-fait au début, mais c'est en vain. L'incurabilité est telle, que les auteurs qui ont étudié cette maladie ne s'occupent pas des moyens de la guérir, et s'appliquent seulement à exposer ceux qui pourraient en préserver les troupeaux. Quelques-uns de ces moyens se rattachent à l'hygiène pendant l'hivernage, d'autres au régime des moutons pendant la saison d'été. Pour prévenir le sang de rate, il importe de visiter souvent ces animaux, de saigner ceux qui paraissent avoir trop de sang, de donner une nourriture régulière et moins abondante. — *Jurisp. comm.* Le sang de rate est admis, pour l'espèce ovine, au nombre des cas rédhibitoires mentionnés par l'art. 1er de la loi du 20 mai 1838; plusieurs conditions sont nécessaires pour obtenir la rédhibition de tout le troupeau : 1° la perte doit être constatée dans le délai de la garantie, qui est de neuf jours; 2° il faut que cette perte s'élève au moins au quinzième des animaux vendus; 3° enfin, le troupeau doit porter la marque du vendeur.

SANG-DRAGON, s. m. ; nom donné à un suc résineux qu'on extrait de plusieurs arbres exotiques, notamment du *calamus draco (Palmiers)* et du *dracæna draco (Asparaginées).* Le commerce en présente plusieurs variétés qui sont sous forme de *bâtons,* de *boules,* de *pains* ou *galettes,* enveloppés dans des feuilles de palmier ou nues. Le sang-dragon est solide, amorphe, inodore, insipide, d'une couleur rouge brun en masse, et d'un rouge de sang en poudre, brûlant à l'air avec une odeur balsamique, insoluble dans l'eau, mais soluble dans l'alcool, l'éther, et les huiles, qu'il colore en rouge. Il

contient, selon Herberger, une résine pure, appelée *Draconine,* une matière grasse, de l'oxalate de chaux, du phosphate calcaire et de l'acide benzoïque. Seul, le sang-dragon est inusité en médecine vétérinaire ; mais, mélangé à divers principes, il sert à constituer quelques poudres composées ou d'autres topiques d'un emploi fréquent.

SANGSUE, s. f. , *Hirudo* ; animal de la famille des Hirudinées, employé en médecine de temps immémorial, pour pratiquer la saignée capillaire. On connaît plusieurs espèces de sangsues ; celle qu'on préfère est la *sangsue officinale, hirudo officinalis,* Linné. Elle a le corps d'un vert noirâtre, six bandes longitudinales ferrugineuses en dessus; le dessous du corps est d'un vert jaunâtre. On trouve les sangsues dans les eaux douces des étangs, des fossés : elles ont beaucoup d'ennemis qui les détruisent. Les meilleures sont celles qu'on retire des ruisseaux d'eau courante et sans le secours d'aucun appât ; on les conserve dans des bocaux remplis d'eau pure à une température de 15 à 25 degrés. Les sangsues s'attachent à toutes les parties du corps de l'homme et des animaux dont la peau est fine ; il faut éviter de les placer près des ouvertures naturelles et des parties riches en tissu cellulaire et en vaisseaux. Quelquefois leur application fait naître, sur le chien, de petits abcès, des points gangreneux. On les applique rarement sur le cheval ; recommandées autrefois contre certaines ophthalmies, on leur préfère les saignées locales aux veines de la face. Leur emploi est prescrit sur le chien dans les cas de gastrite et de gastro-entérite. Avant de les appliquer, il importe de bien disposer les parties, de les dépouiller des poils et des matières odorantes qui les recouvrent. Le moyen le plus simple pour faire prendre les sangsues consiste à les placer dans un petit verre à liqueurs, dont on renverse l'ouverture sur la région où l'on veut qu'elles adhèrent. Avant de mordre, la sangsue fait sortir de sa bouche trois petits corps blancs, dentelés ; elle applique sa lèvre arrondie en forme de disque pour faire le vide et prendre un point d'appui ; en même temps elle se fixe aussi par l'autre extrémité du corps. Elle fait une plaie qui ressemble à une étoile à trois branches, et qui pénètre jusqu'aux vaisseaux du derme ; puis, par une succion continue, elle se gonfle de sang au point de prendre un volume quatre ou cinq fois plus considérable. Elle se détache d'elle-même quand elle est pleine ; si son adhérence continuait trop longtemps, on la ferait tomber en la saupoudrant de tabac, de sel, de nitrate de potasse, ou en l'arrosant avec de l'eau salée. Si l'on veut entretenir l'écoulement du sang, on enlève celui qui se coagule sur les plaies ; on fait des aspersions avec l'eau chaude, ou l'on applique un cataplasme émollient. Si le sang coule trop longtemps, on couvre la piqûre avec l'agane en poudre ou la colophane ; on se sert aussi du vinaigre , de l'eau de Rabel , aidés de la compression. Il est possible d'utiliser les sangsues qui ont déjà servi ; mais il faut, pour cela, les jeter dans un large bassin contenant de l'eau , dont on les retire seulement au bout de plusieurs mois. Les sangsues produisent une soustraction de sang ; c'est là l'effet le plus certain. Chacune d'elles peut en absorber de 5 à 10 grammes, auxquels il faut ajouter ce qui coule après la chute de ces annélides. Appliquées en grand nombre , elles facilitent la circulation générale , diminuent les symptômes inflammatoires , et produisent une dérivation par l'afflux de sang qu'elles amènent dans les capillaires de la partie sur laquelle on les a placées.

SANGUIFICATION , s. f. , *Sanguificatio*, de *sanguis* , sang, et *facere* , faire ; quoique cette expression puisse s'entendre de la formation du sang par le chyle et la lymphe, on l'applique généralement à la transformation du sang veineux en sang artériel , ou hématose.

SANGUIN , **INE** , adj. , *sanguineus* ; qui a rapport au sang ; ex. : *vaisseaux sanguins, système sanguin*. — *Tempérament sanguin* , *V.* Tempérament.

SANGUINOLENT , adj. , *sanguinolentus ;* qui a les caractères du sang : *pus sanguinolent , jetage sanguinolent , urine sanguinolente*.

SANGUISORBE , s. f. , *Sanguisorba*, L. ; genre de la famille des Rosacées. Il se compose d'un petit nombre d'espèces herbacées, vivaces, habitant de préférence les régions tempérées de l'hémisphère boréal. L'espèce type , la seule que l'on trouve en France, est la S. officinale , *S. officinalis* , vulg. *grande pimprenelle ;* elle croit dans les prés humides des montagnes , et résiste parfaitement au froid. On a conseillé de la cultiver dans les terrains calcaires, pour la nourriture des bestiaux. Son amertume la rend propre à combattre les effets d'une alimentation humide , débilitante ; ce qui la fait réserver comme pâturage pour le mouton, et la place parmi les plantes assaisonnantes. Elle a passé pour vulnéraire et astringente.

SANICLE , s. f. , *Sanicula* , T. ; genre de la famille des Ombellifères. La S. d'Europe , *S. Europæa*, commune dans les bois, est astringente et tonique.

SANIE. s. f., *Sanies, ichor ;* pus séreux , sanguinolent , d'une odeur fétide , sécrété par les ulcères et les plaies de mauvaise nature.

SANIEUX , adj. , *saniosus , ichorosus ;* qui tient de la nature de la sanie : *pus sanieux*.

SANTALACÉES. s. f. , *Santalaceæ* ; famille de plantes dicotylédones , apétales, périgynes , composée d'herbes annuelles ou vivaces, d'arbrisseaux et d'arbres, tous exotiques. Genres : *Thesium* . *Santalum* . etc.

Ce sont des espèces de ce dernier qui fournissent au commerce les bois odorants connus sous le nom de *Santal*, et classés parmi les sudorifiques.

SANTALINE , s. f. ; nom donné par Pelletier au principe colorant du *santal rouge*. Il est d'aspect résineux ; les alcalis le rendent violet, et le protochlorure d'étain le précipite en pourpre.

SANTÉ , s. f. , *Sanitas* , ὑγίεια ; exercice permanent et facile de toutes les fonctions de l'économie.

SAPHÈNE , s. et adj. , *Saphena* , de σαφής, apparent , manifeste ; nom donné à deux veines , à une artère et à un nerf. — *Veine saphène antérieure* ou simplement *saphène* : veine faisant suite à la collatérale interne du métatarse, et se dirigeant à la face interne de la jambe et de la cuisse, jusqu'en haut de cette région, où elle s'enfonce entre le long et le court adducteurs de la jambe , pour se jeter dans la fémorale. — *Veine saphène postérieure :* elle s'étend de la face interne du tarse, où elle prend son origine , jusqu'à la partie supérieure de la précédente, avec laquelle elle se réunit par une branche, tandis que , par une autre , elle communique avec la fémorale. — *Artère saphène :* elle nait de la fémorale , se porte au-dehors en passant entre les muscles adducteurs de la jambe, se divise en deux branches, dont une suit le trajet de la veine saphène antérieure , et l'autre celui de la veine saphène postérieure. — *Nerf saphène :* il émane de la branche postérieure du fémoral antérieur et forme plusieurs divisions, dont les principales accompagnent l'artère et la veine saphènes.

SAPIDE , adj., *sapidus* ; qui a une saveur plus ou moins prononcée.

SAPIDITÉ , s. f. ; propriété qu'ont certains corps d'agir sur l'organe du goût. Elle tient à la nature des corps et surtout à leur solubilité , tout corps complètement insoluble étant nécessairement insipide.

SAPIN , s. m. , *Abies* , L. ; genre de la famille des Conifères, voisin des genres Pin et Mélèze, avec lesquels on l'a quelque temps confondu. Il se compose d'arbres résineux toujours verts, de taille généralement élevée, à tronc droit , conique , à feuilles raides , linéaires , habitant principalement les stations élevées et les régions froides jusqu'au-delà du 67°. Les espèces de ce genre sont assez nombreuses. On distingue les suivantes : le S. en peigne, *A. pectinata*, D. C. , *Pinus* , *pinea* Lin. , vulg. *sapin commun , sapin blanc* , commun sur les montagnes de l'Europe. On le trouve rarement au-dessus de 4,000 pieds et au-delà du 50° ; il atteint 100 à 160 pieds de hauteur. Son bois est très estimé. La térébenthine dite *de Strasbourg* est un de ses produits ; le S. épicea , *A. picea* , Mill. . *A. excelsa* , D. C. , *Pinus abies* . L. , vulg. *épicea, pinesse*, commun aussi dans les montagnes de l'Europe et surtout dans la presqu'ile Scandinave ; d'où le nom de *sapin de Norwège*, sous lequel il est connu. Il s'élève jusqu'à 7,000 pieds et s'avance jusqu'au 67°. Sa taille est à peu près semblable à celle du précédent, mais son bois est un peu inférieur en qualité; ses autres produits sont les mêmes. Il a un port pyramidal magnifique; le S. baumier, *A. balsamea*, Mill., *Pinus balsamea*, L., particulier à l'Amérique septentrionale, fournit la térébenthine du Canada ou *faux baume de Gilead*.

SAPINDACÉES, s. f., *Sapindaceæ;* famille de plantes dicotylédonées, polypétales, hypogynes. Elle se compose de plantes herbacées, frutescentes ou arborescentes, à peu près exclusivement originaires des contrées tropicales. Genres: *Cardiospermum*, *Paullinia*, *Sapindus*, *Dodonæa*, etc. La pulpe du fruit du *Sapindus saponaria*, vulg. *Savonnier*, fait mousser l'eau et remplace le savon dans les usages ordinaires.

SAPINETTE, s. f.; bière médicinale, antiscorbutique, qu'on prépare en faisant macérer, dans de la bière fraîche, de la racine de raifort sauvage, du cochléaria et des bourgeons de sapin. Inusitée en médecine vétérinaire.

SAPONACÉ, adj., *saponaceus;* qui est de la nature du savon, ou qui est employé aux mêmes usages.

SAPONAIRE, s. f., *Saponaria*, L.; genre de la famille des Dianthacées. L'espèce principale est la S. officinale, *S. officinalis*, grande et belle plante vivace, commune aux bords des haies dans presque toute la France. La propriété de rendre l'eau mousseuse, lorsqu'on l'agite avec la racine et les tiges écrasées de cette plante, paraît être due à un principe particulier appelé *Saponine*, et fait employer ces parties au lavage du linge. La saponaire est classée parmi les sudorifiques et les antiscrophuleux.

SAPONÉ, s. m.; nom donné par Béral aux savons pharmaceutiques.

SAPONIFICATION, s. f., de *sapo*, savon, et *facere*, faire; transformation des corps gras en savon par l'action des oxydes métalliques. Cette opération, longtemps inconnue dans sa nature, est devenue, grâce aux travaux de Chevreul, aussi facile à analyser, aussi nette que les réactions les plus simples de la chimie minérale. La saponification peut être assimilée à la décomposition d'un sel par un alcali; en effet, les corps gras étant formés d'acides *stéarique*, *margarique* et *oléique*, unis à un principe basique, la *glycérine*, pour constituer des espèces de sels gras appelés *stéarine*, *margarine* et *oléine;* lorsqu'on les met en contact avec une base alcaline, celle-ci déplace la glycérine pour s'unir aux acides gras et former des *margarate*, *stéarate*, et *oléate* alcalins, qu'on nomme collectivement des *savons*. (*V.* ce mot.)

SAPONINE, s. f.; matière particulière découverte par Bussy dans la *saponaire*. Elle est solide, blanche, incristallisable, d'une saveur douceâtre et styptique, produisant avec l'eau une mousse savonneuse, soluble dans l'alcool, mais insoluble dans l'éther. Elle se rapproche de l'*esculine* et de la *salseparine*.

SAPONULE, s. m.; dépôt savonneux qui se forme dans une teinture chaude et concentrée de savon dur au suif, lorsqu'on la laisse refroidir.

SAPONULÉ, adj; nom donné par Béral au composé pharmaceutique qui résulte de l'union du savonule avec une huile essentielle; ex.: *baume opodeldoch*.

SAPONURE, s. f.; médicament composé, formé de savon en poudre, de principes extractifs ou résineux, etc.

SAPORIFIQUE, adj., *saporificus*, de *sapor*, saveur; qui produit la saveur. *Principes saporifiques:* principes solubles des corps, qui impressionnent l'organe du goût. Peu usité.

SAPOTACÉES, s. f., *Sapotaceæ;* famille de plantes dicotylédones, monopétales, hypogynes, composée d'arbrisseaux ou d'arbres à suc laiteux, originaires des régions tropicales. A cette famille appartiennent l'*Isonandra*, qui fournit une matière analogue au caoutchouc et appelée *Gutta percha;* les *Bassia*, parmi lesquels se trouve l'*arbre à beurre;* le *Sapotillier*, dont le suc concret et le fruit blet sont alimentaires. Genres: *Sapota*, *Bassia*, etc.

SAPROPYRE, s. f., de σαπρος, putride, et πυρ, feu; synonyme de *fièvre putride*.

SARCLAGE, s, m.; opération agricole très utile, ayant pour but la destruction des mauvaises herbes et l'ameublissement de la superficie du sol. Elle se fait avec l'*échardonnoir*, la *mouette* ou la *ratissoire*, ou mieux encore, mais plus dispendieusement, à la main armée d'un instrument appelé *sarcloir*, analogue à une petite houe.

SARCLÉ, ÉE, adj., *sarculatus;* privé des mauvaises herbes par le sarclage. — *Culture sarclée :* on désigne ainsi celle qui exige une terre constamment ameublie et propre; telle est la culture des racines, du maïs, de la pomme de terre. C'est parce qu'elle exige de nombreuses façons qu'elle est considérée comme améliorante.

SARCOBASE, s. m., *Sarcobasis*, de σαρξ, chair, et βασις, base; fruit à gynobase grand et charnu, portant au moins cinq loges distinctes; ex.: le fruit des *Simarubées*.

SARCOCARPE, s. m., *Sarcocarpium*, de σαρξ, chair, et καρπος, fruit; partie du péricarpe située entre l'épicarpe et l'endocarpe, parenchymateuse, plus ou moins charnue, quelquefois à peine visible, et renfermant tous les vaisseaux. Le sarcocarpe est très développé dans la pomme, le melon, etc.; c'est lui que l'on mange.

SARCOCÈLE, s. m., *Sarcocele*, de σαρξ, chair, et κηλη, tumeur; on a confondu sous ce nom plusieurs dégénérescences des testicules, et surtout les cancers de ces organes. Le squirrhe et l'encéphaloïde du testicule se montrent assez fréquemment sur les animaux avancés en âge. Les causes ordinaires de ces affections sont les violences extérieures, le froissement, les contusions, le bistournage mal fait, l'application contre-indiquée des répercussifs. En outre, le sarcocèle se déclare souvent sur les solipèdes atteints de la morve et du farcin. 1° *Squirrhe* : il se borne presque toujours à un testicule ; cet organe présente une surface irrégulière, bosselée, sans adhérence avec la peau ; il est pesant. A mesure que le squirrhe fait des progrès, les mouvements de la locomotion sont gênés ; une douleur pongitive se produit ; l'animal cherche à se mordre. La tumeur se ramollit sur quelques points ; les ulcérations fournissent un fluide ichoreux. On ne voit pas de dégénérescences se montrer dans les autres tissus de l'économie, comme pour l'encéphaloïde. Le pronostic en est moins fâcheux. 2° *Encéphaloïde* : son début a lieu par la glande elle-même, dont le tissu finit par disparaître. Le testicule et l'épididyme se gonflent et se confondent l'un avec l'autre ; la tumeur ovalaire qui en résulte, peut acquérir un volume considérable. Flandrin a observé dans le cheval un sarcocèle du poids de 25 kilogrammes. Les enveloppes adhèrent à l'organe affecté ; les vaisseaux se dilatent ; le cordon prend un volume considérable et s'altère jusque dans l'abdomen. Des changements remarquables surviennent dans la matière contenue ; on trouve des cavités anfractueuses qui contiennent du sang ; d'autres renferment une bouillie grisâtre. On observe en outre les symptômes généraux de la cachexie cancéreuse. La marche de l'encéphaloïde est lente ou rapide ; la douleur ne devient prononcée que quand l'affection se propage vers la région lombaire. Le sarcocèle est quelquefois compliqué par l'hydrocèle, et constitue le *sarco-hydrocèle ;* on peut confondre cette affection avec l'hydrocèle, l'hématocèle, le varicocèle, la hernie inguinale. —Quand la tumeur est récente, le traitement consiste à rechercher la résolution par les émollients ou les astringents. On a recommandé l'application du savon blanc, du carbonate de potasse, les fondants mercuriaux, l'iodure de potassium, le vésicatoire, les caustiques : tous ces moyens ne sont que trop souvent inutiles ; on préfère avoir recours à la castration avant qu'elle soit impraticable. Cette opération ne réussit pas toujours ; elle est inutile, quand le mal a envahi la région lombaire. Il faut préférer la castration à testicules couverts, et se servir du casseau courbe plutôt que de la ligature. Si le sarcocèle est volumineux, il est utile de faire de grandes incisions pour pénétrer jusqu'aux parties du cordon qui sont restées saines. Les plaies qui en résultent doivent être pansées fréquemment avec le vin aromatique, pour

éviter les effets de la résorption purulente. Les accidents à craindre après cette opération sont l'hémorrhagie, la hernie, la gangrène et les métastases sur les viscères de la poitrine ou de l'abdomen.

SARCOCOLLE, s. f., *Sarcocolla*, de σαρξ, chair, et κολλα, colle ; substance résineuse fournie par le *Penœa mucronata*, arbuste d'Ethiopie, et qu'on croyait, autrefois, propre à consolider les chairs.

SARCOCOLLINE, s. f., *Sarcocollina* ; principe neutre, incristallisable, de saveur sucrée et amère, contenu dans la sarcocolle.

SARCODERME, s. m., *Sarcoderma*, de σαρξ, chair, et δερμα, peau ; partie du spermoderme située entre l'épiderme et l'endoderme. Il est à la graine ce que le sarcocarpe est au fruit.

SARCODIDYME, s. m., *Sarcodidymus*, de σαρξ, σαρκος, chair, et διδυμος, testicule ; squirrhe du testicule. Synonyme de *sarcocèle*.

SARCO-ÉPIPLOCÈLE, s. f., *Sarco-epiplocèle*, de σαρξ, σαρκος, chair, επιπλοον, épiploon, et κηλη, tumeur ; hernie inguinale de l'épiploon, compliquée de sarcocèle.

SARCO-ÉPIPLOMPHALE, s. f., *Sarco-epiplomphale*, de σαρξ, σαρκος, chair, επιπλοον, épiploon, et ομφαλος, nombril ; hernie ombilicale formée par l'épiploon et compliquée de sarcôme.

SARCO-HYDROCÈLE, s. f., *Sarco-hydrocele*, de σαρξ, σαρκος, chair, υδωρ, eau, et κηλη, tumeur ; sarcocèle compliqué d'hydrocèle.

SARCOLOGIE, s. f., *Sarcologia*, de σαρξ, σαρκος, chair, et λογος, discours ; traité des parties molles en général, et surtout des parties charnues.

SARCOMATEUX, SE, adj., *Sarcomatosus*, de σαρξ, chair ; qui est de la nature du sarcôme. On nomme *polypes sarcomateux* les polypes durs qui ont la consistance charnue.

SARCOME, s. m., *Sarcoma*, de σαρξ, chair ; tumeur indolente, qui a la consistance de la chair.

SARCOMPHALE, s. m., *Sarcomphalus*, de σαρξ, chair, et ομφαλος, nombril ; tumeur squirrheuse du nombril.

SARCOPHAGE, s. et adj., *Sarcophagus*, de σαρξ, chair, et φαγειν, manger ; synonyme de *cathérétique* (*V.* ce mot).

SARCOPTE, s. m., *Sarcoptus*, de σαρξ, σαρκος, chair, et κοπτειν, couper ; nom donné à l'insecte de la gale. *V.* ACARE.

SARCOSE, s. f., *Sarcosis*, de σαρξ, σαρκος, chair : synonyme de *Sarcôme*.

SARCOSTOSE, s. f., *Sarcostosis*, de σαρξ, chair, et οστεον, os ; nom donné à l'*ostéosarcôme*.

SARCOTIQUE, s. et adj., *Sarcoticus*, de σαρξ, chair ; synonyme d'*incarnatif* (*V.* ce mot).

SARMENT, s. m., *Sarmentum;* nom générique donné aux tiges ligneuses et grimpantes , et plus particulièrement a celles de la vigne.

SARMENTEUX, EUSE, adj., *sarmentosus*; se dit des plantes dont les tiges ou les rameaux longs et grêles s'appuient sur les corps environnants.

SARRACÉNIÉES, s. f., *Sarracenieæ*; famille de plantes dicotylédonées, polypétales, hypogynes; elle se compose de plantes herbacées croissant dans les marais de l'Amérique : genres : *Sarracenia*, etc.

SARRASIN, s. m., *Fagopyrum*, T. : genre de la famille des Polygonées. D'abord formé par Tournefort, le genre Sarrasin a été confondu par Linné dans legenre Renouée, d'où il a été définitivemnt extrait par Campdera. Ses caractères sont : fleurs hermaphrodites, blanches, rosées ou verdâtres, en grappes axillaires ou terminales; calice composé de cinq sépales, ordinairement colorés, marcescents, presque égaux, soudés à leur base ; huit étamines; huit glandes hypogynes alternes avec elles ; ovaire trigône, uniloculaire, uniovulé, portant trois styles filiformes, terminés chacun par un stigmate en tête; akène trigône, enveloppé dans le calice, à périsperme farineux; embryon inclus, pourvu de larges cotylédons foliacés. Les plantes de ce genre sont herbacées, généralement annuelles ; elles croissent spontanément dans les parties moyennes de l'Asie. L'espèce la plus importante est le S. commun *F. vulgare*, Nees, *Polygonum fagopyrum*, Linn., vulg. *Blé noir*; elle est originaire de l'Asie tempérée, et cultivée dans la plupart des contrées montueuses de l'Europe. Le Sarrasin commun croit dans toutes les terres argileuses, granitiques, siliceuses, etc., et réussit dans des sols où ne peuvent prospérer la plupart des autres plantes alimentaires. Il est même nécessaire de le placer dans des terrains peu fertiles, peu riches en engrais ; sans cela, il produit beaucoup de tiges et peu de graines. Le froid n'est pas un obstacle à sa culture ; il le supporte mieux que les céréales. Sa croissance est rapide ; dans les régions où l'été est très court, il peut arriver à maturité; ailleurs, on le place souvent en culture secondaire ou dérobée. On le sème à la dose de 50 à 100 litres par hectare, selon les temps, les lieux et la destination de la récolte, seul ou associé. Il veut être coupé de bonne heure, à cause de l'égrenage auquel il est sujet. Ses produits sont assez abondants. L'agriculture les utilise en engrais verts ; ses fanes se dessèchent difficilement et noircissent ; leur valeur, comme fourrage vert est fort controversée ; on les croit nuisibles aux moutons et aux porcs. Le grain de sarrasin a été conseillé pour la nourriture des solipèdes, en remplacement de l'avoine ; il rend les poules fécondes. La farine peut convenir à l'engraissement du bétail ; le pain qu'elle donne est gris, compacte, indigeste, le gluten qu'elle contient n'étant pas en assez forte proportion pour provoquer une bonne

fermentation ; mais elle peut être avantageusement employée à la nourriture de l'homme, sous d'autres formes. — Le S. de Tartarie, *F. tartaricum*, Gaert., *P. tartaricum*, L., a beaucoup d'analogie avec le précédent; il est un peu plus rustique et donne une farine encore inférieure.—Le S. à cymes, *F. cymosum*, Trévir., originaire du Népaul, a une végétation rapide et vigoureuse ; quoique rustique, il ne mûrit pas ses fruits en Europe. Il est vivace et multicaule.

SARRÈTE, s. f., *Serratula*, L.; genre de la famille des Composées. La S. des teinturiers, *S. tinctoria*, et la S. des champs, *S. arvensis*, sont communes dans les champs ou les pâturages élevés ; mais ce sont des plantes nuisibles plutôt qu'utiles; leur dureté ou leurs piquants empêchent les herbivores de les manger.

SARRIETTE, s. f., *Satureia*, L.; genre de la famille des Labiées. Il se compose de huit ou dix espèces herbacées, la plupart originaires du midi de l'Europe. La S. des jardins, *S. hortensis*, cultivée comme condiment est stimulante.

SASSAFRAS, s. m.; nom pharmaceutique de la racine du *Laurus sassafras*, grand arbre qui croit dans l'Amérique septentrionale. Elle se trouve dans le commerce en bûches de la grosseur du bras, ou en copeaux aplatis en forme de disques, dans lesquels on distingue la partie ligneuse, d'un gris jaunâtre, et l'écorce, qui est rugueuse, friable et d'une teinte ferrugineuse : son odeur aromatique rappelle celle du fenouil, et sa saveur chaude est suivie d'un arrière goût âcre. Le principe actif du sassafras réside dans une huile essentielle camphrée, plus pesante que l'eau, rougissant à la lumière, etc. Placé par les médecins au nombre des bois sudorifiques, le sassafras est très peu actif sur les animaux, et conséquemment peu employé.

SATELLITE, s. et adj., *Satelles*; qui garde, qui reste auprès. On appelle *veines satellites* celles qui accompagnent des artères.

SATURATION, s. f., *Saturatio*, de *saturare*, rassasier, remplir; on appelle ainsi, en chimie, l'annulation complète et réciproque des caractères des acides et des bases, dans la formation des sels. Les acides énergiques et les bases puissantes se saturent complètement, lorsqu'on les combine équivalent par équivalent. Mais les acides forts exigent souvent, pour leur saturation complète, plusieurs proportions d'une base faible, et, réciproquement, une base puissante peut exiger, pour sa saturation, plusieurs équivalents d'un acide peu énergique. *V.* NEUTRALISATION.

SATURÉ, adj., *saturatus*; état d'un acide ou d'une base dont les affinités sont satisfaites par suite de la formation d'un sel.

SATURNE, s. m. : nom que les alchimistes donnaient au *plomb*.

SATYRIASIS, s. m., *Satyriasis*, σατυρίασις, de σατυροι, les satyres, qui selon la fable etaient très lubriques, ou de σαϐη, pénis ; erection continuelle ou souvent répétée de la verge, fureur vénérienne analogue à la nymphomanie des femelles. Cet état est rare dans les animaux ; on l'observe sur les étalons auxquels on administre avec excès des aphrodisiaques pour exalter les parties génitales. On y remédie par une ou plusieurs saignées, l'usage des bains froids et le régime délayant.

SAUGE, s. f., *Salvia*, L. ; genre de la famille des Labiées. Il se compose d'herbes annuelles ou vivaces, d'arbustes ou de sous-arbrisseaux, habitant surtout l'Amérique intertropicale. Bentham n'en décrit pas moins de 410 espèces. Aucune n'est fourragère. Les espèces *pratensis, glutinosa, clandestina,* que l'on trouve dans les prairies de la France, sont nuisibles, parce qu'elles tendent à envahir le terrain et que les bestiaux les refusent. Plusieurs espèces de ce genre sont cultivées comme plantes d'ornement. Le *S. officinalis* est employé en médecine. — *Pharm.* Les sommités fleuries des diverses espèces de sauges sont très riches en huile essentielle, et partant aromatiques et excitantes ; les feuilles et les tiges contiennent de plus une forte proportion d'extractif amer qui leur donne des propriétés toniques. Les sauges s'emploient fraîches ou sèches, et le plus souvent en infusion aqueuse ou vineuse. Les indications de cette plante, tant à l'intérieur qu'à l'extérieur, sont les mêmes que celles des autres *Labiées* (*V.* ce mot).

SAULE, s. m., *Salix*, L. ; genre de la famille des Salicinées, composé d'arbres et d'arbrisseaux communs dans les régions froides et tempérées de l'hémisphère boréal, habitant surtout les lieux humides, le bord des cours d'eau. Le nombre des espèces, assez considérable, n'est pas parfaitement limité ; les principales sont : le S. blanc, *S. alba,* ordinairement exploité en têtard comme bois de chauffage ; ses feuilles peuvent être récoltées pour les bestiaux ; son écorce est tonique et fébrifuge, *V.* SALICINE ; le S. de Babylone, *S. Babylonica,* vulg. *Saule pleureur ;* le S. osier, *S. viminalis,* employé dans la vannerie, etc. ; le S. marceau, *S. caprea,* très commun, utile pour le chauffage et la fabrication d'une foule d'instruments. — *Pharmacol.* L'écorce des jeunes rameaux du saule blanc est réputée tonique, antiputride et même fébrifuge. Elle est blanche en dehors, brunâtre en dedans, peu odorante et d'une forte saveur amère. Cette écorce contient, selon Pelletier et Caventou, de la matière grasse verte, une matière colorante jaune et amère, du tannin, un extractif résineux, une matière gommeuse, du ligneux, de la salicine et des sels. Elle se donne à l'intérieur, seule ou mélangée au quinquina, à la gentiane, à l'écorce de chêne, sous forme d'électuaire, après qu'on l'a réduite en poudre ; ou en breuvage quand on la soumet à l'infusion aqueuse ou vineuse. La dose varie de 30 à 125 grammes pour les

grands animaux, et de 10, 15 à 30 grammes pour les petits. Considérée comme un succédané du quinquina, l'écorce de saule est indiquée dans les affections anémiques, hydroémiques, putrides, typhoïdes des grands animaux.

SAURIENS, s. m. p. ; deuxième ordre des Reptiles, renfermant des animaux à peau grenue ou écailleuse, pourvus de deux et le plus souvent de quatre membres, et ayant le corps terminé par une queue allongée et quelquefois prenante. Le *Lézard,* le *Crocodile,* le *Caméléon,* sont les types les plus connus de cet ordre.

SAURURÉES, s. f., *Saruree ;* famille de plantes dicotylédones, diclines, aquatiques, habitant principalement les îles de l'Archipel. Genres : *Saururus,* etc.

SAUT, s. m., *Saltus ;* déplacement subit du corps, dans des directions variables, opéré par la détente brusque des quatre membres, ou de membres isolés ou réunis par paires. Le saut fait partie de plusieurs allures, telles que le trot et le galop. Considéré isolément, le saut est précédé d'une préparation consistant en une flexion des extrémités d'autant plus grande que l'effort d'impulsion doit être plus considérable. La position de la tête et la direction de l'encolure règlent la direction du saut. Lorsque le corps retombe, la flexion des extrémités devient nécessaire pour prévenir une secousse trop considérable. — *Haras. Saut, V.* SAILLIE.

SAUVAGEON, s. m. ; jeune arbre fruitier provenant des graines d'un arbre non cultivé ou franc. Il sert de sujet pour la greffe.

SAUVAGÉSIÉES, s. f., *Sauvagesiee ;* famille de plantes dicotylédones, polypétales, hypogynes, composée d'herbes annuelles et de sous-arbrisseaux de l'Amérique tropicale. Genres : *Sauvagesia,* etc.

SAVEUR, s. f., *Sapor ;* sensation produite par les corps sur l'organe du goût. Elle est due à l'action des principes chimiques des corps sur les papilles de la langue et de la muqueuse buccale. La saveur des corps est subordonnée à leur nature et surtout à leur solubilité ; tout corps insoluble est insipide. La saveur des médicaments végétaux est presque toujours une indication fidèle de leurs propriétés médicinales ; ainsi ceux qui ont une saveur acide sont tempérants ; ceux qui sont amers sont astringents ou toniques ; ceux qui sont aromatiques et présentent une saveur chaude, poivrée, sont excitants, etc.

SAVON, s. m., *Sapo ;* nom général des composés qui se forment par l'union des oxydes métalliques avec les corps gras, les essences et les résines. Les savons usuels, dont il sera plus spécialement question dans cet article, sont des composés salins qui résultent de la combinaison des bases alcalines avec les acides des corps gras. Les savons à base de soude sont *solides,* ceux à base de potasse sont *mous.* Les uns et les autres se forment, lorsqu'on traite les corps gras (*graisse, suif, beurre, huiles*) par une lessive caustique, et qu'on fait bouillir le mélange pendant un certain temps. Les alcalis séparent la glycérine des acides gras et se combinent avec ces derniers, d'où résultent des *stéarates*, *margarates* et *oléates* alcalins, qui constituent les savons. On reconnaît que la saponification est complète, lorsqu'une petite quantité de matière essayée se dissout dans l'eau pure, sans laisser apparaître aucune trace de matières grasses. Les savons sont durs ou mous, selon qu'ils sont à base de soude ou de potasse ; leur consistance est, toutes choses égales d'ailleurs, d'autant plus grande que le corps gras employé a un point de fusion plus élevé ; leur couleur varie ; ils sont blancs, marbrés, verts, noirs ou colorés par divers principes ; leur odeur et leur saveur sont alcalines. Les savons à base de soude, de potasse et d'ammoniaque sont seuls solubles dans l'eau ; les autres sont insolubles. Les savons alcalins sont également solubles dans l'alcool, l'éther, les huiles grasses et l'essence de térébenthine. La solution aqueuse et concentrée de savon est précipitée par les sels alcalins et par les sels terreux et métalliques. Les acides décomposent les savons, en se combinant à leurs bases et en mettant à nu les acides gras, qui viennent nager sur la solution aqueuse, dans laquelle ils sont insolubles. — *Pharmacol.* Indépendamment de leurs usages économiques et industriels, qui sont très étendus et très importants, les savons alcalins sont employés en médecine, tant à l'intérieur qu'à l'extérieur. Dans le premier cas, ils agissent comme excitants et diurétiques, et se donnent en breuvage et en lavement contre les indigestions gazeuses des herbivores. A l'extérieur, ils produisent des effets détersifs ou résolutifs, et s'emploient contre les maladies de la peau, contre les engorgements indolents, etc. Ils entrent dans la confection de plusieurs pommades et liniments antipsoriques et résolutifs.

Savon ammoniacal, *V.* Liniment ammoniacal.

Savon amygdalin ou médicinal ; savon officinal qu'on prépare à froid en traitant 24 p. d'huile d'amandes douces par 10 p. de lessive caustique des savonniers. Il est inusité en médecine vétérinaire, où on lui préfère le savon *blanc* ordinaire et le savon *vert*.

Savon blanc ; savon préparé en grand à Marseille, avec l'huile d'olives et la soude artificielle pure. Il est très pur, peu alcalin et propre à l'usage de la médecine.

Savon de chaux, *V.* Liniment calcaire.

Savon marbré ; savon commercial renfermant un savon à base de fer disposé par couches dans la pâte, qui est blanche ; il contient souvent aussi du sulfure de fer provenant de la réaction du sel de fer qu'on ajoute sur les sulfures alcalins contenus dans la soude artificielle brute. C'est le savon qui sert aux usages domestiques.

Savon médicinal, *V.* Savon amygdalin.

Savon résineux ; savon dur dans lequel on a introduit, au moment de la saponification, une certaine quantité de colophane. Il est employé aux mêmes usages que le savon ordinaire. Il serait peut-être plus actif comme médicament diurétique.

Savon vert ou noir ; savon mou qu'on prépare avec des huiles de graines et de la potasse du commerce. Il contient, indépendamment de l'oléate et du margarate de potasse, un excès d'alcali, ainsi que tous les sels solubles de la potasse du commerce. On lui donne une teinte verte ou noire avec un peu de sulfate de fer ou de l'indigo. Il est plus actif que les savons ordinaires, et préférable pour nettoyer la peau des animaux atteints de maladies psoriques, ainsi que pour la confection des pommades, liniments et autres topiques.

SAVONULE, s. m., *Saponulus* ; nom générique des savons formés par les essences et les bases alcalines.

SAXATILE, adj., *saxatilis*, de *saxum*, rocher ; se dit des plantes qui croissent sur les rochers.

SAXIFRAGACÉES, s. f., *Saxifragaceæ* ; famille de plantes dicotylédonées, polypétales, périgynes, herbacées, frutescentes ou arborescentes, habitant les régions froides et tempérées, rarement les tropiques. On la divise en trois tribus qui sont, pour quelques botanistes, autant de familles distinctes ; ce sont : les *Saxifragées*, genres : *Saxifraga*, *Chrysosplenium*, etc. ; les *Cunoniacées*, genres : *Cunonia*, etc. ; les *Hydrangées*, genres : *Hydrangea*, etc.

SAXIFRAGE, s. f., *Saxifraga*, L. ; genre de la famille des Saxifragacées. Il se compose d'herbes vivaces, croissant dans les régions tempérées et froides de l'hémisphère boréal, et généralement sur les lieux élevés et un peu humides. On en compte en France près de cinquante espèces, généralement très petites et insignifiantes comme plantes fourragères. C'est la S. grenue, *S. granulata*, qui produit sur sa souche ces bulbilles dont on croyait la décoction lithontriptique.

SCABIEUSE, s. f., *Scabiosa*, L. ; genre de la famille des Composées. Il se compose de plantes herbacées, vivaces ou sous-frutescentes. Les espèces sont nombreuses ; quelques-unes croissent dans les prairies, dans les champs, où elles sont broutées, pendant leur jeunesse, par les herbivores. Au moment de leur floraison, elles sont très amères et donnent un foin dur. On les classe parmi les plantes assaisonnantes. On a conseillé la culture des espèces *arvensis* et *sylvatica*. On les a regardées, ainsi que la S. succise, vulg. *Mors du diable*, comme astringentes et dépuratives.

SCABRE, adj., *scaber* ; synonyme de *rude*.

SCALARIFORME, adj., *scalariformis*, de *scala*, échelle ; en forme d'échelle. — *Vaisseaux scalariformes* : tubes prismatiques marqués de lignes transparentes, horizontales, rapprochées à des distances égales et rappelant l'aspect d'une échelle. On les trouve dans les tiges des fougères et les racines des monocotylédonées.

SCALÈNE , s. m. et adj., de τχαληνος, boiteux ; triangle à trois côtés inégaux. — *Muscle scalène* ou *costo-trachélien* : muscle situé dans l'angle formé par la première côte et la partie inférieure de la colonne cervicale. Il est formé de deux portions, dont une supérieure, la plus courte, se compose de plusieurs faisceaux couchés en long sur les apophyses transverses des quatre dernières vertèbres cervicales et de la première dorsale. La partie inférieure naît du milieu environ du bord antérieur de la première côte, et s'insère aux apophyses transverses des quatre dernières vertèbres cervicales. Entre ces deux parties passe le plexus nerveux cervical ; au-dessous de la partie inférieure, se contourne l'artère humérale. Le scalène fléchit l'encolure, et la tire de côté s'il agit indépendamment de son congénère ; si l'encolure est fixe, il tend à porter en avant la première côte.

SCALPEL , s. m., *Scalpellus*, de *scalpere*, inciser ; espèce de bistouri à lame fixe, employé pour les dissections anatomiques. Les scalpels varient beaucoup pour le volume, suivant le plus ou moins de finesse des dissections ; ils sont à tranchant droit ou à tranchant convexe. Les scalpels à double tranchant sont inutiles et d'un emploi dangereux ou incommode.

SCAMMONÉE , s. f., *Scammonium* ; gomme-résine particulière, très anciennement connue sous le nom de *diagrède*, et employée en médecine à titre de purgatif drastique. Le commerce en présente trois espèces principales, que quelques auteurs rattachent à trois plantes différentes. — 1° *Scammonée d'Alep* : elle est en morceaux noirâtres, irréguliers, friables, à cassure noire et brillante ; mise dans la bouche, elle s'émulsionne en blanc et donne une saveur de beurre fondu suivie d'un arrière-goût âcre et amer ; son odeur est faible et sa poudre d'un blanc grisâtre. Elle est fournie par la racine charnue d'une espèce de *liseron* exotique, le *convolvulus scammonia* (convolvulacées) qui croît spontanément en orient. Elle offre plusieurs variétés. 2° *Scammonée de Smyrne* : d'après quelques auteurs, cette espèce serait la même que la précédente, mais moins pure ; selon d'autres, elle aurait une origine différente et proviendrait d'une *Apocinée*, le *Periploca scamone*, qui croît en Égypte. Quoi qu'il en soit, elle se présente en petites masses poreuses, d'un gris rougeâtre à l'extérieur et d'une cassure terne à l'intérieur ; elle s'émulsionne en jaune verdâtre avec la salive, développe peu de saveur et donne une odeur forte et désagréable. Elle offre aussi plusieurs variétés. 3° *Scammonée de Montpellier*, fournie par le *Cynanchum monspeliacum* (Apocinées), qui croît sur les bords de la mer ; cette variété est très impure,

noire, compacte et peu estimée pour l'usage médical. Toutes les scammonées sont formées de résine, de gomme, d'extrait, de débris végétaux et de matières terreuses. Elles s'émulsionnent à la fois dans l'eau, l'alcool et le lait. Ces gommes-résines purgatives sont peu employées chez les animaux, tant à cause de leur peu d'efficacité, qu'en raison de la difficulté de se les procurer de bonne qualité à un prix convenable. En les associant aux sels alcalins, elles seraient sans doute plus actives. Les doses doivent varier de 10 à 20 grammes pour les herbivores, et de 1 à 2 gr. pour les carnivores.

SCAMMONÉE JAUNE , *V*. GOMME-GUTTE.

SCAPE , *V*. HAMPE.

SCAPHOÏDE , s. et adj., *Scaphoïdes*, de σκαφη, nacelle, et ειδος, forme ; en forme de nacelle. On donne ce nom à un os du tarse, encore appelé *grand os plat*, qui s'articule supérieurement avec l'astragale, et inférieurement avec le cuboïde et les deux os cunéiformes. — Dans le bœuf, le scaphoïde est soudé au cuboïde.

SCAPHOIDO-ASTRAGALIEN , ENNE , adj. *scaphoïdo-astragalianus* ; qui appartient au scaphoïde et à l'astragale ; ex. : *articulation scaphoïdo - astragalienne, ligament scaphoïdo-astragalien.*

SCAPHOIDO-CUBOIDIEN , ENNE, adj., *scaphoïdo-cuboïdeus* ; qui appartient au scaphoïde et au cuboïde ; ex. : *articulation scaphoïdo-cuboïdienne.*

SCAPIFORME , adj., *scapiformis* ; se dit des tiges dépourvues de feuilles, comme les *hampes*.

SCAPULAIRE , adj., *scapularis*, de *scapula*, épaule ; qui appartient à l'épaule. *Artère scapulaire postérieure*, *V*. SOUS-SCAPULAIRE. *Artère scapulaire antérieure*, *V*. SUS-SCAPULAIRE. — *Nerf scapulaire antérieur* : gros cordon émanant du plexus brachial et se plongeant entre les muscles sous-scapulaire et sus épineux, pour contourner le col du scapulum et se distribuer principalement dans les muscles sus et sous-épineux. — *Nerfs scapulaires postérieurs* : rameaux du plexus brachial, dont les uns se plongent dans les muscles sous-scapulaire, adducteur du bras, etc., et les autres se portent aux extenseurs de l'avant-bras. L'un d'eux se contourne derrière l'articulation scapulo-humérale pour aller se diviser dans les muscles de la face externe du bras.

SCAPULALGIE , s. f., *Scapulalgia*, de *scapula*, épaule, et αλγος, douleur ; douleur des omoplates, des épaules.

SCAPULO-HUMÉRAL , ALE , s. et adj., *Scapulo-humeralis* ; qui appartient au scapulum et à l'humérus. *Articulation scapulo-humérale* : cette articulation réunit les deux os qui la composent par un simple ligament capsulaire, sans faisceaux arrondis ou funiculaires ; ce peu de solidité est compensé par l'appui que leur prêtent les tendons des muscles nombreux et volumineux qui entourent la jointure. — *Artère scapulo - humérale :* branche de la sous-scapulaire, contournant de dedans en dehors la face postérieure de l'articulation scapulo-humérale, pour aller se terminer au côté externe du bras, dans les muscles mastoïdo-huméral , abducteur du bras , etc.

SCAPULO-HYOIDIEN, *V.* Sous-scapulo-hyoidien.

SCAPULO-OLÉCRANIEN, *V.* Extenseur.

SCAPULUM. s. m. , de *scapula*, épaule ; os de l'épaule. Le scapulum affecte une forme triangulaire et présente deux faces , trois bords et trois angles. La face interne est divisée par l'*acromion*, en deux fosses qui sont l'une à l'autre dans le rapport de 1 à 2, pour l'étendue , et qui portent les noms de *fosses sus-épineuse* et *sous-épineuse*. La face interne forme une seule fosse remplie par le muscle *sous-scapulaire*, Le bord supérieur est remarquable par son cartilage de prolongement. L'angle inférieur porte la cavité *glénoïde*, pour l'articulation du scapulum avec l'humérus, et, en avant, l'apophyse coracoïde qui présente une forte tubérosité pour l'attache du muscle *coraco - radial ;* du côté interne de cette apophyse, se détache un petit tubercule donnant origine au muscle *coraco-huméral.* — Dans les ruminants, l'acromion se termine inférieurement par un bec saillant, et divise la surface de telle sorte que la fosse sus-épineuse est à la fosse sous-épineuse comme 1 à 3. — Dans le porc, l'acromion, très développé, est recourbé en arrière et recouvre une grande partie de la fosse sous-épineuse.— Dans le chien, l'acromion divise à peu près également la face externe, et se termine par un bec inférieur qui descend jusqu'au niveau de la cavité glénoïde. Le prolongement cartilagineux supérieur ne forme qu'un bourrelet peu épais. — Dans le chat, l'acromion porte en bas une petite apophyse allongée et recourbée en arrière.

SCARIEUX , **EUSE**, adj. , *scariosus ;* mince, sec et raide comme du papier ou du parchemin.

SCARIFICATEUR, s. m. , *Scarificatorium* , de σκαρφιστω, inciser ; instrument qu'on emploie pour faire les scarifications. Les vétérinaires les pratiquent avec le bistouri convexe, la flamme ou le rasoir. Les chirurgiens se servent d'une boîte en cuivre, percée sur une de ses faces d'un certain nombre de fentes longitudinales, par lesquelles on fait sortir , à l'aide d'une détente, autant de pointes de lancettes, de 12 à 20 environ, qui font autant de scarifications à la fois ; mais on obtient ainsi plutôt des mouchetures que des scarifications. On a combiné ce scarificateur avec la ventouse à pompe. — *Agric.* Instrument aratoire propre à fendre et diviser la surface de la terre pour l'ameublir. Ce n'est pas autre chose qu'un *cultivateur* plus ou moins fort.

SCARIFICATION, s. f. , *Scarificatio ;* incision superficielle faite aux parties molles, soit avec le scarificateur, soit avec le bistouri , le rasoir, la flamme , la lancette, pour opérer un dégorgement sanguin ou l'écoulement d'un liquide infiltré. C'est un des moyens les plus anciens pour pratiquer la saignée. Tantôt les scarifications ne pénètrent que dans une certaine épaisseur de l'enveloppe cutanée, tantôt elles vont au-delà et constituent de véritables incisions. Elles sont disposées sur une seule ligne , quand on les pratique en petit nombre ; dans le cas contraire, elles sont distribuées en quinconces. On emploie les scarifications, en vétérinaire , pour remplacer les sangsues, pour saigner le porc et les autres animaux dont les veines sous-cutanées ne sont pas apparentes ; on les combine avec l'action des ventouses. On scarifie les œdèmes, les parties gangrenées. Dans les cas ordinaires , on n'obtient ainsi que de petites plaies, qui ne réclament aucun soin et se cicatrisent promptement.

SCARIFIER, v. a, *scarificare ;* faire des scarifications. (*V.* ce mot).

SCARLATINE, s. f. , *Scarlatina ;* phlegmasie cutanée, contagieuse , qui attaque presque exclusivement les enfants et qui est inconnue sur les animaux. Elle est précédée par des symptômes fébriles, et débute par des taches d'un rouge écarlate sur diverses parties du corps. On observe en même temps un mal de gorge, qu'on a appelé *scarlatine angineuse*, et qui peut devenir gangreneux (*scarlatine maligne*). — *Fièvre scarlatine :* qui précède le développement des taches rouges de la scarlatine.

SCÉLOTYRBE , s. f. , *Scelotyrbe* , de σκελος , jambe, et τυρβη, trouble, désordre; maladie qui fait remuer les bras et les jambes. Synonyme de *chorée*.

SCHISTE, s. m. , de σχίζω , je taille ; minéral de structure lamelleuse, formé principalement de silice, d'argile et de divers oxydes métalliques (Schiste argileux). *Schistes bitumineux:* schistes argileux, imprégnés de matières bitumineuses et renfermant des débris organiques. Ils sont gris-noirâtres, d'apparence feuilletée, peu combustibles, mais donnant par la distillation une huile pyrogénée, combustible, analogue au pétrole, et laissant pour résidu un charbon grisâtre qui jouit d'un pouvoir décolorant assez énergique. Les schistes bitumineux se trouvent dans les terrains carbonifères et recouvrent souvent les dépôts de houille.

SCHISTOSOME, s. et adj. , *Schistosomus*, de σχιστος, fendu, et σωμα, corps ; genre de monstres célosomiens présentant pour caractères: une éventration latérale ou médiane sur toute la longueur de l'abdomen ; le corps tronqué après l'abdomen, membres pelviens nuls ou très imparfaits.

SCHISTOSOMIE, s. f. , *Schistosomia ;* état des monstres schistosomes.

SCHINDYLÈSE, s. f. , *Schindylesis* , de

σχινθλος , éclat ; articulation synarthrodiale consistant dans l'enclavement d'une lame osseuse dans une rainure ; ex. : l'articulation de l'aile du sphénoïde avec le frontal.

SCIATIQUE ou **ISCHIATIQUE**, adj. , *ischiaticus*, de ισχιον, hanche ; qui appartient à la hanche ou au haut de la cuisse. — *Plexus sciatique* : plexus intermédiaire aux plexus lombaire et sacré , et donnant naissance aux nerfs sciatiques. — *Nerfs sciatiques* : ils sont au nombre de deux : le *petit sciatique*, *fémoral externe* ou *petit fémoro-poplité*, et le *grand sciatique*, *fémoral postérieur* ou *grand fémoro-poplité*. Tous deux naissent ensemble du plexus sciatique , traversent le ligament sacro-ischiatique et descendent en arrière, appliqués sur la surface du petit fessier, et recouverts par le grand fessier ; ils se séparent à la partie postérieure et supérieure de la cuisse. Le petit sciatique se porte en dehors , passe entre le long vaste et la portion externe du bifémoro-calcanéen , et descend , recouvert seulement par l'aponévrose du long vaste , jusqu'au niveau du tibia, où il se divise en deux branches , dont une courte s'enfonce sous les muscles tibiaux antérieurs , et l'autre, plus grêle et plus longue, descend au côté externe et antérieur, jusque sur le canon. Le grand sciatique descend derrière la cuisse et passe entre les deux portions charnues du bifémoro-calcanéen , après avoir fourni divers rameaux aux muscles de la cuisse et un fort rameau poplité pour les muscles de la face postérieure de la jambe. En sortant du muscle bifémoro-calcanéen , il descend au côté interne de la corde tendineuse et forme le nerf *tibial postérieur* ou *interne* qui fournit plus bas les nerfs collatéraux du métatarse. — *Artère sciatique*, *V.* ISCHIATIQUE.

SCIATIQUE, s. et adj. ; rhumatisme, névralgie de la cuisse ; maladie peu connue dans les animaux.

SCIE, s. f. , *Serra*, de *secare* , couper ; lame de fer longue et étroite dentée d'un côté , employée en chirurgie pour scier les os. Les chirurgiens emploient des scies de différentes formes ; on distingue la *scie droite*, dont la lame est droite et inflexible ; la *scie à chainette*, formée d'une série de petites scies articulées, qui lui donnent une grande flexibilité ; la *scie circulaire* ou *à molette* , composée d'un disque denté, mu par un axe central.—*En vétérinaire*, on ne se sert que de la *scie droite*, dont la lame est large, garnie de denteleures sur le tranchant, et dont le dos est surmonté par une tige de fer ; on la nomme encore *scie à main*.

SCILLE , s. f. , *Scilla*, L. ; genre de la famille des Liliacées. Il se compose de plantes bulbeuses, croissant dans l'Europe moyenne , le bassin de la Méditerranée , etc. Quelques scilles sont cultivées comme plantes d'ornement. L'espèce utile est la S. maritime , *S. maritima*.— *Pharmacol.* Le bulbe de la scille maritime est la seule partie de cette plante qui soit employée en médecine. Ce bulbe écailleux , appelé vulgairement *ognon* de scille, est piriforme, d'un volume qui varie depuis celui d'une orange jusqu'à celui de la tête d'un enfant. Il est formé d'écailles ou squames, dont les superficielles, qui sont minces , sèches , rougeâtres , doivent être rejetées comme inactives ; celles du centre sont épaisses , blanches et mucilagineuses ; on les sépare comme trop abreuvées de sucs émollients ; enfin, celles qui sont intermédiaires, d'une teinte rosée , sont recueillies , coupées en petites lanières et séchées avec soin au soleil ou à l'étuve. La scille fraiche exhale une odeur forte, piquante, et produit la rubéfaction et même la vésication des tissus avec lesquels elle est mise en contact. La dessiccation lui fait perdre son odeur , diminue son âcreté ; néanmoins , elle conserve une saveur amère et un peu irritante. La scille contient une huile volatile âcre , de la *scillitine*, de la résine , de la gomme , du tannin , de la matière sucrée , du citrate ou du tartrate de chaux. Les préparations de ce médicament sont la *poudre* , le *vinaigre* , le *vin*, l'*oxymel* et la *teinture*. La poudre se donne en électuaire, à la dose de 15 à 30 gr. chez les grands animaux et à celle de 4 à 8 gr. aux petits ; la dose de l'oxymel varie de 30 à 150 gr. aux grands quadrupèdes et de 4 à 10 pour les petits. Le vinaigre se donne, à l'intérieur, à la dose de 8 à 15 gr. pour les herbivores , et de 2 à 4 pour les carnivores ; on l'emploie, en outre, en frictions sur la peau. Les préparations de scille données à trop fortes doses irritent fortement le tube digestif et peuvent porter une atteinte grave au système nerveux ; c'est donc un médicament dont il faut user prudemment. Donnée à doses modérées, la scille est absorbée et porte particulièrement son action sur les reins, en déterminant une forte diurèse , et sur la muqueuse bronchique, où elle produit un effet incisif et expectorant. En raison de ces deux effets, les préparations de scille sont surtout employées à titre de *béchique incisif*, contre la bronchite ancienne et le catarrhe pulmonaire , et comme *diurétique* pour combattre les hydropisies des séreuses et les collections de sérosité du tissu cellulaire. Dans ce dernier cas, les frictions de vinaigre scillitique sur les parties malades favorisent beaucoup les effets de la médication interne.

SCILLITINE, s. f. ; principe actif de la scille maritime, et dont la nature est encore mal déterminée. C'est une substance complexe retenant du sucre , de la gomme, des sels ; elle est mollasse, jaunâtre, incristallisable, déliquescente, devenant blanche, cassante, d'aspect résineux par la dessiccation. Elle est peu odorante, amère, âcre, soluble dans l'eau, l'alcool et le vinaigre. C'est un poison fort actif ; 5 centigrammes suffisent, d'après Tilloy, pour donner la mort à un chien.

SCILLITIQUE, adj.; qui contient de la scille: *vinaigre*, *vin*, *oxymel scillitiques*. (*V.* ces mots.)

SCION, s. m., *Tales;* nom générique des rejetons des plantes. Jeune branche destinée à être greffée.

SCIRPE, s. m., *Scirpus*, L.; genre de la famille des Cypéracées. Il se compose de plantes herbacées, dont le chaume est nu ou feuillé, les feuilles planes, linéaires ou sétacées, les fleurs hermaphrodites, groupées en épillets multiflores, à inflorescences diverses. Les Scirpes croissent dans les lieux humides, marécageux de presque toute la surface du globe. Bien que les herbivores les mangent quelquefois, on peut les considérer comme insignifiants ou nuisibles. Le S. des marais, *S. palustris* et le S. tubéreux, *S. tuberosus*, ont un rhizôme féculent. Le S. des lacs, *S. lacustris*, est employé par les tonneliers et les fabricants de chaises.

SCIRRHOCÈLE, s. f., *Scirrhocele*, de σχιρρος, dur, et κηλη, hernie, tumeur; squirrhe des testicules. *V.* SARCOCÈLE.

SCIRRHOPHTHALMIE, s. f., *Scirrhophthalmia*; synonyme de *sclérophthalmie.*

SCIRRHOSE, s. f., *Scirrhosis*, de σχιρρος, dur; tumeur livide produite par une inflammation intense.

SCISSURE, s. f., *Scissura;* fente, crevasse; on appelle ainsi les fentes ou demi-canaux que présentent les os pour le passage des vaisseaux et des nerfs; ex.: la *scissure palatine*, logeant l'artère palato-labiale. On appelle aussi *scissures* des dépressions des organes mous, ex.: les *scissures du foie, des reins.* — *Scissure de Sylvius :* sillon séparant, à la partie inférieure du cerveau, les lobes antérieur et moyen.

SCITAMINÉES, *V.* AMOMACÉES.

SCLÉRANTHÉES, s. f., *Sclerantheæ;* famille de plantes dicotylédones, voisine des Dianthacées et des Paronychiées. Genres : *Scleranthus*, etc.

SCLÉRÈME, s, m., *Sclerema*, de σχληρος, dur; nom donné par Chaussier à l'endurcissement du tissu cellulaire chez les nouveaunés. C'est une sorte d'œdème compacte qui peut devenir général et causer la mort. Cette maladie n'est pas connue dans les animaux.

SCLÉRÉMIE, s. f.; synonyme de *Sclérème.*

SCLÉRIAS ou **SCLÉRIASIS**, s. f., *Scleriasis*, de σχληρος, dur; induration du bord des paupières.

SCLÉRO-CONJONCTIVITE, s. f.; inflammations réunies de la sclérotique et de la conjonctive.

SCLÉROME, s. m., *Scleroma;* synonyme de *sclérias.*

SCLÉROPHTHALMIE, s. f., *Sclerophthalmia*, de σχληρος, dur, et οφθαλμος, œil; ophthalmie sèche, caractérisée par la difficulté des mouvements de l'œil.

SCLÉROSARCOME, s. m., *Sclerosarcoma*, de σχληρος, dur, et σαρχωμα, sarcome;

tumeur dure et charnue qui se développe sur les gencives.

SCLÉROTICECTOMIE, s. f., *Scleroticectomia;* opération qui consiste à pratiquer une pupille artificielle par l'excision d'une partie de la sclérotique. On dit aussi *Sclérectomie.*

SCLÉROTICONYXIS, s. f., *Scleroticonyxis*, de σχληροτικη, sclérotique, et νυσσειν, percer; opération de la cataracte, qui consiste à pénétrer à travers la sclérotique pour arriver jusqu'au cristallin. *V.* CATARACTE.

SCLÉROTICOTOMIE, s. f., *Scleroticotomia*, de σχληροτικη, sclérotique, et τομη, section, incision; incision de la sclérotique.

SCLÉROTIQUE, s. f., *Sclerotica*, de σχληρος, dur; membrane blanche, fibreuse, très solide, formant environ les quatre cinquièmes de la coque externe de l'œil, complétée, en avant, par la cornée transparente. La sclérotique est entourée à l'extérieur par les muscles droits et obliques de l'œil, et tapissée au-dedans par la choroïde, à laquelle elle est unie par des ramifications vasculaires et par un tissu cellulaire très lâche. Son épaisseur varie, et présente son maximum autour du nerf optique et son minimum à la grande circonférence de l'œil. Chez l'âne, elle s'ossifie quelquefois vers son fond, dans la vieillesse. Chez les oiseaux, elle présente, autour de la cornée, un cercle d'écailles osseuses imbriquées, et pouvant, par leur glissement les unes sur les autres, modifier la forme du globe oculaire.

SCLÉROTITE, s. f., *Sclerotitis;* inflammation de la sclérotique. *V.* OPHTHALMIE.

SCLÉRYSME, s. m., *Sclerysma*, de σχληρος, dur; endurcissement, squirrhe du foie.

SCOBIFORME, adj., *scobiformis*, de *scobs*, sciure; se dit des graines quand elles sont fines et rudes comme de la sciure de bois, ex.: les graines des *Orchidées.*

SCOLIOSE, s. f., *Scoliosis*, de σχολιος, tortueux; synonyme de *rachitisme.*

SCORBUT, s. m., *Scorbutus;* maladie de l'homme caractérisée par des taches livides sur différentes parties du corps, la rougeur, la mollesse et le saignement des gencives, la fétidité de l'haleine, la disposition aux hémorrhagies passives, coïncidant avec un état de débilité générale. Cette affection est produite par le froid humide, une alimentation insalubre. On observe quelquefois le scorbut dans le chien, dont les gencives deviennent noirâtres, saignantes, et dont les dents se déchaussent. Comme traitement, on emploie les toniques, les amers, les gargarismes acidulés, les antiscorbutiques.

SCORBUTIQUE, adj., *scorbuticus;* qui est de la nature du scorbut; qui est atteint du scorbut. *Affection scorbutique; sujet scorbutique.*

SCORIE, s. f., *Scoria*, de σχωρια, crasse; matière impure, vitrifiable, qui se sépare des métaux pendant leur fusion ou leur extraction. Sa nature varie nécessairement suivant les métaux ; cependant elle renferme toujours des matières terreuses (*silice*, *chaux*, *magnésie*, *alumine*), unies à divers composés métalliques fixes, tels que des oxydes, des sulfures, des phosphates, etc.

SCORPIOIDE, adj., *scorpioïdeus*, de *scorpio*, scorpion ; roulé en forme de scorpion. — *Cyme scorpioïde* : inflorescence définie représentant une sorte de grappe roulée en crosse et dont les pédicules n'occupent que la convexité, de telle sorte que les fleurs sont latérales. On l'observe dans la famille des Borraginées.

SCORPION, s. m., *Scorpio*, σκορπιος ; animal aptère, de la classe des Arachnides, de la famille des Acères, dont la queue est armée d'un dard communiquant avec une poche à venin. On ne l'observe que dans les parties méridionales de l'Europe. Sa piqûre produit les mêmes phénomènes que celle de la vipère. Les chiens piqués par le scorpion présentent une inflammation locale suivie de tuméfaction, avec vomissements. On emploie l'ammoniaque à l'intérieur et à l'extérieur.

SCORPIURE, s. f., *Scorpiurus*, L. ; genre de la famille des Légumineuses, composé de petites plantes herbacées, assez communes dans les champs, mais sans importance.

SCORZONÈRE, s. f., *Scorzonera*, L. ; genre de la famille des Composées. Il se compose de plantes herbacées, vivaces, originaires de l'Europe méridionale et centrale et de l'Asie. La S. basse, *S. humilis*, croît dans les prairies, où elle est mangée par les bestiaux ; la S. d'Espagne, *S. hispanica*, est une plante potagère cultivée pour sa racine.

SCOTODINIE, s. f., *Scotodinia*, de σκοτος, obscurité, et δινος, vertige ; vertige avec obscurcissement de la vue.

SCOTOMIE, s. f., *Scotomia* ; maladie des yeux qui consiste dans un obscurcissement de la vision.

SCROBICULEUX, EUSE, adj., *scrobiculosus*, de *scrobs*, fossette ; creusé à la surface de petites fossettes irrégulières.

SCROFULES, s. f. pl., *Scrofulæ*, de *scrofa*, truie ; χοιραδες, de χοιρος, porc ; maladie ainsi nommée, parce qu'elle passe pour être commune dans les porcs. *Écrouelles*, *humeurs froides*. On donne le nom de scrofules à une maladie de l'espèce humaine, qui consiste dans la dégénérescence des ganglions lymphatiques et particulièrement de ceux du cou. La cause la moins contestée est l'hérédité ; la maladie est endémique dans les lieux marécageux. C'est le tempérament lymphatique qui y est le plus prédisposé, à ce point qu'on a regardé les scrofules comme n'en étant que l'exagération. L'expérience et l'observation ne permettent pas de croire que cette maladie soit contagieuse. Parmi les symptômes les plus ordinaires, on constate des tumeurs globuleuses ou ovalaires, d'abord indolentes, dures, plus tard s'ulcérant et donnant issue à une matière blanche, concrète, ou à un liquide séro-purulent. Cette suppuration peut durer pendant des mois, des années entières, et finit par laisser une cicatrice indélébile. Les auteurs ont admis plusieurs variétés de scrofules, qu'on réduit au nombre de cinq : *scrofules tuberculeuses, catarrhales, cutanées, celluleuses, osseuses*. Le pronostic est souvent fâcheux. La maladie est d'autant plus difficile à guérir qu'elle est plus ancienne et plus générale. La thérapeutique des scrofules est encore peu avancée ; elle consiste dans trois ordres de moyens : 1° précautions hygiéniques ; 2° moyens internes pharmaceutiques ; 3° traitement local. Un air pur et sec, un régime tonique, des fumigations aromatiques, un exercice salutaire, voilà les principales règles prescrites par l'hygiène. Parmi les médicaments anti-scrofuleux, on a préconisé les préparations mercurielles et surtout l'iode. — La question relative aux scrofules n'est pas encore résolue en vétérinaire. On a observé sur les poulains, sur les porcs et surtout dans l'espèce bovine, des maladies qui ont la plus grande analogie avec les scrofules par les tumeurs indolentes qui se forment autour du cou, derrière les oreilles, dans la région inguinale. C'est à tort qu'on a confondu les scrofules avec le farcin des animaux domestiques ; ces deux maladies sont trop différentes sous le rapport de leurs caractères et de leur terminaison.

SCROFULEUX, EUSE, adj., *scrofulosus* ; qui est atteint de scrofules ; qui a rapport aux scrofules.

SCROPHULAIRE, s. f., *Scrophularia*, L. ; genre de la famille des *Scrophulariacées*. Il renferme environ 85 espèces herbacées ou sous-frutescentes, répandues dans les régions tempérées de l'hémisphère boréal. La S. aquatique, *S. aquatica*, vulg. *grande scrophulaire*, la S. noueuse, *S. nodosa*, toutes deux communes en France, dans les endroits frais et humides, ont été vantées autrefois comme résolutives et anti-scrophuleuses.

SCROPHULARIACÉES, s. f., *Scrophulariaceæ* ; famille nombreuse de plantes dicotylédonées, monopétales, irrégulières, hypogynes, ayant pour caractères généraux : inflorescences diverses ; fleurs souvent personnées ; calice à 4 - 5 divisions, persistant, libre ; corolle monopétale à 4 - 7 divisions généralement disposées en deux lèvres ; six étamines souvent réduites à quatre didynames, quelquefois à deux, insérées au tube de la corolle ; ovaire libre, biloculaire, polysperme ; style simple ou bifide, ainsi que le stigmate ; fruit ordinairement capsulaire, diversement déhiscent ; embryon droit ou courbe, entouré d'un périsperme charnu volumineux. Les Scrophulariacées sont des plantes herbacées ou sous-frutescentes, dont l'aire est très étendue , mais que l'on trouve surtout dans les régions tempérées. Elles ont un suc aqueux, tantôt mucilagineux, comme dans le bouillon blanc , tantôt âcre , comme dans les pédiculaires , la gratiole , tantôt narcotique , comme dans la digitale. C'est à ces titres, que plusieurs sont employées en médecine. On trouve un assez grand nombre de Scrophulariacées dans les prairies ; mais, en général , ce sont des plantes médiocres , inutiles ou vénéneuses. Le groupe des Scrophulariacées est nombreux ; il avait d'abord été divisé par Jussieu en deux familles : les *Scrophulaires* et les *Pédiculaires*, qui ont été réunies par Rob. Brown. Bentham n'établit pas moins de quinze tribus. Genres principaux : *Calceolaria* , *Verbascum* , *Linaria* , *Anthirrhinum* , *Paulownia* , *Scrophularia* , *Gratiola* , *Veronica* , *Bartsia* , *Euphrasia* , *Rhinanthus* , *Pedicularis* , *Melampyrum* , etc.

SCROTOCÈLE , s. f., *Scrotocele*, de *scrotum* , scrotum, et κηλη, tumeur; hernie du scrotum.

SCROTUM, s. m. , de *scrotum*, bourse ; poche externe , commune aux deux testicules , et portant vulgairement le nom de *bourses*. Le scrotum n'est autre chose que la peau amincie , dénudée , et portant dans le plan médian une ligne saillante , longitudinale , constituant le raphé. La peau du scrotum adhère au dartos par un tissu cellulaire très fin et très serré , qui en rend la dissection très difficile.

SCUTELLAIRE , s. f., *Scutellaria* , L. ; genre de la famille des Labiées. Il se compose de plantes herbacées, vivaces, plus rarement sous-frutescentes , habitant les régions tempérées et froides. Les espèces *galericulata* , *alpina*, se trouvent quelquefois en assez grande abondance dans les pâturages élevés.

SCUTELLE , s. f. , *Scutella* ; nom du réceptacle dans les Lichens.

SCUTELLIFORME , adj. , *scutelliformis*, de *scutellum* , petit bouclier ; en forme de petit bouclier , ex. : les *cotylédons* dans la *houlque*.

SCUTIFORME , adj. , *scutiformis* , de *scutum* , bouclier , et *forma* , forme ; en forme de bouclier. — *Cartilage scutiforme :* cartilage de l'oreille externe placé en avant, sur la surface du crotaphite, et servant d'intermédiaire pour l'action des muscles qui tirent l'oreille en avant. Le cartilage scutiforme n'a, avec la conque, que des adhérences musculaires.

SÉBACÉ , ÉE, adj., *sebaceus*, de *sebum* , suif; qui est de la nature du suif. — *Glandes sébacées, follicules sébacées :* petites glandes logées dans l'épaisseur de la peau , versant à sa surface un fluide onctueux et destiné à son assouplissement. Des follicules sébacés existent à la base de chaque poil ; ils sont aussi très abondants vers le pli de l'aine. Les pores inguinaux de certains

ruminants ne sont que des follicules sébacés très développés.

SÉBACIQUE , *V.* ACIDE SÉBACIQUE.

SÉBATE , s. m. , *Sebas* ; genre de sels formés par l'union de l'acide sébacique avec les bases. Ils sont sans importance.

SÉCATEUR , s. m. ; instrument analogue à des cisailles , destiné à remplacer la serpette dans la taille des arbres.

SÉCHERESSE , s. f. , *Siccitas* ; opposé à *humidité* et *fraîcheur*. *V.* ces mots et VÉGÉTATION.

SECONDAIRE , adj. , *secundarius* ; se dit des ramifications ou divisions du pétiole commun dans la feuille composée , et du rachis dans les pédoncules , etc.

SECONDINE , s. f. ; seconde membrane perforée de l'ovule. Elle est située en dedans de la primine , et n'a d'adhérence avec elle qu'à la base. C'est le *tegmen* de R. Brown et Brongniart ; l'ouverture supérieure de la secondine porte le nom d'*endostome*.—*Anat.* *V.* ARRIÈRE-FAIX.

SÉCRÉTEUR ou **SÉCRÉTOIRE** , adj., *secretorius* , de *secernere*, séparer ; qui a rapport aux sécrétions ; ex. : *organes* , *appareils sécréteurs*. *V.* SÉCRÉTION.

SÉCRÉTION , s. f., *Secretio*, de *secernere*, séparer ; fonction ayant pour but de séparer du sang différents liquides très variables par leur composition et leurs usages. Les sécrétions sont divisées, suivant les organes qui en sont chargés, en *sécrétions perspiratoires, folliculaires* et *glandulaires*. Les premières sont les plus simples et sont produites par de simples vaisseaux exhalants, comme cela a lieu pour la sérosité du tissu cellulaire, la synovie, la graisse, etc. Les sécrétions folliculaires sont produites par les glandules situées dans l'épaisseur du tégument, et sont versées directement à la surface de la peau ou des muqueuses. Enfin , les sécrétions glandulaires sont le produit d'organes particuliers, formés, en dernière analyse, d'une agglomération de follicules , dont tous les canaux d'évacuation se réunissent de proche en proche pour former quelques canaux communs, ex. : la glande lacrymale , ou un canal unique , versant directement son fluide sur une surface tégumentaire, ex. : le pancréas, la parotide, ou le déposant en réserve dans une poche particulière d'où il sera évacué plus tard, ex. : le rein, le testicule, le foie dans la plupart des animaux. — Le produit des sécrétions a des usages variés. Tantôt le fluide est repris par les absorbants, comme cela a lieu pour la sérosité, la graisse, la synovie ; d'autres fois, il est rejeté comme matière excrémentitielle ; l'urine est dans ce cas, ainsi que la sueur, la perspiration pulmonaire. Quelques fluides sécrétés sont en partie repris et en partie rejetés, ex. : la bile, la salive, etc. De là la division des sécrétions en *récrémentitielles* , *excrémentitielles* et *excrémento-récrémentitielles*. Chaque fluide sécrété sert , en outre, à divers usages : à la digestion, comme la salive, le suc gastrique, la bile, etc. ; à la lubréfaction, comme les fluides muqueux, sébacés, les larmes ; à la génération, comme le sperme, etc., etc. — *Bot. V.* EXCRÉTIONS.

SECTILE, adj., *sectilis;* synonyme de *divisible.* Les masses polliniques sont dites *sectiles,* quand les grains, agglutinés par une sorte de réseau élastique, peuvent se séparer par la traction.

SECTION, s. f., *Sectio;* division établie dans un genre. Elle renferme une ou plusieurs espèces.—*Chirurg.* Action de couper. *Section des tendons fléchisseurs. V.* BOULETÉ et TÉNOTOMIE.

SÉDATIFS, s. et adj., *Sedativus, sedans,* de *sedare,* calmer, apaiser ; groupe de médicaments qui auraient la propriété de diminuer l'action des organes, lorsqu'elle se trouve augmentée par un état morbide. Ce mot peut être considéré comme synonyme d'*anodin,* de *calmant,* de *narcotique,* bien que chacun d'eux n'ait pas rigoureusement la même signification. Les sédatifs n'agissent pas spécialement sur les nerfs comme les précédents ; leur action peut s'étendre à toute l'économie. L'agitation morbide produite par les maladies dans les appareils organiques pouvant varier beaucoup par nature, celle des médicaments sédatifs doit être variable aussi. Quand l'affection est franchement inflammatoire, les véritables sédatifs sont les *antiphlogistiques* et les *contre-stimulants ;* lorsqu'il y a prédominance dans les symptômes nerveux, les *narcotiques,* les *anodins* sont les meilleurs moyens sédatifs, etc.

SÉDATION, s. f., *Sedatio;* action produite par les moyens sédatifs. Calme produit dans l'activité organique des appareils malades par des moyens appropriés et variables selon les cas.

SÉDIMENT, s. m., *Sedimentum,* de *sedere,* tomber au fond ; matières solides qui se déposent au fond du vase qui renferme un liquide hétérogène. Synonyme de *dépôt.* Se dit surtout du dépôt de certains liquides organiques, de l'urine par exemple : *sédiment de l'urine. — Econ. rur.* Dépôt produit par la précipitation des matières dissoutes ou suspendues dans un liquide. *V.* TERRAINS.

SÉDIMENTEUX, adj., *sedimentosus;* qui laisse déposer un sédiment abondant. Se dit des liquides qui tiennent en suspension des matières solides, qu'ils laissent ensuite déposer. *Urine sédimenteuse :* très chargée de sels.

SÉGALAS (Race bovine du). Elle fait partie des races d'Auvergne, et se trouve principalement dans le Rouergue. C'est dans le Causse qu'elle présente le mieux prononcés les caractères suivants : taille moins élevée que dans les races d'Aubrac et de Salers ; corps court ; dos droit ; tête allongée, cornes luisantes, amincies, courbées en haut à la pointe ; fesses et cuisses étroites et minces ; membres hauts et un peu grêles, jarrets étroits ;

robe rouge vif uniforme. Le bœuf du Ségalas est bon travailleur, agile, fort et sobre ; il est moins propre à l'engraissement que celui de Salers ; mais il s'améliorerait par un bon régime. Les femelles sont médiocres laitières. — La race du Ségalas n'est pas, à proprement parler, une race locale. Elle paraît être formée du mélange des sangs de Salers, d'Aubrac et du Querry.

SEIGLE, s. m., *Secale,* L. ; genre de la famille des Graminées. Ses caractères sont : épi simple, rachis ordinairement articulé ; épillets solitaires et appliqués contre le rachis par un de leurs côtés ; glumelles étroites, aristées ou mutiques, carénées, presque égales et opposées; glumelles inégales, la supérieure plus courte, l'inférieure inéquilatérale, aristée au sommet ; deux glumellules entières, ciliées ; ovaire velu au sommet ; deux stigmates plumeux : cariopse allongé, sillonné sur une de ses faces. Leurs épillets biflores et solitaires distinguent les seigles des orges, où ils sont uniflores et groupés, et des froments, où ils sont uni ou multiflores. Les seigles sont indigènes du sud-est de l'Europe et des parties contiguës de l'Asie. Kunth n'en décrit que cinq espèces ; la seule véritablement intéressante est le S. cultivé, *S. cereale,* L., plante annuelle et spontanée autour du Caucase et dans la Crimée, sur des sols nus et sablonneux. Les agronomes distinguent dans cette espèce plusieurs variétés, sur le compte desquelles ils sont bien loin d'être d'accord. On admet généralement des variétés d'automne, de printemps ou de mars, de la Saint-Jean ou multicaule. Sous le rapport botanique, Seringe n'en distingue que trois. Le seigle commun est une plante d'une grande importance pour la nourriture de l'homme, surtout dans les lieux où le froment ne peut être cultivé. Il est peu difficile sur le choix de la terre, et supporte bien le froid. On le cultive très avant dans le nord et sur des stations élevées. Il est plus productif que le blé, et donne beaucoup de farine, qui exige pour sa panification plus de levain que celle du blé, parce qu'elle contient moins de gluten. Le seigle de mars, celui de la Saint-Jean, sont souvent associés avec d'autres espèces fourragères, le sarrasin, les légumineuses, etc. Le seigle peut être consommé en vert, en gerbées ; il supporte même le pâturage. Lorsque le seigle multicaule a été coupé de bonne heure, il peut encore donner une bonne récolte de grains. La paille est dure, siliceuse et médiocre comme fourrage. Le grain du seigle peut entrer dans la ration habituelle des animaux et y remplacer l'avoine ; dans le nord de l'Europe, on l'emploie à la fabrication de la bière et de l'eau-de-vie. — L'épi du seigle est simple dans l'espèce, mais il peut devenir rameux dès sa base par une culture soignée sur une terre fertile. Le seigle multicaule, originaire de la Bohême, est ainsi appelé à cause du nombre des chaumes composant un plant. Il ne paraît pas avoir réalisé, en France du moins, malgré les avantages qu'il présente comme plante fourragère, les espérances que l'on en avait conçues.

SEIGLE ERGOTÉ, s. m., *Clavus secalinus*, *secale cornutum*; le seigle ergoté est une altération particulière avec développement extraordinaire du grain du seigle, avant sa maturité. Il se développe dans les épis de cette céréale pendant les années pluvieuses et chaudes, et principalement dans les terrains argileux. Sa nature est encore peu connue; les uns l'attribuent à un champignon, à la piqûre d'un insecte, à une altération de la séve, et d'autres, ce sont ajourd'hui les plus nombreux, à un développement anormal de l'ovule du grain. — *Caractères*. Le seigle ergoté est allongé, un peu courbé, rond ou anguleux, de couleur noirâtre, d'aspect corné; une des extrémités est jaunâtre, entière (adhérente), l'autre est mince et crevassée (libre). La surface, d'un noir violacé, présente des sillons longitudinaux et des gerçures transversales. La cassure est nette et laisse voir le centre du grain d'une couleur blanche légèrement violacée, surtout à la circonférence. Son odeur est forte, repoussante et analogue à celle des corps moisis; sa saveur est âcre; sa poudre, d'un gris bleuâtre, est hygroscopique et doit être conservée dans des vases secs et clos. Il doit être récolté à l'époque de la maturité et sur les épis même où il s'est développé. — *Composition chimique*. Elle est très complexe. D'après Viggers, l'ergot de seigle contient les principes suivants : *ergotine*, mannite, gomme, albumine, huile grasse, cérine, osmazôme, fongine, phosphate de potasse, chaux, silice. — Le seigle ergoté se donne surtout en poudre, après avoir subi l'infusion; on peut aussi le traiter par l'alcool, l'éther, l'huile. La dose, pour les grandes femelles peut être de 8, 15, 25, 30 grammes selon les cas; pour les petites elle varie de 2 à 5 grammes. A petite dose, le seigle ergoté produit peu de désordres locaux, et une fois absorbé, il porte son action d'une manière toute spéciale sur l'utérus, dont il provoque vivement la contraction; de là son emploi dans le part languissant et dans la non-délivrance. Donné à trop forte dose ou pendant un temps trop prolongé, il peut irriter le tube intestinal et déterminer ensuite les effets des narcotiques et ceux des miasmes putrides, dont l'ensemble constitue une sorte d'affection appelée *ergotisme*. — Cet état est caractérisé d'abord par une sorte de faiblesse, de lassitude des membres, des vertiges, des gonflements partiels, des rougeurs, des hémorrhagies, des marques livides et enfin le sphacèle des parties inférieures des membres. Ce dernier effet serait déterminé, d'après Mialhe, par la coagulation du sang dans les capillaires par l'action de l'ergotine; d'où arrêt de la circulation et mort des parties les plus éloignées du centre circulatoire. Indépendamment de son usage comme utérin, l'ergot de seigle peut être employé contre la paraplégie des vaches fraîches vêlées, les hémorrhagies passives, la métrite chronique avec engorgement de la matrice, etc.

SEIME, s. f.; nom donné aux fissures du sabot des monodactyles, lesquelles se présentent sur la paroi dans la direction des fibres de la corne. On les distingue, d'après la position, en *seimes en pince*, vulgairement *soie*, *pied de bœuf*, et *seimes quartes*. Les premières sont communes dans les pieds de derrière; les autres se montrent le plus souvent dans les pieds de devant. On trouve des causes prédisposantes dans les défauts d'aplomb et de conformation; les pieds rampins sont exposés à la seime en pince; les pieds de devant à talons resserrés contractent la seime quarte. Les changements rapides de température, les alternatives de sécheresse et d'humidité, ont produit des seimes qu'on a même considérées comme épizootiques. Ces maladies sont aussi la conséquence des affections du pied mal guéries, d'un javart, de la crapaudine, des contusions, d'une mauvaise ferrure. En pince, les seimes sont le plus souvent longitudinales; en quartier, elles sont fréquemment taillées en biseau et disposées en écailles. On dit que la seime est *simple*, quand elle consiste dans une fente de la paroi, sans altération des tissus sousjacents. La seime ancienne est quelquefois compliquée de kéraphyllocèle, sorte de tumeur cornée qui se développe en dedans de la paroi, dans le sens de ses fibres, et comprime les tissus adjacents; une boiterie intense est le résultat de ces altérations de la corne. La suppuration du tissu feuilleté, la carie de l'os du pied, la gangrène d'une partie du tendon extenseur, sont les accidents les plus fâcheux qu'on peut observer. Le pronostic est variable suivant que la seime est complète ou incomplète, simple ou compliquée, superficielle ou profonde; celle qu'on observe en quartier est plus grave qu'en pince, parce qu'elle peut produire le javart cartilagineux. — Le traitement de la seime récente consiste à appliquer sur la couronne des cataplasmes émollients, à employer, pour le pied malade, une ferrure convenable et à donner du repos. Pour guérir la seime ancienne, on a proposé plusieurs moyens différents. A. *Caustiques*. Garsault, Laguérinière, employaient l'acide nitrique, le sublimé corrosif. On peut appliquer avec avantage sur le bourrelet, pour modifier la sécrétion de la corne, soit la pommade stibiée, soit la pommade de biiodure de mercure. B. *Opération*. Elle peut être faite d'après des procédés différents. 1° L'extirpation complète par rainures parallèles est un des procédés les plus usités; elle est indispensable dans le cas de suppuration avec gangrène du tissu feuilleté, carie de l'os du pied. 2° L'opération en V ou en sifflet permet de faire moins de délabrements sur la paroi; mais elle a l'inconvénient de diviser la corne dans une direction différente des fibres de la paroi, et d'être souvent insuffisante. 3° Le procédé par amincissement recommandé par Prévost, Girard fils et autres, est d'une exécution longue et difficile; il ne réussit qu'autant qu'on découvre largement les tissus altérés. 4° La rainure transversale dans le milieu de la seime, proposée par Levrat, offre quelquefois des avantages. 5° La rainure transversale sur le biseau, à la naissance de la corne, n'est qu'une amplification de l'idée de Lafosse, qui donnait le conseil de rafraichir les bords supérieurs de la fissure. Ce procédé suffit dans tous les cas où il n'y a pas de suppuration dans le sabot. Différentes sortes de fers ont été recommandés comme moyens palliatifs ou curatifs ; pour la seime en pince, on préfère le fer à deux pinçons sur les côtés, et pour la seime quarte, le fer à planche, en évitant toujours l'appui sur les parties de la muraille qui sont divisées.

Seime en pince, Seime en pied de boeuf, *V.* Seime.

Seime-quarte ; seime en quartier. *V.* Seime.

SEL, s. m., *Sal ;* on donnait autrefois ce nom à toute substance solide, cristallisée, transparente, sapide, soluble dans l'eau, et se rapprochant, par conséquent, par ses caractères extérieurs, du *sel marin,* qui servait alors de type à cette classe de corps. A l'époque de la création de la chimie rationnelle par Lavoisier, ce grand chimiste donna le nom de sels *aux combinaisons des acides avec les bases, dans lesquelles les propriétés de l'acide et de la base sont plus ou moins neutralisées.* Enfin, la combinaison des hydracides avec les oxydes métalliques, donnant toujours naissance à un composé binaire, les chimistes ont été placés dans l'alternative ou d'abandonner la définition de Lavoisier qui n'est plus assez large, ou de rayer de la classe des sels, le sel marin qui a si longtemps servi de type à ces combinaisons. Pour sortir de cette incertitude, Berzélius a proposé de donner le nom de sel *à tout composé dont les éléments simples ou composés neutralisent réciproquement leurs propriétés électro-chimiques.* Cet illustre chimiste divise les composés salins en deux classes : les *haloïdes* ou *binaires,* et les sels *amphides* ou *ternaires.* Ces derniers ont été subdivisés en *oxysels, sulfosels, sélénisels, tellurisels, chlorosels,* etc. (*V.* ces mots). Dans les oxysels, qui sont les plus importants, le rapport de l'oxygène de la base à celui de l'acide est constant dans chaque genre. Ils sont appelés *neutres,* quand ils sont formés par un équivalent de chacun des composés binaires qui les constituent; on dit qu'ils sont *sesquibasiques, bibasiques, tribasiques,* etc., quand ils contiennent une proportion et demie, deux, trois proportions de base contre une d'acide ; on les appelle, au contraire, *sesquisels, bisels,*

trisels, etc., lorsqu'ils renferment une et demie, deux ou trois proportions d'acide contre une de base. Un petit nombre de sels existe tout formé dans la nature ; la plus grande partie est le produit de l'art et se prépare par des procédés très divers. — *Caractères généraux.* Tous les sels sont solides et susceptibles de cristalliser, soit par la voie humide, soit par la voie sèche. Ils sont dépourvus de couleur, lorsque l'acide et la base sont incolores; si l'un d'eux est coloré, le sel l'est également ou reste incolore ; souvent la base décide de la couleur des sels, ex. : ceux de fer, de cuivre, quand elle ne dépend pas de l'eau de cristallisation ; leur saveur est nulle, s'ils sont insolubles ; s'ils se dissolvent dans l'eau, ils ont une saveur qui varie selon chaque base et qui, souvent, est caractéristique. Le plus grand nombre est dépourvu d'odeur ; quant à leur densité, elle est plus grande que celle de l'eau et dépend du poids de l'oxyde. Soumis à l'action de la chaleur, quelques uns se volatilisent, le plus grand nombre reste fixe. Il en est qui décrépitent ; d'autres qui fondent dans leur eau de cristallisation (*fusion aqueuse*); enfin, quelques-uns fondent eux-mêmes (*fusion ignée*). Quand la température est suffisamment élevée, il en est un grand nombre qui peuvent se décomposer. L'électricité voltaïque, lorsque le courant est assez fort, en sépare assez facilement les éléments. L'eau dissout certains sels et reste sans action sur d'autres, sans qu'il soit possible de poser quelques règles à cet égard ; les sels anhydres élèvent la température en se dissolvant ; ceux qui sont hydratés l'abaissent. En général, la faculté dissolvante de l'eau sur les sels augmente avec sa température. Exposés à l'air, il est des sels qui abandonnent de l'eau de cristalisation (*efflorescents*); d'autres en absorbent activement (*déliquescents*); enfin, quelques-uns absorbent, par l'acide ou la base, de l'oxygène, et changent de composition. L'action des métalloïdes, des métaux, des acides, des oxydes, des sels, des composés organiques, sur cette classe de corps, donnerait lieu à des considérations trop étendues pour qu'elles puissent trouver place ici. Enfin, les usages économiques, industriels, agricoles et médicinaux des sels seront indiqués aux articles consacrés à chacun d'eux en particulier.

Sel d'absinthe ; carbonate de potasse obtenu par la combustion de cette plante.

Sel acéteux ammoniacal, *V.* Acétate d'ammoniaque.

Sel acéteux d'argile, *V.* Acétate d'alumine.

Sel acéteux calcaire, *V.* Acétate de chaux.

Sel acéteux magnésien, *V.* Acétate de magnésie.

Sel acéteux martial, *V.* Acétate de fer.

Sel acéteux minéral, *V.* Acétate de soude.

SEL ACIDE DE BORAX , V. A. BORIQUE.

SEL ACIDE DE TARTRE , V. A. TARTRIQUE.

SEL ADMIRABLE DE GLAUBER , V. SULFATE DE SOUDE.

SEL ADMIRABLE DE LÉMERY , V. SULFATE DE MAGNÉSIE.

SEL ADMIRABLE PERLÉ , V. PHOSPHATE DE SOUDE.

SEL ALCALI VOLATIL , V. CARBONATE D'AMMONIAQUE.

SEL ALEMBROTH , V. ALEMBROTH.

SEL AMER MURIATIQUE , V. CHLORURE DE MAGNÉSIUM.

SEL AMER CATHARTIQUE , V. SULFATE DE MAGNÉSIE.

SEL AMMONIAC , V. CHLORHYDRATE D'AMMONIAQUE.

SEL AMMONIAC CRAYEUX , V. CARBONATE D'AMMONIAQUE.

SEL AMMONIAC FIXE , V. CHLORURE DE CALCIUM.

SEL AMMONIAC LIQUIDE , V. ACÉTATE D'AMMONIAQUE.

SEL AMMONIAC NITREUX , V. AZOTATE D'AMMONIAQUE.

SEL AMMONIAC SECRET , V. SULFATE D'AMMONIAQUE.

SEL AMMONIACAL CUIVREUX , V. SULFATE DE CUIVRE AMMONIACAL.

SEL AMMONIACAL SÉDATIF , V. BORATE D'AMMONIAQUE.

SEL AMMONIACAL TARTREUX , V. TARTRATE D'AMMONIAQUE.

SEL AMMONIACAL VITRIOLIQUE , V. SULFATE D'AMMONIAQUE.

SEL ANGLAIS , V. SULFATE DE MAGNÉSIE.

SEL DE BENJOIN , V. A. BENZOÏQUE.

SEL CHALYBÉ , V. PROTO-SULFATE DE FER.

SEL DE COLCOTHAR , V. PERSULFATE DE FER.

SEL COMMUN, DE CUISINE, MARIN, V. CHLORURE DE SODIUM.

SEL DÉPURATIF DE DUFOUR , V. SULFATE DE POTASSE.

SEL DE DÉROSNE , V. NARCOTINE.

SEL DIGESTIF DE SYLVIUS , V. ACÉTATE DE POTASSE.

SEL DE DUOBUS , V. SULFATE DE POTASSE.

SEL D'EGRA ou D'EPSOM , V. SULFATE DE MAGNÉSIE.

SEL ESSENTIEL DE LAIT , V. SUCRE.

SEL ESSENTIEL D'OPIUM , V. NARCOTINE.

SEL ESSENTIEL DE TARTRE , V. TARTRATE ACIDULE DE POTASSE.

SEL FÉBRIFUGE DE LÉMERY , V. BISULFATE DE POTASSE.

SEL FÉBRIFUGE DE SYLVIUS , V. CHLORURE DE POTASSIUM.

SEL FIXE DE TARTRE , V. CARBONATE DE POTASSE.

SEL FUSIBLE DE L'URINE , V. PHOSPHATE DE SOUDE et D'AMMONIAQUE.

SEL GEMME , V. CHLORURE DE SODIUM.

SEL DE GLAUBER , V. SULFATE DE SOUDE.

SEL DE GRAVELLE , V. CARBONATE DE POTASSE.

SEL DE HOMBERG , V. ACIDE BORIQUE.

SEL INFERNAL , V. AZOTATE DE POTASSE.

SEL DE JUPITER , V. CHLORURE et NITRATE D'ÉTAIN.

SEL KALI , V. CARBONATE DE SOUDE.

SEL MARIN ARGILEUX , V. CHLORURE D'ALUMINIUM.

SEL MARIN BAROTIQUE ou PESANT , V. CHLORURE DE BARYUM.

SEL MARIN CALCAIRE , V. CHLORURE DE CALCIUM.

SEL MARIN RÉGÉNÉRÉ , V. CHLORURE DE POTASSIUM.

SEL MICROCOSMIQUE , V. PHOSPHATE DE SOUDE et D'AMMONIAQUE.

SEL DE NITRE , V. AZOTATE DE POTASSE.

SEL D'OPIUM , V. NARCOTINE.

SEL D'OSEILLE , V. BIOXALATE DE POTASSE.

SEL PERLÉ , V. PHOSPHATE ACIDE DE SOUDE.

SEL POLYCHRESTE DE GLASER , V. SULFATE DE POTASSE.

SEL DE PRUNELLE , V. AZOTATE DE POTASSE FONDU.

SEL DE LA SAGESSE , V. ALEMBROTH.

SEL DE SATURNE , V. ACÉTATE NEUTRE DE PLOMB.

SEL SECRET DE GLAUBER , V. SULFATE D'AMMONIAQUE.

SEL SÉDATIF MERCURIEL , V. BORATE DE MERCURE.

SEL DE SEDLITZ , V. SULFATE DE MAGNÉSIE.

SEL DE SEIGNETTE , V. TARTRATE DE POTASSE ET DE SOUDE.

SEL DE SUCCIN , V. A. SUCCINIQUE.

SEL DE TARTRE , V. CARBONATE DE POTASSE.

SELS TERREUX : Sels à base de *chaux*, de *glucyne*, *d'alumine*.

SEL VÉGÉTAL , V. BITARTRATE DE POTASSE.

SEL VOLATIL D'ANGLETERRE , V. CARBONATE D'AMMONIAQUE.

SEL MARIN. *Econom. rurale.* Le sel est utile à l'agriculteur, comme condiment pour le bétail, comme aliment pour les terres. — *Du sel comme condiment.* Le sel fait partie des tissus animaux, circule avec les liquides, est éliminé avec les excréments et les fluides de la transpiration. Il doit donc être renouvelé dans l'économie. Celui qui se trouve dans les aliments ordinaires est-il en assez forte proportion pour suffire à ce renouvellement ? On peut répondre par l'affirmative, quand il s'agit des animaux à l'état de nature. Cependant si, dans ces conditions, ils n'éprouvent pas le besoin absolu d'un supplément de sel, le goût que manifestent généralement pour cette substance les animaux herbivores permet de supposer qu'elle agit favorablement sur leurs fonctions de nutrition. Tels sont les principes sur lesquels s'appuie l'habitude de donner aux animaux domestiques du sel en nature, et qui peuvent le faire regarder comme un véritable aliment. Comme condiment proprement dit, l'influence du sel est peut-être moins contestable ; il donne aux aliments une saveur salée qui excite l'appétit ; il provoque la sécrétion de la salive et des autres fluides digestifs , l'action de l'intestin, et dispose ainsi les animaux à une digestion plus complète et partant plus avantageuse au point de vue économique. Les effets utiles du sel sur les animaux domestiques ont été tantôt exagérés, tantôt niés; depuis longtemps ils sont l'objet de discussions qui seront interminables, si on veut les trancher à l'aide de termes absolus, c'est-à-dire par des chiffres rigoureux. Le sel favorise l'assimilation et active ainsi l'accroissement et les forces; il hâte l'engraissement et fait prendre à la chair une saveur plus agréable, plus de fermeté, à la graisse plus de densité, au lait et surtout au beurre un goût plus fin; il donne à la laine du brillant et de la force, et prévient, par son action fortifiante, les maladies résultant de causes pouvant affaiblir l'économie et altérer les humeurs. Après une pratique très ancienne et d'innombrables observations, il serait difficile de révoquer en doute aujourd'hui les avantages généraux de l'emploi du sel comme condiment; mais pour devenir sensibles, pour ne point tourner au détriment des animaux mêmes, les effets ne doivent en être recherchés que sur les individus qui ne trouvent pas dans leur alimentation une quantité de sel suffisante à tous leurs besoins. La fixation de la dose de sel à administrer à chaque individu présente de nombreuses difficultés; on ne doit donc pas s'étonner qu'elle ait donné lieu à tant de travaux et de propositions diverses. Ces difficultés tiennent à ce que l'on ne connaît exactement ni la quantité de sels de soude nécessaire à l'entretien de l'économie dans certaines conditions, ni la proportion des mêmes substances contenues dans l'alimentation. L'expérience directe, pratique, a servi pendant longtemps de base aux recherches des agronomes, mais elle a donné des résultats très divers. Récemment, on s'est éclairé des lumières de l'analyse chimique et on a conclu d'après l'analogie. M. Barral, auteur d'un travail remarquable sur ce sujet, aura-t-il été plus heureux que les agriculteurs? Dans tous les cas, voici les proportions dans lesquelles il propose l'emploi du sel comme condiment: pour le cheval, et par jour, 75 à 185 grammes: pour le bœuf, 30 à 115 gr.; pour le porc, 6 à 16 gr.; pour le mouton, 5 à 7 gr. Ces quantités sont supérieures à celles généralement employées. D'ailleurs, la dose à administrer doit toujours être subordonnée à la proportion réelle de la substance renfermée dans les aliments consommés. Les quantités recommandées par l'administration, dans ses circulaires, sont les suivantes :

Bœuf de travail. . .		60	gr.
Vache laitière . . .		60	—
Bœuf d'engrais. . . 80	à	150	—
Veau d'un an . . . 30		40	—
Porc d'engrais . . . 30		60	—
Cheval et mulet . .		30	—
Mouton. . . . . . . 1 ½		2	

L'usage du sel est plus avantageux aux ruminants qu'aux solipèdes. S'il est continu, il peut occasioner la pléthore et entraîner les inconvénients qui en sont la suite; pour les prévenir, on conseille de remplacer le sel une ou deux fois par semaine, par une dose égale de sulfate de soude. — On administre le sel mélangé aux aliments; c'est la meilleure méthode. On pourrait le placer dans des linges et en faire des nouets que l'on mettrait à la portée des animaux; ou bien placer, dans divers endroits de l'étable, des morceaux de sel gemme. Le sel solide ou en dissolution est aussi très utilement employé pour conserver les fourrages et prévenir leur altération, corriger ceux qui ont subi quelques avaries, assaisonner la nourriture fade et donner du goût à celle dont les substances salines ont été entraînées par l'eau. — *Du sel comme alimentation végétale.* On sait quelles sont l'abondance des produits des pâturages situés au voisinage de la mer et les qualités précieuses des fourrages des prés salés. Si le séjour des eaux saumâtres sur le sol est nuisible à la végétation, cela ne prouve rien contre l'action bienfaisante d'une petite dose de sel. Le sable salé, le merl, les goëmons, sont employés de tout temps comme engrais. Dans quelques localités, on arrose le fumier avec de l'eau de la mer. En Angleterre et en Écosse, on emploie le sel comme amendement; on s'en trouve tantôt bien, tantôt mal, selon les cultures et les terrains. L'excès a toujours été nuisible; ce qui explique la coutume des anciens de répandre du sel sur la terre qu'ils voulaient stériliser, et conduit à cette donnée utile que le chlorure de sodium n'est réclamé que par les terres où manquent les composés de soude, et doit être employé à dose moindre sur celles qui sont fumées avec des engrais provenant d'animaux qui reçoivent du sel comme condiment. Il résulte des expériences de M. H. Lecoq, que le sel active l'absorption dans l'atmosphère, puisqu'il provoque plutôt l'accroissement des fanes et des tiges que celui des grains. M. de Gasparin établit, d'après ses expériences, que la dose la plus efficace est, pour l'orge, de 60 kilog. par hectare: pour la luzerne, 30 kilog.; pour les pommes de terre et pour le lin, 50 kilog. En principe, on admet que, pour être véritablement utile à la végétation, le sel ne doit pas entrer dans la terre pour une proportion de plus de $1/_{1000}$. F. SALIÈRES. —L'impôt du sel était, avant 1849, de 30 fr. par 100 kilog.: la loi du 28 décembre 1848 l'a réduit à 10 francs, ce qui met le prix d'achat de cette substance à un chiffre qui permet de l'employer à tous les besoins de l'économie rurale; en 1844, la production du sel s'est élevée en France à 3.778,539 quintaux métriques, et la consommation moyenne à 7 kilog. par habitant. La loi de 1848 est destinée à accroître considérablement la consommation générale.

SÉLAGINÉES, s. f., *Selagineæ;* famille de plantes dicotylédones . monopétales , hypogynes,herbacées ou sous-frutescentes,toutes originaires du Cap-de-Bonne-Espérance. Genres : *Selago* , etc.

SÉLÉNIATE , s. m. , *Selenias ;* nom des sels formés par l'acide sélénique avec les bases. Ils sont sans importance.

SÉLÉNIBASE, s. f. ; séléniure électro-positif qui , en s'unissant à un séléniure électro-négatif, donne naissance à un *sélénisel* , en jouant le rôle de base.

SÉLÉNIDE, s. m. ; séléniure électro-négatif qui joue le rôle d'acide dans les sélénisels.

SÉLÉNIÉ , adj. ; qui contient du sélénium: *hydrogène sélénié* ou *acide sélénhydrique.*

SÉLÉNIEUX, adj. , *V.* Acide sélénieux.

SÉLÉNIFÈRE . adj. , qui contient du sélénium : *minerai sélénifère.*

SÉLÉNIQUE, *V.* Acide sélénique.

SÉLÉNITE, s. m. ; genre de sels formés par l'acide sélénieux avec les bases.—s. f. ; Ancien nom du sulfate de chaux.

SÉLÉNITEUX, EUSE, adj.; qui renferme de la *sélénite* ou sulfate de chaux. *Eau séléniteuse :* eau chargée de sulfate calcique , comme beaucoup d'eaux de puits. *V.* Eau crue.

SÉLÉNIUM, s. m. , de σελήνη, lune. Se. Éq. 495,28. Métalloïde de la classe des sulfuroïdes, découvert en 1817, par Berzélius. Il existe dans la nature combiné aux métaux. Il est solide, fragile, brun en masse et rouge en poudre, sans odeur ni saveur, et d'une densité de 4 , 3. Chauffé, il devient mou comme de la cire à 100°, fond bientôt et se réduit en une vapeur d'un jaune foncé vers 350° ; en se condensant , il forme une poudre rouge. Le sélénium s'unit en plusieurs proportions avec l'oxygène , et forme avec l'hydrogène l'acide sélénhydrique, qui a une forte odeur de raifort pourri. Ce corps est sans usages.

SÉLÉNISEL, s. m.; composé salin qui résulte de la combinaison d'une *sélénibase* avec un *sélénide* (*V.* ces mots).

SÉLÉNIURE, s. m.; composé binaire de sélénium et d'un corps simple métalloïde ou métallique.

SÉLIN, s. m., *Selinum* , L. ; genre de la famille des Ombellifères , composé d'un petit nombre de plantes herbacées , vivaces. La seule espèce que l'on trouve en France est le S. à feuilles de carvi , *S. carvifolia*, assez commun dans les prés humides et les bois. Les bestiaux le mangent ; c'est une espèce assaisonnante.

SELLE, s. f. , *Ephippium ;* harnais placé sur le dos du cheval pour recevoir le cavalier. La selle se compose des *arçons*, des *bandes* , des *battes*, du *garrot* ou *arcade*, des *panneaux*, du *pommeau* , du *siège* , des *quartiers* et des *contre-sanglons.* Le *poitrail*, les *sangles* , le *surfaix*, les *étriers* , la *croupière* et le *coussinet* sont les appartenances ;

la *housse* et la *schabraque* des accessoires. Les anciens peuples, qui n'avaient pas encore de selle , la remplaçaient par des panneaux ajustés et recouverts d'une peau de mouton. L'usage de la selle proprement dite ne remonte qu'à l'époque du Bas-Empire. L'emploi de ce harnais a pour but d'offrir au cavalier plus de commodité et de solidité, et d'éviter le contact immédiat du cheval. Mais, pour n'avoir pas de nombreux inconvénients, la selle doit être bien rembourrée, unie , parfaitement appropriée au cheval et adaptée aux parties sur lesquelles elle repose. Les espèces de selles les plus connues sont celles à la *hussarde* ou *hongroise*, à l'*anglaise*, rase ou de chasse, *rase* ou à la *française*, enfin , la *selle de femme*, qui n'a qu'un étrier ou planchette et dont l'arçon de devant porte à gauche un croissant. La *selle à piquer* n'est en usage que dans les manéges.

SELLE (chevaux de) ; l'une des deux grandes divisions établies par les hippologues empiriques dans les races équestres. Les chevaux de selle, destinés à porter un cavalier , à une allure plus ou moins rapide, joignent à la vigueur musculaire une certaine légéreté de conformation. On peut les subdiviser : 1° en *chevaux de course ;* le pur sang anglais en est le type ; 2° *chevaux de chasse ;* le cheval quasi pur sang de l'Angleterre en offre un modèle remarquable. *V.* Chasse ; 3° *chevaux de manége* ; l'andalou, le barbe entrent dans cette catégorie ; 4° *chevaux de service* pour le *voyage*, la cavalerie , le *luxe*, etc. Les sujets de cette classe se puisent dans toutes les races propres à la selle. *V.* Chevalines.

SELLETTE , s. f. ; petite selle; harnais placé sur le dos du cheval de charrette pour soutenir les branches du timon ou brancards. C'est une selle courte et très forte, dont les étriers sont remplacés par une large courroie.

SEMAILLE . *V.* Ensemencement.

SÉMÉIOLOGIE, s. f., *Semeiologia* , de σημεῖον, signe , et λόγος, discours ; traité des signes des maladies.

SÉMÉIOTIQUE, ou **SÉMIOTIQUE**, s. f., *semeiotica* , de σημεῖον, signe ; partie qui traite des signes des maladies. *V.* Diagnostic , pronostic et signe.

SEMENCE, s. f., *Semen ;* synonyme de *graine*, mais rarement employé par les botanistes. *V.* Semences.— Synonyme de *sperme. V.* ce mot.

SEMENCES, s. f., *Semina ;* graines destinées à la reproduction des plantes. Leur choix, à quelque espèce qu'elles appartiennent , est extrêmement important ; c'est de lui que dépendent en grande partie l'avenir et la prospérité d'une récolte. On doit choisir des semences bien mûres, égales, entières, propres, exemptes d'altérations, de graines étrangères, provenant d'épis bien venus. Le triage à la main des épis les plus beaux et même des graines est une opération ou indispensable ou très utile , bien qu'elle paraisse , au premier abord , minutieuse. La question du renouvellement des semences, si souvent agitée , n'est point encore résolue; on croit généralement qu'elle est avantageuse , sous les deux rapports de la qualité et de la quantité des produits. Les semences choisies, comme il vient d'être dit, n'ont besoin de subir, avant d'être confiées à la terre, aucune préparation autre que le chaulage ou le sulfatage, ou tout autre traitement ayant pour but de prévenir le charbon, la carie, etc. Les semences des céréales conservent longtemps leur faculté germinative; cependant on doit préférer les grains nouveaux aux anciens. *V.* Ensemencement et Chaulage.

Semences chaudes ; mélange à parties égales de graines excitantes. Il en est de *majeures*, comme celles d'anis, de fenouil, de cumin et de carvi ; et de *mineures*, telles que les graines d'ache, de persil, d'ammi et de carotte.

Semences froides : mélange pharmaceutique de graines émollientes. Les anciens admettaient des *semences froides majeures*, qui sont celles de citrouille, de courge, de concombre et de melon ; et des *semences froides mineures*, telles que celles de laitue, d'endive, de chicorée et de pourpier.

Semen-contra , s. m. ; mots latins servant à désigner, dans les officines, un mélange hétérogène de semences, de fleurs non épanouies, de débris de plusieurs plantes du genre *artemisia*, qui croissent en Orient, mais dont l'espèce est encore indéterminée. Ce mélange est fréquemment employé chez l'homme à titre de vermifuge; mais il est inusité dans la médecine des animaux domestiques.

SEMI-AMPLECTIF, IVE, adj., *semi-amplectivus* ; la préfoliaison est semi-amplective quand les feuilles, pliées longitudinalement, ont leurs bords embrassés par une autre feuille pliée de la même manière.

SEMI-AMPLEXICAULE, adj., *semi-amplexicaulis* ; on désigne ainsi les feuilles sessiles qui embrassent la moitié de la tige.

SEMI-AMPLEXIFLORE , adj. , *semi-amplexiflorus* ; se dit des organes accessoires qui enveloppent la fleur à demi.

SEMI-DOUBLE, adj., *semi-duplex* ; se dit des fleurs à moitié doublées.

SEMI-EMBRASSANT , *V.* Semi-amplexicaule.

SEMI-FLEURONNÉ , ÉE, adj., *semi-flosculus* ; composé de demi-fleurons. *V.* Fleuron.

SEMI-FLOSCULEUX , EUSE , adj., *semi-flosculosus* ; se dit des fleurs composées de demi-fleurons. — Tournefort a réuni dans une même classe , sous le nom de *semi-flosculeuses*, toutes les plantes dont les fleurs sont ainsi disposées. Elle correspond aux *Chicoracées*.

SEMI-INFÈRE, adj., *semi-inferus*; à demi infère (*V.* ce mot). Ce caractère s'observe dans la périgynie.

SEMI-LUNAIRE , adj. , *semi-lunaris*; en forme de demi-lune. *Ganglion semi-lunaire* ou *cœliaque* : ganglion appartenant au grand sympathique, situé sur le côté de l'aorte, au niveau de l'artère cœliaque, et en partie recouvert par le pilier du diaphragme. Les deux ganglions semi-lunaires sont en rapport avec les ganglions voisins, par de nombreux filets qui constituent différents plexus. — *Valvules semi-lunaires*, *V.* Sigmoïde. — *Cartilages semi-lunaires*, *V.* Ménisque.

SEMI-LUNÉ , ÉE , adj. , *semi-lunatus*; en forme de croissant ou demi-lune.

SÉMINAL, ALE , adj., *seminalis*; qui a rapport à la semence. *Liqueur séminale*, *V.* Sperme. *Vésicules séminales* : poches membraneuses situées, une de chaque côté, à la partie supérieure de la vessie, entre cet organe et le rectum, et recevant en réserve le sperme amené par les canaux efférents, jusqu'au moment de l'éjaculation. Les deux vésicules séminales se rapprochent par leur extrémité postérieure, où leur col, réuni au canal efférent correspondant, constitue les canaux éjaculateurs. Le chien manque de vésicules séminales. — *Bot. Feuilles séminales*, ou produites par les cotylédons épigés. On ne doit pas les confondre avec les feuilles *primordiales* (*V.* ce mot).

SÉMINATION, *V.* Dissémination.

SÉMINIFÈRE, adj., *seminifer*, de *semen*, semence , et *ferre* , porter ; qui porte la semence. *Vaisseaux* ou *conduits séminifères* : canaux très ténus qui prennent leur origine dans tous les points du testicule, et amènent le sperme dans des vaisseaux plus considérables, dont l'ensemble constitue l'épididyme. — *Bot.* Se dit particulièrement des cloisons et des valves du péricarpe, lorsque les graines y sont attachées.

SÉMINULE, s. f., *Seminula*; corpuscule reproducteur des Cryptogames.

SEMI-RADIANT, ANTE . adj., *semi-radians*; Cassini désigne ainsi la couronne des Composées, quand elle n'est radiante que d'un côté.

SEMIS , *V.* Ensemencement.

SEMI-SAGITTÉ. ÉE, adj., *semi-sagittatus*; en demi-fer de flèche.

SEMI-STAMINAIRE, adj., *semi-staminaris*; se dit, d'après de Candolle, des fleurs doublées dans lesquelles une portion des étamines seulement est changée en pétales.

SEMI-VASCULAIRES , *V.* Æthéogames.

SEMOIR, s. m.; instrument propre à répandre les graines sur le sol pour les semer. Le nombre des semoirs dont l'agriculture est aujourd'hui en possession est considérable ; aucun d'eux ne remplit peut-être parfaitement son but. Leur forme et leur grandeur sont très variées ; les uns sont conduits à la main, d'autres nécessitent l'emploi d'un ou de deux chevaux. La plupart sont disposés pour les semis en lignes.

SÉNÉ , s. m., *Senna* . T. *Cassia* , D. C. ; Tournefort avait fait des espèces de Casse qui fournissent le Séné, un genre particulier. Cette division a été rejetée par les botanistes modernes. — *Pharm.* Nom d'un médicament purgatif qui résulte du mélange, en différentes proportions, de *folioles* et de *gousses*, improprement appelées *follicules*, de plusieurs arbustes du genre *Cassia*, L., qui croissent dans le Levant, la Syrie, la Haute-Égypte, l'Inde, ainsi qu'en Italie. Le commerce en présente plusieurs variétés distinguées surtout d'après leur provenance. 1° *Séné de la Palthe.* Cette variété, ainsi nommée à cause d'un impôt auquel elle est assujettie, provient de l'Égypte et s'expédie en Europe par le Caire. Elle est formée par les feuilles et les fruits du *C. acutifolia* et du *C. obovata*. Les folioles sont ovales, pointues à leur sommet, à bords inégaux, à nervure médiane et nervures latérales alternes, ou ovales, obtuses, et offrant une pointe dans l'échancrure du sommet. Les follicules sont plats, elliptiques, obtus, non recourbés, contenant chacun une graine cordiforme. 2° *Séné de Tripoli.* Il est formé presque entièrement de folioles et de gousses du *C. ovata* ou *æthiopica*. Les feuilles sont ovales, très obtuses, cunéiformes, et équilatérales. Les follicules sont très comprimés, recourbés en arc, et plus étroits que dans le précédent. 3° *Séné de Moka* ou de la *Pique*; il provient de l'Arabie et se compose de folioles lancéolées, très étroites, entièrement glabres, et de follicules allongés, également glabres, sans être recourbés. Cette variété, peu estimée, est fournie par le *C. lanceolata.* Quant au séné d'Italie, provenant du *C. obovata*, il est peu employé. Toutes les variétés de séné sont falsifiées avec les feuilles du *Cynanchum arguel*, et, ce qui est plus grave encore, avec celles du *Redoul* (*V.* ce mot). On y trouve aussi des feuilles de *Baguenaudier*, des débris de pétioles, des buchettes, etc.—Quelle que soit la variété, les folioles de séné sont d'une teinte plus verte et ont plus d'activité que les follicules. Leur saveur est mucilagineuse, amère, âcre, nauséabonde, et leur odeur faible et un peu vireuse. — Les sénés renferment, d'après Lassaigne et Feneulle, de la *cathartine*, une huile volatile, une huile grasse, de la chlorophylle, de l'albumine, du muqueux, de l'acide malique et une matière colorante jaune. L'eau dissout parfaitement le principe actif du séné, qui paraît être la cathartine; aussi traite-t-on ce médicament par infusion pour le faire prendre aux grands herbivores, chez lesquels il est à peu près exclusivement employé. La dose varie de 30 à 60 grammes et plus; mais il est rarement employé seul, parce qu'il fatigue beaucoup les animaux, sans déterminer d'évacuations abondantes, et parce qu'il porte principalement son action sur les parois intestinales, dont il augmente les contractions péristaltiques. Les purgatifs auxquels on l'associe le plus souvent sont l'aloès, les sels alcalins, la rhubarbe, la manne, l'huile de ricin, etc.

SÉNEÇON, s. m., *Senecio*, L.; genre de la famille des **Composées.** Il se compose d'environ 600 espèces herbacées ou frutescentes, parmi lesquelles nous distinguerons seulement le S. commun, *S. vulgaris*, qui abonde dans nos champs et que l'agriculture regarde comme nuisible, quoiqu'il soit mangé par les porcs; on fait avec les feuilles des cataplasmes émollients et résolutifs; le S. jacobée, *S. jacobæa*, commun dans les prés et plus nuisible encore que le précédent. Quelques espèces sont cultivées comme plantes d'agrément.

SENNER (Race). L'une des races chevalines du Hanovre. Riquet lui assigne les caractères suivants: taille belle, cadre assez bon; formes distinguées: système musculaire peu prononcé; tête carrée; encolure bien faite, bien sortie; poitrine et corps trop peu ouverts; jarret prononcé; le dessus brillant, peu de dessous; les membres assez bien conformés; pied disposé à l'encastelure; de belles allures et du fond; système nerveux irritable.

SENS, s. m., *Sensus;* faculté de sentir, ou de percevoir l'impression produite par les objets extérieurs, ou par les organes même de l'animal qui perçoit cette impression. On admet généralement cinq sens: l'*ouïe*, l'*odorat*, la *vue*, le *goût*, et le *toucher*. Les quatre premiers ont seuls des organes ou des nerfs spéciaux. Outre ces cinq sens, qui sont mis en action par les corps extérieurs, on doit admettre des sens internes, auxquels on donne plus spécialement le nom de *sentiments* ou de *sensations*; ex.: la *faim*, la *soif*, etc.

SENSATION, s. f., *Sensatio;* impression produite sur un organe des sens, et transmise au cerveau par les nerfs. Les sensations sont *externes* ou *internes.* Les premières sont produites par l'action des corps extérieurs ou des parties mêmes de l'individu. Les secondes sont occasionnées par différentes causes, telles que l'action stimulante de certaines humeurs, la réplétion, la vacuité de certains réservoirs, etc. — Pour qu'une sensation ait lieu, il faut que l'impression ne soit ni trop forte ni trop faible, qu'elle ne soit pas continue, que l'organe excité soit intact et communique par les nerfs avec le cerveau qui doit juger la nature de l'impression. — Les sensations sont *passives*, lorsque l'organe reçoit l'impression sans y être préparé; elles sont *actives*, lorsque l'attention de l'individu se concentre pour les juger avec plus d'exactitude. Elles peuvent se rectifier l'une par l'autre, mais jamais se suppléer. Quoique certaines plantes paraissent éprouver des sensations, on regarde généralement ces fonctions comme le caractère spécial des animaux.

SENSIBILITÉ, s. f., *Sensibilitas;* propriété des organes des êtres vivants, au moyen de laquelle ils perçoivent l'impression que produisent sur eux les corps extérieurs. Bichat a divisé cette propriété en *sensibilité organique* et *sensibilité animale.*

La première existe sans que l'animal en ait la conscience, et préside à toutes les fonctions végétatives ; elle a pour agent le nerf grand sympathique. La seconde est le moyen de relation de l'animal avec les corps extérieurs ; elle a pour agent le système nerveux cérébro-spinal, et préside à l'exercice des sens.

SENSIBLE, adj., *sensibilis;* qui est doué de sensibilité.

SENSITIF, IVE, adj., *sensitivus;* qui a rapport aux fonctions des sens.

SENSITIVE, *V.* MIMEUSE.

SENSORIUM; mot latin adopté en français pour désigner l'organe sensitif ou le cerveau considéré comme point central des sensations.

SENTIMENT; ce mot, en ce qui concerne les animaux, est à peu près synonyme de *sensation;* mais on l'emploie plus spécialement pour désigner les sensations internes, ex. : *le sentiment de la faim, de la soif.*

SEP, s. m.; partie essentielle de la charrue; le sep est une pièce de bois dans laquelle le soc est emboîté, et qui reçoit l'extrémité inférieure de l'âge ou des mancherons.

SÉPALE, s. m., *Sepalum;* pièce ou foliole distincte d'un calice. Chaque sépale se compose d'un *limbe* ou partie étalée, et d'une partie rétrécie, généralement courte, attachée au pédoncule et appelée *onglet.* La spathe est un sépale très développé. Plusieurs sépales soudés ou libres constituent les calices *gamosépales* ou *polysépales. V.* CALICE. L'organisation de chaque pièce est semblable à celle d'une feuille ordinaire, à nervures simples.

SÉPARÉ, *V.* POLYGAMIE.

SEPTEM-ANGULÉ, **ÉE**, adj., *septem-angulatus;* qui a sept angles.

SEPTEM-FOLIOLÉ, **ÉE**, adj., *septem-foliolatus;* composé de sept sépales ou folioles.

SEPTEM-LOBE, **ÉE**, adj., *septem-lobatus;* divisé en sept lobes.

SEPTEM-NERVÉ, **ÉE**, adj., *septem-nervatus;* se dit des feuilles qui présentent, dès leur base, sept nervures parallèles.

SEPTICIDE, adj., *septicidus;* la déhiscence est *septicide,* lorsque le péricarpe s'ouvre vis-à-vis des cloisons qui sont partagées en deux lames; ex. : plusieurs scrophulariacées, etc.

SEPTIFÈRE, adj., *septifer,* de *septum,* cloison, et *fero,* je porte ; qui porte des cloisons. Se dit surtout des valves du péricarpe.

SEPTIFORME, adj., *septiformis;* en forme de cloison ; tel est le placentaire des Crucifères.

SEPTIFRAGE, adj., *septifragus;* la déhiscence est *septifrage,* quand elle a lieu près de la cloison, qui reste entière au bord de la valve après l'ouverture du péricarpe.

SEPTILE, adj., *septilis;* se dit du placentaire et des graines, lorsqu'ils sont attachés aux cloisons.

SEPTIQUE, adj., *septicus,* de σηπτικος,

corrompre ; épithète qu'on donne à certains poisons (seigle ergoté, acide sulfhydrique) et à quelques venins, miasmes ou virus, parce qu'ils déterminent la décomposition putride du sang.

SEPTON, s. m.; ancien nom de l'azote, auquel on attribuait les premiers phénomènes de la putréfaction.

SEPTUM; mot latin signifiant *cloison,* et transporté, avec le même sens, dans le langage anatomique. On appelle *septum lucidum* la cloison médullaire très mince qui sépare les deux grands ventricules du cerveau ; *septum médian,* la cloison qui sépare les deux ventricules ou les deux oreillettes du cœur ; *septum staphylin,* le voile du palais. Girard appelle *septum dentaire,* la cloison qui sépare le cul-de-sac externe du cul-de-sac interne de la dent incisive du cheval.

SÉQUESTRATION, s. f., *Sequestratio;* mesure de police sanitaire ayant pour but d'isoler absolument des animaux sains ceux qui sont affectés ou suspects de maladie contagieuse, afin de prévenir la contagion. La séquestration doit se faire dans un local à part, isolé autant que possible. Dans les circonstances graves, dans le cas de *typhus,* par exemple, elle s'étend aux objets, fourrages, litières, mis en rapport avec les animaux malades, et même aux personnes affectées à leur service. Elle doit durer, pour les individus malades, jusqu'au-delà de la convalescence ; pour les suspects, jusqu'au terme extrême assigné à la période d'incubation. La séquestration n'étant qu'un mode particulier d'isolement, est ordonnée par les mêmes lois et arrêtés. *V.* ISOLEMENT. En envisageant ces deux mesures sous le point de vue le plus large, elles peuvent s'étendre aux troupeaux affectés ou non affectés. — Lorsque la séquestration comprend les animaux malades de plusieurs propriétaires, ceux d'une commune, etc., le lieu où on la fait prend le nom de *Lazaret,* (*V.* ce mot). — Quand la séquestration est terminée, on doit, avant de réintroduire des animaux sains dans les habitations, les purifier exactement. Pendant toute la durée de la mesure, on aura dû ne négliger aucune règle d'hygiène à l'égard des animaux qui y sont soumis.

SÉQUESTRE, s. m., *Sequestrum;* état d'une chose en litige remise en main tierce par ordre de la justice. — *Chirug.* Portion d'os nécrosée, privée de vie, séparée du reste de l'os vivant et retenue au milieu de son tissu. *V.* NÉCROSE.

SERAI, s. m.; ce mot est souvent employé comme synonyme de petit lait ; il désigne aussi la partie caséeuse qui reste en suspension dans le petit lait, après la coagulation. Le serai est consommé par l'homme ou par les animaux. — Nom donné par Schubler à la matière caséeuse qui se sépare du petit-lait soumis à l'ébullition.

SEREIN, s. m., *Aura serotina;* pluie fine,

pénétrante , généralement peu abondante , qui tombe après le coucher du soleil, pendant la saison la plus chaude et sans qu'il y ait de nuages au ciel. On remarque cette pluie principalement dans les vallées et les plaines voisines des amas d'eau , plus rarement sur les lieux élevés. Elle est due à la condensation de la vapeur aqueuse qui s'est formée pendant le jour, par l'abaissement brusque de la température de l'air au coucher du soleil.

SÉREUX , **EUSE**, adj. , *serosus;* qui contient ou qui produit de la sérosité , ou qui en présente les caractères. — *Membranes séreuses :* membranes minces, blanchâtres , transparentes, sans vaisseaux sanguins apparents , formant des sacs sans ouverture, sécrétant dans leur intérieur une vapeur qui est résorbée à mesure qu'elle se produit, dans l'état normal, et qui, dans certains cas maladifs et après la mort, se condense en sérosité. Les membranes séreuses ont été réunies, à cause de leur disposition, aux *synoviales* qui en diffèrent beaucoup par la nature du fluide qu'elles produisent. *V.* SYNOVIAL. — Les séreuses proprement dites forment de grands sacs dont les parois externes adhèrent aux tissus voisins, tandis que leur face interne, partout en contact avec elle-même , lisse , polie , exhale la vapeur séreuse. On distingue dans les grands sacs séreux deux parties ou *feuillets :* le *feuillet pariétal ,* qui revêt une cavité plus ou moins étendue, et le *feuillet viscéral* qui se réfléchit des parois pour entourer les organes faisant saillie dans cette cavité. Le péritoine , la plèvre , le péricarde, l'arachnoïde, présentent cette disposition. Une seule séreuse offre une communication avec l'extérieur ; c'est le péritoine, qui , dans la femelle , s'unit à la muqueuse qui tapisse l'intérieur de la trompe utérine. — Les membranes séreuses jouissent d'un degré d'élasticité qui leur permet de s'étendre sous la pression des organes ; cependant leur extension, par suite de l'ampliation des réservoirs, a principalement lieu par le dédoublement de leurs lames. Leur sensibilité, très faible dans l'état normal, s'exagère dans l'état maladif, qui détermine une sécrétion surabondante, et la formation de fausses membranes (*V.* ce mot) qui , plus tard , établissent des adhérences entre le feuillet pariétal et le feuillet viscéral. La structure des membranes séreuses est très simple , et paraît résulter d'une condensation du tissu cellulaire, formant une lame dans laquelle on a nié pendant longtemps l'existence de l'élément nerveux, que l'on admet aujourd'hui. Leur formation accidentelle est fréquente, et se remarque toutes les fois qu'un frottement est souvent répété sur un même point ; mais, dans ce cas , la nouvelle membrane se rapproche beaucoup plus de la *synoviale* que de la *séreuse* proprement dite. — *système séreux :* ensemble des membranes séreuses. — *Pus séreux ,* *V.* PUS.

SÉRIÉ , **ÉE**, adj. , *serialis ;* disposé en séries. La série est simple , double , triple , etc. ; par conséquent, les organes peuvent être *uni, bi . tri, multisériés ,* etc.

SERINGUE , s. f. , *Seringua ,* de σύριγξ, flûte, tuyau ; sorte de petite pompe, qui sert à attirer et repousser l'air ou un liquide. On s'en sert pour donner des lavements , faire des injections, etc.

SÉROLINE , s. f. ; matière particulière découverte par F. Boudet, dans le sérum du sang. Elle est solide , nacrée , fusible à 36°, soluble dans l'eau et l'éther, et peu soluble dans l'alcool, même bouillant. Elle se précipite de la décoction alcoolique du sérum desséché du sang.

SÉROSITÉ , s. f. , *Serum ;* nom donné au liquide exhalé par les membranes séreuses et le tissu cellulaire , sous forme de vapeur, et qui se condense après la mort, par le refroidissement, ou , pendant la vie . dans certaines affections appelées *hydropisies.* La sérosité des cavités membraneuses et du tissu cellulaire a les plus grands rapports pour sa composition avec le *sérum* du sang.

SERPE , s. f. , *Falx ;* instrument de jardinage, à manche court , à lame courbe , à tranchant concave. La *serpette* est un diminutif de la serpe.

SERPENTAIRE , s. f. ; nom vulgaire de l'*Aristolochia serpentaria. V.* ARISTOLOCHE; de l'*Arum dracunculus. V.* GOUET.

SERPENTIN , s. m., de *serpere .* ramper; partie de l'alambic formée d'un tube cylindrique en étain , contourné en spirale , partant du chapiteau, aboutissant au récipient et renfermé dans le *réfrigérant.* Il sert à condenser les vapeurs fournies par le liquide contenu dans la cucurbite et soumis à la distillation. *V.* ALAMBIC.

SERPENTINE , adj. f. ; qui remue comme le serpent. *Cheval à langue serpentine :* dont la langue sort de la bouche et rentre continuellement.

SERPIGINEUX , **EUSE** , adj. , *serpiginosus ,* qui serpente. *Ulcère serpigineux :* qui guérit d'un côté, lorsqu'il s'étend du côté opposé.

SERPOLET , *V.* THYM.

SERRATULE , *V.* SARRETTE.

SERRE , s. f. , *Cella arbustiva ;* lieu où l'on conserve, où l'on abrite des végétaux qui ne peuvent supporter la température ambiante. Les serres sont à peu près exclusivement réservées aux végétaux exotiques. On les distingue en *froides, tempérées* et *chaudes.* L'orangerie appartient à la première catégorie : sa température doit rester comprise, en + 2° et + 5°.

SERRÉ , **ÉE**, adj., *serratus ;* synonyme de *rapproché.—Pathol. Pouls serré :* dont les battements sont séparés par de courts intervalles, et se présentent durs et tendus. *Serré, confertus ;* synonyme de *dentelé.*

SERRE-COU , s. m.; instrument imaginé pour serrer le cou du cheval et rendre apparente la jugulaire pour pratiquer la saignée. Inusité.

SERRE-NEZ, *V.* TORD-NEZ.

SERRE-NOEUD, s. m. ; instrument de chirurgie avec lequel on serre la ligature qu'on est obligé de porter au fond d'une cavité. Cet instrument n'est pas usité en vétérinaire.

SERRULÉ, ÉE, adj., *serrulatus ;* synonyme de *denticulé.*

SERTULE, *V.* BOUQUET.

SÉRUM ; mot latin employé en français, pour désigner la partie la plus fluide du sang, du chyle, de la lymphe et du lait. Le sérum est toujours formé d'au moins les $^9/_{10}$ en poids d'eau, et renferme en dissolution ou en suspension les parties fixes, organiques et inorganiques, qui entrent dans la composition des fluides nutritifs ou sécrétés qui font partie de l'économie animale.

SÉRUM DU LAIT, OU PETIT-LAIT ; liquide limpide, d'un jaune verdâtre, inodore, de saveur douce, sucrée, un peu acide, plus dense que l'eau, et formant environ les neuf-dixièmes du lait, duquel il se sépare par la coagulation spontanée ou artificielle du caséum. Il est formé d'une grande quantité d'eau qui tient en dissolution de l'albumine, du caséum, du sucre de lait, des acides butyrique, lactique ou acétique, et une petite quantité de sels alcalins et calcaires. — *Pharmacol.* Le sérum du lait est un médicament émollient, relâchant, délayant et même tempérant, lorsqu'il est devenu acide par son exposition à l'air. Il se donne en breuvage ou en lavement, chaud, tiède, ou froid, contre la constipation, les irritations gastro-intestinales, le pissement de sang, la fièvre bilieuse, la fièvre traumatique, etc., parce qu'il calme la soif, rafraîchit et relâche le tube digestif, pousse aux urines, etc.

SÉRUM DU SANG ; partie liquide du sang, qui surnage le caillot lorsque ce fluide nutritif est coagulé. Le sérum est un liquide limpide, d'un jaune légèrement verdâtre ou rougeâtre, d'une odeur spéciale, variable selon les animaux, d'une saveur salée, d'une réaction alcaline due à de la soude libre, et d'une densité moyenne de 1,028. Il constitue près des $^9/_{10}$ en poids du sang normal. Il est formé de beaucoup d'eau ($^9/_{10}$), d'albumine, de matière extractive soluble dans l'alcool, des principes de l'air, de matières grasses saponifiées par les principes alcalins du sang, et de divers sels alcalins et terreux. Le sérum commence à se coaguler à 70°, et se mêle en toute proportion avec l'eau ; l'alcool, le tannin, les acides concentrés et le sublimé corrosif le coagulent, ce qui est évidemment dû à l'albumine qu'il contient. *V.* SANG.

SÉSAME, s. m., *Sesamum*, L. ; genre de la famille des Sésamées. Il se compose de plantes herbacées, annuelles, originaires de l'Inde. L'espèce principale est le S. de l'Inde, *S. indicum*, plante oléagineuse dont une des variétés, décrite sous le nom de *S. orientale*, L., *S. oleiferum*, Mœnch, est cultivée en Orient et fait l'objet d'un commerce considérable entre l'Egypte et Marseille, qui reçoit une immense quantité de graines pour la fabrication d'une huile propre aux savonneries. L'huile de sésame est douce, mais moins bonne à manger que l'huile d'olives. Elle constitue un laxatif doux. Les résidus ou tourteaux peuvent être donnés au bétail.

SÉSAMOIDE, adj., *sesamoïdes*, de σησαμη, sésame, et ειδος, forme ; en forme de graine de sésame. — *Os sésamoïdes :* petits os faisant partie des articulations métacarpo et métatarso-phalangiennes, et de celle de la seconde avec la troisième phalange. Les premiers, ou *grands sésamoïdes*, complètent la surface articulaire supérieure de la première phalange ; ils sont prismatiques et présentent une face articulaire diarthrodiale, du côté de l'articulation ; en arrière, leur réunion forme une coulisse dans laquelle glissent les tendons du perforé et du perforant. Fixés en bas à l'os phalangien, ils reçoivent en haut les deux branches du ligament sésamoïdien supérieur. — Le sésamoïde inférieur, *os de la noix*, *os naviculaire*, *petit sésamoïde*, est un petit os allongé situé transversalement, à la partie postérieure de l'articulation des deux dernières phalanges. Sa face interne concourant à former l'articulation est recouverte d'une lame cartilagineuse tapissée par la synoviale ; sa face externe forme une coulisse presque plane sur laquelle glisse le tendon élargi du perforant. A ses deux extrémités, s'attachent les ligaments postérieurs de l'articulation des deux dernières phalanges. — Dans le bœuf, le nombre des sésamoïdes est augmenté en raison du nombre des doigts. — L'usage des sésamoïdes est de donner plus de largeur aux surfaces articulaires, en les soustrayant, par leur composition brisée, aux chances de fractures, et de former, d'une autre part, des poulies qui éloignent les tendons du parallélisme avec les leviers qu'ils doivent mouvoir.

SÉSAMOIDIEN, ENNE, adj., *sesamoïdeus*, qui appartient aux sésamoïdes. — *Ligaments sésamoïdiens :* on en compte un supérieur, trois inférieurs, et deux latéraux. Le *supérieur*, désigné par Girard sous le nom de muscle *carpo* ou *tarso-phalangien*, semble être une prolongation du ligament carpien ou tarsien postérieur. Il descend entre les deux os rudimentaires du métacarpe ou du métatarse, et se sépare inférieurement en deux branches, qui se subdivisent elles-mêmes en une branche courte qui s'insère au sésamoïde correspondant, et une bande aplatie qui se dirige obliquement sur la première phalange, jusqu'à ce qu'elle rejoigne le tendon extenseur, auquel elle se réunit. Ce ligament possède quelques fibres musculaires. — Les ligaments *sésamoïdiens inférieurs* sont distingués en *superficiel*, *moyen* et *profond*. Le premier provient de l'éminence sésamoïforme du deuxième phalangien ; le moyen prend son origine à la face postérieure du premier phalangien et monte, en s'élargissant, vers les sésamoïdes. Le ligament profond est formé par plusieurs bandelettes courtes cachées par le précédent ; tous s'attachent aux sésamoïdes et s'opposent à ce qu'ils soient déplacés de bas en haut. — Les ligaments *sésamoïdiens latéraux* constituent deux petits faisceaux ligamenteux, qui se portent de l'extrémité supérieure du premier phalangien à chacun des os sésamoïdes.

SÉSÉLI, s. m., *Seseli*, L. ; genre de la famille des Ombellifères, composé de plantes herbacées, bisannuelles ou vivaces, habitant les contrées tempérées du globe. Les espèces *tortuosum, bocconi, elatum, montanum, coloratum, carvifolium, libanotis, sibthorpii,* croissent dans les prairies montueuses de la France. Ce sont des plantes fourragères et assaisonnantes.

SESLÉRIE, s. f., *Sesleria*, Scop. ; genre de la famille des Graminées. Les espèces qui le composent sont de petites herbes faisant partie des prés et des pelouses de montagne. Elles sont propres au pâturage. La principale, la S. bleuâtre, *S. cœrulea*, est remarquablement précoce.

SESSILE, adj., *sessilis* ; se dit de la *feuille*, quand elle manque de pétiole ; de l'*anthère*, quand l'étamine est sans filet ; du *stigmate*, lorsqu'il repose sur l'ovaire ; de la *fleur*, quand le pédoncule est si court qu'il paraît manquer. — On le dit aussi, en pathologie, du polype qui n'a pas de pédicule.

SÉTACÉ, **ÉE**, adj., *setaceus* ; allongé, mince et rigide comme une soie de sanglier.

SÉTEUX, **EUSE**, adj., *setosus* ; composé de poils raides ou portant des organes sétacés.

SÉTIFORME, adj., *setiformis*, de *seta*, soie de sanglier ; synonyme de sétacé.

SÉTIGÈRE, adj., *setiger* ; portant une ou plusieurs soies.

SÉTON, s. m., *Seto, setaceum*, de *seta*, soie ; c'est un ruban de fil, une mèche de filasse, un morceau de cuir, ou tout autre corps étranger, qu'on introduit dans les tissus pour y produire une irritation et plus tard une sécrétion purulente ; on donne aussi le nom de seton à la plaie qui résulte de l'introduction de ce corps. Les sétons sont utiles comme dérivatifs dans les maladies internes anciennes ; on les emploie pour faire disparaître les engorgements chroniques, pour conserver des ouvertures fistuleuses, faire adhérer les parois de quelques cavités accidentelles. Ils sont contre-indiqués dans le farcin, les gastro-entérites et au début des affections aiguës. On abuse trop souvent des sétons, qui sont à peu près devenus la panacée des ignorants et des empiriques ; on en applique à tort et à travers dans toutes les maladies ; dans certaines époques de l'année, on en met à bien des chevaux qui n'en ont aucun besoin. Les *sétons de précaution* peuvent aussi devenir la source de quelques accidents graves. Il y a trois sortes de sétons, savoir : le séton à mèche, le séton à rouelle et le trochisque : 1° *séton à mèche :* il consiste en un ruban de fil introduit sous la peau. Ce séton est *animé*, lorsqu'on l'enduit de basilicum, de vésicatoire ou de tout autre corps gras ; dans le cas contraire, il est *simple ;* 2° *séton à rouelle, séton anglais, ortie, cautère, fontanelle :* il consiste dans une rondelle de cuir ou de feutre qu'on introduit par une incision faite à la peau. On ne l'applique guère qu'à la pointe de l'épaule et sur l'articulation de la cuisse : 3° *trochisque*, de τροχός, roue ; c'est un séton formé par une substance caustique minérale ou végétale. On emploie le sublimé corrosif, le sulfure d'arsenic, l'hellébore, le garou, la clématite. — Les sétons sont appliqués de préférence dans les parties riches en tissu cellulaire, parce qu'il est plus facile de les y placer et parce qu'ils provoquent dans ces régions une suppuration plus abondante. Dans le cheval, on les place le plus ordinairement au poitrail ; on en met quelquefois sur les faces de l'encolure, pour le traitement de la morve, du coryza chronique, des ophthalmies. On place encore les sétons à mèche sur les fesses, les côtés de la poitrine, à la surface de l'épaule et de la cuisse, et sur les joues. Les instruments nécessaires pour poser les sétons sont l'aiguille à séton, *V.* AIGUILLE, des ciseaux, et quelquefois un bistouri. Dans le bœuf, on passe les sétons dans le fanon, avec la précaution d'ajouter un caustique à la mèche, parce que l'exutoire simple n'est pas assez irritant. Dans les campagnes, on se sert ordinairement de l'hellébore blanc, de l'hellébore noir ou du garou, qu'on a fait macérer dans le vinaigre. Les sétons sont peu usités pour les espèces du mouton et du porc, parce qu'ils sont presque toujours nuisibles. Dans le chien, on les établit ordinairement sur la nuque, où la peau présente assez de laxité. — Les sétons produisent d'abord un engorgement ; la suppuration s'établit ensuite du troisième au quatrième jour. Le pansement consiste à comprimer le trajet de la mèche et à enlever le pus qui s'est concrété sur le pourtour des ouvertures qu'elle traverse. Il faut prendre quelques précautions pour empêcher les animaux de se lécher, d'arracher les sétons : ce n'est ensuite qu'au bout de vingt à vingt-cinq jours qu'on les enlève. Avant de les supprimer, il est quelquefois utile d'administrer des purgatifs ou des diurétiques. Les accidents les plus graves qui peuvent suivre l'application des sétons sont l'hémorrhagie, les engorgements volumineux, la gangrène traumatique, de petits abcès partiels, des indurations et le farcin.

SÈVE, s. f., *Lympha ;* fluide nutritif des végétaux. La sève a été comparée avec raison au sang des animaux. Elle s'élève des racines vers le sommet du végétal, à travers les couches ligneuses, le long des faisceaux fibro-vasculaires, et redescend, dans les dicotylédones, par le système cortical, après avoir subi, dans la respiration et la transpiration, les changements qui la rendent propre à fournir les matériaux de l'accroissement et des produits divers. On distingue la séve *ascendante* et la séve *descendante*. Celle-ci est sans doute la seule apte à la nutrition ; elle est plus dense et diffère également par sa composition. Toutes deux ont pour base l'eau qui tient en dissolution divers sels, du sucre, de la gomme, etc. Quelques arbres ont une séve très sucrée, ex. : certains *érables* et *palmiers*. La séve varie selon les espèces végétales, et dans une espèce donnée, suivant les conditions de la végétation. *V.* CIRCULATION et VÉGÉTATION.

SÉVEUX, EUSE, adj., *lymphaticus* ; qui contient de la séve, ou qui en présente la nature. — *Vaisseaux séveux :* ce sont les vaisseaux simples, ponctués, rayés, etc., que l'on croyait seuls appelés à charrier la séve. — *Suc séveux, V.* SÈVE.

SEVRAGE, s. m. ; séparation du nourrisson d'avec sa mère. Le sevrage se fait à des époques diverses, selon les espèces, et dans chacune, selon la destination des mères et des produits. Tout ce qu'on peut établir en principe, c'est qu'il doit être opéré graduellement, que la femelle doit être mise à un régime qui diminue peu à peu son lait, si elle n'a pas pour destination ordinaire la production de ce liquide ; que le jeune sujet doit recevoir une nourriture qui l'habitue peu à peu au régime ordinaire de son espèce.

SEXE, s. m., *Sexus :* différence physique et constitutive du mâle et de la femelle, consistant principalement dans la forme et la destination des organes reproducteurs : *sexe mâle, sexe femelle.* — *Bot. V.* SEXUEL.

SEXFLORE, adj., *sexflorus ;* composé de six fleurs.

SEXJUGÉ, ÉE, adj., *sexjugatus ;* composé de six paires de folioles ; se dit seulement des feuilles composées.

SEXLOCULAIRE, adj., *sexlocularis ;* qui a six loges.

SEXUEL, ELLE, adj., *sexualis*, de *sexus*, sexe ; qui appartient au sexe : qui caractérise le sexe, ex.: *organes sexuels ; parties sexuelles.* — *Bot. Organes sexuels :* ils comprennent l'*étamine* et le *pistil*, (*V.* ces mots). Réunis dans la même fleur, ils constituent l'*hermaphrodisme ;* séparés, ils donnent la *monœcie* et la *diœcie.*

SHÉRARDE, s. f., *Sherardia*, L. ; genre de la famille des Rubiacées. Il ne se compose que d'une seule espèce, commune dans les champs cultivés de toute l'Europe, la S. des champs, *S. arvensis*, petite plante herbacée que les moutons trouvent dans les pâturages sur jachère.

SHETLAND (Race ovine de). Elle habite les îles de Shetland, les Orcades, et vit sur des pâturages salés ; on la compte au nombre des races anglaises. Elle est de petite taille,

sans cornes, et se rattache aux races à courte queue de l'Europe septentrionale. La race Shetland séjourne presque constamment dans les pâturages ; elle est un peu sauvage et robuste ; sa laine est longue, fine, très blanche, et se trouve placée, par sa longueur et ses autres qualités, entre les laines fines propres au peigne ou à la carde ; des poils gris ou noirs s'y mêlent souvent. Cette race donne une viande de bonne qualité, mais elle est peu propre à l'engraissement. Elle pourrait être améliorée par elle-même.—Dans les conditions où elle est maintenant, on peut distinguer deux variétés.

SIAGONAGRE, s. f., *Siagonagra*, de σιαγων, mâchoire, et αγρα, proie ; rhumatisme de l'articulation des mâchoires.

SIALAGOGUE, s. et adj., *Sialagogus*, de σιαλον, salive, et αγω, chasser ; nom donné à quelques médicaments qui ont la propriété de provoquer une sécrétion et une excrétion salivaires abondantes, ou de déterminer le *ptyalisme*. Ils agissent généralement sur la membrane buccale, qu'ils irritent, et provoquent ainsi, par voie de continuité, la sécrétion et l'excrétion salivaires ; un seul, le mercure, porte son action sur les glandes salivaires après avoir été absorbé. Les sialagogues les plus employés en vétérinaire sont la racine de pyrèthre, la moutarde noire, le poivre, le girofle, l'angélique, l'assa-fœtida, le sel ammoniac, etc. Très employés autrefois, sous forme de *mastigadours*, de *nouets*, les médicaments sialagogues, le sont bien plus rarement aujourd'hui.

SIALISME, s. m., *Sialisma*, de σιαλον, salive ; salivation. *V.* PTYALISME.

SIALOLOGIE, s. f., *Sialologia*, de σιαλον, salive, et λογος, discours ; traité de la salive.

SIAM (Race porcine de). Elle est originaire des immenses contrées du sud-est de l'Asie : la Cochinchine, l'Empire des Birmans, etc., et notamment du royaume de Siam. L'espace occupé par elle est très considérable. Elle se distingue aux caractères suivants : taille peu élevée, corps cylindrique, ventre pendant ; dos un peu creux ; membres très courts ; oreilles petites, courtes, droites : soies douces, peu serrées, habituellement noires, au moins sur la plus grande étendue du corps. La race de Siam est moins prolifique que les races européennes ; les femelles sont aussi moins bonnes nourrices. Sa précocité est remarquable : elle s'engraisse très jeune et avec facilité. On peut livrer les individus gras à la consommation dès six à huit mois ; ils acquièrent, avec le temps, un volume énorme. Leur chair est blanche et délicate, et si leurs produits ne sont que médiocrement estimés en France, cela tient plutôt à nos habitudes qu'à d'autres considérations. Les porcs de Siam qui ont été introduits les premiers en Angleterre avaient été tirés des environs de Canton : ils se sont répandus depuis dans d'autres parties de l'Europe. Les descendants de la race pure sont délicats et craignent le froid. Leur croisement avec des individus des races anglaises ont donné naissance à la race *anglo-chinoise*, qui joint à plus de rusticité une aptitude presque égale à l'engraissement, et des produits peut-être plus estimés. Les Siams sont bien connus en France ; toutefois, la plupart des individus auxquels on donne vulgairement le nom de cochons chinois ne sont que des métis anglais. Cette sous-race a été introduite chez nous en 1819. — Dans tout l'Orient, en Turquie, en Afrique même, on trouve des porcs à courtes jambes, qui ont avec ceux de Siam la plus grande analogie.

SIBILANT, adj., *sibilans*, de *sibilare*, siffler ; sifflant. *Râle sibilant*, *V*. RALE et AUSCULTATION.

SICCATIF, s. et adj., *Siccativus*, de *siccare*, dessécher ; qui hâte la dessiccation. *Médicament siccatif* : qui dessèche les plaies, les solutions de continuité, en absorbant le pus et en modifiant les surfaces lésées ; ex. : les *astringents*.

SICCITÉ, s. f., *Siccitas ;* qualité ou état de ce qui est complètement privé d'humidité.

SIDÉROTECHNIE, s. f., *Siderotechnia*, de σιδηρος, fer, et τεχνη, art; art de travailler le fer. Ce mot a été donné à tort comme synonyme de *maréchalerie*.

SIFFLAGE, s. m.; synonyme de *Cornage*. Inusité.

SIFFLEMENT, s. m.; bruit qu'on fait en sifflant. Synonyme de *cornage*.

SIFFLET, s. m.; petit instrument qui sert à siffler. — *Terme de maréchalerie ;* échancrure pratiquée sur le bord inférieur et antérieur de la pince du mulet, sans utilité bien connue ; échancrure faite sous la pince d'un cheval atteint d'une seime, pour empêcher l'appui du fer sur la partie de la paroi qui est fendue. — Ouverture que les ignorants ont imaginé de pratiquer sous la queue du cheval poussif, pour faciliter sa respiration. *V*. ROSSIGNOL.

SIGILLÉ, ÉE, adj., *sigillatus*, de *sigillum*, sceau, marque ; la souche est dite *sigillée*, quand elle présente de distance en distance des traces ressemblant à l'empreinte d'un cachet; ex. : le *sceau de Salomon*. Ces marques sont des cicatrices laissées par la chute des tiges.

SIGMOIDE, adj., *sigmoïdes*, de Σ, sigma, et ειδος, forme; en forme de sigma. — *Valvules sigmoïdes* ou *semi-lunaires :* valvules en forme de nid de poule, situées, au nombre de trois, à l'origine de l'aorte et de l'artère pulmonaire; quelquefois il n'y en a que deux à cette dernière. Leur office est d'empêcher la colonne sanguine engagée dans l'artère de rétrograder dans le ventricule, lorsqu'il se dilate. Les replis membraneux, écartés alors par le sang, s'appliquent l'un contre l'autre et ferment l'orifice à la colonne sanguine, dont le principal effort a lieu contre la substance charnue du cœur, sur laquelle repose le bord fixe des valvules.

SIGNALEMENT, s. m. ; énumération plus ou moins complète des particularités qui peuvent faire distinguer un animal d'un autre. Le signalement est simple ou compliqué, suivant que ses caractères sont indiqués sommairement ou avec certains détails. Les éléments d'un signalement sont les suivants : 1° le nom de l'animal, s'il en a un ; 2° l'espèce et le sexe ; 3° la race ; 4° le service auquel il est propre ; 5° la robe ; 6° l'âge; 7° la taille ; 8° les marques particulières ; 9° la date du signalement.

SIGNAUX, s. m., *Signa ;* mesure de police sanitaire ayant pour but de faire connaître l'existence d'une maladie contagieuse dans une étable ou dans une commune. L'art. 6 de l'arrêt du 31 janvier 1771, particulier aux cas de typhus contagieux des bêtes bovines, ordonnait de placer ces signaux à la porte des étables infectées et à l'entrée des chemins et avenues; il était défendu, sous des peines sévères, de les arracher. Aujourd'hui, pour remplir cette mesure, on n'emploierait que les moyens ordinaires de publicité.

SIGNE, s. m., *Signum*, σημειον; induction que l'on tire de l'appréciation d'un symptôme, d'une maladie. Le *symptôme* indique une modification de l'état normal ; le *signe* indique qu'à cette modification est réunie l'idée de sa valeur; c'est une conclusion. Tout symptôme est un signe, mais tout signe n'est pas un symptôme ; on n'observe des symptômes que dans l'état de maladie; il y a également des signes pendant la maladie et la santé. Il y a trois ordres de signes : 1° *commémoratifs*, quand ils se rapportent aux circonstances dans lesquelles les sujets ont été placés; ces signes sont encore appelés *anamnestiques;* 2° *signes diagnostiques ;* ce sont ceux qui font connaître la nature de la maladie ; 3° *signes pronostiques ;* ils servent à prédire l'issue, la terminaison d'un état morbide. Les signes *avant-coureurs* ou *prodromiques* sont ainsi nommés parce qu'ils précèdent l'apparition d'une maladie ; ils sont *caractéristiques* ou *pathognomoniques, essentiels,* quand ils servent à établir le diagnostic différentiel, à distinguer une maladie d'une autre. On les nomme *communs ,* lorsqu'ils peuvent se montrer dans plusieurs maladies différentes ; *accidentels ,* quand ils se montrent accidentellement et n'ont pas de liaison nécessaire avec l'affection qui les présente. — *Chimie. V.* ABRÉVIATIONS.

SILÈNE, s. m., *Silene*, L.; genre de la famille des Dianthacées. Il se compose de plantes herbacées, annuelles ou vivaces, quelquefois sous-frutescentes , répandues sur presque toute la surface du globe. Le nombre des espèces s'élève à près de 200 ; la Flore française seule en possède plus de 40, presque toutes mangées avec plaisir par les bestiaux, mais ne faisant l'objet d'aucune culture spéciale. Plusieurs silènes sont de jolies plantes d'agrément.

SILÉNÉES, s. f., *Silenew ;* tribu des

Dianthacées, regardée assez généralement aujourd'hui comme famille distincte.

SILICATE, s. m.; genre de sels formés par l'acide silicique avec les bases. Ceux de potasse et de soude sont les seuls qui soient solubles; encore exigent-ils, pour se dissoudre, un grand excès de base. Les autres silicates sont tous insolubles. Ces sels forment le verre, beaucoup de pierres précieuses, et entrent toujours pour une forte proportion dans la composition du sol.

SILICE, s. f.; *chimie*. *V.* ACIDE SILICIQUE. —*Agric.* La silice existe dans tous les terrains agricoles, à l'état libre, plus ou moins pure, diversement colorée. ou à l'état de silicate. Elle est en masse ou réduite en poudre, en graviers. Ses proportions varient; les dunes en sont presque exclusivement formées. Sa présence en certaine quantité dans le sol caractérise les terrains *sablonneux* et *siliceux* (*V.* ces mots). La perméabilité pour les gaz atmosphériques et les engrais, le défaut de cohésion et d'hygroscopicité, sont les propriétés agricoles dominantes de la silice.

SILICEUX, adj.; qui contient de la silice. *Terrains siliceux:* ils ont pour caractère de fournir au moins 0,55 de silice libre. On les trouve à peu près partout, au bord de la mer, au voisinage des cours d'eau, sur les terres glaiseuses. Ils sont très faciles à cultiver et peuvent l'être avantageusement dans les contrées pluvieuses, où l'on peut arroser. Le chiendent, le pin, le bouleau, le chêne y prospèrent.

SILICIQUE. *V.* ACIDE SILICIQUE.

SILICIUM, s. m. Si., équiv. 266,70. Corps simple, métalloïde, voisin du bore, et formant l'acide silicique par sa combinaison avec l'oxygène. Sous cette forme, il est extrêmement répandu dans la nature et a été séparé pour la première fois par Berzélius, en décomposant la silice par le potassium à une haute température. Le silicium est solide, en poudre d'un brun noirâtre, sans éclat métallique, insipide, inodore, fixe aux plus hautes températures; inaltérable à l'air, insoluble dans l'eau, le silicium brûle dans l'oxygène et produit de l'acide silicique. Il est sans usage à l'état de pureté.

SILICIURE, s. m.; composé binaire de silicium et d'un corps simple, ex. : *siliciure de fer.*

SILICULE, s. m., *Silicula;* fruit syncarpé, sec, déhiscent, analogue à la silique et dont la longueur n'est pas quatre fois plus considérable que la largeur. Il contient une ou plusieurs graines; ex. : les fruits des *Lepidium*, des *Thlaspi*, etc.

SILICULEUX, EUSE, adj., *siliculosus;* qui produit ou qui porte des silicules. — *Siliculeuses:* l'un des ordres de la *tétradynamie* de Linné; il comprend les plantes dont le fruit est une *silicule.*

SILIQUE, s. f., *Siliqua;* fruit syncarpé sec, de forme variée, ordinairement déhiscent, bivalve, dont la longueur l'emporte au moins quatre fois sur la largeur, et dont les graines sont attachées à deux trophospermes suturaux opposés aux lobes du stigmate. La silique est séparée en deux loges par une lame ou fausse cloison parallèle aux valves, (*replum*), ex. : le fruit du *chou* et de beaucoup d'autres Crucifères.

SILIQUEUX, EUSE, adj., *siliquosus;* qui porte ou produit des siliques. — *Siliqueuses:* l'un des ordres de la *tétradynamie* de Linné, comprenant les végétaux dont le fruit est une silique.

SILIQUIFORME, adj., *siliquiformis*, de *siliqua*, silique; en forme de silique. Se dit de quelques fruits capsulaires différant de la vraie silique, en ce que leurs placentas sont alternes et non opposés aux lobes du stigmate; tels sont les fruits de la Chélidoine, etc., Lindley propose pour ces capsules le nom de *Ceratium.*

SILLON, s. m., *Sulcus;* tranchée ouverte dans la terre par la charrue. *V.* LABOUR. ==*Anat.* Gouttière creusée à la surface d'un os ou d'une partie molle; ainsi nommée à cause de la comparaison qu'on en a faite avec le sillon tracé par une charrue. Les sillons sont occupés le plus souvent par des vaisseaux et surtout par des artères.—*Bot.* Cannelures parallèles et profondes occupant la surface d'une tige, etc. Les organes qui les portent sont dits *sillonnés.*

SILLONNEUR, s. m.; instrument aratoire analogue au cultivateur.

SILO, s. m.; excavation ou fosse creusée dans le sol, où l'on dépose les grains battus, pour les conserver. Les parois du silo sont en terre battue, en briques ou en béton, nues ou garnies de paille, de planches, etc.

SIMAROUBA. *Pharmac.* L'écorce de la racine du *quassia simarouba*, qu'on trouve dans le commerce en lanières fibreuses, minces, roulées sur elles-mêmes, grisâtres à l'extérieur, jaunâtres à l'intérieur, d'une odeur faible et d'une saveur franchement amère, était autrefois employée en médecine comme tonique; mais elle l'est rarement maintenant.

SIMARUBÉES, s. f., *Simarubeæ;* tribu des Rutacées, regardée par plusieurs botanistes comme famille distincte. C'est à elle qu'appartiennent les arbres qui fournissent à la pharmacie les bois sudorifiques désignés sous les noms de *quassia* et *simarouba.*

SIMPLE, adj., *simplex;* qui n'est pas composé. *Corps simples :* on donne ce nom, en chimie, aux corps qui ne donnent qu'une seule espèce de matière par l'analyse; on les appelle aussi *corps élémentaires*, *éléments.* L'état élémentaire d'un corps n'est jamais admis comme *absolu*, mais seulement eu égard à l'état de la science; car un corps considéré jusqu'ici comme *simple* pourrait être décomposé par la suite au moyen de procédés plus énergiques et plus rigoureux. — Les corps simples ont été distingués en

métalloïdes et en *métaux* (*V.* ces mots). —
Bot. Opposé à double ou multiple. Se dit ,
en particulier , de la feuille dont le pétiole
n'est point articulé sur la tige ou le rameau ;
de la tige qui n'est point ramifiée ; du calice
ou mieux de l'involucre formé d'un seul rang
de folioles. — *Pathol.* Une maladie est *simple,*
quand elle ne présente pas de complication.

SINAPISINE s. f., de *sinapis* , *moutarde.*
— *Sulfo-sinapisine.* Substance neutre et sulfurée qu'on extrait de la moutarde noire et
de la moutarde blanche, au moyen de l'alcool
à 36°. — Découverte par Henry fils et Garot ,
la sinapisine est solide , blanche , cristallisée
en aiguilles , inodore , insipide , soluble dans
l'eau et l'alcool , décomposable par la chaleur
en produits azotés et sulfurés, d'une odeur fétide. Sa solution prend une couleur rouge
cramoisie sous l'influence des persels de fer.
En présence de l'eau et de la myrosine , elle
parait se transformer en huile essentielle de
moutarde , dont elle renferme tous les éléments.

SINAPISME, s. m. , de σιναπις, moutarde ;
cataplasme de farine de moutarde, dont on
se sert à l'extérieur comme topique rubéfiant.
On le prépare avec la farine de moutarde
noire, qu'on délaye dans de l'eau froide ,
tiède , chaude , mais non bouillante ; l'emploi du vinaigre a le double inconvénient
d'être dispendieux , et d'empêcher le développement de l'huile essentielle , qui est le
principe actif du médicament. La farine de
moutarde qui a été dépouillée de son huile
grasse par la pression donne des sinapismes
très actifs. On peut augmenter encore leur
activité en mettant à la surface qui doit être
en contact avec la peau, ou en incorporant à
leur substance, du poivre , de l'euphorbe ,
des cantharides ou leurs teintures. On applique les sinapismes sur les petits animaux
à l'aide de linges et d'appareils appropriés ;
et dans les grands animaux en étendant la
pâte de moutarde sur la peau à l'aide d'une
spatule. Ils sont employés pour produire la
révulsion d'une phlegmasie interne, pour fondre un engorgement indolent des glandes ,
pour produire une *substitution,* en amenant
sur la peau une inflammation, une douleur ,
qui siége dans des parties plus profondes, etc.

SINCIPITAL , **ALE** , adj. , *sincipitalis ;*
qui appartient au sinciput.

SINCIPUT , s. m. ; mot latin employé pour
désigner , chez l'homme , le sommet de la
tête ou *vertex ;* cette expression ne peut être
appliquée avec exactitude aux animaux , à
cause de la différence de forme et de position de la tête.

SINDON , s. m. , *Sindonus ;* petit plumasseau d'étoupe, disposé en forme de bouchon , pour garnir le trou formé dans un
os par l'action du trépan.

SINISTREMENT , *V.* **Volubile.**

SINUÉ , **ÉE** , adj. , *sinuatus ;* dont le
bord porte des échancrures arrondies et peu
profondes.

SINUEUX , **EUSE** , adj. , *sinuosus ;* synonyme de *sinué.*

SINUOLE . **ÉE** , adj. , *sinuolatus ;* diminutif de *sinué.*

SINUS , s. m. : mot latin employé pour
désigner des cavités osseuses plus larges à
l'intérieur qu'à leur ouverture, et des dilatations particulières des vaisseaux veineux. —
Sinus des os : on les remarque à la tête , où
ils existent à l'intérieur du frontal , du grand
sus-maxillaire, du sphénoïde , du lacrymal ,
etc., formant des cavités d'autant plus spacieuses que l'animal est plus avancé en âge.
On les divise en sinus *frontaux, sphénoïdaux,
maxillaires* , communiquant entre eux du
même côté , mais séparés dans le plan médian par une lame osseuse. Une ouverture
très petite, située à la partie supérieure du
méat moyen du nez, fait communiquer ceux
de chaque côté avec la narine correspondante. — Dans le bœuf , les sinus sont très
développés, et s'étendent jusque dans les apophyses des cornes. Ceux du chien sont peu
étendus. Ils sont très développés chez l'éléphant. Dans tous les animaux, ils ne contiennent que de l'air, dans l'état normal. Ils sont
tapissés d'une muqueuse très fine, qui prend
une épaisseur remarquable dans les chevaux
morveux.—*Sinus de la dure-mère :* cavités veineuses situées dans l'épaisseur des lames de
la méninge et recevant les veines de l'encéphale. Les principaux sinus sont : le *sinus
falciforme* ou *longitudinal* , les deux *sinus
transverses* , les *sinus caverneux* et les *sinus
occipitaux.—Chir.* Concavité, excavation anfractueuse , qu'on observe dans une plaie et
qui permet l'accumulation du pus. — *Bot.*
Échancrure profonde séparant deux lobes
dans les organes minces.

SIPHILIS, *V.* **Syphilis.**

SIPHILITIQUE, *V.* **Syphilitique.**

SIPHON, s. m. , *Sipho* , de σιφων , tuyau ;
tube recourbé , à branches inégales , qu'on
emploie pour transvaser les liquides , en les
faisant passer au-dessus des parois des vases qui les contiennent. La plus courte branche du siphon étant plongée dans un liquide,
si on fait le vide dans le tube , ce qui s'appelle *amorcer* le siphon , le fluide s'écoule
continuellement par l'ouverture de la grande
branche jusqu'à ce que le niveau du liquide
ait baissé jusqu'au bout de la courte branche. Le mécanisme de cet instrument est fort
simple et repose entièrement sur l'inégalité
des deux branches et sur la pression atmosphérique. Lorsque l'instrument est plein de
liquide , l'écoulement s'établit du côté de
la grande branche, par l'effet de l'excès de sa
colonne liquide sur celle de la petite branche, et une fois que l'écoulement est commencé, il se continue toujours dans le même
sens , parce que la pression atmosphérique
qui agit à l'orifice des deux branches , est
moindre du côté de la plus grande, par suite
de l'excédant de poids de la colonne liquide
qu'elle contient relativement à celle de la

petite branche , ce qui diminue d'autant l'énergie de la pression atmosphérique. Le siphon, qui peut présenter une foule de formes, est en verre ou en ferblanc ; on l'amorce en le remplissant préalablement du liquide à transvaser , en aspirant par sa grande branche , ou mieux par un tube additionnel , en bouchant l'orifice de la grande branche jusqu'à ce que le liquide y soit arrivé. Les usages du siphon dans les laboratoires de chimie et de pharmacie , ainsi que dans les arts, sont fort importants ; il permet de transvaser les liquides sans remuer les vases : ce qui est fort utile, lorsqu'il s'est formé un dépôt qui pourrait troubler le liquide.

SIRÉNOMÈLE, s. et adj., *Sirenomeles*, du mot *sirène* , et de μέλος, membre ; genre de monstres syméliens ayant les deux membres abdominaux réunis , très incomplets , terminés en moignon ou en pointe, sans pied distinct. Cette disposition les rapproche pour la forme des sirènes de la mythologie. Cette monstruosité n'a été, jusqu'à présent , observée que sur l'espèce humaine.

SIRÉNOMÉLIE , s. f., *Sirenomelia ;* état des monstres sirénomèles.

SIRIASE , s. f., *Siriasis* , de σειριασις , de σειριαω , je brille ; inflammation du cerveau et des méninges, causée par l'ardeur du soleil.

SIRINGINE , s. f. ; nom donné par quelques médecins à la rétention d'urine.

SIROP, s. m. , *Sirupus ;* on appelle *sirops* des médicaments officinaux , liquides, visqueux , destinés à l'usage interne , et résultant de la solution d'un principe sucré dans un liquide simple ou médicamenteux. Les corps sucrés employés à la confection des sirops sont le sucre blanc, la cassonade et le miel ; les véhicules les plus ordinaires sont l'eau , le vin , le vinaigre , ou bien des infusions, décoctions ou macérations de divers principes médicamenteux. Les sirops sont *comestibles* ou *médicamenteux ;* dans ce dernier cas, ils sont appelés *simples* quand ils ne contiennent qu'un seul médicament, et *composés* lorsqu'ils en renferment plusieurs. La préparation des sirops a lieu à froid ou à chaud ; dans ce dernier cas, on les clarifie avec des blancs d'œufs battus avec un peu de chaux , et on les décolore en les filtrant à la chausse ou au papier, sur du charbon animal lavé à l'eau acidulée. Les sirops sont des liquides épais, filants, gluants, plus denses que l'eau (1,35), et pesant au pèse-sirop 30° à chaud et 35° à froid. Ils doivent être conservés dans des vases bien clos et dans un lieu dont la température soit bien égale. Les sirops ne sont employés que dans la médecine des petits animaux, et encore est-ce fort rarement. Les formules suivantes sont les seules utiles à connaître.

Sirop de sucre. ♃ Sucre blanc ou cassonade. 500 grammes : eau commune, 1,000 grammes ou un litre. Préparez à froid ou à chaud , et dans ce dernier cas, clarifiez et décolorez comme il est dit ci-dessus.

Sirop d'ipécacuanha. ♃ Poudre d'ipécacuanha, 64 grammes ; alcool à 22°.500 grammes. Epuisez par l'alcool et distillez, pour avoir un extrait que vous dissoudrez dans un litre d'eau ; ajoutez à 3 kilogrammes de sirop de sucre, et concentrez jusqu'à 30° Baumé. Employé à la dose de 10 à 20 grammes, pour faire vomir les jeunes chiens atteints de la maladie.

Sirop de nerprun. ♃ Baies de nerprun , 1,000 grammes ; écrasez, retirez le suc, que vous passerez et que vous ferez cuire avec 1.000 grammes de sucre ou de miel , pour avoir un sirop à 30° Baumé. Employé à la dose de 15 , 30 et 60 grammes pour purger les chiens.

Sirop de quinquina. ♃ Ecorce de quinquina, 96 grammes ; eau ordinaire, 1 litre ; sucre ou miel, 500 grammes ; faites une décoction avec le quinquina , ajoutez le sucre et concentrez au degré convenable par une douce chaleur. Employé à la dose d'une à deux cuillerées à bouche , par jour , après la maladie des jeunes chiens et des chats.

SISYMBRE, s. m.. *Sisymbrium* , L. ; genre de la famille des Crucifères. composé de plantes herbacées, annuelles ou vivaces, très rarement frutescentes, habitant surtout l'Europe. Ce genre est nombreux, mais non encore bien limité. Les espèces partagent les propriétés âcres et dépuratives des Crucifères non cultivées. Aucune n'est véritablement fourragère. Les espèces *officinale* , *alliaria* , *sophia* , *irio* , *pinnatifidum* , sont les plus répandues.

SITIOLOGIE , s. f., *Sitiologia* , de σιτιον, aliment , et λογος, discours ; traité des aliments. Synonyme de *bromatologie*.

SITUATION , *V.* Insertion.

SMILACE , s. m., *Smilax*. L. ; genre de la famille des Asparaginées. Il se compose de sous-arbrisseaux grimpants , toujours verts , des régions chaudes et tempérées du globe. Ce sont cinq ou six espèces de ce genre qui , *à l'exclusion* du *smilax salsaparilla*, fournissent au commerce la racine connue sous le nom de *salsepareille*.

SMILACINÉES. s. f., *Smilacineæ ;* famille de plantes monocotylédones, formée par R. Brown , aux dépens des Asparaginées. Elle comprendrait entre autres, les genres *Paris*, *Polygonatum* , *Convallaria* , *Mayanthemum* , *Ruscus*.

SOC, s. m. , *Vomer ;* pièce principale , essentielle, de la charrue. Le soc est une pièce de fer aiguë , large, triangulaire , tranchante en dedans, fixée au sep , et destinée à ouvrir le sillon.

SOCIABILITÉ , *V.* Domestication.

SOCIAL , ALE , adj. , *socialis ;* se dit des plantes d'une espèce donnée qui vivent habituellement réunies par groupes plus ou moins nombreux.

SODIUM. s. m. , *Natrium ;* Na. Eq. 287 , 20 ; corps simple. métallique, de la première section . qui forme le radical ou l'élément électro-positif de la soude. Il a été découvert par Davy, en 1809. On le prépare par les mêmes procédés que le potassium, mais avec plus de difficulté. On peut le séparer de la soude au moyen de la pile et du mercure; ou à l'aide du fer, du charbon, à une haute température. Le sodium est solide, mou comme de la cire, d'une coupe brillante, argentine, se ternissant rapidement à l'air; il pèse 0,97, et fond à la température de 90°. Mis en contact avec l'eau, il en sépare les éléments, même à la température ordinaire, mais il n'enflamme pas l'hydrogène comme le potassium, à moins qu'on ne limite les mouvements du métal sur l'eau en la recouvrant d'huile ou de gomme, ou bien encore, en le mettant en contact avec une très petite quantité de ce liquide. Le sodium, comme le potassium, doit être conservé dans l'huile de naphte.

SOIE, s. f., *Seta;* poil de sanglier ou de porc. Par analogie, on désigne sous le même nom les organes végétaux qui présentent des caractères extérieurs semblables. — *Chir.* Nom donné à la *seime-quarte*. *V.* SEIME. — *Pathol.* SOIE DU PORC; synonymie : *Soyon, soies piquées, poil piqué, maladie piquante;* maladie particulière au porc, dont la nature n'est pas bien déterminée et qui a son siége à la base des soies, sur les côtés du cou, entre la jugulaire et la trachée. On a considéré cette affection tantôt comme une fièvre charbonneuse, tantôt comme une angine, une *esquinancie gangreneuse;* d'autres en ont fait une inflammation du tube digestif. Quoi qu'il en soit, elle règne quelquefois à l'état épizootique. Dans le point d'implantation des soies du côté du cou, la peau est rouge et ne tarde pas à devenir livide et violacée; on observe des symptômes généraux. La bouche devient brûlante, la langue fuligineuse; l'air expiré est infect, le malade pousse des cris plaintifs, et périt dans l'espace d'un à deux jours. La mort est le résultat de l'asphyxie produite par la compression de la trachée. Les causes de la soie sont la malpropreté des porcheries, les grandes chaleurs, la sécheresse, l'usage des aliments altérés. Chabert la considère comme contagieuse, et prétend que des carnivores ont succombé pour avoir mangé la chair de cochons infectés; mais il paraît qu'il a confondu cette maladie avec l'anthrax malin. L'autopsie présente l'état gangreneux des muscles voisins du larynx, de l'arrière-bouche, de l'œsophage. Si les animaux sont morts de l'entérite diarrhéique, on trouve dans l'intestin des taches gangreneuses. La chair du malade a peu de consistance; elle prend mal le sel et ne se conserve pas. Le traitement curatif consiste à provoquer par le vomissement des évacuations qui peuvent rétablir les fonctions digestives, à donner des boissons acidules, à tenir les malades dans une température chaude. Comme moyen local, Chabert a conseillé d'appliquer un bouton de feu sur la tuméfaction du cou, de

produire ainsi une eschare, dont la chute laisse une plaie simple, facile à cicatriser. Quelquefois on procède à l'extirpation de la tumeur et l'on cautérise le fond de la plaie. Pour éviter cette affection, lorsqu'on craint son développement, il faut donner aux porcs des logements salubres, des boissons acidulées par le vinaigre et blanchies par la farine d'orge ou de seigle.

SOIF, s. f., *Sitis,* δίψα : sentiment intérieur indiquant le besoin d'ingérer des boissons. La soif peut être due au défaut de parties fluides dans le sang, ou à la réplétion de l'estomac par des aliments solides. Son siége n'est pas bien connu, quoiqu'elle se manifeste généralement par un sentiment pénible à l'arrière-bouche. La soif due à la diminution du sérum du sang se calme facilement par l'application de l'eau à l'extérieur du corps, ou par l'injection de ce fluide dans les veines. — *Pathol.* Dans l'état maladif, la soif éprouve des modifications; elle est *augmentée, diminuée* ou *abolie.* L'augmentation de la soif, ou *polydipsie,* dénote une vive irritation des organes internes : on l'observe dans la gastro-entérite, après les purgations. La diminution de la soif, appelée *oligoposie,* se montre dans les maladies chroniques des muqueuses. L'absence de la soif, *adipsie* ou *aposie,* est observée dans un grand nombre de maladies, surtout dans celles caractérisées par l'état de faiblesse et d'adynamie. Dans la rage, on voit le chien présenter des signes de *polydipsie,* sans pouvoir satisfaire le désir de boire; souvent, au contraire, l'animal s'éloigne avec horreur du liquide qu'on lui présente. *V.* HYDROPHOBIE.

SOL, s. m., *Solum;* surface sur laquelle reposent les corps terrestres. — En agrologie, on appelle sol la couche supérieure des terrains agricoles. *V.* TERRAINS. Le sol, envisagé dans ce dernier sens, s'étend de la surface au point où la nature minérale du terrain change. Cette couche constitue le sol proprement dit; on la divise en *sol actif* et en *sol inerte.* Le premier est formé par la portion entamée par les instruments aratoires, celle qui reçoit les engrais et les semences : il sert directement à la végétation de la plupart des plantes herbacées. Le sol inerte est placé entre lui et le sous-sol et repose sur ce dernier. *V.* INERTE. La profondeur du sol actif dépend de celle des labours. Un sol profond est toujours avantageux. *V.* LABOURS.

SOLANDRE, s. f.; crevasse du pli du jarret, *V.* CREVASSES.

SOLAIRE, adj., *solaris,* de *sol,* soleil; rayonné comme le soleil. — *Plexus solaire :* nom donné à l'ensemble des rameaux et des ganglions nerveux du grand sympathique, situés au pourtour du ganglion semi-lunaire ou mésentérique. Les plexus rénal, diaphragmatique, cœliaque, mésentérique, etc., concourent à la formation du grand plexus solaire, ou en émanent. — En botanique, *solaire* se dit des plantes dont les fleurs ne s'épanouissent que lorsqu'elles sont frappées des rayons du soleil.

SOLANÉES, SOLANACÉES, s. f., *Solaneæ*, *Solanaceæ*; famille de plantes dicotylédones, monopétales, hypogynes, ayant pour caractères : inflorescence diverse ; fleurs hermaphrodites, régulières ou presque régulières, portées sur des pédoncules ordinairement extra-axillaires, par soudure ; calice monophylle à cinq divisions, rarement plus, quelquefois accrescent, ou se coupant au niveau du tube ; corolle rotacée ou campanulée, gamopétale, caduque, à cinq lobes ou quelquefois plus ; étamines insérées sur le tube de la corolle, en nombre égal aux divisions du limbe et alternant avec ces divisions ; anthères bilobées, introrses ; ovaire le plus souvent à deux carpelles et à deux loges multiovulées, quelquefois divisées elles-mêmes par une fausse cloison ; style et stigmate simples ; fruit polysperme, en forme de baie ou de capsule déhiscente ; graines ordinairement réniformes, comprimées, à périsperme charnu, épais ; embryon courbé. Les Solanées sont des plantes herbacées, sous-frutescentes ou ligneuses, annuelles ou vivaces, à feuilles alternes ou géminées, entières ou diversement dentées ou découpées, sans stipules. Elles renferment des sucs narcotiques ou narcotico-âcres et des alcaloïdes plus ou moins actifs. La plupart d'entre elles appartiennent aux régions tropicales. Cette famille est importante par quelques-unes de ses espèces ; c'est à elle qu'appartiennent la Pomme de terre, l'Aubergine, la Tomate, le Tabac, la Jusquiame, etc. Elle est assez nombreuse, et divisée tantôt en cinq, tantôt en six tribus ; nous admettons les suivantes : les *Nicotianées*; genres : *Petunia*, *Nicotiana*, etc. ; les *Daturées*; genres : *Datura*, *Solandra*, etc. ; les *Hyoscyamées*; genres : *Hyoscyamus*, etc. ; les *Solanées*; genres : *Nicandra*, *Capsicum*, *Solanum*, *Lycopersicum*, *Atropa*, *Mandragora*, *Lycium*, etc. ; les *Cestrinées*; genres : *Cestrum*, etc. ; les *Vestiées*, genres : *Vestia*, etc.

SOLANINE, s. f. ; C^{34} H^{68} O^{23} Az. Alcaloïde végétal découvert en 1825 par Desfosses. Il existe dans les plantes du genre *Solanum*, telles que la *morelle noire*, la *douce-amère*, les germes ou pousses de pommes de terre, etc. C'est un corps solide, pulvérulent, nacré, blanc, inodore, de saveur amère, nauséabonde, fusible et décomposable au feu, peu soluble dans l'eau et l'éther, très soluble dans l'alcool bouillant, ainsi que dans les acides, avec lesquels cet alcaloïde forme des sels incristallisables, très amers et vénéneux. — La solanine diffère des autres alcaloïdes des solanées, en ce qu'elle dilate faiblement la pupille ; mais elle est, comme ces composés organiques, stupéfiante, à faible dose, et exerce sur la partie postérieure de la moëlle épinière une action sédative, d'où résulte la paralysie des membres abdominaux.

SOLBATTU, E, adj., *de sole* et de *battu*.

meurtri ; se dit d'un cheval dont la sole est foulée : *cheval sol-battu*. *V*. Sole.

SOLBATTURE, s. f., *Solbattura*; maladie du cheval qui est *sol-battu*, qui a la sole meurtrie.

SOLDANELLE, s. f., *Soldanella*, T. ; genre de la famille des Primulacées. Il se compose d'un très petit nombre de plantes herbacées croissant dans les lieux montueux. La *soldanelle* des pharmacies, dont les feuilles sont purgatives, est le *Calystegia soldanella*.

SOLE, s. f., *Solea*; plaque cornée formant la partie inférieure du sabot, et située entre le bord inférieur de la paroi et la fourchette et les arcs-boutants qui l'entourent. La face externe de la sole est concave ; l'interne, convexe, présente une foule de petits pores établissant son adhérence avec le tissu villeux qui garnit la face inférieure de l'os du pied, en recevant les papilles de ce tissu. Son bord externe arrondi adhère à la paroi ; l'interne échancré laisse place à la fourchette et aux arcs-boutants. — La sole s'accroît de haut en bas, et s'use par exfoliation à sa face externe. La corne qui la forme est plus molle que celle de la paroi, et plus dure que celle de la fourchette. Sa disposition en voûte permet l'abaissement des parties contenues, lors de l'appui, et cet abaissement chasse en dehors les quartiers de la paroi. — *Sole charnue* : nom donné au derme sous-corné en rapport avec la sole.

Sole (maladies de la) ; elles sont nombreuses. Les unes sont le résultat de la ferrure ; les autres sont produites par des accidents dus à d'autres causes, et constituent soit des contusions, soit des piqûres. Les maladies causées par la ferrure sont la *sole chauffée*, *brûlée*, *desséchée*, la sole *trop affaiblie*, la *piqûre*, l'*enclouure*, la *retraite* produite par de vieux clous. Les maladies de la sole qui rentrent dans la seconde série sont la *sole battue* ou *solbatture*, la *sole foulée*, les *bleimes*, les *ognons*, les *plaies*, les *cerises*, les *clous de rue*. — La sole est *chauffée*, quand l'ouvrier applique trop longtemps le fer chaud à sa surface. On dit que la sole est *brûlée*, quand la lésion est plus prononcée. La corne se crispe, se dessèche, devient feutrée, poreuse et se détache quelquefois du tissu villeux. Un foyer purulent peut se former dans tout le pourtour de l'union de la sole avec la paroi. Quand la brûlure est portée à l'excès, il peut en résulter la chute du sabot et la mort. Dans tous les cas, le cheval boîte fortement, et pendant longtemps. On y remédie par des bains froids, continus, employés pendant plusieurs jours. — La sole *battue* ou *foulée* est une contusion produite par un fer mal attaché, par des pierres introduites sous le fer, par la marche sur un sol trop dur. Cet accident est commun sur les pieds plats ou combles ; il est rare pour ceux qui sont creux comme dans l'âne et le mulet. *V*. Piqûre. Enclouure. RETRAITE, BLEIME, OGNON, CLOU DE RUE.

SOLE, s. f. ; partie des terres arables d'une exploitation qui reçoit successivement chacune des cultures faisant partie de l'*assolement ou rotation* (*V.* ces mots).

SOLEIL (grand), *V.* Hélianthe.

SOLIDAGE, s. m., *Solidago*, L. ; genre de la famille des Composées. Il renferme environ 130 espèces herbacées, plus rarement frutescentes ou sous-frutescentes, habitant surtout l'Amérique septentrionale. L'espèce la plus commune en France est le S. verge d'or, *S. virga aurea* ; elle croit dans les forêts, où les herbivores la broutent lorsqu'elle est jeune. Elle passait autrefois pour sudorifique et vulnéraire. Ce qu'on appelle improprement *verge d'or du Canada* est l'*Erigeron canadense*.

SOLIDE, s. et adj., *Solidum* ; les géomètres donnent ce nom à tout ce qui a les trois dimensions, c'est-à-dire la *longueur*, la *largeur* et la *profondeur* ou l'*épaisseur*. Les physiciens appellent corps *solides* ceux qui ont les molécules immobiles, adhérentes les unes aux autres, et qui présentent une forme fixe, permanente et indépendante du monde extérieur. La fixité des molécules des solides n'est pas absolue, et présente une foule de degrés : très prononcée dans les corps *durs*, tels que le diamant, l'acier, elle l'est peu dans ceux qui sont *mous*, comme la cire, le plomb, etc. La *forme* des solides peut être régulière, polyédrique, on dit alors qu'ils sont *cristallisés* ; ou elle ne peut être comparée à aucune forme géométrique, et alors les corps solides sont dits *amorphes*. La forme régulière est celle que tendent naturellement à revêtir la plupart des corps ; on peut la leur communiquer d'ailleurs par des procédés artificiels. *V.* Cristallisation. —*Anat.* Le squelette constitue les parties solides du corps de l'animal.

SOLIDISME, s. m. ; système médical dans lequel on attribue toutes les maladies à l'altération exclusive des solides. Les doctrines de Brown, de Broussais et de Rasori reposent sur ce principe général et fondamental. *V.* Brownisme, Broussaisisme, Contre-stimulisme.

SOLIDISTE, adj. ; partisan des principes du *solidisme*.

SOLIDITÉ, s. f., *Soliditas* ; état des corps solides, caractérisé par l'immobilité moléculaire et la permanence de la forme. *V.* Solide.

SOLIPÈDE, s. et adj., *Solipes*, de *solus*, seul, et *pes*, pied ; nom improprement appliqué aux mammifères dont le pied se termine par un seul doigt, comme dans le genre *Cheval*. Les solipèdes forment, dans la classification de Cuvier, une famille de l'ordre des *Pachydermes*. On les en sépare aujourd'hui pour en former un ordre particulier, auquel le nom de *Monodactyles* conviendrait beaucoup mieux.

SOLITAIRE, adj., *solitarius* ; synonyme de seul ou isolé. —*Ver solitaire*, *V.* Ténia.

SOLOGNE (Races ovines de la) ; elles ont les caractères génériques suivants : taille variable, mais toujours faible ; tête sans cornes, effilée, blanche ou roussâtre, couverte de laine rude ; oreilles droites et petites ; laine plus ou moins belle, toujours plus fine et même plus lourde dans les petites races. Le poids de la toison peut varier de 800 à 2,000 grammes, celui de la chair de 8 à 15 kilog. Les moutons de la Sologne vivent dans une contrée pauvre, peu fertile : ils y acquièrent de la rusticité : aussi profitent-ils bien, quand on les exporte dans des localités plus riches ; ce qui arrive pour beaucoup d'entre eux, pendant leur première année. Les races de la Sologne sont communes et peu productives ; mais elles ont le mérite d'être bien appropriées aux lieux dans lesquels elles se sont formées.

SOLUBILITÉ, s. f., *Solubilitas*, de *solvere*, délier : qualité de ce qui est soluble. Propriété qu'ont les corps de se dissoudre dans certains véhicules. Cette propriété est complexe et dépend à la fois de l'état de la nature du corps soluble, et des qualités du menstrue : car dans la solution d'un solide, d'un liquide ou d'un gaz, dans un liquide, l'action est toujours réciproque entre le corps dissous et son dissolvant. —Abstraction faite de la nature du corps, il se dissout d'autant plus facilement qu'il est plus complètement désagrégé avant d'être soumis à l'action du véhicule ; quant à ce dernier, son action est d'autant plus active que sa température est plus élevée et qu'il est soumis à une pression plus forte. La solubilité des corps peut exister pour plusieurs liquides à la fois, mais rarement au même degré : un véhicule, déjà chargé d'un principe, peut en dissoudre d'autres, etc.

SOLUBLE, adj., *solubilis* ; qui est susceptible de se dissoudre dans un ou plusieurs véhicules.

SOLUTIF, adj., *solutivus* ; synonyme de *laxatif*, (*V.* ce mot).

SOLUTION, s. f., *Solutio*, λυσις ; nom donné à la fois à l'opération qui consiste à dissoudre un corps quelconque dans un véhicule, et au résultat de l'opération elle-même. *V.* Dissolution.

SOMMEIL, s. m., *Somnus*, ὑπνος ; suspension momentanée de l'exercice des fonctions de relation, succédant à une action soutenue de ces fonctions. Le sommeil repose les organes et leur rend l'énergie que leur fait perdre un exercice prolongé. La plupart des animaux se couchent pour se livrer au sommeil et donner ainsi un repos complet à leurs muscles fatigués. Le cheval dort souvent debout, et lorsqu'il se couche, il abandonne rarement sa tête sur le sol.

SOMMEIL DES PLANTES ; position particulière que certains organes des plantes prennent, chaque jour, à l'approche de la nuit, et qu'elles conservent tant que dure l'obscurité. Ce sont les fleurs, et surtout les feuilles, et parmi ces dernières principalement les feuilles composées des Légumineuses, qui présentent le sommeil le plus prononcé. Les premières notions sur ce phénomène remontent à 1567 ; mais pour rencontrer dans la science quelque chose de précis, il faut arriver aux observations faites par Linné en 1737. La situation nouvelle, temporaire, qu'affectent les organes susceptibles d'éprouver le *sommeil*, est la suite de mouvements *spontanés* lents ou rapides, totaux ou partiels ; ces mouvements et les positions qu'ils entraînent sont si variés, qu'il est impossible de les indiquer ici. La lumière a une influence décisive, capitale, sur l'état de sommeil et de veille des plantes ; on peut, en substituant une lumière artificielle vive à l'obscurité, empêcher le sommeil ou en changer les heures. — Les théories, à l'aide desquelles on a tenté d'expliquer les causes immédiates et le mécanisme de ce phénomène singulier, ne sont pas suffisamment appuyées. Bonnet attribuait les mouvements des plantes à des différences de sécheresse et d'humidité dans les faces des folioles ; Dutrochet à des alternatives de turgescence endosmotique, par l'oxygène, dans deux couches de tissu incurvables en sens contraire, situées à la base des pétioles ; Dassen à une surabondance de sève ascendante, en suite d'un accroissement d'humidité. — Les fleurs qui présentent le phénomène du sommeil sont appelées *équinoxiales* et *tropicales* (*V.* ces mots).

SOMMET, s. m., *Vertex*; partie la plus élevée d'un corps ou d'un individu. En botanique, et lorsqu'il s'agit d'un organe, on distingue le sommet *géométrique* ou *apparent*, et le sommet *organique*, qui peut constituer aussi le premier et se confondre avec lui.

SON, s. m., *Sonus*, ἦχος; nom donné, en acoustique, au mouvement vibratoire produit et transmis par la matière pondérable, et perçu par l'oreille. — *Production, transmission et perception*, sont les conditions essentielles de l'existence du son ; l'absence d'une seule d'entre elles suffit pour l'annuler. — 1° *Production*. Le son prend naissance par la vibration des corps pondérables. Pour que le son soit perceptible et régulier, il faut que le corps vibrant produise au moins seize vibrations par seconde et pas au-delà de 50 à 60 mille dans le même temps. Les corps *solides* élastiques produisent facilement des sons, parce qu'ils exécutent le mouvement vibratoire lorsqu'on les dérange de leur position d'équilibre. Les *cordes*, les *membranes tendues*, les *verges* droites ou courbes, les *lames* métalliques, engendrent avec facilité, dans certaines conditions, les vibrations et par suite le son *V.* VIBRATION. Les *liquides* peuvent également produire des sons, comme on peut le remarquer dans le bruit des vagues, des cascades, dans le murmure des eaux courantes, dans les vibrations d'un instrument d'acoustique appelé *syrène*, et

dans lequel les sons résultent de la circulation d'un liquide. Enfin les *gaz*, en raison de leur grande élasticité, produisent les sons dans une foule de circonstances, comme on le voit dans le sifflement de l'air agité, dans les instruments à vent, tels que le sifflet, la flûte, le flageolet, la clarinette, le hautbois, les orgues, etc. — 2° *Propagation*. Le son se propage par le même mécanisme que celui qui lui a donné naissance, c'est-à-dire par un mouvement vibratoire. Un corps sonore en vibration communique aux corps qui l'environnent son mouvement vibratoire ; ceux-ci le transmettent à d'autres, et ainsi de suite jusqu'à ce qu'il s'éteigne ou qu'il soit perçu. Le mécanisme de la transmission du son indique suffisamment la nécessité absolue de la matière pondérable, pour qu'il se propage à distance ; l'expérience prouve, en effet, que le son s'éteint dans le vide. Le son peut se propager à travers les gaz, les liquides et les solides. L'air, qui est le milieu qui le transmet le plus ordinairement, le propage avec d'autant plus de facilité qu'il est plus élastique, c'est-à-dire plus condensé ou plus chaud. L'expérience a démontré directement que la vitesse du son dans l'air est de 340 mètres par seconde, à la température de 16°, et de 332 à 0°. Dans les liquides, elle est beaucoup plus grande ; les essais de Colladon et Sturm sur le lac de Genève ont prouvé que la vitesse du son dans l'eau est de 1435 mètres par seconde ; dans la mer, elle est de près de 1500 mètres. Dans les solides, elle est plus considérable encore et varie de 5 à 16 fois la vitesse dans l'air. — 3° *Perception*. Les vibrations sonores qui arrivent jusqu'à l'oreille sont recueillies et concentrées sur la membrane du tympan qui les transmet par l'air, les osselets et les parois de l'oreille moyenne, jusqu'aux ouvertures ronde et ovale de l'oreille interne, d'où elles se propagent dans le labyrinthe à la lymphe de Cotugno et au nerf acoustique qui s'y épanouit ; enfin, ce dernier les transmet au cerveau où a lieu la sensation de l'ouïe. Le son perçu par l'oreille présente trois qualités principales qu'on appelle l'*intensité*, le *ton* et le *timbre*. — L'*intensité* du son dépend de la force d'impulsion du mouvement vibratoire, d'où résultent la condensation plus ou moins grande des ondes sonores ou leur amplitude, et de la distance qui affaiblit le son proportionnellement au carré de l'espace parcouru. Le *ton* ou la *hauteur* du son dépend à la fois de la longueur et de la vitesse des ondes sonores, circonstances qui se trouvent toujours réunies et qui sont en raison inverse l'une de l'autre. Les sons *graves* proviennent de vibrations lentes, longues et peu nombreuses ; les sons *aigus*, de vibrations courtes, rapides et nombreuses dans un temps donné. Enfin le *timbre* est aux sons ce que la *nuance* est aux couleurs : il dépend essentiellement de la nature et de la forme du corps sonore. La *réflexion*, les *échos* et les *résonnances* sont des accidents de la propagation du son, qui ont été examinés dans des articles spéciaux.

SON, s. m., *Furfur ;* résidu de la mouture des grains. C'est à celui du froment que se rapporte surtout ce qui suit ; il serait le meilleur si l'on en séparait la farine avec moins de soin. Le son est généralement considéré comme une nourriture médiocre ou même indigeste : les analyses qui en avaient été faites autrefois, le représentaient comme ne contenant qu'une faible proportion de fécule et de matière azotée ; celle plus récente de Millon, parait de nature à modifier les idées admises sur ce point. Ce chimiste a trouvé le son composé de : amidon, dextrine, sucre, 53,0, sucre de réglisse, 1,0, gluten, 14,9, matière grasse, 3.6, ligneux, 9,7, sel, 0,5, eau, 13,9. matière incrustante. 3,4. Sa composition, et conséquemment sa valeur nutritive. doivent varier selon le mode de mouture et de blutage. Celui qui n'a passé qu'une seule fois sous la meule s'appelle *recoupe ;* il est le plus nutritif. Quand il est passé deux fois, il prend le nom de *recoupette*. Pour être bon, le son doit être récent, avoir une odeur agréable, une saveur douce, une belle couleur jaune ou rougeâtre, et ne point être formé en masses, en grumeaux. L'usage de cette substance doit être réglé avec discernement : le son se digère lentement et provoque parfois des indigestions avec surcharge. Les chevaux qui en font un usage répété sont souvent affectés de bézoards ou de pelotes stercorales. Il faut éviter de le donner sec. Distribué à doses modérées, bien mouillé, en pâtées, mêlé à des racines ou à des grains, etc., il convient à tous les herbivores et aux porcs ; il agit comme rafraîchissant. Il n'est pas exact de dire que les chevaux de trait, nourris exclusivement de foin et de son, ne peuvent supporter un service pénible ; les organes s'habituent bientôt à ce régime, et si les animaux sont plus enclins à suer, ils n'en sont pas moins très propres au travail. Il n'est pas prouvé non plus que le son provoque le développement de la pommelière. Cette substance peut être falsifiée dans le commerce, avec du sable, du plâtre, de la sciure de bois, etc. — *Pharmacol.* Le son des céréales, et surtout celui du blé et du seigle, est employé en pharmacie vétérinaire pour la confection de quelques préparations émollientes destinées tant à l'usage interne qu'à l'usage externe. Soumis à la décoction, le son fournit un liquide blanc, mucilagineux, sucré, doux au toucher, qui sert à confectionner des breuvages et surtout des lavements émollients, à faire des lotions, des bains, etc. Cuit et mélangé à d'autres corps émollients, le son peut servir à faire d'excellents cataplasmes adoucissants ; mélangé au miel, il constitue de bons topiques maturatifs ; délayé dans l'eau, il donne des boissons rafraîchissantes, etc.

SONDAGE, s. m. ; action de sonder, de percer le sol avec une sonde. Le sondage est employé pour reconnaitre la nature du soussol, provoquer la formation d'une source ou procurer à l'eau superficielle une issue.

SONDE, s. f., *Specillum ;* instrument dont le chirurgien se sert pour sonder. La sonde, en chirurgie, est une tige de métal. qui sert plus particulièrement à explorer les blessures, les trajets profonds des solutions de continuité, à tenir lieu de conducteur aux instruments tranchants. Quelques sondes servent pour des usages spéciaux. — *Sonde en plomb :* c'est la plus simple : elle consiste en un petit cylindre en plomb, de 2 à 3 millimètres de diamètre. enroulé sur lui-même par une de ses extrémités. Cette sonde est très employée par les vétérinaires, à cause de sa flexibilité, pour explorer le trajet des fistules qui se forment dans la région digitée, surtout près du fibro-cartilage latéral du pied. — *Sonde cannelée :* c'est une tige en acier, longue de 15 centimètres, ayant 4 millimètres de diamètre, creusée d'une rainure sur l'une de ses faces, terminée. à l'une de ses extrémités, par une plaque à bords mousses. Elle peut servir comme instrument explorateur. Son usage principal consiste à diriger le bistouri droit ou les ciseaux dans les incisions, sur les parties où quelques organes doivent être ménagés. Pour faire une incision sur la sonde cannelée, on introduit cet instrument par son extrémité effilée jusqu'au fond de la fistule qu'on veut diviser ; ensuite les tissus étant tendus convenablement, on tient le bistouri droit comme pour inciser de dedans en dehors, et on laboure dans la rainure de la sonde. Un autre procédé consiste à passer le bistouri à serpette dans la rainure en incisant de dehors en dedans. — *Sonde à S :* c'est une sorte de porte-mèche, dont on se sert pour établir les contre-ouvertures et les maintenir béantes. Elle consiste dans une tige en fer, de 5 à 6 millimètres de diamètre, longue de 4 à 5 décimètres, et recourbée en S; chacune de ses extrémités présente un œil ou chas, dans lequel on introduit un ruban de fil ou une mèche de filasse qu'on se propose de laisser dans les trajets fistuleux. On s'en sert fréquemment dans les opérations nécessitées par le mal du garrot du cheval, le mal d'encolure, la taupe. La disposition en S gêne quelquefois le passage de la sonde à travers les parties volumineuses : on lui donne alors la forme d'un C. La sonde à S est employée pour la ponction des poches gutturales. — *Sondes creuses :* on nomme ainsi des sondes destinées à pénétrer dans les réservoirs, pour évacuer des liquides qui s'y trouvent accumulés. Elles sont faites en métal ou en gomme élastique. Les sondes en métal sont droites ou courbes ; un des bouts, nommé le *pavillon*, est muni sur les côtés de deux anneaux servant à fixer la sonde, quand elle est parvenue dans la vessie. A l'autre extrémité. se présente un cul-de-sac arrondi, nommé le *bec*, portant sur les côtés deux ouvertures oblongues, appelées les *yeux*, ou plusieurs pertuis semblables à ceux d'un arrosoir. Les sondes inflexibles ne peuvent être introduites dans la vessie du cheval, à cause du contour de l'urètre sur le bord postérieur de l'ischium ; le plus souvent, les sondes flexibles ne peuvent être placées que par une incision faite sur ce canal. — *Sonde œsophagienne* : c'est une sonde creuse en caoutchouc, qu'on introduit dans l'œsophage, après qu'on a pratiqué la ponction de ce conduit, pour faire pénétrer des substances alimentaires dans l'estomac du cheval atteint du tétanos. On a donné aussi le nom de sonde au *poussoir*, sorte de longue tige destinée à repousser les corps étrangers arrêtés dans l'œsophage.

SONORE, adj, *sonorus* ; qui produit des sons. Se dit surtout des corps solides élastiques qui, par leurs vibrations régulières, engendrent des sons, lorsqu'on les frappe ou qu'on les frotte. *Onde sonore* : nom donné à une succession d'ondulations de même nature qui ont lieu dans le même sens. Elle se compose d'*ondulations condensées* et d'*ondulations dilatées* ; les premières résultent de la compression de l'air par l'ébranlement sonore, et les secondes, du retour de l'air à son premier état. *Vibrations sonores* : celles qui sont régulièrement espacées et qui produisent les sons. *V.* VIBRATION et VIBRATOIRE.

SONORÉITÉ, s. f. ; qualité des corps sonores. Elle est plus prononcée dans les alliages que dans les métaux ; dans ces derniers, elle est fort variable.

SOPHISTICATION, s. f., *Sophisticatio* ; action de mélanger frauduleusement des substances inertes ou de qualité inférieure avec un médicament simple ou composé, dans un but coupable de lucre. *V.* ADULTÉRATION et FALSIFICATION.

SOPOREUX, EUSE, adj., *soporosus*, de *sopor*, sommeil ; qui cause l'assoupissement. *Maladie soporeuse* : caractérisée par l'assoupissement. L'état comateux.

SORBIER, s. m., *Sorbus*, T. ; genre de la famille des Rosacées. Il se compose d'arbres et d'arbrisseaux des régions froides et tempérées de l'hémisphère boréal, rangés souvent encore dans le genre *Poirier*. Leur bois est dur et très lourd : leurs fruits, âpres d'abord, deviennent sucrés et acidules avec le temps. Espèces principales : *S. domestica*, vulg. *Cormier*, *S. aucuparia*, vulg., *Cochène*.

SORDIDE, adj., *sordidus*, de *sordes*, *sordium*, ordures : épithète donnée aux ulcères qui donnent de la sanie, une suppuration de mauvaise nature. *V.* ULCÈRE.

SORE, s. f., *sorus*, de σωρός, amas ; agglomération de capsules constituant la fructification des fougères.

SORGHO, s. m., *Sorghum*, Desv. ; genre de la famille des Graminées ; il se compose d'espèces distraites du genre *Holcus*, originaires des pays chauds, et dont quelques-

unes sont cultivées dans le midi de la France et dans l'Ouest. Le S. commun, *S. vulgare*, Wild., vulg. *millet d'Afrique*, *gros millet*, est cultivé pour sa graine, que l'on fait consommer par la volaille, et pour ses tiges et ses panicules avec lesquelles on fait des balais. Il en est de même du S. d'Alep, *S. Alepensis*, Desv. Le S. bicolore, *S. bicolor*, Desv., *Holcus bicolor*, L., et le S. sucré, *S. saccharatus*, Desv., *Holcus saccharatus*, L., sont cultivés en Afrique pour leurs grains, qui servent à la nourriture de l'homme.

SOROSE, s. f., *Sorosa* ; fruit synanthocarpé, composé de plusieurs fruits soudés par leurs enveloppes florales charnues ; ex. : la *mûre*.

SOUBRESAUT, s. m., *Subsultus*, de *supra*, sur, et *saltus*, saut ; secousse passagère d'un tendon, causée par la contraction involontaire des muscles. On donne aussi ce nom à l'interruption saccadée qu'on observe dans les flancs du cheval poussif, pendant l'inspiration ou l'expiration.

SOUCHE, s. f., *Caudex* ; nom donné anciennement par Gœrtner aux tiges souterraines des Iridées, des Fougères. C'est ce ce que Linné appelait *caudex descendant*. En appliquant à ce mot un sens général, il est synonyme de *Rhizôme*. La souche a l'organisation et tous les caractères de la tige aérienne. — Quelques botanistes donnent aujourd'hui le nom de *souche* à ce qu'on appelle généralement *racine*, c'est-à-dire à la partie principale située au-dessous du collet, et ils réservent le nom de racine à l'ensemble des *radicules* ou *chevelu*.

SOUCHET, s. m., *Cyperus*, L. ; genre de la famille des Cypéracées. Il renferme plus de 300 espèces. Le S. papyrus, *C. papyrus*, L., croît dans la Basse-Égypte, l'Abyssinie, etc. ; sa souche est alimentaire ; ses feuilles étaient employées autrefois à faire ces papyrus sur lesquels les Égyptiens, les Grecs et les Romains ont écrit ; Le S. comestible, *C. esculentus*, L., spontané en Orient et dans le midi de l'Europe, est cultivé pour les petits tubercules féculents qui terminent ses racines. Les espèces *longus*, *rotundus*, *fuscus*, *flavescens*, se trouvent dans les prairies de l'Europe : on doit les considérer comme des plantes au moins inutiles. Le rhizôme des deux premières servait autrefois à faire des infusions toniques.

SOUCI, s. m. *Calendula*, L. ; genre de la famille des Composées. Il renferme des plantes herbacées habitant surtout l'Europe centrale et le bassin de la Méditerranée. Les espèces *officinalis* et *arvensis* sont amères. On a proposé de cultiver la dernière dans les vignes pour la nourriture des bestiaux au printemps.

SOUDE, s. f., *Salsola*, L. : genre de la famille des Salsolacées. Il est composé de plantes herbacées ou sous-frutescentes, croissant au voisinage de la mer, près des sources salées, sur le rivage des fleuves, dans les climats tempérés. Moquin-Tandon en décrit 35 espèces. La S. commune, *S. soda*, est la plus répandue ; on la trouve mêlée aux *S. kali* et *tragus*, que quelques botanistes regardent d'ailleurs comme ses variétés. Ces plantes peuvent être exploitées pour la fabrication de la soude, et, à ce titre, elles avaient autrefois beaucoup d'importance. Les bestiaux, mais principalement les moutons, les consomment volontiers. — *Chim.*, Na O., *oxyde de sodium ; alcali minéral ;* oxyde de la première section et le plus basique après la potasse, avec laquelle il présente la plus grande analogie. La soude peut être *anhydre* ou *hydratée*, comme la potasse ; c'est sous la dernière de ces formes qu'elle présente le plus d'intérêt. Cette base est abondamment répandue dans la nature, à l'état de combinaison ; on la trouve dans les minéraux, les eaux de la mer, les plantes marines, les liqueurs animales, etc. — La soude caustique se prépare par le même procédé que la potasse et peut être, comme cette dernière, à la *chaux* ou à l'*alcool*. Elle est solide, blanche, amorphe, très caustique, verdissant le sirop de violettes et ramenant au bleu la teinture de tournesol rougie par un acide. Chauffée au rouge, elle fond ; mais elle est plus fixe que la potasse. Elle se dissout dans l'eau en toute proportion et en élève la température. — *Caractères distinctifs :* les points de dissemblance de la soude et de la potasse sont peu nombreux ; ainsi, la soude renferme 22 p. $^0/_0$ d'eau, et la potasse, 18 p. $^0/_0$ seulement ; exposées à l'air ces deux bases s'hydratent l'une et l'autre aux dépens de l'humidité atmosphérique et tombent en déliquescence ; mais la soude se carbonate bientôt et s'effleurit, ce que ne fait pas la potasse. Les sels de ces deux bases diffèrent par la forme cristalline et par l'eau de cristallisation, qui est toujours plus abondante dans les sels de soude. La solution de ces sels ne précipite pas avec l'alun, l'acide tartrique et le bichlorure de platine, qui servent à caractériser les sels de potasse ; en revanche, elle donne un précipité avec l'antimoniate de potasse ; ce que ne font pas les sels potassiques. — *Pharmacol.* Les usages pharmaceutiques, chimiques et thérapeutiques de la soude sont à peu près les mêmes que ceux de la potasse ; à l'état caustique, elle est moins employée que cette dernière comme médicament escharotique.

SOUDURE, *V.* Adhérence, Cohérence, Synophties, Synanthies, Syncarpies.

SOUFFLER, v. n., *sufflare ;* faire du vent en poussant l'air avec la bouche. En terme de maquignon, l'on dit qu'un cheval *souffle*, quand il est court d'haleine. — On dit que la *matière souffle aux poils*, lorque du pus apparaît sur la couronne et indique un décollement au moins partiel du sabot du cheval ; c'est ordinairement après l'enclouure, suivie d'un abcès dans le pied, qu'on observe ce symptôme. Il se montre également après les contusions du pied et quelques maladies de la sole.

SOUFRE, s. m, *Sulphur*, S., équiv. 200,00. — Corps simple, non métallique, connu dès la plus haute antiquité. Il est très abondamment répandu dans la nature, libre ou combiné. Libre, le soufre existe autour des volcans en activité, comme le *Vésuve* et l'*Etna ;* combiné, on le trouve dans les eaux minérales sulfureuses, dans le sein de la terre, allié aux métaux à l'état de sulfure ou de sulfate. Dans le règne organique, il existe dans les plantes crucifères, les liliacées et quelques autres, dans les principes protéiques végétaux ou animaux, dans les productions pileuses de la peau, dans les solides et les liquides animaux, à l'état de sulfates alcalins ou terreux. On extrait le soufre des terres sulfureuses des contrées volcanisées, ou en grillant des sulfures métalliques très communs, comme ceux de fer et de cuivre ; on purifie ensuite le premier produit en le fondant ou en le volatilisant dans de grandes chambres disposées à cet effet. — Le soufre pur est solide, en bâtons ou en poudre impalpable (*fleur de soufre*), d'un beau jaune citron, d'une saveur et d'une odeur légèrement *sulfureuses*, d'une densité de 2,00 environ. Le soufre du commerce est opaque et amorphe ; on le trouve parfois dans la nature, cristallisé et translucide ; on peut lui donner cette apparence par des procédés artificiels. Ce corps est mauvais conducteur de la chaleur et de l'électricité ; il brûle à l'air en produisant une flamme pâle, bleuâtre et de l'acide sulfureux. Le soufre fond à 110°, bout à 400° et se réduit en vapeur. Si on le chauffe longtemps entre 160° et 250°, il change de couleur, devient rouge-brun, épais, gluant ; fondu de nouveau et coulé dans l'eau à cet état, il se solidifie, mais conserve une grande ductilité ; on met à profit cette propriété pour prendre des empreintes très fines, parce que le soufre revient peu à peu à sa consistance et à sa couleur primitives. — Le soufre est insoluble dans l'eau, soluble dans l'alcool, l'éther, les essences, les huiles grasses et pyrogénées, mais en petite quantité ; il est extrêmement soluble dans le sulfure de carbone. Ce corps simple se combine, soit directement, soit indirectement, avec tous les métalloïdes et tous les métaux. — Les usages du soufre sont très nombreux ; il sert à faire les allumettes ordinaires, la poudre à canon, à confectionner des ciments à sceller le fer dans la pierre, à préparer les sulfures et les sulfates, etc. — *Pharmacologie.* Le soufre est un médicament dont les effets varient selon la dose à laquelle il est administré ; donné à la dose de 150 grammes et au-dessus, il est purgatif : à celle de 500 grammes, il est presque toujours mortel pour les chevaux, dont il irrite violemment la muqueuse gastro-intestinale. A dose médicinale, qui varie de 15, 30 à 60 grammes et plus, pour les grands herbivores, et de 4, 8, 15, pour les petits animaux. le soufre est absorbé, passe dans le sang, où il détermine des effets primitifs stimulants et des effets consécutifs expectorants, fondants et surtout sudorifiques. Ainsi, sous l'influence de l'ingestion du soufre à petites doses, le pouls s'accélère, la chaleur du corps s'élève, les muqueuses rougissent, la transpiration cutanée devient plus active, etc. Sous quelle forme le soufre, qui est insoluble, pénètre-t-il dans le sang ? D'après Dupuy, ce serait à l'état d'acide sulfhydrique, et selon Mialhe à l'état de sulfure ou d'hyposulfite alcalin, par suite de l'action des carbonates de potasse et de soude que le soufre rencontrerait dans le tube digestif. Quels effets le soufre, ainsi modifié, détermine-t-il sur le sang et par quelle voie est-il éliminé de l'économie animale ? Il communique au sang une couleur noire, et le rend plus fluide; il lui donne la propriété de noircir les vases en argent. Le composé sulfureux qui a été introduit dans le sang, s'échappe en nature par les bronches et la peau, dont il paraît modifier l'état matériel et fonctionnel; il est indiqué à la fois par l'odeur sulfureuse des sécrétions et exhalations de ces membranes et par la propriété qu'elles ont de noircir une lame d'argent. Enfin, il sort en partie par les reins, mais transformé en *sulfate* par l'action de l'oxygène de l'air inspiré, ainsi que Woëhler l'a constaté expérimentalement. Le soufre est employé comme modificateur puissant du système lymphatique et tégumentaire; on en fait usage à titre d'altérant, d'expectorant ou béchique incisif, et d'antipsorique. Il est employé avec succès, tant à l'intérieur qu'à l'extérieur, contre la plupart des maladies de la peau. Préconisé par Collaine, comme une sorte de spécifique contre la morve et le farcin, le soufre s'est montré généralement peu efficace contre ces affections, entre les mains des vétérinaires français; cependant c'est un médicament qui peut être utile au début de ces maladies. — On doit laver avec soin le soufre sublimé *(fleur de soufre)*, avant de le donner à l'intérieur, pour le débarrasser d'une petite quantité d'acide sulfurique qu'il retient toujours. Pour l'administrer, il faut le transformer en électuaire ou en bol, et y ajouter une petite quantité de carbonate alcalin, afin de faciliter son absorption; on peut aussi le donner en suspension dans un liquide approprié. Enfin, à l'extérieur, on l'emploie sous forme de pommade ou de liniment, mélangé à de l'axonge et à un principe alcalin, ou en dissolution dans une essence ou une huile grasse.

SOUFRE DORÉ D'ANTIMOINE, *V.* SULFURE D'ANTIMOINE.

SOUFRE LAVÉ; soufre sublimé qui a été dépouillé entièrement de l'acide sulfurique qu'il contient naturellement, par des lavages prolongés avec l'eau distillée et chaude.

SOUFRE PRÉCIPITÉ, *V.* MAGISTÈRE DE SOUFRE.

SOULTE ou SOUTE, s. f., *solutum*, de *solvere*, payer; paiement donné pour compenser une différence dans un partage, dans un échange.

SOUPE, s. m.; préparation alimentaire consistant en fourrages verts ou secs que l'on a fait infuser dans l'eau chaude (bachassée, thé de foin), ou que l'on a fait cuire (buvée, bouillie). Les soupes se donnent à tous les animaux, mais principalement au bétail à l'engrais, aux élèves et au femelles laitières. On y fait entrer du foin, du regain, des racines et tubercules, des feuilles, des débris de jardin, etc.

SOURCIL, s. m., *Supercilium*; partie plus ou moins saillante, en forme d'arc, surmontant l'orbite et portant, dans quelques animaux, des poils plus longs que ceux des parties voisines. Le sourcil n'est pas apparent dans le cheval et le bœuf; on en trouve cependant la trace dans le fœtus de ces animaux, cette région se couvrant de poils avant le reste de la tête. — *En anatomie,* on appelle *sourcil* le bord saillant d'une cavité; ex. : le *sourcil de la cavité cotyloïde.*

SOURCILIER, *V.* SURCILIER.

SOURD, s. et adj. m., *Surdus*; qui n'entend pas. Se dit d'un animal qui est privé du sens de l'ouïe. *V.* SURDITÉ.

SOURIS, s. f. : espèce du genre *Rat*, remarquable par son pelage de couleur cendrée. En *extérieur*, on appelle *souris* une robe présentant la couleur de cet animal et formée par des poils ayant tous la même teinte. La robe souris peut être *claire* ou *foncée.* — *Pathol.* Nom vulgaire donné aux polypes. Inusité.

SOUS-ACROMIO-TROCHITÉRIEN, *V.* SOUS-ÉPINEUX.

SOUS-ARBRISSEAU, *V.* ARBRISSEAU.

SOUS-ATLOIDIEN, adj.; nom donné par Girard, d'après Chaussier, au nerf de la deuxième paire cervicale.

SOUS-AXOIDIEN, adj.; nom donné par Chaussier, au nerf de la troisième paire cervicale.

SOUS-CLASSE, s. f.; division établie dans une classe; elle renferme une ou plusieurs familles.

SOUS-COSTAL, adj.; nom donné par Girard au cordon thoracique du nerf grand sympathique.

SOUS-CUTANÉ, ÉE, adj., *sub-cutaneus;* qui est situé sous la peau. — *Muscles sous-cutanés :* ils sont au nombre de trois, placés sous la peau, à laquelle ils impriment divers mouvements, en même temps qu'ils compriment les autres muscles. Le *sous-cutané du thorax et de l'abdomen,* ou *pannicule charnu,* forme une couche musculeuse étendue composée de deux portions, dont l'antérieure, formée de fibres verticales, recouvre l'épaule, et la postérieure, formée de fibres longitudinales, occupe la partie latérale du thorax et de l'abdomen, se fixant par des aponévroses aux lignes médianes supérieure et inférieure, et recouvrant de ces mêmes productions les muscles de l'épaule et de la croupe. — Le *sous-cutané du cou*, ou *peaucier*, n'est charnu qu'au bord inférieur de l'encolure, où il s'étend depuis le poitrail jusqu'à la mâchoire, se confondant, sur ce point, avec le sous-cutané de la face. Sur les côtés de l'encolure, il s'applique par son aponévrose à la surface des muscles, et notamment du mastoïdo-huméral. Ce muscle impair affermit la contraction de ceux qu'il recouvre, et fait froncer et trémousser la peau de la partie inférieure de l'encolure. — Le *sous-cutané de la face* forme une expansion très mince qui n'offre guère de fibres charnues que vers la commissure des lèvres et sur le muscle masséter. — Dans les ruminants, le panicule charnu présente deux bandelettes isolées qui entourent l'ombilic. Chez le mâle, deux bandelettes tirent le fourreau en arrière lors de l'accouplement, et deux autres le ramènent ensuite dans sa position normale. — *Veines sous-cutanées* : veines placées sous la peau et les aponévroses sous-cutanées. Elles sont surtout nombreuses aux membres, et présentent, comme caractères particuliers, des parois plus épaisses que celles des autres veines, et des valvules plus nombreuses.

SOUS-DORSAL, ALE, adj., *infrà-dorsalis* ; qui est placé sous la région dorsale. On appelle *sous-dorsales* quatre veines recueillant le sang des intercostales. La *sous-dorsale antérieure droite* reçoit les quatre intercostales droites qui suivent la première, et se jette ou dans la veine cave antérieure, ou dans la cervicale supérieure. — La *sous-dorsale postérieure droite*, la plus forte a reçu le nom d'*azygos* (*V.* ce mot). — Les deux *sous-dorsales gauches* correspondant aux deux droites, sont seulement moins considérables. La postérieure se jette dans la veine cave antérieure ou dans la dorso-cervicale.

SOUS-ÉPINEUX, adj., *infrà-spinalis* ; qui est au-dessous de l'épine du scapulum ou acromion, ex. : *fosse sous-épineuse*. — *Muscle sous-épineux* ou *sous-acromio-trochitérien* : muscle remplissant la fosse sous-épineuse, et se terminant par deux tendons, dont un se fixe à la partie interne de la convexité du trochiter, et l'autre glisse sur cette convexité pour aller s'attacher à la crête trochitérienne. Il est abducteur du bras et rotateur en dehors.

SOUS-FRUTESCENT, ENTE, adj., *suffrutex* ; se dit des végétaux dont la tige est ligneuse à la base, mais dépourvue de bourgeons.

SOUS-GENRE, s. m. ; section établie dans un genre, et renfermant une ou plusieurs espèces.

SOUS-HÉPATIQUE, adj., *sub-hepaticus* ; on appelle *veines sous-hépatiques* les ramifications de la veine-porte qui, de la scissure inférieure du foie, vont se distribuer dans la substance de cet organe.

SOUS-LANGUE ; dénomination vulgaire du *glossanthrax*. Inusité.

SOUS-LIGNEUX, EUSE, adj., *sublignosus* : employé comme synonyme de sous-frutescent. S'applique exclusivement aux sous-arbrisseaux.

SOUS-LINGUAL, ALE, adj., *sub-lingualis*, de *sub*, sous, et *lingua*, langue : qui est sous la langue. — *Artère sous-linguale* ou *ranine* : artère émanant de la glosso-faciale ou maxillaire externe, et se portant sous la langue, vers la glande salivaire sous-linguale, à laquelle elle donne ses principaux rameaux, se distribuant aussi dans les muscles voisins et surtout dans le mylo-hyoïdien. — *Glande salivaire sous-linguale* : placée sous la langue et recouverte par la muqueuse buccale, cette glande salivaire, la plus petite des trois, verse son produit dans le *canal*, par une série d'orifices très ténus, disposés en série linéaire.

SOUS-LOMBAIRE, adj., *infrà-lumbaris* ; qui est situé sous les lombes. — *Réservoir* ou *citerne sous-lombaire*, *V.* RÉSERVOIR.

SOUS-LOMBO-THORACIQUE, adj. : nom donné à la veine sous-dorsale postérieure droite. *V.* AZYGOS.

SOUS-LOMBO-TIBIAL, adj., *infrà-lumbo-tibialis* ; *muscle sous-lombo-tibial*, ou *long adducteur de la jambe*, *couturier* chez l'homme : muscle allongé prenant son origine au tendon du petit psoas et à l'aponévrose lombo-iliaque, et s'insérant avec le court adducteur à la tubérosité interne et supérieure du tibia, qu'il tire en dedans.

SOUS-OCCIPITAL, adj., *infrà-occipitalis* ; Girard donne ce nom, d'après Chaussier, au nerf de la première paire cervicale. — On appelle *prolongement sous-occipital* l'apophyse basilaire.

SOUS-ORBITAIRE, adj., *infrà-orbitalis* ; qui est situé sous l'orbite. Rigot donne ce nom à l'artère *lacrymale* que fournit la maxillo-dentaire supérieure, avant de s'engager dans le conduit sus-maxillaire.

SOUS-PELVIEN, ENNE, adj., *infrà-pelvinus*, *V.* OBTURATEUR.

SOUS-PUBIEN, ENNE, adj., *infrà-pubianus* ; qui est sous le pubis. — *Trou sous-pubien* ou *ouverture sous-pubienne* : large ouverture arrondie, encore appelée *trou ovalaire*, formée par le pubis et l'ischium, et donnant passage à des vaisseaux et à des nerfs. Les muscles obturateurs ferment l'ouverture sous-pubienne.

SOUS-PUBIO-FÉMORAL, ALE, adj., *infrà-pubio-femoralis* ; *artère sous-pubio-fémorale*, *nerf sous-pubio-fémoral*, *V.* OBTURATEUR. *Muscle sous-pubio-fémoral* ou *biceps de la cuisse* : muscle de la région interne de la cuisse, prenant son origine à la symphyse pubienne, au-dessous du court adducteur de la jambe, et s'insérant au fémur par deux branches, dont la plus longue s'attache au condyle interne, et la plus courte sur le milieu de la face postérieure du corps de l'os. Entre ces deux branches, passe l'artère fémorale ; ce muscle est extenseur de la cuisse.

SOUS-PUBIO-TIBIAL, adj., *infrà-pubio-tibialis*; *muscle sous-pubio-tibial* ou *court adducteur de la jambe* : large muscle quadrilatère, prenant son origine à la symphyse ischio-pubienne, et s'insérant, par une large aponévrose, au tibia, qu'il tire en adduction.

SOUS-RACE, s. f. ; variété établie par la génération dans une race animale.

SOUS-SCAPULAIRE, adj., *infrà-scapularis* ; qui est situé au-dessous du scapulum. — *Artère sous-scapulaire* ou *scapulaire postérieure* : branche postérieure de la bifurcation terminale du tronc brachial, passant entre les muscles adducteur du bras et sous-scapulaire, et se dirigeant vers l'angle dorsal du scapulum, dans le sous-épineux et le gros extenseur de l'avant-bras. Ses branches principales sont un long rameau thoracique et l'artère scapulo-humérale. *Muscle sous-scapulaire* ou *sous-scapulo-trochinien* : large muscle remplissant la fosse que présente la face interne du scapulum, ou *fosse sous-scapulaire*, et s'insérant au trochin, en arrière des muscles sus-épineux et grand pectoral. Il est principalement adducteur du bras, qu'il fait aussi légèrement tourner en dedans.

SOUS-SCAPULO-HUMÉRAL, adj., *infrà-scapulo-humeralis*; *muscle sous-scapulo-huméral*, ou *adducteur du bras* : muscle long, aplati, prenant son origine à l'angle dorsal du scapulum, et s'insérant avec le grand dorsal, à la tubérosité interne du corps de l'humérus. Ce muscle est adducteur du bras, qu'il tourne en dedans. Il est aussi fléchisseur lorsqu'il agit en même temps que le grand abducteur.

SOUS-SCAPULO-TROCHINIEN, adj. ; nom donné par Girard au muscle *sous-scapulaire*.

SOUS-SOL, s. m. : partie des terrains agricoles située sous le sol inerte, et reposant sur la couche imperméable ou sur le réservoir des eaux. Sa nature minérale varie : elle est toujours différente de celle du sol. Sa profondeur au-dessous de la surface est aussi très variable, puisqu'elle dépend de l'épaisseur des couches situées au-dessus de lui. Quand cette épaisseur est peu considérable, le sous-sol exerce sur l'état de la surface une influence diverse, selon qu'il est filtrant ou non. Peu profond et imperméable, il rend les terrains marécageux, à moins qu'ils ne soient fortement inclinés. Trop perméable, il ne retient ni l'humidité, ni les engrais, et si le sol présente un caractère analogue, la surface est aride. Le sous-sol contribue à augmenter la valeur de la surface, lorsque, étant de bonne nature, il peut être atteint par les racines : quand, quelle que soit sa composition, il peut être employé à l'amendement du sol.

SOUS-SPHÉNOÏDAL, ALE, adj., *infrà-sphenoïdalis* ; qui est placé sous le sphénoïde. — *Apophyses sous-sphénoïdales* : apophyses inférieures du sphénoïde, s'unissant avec la crête palatine et le ptérygoïdien. — *Conduit sous-sphénoïdal* : conduit osseux situé à la partie inférieure du sphénoïde et donnant passage à l'artère maxillaire interne ou gutturo-maxillaire. Un second orifice de ce conduit laisse échapper supérieurement la temporale profonde antérieure.

SOUS-TROCHANTÉRIEN, ENNE, adj., *infrà-trochanterianus* ; qui est placé au-dessous du trochanter. — *Crête sous-trochantérienne* : crête saillante, courbée en avant, située au-dessous du trochanter et donnant attache au muscle moyen fessier. Cette crête manque chez le bœuf.

SOUS-TROCHITÉRIEN, ENNE, adj. ; qui est situé au-dessous du trochiter. *Crête sous-trochitérienne* : crête aplatie, saillante, tournée en arrière et située au-dessous du trochiter.

SOUS-ZYGOMATIQUE, adj., *infrà-zygomaticus* ; qui est placé sous l'os zygomatique. — *Artère sous-zygomatique* : branche de l'artère temporale se dirigeant en avant, en dessous de l'épine zygomatique, et s'enfonçant dans le masséter. — *Nerf sous-zygomatique* : on donne ce nom à un fort rameau de la branche maxillaire de la cinquième paire, et à la partie terminale du facial, qui viennent former, par leurs divisions sur la surface du masséter, la *patte d'oie* ou *plexus sous-zygomatique*.

SOUTERRAIN, AINE, adj., *sub-terraneus*; qui croit sous la terre. Le rhizôme est une tige souterraine.

SOUTHDOWN (Race ovine de) ; cette race se trouve sur les dunes du sud de l'Angleterre. Caractères : taille assez forte, tête petite, sans cornes, encolure longue et grêle, parties antérieures allongées et amincies, reins hauts, cuisses fournies, face et laine des pattes d'un brun foncé : la laine est assez fine : sa longueur est de 5 à 10 centimètres ; le poids de la toison lavée d'environ 1 kilog. $1/_2$. La race de Southdown est prolifique et très rustique : elle s'entretient bien sur des pâturages maigres, et n'exige que peu de soins. Sa chair est une des plus estimées de l'Angleterre. Elle a été croisée avec la race de Dishley et a donné naissance à une race intermédiaire ou sous-race, appelée en Angleterre *Half-Bread*. On la trouve principalement dans le Norfolk.

SOUTIEN, s. m., *Fulcrum;* organe accessoire servant à fixer, à soutenir les plantes : tels sont les *crampons*, les *vrilles*, etc.

SOYEUX, EUSE, adj., *sericeus;* se dit des surfaces couvertes de poils nombreux, mous et brillants, comme la soie.

SOYON, s. m. ; nom vulgaire donné à la maladie du porc appelée *soie*. *V.* SOIE.

SPADICE, s. m., *Spadix* ; inflorescence indéfinie consistant en une espèce d'épi ou de chaton, dont l'axe épais et charnu porte des fleurs unisexuées, enveloppées dans une spathe commune. Le spadice ne se rencontre que dans les plantes monocotylédonées; ex. : le *Gouet*.

SPARADRAP, s. m. ; tissu de coton, de laine, de fil, qu'on a recouvert d'une couche médicamenteuse emplastique, et qu'on emploie dans le pansement des solutions de continuité. Très fréquemment employées chez l'homme, ces préparations sont à peu près inusitées en médecine vétérinaire.

SPARGANOSE, s. f., *Sparganosis*, de σπαργχω, je gonfle ; distension des mamelles par l'abondance du lait. Dans cet état, le lait séjourne dans les mamelles, ce qui le distingue de la *galactorrhée*, dans laquelle le lait s'écoule spontanément.

SPARGANIER, s. m., *Sparganium*, T. ; genre de plantes aquatiques, herbacées, répandues sur presque toute la surface du globe. On les trouve dans les marais. Les porcs mangent leurs racines.

SPARGOUTE, s. f., *Spergula*, L. ; genre de plantes de la famille des Caryophyllées. Il se compose d'herbes annuelles, propres aux pays tempérés, et croissant dans les champs cultivés. L'espèce principale est la S. des champs, *S. arvensis*, fourragère, mais peu productive ; on la cultive en grand dans des terrains légers et frais. Elle se sème au printemps, à la dose de 80 à 100 litres par hectare. On peut aussi la cultiver comme engrais vert ; son accroissement est très rapide. La spargoute convient à tous les bestiaux, mais principalement aux vaches, qui donnent, sous son influence, du lait et du beurre de bonne qualité.

SPARTIER, s. m., *Spartium*, L. ; genre de la famille des Légumineuses. Après les travaux dont la famille a été l'objet, il ne reste plus dans ce genre qu'une seule espèce, le S. joncier, *S. junceum*, vulg. *Genêt d'Es-pagne*, arbrisseau de l'Europe méridionale, dont on retire une filasse grossière.

SPASME, s. m., *Spasmus*, σπασμος, de σπαω, je tire ; contraction rapide des muscles, indépendante de la volonté. On a distingué le spasme *tonique* et le spasme *clonique ;* le premier est observé dans le tétanos, le second dans les convulsions. — *Spasme cynique :* contraction des muscles de la face, qui donne à la physionomie de l'animal l'aspect du chien qui gronde et cherche à mordre.

SPASMODIQUE, adj., *spasmodicus ;* qui a rapport aux spasmes : *maladie spasmodique.*

SPASMOLOGIE, s. f., *Spasmologia*, de σπασμος, spasme, et λογος, discours ; traité sur les spasmes.

SPASTIQUE, adj. ; synonyme de *spasmodique.*

SPATH, s. m. ; nom collectif par lequel on désignait autrefois tous les minéraux à texture lamelleuse et brillante. *Spath calcaire :* carbonate de chaux cristallisé ; *spath fluor :* fluorure de calcium naturel ; *spath pesant :* sulfate de baryte.

SPATHACÉ ou **SPATHÉ**, ÉE, adj., *spathaceus ;* enveloppé dans une spathe.

SPATHE, s. f., *Spatha*, de σπαθη, spatule : involucre membraneux, de consistance variable, composé d'une ou de plusieurs larges bractées enveloppant les fleurs. Elle est *simple* ou *double*, *monophylle*, *diphylle*, etc. On ne la trouve que dans les monocotylédonées.

SPATHELLE, s. f., *Spathella ;* nom donné tantôt à la glume seule, tantôt à chacune des pièces de la glume et de la glumelle.

SPATHELLULE, s. m., *Spathellula ;* nom des pièces de la glumelle.

SPATHILLE, s. f., *Spathilla ;* petite spathe entourant chacune des petites fleurs enveloppées dans une spathe commune.

SPATULÉ, ÉE, adj., *spatulatus ;* en spatule : se dit des feuilles simples, arrondies et élargies au sommet, rétrécies à leur base, de manière à présenter la forme d'une spatule.

SPÉCIALISTE, s. m. ; qui s'occupe de spécialité, de choses spéciales. En médecine humaine, on a donné ce nom à l'homme qui s'occupe d'une manière exclusive du traitement de certaines maladies, de celles des yeux, des oreilles, des dents, par exemple. Ces spécialités n'existent pas en vétérinaire, parce qu'elles seraient insuffisantes pour occuper exclusivement l'homme de l'art.

SPÉCIFIQUE, s. et adj., *specificus ;* médicaments ou *remèdes spécifiques :* ceux qui guérissent, constamment et par un mécanisme inconnu, certaines maladies, comme le *quinquina* pour les fièvres intermittentes, le *mercure* pour la syphilis, etc. si on les considère à un point de vue absolu, comme le faisaient les anciens, les médicaments spécifiques n'existent certainement pas ; car diverses circonstances peuvent les faire échouer contre les maladies dont ils triomphent dans la majorité des cas. En tenant compte des modifications accidentelles des maladies, qui peuvent entraver l'action des médicaments, on ne peut se refuser à admettre une véritable *spécificité* de certains remèdes contre quelques affections. — *Calorique spécifique*, V. CALORIQUE. — *Pesanteur* ou *poids spécifique des corps*, V. DENSITÉ.—*Hist. nat.* Se dit des caractères et du nom appartenant essentiellement à l'espèce.

SPECTRE, s. m., *Spectrum*, de *spectare*, voir ; *spectre solaire :* image oblongue, teinte des plus vives couleurs de l'arc-en-ciel, et résultant de la décomposition de la lumière blanche qui traverse un prisme de verre. Cette image est formée de bandes parallèles diversement colorées et disposées dans l'ordre suivant, en allant de haut en bas : *rouge, orangé, jaune, vert, bleu, indigo, violet.* Ces sept couleurs principales du spectre solaire se fondent, en quelque sorte, les unes dans les autres par des nuances imperceptibles, de manière à multiplier à l'infini les teintes qui les composent. Indépendamment des couleurs, cette image présente aussi des raies obscures ou brillantes qu'on appelle *raies du spectre* et qui ont été découvertes par Frauenhofer. Newton qui , le premier, a observé les couleurs du spectre , les divisait en deux séries : les *rayons simples* ou *élémentaires* , comme le *rouge* , le *jaune* et le *bleu* ; et les *rayons composés* ou *binaires* , tels que l'*orangé* , qui résulte du mélange du rouge et du jaune, le *vert* formé du jaune et du bleu , l'*indigo* , que produisent le bleu et le violet par leur mélange ; enfin , le *violet* qui résulte de l'union du bleu et du rouge. Cette division n'est plus admise , parce que chacune de ces couleurs est réellement indécomposable, puisqu'en faisant passer chaque rayon dans un nouveau prisme , il reste indécomposé. De même que chaque rayon dont se compose la lumière blanche présente une *réfrangibilité* différente, ce qui occasionne leur dispersion , leur séparation ; de même aussi ces rayons offrent , après leur désunion , des facultés *réflexibles, calorifiques* , *éclairantes* et *décomposantes*, diverses pour chacun d'eux ; ainsi , les rayons violets sont à la fois les plus réfrangibles, les plus réflexibles , les plus obscurs et ceux qui exercent sur les corps décomposables l'action chimique la plus énergique, même au-delà de leur couleur sensible ; les rayons rouges sont , par contre, les moins réfrangibles et réflexibles et les plus chauds ; leur influence calorifique se fait sentir au-delà du spectre ; enfin , les rayons jaunes sont ceux dont la faculté éclairante est la plus prononcée. Si la lumière blanche fournit les couleurs du spectre , de même ce dernier, reçu sur la lentille convergente, reproduit de la lumière blanche. On peut le démontrer, en outre, en faisant tourner rapidement un disque de carton sur lequel on a collé, sous forme de rayons, chacune dans leur ordre et avec leur étendue proportionnelle dans le spectre , les sept nuances principales qui le composent ; la couleur blanche reparait très brillante par suite du mélange des couleurs que l'œil ne peut saisir isolément, en raison du mouvement rapide de rotation imprimé au carton.

SPÉCULAIRE, s. f., *Specularia*. Heist. ; genre de la famille des Campanulacées, formé de quelques espèces distraites des Prismatocarpes. L'espèce type est la S. miroir de Vénus, *S. speculum*. Alp. de C., *Prismatocarpus speculum*, l'Hérit., commune dans les champs cultivés, où elle est broutée par les moutons.

SPÉCULUM, s. m., *Speculum*, de *speculare*, regarder ; mot latin employé pour désigner des instruments avec lesquels on dilate certaines cavités pour les explorer. Quelquefois le spéculum sert à porter profondément d'autres instruments ou des topiques. Nombreux et variés en chirurgie humaine, ces appareils sont à peine connus en vétérinaire ; on ne se sert guère du spéculum que pour explorer la bouche des grands animaux. — *Speculum oculi :* on donne ce nom à une tige ronde , coudée, terminée en demi-cercle,

qu'on place entre le globe oculaire et la paupière, pour relever celle-ci et découvrir la sclérotique dans l'opération de la cataracte. Cet instrument est inusité comme insuffisant ; on préfère, pour le cheval, fixer l'œil avec le fixateur de Brogniez.—*Speculum oris*, dilatateur de la bouche, vulgairement *pas d'âne :* dans son plus grand état de simplicité, cet instrument, fabriqué pour le cheval , se compose de deux tiges de fer assemblées en forme de lyre, traversées par deux morceaux de fer ronds , distants d'un décimètre, et sur chacun desquels doit reposer une des mâchoires. Ces traverses ont l'inconvénient de contusionner et d'excorier les barres , lors même qu'on a eu soin de les faire garnir en cuir et de les envelopper avec de l'étoupe. Le pas d'âne primitif a subi plusieurs modifications plus ou moins ingénieuses, mais qui n'évitent pas tous ces inconvénients. Aujourd'hui , cet instrument n'est usité que pour tenir la bouche fixement béante, pendant qu'on pratique, dans cette cavité, une opération qui nécessite l'introduction de la main. Il est inutile si l'on veut seulement explorer la cavité buccale du regard ; il suffit de tirer fortement la langue hors de la bouche, pour que cette exploration devienne facile. Si l'on veut enlever quelques irrégularités des dents, soit avec la gouge, soit avec le rabot odontriteur, le *pas d'âne* n'est pas indispensable, surtout si l'on ne veut détruire que des surdents peu volumineuses.

SPERGULE . *V.* SPARGOUTE.

SPERMA-CÉTI, *V.* BLANC DE BALEINE et CÉTINE.

SPERMACRASIE, s. f., *Spermacrasia*, de σπέρμα , semence, et ακρασία, incontinence ; gonorrhée, écoulement par le canal de l'urètre.

SPERMATIQUE, adj , *spermaticus ;* qui concerne le sperme. — *Artère spermatique* ou *grande testiculaire :* artère longue , grêle, naissant de l'aorte postérieure , à côté ou en arrière de la petite mésentérique , franchissant l'anneau inguinal avec le cordon testiculaire, qu'elle concourt à former , et se terminant au testicule par de nombreuses ramifications flexueuses. — *Cordon spermatique :* cordon soutenant le testicule et formé par l'artère spermatique, l'artère petite testiculaire, les veines grande et petite testiculaires, le canal efférent, et enveloppé , ainsi que le testicule, par un repli particulier du péritoine. — *Nerfs spermatiques :* rameaux très minces, émanant du plexus testiculaire et accompagnant les artères spermatiques.

SPERMATOCÈLE, s. f., *Spermatocele*, de σπέρμα, sperme , et κήλη, tumeur ; gonflement douloureux du testicule et de ses annexes, par l'accumulation du sperme dans les canaux sécréteurs. L'orchite peut être la conséquence de cet état maladif.

SPERMATOLOGIE, s. f., *Spermatologia*, de σπέρμα, sperme, et λόγος, discours ; traité sur le sperme.

SPERMATORRHÉE , s. f. , *Spermator-*

rhea, de σπερμα, σπερμχτος, sperme, et ρεω, couler; écoulement involontaire du sperme, résultant de l'état d'atonie des organes génitaux causée par l'abus du coït, ou de l'irritation de la muqueuse génito-urinaire. Dans le cas de faiblesse, on prescrit un régime analeptique. Si la maladie est l'effet d'une excitation, il faut employer les bains froids, donner une nourriture peu substantielle et surtout isoler les mâles des femelles.

SPERME, s. m., *Semen*, *Sperma*, σπερμα, de σπειρω, semer; liqueur fécondante fournie par le mâle dans l'acte générateur. Sécrété par les testicules, conduit ensuite dans les vésicules séminales, où on peut le recueillir sur les animaux entiers, à l'état de pureté, le sperme, après l'éjaculation, est mélangé avec la liqueur prostatique ainsi qu'avec le mucus de l'urètre. C'est un liquide épais comme du mucilage, blanc ou jaunâtre, d'une saveur fade, un peu alcaline, d'une odeur particulière, ayant quelque ressemblance avec celle de l'empois et du pollen des plantes; il est plus dense que l'eau. Examiné au microscope, le sperme paraît formé d'un liquide séreux, de globules informes et d'une multitude d'animalcules vivants, appelés *zoospermes*, et ressemblant, par la forme, aux têtards des grenouilles. Ces êtres microscopiques, découverts par Hartzcuiker et décrits par Leuwenhoeck, constituent le caractère essentiel de la liqueur séminale; ils varient de forme, de grandeur, dans les divers animaux; ils vivent facilement dans le sang, dans le lait et les liquides de l'utérus; ils vivent également dans l'urine du même animal, mais périssent dans celle d'un autre. Exposé à l'air, le sperme, très consistant à sa sortie de l'urètre, devient plus fluide. Il se dissout en partie dans l'eau, facilement dans les acides étendus, d'où il est séparé par les alcalis. L'alcool coagule le sperme; il est précipité par le sous-acétate de plomb, le chlorure d'étain, le nitrate d'argent, la noix de galle, etc. D'après Vauquelin, le sperme contient, sur 1,000 p., 900 p. d'eau, 60 p. d'une matière albumineuse particulière, appelée, par Lassaigne et Berzélius, *spermatine*, 10 p. de soude libre et de chlorure de sodium, et, enfin, 30 p. de phosphate de chaux. D'après Berzélius, le sperme contiendrait, indépendamment de ses matières organiques, tous les principes minéraux du sang.

SPERMODERME, *V.* Episperme.

SPERMOPHORE, s. m., *Spermophorus*; Linck donne ce nom au placentaire.

SPHACÈLE, s. m., *Sphacelus*, σφακελος; mortification entière, gangrène d'une partie du corps. Ce mot s'applique plus particulièrement à la gangrène des membres. *V.* Gangrène.

SPHACÉLÉ, adj., *sphacelatus*; qui est atteint de sphacèle. — On donne l'épithète de *sphacélé*, en botanique, aux organes minces, scarieux et noirâtres.

SPHALÉROCARPE, s. m., *Sphalerocar-*
pus; nom donné par Desvaux à la *fausse baie*.

SPHÉNOCÉPHALE, s. et adj, *Sphenocephalus*; genre de monstres otocéphaliens, ayant pour caractères: deux yeux bien séparés: les deux oreilles rapprochées ou réunies sous la tête; mâchoire et bouche distinctes.

SPHÉNOCÉPHALIE, s. f., *Sphenocephalia*; état des monstres sphénocéphales.

SPHÉNOIDAL, ALE, adj., *sphenoïdalis*; qui appartient au sphénoïde. — *Sinus sphénoïdaux*: sinus occupant l'intérieur du corps du sphénoïde. — *Ganglion sphénoïdal ou de Meckel*, *V.* Sphéno-palatin.

SPHÉNOIDE, adj., *sphenoïdes*, de σφην, coin, et ειδος, forme; en forme de coin. — *Os sphénoïde* ou substantivement *Sphénoïde*: os affectant jusqu'à un certain point la forme d'un coin, et placé à la partie inférieure du crâne, où il se trouve en connexion avec tous les autres os qui forment cette cavité. Le sphénoïde offre, à sa face externe, une partie moyenne arrondie d'un côté à l'autre, faisant suite à l'apophyse basilaire de l'occipital: sur le côté: une scissure, dite *vidienne*, se continuant par le conduit *vidien*, qui s'ouvre dans l'hiatus orbitaire; une apophyse *sous-sphénoïdale*, qui s'unit à la crête palatine et à l'os ptérygoïdien: plus en dehors, un conduit dit *sous-sphénoïdal*; en avant, et au fond de l'orbite, *l'hiatus orbitaire*, où aboutissent les conduits vidien, sous-sphénoïdal, sus-sphénoïdaux, optique, et le trou orbitaire. La face interne du sphénoïde offre une dépression pour la glande pituitaire; une fossette *optique*, des deux côtés de laquelle partent les conduits du même nom; le *conduit sus-sphénoïdal*, divisé en trois canaux particuliers, dont l'externe très petit sert au passage du nerf pathétique. Les deux côtés du sphénoïde forment deux grandes ailes qui bouchent une échancrure du frontal et s'enclavent dans une rainure de la face interne de cet os. Une petite échancrure de ce même bord forme, avec une échancrure semblable du frontal, le *trou orbitaire*. — Dans le jeune âge, le sphénoïde est formé de deux parties, l'une postérieure et l'autre antérieure, qui ne se soudent que longtemps après la réunion de cette dernière avec l'ethmoïde, ce qui a engagé M. Tabourin à réunir le sphénoïde antérieur à l'ethmoïde, en conservant le nom de sphénoïde à la portion postérieure seulement. — Le sphénoïde du bœuf, plus court que celui du cheval, offre des apophyses sous-sphénoïdales plus développées, et formant un espèce de canal à la suite des cavités nasales. Il n'existe pas de conduit sous-sphénoïdal.

SPHÉNO-MAXILLAIRE, adj., *sphenomaxillaris*; qui appartient au sphénoïde et au maxillaire. — *Muscle sphéno-maxillaire*: muscle puissant de la mâchoire, prenant son origine à la crête sphéno-palatine, et son insertion à la face interne de la partie élargie de la branche du maxillaire. Ce muscle offre deux portions: l'une profonde, appelée muscle *ptérygoïdien externe*, s'étendant horizontalement en arrière et s'insérant aux environs de l'articulation de la mâchoire; l'autre superficielle, appelée *muscle ptérygoïdien interne* ou *masséter interne*, se porte jusqu'au bord de la portion élargie du maxillaire, répétant assez bien le masséter externe. Ce muscle compliqué rapproche la mâchoire inférieure de la supérieure : par sa portion profonde, il pousse la mâchoire en avant, par sa portion superficielle, il concourt au mouvement de diduction latérale nécessaire pour opérer le broiement.

SPHÉNO-PALATIN, adj., *spheno-palatinus;* qui appartient au sphénoïde et au palatin.—*Ganglion sphéno-palatin* ou *de Meckel:* petit ganglion nerveux situé à la jonction du palatin et du sphénoïde, en dedans de la branche sus-maxillaire de la cinquième paire.

SPHÉNO-PARIÉTAL, ALE, adj., *sphenoparietalis;* qui appartient au sphénoïde et au pariétal, ex. : *articulation sphéno-pariétale.*

SPHÉNO-TEMPORAL, adj., *spheno-temporalis;* qui appartient au sphénoïde et au temporal, ex. : *articulation sphéno-temporale.*

SPHÉROCÉPHALE, adj., *spherocephalus;* disposé en tête arrondie.

SPHINCTER, s. m., σφιγκτήρ, de σφίγγω, lier, serrer ; nom donné en général aux muscles destinés à resserrer des orifices circulaires, mais adopté plus spécialement pour désigner le muscle constricteur de l'anus. Ce muscle est formé de fibres circulaires formant un anneau adhérant d'une part au rectum et de l'autre à la peau, qu'il fronce par sa contraction. On appelle *sphincter interne* le dernier anneau musculaire du rectum, dont les fibres blanchâtres viennent se confondre avec les fibres rouges du *sphincter externe.*

SPHYGMIQUE, adj, *Sphygmicus*, de σφυγμός, pouls ; qui a rapport au pouls. *Art sphygmique :* qui consiste à explorer le pouls.

SPHYGMOMÈTRE, s. m., *Sphygmometrum*, de σφυγμός, pouls, et μέτρον, mesure; instrument inventé par Harisson et destiné à faire connaître la fréquence, la force et le rhythme du pouls. Il est formé d'un petit tube gradué, plein de mercure, et bouché à une extrémité par une lame de baudruche. C'est cette extrémité qui est appliquée sur l'artère et qui doit communiquer au mercure du tube les mouvements du pouls. Cet instrument est défectueux et inusité.

SPICA, s. m., *Spica*, de *spica*, épi ; bandage formé par des tours de bande croisés autour d'un membre, comme les épillets des graminées sur leur axe commun.

SPICIFORME, adj., *spiciformis*, de *spica*, épi : en forme d'épi.

SPICULÉ, ÉE, adj., *spiculatus;* se dit de l'épi composé de plusieurs épillets sessiles ou subsessiles serrés contre le rachis; ex.: *l'ivraie.*

SPIGÉLIACÉES, s. f., *Spigeliaceæ;* tribu des Loganiacées, dont plusieurs botanistes font une famille distincte. Genres : *Spigelia*, etc.

SPILE, s. f., *Spila;* nom donné par Richard au véritable ombilic du fruit des Graminées.

SPINA-BIFIDA, s. m., de *spina*, épine, et *bifida*, bifide ; tumeur formée par l'accumulation de la sérosité dans les régions lombaire et sacrée du rachis. Synonyme d'*hydrorachis.*

SPINAL, ALE, adj., *spinalis*, de *spina*, épine ; qui appartient à l'épine. *Artères spinales* ou *rachidiennes:* rameaux artériels provenant de la vertébrale, des intercostales, des lombaires, de la sous-sacrée, et pénétrant dans le rachis, à chaque trou de conjugaison, pour aller former l'artère rachidienne moyenne, qui existe dans toute l'étendue de la moëlle épinière, à sa face inférieure. — *Veines spinales* ou *rachidiennes:* veines situées dans le canal rachidien, une de chaque côté, dans toute la longueur de ce canal, et détachant des rameaux de communication à chaque trou de conjugaison. — *Nerf spinal*, *V.* TRACHÉLO-DORSAL.

SPINA-VENTOSA, s. m., de *spina*, épine, et *ventosa*, plein de vent : nom donné aux lésions du tissu osseux, caractérisées par un gonflement tel qu'on dirait que l'os a été insufflé d'air. On a décrit sous ce nom les hyperostoses, les exostoses, l'ostéo-sarcôme.

SPINELLÉ, ÉE, adj., *spinellatus;* couvert de petites épines ou aiguillons, comme les tiges et les feuilles des Borraginées.

SPINESCENT, ENTE, adj., *spinescens;* se dit des organes qui dégénèrent, qui se transforment en épines.

SPINIFÈRE, adj., *spinifer;* synonyme d'*épineux.*

SPINIFORME, adj., *spiniformis*, de *spina*, épine ; en forme d'épine.

SPINITE, s. f., *Spinitis*, de *spina*, épine ; inflammation de la moëlle épinière. *V* MYÉLITE.

SPINTHÉROMÈTRE, s. m., de σπινθήρ, étincelle, et μέτρον, mesure ; instrument propre à mesurer les étincelles électriques.

SPIRAL, ALE, adj., *spiralis;* synonyme de *spiralé.* — *Vaisseaux spiraux*, *V.* TRACHÉES.

SPIRALE (EN). *V.* SPIRALÉ.

SPIRALÉ, ÉE; adj., *spiralis;* tordu ou contourné en *spires;* ex. : les *vrilles* de beaucoup de plantes; les *filets* des trachées, etc.

SPIRÉE, s. f., *Spiræa*, L.; genre de la famille des Rosacées. Il se compose de plantes herbacées, sous-frutescentes ou frutescentes des régions tempérées de l'hémisphère boréal. Les espèces *ulmaria* et *filipen-*

dula, toutes deux herbacées, croissent, la première dans les prairies humides, l'autre sur les montagnes. Elles sont nutritives et amères ; les bestiaux et surtout les ruminants les mangent volontiers.

SPIRICULE. s. f., *Spiricula ;* filet mince roulé en hélice dans l'intérieur des vaisseaux trachéaux.

SPIRITUEUX, adj. *spirituosus*, de *spiritus*, esprit ; qui contient de l'esprit de vin ; *liquides spiritueux :* ceux qui contiennent de l'alcool ; ex. : vin, eau-de-vie, etc.

SPIROIDE, adj., *spiroïdes*, de σπειρα, tour, spirale, et ειδος, forme ; en forme de spirale. — *Conduit spiroïde du tympan* ou *aqueduc de Fallope*, *V.* AQUEDUC.

SPLANCHNEURISME, s. m., *Splanchneurisma*, de σπλαγχνον, viscère, et νευρον, nerf ; ampliation démesurée d'un viscère.

SPLANCHNIQUE, adj., *splanchnicus*, de σπλαγχνον, viscère : qui appartient aux viscères. — *Cavités splanchniques :* cavités renfermant les viscères. Elles sont au nombre de trois : le crâne, le thorax et l'abdomen. — *Nerfs splanchniques :* cordons du grand sympathique émanant de la portion sous-costale, et passant entre les piliers du diaphragme, pour pénétrer dans l'abdomen, où ils se divisent en *petit splanchnique*, essentiellement destiné au plexus surrénal, et *grand splanchnique*, aboutissant au ganglion semi-lunaire. Ces deux nerfs ont été aussi appelés *petit surrénal*, et *grand surrénal*.

SPLANCHNOGRAPHIE, s. f., *Splanchnographia*, de σπλαγχνον, viscère, et γραφη, description : description des viscères.

SPLANCHNOLOGIE, s. f., *Splanchnologia*, de σπλαγχνον, viscère, et λογος, discours ; traité des viscères.

SPLANCHNOTOMIE, s. f., *Splanchnotomia*, de σπλαγχνον, viscère, et τομη, section ; dissection des viscères.

SPLÉNALGIE, s. f., *Splenalgia*, de σπλην, rate, et αλγος, douleur ; douleur de la rate.

SPLÉNEMPHRAXIE, s. f., *Splenemphraxia*, de σπλην, rate, et εμφρασσειν, obstruer ; obstruction de la rate.

SPLÉNIFICATION, s. f., *Splenificatio*, de σπλην, rate, et *facere*, faire ; dégénérescence d'un tissu, qui prend une texture semblable à celle de la rate.

SPLÉNIQUE, adj., *splenicus*, de σπλην, rate ; qui appartient à la rate. *Artère splénique :* branche gauche et la plus considérable du tronc cœliaque, logée dans la scissure de la rate, où elle fournit, d'une part des rameaux courts à ce viscère, et d'un autre côté des rameaux qui se portent à la partie gauche de la grande courbure de l'estomac, entre les lames de l'épiploon gastro-splénique. Au-delà de la scissure de la rate, l'artère splénique fournit l'*épiploïque* gauche. —*Veine splénique :* logée dans la scissure de la rate, et correspondant à l'artère du même nom, elle reçoit souvent la veine mésentérique postérieure, et constitue la racine gauche de la veine porte. — *Plexus splénique :* portion du plexus cœliaque, formée par les gros cordons nerveux qui accompagnent l'artère splénique.

SPLÉNITE. s. f., *Splenitis*. de σπλην, rate ; inflammation de la rate. Cette maladie est encore peu connue sur les animaux, surtout dans ceux de l'espèce chevaline. Ses causes ne sont pas déterminées. Dans le cheval, on observe des symptômes généraux qui indiquent un trouble violent dans la circulation ; le pouls est précipité, inégal, quelquefois inexplorable ; les muqueuses ont une teinte violette ; la bouche est sèche. Des crises surviennent de temps en temps, comme dans le vertige abdominal ; le malade se précipite en avant et se laisse tomber comme une masse. La maladie dure peu ; la mort survient du premier au troisième jour. On combat la splénite par les saignées et d'autres moyens antiphlogistiques. —Dans les bêtes à cornes, les yeux sont gonflés, larmoyants ; la surface du corps est froide ; les pulsations artérielles inégales, intermittentes ; la respiration devient difficile ; des hémorrhagies ont lieu par la bouche, par les narines, par le rectum. En quelques heures, les malades périssent au milieu des convulsions. — Pour les moutons, on observe les symptômes décrits pour le *sang de rate*. (*V.* ce mot). — Les porcs sont assez exposés à contracter la splénite. D'après Tscheulin, on observe les symptômes suivants : les malades vomissent beaucoup ; souvent ils ont la gueule écumeuse ; la peau du ventre et des cuisses est d'un brun noirâtre ; quelquefois on voit des bubons. Les cadavres ont le ventre tendu et gonflé, le rectum et la vulve renversés ; un écoulement de sang a lieu par ces ouvertures ; les intestins grêles sont gangrenés ; la rate est molle, sans cohésion, trois fois plus volumineuse qu'à l'état normal ; les urines sont mêlées de sang.

SPLÉNIUS ; mot latin dérivé de σπλην, rate, et appliqué à un muscle de l'encolure encore désigné sous les noms de *cervico-mastoïdien* ou *cervico-trachélien*. Le splénius est un muscle large, aplati, triangulaire, prenant ses attaches aux apophyses épineuses des premières vertèbres dorsales, au bord supérieur du ligament cervical, à l'apophyse transverse de la troisième vertèbre cervicale, à celle de l'atlas par un tendon commun à ce muscle, ainsi qu'au mastoïdo-huméral et au long transversal ; enfin, à l'apophyse mastoïde et à la crête mastoïdienne de l'occipital, en commun encore avec ces deux muscles. L'usage principal du splénius est d'incliner la tête de côté, en lui faisant éprouver un mouvement de rotation. Lorsque les deux splénius agissent en même temps, ils redressent la tête et l'encolure.

SPLÉNOCÈLE, s. f., *Splenocele*, de σπλην, rate, et κηλη, tumeur : hernie formée par la rate.

SPLÉNOGRAPHIE, s. f., *Splenographia*, de σπλην, rate, et γραφειν, décrire ; description de la rate.

SPLÉNOLOGIE, s. f., *Splenologia*, de σπλην, rate, et λογος, discours ; traité de la rate.

SPLÉNONCIE, s. f., *Splenoncia*, de σπλην, rate, et ογκος, tumeur ; engorgement de la rate.

SPLÉNOPARECTAME, s. f., *Splenoparectama*, de σπλην, rate, et παρεκταμα, étendue excessive ; augmentation de volume de la rate.

SPLÉNOPHRAXIE, *V.* SPLÉNEMPHRAXIE.

SPLÉNOTOMIE, s. f., *Splenotomia*, de σπλην, rate, et τομη, section ; dissection de la rate.

SPOLIATIF, IVE, s. et adj., *Spoliativus*, de *spoliare*, dépouiller ; synonyme d'*altérant* ou de *fondant* (*V.* ces mots). — *Pathol. Saignée spoliative* : pratiquée dans le but de diminuer la masse du sang.

SPONDYLALGIE, s. f., *Spondylalgia*, de σπονδυλος, vertèbre, et αλγος, douleur ; carie de la colonne vertébrale.

SPONDYLARTHROCACE, s. f., *Spondylarthrocace*, de σπονδυλος, vertèbre, αρθρον, articulation, et κακος, mauvais ; inflammation des articulations des vertèbres.

SPONDYLITE, s. m., de σπονδυλος, vertèbre ; inflammation des vertèbres.

SPONGIEUX, EUSE, adj., *spongiosus*, de *spongia*, éponge ; qui est de la nature de l'éponge. — *Tissu spongieux des os* : tissu formé de lamelles très minces, assemblées de manière à former une série de cellules irrégulières, anguleuses, et communiquant toutes entre elles. Ce tissu occupe l'extrémité des os longs ainsi que la partie centrale des os courts et des os plats. — *Tissu spongieux de la verge, V.* VERGE. — *Os spongieux* : nom donné à l'ethmoïde.

SPONGIOLE, s. f., *Spongiola*, de *spongia*, éponge ; corps que l'on suppose absorber l'humidité à la manière des éponges, et placés aux extrémités des organes chargés d'une absorption. De Candolle donnait au stigmate le nom de *spongiole pistillaire*. Les *spongioles séminales* qu'il supposait placées à la surface des graines pour absorber l'eau destinée à leur germination n'existent pas. Enfin, les *spongioles radicales*, que l'on admet encore par habitude, ne sont que l'extrémité cellulaire des radicelles et non des organes distincts.

SPONTANÉ, ÉE, adj., *spontaneus*; *maladie spontanée* : qui n'offre pas de causes apparentes, qui n'est pas produite par une cause extérieure. — *Bot.* Se dit des plantes qui croissent naturellement et sans être semées par l'homme, ni cultivées.

SPORADIQUE, adj., *sporadicus*, de σπειρω, disperser ; *maladie sporadique* : qui n'attaque qu'un individu, et qui est indépendante de l'influence épidémique. — *Bot.* On appelle *genre sporadique* celui dont les espèces sont dispersées sur une aire étendue.

SPORANGE, s. m., *Sporangium*, de σπορα, semence, et αγγειον, vase ; nom donné tantôt à l'urne des mousses, tantôt aux organes de fructification des Hépatiques. On devrait l'appliquer exclusivement à la cellule qui renferme les spores dans les cryptogames en général.

SPORE, s. f., *Spora*, de σπορα, semence ; corpuscule reproducteur des Cryptogames. Les spores sont des organes microscopiques, isolés ou réunis en couche ou membrane proligère, de forme variée, composés, en général, de deux membranes et d'un noyau. La membrane extérieure prend le nom d'*épispore*. La spore est l'analogue de la graine. Son mode de germination consiste essentiellement dans l'allongement du corpuscule dans deux sens opposés, et dans la production de filaments mous, espèces de cotylédons d'où une nouvelle plante doit sortir.

SPORIDIE, s. f., *Sporidium*; spore toujours renfermée dans une cellule.

SPORT, s. m. ; mot anglais employé en français, avec une acception restreinte, et comprenant seulement ce qui a trait aux courses et aux chasses.

SPORULE, s. f., *Sporula*; synonyme de *spore*.

SPUMEUX, adj., *spumosus*, de *spuma*, écume ; qui est mêlé d'écume.

SQUAME, s. m., *Squama*; bractée, foliole ou écaille composant le *péricline* des Composées, les *bulbes* écailleux.

SQUAMELLE, s. f., *Squamella*; petite squame, ou squame accessoire.

SQUAMELLIFÈRE, adj., *squamelliferus*; qui porte des squamelles.

SQUAMEUX, EUSE, adj., *squamosus*, de *squama*, écaille ; en forme d'écaille ; écailleux ; ex. : *portion squameuse* de l'os temporal. — *Botanique.* Couvert ou formé d'écailles.

SQUAMIFORME, adj. ; synonyme de *squameux*. — *Bot.* En forme d'écailles ou de squames ; ex. : les feuilles de l'*Orobanche*.

SQUARREUX, EUSE, adj., *squarrosus*; couvert d'écailles raides, rapprochées et recourbées.

SQUELETTE, s. m., *Sceletum*, de σκελλω, desséché ; nom donné à la charpente osseuse des vertébrés, c'est-à-dire à l'assemblage des os d'un même animal, dénudés de leurs parties molles, et maintenus dans leur position à peu près naturelle. On donne aussi le nom de squelette à la réunion des os d'une partie de l'animal : *squelette de la tête, squelette du bassin*, etc. Le squelette est *naturel*, lorsque les os sont réunis par les ligaments qui les assemblaient pendant la vie de l'animal ; il est *artificiel*, lorsqu'après avoir séparé les diverses pièces osseuses, on les réunit par des liens artificiels.

SQUELETTOLOGIE, s. f., *Scelettologia*,

de σκελετος, squelette, et λογος, discours ; description ou traité des parties qui entrent dans la composition du squelette.

SQUELETTOPÉE, s. f., de σκελετος, squelette, et ποιεω, faire ; préparation du squelette.

SQUINE, s. f. ; sorte de bois sudorifique fourni par la racine ligneuse du *Smilax china*, L. On la trouve, dans le commerce, en morceaux irréguliers, noueux, brunâtres extérieurement, rosés à l'intérieur, sans odeur et d'une saveur fade et amilacée. Moins active encore que les autres bois sudorifiques, la squine est à peu près complètement délaissée aujourd'hui, même par les médecins.

SQUINANCIE, *V.* Esquinancie.

SQUIRRHE, s. m., *Scirrhus*, de σκιρρος, marbre ; substance d'un blanc bleuâtre ou grisâtre, qui crie sous le scalpel et dont la dureté peut aller jusqu'à celle du cartilage. Le squirrhe et l'encéphaloïde sont les deux tissus accidentels qui constituent le cancer. *V.* Cancer.

SQUIRRHEUX, EUSE, adj., *scirrhosus* ; qui est de la nature du squirrhe.

SQUIRRHOGASTRIE, s. f., *Scirrhogastritis*, de σκιρρος, squirrhe, et γαστηρ, estomac ; dégénération squirrheuse de l'estomac.

SQUIRRHOSARQUE, s. m., *Scirrhosarce*, de σκιρρος, dur, et σαρξ, chair ; endurcissement du tissu cellulaire.

SQUIRRHOSITÉ, s. f., *Scirrhositas* ; dureté semblable à celle d'un squirre.

STABULATION, s. f., de *stabulum*, étable ; séjour, entretien des animaux domestiques dans l'étable. La stabulation est *temporaire* ou *permanente*. Ses effets sur la santé, sur la quantité et la valeur des produits sont variables, selon sa durée, la disposition et la tenue des habitations, le régime suivi. — *Stabulation permanente appliquée aux espèces bovine et ovine.* La méthode de la stabulation permanente est le fruit d'une nécessité économique ; le raisonnement l'a propagée ensuite. A mesure que la portion de terre laissée en pâturages a diminué d'étendue, que le nombre des animaux et le besoin des engrais se sont accrus, on a dû rechercher les moyens d'augmenter la quantité des fourrages et des litières ; de là, l'obligation de fumer davantage les céréales, en même temps que l'on consacrait plus de place aux cultures fourragères, sarclées, etc. ; de là, enfin, la nécessité de confiner dans les étables le bétail donnant des produits en nature. — L'influence de la stabulation permanente se fait sentir sur le mode d'exploitation de la terre et sur les produits des animaux. Elle doit donc être étudiée sous le double point de vue agricole et physiologique. Elle force le cultivateur à consacrer aux cultures fourragères de toutes sortes un plus grand espace, et augmente ainsi la masse des produits du sol ; elle permet de distribuer plus régulièrement, à chaque animal, une proportion de nourriture plus forte et mieux appropriée, de tirer, de produits souvent perdus, un parti avantageux ; elle empêche le gaspillage de l'herbe foulée aux pieds, et augmente la quantité des engrais disponibles et utilisables, dans la proportion de 4 à 20 ; elle fait éviter au bétail des déplacements qui occasionnent des déperditions inutiles, quand ils ne sont pas réclamés par l'exercice des fonctions ; elle donne le moyen d'isoler les animaux dans les cas d'épizooties contagieuses, et enfin de surveiller, dans toutes les occasions, les accouplements. Ce n'est là qu'une partie de ses avantages. — Les animaux qui travaillent ont besoin de respirer un air pur ; chez eux, l'assimilation doit se borner au remplacement des molécules organiques usées ; la ration de production doit être toute convertie en forces musculaires. Dans les animaux destinés à l'engraissement, dans les vaches laitières, la formation de la graisse, de la chair, du lait, étant le seul but de l'entretien, on doit éviter tout ce qui occasionne des pertes inutiles, et procurer un repos absolu : ces conditions se trouvent dans la stabulation permanente. Mais il ne suffit pas que le corps perde peu par les mouvements ; il faut encore que la respiration ne lui enlève pas plus de molécules que cela n'est indispensable à la vie ; or, son activité doit être diminuée de telle sorte que l'oxigène atmosphérique laisse en excès, dans le sang, des éléments hydrocarbonés qui concourront à former les matières grasses du tissu adipeux et du lait. Cet effet sera obtenu, si les animaux respirent un air incomplètement renouvelé. Plus l'excès d'hydrogène et de carbone sera grand, plus les déperditions seront faibles, en tant que cet état reste compatible avec une certaine santé relative, plus la stabulation offrira d'avantages réels, parce que les produits plus abondants paieront mieux les aliments consommés. — La laine des moutons entretenus à l'étable est plus fine, plus douce, plus tassée ; mais elle a généralement aussi moins de nerf. — A côté des avantages qui viennent d'être signalés, la stabulation permanente offre quelques inconvénients : elle diminue les forces des animaux, les qualités des principaux produits ; elle exige des soins bien entendus, des frais de premier établissement, d'entretien, etc. ; elle permet le gaspillage d'une partie de la nourriture, lorsque la distribution ne se fait point avec assez de discernement. — On peut élever le cheval en le tenant constamment renfermé dans une écurie ; mais quoi qu'on ait pu dire, si de grands pâturages ne lui sont pas absolument nécessaires pour venir à bien, il n'en a pas moins besoin d'air pur et de liberté. *V.* Poulain.

STACHIDE, *V.* Epiaire.

STACKHOUSIACÉES, s. f., *Stackousiaceæ* ; familles de plantes dicotylédones, polypétales, périgynes, herbacées ou sousfrutescentes, habitant la Nouvelle-Hollande.

Elle ne renferme, jusqu'à ce jour, que les genres : *Stackhousia* et *Tripterococcus.*

STAGNATION , s. f. , *Stagnatio* , de *stagnare* , former un étang ; état du sang et des humeurs qui ne circulent pas.

STAMINAIRE, adj. , *Staminaris ;* se dit des fleurs doublées par la transformation des étamines en pétales.

STAMINAL , **ALE** , adj. , *Staminalis ;* qui a trait à l'étamine, ou qui lui appartient : *filet staminal.*

STAMINÉ, ÉE , adj., *staminatus ;* pourvu d'étamines.

STAMINEUX, EUSE , adj. , *Staminosus ;* Richard donnait cette épithète aux fleurs dont les étamines sont très longues.

STAMINIFÈRE , adj., *staminifer ;* qui porte les étamines.

STAMINODE, s. m., *Staminodium ;* étamine avortée.

STAPHYLIN, adj.,*staphylinus*, de σταφυλή, luette ; qui appartient à la luette. *Muscle staphylin* ou *vélo-palatin* ou *palato-staphylin :* faisceaux musculeux impairs, très minces, placés entre les deux lames muqueuses du voile du palais, et s'attachant à l'arcade palatine. Ce muscle relève légèrement le voile du palais.

STAPHYLOME , s. m. , *Staphyloma* , de σταφυλή, graine de raisin ; nom donné à diverses déformations de la cornée ou de la sclérotique , desquelles résulte une saillie plus ou moins prononcée. — *Staphylôme de la cornée :* il est produit par diverses causes , qui sont la distension résultant de la surabondance de l'humeur aqueuse, l'adhérence de l'iris à la cornée , la saillie de l'iris à travers une perforation de cette membrane. Le staphylôme de la cornée est *partiel* ou *général* , *conique* , *composé.* On l'appelle *myocéphalon* , quand il est formé par la hernie de l'iris , parce qu'il ressemble à une tête de mouche ; il est dit *rameux* ou *raisinière*, s'il est produit par plusieurs grains agglomérés. Toutes ces affections sont incurables. — *Staphylôme de la sclérotique :* on donne ce nom à des bosselures bleuâtres , qui se forment à la surface de la sclérotique. Deux variétés se présentent : le *staphylôme antérieur de la sclérotique* , ou *staphylôme du corps ciliaire* , résultant quelquefois d'un iritis , et le *staphylôme postérieur* , produit par l'hydrophthalmie du corps vitré ou l'état variqueux des vaisseaux de la choroïde.

STAPHYLORAPHIE , s. f. , *Staphyloraphia* , de σταφυλή, luette , et ραφη, suture ; suture de la luette ; opération qui consiste à remédier à la division congéniale ou accidentelle du voile du palais. Inusité en vétérinaire.

STAPHYSAIGRE , — *Bot. V.* **DAUPHINELLE.** — *Pharmacol.* Les graines du *Delphinium staphisagria* , sont employées à l'intérieur, à titre de vomitif, et à l'extérieur, comme remède anti-pédiculaire. Elles sont triangulaires , ridées , d'un noir grisâtre à l'extérieur, d'une odeur légèrement vireuse et d'une saveur amère , âcre et brûlante. Ces graines renferment, d'après Lassaigne et Feneulle , de la *delphine*, qui est leur principe actif, de la stéarine , de l'huile grasse , de la gomme , de l'amidon , de l'albumine , un acide volatil et des sels. Donnée à l'intérieur en poudre ou en décoction , à dose même peu élevée, la staphisaigre provoque le vomissement chez les carnivores et irrite vivement le tube digestif ; la partie qui est absorbée porte son action sur le système nerveux, d'après Orfila. On emploie quelquefois la staphisaigre sur les chiens atteints de la maladie du jeune âge, pour provoquer le vomissement ; la dose varie de 50 centigrammes à 2 ou 3 grammes selon la force des sujets. A l'extérieur, on l'emploie en poudre ou incorporée dans des corps gras, pour détruire les ectozoaires des quadrupèdes et des oiseaux. Il est prudent de surveiller les effets de l'absorption de ce médicament, dont les résultats peuvent être funestes.

STASE, s. f., *Statio*, de *stare*, s'arrêter ; séjour du sang et des humeurs dans une partie du corps , dans un organe.

STATICE , s. m. , *Statice*, L. ; genre de la famille des Plombaginées. Il se compose de plantes herbacées ou sous-frutescentes croissant presque exclusivement dans les lieux élevés et secs , ou sur les sables des bords de la mer. Les espèces sont assez nombreuses en France. Aucune n'est véritablement fourragère.

STATION, s. f. *Statio* , de *stare*, se tenir debout ; état dans lequel les animaux restent immobiles sur le sol , appuyés sur leurs quatre membres, ou sur leurs deux membres postérieurs seulement, suivant l'espèce à laquelle ils appartiennent. On distingue , en extérieur, la *station libre*, dans laquelle l'animal répartit à volonté le poids de son corps, en surchargeant ou déchargeant tel ou tel membre, et la *station forcée*, dans laquelle les membres sont placés de manière à représenter les quatre angles d'un rectangle , et supportent dans des proportions régulières le poids du corps. — La station ne peut s'opérer que par une action constante des puissances musculaires, qui, en se faisant mutuellement équilibre , maintiennent dans une situation fixe toutes les pièces du squelette. Elle fatigue promptement l'animal, surtout lorsqu'elle est *forcée.*— *Bot.* Lieu où croît spontanément et d'une manière habituelle une espèce donnée. *V.* **HABITATION ET GÉOGRAPHIE BOTANIQUE.**

STATIONNAIRE, adj. , *stationnarius*, de *stare*, s'arrêter ; nom donné aux maladies qui paraissent régner constamment dans une contrée. On dit aussi qu'une maladie est stationnaire , quand elle languit dans sa marche.

STATIQUE, s. f. , *Statice*, στατικη ; partie de la physique qui traite de l'équilibre , de ses conditions et de ses lois.

STATURE, s. f., *Statura*; hauteur d'un animal. *V.* TAILLE.

STÉARATE, s. m. ; genre de sels formés par l'acide stéarique avec les bases. Ils font partie des savons.

STÉARATÉ, adj. ; épithète qu'on donne aux médicaments composés dans lesquels entre un savon soluble ou insoluble, comme les emplâtres, par exemple.

STÉAROLOTIQUE, adj. ; synonyme de *stéaraté*.

STÉARINE, s. f., de στεαρ, suif. $C^{74}H^{70}O^8$. Composé naturel d'acide stéarique et de glycérine, qui existe dans tous les corps gras végétaux ou animaux, dont il forme la partie la plus solide. La proportion de stéarine des corps gras est d'autant plus considérable que leur consistance est plus grande et leur point de fusion plus élevé. On retire la stéarine pure du suif de mouton qu'on dissout à chaud dans l'alcool, l'éther ou l'essence de térébenthine, qui laissent précipiter la stéarine en se refroidissant et qui retiennent l'oléine. La stéarine est solide, blanche, cristallisée en aiguilles, fragile et translucide comme la cire, inodore et insipide. Exposée à l'action de la chaleur, elle fond à 62°, prend feu à l'air, et brûle avec une flamme très éclairante ; distillée à vase clos, elle se décompose en donnant de l'acide margarique, de la margarone et divers carbures d'hydrogène ; elle laisse, en outre, un léger produit charbonneux. Insoluble dans l'eau, la stéarine l'est au contraire beaucoup dans l'alcool, l'éther, les essences, les huiles grasses, surtout à chaud. Traitée par les alcalis, elle se saponifie et se sépare ensuite, sous l'influence des acides, en acide *stéarique* et en *glycérine*.

STÉAROCONOTE, s. f., de στεαρ, suif, et κονια, poussière ; graisse phosphorée que Couerbe a découverte dans la substance cérébrale. C'est une substance solide, fauve, pulvérisable, insoluble dans l'eau, l'alcool et l'éther, et que l'acide azotique transforme en acides gras cristallisables.

STÉARONE, s. f. ; produit particulier obtenu par Bussy en distillant l'acide stéarique avec le quart de son poids de chaux vive. C'est un corps solide, blanc nacré, fusible à 86°, insoluble dans l'eau et soluble dans l'alcool bouillant. La stéarone diffère de l'acide stéarique par un équivalent d'acide carbonique de moins.

STÉAROPTÈNE, s. m., de στεαρ, suif, et πτενος, volatil ; nom donné à la matière solide et cristalline qui se dépose dans certaines essences.

STÉATOCÈLE, s. f., *Steatocele*, de στεαρ, suif, et κηλη. tumeur ; fausse hernie ; tumeur du scrotum formée par la graisse.

STÉATOME, s. f., *Steatoma*, de στεαρ, suif ; tumeur formée par l'accumulation de la graisse. Dans le stéatome récent, on trouve des cellules, qui disparaissent plus tard, sa substance devenant homogène et lardacée. Il est plus susceptible que le lipôme de passer à l'état de cancer. Dans les solipèdes, on voit le stéatome se développer sur l'encolure, les épaules, le poitrail, partout où les harnais exercent un frottement prolongé. On y remédie par l'incision ou l'extirpation.

STÉGNOSE, s. f., *Stegnosis*, de στεγνοω, je resserre ; constriction, resserrement des pores et des vaisseaux.

STELLAIRE, s. f., *Stellaria*, L. ; genre de la famille des Dianthacées. Il se compose de plantes herbacées, annuelles ou vivaces, disséminées sur une large étendue. On trouve dans les bois, les champs ou les prairies de la France, les espèces *nemorum*, *media*, *holosten*, *glauca*, *graminea* et *uliginosa*. Les bestiaux les mangent volontiers.

STELLINERVÉ, ÉE, adj., *stellinerreis*; dont les nervures sont disposées en étoiles ou rayons. C'est ce qu'on observe dans les feuilles palmées et orbiculaires.

STELLULE, s. f., *Stellula*; verticille foliacé, en forme d'étoile, terminant la tige de certaines mousses.

STÉNOCHORIE, s. f., *Stenochoria*, de στενος, étroit, et χωρος, espace ; rétrécissement des vaisseaux.

STÉNOPYRE, s. f., *Stenopyra*, de στενος, étroit et πυρ, feu : fièvre inflammatoire.

STÉNOSE, s. f., *Stenosis*, de στενος, étroit ; rétrécissement de quelques ouvertures naturelles.

STERCORAL, ALE, adj., *stercoralis*, de *stercus*, excrément ; qui a rapport aux excréments, aux matières fécales. On appelle *fistules stercorales*, celles qui donnent passage à des matières fécales. Les *pelotes stercorales* sont formées par l'accumulation des aliments dans quelques parties de l'intestin, surtout dans la courbure pelvienne du colon et dans les bosselures de la partie flottante de cet organe, pour le cheval. *V.* COLIQUES.

STÉRILE, adj., *sterilis*; qui ne peut féconder ni être fécondé. On le dit aussi en parlant de la terre qui ne produit pas de plantes, de l'arbre qui ne porte pas de fruits.

STÉRILITÉ, s. f. *Sterilitas*; qualité de ce qui est stérile. On donne ce nom à cet état des organes génitaux qui rend nul l'acte de la copulation.

STERNAL, ALE, adj., *sternalis*; qui appartient au sternum. — *Côtes sternales* ou *vraies côtes* : côtes s'appuyant directement sur le sternum par leur cartilage. Elles sont au nombre de huit paires suivant Rigot, et de neuf paires suivant Girard, dans les solipèdes ; de huit paires dans les ruminants ; de sept dans le porc, et de neuf dans le chien et le chat. — Par opposition, on appelle *asternales* les côtes qui ne se prolongent qu'indirectement jusqu'au sternum. Elles sont au nombre de neuf ou huit paires dans le cheval, de cinq dans les ruminants, de sept dans le porc, et de quatre dans le chien et le chat.

STERNALGIE, s. f., *Sternalgia*, de

στερνον, sternum, et αλγος, douleur ; nom donné à l'angine de poitrine.

STERNO - APONÉVROTIQUE, adj., *sterno-aponevroticus;* nom donné par Girard à un muscle de la région axillaire, prenant son origine au bord inférieur du sternum, et s'insérant par une large aponévrose à la surface de l'avant-bras. Ce muscle forme, avec le sterno-huméral, le muscle *commun au bras et à l'avant-bras*, décrit par Bourgelat. Il est adducteur de l'avant-bras et tenseur de l'aponévrose anti-brachiale.

STERNO-COSTAL, *V.* Triangulaire.

STERNODYME, *V.* Xiphodyme.

STERNO-HUMÉRAL, adj., *sterno-humeralis;* qui appartient au sternum et à l'humérus. — *Muscle sterno-huméral :* portion antérieure du muscle appelé par Bourgelat *commun au bras et à l'avant-bras*, prenant son origine sur le côté de l'extrémité antérieure du sternum, et son insertion à la crête courbe qui fait suite, inférieurement, à la crête sous-trochitérienne. Ce muscle tire en avant l'humérus, à l'égard duquel il remplit aussi les fonctions d'adducteur et de rotateur en dedans.

STERNO-HYOIDIEN, adj., *sterno-hyoïdeus;* qui appartient au sternum et à l'hyoïde. — *Muscle sterno-hyoïdien :* muscle long, grêle, souvent confondu avec le sterno-thyroïdien, et digastrique vers son milieu, s'étendant du prolongement trachélien du sternum, où il prend son origine, à l'hyoïde, où il s'insère sur le milieu de la face inférieure du corps de cet os. Il abaisse l'hyoïde.

STERNO-MAXILLAIRE, adj., *sterno-maxillaris ;* qui appartient au sternum et à la mâchoire. — *Muscle sterno-maxillaire :* muscle allongé, cylindroïde, situé au bord inférieur de l'encolure et bornant inférieurement la *gouttière de la jugulaire.* Les deux muscles sterno-maxillaires prennent en commun leur origine au prolongement trachélien du sternum ; ils se divisent ensuite sur le côté de la trachée, et chacun d'eux va se terminer au bord refoulé du maxillaire par un tendon aplati qui passe sous la glande parotide. Le sterno-maxillaire est un fléchisseur de la tête, et non un abaisseur de la mâchoire, comme sa position peut le faire supposer au premier abord.

STERNOPAGE, s. et adj., *Sternopages*, de στερνον, sternum, et πηγις, uni ; genre de monstres doubles monomphaliens, présentant les caractères suivants : deux individus à ombilic commun, réunis face à face sur toute l'étendue du thorax.

STERNOPAGIE, s. f., *Sternopagia;* état des monstres sternopages.

STERNO-PUBIEN, adj.; nom donné au muscle *droit de l'abdomen. V.* Droit.

STERNO-THYROIDIEN, adj., *sterno-thyroïdeus;* qui appartient au sternum et au cartilage thyroïde. — *Muscle sterno-thyroïdien;* longue bandelette musculeuse presque toujours confondue avec celle qui forme le

sterno-hyoïdien, prenant, avec lui, son origine au prolongement trachélien du sternum, et s'insérant au cartilage thyroïde du larynx, qu'il abaisse par sa contraction.

STERNUM, s. m., *Sternum*, de στερνον, partie inférieure de la poitrine ; os impair, situé à la partie inférieure et antérieure du thorax, et donnant un point d'appui direct aux côtes sternales, et indirect au côtes asternales. — Le sternum des solipèdes est aplati d'un côté à l'autre dans presque toute sa longueur, et figure assez bien la carène d'un vaisseau. Sa face supérieure est étroite, en forme de triangle très allongé. Ses faces latérales sont larges, et portent à leur bord supérieur huit cavités pour l'articulation des cartilages costaux. Le bord inférieur est tranchant, surtout à sa partie antérieure, où il se recourbe en haut ; l'extrémité antérieure ou *trachélienne* est aplatie latéralement et relevée ; l'extrémité postérieure ou *abdominale* se continue par un cartilage aplati de dessus en dessous, nommé *cartilage xiphoïde*, et concourant à la formation des parois abdominales. — Le sternum est formé d'une série de noyaux osseux assemblés par une masse cartilagineuse qui forme la majeure partie de l'os, dans le jeune âge, et, à toutes les époques de la vie, le prolongement antérieur. — Dans le bœuf, le sternum, entièrement osseux, est aplati de dessus en dessous, et laisse voir les points de réunion des pièces qui le composent. La plus antérieure est fixée au reste de l'os par une articulation qui permet des mouvements de charnière dans le sens latéral. Le sternum du porc est également formé de plusieurs pièces, dont quelques unes sont divisées en deux dans le sens longitudinal. Son prolongement antérieur est droit et très saillant. Dans le chien, les pièces du sternum forment de petits cylindres arrondis, qui s'articulent bout à bout à chaque point d'articulation des cartilages costaux. Le sternum des oiseaux est très étendu et porte dans son milieu une apophyse longitudinale très développée, appelée *bréchet.* Le développement de cette apophyse est toujours en raison directe de l'aptitude au vol. C'est le contraire pour les échancrures latérales de cet os, qui sont toujours d'autant plus étroites que la puissance du vol est plus grande.

STERNUTATOIRE, s. et adj., *Sternutatorius*, de *sternutare*, éternuer ; *Errhins.* Médicaments irritants qui, introduits dans les narines, déterminent l'éternuement ou l'ébrouement. Ils irritent la pituitaire, provoquent une excrétion muqueuse plus ou moins abondante, et, en raison de ces effets, ils peuvent être utiles contre le catarrhe chronique, la morve, etc. Les plus usités sont le tabac, l'euphorbe, l'hellébore noir ou blanc, les feuilles de bétoine, de cabaret, etc.

STERTOREUX, EUSE, adj., *stertorus*, de *stertor*, ronflement; qui produit un ronflement. Se dit de la respiration difficile, accompagnée d'un bruit de ronflement semblable à celui de l'eau bouillante.

STÉTHOSCOPE, s. m., *Stethoscopus*, de στηθος, poitrine, et σκοπεω, considérer; instrument imaginé par Laënnec, pour explorer la poitrine. Il se compose d'un cylindre en bois de 4 à 5 centimètres de diamètre, de 3 décimètres de longueur, percé dans toute sa longueur par un canal étroit. Le stéthoscope est formé de deux pièces qui se réunissent à volonté; l'une d'elles présente, à une de ses extrémités, un évasement dans lequel est placé un obturateur percé d'un canal central, etc. Cet instrument sert à explorer la voix, les battements du cœur et les bruits respiratoires. Avec le stéthoscope, on opère ce qu'on appelle l'auscultation *médiate;* ce moyen est abandonné pour l'exploration de la poitrine des animaux; on préfère l'auscultation *immédiate. V.* AUSCULTATION.

STHÉNIE, s. f., *Sthenia*, de σθενος, force, puissance; excès de force, exaltation de la vie, des actions organiques. Ce mot est opposé à celui d'*asthénie.*

STHÉNIQUE, adj., *sthenicus;* qui provient de la sthénie, d'une exaltation des forces. *Maladie sthénique :* qui est caractérisée par la surexcitation des forces vitales.

STIBIÉ, s. et adj., *Stibius*, de *stibium,* antimoine. *Tartre stibié, V.* TARTRATE DE POTASSE et D'ANTIMOINE. *Pommade stibiée, V.* POMMADE.

STIGMATE, s. m., *Stigma;* organe glandulaire situé au sommet organique du style ou de l'ovaire. Il a pour mission de recueillir le pollen qui tombe des étamines. Le stigmate est *sessile* ou *porté* sur un style, *unique* ou *multiple, simple* ou *divisé* plus ou moins profondément. Ses formes et ses dispositions particulières sont très variées; il peut être *globuleux, aplati, claviforme, étoilé, filiforme, plumeux,* etc. Il est souvent coloré et recouvert à sa surface d'un enduit visqueux et d'éminences papillaires qui le rendent velouté.

STILBINÉES, s. f. *Stilbineæ;* famille de plantes dicotylédonées, monopétales, hypogynes, sous-frutescentes, originaires du cap de Bonne-Espérance. Genres : *Stilbe, Lutrea,* etc.

STIMULANT, s. et adj., *Stimulans*, de *stimulus,* aiguillon; synonyme de *diffusible,* d'*excitant,* d'*antispasmodique* (*V.* ces mots).

STIMULATION, s. f., *Stimulatio;* action ou résultat des effets des médicaments stimulants ou excitants.

STIMULUS, s. m.; mot latin signifiant *aiguillon,* indiquant dans le langage médical une des forces de l'organisme qui se développerait sous l'influence des agents externes ou internes. *V.* CONTRE-STIMULISME. —*Physiol.* On appelle *stimulus* tout ce qui peut produire une excitation quelconque sur les organes d'un corps vivant. — *Bot.* On donne aussi le nom de *stimulus* au poil dont la piqûre occasionne une douleur brûlante.

STIPE, s. m., *Stipes;* support de la fructification dans les cryptogames, du chapeau dans les agarics. — Tige ligneuse des monocotylédonées, et plus particulièrement des Palmiers.

STIPE, s. f., *Stipa*, L.; genre de la famille des Graminées. Il se compose d'environ 60 espèces répandues principalement dans les régions tempérées du globe. Toutes donneraient un fourrage très dur. La S. pennée, *S. pennata,* est une très jolie graminée.

STIPELLE, s. f., *Stipella;* petite stipule. C'est, à proprement parler, la stipule placée à la base des folioles des feuilles composées.

STIPIFORME, adj., *stipiformis,* de *stipes,* stipe; en forme de stipe; se dit des tiges dicotylédonées dont l'aspect rappelle le stipe des palmiers.

STIPITÉ, ÉE, adj., *stipitatus;* porté sur un support.

STIPULACÉ, ÉE, adj., *stipulaceus;* on désigne ainsi les bourgeons composés de stipules plus ou moins entières.

STIPULAIRE, adj., *stipularis;* se dit des vrilles qui sont le résultat de la transformation des stipules.

STIPULATION, s. f., *Stipulatio;* tout ce qui a rapport aux stipules.

STIPULE, s. f., *Stipula;* appendice squamiforme ou foliacé, situé à la base du pétiole dans beaucoup de plantes dicotylédonées. Les stipules sont ordinairement au nombre de deux, *libres* ou *soudées* entre elles, *latérales* relativement au pétiole, ou *axillaires,* c'est-à-dire situées entre la tige et lui. Elles peuvent être assez développées pour ressembler à des feuilles, ou constituer une sorte de gaine. Leur *consistance* et leur *figure* présentent à peu près toutes les particularités que l'on observe dans les véritables feuilles; toutefois, leur *organisation* est ordinairement moins compliquée. Rarement elles *persistent* jusqu'à la fin de la période végétative; elles sont quelquefois si *fugaces* qu'il faut, pour ainsi dire, assister à leur naissance pour s'assurer qu'elles existent. Les stipules sont d'un grand secours dans la coordination des dicotylédonées.

STIPULÉ. ÉE, adj., *stipulatus;* pourvu de stipules.

STIPULÉEN, ENNE, adj., *stipuleanus;* qui provient d'une stipule avortée ou accrue. Les épines, les vrilles, ont quelquefois cette origine.

STIPULEUX, EUSE, adj., *stipulosus;* qui porte de longues stipules.

STIPULIFÈRE, adj., *stipulifer;* on donne cette épithète au pétiole qui porte une ou deux stipules.

STOLON, s. m., *Stolo;* branche grêle, allongée, partant du bas de la tige, et produisant, de distance en distance, des racines et des feuilles. On en trouve des exemples dans le fraisier.

STOLONIFÈRE, adj., *stolonifer;* qui porte des stolons.

STOMACACE, s. f., de στομα, bouche, et κακια, mal, vice ; ulcération fétide de la bouche causée par le scorbut. On l'observe dans le chien.

STOMACALGIE, s. f., *Stomacalgia*, de *stomachus*, estomac, et αλγος, douleur ; douleur de l'estomac.

STOMACHIQUE, s. et adj., *Stomachicus*; qui est bon pour l'estomac, qui le fortifie, qui l'excite. *Médicaments stomachiques :* ceux qui agissent sur l'estomac, accélèrent la digestion ou remédient à ses dérangements. Lorsque ce viscère est irrité, les meilleurs stomachiques sont les émollients, les délayants; quand il est inerte, il faut avoir recours aux excitants, aux toniques, aux amers, aux acidules; enfin, si l'innervation de l'estomac est altérée, on emploie les antispasmodiques, les diffusibles, les alcalins, etc.

STOMALGIE, s. f., *Stomalgia*, de στομα, bouche, et αλγος, douleur ; douleur de la bouche.

STOMATE, s. m., *Stomata*, de στομα, bouche; organe extérieur, microscopique, composé d'un petit orifice ou aréole bordé de deux cellules faisant fonction de lèvres, et servant à la respiration des plantes. Les stomates ont été découverts par Grew ; Guettard les appelle *glandes miliaires ;* de Saussure, *glandes corticales ;* Rudolphi, *pores de l'épiderme ;* de Mirbel, *pores allongés ;* de Candolle, *pores corticaux.* Le nom de *stomate* a été emprunté à Link ; toutes ces désignations supposent dans ces organes une texture glanduleuse, ce qui n'est pas. Les stomates se trouvent sur les parties vertes des plantes, et notamment à la face inférieure des feuilles. Les organes colorés en présentent un nombre moindre ou n'en portent pas du tout. Ils sont quelquefois disposés en séries linéaires, le plus souvent ils sont épars, sans ordre. Leur nombre varie beaucoup, et leur volume est ordinairement en raison inverse. On en a compté jusqu'à 3,416 dans une ligne carrée de surface. Ils sont tantôt en saillie sur l'épiderme, le plus souvent ils sont enfoncés. Entre les cellules qui forment les deux lèvres des stomates, se trouve une ouverture allongée *(ostiole)*, communiquant avec une lacune aérienne ; elle s'ouvre sous l'influence de la chaleur et de la sécheresse ; elle se ferme par le gonflement des cellules dans les conditions opposées. Les stomates servent à la respiration et à la transpiration ; ils mettent les organes internes en contact, par l'intermédiaire des méats intercellulaires, avec l'air atmosphérique.

STOMATIQUE, adj., *Stomaticus*, de στομα, bouche ; épithète donnée parfois aux médicaments qu'on emploie contre les maladies de la bouche ou qu'on applique dans cette cavité, comme les gargarismes, les collutoires, les mastigadours ou nouets, etc. Peu usité.

STOMATITE, s., f., *Stomatitis*, de στομα, bouche ; inflammation de la membrane muqueuse de la bouche. On distingue plusieurs variétés de cette maladie : *stomatite simple*, peu intense, qui cède facilement aux émollients ; *stomatite aphtheuse*, compliquée par les aphthes ; *stomatite gangreneuse*, qui présente des eschares gangreneuses ; *stomatite couenneuse*, *diphthérique*, *pseudo-membraneuse*, qui produit des fausses membranes.

STOMATORRHAGIE, s. f., *Stomatorrhagia*, de στομα, bouche, et ρεω, je coule ; hémorrhagie de la bouche.

STOMATOSCOPE, s. m., de στομα, bouche, et σκοπειν, examiner ; instrument employé pour tenir la bouche ouverte dans le but d'examiner ses différentes parties ou de pratiquer une opération. On lui donne vulgairement, en vétérinaire, le nom de *pas d'âne*. *V.* SPÉCULUM.

STOMOCÉPHALE, s. et adj., *Stomocephalus*, de στομα, bouche, et κεφαλη, tête ; genre de monstres cyclocéphaliens caractérisés ainsi qu'il suit : deux yeux contigus ou un œil double, occupant la ligne médiane ; appareil nasal atrophié et formant une trompe ; mâchoires rudimentaires ; bouche très imparfaite ou nulle.

STOMOCÉPHALIE, s. f., *Stomocephalia ;* état des monstres stomocéphales.

STOMOXE, s. m., *Stomoxus*, L., de στομα, bouche, et οξυς, aigu ; insecte diptère qui tourmente les animaux de l'espèce chevaline.

STORAX, s. m., *Styrax ;* baume naturel fourni par le *styrax officinal*, plante de la famille des Ebénacées, qui croît en Orient. Le commerce en présente plusieurs variétés, qui toutes renferment de l'acide benzoïque, et servent plutôt de parfums que de médicaments.

STRABISME, s. m., *Strabismus*, de στραβος, louche, ou de στρεφω, je tourne ; défaut de parallélisme dans les axes visuels d'un œil ou des yeux. Le strabisme est *convergent*, si les deux yeux sont affectés et se dirigent en dedans; il est *divergent*, quand ils se dirigent en dehors. On a conseillé, en chirurgie humaine, la section des muscles oculaires pour remédier à cette difformité. Ce défaut est très rare dans les animaux ; nous l'avons observé plusieurs fois sur le cheval. Son étude n'offre aucun intérêt en vétérinaire.

STRAGULE, *V.* GLUMELLE.

STRAMOINE, s. f., *Datura stramonium*, L. ; plante du genre *Datura*, famille des Solanées. Tige glabre, rameuse, dichotome, haute de 4 à 10 décimètres; feuilles grandes, longuement pétiolées, glabres, ovales, acuminées, sinuées, anguleuses; fleurs solitaires à l'angle des rameaux, portées sur de courts pédicelles ; calice à long tube, à cinq lobes carénés, acuminés; corolle à tube très long, à cinq lobes brusquement acuminés, blanche;

capsule couverte de fortes épines, ovoïde, dressée. La plante exhale une odeur vireuse ; elle habite le voisinage des maisons. — *Pharmac.* Toutes les parties de cette solanée, appelée vulgairement *pomme épineuse*, sont également actives, et présentent une odeur vireuse et une saveur âcre et amère ; on fait plus particulièrement usage des feuilles, des tiges et des semences. Ces parties renferment une matière extractive gommeuse, de la fécule verte, de l'albumine, de la résine, des sels et de la *daturine*, qui parait être le principe actif de toute la plante. — La stramoine peut être donnée hachée, sous forme de suc, d'extrait ou de teinture. La dose des feuilles fraiches peut excéder 250 grammes, pour les grands herbivores, d'après Gohier et Moiroud, sans le moindre danger. Les effets locaux et généraux de la stramoine sont semblables à ceux de la belladone ; seulement ils paraissent avoir un peu plus d'intensité ; en outre le *datura stramonium* parait également jouir d'une efficacité plus marquée contre les désordres ou les embarras de la respiration. — Les usages, tant internes qu'externes de cette plante sont les mêmes que ceux de la belladone (*V.* ce mot et DATURINE).

STRANGULATION, s. f., *Strangulatio,* de *strangulare*, étrangler ; action d'étrangler, étranglement. On a donné ce nom à la suffocation produite par une cause qui empêche la respiration, en diminuant l'étendue des voies aériennes. *V.* ASPHYXIE.

STRANGURIE, s. f., *Stranguria*, de στράγξ, goutte, et ουρεω, urine ; difficulté d'uriner, dans laquelle l'urine ne peut sortir que goutte à goutte.

STRATIFICATION, s. f., *Stratificatio ;* action de placer les unes sur les autres des couches successives de diverses substances. Elle est réclamée pour les foins mal récoltés, trop mûrs, point assez secs, vasés, etc. On la pratique avec de la paille bien sèche et de bonne qualité, des fourrages choisis et surtout avec du sel marin en poudre. Le sel s'emploie dans les proportions de 5 à 12 pour 1,000 du poids total du fourrage. La stratification doit être régulière et en couches minces.

STRÉBLOSE, s. f., *Streblosis ;* entorse, foulure. Inusité.

STRIE, s. f., *Stria ;* petit sillon longitudinal séparé d'un sillon pareil par une ligne saillante ou côte. — *Anat.* Scissures très fines et très nombreuses que l'on remarque sur quelques points de certains os.—*Pathol.* *Stries sanguines :* filets de sang qu'on rencontre dans le pus, dans les produits sécrétés par des muqueuses malades.

STRIÉ, ÉE, adj., *striatus ;* dont la surface présente des stries, ex.: *les cornets du nez.* — *Corps striés ou cannelés, V.* CANNELÉ.

STRIGILIFORME, adj., *strigiliformis,* de *strigilis*, brosse, étrille ; en forme de brosse. L'anthère et le stigmate affectent souvent cette disposition.

STRIGUEUX. *V.* HISPIDE.

STROBILE, s. m., *Strobilus ;* fruit synanthocarpé, composé d'un certain nombre de samares ou d'akènes de forme variée et disposés en cône ; ex.: les fruits du *sapin*, du *bouleau.* Le fruit du genévrier, improprement appelé *baie*, est un cône ou strobile dont les écailles sont soudées.

STROMA, s. m., *Stroma*, de στρωμα, tapis ; nom générique de la surface qui porte la fructification des plantes cryptogames.

STRONGLE, s. m., *Strongulus*, de στρογγυλος, cylindrique ; genre de vers intestinaux qui ont pour caractères un corps cylindrique, allongé, la bouche ronde, ciliée ou papilleuse. Ils habitent dans les intestins. Rudolphi en décrivait 34 espèces. Les principales sont les suivantes : 1° *Strongle armé, S. armatus :* dont la bouche est armée de petites épines serrées : commun dans le cheval, l'âne et le mulet, mais s'y trouvant rarement en paquets ; 2° *Strongle denté, S. dentatus :* à tête obtuse, armée de petits crochets recourbés ; on le trouve dans les intestins du porc ; 3° *Strongle géant, S. gigas . Ascaride lombrical* de Chabert : à tête obtuse et renflée, environnée de papilles ; long de dix centimètres à 1 mètre ; on le rencontre dans les reins du chien, du cheval, du taureau ; 4° *Strongle rayonné, S. radiatus :* tête obtuse ; queue de la femelle pointue ; longueur 6 à 7 millimètres ; se trouve dans les intestins du bœuf ; 5° *Strongle contourné, S. contorsus :* trois nœuds à la tête et quatre lobes à la bourse du mâle ; queue des femelles pointue et recourbée ; il existe dans l'estomac et les intestins du cochon ; 6° *Strongle filicole, S. filicolis :* tête à trois nœuds, cou capillaire, très long ; queue de la femelle obtuse ; 7° *Strongle filaire, S. filaria :* tête obtuse, bourse entière et oblique dans le mâle ; queue de la femelle aiguë ; corps mince ; 8° *Strongle veinuleux, S. venulosus :* tête obtuse, bourse du mâle bilobée ; queue de la femelle obtuse ; corps assez épais.

STRONTIANE, s. f., *Strontiana*, de *Strontian*, village d'Écosse où ses composés ont été observés pour la première fois. *Oxyde de strontium.* St O. La strontiane existe dans la nature combinée aux acides sulfurique et carbonique. On l'obtient pure par la calcination du nitrate ou du carbonate de strontiane, ce dernier étant mêlé à du charbon. La strontiane ainsi obtenue est anhydre ; elle est solide, amorphe, d'un blanc grisâtre, très caustique, très soluble dans l'eau, dont elle élève la température comme la baryte et la chaux, avec lesquelles elle présente beaucoup d'analogie. Elle se combine avec 10 éq. d'eau, que la chaleur lui fait perdre, à l'exception du 10e qu'elle retient avec beaucoup de force. Exposée à l'air, la strontiane en attire l'humidité, se délite et se transforme peu à peu en carbonate. *Caractères des sels de strontiane.*

Ils ressemblent beaucoup à ceux de baryte ; ils en diffèrent seulement par les caractères suivants : ils précipitent lentement avec le sulfate de chaux, tandis que, dans ceux de baryte, la précipitation est instantanée ; le chromate jaune de potasse qui précipite les sels de baryte ne produit aucun effet dans ceux de strontiane ; enfin, les sels solubles de cette base, dissous dans l'alcool, communiquent à sa flamme une coloration rouge pourpre, tout-à-fait caractéristique.

STRONTIUM, s. m., St. Eq. 548,00 ; métal de la première section, qui forme le radical positif de la *strontiane*. Le procédé d'extraction et la plupart des caractères de ce métal sont tout-à-fait semblables à ceux du *baryum*. (*V.* ce mot).

STROPHULE, s. f., *Strophulus* ; nom donné par Willan à une inflammation papuleuse de la peau fréquente sur les enfants à la mamelle.

STRYCHNINE, s. f. ; $C^{44} H^{24} Az^2 O^8$. Alcaloïde végétal découvert par Pelletier et Caventou dans la noix vomique, en 1816. Cette base existe aussi dans les autres *Strychnées*, telles que la *fève de St-Ignace*, le *bois de couleuvre*, l'*upas tieuté*, où elle est combinée à un acide particulier appelé *igazurique*. Les procédés d'extraction de la strychnine sont assez nombreux ; le plus simple consiste à traiter la noix vomique par de l'eau acidulée, à précipiter la liqueur filtrée par la chaux, à faire bouillir le précipité dans l'alcool, à décolorer par le noir animal et à laisser cristalliser. La *brucine*, qui accompagne toujours la strychnine, reste dans les eaux-mères. La strychnine est solide, blanche, cristallisée en prismes quadrilatères, inodore, d'une saveur excessivement amère et persistante ; soumise à l'action de la chaleur, elle se décompose, mais elle n'est ni fusible ni volatile ; elle est également inaltérable à l'air. La strychnine est très peu soluble dans l'eau ; elle exige, pour se dissoudre, 7000 p. d'eau froide, et 2500 p. d'eau bouillante ; insoluble dans l'éther et les huiles grasses, elle est peu soluble dans l'alcool absolu ou très étendu ; elle se dissout aisément, au contraire, dans l'alcool ordinaire et dans les essences. Douée de propriétés alcalines très prononcées, la strychnine neutralise très bien les acides, avec lesquels elle forme des sels cristallisés, très amers et excessivement vénéneux.—*Caractères spécifiques.* La strychnine ne rougit sous l'influence de l'acide azotique que quand elle est mélangée à la brucine. Dissoute dans quelques gouttes d'acide sulfurique pur, elle prend une belle couleur bleue, qui passe au violet, au rouge et au jaune, quand on ajoute au mélange une très petite quantité d'oxyde pure de plomb (Marchand) ; si, à la place de l'oxyde de plomb, on ajoute un peu de bichromate de potasse, il se produit une belle coloration violette (Otto). Enfin, cette base dissoute est colorée, sous l'influence de la lumière, en rouge brunâtre par les sels d'argent, en bleu clair par le perchlorure d'or, et en vert par le caméléon violet (Duflos). — *Pharmacol.* La strychnine et ses combinaisons salines sont des poisons d'une grande activité. Données à l'intérieur ou administrés par la méthode endermique, ces principes déterminent, même à petites doses, des attaques violentes de tétanos qui se terminent fréquemment par la mort, soit parce que la poitrine ne pouvant plus se dilater, les animaux meurent par asphyxie, soit que le poison, en agissant sur les centres nerveux, détruise la vie dans sa source la plus active. L'expérience a démontré que 2 à 3 centigrammes de strychnine suffisent pour donner la mort à un chien de forte taille. Employés chez l'homme contre les diverses espèces de paralysies, la strychnine et ses composés sont à peu près inusités en médecine vétérinaire ; on les remplace par la *noix vomique*. (*V.* ce mot).

STRYCHNOMANIE, s. f., *Strychnomania* ; empoisonnement causé par la noix vomique.

STUD-BOOK, s. m., des mots anglais *stud*, haras, et *book*, livre ; livre dans lequel on inscrit et conserve la généalogie des chevaux de pur sang. L'Angleterre et la France ont chacune leur stud-book. Celui de l'Angleterre remonte à 1791.

STUPÉFIANT, adj. et s., *Stupefaciens*, de *stupor*, stupeur, et *facere*, faire ; qui détermine la stupeur. Synonyme de *narcotique* (*V.* ce mot).

STUPEUR, s. f., *Stupor* ; engourdissement d'une partie du corps.

STYLE, s. m., *Stylus*, de στῦλος, colonne ; partie du pistil ordinairement placée au sommet de l'ovaire et portant le stigmate. Le style s'élève toujours du sommet organique de l'ovaire, mais son point apparent d'émergence peut être *supère* (crucifères), ou *latéral* (rosacées), ou *basilaire* (alchimille). Il est *simple* ou *composé* ; simple, quand il fait suite à un ovaire composé d'un seul carpelle ; composé, quand il est la continuation de plusieurs carpelles soudés ou quand il provient de plusieurs styles réunis. Dans ces derniers cas, il y a toujours autant de styles particuliers ou de portions de styles qu'il y a d'ovaires ou de feuilles carpellaires. Le style présente des formes très variées ; il est généralement *mince*, *filiforme*. Souvent on peut reconnaître à son centre un canal. Sa direction est droite ou courbe ; il est *saillant* ou *inclus*. En général, le style tombe après la fécondation ; dans quelques espèces, il persiste (crucifères), ou même prend de l'accroissement (clématite). Cet organe sert à établir entre l'ovaire et le stigmate une communication indispensable à l'action fécondante du pollen. Quand il n'existe pas, le stigmate immédiatement appliqué sur l'ovaire est dit *sessile*.

STYLET, s. m., *Stylus*, de στῦλος, poinçon ; synonyme de *sonde*.

STYLIDÉES , s. f. , *Stylideæ ;* famille de plantes dicotylédones , monopétales , épigynes, herbacées ou frutescentes, originaires des régions tropicales. Genres : *Stylidium* , *Forstera* , etc.

STYLO-HYOIDIEN, adj. , *stylo-hyoïdeus ;* qui appartient à l'apophyse styloïde et à l'hyoïde. — *Muscle stylo-hyoïdien :* petit muscle de forme à peu près carrée , s'étendant du bord antérieur de l'apophyse styloïde de l'occipital à la tubérosité postérieure de la grande branche hyoïdienne, qu'il abaisse ainsi que tout l'appareil hyoïdien. C'est ce muscle que l'on traverse , dans l'opération de l'hyovertébrotomie , pour pénétrer dans la poche gutturale.

STYLOIDE , adj. , *styloïdes*, de στύλος, stylet , et εἶδος, forme ; en forme de stylet. On donne ce nom à quelques apophyses allongées et pointues ; ex. : l'*apophyse styloïde de l'occipital, du temporal.*

STYLO - MASTOIDIEN , *V.* PRÉ-MASTOIDIEN.

STYLO-MAXILLAIRE, adj., *stylo-maxillaris ;* qui appartient à l'apophyse styloïde et au maxillaire. — *Muscle stylo-maxillaire :* muscle allongé et un peu arrondi, prenant son origine à l'apophyse styloïde de l'occipital , avec le digastrique , et allant s'insérer au bord refoulé de l'os maxillaire. Il abaisse la mâchoire inférieure et la tire en arrière.

STYLO-STAPHYLIN, adj. , *stylo-staphylinus ;* qui appartient à l'apophyse styloïde et au voile du palais. — *Muscle stylo-staphylin :* muscle prenant son origine à l'apophyse styloïde du temporal, et composé de deux portions , dont la plus interne , *péristaphylin interne* de Bourgelat, se porte directement dans le voile du palais : tandis que l'externe, ou *péristaphylin externe* , accompagne le conduit guttural du tympan et se termine par un tendon qui, après s'être réfléchi sur la petite coulisse de l'os ptérygoïdien, se confond avec la couche fibreuse aponévrotique du voile du palais. Le muscle ptérygo-pharyngien sépare ces deux branches , dont l'interne élève le voile du palais , tandis que l'externe l'abaisse, quoiqu'on admette généralement le contraire.

STYMATOSE , s. f. , *Stymatosis* , de στύμα , érection ; hémorrhagie de l'urètre.

STYPTIQUE , s. et adj.; synonyme d'*astringent* (*V.* ce mot).

STYRACINÉES , s. f. , *Styracineæ ;* famille de plantes dicotylédones , monopétales, périgynes , composée d'arbres ou d'arbrisseaux des régions tropicales. Genres : *Symplocos* . *Styrax* , etc.

STYRAX , s. m. ; baume semi-liquide, fourni par le *Liquidambar styraciflua*, de la famille des Amentacées, qui croît au Mexique. Il est peu consistant, glutineux , grisâtre , opaque , d'une odeur forte et tenace, d'une saveur âcre et amère : il est soluble dans l'alcool. Le styrax est inusité en médecine vétérinaire.

SUBACTION , s. f., *Subactio ;* diminution d'action, faiblesse.

SUBALPESTRE , *V.* ALPESTRE.

SUBALPINE , *V.* ALPINE.

SUBAPICULAIRE , adj. , *subapicularis ;* placé un peu au-dessous du sommet.

SUBCORDIFORME , adj. , *subcordiformis ;* dont la forme se rapproche de celle d'un cœur.

SUBCYLINDRIQUE , adj. , *subcylindricus ;* qui approche de la forme d'un cylindre.

SUB-DELIRIUM , s. m. ; sorte de délire incomplet.

SUBÉRATE , s. m. , *Suberas*, de *suber* , liége ; nom des sels formés par l'acide subérique avec les bases. — Ils sont peu importants.

SUBÉREUX, EUSE, adj., *suberosus ;* qui a la nature , la consistance ou l'aspect du liége. *Couche subéreuse* , *V.* ÉCORCE.

SUBÉRINE , s. f. ; espèce de cellulose obtenue par Chevreul en épuisant le liége par divers dissolvants. Son caractère le plus essentiel est de fournir de l'acide subérique par l'action de l'acide azotique concentré.

SUBÉRIQUE , *V.* ACIDE SUBÉRIQUE.

SUBGLOBULEUX, **EUSE** , adj., *subglobulosus ;* imparfaitement globuleux.

SUBGRONDATION, s. f., *Subgrundatio*, de *subgrundatio*, entablement ; enfoncement d'une partie du crâne.

SUBINFLAMMATION , s. f., *Subinflammatio ;* expression vicieuse employée par les uns pour désigner l'inflammation des vaisseaux blancs ou lymphatiques , par d'autres pour indiquer un état intermédiaire entre la congestion sanguine et l'inflammation. *V.* INFLAMMATION.

SUBIRRITATION, s. f., *Subirritatio ;* langueur, atonie, faiblesse.

SUBLIMATION, s. f. , de *sublimis* , élevé ; opération chimique ou pharmaceutique par laquelle on réduit un corps solide en vapeur, dans un vase clos, afin de le séparer de principes plus fixes ou de lui donner une forme déterminée. L'appareil employé à la sublimation varie de forme selon le but qu'on se propose ; le plus simple est formé par un matras que l'on enterre dans un bain de sable et dont on découvre la partie supérieure une fois que la sublimation est commencée , pour que le produit puisse se fixer ; le plus compliqué est formé d'un appareil distillatoire et d'un récipient plus ou moins étendu, à un ou plusieurs compartiments. Les corps qu'on soumet à la sublimation sont les sels volatils ; ex : *sel ammoniac, bichlorure de mercure*, etc. , certaines substances organiques, telles que le *camphre*, l'*acide benzoïque*, etc.

SUBLIMATOIRE, adj. , *sublimatorius ;* qui a rapport à la sublimation : *vase, appareil sublimatoire :* employé à la sublimation.

SUBLIME, adj. : nom donné au muscle perforé. *V.* FLÉCHISSEUR.

SUBLIMÉ, adj. : qui résulte de la sublimation. *Sublimé corrosif*, *V*. Bichlorure de mercure. — *Soufre sublimé*, *V*. Soufre.

SUBLINGUAL, *V*. Sous-Lingual.

SUBLUXATION, s. f., *Subluxatio;* luxation incomplète d'une articulation. *V*. Luxation.

SUBMERGÉ, ÉE, adj., *submersus;* synonyme d'*immergé*.

SUBMERSION, s. f., *Submersio ;* action de plonger ou d'être plongé dans un liquide. La submersion produit la mort en interceptant le passage de l'air dans les voies respiratoires. *V*. Asphyxie.

SUBPÉTIOLÉ, ÉE, adj., *subpetiolatus;* muni d'un pétiole très court.

SUBSESSILE, adj., *subsessilis ;* presque sessile.

SUBSTANCE, s. f., *Substantia ;* pris dans son acception la plus générale, ce mot est synonyme de *matière*. Dans quelques circonstances, il indique les corps à l'état naturel. Ainsi, on dit qu'un médicament est donné en substance, lorsqu'il est administré dans son état naturel, sans avoir subi aucune modification chimique ni aucun mélange pharmaceutique.

SUBSTITUTIF, IVE, adj.; nom donné aux médicaments irritants qu'on emploie sur un point déjà enflammé, pour en changer le mode d'irritation ou de vitalité. *Médication ou méthode substitutive :* méthode thérapeutique, encore appelée *perturbatrice*, qui consiste à substituer à une inflammation naturelle, aiguë ou chronique, une inflammation artificielle, afin d'en abréger la durée ou d'en diminuer les désordres. Dans les tissus qui ont peu de vitalité, cette méthode a de grands avantages et tend à se généraliser en médecine vétérinaire. Parfois, cette méthode ne consiste réellement que dans une simple révulsion et, par suite, dans un déplacement de l'inflammation née ou à naître ; c'est ce qui a lieu quand on cautérise la conjonctive dans l'ophthalmie interne, quand on fait des applications de vésicatoire sur le garrot foulé, de liniment ammoniacal double sur une articulation distendue, etc.

SUBSTITUTION, s. f.; mot introduit par Dumas dans la chimie organique, pour indiquer le remplacement d'un élément organogène par un autre élément. Ce chimiste a posé, à l'égard des substitutions chimiques des corps organisés, les principes suivants : 1° quand un corps hydrogéné est soumis à l'action du chlore, du brôme, de l'iode, chaque équivalent d'hydrogène qu'il perd est remplacé par un équivalent de chlore, de brôme, d'iode ; 2° quand le corps hydrogéné renferme de l'oxygène, la même règle s'observe ; 3° quand le corps hydrogéné renferme de l'eau, celle-ci perd son hydrogène sans que rien ne le remplace, et, à partir de ce point, si l'on enlève une nouvelle quantité d'hydrogène, celle-ci est remplacée comme précédemment ; 4° enfin, le corps qui s'est substitué à l'hydrogène perd, en quelque

sorte, ses caractères propres et cesse d'être sensible à ses réactifs naturels.

SUBULÉ, ÉE, adj., *subulatus*, de *subula*, alène ; mince, cylindroïde, aigu comme une alène.

SUC, s. m., *Succus ;* on donne ce nom à tout liquide plus ou moins complexe qu'on retire par expression d'une substance organique, soit végétale, soit animale. Les sucs végétaux, qui constituent souvent des préparations pharmaceutiques d'une grande utilité, sont distingués, suivant leur principe prédominant ou leur apparence, en sucs *huileux*, *volatils*, *résineux*, *laiteux*, *aqueux*, etc. Il ne sera question que des derniers. L'extraction des sucs aqueux est très simple et a lieu le plus souvent par simple pression ; on divise les parties végétales (feuilles, tiges, racines, fruits) avec un instrument tranchant ou un mortier, et on les soumet ensuite à l'action d'une presse. Lorsque les parties végétales ont été un peu desséchées ou ne renferment naturellement qu'une petite quantité d'eau de végétation, on les humecte en les faisant macérer pendant vingt-quatre heures dans une petite quantité d'eau. Les sucs aqueux des plantes ont une composition très complexe et renferment, indépendamment de l'eau, de l'albumine végétale, de la matière extractive, de la chlorophylle, des acides, des sucres, de la gomme, de la fécule, des matières colorantes, des sels, etc. Souvent on les administre aux malades, bruts et tels que la presse les fournit; d'autres fois, on les filtre à froid ; enfin, on les dépouille, au moyen de la chaleur ou de l'alcool, de l'albumine qui les épaissit et met obstacle à leur administration dans les breuvages. Ce mode de préparation et d'administration des médicaments végétaux est encore peu répandu en médecine vétérinaire; il mériterait de l'être, surtout pour quelques médicaments indigènes très actifs, comme les solanées, la ciguë, l'aconit, la laitue vireuse, le pavot avant sa maturité, etc.— *Bot. Suc propre*, *V*. Latex.

Suc gastrique, s. m. ; liquide acide sécrété par la membrane muqueuse de l'estomac, et jouant dans la chymification le rôle de dissolvant. On l'obtient en sacrifiant les animaux quelques heures après leur avoir fait avaler des petits cailloux ou des pièces d'argent; on peut en obtenir aussi sur les petits animaux par une fistule gastrique artificielle. Dans l'un et l'autre cas, on passe le produit au filtre pour le dépouiller du mucus et des substances alimentaires qu'il tient en suspension. — Ainsi purifié, le suc gastrique est un liquide incolore ou légèrement jaunâtre, d'une odeur particulière, variable selon les animaux, mais toujours faible, d'une saveur acide, rougissant le papier bleu de tournesol, et d'une densité un peu supérieure à celle de l'eau. Soumis à l'action de la chaleur, il ne se trouble pas, et laisse un résidu fixe, jaunâtre, d'une saveur salée et piquante, et dont le poids est de un à deux

centièmes de celui du suc gastrique. Traité
par le tannin, l'alcool anhydre, la plupart
des sels métalliques, le suc gastrique donne
des précipités assez abondants. Ce liquide
jouit de la propriété remarquable, lorsqu'il
est pur, de se conserver indéfiniment au
contact de l'air, d'empêcher la putréfaction
des matières organiques et même de corriger
la mauvaise odeur de celles qui sont déjà
altérées. — La composition du suc gastrique
n'est pas encore nettement déterminée ;
cependant tous les chimistes y ont trouvé de
l'eau, des *sels*, des *matières organiques* et
un *acide libre*. L'eau forme les 98 ou 99 centièmes du poids du liquide. Les sels sont
alcalins et *terreux;* les plus constants sont
le phosphate et le carbonate de chaux, le
chlorure de sodium et le chlorhydrate d'ammoniaque ; on y rencontre aussi un sulfate
alcalin et terreux, du chlorure de calcium, etc.
Les matières organiques sont le *mucus* et la
pepsine (*V.* ce dernier mot). Enfin, l'acide
libre serait ou l'acide *phosphorique* ou l'acide
chlorhydrique ou l'acide *lactique.* Ce dernier
est le plus généralement admis aujourd'hui.

Suc PANCRÉATIQUE; *Salive abdominale ;* ce
liquide, sécrété par le pancréas et excrété
directement dans le commencement de l'intestin grêle, est un produit de sécrétion récré-
mentitielle qui paraît avoir, dans l'acte de la
chylification, un rôle important. Pour l'obtenir, on ouvre les parois abdominales, et,
après avoir retiré l'intestin grêle, on introduit
dans le canal pancréatique une canule en argent, portant à une extrémité une bouteille en
caoutchouc dont la cavité est complètement
effacée; lorsqu'on a lié le canal sur la canule,
on coupe le lien qui comprimait la bouteille
de caoutchouc, et on l'abandonne à elle-même;
par son élasticité, elle revient à son volume
primitif, et le vide qui se fait dans son intérieur appelle le fluide pancréatique. C'est un
liquide limpide, incolore, visqueux et gluant,
coulant par grosses gouttes comme un sirop,
et moussant par l'agitation ; à peu près inodore, il a une saveur un peu salée et analogue à celle du sérum du sang ; il présente, du
reste, la réaction alcaline. Chauffé, le suc pancréatique se coagule en une substance blanche
comme le blanc d'œuf; il est également
coagulable par les acides minéraux concentrés, par les sels métalliques, l'esprit de bois,
l'alcool, etc. Les alcalis, au contraire, n'y
produisent aucun précipité et dissolvent
même le coagulum formé par les autres
agents. Jusque-là, on pourrait confondre le suc
pancréatique avec une solution albumineuse;
mais il en diffère essentiellement, en ce que
sa matière, coagulée par l'alcool absolu et
desséchée, se redissout dans l'eau, ce que ne
fait pas l'albumine. Cette observation curieuse,
faite récemment par Bernard de Villefranche,
a mis cet auteur sur la voie des véritables
fonctions du suc pancréatique. Ce liquide,
mélangé avec les corps gras à la température
de 30° à 40°, les émulsionne immédiatement,

les saponifie à la manière des alcalis, en
séparant les acides gras de la glycérine.
Bernard s'est assuré, par des expériences
directes sur les animaux, que les matières
grasses qui sont introduites dans le tube digestif ne sont modifiées que quand elles sont
arrivées au contact avec le suc pancréatique.
D'après cela, ce liquide serait destiné à
opérer la digestion des matières grasses et
à favoriser leur transport dans le torrent
circulatoire, par l'intermédiaire des chylifères.
Il paraît propre aussi à transformer les matières amylacées en dextrine et en glucose.
Indépendamment de cette matière albumineuse particulière et de l'eau, le suc pancréatique renferme des sels alcalins et terreux
en proportion notable.

SUCCÉDANE, s. et adj., *Succedaneus,*
de *succedere* succéder, remplacer ; épithète qu'on donne à tout médicament qui
peut être substitué plus ou moins exactement à un autre avec lequel il a un certain
degré d'analogie. L'emploi des succédanés
est quelquefois imposé par la nécessité; en
médecine vétérinaire, il est basé souvent sur
un motif d'économie. Tout médicament succédané doit être aussi analogue que possible,
par ses propriétés et son mode d'action, à
celui auquel on le substitue; s'il en diffère
seulement par le degré d'énergie, on y remédie facilement en augmentant la dose.

SUCCENTURIAUX, adj., m. p., *succen-
turiati,* de *succenturiare*, ajouter ; *reins
succenturiaux :* nom donné aux *capsules
surrénales. V.* SURRÉNAL.

SUCCENTURIÉ. ÉE, adj., *succenturiatus;*
ajouté. — *Ventricule succenturié :* nom
donné au second estomac des oiseaux, consistant en un renflement à parois épaisses,
très glanduleuses, précédant immédiatement le gésier ou troisième estomac.

SUCCIN, s. m., *Succinum, electrum,*
ἤλεκτρον, *ambre jaune;* espèce de résine fossile qu'on trouve dans les terrains d'alluvion,
sur les bords de la mer Baltique, en Prusse.
C'est un corps solide, d'une couleur qui
varie du jaune clair au jaune brun, inodore,
insipide, pesant 1,081; sa texture est résino-
vitreuse et sa cassure conchoïde ; frotté, il se
charge d'une grande quantité d'électricité
négative. Soumis à l'action de la chaleur, le
succin se ramollit et fond à 287° ; distillé à
vase clos, il donne des carbures d'hydrogène,
de l'acide succinique et laisse un charbon
boursouflé ; à l'air, il prend feu et brûle
comme une résine, en répandant une odeur
agréable. Insoluble dans l'eau, le succin se
dissout incomplètement dans l'alcool, l'éther,
les huiles grasses et les essences. D'après
Berzélius, il renferme une huile essentielle,
de l'acide succinique, et deux résines solubles
dans l'alcool et l'éther. Le succin et les produits de sa distillation étaient autrefois employés en médecine ; ils le sont rarement
aujourd'hui.

SUCCINAMIDE, s. m. ; amide obtenu

par Félix Boudet, en traitant l'acide succinique anhydre par le gaz ammoniac sec. C'est une substance solide, blanche, cristalline, fusible, volatile, soluble dans l'eau, peu soluble dans l'alcool et l'éther, et qui se transforme en bi-succinate d'ammoniaque par l'action de l'hydrate de potasse.

SUCCINATE, s. m., *Succinas*; genre de sels formés par l'acide succinique avec les bases. Un seul est employé dans les laboratoires, c'est le succinate d'ammoniaque, qu'on emploie dans les analyses quantitatives, pour séparer le fer du manganèse.

SUCCINIQUE, *V.* A. Succinique.

SUCCINONE, s. f. ; matière huileuse qui se forme pendant la distillation du succin.

SUCCION, s. f., *Succio*, *suctus*; action de sucer, qui s'exécute en faisant le vide dans la bouche pour attirer un liquide. L'animal qui tette, exerce la succion sur le mamelon.

SUCCIS, ISE, adj., *succisus*, *præmorsus*; synonyme de *tronqué*; ex. : la racine du *scabiosa succisa*.

SUCCULENT, ENTE, adj., *succulentus*; se dit des organes végétaux qui sont spongieux, gorgés de sucs, et qui ont à peu près la consistance de la chair.

SUCCUSSION, s. f., *Succussio*, de *succutere*, secouer ; mode d'exploration de la poitrine employé par Hippocrate, qui consiste à imprimer des secousses brusques pour rendre percevable la fluctuation qui dénote la présence d'un liquide dans la poitrine. Ce moyen, employé sur les animaux, ne donne aucun résultat satisfaisant.

SUÇOIR, s. m., *Haustorium*; organe à l'aide duquel les végétaux parasites puisent les sucs des plantes qui servent à leur nutrition. Il est situé à l'extrémité des radicules; c'est une sorte de spongiole.

SUCRE, s. m., *Saccharum*, σακχαρ ; nom donné, en chimie, à un principe neutre, oxy-hydro-carboné des végétaux, dont la composition est représentée par de l'eau et du carbone. Dans le langage vulgaire, on appelle de ce nom toutes les substances végétales solubles dans l'eau, qui ont une saveur douce, particulière et analogue à celle du sucre ordinaire. Les chimistes n'appliquent ce nom qu'aux principes neutres végétaux qui peuvent se transformer, sous l'influence des ferments, en *acide carbonique* et en *alcool*. De là la distinction des principes sucrés des végétaux en *sucres fermentescibles* ou *vrais* et en *sucres non fermentescibles* ou *faux*. Les premiers, qui feront plus particulièrement l'objet de cet article, sont distingués en *sucre cristallisable*, *sucre mameloné* ou *glucose*, *sucre liquide* et *sucre de lait*. Quant aux sucres non fermentescibles ou faux, ils comprennent la *glycyrrhizine*, la *mannite*, la *glycérine*, etc. (*V.* ces mots).

Sucre cristallisable. $C^{12}H^{11}O^{11}$. *Sucre ordinaire*, *sucre de canne*, *de betterave*, etc. ; cette variété de sucre, qui est connue de toute antiquité, est très répandue dans les végétaux ; on en trouve dans la canne à sucre, la betterave, la carotte, la sève de l'érable, la tige du maïs, la courge, les châtaignes, le marron d'inde, etc., et dans la plupart des fruits non acides. Celui qu'on trouve dans le commerce provient surtout de la canne et de la betterave ; son extraction se fait par un procédé assez compliqué et dont voici les principales phases. On retire par expression, de la tige de la canne et de la racine de la betterave, un liquide sucré, appelé *vesou*, et dont la composition chimique est assez complexe ; il renferme beaucoup d'eau, du sucre, (10 °/₀ pour la betterave, et 18 °/₀ pour la canne), des principes azotés pouvant remplir le rôle de ferments, des acides végétaux et des sels à base de potasse, de soude, d'ammoniaque et de chaux. Ces sucs, très disposés à entrer en fermentation, sont immédiatement soumis à l'action de la chaleur et d'un lait de chaux, pour les concentrer et détruire les ferments; c'est ce qu'on nomme la *défécation*. Ils sont ensuite concentrés de manière à séparer le sucre incristallisable appelé *mélasse*, du sucre cristallisable qui, à l'état brut, porte le nom de *cassonnade*. Le sucre brut est ensuite soumis au *raffinage* ; cette opération, assez compliquée, consiste à dissoudre le sucre dans l'eau, à *clarifier* le sirop qui en résulte au moyen du sang de bœuf, de l'albumine, de l'argile, à le *décolorer* avec le noir animal, et à le *mouler* dans des vases coniques appelés *formes*. Enfin, pour rendre le sucre tout-à-fait incolore, on le soumet au *terrage*, qui consiste à renverser les pains de sucre sur leur pointe et à disposer sur leur base une couche d'argile humide, dont l'eau, en filtrant à travers le sucre, entraine le sirop coloré interposé entre ses cristaux. L'exposé rapide de la fabrication du sucre fait voir qu'on obtient actuellement deux produits : du sucre solide, cristallisable, et du sucre liquide, incristallisable. Ce dernier n'existe pas dans le jus de canne et de betterave au moment de son extraction de ces plantes, qui ne contiennent que du sucre solide; c'est donc un produit accidentel, une altération du sucre cristallisable, qui a lieu pendant la fabrication ; ce qui le prouve, c'est qu'on n'obtient encore dans l'industrie que la *moitié* environ du sucre contenu dans la canne et dans la betterave. D'où provient cette perte? De l'épuisement incomplet des plantes, d'abord, puis de l'altération du sucre cristallisable, par la fermentation, la chaleur, l'action des acides et des sels, sur le suc naturel soumis aux manipulations. C'est pour éviter ces diverses causes de perte, que Melsens vient de proposer l'emploi du *bisulfite de chaux* pour extraire tout le sucre solide de la canne et de la betterave, et prévenir ses altérations par l'action des ferments, des acides et des sels. Bien que l'expérience n'ait pas encore prononcé sur sa valeur, ce moyen paraît destiné à produire une révolution complète dans la fabrication des sucres. —*Propriétés du sucre* : c'est un corps solide, cristallisé en prismes rhomboïdaux à sommets dièdres, d'un blanc de neige, inodore, d'une saveur douce, particulière, dite *sucrée*, que la division mécanique du sucre est susceptible d'affaiblir, et d'une densité de 1,6. Exposé à l'action de la chaleur, le sucre se dessèche d'abord, perd de l'eau, puis se fond à 180° en un liquide incolore, qui donne, en se refroidissant, un corps vitreux, jaunâtre, demi-transparent appelé *sucre d'orge*. En élevant la température à 220°, le sucre se colore, perd deux équivalents d'eau, devient brun-jaunâtre, déliquescent, très soluble, et prend le nom de *caramel*; enfin, à une température plus élevée, il se décompose à la manière des substances végétales non azotées. Mauvais conducteur de la chaleur et de l'électricité, le sucre s'électrise par le frottement et devient phosphorescent dans l'obscurité. Le sucre est soluble dans le tiers de son poids d'eau froide et en toute proportion dans l'eau chaude. L'eau saturée de sucre est nommée *sirop*; elle le laisse déposer en se refroidissant, en gros cristaux blancs, transparents et hydratés, qui portent le nom de *sucre candi*. L'alcool faible dissout le sucre; mais celui qui est concentré, ainsi que l'éther, ne le dissolvent pas et le précipitent même de sa dissolution aqueuse. Les acides concentrés altèrent profondément le sucre; ceux qui sont dilués le transforment en glucose; il en est de même des bases alcalines et d'un grand nombre de sels. Le sucre s'unit aux bases calcaires, et forme de véritables sels, appelés *saccharates* ou *sucrates*. A l'aide de la chaleur, il réduit les sels de cuivre et ramène le bichlorure de mercure à l'état de protochlorure. Enfin, les ferments le changent d'abord en glucose, puis le transforment en acide carbonique et en alcool. Les usages du sucre sont très étendus dans les arts, l'économie domestique et la médecine, soit lorsqu'il est en nature, soit par les produits qu'il est susceptible de fournir. — *Pharmacol.* Le sucre est à la fois un aliment et un médicament adoucissant, dont l'emploi est fréquent pour édulcorer les boissons émollientes destinées à l'usage interne; cependant, en médecine vétérinaire, son usage est fort restreint, à cause de l'élévation de son prix; on le remplace par le miel ou la mélasse. A l'extérieur, il entre dans la composition de quelques collyres secs; appliqué sur les plaies, il les excite légèrement, soit par les angles de ses particules, soit par son action hygroscopique sur les surfaces dénudées. Enfin, on l'a conseillé comme antidote des sels de cuivre et de plomb.

SUCRE MAMELONNÉ. $C^{12} H^{14} O^{14}$. *Sucre de raisin*, *glucose*. Cette variété de sucre existe dans les raisins, beaucoup de fruits sucrés et acidules, dans le miel; on le trouve dans

l'urine des diabétiques; enfin, on l'obtient artificiellement en traitant les matières neutres végétales, comme le ligneux, l'amidon, les gommes, le sucre de lait, par les acides affaiblis. Le glucose est solide, mais il cristallise imparfaitement; il se rassemble en masses mamelonnées ou en forme de *choux-fleur*; incolore, inodore, le glucose a une saveur sucrée qui est beaucoup plus faible que celle du sucre ordinaire. Exposé à l'action de la chaleur, le sucre de raisin se ramollit à 60° et se fluidifie à 100°, en se transformant en sucre liquide; à 150°, il se caramélise, et se décompose ensuite à mesure que la température s'élève. Il se dissout dans une partie et demie d'eau, et produit un sirop moins épais et moins sucré que le sucre ordinaire; il faut une partie et demie de glucose pour produire les mêmes effets qu'une partie de sucre cristallisable. Il est soluble dans l'alcool même absolu.—Le glucose dévie à gauche le plan de polarisation de la lumière, tandis que le sucre ordinaire le dirige à droite. Bouilli avec des acides étendus, il se transforme en acide ulmique et en ulmine; avec la potasse, il prend une teinte brune caractéristique. La solution de glucose réduit les sels de cuivre, de mercure, d'argent et d'or. Le tartrate de cuivre, dissous dans la potasse, est immédiatement réduit en protoxyde par le sucre de raisin. Enfin, les ferments transforment directement le glucose en acide carbonique et en alcool. Cette variété de sucre peut remplacer le sucre ordinaire dans la plupart de ses usages.

SUCRE LIQUIDE. $C^{12} H^{12} O^{12}$. *Sucre de fruit* ou *incristallisable*. Ce sucre accompagne le précédent dans les raisins, les fruits, le miel, les mélasses, etc. On l'obtient en traitant ces deux dernières substances par l'alcool absolu, qui ne dissout que le sucre liquide. Cette variété de sucre n'est pas susceptible de devenir solide et de cristalliser, bien qu'elle renferme deux équivalents d'eau de moins que le glucose; elle est beaucoup plus soluble que les précédentes dans la plupart des véhicules; quant à ses propriétés chimiques, elles sont entièrement semblables à celles du sucre de raisin, etc.

SUCRE DE LAIT. $C^{24} H^{24} O^{24}$. *Lactine*, *Lactose*. Le sucre de lait existe, ainsi que son nom l'indique, dans le lait des herbivores. On l'obtient en concentrant jusqu'à cristallisation le sérum du lait dépouillé de caséum. Ce sucre est solide, cristallisé en prismes à quatre pans terminés par des pyramides à quatre faces; ces cristaux sont fermes, craquant sous la dent, incolores, inodores, d'une saveur sucrée, agréable mais faible, et d'une densité de 1,545. Chauffée à 120°, la lactine perd 2 p. d'eau, sans se fondre; à 150°, elle perd encore 3 équivalents d'eau d'hydratation et se décompose ensuite. Le sucre de lait se dissout dans 6 p. d'eau froide et 2 p. d'eau bouillante; il est insoluble dans l'alcool et l'éther. Les acides étendus le transforment en glucose; l'acide arsénique le colore en rouge brique. Enfin, les ferments le transforment tantôt en alcool et acide carbonique, tantôt en acide lactique.

SUCRE CANDI. Sucre hydraté et cristallisé. *V.* SUCRE CRISTALLISABLE.

SUCRE D'ORGE. Sucre fondu et amorphe qui est devenu jaune, demi-transparent comme du succin. A la longue, il cristallise et devient opaque et friable. *V.* SUCRE CRISTALLISABLE.

SUCRE DE SATURNE, *V.* ACÉTATE DE PLOMB.

SUDORIFIQUE, s. et adj., *Sudorificus*, de *sudor*, sueur, et *facere*, faire; qui provoque la sueur; *diaphorétique*; nom donné à un groupe hétérogène de médicaments qui ont la propriété d'agir plus particulièrement sur la peau, d'en activer les fonctions sécrétoires, de modifier son tissu, et conséquemment de remédier à ses altérations morbides. On a voulu établir une distinction entre les *sudorifiques* et les *diaphorétiques*; les premiers détermineraient une sécrétion extraordinaire de sueur, et les seconds augmenteraient seulement la transpiration insensible ou la faculté exhalante de la peau. Bien que cette distinction puisse être appuyée sur la structure anatomique et sur les fonctions mieux connues de l'enveloppe cutanée, elle n'est pas généralement admise. Les fonctions sécrétoires ou exhalantes de la peau sont susceptibles de varier d'intensité, comme celles de l'appareil urinaire, sous l'influence d'une foule de causes internes ou externes. Ainsi, une température élevée, un exercice fatigant, des couvertures de laine, des frictions sèches et irritantes, un bain d'air chaud, des vapeurs aqueuses, des fumigations aromatiques, etc., sont susceptibles de produire une transpiration abondante, et peuvent être considérés comme des sudorifiques *externes*, *accessoires* ou *complémentaires*. Les sudorifiques *internes* sont *indirects*, comme les vomitifs et les opiacés, ou *directs*, comme les infusions aromatiques, les bois sudorifiques, les composés de soufre, d'antimoine, etc. Ces derniers sont les vrais sudorifiques; on les distingue en *volatils* ou *diffusibles*, qui correspondent aux sudorifiques proprement dits des anciens, comme les infusions aromatiques chaudes, de fleurs de sureau, de tilleul, de labiées, de bourrache, de camomille, etc.; les infusions alcooliques des excitants gastro-entériques, tels que le poivre, la canelle, le clou de girofle, le gingembre, etc.; les dissolutions chaudes des sels volatils d'ammoniaque, comme l'acétate et le carbonate. Les autres sudorifiques sont appelés *fixes*, et comprennent les diaphorétiques proprement dits, c'est-à-dire, ceux qui modifient matériellement et fonctionnellement le tissu cutané comme le gayac, la salsepareille, la squine, le soufre, l'antimoine et leurs préparations. — Les médicaments sudorifiques, qui déterminent la sueur, agissent comme les excitants, accélèrent la circulation, poussent à la peau, élèvent la chaleur animale, etc.;

les autres ne produisent généralement aucun effet primitif bien sensible. L'action des sudorifiques est plus certaine, lorsqu'on couvre le corps des animaux avec des tissus épais de laine, lorsqu'on les tient dans un lieu où la température est élevée, etc. Malgré toutes ces précautions, il est deux animaux domestiques, le chien et le porc, qui sont peu sensibles à l'action de ces médicaments, surtout de ceux provoquant la sueur, et qui échappent presque toujours à leur action. Les sudorifiques volatils ou excitants se donnent toujours en infusions chaudes, aqueuses ou alcooliques; ceux qui sont fixes s'administrent à l'état solide ou liquide; cette dernière forme doit obtenir la préférence, toutes les fois que la chose est possible. Les maladies qui réclament l'emploi de ces médicaments sont principalement: le refroidissement avec courbature, les éruptions cutanées languissantes ou rentrées, les hydropisies, les maladies lymphatiques, comme le farcin, la morve, les ulcères et plaies atoniques, les maladies internes passées à l'état chronique, les affections miasmatiques, putrides, virulentes, celles de la peau, etc., etc.

SUÉE. *V.* ENTRAINEMENT.

SUETTE, s. f., *Morbus sudatorius*; sorte de fièvre maligne, contagieuse, presque toujours épidémique, caractérisée par une sueur abondante et fétide. Cette maladie n'a pas été observée sur les animaux.

SUFFOCANT, ANTE, adj., *suffocans*; qui produit la suffocation. La bronchite avec suffocation imminente est appelée *catarrhe suffocant*.

SUFFOCATION, s. f., *Suffocatio*, de *suffocare*, étouffer; étouffement, difficulté extrême de respirer. Synonyme de *dyspnée* et d'*asphyxie*.

SUFFOLK (Race bovine de). On élève depuis longtemps, dans le comté de Suffolk et dans les districts environnants, une race de bœufs à tête nue, de taille moyenne, de formes assez défectueuses, mais très bonne pour le lait. Les croisements, et l'abandon dans lequel elle tombe la font disparaître peu à peu.

SUFFOLK-PUNCH (Race chevaline de). On la trouve principalement dans les comtés de Suffolk, de Norfolk et d'Essex. Elle a une taille moyenne, des formes communes, la tête forte, le cou court, la ganache empâtée, les épaules basses et massives, le dos droit, les reins larges, les hanches bien développées, les membres courts, la robe bai-clair ou alezan, avec la queue et les crins moins foncés. Cette race fournit d'excellents chevaux de trait, robustes, peu exigeants et surtout d'un tirage sûr. On suppose que le suffolk-punch descend de l'ancien cheval normand; si cela est, il faut convenir qu'il s'est singulièrement modifié de l'autre côté de la Manche.

SUFFRUTESCENT, *V.* SOUS-FRUTESCENT.

SUFFUSION, s. f., *Suffusio*, de *suffundere*, épandre par dessous; épanchement de sang dans les tissus. *Suffusion de l'œil*, synonyme de *cataracte*.

SUGILLATION, s. f., *Sugillatio*; meurtrissure, ecchymose cutanée. On a employé ce mot pour désigner les ecchymoses dues à des causes internes. Aujourd'hui on le réserve pour indiquer les taches qui se forment sur les parties déclives d'un cadavre.

SUIE, s. f., *Fuligo*; matière charbonneuse que la fumée qui s'élève des foyers de combustion laisse déposer dans les cheminées et les tuyaux. Elle est en poudre noire, luisante, d'odeur désagréable et de saveur amère et astringente. Elle contient du charbon très divisé, une résine acide, des huiles empyreumatiques, de l'acide acétique combiné à la chaux, aux bases alcalines, à l'ammoniaque, de l'ulmine ou *absaline*. La suie de cheminée, délayée dans le vinaigre ou dans une solution de protosulfate de fer, constitue un topique astringent qu'on emploie fréquemment contre la fourbure des solipèdes; mélangée au miel ou aux corps gras, elle forme des préparations antipsoriques qui sont utiles contre les eaux aux jambes, les crevasses, les dartres. A l'intérieur, on a conseillé l'usage de la suie comme anthelminthique ou antiputride. Elle se donne en solution dans l'eau, le lait, les liqueurs alcooliques, à la dose de 50 à 100 grammes pour les grands animaux, et à celle de 15 à 30 grammes chez les petits. Vic-d'Azyr l'a employée contre le typhus des grands ruminants. Enfin, elle peut remplacer la créosote dans la plupart de ses applications tant internes qu'externes. — *Agric.* La suie est depuis longtemps employée en agriculture comme engrais; on la répand au printemps sur les légumineuses, les céréales d'automne, etc., à la dose de 13 à 50 hectolitres par hectare, seule ou mêlée à des cendres ou en compost. Beaucoup de personnes en placent au pied des jeunes arbres. On la recommande pour les semis de plantes crucifères que l'on veut repiquer et qu'elle préserve des pucerons. Mathieu de Dombasle conseille de la répandre par un temps calme et pluvieux. L'activité de la suie comme engrais est due à son azote et aux sels nombreux qu'elle contient. Celle qui provient de la combustion de la houille est plus lourde et plus azotée que celle fournie par le bois; elle est donc préférable.

SUIF, s. m.; graisse consistante fournie par les ruminants (Bœuf, mouton, chèvre). Il est solide, blanc, gras au toucher, d'une odeur particulière, fusible à 38°, très riche en stéarine qui forme les trois quarts de son poids; son odeur est due à de l'*hircine*, espèce d'oléine odorante qui est surtout abondante dans le suif du bouc. Le suif est employé à l'extérieur comme émollient légèrement résolutif; on l'applique, mélangé au savon et à l'eau-de-vie, sur les cors et les tumeurs dolentes.

Il entre dans plusieurs pommades et onguents.

SUINT, s. m., *OEsipum*; matière animale grasse attachée à la laine qui recouvre le corps des moutons. Isolée, cette substance est onctueuse, odorante, de couleur jaunâtre, plus légère que l'eau, fusible comme la graisse, décomposable en produits ammoniacaux. Vauquelin y a trouvé un savon à base de potasse, une matière animale à laquelle il attribue l'odeur particulière du suint, une proportion notable d'acétate de potasse, une petite quantité de carbonate de potasse, de la chaux dans un état inconnu de combinaison, des traces de chlorure de potassium. La quantité de suint qui couvre la laine varie dans les diverses races ovines; elle paraît être toujours en raison directe de la finesse de la toison. Elle varie aussi, dans chaque bête, selon la région; de là vient la pratique du triage des laines pour le dessuintage. L'adhérence du suint à la substance de la laine est plus ou moins intime, ce qui établit des différences dans les résultats obtenus par les diverses matières employées à leur séparation. Le dessuintage est une opération fondamentale dans la préparation des laines. Il peut être fait à l'eau froide ou à l'eau chaude, ou encore avec des solutions de savon, etc., agissant chimiquement sur les matières grasses. Il paraît résulter d'expériences bien faites qu'un premier lavage incomplet, comme celui que l'on pratique à dos, nuit au dessuintage proprement dit; d'où l'on conclut qu'il y a généralement avantage à conserver les laines en suint, ce qui permet d'ailleurs de les préserver plus facilement des insectes. *V.* Laine.

SUINTEMENT, s. m.; action de suinter. Ecoulement léger d'un liquide à la surface d'une plaie ou d'un ulcère.

SUISSE (Races bovines de la). Ces races se rattachent à un type commun dont voici les principaux caractères : taille variable, généralement forte ou très-forte; corps ramassé, charpente osseuse considérable; côte arrondie; tête carrée, courte, large, cornes moyennes et relevées; croupe haute; cuir épais; robe généralement foncée et souvent pie. Les races suisses mangent beaucoup et sont médiocrement travailleuses, mais fortes laitières. Dans les localités où les pâturages sont abondants et humides, le lait est un peu séreux. Parmi les races suisses, on distingue particulièrement : 1° la *race de Berne*, race de *Simmenthal* ou de *Fribourg*; elle présente, avec les caractères généraux qui précèdent, une taille élevée, une conformation belle et régulière, la tête forte, le front et le mufle larges, un cou gros, un fanon très pendant, une robe noire ou pie. Cette race consomme beaucoup; elle donne un lait abondant et médiocre, et des veaux magnifiques; 2° la *race de Schwitz* ou de *Zug*, race du *sud-ouest*; elle a une taille variable, une tête plus étroite, le cou moins fort, la croupe plus horizontale que la précédente. Ses membres sont très bien faits et ses aplombs très beaux. La robe est bai-marron, brun-foncé ou grisâtre, avec le dessous du ventre, l'intérieur des cuisses et des oreilles, la ligne dorsale, de couleur blanche ou jaunâtre. Cette race est meilleure laitière que celle de Berne, et peut-être plus apte au travail. Elle donne aussi de très beaux veaux. Les deux races suisses dont la description précède sont celles dont la connaissance importe davantage aux éleveurs français. Il est peu de contrées de l'Europe où on ne les rencontre. On a généralement été séduit par la grande quantité de lait qu'elles donnent, sans se rendre parfaitement compte du prix auquel il revient. Elles ne peuvent être introduites que dans les localités où on dispose de beaucoup de fourrages, où l'on a surtout en vue la production d'une grande quantité de lait ou de beaux veaux de boucherie. Les taureaux produisent jeunes, et bien. Il paraît résulter de plusieurs expériences que la race de Fribourg est plus difficile à acclimater que celle de Schwitz, et procure, en général, moins de bénéfices. Quoi qu'il en soit, les discussions souvent renouvelées sur le mérite des races suisses comme races amélioratrices ou de produit, au point de vue exclusif de la France, n'ont pas encore de solution définitive. — SUISSE. (Race chevaline). Celle à laquelle on donne habituellement ce nom se trouve dans les cantons voisins du Jura ; elle présente les caractères suivants : taille moyenne ou un peu au-dessus ; robe noire ; formes ramassées, arrondies ; tête forte, oreilles plutôt petites que grandes ; encolure fournie ; garrot bas ; dos rond, court, un peu ensellé ; croupe arrondie ; cuisses volumineuses ; membres courts, gros, chargés de poils, assez bons ; sabot grands, à corne molle ; allures lourdes. Le cheval suisse, plus régulièrement constitué que le comtois, a moins d'ardeur et de résistance. Il convient au trait ; les plus légers peuvent être attelés aux demi-fortunes ou être montés.

SUJET, s. m. ; ce mot est employé dans le langage de la médecine comme synonyme d'individu : *sujet d'étude, d'expérience*, etc. — Les animaux domestiques sont les *sujets* de l'hygiène vétérinaire. — Dans le jardinage, on appelle *sujet* l'arbre ou le végétal sur lequel on greffe.

SULFATE, s. m., *Sulfas* ; genre important de sels formés par l'acide sulfurique avec les bases salifiables minérales ou organiques. Ils peuvent être *neutres*, *acides* ou *basiques* ; dans les sulfates neutres, l'oxygène de la base est le tiers de celui de l'acide. Plusieurs sulfates existent tout formés dans la nature ; cependant la plupart de ceux qui sont employés sont le produit de l'art. Ils sont tous solides et cristallisables ; la plupart sont décomposables par la chaleur seule ; ceux qui font exception sont les sulfates alcalins, ainsi que ceux de magnésie

et de plomb. Ceux qui se décomposent laissent comme résidu un oxyde suroxygéné ou non, ou un métal, selon la section à laquelle ils appartiennent. Chauffés avec du charbon, la plupart des sulfates sont transformés en sulfures ; quelques-uns sont ramenés à l'état métallique. Il est des sulfates insolubles, comme ceux de baryte, de plomb, de mercure, d'antimoine, d'étain ; de peu solubles, tels que ceux de strontiane, de chaux et d'argent ; les autres sont solubles. Les sulfates ont pour caractère spécifique de résister à l'action de tous les acides à la température ordinaire, et surtout de former, avec les sels solubles de baryte, un précipité blanc, grenu, tout-à-fait insoluble dans l'eau et les acides azotique et chlorhydrique. Plusieurs des sels de ce genre sont utiles aux arts et à la médecine ; ce sont les suivants :

SULFATE D'ALUMINE. Il peut être *neutre*, *sesquibasique* ou *tribasique*. Le premier est le seul important et présente pour formule $Al^2O^3, 3 SO^3 + 18 HO$. Ce sel existe dans la nature ; on le prépare artificiellement en traitant de l'argile pure, exempte de fer, par la moitié de son poids d'acide sulfurique, lessivant et concentrant la liqueur pour faire cristalliser. Le sulfate neutre d'alumine est solide, cristallisé en petites lames minces, flexibles et d'un éclat nacré, ou en aiguilles fines groupées en petites houppes soyeuses ; sa saveur est sucrée, puis très astringente ; sa réaction est acide. Inaltérable à l'air, ce sel chauffé entre en fusion, se boursoufle, puis se décompose en laissant un dépôt d'alumine. Le sulfate d'alumine est soluble dans l'eau, facilement décomposable par l'ammoniaque, et présente beaucoup de tendance à se combiner avec les sulfates alcalins pour former des sels doubles appelés *aluns*. — *Pharmac.* Ce sel, en raison de sa saveur franchement astringente, pourrait être employé à titre de styptique, pour remplacer l'alun dont le prix est plus élevé ; il n'a reçu encore aucune application sous ce rapport.

SULFATE D'ALUMINE ET D'AMMONIAQUE. — $AzH^3, HO, SO^3 + Al^2O^3 3 SO^3 + 24 HO$. *Alun ammoniacal.* Ce sel se prépare directement en mélangeant à froid le sulfate neutre d'alumine avec le sulfate d'ammoniaque. Il est solide, cristallisé en octaèdres comme l'*alun* à base de potasse. Il diffère de ce dernier en ce qu'il se décompose entièrement sous l'influence de la chaleur, en laissant un dépôt d'alumine, et en ce qu'il dégage une forte odeur ammoniacale quand on le triture avec de la chaux, de la potasse ou de la soude. Il peut remplacer l'alun potassique dans ses usages économiques, industriels et médicinaux ; cependant il est beaucoup moins employé sous ces différents rapports.

SULFATE D'ALUMINE et DE POTASSE. $Al^2O^3 3 SO^3 + KO, SO^3 + 24 HO$. *Alun potassique.* Ce sel double, qui existe tout formé dans la nature, se prépare par trois procédés principaux : 1° en mélangeant, à chaud, une dissolution de sulfate d'alumine préparé avec l'argile et l'acide sulfurique , et une solution de sulfate de potasse ; 2° en calcinant *l'alunite* ou pierre d'alun qui existe aux environs de Rome, et qui est de l'alun, avec un excès d'alumine, lessivant ensuite le produit de la calcination et concentrant la liqueur pour faire cristalliser : 3° en exposant pendant longtemps les schistes argileux à l'action de la chaleur et de l'humidité , de manière à transformer le sulfure de fer en sulfate d'alumine et de fer; en lessivant les schistes préparés et ajoutant du sulfate de potasse pour déplacer le fer et donner naissance à l'alun. — Le sulfate d'alumine et de potasse est solide, cristallisé en octaèdres transparents ou en cubes; il prend cette dernière forme, lorsqu'il cristallise en présence d'un excès d'alumine. Dépourvu de couleur et d'odeur, l'alun a une saveur acide , astringente et une densité de 1,72 environ ; il rougit le tournesol. Chauffé à 92° , il fond dans son eau de cristallisation et se prend par le refroidissement en une masse transparente appelée autrefois *alun de roche ;* chauffé plus fortement , il se boursouffle considérablement et se transforme en une masse blanche, opaque, légère, qu'on appelle *alun calciné* (*V.* ce mot) ; au rouge sombre, l'alun se décompose et laisse pour résidu un mélange d'alumine et de sulfate de potasse ; enfin, au rouge blanc, le sulfate potassique est décomposé, et le résidu est formé d'*aluminate* de potasse. Exposé à l'air , l'alun s'effleurit légèrement. L'eau froide en dissout le quinzième environ de son poids, et l'eau bouillante les trois-quarts environ. Calciné fortement avec le noir de fumée délayé dans l'huile , ou avec la farine , l'alun est transformé en une masse grisâtre , pyrophorique, formée de charbon, d'alumine et de sulfure de potassium dans un grand état de division ; c'est ce qu'on nomme le *pyrophore de Homberg,* du nom du chimiste qui l'a découvert. — *Pharmacol.* L'alun est un excellent médicament astringent , dont l'usage est fréquent en médecine vétérinaire, tant à cause de son efficacité que de la modicité de son prix. A l'intérieur , il doit être employé avec prudence, à cause de son action irritante sur le tube digestif. La dose varie de 8 à 32 gr. pour les grands animaux, et de 1 à 4 gr. pour les petits; on le donne le plus souvent en solution dans l'eau. Les affections qui en réclament l'emploi, sont l'hématurie asthénique des ruminants , l'incontinence d'urine , la diarrhée séreuse ; dans ce dernier cas, il convient de l'unir aux opiacés. A l'extérieur, l'alun est employé pour arrêter les hémorrhagies et pour diminuer progressivement les écoulements muqueux ; pour ces dernières affections, il faut éviter d'augmenter la dose outre-mesure ; car, d'après Mialhe , au lieu de diminuer l'écoulement, on l'augmenterait ; ce qui tiendrait à ce que le composé insoluble que forment le mucus et l'alumine devient soluble dans un excès d'alun. Ce médicament a été préconisé comme un spécifique par Bretonneau et Trousseau contre les affections aphteuses , croupales, gangreneuses , de la bouche et du pharynx. Enfin , l'alun uni au blanc d'œuf forme l'*étoupade de Moscati* employée contre les entorses, les fractures , etc. *V.* Albumine.

Sulfate d'ammoniaque. AzH^3, HO, SO^3. *Sel ammoniacal secret de Glauber , vitriol ammoniacal.* Ce sel, qui existe en petite quantité dans la nature , se prépare dans les laboratoires , en saturant l'ammoniaque par l'acide sulfurique étendu d'eau , concentrant la solution pour faire cristalliser ; dans les arts, on l'obtient en filtrant les eaux ammoniacales sur du plâtre ou du sulfate de fer. Le sulfate d'ammoniaque est solide , cristallisé en aiguilles prismatiques à six pans , incolore , inodore , d'une saveur piquante et très amère. Exposé à l'air , il s'effleurit; chauffé , il fond à 140°, résiste jusqu'à 180°, puis se transforme en bisulfate, et enfin se décompose en eau, gaz azote, et sulfite d'ammoniaque qui se sublime. Ce sel se dissout dans deux fois son poids d'eau froide et dans une partie d'eau bouillante. Il sert à préparer l'ammoniaque , le carbonate et le chlorhydrate ainsi que l'alun ammoniacal. Il est inusité en médecine.

Sulfate d'argent. AgO, SO^3. Ce sel se prépare en traitant l'argent par l'acide sulfurique concentré , ou par double décomposition , en mélangeant une solution de sulfate de soude et d'azotate d'argent. Il est solide, blanc , inodore , insipide , cristallisé en prismes rhomboïdaux , brillant. Insoluble dans l'eau froide , ce sel se dissout dans 100 p. d'eau bouillante ; il est soluble dans l'acide sulfurique et dans l'ammoniaque. La chaleur ne le décompose qu'au rouge ; avec l'intervention du charbon, il se forme de l'argent métallique et du sulfure d'argent. Ce sel est sans usage.

Sulfate de baryte. BaO, SO^3. *Spath pesant.* Cet oxysel est très commun dans la nature ; il existe sous forme de filons dans les terrains anciens, où il constitue la gangue de plusieurs métaux des cinquième et sixième sections. On peut le préparer artificiellement par la double décomposition d'un sulfate alcalin et d'un sel soluble de baryte. Tel qu'on le trouve dans la nature, il est souvent cristallisé en prismes obliques ou en masses fibreuses ou lamellaires, pesant 4,7. Le sel artificiel est en poudre blanche , grenue , inodore et insipide. Complètement inaltérable à l'air , ce sel est absolument insoluble dans l'eau, l'alcool, l'éther , ainsi que dans les acides azotique et chlorhydrique ; il se dissout légèrement dans l'acide sulfurique concentré et bouillant, qui le laisse déposer par le refroidissement. C'est sur l'insolubilité presque absolue de ce sel dans la plupart des véhicules connus qu'est fondé l'emploi des sels solubles de baryte pour reconnaitre l'acide sulfurique. Ce sel est fusible à la chaleur rouge sans décomposition ; calciné avec du charbon ou de la farine, il donne une masse poreuse qui luit dans l'obscurité et qui porte le nom de *phosphore de Bologne*. Le sulfate de baryte est employé dans quelques fonderies de cuivre, et sert dans les arts et les laboratoires à la préparation de tous les composés utiles de baryte.

SULFATE DE CHAUX. $CaO, SO^3 + aq.$ *Gypse, pierre à plâtre, sélénite.* Ce sel est une des matières minérales les plus abondamment répandues dans la nature ; il existe dans le sein de la terre et en solution dans la plupart des eaux potables. A l'état solide, le sulfate de chaux peut être anhydre (*karsténite* ou *anhydrite*) ou hydraté; dans ce dernier état, il est amorphe et compacte (*pierre à plâtre*); amorphe, saccharoïde, translucide et très tendre (*albâtre*); fibreux et très blanc ; enfin, cristallisé et transparent (*miroir d'âne*). On peut obtenir artificiellement ce sel, pour les besoins des laboratoires, en traitant la chaux très pure par l'acide sulfurique. Il est alors solide, en poudre blanche, inodore, insipide ou d'une légère saveur amère. Exposé à l'action de la chaleur, le sulfate de chaux fond à une haute température sans subir de décomposition ; calciné à une température ménagée, le sulfate calcaire naturel perd ses deux équivalents d'eau, et constitue le *plâtre* ordinaire. Sous cet état, il se combine très activement avec l'eau, en dégageant de la chaleur et en prenant un degré de dureté proportionnel à celui de la pierre à plâtre ; c'est sur cette propriété remarquable qu'est basé l'usage du plâtre dans les constructions, les moulures, etc. Le sulfate de chaux est peu soluble dans l'eau ; ce liquide n'en prend que de 2 à 3 millièmes de son poids à la température ordinaire ; le maximun de solubilité correspond à 35° centigrades. Ce corps est une matière importante pour l'industrie; indépendamment de son emploi vulgaire pour les constructions, le plâtre sert encore, en agriculture, pour amender les terres, surtout celles qui sont destinées aux prairies artificielles (*V.* PLATRAGE). On peut donner au plâtre la dureté du marbre en le calcinant avec l'alun et en le délayant ensuite dans une dissolution de colle forte (*stuc*).

SULFATE DE CUIVRE. $CuO, SO^3, 5 HO.$ *Couperose* ou *vitriol bleu, vitriol de Chypre.* Ce sel existe dans quelques mines de cuivre, cristallisé ou en dissolution. On le prépare artificiellement par les procédés suivants : 1° en traitant le cuivre par l'acide sulfurique ; 2° en calcinant du cuivre avec du soufre au contact de l'air ; 3° en décomposant le sulfate d'argent par le cuivre, dans l'opération de l'affinage de l'argent des monnaies; 4° en grillant à l'air les pyrites de cuivre et en les traitant ensuite par l'eau, pour dissoudre le sulfate de cuivre formé ; dans ce dernier cas, il renferme constamment du sulfate de

fer. Le sulfate de cuivre est solide, cristallisé en parallélipipèdes obliques contenant 36 °/₀ d'eau de cristallisation ; sa couleur est bleue, son odeur nulle, sa saveur astringente et caustique, et sa densité de 2,19. Exposé à l'air, il s'effleurit, perd 2 équiv. d'eau et devient opaque; à 100°, il ne retient plus qu'une seule proportion d'eau, qu'il perd à 200°, en devenant blanc et anhydre; enfin, au rouge blanc, le sulfate de cuivre se décompose et laisse un résidu de deutoxyde de cuivre. Complètement insoluble dans l'alcool, ce sel se dissout dans 4 p. d'eau froide et 2 p. d'eau bouillante. Il peut se combiner à l'ammoniaque pour former du sulfate de cuivre ammoniacal, et s'unir à plusieurs autres sulfates pour donner naissance à des sulfates doubles. Ce sel a plusieurs usages importants dans les arts; en agriculture, il sert à *chauler* les blés. — *Pharmacologie.* Appliqué sur la peau intacte, le sulfate de cuivre agit comme un astringent énergique; sur les muqueuses et les tissus dénudés, il produit les effets des caustiques. Il faut, dans ces dernières circonstances, même dans l'usage externe, l'employer avec prudence, car il est facilement absorbé, et produit, sur les intestins et les reins, une inflammation mortelle. Comme astringent ou léger caustique, le sulfate de cuivre sert à déterger les plaies de mauvaise nature, les ulcères ; à modifier les trajets fistuleux, les os et les cartilages cariés, etc. On fait, avec ce sel cristallisé, des trochisques qu'on introduit dans les fistules du javart, du mal de garrot. Les eaux aux jambes et les vieilles crevasses sont avantageusement modifiées par ce médicament.

SULFATES DE FER. Il en existe deux : un à base de protoxyde, et l'autre à base de sesquioxyde. 1° *Protosulfate de fer.* $Fe O, SO^3$ $7 HO.$ Ce sel existe dans la nature, mais en petite quantité ; on le prépare artificiellement, soit en traitant le fer par l'acide sulfurique étendu, soit en soumettant la pyrite martiale efflorescente à l'action de l'air et de l'humidité, soit enfin en calcinant la pyrite argileuse et la laissant ensuite exposée à l'air et à l'humidité. Dans ces deux derniers cas, on lessive les pyrites sulfatées et on concentre la solution pour faire cristalliser. Le protosulfate de fer est solide, en gros cristaux rhomboïdaux, d'un vert d'émeraude, renfermant 45 °/₀ d'eau de cristallisation, d'une odeur nulle, d'une saveur âpre, très astringente, et d'une densité de 1,8, lorsqu'il est cristallisé, et de 2,6, quand il est anhydre. Exposé à l'air, ce sel s'effleurit et prend une teinte de rouille ; chauffé, il fond d'abord dans son eau de cristallisation, puis se dessèche en perdant sa couleur verte et devient blanc; au rouge sombre, son acide est décomposé et il reste un résidu de peroxyde de fer. Complètement insoluble dans l'alcool, le sulfate de fer se dissout dans la moitié de son poids d'eau chaude et dans deux parties d'eau froide. L'acide sulfurique concentré le blanchit en absorbant son eau de cristallisation ; la plupart des agents oxydants, tels que le chlore, l'acide azotique, l'oxygène, le transforment en sulfate de sesquioxyde. Ce sel a de nombreux usages, tant dans les arts qu'en agriculture. Il sert à faire l'encre, les teintures en noir, à désinfecter les fosses d'aisance, à purifier le gaz d'éclairage, à *chauler* les céréales qu'on sème, à faire disparaître la *chlorose* des blés (Legris), etc. — *Pharmacologie.* Le sulfate de fer est astringent à forte dose et reconstituant à doses fractionnées. Donné à l'intérieur, à dose élevée, il provoque le vomissement chez les carnivores et une irritation gastro-intestinale mortelle chez les herbivores; introduit sous la peau ou déposé sur des tissus dénudés, il détermine toujours une inflammation intense. A l'intérieur, il se donne solide, associé aux carbonates alcalins, ou en dissolution dans l'eau, contre les affections anhémiques et hydrohémiques des animaux; la dose est de 4 à 16 grammes pour les grands et de 1 à 4 grammes pour les petits. A l'extérieur, on l'emploie à titre d'astringent contre la fourbure, l'agravée, les entorses, les contusions, la mammite, etc. — 2° *Sesquisulfate de fer.* $Fe^2O^3, 3SO^3, 9HO$. Le sulfate de sesquioxyde de fer existe tout formé dans la nature, mais en petite quantité; on le prépare, soit en traitant l'oxyde par l'acide sulfurique et évaporant pour chasser l'excès d'acide, soit en traitant une solution de protosulfate par l'acide azotique, évaporant ensuite à siccité. Il est solide, d'un rouge jaunâtre, amorphe, inodore, et d'une saveur acide et astringente. Chauffé, il se décompose et donne de l'acide sulfurique anhydre, quand l'eau a été entièrement évaporée; l'eau le dissout en toute proportion et donne une solution colorée et à réaction acide très marquée. Ce sel a des usages très restreints dans les arts et nuls en médecine.

SULFATE DE MAGNÉSIE. $MgO, SO^3, 7HO$. *Sel d'Epsom, de Sedlitz, sel amer,* etc. Ce composé salin existe dans plusieurs eaux salines purgatives, comme celles d'Epsom, de Sedlitz, d'Egra, etc., d'où lui viennent ses noms vulgaires, ainsi que dans les eaux de la mer. On l'obtient, soit en évaporant ces eaux pour amener les sels à cristallisation, soit en traitant la *dolomie* ou double carbonate de chaux et de magnésie par l'acide sulfurique, soit, enfin, en calcinant et exposant à l'air humide les schistes magnésiens. Le sulfate de magnésie est solide et cristallisé en aiguilles prismatiques qui renferment environ la moitié de leur poids d'eau de cristallisation, incolore, inodore, de saveur très amère et d'une densité de 1,66. Chauffé, ce sel perd son eau de cristallisation, fond de nouveau, puis se décompose, mais avec difficulté et incomplètement. Exposé à l'air, il s'effleurit et tombe en poussière; l'eau, à la température ordinaire, en dissout le tiers de son poids et les deux tiers à 100°.

— *Pharmacologie.* Ce sel est un purgatif minoratif qui peut être employé avec avantage chez les petits animaux, mais qui convient peu pour les grands animaux, en raison de son peu d'activité et de son prix qui est plus élevé que celui du sulfate de soude: aussi lui préfère-t-on généralement ce dernier. Les doses et le mode d'administration sont les mêmes que pour le sulfate sodique.

SULFATES DE MANGANÈSE. Ils sont au nombre de deux: un à base de protoxyde et l'autre de sesquioxyde: ils sont isomorphes avec ceux de fer. Le premier seul mérite une mention particulière. *Sulfate de protoxyde de manganèse.* $MnO, SO^3 + aq$. On prépare ce sel en traitant le peroxyde de manganèse ou le protochlorure par l'acide sulfurique, ou encore en calcinant le protosulfate de fer avec le peroxyde de manganèse, reprenant ensuite par l'eau pour dissoudre le sulfate manganeux qui s'est formé. Ce sel est solide, cristallisé en prismes rhomboïdaux, transparents, incolores ou rosés, inodores, d'une saveur styptique et amère; inaltérable à l'air, ce sel se dissout dans l'eau et se décompose facilement au feu, en laissant un résidu d'oxyde rouge ou intermédiaire. Il n'a pas d'usage spécial en agriculture ni en médecine.

SULFATES DE MERCURE. En traitant le mercure par l'acide sulfurique et la chaleur, on obtient un sulfate de protoxyde ou de deutoxyde de mercure, selon les proportions respectives de l'acide et du métal. Ces sels sont solides, inodores, de saveur caustique, décomposables par la chaleur, ainsi que par l'eau en excès, qui précipite une poudre jaune, appelée *turbith minéral* dans les officines, et qui paraît être un sulfate basique de bioxyde de mercure. Ces sels servent à préparer le protochlorure et le bichlorure de mercure, en les faisant réagir à chaud sur le chlorure de sodium. Ils n'ont pas d'usage spécial en médecine.

SULFATE DE MORPHINE. On l'obtient par voie directe, en neutralisant par la morphine l'acide sulfurique affaibli, et concentrant ensuite la liqueur pour faire cristalliser. Il est solide, en houppes soyeuses, inaltérable à l'air et soluble dans deux fois son poids d'eau. Il est inusité en médecine vétérinaire.

SULFATE DE PLOMB. PbO, SO^3. Ce sel existe dans la nature en petite quantité et cristallisé; on l'obtient facilement par double décomposition ou en traitant le plomb par l'acide sulfurique étendu. Il est solide, amorphe, blanc, inodore, insipide, pesant, indécomposable au feu, inaltérable à l'air, insoluble dans l'eau, peu soluble dans les acides étendus, et décomposable par les carbonates alcalins qui le transforment en carbonate de plomb, soit par voie sèche, soit par voie humide. Il n'a pas d'usage spécial en médecine.

SULFATES DE POTASSE. On en connaît deux:

le sulfate neutre et le sulfate acide. 1° *Sulfate neutre de potasse*. KO, SO³. *Sel de Duobus, sel polychreste de Glaser; arcanum duplicatum.* Ce sel existe dans le règne minéral, combiné au sulfate d'alumine; on le trouve aussi dans les liquides organiques végétaux et animaux. On le prépare artificiellement en traitant le carbonate de potasse par l'acide sulfurique, ou en calcinant le résidu de la fabrication de l'acide azotique, formé de sulfate de potasse et d'un excès d'acide sulfurique. Le sulfate neutre de potasse est solide, cristallisé en prismes à six pans, anhydres et très durs ; incolore, inodore, de saveur amère, il pèse 2, 3 ; chauffé, il décrépite avec force , fond au rouge , mais ne se décompose pas : calciné avec le charbon, il donne un résidu qui est pyrophorique. Inaltérable à l'air, ce sel se dissout dans l'eau proportionnellement à la température de ce liquide ; il est complètement insoluble dans l'alcool et l'éther. Calciné avec l'acide sulfurique, il donne le sulfate acide ; il s'unit au sulfate d'alumine pour former l'alun potassique. — *Pharmac.* Ce sel est un purgatif minoratif ; il s'emploie dans les mêmes cas et aux mêmes doses que le sulfate de soude ; on lui préfère ce dernier comme moins cher et plus efficace. — 2° *Bisulfate de potasse*. KO,2 SO³,HO. Ce composé salin est formé de sulfate de potasse et de sulfate d'*eau;* sa composition le rapproche des *aluns.* On le prépare en traitant le sulfate neutre par la voie sèche ou humide, au moyen de l'acide sulfurique concentré. Ce sel est solide, sous forme de prismes incolores , d'une saveur très acide , rougissant fortement le tournesol ; fusible à 200°, il se décompose à 600° en acide sulfurique monohydraté et en sulfate neutre de potasse. Exposé à l'air, il s'effleurit légèrement à sa surface ; il se dissout dans deux parties d'eau froide et une partie d'eau bouillante ; il est insoluble dans l'alcool concentré, qui le décompose en sulfate neutre de potasse et en acide sulfurique. Les usages de ce sel sont très restreints dans les arts, et nuls en médecine.

Sulfates de quinine. On en connaît deux : le sulfate neutre et le sulfate bibasique : ce dernier est le plus important. 1° *Sulfate de quinine bibasique.* 2 Q̈, SO³, 8HO. Le commerce, qui prépare ce sel en grand , l'obtient par le procédé suivant : du quinquina jaune concassé est épuisé par de l'eau renfermant 12 °/₀ d'acide sulfurique ou 25 °/₀ d'acide chlorhydrique ; les solutions rassemblées sont précipitées par la chaux ; le dépôt, formé de quinine et de cinchonine, est soumis à la presse , desséché et traité par l'alcool bouillant ; la teinture qui en résulte est soumise à la distillation pour retirer une partie de l'alcool , et le résidu, traité par l'acide sulfurique étendu, donne, après avoir bouilli avec le charbon animal , des cristaux de sulfate bibasique, si la liqueur est neutre

et suffisamment concentrée ; si elle est acide, il se dépose du sulfate neutre. — Le sulfate bibasique de quinine est solide , blanc , cristallisé en longues aiguilles soyeuses , flexibles , nacrées, ayant l'aspect de l'amiante ; inodore , ce sel présente une saveur amère et styptique très prononcée. Chauffé à 100°, le sulfate de quinine se dessèche , luit et s'électrise lorsqu'on le frotte ; à une température plus élevée, il fond comme de la cire, puis se décompose, devient rouge foncé , et enfin brûle à l'air en laissant un résidu charbonneux. Exposé à l'air, il s'effleurit et perd de l'eau ; soumis à l'action de ce liquide, il se dissout dans 700 p. à froid et dans 30 p. à chaud ; peu soluble dans l'éther et l'alcool froid , il se dissout facilement dans l'esprit de vin bouillant. — L'eau acidulée par un acide quelconque est son meilleur dissolvant. 2° *Sulfate neutre de quinine.* Q̈, SO³, 8 HO. Ce sel, considéré longtemps comme un sel acide de quinine, s'obtient en traitant le sulfate bibasique par l'acide sulfurique étendu. Il présente l'aspect du précédent, dont il diffère surtout par sa réaction acide, sa solubilité plus grande dans l'eau, puisqu'il se dissout dans 8 p. d'eau chaude et 11 p. d'eau froide, et enfin par une moins grande proportion de base. On le mélange souvent par fraude au précédent. — *Pharmac.* Ces deux sels, et surtout le premier , sont employés en médecine à titre d'*antipériodiques.* On les donne aux grands animaux, dissous dans l'eau acidulée, en suspension dans un jaune d'œuf ou dans l'eau gommeuse, sous forme de breuvage ou de lavement ; on emploie plus rarement la forme pilulaire. La dose est de 2, 4 à 8 grammes pour les grands herbivores, et de 10 centigrammes à 1 gramme pour les petits animaux. Les cas qui en réclament l'emploi sont les fièvres intermittentes , la fluxion périodique , la chorée et le tétanos. Préconisé par Raconnat contre cette dernière affection, il jouit d'une efficacité réelle, mais son usage sera toujours très limité à cause de son prix élevé.

Sulfates de soude. Il en existe deux : le sulfate neutre et le bisulfate : le premier seul est important. NO, SO³, 10 HO. *Sel de Glauber , sel admirable;* il existe dans l'eau de la mer , dans celle des sources salées, dans quelques minerais, et enfin dans la plupart des liqueurs de l'économie animale. On le prépare par voie directe ou par la décomposition au feu du sel marin par l'acide sulfurique. Ce sel est solide , en beaux cristaux prismatiques, quadrangulaires , contenant 56 p. °/₀ d'eau de cristallisation ; inodore , de saveur fraîche et amère , ce sel pèse 2,25. Chauffé, il fond dans son eau de cristallisation , se dessèche, éprouve la fusion ignée , mais ne se décompose pas. Exposé à l'air, il s'effleurit ; très soluble dans l'eau, il présente la particularité remarquable d'être à son maximum de solubilité à 33°. Quand ce sel se dissout dans l'eau et surtout dans l'acide chlorhydrique, il produit beaucoup de froid, circonstance qu'on met à profit dans les laboratoires pour faire les mélanges réfrigérants. — *Pharmacol.* Le sulfate de soude est le purgatif minoratif salin le plus employé dans la médecine des animaux. On le donne toujours dissous dans l'eau; les grands animaux le prennent d'eux-mêmes. La dose pour les grands herbivores est de 250 à 500 grammes. Souvent elle est insuffisante pour le cheval et doit être portée de 750 gr. à 1 kilog. (Rey). Pour le mouton, elle varie de 30 à 60 gr., et pour le chien de 15 à 30 et 60 grammes, selon la taille et la force des sujets. Considéré comme purgatif et fluidifiant du sang, le sulfate de soude est indiqué contre toutes les affections inflammatoires, parce qu'il purge sans irriter le tube digestif et en diminuant la plasticité du sang. Les cas où il est indiqué sont la péritonite, la pneumonie, la gastro-hépatite du chien, les résorptions purulentes, les plaies anciennes, etc. On peut employer aussi le sulfate de soude comme diurétique et léger évacuant du tube intestinal; la dose se réduit alors à 30, 60, 100 grammes par jour pour les herbivores. Enfin, on a conseillé l'usage de ce sel à titre de condiment pour les animaux à l'engrais, et surtout pour les troupeaux de moutons menacés de sang de rate, par suite de leur état pléthorique (Delafond).

Sulfate de strontiane. StO, SO³. Ce sel existe dans la nature, cristallisé ou amorphe; dans ce dernier cas, il est le plus souvent mélangé au sulfate de baryte et au carbonate de chaux. On peut l'obtenir artificiellement en précipitant un sel soluble de strontiane par un sulfate alcalin ou l'acide sulfurique étendu. Il est alors solide, amorphe, en poudre blanche, inodore, insipide, indécomposable au feu, insoluble dans l'eau, quoique moins nettement que celui de baryte. Il se dissout légèrement dans l'acide sulfurique concentré et se précipite à l'état de bisulfate, en cristallisant. Il sert à préparer tous les composés de strontium.

Sulfate de zinc. ZnO, SO³, 7 HO. *Vitriol blanc, couperose blanche.* On prépare ce sel dans les arts en calcinant à l'air et à l'humidité la *blende* ou sulfure naturel de zinc; on lessive ensuite la masse, pour dissoudre le sulfate formé qui est toujours mélangé d'une certaine quantité de sulfate de fer. Dans les laboratoires, on le prépare directement en traitant le zinc métallique par l'acide sulfurique étendu d'eau. Ce sel est solide, blanc, en cristaux prismatiques analogues à ceux du sulfate de magnésie, et renfermant 40 p. %₀ d'eau de cristallisation; inodore, d'une saveur très astringente, ce sel pèse 1,91. Chauffé, il fond dans son eau de cristallisation, se dessèche, perd de son acide, devient basique et enfin se décompose. Si le charbon intervient, on obtient du zinc mé-

tallique. Exposé à l'air, il s'effleurit; il se dissout dans deux parties et demie d'eau à la température ordinaire et dans une partie d'eau bouillante. — *Pharmacol.* Le sulfate de zinc est un des astringents minéraux les plus précieux; il est réservé exclusivement pour l'usage externe; à l'intérieur, il est très irritant. On fait avec le sulfate de zinc d'excellents collyres secs ou liquides; il jouit, en effet, d'une grande efficacité contre les maladies des yeux. Il convient aussi pour arrêter les écoulements muqueux et la suppuration des plaies avec carie des os ou des cartilages. Dans le premier cas, Mialhe recommande de ne pas augmenter trop la dose, car, au lieu de diminuer l'écoulement, on l'augmente, en dissolvant l'albuminate de zinc qui s'est formé.

SULFATES.—*Agr.* L'agriculture emploie quelques sulfates comme engrais, entre autres le sulfate de chaux (*V.* Platre) et le sulfate de soude. Celui-ci peut être utilisé dans les lieux où il est à bon marché, pour la culture du froment, ou sur les prairies. On conseille, dans le premier cas, la dose de 300 kilog. par hectare; dans le second, celle de 600 kilog.

SULFHYDRATE, s. m.; nom donné autrefois aux composés formés par l'action de l'acide sulfhydrique sur les bases alcalines. On les considère aujourd'hui comme des sulfosels formés par l'union de l'hydrogène sulfuré avec les monosulfures alcalins, notamment ceux de potassium, de sodium d'ammonium. Ces sels ont la saveur alcaline, l'odeur hépatique et la solubilité des sulfures alcalins. Traités par un acide, ils dégagent le double d'acide sulfhydrique que le même poids d'un monosulfure correspondant; par un sel métallique, ils produisent un sulfure insoluble et un dégagement d'hydrogène sulfuré. Un seul de ces composés mérite une mention particulière; c'est le sulfhydrate d'ammoniaque, employé dans les laboratoires comme réactif.

Sulfhydrate d'ammoniaque. L'acide sulfhydrique et l'ammoniaque peuvent s'unir en plusieurs proportions et former plusieurs sulfosels. Le plus important est le bisulfhydrate, qui peut être solide ou en dissolution. Sa formule=AzH³, 2 HS. Préparé à l'abri de l'air, à une basse température, par le mélange des deux gaz, mais avec excès du gaz ammoniac, ce sel est solide, en aiguilles ou en lamelles blanches, très volatil, d'une odeur fétide, d'une saveur sulfureuse et ammoniacale, s'altérant à l'air, qui le transforme en sulfhydrate sulfuré, puis en hyposulfite, en sulfite et en sulfate d'ammoniaque. Sa solution préparée avec l'appareil de Wolf, en faisant passer un courant de gaz sulfhydrique dans l'ammoniaque liquide, est un liquide coloré en jaune brunâtre, d'une odeur sulfureuse et ammoniacale, volatile et très altérable à l'air. Elle sert de réactif pour la plupart des composés métalliques.

SULFHYDROMÈTRE, s. m. ; petit tube gradué, en verre, imaginé par Alph. Dupasquier pour déterminer la proportion de soufre contenue dans les eaux sulfureuses naturelles ou artificielles, en le remplissant d'une solution titrée d'iode. Cet instrument est fondé sur la propriété que possède l'iode de déplacer le soufre et de s'y substituer équivalent par équivalent. La liqueur normale est formée par *deux grammes* d'iode dissous dans un décilitre d'alcool ordinaire. Le tube sulfhydrométrique est divisé en degrés qui représentent un *demicentimètre* cube de liqueur et un *centigramme* d'iode ; chaque dixième de degré contient donc un *milligramme* d'iode. Lorsqu'on laisse écouler lentement la teinture d'iode par l'extrémité inférieure et capillaire du tube gradué, dans une eau sulfureuse contenant de l'acide *sulfhydrique*, un *sulfhydrate* ou un *sulfure alcalin*, l'iode déplace peu à peu le soufre, et celui-ci se précipite à l'état d'*hydrate*. Pour reconnaître l'instant précis où le soufre est entièrement précipité, on ajoute à l'eau sulfureuse un peu de dissolution d'amidon, qui prend une teinte bleue aussitôt que l'iode a entièrement précipité le soufre et qu'il est en excès dans la liqueur. Lorsque la teinte bleue est persistante, on arrête l'écoulement de la teinture d'iode contenue dans le sulfhydromètre, et on lit sur l'instrument le nombre de degrés employés et conséquemment la quantité pondérable d'iode qui s'est substituée au soufre. Une simple règle de proportion donne la quantité de soufre contenue dans l'eau sulfureuse. Dupasquier a dressé une table à l'aide de laquelle on trouve immédiatement, pour chaque degré du sulfhydromètre, la quantité correspondante de soufre. Cet instrument, aussi simple qu'ingénieux, est d'un emploi très commode pour l'analyse des eaux sulfureuses.

SULFIDE, s. m. ; nom donné par Berzélius aux sulfures électro-négatifs qui peuvent remplir le rôle d'acides par rapport aux autres sulfures électro-positifs.

SULFITE, s. m., *Sulphis*; genre de sels formés par la combinaison de l'acide sulfureux avec les bases. Ils sont insolubles, à l'exception des sulfites alcalins ; leur saveur est sulfureuse et caractéristique. Ils absorbent l'oxygène de l'air et se changent en sulfates ; les acides en dégagent le gaz acide sulfureux. L'acide azotique et le chlore les transforment en sulfates. Ils sont peu importants ; cependant le bisulfite de chaux paraît appelé à jouer un rôle important dans la fabrication du sucre (*V.* ce dernier mot.)

SULFOBASE, s. m. ; nom donné par Berzélius aux sulfures électro-positifs qui peuvent jouer le rôle de base dans la formation des sulfosels ; ex. : les monosulfures alcalins.

SULFOCYANOGÈNE. $Cy^2 S^2$. *Sulfure de cyanogène*. Ce composé, découvert par Liébig, se prépare en traitant le sulfocyanure de potassium par le chlore ou l'acide nitrique. C'est un corps solide, amorphe, jaunâtre, léger, tachant le papier, et complètement insoluble dans l'eau, l'alcool et l'éther. Traité par une solution alcaline concentrée et bouillante, il se transforme en sulfure et sulfocyanure alcalins.

SULFOCYANURE, s. m. ; genre de sels formés par l'acide sulfocyanhydrique avec les bases. Ils se préparent en calcinant le soufre ou les sulfures avec les cyanures. Ils sont, pour la plupart, solubles et cristallisables. Les acides en dégagent des vapeurs acides et piquantes d'acide sulfocyanhydrique, et les sels de sesquioxyde de fer produisent, avec leur solution, une couleur rouge de sang caractéristique. Un seul de ces composés est employé ; c'est le sulfocyanure de potassium.

SULFOCYANURE DE POTASSIUM. Ce composé se prépare en calcinant le cyanoferrure de potassium avec la moitié de son poids de soufre. Il est en cristaux blancs, prismatiques, d'une saveur fraîche et salée, hygrométrique à l'air, indécomposable au feu, et très soluble dans l'eau. La solution de ce sel est employée dans les laboratoires pour reconnaître les plus petites quantités des composés peroxydés de fer.

SULFOSEL, s. m. ; nom donné par Berzélius aux sels formés par l'acide sulfhydrique avec les bases ou les monosulfures, ainsi qu'à ceux formés par les sulfures électronégatifs avec les sulfures basiques. Les plus importants sont les sulfantimoniates et sulfantimonites, les sulfarséniates et sulfarsénites, les sulfhydrates, etc. Ils sont encore peu connus et, partant, peu importants à étudier.

SULFURE, s. m., *Sulphuretum ;* nom général des composés binaires formés par le soufre avec les métaux et quelques métalloïdes. Les sulfures métalliques correspondent souvent aux oxydes ; le soufre remplace alors l'oxygène équivalent par équivalent. On distingue aujourd'hui ces composés en *monosulfures*, *bisulfures*, *trisulfures*, *polysulfures* et *sulfures sulfurés* ou *sulfosels*. Un grand nombre de ces composés existent tout formés dans la nature et sont connus depuis les temps les plus reculés ; quelques-uns sont le produit de l'art. Les procédés employés à la préparation des sulfures sont nombreux et consistent : 1° à calciner un métal ou un oxyde avec le soufre ; 2° à traiter une dissolution métallique par l'acide sulfhydrique ou la solution d'un monosulfure alcalin ; 3° à calciner les sulfates avec le charbon, etc. Les sulfures sont tous solides, cristallisables et cassants ; leur couleur est blanche, noire, rouge, jaune, verdâtre, etc. ; leur odeur est nulle quand ils sont insolubles, et hépatique quand ils se dissolvent dans l'eau ; il en est de même pour leur saveur ; quant à leur densité, elle varie beaucoup ; elle est toujours supérieure à celle de l'eau, et généralement inférieure à celle des métaux qui les constituent.

Soumis à l'action du feu, à l'abri de l'air, quelques sulfures se volatilisent; d'autres se décomposent entièrement ou partiellement; la plupart résistent; enfin, à l'air libre, le plus grand nombre se transforment en sulfates. Les sulfures des deux premières sections sont solubles dans l'eau; les autres sont insolubles. Traités par les acides étendus, les monosulfures laissent dégager de l'acide sulfhydrique, dont l'odeur est caractéristique; les polysulfures laissent déposer, en outre, du soufre hydraté. Plusieurs de ces composés sont importants pour les arts ou la médecine; ce seront les seuls mentionnés ici.

SULFURE D'ANTIMOINE. $Sb^2 S^3$. *Acide sulfantimonieux; antimoine cru.* Ce sulfure, très anciennement connu, existe dans les terrains anciens, où il forme des filons épais. On peut le préparer en calcinant l'antimoine métallique ou un de ses composés oxygénés avec le soufre; ou encore en dirigeant un courant d'acide sulfhydrique dans une solution de chlorure d'antimoine; le plus souvent, on se contente de purifier, par la fusion et les lavages, le sulfure naturel. Le sulfure d'antimoine est toujours solide, mais son aspect varie selon son origine; celui qui est fourni par la nature est d'un gris-bleuâtre, avec éclat métallique, et cristallisé en aiguilles prismatiques, très brillantes; préparé par la voie sèche, il est grisâtre et lamelleux; enfin, obtenu par la voie humide, il est jaune-rougeâtre (*soufre doré d'antimoine*); dans ce dernier cas, il est hydraté et devient gris en perdant son eau. Dépourvu d'odeur et de saveur, ce sulfure pèse 4, 62. Chauffé, ce composé fond aisément et peut être distillé; au contact de l'air, il se décompose en partie, et donne naissance à des oxysulfures appelés *verre d'antimoine, crocus metallorum.* Insoluble dans l'eau, le sulfure d'antimoine est facilement réduit par l'hydrogène, le charbon et la plupart des métaux. Il peut s'unir aux oxydes et donner naissance à des sulfantimoniates ou antimonites; traité par les acides étendus, il laisse dégager de l'acide sulfhydrique; enfin, traité par les carbonates alcalins et l'eau, à l'aide de la chaleur, il donne naissance à du *kermès. — Pharmacol.* Le protosulfure d'antimoine compte parmi les diaphorétiques et les expectorants les plus puissants; mais une grande partie de son activité doit être rapportée au sulfure d'arsenic qu'il retient toujours. Il se donne en électuaire ou en bol, à la dose de 15, 30, 60 grammes et plus aux grands animaux, et à celle de 5, 10 et 15 grammes aux petits. Donné à l'intérieur, il agit comme léger évacuant du canal intestinal; il active légèrement la circulation, modifie la peau et la muqueuse bronchique, dont il tend à régulariser les sécrétions. A l'intérieur, il a surtout été préconisé par Huzard et Cros, contre le farcin et la morve; on l'associe souvent alors au soufre, aux sulfures de mercure, d'arsenic, etc. Bien que son efficacité soit peu constante, c'est néan-

moins un des meilleurs moyens de traitement pour ces deux affections. On en a conseillé l'emploi aussi contre la ladrerie du porc, la bronchite chronique, les affections de la peau, etc. On le croit utile dans l'engraissement du porc.

SULFURE D'ARGENT. Ag. S. Ce composé existe dans la nature, allié à divers autres sulfures métalliques. On peut l'obtenir artificiellement en traitant une solution de nitrate d'argent par l'acide sulfhydrique ou un monosulfure alcalin. Il est solide, mou, ductile, d'une teinte grise noirâtre et d'une densité de 7, 2. Chauffé, il se décompose, laisse dégager de l'acide sulfureux, et de l'argent reste comme résidu. Il est facilement réductible par la plupart des métalloïdes et des métaux. Les acides l'attaquent et produisent des sels d'argent. Ce sulfure n'a d'autre usage que de servir de minerai exploitable de l'argent.

SULFURE D'ARSENIC. Le soufre et l'arsenic se combinent en un grand nombre de proportions; on connaît cinq sulfures d'arsenic, parmi lesquels le *bisulfure* et le *trisulfure*, présentent seuls quelque intérêt: 1° *Bisulfure d'arsenic.* As S^2. *Sulfure rouge, réalgar.* On le trouve dans la nature, pur et cristallisé; on peut le préparer artificiellement en calcinant le soufre et l'arsenic en proportions convenables, ou le sulfure jaune avec le soufre, ou enfin l'acide arsénieux avec le soufre et le charbon. Il est solide, en masses vitreuses, d'un beau rouge orangé, un peu translucides à cassure conchoïde; inodore et insipide, il pèse 3, 25. Chauffé, il fond et peut se volatiliser sans subir d'altération; à l'air, il donne naissance, en brûlant, à de l'acide arsénieux. Insoluble dans l'eau, il est attaqué par les solutions alcalines; 2° *Trisulfure d'arsenic.* As S^3. *Sulfure jaune, orpiment, acide sulfarsénieux.* Il existe aussi dans la nature, surtout en Chine, au Japon, en Asie, en Autriche; on le prépare en calcinant le soufre et l'arsenic, ou en faisant passer un courant d'acide sulfhydrique dans une dissolution d'acide arsénieux. Il est solide, luisant, en lamelles translucides, brillantes, d'une belle couleur jaune citron, ou en masses amorphes et compactes; inodore et insipide, il pèse 3,40. Chauffé en vase clos, il fond et se volatilise; à l'air, il brûle et produit de l'acide arsénieux ainsi que de l'acide sulfureux. Insoluble dans l'eau, il se dissout dans les solutions alcalines, et peut jouer avec les bases le rôle d'acide. Les acides le décomposent, surtout l'eau régale, qui le transforme en acides sulfurique, arsénieux et arsénique. Ces deux sulfures sont employés dans les arts comme matières colorantes. — *Pharmacol.* Ces deux composés sont très vénéneux, surtout ceux qui sont artificiels et qui retiennent toujours de l'acide arsénieux. On en fait rarement usage à l'intérieur. A l'extérieur, au contraire, leur usage est assez fréquent; ils entrent dans plusieurs topiques fondants et caustiques. *V.* ARSÉNICAUX.

Sulfure de baryum. Ba S. Ce sulfure basique s'obtient facilement en décomposant le sulfate de baryte par le charbon à une haute température, reprenant ensuite par l'eau pour faire cristalliser. C'est un corps solide, blanc, cristallisé en lames soyeuses, d'une saveur hépatique, d'une réaction alcaline, se dissolvant facilement dans l'eau. Il n'a pas d'usages spéciaux.

Sulfure de calcium. Ca S. On obtient ce composé en calcinant fortement le sulfate de chaux avec le charbon, ou en faisant passer un courant d'acide sulfhydrique dans l'eau de chaux. Il est solide, blanc, amorphe, d'une odeur et d'une saveur hépatiques, d'une réaction alcaline, et se dissout incomplètement dans l'eau. Employé chez l'homme pour traiter certaines affections de la peau, il est inusité pour les animaux.

Sulfure de carbone. CS^2. *Acide sulfocarbonique.* Ce composé, qui correspond à l'acide carbonique par sa formule, se prépare en faisant passer de la vapeur de soufre dans un tube de porcelaine chauffé au rouge et contenant du charbon. Purifié, le sulfure de carbone est un liquide incolore, fluide comme de l'éther, d'une forte odeur hépatique et d'une densité de 1,26. Chauffé, il bout à 48° et produit une vapeur qui pèse 2,67. Evaporé dans le vide, il produit un froid de 60°; c'est le corps le plus réfringent que l'on connaisse. Insoluble dans l'eau, soluble en toute proportion dans l'alcool et l'éther, le sulfure de carbone dissout le soufre et le phosphore, qu'il laisse ensuite déposer et cristalliser. Il est inflammable et brûle à l'air.

Sulfures de cuivre. On en connaît deux principaux : le *protosulfure*, $Cu^2 S$, et le *bisulfure* Cu S; le premier est souvent combiné au protosulfure de fer et constitue la *pyrite cuivreuse,* qui est le minerai de cuivre le plus abondant et le plus exploité. Ces divers composés n'ont aucun usage médicinal.

Sulfures d'étain. Il existe deux sulfures d'étain : un *protosulfure* et un *bisulfure;* ce dernier seul offre quelque intérêt. *Bisulfure d'étain.* SnS^2. *Or mussif, or de Judée.* On l'obtient en amalgamant 12 p. d'étain avec 6 p. de mercure, broyant le produit avec 7 p. de soufre et 6 p. de sel ammoniac, et calcinant le tout dans un matras. Ce corps est solide, en belles écailles brillantes, d'un jaune doré, douces au toucher, inodores et insipides, insolubles dans l'eau et inattaquables par les acides. Il est électro-négatif et peut jouer le rôle de base avec les monosulfures métalliques. Il sert dans les arts à bronzer le bois, et dans les cabinets de physique à frotter les coussinets de la machine électrique, pour favoriser le développement de l'électricité.

Sulfure de plomb. PbS. *Galène, alquifoux.* Ce composé existe abondamment dans la nature; on peut le préparer en calcinant le plomb avec le soufre, ou en traitant par l'acide sulfhydrique une solution d'un sel de plomb. Tel qu'on le trouve dans la nature, ce sulfure est solide, d'un gris bleuâtre avec éclat métallique, inodore, insipide et d'une densité de 7,58. Chauffée, la galène fond, et si l'air intervient, il se forme du sulfate et de l'oxyde de plomb. Insoluble dans l'eau, ce composé n'est facilement attaquable que par l'acide azotique. Les potiers s'en servent pour vernir les poteries en terre; en outre, il est employé à l'extraction du plomb.

Sulfures de fer. Ils sont nombreux; deux seulement présentent quelque intérêt; ce sont les protosulfure et bisulfure de fer. 1° *Protosulfure de fer.* Fe S. Il existe dans la nature, mais on peut l'obtenir artificiellement, soit en traitant le fer par le soufre, soit en desséchant le précipité noir que forme la solution d'un monosulfure alcalin dans celle d'un composé soluble de fer. Tel qu'il est dans la nature, ce sulfure est solide, jaune de bronze sombre, fragile et magnétique; obtenu artificiellement, il est solide, amorphe, d'un gris terne. Dans l'un et l'autre cas, il est fusible, non décomposable au feu, s'effleurissant à l'air et se changeant en sulfate de protoxyde. Insoluble dans l'eau, il est attaquable par la plupart des acides, qui en dégagent de l'acide sulfhydrique; 2° *Bisulfure de fer.* Fe S^2. *Pyrite martiale.* Ce sulfure est très abondant dans la nature, où il forme deux variétés distinctes: la *pyrite jaune* et la *pyrite blanche.* Dans le premier cas, il est d'un jaune de laiton brillant, en cubes d'une densité de 4,83, et assez dur pour faire feu au briquet; dans le second cas, il est sous forme de prismes rhomboïdaux, d'un jaune pâle, et d'une densité de 4,75. Ce sulfure est indécomposable au feu; grillé à l'air libre, il donne de l'acide sulfureux et du peroxyde de fer; quelques variétés s'effleurissent à l'air et se changent en protosulfate de fer. Insoluble dans l'eau, ce composé ne donne pas d'acide sulfhydrique par l'action des acides; il n'est attaqué que par l'acide azotique, l'acide sulfurique concentré et bouillant, et par l'eau régale. Ces sulfures servent à la préparation du protosulfate de fer; l'hydrate du protosulfure a été préconisé comme antidote des empoisonnements métalliques.

Sulfures de mercure. Ils sont au nombre de deux : le *protosulfure* et le *bisulfure.* 1° Protosulfure de mercure. $Hg^2 S$. *Ethiops minéral.* Ce composé se prépare dans les pharmacies en broyant 2 p. de soufre avec 1 p. de mercure jusqu'à extinction de ce métal; mais il n'est jamais pur et retient du mercure non altéré. On peut l'obtenir en traitant un sel de mercure par un sulfure alcalin ou l'acide sulfhydrique. Il est solide, amorphe, inodore, insipide, insoluble dans l'eau, facilement décomposable par la chaleur, qui le transforme en mercure et en bisulfure. Il est très peu stable. 2° Bisulfure de mercure. Hg S. *Cinabre, vermillon.* Ce sulfure existe assez abondamment dans la nature :

on le trouve en filons dans les terrains anciens; c'est le minerai le plus important de mercure. On peut l'obtenir par plusieurs procédés qui varient selon qu'on veut l'obtenir à l'état de *cinabre* ou de *vermillon*. Dans le premier cas, on sublime le protosulfure avec un excès de soufre; dans le second, on broye dans l'eau 5 p. de mercure, 1 p. de soufre et une petite quantité de potasse ou de sulfure de potassium. Il est toujours solide, inodore, insipide, très pesant; à l'état de cinabre, il est d'un rouge foncé et d'une structure fibreuse; à l'état de vermillon, il est en poudre impalpable et d'un beau rouge vermeil; sa densité est d'environ 8. Chauffé en vase clos, il se volatilise d'abord et cristallise; à l'air libre, il produit de l'acide sulfureux et du mercure. Exposé à l'air, il noircit légèrement par l'action de la lumière. Insoluble dans l'eau et l'alcool, il est décomposé par la plupart des métalloïdes et des métaux; les acides l'attaquent peu, excepté l'acide chloronitrique ou eau régale. Son prix étant élevé, il est souvent falsifié dans le commerce. — *Pharmacologie*. Les deux sulfures de mercure sont des médicaments fondants, qui se donnent à l'intérieur, sous forme d'électuaire, à la dose de 15 à 30 gram. pour les grands animaux. Ils ont été préconisés contre la morve et le farcin. Ils paraissent jouir d'une certaine efficacité contre cette dernière maladie. On a conseillé de les administrer en fumigations aux chevaux morveux. Ils font partie de plusieurs préparations externes ou antipsoriques.

Sulfures de potassium. Le soufre et le potassium peuvent s'unir en un grand nombre de proportions et donner naissance à plusieurs sulfures, parmi lesquels le *pentasulfure* seul mérite une mention particulière. *Pentasulfure de potassium*. KS^5. *Sulfure de potasse, foie de soufre*. On le prépare, soit en saturant par l'acide sulfhydrique une solution de potasse, soit en fondant le carbonate potassique et la fleur de soufre à parties égales dans un ballon; c'est ce dernier procédé qui est employé dans les pharmacies. Le foie de soufre est solide, amorphe, d'une couleur jaune-rougeâtre, d'une odeur hépatique et d'une saveur sulfureuse et alcaline. Exposé à l'air, il attire l'humidité, se ramollit, exhale une odeur d'œufs pourris, s'oxyde et se change en hyposulfite de potasse. Ce composé, qui est formé d'un mélange de polysulfure de potassium et de sulfate de potasse, est très soluble dans l'eau, décomposable par les acides, qui en dégagent de l'hydrogène sulfuré et produisent un dépôt de soufre. — *Pharmacologie*. Donné à l'intérieur, le sulfure de potasse est très actif et peut produire l'empoisonnement chez le cheval, à la dose de 60 grammes, selon Moiroud; aussi, ce médicament est-il exclusivement employé à l'extérieur, contre la gale et les dartres. On l'emploie surtout sur les petits animaux en *bains, lotions, pommades*

(*V*. ces mots). Il réussit généralement bien, lorsque l'affection n'est pas trop ancienne.

Sulfures de sodium. Inusités. *V*. ceux de potassium.

Sulfure de strontium. *V*. Sulfure de baryum.

Sulfure de zinc. Zn S. *Blende*. Ce composé existe dans la nature et constitue un des minerais exploitables du zinc. On peut l'obtenir artificiellement, soit en traitant une solution de sulfate de zinc par l'acide sulfhydrique, soit en calcinant un mélange de soufre et d'oxyde de zinc. Le sulfure de zinc est solide, inodore, insipide : son aspect varie ; hydraté, il est blanc ; desséché, il est jaunâtre ; naturel, il est d'un jaune brunâtre, amorphe, d'une structure lamelleuse ou fibreuse. Complètement insoluble dans l'eau, ce sulfure grillé se change en oxyde ; en présence du charbon et du carbonate de chaux, il donne du zinc métallique. C'est sur cette réaction qu'est en partie fondée l'extraction de ce métal.

SULFUREUX, *V*. Acide sulfureux.

SULFURIQUE, *V*. Acide sulfurique.

SUMAC, s. m., *Rhus*, L.; genre de la famille des Térébinthacées. Il se compose d'arbres et d'arbrisseaux communs dans les régions chaudes et tempérées du globe. Les espèces sont nombreuses et intéressantes à divers titres. Plusieurs ont une écorce propre au tannage (*cotinus, toxicodendron, coriaria, typhina*) ; d'autres fournissent des vernis (*copallinum, vernicifera*).

SUMBLÉPHARE, *V*. Symblépharose.

SUPÈRE, adj., *superus;* synonyme de libre ; ne se dit que de l'ovaire.

SUPERAXILLAIRE, *V*. Supra-axillaire.

SUPERFÉTATION, s. f., *Superfœtatio*, de *superfœtare*, concevoir de nouveau ; expression employée pour désigner une nouvelle conception opérée pendant la gestation. La superfétation, difficile à admettre dans l'espèce humaine, est aujourd'hui généralement reconnue pour les animaux à matrice bicorne et surtout pour ceux chez lesquels la matrice, comme dans le genre *Lièvre*, s'ouvre au fond du vagin par deux orifices distincts, un pour chaque branche. Castex a cité, parmi les solipèdes, le fait d'une jument qui a mis bas, d'une même portée, un poulain et un muleton.

SUPERFICIEL, ELLE, adj., *superficialis;* on désigne ainsi les *parasites* qui vivent à la surface des végétaux, sans leur emprunter leur nourriture. Ce sont de *fausses parasites*.

SURPERFLU, *V*. Polygamie.

SUPEROVARIÉES, s. f., *Superovarieœ;* nom de l'un des deux groupes principaux renfermant les familles gamopétales, dans la méthode naturelle modifiée. Il comprend les plantes dont l'ovaire est libre ou supère, et se divise en quatre classes.

SUPERPOSITIF, IVE, adj., *superpositivus ;* la préfloraison est superpositive, quand les pièces de la corolle ou du calice s'appliquent successivement les unes sur les autres.

SUPERPURGATION, s. f., *Superpurgatio*, de *super*, au-delà, et *purgare*, purger ; purgation exagérée, soit par la trop grande activité des moyens purgatifs, soit par leur dose trop élevée. *V.* Purgation.

SUPERVOLUTIF, IVE, adj., *supervolutivus;* la préfoliation est supervolutive, quand les feuilles ont un de leurs côtés roulé sur lui-même et enveloppé dans l'autre côté.

SUPINATEUR, s. et adj., *Supinator*, de *supinus*, couché à la renverse ; on donne ce nom aux muscles qui produisent le mouvement de *supination*.

SUPINATION, s. f., *Supinatio*, de *supinus*, couché à la renverse ; mouvement par lequel la paume de la main, dans l'homme, ou la face plantaire du pied antérieur dans les animaux, devient supérieure. Le chat est le seul animal domestique qui exécute, même imparfaitement, cette action.

SUPPOSITOIRE, s. m., *Suppositorium*, de *supponere*, placer dessous ; nom donné en médecine humaine à des préparations consistantes, de forme conique, destinées à être introduites dans l'anus pour le dilater, l'adoucir ou provoquer des évacuations alvines. Ces préparations se font avec le suif, le savon, le miel ou le beurre de cacao, et divers principes médicamenteux, selon la médication qu'on veut produire. Ce moyen est peu usité chez les animaux ; il pourrait cependant être utile, parfois, chez les jeunes herbivores et les petits animaux.

SUPPRESSION, s. f., *Suppressio*, de *supprimere*, supprimer ; cessation d'une évacuation habituelle, d'une affection cutanée, de la rougeole. La suppression d'urine diffère de la rétention, parce qu'il n'y a pas de sécrétion dans les reins ; elle présente les caractères de la néphrite.

SUPPURATIF, IVE, s. et adj., *Suppurans*, *suppurativus ;* nom donné aux médicaments propres à faciliter la suppuration des solutions de continuité. Ils varient nécessairement selon l'état des parties lésées ; si elles sont trop irritées, les meilleurs suppuratifs seront les émollients, les cérats ; si les lésions manquent de ton, les excitants, les vésicants, sont propres à activer la suppuration, etc.

SUPPURATION, s. f., *Suppuratio ;* formation du pus dans un abcès, à la surface d'une plaie. *V.* Pus et plaies suppurantes.

SUPRA-AXILLAIRE, adj., *supra-axillaris ;* situé au-dessus de l'aisselle d'une feuille.

SURCILIER, ÈRE, adj., *superciliaris ;* qui appartient aux sourcils. — *Arcade surcilière*, *V.* Orbitaire. — *Artère surcilière* ou *sus-orbitaire :* branche de l'ophthalmique se glissant au côté interne de l'orbite jusqu'au trou surcilier, qu'elle traverse pour se diviser en rameaux ténus dans les muscles voisins. — *Nerf surcilier :* rameau de la branche ophthalmique du trifacial, suivant le côté interne de la gaine oculaire, qu'il traverse sous l'apophyse orbitaire, pour se diviser en deux branches, dont une se distribue à la paupière supérieure, et l'autre franchit le trou surcilier, après quoi elle se divise en plusieurs rameaux, dont un rétrograde concourt à former le plexus auriculaire antérieur. — *Trou surcilier :* trou percé à la base de l'apophyse orbitaire et donnant passage à l'artère et au nerf surciliers.

SURCOMPOSÉ, *V.* Décomposé.

SURDÉCOMPOSÉ, ÉE, adj., *supradecompositus;* dernier degré de composition des feuilles *composées ;* les pétioles secondaires se sont divisés à leur tour en pétioles tertiaires; ex. : les feuilles de l'*actée en épi*.

SURDENT, s. f. ; dent surnuméraire. La surdent peut être une caduque dont les dents voisines ont empêché la chûte, ou une dent poussée en sus du nombre normal. Les surdents peuvent gêner la mastication, ou empêcher l'usure de se faire régulièrement. Dans ce dernier cas, elles gênent l'examen de l'âge.—On donne encore à ce mot une autre acception, en appelant *surdents* les irrégularités formées par l'usure défectueuse des dents molaires. Pour les enlever on se sert de la râpe, ou de la gouge et du maillet, ou mieux encore du rabot odontriteur. *V.* Rabot.

SURDITÉ, s. f., *Surditas*, de *surdus*, sourd; abolition du sens de l'ouïe. Elle est produite par l'inflammation de l'oreille, la paralysie du nerf auditif, l'obstruction de l'oreille. Souvent il est difficile de reconnaître la cause de cette maladie. Elle est congéniale ou accidentelle. On y remédie par le traitement antiphlogistique, les injections dans les oreilles, les exutoires près de la région auriculaire, les purgatifs, etc.

SUREAU, s. m., *Sambucus*, L. ; genre de la famille des Caprifoliacées. Il se compose d'herbes vivaces ou d'arbrisseaux habitant les régions chaudes ou tempérées du globe. Les espèces *nigra* et *ebulus* sont très communes en France ; celle-ci est herbacée ; la première constitue un assez bel arbrisseau qui fournit quelques produits à la pharmacie. La culture en a fait plusieurs variétés.—*Phar.* La seconde écorce du sureau, ses fruits et surtout ses fleurs sont employés en médecine. L'écorce est éméto-cathartique et préconisée, chez l'homme, contre l'ascite principalement. On fait avec les baies un sirop ou rob comparable à celui de nerprun et, comme ce dernier, légèrement purgatif. Les fleurs du sureau, presque exclusivement employées en médecine vétérinaire, forment de larges ombelles au sommet des rameaux; elles sont blanches, nauséeuses et très amères à l'état frais, jaunes, aromatiques et excitantes étant sèches. Elles renferment une essence concrète très riche en soufre, de l'albumine végétale, une résine, de l'extractif, un principe astringent et des sels. Elles se donnent en infusions aqueuses ou vineuses, à la dose de 15, 30 et 60 grammes aux herbivores, chez lesquels elles sont plus particulièrement employées, à titre d'excitantes et de sudorifiques contre les refroidissements de la peau, les arrêts de transpiration. A l'extérieur, elles servent à faire des lotions résolutives, détersives, des bains excitants, à délayer les cataplasmes, à étendre l'eau blanche, la préparation de Villatte, etc.

SUR-ÉPINEUX, *V.* **Sus-épineux.**

SUREXCITATION, s. f., *Surexcitatio*; augmentation de l'action vitale; elle précède ordinairement l'invasion d'une maladie aiguë. *V.* **Irritation.**

SURGEON. *V.* **Drageon.**

SUR-IRRITATION, s. f., *Suprà-irritatio*; irritation morbide qui paraît sur une autre irritation.

SUROS, s. m.; nom donné à une tumeur osseuse, qui se développe sur le canon du cheval ou du bœuf. Elle résulte le plus souvent d'une contusion. On distingue le suros *simple*, qui est éloigné du tendon et ne peut nuire à l'animal; le suros *double* ou *chevillé*, qui se présente de chaque côté du canon, comme s'il était traversé par une cheville; le *suros tendineux*, placé près des tendons. Plusieurs suros placés les uns près des autres forment ce qu'on nomme une *fusée*; le suros placé près de l'articulation du boulet porte le nom d'*osselet*. Les suros volumineux font quelquefois boiter le cheval. Au début, on les traite par les frictions mercurielles, le biiodure de mercure; plus tard on a recours à l'emploi du feu. La périostotomie, proposée par Sewel, est abandonnée.

SURRÉNAL, ALE, adj., *suprà-renalis*; qui est placé au-dessus des reins. *Capsules surrénales* ou *reins succenturiaux* : petits corps d'un rouge brun, placés à droite et à gauche, un peu en avant de la scissure du rein, présentant une forme aplatie, allongée, recevant des vaisseaux et des nerfs, et ne donnant aucun canal excréteur. Leur substance extérieure offre une couleur jaunâtre; ils se séparent facilement en deux couches entre lesquelles se forme une cavité mal circonscrite. — *Nerf grand surrénal, nerf petit surrénal.* *V.* Splanchnique. — *Plexus surrénal* : plexus constitué par le nerf petit splanchnique et des filets émanant du ganglion semi-lunaire.

SUR-SEL, s. m.; sel avec excès d'acide. *V.* **Sel.**

SUS-ACROMIO - TROCHITÉRIEN, *V.* **Sus-épineux.**

SUS-CARPIEN, adj.; nom donné à l'os hors rang placé en arrière de la première rangée des os du carpe, au côté externe, et donnant attache aux muscles fléchisseur externe et fléchisseur oblique du métacarpe. On l'appelle encore os *crochu.*

SUS-ÉPINEUX, adj., *suprà-spinosus*;

placé au-dessus de l'épine. — *Muscle sus-épineux* ou *sus acromio trochitérien* : muscle occupant toute la fosse sus-épineuse du scapulum, qu'il déborde en avant, et s'insérant au sommet du trochiter et du trochin, par deux tendons réunis par une aponévrose qui embrasse le tendon du coraco-radial. Il concourt à l'extension du bras. — *Ligament sus-épineux dorso-lombaire* : ligament occupant le sommet des apophyses épineuses des vertèbres dorsales et lombaires, et se continuant, en avant, avec le ligament cervical qui n'est que sa prolongation, mais qui en diffère par la nature élastique et la couleur jaune du tissu qui le forme.

SUS-HÉPATIQUE, adj., *suprà-hepaticus*; qui est au-dessus du foie. On appelle *veines sus-hépatiques*, les ramifications qui, de la substance du foie, se rendent dans la veine cave postérieure, à son passage dans la grande scissure supérieure du foie.

SUS-MAXILLAIRE, adj., *suprà-maxillaris*; appartenant à la mâchoire supérieure. — *Os grand sus-maxillaire* ou *os de la mâchoire supérieure* : os considérable et triface, formant la partie principale de la mâchoire supérieure. Il présente une face *chanfrine* ou *externe*, où l'on remarque l'épine sus-maxillaire et l'orifice du conduit du même nom, s'ouvrant au niveau de la troisième molaire; une face *nasale* ou *interne*, portant les cornets; et une face *palatine* ou *inférieure*, le long de laquelle est creusée la *scissure palatine*; son bord *inférieur* ou *alvéolaire* porte les dents molaires; l'externe se réunit avec celui du maxillaire opposé, et le supérieur avec le sus-nasal et le petit sus-maxillaire. Son extrémité supérieure, renflée, présente, près de l'orbite, une excavation d'où partent les conduits *palatin*, *sus-maxillaire*, et le *trou nasal*. L'extrémité inférieure, pointue, porte l'alvéole de la canine chez le mâle. — L'intérieur du grand sus-maxillaire est creusé de sinus qui s'agrandissent à mesure que les dents sont chassées des alvéoles, quoique la face externe de l'os, s'affaissant en même temps, tende à rétrécir l'espace laissé par les racines dentaires. Cet os, dans les ruminants, ne présente pas d'épine; le conduit sus-maxillaire se prolonge jusqu'au niveau de la première molaire. — *Os petit sus-maxillaire, os inter-maxillaire, os incisif* : os allongé occupant l'extrémité de la mâchoire supérieure et portant les dents incisives. Sa face externe donne attache à la lèvre supérieure; sa face supérieure contribue à former les cavités nasales, et l'inférieure la cavité de la bouche. Son bord inférieur, uni en partie avec le grand sus-maxillaire, porte trois incisives à la partie libre; l'externe est creusée d'une scissure qui, réunie à la semblable de l'os opposé, forme le *trou incisif*; le supérieur, arrondi, borde l'ouverture des narines. Un petit prolongement rentrant concourt, avec la partie principale de l'os, à former l'*ouverture incisive*, communiquant de la bouche aux narines. — Dans le bœuf et les autres ruminants, le petit sus-maxillaire ne porte pas d'incisives, et reste toujours distinct du grand sus-maxillaire.

SUS-MAXILLO-LABIAL, *V.* RELEVEUR.

SUS-MAXILLO-NASAL, adj., *suprà-maxillo-nasalis;* qui appartient au sus-maxillaire et au nez. — *Muscle grand sus-maxillo-nasal* ou *pyramidal des naseaux :* petit muscle aplati, pyramidal, prenant son origine un peu en avant de l'épine sus-maxillaire, et passant entre les deux branches du sus-naso-labial, pour aller se terminer dans l'aile externe du nez, qu'il porte en dehors. — *Petit sus-maxillo-nasal:* production musculeuse partant du petit sus-maxillaire, recouvrant le bord nasal de cet os, et s'insérant à l'appendice cartilagineux des cornets, qu'il tire en dehors, dilatant par cette action la narine et la fausse-narine, à la peau de laquelle ce muscle adhère.

SUS-NASAL, adj., *suprà-nasalis ;* situé au-dessus du nez. *Os sus nasal*, ou *os propre du nez :* os pair, aplati, formant la partie supérieure de la cavité nasale, et présentant, réuni à son congénère, la figure d'un cœur de carte à jouer. Sa face externe concourt à former le chanfrein ; l'interne borne supérieurement la cavité nasale. Son extrémité supérieure, élargie, s'unit au frontal, au lacrymal et au sus-maxillaire ; l'extrémité inférieure allongée en pointe forme *l'épine nasale.* Les deux sus-nasaux sont unis entre eux dans le plan médian, par suture supérieurement, et inférieurement par simple juxta-position, jusqu'à l'extrémité de l'épine nasale. — Dans les ruminants, il n'y a point d'épine nasale, et l'os sus-nasal, beaucoup plus court, ne se soude jamais avec les os voisins. — Dans le porc, l'épine nasale est moins aiguë que dans les solipèdes, et porte comme complément de l'appareil osseux du nez un petit os impair appelé *os du boutoir.* — Dans le chien et le chat, point d'épine nasale.

SUS-NASO-LABIAL, adj., *suprà-naso-labialis;* nom donné à un muscle aplati, prenant son origine à la surface de l'os sus-nasal, par une aponévrose mince, suivie d'une portion charnue divisée en deux branches qui embrassent le pyramidal des naseaux, et s'insèrent, l'antérieure à la peau de l'aile externe du nez, et la postérieure à la peau de la commissure des lèvres, qu'elle élève. en même temps qu'elle dilate la narine.

SUS-ORBITAIRE, adj., *suprà-orbitarius;* nom donné au trou *surcilier*, ainsi qu'à l'artère et au nerf qui le traversent.

SUSPECT, CTE, adj., *suspectus*, de *suspicere*, soupçonner ; qui est soupçonné. On dit qu'un *cheval est suspect*, quand on croit qu'il est atteint d'une maladie contagieuse, entre autres de la morve, parce qu'il présente quelques-uns des symptômes de cette affection. Les mots *suspect* et *douteux* doivent être bannis du langage scientifique, d'un rapport ou procès-verbal, parce que, tout en désignant un état maladif peu avancé, ils n'ont pas un sens assez positif pour fixer l'opinion des juges.

SUSPENDRE, v. a., *suspendere*, de *sursum*, sur, et *pendere*, pendre ; élever un corps en l'air, le soutenir en l'air. On suspend un cheval, quand on le fixe dans un travail pour le ferrer, pour lui faire subir une opération : enfin, on a quelquefois pour but de l'empêcher de rester couché trop longtemps pendant certaines maladies.

SUSPENDU, UE, adj. *suspensus;* se dit de la graine ou de l'ovule attaché à un podosperme et incliné vers le bas de la loge.

SUSPENSEUR, adj., *suspensor ;* qui suspend, qui soutient. On donne ce nom à un certain nombre de ligaments qui soutiennent divers organes, comme les ligaments suspenseurs du foie, de la matrice, etc. Le ligament suspenseur de la verge prend son origine aux premiers coccygiens, croise le ligament de l'anus, et se réunit, au-dessous de cette ouverture, avec son congénère, pour former un cordon grisâtre, élastique, qui accompagne la verge, appliqué sur le muscle accélérateur, se confondant avec ses fibres vers l'extrémité de l'organe. — On donne, en *botanique*, le nom de *suspenseur* à un filet délié qui, selon Mirbel, suspend l'embryon dans le sac embryonnaire, au moment de son apparition.

SUSPENSION, s. f., *Suspensio;* action de suspendre. La suspension d'un cheval qu'on veut empêcher de rester constamment couché, pendant certaines maladies des organes locomoteurs, peut être pratiquée à l'aide de différents moyens. Il s'agit de présenter à la poitrine et aux parois du ventre un point d'appui qui permette à l'animal de ne pas se reposer sur ses membres pendant qu'il est debout. Le sujet peut être suspendu complètement; dans ce cas, on passe sous le ventre un suspensoir dont les quatre extrémités sont fixées à des cordes qu'on attache aux solives du plafond de l'écurie, ou aux parois d'une stalle. Il est préférable de ne pas opérer la suspension permanente, parce qu'elle a l'inconvénient de produire des plaies par le frottement et la pression qu'elle nécessite, et de comprimer trop fortement les viscères abdominaux, ce qui nuit aux principales fonctions. Le moyen le plus avantageux consiste à faire passer sous la poitrine du malade une planche recouverte de coussins et qui est fixée sur des pieux ; sans être soulevé constamment, l'animal trouve toujours à sa disposition un point d'appui.

SUSPENSOIR, s. m. ; bandage qu'on applique dans la région inguinale pour contenir les testicules ou le pénis, dans les sujets atteints d'orchite, de phimosis, de paraphimosis. Ce bandage se compose d'une poche cousue dans le milieu d'une pièce de toile triangulaire, dont les angles sont munis de liens qui vont se fixer sur les reins et la croupe. Le suspensoir est utile aussi dans les maladies des mamelles des grandes femelles domestiques.

SUS-PUBIEN, adj., *suprà-pubianus*; qui est situé au-dessus du pubis. — *Artère suspubienne* ou *pré-pubienne*: branche artérielle naissant du tronc crural, et plus souvent de la grande musculaire de la cuisse, au-dessus de l'arcade crurale, et fournissant l'*artère abdominale postérieure* et la *honteuse* ou *génitale externe*. — *Anneau sus-pubien*, *V*. INGUINAL.

SUS-PUBIO-FÉMORAL, *V*. PECTINÉ.

SUS-SCAPULAIRE, adj., *suprà-scapularis*; qui est au-dessus du scapulum. — *Artère sus-scapulaire* ou *pré-scapulaire*: division artérielle fournie par le tronc brachial, immédiatement après qu'il a contourné le bord antérieur du scalène, et se ramifiant dans les muscles situés au-devant du scapulum.

SUSSEX (Race bovine de). Variété de la race de Devonshire, mais un peu plus grande et plus robuste.

SUS-SPHÉNOÏDAL, ALE, adj., *suprà-sphénoïdalis*; qui est à la face supérieure du sphénoïde. *Conduit sus-sphénoïdal*: conduit partant de la face supérieure ou interne du sphénoïde, et aboutissant dans l'hiatus orbitaire. Il est divisé en deux conduits principaux et un petit conduit très fin, qui donne passage au nerf pathétique. Les conduits sus sphénoïdaux font suite à la *scissure sus-sphénoïdale*.

SUTURAIRE, adj., *suturarius*; qui porte une suture.

SUTURAL, ALE, adj., *suturalis*; attaché à une suture ou dépendant d'elle. Se dit surtout du *placentaire*, du *trophosperme*. On emploie aussi ce mot comme synonyme de *carinal*.

SUTURE, s. f., *Sutura*, de *suo*, je couds; opération qui consiste à réunir les bords d'une plaie pour les maintenir en contact et en obtenir la cicatrisation. La suture *sèche* est pratiquée avec des bandelettes agglutinatives et des bandages; la suture *sanglante* est faite avec des aiguilles ou des épingles et des fils. On connaît plusieurs sortes de sutures de cette dernière catégorie. — 1° *Suture simple*, *à points séparés*, *entrecoupée*. On se sert de fils simples, doubles ou triples, bien cirés, suivant le nombre de coutures qu'on veut faire, et d'aiguilles à suture. *V*. AIGUILLES. Pour la suture simple, on traverse les deux bords de la plaie, savoir: l'un de dehors en dedans, et l'autre de dedans en dehors; le fil étant ainsi placé, le chirurgien noue les deux extrémités et les arrête par une rosette. S'il est utile de faire plusieurs points de suture, on passe de suite tous les fils, soit avec la même aiguille, soit avec autant d'aiguilles enfilées, préparées d'avance: alors on a la suture à points séparés ou entrecoupés. Quelquefois, dans la suture simple et dans la suture entrecoupée, chaque point

est formé par deux fils, munis d'un bourdonnet à une de leurs extrémités, et traversant chacun une des lèvres de la plaie de dehors en dedans: c'est cette variété qu'on nomme *suture à bourdonnets*. La suture à point séparés, ou entrecoupés, est utile pour réunir les plaies à lambeaux, dans les tissus dont on craint l'étranglement ou la section par les fils employés; par ce moyen, chaque point est indépendant, et, s'il vient à se relâcher, la réunion peut encore être maintenue par les autres parties de la suture. — 2° *Suture du pelletier*, ou *en surjet*. Elle est plus usitée en chirurgie vétérinaire qu'en chirurgie humaine; on s'en sert pour réunir les grandes solutions de continuité qui n'intéressent que les téguments. Elle a été recommandée pendant longtemps contre les plaies du canal intestinal. Pour la pratiquer, on prend une aiguille ordinaire enfilée d'un fil simple, et l'on traverse les deux lèvres de la plaie en même temps; on continue de coudre en piquant du même côté, de manière à faire revenir chaque fois le fil sur les deux bords, en décrivant une sorte de spirale. A chaque extrémité de la plaie, le bout du fil est fixé à un bourdonnet. — 3° *Suture à points passés*, ou *en faufil*. Comme la précédente, elle est à fil continu; elle commence et finit comme elle. Mais ce fil décrit un zig-zag, au lieu de former une spirale; il traverse les deux lèvres de la plaie, d'abord de dessus en dessous, puis de dessous en dessus et ainsi de suite. Cette suture a l'avantage de ne pas étrangler les tissus; elle facilite mieux l'adhérence des parties divisées; le fil peut être retiré facilement par l'un de ses bouts. Elle est usitée pour les plaies de l'intestin. Pour détruire le sac d'une hernie, on peut employer la suture double à points passés, dans laquelle deux fils se croisent et forment ainsi une série de petites ligatures; cette dernière variété n'est autre chose que la suture du cordonnier. — 4° *Suture à anse*. Employée aussi pour les solutions de continuité de l'intestin, elle ressemble à la suture entrecoupée, avec cette différence que les fils étant passés, on réunit toutes les extrémités en un seul cordon pour les fixer à l'extérieur, sans les nouer, et retenir l'intestin au niveau de la plaie extérieure. — 5° *Suture entortillée*. C'est une des plus naturelles et une des plus efficaces; elle est très employée pour les animaux; les chirurgiens l'ont empruntée aux vétérinaires. Elle consiste à traverser les deux lèvres de la plaie avec une ou plusieurs épingles, qu'on laisse dans les tissus et qu'on fixe à l'aide d'un fil passé et croisé plusieurs fois en 8 de chiffre. Cette suture, dans sa plus grande simplicité, sert à arrêter la saignée des grands animaux; elle est appliquée avec succès pour réunir les plaies des lèvres, des paupières et autres parois des ouvertures naturelles. Pour lever cette suture, on commence par retirer l'épingle qui supporte le moins de tractions; on enlève les autres plus tard; on laisse pendant un temps plus long la plaque formée par le fil, qui remplit l'office de bandelette agglutinative. — 6° *Suture enchevillée* ou *emplumée*. C'est une sorte d'infibulation que l'on pratique comme la suture à points passés, avec des fils doubles qui présentent une anse à leur extrémité libre; ensuite on applique une tige de bois, un corps cylindrique quelconque parallèlement à la plaie, dans l'anse de chacun de ces fils; on dédouble l'autre extrémité pour y placer une tige semblable et l'on fait, par dessus, les nœuds de chaque ligature, en tirant fortement. On reconnaît à ce procédé l'avantage de ne pas exposer les chairs à être coupées par les fils, la pression se portant sur les chevilles. Elle rapproche facilement les tissus du fond à la surface, mais elle a l'inconvénient de faire trop saillir les bords de la plaie. La suture enchevillée est utile dans les plaies des parois abdominales; on la pratique après la castration de la vache. — 7° *Suture en T.* Employée à la suite de la trépanation, dans les plaies cruciales, elle consiste à traverser une des lèvres de la plaie de dehors en dedans, la seconde lèvre, de dedans en dehors, et la troisième, de dehors en dedans; enfin, on attaque la première de dedans en dehors pour réunir les deux bouts du fil par un nœud. — 8° *Suture en X.* Usitée après la castration des femelles des petites espèces, elle consiste en deux sutures simples, entrecroisées, qu'on pratique avec un seul fil. Cette suture sert à froncer les lèvres de la plaie pour diminuer la surface des téguments et comprimer l'ouverture faite aux muscles des parois abdominales, dans le but d'éviter la hernie de l'intestin ou de l'épiploon.—*Anat.* On appelle *sutures*, en anatomie, les articulations immobiles résultant de l'engrènement réciproque de petites éminences et de cavités correspondantes, appartenant aux os du crâne et de la face. *V.* ARTICULATION.—*Bot.* Ligne de juxta-position de deux carpelles ou valves du péricarpe. La suture est *dorsale* ou *ventrale*, plus ou moins apparente, et séminifère ou non.

SWERTIE, s. f., *Swertia*, L.; genre de la famille des Gentianées. Il est composé de plantes herbacées vivaces, croissant dans les régions montueuses de l'Europe. La S. vivace, *S. perennis*, est commune dans les prairies tourbeuses des montagnes; elle leur est nuisible, en ce sens que les bestiaux n'y touchent pas.

SYCÉPHALIENS, s. et adj., de συν, ensemble, et κεφαλη, tête; famille de monstres autositaires chez lesquels les deux corps, bien distincts et même complètement séparés au-dessous de l'ombilic, sont surmontés de deux têtes intimement réunies, et confondues de manière à paraître, au premier abord, n'en former qu'une seule. Cette famille a été divisée en trois genres : 1° *Janiceps*; 2° *Iniope*; 3° *Synote*.

SYCONE, s. m., *Syconus*, de συκον, figue;

fruit synanthocarpé, formé par un involucre monophylle, charnu à l'intérieur, creusé en forme de coupe, comme dans le *Dorstenia*, ou fermé comme dans le *Figuier*, et contenant de petites drupes provenant d'autant de fleurs femelles.

SYCOSE, s. f., *Sycosis*, de συκον, figue; maladie des follicules cutanés, caractérisée par des pustules acuminées sur la face, les lèvres, le menton. Alibert a donné à cette maladie le nom de *dartre pustuleuse, mentagre*. Elle est commune dans l'espèce du chien, et très difficile à guérir. Les frictions iodurées sont employées avec avantage, en même temps que les purgatifs.

SYLVATIQUE, adj., *nemorosus*; se dit des plantes qui croissent naturellement sous les arbres des forêts.

SYLVESTRE, adj., *sylvestris*; qui croit dans les lieux incultes, arides.

SYMBLÉPHARON, s. m., *Symblepharon*, de συν, avec, et βλεφαρον, paupière; adhérence des paupières avec le globe de l'œil. Elle est *complète* ou *incomplète*, *médiate* ou *immédiate*. Il ne faut pas la confondre avec l'*ankyloblépharon*, maladie dans laquelle les bords des paupières adhèrent seulement entre eux.

SYMBLÉPHAROSE, s. f.; synonyme de *symblépharon*.

SYMÈLE, s. et adj., *Symeles*, de συν, avec, et μελος, membre; genre de monstres syméliens, ayant pour caractère les deux membres abdominaux réunis, presque complets, terminés par un pied double à plante tournée en avant.

SYMÉLIE, s. f., *Symelia*; état des monstres symèles.

SYMÉLIENS, s. et adj., de συν, ensemble, avec, et μελος, membre; famille de monstres unitaires autosites, caractérisés par la fusion des membres de la même paire. Elle a été divisée en trois genres : 1° *Symèle*; 2° *Uromèle*; 3° *Sirénomèle*.

SYMÉTRIE, s. f., *Symetria*, de συν, avec, et μετρον, mesure; disposition régulière des parties d'un même organe de chaque côté d'un axe médian fictif, ou de plusieurs organes, à une certaine distance de cette même ligne médiane. Les os impairs sont symétriques; les os pairs sont disposés avec symétrie.

SYMÉTRIQUE, adj., *symetricus*; qui est construit ou disposé avec *symétrie* (*V.* ce mot).

SYMPATHIE, s. f., *Sympathia*, de συν, avec, et παθος, affection, passion; rapport existant entre deux ou plusieurs organes plus ou moins éloignés les uns des autres, et qui fait que l'un d'eux participe aux sensations perçues ou aux actions exécutées par l'autre. La cause des sympathies est peu connue; on la rapporte avec raison au système nerveux, mais sans pouvoir expliquer pourquoi l'action ou la sensation se transmet à tel organe plutôt qu'à tel autre. Les sympathies qui unissent dans leur action un certain nombre d'organes pour l'exécution d'une fonction ont reçu le nom de *synergies*.

SYMPATHIQUE, adj., *sympathicus*; qui appartient aux sympathies; qui sert aux sympathies; qui en provient, etc. — *Nerf grand sympathique*, *intercostal commun*, *trisplanchnique* : appareil nerveux très étendu, formé de filets et de ganglions, désigné encore sous les noms de *système nerveux de la vie organique*, *système nerveux ganglionnaire*, *nerf des artères*. Le grand sympathique est répandu dans toute l'économie; on ne peut lui assigner ni origine ni terminaison, et ce n'est que pour faciliter son étude qu'on le décrit en procédant de la tête à la partie postérieure du corps. A cet effet, on le divise en : 1° *portion céphalique*; 2° *portion cervicale*; 3° *portion thoracique*; 4° *portion abdominale*, divisée elle-même en *abdominale proprement dite* et en *pelvienne*. Ce nerf, dont la description détaillée ne peut trouver place dans cet ouvrage, consiste essentiellement dans une série de ganglions, dont une partie, longeant la colonne vertébrale, reçoivent des filets de la plupart des paires encéphaliques et de toutes les paires rachidiennes, et donnent des cordons de grosseurs très variables, qui se portent, soit directement à des viscères ou à des vaisseaux, soit à d'autres ganglions plus éloignés qui fournissent eux-mêmes les rameaux viscéraux ou artériels. C'est surtout dans la cavité abdominale que le grand sympathique multiplie ses rameaux et ses ganglions, pour les distribuer aux viscères de cette cavité, à la partie supérieure desquels ils forment le plexus solaire ; aux membres, on n'aperçoit aucune trace du grand sympathique, ses fibres se confondant au niveau des plexus avec les cordons nerveux destinés aux extrémités. — Ce nerf distribue ses rameaux aux organes de la vie végétative, dans lesquels il l'emporte sur le système cérébro-spinal ; tandis que celui-ci distribue spécialement ses nerfs aux organes des sens et du mouvement, en un mot aux organes de la vie de relation. Dans ceux dont l'action n'est pas entièrement soustraite à l'influence de la volonté, on rencontre en quantité à peu près égale les filets des deux systèmes. On regarde en effet le grand sympathique comme établissant par ses ganglions une barrière à l'action du système cérébro-spinal, comme destiné à soustraire à l'influence de la volonté et des impressions extérieures les organes destinés à l'entretien de la machine animale. C'est lui qui préside aux fonctions de nutrition, de sécrétion, en un mot à toutes les actions moléculaires. Quoique s'opposant à l'action du système cérébro-spinal, en modérant les sensations des organes auxquels il se rend, il n'en est pas moins sous la dépendance de ce système et ne peut avoir par lui-même aucune action indépendante des nerfs spinaux. — *Nerf moyen sympathique* : on a donné ce nom au *pneumo-gastrique*, qui présente, par son peu de sensibilité et par sa distribution, quelque analogie avec le grand sympathique, qu'il supplée, en partie, chez les poissons.

SYMPÉTALIQUE, adj., *sympetalicus*, de συν, avec, et πεταλον, pétale : on désigne ainsi les étamines qui semblent réunir les pétales par leur base, de manière à faire paraître gamopétale une corolle polypétale ; ex. : les *Malvacées*.

SYMPHORÈSE, s. f., *Symphoresis* ; congestion sanguine.

SYMPHYSANDRIE, s. f., *Symphysandria*, de συμφυσις, qui marque la réunion, et ανηρ, ανδρος, mari ; nom de la vingtième classe dans le système de Linné, modifié par Richard. Elle comprend les plantes à fleurs simples, dont les étamines sont soudées ensemble par les étamines et par les filets, et correspond à la *syngénésie monogamie*; ex. : la *Balsamine*, la *Violette*.

SYMPHYSANDRIQUE, adj., *symphysandricus* ; qui a rapport à la symphysandrie. *Étamines symphysandriques* : réunies par les anthères et les filets.

SYMPHYSE, s. f., *Symphysis*, de συν, avec, et φυω, je nais ; ensemble des moyens de réunion des os entre eux. On a détourné ce mot de sa signification propre, pour l'appliquer à certaines articulations ; ex. : *symphyse pubienne*, *symphyse maxillaire*.

SYMPHYSÉOTOMIE, s. f., *Symphyseotomia*, de συμφυσις, union ou cohésion, ou symphyse, et τομη, section ; opération qui consiste à diviser le fibro-cartilage qui réunit la symphyse pubienne.

SYMPTOMATIQUE, adj., *symptomaticus*; qui est relatif aux symptômes. — *Maladie symptomatique* : qui est le symptôme d'une autre affection. — *Médecine symptomatique* : qui consiste à diriger le traitement d'après les symptômes d'une maladie.

SYMPTOMATOLOGIE, s. f., *Symptomatologia*, de συμπτομα, symptôme, et λογος, discours ; partie de la médecine qui traite des symptômes des maladies.

SYMPTOME, s. m., *Symptoma*, de συν, avec, et πιπτω, je tombe ; phénomène insolite dans la constitution matérielle des organes ou dans les fonctions, qui se trouve lié à l'existence d'une maladie et qu'on peut constater pendant la vie des malades. C'est par les symptômes qu'on reconnaît les maladies ; il n'y a pas de maladies sans symptômes. Il ne faut pas confondre les signes avec les symptômes, les signes n'étant qu'une induction tirée de l'existence de ces derniers. Les symptômes sont *locaux*, *généraux* : *sympathiques*, *pathognomoniques*. 1° Les symptômes *locaux*, *caractéristiques*, se montrent dans la partie qui est occupée par l'organe malade. Leur connaissance est des plus utiles pour établir le diagnostic. 2° Les symptômes *généraux*, nommés encore *communs*, *sympathiques*, se manifestent dans toute l'économie ; ils résultent de la réaction produite sur les principaux appareils, surtout vers les centres nerveux. On les observe dans toutes les maladies graves. Telles sont la perte de l'appétit, la fréquence du pouls, l'accélération de la respiration, la sécheresse de la bouche, etc. ; 3° enfin, les symptômes *sympathiques pathognomoniques* résultent du trouble des organes éloignés, qui, dans l'état de santé entretiennent des sympathies avec les parties dont les fonctions sont dérangées. On en trouve des exemples dans la coloration jaune des muqueuses dans le cas de gastro-entérite, dans les altérations de la vue lors des maladies cérébrales, la sécrétion purulente de la conjonctive dans la morve et le coryza.

SYMPTOSE, s. f., *Symptosis*, de συμπιπτειν, tomber ensemble ; état d'affaissement, atrophie d'une partie du corps.

SYNADELPHE. s. et adj., *Synadelphus*, de συν, avec, et αδελφος, frère ; genre de monstres doubles monocéphaliens présentant un tronc unique, mais double dans toutes ses régions, et huit membres, parmi lesquels quatre paraissent être dorsaux, et dirigés supérieurement. Ce genre de monstruosité n'est encore connu que chez les animaux.

SYNADELPHIE, s. f., *Synadelphia* ; état des monstres synadelphes.

SYNANTHÉRÉ. *V.* Synanthérique.

SYNANTHÉRÉES, s. f., *Synanthereæ;* nom proposé par Richard pour la famille des *Composées* (*V.* ce mot).

SYNANTHÉRIE, s. f., *Synantheria* ; nom substitué par Richard à celui de *syngénésie*, employé par Linné.

SYNANTHÉRIQUE, adj., *synanthericus;* qui a rapport à la synanthérie. *Etamines synanthériques* : soudées par les anthères.

SYNANTHIES, s. f., *Synanthiæ*, de συν, avec, et ανθος, fleur ; monstruosités consistant dans la soudure anormale de fleurs voisines, par les enveloppes ou par le support. La fusion est plus ou moins complète ; quelquefois même elle ne s'annonce que par le grand volume de la fleur résultant d'une synanthie.

SYNAPTASE, s. f., de συν, avec, et απτασις, union ; sorte de ferment qui se développe dans les amandes amères, sous l'influence de l'eau et d'une douce chaleur, et qui, en agissant sur l'*amygdaline*, produit de l'acide cyanhydrique. *V.* Emulsine.

SYNARTHRODIAL, ALE, adj., *synarthrodialis* ; qui appartient à la synarthrose. — *Articulation synarthrodiale* : articulation immobile.

SYNARTHROSE, s. f. *Synarthrosis*, de συν, avec, et αρθρωσις, articulation ; nom donné aux articulations immobiles.

SYNCARPE, s. m., *Syncarpa*, de συν, avec, et καρπος, fruit ; le fruit auquel Richard donnait ce nom correspond à la *sorose;* tandis que le syncarpe de Desvaux correspond au *sycone* (*V.* ces mots).

SYNCARPIES, s. f., *Syncarpiæ*, de συν,

avec, et καρπος, fruit ; monstruosités consistant dans la soudure anormale de deux fruits. Elles sont le plus souvent la conséquence d'une synanthie qui a atteint les ovaires.

SYNCHONDROSE, s. f., *Synchondrosis*, de συν, avec, et χονδρος, cartilage ; articulation formée par le moyen d'un cartilage ; ex. : la symphyse pubienne dans le jeune âge ; celle des côtes avec le sternum.

SYNCOPAL, ALE, adj., *syncopalis* ; qui est relatif à la syncope.

SYNCOPE, s. f., *Syncope*, de συγκοπη, retranchement ; suspension subite des battements et des mouvements du cœur, avec cessation de la respiration, des sensations et des mouvements volontaires.

SYNCRANIENNE, adj. f., de συν, avec, et κρανιον, crâne ; nom donné à la mâchoire supérieure, fixée au crâne d'une manière immobile.

SYNDACTYLES, s. et adj., *Syndactyli*, de συν, avec, et δακτυλος, doigt; nom donné à une famille de Passereaux dont les deux doigts externe et moyen sont réunis dans une grande partie de leur étendue. Genres principaux : *Guêpier*, *Martin-Pêcheur*, etc.

SYNDESMOGRAPHIE, s. f., *Syndesmographia*, de συνδεσμος, ligament, et γραφειν, décrire; description des ligaments.

SYNDESMOLOGIE, s. f., *Syndesmologia*, de συνδεσμος, ligament, et λογος, discours, traité ; traité des ligaments.

SYNDESMOSE, s. f., *Syndesmosis*, de συνδεσμος, ligament ; nom donné aux articulations formées au moyen de ligaments.

SYNDESMOTOMIE, s. f., *Syndesmotomia*, de συνδεσμος, ligament, et τεμνειν, couper ; dissection des ligaments.

SYNDROME, s. m., *Syndromus*, de συνδρομη, concours; ensemble des symptômes qui caractérisent une maladie.

SYNÉCHIE, s. f., *Synechia*, de συν, avec, et εχειν, être ; adhérence de l'iris avec la cornée transparente ou avec le cristallin.

SYNERGIE, s. f., *Synergia*, de συν, avec, et εργον, travail ; association sympathique de plusieurs organes pour l'accomplissement d'une fonction ; ex. : la contraction simultanée du diaphragme et des muscles abdominaux, pour l'exécution du vomissement, pour la défécation, etc.

SYNGÉNÈSE, adj., *syngenesicus*; synonyme de *syngénésique*.

SYNGÉNÉSIE, s. f., *Syngenesia*, de συν, avec, et γενεσις, génération : nom de la dix-neuvième classe dans le système de Linné. Elle renferme les plantes dont les fleurs, le plus souvent composées, ont cinq étamines soudées par les anthères, et se divise en six ordres. *V.* Polygamie. Les cinq premiers ordres comprennent toutes les Composées, et le sixième constitue la *Symphysandrie*.

SYNGÉNÉSIQUE, adj., *syngenesicus;* qui a rapport à la syngénésie. *Etamines syngénésiques* : soudées par les anthères et au nombre de cinq.

SYNOPHTIE, s. f., *Synophtia*; monstruosité consistant dans la soudure anormale des bourgeons ou des embryons. Elle est complète ou incomplète.

SYNOQUE, s. et adj., *Synocha*, de συν, avec, et εχω, je tiens; continu. On a donné ce nom à la fièvre continue sans redoublement. *V.* FIÈVRE.

SYNORRHIZE, adj., *synorrhizus*, de συν, avec, et ριζα, racine; se dit de l'embryon dont la radicule est un peu soudée avec le périsperme.

SYNOTE, s. et adj., *Synotus*, de συν, ensemble, avec, et ους, ωτος, oreille; genre de monstres doubles sycéphaliens présentant deux corps intimement unis au-dessus de l'ombilic commun; une tête incomplètement double, ayant, d'un côté, une face, et de l'autre, une ou deux oreilles. Ce genre de monstruosités a été observé dans presque toutes les espèces d'animaux domestiques.

SYNOTIE, s. f., *Synotia*; état des monstres synotes.

SYNOVIAL, ALE, adj., *synovialis*; qui a rapport à la synovie. — *Membranes synoviales* : membranes analogues aux séreuses par leur disposition, mais en différant en ce que le fluide qu'elles sécrètent est épais, visqueux et séjourne dans le sac membraneux en quantité notable. Les membranes synoviales se rencontrent aux articulations mobiles et dans tous les points où des tendons glissent les uns sur les autres, ou sur une surface osseuse. On rapporte encore au même ordre la membrane qui tapisse certaines cavités situées sous la peau en différents points où a lieu un frottement souvent répété, soit naturel, comme au genou, à la pointe du jarret, soit accidentel, comme au point d'appui des divers harnais. — Les membranes synoviales des articulations revêtent les surfaces articulaires des os et se portent d'un os à l'os contigu, protégées soit par des tendons ou des ligaments funiculaires, soit, et le plus souvent, par un ligament membraneux, appelé *capsulaire*, qui entoure l'articulation. Leur face interne, lisse et polie, sécrète par perspiration un fluide visqueux appelé *synovie* qui, constamment produit, est constamment repris par les absorbants, une certaine quantité restant toujours dans l'articulation pour entretenir sa souplesse. Les synoviales tendineuses ont la même disposition essentielle; elles fournissent des gaines allongées autour des tendons des membres et de simples ampoules sur les autres points. — *Glandes synoviales* ou de *Clopton-Haavers* : petits pelotons graisseux riches en vaisseaux, faisant saillie à l'intérieur des articulations, enveloppés par un repli de la synoviale, et que Clopton-Haavers avait regardés comme fournissant la synovie.

SYNOVIE, s. f., *Synovia*, de συν, avec, et ωον, œuf; fluide ainsi appelé à cause de sa ressemblance avec le blanc d'œuf. La synovie est une humeur visqueuse, jaunâtre, d'une saveur salée, essentiellement formée d'albumine, de mucus, et de quelques sels de soude. Elle est produite par la perspiration des membranes synoviales, et remplit, pour les articulations et les coulisses tendineuses, le même office que l'huile et la graisse pour les machines. Son accumulation dans les articulations ou les gaines, distend la membrane synoviale, et constitue les tumeurs appelées *hydarthroses*.

SYNOVITE, s. f., *Synovitis*; inflammation des membranes synoviales. Elle se montre sur les articulations et les gaines tendineuses. — *Synovite articulaire*. Elle est aiguë et chronique. Les causes occasionnelles sont les coups, les efforts, les distensions. On l'observe surtout dans les articulations des membres, entre autres celle du jarret. Les symptômes se confondent avec ceux de l'arthrite. Contre l'état aigu, on emploie les antiphlogistiques. L'état chronique réclame des moyens plus énergiques : tels sont les vésicatoires, le liniment ammoniacal, le feu. *V.* ARTHRITE, HYDARTHROSE et VESSIGON. — *Synovite tendineuse*. Comme la précédente, elle est aiguë ou chronique. La synovite aiguë est causée par des violences, des chutes, des efforts, par une grande fatigue; elle se montre quelquefois à la suite de la pleurésie et de la pneumonie. Sa présence est facile à constater dans les gaines des fléchisseurs des membres. Elle produit une vive douleur qui se traduit par une grande difficulté dans la locomotion. Le traitement antiphlogistique la fait disparaître assez facilement, mais elle est exposée aux récidives. La synovite tendineuse chronique constitue les *vessigons* et les *mollettes* (*V.* ces mots).

SYNTHÈSE, s. f., *Synthesis*, de συν, avec, et τιθημι, je pose; nom donné, en chimie, à l'opération par laquelle on réunit plusieurs corps simples ou composés pour donner naissance à des corps plus complexes. Cette opération, qui est exactement l'inverse de l'*analyse*, en est la contre-épreuve, et constitue le moyen le plus certain d'en contrôler l'exactitude. Aussi les anciens chimistes disaient-ils que l'analyse était *vraie*, lorsqu'on pouvait en vérifier les résultats par la synthèse, et qu'elle était *fausse*, au contraire, lorsqu'une pareille vérification n'était pas possible, comme pour les matières organiques par exemple. Cette distinction surannée n'est plus admise aujourd'hui, parce que les moyens d'analyse sont devenus assez parfaits pour que cette opération soit regardée comme exacte et vraie, même quand on ne pourrait pas la vérifier par la synthèse. — En chirurgie, on donne ce nom à la réunion des parties divisées; ex : *réduction d'une fracture*, *suture des bords d'une plaie*, etc.

SYNTHÉTISME, s. m., *Synthetismus*; mot employé pour désigner les quatre opérations nécessaires pour réduire une fracture, et qui sont : l'*extension*, la *coaptation*, la *réduction* et l'*application du bandage contentif*. Synonyme de *synthèse*.

SYNTEXIS, s. f., *Syntexis*, de συν, avec, et τηκω, je fonds ; faiblesse, épuisement des forces.

SYNYZÉZIS, s. m., *Synyzezis*, de συν, avec, et ζευγνυμι, je joins ; occlusion de la pupille, résultant d'une inflammation de l'œil, ou de l'opération de la cataracte.

SYNZYGIE, s. f., *Synzygia;* point de jonction de deux cotylédons.

SYPHILIDE, s. f., *Syphilida;* dénomination générale de diverses affections cutanées coïncidant avec la syphilis. On a distingué les syphilides *vésiculeuse*, *papuleuse*, *pustuleuse*, *ulcéreuse*. Ces maladies n'ont pas été observées sur les animaux.

SYPHILIS, s. f., *Syphilis*, de σιπαλος, honteux ; nom collectif donné aux affections que l'on a supposé provenir du virus vénérien. Ces maladies, qu'on appelle *vénériennes*, proviennent directement ou indirectement de l'acte du coït ; elles constituent souvent des phlegmasies catarrhales, nommées *blennorrhagies*, et qui ont leur siége sur diverses parties du corps. Ainsi, la *vaginite*, l'*urétrite*, la *balanite*, l'*ophthalmie purulente*, l'*otite*, la *rhinite*, peuvent être des résultats de la syphilis ; mais elles peuvent aussi survenir par l'influence d'une autre cause. Des *ulcères*, des *poireaux*, des *verrues*, des *condylômes*, sont aussi quelquefois des affections primitives vénériennes. La syphilis peut donc être considérée comme une réunion de symptômes variés, qu'on ne voit pas toujours réunis, qu'on ne peut pas guérir par les mêmes moyens. Elle est considérée comme contagieuse par le contact immédiat des organes sexuels. On observe bien chez les animaux certaines affections catarrhales du vagin, de l'urètre, qui peuvent se transmettre ; mais il n'est pas prouvé qu'elles aient des rapports avec la syphilis de l'espèce humaine ; elles n'ont pas une grande ténacité ; les moyens les plus simples suffisent pour les faire disparaître, ces maladies n'étant pas constitutionnelles.

SYPHILITIQUE, adj., *syphiliticus;* qui tient de la syphilis ; qui a le caractère de la syphilis. *Maladie, ulcère syphilitique.*

SYRINGOTOMIE, s. m., *Syringotomia*, de συριγξ, tuyau, fistule, et τομη', section ; opération de la fistule à l'anus.

SYSOMIENS, s. et adj., de συν, avec, ensemble, et σωμα, corps ; famille de monstres doubles autositaires, dans lesquels les deux corps sont confondus, au moins en grande partie, en un tronc complexe et manifestement double. On a établi dans cette famille les trois genres suivants : 1° *Psodyme ;* 2° *Xiphodyme ;* 3° *Dérodyme.*

SYSTÈME, s. m., *Systema*, de συν, avec, et ιστημι, je place ; assemblage de divers objets semblables ou analogues. — *Anat.* Ensemble d'organes composés de tissus semblables ou remplissant des fonctions analogues ; ex. : *système musculaire*, *système digestif.* — *Hist. nat.* Assemblage méthodique, classification des individus pour faciliter leur étude. Le système diffère de la méthode, en ce qu'il est basé sur un ou quelques caractères seulement ; tandis que la méthode se fonde sur tous les caractères qui peuvent établir entre les êtres des analogies ou des dissemblances. — On désigne souvent sous le nom de *système* l'idée particulière, vraie ou fausse, d'un auteur sur tel ou tel phénomène d'une explication difficile ou impossible ; ex. : *système des animistes*, *des vitalistes*, *des mécaniciens*, etc.—*Bot. V.* Taxonomie. — *Système ascendant, V.* Tige. — *Système descendant, V.* Racine. — *Système cortical, V.* Écorce. — *Système Ligneux, V.* Bois et Tige.—*Système aérien, V.* Tige. — *Système floral*, *foliacé*, *radiculaire*, *V.* Fleur, Feuille, Racine.

SYSTOLE, s. f., *Systole*, συστολη, de συστελλω, je contracte ; mouvement de resserrement du cœur et des artères, succédant au mouvement de *diastole* ou dilatation.

T

T, s. m. ; vingtième lettre de l'alphabet. — *Bandage en T:* qui a une forme analogue à celle de cette lettre. *Incision en T:* formée par une incision cruciale incomplète ; elle a été employée pour la trépanation des os du crâne.

TABAC, s. m., *Nicotiana*, T. ; genre de la famille des Solanées. Il renferme environ quarante espèces presque toutes originaires des régions tropicales. Ce sont des plantes herbacées ou sous-frutescentes, à feuilles entières, alternes, généralement grandes. L'espèce la plus importante est le Tabac proprement dit, ou N. tabac, *N. tabacum*, plante annuelle, spontanée dans l'Amérique méridionale, et cultivée depuis trois siècles environ en Europe. Le tabac nous a été apporté d'Amérique. Son nom lui vient de celui de l'Île *Tabago*, une des Antilles, où les Espagnols ont trouvé la plante qui le fournit, ou du nom de *Tabacos* que les Américains, avant la découverte du Nouveau-Monde, donnaient à des feuilles sèches qu'ils fumaient dans des espèces de tubes. Christophe Colomb avait déjà envoyé de la graine de nicotiane en Europe vers 1518 ; mais ce n'est que quarante années plus tard, en 1560, que Nicot, ambassadeur français en Portugal, en a envoyé chez nous. L'habitude de fumer le tabac à la manière des Américains a suivi de près cette importation ; on ne tarda pas à y joindre celle de le réduire en poudre et de le priser. Aucun usage n'a fait des progrès plus rapides, malgré les préventions, malgré les dangers imaginaires que ses ennemis croyaient y voir, dangers qui le firent proscrire par Jacques Ier, en Angleterre, et par Urbain VIII en Italie. En France, le gouvernement n'a point tardé à s'emparer du monopole de la fabrication du tabac et de son commerce à l'intérieur; il en a fait une branche importante de revenu. La Franche-Comté, la Flandre, l'Alsace eurent d'abord le privilège de la culture. La Constituante abolit, en 1791, le monopole et le privilège; en 1810, ils étaient rétablis l'un et l'autre. La culture du tabac, soumise à quelques formalités, est autorisée aujourd'hui dans les départements de Lot-et-Garonne, du Bas-Rhin, du Lot, du Nord, d'Ille-et-Vilaine, du Pas-de-Calais et de la Corse. Elle occupe une surface de 8,000 hectares, produisant annuellement près de 89,000 kilogrammes de feuilles, dont la valeur est estimée 5,483,568 francs. Dix manufactures sont préposées à la préparation du tabac; elles sont à Paris, Lille, le Havre, Morlaix, Bordeaux, Tonneins, Toulouse, Marseille, Lyon et Strasbourg. — L'importation du tabac en France s'est élevée en 1846, à 10,984,000 kilogrammes ; elle n'avait été, en 1820, que de 2,926,786 kilogrammes. La France consomme annuellement 17 à 18,000,000 de kilogrammes de tabac. — L'espèce ordinaire n'est point la seule dont les feuilles puissent être préparées pour la consommation; on peut employer aussi celles des espèces *rustica, paniculata, glutinosa, quadrivalvis*. Le *nicotiana tabacum* a fourni, par la culture, huit ou dix variétés. — *Pharmac.* Les feuilles du tabac sont les seules parties employées en médecine. Elles sont grandes, ovales, pubescentes, d'un vert foncé à l'état frais, et d'un jaune roussâtre lorsqu'elles sont sèches; leur odeur est vireuse et nauséabonde, et leur saveur âcre et repoussante. Elles renfermeraient, d'après les analyses de Vauquelin, Posselt et Reimann, les principes suivants ; *nicotine*, *nicotianine*, extractif, gomme, chlorophylle, albumine, gluten, amidon, acide malique, chlorhydrate d'ammoniaque, nitrate de potasse, chlorure de potassium, etc. — Les feuilles fraîches ou sèches de tabac paraissent plus franchement narcotiques et moins irritantes que le tabac manufacturé ; aussi doit-on leur donner la préférence toutes les fois que cela est possible et qu'on veut agir sur le système nerveux. Donné à l'intérieur ou déposé sur une partie dénudée et absorbante, le tabac produit beaucoup d'irritation locale, provoque le vomissement et la purgation chez les carnivores et le porc ; la partie absorbée porte son action sur les centres nerveux, produit d'abord des tremblements généraux, des mouvements convulsifs, des vertiges, la somnolence, etc. — L'usage interne du tabac est à peu près nul ; cependant on

donne parfois sa décoction aqueuse en lavement, dans le cas de maladies du cerveau accompagnées de coma, dans la constipation opiniâtre, le part tumultueux, les maladies vermineuses de l'intestin ; on en a conseillé l'emploi également contre le tétanos, par la même voie. A l'extérieur, il sert à détruire les ectozoaires, à faire disparaître la gale, les dartres, etc. Il faut toujours l'employer avec ménagement pour éviter les effets de l'absorption. Comme narcotique, le tabac parait inférieur aux autres Solanées.

TABES, s. m., *Tabes* ; mot latin employé pour désigner la consomption, la phthisie, l'atrophie, le marasme. — Sanie qui s'écoule des ulcères. Terme inusité.

TABIDE, adj., *tabidus*, de *tabes* ; qui est d'une maigreur excessive par l'effet de la phthisie.

TABIFIQUE, adj., *tabificus*, de *tabes*, consomption, et *facere*, produire ; qui produit la langueur, la consomption.

TABLE, s. f., *Tabula* ; nom donné, en *anatomie*, aux deux lames compactes qui forment la surface des os plats. — En *extérieur*, on appelle *table* la surface de frottement de l'incisive, lorsque l'usure a détruit les deux bords tranchants qui circonscrivent, dans la dent vierge, le cul-de-sac extérieur.

TABLETTES, s. f., *Tabellæ;* préparations médicinales composées de sucre, de gomme, de mucilage, de poudres végétales et de divers principes médicamenteux. Elles sont consistantes et se rapprochent des pastilles. Très employées chez l'homme, les tablettes sont inusitées en médecine vétérinaire.

TABLIER, *V.* LABELLE.

TAC, s. m.; mot vulgaire employé pour désigner la gale des brebis. En Auvergne, on a désigné sous ce nom l'inflammation des glandes parotides.

TACCACÉES, s. f., *Taccaceæ;* famille de plantes monocotylédones, herbacées, vivaces, à racine tubéreuse et féculente. Elle est voisine des Aroïdées et des Aristolochiées. Les Taccacées sont des plantes tropicales cultivées en Océanie et dans quelques parties de l'Afrique comme alimentaires. Genres : *Tacca*, etc.

TACHE, s. f., *Macula;* souillure, marque qui salit. En médecine, ce nom a reçu plusieurs acceptions ; il signifie une injection partielle de sang dans la peau, dans une muqueuse. *V.* ECCHYMOSE. Il est synonyme d'*albugo, taie, leucoma. V.* ces mots.

TACT, *V.* TOUCHER.

TACTILE, adj., *tactilis*; qui sert au tact : *organes tactiles.*

TÆNIA, s., m., *V.* TÉNIA.

TAFFETAS, s. m. ; tissu de fil, très fin, imprégné d'un principe agglutinatif ou vésicant, et fréquemment appliqué chez l'homme sur les solutions de continuité ou sur la peau, dans un but thérapeutique. Cette préparation n'est pas employée sur les animaux.

TAIE, s. f., *Tega*, de *tegere*, couvrir ; tache qui se forme sur la cornée lucide et empêche les rayons lumineux de pénétrer dans le globe de l'œil. *V.* ALBUGO, LEUCOMA, NUAGE.

TAILLADE, s. f. ; coupure dans les chairs ; fracture du crâne par un instrument tranchant.

TAILLE, s. f., *Statura* ; hauteur du corps. La taille des animaux se mesure verticalement, du point le plus élevé du garrot au sol. Le cheval et le mulet sont les seuls animaux domestiques dont on évalue la taille d'une manière exacte. Cette évaluation s'opère au moyen de la *potence*, qui donne l'élévation réelle, ou de la *chaîne*, qui donne, outre cette élévation, un supplément produit par la forme plus ou moins arrondie de l'épaule, dont l'instrument a suivi le contour. La chaîne n'est guère employée que sur les champs de foire, ses indications n'étant jamais exactes ni susceptibles d'une comparaison régulière avec le résultat donné par la potence. On doit, lorsqu'on mesure les chevaux, avoir égard à l'épaisseur des fers, à la hauteur des crampons, qui peuvent donner à l'animal une taille qu'il n'a pas réellement. Il est bon aussi, lorsque le cheval est peu docile, de prendre deux fois sa mesure, et de comparer les deux résultats, dont on prend la moyenne. — *Chirurg.* Opération qui consiste à extraire les calculs de la vessie. *V.* CYSTOTOMIE.

TAILLE DES ARBRES ; opération dans laquelle on coupe aux arbres fruitiers des bourgeons ou des branches, dans le but de leur donner une forme particulière, de leur faire produire chaque année des fruits, ou de maintenir entre les diverses parties un certain équilibre. On taille avec la serpette et le sécateur.

TAILLER, v. a., *taliare* ; couper avec un instrument ce qu'il y a de superflu. — Faire une incision pour extraire un calcul de la vessie. — *Tailler les chairs*, c'est-à-dire les couper, les inciser. — *Tailler un cheval :* faire l'ablation des organes sexuels.

TAILLIS, s. m. ; forêt non résineuse dont l'âge ne s'élève pas au-dessus de 30 ans. On distingue le jeune taillis (10 ans), le moyen taillis (10 à 25 ans), et le haut taillis (25 à 30 ans).

TALC, s. m., *Talcum* ; nom d'un silicate complexe, formé de silice, d'oxyde de fer, d'alumine, de magnésie et d'eau. Il est lamelleux, flexible, doux au toucher, blanc verdâtre et nacré.

TALLE, s. f. ; ensemble des pousses qui, dans les graminées, entourent la tige principale. Le pâturage, la fauchaison, le rouleau, etc., font taller les céréales.

TALLEMENT, s. m. ; succession des phénomènes produisant la talle.

TALON, s. m., *Talux*, *calx* ; partie postérieure du pied, formée par le calcanéum. Dans les animaux digitigrades, le talon est fortement relevé, et forme ce qu'on appelle en extérieur la *pointe du jarret*. — On désigne sous le nom de *talon*, dans le sabot des animaux ongulés, le point où la paroi se replie postérieurement pour se porter en dedans. Une forte couche épidermique recouvre cette partie et se contourne avec la fourchette.

TALPA, s. f., *Talpa* ; mot latin, synonyme de *taupe*, qui a été employé pour désigner le phlegmon de la partie supérieure et postérieure de la tête. *V.* MAL DE TAUPE.

TAMARINIER, s. m., *Tamarindus*, T. ; genre de la famille des Légumineuses, composé d'un très petit nombre d'arbres des contrées tropicales. L'espèce principale est le T. de l'Inde, *T. Indica*, originaire de l'Inde et transporté par la culture en Afrique, aux Antilles, etc. ; c'est elle qui fournit au commerce le fruit désigné sous le nom de *Tamarin*. — *Pharmacol.* La pulpe de tamarin, qu'on trouve toute préparée dans le commerce, est noire, de saveur acide et sucrée, d'une odeur vineuse, entremêlée de graines et de filaments. Elle est soluble dans l'eau et formée principalement d'acides tartrique, citrique, malique, de bitartrate de potasse et de sucre. La pulpe de tamarin est laxative et tempérante, mais elle est peu usitée pour les animaux, à cause de son prix élevé. Elle pourrait être utile dans la fièvre bilieuse et la jaunisse du chien et du chat.

TAMARISCINÉES, s. f., *Tamariscineæ ;* famille de plantes dicotylédones, polypétales, hypogynes, composée d'arbres, d'arbrisseaux et de sous-arbrisseaux des régions chaudes et méditerranéennes de l'hémisphère boréal. Genres : *Tamarix*, etc. Le *Tamarix gallica* est très commun le long du golfe de Lyon.

TAMIER, **TAMINIER**, s. m., *Tamnus*, L. ; genre de la famille des Dioscoréacées. Il se compose d'herbes volubiles, communes dans les parties tempérées de l'Europe et de l'Asie. La racine tubéreuse du *T. communis* est féculente ; elle a été employée en médecine comme résolutive et vomitive.

TAMIS, s. m., *Stamen* ; instrument employé dans les pharmacies pour donner aux poudres un grain uniforme. Il se compose d'un cercle solide en bois ou en métal et d'une toile en soie, en crin ou en fils métalliques, tendue sur un de ses bords à la manière de la peau d'un tambour. Lorsque les poudres sont peu précieuses ou peu irritantes, on se sert du tamis simple ; mais lorsqu'elles sont très fines, d'un prix élevé ou très actives, on emploie un tamis *couvert*, fermé en dessus par un couvercle solide et clos en dessous par un *tambour* qui doit recevoir la poudre et l'empêcher de se répandre dans l'atmosphère.

TAMBOUR, *V.* TYMPAN.

TAMPON, s. m. ; bouchon. Petite masse d'étoupe roulée qu'on introduit dans une plaie étroite pour absorber le sang et le pus, et la préserver du contact de l'air.

TAMPONNEMENT, s. m. ; action de tamponner. Action par laquelle on introduit dans une cavité naturelle ou accidentelle des tampons d'étoupe ou de charpie, pour arrêter l'écoulement du sang ou de tout autre liquide. On pratique le tamponnement dans les cavités nasales, dans le vagin, la matrice.

TAN, s. m. ; nom vulgaire de l'écorce de chêne réduite en poudre pour les usages des arts ou de la pharmacie. *V.*ÉCORCE DE CHÊNE.

TANAISIE, s. f., *Tanacetum*, L. ; genre de la famille des Composées. Il renferme une centaine d'espèces d'herbes ou de sous-arbrisseaux répandus sur toute la surface du globe. L'espèce principale est la T. commune, *T.vulgare*,L., qui croît abondamment dans les prairies, les lieux incultes, etc. A l'état frais, cette plante exhale une odeur forte qui repousse les bestiaux ; sèche, elle agit comme tonique et préserve les moutons de la pourriture. C'est donc une espèce assaisonnante et aromatique. — *Pharmacol.* Les sommités fleuries de la tanaisie sont employées en médecine à titre de tonique excitant, de vermifuge, d'utérin et même d'antispasmodique. Elles renferment, d'après Peschier, une huile volatile, une résine amère, une matière extractive d'une grande amertume, une matière grasse, de la chlorophylle, etc. On les donne en infusion théiforme dans les mêmes cas que l'*absinthe*, dont elles partagent la plupart des propriétés ; c'est un bon médicament contre la cachexie aqueuse des moutons et les affections vermineuses de la plupart des animaux.

TANGUE, *V.* MERL.

TANNAGE, s. m.; opération industrielle par laquelle on combine les matières astringentes des végétaux avec le principe gélatineux de la peau des animaux. Il se forme un tannate de gélatine qui, tout en conservant au tissu cutané sa souplesse et sa ténacité, le rend complètement imputrescible.

TANNATE, s. m. ; nom générique des sels formés par l'acide tannique avec les bases salifiables minérales ou organiques. Ils sont généralement insolubles et incristallisables, à l'exception de ceux de potasse, de soude et d'ammoniaque. Le tannate de peroxyde de fer est noir et forme la base de l'encre et de la teinture en noir. Les tannates à bases organiques étant insolubles, on a proposé l'emploi des décoctions astringentes comme antidote des alcaloïdes végétaux.

TANNIN, s. m., *Tanninum;* nom donné anciennement à toutes les matières végétales qui ont une saveur amère, astringente, qui colorent les sels de fer en noir-bleu ou en vert, et précipitent la gélatine en une masse grise et élastique. Les recherches des chimistes modernes ont démontré que toutes les matières astringentes des végétaux étaient formées principalement par les acides *tannique* et *gallique* (*V.* ces mots). De même qu'il existe plusieurs espèces de sucres, de gommes, de fécules, il paraît exister aussi plusieurs variétés de

tannins. Ils sont distingués en tannins qui colorent les sels de peroxyde de fer en bleu-noir, comme ceux de la noix de galle, de l'écorce de chêne, du sumac, du bouleau, de l'aulne, etc., et en tannins qui colorent les persels de fer en vert ; tels sont ceux du quinquina, du cachou, du kino, du thé, des pins et sapins, etc. Les tannins, quels qu'ils soient, constituent la base des médicaments toniques et astringents, et servent, dans les arts, à la fabrication des cuirs ou au tannage.

TANTALATE, s. m.; nom des sels formés par l'acide tantalique avec les bases. Ils sont sans importance.

TANTALE, s. m., *Colombium ;* corps simple métallique de la cinquième section, découvert en 1801 par Hatchett. Il est solide, en poudre noire, prenant l'éclat métallique par le brunissoir. Il est infusible au feu de forge ; au contact de l'air, il brûle et se transforme en acide tantalique. Il est peu important.

TAON, s. m., *Tabanus;* insecte diptère, de la famille des Tabaniens, dont le caractère principal existe dans le troisième article des antennes, qui est allongé, dilaté en hauteur à sa base et échancré en dessus; leurs ailes sont fortes et pourvues d'un grand nombre de nervures ; leurs pieds robustes présentent, aux tarses, des pelotes qui leur permettent de s'attacher à la surface des corps. Les taons sont communs dans les bois; les femelles sont avides du sang des animaux; les mâles se contentent de butiner sur les fleurs. D'après Degéer, la femelle confie ses œufs à la terre. Le genre *Tabanus* comprend une quarantaine d'espèces, dont les principales sont le *T. morio*, Latr., et le *T. aurocinctus.* Parmi les animaux domestiques, ce sont les bœufs et les chevaux qui ont le plus à souffrir des attaques de ces insectes qui, pendant l'été, les poursuivent et produisent sur leur corps le développement de nombreuses tumeurs qui n'ont aucune gravité.

TARARE, s. m.; machine propre à nettoyer les grains. Le tarare se meut à bras d'hommes et fait simultanément l'office de van et de crible. On en connaît de plusieurs espèces.

TARAXIS, s. m., *Taraxis*, de ταρασσω, je trouble ; inflammation de l'œil produite par une cause externe.

TARDIF, IVE, adj., *tardus;* qui vient tard ; opposé à précoce. — En parlant d'un jeune animal qui est venu au monde quelque temps après ceux du même troupeau, on dit un *tardillon.*

TARDIGRADES, s. et adj., *Tardigrada;* nom donné à une famille de l'ordre des Edentés, caractérisée par la lenteur avec laquelle se meuvent les animaux qu'on y a rassemblés. L'*Aï*, l'*Unau*, appartenant au genre Bradype, sont les principaux individus de cette famille.

TARE, s. f., de l'arabe *tharahh*, rejeter, rebuter ; diminution pour la qualité ; défectuosité qui diminue la valeur d'un animal et qui consiste dans une difformité accidentelle.

TARÉ, ÉE, adj.; qui est vicieux, déprécié. Un cheval est *taré*, quand il présente des défectuosités résultant d'un accident ou d'une opération; ex.: cicatrices au genoux, suites de la cautérisation de la peau par le fer rouge.

TARPANS, s. m.; chevaux sauvages du nord de l'Europe.

TARSE, s. m., *Tarsus*, ταρσος, de ταρσοω, j'enlace; première région du pied postérieur, formée, dans le cheval, par l'assemblage de six os, dont deux principaux, le calcanéum et l'astragale, et quatre plus petits, le cuboïde, le scaphoïde, le grand cunéiforme, et le petit cunéiforme (*V.* ces mots). Ce dernier est quelquefois divisé en deux parties. — Dans le bœuf, le scaphoïde et le cuboïde sont réunis en une seule pièce; on trouve au côté externe du tarse, entre le tibia et le calcanéum, un petit os qui n'existe pas dans le cheval et qui semble rappeler l'extrémité inférieure du péroné, os qui n'existe pas chez le bœuf. — On appelle *cartilage tarse* un petit arc cartilagineux qui tend le bord inférieur de la paupière et qui présente dans toute sa longueur une série de sillons transversaux logeant les *glandes de Meïbomius*.

TARSIEN, ENNE. adj. . *tarseus*; qui appartient au tarse. — *Os tarsiens*, *V.* TARSE. —*Articulations tarsiennes*: articulations des os du tarse entre eux; elles ont lieu par des faisceaux ligamenteux nombreux, courts, et solides, permettant de très légers mouvements; aussi l'ankylose est-elle très fréquente entre ces os.

TARSO - MÉTATARSIEN, ENNE, adj., *tarso-metatarseus;* qui a rapport au tarse et au métatarse. — *Articulation tarso - métatarsienne*: articulation du tarse avec le métatarse: elle ne permet que des mouvements très obscurs et se trouve affermie par ses ligaments particuliers et par les ligaments superficiels qui, du tibia, se portent aux os métatarsiens.

TARSO - PHALANGIEN, s. et adj., *Tarso-phalangianus*; nom donné par Girard au ligament sésamoïdien supérieur du membre postérieur, appelé par Bourgelat tendon suspenseur du boulet. *V.* SÉSAMOÏDIEN.

TARSO-PRÉPHALANGIEN, *V.* PÉDIEUX.

TARTARE (race chevaline). Elle occupe le vaste espace compris entre la mer Caspienne, la Russie, la Sibérie, la Chine et la Perse. Ses caractères ne sont point uniformes, mais ils la rapprochent des races de l'Orient et la rangent à la suite des chevaux de pur sang. Les diverses familles composant ce qu'on est convenu d'appeler la race tartare, nous sont incomplètement connues; toutefois elles paraissent pouvoir se diviser en deux groupes principaux ayant pour types, l'un le cheval *circassien*, l'autre le cheval *turkoman*. Le premier, à formes exiguës, sèches, anguleuses; le second, plus haut, plus étoffé, à membres plus longs, à tête un peu forte; l'un et l'autre robustes, intelligents, agiles, pleins d'énergie et de vitesse, et dignes, par leur aptitude, de figurer à côté des meilleures races équestres de l'Orient. — C'est au groupe qui a pour type le cheval circassien que se rattachent les petits chevaux de l'Ukraine et de la Russie, si remarquables par leur rusticité et leur vigueur. — Le turkoman a été proposé récemment pour régénérer nos races légères: on l'a trouvé préférable à l'Arabe, parce qu'il réunit à une force égale plus de taille et d'étoffe.

TARTARIMÉTRIE, s. f.; méthode analytique qui consiste à soumettre à l'alcalimètre le carbonate de potasse provenant de la calcination de la crème de tartre. Connaissant le titre du carbonate de potasse fourni par le bitartrate de potasse pur, il sera possible de déterminer le rapport de celui fourni par le tartre brut, avec la crème de tartre pure.

TARTRATE, s. m., *Tartras*; genre de sels formés par l'union de l'acide tartrique avec les bases. Ils sont neutres ou acides, simples ou doubles. Ils sont solides et cristallisables. Traités par la chaleur, ils fondent, se boursoufflent, noircissent et se décomposent en exhalant une forte odeur de sucre brûlé. Les tartrates alcalins et ceux de magnésie et de cuivre sont solubles dans l'eau: les autres sont insolubles. Les tartrates insolubles augmentent de solubilité dans l'eau par un excès d'acide: ceux qui sont solubles perdent au contraire de leur solubilité par l'addition d'un excès d'acide tartrique. Traités par les acides minéraux, les tartrates perdent un équivalent de base et passent à l'état de bitartrates. On distingue les tartrates des oxalates en ce qu'ils ne précipitent pas par le sulfate de chaux et celui de cuivre, tandis que les oxalates précipitent abondamment. Plusieurs tartrates simples et quelques tartrates doubles sont des sels importants soit pour les arts, soit pour la médecine; ce seront les seuls décrits dans cet ouvrage.

TARTRATES DE POTASSE. Ils sont au nombre de deux: le tartrate neutre et le bitartrate. 1° *Tartrate neutre*, $2KO, T.$ — *Sel végétal*. On l'obtient en traitant le bitartrate par le carbonate de potasse. Il est solide, en cristaux blancs, transparents, en forme de prismes triangulaires, de saveur amère, se transformant par la chaleur en carbonate de potasse, attirant l'humidité de l'air, soluble dans le quart de son poids d'eau. Il est sans usages; 2° *Bitartrate de potasse* $KO, HO, 2T.$ — *Crème de tartre*. Ce sel existe tout formé dans le suc de beaucoup de plantes, et surtout dans le jus des raisins. On l'extrait en dissolvant le *tartre* des tonneaux et en le clarifiant ensuite au moyen de l'argile et du charbon animal. Il est solide, en prismes obliques, à base rhomboïde, transparents, incolores, très durs, inaltérables à l'air, d'une saveur faiblement aigrelette, et rougissant le tournesol. Chauffé, il fond dans son eau de cristallisation, puis se décompose en exhalant une odeur de sucre brûlé, et en laissant un résidu grisâtre formé de charbon très divisé et de carbonate de potasse. L'eau à la température ordinaire en dissout $1/_{60}$ de son poids, l'eau chaude, $1/_7$; l'alcool ne le dissout pas et le précipite même de sa dissolution aqueuse. Brûlé avec le nitre, il produit du *flux* blanc ou noir, selon la proportion du mélange (*V.* FLUX). — *Pharmacol.* Ce sel est tempérant à petite dose et purgatif à dose élevée; on en fait peu usage, à cause de son peu de solubilité : on lui préfère le *tartro-borate* de potasse (*V.* ce mot).

TARTRATE DE POTASSE ET D'ANTIMOINE. KO, Sb² O³, HO, T. *Émétique, tartre stibié.* L'émétique a été découvert en 1631 par le docteur Adrien Minsycht. Il n'existe pas dans la nature; on le prépare artificiellement par plusieurs procédés; les deux suivants sont les plus employés : 1° on fait bouillir, dans 4,500 p. d'eau, 125 p. de verre d'antimoine et 185 p. de bitartrate de potasse, pendant une heure environ, en remuant constamment le mélange; 2° on traite dans une marmite en fonte 100 gr. de poudre d'algaroth, 145 gr. de crème de tartre, par 10 kil. ou litres d'eau de rivière. Dans l'un et l'autre cas, une proportion d'acide tartrique du bitartrate de potasse s'unit à l'oxyde d'antimoine pour former du tartrate antimonique, qui se combine au tartrate neutre de potasse pour donner naissance à l'émétique. Ce sel est solide, cristallisé en tétraèdres réguliers ou en octaèdres allongés, transparents lorsqu'ils sont de formation récente, et opaques lorsqu'ils ont subi le contact de l'air; incolore, inodore, l'émétique a une saveur forte, âcre et nauséabonde. Exposé à l'action de la chaleur, il décrépite, noircit, exhale une odeur de caramel et se décompose. L'eau chaude dissout $1/_3$ de son poids d'émétique, et l'eau froide $1/_{18}$ seulement. La solution chaude se trouble en se refroidissant; elle précipite par les alcalis et leurs carbonates, ainsi que par l'eau de baryte et l'eau de chaux. Les acides sulfurique, nitrique, chlorhydrique, la précipitent en blanc, ainsi que les substances végétales astringentes; enfin, l'acide sulfhydrique y produit un précipité jaune-rougeâtre de soufre doré d'antimoine qui est tout-à-fait caractéristique. — *Pharm.* Le tartre stibié est un médicament puissant dont les effets varient suivant le mode d'administration et les doses. Appliqué sur les muqueuses et la peau, l'émétique agit comme un irritant énergique; incorporé dans l'axonge et étendu sur la peau, il provoque une éruption pustuleuse qui a de l'analogie avec la clavelée. Dans le tube digestif, quoique irritant, l'émétique agit avec beaucoup moins d'activité qu'à l'extérieur, ce qui provient, à la fois, de sa décomposition partielle par les liquides du tube digestif, de son absorption graduelle, et de ce qu'il parcourt successive-

ment tout le canal intestinal sans séjourner spécialement sur aucun point. Néanmoins, l'émétique irrite à la longue la muqueuse gastro-intestinale et doit être administré avec prudence. Les autres effets du tartre stibié varient selon la dose et le mode d'administration de ce médicament. Donné aux petits animaux, à la dose de 5, 10 et 15 centigr., et injecté dans les veines des grands herbivores, à celle de 50 centigrammes à un gramme, l'émétique détermine le vomissement ou les phénomènes qui accompagnent cet acte d'évacuation. A la dose de 20 à 25 centigrammes pour les petits et à celle de 2 à 4 grammes pour les grands animaux, dissous dans une grande quantité d'eau (en *lavage*) et donné comme boisson, le tartre stibié produit principalement des effets purgatifs. Enfin, à la dose de 50 centigr. à 1 ou 2 gr. pour les petits, et à celle de 15, 30, 60 gr. et plus pour les grands herbivores, dans les vingt-quatre heures, l'émétique cesse d'agir sur le tube digestif (*tolérance*) et porte spécialement son action sur la respiration et la circulation, qu'il ralentit d'une manière évidente et souvent fort notable (H. Bouley): il est alors *contre-stimulant* ou *antiphlogistique direct* (Rasori). Comme *vomitif*, l'émétique est indiqué dans les empoisonnements des petits animaux, l'embarras gastrique, le vertige abdominal, la maladie des chiens; à titre de *purgatif*, il convient contre la constipation, les pelotes stercorales, l'entérite chronique du bœuf avec durcissement et dessèchement des matières intestinales, etc. Enfin, comme *contre-stimulant*, on l'emploie surtout contre la pneumonie et la péripneumonie, le catarrhe pulmonaire, la bronchite chronique, le tétanos (uni à l'opium), le vertige, etc. A quoi faut-il attribuer ces différents effets de l'émétique? D'après Mialhe, à la décomposition partielle ou totale de ce médicament par l'acide chlorhydrique du suc gastrique; quand l'émétique est donné à petite dose, la décomposition est complète et il se forme de la poudre d'Algaroth qui irrite l'estomac et provoque le vomissement; quand il est dissous dans une grande quantité d'eau, il séjourne peu dans l'estomac, porte son action irritante sur les intestins et détermine des effets purgatifs; enfin, à forte dose, le suc gastrique n'est plus en quantité suffisante pour décomposer l'émétique, qui est absorbé en nature et passe dans le sang; d'où absence de désordres dans le tube digestif. Sous quelle forme doit-on donner l'émétique? Sous forme liquide toutes les fois que cela est possible, parce qu'alors ce médicament est plus facilement *toléré*. Les animaux observeront-ils la diète ou convient-il de leur donner à manger? D'après Trousseau, la tolérance est beaucoup plus facile chez l'homme pendant la diète, ce que Mialhe attribue à l'absence d'acide chlorhydrique dans le suc gastrique pendant cet état. Au contraire, selon Dupuy, Renault et H. Bouley, l'émétique est plus facilement supporté par les animaux herbivores, lorsqu'ils ont mangé, que quand ils sont à jeun, ce qu'il faut attribuer, selon toute apparence, à sa décomposition partielle par les matières astringentes des aliments végétaux contenus dans le tube digestif. Quand on administre l'émétique contre les affections du poumon, convient-il de saigner préalablement? Il y a dissidence parmi les médecins sur ce sujet, et Trousseau se prononce pour la négative; les vétérinaires sont à peu près d'accord sur ce point et saignent généralement avant de donner le tartre stibié. Quelle est la valeur de l'émétique dans le traitement des affections du poumon? Les médecins ont, sur ce point de thérapeutique, des opinions très disparates; les uns considèrent ce sel comme un vrai spécifique, et d'autres comme un moyen inutile ou dangereux; enfin, il en est qui ne l'emploient que comme pis-aller, ou seulement dans les formes latentes, catarrhales de ces affections. Les vétérinaires ne se sont pas encore nettement prononcés sur ce sujet; cependant le plus grand nombre ne l'emploient pas dans les phlegmasies franches du poumon; ils le réservent pour la pneumonie qui se résout difficilement, qui s'accompagne de larges hépatisations, pour la pneumonie catarrhale, la vieille bronchite, etc. Les vétérinaires du midi en font assez souvent usage chez le bœuf, dont la pneumonie, en raison de l'état celluleux du poumon, se résout plus difficilement et tend à passer à l'état chronique. Il convient de donner, chez le bœuf, l'émétique en dissolution dans une grande quantité d'eau, pour ne pas trop irriter le tube digestif et retarder ainsi le rétablissement des malades, chez lesquels cet appareil joue un rôle si prépondérant dans la vie nutritive.

TARTRATE DE POTASSE ET DE FER. KO, Fe² O³, T. — Ce composé remarquable se prépare aisément par le procédé suivant: on prend 6 p. d'eau distillée et 1 p. de bitartrate de potasse; on maintient le mélange entre 50° ou 60°, et on y ajoute de l'hydrate de peroxyde de fer jusqu'à ce que la liqueur cesse d'en dissoudre; on retire du vase et on étend la dissolution sur des assiettes pour faire évaporer l'eau. Ce sel est solide, sous forme d'écailles d'un brun rouge, inodore, d'une saveur ferrugineuse faible. Chauffé à 120°, il se décompose; bouilli avec un excès de bitartrate de potasse, il se décompose entièrement; voilà pourquoi il doit être préparé à une douce chaleur. Très soluble dans l'eau, ce sel est également soluble dans l'alcool. — *Pharmacol.* Ce sel, qui forme la base des boules de Nancy, est considéré aujourd'hui par les médecins comme une des meilleures préparations ferrugineuses qu'on puisse opposer aux affections anhémiques et hydrohémiques. Cette opinion est basée sur la grande solubilité de ce sel, sur son peu d'astringence et sur la fixité du principe ferrugineux,

qui ne peut être précipité par les principes alcalins du corps, puisque déjà il est uni à de la potasse. Les vétérinaires trouveront dans l'emploi de ce sel les mêmes avantages que les médecins, puisque son prix est peu élevé dans le commerce. Lorsqu'on veut l'administrer à l'intérieur, il convient de le dissoudre dans l'eau ou de l'incorporer à l'extrait de genièvre, pour en faire un électuaire. La dose varie de 15 à 30 grammes et plus pour les grands animaux, et de 4 à 8 gram. pour les petits.

TARTRATE DE POTASSE ET DE SOUDE. KO, NO, 7 HO, T. — *Sel de Seignette.* On prépare ce sel en saturant le bitartrate de potasse avec du carbonate de soude, concentrant ensuite la liqueur pour faire cristalliser. Il est solide, en cristaux volumineux, qui sont des prismes quadrangulaires à base rhombe, contenant 30 % d'eau de cristallisation, transparents d'abord, puis s'effleurissant bientôt à l'air: incolore, inodore, ce sel a une saveur fraîche et amère. Il se dissout dans 5. p. d'eau environ et se décompose en un mélange de carbonate de potasse et de carbonate de soude. — *Pharmacol.* Ce sel est à la fois purgatif et diurétique, mais il est peu usité en médecine vétérinaire.

TARTRE, s. m., *Tartarus;* dépôt salino-terreux qui se forme dans les cuves et les tonneaux, à mesure que les vins vieillissent. Il est *rouge* ou *blanc* selon la couleur du vin, sans autre changement dans sa composition, que la présence, dans le premier, d'un principe colorant rouge que ne renferme pas le second. Le tartre brut contient du bitartrate de potasse, du tartrate de chaux, de l'alumine, de la silice, du fer, du manganèse, etc. Desséché et calciné, il donne un carbonate de potasse impur qui porte dans le commerce le nom de *cendres gravelées.* Calciné avec le nitre, il forme le *flux noir* ou le *flux blanc,* selon les proportions du mélange. *V.* FLUX.

TARTRE CHALYBÉ, *V.* TARTRATE DE POTASSE ET DE FER.

TARTRE DENTAIRE; mélange de substance calcaire et de matière animale, qui se dépose quelquefois en grande quantité sur les dents des animaux. Le tartre est jaune sale chez les solipèdes, noir chez le mouton, noirâtre et fréquemment d'apparence dorée chez les bêtes bovines. Cette matière paraît être sécrétée par la gencive.

TARTRE ÉMÉTIQUE, *V.* TARTRATE DE POTASSE ET D'ANTIMOINE.

TARTRE SOLUBLE, *V.* BITARTRATE DE POTASSE.

TARTRE STIBIÉ, *V.* TARTRATE DE POTASSE ET D'ANTIMOINE.

TARTRATE TARTARISÉ, *V.* BITARTRATE DE POTASSE.

TARTRO-BORATE DE POTASSE. KO, BO³, T. — *Crème de tartre soluble.* Sel double formé de deux acides et d'une base; c'est de la crème de tartre dans laquelle une proportion d'acide tartrique est remplacée par un équivalent d'acide borique. On prépare ce composé, qui est important pour la médecine, en chauffant dans 24 p. d'eau, un mélange intime de 4 p. de bitartrate de potasse et 1 p. d'acide borique, l'un et l'autre finement pulvérisés : on évapore en consistance de miel ; on dessèche à l'étuve et on pulvérise. La crème de tartre soluble est en poudre blanche, amorphe, inodore, d'une forte saveur aigre, soluble dans deux parties d'eau. — *Pharmacol.* Ce sel double est tempérant, diurétique et purgatif, selon les doses. Il se donne en breuvage aux herbivores, à la dose de 30 à 150 grammes et plus, selon les indications à remplir, et à celle de 8 à 15 gr. chez les petits. La crème de tartre soluble est indiquée dans la fièvre bilieuse, la jaunisse, l'entérite chronique, les affections putrides du sang, les aphtes, les hydropisies, etc.

TAUPE, s. f., *Talpa* ; tumeur ou phlegmon qui se forme sur la nuque du cheval et du bœuf. *V.* MAL DE TAUPE.

TAUPINIÈRE, s. f. ; petit monticule de terre élevé par la taupe aux extrémités ou aux points les plus élevés de sa galerie souterraine. *V.* ÉTAUPINAGE.

TAUREAU, s. m., *Taurus* ; nom donné au mâle non châtré dans l'espèce bovine. Depuis l'âge de six mois jusqu'à celui d'un an, il reçoit le nom de *bouvillon* ou *taurillon*. Le taureau est apte à se reproduire et peut être employé à multiplier son espèce, dès l'âge de 12 à 15 mois jusqu'à 3 ou 4 ans. Plus tôt, il est trop jeune et trop faible ; plus tard il devient indocile et trop lourd. — Une bonne santé, un corps long, cylindrique, une poitrine ample et large, un ventre relativement moyen, des épaules longues et fortes, un dos droit, des reins larges, un flanc court, des cuisses et une hanche fournies et descendues, sont des caractères que l'on doit rechercher, quelle que soit, au reste, la destination des produits. Mais s'il s'agit de reproduire des aptitudes déterminées pour l'engraissement ou le travail, alors on doit rechercher, outre les caractères généraux précités, ceux qui distinguent les groupes décrits au mot *Bovines*. On ne doit point négliger l'étude des écussons qui servent à classer les vaches laitières ; ils sont moins développés dans les taureaux ; toutefois ils sont apparents. La taille devra être prise en considération ; dans une race donnée, il faut toujours choisir un taureau plus grand que la femelle ; mais s'il s'agit de croisement, on devra consulter surtout les aptitudes et ne jamais prendre un taureau que dans une race meilleure. Quant à l'appareillement, il doit être toujours fait par conformité, et jamais, si c'est possible, par opposition ou contraste. Pour la production des bêtes exclusivement vouées au travail, il faut prendre de préférence, toutes choses égales, des taureaux adultes, bien formés, ayant atteint au moins 2 ans ; pour le lait ou

la graisse, il y aura avantage à les choisir plus jeunes. On sait qu'un mâle provenant d'une bonne vache laitière, communique à ses produits la faculté lactifère. — Le taureau indocile doit être rejeté de la reproduction. Il est indispensable de lui faire subir la castration avant de l'engraisser.

TAURELLIÈRE, s. f. ; nom donné à la vache qui demande souvent le taureau, et qui est sujette à avorter. *V.* NYMPHOMANIE.

TAURINE, s. f., de ταῦρος, taureau, bœuf. Matière cristallisable découverte dans la bile de bœuf par Gmelin. Elle est solide, en prismes quadrangulaires, incolore, inodore, inaltérable à l'air, de saveur fraîche, décomposable au-dessus de 100°, soluble dans 15 p. d'eau froide, très soluble dans l'eau bouillante, et insoluble dans l'alcool absolu. Elle est inaltérable dans l'acide nitrique. Elle est très azotée.

TAXIDERMIE, s. f., *Taxidermia*, de ταξίς, arrangement, et δέρμα, peau ; ouvrage sur la manière d'empailler les animaux.

TAXIS, s. m., *Taxis*, de ταξίς, arrangement ; action de replacer dans leur position naturelle les parties molles déplacées. On emploie le taxis pour réduire les hernies, le renversement du rectum, du vagin, de l'utérus. Pour opérer le taxis d'une hernie, on place l'animal dans une position qui favorise la rentrée des viscères, ensuite on repousse lentement les organes déplacés pour leur faire suivre un chemin inverse à celui par lequel ils sont descendus.

TAXOLOGIE, s. f., *Taxologia*, de ταξίς, ordre, et λόγος, discours ; synonyme de *Taxonomie*.

TAXONOMIE, s. f., *Taxonomia*, de ταξίς, ordre, et νόμος, loi ; partie de la botanique qui traite des classifications des plantes, des lois et des règles qui doivent guider dans l'établissement des méthodes et systèmes. Les anciens ne connaissaient qu'un petit nombre de végétaux. Théophraste en décrit trois cents ; Dioscoride environ sept cents. En rapprochant ceux qui paraissaient se ressembler et leur donnant à chacun un nom, on pouvait facilement encore arriver à leur connaissance ; mais, quand le nombre des individus décrits devint nombreux, il fallut établir parmi eux des divisions, la mémoire étant désormais insuffisante pour guider les observateurs au milieu de ce grand nombre d'objets. De là les classifications méthodiques. Le premier résultat de l'observation avait conduit à la formation de l'*espèce* ou de la première unité comprenant toutes les plantes exactement pareilles ; la réunion d'un certain nombre d'espèces analogues créa un groupe ou deuxième unité appelée *genre* ; enfin, plus tard, les genres réunis formèrent des *tribus*, des *ordres* ou *familles* et des *classes*. Le rapprochement ou l'éloignement des objets, dans une classification, n'est que le fruit de leur comparaison ; mais ils peuvent être comparés entre eux de plusieurs manières, sous plus d'un point de vue ; delà les *systèmes* et les *méthodes* de classification. Les premiers sont principalement fondés sur l'étude d'un ou de quelques organes, et font abstraction des autres caractères ; c'est ce qui leur a valu le nom de *méthodes artificielles*. *Les méthodes*, auxquelles on donne le nom de *naturelles*, sont établies sur la comparaison de tous les organes, en déterminant pour ceux-ci une *subordination* qui exprime le rôle qu'ils sont appelés à jouer dans la reproduction de l'espèce ou l'entretien des individus. Les premières classifications botaniques ont dû être bien imparfaites. Elles ne se sont perfectionnées que lorsque l'instrument lui-même, la méthode, mieux choisie, plus éclairée, est devenue plus puissante. — Les premiers travaux de classification sérieuse datent du XVI⁰ siècle, et sont dus à Gessner et à Cœsalpin. A cette époque, on retrouve, comme au temps de Théophraste, la distinction des plantes en arbres et arbrisseaux d'une part, et en sous-arbrisseaux et en herbes d'une autre part. Quant au système de Cœsalpin, il repose sur la disposition des fleurs et des fruits. Il établit 14 classes dont une correspondant aux Cryptogames. — De Cœsalpin à Tournefort, c'est-à-dire, dans l'espace d'un peu plus d'un siècle, plusieurs nouvelles classifications furent proposées ; les principales sont celles de Ray, en 1680, de Rivin en 1690. La méthode de Tournefort parut en 1694. Elle reproduit la distinction peu scientifique des arbres et des herbes, et repose principalement sur la forme de la corolle. Une séparation plus exacte des genres, une certaine facilité d'application, ont beaucoup contribué à la faire adopter. Elle comprend 22 classes :

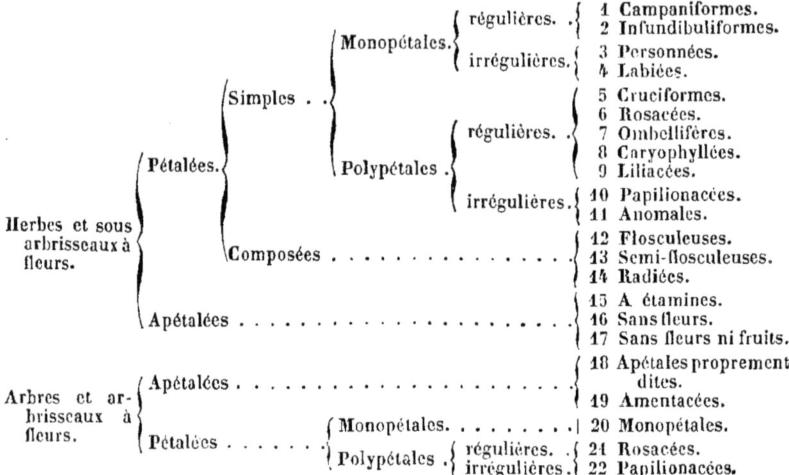

Herbes et sous arbrisseaux à fleurs.	Pétalées.	Simples . .	Monopétales.	régulières. . { 1 Campaniformes. / 2 Infundibuliformes.
				irrégulières. { 3 Personnées. / 4 Labiées.
			Polypétales .	régulières. . { 5 Cruciformes. / 6 Rosacées. / 7 Ombellifères. / 8 Caryophyllées. / 9 Liliacées.
				irrégulières. { 10 Papilionacées. / 11 Anomales.
		Composées		12 Flosculeuses. / 13 Semi-flosculeuses. / 14 Radiées.
	Apétalées			15 A étamines. / 16 Sans fleurs. / 17 Sans fleurs ni fruits.
Arbres et arbrisseaux à fleurs.	Apétalées			18 Apétales proprement dites. / 19 Amentacées.
	Pétalées	Monopétales.		20 Monopétales.
		Polypétales .	régulières. . { 21 Rosacées. / irrégulières. { 22 Papilionacées.	

A cette méthode de Tournefort succéda, en 1735, le système de Linné, aussi facile et plus séduisant. Il est fondé sur le nombre des étamines, leurs rapports entre elles et avec le pistil. Il comprend 24 classes : 23 renferment les Phanérogames ; la dernière est celle des Cryptogames. Mais cette division eût été insuffisante ; chaque classe a dû être divisée à son tour en ordres ou sections. Dans le dernier travail de classification, Linné s'est servi soit du nombre des styles ou stigmates, comme dans les 13 premières classes, soit de la structure de l'ovaire, de la forme du fruit, de la structure particulière de chaque fleur etc. — Le système de Linné, tout-à-fait artificiel, ne fait pas connaître l'organisation des végétaux. Il a surtout pour but de les faire distinguer et d'arriver à leur nom. C'est pour y atteindre plus vite qu'a été imaginée la méthode dichotomique, encore appelée *méthode analytique*, *méthode de Lamarck*. La méthode dichothomique consiste à choisir toujours, pour comparer les végétaux, deux caractères bien visibles qui s'excluent dans une espèce, mais qui conviennent, le premier à toutes les plantes observées, le second à une partie d'entre elles seulement. Cet artifice est très utile aux personnes qui ne peuvent faire de l'organographie une étude suffisante, et surtout aux commençants qui doivent, autant que possible, s'habituer de bonne heure à observer sans maître. D'abord négligée à la suite de la réaction opérée contre le système du botaniste suédois, au moment où la méthode de Jussieu était définitivement adoptée, on la retrouve maintenant dans presque toutes les Flores, appliquée, sinon aux familles, du moins aux genres successifs. L'utilité, ainsi que le dit Lamarck lui-même, est son caractère essentiel.

Voici d'ailleurs le tableau des principales divisions ou classes du système linnéen.

Plantes à :
— Organes sexuels apparents.
  — Fleurs hermaphrodites.
    — Étamines distinctes du pistil.
      — Libres.
        — Égales.
          — En nombre déterminé.
            1 Monandrie.
            2 Diandrie.
            3 Triandrie.
            4 Tétrandrie.
            5 Pentandrie.
            6 Hexandrie.
            7 Heptandrie.
            8 Octandrie.
            9 Ennéandrie.
            10 Décandrie.
          — En nombre indéterminé.
            11 Dodécandrie.
            12 Icosandrie.
            13 Polyandrie.
        — Inégales.
            14 Didynamie.
            15 Tétradynamie.
      — Réunies entre elles.
        — par les filets.
            16 Monadelphie.
            17 Diadelphie.
            18 Polyadelphie.
        — par les anthères.
            19 Syngénésie.
    — Étamines soudées avec le pistil.
            20 Gynandrie.
  — Fleurs unisexuées.
            21 Monœcie.
            22 Diœcie.
            23 Polygamie.
— Organes sexuels cachés ou nuls.
            24 Cryptogamie.

Ant. de Jussieu est le véritable créateur de la méthode naturelle. Dans la classification qui porte son nom. les plantes sont divisées en quinze classes. Le nombre des familles est illimité. Cette méthode, qui suppose l'étude de toute l'organisation végétale, est généralement adoptée. Les nouvelles classifications de de Candolle, de Lindley, d'Endlicher, de Brongniart, etc., n'en sont que des applications plus ou moins heureuses.

Plantes :
— Acotylédonées . . . . 1 Acotylédonie.
— Monocotylédonées.
  — Étamines : Hypogynes . . . . 2 Monohypogynie.
                Pérygynes. . . . . 3 Monopérigynie.
                Épigynes . . . . 4 Monoépigynie.
— Dicotylédonées.
  — Apétales.
    — Étamines : Épigynes . . . . 5 Épistaminie.
                  Périgynes . . . . 6 Péristaminie.
                  Hypogynes . . . . 7 Hypostaminie.
  — Monopétales.
    — Corolle : Hypogyne . . . . 8 Hypocorollie.
                Périgyne . . . . 9 Péricorollie.
                Épigyne : Anthères réunies. . 10 Epicorollie synanthérie.
                          Anthères distinctes. 11 Epicorollie corysanthérie.
  — Polypétales.
    — Étamines : Épigynes . . . . 12 Epipétalie.
                  Hypogynes . . . . 13 Hypopétalie.
                  Périgynes . . . . 14 Péripétalie.
                                                15 Diclinie.

TECHNIQUE, *V.* GLOSSOLOGIE.

TEGMEN, *V.* ENDOPLÈVRE. — On appelle quelquefois *tegments* les écailles des bourgeons.

TEGMINÉ, ÉE, adj., *tegminatus;* protégé par des écailles.

TÉGUMENT, s. m., *Tegumen, Tegumentum*, de *tegere*, couvrir; nom donné aux membranes qui recouvrent les organes et les protègent contre les corps extérieurs. La peau forme le tégument externe, et les muqueuses le tégument interne. — *Bot. Téguments* floraux : l'involucre, le calice, la corolle ou tout ce qui en tient lieu. — *Tégument propre de la graine.* *V* SPERMODERME.

TÉGUMENTAIRE, adj., *tegumentarius;* qui sert de tégument ; *organes, membranes tégumentaires.*

TEIGNE, s. f., *Tinea ;* mot barbare par lequel les médecins ont désigné diverses éruptions qui ont leur siége à la tête, et qu'ils ont comparées aux ravages produits sur les vêtements par l'insecte connu sous le nom de teigne, *tinea.* Alibert a distingué cinq espèces de teignes : la *teigne faveuse*, la *teigne granulée*, la *teigne furfuracée*, la *teigne amiantacée* et la *teigne muqueuse*. La première seule constitue la véritable teigne ; la deuxième est rapportée à l'*impétigo* ; la troisième, au *pityriasis* ; la quatrième, au *psoriasis* ; la cinquième, à l'*eczéma impétigineux*. — En vétérinaire, le mot *teigne* a été seulement employé pour désigner l'herpès de la tête des moutons appelé *noir-museau*. — On appelle aussi *teigne* une variété des eaux aux jambes, dont le siége est borné à la partie de la peau qui est la plus rapprochée des talons du pied du cheval. *V.* EAUX AUX JAMBES.

TEILLAGE, s. m. ; action de teiller le chanvre et le lin, c'est-à-dire de séparer la filasse de la tige, après le rouissage. Cette opération se pratique *à la main* ou, d'une manière plus expéditive, à l'aide d'une machine appelée *broye*.

TEINTURE, s. f., *Tinctura*, de *tingere* teindre. *Alcoolé*. On donne le nom de *teintures*, en pharmacie, à des solutions alcooliques ou éthérées de substances organiques médicinales. De là, des teintures *alcooliques* et des teintures *éthérées* ; les premières seules sont employées en médecine vétérinaire. Le véhicule employé, l'alcool, peut présenter des degrés divers de concentration : en pharmacie vétérinaire, on n'emploie que l'alcool à 22° B. ou 56° cent.(*eau-de-vie*) ou à 33° B. et 80° centésimaux (*trois six*, *esprit de vin*). Les substances soumises à l'action de ce menstrue doivent être divisées pour être facilement dissoutes, et sèches pour que l'eau de végétation ne les affaiblisse pas. — Le procédé employé pour préparer les teintures varie selon la nature de la substance à dissoudre ; si elle se dissout intégralement, comme le camphre, l'iode, etc., la *dissolution* immédiate suffit ; dans le cas contraire, qui est le plus ordinaire, on emploie la *digestion*, la *macération* ou la *lixiviation*. L'alcool ne sert pas seulement de dissolvant dans les teintures, il sert encore de moyen conservateur pour les principes actifs tenus en dissolution ; de plus, son activité particulière doit être comptée pour une certaine portion dans les effets produits par la teinture. Les teintures renferment généralement des résines, des principes extractifs, colorants, des sels, des alcaloïdes, des essences, etc. Elles sont distinguées en *simples* et *composées*, selon qu'elles sont formées par une seule substance médicamenteuse ou par plusieurs. Elles s'emploient tantôt à l'intérieur tantôt à l'extérieur, selon leur nature et leur degré d'activité. Les formules en sont fort nombreuses ; celles qui sont usitées en pharmacie vétérinaire seront les seules relatées ici.

TEINTURE D'ALOÈS. ♃ Aloès en poudre, 32 gr. ; alcool à 80° c., 250 gr. ; dissolvez par trituration dans un mortier et filtrez. D'un emploi fréquent sur les solutions de continuité anciennes ou récentes.

TEINTURE D'ARNICA. ♃ Fleurs sèches d'arnica, 100 gr. ; alcool à 56° c., 500 gr. Placez les fleurs dans un appareil de déplacement, faites passer à plusieurs reprises l'alcool et filtrez ; ou laissez macérer dans un ballon pendant huit jours, filtrez et conservez pour l'usage. Excellente préparation pour frictionner les parties contuses.

TEINTURE DE CAMPHRE, *V.* ALCOOL CAMPHRÉ.

TEINTURE DE CANTHARIDES. ♃ Cantharides en poudre, 32 gr. ; alcool à 56° c., 250 gr. ; placez la poudre et le véhicule dans un ballon et laissez macérer pendant huit jours au soleil ou trois à quatre jours sur les cendres chaudes, et passez avec expression. Excellente préparation vésicante et résolutive pour les distensions et les douleurs articulaires.

TEINTURE D'IODE. ♃ Iode, 4 gr. ; alcool à 80° c., 50 gr. ; faites dissoudre directement. Cette préparation peut se donner à l'intérieur, mais on lui préfère en général l'iodure de potassium. A l'extérieur, elle a été préconisée par Leblanc, pure ou étendue d'eau, dans les hygromas, les boursouflements des séreuses synoviales, articulaires ou tendineuses. Ce moyen, utile quelquefois, paraît souvent dangereux et n'a donné jusqu'ici que des succès souvent contestés. *V.* IODE.

TEINTURE D'OPIUM. ♃. Extrait aqueux d'opium, 32 grammes ; alcool à 56° c., 360 grammes ; mettez l'extrait dans un mortier, versez-y l'alcool, triturez jusqu'à dissolution complète et filtrez.

TEINTURE DE QUINQUINA. ♃. Quinquina en poudre, 32 grammes ; alcool à 56° c., 125 grammes : mettez macérer pendant plusieurs jours dans un matras, à une douce chaleur, ou passez à l'appareil de lixiviation. Préparation excitante et tonique, employée à l'intérieur et à l'extérieur.

TEINTURE DE SAVON. ♃ Savon blanc sec et râpé 125 grammes, alcool à 80° c., 500 grammes : faites dissoudre et filtrez. Excitante et résolutive.

TÉLANGIECTASIE, s. f., *Telangiectasis*, de τῆλε. loin, ἀγγεῖον, vaisseau, et ἔκτασις, extension ; dilatation des vaisseaux qui sont éloignés du cœur.

TÉLANGITE, s. f., *Telangitis* ; inflammation des vaisseaux éloignés du cœur.

TELLURATE, s. m., *Telluras* ; genre de sels formés par l'acide tellurique et les bases. Ils sont sans importance.

TELLURE. s. m., Te. Éq. 801,76. Corps simple, métalloïde, découvert en 1782 par Müller ; il est voisin de l'arsenic et très rare. Il est solide, d'un blanc argentin, d'une cassure lamelleuse comme l'antimoine, fusible, volatil, pesant 6,2, brûlant à l'air avec une flamme bleue et produisant de l'acide tellurique. Il se dissout sans s'altérer, dans l'acide sulfurique, qu'il colore en rouge cramoisi.

TELLURÉ, adj. ; contenant du tellure : *minerai telluré*.

TELLURIQUE, adj.; *acide tellurique* : composé acide qui prend naissance quand le tellure brûle à l'air.

TELLURISEL, s. m. ; classe de sels amphides, formés d'acide tellurique et d'un tellurure.

TELLURURE, s. m.; composé binaire d'un métal et de tellure, dans lequel ce dernier corps joue le rôle électro-négatif.

TEMPÉRAMENT, s. m., *Temperamentum*, χρᾶσις; littéralement *mélange*; on nomme *tempéraments* des différences individuelles consistant dans la prédominance de tel ou tel système ou appareil d'organes, capables de modifier d'une manière sensible toute l'économie, sans altérer la santé. Le nombre et la classification des tempéraments ont beaucoup varié suivant les auteurs qui s'en sont occupés. Les anciens reconnaissaient quatre tempéraments qu'ils rapportaient à leurs quatre éléments et aux quatre saisons. — En médecine vétérinaire, on n'admet guère que trois tempéraments principaux : le *sanguin*, le *nerveux* et le *lymphatique*.—1° *Tempérament sanguin* : il est dû à la prédominance du système vasculaire et de l'appareil respiratoire. Il donne aux individus qui en sont doués, de la vivacité, de l'énergie, de la grâce dans les mouvements. Leur respiration est ample et facile, leur pouls développé, vif et régulier, etc. Les animaux des contrées méridionales, et surtout le cheval arabe, présentent le tempérament sanguin. La plupart des maladies qui les affectent sont de nature inflammatoire, et se terminent promptement, soit en bien, soit en mal; elles passent rarement à l'état chronique. — 2° *Tempérament nerveux* : difficile à reconnaître chez les animaux, ce tempérament, dû à un excès d'influx nerveux, se remarque généralement chez des animaux à corps grêle et élancé, dont la digestion est lente et peu régulière, le pouls peu développé, s'accélérant facilement, les mouvements rapides, mais promptement suivis de lassitude. On remarque le tempérament nerveux chez certains chevaux du Nord, à membres longs et grêles, dans l'espèce de la chèvre, et surtout chez les petits chiens d'appartement. Les maladies auxquelles il prédispose sont remarquables par l'exagération de l'action nerveuse; telles sont l'épilepsie, la danse de St-Guy, l'immobilité, etc.—3° *Tempérament lymphatique* : ce tempérament est dû à la prédominance et à l'activité du système lymphatique et non à son inertie comme on pourrait le croire. Les animaux qui en sont doués ont les formes empâtées, des chairs molles, peu de chaleur vitale, peu d'énergie ; leurs membranes muqueuses sont le siége d'une sécrétion abondante; leurs séreuses sont disposées à l'hydropisie ; on rencontre ce tempérament dans l'espèce du bœuf, du mouton, et en général dans la plupart des animaux des contrées à la fois froides et humides. Il prédispose à toutes les affections lymphatiques,

à marche lente, au développement des entozoaires, aux flux muqueux, à la morve, au farcin, etc., etc. — A ces tempéraments généraux ou primitifs, viennent se joindre des tempéraments *partiels* ou *secondaires*, tels que ceux dépendant d'une prédominance de l'appareil digestif ou biliaire, du système musculaire, désignés sous les noms de tempérament *biliaire*, *athlétique*, etc. — On appelle *tempéraments acquis* ceux qui résultent d'une modification apportée dans les systèmes organiques par un changement de climat, de nourriture, etc. — Enfin, deux tempéraments primitifs peuvent se trouver réunis chez le même sujet, qui sera *sanguin-nerveux*, *nerveux-lymphatique* ; ce qui se rencontre assez fréquemment.

TEMPÉRANT, s. et adj., *Temperans*, de *temperare*, modérer ; groupe important de médicaments antiphlogistiques, qui ont la propriété de modérer l'activité de la circulation et de la respiration, et de diminuer la chaleur fébrile. On les appelle aussi *acidules*. (*V.* ce mot).

TEMPÉRATURE, s. f., *Temperies*; on donne ce nom, en physique, à la quantité de calorique libre que les corps abandonnent au monde environnant ou qu'ils en reçoivent. Elle s'apprécie au moyen des sens et se mesure à l'aide des thermomètres. On dit qu'un corps est *chaud*, quand sa température est plus ou moins *élevée*, quand il abandonne du calorique aux organes, et qu'il dilate la colonne du thermomètre; et, au contraire, qu'il est *froid*, quand sa température est plus ou moins *basse*, quand il soutire le calorique des organes et qu'il abaisse la colonne thermométrique. Il ne faut point confondre la *température* avec la *chaleur*, comme on le fait souvent. La chaleur est une température plus ou moins élevée, ou en *plus*, tandis que la température peut être élevée ou abaissée, c'est-à-dire qu'elle peut représenter l'état, en plus ou moins, d'un corps par rapport à la quantité de calorique qu'il contient.— *Température moyenne* : température intermédiaire, entre le *maximum* et le *minimum* d'une journée, d'un mois, d'une année, d'un siècle, dans un point déterminé du globe. Elle se détermine par le calcul, en divisant le produit des observations faites par le nombre d'heures, de jours, de mois, d'années, etc.

TEMPES, s. f. pl., *Tempora*; saillie osseuse formée par l'arcade temporale et par l'articulation de la mâchoire. Cette région s'excorie promptement lorsque l'animal reste couché sur le côté, ou lorsqu'il se débat par suite de vertige ou de coliques violentes. La liberté du jeu des mâchoires peut souffrir de ces blessures. C'est vers les tempes que la vieillesse amène les premiers poils blancs chez les chevaux à robe foncée.

TEMPORAL, adj., *temporalis*; qui est situé vers les tempes. — *Os temporal* : os pair, faisant partie du crâne, sur le côté duquel il se trouve placé , et renfermant l'appareil essentiel de l'audition. Le temporal est formé de deux portions qui, dans les solipèdes, ne se soudent jamais entre elles : l'une, dite *écailleuse* ou *squameuse*, et l'autre *tubéreuse* ou *os de l'oreille*. La partie squameuse forme la paroi latérale du crâne, et présente une longue apophyse, dite *apophyse zygomatique*, qui vient se réunir à une apophyse de l'os de ce nom pour constituer l'arcade temporale, et donne appui à l'apophyse orbitaire du frontal; à sa base est le condyle pour l'articulation du maxillaire, surmonté d'une apophyse dite *sus-condylienne*, bornant, en arrière, le mouvement de la mâchoire. — La portion tubéreuse se divise en deux parties, réellement distinctes dans le jeune âge, et désignées sous les noms de *partie mastoïdienne* et de *partie pétrée*. La première offre à considérer : 1° l'hiatus auditif externe ; 2° le prolongement hyoïdien, entouré d'une petite gaine osseuse; 3° le trou pré-mastoïdien ; 4° la protubérance mastoïdienne, peu prononcée dans les solipèdes; 5° enfin, l'apophyse styloïde, donnant attache à la trompe d'Eustache et au muscle stylostaphylin. La portion pétrée, encore appelée le *rocher*, offre en dehors une éminence mastoïde, et, du côté interne, l'hiatus auditif interne, orifice du conduit spiroïde du tympan, donnant accès aux nerfs facial et auditif. — L'intérieur de la portion tubéreuse du temporal offre une série de cavités osseuses constituant les fenêtres ronde et ovale, le limaçon, les canaux demi-circulaires, les cellules mastoïdiennes ; on y trouve, en outre, quatre petits os appelés osselets de l'ouïe, et qui sont : le *marteau*, l'*enclume*, le *lenticulaire* et l'*étrier*.—Dans les ruminants, l'apophyse zygomatique ne s'articule pas avec l'apophyse orbitaire. — Dans le porc, il n'existe pas d'apophyse sus-condylienne. Dans les carnassiers, au lieu d'un condyle, il existe une cavité arrondie transversalement, dans laquelle le condyle maxillaire s'enclave de manière à ne pouvoir exécuter que des mouvements de charnière parfaite. — *Artère temporale* : tronc très court émanant de la faciale et donnant les artères auriculaire antérieure et sous-zygomatique. — *Artères temporales profondes* : rameaux émanant de la gutturo-maxillaire, et distingués en artère *postérieure*, qui se sépare avant l'entrée de la gutturo-maxillaire dans le conduit sous-sphénoïdal, et en artère *antérieure*, s'échappant de ce conduit par un trou particulier situé au-dessous de l'hiatus orbitaire.

TEMPORO-AURICULAIRE, adj., *temporo-auricularis;* qui appartient à la région temporale et à l'oreille. — *Muscle temporo-auriculaire externe :* lame musculaire aplatie, recouvrant le muscle crotaphite, prenant son origine à toute l'étendue de la crête pariétale et s'insérant au cartilage scutiforme, ainsi qu'à la conque, que ce muscle dirige en avant

et en dedans. — *Muscle temporo-auriculaire interne :* bandelette musculaire prenant son origine à l'extrémité supérieure de la crête pariétale, et s'insérant à la face postérieure de la conque, dont ce muscle dirige l'ouverture en dehors, en imprimant à ce cartilage un mouvement de rotation.

TEMPORO-MAXILLAIRE, s. et adj., *Temporo-maxillaris;* qui appartient à la région temporale et au maxillaire. — *Muscle temporo-maxillaire :* ce muscle, encore appelé *crotaphite*, naît de toute l'étendue de la fosse temporale par des fibres charnues, par une aponévrose, du pourtour de cette fosse, et par une portion particulière du rebord rugueux qui protège l'hiatus orbitaire. Il va s'insérer à l'apophyse coronoïde du maxillaire par une portion charnue accompagnée de fortes lames tendineuses. Ce muscle rapproche la mâchoire inférieure de la supérieure, et concourt à ses mouvements de diduction latérale dans les animaux où la forme de l'articulation les permet.

TEMPS, s. m., *Tempus;* mesure de la durée des choses. — En chirurgie, on appelle *temps*, les opérations simples dont la réunion constitue les opérations composées.

TÉNACE, adj., *tenax;* état ou qualité des corps qui présentent une *ténacité* plus ou moins grande. (*V.* ce mot).

TÉNACITÉ, s. f., *Tenacitas;* résistance que les corps opposent aux efforts qui tendent à rompre leur substance par la *traction*, la *pression* ou le *choc*. — *Résistance aux tractions*. Pour apprécier le degré de résistance des corps aux tractions, on leur donne le même diamètre et la même forme, celle de fils pour les métaux et de petites baguettes pour les bois; on les soumet à des tractions opposées et graduées, jusqu'à ce que leur rupture s'en suive. En général, les corps qui ont une texture fibreuse et les fibres disposées parallèlement présentent le maximum de résistance, quand on les étire selon la longueur de leurs fibres, et le minimum, quand les tractions ont lieu en travers. Les corps à structure granuleuse, les corps ductiles, malléables, présentent, en général, peu de ténacité; la densité n'a aucune influence sur le degré de ténacité des métaux, tandis qu'elle en a une très grande sur celle des bois. La ténacité, relativement aux tractions, est soumise à la loi suivante : *elle est proportionnelle à la section transversale des corps ou au carré de leur diamètre.* Les métaux se rangent, sous le rapport de la ténacité, dans l'ordre suivant : *fer, cuivre, platine, argent, or, zinc, nickel, étain, plomb;* et les bois dans celui-ci : *buis, frêne, chêne, hêtre, poirier, acajou, sapin*, etc. — Les tissus blancs et fibreux des animaux, tels que les *tendons*, les *ligaments*, les *aponévroses*, présentent une ténacité extraordinaire, due, soit à la nature gélatineuse de la substance qui les constitue, soit à la disposition exactement parallèle de leurs fibres. — *Résistance *aux pressions.* Les corps peuvent être placés *horizontalement* ou *verticalement.* Dans le premier cas, leur résistance, toute chose égale d'ailleurs, est à son *minimum* quand ils sont fixés seulement par une de leurs extrémités, et au *maximum* quand ils sont fixés solidement par leurs deux bouts, comme une poutre dans deux murs par exemple. En général, les corps placés horizontalement présentent une résistance qui est en *raison inverse de leur longueur, en raison directe de leur largeur, et en raison directe du carré de leur épaisseur.* Dans le second cas, c'est-à-dire, quand les corps sont placés verticalement, en forme de colonne, leur résistance, toute chose égale d'ailleurs, *est proportionnelle à leur section transversale et en raison inverse du carré de leur longueur.* L'expérience démontre, de plus, qu'un cylindre résiste plus qu'un parallélipipède de même diamètre, un cône, une pyramide, plus qu'un cylindre de même longueur et de même diamètre que leur base; un prisme triangulaire plus qu'un cylindre dans lequel il serait inscrit, et enfin un cylindre *creux* plus qu'un cylindre *plein*, contenant le même poids de la même matière. Ces principes peuvent s'appliquer à l'étude des rouages moteurs de la machine animale. — *Résistance aux chocs.* Le degré de résistance des corps solides aux chocs varie selon leur structure, leur dureté, leur ductilité, la manière dont ils sont soutenus, leur forme, leur élasticité, etc. Elle varie également selon l'intensité du choc, le nombre des molécules choquées, la durée de l'impulsion, etc.; toutes circonstances trop nombreuses ou trop compliquées pour qu'il soit possible de les développer ici.

TÉNACULUM, s. m., *Tenaculum*, de *tenere*, tenir; instrument de chirurgie disposé sous forme de pince, et qui sert à saisir une artère dont on veut faire la ligature. Imaginé par les Anglais, le ténaculum a l'inconvénient de déchirer le vaisseau qu'il saisit. Il est inusité en vétérinaire.

TENAILLE, s. f., *Tenaculum*, de *tenere*, tenir; instrument de maréchalerie avec lequel on tient le fer pour le travailler sur l'enclume. Toute tenaille se compose de deux branches présentant le mors, l'œil et la tige. On distingue la *tenaille à mettre au feu*, qui sert à tenir le fer placé dans le foyer, et les *tenailles à main,* plus petites, avec lesquelles on tient le fer pour le percuter et lui donner la forme convenable. On nomme *tenailles justes,* celles avec lesquelles on saisit un lopin peu volumineux; *tenailles goulues,* celles qui sont plus ouvertes et avec lesquelles on forge quelques instruments. *En chirurgie,* les *tenailles incisives* sont employées pour couper des esquilles.

TENDINEUX, EUSE, adj., *tendinosus, tendineus;* qui est de la nature des tendons, ou de nature fibreuse.

TENDON, s. m., *Tendo,* de τεινω, dérivé, de τεινω, tendre; on donne le nom de tendons aux parties fibreuses des muscles, disposées en forme de cordons arrondis ou aplatis, mais plus épais que les aponévroses. Les tendons sont fixés par une extrémité à un muscle, et par l'autre à l'os ou au cartilage qu'ils doivent mouvoir. Ils sont inextensibles, formés de tissu fibreux blanc. Dans les oiseaux, la plupart des tendons sont de nature osseuse. — On appelle *tendon,* en *extérieur,* la corde formée, derrière le canon, par les tendons des muscles perforant et perforé. Le tendon doit être sec, net et dur. Son empâtement indique un cheval de race commune, et son engorgement annonce un état maladif toujours très nuisible à la liberté des mouvements. On appelle *tendon failli,* c'est-à-dire *manqué,* celui qui, à sa naissance au genou, est trop rapproché de la colonne osseuse. Cette conformation est mauvaise, parce que la corde tendineuse doit toujours s'écarter, autant que possible, du levier osseux sur lequel elle agit. Le tendon peut être affecté de *mollette,* de *ganglion* (*V.* ces mots).

TENDONS (maladies des); ces affections présentent de l'importance sous le rapport chirurgical. Elles se montrent le plus souvent sur les tendons des membres qui sont situés assez superficiellement et qui remplissent des fonctions importantes. On observe sur les tendons les plaies, les contusions, les distensions, les ruptures, les ganglions, la rétraction, et d'autres dégénérescences. *V.* BOULETÉ, TÉNOTOMIE, RUPTURES.

TÉNESME, s. m., *Tenesmus,* de τεινεσμος, tension, de τεινω, tendre; épreintes douloureuses à l'anus, avec des efforts continuels, qui ne rejettent qu'une petite quantité d'excréments ou des mucosités sanguinolentes. On observe ce phénomène sur les animaux dans l'irritation du colon, l'entérite dysentérique, l'entérite vermineuse. — Le *ténesme vésical* consiste dans une envie continuelle d'uriner, avec douleur de la vessie.

TENETTE, s. f., *Tenaculum, volcella;* nom donné à la pince dont on se sert dans l'opération de la cystotomie, pour extraire les calculs. Les vétérinaires se servent d'une tenette composée de deux branches articulées comme celles des ciseaux, et présentant des anneaux à l'une de leurs extrémités, tandis qu'à l'autre, on trouve une cuillère oblongue et recourbée sur le côté; la surface des cuillères est garnie de pointes pour empêcher que la pierre ne glisse après avoir été saisie.

TÉNIA, s. m., *Tœnia,* de ταινια, bande; nom donné à un genre de vers intestinaux dont le corps aplati représente un ruban formé par une série nombreuse d'articulations. Ces animaux articulés ont été considérés comme des Radiaires, par G. Cuvier; de Blainville les classe sous le nom de *Téniosomes* dans la famille des Botriocéphalés monorhynques. Dujardin les réunit dans l'ordre des *Cestoïdes vrais* ou *Ténioïdes.* Les ténias n'ont pas de bouche; ils manquent aussi de canal intestinal; le fluide alimentaire parait s'introduire à travers quatre ventouses dont la tête est munie. Quelques-uns de ces vers ont le corps composé de nœuds placés symétriquement ou distribués sans ordre ; on leur a donné le nom de *Cucurbitains* ou *Cucumérins*, à cause de leur ressemblance avec une graine de courge. Les organes reproducteurs se composent d'un ovaire placé dans chaque anneau, contenant des œufs. Chaque ovaire a une sorte de testicule muni d'une vésicule séminale. Ces vers vivent en parasites sur les mammifères et les oiseaux ; ils sont rares dans les monodactyles, communs dans les tétradactyles et surtout dans les chiens. Leur présence ne parait pas causer de grands désordres ; souvent on ne reconnait leur existence que par les matières fécales qui en contiennent des débris. Cependant, il arrive quelquefois que certains carnivores souffrent par l'abondance de ces vers. On y remédie par les vermifuges huileux. Les principales espèces de ténias sont rangées en deux séries, suivant qu'ils sont *armés* ou *non armés*. A. *Ténias armés ;* leur tête est hérissée de crochets. Ils comprennent trois genres : 1° *Tænia serrata*, ténia en scie, du chien domestique, nommé encore *ver solitaire*, parce que, pendant longtemps, on l'a cru composé d'un seul individu dans le même animal ; 2° *Tænia crassicollis*, ténia à col épais, du chat ; 3° *Tænia elliptica*, ténia elliptique, qui vit aussi sur le chien. B. *Ténias non armés*, dont la tête est dépourvue de crochets, comprenant cinq genres : 1° *Tænia cucumerina*, ténia cucumérin, du chien domestique. Chabert dit en avoir trouvé deux cent vingt dans un animal de cette espèce ; 2° *Tænia plicata*, ténia plissé, ténia du cheval, *equina*, à tête tétragone et saillante; il est quelquefois abondant ; 3° *Tænia perfoliata*, ténia perfolié des intestins du cheval ; 4° *Tænia expansa*, ténia élargi, de l'intestin grêle du mouton et de la chèvre ; 5° *Tænia denticula*, ténia denticulé ; il existe dans les intestins du bœuf ; son corps est dentelé sur le bord.

TÉNIOIDES, s. m.; famille de vers intestinaux dont le *ténia* forme le genre principal.

TÉNOTOME, s. m., *Tenotomus*, de τενων, tendon, et τεμνειν, couper; instrument qui sert à couper un tendon, à pratiquer la ténotomie. Le bistouri droit et effilé constitue le ténotome le plus simple et le plus employé. Pour pratiquer la ténotomie des fléchisseurs dans le cheval bouleté, H. Bouley a imaginé le *ténotome droit*, petit scapel à lame courte et très étroite, qui sert à frayer le passage du *ténotome courbe*, avec lequel on divise le tendon. Le ténotome courbe est à tranchant concave ; la pointe est émoussée.

TÉNOTOMIE, s. f., *Tenotomia*, de τενων, tendon, et τεμνειν, couper ; opération qui consiste à pratiquer la section d'un ou de plusieurs tendons. Cette opération a pris naissance en Hollande dans le xviiᵐᵉ siècle; de-

puis Isacius Minius et Solingen, elle tomba dans l'oubli. Il n'en était plus question, lorsque Delpech l'introduisit en France en 1816 ; cette tentative eut le même sort que celle des médecins allemands. Depuis cette époque, les vétérinaires ont fait sur cette opération de nombreuses recherches ; nous citerons Lafosse, Bruchet, Debaux, Delafond, Castex, etc. Pendant les études intéressantes faites en hippiatrique, la ténotomie continua d'être l'objet du dédain des chirurgiens, qui, plus tard, s'en emparèrent. Aujourd'hui, cette opération est généralisée en France, en Angleterre, en Allemagne ; c'est en répétant souvent sur des chevaux, des chiens et des lapins, la section des tendons, en observant à des distances variées les effets du travail morbide qui a pour but la reproduction de la corde tendineuse, que l'on a pu constater plusieurs points importants. La ténotomie a été proposée pour remplir plusieurs indications différentes. Elle sert à remédier aux difformités, à la gêne des mouvements, qui résultent des rétractions tendineuses ; sous ce rapport, elle peut s'appliquer à tous les tendons et aux muscles voisins de la peau. Plusieurs méthodes ont été indiquées. Une des plus anciennes consiste à diviser transversalement la peau et les parties profondes. La méthode à préférer est dite *sous-cutanée ;* elle consiste à faire aux téguments une simple piqûre, pour introduire l'instrument qui doit aller diviser le tendon. Les chirurgiens et les vétérinaires modernes ont adopté avec raison cette manière d'agir. On donne le nom de *ténotomes* aux instruments employés pour opérer la division des tendons. La ténotomie n'est pratiquée que sur un petit nombre de régions dans les animaux. Sur le cheval bouleté, on fait la section du tendon perforant, soit sur les membres de devant, soit sur ceux de derrière. *V.* Bouleté. La section des tendons et des aponévroses est peu susceptible de réussir pour d'autres articulations. Quand le cheval est arqué ou brassicourt, la section de l'aponévrose du coraco-radial, qu'on a préconisée, ne peut donner un bon résultat; elle doit, au contraire, concourir à augmenter la déviation du genou. La ténotomie faite sur les muscles épicondylo et épitrochlo-sus-carpiens n'est qu'un palliatif dans le même cas. — Chez les ruminants de l'espèce bovine, on fait cette opération sur la corde fibreuse du muscle ischio-tibial externe, dans le cas de déplacement de ce muscle.

TENSEUR, adj., *tensor ;* qui tend. On donne ce nom à plusieurs muscles qui, par leur contraction, tendent certaines aponévroses. Le muscle ilio-aponévrotique est un *tenseur* de l'aponévrose crurale. Le muscle sterno-aponévrotique est tenseur de l'aponévrose anti-brachiale, etc.

TENSIF, IVE, adj., *tensivus ;* accompagné de tension. *Douleur tensive:* qui est accompagnée d'un sentiment de distension.

TENSION, s. f., *Tensio*; force avec laquelle les molécules d'un corps tendent à s'écarter les unes des autres par l'action répulsive de la chaleur latente interposée entre elles. On appelle *tension* d'un liquide, la force avec laquelle il tend à se réduire en vapeur : elle varie selon la température, et paraît être la même pour tous les liquides à leur point d'ébullition ; elle est souvent énorme dans les liquides provenant de la condensation des gaz. Pour les vapeurs, le mot *tension* est synonyme d'*élasticité :* la tension ou la force expansive de ces corps est, en effet, comparable à l'élasticité des gaz. *V.* ÉLASTICITÉ ET VAPEUR.—*Pathol.*On donne le nom de *tension* à l'état des tissus qui sont soulevés par des tumeurs, par l'afflux d'un liquide, l'accumulation d'un gaz. Ce mot est employé quelquefois comme synonyme de *distension*.

TENTACULES, s. m. p., *Tentacula*, de *tentare*, essayer ; organes mobiles, placés en appendice à la partie antérieure de plusieurs animaux inférieurs, pour les prévenir de l'approche des corps étrangers, ex : les *cornes* des limaçons. Ces appendices se replient et disparaissent, dès que l'animal craint quelque danger.

TENTE, s. f. ; couverture ou abri. — *Tente du cervelet :* nom donné à la cloison transverse de la méninge. — *Chirurg.* Petit faisceau d'étoupes qu'on introduit dans les plaies, pour empêcher une cicatrisation trop rapide, pour les maintenir ouvertes afin de pratiquer des injections, ex.: après l'opération du trépan.

TENTIGO, s. m.; synonyme de *priapisme*.

TÉNU, adj., *tenuis* ; très délié, très petit ; se dit de tous les corps ou de toutes leurs parties, lorsqu'ils présentent une ténuité presque microscopique. En *pathologie*, se dit des liquides naturels ou morbides, quand ils présentent la fluidité de l'eau.

TÉNUIFLORE, adj., *tenuiflorus ;* se dit de la calathide, quand elle est composée de fleurs très petites.

TÉNUIROSTRES, s. et adj. ; famille de Passereaux, ayant pour caractère essentiel un bec grêle et long, dont le peu de force les oblige à se nourrir de larves et d'insectes mous. Genres principaux : *huppe, grimpereau*.

TÉNUITÉ, s. f., *Tenuitas ;* état de ce qui est petit, ténu, exigu.

TÉPALE, s. m., *Tepalum;* nom proposé par de Candolle pour chaque pièce du périgone.

TÉRATOLOGIE, s. f., *Teratologia*, de τέρας, τέρατος, monstre, et λόγος, discours ; traité des monstres ou des monstruosités plus ou moins complexes qui peuvent affecter les êtres vivants. I. Geoffroy St-Hilaire a établi, dans l'étude des anomalies chez les animaux, quatre divisions : 1° anomalies sans difformité, n'apportant obstacle à aucune fonction : *variété ;* 2° anomalies simples produisant une difformité, ou gênant l'accomplissement d'une ou de plusieurs fonctions : *vices de conformation :* 3° anomalies complexes, graves seulement sous le rapport anatomique, et non apparentes à l'extérieur : *hétérotaxies ;* 4° anomalies très complexes, très graves, avec difformité très apparente, et gênant ou empêchant l'accomplissement d'une ou de plusieurs fonctions : *monstruosités.* À cette dernière division se rattachent les hermaphrodismes. *V.* MONSTRUOSITÉS.

TERCINE, s. f., *Tercina;* troisième membrane de l'ovule : c'est le chorion de Malpighi. *V.* CHORION et OVULE.

TÉRÉBENTHINE, s. f., *Terebenthina;* nom donné, dans le commerce et en pharmacie à un suc propre végétal, fourni par plusieurs arbres de la famille des Conifères et de celle des Térébinthacées, desquels il découle spontanément ou par des incisions artificielles, et formé par une ou plusieurs résines en dissolution dans une huile essentielle. Les térébenthines diffèrent des baumes, dont elles ont souvent l'aspect, et avec lesquels plusieurs d'entre elles sont confondues, en ce qu'elles ne contiennent pas d'acide benzoïque, ni d'acide cinnamique. — *Caractères généraux.* Quelle que soit leur origine, les térébenthines sont des corps de consistance de miel ou d'un sirop concentré, glutineuses, collantes aux doigts, incolores lorsqu'elles sont récentes, mais devenant ensuite verdâtres ou jaunâtres ; leur odeur, qui est aromatique, excitante, varie selon la variété; leur saveur est toujours chaude, excitante et très amère. Exposées à l'air, les térébenthines se colorent, s'épaississent en se résinifiant et en perdant de leur essence. Soumises à l'action de la chaleur à vase clos, elles se ramollissent, distillent et se séparent en essence et résine ; à l'air libre, elles prennent feu et brûlent très activement avec une flamme éclatante, qui laisse déposer une grande quantité de suie. Insolubles dans l'eau, les térébenthines se dissolvent dans l'alcool, l'éther, les essences et les corps gras. — *Composition chimique.* Les térébenthines sont formées par une essence et une ou plusieurs résines dont la proportion relative varie selon les espèces. Les résines, encore peu connues, paraissent formées de plusieurs principes acides qui ont reçu les noms d'acides *abiétique, pinique, sylvique*, etc. *Variétés commerciales.* Elles sont au nombre de quatre principales, dont les caractères spécifiques sont les suivants : 1° *Térébenthine de Chio.* Elle est fournie par le *Pistacia terebinthus*, Linné, qui croit spontanément dans les îles de l'Archipel Grec. Elle est épaisse, transparente, d'un jaune verdâtre, d'une saveur agréable et d'une odeur aromatique faible, rappelant celle de l'anis et du citron. Son prix étant trop élevé, elle n'est pas employée en médecine vétérinaire. — 2° *Térébenthine de Venise.* Cette variété, qu'on appelle aussi, dans le commerce, térébenthine de *Briançon*, est fournie par le *mélèze* (*Larix Europœ*, R.), qui croît dans plusieurs contrées montagneuses de la France et de la Suisse. Elle est claire, transparente, verdâtre, très amère, d'une odeur faible, mais agréable; elle se saponifie très rapidement avec le tiers de son poids de soude caustique, ce qui lui est particulier. Elle est peu employée également. 3° *Térébenthine de Strasbourg* ou *de Suisse*. Elle est fournie par le *sapin* (*Abies pectinata*, D. C.) qui croît dans les montagnes des Vosges, de l'Alsace et de la Suisse. Elle est de consistance de miel, visqueuse, de couleur jaune verdâtre, d'une odeur ténace, peu agréable, d'une saveur âcre et amère, non solidifiable par la magnésie, et très soluble dans l'alcool rectifié. Cette variété de térébenthine est actuellement la plus employée dans la pharmacie humaine. 4° *Térébenthine de Bordeaux*. Cette espèce de térébenthine, très commune et souvent employée en médecine vétérinaire, est fournie par le *pin* (*Pinus maritima*, L.) qui croît dans les landes de la Gascogne. Elle est épaisse, louche, impure, d'une odeur forte et désagréable, d'une saveur amère et très âcre, s'épaississant et se colorant rapidement à l'air, se solidifiant facilement par le $^{1}/_{16}$ de son poids de magnésie calcinée et se dissolvant intégralement dans l'alcool. — *Pharmac.* La térébenthine de Bordeaux, la seule qui soit employée en médecine vétérinaire, est un médicament aussi énergique que peu dispendieux, et dont on fait un usage fréquent tant à l'extérieur qu'à l'intérieur; appliquée sur la peau, cette substance y produit un effet rubéfiant et une action résolutive que l'on met souvent à profit pour faire disparaître certains engorgements indolents. A l'intérieur, la térébenthine se donne sous forme d'électuaire après son mélange avec le miel ou la mélasse; en breuvage, après qu'elle a été mélangée au jaune d'œuf et délayée dans de l'eau mucilagineuse; enfin on peut encore la donner sous forme de bol, après l'avoir solidifiée avec la magnésie. Pendant les premiers jours, la térébenthine, donnée à petite dose, stimule l'estomac et les intestins, qu'elle échauffe fortement; bientôt elle arrête la digestion, provoque le vomissement chez le chien et souvent des évacuations intestinales et la purgation chez tous les animaux. Passés dans le sang, les principes de la térébenthine, notamment l'essence, activent fortement la respiration et la circulation, augmentent la chaleur animale, poussent à la peau et surtout aux urines qui acquièrent une forte odeur de violette. Donnée trop longtemps ou à forte dose, la térébenthine irrite fortement l'économie animale, produit une éruption cutanée, arrête les sécrétions muqueuses et rend les urines rares, sanguinolentes, âcres et d'une excrétion difficile. — Les cas où on doit faire usage de la térébenthine sont la diarrhée séreuse, le catarrhe vésical, le catarrhe bronchique et nasal, les hydropisies des grandes séreuses, etc. La dose, pour les grands animaux, varie de 30 à 125 grammes, et pour les petits, de 2 à 8 grammes.—A l'extérieur, la térébenthine est d'un usage fréquent, pure, unie au jaune d'œuf, au sublimé corrosif, etc. Pure elle sert de moyen agglutinatif ou de topique cicatrisant et dessiccatif; incorporée au jaune d'œuf, elle constitue l'onguent digestif, d'un usage fréquent dans le pansement des solutions de continuité. Enfin, avec le bichlorure de mercure, elle forme un topique fondant d'une grande puissance. *V.* ESSENCE, RÉSINE.

TÉRÉBINTHACÉES, s. f., *Terebinthaceæ*; famille de plantes dicotylédones, polypétales, périgynes, composée d'arbres ou d'arbrisseaux à suc souvent laiteux, propres aux contrées chaudes du globe. Les genres nombreux qui la composent ont été divisés tantôt en trois, tantôt en quatre et même en cinq tribus, regardées par plusieurs naturalistes comme autant de familles distinctes. La division adoptée par de Candolle est la suivante: *Anacardiées*; genres: *Anacardium*, *Pistacia*, etc.; *Burséracées*; genres: *Rhus*, *Bursera*; *Amyridées*; genres: *Amyris*, etc.; *Spondiacées*; genres: *Spondias*, etc.; *Connaracées*; genres: *Connarus*, *Brunellia*, etc.

TÉRÉBRANT, adj., *terebrans*. de *terebrare*, perforer; *douleur térébrante*: qui est accompagnée d'une souffrance tellement vive, que le malade croit à la pénétration d'un corps aigu dans les tissus.

TÉRÉBRATION, s f., *Terebratio*, de *terebrare*, percer avec une tarière, de *terebra*, tarière; action de percer un os avec le trépan. *V.* TRÉPANATION.

TÉRÉMINTHE, s. m., *Tereminthus*, de τερέμινθος, je perce, et μύσος, ordure; petit furoncle, qu'on avait comparé pour la forme au fruit du térébinthe. Inusité.

TERMINAISON, s. f.; on désigne ainsi la fin, l'issue d'une maladie. Les terminaisons ordinaires des maladies sont la *guérison*, la *délitescence*, la *résolution*, la *suppuration*, l'*état chronique*, l'*induration*, la *métastase*, la *gangrène*, la *mort*. *V.* ces mots.

TERMINAL, ALE. adj., *terminalis*; se dit d'un organe naissant au sommet d'un autre organe.

TERMINÉ, ÉE, adj., *definitus*, *V.* DÉFINI.

TERMINOLOGIE, *V.* GLOSSOLOGIE.

TERNAIRE, adj., *ternarius*; indique que la partie ou la division est répétée trois fois.

TERNÉ, ÉE, adj., *ternatus*; rapproché trois à trois.

TERNSTROEMIACÉES, s. f., *Ternstrœmiaceæ*; famille de plantes dicotylédones, polypétales, hypogynes, composée d'arbres et d'arbrisseaux exotiques. Genres: *Ternstrœmia*, *Camellia*, *Visnea*, *Thea*, etc.

TERRAGE, *V.* COLMATAGE.

TERRAIN, s. m., *Terrenum ;* partie du sol. Les terrains sont distingués d'après l'époque relative de leur formation, et divisés en *primaires* ou *primitifs, secondaires* ou *moyens, tertiaires* ou *supérieurs.* Mais chaque système de géologie, en introduisant une nouvelle classification, a apporté des divisions de second ordre qui ont nécessité des nomenclatures plus étendues et basées, dans chaque groupe, sur la nature et la position des formations. De là les noms de terrains *siluriens, jurassiques, crétacés. houilliers,* etc.,

TERRAINS AGRICOLES ; ils sont constitués par les débris des masses minérales formant la surface solide du globe et par les détritus des corps organiques qui s'y sont mêlés. La silice, la chaux carbonatée, l'argile et le terreau, en sont les parties constituantes ; la marne, le plâtre, l'oxyde de fer, le manganèse, la magnésie, les sels alcalins, etc., en sont les éléments accessoires ou complémentaires. Les propriétés physiques des terrains agricoles, la pesanteur, la ténacité, l'hygroscopicité, la fraîcheur, la faculté absorbante, la conductibilité, sont variables et importantes à connaître. Elles ne peuvent être appréciées que par l'expérience ou l'analyse à l'aide du microscope ou des réactifs chimiques. — D'après leur mode de formation, les terrains agricoles sont divisés en : 1° *T. formés en place* (porphyres, granites, schistes, basaltes, roches calcaires, etc.) ; 2° *T. diluviens;* 3° *T. d'alluvion;* 4° *T. d'attérissement ;* 5° *T. paludiens ;* 6° *Dunes ;* 7° *T. volcaniques.* — La classification des terrains est intéressante au point de vue de l'agronomie ; mais elle n'a pour le cultivateur qu'une importance médiocre, parce qu'il est extrêmement difficile d'établir une bonne classification méthodique, et enfin, parce que les nomenclatures basées sur les caractères extérieurs ou sur le genre de culture auquel un terrain est propre ne sont point assez rigoureuses, l'idée d'une terre forte, légère, d'une terre à blé n'étant point simple. Ce qui prouve encore cette difficulté, c'est la diversité des classifications proposées par les auteurs d'agrologie ; en effet, il est peu d'agronomes, depuis Varron et Columelle, qui n'aient proposé leur système. La division suivante, empruntée à de Gasparin, réunit à la simplicité une exactitude aussi grande que possible. Les terrains agricoles, dans cette classification, sont divisés en quatre genres pouvant renfermer plusieurs espèces : 1° *T. renfermant l'élément calcaire :* Loams, argilo-calcaires, craies, sables ; 2° *T. ne renfermant pas l'élément calcaire :* siliceux, glaiseux ; *Argiles; Terreaux* (doux, acides.)

TERRE, s. f., *Terra ;* planète obscure et habitée, dont la lune est le satellite ; nom donné par les anciens philosophes à l'un des quatre éléments des corps. Dénomination par laquelle les anciens chimistes désignaient les corps ternes, poreux, fixes, qu'ils obtenaient dans diverses opérations. Considérées comme simples, jusque vers la fin du siècle dernier, la plupart des terres des anciens chimistes ont été décomposées et étudiées avec soin.

TERRE ABSORBANTE, *V.* CARBONATE DE CHAUX, DE MAGNÉSIE, etc.

TERRE ALCALINE, *V.* BARYTE, STRONTIANE.

TERRE AMÈRE, *V.* MAGNÉSIE ET SON CARBONATE.

TERRE ANIMALE, *V.* PHOSPHATE DE CHAUX.

TERRE ARGILEUSE, *V.* ALUMINE.

TERRE CALCAIRE, *V.* CHAUX ET SON CARBONATE.

TERRE FOLIÉE CALCAIRE, *V.* ACÉTATE DE CHAUX.

TERRE FOLIÉE CRISTALLISABLE, *V.* ACÉTATE DE SOUDE.

TERRE FOLIÉE MERCURIELLE, *V.* ACÉTATE DE MERCURE.

TERRE FOLIÉE MINÉRALE, *V.* ACÉTATE DE SOUDE.

TERRE FOLIÉE DE TARTRE OU VÉGÉTALE, *V.* ACÉTATE DE POTASSE.

TERRE A FOULON, *V.* ARGILE.

TERRE GLAISE, *V.* ARGILE.

TERRE MÉTALLIQUE, *V.* OXYDE.

TERRE D'OMBRE ; variété de lignite terne mélangée à des matières terreuses. Elle est employée en peinture.

TERRE PESANTE, *V.* BARYTE.

TERRE DE PIPE ; variété d'argile blanche.

TERRE A PORCELAINE, *V.* KAOLIN.

TERRE SILICEUSE, *V.* A. SILICIQUE.

TERRE VITRIFIABLE, *V.* SILICE.

TERRE. Ce mot est souvent employé comme synonyme de *sol* ou *terrain.* Dans son acception la plus ordinaire, en agronomie, il s'entend de la substance même d'un sol arable. *Terre forte, légère, grasse, à bruyère,* etc.

TERREAU, s. m. ; synonyme d'*humus* (*V.* ce mot). Le rôle du terreau dans la végétation est important. Il n'est point absorbé en nature, mais il contribue à la formation de l'acide carbonique, de l'ammoniaque et de l'eau absorbée par les radicules des plantes, et dans ces actions successives il devient de plus en plus simple. Sa présence dans les terrains agricoles est indispensable à une végétation normale ; mais la fertilité n'est pas proportionnelle à sa quantité. Les bons terrains en contiennent communément 5 à 8 p. %. Sa reproduction est nécessaire, et c'est à l'entretenir aux moindres frais que tend la culture alterne perfectionnée. — On donne aussi le nom de *terreau* à une espèce de terrain agricole caractérisé par une perte d'au moins $\frac{1}{8}$ de son poids, par la combustion, après une dessiccation complète. On distingue deux sortes de terreaux : 1° le *terreau doux,* donnant par l'ébullition une eau qui ne rougit point la teinture de tournesol. Il est généralement composé d'un fort mélange de détritus organiques et de terre calcaire très divisée, et souvent accompagnée de coquilles d'eau douce. Il réclame des engrais animaux ;

le calcaire lui convient parfaitement, quand l'acide carbonique est en excès ; 2° le *terreau acide*, donnant une eau d'ébullition qui rougit la teinture de tournesol. Les sols provenant de défrichements récents des bois appartiennent à cette espèce. La présence du tannin en forte proportion, la formation d'une grande quantité d'acide carbonique, y nuisent à la végétation ; néanmoins le colza, la pomme de terre y réussissent. Les fumiers, les cendres, le chaulage, le marnage, l'écobuage, corrigent ces défauts. La terre à bruyère et les tourbes sont des terreaux acides.

TERREMENT, *V.* TERRAGE.

TERRE-A-TERRE, s. m. ; succession de petits sauts, près de terre, faits de côté et le cheval avançant toujours. C'est un air relevé.

TERRESTRE, adj., *terrestris;* qui croit ou vit sur la terre, par opposition à *aquatique.*

TERTIAIRE, adj., *tertiarius;* se dit des divisions produites par les ramifications du pédoncule ou du pétiole.

TEST ou **TÉT**, s. m., *Testa;* nom donné à l'enveloppe calcaire ou coquille qui protége le corps d'un grand nombre d'animaux inférieurs, comme les *mollusques*, les *oursins.* — *Bot. V.* LORIQUE.

TESTACÉ, ÉE, adj., *testaceus*, de *testa*, coquille ; qui est recouvert d'une coquille. De là le nom de *testacés* sous lequel on désigne la plupart des mollusques.

TESTES ; nom latin, signifiant *testicules*, donné aux deux plus postérieurs des tubercules quadrijumeaux.

TESTICULAIRE, adj., *testicularis;* qui appartient au testicule. — *Artère grande testiculaire* ou *spermatique première :* artère longue, grêle, naissant de l'aorte postérieure, près de la petite mésentérique, sortant de l'abdomen avec le cordon testiculaire, par l'anneau inguinal, et formant un grand nombre de flexuosités à la surface du testicule. — *Artère petite testiculaire* ou *spermatique seconde :* petite artère très grêle, naissant du tronc crural ou de la circonflexe de l'ilium, quelquefois aussi de l'aorte elle-même, sortant de l'abdomen avec le cordon testiculaire, dans lequel elle se ramifie. — *Cordon testiculaire* ou *spermatique :* ensemble des vaisseaux et des nerfs testiculaires, contenus, ainsi que le canal efférent, dans un repli du péritoine. — *Enveloppes testiculaires :* assemblage de couches membraneuses formant les *bourses ;* elles se composent : 1° du serotum ; 2° du dartos ; 3° de la tunique érythroïde ; 4° des deux membranes peritonéales ; 5° enfin, de la tunique albuginée. — *Plexus testiculaire :* plexus formé par les ramifications du grand sympathique qui se rendent au testicule.

TESTICULE, s. m., *Testiculus*, de *testis*, témoin ; ὄρχις, δίδυμος ; organe essentiel de l'appareil génital du mâle, sécrétant le sperme. Les testicules sont des organes glanduleux, ovoïdes ou piriformes, suivant les espèces, contenus hors de l'abdomen dans deux poches particulières qui ne forment une cavité séparée que dans l'espèce humaine. Dans les animaux mammifères, le canal inguinal établit une communication constante entre l'abdomen et la cavité contenant le testicule. Cet organe est formé d'un tissu propre, mou, de couleur brunâtre, marbrée, enveloppé dans une lame fibreuse dite *tunique albuginée.* Vers la partie supérieure se voit une ligne blanchâtre, appelée *corps d'Hygmore*, que l'on regarde comme le point de réunion des conduits séminifères du testicule ; ces conduits communiquent avec l'épididyme, situé au-dessus du bord supérieur de l'organe, et formant le point d'abord du cordon au testicule. Les testicules du cheval, du taureau, du bélier, du bouc, sont situés à la région inguinale ; ceux du porc et du chien sont placés en arrière des cuisses, à peu de distance au-dessous de l'anus. Allongés de haut en bas dans les ruminants, ils sont à peu près ovoïdes dans les autres espèces domestiques. Dans le fœtus, les testicules sont situés, comme les ovaires de la femelle, à la région sous-lombaire ; ce n'est que plus tard qu'ils franchissent le canal inguinal, pour prendre place dans les bourses. — Dans les animaux autres que les mammifères, ils sont placés pendant toute la vie dans la cavité abdominale. — Chez les poissons, ils sont d'un volume énorme, et constituent ce qu'on nomme *laite* ou *laitance.*

TESTUDO, s. m. ; mot latin par lequel on désigne une tumeur enkystée en façon d'écaille de tortue. On a donné ce nom à la taupe du cheval. *V.* MAL DE TAUPE.

TÉTANIQUE, adj., *tetanicus;* qui tient du tétanos. *Contraction*, *état*, *convulsions tétaniques.*

TÉTANOS, s. m., *Tetanus, distensio nervorum*, de τείνω, tendre ; *mal de cerf.* On nomme ainsi une maladie considérée par quelques auteurs comme étant un état inflammatoire de la moëlle épinière, qui détermine la contraction permanente des muscles soumis à la volonté. Rien ne saurait vaincre cette contraction, qui résiste soit aux efforts du malade, soit à ceux qu'on pourrait tenter sur lui. On reconnaît le tétanos *essentiel*, appelé encore *idiopathique*, et le tétanos *traumatique ;* le dernier se développe à la suite des plaies. Le tétanos est *aigu*, quand les symptômes marchent avec rapidité ; *chronique*, lorsque cette marche est lente ; on dit encore qu'il est *complet* ou *incomplet.* Les anciens distinguaient le *trismus*, l'*emprosthotonos*, l'*opisthotonos*, le *pleurothotonos* et le *tétanos tonique*, suivant que la contraction permanente atteignait les muscles de la tête, la partie inférieure du cou et du tronc, la partie supérieure de ces dernières régions, un seul côté du corps, ou le corps entier. Les monodactyles sont plus exposés que les autres animaux à contracter cette maladie. — Les causes du tétanos idiopathique sont le froid, les changements brusques de température, les

irritations des viscères abdominaux. Le tétanos traumatique se développe après des blessures même légères; il est causé, dans le cheval, par les plaies d'armes à feu, les contusions violentes, le déchirement des aponévroses, des fibres tendineuses. On le voit survenir après les fractures, la piqûre du clou
de rue, l'enchevêtrure, la castration, l'opération de la queue à l'anglaise, etc. — Ordinairement, le tétanos débute par la contraction
des muscles masséters et temporaux, qui empêchent l'écartement des mâchoires. Plus tard,
la maladie se propage aux muscles du tronc
et des membres, de sorte que l'animal ne
peut se mouvoir que d'une pièce ; le corps
devient inflexible dans tous les sens. Le cheval tient la tête haute, tendue sur l'encolure,
les oreilles droites, la queue relevée en
trompe. La salive est abondante et s'écoule
hors de la bouche ; le corps clignotant recouvre une partie de la cornée ; le pouls est petit
et lent. L'animal ne peut se coucher ; s'il
tombe, il ne se relève plus et finit par succomber. Dans les derniers temps de la maladie, on observe des sueurs partielles, l'affaiblissement des forces causé par l'impossibilité de faire prendre quelque nourriture,
et la difficulté de la respiration. C'est par la
mort que le tétanos se termine le plus ordinairement ; elle est le résultat de l'asphyxie
produite par la difficulté des mouvements de
la poitrine. Quelquefois la perte du malade
est la suite de l'épuisement causé par la
privation d'aliments. — Les ouvertures de
cadavres n'ont pas jusqu'à présent démontré
l'existence de lésions bien marquées particulières à cette maladie. Dans l'homme, on a
observé l'injection des méninges, le ramollissement des faisceaux antérieurs de la moëlle
épinière. Gellé a signalé dans le cheval le ramollissement de toute la moëlle épinière, surtout dans la région lombaire ; cette lésion n'est
pas constante. Le pronostic est des plus
fâcheux ; le tétanos général qui est intense
cause généralement la mort du quatrième au
douzième jour ; le tétanos chronique dure
plus longtemps et se guérit avec plus de facilité ; celui qu'on appelle *traumatique* est le
plus grave. Le traitement curatif a été généralement empirique ; on a guéri le tétanos
par les moyens les plus rationnels comme par
les plus bizarres. On ne connaît pas encore
de méthode qui donne des succès non contestés, malgré les espérances que des découvertes récentes avaient pu faire naître.
Les saignées générales, même exagérées, ont
joui d'une certaine vogue qui ne s'est pas
maintenue ; on employait en même temps
les fumigations émollientes sous le ventre,
les embrocations opiacées sur les muscles
des mâchoires. Les différents narcotiques et
surtout les opiacés ont également été délais-
sés. Lafore a obtenu quelques guérisons sur
le cheval par le cyanure de potassium, qui
agit par le simple contact sur une muqueuse ;
les faits observés ne tendent que trop à éta-

blir l'insuffisance de ce médicament. Raco-
nat a préconisé le sulfate de quinine. L'emploi des inhalations avec l'éther a donné
quelques exemples de guérison, qui parai-
traient bien rares, si l'on rapportait les
insuccès de ce moyen. Le chloroforme nous
a donné les mêmes résultats. Il faut conclure de ce qui précède qu'on guérit le tétanos par plusieurs moyens différents, mais
que les succès sont très rares. Il est probable que la nature fait souvent tous les frais
de la guérison ; ce qui le prouve, c'est que
l'on obtient souvent la cessation de la maladie dans l'espèce de l'âne en se contentant
de tenir l'animal dans un milieu d'une douce
température.

TÉTARD, s. m. ; arbre dont on coupe
le tronc à deux ou trois mètres au dessus
du sol, pour lui faire produire des branches
que l'on exploite périodiquement pour le
chauffage ; le saule blanc est ordinairement
cultivé en tétard.

TÉTARTOPHIE, s. f., *Tetartophia*,
de τέταρτος, quatrième, et ωψ, je nais ; nom
donné en médecine à une fièvre rémittente
dont les paroxysmes reviennent de quatre en
quatre jours.

TÊTE, s. f., *Caput*, κεφαλή ; partie antérieure du tronc soutenue à l'extrémité de
l'encolure, et formant au bout de ce bras de
levier un poids mobile dont la position influe
beaucoup sur la rapidité et la direction des
mouvements de l'animal. — La tête a été divisée en *crâne* et en *face* ; celle-ci se partage
en mâchoire inférieure et mâchoire supérieure. A l'exception de ceux du toucher,
tous les organes des sens sont contenus dans
la tête, où réside le centre de l'appareil nerveux ou le cerveau. — En *extérieur*, outre
les nombreuses régions que l'on étudie dans
la tête, on considère celle-ci en masse sous
le rapport de ses dimensions, de sa forme,
de son attache et de sa direction. — La longueur et la grosseur de la tête influent beaucoup sur la légèreté des allures de l'animal.
Une tête longue ou grosse pèse toujours à
l'extrémité de l'encolure et rend le cheval lourd ; tandis qu'une tête courte et peu
chargée lui donne de la légèreté et lui permet d'obéir avec facilité à l'action de la
main du cavalier. La forme la plus convenable pour la tête est celle que l'on appelle
carrée, c'est-à-dire dans laquelle le front et
le chanfrein sont droits, les ganaches écartées, et les naseaux largement ouverts. La
tête *busquée*, c'est-à-dire convexe en avant,
est une conformation rejetée aujourd'hui, et
indiquant un cheval mou ou de peu d'haleine.
La disposition contraire, ou la tête *camuse*,
est de beaucoup préférable. La position naturelle de la tête est suivant une ligne oblique qui formerait la diagonale d'un carré.
Plus verticale, elle repousse le centre de
gravité en arrière et nuit à la rapidité
des allures ; plus horizontale, elle soustrait
les barres à l'action de la bride et permet

au cheval de s'emporter. Dans la première de ces deux positions, on dit qu'il *s'encapuchonne;* on le dit *portant au vent,* dans la seconde. La tête est dite *plaquée,* lorsqu'elle s'unit à l'encolure sans intervalle sensible ; on la dit *décousue,* lorsqu'un sillon trop prononcé existe entre les deux régions. — Dans l'espèce bovine, la tête est généralement forte, surtout chez le taureau. Pour les vaches exclusivement laitières, et pour les bœufs que l'on engraisse sans les faire travailler, on doit rechercher une tête peu volumineuse. La forme de la tête du mouton et du porc est très variable, selon les races ; elle l'est moins cependant que celle du chien, qui présente tous les degrés entre la tête courte du doguin, et la tête allongée du levrier. — En *anatomie,* on appelle *tête* une éminence arrondie plus ou moins saillante, destinée à former une articulation mobile ; ex. : *la tête de l'humérus, du fémur,* etc. — *Bot.* On donne vulgairement le nom de *tête,* en botanique, à un assemblage régulier de fleurs, comme le *capitule.*

TÉTRA, de τετρα pour τετταρα, quatre ; ce mot, dans les composés grecs, signifie *quatre.*

TÉTRACOQUE, adj., *tetracoccus;* composé de quatre coques.

TÉTRADACTYLE, s. et adj., *Tetradactylus,* de τετρα, quatre, et δακτυλος, doigt ; on désigne sous ce nom les animaux pourvus de quatre doigts à chaque extrémité, ex. : *le porc.* Girard appelle *tétradactyles irréguliers* ceux qui ont quatre doigts aux pieds de derrière et cinq à ceux de devant.

TÉTRADYNAMES, adj., *tetradynames;* se dit des étamines au nombre de six dans une fleur, dont quatre grandes et deux petites.

TÉTRADYNAMIE, s. f., *Tetradynamia;* nom de la quinzième classe dans le système de Linné. Cette classe comprend les plantes dont les fleurs ont les étamines tétradynames ; elle correspond aux Crucifères et se divise en deux ordres.

TÉTRAFIDE, adj., *tetrafidus;* divisé en quatre lobes séparés par des sinus profonds.

TÉTRAGONE, adj., *tetragonus,* de τετρα, quatre, et γωνια, angle ; qui a quatre angles.

TÉTRAGYNE, adj., *tetragynus,* de τετρα, quatre, et γυνη, femme ; se dit des plantes qui ont quatre pistils ou quatre styles.

TÉTRAGYNIE, s. f., *Tetragynia;* nom générique dans le système de Linné, des ordres renfermant les plantes dont les fleurs ont quatre styles.

TÉTRAKÈNE, s. m., *Tetrachenium;* fruit composé de quatre akènes réunis.

TÉTRANDRE, adj., *tetrandrus,* de τετρα, quatre, et ανηρ, ανδρος, mari ; se dit des fleurs qui ont quatre étamines.

TÉTRANDRIE, s. f., *Tetrandria;* nom de la quatrième classe dans le système de Linné. Elle comprend les plantes dont les fleurs ont quatre étamines et se divise en trois ordres : *monogynie, digynie, tétragynie.*

TÉTRANDRIQUE, adj., *tetrandricus;* qui a rapport à la tétrandrie ; synonyme de *tétrandre.*

TÉTRAONIDES, s. et adj. ; famille d'oiseaux gallinacés, formée du seul genre *Tétras.*

TÉTRAPÉTALE, adj., *tetrapetalus,* de τετρα, quatre, et πεταλον, pétale ; formé de quatre pétales distincts.

TÉTRAPHARMACUM, s. m., de τετρα, quatre, et φαρμακον, médicament ; nom donné autrefois à l'onguent basilicum, parce qu'il est composé de quatre drogues simples.

TÉTRAPODE, adj., de τετρα, quatre, et πους, ποδος, pied ; synonyme peu usité de *quadrupède.*

TÉTRAPHYLLE, *tetraphyllus,* de τετρα, quatre, et φυλλον, feuille ; composé de quatre folioles ou sépales.

TÉTRAPTÈRE, adj., *tetrapterus,* de τετρα, quatre, et πτερον, aile ; qui porte quatre ailes ou quatre appendices en forme d'ailes.

TÉTRAQUÈTRE, adj., *tetraqueter,* de τετρα, quatre, et εδρα, face ; qui présente quatre arêtes saillantes séparées par des sillons.

TÉTRASPERME, adj., de τετρα, quatre, et σπερμα, semence ; se dit du fruit ou de la loge renfermant quatre graines.

TÉTRASTYLE, adj., *tetrastylus,* de τετρα, quatre, et στυλος, style ; on désigne ainsi l'ovaire surmonté de quatre styles.

TEXTILE, adj., *textilis;* susceptible d'être mis en tissu ; se dit, en particulier, des plantes qui fournissent de la filasse propre à la filature : le *chanvre,* le *lin,* le *phormium,* etc.

TEXTURE, s. f., *Textura,* de *texo,* je tisse, je fais un tissu ; disposition des fibres qui composent un tissu ; *texture d'un muscle, d'une membrane.*

THALAMIFLORES, s. f., et adj., *Thalamifloræ;* nom de l'une des sous-classes établies par de Candolle dans les phanérogames exogènes ; elle comprend les espèces dont les pétales distincts sont insérés sur le torus ; ex. : les *Composées.*

THALASSIOPHYTES, s. f., *Thalassiophytæ;* hydrophytes marines. *V.* HYDROPHYTES.

THALLE, s. m., *Thallus;* partie essentielle des Lichens. *V.* LICHENS et FRONDE.

THÉ, s. m., *Thea,* L. ; genre de la famille des Ternstrœmiacées. Il se compose d'arbustes et de petits arbres originaires de la Chine, et dont la culture s'est étendue dans l'Inde et le Brésil. Ce genre ne renferme qu'un petit nombre d'espèces; la principale, qui se subdivise en variétés, est le T. de la Chine, *T. Chinensis.* Sa culture a été essayée en France.—*Pharm.* Le commerce présente une foule de variétés de thés, désignées d'après la couleur, la forme des feuilles, la provenance, etc. Toutes les espèces présentent une couleur vert-bleuâtre plus ou moins foncée, une odeur aromatique plus ou moins prononcée et une saveur fortement amère. L'analyse chimique y a signalé les principes suivants : une huile essentielle , du tannin, de la *théine* , de la gomme , de l'albumine , du ligneux et des sels. Traité par l'eau bouillante, le thé fournit une infusion tonique et excitante , qui serait fort utile contre l'inappétence , l'indigestion simple, les affections anhémiques des animaux , si le prix encore très élevé de cette substance n'y mettait obstacle, et si , du reste , il n'était pas très facile de le remplacer par la camomille , ainsi que par plusieurs Labiées ou Composées. La dose serait de 15 à 20 grammes par litre d'eau pour les grands animaux.

THÉBAINE, s. f. ; nom d'undes alcaloïdes faux de l'opium, qui porte aussi le nom de *paramorphine* (*V.* ce mot).

THÉCAPHORE ; synonyme de *basigyne*.

THÉIFORME, adj. , *theiformis* ; en forme de thé. Nom donné en pharmacie à toutes les infusions quise préparent comme celle du thé.

THÉINE , **s. f.** ; principe actif du thé, analogue à celui du café. *V.* CAFÉINE.

THÉLALGIE, s. f. , *Thelalgia*, de θηλη , mamelon , et αλγος , douleur ; douleur du mamelon.

THÉLITE, s. f. , *Thelitis ;* inflammation du mamelon.

THÉLORRHAGIE, s. f. , *Thelorrhagia ;* hémorrhagie du mamelon.

THÉORIE, s. f. , *Theoria*, de θεωρια, contemplation ; partie spéculative, rationnelle de la science , vérifiée ou non par l'expérience. Dans l'étude des phénomènes naturels, il est un point sur lequel il est difficile et souvent impossible de porter le flambeau de l'expérimentation ; c'est celui des *causes efficientes* de ces phénomènes ou la liaison de la *cause* à *l'effet* ; alors, à défaut de preuve de démonstration , on se contente de vues rationnelles , de suppositions , d'hypothèses. Lorsque ces suppositions rendent parfaitement compte des phénomènes et qu'elles ne sont contredites par aucun d'eux , elles prennent un certain degré de probabilité et sont appelées *théories*. Une théorie est donc en quelque sorte le rapport d'une supposition avec les phénomènes auxquels elle s'applique ; quand elle n'est en opposition avec aucun d'eux , on peut prendre cette théorie pour l'expression réelle des faits et la considérer comme une vérité démontrée *à priori* ; telle est la théorie de Newton sur l'attraction de la matière pondérable. On appelle, par contre , un *système* , une supposition basée sur un fait, et étendue à d'autres faits du même genre et susceptibles d'interprétations différentes. Quelquefois même le système ne repose sur aucun fait palpable et se trouve basé sur des suppositions purement gratuites qu'on nomme des *hypothèses*. — *Théorie atomique. V.* ATOMIQUE.

THÉQUE , s. f. , *Theca* ; l'un des noms de l'urne dans les Mousses.

THÉRAPEUTIQUE , **s. f.** , *Therapeia*, de θεραπευω , je guéris ; partie de la médecine qui s'occupe du traitement des maladies. Elle a pour objet l'étude des agents thérapeutiques fournis par l'hygiène , la chirurgie et la pharmacie , dans leur mode d'action sur l'économie saine ou malade. Son but est d'apprendre à faire un emploi rationnel de ces moyens à la guérison ou à la palliation des maladies. Son importance est très grande, puisqu'elle met le praticien à même d'appliquer immédiatement ses connaissances au traitement des maladies ; elle est donc le complément indispensable ou le couronnement des études médicales. Comme science d'application , la thérapeutique est tributaire de l'hygiène , de la chirurgie , de la matière médicale et de toutes les sciences naturelles qui lui font connaitre les agents qu'elle emploie , et de l'anatomie, de la physiologie et de la pathologie, qui l'instruisent sur tout ce qui a rapport au sujet sain ou malade, auquel elle applique les agents qui constituent son domaine. — La thérapeutique se divise en *générale* et *spéciale ;* la première , à laquelle s'applique la définition précédente, s'occupe du traitement des maladies en général et en particulier , et la seconde , du traitement spécial de chacune d'elles. Cette dernière n'est qu'une partie de la pathologie spéciale.

THÉRAPIE, s. f. , *Therapia ;* mot employé comme synonyme ou comme abréviatif de thérapeutique. On s'en sert surtout dans certains noms composés dans lesquels entre le mot thérapeutique ; ex : *hydrothérapie*, *hydrosudothérapie*.

THÉRIACAL, adj. ; qui a rapport à la thériaque ou qui en contient : *eau, poudre thériacales*.

THÉRIAQUE, s. f. , *Theriaca*, de θηρ , bête venimeuse , et ακεομαι , je guéris ; préparation polypharmaque très ancienne et considérée longtemps, non-seulement comme un spécifique contre les venins et les poisons, ainsi que l'indique l'étymologie de son nom , mais encore comme une panacée contre toutes les maladies. Imaginé, dit-on, par Andromaque, médecin de Néron, cet électuaire composé, véritable monstruosité pharmaceutique, s'est transmis d'âge en âge , malgré ses nombreux détracteurs , jusqu'à nos jours , où il jouit encore, dans le vulgaire, d'une grande réputation comme remède à tous les maux. La formule de ce médicament , conservée par Galien, renferme un nombre considérable de drogues ; celle du Codex français, déjà plus simple, en renferme encore 70 ; la plupart des pharmacopées étrangères l'ont considérablement simplifiée. — Quoi qu'il en soit, les vétérinaires ne préparant jamais ce remède, beaucoup trop compliqué pour leur modeste officine , nous n'en rapporterons aucune formule. Du reste, on le trouve tout préparé dans le commerce, où souvent, il est vrai , il est très impur et très falsifié. La thériaque, qui contient des plantes excitantes , toniques,

astringentes , de l'opium, du vin, du fer, etc.,
est employée , à l'intérieur, en breuvages,
dissoute dans l'eau ou le vin, à la dose de
15, 30, 60 gr. pour les grands animaux , et
à celle de 4 à 8 gr. chez les petits, contre les
indigestions, la diarrhée, les affections anhémiques ou hydrohémiques, la courbature par
refroidissement de la peau , etc. On a souvent
à se louer de son emploi.

THÉRIOME , s. m. , *Therioma;* sorte
d'ulcère. Inusité.

THERMAL, ALE, adj., *thermalis;* qualification donnée aux eaux minérales naturelles,
lorsqu'elles sont chaudes et présentent une
température supérieure à 25° C.

THERMANTIQUE , adj., *thermanticus*, de
θερμαινειν, échauffer; synonyme d'*échauffant*,
d'*excitant* (*V.* ces mots).

THERMO-ÉLECTRICITÉ, s. f.; électricité développée par le simple changement de
température des corps. Partie de la physique
qui traite des phénomènes de cet ordre qui
sont encore peu nombreux et peu connus. Le
fait fondamental de la thermo-électricité ,
c'est qu'un anneau métallique, formé de deux
métaux et chauffé dans un de ses points
seulement , devient le siége d'un courant
électrique qui peut agir sur les aimants , sur
les courants de la pile , comme on l'observe
dans l'électro-magnétisme.

THERMO-ÉLECTRIQUE , adj.; se dit des
phénomènes ou des appareils qui ont rapport
à la thermo-électricité.

THERMOLOGIE, s. f., *Thermologia*, de
θερμα , chaleur , et λογος, discours traité de
la chaleur ou du calorique.

THERMOMÈTRE, s. m., *Thermometrum,*
de θερμη, chaleur , et μετρον , mesure; on
désigne ainsi tous les instruments qui servent
à mesurer la température des corps. Ils sont
fondés sur la dilatation des corps par la chaleur , et sur la diminution de leur volume par
le froid. Ces instruments , imaginés vers le
commencement du XVII° siècle, par Galilée,
suivant les uns , et par Drebbel, selon les
autres , varient de forme et de nature. Les uns
sont fondés sur la dilatation ou la contraction
des liquides ; les autres sur celle des gaz, et,
enfin , les autres sur celle des solides. Il seront
décrits dans cet ordre. 1° THERMOMÈTRES A LI-
QUIDES. Ce sont les plus utiles et les plus
employés ; leur usage est en quelque sorte
vulgaire. On se sert, pour les construire, du
mercure et de l'alcool. On choisit de préférence
ces deux liquides, parce qu'on peut les obtenir
facilement à l'état de pureté ; ils ont du reste,
chacun, des avantages spéciaux : ainsi, le
mercure est très dense et permet la construction de très petits instruments ; il est opaque
et se voit dans les tubes les plus étroits ; de
plus, il se dilate très uniformément, n'adhère
pas au verre , bout à une température élevée
et ne se congèle qu'à une température très
basse, ce qui permet d'avoir, sur le même
instrument, une échelle très étendue. L'alcool
est peu convenable pour mesurer des tem-

pératures élevées parce qu'il bout promte-
ment ; mais, en revanche, il peut supporter,
sans se congeler, les froids les plus considérables , ce qui est d'un grand avantage pour
la mesure des basses températures. La construction de ces instruments comprend le
choix du liquide, celui du tube, l'introduction du liquide, la clôture du tube et la
graduation de l'instrument. A. *Liquide.* Le
choix du liquide consiste à l'avoir dans un
degré de pureté absolue. B. *Tube.* Il sera en
verre pur et parfaitement calibré. Il est
formé de deux parties : le *réservoir* et le
tube proprement dit. Le premier peut être
sphérique , *cylindrique* ou en *spirale* ; la
forme cylindrique est la plus employée. Le
tube doit être capillaire , pour être sensible
aux moindres changements de la colonne
liquide . et bien calibré , pour que les degrés
soient d'égale étendue. C. *Introduction du
liquide.* Elle ne peut avoir lieu directement,
à cause de l'étroitesse du tube ; on y parvient
en chauffant le réservoir du tube et en y faisant
le vide ; le tube introduit dans le liquide ,
celui-ci y monte, poussé par la pression atmosphérique ; en recommençant plusieurs fois
l'opération, on finit par remplir complètement
le tube de mercure ou d'alcool. D. *Clôture
du tube.* Elle n'est pas indispensable, cependant on la fait toujours pour rendre l'instrument plus portatif ; elle a lieu au moyen de
la lampe d'émailleur. E. *Graduation.* Pour
rendre les thermomètres comparables , il
faut marquer sur le tube des points fixes qui
aient la même valeur et qui puissent servir
de point de comparaison. On y parvient en
plongeant l'instrument préparé dans de la
glace fondante et en marquant 0° au point
où la colonne reste stationnaire ; on l'introduit ensuite dans un vase contenant de l'eau
bouillante et de la vapeur à la même température, et on marque 100° au point où s'arrête
la colonne thermométrique. Les divisions
qu'on fait entre ces deux points extrêmes
portent le nom de *degrés ;* on les prolonge en
dessous de zéro ou au-dessus de 100° pour des
températures plus basses ou plus hautes que
celle de la glace fondante ou de l'eau bouillante ; les degrés placés au-dessous de 0°
sont appelés *négatifs* et affectés du signe — ;
ceux qui sont au-dessus sont *positifs* et marqués du signe + ; cependant, le plus souvent,
on ne met aucun signe aux degrés positifs,
comme pour les quantités mathématiques
positives. F. *Echelles thermométriques.* L'é-
chelle indiquée précédemment est celle dite
centigrade, à cause de la division en 100° de
l'intervalle compris entre la glace fondante et
l'eau bouillante ; quoique la plus employée
maintenant, elle n'est pas la seule usitée ; en
France et en Allemagne, on se sert encore souvent de l'échelle de *Réaumur*, qui est divisée
en 80° seulement ; en Angleterre , on fait usage
de celle de *Farenheit*, dont le zéro correspond
à 32° c. , et où l'eau bouillante est
marquée 212° ; le zéro est donné par un

mélange de sel et de glace. Comme il est souvent utile de transformer ces degrés les uns dans les autres, il est utile d'indiquer les moyens d'opérer cette transformation. De même que 100° C. valent 80° R. et 180° F.; de même 5° C. valent 4° R. et 9° F.; en sorte que, si l'on veut transformer un certain nombre de degrés centigr. en degrés Réaumur, il faut multiplier les degrés C. par 4, et diviser le produit par 5. Pour faire l'opération inverse, il faut multiplier les degrés R. par 5 et diviser le produit par 4. Pour transformer les degrés Farenheit en degrés C., il faut d'abord retrancher 32° F. pour avoir des 0° correspondants, puis multiplier par 5, et diviser par 9; pour avoir des degrés R., il faudrait multiplier par 4 et diviser par 9. Le tableau suivant indique, du reste, un certain nombre de ces transformations.

TABLEAU COMPARATIF
des échelles des thermomètres *Centigrade*, *Réaumur* et de *Farenheit*.

Centigrade.	Réaumur.	Farenheit.	Centigrade.	Réaumur.	Farenheit.
— 20°	— 16°	— 4°	60°	48°	140°
— 15°	— 12°	5°	65°	52°	149°
— 10°	— 8°	14°	70°	56°	158°
— 5°	— 4°	23°	75°	60°	167°
0°	0°	32°	80°	64°	176°
5°	4°	41°	85°	68°	185°
10°	8°	50°	90°	72°	194°
15°	12°	59°	95°	76°	203°
20°	16°	68°	100°	80°	212°
25°	20°	77°	105°	84°	221°
30°	24°	86°	110°	88°	230°
35°	28°	95°	115°	92°	239°
40°	32°	104°	120°	96°	248°
45°	36°	113°	130°	104°	266°
50°	40°	122°	140°	112°	284°
55°	44°	131°	150°	120°	302°

2° THERMOMÈTRES A GAZ OU A AIR. Ils présentent plusieurs formes; le thermomètre à air ordinaire se compose d'un tube très fin et d'une boule remplie d'air; il porte un petit *index* en acide sulfurique coloré, destiné à faire connaître les dilatations de l'air contenu dans l'appareil. Cet instrument sert à mesurer de très petites variations de température et à déterminer la dilation des gaz et des vapeurs à diverses températures. Les thermomètres à air, avec un tube recourbé en U et dont les branches sont terminées par deux boules, sont appelés *thermoscopes* ou *thermomètres*

différentiels. On en connaît deux espèces: 1° le *thermomètre différentiel de Leslie*, qui est formé d'un tube deux fois recourbé et dont la branche horizontale présente à peu près la même longueur que les branches ascendantes, terminées par deux boules d'un petit volume. L'instrument contient un liquide coloré qui remplit la branche horizontale et la moitié des branches relevées. Le zéro de l'instrument correspond à l'égalité parfaite de la température des deux boules; les autres degrés de l'échelle indiquent les inégalités de température des deux branches. 2° Le *thermoscope* de *Rumfort* diffère du précédent par la longueur du tube horizontal, qui est double de celle des branches; celles-ci sont terminées par des boules très volumineuses. Cet instrument est très sensible et ne présente qu'un index, qui occupe le milieu de la branche horizontale ou le zéro, quand les boules ont la même température. — 3° THERMOMÈTRES SOLIDES. On n'en connaît qu'un seul, celui de *Bréguet*. Il est formé d'une spirale métallique résultant de la soudure d'un ruban en argent, avec un semblable en or et un en platine. L'argent, qui est le plus dilatable, occupe l'extérieur de la spirale, dont une extrémité est fixe et l'autre libre, portant une aiguille qui parcourt un cadran. Quand la température s'élève, la spirale se tord et l'aiguille marche sur le cadran; quand elle baisse, la spirale se détord et l'aiguille marche en sens inverse. Il se gradue à l'aide des autres thermomètres, avec lesquels il est comparable.

THERMOMÈTRE A MAXIMA ET A MINIMA. *V.* THERMOMÉTROGRAPHE.

THERMOMÈTRE DIFFÉRENTIEL, *V.* THERMOMÈTRE A GAZ.

THERMOMÉTRIQUE, adj., *thermometricus*; qui a rapport au thermomètre: *échelle thermométrique*.

THERMOSCOPE, s. m., *Thermoscopium*, de θερμος, chaud, et σκοπεω, observer; nom donné au thermomètre *différentiel de Rumfort*. *V.* THERMOMÈTRE A GAZ.

THERMOMÉTROGRAPHE, s. m., de θερμος chaud, μετρον, mesure, et γραφω, écrire, marquer; nom donné à certains thermomètres à maxima et à minima, parce qu'ils marquent d'une manière permanente le plus haut degré de température ou le plus bas auquel ils sont parvenus dans un espace de temps déterminé. Le plus simple et le plus employé est celui de six modifié par Bellani. Il se compose d'un tube recourbé dont une des branches se termine par un grand réservoir cylindrique. La partie inférieure du tube est pleine de mercure, et les branches, ainsi que le réservoir, sont pleins d'alcool. Deux index en fer, munis d'un cheveu enroulé pour leur donner de l'élasticité, reposent sur les extrémités de la colonne recourbée de mercure. L'instrument ainsi disposé vient-il à subir une élévation de température, l'alcool du réservoir, plus dilatable que le mercure, pousse ce liquide et l'index qu'il supporte dans l'autre branche ; quand l'instrument se refroidit, le mercure descend, mais l'index retenu par l'élasticité du cheveu, reste au point où le mercure l'avait poussé et marque ainsi le *maximum* de température d'un intervalle de temps donné. L'index du côté du réservoir d'alcool ne s'est pas déplacé et marque le *minimum* de la température pendant le même espace de temps.

THLASPI, s. m., *Thlaspi*, Dillen. ; genre de la famille des Crucifères, composé de plantes herbacées, annuelles ou vivaces, communes dans les régions moyennes de l'Europe et de l'Asie. La France en possède onze espèces, parmi lesquelles le T. des champs, *T. arvense;* le T. de montagne, *T. montanum;* le T. bourse à pasteur, vulg. Tabouret, *T. bursa pastoris.* Ce sont des plantes peu estimées des bestiaux.

THLIPSENCÉPHALE, s. et adj., *Thlipsencephalus*, de θλίψις, écrasement, et εγκεφαλος, encéphale ; genre de monstres pseudencéphaliens, chez lesquels l'encéphale est remplacé par une tumeur vasculaire, le crâne ouvert dans les régions frontale, pariétale et occipitale, le trou occipital n'existant pas d'une manière distincte.

THLIPSENCÉPHALIE, s. f., *Thlipsencephalia ;* état des monstres thlipsencéphales.

THLIPSIE, s. f., *Thlipsia*, de θλάω, je comprime ; compression, resserrement des vaisseaux.

THORACENTÈSE, s. f., *Thoracentesis*, de θωραξ, thorax, et κεντειν, piquer; ponction du thorax. *V.* EMPYÈME.

THORACIQUE ou THORACHIQUE, adj., *thoracicus, de thorax*. poitrine ; qui appartient à la poitrine. — *Cavité thoracique, V.* POITRINE. — *Membres thoraciques :* nom donné aux membres antérieurs, à cause de leur attache au thorax. — *Artère thoracique interne ou sus-sternale :* grosse artère provenant du tronc brachial, et se recourbant en arrière pour suivre le bord de la face supérieure du sternum, où elle est recouverte par le muscle sterno-costal ou petit dentelé. Elle fournit, dans son trajet, des rameaux supérieurs s'anastomosant avec les intercostales, des rameaux musculaires passant entre les cartilages costaux pour se ramifier dans les muscles pectoraux, et se termine par deux branches : *l'artère asternale* et *l'abdominale antérieure.* — *Artère thoracique externe* ou *sterno-musculaire :* branche moins forte que la précédente, émanant aussi du tronc brachial et souvent de la thoracique interne, et se divisant, pendant son long trajet, dans les muscles pectoraux. — *Canal thoracique :* canal rapportant dans le système veineux toute la lymphe et tout le chyle apportés au réservoir sous-lombaire par les lymphatiques de l'abdomen et des membres postérieurs. Son origine a lieu à la *citerne de Pecquet*,

au niveau de l'artère grande mésentérique ; de là il se porte en avant et passe entre les deux piliers du diaphragme pour pénétrer dans le thorax, où il est situé entre l'aorte et la veine azygos. Au niveau de la sixième vertèbre dorsale, il se dévie à gauche, s'écarte de la colonne vertébrale et va s'aboucher dans le tronc veineux brachial gauche. Quelquefois il se divise vers sa terminaison en deux ou plusieurs branches, et communique avec les deux troncs brachiaux, droit et gauche, et même avec quelques veines voisines. Dans son trajet, il a un calibre assez irrégulier, et généralement un peu plus grand que celui d'une forte plume à écrire.

THORACODYNIE, s. f., *Thoracodynia*, de θωραξ, poitrine, et οδυνη, douleur ; douleur de poitrine.

THORACO-MUSCULAIRE, adj., *thoracomuscularis;* on appelle *thoraco-musculaires* plusieurs rameaux nerveux émanant du plexus brachial ou des nerfs scapulaires postérieurs, et se distribuant à la plupart des muscles formant les parois thoraciques ou leur étant contigus.

THORACOSCOPIE, s. f., *Thoracoscopia*, de θωραξ, poitrine, et σκεπειν, considérer ; art d'explorer la poitrine.

THORADELPHE, s. et adj., *Thoradelphus*, de θωραξ, thorax, et αδελφος, frère ; genres de monstres doubles monocéphaliens, présentant les caractères suivants : troncs séparés au-dessous de l'ombilic, réunis en dessus, et confondus même en un tronc en apparence simple dans sa portion supérieure; deux membres thoraciques seulement ; une seule tête, sans aucune partie surnuméraire.

THORADELPHIE, s. f., *Thoradelphia;* état des monstres thoradelphes.

THORAX, s. m., *Thorax*, θωραξ ; nom donné à la cavité formée par les vertèbres dorsales, le sternum, les côtes et les muscles intercostaux, et séparée de l'abdomen par le diaphragme. Le thorax, ou la *poitrine* renferme les poumons, le cœur et les gros vaisseaux. Il est traversé par l'œsophage et par divers cordons nerveux. Dans le fœtus, il renferme en outre le thymus. On le divise en plusieurs régions qui sont : la *région supérieure* ou *vertébro-costale; l'inférieure* ou *sterno-costale;* les latérales ou *costales ;* enfin, la région postérieure ou *diaphragmatique*, et l'antérieure ou *entrée du thorax.* Cette cavité est tapissée par les plèvres (*V.* ce mot).

THORINE, s. f., *Oxyde de thorium.* ThO. Cet oxyde, qui est voisin de l'alumine, peut être anhydre ou hydraté. Il se présente sous forme de poudre blanche, inodore, insipide, insoluble, pesant 9,4 et résistant, sans se fondre, aux températures les plus élevées, comme les autres bases terreuses : hydratée, elle se dissout dans les acides ; calcinée, elle résiste à ces corps, à l'exception de l'acide sulfurique, qui la dissout et forme un sulfate plus soluble dans l'eau froide que dans l'eau chaude.

THORIUM, s. m., Th. Eq. 743,86; métal de la deuxième section, très voisin de l'aluminium, avec lequel il présente la plus grande analogie. Il est solide, noirâtre, inaltérable à l'air et dans l'eau, peu attaquable par les acides et les alcalis et brûlant au rouge en se transformant en thorine.

THRIDACE, s. f., de *θρίδαξ*, laitue; suc de laitue montée, filtré et évaporé à l'étuve. Il diffère du *lactucarium* en ce que ce dernier est desséché à l'air et au soleil. C'est un léger anodin, bon tout au plus pour les petits carnivores, en raison de son peu d'activité. Il est inusité en médecine vétérinaire. *V.* LACTUCARIUM.

THROMBOSE, s. f., *Thrombosis*, de *θρομβος*, sang caillé; coagulation du lait dans les sinus galactophores.

THROMBUS, s. m., *Thrombus*, de *θρομβος*, sang caillé; *mal de saignée*. On donne ce nom à une tumeur qui résulte de l'infiltration du sang dans le tissu cellulaire situé autour de la veine qui a été ouverte pour la saignée. C'est aux vétérinaires que les médecins doivent les premières études sur cette affection. De nos jours, le thrombus a été étudié surtout par Renault, Rainard, Hurtrel d'Arboval et H. Bouley. Cette maladie offre de nombreux points de contact avec la phlébite; souvent on les confond l'une avec l'autre. Ce sont les veines de l'ars, les céphaliques, les saphènes, les thoraciques et les jugulaires qui en sont le plus souvent affectées dans le cheval. Le thrombus est plus fréquent et plus grave dans les monodactyles que dans les didactyles. C'est le thrombus de la jugulaire qui, dans les animaux, offre le plus de dangers. Les causes ordinaires du thrombus, dans le cheval, tiennent aux imperfections de la saignée, et surtout au frottement, à la pression sur les parties voisines du lieu sur lequel on l'a pratiquée. Quelquefois cette affection se développe plusieurs jours après la saignée, sans qu'on puisse la rapporter à une cause externe. Renault croit pouvoir attribuer cet accident au défaut de plasticité du sang, qui n'est pas assez riche en fibrine pour amener la cicatrisation. Le premier symptôme du thrombus est une tumeur, qui se dissipe quelquefois en peu de temps. Dans d'autres cas, le gonflement suit la direction de la veine, en remontant vers la tête, contrairement à ce qui se passe pour l'homme, chez qui la tuméfaction se propage du côté du cœur. Si le mal persiste pendant quelque temps, il est bientôt compliqué de phlébite ou inflammation de la veine, *V.* PHLÉBITE. Il est une variété de thrombus précédant fréquemment l'ulcération de la veine et la phlébite, et se compliquant de symptômes thyphoïdes; c'est celle qui est caractérisée par des hémorrhagies ayant leur cause dans l'altération du sang, qui manque de plasticité pour fournir les éléments de la cicatrisation. Les terminaisons du thrombus sont la résolution, la suppuration, l'état chronique, la phlébite locale, la phlébite générale, la gangrène, le farcin, la morve aiguë ou chronique. Après la guérison, la veine est fréquemment oblitérée. Le pronostic est peu grave pour le thrombus récent; il est très fâcheux, quand on observe les premiers symptômes de la résorption purulente. Dans le début, les réfrigérants et les astringents font disparaître le sang qui s'est infiltré dans le tissu cellulaire; on emploie l'eau froide, seule ou acidulée, l'eau blanche, la dissolution de sulfate de fer. La compression est avantageuse sur les veines autres que la jugulaire. À une époque plus avancée, le vésicatoire est préférable sous tous les rapports. Dans le thrombus récent, ses effets sont prompts et à peu près infaillibles. Ce moyen n'est qu'auxiliaire, s'il y a formation d'une fistule. Il importe de fixer l'animal pour l'empêcher de se frotter contre les corps qui sont à sa portée, ce qui produirait constamment des complications graves. Lorsque le thrombus est compliqué d'hémorrhagie, on applique une ou plusieurs épingles et une couche d'onguent vésicatoire; au bout de deux jours, on retire les épingles, pour faire sortir le sang coagulé, qui commence à s'altérer: on humecte la plaie avec l'eau de Rabel. On a conseillé la ligature dans ce cas; elle ne réussit pas toujours et cause quelquefois la phlébite. Si des abcès existent sur le trajet de la veine, il faut les ouvrir avec le bistouri, ou mieux avec le fer rouge. Pour remédier aux fistules, on a prescrit le séton, qui est presque toujours insuffisant. La cautérisation est préférable; on la pratique sur plusieurs points du trajet de la tumeur avec des tiges de fer portées au rouge blanc, en se servant de la sonde à S, pour conduire le cautère dans la direction du trajet du vaisseau. Après une cautérisation de ce genre, les accidents à craindre sont les hémorrhagies veineuses et artérielles, les fistules salivaires, l'exfoliation de la trachée. L'ablation de la jugulaire indurée ou ulcérée est une opération dangereuse et difficile. Le thrombus compliqué de phlébite générale est constamment mortel.

THRUMBUS, *V.* THROMBUS.

THUYA, s. m., *Thuya*, T.; genre de la famille des Cupressinées. Il se compose d'arbres toujours verts, très rameux, à rameaux anguleux ou aplatis, originaires de l'Amérique septentrionale, et transportés en France sous François Ier. L'espèce la plus répandue est le T. occidental ou du Canada. *T. occidentalis*. Le *T. oriental* ou *de la Chine* appartient au genre *Biota*.

THYM, s. m., *Thymus*, L.; genre de la famille des Labiées. Il se compose d'arbrisseaux ou de sous-arbrisseaux de petite taille répandus surtout en Europe. Les deux espèces principales sont le T. commun, *T. vulgaris*, et le T. serpolet, *T. serpyllum*; la chèvre et le mouton les broutent. Elles sont aromatiques et stimulantes.

THYMÉLÉES, s. f., *Thymeleæ*; famille

de plantes dicotylédonées, apétales, péri-gynes, frutescentes, plus rarement herba-cées, habitant les climats chauds et tempé-rés. Genres : *Daphne*, *Pimelea*, *Gnidia*, etc. Plusieurs thymélées ont une écorce âcre, irritante ; c'est à ce titre que la médecine emploie le garou.

THYMIOSE, s. f., *Thymiosis ;* tumeur à l'anus.

THYMITE, s. f., *Thimitis*, de θυμος, thymus ; inflammation du thymus.

THYMUS, s. m., *Thymus ;* corps d'ap-parence glanduleuse, existant chez le fœtus et situé en partie dans la poitrine, entre les lames du médiastin antérieur, d'où il s'étend à la partie inférieure de l'encolure, devant la trachée. C'est cet organe que les bouchers vendent sous le nom de *riz-de-veau*. Il est formé de lobes et de lobules analogues à ceux des glandes salivaires, et ne présente aucune trace de canal excréteur. Le thymus disparaît successivement à mesure que l'a-nimal avance en âge. Plusieurs fois, cepen-dant, mais par exception, il a été trouvé dans les chevaux parvenus à leur troisième année, et même plus âgés. Ses usages réels sont inconnus.

THYRO - ARYTÉNOIDIEN, s. et adj., *Thyro-arytœnoïdeus ;* petit muscle formé de deux faisceaux partant de l'excavation du cartilage thyroïde, entourant le ventricule du larynx, et dont le plus interne concourt à former la base de la corde vocale corres-pondante, tandis que le plus externe va s'attacher à l'aryténoïde, qu'il tend à abais-ser. Le thyro-aryténoïdien agit aussi sur la corde vocale et sur le ventricule de la glotte.

THYROCÈLE, s. f., *Thyrocele*, de θυροειδης, le corps thyroïde, et κηλη, tumeur ; tumeur du corps thyroïde. Synonyme de *goître*.

THYRO-HYOIDIEN, *V.* Hyo-Thyroidien.

THYROIDE, adj., *thyroïdeus*, de θυρος, bouclier, et ειδος, forme ; qui a la forme d'un bouclier. — *Cartilage thyroïde :* carti-lage du larynx, comparé, pour sa forme, à un bouclier et formant principalement les parties antérieure et latérales de l'organe. On étudie dans ce cartilage une partie moyenne saillante, appelée *pomme d'Adam*, chez l'homme, et deux ailes latérales qui s'unis-sent, d'une part, avec l'hyoïde, et de l'au-tre, avec le cartilage cricoïde. Un trou ou une échancrure de l'aile donne pas-sage au nerf laryngé supérieur. — *Glande* ou *corps thyroïde :* petit corps rougeâtre, du volume et de la forme d'une châtaigne, placé, de chaque côté, au niveau des pre-miers cerceaux de la trachée. Les corps thy-roïdes sont plus développés dans le fœtus et se trouvent réunis, en avant de la trachée, par une bandelette appelée *isthme de la thyroïde*, qui devient, ainsi que l'organe, moins développé dans l'animal adulte. On ignore l'usage de ce corps, qui reçoit des vaisseaux assez considérables, sans donner

de canal excréteur. Son enlèvement sur le cheval et sur le chien n'apporte aucun chan-gement dans les fonctions de l'animal.

THYROIDIEN, ENNE, adj., *thyroïdeus ;* qui appartient au cartilage thyroïde ou au corps thyroïde. — *Artère thyroïdienne :* ra-meau artériel, relativement considérable, qui se porte de la carotide au corps thyroïde, donnant, dans son trajet, des rameaux grêles à l'œsophage, au pharynx et aux mus-cles voisins. Il n'est pas rare de la voir naître d'un tronc commun avec la laryngienne.

THYROIDITE, s f., *Thyroïditis*, de θυροειδης, le corps thyroïde ; inflammation du corps thyroïde. *V* Goître.

THYRONCIE, s. f., *Thyroncia*, de θυροειδης, le corps thyroïde, et ογκος, tumeur ; tuméfaction du corps thyroïde.

THYRO-PHARYNGIEN, s. et adj., *Thyro-pharyngeus ;* muscle aplati, membraneux, prenant son origine à la face externe du car-tilage thyroïde, et se réunissant à son con-génère, sur la ligne médiane, à la partie supérieure du pharynx, sur lequel il agit comme constricteur.

THYRO-SARCOME, s. m., *Thyro-sarcoma*, de θυροειδης, le corps thyroïde, et σαρκομα, sarcome ; sarcome du corps thyroïde.

THYRSE, s. m., *Thyrsus ;* grappe dont les pédoncules rameux sont plus longs au centre qu'aux deux extrémités ; ex. : le *lilas*.

TIBIA, s. m. ; mot latin signifiant *flûte*, et employé pour désigner l'os principal de la jambe. Le tibia est un os long, prismatique, dont le corps présente trois faces : une ex-terne, une interne et une postérieure ; cette dernière garnie supérieurement de fortes empreintes musculaires et portant un trou nourricier. L'extrémité supérieure présente une surface articulaire divisée en deux par-ties par une éminence médiane dite *épine tibiale*, et répondant aux deux condyles du fémur. En avant, se trouve le sommet de la *crête tibiale*, offrant une gouttière pour le ligament médian de la rotule ; au côté externe, une autre tubérosité s'articule avec la tête du péroné ; la tubérosité interne donne atta-che au ligament de l'articulation. Inférieure-ment, le tibia se termine par une double gorge s'articulant avec l'astragale, et dirigée obliquement de dedans en dehors et d'arrière en avant. Sur les côtés, sont deux tubérosités donnant attache aux ligaments articulaires, et présentant une coulisse tendineuse. — Dans le bœuf, le tibia ne porte pas de fa-cette supérieure pour le péroné, qui n'existe pas chez cet animal ; la tubérosité anté-rieure n'offre pas de gouttière pour le liga-ment rotulien. La surface articulaire infé-rieure n'offre pas la disposition oblique qu'on remarque chez les solipèdes ; elle présente en dehors une troisième gorge, plus petite que les deux autres, pour recevoir l'os irré-gulier du tarse. — Dans le porc, le tibia est uni à un péroné assez développé. — Dans le chien et le chat, le tibia est très long, a cause de la brièveté du pied, et s'articule en haut et en bas avec le péroné.

TIBIAL , ALE , adj. , *tibialis* ; qui appartient au tibia. — *Crête tibiale , épine tibiale , V.* TIBIA. — *Artères tibiales :* elles sont au nombre de deux , formant les branches terminales de l'artère poplitée. La *postérieure* règne à la face postérieure du muscle perforant, fournit des rameaux aux muscles de la face postérieure du tibia , et se termine , à la partie inférieure de la jambe , par deux branches qui fournissent des ramifications jusqu'à la partie inférieure du métatarse. — La *tibiale antérieure* , beaucoup plus forte, se porte en avant , en traversant l'arcade péronéo-tibiale , et descend , entre le tibia et le fléchisseur du métatarse , jusqu'au niveau de l'articulation tarsienne , où elle se termine par les deux artères plantaires , *superficielle* et *profonde*. Dans son trajet , elle donne des rameaux à la plupart des muscles de la région tibiale antérieure. — *Nerfs tibiaux :* ils sont au nombre de trois : *l'antérieur*, branche du petit sciatique, est situé entre la face antérieure du tibia et le muscle fléchisseur du métatarse, et se divise en rameaux musculaires , dont un descend jusqu'au pied. Le nerf *tibial externe* , branche moins forte du petit sciatique, règne au côté externe de la jambe , entre les deux muscles extenseurs des phalanges ; il fournit aussi des rameaux qui se prolongent jusqu'à la région digitée. Le nerf *tibial postérieur* ou *externe* est la continuation du grand sciatique , suit la corde tendineuse du jarret , et fournit , vers l'articulation du tarse , les deux nerfs collatéraux interne et externe du métatarse.

TIBIO-PHALANGIEN, *V.* FLÉCHISSEUR.

TIBIO-PRÉ-MÉTATARSIEN , *V.* FLÉCHISSEUR.

TIBIO-TARSIEN, ENNE, adj., *tibio-tarseus*; qui appartient au tibia et au tarse ; ex. : *articulation tibio-tarsienne.*

TIC , s. m. , *Ticus* ; on a donné ce nom à quelques mouvements vicieux dont certains animaux contractent l'habitude ; ce qui leur a fait appliquer le nom de *tiqueurs.* C'est le cheval qui, le plus souvent, présente ces défauts qui le déprécient considérablement, et dont quelques-uns constituent des cas rédhibitoires. Hurtrel a distingué pour le cheval deux espèces de tics, savoir le *tic proprement dit,* qui dépend d'un état particulier du tube digestif, et le *tic par habitude,* causé par l'ennui ou l'imitation. — *Tic proprement dit :* il consiste dans une contraction brusque des muscles de l'encolure et des parois du ventre, accompagnée d'un bruit particulier, sorte d'éructation, qui consiste dans la sortie de gaz provenant de l'estomac et qui ont une odeur herbeuse. On reconnaît le *tic à l'appui* et le *tic en l'air.* Dans le tic à l'appui, l'animal repose l'extrémité de la tête , soit les dents , soit les lèvres ou le menton sur la mangeoire, le râtelier, la longe du licol, sur le timon de la voiture ou sur tout autre corps qui se trouve à sa portée. Quand le tic à l'appui se fait par les dents incisives , leur bord externe est usé diversement à l'une ou à l'autre mâchoire, ou à toutes les deux , suivant que le sujet se pose sur le bord de ces dents , ou qu'il saisit plus ou moins complètement l'obstacle qu'il recherche. Le plus ordinairement, l'usure est bornée aux pinces et aux mitoyennes. Dans le tic en l'air , le cheval laisse rarement son nez dans sa position naturelle; il le porte en haut, en bas, ou de côté : ce tic n'est donc pas accompagné d'usure, excepté seulement dans le cas où le sujet , tout en tiquant, fait sortir sa langue et la frotte contre le bord des incisives. C'est le plus souvent pendant le repas que le cheval se livre à l'action de tiquer : quelquefois rien ne peut l'interrompre dans l'exercice de cette habitude vicieuse. Il y a des sujets qui cessent de tiquer, dès qu'on s'approche d'eux , ou quand on change leur place à l'écurie. Tel animal qui tique devant une auge en bois , ne tique pas sur une crèche en pierre. Il est difficile d'assigner les causes du tic proprement dit. Vatel le considère comme un symptôme d'une pneumatose stomacale causée par des digestions difficiles ; ce serait un moyen nécessaire pour expulser des gaz qui auraient produit la météorisation. D'après Gasparin , le tic débute par des indigestions, des coliques , qui dénotent des désordres dans les fonctions digestives. Rigot a observé que le tic est quelquefois le résultat de l'oisiveté qui porte l'animal à s'amuser et à mordre tout ce qu'il rencontre. On est assez d'accord pour considérer le tic comme contagieux par imitation. Ce défaut cause-t-il une véritable dépréciation? Il faut convenir qu'on en a beaucoup exagéré les inconvénients. Les chevaux tiqueurs sont nombreux dans les grandes exploitations, et rendent d'excellents services. Cependant il faut reconnaître que quelques-uns d'entre eux maigrissent, qu'ils emploient plus de temps pour prendre leur repas et contractent souvent des coliques gazeuses. Il est difficile de faire disparaître le tic. On y parvient quelquefois, quand cette habitude n'est pas invétérée, en faisant recouvrir le devant du râtelier ou de la mangeoire avec du fer, du zinc, en la garnissant de quelques pointes, ou en y plaçant seulement un morceau d'étoffe ou de peau de mouton garnie de laine; on a encore imaginé une foule d'autres petits moyens qui ne réussissent que momentanément. On conseille aussi de serrer le cou de l'animal avec un collier en cuir , de mettre un licol muni à la sous-gorge d'un obstacle qui empêche la contraction de l'encolure.— On reconnaît d'autres sortes de tics qui ont moins de gravité. Le *tic de l'ours* consiste dans un balancement continuel du train de devant, dans lequel le cheval se porte alternativement sur un pied et sur l'autre, comme le ferait un ours. Ce défaut, qu'on n'observe pas pendant le repas, ne cause pas de dé-

préciation grave. On peut considérer comme
d'autres tics l'habitude de battre à la main,
de mordre, de ruer, de mal se camper à l'é-
curie, de se coucher en vache, de faire sortir
et rentrer souvent la langue. Le *tic de manger de la terre*, de la craie, du plâtre, indique
une irritation de l'estomac ou de quelque autre
partie du tube digestif. — Les tics sont plus
rares dans les grands ruminants que dans le
cheval. On en voit quelques-uns chez la vache,
parmi lesquels le plus grave consiste dans
l'habitude de se téter. On appelle *vaches rongeantes* celles qui rongent la crèche, le râtelier et en général les corps qui ont un goût
salé. Cette dépravation du goût les fait mai-
grir et tomber dans le marasme. Chabert a
considéré ce défaut comme un symptôme de
la phthisie pulmonaire.—*Jurisprudence commerciale*. Le *tic sans usure des dents* est un
des vices rédhibitoires admis par la loi du
20 mai 1838, pour le cheval, l'âne et le mulet,
quoiqu'on n'ait pas encore parlé de son existence dans ces deux derniers animaux. Quoi
qu'il en soit, le tic en l'air est toujours rédhibitoire pour le cheval ; le tic à l'appui rentre dans le même cas, quand il n'y a pas
usure des dents, ou si cette usure est tellement légère qu'elle est inappréciable. Dans
l'expertise, il faut constater non-seulement
l'existence du vice, mais encore l'absence
de l'usure des dents. La rédhibition peut
être admise, si l'usure est due à toute autre
cause, ou si cette usure est peu prononcée.
Le tic de l'ours et le tic qui consiste à manger de la terre ne doivent pas être considérés
comme rédhibitoires. Le délai de neuf jours,
fixé par la loi, est très long comparativement
aux autres vices ; les anciennes coutumes de
Paris n'accordaient que 24 heures, ce qui
était un excès opposé. Mais cette longue durée du délai ne peut léser les intérêts du vendeur, parce qu'il est difficile qu'elle soit suffisante pour donner naissance au développement de ce vice.

TIERCE, s. f., et adj. ; troisième. — *Fièvre tierce* : qui revient de deux jours l'un ;
double tierce : qui présente deux accès tous
les deux jours, et un jour d'intermittence ;
double tierce continue : dont les accès se montrent tous les jours, et alternativement semblables. Ces variétés de fièvres n'ont pas
encore été constatées dans les animaux.

TIGE, s. f., *Caulis ;* base ou partie principale du système ascendant d'un végétal. La
tige porte les rameaux et toutes les autres
divisions et se trouve séparée de la racine par
le *collet*. Généralement aérienne, elle se prolonge quelquefois sous la terre et prend alors
le nom de *souche* ou rhizôme. D'autres fois
elle existe à peine ou se trouve si déprimée,
qu'elle n'est plus visible ; elle constitue le
plateau, comme dans les plantes bulbeuses,
ou bien le végétal est dit *acaule*. — La tige
est *simple* ou *rameuse*, *dichotome*, etc : elle
reçoit dans certains cas des noms particuliers ; tels sont ceux de *chaume*, *stipe*, *tronc*,

d'un usage très rare en botanique. La tige est
annuelle, *bisannuelle* ou *vivace*, et, selon sa
consistance et son organisation, on la dit *herbacée*, *sous-frutescente*, *frutescente* et *arborescente* ou *ligneuse*. Les particularités de
forme, de direction, de vestiture, etc., sont
très nombreuses dans les diverses tiges ; généralement *cylindrique*, la tige peut être *anguleuse*, *comprimée*, *quadrangulaire*, etc. ;
elle est le plus souvent *dressée ;* on en voit de
noueuses, *articulées*, *sarmenteuses*, *grimpantes*, *volubiles*, *rampantes*, *couchées*, etc. ; elle
est *feuillée* ou non, *écailleuse*, *ailée*, *glabre* ou
pubescente, *ciliée*, *épineuse*, *hispide*, *striée*,
verruqueuse, *lisse*, *glauque*, etc., etc., tantôt
grêle et *filiforme*, tantôt *volumineuse*.—
L'organisation et l'accroissement de la tige
diffèrent suivant qu'on les observe dans l'un
ou l'autre des trois grands embranchements
végétaux. DICOTYLÉDONÉS. La tige des dicotylédonées est *pleine* ou *fistuleuse*. Au centre se
trouvent la moelle et le canal médullaire ; plus
en dehors, le bois ou ensemble des couches
ligneuses, le système ligneux ; à l'extérieur,
l'écorce ou système cortical ; enfin, situés
transversalement à l'axe de la tige et rayonnant de la moelle vers les couches profondes
de l'écorce, les rayons médullaires. Cette disposition se retrouve dans tous les végétaux
dicotylédonés ; mais c'est dans les arbres
qu'elle est le plus apparente. La tige de ces
plantes s'accroît en même temps en diamètre
et en hauteur. La sève absorbée par les racines s'élève dans le système ligneux jusqu'à
l'extrémité des rameaux et aux feuilles, et,
après avoir subi diverses élaborations, redescend dans le système cortical pour former
le cambium qui doit se séparer en deux couches, l'une de liber et l'autre d'aubier. Chaque année aussi, de nouveaux rayons médullaires prennent naissance. Une tige de dico-
tylédonée se compose donc d'une succession
de cônes emboîtés, dont le dernier est le plus
long et renferme tous les autres. La théorie
qui précède est celle de Duhamel et de la plupart des botanistes modernes. Cependant,
Dupetit-Thouars en avait établi une autre qui
a été négligée jusqu'au moment où Gau-
dichaud l'a renouvelée en la complétant. Dans
celle-ci, on admet que les embryons fixes ou
bourgeons sont de petites plantes ayant deux
mouvements de croissance, l'un ascendant,
l'autre descendant. Le premier produit un
rameau, le second des fibres, espèces de radicules descendant au milieu du cambium,
entre le liber et l'aubier, jusqu'à la base de
la plante, se réunissant entre elles pour former une couche de tissu ligneux. — MONOCO-
TYLÉDONÉS. La tige des monocotylédonés
n'a pas de couches concentriques. Elle a pour
base un tissu utriculaire traversé, de haut en
bas, par des faisceaux libro-vasculaires partant de la base des feuilles ou des débris
laissés par elles à la surface, pour se diriger
vers le centre et s'écarter à mesure qu'ils se
rapprochent de la base de la tige, croissant

ainsi, dans leur direction, les faisceaux plus anciens et moins longs. Chaque faisceau se compose : à son centre, de vaisseaux spiraux, ponctués, etc., plus en dehors des laticifères et des fibres. Avec le temps, ils deviennent ligneux et se trouvent plus rapprochés et confondus près de la circonférence. L'écorce a une organisation analogue à celle des dicotylédonées, mais moins distincte. On ne trouve, du reste, ni canal ni rayons médullaires. La tige des monocotylédones s'accroît par la formation et la superposition annuelle d'un bourgeon terminal d'où partent les faisceaux dont il vient d'être parlé. Chaque année, une couronne de feuille tombe et se trouve remplacée par le bourgeon. L'accroissement en hauteur est rapide et l'accroissement en diamètre très lent. Celui-ci devient même nul, lorsque les faisceaux extérieurs et l'écorce sont considérablement durcis. Ces tiges sont presque toujours simples ; cela tient à ce que des bourgeons axillaires se développent rarement. — ACOTYLÉDONÉS. La tige de ces plantes a aussi pour base du tissu utriculaire traversé, suivant la longueur de l'organe, par des faisceaux fibro-vasculaires non pourvus de trachées, épars dans l'intérieur de la tige ou dispersés en zône circulaire, ou réunis au centre en un faisceau unique, ou enfin groupés de manière à former des lames diversement contournées. Ces faisceaux sont toujours anastomosés entre eux. Les tiges des acotylédones sont herbacées et souterraines, ou ligneuses et aériennes. Leur accroissement en diamètre est presque nul ; l'autre se fait comme dans les monocotylédones.—*Anat. Tige pituitaire*, *V.* PITUITAIRE.

TIGELLE, s. f., *Cauliculus* ; littéralement, petite tige ; partie de l'embryon intermédiaire à la radicule et à la plumule ; elle est généralement peu distincte, surtout dans l'embryon des monocotylédonés.

TIGELLÉ, ÉE, adj., *tigellatus* ; pourvu d'une tigelle visible.

TIGLINE, s. f. ; nom donné, soit à l'huile de croton-tiglium, soit à l'un des principes âcres des graines qui la fournissent.

TIGRÉ, ÉE, adj. ; nom donné à la robe blanche ou grise, sur laquelle se trouvent disséminées des plaques colorées, trop larges pour former des mouchetures.

TILIACÉES, s. f., *Tiliaceæ* ; famille de plantes dicotylédonées, polypétales, hypogynes, herbacées, frutescentes ou arborescentes, la plupart originaires des régions tropicales. On les divise en deux sous-familles : les *Tiliées* ; genres : *Tilia, Heliocarpus*, etc.; les *Elæocarpées* ; genres : *Elæocarpus*, *Monocera*, etc.

TILLANDSIACÉES, s. f., *Tillandsiaceæ* ; famille de plantes monocotylédones, herbacées ou frutescentes, quelquefois parasites, particulières à l'Amérique. Les genres *Tillandsia, Bonapartea*, etc., qui la composent, ont été distraits des Broméliacées.

TILLEUL, s. m., *Tilia*, L. ; genre de la

famille des Tiliacées. Il se compose de grands et beaux arbres, originaires de l'Europe, de l'Amérique septentrionale, etc. Linné n'admettait en Europe qu'une seule espèce de tilleul, le T. d'Europe, *T. Europæa*, d'où il faisait dériver plusieurs variétés. Depuis, la plupart de ces variétés ont été élevées au rang d'espèces distinctes. Le T. d'Europe est commun dans les plantations, où il acquiert quelquefois des dimensions considérables. Le fameux tilleul de Neustadt (Wurtemberg) avait, en 1831, trente-six pieds de circonférence ; on dit qu'il était déjà très gros en 1229. Le bois du tilleul est dur, flexible, et donne un charbon léger ; son écorce est flexible et résistante ; sa sève contient beaucoup de sucre ; les fleurs sont utilisées en infusions. — *Pharmac.* Les fleurs et les bractées du tilleul sont employées à titre de léger diaphorétique et d'antispasmodique. Elles ont une couleur paille, une odeur suave, une saveur mucilagineuse, et contiennent de l'essence, du tannin, du sucre, de la gomme et de la chlorophylle. On les emploie en décoction ou en infusion théiforme, contre les coliques nerveuses, le vertige. Elles servent d'excipient pour administrer l'éther, l'assafœtida, etc.

TIMBRE, s. m. ; qualité particulière des sons, provenant de la nature des corps qui produisent les vibrations qui les engendrent, et indépendante du ton et de l'intensité de ces mêmes sons. *V.* SON.

TINCTORIAL, ALE, adj., *tinctorius* ; qui a rapport à l'art de teindre ; employé dans la teinture.

TIQUE, s. f., *Tica* ; genre d'insectes aptères, parasites, qui s'attachent aux oreilles des chiens et des bœufs. C'est le nom vulgaire de l'*ixode*. *V.* RICIN.

TIQUER, v. n., *ticare* ; avoir un tic. On dit qu'un cheval *tique*, lorsqu'il contracte l'encolure et produit une éructation, soit qu'il appuie les mâchoires sur quelque corps à sa portée, soit que cet appui n'ait pas lieu. *V.* TIC.

TIQUEUR, EUSE, adj. ; se dit d'un cheval ou d'une jument qui a le tic.

TIRAGE, s. m., *Tractus* ; action de tirer. Le tirage est un des modes d'utilisation des animaux domestiques. Il se fait avec le collier, la bricole ou le joug. Ce dernier est presque exclusivement employé pour le bœuf. — L'action de tirer consiste, pour les animaux, à déplacer d'arrière en avant leur centre de gravité lié à un fardeau par le collier et les traits. Selon que ce fardeau rencontre plus ou moins d'obstacles, que le centre de gravité et le point d'application de la puissance motrice se trouvent dans certains rapports, l'effet utile du tirage est plus ou moins considérable. Quand on estime à 800 kilog. le poids moyen qu'un cheval peut traîner, on suppose des conditions ordinaires, une surface horizontale, une route unie, un fardeau placé sur une voiture ou une charrette. Sur un chemin de fer, le même tirage déplacerait un poids 20 à 25 fois plus lourd. Le corps de l'animal qui tire représente un arc qui s'étend du point où les pieds postérieurs reposent sur le sol au centre de gravité, en passant par les rayons des membres et la colonne vertébrale. L'effort tend à ouvrir et à resserrer cet arc, alternativement, par le déplacement des bipèdes antérieur et postérieur ; or, pour l'animal, la situation la plus favorable au tirage est celle où la direction des traits s'étendant du point d'appui du collier au point d'application de la force au corps à mouvoir, se trouve aussi rapprochée que possible de celle qui joindrait le centre de gravité aux pieds postérieurs. Mais le problème se compliquant de la question relative au véhicule et aux déplacements verticaux et latéraux du centre de gravité, devient bien plus difficile à résoudre. En effet, on sait que les grandes roues ont moins de frottement sur le sol ; que leur rayon étant plus grand, la puissance est favorisée ; qu'enfin les charrettes, dans lesquelles les traits sont plus immédiatement appliqués à la résistance à vaincre, sont plus favorables au tirage que les voitures à quatre roues. D'un autre côté, le centre de gravité agit par son propre poids. Il résulte de ce qui précède que la direction de la puissance représentée par les traits doit être une résultante passant par le milieu de la flèche qui unit la corde de l'arc au centre même de la courbe.

TIRE-BALLE, s. m., *Strombulcus* ; instrument employé pour retirer les balles d'une blessure. Le tire-balle peut être disposé sous la forme de tenette ou de curette ; il n'est pas usité en chirurgie vétérinaire.

TIRE-FOND, s. m. ; instrument de chirurgie usité pour enlever la pièce d'os sciée par le trépan. C'est une vis double présentant un anneau vers une de ses extrémités. Le tire-fond est délaissé, l'emploi de la spatule étant préféré pour enlever la pièce d'os cernée par la couronne de trépan.

TIRE-TÊTE, s. m. ; instrument d'obstétrique employé pour tirer la tête du fœtus dans l'accouchement.

TIRETOIR, s. m. ; instrument semblable au davier, dont les dentistes se servent pour extraire les incisives et les racines de la mâchoire inférieure.

TISANE, s. f., *Ptisana*, de πτισανη, orge mondé ; nom donné, en médecine humaine, à des boissons médicamenteuses, le plus souvent magistrales, qui servent d'adjuvants ou de moyens accessoires dans le traitement des maladies. Elles sont formées le plus ordinairement de décoctions ou d'infusions végétales édulcorées. Ces préparations portent, en médecine vétérinaire, le nom de *boissons* ou de *breuvages* (*V.* ces mots).

TISONNÉ, ÉE, adj. ; nom donné à la robe blanche ou grise sur laquelle se trouvent des taches noires allongées, qui semblent avoir été faites par le frottement d'un tison charbonné. C'est surtout aux membres que l'on remarque ces taches.

TISONNIER, s. m. ; outil de maréchal qui sert à remuer les tisons dans le foyer de la forge.

TISSU, s. m., *Textus* ; dénomination employée pour désigner les divers solides organiques des animaux et des végétaux. On distingue les tissus en *primitifs* et *secondaires*. Les premiers ne peuvent être regardés comme provenant d'autres tissus ; ce sont : le *tissu cellulaire*, le *tissu nerveux* et le *tissu musculeux* ; les autres, tels que les tissus *fibreux*, *adipeux*, *séreux*, *vasculaire*, *osseux*, etc., etc., peuvent être regardés comme dérivant plus ou moins directement du tissu cellulaire, uni à la graisse, à des sels calcaires, etc. — On appelle *tissus accidentels*, les tissus qui se développent et vivent dans l'économie animale, quoiqu'ils n'entrent pas dans la composition du corps, dans les circonstances normales. Ces tissus peuvent être analogues à des tissus existant naturellement dans l'économie, mais dans un autre lieu, ou former des productions tout-à-fait différentes des tissus naturels, comme la *mélanose*, l'*encéphaloïde*, les *tubercules*, etc. — *Bot.* En botanique, on admet trois ordres d'organes élémentaires : l'utricule ou cellule, la fibre ou clostre, le vaisseau, et conséquemment trois sortes de tissus simples : 1° le tissu *utriculaire* ou *parenchyme* ; 2° le tissu *fibreux* ou *prosenchyme* ; 3° le tissu *vasculaire*. Dans la plupart des acotylédones, dans certains organes, on ne trouve que du tissu cellulaire. Partout ailleurs, on trouve les trois tissus associés.

TITANATE, s. m. ; nom des sels formés par l'acide titanique avec les bases.

TITANE, s. m., *Titanium*. Ti, éq. 314,70 : métal de la quatrième section, découvert en 1791 par Gregor, dans le *fer titané*, et signalé dans le *rutile*, en 1794, par Klaproth. Il est solide, amorphe ou cristallisé, d'un rouge de cuivre éclatant, cassant, rayant le quartz, infusible, inattaquable par les acides, et d'une densité de 5,9. Calciné avec le nitre et la potasse, il s'oxyde et donne du titanate potassique.

TITILLATION, s. f., *Titillatio* ; léger chatouillement.

TOISON, s. f., *Vellus* ; fourrure du mouton, ou ensemble de tous les brins de laine qui recouvrent son corps. La quantité de laine qui compose les toisons varie singulièrement selon les races ; leur poids est compris entre 1 kilog. et 7 à 8 kilog. C'est vers la fin de mai ou au commencement de juin qu'elles ont acquis, chez nous, leur plus haut degré de développement ; c'est alors aussi que se fait la *tonte* (*V.* ce mot). — Les toisons se conservent mieux en suint que lavées ; il faut, dans tous les cas, les mettre à l'abri de la chaleur et de l'humidité. Elles craignent, surtout lorsqu'elles ont subi un lavage, les attaques de quelques insectes du genre *Teigne*, et notamment des espèces *Tinea sarcitella* et *trapezella*. Enfermer exactement la laine et faire la chasse aux papillons, sont les meilleures ressources à employer pour prévenir leurs dégâts. La valeur des toisons est établie d'après leur poids, d'après la finesse, la ténacité, l'uniformité, le soyeux et la longueur des brins ; enfin, d'après le déchet probable au lavage, si la laine est en suint, ou d'après la perfection du lavage, si les toisons sont lavées. Les laines lavées et sèches peuvent absorber le tiers et même la moitié de leur poids d'humidité ; là se trouve, pour le vendeur, un moyen de fraude, et pour l'acheteur une difficulté sérieuse. Les 33,000,000 de bêtes ovines que possède aujourd'hui la France fournissent annuellement plus de 60,000,000 kilog. de laine brute, estimée en moyenne 3 fr. le kilog. Dans cette quantité, près des deux tiers sont des laines fines ou métisses. Mais cette production, quoique considérable, est bien inférieure aux besoins de nos fabriques et de notre consommation, puisque nous empruntons, chaque année, à l'Allemagne, à la Russie, à l'Angleterre, etc., au moins 20,000,000 kilog. de laine généralement lavée.

TOIT-A-PORC, *V.* PORCHERIE.

TOKOGRAPHIE, s. f., *Tokographia*, de τοχος, accouchement, et γραφειν, décrire ; description des accouchements.

TOKOLOGIE ; synonyme de *tokographie*.

TOKONOMIE, s. f., *Tokonomia*, de τοχος, accouchement, et νομος, règle ; méthode des accouchements.

TOMATE, s. f., *Lycopersicum*, T. ; genre de la famille des Solanées. Il se compose de plantes herbacées originaires de l'Amérique tropicale. La culture a propagé dans toute l'Europe la T. comestible, *L. esculentum*, Dunal, *Solanum lycopersicum*, Linné, plante annuelle, dont les fruits sont employés dans l'art culinaire.

TOMBANT, **ANTE**, adj., *deciduus;* synonyme de *décidu*. On l'emploie également, en parlant de la tige et des branches, comme synonyme de *penché*, *couché* (*nutans*, *procumbens*).

TOMENTEUX, **EUSE**, adj., *tomentosus;* couvert d'un duvet cotonneux.

TOMOTOCIE, s. f., *Tomotocia*, de τομη, incision, et τοχος, accouchement ; accouchement pratiqué à l'aide d'une incision ; opération césarienne.

TON, s. m., *Tonus*, de τονος, tension ; qualité particulière des sons, qui dépend de l'étendue ou du nombre des vibrations qui les constituent. *V.* SON.

TONDAGE, *V.* TONTE.

TONICITÉ, s. f., *Tonicitas*, de τονος, ton ; motilité inapercevable à l'œil, existant dans toutes les parties solides de l'organisme, et complètement différente de la contractilité, qui n'appartient qu'à certains tissus, comme les tissus musculaires de la vie animale et de la vie organique.

TONIQUES, s. m., *Tonici ; fortifiants, reconstituants*, etc.; classe de médicaments qui ont la propriété d'augmenter, d'une manière durable, la contractilité des tissus, la plasticité des liquides nutritifs, et, par suite, l'énergie des forces radicales de l'organisme animal. Modificateurs puissants des organes et des fonctions de l'économie, les toniques agissent directement en sens contraire des *altérants* ou *fondants* ; ce que ces derniers affaiblissent, les toniques le fortifient. Ces médicaments présentent quelque analogie dans leurs effets locaux avec les *astringents*, et dans leurs effets généraux et secondaires avec les *excitants;* cependant il existe entre ces trois classes de médicaments des différences notables qu'il serait facile de signaler. Les toniques sont tirés du règne minéral et du règne végétal ; ils sont solides, colorés en rouge ou en jaune, inodores et d'une saveur franchement amère. On les divise généralement en trois groupes assez naturels qui sont : 1° les toniques *reconstituants* ou *analeptiques* ; ex. : les *ferrugineux* ; 2° les toniques *spécifiques* ou *nervoso-sthéniques*, *antipériodiques*, comme les *quinquinas*, l'écorce de saule, etc. ; 3° enfin, les toniques *propres* ou *amers*, tels que la *gentiane*, le *houblon*, la *petite centaurée*, la *chicorée*, la *patience*, etc. — Les toniques, qui sont principalement employés à l'intérieur, sont réduits en poudre ou traités par décoction, de manière à obtenir des électuaires, des breuvages, des lavements, etc. Souvent on les associe à des médicaments excitants, astringents, émollients, etc., suivant les effets composés qu'on veut obtenir. Déposés sur les tissus dénudés, les toniques agissent comme des corps inertes ou à la manière des astringents légers. Introduits dans le tube digestif, ces médicaments fortifient l'estomac, éveillent l'appétit, accélèrent la digestion, rendent l'absorption intestinale plus active, plus complète, diminuent les exhalations et déterminent bientôt la constipation. Passés dans le torrent de la circulation, les toniques agissent primitivement sur le sang, qu'ils rendent plus rouge, plus riche en principes solides, plus plastique; ce qu'on doit attribuer à la fois aux effets fortifiants des toniques sur le tube digestif, ce qui facilite l'assimilation des matériaux nutritifs, et à leur action directe sur les éléments cruoriques de ce fluide nutritif. De ce premier effet découlent peu à peu les suivants : lenteur et force des mouvements du cœur et des artères ; profondeur de la respiration et hématose complète ; plus de force et de sûreté dans les mouvements volontaires et dans tous les actes des fonctions de relation ; muqueuses plus colorées, tissus plus fermes, chaleur animale plus élevée, pelage plus uni et plus brillant, sécrétions plus rares, avec des produits mieux élaborés ; exhalations séreuses moins abondantes, avec absorption interstitielle plus active, ce qu'on doit attribuer à la fois à la plus grande plasticité du sang et au plus haut degré de tonicité; enfin, fonctions nerveuses plus régulières, et nutrition beaucoup plus favorable. Les effets des toniques sur la nutrition sont surtout très marqués et doivent être attribués à l'action de ces médicaments sur les trois parties du trépied organique, qui sont les *tissus*, le *sang* et le *système nerveux*. Les indications de ces médicaments sont nombreuses et importantes ; on en fait principalement usage dans les affections suivantes : inappétence, diarrhée séreuse, typhus, charbon, flux des muqueuses, cachexie des ruminants, hydropisies, ladrerie du porc, farcin, morve, chorée, immobilité, anhémie, la plupart des convalescences qui se prolongent, etc. Enfin, à l'extérieur, on en fait l'application sur les plaies blafardes, les ulcères, sur les organes internes renversés, œdématiés et flétris par le contact de l'air, comme le rectum, le vagin, la matrice, etc.

TONNERRE, s. m., *Tonitru;* bruit plus ou moins fort et plus ou moins prolongé qui accompagne la foudre. Il suit immédiatement l'éclair, puisqu'il résulte de l'ébranlement de l'air par le choc électrique des nuages ; mais il n'est pas immédiatement entendu sur la terre à cause de la distance qui sépare l'observateur du lieu de l'orage. Quand on connaît le nombre de secondes qui se sont écoulées depuis l'apparition de l'éclair jusqu'au moment où le bruit du tonnerre se fait entendre, il est facile de calculer la distance du siège de l'orage ; en multipliant ce nombre par 340, on a le nombre de mètres, qu'il est facile ensuite de transformer en kilomètres, en myriamètres, en lieues, etc. Les caractères du tonnerre varient selon les distances, l'intensité de la charge électrique des nuages, etc. Il est parfois sourd, grave, et forme des roulements analogues à ceux du tambour ; d'autres fois grave et explosif comme le bruit du canon ; d'autres fois, enfin, il est aigre, violent, formé d'une série de détonations et accompagné de craquements, comme si la nuée était déchirée en différents sens. Le bruit du tonnerre est renforcé par les échos des nuages, des montagnes, des forêts, etc. Dans le vulgaire, le tonnerre inspire beaucoup plus de crainte que l'éclair ; c'est à tort, car l'éclair passé, le reste de la foudre n'est plus qu'un vain bruit.

TONSILLAIRE, adj., *tonsillaris;* qui appartient aux tonsilles ou amygdales.

TONSILLES, *V.* AMYGDALES.

TONTE, s. f.; action de couper les poils ou la laine qui recouvrent le corps des animaux.—On tond le chien en vue de sa santé ou pour sacrifier à la mode.—L'habitude de tondre le cheval, commune dans le Midi, est presque inconnue dans la zone nord-est

de la France. On croit qu'en empêchant le séjour, à la surface du corps, des produits de la transpiration, la tonte prévient le dérangement des fonctions. On lui a même attribué récemment une vertu curative, surtout pour les chevaux courts d'haleine. — La laine étant le produit principal des troupeaux de moutons, la récolte périodique des toisons devient une opération nécessaire. La tonte des bêtes à laine se fait, chaque année, au printemps ; plus tôt dans le Midi que dans le Nord, pour les moutons adultes que pour les agneaux ou antenais, pour les animaux destinés à parquer, pour les produits du croisement des longues laines avec les mérinos. Un bon tondeur peut tondre 30 à 40 bêtes communes en un jour, ou 15 à 20 bêtes mérines. Les animaux, ainsi privés d'une enveloppe épaisse et chaude, sont plus sensibles au froid; il faut donc choisir, pour faire la tonte, un temps doux et assuré, et ne point exposer les moutons, immédiatement après, à la pluie, à la rosée du matin ou du soir. Lorsque le lavage a été pratiqué à dos, on enferme ordinairement les moutons dans une étable propre et fermée, pendant quelques jours avant la tonte, afin que la toison se recharge de suint. La laine ainsi obtenue est douce, mais son prix doit être fixé en conséquence de son état. On ne doit jamais, pendant la tonte, mêler la laine des bêtes malades ou mortes avec les autres toisons. — La tonte se fait quelquefois avant ou après l'époque indiquée, pour les animaux atteints de maladie cutanée, etc. ; alors elle peut être partielle. Dans le bail à cheptel, le preneur ne peut faire exécuter la tonte qu'avec l'assentiment du propriétaire.

TOPHACÉ, ÉE, adj., *tophaceus*, de *tophus*, tuf ; qui a rapport au *tophus*. *Concrétions tophacées*.

TOPHUS, s. m., *Tophus;* mot latin qui signifie *tuf*, employé pour désigner le gonflement calleux d'un os, les concrétions osseuses formées par une substance crayeuse, composée de phosphate de chaux.

TOPINAMBOUR, s. m., *Helianthus tuberosus*, L. ; plante de la famille des Composées, genre *Hélianthe*. On croit le topinambour originaire du Brésil ; cependant il n'y a pas été rencontré par les voyageurs modernes. Adolphe Brongniart le fait venir des parties les plus septentrionales du Mexique. Il est cultivé en Europe pour ses tubercules féculents et alimentaires. Le topinambour a une tige simple, haute de un à deux mètres, des feuilles grandes, rudes, ovales ou cordiformes. Ses tubercules, noirs ou gris à l'extérieur, blancs à l'intérieur, sont très aqueux ; ils contiennent, d'après Braconnot: sucre, 14,80; inuline, 3,00; gomme, 1,22 ; albumine, 0,99 ; substances grasses, 0,09 ; ligneux, 1,22 ; silice, 0,03 ; sels 1,60 ; eau, 77,05. Payen a trouvé une proportion plus forte de sucre. L'analyse a donné à Boussingault, sur 100 parties : eau, 76.3 ; matière sèche, 20,8 , contenant 0,16 d'azote. Le topinambour s'accommode de presque tous les terrains ; il n'exige, à la rigueur, ni façons ni engrais, et n'a plus besoin d'être replanté quand il occupe un terrain. On en a vu une plantation encore très prospère au bout de 33 ans. Cette faculté de se reproduire en quelque sorte indéfiniment est une cause qui s'oppose à son introduction dans les assolements. Sa culture se fait à peu près comme celle de la pomme de terre. Victor Yvart est un des agronomes qui ont le plus contribué à la répandre. Les tubercules peuvent rester dans la terre pour être extraits au fur et à mesure des besoins ; la gelée ne les altère même pas. Lorsqu'ils ont été récoltés, on doit les conserver dans un lieu frais. Quoiqu'ils résistent à l'humidité sans éprouver d'altération apparente, néanmoins leur séjour dans l'eau les rend échauffants et d'un usage dangereux comme aliment. Les produits du topinambour sont énormes ; à Bechellbron , un hectare a rendu 35,279 kil. de tubercules. Schwertz évalue à 7.500 kilog. le poids moyen des feuilles sèches. Le tubercule peut être distribué à tous les animaux, principalement au mouton ; mais il doit être donné avec modération et toujours mélangé à une nourriture sèche. Les feuilles pourraient aussi être consommées en vert ; mais l'effeuillement nuit au développement des tubercules.

TOPIQUE, s. m., *Topicus*, de τόπος, lieu ; on désigne ainsi, d'une manière générale, tous les médicaments composés, officinaux ou magistraux, qui, par leur consistance ou leur nature, sont exclusivement employés à l'extérieur, tels que les onguents, les emplâtres, les cataplasmes, les charges. etc. On réserve cependant ce nom à certaines préparations qui ne rentrent pas nettement dans les groupes précédents.

TOPIQUE FONDANT DE GIRARD , *V*. ONGUENT FONDANT DE GIRARD.

TOPIQUE ANTIFARCINEUX DE TERRAT. ℞ bichlorure de mercure, 32 grammes ; acide arsénieux pulvérisé, 15 grammes ; sulfure jaune d'arsenic, 32 grammes ; poudre d'euphorbe, 15 grammes ; huile ou pommade de laurier, 132 grammes. Pulvérisez finement chacune des substances précédentes, et incorporez-les très exactement avec l'huile de laurier, soit à froid, soit, ce qui est préférable , après avoir ramolli ce corps gras sur un bain-marie. Cette préparation , dont la formule primitive est encore tenue secrète, est un des moyens externes les plus efficaces pour faire disparaître le farcin local qui est sous forme de tumeurs ou de cordes. Quand l'affection est ancienne ou étendue, il faut seconder l'action du topique par un traitement interne approprié.

TORCHE-NEZ, *V*. TORD-NEZ.

TORD-NEZ, s. m.; qui tord le nez. On donne ce nom à un instrument employé pour détourner la sensibilité du cheval pendant qu'on pratique une opération : c'est aussi un moyen de punition. Il consiste dans un bâton solide. long de cinq décimètres , percé à l'une de ses extrémités d'un trou dans lequel on engage une corde de la grosseur du petit doigt, et dont les deux bouts sont arrêtés par un nœud. On saisit, avec l'anse formée par cette corde, le nez ou l'oreille du cheval et l'on fait tourner le bâton plusieurs fois , jusqu'à ce que l'on ait serré suffisamment pour produire de la douleur. Un aide est chargé de maintenir l'extrémité du bâton. Avec le tord-nez, on a la facilité d'élever ou d'abaisser la tête de l'animal suivant qu'on opère sur les parties postérieures ou antérieures du corps. Il est facile d'improviser partout un tord-nez avec une corde et un bâton.

TORDU , UE , adj., *contortus* ; tourné en spirale sur soi-même, avec ou sans axe réel. La *préfloraison* est *tordue*, quand la corolle parait avoir éprouvé dans son ensemble une torsion ; ex. : l'œillet.

TORMENTILLE , s. f., *Potentilla tormentilla* , Nestl. , *Tormentilla erecta* , L. ; plante vivace de la famille des Rosacées , genre Potentille. La Tormentille croit le long des chemins , au bord des champs ou des bois ; elle est amère , tonique, et pourrait être utilement employée à nourrir les bestiaux , si son peu de développement ne s'opposait à sa culture. Ses racines sont grosses et recherchées du porc.

TORPEUR , s. f. , *Torpor* ; engourdissement ; cessation du sentiment dans une partie du corps.

TORREFACTION , s. f. , *Torrefactio* , de *torrefacere* , faire rôtir ; opération qui consiste à soumettre, à feu nu , au contact de l'air , certaines substances dont on veut modifier la composition chimique. On y parvient en chassant les principes volatils qui ne sont pas nécessaires à la constitution du corps, ou qui sont nuisibles pour l'usage auquel on le destine ; en développant certains principes qui n'y existent pas primitivement ; ex : le café ; en oxydant le corps soumis à l'action du feu , etc. La torréfaction appliquée aux substances minérales prend le nom de *grillage* (*V*. ce mot).

TORSION , s. f. , *Torsio* , de *torquere* , tourner , tordre ; action de tordre. Moyen de développer l'élasticité des corps et de mesurer l'action de petites forces , comme l'attraction, le magnétisme , l'électricité, etc. Lorsqu'un fil est suspendu par une extrémité à un point fixe, et que , par l'autre, il porte un levier horizontal, il fait décrire à ce levier , lorsqu'on lui imprime un mouvement de torsion , une série d'oscillations isochrones , comme celles d'un pendule. Les oscillations produites par la torsion sont soumises aux lois suivantes : 1° pour un même fil , les arcs décrits par le levier horizontal, sont proportionnels à la force de torsion ; 2° pour deux fils de même diamètre auxquels on applique la même force, on obtient des angles de torsion qui sont proportionnels aux longueurs des fils; 3° pour des fils de même longueur et soumis à une force égale, l'angle de torsion est inversement proportionnel à la quatrième puissance du diamètre des fils ; 4° les oscillations du même fil sont isochrones ; 5° leurs durées sont entre elles comme les racines carrées des poids qui tendent les fils, ou comme les racines carrées des longueurs des fils ; 6° les durées des oscillations sont entre elles comme les racines carrées des diamètres des fils. Coulomb a appliqué, avec succès, les lois de la torsion à l'étude des lois des attractions et répulsions électriques ou magnétiques ; Cavendisch, à celle des lois de l'attraction terrestre , etc. — *Chirurg.* La *torsion* est employée comme un moyen puissant pour arrêter les hémorrhagies artérielles. Elle a été recommandée surtout par Amussat et Velpeau. Pour pratiquer la torsion , deux pinces à artères sont nécessaires : l'une d'elles sert à embrasser le vaisseau en travers, près de l'extrémité qui est ouverte ; avec l'autre, on saisit l'artère par la partie qui reste saillante, pour la faire tourner de quatre à huit fois sur elle-même. Les deux membranes internes sont rompues ; la membrane celluleuse résiste et s'oppose à l'écoulement du sang. Ce procédé hémostatique présente des avantages pour les artères flexueuses du scrotum et des mamelles. — *Castration par torsion, V.* Castration. —*Bot.* On donne le nom de torsion à une monstruosité consistant dans une déviation en spirale plus ou moins régulière de toutes les parties d'une tige herbacée ou ligneuse. Cette monstruosité atteint aussi quelquefois les organes appendiculaires. On en ignore la cause.

TORTICOLIS , s. m. , *Obstipitas ;* difformité consistant dans l'inclinaison involontaire de la tête vers une des épaules. Elle est produite par une paralysie plus ou moins complète, ou par un état rhumatismal. Cette maladie se montre quelquefois dans le chien. On observe dans le cheval la luxation incomplète des vertèbres cervicales, qui offre quelque analogie avec le torticolis de l'homme.

TORTILE , adj. , *tortilis;* susceptible de se tordre naturellement.

TORTUE , s. f. , *Testudo ;* reptile chélonien, dont le corps est recouvert d'une écaille dure. — Nom donné au phlegmon de la nuque. *V.* Mal de taupe.

TORTUEUX , EUSE , adj. , *tortuosus ;* courbé plusieurs fois en différents sens.

TORULEUX , EUSE , adj. , *torulosus ;* présentant de distance en distance des renflements brusques , comme une ficelle à laquelle on aurait fait des nœuds.

TORUS , s. m. , *Torus;* nom donné au réceptacle par Salisbury.

TOTIPALMES , s. et adj. ; famille d'oiseaux palmipèdes, chez lesquels la palmure des pieds embrasse le pouce avec les autres doigts.

TOUCHER , s. m. , *Tactus ,* de *tangere ,* toucher ; nom donné au sens qui permet de reconnaître la forme des corps , le poli ou la rugosité de leur surface , leur température , leur consistance. La peau est le siége du toucher ou du *tact,* dans toute son étendue. On réserve le nom de *tact* pour un toucher général , et l'on emploie celui de *toucher* pour exprimer le tact perfectionné par une sensibilité et une mobilité particulières de l'organe qui l'exerce. Chez l'homme et le singe , la main est l'organe du toucher. Chez la plupart des mammifères , les lèvres et le bout du nez remplissent cet office , et se trouvent pourvus à cet effet de nerfs gros et nombreux.

TOUFFE , s. f. ; assemblage de bractées , de radicules , etc..

TOUFFU , UE , adj., *cæspitosus ;* composé de divisions ténues , nombreuses et rapprochées.

TOUPET , s. m. ; bouquet de crins faisant suite , antérieurement , à la crinière, et tombant , entre les deux oreilles , sur le front et le chanfrein du cheval. Le toupet est toujours en rapport avec la crinière pour l'abondance , la finesse et la longueur des crins .

TOURACHE , *V.* Comtois.

TOURBE, s. f. ; on désigne sous ce nom un charbon très hétérogène qui se forme dans la vase des marais par la décomposition des débris végétaux qui y existent. La tourbe est formée de carbone, d'ulmine , de débris végétaux et animaux , de matières terreuses, etc. — Des tourbières existent en Hollande , en Belgique , en Ecosse, en Irlande, en France, etc. On extrait la tourbe des marais ; on l'expose au soleil sur une aire battue , et, quand il s'est formé une couche compacte, on la divise en petits parallélipipèdes semblables à des briques, qu'on livre au commerce après les avoir fait sécher. La tourbe est plus ou moins compacte , terreuse , d'un brun noirâtre , présentant souvent des débris végétaux formant un lacis inextricable dans la masse. La tourbe est employée comme combustible dans les arts et l'économie domestique. — Les terrains tourbeux ont de nombreux défauts ; ils renferment trop d'acide, manquent de stabilité , se dessèchent rapidement pendant les chaleurs, tandis que, pendant la saison pluvieuse, ils sont couverts d'eau. *V.* Tourbière.

TOURBEUX , EUSE , adj.; qui contient de la tourbe, qui en est formé. *Terrain tourbeux , V.* Tourbe et Tourbière.

TOURBIÈRE , s. f. ; terrain formé de tourbe et exploité pour l'extraction de ce combustible. En 1844, on comptait en France 2,498 tourbières, donnant un revenu annuel brut de 4,647,962 fr. L'exploitation des tourbières ne peut avoir lieu que par le propriétaire ou de son consentement, avec l'autorisation du Préfet. Elle peut se renouveler périodiquement, car la tourbe se reproduit à mesure que les plantes se remplacent successivement. En Hollande, où la tourbe est un combustible presque universellement employé, chaque tourbière est exploitée tous les 50 ou 60 ans.

TOUR DE REINS, *V*. ENTORSE DES REINS.

TOURMALINE, s. f. ; minéral siliceux, de composition très complexe, qui jouit de la propriété de prendre la bipolarité lorsque les extrémités de ses cristaux sont inégalement chauffées. La tourmaline est formée de silice, d'alumine, d'acide borique, de potasse, de soude, de lithine, de chaux, de magnésie et d'oxydes de fer et de manganèse.

TOURNESOL, s. m., *Helianthus annuus*, L. ; plante de la famille des Composées, genre Hélianthe. Cette espèce végétale est originaire du Pérou : elle est subspontanée en France, où elle reçoit vulgairement les noms de *soleil, grand soleil*. Le Tournesol est une très belle plante annuelle, à tige simple ou rameuse haute de plus de deux mètres, et remarquable par ses larges capitules jaunes, héliotropes. On la cultive soit comme plante d'ornement, soit pour sa graine, dont on extrait une huile grasse ou qu'on distribue à la volaille. Les feuilles vertes de cette plante sont mangées par les grands ruminants.—*Chim*. Nom donné à une matière colorante d'un bleu violet, qu'on obtient par la fermentation de plusieurs espèces de lichens, et notamment du *roccella tinctoria*, qu'on met en contact avec l'urine, l'ammoniaque ou la chaux. Cette matière colorante est fréquemment employée dans les laboratoires pour reconnaître les *acides* et les *bases*, parce qu'elle est rougie par les premiers et ramenée au bleu par les secondes. Ces changements de couleur proviennent de la constitution chimique de cette matière, qui paraît formée d'un acide de couleur *rouge* et d'une base inorganique. Dans la couleur bleue, cet acide est neutralisé par la base, et, quand on ajoute un acide plus fort, il s'empare de cette base et met à nu l'acide du tournesol, qui apparaît avec sa couleur rouge naturelle ; quand ensuite on ajoute une base, elle neutralise de nouveau cet acide et fait revenir la nuance bleue. On fait, avec la teinture de tournesol bleue ou légèrement rougie, des papiers réactifs d'une grande sensibilité.

TOURNIOLE, s. f. ; synonyme de *panaris*.

TOURNIQUET, s. m., *Torcular* ; instrument de chirurgie destiné à comprimer les vaisseaux, pour suspendre le cours du sang pendant une opération. Pendant longtemps on s'est servi du tourniquet de Petit, qui se compose de deux plaques en cuivre, dont une est garnie d'une pelote saillante, qu'on fait mouvoir à l'aide d'une vis de rappel ; un lacs circulaire est fixé à la partie supérieure de cette plaque. Avec le tourniquet, la com-

pression est bornée à la partie correspondante à la pelote ; mais cet instrument est susceptible d'être déplacé facilement. En vétérinaire, on préfère se servir du garrot.

TOURNIS, s. m., du mot *tourner* ; *tournoiement, vertige, lourd, lourdaine*. On a donné ces noms à une maladie du cerveau des bêtes ovines et bovines, dont le principal symptôme consiste à tourner. Le tournis a été observé fréquemment sur les bêtes à laine ; on le voit plus rarement sur les bœufs. Il paraît que cette maladie peut aussi se montrer sur l'espèce humaine.—*Tournis du mouton*. Une grande obscurité règne encore sur les causes qui le produisent, parce qu'il se développe dans les conditions les plus opposées. Le tournis est dû à la formation et à l'accroissement d'une ou plusieurs hydatides dans les ventricules du cerveau. Barbançois, Voisin et Valois l'attribuent à la surabondance de la lymphe dans les jeunes animaux, et admettent que l'hydatide se produit dans le cerveau sans que son germe vienne du dehors. On a donné d'autres explications encore moins rationnelles, moins satisfaisantes. La présence de ces vers cause un dérangement des plus prononcés dans les fonctions cérébrales, par la compression d'un hémisphère du cerveau. —Au début, le malade a une démarche chancelante ; l'œil est hagard et prend une teinte bleuâtre. L'animal tourne soit à droite, soit à gauche, du côté du ventricule occupé par l'hydatide ; si le ver occupe le plan médian, près de l'ethmoïde, il baisse la tête et se précipite en avant ; est-il placé plus près du cervelet, le mouton lève le nez au vent et se porte en arrière. On observe des accès pendant lesquels l'action de tourner dure longtemps et finit par déterminer une chute et des mouvements convulsifs semblables à ceux de l'épilepsie ; après les accès, le malade reprend un état de calme pendant lequel il montre encore quelque appétence pour les aliments. Cette affection marche lentement ; elle fait des progrès à mesure que l'hydatide se développe et produit une compression plus grande ; elle peut ainsi durer plusieurs mois, et finit toujours par la mort, après avoir amené le marasme. À l'ouverture du crâne, on trouve dans le cerveau une ou plusieurs vésicules, composées d'une membrane transparente, contenant un liquide limpide. Quand elle est seule dans un des ventricules latéraux, l'hydatide peut acquérir le volume d'un œuf de poule, et peser jusqu'à 100 à 120 grammes. A sa surface, on remarque de petits grains ovoïdes, irrégulièrement disséminés, que l'on a considérés comme autant de têtes. Huzard a compté plus de trente hydatides cérébrales dans la tête d'un agneau. Le cerveau se trouve réduit au tiers ou à la moitié de sa masse ordinaire, quelquefois l'épaisseur des parois du ventricule est tout au plus égale à celle d'une feuille de papier. La voûte pariétale est amincie dans les parties correspondantes par l'effet de la pression, à ce point que, sur l'animal vivant, on peut faire fléchir l'os par la pression du doigt, et reconnaître ainsi la place occupée par l'hydatide. Les vers dont la présence cause le tournis ont été trouvés aussi, mais rarement, dans la moëlle épinière. — Bien des moyens ont été proposés sans succès pour le traitement du tournis. Les propriétaires préfèrent vendre au boucher les bêtes sur lesquelles on observe les premiers symptômes ; leur viande est aussi bonne que celle des animaux sains ; plus tard, le dépérissement empêcherait d'en tirer un aussi bon parti. Chabert a conseillé la trépanation du crâne pour extraire l'hydatide ; Gericke, Tessier, Huzard, ont recommandé la ponction par le trocart et l'aspiration du liquide avec une petite seringue vide ; d'autres se sont servi seulement d'un poinçon ; il en est qui ont essayé même des injections dans le crâne. On n'a réussi tout au plus qu'à obtenir des guérisons momentanées. Si l'on parvient à retirer une hydatide, il est rare que le cerveau ne contienne pas d'autres vers qui se développent à leur tour et font reparaître la maladie. Nérac a préconisé la cautérisation du crâne par le fer chaud ; les espérances qu'on avait conçues se sont évanouies. — *Tournis des bêtes bovines.* Rigot, Dupuy, Maillet, ont décrit cette affection. Elle est plus commune au midi qu'au nord de la France, et se montre principalement chez les jeunes animaux. L'animal qui est atteint du tournis décrit d'abord un grand cercle et fait ensuite des tours plus petits à mesure que la maladie arrive à sa dernière période. Vers la fin, on ne compte plus que cinq à six heures entre chaque accès ; bientôt le sujet tombe et présente des convulsions. Plus tard, il est paralysé du côté affecté ; il ne peut se relever et périt. La durée du tournis dans les bœufs est de trois mois au moins ; on trouve dans le cerveau une ou plusieurs hydatides logées dans différentes parties. Le seul moyen de guérison à tenter consiste dans l'extraction du ver ; dans ce but, Wepfer a employé le trépan. D'après Maillet, l'opération peut réussir fréquemment ; il conseille donc de la tenter, quoiqu'elle puisse échouer par l'effet de plusieurs causes, qui sont : la blessure du cerveau, la profondeur de l'hydatide, la multiplicité des vers, etc.

TOURNOIEMENT, s. m. ; synonyme de *tournis.*

TOURTEAU, s. m. ; résidu solide de la fabrication de l'huile. Les principaux tourteaux sont ceux de lin, de noix, de chenevis, de colza, d'olives, de faîne. L'agriculteur les utilise pour la nourriture du bétail et la fertilisation des terres. Leur valeur nutritive et leurs effets sur l'économie animale varient selon leur composition et la dose à laquelle on les administre. Ils renferment, avec la matière solide des graines ou fruits exprimés, une certaine quantité d'huile et quelques produits protéiques. Ils sont durs, desséchés et se conservent bien sans altération pendant quelque temps. Les tourteaux de lin et de noix paraissent être les meilleurs, et encore demandent-ils à être donnés avec ménagement. Pris habituellement et en quantité notable, ils échauffent, amènent la pléthore, des congestions, font de la chair et une graisse molles et de mauvais goût ; on prétend que le charbon de bois prévient ce dernier effet. Il faut habituer les animaux peu à peu à leur usage, avant de les faire entrer dans la ration de chaque jour. On doit les donner réduits en poudre, délayés et mêlés à d'autres aliments. — L'action du tourteau de faîne, sur les herbivores, a été récemment l'objet de discussions et de recherches. Il paraît résulter d'expériences directes que cette substance est vénéneuse pour les ruminants aussi bien que pour les solipèdes, mais surtout pour ces derniers.

TOUX, s. f., *Tussis* ; bruit qui résulte de l'expulsion violente de l'air contenu dans les organes respiratoires. C'est un symptôme commun à plusieurs affections de ces mêmes organes ; elle dépend d'une irritation primitive ou sympathique de la muqueuse du larynx, de la trachée ou des bronches. La toux ne se montre pas seulement dans les maladies des voies respiratoires ; on l'observe encore dans celles de l'estomac, du foie, de la vessie. Les caractères de la toux sont différents, suivant les causes qui la provoquent. La toux est *forte* ou *faible*, *sèche* ou *humide*, *quinteuse*, *idiopathique* ou *symptomatique*. Elle est *forte*, sonore, dans la bronchite aiguë ; *faible*, courte, peu intense dans la phthisie pulmonaire. On la dit *sèche*, *sans rappel*, quand elle n'entraîne aucune mucosité ; *humide* ou suivie d'*expectoration*, lorsqu'elle en rejette par les cavités nasales ou par la bouche ; elle est *grasse*, quand elle est suivie d'un jetage abondant, comme au déclin de la bronchite et dans le cas d'abcès pulmonaires. La toux est *quinteuse*, quand elle se produit plusieurs fois de suite. Celle qui est *idiopathique* dépend de l'inflammation ou de tout autre état maladif d'un organe respiratoire ; elle est *symptomatique*, lorsqu'elle résulte d'une affection des viscères abdominaux. Quelquefois la toux quinteuse est accidentelle et passagère, c'est ce qu'on voit après l'introduction d'un liquide ou de tout autre corps étranger dans le larynx. Les moyens de traitement proposés contre la toux doivent varier, suivant les maladies dont ce symptôme dépend. Cependant on peut prescrire d'une manière générale le miel contenant quelques poudres béchiques ; l'usage de l'opium est très utile contre la toux quinteuse.

TOXICOLOGIE, s. f., *Toxicologia*, de τοξικον, poison, et λογος, discours ; traité des poisons, ou science qui s'en occupe. Elle touche par ses données les plus positives, d'une part à la chimie à qui elle emprunte ses connaissances les plus impor-

tantes , et d'autre part , à la physiologie ,
et à la pharmacologie , qui la guident
dans l'étude des phénomènes de l'empoisonnement. Cette science s'occupe des
poisons , des effets toxiques qu'ils déterminent dans l'économie animale, des moyens
d'en neutraliser l'action malfaisante et de
les reconnaître dans l'organisme , dans le
cas d'empoisonnement mortel. Elle s'occupe aussi , quoique plus accessoirement ,
des dispositions législatives relatives à la *médecine légale* , dont elle n'est qu'une partie.
L'étude de la toxicologie, très importante
pour le médecin, le pharmacien, le chimiste,
est assez accessoire pour le vétérinaire.

TOXIQUE, s. et adj., *Toxicum*, de τοξικον,
poison ; synonyme de *poison* , *venin* , *vénéneux. Substance toxique :* matière vénéneuse , délétère.

TRAÇANT, *V.* Rampant.

TRACÉ, ÉE, adj. ; on le dit, en hippologie , des chevaux inscrits sur le stud-book , et
dont la généalogie est connue.

TRACHÉAL, ALE, adj., *trachealis ;* qui
appartient à la trachée. — *Nerf trachéal récurrent, V.* Récurrent.

TRACHÉE, s. f. , *Trachea ;* trachée-artère , *trachea-arteria*, de τραχυς, âpre , et
αρτηρια, dérivé lui-même de αηρ, air, et
τηρεω, conserver; on donne ce nom à un
long canal, fibro-cartilagineux , qui , dans
les trois premières classes de vertébrés , conduit l'air du larynx aux bronches. La trachée règne tout le long du bord inférieur de
l'encolure, qui prend de ce rapport le nom de
bord trachélien ; elle est en rapport avec
l'œsophage , la carotide , la jugulaire , les
nerfs pneumo-gastrique et trisplanchnique ,
le muscle sterno-maxillaire, le long fléchisseur de l'encolure , etc. La trachée pénètre
dans la poitrine en passant entre les deux
premières côtes ; elle se dirige en arrière jusque vers la base du cœur, où elle donne
naissance aux deux bronches, qui vont se diviser dans le poumon. — Elle est formée de
cinquante et quelques anneaux cartilagineux,
unis à la suite les uns des autres par des
ligaments, et qui , au lieu d'être continus
à leur partie postérieure, présentent deux extrémités aplaties qui se chevauchent et peuvent, par un mouvement de glissement, élar-
gir ou resserrer le conduit. Une couche musculeuse à fibres transversales règne en dedans
de la trachée, à sa surface postérieure, et resserre par sa contraction les anneaux incomplets qui la forment. La muqueuse laryngienne se continue dans toute l'étendue
de la face interne de ce canal et y perd la
vive sensibilité qu'elle présentait dans le larynx. Des plaques cartilagineuses, irrégulières, renforcent le point de division de la
trachée. — Dans les oiseaux et les reptiles,
les cerceaux de la trachée sont complets. —
On appelle *trachées* dans les insectes , les
canaux nombreux et déliés qui prennent
naissance aux stigmates placés sur les côtés

de l'abdomen, et conduisent l'air dans toutes
les parties du corps. — *Bot.* Vaisseaux
en spirale que Grew et Malpighi comparaient
aux tubes respiratoires des insectes. Les
trachées sont des tubes minces, transparents,
au-dedans desquels se roule en hélice un petit fil ou lame appelé *spiricule*. Ces vaisseaux
sont ordinairement simples. On les trouve
dans l'étui médullaire des dicotylédonées,
dans les pétioles et les nervures des feuilles,
les filets des étamines , dans l'intérieur des
faisceaux ligneux des tiges monocotylédones,
dans leurs fibres radicales.

TRACHÉITE . s. f. , *Tracheitis ;* inflammation de la trachée artère; *angine trachéale.* Cette affection se montre avec la laryngite , le croup , la bronchite, dont il est impossible de la distinguer. *V.* Angine.

TRACHÉLIEN , ENNE , adj. , *trache-
lianus*, de τραχηλος, cou ; qui appartient au
cou ou à la trachée. — *Apophyses trachéliennes:* on donne ce nom aux apophyses
transverses des vertèbres cervicales , à
cause du voisinage de la trachée. — *Trous
trachéliens :* trous ou canaux percés à la
base des apophyses trachéliennes, et donnant passage à l'artère vertébrale ou trachélo-occipitale. — *Prolongement trachélien
du sternum :* partie antérieure de cet os,
voisine de la trachée. — *Nerfs trachéliens :*
nom donné aux nerfs cervicaux.

TRACHÉLO-COSTAL, *V.* Inter-costal.

TRACHÉLO-OCCIPITAL , ALE , adj.,
trachelo-occipitalis ; nom donné par Girard
à l'*artère vertébrale. V.* Vertébrale.

TRACHÉLO-SOUS-OCCIPITAL, adj.,
trachelo-infrà-occipitalis ; nom donné au
muscle *long fléchisseur* ou *grand droit antérieur* de la tête. *V.* Droit.

TRACHÉLO-SOUS-SCAPULAIRE, adj.,
trachelo-infrà-scapularis ; nom donné à la
portion antérieure du grand dentelé de l'é-
paule. *V.* Dentelé.

TRACHÉLO-DORSAL , adj., *trachelo-dor-
salis ;* qui appartient à la région trachélienne
et au dos. — *Nerf trachélo-dorsal, accessoire
de Willis, spinal :* noms donnés au nerf de
la onzième paire encéphalique. Ce nerf, que
l'on appelle encore *récurrent du canal rachidien* , provient en effet de l'intérieur de
ce canal par des racines empruntées aux
nerfs cervicaux et remontant du niveau de
la sixième ou cinquième paire, sous forme
d'un petit cordon accolé à la moëlle épinière.
Il reçoit de nouvelles racines des corps restiformes, et sort par un des trous de l'hiatus
occipito temporal, près de la neuvième et de
la dixième paires. Se dirigeant ensuite en
arrière, il fournit quelques rameaux fins au
pneumo-gastrique, en reçoit quelques-uns du
ganglion guttural , envoie un fort rameau au
muscle sterno-maxillaire, et se continue par
un long cordon flexueux, superficiel, qui
longe le bord inférieur du muscle mastoïdo-
huméral pour aller se terminer dans le trapèze
dorsal.

TRACHÉOCÈLE, s. m., *Tracheocele*, de τραχεια, trachée, et κηλη, tumeur; tumeur de la trachée. Heister a employé ce mot pour désigner le goitre. Renault s'est servi de cette expression pour l'appliquer à une tumeur qui se développe dans l'intérieur de la trachée, après l'opération de la trachéotomie. C'est une production de nature polypeuse, à surface irrégulière, dont on a attribué la formation au frottement produit par le tube sur la muqueuse trachéale. Sa présence gêne la respiration et produit un cornage violent, toutes les fois qu'on fait accélérer la respiration. Il est difficile de remédier à cette dégénérescence de manière à espérer une guérison complète; il en résulte toujours une déformation de la trachée, qui permet à peine une amélioration momentanée. Plus tard, la tumeur fait des progrès et l'animal finit par succomber asphyxié.

TRACHÉOTOMIE, s. f., *Tracheotomia*, de τραχεια, trachée, et τομη, incision. *Bronchotomie*. On nomme ainsi une opération qui consiste à faire une ouverture à la trachée, pour extraire un corps étranger introduit dans ce canal, ou pour faciliter la pénétration de l'air dans les poumons. Empruntée à la chirurgie humaine, cette opération a été appliquée au cheval par Bourgelat; on ne la pratique guère que sur les solipèdes. Elle peut réussir sur tous les animaux; on ne l'emploie pas sur les ruminants, parce qu'on préfère les livrer au boucher. Les cas dans lesquels la trachéotomie est indiquée se rapportent à deux classes : 1° il s'agit d'extraire un corps étranger engagé dans les voies aériennes, une tumeur, etc.; 2° c'est pour donner passage à l'air, quand un obstacle mécanique gêne la respiration : ex. : rétrécissement des cavités nasales, polypes, fractures des os du nez, plénitude des poches gutturales, ossification du larynx, aplatissement de la trachée, causant le cornage chronique, dans le croup et dans l'angine aiguë. Il faut, dans tous les cas, que l'obstacle soit placé au-dessus du point qu'on se propose d'ouvrir. Sur le cheval, on opère à la région moyenne de l'encolure, aussi haut que possible, pour que l'air puisse s'échauffer avant d'arriver aux bronches. Le temps où l'on opère est d'urgence, de *nécessité*, dans les cas d'asphyxie, où la vie est prête à s'éteindre; il est d'*élection* dans les autres circonstances. L'appareil nécessaire se compose d'une paire de ciseaux, d'un bistouri convexe, d'un bistouri droit, de deux érignes plates et d'une érigne pointue. On opère l'animal debout, en maintenant la tête élevée par un tord-nez. Deux méthodes peuvent être employées : 1° après avoir découvert la trachée sur la ligne médiane, on attaque deux cerceaux en faisant sur chacun d'eux une incision demi-circulaire; 2° on a substitué à l'incision circulaire une division longitudinale de la trachée sur le milieu de quatre à cinq cerceaux. Aussitôt après l'opération, la respiration devient facile; mais il faut tenir écartées les lèvres de la plaie, parce qu'elles tendent à se rapprocher et empêchent l'introduction de l'air. On les relève à l'aide de deux rubans de fil passés de chaque côté dans leur épaisseur; mais il est préférable de se servir d'un tube qui traverse les lèvres de la solution de continuité et plonge ainsi dans la trachée. Gohier a proposé l'usage d'un tube en plomb fixé à demeure; mais ce moyen a l'inconvénient de ne pouvoir permettre tous les soins de propreté nécessaires. Leblanc, Damoiseau, Brogniez, Gunther, ont imaginé des tubes plus ou moins compliqués et ingénieux, qui présentent tous quelques défauts. Le tube ordinaire à trachéotomie se compose d'un pavillon en fer blanc, dans le centre duquel est un tube recourbé dont le diamètre est de trois à quatre centimètres et qui a un décimètre de longueur; le pavillon est muni, sur ses côtés, de trous destinés à recevoir les liens qui maintiennent l'appareil. Il importe que le diamètre du tube soit aussi large que possible, quand il doit être permanent, dans le cornage chronique par exemple; cette précaution n'a pas autant d'importance lorsqu'on veut faciliter la respiration pendant une affection aiguë, qui doit être de courte durée. Dans ce dernier cas, on laisse le tube en place seulement pendant quelques jours; dans les circonstances opposées, cet instrument peut être maintenu pendant longtemps. Barthélemy l'a vu servir pendant dix-sept mois sur des chevaux qui pouvaient ainsi suffire au travail. Il faut avoir le soin d'enlever le tube de temps en temps, pour le nettoyer et le réappliquer immédiatement. La trachéotomie est facile à pratiquer sur les grands animaux; elle ne peut donner lieu à aucune hémorrhagie redoutable. Quelques accidents peuvent se montrer après cette opération; ce sont le rétrécissement de la trachée, l'obstruction du tube, l'asphyxie, le trachéocèle.

TRACHOME, s. m., *Trachoma*, de τραχυς, raboteux; aspérité de la surface interne des paupières.

TRAGOPOGON, s. m., *Tragopogon*, L.; genre de la famille des Composées, tribu des Chicoracées. Il se compose d'espèces herbacées dont quelques unes sont communes dans les prairies du Nord. La principale est le T. des prés, *T. pratense*, L., vulg. *salsifis*; elle est assez recherchée des bestiaux quand elle est verte; les chevaux surtout et les bêtes à cornes en sont friands; mais à l'état sec, elle n'a aucune valeur.

TRAIT (Chevaux de). Ils constituent l'une des grandes divisions établies par les hippologues empiriques dans les races équestres. Les chevaux de trait se subdivisent à leur tour suivant les destinations spéciales : 1° en chevaux propres aux *attelages de luxe* ou *carrossiers*; 2° en chevaux de *poste* et de *diligence*; 3° en chevaux de *roulage* ou de *gros trait*; 4° enfin, dans une autre catégorie, on a placé les chevaux d'*agriculture*. Cette

dernière classe n'eût pas dû être établie.
V. Chevalines, Carrossier, Diligence,
Attelage.

TRAITE, *V.* Mulsion.

TRAITEMENT, s. m.; on donne ce nom
à l'ensemble des soins que l'on met en usage
pour guérir un malade. *V.* Thérapeutique.

TRANCHÉES, s. f. pl., *Tormina;* synonyme de *coliques.*

TRANSFORMATIONS, *V.* Métamorphoses.

TRANSFUSION, s. f., *Transfusio*, de
transfundere, transvaser; opération qui
consiste à introduire dans les veines d'un
animal malade, pour remédier à son état, le
sang d'un animal sain de la même espèce. Ce
moyen thérapeutique, connu, dit-on, des anciens, a été essayé par plusieurs médecins, à
diverses époques, soit sur les animaux, soit
sur l'homme. Le manuel de l'opération varie;
tantôt on fait passer directement le sang
d'un vaisseau dans l'autre au moyen d'un
tube, tantôt on l'injecte avec une seringue,
après l'avoir extrait des veines de l'animal
sain. Dans ce dernier cas, il faut opérer assez
rapidement pour prévenir la coagulation de
la fibrine ou la retarder par un moyen chimique approprié; il est nécessaire aussi d'opérer
avec assez de soin pour ne pas injecter de
l'air avec le sang. En général, pour que cette
opération réussisse, il faut employer le sang
d'un animal de même espèce que celui sur
lequel on opère, l'expérience ayant démontré
qu'entre des animaux d'espèce différente elle
échoue constamment, ce qu'on a attribué,
avec assez de vraisemblance, à la forme ou
au diamètre des globules du sang, qui ne sont
plus en rapport avec les couloirs vasculaires.
Ce moyen thérapeutique, quoique très imparfaitement étudié encore, paraît peu susceptible d'être employé sur les animaux.

TRANSHUMANCE, s. f., de *trans*, au-
delà, et *humus*, terre; émigration périodique des troupeaux de moutons des pays de
plaine, qui vont, sous la conduite des bergers,
passer les mois les plus chauds de l'année
dans les pâturages des montagnes. Beaucoup de troupeaux du midi de la France
transhument; ils vont sur les Alpes, dans
les pacages élevés de l'Ardèche et de l'Auvergne, etc. — Les anciennes races mérinos de l'Espagne étaient divisées autrefois
en *transhumantes* et en *estantes.*

TRANSLUCIDE, adj., *translucidus;* se
dit des corps qui laissent passer à travers
leur substance une quantité de lumière insuffisante pour permettre d'apercevoir les
corps et d'en distinguer les formes, la couleur, etc.; ex. : verre dépoli, papier
huilé, etc.

TRANSLUCIDITÉ, s. f., *Transluciditas;*
état ou qualité des corps translucides.

TRANSPARENCE, s. f., *Diaphaneitas;*
état ou qualité des corps transparents.

TRANSPARENT, adj., *pellucidus;* épithète donnée aux substances qui laissent
passer librement la lumière et qui permettent de distinguer, à travers leur épaisseur,
les corps, ainsi que leur forme, leur couleur, leurs distances respectives, etc. En
général les corps cristallisés sont plus souvent transparents que les corps amorphes.
V. Diaphane.

TRANSPIRATION, s. f., *Transpiratio;*
exhalation continuelle, plus ou moins abondante, qui a lieu à la surface de la peau. —
Dans l'état ordinaire, la transpiration est
insensible; le fluide exhalé s'échappe en vapeur peu abondante qui se trouve dissoute
par l'air à mesure qu'elle se produit. — Dans
certaines circonstances, le fluide sécrété
étant trop abondant pour se vaporiser, il se
condense sur la peau sous forme de liquide,
et constitue la *sueur* ou *transpiration sensible.* Outre son usage principal de *dépuration*, la transpiration permet au corps de
supporter une chaleur intense, la sueur absorbant, pour se volatiliser, le calorique qui
se trouve en excès à la surface du corps.
La grande quantité de matériaux rejetés du
corps par la transpiration indique l'importance de l'intégrité de cette fonction. *V.* Diapnogène. — *Bot.* Les végétaux sont le siège
d'une véritable transpiration, qui s'effectue
par les stomates, et dont l'activité paraît
être toujours en rapport avec le nombre et
l'état de ces organes. Elle varie suivant l'âge
de la plante et la période de la végétation;
n'étant qu'une fonction de dépuration et d'élaboration, elle est subordonnée aux autres
fonctions; nulle dans l'obscurité, pendant
la période de repos des plantes, elle est
au contraire très active pendant la formation
de la sève, et sous l'influence de la chaleur
solaire, qui dilate les pores et ouvre les stomates; elle est abondante le matin, lorsque
les organes sont en quelque sorte chargés
d'un excès de liquide; c'est alors qu'elle devient sensible et forme sur les feuilles de petites gouttelettes de rosée. La transpiration est
une des causes de l'ascension de la sève. La
quantité de liquide exhalée est à celle qu'absorbent les radicules comme 2 : 3. Mais si
les plantes ne trouvent plus dans le sol de
quoi réparer leurs pertes, le rapport précédent est détruit, et si cet état se prolonge,
les organes se flétrissent, se dessèchent et
meurent. — Le produit de la transpiration
est de l'eau pure. Les gaz qui s'y mêlent
quelquefois, l'eau même qui se rassemble
par fois dans des réservoirs naturels formés par certains organes, sont des produits
de sécrétion.

TRANSPLANTATION, s. f., *Translatio;*
action d'arracher un arbre vivant et de le
transporter du lieu où il végétait dans un
autre où il doit poursuivre sa croissance.
La transplantation, qui réussit toujours sur
les jeunes arbres, est toujours chanceuse
pour les arbres âgés. Dans cette opération,
il faut se conformer, autant que possible,
aux préceptes suivants : planter avant l'hiver

plutôt qu'après ; ménager toutes les racines et laisser des branches en proportion ; planter un peu plus profondément, surtout dans les sols légers. La réussite est moins probable, lorsque la transplantation s'effectue d'une terre de bonne qualité dans un terrain médiocre ou mauvais.

TRANSSUDATION, s. f., *Transsudatio*, de *trans*, à travers, et *sudare*, suer ; passage dans les porosités d'un solide, d'un liquide qui s'insinue dans sa substance, et vient sourdre par la face opposée. Ce phénomène est dû à la capillarité, à l'endosmose, à l'imbibition et à la pesanteur du fluide. — *Pathol. Transsudation cadavérique* : action d'un liquide qui passe à travers les pores des tissus après la mort.

TRANSVERSAIRE, adj., *transversarius;* qui est placé en travers.—*Muscle transversaire épineux* ou *transverso-épineux* : long muscle compliqué, formé de la réunion d'une série de faisceaux prenant leur origine aux lèvres latérales du sacrum, et aux apophyses transverses de toutes les vertèbres lombaires et dorsales. Tous ces faisceaux se dirigent de bas en haut et d'arrière en avant, pour se fixer aux apophyses épineuses de toutes les vertèbres lombaires, dorsales, et de la dernière cervicale, atteignant partout leur sommet, excepté pour celles des neuf premières dorsales ; ce muscle est congénère de l'ilio-spinal, pour l'extension du rachis.

TRANVERSAL, ALE, adj., *transversalis;* qui est placé en travers.—*Muscle tranversal des côtes* ou *costo-sternal* : bandelette mi-charnue, mi-aponévrotique, couchée obliquement sur les quatre premières côtes sternales. Ce muscle prend son origine à la première côte et s'insère au sternum, au niveau de l'articulation du cartilage de la quatrième côte. Il abaisse les côtes sur lesquelles il se trouve couché, et sert ainsi à l'expiration. — *Muscle long transversal* ou *dorso-mastoïdien* : muscle compliqué, formé de quatre portions naissant en commun de l'apophyse articulaire antérieure de la septième vertèbre cervicale et de l'apophyse transverse de la première dorsale. La plus courte de ces portions s'insère à l'apophyse transverse de la quatrième vertèbre cervicale. Les trois autres vont s'insérer, l'une à l'apophyse transverse de l'atlas avec le splénius, une autre à l'apophyse mastoïde avec le splénius et le mastoïdo-huméral ; la dernière se réunit au grand complexus. Ces trois portions ont des points d'attache aux apophyses articulaires des six dernières vertèbres cervicales. Ce muscle est congénère du splénius. —*Muscle court transversal* : portion du muscle ilio-spinal, prenant son origine aux apophyses transverses des cinq premières vertèbres du dos, et son insertion aux apophyses transverses des trois dernières vertèbres cervicales, qu'il redresse sur la région dorsale. — *Muscle transversal de l'hyoïde* : petit muscle aplati, s'étendant, en travers, de

l'une à l'autre des deux articulations des grandes branches hyoïdiennes avec les petites branches, qu'il rapproche de la ligne médiane. —*Muscle transversal des naseaux*, *V*. Naso-transversal.—*Bot.* Les *valves*, les *cloisons*, sont *transversales*, quand elles sont perpendiculaires à l'axe du péricarpe ; ex. : la casse.

TRANSVERSE, adj., *transversus;* qui est en travers. — *Apophyses transverses* : apophyses latérales des vertèbres. — *Cloison transverse de la méninge* : repli partant de la protubérance pariétale, se dirigeant transversalement sur le sphénoïde, et séparant le cerveau du cervelet.

TRAPÈZE, s. et adj., *Trapezius;* surface ayant quatre côtés inégaux, dont deux parallèles. — *Muscle trapèze* : on le divise en deux portions réunies vers leur insertion : le trapèze *cervical* et le trapèze *dorsal*. Le premier, ou *cervico-acromien*, est un muscle aplati, mince, sous-cutané, qui prend son origine à tout le bord supérieur du ligament cervical, par une aponévrose confondue avec celle du mastoïdo-huméral, et s'insère aussi, par une aponévrose, à la tubérosité de l'acromion, avec le trapèze dorsal. Ce dernier, ou *dorso-acromien*, plus épais et plus circonscrit, prend naissance aux huit vertèbres dorsales qui suivent la troisième, par une aponévrose qui lui est commune avec le grand dorsal, et vient s'insérer à l'acromion, par une autre aponévrose, qui se confond avec celle du trapèze cervical. Ces deux muscles élèvent l'épaule, la tirant, le premier en avant, et le second en arrière.

TRAPÉZIFORME, TRAPÉZOIDE, adj. ; en forme de *trapèze*.

TRAQUENARD, s. m.; allure particulière, regardée comme défectueuse par les écuyers, et consistant en une espèce de trot décousu, dans lequel les deux battues du bipède diagonal se font distinctement entendre, mais plus rapprochées l'une de l'autre que de celles du bipède opposé. L'allure du traquenard, rapide et douce, est commode pour le cavalier ; mais elle fatigue beaucoup le cheval, chez lequel elle remplace le trot.

TRAUMATIQUE, adj., *traumaticus*, de τραυμα, plaie, blessure ; qui est causé par une plaie. *Fièvre traumatique*, *V*. Fièvre.

TRAVAIL, s. m., *Labor;* exercice fait dans un but utile, soit en vue de l'instruction des animaux, comme le travail du manége, soit dans une vue économique, comme le tirage pour les chevaux de trait, l'action de transporter un fardeau d'un lieu dans un autre pour les chevaux de bât et de selle. Le cheval, le mulet, l'âne, le bœuf et la vache, sont les seuls animaux que l'on emploie utilement en France aux divers travaux de transport et de tirage, mais ils ne peuvent remplir tous le même but. Le bœuf et la vache ne peuvent être employés qu'à trainer, et encore doivent-ils présenter, pour ce genre d'exercice, des aptitudes marquées. L'âne et le mulet, qui sont propres au trait, ne sont jamais appelés à porter un cavalier à une allure un peu rapide. La question du travail, dans les animaux domestiques, entrainant une foule de considérations particulières, qui ne peuvent trouver place ici, nous nous bornons à quelques généralités. Le problème à résoudre peut se poser de la manière suivante : combiner le travail de telle sorte qu'il soit aussi exactement approprié que possible aux aptitudes des animaux, que ceux-ci souffrent le moins dans leur santé, durent le plus longtemps et fassent le plus de travail utile, en consommant une quantité donnée de fourrages. Pour le résoudre dans la pratique, il faut imposer aux animaux une charge en raison directe de leur poids, exiger une vitesse en raison inverse de la charge et une durée de travail en raison inverse de la vitesse et du fardeau. Toutes choses égales, le travail est plus pénible pour les jeunes animaux que pour les animaux âgés, pendant la nuit que dans le jour, pendant la chaleur excessive qu'au moment du froid, à une allure rapide qu'à une allure lente ou modérée. Lorsque le travail doit durer au-delà de trois heures, au pas ou au trot, il vaut mieux le diviser que le faire d'un coup. On ne doit point exiger une grande vitesse des animaux qui ont récemment mangé. Ceux qui viennent de faire un service pénible doivent être immédiatement bouchonnés et couverts. On ne les laissera pas exposés à un courant d'air ; ils ne recevront point de suite des aliments et surtout des boissons froides. Un travail modéré, bien ordonné, est économique et même utile à la santé et au développement des animaux. Mais il est nuisible quand il est excessif ou prématuré ; l'usure des membres, la perte des aplombs, l'insuffisance, les maladies, en sont la conséquence. Aussi voit-on la durée du service décroître à mesure que la rapidité des allures et les fatigues du travail augmentent. Un animal *refait* offre toujours peu de ressources. — *Maréch. et Chirurg.* On a donné le nom de *travail* à des machines plus ou moins compliquées, dont on se sert pour assujettir les grands animaux, soit pour les ferrer, quand ils sont méchants, soit pour pratiquer sur eux des opérations chirurgicales. On a imaginé le travail à poteaux, le travail-muraille et le travail ou lit à bascule. Le *travail à poteaux*, qu'on voit à la proximité de quelques ateliers de maréchal, est formé par quatre poteaux assemblés entre eux, au milieu desquels on place le cheval debout. Pour les bœufs, on y adapte un joug destiné à fixer la tête. Des anneaux sont fixés dans le sol pour assujettir au besoin les quatre pieds avec des cordes ; des sangles passées sous le ventre et mues par des treuils sont destinées à soulever l'animal, pour le tenir suspendu. On reproche à

cet appareil d'être incommode et de causer fréquemment des accidents. Gohier a fait construire à l'école de Lyon un *travail-muraille*, qui consiste en des madriers de chêne appuyés contre un mur ; sur ces madriers sont fixés des anneaux destinés, les uns à attacher la tête de l'animal, les autres à recevoir les sangles, qui doivent entourer son corps pour le contenir. Les contusions qui peuvent être produites par l'usage de cette machine en rendent l'usage dangereux. Le *lit muraille à bascule* construit pour la première fois par Hoërt, à Louisbourg, consiste en une table à bascule matelassée, de quatre mètres de longueur sur trois de largeur, et contre laquelle on attache le cheval au moyen d'une sangle, avant de le renverser. Cet appareil a été perfectionné par Fromage de Feugré, de telle sorte qu'il permet de donner à l'animal cinq positions différentes. Aujourd'hui les différentes variétés de travail sont laissées de côté par le vétérinaire, qui préfère abattre les malades sur un lit de paille, quand il s'agit de pratiquer une opération. Le travail à poteaux est seul utile pour fixer les grands ruminants pour la plupart des opérations, même légères, qu'on leur fait subir.

TRÈFLE, s. m., *Trifolium*, T. ; genre de la famille des Légumineuses. Ses caractères sont : fleurs blanches, jaunes, purpurines ou violacées, en épis serrés ou en capitules globuleux ou ovoïdes ; calice campanulé ou tubuleux, sub-bilabié, à cinq divisions ; corolle persistante, dont les pièces peuvent être soudées à la base, à carène obtuse ; étamines diadelphes, dont le filet va en se dilatant de la base au sommet ; style filiforme, glabre ; ovaire uniloculaire ; gousse à une ou quatre semences, ovale, plus rarement oblongue, renfermée dans le calice ou le dépassant peu, presque toujours indéhiscente. Les plantes de ce genre sont des herbes annuelles ou vivaces, souvent gazonnantes, à feuilles trifoliolées, munies de stipules plus ou moins soudées au pétiole. On les trouve dans toutes les contrées tempérées du globe. Le nombre des espèces dépasse 150 ; on en compte actuellement 56 dans la flore française. Tous les trèfles sont des plantes fourragères, mais plus ou moins importantes. Le principal est le T. des prés, *T. pratense*, L., vulg. *Trèfle commun, grand trèfle rouge, triolet*, commun dans les prairies et les pâturages de l'Europe et cultivé en grand pour la nourriture des animaux. Le trèfle vient dans presque tous les sols ; cependant il préfère les terres fraiches, argileuses ou marneuses. Il redoute également un excès de sécheresse ou d'humidité, et ne donne d'abondants produits que dans les terrains fertiles, ameublis et profonds. On a remarqué qu'il ne prospérait point sur les sols calcaires et partout où se plait le sainfoin. Le trèfle se sème ordinairement en automne, sur l'orge ou sur l'avoine ; il est semé seul quand on ne veut faire que deux ou trois coupes. La quantité de semence nécessaire pour un hectare est comprise entre 10 et 25 kilog., selon la fertilité et la préparation du sol, le choix de la graine. Le trèfle occupe peu de temps la terre : ses produits ne sont abondants que pendant une année ou deux ; alors il fournit plusieurs coupes donnant de 4 à 10,000 kil. de fourrage sec. Le plâtrage et les engrais liquides lui conviennent parfaitement. La culture de cette plante a opéré une révolution dans les assolements ; elle est très répandue aujourd'hui, et néanmoins, il en est peu sur laquelle les agronomes soient moins d'accord ; rien de plus contradictoire que ce qui a été écrit sur ce sujet ; et, chose remarquable, chacun se fonde sur l'expérience. — Il y a généralement avantage à faire consommer le trèfle en vert, parce que sa dessiccation est difficile ; les feuilles sont déjà noires, sèches et brisées que les capitules et les tiges sont encore pleins d'humidité. Le fanage demande beaucoup de temps et de précautions ; quoi qu'on fasse, la perte en poids dépasse 75 p. $^0/_0$ et le fourrage est toujours noir et privé de beaucoup de feuilles. — Le trèfle est un excellent fourrage, quoique un peu inférieur à la luzerne et au sainfoin. Il est favorable à la production de la graisse et du lait. Vert, il convient très bien au porc. Sous ce dernier état, et surtout pris sur place, il provoque souvent la météorisation. D'après quelques observations, il perdrait beaucoup de cette propriété en automne. Le trèfle desséché ne doit point être donné immédiatement après la récolte. Lorsque la culture est faite en vue de la production des graines, celles-ci ne doivent être récoltées qu'à la seconde coupe. Un hectare donne, en moyenne, 1,000 kilog. de semences bien nettoyées. — Le trèfle commun a plusieurs variétés, parmi lesquelles il en est de plus vivaces. — Les autres espèces du genre ont moins d'importance que la précédente ; cependant on distingue : le T. incarnat, *T. incarnatum*, vulg. *trèfle du Roussillon*, *Farouch*, annuel, précoce, produisant beaucoup et se plaisant dans les sols légers ; le T. rampant, *T. repens*, vulg. *trèfle blanc*, vivace, commun dans les prairies, d'abord cultivé en grand dans la Hollande ; le T. hybride, *T. hybridum*, très productif et cultivé en Suède. Les espèces *rubens*, *alpestre*, *montanum*, *procumbens*, *fragiferum*, *elegans*, etc., etc., habitent les prairies, les pelouses, et sont également fourragères.

TRÉMANDRACÉES, s. f., *Tremandraceæ* ; famille de plantes dicotylédones, polypétales, hypogynes, frutescentes, indigènes de la Nouvelle-Hollande extra-tropicale ; genres : *Tremandra*, etc.

TREMBLANTE, s. f. ; *maladie tremblante, convulsive, maladie folle, maladie chancelante, mal de nerfs, névralgie lombaire, prurigo lombaire* ; maladie des bêtes ovines, considérée par les uns comme une maladie de la peau,

par d'autres comme une névrose de la région des lombes. Tessier est le premier qui l'ait signalée ; plus tard, Thaër en parla sous le nom de *vertigo* ; Girard l'a décrite en 1821, Stœrig, en 1825. Ses causes sont l'abus du coït pour les béliers, une nourriture excitante, les fortes chaleurs ; pour les femelles, les parturitions laborieuses, les avortements, etc. Cette maladie se montre dans toutes les saisons, dans les lieux secs et élevés comme dans ceux qui sont bas et humides, sur les races améliorées comme sur les races indigènes. On a admis qu'elle était héréditaire ; on ne sait pas encore si réellement elle est contagieuse, comme les Allemands le prétendent. L'incubation serait de dix à quinze jours. Elle débute tantôt avec les caractères du prurigo, tantôt avec ceux de l'épilepsie. Des démangeaisons se montrent à la base de la queue et se propagent sur les reins ; l'animal fait tous ses efforts pour se frotter ; il va même jusqu'à déchirer avec les dents les parties malades qu'il peut atteindre. Le sujet a le regard fixe ; il tient la tête élevée, va çà et là, se couche de temps en temps, pour se relever brusquement ; des tremblements se montrent sur les muscles de l'épaule et de la cuisse. Cette affection peut durer cinq à six mois ; les symptômes augmentent d'intensité ; des accès épileptiques deviennent fréquents et se montrent quatre ou cinq fois dans un jour. La paralysie termine le plus ordinairement la maladie ; il y a perte de sentiment et de mouvement ; la mort vient lentement finir cette longue agonie. L'autopsie des cadavres, faite à différentes époques, ne présente pas des lésions constantes. Une altération qui paraît être propre à la maladie tremblante consiste dans un léger épanchement d'une teinte rosée dans les ventricules du cerveau et dans la gaîne rachidienne. On trouve des entozoaires, surtout des hydatides, fixés aux viscères de l'abdomen ; des crinons dans les bronches, ce qui est commun à plusieurs affections. La peau des lombes présente de petites plaques irrégulières recouvertes d'une matière furfuracée. Le signe le plus ordinaire est la démangeaison : cependant elle manque chez quelques individus. — Parmi les moyens de traitement conseillés contre le prurigo lombaire, on a essayé la saignée, les boissons camphrées, les exutoires, les frictions avec l'essence de térébenthine, etc. Longtemps on a considéré cette affection comme incurable. Girard fait observer que, pour cette maladie comme pour toutes celles qui attaquent un assez grand nombre d'individus dans un troupeau, la médecine hygiénique est la seule indiquée par la saine raison : d'après lui, tout traitement partiel ne peut qu'augmenter les pertes du propriétaire. En résumé, la *maladie tremblante* est encore peu connue ; on a confondu sous ce nom une maladie nerveuse, la *névralgie tremblante*, avec une affection de la peau, le *prurigo lombaire* , qui se complique de symptômes nerveux. La société centrale de médecine vétérinaire vient de mettre cette question au concours.

TREMBLEMENT , s. m. , *Tremor* ; agitation involontaire de tout le corps ou de quelques-unes de ses parties , qui n'empêche pas l'exécution des mouvements volontaires. Dans les animaux, comme dans l'homme, ce phénomène est quelquefois le résultat de la colère ou de la peur. Cet état est dû . dans certains cas , à un refroidissement subit de la peau. Quelques maladies nerveuses sont accompagnées de tremblement musculaire ; ce sont celles du cerveau , de la moëlle épinière. On l'observe évidemment dans la chorée ou danse de Saint-Guy.

TREMBLOTANT-ANTE,adj.:qui tremble; *pouls tremblotant :* on nomme ainsi les pulsations artérielles qui sont hésitées, principalement lorsque le pouls est faible. C'est ordinairement un signe fâcheux.

TRÉPAN , s. m. , *Trepanum* , de τρυπανον , tarière ; instrument avec lequel on perce les os pour enlever des parties malades, donner issue à un épanchement, faire des injections dans quelques cavités. Quelquefois on donne le nom de trépan à l'opération qui consiste à perforer quelques os avec un instrument aigu ou tranchant. Les instruments employés dans l'opération du trépan , et réunis dans une boîte , sont le *trépan* proprement dit , avec ses couronnes ou scies circulaires , leur pyramide et la clef pour les dévisser ; l'*arbre* , espèce de vilebrequin en ébène ou en ivoire , à l'extrémité duquel on adapte le trépan : on y rencontre de plus une *rugine* , un *tirefond*, un *élévatoire* , un *couteau lenticulaire* , une *tenaille incisive* , une *brosse* pour nettoyer la couronne. — On nomme *trépan couronné* celui qui représente la forme d'une scie circulaire , d'une couronne , à forme conique ou cylindrique , dont l'extérieur présente de petits tranchants obliques et terminés par une petite dent. A sa partie supérieure, nommée *la culasse* , la couronne présente un trou qui la traverse et qui sert à introduire un stylet pour repousser les corps qui seraient engagés dans son diamètre. Au centre de la culasse est fixée la *pyramide* , tige d'acier très aiguë , qui dépasse d'un millimètre le niveau de la scie. La pointe sert à assujettir la couronne sur la partie qu'on se propose de perforer ; on peut augmenter ou diminuer sa saillie , ou la dévisser complètement avec une clef semblable à celle avec laquelle on monte les pendules. — Le *trépan perforatif* se compose d'une lame d'acier pyramidale , qui se termine par une pointe quadrangulaire, tranchante sur les côtés ; les tranchants sont fournis par deux biseaux tournés de droite à gauche. — Le *trépan exfoliatif* est une lame dont le bord inférieur est tranchant et présente dans son milieu une pointe saillante, qui le partage en deux moitiés taillées en

sens inverse l'une de l'autre. Les trépans perforatif et exfoliatif ne s'adaptent pas ordinairement à un vilebrequin ; une des extrémités de la tige est fixée à un manche. — La rugine sert à détacher le périoste avant de faire agir le trépan ; avec le couteau lenticulaire, on enlève les irrégularités qui proviennent de la perforation de l'os.

TRÉPANATION , s. f. , *Trepanatio* , de τρυπανον , trépan : opération chirurgicale qui consiste à perforer un os , pour donner issue à des produits épanchés , pour relever des pièces osseuses enfoncées, etc. Pratiquée sur l'homme, dès la plus haute antiquité , cette opération a été conseillée par les vétérinaires pour remplir quelques indications. Lafosse en a prescrit l'emploi sur le front du cheval atteint de la morve , pour faire pénétrer des injections dans les sinus de la tête ; c'est un moyen abandonné comme inutile. Chabert l'a recommandée pour débarrasser les moutons des larves d'œstres qui s'accumulent dans les sinus frontaux ; mais ces larves sortant spontanément, quand elles sont assez développées , leur présence ne rend pas la trépanation nécessaire. Dans le cas de tournis causé par l'hydatide cérébrale, ce moyen n'a donné que des résultats négatifs. La trépanation de la paroi du sabot du cheval, dans le cas de fourbure , pour faire des saignées locales, est plutôt nuisible qu'utile. L'application du trépan n'est avantageuse que dans un petit nombre de cas ; on la pratique, dans l'espèce bovine, sur la base des cornes. pour évacuer les collections purulentes qui s'y forment à la suite de quelques affections catarrhales. Par le trépan , on peut ramener dans leur position des fragments osseux déplacés dans le voisinage du crâne. Dans la carie , la nécrose , le trépan exfoliatif facilite la guérison. Cette opération ne doit pas être employée comme favorable pour prévenir les accidents consécutifs aux blessures de la tête. Les parties sur lesquelles on pratique la trépanation sur le cheval sont les cavités nasales , les sinus frontaux, les sinus maxillaires, le pariétal. Les instruments nécessaires pour l'opération sont réunis dans la boîte dite à trépan. Si l'on trépane les cavités nasales ou les sinus frontaux, il faut préparer une *tente* d'étoupes pour boucher l'ouverture faite par l'opération ; pour le crâne, on se sert d'une pièce circulaire en toile fine , retenue dans le centre par un fil, et qu'on nomme *sindon*. L'animal qu'on veut trépaner étant fixé convenablement, les poils étant rasés sur le point qui doit être opéré . on fait une incision en croix, en T , ou en V , et l'on dissèque les lambeaux cutanés pour les relever ; on détache le périoste avec la rugine tenue en main comme une rainette, et l'on applique la couronne à trépan , armée de la pyramide, sur la surface osseuse, de manière à l'attaquer également dans toutes ses parties. La pyramide s'enfonce et fixe l'instrument ; on imprime le mouvement de rotation jusqu'à ce qu'on ait tracé dans l'os un sillon circulaire assez profond pour empêcher le déplacement de la scie ; alors on retire la pyramide, avant de continuer l'opération jusqu'à ce que le disque osseux soit complètement détaché. Il est préférable de s'arrêter, lorsque la pièce osseuse est presque sciée, pour la soulever avec l'élévatoire et la faire tomber au dehors. La perforation étant terminée, on enlève avec le couteau lenticulaire, de dedans en dehors, les irrégularités osseuses qui persistent, et l'on remplit le but pour lequel l'opération a été faite. Si l'on extrait un corps étranger, il est inutile de conserver l'ouverture ; dans ce cas on rapproche les lambeaux cutanés par la suture en T. Si l'on a trépané le nez d'un cheval morveux, la corne d'un bœuf, on met dans le trou un bouchon de liège ou une tente d'étoupes pour faire de temps en temps des injections.

TRÉPHINE, s. f., *Trephina* ; sorte de trépan dont les chirurgiens anglais font usage. Cet instrument se compose d'un manche qui remplace l'arbre du trépan, et à l'aide duquel on le fait pénétrer comme une vrille ; mais on ne peut le diriger que difficilement à travers les tissus.

TRESSAILLEMENT, s. m., *Subsultus* ; mouvement convulsif causé par la surprise ; sorte d'horripilation qui parcourt le système cutané.

TRI ; ce mot employé dans les composés grecs et latins, signifie trois.

TRIACANTHE, adj., *triacanthus*, de τρεῖς, trois, et ακανθα, épine ; qui porte des épines trifurquées.

TRIADELPHIE, adj., *triadelphus*, de τρεῖς, trois, et αδελφος, frère ; se dit des étamines réunies en trois faisceaux par leurs filets.

TRI-AILÉ, *V.* TRIPTÈRE.

TRIANDRE, adj., *triandrus*, de τρεῖς, trois, et ανηρ, ανδρος, mari ; on désigne ainsi les fleurs qui ont trois étamines ; ex. : la plupart des *Graminées*.

TRIANDRIE, s. f., *Triandria* ; nom de la troisième classe dans le système de Linné. Elle renferme les plantes qui ont des fleurs hermaphrodites, avec trois étamines libres. On la divise en trois ordres : *monogynie, digynie, trigynie*.

TRIANGULAIRE, adj., *triangularis* ; qui a la forme d'un triangle. — *Muscle triangulaire du sternum*, *V.* STERNO-COSTAL. — *Muscle triangulaire* ou *ischio-urétral* : muscle aplati, triangulaire, entourant l'origine de l'urètre du mâle, enveloppant les petites prostates et une portion de la grande prostate. Ce muscle prend attache par quelques points à la face interne de l'ischium. — *Bot.* Qui présente trois angles. La tige, le style, etc., peuvent être triangulaires.

TRIANGULÉ, ÉE, adj., *triangulatus* ; synonyme de *triangulaire*.

TRIBU, s. f., *Tribus* ; division établie dans les familles. La tribu renferme un ou plusieurs genres.

TRIBULCON, s. m., *Tribulcon* ; nom donné par Percy à un tire-balle qu'il a inventé, et qui résulte de la réunion de trois instruments. Il n'est pas usité en vétérinaire.

TRICAPSULAIRE, adj., *tricapsularis* ; composé de trois capsules réunies.

TRICÉPHALE, adj., *tricephalus*, de τρεῖς, trois, et κεφαλη, tête ; surmonté de trois têtes ou sommets.

TRICEPS, sub. et adj. ; mot latin, signifiant *à trois têtes*, et appliqué aux muscles qui prennent origine ou insertion à trois points différents. — *Triceps de la cuisse* ou *triceps crural*, *V.* TRIFÉMORO-ROTULIEN.

TRICHIASIS, s. m., *Trichiasis*, de θρίξ, τριχος, cheveu ; maladie des paupières dans laquelle les cils sont déviés en dedans, vers la surface du globe, qu'ils irritent. Cet état est dû, soit à la disposition vicieuse des cils, soit au renversement du bord de la paupière supérieure. Dans le trichiasis *total*, tous les cils d'une rangée sont tournés en dedans ; il est *partiel*, si quelques cils seulement se détournent de leur direction normale. On appelle *phalangosis* l'existence et la déviation d'une rangée surnuméraire. Pour remédier à la déviation des cils, on a proposé l'arrachement de ces poils, la cautérisation des bulbes, l'excision du bord de la paupière.

TRICHISME, s. m., *Trichismus*, de θρίξ, cheveu ; fracture des os plats ; fracture filiforme.

TRICHOCÉPHALE, s. m., *Trichocephalus*, de θρίξ, cheveu, et κεφαλη, tête ; genre de vers hématodes fréquents dans l'espèce humaine. Les Trichocéphales ont le corps très allongé, fin comme un cheveu et contenant seulement la bouche et l'œsophage dans sa partie antérieure ; l'autre moitié du corps, roulée en spirale, renferme l'intestin et les organes génitaux. La femelle a un ovaire simple, terminé par un oviducte qui s'ouvre au point de jonction des deux parties du corps. Dans l'homme, on trouve le *trichocephalus dispar*, qui habite particulièrement le cœcum. Le *trichocephalus affinis* habite dans les ruminants, et surtout dans le bœuf et le mouton. Dans le porc, on rencontre le *T. crenatus*.

TRICHOMA, s. m., *Trichoma*, de θρίξ, cheveu ; synonyme de PLIQUE.

TRICHOMATIQUE, adj., *trichomaticus* ; de τριχωμα, chevelure ; qui se rapporte à la plique.

TRICHOSIS, *V.* TRICHIASIS.

TRICHOTOME, adj., *trichotomus*, de τριχα, triplement, et τομη, incision ; qui se divise et se subdivise toujours en trois ; ex. : la tige du *Mirabilis jalapa*.

TRICOISES, s. f., *Tenailles à ferrer* ; elles se composent de deux pièces unies par un clou ; chaque pièce comprend la mâchoire ou mors, l'œil et la branche ; le mors est tranchant et aciéré. Les tricoises servent à soulever le fer pour le séparer du pied, à arracher les clous implantés dans la corne, à couper leurs lames, à les river sur la paroi du sabot.

TRICOQUE, adj., *tricoccus* ; formé de trois coques : se dit de quelques fruits, entre autres de celui des Euphorbiacées.

TRICUSPIDE, adj., *tricuspis* ; à trois pointes — *Valvules tricuspides* ou *triglochines* : nom donné aux valvules auriculo-ventriculaires du cœur droit, à cause de leur division en trois pointes ou festons, dont la base est fixée au pourtour de l'orifice auriculo-ventriculaire, et la partie libre adhère par des cordes fibreuses aux tubercules charnus, de l'intérieur du ventricule. Ce mode d'attache permet aux valvules de remonter vers l'orifice lors de la contraction du ventricule, et de s'opposer au retour du sang dans l'oreillette, ce qui le force à passer par l'artère, dont les valvules sont disposées en sens inverse.

TRIDACTYLE, adj., *tridactylus*, de τρεις, trois, et δακτυλος, doigt ; nom donné aux animaux dont les extrémités se terminent par trois doigts, ex. : le *Fourmilier tridactyle*.

TRIDENTÉ, **ÉE**, adj., *tridentatus* ; qui porte trois dents bien apparentes.

TRIDIGITÉ, **ÉE**, adj., *tridigitatus* ; on appelle ainsi les feuilles composées qui portent trois folioles.

TRIDIGITÉ - PENNÉ, **ÉE**, adj., *tridigitato-pennatus* ; se dit des feuilles composées dont le pétiole commun se divise en trois pétioles secondaires qui portent des folioles pennées.

TRIENNAL, **ALE**, adj., *triennis* ; qui dure trois ans. — *Assolement triennal* : c'est celui dans lequel le froment revient sur la même sole tous les trois ans. Il a lieu avec jachère, comme l'assolement ancien des pays de grande culture, ou avec prairies artificielles, cultures sarclées, etc. Le premier est vicieux et perd chaque jour du terrain ; l'autre demande beaucoup d'intelligence pour être dirigé économiquement et sans péril pour la fécondité du sol.

TRIFACIAL, s. et adj., *Trifacialis*, de τρεις, trois, et *facies*, face ; nom donné au nerf de la cinquième paire ou trijumeau, parce qu'il se divise en trois branches principales, qui se distribuent à la face. Ce nerf, le plus considérable des nerfs encéphaliques, naît par deux séries de racines, dont les supérieures proviennent du corps restiforme et du pédoncule du cervelet, et les inférieures de l'extrémité de la protubérance annulaire du mésocéphale. De ces racines, les supérieures sont pourvues d'un ganglion, et sensitives ; les inférieures sont motrices. Elles se réunissent après le ganglion et forment un gros cordon qui se divise bientôt en deux branches : l'une antérieure, exclusivement sensitive ; l'autre postérieure sensitive et motrice à la fois. — La branche antérieure

s'engage dans le conduit sus-sphénoïdal, où elle se divise en deux branches : l'une *ophthalmique* ou *orbitaire*, l'autre *sus-maxillaire*. La branche ophthalmique se divise en trois rameaux qui sont : 1° le *nerf surcilier* ; 2° le *nerf lacrymal* ; 3° le *nerf orbito nasal*. La branche sus-maxillaire, en sortant du conduit sus-sphénoïdal, se dirige vers l'hiatus sus-maxillaire et donne plusieurs rameaux, dont un *orbitaire*, qui passe dans la gaine oculaire, et fournit des divisions à l'angle temporal des paupières, au sac lacrymal, à la caroncule, etc. ; divers filets à la protubérance sus-maxillaire, au voile du palais (*nerfs staphylins*) ; elle se termine par trois branches qui sont : 1° le *nerf nasal* ; 2° le *nerf palatin* ; 3° le *nerf maxillaire supérieur*. — La branche postérieure ou *maxillaire* du trifacial sort du crâne par le grand trou déchiré, après avoir fourni quelques filets très fins qui se rendent à l'oreille interne, et se partage en de nombreuses divisions qui sont : 1° le *nerf sous-zygomatique* ; 2° le *nerf buccal*, *bucco-labial* ou *molaire* ; 3° le *nerf massétérin* ou *ptérygo-musculaire* ; 4° les nerfs *corono-condyliens*, qui se portent vers la tempe, en traversant l'échancrure corono-condylienne ; 5° le *nerf lingual* ; 6° le *nerf mylo-hyoïdien*, qui suit le muscle de ce nom : 7° le *maxillaire inférieur*.

TRIFÉMORO-ROTULIEN, s. et adj., *Trifemoro-rotulianus* ; nom donné au *triceps crural*, muscle formé de la réunion du *vaste interne*, du *vaste externe* et du *crural*, décrits par Bourgelat. Ce muscle est donc formé de trois portions recouvrant les parties antérieure, externe, et interne du fémur, et se terminant à la rotule, en enveloppant l'insertion du *droit antérieur de la cuisse*, maintenu, dans toute sa longueur, dans une gouttière que lui offre le trifémoro-rotulien. Ce muscle est extenseur de la jambe, sur laquelle il agit par les ligaments rotuliens.

TRIFIDE, adj., *trifidus* ; divisé profondément en trois.

TRIFLORE, adj., *triflorus* ; se dit du pédoncule, quand il porte trois fleurs.

TRIFOLIÉ, **ÉE**, adj., *trifoliatus* ; se dit du pétiole qui porte trois feuilles.

TRIFOLIOLÉ, **ÉE**, adj., *trifoliolatus* ; portant trois folioles dont une terminale.

TRIFURQUÉ, **ÉE**, adj., *trifurcatus* ; se dit des poils dont l'extrémité se divise en trois.

TRIGLOCHINES, adj., f. p., de τρεις, trois, et γλωχις, pointe ; à trois pointes. *Valvules triglochines*, *V.* TRICUSPIDE.

TRIGONE, s. m., de τρεις, trois, et γωνια, angle ; triangle. *Trigone cérébral* ou *voûte à trois piliers* : lame de substance blanche située à la partie supérieure des grands ventricules du cerveau, formée de deux parties réunies en avant, et s'écartant en arrière de manière à figurer un triangle. L'extrémité antérieure du trigone correspond au tubercule pisiforme ; les deux extrémités ou *piliers postérieurs* se prolongent dans le bas fond des ventricules. Toute la partie antérieure du trigône cérébral recouvre les couches optiques, dont elle est séparée par la toile choroïdienne. — *Trigône vésical* : espace triangulaire dont les trois angles sont formés par le col de la vessie et les deux points d'insertion des uretères dans ce réservoir.

TRIGONE , adj., *V.* Triangulaire.

TRIGONELLE, s. f., *Trigonella*, L.; genre de la famille des Légumineuses. Il se compose d'environ 60 espèces herbacées, croissant surtout dans l'Asie moyenne et dans le bassin de la Méditerranée. La France en compte 7 qui habitent presque exclusivement le midi. Ces plantes sont mangées par les bestiaux ; mais on ne les cultive pas comme fourragères. La principale , la T. fenu grec , *T. fenum græcum*, est utilisée dans l'Orient et dans la Grèce pour la nourriture de l'homme.

TRIGYNE, adj., *trigynus*, de τρεις , trois, et γυνη, femme ; se dit des fleurs qui ont trois pistils.

TRIGYNIE, s. f. , *Trigynia* ; nom commun des ordres du système de Linné renfermant les plantes à fleurs trigynes.

TRIJUGÉ , ÉE , adj. , *trijugatus* ; se dit des feuilles composées qui ont trois paires de folioles.

TRIJUMEAU, *V.* Trifacial.

TRILOBÉ , ÉE , adj. , *trilobatus* ; divisé en trois lobes.

TRILOCULAIRE , adj. , *trilocularis* ; se dit de l'ovaire ou du péricarpe partagé en trois loges.

TRIMORPHE, adj., *trimorphus*, de τρεις , trois , et μορφη, forme ; épithète donnée aux corps qui peuvent revêtir trois formes cristallines incompatibles.

TRIMORPHISME , s. m. ; état des substances trimorphes.

TRINERVÉ , ÉE , adj. , *trinervatus* ; qui porte trois nervures principales partant du sommet du pétiole.

TRIOCÉPHALE, s. et adj., *Triocephalus* ; genre de monstres otocéphaliens ayant pour caractères : point d'yeux ; les deux oreilles rapprochées ou réunies sous la tête ; mâchoires atrophiées ; point de bouche ni de trompe.

TRIOCÉPHALIE , s. f., *Triocephalia* ; état des monstres triocéphales. Ce genre de monstruosité est un des plus fréquents dans les animaux.

TRIOECIE, s. f., *Triœcia*, de τρεις, trois, et οικος, maison ; nom de l'un des trois ordres établis par Linné dans la vingt-troisième classe de son système, la *polygamie*. Dans cet ordre, l'espèce se compose de trois individus : l'un portant des fleurs mâles, un autre des fleurs femelles , un troisième des fleurs hermaphrodites.

TRIOIQUE , adj. , *trioïcus* ; qui appartient à la triœcie.

TRIPARTI , IE , adj. , *tripartitus* ; divisé en trois lobes qui se prolongent jusqu'au-delà de la moitié de la longueur de l'organe.

TRIPARTIBLE , adj , *tripartibilis* ; susceptible de se diviser spontanément en trois parties.

TRIPENNÉ , ÉE , adj., *tripennatus* ; se dit des feuilles surdécomposées dont les pétioles tertiaires portent des folioles pennées.

TRIPÉTALE, adj., *tripetalatus* ; composé de trois pétales.

TRIPHYLLE , adj., *triphyllus*, de τρεις, trois, et φυλλον, feuille ; composé de trois folioles ou sépales.

TRIPLE , adj., *triplex* ; formé de trois portions. — *Monstres triples* : monstres formés de la réunion de trois individus. Les monstruosités triples sont extrêmement rares, et l'existence réelle de la plupart de celles indiquées n'est pas bien constatée.

TRIPLINERVE , adj., *triplinervis* ; se dit de la feuille dont la nervure principale émet, un peu au-dessus de sa base, deux autres nervures prononcées. Les nervures sont alors dites *triplées*.

TRIPOLI , s. m. ; matière minérale, de couleur rougeâtre, formée de silice et de peroxyde de fer, très dure dans ses particules et employée à polir les métaux.

TRIPTÉRÉ , adj. , *tripterus*, de τρεις , trois, et πτερον, aile ; muni de trois ailes.

TRIQUÈTRE, *V.* Triangulaire.

TRISANNUEL , ELLE , adj., *triennalis* ; se dit de quelques plantes vivaces qui durent trois ans.

TRISEL , s. m. ; sel formé de trois proportions d'acide contre une de base.

TRISÉPALE, adj., *trisepalus* ; synonyme de *triphylle*.

TRISÉRIÉ , ÉE, adj., *triseriatus* ; disposé sur trois rangs ou séries.

TRISMUS, s. m. , *Trismus*, de τριζω, je grince ; contraction spasmodique des mâchoires , qu'on observe dans le tétanos. *V.* Tétanos.

TRISOC , s. m. ; instrument aratoire servant comme scarificateur, extirpateur, etc.

TRISPERME, adj., *trispermus*, de τρεις , trois, et σπερμα, graine ; qui renferme ou porte trois graines.

TRISPLANCHNIQUE. *V.* Sympathique.

TRISTE , adj. , *tristis* ; brun sombre. *V.* Brun.

TRISTYLE , adj. , *Tristylus* ; qui a trois styles.

TRITERNÉ, ÉE, adj., *triternatus* ; on donne cette épithète à la feuille composée dont le pétiole commun se divise en trois branches qui portent chacune, aux mêmes points, trois folioles.

TRITOXYDE , adj. et s., *Tritoxydum* ; troisième degré d'oxydation d'un corps.

TRITURATION, s. f., *Trituratio* ; opération qui consiste à écraser une matière par une pression ménagée entre les parois du mortier et la tête du pilon, en promenant circulairement celui-ci dans le mortier. C'est en quelque sorte le deuxième temps de la *pulvérisation* (*V.* ce mot).

TRIVALVE, adj., *trivalvis* ; composé de trois valves.

TROCART ou **TROIS-QUARTS**, s. m., *Triquetrum* ; cet instrument, employé pour pratiquer la plupart des ponctions, se compose d'un poinçon d'acier cylindrique, monté sur un manche et renfermé dans une canule de cuivre ou d'argent ; son extrémité perforante se termine par trois angles tranchants, qui forment la pointe ; c'est cette disposition qui a fait donner à cet instrument le nom qu'il porte. Une des extrémités de la canule est taillée en biseau, pour qu'elle s'adapte à la base de la pointe triangulaire du poinçon ; l'autre bout présente une plaque transversale qu'on nomme le *pavillon*, ou se termine en bec d'aiguière. On a imaginé plusieurs modifications du trocart : 1° les *trocarts droits*, employés pour la ponction de l'abdomen, de l'intestin, de la poitrine, et dont le diamètre varie suivant les animaux sur lesquels on les emploie et les parties qu'il faut ponctionner ; 2° les *trocarts courbes*, pour la ponction de la vessie par le rectum. On nomme *trocart explorateur*, un instrument très fin qui fait une ouverture très étroite, pour s'assurer si une partie ne contient point un liquide. V. pour d'autres modifications, les mots Entérotome et Gastrotome.

TROCHANTER ou **TROKANTER**, s. m., τροχαντήρ, de τροχάω, je tourne : nom donné aux éminences non articulaires de l'extrémité supérieure du fémur et de l'humérus, distinguées en *grand trochanter*, situé en dehors, et *petit trochanter*, situé en dedans; c'est à ces éminences que s'insèrent les muscles rotateurs de ces deux os. Chaussier a modifié cette nomenclature, et réservé le nom de *trochanter* à la tubérosité externe et supérieure du fémur, appelant *trochiter* l'éminence correspondante de l'humérus, et donnant les noms de *trochantin* et de *trochin* aux tubérosités internes et supérieures du fémur et de l'humérus.

TROCHANTÉRIEN, ENNE, adj.; qui appartient au trochanter.

TROCHANTIN ou **TROKANTIN**, s. m. ; nom donné par Girard, d'après Chaussier, à l'éminence supérieure et interne du fémur, ou petit trochanter.

TROCHANTINIEN, ENNE, adj.; qui appartient au trochantin.

TROCHIN, s. m. ; nom donné par Girard, d'après Chaussier, à l'éminence supérieure interne, ou petit trochanter de l'humérus.

TROCHINIEN, ENNE, adj.; qui appartient au trochin.

TROCHISQUE, s. m., *Trochiscus*, de τροχός, roue, ou de *trochus*, toupie, cône ; on donne particulièrement ce nom aujourd'hui à certaines préparations pharmaceutiques simples ou composées, très consistantes, de forme conique, et employées exclusivement à l'extérieur, contre les fistules, les plaies fistuleuses, etc. Les trochisques employés en médecine vétérinaire sont tous escharotiques et peuvent être distingués en *simples et composés*. Les premiers sont formés par une substance caustique solide, que l'on peut tailler en cône d'une longueur et d'une grosseur appropriées ; tels sont la potasse, l'acide arsénieux, le bi-chlorure de mercure, le sulfate de cuivre, le nitrate d'argent, etc. Les trochisques composés sont formés par le mélange de deux ou d'un plus grand nombre de substances actives ou inertes. Les deux formules suivantes sont les plus employées :

Trochisques *composés au minium.* ♃ sublimé corrosif, 2 p.; minium, 1 p. ; amidon et mucilage de gomme adraganthe, q. s. pour faire une pâte très ferme. Confectionnez des cônes d'une longueur et d'une grosseur proportionnées à la plaie ou à la fistule.

Trochisques *composés au sublimé.* ♃ sublimé corrosif, 1 p.; amidon 2 p.; mucilage de gomme adraganthe, q.s.; faites une pâte aussi ferme que possible, et confectionnez ensuite les trochisques selon l'indication.

TROCHITER, s. m. ; nom donné par Girard, d'après Chaussier, à la tubérosité supérieure et externe, ou grand trochanter de l'humérus.

TROCHITÉRIEN, ENNE, adj. ; qui appartient au trochiter.

TROCHLÉE ou **TROKLÉE**, s. f., *Trochlea*, de τροχιλία, poulie ; synonyme de poulie; nom donné à la partie externe de la surface articulaire inférieure de l'humérus ; à la surface articulaire rotulienne du fémur; au petit cartilage servant de poulie de renvoi au muscle grand oblique de l'œil, etc.

TROCHOIDE, adj., de τροχός, roue, et εἶδος, forme ; en forme de roue ; tournant comme une roue. *Articulation trochoïde* ou *par pivot :* articulation dans laquelle un os tourne sur un autre os comme sur un axe ou essieu ; ex. : *l'articulation atloïdo-axoïdienne.*

TROÈNE, s. m., *Ligustrum*, T. ; genre de la famille des Oléacées; il se compose d'arbrisseaux et de petits arbres originaires du nord et du centre de l'Europe et des régions tempérées de l'Asie orientale. L'espèce la plus répandue est le T. commun, *L. vulgare*, arbrisseau qui croît dans les haies. Ses jeunes pousses et ses feuilles sont mangées par les moutons et les vaches.

TROMBE, s. f. ; nom d'un météore électrique plus ou moins voisin de la foudre, mais dont la nature et le mécanisme sont encore inconnus. Il se présente le plus souvent sous la forme d'une colonne conique, évasée par le bas, mise en mouvement par des vents tourbillonnants et déterminant sur son passage de très grands ravages.

TROMBUS, *V.* Thrombus.

TROMPE, s. f., *Tuba*, σάλπιγξ ; canal

creux et flexible, comme la trompe de l'éléphant, celle de certains insectes. — *Trompe d'Eustache*, *V.* GUTTURAL. — *Trompe utérine* ou *de Fallope*, *V.* UTÉRIN.

TRONC, s. m., *Truncus;* partie principale du corps d'un animal, renfermant les organes essentiels à la vie, et donnant attache aux membres qui le supportent. Quelques anatomistes distinguent, dans le tronc, la tête et le tronc proprement dit. Si cette distinction peut avoir lieu, c'est plutôt en extérieur, car anatomiquement et physiologiquement, on ne peut séparer en deux portions la partie du corps renfermant le centre nerveux. — On donne aussi le nom de *troncs* aux vaisseaux principaux, d'où émanent de nombreuses divisions. C'est ainsi que l'on dit : le *tronc brachial*, le *tronc cœliaque*, le *tronc de la veine-porte*, etc. — *Bot.* Nom générique des tiges dicotylédonées et particulièrement des arbres.

TROPOEOLÉES, s. f., *Tropæoleæ;* petite famille de plantes dicotylédones, polypétales, hypogynes, rangées par plusieurs botanistes, comme tribu, dans la famille des Géraniacées. Elle a pour type le genre *Tropæolum*.

TROPHOSPERME, s. m., *Trophospermum*, de τροφος, nourriture, et σπέρμα, graine ; placentaire réuni en cordon et occupant le centre de l'ovaire ou le bord des sutures. Ces divisions constituent autant de *podospermes* (*V.* ce mot).

TROPICAL, ALE, adj., *tropicus;* se dit des plantes qui habitent sous les tropiques ; de là les expressions *extrà-tropicales* ou *intrà-tropicales* pour celles qui vivent en dehors ou en dedans des tropiques.

TROPIQUE, adj., *tropicus;* on désigne ainsi les fleurs *équinoxiales diurnes* (*V.* ces mots).

TROT, s. m. ; allure naturelle du cheval, dans laquelle les deux bipèdes diagonaux agissent successivement avec promptitude, et lancent le corps assez vivement pour que, dans le *grand trot*, il quitte terre un instant à chaque impulsion nouvelle. Le trot ne doit donc faire entendre que deux battues régulièrement espacées. On le dit *décousu*, lorsqu'on entend un double bruit produit par une légère différence dans le moment d'appui des deux pieds du même bipède diagonal. Les deux pieds du même côté ne forment qu'une seule et même empreinte dans le grand trot ; preuve bien évidente qu'il y a eu un moment de suspension, puisque le pied de derrière ne peut prendre la place de celui de devant que lorsque celui-ci a quitté le sol. Le déplacement horizontal du centre de gravité étant moindre dans le trot que dans le pas, le cheval, pressé à cette dernière allure, prend presque toujours le petit trot pour éprouver moins de fatigue.

TROU, s. m., *Foramen;* ouverture traversant de part en part une paroi peu épaisse. — *Trou de Botal :* ouverture existant, chez le fœtus, dans la cloison médiane des oreil-

lettes, *V.* CŒUR. — *Trou nasal*, *trou orbitaire*, etc., *V.* NASAL, ORBITAIRE. — *Trou déchiré :* nom donné à l'hiatus *occipito-sphéno-temporal*.

TROUPE (chevaux de) ; chevaux propres au service de l'armée. On les divise en chevaux de selle et en chevaux d'attelage. Les premiers sont destinés à monter des officiers ou des soldats ; les autres à traîner des canons, des bagages, etc. Les chevaux d'officiers doivent réunir à une taille assez élevée une certaine distinction dans les formes, de la vitesse dans les allures, assez d'étoffe, une bouche excellente, de bons yeux et de bons membres, de l'énergie et du fond. Les chevaux de troupe proprement dits se divisent par arme, en chevaux : 1° de cavalerie légère ; 2° de cavalerie de ligne ; 3° de grosse cavalerie ou de réserve ; 4° d'attelages. On doit exiger d'eux tout ce qui vient d'être demandé pour les chevaux d'officiers, moins la distinction dans les formes qui est secondaire, la taille, qui est celle de l'arme, la vitesse qui peut être remplacée par la solidité et la résistance. On réclame, avec raison, dans les chevaux des escadrons, surtout dans ceux qui doivent agir en masse, plutôt de la docilité, une véritable résistance que beaucoup d'ardeur et de brillant. La taille des chevaux de troupe est fixée réglementairement ainsi qu'il suit :

Cavalerie légère . . .	1^m475^c à 1^m515_c
—— de ligne . .	1 515 à 1 542
—— de réserve .	1 542 à 1 597
Attelages	1 488 à 1 542

La France trouve dans la Normandie ou achète en Allemagne des chevaux d'officiers. Ceux de cavalerie légère viennent principalement du Centre et des Pyrénées ; ceux de cavalerie de ligne et de réserve, du nord-ouest et de l'est, de la Bretagne, de la Normandie, du Perche, de la Lorraine, etc. Les attelages se rencontrent de plus dans la Picardie, l'Artois. — L'armée renouvelle environ $1/7$ de ses chevaux tous les ans, indépendamment des pertes qui peuvent être occasionnées par la guerre. La morve est une des maladies qui font le plus de victimes. Voici l'énumération des causes auxquelles on a attribué cette mortalité, toujours d'une façon plus ou moins exclusive. On accuse un mauvais choix, le peu de résistance des races communes, le défaut d'âge au moment des achats, le mélange de chevaux de diverses provenances, l'excès de poids à porter, l'ignorance et le mauvais vouloir des cavaliers, le défaut d'éducation et de dressage dans les dépôts, la fatigue des exercices et des routes, les vices des écuries, l'uniformité et l'insuffisance de la ration, la mauvaise nature des boissons, un pansage exagéré.

TROUSSE, s. f., *Armamentarium portatile*, de l'Allemand *tross*, qui signifie le bagage d'une armée ; sorte de portefeuille divisé en plusieurs compartiments et contenant les instruments utiles aux vétérinaires pour la pratique des opérations. Ce sont des ciseaux courbes sur plat , deux bistouris dont un droit et un convexe , une pince à dents de rat , trois feuilles de sauge , deux lancettes , un rasoir , un porte-nitrate , une érigne et des aiguilles à suture , une aiguille à séton , une sonde cannelée , des épingles , une sonde en plomb , etc.

TROUSSEAU , s. m. , *Fasciculus* ; réunion d'un certain nombre de fibres musculaires , ligamenteuses : synonyme de *faisceau*.

TROUSSE GALANT , s. m. ; nom vulgaire donné au *charbon* ; on l'emploie aussi en médecine pour désigner le *choléra-morbus*.

TROUSSE-PIED , s. m. ; moyen de contention employé pour quelques animaux, et qui consiste dans une sangle de cuir ou simplement une corde longue d'un mètre , portant une boucle ou une ganse à l'un de ses bouts. Pour l'appliquer sur le cheval, on lève un pied de devant et l'on embrasse avec le lien l'avant-bras et le paturon rapprochés l'un de l'autre. On évite par ce moyen les mouvements désordonnés de l'animal et surtout les coups qui auraient été portés par le pied de derrière du même côté ; le trousse-pied dispense de l'emploi d'un aide. C'est un moyen peu employé en chirurgie pour assujettir les malades qu'on veut opérer.

TRUFFE , s. f. , *Tuber* ; Pers.; genre de la famille des Champignons. On en distingue plusieurs espèces, qui croissent tantôt dans les mêmes lieux , tantôt dans des endroits séparés. La T. noire , *T. cibarium* , Sibth. , est la plus répandue en France : la T. grise , *T. griseum* , Borech. , abonde dans le Piémont. Les espèces *brumale* et *œstivum* sont fréquemment mélangées aux autres. Les truffes croissent dans tous les pays, excepté dans les pays très froids. La partie que l'on consomme est le réceptacle des organes reproducteurs ; la truffe est toujours souterraine.

TRUIE , s. f. , *Porca* ; femelle du porc employée à la reproduction de l'espèce. Elle doit être grande relativement à la taille de la race à laquelle elle appartient , bien constituée , avoir le corps long , des membres grêles , l'abdomen et le bassin développés , les mamelles nombreuses , les soies douces et fines , de la disposition à l'engraissement, et être âgée de un à quatre ans. La truie est apte à se reproduire dès l'âge de cinq à six mois ; ses chaleurs sont prononcées et n'ont pas besoin d'être provoquées. Elle peut faire au moins deux portées par an , l'une de novembre en mars , l'autre de mai en septembre. La gestation dure de 110 à 120 jours ; pendant ce temps, les femelles n'ont besoin d'aucun soin particulier. Dès qu'elles deviennent trop lourdes pour aller dans les champs, il faut les retenir à la porcherie , et les surveiller au moment de la mise-bas pour protéger les petits et les soustraire à la singulière voracité des mères, qui les tuent ou les mangent quelquefois. On conseille aussi de frotter les nourrissons de substances amères, non irritantes , telles que la coloquinte , etc. La truie qui a accouché doit être bien nourrie , et recevoir des farineux , des racines. Si le nombre des petits excède celui des mamelons , on sacrifie l'excédant. En général , il faut tuer au bout de quinze jours ou trois semaines , comme cochons de lait , ceux qui dépassent le chiffre huit. On se guide en cela , du reste , d'après l'état , le régime de la mère.

TRUITÉ , ÉE , adj. ; nom donné à la robe blanche ou grise lorsqu'elle présente de petites mouchetures rouges , analogues aux taches existant sur les écailles de la *truite*.

TRUMBUS . *V*. Thrombus.

TUBE , s. m. , *Tubus* ; on donne ce nom , d'une manière générale, à un cylindre creux en verre ou en métal , droit ou courbe , et destiné à divers usages. Les espèces suivantes de tubes sont les plus employées : 1° *Tube étincelant* : tube en verre muni de garnitures en laiton aux extrémités , et à la surface externe duquel sont collés de petits losanges métalliques disposés bout à bout sur une ligne en spirale, que peut suivre un courant électrique visible dans l'obscurité, par suite des nombreuses étincelles qui ont lieu entre les petites pièces métalliques. 2° *Tube de Mariotte* : grand tube recourbé à branches inégales, dont la plus courte est fermée. Il sert à démontrer la loi d'élasticité des gaz permanents , en permettant d'emprisonner dans la courte branche une certaine quantité d'air et de la charger d'une colonne de mercure plus ou moins élevée. 3° *Tubes de sûreté* : tubes droits ou courbes qui servent à prévenir les accidents de *l'absorption*, en établissant l'équilibre entre la pression extérieure et la pression intérieure de l'appareil. On connaît des tubes de sûreté en S et des tubes à *boules* dits à la *Welter*, du nom de leur inventeur. La description n'en saurait être intelligible sans le secours d'une figure. —*Anat.* Synonyme de canal ou conduit ; ex. : le *tube aérien*, pour la trachée ; le *tube intestinal*, pour l'intestin.—*Bot.* On désigne sous le nom de *tube*, en botanique, le cylindre creux formant la base des corolles mono et gamopétales, des calices mono et gamophylles ; le pédicelle creux qui soutient l'urne des mousses.

TUBER CINEREUM ou **TUBERCULE CENDRÉ** ; petit renflement de matière grise, situé à la base de la tige pituitaire ou sus-sphénoïdale du cerveau.

TUBERCULE , s. m. , *Tuberculum*, diminutif de *tuber*, bosse ; petite bosse. On donne ce nom, en *anatomie*, à toute éminence peu considérable des os ou des parties molles ; ex. : *tubercule de l'os lacrymal; tubercule pisiforme* , etc. — *Pathol.* Ce mot a été employé longtemps pour désigner toute tumeur de grosseur moyenne, de forme arrondie. Plus tard, on l'a conservé seulement pour dénommer un produit morbide, formé par une matière d'un blanc jaunâtre, tantôt dure, friable, tantôt ramollie et d'un aspect analogue à celui du pus. Les tubercules se développent sur les individus lymphatiques, habitant dans les lieux bas et humides ; on ne connaît pas leurs causes occasionnelles. Souvent ils se montrent à la suite de l'inflammation des organes parenchymateux. C'est dans le tissu cellulaire qu'on trouve surtout les tubercules, qu'ils soient libres ou combinés avec les organes ; on les rencontre dans le cerveau, le foie, les reins, les testicules, dans les ganglions lymphatiques. Les tubercules du poumon constituent la *phthisie pulmonaire ;* ceux des ganglions mésentériques forment le *carreau.* Dans le cheval, c'est sur la pituitaire qu'on rencontre le plus souvent des tubercules, et ce dans le cas de morve ; aussi Dupuy avait-il donné à cette affection l'épithète de *tuberculeuse ;* les ganglions sublingaux en présentent presque aussi fréquemment. Les poumons des chevaux morveux en contiennent le plus ordinairement ; les tubercules intestinaux sont bien plus rares. Dans le bœuf et la vache, c'est le poumon qui est le plus souvent atteint de tubercules ; dans le chien, ce sont le poumon, le foie, la rate ; dans le porc et les carnivores, les mêmes organes y sont prédisposés. On distingue dans l'état des tubercules plusieurs périodes : 1° *mode de formation.* Leur développement est encore peu connu. On ne sait si le tubercule débute par l'état vésiculeux ou granuleux, s'il est primitivement liquide ou solide. Pour plusieurs auteurs, il ne commence à exister que lorsqu'il a la forme d'un corps blanc, jaune, friable, sans trace d'organisation ; 2° *état de crudité, période d'état.* Le tubercule est jaunâtre, opaque, semblable à du caséum, résistant plus ou moins entre les doigts. D'après les analyses chimiques, il est composé de phosphate et de carbonate de chaux 1,85 sur 100, matière animale 98,15, et quelques traces d'oxyde de fer. Les tubercules sont isolés ou rapprochés les uns des autres, formant de grosses masses, quelquefois enkystées. Laënnec admet que la matière tuberculeuse peut s'infiltrer et pénétrer dans les tissus, comme l'eau dans une éponge ; 3° *ramollissement des tubercules.* C'est une sécrétion de pus qui se produit dans la matière tuberculeuse. Le ramollissement commence quelquefois à la circonférence, le plus souvent au centre pour arriver à la circonférence. Ce passage à l'état liquide est assez lent ; quand il s'est opéré, le tubercule est souvent séparé en deux parties, dont une très fluide, séreuse, l'autre grumelée, semblable à la substance cérébrale ou à du petit lait mêlé à la matière caséeuse ; 4° *période d'élimination.* La matière ramollie agit comme corps étranger pour s'échapper au dehors, et produit un travail d'ulcération pour sortir, soit par la peau, soit par les muqueuses. Après l'évacuation, reste une cavité ulcéreuse dont les parois sécrètent une matière purulente. Dans quelques cas, la cicatrisation s'effectue, ce

qui est très rare pour les poumons du cheval. Il est des tubercules qui éprouvent la transformation crétacée, se transforment en matière pierreuse, contenant de plus grandes proportions de phosphate et de carbonate de chaux, et seulement trois parties sur cent de matières animales. On a considéré cette transformation comme un mode de guérison. Aucun moyen de traitement n'est employé avec succès contre les tubercules. Des soins convenables dans le régime pourraient seuls prévenir leur développement ; mais il n'est pas facile de déterminer le moment où il convient de les prescrire. — *Bot.* Tige souterraine, plus ou moins renflée, de forme très diverse, composée d'un tissu utriculaire dans lequel se trouve déposée une grande quantité de fécule ; ex. : la *Pomme de terre,* le *Topinambour.* Ces organes présentent, à leur surface, des écailles à l'aisselle desquelles se trouvent des œils ou bourgeons susceptibles de donner naissance à une tige.

TUBERCULÉ, ÉE, adj., *tuberculatus ;* qui contient des tubercules ; couvert de petites excroissances ou saillies appelées génériquement *tubercules.*

TUBERCULEUX, EUSE, adj., *tuberculosus ;* garni de tubercules ; qui a la nature des tubercules. *Phthisie tuberculeuse, V.* Phthisie. *Matière tuberculeuse. —Bot.* Synonyme de *tuberculé.*

TUBERCULIFÈRE, adj., *tuberculifer ;* se dit de la tige souterraine qui produit des tubercules.

TUBÉREUX, EUSE, adj., *tuberosus ;* de la nature du tubercule.

TUBÉROSITÉ, s. f., *Tuberositas ;* éminence osseuse plus ou moins considérable, donnant attache à des muscles ; ex. : *tubérosités du tibia, de l'ischium, de l'ilium.* etc.

TUBIFORME, adj., *tubiformis ;* en forme de tube.

TUBULÉ, ÉE, adj., *tubulatus ;* se dit d'un vase qui est muni d'une ou de plusieurs *tubulures. — Bot.* Synonyme de *tubiforme.*

TUBULEUX, EUSE, adj., *tubulosus ;* en forme de tube cylindrique.

TUBULIFLORE, adj., *tubuliflorus ;* se dit de la calathide, du disque ou de la couronne dont les fleurs sont tubuleuses.

TUBULIFORME, adj., *tubuliformis ;* synonyme de *tubuleux.*

TUBULURE, s. f., de *tubus,* tube ; ouverture à bords saillants et arrondis qu'on pratique dans une cornue, un flacon, un ballon, et destinée à recevoir un bouchon traversé d'un tube droit ou courbe, de dégagement ou de sûreté, etc.

TULIPE, s. f., *Tulipa,* T. ; genre de la famille des Liliacées. Il se compose de plantes herbacées, bulbeuses, originaires de l'Asie moyenne et de l'Europe. On en connaît une vingtaine d'espèces ; plusieurs sont spontanées en France. Le nombre des variétés produites par la culture est presque infini.

TUMÉFACTION, s. f., *Tumefactio.* de

tumor, tumeur, et *facere*, faire ; augmentation de volume, gonflement d'une partie.

TUMEUR, s. f., *Tumor*, de *tumere*, enfler, ογκος ; éminence circonscrite sur quelque partie du corps, développée d'une manière anormale. On a divisé les tumeurs en plusieurs catégories : 1° celles formées par des corps étrangers venus du dehors ; 2° celles produites par le déplacement de parties dures ou molles, luxations, hernies ; 3° les tumeurs humorales, formées par les humeurs extravasées ou sécrétées par l'effet d'une altération organique. Le mot *tumeur* est un terme générique, qui comprend la plupart des maladies chirurgicales, telles que le phlegmon, le furoncle, les varices, les anévrysmes, l'œdème, les loupes, les exostoses, les cancers, etc., etc. On ne s'est pas contenté de diviser les tumeurs d'après l'origine de leur formation ; elles ont été classées également d'après l'anatomie des tissus qui les constituent ; de là les tumeurs épidermoïdes, dermoïdes, du tissu cellulaire, celles des muscles, des os, des artères, des veines, des muqueuses, etc. Quelques noms particuliers ont été donnés à certaines tumeurs ; on nomme *fongueuses* celles qui sont formées par des fongosités ; *variqueuses*, *graisseuses*, *sarcomateuses*, celles qui sont produites par les veines, par des tissus graisseux ou charnus ; *enkystées*, celles qui ont la texture du kyste. — On donne le nom de tumeurs *blanches* aux gonflements des grandes articulations sans changement de couleur à la peau, résultant de l'altération des os ou des parties molles articulaires. Ces maladies, communes dans l'espèce humaine, sont dues le plus fréquemment au vice scrophuleux. Les grands animaux présentent souvent des tumeurs sur les articulations ; mais elles sont généralement accidentelles et résultent, soit de quelques blessures, soit de la fatigue éprouvée par les tissus.—Beaucoup de moyens chirurgicaux peuvent être appliqués pour rémédier aux tumeurs ; les principaux sont la vésication, la cautérisation, la ponction, l'incision, l'excision, l'extirpation, etc., etc. Ils varient suivant la nature des tumeurs qu'il s'agit de faire disparaître.

TUNGSTÈNE, s. m., *Scheelium*. W. Equiv. 1188, 36. — *Wolfram*. Corps simple métallique de la quatrième section, découvert par Schéele, en 1780. — Il est solide, gris d'acier, friable, pesant 17,15, infusible, inaltérable à l'air, s'oxydant au rouge à l'air ou dans l'eau, qu'il décompose à cette température. Inaltérable par les acides sulfurique et chlorhydrique, ce métal est vivement attaqué par l'acide azotique et par l'eau régale, qui le transforment en acide tungstique. La potasse et le nitre le transforment en tungstates alcalins, et les chloroïdes l'attaquent, même à la température ordinaire. Il a peu d'usages.

TUNIQUE, s. f., *Tunica* ; synonyme d'enveloppe. On donne ce nom aux membranes concourant à former les parois d'un réservoir. C'est ainsi que l'on dit : *la tunique séreuse de l'estomac*, *la tunique musculeuse de l'intestin*. — *Bot.* On donne plus particulièrement le nom de *tuniques* aux couches concentriques et enveloppantes du bulbe de la deuxième espèce, comme dans l'*ognon*.

TUNIQUÉ, **ÉE**, adj., *tunicatus* ; formé ou recouvert de tuniques. *V*. BULBE.

TURBINÉ, **ÉE**, adj., *turbinatus* ; en forme de toupie.

TURBITH MINÉRAL, *V*. SULFATE DE MERCURE.

TURBITH NITREUX, *V*. AZOTATE DE MERCURE.

TURBITH VÉGÉTAL ; nom pharmaceutique de la racine du *convolvulus turpethum*, qui est employée en médecine comme purgatif drastique. Elle entre dans la composition de l'*eau-de-vie allemande* et de la médecine de Leroy.

TURC (cheval). On le croit produit par des croisements de l'Arabe et du Persan, faits à une époque éloignée mais inconnue. Il est plus long, plus étoffé que le premier ; il a la croupe plus arrondie et plus droite, mais il est bien loin d'avoir ses qualités. Les chevaux Turcs ne jouissent aujourd'hui d'aucune réputation, et leur nom ne serait peut-être jamais cité si l'on ne croyait, à tort ou à raison, que des étalons de cette race ont concouru à la création de plusieurs familles de coureurs anglais.

TURCIQUE, adj., *turcicus* ; on appelle *selle turcique*, chez l'homme, à cause de sa ressemblance avec une selle turque, la fossette sus-sphénoïdale.

TURCOMAN, *V*. TARTARE.

TURF, s. m. ; mot anglais consacré dans le langage hippologique, et signifiant tout ce qui a rapport à l'hippodrome et aux courses de chevaux.

TURGESCENCE, s. f., *Turgescentia*, de *turgescere*, s'enfler : enflure causée par la surabondance des fluides dans un organe. Les humoristes appelaient turgescence de la *bile* ce qu'on nomme aujourd'hui *embarras gastrique*.

TURGESCENT, ENTE, adj., *turgescens*, de *turgescere*, s'enfler ; qui s'enfle.

TURGIDE, adj., *turgidus* ; enflé, boursouflé.

TURION, s. m., *Turio* ; bourgeon d'une plante herbacée. On le dit surtout des jeunes pousses qui s'allongent beaucoup avant de produire des feuilles, comme celles de l'asperge, du houblon.

TURNEPS, *V*. RAVE.

TURNÉRACÉES, s. f., *Turneraceæ* ; famille de plantes dicotylédones, polypétales, périgynes, herbacées, frutescentes ou sousfrutescentes, principalement originaires de l'Amérique. Genres : *Turnera*, etc.

TUSSILAGE, s. m., *Tussilago*, T. ; genre de la famille des Composées. Il ne renferme plus aujourd'hui qu'une seule espèce, le T. pas d'âne, *T. farfara*, plante précoce, commune dans les sols argilo-calcaires, profonds et frais. Ses feuilles sont astringentes et détersives; ses fleurs émollientes et pectorales.

TUTEUR, s. m.; échalas ou bâton fiché en terre auprès d'une plante, pour la soutenir.

TUTHIE, s. f., *Tuthia*; oxyde de zinc impur que l'on trouve, sous forme d'incrustations grisâtres, dans les cheminées des fourneaux où l'on grille et où l'on réduit les minerais de zinc. Elle entre dans la composition de quelques collyres pulvérulents et de quelques préparations pharmaceutiques destinées à l'usage externe.

TYMPAN, s. m., *Tympanum*, de τυμπανον, tambour; cavité de l'oreille moyenne, creusée dans la portion tubéreuse du temporal, entre le conduit auditif externe et l'oreille interne. On distingue dans cette cavité la membrane qui la sépare du conduit auditif et que l'on nomme *membrane du tympan*; la *fenêtre vestibulaire* ou *ovale; la fenêtre cochléaire* ou *ronde*, séparée de la précédente par le *promontoire*; à la circonférence, se trouvent les *cellules mastoïdiennes* ou *tympaniques*; inférieurement, l'orifice de la *trompe d'Eustache* ou *conduit guttural du tympan*. Dans la cavité du tympan, sont placés les osselets du même nom, formant par leur réunion une chaîne commençant par le *marteau*, dont le manche est enclavé dans la membrane du tympan, et se continuant par l'*enclume*, le *lenticulaire*, et l'*étrier*, dont la base s'engage dans la fenêtre vestibulaire. La muqueuse qui tapisse le tympan n'a de communication au dehors que par la trompe d'Eustache, qui aboutit dans le pharynx.

TYMPANITE, s. f., *Tympanitis*, de τυμπανον tambour; gonflement de l'abdomen produit par le développement de gaz dans le tube digestif. Cette maladie est ainsi nommée parce qu'elle occasionne une telle tension du ventre, que les parois résonnent comme un tambour quand on les percute. Elle est commune dans les bêtes bovines et ovines : on l'observe plus rarement dans les solipèdes. La tympanite est encore désignée sous le nom d'*indigestion gazeuse*, de *météorisme;* ces expressions ne sont pas identiques sous le rapport de leur signification, parce que la tympanite ne coïncide pas toujours avec l'indigestion; elle peut être symptomatique d'une altération organique. Le mot *météorisme* est plus particulièrement employé pour désigner le premier degré de la tympanite. — *Tympanite dans les ruminants*. Elle est produite par le dégagement de gaz, principalement dans le rumen. Le plus souvent elle est le résultat de l'usage des aliments chargés de rosée, d'humidité, de l'ingestion d'une grande quantité de trèfle ou de luzerne récemment fauchés. On distingue, dans cette

maladie plusieurs variétés qui sont: l'état *aigu*, l'état *chronique*, la tympanite *simple* et celle qui est *compliquée de surcharge d'aliments*. L'état *aigu* débute rapidement par le gonflement du ventre, qui refoule le diaphragme et rend la respiration difficile ; le malade devient triste, haletant; il est insensible à ce qui l'entoure; le pouls devient inexplorable; si l'on ne se hâte de remédier à son état, l'animal ne tarde pas à périr asphyxié, après quelques heures de maladie. Les bêtes ovines sont exposées à la tympanite, qui décime fréquemment les troupeaux; dans le Roussillon, cette maladie est appelée la *falère*, (*V.* ce mot.) Les désordres observés à l'autopsie des bœufs qui ont succombé rapidement se font remarquer plutôt sur l'encéphale et ses enveloppes, que sur le tube digestif. Dans cette dernière partie, existe un gaz abondant qui est de l'oxyde de carbone, tout comme dans l'indigestion gazeuse des solipèdes; ce gaz brûle avec une flamme bleuâtre; il éteint les corps en combustion; agité dans l'eau de chaux, il lui donne un aspect laiteux. Le traitement curatif consiste à débarrasser le rumen des gaz qu'il contient. Par les breuvages d'eau salée, d'eau de savon, de lessive de cendres, d'eau de chaux, les indigestions légères se dissipent. Dans les cas plus graves, on emploie avec avantage l'ammoniaque, à la dose de 30 à 60 grammes pour les bœufs, donnée dans l'eau froide, à celle de 20 à 30 gouttes pour le mouton. L'éther est aussi recommandé, mais à forte dose; il en est de même pour l'eau de javelle. Quelques moyens mécaniques sont employés; ils consistent à introduire, par la bouche, dans l'œsophage, une sonde en fil de fer tourné en spirale, une tige de bois, un manche de fouet; on fait rendre des gaz, par les premières voies en relevant la tête de l'animal et tirant fortement sur la langue à plusieurs reprises. Dans les circonstances extrêmes, on pratique la ponction ou l'incision du rumen. *V.* PONCTION et GASTROTOMIE. L'incision du rumen sert à faire pénétrer par le flanc gauche une pince à cuillère, avec laquelle on retire une certaine quantité d'aliments quand il y a surcharge. — La tympanite *chronique* est due aux aliments avariés, mal récoltés, à l'abus des fourrages secs, etc. Elle marche lentement, dure longtemps et finit souvent par la mort, après avoir produit la diarrhée et le marasme. La ponction du rumen n'est ici qu'un palliatif impuissant. — *Tympanite des solipèdes*. On ne l'observe guère que sur les chevaux ; elle est plus grave que dans les ruminants. Ses causes sont l'usage des fourrages artificiels pris en vert, et qui sont mouillés ou échauffés, les indigestions de son, d'avoine. L'animal éprouve des coliques violentes; son ventre se gonfle; ses flancs sont distendus ; la respiration est difficile. Le pouls, d'abord vite et fort, devient imperceptible; le corps se couvre de sueurs froides ; la sensibilité s'émousse ; les extrémités du corps se refroidissent ; la mort termine fréquemment cet état maladif, si l'on ne s'empresse de secourir le malade. Pour le traitement, il importe de donner au début quelques lavements émollients pour vider l'intestin ; on administre quelques breuvages avec l'infusion de tilleul, de camomille, auxquels on ajoute parfois de l'éther ou de l'ammoniaque. La saignée, les frictions sur les membres avec l'huile essentielle de térébenthine, sont recommandées dans des cas plus graves. Enfin, on emploie la ponction de l'intestin, pratiquée sur le flanc droit, avec un trocart à diamètre étroit, ou mieux avec l'entérotome de Brogniez. *V*. ENTÉROTOME et ENTÉROTOMIE.

TYPE, s. m., *Typus*, de τύπος, modèle, forme ; ordre dans lequel se succèdent les symptômes d'une maladie. On distingue plusieurs sortes de types, savoir : le *type continu*, le *type intermittent* ou *rémittent*.

TYPES CHIMIQUES. Dumas et Laurent appellent ainsi un système ou un assemblage de molécules hétérogènes dans lequel une ou plusieurs molécules peuvent être remplacées par d'autres, sans que la nature chimique du système entier soit troublée. Cette nouvelle théorie, dont celle des substitutions n'est que la conséquence, se rapproche de celle des radicaux et tend à modifier plus ou moins profondément le *dualisme* électro-chimique admis par Berzélius.

TYPHACÉES, s. f., *Typhaceæ ;* famille de plantes monocotylédones, composée de plantes herbacées, aquatiques, à rhizôme rampant, à tiges cylindriques, sans nœuds. Elle ne renferme que les genres *Sparganier* et *Massette*.

TYPHINÉES, *V*. THYPHACÉES.

TYPHIQUE, adj., *typhicus ;* qui est relatif au typhus.

TYPHOHÉMIE, s. f., *Typhohemia*, de τύπος, typhus, et αἱμα, sang ; Roche-Lubin a réuni sous cette dénomination les affections charbonneuses désignées dans les ouvrages de pathologie sous les noms de *typhus charbonneux, fièvre charbonneuse, fièvre ataxo-adynamique, charbon intérieur, anthrax malin. V*. CHARBON, FIÈVRE CHARBONNEUSE et TYPHUS. Il regarde toutes ces maladies comme ayant pour point de départ une altération du sang et pouvant former une seule et même famille. Ce mot nouveau n'est pas exact ; on doit le rejeter parce qu'il y a, sous tous les rapports, des différences profondes entre le typhus et le charbon.

TYPHOÏDE, adj., *typhoïdes*, de τύπος, stupeur, typhus, et εἶδος, forme ; qui ressemble au typhus. —*Affections typhoïdes :* dont les phénomènes généraux sont analogues à ceux du typhus. — *Fièvre typhoïde.* synonymie : *fièvre entéro-mésentérique, dothinentérite* (Bretonneau), *entérite folliculeuse, fièvre muqueuse, fièvre bilioso-putride, fièvre gastro-adynamique.* On a donné tous ces noms à une réunion de symptômes, qui appartiennent

à une affection primitive des follicules de l'intestin grêle (glandes de Peyer) et des ganglions correspondants. La fièvre typhoïde a fixé depuis bien longtemps l'attention du médecin ; elle est à peine connue en vétérinaire ; elle est à peine mentionnée dans quelques rares observations. Rayer en a étudié les caractères anatomiques sur l'âne : Rigot l'a observée sur le bœuf ; quelques faits, relatifs au cheval, sont rapportés par Laux et Moulin. Ses causes sont peu connues. On l'a attribuée aux fortes transitions du froid au chaud, à l'excès de travail, à l'usage d'une mauvaise alimentation. Cette maladie ne débute pas d'une manière subite ; on observe un état de tristesse, l'inappétence, une grande faiblesse musculaire. Après quelques temps, la conjonctive est d'un jaune rougeâtre ; le corps clignotant présente des pétéchies ; la langue est pâteuse ; le pouls est fréquent, faible et déprimé. On ne peut constater le délire chez les malades, mais on observe des symptômes d'encéphalite. La diarrhée se montre abondante ; la respiration devient difficile. Les animaux ne présentent pas de pétéchies sur les diverses parties de la surface du corps. Quand la terminaison doit être funeste, les symptômes augmentent d'intensité ; la mort survient du huitième au vingtième jour, après un complet épuisement des forces. Des crises salutaires, telles que la diarrhée séreuse, une évacuation abondante d'urines, des œdèmes énormes sur les parois de l'abdomen et sur les extrémités, précédent la guérison ; le retour à la santé n'a lieu que d'une manière lente. C'est sur l'appareil digestif qu'on rencontre les lésions cadavériques les plus remarquables ; à la surface libre de la muqueuse intestinale, on trouve des plaques boursouflées ou ulcérées ; ce sont les plaques de Peyer mises en relief. La surface péritonéale de l'intestin grêle présente des taches ovales d'un rouge vineux, nombreuses surtout dans le voisinage du cœcum. La forme des ulcérations de la muqueuse est variable ; elles sont irrégulières ou dentelées. Les glandes de Brunner présentent les mêmes lésions. Dans le gros intestin, on trouve des plaques elliptiques, indurées, semblables à celles de l'intestin grêle, mais moins nombreuses. Dans les ganglions mésentériques, existent des altérations aussi constantes que celles des plaques de l'intestin ; ils sont volumineux, d'un tissu dense, et contiennent de petits foyers de matière purulente jaunâtre. Pour le traitement, on a reconnu que dans les animaux comme dans l'espèce humaine, il ne fallait pas abuser de la saignée dès le début ; il faut renoncer à la renouveler lorsque les symptômes de la fièvre persistent. On a mis en usage des moyens variés, entre autres le quinquina, le camphre, l'acétate d'ammoniaque ; on a appliqué les dérivatifs externes, surtout les sinapismes. Il faut dire que la thérapeutique de la fièvre typhoïde, sur les animaux, est aussi peu avancée que son étude sous le rapport de ses caractères.

TYPHOMANIE, s. f., *Typhomania*, de τυφος, stupeur, et μανια, délire ; délire qui accompagne le typhus.

TYPHUS, s. m., *Typhus*, de τυφος, stupeur ; les anciens donnaient ce nom à toutes les maladies caractérisées par un état de stupeur. Les médecins réunissent sous cette dénomination plusieurs affections pyrétiques ou fièvres à type continu ou rémittent, dues le plus souvent à une influence miasmatique, parfois épidémiques ou endémiques. On a donné le nom de *typhus* à la *fièvre des hôpitaux*, à la *peste*, à la *fièvre jaune* ; enfin, on reconnaît le *typhus d'Europe*. — Les vétérinaires donnent le nom de typhus à une maladie de l'espèce bovine éminemment contagieuse, qui présente les caractères de la phlegmasie sur-aiguë gastro-intestinale, avec les signes de l'empoisonnement miasmatique. On a distingué deux variétés : le *typhus contagieux* et le *typhus charbonneux*. Il serait temps de ne plus confondre deux maladies aussi différentes. C'est l'opinion de Renault, Girard et Barthélemy aîné, que les maladies charbonneuses et le typhus doivent être distingués. D'après Renault, les tumeurs charbonneuses n'apparaissent jamais dans le typhus ; dans le charbon, les estomacs des ruminants n'ont jamais d'altération, tandis que la caillette offre des lésions profondes dans le typhus ; dans le charbon, la rate est volumineuse, noire ; dans le typhus, elle ne présente pas de modifications. TYPHUS CONTAGIEUX DES BÊTES A CORNES. Les mots *fièvre ataxo-adynamique, fièvre maligne pestilentielle*, *peste des bœufs*, *fièvre bilieuse putride, peste varioleuse*, ont été employés comme synonymes de *typhus*; on s'est servi à tort du mot *fièvre charbonneuse*. Le typhus est une affection aiguë, épizootique, caractérisée par la stupeur, les symptômes de la gastro-entérite et de l'encéphalite ; il est éminemment contagieux et frappe quelquefois les animaux avec tant de rapidité que la mort arrive presque instantanément. Les causes consistent dans un mauvais régime, les marches forcées, l'action des intempéries de l'atmosphère. C'est la contagion qui est l'agent le plus actif de la propagation du typhus. De tous les virus, celui qu'il produit est le plus invariable dans ses effets ; rien ne peut l'influencer sous le rapport de la transmission de la maladie. A plusieurs époques, le typhus a envahi la Russie, la Pologne, la Galicie, la Bohême, la Hongrie, la Prusse ; il s'est montré en Angleterre en 1740, en France en 1814, à la suite de l'invasion étrangère ; son apparition la plus récente a eu lieu en Allemagne en 1844. Le fléau suit la marche des armées : son intensité augmente à chaque pas ; il fait bientôt des ravages incalculables. — L'apparition du typhus sur un bœuf est annoncée par des mouvements fébriles, l'intermittence du

pouls, la fatigue après le travail. On peut distinguer deux périodes. *Première période, inflammatoire*. Fièvre, frissons, tremblements, perte subite de l'appétit et de la rumination, pulsations artérielles petites et tremblotantes, muqueuses rouges ; yeux ternes, pupilles dilatées, dos voussé, membres rapprochés du centre de gravité, soif brûlante, indiquant l'inflammation de la caillette, désir de boissons froides, constipation, urines rares. C'est vers la fin de cette première période, qui dure vingt-quatre à trente-six heures, que se développe le virus contagieux. *Deuxième période, d'infection*. Aggravation des symptômes précédents ; yeux enfoncés dans les orbites, donnant un liquide épais et gluant ; mufle froid, bave visqueuse infecte ; écoulement par les naseaux de mucosités lie de vin, sanguinolentes ; les malades sont constamment couchés ; on entend des plaintes continuelles, le grincement des dents ; la respiration est accélérée, râlante ; les excréments sont fétides ; convulsions, prostration extrême, mort. — L'autopsie présente les caractères suivants : le cadavre offre un aspect extérieur particulier qui indique le marasme ; les yeux sont enfoncés, les naseaux donnent un écoulement fétide ; la muqueuse du rectum et de la vulve fait saillie au-dehors. La caillette est surtout altérée ; sa muqueuse présente une couleur brun cerise foncé ; on la détache par lambeaux ; cet estomac contient un liquide lie de vin d'une odeur fétide ; le cœcum est maculé de taches d'un brun noirâtre ; les gros intestins fournissent une bouillie ichoreuse et infecte. On trouve sur la vessie quelques taches rouges ; le foie est pâle ; la rate est petite. Les lobes pulmonaires sont rapetissés ; les bronches enflammées contiennent un mucus cailleboté rougeâtre. Le sang est liquide et poisseux. On voit aussi des traces d'inflammation dans les diverses parties de l'encéphale. — Le pronostic est des plus fâcheux, non pas seulement pour les animaux affectés, mais surtout parce qu'on doit redouter la propagation rapide de la maladie. La mortalité est modifiée par la constitution atmosphérique et quelques autres circonstances locales. Quand la convalescence doit se montrer, les symptômes de la période sont moins alarmants ; quelquefois on voit la maladie disparaître presque complètement dans l'espace de vingt-quatre heures. Le traitement consiste à employer dès le début les antiphlogistiques, avec la précaution de ne pas abuser de la saignée, parce qu'elle est quelquefois nuisible. On donne des boissons mucilagineuses acidulées, soit quand on observe les symptômes généraux de la fièvre, soit lorsque la maladie paraît se fixer sur le tube digestif. Dans la deuxième période, on a recommandé les révulsifs cutanés, tels que les sétons, les vésicatoires, la cautérisation inhérente avec le fer rouge sur le thorax ; on donne des boissons ou des électuaires toniques, amers et camphrés. Du reste, les moyens à mettre en usage varient suivant la rapidité de la marche du typhus et le mode d'apparition de ses symptômes. De plus, il ne faut rien négliger pour empêcher sa propagation ; c'est à la police sanitaire qu'appartient l'étude des mesures à prendre dans des circonstances aussi graves. *V*. CHARBON et FIÈVRE CHARBONNEUSE. — *Police sanitaire.* La contagion du typhus est reconnue par tous les vétérinaires. On admet que le virus a son siége dans les mucosités des naseaux et de l'intestin et, généralement, dans tous les liquides du corps ; que la maladie peut se transmettre par la cohabitation immédiate, par contact, et à distance, avec l'air ou les corps solides pour véhicule. L'étendue de l'atmosphère contagieuse qui se forme autour des animaux malades a été diversement appréciée : les uns ont prétendu qu'elle pouvait avoir un rayon de 200 pas ; d'autres, qu'elle est bornée aux couches d'air qui enveloppent immédiatement le corps. La vérité se trouve, du moins les faits sérieux de contagion rapportés par les auteurs le prouvent, entre ces deux calculs exagérés. Ainsi, le typhus pourra être transmis dans les étables par les rapports qui s'établissent entre les animaux aux pâturages, à l'abreuvoir, par les instruments de pansage, les fourrages, les débris cadavériques, etc., rapports médiats ou immédiats. Mais l'activité du virus devra varier selon la période de l'affection, de l'épizootie elle-même, selon les prédispositions offertes par les individus sains. Le typhus est particulier à l'espèce bovine. Il ne se transmet point, même par inoculation directe, aux autres animaux domestiques. Celle-ci n'a été suivie d'effets que lorsque le typhus revêtait le caractère gangréneux et se compliquait de charbon. Mais la maladie produite n'était point le typhus. — Les lois et arrêts de police sanitaire relatifs au typhus sont nombreux. Les principaux se trouvent aux dates du 6 janvier 1739, du 24 mars 1745, du 19 juillet 1746, du 31

janvier 1771, du 1er novembre 1775, du 15 juillet 1793. Leurs dispositions essentielles sont résumées dans l'arrêt du 16 juillet 1784, le décret du 6 octobre 1791, les articles 459, 460, 461 et 462 du code pénal. La déclaration, la marque, la visite, la désinfection, l'isolement absolu, l'abattage partiel dès l'apparition de la maladie, l'enfouissement des cadavres et des objets qui les ont touchés et qui peuvent être détruits, sont les mesures sur lesquelles on doit compter le plus. Lorsque la maladie occupe un espace considérable, quand le nombre des animaux affectés est grand, l'administration doit faire établir des ateliers, où les peaux désinfectées par la chaux peuvent être livrées au commerce. En outre, de nombreuses observations faites surtout en France, en 1815 et 1816, ayant prouvé que la chair des animaux atteints de typhus non compliqué de charbon peut être mangée sans danger, la consommation pourra en être autorisée, avec les précautions nécessaires pour éviter autant que possible la contagion aux bêtes bovines. On a proposé d'isoler les lieux où règne le typhus, pour éviter son extension, à l'aide de cordons de troupe, appelés *cordons sanitaires ;* cette mesure est d'une application impossible, si ce n'est dans des limites extrêmement restreintes. Elle caractérise, d'ailleurs, un genre d'administration et un état de la science très différents des nôtres. — L'inoculation, comme mesure préservatrice, a été tentée, à diverses reprises, dans le cas de typhus ; elle a donné les résultats suivants : les animaux inoculés ne perdent pas l'aptitude à contracter le typhus par contagion naturelle ou artificielle ; lorsque le virus a été pris sur un animal affecté d'une maladie bénigne, le typhus transmis est plutôt léger que grave ; les résultats les plus favorables ont été obtenus au déclin de l'épizootie ; l'inoculation sur des veaux provenant de vaches qui avaient eu la maladie pendant la gestation donne toujours naissance à un typhus bénin.

U

ULCÉRATION, s. f., *Ulceratio ;* formation d'un ulcère. On donne quelquefois ce nom aux ulcères superficiels.

ULCÈRE, s. m., *Ulcus*, de ἕλκος ; solution de continuité des parties molles ou dures, avec écoulement de pus, entretenu par une cause interne ou locale. Plusieurs différences existent entre la *plaie* et l'*ulcère ;* la première tend à se cicatriser, l'ulcère tend à s'agrandir ; le traitement de la plaie est chirurgical, celui de l'ulcère doit être médical. Les ulcères se montrent sur la peau, sur les muqueuses, sur les glandes, les viscères ; ils présentent tous des chairs de mauvaise nature. D'après

Marjolin, les ulcères peuvent être rapportés à deux divisions, suivant qu'ils dépendent d'une cause locale, ou qu'ils sont le résultat d'une cause interne. Dans la première division se rangent les ulcères *fistuleux, calleux, variqueux, fongueux, verruqueux, vermineux, cancroïdes* et quelques ulcères *cancéreux ;* à la seconde, on rapporte les ulcères *dartreux, psoriques, scrofuleux, cachectiques ;* plus les ulcères *morveux* et *farcineux* des vétérinaires. D'après leur complication, on a distingué des ulcères *inflammatoires, phagédéniques, gangreneux.* Delpech n'admet comme ulcères que les solutions de continuité qui **dépendent** des diathèses, et non celles qui sont entretenues par un corps étranger ou toute autre cause locale. Les ulcères entretenus par une inflammation idiopathique sont communs chez les animaux; on en trouve des exemples dans la plupart des blessures de l'encolure et du garrot. Une atteinte sur le pied du cheval peut causer un ulcère par le développement de la carie du cartilage latéral du dernier phalangien. Les plaies de longue durée, sur la partie inférieure des membres, deviennent fréquemment ulcéreuses. C'est dans la morve et le farcin qu'on observe le plus souvent les ulcères. Leurs différentes variétés présentent des caractères particuliers. Une de leurs complications les plus communes est l'inflammation ; alors les tissus prennent une teinte rouge ; la suppuration, moins abondante, devient ichoreuse, sanguinolente; la surface affectée est douloureuse au moindre contact. Les ulcères anciens présentent des fongosités, des végétations charnues, qui peuvent acquérir un volume considérable; on en voit un exemple dans ces masses qui se développent à la suite des eaux aux jambes du cheval et qu'on nomme des *grappes.* Le pronostic varie suivant la nature, le siège et l'étendue de la solution de continuité. — Dans le traitement, une indication générale se présente : elle consiste à rechercher les causes de l'ulcère pour les détruire. Quant à l'ulcère d'origine locale, entretenu par une nécrose, par un corps étranger, il sera facile d'annihiler la cause incessante. Il n'en est pas de même pour les ulcères par diathèse, qui se lient à un état général de l'organisme. En même temps qu'on appliquera les moyens locaux, il faudra modifier les viscères pour activer la cicatrisation; c'est ainsi qu'on administre les préparations ferrugineuses, le quinquina, les purgatifs; on applique des exutoires pour obtenir une dérivation salutaire. Quelquefois la nature seule fait tous les frais de la guérison d'un ulcère constitutionnel, comme elle guérit une fistule en éliminant le corps étranger qui l'entretient. Les topiques employés pour modifier la surface des ulcères varient à l'infini, suivant la nature de ces affections ; toutefois la cautérisation actuelle est généralement préférée aux substances pharmaceutiques, lorsqu'il s'agit des animaux. Beaucoup de maladies ne constituent que des variétés des ulcères; telles sont les fistules, le clou de rue, le crapaud, les eaux aux jambes, le mal de garrot, le javart cartilagineux, etc. — *Bot.* ULCÈRE DES ARBRES ; plaie ayant son siège dans le système ligneux des végétaux arborescents, sur les tiges, les rameaux ou les racines. L'ulcère succède au chancre et manifeste une tendance incessante à s'étendre de la circonférence au centre. Il est visible ou caché; dans le dernier cas, sa présence se trahit par un suintement noirâtre. Cette maladie fait périr lentement les arbres ; on ne peut la guérir que par l'amputation des parties altérées.

ULCÉREUX, EUSE, adj. ; qui a la nature de l'ulcère; qui est couvert d'ulcères : *plaie ulcéreuse.*

ULIGINAIRE, adj., *uliginarius;* synonyme d'*uligineux.*

ULIGINEUX, EUSE, adj., *uliginosus;* se dit des plantes qui croissent dans les lieux fangeux.

ULITE, s. f., *Ulitis*, de ουλον, gencive; inflammation de la muqueuse des gencives.

ULMACÉES, s. f., *Ulmaceæ;* tribu des Urticacées, tantôt réunie aux Celtidées, tantôt distincte et généralement considérée comme une famille particulière. Genres : *Ulmus, Planera*, etc.

ULNAIRE, s. f., *Ulnaris;* nom donné, en anatomie humaine, aux parties qui ont rapport à l'os *cubitus* aussi appelé *ulnus.*

ULMINE, s. f., *V.* ACIDE ULMIQUE.

ULONCIE, s. f., *Uloncia*, de ουλον, gencive, et ογκος, tumeur; gonflement des gencives.

ULORRHAGIE, s. f., *Ulorrhagia*, de ουλον, gencive, et ρηγνυμι, je romps; hémorrhagie des gencives.

ULTIMUM MORIENS; mots latins employés en physiologie pour désigner les parties du corps que la vie abandonne les dernières.

UMBRACULIFORME, adj., *umbraculiformis;* en forme de parasol ; ex. : les feuilles de la *Capucine.*

UNCIFORME, adj., *unciformis*, de *uncus*, crochet, et *forma*, forme ; en forme de crochet. *Os unciforme :* synonyme d'*os crochu.* — *Bot.* En forme d'ongle.

UNCINÉ, ÉE, adj., *uncinatus;* terminé en une pointe crochue comme un ongle.

UNGUÉAL, ALE, adj., de *unguis*, ongle; on appelle *phalanges unguéales* celles qui portent les ongles.

UNGUIFÈRE, adj., de *unguis*, ongle, et *ferre*, porter; synonyme d'*unguéal.*

UNGUIS, s. m. ; mot latin signifiant ongle, appliqué à l'os lacrymal de l'homme, à cause de sa forme et de son peu d'étendue. L'os lacrymal du chien et celui du chat se rapprochent seuls de la forme d'un ongle. Celui des autres animaux domestiques est beaucoup plus étendu. *V.* LACRYMAL. — *Path.* Synonyme de *ptérygion.*

UNI-AILÉ, adj., *uni-alatus;* pourvu d'une seule aile.

UNI-CAPSULAIRE, adj., *uni-capsularis;* formé d'une seule capsule.

UNICOLORE, adj., *unicolor;* qui ne présente qu'une seule couleur.

UNICOTYLÉDONÉ, *V.* MONOCOTYLÉDONÉ.

UNIFLORE, adj., *uniflorus;* qui ne porte qu'une seule fleur.

UNIFOLIOLÉ, ÉE, adj., *unifoliolatus;* se dit des feuilles composées dont le pétiole ne porte qu'une seule foliole; ex. : l'*Oranger.*

UNIJUGUÉ, ÉE, adj., *unijugatus;* on désigne ainsi les feuilles composées, dont le pétiole ne porte qu'une seule paire de folioles placée à son sommet.

UNILABIE, ÉE, adj., *unilabiatus;* qui n'a qu'une lèvre : la corolle de la *Bugle.*

UNILATÉRAL, ALE, adj., *unilateralis;* placé d'un seul côté; ex. : les *fleurs* dans quelques Borraginées.

UNILOBE, ÉE, adj., *unilobatus;* se dit de l'anthère non divisée en lobes.

UNILOCULAIRE. adj., *unilocularis;* se dit du péricarpe, de l'anthère, etc., dont la cavité n'est pas partagée.

UNINERVE, adj., *uninervis;* qui ne présente qu'une seule nervure.

UNION, *V.* ENSEMBLE.

UNIPARE, adj., de *unus,* un, et *parere,* enfanter; se dit des femelles qui, normalement, ne font qu'un petit à chaque portée; ex. : la *vache,* la *jument,* l'*ânesse.*

UNIPÉTALE, ÉE, adj., *unipetalatus;* se dit des corolles véritablement monopétales.

UNIPOLAIRE, adj., *unipolaris;* se dit des fils d'une pile qui ne conduisent qu'une seule électricité, parce qu'ils proviennent de chacune des extrémités ou pôles de la pile.

UNIPOLARITÉ, s. f. ; propriété ou caractère des corps qui ne présentent qu'un seul pôle ou un pôle prédominant. Ce dernier cas est le plus fréquent et peut-être le seul réel.

UNISEXE, *V.* UNISEXUÉ.

UNISEXUÉ, ÉE, adj., *unisexifer;* on désigne ainsi la fleur qui ne renferme que des organes mâles ou femelles.

UNISEXUEL, *V.* UNISEXUÉ.

UNITAIRES (monstres); première classe de la classification de M. I. Geoffroy-Saint-Hilaire, renfermant tous les monstres chez lesquels on ne rencontre les éléments, complets ou incomplets, que d'un seul individu. La classe des monstres unitaires se divise en trois ordres : 1° Les *Autosites;* 2° les *Omphalosites;* 3° les *Parasites.*

UNIVALVE, adj., *univalvis;* se dit des coquilles composées d'une seule pièce, comme celle des limaçons; des fruits qui ne sont formés que d'une seule valve; ex. : le *follicule.*

UPAS TIEUTÉ, s. m. ; nom d'une substance extrêmement vénéneuse dont se servent les naturels de l'île de la Sonde pour empoisonner leurs flèches, et qu'ils retireraient d'un arbre du genre *strychnos.* La plus petite quantité suffit pour déterminer un empoisonnement mortel, dont les symptômes sont analogues à ceux produits par la *strychine* et la *noix vomique* (*V.* ces mots).

URANE, s. m., *Uranus;* nom de l'oxyde d'*uranium. V.* ce mot.

URANIUM, s. m., U. équiv. 750,00 ; métal de la 4ᵉ section, découvert par Klaproth, en 1789, et obtenu récemment à l'état de pureté par Péligot, en décomposant le chlorure d'uranium par le potassium. Il est en poudre noire, devenant blanche et brillante sous le brunissoir; il brûle à l'air, ne s'y altère pas à froid, ne décompose pas l'eau, mais se dissout dans les acides avec dégagement d'hydrogène.

URCÉOLÉ, ÉE, adj., *urceolatus;* renflé et présentant une ouverture étroite comme un grelot.

URÉDINÉES, s. f., *Uredineæ;* groupe de champignons parasites, généralement très petits, épars ou groupés en nombre infini, et se développant sur toutes les parties aériennes des végétaux, à l'exclusion des racines. Les plantes submergées n'en sont point exemptes. On les trouve dans toutes les régions du globe. Les urédinées ont été comparées tantôt aux productions exanthématiques des animaux, tantôt, mais avec plus de raison, aux entozoaires, d'où le nom d'*entophytes,* qui leur a été donné. Leur organisation est simple : elles se composent, en général, d'un mycélium, d'un conceptacle, d'un clinode, de cystides, de sporanges et de spores. Les causes sous l'influence desquelles ces végétaux se développent sont encore peu connues; on accuse un excès de fumure, les brouillards, la piqûre d'insectes, le voisinage de l'épine-vinette. On croit qu'ils sont plus communs dans les terrains bas et marécageux, sur les terres calcaires et ferrugineuses. Quelques urédinées peuvent occasionner des pertes notables à l'agriculture, en altérant les céréales, la paille, le foin des prairies. La carie, *Tilletsia caries,* Tul., *Uredo caries,* D. C., attaque les graines du blé et du sorgho; le charbon, *Ustilago segetum,* Pers., *Uredo carbo,* se montre sur toutes les céréales, sur le riz, le millet, etc. Des espèces des genres *Uredo, Puccinia,* etc., constituent la rouille des plantes; leurs effets sont très anciennement connus. *V.* CARIE, CHARBON et ROUILLE. Le groupe des Urédinées est nombreux; il peut se diviser en quatre sections qui forment pour plusieurs mycologistes modernes autant de familles : ce sont : les *Urédinés,* les *Æcidiés,* les *Ustilaginés* et les *Phragmidiés.*

URATE, s. m. ; genre de sels formés par l'acide urique avec les bases. Ils sont peu importants.

URÉE, s. f., *Urea,* de οὐρεῖν, urine. C²H⁴Az²O² ; composé cristallin qu'on trouve tout formé dans l'urine de tous les animaux, et remarquable par sa transformation en carbonate d'ammoniaque sous l'influence de la chaleur et de l'eau. Signalée d'abord par Rouelle cadet, puis étudiée par Vauquelin et Fourcroy, l'urée a été, dans ces dernières années, obtenue artificiellement par Woëlher et Liébig. Elle existe non seulement dans l'urine, mais encore dans les humeurs de l'œil et dans le sang, quand on a enlevé les reins des animaux. On peut l'obtenir par deux procédés distincts, l'un *naturel* et l'autre *artificiel.* Le premier consiste à évaporer l'urine humaine en consistance sirupeuse, à y ajouter ensuite de l'acide nitrique, recueillir l'azotate d'urée qui s'est formé, le décolorer et le décomposer par le carbonate de potasse, puis traiter la solution par l'alcool, qui s'empare de l'urée; en concentrant la liqueur, l'urée se dépose et se cristallise. Le procédé artificiel indiqué par Liébig consiste à chauffer au rouge brun un mélange de 2 p. de cyanoferrure de potassium et 1 p. de peroxyde de manganèse, à reprendre le résidu par l'eau froide, à filtrer la solution, à décomposer le cyanate de potasse formé par le sulfate d'ammoniaque, et à séparer ensuite l'urée par l'alcool. — Cette substance est solide, cristallisée en prismes à quatre pans, incolore, inodore, d'une saveur fraîche et piquante, comme le nitre, très soluble dans l'eau froide ou chaude, moins dans l'alcool et peu dans l'éther. Chauffée, l'urée fond à 120° et ne tarde pas à se décomposer en ammoniaque et acide cyanurique. Exposée dans un air sec, elle peut se conserver ; dans un air chaud et humide, elle tombe en déliquescence. Quoique sans action sur les couleurs végétales, elle joue à l'égard de plusieurs acides le rôle de base. Elle n'est précipitée par aucun sel, mais elle cristallise rapidement quand on ajoute à sa solution de l'acide nitrique. Cette propriété est caractéristique. L'urée est la forme sous laquelle l'azote des aliments et des organes est éliminé de l'économie. Aussi cette substance joue-t-elle un rôle important dans la nutrition des animaux et se trouve-t-elle produite en quantité d'autant plus grande que le régime est plus azoté. — *Pharmac.* Donnée à l'intérieur en solution, l'urée agit à la manière des diurétiques alcalins, et notamment comme le nitre. Employée quelquefois chez l'homme, cette substance n'a pas encore été essayée sur les animaux.

URÉTÉRALGIE, s. f., *Ureteralgia* ; de ουρητηρ, uretère, et αλγος, douleur ; douleur qui siège dans l'uretère.

URÉTÈRE, s. m., *Ureter* ; ουρητηρ, de ουρου, urine ; canal étroit et allongé, conduisant l'urine du rein à la vessie. L'uretère commence au bassinet du rein, par un évasement appelé *infundibulum*, sort par la scissure de l'organe et se dirige immédiatement en arrière, croisant le canal efférent et le ligament latéral de la vessie, dans laquelle il vient se terminer à sa partie postérieure et supérieure, après avoir parcouru un certain trajet entre ses membranes charnue et muqueuse ; disposition qui s'oppose au reflux de l'urine. L'uretère est formé d'une membrane muqueuse enveloppée d'une membrane plus épaisse, blanche et contractile, qui facilite, par son action, le trajet de l'urine dans ce canal.

URÉTÉRITIS, s. f., de ουρητηρ, uretère ; inflammation des uretères. Cette maladie est peu connue dans les animaux.

URÉTÉROLITHIASE, s. f., *Ureterolithiasis*, de ουρητηρ, uretère, et λιθος, pierre ; affection calculeuse de l'uretère.

URÉTÉRO-PHLEGMATIQUE. adj., *uretero-phlegmaticus* ; de ουρητηρ, uretère, et φλεγμα, mucus ; causé par les mucosités qui s'accumulent sur les uretères.

URÉTÉRO-PYIQUE, adj., *uretero-pyicus*, de ουρητηρ, uretère, et πυον, pus ; causé par la présence du pus dans l'uretère.

URÉTÉRO-STOMATIQUE, adj., *ureterostomaticus*, de ουρητηρ, uretère, et στομα, ouverture ; produit par l'obstruction de l'uretère dans la vessie.

URÉTRAL, ALE, adj., *uretralis* ; qui appartient à l'urètre : *bulbe urétral*, *tube urétral*. *V.* URÈTRE.

URÉTRALGIE, s. f., *Uretralgia*, de ουρητρα, urètre, et αλγος, douleur ; douleur qui se produit dans l'urètre. Cette maladie, difficile à reconnaître dans l'espèce humaine, ne peut être signalée dans les animaux.

URÉTRANE, s. f. ; produit particulier obtenu par Dumas, en faisant agir l'ammoniaque concentrée sur l'éther chloroxycarbonique. C'est un corps solide, cristallin, d'un blanc nacré, fusible à 100°, pouvant être distillé à 180°, et soluble à la fois dans l'eau et l'alcool.

URÉTRARCTIE, s. f., *Uretrarctia* ; rétrécissement de l'urètre.

URÈTRE ou **URÉTHRE**, s. m., *Uretra*, ουρητρα ; canal destiné, dans les deux sexes, à l'excrétion de l'urine, et, de plus, dans le sexe mâle, à l'excrétion des fluides produits par l'appareil génital. — L'urètre du mâle est un long canal étendu depuis le col de la vessie jusqu'à l'extrémité de la verge, et dans lequel on distingue, pour l'étude, trois portions : 1° une *pelvienne* ou *musculeuse* ; 2° une *périnéale* ou *bulbeuse* ; 3° une *pénienne* ou *érectile*. — La portion pelvienne, enveloppée par le muscle triangulaire, est en rapport, à son origine, avec la grande prostate, à sa terminaison, avec les glandes de Cowper, et présente, à l'intérieur, les orifices des canaux éjaculateurs entourés de ceux de la prostate, et constituant avec ces derniers le *veru montanum*. Vers sa terminaison, se voient deux lignes de petits mamelons qui sont les orifices des canaux des petites prostates. — La portion périnéale ou bulbeuse, plus courte que la précédente, contourne l'arcade ischiale et vient s'engager entre les racines du pénis. Elle présente à son côté externe un renflement de tissu érectile, appelé *bulbe de l'urètre*, et recevant les *artères bulbeuses*. — La portion pénienne, logée dans la scissure du corps caverneux et recouverte par le muscle accélérateur, est entourée, dans toute son étendue, par une couche de tissu érectile se continuant du bulbe urétral, et s'épanouissant, à l'extrémité de la verge, pour former la tête du pénis, au milieu de laquelle l'urètre forme un prolongement appelé *tube urétral*, situé au-dessous d'une fossette dite *urétrale*, dans le sinus du même nom. L'urètre est formé dans toute son étendue par une membrane muqueuse entourée de muscles dans la portion pelvienne, de tissu érectile et de muscles dans les deux autres portions. — L'urètre du bœuf, plus étroit que celui du cheval et entièrement entouré par le corps caverneux dans sa portion pénienne, suit les contours particuliers de la verge, et ne présente pas de *tube urétral*. — Celui du chien est protégé, dans une partie de son étendue, par l'os de la verge. — Dans la femelle, l'urètre, très court, vient s'ouvrir à la partie inférieure et postérieure du vagin, où son orifice présente un large repli valvuleux, dirigeant l'urine vers l'orifice de la vulve. Ce canal, facile à sonder chez la jument, présente chez la vache une valvule intérieure qui gêne le passage de la sonde.

URÉTRITE, s. f., *Uretritis*; inflammation de la membrane muqueuse du canal de l'urètre. Cette maladie, peu fréquente dans les animaux, est encore peu connue. On l'observe plus souvent sur le chien que sur le cheval. Les causes locales sont physiques : elles consistent dans des contusions, le frottement, la présence d'un calcul dans le canal urétral, l'accouplement du mâle avec une femelle dont les formes sont beaucoup moins développées. Parmi les causes internes, on peut citer les maladies de la vessie, les métastases, l'action des cantharides. Enfin, on a parlé de la contagion, quand la femelle est affectée de vaginite. Les symptômes de l'urétrite du cheval consistent dans la rougeur de la tête du membre et surtout de l'entrée du canal, un écoulement muqueux d'une matière qui, plus tard, devient jaune ou verdâtre. Pendant l'émission des urines, on observe des douleurs violentes, qui se manifestent par le trépignement des pieds. Des érections fréquentes viennent augmenter les souffrances. Quelques complications peuvent se montrer : ce sont l'engorgement des testicules, du cordon testiculaire, du scrotum, des ulcérations sur le pénis, dans le canal de l'urètre. Le pronostic est peu fâcheux; cette inflammation est moins rebelle que celle qu'on observe dans l'espèce humaine. Ordinairement elle cède au traitement antiphlogistique; on emploie les lavements émollients, les fumigations aqueuses, les lotions mucilagineuses, les émissions sanguines, le camphre et l'opium. Dans le chien, l'urétrite est presque toujours compliquée de balanite; la plupart des chiens errants sont affectés de ces deux maladies et présentent, sur le prépuce ou fourreau, un écoulement verdâtre. Lors même qu'on la néglige complètement dans ces animaux, l'urétrite ne cause aucun accident fâcheux.

URÉTRO-CYSTOTOMIE, s. f.; opération qui consiste à diviser le canal de l'urètre pour pénétrer jusque dans la vessie et retirer les calculs qu'elle contient. *V.* CYSTOTOMIE.

URÉTROPHRAXIE, s. f., *Uretrophraxia*, de ουρηθρα, urètre, et φρασσω, j'obstrue; obstruction de l'urètre.

URÉTRORRHAGIE, s. f., *Uretrorrhagia*, de ουρηθρα, urètre, et ρεω, je coule; hémorrhagie du canal de l'urètre.

URÉTRORRHÉE, s. f., *Uretrorrhœa*, de ουρηθρα, urètre, et ρεω, je coule; écoulement de l'urètre.

URÉTROTOME, s. m., *Uretrotomus*, de de ουρηθρα, urètre, et τεμνω, je coupe; instrument dont on se sert pour pénétrer dans le canal de l'urètre, lorsqu'on pratique l'opération de la taille.

URÉTROTOMIE, s. f., *Uretrotomia*, de ουρηθρα, urètre, et τεμνω, je divise; incision du canal de l'urètre. Cette opération consiste à diviser ce conduit sur une partie de son étendue, soit pour extraire un calcul arrêté dans son trajet, ce qui est fréquent sur le bœuf, soit pour remédier aux accidents d'une rétention d'urine. Dans ce dernier cas, il est difficile de faire pénétrer une sonde jusque dans la vessie des grands animaux en la faisant passer par l'extrémité de la verge; on est obligé de ponctionner l'urètre en dessous du contour de l'ischium. L'urétrotomie est facile à exécuter; de plus elle n'est pas susceptible de produire des complications qui aggravent l'état des malades. Après l'opération, la plaie est laissée béante sans inconvénient; les diverses variétés de sutures sont inapplicables et plutôt nuisibles qu'utiles. Dans les premiers temps, les urines s'écoulent abondamment par la solution de continuité; cet écoulement diminue peu à peu et finit par disparaître complètement. Le phimosis et le paraphimosis se développent quelquefois à la suite de l'urétrotomie.

URINAIRE, adj., *urinarius*; qui a rapport à l'urine : *voies urinaires*, *organes urinaires*. — *Méat urinaire* : orifice de l'urètre dans le vagin, chez la femelle. — *Calculs urinaires*, *V.* CALCUL.

URINE, s. f., *Urina*, *lotium*; ουρον; humeur excrémentitielle séparée du sang par les reins, déposée momentanément dans la vessie par les uretères et définitivement rejetée au dehors par le canal de l'urètre. Quand l'urine séjourne peu de temps dans la vessie, comme lorsqu'elle succède à l'ingestion de boissons aqueuses abondantes, elle est limpide, peu colorée, très peu chargée de principes fixes, et porte le nom d'*urine de boisson*. Si elle est rejetée quelques heures après le repas, elle est plus dense, plus colorée, moins aqueuse, et reçoit le nom d'*urine de digestion*. Enfin, si elle séjourne pendant plusieurs heures dans la vessie et qu'elle se dépouille, par absorption, d'une partie de son principe aqueux, elle est plus foncée en couleur, plus épaisse, plus odorante, et prend le nom d'*urine de nutrition*. A sa sortie de la vessie, l'urine est un liquide limpide, d'une couleur ambrée plus ou moins foncée, d'une odeur prononcée, toujours plus forte et plus désagréable chez les carnivores et les omnivores que chez les herbivores, d'une saveur salée, amère et nauséabonde, d'une densité toujours supérieure à celle de l'eau, mais variable selon les animaux. Quant à sa réaction sur les papiers colorés, elle est *acide* chez l'homme et les carnivores, et *alcaline* chez les herbivores. Exposée à l'air, l'urine perd d'abord sa chaleur, devient moins odorante, laisse déposer un sédiment plus ou moins abondant, entre en putréfaction au bout d'un temps variable selon la saison, et dégage une odeur infecte, ammoniacale, qui devient insupportable chez les carnivores. Soumise à l'action de la chaleur, l'urine ne se coagule pas, mais laisse peu à peu déposer ses principes fixes, à mesure que l'eau s'évapore; distillé, le sédiment de l'urine fournit des produits ammoniacaux, ainsi qu'une huile infecte et inflammable. L'eau se mêle à l'urine en toute proportion; l'alcool en précipite les sels insolubles, ainsi que du mucus, de l'acide urique et de l'urate d'ammoniaque. Les acides minéraux produisent de l'effervescence avec les carbonates, surtout dans l'urine des herbivores; ils déterminent aussi la précipitation de l'acide urique impur; l'acide oxalique en sépare la chaux. Les bases de la première section dégagent d'abord une odeur ammoniacale et produisent ensuite un précipité abondant de sels terreux. La plupart des sels métalliques et le tannin précipitent l'urine, en agissant soit sur ses matières organiques, soit sur ses sels. — *Composition chimique.* Elle est très complexe et assez bien déterminée, chez l'homme du moins. Indépendamment de l'*eau*, qui en forme plus des $9/10$, l'urine contient de l'*urée*, chez tous les animaux, mais en proportion très variable; elle renferme constamment aussi de l'acide *urique*, et, dit-on, de l'acide *lactique*; l'acide *hyppurique* n'existe que chez les herbivores; quant aux acides *acétique* et *phosphorique libres*, admis par quelques auteurs, leur existence paraît variable ou problématique. Les matières organiques neutres de l'urine sont le *mucus*, qui provient des voies qu'elle parcourt, et divers principes extractifs provenant des aliments. Enfin, les principes salins, en général très nombreux, sont formés par des sulfates, phosphates, carbonates, chlorures de potasse, de soude, d'ammoniaque, de chaux, de magnésie, etc. On y trouve aussi un peu de silice. La proportion relative de ces sels varie infiniment, selon les animaux. — *Variations physiologiques de l'urine.* Ces variations, qui sont relatives à la *quantité* et aux *qualités* de l'urine, sont extrêmement nombreuses, et dépendent principalement de l'espèce de l'animal, de son âge, de son sexe, de son alimentation, de son état physiologique, etc. Chez tous les animaux soumis à la diète, quelle que soit leur espèce, les urines sont identiques physiquement et chimiquement, et sont analogues à celles des carnivores; l'alimentation seule change donc la nature des urines. Un carnivore nourri de végétaux donne une urine d'herbivore; réciproquement, un herbivore nourri exclusivement de viande donne la même urine qu'un carnivore. La sécrétion urinaire, qui est chargée d'éliminer au dehors l'azote des aliments et des tissus, l'eau

surabondante, ainsi que les principes salins introduits dans l'économie animale, est sous la dépendance de la respiration et des sécrétions de la peau; aussi ses produits sont-ils toujours en raison inverse de quantité avec ceux de la peau, et d'autant moins abondants et plus chargés d'urée que la respiration est plus active. Le tableau suivant servira à faire connaître la composition comparative de l'urine de l'homme et des animaux.

TABLEAU COMPARATIF

de la densité et de la composition chimique de l'urine de l'homme et des principaux animaux domestiques.

Principes constituants de l'urine.	Homme.	Carnivores.	Cochon.	Cheval.	Bœuf.	Chèvre et Brebis.
DENSITÉ.	1,020	1,060	1,014	1,045	1,040	1,040
Eau	934,50	876,30	979,23	910,66	924,32	980,37
Urée	30,20	} 132,20	4,90	30,00	18,48	3,78
A. lactiq. et lactates	17,14		»	20,09	17,16	5,54
A. uriq. et urates	1,00	0,22	»	»	»	»
A. hyppuriq. et hyppiques	»	»	»	4,64	16,51	1,21
Mucus	0,32	5,02	»	»	»	»
Sels de potasse	3,71	1,20	12,70	16,68	19,72	0,06
Sels de soude	10,55	8,18	2,30	1,92	1,52	5,36
Sels d'ammoniaque	1,55	2,02	»	»	»	2,98
Sels de chaux	1,00	1,76	0,87	10,81	0,55	»
Sels de magnésie	»	»	»	4,16	4,74	0,70
Silice	0,03	»	»	1,04	»	»
Totaux	1000,00	1000,00	1000,00	1000,00	1000,09	1000,00

Agr. L'urine est un engrais fortement azoté. Celle des herbivores renferme en outre une grande proportion de substances salines. L'urine convient surtout aux prairies. On l'emploie rarement à l'état frais et seule ; généralement, on la mélange avec de l'eau, ou de l'acide sulfurique, à la dose de 1 à 2 kilogrammes d'acide sur 100 kilogrammes d'urine, ou avec 6 à 7 kilogrammes de sulfate de fer ou de plâtre. L'urine qui est restée exposée à l'air a éprouvé un commencement de putréfaction ; elle prend le nom particulier de *purin* (*V.* ce mot). C'est sous cet état qu'on en fait le plus souvent usage.

URNE, s. f., *Theca ;* organe de fructification des mousses. On lui a donné beaucoup de noms, entre autres ceux de *conceptacle, péricarpe, sporange, capsule,* etc., etc.,

UROCÈLE, s. f., *Urocele,* de ουρον, urine, et κηλη, hernie ; infiltration d'urine dans le scrotum.

UROCRISIE, s. f., *Urocrisis,* de ουρον, urine, et κρισις, jugement ; jugement porté sur un malade d'après l'inspection des urines.

URODYNIE, s. f., *Urodynia,* de ουρον, urine, et οδυνη, douleur ; douleur produite par l'émission des urines.

UROMÈLE, s. et adj., *Uromeles,* de ουρα, queue, et μελος, membre ; genre de monstres syméliens, chez lesquels les membres abdominaux, réunis et incomplets, sont terminés par un pied simple, presque toujours imparfait, et dont la plante est tournée en avant. Ce genre de monstruosité est très rare, et n'a encore été observé que chez l'homme.

UROMÉLIE, s. f., *Uromelia ;* état des monstres uromèles.

UROSCOPIE, s. f., *Uroscopia,* de ουρον, urine, et σκοπειν, examiner ; inspection, examen des urines.

UROSE, s. f., *Urosis,* de ουρον, urine ; nom donné par Alibert à la classe qui comprend les maladies des voies urinaires.

URTICACÉES, URTICINÉES, s. f., *Urticaceæ, Urticineæ ;* famille de plantes dicotylédones, diclines ou rarement hermaphrodites ; ses fleurs sont solitaires, en chatons, ou rassemblées sur un involucre plane ou fermé, les mâles composés d'un calice à quatre ou cinq sépales ou d'une simple écaille et de quatre étamines ; les femelles d'une semblable enveloppe et d'un ovaire libre, à une seule loge monosperme, surmonté d'un stigmate quelquefois porté sur un style. Le fruit est un akène crustacé, à embryon recourbé, souvent caché dans l'endosperme. Les Urticacées se composent d'herbes, d'arbrisseaux ou d'arbres quelquefois lactescents, la plupart originaires des contrées chaudes. Elles ont été divisées en groupes plus ou moins nombreux, en tribus ou en familles distinctes, selon les idées des auteurs qui les ont décrites. La division suivante est adoptée par Richard : 1° les *Ulmacées ;* genres, *Ulmus, Celtis, Planera ;* 2° les *Urticées ;*

genres : *Urtica, Parietaria, Cannabis, Humulus, Morus,* etc. ; 3° les *Ficées ;* genres : *Ficus, Dorstenia,* etc. Le genre *Platanus,* qui forme aujourd'hui une petite famille, en a fait autrefois partie comme tribu.

URTICAIRE, s. f., *Urticaria, febris urticata ;* inflammation exanthémateuse de la peau, caractérisée par des taches proéminentes, plus rouges ou plus pâles que la peau qui les entoure, persistant rarement, se reproduisant par accès, et causant un prurit semblable à celui causé par les piqûres d'ortie. Cette maladie est encore peu connue dans les animaux. Jacob l'a observée sur le cheval. La peau du tronc, de l'encolure, de la face interne des cuisses, présente des plaques irrégulières, qui causent une démangeaison plus vive que celle de l'érysipèle ; l'animal se frotte et la peau est bientôt dénudée. Les fonctions digestives ne sont pas troublées ; cependant on observe quelques symptômes généraux relativement aux appareils circulatoire et respiratoire. L'urticaire diffère de la rougeole en ce qu'elle débute sans prodromes, à tous les âges. Elle dure sept à huit jours et se termine par résolution, en présentant toutefois une marche intermittente ou par accès. — Comme traitement, on prescrit la saignée générale, les boissons miellées faites avec l'infusion de tilleul et de sureau, quelques lavements émollients. L'émétique, par son action sur le tube intestinal, peut activer la guérison. Le traitement local consiste à faire, sur la peau, des lotions acidulées.

USAGER, s. m. ; celui qui jouit d'un droit d'usage.

USAGES, s. m. pl. ; droits exercés dans les forêts et concédés par le propriétaire à des particuliers ou à des communes. Leur origine est très ancienne. Au XIIIᵉ siècle, on se plaignait déjà, en France, des abus auxquels ils donnaient lieu. La Constituante en 1791, la Loi forestière de 1827, les ont abolis ou modifiés. On reconnaissait autrefois de grands et de petits droits d'usages. Les grands usages comprenaient l'*affouage,* le *marronnage,* le *pâturage* ou *parcage,* la *glandée* et la *paisson ;* les petits usages consistaient dans le droit d'enlever les *branches sèches,* le *bois mort* et le *mort-bois.*—*Jurisp. commerc.* Les usages sont complètement abolis relativement aux vices rédhibitoires des animaux.

UTÉRIN, INE, adj., *uterinus,* de *uterus,* matrice ; qui appartient à la matrice ou utérus. — *Artère utérine :* artère correspondant à la petite testiculaire du mâle, quoique beaucoup plus développée, et se distribuant principalement à la partie postérieure de l'utérus, l'antérieure recevant l'artère utéro-ovarienne qui s'anastomose avec l'utérine. Cette artère, très flexueuse, prend un grand développement à mesure que l'utérus se dilate pendant la gestation. — *Trompe utérine* ou *de Fallope :* canal flexueux, étroit à sa partie postérieure, évasé antérieurement, mettant en communication l'utérus et l'ovaire, et contenu entre les deux lames du ligament large de l'utérus. La trompe utérine s'ouvre postérieurement par un orifice très étroit, dans un petit tubercule situé au fond de la corne de l'utérus. Antérieurement, elle forme une espèce d'infundibulum à bords frangés, appelé *pavillon de la trompe*, *morceau frangé*, qui s'applique contre l'ovaire pour recevoir l'œuf et le conduire dans la matrice. C'est sur ce point que se trouve le seul exemple de communication d'une séreuse avec une muqueuse.

UTÉRINS, s. m. pl. ; *obstétricaux*, *abortifs*, *emménagogues;* classe de médicaments hétérogènes, qui ont pour propriété commune d'agir plus particulièrement sur l'utérus, d'exciter les contractions de sa membrane charnue et les sécrétions de sa muqueuse. Ils sont tous tirés du règne végétal, présentent une odeur prononcée, désagréable, une saveur amère ou irritante, contiennent une essence, une résine, un principe extractif, etc. On administre ces médicaments en infusion ou en décoction, mais rarement sous forme solide. Les véhicules chauds et alcooliques sont, en général, favorables au développement de leurs effets. Administrés par le tube digestif, qui est la voie la plus ordinaire, ces médicaments déterminent des effets locaux et généraux assez disparates, mais qui se rapprochent toujours plus ou moins de ceux des excitants ou des irritants. Leur action sur la matrice n'est pas plus uniforme; les uns y déterminent un afflux sanguin plus ou moins fort, comme l'absinthe, l'armoise, la matricaire, l'aloès; on les appelle des *excitants utérins;* les autres irritent d'une manière notable la membrane muqueuse utérine; telles sont la rue et la sabine; on a proposé de les appeler *irritants* de l'utérus; enfin, il en est qui agissent spécialement sur la musculeuse et les nerfs de la matrice; ce sont les *antispasmodiques* de cet organe, comme le seigle ergoté et le safran. Les indications de ces médicaments sont rares en médecine vétérinaire; on n'en fait guère usage que dans les accouchements laborieux par inertie de la matrice et la non-délivrance.

UTÉROCEPS, s. m., *Uteroceps;* instrument qui sert à saisir le col de l'utérus.

UTÉROMANIE, s. f., *V.* NYMPHOMANIE.

UTÉRO - OVARIEN, ENNE, adj. : qui appartient à l'utérus et à l'ovaire. — *Artère utéro-ovarienne* : artère correspondant à la grande testiculaire du mâle, et donnant des divisions, dans la femelle, à l'ovaire, à la trompe, et à la partie antérieure des cornes de l'utérus.

UTÉROTOME, s. m., *Uterotomus;* instrument employé pour la section du col de l'utérus.

UTÉROTOMIE, s. f., *Uterotomia*, de υτερον, utérus, et τεμνειν, inciser ; incision du col de l'utérus ; opération césarienne vaginale. *V.* HYSTÉROTOMIE.

UTÉRUS, s. m. ; mot latin signifiant *matrice*, et employé dans cette acception en anatomie. L'utérus est un réservoir membraneux, destiné à recevoir le produit de la conception des mammifères, à le loger, et à lui fournir les matériaux de sa nutrition pendant un temps variable, qui constitue la gestation. L'utérus est un sac bifurqué antérieurement et uni postérieurement au vagin, dans lequel communique sa cavité. Le corps, ou partie moyenne de ce viscère, est suspendu à la région sous-lombaire par deux ligaments fournis par le péritoine et qui se prolongent sur chacune des deux cornes ; il est peu considérable, en rapport supérieurement avec le rectum, inférieurement avec la vessie. Son extrémité postérieure, appelée *col*, forme, dans le vagin, un prolongement entouré de replis muqueux disposés en rayons qui lui ont fait donner le nom de *fleur épanouie* ; on nomme aussi ce prolongement *museau de tanche*. La partie antérieure donne naissance aux deux cornes ; celles-ci se prolongent en avant, se recourbant de bas en haut et sont soutenues chacune par l'un des ligaments larges qui se trouvent sur les côtés du corps ; elles se terminent par une pointe mousse au milieu de laquelle se trouve intérieurement le tubercule, point d'origine de la trompe utérine. — La matrice est formée de trois membranes ; l'externe ou péritonéale, n'est que l'expansion de la séreuse qui forme les ligaments larges ; la moyenne est de nature musculeuse, formée de deux plans superposés, l'un superficiel et l'autre profond ; la membrane interne, de nature muqueuse, éprouve des changements bien marqués lors de la gestation. Dans la jument, elle fournit une série de papilles s'engrenant avec les papilles placentaires qui recouvrent toute la surface du chorion. Dans la vache et la brebis, elle offre une série de tubercules ou *cotylédons* qui reçoivent les papilles formant les placentas disséminés des ruminants. — L'utérus de la vache, plus grand que celui de la jument, en diffère surtout par ses cotylédons, qui sont déjà apercevables, même dans le fœtus. Dans la truie, l'utérus ne présente qu'un corps à peine développé, et deux longues cornes ressemblant par leurs circonvolutions à l'intestin grêle. L'utérus de la chienne offre aussi deux cornes très longues, partant d'un corps très petit. Dans la lapine, les deux cornes sont complètement isolées et aboutissent dans le vagin, chacune par un orifice particulier ; il y a donc, en réalité, deux utérus, ce qui explique la fréquence de la superfétation chez cette femelle. — L'utérus se développe beaucoup par la gestation ; les vaisseaux de cet organe augmentent en proportion, pour suffire à la circulation, qui devient d'autant plus active que le fœtus approche davantage du moment de sa sortie de l'utérus.

UTRICULAIRE, s. f., *Utricularia*, L. : genre de la famille des Utriculariées. Il se compose de plantes herbacées habitant les eaux douces. Le nombre des espèces s'élève à environ cent quarante ; trois seulement se trouvent en France: *vulgaris*, *minor*, *intermedia*.

UTRICULAIRE, adj., *utricularis*; en forme d'outre ; formé d'utricules. — *Tissu utriculaire*, *V.* CELLULAIRE. — *Glandes utriculaires :* elles ont la forme d'ampoules et contiennent un fluide aqueux. On les trouve à la surface de certaines plantes : ex.: la *Glaciale*.

UTRICULARIÉES, s. f., *Utriculariœ;* famille de plantes dicotylédones, monopétales, hypogynes, habitant les eaux douces stagnantes, à la surface desquelles certaines espèces nagent à la faveur d'utricules pleines d'air, qui couvrent la surface des feuilles; genres : *Utricularia*, *Pinguicula*, etc.

UTRICULE, s. m. ou f., *Utriculus;* organe élémentaire des végétaux. L'utricule ou cellule forme la base du tissu cellulaire ou parenchyme. Libre, elle prend la forme sphérique; comprimée, elle devient ellipsoïde ou polyédrique. Elle est composée à l'extérieur d'une membrane mince, transparente, unie, sans ouvertures ni pores visibles, doublée à l'intérieur d'une couche incomplète, ponctuée ou sillonnée. Chaque utricule est unie à celles qui l'entourent par une matière organique soluble dans l'acide azotique étendu et chaud, appelée *matière intercellulaire ;* les intervalles qui peuvent résulter de l'adossement des utricules sont de formes diverses et appelés *lacunes* ou *méats intercellulaires*. Chaque cellule renferme, au moment de la végétation, de la sève qui y éprouve un mouvement particulier appelé *gyration ;* elle peut contenir aussi des gaz, de la chlorophylle, de la fécule, des cristaux ou raphides, et enfin un ou plusieurs *nucleus* destinés sans doute à reproduire d'autres utricules. Beaucoup de végétaux simples sont exclusivement formés de cellules ; dans les autres, le tissu utriculaire s'associe aux vaisseaux et aux fibres. — On donne aussi le nom d'*utricules* à de petites vésicules qui couvrent la surface de certains organes.

UTRICULEUX, EUSE, adj., *utriculosus;* couvert d'utricules ; ex. : *la racine de l'utriculaire*.

UVÉE, s. f., de *uva*, raisin ; nom donné à la face postérieure de l'iris, à cause de l'enduit noir et épais qui la recouvre.

UVÉITE, s. f., *Uveitis ;* inflammation de l'uvée ou de la face postérieure de l'iris.

V

VACCIN, s. m., *Virus vaccinum*, de *vacca*, vache ; virus ainsi nommé, parce qu'il a été recueilli primitivement sur des pustules qui surviennent au pis des vaches atteintes de la maladie appelée *vaccine*. Cette matière est susceptible de la reproduire par voie d'inoculation sur les individus de l'espèce humaine qui n'ont pas eu la petite vérole, sur des vaches, sur des bêtes à laine qui n'ont pas été atteintes de la clavelée. Le vaccin est un liquide transparent, visqueux, incolore, sans globules ; il se dessèche rapidement et prend un aspect vitreux. Les médecins pensent qu'on peut employer le vaccin tant qu'il a conservé sa limpidité, qu'il présente les qualités nécessaires du cinquième au neuvième jour de l'éruption. Il est possible de le conserver par plusieurs procédés différents ; on en charge du fil, ou, ce qui est mieux, on le conserve entre des plaques de verre, dans des tubes capillaires. Ainsi recueilli, ce virus conserve, pendant plusieurs années, sa fluidité et ses propriétés contagieuses. Il perd, dit-on, son énergie primitive par l'usage et le temps ; il faut le faire repasser par la vache pour lui redonner son activité première.

VACCINAL, adj., *vaccinalis;* qui se rapporte à la vaccine : *éruption vaccinale*.

VACCINATION, s. f., *Vaccinatio ;* inoculation de la vaccine. C'est par une opération qu'on inocule cette matière, en la mettant en contact avec les vaisseaux absorbants de la peau. La vaccination est un moyen des plus efficaces pour préserver l'espèce humaine des ravages de la petite vérole ; en inoculant le vaccin, on fait naître une éruption bénigne et préservatrice. Son étude offre beaucoup moins d'intérêt pour ce qui concerne les animaux. Attendu la ressemblance qui existe entre la variole et la clavelée du mouton, il était naturel de penser que la vaccination pouvait être un préservatif de cette dernière maladie. De nombreux essais ont été faits par des hommes instruits ; Alibert, Tessier, Valois, tentèrent des expériences qui donnèrent des résultats heureux ; d'autres expérimentateurs ne sont pas arrivés aux mêmes conclusions. Voisin, Verrier, Gohier et Husson, ont observé que les bêtes à laine vaccinées, contractent néanmoins la clavelée, soit par contagion naturelle, soit par inoculation. Il faut admettre comme un fait démontré que la vaccination est insuffisante comme moyen préservatif de la clavelée. Les bêtes à laine de toutes les races sont susceptibles de contracter la vaccine, après l'inoculation du vaccin, toutefois avec moins de facilité que les individus de l'espèce humaine ; quand elles ont été vaccinées, elles ne peuvent pas contracter la maladie une seconde fois ; mais elles ne sont pas à l'abri de la clavelée. Pour pratiquer la vaccination, les procédés en usage sont les mêmes que pour l'inoculation du claveau. Si l'on vaccine la vache, on développe sur elle une éruption vaccinale, qui fournit une matière susceptible de reproduire sur l'homme la même maladie. Les chiens contractent la vaccine par inoculation ; mais cette opération n'offre aucun intérêt, parce qu'elle ne les préserve pas, comme on l'avait avancé, du catarrhe nasal particulier au jeune âge. Les essais faits sur les chevaux, les ânes et d'autres espèces animales ont été infructueux.

VACCINE, s. f., *Vaccina*, de *vacca*, vache ; *cowpox*, *picotte*, *variole*, *petite vérole des vaches*. Maladie pustuleuse et contagieuse des vaches, qui se développe sur les mamelles ; inoculée à l'homme, elle produit des pustules semblables, et susceptibles de transmettre l'éruption ; elle préserve de l'action contagieuse de la variole ou en atténue les effets. La vaccine a été observée sur les vaches en Angleterre, dans le Mecklembourg, le Holstein, la Norwège, la Hollande, en Espagne et en France. C'est Jenner qui a constaté le premier que les personnes chargées de traire les vaches affectées du cowpox contractaient quelquefois une éruption pustuleuse qui les préservait de la variole. Cette précieuse découverte a été le sujet de nombreuses expériences, qui ont confirmé l'efficacité du vaccin comme moyen préservatif. On avait avancé que la matière des eaux aux jambes des chevaux, *the grease* des Anglais, pouvait transmettre aux vaches cette affection éruptive ; les expériences de Simmons et Voodville ont démontré le contraire ; il est reconnu que la vaccine est une affection particulière à la vache. On observe dans cette maladie plusieurs périodes. Pendant l'*incubation*, les symptômes de la fièvre éruptive se font remarquer ; le troisième ou le quatrième jour, la période d'*éruption* présente des pustules plates, circulaires, entourées d'un cercle rouge, qui se développent sur les mamelles, autour du pis, quelquefois sur le nez et les paupières. Du septième au huitième jour, commence la période de *suppuration* ; alors les pustules sont déprimées à leur centre ; elles deviennent diaphanes et prennent une teinte plombée argentine. Dans la quatrième période, qu'on nomme la *dessiccation*, le liquide contenu dans les pustules s'épaissit et se dessèche ; on voit se former des croûtes qui tombent en dix à douze jours. Cette marche régulière peut être contrariée par l'action de traire, par la malpropreté ou par d'autres causes. La vaccine se communique d'une vache à l'autre par inoculation ; mais ces animaux n'en sont affectés qu'une fois. Elle se transmet au mouton et au chien, sans les préserver des maladies qui leur sont particulières. Les symptômes de la vaccine, sur l'espèce humaine, ressemblent à ceux que l'on observe sur la vache ; mais ils sont souvent accompagnés de complications, d'accidents, qui deviennent rares quand le vaccin a été trans-

mis plusieurs fois de l'homme à l'homme. On ne connaît pas les causes premières de la vaccine chez la vache. Cette affection paraît régner de préférence dans les lieux humides ; elle a été considérée comme enzootique. C'est par la contagion qu'elle se produit généralement. L'éruption vaccinale n'offre pas de danger pour les animaux qui en sont affectés ; on se borne à quelques soins relatifs au régime, pendant la période d'éruption ; on fait quelques lotions émollientes sur les mamelles, quand elles sont douloureuses. Il faut continuer à traire les malades, pour prévenir les engorgements ; mais le lait qu'elles fournissent est de mauvaise qualité. — On a encore distingué la *vaccine vraie* ou *préservatrice*, et la *fausse vaccine*. Cette dernière produit des pustules inégales, jaunâtres, s'ouvrant à la moindre pression, sans auréole rouge, et qui ne suivent nullement la marche de la vraie éruption vaccinale. Leur virus ne jouit pas de propriétés préservatrices. Ces pustules sont nommées *vaccinelles* ou *varioloïdes*.

VACCINELLE, s. f., *Vaccinella* ; nom donné par Rayer à plusieurs éruptions de nature et d'apparence vaccinales. *V.* VACCINE.

VACCINIÉES, s. f., *Vaccinieœ* ; famille de plantes dicotylédones, monopétales, périgynes, regardée par beaucoup de botanistes comme une tribu des Éricacées. Elle se compose de sous-arbrisseaux, d'arbrisseaux et de petits arbres, plus nombreux dans l'Amérique septentrionale qu'ailleurs. Genres ; *Vaccinium*, *Oxycoccus*. Le Vaccinier myrtille, *V. myrtillus*, commun dans les forêts de la France et surtout dans les bruyères des montagnes, fournit le fruit bacciforme appelé *bacet*, *brimbelle*, *airelle*, et employé comme rafraîchissant.

VACHE, s. f., *Vacca* ; femelle du taureau. La vache est entretenue pour la reproduction de l'espèce, la production du lait et quelquefois pour le travail. Elle va, comme le bœuf, terminer sa carrière à la boucherie. La faculté lactifère n'excluant pas d'une manière absolue les autres aptitudes et constituant le principal caractère d'utilité, doit être prise en première considération dans le choix des vaches. Aucun signe pris isolément ne permet d'en fixer rigoureusement le degré ; c'est dans un ensemble de caractères d'origine, de conformation, etc., que l'on doit le chercher. — On trouve partout de bonnes vaches ; mais certaines races l'emportent incontestablement sur les autres et se font remarquer par la grande quantité de lait qu'elles fournissent. Les races de Schwitz et de Fribourg, celles de Hollande et de Flandre, du Cotentin, la race féméline de la Comté, sont particulièrement renommées en France. Il en est d'autres, et dans chaque race, même commune, on trouve des femelles remarquables sous le rapport de la lactation. Il est d'observation que ces sous-races sont le produit combiné d'une bonne laitière ou d'un jeune taureau et du régime. — La beauté est, dans les ruminants surtout, une chose de pure convention. On doit rechercher dans la conformation les signes d'une bonne santé, d'une digestion et d'une respiration larges et faciles, une poitrine ample, large, tombante, des côtes arrondies, arquées dans toute leur longueur, une tête effilée, la peau souple, le corps allongé, les hanches larges, l'encolure fine, le poil court, soyeux, les cornes grêles, luisantes, le regard doux, les paupières ouvertes, fendues, le caractère calme, facile, l'expression de la physionomie douce. On recherche généralement une couleur claire ; mais, dans le fait, on ne peut fonder rien d'absolu sur la couleur de la robe. Dans beaucoup de contrées, on recherche des vaches dont les apophyses des vertèbres dorsales et lombaires, larges et refoulées à leur sommet, laissent entre elles des intervalles ou sillons marqués. Toutes les vaches ne sont pas également bonnes aux diverses périodes de leur existence. On rencontre un plus grand nombre d'excellentes laitières après six ou sept ans qu'auparavant. Un large développement du train postérieur s'accompagne généralement de mamelles très grosses ; ce dernier caractère doit être recherché ; seulement, il est essentiel que le pis ne soit pas graisseux, et qu'il diminue considérablement par la mulsion. On doit rechercher aussi des vaches qui aient les veines mammaires très développées. Ces veines s'étendant de la partie antérieure des mamelles jusqu'à la région antérieure et latérale du ventre sont très faciles à explorer. Les ouvertures à travers lesquelles elles pénètrent dans les parois profondes et inférieures de la poitrine sont appelées *portes du lait*. Les veines du périnée s'étendant de la commissure inférieure de la vulve aux mamelles sont également dignes d'attention, quoique moins faciles à reconnaître. Les bonnes vaches ont les mamelles recouvertes d'un poil fin, soyeux, court, rare ; il s'échappe de leur surface, quand on la gratte avec l'ongle, une matière furfuracée, jaunâtre, onctueuse au toucher, et abondante. Quant aux écussons ou signes particuliers indiqués par Guénon et servant à une classification méthodique et rigoureuse, leurs formes et leur valeur ont été exposées aux mots *flandrines, lisières, courbelignes, bicornes, poitevines, équerrines, limousines, carrésines* et *bâtardes*. Les indications données par les épis ou écussons sont bien loin d'être aussi rigoureuses qu'on pourrait le supposer. D'ailleurs, la division de chaque classe de vaches en huit ordres et en trois catégories de taille complique assez la méthode pour qu'il soit à peu près impossible d'en faire une application exacte. Pour éviter l'inconvénient qui résulte de cette multiplicité d'espèces, Magne divise les vaches en quatre classes, déterminées d'après l'ensemble des caractères précédem-

ment énumérés ; il reconnaît : des vaches *très bonnes*, donnant en moyenne de 20 à 30 litres de lait par jour, selon la taille, et le gardant très longtemps ; des vaches *bonnes* donnant de 12 à 18 litres ; des vaches *médiocres ;* et enfin des vaches *mauvaises*. Tout ce qu'on peut dire de plus général sur la durée de la lactation, c'est que les vaches qui donnent le plus de lait sont celles qui le conservent le plus longtemps. — La quantité de lait donnée par une vache ne dépend point exclusivement des particularités de conformation, elle est subordonnée à la quantité et à la qualité de la nourriture, *V.* LAIT. — Les vaches laitières peuvent être entretenues au pâturage ou à l'étable ; c'est dans le régime de la stabulation permanente qu'elles donnent le plus de produits ; mais il faut que les habitations soient saines, que l'atmosphère en soit uniforme, un peu chaude et un peu humide. C'est une erreur de supposer que les vaches ne doivent pas être pansées et qu'elles peuvent, sans inconvénient pour elles et pour leurs produits, rester couvertes de malpropreté ou séjourner sur le fumier. — Dans beaucoup de localités, dans le Midi, dans les contrées montueuses les vaches travaillent habituellement. On ne doit pas oublier que les déperditions qui en résultent viennent en diminution des produits en lait, et exigent un meilleur entretien. Les vaches ont surtout à souffrir du travail pendant les chaleurs. — Les vaches sont aptes à reproduire leur espèce de l'âge de deux à huit ou dix ans ; plus tôt ou plus tard, elles donnent des veaux médiocres, moins de lait, et s'engraissent plus difficilement ; une lactation pressée par le régime altère le plus souvent leur santé de bonne heure. Elles portent environ neuf mois et ne font en général qu'un veau. C'est après le deuxième ou le troisième vêlage que les vaches donnent la plus forte proportion de lait. C'est alors aussi qu'on les châtre quelquefois pour les consacrer exclusivement à la production du lait, et les engraisser ensuite plus facilement, *V.* CASTRATION. Les jeunes vaches sont souvent difficiles à traire ; il faut les habituer de bonne heure à la mulsion, et les traiter avec beaucoup de ménagement.

VACHERIE, s. f., *Bubila ;* logement spécialement destiné aux vaches. La disposition générale de ces habitations est celle indiquée au mot *bouverie*. Les vacheries doivent être entretenues dans un grand état de propreté, avoir une atmosphère douce, uniforme et un peu humide, sans être jamais viciée. Au nombre des ustensiles appropriés au service des bêtes bovines, on doit y trouver ceux qui sont nécessaires pour opérer la mulsion.

VACILLANT, ANTE, adj. ; qui chancelle, qui n'est pas ferme. On dit que les jarrets sont *vacillants* lorsque, au moment de l'appui, ils éprouvent quelques oscillations latérales ce mouvement indique toujours peu de force dans cette articulation. — *Bot.* Se dit des anthères médiifixes qui oscillent à l'extrémité du filet staminal. *V.* Oscillant.

VAGIN , s. f. , *Vagina uteri* , de *vagina*, gaine ; canal existant chez la femelle , entre l'utérus et la vulve, servant à l'accouplement et à la sortie du fœtus lors de l'accouchement. Ce canal, situé entre le rectum qui lui est supérieur, et la vessie et l'urètre , qui lui sont inférieurs, se termine antérieurement autour du museau de tanche , et postérieurement à la vulve ou orifice externe de l'appareil génital. A sa partie inférieure et à peu de distance de cet orifice , se trouve l'ouverture de l'urètre , protégée par un large repli valvuleux , dont le bord libre est tourné en arrière. — Le vagin est tapissé à l'intérieur par une membrane muqueuse présentant de nombreux plis longitudinaux, qui permettent son ampliation ; cette membrane forme , dans le fond , les rayons de la fleur épanouie , et, plus en arrière la valvule de l'urètre. La couche muqueuse est doublée à l'extérieur d'une lame musculeuse blanchâtre , d'apparence dartoïque , très dilatable comme la muqueuse. Sur les côtés et à l'entrée du vagin, se trouve un amas de tissu érectile, dans lequel vient aboutir la principale branche de l'artère bulbeuse, et que l'on nomme *bulbe vaginal*.

VAGINAL, ALE , adj., *vaginalis*; qui appartient au vagin. — *Bulbe vaginal. V.* Vagin. — *Artère vaginale :* artère émanant de la bulbeuse ou honteuse interne, longeant le vagin , auquel elle envoie de nombreuses divisions , et s'anastomosant, vers l'anus , avec des divisions périnéales fournies par l'artère mammaire. — *Tunique vaginale du testicule:* nom donné à l'enveloppe péritonéale de cet organe. — *Orifice vaginal de l'utérus:* on appelle ainsi l'orifice postérieur de la matrice , ou le museau de tanche.

VAGINANT, ANTE , adj. , *vaginans ;* synonyme d'*engaînant*.

VAGINÉ, ÉE , adj., *vaginatus;* engaîné ; on le dit principalement des plantes dont les feuilles consistent dans des sortes de gaines; ex. : les *Equisétacées*.

VAGINELLE, s. f., *Vaginella;* petite gaine ou stipule embrassant la base des feuilles de pin.

VAGINERVE, adj., *vaginervis;* se dit de la feuille dont les nervures sont disposées en tous sens, sans aucun ordre, comme dans les plantes grasses.

VAGINIFORME, adj., *vaginiformis;* en forme de gaine.

VAGINITE, s. f. ; inflammation du vagin; *Blennorrhagie, catarrhe vaginal*. Cette maladie est rare dans les femelles domestiques ; elle est le résultat des moyens violents employés dans le cas de parturition laborieuse ; elle accompagne quelques maladies de l'utérus. Les autres causes sont mécaniques; ce sont les corps étrangers, l'abus du coït, la disproportion des organes sexuels; on a parlé de la contagion. Comme symptômes ,

on observe la rougeur et le gonflement de la muqueuse vaginale, un écoulement de mucus jaune et quelquefois verdâtre. Dans la chienne, la vaginite est fréquemment compliquée de la formation de condylômes. Les lotions et les injections émollientes fréquemment répétées ,les boissons blanches, suffisent pour guérir la vaginite de la jument. Si la maladie passe à l'état chronique , on a recours aux injections astringentes. Pour la chienne, on emploie avec avantage l'eau blanchie par l'extrait de Saturne ou la solution de sulfate de zinc. Si des polypes ou condylômes entretiennent l'écoulement , il faut les exciser.

VAGINULE , s. f., *Vaginula;* petite gaine. Necker donnait ce nom aux fleurons tubuleux et réguliers des Composées.

VAGUE, adj., *vagus ;* qui va çà et là; nom donné, à cause de ses nombreuses divisions, au nerf de la dixième paire. *V.* Pneumo-gastrique.— *Bot.* Disposé sans ordre. On le dit surtout des cloisons.|Le fruit du grenadier offre un exemple de cloisons vagues.

VAILLANTIE , s, f., *Vaillantia* , T.; genre de la famille des Rubiacées. Il se compose de plantes herbacées, annuelles , généralement petites. La V. croisette , *V. cruciata*, vulg. *Croisette velue*, commune dans les prairies, au bord des haies , est mangée par les moutons lorsqu'elle est verte , et par tous les herbivores quand elle a été séchée.

VAINE-PATURE , s. f.; *V.* Communaux et Pature.

VAIRON, adj. ; *œil vairon :* œil dont l'iris est blanc ou jaunâtre en totalité ou en partie, chez un animal dans lequel cette couleur n'est pas la nuance ordinaire.

VAISSEAU , s. m., *Vas;* exactement un *vase*. On appelle *vaisseaux*, en anatomie, les canaux dans lesquels sont contenus et circulent tous les liquides organiques. Ce nom s'applique non-seulement aux canaux apparents renfermant le sang et la lymphe, mais à tous les canaux imperceptibles , désignés sous le nom général de *capillaires*, servant à la circulation générale , à l'absorption , à la sécrétion et à la nutrition. *V.* Artère, Veine, lymphatique , etc. — *Bot.* Organe élémentaire des végétaux. Les vaisseaux des plantes sont des tubes cylindriques , très ténus , ou plus ou moins longs, simples ou rameux , isolés ou réunis en faisceaux distincts ou anastomosés. Leurs parois sont composées tantôt d'une seule couche de matière mince et homogène, d'autres fois d'une membrane principale à la face interne de laquelle s'est déposée une couche solide en forme de spiricule plus ou moins régulière. Le calibre de ces vaisseaux n'est point uniforme; ils présentent, de distance en distance, des espèces d'étranglements qui accusent l'origine cellulcuse de ces organes. D'après leur forme, leurs dispositions et leurs usages, les vaisseaux ont été distingués en *laticifères*, *spiraux*, *réticulés*, *rayés*, *scalariformes*, *ponctués*, etc. (*V.* ces mots).

VALÉRIANATE, s. m. ; genre de sels formés par l'acide valérianique avec les bases. Ils sont peu importants. Cependant le valérianate de zinc et celui de quinine ont été employés en médecine humaine pendant quelques années, à titre d'antiépileptiques et d'antispasmodiques. On paraît y avoir renoncé.

VALÉRIANE, s. f., *Valeriana*, L. ; genre de la famille des Valérianées. Il ne comprend pas moins, après toutes les réductions dont il a été récemment l'objet, de 125 espèces herbacées ou sous-frutescentes, toutes vivaces, plus communes dans les contrées chaudes de l'Amérique. La principale, la V. officinale, *V. officinalis*, est assez répandue dans les prairies humides et couvertes de toute la France ; sa tige est haute d'environ un mètre et plus, ses fleurs hermaphrodites et légèrement rosées ; son rhizôme est employé en médecine sous le nom de *racine de valériane*. Dix ou onze autres espèces appartiennent à la Flore française et jouissent des propriétés de la précédente, mais à un plus faible degré. Les valérianes vertes sont assez recherchées du bétail. — *Pharmacol.* La racine de valériane est employée en médecine comme un excellent antispasmodique. Cette racine est rameuse, formée d'une souche cylindrique, centrale, garnie de nombreux rameaux annelés, fibreux, couverts de petites écailles, un peu jaunâtres extérieurement, et blancs à l'intérieur. Toutes les parties de cette racine exhalent une odeur forte, ténace, fétide et un peu camphrée ; elles ont une saveur amère et un peu âcre. Contrairement à la plupart des médicaments végétaux, la valériane offre peu d'odeur à l'état frais et en présente au contraire beaucoup, quand elle est sèche. La racine de valériane doit être récoltée sur les plantes âgées de deux ou trois ans et qui ont crû sur des terrains secs, exposés au midi. Elle doit être renouvelée tous les ans. Soumise à l'analyse chimique, la racine de valériane a donné une résine noire, de la gomme, de la fécule, une essence et surtout un acide volatil appelé *valérianique*, qui paraît être le principe actif du médicament. On donne la valériane à l'intérieur, à la dose de 32 à 125 grammes chez les grands animaux, et à celle de 4, 8, et 16 grammes chez les petits. La forme d'électuaire ou de bol est celle qu'on doit préférer ; l'infusion et la décoction, outre qu'elles sont peu favorables à la conservation du principe actif, sont difficiles à administrer, à cause de la mauvaise odeur de la préparation. Les chats ont une goût particulier pour la valériane ; ils se roulent sur la plante qu'ils trouvent dans les jardins, sont d'abord fortement excités, salivent abondamment, puis paraissent avoir des vertiges, semblent étourdis et tombent dans un état voisin de la somnolence. Desséchée et donnée aux autres animaux, la valériane produit peu d'effets locaux ou généraux ; son action semble se concentrer sur la moëlle épinière et les nerfs dont elle tend à régulariser les fonctions. Ce médicament est surtout employé contre l'épilepsie, dont il est le meilleur remède, quand la maladie est récente ; on en fait aussi usage, seul ou mélangé au camphre, à l'assa-fœtida, à l'opium, contre la chorée, le tétanos, le vertige, l'amaurose, la nymphomanie, les affections vermineuses, etc.

VALÉRIANÉES. s. f., *Valerianeæ*; famille de plantes dicotylédones, monopétales, périgynes, habitant en grand nombre l'ancien continent, l'Europe centrale. Elle se compose d'herbes annuelles ou vivaces et de sous-arbrisseaux à tiges dressées ou volubiles, dont les rameaux ou les pédoncules sont souvent dichotomiques. Les racines de la plupart des espèces vivaces contiennent un suc caractérisé par une odeur particulière, pénétrante et des propriétés antispasmodiques. Genres : *Fedia*, *Centranthus*, *Valeriana*, *Valerianella*, etc.

VALÉRIANELLE, s. f., *Valerianella*. Mœnch.: genre de la famille des Valérianées. Il se compose aujourd'hui de 45 à 50 espèces herbacées, annuelles, petites, presque toutes originaires des régions méditerranéennes. Une douzaine environ croissent en France. La principale est la V. potagère, *V. olitoria*, Mœnch., vulg. *mâche*, *doucette*, cultivée dans les jardins, est mangée en salade.

VALET, s. m. ; nom donné dans les laboratoires à de petites couronnes formées de nattes en paille, destinées à supporter des ballons et des matras. On les remplace souvent par de petits blocs en bois dont la surface est creusée d'une cavité hémisphérique propre à recevoir le fond de ces vases.

VALET A PATIN, s. m., *Volsella Patini*; instrument de chirurgie formé par une pince dont les deux branches peuvent être écartées ou rapprochées par un anneau coulant. Cette pince a été employée surtout en chirurgie humaine pour la section des muscles de l'œil, dans le strabisme ; on s'en servait autrefois pour pratiquer la ligature des vaisseaux.

VALÉTUDINAIRE, adj., *valetudinarius*, de *valetudo*, santé; qui est souvent maladif, qui a une santé chancelante. Cette expression est peu usitée pour les animaux.

VALLÉCULE, s. f., *Vallecula*; enfoncement laissé entre deux côtes, à la surface du fruit des Ombellifères.

VALLISNÉRIE, s. f., *Vallisneria*, Michel. ; genre de la famille des Hydrocharidées. Il se compose de plantes herbacées, vivaces, croissant au fond des eaux douces de l'Europe méridionale, etc. L'espèce principale est la V. spirale, *V. spiralis*, L., commune dans le Rhône, dans le canal du Languedoc, et remarquable par son mode de fécondation. A l'époque convenable, la hampe spiroïde des fleurs femelles s'allonge et élève à la surface de l'eau les pistils qui sont fécondés par les fleurs mâles flottantes ; puis la spirale se resserre et le fruit va se former au fond de l'eau.

VALVAIRE, adj., *valvaris ;* se dit de la *cloison* formée par le bord rentrant des valves ; de celle qui, au moment de la déhiscence du fruit, reste adhérente aux valves. Ces deux acceptions pouvant apporter de la confusion dans le langage, on doit, avec de Candolle, adopter exclusivement la première. — **On** appelle *estivation valvaire* celle dans laquelle les folioles du calice, de l'involucre ou de la corolle, rigoureusement verticillées, s'appliquent sur la fleur en se touchant par leurs bords ; ex. : les *Araliacées*, plusieurs *Clématites*.

VALVE, s. f., *Valva ;* pièce du péricarpe. Une ou plusieurs valves ou carpelles constituent le fruit. Dans le premier cas, il est dit *univalve ;* il peut être *bivalve*, *trivalve*, *multivalve*, etc. Le péricarpe univalve est appelé quelquefois *évalve*. Les pièces qui composent ainsi les fruits sont définitivement ou temporairement soudées ; ici le péricarpe est déhiscent, suivant l'un des modes indiqués au mot *déhiscence*.

VALVÉ, ÉE, adj., *valvatus ;* synonyme de *valvaire*.

VALVÉEN, ENNE, adj., *valveanus ;* épithète donnée par Mirbel aux cloisons (que de Candolle appelle *valvaires* (*V.* ce mot).

VALVICIDE, adj., *valvicidus*, de *valva*, valve, et *cædere*, couper ; la *déhiscence* est *valvicide* lorsqu'elle a lieu par la rupture des valves du fruit.

VALVULE, s. f., *Valvula*, diminutif de *valve*, battants de porte ; on nomme *valvules* des replis membraneux placés dans diverses cavités, permettant le passage des liquides dans un sens et s'y opposant dans le sens contraire. Leurs fonctions sont analogues à celles des *soupapes* ou *clapets* dans les pompes. Le cœur renferme les valvules les plus remarquables, *V.* Mitrale, Tricuspide, Sigmoïde. La plus grande partie du système veineux présente, à l'intérieur, une série de valvules dont le bord libre, tourné vers le cœur, empêche le retour du sang vers les capillaires. — *Valvule de Vieussens :* nom donné improprement à une cloison mince, formant la partie antérieure de la paroi supérieure du ventricule du cervelet, et résultant de l'union de l'arachnoïde interne avec quelques fibres médullaires blanches. — *Valvule urétrale :* repli muqueux protégeant l'orifice de l'urètre dans le vagin. — *Bot.* Petite valve ; synonyme d'*opercule*.

VANADATE, s. m.; nom des sels formés par l'acide vanadique avec les bases.

VANADITE, s. m.; genre de sels formés par l'acide vanadeux avec les bases.

VANADIUM, s. m.; Va. équiv. 855,30. Métal de la troisième section, découvert en 1830, par Sefstrom dans un fer de Suède, et surtout étudié par Berzélius. Il est solide, en poudre noire, devenant blanche et brillante sous le brunissoir, brûlant à l'air et formant un oxyde noir ; il se dissout dans l'acide azotique et dans l'eau régale, en produisant une belle couleur bleue ; les autres acides ne l'attaquent pas.

VANILLE, s. f., *Vanilla*, Svartz ; genre de la famille des Orchidées. Il se compose de plantes herbacées, croissant dans les fissures des rochers en Amérique et dans l'Asie tropicale. C'est le placenta auquel sont attachées les graines, dans certaines espèces, qui fournit la substance aromatique connue dans le commerce sous le nom de *vanille*. La vanille nous vient du Mexique ; elle est principalement tirée de la capsule du *V. planifolia*, Andr. Le *V. aromatica*, Swartz, *Epidendrum vanilla*, L., croît au Brésil, et ne paraît pas en possession, comme on l'a cru longtemps, de fournir la vanille du commerce. — *Pharmac.* Le fruit de la vanille est une gousse ou une silique, longue de 15 à 25 cent., épaisse de quelques millimètres seulement ; il est noir et ridé intérieurement et renferme une pulpe brune, mollasse, contenant une très grande quantité de semences fort ténues. La vanille contient les principes suivants : une huile grasse, une résine molle, un extrait amer, de l'extractif, du sucre, de l'amidon, de l'acide benzoïque, des fibres ligneuses. C'est un excitant très prononcé, mais peu employé, même chez l'homme, à cause de son prix qui est très élevé. On s'en sert plutôt comme aromate en raison de son odeur, qui est extrêmement suave.

VANNAGE, s. m.; nettoyage des grains au moyen du van en osier ou du *tarare*.

VAPEUR, s. f., *Vapor*, ἀτμός. **On** donne le nom de *vapeurs*, à des fluides aériformes, très coërcibles, provenant de la vaporisation, par la chaleur, de corps habituellement liquides ou solides à la température ordinaire. Ces espèces de gaz temporaires n'ont qu'une existence éphémère, dépendant essentiellement du maintien ou de la cessation des circonstances qui leur ont donné naissance. Comparées aux *gaz*, les vapeurs présentent, avec cette classe de corps, des analogies et des dissemblances qu'il importe de noter tout d'abord. Sous le rapport de la constitution et de l'apparence physique, les vapeurs se confondent sensiblement avec les gaz ; elles sont formées, comme ces derniers, de particules matérielles tenues à une grande distance les unes des autres, et maintenues en état de répulsion constante par une grande quantité de calorique latent. Quand elles n'ont pas de couleur, de saveur ou d'odeur spéciales, elles sont invisibles, comme les gaz non colorés, et, comme ces derniers, ne tombent pas immédiatement sous les sens dans l'état de repos. Enfin, quand les vapeurs sont séparées du liquide qui leur a donné naissance et qu'elles ne *saturent* pas l'espace où elles sont contenues, elles présentent les mêmes propriétés mécaniques que les gaz et obéissent aussi à la loi de Mariotte, jusqu'à ce qu'elles aient atteint leur *maximum de tension*. Les différences qui distinguent les gaz des vapeurs sont nombreuses et importantes , surtout lorsque ces dernières sont en contact avec leur liquide générateur ou qu'elles saturent l'espace. Alors elles n'obéissent plus à la loi de Mariotte, et quand on les comprime, pour leur faire acquérir une plus forte élasticité , une partie se résout en liquide, par ce qu'elles ont naturellement alors leur maximum de tension. Ce maximum de tension , qui coïncide avec l'état de saturation de l'espace qu'occupent les vapeurs , varie nécessairement pour les divers degrés de température, comme pour les différents liquides qui se sont réduits en vapeur. — *Tension des vapeurs*. Elle est due , comme celle des gaz, à la répulsion qui anime leurs molécules, en sorte qu'elles pressent de dedans en dehors, et en tous sens, les parois des vases qui les contiennent. Cette tension ne peut être augmentée par la pression dans les vapeurs saturées , mais elle peut l'être par l'élévation de la température. La tension des vapeurs est soumise aux principes suivants : 1° la tension des vapeurs est égale pour toutes, au point d'ébullition des liquides qui les ont fournies, et équivaut à la pression atmosphérique; elle est également la même lorsque les vapeurs ont pris naissance dans le vide; 2° à des degrés correspondants au-dessus ou au-dessous du point d'ébullition des divers liquides , la tension des vapeurs est également la même , pourvu que leur température ne s'éloigne pas beaucoup du degré d'ébullition de leurs liquides générateurs (Dalton); 3° la tension des vapeurs augmente sensiblement, en raison directe de l'élévation de la température ; 4° dans une enceinte inégalement chaude, la tension de la vapeur est égale à celle qu'elle aurait dans un vase dont la température serait semblable à celle des points les plus froids ; 5° la force élastique ou dynamique des vapeurs est égale à leur tension multipliée par leur différence de densité d'avec leurs liquides générateurs ; 6° enfin , la tension des vapeurs est proportionelle à la chaleur latente qu'elles renferment. Pour étudier la tension des vapeurs aux diverses températures, on introduit leurs liquides générateurs dans le vide barométrique et on compare les diverses hauteurs de la colonne mercurielle à celle du baromètre ordinaire ; les dépressions du liquide aux différentes températures auxquelles on a soumis l'appareil indiquent la force élastique des vapeurs à ces mêmes températures. On peut mesurer la tension des vapeurs ailleurs que dans le *vide* barométrique ; car l'expérience a démontré que, dans le mélange des vapeurs avec les gaz, chacun des fluides mélangés conservait sa force élastique et s'ajoutait purement et simplement à celle de l'autre. Elle a prouvé de plus, que,

dans un espace déterminé , il se formait autant de vapeur, à une température donnée , quand cet espace était rempli d'air, que quand il était vide ; seulement la tension de la vapeur est augmentée de la force élastique du gaz. — *Chaleur latente des vapeurs*. Les vapeurs renferment une grande quantité de calorique latent, qu'elles abandonnent quand elles se condensent et auquel elles doivent leur force élastique. Cette chaleur est telle , dans la vapeur d'eau, qu'elle peut porter de zéro à 100° cinq fois et demi son poids d'eau. On en profite souvent dans l'industrie pour échauffer rapidement de grandes quantités d'eau, ou pour distribuer une chaleur douce et uniforme dans les appartements. La chaleur latente de la vapeur d'eau à 100°, étant représentée par 550 , celle de la vapeur d'alcool le sera par 255 , celle de l'essence de térébenthine par 150 et enfin celle de l'éther par 110. — La force motrice de la vapeur, qui joue aujourd'hui un si grand rôle dans l'industrie humaine , était, dit-on , connue des anciens peuples et surtout des dépositaires des cultes payens. Aristote et Sénèque attribuaient les tremblements de terre à la vaporisation violente de l'eau par le feu central du globe terrestre. L'école d'Alexandrie connaissait aussi les effets moteurs des vapeurs , comme on le voit par l'*Eolipyle*. Les premières applications de la vapeur aux machines appartiennent à Salomon de Caus, ingénieur français, du XVIe siècle; à Papin, qui vivait à la fin du XVIIe; aux anglais Savary, Newcomen, Watt, Brigthon , Murray. Enfin leur étude théorique appartient surtout aux physiciens français et anglais du XIXe siècle.

VAPEUR VÉSICULAIRE , s. f. ; nom donné, en météorologie, à la vapeur aqueuse visible de l'air, qui constitue les brouillards, les nuages, etc. D'après de Saussure, elle serait formée de petites bulles creuses semblables à celles qui se produisent quand on insuffle de l'air dans de l'eau de savon. Chacune de ces petites vésicules, qui sont très visibles à la loupe, sur un liquide coloré, paraît être formée par une petite pellicule liquide, très mince , emprisonnant de l'air humide.

VAPORISATION , s. f. , *Vaporisatio;* transformation des liquides et des solides en vapeur , à une température plus ou moins élevée. Ce mot est employé souvent comme synonyme d'*évaporation ;* cependant ce dernier est plus particulièrement réservé pour désigner la formation des vapeurs à la température ordinaire. *V.* ÉVAPORATION SPONTANÉE.

VARAIRE, *V.* VÉRATRE.

VAREC ou **VARECH;** nom donné communément, sur les bords de l'Océan, aux algues, aux fucus recueillis pour l'extraction de la soude, ou pour la fumure des terres. Dans l'état sous lequel on les emploie comme engrais, les varechs sont mêlés à des coquillages, à du sable, et imprégnés de sel marin. Ils sont riches en sels de soude et de potasse. On les emploie frais ou ayant subi un commencement de décomposition.

VARIATION, *V.* VARIÉTÉ.

VARICE, s. f. , *Varix*, de *variare*, varier, à cause des sinuosités des vaisseaux variqueux ; dilatation anormale et permanente des veines. Les varices correspondent aux anévrysmes des artères ; elles sont rares dans les animaux. Les causes qui les produisent sont le plus souvent mécaniques ; elles agissent en entravant la circulation veineuse ; la compression exercée sur un vaisseau , les efforts de l'animal , dans les grands mouvements , produisent ce résultat déjà favorisé par la direction du sang, forcé de remonter en sens inverse de la pesanteur et de peser sur les valvules. C'est à la face interne des jarrets , sur la veine saphène , qu'on voit les varices se montrer le plus ordinairement dans l'espèce du cheval, à cause des efforts dont les articulations du tarse sont le centre. On voit les varices principalement sur les sujets de grande taille , à fibre sèche et dont les veines sont très développées , chez ceux qu'on emploie surtout à des services qui exigent des allures rapides. Ces dilatations des veines se font encore observer autour des organes qui ont été le siége de phlegmasies réitérées , sur le globe oculaire après l'opthalmie périodique , dans le voisinage des tumeurs, etc. Les varices constituent une nodosité presque toujours indolente, molle , placée sur le trajet d'une veine, et réductible ; quand elles forment sur un point circonscrit une sorte de paquet, on dit qu'il y a *tumeur variqueuse*. Si l'on intercepte le cours du sang , la compression entre la varice et les capillaires diminue son volume, tandis que la tumeur devient plus saillante , la veine étant comprimée entre le cœur et la varice. Chez l'homme, les varices anciennes produisent sur la peau des taches bleuâtres. À la jugulaire du cheval, on observe des varices qui ont le volume d'un œuf de pigeon ; elles sont sans gravité. Dans la vache, les dilatations de la veine mammaire ne sont pas redoutables. On nomme *varicocèle* l'état variqueux du scrotum et du cordon testiculaire. On n'a pas cité pour les animaux des accidents graves, semblables à ceux qui, chez l'homme, résultent des varices. Outre une grande gêne dans les mouvements , ces dilatations peuvent amener la rupture de la veine et une hémorrhagie mortelle, si la lésion intéresse un vaisseau considérable. Doit-on attribuer à cette cause la mort subite des chevaux chez lesquels on a trouvé la veine cave postérieure rupturée et du sang répandu dans le péritoine ? Quelquefois la veine variqueuse est perforée par des caillots fibrineux, qui produisent une inflammation ulcérative ; il en résulte l'*ulcère variqueux*, à peine connu sur les animaux. Sous le rapport de l'anatomie pathologique , Andral et Briquet ont distingué, sur l'homme, trois variétés : dilatation des veines, sans changement dans l'épaisseur de leurs parois ; dilatation avec amincissement ; dilatation avec épaississement des parois , surtout dans la tunique moyenne du vaisseau. On confond souvent avec les varices de la saphène les tumeurs du jarret dues à la dilatation d'une capsule synoviale articulaire ou tendineuse. Le traitement *palliatif* consiste dans la compression, qui peut amener parfois l'adhérence des parois de la veine et son oblitération. On la fait sur le cheval avec des bandes de flanelle ou de toile , qui servent à envelopper le jarret ; cette compression n'est pas toujours de longue durée ; elle se relâche facilement ; le repos doit être recommandé. — Comme moyens curatifs, on prescrit les bains froids , les lotions astringentes , le mélange d'alun pulvérisé et de blancs d'œufs. Sur les animaux, la cautérisation transcurrente est employée avec avantage contre les les varices. Quant aux nombreux procédés empruntés à la chirurgie humaine , ils sont inutiles ou même nuisibles : ce sont l'excision , la ligature, l'incision de la veine. Le plus souvent on ne fait rien contre les varices.

VARICELLE, s. f. , *Varicella*, de *vari*, boutons ; *fausse variole* , *petite vérole volante* , *vérolette* , *variole bâtarde* ; éruption cutanée, qui est une modification de la variole, caractérisée par des vésicules quelquefois pustuleuses et qu'on observe sur l'espèce humaine. Cette maladie se présente sous deux formes différentes, qui sont : la *varicelle pustuleuse conoïde* et la *varicelle pustuleuse globuleuse*. Sur les animaux , on a confondu la varicelle avec la variole de la vache, avec la clavelée de l'espèce ovine. Elle constitue une affection particulière sans gravité ; sa durée n'est que de six à huit jours.

VARICOCÈLE, s. m. et f. , *Varicocele*, de *varix* , varice, et κήλη , tumeur ; tumeur formée par la dilatation d'une veine, par des veines variqueuses. On a donné ce nom plus particulièrement à la dilatation variqueuse des veines du scrotum ; celui de *cirsocèle* a été inventé pour désigner la dilatation variqueuse des veines spermatiques. La dilatation des veines du scrotum étant fort rare, nous croyons qu'il est préférable d'employer l'expression *varicocèle*, pour l'état variqueux du cordon testiculaire ou spermatique. Cette maladie est rare dans les animaux. Sur le cheval, elle constitue une tumeur molle , pâteuse , à nodosités , s'étendant depuis la partie supérieure du testicule , jusqu'à l'anneau inguinal , qu'elle traverse pour remonter dans la région lombaire. Les astringents, les résolutifs sont employés au début ; plus tard , on est quelquefois obligé de recourir à la castration.

VARICOMPHALE , s. m. , *Varicomphalus*, de *varix*, varice, et ομφαλος , ombilic ; tumeur variqueuse de l'ombilic.

VARIÉ , **ÉE** , adj. , *variegatus* ; diversement coloré.

VARIÉTÉ, s. f., *Varietas* ; individu ou collection d'individus différant par leurs caractères du type primitif de l'espèce. Linné définissait la variété : une plante ayant éprouvé quelques changements par des causes accidentelles, telles que le climat, la nature du sol, la chaleur, les vents, etc. En général, les variétés se conservent par la bouture et le marcottage ; ce sont surtout celles qui portent sur les organes floraux. Les modifications ou anomalies végétales sont de trois ordres : celles qui se multiplient par marcottage ou par bouture ; ce sont les *variétés* proprement dites ; celles qui se reproduisent aussi par semis, comme celles créées par la culture ; elles constituent les *races* ; enfin les variétés légères, accidentelles, qui disparaissent quand la cause qui les avait amenées a cessé d'agir ; ce sont de simples *variations*. — En tératologie végétale, on distingue quatre classes de variétés, divisées elles-mêmes en ordres : 1° *V. de coloration* (albinisme, chromisme, altération de couleur) ; 2° *V. de villosité* (glabrisme, pilosisme) ; 3° *V. de consistance* (ramollissement, induration) ; 4° *V. de taille* (géantisme, nanisme).

VARIOLARINE, s. f. ; principe cristallin, blanc, inodore, insipide, soluble dans l'alcool et l'éther, découvert par Robiquet dans un des lichens avec lesquels on prépare l'orseille. Ce principe ressemble à l'orcine, mais il en diffère notablement en ce qu'il ne se colore pas par l'action des alcalis.

VARIOLE, s. f., *Variola, febris variolosa*, de *varius*, tacheté, ou de *varus*, bouton ; *petite vérole* ; maladie de la peau caractérisée par une éruption pustuleuse, précédée d'une fièvre prononcée, formant des croûtes, dont la chute laisse des cicatrices. C'est une affection contagieuse que l'homme ne prend qu'une fois ; elle est quelquefois sporadique et souvent épidémique. On distingue la variole *discrète* et la variole *confluente* ; la première, encore appelée *bénigne*, *régulière*, présente cinq périodes, qui sont : l'incubation, l'invasion, l'éruption, la sécrétion et la dessiccation. La variole *confluente* ou *maligne* est plus grave ; elle n'a pas une marche aussi régulière. On a distingué encore chez l'homme la variole *après inoculation* et la variole *mitigée* ou varioloïde. — Les solipèdes ne présentent pas d'éruption cutanée qui puisse être comparée à la variole. — *Variole des vaches*, *V.* VACCINE. — *Variole des bêtes à laine*, *V.* CLAVELÉE. — On a observé sur le chien, le porc et quelques volailles, des éruptions pustuleuses qui ont été considérées comme analogues à la variole de l'espèce humaine.

VARIOLEUX, EUSE, s. et adj., *variolosus* ; qui est atteint de la variole.

VARIOLIQUE, adj., *variolicus* ; qui a rapport à la variole, à la petite vérole : *pustule variolique*.

VARIOLOÏDE, s. f., *Varioloïdes*, de *variola*, variole, et εἶδος, forme ; maladie

qui ressemble à la variole. On a donné ce nom à une éruption pustuleuse qui se produit sans symptômes fébriles. *V.* VARICELLE.

VARIQUEUX, EUSE, adj., *varicosus* ; qui a rapport aux varices, qui est affecté de varices. *Tumeur variqueuse, veine variqueuse, ulcère variqueux, anévrysme variqueux, V.* TUMEUR. VARICE. ULCÈRE. ANÉVRYSME.

VASCULAIRE ou **VASCULEUX, EUSE**, adj., *vascularis, vasculosus* ; qui appartient aux vaisseaux. *Système vasculaire* : ensemble des vaisseaux, divisé en *système vasculaire à sang rouge*, comprenant tous les vaisseaux qui s'étendent du système capillaire pulmonaire aux cavités gauches du cœur et de celles-ci au système capillaire général : et *système vasculaire à sang noir*, s'étendant du système capillaire général aux cavités droites du cœur, et de celles-ci au système capillaire pulmonaire. Le nom de *vasculaire* s'applique moins fréquemment au système lymphatique. — *Bot.* Composé de vaisseaux : *tissu vasculaire*. De Candolle divise tous les végétaux en *vasculaires* et *celluleux*. Les premiers correspondent aux *Phanérogames* de Linné : les autres se subdivisent en *semi-vasculaires* ou *Éthéogames* et en *Amphigames* ou *cellulaires*.

VASE, s. f., *Limus* ; terre divisée, limon mêlé de débris organiques et déposé au fond des étangs, des fossés. La vase peut être employée comme engrais, principalement sur les terrains arides. Sa composition est très variable. Exposée à l'action des rayons solaires, elle laisse dégager des gaz, parmi lesquels on distingue l'hydrogène sulfuré, qui peut nuire à la végétation. De là la nécessité de mêler à la vase un peu de chaux avant de l'employer. La dose de ce mélange doit être comprise entre 50 et 100 hectolitres par hectare.

VASÉ, ÉE, adj. ; couvert de vase, de terre. — *Foin vasé* : c'est celui qui reste couvert de vase, de limon, à la suite d'un débordement qui a submergé une prairie. Il est plus ou moins étiolé, terreux, et répand beaucoup de poussière lorsqu'on le secoue. Ses degrés d'altération peuvent être fort divers. En tout cas, ce foin est plus que médiocre, peu nutritif, quelquefois même nuisible, quand il est couvert de beaucoup de vase, ou qu'il a été mal séché et s'est moisi. Pour le rendre alimentaire et sans effets pernicieux sur la santé du bétail, il faut le bien sécher, le battre, l'arroser de sel ou d'eau salée, le stratifier avec de la paille fraîche ou mieux avec du bon foin des prairies artificielles.

VASIDUCTE, s. m., *Vasiductus* ; ligne saillante, espèce de nervure formée par les vaisseaux qui vont de l'ombilic à la chalaze. Le vasiducte est droit ou courbé, simple ou rameux.

VASTE, adj., *vastus* ; qui est étendu. — *Muscles vaste externe et vaste interne, V.* TRIFÉMORO-ROTULIEN. — *Muscle long vaste* ou *ischio-tibial externe* : muscle très volumineux, occupant une partie de la croupe et tout le côté externe de la cuisse. Il prend son origine au sacrum, par une pointe pyramidale, et à la tubérosité ischiale, et se divise inférieurement en trois branches, dont la supérieure s'insère à la rotule, et les deux autres à la crête tibiale, par une aponévrose qui se continue inférieurement avec l'aponévrose jambière. Une bride aponévrotique se porte aussi de la face interne du muscle à la partie postérieure et moyenne du fémur. Ce muscle fléchit la jambe, étend la cuisse et imprime au membre un mouvement de rotation en dehors. Si son point fixe se trouve inférieur, il concourt puissamment à l'action du *cabrer.* — Dans le bœuf, le long vaste recouvre le trochanter et ne contracte pas d'insertion à la face postérieure du fémur. Quelquefois il se déchire au niveau du trochanter, qui s'engage dans la déchirure, et le mouvement du membre postérieur se trouve arrêté jusqu'à ce que l'éminence osseuse se dégage.

VEAU, s. m., *Vitulus;* nom du jeune sujet dans l'espèce bovine, pendant sa première année. La vache porte neuf mois et ne produit ordinairement qu'un veau, qui peut se tenir debout et cherche à téter immédiatement après sa naissance. Il faut lui faciliter ces actes en le soutenant. Les veaux sont soumis à l'allaitement *naturel, par adoption* ou *artificiel.* Dans ces dernier cas même, il faut leur laisser prendre, si c'est possible, le *colostrum, V.* ALLAITEMENT. Le régime de l'allaitement dure un temps fort variable, selon le but que l'on se propose. Un veau destiné à être engraissé vite n'a pas toujours assez du lait de sa mère, tandis que celui qui doit être élevé peut en avoir trop. Dans beaucoup de lieux, on le laisse prendre en totalité pendant une dixaine de jours, après quoi on commence à faire boire au baquet, et alors les rapprochements de la mère et du nourrisson deviennent de plus en plus rares ou cessent même tout à fait. Le lait que l'on donne au veau peut être d'abord écrémé; plus tard, on l'associe avec la farine, et, enfin, on ajoute à ce régime des grains et des graines écrasés, des tourteaux, des soupes, des fourrages verts. Le sevrage proprement dit peut donc avoir lieu deux ou trois jours après la naissance, ou quinze jours et même trois mois plus tard. Les veaux que l'on élève ne doivent pas téter longtemps. Une séparation brusque nuit au jeune sujet et à la mère; rien n'est plus facile que de ménager une transition. — L'engraissement des veaux commence, en quelque sorte, dès le moment de leur existence, et se termine généralement du vingtième au quarantième jour. Les œufs entiers, cassés dans la bouche, le favorisent en excitant la digestion. Le régime ultérieur doit être ordonné en vue d'un accroissement rapide et du développement des forces. On a beaucoup vanté les infusions de bon foin, ou thé de foin. — Les veaux mangent beaucoup; leur ration doit être proportionnellement plus forte que celle des bœufs; on l'évalue à 5 kil. ½ par

100 kil. de poids vivant. Ils sont nourris au pâturage ou à l'étable. Si les mâles doivent être sacrifiés après leur cinquième mois, ou les châtre du trentième au quarantième jour. Les bouvillons élevés pour le travail ou destinés à faire des bœufs d'engrais sont châtrés vers douze ou quinze mois, et quelquefois plus tard. — L'éducation des jeunes animaux de l'espèce bovine doit commencer de bonne heure; elle a pour objet d'habituer les génisses à se laisser traire, le bouvillon à porter le joug, à être ferré; tous à être pansés et à recevoir les soins de l'homme.

VÉGÉTAL, s. m., *Planta;* être organisé, insensible et immobile, dans l'acception ordinaire de ces mots, sans organes digestifs, généralement fixé au sol et mourant dans la place où il a vécu. Il est composé essentiellement de carbone, d'hydrogène et d'oxygène, auxquels vient se joindre, pour constituer des produits déterminés, l'azote. Il a pour élément primordial la cellule ou utricule qui, en se modifiant, constitue la fibre et le vaisseau. Le végétal est un assemblage d'organes plus ou moins nombreux et variés. Généralement simple dans les acotylédonés et souvent réduit à quelques utricules et à quelques actes d'absorption et d'assimilation, il se complique dans les phanérogames et jouit même, dans quelques-unes de ses parties, de *sensibilité* et de *motilité.* Une plante complète se compose de deux organes principaux: l'un descendant, plongé dans la terre ou dans l'eau et chargé d'y puiser une portion des sucs nécessaires à l'accroissement et à la vie de l'individu, c'est la *racine;* l'autre ascendant, naissant toujours en sens inverse du premier et portant les *rameaux,* c'est la *tige.* Les autres organes importants sont: les expansions foliacées (*feuilles, stipules, bractées*), chargées de la respiration ou destinées à protéger des parties délicates; elles terminent les rameaux, sont fixées à la base ou dans l'étendue de la tige et de ses divisions; elles se renouvellent chaque année; les fleurs composées d'enveloppes florales, *calice* et *corolle,* et des organes sexuels, *étamine* et *pistil,* chargés de produire le *fruit* et de mûrir la *graine* d'où doit sortir, par la germination, un nouvel être. Quelques organes accessoires complètent cet ensemble, ce sont: les *épines,* les *vrilles,* les *aiguillons,* les *poils,* les *nectaires,* etc. — Toutes les fonctions du végétal concourent à deux buts généraux: le développement de l'individu et la reproduction de l'espèce; elles comprennent: l'*absorption,* la *circulation,* la *respiration,* la *transpiration,* la *nutrition,* l'*élaboration* des produits, la *fécondation* et la *dissémination.* — La durée et la forme des végétaux sont extrêmement diverses. Leur volume présente des dissemblances plus grandes que dans le règne animal. — Le nombre des végétaux qui couvrent le sol, vivent dans l'eau ou sur les plantes même, est considérable; plus de

100,000 espèces ont été décrites, et combien ne l'ont point encore été, parce que l'homme ne peut les atteindre, ou parce qu'elles échappent par leur petit volume à ses recherches! L'ensemble de tous ces êtres constitue le règne végétal ; leur étude fait l'objet de la botanique. Les plantes jouent sur la terre un rôle important; elles l'embellissent et lui servent de parure ; elles fournissent à l'homme des aliments et une innombrable quantité de produits utiles à son industrie ; elles nourrissent la plupart des animaux et concourent à entretenir dans les éléments de l'atmosphère un équilibre indispensable à la vie animale. — VÉGÉTAUX FOSSILES. Plantes enfouies dans le sein de la terre et dont on retrouve la matière transformée et minéralisée, ou seulement la forme. L'étude des végétaux fossiles est toute nouvelle; elle ne remonte pas au-delà d'un siècle. Antoine de Jussieu est un des naturalistes qui s'en sont occupés les premiers ; les recherches les plus complètes sont dues à Ad. Brongniart. La connaissance des végétaux fossiles est entourée de beaucoup de difficultés, parce qu'ils ne sont jamais entiers et que les parties conservées ont perdu les apparences extérieures qui pouvaient les faire reconnaître ; parce qu'ils se brisent quand on veut les extraire des lieux où ils étaient renfermés, et que souvent on ne trouve que leur forme ou leur empreinte. De tous ces êtres antediluviens , les plus faciles à étudier et à caractériser sont ceux que l'on trouve à l'état d'anthracite ou de lignite. Les espèces de végétaux fossiles sont nombreuses ; elles se rapportent toutes à l'un ou à l'autre des trois embranchements admis aujourd'hui; mais beaucoup d'entre elles n'ont plus d'analogue parmi les plantes actuellement connues. La Flore souterraine, si on voulait l'intercaler dans la Flore terrestre, augmenterait beaucoup le nombre des familles. Non-seulement on observe une grande différence quand on compare les plantes fossiles aux terrestres, mais même quand on compare les premières entre elles dans les formations successives . en passant, par exemple , des terrains primitifs aux tertiaires. On pourrait, sous ce rapport , établir dans l'état de la végétation antédiluvienne trois périodes : dans la première , les cryptogames et notamment les fougères et les lycopodiacées, dominent; dans la deuxième , ce sont les cycadées et les conifères ; les autres phanérogames étant encore rares ou incréées ; dans la troisième, enfin , ce sont les monocotylédones et les dicotylédones. *V.* PLANTE , VÉGÉTATION et TAXONOMIE.

VÉGÉTATION , s. f., *Vegetatio ;* ensemble des phénomènes par lesquels la plante naît, s'accroît et vit. La végétation commence par le développement du corpuscule reproducteur ou de l'embryon , c'est-à-dire par la *germination.* Les organes alors formés concourent simultanément à l'*accroissement*

de l'individu, et bientôt la végétation peut être étudiée avec tous ses caractères: la racine absorbe les sucs séveux que la *circulation* transporte dans les feuilles, où s'effectuent la *respiration* et la *transpiration ;* la sève, reportée ensuite dans toutes les parties où se font la *nutrition* et l'*élaboration* , fournit les matériaux de l'*accroissement* et des *sécrétions.* Dans certaines périodes de la vie, naissent, de l'extrémité des rameaux, de l'aisselle des feuilles , des *fleurs* de volume et de forme excessivement variés , dans lesquelles, à la suite d'une *fécondation* plus ou moins évidente, se forme le *corpuscule reproducteur*, ou le *fruit*, qui contient la *graine*, et dont le *développement*, appelé *germination*, doit reproduire le végétal. Tel est l'ensemble des phénomènes généraux de la végétation. Toutefois, ils ne composent pas exactement le cercle dans lequel se trouve renfermée la vie de l'espèce ; car le *corpuscule reproducteur* ou la *graine* ne sont pas *indispensables* à la reproduction ; une partie de la tige, une branche, un bourgeon, un bulbe, etc. , placés dans de bonnes conditions, se développent et donnent naissance à une plante nouvelle. La végétation n'est point continue ; les élaborations nécessaires à la constitution définitive de la sève ne s'effectuent que sous l'influence de la lumière du soleil ; la circulation et la respiration éprouvent des intermittences. Chaque année, il est une saison où les phénomènes végétatifs sont nuls ou presque nuls ; c'est le temps du repos des plantes , pendant lequel elles se dépouillent de tout ou partie de leurs feuilles et laissent ainsi la terre presque nue. Quant à la durée totale de la végétation, elle est très variable ; bornée à quelques jours , dans certains végétaux *éphémères* , elle peut se continuer dans d'autres pendant une longue série de siècles. Sous ce rapport , les végétaux ont été divisés en *annuels, bisannuels* et *vivaces. V.* VÉGÉTAL. — *Pathol.* Excroissance charnue qui s'élève à la surface d'un organe ou d'une plaie, et qui constitue, soit les bourgeons cellulo-vasculaires nécessaires à la formation de la cicatrice, soit des polypes , des verrues , des condylômes, etc.

VÉGÉTO-MINÉRALE (EAU), *V.* ACÉTATE DE PLOMB et EXTRAIT DE SATURNE.

VÉGÉTO-SULFURIQE, adj. ; sorte d'acide composé, découvert par Braconnot en traitant les substances neutres végétales, et notamment le ligneux, par l'acide sulfurique.

VEILLE DES PLANTES ; temps pendant lequel les fleurs, les feuilles, qui présentent le phénomène du sommeil, restent ouvertes ou étalées. *V.* SOMMEIL.

VEINE, s. f., *Vena*, φλεψ ; on donne le nom de *veines* à des vaisseaux à parois peu épaisses, ramenant le sang du système capillaire général aux cavités droites du cœur. Les veines constituent le système vasculaire à sang noir. Il faut en excepter cependant les veines pulmonaires, qui rapportent à l'oreillette gauche le sang hématosé par le poumon. Leurs parois seules les font rattacher à l'appareil veineux ; leurs fonctions les rapprochent des artères ; aussi quelques auteurs les appellent *veines artérieuses*. — Le système veineux proprement dit se divise en système *veineux général*, et système de la *veine porte*, *V.* Porte. — Les veines accompagnent généralement les artères ; les gros troncs ne leur correspondent pas exactement, et l'on trouve sous la peau un réseau assez considérable de veines sous-cutanées qui ne sont les satellites d'aucun vaisseau artériel. Souvent on trouve deux veines pour une artère. — Les veines sont beaucoup plus volumineuses que les artères ; aussi, leur cavité totale étant plus considérable, la circulation y est beaucoup moins rapide ; elles offrent aussi des anastomoses beaucoup plus larges et plus nombreuses, pour faciliter la circulation, qui ne reçoit plus du cœur qu'une impulsion très faible. — Les veines, comme les artères, sont formées de trois membranes : 1° La membrane externe, *celluleuse*, est analogue à celle des artères ; 2° la moyenne ou *fibreuse*, est beaucoup moins épaisse que celle des vaisseaux artériels, formée d'un tissu fibreux blanc bien moins élastique, et s'affaisse dès que la colonne sanguine ne soutient plus les parois du vaisseau ; 3° la tunique interne ou *séro-muqueuse* présente, dans la plupart des veines, une série de replis ou *valvules*, dont le bord libre, tourné vers le cœur, s'oppose au retour du sang vers les capillaires. — *Veines lactées* : nom donné par certains auteurs aux vaisseaux *chylifères*. — *Bot.* Nervure peu proéminente, colorée ou non.

VEINÉ, ÉE, adj., *venosus ;* sillonné par des veines ou nervures secondaires. Quand elles sont nombreuses, on dit *veineux.*

VEINE FLUIDE, s. f. ; nom que porte, en hydraulique, la colonne liquide qui sort par un orifice. Sa forme varie avec celle de l'orifice et selon la direction qu'elle suit. Lorsqu'elle sort d'un orifice percé à la partie inférieure d'un vase, elle s'effile par l'extrémité, à cause de la marche accélérée des molécules les plus avancées ; quand elle est ascendante, elle se renfle à l'extrémité par une cause opposée ; enfin celle qui provient d'un orifice latéral décrit d'abord une courbe parabolique et tombe ensuite verticalement, en s'effilant et en se divisant à son extrémité. Dans une veine fluide, on distingue toujours deux parties, une *limpide*, rapprochée de l'orifice, présentant la *contraction*, et transparente comme un morceau de cristal ; et une partie *trouble*, la plus éloignée de l'orifice, dans laquelle les molécules sont agitées soit par la résistance de l'air à la surface, soit par des vibrations intérieures, comme l'a démontré Savart.

VEINEUX, EUSE, adj., *venosus ;* qui a rapport aux veines. — *Système veineux :* ensemble des veines du corps d'un animal,

V. Veine. — *Canal veineux :* conduit qui, chez le fœtus, met en communication la veine ombilicale avec la veine cave postérieure. — *Sang veineux ou noir :* sang devenu impropre à la nutrition et retournant par les veines au cœur qui le renvoie au poumon, pour qu'il y subisse l'hématose.

VEINULE, s. f., *Venula ;* petite veine. — *Bot.* Nervure très petite, allant se perdre dans le tissu des organes.

VÉLAGE, s. m. ; nom particulier de la parturition ou mise bas dans l'espèce bovine. *V.* Parturition.

VÉLAR, s. m., *Erysimum*, L. ; genre de la famille des Crucifères. Il renferme une soixantaine d'espèces, la plupart herbacées et bisannuelles, rarement sous-frutescentes et vivaces ; huit d'entre elles croissent en France, dans les moissons, au pied des murs et le long des haies. Leur saveur âcre repousse les bestiaux et donne au lait des vaches, lorsque celles-ci en font habituellement usage, un goût désagréable. L'*Erysimum barbarea* est devenu le type du genre *Barbarée*. Plusieurs espèces sont cultivées comme plantes d'ornement.

VÉLE, s. f. ; nom donné vulgairement au veau femelle. *V.* Veau.

VELOUTÉ, ÉE, adj., *V.* Villeux.

VENDÉENNE (race bovine). Elle paraît dérivée de la race cholette dont elle offre les principaux caractères. *V.* Cholette.

VÉNÉRIEN, ENNE, adj., *venereus*, de *Venus*. — *Mal vénérien*, synonyme de *syphilis* (*V.* ce mot). Ce mot n'est pas usité en vétérinaire.

VENIMEUX, adj., *venenatus ;* qui a du venin, qui renferme du venin, qui communique un venin.

VENIN, s. m., *Venenum, toxicum ;* liqueur nuisible sécrétée par quelques animaux tels que la vipère, le scorpion, les abeilles, les guêpes. Un venin introduit dans les tissus produit tantôt une affection locale, de courte durée, tantôt une maladie générale et mortelle.

VENT, s. m., *Ventus ;* météore aérien formé par des courants d'air qui s'établissent naturellement dans l'atmosphère, sous l'influence de diverses causes encore mal déterminées. Celles que l'on admet comme les plus probables sont les changements brusques et plus ou moins considérables qui surviennent dans la température de l'air en certains points du globe ; la condensation subite d'une grande quantité de vapeur aqueuse contenue dans l'atmosphère ; l'influence échauffante ou attractive du soleil et de la lune sur la masse de l'air atmosphérique, etc. ; toutes ces causes ont pour effet primitif de rompre l'équilibre de l'atmosphère et de déterminer le transport d'une certaine quantité d'air d'un point du globe dans un autre. *Distinction des vents.* D'après leur cause primitive, les vents sont distingués en vents d'*impulsion* et vents d'*aspiration*. Les premiers sont produits par la dilatation de l'air du point de la terre d'où ils proviennent, et les seconds sont déterminés par un vide relatif ou une diminution dans la force élasque de l'air des points où ils se dirigent. — Suivant l'étendue du globe qu'ils parcourent, les vents sont appelés *généraux* ou *locaux*. D'après leur régularité, ils ont été divisés aussi en *réguliers* et *irréguliers*. Les principaux vents réguliers sont les *alisés*, les *moussons* et les *brises*. En prenant en considération le point de départ des vents, ils sont distingués, d'après le point de l'horizon d'où il proviennent, en vents du *nord*, du *sud*, de l'*est* et de l'*ouest*. Quand ils ne correspondent pas exactement à l'un des quatre points cardinaux, on les désigne par un mot composé indiquant le point intermédiaire d'où ils proviennent. Les directions des vents, tracées sur un plan, forment une figure appelée *rose des vents* ou *rhomb des marins;* sur la terre, la direction des vents est indiquée par la *girouette*, et sur mer par la *boussole*. D'après les qualités thermométriques ou hygrométriques des vents, on les appelle aussi vents *chauds*, *froids*, *tempérés*, *secs*, *humides;* ou encore *chauds* et *humides*, *froids* et *secs*, etc. En général, ces qualités, si importantes à considérer au point de vue de l'hygiène, dépendent du point de l'horizon d'où proviennent les vents et de l'état de la portion du globe qu'ils ont parcourue. *Vitesse et force des vents.* La vitesse des vents est fort variable et se mesure à l'aide des corps légers qu'ils entraînent ou au moyen de certains instruments appelés *anémomètres* (*V.* ce mot). La force des vents dépend de leur vitesse et se trouve être en raison directe du carré de cette vitesse. Le vent, à peine sensible, parcourt environ un demi-mètre par seconde; le *vent frais*, plus de deux mètres; le *vent fort*, onze mètres environ; la *tempête*, vingt-deux mètres; l'*ouragan*, trente-six mètres; le *grand ouragan*, quarante-cinq mètres environ. — *Effets des vents.* Ils peuvent être *utiles* ou *nuisibles*. Les effets utiles sont d'entretenir la pureté de l'air en mélangeant ses diverses couches; d'entraîner au loin et de noyer dans la masse de l'atmosphère les miasmes putrides et les exhalaisons malfaisantes; de conduire les nuages et les vapeurs aqueuses sur les continents et d'y porter la pluie et les principes fécondants; de transporter au loin le pollen et les graines des plantes et de favoriser ainsi la reproduction et la dissémination de ces êtres si utiles; de pousser les vaisseaux à voiles sur les mers, etc. Les effets nuisibles des vents sont de propager les maladies contagieuses, de dessécher les plantes, lorsqu'ils sont secs et chauds, d'en arrêter le développement lorsqu'ils sont froids; de déterminer des arrêts de transpiration sur les animaux, quand ils viennent du nord; de faciliter le développement des maladies cachectiques, putrides, lorsqu'ils sont chauds et humides, etc.

VENTAISON, *V.* Brouillards.

VENTILATEUR, s. m., de *ventilare*, faire du vent; nom donné aux instruments employés à renouveler l'air d'un lieu fermé quelconque et surtout des habitations de l'homme et des animaux. Le plus connu est une grande roue en bois léger et à grandes ailes, à laquelle on communique un mouvement rapide de rotation. On place le ventilateur dans une ouverture du bâtiment, et, pendant qu'il est en mouvement, on tient les fenêtres ouvertes afin que le courant d'air puisse s'établir. *V.* Aération. —*Econ. rur.* Le tarare agit dans le nettoyage des grains comme crible et comme ventilateur.

VENTILATION, s. f. ; action de renouveler l'air d'un lieu clos en y établissant, par des moyens artificiels, des courants d'air actifs. *V.* Aérage, Aération.

VENTOUSE, s. f., *Cucurbitula*, de *cucurbita*, petite cloche ; instrument dans lequel on fait le vide à l'aide de la chaleur, et qu'on applique immédiatement sur la peau, dans le but de remplir plusieurs indications thérapeutiques. On distingue deux variétés de ventouses ; on les nomme *sèches* ou *scarifiées*. 1° *Ventouses sèches :* elles servent à irriter certaines régions des téguments, pour produire la révulsion. Ces instruments constituent de petites cloches en verre surmontées d'un bouton. Les vétérinaires se servent d'un verre à boire ; Laborde se servait de ventouses en fer blanc, pour les avoir moins fragiles. Pour appliquer une ventouse, on raréfie l'air dans son intérieur en y introduisant du papier allumé ou en y faisant brûler de l'alcool ou mieux de l'éther; l'air étant raréfié, on renverse la ventouse sur la peau. Les téguments se tuméfient aussitôt et montent dans la ventouse en formant une proéminence arrondie. Pour retirer l'instrument, on déprime les tissus vers un des points de la circonférence; l'air s'y introduit et le fait détacher. Les ventouses sèches peuvent être appliquées sur toutes les parties du corps dont la surface n'est pas trop saillante ; elles sont peu usitées pour les animaux, parce qu'elles ne constituent pas un moyen assez énergique. 2° *Ventouses scarifiées :* on leur donne ce nom quand on les applique sur des parties scarifiées. Un premier temps consiste à tuméfier la peau ; dans un second temps on retire la ventouse, pour scarifier la peau avec le bistouri convexe ou le rasoir, de manière à faire de légères incisions, disposées en quinconces ou formant de petits losanges. La ventouse est réappliquée, et le sang suinte aussitôt dans l'appareil. Pour le cheval, on applique les ventouses scarifiées sur les lombes, dans les cas de paralysie, d'inflammation des voies urinaires; sur l'abdomen pour l'entérite; sur les côtés du thorax pour les affections des plèvres et du poumon; sur l'articulation de la cuisse, etc. Si l'on applique le vésicatoire après la ventouse sur les parties scarifiées, la vésication se produit avec rapidité. Avec six ventouses scarifiées, sur les reins d'un cheval, on peut, dans l'espace d'une heure, obtenir d'un à deux kilog. de sang. — Pour remplacer avantageusement le rasoir ou le bistouri, on a imaginé le *bdellomètre*, sorte de ventouse à laquelle un scarificateur est adapté pour faire à la peau des piqûres nombreuses, sans enlever l'instrument. Quelquefois la ventouse est munie d'une pompe destinée à faire le vide.

VENTRAL, ALE, adj., *ventralis ;* se dit, en botanique, de la suture ou soudure correspondant au ventre ou partie renflée et arrondie d'un organe complexe.

VENTRE, s. f., *Venter, alvus ;* synonyme d'*abdomen*, (*V.* ce mot). — On appelle aussi *ventre* la partie moyenne et renflée des muscles. — En *extérieur*, le ventre est la région formée par les parois inférieures de l'abdomen ; son volume doit être médiocre, et sa forme arrondie. Un ventre volumineux, *ventre avalé*, *ventre de vache*, indique un animal lourd, non seulement à cause du poids des viscères digestifs, mais à cause de la gêne que ce poids apporte dans la respiration, en s'opposant à l'élévation des côtes. Un ventre trop étroit, *ventre levreté*, *retroussé*, indique souvent un animal qui se nourrit mal ou qui souffre de quelque maladie interne. Les chevaux de race distinguée ont naturellement le ventre peu volumineux. Le ventre est quelquefois le siège de hernies et surtout de la hernie ombilicale, maladie fréquente chez les jeunes poulains.

VENTRU, UE, adj., *ventricosus ;* renflé et formant une sorte de ventre. Le tube du calice et celui de la corolle peuvent être ventrus.

VENTRICULE, s. m., *Ventriculus*, diminutif de *venter*, ventre ; petit ventre, ou petite cavité close. On donne quelquefois le nom de *ventricule* à l'estomac. Le larynx, le cerveau, le cœur présentent des cavités qui ont reçu le nom de *ventricules. V.* LA-RYNX, CERVEAU, CŒUR.

VENTS, s. m. pl., *Flatus ;* nom donné aux gaz accumulés dans quelques parties des voies digestives et qui sont expulsés, soit par la bouche, soit par l'anus. On donne le nom d'*éructation* à la sortie des gaz par la bouche, comme on le voit dans le cheval atteint du tic. Les chevaux poussifs rendent souvent des gaz par la voie du rectum, pendant qu'ils toussent ; aussi dit-on dans le langage vulgaire qu'ils *ont du vent*. Les affections causées par la formation des vents sont nommées *pneumatoses* ou *maladies venteuses*.

VÉRATRE, s. m., *Veratrum*, T. ; genre de la famille des Colchicacées. Il est composé de plantes vivaces, rampantes, croissant en Amérique et sur les hautes montagnes de l'Europe. Les espèces sont nombreuses. Les principales sont : le V. blanc, *V. album*, vulg. *varaire*, vénéneux pour le bétail, et dont les diverses parties ont été employées

autrefois comme purgatives. On le cultive dans les jardins comme plante d'ornement ; le V. noir, *V. nigrum*, jouissant des mêmes propriétés que le précédent. Ces deux espèces croissent sur les montagnes de la France. Le V. cévadille, *V. sabadilla*, Retz, habite le Mexique, les Antilles, etc. ; c'est lui qui fournit au commerce de la droguerie la graine de *Cévadille* (*V.* ce mot).

VÉRATRINE, s. f. ; $C^{34} H^{22} O^6 Az.$ Alcaloïde végétal découvert en 1819, par Pelletier et Caventou, dans la cévadille, l'hellébore blanc et le colchique. — La vératrine est solide, incristallisable, en poudre blanche, inodore, d'une saveur extrêmement âcre et déterminant des éternuments violents, quand on la dépose sur la pituitaire. Elle n'est point volatile, fond à 115° et se prend en masse transparente par le refroidissement. Insoluble dans l'eau, la vératrine est très soluble dans l'éther et surtout dans l'alcool. Elle neutralise incomplètement les acides et forme avec eux des sels incristallisables, d'une grande âcreté. Ses caractères spécifiques sont de devenir rouge, puis jaune, par l'acide nitrique ; de jaunir d'abord par l'acide sulfurique et de passer ensuite au rouge et au violet. — *Pharmacol.* La vératrine est une substance extrêmement vénéneuse, agissant à la manière des poisons narcotico-âcres ; donnée à l'intérieur par quelques médecins à titre d'expérience, à des chats et à des chiens, à quelques fractions de grain, elle a déterminé des vomissements violents, une superpurgation et la mort après quelques accès nerveux d'apparence tétanique. Préconisée chez l'homme contre les névralgies les plus rebelles, elle est encore peu employée et doit être essayée avec une extrême prudence.

VERBÉNACÉES, s. f., *Verbenaceæ ;* famille de plantes dicotylédonées, monopétales, hypogynes, herbacées, frutescentes ou arborescentes, originaires, pour le plus grand nombre, des contrées tropicales. Les propriétés stimulantes et toniques qu'elles doivent à des huiles volatiles et au tannin en ont fait employer quelques-unes en médecine ; ex. : la *Verveine officinale*. Plusieurs sont de jolies plantes d'ornement. L'un des bois les plus estimés des régions tropicales provient d'un arbre de cette famille. Les Verbénacées ont été divisées récemment en deux groupes ou tribus, d'après le mode d'inflorescence et la fructification : 1° les *Verbénées ;* genres : *Verbena*, *Lantana*, etc. ; 2° les *Viticées ;* genres : *Vitex*, etc., etc.

VERDET CRISTALLISÉ, *V.* ACÉTATE NEUTRE DE CUIVRE.

VERGE, s. f., *Coles, penis ;* organe érectile, aussi désigné sous le nom de *pénis*, destiné à servir de conducteur à l'urètre du mâle, soit pour l'émission de l'urine, soit pour l'acte de la copulation. La verge a pour base le corps caverneux, tige cylindroïde allongée, formée d'une enveloppe fibreuse solide, renfermant un tissu spongieux ou érectile, susceptible de se remplir de sang et de donner à l'organe la tension et la solidité nécessaires à l'accouplement. Ce corps caverneux, fixé par deux racines principales aux deux crêtes ischiales, et par deux racines plus petites à la symphyse ischio-pubienne, présente, dans toute sa face inférieure ou postérieure, une scissure qui loge le canal de l'urètre. La tête de la verge est aussi formée par un tissu érectile ; mais celui-ci est indépendant du corps caverneux, et se trouve en rapport avec celui qui entoure l'urètre dans la scissure. — La verge, dans son état de relâchement, est enfermée dans un replicutané appelé *fourreau*, remplaçant le prépuce de l'homme. Lors de l'érection, ce repli se déploie et suit l'organe dans son allongement. — La verge du taureau, plus mince que celle du cheval, offre, vers le scrotum, une double courbure, qui disparaît pendant l'érection, par l'allongement de l'organe, et se reforme immédiatement après. — La verge du chien présente un os sur lequel s'appuie le corps caverneux et qui est creusé à son bord inférieur d'une scissure pour le canal de l'urètre. Cet os se rencontre chez un grand nombre de carnassiers, et notamment chez l'ours et les martes. La verge du chien porte, en outre, à sa base, deux éminences érectiles qui, par leur gonflement, prolongent l'accouplement chez ces animaux. — La verge du chat est hérissée de papilles rudes, dont la pointe est dirigée vers la base de l'organe.

VERGERETTE, *V*. ÉRIGERON.

VERGETURES, s. f. ; petites raies rougeâtres ou blanchâtres qu'on observe sur les membranes muqueuses à la suite des phlegmasies, et qui sont semblables à celles qui seraient causées par des coups de verges ; elles se produisent après une violente distension. Par analogie, ce nom a été donné aux lividités qu'on voit sur les cadavres.

VERGLAS, s. m. ; couche mince et glissante de glace qui recouvre le sol et qui résulte de la congélation de la pluie à son arrivée sur la terre. Le verglas se produit lorsque le sol est gelé ou couvert de neige ; aussi l'observe-t-on principalement pendant l'hiver et le printemps. Il donne lieu à de fréquents accidents sur les animaux, par suite des chutes qu'ils sont alors exposés à faire.

VERJUS, s. m. ; nom donné, à la fois, au jus des pommes et des poires sauvages et à une espèce de raisin très riche en bitartrate de potasse, en acide tartrique, en acide malique, employé dans la pharmacie humaine pour confectionner des boissons tempérantes. Ce liquide, acide et âpre au goût, est formé principalement d'eau, d'acide malique, d'un peu d'acide tartrique, d'une petite quantité de sucre, etc. Il peut être employé dans les campagnes pour confectionner des boissons rafraîchissantes.

VERMICULAIRE, adj., *vermicularis*, ou

VERMIFORME, *vermiformis* ; en forme de ver. — *Éminences vermiformes du cervelet :* nom donné à la partie antérieure et à la partie postérieure du lobe médian du cervelet.

VERMICULAIRE, adj., *vermicularis*, dim. de *vermis*, ver ; qui ressemble aux vers. — *Path. Pouls vermiculaire :* dont les pulsations sont lentes et faibles. — *Bot.* Synonyme de *moniliforme* (*V*. ce mot).

VERMIFUGE, s. et adj., *Vermifugus*, de *vermis*, ver, et *fugare*, chasser. *Anthelmintique.* Nom donné à des médicaments très disparates, qui ont pour caractère commun de faire périr les vers qui vivent dans le corps des animaux, et de déterminer l'expulsion de ceux qui se développent dans le tube digestif. L'effet vermifuge, qui est le plus évident, peut appartenir à un grand nombre de médicaments, parce que, souvent, la présence des parasites dans les animaux est liée à des affections de nature variable, sur lesquelles ces médicaments peuvent agir favorablement, détruisant ainsi, par voie indirecte, les helminthes. On est convenu d'appeler *anthelminthiques*, *vermicides*, les médicaments qui agissent plus particulièrement sur les vers, quel que soit leur siége, sans avoir d'action remarquable sur l'économie animale, et de réserver le nom de *vermifuges* à ceux qui peuvent détruire et expulser les vers intestinaux, ou seulement déterminer ce dernier effet. L'action vermifuge est peu comparable entre les divers médicaments employés pour la déterminer ; et même, chez ceux dont les effets anthelminthiques sont les mieux marqués, on observe que les uns agissent plus facilement sur une espèce de vers que sur d'autres, etc. L'administration des vermifuges doit être précédée de l'emploi de quelques précautions hygiéniques, telles que le repos, la diète, le régime délayant, l'usage des laxatifs, et suivie de l'emploi des breuvages purgatifs pour assurer l'expulsion des vers tués par les vermifuges, surtout quand ils habitent le canal intestinal. Les vermifuges les plus usités en vétérinaire sont la mousse de Corse, l'écorce de racine de grenadier, la fougère mâle, l'huile empyreumatique de Chabert, l'essence de térébenthine, l'éther, l'absinthe, la tanaisie, le calomélas, etc.

VERMILLON, *V*. SULFURE DE MERCURE.

VERMINE, s. f., *Vermina*, de *vermis*, ver ; nom général donné aux insectes parasites, tels que les poux, les puces, etc., mais plus particulièrement aux poux. *V*. POU et PHTHIRIASE.

VERMINEUX, adj., *verminosus*, de *vermis*, ver ; qui est produit ou entretenu par les vers, qui contient des vers : *maladie vermineuse.*

VERMOULURE, s. f. ; piqûre faite par les vers dans le bois, le papier. Ce nom a été donné à la carie humide des os. *V*. CARIE, NÉCROSE.

VERNATION, s. f., *Vernatio*, de *ver-*

nus, printanier ; synonyme de *préfoliation* (*V.* ce mot.)

VÉROLE, s. f., de *varius*, varié, qui présente diverses couleurs ; on a donné ce nom à la syphilis ou maladie vénérienne, à cause des pustules qui la caractérisent. — *Petite vérole :* synonyme de *variole.* — *Petite vérole des moutons,* V. CLAVELÉE. — *Petite vérole des vaches,* V. VACCINE.

VÉROLETTE, s. f. ; synonyme de *varicelle.*

VÉRONIQUE, s. f., *Veronica*, L. ; genre de la famille des Scrophulariacées. Il se compose, d'après Bentham, d'environ 160 espèces herbacées, sous-frutescentes, frutescentes, et même arborescentes, parmi lesquelles trente environ appartiennent à la Flore française. Ces dernières croissent dans les prairies, soit à l'ombre des haies ou des arbres, soit au bord des ruisseaux. Elles sont peu importantes comme fourrages. La Véronique officinale, *V. officinalis*, est astringente. La V. becca bunga, *V. beccabunga*, a été vantée comme dépurative. Beaucoup d'espèces de ce genre, même assez communes, sont de jolies plantes d'ornement.

VERRAT, s. m., *Verres*; porc mâle employé à la reproduction. Les verrats jouissent très jeunes de la faculté de se reproduire ; mais c'est depuis l'âge de huit à dix mois jusqu'à deux ou trois ans qu'ils y sont le plus propres. Plus tôt, ils sont trop jeunes et s'épuisent en pure perte ; plus tard, ils deviennent méchants ou très difficiles à engraisser ; Viborg indique la période de deux à cinq ans. Le verrat doit jouir d'une bonne santé, descendre d'une race précoce et apte à l'engraissement, avoir du poids, relativement à son âge, sans être en état de graisse, une tête courte, effilée, des yeux vifs, les membres minces, le corps long, épais, la poitrine large, les épaules et les cuisses fournies, le squelette peu developpé, les soies douces, fines et brillantes. Le verrat est prolifique ; lorsqu'il est bien entretenu, il peut faire, sans se fatiguer, quatre à six saillies par jour, pendant toute une période de monte. Le meilleur procédé, pour prévenir l'épuisement et assurer la fécondation, est de placer le mâle et la femelle ensemble dans un réduit écarté et tranquille, et de les séparer après la deuxième copulation, pour les réunir de nouveau si on le croit utile. Le verrat ne réclame d'autre soin que d'être bien logé et bien nourri. On doit le châtrer avant de le soumettre à l'engraissement.

VERRE, s. m., *Vitrum*; corps solide, amorphe, transparent, dur et fragile, qu'on obtient en fondant du sable siliceux avec de la potasse ou de la soude. Il est principalement formé de silicate de potasse et de soude, auxquels s'ajoutent souvent des silicates terreux ou métalliques. Le *verre blanc* est principalement formé de silicates alcalins ; le *cristal* renferme en outre une forte proportion d'oxyde de plomb. Enfin, les *émaux* et les *verres colorés* contiennent des oxydes métalliques colorés. Les usages du verre, extrêmement nombreux et importants, sont généralement connus.

VERRE D'ANTIMOINE, s. m. : composé d'aspect vitreux, qu'on obtient en fondant le protosulfure d'antimoine préalablement grillé jusqu'au gris cendré. Indépendamment de l'oxysulfure d'antimoine, qui en forme la plus grande partie, ce composé complexe renferme en outre de la silice et de l'oxyde de fer. Employé autrefois en médecine vétérinaire, ce composé antimonial est inusité aujourd'hui ; il sert encore à préparer l'émétique.

VERRUE, s. f., *Verruca*, *porro*, *ficus*; excroissance ou végétation indolente, sessile ou pédiculée, mobile ou adhérente, qui se forme sur diverses régions de la peau et des muqueuses, et qui s'implante dans le derme par des filaments demi-fibreux. Alibert classe les verrues dans un troisième genre, celui des dermatoses hétéromorphes ; il distingue la *verrue vulgaire* et la *verrue achrochordon*, cette dernière étant avec pédicule large ou aminci. La verrue *vulgaire* ou ordinaire, présente un aspect fendillé ; elle contient quelques vaisseaux capillaires provenant de la peau. La verrue *pédiculée* finit par acquérir un gros volume et constitue ce qu'on nomme les *poireaux*, les *fics*, (*V.* ce mot). On ne connait pas toutes les causes des verrues ; elles sont quelquefois le résultat du frottement, de la malpropreté, elles ne se produisent pas par contagion. Tantôt les verrues disparaissent spontanément ; tantôt elles s'accroissent et se multiplient à l'infini ; on les voit quelquefois envahir la gueule du chien et produire des ulcères cancéreux et mortels. Les moyens de traitement recommandés contre les verrues sont l'excision, la cautérisation et la ligature. — En *botanique*, on donne le nom de *verrues* à de petites éminences rugueuses qui couvrent la surface de certains végétaux.

VERRUQUEUX, **EUSE**, adj., *verrucosus;* couvert de verrues.

VERS, s. m. pl., *Vermes;* animaux placés par Cuvier dans l'embranchement des *rayonnés.* Leur forme est allongée, cylindroïde ou rubanée ; il en est qui, comme les hydatides, tendent à la forme sphérique ; la plupart ont le corps articulé. Le tube intestinal manque chez les cestoïdes et les cystiques ; chez quelques trématodes, il n'a qu'un orifice et présente la forme arborisée. Quelques vers sont monoïques ; d'autres sont dioïques. On a donné le nom de *vers extérieurs* à ceux qui habitent en dehors du corps des animaux ; de vers *intérieurs*. *internes*, *intestinaux*, à ceux qui habitent dans les organes des êtres vivants. Leur séjour varie ; il en est qui vivent dans l'estomac et les intestins ; d'autres se trouvent dans les voies circulatoires ; quelques-uns dans le parenchyme des organes, dans le poumon, le foie, les reins, le cerveau, l'œil. Ils vivent aux dépens des sujets dans lesquels ils se développent, et périssent aussitôt qu'on les en sépare. Bien des théories et des hypothèses ont été émises sur l'origine des vers intestinaux. On les voit se développer surtout sous l'influence des causes débilitantes ; ils se montrent sur les jeunes animaux, dans certaines épizooties, par l'effet d'un mauvais régime, etc. Leur présence coïncide avec quelques affections : ex. : les douves avec la pourriture ; quelquefois elle donne lieu à des maladies spéciales ; ex. : le tournis produit par l'hydatide cérébrale, la ladrerie causée par le cysticerque celluleux. On a donné plusieurs classifications différentes des vers intestinaux. Une des meilleures a été établie par Rudolphi ; elle comprend cinq ordres : 1° *Nématodes*, qui ressemblent à un fil, dont le corps est allongé, cylindrique, muni d'un canal intestinal, pourvu d'une bouche et d'un anus, avec les sexes séparés sur deux individus différents, ex. : *filaires*, *strongles*, *ascarides*; 2° *Acanthocéphales*, vers à tête épineuse, à corps arrondi, circulaire, présentant à la partie antérieure une trompe rétractile, à sexes distincts, ex. : *échinorinque*; 3° *Trématodes*, vers poreux, dont le corps est garni de pores ou suçoirs, les deux sexes réunis sur le même individu, ex. : *distomes*, *polystomes*; 4° *Cestoïdes*, en forme d'anneau, à corps déprimé, continu ou articulé, à tête pourvue de deux à quatre suçoirs ; cet ordre comprend les *ténias*; 5° *Cystiques*, en forme de vessie ; cette poche est propre à chaque individu ou commune à plusieurs ; la tête est pourvue de deux à quatre suçoirs, ex. : *cænures*, *cysticerques*. — Cuvier a formé deux classes de vers intestinaux ; dans la première, il place sous le nom de *cavitaires*, ceux qui ont une cavité digestive distincte ; dans la deuxième, il renferme les vers dont le tube digestif n'est pas distinct à l'intérieur du corps, et qui forment une sorte de parenchyme ; il les nomme *parenchymateux*. Lamark a établi trois ordres : 1° les *vers mollasses*, comprenant les *vésiculaires*, tels que les *hydatides*, les *planulaires*, ex. : *ténia*, etc.; 2° les *vers rigidules*, ex. : *strongles*, *ascarides*, *filaires*, etc.; 3° les *vers hispides*, qu'on ne trouve pas dans les animaux. Les entozoaires les plus connus sont les filaires, les ascarides, les fascioles, les ténias, les cysticerques, les hydatides.

VERSÉ, ÉE, adj., *prostratus*; couché, renversé. Les céréales, les foins même, sont susceptibles de verser. Le blé verse lorsque les tiges sont trop rapprochées et minces, lorsque la fumure a été abondante, les labours trop superficiels. La perte qui en résulte est d'autant plus grande que l'accident survient à une époque plus éloignée de la récolte ; elle porte principalement sur les grains, dont la quantité ou la valeur peuvent

être presque nulles. — *Foin versé* : il est étiolé et fade. Pour le corriger on y mêle du sel marin, ou on le stratifie avec des fourrages très sapides.

VERSOIR, s. m. ; partie de la charrue qui renverse la tranche de terre détachée par le coutre et le soc ; on l'appelle aussi *oreille* en raison de sa forme contournée.

VERT, s. m., *Viridis*; l'une des sept couleurs du spectre solaire ; c'est la quatrième ; elle est placée entre le jaune et le bleu, qui semblent lui donner naissance par leur mélange. — *Bot.* Le vert est la couleur ordinaire des plantes et surtout des feuilles. Ses diverses nuances s'expriment, en botanique, de la manière suivante : vert ordinaire, *viridis*; vert clair, vert gai, *viridulus*; verdâtre, tirant sur le vert, *virescens*, *viridescens*; vert noirâtre, *atro-viridis*, *atro-virens*; vert jaunâtre, *flavo-virens*; vert glauque, *glaucus*, *glaucinus*; vert d'émeraude, *smaragdinus*; vert bleu, *æruginosus*. — *Hyg.* Nom vulgaire des fourrages herbacés avant leur dessiccation. *Mettre au vert*, *donner le vert*, *faire prendre le vert*, s'entend de l'alimentation exclusive, pendant un temps donné, avec du vert, pour des animaux qui se nourrissent habituellement de fourrages secs. Ces expressions ne sont guère employées que lorsqu'il s'agit des solipèdes. Le vert exerce sur les animaux qui y sont soumis des effets particuliers, généralement apercevables. Sous son influence, la respiration et la circulation sont un peu activées ; du sang nouveau se forme, souvent en assez grande abondance pour amener la pléthore ; la peau devient souple, moite, le poil plus brillant : les déjections alvines sont plus molles. Ces effets supposent une meilleure nutrition, une augmentation des forces ; ils se font apercevoir très peu de temps après le changement de régime. Cependant ils ne sont pas toujours favorables ; ils peuvent être suivis de la diarrhée, de la maigreur, s'accompagner d'indigestions et d'œdèmes. — Le vert est indiqué pour les chevaux jeunes, fatigués par un travail excessif ou prématuré, ou échauffés par un régime incendiaire. Il convient aux chevaux poussifs, à ceux qui sont en état de convalescence après des maladies aiguës, qui ont les membres à demi usés. Au contraire, il est contre-indiqué dans les cas de maladies asthéniques, d'hydropisies générales ou particielles, de maladies chroniques de l'intestin. Il est généralement nuisible aux chevaux affectés de catarrhe chronique. — Le vert se donne au printemps ; on doit préférer celui des premières coupes. — Il se compose le plus souvent d'une légumineuse seule ou associée à une céréale, plus rarement d'une céréale seule (seigle, escourgeon), ou de plantes des prairies naturelles. Le vert est pris sur place, en liberté, ou à l'écurie. Le premier procédé permet de joindre, à l'effet spécial du vert, l'action de l'air pur et de la liberté entière des mouvements. Mais il a , sous tous les autres rapports , tant d'inconvénients qu'on doit lui préférer le second , pourvu que les animaux soient placés dans des écuries saines. — La durée moyenne du régime vert est de vingt à vingt-cinq jours. Il est quelquefois nécessaire de la prolonger, si on veut que les animaux en ressentent les effets , surtout si la végétation est trop avancée et les plantes déjà dures. — La quantité de fourrage vert qu'un cheval peut recevoir chaque jour est comprise entre 25 et 50 kilog. — Le régime du vert ne doit point être imposé brusquement , surtout si les plantes sont jeunes , très aqueuses et mangées avec avidité. Il est presque toujours avantageux d'établir une transition ; quelquefois même on est obligé de mêler chaque jour au vert un peu de fourrage sec. Des sétons , la saignée , sont souvent employés comme moyens auxiliaires ; ni l'une ni l'autre de ces opérations ne doit être pratiquée indistinctement. Le vert agit mieux lorsque les animaux sont laissés dans un repos complet , et l'on doit mettre une partie de ses effets sur le compte de cette inactivité des organes. Les animaux qui continuent à travailler doivent être soumis à un service moins pénible. Enfin, nous ajouterons , comme observation particulière , que le vert des prairies naturelles précipite la marche de la morve chronique chez les chevaux qui présentent les symptômes de cette maladie.

Vert-de-gris, *V*. Sous-acétate de cuivre.

Vert - de - montagne , *V*. Carbonate de cuivre.

Vert-de-Scheele , s. m. ; nom ancien de *l'arsénite de cuivre*.

VERTÈBRE , s. f. , *Vertebra*. de *vertere*, tourner ; on appelle *vertèbres* une série d'os courts, tubéreux, percés d'un grand trou médian, et unis à la suite les uns des autres , pour former une longue tige, nommée colonne vertébrale, s'étendant de la partie postérieure de la tête a l'extrémité de la queue, et divisée en cinq régions dites *cervicale*, *dorsale*, *lombaire*, *sacrée et coccygienne*. Le nombre des vertèbres varie suivant les espèces où on les considère , et, dans la même espèce, suivant chaque région. Les vertèbres du cou, seules, ne varient pas dans les mammifères, où elles existent toujours au nombre de sept, quelles que soient la brièveté ou la longueur de la région. — Si l'on étudie la vertèbre d'une manière générale , on trouve dans cet os une partie inférieure ou *corps* et une partie supérieure ou *spinale*. Le corps, par sa face supérieure, forme la partie plane du canal vertébral ; à sa partie inférieure, se trouve une crête plus ou moins prononcée. En avant il porte une *tête*, et en arrière une *cavité*, destinées à l'union avec les vertèbres précédente et suivante. Enfin , sur les côtés se trouvent des apophyses dites *transverses*. La partie spinale se distingue par une apophyse épineuse supérieure , quelquefois remplacée par une

crête ; elle porte , en avant , deux apophyses articulaires , dont la facette est tournée en haut ; en arrière , deux apophyses de même espèce, dont la facette est tournée en bas. Entre le corps et la partie spinale, se trouve, en avant et en arrière , une échancrure qui forme, avec l'échancrure semblable des vertèbres contiguës, le *trou de conjugaison*. — Les vertèbres cervicales , plus grosses et plus longues que toutes les autres , ont , au lieu d'apophyse épineuse, une crête plus ou moins saillante ; leur tête et leur cavité offrent une courbe très prononcée ; leurs apophyses articulaires sont très développées, ainsi que leurs apophyses transverses ou *trachéliennes* , à la base desquelles se trouve percé un trou dit *trachélien*. La première, ou *atlas*, diffère totalement des autres et exige une description particulière , *V*. Atlas. La seconde offre aussi une structure spéciale dans sa moitié antérieure, *V*. Axis. La troisième , la quatrième et la cinquième vont en diminuant de longueur, et présentent, entre leurs apophyses articulaires antérieures et postérieures, dans la troisième un évidement complet, dans la quatrième une lame osseuse échancrée , et dans la cinquième une lame osseuse continue. La sixième , plus courte que la précédente , présente trois pointes à ses apophyses transverses ; la septième, encore plus courte , offre une apophyse épineuse assez prononcée, qui lui a fait donner le nom de *proéminente* ; elle manque de trous trachéliens et présente en arrière , de chaque côté de sa cavité articulaire, une petite cavité concourant à former, avec la première dorsale, le point d'articulation de la tête de la première côte. — Les vertèbres dorsales , au nombre de dix-huit chez les solipèdes , sont remarquables par des dimensions beaucoup moins fortes que celles des cervicales , par une apophyse épineuse allongée, par des facettes pour la tête des côtes , près de la tête et de la cavité de la vertèbre, et, pour la tubérosité des côtes, sur l'apophyse transverse. Leurs apophyses articulaires sont très petites et , dans certaines , réduites à une simple facette. La première vertèbre dorsale ressemble beaucoup à la dernière cervicale ; celles qui la suivent ont leur apophyse épineuse d'autant plus longue et plus inclinée en arrière qu'elles sont plus antérieures ; les dernières ont leur apophyse à peu près verticale. La dernière dorsale manque postérieurement des facettes destinées à recevoir la tête de la côte. — Les vertèbres lombaires , au nombre de six chez le cheval, et de cinq seulement chez l'âne , ont pour caractère principal le grand développement de leurs apophyses transverses qui sont horizontales et aplaties. La dernière porte à ses apophyses transverses des surfaces destinées à l'unir au sacrum. — Les vertèbres sacrées , au nombre de cinq, sont soudées dans l'âge adulte et constituent une pièce unique , que l'on décrit habituellement sous le nom de *sacrum* (*V*. ce mot). — Quant aux vertèbres coccygiennes, elles perdent successivement toutes les parties qui caractérisent la vertèbre. Le canal n'existe que dans les deux ou trois premières et dégénère en une simple gouttière; les apophyses articulaires disparaissent, et le seul élément de la vertèbre qui persiste dans les dernières est le *corps* réduit à un simple cylindre arrondi à ses deux extrémités. — Les vertèbres du bœuf sont plus fortes et plus tubéreuses que celles du cheval. Celles de la région cervicale ont une apophyse épineuse assez prononcée et aussi forte dans la dernière que celle de la première dorsale du cheval. La sixième est remarquable par l'étendue de ses apophyses transverses repliées en bas. — Les dorsales sont au nombre de treize; les lombaires au nombre de six ; la dernière ne présente pas d'union latérale avec le sacrum. — Dans le porc, les vertèbres cervicales présentent des apophyses épineuses bien marquées et des apophyses transverses larges et se recouvrant de vertèbre à vertèbre ; les dorsales sont au nombre de quatorze et les lombaires au nombre de sept. — Les vertèbres dorsales du chien sont au nombre de treize ; cet animal présente sept vertèbres lombaires très développées, dont les apophyses transverses sont inclinées en bas et en avant. — Dans le lièvre, on trouve des apophyses épineuses inférieures à quelques vertèbres lombaires, disposition qui donne une attache plus solide aux muscles psoas de cet animal essentiellement sauteur. — Dans les oiseaux, le nombre des vertèbres cervicales varie de neuf (moineau) à vingt-deux (cygne) ; celles du dos sont peu nombreuses et soudées entre elles et avec les lombaires et les sacrées ; les coccygiennes, fortement développées, sont unies d'une manière mobile ; la dernière est toujours la plus forte et s'élargit transversalement.

VERTÉBRAL, **ALE**, adj., *vertebralis;* qui appartient aux vertèbres, ou qui est formé par les vertèbres. — *Artère vertébrale* ou *trachélo-occipitale :* branche considérable du tronc brachial, passant entre les muscles scalène et sous-dorso-atloïdien, et s'engageant dans les trous trachéliens de toutes les autres vertèbres du cou, jusqu'à l'atlas, où elle s'anastomose à plein canal avec l'artère *atloïdienne rétrograde*, provenant de l'occipitale. Dans son trajet, la vertébrale fournit les rameaux spinaux du cou, et des artères aux muscles qui entourent la colonne cervicale. — *Colonne vertébrale :* longue tige résultant de l'assemblage de toutes les vertèbres.— *Canal vertébral :* canal existant dans toute l'étendue du rachis, jusque vers les premières vertèbres coccygiennes, et résultant de la succession des portions de canal formées par chaque vertèbre. Ce canal, dont le diamètre varie suivant les points où on l'examine, présente sa plus grande largeur à son origine et à l'union des régions cervicale et dorsale ; il s'élargit aussi à la moitié postérieure de la région lombaire et prend une forme triangulaire dans le sacrum. Il présente sur ses côtés une série d'ouvertures formées par les trous de conjugaison, laissant échapper les nerfs rachidiens, et donnant passage aux vaisseaux spinaux. — *Moëlle vertébrale*, V. **Moëlle épinière.** — *Ligaments vertébraux :* le supérieur s'étend sur la partie plane du canal rachidien, s'élargissant à chaque point de conjugaison sur le fibro-cartilage inter-vertébral ; l'inférieur n'existe d'une manière bien marquée qu'à la partie inférieure du corps des dernières vertèbres dorsales et surtout des vertèbres lombaires. — *Sinus vertébraux :* on donne ce nom à deux longues veines situées dans le canal vertébral, sur les côtés du ligament vertébral supérieur, et communiquant par tous les trous de conjugaison avec les veines voisines.

VERTÉBRÉ, **ÉE**, adj., *vertebratus;* qui a des vertèbres. Les animaux *vertébrés* forment le premier embranchement de la classification de Cuvier, et présentent les caractères suivants : squelette intérieur osseux ou cartilagineux ; cerveau et cervelet contenus dans un crâne; moëlle épinière abritée par un canal vertébral; canal intestinal à deux issues ; sang rouge ; toujours des organes des sens; un foie, un pancréas, des reins ; sexes portés par des individus différents. Cet embranchement est divisé en quatre classes : 1° les *Mammifères* ; 2° les *Oiseaux* ; 3° les *Reptiles* ; 4° les *Poissons*.

VERTEX, s. m. ; mot latin signifiant *sommet*, et employé pour désigner la partie la plus élevée de la tête. Ce mot, inusité en vétérinaire, ne pourrait s'appliquer qu'à la région occipitale.

VERTICAL, **ALE**, adj. ; qui est perpendiculaire à la ligne horizontale ou à la surface des eaux tranquilles. *Ligne verticale :* celle que suivent les corps qui tombent et qui est indiquée par le fil à plomb ; ligne rationnelle que suit la résultante des forces de pesanteur d'un corps, et partant du centre de gravité.

VERTICILLE, s. m., *Verticillus*, de *vertere*, tourner ; ensemble de trois ou d'un plus grand nombre de pièces membraneuses situées sur le même plan, autour d'un axe ; ex. : les feuilles dans les caille-lait. — *Verticille floral :* ensemble des pièces du calice, ou de la corolle d'une fleur. Une fleur complète se compose de quatre verticilles floraux : les sépales, les pétales, les étamines et les carpelles.

VERTICILLÉ, **ÉE**, adj., *verticillatus;* disposé en verticille. Dans les Labiées, les fleurs partant de l'aisselle de feuilles opposées, paraissent être rangées régulièrement autour de la tige ; elles forment de faux *verticilles*.

VERTIGE, s. m., *Vertigo*, de *vertere*, tourner ; état dans lequel il semble au malade que tous les objets tournent, ou qu'il tourne lui-même. C'est toujours un signe de congestion vers le cerveau. En vétérinaire, on confond sous le nom de *vertige* plusieurs affections cérébrales et les maladies des appareils digestif et respiratoire compliquées de symptômes nerveux. On distingue généralement le vertige dû à l'inflammation primitive du cerveau, et qu'on a désigné sous les noms de *vertige essentiel*, *idiopathique*, *fièvre ataxique*, *arachnoïdite*, *encéphalite*; et le vertige dû à une indigestion, à une irritation de l'estomac, du foie. Cette dernière maladie est appelée *vertige abdominal*, *indigestion vertigineuse* (Gilbert), *fièvre bilieuse*, *méningo-gastrique* (Gohier), *vertige symptomatique*, *gastro-encéphalite*, etc.

VERTIGE ESSENTIEL, *V.* ENCÉPHALITE.

VERTIGE ABDOMINAL, SYMPTOMATIQUE. Cette maladie, qui est due généralement à une irritation du tube intestinal, est fréquente dans l'espèce du cheval et présente quelquefois le caractère enzootique. Elle commence le plus souvent par une indigestion stomacale ou intestinale, qui résulte d'un excès d'aliments, des fourrages nouveaux, des aliments avariés, de l'usage immodéré du son, des bourgeons de jeune bois, d'un travail précipité après un repas copieux. Au début de la maladie, le cheval est triste; il dédaigne toute nourriture, et ne prend les fourrages qu'avec nonchalance; bientôt il tient la tête basse; sa marche est vacillante; les muqueuses sont injectées et souvent colorées en jaune. Plus tard, les sens deviennent obtus; le malade est plongé dans un état de stupeur; il est étranger à tout ce qui l'entoure; il tient la tête appuyée dans la mangeoire ou contre le mur; les yeux sont saillants, hagards; la conjonctive est d'un rouge foncé; le pouls est petit, serré; la respiration est lente; l'animal cherche continuellement à se porter en avant: on dit qu'il pousse au mur; il ne s'arrête que quand il trouve un point d'appui résistant. De temps en temps, des accès violents se produisent; on les observe ordinairement vers le soir; alors le malade est furieux, il monte dans la crèche, quelquefois même jusqu'au ratelier et se précipite contre les murs avec une telle violence qu'il couvre sa tête de contusions et peut même s'assommer. A ces accès succède un temps de calme plus ou moins long, pendant lequel la tête est immobile, abaissée, quelquefois même appuyée sur la litière; les sens sont suspendus; l'animal ne voit plus, n'entend plus. Le vertige abdominal se termine fréquemment par la mort, du troisième au cinquième jour; sa guérison est rarement complète; souvent l'animal conserve quelques-uns des symptômes qui constituent l'immobilité. La gastro-hépatite est une complication commune de l'indigestion vertigineuse; elle se décèle par la teinte jaune ictérique des muqueuses. A l'autopsie, on trouve ordinairement l'estomac distendu par une masse considérable d'aliments mal élaborés, pesant jusqu'à vingt kilogrammes. Cet état de plénitude est tel que les fourrages ne peuvent sortir, par suite du rapproche-

ment des deux ouvertures de l'estomac. D'autres fois cet organe est vide; les matières alimentaires, mal digérées, se trouvent dans le gros intestin. Le foie est augmenté de volume et parfois friable, peu consistant. Les lésions du cerveau sont variables; les plus fréquentes consistent dans la présence d'une certaine quantité de sérosité au sein des ventricules latéraux, dans l'injection de la masse cérébrale, dans l'augmentation de volume des plexus choroïdes, qui peuvent acquérir même la grosseur d'un œuf de pigeon. Le pronostic du vertige abdominal est très grave, surtout s'il y a surcharge d'aliments; le cheval ne pouvant vomir, la mort est certaine quand l'estomac contient une grande quantité de fourrage. Rien n'est plus varié que les moyens de traitement à l'aide desquels on a obtenu des succès contre cette affection; les prescriptions les plus opposées ont pu réussir; jusqu'à présent aucune méthode n'est préconisée comme bien supérieure aux autres; il n'y a pas deux praticiens qui suivent les mêmes errements. Deux indications sont à remplir. Avant tout, il faut combattre l'indigestion qui s'est compliquée de symptômes nerveux; ensuite on attaque les symptômes cérébraux. Le traitement qui nous donne le plus de succès consiste à administrer à l'intérieur les boissons stimulantes de tilleul et camomille, auxquelles on ajoute le sulfate de soude, à doses fractionnées, à donner des lavements aloétiques; de plus, pour dissiper les symptômes nerveux, on fait prendre de 10 à 30 grammes de camphre par jour dans le miel, et l'on pratique des affusions d'eau froide sur la tête. Gilbert, Philippe et d'autres ont préconisé l'émétique, à la dose de 30 grammes, comme moyen évacuant; les opinions sont contradictoires sur l'efficacité de ce moyen. Watrin a recommandé l'huile de croton tiglium à la dose de 20 à 30 gouttes, dans une décoction de graines de lin. Une autre méthode de traitement, parfois utile, consiste à administrer 90 à 100 grammes de graines de moutarde, pour stimuler les fonctions de l'estomac et des intestins. Les opinions sont partagées sur l'efficacité des saignées; les uns les recommandent, d'autres les proscrivent; cette divergence est due aux caractères variés de la maladie, qui peut être traitée avantageusement tantôt par les émissions sanguines générales, tantôt par les émissions locales, et qui, quelquefois, ne réclame ni les unes ni les autres. Plus on avance dans l'étude des maladies vertigineuses, moins on a recours à l'emploi du séton et des autres exutoires; leur action n'est pas assez rapide pour enrayer la marche des symptômes cérébraux. Enfin, dans ces derniers temps, on a employé les inhalations éthérées; nous avons eu recours au chloroforme, toujours dans le but de calmer les symptômes nerveux et de donner aux purgatifs le temps d'agir. Ces essais ont eu quelques succès, qui auraient sans doute peu d'importance, en regard du nombre des malades sur lesquels ils ont été infructueux. En résumé, si l'on est appelé au début, pendant la période dans laquelle on peut encore administrer quelques remèdes internes, la guérison est fréquemment possible. — On n'observe pas, dans les animaux ruminants et dans les carnivores, des maladies du tube digestif, des indigestions, qu'on puisse comparer au vertige abdominal des herbivores monogastriques.

VERU-MONTANUM ; mot latin composé des mots *veru* et *montanum*, et signifiant *dard élevé.* On l'emploie pour désigner la surface légèrement saillante où viennent s'ouvrir, dans l'urètre, les canaux éjaculateurs et les orifices excréteurs de la prostate.

VERVEINE, s. f., *Verbena*, T. ; genre de la famille des Verbénacées. Il se compose de plantes herbacées ou sous-frutescentes, presque toutes originaires de l'Amérique. La V. officinale, *V. officinalis*, si commune en France, était en grande vénération dans les religions anciennes ; elle est astringente. Beaucoup de verveines sont de jolies plantes d'ornement.

VÉSANIE, s. f., *Vesania* ; synonyme de *folie.*

VESCE, s. f., *Vicia*, T. ; genre de la famille des Légumineuses. Il a pour caractères : fleurs blanches, roses, bleues, ou purpurines, solitaires, géminées ou en grappes sur des pédoncules axillaires ; calice tubuleux, campanulé, quinquéfide, à dents presque égales, ordinairement plus court que la corolle, ne la dépassant jamais ; étamines diadelphes ; style filiforme, comprimé d'avant en arrière, barbu sous le stigmate ; gousse sessile ou stipitée, allongée ou courte, polysperme ou olygosperme : graines globuleuses, comprimées, lenticulaires ou anguleuses. Les vesces sont des plantes herbacées, annuelles, bisannuelles ou vivaces, à tiges ordinairement anguleuses, grimpantes, à feuilles composées, dont le pétiole commun, muni de stipules, porte des folioles paripennées et se termine par une vrille rameuse. Elles croissent dans les contrées tempérées. Les limites du genre n'ont jamais été parfaitement fixées. Tournefort en séparait les fèves que Linné y avait réunies, et la plupart des botanistes modernes adoptent le sentiment de l'un ou l'autre de ces deux illustres naturalistes. Quelques-uns en ont séparé l'espèce *cracca,* pour en faire le type d'un genre distinct. Parmi les vesces proprement dites, la plus importante est la V. cultivée, *V. sativa,* L., commune dans les champs de l'Europe, et cultivée en grand, comme plante fourragère. Elle est annuelle ou bisannuelle et forme deux variétés : l'une *de printemps,* annuelle, précoce, d'une croissance rapide, aimant les sols frais et un peu forts, peu épuisante et pouvant suivre, en récolte secondaire, le colza, etc. ; l'autre *d'hiver,* plus rustique, précoce, productive et craignant

l'excès d'humidité. Cette variété se sème en automne, à la dose de 2 à 2 $\frac{1}{2}$ hectolitres par hectare, seule ou mélangée. Les vesces peuvent donner une, deux ou trois coupes de fourrage, selon la fertilité du sol, la fumure, l'époque des semailles, l'état de l'atmosphère, etc. On évalue de 2,400 kilog. à 4,000 kilog. les produits secs qu'elles peuvent donner sur un hectare. Vert ou sec, ce fourrage est excellent pour les herbivores ; mais celui de la première coupe doit être donné avec précaution, parce qu'il est échauffant, quand il a été récolté au moment de la floraison et surtout après. On prétend que, par l'usage prolongé des vesces sèches, le beurre des vaches prend un goût désagréable. Le fanage des tiges, et principalement celui des gousses, s'effectuent lentement et demandent beaucoup de soins. Le grain ne parait convenir qu'aux pigeons et aux bœufs. — Une sous-variété de la vesce d'hiver, la *V. blanche,* produit une graine blanchâtre, plus grande et d'une saveur beaucoup moins amère que la vesce ordinaire ; elle peut être, à la rigueur, employée à la nourriture de l'homme. — Les autres espèces de vesces sont également fourragères, mais non cultivées dans un but utile ; nous citerons principalement les espèces *segetalis*, *sepium*, *dumetorum*, *lathyroïdes*, *peregrina*, *amphicarpa*, *lutea*, *orobus*, *biennis*, *cracca*, etc.

VÉSICAL, **ALE**, adj., *vesicalis* ; qui appartient à la vessie. — *Artères vésicales* : branches de la vésico-prostatique, se divisant dans les parois de la vessie. — *Trigône vésical*, *V.* TRIGONE.

VÉSICANT, adj. et s. m., *Vesicans ; épispastique ;* nom donné aux médicaments irritants qui, appliqués sur la peau, y déterminent une inflammation vésiculeuse. Ils tiennent le milieu, par leur énergie, entre les médicaments *rubéfiants* et les *caustiques*, en sorte qu'il suffit de prolonger l'application des premiers et de diminuer celle des seconds, pour obtenir une *vésication* régulière. — Les vésicants sont minéraux, végétaux et animaux ; les premiers comprennent les acides et les alcalis caustiques, l'ammoniaque liquide, l'émétique, etc. ; les seconds renferment la grande chélidoine, l'euphorbe, le garou, les hellébores, quelques essences, etc., etc. ; enfin, les vésicants tirés du règne animal sont, principalement, les cantharides et divers autres insectes du genre *Meloë.* — Ces médicaments s'appliquent sur la peau, à l'état de pureté, dissous dans des liquides appropriés, ou mieux, incorporés aux corps gras ou résineux, sous forme de pommades, d'onguents, d'emplâtres, de charges, etc. — Les effets primitifs de ces applications sont fort simples ; ils consistent en l'augmentation de la chaleur de la peau, de sa couleur, en un picotement incommode, qui devient bientôt une douleur cuisante ; le sang afflue dans les capillaires cutanés ; la peau se tend, se gonfle, comme dans la rubéfaction ; bientôt l'épiderme est soulevé par une sérosité citrine, qui augmente de quantité en agrandissant les vésicules, puis, devient blanche, opaque et se change peu à peu en un pus épais, blanc et louable. Si on enlève l'épiderme soulevé par la sérosité, on trouve le derme à nu, rouge, gonflé et extrêmement douloureux; il forme une sorte d'ulcère dont la sécrétion purulente est très active, et qu'on appelle un *vésicatoire*, un *exutoire*. Les effets généraux des vésicants ne se produisent que sur des sujets très sensibles, et seulement quand ils sont appliqués sur de larges surfaces; ils consistent toujours en une fièvre de réaction plus ou moins vive. Les indications des vésicants sont importantes : on les emploie à titre de *révulsifs* ou de *dérivatifs*, contre les affections internes, aiguës ou chroniques; sur les surfaces dénudées anciennes, pour changer la nature de l'inflammation ; sur les tumeurs chaudes ou froides, pour les résoudre; sur les tumeurs gangreneuses, pour les fixer au dehors : sur les éruptions, pour en empêcher la rentrée, etc. *V.* VÉSICATOIRE.

VÉSICATOIRE, s. m., *Vesicatorium;* on donne ce nom, en thérapeutique, soit au topique vésicant qu'on applique sur la peau, soit à la surface dénudée qui en résulte. Les topiques vésicants dont on fait usage sur les animaux sont principalement l'onguent vésicatoire, le liniment ammoniacal double, la pommade de Gondret, la pommade stibiée, celles d'euphorbe, de cantharides, etc. L'application a lieu sur la peau, dont on a rasé les poils et nettoyé la surface; on étend la préparation avec une spatule et à rebrousse-poil, pour mieux la faire adhérer; souvent aussi on la recouvre d'un bandage et on fixe les animaux de manière à ce qu'ils n'y puissent porter les pieds ou la bouche. Quand les vésicules sont assez développées, on les enlève si on veut faire suppurer la surface, ou on se contente de les percer pour évacuer le contenu et amener leur cicatrisation, dans le cas où l'on ne désire pas établir un exutoire. L'entretien d'un vésicatoire est très simple et consiste à recouvrir sa surface de corps gras ou de préparations onguentacées, selon que l'inflammation est trop vive ou ne l'est pas assez; à nettoyer sa surface et son pourtour; à la recouvrir d'un bandage matelassé ou d'étoupes hachées, pour la préserver du contact de l'air, etc. On entretient surtout les vésicatoires sur les parois de la poitrine, dans le cas d'affections graves des organes de cette cavité, ou de tout autre viscère important; dans le cas de flux muqueux sur un des appareils de l'économie; dans le cas aussi de douleurs persistantes, de névralgies, etc. On se contente d'évacuer la sérosité des ampoules, lorsqu'on applique le vésicatoire sur une tumeur chaude ou froide, une glande, un ganglion tendineux, un hygroma articulaire ou sous-cutané, une distension articulaire ou ligamenteuse, une contusion récente, etc. On donne comme

précepte général, de ne jamais supprimer brusquement un vésicatoire qui a suppuré longtemps; de le remplacer par un autre exutoire, un séton, par exemple; d'affaiblir son action progressivement par l'usage des diurétiques, des purgatifs, etc. Ce précepte est sage et doit être observé.

VÉSICO-PROSTATIQUE, adj., *vesico-prostaticus;* qui appartient à la vessie et à la la prostate. — *Artère vésico-prostatique :* artère émanant de la bulbeuse ou honteuse interne, et fournissant ses divisions principales à la vessie et à la grande prostate.

VÉSICULAIRE, adj., *vesicularis;* en forme de vésicule ou de petite vessie. — *Glandes vésiculaires :* petits réservoirs remplis d'huile essentielle et situés dans l'épaisseur de l'écorce ou sous l'épiderme.

VÉSICULE, s. f., *Vesicula, cystis;* petite vessie. *Vésicule aérienne* ou *natatoire :* petite vessie placée à la partie supérieure de l'abdomen des poissons et divisée par un étranglement en deux parties inégales communiquant entre elles. Cette vésicule, distendue par un fluide gazeux, a une certaine influence sur la natation des poissons, et manque souvent dans ceux qui restent constamment au fond de l'eau. — *Vésicule biliaire :* réservoir destiné à contenir la bile sécrétée par le foie, lorsque ce fluide ne se rend pas directement à l'intestin. La vésicule biliaire communique avec le conduit hépatique, par le canal cystique. Elle manque dans les solipèdes, le cerf, le chameau, le pigeon, etc. — *Vésicules bronchiques,* *V.* BRONCHIQUE. — *Vésicule ombilicale,* *V.* OMBILICAL. — *Vésicules séminales,* *V.* SÉMINAL. — *Vésicule adipeuse :* élément anatomique des graisses. — *Bot.* On donne le nom de *vésicules,* en botanique, à de petites ampoules pleines d'air occupant la surface de quelques organes aériens de plusieurs fucus.

VÉSICULEUX . EUSE, adj., *vesiculosus;* en forme de vésicule; renflé comme une petite vessie.

VESSIE, s. f., *Vesica,* κυστις; poche membraneuse destinée à recevoir l'urine arrivant par les uretères, et à la contenir jusqu'au moment de son expulsion par l'urètre. La vessie est située dans la région du bassin, entre le rectum et le pubis chez le mâle, entre le vagin et le pubis, chez la femelle. Plusieurs ligaments la maintiennent dans cette position; ce sont : 1° *deux ligaments latéraux* formés par les replis du péritoine qui entoure chacune des artères ombilicales; celles-ci, oblitérées, forment un cordon qui borde ces ligaments ; 2° *un ligament inférieur et antérieur,* formé par le repli qui accompagnait l'ouraque; 3° *un ligament postérieur et inférieur,* émanant de la tunique charnue du viscère, près du col, et se fixant à la partie postérieure de la symphyse ischiale ; 4° enfin, *un ligament orbiculaire,* formé par le péritoine qui, après avoir tapissé la partie antérieure du réservoir, se replie sur les organes voisins et sur les parois de la cavité. Ce dernier ligament divise naturellement la vessie en deux portions : l'une antérieure, arrondie, sans ouverture, formant le cul-de-sac de l'organe ; l'autre postérieure, présentant les deux orifices d'insertion des uretères, et, tout-à-fait en arrière, l'orifice urétral, percé dans un rétrécissement appelé *col* de la vessie. Deux membranes forment ce réservoir : une muqueuse, interne, et une musculeuse qui l'entoure et qui devient d'autant plus mince que la vessie se dilate davantage. Le cul-de-sac antérieur est, en outre, recouvert par le péritoine. — Dans le fœtus, la partie antérieure se prolonge en formant un canal appelé *ouraque*, établissant une communication entre la vessie et la cavité de l'allantoïde. — *Vessie natatoire*, *V*. VÉSICULE.

VESSIGON, s. m. ; petite vessie ; on donne ce nom à des tumeurs molles qui naissent au pourtour de l'articulation du jarret ou du genou, chez le cheval. Ces tumeurs sont produites par la dilatation de la synoviale articulaire et quelquefois par celle des gaines tendineuses. Pour le jarret, on reconnaît le *vessigon articulaire*, le *vessigon tendineux* et le *vessigon du tendon d'Achille*. Le vessigon articulaire, hydarthre ou hydarthrose, a son siége dans l'articulation tibio-astragalienne ; il se montre à la face antérieure et interne du jarret. Le vessigon tendineux, placé entre la pointe du calcanéum et la partie inférieure du tibia, provient d'une dilatation de la gaine tendineuse et quelquefois aussi de la synoviale de l'articulation. Ce vessigon est dit *simple*, quand il n'existe que d'un côté ; *chevillé*, lorsqu'il se montre à la fois en dedans et en dehors. Le vessigon du tendon d'Achille résulte de la dilatation de la gaine du muscle perforé, avant son passage sur le sommet du calcanéum, dans le point où il est en rapport avec le tendon d'insertion du bifémoro-calcanéen. Ce vessigon, qui est très rare, et qu'on ne doit pas confondre avec le capelet, se montre à la face interne du tendon d'Achille. On distingue, pour le genou, le *vessigon articulaire* et le *vessigon tendineux*. Le vessigon articulaire du genou, situé à la face antérieure du carpe, est formé tantôt par la dilatation des gaines des tendons extenseurs du canon et du pied, tantôt par la synoviale des articulations des os carpiens. Le vessigon tendineux du genou siége dans la gaine carpienne postérieure ; il est *simple* ou *chevillé* ; ordinairement il se borne à l'espace situé entre les tendons fléchisseurs et la face postérieure du radius ; quelquefois il s'étend depuis le tiers inférieur de l'avant-bras jusque dans une partie de la région du canon. Ces diverses tumeurs synoviales sont dues principalement aux mouvements brusques et étendus des articulations, à des contusions, à l'inflammation de la synoviale produite par la fatigue, par l'influence du froid, de l'humidité, etc. Sous le rapport des symptômes, on distingue l'état aigu et l'état chronique, d'après la présence ou l'absence de la dou-

leur. Les vessigons existent souvent en même temps que les tumeurs osseuses du jarret et du genou. Ils se terminent rarement par résolution ; l'état chronique est plus commun. C'est alors que, le plus souvent, on est appelé à prescrire un traitement. Dans le début, les émollients, les astringents, les résolutifs ont fréquemment réussi. Plus tard, le meilleur moyen consiste dans la cautérisation par le fer rouge, qui les fait disparaître, ou borne au moins leur développement. Les frictions avec la pommade de bi-iodure de mercure sont appliquées avec avantage contre le vessigon tendineux. La ponction des vessigons avec le bistouri n'offre pas de dangers sérieux ; la plaie se cicatrise bientôt ; ce moyen peut devenir curatif, lorsqu'après l'opération l'on a recours au vésicatoire. Quant à la ponction suivie de l'injection de teinture d'iode, préconisée par Leblanc, les opinions sont partagées ; son efficacité est encore douteuse. Toutefois, si l'on admet qu'elle peut réussir, il n'est pas moins certain qu'elle est parfois suivie des accidents les plus graves.

VESTIBULAIRE, adj. ; qui appartient au vestibule. — *Rampe vestibulaire du limaçon :* rampe externe de cette partie de l'oreille. — *L'ouverture vestibulaire du tympan* est la *fenêtre ovale*. *V*. FENÊTRE.

VESTIBULE, s. m., *Vestibulum* ; cavité faisant partie du labyrinthe ou oreille interne, et située entre les canaux demi-circulaires et le limaçon. Il présente sept ouvertures qui sont : la fenêtre ovale ou vestibulaire, dans laquelle est engagé l'étrier ; les cinq orifices des canaux demi-circulaires ; l'orifice de la rampe vestibulaire du limaçon. Le vestibule, tapissé par une membrane très mince, reçoit plusieurs divisions ténues du nerf acoustique, et renferme la lymphe de Cotugno.

VESTITURE, s. f. ; ensemble des organes accessoires, tels que poils, aiguillons, recouvrant la surface des végétaux.

VÉTÉRINAIRE, s. et adj., *Veterinarius ;* qui s'occupe des animaux, qui traite les maladies des bestiaux. On n'est pas d'accord sur l'étymologie de cette expression ; l'opinion la plus admissible fait dériver ce mot du latin, *veterina*, bête de somme, de trait, qui vient de *vehere*, porter. Massé fait provenir ce mot de *venterina*, qui est tiré de *venter*, ventre, parce que c'est au ventre qu'on attache les fardeaux des bêtes de somme. Quelques-uns le font dériver de *vetus*, ancien, parce que c'était le berger le plus ancien qui était chargé de soigner les bêtes malades. — Le mot *vétérinaire* est admis comme substantif des deux genres, pour signifier le médecin et la médecine des animaux ; on dit *le vétérinaire*, *la vétérinaire*. On l'emploie souvent comme adjectif : ex. : *médecin vétérinaire*, qui traite les maladies des animaux ; *art vétérinaire*, art de guérir les animaux ; *école vétérinaire*, etc.

VEXILLAIRE, adj., *vexillaris ;* l'esti-

vation est *vexillaire*, quand l'une des pièces embrasse les autres opposées face à face ; ainsi l'étendard dans la corolle papilionacée.

VIANDE, s. f., *Caro ;* synonyme de *chair.* — *Viande nette*, *V.* Pesage.

VIBRATILE, adj., *vibratilis ;* qui a rapport aux vibrations: *mouvement vibratile.*

VIBRATILITÉ, s. f. ; propriété des corps élastiques, susceptibles de produire des vibrations.

VIBRATION, s. f., *Vibratio ;* mouvement oscillatoire ou oscillation qu'un corps rigide et élastique exécute autour de sa position d'équilibre. — Les vibrations des corps pondérables engendrent les *sons ;* celles de l'*éther* déterminent les phénomènes de chaleur, de lumière, d'électricité, etc. Les vibrations de la matière pondérable, les seules dont il sera question ici, sont soumises à des lois qui varient selon l'état des corps, leurs formes, la manière dont ils sont fixés, etc. — A. *Vibrations des cordes.* Lorsqu'une corde est fixée à ses deux extrémités et tendue, comme dans les instruments de musique, et qu'on la dérange de la ligne droite en la tirant sur le côté, elle entre en vibration et produit des sons. Les points où la corde reste immobile portent le nom de *nœuds* de vibration ; on appelle *ventres*, les points où les vibrations présentent le plus d'amplitude; enfin on nomme *fuseau* ou *trochoïde*, la figure courbe et renflée que représente la corde dans sa position vibrante. Les vibrations des cordes sont soumises aux lois suivantes : 1° elles sont isochrônes ; 2° leur durée est en raison inverse de la longueur de la corde ; 3° leur nombre est en raison directe de la racine carrée des poids qui tendent les cordes ; 4° leur nombre, toutes choses égales, est en raison inverse de la racine carrée de la densité des cordes ; 5° leur nombre est en raison inverse du diamètre des cordes, la tension, la densité et la longueur étant supposées égales. — B. *Vibrations des tiges.* Les tiges peuvent vibrer comme les cordes. Celles qui sont droites et fixées par une extrémité vibrent lorsqu'on les courbe et qu'on les abandonne ensuite à elles-mêmes ; leurs vibrations se font d'après les lois suivantes : 1° leur nombre est proportionnel aux épaisseurs des tiges ; 2° il est en raison inverse du carré des longueurs ; 3° il est en raison inverse de la racine cubique des densités ; 4° il est indépendant de la largeur des tiges. Les tiges courbes ont cela de remarquable que les sons produits par leurs vibrations sont très graves, comme on le remarque dans le diapason, le timbre de certaines horloges, etc. — C. *Vibration des plaques.* Ces vibrations paraissent être, les unes longitudinales, les autres transversales ; il en résulte des points vibrants et des points immobiles, produisant des figures et des lignes *nodales*, qui deviennent très visibles quand la plaque est recouverte de sable fin. Les formes de ces figures varient à l'infini et paraissent dépendre de la forme, des dimensions des plaques, de la manière dont elles sont fixées, des points où on les frotte pour les faire vibrer, etc. Les vibrations des plaques sont soumises aux lois suivantes : 1° leur nombre est en raison directe des épaisseurs ; 2° il est en raison inverse des surfaces. — D. *Vibration des membranes.* Les membranes tendues vibrent avec beaucoup de force et produisent des sons d'autant plus aigus qu'elles sont plus tendues et qu'elles ont moins de surface, et d'autant plus graves qu'elles sont plus grandes et moins tendues. Elles jouissent aussi de la propriété remarquable de vibrer sous l'influence des vibrations de l'air et de se mettre à l'unisson avec les sons qui présentent plus d'acuité que ceux qu'elles peuvent produire sans se diviser.—E. *Vibrations des liquides.* Les corps liquides peuvent vibrer et produire des sons comme les solides ; cependant il est rare que leurs vibrations soient essentielles et ne dépendent pas de celles des vases qui les contiennent et qui se propagent à leur masse. Ces vibrations sont du reste peu connues, et les lois qui les régissent ne sont pas encore nettement déterminées.—F. *Vibrations de l'air et des gaz.* Ces fluides élastiques vibrent par un mécanisme tout spécial. Lorsqu'on leur communique les vibrations d'un solide, ils les transmettent et les reproduisent en se comprimant et en se dilatant alternativement. Les vibrations des gaz se composent donc *d'ondes comprimées* et *d'ondes dilatées.* Les gaz sont mis en vibration, quand on les dirige avec force contre un corps aigu, comme on le voit dans la *flûte*, le *sifflet ;* ou bien quand on fait vibrer dans leur masse un corps solide, comme on peut le reconnaitre dans les instruments à embouchure, la clarinette, par exemple. Les vibrations des gaz dans les tuyaux, comme une flûte, un tuyau d'orgue, sont soumises à plusieurs lois qu'il serait trop long de faire connaître. La plus remarquable peut s'énoncer ainsi : *le nombre des vibrations d'une colonne d'air est en raison inverse de sa longueur.*

VIBRATOIRE, adj., *vibratorius ;* qui a rapport aux vibrations. *Mouvement vibratoire :* le pendule en mouvement, les corps élastiques, sonores, nous en donnent une première idée. Ce mouvement consiste essentiellement en des *allées et venues* isochrônes d'un corps ou des molécules autour de leur position d'équilibre. Quand une molécule est placée dans une position forcée, elle tend à revenir dans sa position primitive ; elle s'y dirige par un mouvement accéléré, la dépasse, parce qu'elle est entrainée par la vitesse acquise, y revient pour dépasser le but dans l'autre sens et ainsi de suite, jusqu'à ce que, par la diminution progressive de l'amplitude des oscillations, elle finisse par rester dans sa position d'équilibre. *V.* Pendule.

VICE, s. m., *Vitium*, de *vitare*, éviter : défaut, imperfection. — *Vice de conformation* : mauvaise disposition d'une partie du corps. — *Vices rédhibitoires* : maladies ou défauts qui donnent à l'acheteur le droit de réclamer l'annulation de la vente d'un animal et de s'en faire restituer le prix. *V.* CAS RÉDHIBITOIRES.

VIDE, s. m., *Vacuum;* portion de l'espace dépouillée de toute matière pondérable. On l'obtient au moyen de la machine pneumatique, mais il n'est jamais parfait. Le vide le plus complet que l'on connaisse est le *vide barométrique*, ou l'espace compris entre le sommet de la colonne mercurielle et l'extrémité close du tube. On se sert fréquemment du vide dans les laboratoires, soit pour faire des expériences sur la pression atmosphérique, soit pour concentrer des liquides très altérables à l'air.

VIDIEN, ENNE. adj., *vidianus; scissure vidienne, conduit vidien* : scissure très fine située à la base du sphénoïde, se continuant par un conduit très fin jusque dans le fond de l'orbite. Dans cette scissure et ce conduit, passe le *nerf vidien*, filet très fin provenant du ganglion de Meckel, et aboutissant en arrière au ganglion cervical supérieur. Le nom de ce nerf et des conduits qui le protègent, provient du nom de Vidius, anatomiste qui les a décrits le premier.

VIE, s. f., *Vita*, βίος ; on a défini le mot *vie* de beaucoup de manières différentes, et aucune définition n'est parfaite. Il est en effet impossible de définir exactement la vie, dont le principe nous est inconnu. Bichat l'a définie « l'ensemble des fonctions qui résistent à la mort », parce que la vie cesse dès que les fonctions, les principales au moins, cessent de s'exécuter ; mais pourquoi les fonctions s'arrêtent-elles? on peut répondre : parceque la vie a cessé, et renverser ainsi la définition de Bichat.—Quel que soit son principe, la vie d'un individu n'a qu'une durée limitée, très variable selon les espèces. On voit des végétaux vivre plusieurs siècles, tandis que la même journée voit souvent naître, se reproduire et mourir le même animal. La vie distingue le règne organique du règne minéral. Bichat l'a divisée en *vie organique* ou *végétative*, commune aux végétaux et aux animaux, et *vie animale* ou de *relation*, distinguant spécialement le règne animal.

VIEILLESSE, s. f. ; dernière période de la vie, pendant laquelle les animaux perdent graduellement leurs forces physiques et leur résistance à la fatigue.

VIEUX-MAL, s. m. ; mal ancien. — *Claudication intermittente de vieux-mal* : vice rédhibitoire qui consiste dans une boiterie intermittente due à un mal ancien. *V.* CLAUDICATION.

VIF-ARGENT, s. m. ; nom vulgaire du mercure (*V.* ce mot).

VIGNE, s. f., *Vitis*, L. ; genre de la famille des Ampélidées. Il se compose d'arbrisseaux sarmenteux, originaires des régions moyennes de l'Asie et de l'Amérique septentrionale. Il renferme environ 45 espèces : la V. cultivée, *V. vinifera*, L., tient le premier rang, sous tous les rapports. On ne sait pas bien d'où la vigne nous a été apportée ; la plupart des botanistes s'accordent néanmoins, sans pouvoir donner de preuves positives, à la faire venir de l'Arabie heureuse. Dans presque tous les pays où elle se trouve aujourd'hui, elle est cultivée de temps immémorial. La surface occupée par elle sur le globe est considérable ; mais elle ne dépasse pas, vers le nord, les lieux où la température moyenne de l'été n'atteint point 19° centigrades, tandis qu'elle ne prospère plus sous les tropiques. C'est, en somme, entre les 20° et 48° degrés de latitude que sa culture offre le plus de chances. — Tous les cépages sont-ils des variétés de la même espèce, des races? ou bien quelques-uns présentent-ils des caractères assez différentiels et assez fixes pour constituer des espèces distinctes? Ces questions sont résolues de diverses manières. Quoi qu'il en soit, le nombre des variétés reconnues vient d'être porté par Odart à 1,000 environ, dont le nom et les qualités sont fort divers. Il résulte des recherches des ampélologistes que, dans les limites où la vigne prospère, c'est moins au mode de culture, à la composition du sol et au climat, qu'à la nature et à la qualité des cépages que sont dues les différences observées dans les vins. — La culture de la vigne est, pour la France, de la plus haute importance ; elle s'y fait dans soixante-dix-sept départements ; cinq seulement ont moins de 100 hectares de vignes. Elle occupe une surface totale d'environ 2,000,000 d'hectares et produit en moyenne 36,700,000 hectolitres de vin, estimés approximativement plus de 400.000,000 de francs. L'empire d'Autriche et la Hongrie, qui se placent après la France pour la quantité, ne produisent annuellement ensemble que 22 à 23,000,000 d'hectolitres de vin. La production peut varier singulièrement d'une année à une autre et dans des lieux différents. Les départements de la Meurthe, de la Moselle et des Vosges, sont ceux où elle est relativement le plus abondante; mais, sous le rapport de la qualité, ils sont presque au bas de l'échelle. On estime que, sur sa production moyenne de 36,700,000 hectolitres, la France consomme en nature 23,500,000 hect., exporte 1,330,000, et transforme en alcool ou réserve 11,800,000 hect. — Dans beaucoup de contrées, les feuilles de la vigne sont employées à nourrir le bétail. On les recueille au moment de la vendange et on les donne aux animaux ; ou bien on les conserve sous l'eau, pressées dans des fosses, dans des cuves, pour les distribuer en hiver. On peut les considérer comme assaisonnantes. — *Vigne vierge* : nom vulgaire du *Cissus quinquefolia*, Desf., cultivé en berceaux.

VILLEUX, EUSE, adj., *villosus*, de *villus*, poil ; synonyme de velouté : qui appartient aux villosités, qui présente des villosités. On appelle *membranes villeuses simples*, les séreuses, et *villeuses composées* les muqueuses. *Tissu villeux* ou *velouté du pied* : partie du derme sous-ongulaire portant des villosités pour son union avec la sole et la fourchette.

VILLOSITÉ, s. f., *Villositas ;* on appelle *villosités* de petits prolongements fins et filiformes, donnant à une surface l'apparence du velours, etc. La muqueuse du tube intestinal présente de nombreuses villosités.

VIN, s. m., *Vinum ;* liqueur alcoolique, résultant de la fermentation du jus de raisin. Ce suc contient du sucre, de l'eau, une matière albumineuse qui se transforme en ferment au contact de l'air, de la pectine, du bitartrate de potasse, du tartrate de chaux, du chlorure de sodium et du sulfate de potasse. Pour fabriquer le vin, on foule le raisin et on le dépose dans une cuve en bois où il entre bientôt en fermentation ; quand celle-ci est arrêtée et que la liqueur est devenue rouge et vineuse, on la place dans des tonneaux où elle continue de fermenter. Il se produit de l'écume vers la bonde, et il se dépose de la lie dans le fond des tonneaux. Enfin, mis en bouteille, le vin se modifie encore en se dépouillant de sa matière colorante, du tannin qu'il a emprunté à la grappe, et des sels tartriques qu'il contient toujours en quantité notable. Le vin rouge contient de l'eau, de l'alcool en proportion très variable, des acides tartrique, acétique, œnanthique et tannique, deux matières colorantes, une jaune et une bleue, une matière extractive, un principe azoté, du bitartrate de potasse, du tartrate de chaux, du chlorure de sodium et du sulfate de potasse. Le vin blanc diffère surtout du *rouge* par l'absence de la matière colorante bleue et par une proportion moindre d'alcool. La valeur commerciale des vins ne repose pas sur leur richesse en alcool ; elle dépend de la juste proportion des principes constituants de ce liquide, et surtout des principes aromatiques qu'il renferme et qui constituent ce qu'on nomme le *bouquet*. — *Pharmacol.* Indépendamment de son emploi pharmaceutique, le vin est employé comme médicament excitant et tonique. Ses effets généraux sont ceux des *alcooliques* (*V.* ce mot). Uni à quelques principes aromatiques, c'est un excellent breuvage excitant, contre l'indigestion, la courbature par refroidissement, la cachexie aqueuse. Girard père en conseille l'usage pendant la période de suppuration de la clavelée, pour soutenir les sujets. Il convient aussi dans le part languissant, les maladies putrides, les longues convalescences. A l'extérieur, c'est un excellent topique pour les solutions de continuité ; on l'a conseillé en injections, pour clore les abcès, les hygromas, l'hydrocèle, etc. Les vins blancs peuvent être employés à l'intérieur comme diurétiques.

VINS MÉDICINAUX, s. m. pl. ; *OEnolés ;* médicaments officinaux, liquides, résultant de l'action dissolvante du vin sur les diverses substances médicinales. Les vins employés à ces préparations doivent être de bonne qualité, et sont choisis parmi les rouges ou les blancs, selon les cas. Ces véhicules agissent principalement par l'eau et l'alcool qu'ils renferment, plus rarement par les acides ou les sels qu'ils contiennent. Les substances médicinales soumises à l'action dissolvante du vin sont le plus souvent d'origine végétale, comme des fleurs, des écorces, des racines ou bulbes, des bois, etc. ; les composés salins sont plus rarement employés, parce qu'ils altèrent le vin ou sont altérés par lui. Les matières végétales soumises à cette préparation doivent être séchées avec soin, pour que l'eau de végétation n'affaiblisse pas le véhicule. La préparation des vins médicinaux se fait par trois procédés principaux : 1° par le *mélange* d'une *teinture* médicinale avec le *vin*, en proportion déterminée ; 2° par la *macération* plus ou moins prolongée de la substance médicinale dans le véhicule froid ou tiède ; 3° par la *fermentation*. Ces procédés ne doivent pas être employés indifféremment dans tous les cas. Les vins médicinaux doivent être préparés en petite quantité à la fois et tenus dans des vases exactement clos, parce qu'ils sont très altérables. On les distingue en *simples* ou *composés*, selon qu'ils renferment une ou plusieurs substances médicinales.

VIN D'ABSINTHE. ♃ Sommités sèches d'absinthe, 32 grammes ; alcool, 32 grammes ; vin, 1000 grammes ou 1 litre ; faites macérer pendant 24 heures l'absinthe avec l'alcool, ajoutez le vin, laissez en contact 2 jours, passez avec expression et filtrez. Contre la cachexie du mouton à la dose de 2 à 3 centilitres.

VIN AROMATIQUE. ♃ Espèces aromatiques sèches, 125 grammes ; vin alcoolisé, 1 litre ; faites macérer pendant six jours dans un matras, passez avec expression et filtrez. Usité surtout pour panser les plaies.

VIN CHALYBÉ OU MARTIAL. ♃ Limaille de fer, 32 grammes ; vin blanc, 1 litre. Faites macérer pendant six jours, en remuant le mélange de temps en temps, et décantez. Il présente une teinte noire par suite de la combinaison de l'oxyde de fer avec les acides du vin. On peut remplacer cette formule par la suivante : ♃ tartrate de potasse et de fer, 32 grammes ; vin blanc, un litre ; faites dissoudre. Ces préparations sont toniques, astringentes, et conviennent contre la cachexie et l'anhémie.

VIN DE COLCHIQUE. ♃ Bulbes secs de colchique d'automne, 32 grammes ; vin blanc, 1½ litre. Divisez les bulbes et faites macérer deux jours ; passez avec expression, filtrez et conservez. Diurétique et anti-rhumatismal ou arthritique.

VIN D'ÉMÉTIQUE. ♃ Emétique, 2 grammes ; vin blanc alcoolisé, 500 grammes. Divisez le sel et dissolvez. Diurétique et vomitif pour les carnivores.

Vin de genièvre. ℥ Baies de genièvre, 32 grammes ; vin blanc, 500 grammes. Concassez les baies et laissez macérer ; passez avec expression et filtrez. Stomachique, stimulant et diurétique.

Vin de Gentiane. ℥ Racine sèche de gentiane, 32 grammes ; alcool, 64 grammes ; vin rouge, 1000 grammes. Divisez la racine, faites macérer avec l'alcool pendant quelques jours et ajoutez le vin. Excellent tonique contre la cachexie et l'anhémie.

Vin d'opium composé, *V*. Laudanum de Sydenham.

Vin d'opium fermenté, *V*. Laudanum de Rousseau.

Vin de quinquina. ℥ Quinquina concassé, 64 grammes ; alcool, 125 grammes ; vin rouge, 1 litre. Faites macérer pendant quelques jours avec l'alcool, puis ajoutez le vin ; laissez macérer 24 heures, passez avec expression et filtrez. On peut encore l'obtenir plus rapidement en mélangeant un décilitre de teinture de quinquina avec un litre de vin rouge. Stomachique et tonique.

Vin Rosat. ℥ Pétales secs de rose, 32 grammes ; vin rouge, 500 grammes. Faites macérer 24 heures, passez avec expression et filtrez. Employé au pansement des plaies.

Vin scillitique. ℥ Squames sèches de scille, 32 grammes ; vin blanc, $1/2$ litre. Laissez macérer deux jours, passez avec expression et filtrez. Bon diurétique pour les petits animaux.

Vin de seigle ergoté. ℥ Ergot de seigle, 2 grammes ; vin, 62 grammes. Divisez le seigle et faites macérer. Préparation utérine, contre le part languissant.

VINAIGRE, s. m., *Acetum*, οξος : liqueur acide résultant de la fermentation des liqueurs alcooliques ou de la distillation des substances végétales. On le prépare, dans le commerce, en faisant aigrir le vin mélangé à un ferment, ou en exposant l'alcool à l'action du noir de platine ou à celle d'une substance fermentescible au contact de l'air. A Orléans, où on fabrique du vinaigre d'excellente qualité, on place des barriques sur des étagères disposées dans un lieu à température uniforme appelé une *vinaigrerie*. On fait chauffer d'excellent vinaigre et on le place dans une barrique ; on ajoute ensuite, tous les huit jours, dix litres de vin, jusqu'à ce que le vaisseau soit à moitié plein, et on laisse fermenter pendant quinze jours ; alors on retire du tonneau autant de vinaigre qu'on a ajouté successivement de vin, et on le remplace de la même manière tous les huit jours. En Allemagne, on fabrique le vinaigre en faisant tomber par petits filets, dans un tonneau rempli de copeaux de menuisier imprégnés de ferment, de l'alcool, pendant qu'on dirige dans le vaisseau un fort courant d'air. — Le vinaigre est rouge ou blanc, selon la couleur de la liqueur qui l'a fourni ; son odeur est vive et agréable, sa saveur fraîche et piquante ; il

est volatil et indécomposable, soluble en toute proportion dans l'eau et l'alcool, s'affaiblissant à l'air en absorbant l'humidité. Son action dissolvante sur les principes organiques est très étendue ; il neutralise les bases comme l'acide acétique. La composition du vinaigre est la même que celle du vin ; seulement, l'alcool se trouve en grande partie changé en acide acétique. Il renferme souvent des principes étrangers, comme des acides minéraux qu'on y ajoute pour augmenter sa force, du cuivre, du plomb, qu'il a dissous dans les vases où il a été renfermé ; ces corps sont facilement dévoilés par les réactifs. — Les usages économiques du vinaigre sont étendus et généralement connus ; son emploi hygiénique pour les animaux est très important ; il sert à corriger certaines altérations des aliments et rend les boissons acidules, rafraîchissantes, diurétiques et antiputrides. — *Pharmacologie*. Le vinaigre est un médicament rubéfiant, astringent ou tempérant, selon qu'il est concentré ou plus ou moins étendu d'eau. Affaibli par son mélange avec ce liquide, il constitue l'*oxycrat* ; uni au miel, il forme l'*oxymel* (*V*. ces mots). Dans l'un et l'autre cas, il constitue la base de boissons tempérantes et antiputrides, d'un usage fréquent pour les animaux dans la fièvre aphteuse, bilieuse, l'entérite chronique, l'hématurie, les affections putrides du sang, l'échauboulure, etc. Conseillé contre la tympanite des ruminants et l'empoisonnement par les plantes narcotico-âcres, le vinaigre est peu employé pour remplir ces indications. A l'extérieur, le vinaigre chaud et concentré est employé comme révulsif ou résolutif ; étendu d'eau, il sert à faire des lotions sur les contusions, l'érysipèle, les boutons de chaleur, les piqûres des abeilles ou des guêpes ; pour faire des bains contre la fourbure, l'aggravée, pour délayer les cataplasmes astringents de suie de cheminée, etc.

VINAIGRES MÉDICINAUX, s. m. pl. ; *Oxéolés* ; préparations pharmaceutiques officinales, résultant de l'action dissolvante du vinaigre sur les substances médicinales. Le vinaigre employé peut être indifféremment rouge ou blanc ; mais il doit être de bonne qualité. Ses principes dissolvants sont l'eau, l'alcool et l'acide acétique. Les substances médicinales employées à ces préparations sont organiques ou inorganiques, et doivent être sèches pour ne pas affaiblir le véhicule. L'opération se fait par *solution* ou *macération* ; la *distillation*, de même que dans la pharmacie humaine, est peu ou point employée. Les vinaigres médicinaux doivent être préparés en petite quantité et conservés avec soin. On les distingue en *simples* ou *composés*, selon qu'ils renferment un ou plusieurs médicaments. Les formules suivantes sont les plus employées par les vétérinaires.

Vinaigre de bois, *V*. Acide pyroligneux.
Vinaigre radical, *V*. Acide acétique.
Vinaigre aromatique. ℥ Espèces aromati-

ques, 125 grammes ; vinaigre , 1 litre. Préparez comme le vin aromatique, et employez de même.

Vinaigre camphré. ♃ Camphre , 32 grammes ; vinaigre, 1 litre. Pulvérisez le camphre, après l'avoir arrosé d'un peu d'alcool ou d'acide acétique, et dissolvez ensuite dans le vinaigre. Mêmes usages que l'alcool camphré.

Vinaigre opiacé. ♃ Opium choisi, 32 grammes ; vinaigre fort, demi-litre. Divisez l'opium, ajoutez le vinaigre , laissez macérer pendant 8 jours, passez avec expression et filtrez. Bon calmant, tant à l'intérieur qu'à l'extérieur.

Vinaigre scillitique. ♃ Squames de scille, 32 grammes ; vinaigre, 400 grammes. Divisez la scille et laissez macérer pendant quinze jours, en remuant de temps en temps le mélange. Excellent diurétique, qu'on administre à l'intérieur en breuvages, en l'étendant dans l'eau miellée, ou qu'on emploie à l'extérieur en frictions prolongées. Préparez et employez de même le vinaigre de *colchique*.

Vinaigre sternutatoire. ♃ Azotate de potasse fondu, azotate de potasse cristallisé, alun, sulfate de zinc, poivre long, essence de genièvre, de chaque, 60 grammes; poivre d'Espagne (*piment des jardins*), cannelle, thériaque, de chaque, 30 grammes ; vinaigre fort, 1 litre. Faites macérer deux jours à la température de 30 à 40°; passez avec expression et filtrez. Prescrit à la dose d'une à deux cuillerées, en injection dans les cavités nasales du bœuf, par Mathieu, d'Epinal, dans le cas de péripneumonie contagieuse, ce remède, quoique bizarrement appliqué, paraît jouir d'une certaine efficacité au début de cette redoutable maladie.

VINETIER, s. m., *Berberis*, L. ; genre de la famille des Berbéridées. Il se compose de plantes généralement frutescentes , rarement herbacées, habitant les régions tempérées du globe. Les espèces sont nombreuses ; la plus importante est le V. commun, **B.** *vulgaris*, arbrisseau épineux très répandu en France et connu sous le nom d'*épine-vinette*. Ses fruits acidules servent à préparer une espèce de confiture ; son bois peut être utilisé dans la teinture en jaune. On dit que le vinetier fait rouiller les herbes qui croissent à son voisinage ; cela n'est aucunement démontré.

VINEUX, **EUSE** adj. ; rougeâtre , couleur de vin ; qui est de la nature du vin. On ajoute, en extérieur, cette épithète aux différentes nuances de la robe grise , lorsque, vers certains points, elle présente un aspect rougeâtre; ex. : *gris clair vineux, gris foncé vineux*, etc.

VINIFICATION, s. f.; nom vulgaire de la fabrication du vin.

VIOLACÉES, VIOLARIÉES, s. f., *Violaceæ, violarieæ*; famille de plantes dicotylédones , polypétales , hypogynes , herbacées, croissant dans les régions froides ou tempérées , renfermant souvent dans leurs sucs un principe âcre, comparable à l'émétine. Genres : *Viola, Ceranthera*, etc.

VIOLET, adj., *violaceus;* ses nuances s'expriment, en botanique , de la manière suivante: violet pâle (lilas), *lilaceus ;* violet foncé (pourpre noir), *atro purpureus ;* violet rouge, *iantinus;* violet bleu (améthiste), *amethistinus.*

VIOLETTE , s. f. , *Viola* , T. ; genre de la famille des Violacées ; il renferme environ 200 espèces généralement herbacées, rarement sous-frutescentes , souvent acaules , beaucoup plus communes dans les régions tempérées de l'hémisphère boréal. Les espèces principales sont : la V. odorante , *V. odorata*, commune dans les prairies élevées et les bois ; elle a donné par la culture plusieurs variétés; la V. tricolore , *V. tricolor* , qui est le type de presque toutes les charmantes fleurs connues sous le nom de *pensées*. Les fleurs de la violette sont pectorales ; celles de la pensée passent pour dépuratives.

VIORNE, s. f. , *Viburnum* , L. ; genre de la famille des Caprifoliacées. Il se compose d'environ 70 espèces d'arbrisseaux habitant principalement les régions moyennes et tempérés de l'hémisphère boréal, plus rarement les contrées chaudes. La V. laurier-tin, *V. tinus*, L. , la V. mancienne, *V. lantana*, vulg. *mantiane* , la V. obier , *V. opulus*, vulg. *sureau d'eau* , boule de neige , sont cultivées en France pour l'ornement des jardins. Elles sont toutes trois indigènes.

VIPÈRE , s. f. , *Vipera*, de *vivus*, vivant et *parere* produire ; *coluber berus* , etc. ; reptile de l'ordre des Ophidiens. Linné confondait les vipères et les couleuvres ; un caractère essentiel consiste dans l'existence de crochets à venin à la mâchoire supérieure des vipères , crochets qui manquent dans les couleuvres. Ces dents venimeuses sont appelées *crochets mobiles;* elles forment une sorte d'aiguille acérée, creusée d'une petite rainure qui est la suite du canal excréteur de la glande qui secrète le venin. Quand l'animal veut se défendre ou attaquer sa proie, il redresse cette arme , qui était couchée en arrière et cachée dans un repli de la gencive. C'est sur les chiens de chasse qu'on observe le plus souvent ces plaies envenimées ; on les a vues quelquefois sur le cheval , rarement sur les sujets de l'espèce bovine. Les symptômes locaux consistent en une douleur vive , un engourdissement prononcé , parfois des phlyctènes, et un engorgement considérable. Souvent ces phénomènes disparaissent; d'autres fois le mal s'aggrave, la peau devient froide , violacée et présente les caractères de la gangrène. Comme symptômes généraux, on observe dans les carnivores des nausées, des vomissements, une soif intense, la coloration en jaune des muqueuses. D'après les expériences de Paulet, cette morsure est peu dangereuse pour le cheval. Chanel au contraire cite la mort d'une jument poulinière, qui succomba cinq jours après avoir été piquée à la mamelle. Le traitement local a pour but de détruire le venin déposé dans la morsure et d'empêcher son introduction dans la masse du sang. Un remède populaire consiste dans l'emploi de l'ammoniaque liquide ; les chasseurs sont ordinairement munis de cette substance ; ils en infiltrent quelques gouttes dans la piqure faite à leurs chiens et pratiquent quelques frictions à la surface de la peau. Ils croient aussi qu'il faut en administrer quelques gouttes à l'intérieur, ce qui est souvent une cause de mort, pour peu que la dose soit trop forte. Cette grande réputation de l'ammoniaque est un peu tombée ; les succès qu'on a obtenus de son emploi, dans les cas de ce genre, résultent peut-être moins de son efficacité que du peu de gravité de l'accident qu'on veut combattre. On a également recommandé, pour le cheval et le bœuf, les frictions ammoniacales à l'extérieur, plus 15 à 20 grammes de ce liquide à l'intérieur.

VIRESCENCE, s. f., *Virescentia;* métamorphose ou transformation des organes appendiculaires en organes foliacés. Ceux qui se rapprochent davantage des feuilles par leur nature sont les plus sujets à éprouver ce changement ; telles sont les stipules, les bractées. La métamorphose est plus ou moins complète.

VIREUX, adj., *virosus*, de *virus*, poison; qui est doué de qualités délétères. *Odeur vireuse :* qui ressemble à celle de l'opium, de la chicorée ou de la laitue vireuse.

VIRULENT, ENTE, adj., *virulentus;* qui présente la nature du virus, qui est causé par un virus.

VIRUS, s. m., *Virus;* mot latin qui signifie *poison*. Autrefois on donnait ce nom à toutes les substances délétères. Aujourd'hui sa signification est plus restreinte ; il désigne une production morbide, qui peut développer sur un sujet sain une maladie identique à celle qui l'a fourni. Les virus ont cette propriété contagieuse dans tous les états, qu'ils soient solides, liquides ou gazeux. On distingue plusieurs sortes de virus pouvant agir sur les animaux : 1° Virus rabique ; 2° vaccin ; 3° variolique ; 4° claveleux ; 5° psorique; 6° farcineux ; 7° morveux ; 8° charbonneux ; 9° typhoïde. L'existence du virus syphilitique n'est pas démontrée dans nos espèces domestiques. Les virus diffèrent des poisons et des venins par leur manière d'agir ; un atôme des premiers suffit pour développer la maladie dont il est un des caractères; les derniers agissent en raison de leur dose. —*Pol. san.* La nature des virus est inconnue ; on les a considérés tantôt comme des principes irritants dont l'action est subordonnée aux causes extérieures; d'autres fois, comme des principes toujours identiques à eux-mêmes, agissant constamment de la même manière, par leur qualité et non par leur quantité. Ils sont solides, liquides ou gazeux ; dans certaines affections, ils peuvent revêtir les trois états, ex. : dans la *clavelée*.

Leur siège est variable ; celui de la rage réside dans la salive ; celui de la clavelée dans les pustules ; ceux du charbon, du typhus n'affectent pas de siège particulier ou circulent dans tout le corps avec le sang. — La génération *spontanée* des virus est un mystère. Se reproduisent-ils à la manière des êtres organisés, des ferments? on l'ignore. Ils peuvent être inoculés par toutes les voies : mais, pour agir, il faut qu'ils aient été absorbés réellement et introduits dans le système circulatoire. En effet, tout ce qui active l'absorption, la saignée, la diète, etc., est favorable à l'action des virus. Ils peuvent être altérés par les agents physiques et chimiques, et perdre leur puissance, leur activité. La durée de leur conservation est inconnue ; on sait seulement qu'elle est courte, et que la malpropreté, les corps poreux, etc., en les protégeant, la prolongent. On peut les conserver longtemps, d'une manière artificielle, en les plaçant dans des tubes capillaires, entre deux lames de verre, pour les soustraire à l'action de l'air. — Dans la doctrine de Fracastor, sur la contagion, il est admis que les virus se renouvellent nécessairement et qu'une épizootie contagieuse ne doit s'éteindre que lorsqu'elle ne trouve plus d'organismes auxquels elle puisse être communiquée ; il n'en est point ainsi ; l'expérience prouve qu'après un certain nombre de transmissions les virus ne se reproduisent plus ou ont perdu de leur puissance.—Depuis l'instant où un virus inoculé a été déposé dans les organes d'un animal sain, jusqu'à celui où il a manifesté ses effets par les symptômes de la maladie, il s'écoule un temps appelé *temps d'incubation*, dont la durée varie selon la nature du virus, les influences extérieures et l'espèce animale affectée. — Il est fort remarquable que quelques virus ne se forment spontanément que sur une ou plusieurs espèces données, ou ne se reproduisent point dans toutes les espèces. Ainsi, la clavelée est particulière à l'espèce ovine et ne se transmet point aux autres par contagion; la morve, spontanée chez les solipèdes seuls ne se transmet qu'à l'homme ; tandis que le charbon est spontané et contagieux dans toutes les espèces.

VIS, s. f. ; machine élémentaire qui consiste, théoriquement, en un plan incliné enroulé autour d'un cylindre. Le plan incliné forme ce qu'on nomme le *filet* de la vis, qui est carré dans les vis en métal, et triangulaire dans celles qui sont en bois. On appelle *pas* de la vis, la distance *verticale* d'un filet à l'autre, faisant un tour entier. La puissance de la vis dépend du *pas* de vis qui représente la base du plan incliné, et de la longueur du filet représentant celle du plan incliné de la vis. Une pièce disposée en sens contraire de la vis et qui en parcourt les différents points en glissant sur le filet, est appelée *écrou* (*V.* ce mot) ; cette pièce est fixe ou mobile.— *Vis d'Archimède :* cylindre creux disposé en spirale autour d'un axe incliné, et destiné à élever les eaux par un mouvement de rotation qu'on lui imprime, son extrémité inférieure étant plongée dans le liquide. — *Vis sans fin :* portion de vis qui s'engrène dans une roue dentée et en reçoit un mouvement continu.

VISCÉRAL, adj., *visceralis ;* qui appartient aux viscères ; ex. : *cavité viscérale.*

VISCÈRE, s. m., *Viscus*, σπλαγχνον ; ce mot, dont l'acception est mal limitée, s'applique d'une manière générale aux organes contenus dans les cavités splanchniques.

VISCINE, s. f. ; nom donné par Macaire, au principe agglutinant de la glu. C'est une matière mollasse, collante, fusible à une douce chaleur, peu soluble dans l'alcool et dans l'eau, mais soluble dans l'éther. Elle ne contient pas d'azote.

VISCIDITÉ, s. f., *Visciditas*, de *viscum*, glu ; propriété particulière aux liquides épais et gluants, d'où résulte une grande adhérence de leurs molécules et la faculté de couler en *filets* plutôt qu'en gouttelettes. Ce caractère est très prononcé dans l'acide sulfurique, les huiles grasses, les sirops, etc.

VISION, s. f., *Visio*, οψις ; action de voir. Fonction sensoriale par laquelle les yeux mettent l'homme et les animaux en rapport avec le monde extérieur, par l'intermédiaire de la lumière. Dans cette fonction, l'organe actif est l'œil, l'agent intermédiaire la *lumière*, et le but le monde *matériel* ou *tangible ;* lorsque l'un de ces trois objets manque, la vision est impossible. De plus, l'œil doit être intact, la lumière assez abondante et les objets assez volumineux pour renvoyer vers l'organe une suffisante quantité de rayons lumineux pour la formation de l'image. Chez les animaux supérieurs, l'œil consiste en une chambre noire, tapissée par une membrane sensible, en communication directe avec les centres nerveux, et en une lentille biconvexe destinée à concentrer les rayons lumineux et à donner naissance à l'image qui doit peindre, dans l'organe, les objets extérieurs avec tous leurs caractères. Placés en double sur les parties élevées de la tête, protégés contre les objets extérieurs, mis en mouvement en tous sens par un appareil musculaire spécial, lubrifiés constamment par une humeur alcaline propre à entretenir la transparence de la vitre de l'organe, etc., les yeux sont dans les meilleures conditions pour exercer leur fonction si importante. La lumière, lancée dans l'espace par les corps lumineux, vient frapper sur les fragments de la matière pondérable, d'où elle est réfléchie en tous sens, et va peindre dans l'œil l'image des objets sur lesquels elle s'est réfléchie. Tous les rayons qui tombent sur la vitre de l'œil n'y pénètrent pas ; ceux qui sont trop obliques sont réfléchis en dehors et font voir l'œil ; parmi ceux qui traversent la cornée transparente et l'humeur aqueuse, tous ne servent pas à la vision ; les plus excentriques sont arrêtés et réfléchis par l'iris, dont ils peignent au dehors les vives couleurs. Le faisceau lumineux qui passe par l'ouverture pupillaire sert à la formation de l'image, par son passage et sa réfraction à travers le cristallin. Les rayons du centre, parallèles à l'axe optique, tombant perpendiculairement sur la face antérieure du cristallin, traversent cette lentille sans déviation et vont, sur la rétine, peindre le milieu de l'image ; quant aux rayons latéraux, plus obliques, ils éprouvent une forte réfraction, s'entre-croisent derrière le cristallin, et complètent, au fond de l'œil, l'image des corps, qui est petite et renversée, ainsi que le démontre l'observation directe. Tels sont le trajet et les accidents de la lumière à travers les milieux transparents de l'œil. L'image des corps, en se peignant sur la rétine, produit une *impression* qui est *transmise* au cerveau par les nerfs optiques et qui est *perçue* par les centres nerveux, sans qu'il soit possible d'en expliquer le mécanisme. — Quant aux questions très nombreuses qui se rattachent à l'histoire de la vision, comme celle de savoir comment l'œil s'accommode aux distances, comment de deux images renversées il n'en résulte qu'une seule parfaitement droite et exacte, par quel mécanisme l'image des objets, quoique peinte dans l'œil, les fait voir au dehors, comment l'œil apprécie les formes et la grandeur des corps, selon les distances, comment se produisent les illusions d'optique, etc. etc., il serait impossible et peu convenable de les aborder dans un ouvrage de cette nature (*V.* les *traités de physique et de physiologie*).

VISQUEUX, *V.* Pollen.

VISUEL, adj., *visorius ;* qui concerne la vision. — *Axe visuel :* ligne droite qui, passant par le centre de la cornée transparente et par l'ouverture pupillaire, traverse perpendiculairement le cristallin et va aboutir sur le tapis, au fond de l'œil. — *Angle visuel :* angle que forment entre eux les rayons extrêmes envoyés vers l'œil par un corps. L'ouverture de cet angle décide toujours, pour l'œil, du volume des corps ; il dépend, soit de leurs dimensions réelles, soit de leur distance de l'œil ; en sorte que les indications données par cet organe cessent d'être exactes à une certaine distance.

VITAL, **ALE**, adj., *vitalis ;* qui appartient à la vie ; ex. : *forces vitales, principe vital, propriétés vitales,* etc.

VITALISTES, s. m. pl. ; nom donné aux médecins qui expliquent par l'influence du principe vital tous les phénomènes physiologiques et pathologiques. Stahl et Barthez furent les principaux soutiens de cette doctrine qui combat les doctrines mécaniques, chimiques, etc., sans pouvoir leur substituer des théories appuyées sur un principe connu dans son essence.

VITALITÉ, s. f., *Vitalitas ;* disposition par laquelle les corps organisés sont susceptibles d'exécuter les fonctions dont l'ensemble caractérise la vie.

VITELLIFÈRE, adj., *vitellifer ;* pourvu d'un vitellus.

VITELLINE, s. f., de *vitellum*, jaune d'œuf; matière azotée du jaune d'œuf, différant de l'albumine par trois équivalents d'eau de plus. On la retire facilement du jaune d'œuf cuit, d'après Dumas, en épuisant ce corps réduit en poudre, au moyen de l'éther. La vitelline est très blanche et facile à pulvériser.

VITELLUS, s. m.; mot latin employé, en français, pour désigner le jaune de l'œuf des oiseaux. On a étendu le sens de cette expression en l'appliquant à l'œuf des autres animaux et même à celui des mammifères. — *Bot.* Gærtner a donné le nom de *vitellus* à toute partie adhérente à l'embryon, les cotylédons, la radicule et la plumule exceptés. Le vitellus disparaît pendant la germination. Il n'est point un organe déterminé, uniforme ; les botanistes lui ont donné les noms de *blaste, blastophore, épiblaste*, etc.

VITESSE, s. f., *Celeritas ;* on désigne ainsi, en physique, le rapport de l'espace parcouru par un corps en mouvement, au temps employé à le parcourir. L'unité de temps et celle d'espace admises en France, sont la *seconde* et le *mètre.* En multipliant la vitesse d'un corps par sa *masse* ou son *poids*, on obtient sa *quantité de mouvement*, qui est l'expression exacte de l'intensité de la force motrice.

VITICULE, s. f., *Viticula ;* nom donné par Tournefort aux *coulants* ou *stolons.*

VITRÉ, ÉE, , adj., *vitreus*, υαλοειδής ; qui ressemble au verre. *Corps vitré :* masse arrondie, parfaitement limpide, molle, remplissant la majeure partie du globe de l'œil, et présentant, en avant, une dépression où se trouve enchatonné le cristallin. Le corps vitré est formé par la membrane *hyaloïde* (*V.* ce mot), renfermant dans ses mailles intérieures l'*humeur vitrée*, liquide, extrêmement limpide, d'une densité légèrement supérieure à celle de l'eau ordinaire.

VITRIFIABLE. adj., de *vitrum*, verre, et *fieri*, devenir ; qui peut être changé en verre ou en une matière d'apparence vitreuse.

VITRIFICATION, s. f., *Vitrificatio ;* transformation en verre des substances vitrifiables, à l'aide d'une haute température. La plupart des oxydes métalliques, calcinés fortement avec des matières siliceuses, sont susceptibles de subir la vitrification.

VITRIOL, s. m., *Chalcanthrum ;* nom générique donné par les anciens chimistes aux sels appelés aujourd'hui *sulfates.*

VITRIOL AMMONIACAL, *V.* **SULFATE D'AMMONIAQUE**.

VITRIOL BLANC, *V.* **SULFATE DE ZINC**.

VITRIOL BLEU, DE CHYPRE, DE VÉNUS, *V.* **SULFATE DE CUIVRE**.

VITRIOL VERT, *V.* **SULFATE DE FER**.

VITRIOLIQUE, *V.* **ACIDE SULFURIQUE**.

VIVACE, adj., *perennis ;* qui dure long-

temps. *Plante vivace :* qui n'est ni annuelle ni bisannuelle, et dont la tige ou la racine dure trois ans au moins. De Candolle a proposé d'y substituer le mot *polycarpien. V.* **ABRÉVIATIONS**.

VIVIPARE, s. et adj., *Viviparus*, de *vivus*, vivant, et *parere*, enfanter ; qui produit ses petits tout vivants, ex. : les *mammifères.* — *Bot.* On donne cette épithète, en botanique, aux plantes qui se reproduisent par des bulbilles et dont les graines germent dans le péricarpe, ou enfin qui produisent des bulbilles axillaires. *V.* **BULBILLE**.

VIVISECTION, s. f., *Vivisectio*, de *vivus*, vivant, et *secare*, couper; nom donné aux opérations pratiquées sur des animaux vivants, à titre d'expériences physiologiques.

VOCAL, ALE, adj., *vocalis ;* qui a rapport à la voix. — *Cordes vocales, V.* **GLOTTE**.

VOCHYSIACÉES, s. f., *Vochysiaceæ ;* famille de plantes dicotylédones, polypétales, dont la place dans les classifications n'est pas encore parfaitement déterminée, et qui est placée aujourd'hui près des Crassulacées. Elle se compose d'arbrisseaux et d'arbres originaires de la Guyane et du Brésil. Genres: *Vochysia*, *Erisma*, etc.

VOIE, s. f., *Via ;* ensemble des canaux ou des cavités que parcourent des substances liquides ou semi-liquides dans l'économie animale. C'est ainsi que l'on désigne sous le nom de *voies digestives* ou *premières voies*, le canal intestinal; sous celui de *voies lacrymales*, la série de canaux que parcourent les larmes, depuis les points lacrymaux jusqu'à l'égout nasal; *voies urinaires*, *voies biliaires*, etc., les cavités qui reçoivent l'urine, la bile, etc.

VOIGTLAND (Race bovine de). Elle est classée par F. Villeroy, parmi les races communes de l'Allemagne, avec celles de Franconie, de Vogelsberg, de Westerwald, d'Oden-Wald et de Souabe-Hall.

VOILÉ, ÉE, adj., *velatus ;* couvert en partie. Le *fruit* est *voilé*, quand il est incomplètement caché ou recouvert par le calice.

VOILE DU PALAIS, *Velum palatinum, septum staphylinum ;* cloison musculo-membraneuse, séparant la bouche de l'arrière-bouche, fixée supérieurement à l'arcade palatine, latéralement à la base de la langue, et présentant inférieurement un bord libre qui, chez les solipèdes, descend jusque sur la langue, en avant de la glotte, le voile du palais étant fortement incliné de haut en bas et d'avant en arrière. Sa face antérieure fait partie de la cavité buccale; sa face postérieure concourt à former le pharynx. Deux *piliers antérieurs*, courts, fixent les côtés du voile du palais à la base de la langue ; deux *piliers postérieurs*, formés par la muqueuse du voile, se prolongent dans l'arrière-bouche, jusque sur les côtés de la glotte. — La structure du voile du palais résulte d'un repli muqueux se continuant, à la face antérieure avec le palais, et à la face postérieure avec la pituitaire et la muqueuse pharyngienne. Entre ces deux lames muqueuses, sont compris : 1° une lame fibreuse, expansion terminale du muscle stylo-staphylin ; 2° les faisceaux charnus formant le muscle staphylin ; 3° de nombreuses granulations, analogues aux glandes salivaires, et versant à la surface antérieure du septum staphylin un fluide abondant et visqueux, qui facilite le glissement du bol alimentaire. — Le voile du palais livre passage au bol alimentaire qui, en venant du côté de la bouche, le soulève et le rapproche de la situation horizontale ; mais si le bol, une fois entré dans le pharynx, tend à suivre une marche rétrograde, il arrive sur le plan incliné formé par la face postérieure du voile, et se trouve dirigé vers les cavités nasales.— Dans les animaux domestiques autres que les solipèdes, le voile, moins allongé, permet le retour des aliments par la bouche.

VOIX, s. f., *Vox*, φωνή ; son très variable suivant les animaux, produit par le passage de l'air dans le larynx, par suite de l'impulsion que communique à la colonne aérienne, le mouvement d'expiration. On s'accorde généralement à regarder les cordes vocales comme produisant la voix, et la bouche, la langue, les cavités nasales, comme la modifiant avant son émission. On a comparé tour à tour l'action de l'organe de production de la voix à un instrument à cordes ou à un instrument à anche. Cette dernière opinion a prévalu. — Dans les oiseaux, la voix est essentiellement produite par le larynx inférieur, et fortement modifiée par le tube trachéal qui décrit, chez quelques-uns, comme la *grue*, le *cygne sauvage*, le *hocco*, des circonvolutions remarquables. Les bruits produits par les insectes ne peuvent être assimilés à la voix, leur production résultant toujours du frottement de divers organes, et non de vibrations produites par une colonne d'air.

VOLATIL, **ILE**, adj., *volatilis;* qui peut se réduire en vapeur, sans se décomposer, à une température plus ou moins élevée ; c'est le cas de beaucoup de corps solides ou liquides, organiques ou inorganiques.

VOLATILISABLE, adj. ; qui peut se volatiliser. *V.* VOLATIL.

VOLATILISATION, s. f., *Volatilisatio;* transformation des corps en vapeur, sans décomposition, à l'aide d'une température plus ou moins élevée. C'est une opération qu'on emploie souvent dans les laboratoires pour purifier beaucoup de substances.

VOLATILITÉ, s. f., *Volatilitas;* qualité ou propriété des corps volatils.

VOLCANIQUE, adj., *volcanicus;* qui appartient aux volcans, qui est produit par eux. Les produits volcaniques sont tous analogues entre eux, quels que soient le temps et le lieu de leur formation. On leur donne le nom générique de *laves*. Ils sont essentiellement composés de silicates d'alumine,

de magnésie, de chaux, de potasse et de soude, dans lesquels la silice entre pour une proportion de 4 à 9 dixièmes, et enfin d'oxyde de fer. Par leurs combinaisons différentes, ces substances donnent lieu à la formation de plusieurs roches, telles que *basaltes*, *trachytes*, etc., qui, en se désagrégeant après s'être refroidies, constituent les *terrains volcaniques*, cultivables aussitôt qu'ils ne sont plus le siége d'émanations gazeuses gênantes. La riche campagne de Naples est presque exclusivement formée de débris de ponce ou de tufs ponceux, rougeâtres ou grisâtres, d'origine volcanique. *V.* LAPILLI.

VOLTAÏQUE, adj., *voltaïcus ;* épithète qu'on donne parfois à la pile électrique, à cause du nom de son inventeur, *Volta*.

VOLTAÏSME, s. m. ; synonyme de *galvanisme*. (*V.* ce mot).

VOLTE, s. f. ; espace le plus souvent circulaire, quelquefois carré, situé dans un manége ou dans un champ de manœuvres, autour duquel on exerce le cheval pour le dresser ou pour l'instruction particulière du cavalier. On place ordinairement au centre de la volte un pilier fixant les limites de la *demi-volte*.

VOLUBILE, adj., *volubilis ;* se dit de la tige longue et grêle, trop faible pour se soutenir d'elle-même, et obligée de s'enrouler autour des corps situés dans son voisinage. La tige se roule de gauche à droite, *volubilis dextrorsùm*, ou de droite à gauche, *volubilis sinistrorsùm*. Le sens de l'enroulement est toujours le même dans une espèce donnée, quelquefois dans un genre, quelquefois même dans une famille. Les plantes volubiles que l'on force à rester droites souffrent et meurent.

VOLUME, s. m., *Volumen ;* on donne ce nom à l'espace occupé par les corps. Il est *apparent* ou *réel*. Le premier est indiqué par les dimensions extérieures des corps et peut varier selon l'énergie des forces attractives ou répulsives qui agissent sur eux. Le second est le volume apparent diminué des intervalles vides qui existent entre les particules matérielles des corps ; il est égal à la *masse*. Le volume des corps s'obtient facilement en les plongeant dans l'eau, dont ils déplacent un volume égal au leur ; en connaissant le rapport des densités, on obtient facilement le volume.

VOLUMÈTRE, s. m., de *volumen*, volume, et μέτρον, mesure ; espèce d'aréomètre à l'aide duquel on détermine la densité exacte des liquides, au moyen des volumes déplacés. Lorsqu'il doit servir à mesurer la densité de tous les liquides, il est lesté de manière que sa tige, très longue, s'enfonce jusqu'au milieu de sa longueur dans l'eau distillée. Il est rare que le même instrument serve pour tous les liquides; le plus souvent, au contraire, on construit un volumètre pour chaque liquide, afin d'avoir des instruments plus sensibles. Ceux qui servent à mesurer la densité des liquides plus denses que l'eau, s'enfoncent dans ce liquide jusqu'au haut de la tige, où l'on marque zéro, et ceux qui sont destinés aux liquides plus légers ont le zéro ou le point d'affleurement dans l'eau distillée, au bas de la tige. Les points intermédiaires sont déterminés expérimentalement au moyen de solutions ou de liquides, dont la densité est appréciée directement à l'aide de la balance. L'alcoomètre centésimal est un *volumètre* établi d'après ces principes.

VOLVE, s. f., *Volva;* membrane enveloppant beaucoup de champignons dans leur jeunesse; elle persiste lorsqu'elle se développe en même temps que la plante qu'elle recouvre; dans le cas contraire, elle se rompt et ses débris, visibles sur le pied ou stipe, constituent *l'anneau.*

VOLVULUS, s. m., de *volvere*, enrouler; torsion, entortillement d'une partie de l'intestin sur lui-même. Ce n'est pas une maladie primitive ou essentielle; on l'observe dans les inflammations violentes de l'intestin, à la suite des coliques qui ont produit des mouvements désordonnés. Ce sont les animaux solipèdes qui présentent le plus souvent ce phénomène. On a confondu le volvulus avec l'iléus, l'invagination et diverses sortes d'étranglements. *L'iléus* proprement dit est l'inflammation de l'intestin *iléum*. *L'invagination* ou *intus-susception* est cet état dans lequel une partie de l'intestin rentre dans une autre. Cet accident est produit par la contraction spasmodique de la tunique musculaire de l'intestin, ou par le resserrement d'une partie du tube intestinal, qui s'engage dans la partie voisine par l'effet des mouvements péristaltiques. L'intus-susception n'est pas toujours un accident grave; fréquemment on la rencontre sur des carnivores, sans qu'on ait pu soupçonner son existence. Quelquefois elle présente tous les phénomènes de l'étranglement. *L'entortillement de l'intestin*, ou *volvulus véritable*, est produit par les déplacements de la masse intestinale. Des douleurs très vives ne tardent pas à se montrer; les chevaux qui les éprouvent se couchent fréquemment sur le dos. C'est un accident qui se termine par la mort, à moins que quelque cause ne vienne dégager les portions d'intestin qui sont déplacées: l'étranglement en est la conséquence; il développe l'entérite avec le cortège de ses symptômes les plus violents. Le diagnostic du volvulus est difficile à établir. En général, quand des coliques existent, on a recours aux antiphlogistiques énergiques, tels que les saignées générales et locales, etc. Les moyens mécaniques sont inutiles pour les grands animaux, dont la masse intestinale offre un volume si considérable. Ainsi, les vomitifs, les purgatifs, les injections forcées des lavements, l'ingestion du mercure métallique, de balles de plomb, qui peuvent réussir sur l'espèce humaine, n'ont aucune chance de succès sur les herbivores. On a parlé de la possibilité de faire sur l'un des flancs une ouverture pour faire pénétrer la main dans l'abdomen et dégager la masse intestinale qui est entortillée; ce moyen, proposé par Fromage de Feugré, est impraticable.

VOMER, s. m.: mot latin signifiant *soc de charrue*, employé, en anatomie, pour désigner un os impair concourant à séparer l'une de l'autre les deux cavités nasales, entre lesquelles ils se trouve situé. Cet os, d'autant plus allongé que la face est plus longue, s'étend depuis le sphénoïde jusqu'au niveau des ouvertures incisives. Son bord inférieur, libre et tranchant aux ouvertures gutturales, est fixé, dans le reste de son étendue, à la suture qui réunit, dans le plan médian, les deux palatins et les deux grands sus-maxillaires. Son bord supérieur porte, dans toute son étendue, une rainure qui reçoit le bord inférieur de la cloison cartilagineuse séparant les narines. L'extrémité supérieure s'appuie sur le sphénoïde: l'inférieure se termine en s'appuyant sur les deux apophyses rentrantes des deux os petits sus-maxillaires.

VOMIQUE, s. f., *Vomica*, de *vomere*, vomir; collection purulente qui se forme dans l'intérieur d'un organe. Ce mot est plus particulièrement employé pour désigner les collections purulentes, enkystées ou non, du poumon, et qui sont évacuées par les bronches, comme par une sorte de vomissement. La vomique est produite par le ramollissement d'un ou plusieurs tubercules, ou par un abcès formé aux dépens de la substance propre du poumon.

VOMISSEMENT, s. m., *Vomitus;* expulsion convulsive, par la bouche, de substances alimentaires revenant de l'estomac. Le vomissement est, le plus souvent, un phénomène maladif; il est quelquefois volontaire, comme dans la chienne qui vomit, pour la nourriture de ses petits, les aliments dont elle s'est gorgée quelque temps auparavant. La rumination est aussi un vomissement partiel et volontaire. — Le phénomène du vomissement a beaucoup occupé les physiologistes; longtemps on a attribué le rejet des matières alimentaires à une contraction anti-péristaltique de l'estomac, que l'on regardait comme l'agent essentiel du vomissement. Bayle, Chirac, et plus tard Magendie démontrèrent que l'estomac ne se contracte pas dans le vomissement, et que l'expulsion des matières contenues dans l'estomac est due à la contraction simultanée du diaphragme et des parois de l'abdomen. Il est cependant de toute évidence que, si cette pression était la cause unique du vomissement, chaque effort de l'animal le produirait; il faut donc trouver dans l'estomac une participation au phénomène; mais celle-ci, au lieu d'être active, comme on le croyait autrefois, est au contraire passive ou négative, et consiste dans une espèce de paralysie momentanée de l'orifice cardiaque, qui, coïncidant avec la contraction du dia-

phragme et des parois abdominales , permet
à celles-ci de vaincre la résistance que leur
oppose l'orifice de l'estomac dans l'état normal. En outre, l'estomac , au moment du
vomissement, s'emplit d'une grande quantité d'air , qui facilite sa compression ;
cette introduction d'air n'est cependant pas
indispensable pour la production du phénomène. — Le vomissement , très facile chez
les carnassiers, est impossible, ou du moins
très rare chez les solipèdes. Cette particularité a appelé l'attention des physiologistes.
Lamorier a attribué cette impossibilité de
vomir à une prétendue faiblesse du diaphragme , à la position enfoncée de l'estomac , et à une valvule en forme de croissant,
située à l'orifice cardiaque. Bourgelat a combattu l'opinion de Lamorier, et signalé comme
obstacle au vomissement la disposition des
fibres de l'estomac et les plis que forme la
muqueuse œsophagienne vers l'orifice cardiaque. Bertin accuse une obliquité de l'œsophage, qui répéterait, pour l'estomac des solipèdes , la disposition de l'insertion des uretères dans la vessie. Dupuy regardait comme
l'obstacle principal le passage de l'œsophage
à travers le pilier droit du diaphragme , qui
comprimerait ce canal, en se contractant pour
aider au vomissement. Une expérience très
simple prouve que l'on ne doit rechercher
la cause que dans l'estomac lui-même. En
effet, un estomac encore frais , rempli d'eau,
et comprimé fortement après qu'on a lié le
pylore, ne laisse pas échapper le liquide par
l'orifice cardiaque. La valvule de Lamorier
n'existe pas : celle de Gurlt n'a été trouvée
qu'une seule fois , et sur une pièce sèche.
Nous ne pouvons admettre l'obliquité de
l'œsophage, invoquée par Bertin , et récemment rappelée par Flourens. L'épaisseur et
la rigidité de l'œsophage, à son point d'insertion, suffisent pour expliquer le resserrement de l'ouverture , surtout lorsque l'on
considère que l'ouverture œsophagienne vient
aboutir à une surface plane et ne peut être
sollicitée comme l'est l'orifice œsophagien
des carnassiers. qui vient aboutir à l'estomac,
en forme d'entonnoir. Dans l'estomac des
solipèdes, l'effort de la masse alimentaire
comprimée s'exerce en refoulant sur elles-
mêmes les parois œsophagiennes naturellement rapprochées, et tend plutôt à resserrer
l'orifice qu'à le dilater. — Le vomissement a
été observé à plusieurs reprises sur des solipèdes , dans des cas maladifs particuliers ;
les matières reviennent alors par les narines , à cause de la disposition du voile du
palais ; une petite quantité sort cependant
quelquefois par la bouche. Dans le bœuf. on
a des exemples de vomissement des matières
alimentaires contenues dans la caillette. —
Path. Le vomissement est un symptôme commun à plusieurs maladies du tube intestinal.
Dans le cheval. ce phénomène se montre dans
l'indigestion stomacale avec paralysie de l'estomac , dans le cas de rupture de cet organe ,

de déchirure du diaphragme, d'accumulation
des aliments dans l'œsophage. La tympanite
des bêtes bovines et ovines avec surcharge
d'aliments est quelquefois accompagnée du
rejet des aliments par la bouche et les narines. Chez les carnivores le vomissement est
un signe de la gastrite.

VOMITIF, adj. et s., *Vomitorius*, de *vomi-*
tivus, qui fait vomir ; classe de médicaments
qui ont la propriété de déterminer le vomissement chez les animaux qui en sont susceptibles, et de provoquer, chez tous, les efforts
nécessaires pour opérer cet acte. Beaucoup
de causes et de corps peuvent déterminer les
efforts expulsifs de l'estomac : mais les véritables vomitifs ont pour caractère essentiel de
développer leurs effets , quelle que soit la voie
d'introduction qu'on ait choisie. Ils sont minéraux ou végétaux ; les plus employés en médecine vétérinaire sont l'émétique. l'ipécacuanha et la staphysaigre. Ces médicaments
peuvent s'administrer en breuvages , par
frictions cutanées ou par injection dans les
veines. Chez les carnivores et le porc , le
vomissement se produit rapidement ; chez les
herbivores domestiques, solipèdes et ruminants, l'expulsion des matières contenues
dans l'estomac est impossible, et on observe
seulement les efforts expulsifs qui accompagnent le vomissement. Les effets de la médication vomitive sont locaux et généraux ; les
premiers consistent , indépendamment de
l'évacuation des matières stomacales, qui a
lieu chez les petits animaux, en une supersécrétion de la muqueuse gastro-intestinale
et de toutes les glandes qui versent leurs produits dans le tube digestif, et en un afflux sanguin sur l'appareil gastrique ; les seconds se
composent d'une secousse générale, par suite
des contractions musculaires énergiques qui
précèdent et accompagnent le vomissement,
d'une faiblesse générale consécutive aux efforts
expulsifs, etc. Les vomitifs sont indiqués
dans les empoisonnements des petits animaux,
dans l'embarras gastrique et la fièvre bilieuse,
la diarrhée, la dysenterie, les affections des
centres nerveux et des yeux, quelques affections cutanées, la maladie des chiens. etc.

VOMITURITION, s. f., *Vomituritio* , de
vomere, vomir ; diminutif de vomissement.
Ce mot, qui a été employé comme synonyme
de vomissement, est usité plus spécialement pour désigner cet acte dans lequel les
matières remontent de l'estomac dans l'œsophage, sans être rejetées au-dehors. On s'en
sert quelquefois comme synonyme de *régur-*
gitation.

VOUTE, s. f., *Fornix, camera;* on compare
à une voûte , en anatomie , les parties arrondies , concaves inférieurement, et convexes
supérieurement; c'est dans ce sens que l'on
dit : *la voûte du crâne, la voûte du palais.*
— *Voûte à trois piliers. V.* TRIGONE.

VOYAGE (cheval de); cheval propre à
transporter un cavalier d'un endroit dans un
autre, assez rapidement, et pendant plusieurs

jours de suite. Le cheval de voyage est aujourd'hui, en France du moins, d'un emploi très restreint. Il doit avoir une taille moyenne ou au-dessus, de la légèreté dans l'avant-main, un peu d'étoffe, un corps médiocrement long, de bons membres et de bons pieds. Il faut qu'il puisse faire par jour et régulièrement 40 à 50 kilomètres, sans souffrir. — Le déplacement des troupeaux transhumants, des bestiaux gras qui vont au lieu de leur destination définitive, sont de véritables voyages, d'autant plus fatigants qu'ils durent davantage, qu'ils se font plus vite, que chaque course est plus longue, que la température est plus élevée, que les animaux ont plus de graisse. Le déchet éprouvé par les bestiaux gras, dans un voyage, est toujours considérable quand on les force à marcher, quand surtout ils sont atteints de boiterie.

VRILLE, s. f., *Cirrhus*; appendice grêle, susceptible de se rouler en spirale et de soutenir les plantes grimpantes, en s'accrochant aux corps environnants. Les vrilles sont *simples* ou *rameuses.* Leur origine est diverse ; ce sont toujours des organes avortés ; tantôt des pédoncules floraux, d'autres fois des rameaux, des pétioles, des stipules même. Leur position est nécessairement subordonnée à celle des organes qu'elles remplacent ; dans la vigne, elles sont opposées aux feuilles; elles remplacent la grappe ; dans la gesse, elles continuent le pétiole commun et tiennent la place de la foliole terminale.

VUE, *V.* Vision.

VULNÉRAIRE. adj. et s., *Vulnerarius*, de *vulnerare*, blesser ; nom donné par les anciens médecins à toutes les substances qu'ils croyaient propres à favoriser la guérison des solutions de continuité, comme les plaies, les contusions, etc. Aucun médicament ne jouit réellement de cette propriété dans tous les cas, la cicatrisation des solutions de continuité pouvant dépendre de circonstances très complexes.

VULPIN, s. m., *Alopecurus*, L. ; genre de la famille des Graminées. Ses caractères sont : épillets en panicule serrée ou en épi cylindrique, uniflores, non accompagnés de fleurs stériles ; glumes égales, soudées à leur partie inférieure ; glumelle inférieure comprimée, à arête dorsale géniculée, la supérieure nulle ; ovaire glabre ; styles réunis supérieurement et confondus ; deux stigmates filiformes, velus ; cariopse oblong et libre. Ce genre se compose d'environ vingt espèces herbacées, annuelles ou vivaces, très répandues dans les régions tempérées. La plus intéressante est le V. des prés, *A. pratensis*, très commun surtout dans les prairies un peu humides. Il est cultivé en grand dans le nord de l'Europe et en Angleterre ; seul ou mélangé, il constitue, quand on le fauche de bonne heure, un fourrage excellent, abondant et précoce. Les espèces *agrestis*, *geniculatus*, *bulbosus*, font également partie de la flore des prés et sont fourragères.

VULPINE, s. f. ; principe colorant découvert par Bébert, dans le *Lichen vulpinus*. C'est un corps solide, cristallisable, jaune citron, volatil, inaltérable à l'air, peu soluble dans l'eau, soluble au contraire dans l'alcool et l'éther.

VULVAIRE, adj., *vulvaris*; qui appartient à la vulve. — *Artère vulvaire ;* rameau provenant de la branche postérieure de la génitale externe et se rendant à la commissure inférieure de la vulve, où elle s'anastomose avec des divisions de la honteuse interne.

VULVE, s. f., *Vulva ;* orifice externe de l'appareil génital de la femelle. La vulve consiste en une fente verticale située au dessous de l'anus ; elle présente deux lèvres latérales arrondies, sur le côté externe desquelles se trouvent quelques replis cutanés d'autant plus nombreux que la jument a fait plus de poulains. Les deux lèvres sont réunies par deux commissures dont la supérieure ne présente rien de remarquable, et l'inférieure, arrondie, loge le clitoris (*V.* ce mot): cette commissure inférieure forme, dans la vache, un bec assez prononcé.

VULVO-UTÉRIN, adj., *vulvo-uterinus;* qui appartient à la vulve et à l'utérus. On a donné au vagin le nom de *canal vulvo-utérin.*

W

WINTER, *V.* Écorce de Winter.

WOLFRAM, s. m. ; synonyme de *Tungstène. V.* ce mot.

WORMIEN, adj., *wormianus ;* on appelle ainsi, en anatomie humaine, de petits noyaux osseux, décrits par *Wormius*, placés en nombre variable aux angles des sutures de la voûte du crâne. Des os irréguliers analogues se remarquent quelquefois au pariétal des solipèdes ; mais ils disparaissent promptement, en se réunissant par soudure avec les pièces osseuses voisines.

X

XANTHINE, s. f., de ξανθος, jaune; ce no s'applique à deux principes très différents, à une matière colorante et à une matière azotée : 1° *Xanthine de la garance*. Nom donné par Kulmann, qui en a fait la découverte, au principe jaune de la racine de garance, qu'il sépare à l'aide de l'alcool. Elle est solide, jaune, de saveur sucrée, soluble dans l'eau et l'alcool, peu soluble dans l'éther, devenant jaune citron par les alcalis et jaune orangé par les acides. Elle forme avec les oxydes métalliques des laques rouges ou roses très éclatantes ; 2° *Xanthine azotée*, *oxyde xanthique*, etc. C^{10} H^4 Az^4 O^2. Principe découvert par Marcet dans quelques calculs urinaires de l'homme, et qui parait exister aussi en grande quantité dans le guano. Sa formule représente l'acide urique, moins quatre équivalents d'oxygène. Récemment précipité, l'oxyde xanthique est blanc, devenant jaune par la dessiccation et prenant l'aspect cireux quand on le frotte. Peu soluble dans l'eau et les acides, ce corps se dissout bien dans les alcalis caustiques ou carbonatés. Traité par les acides concentrés, il devient jaune et passe ensuite au rouge quand on le neutralise par un alcali.

XANTHOGÈNE, s. m., de ξανθος, jaune, et γεννάω, j'engendre ; nom donné par Zeize au carbure de soufre, considéré comme radical des *carbo-sulfures*.

XANTHOPHYLLE, s. f., de ξανθος, jaune, et φυλλον, feuille ; matière colorante jaune, qui se développe dans les feuilles des arbres pendant l'automne, au moment de leur chute. Elle ne parait être qu'une métamorphose de la *chlorophylle*. (*V.* ce mot.).

XANTHURE, s. m. ; nom proposé par Zeize pour désigner les sulfo-carbures métalliques.

XÉRANTHÈME, s. m., *Xeranthema*, T.; genre de la famille des Composées. Il est peu nombreux et ne renferme guère que cinq ou six espèces toutes herbacées et annuelles. La principale est le X. rayonné, *X. radiatum*, spontané dans le centre, l'ouest et le midi de la France, et cultivé comme plante d'ornement. Les folioles de son involucre, blanches ou rougeâtres et étalées, persistent très longtemps ; c'est ce qui lui fait partager avec d'autres végétaux le nom symbolique d'*immortelle*. La culture a produit de charmantes variétés.

XÉRASIE, s. f., *Xerasia*, de ξηρος, sec ; maladie de la tête de l'homme qui empêche la croissance des cheveux, et les rend semblables à un duvet couvert de poussière.

XÉROPHAGIE, s. f., *Xerophagia*, de ξηρος, sec, et φαγειν, manger : abstinence.

XÉROPHTHALMIE, s. f., *Xerophthalmia*, de ξηρος, sec, et οφθαλμος, œil ; ophthalmie sèche, c'est-à-dire, dans laquelle l'écoulement des larmes n'est pas augmenté.

XIPHODYME, s. et adj., *Xiphodymus*; genre de monstres doubles sysomiens, présentant les caractères suivants : deux corps distincts supérieurement ; thorax confondu inférieurement, séparé supérieurement ; deux membres pelviens, quelquefois les rudiments d'un troisième.

XIPHODYMIE, s. f., *Xiphodymia*; état des monstres xiphodymes.

XIPHOIDE, adj., *xiphoïdes*, de ξιφος, épée, et ειδος, forme ; en forme d'épée. — *Appendice xiphoïde :* nom donné à l'appendice ou cartilage qui termine postérieurement le sternum.

XIPHOIDIEN, ENNE adj., *xiphoïdeus;* qui appartient au cartilage xiphoïde.—*Ligament xiphoïdien* ou *costo-xiphoïdien :* ligament qui unit au cartilage xiphoïde la première côte asternale dans le cheval, et les deux dernières côtes sternales dans les tétradactyles.

XIPHOPAGE, s. et adj., *Xiphopages;* genre de monstres doubles, monomphaliens, formés de deux individus réunis de l'extrémité inférieure du sternum à l'ombilic commun.

XIPHOPAGIE, s. f., *Xiphopagia;* état des monstres xiphopages.

XYLODIE, s. f., *Xylodia;* fruit analogue à la noisette, mais sans cupule.

XYLOIDINE, s. f. ; matière très combustible, obtenue par Braconnot, en traitant à froid les principes neutres végétaux par l'acide azotique. Quand on broie dans un mortier de l'amidon, du ligneux, avec de l'acide azotique concentré et qu'on précipite par l'eau la gelée transparente qui en résulte, on obtient un produit blanc qui, lavé et desséché, constitue la xyloïdine. C'est une matière blanche, pulvérulente, inodore, insipide, sans action sur les couleurs végétales, insoluble dans l'eau, l'alcool et les solutions alcalines. Elle se dissout facilement dans l'acide azotique, qui la transforme en acide oxalique et qui la rend gluante. Desséchée et portée à 180° degrés, la xyloïdine prend feu et brûle avec activité, sans laisser de résidu.

XYLOLITHE, s. m., *Xylolithum*, de ξυλον, bois, et λιθος, pierre ; bois fossile.

XYRIDACÉES, s. f., *Xyridaceæ;* famille de plantes monocotylédones, exotiques, voisines des Cypéracées et des Restiacées, renfermant un petit nombre d'espèces herbacées, vivaces, à racines fibreuses, à feuilles longues, ensiformes ou filiformes, engainantes à leur base. Elles habitent les marais et les prairies marécageuses. Genres : *Xyris*, etc.

Y

YÈBLE, *V.* SUREAU.

YEUSE, *V.* CHÊNE.

YTTRIA, s. f. ; Y.O. , *oxyde d'yttrium ;* cet oxyde, qui est très rare, a été découvert par Gadolin, en 1798 ; il se présente sous la forme d'une poudre blanche, inodore, d'une saveur sucrée, puis astringente, sans action sur les couleurs végétales et pesant 4, 85. Infusible, comme l'alumine, cet oxyde peut former un hydrate gélatineux ; insoluble dans l'eau , il se dissout dans les acides étendus d'eau et donne naissance à des sels. Il est sans usage.

YTTRIUM, s. m. ; Y. Equiv. 402,31. ; métal de la seconde section, obtenu, pour la première fois, par Woëlher, en décomposant, avec l'aide de la chaleur , le chlorure d'yttrium , au moyen du potassium. C'est un corps solide , d'un gris noir , formé de petites écailles qui présentent un éclat métallique très prononcé. Inaltérable à l'air et dans l'eau à la température ordinaire , ce métal, chauffé au rouge, brûle avec beaucoup d'éclat et se change en yttria.

YUCCA, s. m. , *Yucca*, L. ; genre de la famille des Liliacées. Il se compose de plantes vivaces , à tige haute , plus ou moins herbacée, quelquefois souterraine, à fleurs en panicules terminales. Les yuccas sont originaires des contrées chaudes, et cultivés dans nos jardins comme plantes d'agrément.

Z

ZAIN, adj. ; épithète que l'on ajoute aux robes formées de poils de couleur, lorsqu'aucun poil blanc ne vient s'y ajouter ; ex. : *noir-franc zain* , *bai-cerise zain*.

ZÈBRE, s. m. , *Equus zebra ;* animal du sous-genre *âne*, habitant l'Afrique, et remarquable par sa robe dont le fond *jaune* ou *isabelle* est rayé de nombreuses bandes brunes. Le zèbre vit à l'état sauvage et se plie très difficilement à la domesticité.

ZÉBRÉ, **ÉE**, adj. ; qui est marqué de bandes foncées sur un fond clair , comme la robe du zèbre. Les robes isabelle , souris , bai-clair , alezan-clair, sont souvent zébrées. C'est surtout aux membres que se rencontrent les *zébrures*.

ZÉDOAIRE, s. f. ; nom pharmaceutique de la racine du *Kœmpferia rotunda*, plante de la famille des Amomées, qui croît spontanément dans l'Inde. Elle est ronde, de la grosseur d'un œuf et garnie de radicules à sa surface ; le commerce la présente le plus souvent en fragments ronds ou triangulaires , plus ou moins volumineux. Grise à l'extérieur , blanche en dedans , cette racine présente l'odeur , la saveur et la composition du gingembre. Elle peut servir dans les mêmes cas que ce dernier , mais elle est moins active et partant peu employée.

ZÉINE, s. m. ; matière glutineuse trouvée dans le maïs, par Graham. Elle serait formée , d'après Bizis , de *gliadine* , de *zymôme* et d'huile grasse. C'est une matière jaunâtre , cireuse , mollasse , élastique, ténace , combustible comme les résines ; soluble dans l'alcool, l'éther et les essences, surtout à chaud , elle est insoluble dans l'eau. Elle ressemble au gluten , mais elle en diffère par l'absence de l'azote.

ZESTE, s. m. , *Corticula ;* cloison sèche, membraneuse, incomplète , séparant en quatre parties la cavité de la noix. — On donne aussi ce nom à l'épicarpe de l'orange et du citron.

ZINC, s. m. , *Zincum* , de l'allemand *zinn*, étain , avec lequel ce métal a été longtemps confondu. Zn. , équiv. 406,59. Métal de la troisième section, qui existe dans la nature à l'état de sulfure *(blende)* ou dans un mélange complexe d'oxyde, de carbonate et de silicate de zinc (*calamine*). L'extraction de ce métal est simple et consiste à griller les minerais pour les transformer en oxyde , à mélanger celui-ci à du charbon et à le réduire dans des appareils appropriés , à l'aide de la chaleur. Le zinc du commerce, qui est en masses épaisses ou en lames , est un métal d'un blanc bleuâtre, comme le plomb , brillant dans une coupe récente , d'une structure lamelleuse , peu consistant quoique plus que le plomb et l'étain, et d'une densité qui varie de 6, 8 à 7, 2. Peu malléable à la température ordinaire , le zinc le devient beaucoup entre 100 et 150° ; au-dessus de 200°, il est tellement cassant qu'il peut être pulvérisé. Soumis à l'action de la chaleur , le zinc se dilate d'abord considérablement et fond à une température voisine de 400 degrés; à 500° et au contact de l'air, le zinc prend feu et brûle avec une flamme blanche, éblouissante, qui laisse déposer des flocons blancs et légers d'oxyde de zinc anhydre ; enfin, au rouge blanc, ce métal se volatilise complètement, ce qui permet de le distiller et de l'obtenir à l'état complet de pureté. Exposé à l'air humide ou plongé dans l'eau aérée, le zinc se couvre d'une couche grisâtre d'oxyde , qui forme un vernis protecteur pour l'intérieur de la masse. A la température ordinaire, il ne décompose pas l'eau, à moins qu'un acide n'intervienne; mais une chaleur peu élevée suffit pour rendre facile la séparation des éléments de l'eau. Le zinc est attaqué par les acides, les alcalis et les sels oxydants. Ses usages industriels et médicinaux sont étendus et importants.

ZINGIBÉRACÉES, s. f., *Zingiberaceæ;* tribu de la famille des Amomacées, regardée par quelques botanistes comme famille distincte. On donne quelquefois ce nom aux Amomacées elles-mêmes.

ZIRCONE, s. f., Zr² O³. *Oxyde de zirconium.* Cet oxyde métallique a été découvert en 1789 par Klaproth. Il est en poudre blanche, inodore, insipide, pesant 4,3. Infusible au feu le plus violent, la zircone se vitrifie en partie et devient assez dure pour faire feu au briquet et rayer le verre. Insoluble dans l'eau et les acides, quand il a été calciné, cet oxyde précipité de ses solutions salines, se combine à l'eau et forme un hydrate.

ZIRCONIUM, s. m., Zr. Équiv. 419,73. Métal de la seconde section, qu'on obtient d'après Berzélius, en décomposant le fluorure double de potassium et de zirconium, à l'aide du potassium et de la chaleur. Il est en poudre noire, ressemblant au graphite pulvérisé et prenant l'éclat métallique par le frottement. Inaltérable à l'air et dans les acides, à la température ordinaire, ce métal brûle au rouge et se transforme en zircone.

ZOMIDINE, s. f., de ζωμος, jus de viande; matière brune, odorante, qui fait partie de l'extrait de viande. *V.* OSMAZOME.

ZONA, s. m. *Zona;* éruption vésiculo-bulleuse particulière à l'espèce humaine, et qui entoure une partie du corps, sous forme de ceinture. Cette maladie, analogue à l'*herpès phlycténoïde,* est confondue sur les animaux avec le pemphigus.

ZONE, s. f., *Zona;* bande circulaire ou ceinture. — *Zone* ou *cercle ciliaire,* V. CILIAIRE. — *Zone tendineuse :* cercle fibreux blanchâtre qui se trouve autour des orifices auriculo-ventriculaires du cœur. — *Agric.* Synonyme de *région* (*V.* ce mot).

ZONÉ, ÉE, adj., *zonatus;* marqué de bandes colorées et concentriques.

ZOOGÈNE, s. m.; nom donné par Gimbernat à un gaz azoté qui se dégage de plusieurs eaux minérales, et auquel il attribue le dépôt de la *barégine* ou *glairine* (*V.* ces mots).

ZOOGOMMITE, s. m.; nom proposé par Mérat pour désigner collectivement les matières muqueuses et gélatineuses des animaux, telles que le *mucus,* la *gélatine,* la *chondrine,* etc.

ZOOGRAPHIE, s. f., *Zoographia,* de ζωον, animal, et γραφω, décrire; description des animaux.

ZOOHÉMATINE, s. f.; synonyme d'*hématosine* (*V.* ce mot).

ZOOIATRE, s. m., *Zooiater,* de ζωον, animal, et ιατρ, médecin; médecin des animaux; qui s'occupe de la médecine des animaux. Synonyme de *vétérinaire.*

ZOOIATRIE, s. f., *Zooiatria,* de ζωον, animal, et ιατρω, je guéris; médecine des animaux, médecine vétérinaire.

ZOOLOGIE, s. f., *Zoologia,* de ζωον, animal, et λογος, discours; traité des animaux; histoire naturelle des animaux.

ZOOMYLIENS, s. et adj., de ζωον, animal, et μυλη, môle; famille unique de l'ordre des monstres unitaires parasites, renfermant des productions peu connues, composées d'os, de dents, de poils, de matière graisseuse, et connues jusqu'à présent sous le nom de *môles.*

ZOONOMIE, s. f., *Zoonomia,* de ζωον, animal, et νομος, règle, loi; science des lois qui régissent les fonctions des animaux; synonyme de *physiologie.*

ZOONOMIQUE, adj., *zoonomicus;* qui a rapport à la zoonomie.

ZOOPHYTE, s. m., *Zoophytum,* de ζωον, animal, et φυτον, plante; *animal-plante.* On appelle *zoophytes,* les derniers individus de l'échelle animale, qui, par leurs formes et par leur simplicité au moins apparente, se rapprochent des plantes, et semblent former un anneau de transition entre les animaux et les végétaux. Tels sont les polypes, et surtout les polypes à *polypiers,* qui se construisent des demeures solides souvent ramifiées comme des branches d'arbres.

ZOOTECHNIE, s. f., de ζωον, animal, et τεχνη, art; art de gouverner les animaux domestiques pour en tirer le plus de bénéfices possible. En *vétérinaire,* le mot *zootechnie* est synonyme d'*hygiène,* dans l'acception la plus large de ce dernier. *V.* HYGIÈNE.

ZOOTECHNIQUE, adj.; qui a rapport à la zootechnie, à l'hygiène des animaux.

ZOOTOMIE, s. f., *Zootomia,* de ζωον, animal, et τεμνω, couper; dissection des animaux; anatomie des animaux.

ZUMIQUE, s. m., de ζυμη, ferment; synonyme d'acide *lactique* (*V.* ce mot).

ZYGOMA, *V.* ZYGOMATIQUE.

ZYGOMATIQUE, adj., *zygomaticus,* de ζυγοω, je joins, j'assemble; nom donné à un os situé sur les parties latérales de la face, qu'il concourt à joindre au crâne. *L'os zygomatique* ou *os jugal* forme une partie de la crête ou épine zygomatique située sur le côté du chanfrein, une partie de la cavité orbitaire, et présente en arrière une longue apophyse dite *temporale,* qui s'unit avec l'apophyse *zygomatique* du temporal, pour former *l'arcade zygomatique* ou *zygomato-temporale.* L'extrémité de cette apophyse s'unit par sa partie supérieure avec l'apophyse orbitaire du frontal. — Dans le bœuf, l'apophyse temporale du zygomatique se bifurque et s'articule par sa branche supérieure avec l'apophyse orbitaire, et, par sa branche inférieure, avec l'apophyse zygomatique du temporal.

ZYGOMATO-AURICULAIRE, adj., *zygomato-auricularis;* qui appartient au zygomatique et à l'oreille externe. — Muscle *zygomato auriculaire :* bandelette charnue, mince et presque sous-cutanée, qui, de l'arcade zygomatique, se porte au bord externe du cartilage scutiforme, et à la partie antérieure de la conque, qu'il tire en avant et en dehors.

ZYGOMATO-LABIAL, adj., *zygomato-labialis;* qui appartient au zygomatique et aux lèvres. — *Muscle zygomato-labial :* muscle de la face, consistant en une bandelette charnue, qui, de la surface du masséter, se porte à la commissure des lèvres, que ce muscle tire en arrière.

ZYGOMATO MAXILLAIRE, adj., *zygomato-maxillaris;* qui appartient au zygomatique et au maxillaire. — *Muscle zygomato-maxillaire*, V. MASSÉTER.

ZYMOLOGIE, s. f., *Zymologia*, de ξυμη, ferment, et λογος, discours; partie de la chimie organique qui traite des fermentations, ou traité des fermentations.

ZYMOME, s. m., de ξυμη, ferment; principe insoluble du gluten traité par l'alcool; ce principe, admis par Taddeï, peut jouer le rôle de ferment. D'après Dumas, ce serait de la *fibrine végétale*. V. GLUTEN.

ZYMOSIMÈTRE, s. m., *Zymosimetrum*, de ξυμωσις, fermentation, et μετρον, mesure; instrument propre à indiquer le degré de fermentation d'un liquide. Il doit varier selon la nature du principe formé.

ZYMOTECHNIE, s. f., *Zymotechnia*, de ξυμη, ferment, et τεχνη, art; art de diriger les fermentations; synonyme de *zymologie* (*V*. ce mot).

ZYTHOGALE, s. m., de ξυθος, bière, et γαλα, lait; *posset;* mélange de bière et de lait bouilli dont on fait usage dans le Nord, surtout en Angleterre, comme boisson rafraîchissante. Ce mélange n'est employé ni en médecine, ni en hygiène vétérinaires.

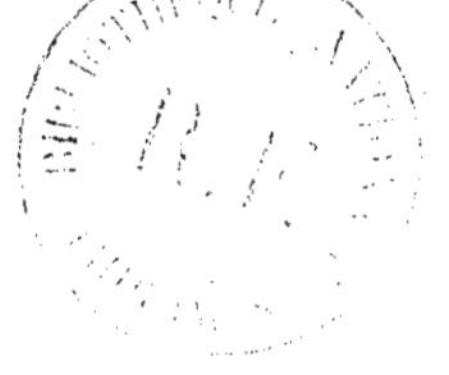

FIN.

connus ; les derniers seront examinés au mot *ferrugineux*.

FER A CHEVAL. En maréchalerie , on donne ce nom à une bande de fer , plus large qu'épaisse , courbée sur son épaisseur, de manière à représenter un ovale tronqué , sorte de semelle qu'on fixe sous la face inférieure du pied du cheval. On distingue dans le *fer* plusieurs parties : *deux faces*, dont une inférieure, qui repose sur le sol , une supérieure, qui est en rapport par son ajusture avec le bord inférieur de la paroi du sabot ; *deux branches* , l'une interne , l'autre externe ; *deux bords ou rives*, l'un externe , qui suit le contour externe du fer, l'autre interne décrivant une courbure appelée la *voûte*. Sur la face inférieure du fer, sont disposées, au nombre de huit, les *étampures*, qui sont des trous destinés à donner passage aux clous dont on se sert pour fixer le fer ; les étampures de la branche externe du *fer* sont placées *à gras*, plus que celles de la branche interne, qui sont percées *à maigre*, c'est-à-dire que les premières, sont plus éloignées de la rive externe que les autres , afin de donner au fer plus de garniture en dehors. Considéré dans son ensemble, le fer à cheval comprend quatre parties : la *pince*, les *mamelles*, les *quartiers*, et les *éponges* ou *talons*, correspondant à des régions du sabot qui portent le même nom. Presque toujours, on étire, sur la pince du *fer à derrière*, un prolongement qui a la forme d'un triangle et qu'on appelle *pinçon*. Quelquefois *on lève un crampon* à l'extrémité des éponges du fer. — Le fer, destiné au pied *de devant*, présente à peu près partout la même épaisseur ; la branche interne est un peu plus *couverte* que l'externe ; les étampures sont disposées de manière à diviser la face inférieure en huit parties égales. Dans le fer *à derrière* la pince est plus épaisse que les autres parties ; la branche interne est la plus étroite ; les deux étampures de la pince sont plus espacées que les autres , pour laisser la place où l'on doit lever le pinçon. — Avant de fixer le fer sur le pied , on lui donne ce qu'on appelle l'*ajusture*, c'est-à-dire que le maréchal établit, à la face supérieure du fer, une légère concavité qui a pour but d'empêcher la compression de la sole, et de faciliter la progression ; de plus, l'ajusture peut remédier à quelques conformations vicieuses des extrémités ; elle est même indispensable pour les pieds plats ou combles. L'ajusture , en relevant la pince du pied, empêche le cheval de buter ; de plus, elle diminue la réaction du sol sur les articulations des phalanges par le mouvement de bascule qu'elle fait exécuter au sabot d'avant en arrière. Une ajusture *trop faible* rend les réactions de l'animal plus dures ; *trop prononcée* , elle rend les allures vacillantes et devient également une cause d'usure ; quand elle est *fausse*, elle ne répond pas à la conformation du pied. D'après Bourgelat, dans le fer à

devant *bien ajusté* , la pince doit être relevée en bateau dès les secondes étampures en talon, de deux fois l'épaisseur du fer, les éponges perdant terre, du côté des talons, de la moitié de leur épaisseur. — Sous le rapport des formes qu'on lui donne , le fer peut remplir diverses indications : il sert à corriger quelques défectuosités du pied , à remédier aux défauts d'aplomb , à favoriser la guérison des maladies.

1° FERRURE DES PIEDS DÉFECTUEUX. Sur le pied dérobé , c'est-à-dire dont l'ongle est ébréché dans quelques points, on applique le *fer à étampures irrégulières*, qui n'est étampé que dans les parties correspondant aux régions de la paroi qui sont assez solides pour permettre l'implantation des clous. Les fers *demi-couverts* ou *couverts* ont une grande largeur, qui est utile pour protéger le pied plat ou comble, celui qui présente des bleimes, des ognons. S'agit-il d'un pied excessivement comble, on emploie un *fer très-couvert*, à ajusture disposée en forme de bateau, à éponges épaisses ; le *fer à bords renversés* recommandé en pareil cas ne peut pas remplir le même but. C'est, sans contredit, le *fer à planche* ou *à éponges réunies* qui est le plus avantageux ; il permet de soustraire les talons à la pression du fer, qu'on fait porter sur la fourchette par la traverse qui réunit les éponges. Les pieds à talons faibles, encastelés, les pieds plats ou combles, s'améliorent constamment par l'application du fer à planche.

2° FERRURE DESTINÉE A REMÉDIER AUX DÉFAUTS D'APLOMB. Pour le cheval pinçard ou rampin , c'est-à-dire, dont la paroi présente en pince une direction perpendiculaire , le *fer à pince épaisse* et *prolongée* augmente l'obliquité du pied. Lorsque l'animal se coupe ou s'entretaille, c'est-à-dire se blesse à la couronne, au boulet, au canon ou au genou, en levant le membre opposé du même bipède , le fer doit éloigner l'un de l'autre les deux membres qui se frappent. On applique alors le *fer à branche interne courte et mince*, ou le *fer à branche interne courte et épaisse* , suivant le degré du défaut d'aplomb observé sur le cheval panard ou cagneux. Ces fers sont improprement nommés *fers à la turque*. Enfin, pour le cheval qui *forge*, qui, pendant le trot, frappe les pieds de devant avec la pince des pieds de derrière, on place aux pieds de devant le *fer à pince épaisse*, à *éponges courtes et minces*, et aux pieds de derrière le *fer à pince tronquée* à *deux pinçons en mamelles*.

3° FERRURE DES PIEDS MALADES. On a inventé beaucoup de fers pathologiques ; il en est peu qui soient réellement utiles. Le premier à citer est le *fer à planche*, qu'on peut modifier pour un grand nombre d'affections ; la planche peut être plus ou moins large, droite ou oblique, échancrée, etc. Son application est des plus utiles pour remédier aux seimes-quartes, à la faiblesse d'un quartier résultant de l'opération du javart cartilagineux, etc. Le *fer à dessolure*, à *clou de rue*, est léger et étroit, de manière à découvrir la sole et favoriser le pansement que cette partie peut réclamer ; il est très utile dans le traitement des plaies de la face inférieure du pied. On adapte à ce fer trois éclisses en tôle destinées à protéger les tissus malades, tout en maintenant l'appareil de pansement. Le *fer à javart* n'est autre chose que le fer ordinaire, dont une des branches a été tronquée. — Il est des fers inutiles ou trop compliqués, abandonnés dans la pratique, ex. : *fer à tous pieds avec ou sans étampures*, *fers brisés*, *fer à étressillon*, *à pantoufle*, *à plaque*, *à coulisse*, *à échancrure*, etc., etc.

Fer de mulet. Ce fer a une forme quadrilatère comme celle du pied du mulet, qui est rétréci latéralement. Dans le fer à devant, les branches sont droites ; la branche interne est moins large que l'externe, et se termine en pointe : les étampures sont placées dans le milieu de la branche externe et se rapprochent insensiblement de la rive externe, à mesure qu'elles se dirigent sur la branche interne. Le fer de derrière a les deux branches étroites et terminées en pointe, les étampures sont placées dans le milieu de chaque branche et à une certaine distance de la pince. Le fer à mulet *provençal* garnit fortement en pince ; il élargit considérablement l'appui du pied sur le sol. On lui reproche l'inconvénient d'user promptement les aplombs ; c'est un reproche peu fondé. En Italie, on ferre le mulet *à la florentine ;* le fer a la pince prolongée et relevée en pointe.

Fer de bœuf. On ferre rarement les ruminants. Dans les localités où ces animaux sont employés à des travaux pénibles, il est utile de prévenir l'usure de la corne des onglons par une ferrure convenable. On applique, sous chaque onglon, un fer à forme ovalaire, présentant six étampures seulement vers la rive externe. A l'extrémité antérieure de la rive interne, est un prolongement qui se recourbe sur la paroi de dedans en dehors, pour consolider l'application du fer. Les fers pathologiques inventés pour le bœuf sont peu nombreux et à peu près tous inutiles dans la pratique.

FERMAGE, s. m.; location d'une ferme, c'est-à-dire d'une certaine étendue de terrain, avec les constructions nécessaires à son exploitation. *V.* Bail, Métairie.

FERME, s, f., *Colonia ;* ce mot désigne tantôt les terres d'une exploitation, tantôt les bâtiments seuls. Souvent il comprend leur ensemble. L'étendue des fermes est fort variable, et les limites établies pour les diviser en grandes, moyennes et petites fermes, sont nécessairement arbitraires. Les discussions qui ont eu lieu sur l'inopportunité ou l'avantage du morcellement ont conduit à cette donnée qu'il est favorable à la production, mais, dans certaines limites, et subordonné pour ses degrés aux différences de culture. — *Ferme expérimentale.* Établissement agronomique où l'on se livre à toutes les expériences qui intéressent la physique, la chimie et la physiologie agricoles, et finalement l'agriculture et la production animale. — *Ferme modèle.* Établissement agricole où l'économie rurale est pratiquée selon les méthodes les meilleures et les plus applicables aux lieux où se trouve l'exploitation. On ne doit pas confondre ces deux sortes d'établissements. Le premier ne peut jamais s'entretenir par lui-même ; il a besoin de subventions. Le second doit faire des bénéfices et peut être pris pour modèle dans ses principes ou dans son application. — *Ferme école.* Institution ayant pour but l'enseignement de la théorie et de la pratique de l'économie rurale. La ferme école peut tenir, par son double objet, par ses résultats, de la ferme expérimentale et de la ferme modèle.

FERMIER, s. m.; celui qui tient à bail une exploitation. On l'entend aussi dans le langage agricole et, d'une manière générale, du cultivateur, de celui qui pratique l'agriculture, qu'il soit fermier ou propriétaire. C'est dans ce sens que l'on dit : les *fermiers ruraux*, pour les *cultivateurs.*

FERMENT. s. m., *Fermentum ;* nom donné à certaines substances azotées, non cristallisables, en état de décomposition, qui jouissent de la faculté de déterminer, dans d'autres matières organiques, sous l'empire de circonstances particulières, une série de mutations moléculaires appelées *Fermentations* (*V.* ce mot.). — Les ferments sont nécessairement azotés ; ils appartiennent tous à cette classe de corps remarquables dont la *protéine* forme la base, tels que l'albumine, la fibrine, la caséine, le gluten, l'amandine, etc. Leur action singulière sur les substances fermentescibles, ne se produit que quand déjà ils sont en état de décomposition, ou lorsqu'ils ont le contact de l'air ; ils ne développent leurs effets que dans des circonstances spéciales d'humidité, de température, qui seront examinées à l'article *Fermentation.* La composition chimique des ferments est bien connue ; ils sont toujours formés d'un principe azoté et d'une substance neutre qui se rapproche, par sa nature, de l'amidon et du ligneux. Lorsque le ferment agit sur une substance fermentescible ne contenant aucun principe azoté, il se détruit partiellement ; sa portion protéique disparait, et la partie neutre se dépose sous forme d'une poudre insoluble. Dans le cas, au contraire, où la matière qui fermente contient des principes protéiques, le ferment qui a déterminé la fermentation disparait, mais se trouve remplacé par un corps analogue jouissant exactement des mêmes propriétés. comme on le voit dans la fabrication de la bière, où la *levure* engendre une grande quantité de la même substance. — La constitution physique ou atomique des ferments est complètement inconnue ;

l'Europe. C'est d'une espèce de ce genre, le *F. assa-fœtida*, que l'on extrait l'Assa-fœtida; d'après quelques auteurs, la gomme ammoniaque serait fournie par le *F. orientalis ;* on attribue au *F. sagapenum, F. persica,* la production de la gomme séraphique ou *Sagapenum.*

FESSE, s. f., *Clunis.* Ce mot, en *extérieur,* désigne la région postérieure de la cuisse, ayant pour base les muscles ischio-tibiaux. La région formée par les muscles *fessiers* porte le nom de *croupe.* La fesse, chez le cheval, doit être bien développée et aussi descendue que possible ; elle offre vers sa partie supérieure une légère saillie due à l'os coxal et constituant *l'angle de la fesse.* — Dans le *bœuf,* cette région doit offrir un grand développement, la chair qui la forme étant de qualité supérieure.

FESSIER, ÈRE, adj. ; qui appartient à la fesse. *Muscles fessiers :* ils sont au nombre de trois. — *Moyen fessier* ou *moyen ilio-trochantérien :* muscle peu épais, formé de deux portions charnues disposées en V, réunies par une aponévrose, prenant leur origine aux angles de la croupe et de la hanche, et s'insérant par un tendon unique, aplati, à la crête sous-trochantérienne du fémur que ce muscle tire en avant. — *Grand fessier* ou *grand ilio-trochantérien :* muscle considérable, occupant toute la face iliale du coxal et se prolongeant en avant, par une forte pointe pyram'dale, dans une excavation particulière du muscle ilio-spinal. Ce muscle, qui forme à lui seul la plus forte partie de la croupe, s'insère au fémur par trois portions terminales, dont une s'attache au sommet du trochanter, l'autre à la crête trochantérienne après avoir glissé sur la convexité, la troisième en arrière du corps du fémur. Le grand fessier étend le fémur et porte tout le membre postérieur en arrière ; lorsque le membre repose sur le sol, il contribue au mouvement du cabrer. — *Petit fessier* ou *petit ilio-trochantérien :* muscle peu volumineux, situé au-dessus de l'articulation coxo-fémorale, prenant son origine à la crête sus-cotyloïdienne, et son insertion en dedans de la convexité du trochanter. Il est abducteur et rotateur de la cuisse. — *Artères fessières. Fessière antérieure :* forte artère naissant du tronc pelvien, au niveau de l'articulation sacro-iliaque et se divisant, en plusieurs branches, dans les muscles fessiers, aussitôt après sa sortie du bassin. *Fessière postérieure :* branche naissant de l'artère sous-sacrée, et se terminant par deux branches principales dans les muscles fessiers et ischio-tibiaux. — *Nerfs fessiers :* ils forment deux branches distinctes émanant du plexus sacré, et se portant, les *antérieurs,* dans les muscles grand et petit fessiers, les *postérieurs* dans les mêmes muscles et dans les ischio-tibiaux.

FESTONNÉ, ÉE, adj., *spandus ;* bordé par des découpures arrondies.

FESTUCAIRE, s. m.: genre de vers intestinaux parenchymateux, de la famille des *Trématodes,* de l'ordre des *Monostomes.*

FÉTIDE, adj., *fetidus,* de *fetere,* sentir mauvais ; qui a une odeur forte et désagréable.

FÉTIDITÉ, s. f., *Fetiditas ;* état de ce qui est fétide ; odeur désagréable.

FÉTUQUE, s. f., *Festuca,* L. ; genre nombreux de la famille des Graminées. Ses caractères sont : Epillets pédicellés ou presque sessiles, disposés en panicule, comprimés latéralement, renfermant cinq à dix fleurs, quelquefois plus. Glumes carénées, mutiques, jamais égales, rarement surmontées d'une pointe ou arête. Glumelles presque égales ; l'inférieure demi-cylindrique, aiguë, portant à son sommet une arête droite, rarement mutique ; la supérieure carénée, tronquée, ordinairement bidentée ; glumellules bifides ou entières ; deux stigmates plumeux. Le genre fétuque renferme beaucoup d'espèces fourragères intéressantes. Nous citerons les principales : la F. des bois, *F. sylvatica,* Vill.; la F. des prés, *F. pratensis ;* la F. roseau, *F. arundinacea,* Schreb ; la F. élevée, *F. elatior ;* la F. géante, *F. gigantea,* Vill.; la F. hétérophylle, *F. heterophylla.* Ces espèces peuvent être cultivées seules, ou mieux, mélangées à d'autres plantes. Les produits qu'elles donnent sont assez abondants et recherchés des animaux ; mais elles demandent à être fauchées de bonne heure, car elles deviennent bientôt très dures et constituent alors un mauvais fourrage. Elles préfèrent les terrains humides ou ombragés aux sols maigres et secs. Les espèces suivantes, très rustiques et peu difficiles, croissent bien sur les coteaux pierreux et desséchés, mais elles sont peu productives et doivent être broutées ; ce sont : la F. raide, *F. rigida,* Kuntz ; la F. ovine, *F. ovina,* L.; la F. rouge, *F. rubra,* L.; la F. poa, *F. poa,* DC ; la F. dure, *F. duriuscula,* L.; la F. couchée, *F. decumbens.* Ajoutons les espèces *myurus, bromoïdes, spadicea, tenuifolia,* etc., qui concourent à former, avec les précédentes, les pelouses des pâturages élevés. Le fourrage donné par les fétuques paraît surtout convenir aux ruminants.

FEU, s. m., *Ignis.* Nom donné à l'un des quatre éléments de la nature admis par les anciens philosophes. Les chimistes du siècle dernier le rapportaient à un fluide extrêmement subtil, appelé *Phlogistique,* qui, en se dégageant des corps, lui donnait immédiatement naissance. Aujourd'hui, ce mot doit être considéré comme synonyme de *combustion,* puisque le *feu* n'est autre chose que ce phénomène considéré dans ses effets les plus saillants, comme la *chaleur,* la *lumière,* la *flamme,* etc. (*V.* ces mots). — *Path.* Nom vulgaire donné à certaines éruptions herpétiques, à cause de la chaleur qu'elles produisent dans la peau. — *Chir.* Dénomination vulgaire donnée à l'emploi du cautère actuel. *V.* CAUTÈRE et CAUTÉRISATION.

Feu (marqué de) ; on emploie ces expressions pour indiquer la présence de poils d'un rouge vif sur certains points de la robe des animaux, ex. : *marqué de feu aux flancs et aux fesses*, etc.

Feu céleste ; nom de l'*Erysipèle gangreneux*. (*V.* ce mot).

Feu central ; dénomination par laquelle on désigne le foyer de chaleur qu'on suppose exister au centre du globe terrestre, à cause de la température croissante qu'on observe à mesure qu'on pénètre dans le sein de la terre.

Feu follet ; lueurs phosphorescentes qu'on observe dans les lieux humides où sont enfouies des matières animales, et provenant de la combustion spontanée à l'air de l'*hydrogène phosphoré* qui s'en dégage. *V.* Hydrogène.

Feu grisou, grison ou brison ; noms donnés par les mineurs à l'*hydrogène protocarboné* qui se dégage dans les mines de houille, et donne lieu à des explosions terribles par son contact avec la flamme des lampes, lorsqu'il est mélangé à l'air atmosphérique. *V.* Hydrogène.

Feu d'herbe. *V.* Rafle.

Feu potentiel : synonyme de *cautère potentiel*. *V.* Cautère.

Feu sacré ; nom donné à l'*érysipèle simple*.

Feu st-antoine : nom donné au *charbon* et à l'*érysipèle gangreneux*.

Feu Saint-Elme ; flamme électrique qu'on remarque, pendant les nuits orageuses, au sommet des mats des vaisseaux, des flèches des clochers, des pointes des paratonnerres, et provenant de la combinaison de l'électricité de ces corps avec celle des nuages, *V.* Paratonnerre.

FEUILLAGE, s. m., *Frondescentia;* ensemble des feuilles d'un végétal.

FEUILLAISON, s. f., *Foliatio;* épanouissement des bourgeons foliacés ou mixtes; apparition des feuilles.

FEUILLARD, s. m. ; réunion de branches d'arbres ou arbrisseaux encore garnies de leurs feuilles et conservées pour l'alimentation des bestiaux. Ce n'est que dans les contrées pauvres en fourrages, et lorsque la nourriture d'hiver a manqué, que les animaux sont appelés à faire un usage un peu suivi du feuillard. Les arbres que l'on peut mettre à contribution pour cet objet, sont : l'orme, le charme, le frêne, le peuplier, le chêne, le marronnier d'Inde. Les branches de pin, d'ajonc, etc., que l'on donne en vert, sont aussi des feuillards, *V.* Feuille.

FEUILLE, s. f., *Folium;* organe appendiculaire des plantes, formant des expansions planes, membraneuses, ordinairement vertes, naissant sur la tige et les rameaux, ou seulement au collet de la racine. La feuille se compose, en général, de deux parties : 1° du *pétiole* ou partie rétrécie, formant la base de l'organe; 2° du *limbe* ou *lame*, qui en est l'expansion. Lorsque le pétiole existe, la feuille est dite *pétiolée;* dans le cas contraire, elle est *sessile* ou *sub-pétiolée*. La continuation du pétiole constitue la *nervure principale* ou *rachis*, qui se divise dès la base ou à des hauteurs variables, et d'une façon régulière ou irrégulière. — Les feuilles sont *simples* ou *composées*. L'étude de leur structure démontre, dans la composition des nervures, de vraies trachées; dans le parenchyme, plusieurs couches de cellules renfermant de la chlorophylle. La face *supérieure* du limbe est plus lisse, plus verte que l'*inférieure*, sur laquelle les nervures font des saillies plus marquées. C'est aussi sur cette face que se montrent les stomates. Toutes les deux sont recouvertes d'épiderme. Le parenchyme manque quelquefois; les feuilles sont alors dites *fenêtrées*, ex. : l'*Hydrogeton fenestralis*. Dans une feuille, on distingue la *base* ou partie qui s'attache au support, le *sommet* ou partie anatomiquement opposée à la base, enfin, le *contour* ou la *circonférence* qui détermine la *figure* de l'organe. Les deux parties qui la composent sont *égales* ou *inégales*. Le limbe peut s'étendre sur la tige, se réunir autour de celle-ci ; de là, les feuilles *décurrentes*, *connées*, *perfoliées*. Quand la base de la feuille embrasse son support, elle est dite *engaînante*, *amplexicaule*, etc. D'après leur figure, les feuilles sont : *ovales*, *elliptiques*, *linéaires*, *lancéolées*, *cordées*, *hastées*, *spatulées*, *filiformes*, etc., etc. D'après la disposition de leur sommet, elles sont : *aiguës*, *acuminées*, *mucronées*, *bifides*, *bilobées*, etc. D'après les divisions du limbe, elles peuvent être, *bifides*, *trifides*, *multifides*, etc., *trilobées*, *multilobées*, etc., *tripartites*, *multipartites*, etc., *laciniées*, *sinuées*, *pinnatifides*, *roncinées*, etc. Elles sont, en outre, *entières* ou *dentées*, *crénelées*, *ciliées*, etc. Il en est de *planes*, *convexes*, *onduleuses*, etc. ; *glabres* ou *pubescentes*, etc. ; *molles*, *charnues*, *scarieuses*, etc., *vertes*, *glauques* ou *colorées*. D'après leur situation sur la tige et leur direction, elles sont : *opposées*, *verticillées*, *ternées*, *alternes*, *éparses*, *dressées*, *infléchies*, *pendantes*, *humifuses*, *nageantes*, etc. Suivant le point où elles prennent leur origine, on les dit *séminales*, *primordiales*, *radicales*, *caulinaires*, *florales*, etc. Elles peuvent être, aussi, semblables ou différentes sur le même végétal. Il est des feuilles qui sont douées d'une sorte d'irritabilité et qui se ferment quand on les touche, ou qui s'infléchissent le soir, pour s'ouvrir et se redresser le matin, *V.* Irritabilité et Sommeil. Les feuilles, d'après leur durée, sont *caduques*, *décidues*, *marcescentes*, *persistantes*, etc., *V.* Défoliation. Ce qui précède, se rapporte surtout aux feuilles simples des plantes dicotylédonées; toutefois, cela est applicable aux folioles des feuilles composées et à beaucoup de feuilles des végétaux monocotylédonés. Celles-ci sont plus souvent entières, étroites, engaînantes, à nervures parallèles. Dans les acotylédones,